"十二五"国家重点图书

中国农业科学院植物保护研究所　中国植物保护学会　主编

中国农作物病虫害

下册

第3版

中国农业出版社
北京

图书在版编目（CIP）数据

中国农作物病虫害. 下册／中国农业科学院植物保
护研究所，中国植物保护学会主编. —3版. —北京：
中国农业出版社，2014.12（2016.11重印）
国家出版基金项目
"十二五"国家重点图书
ISBN 978-7-109-19909-5

Ⅰ. ①中… Ⅱ. ①中…②中… Ⅲ. ①作物—病虫害
防治—中国 Ⅳ. ①S435

中国版本图书馆CIP数据核字（2014）第294532号

中国农业出版社
地址：北京市朝阳区麦子店街18号楼
邮编：100125

策划编辑：张洪光 阎莎莎
文字编辑：张洪光 阎莎莎 贺志清 段丽君
 魏兆猛 宋美仙 王黎黎
装帧设计：杨 璞
版式设计：胡至幸
责任校对：陈晓红 周丽芳
责任印制：王 凯 王建强

印刷：中国农业出版社印刷厂
版次：2015年3月第3版
印次：2016年11月北京第2次印刷
发行：新华书店北京发行所

开本：880mm×1230mm 1/16
印张：108.5
字数：3 612千字
印数：1 001～1 900册

定价：466.00元

National Publication Foundation

National Key Publication Programme in the Twelfth Five-Year Plan

Crop Diseases and Insect Pests in China

Third Edition (Vol. III)

Edited by

Institute of Plant Protection, Chinese Academy of Agricultural Sciences

China Society of Plant Protection

China Agriculture Press

第3版编辑委员会

第1版编辑委员会

第2版编辑委员会

DI 2 BAN BIANJI WEIYUANHUI

　　《中国农作物病虫害》于1979年出版，历经35年，已逐渐被广大植保及相关专业工作者视为一部必备的工具书。该书第1版由我国100多个科研院所、高等院校、技术推广等单位的300多位专家撰写，全面系统地概括了我国农业生产上所有重要的病虫草鼠害，涉及粮、棉、油、果、蔬、茶、麻、桑、烟、糖、牧草等植物的1600多种有害生物的分类地位、生物学特性、发生为害规律和综合防治等方面的内容，反映了当时我国农作物病虫害科学研究与防治技术的最高水平，既有很高的学术价值，又有很强的实用性。该书第1版出版发行16年后，于1995年修订再版，对部分单元设置作了调整，增加了290种病虫草鼠害，增补了"六五""七五""八五"国家科技攻关计划主要农作物病虫害防治技术研究取得的主要研究成果，以及水稻、小麦、棉花三大作物主要病虫害防治策略及综合防治技术体系，成为广大农业科技人员、高等院校师生、植物保护企事业单位的研究与管理人员、基层植保人员参考的重要文献，并受到国际同行专家、学者的高度认可。

　　该书第2版出版至今，又过去了19年。其间，气候条件、农作物种植结构及农业生产经营方式发生了较大变化，国际贸易飞速发展，导致农业外来生物频繁入侵、农作物有害生物种类增加、主要病虫害灾变规律发生变化，病虫灾害出现突发、多发、重发和频发态势；同时，人民生活水平的提高和消费观念的转变，对食品安全和生态安全提出了新的要求，植物保护科技工作面临新的挑战。

　　"十五"以来，国家通过加强对植物保护学科的理论基础和应用基础、高新技术和关键防治技术的研究，推动了植物保护基础理论和应用技术的飞速发展，显著提升了我国植物保护科技的总体水平，增强了农作物病虫害的监测预警与防控能力。《中国农作物病虫害》第2版内容已不能反映当今中国植物保护领域的新理念、新成果、新策略、新技术，也不能适应当今农业科研、教学及生产发展的需求。为此，中国农业出版社与中国农业科学院植物保护研究所、中国植物保护学会商定对该书进行全面修订，使这部具有广泛社会影响的专著与时俱进。

　　本次再版，集成了21世纪以来中国植物保护科技发展成果，反映了当今中国植物保护科技事业蓬勃发展的概貌，展示了中国植物保护科技的发展策略与方向，突出了在现代生物技术飞速发展背景下，植物保护研究领域在基础理论研究、高新技术研发和关键防治技术开发方面取得的重大突破和重要成果，尤其是在重大病虫害成灾机理与可持续控制技术、病菌致病性和作物抗性变异机制与遗传规律、植物有害生物与寄主植物互作机理等方面的研究成果，在本书中有一定的反映，使本书内容更为全面、系统、丰富。全书分上、中、下3册，上册包括水稻病虫害、麦类病虫害、玉米病虫害、薯类病虫害、高粱及其他旱粮作物病虫害、棉花病虫害、大豆病虫害、油菜病虫害、花生及其他油料作物病虫害等9个单元，中册包括蔬菜病虫害、果树病虫害、西瓜及甜瓜病虫害、杂食性害虫、地下害虫、储粮病虫害等6个单元，下册包括茶树病虫害、热带作物病虫害、桑树及柞树病虫害、麻类作物病虫害、糖料作物病虫害、烟草病虫害、牧草病虫害、农田杂草、农牧区鼠害等9个单元，共计24个单元，包含农业病虫草鼠害对象共1665种，其中病害775种，害虫739种，杂草109种，害鼠42种。每种病虫草鼠害的描述，仍沿用第2版的体例。着重介绍病害的分布与危害、症状、病原、病害循环、流行规律、防治技术，害虫的分布与危害、形态特征、生活习性、发生规律、防治技术，农田杂草的形态特征、生物学特性、发生规律、防除技术，农牧区鼠害的形态特征、分布与危害、生活习性、防治技术，以及水稻、小麦、玉米、棉花、茶树、储粮等病虫害综合防治技术，并附部分重要病虫害调查及测报技术规范、彩色图片及病、虫、草、鼠等学名索引。是一部兼具科学性、先进性、专业性与实用性的植物保护领域百科巨著。

《中国农作物病虫害》再版工作自2011年9月启动以来，会聚了全国植物保护领域200多个单位的700多位专家，包括6位院士，先后召开了3次编辑委员会会议和3次常务编委会会议。根据中国农业出版社、中国农业科学院植物保护研究所、中国植物保护学会共同制订的编写计划，经过全体作者的共同努力，历时3年编撰完成了这部巨著。对于当前种群数量明显减少，发生为害显著减轻，已很少有人研究的病虫害，为保持本书原版的历史资料，本版仍采用第2版的文本和插图，同时，在书末列出第2版的作者和目录，以表示对原作者及其单位的敬意，同时为读者提供相关历史信息。

为规范本书生物学名和农药名称，本书编委会邀请大连民族学院吕国忠教授和北京市农林科学院植物保护环境保护研究所刘伟成研究员，中国农业科学院植物保护研究所赵廷昌、周广和、彭德良研究员，北京市农林科学院植物保护环境保护研究所吴钜文研究员分别对植物病原真菌、细菌、病毒、线虫和昆虫的学名及其分类地位进行审核。邀请中国农业科学院植物保护研究所郑斐能、袁会珠和刘太国、陆宴辉研究员审核农药名称和英文图题、表题。

在本书编写过程中，对于个别有争议的名称或名词的用法特作以下说明：

（1）有关"胞囊线虫"的"胞"字，作者有两种意见：一种意见为"胞囊线虫"，另一种意见为"孢囊线虫"。本书统一采用了"胞囊线虫"。

（2）有关病情指数有两种表示方法：有的作者以"%"表示，如病情指数为60%；有的作者用数字表示，不加"%"，如病情指数为60。本书统一采用传统的表示方法，即不加"%"。

（3）有些害虫名称有新的变化，为了保持与本书第2版的名称相一致，本版中文名称仍沿用第2版的，但在文中注明其新的中文名称，拉丁文学名以新的分类学研究结果为主。如水稻病虫害单元的"水稻大螟[*Sesamia inferens* (Walker)]"，中文名称新修订为"稻蛀茎夜蛾"，本版仍沿用"大螟"，但在文中注明"又名稻蛀茎夜蛾"。

为做好《中国农作物病虫害》（第3版）的编辑出版工作，中国植物保护学会作为主编单位之一，负责本书常务编委会办公室的工作，学会秘书处文丽萍、冯凌云、胡静明同志承担了编委会、常务编委会会议的会务以及与单元负责人、作者和审稿专家的联系、协调等工作，在本书的修订出版中发挥了重要作用。

在本书编写过程中，得到各位编委、单元负责人、作者和所在单位的大力支持，保证了按计划进度顺利完成修订再版。在此谨对为本书出版付出辛勤劳动的各位作者致以衷心的感谢。

本书再版得到了倪汉祥、吴钜文、朱国仁、冯兰香、肖悦岩、周广和、郑斐能等老专家的支持，负责审阅书稿、提出修改意见和建议，在本书出版之际谨向各位专家致以诚挚的谢意。

由于本书规模大、内容多、时间紧，同时受作者水平所限，疏漏和不足在所难免，期待读者不吝指教。

《中国农作物病虫害》第3版常务编委会

2014年11月

Foreword to the Third Edition

Since the first edition of the *Crop Diseases and Insect Pests in China* was published in 1979, it has gradually been used as an essential reference book by the majority of researchers, trainees and university students in plant protection and related subjects over the past 35 years. The first edition was written and compiled by more than 300 professors and researchers specialized in plant protection from over 100 organizations, including research institutes, universities, and extension sectors of China. It systematically summarized all of the important crop diseases, insect pests, weeds and rodents in agricultural production of China, covering the taxonomic status, biological characteristics, occurrence, and integrated control techniques of more than 1600 species of harmful organisms in grains, cotton, oil crops, fruits, vegetables, tea, bast fiber crops, mulberry, tobacco, sugar crops, forage and pasture crops and other crops. The first edition presented the highest level of research and control technologies of crop diseases and insect pests at that time, having high academic value and strong practicability. The second edition of the *Crop Diseases and Insect Pests in China* printed in 1995 supplemented 290 species of crop diseases, insect pests, weeds and rodents, and also the main achievements in IPM research for major crops, including the control tactics, and IPM technique system for rice, wheat and cotton since the National IPM Technique Research Projects started in 1983. The second edition, which deserved high praise from international experts and scholars, has become an important reference document for scientists, students and teachers in universities, research and administrative staff in enterprises and institutions of plant protection, and even the plant protection technicians at grass-root level.

So far, 19 years have passed since the second edition of the *Crop Diseases and Insect Pests in China* was published. During this period, there have been great changes in the climate, crop planting structure and agricultural production with rapid growth of international trade. These changes led to frequent invasions by alien species in agriculture, increased species of crop pests, and changed the occurrence of main diseases and insect pests with a sudden, multiple, repeated and frequent trend. For improvement of living standard and changes of consumption concept, new demands have been put forward to food safety and ecological security, which posed new challenges to the field of plant protection.

Since the Tenth State Five-year Plan, China has strengthened basic and applied research and developed the key high-tech in plant protection. The promotion of rapid development of relevant basic theories and applied technologies significantly enhanced the level of plant protection technologies, and improved the capabilities of monitoring, early warning, prevention and control of diseases and insect pests in crops. In this context, the previous version of the *Crop Diseases and Insect Pests in China* could not accurately reflect new ideas, new achievements, new strategies or new technologies in the field of plant protection in today's China. At present, it cannot meet the demands of research, teaching and production development in agriculture. Thus, it is agreed to completely revise the second edition by China Agriculture Press (CAP), the Institute of Plant Protection, Chinese Academy of Agricultural Sciences (IPPCAAS) and China Society of Plant Protection (CSPP). The monograph with an extensive social impact should advance with the times.

The third edition of the *Crop Diseases and Insect Pests in China* integrates the updated achievements of technological development in plant protection of China since the 21 century. It reflects the general picture of thriving high-tech enterprises of plant protection and displays the developmental strategy and direction of plant protection technology in today's China. The contents of the third edition are more comprehensive, systematic and informative, including 24 chapters in three volumes. The first volume includes nine chapters describing the diseases and insect pests of rice, wheat, maize, potato, sorghum and other dry crops, cotton, soybean, canola, peanut and other oil crops; the second volume includes six chapters summarizing the diseases and insect pests of vegetables, fruits, watermelon and melons, stored grains, as well as polyphagous and soil dwelling insect pests; the third volume includes nine chapters documenting plant diseases and insect pests of tropical crops, tea, mulberry and oak trees, bast fiber crops, sugar crops, tobacco, forage and pasture crops, as well as weeds in farmland and rodents in agricultural and pastoral areas. The book totally records 1 665 species of pests, includes 775 species of crop diseases, 739 species of insect pests (including mites, snails and slugs), 109 species of weeds, and 42 species of rodents in agricultural production of China, 150 species more than those in the second edition. The description for each of crop diseases, insect pests, weeds and rodents still follows the pattern of the second edition, with specific focuses on the distribution and damage, symptoms, pathogens, disease cycles, epidemiology, and control techniques of crop disease; the distribution and damage, morphological characteristics, life behavior, occurrence, and control techniques of insect pests; the morphological and biological characteristics, occurrence, and control (weeding) techniques of weeds in farmland; the morphological characteristics, distribution and damage, life behavior, and control techniques of rodents in agricultural and pastoral areas; and IPM for plant diseases and insect pests in rice, wheat, corn, cotton, and stored grains. Additionally, the rules for surveying and forecasting of some important crop diseases and insect pests and color figures are appended. The appendix index of scientific names of relevant diseases, insect pests, weeds, and rodents are also attached. Thus, the third edition of the *Crop Diseases and Insect Pests in China* represents a scientific, advanced, specialized, practical, and popular masterpiece of encyclopedia in the field of plant protection.

Six academicians and over 700 experts/professors in the field of plant protection in China have been gathered to hold three editorial board meetings plus three executive board meetings since the third revision started in September 2011. According to the compilation plan developed by CAP, IPPCAAS and CSPP, it took three years to complete this great masterpiece in plant protection with the joint efforts of all the authors. During the compilation process, it was strongly supported by the members of the editorial board, subject editors, and authors as well as their institutions, which ensured the successful completion of the third edition as scheduled. Here the heartfelt appreciation is given to all of the authors for their hard work contributing to the publication.

For a small number of crop diseases and insect pests, the population demographics and damages have significantly decreased since the late 20th century with less updated studies. To maintain historical data of the original book, the text and figures for those rare diseases and insect pests in the third edition are still adopted from the second edition. Additionally, author names and table of contents of the second edition are listed at the end of the new version to show respect for all the experts and institutions which contributed to the book and provide relevant historical information for readers.

To standardize the biology names and the names of pesticides used in the book, the editorial board invited professor Lü Guozhong of College for Nationalities of Dalian, researchers Liu Weicheng and Wu Juwen of Institute of Plant Protection and Environment Protection of Beijing Agricultural and Forestry Academy, researchers Zhao Tingchang, Zhou Guanghe, Peng Deliang of Institute of Plant Protection of Chinese Academy of Agricultural Science, to verify the names and taxonomic status of insects, and pathogenic fungi, bacteria, viruses and nematodes in plants. Researchers Zheng Feineng and Yuan Huizhu were invited to verify the names of pesticides. Researchers Liu Taiguo and Lu Yanhui were invited to verify the English titles of figures and tables.

In regard to disputable usages of some names and words, the editorial standards in this book are as the following:

(1) "胞囊线虫" is used in this book.

(2) disease index is presented as, for example, 60, without "%".

(3) the names of some insect pests have changed, but the third edition still uses the early names in the second edition (published in 1996) to maintain historical data, while giving the new Chinese names and Latin names in text.

The China Society of Plant Protection, one of the chief editorial units, was in charge of office work for the executive editorial board for better editing and publishing the third edition of the *Crop Diseases and Insect Pests in China*. Ms Wen Liping, Feng Lingyun and Hu Jingming at the Secretariat of the Society played important roles in the revision and publication as the coordinators of the editorial board meetings and executive board meetings. They also took charge of contact and coordination with subject editors, authors, and reviewers.

The editorial work was supported greatly by the members of editorial board, unit conveners, authors and the related institutes. Sincere thanks are given to all the contributors to the publication of the book.

Additionally, the publication of the third edition was supported by a number of eminent experts, who reviewed the manuscripts and provided comments and suggestions for the revision. On the occasion of the publication of the book, sincere thanks are given to these experts, including Professors Ni Hanxiang, Wu Juwen, Zhu Guoren, Feng Lanxiang, Xiao Yueyan, Zhou Guanghe and Zheng Feineng.

Because of the large scale, substantial contents, tight schedule and limit knowledge of the authors, omissions and deficiencies might not be inevitable in this book. The readers are expected to feel free to offer comments and kind advices.

Executive Editorial Board of *Crop Diseases and Insect Pests in China* (third edition)

November 2014

第1版前言
DI 1 BAN QIANYAN

　　我国社会主义革命和社会主义建设已进入了一个新的历史时期。为了实现新时期的总任务，适应我国社会主义农业高速发展对植保工作的需要，在农业部、中国农业科学院的领导下组成编辑委员会，由中国农业科学院植物保护研究所主持，并按不同作物病虫害单元由编委单位分工负责，组织全国一百六十多个植保科研、教学、生产单位协作，300多位同志参加执笔，将1959年出版的《中国农作物主要病虫害及其防治》一书重新编写。根据书的内容，现将书名改为《中国农作物病虫害》。

　　本书共分17个单元，包括病、虫、杂草、鸟兽害共1 300多种。分上、下两册出版。上册包括水稻、麦类、旱粮、棉花、油料病虫，杂食性害虫，粮食安全贮藏7个单元；下册包括麻类、桑、茶、糖料、蔬菜、烟、落叶果树、常绿果树病虫，农田杂草，鸟兽害10个单元，以及附录超低容量喷药技术。为了便于识别，附有大量彩色图、黑白图和照片。内容着重介绍其形态、生物学特性、发生规律和综合防治方法。对病虫测报的具体方法，因全国及各省(市、区)另有规定，在本书中未单设章节叙述，只在防治方法中根据需要扼要述及。本书可供各级植保工作者、农业大专院校师生和社、队中有经验的植保员，在进一步研究病、虫、鸟、兽、杂草的发生规律和指导防治时做参考。

　　在编写中，各单元虽经两次集体讨论修改，引用了各地科研、教学、生产单位的已发表和未发表的新成就、新经验以及图片，但由于时间关系可能仍有遗漏和错误，望读者指正。

　　本书由各单元负责单位分别邀请了有关专家、教授、科技人员和农民植保专家参加了审订工作，特此致谢！

《中国农作物病虫害》编辑委员会

1979年1月

第2版前言

DI 2 BAN QIANYAN

本书第1版上、下两册，分别于1979年和1981年出版。问世以后，正值"科学春天"之始，至今已历时十余载。在此期间，我国的植物保护科学技术工作，在国家、部门、地方的科技发展计划中，均受到高度重视，给予资助，使之得到长足发展，硕果累累，其中某些方面的研究进展已达到或领先于国际同类研究的水平，且大部分已在农业生产中应用，发挥了很大作用。为及时总结传播这些新经验，更好地为当前农业生产建设服务，重新厘定增补此书至感必要。为此，在农业出版社的支持下，由中国农业科学院植物保护研究所主持，邀请有关专家、教授组成编辑委员会，编委按单元分工负责，通力协作，并请110个植物保护科研、教学、生产单位直接从事研究的311位作者，分别完成本书第2版的撰写工作。

此次增订，仍沿用第1版的体例。各单元描述的病虫对象，由单元负责编委决定增补。对单元的设置，做了必要的调整。增设了亚热带作物病虫害和牧草病虫害两个单元；将落叶果树和常绿果树病虫害合并为果树病虫害单元；将麻作和常绿果树中的部分内容并入亚热带作物病虫害单元，并在此单元内增加了胡椒、咖啡、可可、木薯、香料等作物病虫害；鸟兽害单元，调整后改为农牧区鼠害。全书调整后仍分上、下两册出版。上册包括：水稻病虫害、麦类病虫害、旱粮病虫害、杂食性害虫、贮粮病虫害、油料作物病虫害和蔬菜病虫害等7个单元。下册包括：棉花病虫害、麻类作物病虫害、桑树病虫害、茶树病虫害、糖料作物病虫害、烟草病虫害、果树病虫害、亚热带作物病虫害、牧草病虫害、农田杂草、农牧区鼠害等11个单元，以及附录和病、虫、草、鼠学名索引。

本书共描述农业病虫草鼠1648种，其中病害742种，害虫（螨）838种，杂草64种，害鼠22种；比第一版增加了290种。书内对每种病虫对象的描述，根据资料多寡，作出详简不同的表述。为使读者识别病虫，插有黑白图及照片图版1105幅。此外，鉴于目前各种病虫彩色挂图、图册已出版很多，为降低成本，利于读者购买，此次增订删除了彩色图版。

自从1991年农业出版社与中国农业科学院植物保护研究所共同制定出本书第2版编写计划以来，得到编委、作者及其所在单位的大力支持，保证了按计划进度顺利完成厘定增补；许多同行为本书的增订提供了大量资料；黑白插图除大部沿用原书第1版外，部分引自中国科学院动物研究所、浙江农业大学、华南农业大学、西北农业大学、北京市农林科学院等单位编著的有关书刊；部分图请周至宏、董平、曹雅忠等同志根据本书第1版彩图及作者提供的照片、草图改绘。在此一并致以衷心的感谢。

我们增订此书出版，限于业务水平，在资料的收集、取舍、叙述等方面还存在不完全统一，以及缺点和错误，恳切希望读者批评指正，以利今后修改和提高。

《中国农作物病虫害》编辑委员会

总目次

 Contents

目　录

第 16 单元　茶树病虫害

第17单元　热带作物病虫害

第 18 单元　桑树、柞树病虫害

第 19 单元　麻类作物病虫害

第20单元　糖料作物病虫害

第21单元　烟草病虫害

第22单元　牧草病虫害

第 23 单元　农田杂草

第 24 单元　农牧区鼠害

第 16 单元　茶树病虫害

第 1 节　茶　饼　病

一、分布与危害

茶饼病又称疱状叶枯病、叶肿病，是我国茶区的一种严重的叶部病害，国外最早记载于 1855 年印度最东北的阿萨姆地区，国内 1903 年在安徽已有记载。在我国该病分布于四川、云南、贵州、湖南、湖北、江西、福建、浙江、安徽、广东、广西、台湾等省份的山区茶园，以云南、贵州、四川以及海南为害较重。国外主要分布在印度、斯里兰卡、印度尼西亚、孟加拉国、日本、肯尼亚等国，是印度、斯里兰卡、印度尼西亚等产茶国的一种毁灭性病害。茶饼病菌除侵染茶树外，尚未发现侵染其他植物。流行年份局部地区病梢率可达 40%～50%，严重时高达 90%，严重影响茶叶产量。目前，我国将茶树新梢罹病率达 35% 作为防治阈值。用病叶制成茶，茶味苦涩，汤色浑暗，叶底花杂，碎片多，水浸出物中茶多酚、氨基酸总量等指标均下降。

二、症状

茶饼病主要为害茶树幼嫩组织，从幼芽、嫩叶、嫩梢、叶柄、花蕾到幼果均可受害，但以嫩叶嫩梢受害最重。被害嫩叶最初在叶面产生淡黄色或红棕色半透明小点，逐渐扩大并下陷成淡黄褐色或紫红色的圆形病斑，直径为 2.0～12.5mm，叶背病斑呈饼状突起，并生有灰白色粉状物，茶饼病由此得名。病斑最后变为黑褐色溃疡状。茶饼病叶部症状大多表现为正面平滑光亮，下陷，而背面隆起，偶尔也有在叶正面呈饼状突起的病斑，叶背面下陷；叶片上病斑多时可相互愈合为不规则的大斑；叶缘、叶脉感病后使叶片扭曲对折，感病嫩叶均呈畸形。后期病斑上白粉消失或者不明显，病斑逐渐干缩，呈褐色枯斑，但病斑边缘仍为灰白色环状，病叶逐渐凋萎以至脱落。嫩芽、叶柄、花蕾、嫩茎、幼果被害，一般病部均表现为轻微肿胀，重的呈肿瘤状，有白粉状物，后期病部逐渐变为暗褐色溃疡斑。嫩茎上常呈鹅颈状弯曲肿大，受害部易折或者造成上部芽梢枯死（彩图 16-1-1）。

三、病原

茶饼病病原为坏损外担菌（*Exobasidium vexans* Massee），属担子菌门外担菌属真菌。病斑背面隆起部分的白色粉状物为病菌的子实层。病菌菌丝体在病斑叶肉细胞间生长，无色，有性繁殖产生无数担子，丛集形成子实层。担子圆筒形或棍棒形，顶端稍圆，向基部渐细，单胞，无色，大小为（30～50）μm×（3～6）μm，顶生 2～4 个小梗，每个小梗上生 1 个担孢子。担孢子肾形、长椭圆形或纺锤形，单胞，无色透明，大小为（9～16）μm×（3～6）μm，担孢子易脱落，萌发时产生 1 个隔膜，变成双胞，双细胞担孢子易飞散，萌发侵入植株。该病菌未发现无性繁殖阶段（图 16-1-1）。

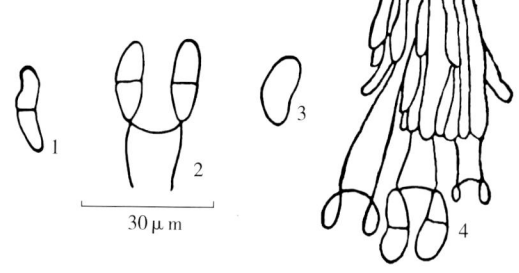

图 16-1-1　茶饼病菌形态特征（引自陈宗懋和陈雪芬，1989）

Figure 16-1-1　Morphology of *Exobasidium vexans* (from Chen Zongmao and Chen Xuefen, 1989)

1. 成熟并形成分隔的担孢子　2. 担子和担孢子
3. 担孢子　4. 有担子和担孢子的子实层

在适宜条件下，担孢子经 2~4h 后即能萌发，萌发前中间产生一个分隔，变成双胞，以后从各个细胞长出一个芽管。担孢子的寿命很短，怕光和热，在阳光下暴露 0.5~1h 即可死去；在气温 35℃、叶温 31℃下 1h 即死亡。成熟的担孢子寿命短，经 2~3d 就失去发芽力。由于茶饼病病原的担孢子对环境的抵抗力弱，因此，茶饼病的传播距离不远。病菌系一种专性寄生菌，寄生性强，需要在活组织内生活，当病组织死亡后，潜伏其内的菌丝体也随之死亡。茶饼病菌繁殖能力强，每个成熟的病斑在 24h 内，可形成 200 万个孢子。在印度，已发现该病菌有 2 个生理小种。

四、病害循环

茶饼病菌以菌丝体潜伏于病叶的活组织中越冬，腐烂死亡的病叶不带菌。在我国南方无越冬现象，但在盛夏期，病菌在阴湿的地方如谷地茶树上越夏，或者选择隐蔽度大、太阳不能直射的茶丛下部叶片上越夏。经过严冬和酷暑以后，在适宜的条件下，病菌重新活动。当平均气温为 15~20℃、相对湿度为 85% 以上时菌丝开始生长发育，产生担孢子。担孢子的萌发和湿度有密切关系，游离水层对孢子萌发是必要的。叶片保湿 11h 是病菌实现侵染的临界条件。担孢子随风雨传播到幼嫩组织上，并在有水膜的条件下萌发，很快形成吸器，在吸器下才形成侵入丝，由表皮侵入寄主组织，发育形成菌丝，在叶片栅栏组织中分支，进入海绵组织中的菌丝则形成吸器从寄主薄壁细胞中吸取营养，不断扩展。同时，病菌分泌细胞分裂素刺激细胞膨大，形成突起病斑，最后在叶片背面形成子实层。

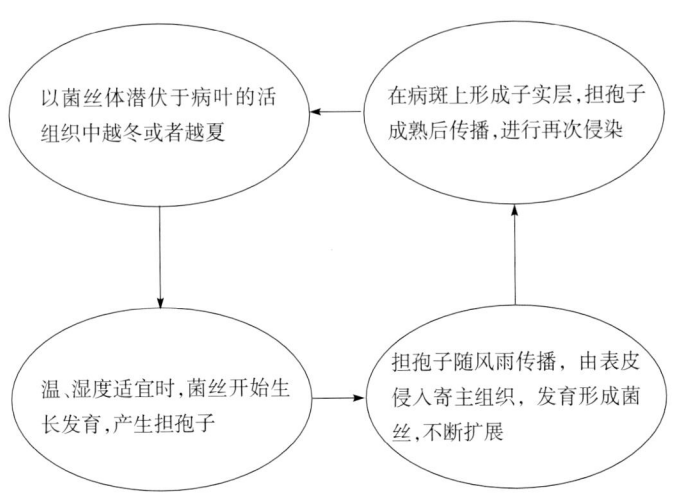

图 16-1-2 茶饼病病害循环（董文霞绘）

Figure 16-1-2 Disease cycle of tea blister blight in China（by Dong Wenxia）

担孢子成熟后又飞散传播进行再次侵染。担孢子的释放持续 8d 左右，以 23：00 至翌日 4：00 左右释放量最多。在适温（15~20℃）条件下，病菌从侵入叶片组织到出现症状，为 1~11d，一般在 3d 后即可形成透明斑，再经 10~18d 病斑上形成孢子。在贵州省湄潭完成 1 个侵染周期所需的时间为：春茶期约 15d，夏茶期约 12d，秋茶期 13~14d，全年侵染次数可达 16 次之多。在北方茶园，冬季气温下降，茶树进入休眠期，无嫩芽叶，病菌的活动也就停止，而进入越冬阶段。病菌借风力做近距离传播，并可通过苗木做远距离传播（图 16-1-2）。

五、流行规律

茶饼病的流行受气候条件、地理环境、茶园管理和品种抗病性的影响（江楚平等，1993）。其中，以适宜的气候条件和大量的嫩叶存在为病害流行的决定因素。

（一）气候

茶饼病是一种低温高湿性病害，当月平均温度在 15~20℃、大气相对湿度在 80% 以上、多雨、日照少的情况下，适于病害的发生。在我国，一般于 3~5 月和 9~10 月病害发生和流行。夏季平均气温超过 25℃，高温干旱，则不利于发病，病菌进入越夏期，冬季平均气温低于 12℃时，停止发病。各地因气候条件不同，发病时期也有差异。在海南，全年从 10 月起开始发病，12 月下旬至翌年 2 月为发病盛期，3~6 月病害停止发展；在云南省西双版纳，从 6 月开始发病，7~9 月为发病盛期，10 月以后发病较轻；华东及中南茶区于 3~5 月和 9~10 月常有发生和流行。

建立茶饼病预测系统的基础主要根据两点：①茶饼病菌孢子的形成、萌发和飞散与空气相对湿度呈正相关；②孢子的存活率与日照时数呈明显的负相关。因此，在各国的预测系统中应用相对湿度和日照这两个因素，提出以下预测方法。

1. 以空气相对湿度为预测因子 即连续 10~14d，其中有 5d 平均相对湿度＞83% 时，茶饼病会出现中等程度流行；连续 20～24d，其中有 5d 平均相对湿度＞83％时，会出现严重流行。反之，连续 5d 相对湿度＜83％，则可以推迟喷药。

2. 以日照为预测指标　用 5d 中每天早上平均 3h 日照作为临界值。当在一个喷药周期 10d 中，5d 每天上午的日照时间≥3h，即可停止喷药；10d 中有 5d 上午日照时间＜3h，或连续 5d 日照时间＜2h，则应立即喷药防治。

（二）地形环境

海拔 600m 以上的高山茶园、山间谷地以及遮阴过度的茶园，常年雾多露重，日照时间短，相对湿度大，病害容易流行，在 1 年中发病也最早，常成为发病中心。据海南省岭头茶叶研究所调查，在同一茶园内的不同行间，由于荫蔽情况不同，发病程度差异很大。在有荫蔽的情况下，日照强度小（光照强度为 2 700lx），因此，发病重，叶发病率达 96％；而在无荫蔽的情况下，日照强度大（光照强度为 8 367lx），则发病较轻，叶发病率仅为 35.9％。

（三）茶园管理

管理粗放、杂草丛生，以及荒芜茶园较管理良好的茶园发病重。据云南省调查，同一块茶园，及时中耕除草的发病率为 0.4％，而 3 个月中耕 1 次的发病率则为 10.4％。施肥不适当，也影响病害的流行。如秋前氮肥施用过多，促使秋梢生长嫩旺，增加了茶树生长后期被侵染的机会，不但加重当年发病程度，而且越冬的菌量也相应增加。此外，台刈和修剪时期不适当，当抽生新枝时，适逢茶饼病盛发期，则发病也重。

（四）品种

品种间抗病性有差异，至今尚未发现免疫品种。同一个品种在不同地区的抗病性表现不一致。在安徽，一般大叶种发病率达 53.4％，小叶种发病率仅为 2.2％。大叶种中又以叶厚、柔软多汁、叶脉间凹陷度大者容易感病。在四川也通常是小叶种表现抗病，大叶种比中叶种更感病，大叶种中又以叶薄、柔嫩多汁的品种最易感病。但在海南茶区，以中、小叶种发病较重，发病率为 22.7％～32.6％，大叶种发病较轻，发病率为 3.9％～12.3％。此外，芽密度大的品种较芽密度小的品种发病重。

六、防治技术

（一）加强苗木检查

在调运苗木时，应加强检查，禁止从病区调运带病苗木，发现病苗应立即处理，以防止病菌传入新区。

（二）加强栽培管理

勤除杂草，砍伐遮阴树，清除茶园及其周围的野生灌木，使之通风透光；适当增施钾肥，以增强树势，减轻发病；分批多次采摘，尽量少留嫩叶在茶树上，以减少侵染机会；选择修剪时期，使复壮后抽出的新梢在病害流行期已达 1 个月以上叶龄或使新梢抽生时避过病害发生期。如海南茶园冬季修剪，宜在12 月中、下旬进行，20d 内完成，以使病害发生期无新梢存在，起到避病的作用。

（三）清除带病茶树

复垦荒芜茶园，清除越夏茶树上的病叶，以减少侵染源。

（四）药剂防治

在发病初期，连续 5d 中有 3d 上午的平均日照时间≤3h，或 5d 日降水量在 2.5～5mm 以上时，应立即喷药。印度和斯里兰卡确定的防治指标为芽梢发病率为 30％～35％，最小孢子密度为每立方米空气中有 292 个孢子。每 667m² 选用 25％三唑酮可湿性粉剂 22.5～30g（2 500～3 500 倍液，安全间隔期 7d）、70％甲基硫菌灵可湿性粉剂 50～75g（1 000～1 500 倍液，安全间隔期 10d）或 20％萎锈灵乳油 75g（1 000 倍液，安全间隔期 10～14d）防治。印度等国使用 75％十三吗啉乳油 1 000～2 000 倍液，或 50％吡唑灵可湿性粉剂 1 000～2 000 倍液防治茶饼病。这两种药剂对茶饼病兼具预防、治疗和铲除作用，在田间的残效期分别为 17d 和 3 周以上，并且对茶芽有刺激效应，安全间隔期 10～14d。十三吗啉还对茶橙瘿螨和茶叶瘿螨有明显的防治效果。此外，也可喷洒 2％多抗霉素可湿性粉剂 100mg/kg，或 0.6％～0.7％石灰半量式波尔多液、0.2％～0.5％硫酸铜液等铜素杀菌剂，于春茶前以及每个茶季各喷药 1 次，进行预防。尤其对修剪及台刈后的茶树，更应注意喷药保护，以防止抽出的新梢遭受侵害。由于铜素杀菌剂在茶叶上的铜残留量高，对茶叶品质影响大，因此，不宜在采茶期使用，应在非采摘茶园中使用。

董文霞（云南农业大学植物保护学院）

第2节 茶网饼病

一、分布与危害

茶网饼病又称网烧病、白霉病、白网病，是一种常见的叶部病害。我国台湾早在1911年茶网饼病就严重发生。目前该病在我国安徽、浙江、江西、福建、湖南、四川、贵州、广东、台湾等茶区局部发生，发生程度比茶饼病轻，日本也在1911年报道了该病。茶网饼病病叶常枯萎脱落，易遭其他腐生菌的侵染，发生严重时造成翌年春茶减产。

二、症状

茶网饼病主要为害成叶，嫩叶、老叶也可发病。多发生在叶缘或叶尖上，初在叶片上现针尖大小的浅绿色油渍状斑点，后逐渐扩大，病部加厚，严重的扩展至全叶，病斑变成暗褐色，有时叶片上卷，叶背面沿叶脉形成网状凸起，其上具白粉状物，白粉散落后变成茶褐色网状，故称网饼病；后期病斑呈紫褐色或紫黑色，造成叶片枯萎脱落。该病一般不为害嫩芽，病菌可由叶片通过叶柄蔓延至嫩茎，引起枝枯。同茶饼病相比，两者症状的区别在于：茶饼病主要发生在嫩叶和新梢上，病斑圆形，有明显界限，正面凹陷，背面有馒头状突起；茶网饼病主要发生在成叶上，病斑无明显边缘，病叶下面有白色网格状纹理，表面粉状（彩图16-2-1，表16-2-1）。

表16-2-1 茶饼病与茶网饼病叶部症状的比较

Table 16-2-1 The difference of symptoms between tea blister blight and net blister blight

项目	茶饼病	茶网饼病
为害的叶片	嫩叶	成叶
为害部位	任何部位	叶缘、叶尖
病状凹凸	明显	不明显
病健交界处	明显	不明显
网状纹	无	有

三、病原

茶网饼病病原为网状外担菌（*Exobasidium reticulatum* Ito et Sawada），属担子菌门外担菌属真菌。叶背病斑上网状物是菌丝，白粉状物是子实层，担子长棍棒状至圆筒形，大小为（63～135）μm×（3～4）μm，顶端着生4个小梗，每个小梗上着生1个担孢子。担孢子单胞，无色，倒卵形或椭圆形，大小为（8～12）μm×（3～4）μm，发芽时生出1个隔膜，成为双细胞，从两端或一端长出芽管（图16-2-1）。

孢子形成和发芽温度为10～28℃，孢子形成的最适温度为19～25℃，相对湿度近100%；孢子发芽的最适温度为22℃左右，相对湿度为100%。担孢子在相对湿度97%以上的夜间飞散。病菌在pH2.6～10.2条件下均可发育，但以pH5.5最为适宜。

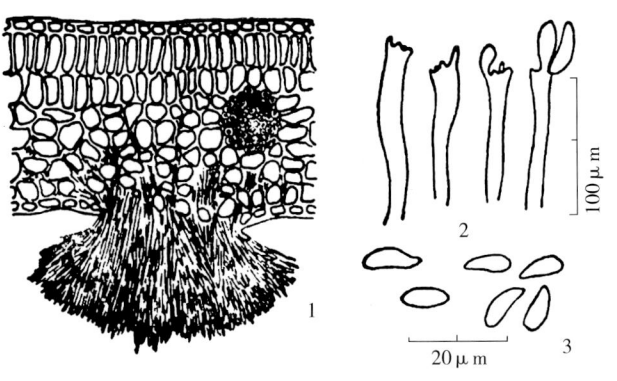

图16-2-1 茶网饼病病原形态特征（引自陈宗懋和陈雪芬，1990）

Figure 16-2-1 Morphology of *Exobasidium reticulatum* (from Chen Zongmao and Chen Xuefen, 1990)

1. 子实层 2. 担子 3. 担孢子

四、病害循环

茶网饼病菌以菌丝体或者分生孢子盘在发病组织或土表落叶中越冬。翌春条件适宜时担孢子成熟，随风雨传播侵入成叶，经10d潜育产生新病斑，湿度大时病斑上长出白色粉状子实层，着生许多担子和担孢子，成为发病的初侵染源。担孢子借风雨传播蔓延，侵染芽下1～3片嫩叶，经10～30d潜育出现病斑，60～70d后长成大型网状病斑，此时嫩叶已长为成叶，第四叶位以下的成叶接种也不发病，以后病斑上又形成白粉，产生孢子，不断为害叶片。夏季由于气候炎热，一般不进行侵染活动。菌丝潜伏在叶片组织内越夏，秋季又开始活动，病斑上产生白粉（子实层），并继续进行侵染，直至越冬为止。

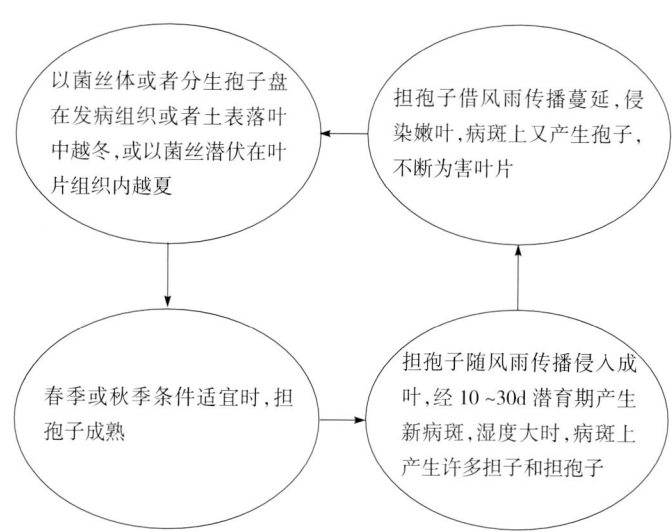

图 16 - 2 - 2　茶网饼病病害循环（董文霞绘）

Figure 16 - 2 - 2　Disease cycle of tea net blister blight in China（by Dong Wenxia）

五、流行规律

茶网饼病在一年中的4～6月，随着气温上升，雨水增多，病害逐渐发展，7～8月干旱炎热，病害停止发展，9～10月秋雨连绵，发展较快，为害严重，以后随着气温逐渐下降，病害也渐渐停止发生。茶网饼病在春、秋两季相应有两个发病盛期，在安徽的5～6月发病最重，在浙江的秋季（9～10月）发生最多，在广东、广西则以10～12月发生最重，在台湾1～5月发生最多。发生时间上的差异主要决定于气候，一般来说，该病在低温高湿条件下发生较重。

茶网饼病的发病条件与茶饼病相似，发生和流行受气候、茶树长势、品种等因素的影响，其中以气候条件的影响最大。当温度在22～27℃时最利于发病，在适温条件下，高湿和日照不足为发病的主要诱因，因为要在高湿条件下，孢子才能形成、侵入和飞散，如果湿度降低，担孢子形成和飞散量也减少。一天中孢子的飞散高峰和湿度的升高相吻合，当湿度低于95%时，孢子基本不能飞散。担孢子畏光，在阳光直射和干燥条件下会丧失发芽力，光照和干燥对担孢子有抑制萌发作用，因此夏季干旱炎热不利于其扩展，病菌多在荫蔽处越夏。多雾的高山茶园及四周种植竹林的茶园易发病，雨露、多雾、日照少有利于病害的发生和流行。例如，杭州九溪的一块茶园，其一边的茶树由于处于荫蔽的竹林间，终日不见阳光，朝露不易干，湿度较大，网饼病发生重；而生长在另一边的茶树，因为阳光充足，湿度较小，未见发病。

茶树的生长对茶网饼病的发生和流行也有一定影响。一般叶片生长嫩薄，新梢抽生多的茶树，适于病菌侵染，则病害发生较重。

茶树品种间对茶网饼病的抗病性差异显著。水仙、梅占、福鼎大白茶、上梅洲等较抗病，婺源群体种易感病，台湾的青心乌龙极易感病。一般叶片角质层和叶肉厚的品种表现为抗病，而叶片薄嫩的品种表现为感病。

六、防治技术

（一）加强茶园管理

注意树高、覆盖度大茶园的通风透光，特别是覆盖度大的茶园，应减轻荫蔽；适当增施磷、钾肥，也可减轻发病；发病严重的茶园，封园后应及时进行冬季清园修剪。

（二）化学防治

在竹林间或其他朝露不易干的荫蔽茶园以及通风透光差的茶园，发病严重地区可在秋季发病期前10～15d进行药剂防治。可选用75%百菌清可湿性粉剂800～1 000倍液（安全间隔期10d），在非采摘茶园可喷用 0.7％石灰半量式波尔多液，于每个茶季各喷药 1 次，尤其是在 9～10 月需加强防治，喷药 1～2 次，以防止病害流行。

董文霞（云南农业大学植物保护学院）

第 3 节　茶云纹叶枯病

一、分布与危害

茶云纹叶枯病又称叶枯病，是茶园中最常见的一种叶部病害，分布很广，在各产茶省份均有发生，尤以浙江、湖北、湖南、云南、广东等省发生较重，一些主要产茶国如日本、印度、斯里兰卡、前苏联、越南、坦桑尼亚、牙买加、孟加拉国等均有报道，以日本、前苏联发生较重。该病除为害茶树外，还为害油茶和山茶。茶云纹叶枯病在生长衰弱、台刈茶园以及扦插苗圃中发生较多。叶片罹病后，光合作用强度明显减弱，呼吸作用增强，病株叶片提早脱落，枝梢回枯，树势衰弱，产量下降；严重时，茶园呈现一片枯褐色，幼龄茶树全株枯死。

二、症状

茶云纹叶枯病主要为害成叶和老叶，新梢、枝条和果实上也可发生。老叶和成叶上的病斑多发生在叶缘或叶尖，初为黄褐色水渍状，半圆形或不规则形，后变褐色，1 周后病斑由中央向外渐变灰白色，边缘黄绿色，形成深浅褐色、灰白色相间的不规则形病斑，并生有波状、云纹状轮纹，后期病斑上产生灰黑色扁平圆形小粒点，沿轮纹排列，这是病菌的子实体。成、老叶上的病斑很大，可扩展至叶片总面积的 3/4，此时会出现大量落叶，从症状出现至落叶历时 25～50d；幼芽、嫩叶上的病斑为褐色，圆形，后期常相互接合，并渐变为灰色，可使幼芽全部凋萎枯死；嫩枝发病后，出现灰色斑块，逐渐枯死，并向下发展到枝条；枝条上的病斑灰褐色，稍下陷，上生灰黑色扁圆形小粒点；果实上的病斑黄褐色，圆形，后成灰色，上生灰黑色小粒点，有时病部开裂（彩图 16-3-1）。

三、病原

茶云纹叶枯病原为胶孢炭疽菌 [*Colletotrichum gloeosporioides* (Penz.) Penz. et Sacc.；异名：山茶刺盘孢 (*Colletotrichum camelliae* Massee)]，属子囊菌无性型炭疽菌属；有性型为围小丛壳 [*Glomerella cingulata* (Stoneman) Spauld. et H. Schrenk]；异名：山茶球座菌 [*Guignardia camelliae* (Cooke) E. J. Butler]，属子囊菌门小丛壳属真菌。

茶云纹叶枯病病斑上的小黑点是病菌无性型的分生孢子盘，生于叶片的表皮下，成熟时突破表皮外露，并释放大量的分生孢子。分生孢子盘直径为 180～320μm，盘内着生分生孢子梗和刚毛。分生孢子梗短线状，大小为 (9～19) μm×(3～5) μm，顶生 1 个分生孢子，刚毛针状，基部粗，顶端渐细，暗褐色，具隔膜 1～3 个，大小为 (40～70) μm×(3～5) μm。分生孢子圆筒形或长椭圆形，两端圆或一端略粗，直或稍弯，单胞，无色，大小为 (10～23) μm×(3～6) μm。厚垣孢子球形，浅褐色，内含 2～3 个油球。

茶云纹叶枯病菌子囊壳散生在病部两面，半埋生，球形至扁球形，壁膜质，黑色，大小为 160～200μm，有孔口，有时孔口呈乳头状突起，常常埋生于病斑反面的海绵组织中，有时也埋生于病斑正面的表皮下，孔口直径为 7～18μm。子囊卵形或棍棒形，顶端略圆，基部有小柄，大小为 (40～66.5) μm×(8～18) μm，内含子囊孢子 8 个，排成 2 列。子囊孢子纺锤形、椭圆形或卵圆形，单胞，无色，大小为 (10～18) μm×(3～6) μm，有 1～3 个油球。有性世代较少出现，仅在初夏以及秋季多雨潮湿条件下在枝条上出现，在侵染循环中所起的作用不大，分生孢子在侵染中起主要作用（图 16-3-1）。

茶云纹叶枯病菌在大豆琼脂培养基上菌丝生长快，产孢量多，菌落初为白色，后变深褐色，厚绒状。分生孢子喜高温，耐低温和干旱，生长最适温度为 23～29℃，最低温度为 3～4℃，最高温度为 32℃。在适温条件下，分生孢子在水滴中经 3h 即可萌发，芽管自一端或两端伸出，在先端产生一个圆形或不规则形的压力胞；2％蔗糖或茶汤，可促进孢子萌发；病苗在紫外线照射下，或在 -2～4℃下培养 10d 后，移至 24℃下培养 4d，再在室温下培养 3 周后，可形成子囊壳。

茶云纹叶枯病与油茶炭疽病的病原菌形态相同，交互接种后，均可致病，因此两种病害的病原相同。本病菌对山茶属（*Camellia*）中的茶、油茶、山茶、茶梅等近缘植物均可侵染，但对油茶和茶可引起较大为害，是油茶落蕾落果的主要原因。

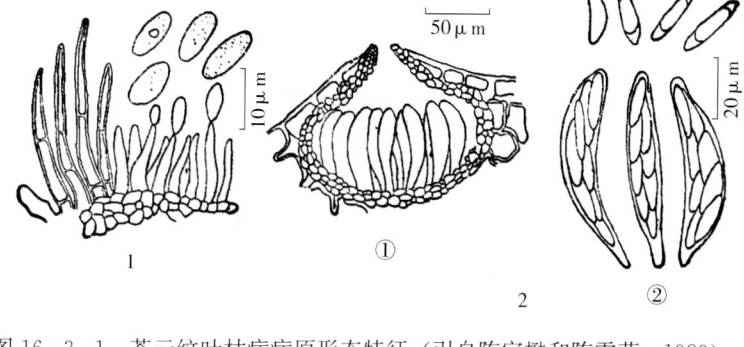

图 16 - 3 - 1 茶云纹叶枯病病原形态特征（引自陈宗懋和陈雪芬，1989）

Figure 16 - 3 - 1 Morphology of *Colletotrichum gloeosporioides* (from Chen Zongmao and Chen Xuefen, 1989)

1. 无性型：分生孢子梗和分生孢子

2. 有性型：①子囊壳，②子囊和子囊孢子

四、病害循环

茶云纹叶枯病菌以菌丝体、分生孢子盘或者子囊壳在病叶组织或病残体中越冬。病残体中病菌存活期长短取决于枯枝落叶的腐败速度，如果落叶早，再遇秋季多雨、温度偏高，病残体腐败快，病菌存活期较短，成为翌年初侵染源的可能性不大；埋于土中的病叶易腐烂，病菌也极易死亡。茶树上残留的病叶是翌春最主要的初侵染源。当温、湿条件适宜时，病叶上的分生孢子盘产生分生孢子，借风雨和露滴在茶树叶片间传播，在叶片表面萌发，长出芽管，从叶表的伤口、自然孔口侵入，亦可穿透角质层直接侵入。病菌侵入后，一般经 5～18d 的潜育期，出现病斑。潜育期的长短取决于气温的高低。气温高，潜育期短，气温低，潜育期长。当平均气温在 24℃以上，最高温度不超过 35℃，最低温度不低于 20℃时，潜育期最短，为 5～9d；当平均气温在 20～24℃，最高温度不超过 28℃，最低温度不低于 17℃时，潜育期在 10～13d；当平均气温在 15℃左右，最高温度不超过 25℃，最低温度不低于 10℃时，潜育期在 13d 以上。随后病斑上产生分生孢子，进行新一轮的侵染过程。全年除冬季外，可多次重复侵染。我国南方冬季气温较高，病菌无明显越冬现象，分生孢子可全年产生，周年侵染。北方茶区病叶中发现有子囊壳越冬的现象，但在病害循环中的作用远不及无性世代（图 16 - 3 - 2）。

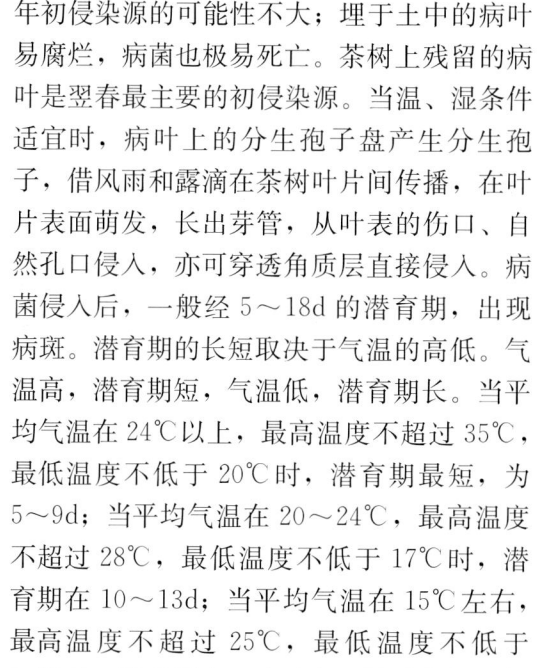
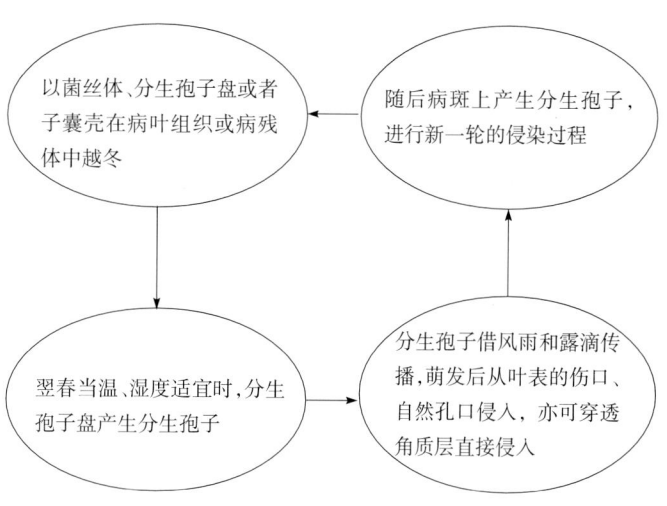

图 16 - 3 - 2 茶云纹叶枯病病害循环（董文霞绘）

Figure 16 - 3 - 2 Disease cycle of tea brown blight in China (by Dong Wenxia)

五、流行规律

茶云纹叶枯病的流行与气候条件关系密切；茶树生长势、品种以及土壤等条件对该病的流行也有一定的影响。

（一）气候

茶云纹叶枯病是一种高温高湿性病害，适温范围内，湿度升高，可以促进病菌的生育，并缩短潜育期，多雨高湿有利于孢子的形成、传播和萌发侵入，致使病害发展。在浙江杭州，一般于 4 月开始发病，随着气温上升，病情逐渐发展；5、6 月梅雨季节病害显著发展；7 月高温干旱，病情发展较慢；8 月至 9 月上旬由于温度高、降雨又充足，病害流行，为全年发病盛期；9 月中旬以后随着气温下降，病害逐渐停止发展。在湖南北部，全年以 5 月上旬和 8 月中旬至 9 月为病害流行期，这段时间为该地雨量集中的时期，相对湿度大于 80% 以上。在广东英德，6～7 月高温多雨，平均气温在 27～29℃，旬降水量常在 40mm 以上，病情发展快，为全年发病盛期。

温度和湿度相比,湿度对病害发生与流行的影响更为重要。当气温高雨量又充足时,病情发展较快,而气温高天气干旱时,则病情发展缓慢。因此,在适温条件下,降雨和高湿是病害流行的主导因素。

当旬平均气温在28℃以上,降水量在40mm以上,相对湿度在80%以上,并有一定菌源数量时,可作为预测该病流行的指标。

(二)茶树长势

茶云纹叶枯病菌系兼性腐生菌。凡茶树生长旺盛,抗病力强,则发病轻;茶树生长衰弱,抗病力弱,则发病重。当炎夏干旱季节,在强烈阳光照射下,茶树水分供应失去平衡,叶片干枯,形成日灼斑后,又逢降骤雨,则病害易流行;叶片在遭受冻害的情况下,也易遭病菌的侵染。此外,在缺肥或偏施氮肥、不合理采摘以及各种叶螨类、小绿叶蝉等病虫害发生较重的茶园,往往导致病害的流行,尤其是受短须螨为害的叶柄部,常成为病菌侵染的部位,往往螨害与病害并发。

(三)品种

茶树品种间存在抗病性差异。在浙江和湖南观察,一般南方品种发病重,北方品种发病轻;大叶种和持嫩性强的品种易感病,而小叶种则较为抗病。如云南大叶种和湖南湘波绿品种发病较重,叶片发病率分别为64%和37.4%,而高桥小叶种和龙井种发病则轻,叶片发病率分别为18.4%和1%~5%,金匙、玉兰等表现为强抗病。在广东英德,以云南大叶种发病重,叶片发病率为25.7%~29%,病情指数7.6~9.2,而福建安溪水仙、广东乐昌白毛茶、福建政和大白茶等发病轻,叶片发病率分别为2.9%、3.3%和4.3%,病情指数分别为0.73、0.84和1.20。寄主的抗病性与叶片组织的结构有关。一般南方品种和大叶种的叶片中,栅栏组织层次少,角质层较薄,病菌易于侵入,所以发病较重。

(四)土壤

茶云纹叶枯病的发生和为害程度,在不同土壤条件下有差异。凡地下水位高、排水不良、土层较浅的茶园,由于茶树根系发育不良,易遭受旱害与冻害,故发病较重;而地下水位低、排水良好、土层厚的茶园发病则轻。

(五)环境

一般竹林、屋后荫蔽地以及朝北晨露不易干的茶园,较之向阳茶园发病为重。

六、防治技术

(一)因地制宜选用抗病品种

可选用龙井、福鼎、台茶13、毛蟹、清明早、瑞安白毛茶、铁观音、福鼎白毫、藤茶、梅占、龙井群体种等抗病品种。

(二)加强茶园管理

适当多施基肥和茶叶专用肥,注意氮、磷、钾的配合施用,促使茶树生长健壮;注意深耕培土,做好蓄水、排水,不断促进根系生长,做好抗旱与防冻工作,减轻病害的发生;加强防治螨类和其他病虫害,减少叶片伤口,也可减轻病害。

(三)清洁茶园

由于树上和土表病叶是病害的主要侵染源,因此,冬季或早春应清扫落叶并携出园外及时处理;也可结合茶园冬耕,将土表病叶深埋于土中,加速其腐烂,以消灭越冬病菌,减少侵染源,对减轻全年发病有一定作用。

(四)化学防治

我国江南茶区在春茶采摘结束后,当成叶发病率达10%~15%时,即达到防治指标,应进行第一次喷药,以防止病害的发展;7~9月发病感染期,根据旬气象资料,平均气温在28℃左右、相对湿度80%以上、降水量在40mm以上时,尤其是夏季久旱以后遇降雨,应及时喷药防治;在发病严重的地区,喷药7~10d后,再喷施1次,全年共喷药3次左右,即可控制病害的流行。由于病害在植株上从上至下发展,因此,喷药应注意质量,使茶蓬内部叶片也能着药,每667m²用药液量:常量喷雾50~100L;小喷孔片喷雾22.5~75L,机动弥雾7~10L。防治的药剂可选用75%百菌清可湿性粉剂800~1 000倍液(安全间隔期10d),或50%苯菌灵可湿性粉剂1 500倍液(安全间隔期7~10d)、70%甲基硫菌灵可湿性粉剂1 000~1 500倍液(安全间隔期10d);非采摘茶园还可使用0.7%石灰半量式波尔多液进行防治。

董文霞(云南农业大学植物保护学院)

第4节　茶炭疽病

一、分布与危害

茶炭疽病是常见的茶树叶部病害。在广东、福建、浙江、安徽、湖南、云南、江西、贵州、河南、台湾等省茶区均有发生。但以浙江、安徽、江西、湖南等省发生较重。在国外，日本、印度、斯里兰卡、韩国均有报道，是日本重要的茶树叶病。一般多为害当年生成叶，尤以春秋两季发病为盛，严重时致茶树大量落叶，树势衰弱，影响翌年茶叶产量和品质。该病除为害茶树外，也为害油茶、山茶等近缘植物。

二、症状

茶炭疽病主要为害茶树已展开的成长叶片，新梢上偶有发生。最初在叶尖或叶缘产生水渍状暗绿色病斑，迎着光看病斑呈半透明状，后水渍状逐渐扩大，仅边缘半透明，且范围逐渐减少，直至消失。病斑沿着叶脉扩展成半圆形或不规则形，病斑颜色由开始的焦黄色变成黄褐色至红褐色，最后变为灰白色。病斑边缘有黄褐色隆起线，与叶片健部分界明显。成形的病斑常以叶脉为界，受主脉限制，病斑常表现为半叶病斑。发病后期病斑正面密生许多黑色细小突起的粒点，也就是病菌的子实体分生孢子盘。病斑上无轮纹。病斑部分较薄而脆，容易破裂，病叶最终脱落。与云纹叶枯病、轮斑病相比，炭疽病的分生孢子盘最小，排列较密。早春在老叶上可看到黄褐色的病斑，其上有黑色小粒点，这是越冬后期的病斑。还可见到水渍状扩展中的中期病斑。茶园中残留的两种病叶均是初侵染源。发病严重的茶园可引起大量落叶（彩图16-4-1）。

三、病原

茶炭疽病病原为茶座盘孢 [*Discula theae-sinensis*（I. Miyake）Moriwaki & Toy. Sato，异名：*Gloeosporium theae-sinensis* I. Miyake]，属子囊菌无性型座盘孢属真菌。病部散生的黑色小粒点是病原菌的分生孢子盘。分生孢子盘圆形，直径为70～150μm，初埋生于表皮下，后期突破表皮而外露，内有许多分生孢子梗。分生孢子梗短线状，大小为（7～20）μm×（1.5～2.3）μm，无色，单胞，顶端各着生1个分生孢子。分生孢子梭形，细小，两端稍尖，无色，单胞，大小为（4～5）μm×（1～3.1）μm，内含1～2个小油球（彩图16-4-2）。日本学者Moriwaki和Sato（2009）根据形态学和分子生物特征将该菌学名由 *Gloeosporium theae-sinensis* I. Miyake 更改为 *Discula theae-sinensis*。

茶炭疽病菌在16.5～32.5℃均可生长。菌丝发育和孢子萌发最适温度为25～27℃。致死温度53～54℃经30min，−5℃经7h、−9～−10℃经1h。pH 5左右最适宜其生长。

四、病害循环

病菌以菌丝体或者分生孢子盘在茶树上或随病残体遗落土壤中存活越冬。翌年春天当气温回升至20℃以上、相对湿度80%以上时，分生孢子盘产生分生孢子，分生孢子主要借雨水传播或借采茶等人为农事活动而传播到叶片背面茸毛基部。在水滴中萌发侵入，10h后形成侵入丝侵入茸毛，经8～14d潜育后，出现小病斑，经15～30d扩展，形成10～20mm大病斑，这时嫩叶已长成成叶。随后病菌经生长发育，产生分生孢子盘和分生孢子，分生孢子成熟后借风雨传播，进行再侵染（图16-4-1）。病菌一般只从叶片茸毛基部侵入。当分生孢子传到叶背面时先黏附在茸毛上，茸毛的分泌物对分生孢子的萌发有促进作用。该病菌只

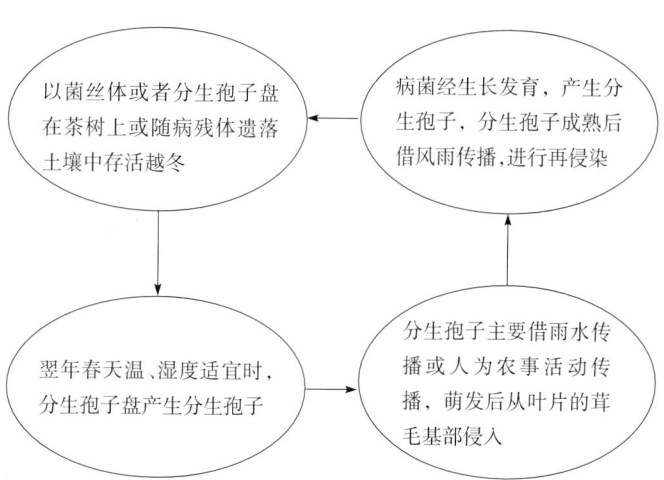

图16-4-1　茶炭疽病病害循环（董文霞绘）
Figure 16-4-1　Disease cycle of tea anthracnose in China（by Dong Wenxia）

能侵染芽下第1~3片嫩叶，因为老叶茸毛壁加厚，管腔堵塞，病菌很难侵入。由于病菌潜育期较长，往往在幼嫩叶片上侵染，而症状表现在成叶上，因此人们误认为病菌只侵染老叶、成叶。茶炭疽病菌还能产生有致病力的外毒素，引起茶树叶片坏死，形成枯斑，类似于病原菌侵染形成的症状。

五、流行规律

茶炭疽病的发生和流行受气候、菌量、茶树长势、品种抗病性和肥培管理等因素影响，其中以气候条件为主导因素。

（一）温、湿度

茶炭疽病菌对温度适应范围较广，病害从20℃左右开始发生，25~27℃最利于发病，温度低于15℃一般不发生。在适温条件下，多雨阴湿是病害流行的首要条件。孢子形成需要高湿。在有水滴或大气饱和湿度下孢子才能萌发、侵入，相对湿度低于95%时，孢子不能萌发。分生孢子盘上的分生孢子一般具有胶质物，所以，分生孢子的分散和传播，同样需要在高湿和雨水中进行，在25~27℃下，叶片保持24h湿润，侵染率在60%以上。因此，该病在我国茶区一般除冬季和早春外，均可发生，而以春、秋季5~6月和9~10月多雨期间发生最盛，高温干旱则不利于发病。多雨的年份病害发生也较重。

（二）茶树长势和品种

茶炭疽病的发生与茶树生长状况有关。一般台刈后抽生的新枝以及幼龄茶树，由于叶片柔软，水分含量高，适于病菌的侵染，因而发病重。冬季遭受冻害，排水不良，以及树势衰老的茶园病害发生也重。茶树品种间抗病性有很大的差异。薮北种在日本种植面积达3/4以上，易感病；龙井43在浙江省种植面积很大，也易感病。在阿萨姆变种（*Camellia einensis* var. *assamica*）茶树上也能形成很小的圆斑，因此在印度等大叶种茶树种植地区发生较轻。云南大叶种、毛蟹、梅占、阿萨姆大叶种、台茶13、金橘等品种比较抗病。一般认为，大叶种茶树对茶炭疽病具有较强的抗病性。由于茶炭疽病菌孢子由茶树叶片的背面的茸毛部侵入寄主，因此叶片背面茸毛短而少、茸毛管腔封得早的品种较抗病，而角质层薄、叶片软、第一层栅栏组织稀疏、叶面平展、叶色浅的品种，较感病。

（三）茶园施肥

茶树施肥的种类和氮、磷、钾三要素的配合比例，对病害的发生和流行有明显的作用。一般单施氮肥或缺乏钾肥，叶片生长薄嫩而柔软的，利于发病；增施钾肥或施用氮、磷、钾三要素配合比例适当的有机肥料，则发病较轻。

六、防治技术

（一）加强肥培管理

加强茶园栽培管理，增施有机肥和适量钾肥，勿偏施氮肥；雨季抓好防涝排水；秋冬季进行清园，扫除并烧毁地面的枯枝落叶和杂草，减少越冬病原。

（二）台刈更新，更换品种

对连年严重发病的老茶园可在春茶后采取台刈更新的办法来防治。将台刈下来的枯枝和地面落叶清出茶园并烧毁。台刈后的茶园要施足基肥，这样可有效防治病害。茶树炭疽病的发生在品种间的差异很大，因此在炭疽病发生严重的地区应种植抗病品种。

（三）化学防治

使用药剂防治茶炭疽病宜早，最好在夏、秋茶萌芽期或发生初期进行喷药。也可在病害发生期（6月上旬和9月）选喷75%百菌清可湿性粉剂1 000倍液（安全间隔期10d），70%甲基硫菌灵可湿性粉剂1 000~1 500倍液（安全间隔期10d），或50%苯菌灵可湿性粉剂2 000~3 000倍液（安全间隔期7d），后两种药剂兼具保护和治疗作用，在病菌已侵染叶片7~10d后，仍有治疗效果。由于茶树炭疽病在我国秋季是一个发病主要季节，因此在夏茶干旱期结束后至秋季雨季开始前的喷药防治至关重要。在发生严重的地区，喷药后7~10d最好再喷药1次，全年喷药2~3次，可以控制病害的发展。日本在1975年推广苯并咪唑类杀菌剂防治炭疽病后，到1978年连续3~4年使用10次以上的地区，已出现病原菌对苯菌灵和硫菌灵的抗药性。因此，必须控制此类药剂的使用次数，实行轮换用药，以防止和延缓病菌抗药性的产生。

董文霞（云南农业大学植物保护学院）

第 5 节 茶轮斑病

一、分布与危害

茶轮斑病是我国茶区常见的成叶、老叶病害，各大茶区都有分布。世界各主要产茶国均有该病发生，包括印度、日本、斯里兰卡、坦桑尼亚、肯尼亚、韩国。其中，日本、印度发生较重，目前印度南部由于茶轮斑病造成的茶叶损失达 17%。茶轮斑病导致被害叶片大量脱落，并引起枯梢，致使树势衰弱，产量下降。扦插苗发病后常呈现枯梢现象，造成茶苗成片枯死。

二、症状

茶轮斑病主要发生于当年生的成叶或老叶上，也可为害嫩叶和新梢。病害常从叶尖或者叶缘开始，逐渐向其他部位扩展。发病初期病斑黄褐色，然后变为褐色，最后呈褐色、灰白色相间的半圆形、圆形或者不规则的病斑。病斑上常呈现有较明显的同心轮纹，边缘有一个褐色的晕圈，病健分界明显。病斑正面轮生或者散生许多黑色小点。如果发生在幼嫩芽叶上，自叶尖向叶缘逐渐变为褐色，病斑不规则，严重时芽叶呈枯焦状，上面散生许多扁平状黑色小点。新梢发病，常在基部先生暗褐色小斑，以后上下扩展，上生黑色小点。茎渐弯曲，病部以上茎叶呈红紫色，然后萎凋枯死（彩图 16 - 5 -1）。

三、病原

茶轮斑病病原为茶拟盘多毛孢［*Pestalotiopsis theae*（Sawada）Steyaert］，属子囊菌无性型拟盘多毛孢属真菌。病斑上的小黑点是病原菌的分生孢子盘，在病斑上常呈轮纹状排列，或者散生在病斑上，直径为 120～180μm，着生在表皮下面的栅栏组织间。分生孢子梗在子座上形成，为圆柱形或者倒卵形，无色，有层出现象。分生孢子纺锤形，很少弯曲，4 个分隔，5 个细胞，分隔处有缢缩，中间 3 细胞褐色，两端细胞无色，大小为（24～33）μm×（8～10）μm，顶端有 2～3 根附属丝。附属丝顶端稍膨大，无色透明。

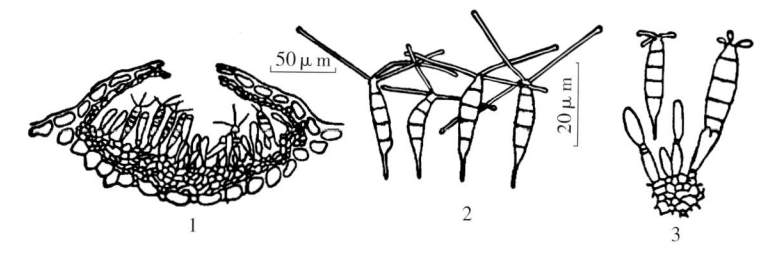

图 16 - 5 - 1 茶轮斑病病原形态特征（引自陈宗懋和陈雪芬，1989）

Figure 16 - 5 - 1 Morphology of *Pestalotiopsis theae*（from Chen Zongmao and Chen Xuefen，1989）

1. 分子孢子盘 2. 分生孢子 3. 分生孢子梗和初形成的分生孢子

茶轮斑病菌分生孢子比云纹叶枯病菌的分生孢子要大得多，加上有附属丝，显微镜下容易辨认。茶轮斑病菌在 PDA 培养基上的菌丝体无色，有白色气生菌丝，菌丝层上形成分生孢子盘，并产生墨绿色的孢子堆。菌落上的分生孢子盘往往也是呈同心轮纹状排列。光对分生孢子盘及分生孢子形成是必不可少的条件，只有在直接接受光刺激的部位才能产生（图 16 - 5 - 1）。

茶轮斑病菌除了 *P. theae* 外，在我国同时混杂发生有长刚毛拟盘多毛孢［*P. longiseta*（Speg.）K. Dai et Tok. Kobay.］，这个种在日本发生也很普遍。*P. longiseta* 和 *P. theae* 的区别是孢子的中央 3 个细胞中上两个呈浓黑褐色，下一个细胞呈浅褐色（图 16 - 5 - 2）。

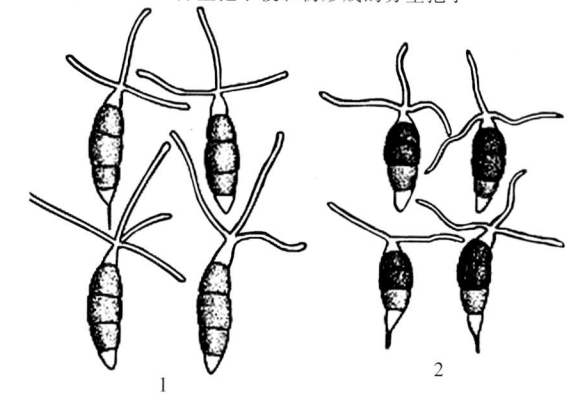

图 16 - 5 - 2 茶轮斑病两种病原菌分生孢子（引自江塚昭典和安藤康雄，1994）

Figure 16 - 5 - 2 Conidia of *Pestalotiopsis* spp.（from Ezuka and Ando，1994）

1. 茶拟盘多毛孢 2. 长刚毛拟盘多毛孢

四、病害循环

茶轮斑病菌是一种弱寄生菌，寄生性较弱，常侵害损伤组织和衰弱的茶树。病菌以菌丝体或者分生孢子盘在病组织中越冬。翌年春天环境条件适宜时，产生分生孢子。分生孢子萌发引起初侵染。分生孢子萌发后主要从伤口（包括采摘、修剪以及害虫为害的伤口等）侵入，菌丝体在叶片细胞间隙蔓延，经 1～2 周后产生新的病斑。新病斑上又产生分生孢子盘和分生孢子。在潮湿的气候条件下，病菌可形成子实层。据测定，每片病叶上可以形成 $20 \times 10^4 \sim 142 \times 10^4$ 个孢子，平均 7×10^5 个孢子。孢子成熟后由雨水溅射传播，进行再侵染。茶轮斑病菌孢子对没有伤口的健康叶片一般无致病力（图 16-5-3）。

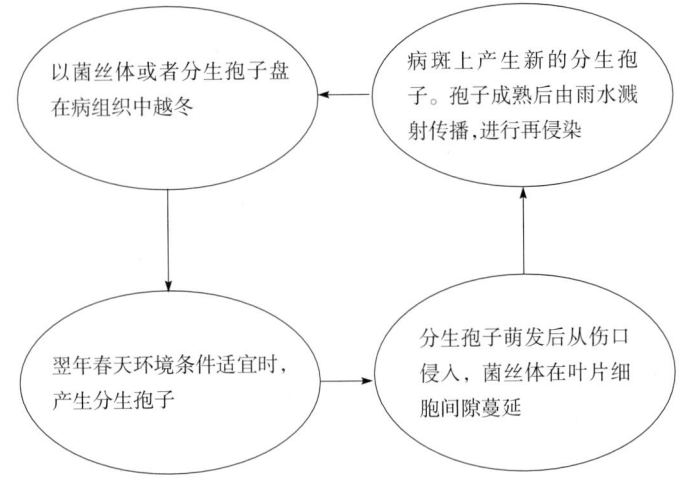

图 16-5-3 茶轮斑病侵染循环（董文霞绘）

Figure 16-5-3 Disease cycle of tea gray blight in China (by Dong Wenxia)

茶轮斑病两种病原菌据日本 Nagata 等（1992）研究，在人工培养时可以形成两种双氧化合物和一种杂环化合物。用这种化合物进行茶树叶片人工接种时可使茶树叶片出现类似症状，这 3 种化合物的结构见图 16-5-4。

五、流行规律

茶轮斑病是一种高温高湿型病害。在我国茶区，茶树整个生长季节中均能发生茶轮斑病，而以夏秋季发病最盛。病原菌在 28℃ 左右生长最为适宜，夏、秋高温高湿利于该病的发生和发展。所以，安徽南部、江苏南部等茶区茶轮斑病的高峰期常出现在夏秋两季。高湿条件利于孢子的形成和传播。9 月小雨不断，温度偏高，病害仍有蔓延的趋势。湖南在春末、夏初有一个发病高峰。据西南地区茶园观察，茶轮斑病在 3～11 月发生，而以 6～7 月发生最重。据安徽观察，在 5～7 月以及 9～10 月发生较多。温度在 25～28℃、相对湿度 80%～85% 适宜于该病的流行。夏季骤晴骤雨的情况下，会使病害迅速发展。

管理粗放、施肥不当或者肥料不足特别是钾肥不足，土壤板结、排水不良、树势衰弱的茶园发病往往比较重。一些人为管理措施可以加重病害的发生，特别是采摘、修剪造成的大量伤口，为病菌提供了侵入途径。据日本报道，病菌均从嫩梢切口处侵入，由于修剪机、采茶机的普及导致茶园内茶轮斑病大量发生。

品种间抗性差异显著。云南大叶种、凤凰水仙、湘波绿等大叶种比龙井长叶、毛蟹、藤茶和福鼎等中、小叶种感病。但大叶种的不同品种之间的抗性差异也很显著，也存在抗性材料。茶轮斑病与茶云纹叶枯病之间存在互作关系。茶云纹叶枯病对茶轮斑病具有抑制作用，茶轮斑病随茶云纹叶枯病的上升而下降，随其下降而上升。

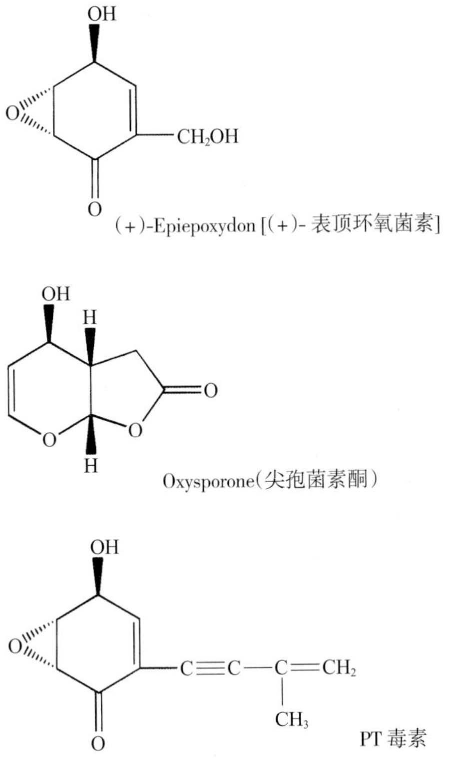

(+)-Epiepoxydon [(+)- 表顶环氧菌素]

Oxysporone（尖孢菌素酮）

PT 毒素

图 16-5-4 茶轮斑病菌在人工培养条件下形成的 3 种毒素化合物的结构式（引自 Nagata 等，1992）

Figure 16-5-4 Chemical structural formula of three toxins from artificial culture of *Pestalotiopsis theae*（from Nagata et al.，1992）

六、防治技术

（一）农业措施

加强茶园管理，防止拧采或者强采，减少伤口。咀嚼式口器害虫取食后造成的伤口也是病菌侵入的途径，因此防治害虫是预防茶轮斑病的重要措施。在夏季高温干旱季节出现日灼伤后，导致生长活力减弱的叶片组织在遇雨后往往是病原菌侵染的良好场所，应喷药保护。加强肥培管理、建立良好的排灌系统可使茶树生长健壮，从而增强抗病能力，减轻发病。选种适合当地的抗病品种。

（二）化学防治

可选用50％苯菌灵可湿性粉剂1 000倍液（安全间隔期7d）和70％甲基硫菌灵可湿性粉剂1 000～1 500倍液（安全间隔期10d）等杀菌剂。浙江、安徽、湖南等省可在春茶结束后（5月中、下旬）和修剪后喷施杀菌剂。扦插苗圃在高温高湿季节、温室苗圃都应及早喷药防治，以防出现茎腐症状。

董文霞（云南农业大学植物保护学院）

第6节　茶白星病

一、分布与危害

茶白星病又称白斑病，是我国茶树上一种重要病害。该病发生普遍，一般在高山茶园发生较重。在安徽、湖南、浙江、江西、福建、广东、四川、云南、贵州、河南等省的山区茶园均有发生。在国外，日本、印度尼西亚、印度、斯里兰卡、前苏联、巴西、乌干达、坦桑尼亚等国已有报道。茶白星病主要为害嫩叶、嫩芽、嫩茎及叶柄，以嫩叶为主。严重发生时引起茶树嫩梢芽叶畸形，生长停滞，产量锐减。局部茶园发病率高达80％以上。发病茶园一般减产10％左右，严重的茶园减产50％以上。随着病情指数的升高，鲜叶中茶多酚、咖啡碱、水浸出物的含量都随之下降，游离氨基酸含量随之升高。用病芽叶制成的干茶，冲泡后叶底布满星点小斑，茶汤味苦涩，汤色暗浑，破碎率较高，并有异味，饮用后肠胃有不适感，对成茶品质影响较大。

二、症状

茶白星病主要为害嫩叶、嫩芽、嫩茎及叶柄，以嫩叶为主。嫩叶染病初生针尖大小的褐色小点，后逐渐扩展成直径为0.5～2.0mm的圆形小斑，中间红褐色，边缘有暗褐色稍微突起的线纹，病健分界明显。成熟病斑中央呈灰白色，中间凹陷，边缘具暗褐色至紫褐色隆起线，其上散生黑色小点。病叶上病斑数达几十个至数百个，有的相互融合成不规则形大斑，叶片变形或卷曲，叶脉染病叶片扭曲或畸形。当一张叶片上有100个以上病斑时，病叶发黄，引起脱落，并严重降低茶叶品质。嫩茎和叶柄发病，初呈暗褐色，后呈灰白色，病部亦生黑色小粒点，病梢节间长度明显短缩，百芽重减少，对夹叶增多。严重发生时引起茶树嫩梢芽叶畸形，生长停滞。病情严重时蔓延至全梢，形成梢枯（彩图16-6-1）。

三、病原

茶白星病病原为茶叶叶点霉（*Phyllosticta camelliae* Westendorp），属子囊菌无性型叶点霉属真菌。病斑上的小黑点是病菌的分生孢子器。分生孢子器球形至扁球形，直径50～80μm；初期无色，渐变成乳白色，然后浅褐色，最后呈黑褐色；顶端具乳头状孔口；初埋生，后突破表皮外露；以1个孔口居多，孔口直径为17～33μm。分生孢子椭圆形至卵形，单胞，无色，壁薄，大小为（3～5）μm×（2～3）μm（图16-6-1）。

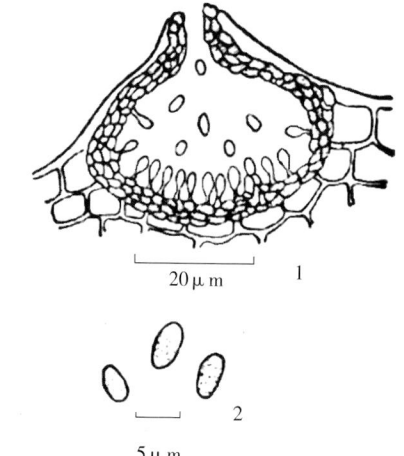

20μm 1

5μm 2

图16-6-1　茶白星病病原形态特征（引自陈宗懋和陈雪芬，1989）

Figure 16-6-1　Morphology of *Phyllosticta camelliae*（from Chen Zongmao and Chen Xuefen，1989）

1. 分生孢子器　2. 器孢子

四、病害循环

茶白星病菌以菌丝体、分生孢子器在病叶或病茎中越冬，也可在新梢组织中越冬。主要以活体组织为主，枯死病叶上的病菌虽然可以越冬，但存活率很低。翌年 3 月下旬至 4 月初，当气温上升至 10℃以上，在有水湿的条件下，从气孔或叶背茸毛基部细胞侵入，形成器孢子，通过风雨进行传播，侵染新梢芽下第一至四叶或嫩茎，潜育期短，一般仅 1～3d，开始形成新病斑，病斑上又产生分生孢子，进行多次重复侵染，使病害不断扩展蔓延，导致流行。在我国大多数茶区，4 月初嫩叶初展时出现初期病斑，遇适温高湿条件病斑大量形成，5～6 月春茶采摘期发病最盛，7～8 月病情减轻，入秋后病情依气候条件再次回升，但不及春茶期为害严重，以后进入越冬（图 16-6-2）。

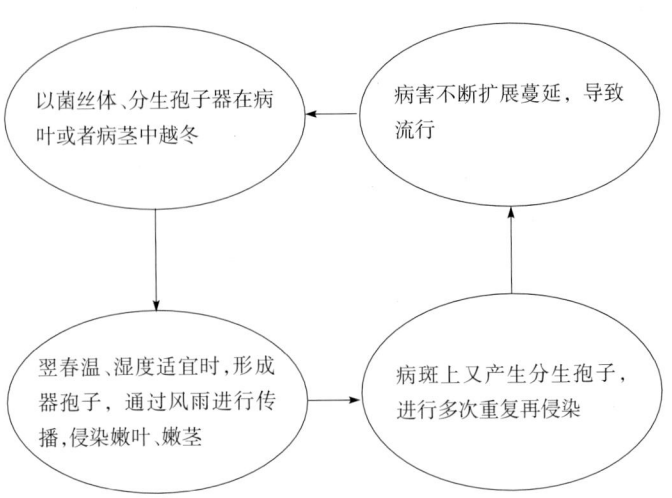

图 16-6-2　茶白星病病害循环（董文霞绘）

Figure 16-6-2　Disease cycle of tea white spot in China (by Dong Wenxia)

五、流行规律

茶白星病属低温高湿型病害。病害的发生与温度、湿度、降水量、海拔高度、茶树品种、树势及土壤有一定的关系。

茶白星病在茶园气温为 10～30℃条件下均可发生，但以 20℃最适宜。旬平均温度高于 25℃、相对湿度在 70％以下时不利于该病的发生；当旬平均温度 20℃、相对湿度 85％以上时易发病。春季降雨多，初夏云雾大，日照短的茶园发病尤为严重。4～6 月平均降水 200～250mm，或旬降水为 70～80mm，病害严重流行。此期间山区茶园如果遇到 3～5d 连续阴雨，或者日降水量为 40～50mm，病害可能暴发流行。

在不同地区不同海拔高度，发病程度有差异。在安徽南部山区，该病在海拔 200～1 200m 茶园内有海拔愈高发病愈重的趋势，这是因为在海拔较高的茶园中具有适于发病的高湿、多雾、气温偏低的生态条件；在贵州茶区则是海拔 800～1 400m 发生重；在湖南则是海拔 800m 的茶园发病一般不严重，900m 以上开始病情急剧加重，1 400m 的山顶茶园发病最重；在浙江是海拔 800～1 000m 病情加重，1 200m 以上的高山茶园发病最重，随着地势的递增，病情也相应加重。

茶树品种对茶白星病的抗病性也存在差异。福鼎大白茶抗性最强，毛蟹、鸠坑次之，清明早和藤茶易感病。

茶白星病菌多侵害生长衰弱的茶树。土壤过分贫瘠或者施肥不足，管理水平低，采摘过度均发病重。此外，茶树生长旺盛，树势强，芽头壮，发病轻，反之则重。春芽叶嫩度高，发病重；秋茶叶片纤维素含量高，发病轻。二至三年生的幼龄茶树，由于生长柔嫩，新梢多，适宜于病菌侵染，发病也较多（赵志清，1999）。

六、防治技术

（一）加强茶园肥培管理

增施磷、钾肥，促进树势生长健壮。茶季分批及时合理采摘，可减少再侵染概率。

（二）喷药保护

在春茶萌芽期（3 月下旬至 4 月初），当嫩叶发病率达 6％时，进行喷药防治。可选 50％硫菌灵可湿性粉剂 1 000 倍液（安全间隔期 7d），或 75％百菌清可湿性粉剂 800 倍液（安全间隔期 10～14d）防治。由于茶白星病的潜育期短，侵染次数多，因此，在发生严重的地区提倡早治，在春茶萌芽鱼叶展叶期进行第一次喷药。第一次喷药后，间隔 7～10d 需再喷 1 次，全年共喷 2～3 次，病情可得到控制。非采摘茶园还可用 0.6%～0.7% 石灰半量式波尔多液进行防治。

董文霞（云南农业大学植物保护学院）

第 7 节　茶芽枯病

一、分布与危害

茶芽枯病于 1976 年在我国浙江首次发现，国外未见报道。主要分布于浙江、江苏、安徽、湖南、江西、广东、广西、四川、河南等各大茶区。罹病芽梢生长明显受阻，直接影响产量。发生严重的茶园，新梢发病率可达 70%，可使春茶减产约 30%，而且品质下降。

二、症状

茶芽枯病主要为害嫩芽和嫩叶，尤以 1 芽 1～3 叶发生为多。成叶、老叶和枝条不发病。从春茶萌发起，幼芽、鳞片、鱼叶均可产生褐变，病芽萎缩，不能伸展，后期呈现黑褐色焦枯。嫩叶被侵染 2～3d 后，先在叶尖或叶缘产生淡黄色或黄褐色斑点，逐渐扩展成不规则形病斑，边缘有一条深褐色隆起线，有时病斑边缘不明显。后期病部表面散生黑色细小粒点，是病菌的分生孢子器，叶片上以正面居多，感病叶片易破碎并扭曲。严重时整个嫩梢枯死（彩图 16-7-1）。

茶芽枯病和春茶期嫩叶上发生的"黄化病"（病原尚未明确）易混淆。两者的主要区别特征：茶芽枯病在叶片上有明显的褐色病斑，后期病斑上生黑褐色小粒点；而"黄化病"的病部无黑褐色小粒点，且表现为整个新梢或枝条上的叶片发黄、变小或簇生的系统症状。

三、病原

茶芽枯病病原是芽生叶生霉（*Phyllosticta gemmiphilae* X. F. Chen & H. Ji Hu），属子囊菌无性型叶点霉属真菌。病菌的分生孢子器散生于芽叶表皮下，成熟时突破表皮外露，球形至扁球形，大小为（90～234）μm×（100～245）μm，器壁薄，膜质，褐色或者暗褐色，顶端有乳头状突起的孔口。孔口直径为 23.4～46.8μm。分生孢子生于其内，椭圆形、圆形或卵圆形，无色，单胞，大小为（1.6～4.0）μm×（2.3～6.5）μm。周围有一层黏液，内有 1～2 个绿色油球，病菌的有性世代尚未发现（图 16-7-1）。

茶芽枯病菌与茶树上其他叶点霉属（*Phyllosticta*）和茎点霉属（*Phoma*）的病菌区别在于：器孢子小，分生孢子小，周围有一层黏液层或胶质鞘，末端常有单端附属物，但分生孢子器及孔口较大。

茶芽枯病菌在马铃薯蔗糖琼脂培养基中生长良好，菌落白色平绒状，后转灰褐色至黑褐色。病菌生长发育的最适氮源为丙氨酸、谷氨酸、天冬氨酸；硝酸铵、硫酸铵、蛋白胨作氮源时，不能形成分生孢子器；最适碳源为果糖、棉籽糖和葡萄糖。

茶芽枯病菌生长的最适温度为 20～27℃，在 8～10℃ 下生长缓慢，29℃ 以上菌丝不能生长。器孢子在清水中萌发率很低，在儿茶素液中不能萌发，在 2% 茶汤中萌发率高，在 25℃ 下培养 1h，开始萌发，12h 萌发率高达 93.8%。孢子萌发的最适 pH 为 5.40～6.82。

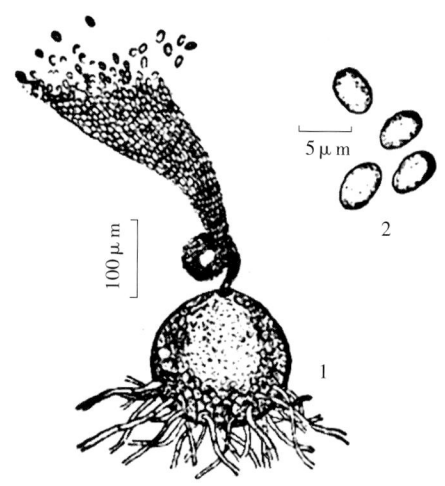

图 16-7-1　茶芽枯病病原形态特征（引自陈宗懋和陈雪芬，1989）

Figure 16-7-1　Morphology of *Phyllosticta gemmiphilae*（from Chen Zongmao and Chen Xuefen, 1989）

1. 分生孢子器　2. 器孢子

四、病害循环

茶芽枯病菌以菌丝体或分生孢子器在老病芽叶或者越冬芽叶中越冬。翌年 3 月底至 4 月初，当平均气温上升到 10℃ 以上，相对湿度在 80% 左右时，开始产生分生孢子。分生孢子随气流和雨水溅落传播，侵染正在萌动的茶树芽叶，一般 2～3d 可完成孢子的萌发侵入，5～7d 出现明显症状。如果病芽叶留在茶树上，菌丝体经过生长发育，很快又产生分子孢子器并释放分生孢子，再次侵染健康芽叶。因此，该病在茶树的生长季节里，可进行多次侵染，直至流行。茶芽枯病在 3 月底至 4 月初（春茶萌芽期）开始发生，4 月中旬至 5 月上旬（春茶盛采期）为发病盛期。5 月下旬至 6 月上旬（夏茶期）病情发展重，6 月中旬以后停止发病（图 16 - 7 - 2）。

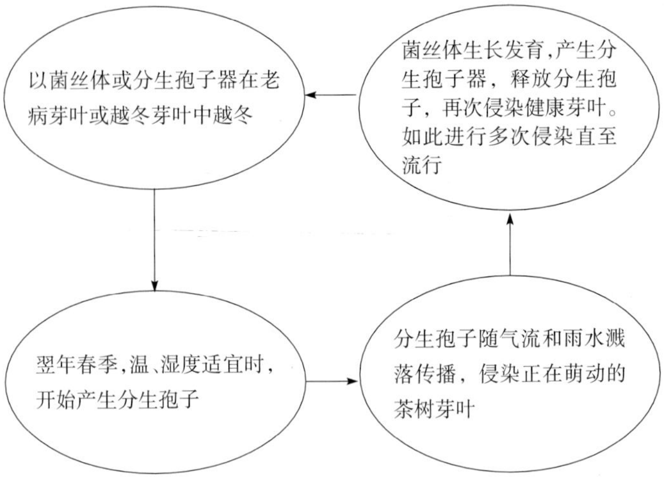

图 16 - 7 - 2 茶芽枯病病害循环（董文霞绘）

Figure 16 - 7 - 2 Disease cycle of tea bud blight in China（by Dong Wenxia）

五、流行规律

茶芽枯病的流行受气候条件、茶叶中内含成分以及茶树品种抗病性的影响。

（一）气候条件

茶芽枯病属低温高湿型病害。病害的发生与气温关系密切。平均气温在 10℃ 左右、最高气温为 15℃ 时开始发病，但病情发展缓慢。当旬平均气温在 15～20℃，最高气温在 20～25℃ 时病害发展迅速；当旬平均温度＞20℃，最高气温在 25℃ 以上，病害发展缓慢，最高气温持续超过 29℃ 即停止发病。据统计，最高气温和增加病叶率之间呈明显的负相关。在温度适宜时，降雨天数多，相对湿度高，能促进病害的发展，反之，则发病率相对减少。但在高温季节，即使雨日多、湿度大，病害也不再发展。据在浙江调查，茶芽枯病在 3 月底至 4 月初（春茶萌芽期）开始发生，4 月中旬至 5 月上旬（春茶盛采期）为发病盛期，5 月下旬至 6 月上旬（夏茶期）病情发展缓慢，6 月中旬以后停止发病。

（二）茶叶内含成分

茶叶内含成分氨基酸可以促进器孢子的萌发，而茶多酚含量高则会抑制器孢子的萌发。春茶期间，茶叶新梢中氨基酸含量高，茶多酚含量低，而夏、秋茶期则相反，氨基酸含量减少，而茶多酚含量增加。研究表明，氨基酸可促进分生孢子的萌发，这是茶芽枯病仅限于春茶期发生的原因之一。

（三）茶树品种

茶芽枯病的发生在不同品种间有明显的差异。发病初期，一般发芽早的品种发病率较高，达 30% 以上，如黄叶早、清明早等；而发芽迟的品种发病率则低于 10%，如鸠坑、乐清青茶等。其抗病机制主要是避病作用。在发病盛期，以福建水仙、政和等品种发病较轻，碧云、福鼎、大叶云峰等品种发病较重。

六、防治技术

茶芽枯病的防治应采取早春萌芽期喷药与早采、勤采等农业措施相结合的综合防治措施，防治效果较明显。

（一）加强茶园管理

在深秋增施饼肥、早春施用催芽肥时，注意氮、磷、钾的配比，防止偏施氮肥，使茶树体内碳氮比降低，游离氮增加，以提高茶树抗病力。在早春修剪时，去除越冬病芽叶，修剪下的枝条应立即带出茶园，烧毁或深埋，以减少越冬菌源。春茶期早采、勤采茶叶。重病茶园，在冬前和初春新芽萌发前分别采摘 1 次病芽叶，可减少病菌侵染芽叶的概率，以减轻病害。

（二）药剂防治

每年春茶萌芽前，采用随机抽样法，调查越冬的宿病芽基数，宿病芽率在5％以下，一般可以不进行药剂防治，宿病芽率在5％～10％时，需在感病品种茶园中进行挑治；宿病芽率在10％以上，则要进行大面积防治。可选用50％硫菌灵可湿性粉剂800～1 000倍液（安全间隔期7～10d）、70％甲基硫菌灵可湿性粉剂1 000～1 500倍液（安全间隔期10d）进行防治。一般在春茶萌芽期和发病初期各喷药1次，在发生严重的茶园，可在秋茶采摘结束时再喷药1次，全年喷药2～3次，以阻止病害的流行。

董文霞（云南农业大学植物保护学院）

第8节　茶赤叶斑病

一、分布与危害

茶赤叶斑病是茶树上一种较为常见的叶部病害。全国各茶区均有发生，目前局部地区发生严重。在国外，印度、日本亦有报道。该病流行在炎热的夏季，形成的病斑面积大，影响茶树的光合作用，不仅大大减少了茶树体内有机物质的积累，严重时还造成大量叶片干枯脱落，既影响当年秋茶和翌年春茶的产量和品种，又降低了树体的抗逆性，容易引起许多其他病害和并发症。

二、症状

茶赤叶斑病主要发生在茶树成叶和老叶上，发病初期从叶缘或叶尖开始出现淡褐色不规则形病斑，以后渐渐变成赤褐色，故名赤叶斑病。病斑部的颜色均匀一致。病斑边缘有深褐色隆起线，病部和健部分界明显。后期病斑上有许多褐色稍突起的小粒点。病叶背面黄褐色，较叶正面色浅（彩图16-8-1）。

三、病原

茶赤叶斑病病原为茶生叶点霉（*Phyllosticta theicola* Hara），属子囊菌无性型叶点霉属真菌。分生孢子器球形或扁球形，大小为（75～107）μm×（67～92）μm，黑色，顶端有1个圆形孔口，孔口直径为12～15μm，初埋生于叶片组织内，后突破表皮外露。分生孢子器壳壁为柔膜组织，由多角形细胞构成，内壁着生无数器孢子梗。器孢子梗棍棒状或圆筒形，无色，单胞，大小为（5～9.5）μm×（4～6.3）μm，其上顶生器孢子。器孢子圆形至宽椭圆形，无色，单胞，内有1～2个油球，大小为（7～12）μm×（6～9）μm。在潮湿的条件下，器孢子如挤牙膏状从分生孢子器中大量释放出来（图16-8-1）。

四、病害循环

茶赤叶斑病病菌以菌丝体和分生孢子器在茶树病叶组织内越冬。翌年5月开始产生分生孢子，靠风雨及水滴溅射传播。该菌的分生孢子可以直接或通过伤口侵入，落入伤口附近的孢子，首先萌发形成附着胞，接着在其下产生一个锥形的侵入丝，并伸展至伤口，侵入表皮组织；恰好落入伤口上的孢子，一般不形成附着胞，直接形成菌丝向其内部侵入。有部分落入叶表的孢子，形成附着胞后，产生的锥形侵入丝能直接穿透角质层侵入叶片，特别是在一二叶上，以这种方式侵入的较多。孢子在一至五叶上均能萌发形成附着胞，但在四、五叶上形成期较晚，可能是由于较老叶片角质化程度高、机械强度大，不易穿透。发病叶片病部又产生分生孢子进行多次再侵染。每年5～6月开始发病，7～9月发病最盛。如果6～8月持续高温，降水量少，茶树受日灼伤害的最易发病（图16-8-2）。

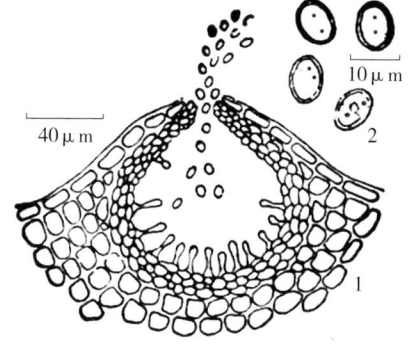

图16-8-1　茶赤叶斑病病原形态特征（引自陈宗懋和陈雪芬，1989）

Figure 16-8-1　Morphology of *Phyllosticta theicola*（from Chen Zongmao and Chen Xuefen, 1989）

1. 分生孢子器　2. 器孢子

五、流行规律

茶赤叶斑病属高温低湿型病害，在高温条件下发生严重。该病在 1 年中，从 5～6 月开始发生，7～8 月为发病盛期，9 月上旬病叶脱落。高温干旱有利于病害的发生和发展。在夏季烈日照射下，干热的天气能促使植株内部水分的供应和蒸腾作用失去平衡，致使植株抗病力降低，易受病菌侵染；同时，干旱使叶片上形成枯斑，常成为茶赤叶斑病菌侵染的部位。台刈修剪后的嫩枝梢叶片、幼龄园、扦插母本园、采摘后留叶多的茶树发病重。土层浅薄，水分供应不足的茶园该病发生也很普遍。发病后茶园呈红褐色枯焦，常引起大量叶片脱落。

茶树不同品种对茶赤叶斑病抗性差异显著。在对 9 个品种的抗性比较后发现，舒茶早、乌牛早、龙井长叶、农抗早抗性较强，其次依次为浙农 113、龙井 43、平阳特早、上浮州、白毫早，福云 6 号最易感病。研究结果表明，茶树叶片角质层厚、栅栏组织层次多的品种抗性较强。

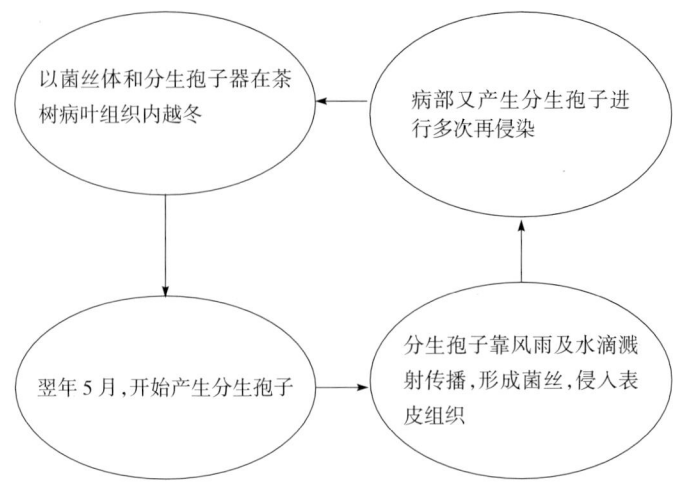

图 16-8-2 茶赤叶斑病病害循环（董文霞绘）

Figure 16-8-2 Disease cycle of tea red leaf blight in China (by Dong Wenxia)

六、防治技术

（一）农业措施

1. 遮阳抗旱 该病为高温干旱型病害。易遭日灼的茶园，可种植遮阳树，减少阳光直射。有条件的可建立喷灌系统，保证茶树在干旱季节对水分的要求，可减轻病害。

2. 改良土壤 生产茶园铺草，增强土壤保水性。提倡施用酵素菌或 EM 活性生物有机肥，改良土壤理化性状和保水保肥性能，是防治该病的根本措施。

（二）化学防治

夏季干旱季节到来之前喷洒 50％苯菌灵可湿性粉剂 1 000～1 500 倍液（安全间隔期 7～10d）或 70％多菌灵可湿性粉剂 800～1 000 倍液（安全间隔期 7～10d）、36％甲基硫菌灵悬浮剂 600～800 倍液（安全间隔期 10d）。

董文霞（云南农业大学植物保护学院）

第 9 节 茶褐色叶斑病

一、分布与危害

茶褐色叶斑病在江苏、浙江、安徽、湖南、四川、广东、台湾、云南、贵州等省茶区均有分布，局部地区发生严重。该病主要为害茶树的成叶和老叶，也可为害嫩叶。在夏季干旱情况下，引起成叶和老叶大量枯焦脱落，致使树势衰弱。茶褐色叶斑病的小型病斑症状有的地方称为圆赤星病。这种病叶制成的干茶带有明显苦涩味，致使茶叶产量和品质明显下降。

二、症状

茶褐色叶斑病在茶树上产生两种症状。第一种是在茶树的成叶和老叶上，发病多数自叶尖或叶缘开始，最初呈暗褐色小点，逐渐扩大后，形成直径约 1～1.5cm 的半圆形褐色病斑，边缘不明显，常互相合并而成不规则形病斑，在潮湿条件下长出灰色疏松的薄霉层，产生这种症状时被称为褐色叶斑病（彩图 16-9-1）。第二种症状是在嫩叶或成叶上产生圆形的小型褐色病斑，主要在成叶和嫩叶上发生，嫩梢、叶柄上也能发生，老叶上偶有发生。发病初期，叶面为褐色小点，以后逐渐扩大成圆形小病斑，大小为0.5~1.5mm，最大为3mm。嫩叶上的病斑和茶白星病相似，但中央部凹陷，无黑色小点，而有灰色霉层。嫩叶感病后叶片生长受阻，常歪斜不正；在成叶上的病斑较嫩叶上的病斑大，但比第一种症状的病斑小。产生这种症状时被称为茶圆赤星病（嫩叶）和茶褐色圆星病（成叶）（彩图16-9-2）。除叶片外，叶中脉、叶柄和嫩茎均能受害。叶中脉发病会使叶片皱缩卷曲，叶柄受害可以引起叶片脱落。

三、病原

茶褐色叶斑病病原为单眼假尾孢［*Pseudocercospora ocellata*（Deighton）Deighton，异名：茶尾孢菌（*Cercospora theae* Breda de Haan）］，属子囊菌无性型假尾孢属真菌。子座深褐色。分生孢子梗丛生，单条挺直或弯曲，无色，单胞或多胞，越向先端颜色越淡，具0~5个横隔膜，大小为（12~35）μm×（3~4）μm，顶端着生分生孢子。分生孢子鞭状，由基部向顶端渐细，略弯曲，无色至浅灰色，有3~10个分隔，大小为（53~116）μm×（2.3~3.5）μm（图16-9-1）。

四、病害循环

病菌以菌丝体形成的子座在病叶组织中越冬。翌年春季茶芽萌发，抽生新叶时，病部产生分生孢子，在适宜气候条件下借风雨飞溅传播，侵染嫩叶、成叶、幼茎，约经5d潜育，产生新病斑后，又形成分生孢子，进行多次重复侵染，使病情不断扩大，造成病害流行（图16-9-2）。

五、流行规律

茶褐色叶斑病属低温高湿型病害，气温20℃、相对湿度80%以上时最易发生。全年以春季（4月中、下旬至5月上旬）以及晚秋（11月）的气候条件最利于其发生，秋雨季节也有发生。尤其是平原低洼、潮湿的茶园及高山多雾的茶区易发病。在春季新梢上，以鱼叶和第一片真叶发生为多。整株茶树下部叶片较上部病害发生重，幼龄树较成龄、老龄树发生多。日照短、阴湿雾大的茶园，土层浅、茶树生长弱的茶苗，生长过于柔嫩的茶苗都易发病。管理粗放、肥料不足、采摘过度、茶树生长衰弱的茶园易于发病。年际间发病轻重不同，在早春气温偏低而雨水充足的年份一般发病较重。品种间亦有明显的抗病性差异，龙井、毛蟹、黄叶早等抗病，白毛茶、云台山大叶种、凤凰水仙易感病。扦插苗圃较一般茶园发病重。

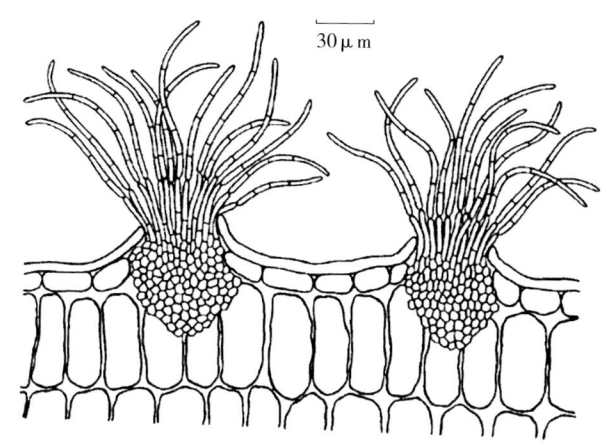

图16-9-1 茶褐色叶斑病病原形态特征（引自陈宗懋和陈雪芬，1989）

Figure 16-9-1 Morphology of *Pseudocercospora ocellata* (from Chen Zongmao and Chen Xuefen, 1989)

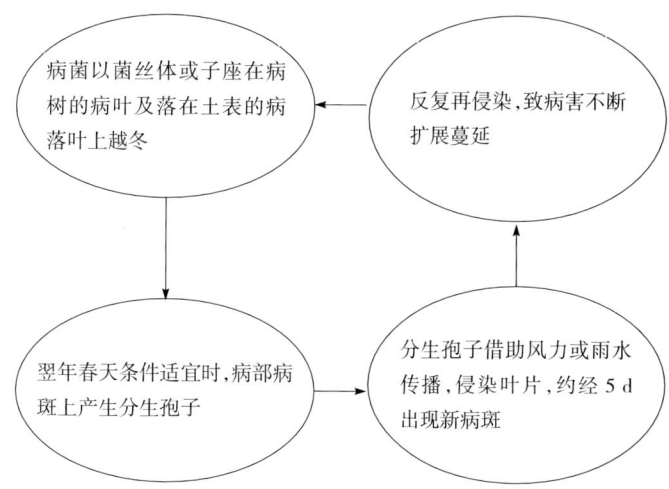

病菌以菌丝体或子座在病树的病叶及落在土表的病落叶上越冬

反复再侵染，致病害不断扩展蔓延

翌年春天条件适宜时，病部病斑上产生分生孢子

分生孢子借助风力或雨水传播，侵染叶片，约经5d出现新病斑

图16-9-2 茶褐色叶斑病病害循环（赵冬香绘）

Figure 16-9-2 Disease cycle of tea bird's eye spot in China (by Zhao Dongxiang)

六、防治技术

（一）选用抗病品种

叶片较厚硬的小叶种品种，龙井、毛蟹等品种发病较轻。

（二）加强茶园管理

增施有机肥，做到合理采摘，采养结合；做好清沟排渍工作，降低地下水位，雨后及时排水，防止湿气滞留；做好防寒工作，防止冻害发生，以减轻发病。增施磷、钾肥，合理采摘，促使树势健壮，以提高抗病力。冬管期间，合理对茶园进行修剪，增强通风透光条件，降低湿度，清除严重病株。

（三）化学防治

春季采摘前或早春、晚秋发病初期及时喷洒 70％甲基硫菌灵可湿性粉剂 1 000 倍液（安全间隔期 10d）或 50％苯菌灵可湿性粉剂 1 500 倍液（安全间隔期 7～10d）、75％百菌清可湿性粉剂 800 倍液（安全间隔期 10d），非采摘茶园也可用 0.7％石灰半量式波尔多液或 12％松脂酸铜乳油 600 倍液。

赵冬香（中国热带农业科学院环境与植物保护研究所）

陈宗懋（中国农业科学院茶叶研究所）

第 10 节　茶 煤 病

一、分布与危害

茶煤病俗称乌油，全国各产茶省份均有发生。主要为害茶树叶片，在病枝叶上覆盖一层黑霉，影响茶树光合作用的正常进行。发生严重时，茶园呈现一片污黑，芽叶生长受阻，致使茶叶产量明显下降。由于茶煤病的污染，茶叶品质也受到一定影响。除茶树外，茶煤病菌还可侵染柑橘、荔枝等多种植物。

二、症状

茶煤病发病初始，叶片表面发生近圆形或不规则黑色烟煤状物，后渐扩大布满全叶，并由叶部蔓延至小枝及茎秆上，病株各部表面覆有一层烟煤状物，故名茶煤病（彩图 16 - 10 - 1）。茶煤病的病原种类多，不同种类的病原所形成的霉层的颜色深浅、厚度及紧密度不同。病部手摸有黏质感，为刺吸式害虫分泌的蜜露。茶煤病的发生常与黑刺粉虱、介壳虫或蚜虫的严重发生密切相关。

三、病原

茶煤病是由多种病原真菌侵染引起的，它们在分类学上属于子囊菌门和子囊菌门的无性型。根据这些病菌对营养的要求，可将茶煤病菌分为寄生性和腐生性两大类，前者可侵染扩展进入叶片或枝梢组织内部，而后者只附生在叶面或枝梢表面。目前，全世界报道有 20 余种病菌可引起茶煤病，其中我国有 11 种发生较普遍（表16-10-1）。

我国茶树茶煤病最主要的病原是茶新煤炱 [*Neocapnodium theae* （Hara） Hara，异名：*Capnodium theae* Hara] 或称浓色煤病菌，属子囊菌门新煤炱属真菌。菌丝体浅褐色，从菌丝的隔膜处缢断后产生星状的分生孢子。分生孢子四分枝，无色至褐色，每个分枝上具多个分隔。分生孢子器圆筒形至不规则形，生在单一或分枝的长柄上，褐色，顶部膨大，具孔口。器孢子单胞，无色，椭圆形至卵圆形。有性态子囊壳圆柱状，顶端膨大，暗褐色，内生多个子囊。子囊卵圆形，基部有小柄，内生子囊孢子 8 个排成 2 列。子囊孢子椭圆形，初无色，后呈暗褐色，具隔膜 1～3 个（图 16 - 10 - 1）。

除了茶新煤炱菌外，在我国已记载的茶煤病病原还有 11 种（表 16 - 10 - 1）。

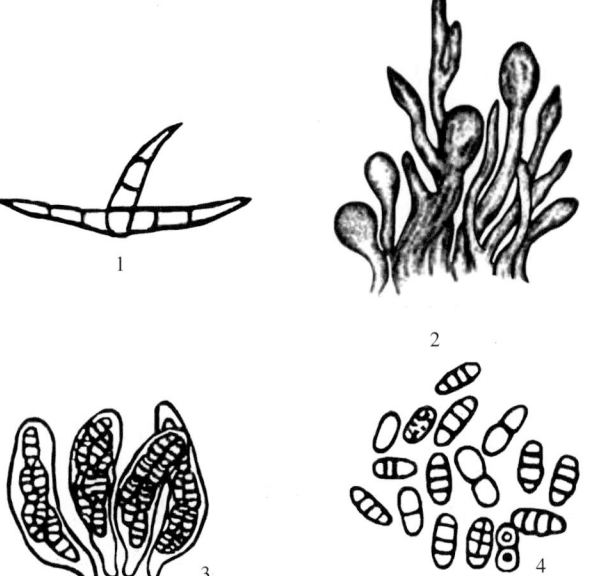

图 16 - 10 - 1　茶煤病病原形态特征（引自陈宗懋和陈雪芬，1989）

Figure 16 - 10 - 1　Morphology of *Neocapnodium theae* （from Chen Zongmao and Chen Xuefen, 1989）

1. 星状分生孢子　2. 分生孢子器　3. 子囊和子囊孢子　4. 子囊孢子

表 16-10-1 我国已记载的茶煤病菌（引自陈宗懋和陈雪芬，1990）

Table 16-10-1 The sooty mold fungus in tea plant recorded in China（from Chen Zongmao and Chen Xuefen，1990）

茶 煤 病 菌	分 布
茶槌壳炱 [*Capnodaria theae*（Hara）Hara；现称：*Neocapnodium theae*（Hara）Hara]	福建、浙江
富特煤炱 [*Capnodium footii* Berk. et Desm；现称：*Phragmocapnias betle*（Syd. P. Syd. et E. J. Butler）Theiss. et Syd.]	福建、浙江、台湾
茶煤炱 [*Capnodium theae* Hara；现称：*Neocapnodium theae*（Hara）Hara]	福建、浙江
光壳炱（*Limacinia* spp.）	福建、浙江
山茶小煤炱 [*Meliola camelliae*（Cattlaneo）Sacc.]	台湾、福建、浙江、湖南、安徽
山茶生小煤炱（*Meliola camellicola* W. Yamam.）	福建、浙江
田中新煤炱 [*Neocapnodium tanakae*（Shirai et Hara）W. Yamam.]	台湾
茶新煤炱 [*Neocapnodium theae*（Hara）Hara]	台湾
Neottiospora theae Sawada	台湾
爪哇黑壳炱 [*Phaeosaccardinula javanica*（Zimm.）W. Yamam.；现称：*Limacinula javanica*（Zimm.）Höhn.]	台湾
头状胶壳炱（*Scorias capitata* Sawada）	台湾、福建
刺三叉孢炱 [*Triposporiopsis spinigera*（Höhn）W. Yamam.]	台湾

四、病害循环

茶煤病以菌丝体、子囊壳或分子孢子器等在茶树病部越冬，翌年在适宜的温、湿度条件下产生孢子，借风雨传播。在煤病菌中有两类，一类是寄生性煤病菌。这类病原菌的寄主范围较狭窄，病菌侵入茶树叶片和枝梗组织，直接从茶树中获得营养；另一类是腐生性煤病菌，这类病原菌的寄主范围一般较宽。它们主要从为害茶树和蚧类、粉虱、蚜虫分泌的蜜露中取得营养，并由于营腐生生活，菌丝体并不侵入茶树组织内部，因此是一种腐生性微生物（图 16-10-2）。

五、流行规律

茶煤病菌主要在茶树叶片表面腐生，并不断深入组织内部。各种粉虱、介壳虫和蚜虫等媒介昆虫的存在，是该病发生的先决条件。发病程度与媒介昆虫活动有密切关系。茶园管理不良，荫蔽潮湿有利于该病的发生和流行。

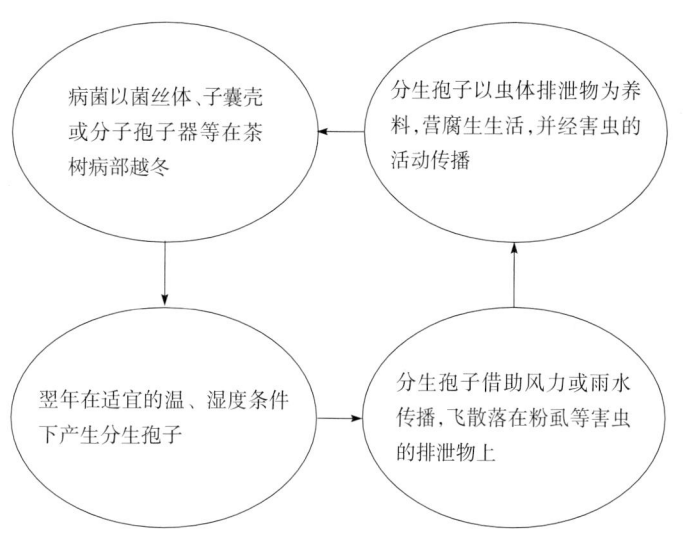

图 16-10-2 茶煤病病害循环（赵冬香绘）

Figure 16-10-2 Disease cycle of tea sooty mold in China（by Zhao Dongxiang）

六、防治技术

（一）加强茶园害虫防治

控制粉虱、介壳虫和蚜虫，是预防茶煤病的根本措施。根据诱发茶煤病害虫的种类及其防治适期及时合理进行化学防治，在采茶季节可选用虫螨腈、唑虫酰胺等农药喷雾防治，在非采茶季节可用石硫合剂喷雾封园防治。

（二）加强茶园管理

适当修剪，以利通风，增强树势，可减轻病虫害的发生。茶煤病发生严重的，应以重修剪为宜，剪下的病虫枝叶带出茶园并妥善处理，剪后再用 77% 氢氧化铜可湿性粉剂 500 倍液防治。

（三）冬季清园

秋末冬初用石硫合剂封园，是防治茶煤病最为有效的办法。

（四）化学防治

茶煤病发生初期，可喷洒 0.6%～0.7% 石灰半量式波尔多液。秋冬或早春喷施 0.5 波美度石硫合剂，可同时兼治介壳虫、粉虱和茶煤病。

赵冬香（中国热带农业科学院环境与植物保护研究所）

陈宗懋（中国农业科学院茶叶研究所）

第 11 节　茶红锈藻病

一、分布与危害

茶红锈藻病又称茶红锈病，是一种茶树茎、叶病害。主要分布在中国南部热带、亚热带茶区，海南、广东、云南等省茶区发生严重，湖南、安徽、浙江、江西、贵州、四川等省也有发生。茶红锈藻病主要为害幼龄茶树的枝干，也可为害老叶和茶果，并能分泌毒素。发生严重时，使枝梢枯死，叶片大量脱落，对产量有明显影响。除茶树外，茶红锈藻病病原还侵染油茶、柑橘、芒果、相思树、猪屎豆和山毛豆等多种植物。

二、症状

茶红锈藻病在幼龄茶树上发病最为严重。主要为害茶树茎部，但叶部也可患病。枝条染病初期，生有灰黑色至紫黑色不整齐小型斑块或圆点，后扩展为不规则大斑块，严重时布满整枝。夏季，病斑上会产生铁锈色毛毡状物（即病原藻菌的子实体），病部产生裂缝及对夹叶，造成枝梢干枯，病枝上常出现杂色叶片。茶树枝干罹病后，皮层粗糙，出现裂缝，芽叶生长缓慢，形成对夹叶，在侵染部位可以出现膨大。有时还会形成环状剥皮，后期病树出现严重落叶，枝梢干枯，芽叶生长稀疏，甚至全树死亡。病树树势迅速衰退的机制除了病原藻直接吸取养分和减少光合作用面积外，病原藻还可以分泌一种对茶树有毒害作用的代谢物。

茶红锈藻病病原除了侵染茶树茎部外，也可侵染叶片，但从经济重要性来看，侵染叶片的重要性远不如茎部。最初叶片上出现红色针头状小点。藻类的原植体（thallus）一般生长在叶片角质层下方，初时病斑呈放射状的圆形或椭圆形，稍突起，边缘不整齐，随着原植体的生长，开始形成孢囊梗，内含有橘红色的血色素，形成天鹅绒状结构，色泽也变成红褐色，因此称之为红锈藻病。一般老叶上发病多，嫩叶上很少发生。病斑后期色泽变暗，表面平滑（彩图 16-11-1）。

除枝和叶外，茶果也可罹病。一般果上的病斑比叶部小，暗褐色至褐色。病斑稍突起，边缘不整齐，病原藻一般只侵入果实的表面细胞，并不侵入下层。

除红锈藻病外，还有一种由附生性绿藻引起的藻斑病，只发生在叶部。症状和红锈藻病相似，在叶片上产生放射性病斑，色泽呈黑褐色，后期转暗褐色。

三、病原

茶红锈藻病是一种由藻类寄生所引起的病害，病原为寄生性头孢藻（*Cephaleuros parasiticus* Karst），属绿藻门头孢藻属。在茶树病枝上所见到的灰黑和黑紫色的绒状物是病原藻的营养体，铁锈紫红色是病原藻的繁殖体，其上生长孢囊梗和游走孢子囊。孢囊梗大小为 （77.5～272.5） $\mu m \times$ （13～17） μm，顶端膨大，其上着生小梗，一般多为 3 个，每小梗顶生 1 个游走孢子囊。游走孢子囊圆形或卵形，大小为 （34.1～45.4） $\mu m \times$ （28.5～35.6） μm，成熟后遇水可释放大量的双鞭毛椭圆形游走孢子。

关于茶树藻病的病原，在学术界存在争议。印度 Petch（1923）认为茶树上的藻类病害有两种，一种游走孢子囊较大的可以为害茎秆，即茶红锈藻病（*C. parasiticus*）；另一种游走孢子囊较小的主要为害茶树叶片，即茶藻斑病（*C. virescens* Kunze）。荷兰科学家 Joubest 和 Rijkenberg（1971）则认为两者是同一种藻的两个型。我国则分为两种藻：茶红锈藻病（为害茶树枝叶）和茶藻斑病（为害茶树叶片）。

四、病害循环和流行规律

茶红锈藻病病原以营养体在病组织上越冬，到翌年温、湿度条件适宜的春末夏初（即 5 月中、下旬至 6 月上旬），营养体发育形成孢囊梗和游走孢子囊，成熟的孢子囊释放出游走孢子。孢子囊和游走孢子借雨露、水滴传播。游走孢子静止后萌发出芽管侵入枝叶表皮组织或经气孔侵入，芽管发展为菌丝，在枝条表皮细胞或叶片角质层之间生长蔓延，以后再抽出孢囊梗和游走孢子囊，释放出游走孢子进行再侵染（图 16 - 11 - 1）。在嫩枝上，茶红锈藻病病原经刚变硬的木质部的皮层裂缝处侵入。

茶红锈藻病的发生在湖南省全年有两个高峰期，第一个在 5 月下旬至 6 月上旬，第二个在 8 月下旬至 9 月上旬，环境条件对本病的侵染途径有很大影响，特别是湿度，游走孢子的形成、游动和萌发都在雨季进行。侵染后 8 月开始形成孢囊和子代的游走孢子。在干旱时，孢囊数量明显减少。

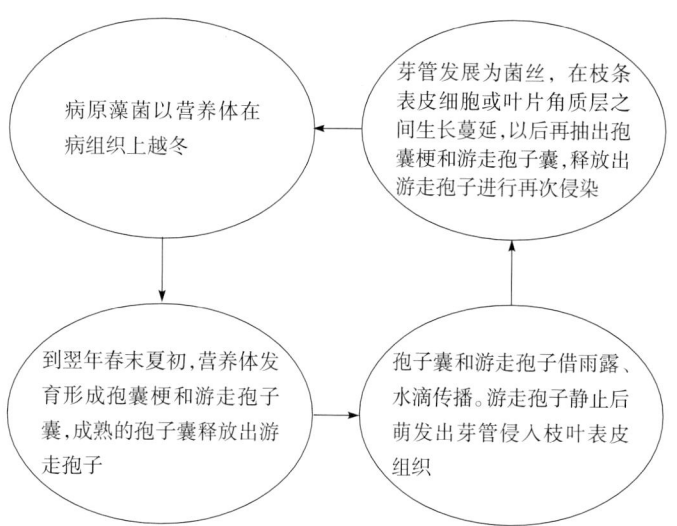

图 16 - 11 - 1　茶红锈藻病病害循环（赵冬香绘）

Figure 16 - 11 - 1　Disease cycle of tea red rust in China（by Zhao Dongxiang）

因此在雨季降雨频繁时，本病的扩展和蔓延最快，树冠密集、过度荫蔽、通风透光不良均有利于本病发生。土地瘠薄、干旱、水涝、营养不良等原因可引发此病。茶树生活力强弱直接影响茶红锈藻病的发生程度。

五、防治技术

（一）农业防治

因茶红锈藻病病原是一种弱寄生藻，因此进行土壤改良，增施有机肥和磷肥，加强茶园管理等一系列措施，促使茶树树势增强，可使病情下降。

（二）化学防治

在发病高峰期前，喷施 75％百菌清可湿性粉剂 800～1 000 倍液（安全间隔期 10d），或 50％多菌灵可湿性粉剂 800～1 000 倍液（安全间隔期 7～10d），以控制病害的发展。绿藻的游走孢子对铜素很敏感，在非采摘茶园，可喷施 0.2％硫酸铜液等铜制剂进行保护。

赵冬香（中国热带农业科学院环境与植物保护研究所）

陈宗懋（中国农业科学院茶叶研究所）

第 12 节　茶藻斑病

一、分布与危害

茶藻斑病又称白藻病，是茶树上一种发生较为普遍的叶部病害。一般多发生在荫蔽、通风不良的茶树下部老叶上。我国各茶区均有分布，除为害茶树外，还为害柑橘、玉兰、冬青、梧桐、山茶和油茶等。

二、症状

茶藻斑病在叶片正反面均可表现症状，以叶正面发生为主。病叶初生黄褐色针尖状小圆斑，开始为近"十"字形状，后向四周扩展，呈放射状，病部稍隆起，可见灰褐色至黄褐色毛毡状物，边缘不整齐，病斑圆形或不规则形，大小为 0.5～1.0mm。后期病斑呈暗褐色，表面光滑，有纤维状纹理，边缘不整齐

（彩图 16 - 12 - 1）。

三、病原

茶藻斑病病原为头孢藻（又称寄生性红锈藻）（*Cephaleuros virescens* Kunze），属绿藻门头孢藻属。病部的毛毡物是藻类的营养体，呈叉状分枝，在其上可长出孢囊梗和游走孢子囊。孢囊梗长为 $270\sim450\mu m$，顶端膨大，其上生有 $8\sim12$ 个小梗，每小梗顶端各生一个卵形的游走孢子囊。游走孢子囊大小为 $(14.5\sim20.3)$ $\mu m\times$ $(17\sim23.5)$ μm，成熟后遇水湿即溢出许多游走孢子。游走孢子椭圆形，具双鞭毛，可在水中游动（乔利等，2011）（图 16 - 12 - 1）。据荷兰科学家 Joubest & Rijkenberg（1971）在印度尼西亚进行的研究结果认为，茶藻斑病和茶红锈藻病的病原是同一种藻的两个型。我国科学家则普遍认同茶藻斑病和茶红锈藻病为两种病原，主要是根据孢囊梗和孢子囊的大小不同：*C. virescens* 孢囊梗长，但孢子囊较小；而 *C. parasiticus* 孢囊梗短，但孢子囊较大。

四、病害循环

病原藻以营养体在病叶组织上越冬，翌年春季在适宜的温湿度条件下，可产生游走孢子，随风雨传播侵害茶树叶片，在叶片表皮再抽出孢囊梗和孢子囊，散出游走孢子进行再侵染，继续扩大为害（图 16 -12 -2）。

五、流行规律

该病的病原是一种寄生性很弱的寄生植物，通常只能为害生长衰弱的茶丛。潮湿的环境条件有利于孢囊梗的形成、脱落、传播和发芽，因此发病较重；土壤瘠薄、缺肥、干旱、管理不良的茶园，发病也较重。

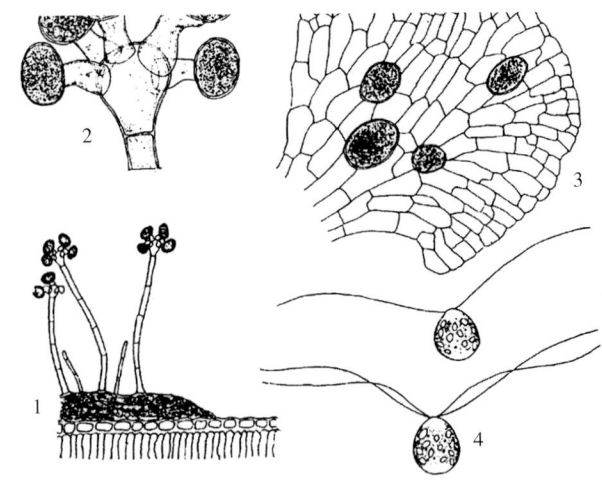

图 16 - 12 - 1 头孢藻形态特征（引自江塚昭典，1994）

Figure 16 - 12 - 1 Morphology of *Cephaleuros virescens*（from Ezuka，1994）

1. 孢囊梗和孢子囊　2. 孢子囊　3. 部分孢子囊　4. 游走孢子

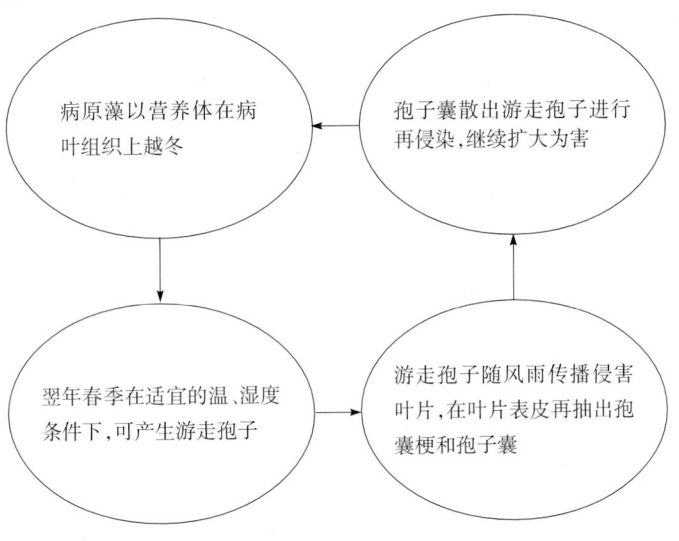

图 16 - 12 - 2 茶藻斑病病害循环（赵冬香绘）

Figure 16 - 12 - 2 Disease cycle of tea alga in China（by Zhao Dongxiang）

六、防治技术

（一）农业措施

1. 控制茶园湿度　建立新茶园时要注意选择高燥地块；雨后或地下水位高时，要注意开沟排水，防止湿气滞留。

2. 搞好茶园栽培管理　及时疏除徒长枝和病枝，改善茶园通风透光条件；适当增施磷、钾肥，提高茶树抗病力，可减少该病的发生。

（二）化学防治

发病较重的茶园，可在采茶结束后，喷施 0.6%～0.7% 石灰半量式波尔多液或 0.2% 硫酸铜液加 0.1% 洗衣粉进行防治。

赵冬香（中国热带农业科学院环境与植物保护研究所）

陈宗懋（中国农业科学院茶叶研究所）

第 13 节　茶膏药病

一、分布与危害

茶膏药病在安徽、浙江、江西、湖南、台湾等省份均有发生，主要发生在枝条和根茎部，一般只在枝干的表面扩展，但不侵入组织内部。茶膏药病紧贴茶树枝干表面发生，使局部组织正常发育受阻，严重时可使病部以上枝条枯死。该病病原除侵染茶树外，还侵染油茶、桑、梨、杏、桃、板栗、花椒、柑橘等。

二、症状

茶膏药病主要发生在老茶树的茎干部，其发生一般是在为害茶树的介壳虫虫体上开始的。病菌以介壳虫分泌的汁液为营养，然后以此为基地向四周和上下扩展蔓延。病斑的色泽随病菌的种类而异，有紫褐色、红褐色、灰色、灰黑色、黄褐色、褐色等。形如膏药般贴附在枝干上，故名膏药病。我国茶树上发生较为普遍的有灰色膏药病和褐色膏药病两种，其区分特征如下：

茶灰色膏药病：初期发生在茶树枝干上的介壳虫残体上，先产生白色绵毛状物，中央呈暗色，四周不断延伸丝状物，圆形，中央厚，周围薄，形似膏药。老熟后呈紫黑色，干缩龟裂，逐渐剥落。湿度大时，上面覆盖一层白粉状物（彩图 16 - 13 - 1）。

茶褐色膏药病：在枝条或根茎部形成椭圆形至不规则形厚菌膜，栗褐色，较灰色膏药病稍厚，表面丝绒状，较粗糙，边缘有一圈窄灰白色带，后期表面发生龟裂，易脱落（彩图 16 - 13 - 2）。

三、病原

茶灰色膏药病病原为柄隔担耳 [*Septobasidium pedicellatum* （Schwen.）Pat.]，属担子菌门隔担耳属真菌。菌丝有两层，初生菌丝具分隔，无色，后期变为褐色至暗褐色，分枝茂盛相互交错成菌膜。子实层上先长出原担子，后在原担子上产生无色圆筒形担子。担子初直，后弯曲，大小为（20~40）μm×（5~8）μm，具分隔 3 个，每个细胞抽生一小梗，顶生一个担孢子。担孢子单胞，无色，长椭圆形，大小为（12~24）μm×（3.5~5）μm。

茶褐色膏药病病原为田中隔担耳 [*Septobasidium tanakae* （Miyabe）Boedijn et B. A. Steinm.，异名：*Helicobasidium tanakae* Miyabe]，菌丝褐色，具隔，有两层，交错密集成厚膜，多从菌丝上直接产生担子。担子无色，棍棒状，具分隔 3 个，直或弯，大小为（27~53）μm×（8~11）μm，侧生的小梗上各生 1 个担孢子。担孢子无色，长椭圆形。

四、病害循环

茶膏药病病菌以菌膜组织在茶树枝干上越冬。翌年春末夏初，湿度大时形成子实层，产生担孢子，担孢子借气流和介壳虫传播蔓延，菌丝迅速生长形成菌膜。该病的发生与介壳虫有密切关系。病菌以介壳虫的分泌物为营养，而介壳虫也因菌膜的覆盖而得到保护。病菌的菌丝体在茶树枝干表面生长发育，菌丝相互交错形成薄膜，也能侵入寄主皮层吸取营养（图 16 - 13 - 1）。

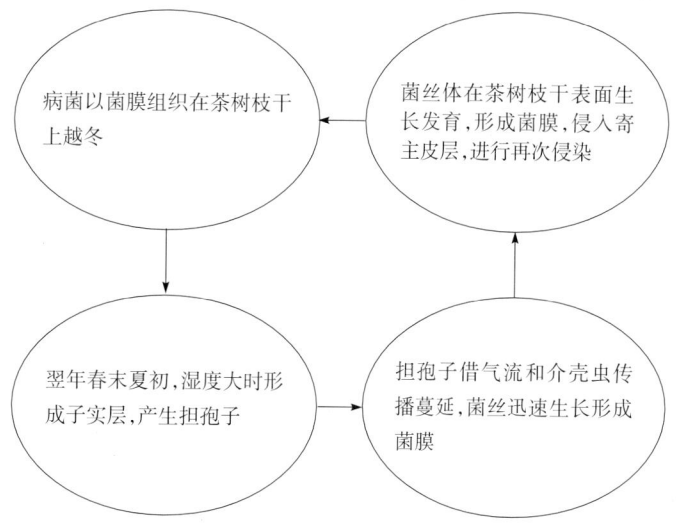

图 16 - 13 - 1　茶膏药病病害循环（赵冬香绘）
Figure 16 - 13 - 1　Disease cycle of tea plaster in China（by Zhao Dongxiang）

五、流行规律

在雨季，病菌的担孢子通过介壳虫的

爬行传播蔓延，也可借风雨而传播，但它必须有介壳虫的发生作为其生长发育的基础。土壤黏重、排水不良、荫蔽、湿度大的老茶园易发病。

六、防治技术

(一)农业措施
发病重的茶园，提倡重剪或台刈，剪掉的枝条集中烧毁。

(二)化学防治
1. 防治介壳虫　防治茶树介壳虫至关重要。具体方法参见茶树害虫有关介壳虫的防治。

2. 喷药保护枝干　在孢子盛发期，可喷施 0.7％石灰等量式波尔多液或用 20％的石灰水喷洒枝干，保护健康茶树免受侵染。

赵冬香（中国热带农业科学院环境与植物保护研究所）

陈宗懋（中国农业科学院茶叶研究所）

第 14 节　茶枝梢黑点病

一、分布与危害

茶枝梢黑点病目前仅在我国有报道。最早于 1961 年在浙江省杭州市发现该病，以后湖南、安徽也相继报道，现在全国各主要产茶区均有分布。该病为害主要使夏茶新梢生长缓慢，芽叶稀疏发黄，芽梢呈鸡爪状，节间变短，对夹叶增多，对茶叶产量和品质都有很大影响。一般发病率为 10％～40％，严重时高达 60％～70％，发病较重的茶园可造成翌年春茶减产 30％以上。

二、症状

茶枝梢黑点病发生在当年生的半木质化的红色枝梢上。受害枝梢初期出现不规则的灰色病斑，以后逐渐向上下扩展，长可达 10～15cm，病斑呈灰白色，表面散生许多黑色带有光泽的小粒点，圆形或椭圆形，向上突起，这是病菌的子囊盘。发病严重的茶树枝梢芽叶稀疏、瘦黄，枝梢上部叶片大量脱落，在干旱季节，病梢上芽叶常表现萎蔫枯焦，严重时全梢枯死。

三、病原

茶枝梢黑点病病原为一种薄盘菌（*Cenangium* sp.），属子囊菌门薄盘菌属。子囊盘初埋生于枝梢表皮下，后突破表皮外露，革质、无柄、散生、黑色、并带有光泽，直径约 0.5mm 左右。子囊棍棒状，直或略弯，大小为（114～172）μm×（20～24）μm，内生 8 个子囊孢子，在子囊下呈单行或者交互排列。子囊孢子无色、透明、单胞、长椭圆形或梭形，直或弯曲，大小为（22～42）μm×（5.5～7.7）μm。子囊间有侧丝。侧丝比子囊长，线形或有分枝，大小为（66～363）μm×（3.3～4.4）μm（图 16 - 14 - 1）。

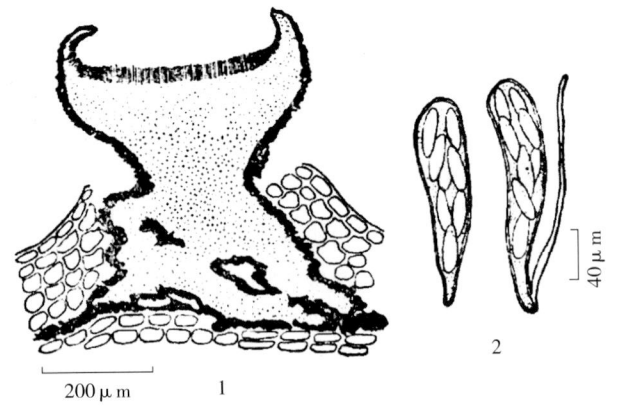

图 16 - 14 - 1　茶枝梢黑点病病原形态特征（引自陈宗懋和陈雪芬，1989）

Figure 16 - 14 - 1　Morphology of *Cenangium* sp.（from Chen Zongmao and Chen Xuefen, 1989）

1. 子囊盘剖面　2. 子囊和子囊孢子

四、病害循环

病菌以菌丝体和子囊盘在病枝梢皮层组织中越冬。翌年 3 月下旬或 4 月上旬，温、湿度适宜时，产生子囊和子囊孢子。5 月上、中旬为春末夏初多雨季节，当温度为 20～25℃，湿度在 80％以上时，子囊孢子成熟，子囊盘破裂。成熟的子囊孢子借风雨传播，侵入茶树幼嫩新梢。所以，5 月上旬至 6 月上旬是茶枝梢黑点病的传播蔓延期。6月中旬以后随着气温逐渐升高，湿度降低，病情蔓延受到抑制，病情逐渐停止发展。1 年仅 1 次侵染（图 16 - 14 - 2）。

五、流行规律

茶枝梢黑点病的发生程度与气候条件密切相关。据湖南观察，一般气温上升到 10℃以上病菌开始活动，15℃开始形成子囊，20～25℃子囊孢子成熟。所以，当气温在20～25℃，相对湿度在80％以上时，最有利于该病的发生和发展。当气温上升到 30℃以上，相对湿度低于 80％时，病菌生长发育受到抑制，病害也停止发展。

茶枝梢黑点病主要侵害枝梢。因此，病害的发生和发展与茶园类型也有一定关系。一般以台刈复壮茶园以及条栽壮龄茶园发生较重。

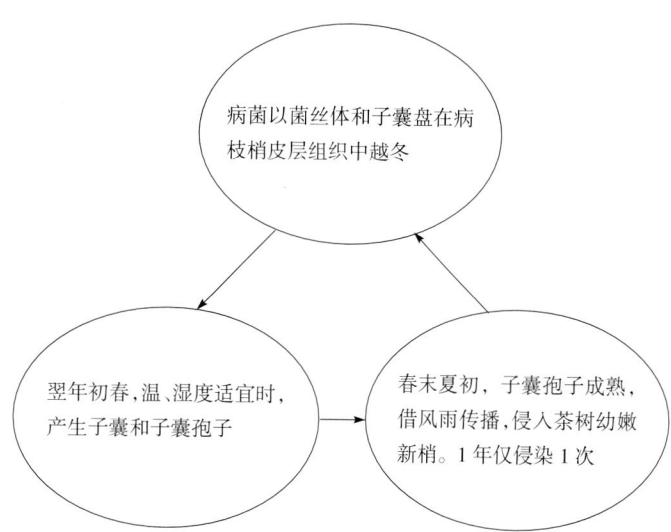

图 16 - 14 - 2　茶枝梢黑点病病害循环（董文霞绘）
Figure 16 - 14 - 2　Disease cycle of tea shoot black spot in China（by Dong Wenxia）

茶树品种间的抗性差异显著。一般枝叶生长茂盛、发芽早的品种较感病，而普通群体发病相对较轻，例如，福鼎大白茶、黄叶早、高桥早易感病，而台茶 12、骑马洲较抗病。

六、防治技术

（一）选用抗病品种

应因地制宜地选栽抗病品种，比如台茶 12、骑马洲等。注意抗病品种的保护和利用，延长抗性品种的种植年限。应避免大面积连片种植单一品种。

（二）剪除病梢

早春根据树势和前一年病情决定修剪的深度，一般进行轻修剪应尽可能将剪下的枯枝落叶清理出茶园并妥善处理。重修剪后，结合化学农药保护，效果更好。

（三）化学防治

掌握在发病盛期前喷施杀菌剂控制病毒。可选用70％甲基硫菌灵可湿性粉剂1 000 倍液（安全间隔期 10d）、50％苯菌灵可湿性粉剂 1 000 倍液（安全间隔期 10d）喷雾。

董文霞（云南农业大学植物保护学院）

第 15 节　茶线腐病

一、分布与危害

茶线腐病有寄生性线腐病和腐生性线腐病两种。主要分布于印度、斯里兰卡及我国海南，2006 年尼日利亚报道在该国西南部也有发生。该病是一种为害茶树枝叶的真菌病害。

二、症状

茶树寄生性线腐病在茶树茎部产生白色分枝的菌索，严重时整个枝条上形成白色菌膜状菌丝层，白色菌丝由茎部蔓延到枝叶上。被害叶片背面从叶柄部起形成白色扇状菌索，并通过叶痕进入茎内，被害枝叶逐渐枯死，但由于被菌索黏结不易脱落而悬挂在树上。夏季在病死枝叶背面还可产生淡黄色盔状伞菌子实体。腐生性线腐病在茎上呈薄膜状分布，在叶背形成菌索，表生性，死叶仍悬挂在茎上。病树生长衰弱，产量下降，严重时，整株死亡（彩图 16 - 15 - 1）。

三、病原

茶线腐病病原为美丽小皮伞菌 [*Marasmius pulcher* (Berk. et Broome) Petch]，属担子菌门小皮伞属。菌丝体壁厚，直径 3μm。病死枝叶上所生的子实体盔状或肾状，淡黄色，直径达 2.5μm；菌褶少，有时有分叉，一般有 3～5 个，形似木耳，菌褶上侧生担孢子。担孢子白色，船形，大小为 (6～8) μm×4μm。

四、病害循环

茶线腐病菌以菌索度过干旱和炎热等不良环境，9 月以后菌索沿茶枝延伸，从叶柄蔓延到叶背面，并扩展成扇状菌膜，使叶片枯死。病菌通过菌索攀缘而传播蔓延。病菌也可以形成担孢子随风传播（图 16-15-1）。

五、流行规律

茶线腐病主要发生在山区阴湿茶园，在我国海南茶区每年 10 月以后菌索通过植株接触传播，也可形成担孢子借风雨传播，发病渐重，12 月为发病盛期。高温干旱期病害受抑制。生长茂密、有遮阴的茶园发病严重。

六、防治技术

合理修剪是防治的关键，剪下的病枝叶应携带出茶园并妥善处理。尼日利亚的研究发现，利用修剪枝条可有效控制茶线腐病的发生，修剪后的茶园 3～5 月该病发生率为 0，6～7 月发生率仅为 5.4%～5.9%，而所设对照茶园发生率达 46.3%～46.9%。

人工清除树上的病枝叶可减少菌源数量。在发病地区，修剪后应喷施 0.6%～0.7%石灰半量式波尔多液，以保护未感染的茶树。

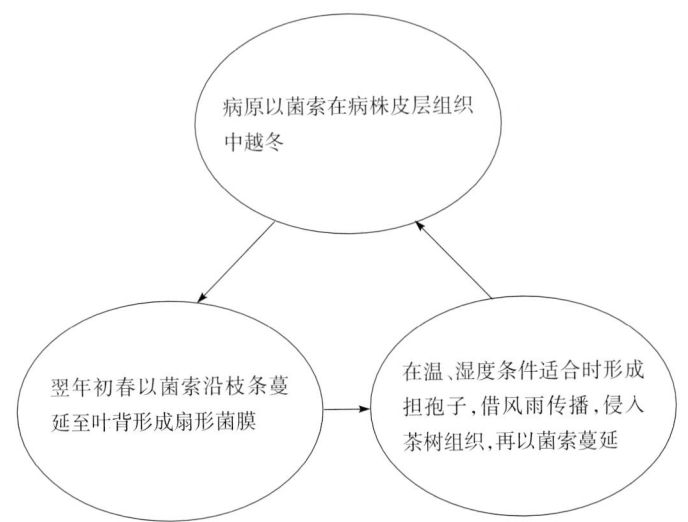

图 16-15-1 茶线腐病病害循环（罗宗秀绘）

Figure 16-15-1 Disease cycle of tea thread blight (by Luo Zongxiu)

罗宗秀 陈宗懋（中国农业科学院茶叶研究所）

第 16 节 茶树地衣苔藓类

一、分布与危害

地衣和苔藓都是茶树上常见的附生物。大量的地衣和苔藓植物附生在枝干上，吸取树体汁液，使茶树生长受阻，加速树势衰退。地衣、苔藓分布在全国各茶区，寄主除茶树外，还有油茶、柑橘、龙眼、荔枝、芒果等植物。

二、症状

地衣是一种叶状体，青灰色，根据外观形状，可分为叶状、壳状和枝状地衣 3 种。叶状地衣扁平，形状似叶片，平铺在枝干表面，有的边缘反卷，仅以假根附着枝干，容易剥落；壳状地衣为一种形状不同的深褐色假根状体，紧贴于茶树枝干皮上，难于剥离，常见的有文字形黑纹，即文字地衣，其呈皮壳状，表面具文字形黑纹；枝状地衣附生在枝干上呈树枝状，叶状体下垂如丝或直立（彩图 16-16-1）。

苔藓是一种绿色植物，具有假茎和假叶，能营光合作用、制造养分，但没有真正的根，仅有丝状的假根附着于茶树枝干，吸收茶枝内的水分和养料。在茶枝上附着的黄绿色物，形似青苔的是苔，呈丝状物的是藓。苔藓的有性繁殖体为叶茎状的配子体，并在其中产生孢子，以孢子随风雨传播为害茶树（彩图 16-16-2）。

三、病原

地衣是真菌和藻类共生的一类无胚的非维管束植物，靠叶状体碎片进行营养繁殖，也可以真菌的孢子及菌丝体及藻类产生的芽孢子进行繁殖。我国为害茶树的地衣有 13 种。普遍发生的有睫毛梅衣（*Parmelia cetrata* Ach.）等。我国已报道的茶树上的地衣种类见表 16 - 16 - 1。

表 16 - 16 - 1 我国已报道的茶树上的地衣种类（引自 Yamamoto，1987；
陈宗懋和陈雪芬，1990；吴顺玉和王立松，2000）

Table 16 - 16 - 1 Species of lichen in China（from Yamamoto，1987；Chen Zongmao and
Chen Xuefen，1990；Wu Shunyu and Wang Lisong，2000）

地衣种类	分布
1. 树发地衣（*Alectoria* sp.）	浙江
2. 雪花衣属 [*Anaptychia leucomela*（L.）Mass.]	浙江
3. 雪花衣属（*A. subascendens* Asahi.）	
4. 文字衣 [*Graphis scripta*（L.）Ach.]	
5. 假缘毛梅衣（*Parmellia arnordii* Du Riet.）	
6. 睫毛梅衣（*Parmelia cetrata* Ach.）	浙江
7. 蜈蚣衣属（*P. tinctotorum* Despr.）	
8. 青灰蜈蚣衣 [*P. caesia*（Hoffm.）Hamp.]	浙江
9. 聚合蜈蚣衣（*P. integrate* Nyl. var. *sorediosa* Wain.）	
10. 日本蜈蚣衣（*P. nipponica* Asah.）	
11. 瘤枝树花（*Ramalina intermediella* Waln.）	
12. 星状树花（*R. stellasia* Nyl.）	浙江
13. 缠结树花（*R. intricata* Krphbr.）	浙江

苔藓是有胚的无维管束植物。我国为害茶树的苔藓有 20 多种，安徽、浙江等省的优势种有多疣悬藓（*Barbella pendula* Fleis）、中华木衣藓（*Drummondia sinensis* Mill.）等。我国已报道的茶树上的苔藓种类见表 16 - 16 - 2。苔藓的有性繁殖体为叶茎状的配子体。配子体产生孢子，以孢子随风雨传播为害茶树。

表 16 - 16 - 2 我国已报道的茶树上的苔藓种类（引自陈宗懋和陈雪芬，1990）

Table 16 - 16 - 2 Species of muscus in China（from Chen Zongmao and Chen Xuefen，1990）

1. 隐藓（*Acrocryphaea concavifolia* Griff）
2. 木令藓（*Arthotrichium* sp.）
3. 大悬藓（*Barbella asperifolia* Card.）
4. 多疣悬藓 [*B. pendula*（Sull.）Flei.]
5. 史氏悬藓 [*B. stevensii*（Remk. & Card.）Flei]
6. 褶叶青藓 [*Brachythecium salebraesum*（Web. & Mohr.）B. S. C.]
7. 中华木衣藓（*Drummondia sinensis* Mill.）
8. 尖叶绢藓（*Entodon attenuates* Mitt.）
9. 中华残齿藓 [*Forsstroemia sinensis*（Besch.）Par.]
10. 原瓣耳叶苔（*Frullania riparia* Hampe.）
11. 陕西耳叶苔（*F. schensiana* Mass.）
12. 多形灰藓（*Hypnum plumaeformie* Wils.）
13. 卷形灰藓 [*H. revlutum*（Mitt.）Lindb]
14. 弯尖蓑藓 [*Macromitrium incurvum*（Lindb）Paris]
15. 锡兰粗蔓藓（*Meteoriopsis reclinata* Mitt.）
16. 圆枝蔓藓 [*Meteorium helminthocladulum*（Card.）Broth]
17. 大叉苔 [*Metzgeria fruticuloss*（Dick.）Ev.]

（续）

18. 中华叉苔（*M. sinensis* Chen）

19. 羽苔（*Plagiochila okamurana* St.）

20. 假细罗藓［*Pseudoleskeela catenulate*（Schral.）Kind.］

21. 中华附干藓（*Schwetschkea sinica* Broth. & Par.）

22. 绿羽藓［*Thuidium assimile*（Mitt.）Jaeg.］

四、病害循环

地衣和苔藓以营养体在枝干上越冬。早春气温升至 10℃ 以上时开始生长，产生的孢子等繁殖体经风雨传播蔓延。一般在 5～6 月温暖潮湿的季节生长最盛，进入高温炎热的夏季，生长很慢，秋季气温下降，苔藓、地衣又复扩展，直至冬季才停滞下来（图 16-16-1）。

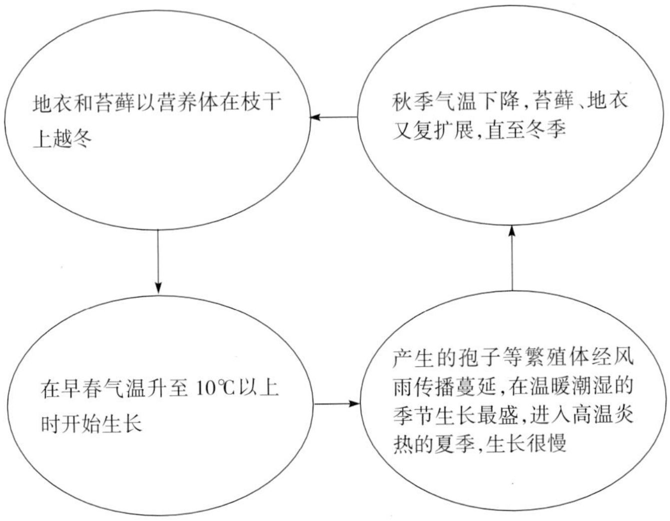

五、流行规律

老龄、长势衰弱、抗病力低、树皮粗糙的茶树，有利于地衣和苔藓附生。在生产中，管理粗放、杂草丛生、土壤黏重及湿气滞留的茶园易发病，在温暖而潮湿的季节，蔓延最快。苔藓多发生在阴湿的茶园，地衣则在山地茶园发生较多。

图 16-16-1 茶树地衣、苔藓病病害循环（赵冬香绘）

Figure 16-16-1 Disease cycle of lichen and muscus on tea plant in China（by Zhao Dongxiang）

六、防治技术

（一）农业措施

加强茶园管理。及时清除茶园杂草，雨后及时开沟排水，防止湿气滞留。对受害重的衰老茶树，宜行台刈更新，台刈后要清除丛脚，并对割口喷药保护。一般茶园，则应清除杂草，合理施肥，促使茶树生长健壮。

施用酵素菌沤制的堆肥或腐熟有机肥，合理采摘，使茶树生长旺盛，提高抗病力。在非采摘季节或雨后，可用 C 形侧口竹片刮除苔藓、地衣，刮后需喷药保护。

（二）化学防治

在非采摘季节，喷洒 10%～15% 石灰水或 6%～8% 氢氧化钠水，效果良好，并无药害。2% 硫酸亚铁溶液，能有效防治苔藓，发现地衣或苔藓的茶树还可喷洒 1% 等量式波尔多液或 12% 松脂酸铜乳油 600 倍液。

赵冬香（中国热带农业科学院环境与植物保护研究所）

陈宗懋（中国农业科学院茶叶研究所）

第 17 节 茶苗白绢病

一、分布与危害

茶苗白绢病，又叫菌核性根腐病、菌核性苗枯病，是茶苗上常见的一种病害。全国各产茶省份均有发生。发生严重时，茶苗成片枯死，造成缺株断行。茶苗白绢病病菌主要侵染茶树、油茶、油桐、楸树、柑橘、苹果、梧桐、泡桐、核桃和马尾松等树种，还可引起瓜类、麻类、茄科作物（包括烟草）及花生等发病。

二、症状

茶苗白绢病发生在茶苗近地面的茎基部，表面长有白色绵毛状菌丝体，并能沿着茎秆向上部及土壤表面蔓延扩展，呈网状分布，形成一层白色绢丝状膜，以后在菌丝中形成白色小颗粒，即菌核。菌核初为白色，后渐变为淡黄色至茶褐色。由于病部皮层腐烂，茶树水分和营养物质运输中断，致使叶片枯萎脱落，最后整株死亡。在多雨季节，菌丝可从茎基部向上部枝叶蔓延，引起枝干及叶片变褐枯死（彩图 16-17-1）。

三、病原

茶苗白绢病病菌有性世代为罗耳阿太菌 [*Athelia rolfsii*（Curzi）C. C. Tu. et Kimbr.]，属担子菌门阿太菌属；无性型为齐整小核菌（*Sclerotium rolfsii* Sacc.），属担子菌门小核菌属真菌。菌丝体初无色，后略带褐色，密集，形成菌核。菌核圆形，表面光滑、坚硬，黑褐色。在湿热条件下产生繁殖体，即担子和担孢子，但不常见，在病害发生中的作用也不大（彩图 16-17-1）。

四、病害循环

茶苗白绢病由真菌侵染引起。主要以菌核或菌丝体在土壤中或附着在病株组织上越冬。菌核在土壤中可存活 5～6 年，翌年春夏当温、湿度适宜时，即从菌核上长出白色绢丝状菌丝，沿土隙蔓延到邻株，或通过雨水、流水和耕作等进行传播，并可随苗木调运传至无病区蔓延为害（图 16-17-1）。

五、流行规律

茶苗白绢病属于高温高湿型病害。病菌生长的最适温度为 25～35℃。一般以 6～8 月高温高湿季节发病最盛。有时在高温干旱的季节也发生严重，因为高温干旱条件下茶苗因缺乏水分而生长衰弱，容易受病菌的侵染而发病。茶园土质黏重、酸碱度过高或贫瘠，排水不良，则茶树长势减弱，均利于病害的发生。前作或间作为豆科等感病植物，发病常重。白绢病菌是一种兼性寄生菌，它可以在土壤表层营腐生生活。在合适条件下，又可以由腐生生活转为寄生生活。病菌的菌核可随风、水、耕作机械传播。在湿热条件下，病菌可形成有性世代，但担孢子在病害的传播中作用不大。

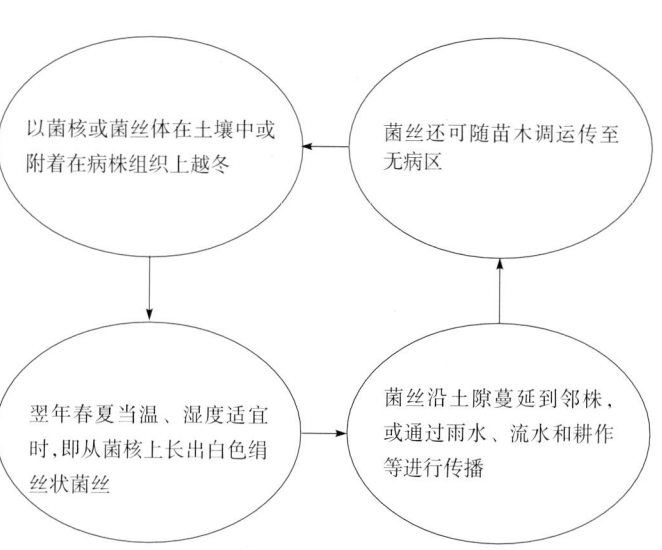

图 16-17-1　茶苗白绢病病害循环（赵冬香绘）

Figure 16-17-1　Disense cycle of tea sclerotial blight in China（by Zhao Dongxiang）

六、防治技术

（一）农业措施

苗圃地要选择土壤肥沃、土质疏松、排水良好的土地。前作发病重的苗圃应与禾本科作物轮作 4 年以上，才能重新育苗。加强土壤管理，增施有机肥，改良土壤，以提高茶树抗病力，减轻发病。

（二）严格执行检疫制度

对引进茶苗进行严格检疫，选择无病苗木栽种。

（三）化学防治

发现病株，立即拔除，并将病株周围土壤一起挖除，换以无病新土并在病穴处施用杀菌剂消毒土壤，如 0.5％硫酸铜液，或 70％甲基硫菌灵可湿性粉剂 1 000 倍液等，消毒后再补植茶苗。感病茶园应喷施 70％甲基硫菌灵可湿性粉剂 1 000 倍液（安全间隔期 10d），连喷 3 次，喷匀喷透，病株周围土壤都要喷到。严重的病株采用 70％甲基硫菌灵可湿性粉剂 1 000 倍液涂抹发病部位。

赵冬香（中国热带农业科学院环境与植物保护研究所）

陈宗懋（中国农业科学院茶叶研究所）

第18节　茶树根腐病

一、分布与危害

茶树根腐病是茶树根部腐烂病害的总称。由病原真菌侵染茶树根部幼嫩组织，引起根部腐烂，导致植株死亡。地上部分表现生长衰弱，枝叶稀疏，叶形变小，叶片黄绿，芽梢少而瘦小，枯枝增多，最后全株枯死。主要分布于广东、广西、云南等南部茶区，湖南、四川、贵州、浙江、安徽等省也有发生。茶树根腐病菌寄生茶树、三叶胶、咖啡、可可、栎、台湾相思树等多种植物。常见有两种根腐病，即茶红根腐病、茶褐根腐病。

二、症状

茶红根腐病：染病株叶片稀疏，严重时整株枯死。一般情况下，病株上萎凋的叶片附着在枝上，经一段时间才脱落。拔出病根有时可见根表面着生有白色至红色革质分枝状菌膜，后期变为暗红色至紫红色，剥开根部外皮可见皮层与木质部之间也有白色菌膜，木质部一般不具条纹。根颈处或茎部常有平伏的或灵芝状的子实体（彩图16-18-1）。

茶褐根腐病：病株叶片变黄，凋萎的叶片在茶树枝干上仍可维持一段时间不脱落。病程的发展较慢。病根上黏附有泥沙和细石块的混合物，这种黏着物不易洗去，表面有褐色薄而脆的菌膜和铁锈色疏松的绒毛状菌丝体。在根部皮层和木质部之间常有白色或黄色绒毛状菌丝体，后期木质部的剖面呈蜂窝状褐纹。

三、病原

茶红根腐病病原为树舌灵芝 [*Ganoderma applanatum* (Pers.) Pat.] 和褐卧孔菌（*Poria hypobrunnea* Petch），分别属于担子菌门多孔菌类的灵芝属和卧孔菌属真菌。平盖灵芝子实体蛤壳状，无柄，平坦或外突，大小为 30cm×50cm×10cm，木质。上表面角质，灰色，后展开渐成褐色至黑色，有轮纹状浅沟，有时有瘤状突起，菌肉肉桂色，坚韧，厚达 8cm。管孔排成明显的层次，每季生长一层，高达 15mm。孔口圆形，白色至琥珀色，破伤面迅速变成黑色。担孢子卵形，褐色，外壁平滑，内壁有瘤状突起，基部平切，大小为 (7.5~10.0) μm×(4.5~6.0) μm（图16-18-1）。褐卧孔菌子实体初为浅黄色，后转红呈蓝灰色，平伏，紧贴在茎部或根颈处，厚为 3~6mm，边缘白色，较狭，被绒毛。菌膜暗紫褐色，毡状，厚为 3mm。担子宽棍棒状，大小为 (9~10.5) μm×(4.5~5) μm。担孢子大小为 (4~6) μm×(3.5~5) μm，亚球形至球形或三角形，光滑，无色（图16-18-2，图16-18-3）。

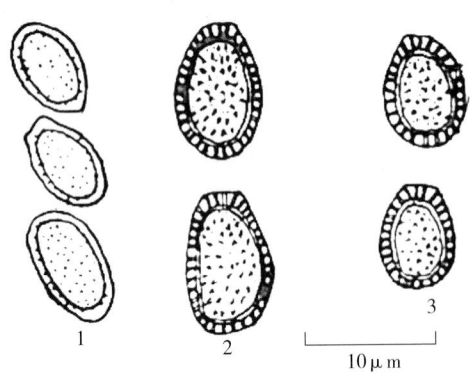

图16-18-1　茶红根腐病菌的担孢子（引自陈宗懋和陈雪芬，1994）

Figure 16-18-1　Basidiespores of tea red root rot pathogen（from Chen Zongmao and Chen Xuefen，1994）

1. 茶灵芝　2. 灵芝　3. 基腐灵芝

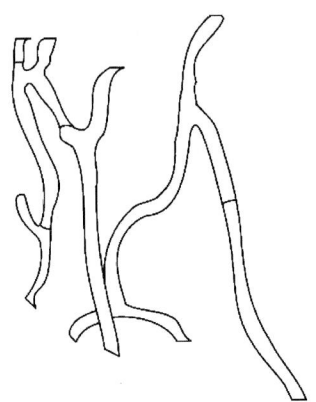

图16-18-2　树舌灵芝生殖菌丝（引自陈宗懋和陈雪芬，1994）

Figure 16-18-2　Generative hyphae of *Ganoderma applanatum*（from Chen Zongmao and Chen Xuefen，1994）

茶褐根腐病：病原为有害木层孔菌 [*Phellinus noxius* (Corner) Cunn.；异名：*Fomes noxius* Corner，*F. lamaensis* (Murrill) Sacc. et Trotter]，属担子菌门木层孔菌属真菌。子实体多年生，单生或复瓦状，无柄，但有 1 较宽的基部附属物，一般平伏。菌盖大小为 (5～13) cm× (6～25) cm× (2～4) cm，壳状或紧贴寄主而反卷；上表面深红褐色至茶褐色，并迅速变黑，开始微被绒毛，后变成无毛，有时具窄的同心轮纹，边缘白色，后成为同一色泽。菌肉厚达 1cm，呈带金色的褐色，刚毛状，遇氢氧化钾变黑，每毫米有 6～8 个菌管。菌管直径为 75～125μm，壁较厚，黄或黄褐色。菌丝辐射排列，大小为

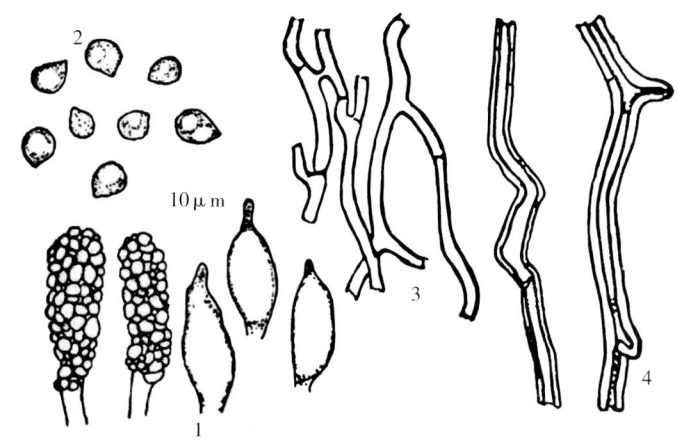

图 16 - 18 - 3 褐卧孔菌的形态（引自陈宗懋和陈雪芬，1994）

Figure 16 - 18 - 3 Morphology of *Poria hypobrunnea* （from Chen Zongmao and Chen Xuefen，1994）

1. 子实体和囊状体 2. 担孢子 3. 生殖菌丝 4. 骨架菌丝

600μm× (4～13) μm，不分枝或很少分枝，具暗栗褐色的厚壁和细的腔。髓生刚毛状菌丝，大小为 (55～100) μm× (9～18) μm，具栗褐色的厚壁。

四、病害循环

林地初垦后残存有病的树桩、树根、碎木块是茶树根腐病的侵染源。病菌以菌丝体或菌索在土壤中或病根上越冬，条件适宜时长出营养菌丝通过伤口侵染根部。在茶园病害主要通过病根与健根的接触进行传播。此外，担孢子可借风雨传播，从修剪的茎部侵染后进入根部。该病病程相当长，一般侵染后经 10 年才显症。（图 16 - 18 - 4）。

五、流行规律

茶树根腐病菌多属土壤习居菌，在土中营腐生性生活，一般只能侵染树势衰弱的茶树根系，或先将土中残存树桩、树根的残余物作为营养基地，再由此通过菌丝体或菌索蔓延，与健根接触后侵染。地下水位高、土壤潮湿、酸碱度过高、排水不良、有机质缺乏的茶园，及管理粗放的老茶园发生严重。

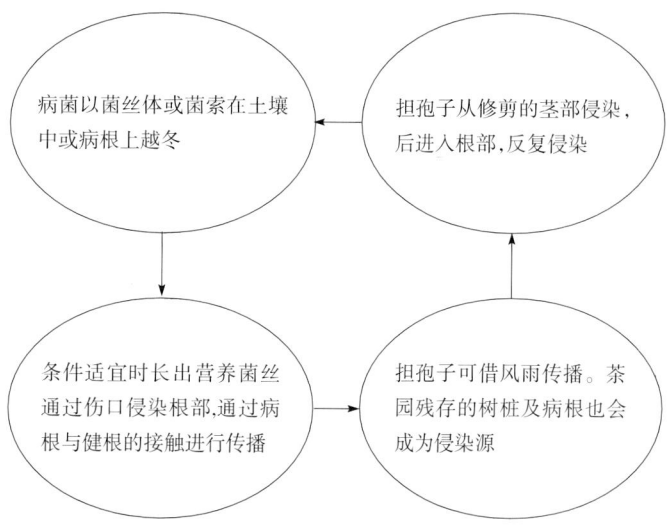

病菌以菌丝体或菌索在土壤中或病根上越冬

担孢子从修剪的茎部侵染，后进入根部，反复侵染

条件适宜时长出营养菌丝通过伤口侵染根部，通过病根与健根的接触进行传播

担孢子可借风雨传播。茶园残存的树桩及病根也会成为侵染源

图 16 - 18 - 4 茶树根腐病病害循环（赵冬香绘）

Figure 16 - 18 - 4 Disease cycle of tea root rot in China（by Zhao Dongxiang）

六、防治技术

茶树根腐病因其特殊的发病环境给防治带来一定难度，应采取预防为主、综合治理的植保方针减少该病对茶园造成的损失。

（一）加强茶园管理

开沟排水，及时排除积水；增施有机肥，促使根系生长旺盛，增强茶树抗病力，同时有利于土壤中能产生抗生素的细菌生长。当发现病株时，及时开深沟，将其与健株隔开，防止病菌蔓延。

（二）药剂防治

当茶园成片发生根腐病时，可用药液灌根，每 7～10d 灌 1 次，共灌 2～3 次。治疗后及时施肥。

促使新根尽快生长。推荐药剂有 50％敌磺钠可溶粉剂 600～800 倍液，或 70％甲基硫菌灵可湿性粉剂 800～1 000倍液。

赵冬香（中国热带农业科学院环境与植物保护研究所）

陈宗懋（中国农业科学院茶叶研究所）

第 19 节　茶紫纹羽病

一、分布与危害

茶紫纹羽病是为害茶树根部的一种慢性病害。在全国各茶区均有分布，局部地区较重，发生严重时，引起全株枯死。茶紫纹羽病菌为害茶树外，还可为害桑树、梨树、橡胶、苹果、甘薯、甜菜等。

二、症状

茶紫纹羽病发生在茶树根部及近地面的茎干部。最先细根发病，呈黑褐色腐烂，后渐蔓延至粗根。其上密布紫褐色的菌丝体，有时菌丝体呈根状分布，后期病根表面产生半球形颗粒状菌核。菌丝体可蔓延到地面茎干部，高至茎基以上 20cm，常被紫红色的菌丝层所包围。菌丝层质地柔软，易于剥落。根部皮层被害腐烂，也易于剥离。茶树根部受害后，轻者地上部枝叶呈黄绿色，严重时整株枯死（彩图 16‐19‐1）。

三、病原

茶紫纹羽病病原为紫卷担菌［*Helicobasidium purpureum*（Tul.）Pat.；异名：*H. mompa* N. Tanaka］，属担子菌门卷担菌属真菌。该菌 1890 年由日本田中延次郎定名为 *H. mompa* N. Tanaka，1909 年爪哇雷西巴斯凯把属名改为隔担耳菌属，1919 年日本泽田谦吉发现该菌不形成球形的前担子囊，又将其改回卷担菌属（*Helicobasidium*）。该菌有两种菌丝。侵入皮层的称营养菌丝，寄生并附着在表面的称为生殖菌丝。营养菌丝体黄褐色，直径为 5～10μm，粗细不一，生殖菌丝体紫色。该菌在土壤中呈垂直分布，分布在 5～25cm 土层内，个别可深达 1.5m，缺氧时发育不好，但可存活 50d。发育温度为 8～35℃，适温为 27℃。土壤通气性好、持水量为 60％～70％、pH5.2～6.4 的环境条件最适合该菌繁殖（彩图 16‐19‐1）。

四、病害循环

茶紫纹羽病菌以菌丝束或菌核在土壤中或以菌丝体在病残组织中越冬。该菌在土中可存活 3～5 年。土壤中的菌核或菌索在条件适宜时，长出营养菌丝，侵入新的寄主植物的幼根，后向主根或侧根蔓延。病根表面形成的菌索扩展至树干基部形成菌膜状的子实体，并产生担子和担孢子。担孢子多在 5～6 月产生。担孢子萌发又产生菌丝，病菌通过灌溉水或雨水、农具使土壤中的菌核及残存在病根里的菌丝与新寄生的根系接触进行传染。也可通过茶苗、桑苗、果树苗木、薯块及花生调运进行远距离传播（图 16‐19‐1）。

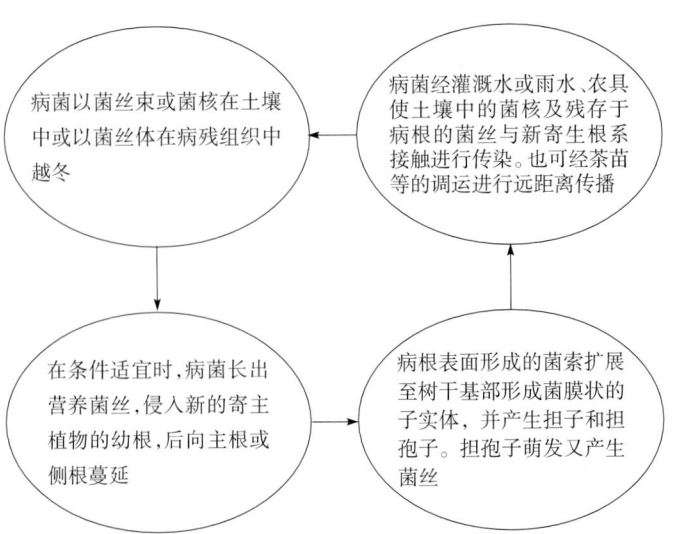

图 16‐19‐1　茶紫纹羽病病害循环（赵冬香绘）

Figure 16‐19‐1　Disease cycle of tea purple root rot in China（by Zhao Dongxiang）

五、流行规律

该病在地势低洼，排水不良，土壤黏重

以及有机质含量高的茶园中发生较重，土壤过干发病也重。7～8月雨水偏多，旬降水量高于50mm，利于该病发生。此外，前作为甘薯、花生、桑树及果树的茶园易发病。

六、防治技术

（一）选地

选择无病地种植茶苗，曾发生过该病的地块应先种植禾本科植物如玉米、小麦等，经过3～5年后再栽植茶树。

（二）选用无病苗木

注意剔除病苗，必要时苗木用25%多菌灵可湿性粉剂500倍液浸根30min，之后再栽植。

（三）加强茶园管理

施用酵素菌沤制的堆肥或腐熟有机肥，改良土壤。雨后及时排水，防止湿气滞留或积水。

（四）药剂处理

对局部发病的茶园，挖除病株及根部残余物，并在其周围挖40cm深沟，然后用40%福尔马林20～40倍液浇灌土壤，处理后覆土并用塑料布覆盖24h，隔10d后再浇灌1次；也可用50%甲基硫菌灵可湿性粉剂500倍液灌根。

赵冬香（中国热带农业科学院环境与植物保护研究所）

陈宗懋（中国农业科学院茶叶研究所）

第20节　茶苗根结线虫病

一、分布与危害

茶苗根结线虫病又称茶根瘤线虫病，一般发生在苗圃，主要为害一、二年生的实生苗。全国各产茶省份均有分布，是茶苗上一种威胁性病害。病苗根系受侵害，影响养分和水分的吸收，地上部分发黄，严重时全株枯萎死亡。茶苗根结线虫除侵害茶树外，还侵害花生、烟草、甜菜、咖啡、可可及豆类等植物。

二、症状

茶苗根结线虫病主要发生于根部，被害苗圃轻者缺株断行，重者成片枯死，有的虽经补播或重播数次仍难成活。3年生以上实生苗及扦插苗一般受害均轻，死苗现象少见。茶苗根系被根结线虫侵染后，根部颜色变深，其上形成许多大小不等的瘤状物，小的似油菜籽，大的如黄豆粒或更大，互相并合后可使成段根系肿胀畸形。根结初期表面光滑，色泽与健康表皮相似，但因易遭土中某些菌类（如镰刀菌等）的侵染而变褐腐朽。被害茶苗由于根系吸收功能受阻，以致叶色逐渐褪绿变黄或呈紫褐色，株形矮小僵老，在高温干旱季节，叶片自下而上脱落，形成秃株，终至枯死（彩图16-20-1）。此种症状，常被误认为旱害、螨害或缺肥、缺素。

三、病原

我国为害茶树的根结线虫有3种：花生根结线虫（*Meloidogyne arenaria*）、南方根结线虫（*M. incognita*）和爪哇根结线虫（*M. javanica*）。其中，南方根结线虫和花生根结线虫为优势种，爪哇根结线虫和泰晤士根结线虫较少见。

雌虫：茶苗根结线虫为雌雄异形。成熟雌虫呈梨形或柠檬形，乳白色透明。雌虫头部由一明显突出的颈和唇区组成，口针细短，有基部球，中食道球发达，后食道腺片状。排泄孔位于基部球与中食道球之间，开口位置与基部球的距离各个种略有差异。肛阴门位于虫体末端，靠近肛阴周围角质膜形成各种会阴花纹。固定寄生的雌虫末端常有一白色透明、充满大量卵的卵囊。

雄虫：线形，桶状，体表环纹较粗，虫体长。头部唇区发达，唇盘大而圆，中唇、侧唇大而明显。头部与体部的缢缩不明显。口针长而粗大，口针前锥体、针轴明显，基部球大，食道腺覆盖肠的背侧。侧带上有4条侧线。尾末端钝圆，无环纹。交合刺垫刃型，有引带，无交合伞。雄虫头部形态和口针形状是某些常见种的分类特征（图 16 - 20 - 1）。

四、病害循环

茶苗根结线虫以幼虫在土中或以卵和成虫在根瘤中越冬，翌春气温高于 10℃时，卵孵出一龄幼虫，蜕皮进入二龄后从卵壳中爬出，田间借流水或农具等传播，遇到幼嫩根系部分即侵入，分泌刺激物致根部细胞膨大形成根结，并在其内发育，长为成虫后雌、雄虫即交尾产卵。幼虫常随苗木调运进行远距离传播（图 16 - 20 - 2）。

五、流行规律

当土温在 25～30℃，土壤相对湿度 40％左右时，最适合其生长发育。完成 1 代约需 25～30d。一年中约有 6～7 个发生高峰期，各次虫口的消长受温度、雨量等因素制约，并与茶苗根系的生长和发育密切相关。一般 7～11 月和翌年 4～5 月均可发生，10～11 月尤为严重；在地势高、土壤质地疏松、通透性好的沙壤土苗圃地，利于线虫活动与发育，因而发病重；表层土壤比下层土壤发生多；前作为感病作物的熟地发病重；新垦地发病轻；浅翻的苗地发病重，深翻的苗地发病轻；肥水管理好的苗地比管理差的苗地发病轻。

六、防治技术

（一）加强苗木检疫

加强从疫区调运苗木的检疫，严格选用无病苗木，发现病苗，马上处理或销毁。

（二）建立无病苗圃

坚持选择未感染地建立苗圃，以新垦土或水稻田为宜，避免在前作被线虫寄生的园地育苗，并清除苗圃杂草。加强早期肥水管理，增施磷、钾肥，培育壮苗，提高植株抵抗力。

（三）选地

选择生荒地种植茶树，避免在前作为感病植物的熟地上种植茶树。

（四）土壤处理

种植茶苗前，在夏季翻地时深耕晒土，把土中的线虫翻至土表进行暴晒，隔 10d 左右再翻耕 1 次，连续 2～3 次，必要时把地膜或塑料膜铺在地表，使土温升高，可杀灭部分线虫，降低虫口密度（汪荣灶，2009）。

（五）化学防治

在 10 月线虫侵染期进行药剂防治，可选用茶籽饼 0.5kg 研成粉末，加清水 10kg 配成茶枯水，灌

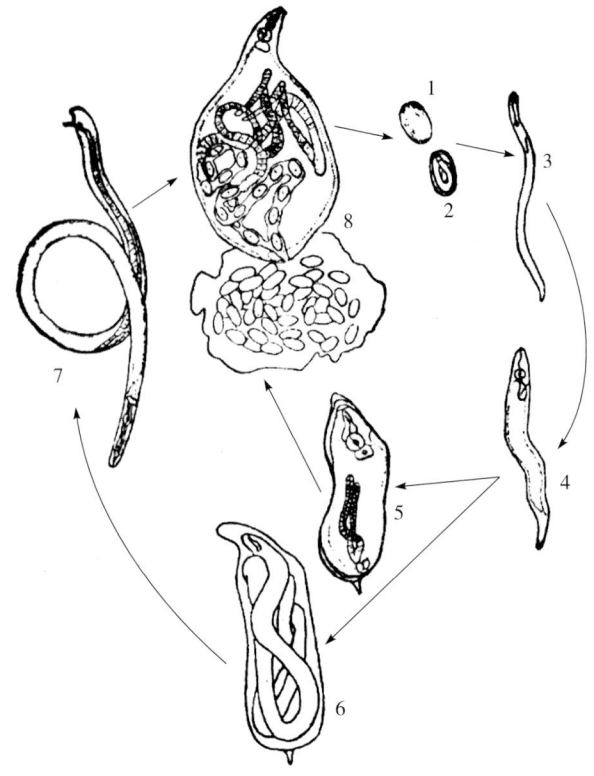

图 16 - 20 - 1　茶苗根结线虫生活史（引自
陈宗懋和陈雪芬，1990）

Figure 16 - 20 - 1　Life cycle of tea root knot nematode（from
Chen Zongmao and Chen Xuefen, 1990）

1. 卵　2. 卵中的一龄幼虫　3. 侵染茶树根系的二龄幼虫
4. 茶树根系内部的二龄幼虫　5. 雌成虫前期
6. 即将逸出的雄线虫　7. 雄虫　8. 雌成虫及卵囊

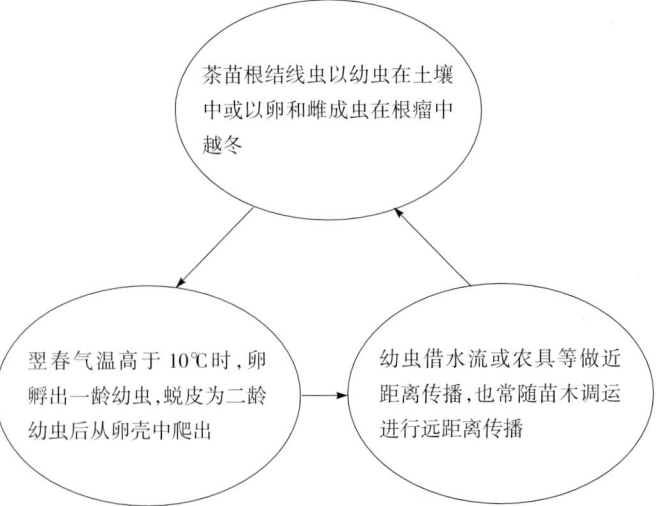

图 16 - 20 - 2　茶苗根结线虫侵染循环（赵冬香绘）

Figure 16 - 20 - 2　Infection cycle of tea root knot nematode in China
（by Zhao Dongxiang）

浇茶园土壤，对茶苗根结线虫有较好的防效。化学药剂防治，每 667m² 可用 5% 克线磷颗粒剂 3～4kg 或 98% 棉隆颗粒剂 2.5kg，用细土 50～60kg 拌匀，于茶苗行间开约 20cm 浅沟，撒施后覆土压实，效果较好。

赵冬香（中国热带农业科学院环境与植物保护研究所）

陈宗懋（中国农业科学院茶叶研究所）

第 21 节　茶　尺　蠖

一、分布与危害

茶尺蠖［*Ectropis obliqua* Prout；异名：*Boarmia obliqua hypulina* Wehrli，*Ectropis obliqua hypulina*（Wehrli）］属鳞翅目尺蠖蛾科。别名小茶尺蛾、小埃尺蛾，主要分布于浙江、安徽、江苏、福建、湖南、湖北等地。国外分布于日本。幼虫主要取食嫩叶和成叶，大发生时可将茶树老叶、新梢、嫩皮、幼果全部食光（彩图 16-21-1）。幼虫孵化后爬至茶树顶部叶缘或叶面咬食表皮和叶肉，二龄后咬食叶片成 C 形缺口。由于此虫发生代数多，繁殖快，蔓延迅速，常暴发成灾。全年以 7～9 月夏秋茶期间为害最严重。除为害茶树外，还为害樱桃、石榴、枫杨、大豆、豇豆、芝麻、向日葵、辣蓼等植物。

二、形态特征

成虫：体长为 9～12mm，翅展为 20～30mm，雄蛾较小。头部小，复眼黑色，近球形。触角丝状，灰褐色。全体灰白色。翅面疏被黑褐色鳞片。前翅的 M_3 脉发自中室后角，后翅 $Sc+R_1$ 脉基部弯曲。茶尺蠖前翅有黑褐色鳞片组成的内横线、外横线、亚外缘线和外缘线各 1 条，弯曲成波状纹，其中以外横线最为明显；外缘和后缘缘毛灰白色。后翅稍短，有 2 条横线。前、后翅外缘处分别有 7 个和 5 个小黑点。体型大小及体色随季节不同而有差异。秋季发生者一般体型较大，体色较深，翅面波纹明显（彩图 16-21-2，1，2）。

卵：椭圆形，长径约 1mm，短径约 0.6mm。初产时绿色，孵化前为黑色。常数十粒至百余粒成堆，上被白色絮状物（彩图 16-21-2，3）。

幼虫：成长幼虫体长 26～30mm，体圆筒形。初孵幼虫体长约 1.5mm，全体黑色，胸腹部各节均有白色纵线及环列的白色小点。二龄幼虫初期体长为 4～6mm，体黑褐色，白色点线消失，腹部第一节背面有 2 个不明显的黑点，第二节背面有 2 个较明显的深褐色斑纹；三龄幼虫初期体长为 7～9mm，茶褐色，腹部第一节背面的黑点明显，第二和第八节背面有 1 "八" 字形黑纹；四龄幼虫初期体长 13～16mm，体色呈浅茶褐色或淡灰褐色，腹部第二至四节背面各有 1 灰黑色 "◇" 形斑纹，第八节背面并有小突起 1 对；五龄幼虫初期体长为 18～22mm，赭灰至灰色，体背斑纹同四龄幼虫。

蛹：长椭圆形，长为 10～14mm，雄蛹较小。赭褐色。触角与翅芽达腹部第四节后缘，第五腹节前缘两侧各有眼状斑 1 个，臀棘近三角形。雄蛹臀棘末端有 1 分叉的短刺（彩图 16-21-2，4）。

三、生活习性

在浙江杭州地区每年发生 6～7 代，安徽和江苏发生 5～6 代。以蛹在树冠下表土内越冬。翌年 3 月上、中旬成虫羽化产卵，4 月初第一代幼虫开始发生，为害春茶。第二代幼虫于 5 月下旬至 6 月上旬发生。以后约每隔 1 个月发生 1 代。一般至 10 月后以老熟幼虫陆续入土化蛹越冬。如 10 月份平均气温较高，则部分也能产生第七代。由于越冬蛹羽化进度不一，以及发生代数多，故茶尺蠖发生不整齐，至后期，各虫态历期持续时间长，甚至出现世代重叠现象。

各世代生活历期因气候不同而异。通常第一代约 56d（平均气温约 18℃），第二代约 41d（平均气温约 21℃），第三代约 34d（平均气温约 26℃），第四、五代约 30d（平均气温约 28℃），越冬代则长达 6 个月左右。

成虫多于黄昏至凌晨（2：00）前羽化，白天四翅平展，静息于茶丛中，受惊后则迅速飞逸。傍晚开始活动，具趋光性。成虫羽化后当日或次日夜间进行交尾，交尾后次日黄昏开始产卵。卵成堆产于茶树枝丫、裂缝或枯枝落叶、土表缝隙间，上覆白色絮状物。每雌平均产卵 300 余粒，多者可达 700 余粒。一头雄蛾可与多头雌蛾交尾，但已接受一个精包（spermatophore）的雌蛾只交尾 1 次。未经交尾的雌蛾亦能产卵，但产下的卵不能孵化。成虫寿命 3～10d。寿命长短与气温有关。气温高寿命短，产卵量亦少。当平均气温高于 27℃时，对成虫生育不利，常不交尾、不产卵并很快死亡。

卵孵化很整齐，一般在午间孵化，同一次产下的卵能同时孵化，孵化率在 90％以上。卵期长短亦与气温有关。平均气温在 11℃左右时，卵期约 23d；平均气温在 20℃左右时，卵期约 10d，平均气温在 24～28℃时，卵期仅 6～7d。

初孵幼虫爬行迅速，并有趋光和趋嫩性，约经 1d 后方停息于嫩叶上取食。一龄幼虫常在该卵块附近的茶丛上为害，形成"发虫中心"，咬食芽叶的上表皮和叶肉，使叶面呈褐色点状凹斑。二龄幼虫开始自边缘向内咬食嫩叶成缺刻。二龄后幼虫畏阳光，并开始爬散；渐向茶丛下部转移，晴天日间多躲在叶背或茶丛荫蔽处，以尾足攀着枝干，体躯离枝，形似一枯枝，受惊后有吐丝下垂的习性，清晨和黄昏取食最盛。三龄后食量大增，四、五龄期为暴食期。据观察，三龄前的食叶量仅占一生食叶量的 23％左右，四至五龄幼虫的食叶量占 76％以上。各代幼虫历期：第一代和第六代分别约 24d 和 20d（平均气温约 21℃），其余各代为 12～17d（平均气温 26～30℃）。

幼虫老熟后吐丝下垂至茶丛树冠下表土中做一土室化蛹。入土深度 1～2cm，越冬蛹入土 2～4cm，入土广度多在离根基约 30cm 半径范围内，又以 5cm 之内为多。越冬蛹则多在茶树的向阳面。蛹期除越冬代长达 5 个月以上外，第一代为 13d（平均气温约 22℃），第二至五代均为 6～7d（平均气温 26～30℃）。

四、发生规律

茶尺蠖由于受外界环境条件的影响，其猖獗发生常有间歇现象，其中气候和天敌对其影响较大。

（一）气候

冬季若特别严寒则越冬蛹死亡率高，翌年虫口基数减少，发生较轻。如杭州地区 1955 年 1～3 月各旬平均最低温度比 1954 年同期低 3℃，越冬蛹死亡率高，故 1955 年茶尺蠖发生较 1954 年轻。秋季若前期气温高，促使发生第七代，后期温度如又偏低，第七代幼虫会大量死亡，虫口基数减少，翌年发生也轻。凡阴雨连绵的气候条件有利于该虫发生，为害较重，气候干旱，相对湿度低于 75％时，对卵的孵化和成虫羽化均不利。

（二）茶园自然条件

1. 地形 在避风向阳小气候下，较温暖的阳坡茶园，第一代茶尺蠖发生较早，也较严重。一般平地茶园较高山茶园发生重。据调查，在同一地区海拔 40～50m 的茶园较海拔 100～150m 的茶园受害重，海拔 250～350m 的茶园则很少受害。

2. 土壤 沙质壤土的茶园较黏重板结的砾质沙土茶园发生严重，主要由于沙质壤土结构疏松，保水性好，有利于幼虫入土化蛹和成虫羽化出土。

（三）天敌

已发现的天敌主要有茶尺蠖绒茧蜂（*Apanteles* sp.）、单白绵绒茧蜂（*Apanteles* sp.）、斜纹猫蛛（*Oxyopes sertatus* L. Koch）、草间钻头蛛 [*Hylyphantes graminicolum*（Sundevall）]、迷宫漏斗蛛 [*Agelena labyrinthica*（Clerck）]、三突花蛛 [*Misumenops tricuspidatus*（Fabricius）]、鞍形花蟹蛛（*Xysticus ephippiatus* Simon）、圆孢虫疫霉 [*Erynia radicans*（Fres.），异名：*Entomophthora sphaerosperma* Fres.]、细脚拟青霉 [*Paecilomyees tenuipes*（Peck）Samson]、茶尺蠖核型多角体病毒、茶尺蠖寄蝇、步甲、蚂蚁、鸟类等。这些天敌对茶尺蠖的发生有明显的抑制作用。如茶尺蠖绒茧蜂在春、秋季田间自然寄生率一般在 20％～70％，某些年份和地块可高达 90％以上。细脚拟青霉和茶尺蠖核型多角体病毒在个别年份可以流行，寄生率高时也可达 80％。在秋季气温高、湿度大、虫口密度也大的年份，常发生圆孢虫疫霉，一旦流行，幼虫死亡率很高，第二年发生量就大幅度减少。此外，蜘蛛对茶尺蠖的捕食量也颇大，如斜纹猫蛛 1h 能捕食三至四龄茶尺蠖幼虫 5～6 头。

（四）茶树—茶尺蠖—害虫天敌间的化学通信联系

茶树、茶尺蠖和天敌在浩瀚的空间里，茶尺蠖依靠寄主挥发物定位茶树，在为害茶树时茶尺蠖的口腔分泌物起着激发子（elicitor）的作用，诱导茶树的代谢过程发生改变，并释放新的挥发物。这种新挥发物具有引诱天敌、忌避害虫的防御效应。通过上述化学通信联系，这些挥发物起着茶园中茶尺蠖种群的调控作用。研究表明，茶尺蠖幼虫为害后可以诱导茶树形成多种挥发物，其中，对绒茧蜂雌虫有生理活性的挥发物共有 16 种，包括两种未知挥发物，属于脂肪酸衍生物的挥发物有 9 种，分别是：顺-3-己烯醛、反-2-己烯醛、反-3-己烯醇、顺-3-己烯醋酸酯、顺-3-己烯丁酸酯、顺-3-己烯甲基丁酸酯、顺-3-己烯己酸酯、反-2-己烯己酸酯、顺-3-己烯苯甲酸酯；属异戊二烯合成途径的有 3 种单萜，分别是反-β-罗勒烯、芳樟醇和 DMNT；苄基腈和 1-硝基-2-苯乙烷两种物质是由莽草酸途径生成。茶树释放的挥发物质及其数量在茶尺蠖发生规律中的作用还有待探索和研究。

五、防治技术

茶尺蠖发生代数较多，发生不整齐，为害期又常与茶叶采摘期相吻合，因此应采取综合防治措施。

（一）深耕灭蛹

结合秋冬季深耕施基肥，消灭茶尺蠖越冬蛹。深耕除对虫蛹有机械损伤外，还能将蛹深埋土中，使成虫不能羽化出土。同时，翻出土面的虫蛹易受冻而死或被天敌消灭。耕作深度需达 15cm 以上，特别是茶丛树冠下的表土。经试验，秋冬季深耕的茶园与不深耕的茶园相比，翌年虫口密度要低 37％左右。

（二）人工捕捉

在茶尺蠖发生严重的茶园，于各代蛹期（尤其是越冬蛹）进行人工挖蛹；根据幼虫受惊后有吐丝下垂的习性，在幼虫期振动茶树，在茶树下方用土箕或塑料薄膜接收后集中杀灭；或将鸡放养在茶园内，让鸡啄食幼虫和蛹。

（三）生物防治

茶尺蠖核型多角体病毒（NPV）最早在 20 世纪 80 年代初报道。在第一、二代和第五代茶尺蠖发生期常出现病毒病的流行。在夏季日照强烈时，紫外线对病毒有强的抑制作用。因此，从 20 世纪后期起在病毒的剂型中加入抗紫外线的成分以提高病毒的防治效果。目前茶尺蠖核型多角体病毒（NPV）制剂已通过安全性评估并实现商品化，在茶叶生产中推广使用。

除了茶尺蠖核型多角体病毒外，茶尺蠖的其他病原微生物包括圆孢虫疫霉、球孢白僵菌 [*Beauveria bassiana* (Bals.) Vuill.]、细脚拟青霉、串珠镰孢（*Fusarium moniliforme* Sheld.）、半裸镰孢（*F. semitectum* Berk. et Rav.）等真菌病原微生物。在江苏、浙江、安徽茶区的 9 月间，在阴雨高湿条件下，第五代茶尺蠖发生期圆孢虫疫霉会流行发病，死亡率可高达 90％以上。

采用化学农药进行防治时应注意保护天敌。如利用第一、二代发生较整齐，有"发虫中心"的现象进行挑治；在绒茧蜂发生较多的茶园尽可能在绒茧蜂茧期喷药，或选用茶尺蠖核型多角体病毒防治等生物防治手段，以保护天敌。

（四）性信息素的研究和应用

20 世纪 90 年代中国农业科学院和南开大学合作进行茶尺蠖性信息素分离和鉴定的研究。分离出了（Z，Z）-3，9，6-7-环氧-十八碳二烯，对雄蛾有 30％～47％的求偶反应率。茶尺蠖性信息素的主要成分为（Z，Z，Z）-3，6，9-二十二碳三烯、（Z，Z，Z）-3，6，9-二十四碳三烯和（Z，Z）-9，12-十八碳二烯醛的等量混合物对茶尺蠖雄蛾也有 27％的引诱率（殷坤山等，1993）。茶尺蠖性信息素的化学组分见图 16-21-1。茶尺蠖性信息素的研究尚未达到田间应用的程度。

（五）药剂防治

根据茶尺蠖第一、二代发生较整齐以及

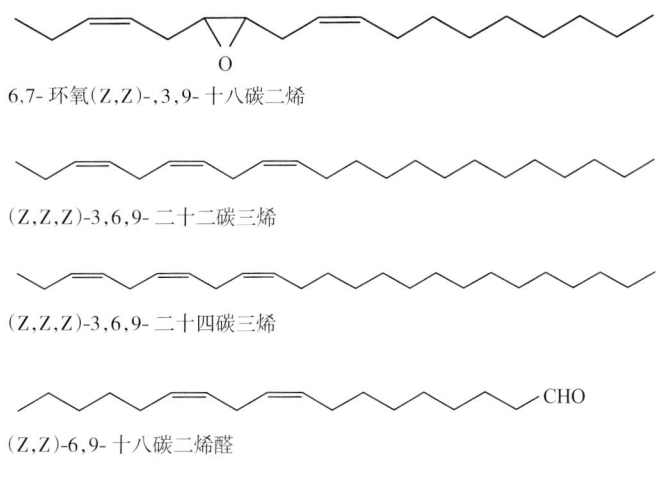

6,7-环氧(Z,Z)-,3,9-十八碳二烯

(Z,Z,Z)-3,6,9-二十二碳三烯

(Z,Z,Z)-3,6,9-二十四碳三烯

(Z,Z)-6,9-十八碳二烯醛

图 16-21-1　茶尺蠖的 4 种性信息素组分（引自殷坤山，1993）

Figure 16-21-1　4 kinds of sex pheromone ingredient of *Ectropis obliqua*（from Yin Kunshan，1993）

一至二龄幼虫耐药性弱的特点做好调查和预测，尽量在第一、二代低龄虫期时进行喷药防治，这是全年的防治关键。茶尺蠖的防治指标为每 667m² 4 500 头，在达到防治指标需进行化学防治的茶园，采取挑治"发虫中心"、丛面喷射、低容量喷雾等方法，可以节约农药、用工，降低防治成本。在阴天或晴天的早晚喷药可以提高防治效果。药剂可选用 10％氯菊酯乳油（安全间隔期 3d）、2.5％溴氰菊酯乳油（安全间隔期 5d）或 2.5％高效氯氟氰菊酯乳油（安全间隔期 5d），每 667m² 12.5～15mL 或 6 000～8 000 倍液；或 2.5％联苯菊酯乳油（安全间隔期 6d）每 667m² 12.5～25mL 或 3 000～6 000 倍液；或 15％茚虫威乳油（安全间隔期 14d）每 667m² 12～18mL 或 2 500～3 500 倍液；80％敌敌畏乳油（安全间隔期 6d）、25％灭幼脲悬浮剂（安全间隔期 5d）每 667m² 75～100mL（g）或 1 000 倍液。在春、秋季可喷洒茶尺蠖核型多角体病毒（安全间隔期 3d），每 667m² 100 亿～200 亿多角体（或 30～50 头虫尸量）。

陈宗懋（中国农业科学院茶叶研究所）

第 22 节　茶银尺蠖

一、分布与危害

茶银尺蠖（*Scopula subpunctaria* Herrich et Schaeffer）属鳞翅目尺蠖蛾科，又名青尺蠖。分布于浙江、江苏、安徽、湖南、贵州及四川等地。寄主为茶、苹果、玉米及棉花等作物。以幼虫咬食叶片为害。成虫将卵单产于新梢叶腋处，幼虫咬食叶片成 C 形缺口，老熟时吐丝将枝叶稍叠结后倒挂并化蛹于其中（彩图 16 - 22 - 1）。

二、形态特征

成虫：雌蛾体长为 10～14mm，翅展为 29～36mm。雄蛾体长为 12～14mm，翅展为 29～34mm。体翅均白色，头顶棕黄色，复眼黑褐色。雌蛾触角丝状，雄蛾羽毛状。前翅有 4 条棕黄色波状纹，分别位于内横线、中横线、外横线、亚缘线处，前缘色较深，散生许多褐色小点，内横线与外横线之间有 1 棕褐色点，翅尖有 2 个小黑点；后翅有 3 条淡棕褐色条纹，分别位于内横线、外横线、亚缘线处，中线处中部也有 1 个棕褐色点。前、后翅缘毛均淡棕褐色。前足、中足淡棕色，后足白色，中足有距 1 对，后足 2 对（彩图 16 - 22 - 2，1）。雌蛾腹部较粗短，雄蛾腹部较细长。

卵：椭圆形，长径约 0.8mm，短径约 0.5mm，表面布满白点。初产时淡绿色，渐变为黄绿色，近孵化时为淡灰色（彩图 16 - 22 - 2，2）。

幼虫：初孵幼虫体长约 2mm，淡黄绿色；二龄幼虫体长为 6～10mm，深绿色；三龄幼虫体长为 10～16mm，体背出现黄绿色和深绿色相间的纵向条纹各 10 条，四龄幼虫体长为 16～22mm，青色，气门线银白色，各体节间出现黄白色环纹，五龄幼虫体长为 22～27mm，体色与四龄相似，但腹足和尾足呈淡紫色（彩图 16 - 22 - 1）。

蛹：体长为 10～14mm，绿色，翅芽渐转白色，近羽化时翅芽出现棕褐色点线纹，各节明显伸长，并出现银白色光泽。尾端有钩刺 4 根，中间 2 根较长（彩图 16 - 22 - 2，3）。

三、生活习性

在浙江 1 年发生 6 代，以幼虫在茶树中、下部成叶上越冬。翌年 3 月化蛹，4 月中、下旬成虫大量产卵。第一代幼虫 5 月上、中旬出现，第二代幼虫 6 月中、下旬孵化，以后各代幼虫为害期分别在 7 月中旬至 8 月上旬、8 月中旬至 9 月上旬、9 月下旬至 11 月上旬、12 月上旬至翌年 4 月上旬为越冬期。

该虫发生不整齐，第二代后就有世代重叠现象。全年以春、夏茶为害较重。各世代历期：第一、二代约为 40d，第三、四代约为 30d，第五代约为 50d，第六代（越冬代）长达 5 个月以上。一至六代幼虫分别发生在 5 月中旬、6 月下旬、7 月下旬、8 月下旬、10 月上旬和 12 月。各虫态历期：卵期一般 6～9d，当气温低于 10℃时可长达 1 个月以上；幼虫期一般为 15～23d，越冬代长达 100d；蛹期一般 8～9d，气温在 17℃以下时为 16～20d；成虫寿命 3～8d。

成虫于夜间羽化，以前半夜为多，白天静伏于茶丛叶背，晚上活动，趋光性强。一般羽化后次日晚上交尾，交尾后次日晚上产卵。卵散产，多产于叶腋处和芽腋处，少数产在嫩茎、叶背和枝皮裂缝处。每处产卵 1 粒，也有数粒产在一起的。每雌产卵量约为 80 粒，最多可达 200 余粒，产卵量以第一代最多。卵孵化不整齐，同一天产的卵需经 3d 左右才孵化完毕。孵化率以第一、二代为高。温、湿度对卵孵化影响颇大。高温干燥条件下孵化率显著降低，如气温在 30℃ 以上、相对湿度在 70% 以下时，孵化率在 5% 以下。

幼虫共 5 龄。一至二龄幼虫多咬食嫩叶下表皮和叶肉，有时也能咬食叶片成小孔洞，三龄以后沿叶缘咬食叶片成缺刻，四至五龄幼虫食叶量大增，五龄幼虫能将全叶食尽，老叶仅留主脉。幼虫老熟后在茶丛中部吐少量丝缀连叶片或枝叶，倒挂化蛹于其中。

茶树和茶银尺蠖间的化学通信研究表明，茶树释放的绿叶挥发物（己烯醛、己烯醇、己烯醇醋酸酯等）对茶银尺蠖成虫具有较显著的引诱效应，雌、雄成虫对化合物的不同异构体具有不同的引诱效应。顺-己烯醛对茶银尺蠖雌成虫有显著的引诱效果，反-己烯醛则对茶银尺蠖雄成虫有显著的引诱效果。

已知的天敌有寄生于幼虫的单白绵绒茧蜂（*Apanteles* sp.）、茶尺蠖绒茧蜂（*Apanteles* sp.），寄生于蛹的黄足大腿蜂、金小蜂；捕食成虫、幼虫的有蜻蜓、蜘蛛、蚂蚁、鸟类等。

四、防治技术

茶银尺蠖的发生较零星分散，一般可在防治其他主要害虫时兼治。发生数量多时可进行灯光诱蛾和化学防治，防治药剂参照茶尺蠖。

陈宗懋（中国农业科学院茶叶研究所）

第 23 节　油桐尺蠖

一、分布与危害

油桐尺蠖［*Buzura suppressaria*（Guenée）］又称大尺蠖，属鳞翅目尺蠖蛾科。分布于安徽、江苏、浙江、江西、湖北、湖南、四川、贵州、广西、广东、海南、福建等省份，以中南和西南茶区发生较严重。在国外，分布于日本、印度、缅甸等国。该虫食性杂，除为害茶树外，还为害油桐、泡桐、核桃、柿、桃、李、梨、乌桕、漆树等植物。以幼虫咬食叶片为害，由于食量大，常能暴发成灾。能将叶、嫩茎全部食尽，使上部枝梢枯死，树势衰弱。

二、形态特征

成虫：雌成虫体长为 24～25mm，翅展为 67～76mm。触角丝状。体翅均灰白色，密布灰黑色小点。前翅基线、中横线和亚外缘线处各有 1 条不规则的黄褐色波状纹，后翅为 2 条波状纹，外缘缘毛黄褐色，腹部末端具黄色绒毛。雄蛾体长为 19～23mm，翅展为 50～60mm，触角羽毛状，前、后翅基线和亚外缘线处均有 1 条灰黑色波状纹，腹末尖细（彩图 16 - 23 - 1，1）。

卵：椭圆形，长径 0.7～0.8mm，蓝绿色，孵化前为黑色。常数百至千余粒集中成堆，上覆黄色绒毛（彩图 16 - 23 - 1，2）。

幼虫：共 6 龄。初孵幼虫体长为 2～3mm，灰黑色。二龄后体色随环境而异，有深褐、灰绿、青绿等色。三龄幼虫长约 14mm，体色多变，有绿色、褐色、棕色等不同色泽。前胸背两侧开始突起。四龄幼虫体长近 20mm，体色同三龄，体表粗糙，头顶下陷深，两侧呈角状突起。五龄幼虫体长约 35mm，体色有褐色、棕色、棕褐色等。腹部第四至五节背两侧各有 1 疣突。六龄幼虫体长为 56～76mm，头部密布棕色颗粒状小点，头部中央向下凹陷，两侧呈角状突起。前胸背面具突起 2 个，腹面灰绿色，腹部第八节背面微突，胸腹部各节均有颗粒状小点，气门为紫红色（彩图 16 - 23 - 1，3）。

蛹：圆锥形，深棕至黑褐色，长为 19～28mm，头顶有黑褐色小突起 1 对，翅芽达第四腹节后缘。臀棘明显，基部膨大，端部分 2 叉针状（彩图 16 - 23 - 1，4）。

三、生活习性

油桐尺蠖在多数地区1年发生2～3代，在长江中下游一般1年发生2～3代，华南发生3～4代。各虫态发生期见表16-23-1。以蛹在茶根附近土中越冬。翌年4月成虫羽化产卵。越冬代成虫发生始期与早春气温关系颇大，温度高始蛾期早。如广东英德1970年和1974年1～3月平均气温分别为11.8℃和11.7℃，始蛾期在4月10日左右，1975年1～3月平均气温为14.1℃，始蛾期提早到4月1日。2～3代区，第一、二、三代幼虫为害期分别在5月中旬至6月下旬、7月中旬至8月下旬、9月上旬至11月中旬。4代区，各代幼虫为害盛期分别在4月中、下旬，7月、9月和10月下旬至11月中旬。

在湖南长沙，成虫寿命为5～7d，卵期为9～16d，幼虫期约为35d，非越冬蛹约为36d，越冬蛹则长达6个月之久。在广东英德，成虫寿命为3～6d，卵期为8～17d，幼虫期为23～54d，非越冬蛹约14d（表16-23-1）。

表16-23-1　油桐尺蠖在不同地区的各虫态发生期（引自朱俊庆，1999）

Table 16-23-1　Occurrence period of *Buzura suppressaria* in different sites (from Zhu Junqing, 1999)

地区	代别	卵（月/旬）	幼虫（月/旬）	蛹（月/旬）	成虫（月/旬）
安徽 （郎溪）	一	5/上～5/中	5/中～6/下	6/下～7/下	7/中～8/上
	二	7/上～9/中	8/上～9/下	8/下至越冬	翌年4/下～5/中
湖南 （长沙）	一	4/中～5/下	5/上～6/下	6/中～8/下	7/中～9/上
	二	7/中～9/中	7/下～10/上	9/上至越冬	翌年4/中～5/中
浙江 （兰溪）	一	4/下～5/中	5/中～6/下	6/中～7/中	7/上～7/下
	二	7/上～7/下	7/中～8/下	8/中～9/上	9/上～9/中
				8/中至越冬	翌年4/上～5/上
	三	9/中	9/下～11/上	11/上至越冬	翌年4/上～5/上
广东 （英德）	一	4/上～5/上	4/中～6/下	5/中～7/上	6/中～7/下
	二	6/中～8/上	6/下～8/下	7/中～9/上	8/中～9/下
	三	8/中～10/上	8/下～10/下	9/下～10/下	10/中～11/上
				9/下至越冬	翌年4/上～4/下
	四	10/中～11/中	11/上～12/中	12/上至越冬	翌年4/上～4/下

成虫有强趋光性，多在夜间羽化，白天栖息在茶园周围高大树木的主干上或建筑物的墙壁上，受惊后落地假死不动或短距离飞行。羽化后当晚即交尾，次日开始产卵。卵多成堆产在茶园周围树木主干的皮层缝隙中，少数产在茶丛枝梗间，并盖以黄色绒毛。每雌平均产卵2 000余粒，多者高达3 700余粒，一般分3～4次产完。卵孵化率可达95%以上。

幼虫共6～7龄。初孵幼虫活跃，能迅速向树木上部爬行，然后吐丝下垂，随风飘荡分散。多在傍晚或清晨取食。幼龄幼虫仅咬食嫩叶，三龄幼虫开始为害叶片成缺刻，四龄后食量大增，老、嫩叶均能食尽，取食量占一生总食叶量的85%以上。据观察，每头老龄幼虫每天的食叶面积达60～70cm²。幼虫畏强光，中午阳光强时常栖息在茶丛荫蔽处。幼虫老熟后入土3～5cm深造一土室化蛹，多在离根际30cm的半径范围内。

已发现的天敌，卵期有黑卵蜂，寄生率可达60%左右；幼虫期有核型多角体病毒，在秋季虫口密度大时常流行，幼虫死亡率高者可达90%左右；蛹期有寄生蝇等。这些天敌对油桐尺蠖的发生有一定的抑制作用，尤其是核型多角体病毒，是华东茶区田间自然控制油桐尺蠖的天敌优势种。

四、防治技术

（一）深耕灭蛹
方法参照茶尺蠖。

（二）人工捕杀
在油桐尺蠖发生严重的茶园，于各代蛹期进行人工挖蛹；根据成虫多栖息于高大树木及建筑物上，以及受惊后落地假死的习性，在各代成虫期每日清晨人工扑打成虫，这是防治该虫的一项有效措施；根据成虫多集中在高大树木主干的树皮缝隙间产卵的习性，在成虫盛发期前，将茶园周围树木的树干用石灰水涂白，可阻止成虫产卵，并有杀卵作用。也可在成虫盛发期后人工刮除卵块。

（三）药剂防治

药剂防治应在幼龄幼虫期进行。当虫口密度平均为 1～4 头/丛时可进行挑治，应重点防治高大树木周围的茶丛；达 5 头/丛以上时应进行普治，药剂种类和使用浓度参照茶尺蠖，但浓度可适当提高。此外，每 667m^2 喷洒 30～50 头虫尸（或 3×10^{10}～6×10^{10} PIB/mL）的油桐尺蠖核型多角体病毒液（安全间隔期 3d），效果也很好。

（四）灯光诱蛾

于成虫发生盛期，每晚点黑光灯诱杀成虫。

陈宗懋（中国农业科学院茶叶研究所）

第 24 节　云 尺 蠖

一、分布与危害

云尺蠖（*Buzura thibetaria* Oberthür）又称桐尺蠖，属鳞翅目尺蠖蛾科。分布于贵州、四川、湖南、湖北、广东等省，在西南茶区发生较严重。食性杂，除为害茶树外，还为害油茶、油桐、刺槐、梨、苹果、杨梅、大豆、玉米等 60 余种植物。幼虫咬食叶片，发生严重时能将整片茶树叶片食尽，仅留主脉，严重影响茶树生机。

二、形态特征

成虫：体长为 18～23mm，翅展为 70mm，雄蛾略小。头顶白色，颜面黄色。触角黑色，雌蛾丝状，雄蛾短栉齿状。体白色，被少许黄褐色鳞毛。翅白色，前翅外横线和内横线为波状纹，亚外缘线区、中线区、亚基线区鳞毛黄褐色，肩角处有黑点 2 个，前缘中部有 1 黑色肾状纹。后翅仅外横线黑色，亚外缘线区鳞毛黄褐色，翅中部有 1 黑色环状纹，后缘中部有 1 黑斑。雌蛾腹部有黑色环纹 6 圈，雄蛾腹部为 7圈，腹末有黄色毛丛。

卵：球形，绿色。

幼虫：一龄幼虫黑色，背线灰白色。末龄幼虫体长为 45～65mm，体色多变，有绿色、灰色、灰黑色等。头部略呈方形，棕褐色，表面散生深褐色瘤状物，头顶中央有 1 近三角形下陷的褐色斑纹，两侧呈牛角状突出。前胸背面两侧各有角状突起 1 个，前胸腹面黑色（油桐尺蠖腹面为灰绿色），腹部第八节背面无突起。

蛹：长 21～25mm，黑褐色。

三、生活习性

在贵州 1 年发生 2 代，以蛹在茶树根际土中越冬。翌年 4 月至 5 月下旬成虫羽化产卵。第一代幼虫于 4 月下旬至 5 月下旬发生，成虫于 7 月中旬开始羽化产卵。第二代幼虫于 7 月中旬至 9 月上旬发生。卵期一般为 11～15d，幼虫期约为 38d，非越冬蛹历期 10d 左右。

成虫趋光性强，微有假死性。雌蛾体笨重，飞翔力弱，雄蛾飞翔力较强。卵多产于高大树木主干的皮层裂缝内或建筑物的墙壁缝隙内，亦有少数产于茶丛内的枯叶中，卵块上覆黄色毛状物。每头雌蛾可产卵 1 300～1 600 粒。

幼虫共 6 龄。孵化后能吐丝下垂，借风力分散。一至二龄幼虫多集中在茶丛蓬面取食叶片上表皮或将叶片咬食成小孔洞，三龄后则自叶片边缘向内咬食，四龄后白天多栖息于茶丛内枝条上不活动，以清晨和傍晚取食最盛。老熟后爬至茶树下土内做一土室化蛹。

已发现的天敌有广肩小蜂［*Eurytoma appendiagaster*（Swederus）］、枯叶蛾雕绒茧蜂［*Glyptapanteles liparidis*（Bouche）］、白僵菌、椿象、鸟类以及云尺蠖核型多角体病毒等（BtNPV），均对云尺蠖有一定的抑制作用。其中，以枯叶蛾雕绒茧蜂作用较大。

四、防治技术

参照油桐尺蠖。

陈宗懋（中国农业科学院茶叶研究所）

第 25 节 木橑尺蠖

一、分布与危害

木橑尺蠖［*Culcula panterinaria*（Bremer et Grey）］是 20 世纪 80 年代以来发生趋于严重的茶树害虫。国内分布普遍，西自云南、贵州、四川，东至江苏和浙江沿海、台湾，北自陕西、山东，南至广东、广西、海南。西藏不详。国外分布于日本、朝鲜。幼虫暴食茶树叶片。近年浙江、安徽、四川屡有局部成灾。除茶树外，还为害黄连木、核桃、油茶、桃及蔬菜等 60 多种植物。

二、形态特征

成虫：体长为 20～30mm，翅展为 58～80mm。头金黄，复眼黑色。腹部白色，散生灰、橙色斑，背面杂生棕、白、灰色相间毛簇。翅白色，散布不规则大小灰斑。前翅基部有 1 较大橙色圆眼斑，前翅中前方及后翅中央各有 1 灰色圆斑，近外缘各有 1 串橙、灰斑连成间断的波状带纹。雌蛾触角丝状，体肥大，腹末有棕黄色毛丛。雄蛾触角栉状，体较瘦小，腹末无毛丛（彩图 16 - 25 - 1，1）。

卵：椭圆形，翠绿色，渐变草绿，孵化前青灰色。

幼虫：成长幼虫体长为 60～79mm，体色绿、灰、赭褐色多变。头近方形，棕黄色，满布玉黄、棕黄色疱状突起，头顶凹，两侧角状突起，常红褐色，额侧有黑色倒 V 形黑纹。体表满布淡黄色水疱状小突起，背线上散布黑色小突起，前胸背中有 1 对棕黄色耳状突起，后胸及第一腹节背面前侧有黄白圆斑，每节后缘也常有黄白圆斑，第八腹节背面有 1 黑褐色横带，臀板三角形，满布淡黄色水疱状小突。气门周边紫红色，胸足棕黄色，腹足紫褐色。共 5～6 龄（彩图 16 - 25 - 1，2）。

蛹：长为 24～32mm，宽为 6～8mm，褐、棕褐至黑褐色，多点刻。头顶背侧有 1 对耳形齿状突起。臀棘 1 枚，基部扁球形，端部分叉。

三、生物学特性

（一）世代及生活史

1 年发生 2～3 代，以蛹在根际表土内越冬。在杭州正常有 2 代及 3 代发生，越冬代翌年 4 月底至 5 月初为盛蛾期，一至三代卵分别于 5 月中旬，7 月中、下旬和 9 月中、下旬盛孵。在安徽黄山，1 年发生 2 代，偶有 3 代或不完全第三代发生，越冬代于翌年 5 月上旬为盛蛾期，一、二代卵分别于 5 月下旬、7 月下旬盛孵。年生活史及各虫态（龄）历期分别如表 16 - 25 - 1、表 16 - 25 - 2、表 16 - 25 - 3 所示。

表 16 - 25 - 1　木橑尺蠖年生活史

Table 16 - 25 - 1　*Occurrence period of Culcula panterinaria*

地点	化性	代别	卵（月/旬）	幼虫（月/旬）	蛹（月/旬）	成虫
浙江 杭州	2	一	4/下～6/上	5/上～7/上	6/下～9/下	7/上～9/下
		二	7/下～10/上	7/下～10/下	8/中至越冬	翌年 4/下～5/下
	3	一	4/下～6/上	5/上～7/上	6/上～7/下	6/下～7/下
		二	7/上～8/上	7/上～8/上	7/下～9/中	8/中～9/下
		三	8/中～10/上	8/中～10/下	10/下至越冬	翌年 4/下～5/下
安徽 黄山	2	一	4/中～6/下	5/上～7/下	6/中～8/中	7/上～8/中
		二	7/上～8/中	7/中～9/中	8/中至越冬	翌年 4/下～6/下

表 16 - 25 - 2　木橑尺蠖各代各虫态历期（d）（浙江杭州）

Table 16 - 25 - 2　Development duration of *Culcula panterinaria* in different generations（d）（Hangzhou, Zhejiang）

代别	卵	幼虫	蛹	成虫
一	13.5	27～30	33.7	3.9～4.8
二	7.7	25	24.5	5.9～6.5
三	11.9	38～39	>180	4.7～5.7

表 16 - 25 - 3　木橑尺蠖幼虫各龄历期（d）（安徽黄山）

Table 16 - 25 - 3　Different duration of *Culcula panterinaria* in different instars（d）（Huangshan, Anhui）

代别	一龄	二龄	三龄	四龄	五龄	六龄
一	4.8	3.1	4.1	5.5	8.3	12.2
二	3.8	2.7	3.7	4.5	4.9	10.6

（二）生活习性

蛹夜间羽化。成虫趋光性强，但扑灯的多为雄蛾。羽化后第二晚交尾，只交尾 1 次，第三晚开始产卵。喜展翅停息在附近林木主干及墙壁上，并将卵成块产于树干缝隙、墙缝或茶丛枝干、落叶中。卵块上覆以腹末脱下的棕黄色绒毛。每雌产 3～4 个卵块。越冬代平均每雌产卵高达 1 483 粒，第一代产 789 粒，第二代只产 452 粒。

卵多于日间孵化。初孵幼虫活泼，爬行迅速，且喜吐丝从大树上随风飘荡向茶园扩散。邻近树木的茶园受害较重，且无明显"发虫"中心。附近无林木时，在茶丛内的卵孵出的幼虫，三龄前虫口较集中，呈现明显的"发虫"中心。一至二龄幼虫多栖于芽梢嫩叶上，自叶缘取食叶肉，残留表皮，形成黄褐色枯斑。三龄后蚕食成、老叶，造成缺刻或仅留下叶脉。四龄开始暴食，吞食全叶。食叶量随虫龄增长剧增，末龄食叶量占总食叶量的 86.06%～88.23%。整个幼虫期食叶量达 13g。幼虫具拟态习性，静止时状如断截枝梗。老熟后移至根际土壤中做土室化蛹。入土远近深浅因土质而异，一般多在根际 30cm 半径范围内，深 3～6cm。

四、发生与环境的关系

木橑尺蠖发育繁殖需要一定的温、湿度，当气温>30℃、相对湿度<70%时，则不利其发生。在适温下，于杭州测得卵的发育起点温度为（10.1±0.2）℃，有效积温为（139.8±8.0）℃，$y=10.1+139.8x$。成虫寿命（y）与温湿系数（x）相关，雌蛾 $y=2.45x-2.26$，雄蛾 $y=1.74x-0.91$。在黄山测得卵期的发育起点温度为（8.5±0.46）℃，有效积温为（156.5±5.14）℃，$y=8.5+156.5x$。

卵孵化期的暴雨冲击，有很强的杀灭作用。夏季高温干旱，蛹的羽化率明显下降，成虫存活繁殖力低下，这正是长江中下游常年第一代为害重于第二、三代的重要原因。杭州 1977 年 6 月中旬至 7 月上旬蛹期，日均温 26.4℃，相对湿度 77.69%，蛹顺利发育羽化，下一代暴发成灾；1978 年同期日均温高至 30.40℃，相对湿度低达 63.3%，蛹大都未能羽化，下一代虫口很低，为害轻。

茶园茶丛繁茂郁闭，特别是靠近遮阳树、行道树的茶园，虫口一般发生较多，为害较重。

天敌主要有木橑尺蠖核型多角体病毒（CpNPV）、虫生真菌、绒茧蜂（*Apanteles* sp.）和鸟类等。在杭州茶区，1982—1983 年木橑尺蠖核型多角体病毒大流行，发病率高达 90% 以上。

五、防治技术

（一）消灭蛹、蛾
参见油桐尺蠖防治。

（二）生物防治
一至二龄幼虫期，喷施木橑尺蠖核型多角体病毒 15×10^{11}～22.5×10^{11} PIB/hm²。

（三）药剂防治
平均每平方米虫量在 1.8 头以上，三龄前施药。农药种类、用量参见茶尺蠖，一般茶园可用 25% 灭幼脲悬浮剂，用量为 900～1 050mL/hm²（朱俊庆，1987）。

陈宗懋（中国农业科学院茶叶研究所）

第 26 节 灰 尺 蠖

一、分布与危害

灰尺蠖〔*Ectropis grisescens*（Warren）〕属鳞翅目尺蠖蛾科。分布于湖南、湖北、江西、浙江、广东、云南等地。寄主有茶、油茶等。以幼虫咬食叶片为害。

二、形态特征

成虫：体长为 13～20mm，翅展为 47～55mm，体、翅褐色，前、后翅均有三四条不规则略平行的褐色波状横纹，翅底灰褐色并有一深褐色长点。雄蛾色较深，腹末有一束绒毛（彩图 16 - 26 - 1，1）。

卵：椭圆形，淡绿色渐转褐色，有方格纹。

幼虫：灰绿至灰褐色，一龄期体侧有 1 条白线，二龄时白线消失，成长后体长为 41～58mm，暗紫褐色，第二腹节背面有两个褐色突起（彩图 16 - 26 - 1，2）。

蛹：长为 14～29mm，腹末有 1 分叉的臀棘（彩图 16 - 26 - 1，3）。

三、生活习性

在长沙，1 年发生 4 代，以蛹在土中越冬。每年 7～8 月第三、四代发生较多。各虫态的发生期见表 16 - 26 - 1。

表 16 - 26 - 1　灰尺蠖各虫态发生期（引自朱俊庆，1999）
Table16 - 26 - 1　Ocurrence period of Ectropis grisescens（from Zhu Junqing，1999）

代别	卵（月/旬）	幼虫（月/旬）	蛹（月/旬）	成虫（月/旬）
一	3/中～4/下	4/上～6/上	5/中～6/中	5/下～6/下
二	5/下～6/下	6/上～7/中	7/上～7/下	7/上～8/上
三	7/中～8/上	7/中～9/上	8/中～9/下	8/下～9/下
四	8/下～9/中	8/下～10/下	9/下至翌年 3/下	翌年 3/上～4/中

四、防治技术

1. 灯光诱杀　灰尺蠖成虫具有趋光性，可用黑光灯或频振式杀虫灯诱杀成虫。

2. 蛹期防治　各代蛹期特别是越冬蛹期，结合茶园耕作施肥，将蛹翻至表土。

3. 保护天敌　天敌有蜘蛛、螳螂等。

4. 化学防治　参见茶尺蠖。已发现有灰尺蠖的核型多角体病毒（陈棣华，1989；李彦章、陈棣华，1994）可以作为灰尺蠖的防治手段。

陈宗懋（中国农业科学院茶叶研究所）

第 27 节 茶用克尺蠖

一、分布与危害

茶用克尺蠖（*Junkowskia athleta* Oberthür）又名云纹尺蠖，属鳞翅目尺蠖蛾科。国内已知分布于安徽、江苏、浙江、江西、湖南、贵州、广东、海南、台湾等长江以南的一些产茶省，山东也有分布。国外分布于朝鲜、日本、前苏联。幼虫咀食茶树叶片，严重时整株被害光秃。是 20 世纪 80 年代以后新发生的茶树害虫。除茶树外，该虫还为害柑橘、金橘、茉莉、佛手、月季、玫瑰、天竺葵、红枫等多种植物。

二、形态特征

成虫：体长为 18～25mm，翅展为 39～59mm。体翅灰褐至赭褐色，复眼黑色，头、胸多灰褐色毛簇。前翅有 5 条暗褐至黑色横线（内横线、中横线、外横线、亚外缘线、外缘线）。外缘线锯齿形（8 齿），中横线及亚外缘线常不明显。后翅有 3 条暗褐至黑色横线（中横线、外横线、外缘线），外缘线亦为锯齿形（7 齿）。前后翅外横线外侧均有 1 咖啡色斑。前翅中室上方有 1 深色斑。前后翅反面深灰色，亦有横线。腹部深灰，第一腹节背面有灰黄色横带纹。雌蛾触角线形，雄蛾双栉形（图 16 - 27 - 1）。

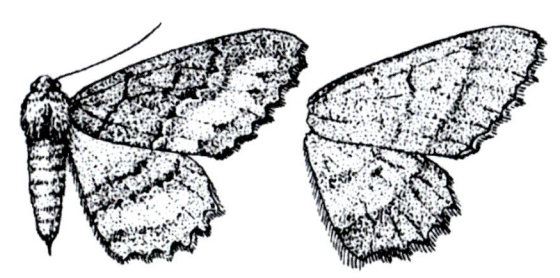

图 16 - 27 - 1　茶用克尺蠖成虫（引自张汉鹄等，2004）

Figure 16 - 27 - 1　Adult *Junkowskia athleta*（from Zhang Hangu et al.，2004）

卵：椭圆形，端稍尖，长径为 0.66mm，短径为 0.44mm。草绿色渐转淡黄色，孵化前灰黑色。有鱼篓状棱纹，纵棱常分 2 支，横棱短而密。

幼虫：成长幼虫体长为 30～53mm，茶褐至咖啡色，体表满布黄白或黑色间断的波状纵纹，第八腹节背面有明显的突起。共 5～6 龄。

蛹：褐色，长为 18.7～21.2mm，体表满布细小刻点，翅芽伸近第四腹节后缘，腹末节背呈环状突起，臀棘基部较大，端部分 2 叉。

三、生物学特性

在浙江杭州一带年发生 4 代，广东英德 6 代，以低龄幼虫在茶树上越冬但无明显冬眠现象，气温高于 10℃时仍少量取食。在广东少数以蛹在根际土中越冬。杭州 4 代发蛾盛期分别为 5 月下旬，7 月上旬，9 月上、中旬，10 月中、下旬；卵盛孵期分别为 6 月上旬、7 月中旬、9 月中旬、10 月下旬（张汉鹄、谭济才，2004）。年生活史及各虫态（龄）历期如表 16 - 27 - 1、表 16 - 27 - 2、表 16 - 27 - 3 所示。

表 16 - 27 - 1　茶用克尺蠖年生活史（浙江杭州）
Table 16 - 27 - 1　Occurrence period of *Junkowskia athleta*（Hangzhou，Zhejiang）

代别	卵（月/旬）	幼虫（月/旬）	蛹（月/旬）	成虫（月/旬）
一	5/中～6/下	5/下～7/下	6/中～8/上	6/下～8/中
二	6/下～8/中	7/上～9/上	8/上～10/上	8/中～10/上
三	8/中～10/上	8/中～10/下	9/中～10/下	9/下～10/下
四	9/下～11/上	10/上至越冬	翌年 4/中～6/中	5/中～6/中

表 16 - 27 - 2　茶用克尺蠖各虫态历期（d）（浙江杭州）
Table 16 - 27 - 2　Development duration of *Junkowskia athleta*（d）（Hangzhou，Zhejiang）

代别	卵	幼虫	蛹	成虫
一	7.9	23.2	9.3	2.7
二	6.4	27.3	9.5	4.4
三	7.7	29.0	14.8	5.5
四	13.8	>200.0	16.0	5.5

表 16 - 27 - 3　茶用克尺蠖各代幼虫各龄历期（d）（浙江杭州）
Table 16 - 27 - 3　Development duration of *Junkowskia athleta* in different instars（d）（Hangzhou，Zhejiang）

代别	一龄	二龄	三龄	四龄	五至六龄	预蛹	合计
一	4.6	2.2	3.5	2.9	8.0	2.0	23.2
二	4.6	3.8	3.6	3.5	9.9	1.9	27.3
三	6.1	3.3	3.6	3.3	10.0	3.0	29.3

四、生活习性

与木橑尺蠖相似，成虫亦多在夜晚羽化，趋光性强，羽化当晚交尾，翌日开始产卵。卵块产于茶树枝干及附近林木枝干裂缝内，但卵粒间以胶质紧黏，无绒毛覆盖。每雌产卵数百粒，多者近千粒，越冬代产卵量最大。

初孵幼虫活泼，趋光，趋嫩，集中在芽梢嫩叶上，形成"发虫"中心。自叶缘取食叶肉，残留表皮形成圆形枯斑，二龄食成孔洞。三龄后逐渐分散，食尽全叶，四龄后暴食，食叶量占幼虫期总食叶量3.38g的96％，老熟后移至根际入土约3cm深处化蛹。

五、发生与环境的关系

茶用克尺蠖卵历期（N）与气温（T）高低密切相关。$N=23.57-0.58T$（朱俊庆，1986）。广东省农业科学院茶叶研究所报道（1985），卵期发育起点温度$C=13.35℃$，有效积温$K=86.64℃$，关系式：$y=13.35+86.64x$。

夏季高温、梅雨以及冬季多雨，土壤湿度大，均可致蛹大量死亡，发蛾减少。蜘蛛、鸟类捕食，茶用克尺蠖核型多角体病毒（JaNPV）寄生，对茶用克尺蠖发生都有一定的控制效应。

六、防治技术

参见茶尺蠖的防治。

陈宗懋（中国农业科学院茶叶研究所）

第28节　油茶尺蠖

一、分布与危害

油茶尺蠖（*Biston marginata* Shiraki）属鳞翅目尺蠖蛾科。是我国南方茶与油茶产地的常见害虫。分布于淮河以南的湖北、河南和安徽南部，南至广东、广西，西至贵州，东达沿海浙江、福建、台湾，主要发生在湖南、江西一带。幼虫蛀食叶片。除茶与油茶外，还为害油桐、乌桕、女贞、泡桐、松、杉、枫、杨、樟等林木。

二、形态特征

成虫：体长为14～18mm，翅展为31～35mm。体粗短，灰白，杂以黑褐至淡灰黄鳞片。前翅内、外横线色暗清晰，中横线与亚外缘线隐约可见，外缘有6～7个暗点，缘毛灰白。后翅亦具横纹，前、后翅外侧及基部均枯灰色。翅反面灰白色。雌蛾较肥而色浅，腹末丛生黑褐色绒毛。

卵：球形，长约0.3mm，绿色，孵化前深褐色。卵块长约18mm，覆有黑褐色绒毛。

幼虫：初孵时黑色，老熟时变黄，体表硬而密布黑褐色斑点。头顶下陷，两侧呈角突，额具"八"字形黑色条斑。气门紫红色。成长幼虫体长为45～60mm。

蛹：圆锥形，长为11～17mm，棕褐色。头顶两侧微突。腹末尖，臀棘基部膨大，端部分叉。

三、生物学特性

（一）世代及生活史

1年发生1代，以蛹在茶丛根际表土中、落叶下越冬。春季2月间开始羽化为成虫交尾产卵。3月初盛卵，3月下旬开始孵出幼虫，6月上、中旬幼虫老熟，再潜入表土、落叶下化蛹越夏，直至越冬。各虫态历期：卵15～30d；幼虫53～71d，其中一龄平均6d，二龄6d，三龄5d，四龄7.7d，五龄11.34d，六龄24.2d；蛹252～271d；成虫4～9d。

（二）生活习性

成虫多晚间羽化，昼伏夜出，但活动力弱，不趋光。羽化后次晚交尾。雌蛾只交尾1次，夜晚产卵，卵多产于枝干荫蔽凹处。每雌产卵 $700 \sim 800$ 粒，最多达 1 200 粒，一次产完。同一卵块幼虫孵化整齐。初孵幼虫群栖叶背取食叶肉，形成小块透明枯斑，受惊则吐丝下垂，随风扩散。二龄后分散，自叶缘蚕食，三龄后食量渐增，六龄食叶量达 570mg。具拟态与假死性，受惊即吐丝下坠。老熟后在树冠下入土化蛹，入土深度为 $15 \sim 40$mm。

四、防治技术

参见油桐尺蠖的防治。鉴于蛹期很长，有利于耕作灭蛹。

陈宗懋（中国农业科学院茶叶研究所）

第 29 节　茶茸毒蛾

一、分布与危害

茶茸毒蛾（*Dasychira baibarana* Matsumura）又名茶黑毒蛾，属鳞翅目毒蛾科，是 20 世纪 60 年代后愈趋严重的茶树害虫之一。幼虫体上毒毛触及人体皮肤会引起红肿痛痒，严重影响茶园管理。分布于长江流域以南，北自湖北、安徽，南至广西、广东、海南，西自云南、贵州，东至东部沿海、台湾。四川、西藏不详。空间分布型为聚集分布，并随着虫口密度的上升而趋向随机分布。以幼虫咬食叶片为害，无趋嫩性，不分老嫩自下而上取食，严重时叶片无存，且剥食树皮。成虫趋光性强，卵产于茶丛基部老叶背面或附近杂草上，幼虫孵化后群集在茶丛中下部叶背取食下表皮和叶肉，二龄后期分散到茶丛上部，咬食叶片成缺刻。幼虫具有假死性，受惊后蜷缩坠地，老熟后爬至茶丛根际枝丫间、落叶下或土隙间结茧化蛹。除茶树外还为害油茶。

二、形态特征

成虫：雌成虫体长为 $15 \sim 18$mm，翅展为 $32 \sim 40$mm。体翅暗褐至栗黑色，前翅外缘有 8 个黑褐色点状斑，顶角内侧常有三四个颜色深浅、排列不一的纵向斑纹，外横线呈褐色波状纹；翅的中室端部有 1 个灰白色大圆斑，其下方至臀角内侧有 1 个黑褐色斑块，近臀角处有 1 个白色小斑纹；翅的中部银灰色，基部黑褐色。后翅灰褐色，无斑纹。体腹背有 $3 \sim 4$ 束褐色毛丛，呈纵向排列。触角短双栉齿状。雄成虫体长为 $12 \sim 14$mm，翅展为 $27 \sim 30$mm，翅两纹较雌成虫浅，前翅顶角内侧的三四个纵向斑纹和中室端部的灰白色斑纹均不明显，触角长双栉齿状（彩图 16 - 29 - 1，1）。

卵：球形，直径 $0.8 \sim 0.9$mm，灰白色，质地较硬，顶端凹陷。卵块由数十粒卵单层裸露排列于叶背。

幼虫：共 $5 \sim 6$ 龄（彩图 16 - 29 - 1，2）。

一龄幼虫体淡黄褐色，头棕褐色，毛稀少，胸背淡黄绿色，第一胸节背侧有 1 对肉疣。

二龄幼虫体暗褐色，体长约 5mm，第一、二腹节上有 2 列黑色毛丛，第八腹节出现 1 束毛丛，第一胸节背侧 1 对肉疣明显伸长，中胸和第八腹节侧面各有 1 对白毛。

三龄幼虫体长为 $7 \sim 10$mm，除第一、二腹背 2 列黑色毛丛外，第三至五腹背出现 2 列白色毛丛，第二、三胸背出现 2 列较短毛丛。

四龄幼虫褐色，体长为 $14 \sim 18$mm，第一至三腹节毛丛棕色，第四至五腹背毛丛黄白色，第五至七腹节背线和气门线呈"一"字形白线，其周围有红色斑纹，第八腹背 1 束毛丛黑褐色，第二至三胸节亚背线白色。第一至四腹节毛丛呈刷状，不整齐。

五龄幼虫黑褐色，体长约为 20mm，头淡黄色，胸背侧有白色斑纹，第一至四腹背的毛丛棕色，第五腹背 1 毛丛黄白色，第八腹节背部的黑褐色毛丛向后上方伸出，毛丛两侧有 1 对白色长毛，第二胸节背部和侧面也各有 1 对白色长毛，向前伸出。

末龄幼虫体长 $26 \sim 30$mm。

蛹：体长为 $13 \sim 15$mm，黄褐至棕黑色，有光泽。体表黄色短毛多，背面短毛较密，腹末臀棘较尖。

茧：椭圆形，细绒毛多，棕黄至棕褐色（彩图 16 - 29 - 1，3）。

三、生活习性

浙江、安徽及福建北部1年发生4代，江西婺源发生5代，均以卵块在茶丛中下部老叶背越冬。浙江杭州越冬卵于翌年4月上、中旬孵化为幼虫，为害春茶。第二、三、四代幼虫发生期分别在6月上旬至6月下旬、7月中旬至8月中旬、8月下旬至9月下旬。各代各虫态发生期和历期详见表16-29-1和表16-29-2。

成虫白天在茶丛枝干及叶背静伏。一般黄昏开始飞翔活动，有趋光性。羽化当晚或次日交尾，交尾后次日开始产卵。卵多产于老叶背面或附近杂草上，单层整齐排列成块状，无覆盖物。雌成虫能多次产卵，一生能产多个卵块，每个卵块的卵量约30粒。每雌产卵量为：春季第一代为333～469粒，平均为277粒，夏季甚少，几十粒至百余粒。卵期以越冬卵最长，在杭州为160d，第二代卵期10d，第三、四代为7.2d。卵的发育起点温度为（8.29±0.57）℃，有效积温为（136.0±6.08）℃。

表16-29-1　茶茸毒蛾各代各虫态发生期（浙江杭州）
Table 16-29-1　Occurrence period of *Dasychira baibarana* (Hangzhou, Zhejiang)

代别	卵（月/旬）	幼虫（月/旬）	蛹（月/旬）	成虫（月/旬）
一	前一年10/上～4/上	3/下～5/上	5/上～5/中	5/中～6/上
二	5/中～6/中	5/下～7/上	6/中～7/下	7/上～7/下
三	7/上～8/上	7/中～8/下	8/上～9/上	8/中～9/上
四	8/中～9/中	8/下～10/上	9/中～10/下	10/上～11/上

表16-29-2　茶茸毒蛾各代各虫态历期（d）（浙江杭州）
Table 16-29-2　Development duration of *Dasychira baibarana* in different instars (d) (Hangzhou, Zhejiang)

代别	卵	幼虫	蛹	成虫 雌	成虫 雄
一	>160（越冬）	34.98	11～12	9.9	12.3
二	10	20.41	11～12	4.4	4.7
三	7.2	21.48	9.6	6.0	6.2
四	72	26.76	16.5	78	117

幼虫多于上午至中午孵化。幼虫的发育起点温度为（6.2±2.0）℃，有效积温为（435.91±60.47）℃。

初孵幼虫不甚活动，呈放射状停留在卵块周围取食卵壳，把卵壳吃去大半，约经1d后，成群结队迁移至中下部老叶背面，开始取食下表皮和叶肉，留上表皮呈半透明薄膜状，形成黄褐色网膜枯斑；二龄食成缺刻孔洞；随着虫体增长食叶量增多，群集性减弱，到四至五龄时分散活动为害，并具假死性。当振动茶树时立刻坠地不动，不久又很快爬上茶树继续取食。幼虫怕阳光直射，常在晚上或阴天活动取食。幼虫老熟后爬至茶树根际附近枯枝落叶下或土隙中结茧化蛹，大发生时亦在茶丛枝叶上化蛹。蛹期以第四代最长，平均为16.5d；第三代最短，平均为9.6d；第一、二代平均为11～12d。

茶茸毒蛾在一年中以第二代虫量最大，其次是第一代。所以，在长江中下游茶区，以夏茶受害最重，其次是春茶中、后期。空间分布型为聚集分布，并随着虫口密度的上升而趋向随机分布。

四、发生规律

（一）温、湿度

茶茸毒蛾的发生与温、湿度关系密切。最适宜在温度为18～27℃、相对湿度80%以上，并伴有一定雨量的条件下发生。一般盛夏高温干旱（温度30℃以上，相对湿度70%以下）影响成虫交尾，产卵量少，卵粒排列不整齐，多数卵不能孵化。当平均温度在27℃以下时，茶茸毒蛾雌蛾的平均产卵量较大，为168～206粒；当温度在27℃以上时，其生殖力明显下降；平均温度在31℃以上时，其生殖力降至零。因此，第三代（炎夏时发生）各地一般发生较轻。由于气候、时空和虫口基数的差异，不同地区不同年份，其各代发生为害程度不尽一致，有的是第一至二代，有的是第二至四代发生较重。特别是第二代普遍发生严重，夏茶受害较大。海拔低于300m的茶园屡有发生，高温干旱则多限于海拔高于500m的高山茶园发生。成虫产卵对当时的气温也有选择,秋后温度低,末代雌蛾多选择阳坡茶园产卵越冬,非越冬代卵尤其在高温干旱条件下,则多产于荫蔽茶园。

(二)天敌

天敌是影响茶茸毒蛾发生量的另一重要因子。卵期的主要天敌有赤眼蜂(*Trichogramma* sp.)、黑卵蜂(*Telemonus* sp.)和啮小蜂(*Tetrastichus* sp.)。幼虫期有桑毒蛾雕绒茧蜂[*Glyptapanteles femoratus*(Ashmead)]、细菌(*Bacillus* sp.)和核型多角体病毒(DbNPV)。幼虫—蛹期有日本追寄蝇(*Exorista japonica* Townsend)和平庸赘寄蝇(*Drino inconspicua* Meigen)。在江西,卵寄生率达 14.74%~28.45%,幼虫绒茧蜂寄生率达 37.5%。在福建安溪,越冬卵赤眼蜂寄生率可高达 84.7%,第一代幼虫绒茧蜂寄生率常达 69.3%~76.5%。

(三)茶园环境

茶茸毒蛾的发生与周围植被林地也有关系。一般靠近茂密植被林地的茶园中发生多,山坡茶园比平地茶园发生多。种植密度大、荫蔽潮湿、通风透光差的茶园发生也较多。茶树品种间受害程度也有差异,上海洲、郭科 1 号、福鼎大白等受害较重,而毛蟹、政和大白、乌牛早、黄旦、高桥早等受害较轻。

五、防治技术

(一)清园灭卵

秋、冬季结合清园、施基肥,清除落叶、杂草,并深埋消灭越冬卵。

(二)灯诱

发蛾期用黑光灯诱杀茶茸毒蛾。

(三)人工防治

卵期摘除有卵叶。利用初龄幼虫群集性、假死性,捕杀或震落消灭。

(四)生物防治

茶茸黑毒蛾的天敌很多,且有一定的自然控制力,应注重保护利用。对每丛有效卵粒超过 40 粒的茶园,在卵孵盛末期至低龄幼虫盛发期,每 667m² 用 16 000IU/mg 苏云金杆菌可湿性粉剂 70g 稀释喷雾。

(五)化学防治

根据防治指标,在三龄前施药,低容量侧位喷施,并注意叶背和地面喷施周到。防治指标一般是每 667m² 3 000~4 500 头,视单位面积产干茶量决定。用药种类同茶毛虫,建议使用机动喷雾机。此外,在一至二龄幼虫占 70%~80%时,用毒沙法防治茶茸毒蛾简易有效。80%敌敌畏乳油按 2 250~3 000mL/hm² 拌细沙或细土 300~450kg,装入塑料袋密封,带入茶园,均匀撒施。利用该虫假死习性,拍打茶蓬震落茶蓬,对第三代茶茸毒蛾防效可达 90%~95%。

附:测报技术

一、系统测报办法

(一)调查内容和方法

分别选择不同类型茶园,如不同海拔高度,或林带附近、周围有植被等各固定一块,作为系统调查点。从 3 月中旬至 11 月中旬,每隔 3~5d 调查一次,五点取样,每点查 5 丛,按附表 16-29-1 所列项目

附表 16-29-1 各代茶茸毒蛾茶园消长观察记载表

Supplementary Table 16-29-1 Recording table of population fluctuation patterns of *Dasychira baibarana* in the tea plantation

日期(月/旬)	茶园类型及地号	丛数	成虫(头)			幼虫(头)							蛹(头)				卵(粒)				备注
			雌	雄	合计	一龄	二龄	三龄	四龄	五龄	寄生	合计	蛹	蛹壳	寄生	合计	卵粒	瘪粒	寄生	合计	

单位:　　　　　地点:　　　　　调查人:　　　　　年份:

进行观察记载。

(二) 预测方法

1. **幼虫孵化期预测** 越冬卵一般在 3 月底或 4 月初孵化。一、二、三代卵孵化期，可在掌握成虫产卵盛期的基础上，参照当地气象预报资料，利用公式 $N = \dfrac{K}{T-C}$ 计算。卵的发育起点温度 (℃) = (9.5±0.4)℃，有效积温 K = (120.1±2.5)℃。

2. **三龄幼虫发生盛期预测** 根据各虫态发育进度，用期距法分别向后推加当地各虫态的历期直至一半达三龄期，即为三龄幼虫发生盛期。

二、一般测报办法

1. **查茶园卵密度，确定防治田块** 在各代成虫产卵盛末期后，对各种不同类型茶园进行普查。五点取样，每点 5 丛，逐一检查卵粒数。当每丛有效卵超过 40 粒时，应定为防治对象茶园。

2. **查幼虫发育进度，确定防治时间** 从幼虫孵化始期开始，每隔 2～3d 对防治对象茶园调查一次，掌握幼虫发育进度。当三龄幼虫占总幼虫的 15%～20% 时，即为防治适期。

孙晓玲 陈宗懋 辛肇军 (中国农业科学院茶叶研究所)

第 30 节 茶白毒蛾

一、分布与危害

茶白毒蛾 [*Arctonis alba* (Bremer)] 又称白毒蛾，属鳞翅目毒蛾科。在我国大部分产茶省份均有分布。以幼虫嚼食叶片，造成叶片残缺不全。发生较普遍，但未见导致严重灾害。除茶树外，还为害油茶、榛子、柞、栎等。

二、形态特征

成虫：体长 14～15mm，翅展 37～45mm。体翅呈白色，雄蛾体型略小于雌蛾。翅面鳞片较薄，有微绿色丝绒光泽，中室顶端有 1 个黑点。触角呈双栉齿状，前、中足胫节和跗节上有黑斑 (彩图 16-30-1，1)。

卵：扁鼓形，直径约 1mm，高约 0.5mm。淡绿色，孵化前蓝紫色。

幼虫：末龄幼虫体长约 30mm，体色和毛疣多变，大体有两种类型：一种头为赤褐色，体黄褐色，亚背线黑褐色，每体节上有 8 个疣状突起，其上丛生白色长毛及黑色、棕色和白色短毛，胸部及尾部疣突上的毛较长，分别向前、后上方伸出，腹面紫色或紫褐色；另一种体为褐色，各体节疣状突起上丛生棕黄色短毛，无长毛 (彩图 16-30-1，2)。

蛹：体长约 12～15mm，圆锥形，较粗短，鲜绿色。体表散生凹点，密布白色短毛，体背有 2 条白色纵线，腹末尖削，尾端有 1 对黑色钩刺。

三、生活习性

长江中下游一般每年发生 6 代。以幼虫在茶丛中、下部叶背越冬。翌年 3 月上旬当气温回升时开始活动为害，3 月下旬化蛹，4 月中旬成虫羽化产卵。各代幼虫发生期分别在 5 月上旬至 6 月上旬、6 月中旬至 7 月上旬、7 月中旬至 8 月上旬、8 月中旬至 9 月下旬、9 月下旬至 10 月下旬、11 月下旬至翌年 4 月上旬。全年各代虫态发生期极不整齐，在田间难以分清世代。一般以夏茶季节发生较多。

成虫日间栖息于茶丛枝叶间，夜晚活动，有趋光性，雌蛾体肥胖，飞翔力弱。羽化后 1～2d 交尾，交尾时间较长，一般需 10h 以上，长的可达 24h。雌成虫交尾后 2～3h 开始产卵。卵散产或十多粒聚产于叶背。成虫停息时翅平展叶面，若受惊动仅作短距离飞翔。

幼虫共 5 龄，初孵幼虫多爬至叶背为害，先取食叶片下表皮和叶肉，留上表皮呈枯黄色透明不规则斑块。二龄后沿叶缘咬食叶片呈缺刻状，也有少数幼虫常停留在叶片正面主脉处，取食上表皮和叶肉。除幼小虫外，分散活动为害。幼虫行动迟缓，受惊动后虫体弯曲，迅速弹跳逃避。幼虫老熟后吐少量丝，疏松地缀结二三片叶，以腹末的钩刺倒挂化蛹于其中。

四、发生规律

一般老茶园、管理粗放及平地茶园发生较多，山地茶园则发生较稀少。天敌是制约茶白毒蛾种群发生的重要因素。卵期天敌有拟澳洲赤眼蜂（*Trichogramma confusum* Viggiani）、松毛虫赤眼蜂（*T. dendrolimi* Matsumura），幼虫期有绒茧蜂（*Apanteles* sp.）、凹眼姬蜂（*Casinaria* sp.）等。常见的还有多种捕食性天敌，如食虫虻、螳螂、蜘蛛和鸟类等，全年以7、8月的天敌最多，对抑制茶白毒蛾发生具有显著作用。

五、防治技术

茶白毒蛾的卵块在叶正面，部分幼虫也在叶正面，目标明显，蛹也容易发现，因此可结合田间管理，人工摘除卵块和虫蛹。茶白毒蛾发生虽普遍，但分布零星分散，一般可结合其他害虫的化学防治对其兼治。如需单独进行化学防治，用药种类参见茶毛虫。

孙晓玲　陈宗懋（中国农业科学院茶叶研究所）

第31节　茶 毛 虫

一、分布与危害

茶毛虫（*Euproctis pseudoconspersa* Strand）属鳞翅目毒蛾科。又称茶黄毒蛾、油茶毒蛾。主要分布于陕西、江苏、安徽、浙江、福建、台湾、广东、广西、江西、湖北、湖南、四川和贵州等地。主要发生于山区茶园，近年逐渐向山外丘陵茶区蔓延，甚至有突发成灾的趋势。

茶毛虫以幼虫咬食叶片为害，严重时可将叶片食光，影响茶叶产量和树势；幼虫体上毒毛触及人体皮肤会引起红肿痛痒，严重影响茶园管理。雌蛾产卵于老叶背面，幼虫孵化后群集在老叶背面咬食下表皮和叶肉，留上表皮呈黄绿色半透明薄膜状。三龄起开始分群向上迁移，数十头至百余头整齐排列在叶片上，同时咬食叶片成缺刻。除茶树外，该虫还为害油茶、柑橘、山茶、乌桕、玉米等多种作物。

二、形态特征

成虫：雌成虫体长为8～13mm，翅展为21～23mm，虎黄至黄褐、黑褐色（彩图16-31-1，1）。触角双栉齿状。复眼黑色，前翅前缘、翅尖和臀角处黄色，翅尖有2个黑点，翅面散生许多黑褐色细点。内、外横线处有2条黄白色带纹，带纹中部向外突出呈钝角状。后翅黄色，基部色较深。腹部末端较粗，有黄褐色绒毛丛。雄蛾体长为6～10mm，翅展为20～28mm，体翅黑褐色（彩图16-31-1，2）。前翅前缘、顶角和臀角处黄褐色，翅尖有2个黑点，内、外横线处带纹呈黄褐色。腹部较细，末端无毛丛。最后一代雄蛾体色浅，与雌蛾相似。

卵：为近球形，淡黄色，直径0.6～0.8mm。卵块椭圆形，长为8～12mm，宽为5～7mm。卵块上覆黄褐色绒毛，卵块中部的卵呈双层堆集，边缘单层（彩图16-31-1，3）。

幼虫：共6～7龄。末龄幼虫体长20mm左右，头呈浅褐色，体呈黄色至黄褐色，圆筒形。第一至三体节稍细，气门上线处有带状线纹。各体节的背面和侧方均具黑疣数个，疣上簇生黄色毒毛。第一节上的疣突着生毛长，伸向前方，腹部各节亚背线和气门上线处的黑疣较大，又以第四、五两节上的黑疣最大。腹部各节气门上线与亚背线的疣突间有白色纵线1条（彩图16-31-1，4）。不同龄期幼虫的形态区别见表16-31-1。

蛹：圆锥形，长为8～12mm，黄褐至浅咖啡色，稀覆黄色短毛，腹末有一束钩状刺，约20余枚（彩图16-31-1，5）。蛹外有土黄色丝质薄茧。茧长为12～14mm。

表 16-31-1 茶毛虫不同龄期幼虫的形态区别（据张汉鹄和谭济才修改，2004）

Table 16-31-1 Different characteristics of *Euproctis pseudoconspersa* larva in different instars

（revised from Zhang Hangu and Tan Jicai，2004）

龄期	头宽（mm）	体长（mm）	体色	毛疣变化
一	0.32	1.85~2.50	头深褐色，体淡黄色	全体着生黄白色细毛
二	0.44	2.5~3.5	头黄褐色，体黄色	前胸气门上线处毛疣变黑色
三	0.63	4.0~6.5	头黄褐色，体黄色，胸侧气门上线现双行褐色纹	一、二腹节亚背线有黑绒球状毛疣
四	0.96	6.50~10.0	头黄褐色，体深黄色	八腹节出现1个小黑褐色毛疣，五至七腹节亚背线上的毛疣褐色，前胸疣呈褐色
五	1.03	10.0~16.10	头黄褐色，体深黄色，气门线上方现白色细线	七腹节亚背线上毛疣转黑色，其中第八腹节一对黑疣毛多
六	1.25	14.0~18.0	头部褐色，体黄褐色	一至八腹节两侧各有疣状突起2对，呈黄褐色至黑褐色
七	1.47	16.0~26.0	头部褐色，体黄褐色	一至八腹节两侧各有疣状突起2对，呈黄褐色至黑褐色

三、生活习性

茶毛虫以卵块在茶树中、下部老叶背面越冬。年发生代数因气候而异。江苏、浙江中北部、安徽、四川、贵州、陕西1年发生2代，浙江南部、江西、广西、湖南3代，福建3~4代，台湾5代。即使同一地区，发生代数也因海拔高度而异，如福建高山茶区年发生3代，而低山茶区年发生4代。1年发生2代区，第一代幼虫发生在4~6月，为害春、夏茶，第二代幼虫发生在7~9月，为害夏、秋茶。1年发生3代区，第一、二、三代幼虫发生期分别在4~5月、6~7月和8~10月，分别为害春茶、夏茶和秋茶。各代发生期比较整齐，无世代重叠现象。茶毛虫各代以及各虫态在不同地区的发生期详见表16-31-2。

表 16-31-2 茶毛虫各代各虫态发生期（改自张汉鹄和谭济才，2004）

Table 16-31-2 Development durations of *Euproctis pseudoconspersa* in different generations

（revised from Zhang Hangu and Tan Jicai，2004）

地区	代别	卵（月/旬）	幼虫（月/旬）	蛹（月/旬）	成虫（月/旬）
浙江（嵊州）	一	上年10/中~4/中	4/中~6/中	6/上~7/上	6/中~7/中
	二	6/中~7/中	7/上~9/下	9/上~10/下	10/中~11/中
四川（永川）	一	上年10/上~4/中	4/上~5/下	5/中~6/中	6/上~6/下
	二	6/中~6/下	7/下~8/中	8/下~9/下	9/下~10/上
湖南（长沙）	一	上年10/下~4/下	4/上~5/下	5/中~6/上	6/上~6/中
	二	6/中~6/下	6/下~7/下	7/下~8/上	8/上~8/中
	三	8/中~8/下	8/下~10/上	9/下~10/下	10/中~11/中
福建（福安）	一	上年11/上~3/下	4/上~5/下	5/上~6/中	5/下~6/下
	二	5/下~6/下	6/上~7/下	7/上~8/上	7/中~8/中
	三	7/中~8/下	7/下~9/中	8/下~9/下	9/上~10/上
	四	9/上~10/下	9/中~11/下	10/中~11/下	11/上~12/上

成虫在17：00~19：00羽化，19：00~23：00活动最盛。一般雄蛾比雌蛾早羽化1~2d。成虫具趋光性，白天栖息在茶丛内，稍受惊动即迅速飞翔，或坠地作假死状。成虫寿命3~5d，活力强，一般交尾1次，偶有2次以上的。雌蛾交尾当天或第二天产卵，以21：00~22：00产卵最盛。卵产于老叶背面，呈块状，覆以黄色绒毛。每雌产卵量为100~200粒，多者可达300粒以上，一般分作2块。卵块于茶丛中、下部老叶背面为多，但为害严重的茶园，也会产于枝干、枯叶或杂草上。同一卵块的卵一般在同一天内孵化完毕，孵化率达90%以上。孵化盛期往往在始孵期后5天左右。刚孵化后的幼虫先取食卵壳，然后取食叶片。一至二龄幼虫取食下表皮和叶肉，使叶片呈淡绿色至淡黄褐色半透明薄膜。三龄后食叶量显

著增多，从叶缘向内咬食叶片成缺刻，或全叶食去，仅留叶柄，猖獗时可将嫩枝皮、花蕾及幼果食尽。五龄后食量剧增，整枝、整丛叶片不存，且枝间常留有丝网、虫粪和碎叶片。取食多在晨昏和夜晚。幼虫期以第一代最长，为 49～52d，第二、三代分别为 24～34d 和 31～35d。幼虫的发育起点温度为 (6.16±2.14)℃，有效积温为 (820.24±99.39)℃。

幼虫有群集性，一至三龄幼虫常数十头至百余头聚集在一处，虫体排列整齐。三龄后开始扩散，迁移时一头在前，其余尾随而行，头部不时左右摆动。高龄幼虫较敏感，受惊动后立刻摆头，有时吐黄绿色液体，或假死吐丝坠落后躲藏于茶丛下部叶背或土壤缝隙处，待四周平静后再恢复正常活动。幼虫不喜阳光直射和高温。一般早晚在茶丛枝端叶片上咬食，中午常移至茶丛中、下部叶上为害。夏天中午阳光强时，常躲在茶丛基部荫蔽处，停止取食。幼虫 6～7 龄，每次蜕皮前均成群迁移至叶背、枝干或根颈裂缝等隐蔽处，头朝内尾向外，呈椭圆形排列，并吐丝连接在一起，蜕皮后又成群迁移到邻近枝叶上为害。幼虫老熟后迁至茶丛根颈部附近土块缝隙中、枯枝落叶间或表土下少量聚集结茧化蛹，以枯枝落叶或缝隙中为多，少数入土化蛹，入土深度为 1.5～6.0cm。一般阴暗潮湿的地方化蛹较多。蛹期第一、二和三代历期分别为 10～14d、12～21d 和 23～31d。

四、发生规律

(一) 气温

茶毛虫发生迟早及发育速度与气温高低密切相关。在湖南长沙，第一代发生期气温最低，世代历期最长，为 177～195d；第二代发生期气温最高，历期最短，为 50～77d；第三代发生期气温处于前两代之间，历期 65～89d。幼虫龄期也随气温而异。在处于气温较低的第一代，幼虫期需经 7 龄完成发育，而第二、三代多数为 6 龄。茶毛虫在气候、天敌等环境因素的影响下，在不同年份、不同地区经常间歇性大发生或局部成灾。

茶毛虫的越冬代卵期长达 190～210d，第一代卵期仅 7～10d，孵化率达 75%～85%。一般需在旬平均气温 14℃ 以上、相对湿度 80% 以上卵才能孵化。如湖南长沙地区，1956 年和 1957 年至 4 月上、中旬旬平均气温才达到 14℃ 以上，因而越冬卵均在 4 月上、中旬才孵化，而 1958 年 3 月下旬的旬平均气温就高达 16.5℃，因此越冬卵比前两年提早半个月孵化。而高温干旱不利于成虫的羽化产卵和幼虫孵化存活。

低纬度地区由于春暖较早，第一代茶毛虫发生期也较高纬度地区早。同一地区，低山较高山、平原较山区气温高，因而第一代幼虫发生期也早。气温还影响成虫的产卵场所。夏季成虫喜选择阴凉的场所产卵，而秋末（越冬卵）则多产在茶园的向阳等较暖之处。因此，第一代幼虫多发生在茶园中向阳温暖的地方，第二、三代幼虫则多发生于阴面比较荫蔽的场所。

(二) 天敌

茶毛虫天敌种类很多，卵期主要有茶毛虫黑卵蜂（*Telemonus* sp.）和赤眼蜂（*Trichogramma* sp.），幼虫期主要有茶毛虫长绒茧蜂［*Dolichogenidea lacteicolor*（Viereck）］、茶毛虫细颚姬蜂［*Enicospilus pseudoconspersae*（Sonan）］、毒蛾瘦姬蜂（*Hymenobosmina* sp.）、小胞瘦姬蜂（*Holocremnus* sp.）、斑痣悬茧蜂［*Meteorus pulchricornis*（Wesmael）］及茶毛虫核型多角体病毒（EpNPV），幼虫—蛹期寄生的有茶毛虫寄生蝇（*Tachina* sp.）和追寄蝇（*Exorista* sp.）。捕食成虫和幼虫的有多种螳螂、步行甲、蜘蛛等，如中华大刀螳（*Tenodera sinensis* Saussure）、广斧螳［*Hierodula patellifera*（Serville）］（彭世能，2006）和红褐宽颚步甲（*Parena rufotescea* Jedi）等。这些天敌对茶毛虫具有明显的抑制作用。据湖南调查，黑卵蜂对茶毛虫的自然寄生率一般在 20% 以上，最高可达 61%。

利用茶毛虫核型多角体病毒（*Euproctis pseudoconspersa* nuclear polyhedrosis virus，EpNPV）防治茶毛虫具有防治效果好、后效期长、不污染环境以及不杀伤天敌等优点，从 20 世纪 80 年代开始就已在我国多个茶区应用。然而，该病毒的形态学、生理生态学、大量增殖方法以及田间使用技术等方面的研究依然是近年来的研究热点。冷杨等（2007）研究了苏云金杆菌对该病毒的增效作用、速效作用、拒食作用和兼治作用。2006 年，中国农业科学院茶叶研究所研制出 3 种茶毛虫病毒杀虫剂实用剂型，即茶毛虫病毒水剂、茶毛虫病毒-Bt 混剂、茶毛虫病毒-敌杀死（溴氰菊酯）混剂，3 种剂型的室内外杀虫效果均在 95% 以上，茶毛虫病毒-Bt 混剂、茶毛虫病毒-敌杀死（溴氰菊酯）混剂还可兼治其他茶树害虫。目前，已建立了年生产 2t 的茶毛虫病毒杀虫剂小试车间。刘明炎等（2008）研究发现，茶毛虫核型多角体病毒浓度与茶毛虫发病死亡率之间呈显著正相关，与茶毛虫发病死亡时间呈显著负相关，对第二代茶毛虫仍具有持续防效。唐美君等（2010）报道 EpNPV-Bt 混剂对茶毛虫幼虫有优良的防效，显著优于 Bt 单剂和 EpNPV 单剂。

（三）茶园条件

茶园栽培管理粗放，杂草丛生，以及间作玉米等高秆作物，增加荫蔽度的茶园，一般虫口较多。油茶产地种茶，或与油茶邻作，有利于茶毛虫蔓延侵害。

五、性信息素

Wakamura 等（1994）、Zhao 等（1998）和 Tsao 等（1999）从茶毛虫的雌蛾腹末端分离出 3 个性信息素活性组分，分别是 10，14-二甲基十五碳醇异丁酸酯（10Me14Me-15：iBu）、14-甲基十五碳醇异丁酸酯（14Me-15：iBu）和 10，14-二甲基十五碳醇正丁酸酯（10Me14Me-15：nBu）。10，14-二甲基十五碳醇异丁酸酯是其中的主要活性组分（图 16-31-1），其田间引诱效果随剂量增加而提高，但当使用剂量超过 $80\mu g$ 时反而起驱避作用。在 10，14-二甲基十五碳醇异丁酸酯中加入甲基十五碳醇异丁酸酯后可以提高引诱效果。但单用甲基十五碳醇异丁酸酯则引诱效果较差。Tsai 等（1999）的研究结果进一步证实了 10，14-二甲基十五碳醇异丁酸酯是茶毛虫性信息素的主要成分。目前茶毛虫性信息素已经商品化，

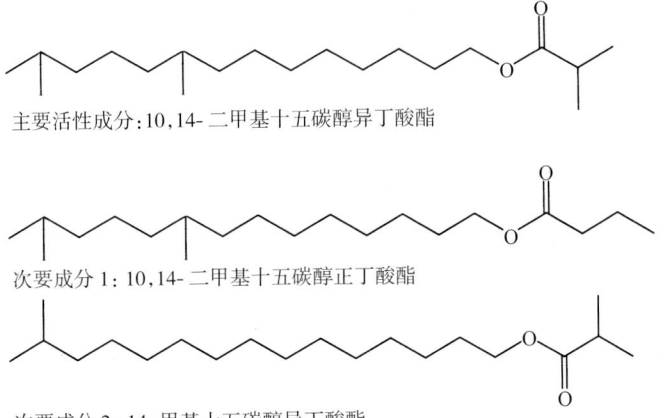

主要活性成分：10,14-二甲基十五碳醇异丁酸酯

次要成分 1：10,14-二甲基十五碳醇正丁酸酯

次要成分 2：14-甲基十五碳醇异丁酸酯

图 16-31-1 茶毛虫雌蛾性信息素主要活性成分和次要成分的化学式

Figure 16-31-1 Chemical structure of sex pheromons emitted by *Euproctis pseudoconspersa* female moth

主要用于虫情监测和迷向防治。盛忠雷等（2011）的田间测试结果表明，使用茶毛虫性引诱剂诱杀成虫后，茶毛虫幼虫数量平均下降 75% 以上，但是性信息素对种群的控制作用受田间虫口密度的影响较大。

六、防治技术

（一）人工捕杀

在 11 月至翌年 3 月人工摘除茶毛虫越冬卵块。生长季节，于幼虫一至三龄期摘除有虫叶片；在茶毛虫盛蛹期进行中耕培土，在根际培土 6～7cm，以阻止成虫羽化出土；成虫喜在 16：00 前后羽化，此时多伏于茶丛或行间不活动，可人工踩杀。

（二）中耕灭蛹

茶毛虫幼虫多在茶树根际的落叶、杂草及土块缝隙中结茧化蛹。在化蛹盛末期中耕除草可伤、灭虫蛹，将枯枝落叶耙出带离茶园效果更好。

（三）诱杀成虫

茶毛虫成虫具有趋光性，可在各代成虫发生期，每晚 19：00～23：00 用黑光灯或电灯诱杀成虫。也可在田间设置性诱捕器，用性信息素或未交尾的雌蛾诱杀雄蛾。

（四）生物防治

防治时期掌握在幼虫四龄前，建议在幼龄幼虫期用 100 亿活孢子/g 苏云金杆菌水剂喷雾，也可用 100 亿 PIB/mL 茶毛虫核型多角体病毒水剂，选择无风的阴天或雨后初晴时进行喷雾防治。用 1 亿孢子/mL 白僵菌亦有良好效果。

（五）化学防治

在幼虫四龄前用15％茚虫威乳油2 500～3 500 倍液（合每667m² 12～18mL，安全间隔期14d）、15％溴虫腈悬浮剂2 000～3 000 倍液（合每667m² 28～40mL，安全间隔期10d）、10％醚菊酯乳油2 000 倍液（合每667m² 30～40mL，安全间隔期10d），或10％氯氰菊酯乳油、2.5％氯氟氰菊酯乳油、10％联苯菊酯乳油3 000～5 000 倍液（合每667m² 15～25mL，安全间隔期7d）喷雾。

附：测报技术

一、系统测报方法

（一）调查内容和方法

1. 越冬代卵块密度调查 冬季，最迟在越冬卵孵化之前进行调查。选取不同类型代表性茶园各2～3块，按平行跳跃式取样，各取20个点，每点1m 行长或丛栽的1m³茶丛，检查茶丛中、下部叶背卵块数（松散的未受精卵除外），记于附表16-31-1。有条件时，可用一块大玻璃镜，仰置茶丛下地面进行卵块检查。

附表16-31-1 茶毛虫越冬代卵块及初龄幼虫种群密度调查记载表

Supplementary Table 16-31-1 Recording table for field population of the first instar and egg mass of *Euproctis pseudoconspersa*

调查日期（月/日）	调查地块	茶园类型	茶园面积（×667m²）	取样点数	卵块及初龄幼虫群数	卵块及初龄幼虫群密度（块、群/m）		备注
						平均	最多	

单位：_____   地点：_____   调查人：_____   年份：_____

2. 非越冬代产卵进度和卵块及初龄幼虫虫群密度调查 选择上一代虫口较多的一块茶园，按平行跳跃式取样，取20个点，每点1m 行长或丛栽1m³茶丛，逐日检查茶丛中、下部叶背卵块数（松散的未受精卵除外），至成虫终见为止记入附表16-31-2。

附表16-31-2 茶毛虫____代产卵进度调查表

Supplementary Table 16-31-2 Recording table for oviposition for non-overwintering generation of *Euproctis pseudoconspersa*

调查日期（月/日）	调查地块	茶园类型	茶园面积（×667m²）	茶丛高·幅宽（cm）	取样点数	卵块数	累计卵块数	平均卵块密度（块/m）	累计平均卵块密度（块/m）	备注

单位：_____   地点：_____   调查人：_____   年份：_____

上一代成虫终见，产卵结束后，按不同类型代表性茶园，取样调查卵块及初龄幼虫虫群密度，方法与越冬卵块密度调查相同（表式同附表16-31-1）。

3. 卵块孵化进度和寄生率调查 结合各代卵块密度调查，于成虫终见后随机标记50～100 个卵块（越冬代卵于早春日平均气温达14℃时），逐日观察其孵化进度，记入附表16-31-3。最后全部采回观察检查卵块黑卵蜂寄生率。

附表16-31-3 茶毛虫____代卵块孵化进度及寄生率调查记载表

Supplementary Table 16-31-3 Recording table for hatching process and the parasitism rate of *Euproctis pseudoconspersa*

调查日期（月/日）	调查地块	茶园类型	茶园面积（×667m²）	茶丛高·幅度（cm）	调查卵块总数	当月孵化卵块		累计孵化卵块		黑卵蜂寄生卵块	
						块数	%	块数	%	数量	%

单位：_____   地点：_____   调查人：_____   年份：_____

4. 幼虫发育进度及虫口密度调查 继各代卵孵化进度调查，选定有代表性虫口较多的一块茶园，按平行跳跃式取样 20 个点，每点 1m 行长或丛植茶树一丛，每 3~5d 检查一次幼虫发育进度，记入附表 16 - 31 - 4。

附表 16 - 31 - 4 茶毛虫发育进度调查记载表

Supplementary Table 16 - 31 - 4 Recording table for development process of *Euproctis pseudoconspersa*

调查日期 (月/日)	调查地块	茶园类型	茶园面积 (×667m²)	茶树树幅 (cm)	调查点数	虫口		一龄		二龄		三至四龄		五龄		六至七龄	
						群数	头数	头数	%	头数	%	头数	%	头数	%	头数	%

单位：_____   地点：_____   调查人：_____   年份：_____

当幼虫老熟进入六至七龄盛期，在开始化蛹前，按不同类型代表性茶园，平行跳跃取样各 20 个点，每点 1m 行长或丛植 1m³ 茶丛，检查一次幼虫虫口密度，记入附表 16 - 31 - 5。

附表 16 - 31 - 5 茶毛虫____代幼虫虫口密度调查记载表

Supplementary Table 16 - 31 - 5 Recording table for larvae population density of *Euproctis pseudoconspersa*

调查日期 (月/日)	调查地块	茶园类型	茶园面积 (×667m²)	茶树树幅 (cm)	取样点数 (m)	幼虫数	幼虫虫口平均密度 (头/m²)

单位：_____   地点：_____   调查人：_____   年份：_____

5. 幼虫化蛹及成虫羽化进度调查 结合幼虫虫口密度调查，在各类型代表性茶园中，见到一个虫群即从中随机取 2~3 头幼虫，共取 200 头，置室外罩笼内饲养，逐日观察其入土化蛹数和成虫羽化数，记入附表 16 - 31 - 6，并统计化蛹率、羽化率及成虫雌、雄性比。

附表 16 - 31 - 6 茶毛虫____代化蛹、羽化进度观察记载表

Supplementary Table 16 - 31 - 6 Recording table for the process of pupation and eclosion of *Euproctis pseudoconspersa*

观察日期 (月/日)	观察虫数 (头)	化蛹			成虫羽化					
		头数	累计		雌 (头)	雄 (头)	合计 (头)	雌雄性比	累计	
			头数	%					头数	%

单位：_____   地点：_____   调查人：_____   年份：_____

6. 田间发蛾进度及发蛾量调查

(1) 灯光诱蛾。各代幼虫进入盛蛹期后，每天 20：00~24：00 以 20W 黑光灯诱蛾 4h，至蛾终见日为止。每天清晨取回检查雌、雄蛾数，逐日记入附表 16 - 31 - 7。

附表 16 - 31 - 7 茶毛虫____代灯诱蛾量记载表

Supplementary Table 16 - 31 - 7 Recording table for the monthnumbers by light trapping of *Euproctis pseudoconspersa*

日期（月/日）	雌蛾数（头）	雄蛾数（头）	合计（头）	雌雄性比	累计蛾数（头）	当晚天气情况

单位：_____   地点：_____   调查人：_____   年份：_____

（2）性激素诱雄蛾。取当日羽化尚未交尾的雌蛾，剪取腹末数节浸放于酒精或二氯甲烷中，并累计剪取雌蛾头数，后充分研碎过滤，成粗提性激素液，冷藏备用，亦可购买已商品化的茶毛虫性信息素诱蛾。当各代盛蛹后，按每一盆钵用芯纸滴取相当于5头雌蛾的性激素含量，置茶丛面诱集雄蛾，逐日检查雄蛾诱集头数，记载表式同附表16-31-7。也可采用简化做法，取雌蛹若干，适当加温，使之提前羽化，放入小纱笼内，每笼5头，天黑时悬挂田间，清晨检查笼外诱来雄蛾头数。

（3）实地查蛾。选定主要虫源茶园333.5m²，从各代始蛾期开始，每天早晨观察成虫飞动，检查蛾量；或用1.5m长竹竿，拍打茶丛两侧，目测蛾量，看见蛾量最大的一天，即为发蛾高峰日。

（二）预测方法

1. 发生期预测

（1）卵孵化期预测。非越冬代成虫羽化始盛期（羽化16%～20%），向后推加当地当代卵的平均历期（10～13d），即为孵化始盛期。羽化盛期（羽化45%～50%）或诱蛾高峰日向后推加当地当代卵平均历期（10～13d），即为孵化盛末期。

（2）四龄幼虫期（即化学防治适期）预测。非越冬代成虫羽化始盛期向后推加当地当代卵的平均历期，再向后推加一至三龄幼虫历期（12～23d），即为四龄幼虫始盛期。同样，羽化盛期或诱蛾高峰日向后推加卵的平均历期和一至三龄幼虫历期，即为四龄幼虫盛期；羽化盛末期向后推加卵平均历期和一至三龄幼虫历期，即为四龄幼虫盛末期。越冬代和非越冬代也均可从卵的孵化始盛期、盛期和盛末期分别向后推加一至三龄幼虫历期，预测四龄幼虫始盛期、盛期和盛末期。

（3）化蛹及发蛾产卵期预测。从幼虫孵化始盛期、盛期和盛末期，向后推加当地当代幼虫的平均历期（25～60d），即为化蛹始盛期、盛期和盛末期，再向后推加当地当代蛹的平均历期（10～20d），即为发蛾产卵始盛期、盛期和盛末期。

2. 发生量预测

（1）为害程度预测。根据各代卵块和初龄幼虫虫群密度调查，若每米行长或丛植1m³茶丛平均有卵块及初龄幼虫虫群1个以上，预示发生量大，为害严重；平均有0.1个左右，预示将局部发生量大，受害较重；平均有0.01个左右，预示零星发生，为害轻微。

（2）发生趋势预测。根据各代老熟幼虫残存量调查，若每米行长或丛植1m³茶丛，平均有六至七龄幼虫3～5头，预示下一代发生量较大，为害严重；平均有0.3～0.5头，预示下一代局部发生较多，为害较重；平均有0.05头以下，预示下一代发生较少，为害轻微。

二、一般测报办法

（一）为害程度预测

按茶园类型选定代表性茶园各2～3块，作观察调查田。越冬代在冬季进行一次卵块密度调查；非越冬代可根据系统测报结果，在各代幼虫盛孵后，进行一次初龄幼虫虫群密度调查，预测为害程度。方法与系统测报办法同类项目相同。

（二）防治适期预测

1. 从盛蛾期预测　防治适期选定当地主要代表性虫源333.5m²，根据系统测报结果，非越冬代在发蛾开始后，每天早晨进行田间赶蛾，目测发蛾量。从发蛾高峰日，向后推加当地当代卵的平均历期（10～13d），预测孵化盛期；再向后推加一至三龄幼虫平均历期（12～23d），预测四龄幼虫盛发期，即化学防治期。

2. 从孵化期预测防治适期　根据系统测报或在田间实查发蛾盛末期后，随机标记100个卵块，逐日检查其孵化进度，当孵化率达45%～50%时，即为盛孵期；向后推加当地当代一至三龄幼虫平均历期（12～23d），预测四龄幼虫盛期，即化学防治适期。方法与系统测报中卵块孵化进度调查相同。

孙晓玲　陈宗懋（中国农业科学院茶叶研究所）

第 32 节 茶叶夜蛾

一、分布与危害

茶叶夜蛾 [*Antivaleria viridimacula* (Graeser)] 又称绿斑壮夜蛾，属鳞翅目夜蛾科。以幼虫嚼食春茶叶片、嫩芽和嫩梢。2000 年以来，在安徽南部茶区部分茶园暴发成灾，几天内将茶树芽叶食尽或咬断落地，使春茶产量遭受严重损失。

二、形态特征

成虫：体长为 20～22mm，翅展为 45～47mm；翅灰褐色，外缘线波纹状，有 7 个近三角形的小黑点；在中横线与内横线之间有 1 灰黑色圆形斑纹；雌、雄成虫触角丝状；胸、腹部黄色，覆盖有褐色、灰褐色鳞片。

卵：初产时乳白色，后渐变深褐色，扁球形，直径为 0.8～1.0mm，上有 24 条细纵脊。

幼虫：共 7 龄。一至四龄幼虫绿色，五龄后虫体粗壮，体色由灰绿渐变紫褐色，末龄幼虫体长为25～31mm，体宽约为 4.5mm；前胸背板暗绿色，有 2 行黑点，前行 6 点，后行 4 点，背线红褐色，各节亚背线处有 1 褐色斜斑，体毛细而短。

蛹：红褐色，长为 18～20mm，腹部四至七节前缘有刻点。被蛹。

三、生活习性

根据观察，该虫在安徽南部茶区 1 年发生 1 代。以卵或幼虫在枯枝落叶下或表土中越冬。卵在 12 月至翌年 2 月上旬孵化。幼虫为害盛期在 3 月下旬至 4 月下旬。4 月下旬老熟后入土化蛹，以蛹在疏松土壤中越夏，蛹期长达 6 个月左右。成虫在 10 月中、下旬开始羽化产卵，卵期约 2 个月。成虫有趋光性。

幼虫五龄前在叶背取食，五龄后白天栖息在茶树根际或土壤缝隙中，傍晚后爬至茶树蓬面嚼食叶片成缺刻或孔洞。老熟幼虫能咬断嫩叶叶柄或幼嫩芽梢，造成大量芽叶脱落，貌似茶叶被采摘。五至七龄幼虫食量最大，每头幼虫平均每夜咬食 5～6 个嫩梢，暴发期为 3 月下旬至 4 月下旬，正值春茶萌芽生长期，因此对春茶产量影响很大。

四、发生规律

2000 年以来冬季气温持续偏高，连年出现暖冬现象，为茶叶夜蛾安全越冬提供了优越的自然条件，有效地增加了越冬后的虫口基数，为翌年的发生提供了充足的虫源。

茶园经修剪、深修剪等综合技术改造后，加大了有机肥的施用量，行间铺草及修剪枝散落行间，腐烂后使土壤疏松肥沃，给茶叶夜蛾卵、幼虫越冬和栖息提供了良好的生存环境。

3 月底后茶园进入春茶采摘期，也是茶叶夜蛾幼虫为害盛期。但往往忙于采摘而忽视了虫情调查，且幼虫栖息隐蔽，发生初期难以发现。该虫五龄后白天栖息在茶树根际枯枝落叶或土层缝隙中，傍晚后爬至茶树蓬面嚼食叶片、嫩芽和嫩梢，致使部分地块因受害而无春茶可采，茶农却误认为是茶树迟发所致，一旦发现，已导致严重损失。

五、防治技术

（一）农业防治

利用农业技术，加大对茶园的管理力度。对部分受害较重的地块，应在 5～6 月实施重修剪，并将修剪的残枝以及园内的杂草、枯枝落叶，及时清出园外，妥善处理；结合施肥进行深翻改土，可有效减少蛹的基数。加强冬季管理，清除园内杂草及枯枝落叶，减少越冬虫卵和幼虫基数。

（二）物理防治

利用成虫的趋光性，于 10～11 月按地块每 3～4hm² 设置 1 盏杀虫灯诱杀成虫，以减少虫口基数，并可预测翌年幼虫的发生期和发生量。

（三）化学防治

认真做好田间调查，当每丛幼虫达 1 头时，掌握在四龄以前，充分利用该虫整天栖息在茶蓬面这一有利因素（约在 3 月上、中旬），及时喷药防治。可选用的药剂有：2.5％高效氯氟氰菊酯乳油 6 000～8 000 倍液（合每 667m² 12.5～15mL，安全间隔期 5d）或 10％氯氰菊酯乳油 6 000 倍液（合每 667m² 15mL，安全间隔期 3d）、2.5％溴氰菊酯乳油 6 000 倍液（合每 667m² 15mL，安全间隔期 5d）、2.5％联苯菊酯乳油 3 000 倍液（合每 667m² 25mL，安全间隔期 6d），均有很好的防治效果。喷药时必须保证质量，在叶背、叶面均匀喷洒，做到上下、内外喷透。同时严格执行药剂安全间隔期。

徐德良　王敏鑫（江苏省茶叶研究所）
彭萍（重庆市农业科学院茶叶研究所）

第 33 节　茶小卷叶蛾

一、分布与危害

茶小卷叶蛾 [*Adoxophyes honmai*（Yasuda）] 又称棉褐带卷蛾，属鳞翅目卷叶蛾科。分布于山东、浙江、江苏、安徽、江西、福建、广东、台湾、四川、湖南、湖北、河南、陕西等省份。幼虫将嫩叶和成叶卷成虫苞，匿居其中取食为害。初孵幼虫趋嫩为害，爬至新梢顶端初展新叶正面的叶尖部，吐丝将两侧向内卷，匿居其中咀食上表皮和叶肉，或在新芽缝隙中取食（彩图 16-33-1）。随虫龄增加，虫苞也增大，成长后将邻近二叶乃至整个芽梢缀结成虫苞，在苞内取食，后期能转害老叶。幼虫受惊时即迅速退出虫苞，吐丝下坠或弹跳逃脱。老熟后在苞内化蛹。该虫在日本是茶叶生产上最严重的一种害虫。常年可造成 20％以上的减产。除为害茶树外，还为害油茶、柑橘、梨、苹果、樱桃、桑、棉、甘薯、茄子及白杨等植物。

茶小卷叶蛾的学名曾出现几次变动。早期将茶小卷叶蛾定名为 *Adoxophyes privatana* Walker，到 1970 年前后改名为 *Adoxophyes orana*，列为一种可以为害 31 科 56 种植物的多食性害虫。特别在日本，记载它是苹果、梨和茶树上的重要害虫。由于发现这个种中为害茶树与为害苹果、梨的虫存在生殖隔离现象，也就是当将茶树上的小卷叶蛾和苹果或梨上的小卷叶蛾人工饲养时，苹果或梨上的小卷叶蛾只与苹果或梨上的小卷叶蛾交配，而不与茶树上的小卷叶蛾交配，茶树上的小卷叶蛾同样如此。当强制进行交配时，苹果或梨上的小卷叶蛾与茶树上的小卷叶蛾虽可以交配产卵，但只有 6％的卵可以孵化，而且后代均为雄虫，存活率还很低。于是便开展了形态学的研究，当时未发现有明显的区别，只是把苹果和茶树上的小卷叶蛾定为一个种（*A. orana*）下面的两个生物型，即茶型和苹果型，在一个很长的时间段中，就以不同型的形式认知。由于这两种型在日本的地理分布上也有重叠。1975 年 Yasuda 又提出它们是同一个种的两个亚种。苹果上的小卷叶蛾是 *A. orana fasciata*，茶树上的小卷叶蛾因为证据不足，大多用未定种名 *Adoxophyes* sp.。逐渐科学家们敏感地对这两个型的身份产生怀疑，提出了对"*Adoxophyes* 属昆虫的分类学"研究项目。直到 20 世纪 90 年代中后期，重新深入地进行了茶小卷叶蛾近似种的解剖学研究，结果是将这两个型的害虫细分为 3 个种：苹果上的种为苹果褐带卷蛾（*Adoxophyes orana* Fischer von Roslerstamm），茶上的种为茶小卷叶蛾（*Adoxophyes honmai* Yasuda），以及与茶上的小卷叶蛾混生，但不为害茶而为害杜鹃花科南烛（*Vaccinium bracteatum* Thunb.）和虎耳草科茶藨子属（*Grossulariaceae*）植物的种，可疑褐带卷蛾（*Adoxophyes dubia* Yasuda）（Yasuda，1998）。三者的微细区别主要是茶小卷叶蛾雄成虫生殖器的角状突（uncus）较狭，而苹果褐带卷蛾雄成虫生殖器的角状突较宽大；茶小卷叶蛾雄成虫生殖器的瓣（valva）呈舌状，而苹果褐带卷蛾则呈三角形（图 16-33-1）。这个形态学的研究结果把长期以来误认为是一个种的生物群分为 3 个种，还为茶小卷叶蛾性信息素的研究指出了清晰的方向。以后的研究形势急转直下，很快获得了正确的研究结果，并在生产上发挥重要的作用。

二、形态特征

成虫：雌成虫体长为 6～7mm，翅展为 15～18mm。体淡黄褐色。触角丝状。前翅近长方形，淡黄褐色，翅面散布褐色细纹。基线、中带、端纹深褐色，形成 3 条斜带，中带最长，近中央处分叉略呈 h 形。后翅淡黄色，外缘略呈褐色。雄蛾体较小，长 7～8mm，翅展 16～22mm，前翅深褐色，条纹较雌成虫明显（彩图 16 - 33 - 2，1）。

卵：椭圆形，扁平，淡黄色，长径为 0.7～0.8mm，数十粒至百余粒排列成鱼鳞状卵块，上覆胶质薄膜。

幼虫：体长为 10～20mm，末龄幼虫体长为 16～20mm，鲜绿色，头部橙黄色，前胸硬皮板淡黄褐色。共 5 龄（彩图 16 - 33 - 2，2）。

蛹：雌蛹体长为 9～10mm，雄蛹体长约为 8mm。黄褐色，腹部各节背面基部横列有刺状突起，尾刺呈尖钩状。

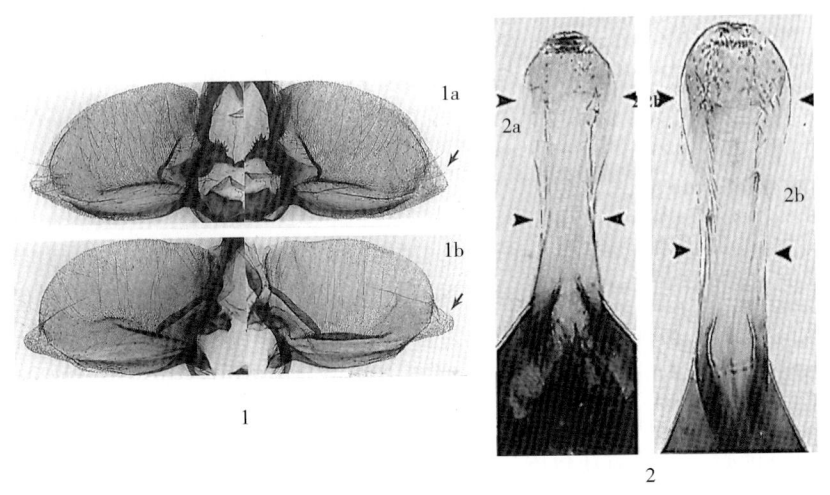

图 16 - 33 - 1　茶小卷叶蛾（*Adoxophyes honmai*；1b，2b）和苹果褐带卷蛾（*A. orana*；

1a，2a）雄成虫生殖器上的瓣和爪状突（引自 Yasuda 等，1998）

Figure 16 - 33 - 1　Genital valve and claw - like spine of *Adoxophyes honmai* and *A. orana*

(from Yasuda et al.，1998)

1. 生殖器上的瓣　2. 生殖器上的爪状突

三、生活习性

在安徽、江苏、浙江、湖南 1 年发生 4～5 代，江西发生 5～6 代，广东发生 6～7 代，台湾发生 8～9 代。多以幼虫在虫苞或落叶中越冬，少数以蛹越冬。冬季遇气温高时也能活动取食。翌年 3 月中、下旬至 4 月初开始化蛹，4 月上、中旬开始羽化为成虫产卵（广东英德在 2 月中旬即可见成虫）。4 代区各代幼虫为害期分别在 4 月上旬至 5 月上旬、6 月中旬至 7 月中旬、8 月中旬至 9 月中旬、10 月上旬至翌年 3 月中旬。全年以 7 月为害最严重。虫态历期：卵期 5～8d，幼虫期 20～30d（越冬代达 5 个月以上），蛹期 6～8d，成虫寿命 4～13d。在江苏宜兴，第一至四代的历期分别为 61d、50d、73d 和 182d。

雌成虫大多在清晨和 19：00～21：00 羽化，雄成虫则多在 9：00～11：00 和 15：00～17：00 羽化。雌雄性比约 1：4。羽化后成虫白天潜伏于茶丛间，夜间活动，以黄昏至 21：00～23：00 活动最盛。羽化后当天或第二天交尾。交尾在 19：00 以后及翌日 9：00 前进行。交尾后 4～6h 即产卵。卵多产于茶丛中部老叶背面，每雌产卵 300～400 粒。卵多在露水干后孵化，孵化率平均达 90% 以上。初孵幼虫甚活泼，迅速爬行或吐丝下垂分散，寻找嫩叶叶尖吐丝结苞为害。幼龄幼虫主要为害幼嫩的一芽一叶，极少数为害成叶与老叶。三龄后将嫩叶缀结成苞为害，老嫩叶片均能咀食。一般 1 头幼虫平均为害茶芽 1～2 个，叶片 8～9 张，卷结 3 次虫苞。幼虫共 5 龄。三龄后如受惊动，迅速后退吐丝下垂或弹跳逃脱。幼虫老熟后多数离开原来虫苞，重新吐丝将两片老叶缀结成新苞，化蛹于其中。成虫有趋光性和趋化性。

茶小卷叶蛾生长发育的适宜温度为 18～26℃、相对湿度 80% 左右。高温（28℃ 以上）、低湿（75% 以下）对其生育不利，卵孵化率下降，幼虫死亡率提高，虫口减少。冬季如果平均气温过低，越冬幼虫死亡率也高，翌年虫源减少，为害减轻。在同一块茶园，虫口分布以茶园边缘为多。

茶小卷叶蛾的天敌种类较多，卵期有广赤眼蜂（*Trichogramma evanescens*），幼虫期有茶毛虫长绒茧蜂 [*Dolichogenidea lacteicolor*（Viereck）]、茶小卷蛾盘绒茧蜂 [*Cotesia theae*（Sonan）]、麦蛾钝柔茧蜂 [*Habrobracon hebetor*（Say）]、砖红色齿腿姬蜂（*Pristomerus testaceus* Morl.）、白僵菌、颗粒体病毒、核型多角体病毒、质型多角体病毒及昆虫痘病毒等，蛹期有寄生蜂丽大腿小蜂（*Brachymeria euploeae* Westwood）、凹腹姬蜂（*Coelichneumon* sp.）等，成虫期有多种捕食性蜘蛛。

四、性信息素研究与应用

茶小卷叶蛾性信息素在日本的研究始于 1969 年。日本 Tamaki 等（1971，1979，1984）最早从50 000 头用人工饲料饲养的茶小卷叶蛾雌成虫用二氯甲烷多次提取，提取液用含醇的 KOH 皂化。将未皂化的组分放在弗罗里硅土（Florisil）层析柱上，用含 25％乙醚的正己烷液将大部分的醇淋洗去除，再用无水醋酸和吡啶进行乙酰化，最后用经硝酸银处理过的硅酸柱上用不同浓度的乙醚-石油醚溶液淋洗，获得了两种活性成分。1971 年 Tamaki 等比较了两者差别，但进展不大，还未达到生产上应用的程度。其后，日本对茶小卷叶蛾的性信息素又重新进行了详细的研究。直到 1983 年才确定了茶小卷叶蛾的性信息素主要包括 4 种有效成分，并实现了商品化。它们是：顺-9-十四碳烯醇醋酸酯（Z-9-TDA）和顺-11-十四碳烯醇醋酸酯（Z-11-TDA），是性信息素的"长距离"趋化性主成分，有较广的作用范围，而反-11-十四碳烯醇醋酸酯（E-11-TDA）和顺-9-反-12-十四碳二烯醇醋酸酯（Z-9E-12-TDDA），是性信息素的"近距离"行为反应的次要成分。10-甲基十二烷醇醋酸酯（10-Me-12 Ac）由于成本偏高，所以在后来的商品配方中予以去除。这个由 4 种成分组成的性信息素商品从 1982 年起在日本茶叶生产上广泛应用于茶小卷叶蛾的化学生态防治。这个配方实际上并不是茶小卷叶蛾的最佳性信息素配方，而是由于在日本的茶叶生产中往往有茶小卷叶蛾和茶卷叶蛾同时发生，因此，采用这个配方可达到兼治两种卷叶蛾的目的。在我国台湾的配方和日本的稍有不同。前两种成分的比例有所提高，而后两种成分的比例降低。这种性信息素商品在日本茶园中应用获得十分理想的效果。在每 $667m^2$ 应用 20～30 个涂在塑料管内壁上的性信息素产品后，防效优于化学农药，而成本可低于化学农药。但在应用 15 年后的 1997 年有报道称在日本出现"抗性"，防效由 96％降至 21％。这是世界上首次报道昆虫对性信息素产生"抗性"的实例。目前日本对这种"抗性"归之于连续使用性信息素引起的选择压力。2001 年，日本科学家提出在原来的 4 种成分组成的配方中加入另 3 种成分（Z-11-14 OH，Z-9-12Ac 和 11-12Ac），效果又恢复到原来的 96％左右（表 16-33-1）。

表 16-33-1　茶小卷叶蛾和茶卷叶蛾的几种性信息素活性成分

Table 16-33-1　Sex pheromone components of *Adoxophyes honmai* and *Homona coffearia*

茶小卷叶蛾	茶卷叶蛾	性信息素成分	结构式
●	●	顺-9-TDA	
●	●	顺-11-TDA	
●		反-9-TDA	
●		顺-9-反-12-TDDA	
	●	顺-9-DDA	
	●	11-DDA	
●		10-M-DDA	

顺-9-十四碳烯醇醋酸酯、顺-11-十四碳烯醇醋酸酯、反-9-十四碳烯醇醋酸酯、顺-9-反-12-十四碳二烯醇醋酸酯，这4种活性成分是用以同时防治茶卷叶蛾和茶小卷叶蛾（11-DDA）两种卷叶蛾的性信息素配方。顺-9-十二碳烯醇醋酸酯（Z-9-DDA）和11-十二碳烯醇醋酸酯是（11-DDA）台湾分离出来的性信息素成分，10-甲基十二烷醇醋酸酯是一种短距离作用的活性化合物，可提高雄成虫着陆和近距离交配能力。在我国台湾和日本的配方中曾有出现。在1997年日本茶小卷叶蛾出现对性信息素的"抗性"后，在修正的性信息素配方中加有顺-11-十四碳烯醇醋酸酯，顺-9-十二碳烯醇醋酸酯和11-十二碳烯醇醋酸酯这3种成分。

五、防治技术

（一）人工捕捉

结合茶园栽培管理和采茶，随时摘除虫苞和卵块捏死。

（二）诱杀

在成虫羽化盛期，每天晚上点灯诱杀。也可将未交尾的雌成虫装入四面通风的小盒中，悬挂在水盆上方或黏胶式诱捕器上，诱杀雄成虫。性诱还可用合成的性引诱剂（日本采用包括4种成分的配方，可以兼治茶小卷叶蛾和茶卷叶蛾两种卷叶蛾），装入橡胶管中，悬挂在上述诱捕器上。此外，用红糖：黄酒：醋为1：2：1的配比，加入少量农药制成糖醋液，也可诱杀成虫。在成虫开始羽化时，以每天每667m²释放顺-11-14Ac 0.2～0.6g，装有信息素的缓释载体放置在茶树的采摘面下，对雄蛾的迷向效果可达60%～70%。

（三）生物防治

在成虫产卵期释放赤眼蜂3次，每667m²共放蜂8万头，每间隔5～10m挂（放）一张卵卡。第一次在成虫羽化高峰期释放，以后每隔3～4d分别放1次蜂，3次放蜂量的比例为3：3：2。也可将颗粒病毒虫尸25头研碎加水25L，搅匀后喷雾，每667m²喷液量为75L，喷雾宜在成虫高峰期后4～5d进行。虫口数量少时可挑治"发虫"中心。

（四）化学防治

重点应抓好第一代幼龄幼虫的防治。药剂可选用10%联苯菊酯乳油3 000～5 000倍液（安全间隔期7d），或2.5%高效氯氟氰菊酯乳油（安全间隔期5d）、10%氯氰菊酯乳油（安全间隔期3d）、2.5%溴氰菊酯乳油（安全间隔期5d）、10%氯菊酯乳油（安全间隔期7d）6 000～8 000倍液，或15%茚虫威乳油（安全间隔期14d）2 500～3 500倍液、0.6%苦参碱水剂（安全间隔期7d）1 000～1 500倍液。喷药时应将虫苞喷湿。

陈宗懋（中国农业科学院茶叶研究所）

第34节 茶卷叶蛾

一、分布与危害

茶卷叶蛾（*Homona coffearia* Nietner）又名褐带长卷蛾、柑橘长卷蛾，属鳞翅目卷叶蛾科。分布于云南、贵州、四川、江苏、浙江、安徽、江西、福建、台湾等省。国外日本、印度、印度尼西亚、斯里兰卡都有分布。幼虫将嫩叶和成叶卷成虫苞，匿居其中取食为害（彩图16-34-1）。在局部茶区发生严重，影响茶叶产量。在长江下游年发生4代，以幼虫在卷叶中越冬。每年5、6月多雨季节发生的第一、二代种群较多。幼虫初期在茶树顶部嫩叶尖卷苞为害，后期将数叶缀结成较大虫苞，匿居苞内为害，老熟后在苞内化蛹。食性杂，除为害茶树外，还为害柑橘、苹果、梨、桃、梅、核桃、龙眼、楝树及油茶等多种果木。

二、形态特征

成虫：雌成虫体长约10mm，翅展23～30mm。体浅褐色，触角丝状。前翅浆状，棕色，翅尖深褐色，翅面散布许多长短不一的深褐色波状横纹，近翅基内缘的鳞片厚，并伸出翅外。有的个体翅中央尚有1浅褐色的斜形横带。后翅肉黄色，前缘和外缘色较深。雄蛾较雌蛾稍小，体长约8mm，翅展为19～

23mm。前翅基部中央和翅尖深褐色，前缘中央有 1 黑色斑块，基部有 1 深褐色近椭圆形突出部分，向翅面反折，盖在肩角上。后翅灰褐色，近前缘肉黄色（彩图 16 - 34 - 2，1）。

卵：椭圆形，扁平，长径为 0.8～0.9mm，短径为 0.5～0.7mm，麦秆黄色。卵粒呈鱼鳞状排列成椭圆形卵块，表面覆胶质薄膜（彩图 16 - 34 - 2，2）。

幼虫：末龄幼虫体长为 18～22mm。黄绿色。头黄褐色，前胸背板近半圆形，褐色，其后缘深黑褐色，硬皮板的两侧下方各有两个褐色的椭圆形斑块。体表着生白色短毛（彩图 16 - 34 - 2，3）。

蛹：长约 11～13mm，深褐色。腹部第二至八节背面前、后缘附近各有短刺 1 列。臀棘长，黑褐色，具钩刺 8 枚（彩图 16 - 34 - 2，4）。

三、生活习性

在浙江、安徽 1 年发生 4 代，湖南 1 年发生 4～5 代，福建和台湾 1 年发生 6 代。以幼虫在卷叶苞内越冬。在安徽 4 月上旬开始化蛹，4 月下旬成虫羽化并产卵。各代各虫态发生期见表 16 - 34 - 1。全年各代发生不整齐，有世代重叠现象。

表 16 - 34 - 1　茶卷叶蛾各代各虫态发生期（安徽黄山）
Table 16 - 34 - 1　Development period of Homona coffearia in different generations （Huangshan，Anhui）

代别	卵（月/旬）	幼虫（月/旬）	蛹（月/旬）	成虫（月/旬）
一	4/下～5/上	5/中～5/下	5/下～6/上	6/上～6/下
二	6/上～6/下	6/下～7/上	7/上～7/中	7/中
三	7/中～7/下	7/下～8/中	8/中～8/下	8/下～9/上
四	9/上	9 月至翌年 4/上	翌年 4/上～4/中	翌年 4/下

各虫态历期：平均气温 14℃时，平均卵期为 17.5d；22～31℃时，卵期为 5～8.5d。平均气温为 14～16℃时，幼虫期为 56～62.5d；25～29℃时幼虫期为 21～23.5d。平均气温 16～20℃时，蛹期为 11～19d；25～33℃时蛹期为 5.5～8.5d。成虫寿命一般为 3～18d。平均气温 27.9℃时，完成 1 代需 38～45d。

成虫一般于 6：00 左右羽化，白天栖息于茶树叶片上，黄昏开始活动，一天中以日落和日出前的 1～2h 内飞翔最活跃，21：00～22：00 后即停止活动。具有趋光性和趋化性。羽化当天即交尾。交尾后 3～4h 即可产卵。卵多产于老叶正面。每雌产卵量为 60～772 粒，平均 330 粒。同一卵块的卵，大多在同一天孵化。

幼虫共 6 龄。初孵幼虫十分活跃，能迅速爬行或吐丝下垂分散，当遇到嫩芽或未展开的芽叶时，就在叶尖正面吐丝将两侧叶缘向内卷，匿居其中取食上表皮和叶肉，或在芽缝中及两叶自然相叠的嫩叶间取食，留下表皮使被害处呈枯黄色薄膜状。稍成长后向下转移，缀叶为害。随着虫龄增大，食量增加，缀合的叶数也逐渐增多，常 4～5 叶至 10 叶缀结一苞，将苞内叶片食成缺刻或孔洞。幼虫三龄后受惊动时，能迅速后退离苞，吐丝下垂或弹跳逃逸。幼虫老熟后多脱离原来的虫苞，重新吐丝缀结 2～3 叶，化蛹于其中。

已发现的天敌有卵期寄生的赤眼蜂（Trichogramma sp.），幼虫期寄生的绒茧蜂（Apantetes sp.），蛹期寄生的凹腹姬蜂（Coelichneumon sp.）。此外，还有多种捕食性蜘蛛、寄生菌及颗粒体病毒等。这些天敌对茶卷叶蛾的发生具有明显的控制作用。

四、性信息素的研究和应用

日本的 Noguchi 等在 1979 年最早用人工饲料饲养了 8 000 头茶卷叶蛾，将雌成虫腹部末端的脂质部分放在弗罗里硅土（Florisil）柱上用浓度逐渐提高的乙醚-己烷液进行淋洗，脂质出现在含 5％乙醚的己烷淋洗液部分，再用加有 16.7％硝酸银的硅酸柱，用浓度逐渐提高的乙醚-石油醚溶液作为淋洗剂，结果 44mg 的脂质出现在含 5％乙醚的石油醚淋洗组分中，有 32mg 的脂质出现在含 6％乙醚的石油醚淋洗组分中。这样从 8 000 头茶卷叶蛾雌成虫中最后获得的两个化合物分别有 1 150µg 和 170µg。1 头未交尾雌成虫有 140ng 的化合物 A 和 20ng 的化合物 B。进一步用 GC - MS 鉴定出化合物 A 是顺-11-十四碳烯醇醋酸酯（Z-11-TDA），而化合物 B 是顺-9-十二碳烯醇醋酸酯（Z-9-DDA，B1）和11-十二碳烯醇醋酸酯（11-DDA，B_2）。野口浩等曾将上述三种化合物分别进行了浓度与活性间的关系研究，结果是 Z-11-TDA 的最适浓度为每诱芯 3.0～12.0mg，Z-9-DDA 的最适浓度为每诱芯 0.15mg，而 11-DDA 的最适浓度为每诱芯 0.05mg。因此，最后确定的三者的比例为 60：3：1。用上述 3 种化合物配成的混合物和未交尾雌成虫粗提物进行田间诱集试验相比较，同时用初羽化的雌成虫作为对照。结果以 5 头羽化 2d 的未交尾雌成虫茶卷叶蛾诱集的效果最好，3 种化合物的混合物效果相近。在对活性成分同分异构体的活性比较研究中发现，Z-11-TDA 和 Z-9-DDA 两种主要成分都是顺式异构体，反式异构体的活性不如顺式。反式异构体的量如果不超过 10%，对活性影响不大。我国台湾的肖素女（1998）对茶卷叶蛾性信息素的实验结果和日本的略有不同。经田间诱集试验结果是，Z-11-TDA：Z-9-DDA 为 80：20 的配方效果最好，其次为 Z-11-TDA：Z-9-DDA：11-DDA 为 80：10：10 或为 88：9：3，由于茶卷叶蛾和茶小卷叶蛾经常在同一茶园中同时发生，因此，出现了用一种性信息素制剂同时诱集两种卷叶蛾的设想。在后来的商品化的兼治茶卷叶蛾和茶小卷叶蛾的性信息素配方采用顺-9-TDA、顺-11-TDA、反-9-TDA 和顺，9 反-12-TDDA 四种化合物的混合配方（表 16-33-1）。

五、防治技术

参照茶小卷叶蛾的防治技术。

陈宗懋（中国农业科学院茶叶研究所）

第 35 节 茶 细 蛾

一、分布与危害

茶细蛾（*Caloptilia theivora* Walsingham）又名三角卷叶蛾，属鳞翅目细蛾科。国内分布于各产茶区，国外主要分布于日本、印度。

幼虫潜食嫩叶叶肉，或将嫩叶卷成虫苞匿居其中取食为害，是趋嫩性很强的食叶性害虫（彩图 16-35-1）。而幼虫排出的粪粒聚积在虫苞内，会污染茶叶。成虫产卵于叶片背面，幼虫孵化后即潜入叶内，在一、二龄期潜食叶肉，形成白色线状弯曲的潜痕；三龄和四龄前期，将叶缘向叶背卷折，形成卷苞，在苞内咀食叶肉；四龄后期和五龄期，将叶尖反卷成三角苞，匿居其中取食（彩图 16-35-1，2），转移他叶时则另行卷苞取食，一般 1 苞内 1 头虫，偶尔 1 苞内有 2～4 头幼虫。茶细蛾主要为害当季新梢嫩叶，以芽下第二叶最多。

茶细蛾不仅影响茶叶产量，而且给茶叶品质带来严重的影响。通常在卷边期之前对茶叶产量影响不显著，混入 3% 以下的虫苞，对茶叶品质的影响亦不显著。但是，在结苞期不仅影响茶叶产量，而且当混入 3% 以上的虫苞后，对茶叶品质的影响也十分明显。

茶细蛾在我国早有记载，主要为害茶、山茶、油茶等植物。赵启民等认为，茶细蛾在茶树上成为一种主要害虫还是在 1972 年以后，但 2000 年以来发展很快，全国从北到南几乎所有产茶省份都有发生，在西南、江南等茶区，茶细蛾已成为一种主要的卷叶类害虫。在重庆、四川、湖北、云南等地调查发现，5～7 月，茶细蛾在各茶区为害均较严重，四川省蒲江清见乡蜀涛茶叶基地（约 100hm^2）蓬面芽叶受害率超过 80%。

二、形态特征

成虫：体长为 4～6mm，翅展为 10～13mm。头、胸暗褐色。触角丝状，褐色，长 6～7.5mm，上面密布黄色鳞片；复眼黑色；口缘长，淡褐色。前翅狭长，褐色，具紫色光泽，前缘中央偏基部有 1 个金黄色三角形斑纹。后翅暗褐色，缘毛长。腹部背面暗褐色，腹面金黄色。雌虫尾部较粗短，呈圆筒形，被暗褐色长毛，尾端有似镰刀状产卵器；雄虫尾部较细长，呈椭圆形，无暗褐色长毛，尾端有两片板。前、中足腿节、胫节暗褐色，跗节白色；后足腿节中部淡黄色，基部及端部暗褐色，胫节和跗节一侧暗褐色，另一侧淡黄色（彩图 16-35-2，1、2）。

卵：长为 0.3～0.5mm，扁平，椭圆形，无色透明，有光泽，近孵化时较浑浊，呈乳白色。

幼虫：体乳白色，半透明。口器褐色，单眼黑色。体表具白色短毛，低龄期体略扁平。老熟幼虫体长为 8～10mm，头小胸大，腹部由前向后渐细，呈圆筒形，半透明，能透见体内紫黑色内脏，体表生有白色细毛。胸足 3 对发达，腹足 3 对着生于第三、四、五腹节上，第六腹节足退化，尾足 1 对。一龄幼虫体长约 1.0mm，二龄幼虫体长为 1.5～2.0mm，三龄幼虫体长为 2.5～4.0mm，四龄幼虫体长为 5.0～6.0mm，五龄幼虫体长为 8.0～10.0mm（彩图 16-35-2，3、4）。

蛹：圆筒形，长为 5.0～6.0mm，浅褐色。翅芽伸达第六腹节前缘，触角和足超出腹部末端。腹面及翅芽淡黄色，复眼红褐色，头顶有 1 个三角形刺状突起，体两侧各有 1 列短毛。腹末有 8 枚小突起（彩图 16-35-2，5）。

茧：长椭圆形，长为 7.5～9.0mm，灰白色（彩图 16-35-2，6）。

三、生活习性

该虫在浙江一带 1 年发生 7～8 代，以蛹茧在茶树中下部成叶或老叶面凹陷处越冬，翌年 4 月成虫羽化产卵，第一代 4 月中、下旬，二代 5 月下旬，三代 6 月下旬至 7 月上旬，四代 7 月下旬，五代 8 月下旬，六代 9 月下旬至 10 月上旬，七代 11 月中旬。各地发生时期有差异，四代后出现世代重叠，以五代、六代为害最重。

成虫晚上活动、交尾，有趋光性。成虫羽化后 2～3d 把卵产在嫩叶背面，芽下第二叶居多，三叶次之，芽上少，一片叶上数粒至数十粒，一至三代每雌蛾可产卵 44～68 粒，其余各代少。一、二龄为潜叶期，卵孵化后，幼虫从叶片的下表皮潜入，在上、下表皮间取食叶肉，形成潜道。潜叶期在 4 月、5 月和 10 月需 10～10.4d，11 月、12 月为 7d，6 月、8 月约 5d，9 月约 4.5d，7 月约 3.8d。三龄起进入卷边期，即幼虫从潜道中爬出，在嫩叶边缘吐丝将叶缘向背面卷折，幼虫在卷边内取食下表皮及叶肉，留下上表皮，虫粪留在卷边内。卷边期除 7 月约 2.5d 和 10 月 6d 外，5～6 月、8～9 月和 11 月均为 5d 左右。四龄后期、五龄初期进入卷苞期，幼虫自嫩叶尖向叶背卷结为三角形虫苞，隐匿苞中蛀食叶肉，幼虫常转苞为害，把粪便堆积在苞内，严重影响茶叶质量。结苞期在 5、6 月为 10d，8～11 月为 8d 左右。老熟幼虫把虫苞咬个孔洞爬出后，至下方老叶或成叶背面吐丝结茧化蛹。

该虫卵期 3～5d，幼虫期 9～40d，非越冬蛹期 7～16d，成虫寿命 4～6d。留养茶园及幼龄茶园芽叶较多，有利其发生，以每年夏季受害最为严重。气温升至 28℃ 以上，成虫易死亡，产卵也少，7～8 月为害较轻。主要天敌有锥腹小蜂，寄生率为 20% 左右，多种蜘蛛捕食茶细蛾成虫、幼虫。

四、发生规律

（一）虫源基数

茶细蛾全年发生量较少，为害较轻。全年以第三代蛾发生量最多，其次为第二代，第一代和第四代发生量仅次于第二代，相差较小，第五、六代发生量最少。可见，该虫为害主要时期为 4～8 月的第一至四代幼虫期。茶细蛾一年中第一、二代发生比较整齐，而中后期世代有轻度重叠，虫态较复杂。第七代成虫发生量较少，部分蛹滞育越冬，其他虫态于 11 月陆续死亡。

由于茶细蛾主要为害嫩叶，因此，在未开采的幼龄茶园和留养茶园发生普遍而严重，这类茶园应特别注意茶细蛾的监测。据调查，在其他条件相同的情况下，未开采的幼龄茶园虫口数为采摘茶园的 1.44 倍。

（二）气候条件

茶细蛾的发生与气候条件密切相关，其中与温度关系最为密切。适宜于茶细蛾繁殖的气温上限在 25℃ 左右，高温干旱是抑制其种群发展的主要因素，气温在 28℃ 以上成虫寿命缩短，并基本不产卵，这是我国长江中下游茶区在 7 月、8 月茶细蛾为害较轻的主要原因。在长江中下游茶区若 10 月平均气温在 20℃ 左右，可能要发生第八代，但这代幼虫大多在冬季低温来临时不能化蛹而死亡，翌年则发生为害较轻。

一般气温在 10℃ 以下时对幼虫生长发育有影响，当气温降至 0℃ 左右时，绝大部分幼虫均被冻死不能生存。如 1978 年 11 月下旬最低气温降至 −1.5℃ 后幼虫即大量死亡，第七代化蛹数仅为卷苞虫数的 37.36%。

第一代幼虫发生迟早也受早春气温的影响。常年越冬蛹多数到 3 月羽化产卵，4 月上、中旬才出现第一代幼虫。但 1979 年 2 月中、下旬平均气温比往年高，比 1977 年和 1978 年同期分别高 2.9℃ 和 3.7℃，2 月 19～22 日日平均气温高达 10～16.8℃，故越冬蛹羽化提早，2 月下旬即大量羽化，3 月中旬开始产卵，3 月下旬第一代幼虫即开始发生。

在常年情况下，杭州地区茶细蛾的发生量以第一至三代渐次增多，第三代往往是全年为害盛期，以后随高温干旱季节的到来虫口明显下降，秋季气温下降而降水量增多后虫口又逐渐上升。但 1978 年夏季高温干旱季节提早且长，6 月下旬旬平均气温即高达 27.6℃，最高气温达 31.3℃，比 1977 年同期增高 3.8℃。而 6 月降水量仅 52.5mm，比 1977 年同期减少 233.7mm，故第三代虫口显著下降。据 6 月底田间调查，除在有遮阴树下的茶园可找到少量茶细蛾外，多数茶园很难找到。由于 7、8 月平均气温分别比 1977 年偏高 1.4℃ 和 2.5℃，而 7、8、9 月降水量分别比 1977 年减少 18.6mm、168.7mm、89.3mm，因此，秋季田间虫口也很少。

茶细蛾各代生活历期随温度不同而异，平均气温在 15℃ 以下时全世代历期需 60d 左右，16～20℃ 时需 40d 以上，21～25℃ 时需 30d 以上，26～30℃ 时需 30d 左右。全年以夏茶期间为害最严重，但是当气候条件适宜时 10～11 月为害也较严重。

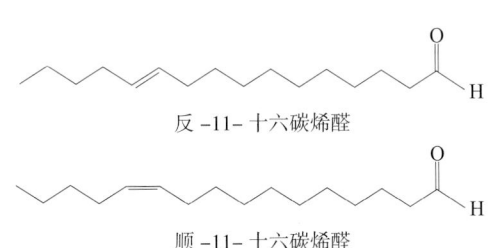

图 16 - 35 - 1　茶细蛾性信息素的化学活性成分（引自 Ando，1985）

Figure 16 - 35 - 1　Bioactive components of sex pheromone of *Caloptilia theivora* （from Ando，1985）

（三）天敌

茶细蛾的天敌主要有锥腹姬小蜂、金小蜂、茶细蛾茧蜂和蜘蛛等。在杭州茶区，寄生蜂总寄生率可达 67%，其中锥腹姬小蜂对茶细蛾第三代以后的幼虫寄生率较高，一般可达 20% 左右，个别茶园有时可高达 70% 左右，对茶细蛾的发生发展有一定的抑制作用。

五、性信息素的研究和应用

日本从 20 世纪 80 年代起开始进行茶细蛾性信息素的研究。据 Ando 等的报告，茶细蛾的性信息素包括两种成分：反-11-十六碳烯醛和顺-11-十六碳烯醛（图 16 - 35 - 1）。两者的配比是 90∶10。单是反-11-十六碳烯醛一种成分引诱效果很低，必须加入 10%～30% 的顺-11-十六碳烯醛才有引诱活性。如果在成分中混有反-11-十六碳烯醇或反-11-十六碳烯醇醋酸酯便会产生对雄成虫引诱活性的抑制作用。该性信息素目前在日本并没有进行大面积应用。

六、防治技术

（一）农业防治

1. 多次分批采茶　由于茶细蛾幼虫主要为害嫩叶，卵也产在嫩叶上，故实行多次分批采茶既可采去大量有虫叶片，又可减少茶细蛾的产卵场所和食料，对其发生有一定的抑制作用。

2. 适时修剪　大部分茶区在秋茶结束或翌年春茶前有轻修剪的习惯，结合防治茶细蛾，修剪时期掌握在越冬代幼虫化蛹前，这时茶细蛾大多在茶树蓬面上，剪除防治效果较好。

3. 人工摘除　茶细蛾幼虫多在茶树上部卷结嫩叶为害，虫苞明显，发生严重的茶园可进行人工摘除。

（二）生物防治

保护天敌。茶细蛾绒茧蜂寄生率相当高，采下来的虫苞自然放置一段时间，让寄生蜂羽化飞回茶园；也可人工饲养寄生蜂如茶细蛾锥腹姬小蜂等，在羽化产卵期释放。

（三）物理防治

利用成虫的趋光性，可用黑光灯进行诱杀，从而有效降低成虫种群密度及后代发生数量。

（四）化学防治

化学药剂防治指标为百芽梢有虫 7 头。防治时期应掌握在潜叶、卷边期。农药可选用 2.5% 溴氰菊酯乳油 5 000～6 000 倍液（225～300mL/hm²，安全间隔期 5d）、2.5％高效氯氟氰菊酯乳油 5 000～6 000 倍液（225～300mL/hm²，安全间隔期 5d）、15％茚虫威悬浮剂 2 500～3 500 倍液（180～270mL/hm²，安全间隔期 14d）、2.4％苦参碱＋0.8％氯氰菊酯合剂 1 000～1 500 倍液（750～1 125mL/hm²，安全间隔期 7d）。喷药时应注意质量，务使叶背全部喷湿。

附：测报技术

茶细蛾预测预报方法有两种：

（1）历期预测法　田间定期调查蛹的羽化率，或者在蛹羽化前田间采集蛹茧，室内定期观察蛹的羽化进度，掌握蛹的羽化高峰期和盛末期，可以按下式计算防治适期。

防治适期＝蛹羽化高峰期＋成虫产卵前期（2～3d）＋卵历期＋幼虫潜叶期＋卷边期（折半）

防治适期＝蛹羽化盛末期＋成虫产卵前期＋卵历期＋幼虫潜叶期

（2）目测防治适期　在茶树芽叶生长期，田间定期目测芽叶被害情况，当发现嫩叶上大多数茶细蛾幼虫已处在潜叶及卷边为害期，并出现个别的三角形虫苞时，即可立即进行田间施药防治。此方法适用于直接从事田间生产的经营者和承包者。

赵丰华　任红楼（信阳市农业科学院）

第 36 节　茶　蓑　蛾

一、分布与危害

茶蓑蛾（*Cryptothelea minuscula* Butler；异名：*Clania minusculea* Butler，*Eumeta minuscula* Butler）又名小窠蓑蛾、茶窠蓑蛾、茶袋蛾、避债虫，属鳞翅目蓑蛾科。分布于江苏、浙江、安徽、江西、福建、台湾、湖北、湖南、广东、广西、海南、四川、贵州等省份。幼虫咬食叶片为害，严重时芽梢、茎皮均可食光。除茶树外，该虫还为害山茶、油茶、柑橘、梨、苹果、柿、桃、白杨、黑荆树、水杉等100余种植物。

二、形态特征

成虫：雄成虫体长为 11～15mm，翅展为 20～30mm。体翅深褐色，胸背密被鳞毛，前翅微具金属光泽，近翅尖沿外缘处有 2 个长方形透明斑块；雌成虫蛆状，无足，体长为 12～15mm，头小，头、胸红棕或咖啡色，腹部乳白色，后胸和腹部第七节各簇生 1 环黄白色绒毛。

卵：淡黄白色，椭圆形，长为 0.6～0.8mm。

幼虫：头黄褐色，具黑褐色斑块，体肉黄至紫褐色，胸部背板褐色，背面有深褐色纵纹 2 条，每节两侧各有褐斑 1 个，腹部各节背面有黑色小突起 4 个，略呈"八"字形排列。末龄幼虫体长为 16～26mm（彩图 16 - 36 - 1，1）。

蛹：雄蛹长为 10～13mm，赤褐色，翅芽达第三腹节后缘，腹末弯曲成钩状，臀棘分叉，叉端各具短刺 1 枚；雌蛹长为 14～18mm，蛆状，赤褐色，头小，胸部弯曲，腹末臀棘与刺同雄蛹（彩图 16 - 36 - 1，2）。

护囊：橄榄形，囊质紧密，末龄幼虫的护囊长为 25～30mm，四龄起囊外缀结有纵行排列整齐的小枝梗。这是识别茶蓑蛾的重要特征（彩图 16 - 36 - 1，3）。

三、生活习性

在贵州、浙江 1 年发生 1 代，安徽、湖南、江西 1～2 代，台湾 2～3 代。多以非老熟幼虫或二至四龄幼虫在茶树枝干上护囊内越冬。翌年春季当气温上升至 10℃ 左右时即开始活动，取食为害，常致局部春茶无收。1 年发生 1 代区，以每年 7～8 月为害较重。其年发生史见表 16 - 36 - 1。

各虫态历期：第一、二代卵期分别为 14d、9d，幼虫期分别为 47d、240d（越冬代），蛹期分别为 8～12d、24～30d，雄成虫寿命约 4d，雌成虫寿命 12～24d。

幼虫共 6～7 龄。卵多于 14：00～15：00 孵化。孵化后幼虫先在囊内咬食卵壳，1～2d 后自母囊排泄孔爬出，腹部竖起迅速爬至枝叶，或吐丝下垂随风飘散到附近茶丛上，片刻后即开始吐丝和咬取枝叶碎屑营囊护身，护囊历经 1.5～2.0h 建成，而后开始取食。随着虫龄增大护囊也随之增大。幼虫活动、取食时，仅头、胸伸出，用胸足爬行负囊行进。初孵时护囊能随腹部向上竖立，状如铆钉，稍大后即腹部下垂，悬挂于枝叶下面。幼虫取食多在清晨、傍晚和阴天。晴天中午很少取食，常隐藏在茶丛中叶背。幼龄幼虫取食下表皮和叶肉，留上表皮呈半透明黄褐色斑膜；三龄后咬食叶片成孔洞；四龄后食量大增，能咬食全叶、嫩梢和果皮，并咬取小枝，整齐并列黏缀于囊处。每头幼虫食叶量幼龄时为 0.25g，老熟前为 24g。幼虫老熟时先吐丝封闭囊口，将上端用丝紧附于枝叶上，后将虫体上下倒转，化蛹于囊内。

表 16 - 36 - 1 茶蓑蛾年生活史（引自张汉鹄和谭济才，2004）
Table 16 - 36 - 1 Life history of *Cryptothelea minuscula*（from ZhangHangu and Tan Jicai，2004）

地点	代别	卵（月/旬）	幼虫（月/旬）	蛹（月/旬）	成虫（月/旬）
贵州湄潭	一	6/下～7/中	7/中至翌年 6/上	5/下～6/下	6/上～7/上
安徽合肥	一	6/上～7/中	6/下～9/上	8/上～9/中	8/中～9/下
	二	8/下～10/上	9/上至翌年 6/下	5/中～7/中	6/上～7/上
湖南长沙	一	5/中～7/上	6/下～8/下	7/下～9/上	8/中～10/上
	二	8/中～10/上	8/下至翌年 6/上	5/中～7/上	6/上～7/中
江苏宜兴	一	5/下～6/下	6/上～8/下	7/下～8/下	8/上～9/上
	二	8/上～9/上	8/中至翌年 6/上	5/上～6/中	5/下～6/下

蛹多于黄昏至夜晚羽化。雌成虫先自蛹壳胸部环列，头胸伸出，腹部仍留蛹壳内，胸部及腹末生出大量绒毛，同时虫体下移，黄昏后自胸部释放性信息素引诱雄成虫。雄成虫羽化后从护囊末端飞出，留下蛹壳半露于排泄孔外。成虫羽化后次日即可交尾，雄成虫找到雌成虫后伏于雌成虫护囊外，将腹部自排泄孔插入雌囊并深入雌蛹壳内与雌成虫交尾。雌成虫多只交尾 1 次，少数 2 次。雌成虫交尾 1～2d 后即开始陆续产卵，产卵期可持续 7～8d。卵产于护囊中蛹壳内。每雌产卵量约 500 粒，多者可达 2 000～3 000 粒。雌成虫产卵后体渐干缩，最后自排泄孔脱出坠落而死。卵孵化率约 80%。雄成虫较活泼，趋光性强。由于雌成虫无翅，原地集中产卵，幼虫孵化后就地聚集发生，呈现为害中心。

四、发生规律

（一）气温

秋季气温影响越冬幼虫虫龄大小，早春回暖迟早影响越冬幼虫复苏为害。2 月以后，当气温升至 10℃时越冬幼虫开始暴食，局部茶树越冬芽常被吃光。茶蓑蛾有蓑囊保护较为耐旱，雨水则阻碍其活动取食，封囊停息，且易罹发疾病。雨水冲击常致初孵幼虫大量死亡。风则有助于低龄幼虫转移为害，靠近行道树的茶园虫口数量相对较多。

（二）天敌

天敌是制约茶蓑蛾发生的重要因素。已发现的天敌有桑蟥聚瘤姬蜂 [*Iseropus kuwwanae*（Viereck）]、蓑蛾瘤姬蜂 [*Sericopimpla sagrae*（Vollenhoven）]、野蚕黑疣姬蜂（*Coccygomimus luctuosus*）、喜马拉雅瘤姬蜂 [*Iseropus himalayensis*（Cameron）]、瘤姬蜂（*Xanthopimple* sp.）、持带囊爪姬蜂 [*Theronia gestator*（Thunberg）]、广大腿蜂 [*Brachymeria lasus*（Walker）]、费氏大腿蜂（*B. fiskei* Crawford），一种小蜂（*Chalcis milcado* Camero）和寄蝇、线虫、细菌等。多种瓢虫和蜘蛛捕食初龄幼虫，鸟类啄食囊内幼虫。雨湿季节有芽孢杆菌类侵染发病。此外，茶蓑蛾僵虫上发现了名为爪哇拟青霉 [*Paecilomyces javanicus*（Friedrichs & Bally）Brown & Smith] 的寄生性真菌。

五、防治技术

（一）人工捕捉

茶蓑蛾虫囊较大而集中，被害状明显，可在冬季或早春该虫活动为害前人工摘除虫囊，以确保春茶不受损失。茶树生长季节，可结合其他田间管理随手摘除虫囊。

（二）生物防治

注意保护和利用天敌，人工捕捉和修剪下的虫囊应置于寄生蜂保护器中，待寄生蜂羽化飞出再营寄生；在寄生蜂羽化盛期尽量不喷药，而利用苏云金杆菌等生物防治方法防治茶蓑蛾。

（三）灯光诱蛾

根据雄成虫的趋光性，在雄成虫羽化期，每晚进行灯光诱杀。

（四）药剂防治

茶蓑蛾幼龄幼虫期点片发生，具有明显的发虫中心，且抗药性和耐饥力弱，因此，药剂防治应抓紧在幼龄幼虫期进行。药剂可选用10％氯菊酯乳油、2.5％溴氰菊酯乳油6 000～8 000倍液（合每667m² 10～15mL，安全间隔期5～7d），或2.5％联苯菊酯乳油4 000～6 000倍液（合每667m² 15～25mL，安全间隔期5～7d）、10％联苯菊酯乳油15 000～20 000倍液（合每667m² 5～10mL，安全间隔期5～7d）。由于茶蓑蛾有护囊保护，药剂难以渗透，因此用药量可适当偏大，务必将叶背和虫囊充分喷湿。

附：测报技术（适用于蓑蛾科褐蓑蛾、大蓑蛾）

一、系统测报办法

（一）调查内容和方法

1. 卵孵化进度调查　5月下旬开始，每5d或10d自茶园内随机采取各种蓑蛾100～200头，带回室内剖查各虫态虫数、雌虫数及产卵雌虫百分率，进而检查卵块孵化进度（如卵块内半数以上卵粒已孵，即作为孵化卵块计算），定期统计孵化率。各项检查结果记入附表16-36-1。

附表16-36-1　蓑蛾卵块孵化进度调查记载表
Supplementary Table 16-36-1　Recording table of hatching process of *Cryptothelea minuscula*

调查日期（月/日）	查虫数（头）	蛹　数				成　虫　数						雌虫占虫口数（%）	已孵卵块数占雌虫口（%）	备注
		雌（头）	雄（头）	小计（头）	化蛹率（%）	雌（头）	雄（头）	其中已产卵		小计	羽化率（%）			
								未孵	已孵					

单位：_____　　地点：_____　　调查人：_____　　年份：_____

2. "为害中心"普查　在幼虫盛孵末期以后，结合茶园管理及时进行一次普查，查明每667m²"为害中心"数。秋后至害虫越冬期尤其需要进行一次。此项调查结果记入附表16-36-2。

附表16-36-2　茶园蓑蛾"为害中心"调查记载表
Supplementary Table 16-36-2　Recording table of damaged center of *Cryptothelea minuscula*

调查日期（月/日）	茶园类型	地号	面积（m²）	"为害中心"数	平均每667m²"为害中心"数	备注

单位：_____　　地点：_____　　调查人：_____　　年份：_____

（二）预测方法

根据各项调查资料，结合历年发生情况和环境条件，综合分析，预测发生程度和发育进度，指导防治。当孵化率达80％，进入盛末期后，对普查发现的"为害中心"做出标记，及时施药防治。对于茶园残存越冬虫口，最迟应在早春2月以前查明"为害中心"，及时组织人工清除。

二、一般测报方法

主要进行茶园内"为害中心"调查，及时指导开展防治。

孙晓玲　陈宗懋（中国农业科学院茶叶研究所）

第 37 节 大 蓑 蛾

一、分布与危害

大蓑蛾(*Cryptothelea variegata* Snellen,异名:*Clania variegata* Snellen)别名大窠蓑蛾、大袋蛾、大背袋虫,属鳞翅目蓑蛾科。在江苏、浙江、安徽、江西、湖南、湖北、河南、山东、福建、台湾、广东、广西、海南、四川、贵州、云南等省份均有发生。主要以幼虫为害。低龄幼虫咬食叶肉,留下一层上表皮,形成不规则半透明斑。长大即取食叶片成不规则孔洞。在局部茶园为害严重时,可将叶片、嫩梢及枝皮食尽,导致整株茶树或小面积茶园枯死。除取食茶树外,该虫还为害桑、苹果、梨、桃、李、杏、梅、葡萄、板栗、核桃、柿、枇杷、柑橘、龙眼、泡桐、法国梧桐、刺槐、榆、白杨、柳、桂花等 600 多种植物。

二、形态特征

成虫:雄成虫体长为 15~20mm,翅展为 35~44mm,体翅黄褐至暗褐色,体背有灰褐色长毛,前翅近外缘有 4~5 个半透明斑块,前后缘附近黄褐色,后翅褐色。雌成虫无翅,蛆状,肥胖,体长约为 25mm,体淡黄色,头部黄褐色,胸部及腹末多淡黄棕色绒毛。

卵:淡黄色,椭圆形,长为 0.9~1.0mm。

幼虫:雌雄异态,成长中雌雄区别渐趋明显。雌幼虫头赤褐色,隐现暗斑;胸背赤褐,背中线黄白色,中、后胸背中线作黄白条状,前胸气门红褐色,椭圆形,大而横置;腹部黑褐至灰黄褐色,背色深且具光泽,多横皱,臀板钝圆,赤褐色。中央有白色"人"字形纹(雄),体灰黑色(雌)或黄褐色(雄),胸背硬皮板黄褐或灰褐色,中央有褐色纵纹 2 列。共 5 龄,可根据头宽和体长对幼虫进行分龄,末龄幼虫的头宽为 5.4~5.8mm,体长为 34~40mm(彩图 16-37-1,1)。

蛹:雌蛹长约 30mm,蛆状,赤褐色,无翅,无足。雄蛹为被蛹,体长 18~23mm,暗褐色。翅芽伸达第三腹节后缘,触角达前翅 3/4,后足仅伸达第二腹节,第三至八腹节背前各有一横列小齿,腹末臀棘 1 对,小而弯曲。

护囊:纺锤形,灰黄褐色,末龄幼虫的护囊长为 40~60mm,囊外缀有较大的叶片,有时尚有少数零散的枝梗,质地较硬(彩图 16-37-1,2)。

三、生活习性

每年发生 1 代,以老熟幼虫封口后在茶树上护囊内越冬。翌年 4 月中旬至 6 月下旬化蛹,5 月下旬后成虫盛发,6 月上旬幼虫大量孵化,8~9 月幼虫为害最盛,直至 11 月老熟越冬。

各虫态历期(安徽合肥):卵期为 17~21d,幼虫期为 210~240d,雄蛹期为 24~33d,雌蛹期为 13~26d,雄成虫为 2~3d,雌成虫为 12~19d。

大蓑蛾的活动力和危害性较其他蓑蛾大。雄成虫趋光性强,雌成虫产卵量大,平均每雌产卵 2 600 余粒,最多可达 4 000 粒。尚能营孤雌生殖,但产卵量少,卵能正常孵化,幼虫多于二龄后死亡。卵耐干燥力强,在 40% 的相对湿度下孵化率仍可达 90% 以上。幼虫食叶量大,一至三龄幼虫食叶量分别为 0.24cm²、1.36cm² 和 5.76cm²,四至五龄幼虫平均食叶量为 29.85cm²。1 头四至五龄幼虫 1d 可食尽 2 片成叶或 1 个新梢,同时还能咬取整张叶片或枝干黏缀于囊外。由于大蓑蛾产卵量大,且初孵化的幼龄幼虫常在母囊茶丛及其附近为害,因此,"发虫中心"的虫口密度很大,为害中心十分明显。

四、发生规律

(一)气候

根据观察,秋季气温持续偏高,少部分早发幼虫当年化蛹羽化,晚秋出现少量不完全第二代初龄幼虫,但在冬季大多夭折。雌蛹发育起点温度为 12.9℃,有效积温为(189.0±19.5)℃。越冬幼虫护囊内的温度高于囊外 1.0～1.5℃，有利于其安全越冬。

大蓑蛾耐旱怕湿，干旱有利于其活动取食，雨湿大则封囊不动，甚至招致病菌侵染。光与风影响大蓑蛾自乔木向茶园的扩散。由于幼虫喜光，乔木树梢上虫口较多，新一代初龄幼虫吐丝易随季风转入茶园为害。茶园距行道树越近，侵入的虫口越多。

（二）天敌

天敌是制约大蓑蛾发生的重要因素。已知的天敌主要有野蚕黑疣姬蜂（*Coccygomimus luctuosus*）、舞毒蛾瘤姬蜂（*C. disparis*）、红尾追寄蝇（*Exorista xanthaspis* Wiedemann）、家蚕追寄蝇（*E. sorbillans* Wiedemann）、球孢白僵菌［*Beauveria bassiana*（Bals.）Vuill.］、颗粒体病毒（GvGV）等。另外，蜘蛛、蚂蚁和多种瓢虫能捕食茶大蓑蛾初龄幼虫，灰喜鹊［*Cyanopica cyana*（Pallas）］等鸟类啄食成长幼虫。

五、防治技术

由于茶大蓑蛾"发虫中心"的虫口密度大，对茶树的危害性大，因此，药剂防治务必在幼龄幼虫盛发期（未分散前）及时进行，可用 100 亿活芽孢/mL 苏云金杆菌悬浮剂 100 倍液喷雾，有条件的茶区，可喷施茶大蓑蛾核型多角体病毒。其他防治方法与防治药剂参照茶蓑蛾。

孙晓玲　陈宗懋（中国农业科学院茶叶研究所）

第 38 节　褐 蓑 蛾

一、分布与危害

褐蓑蛾（*Mahasena colona* Sonan）又称乌龙墨蓑蛾，属鳞翅目蓑蛾科。分布于江苏、浙江、安徽、江西、福建、台湾、湖南、广东、四川、贵州等省。除茶树外还为害油茶、油桐、法国梧桐、乌桕、柏树等。主要以幼虫咬食叶片为害，还需为营造护囊咬取大量叶片。一般在局部地块发生严重，影响茶叶产量和树势。7 月幼虫孵化为害茶树，咬食叶片成孔洞和缺刻。局部发生，具有为害中心。

二、形态特征

成虫：雄成虫体长约 15mm，翅展 24～28mm，全体褐色，鳞毛厚密，无斑纹，有金属光泽，翅面无斑纹。雌成虫无翅，足退化，蛆状，体长约 15mm，乳黄色，头小，胸部甚弯曲。

卵：乳黄色，椭圆形，长径约 0.6mm，短径约 0.4mm。

幼虫：头部褐色，两侧较暗，中部较淡并向两侧延成横斑。胸背淡黄色，背侧上下有 2 个不规则黑斑。腹部黄褐色，臀板黄色。末龄幼虫体长为 18～25mm（彩图 16 - 38 - 1，1）。

蛹：雄蛹长为 16～20mm，暗褐色，翅芽伸达第三腹节中部，第二至五腹节背面后缘各有 1 横列细毛，第八腹节背前缘有 1 横列小刺，末端弯曲成钩状，臀棘 2 叉；雌蛹蛆状，长为 17～25mm，体黄色，两端赤褐色，尾端有刺 3 枚。

护囊：成长幼虫蓑囊长为 40～53mm，丝质，黄褐色，宽松柔软，囊外缀有许多叶片碎屑，并作鱼鳞状松散重叠（彩图 16 - 38 - 1，2）。

三、生活习性与发生规律

各地 1 年只发生 1 代，多以非老熟幼虫在茶树上护囊内越冬。翌年春天气温上升后继续活动为害。在湖南长沙，卵、幼虫、蛹、成虫发生期分别在 7 月中旬至 8 月下旬、7 月下旬至翌年 6 月下旬、6 月中旬至 8 月上旬、7 月上旬至 8 月中旬。在安徽合肥各虫态的出现期和终见期分别比湖南长沙要提早和推迟 20d 左右。

各虫态历期：卵 15d，幼虫 335d，蛹 10d 以上，雌蛾 10～15d，雄蛾 2～3d。

褐蓑蛾基本习性与茶蓑蛾相同，但幼虫向光性较弱。初孵幼虫先在茶丛上部活动，随龄期增长向下转移，多聚于中、下部为害成、老叶，生活比较隐蔽。每雌产卵 300～900 粒。雌蛹重与产卵量之间呈线性关系。由于幼虫护囊粗大，囊外附有许多碎叶片，因此行动迟钝，活动范围略小。幼虫多达 9～10 龄，蜕皮时头壳留于蓑囊上口。四龄前取食叶肉，留叶片上表皮形成透明枯斑，五龄后才蚕食叶片成缺刻或孔洞。

天敌主要有红尾追寄蝇（*Exorista xanthaspis* Wiedemann）等。在山东茶褐蓑蛾追寄蝇（*Exorista* sp.）的寄生率高达 55%，6 月上旬出现寄生高峰（张汉鹊等，2004）。蠋蝽［*Arma chinensis*（Fabricius）］主要捕食褐蓑蛾四至五龄幼虫，1 头成虫能连续捕食 2 头五龄褐蓑蛾幼虫。另有鸟类等捕食性天敌。

四、防治技术

参照茶蓑蛾。

孙晓玲　陈宗懋（中国农业科学院茶叶研究所）

第 39 节　茶小蓑蛾

一、分布与危害

茶小蓑蛾（*Acanthopsyche* sp.）属鳞翅目蓑蛾科。分布于淮河以南，西自云南、贵州，东至东部沿海、台湾，北自安徽、河南、湖北，南至广东、广西、海南，西藏、陕西不详。仅在局部地区的某些年份发生严重。幼虫咀食叶片，使之斑驳破烂。除茶树外，还为害山茶、油茶、杏、梨、苹果、柑橘、白杨、法国梧桐、紫荆等树木。

二、形态特征

成虫：雄成虫体长为 4.0～5.0mm，翅展为 12～15mm，体翅深茶褐色，体被白色细毛，前翅茶褐色，后翅淡茶褐色，翅腹面银灰色；雌蛾蛆状，体长为 6～8mm，头小，赤褐色，胸、腹部黄白色，胸部弯曲。

卵：乳黄色，椭圆形，长径约 0.6mm，短径约 0.4mm。

幼虫：成长幼虫体长为 6～10mm。头咖啡色，多深褐色花纹；体黄白色，前胸背板咖啡色，中、后胸背面各有咖啡色斑纹 4 块，背中央 2 块较大而明显，腹部第八和第九节背面分别有褐色斑点 2 个和 4 个。腹末臀板深褐色，并有 4 对刚毛（彩图 16-39-1，1）。

蛹：雄蛹长约 4.5～6.0mm，褐色，翅芽达第四腹节，腹末具 2 枚短刺；雌蛹长为 5～7mm，蛆状，黄色，头小，腹末也有短刺 2 枚。

护囊：末龄幼虫的护囊长为 7～12mm，纺锤形，灰褐色，内壁丝质灰白，囊外茶末状碎叶密集紧贴，化蛹前以长丝索系于枝叶下（彩图 16-39-1，2）。

三、生活习性

在浙江、安徽每年发生 2 代，以三至四龄幼虫越冬，一、二代幼虫分别于 6 月底、8 月底盛发。在华南茶区福建、广东、广西每年发生 3 代。广西一至三代幼虫分别于 4 月中、下旬，6 月下旬至 7 月上旬和 8 月下旬至 9 月上旬开始发生，11 月中旬开始以老熟幼虫越冬。各代各虫态发生期见表 16-39-1。

表 16-39-1　茶小蓑蛾各代各虫态发生期

Table 16-39-1　Development duration of Acanthopsyche sp. in different generations

地点	代别	卵（月/旬）	幼虫（月/旬）	蛹（月/旬）	成虫（月/旬）
浙江 （杭州）	一	6/上～6/下	6/中～8/中	6/下～8/中	8/上～8/下
	二	8/中～9/上	8/下至翌年 5/下	5/中～6/上	5/下～6/中
安徽 （合肥）	一	6/上～6/下	6/中～8/中	7/下～8/下	8/上～8/下
	二	8/中～9/上	8/下至翌年 5/下	5/中～6/上	5/下～6/中

各虫态历期：卵 5～7d，幼虫 38～77d（越冬幼虫 253～289d），蛹 10～14d，雌成虫 9～14d，雄成虫 2～3d。

茶小蓑蛾多在 7：00～12：00 羽化，雄蛾日间活动，尤以黄昏前活动最盛，丛间飞舞，觅雌交尾。每雌产卵约 180 余粒。幼虫共 6（雄）至 7（雌）龄。晴天日间幼虫多在叶背或叶丛内，黄昏至清晨或阴天爬至叶面取食，幼龄幼虫蚕食叶片成透明不规则枯斑，三龄后咬食叶片成孔洞，并常啃食枝梢和幼果皮层。幼虫老熟时先纺一根长约 10mm 的丝悬挂于枝叶下，下端与囊口相连，封口后化蛹于囊内。雄护囊多悬挂于茶丛下荫蔽处，雌护囊则以茶丛上部叶片茂密处为多。

已发现的天敌有小蓑蛾瘦姬蜂（*Limnerium* sp.）、蓑蛾瘦姬蜂（*Philopsyche* sp.）、黄眶离缘姬蜂（*Cremastus flavor-orbitatis* Cameron）、桑蟥聚瘤姬蜂［*Iseropus kuwanae*（Viereck）Uchida］、驼姬蜂（*Goryphus* sp.）和一种大腿小蜂（*Brachymeria* sp.）等（张汉鹄等，2004）。

四、防治技术

除茶小蓑蛾护囊小难以采除外，其余防治技术参照茶蓑蛾。

孙晓玲　陈宗懋（中国农业科学院茶叶研究所）

第 40 节　白囊蓑蛾

一、分布与危害

白囊蓑蛾（*Chalioides kondonis* Kondo）又名白囊袋蛾、棉条蓑蛾，属鳞翅目蓑蛾科。分布于江苏、浙江、江西、安徽、福建、台湾、湖南、湖北、广东、四川、云南、贵州等省。除茶树外，还为害油茶、柑橘、乌桕、枇杷、柿、枣、梅、白杨、枫杨、刺槐、油桐、柳、榆、松、柏等树木。主要以幼虫咬食叶片成洞孔，发生为害较零星分散，"发虫中心"不如其他蓑蛾明显。

二、形态特征

成虫：雄成虫体长为 8～11mm，翅展为 18～20mm，体淡褐色，体末黑色，全体密布白色长毛，前、后翅均透明无色，后翅基部被有白毛。雌成虫体长 9～14mm，黄白色，蛆状，无翅。

卵：黄白色，椭圆形，长径约 0.4mm。

幼虫：头部为黄褐色，有黑色斑点，体浅褐色，中、后胸背板由中线分为 2 块，其上有深色点纹，腹部各节也有排列规则的深褐色点纹，臀板深黄褐色。成长后体长约 30mm。

蛹：雄蛹赤褐色，翅芽明显。雌蛹蛆状，赤褐色。

护囊：末龄幼虫的护囊长为 30～40mm，细长，灰白色，囊质地较软而紧密，全系丝缀成，囊外无枝叶贴附（彩图 16 - 40 - 1）。

三、生活习性

每年发生 1 代，以低龄幼虫在茶树上护囊内越冬。翌年春天气温回升后继续取食为害。在安徽合肥，卵、幼虫、蛹、成虫发生期分别在 7 月中旬至 9 月上旬、8 月上旬至翌年 7 月上旬、6 月下旬至 8 月下旬、7 月中旬至 9 月上旬。天敌主要有狭颊寄蝇（*Carcelia* sp.）。

四、防治技术

参照茶蓑蛾。

孙晓玲　陈宗懋（中国农业科学院茶叶研究所）

第 41 节 扁 刺 蛾

一、分布与危害

扁刺蛾〔*Thosea sinensis*（Walker）〕又名黑点刺蛾，幼虫俗称痒辣子，属鳞翅目刺蛾科。国外分布于印度、印度尼西亚，在国内遍布各茶区。

扁刺蛾以幼虫取食茶树叶片为害，成虫将卵散产于叶片正面，初孵幼虫不取食，二龄幼虫咬食卵壳和叶肉，形成黄色半透明枯斑，三龄后在夜晚和清晨爬至叶面活动，一般自叶尖蚕食，形成较平直的吃口，常食至 2/3 叶后便转叶为害，发生严重时可将茶树吃成光杆，导致树势衰弱甚至死亡。

此外，扁刺蛾幼虫体表具毒刺，触及皮肤引起疼痛红肿，严重影响采茶及茶园管理等田间作业。

扁刺蛾在国内分布很广，除为害茶树外，还能为害枣、苹果、柑橘、梨、桃、枇杷、柿、桑、梧桐、油桐等 37 科 71 种植物。

二、形态特征

成虫：体长为 10～18mm，翅展为 26～35mm。体、翅均灰褐色，前翅外横线处有 1 条与外缘平行的暗褐色弧形纹；雄成虫前翅中央还有 1 个黑点，前、后翅的外缘有刚毛（彩图 16 - 41 - 1，1）。

卵：长约为 1.1mm，椭圆形，扁平光滑，淡黄色，随着卵的发育，色渐变深，孵化前转暗褐色。

幼虫：体长为 21～26mm，扁平椭圆形，背部稍隆起，淡绿色，背线灰白。每体节有 4 对绿色枝状毒刺，其中虫体两侧边缘的 1 对较大，亚背线上的 1 对较小，中背线灰白色，体背中央两侧各有 1 个红点（彩图 16 - 41 - 1，2）。

蛹：裸蛹，椭圆形，长为 10～31mm，灰白色，羽化前转为灰褐色。

茧：钙质，硬而脆，长为 14～15mm，灰褐色（彩图 16 - 41 - 1，3）。

三、生活习性与发生规律

我国北部茶区每年发生 1 代，在安徽、浙江、湖南、江西等省年发生 2 代，少数 3 代。均以老熟幼虫在树下 3～6cm 土层内结茧越冬。1 代区 5 月中旬开始化蛹，6 月上旬开始羽化、产卵，发生期不整齐，6 月中旬至 8 月上旬均可见初孵幼虫，8 月为害最重，8 月下旬开始陆续老熟入土结茧越冬。2、3 代区 4 月中旬开始化蛹，5 月中旬至 6 月上旬羽化。第一代幼虫发生期为 5 月下旬至 7 月中旬，第二代幼虫发生期为 7 月下旬至 9 月中旬，第三代幼虫发生期为 9 月上旬至 10 月。以末代老熟幼虫入土结茧越冬。

成虫夜晚活动，趋光性强，羽化多集中在黄昏时分，尤以 18：00～20：00 羽化最多。成虫羽化后即可交尾，2d 后产卵。卵多产于叶片正面，单粒散产，每雌可产卵数十粒到百余粒。初孵化的幼虫停息在卵壳附近，并不取食，蜕第一次皮后，先取食卵壳，再啃食叶肉，仅留一层表皮。幼虫取食不分昼夜，多栖息在叶背，不易发现，但在夜间和有露水的清晨常爬到叶面。自六龄起，取食全叶，虫量多时，常从一枝的下部叶片吃至上部，每枝仅存顶端几片嫩叶。幼虫共 8 龄。幼虫老熟后即下树入土结茧，下树时间多在 20：00 至翌日 6：00，而以 2：00～4：00 下树的数量最多。结茧部位的深度和距树干的远近与树干周围的土质有关。黏土地结茧位置浅，距离树干远，比较分散；腐殖质多的土壤及沙壤土地，结茧位置较深，距离树干较近，而且比较集中。

扁刺蛾卵期 6～8d，幼虫期 28～44d（越冬代幼虫可长达 6 个月以上），蛹期 9～19d，成虫寿命3～7d。

四、防治技术

（一）农业防治

1. 清园灭茧 结合修剪、施肥和翻耕，清除枝干上、杂草中的蠕动虫体，破坏地下的蛹茧，以减少下代虫源。

2. 冬耕培土　在茶丛根际附近培土 8cm 以上，结合冬耕培土可使成虫难以羽化飞出。

（二）生物防治

应注意合理使用农药，保护天敌。常见的天敌昆虫有螳螂、厉蝽、益蝽、健壮刺蛾寄蝇等。另外，还有寄生真菌、核型多角体病毒。在幼虫期可喷施扁刺蛾核型多角体病毒悬浮液，使用浓度为 $1×10^8～1×10^{10}$ 多角体/mL；也可在傍晚喷施从茶园扁刺蛾体上分离培养的 $1×10^7～1×10^8$ 孢子/mL 拟青霉孢子悬浮液；或者将扁刺蛾核型多角体病毒悬浮液与拟青霉孢子悬浮液等量混合后喷施。当虫情严重时，可在扁刺蛾核型多角体病毒制剂中加入茶园中允许使用的苏云金杆菌（每克菌粉含 100 亿个孢子）制剂进行喷杀。

（三）物理防治

利用成虫的趋光性，在盛蛾期利用频振式杀虫灯进行诱杀，可有效降低成虫种群密度及后代发生数量。

（四）化学防治

防治指标为：每平方米茶园扁刺蛾幼虫数，幼龄茶园为 10 头，成龄茶园为 15 头；防治适期：二、三龄幼虫期；施药方式：以低容量侧位喷雾为佳，药液应主要喷在茶树中、下部叶背。农药可选用 2.5％联苯菊酯乳油 3 000 倍液（375mL/hm²，安全间隔期 6d）、10％氯氰菊酯乳油（225mL/hm²，安全间隔期 3d）、2.5％溴氰菊酯乳油 6000 倍液（225mL/hm²，安全间隔期 5d）、15％茚虫威悬浮剂 2 500～3 000 倍液（270mL/hm²，安全间隔期 14d），发生严重的年份，可在卵孵化盛期和幼虫低龄期喷洒 2.5％高效氯氟氰菊酯乳油 2 000～3 000 倍液（375～450mL/hm²，安全间隔期 5d）。

附：测报技术

（一）系统测报方法

1. 调查内容和方法

（1）冬前基数调查。此项调查目的在于掌握当年防治效果和残虫量，预测翌年发生程度，推动冬季治茧工作。选择不同类型茶地 3 块，每块随机取 5 点 10 丛，检查茶丛根际表土中活茧数（薛中官等，2000）。

（2）冬后存活率调查。经过一冬后，摸清活虫和死虫数，便于分析第一代发生趋势。在 4 月中、下旬调查越冬蛹（虫茧）存活率一次。取样选点和冬前一样，检查总蛹数不少于 100 个。

（3）羽化进度调查。当越冬幼虫进入蛹期时，在不同类型茶园取样调查（不少于 4 次）。以丛为单位，在定点茶丛根际表土中挖查 100 头活蛹。每批蛹分别设笼罩饲养于室外茶丛中，从 4 月下旬开始观察记载每天羽化的成虫数，计算羽化率。羽化结束后，观察病毒、寄生菌寄生及死蛹等情况。

（4）茶园成虫发生量观察。扁刺蛾成虫趋光性强，可设置诱蛾灯。选择四周空旷无障碍物的茶园，用黑光灯诱集，灯高出茶丛 0.6m 左右，灯下应置有集虫漏斗，下接集虫箱或毒瓶。如用水盆可加几滴煤油或肥皂液。从始蛾期开始点灯，每天 20：00 开灯到 24：00 止，第二天上午详细检查诱虫数量、性比，记载当晚气候要点。

（5）卵量及孵化进度调查。从上代成虫始盛期开始调查。固定不同类型的茶园，虫源多的，5 点取样，每点 1 丛，计 5 丛。3d 查一次至发蛾终期后停止。

2. 预测方法　根据各项系统调查资料，结合历年情况、天气条件、天敌数量和茶园生态环境综合分析，预测发生程度及各代发育进度、发生数量。

（二）一般测报方法

1. 查幼虫发育进度，定防治日期　当孵化率达 45％～50％，开始查幼虫龄期，每隔 2d 查一次，当二至三龄幼虫数达全部孵化幼虫数的 80％～90％时，即为防治适期。

2. 查幼虫数，定防治地块　凡取样的茶园，必须数清样点中幼虫的数量，折算为每丛虫数。当幼龄茶园每丛平均幼虫达 5 头、开采茶园达 8 头，即为防治对象地块。

赵丰华　任红楼（信阳市农业科学院）

第 42 节 茶奕刺蛾

一、分布与危害

茶奕刺蛾〔*Iragoides fasciata*（Moore）〕又称茶角刺蛾，属鳞翅目刺蛾科。国内主要分布于浙江、安徽、江西、福建、湖南、湖北、贵州、广东、海南、广西、四川、云南、台湾等省份，国外主要分布于印度。

茶奕刺蛾是茶树刺蛾类的一种重要害虫，以幼虫取食成叶为害茶树，影响茶树的生长和茶叶的产量。茶奕刺蛾卵孵化后，初孵幼虫活动性弱，一般停留在卵壳附近取食。幼虫为多食性，喜食成、老叶。一、二龄幼虫只取食下表皮及叶肉，残留上表皮，大多在茶丛中、下部老叶背面取食，被害叶呈现半透明的枯斑；三龄后逐渐向茶丛中、上部转移，夜间及清晨常爬至叶面活动，被害叶呈不规则的孔洞；四龄起可食全叶，但一般食取叶片的 2/3 后转叶取食，大发生时则仅留叶柄，茶树一片光秃，影响茶树安全过冬及翌年的产量和品质，是茶树上的一大类重要害虫。除为害茶树外，还为害油茶、咖啡、柑橘、桂花、玉兰等多种植物。

此外，茶奕刺蛾幼虫体上有毒刺，触及人体皮肤后引起红肿、疼痛，妨碍正常的采茶及田间管理工作。因此，该虫发生后不仅使茶叶产量和质量受影响，还给茶园管理带来不便。

茶奕刺蛾在一般年份发生量少，为害所造成损失也较轻。但是在特殊年份有的茶区也会暴发成灾。例如，1962 年浙江省上虞县茶场发生该虫，其中有 4hm² 茶园被食成光秃；1984 年杭州市云栖路一带茶园该虫暴发成灾，有 10hm² 茶园片叶不留，其中部分茶园被迫进行台刈；1994 年浙江省南湖林场茶园有 10hm² 第三代茶奕刺蛾为害成灾，到了 1995 年为害面积竟达到 50hm²。

二、形态特征

成虫：体长为 12～16mm，翅展为 25～35mm。体茶褐色。触角暗褐色，栉齿状，但栉齿甚短。翅褐色，翅面具雾状黑点，前翅从前缘至后缘有 3 条不明显的暗褐色波状斜纹；翅基部和端部颜色较深；后翅灰褐色，近三角形，缘毛较长（彩图 16-42-1，1）。

卵：长 1mm 左右，椭圆形，扁平，淡黄白色，半透明。

幼虫：共 6 龄。体长为 20～35mm，长椭圆形，前端略大，背部稍隆起呈屋脊状，黄绿至灰绿色；体背有 11 对、体侧有 9 对突起，突起上着生刺，在体背第二对和第三对突起间有 1 个绿色或紫红色的肉质角状大突起，伸向上前方，体背中部和后部还各有 1 个紫红色斑纹。背线蓝绿色，体侧沿气门线有 1 列红点。低龄幼虫无角状突起和红斑，体背前部 3 对刺、中部 1 对刺、后部 2 对刺较长（黄安平等，2009）（彩图 16-42-1，2）。

蛹：椭圆形，淡黄色，翅芽伸达第四腹节，腹部气门棕褐色。

茧：卵圆形，暗褐色，质地较硬。结茧在土下（彩图 16-42-1，3）。

三、生活习性

浙江、湖南、江西年发生 3 代，贵州发生 4 代，幼虫老熟后爬至茶树根际落叶下或表土内结茧化蛹，若茶树落叶多、土壤疏松，则就近结茧化蛹，反之则结茧较分散。入土化蛹的幼虫，其入土深度一般在 3～5cm，翌年 4 月上、中旬化蛹，4 月下旬出现成虫。

3 代幼虫分别在 5 月下旬至 6 月上旬，7 月中、下旬和 9 月中、下旬盛发。且常以第二代发生最多，为害较重。茶树受害轻重，一般取决于上一代的成虫量，成虫量大，次代为害重，反之则轻。除成虫量外，气候条件及天敌因子对茶奕刺蛾种群的消长也有较大的影响。

成虫寿命 4～5d，喜在黄昏前后羽化和活动，成虫羽化当晚即能交尾、产卵，产卵期 2～3d，主要栖息在茶丛下部叶片背面，有较强的趋光性。成虫白天栖于茶丛内叶背，夜晚活动。卵单产，产于茶丛下部叶背，一般 1 片叶产卵 2～3 粒。每头雌虫可产卵数十粒不等。卵经过 7～10d 即孵化为幼虫。初孵幼虫行动迟缓，往往在离卵壳 2～3mm 处取食，食量极少，主要取食叶片的下表皮和叶肉，形成半透明膜状枯斑。四龄后食量大增，一般 1d 可食尽 2～5 片叶，当叶片被食尽 3/4 时便转移为害。

幼虫期一般长达 22～26d，一般蜕皮 5 次。幼虫老熟后，停食 1～1.5d，开始结茧化蛹。

四、发生规律

（一）虫源基数

茶奕刺蛾为害轻重主要取决于上一代的成虫量，一般以第二、三代为害较重。气候条件及天敌因子对茶奕刺蛾种群的消长也有较大的影响。

茶奕刺蛾的暴发成灾一般都发生在第三代。吕文明等利用茶奕刺蛾的趋光性，用黑光灯定期进行全年诱蛾量调查，用全年各代诱蛾量来分析茶奕刺蛾暴发成灾原因，结果表明，茶奕刺蛾各代蛾量的变化可以归纳为 3 种类型：①越冬代少，第一代增多，第二代减少；②越冬代少，第一代增多，第二代再增多；③越冬代少，第一代减少，第二代再减少。其中只有第二种情况才有可能造成茶奕刺蛾暴发成灾，第二代蛾量的多少是决定第三代暴发成灾与否的重要因素，而决定第二代蛾量多少的一个重要因素就是第二代蛹期和成虫羽化期降水量的多少，此时的降水量与第二代蛾量呈显著正相关（$r = 0.903\,2$）。

（二）气候条件

茶奕刺蛾发生程度与环境因子密切相关，降水量、气温、植被环境、耕作等都会对茶奕刺蛾种群数量的消长造成一定的影响。茶奕刺蛾结茧化蛹期，对气候条件特别敏感，土壤湿度大、气温在 28℃ 以下，有利于其存活。若遇高温干旱，其存活率明显下降。

李金德等（1965）研究了卵在茶园中的分布密度与茶园树势的关系，发现台刈更新的茶园和茶树生长旺盛的新茶园中被产卵的茶树所占比例和平均每丛茶树卵粒数量明显高于生长不良、树势衰弱的老茶园。

（三）天敌

天敌是影响茶奕刺蛾种群数量的另一重要因子。天敌主要有寄生蜂和病毒。在天敌中，茶奕刺蛾核型多角体病毒的制约作用尤为明显。一般田间罹病率为 20%～30%，高的可达 70% 以上。一般第二代茶奕刺蛾感染病毒较少，第一代次之，第三代最多。感染病毒的幼虫食量减少，发育缓慢，体色变为淡紫红色，虫体较软，死亡后虫体一触即破。有研究表明，从茶园采集的茶奕刺蛾幼虫，在室内饲养过程中发现棒须刺蛾寄蝇寄生于茶奕刺蛾。棒须刺蛾寄蝇（*Chaetexorista palpis* Chao）属双翅目寄蝇科，在我国湖南、河北、北京、山东、浙江、江西等省份均有分布，经在茶园观察发现，棒须刺蛾寄蝇的数量在茶奕刺蛾为害的茶园明显多于未为害的茶园。

五、防治技术

防治技术参考扁刺蛾。

附：测报技术

茶奕刺蛾预测预报技术主要有以下 3 项。

1. **为害趋势预测**　当第二代田间发生量较大，个别茶园局部出现重害状，且未发现核型多角体病毒流行，如 8 月当地气温不高，雨水较多，预示第三代可能大发生，或有暴发成灾的可能。

2. **历期预测法确定防治适期**　利用诱虫灯测得发蛾高峰期后，加成虫产卵前期（1d），再加卵历期，即为田间卵孵化高峰期。防治适期在卵孵化高峰期后加 5～7d。

3. **卵孵化进度预测法确定防治适期**　田间直接取样，定期检查卵的孵化进度，当卵孵化率达 84% 时，加 4～5d，即可开始田间防治。

赵丰华　任红楼（信阳市农业科学院）

第 43 节 丽绿刺蛾

一、分布与危害

丽绿刺蛾 [*Parasa lepida* Cramer，异名：*Latoia lepida*（Cramer）] 又称绿刺蛾，属鳞翅目刺蛾科。在我国分布北起黑龙江，南至台湾、海南及广东、广西、云南，东起国境线，西自陕西、甘肃折入四川、云南，并再向西延伸。在国外分布于日本、越南、老挝、泰国、缅甸、柬埔寨、尼泊尔、斯里兰卡、印度尼西亚、巴布亚新几内亚及非洲。

幼虫蚕食叶片，低龄幼虫取食表皮或叶肉，致叶片呈半透明枯黄色斑块。大龄幼虫食叶呈较平直缺刻，严重的把叶片全部吃光，影响茶树生长和茶叶质量、产量。除为害茶树外，还为害桑、油茶、油桐、乌桕、柑橘、梨、苹果、咖啡等多种植物。

人畜被该虫蜇伤后刺痒难忍，抓挠后变为刺痛，如反复挠抓可使毒毛深入皮内。处理患处时可用医用橡皮膏或经过消毒的针先将毒刺拔出，再用肥皂水或碱液清洁伤口，最后涂上风油精。如患处红肿发炎应立即就医。

二、形态特征

成虫：体长为 10～17mm，翅展为 35～40mm。体翅绿色，胸部背面有 1 个较大褐斑，腹部及后翅黄褐色。前翅基部近前缘深褐色，近外缘有深褐色直线形阔带；后翅浅黄色，外缘带褐色。雌成虫触角基部丝状，雄成虫双栉齿状。雌、雄成虫触角上部均为短单栉齿状。前足基部有 1 个绿色圆斑（彩图 16-43-1）。

卵：扁平，椭圆，黄绿色，长约 1mm，宽约 0.8mm，数十粒成一块，在叶背面聚成鱼鳞状卵块。

幼虫：共 6～7 龄。一龄幼虫胴部亚背线上有 11 对枝刺，其中以第二、三、九、十对最大，上生黑色刺，体侧气门下线上有 9 对枝刺，除第二、九对外，上生黄色刺；二龄幼虫各枝刺及刺较一龄明显，体侧枝刺中以第二对最大，其上刺转黑，体背出现青褐、白和紫褐色相间的条纹，体侧出现青褐和白色相间的条纹；三龄幼虫后期前胸背出现 2 个浅褐色斑，与二龄相似；四龄幼虫胴部第二至四节亚背线上出现 8 个绿点，第十至十二节亚背线上出现 1 对绿点；五龄幼虫前胸背面 2 个斑纹转黑，条纹更明显，胴部第二至四节亚背线上绿点增至 10 个，第十至十二节亚背线上绿点增至 7 个，第五至九节亚背线上的绿色条纹变为 10 对绿点，体背第三对枝刺上出现红斑，上生粗刺 3～6 根，第九对刺突上有时也出现粗刺；六龄幼虫体背第一至三对及九至十对枝刺相对变小，其上的刺则变长变多，腹末出现 2～4 个黑斑或无黑斑，如已为末龄，则特征同七龄；七龄幼虫所有枝刺相对变小，第三对枝刺上的粗刺变为红色，腹末有 4 个黑点。各龄幼虫头宽、体长如表 16-43-1 所示。

表 16-43-1 丽绿刺蛾各龄幼虫头宽、体长（mm）

Table 16-43-1 Head width, body length of *Parasa lepida* larvae（mm）

龄期	一	二	三	四	五	六	七
头宽	0.2～0.3	0.5～0.6	0.6～0.8	1.2～1.4	1.6～1.8	2.2～2.5 (2.8～3.0)	3.2～3.4
体长	1.0～2.0	2.0～3.5	4.0～6.0	6.0～12.0	10.0～18.0	15.0～25.0 (15.0～30.0)	15.0～30.0

注 括号内数字表示六龄为末龄的头宽、体长。

蛹：椭圆形，长 12～15mm，宽 7～9mm，高 5mm。

茧：椭圆形，长 14～17mm，宽 9～12mm，高 6mm；坚硬，棕褐色，上覆灰白色丝状物。

三、生活习性

在湖南、江西等地年发生 2 代，以老熟幼虫在茶树中、下部枝干或枝丫间结茧越冬。翌年 4 月中、下旬至 5 月上旬化蛹，5 月下旬至 6 月上旬羽化为成虫并产卵。两代幼虫分别于 6 月上、中旬，8 月上、中旬开始孵化；两代幼虫发生期分别为 6 月中旬至 7 月中旬，8 月中旬至翌年 4 月。11 月中旬老熟幼虫在茶树中、下部枝干或枝丫处结椭圆形茧，化蛹其中。

成虫有趋光性，产卵于茶丛中、下部成叶背面，数十粒成鱼鳞状排列，上覆有一层黄色胶状物。每头雌虫可产卵 100～200 粒，同一块卵大多在同一天孵化完成。初孵幼虫群聚性强，在卵块附近停食约 1.5d 后开始取食，取食时成行排列，一至四龄幼虫群聚于叶背咬食叶片下表皮及叶肉，残留上表皮呈黄绿色斑膜。四龄后逐渐分散，取食全叶。

成虫白天或夜间均可羽化，羽化后白天静伏于叶背，夜间活动。大多于羽化后的第二夜交尾，交尾时间多可延长到第三晚，交尾后即于当晚产卵。头 3d 产下的卵，约占全部产卵量的 80% 左右，其余第四至五天产下。卵数十粒成块，每雌蛾可产卵 500～900 粒。根据 1981 年室内 43 头羽化成虫统计，雌性比占 57%。

四、发生规律

幼虫一般 6～7 龄，少数 8～10 龄。龄期的多少主要依寄主、季节及环境条件而定。第一代幼虫发生在 4～6 月，天气潮湿，气候也较温和，幼虫大多 6～7 龄，第二至三代幼虫多发生在 7～9 月，天气干燥，阳光猛烈，幼虫大多 7～8 龄。幼虫取食以最后两龄最烈，为害最重。幼虫蜕皮前多停食 1～1.5d，蜕皮后停食数小时即可取食。

五、防治技术

防治技术参考扁刺蛾。

赵丰华　任红楼（信阳市农业科学院）

第 44 节　褐 刺 蛾

一、分布与危害

褐刺蛾［*Setora postornata*（Hampson）］又名桑褐刺蛾、桑刺毛虫，属鳞翅目刺蛾科。在国内分布于各产茶地区。

以幼虫咬食叶片为害，体上刺毛触及人体皮肤引起红肿痒痛，严重时发生皮炎，影响茶叶产量和茶园管理。雌蛾产卵于叶背，幼虫孵化后在叶背群集并取食叶肉，半月后分散为害，取食叶片。低龄幼虫咬食下表皮和叶肉，成长后自叶尖咬食叶片成平直缺口，如刀切，严重时仅残留表皮和叶脉。

除茶树以外，该虫还为害桑、柑橘、桃、梨、白杨等多种植物。

二、形态特征

成虫：体长为 15～18mm，翅展为 31～39mm，全体土褐色至灰褐色；前翅前缘近 2/3 处至近肩角和近臀角处，各具 1 暗褐色弧形横线，两线内侧衬影状带，外横线较垂直，外衬铜斑不清晰，仅在臀角处呈梯形；雌成虫体色、斑纹较雄成虫浅。

卵：扁椭圆形，黄色，半透明。

幼虫：体长为 35mm，黄色，背线天蓝色，各节在背线前后各具 1 对黑点，亚背线各节具 1 对突起，其中后胸及一、五、八、九腹节突起最大。

茧：灰褐色，椭圆形。

三、生活习性

褐刺蛾年发生 2～4 代，以老熟幼虫在树干附近土中结茧越冬。3 代区成虫分别在 5 月下旬、7 月下旬、9 月上旬出现。成虫夜间活动，有趋光性，卵多成块产在叶背；幼虫老熟后入土结茧化蛹。

四、发生规律

褐刺蛾入土结茧越冬后，温度、土壤含水量、土层深度等对越冬代成虫翌年羽化产生较大影响。

温度对褐刺蛾越冬代成虫的羽化率有影响。该虫羽化的适宜温度为20～30℃，30℃时羽化率最高，为75％；15℃时，羽化率会明显降低；而在35℃持续高温条件下，该虫根本不能羽化。温度对褐刺蛾越冬代成虫的羽化进度有影响，温度越高羽化最高峰来的越早。15℃、20℃、25℃、30℃下，其羽化最高峰出现在第六、四、三、二周。

土壤含水量对褐刺蛾越冬代成虫的羽化有显著影响。含水量的影响有两个明显的范围，含水量为10％～40％该虫羽化率基本一致，集中在50％～65％；含水量在50％以上，则完全不能羽化，土壤含水量过高对蛹的发育非常不利。

室外自然条件下，表土深度对褐刺蛾越冬代成虫的羽化率有影响。表土层、表土下2cm、表土下5cm处褐刺蛾羽化率分别为77％、70％、10％，因此，表土下5cm不适宜蛹的发育。

五、防治技术

防治技术参考扁刺蛾。

吕立哲　任红楼（信阳市农业科学院）

第45节　黑眉刺蛾

一、分布与危害

黑眉刺蛾（*Narosa nigrisigna* Wileman）又名龟形小刺蛾、黑纹白刺蛾、小白刺蛾，属鳞翅目刺蛾科。国内主要分布于云南、贵州、广西、广东、湖北、湖南、安徽、江西、浙江、四川、台湾等地。

黑眉刺蛾以幼虫咬食叶片为害，一般在局部茶区零星发生，可造成茶叶减产。初孵幼虫栖息于叶背。幼龄幼虫仅能咬食下表皮和叶肉，残留上表皮，形成黄绿至枯黄半透明斑点。二龄时，将叶片咬成孔洞。三龄后，则向叶缘和叶尖蚕食，把叶片咬成许多不规则的缺刻，发生严重时，可将叶片全部食尽，仅留主脉。幼虫多为害成叶和老叶，嫩叶上则较少。

近些年来，黑眉刺蛾为害日趋增多，除为害茶树外，还可为害石榴、樱桃、梨、梅、李、柿、枣、杨梅、板栗、油茶、紫荆及楝类等多种植物。

二、形态特征

成虫：体长为6～9mm，翅展为18～25mm。体灰白色，头胸部被灰白色毛丛。触角丝状，黄褐色；复眼黑色或黑褐色；下唇须特别突出。前翅灰褐色，翅面散生白色或深褐色云状斑纹，亚外缘线及中横线间有1个S形黑斑，翅中央有1条褐色宽带，宽带中间有1条平行于外缘的白线，宽带内侧具9个小黑点；后翅淡黄褐或白色，外缘处白色，上具浅黄褐色横纹。前足较短，白色杂有褐色斑纹；中后足白色有长毛（彩图16-45-1，1）。

卵：椭圆形，扁平，淡黄色，上覆盖半透明的胶质薄膜。

幼虫：老熟时体长为8～10mm，宽为5～7mm。近椭圆形，龟状，翠绿色，体表光滑，略角质化，无刺突与刺毛，有金黄色纹，亚背线黄色，背线与侧线处每节各具1暗色斑点，前胸红褐色，中胸背板深褐色，其上具淡黄色斑点6个，间或背腹中部数节亚背线处有红点2～4对（彩图16-45-1，2）。

蛹：体长为5～6mm。乳白色，头部略带褐色，复眼近黑色。前翅芽尖端突出于体外。

茧：椭圆形，体长为5～7mm，宽为4～5mm。状似腰鼓，壁坚硬光滑，灰褐、褐或白等色，其上具深褐色纵向条纹和白色横向条纹，中部褐色较深，两端各有1个白色或灰白色圆斑，其边缘深褐色，中央有1个深褐色圆点（彩图16-45-1，3）。

三、生活习性

黑眉刺蛾在四川年发生2代，以老熟幼虫于寄主枝干上结茧越冬，少数于叶背结茧越冬。翌年4～5月陆续化蛹，5月中旬至6月初为成虫羽化盛期，5月中旬到6月中旬为产卵期，5月下旬至7月上旬为幼虫期。7月幼虫陆续老熟化蛹。7月中旬开始出现第一代成虫。10月发生的第二代幼虫老熟后，即陆续开始结茧，并进入越冬。

安徽、浙江、湖南年发生 3 代，以老熟幼虫在枝干上结茧越冬，翌年 4 月下旬至 5 月上、中旬化蛹，5 月下旬至 6 月上旬成虫羽化。3 代幼虫盛发期分别在 6 月上、中旬，7 月下旬至 8 月上、中旬，9 月中、下旬。一般第一、二代发生较整齐。幼虫老熟后多在叶背结茧，第二、三代则多在枝干上结茧。

成虫夜晚活动，有趋光性。雌成虫羽化后的 1～2d 即可开始交尾与产卵。卵多散产或 3～5 粒一起产于叶片背面，单雌产卵 8～13 粒。卵期 7d 左右。越冬代成虫羽化率高，但落卵量低。幼虫共 6 龄：一龄幼虫乳白色，常栖息于叶背，仅能食害下表皮与叶肉，残留上表皮，被害部位出现黄绿至枯黄半透明斑点；二龄幼虫黄绿色，取食叶片时，常将叶片咬成孔洞；三龄幼虫浅绿色；四龄幼虫翠绿色，亚背线出现黄色；五龄幼虫体四周黄绿色，背面绿色，隐约可见菱形、椭圆形或三角形斑纹，亚背线黄色，亚背线与侧线处各节具暗色点一枚，间有个体中部数节亚背线处尚有 2～4 个红点，中胸背板深褐色，其上具淡黄色斑；六龄幼虫的斑点与线纹的色彩较五龄幼虫明显，以后即进入老熟幼虫接近化蛹。三龄以后幼虫食量增加，常蚕食叶尖与叶缘成不规则的缺刻，严重发生时，可将叶片全部食光，仅留主脉。幼虫多取食成长叶片与老叶，也有为害幼嫩叶片的。幼虫为害至老熟后于枝条处或叶背结茧化蛹，第一代茧有部分结在叶背，第二、三代则大多于寄主枝干上结茧。

四、防治技术

防治技术参考扁刺蛾。

吕立哲　任红楼（信阳市农业科学院）

第 46 节　茶　　蚕

一、分布与危害

茶蚕（*Andraca bipunctata* Walker）别名三线茶蚕蛾，属鳞翅目蚕蛾科。在我国分布于安徽、浙江、江西、湖南、四川、云南、广西、广东、福建和台湾等省份。在国外日本、印度有发生。以幼虫蚕食叶片为害，常将茶树食成光秃，既影响产量，又损害树势（彩图 16 - 46 - 1）。除茶树外，还为害油茶。

二、形态特征

成虫：雌成虫体长为 15～20mm，翅展为 40～50mm，全体密布棕黄色绒毛，头顶白色。触角双栉齿状，但栉齿甚短，近似丝状。翅棕褐色，前翅翅尖向外呈钩状突出，翅面有 3 条暗褐色波状横纹，分别位于亚外缘线、中横线、内横线处；近亚外缘线处自顶角向内倾斜至后缘尚有 1 条棕褐色线纹，其外侧色较深；内横线与中横线之间有 1 黑点。雄成虫体长为 12～15mm，翅展为 26～34mm，体、翅色较雌成虫深，棕褐色，触角双栉齿状，但栉齿长。前翅翅尖钩状突出不明显，翅面线纹与雌成虫相同，但色较深，翅尖及近亚外缘线中部各有 1 个灰白色斑。

卵：椭圆形，长径约 1.2mm。初产时淡黄色，后渐变橙色，孵化前呈紫色。常数十粒至百余粒平铺成行排列成卵块。

幼虫：一龄幼虫体长约 0.5mm，头黑色，体赤褐色。二龄幼虫体长约 9mm，体表开始出现纵线。三龄幼虫体长约 16mm，体表出现灰黄色绒毛，各节气门前出现 1 个赤褐色斑点。四龄幼虫体长约 22mm，各节气门前赤色斑点鲜明。末龄幼虫体长为 32～34mm，体赤褐色，肥大柔软，腹部前端向胸、头部渐细。体表密生黄褐色绒毛，体上共有 12 条黄白色纵线，分别位于背线、亚背线、侧线、气门上线、气门下线、上腹线和腹线处。各节背侧面有 4 条白色横线。体上纵线与横线构成许多小方格形斑块，各节气门下线前方还有 1 近圆形的黑褐色斑块（彩图 16 - 46 - 2，1）。

蛹：长为 17～22mm，纺锤形，暗红褐色，尾部着生黄褐色绒毛（彩图 16 - 46 - 2，2）。

茧：丝质，椭圆形，长约 22mm，灰褐色至棕黄色。

三、生活习性

安徽、浙江、江西、湖南 1 年发生 2～3 代，广西、福建、台湾 1 年发生 3～4 代。安徽、江西、浙江以蛹越冬。1 年 2 代区，5 月中旬前后羽化，第一、二代幼虫为害盛期分别在 6 月下旬、9 月中旬。1 年 3 代区，3 月下旬羽化，第一、二、三代幼虫为害期分别在 4 月中旬至 6 月中旬、6 月下旬至 8 月上旬、8 月上旬至 10 月下旬。在福建多以卵（少数以幼虫）越冬，翌年 2～3 月孵化为幼虫。第一、二代幼虫为害期分别在 2 月上旬至 4 月上旬、5 月下旬至 6 月下旬，第二代于 6 月中、下旬以蛹越夏，至 9 月上旬后，越夏蛹陆续羽化。第三代幼虫为害期在 10 月上旬至 11 月中旬。各代各虫态发生期见表 16-46-1。各虫态历期见表 16-46-2。

表 16-46-1　茶蚕年生活史（引自张汉鹄和谭济才，2004）
Table 16-46-1　Life history of *Andraca bipunctata*（from Zhang Hangu and Tan Jicai，2004）

地点	代别	卵（月/旬）	幼虫（月/旬）	蛹（月/旬）	成虫（月/旬）
安徽 （金寨）	一	5/上～6/中	5/中～7/中	6/中～9/下	8 下～9 中
	二	9/上～10/上	9/中～11/上	10/中至越冬	翌年 4/下～6/上
江西 （修水）	一（二化）	3/下～4/下	4/中～6/中	5/下～9/中	8/下～9/中
	（三化）	3/下～4/下	4/中～6/中	5/中～6/下	6/中～7/上
	二（二化）	9/上～10/上	9/下～10/中	10/下至越冬	翌年 3/下～4/中
	（三化）	6/中～7/中	6/下～8/上	7/中～8/下	8/中～9/中
	三（三化）	8/中～9/中	9/上～10/下	10/中至越冬	翌年 3/下～4/中
福建 （崇安）	一	12/下至翌年 3/上	3/上～4/上	4/上～5/中	5/中
	二	5/中～5/下	5/下～6/下	6/中～9/中	9/下
	三	9/上～10/上	10/上～11/上	11/下～12/下	12/下

表 16-46-2　茶蚕各虫龄历期（d）（安徽金寨）
Table 16-46-2　Development duration of *Andraca bipunctata* in different instars（d）（Jinzhai，Anhui）

卵	幼虫						蛹	成虫
	一龄	二龄	三龄	四龄	五龄	合计		
8～12	5～7	4～7	4～8	4～8	5～18	22～48	17～35	3～8

成虫多在 4：00～6：00 和 18：00～22：00 羽化。雌成虫笨拙，飞翔力弱，一般不远离原地，常爬于枝顶等待雄成虫前来交尾。雄成虫飞翔力也不强，一般在离地高 1m，直径 10m 多的范围内扑飞。清晨和黄昏最活跃，中午阳光强烈时，潜伏于茶丛内或根际土面等隐蔽场所。趋光性弱。

成虫羽化 2～3h 后交尾，多数一生交尾 1 次，少数为 2～3 次。雌成虫交尾后 4～5h 产卵。卵常 20～100 余粒成块产于叶背。每雌产卵量少者几粒，多者 270 余粒，平均约 120 粒。一般同一卵块的卵在 1～2d 内孵化完毕。

幼虫群集性强。一龄幼虫群集在原卵块处取食，二龄幼虫常数头至百余头群集于叶背，并吐丝相附，由叶缘向内取食，仅留主脉，当一叶食尽后群迁另一叶为害，三龄后转移枝干上，互相缠扭成团，头伸向叶片，不分老嫩、叶脉和叶柄一并食尽，食完一枝后再转移到另一枝为害，转移时 1 头领先，其余单列首尾相连而行，四至五龄时食叶量增大，常以数十头为一群。幼虫昼夜都能取食，以夜晚取食最盛，白天高温炎热时常躲在茶丛荫蔽处不食不动。如受惊动幼虫头尾向背部翘起，如舟状，有时口吐茶褐色汁液。幼虫老熟后沿枝干爬至茶丛基部主枝分叉处的土隙、土面枯枝落叶间及草丛中结茧化蛹。幼虫结茧化蛹也有群集性，常几头或十余头集结在一起。

四、发生规律

（一）气候

温度、降水量、日照对茶蚕的发生程度有影响，其中温度影响较大。一般平均温度 27℃ 以上，日照长、降水量少，或者平均温度在 10℃ 以下都不利于茶蚕的生长与发育。夏季平均温度在 27℃ 上，茶蚕常有越夏期，并影响其发生代数。例如在江西修水，1956 年 6 月平均气温为 27℃，全月日照 215.9h，全月降水量 146.7mm，茶蚕于 5 月下旬至 6 月中旬化蛹后即以蛹越夏，直至 8 月下旬至 9 月中旬才羽化，蛹期达3个月以上，该年仅发生2代。1957年6月平均气温24.8℃，全月日照145.4h，全月降水量164.9mm，则无明显越夏现象，该年发生3代。又如福建福安，6月中旬平均气温常为28℃左右，幼虫化蛹后即以蛹越夏，至9月上旬气温降至27℃以下才羽化为成虫。在安徽、浙江一带冬季温度低，持续时间长，均以蛹越冬。福建冬季温度高，1月的月平均气温在10℃以下时，以卵越冬，月平均气温高于10℃时则孵化为幼虫越冬。

全年以春、秋两季的气候最适于其生长发育，因此往往发生数量多，为害也严重。

（二）地形

不同地形由于小气候不同，茶蚕的发生程度也有明显差异。一般海拔较低的半山区，特别是山洼和涧谷的茶园发生多，而平地茶园发生少，主要是由于山地茶园的湿度高，日照较短，适于茶蚕的生育。在同一块茶园，又以荫蔽之处发生多。

（三）茶园类型与管理

荒芜及管理粗放的茶园，由于不耕作，化蛹场所适宜，蛹的存活率高，因此较管理精细的茶园发生多。成龄茶园树冠大，比较荫蔽，茶丛基部难以耕锄，比幼龄茶园发生多。条播茶园在开沟施肥后，施肥沟覆土不良而充满枯枝落叶的，为化蛹提供了有利场所，发生往往也多。

（四）天敌

已发现的天敌有古毒蛾追寄蝇（*Exorista larvarum* Linnaeus）、叉角厉蝽（*Cantheconidea furcellata* Wolff）、蠋蝽［*Arma chinensis*（Fallou）］、蚕饰腹寄蝇［*Blepharipa zebina*（Walker）］、茶蚕黑卵蜂（*Telenomus bipunctata*）（彩图16-46-3）及白僵菌、病毒、蜘蛛、鸟类等。

五、性信息素研究与应用

茶蚕性信息素的研究始于20世纪90年代。我国台湾省的Ho等（1996）研究报道，茶蚕性信息素的主要活性成分是十八碳烯醛（18：Ald）、*E*-11-十八碳烯醛（*E*-11-18：Ald）、*E*-14-十八碳烯醛（*E*-14-18：Ald）和*E*，*E*-11，14-十八碳二烯醛（*E*-11-*E*14-18：Ald）。每头雌成虫（1～3d龄）的性信息素产生量相应为（121±76）ng、（50±20）ng、（187±75）ng和（237±110）ng，这4个组分的比例为20：8：31：41。用人工合成的各种组分进行的田间诱捕试验结果为，反，反-11，14-十八碳二烯醛对雄成虫的诱捕效果优于其他3种组分，是茶蚕性信息素的主要活性成分。该性信息素在生产中尚未应用（图16-46-1）。

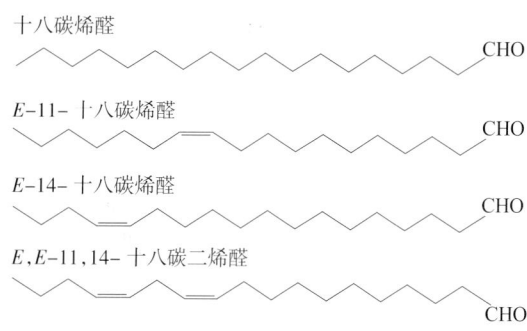

图16-46-1　茶蚕性信息素的主要活性成分
（引自Ho H. Y. 等，1996）

Figure 16-46-1　Main components of sex pheromone of *Andraca bipunctata*（from Ho H. Y. et al.，1996）

六、防治技术

（一）人工捕杀

茶蚕幼虫群集性强，目标明显，虫体无毒毛，可徒手捏死或拍打虫枝踩死坠地幼虫。此外茶蚕卵成块产于嫩叶背面，可结合采茶摘除卵叶。

（二）耕锄、培土和清园

利用茶蚕在茶丛根际土表枯枝落叶下或杂草中结茧化蛹的习性，结合冬耕或伏耕将茧蛹翻入土壤深处，或根际培土6～10cm后稍加镇压，可阻止羽化成虫出土。也可结合除草，在蛹期将茶丛基部的枯枝落叶清出园外烧毁。

（三）生物防治

保护天敌以发挥天敌对茶蚕种群的抑制作用（彩图16-46-3）。丁永官等（1987）报道了茶蚕的颗粒体病毒应用于茶蚕防治。

（四）化学防治

参见茶尺蠖。

陈宗懋（中国农业科学院茶叶研究所）

第 47 节 茶 谷 蛾

一、分布与危害

茶谷蛾（*Agriophara rhombata* Meyr.）又名茶木蛾，属鳞翅目谷蛾科。在国内分布于云南、广东、福建和台湾一带，为当地特有的亚热带重要茶树害虫，近年在海南发生严重。国外分布于印度等地。主要咀食成叶和老叶，部分初孵幼虫亦可蛀入嫩梢为害。大发生时连同嫩叶全部食光，甚至啃食树皮，致枝条枯死，同时树上、地面积满虫粪，修剪下的枝叶也黏有虫粪（彩图 16 - 47 - 1），影响粗茶品质。

二、形态特征

成虫：体长为 9.5～13.0mm，翅展为 24～35mm，体、翅黄白色，胸背有一黑色圆点。前翅基半部中央有 1 条黑褐色纵纹，翅中部前、后缘各有一个或显或隐的灰褐色小斑，近外缘 1/4 处横置有一淡褐色弧形纹，隐约可见，外缘有 1 列小黑点。后翅色淡（彩图 16 - 47 - 2，1）。

卵：椭圆形，长约 1.2mm，宽约 0.8mm。初为黄绿或淡绿色，孵化前淡褐色。

幼虫：成长时体长为 22～28mm。头黑色。体黄色，背侧有黑色宽带纵贯全身，各节两侧各有两个黑点（毛疣），尾节臀板黑色。

蛹：长为 9～11mm，宽为 5.0～5.5mm。初为黄或淡褐色，后转黑褐色，有光泽。前端钝圆，尾端尖削，背面隆起，腹面较平（彩图 16 - 47 - 2，2）。

三、生活习性

茶谷蛾在海南 1 年发生 4 代。一至四代幼虫分别于 1 月中旬、5 月中旬、7 月上旬及 9 月下旬盛孵。各虫态平均历期随气温高低而异，一般是卵期除第一代长达 27d 外，均为 9d；幼虫期除第一代长达 95d 外，一般为 32～53d；蛹期 10～19d，各代不一；成虫期 3～8d 不等。

成虫夜晚活动交尾，有趋光性。停息时，前、中足并拢直立，身体前端举起，翅倾斜，呈"人"字形。羽化后二、三天开始产卵。卵散产于嫩叶背面，以芽下第二叶最多，第三叶次之，第一叶再次之，鱼叶与芽上很少。一片叶上数粒、十多粒乃至数十粒。第一至三代每雌可产卵 44～68 粒，其余各代较少。

幼虫共 5 龄。一、二龄为潜叶期，潜食叶肉，叶背呈现弯曲带状潜道。三龄和四龄前期为卷边期，吐丝将部分叶缘向背面卷折，匿居咀食叶肉，后期仅留上表皮。四龄后期和五龄为卷苞期，将叶尖向叶背卷结成三角形虫苞，匿居其中咀食叶肉，至后期仅留一层上表皮。一般是 1 个苞内只有 1 头幼虫，也时有 2 头以上的。幼虫排出的粪便堆积在苞内，对芽叶造成严重污染，且常转移他叶结苞为害。

幼虫老熟后，将虫苞咬一孔洞爬出，至下方老叶或成叶背面吐丝结茧化蛹（少数在叶面结茧）。羽化后，蛹壳有 1/2～1/3 露出茧外。

四、发生规律

（一）气候条件

茶谷蛾原在森林内专害野茶，长期适应于阴凉湿润环境，随着茶叶生产的发展，大面积种植茶树，转而成为茶园的重要害虫，全年常以夏茶受害为重。当气温升高至 28℃以上，对茶谷蛾发生不利，成虫易死亡，且极少产卵。7～8 月为害转轻。在重庆，由于季节性气候变化，全年以秋凉适温时第三代虫口为多，为害重，12 月底到达为害高峰，其他季节由于温度不适，发生较少。

（二）茶园管理及品种

茶谷蛾幼虫在茶树上的垂直分布，以上部绿茎层（大叶种地上 95～110cm）虫口最多，愈向下虫口愈少。

修剪与茶谷蛾发生程度关系密切。修剪比不修剪的茶园虫口少，受害轻。留养茶园与幼龄茶园由于存在较多芽叶，虫口较多。就品种而言，一般以海南种茶园受害较重，云南种则受害较轻。

（三）天敌

天敌是制约茶谷蛾发生的因素之一，幼虫期常有锥腹小蜂（*Asympiesiella* sp.）寄生，寄生率常达 20％以上。还有寄生幼虫的一种茧蜂，寄生蛹的广大腿小蜂（*Brachymeria lasus* Walker）、广赤眼蜂（*Trichogramma evanescens* Westwood）和寄生蝇（Tachinidae）等。每年 4～5 月自然寄生死亡率常高达 40％～60％。

五、防治技术

（一）农业防治

南方温暖茶区，秋、冬季修剪后应及时将剪下的有虫枝叶彻底清出果园，并做适当处理，保护天敌。

（二）化学防治

茶谷蛾幼虫在四龄前耐药力较弱，必须及早防治。在发生初期（幼龄期）用 15％茚虫威悬浮剂 2 500～3 000 倍液（合每 667m^{2}18mL，安全间隔期 14d），或 2.5％高效氯氟氰菊酯乳油 6 000～8 000 倍液（合每 667m^{2}12.5～15mL，安全间隔期 5d）、10％氯氰菊酯乳油 6 000 倍液（合每 667m^{2}15mL，安全间隔期 3d）或 2.5％溴氰菊酯乳油 6 000 倍液（合每 667m^{2}15mL，安全间隔期 5d）、2.5％联苯菊酯乳油 3 000倍液（合每 667m^{2}25mL，安全间隔期 6d）等进行防治。

徐德良　王敏鑫（江苏省茶叶研究所）

彭　萍（重庆市农业科学院茶叶研究所）

第 48 节　茶叶斑蛾

一、分布与危害

茶叶斑蛾（*Eterusia aedea* Linnaeus）又名茶柄脉锦斑蛾、茶斑蛾，属鳞翅目斑蛾科。分布于浙江、江苏、安徽、江西、福建、台湾、湖南、广东、海南、四川、贵州、云南等省。国外分布于日本、印度、斯里兰卡等国。主要为害茶、油茶，偶尔取食青杠、榆树等。幼龄幼虫仅咀食叶片下表皮及叶肉，残留上表皮，形成半透明枯黄薄膜，长大后则蚕食叶片成缺刻，或仅留主脉及叶柄。

二、形态特征

成虫：体长为 18～22mm，翅展为 55～67mm，头、胸部及腹基蓝黑色，腹部第三节后背面黄色，腹面黑色。前后翅均蓝黑色，并带有光泽，前翅有 3 列后翅有 2 列黄白色斑，连成黄白色横带（彩图 16 - 48 - 1，1）。

卵：椭圆形，长约 0.6mm，乳黄色，孵化前转灰褐色，数十至百余粒堆集成块。

幼虫：成长时体长为 20～30mm，黄褐色，体肥厚，体背除首末两节外，各节均生有疣突，中、后胸各有疣突 5 对，腹部第一至八节各有 3 对，第九腹节有 2 对。其中侧面即气门线上的 1 对红色，疣突上均生有短毛。体背常有不定形褐色花斑。体似刺蛾幼虫，但无毒（彩图 16 - 48 - 1，2）。

蛹：长为 19～21mm，黄至黄褐色。

茧：褐至赭褐色，长椭圆形，丝质软，贴于叶面中脉处，叶缘向上卷折。

三、生活习性

在安徽、浙江、贵州 1 年发生 2 代，江西个别年份可有 3 代。各地均以幼虫在茶蔸内土表、落叶间或下部枝叶上越冬。在安徽翌年 3 月继续活动上树为害，4 月下旬开始大量结茧化蛹，5 月陆续羽化交尾产卵，当年一、二代幼虫分别于 7 月及 10 月前后发生，直至 11 月越冬，且越冬代虫口一般较多。在江西，越冬幼虫于 4 月中旬开始化蛹，5 月中旬始蛾，5 月下旬始卵，一、二代幼虫分别于 6 月下旬及 10 月中旬始发。其各代发生期详见表 16 - 48 - 1。

表 16 - 48 - 1 茶叶斑蛾各代发生期（江西修水）

Table 16 - 48 - 1 Occurrence time of *Eterusia aedea* in different generations（Xiushui，Jiangxi）

代别	卵（月/旬）	幼虫（月/旬）	蛹（月/旬）	成虫（月/旬）
一	5/下~7/上	6/下~8/中	7/下~9/下	9/中~10/中
二	9/下~10/下	10/中~翌年4/下	4/中~6/中	5/中~6/中

各虫态历期：卵 4~13d，平均 7~8d；幼虫期，第一代 18~28d，平均为 22.5d，第二代 160~218d，平均为 182d（包括越冬期）；蛹 12~31d，平均 18~20d；成虫 2~9d，平均为 6~7d（张汉鹄，1995）。

成虫日间不甚活动，多喜栖于茶园附近较高的阔叶树木叶背，黄昏后及夜晚活跃善飞，有趋光性，尤以雄蛾扑灯较多。雌蛾羽化后当日交尾，次日产卵，卵多成堆产于茶丛中下部成、老叶背面及枝干上甚至附近其他树干皮缝内。每雌可产卵数十至二三百粒。头、胸部常分泌出透明泡沫。

幼虫孵化后即在原产卵叶背群集啃食叶肉，留上表皮，形成半透明黄斑，二龄后分散为害，稍大即爬至叶面自叶尖、叶缘蚕食，食去半叶或将整叶食光再行转移。幼虫受惊，体背分泌出珠状无毒黏液。初龄幼虫具假死性，受惊即迅速吐丝坠地，大幼虫则较迟钝，受惊不坠落。幼虫有迁移性，夏季早晨多在茶丛上部，中午炎热则常迁至茶丛下部，黄昏后再迁回上部，有时常零散沿地面爬至另一地段甚至另一块茶园上树为害。老熟后爬至茶丛下部老叶叶面吐丝结茧，并将叶片卷折，化蛹其中。

四、防治技术

（一）农业防治

结合冬季茶园管理，清除茶蔸内落叶，开沟深埋；也可结合防冻，茶蔸培土 6cm 压实，以杀灭越冬幼虫。

（二）物理防治

利用幼龄幼虫受惊吐丝落地的习性，及时进行人工振落捕杀，也可结合中耕除草振落，随即中耕埋杀、机械杀伤或踩死。清晨幼虫多在茶丛上部，可及时捕捉。

灯光诱杀成虫，在成虫盛发期有效。

（三）化学防治

3 月上、中旬在茶园取样普查，当振落虫量平均达到 1 头/丛以上，列为防治对象田。鉴于幼虫三龄前日夜都在茶丛上，天气温暖时以上层虫口为多，宜于 3 月下旬至 4 月初喷药防治，这也是茶叶斑蛾防治的关键时期。四龄后日间潜伏叶内，夜晚上树取食，只得夜间喷药。该虫对农药有忌避拒食作用，防治中应注意将药液喷匀喷透，提高喷药质量，增加触杀概率，保证喷药防治一次性成功。常用农药有 15% 茚虫威悬浮剂 2 500 倍液（合每 667m² 18mL，安全间隔期为 14d）、10% 氯氰菊酯乳油 6 000 倍液（合每 667m² 15mL，安全间隔期 3d）或 2.5% 联苯菊酯乳油 3 000 倍液（合每 667m² 25mL，安全间隔期为 6~7d），同时可兼治越冬代小绿叶蝉成虫。

徐德良 王敏鑫（江苏省茶叶研究所）

彭萍（重庆市农业科学院茶叶研究所）

第 49 节 茶丽纹象甲

一、分布与危害

茶丽纹象甲（*Myllocerinus aurolineatus* Voss）又称茶叶象甲、茶小绿象甲，属鞘翅目象甲科。在全国均有分布，主要分布在江南茶区，以浙江、江苏、安徽、江西、福建、四川、湖南、湖北、广东、广西、云南等省份发生较严重。该虫主要以成虫为害绿茶区的夏茶，也为害乌龙茶区的春茶，咀食茶树叶片使嫩叶形成不规则弧形缺刻（彩图 16 - 49 - 1），严重时仅留主脉，为害中度的达 20％ 左右，严重的达 50％ 以上。食性杂，除为害茶树外，还为害梨、杏、桃、李、柑橘、苹果、油茶、山茶、洋槐、板栗、苎麻、辣蓼、甘薯、油桐、金刚刺以及豆类绿肥等。

二、形态特征

成虫：体长约 6～7mm，灰黑色，具黄绿色鳞斑和条纹，稍具金属光泽；腹面散生黄绿或绿色鳞毛。触角膝状，11 节，生于头喙顶端，柄节直而细长，端部 3 节膨大呈锤状，赤褐色，着生黄色细毛。前胸背脊两侧各有黄绿色阔带 2 条。鞘翅多黄绿色纵带断截，中部横向形成黑色带。足细长，黑褐色，着生黄色细毛，各足腿节近端部略粗（彩图 16 - 49 - 2，1）。

卵：椭圆形，长 0.48～0.57mm，宽 0.35～0.4mm，初产时乳白色，孵化前暗灰色。

幼虫：头圆，淡黄色。体肥多皱褶，乳白至乳黄色，无足，弯曲呈 C 形。各体节着生黄白色细毛。末龄体长 5.0～6.2mm（彩图 16 - 49 - 2，2）。

蛹：裸蛹。淡黄白色，羽化前转黑褐色。长椭圆形，长 5.0～6.0mm。头顶及各体节背面具刺突 5～8 枚，胸部刺突较明显。土茧椭圆形，长 6～7mm（彩图 16 - 49 - 2，3）。

三、生活习性

茶丽纹象甲在各地均年发生 1 代，以老熟幼虫在茶树根际表土内越冬。春暖后陆续做土茧化蛹。4～5 月羽化出土，5 月底至 6 月成虫盛发。各地发生期如表 16 - 49 - 1 所示，在长江流域成虫发生期与二轮芽生长一致，夏茶受害；在福建与政和大白茶等迟芽种一轮芽生长高峰一致，春茶易受害。

表 16 - 49 - 1　茶丽纹象甲年生活史（引自张汉鹄和谭济才，2004）

Table 16 - 49 - 1　Life history of *Myllocerinus aurolineatus*（from Zhang Hangu and Tan Jicai，2004）

地点	卵（月/旬）	幼虫（月/旬）	蛹（月/旬）	成虫（月/旬）
福建福安	5/中～7/上、中	6/上至翌年 4/上	3/上、中～5/上	4/下～7/上、中
江西婺源	5/下～8/上	6/上至翌年 6/上	4/中～6/中	5/上～8/下
安徽黄山	6/上～8/上	6/中至翌年 6/上	4/下～6/中	5/中～8/中

各虫态历期：卵期 7～15d，幼虫期 270～310d，蛹期 9～15d，成虫寿命大多 50～75d。

成虫多在上午羽化，羽化后先潜伏于表土层中，经 2～3d 体由乳白色转变为黄绿色后才出土活动取食。成虫甚活泼，爬行迅速，不善飞翔。一般清晨露水干后开始活动，中午日光强时多栖息于叶背或枝叶间荫蔽处，以 14：00 至黄昏活动最盛，夜间不活动。交尾以 16：00～18：00 最盛，多次交尾，每次需 20～30min。雌虫交尾后次日产卵。卵多散产于根际附近地面 10cm 之内的表土中或地面枯叶下，也偶有数粒产在一起的。成虫具假死习性，稍受惊动就坠地假死，片刻后又爬上茶树活动。成虫喜食幼嫩叶片，耐饥力强，能忍耐 5d 以上的饥饿。

幼虫孵化后在土中生活，随虫龄增大逐渐向深土转移，取食腐殖质和须根，栖息深度随土壤质地及湿度而异。疏松高燥的土壤比坚硬潮湿处的入土深。幼虫适于在含水量 15％ 的土中生存。幼虫和蛹在田间的垂直分布主要在离土表 10cm 以内，其数量达 88％ 以上，10cm 以下仅占不到 12％；在水平分布上，距茶丛基部 33.3cm 内的占 78.78％，16.7cm 与 33.4～50.0cm 内的虫口数量差异达显著水平。幼虫和蛹在距土表 5～10cm 和 15cm 三个土层内的空间分布型均为负二项分布的聚集分布。

四、发生规律

（一）气候

冬季低温与早春降雨都关系到茶丽纹象甲成虫出土的迟早。成虫出土始期随 1～2 月气温升高而提早，随 3～4 月降雨增多而延迟。夏季 30℃ 以上的高温则会缩短成虫寿命，减少产卵量。

（二）茶园环境

长势郁闭和荫蔽的茶园一般虫口较多。根基土壤疏松湿润，则有利于卵的孵化及幼虫和蛹的发育。茶园耕作引起土壤环境改变，则会扼制虫口增长。

（三）天敌

茶丽纹象甲的天敌主要有多种蜘蛛、白僵菌等。蜘蛛主要在落叶表土里搜寻、捕食茶丽纹象甲卵粒，具有明显的控制效果。

五、茶丽纹象甲诱导的茶树挥发物及其作用

茶丽纹象甲为害后，茶树可释放 40 余种挥发物。包括绿叶挥发物、萜类和芳香族挥发物，如顺-3-己烯醇、苯甲醛、顺-2-己烯醛、顺-3-己烯醇醋酸酯、罗勒烯、γ-萜品烯、苯甲醇和芳樟醇等（Sun 等，2010），详见表 16-49-2。茶丽纹象甲诱导茶树挥发物的释放不仅具有昼夜节律，而且随虫口密度、光照时间和取食时间的变化而变化。行为生测的结果表明：γ-萜品烯、苯甲醇、顺-3-己烯醇醋酸酯、香叶烯、苯甲醛和顺-3-己烯醛等 6 种挥发物对茶丽纹象甲的雌、雄虫均具吸引作用，而（顺/反）-β-罗勒烯和（反，反）-法尼烯仅对雄虫有吸引作用，DMNT、苯乙醇、芳樟醇和顺-3-己烯醇等 4 种挥发物仅对雌虫有吸引作用。当（顺/反）-β-罗勒烯和顺-3-己烯醇醋酸酯以 10∶0.6 的比例混合时，引诱效果明显高于其他挥发物组合。尽管目前已筛选出对茶丽纹象甲具有显著引诱作用的挥发物组合，但是由于该虫不善飞翔，田间尚无法使用引诱剂进行有效防治。

表 16-49-2 茶苗受害 1d 后挥发物的释放量

Table 16-49-2 Relative amounts of volatiles released by tea plants infested by *Myllocerinus aurolineatus* adults for 1 day

挥发物组分	相对释放量 [μg/（h·株）]
1. 顺-3-己烯醛 [（Z）-3-hexenal][a]	0.328 8±0.057 0
2. 反-2-己烯醛 [（E）-2-hexenal][a]	0.158 6±0.030 7
3. 顺-3-己烯-1-醇 [（Z）-3-hexen-1-ol][a]	0.418 8±0.085 6
4. 未知 1	0.215 4±0.048 0
5. 未知 2	0.145 4±0.032 3
6. 苯甲醛（benzaldehyde）[a]	0.066 8±0.013 6
7. β-香叶烯（β-myrcene）[a]	0.020 1±0.002 0
8. 顺-3-己烯醋酸酯 [（Z）-3-hexenyl acetate][a]	0.087 0±0.022 1
9. 对-聚花伞素 [cymene（para）][b]	0.015 8±0.001 5
10. 柠檬烯（limonene）[a]	0.009 6±0.003 5
11. 苯甲醇（benzyl alcohol）[a]	0.040 2±0.008 3
12. 反-β-罗勒烯 [（E）-β-ocimene][b]	1.374 2±0.250 4
13. γ-萜品烯 [terpinene（gamma）][a]	0.009 3±0.001 3
14. 反-氧化芳樟醇（呋喃型）[linalool oxide，（E）-furanoid][b]	0.049 9±0.003 7
15. 顺-氧化芳樟醇（呋喃型）[linalool oxide，（Z）-furanoid][b]	0.019 4±0.001 7
16. 芳樟醇（linalool）[a]	0.274 6±0.015 1
17. 2，6-二甲基-3，7-辛二烯-2，6-二醇（3，7-octadiene-2，6-diol，2，6-dimethyl-）[c]	0.013 1±0.001 6
18. 苯基乙醇＋（反）-4，8-二甲基-1，3，7-壬三烯（phenylethyl alcohol[a]＋DMNT）[a]	1.172 7±0.199 5
19. 1，3，8-p-雪松烯（1，3，8-p-menthatriene）[b]	0.017 5±0.002 8 8
20. 苯乙腈（benzyl nitrile）[a]	0.361 8±0.050 9
21. 反-氧化芳樟醇（吡喃型）[linalool oxide，（E）-（pyranoid）][b]	0.024 4±0.002 4
22. 顺-氧化芳樟醇（吡喃型）[linalyl oxide，（Z）-（pyranoid）][b]	0.008 1±0.000 6
23. 顺-3-己烯丁酸酯 [（Z）-3-hexenyl butyrate][a]	0.096 3±0.007 3
24. 顺-3-己烯醇 2-甲基丁酸酯 [（Z）-3-hexenyl-2-methyl butyrate][a]	0.044 0±0.001 8
25. 顺-3-己烯醇 3-甲基丁酸酯 [（Z）-3-hexenyl-3-methyl butyrate][a]	0.009 0±0.001 4
26. 未知 3	0.055 6±0.007 9

（续）

挥发物组分	相对释放量 [μg/（h·株）]
27. 未知 4	0.045 7±0.005 1
28. 吲哚（indole）[a]	0.855 9±0.042 0
29. 乙苯（1-硝基-2-）[phenyl ethane（1-nitro-2-）[b]]	0.068 6±0.007 8
30. 顺-3-己烯基己烯酯 [（Z）-3-hexenyl hexanoate][a]	0.022 4±0.001 4
31. 反-2-己烯醇己烯酯 [（E）-2-hexenyl hexanoate][a]	0.009 2±0.000 5
32. 未知 5	0.007 9±0.001 1
33. 反-石竹烯 [（E）-caryophyllene][a]	0.043 5±0.011 9
34. 反-β-法尼烯 [（E）-β-farnesene][a]	0.007 0±0.001 0
35. γ-衣兰油烯 [muurolene（gamma）][b]	0.005 8±0.001 3
36. 苯乙醇-2-甲基丁酸酯 [phenyl ethyl（2-methylbutanoate）[b]]	0.014 8±0.000 9
37. 反-衣兰油-41（14），5-二烯 [muurola-4（14），5-diene（trans）[b]]	0.016 1±0.004 8
38. 反，反-α-法尼烯 [（E，E）-α-farnesene][a]	0.754 0±0.159 1
39. △-杜松萜烯 [cadinene（delta）][b]	0.005 1±0.000 2
40. 反-橙花叔醇 [（E）-nerolidol][a]	0.233 3±0.023 1

注 a、b、c指鉴定挥发物的方法，分别代表比对标准品、比对考瓦斯指数和谱库检索。

六、防治技术

（一）人工捕杀

在成虫盛发期利用成虫受惊动后坠地假死习性，在茶树下用塑料薄膜或土箕承接，振落捕杀。但此法费时费力不适合大面积推广。

（二）农业防治

茶丽纹象甲的卵期、幼虫期和蛹期均在土中，长达 300d，耕翻可以使土中幼虫、蛹受机械损伤、暴露于地面而受冻或被天敌捕食从而降低虫口基数。因此，在冬、春季翻动茶丛下的表土，清除枯枝落叶，夏季耕翻茶园土壤，秋、冬季或早春结合中耕施基肥，对土中茶丽纹象甲有明显的杀伤力。同时翻耕改变了生态环境，不利于其生存。

（三）化学防治

绿色食品茶园、低农药残留茶园，以每平方米虫量在 15 头以上为防治指标，于成虫始盛期喷施 2.5％联苯菊酯乳油 750～1 000 倍液（合每 667m² 75～100mL，安全间隔期 6～7d）。一般茶园可喷施 50％倍硫磷乳油 1 000 倍液（合每 667m² 75g，安全间隔期 10d）等。

孙晓玲　陈宗懋　辛肇军（中国农业科学院茶叶研究所）

第 50 节　茶芽粗腿象

一、分布与危害

茶芽粗腿象（*Ochyromera quadrimaculata* Voss），又名四斑粗腿象、茶四斑小象甲，属鞘翅目象甲科。主要为害茶树、油茶等。分布于福建、浙江、湖南、贵州、江西等地。以成虫咬食叶片成许多小孔洞（彩图 16-50-1），在局部茶区零星发生。

二、形态特征

成虫：体长为 2.8～3.6mm，宽为 1.3～1.8mm，长椭圆形，黄褐至深褐色，密被银灰色短毛。头部向前延伸管状喙，雄虫喙与前胸约等长，雌虫喙长于前胸。触角膝状，着生于管状喙距基部约 2/3

处。前胸宽大于长，两侧呈圆弧形。鞘翅背面较隆起，肩明显。翅面近中部有 1 倒 "八" 字形的黑褐色斑纹，近末端有 1 对褐色圆斑。前足腿节粗壮，其后端有 1 个大而明显的三角形齿突（彩图 16-50-2）。

卵：椭圆形，乳白色。

幼虫：体长为 4.0～4.5mm，头棕黄，体乳白，肥而多皱，多细毛，无足，尾部背侧有 1 对小角突。

蛹：椭圆形，长约 3.9mm，白至淡黄色，背隆起并长有毛突，复眼棕黄色。翅白，有 9 条纵脊。腹末有 2 枚短刺。

三、生活习性

卵多产于茶树根际落叶和表土中。幼虫孵化后即潜入表土，取食须根。成虫爬行敏捷，不善飞行，具假死性，白天常躲在茶丛内，傍晚至清晨（一般为 16：00 至翌日 7：00）活动取食。该虫趋嫩性强，均在春梢嫩叶背面活动栖息，主要为害部位为芽下第一叶至第三叶。自叶尖、叶缘开始咬食下表皮及叶肉，残留上表皮，呈现多个半透明小圆斑；进而随取食孔增加，即连成不规则的黄褐色枯斑，叶片反卷，受害边缘呈焦状枯黄，且易掉落，叶上留有黑毛粪粒。往往从茶树下部开始咬食叶片成许多小孔洞，待到茶蓬面出现为害症状时，已是虫害高峰。

茶芽粗腿象幼虫期为 318～330d，蛹期 9～13d，成虫寿命 41～55d。幼虫、蛹在土中的水平分布为：根颈部 0～16.7cm 的虫数占总虫数的 50.7%，16.7～33.3cm 的虫数占总虫数的 34.1%，33.3～50.0cm 的虫数占总虫数的 15.2%；垂直分布为：0～5cm 土层内的虫数占总虫数的 48.6%，5～10cm 土层内的虫数占总虫数的 42.0%，10～20cm 土层内的虫数占总虫数的 9.4%。

四、发生规律

1 年发生 1 代，以幼虫在茶丛根际土壤中越冬。福建早春 3 月中旬化蛹，3 月下旬进入盛蛹期，4 月上旬成虫开始羽化出土，4 月中旬进入出土盛期，4 月下旬至 5 月上旬成虫大量为害并进入产卵盛期。在浙江临安，每年 3 月底 4 月初开始化蛹，4 月中旬成虫始见，4 月下旬至 5 月中旬盛发，发生严重的茶园，芽被害率高达 84%，百芽减重率约 15%，整个生活史成虫食叶量平均为 246.73mm^2。在江西婺源，成虫羽化出土开始在 4 月初，盛期为 4 月中旬，成虫自 5 月开始死亡，至 9 月结束，整个生活史成虫食叶量平均为 202.9mm^2。

冬季低温，表土结冰，则越冬死亡率增加。尤其翌年 3 月气温和降水量是影响成虫出土时间的重要因子，成虫出土时间随着气温升高而提早，随降雨增多而推迟。雨量偏大会抑制土中幼虫、蛹的生存和成虫存活。利用不同的关键因子进行回归，目前报道的有两种成虫始发期预测方法：

（1）设 5 月 1 日＝1，5 月 2 日＝2，……，以影响成虫出土的关键因子，3 月份均温（x_1）、3 月份降水量（x_2）与成虫出土高峰日（y）的关系式为：$y=29.3646-2.4106x_1-0.00446x_2\pm1.6$。

（2）设 1 月的平均温度（x_1）和 2 月平均温度（x_2）为两个预报因子，则用多元回归分析方法可建立茶芽粗腿象成虫始发期的模糊多元回归方程为 $u_y=0.1750+0.6042u_y（x_1）+0.3325u_y（x_2）$。

茶芽粗腿象可为害各种茶树品种，但品种间存在抗虫性差异，浙农 12、奇曲等有较强的抗性，婺源群体、上溪早、早逢春等则属较敏感品种。

五、防治技术

（一）农业防治

在 7～8 月结合施基肥进行茶园耕锄、浅翻、深翻可明显影响初孵幼虫的入土及此后幼虫的生存，防效可达 50%。

（二）生物防治

茶芽粗腿象的天敌有蜘蛛、蚂蚁、步甲等，保护和利用这些天敌，发挥它们对该虫的自然控制效能，可减轻为害。在阴天、雨后或早晚湿度大时每 667m^2 可选用每克含 50 亿～70 亿个孢子的白僵菌菌粉 1～2kg 拌细土撒施于土表，防治幼虫或蛹。

（三）物理防治

利用成虫的假死性，在成虫发生高峰期于地面铺塑料薄膜用振落法捕杀成虫。

（四）化学防治

绿色食品茶园、低农药残留茶园，于成虫出土盛期喷施 2.5％联苯菊酯乳油 750～1 000 倍液（合每 667m² 75～100mL，安全间隔期 6～7d）。

罗宗秀　陈宗懋（中国农业科学院茶叶研究所）

第 51 节　绿鳞象甲

一、分布与危害

绿鳞象甲（*Hypomeces squamosus* Fabricius）又称绿绒象甲、大绿象甲、蓝绿象甲、棉叶象鼻虫，属鞘翅目象甲科。分布于广东、广西、福建、湖南、湖北、江西、安徽、浙江和台湾等省份，是广东、广西等南方茶区发生严重的食叶害虫。以成虫咬食叶片为害。一般靠近山边和杂草丛生的茶园中发生较多。除茶树外，还为害油茶、棉、柑橘、柠檬、咖啡、桃、橡胶等。

二、形态特征

成虫：纺锤形，体长 15～18mm，黑色。鞘翅密被绿色、墨绿乃至灰棕、铜棕色鳞片，具金属光泽。头喙扁平，背部有 1 宽深纵沟，直至头顶，两侧还有浅沟。复眼突出。左右翅上各有 10 列点刻纵纹。雌虫胸部盾板绒毛少，较光滑，鞘翅肩角稍宽于胸部背板后缘，腹部较大，触角膝状；雄虫胸部盾板绒毛多，鞘翅肩角与胸部背板后缘等宽，腹部较小（彩图 16 - 51 - 1）。

卵：椭圆形，长径约 1mm，淡黄白色，孵化前暗黑色。

幼虫：体长为 15～17mm。初孵化时乳白色，老熟幼虫黄白色，头圆，体弯曲，肥壮多皱褶，着生稀疏短毛，无足。

蛹：裸蛹。黄白色，体长约为 14mm。

三、生活习性与发生规律

1 年发生 1 代。在浙江、安徽等省以幼虫在土中越冬，在广东以老熟幼虫或成虫越冬。翌年 5～7 月成虫盛发，直至年终仍可见到成虫。在浙江等省份每年 6 月成虫盛发，8 月开始入土产卵。其年生活史见表 16 - 51 - 1。

表 16 - 51 - 1　绿鳞象甲年生活史
Table 16 - 51 - 1　Life history of *Hypomeces squamosus*

地点	卵（月/旬）	幼虫（月/旬）	蛹（月/旬）	成虫（月/旬）
江西南昌	6/中～10/上	5/下至翌年5/下	4/上～7/下	5/上～9/下
福建福州	4/下～10/中	5/上～9月	9/中～10/下	9/下至翌年10/下

成虫善于白天活动取食，早晚静伏，常躲在杂草中、枯叶下或茶丛根际表土中。成虫咬食茶树叶片呈不规则缺口，善爬行不善飞，假死性较弱。成虫可行多次交尾。雌虫产卵于茶丛周围表土中，单粒散产。卵、幼虫、蛹均在土中生活。幼虫以茶树或杂草细根为食，老熟后化蛹于土中。

虫口发生数量与树龄和环境等因子有关。一般幼龄茶园比成龄茶园发生多，茶园的边缘比中间发生多，近山茶园和杂草丛生的茶园发生也较多。

四、防治技术

勤除杂草，冬耕改土，其余参照茶丽纹象甲。

孙晓玲　陈宗懋　辛肇军（中国农业科学院茶叶研究所）

第 52 节 茶籽象甲

一、分布与危害

茶籽象甲 (*Curculio chinensis* Chevrolat) 又称山茶象,属鞘翅目象甲科。全国各产茶省份均有分布,以西南茶区发生较多。主要以成虫和幼虫蛀食茶果种仁为害,成虫还可加害嫩茎,使嫩梢凋萎枯死(彩图 16 - 52 - 1)。

二、形态特征

成虫:体长为 7~11mm,全体黑色,疏被白色绒毛,构成规则的斑纹,腹面鳞毛甚密。触角膝状,端部 3 节膨大。雄虫触角着生在管状喙中部,雌虫则着生在喙基部 1/3 处。管状喙长为 4~6mm,向下弯曲。前胸近半球形,有浅茶褐色鳞毛和刻点。中胸小盾板密生白色鳞毛。鞘翅上杂有黑色、褐色和白色鳞毛,基部和近中部有 2 条由白色鳞毛组成的横线。每鞘翅上各有 10 条纵沟,沟内有粗大刻点。足腿节末端膨大,下方有 1 短刺(彩图 16 - 52 - 2,1)。

卵:长椭圆形,长径约 1mm,短径为 0.2~0.3mm,黄白色。

幼虫:幼虫 4 龄。末龄幼虫体长为 10~12mm,头深褐色。体弯曲呈 C 形,肥壮,各体节多横皱纹,无足。幼龄时体乳白色,随龄期增加渐变黄白色,出果时多为金黄色(彩图 16 - 52 - 2,2)。

蛹:体长为 9~11mm,长椭圆形,乳黄色,体表着生细毛,翅芽上有纵向沟纹,腹末有 1 对短刺。

三、生活习性

除云南部分地区每年发生 1 代外,一般 2 年发生 1 代,经历 3 个年度。2 年 1 代区,第一年以幼虫越冬,幼虫在土中生活约 12 个月,至第二年 8~11 月化蛹,当年陆续羽化为成虫但不出土,在土中越冬,至第三年 4~5 月陆续出土。成虫出土后经 7d 左右开始交尾产卵于茶果中,7 月下旬至 8 月上旬,成虫陆续死亡。幼虫孵化后在茶果内生长发育,至 8~11 月老熟时离果入土越冬。1 年 1 代区,越冬幼虫于翌年 4~5 月化蛹,5 月成虫陆续羽化出土,6 月中、下旬大量产卵于茶果内,至 9 月上旬,幼虫老熟时离果入土越冬。各虫态历期:卵期 7~15d,幼虫蛀果期 50~80d,蛹期 30~50d。

成虫出土以 18:00~19:00 为多,畏强光,常集中栖息在有树木遮阴或阴坡茂密茶丛的茶果上,具假死性。雨天或夜间气温降低时活动力弱,常躲在叶背或果底。初出土成虫不活跃,需经取食补充营养后才交尾产卵。取食时以管状喙插入幼果内,取食茶果汁液,使受害果表面呈现小黑点,常引起落果。一般每头成虫每天为害茶果 2~4 个。成虫还能为害嫩茎,取食时先将皮层咬一孔洞,后以管状喙插入茎内取食洞孔上、下方的木质部和髓部,使嫩梢被害部中空后凋萎枯死。成虫产卵时先以管状喙咬破果皮,将果钻一小孔后,再将产卵管插入果内产卵,每孔产 1 粒。每头雌虫产卵 50~180 粒,平均 100 粒左右。

成虫出土、为害时期与茶果生长发育存在着一定的物候关系。成虫出土从 4 月上旬开始,一直可持续到 8 月上旬。而这段时间内果壳深绿柔软,种仁多汁,适于成虫为害产卵。8 月以后,果壳逐渐转黄硬化,种仁成固态状,此时,成虫难以生存随之绝迹。

幼虫孵化后在茶果内取食种仁,使茶果种仁残缺不全或全部食尽成空壳。幼虫老熟后在果蒂或果腰附近咬一圆孔爬出,坠地钻入土中,做一椭圆形土室,栖居于其中。入土深度为 10~17cm,土温下降时常能继续向下移动,另造土室越冬。

四、发生规律

(一)气候

成虫羽化迟早和数量与气温、土温的关系极为密切。如在四川灌县,4 月下旬至 5 月上旬,当气温在 16~18℃时,15cm 深土层的温度达 18℃以上时,为成虫羽化初期;当气温上升到 21~23℃,土温在 22~24℃时为羽化盛期;气温上升到 25~27℃,土温在 26~28℃时为羽化末期。当气温低于 16℃时,成虫即使出土也不活动而潜伏于叶间。

（二）茶园环境

由于成虫喜生活于荫蔽场所，故郁闭的茶园发生量较多，为害也重。在同一茶园中，中部茶丛上的虫量比边缘的多。

（三）土壤

土壤疏松的茶园有利于幼虫入土，存活率高，虫口密度较大，土壤板结则虫口密度小。

五、防治技术

在幼虫离果之前及时采除虫果烧毁。采收的茶果摊放时，将爬出的幼虫杀死。其余参照茶丽纹象甲。

孙晓玲　陈宗懋　辛肇军（中国农业科学院茶叶研究所）

第 53 节　茶　　蚜

一、分布与危害

茶蚜［*Toxoptera aurantii* (Boyer de Fonsco Lombe)，异名：*Ceylonia theaecola* (Buckton)］又名橘二叉蚜、橘声蚜、茶二叉蚜、可可蚜。俗称油虫、蜜虫、腻虫。隶属半翅目蚜科。

茶蚜在我国主要分布在陕西、北京、河北、山东、安徽、江苏、浙江、福建、台湾、广东、广西、湖北、贵州、云南、四川等地。在国外主要分布于斯里兰卡、印度、日本、格鲁吉亚等。

茶蚜的寄主范围比较广，主要寄主有茶、山茶、鲫鱼胆、榕、桑、紫薇、毛桐、金丝桃、木绣球、晚香树、九里香、密花树、木菠萝、扶桑、栀子花、海桐、金花茶、银杏、油茶、可可、荔枝、香蕉、咖啡以及柑橘类等植物。

茶蚜以成蚜、若蚜在寄主植物嫩叶背面和嫩梢上刺吸为害，致使新梢发育不良，芽叶细弱、卷缩，严重时新梢不能抽出，并排泄蜜露诱致烟霉病发生，使叶、梢为黑灰色（彩图 16-53-1）。蚜群随芽叶采摘制成于茶，使汤色浑暗，略带腥味，影响茶叶产量和品质。春茶受害最重。以无翅孤雌蚜、老龄若蚜、卵在茶树中下部芽梢叶腋间越冬，在南方也存在无越冬现象。

二、形态特征

茶蚜有多型现象。

有翅雌成蚜：体长约 1.6mm，黑褐色有光泽。前翅中脉分二叉，腹背两侧各有 4 个黑斑。腹管短于触角第四节，而长于尾片，基部有网纹；触角第三至五节依次渐短，第三节上一般有 5～6 个感觉圈排成一列（彩图 16-53-2）。

无翅雌成蚜：体长约 2.0mm，近卵圆形，棕褐色至黑褐色，体表多布细密淡黄色横列网纹。触角黑色，第三节上无感觉圈，第三至五节依次渐短（彩图 16-53-3）。

有翅雌若蚜：体长约 1.8mm，棕褐色，翅芽乳白色。

无翅雌若蚜：体长约 1.2～1.3mm，体小，色较淡，浅棕或浅黄色。一龄若虫触角 4 节，二龄 5 节，三龄 6 节。

无翅成蚜：肥大，近卵圆形，棕褐色至黑褐色，触角黑色，各节基部乳白色。触角第三至五节几乎等长，感觉圈不明显。

卵：长为 0.6mm，宽为 0.2mm。长椭圆形，一端稍细，背面显著隆起，黑色，有光泽。

三、生活习性

茶蚜年发生 25～27 代。在安徽，完成 25 代以上，一般在春茶季节 10～15d 完成一代，夏季 6～8d 完成一代，最早和最末一代长达 1 个月之久，越冬代更长，达 3 个多月。生长季节繁殖过程中，世代重叠明显。茶蚜在安徽具有明显的世代交替现象。每年 3～10 月以孤雌生殖方式繁衍，直至 11 月上旬前后最后一代茶蚜出现雌雄两性，交尾产卵，卵多散产于秋梢芽下一至四叶的叶背越冬。有翅蚜迁飞，也只在茶树这种单一寄主间辗转往返，不存在侨迁寄主。

翌年 2 月下旬气温达 4℃以上时，开始孵化，3 月上旬进入盛孵期，以后孤雌胎生，4 月下旬至 5 月中旬出现高峰，夏季虫少，9 月底至 10 月中旬虫口又复上升，11 月中旬末代出现两性蚜，开始交尾、产卵越冬。该蚜喜聚集在新梢嫩叶背面或嫩茎上，尤其是芽下一至二叶处虫口最多，早春多在中部和下部嫩叶上，春季向上部芽梢处转移，夏天又返回下部，秋季再次定居在芽梢处为害。当芽梢处虫口密度很大或气候异常时，即产生有翅蚜迁飞到新的芽梢上繁殖为害。5 月上、中旬，第四、五代有翅蚜所占比例较大。有翅蚜迁飞扩展喜在晴朗风力小于 3 级的黄昏时进行。性蚜每雌产卵 4～10 粒。雄蚜可多次交尾，而雌蚜只交尾 1 次。每头无翅成蚜可产仔蚜 35～45 头，每头有翅成蚜产仔蚜 18～30 头。茶蚜具明显的趋嫩和群集为害的习性。越冬卵孵化后，干母即向休眠芽上爬迁聚集，随着芽的萌动和新梢芽叶的伸展，若蚜每蜕一次皮，即向上部嫩叶转移一次。在长江中下游茶区，茶蚜为害在一年中有两次高峰，即春季和秋季，春季为害程度往往重于秋季。

四、发生规律

（一）虫源基数

茶园中刚萌动的嫩梢、未开采小茶园的幼嫩芽梢常常成为迁飞蚜的攻击目标。在浙江、江苏和安徽茶区，茶蚜种群消长动态与各轮茶树嫩梢的萌发相一致。管理粗放的茶园重于管理精细的茶园。

（二）气候条件

日平均气温为 16～25℃，相对湿度 70％以上，以及少雨的天气，最适宜茶蚜的发生。7～8 月气温较高，常达 30℃以上，并伴有暴雨冲刷，虫口数量较低；9～10 月，温湿度较适宜，虫口数量较高。

（三）天敌

茶蚜的天敌资源十分丰富。目前已记载茶蚜常见的捕食性天敌就有近 20 种，主要有 4 类：蜘蛛类、瓢虫类、食蚜蝇类和草蛉类，如草间小黑蛛、八点球腹蛛、异色瓢虫、七星瓢虫、黑带食蚜蝇、中华草蛉、大草蛉。蚜虫的寄生性天敌主要是蚜茧蜂科和蚜小蜂科，此外，金小蜂科、跳小蜂科、细蜂科、环腹蜂科等一些种类也寄生蚜虫，蚜茧蜂种类繁多。蚜虫的病原微生物主要为真菌，如利用蜡蚧轮枝菌防治蚜虫存在不同程度的致病效果。

五、防治技术

（一）农业防治

冬季结合修剪，剪除有卵枝或被害枝，压低越冬虫口基数。由于茶蚜集中分布在一芽二、三叶上，及时分批采摘是防治茶蚜十分有效的农艺措施，采摘的同时也恶化了茶蚜的食料条件，有利于减轻茶蚜为害。如被害梢多，宜分开制茶，或弃之。

（二）生物防治

保护利用天敌，在气温高、天敌繁殖快、数量大的季节，应尽量不喷药或少喷药，或喷用对天敌杀伤力小的选择性农药，以免杀伤天敌；或选择喷施蚜虫为害严重的树，以保护天敌。在天敌数量少的茶园，可人工助迁、释放瓢虫和草蛉等天敌杀灭蚜虫。

（三）化学防治

茶蚜防治指标为有蚜梢率 4％～5％，芽下二叶有蚜叶上平均虫口 20 头。在天敌不足以控制蚜虫为害的时候，应在春季及早喷药杀蚜，以免扩大蔓延；5～6 月喷药保护新梢；8 月喷药保护秋梢。防治蚜虫的药剂种类很多，有效或常用药剂有：10％联苯菊酯乳油 5000 倍液（合每 667m² 15mL，安全间隔期 6～7d）、1.2％苦参碱水剂 500～1 000 倍液（合每 667m² 80～160mL，安全间隔期 5d）、50％抗蚜威可湿性粉剂 2 000～3 000 倍液（合每 667m² 28～40mL，安全间隔期 7d）。

桂连友（长江大学）

第 54 节　假眼小绿叶蝉

一、分布与危害

假眼小绿叶蝉〔*Empoasca vitis* (Gothe)〕又名小绿叶蝉、小绿浮尘子、叶跳虫，俗称尘响虫，属半翅目叶蝉总科叶蝉科。在小绿叶蝉的定名上尚存争议。目前使用的种名 *E. vitis* 系安徽农业大学葛钟麟在 20 世纪 60 年代收集我国各地小绿叶蝉标本鉴定后定名的，而日本将茶树上的小绿叶蝉定名为 *E. onukii* Matsuda。我国西北农林科技大学秦道正等（2014）将陕西地区茶树上的小绿叶蝉更名为 *E. onukii*。我国茶树上小绿叶蝉的种名有待进一步鉴定。

小绿叶蝉在我国各茶区普遍发生，为茶区害虫的优势种。已知分布于江苏、浙江、安徽、福建、台湾、广东、海南、湖南、湖北、广西、云南、贵州等省份。一般以夏、秋茶受害较重。成、若虫均刺吸芽梢嫩叶，受害芽叶沿叶缘黄化，叶脉红暗，叶片卷曲，叶质粗老，以致自叶尖叶缘红褐，进而焦枯，芽叶萎缩（彩图 16-54-1），生长停滞，严重影响茶叶产量和品质。大别山群众形象地称为"糊头"、"坐棵"，贵州亦称"火风"。除为害茶树外，还为害多种豆类、蔬菜等作物，以及马唐等杂草。

二、形态特征

成虫：头至翅端长为 3.1～3.8mm，淡绿至淡黄绿色。头冠中域大多有两个绿色斑点，头前缘有 1 对绿色圈（假单眼），复眼灰褐色。中胸小盾板有白色条带，横刻平直。前翅淡黄绿色，前缘基部绿色，翅端透明或微烟褐色；第三端室的前、后二端脉基部大多起自一点（个别有一极短共柄），致第三端室呈长三角形。足与体同色，但各足胫节端部及跗节绿色（彩图 16-54-2，1）。

卵：新月形，长约 0.8mm，宽约 0.15mm，初为乳白色，渐转淡绿色，孵化前前端透见一对褐色眼点（彩图 16-54-2，2）。

若虫：共 5 龄。初为乳白色，随虫龄增长，渐变淡黄转绿，三龄时翅芽开始显露，五龄时翅芽伸达第五腹节。

一龄若虫体长为 0.8～0.98mm，复眼红色，体乳白，头大，复眼突出，触角长，体疏覆细毛，活动较为迟钝。

二龄若虫体长为 0.98～1.18mm，复眼灰白色，体淡黄色，体节较为分明，活动力较弱（彩图 16-54-2，3）。

三龄若虫体长为 1.58～1.88mm，复眼灰白色，体淡绿色，腹部明显增大，翅芽开始显露，活力加强。

四龄若虫体长为 1.9～2.0mm，复眼灰白色，体淡绿色，翅芽较为明显，行动比较活跃（彩图 16-54-2，4）。

五龄若虫体长为 2.0～2.2mm，复眼灰白色，体草绿色，翅芽伸达腹部第五节，行动非常活跃（彩图 16-54-2，5）。

三、生活习性

假眼小绿叶蝉在长江流域 1 年发生 9～11 代，福建 11～12 代，广东 12～13 代，广西 13 代，海南多达 15 代左右。以成虫在茶丛内叶背、冬作豆类、绿肥、杂草或其他植物上越冬。在华南一带越冬现象不明显，甚至冬季也有卵及若虫存在。在长江流域，越冬成虫一般于 3 月当气温升至 10℃以上时，即活动取食并逐渐孕卵繁殖，4 月上、中旬第一代若虫盛发。此后每半个月至 1 个月发生 1 代，直至 11 月停止繁殖。由于代数多，且成虫产卵期长（越冬成虫产卵期长达 1 个月），致世代重叠发生极为严重。

各虫态历期：卵期在生长季节一般为 7～8d，早春则长达 20d；若虫期一般为 10d 左右，春秋低温季节若虫期长达 25d 甚至更长；成虫期一般为 25～30d，越冬代成虫期长达 150d。

成虫和若虫均趋嫩为害，多栖于芽梢叶背，且以芽下二、三叶叶背虫口为多。成虫和若虫均喜横行，除幼龄若虫较迟钝外，三龄后活泼，善爬善跳，稍受惊动即跳去或沿茶枝迅速向下潜逃。成虫和若虫均怕湿畏强光，阴雨天气或晨露未干时静伏不动。一天内于晨露干后活动逐渐增强，中午烈日直射，活动暂时减弱并向丛内转移，徒长枝芽叶上虫口较多。若虫蜕下的皮壳即留在叶背。

成虫飞翔力不强。羽化后一二日内即可交尾产卵。卵散产于芽梢组织内，且以芽下二、三叶节间嫩梢皮层下最多，叶柄次之，主脉及蕾柄中最少。雌成虫产卵量因季节而异：春季最多，平均每雌产卵 32 粒；秋季次之，平均每雌产卵 12 粒；夏季因受温度影响，产卵最少，平均每雌产卵 9 粒。

成、若虫刺吸芽叶，随刺吸频率的增加，芽梢输导组织受损愈趋严重，为害程度随之相应表现为下列 5 个等级。

0 级——未受害期，芽叶生长正常，未受害。

1 级——湿润期，受害芽叶出现湿润状斑，晴天午间芽叶呈凋萎状，夜间、清晨、雨天能恢复正常。

2 级——红脉期，叶脉、叶缘变暗红，对光观察更明显。

3 级——焦边期，叶脉、叶缘红色转深，并逐渐向叶片中部扩展，叶尖、叶缘逐渐卷曲，形成"焦头""焦边"，芽叶生长停滞。

4 级——枯焦期，"焦头""焦边"不断向全叶扩张，至全叶枯焦，甚至脱落，如同火烧。

四、发生规律

(一) 气候条件

气温、降水量和雨日数是影响假眼小绿叶蝉虫口消长的主要气候因子。假眼小绿叶蝉适宜在旬平均气温 17～28℃，时晴时雨的条件下发生。高温干旱或雨日多、雨量大，均不利其繁殖。一年中常于 5 月下旬至 7 月上、中旬及 9～10 月形成两次虫口高峰，呈双峰型，为害夏、秋茶，且以前一高峰为最，夏茶受害较重。炎夏和雨季虫口下降。个别年份也可因前一冬季气温低，越冬虫口死亡率较大，春季虫口增长慢，致前一高峰未及形成，已受炎夏制约，待到秋季才累增形成全年仅有的一次高峰，呈单峰型，夏茶避害，秋茶受害较重。

虫峰的具体形成和出现迟早，根据安徽省农业科学院茶叶研究所祁门茶场与中国农业科学院茶叶研究所资料综合分析，有下列几种类型：

(1) 如果 1、2 月气温偏低，有连续两旬平均气温在 0℃；或有 1 个月月平均气温低于 0℃，且持续 10d 以上，3、4 月又多雨；或冬季至早春日均温低于 0℃ 达 19d 以上：则当年虫口发生迟，虫害发展慢，夏季虫口少，呈单峰型。

(2) 如果 1、2 月只有 1 旬旬均温低于 3℃，则第一峰推迟至 6 月下旬出现，呈迟双峰型。单峰与迟双峰都属轻发生年份，夏茶仅后期受害。

(3) 如果冬、春气温正常，1、2 月旬均温高于 3℃，且多在 5℃ 以下，则第一峰于 5 月下旬出现，呈正常双峰型，为中发生年份。

(4) 如果冬、春气温偏高，1、2 月旬均温都高于 5℃，3、4 月回暖早，气温上升快，日均温连续 10d 达 10℃ 的日期早，则第一代若虫出现早，虫口增长快，第一峰于 5 月中旬即开始出现，为早双峰型；春茶后期即开始受害，夏茶受害更重，为重发年份。夏季当日均温高于 28℃，旬均温高于 26℃，虫口将开始下降，走向峰谷。温度越高，高温持续期越长，峰谷期越长，虫口数量越低。若遇连续暴雨，天气闷热，虫口继续下降。当旬均温降至 26℃ 以后，虫口又趋回升，逐渐形成第二虫峰。这时 7 月日均温高于 29℃ 的天数及高于 29℃ 的积温直接关系第二虫峰始期的迟早。

华南一带受地方性气候影响，第一虫峰于 4 月下旬或 5 月上旬即开始出现。据广东省农业科学院茶叶研究所资料分析，第一高峰期一般持续至 7 月上、中旬，而后因高温多雨，台风频繁，虫口较少，及至 9 月下旬开始进入第二高峰期，且常持续至 11 月中、下旬，如雨湿适宜，虫口还会继续增长。据分析，旬均温低于 17℃ 或高于 30℃，虫口下降；17～30℃ 之间，相对湿度低于 70%，温湿系数大于 3，虫口上升；若温湿系数小于 3，则虫口无明显升降。说明在适宜温度范围内，湿度大小成为影响虫口消长的主要因素。

(二) 寄主植物

背风向阳的茶园，越冬虫口存活较多，春季假眼小绿叶蝉发生较早。冬前存留虫口较多的茶园，由于早春虫口基数较大，也会局部较早发生。芽叶稠密，长势郁闭，留叶较多，杂草丛生，间作豆类，均有利于假眼小绿叶蝉的发生。据安徽省农业科学院茶叶研究所祁门茶场资料，杂草多比无杂草的茶园虫口高 6 倍，留叶采比不留叶采的茶园虫口高 50% 以上。在云南，一些邻近阔叶林的茶园受害较重。

在茶树品种之间，一般以萌发较早、芽叶较密、持嫩性较强的品种受害较重。据在安徽对几个品种上的虫口比较，数量依次为：福鼎白茶＞黄叶早＞皖农 92＞上梅洲＞紫阳槠叶种；在浙江对几个品种的虫口比较，数量依次为：举岩＞德清、龙井 43、建德和长兴紫笋＞蓝天、斑竹园和竹山 1 号＞恩标；对江苏的几个品种进行调查发现，黔方、汝城早芽、蒿绿细芽、迎霜、乌牛早、龙井长叶、9201、白毫早、浙农 113、早逢春、日铸茶、福鼎大白抗叶蝉能力较弱，苦蓝大叶、云桂大叶、安吉白茶、锡茶 101、云南大叶、锡茶 105 抗叶蝉能力较强。经分析，虫口多少还与茶叶中多酚类含量及酚氨比值呈负相关。

（三）天敌

假眼小绿叶蝉的天敌记载不多，主要有白斑猎蛛 [*Evarcha albaria* （L. Koch）]、螳螂 （Mantodea） 及缨小蜂 （Mymaridae） 等；云南发现有圆孢虫疫霉 [*Erynia radicans* （Fres.）] 等真菌寄生，雨季常有流行。

五、假眼小绿叶蝉诱导的茶树挥发物

经假眼小绿叶蝉成虫为害后茶树挥发物发生了巨大变化，不仅释放了许多正常茶树不能释放的化合物，而且挥发物的释放量也明显增加。通过与正常茶树挥发物相比，200 头假眼小绿叶蝉持续为害 28h 后（接虫后第二天中午），茶树挥发物中包括组成型化合物 2 种，即顺-3-己烯醇和顺-3-己烯基醋酸酯；诱发型化合物 1 种，即水杨酸甲酯 [此时的释放量为 （0.06±0.01） μg/h，而在本试验条件下正常茶树的释放量低于 0.01μg/h]；新形成型化合物 29 种。这 29 种新形成型化合物包括：脂肪酸衍生物，如：顺-3-己烯基丁酸酯、顺-3-己烯基己烯酯；单萜类化合物，如罗勒烯、芳樟醇；倍半萜烯类化合物，如（反）-4，8-二甲基-1，3，7-壬三烯 （DMNT）、法尼烯、4，8，12-三甲基-1，3，7，11-十三碳四烯 （TMTT）；含氮类化合物，如苯乙腈和吲哚。假眼小绿叶蝉为害诱导产生的这 32 种化合物中，罗勒烯、（反）-4，8-二甲基-1，3，7-壬三烯、法尼烯这 3 种物质的释放量较大，分别为 （1.53±0.06） μg/h、（2.55±0.08） μg/h、 （3.50±0.64） μg/h。此时，它们在茶树挥发物中所占比例分别为 18.05%、29.99%、41.18% （表 16-54-1）。其中，有研究结果表明，罗勒烯、反-2-己烯醛和芳樟醇对叶蝉具有较强的引诱活性。

表 16-54-1　假眼小绿叶蝉诱导茶树释放的挥发物种类和释放量

Table 16-54-1　Composition and quantitative of the volatile components emitted from tea plants infested by *Empoasca vitis* adults

化　合　物	相对释放量 [μg/ (h·株)]
1～2. 顺-3-己烯醇，未知-1 [（Z）-3-hexenol, ? -1]	0.05±0.01
3. 未知	0.01±0.00
4. 未知	0.01±0.00
5. α-蒎烯 （α-pinene）	T
6. 苯甲醛 （benzaldehyde）	T
7. β-香叶烯 （β-myrcene）	0.01±0.00
8. 顺-3-己烯醇醋酸酯 [（Z）-3-hexenyl acetate]	0.06±0.01
9. 对-聚花伞素 [cymene （para）]	T
10～11. 顺-β-罗勒烯，苯甲醇 [（Z）-β-ocimene, benzyl alcohol]	0.02±0.00
12. 反-β-罗勒烯 [（E）-β-ocimene]	1.53±0.06
13. γ-萜品烯 （γ-terpinene）	0.01±0.00
14. 芳樟醇 （linalool）	0.05±0.01
15～16. 反-4，8-二甲基-1，3，7-壬三烯，苯基乙醇 （DMNT, phenylethyl alcohol）	2.55±0.08

（续）

化 合 物	相对释放量 [μg/ (h·株)]
17. 1，3，8-p-雪松烯（1，3，8-p-menthatriene）	0.01±0.00
18. 苯乙腈（benzyl nitrile）	0.03±0.00
19. 顺-3-己烯醇丁酸酯［（Z）-3-hexenyl butyrate］	0.03±0.01
20. 反-2-己烯醇丁酸酯［（E）-2-hexenyl butyrate］	T
21. 水杨酸甲酯（methyl salicylate）	0.06±0.01
22. 顺-3-己烯醇2-甲基丁酸酯［（Z）-3-hexenyl-2-methyl butyrate］	0.03±0.01
23. 顺醇3-己烯-3-甲基丁酸酯［（Z）-3-hexenyl-3-methyl butyrate］	0.01±0.00
24. 吲哚（indole）	0.28±0.05
25. 顺-3-己烯醇己烯酯［（Z）-3-hexenyl hexanoate］	0.02±0.01
26. 反-2-己烯醇己烯酯［（E）-2-hexenyl hexanoate］	0.01±0.00
27. 反-石竹烯［（E）-caryophyllene］	T
28. 未知-4	0.01±0.00
29. 反，反-α-法尼烯［（E，E）-α-farnesene］	3.50±0.64
30. 反-橙花叔醇［（E）-nerolidol］	0.16±0.05
31～32. 4，8，12-三甲基-1，3，7，11-十三碳四烯，顺-3-己烯醇苯甲酸酯［TMTT，（Z）-3-hexenyl benzoate］	0.03±0.00

注 T表示释放量低于0.005μg/h。

六、防治技术

（一）农业防治

搞好茶园管理，及时分批采茶。每年秋茶停采后，茶园进行全面深翻，把清除出的杂草和有机肥混合埋入沟中，以作基肥。施用的有机肥都是经过沤制的土杂肥、干鸡粪、厩肥等。有条件的茶园还应实行梯面铺草或种植绿肥。通过秋冬季耕除与增施有机肥，使茶园土壤变得疏松，通透性良好，有机质含量增加，保水保肥性提高，既增强了茶树的抗逆能力，也为茶叶优质高产创造了条件。在除草深翻和施基肥后，于11月下旬至12月上旬，全园进行一次修剪，把鸡爪枝、病虫枝等剪除干净，修剪下的枝叶埋入沟中或集中烧毁。清园后，对茶蓬喷洒茚虫威或虫螨腈1～2次进行封园。这样可有效地破坏假眼小绿叶蝉等病虫害的越冬场所，降低病虫害的越冬基数。及时采茶，发现嫩梢上有卵粒应随时去除，可明显降低虫口密度。及时采掉嫩梢可大量清除卵块，并恶化其营养条件及产卵场所。一是要适当嫩采，既有利于提高制茶质量又有利于减少害虫；二是采尽秋梢，减少越冬害虫食料。

（二）物理防治

1. 加强测报，及时掌握虫情 利用成虫、若虫在早晨露水未干前不甚活动的习性，从4月下旬开始，在整片茶园中每隔5d随机检查100张叶片正反面的成、若虫数，然后计算百叶虫口数。根据防治指标及时用药，夏茶期间百叶有虫5～9头，秋茶期间百叶有虫10～13头，应及时喷药。查若虫孵化高峰期，在为害盛期，摘下当季的芽（一芽二、三叶）20个，轻轻剥开嫩梢皮，查看卵粒，以卵粒基数作为依据。一般在成虫产卵高峰后的7d，即若虫孵化高峰期。

2. 利用黄板诱杀 根据假眼小绿叶蝉的趋黄性，在茶园中悬挂诱虫黄板，当该虫跳跃撞击黄板时，黄板上的胶即将其黏住致死，从而达到诱杀的目的。根据试验，每667m²茶园用黄板30～40张（20cm×30cm），就能较好地控制该虫为害，黄板顶部悬挂高度与茶树顶梢齐平为宜。

3. 用频振式杀虫灯诱杀 频振式杀虫灯在山地茶园上对该虫诱杀效果突出，在害虫发生期，每667m²用灯1盏，就能显著降低该虫为害。针对假眼小绿叶蝉只能短距离跳跃这一特点，挂灯的高度以高出茶树顶梢30～40cm为宜。

（三）农药防治

1. 植物源农药防治 使用植物源农药必须在害虫若虫低龄期适时施用，要体现早和快。生产上常用的有苦参碱是由苦参的根提取，对害虫具触杀和胃毒作用，以0.6%苦参碱水剂1 000～1 500倍液（合每

667m²50～75mL，安全间隔期 7d）防治假眼小绿叶蝉。最好在阴天 16：00 或傍晚喷药，24h 内喷施 2 次防治效果最佳。苦参碱药效较缓慢，应提前 3～5d 施用。在低龄若虫盛期用药，可采用较低浓度，在虫龄偏高时，应以高浓度为好，以保证防治效果。

2. 化学农药防治　试验证明，应用具有触杀性的高效低毒农药进行防治，如 15％茚虫威悬浮剂 2 500～3 000 倍液（合每 667m² 18mL，安全间隔期 14d）、15％虫螨腈悬浮剂 2 000～3 000 倍液（合每 667m² 28～40mL，安全间隔期 10d）、2.5％高效氯氟氯菊酯乳油 6 000～8 000 倍液（合每 667m² 12.5～15mL，安全间隔期 5d）、10％氯氰菊酯乳油 6 000 倍液（合每 667m² 15mL，安全间隔期 3d）、2.5％溴氰菊酯乳油 6 000 倍液（合每 667m² 15mL，安全间隔期 5d）、2.5％联苯菊酯乳油 3 000 倍液（合每 667m² 25mL，安全间隔期 6～7d）等，上述农药可任选一种在假眼小绿叶蝉发生高峰期前，若虫占 80％时使用，可收到较好效果。

徐德良　王敏鑫（江苏省茶叶研究所）
彭萍（重庆市农业科学院茶叶研究所）

第 55 节　黑刺粉虱

一、分布与危害

黑刺粉虱（*Aleurocanthus spiniferus* Quaintance）属半翅目粉虱总科粉虱科，是我国茶园中发生普遍、为害严重的粉虱种类之一。我国一直将茶树上发生的黑刺粉虱鉴定为 *A. spiniferus*（Quaintance），最近日本学者研究发现，该国茶树上发生的黑刺粉虱与 *A. spiniferus* 不同，并命名为 *A. camelliae* Kanmiya & Kasai。

黑刺粉虱在国外主要分布于印度、印度尼西亚、日本、菲律宾等产茶国家。在国内主要分布于中部及南部，北至秦岭、淮河，西至云南、贵州、四川及西藏察隅、林芝地区，南至海南省南端，东及沿海及台湾，长江以南发生较多。寄主范围比较广，主要为害茶树，还为害油茶、山茶等。黑刺粉虱以若虫群集在寄主的叶片背面吸食汁液，叶片因营养不良而发黄、提早脱落。该虫的排泄物能诱发煤污病，使枝、叶、果受到污染，导致枝枯叶落，严重影响茶叶产量和质量。其残留在叶背的蛹壳成为各种螨类的安全越冬场所。

20 世纪 60 年代初、70 年代初、80 年代初、80 年代末至 90 年代初黑刺粉虱曾在我国长江中下游、华南和海南等茶区间歇性暴发。1986—1987 年，茶黑刺粉虱在福建省邵武综合农场猖獗成灾，全场 200hm² 茶园有 130hm² 受害，严重的茶园一张叶片上有千余头幼虫、蛹和卵。1992—1995 年福建东部茶区大发生，为害面积为 6 000～7 000hm²。60～90 年代初，在长江中、下游地区，10 年左右暴发 1 次。一旦成灾，则损失惨重。2003 年，福建省福安市茶园因茶黑刺粉虱为害，茶园平均减产 1～2 成，严重的减产 3～4 成，损失近 10 万元。近年来，茶黑刺粉虱在浙江、福建、安徽、江苏和广东等省的局部茶区仍为害严重，并有暴发成灾之势，对茶叶的产量和品质影响甚大。

二、形态特征

成虫：体长为 1～1.3mm，腹部橙黄色，薄覆白粉，前翅褐紫色，有 9 个白斑，后翅淡紫褐色（彩图 16‐55‐1，1）。

卵：长椭圆形，长为 0.2～0.3mm，顶端较尖，基部钝圆，通过一卵柄附着在叶片上。初产时为乳白色，后逐渐变为淡黄色、橙红色，孵化前变为棕褐色或紫褐色（彩图 16‐55‐1，2）。

若虫：共 4 龄。椭圆形。初孵及刚蜕皮后的若虫无色透明，随着发育逐渐变为黑色，有光泽。一龄若虫体长为 0.25～0.35mm，体背有 6 根浅色刺毛；二龄若虫胸部分节不明显，腹部分节明显，体背具长短刺毛 9 对；三龄若虫体长约 0.6mm，雌、雄体长大小有显著差异，雄虫略细小；腹部前半分节不明显，但胸节分界明显；体背具长短刺毛 14 对。各龄若虫均在体躯周围慢慢分泌一圈白色蜡质，且随虫龄增大白色蜡质增多（彩图 16‐55‐1，3）。

伪蛹：为四龄若虫后期的一个虫态，近椭圆形，雌蛹体长为 0.9～1.3mm，雄蛹体长为 0.7～

1.1mm。蛹体黑色有光泽，边缘呈锯齿状，周围有较宽的白色蜡质，背部显著隆起；背盘区胸部有长短刺毛 9 对，腹部有 10 对；蛹体边缘雌蛹有长短刺毛 11 对，雄蛹有 10 对。

2010 年前后，日本科学家对 2004 年黑刺粉虱在日本突然猖獗发生的原因进行深入的研究。用茶树上发生的黑刺粉虱和柑橘上发生的黑刺粉虱进行分别饲养，并且发现来自茶树和柑橘上的黑刺粉虱存在生殖隔离现象。柑橘上的黑刺粉虱雌成虫在茶树叶片上并不产卵，而茶树上的黑刺粉虱雌成虫在柑橘叶片上虽可以产少数的卵，但不会孵化为若虫。研究认为，日本茶树上的黑刺粉虱群体不是从柑橘上转移过来的，它们是两个不同的种群。Kanmiya 等（2011）对两个种群进行了形态学的比较，结果见表 16 - 55 - 1。并在此基础上，提出了它们是两个种。茶树上的黑刺粉虱由 Kanmiya 和 Kasai 定名为茶黑刺粉虱（*Aleurocanthus camelliae*），柑橘上的是黑刺粉虱 [*Aleurocanthus spiniferus*（Quaintance）]（Kanmiya & Kasai，2011）。我国长期以来所采用的黑刺粉虱学名为 *A. spiniferus*，究竟与 *A. camelliae* 种是否为同一物种尚待进一步鉴定和比较，建议目前仍采用 *A. spiniferus* 学名。

表 16 - 55 - 1　茶黑刺粉虱和黑刺粉虱蛹期和成虫期的主要形态学区别

（根据 Kanmiya and Kasai，2011 修改）

Table 16 - 55 - 1　**Main morphological difference of pupa and adult stage between**

Aleurocanthus camelliae* and *A. spiniferus（from Kanmiya 和 Kasai，2011）

结构	特征	关 键 点	
		茶黑刺粉虱（*A. camelliae*）	黑刺粉虱（*A. spiniferus*）
寄主	产卵和取食偏嗜	茶树	柑橘＼茶树
翅	前翅斑纹	9 个白色斑纹	7 个白色斑纹
雄性成虫	下生殖板侧面观	在前缘和腹面边缘呈深的凹陷	前缘稍凹陷，腹面边缘凸起
四龄雌性若虫（伪蛹）	边缘的蜡质分泌	发育不完全，宽为蛹宽的 11.2%～15.8%	发育完全，宽为蛹宽的 17.3%～30.0%
四龄雌性若虫（伪蛹）	边缘齿纹	齿间空隙较宽，总数少于 200（158～196）	齿间空隙较狭窄，总数超过 200（205～242）
四龄雌性若虫（伪蛹）	亚中位腹刺	第二至第五根刺的凹槽的排列成不太整齐的直线	凹槽不成直线，第二和第四根刺位置较远，第三和第五根刺位置近
四龄雌性若虫（伪蛹）	在靠近亚边缘刺的乳突	排列在亚缘刺的外方	位于亚缘刺之间
四龄雌性若虫（伪蛹）	腹部背板第八节	长（49.0±10.1）μm，与管形孔长度之比等于（1.60±0.26）μm	长（69.3±8.1）μm，与管形孔长度之比等于（1.15±0.09）μm

三、生活习性

在我国年发生代数由北向南逐渐增加，在湖北、浙江每年发生 4～5 代，在福建、广东、广西可以发生 5～6 代，有世代重叠现象。黑刺粉虱一般以二至三龄若虫在叶背越冬。据在长沙和涟源的观察和田间调查，黑刺粉虱在该地区 1 年发生 4 代，以若虫在叶背越冬。翌年 3 月中、下旬老熟化蛹，4 月中、下旬成虫大量羽化（越冬代），一至三代成虫分别在 6 月中、下旬，8 月上、中旬，9 月中、下旬盛发。卵分别在 4 月中旬至 5 月上旬，6 月下旬至 7 月上旬，8 月中旬至 9 月上旬，9 月下旬至 10 月上旬大量出现。盛卵期在 5 月中、下旬，7 月上、中旬，9 月中、下旬，9 月下旬至 10 月中旬。第一、二代发生整齐，二代后世代重叠越来越明显（表 16 - 55 - 2）。

表 16 - 55 - 2　黑刺粉虱在茶树上的生活史（湖南 4 代区）（引自张觉晚等，1986）

Table 16 - 55 - 2　**Life history of *Aleurocanthus spiniferus*（Four generations area**

in Hunan）（from Zhang Juewan et al.，1986）

世代	月	1～2			3			4			5			6			7			8			9			10			11			12		
	旬	上	中	下	上	中	下	上	中	下	上	中	下	上	中	下	上	中	下	上	中	下	上	中	下	上	中	下	上	中	下	上	中	下
越冬		—	—	—	—	—	—																											

⊙　⊙　⊙　⊙　⊙　⊙　⊙　⊙

（续）

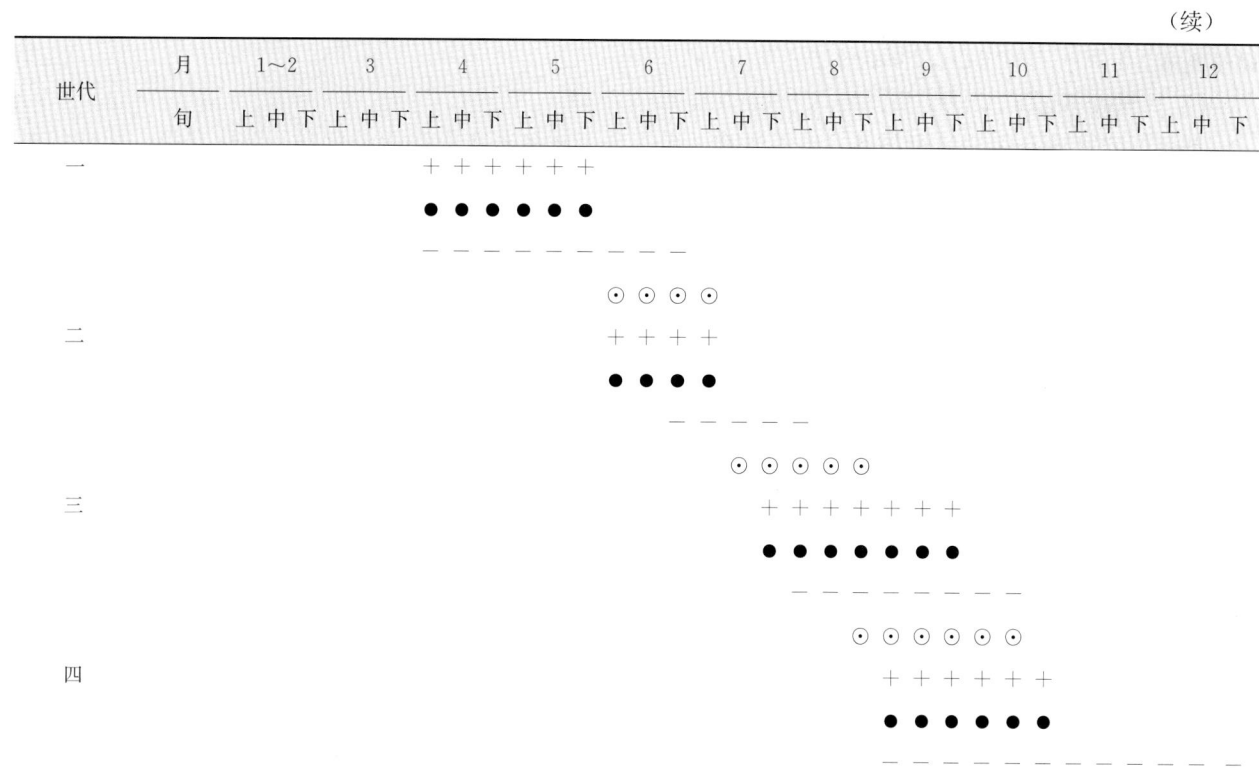

注　●：卵，—：若虫，⊙：伪蛹，＋：成虫。

成虫多在上午羽化，白天活动，以晴天 8：00～9：00 和下午日落前后活动最旺盛，雨水或露水未干前基本不活动，成虫飞翔力不强，但可随风传播至远方。成虫初羽化时喜比较阴暗的环境，常在树冠内活动，嗜好在幼嫩树叶上生活，常停栖在芽叶上或叶背面。雌成虫羽化后 2～3h 便可交尾产卵，一生交尾多次，平均单雌产卵 10～120 粒，多产在叶背，散产或密集成圆弧形。两性生殖后代雌雄比例接近 1：1，孤雌生殖的后代均为雄虫。黑刺粉虱若虫和蛹在茶树自上而下的垂直分布具有很强的层次性，大量虫口位于茶丛中下层，仅下层占近 70%，上、中、下层虫量差异达极显著水平。茶丛各层卵量差别显著，上、中、下层卵量分别为 14.11%、28.53% 和 57.36%，以近 1：2：4 的比例成倍递增。春茶期间频繁采茶可带走上层 80% 以上的卵量，因此，卵发育至若虫和蛹时会有约 95% 的虫口分布于茶丛中、下层。若虫共有 4 龄，初孵若虫做短距离爬行吸食。蜕皮后将皮留在体背上，以后每蜕一次皮均将上一次蜕的皮往上推而留于体背上。一生共蜕皮 3 次。一龄若虫具发育完全的触角和胸足，有爬行能力，待找到适宜的取食部位将口器刺入植物组织营固定生活。二龄若虫触角和胸足开始退化，丧失爬行能力，蜕皮后就地营固定生活。三、四龄若虫特征基本同二龄若虫，但体背面刺毛逐渐增多。蛹在第四龄若虫的皮壳下发育形成，因此，粉虱的蛹被称为伪蛹。此时为若虫组织分解、成虫器官形成期。蛹壳周围有较宽的白色蜡边，背面显著隆起，附着各龄蜕皮壳。若虫蜕皮时从体前缘背腹交界处开裂口中溢出，成虫羽化时则从蛹壳背部倒 T 形开口中钻出。和成虫一样，若虫期的肛门开口为一肛管孔（皿状孔），位于虫体腹部近末端处背方，其排泄物为蜜露。

越冬代伪蛹期 32～38d。据蛹体形态和颜色的显著变化而分为 4 个阶段：体液乳白色阶段（12～14d）、体液淡黄色阶段（6～8d）、体液橙红色阶段（11～12d）和体液淡紫色阶段（3～4d）。第一代卵期 22～28d，据卵颜色的显著变化分为 4 阶段：乳白色阶段（2～4d）、淡黄色阶段（2～3d）、橙红色阶段（15～17d）和紫黑色阶段（3～4d）。第一代若虫期 25～28d，其中一龄 9～12d，二龄 9d，三龄 7d，伪蛹期 7～8d。成虫期 1～6d。

四、发生规律

（一）虫源基数

黑刺粉虱偏嗜低洼、阴湿郁闭的小生境，一般平原重于山区，郁闭茶园重于通风透光的茶园，管理粗放的茶园重于管理精细的茶园。随着茶园开发的规模化，造成了茶树下部叶片多，茶行比较郁闭，通风、透光性差，湿度增加，为该虫的生存提供了良好的场所，在一定的时间内，虫量逐年增加，很容易导致大规模的暴发。

（二）气候条件

越冬期间（10～12 月）至早春，天气温暖干燥有利于越冬若虫的存活及化蛹、羽化和第一代卵的孵化，有利于该虫大发生。

（三）寄主植物

黑刺粉虱在不同茶树品种上发生的密度是存在差异的，黑刺粉虱对 G31、福云 10 号、铁观音和白鸡冠等品种的选择性较强，对丹桂、优 510、优 3、玉龙和九龙袍等品种的选择性较弱。这些显著差异可能源于不同茶树品种化学组分质和量的差别，因为茶树品种间芽梢的化学组成有明显差异。

（四）天敌

目前国内已记载黑刺粉虱的寄生性天敌昆虫约有 16 种，主要集中在膜翅目，多数种类是蚜小蜂，此外还包括跳小蜂和广腹细蜂等。黑刺粉虱的捕食性天敌种类较多，已记载的有 54 种，其中蜘蛛类 20 种、捕食性昆虫 34 种，捕食性昆虫分属于鞘翅目、革翅目、双翅目、半翅目、脉翅目等。我国在 20 世纪 90 年代在茶园黑刺粉虱群体中分离到一种韦伯虫座孢菌（Aegerita webberi Fawcett），并在浙江、福建使用该菌的生物制剂进行大面积生物防治，获得成功（陈雪芬等，1996）。韦伯虫座孢菌常与拟青霉菌同时混合发生。在日本，从大面积发生黑刺粉虱的群体中分离出拟青霉菌［Paecilomyces cinnamoneus（Petch）Samson & Gams］。此外，约有 19 种真菌对黑刺粉虱存在不同程度的致病作用。目前黑刺粉虱天敌的利用主要是寄生蜂和虫生真菌。

（五）化学农药与化肥

人为因素对茶黑刺粉虱发生程度的影响主要是不合理地使用化学农药与化肥。近年来一些广谱性化学农药的盲目使用，大量杀伤了黑刺粉虱天敌，造成黑刺粉虱猖獗为害，导致该虫暴发成灾。同时近年来氮肥的大量施用，造成茶叶中酸性氨基酸比例增大，为黑刺粉虱等刺吸式口器害虫的发生提供了有利条件。

五、防治技术

（一）农业防治

加强茶园管理。采取增施有机肥、配合施用磷、钾肥，结合修剪、疏枝、中耕除草，改善茶园通风透光条件，增强树势，提高抗虫能力，抑制黑刺粉虱发生为害。冬季修剪后可喷洒 0.5 波美度的石硫合剂封园。

（二）生物防治

保护利用天敌，例如捕食性天敌，如蜘蛛类、瓢虫类、草蛉类；寄生性天敌，如刺粉虱黑蜂、黑刺粉虱黄蚜小蜂、黄盾捕虱蚜小蜂、东方长棒小蜂等。据四川调查，刺粉虱黑蜂田间自然寄生率平均为 71.1%，对黑刺粉虱的发生具有十分重要的控制作用，在茶园中应加以保护利用，比如在各次修剪后，先把虫叶集中于寄生蜂保护袋中，待寄生蜂羽化后再作处理。在有条件的茶园可推广应用韦伯虫座孢菌进行防治，于一、二龄若虫盛发期，在 5 月中旬阴雨连绵时期可每 667m² 用 1 亿孢子/mL 韦伯虫座孢菌菌粉 0.5～1.0kg 喷施，或用韦伯虫座孢菌枝分别挂放于茶丛四周，每平方米 5～10 枝。

（三）物理防治

利用黑刺粉虱成虫有较强的趋黄性，在成虫期采用黄板诱集法诱杀。在黑刺粉虱成虫羽化之前，于发生黑刺粉虱的茶蓬上方约 10cm 处，每 667m² 茶园悬挂黄绿色诱黏虫板 20～25 片（规格 25cm×40cm），诱杀成虫可取得良好的效果。

（四）化学防治

在茶园，黑刺粉虱的防治指标为小叶茶树品种 2～3 头/叶，大叶茶树品种 4～7 头/叶；防治时间是卵和一龄若虫盛发期，重点在第一、四代，挑治二、三代。超过防治指标时，应考虑进行化学防治。主要药剂可选用 15% 虫螨腈悬浮剂 2 000～3 000 倍液（合每 667m² 28～40mL，安全间隔期 10d）、10% 联苯菊酯乳油 5 000 倍液（合每 667m² 16mL，安全间隔期 6～7d）、1.2% 苦参碱水剂 500～1 000 倍液（合每 667m² 80～160mL，安全间隔期 10d）。

附：测报技术

(一) 调查抽样技术

1. **普查的时间及对象**　在粉虱发生季节，根据事先确定的调查点，不定期调查。

2. **调查取样方法**　调查时，先目测调查茶树是否有黑刺粉虱成虫，然后调查 30～100 张叶片。

3. **镜检法**　先调查（计数）成虫数，然后将叶片取下带回实验室镜检。当黑刺粉虱为害较轻时，在解剖镜下全叶观察，分别统计并记录每张叶片上的黑刺粉虱卵、若虫和伪蛹的数量。当黑刺粉虱为害严重时，在解剖镜下每叶随机选取 5cm²（较大叶片）或 3cm²（中、小叶片）进行观察，分别统计并记录每平方厘米叶片上黑刺粉虱卵、若虫和伪蛹的数量。具体做法：用 1 张白纸中间挖去 1cm²，覆盖在所要观察的叶片上，在解剖镜下透过 1cm² 的孔来观察统计。观察时要固定解剖镜的倍数来观察和统计叶片上的虫量，建议用 63 倍，若不是 63 倍则要标注所用解剖镜的型号及倍数。

4. **针刺法**　由于黑刺粉虱活虫体内有体液，而死虫无体液，因此，可用小针刺破虫体，若有体液渗出，即为活虫（边针刺边计数），无体液渗出为死虫。这样就能根据针刺情况来测定黑刺粉虱百叶虫量，以准确掌握越冬虫口基数。

(二) 发生程度分级标准

叶面积折算方法：从镜检过的叶片中随机取 10 张叶片，分别放到坐标纸上，计数所覆盖坐标纸的格数（每小格为 1mm²），将这 10 张叶片的数据相加再除以 10，即可得出调查叶平均叶面积。

粉虱数量（头/叶）＝每张叶片的平均面积（cm²）×每平方厘米叶面积的平均粉虱数量（成虫＋卵＋若虫＋蛹）

根据下列标准判别粉虱为害程度：

1 级：小于 10 头/叶，记作＋；2 级：10～29 头/叶，记作＋＋；3 级：30～50 头/叶，记作＋＋＋；4 级：大于 50 头/叶，记作＋＋＋＋。

注：如果调查时是分叶记录成虫，而且将叶片分开取下带回镜检（用小塑料袋存放，每叶一袋做好叶片部位记录），这样得出的数据可用于该虫的空间分布格局的分析。

(三) 调查测报内容

1. **越冬虫口基数调查**　黑刺粉虱以第四或第五代老熟若虫在茶树植株中、下部的成叶、老叶叶背上越冬。调查黑刺粉虱越冬虫口基数的时间在 2 月。方法是在茶园采用对角线 5 点取样，每点取 20 片叶（分别在茶树植株中、下部各取 10 片成叶），记录叶片背面越冬若虫数。常采用针刺法来测定黑刺粉虱百叶虫量，以准确掌握黑刺粉虱越冬虫口基数。

2. **发生量预测**　计算黑刺粉虱的发生量，并根据防治指标制定防治措施：

$$下代平均虫口数＝当代平均虫口数×T×C$$

式中：T 为茶树增长系数，4～10 年生茶树为 3，当年台刈茶树为 2，其他茶树为 1；C 为病原微生物对黑刺粉虱的自然寄生率。

3. **发生期预测**

（1）镜检法。调查黑刺粉虱的生长发育进度，常采用镜检法。从 4 月中旬开始，黑刺粉虱卵陆续孵化。在此期间，每 5d 用镜检法调查 1 次卵孵化进度。具体方法是在茶园采用 5 点取样法，每点固定镜检 2 片叶（在茶树植株中、下部各取 1 片带黑刺粉虱的有虫叶），共镜检 10 片叶。可以准确预测黑刺粉虱的第一代卵孵高峰期（80% 的卵粒孵化出幼虫），即最佳防治适期。

（2）期距法。黑刺粉虱多以二至三龄若虫越冬，翌年春季羽化繁殖后代。因此，对翌年第一代若虫的控制直接影响全年黑刺粉虱的发生数量。可根据期距法从越冬代成虫羽化的时间开始推算其低龄若虫的高峰期。自越冬代黑刺粉虱成虫始见至当年第一代一龄或二龄若虫盛发期一般间隔期为 40～45d，因每年的气温不同而稍有差异。

（3）分龄分级法。也可以针对越冬代伪蛹期和第一代卵期历期较长的特点，采用伪蛹或卵的分龄分级法预测越冬代成虫期和第一代一龄若虫盛期。

（4）回归预测方程式法。在茶园，结合当地气象资料采用回归与相关分析。进行第一代卵孵化盛末期和越冬代成虫高峰始期预测。

黑刺粉虱第一代卵孵化盛末期回归预测方程式为：$\hat{y} = 55.4692 - 3.3916x$。

式中：x 为当地 3 月 1 日至 4 月 10 日时段的平均气温（℃）；$\hat{y}$ 为第一代卵孵化盛末期（5 月 1 日＝1，5 月 2 日＝2，……）。

因为 3 月 1 日至 4 月 10 日的平均气温是影响第一代卵孵化盛末期的关键因子。

黑刺粉虱越冬代成虫高峰始日回归预测方程式为：$\hat{y} = 68.6538 - 5.2575x$。

式中：x 为当地 3 月平均气温（℃）；$\hat{y}$ 为越冬代成虫高峰始日（5 月 1 日＝1，5 月 2 日＝2，……）。

影响越冬代成虫始盛期的关键因子是 3 月的平均气温。

4. 年发生世代数的预测 利用有效积温法则推算茶黑刺粉虱的年发生世代数，其中黑刺粉虱的世代发育有效积温为 754.89℃，世代发育起点温度为 10.46℃。设某地对某黑刺粉虱 1 年可能提供的有效积温为 K_1，则该虫的年发生世代数 m 可能为：

$$m = \frac{K_1}{K} = \frac{N(T - C)}{K}$$

式中 N 为发育历期，即完成某阶段发育所需要的天数；T 为发育期间的平均温度；C 为发育起点温度；K 为完成 1 个世代的有效积温。

桂连友（长江大学）

第 56 节 柑橘粉虱

一、分布与危害

柑橘粉虱［*Dialeurodes citri*（Ashmead）］又名橘粉虱、橘绿粉虱、通草粉虱、橘黄粉虱，属半翅目粉虱总科粉虱科，是我国茶园、柑橘园中发生普遍、为害严重的粉虱种类之一。

柑橘粉虱最早起源印度、巴基斯坦、中国和泰国等地。目前国外分布区域包括意大利、土耳其、西班牙、日本、美国、墨西哥、巴西、智利等茶叶或柑橘主产区；在国内主要分布在台湾、四川、江苏、山东、浙江、江西、湖南、广西、福建、广东、上海、北京、陕西、湖北、河北等近 20 个省份。

柑橘粉虱寄主范围比较广，有 30 科 74 种植物。主要为害茶树和柑橘，还为害油茶、金橘、石榴、柿、板栗、咖啡、女贞、杨梅、通草、常春藤和丁香等。以若虫群集在寄主的叶片背面吸食汁液，使寄主因营养不良而引起叶片发黄、提早脱落。该虫的排泄物能诱发煤污病，使枝、叶、果受到污染，导致枝枯叶落，严重影响茶叶产量和质量。

二、形态特征

成虫：体淡黄绿色，雌虫体长约 1.2mm，雄虫约 0.96mm。翅 2 对，半透明。虫体及翅上均覆盖有蜡质白粉。复眼红褐色，分上下两部分，中间仅有 1 个小眼连接。

卵：淡黄色，椭圆形，长约 0.2mm，表面光滑，以 1 短柄附于叶背。

若虫：共有 4 龄。一龄体长约 0.3mm，宽约 0.2mm，周缘有 17 对小凸起和约 15 对小刺毛，其中在虫体两端分布稍密。二龄体长为 0.4~0.6mm，体宽为 0.3~0.4mm，周缘凸起已不明显，小刺毛仅存 3 对，头部前方、后缘两侧和尾沟两边各 1 对，胸气管道已隐约可见，尾沟长为 0.05mm，黄褐色。三龄体长为 0.6~0.9mm，体宽为 0.5~0.7mm，胸气管道明显发育，黄褐色，尾沟长为 0.1~0.15mm，扁平的虫体以及胸气管道、尾沟和虫体分节所形成的凹凸，使虫体表面呈印章状。四龄体长为 0.9~1.5mm，体宽为 0.7~1.1mm，尾沟长为 0.15~0.25mm，中后胸两侧显著凸出。

伪蛹：近椭圆形，长为 1.30~1.40mm，宽约 1.20mm。大小与四龄幼虫一致，但背盘区稍隆起，且表面比较平滑，体色由淡黄绿色变为浅黄褐色，显微镜下可见翅芽进一步伸长，并向后内方弯曲，羽化前数天出现明显的红褐色眼点。

三、生活习性

柑橘粉虱在浙江黄岩每年发生 2~3 代，上半年气温偏高的年份以 3 代为主，一至三代分别寄生于春、夏、秋梢嫩叶的背面。但第一代中发育比较迟的个体则以四龄幼虫或伪蛹进入夏季滞育状态，盛夏过后羽化出成虫并产卵于秋梢叶片，故这一部分全年仅发生 2 代。虽然一年中柑橘粉虱的发生既有 3 代也有 2 代，但由于发生 2 代的部分，其第一代经夏季滞育后，羽化的时间与发生 3 代的第二代成虫的羽化时间互相重叠，故一年之中田间各虫态还是有 3 个明显的发生高峰，其中以第二代的发生量最大。在广西恭城每年发生 3 代。在江西南昌和福建每年发生 4 代，各代成虫盛发期分别出现在 6 月中、下旬，8 月中、下旬，10 月上、中旬和翌年 4 月中、下旬。在台湾和广东每年可发生 5～6 代。

在福建省柑橘粉虱每年发生 4 代，主要以大龄若虫及伪蛹在秋梢叶背越冬。成虫羽化后群集于新梢叶背，白天活动飞翔力不强，遇惊动仅作短暂飞舞，即返回树上，羽化不久即交尾、产卵。其生育特点是卵期长，一般 3～30d，发育不整齐，世代重叠。喜在新梢嫩叶背面栖息和产卵，尤以树冠下部和荫蔽处的嫩叶背面产卵最多，在徒长枝和潜叶蛾为害的嫩叶上更多，叶正面、老叶上极少产卵。卵产于嫩叶背面，散产，卵粒间有白粉，每片叶上产卵可多至 100 粒以上，每雌成虫能产卵 125 粒左右，羽化时间多集中在 8∶00～11∶00，成虫雌雄性比接近 1∶1，未经交尾的雌虫可行孤雌生殖，但所产卵均为雄性。各代若虫孵化后分别在春、夏、秋梢嫩叶背面吸食为害，多时 1 叶达数十至数百头。初孵若虫爬行距离极短，爬行数小时后即固定取食，渐分泌棉絮状蜡丝，随着虫龄增加蜡丝也随之增长。若虫蜕皮 2 次，每次蜕皮后稍经爬动，又重新固定取食。若虫趋嫩，喜阴湿；群集叶背吸食汁液，抑制植物及果实发育，并诱致煤污病。三龄若虫后期在体内蜕皮成伪蛹，四龄若虫蜕皮壳硬化即为蛹壳。蛹壳呈黄绿色，背盘区微隆起。透过虫体可见眼点、胸气管道及尾沟、管状孔。羽化时成虫从背盘区⊥形蜕裂缝中钻出来，留下白色透明的空壳。

四、发生规律

（一）虫源基数
以茶丛中徒长枝和下部嫩叶背面虫口分布最多。

（二）气候条件
暖冬年份，翌年发生较重。春季温度高，发生较重。柑橘粉虱性喜阴湿，在生长稠密、通风透光不良的地方为害较重。落凹树比坡面树上发生重。

（三）寄主植物
柑橘粉虱在幼树上比在成年树上发生重。

（四）天敌
已发现的天敌有粉虱座壳孢菌、扁座壳孢菌、柑橘粉虱扑虱蚜小蜂、华丽蚜小蜂、橙黄粉虱蚜小蜂、红斑粉虱蚜小蜂、刺粉虱黑蜂、刀角瓢虫、具瘤长须螨和草蛉等。其中，以座壳孢菌最为有效，其次是寄生蜂。

五、防治技术

参照黑刺粉虱。

桂连友（长江大学）

第 57 节　日本长白盾蚧

一、分布与危害

日本长白盾蚧（*Lopholeucaspis japonica* Cockerell）又名长白蚧、日本长白蚧、梨白片盾蚧，属半翅目盾蚧科。在国内分布普遍，西自云南、贵州、四川，东至沿海各地、台湾，南至海南、广东、广西，北至陕西、山东，西藏不详。国外分布于日本、印度、巴西、朝鲜、美国和前苏联。除茶树外，还为害苹果、梨、李、柑橘、樱桃、柿、山楂、无花果和丁香等。以若虫和雌成虫固着在枝叶上吸汁为害，并诱发煤烟病，致使树势衰弱，严重时大量落叶，甚至枯死（彩图 16-57-1）。

二、形态特征

成虫：雌成虫略呈纺锤形，体长为 0.6～1.4mm，淡黄色，无翅，腹部分节明显，臀叶 2 对均略作三角形，端部尖，第一对较大。雄成虫体长为 0.48～0.66mm，淡紫色；翅 1 对，白色半透明，翅展为 1.28～1.6mm；触角丝状，10 节，各节簇生细毛，末节尖球形；腹末有一针状交尾器。

卵：淡紫色，椭圆形，长为 0.2～0.27mm，宽为 0.09～0.14mm。卵壳白色。

若虫：雌若虫共 3 龄，雄若虫仅有 2 龄。一龄椭圆形，淡紫色，长为 0.20～0.39mm，足发达，腹末有 2 尾毛，后期体被白蜡。二龄转黄至橙黄色，长为 0.36～0.92mm，足消失，背面蜡质形成白色介壳，前端壳点浅褐色。三龄（雌）梨形，淡黄色，腹末三、四节前拱，介壳灰白色，且较宽大（彩图 16 - 57 - 2）。

雄蛹：细长，长为 0.66～0.85mm，淡紫色，触角、翅芽及足明显，腹末有一针状交尾器。

三、生活习性

在长江中下游 1 年发生 3 代，以老熟雌若虫和雄虫前蛹在茶树枝干上越冬。翌年 3 月下旬至 4 月下旬雄成虫羽化，4 月中、下旬雌成虫开始产卵，卵产于介壳内。每雌产卵 10～30 余粒。各代若虫孵化盛期分别在 5 月下旬，7 月中、下旬，9 月上、中旬。在浙江（余杭），第一代卵发生期在 4 月中旬至 6 月上旬，若虫发生期在 5 月上旬至 6 月中旬，雄蛹发生期在 6 月上旬至 7 月上旬，成虫发生期在 6 月下旬至 7 月中旬。第二代卵发生期在 6 月下旬至 7 月上旬，若虫发生期在 7 月上旬至 8 月上旬，雄蛹发生期在 8 月上旬至 8 月下旬，成虫发生期在 8 月下旬至 9 月上旬。第三代卵的发生期在 8 月中旬至 10 月上旬，若虫发生期在 8 月下旬至翌年 3 月下旬，雄蛹发生期在 10 月中旬至翌年 4 月下旬，成虫发生期在 3 月下旬至 5 月中旬。在湖南（长沙），第一代卵发生期在 4 月中旬至 5 月下旬，若虫发生期在 5 月上旬至 6 月中旬，雄蛹发生期在 5 月下旬至 6 月下旬，成虫发生期在 6 月上旬至 7 月下旬。第二代卵的发生期在 6 月中旬至 7 月下旬，若虫发生期在 6 月中旬至 8 月下旬，雄蛹发生期在 7 月下旬至 8 月下旬，成虫发生期在 7 月下旬至 10 月中旬。第三代卵的发生期在 8 月上旬至 10 月中旬，若虫发生期在 8 月中旬至翌年 3 月下旬，雄蛹发生期在 11 月中旬至翌年 3 月中旬，成虫发生期在 3 月下旬至 5 月中旬。各虫态历期：卵期 11～20d；若虫期 23～32d（越冬代可达 6 个月）；雄蛹约 20d；雌成虫寿命 23～30d，雄成虫寿命 1～2d。

雄虫多于下午羽化，就近交尾后死亡。雌成虫陆续孕卵、产卵，第一至三代平均分别产卵 20 粒、16 粒、32 粒，产毕即干缩死亡。若虫陆续孵化后从介壳下爬出，各代卵孵化期长短不一，第一至二代约 20d，第三代长达 2 个月之久。

初孵若虫活泼善爬，并可随风或人畜携带传播，在枝叶上找到适合的部位，将口器插入茶树组织中固定，并分泌白色蜡质覆于体表，逐渐形成介壳。二龄后蜕皮附于介壳前端。虫口在茶丛中的分布部位随代别、性别而异，第一至二代以叶上较多，枝干上较少。在叶上雄虫多数分布在叶缘的锯齿间，雌虫多在主脉两侧；第三代多数分布在枝干上，并且分布高度逐代下移。

四、发生规律

(一) 气候条件

日本长白盾蚧最适于在 20～25℃、相对湿度 80% 以上的条件下发生。气温高于 30℃，相对湿度低于 70%，对其生存和繁殖均不利。夏季高温干旱，第二代产卵减少，孵化存活率较低。

茶园郁闭、偏施氮肥以及台刈更新的茶园，营养与小气候均有利于该虫的发生。幼龄茶园和台刈复壮茶园受害较重。随着受害加重，树势衰退，虫口则趋于减少，但却成为附近茶园特别是新辟茶园的虫源地。日本长白盾蚧远距离传播途径主要是调运带虫的苗木。在小范围内，风是该虫传播的主要媒介（张汉鹄等，2004）。

(二) 天敌

捕食性天敌有红点唇瓢虫（*Chilocorus kuwanae* Silvestri），寄生性天敌有长白蚧长棒蚜小蜂（*Marlattiella prima*）、长缨恩蚜小蜂（*Encarsia citrina*）、四节蚜小蜂（*Pteroptrix* sp.）等。

五、防治技术

(一)农业防治

合理施肥,注意氮、磷、钾配合施用;及时除草,剪除徒长枝,避免茶园郁闭;低洼茶园,注意开沟排水。局部发生茶园,随时剪除虫枝,发生严重、树势衰弱的茶园,在采茶后进行台刈,台刈后的树桩适时喷药防治。

(二)生物防治

保护和利用天敌。台刈或修剪下来的虫枝,最好先集中在茶园背风低洼处,待寄生蜂羽化后再烧毁;药剂防治时,应选择残效期短,对益虫影响小的药剂种类。

(三)化学防治

狠治第一代,重点治第二代,必要时补治第三代。施药适期应在卵孵化末期至一、二龄若虫期。可选用 10%虫螨腈悬浮剂 2 000~3 000 倍液(合每 667m² 28~40mL,安全间隔期 7~10d)、10%氯氰菊酯乳油 6 000~8 000 倍液(合每 667m² 12.5~15mL,安全间隔期 3~5d)、2.5%溴氰菊酯乳油 4 000~6 000 倍液(合每 667m² 15~20mL,安全间隔期 5~6d)进行防治。

附:测报技术

1. **镜检法** 参照常年各代卵孵化期,发生前每 5d 剪取代表性有虫枝,用针挑开雌虫介壳 100 个,镜检卵囊末端近半数已孵化,记作已孵卵囊。当已孵卵囊近 50%时,改 2~3d 查一次,待到已孵卵囊为 84%左右时,进入卵盛孵化期,即为防治适期。

2. **玻管法** 在田间卵孵化前,剪取代表性虫枝,带回通风处阴干 1~2d 后,取 5 枝分别竖立于粗试管内,并用脱脂棉球塞紧管口,抵住虫枝上端,立于试管架上编号;逐日定时检查记录初孵紫色若虫数,并更换棉塞。当若虫数开始下降,即为孵化高峰日,再往后推加 3~4d,即为一龄若虫盛孵期(防治适期)。若遇阴雨降温,应等转晴后观察再定。

3. **物候预测法** 在长江下游,日本长白盾蚧第一代卵孵盛期与楝树盛花期吻合,可观察掌握在盛花期后 3~4d 为防治适期。

吴光远 王定锋(福建省农业科学院茶叶研究所)

第 58 节　茶网盾蚧

一、分布与危害

茶网盾蚧(*Pseudaonidia duplex* Cockerell)又名蛇眼蚧、樟网盾蚧、樟臀网盾蚧、蚌圆盾蚧、橘丸介壳虫等,属半翅目盾蚧科。在我国分布西自西藏,东至沿海各地、台湾,南至海南、广东、广西,北至陕西、山东。国外分布于印度、斯里兰卡、日本和前苏联等。该虫为茶树上的重要害虫之一,在我国长江流域以南茶区常有为害。虫体固着茶树叶片及上部枝上刺吸汁液,导致树势衰退,芽梢稀而瘦,叶片易落,枝梢枯竭,甚至整丛枯死。寄主植物除茶树外,还有柑橘、山茶、桃、梨和樟等。

二、形态特征

成虫:雌成虫卵形,体长为 1.1~1.2mm,紫色,前胸与中胸之间有深沟分开,腹部向后变狭,臀板背中有网纹。雄成虫体长约 1.0mm,翅展为 1.5~1.8mm,紫褐色,复眼黑,翅白色半透明,腹末有淡黄褐色的交配器。雌成虫介壳圆形,背面隆起,直径为 2~3mm,暗褐色,边缘浅褐色,2 个壳点黄褐色偏在一边。雄成虫介壳长椭圆形,褐色,长约 1.7mm,宽约 0.7mm,1 壳点黄褐色,位于头端中部。

卵:椭圆形,淡紫色,长约 0.2mm,宽约 0.1mm。

若虫:一龄若虫淡紫色,椭圆形,长为 0.3~0.5mm,宽为 0.18~0.30mm,触角及足发达,腹末有尾毛2根，固定后萎缩于体下。二龄雄虫淡紫黑色，体长为0.9～1.5mm，宽为0.3～0.5mm。介壳椭圆形且薄，褐色，体长为0.8～1.2mm，宽为0.65～0.80mm。

雄蛹：长椭圆形，长为0.7～0.8mm，宽为0.3～0.4mm，紫色，腹末有一较粗短的交配器。

三、生活习性

在四川等地高海拔茶园（1 100m以上）1年发生1代，以受精雌虫在茶枝上越冬。海拔高度每升高100m，卵孵化期推迟5～7d，并且成、若虫自然死亡率随海拔高度上升而增加。在长江中下游年发生2代；在广东1年发生3代，以老龄若虫、雄蛹及雌成虫多种虫态越冬。

各虫态历期（宁波）：卵一代28d，二代14d；若虫44～61d；雄蛹24～30d；雌虫一代约58d，二代（越冬代）长达220d。

初孵若虫活泼，活动能力较强，经2～5h后选择合适部位固定，并分泌蜡质覆于体背，15d后可辨认雌雄。若虫在茶树上的分布，因代别而异，一般越冬代大多寄生在茶树枝干上，非越冬代则大多寄生在叶片上。第一代若虫寄生在叶片上的占97.64%，其中雌虫占34.37%；第二代（越冬代）叶片上仅占23.68%。寄生在叶片上的若虫，雄虫大多寄生在叶片正面主脉两侧，而雌虫则大多寄生在叶背面主脉两侧及叶柄部。雄虫寿命短，交尾后即死亡；雌虫产卵数量从几十到上百粒，多的可达200多粒。其年生活史见表16-58-1。

表16-58-1 茶网盾蚧年生活史

Table 16-58-1 Life history of *Pseudaonidia duplex*

地点	代别	卵（月/旬）	若虫（月/旬）	雄蛹（月/旬）	成虫（月/旬）
四川（苗溪）	一	4/中～5/下	5/上～6/上	6/中～7/下	8/上至越冬
浙江（宁波）	一	4/中～5/下	5/中～7/中	6/下～7/中	7/上～8/上
	二	7/下～9/上	8/上～10/中	9/下～10/中	10/上至越冬
湖南（华容）	一	4/上～5/中	4/中～7/上	6/中～7/上	6/下～7/上
	二	7/中～8/中	7/下～10/上	9/上～10/中	9/中至越冬
广东（英德）	一	3/下～5/下	4/中～6/下	6/上～6/下	6/上～7/中
	二	6/中～7/下	6/下～8/下	7/下～8/下	8/上～10/下
	三	8/中～10/下	8/下至越冬	10/上至越冬	10/上至越冬

四、发生规律

（一）气候条件

气候条件是影响茶网盾蚧种群消长的主导因子之一，特别是在卵孵化期，若遇长期雨天，卵的孵化会暂时中止，已孵出的若虫也不爬出介壳，时间一长则自然死亡。已爬出介壳的若虫，若遇大雨或暴雨，则严重影响其固定，并可导致大量若虫被雨水冲刷至地面而死亡。

（二）天敌

主要天敌有红点唇瓢虫（*Chilocorus kuwanae* Silvestri）、单带巨角跳小蜂（*Comperiella unifasciata* Ishii）、黄金蚜小蜂（*Aphytis chrysomphali* Merct）、奇异尖梗跳小蜂（*Cerapterocerus mirabilis* Westwood）、蛇眼蚧斑翅跳小蜂（*Epitetracnemus lindingaspidis*）、丛赤壳菌（*Nectria flammea*）等，对害虫种群密度有明显的控制作用，在梅雨季节丛赤壳菌寄生率较高。但是，如果茶园用药频繁，大量天敌被杀伤，有可能招致害虫种群密度迅速上升。

五、防治技术

（一）农业防治

发展新茶园需从外地引入种苗时，应严格检查，防止苗木携带传播。注意肥料的配合使用，尤其应注重磷肥的施用，以增强茶树抗逆力。对低洼地茶园，应注意开沟排水。

对受害重、树势衰弱的茶园，应采取深修剪或台刈措施，修剪时期应掌握在卵孵化盛末期，应剪去蓬面 15～20cm。对修剪下或台刈下的茶树枝叶应清出园外，集中堆放，待天敌羽化后再烧毁。经修剪或台刈后留下的树桩应适时施药防治。此外，结合冬季修剪，剪除虫枝，也是降低虫源基数的方法。

（二）生物防治

应尽量减少茶园施药次数，尤其在天敌高峰期应尽量避免施药，以保护天敌。

（三）化学防治

防治适期应掌握在田间卵孵化盛末期，施药方式以低容量喷雾为宜。选用化学农药种类参见其他蚧类。

附：测报技术

玻管法：先把玻管洗净，晾干，将剪下的越冬虫枝放入玻管，并用脱脂棉塞住玻管，逐日观察孵化进度，达到高峰期后 3～5d 就是大田该虫发生的高峰期，也是用药的最佳时期（苏基富，1983）。

吴光远　王定锋（福建省农业科学院茶叶研究所）

第 59 节　椰圆盾蚧

一、分布与危害

椰圆盾蚧（*Aspidiotus destructor* Signoret，异名：*Temnaspidiotus destructor* Signore）又名茶圆蚧、琉璃盾蚧、椰凹圆蚧、椰圆蚧、木瓜蚧、恶性圆蚧和黄薄轮心蚧等，属半翅目盾蚧科。

椰圆盾蚧在国内茶园分布普遍，西自西藏，东至沿海各地、台湾，南自海南、广东、广西，北至陕西、山东均有分布。寄主植物除茶树外，还有山茶、椰子、柑橘、香蕉、芒果、荔枝、木瓜、可可、棕榈等。该虫群栖于叶背或枝梢上，叶片正面亦有雄虫和若虫固着刺吸汁液，致叶面出现黄斑，造成叶片早落，新梢生长停滞或枯死，树势衰弱（彩图 16‑59‑1）。

二、形态特征

成虫：雌成虫长约 1.1mm，宽约 0.8mm，倒梨形，鲜黄色，介壳与虫体易分离。雄成虫橙黄色，复眼黑褐色，翅半透明，腹末有针状交配器。

卵：长约 0.1mm，椭圆形，黄绿色。

若虫：初孵时淡黄绿色，后转黄色，眼褐色。

蛹：长椭圆形，黄绿色，眼褐色。

介壳：雌介壳圆而扁平，长为 1.7～1.8mm，淡黄色或微带褐色，薄而透明，壳点黄白色居中或略偏。雄介壳近椭圆形，质地和颜色同雌介壳，长约 0.75mm。

三、生活习性

在福建东部 1 年可发生 4 代，在湖南、江苏、浙江一带发生 3 代，在贵州发生 2 代，均以受精雌成虫在枝干上越冬。福建东部各代卵盛孵期分别在 4 月中、下旬至 5 月上旬，6 月上、中旬，8 月上、中旬，9 月中、下旬。浙江各代卵盛孵期分别在 5 月中旬，7 月中、下旬，9 月中旬至 10 月上旬。贵州各代卵盛孵期分别在 5 月上旬和 8 月上旬。每雌产卵 60～100 余粒，以越冬代产卵最多。茶树品种和海拔高度对产卵量有一定的影响。在茶树上的虫口分布，越冬代以枝干上为多，非越冬代则大多在嫩茎及嫩叶背面定居吸食。受害嫩叶正面呈现黄色斑点并随虫口增多逐渐扩大，叶面布满黄斑，影响茶树的光合作用。

雄成虫羽化后从介壳下爬出，做短距离飞行，飞到枝梢上部，用触角敲击叶背寻找雌成虫，交尾时伏在雌蚧尾部介壳上，将交配器刺入雌介壳进行交尾，有多次交尾现象。每次交尾，历时 1～10min，交尾后不久死亡。雌成虫产卵期 7～10d，每天产卵 8～15 粒，平均 12 粒。

四、发生规律

(一) 气候条件

一般以新辟密植郁闭的成龄茶园适宜椰圆盾蚧大量发生。欧阳科连（1979）报道，湖南贯塘茶场 1968 年建场，1975 年该虫开始发生，1977 年局部成灾。该虫产卵量随海拔的升高而下降。海拔在 400m 以下，该虫的繁殖力较强，平均每雌产卵量在 101 粒以上；海拔高于 400m 时该虫的繁殖力明显下降。

(二) 茶园杂草

茶园内的多种杂草是椰圆盾蚧中间寄主。如菊科的一年蓬 [*Erigeron annuus* (L.) Pers.]、蓼科的水蓼（*Polygonum hydropiper* L.）、伞形科的积雪草 [*Centella asiatica* (L.) Urban]、报春花科的星宿菜（*Lysimachia fortunei* Maxim）。椰圆盾蚧在这些寄主上可完成 1 个以上的世代。中间寄主的存在加速了椰圆盾蚧的传播，尤其在夏季"改造茶园"中初孵若虫从杂草上转移至新发枝梢，造成椰圆盾蚧的再度发生。

(三) 寄主植物

在不同茶树品种间椰圆盾蚧的为害程度有差异。以大蓬茶、湘波绿、政和大白等浓绿型叶肥蜡质较厚的品种受害较重，尤其以湘波绿为重。

(四) 天敌

椰圆盾蚧的捕食性天敌有红点唇瓢虫（*Chilocorus kuwanae* Silvestri）、七星瓢虫（*Coccinella septempunctata* Linnaeus）、双月刻眼瓢虫（*Ortalia* sp.）、孟氏隐唇瓢虫（*Cryptolaemus montrouzieri* Mulsant）、台毛艳瓢虫（*Pharocymnus taoi* Sasaji）、日本方头甲（*Cybocephalus nipponicus*）。日本方头甲成虫和幼虫均可捕食各个虫态的椰圆盾蚧，成虫捕食具有日节律，雌成虫的捕食量大于雄成虫，雌、雄成虫捕食椰圆盾蚧的功能反应均为 Holling II 型反应。孟氏隐唇瓢虫和台毛艳瓢虫对椰圆盾蚧二龄若虫的捕食功能反应也符合 Holling II 型反应。寄生性天敌有黄金蚜小蜂（*Aphytis chrysomphali* Mercet）、长缨恩蚜小蜂（*Encarsia citrina*）、丛赤壳（*Nectria flammea*）、粉虱拟青霉（*Paecilomyces aleurocanthus*）、韦伯虫座孢（*Aegerita webberi*）等。

五、防治技术

(一) 农业防治

发展新茶园需引种种苗时，应严格检查，防止苗木携带传播。注意肥料合理搭配使用，尤其应注重磷肥的使用，以增强茶树抗逆力。注意茶园排水，尤其对低洼地，应修建排渍系统。

对受害重、树势衰弱的茶园，应采取深修剪或台刈措施，深修剪应剪去蓬面 15～20cm。修剪或台刈的枝叶应清出园外，集中堆放，以便天敌飞回茶园。

(二) 生物防治

保护利用天敌，应尽量减少施药次数，尤其在天敌高峰期尽量避免施药。

(三) 化学防治

化学防治适期应掌握在卵孵化盛末期，以低容量喷雾为宜。选用化学农药种类参见其他蚧类。

附：测报技术

椰圆盾蚧发生期预测，可采用实地目测，参照常年各代卵盛孵期，观察新生芽叶色泽变化，当出现较多褐色小点时，检查叶背有初孵若虫定居并在枝干上有该虫爬动，则进入孵化盛期，即为施药适期。

吴光远　王定锋（福建省农业科学院茶叶研究所）

第 60 节　茶牡蛎蚧

一、分布与危害

茶牡蛎蚧 [*Paralepidosaphes tubulorum* (Ferris)；异名：*Lepidosaphes tubulorum* Ferris, *Mytilo-*

coccus tubulorum Lindinger, *Paralepidosaphes tubulorum* Borchsenius〕又名乌桕癞蛎蚧、台湾癞蛎盾蚧、黑牡蛎蚧、东方盾蚧,属半翅目盾蚧科。国内西自西藏,东至沿海各地、台湾,北自湖北、山东,南至广东、广西、海南均有分布。国外主要分布于日本、印度、斯里兰卡等。除为害茶树外,还为害油茶、柑橘、乌桕、桑、柿等。主要以雌成虫和若虫附着在枝叶表面吸食汁液,致茶芽叶瘦小,严重时造成枝枯、落叶或全株死亡(彩图 16 - 60 - 1)。

二、形态特征

成虫:雌成虫乳黄色,末端橙黄色,长纺锤形,口器丝状,黄褐色。雄成虫橙黄色,头部黑色,触角丝状,翅半透明。

卵:长椭圆形,初乳白色略带水红色,后变浅紫色。

若虫:扁平,椭圆形,体浅黄色,眼紫红色,触角、足、尾毛明显,分泌浅黄色蜡质。

雄蛹:长为 0.9mm,体略带水红色,眼黑色。

介壳:雌介壳长为 3～4mm,长形,略弯曲,后端大,背面隆起,似牡蛎的壳,暗褐色,壳缘灰白色,壳点灰褐色,突出于头端。雄介壳长为 1.6mm,前端深褐,后端红褐色,具 1 黄色带状纹,壳缘、壳点同雌介壳。

三、生活习性

在贵州、四川 1 年发生 2 代,以卵在茶树枝干上的介壳内越冬。第一代若虫于 4 月中旬至 5 月下旬孵化,5 月中旬达到盛孵期;第二代若虫于 7 月中旬至 9 月上旬孵化,8 月上旬盛孵。10 月中旬至 11 月下旬雌成虫产卵越冬。单雌产卵 40～60 粒。初孵若虫经 24h 爬行活动后,多在茶丛中、下部枝干上或叶片正反面固定为害,并逐渐分泌蜡质覆盖体背,形成介壳。雄虫多在叶面,雌虫多在叶背。

四、发生规律

(一)气候条件

密闭茶园一般发生较多,形成为害中心。卵孵化期间若遇连续阴雨天气,可致孵化率降低,初孵若虫存活率下降,大雨更致大量死亡。

(二)寄主植物

在茶树品种间受茶牡蛎蚧为害程度有差异。在贵州,以 419 品种和广西高脚茶受害较轻,而湄潭苔茶受害较重。

(三)天敌

寄生性天敌昆虫主要有长缨恩蚜小蜂(*Encarsia citrine*)和扑虱恩蚜小蜂(*Encarsia* sp.),捕食性天敌有红点唇瓢虫(*Chilocorus kuwanae* Silvestri)、龟纹瓢虫(*Propylea japonica* Thungberg)和纤丽瓢虫(*Harmonia sedecimnotata* Fabricius)等,寄生性真菌有玫烟色拟青霉(*Paecilomyces fumosoroseus* Wige)和丛赤壳(*Nectria flammea*)等。

五、防治技术

注意选用抗虫品种,重视种苗检疫,防止该虫随苗木传播蔓延;加强茶园管理,合理施肥和修剪,培养树势,促进茶园通风透光;对发生严重、未老先衰的茶园可以进行台刈或重修剪;不采摘的茶园及台刈后留下的树桩,可喷施 45％石硫合剂晶体或 45％松脂酸钠可溶粉剂 60～100 倍液。采摘茶园药剂防治可选用虫螨腈等农药,其他方法可参阅日本长白盾蚧等蚧虫的防治方法。

吴光远 刘丰静(福建省农业科学院茶叶研究所)

第 61 节 角 蜡 蚧

一、分布与危害

角蜡蚧〔*Ceroplastes ceriferus*(Anderson);异名:*Ceroplastes chilensis* Gray, *Lacca alba* Signoret,

Ceroplastes ehrhorni Cockerell] 又名白蜡蚧, 属半翅目蜡蚧科。在我国分布普遍, 西自云南、贵州、四川, 东至沿海各地、台湾, 南自海南、广东、广西, 北至陕西、山东。国外分布于日本、印度、斯里兰卡、美国、墨西哥、智利、牙买加等国和大洋洲地区。除为害茶树外, 还为害柑橘、桃、李、梨、栗、无花果、杏、柿、樱桃、桑、杨梅、油杉、柳、椿等 (彩图 16 - 61 - 1)。

二、形态特征

成虫: 雌成虫体长为 4～5mm, 红褐色至紫褐色, 体背隆起呈半球形, 腹端背面有圆锥形突起。雌成虫介壳半球形, 直径为 5～9mm, 白色稍带粉红色, 蜡质厚, 前期背中央角状突起, 周围有 8 个钝角状小突起, 后期角状突起消失。雄成虫体长约 1mm, 赤褐色, 翅 1 对, 半透明, 腹末有一枚针状交配器。

卵: 椭圆形, 平均长为 0.36mm, 宽为 1.7mm, 肉红至红褐色。

若虫: 初孵若虫体长为 0.3～0.5mm, 宽约 0.23mm, 长椭圆形, 红褐色, 眼黑色。触角 7 节有毛, 末节毛最多, 且有 3 根长毛。腹末有 2 根细长尾毛。定位后渐被白蜡, 形成半球形蜡壳, 直径约 1mm, 周缘具 13 个放射状蜡角, 其中头端一个较粗长, 腹末 2 个较短小。雌二龄若虫, 蜡壳背中始见角状隆起。虫体肉红色, 体长 1.07～2.02mm, 宽为 0.76～1.56mm, 蜡壳直径为 1.2～2.7mm。雌三龄若虫蜡壳近圆形, 背中角突渐成钩状前倾, 周缘蜡突明显, 近于雌成虫介壳, 直径约 4mm。虫体肉红色, 长约 2.5mm, 宽约 2mm。雄二龄若虫蜡壳小而椭圆形, 白色, 周缘 13 个蜡角明显呈星芒状。

三、生活习性

1 年发生 1 代, 大都以一、二龄若虫越冬, 但在四川灌县和安徽滁州、合肥发现以受精雌成虫越冬。在以若虫越冬的地区, 多在 7 月下旬至 8 月中旬开始产卵, 8 月中、下旬为产卵盛期, 8 月中、下旬至 9 月上旬卵开始孵化, 9 月上旬至 10 月中旬为孵化盛期。翌年 5～7 月达到羽化盛期。

卵期约 20d, 若虫期长达 300d 以上, 雌成虫期 40d 左右, 雄成虫期约 2d。

营两性卵生繁殖, 雌成虫经交尾后在体内陆续孕卵, 卵产于虫体腹面, 雌成虫母体随着产卵量的增加, 腹壁向上拱起, 与茶枝杆间形成空隙, 用以藏卵, 产卵结束, 雌成虫便干瘪死亡。产卵量与母体大小有关, 少者数百粒, 多者达 4 000 余粒, 一般为 1 000～2 000 粒。若虫孵化后, 4～5d 内分批爬出母体介壳。初孵若虫活泼, 爬行迅速, 以寻找合适部位固定后开始分泌蜡质覆盖虫体并不断增厚加大, 越冬前虫体很小, 越冬期生长缓慢, 开春后迅速增大, 尤以 5～7 月较为迅速。雄虫多分布在叶片主脉两侧, 雌虫多固定在茶树中上部枝干上。在干旱条件下, 则常以近基部枝干上较多。

四、发生规律

(一) 气候条件

角蜡蚧要求适温高湿, 宜于 15～25℃、相对湿度 85% 以上条件下发生。发育起点温度为 12.35℃, 有效积温为 136.67℃。卵孵化期雨湿状况密切关系到卵的孵化与存活。四川灌县 1973 年 6 月 19～24 日卵孵化期间连续降雨 231mm, 初孵若虫堵在蜡壳内窒息死亡 65%。1988 年 8 月下旬, 广西桂北茶区连续 10d 降雨, 致该虫死亡率达 26.6%。

茶树郁闭、长势旺盛的茶园, 一般虫口发生较多。品种间虫口也存在差异, 川茶上的虫口多于云南大叶种 (张汉鹄和谭济才, 2004)。

(二) 天敌

角蜡蚧寄生性天敌主要有蜡蚧扁角跳小蜂 (*Anicetus ceroplastis* Ishii)、柯氏花翅跳小蜂 (*Microterys clauseni* Compere)、黄色花翅跳小蜂 (*M. flavus* Howard)、蜡蚧花翅跳小蜂 (*M. speciosus* Ishii)、蜡蚧啮小蜂 (*Tetrastichus ceroplasteae*)、夏威夷食蚧蚜小蜂 (*Coccophagus hawaiiensis* Compere)、日本食蚧蚜小蜂 (*C. japonicus* Compere) 和黄盾食蚧蚜小蜂 (*C. scutellaris* Dalman) 等。捕食性天敌常见的有蚂蚁、螳螂食卵, 啮齿类与鸟类取食雌成虫。还有蜡蚧头孢霉 (*Cephalosporium lecanii* Iimm.) 等虫生真菌寄生。广西北部茶区发现 2 种捕食螨, 在角蜡蚧卵孵化后期有重要控制作用。

五、防治技术

(一)农业防治

结合修剪、疏枝、中耕除草,增强树势,增进茶园通风透光,改善茶园栽培环境,抑制虫口发生。

(二)生物防治

保护天敌资源。1982年6月在杭州茶叶试验场品种园调查发现,角蜡蚧被寄生蜂寄生率达10%,啮齿类动物也会捕食该虫。因此,要注意保护茶园天敌。

(三)化学防治

可采用10%虫螨腈悬浮剂2 000~3 000倍液(合每667m² 28~40mL,安全间隔期7~10d)进行防治,施药时一般宜在若虫盛期,注意喷透茶丛。封园后可喷施0.3~0.5波美度石硫合剂。

附:测报技术

(一)调查抽样技术

1. 越冬虫口调查　于冬、春季节,选择不同类型代表性茶园各1块,调查1次。平行线均匀取样20个点,每点行长1m,随机各取10株,共200株,在茶枝上、中、下三段各检查16.5cm长范围,记载越冬虫数,统计平均虫口密度。

2. 卵孵化期观察　5月中旬,在晴天选择有代表性的茶园,剪取虫口较密的茶枝若干,剪去叶片和分枝,带入室内。将有虫枝置于5~10支玻璃管内。管口向上,塞以光滑棉塞,并紧接枝端,放置无阳光直射的通风处,每天午后定时检查1次,见棉塞上呈现紫色小点,即为初孵幼虫。同时,可以辅以解剖镜检查。另取部分有虫枝条,隔日剥下50~100个虫体镜检,统计每一虫体下卵粒数及其已孵化的卵粒数(卵壳),计算孵化率。

(二)预测方法

根据越冬虫口调查,预测发生趋势,再视玻璃管虫情观察或镜检情况,当孵化率达50%,预报孵化盛期;待孵化率达80%以上,预报孵化盛末期。在孵化前镜检,当80%卵粒先后呈现赤褐色眼点,可预计5~6d后达到孵化盛末期。

吴光远　刘丰静(福建省农业科学院茶叶研究所)

第62节　日本龟蜡蚧

一、分布与危害

日本龟蜡蚧(*Ceroplastes japonicus* Green)又名日本蜡蚧,俗称茶虱子、茶乌龟,属半翅目蜡蚧科。在我国主要分布于江苏、浙江、安徽、江西、福建、上海、湖北、湖南、广东、广西、贵州、四川、陕西、山西、甘肃、云南和台湾等省份。国外主要分布于日本。寄主植物广泛,除为害茶树外,还为害柿、枣、柑橘、梨、苹果、梅、李、桃、杏、山茶、枇杷、柠檬、芒果、石榴、柚、无花果、夹竹桃、樱桃和月桂等多种树木。该虫以成虫和若虫固着在枝、叶上吸汁为害,而且排泄蜜露,诱发煤污病,受害茶树芽叶瘦小,产量下降。局部发生严重的茶园,造成枝梢枯死,无茶可采。

二、形态特征

成虫:雌成虫介壳近半球形,蜡质白色硬厚。前期拱现龟纹,中央有1圆突;周缘有8个小圆突,其间夹有洁白蜡点,或被霉污变黑。后期体大拱成半球形,灰白至灰黄色,背面龟甲状凹陷明显。成长介壳长约4.20mm,宽约2.80mm。雌成虫体椭圆,暗紫褐色,长为2.5~3.3mm;触角6节,第三节最长,为其余5节之和;足3对,较发达。雄成虫体长为1.00~1.28mm,翅展为1.80~2.23mm,棕褐色,头、胸背色较深,眼黑色,触角线形(彩图16-62-1)。

卵:长椭圆形,长约0.27mm,橙黄色,孵化前紫红色。

若虫:初孵时椭圆形,扁平,长约0.3mm,淡红褐色,触角及足灰白,腹末具1对细长尾丝。定居后渐泌白蜡形成介壳。雌若虫介壳椭圆微突，周缘现 8 个蜡突。雄若虫介壳长椭圆形，星芒状，周缘有 13 个角突。

雄蛹：椭圆形，长约 1.16mm，紫褐色，眼黑色。

三、生活习性

1 年发生 1 代，以受精雌成虫在一至二年生枝条上越冬。在浙江，越冬雌成虫于 4 月下旬开始产卵，5 月中旬为产卵盛期，6 月上旬至 7 月下旬为孵化期，6 月下旬为盛孵期，8 月下旬至 9 月中旬雄成虫羽化。在四川，越冬雌成虫 5 月开始产卵，6 月为产卵盛期，6 月中旬至 7 月中旬若虫大量发生。在安徽滁州，越冬雌成虫 5 月上旬开始产卵，5 月下旬为产卵盛期，6 月上旬开始孵化，6 月中、下旬为孵化盛期，8 月下旬至 9 月上旬为雄成虫羽化盛期。在山东，5 月下旬至 6 月上旬开始产卵，6 月中旬为产卵盛期，6 月中、下旬开始孵化，7 月上、中旬为孵化盛期，9 月中、下旬为雄成虫羽化盛期。

雌成虫产卵于介壳内的虫体下，每雌产卵 1 000～2 000 粒，最多近 3 000 粒。产卵期长达 7～10d。杨春材等（1996）报道，龟蜡蚧雌成虫的产卵量（y）与雌成虫体重（x）呈极显著正相关，随体重加大，产卵量上升，关系式：$y=94.2x-345.92$。雌成虫产卵后虫体干瘪死亡于蜡壳内。若虫孵化后仍留在母壳内，数天后分批从母体蜡壳中爬出，爬散或借风力、人畜携带传播，经 1～2d 活动，觅得枝叶适宜部位后固定，7d 左右分泌蜡质覆盖虫体，随着时间的推移，蜡质逐渐增厚并形成蜡壳。虫体大都在叶面叶脉附近，叶背及枝上较少。到 8 月，雌若虫陆续由叶片转移到枝干上为害，但雄若虫仍留在叶面为害，直至化蛹、羽化。秋季雌雄交尾后，雌成虫在越冬前缓慢移向枝干越冬。

卵期 30d，若虫期 60d，雄蛹历期 20d，雄成虫约 2d，雌成虫 300d。

四、发生规律

（一）气候条件

日本龟蜡蚧卵的发育起点温度为（15.5±1.0）℃，有效积温为 199.2℃。卵盛孵期的雨湿状况，与卵的孵化和存活关系密切。据马文泉（1984）报道，卵孵期间，雨水多，空气湿度大，气温正常，则卵的孵化率较高，当年茶树受害较重。但是，大雨冲击可导致初孵若虫的存活率下降。冬季雨雪多，气温低，对雌成虫越冬不利。此外，荫蔽、间作或草荒严重的茶园发生也较重。

（二）天敌

日本龟蜡蚧的天敌主要有捕食性天敌、寄生性天敌和虫生真菌等。捕食性天敌主要有红点唇瓢虫（Chilocorus kuwanae），其成虫和幼虫均能捕食日本龟蜡蚧，幼虫期可捕食 500 多头蚧虫，成虫期可捕食 400 多头蚧虫。寄生性天敌有多种小蜂，寄生率在 10％～20％，但田间分布常不均匀，局部高达 40％，个别茶丛甚至高达 75％。常见寄生蜂种类有蜡蚧扁角跳小蜂（Anicetus ceroplastis Ishii）、红帽蜡蚧扁角跳小蜂（A. ohgushii Tachikawa）、柯氏花翅跳小蜂（Microterys clauseni Compere）、黄色花翅跳小蜂（M. flavus Howard）、夏威夷食蚧蚜小蜂（Coccophagus hawaiiensis Compere）、闽粤食蚧蚜小蜂（C. silvestrii Compere）、成都食蚧蚜小蜂（C. chengtuensis Sugetpen）、黑色食蚧蚜小蜂（C. yoshidae Nakayama）、日本食蚧蚜小蜂（C. japonicus Compere）等（张汉鹄等，2004）。虫生真菌主要有蚧镰孢（Fusarium juruanum P. Henn.）和小串珠镰孢（Fusarium moniliforme Sheld.）两种，其中，蚧镰孢菌对日本龟蜡蚧有明显的寄生致病性，幼蚧的室内致死率可达 80％以上，田间致死率为 57.4％。

五、防治技术

（一）农业防治

清除茶园恶性杂草，剪除茶树下部过密的病弱枝、徒长枝，促使茶园通风透光，创造不利于日本龟蜡蚧生长发育的环境，抑制其发生。

（二）生物防治

保护利用天敌资源。采用有利于天敌生存和繁衍的栽培措施，如人工剪除有虫枝时可集中堆放在茶园附近的空地上，待寄生蜂羽化后再行集中烧毁；采用对天敌较安全的选择性农药品种，并尽量减少喷药次数，发挥天敌的自然调控作用。

（三）物理防治

在秋冬和早春季节刷除枝干上的越冬雌虫，降低越冬虫口基数，控制翌年的发生量。

（四）化学防治

应掌握在卵孵化盛末期及时喷药防治。化学农药种类参见其他蚧类。

附：测报技术

（一）目测法

5月底6月初开始监视，当叶面大量出现白色蜡点时，应检查叶面初孵橙红色活动若虫数，一旦明显减少，即进入盛孵期，应及时施药。

（二）镜检回归预测法

5月上、中旬开始翻开介壳粗视雌成虫产卵状况，辅以室内镜检，查得产卵高峰日，按下式预测盛孵期（y）（杨春材，1996），指导适时施药。

$$y=199.2/(t-15.5\pm1)$$

王庆森（福建省农业科学院茶叶研究所）

第63节　红　蜡　蚧

一、分布与危害

红蜡蚧（*Ceroplastes rubens* Maskell）又名大红蜡蚧、脐状红蜡蚧，俗称蜡子，属半翅目蜡蚧科。由于雌成虫体色呈玫瑰红至紫红色，故也称作胭脂虫、红虮子。在我国分布西自西藏，东至沿海各地、台湾，南自海南、广东、广西，北到陕北、山东。在长江流域以南发生较多，屡有局部成灾。海南胶茶间作园亦曾受害较重（彩图16-63-1）。除为害茶树外，还为害柑橘、油茶、龙眼、梨、香樟、芒果、贡山含笑、大叶黄杨、栀子、海棠、玉兰、苏铁、罗汉松、石榴、雪松、桂花等多种植物。以若虫和雌成虫固定在枝、叶上吸汁为害，并诱发煤烟病，致使树势衰退，芽叶稀少，为害严重时甚至整株枯死。

二、形态特征

成虫：雌成虫介壳椭圆，蜡质紫红色较硬厚，背中拱起，周缘翻卷；前期背中隆作小圆突，后期隆作半球形，且中央凹陷呈脐状，两侧有4条弯曲的白色蜡带。成长介壳长为3~4mm，高约2.5mm。雌成虫椭圆形，长约2.5mm，宽约1.7mm，紫红色；触角6节，第三节最长；口器较小，位于前足基节间；足细小；前胸气门和后胸气门发达呈喇叭状，气门沟在体侧凹陷甚深。雄成虫体长约1mm，翅展约2.4mm；体暗红，口针及眼黑色，触角细长淡黄；前翅白色半透明，沿翅脉有淡紫色带状纹；足及交配器淡黄色；后翅退化成平衡棒。

卵：椭圆形，两端稍细，淡紫红色，长约0.3mm，宽约0.15mm。

若虫：一龄卵圆形，扁平，长约0.4mm，红褐色，触角6节，足3对发达，腹末有1对细长尾丝。二龄卵圆形，略拱起，紫红色，足退化，体表泌蜡开始形成淡紫红色介壳，且背中略作长椭圆形隆起，顶部白色，周缘呈现8个角突。三龄雌若虫介壳增大加厚。

雄蛹：长约1.2mm，紫红色，翅、足及触角明显且紧贴体外，尾针较长。蛹外介壳同二龄若虫，长圆形，具角突。

三、生活习性

在我国1年发生1代，以受精雌成虫在茶树枝干上越冬。在浙江黄岩，于5月下旬开始产卵，6月上旬开始孵化，整个卵孵化期长达1个多月，一至三龄若虫发生期分别在6月上旬至6月下旬、7月上旬至8月上旬、8月上旬至8月下旬，9月雌成虫出现，雄虫于8月下旬化蛹，9月上、中旬羽化。在海南琼山，于4月中、下旬开始产卵，5月中、下旬开始孵化，8月下旬至9月上旬雌成虫出现，雄虫于7月中旬化蛹，8月下旬至9月初羽化。秋季羽化后交尾，受精雌成虫在入冬前大都陆续缓慢地移至枝干上越冬，一般又以枝干中上部为多。越冬前后虫体继续增大，春季孕卵，并陆续产卵于体下，产卵期长达1个月，产后雌体干瘪死亡。每雌产卵200余粒，最多可达500粒以上。若虫孵化后成批爬出母体介壳，沿枝干向树上爬动，或借风力、人畜携带传播，待觅得枝叶适宜部位后定居。初孵若虫善爬行，2~3d后在虫体腹部中间开始分泌白色蜡质，随后又分泌红色蜡质，逐渐覆盖全身，形成蜡壳，蜡壳随虫体不断增大而逐渐加厚、增大。在叶上以叶面虫口居多。据黄家峰观察，卵期约20d，若虫期约300d，雌成虫期约40d，雄成虫期2d。

四、发生规律

（一）虫源基数

管理粗放，茶丛密集郁闭，通风透光不良，胶—茶、茶—果间作，均有利于红蜡蚧的发生与为害。

（二）气候条件

卵孵化高峰期出现的迟早和孵化期的长短，与温、湿度有关。5月下旬日平均气温偏高，相对湿度偏低，有利于卵的发育和孵化，孵化期相对提早。6月上旬平均气温的高低，则对孵化期的长短有一定影响，雨日偏少，相对湿度低，孵化就比较集中，孵化期相应缩短。在卵孵化期间若遇连续阴雨，或遇大雨冲刷，则可抑制若虫的孵化存活，降低虫口数量。

（三）天敌

红蜡蚧的天敌有捕食性天敌昆虫、寄生性天敌昆虫和病原微生物等。其中，捕食性天敌昆虫主要有二双斑唇瓢虫（*Chilocorus bijugus* Mulsant）、红点唇瓢虫（*C. kuwanae* Silvestri）、异色瓢虫[*Harmonia axyridis* (Pallas)]和日本通草蛉[*Chrysoperla nipponensis* (Okamoto)]等；寄生性天敌昆虫主要有寄生蜂，徐志宏等（2003）报道红蜡蚧的寄生蜂有19种，分别为：红蜡蚧扁角跳小蜂（*Anicetus beneficus* Ishii et Yasumatsu）、霍氏扁角跳小蜂（*A. howardi* Hayat，Alam et Agarwal）、红帽蜡蚧扁角跳小蜂（*A. ohgushii* Tachikawa）、食红扁角跳小蜂（*A. rubensi* Xu et He）、寡毛扁角跳小蜂（*A. rarisetus* Xu et He）、柯氏花翅跳小蜂（*Microterys clauseni* Compere）、聂特花翅跳小蜂[*M. nietneri* (Motschulsky)]、红黄花翅跳小蜂（*M. rufofulvus* Ishii）、美丽花翅跳小蜂（*M. speciosus* Ishii）、匀色花翅跳小蜂（*M. unicoloris* Xu）、斑翅食蚧蚜小蜂（又称蜡蚧斑翅蚜小蜂）[*Coccophagus ceroplatae* (Howard)]、夏威夷食蚧蚜小蜂（*C. hawaiiensis* Timberlake）、赛黄盾食蚧蚜小蜂（*C. ishii* Compere）、日本食蚧蚜小蜂（*C. japonicus* Compere）、赖食蚧蚜小蜂[*C. lycimnia* (Walker)]、黑色食蚧蚜小蜂（*C. yoshidae* Nakayama）、黑盔蚧短腹金小蜂[*Anysis saissetiae* (Ashmead)]、蜡蚧啮小蜂[*Tetrastichus ceroplasteae* (Girault)]。1983年在浙江宁波茶园的红蜡蚧上发现大量的蜡蚧轮枝菌[*Verticillium lecanii* (Zimm.) Gam & Zare]，田间自然寄生率高达96.5%。

五、防治技术

（一）农业防治

1. 合理施肥 注意氮、磷、钾肥配合使用，采留结合，增强树势，提高茶树自身抗逆能力，减轻为害。

2. 合理修剪 及时中耕除草，剪除有虫枝、徒长枝，对发生严重、树势衰退的茶园，宜于春茶结束后视具体情况进行重剪或台刈，促进茶园通风透光，减轻为害。

（二）生物防治

保护利用天敌资源。采取有利于天敌生存和繁衍的栽培措施，如人工剪除有虫枝时可集中堆放茶园附近的空地上，待寄生蜂羽化后再行集中烧毁；采用对天敌较安全的选择性农药品种，并尽量减少喷药次数，发挥天敌的自然调控作用。

（三）物理防治

人工剪除有虫枝或用竹刀刮除虫体。

（四）化学防治

由于该虫繁殖力和抗逆性强，且虫体外包被厚厚的蜡质，给化学防治带来困难。因此，应掌握在卵孵化盛末期及时喷药防治。化学农药种类参见其他蚧类。

王庆森（福建省农业科学院茶叶研究所）

第64节　茶绿绵蚧

一、分布与危害

茶绿绵蚧（*Chloropulvinaria floccifera* Westwood）又名茶长绵蚧、油茶绿绵蚧、绿绵蜡蚧、茶绵蚧、蜡丝蚧、茶絮蚧，属半翅目蜡蚧科。在我国分布普遍，西自云南、贵州、四川，东至沿海各地，南自海南、广东、广西，北至秦岭、淮河以南，山东也有发生，西藏、台湾不详。江南茶区20世纪60～70年代常局部发生严重。以若虫和雌成虫吸取枝、叶的汁液为害，并诱致茶煤病发生，致使树势衰退，甚至叶落枝枯。除为害茶树外，还为害油茶、柑橘、樟、冬青、月桂等。

二、形态特征

成虫：雌成虫体浅灰黄绿色，有足3对，较发达，刚羽化时，体长2.0～2.2mm，宽0.9～1.1mm，腹扁平，背面隆起，脊上盖有厚蜡丝，体侧密布白色短绒毛，阴孔棕红色外露。产卵前虫体增大，长椭圆形，体长为6～7mm，宽为3～4mm，体被白色绒毛，腹末有长椭圆形白色蜡质卵囊，上有明显纵线，卵囊长为4～6mm，平均为5.8mm，宽为2～3mm，平均为2.4mm（彩图16-64-1）。

雄成虫体长为1.6mm，翅展为4mm，体黄色，胸部背板色略深，头小，眼及口器黑色，触角丝状，9节。有1对前翅，白色，半透明，翅脉2条。有3对足，腹末有1对相当于体长的白蜡尾丝，腹末有1长刺状交配器。雄成虫背面附有完整介壳，上有细长扭曲的白色蜡丝，似长绒状白毛簇。

卵：椭圆形，长为0.33mm，宽为0.2mm，玉白色或淡橘红色。

若虫：初孵若虫椭圆形，扁平，淡黄色，体长为0.8mm，宽为0.2mm。触角及3对足均发达，腹末有2根长蜡丝。披蜡明显后，能肉眼辨别雌雄。雄虫背面长有介壳并密布有竖立的长绒状白蜡丝。雌虫触角退化，介壳不完整，仅脊背中间有白色短蜡丝簇。

雄蛹：体长为1.7～1.8mm，椭圆形，黄色。触角、翅芽和足开始显露，腹末有刺状交配器。

三、生活习性

1年发生1代，以授精雌成虫在茶树枝干上越冬，且以茎基部虫口较多。翌年4月中旬前后，大都爬到上部枝叶上活动取食，并泌蜡形成卵囊产卵。每雌产卵约1 000粒，多者可达2 000余粒。雌虫产卵后，体收缩转焦黄色干瘪死去，留下单独卵囊。在浙江衢州，4月中旬先后产卵。在江西南昌，4月下旬开始产卵，5月中、下旬开始陆续孵化，孵化从开始到结束历时15d。在南昌地区的室内饲养观察，雌成虫产卵期平均为8.9d，卵孵化历期19d。初孵若虫很活跃，爬行很快，一般群集于卵囊附近的叶背面，也有的在叶面，吸取汁液。可借风、人畜携带传播。7月底8月初开始披蜡，此时雌雄无明显差异。随着虫体增大，逐渐迁居分散，雄虫仍多聚集于叶背，移动范围不大。随后雄虫长出长绒蜡丝，10月下旬化蛹，11月中旬成虫羽化。初羽化的雄成虫，潜伏于介壳下面，至气温升高后爬出介壳，寻找雌虫交尾。雄成虫飞翔力弱，成虫期可达1个多月。雌虫越冬前，多由叶背爬动聚集于枝干基部，越冬后雌虫虫体逐渐增长，背渐隆起，并有明显的黑色纵纹，体裸露浅灰黄绿色。翌年4月中旬雌虫虫体开始被覆白色绒毛，先从纵纹处长出，不久白毛增长，将虫体全部覆盖。被毛前，虫体增长至2.5～4.0mm，宽为1.8～3.0mm；被毛后，虫体显著增大，腹部膨大，体长为6～7mm，宽为3～4mm，体转乳黄色，并爬行分散，定居在茶丛荫蔽处近地面的老叶或枝干上，分泌白色蜡质卵囊，并产卵于囊中，也有爬至邻株作囊产卵的。一般雄虫显著多于雌虫，雌雄性比可达1：（4.16～24）。

四、发生规律

(一) 茶园栽培条件

茶绿绵蚧喜潮湿环境，茶园地势低注，排水不良，条栽密植，管理粗放，茶丛郁闭，杂草丛生，通风透光不良，则有利于该虫的发育与繁殖。据观察，在浙江国有十里坪农场凉亭 2、4、5、9 号茶园，局部地势低注，地下水位高，排水不良，土壤湿润，茶绿绵蚧为害占茶园面积的 60%～97%；而在排水良好、地下水位低的瓦窑山和上洪茶园（坡地 5°～10°），该虫却很少发现。

(二) 气候条件

茶绿绵蚧在整个生育期中，个体发育最快的时期是 4 月和 10 月，1963 年月平均气温 4 月为 19.8℃，10 月为 19.2℃；而在 5～9 月的气温是 26～31.6℃，12 月至翌年 3 月为 9.3℃以下（3 月气温略高），这段时间都是个体发育缓慢阶段。

低温多雪对茶绿绵蚧的发育极为不利，如 1964 年 2 月内有 11d 下雪，积雪厚达 165mm，月平均温度为 4.1℃，最低日温－4℃，零度以下连续 7d，经检查茶绿绵蚧死亡率达 8.9%。

(三) 天敌

茶绿绵蚧天敌种类很多，主要有瓢虫捕食和虫生真菌寄生。瓢虫主要有红点唇瓢虫（*Chilocorus kuwanae* Silvestri）、黑缘红瓢虫（*C. rubidus* Hope）、异色瓢虫（*Harmonia axyridis* Pallas）等。20 世纪 70 年代，茶绿绵蚧在安徽祁门一带局部茶园大量发生，随虫口增长诱来大量黑缘红瓢虫迁入，随之该虫得以控制。同一年代，安徽黄山茶林场高山茶园，云雾高湿，球孢白僵菌（*Beauveria bassiana* Balsamo）侵染流行，使茶绿绵蚧大量僵死，导致虫口下降。20 世纪 90 年代，在福建罗源发现茶绿绵蚧被一种白色寄生菌寄生，寄生率高达 82.49%。

五、防治技术

(一) 农业防治

1. 适时修剪或台刈　对于茶绿绵蚧蔓延为害的茶园，宜早春进行抽剪，剪除越冬为害虫枝。对发生严重、未老先衰茶园，春茶采摘结束后宜进行一次修剪或台刈，中耕除草，并将剪下的枝条和杂草一并清出园外空地堆放，待有益天敌（如寄生蜂等）羽化后，进行烧毁。

2. 茶园冬季管理　秋茶采摘结束后，结合茶园管理，增施有机肥，及时清除茶园杂草、枯枝落叶，改善通风透光条件，促使茶树生长健壮，增强茶树抗性，减轻为害。并于 11 月前喷施一次 0.3～0.5 波美度石硫合剂封园。

(二) 生物防治

保护和利用天敌资源。充分利用有利于天敌繁衍的栽培技术措施，采用对天敌安全的选择性农药品种，并尽量减少喷药次数，保护利用天敌对茶绿绵蚧的自然调控作用。

(三) 化学防治

应掌握在卵孵化盛末期至分泌蜡质前期及时喷药防治。化学农药种类参见其他蚧类。

王庆森（福建省农业科学院茶叶研究所）

第 65 节　碧蛾蜡蝉

一、分布与危害

多种蜡蝉于 20 世纪 80 年代起在多地发生，发生程度中等，仅在个别地区个别年份会出现对产量有影响的情况。多种蜡蝉中，以碧蛾蜡蝉发生最为普遍。碧蛾蜡蝉 [*Geisha distinctissima* (Walker)；异名：*Poeciloptera distinctissima* Walker，*Flata distinctissima* Stål] 属半翅目蜡蝉总科蜡蝉科碧蛾蜡蝉属。别名青翅羽衣、橘白蜡虫、碧蜡蝉。

碧蛾蜡蝉已知在我国分布于黑龙江、吉林、辽宁、陕西、河南、山东、上海、江苏、浙江、安徽、台湾、福建、江西、湖北、湖南、重庆、四川、云南、广东、广西、贵州、海南、澳门；在国外分布于日本、朝鲜半岛、越南等。寄主植物种类较多，主要有柑橘、刺枣、柿、桑、桃、李、杏、苹果、榀梓、梨、梅、杨梅、葡萄、无花果、茶、油茶、栗、龙眼、乌桕、甘蔗、花生、菊、八仙花、茶花、茶梅、樱花、南天竹、枸骨、桂花、麻叶绣球、女贞、杜鹃、蔷薇、广玉兰、大叶黄杨、素馨、紫檀、枫香、银柳、樟树、栀子、紫穗槐、枫杨、刺槐、海桐、雪柳、喜树、构树、梧桐、泡桐、苍耳、豚草等。

碧蛾蜡蝉是茶园常见害虫。在国内，碧蛾蜡蝉作为茶树害虫的报道始于 20 世纪 70 年代，1975 年浙江诸暨首次发现为害茶树，1979 年已是江西茶园常见害虫，而福建等地已基本明确了其生活习性。但碧蛾蜡蝉在茶园一般发生量较低，仅局部性成灾，个别茶园每米茶丛有虫近 60 头，目前未见其为害损失率的研究报道（彩图 16 - 65 - 1）。

二、形态特征

成虫：体长为 6～8mm，翅展为 18～21mm。体翅为黄绿色。顶短，略向前突出，侧缘脊状，带褐色；额长大于宽，具中脊，侧缘脊状带褐色；唇基色稍深；喙短粗，伸达中足基节处；复眼黑褐色，单眼黄色。前胸背板短，前缘中部呈弧形突出达复眼前沿，后缘弧形凹入，有淡褐色纵带 2 条；中胸背板很长，中域平坦，具互相平行的纵脊 3 条及淡褐色纵带 2 条。腹部淡黄褐色，被白粉。前翅宽阔，外缘平直，有 1 条红色细纹绕过顶角经过外缘伸达后缘爪片末端，翅脉黄色，翅面散布多条横脉。后翅灰白色，翅脉淡黄褐色。足胫节和跗节色略深（彩图 16 - 65 - 2，1）。

卵：乳白色，纺锤形，长为 1.5mm，一端较尖，一侧略平，有 2 条纵沟，一侧中后部呈鱼鳍状突起。

若虫：体长形，扁平，绿色，覆白色蜡絮；复眼灰色；触角和足淡黄色；腹末截形，附 1 束白绢状长蜡丝。初孵若虫体长约 2mm，老熟若虫体长为 5～6mm（彩图 16 - 65 - 2，2）。

三、生活习性

碧蛾蜡蝉年发生代数自北向南为 1～2 代。浙江、湖南发生 1 代，福建、江西 1～2 代，广西发生 2 代。以卵在寄主嫩茎皮层或叶片组织内越冬。发生期则自南向北推迟。在广西，若虫在 3～4 月即开始发生，7、8 月第二代若虫发生为害，直至 11 月下旬；第一代成虫发生在 6、7 月，第二代成虫在 10 月下旬至 11 月。在福建南部 4 月上旬若虫开始出现，6 月第一代成虫出现，第二代成虫 10 月出现后产卵在嫩茎内越冬。在江西庐山，越冬卵于 4 月孵化，第一代成虫于 6～7 月出现。在浙江诸暨，5 月上旬越冬卵孵化，若虫于 6 月中旬羽化，至 7 月中旬全部羽化完毕，7 月中旬成虫开始产卵，7 月下旬至 8 月上、中旬为产卵盛期，成虫于 8 月下旬后逐渐减少，至 11 月中、下旬绝迹。在河南信阳，越冬卵 5 月底孵化，6 月中旬为孵化盛期，7 月中旬成虫始发，下旬盛发，7 月下旬成虫开始产卵，8 月中旬盛产卵，8 月后成虫数量骤减。

碧蛾蜡蝉趋嫩枝梢刺吸为害，喜潮湿荫蔽，畏阳光，早晨和黄昏多在茶丛蓬面枝梢间活动取食，阳光下即向嫩枝或徒长枝、地蕺枝转移藏匿。成虫善飞，耐饥力差，无趋光性。羽化 1 个月后开始交尾产卵。卵多散产于茶丛中、下部新梢皮层下，或叶柄、叶背组织内，外面留有黑褐色梭形伤痕；也有的 3～5 粒聚产成行。每雌产卵 20 粒左右。

若虫共 4 龄。初孵若虫比较活泼，在茶蓬下阴处嫩叶背面取食活动，一、二龄若虫喜群聚在徒长枝或中、下部嫩枝取食，一处常达 10 余头到数十头。三、四龄若虫逐渐分散并向茶丛中、上部枝上转移，一枝上三四头固着刺吸，而新芽梢上却很少。若虫每次蜕皮前迁移到叶背，蜕皮后又爬至嫩梢固定取食，并分泌白色絮状物，逐渐将虫体覆盖，外观像一堆棉絮状物。若虫善跳，受惊即弹跳逃逸，常留下白色蜡丝。

碧蛾蜡蝉以成虫和若虫刺吸嫩梢、叶片取食为害，使新梢生长迟缓，芽叶质量降低；雌虫产卵时刺伤嫩茎皮层，严重时使嫩梢枯死；若虫分泌蜡丝，严重时枝、茎、叶上布满白色蜡质絮状物，致使树势衰弱。此外，该虫排泄的蜜露还可诱发煤烟病。

四、发生规律

（一）虫源基数

林地茶园发生较重，靠近树木的茶园周围蜡蝉发生量远大于地块中心。特别是多寄主形成的混交林能为碧蛾蜡蝉提供充足的新梢，对稳定碧蛾蜡蝉种群起到重要的作用。产卵期间寄主的生长状况和产卵寄主的选择直接影响翌年的发生程度，未木质化的新梢有利于其产卵，但如果产于草本植物如乌蔹莓茎蔓上，经过秋冬后，茎蔓干枯霉烂，影响了卵的发育，可致翌年种群密度骤减。

（二）茶园栽培条件

茶园长势关系碧蛾蜡蝉的田间分布与虫口发生。茶丛覆盖郁闭度大，繁茂阴湿，是其发生的最佳条件。一般管理粗放，杂草丛生，施用氮肥偏多，春茶前未修剪，少采多留叶，或留养茶园，均有利于其发生。在一般长势的情况下，虫口呈稀密相间、大小集团分布状态，当虫口密度在每平方米 6.3～49.5 头情况下，呈负二项分布或聚集分布。虫情调查宜采用 Z 字形 10 点取样，或对角线 15 点取样。

五、防治技术

（一）农业措施

首先应清除越冬卵，减少发生基数，宜在秋末、早春结合茶园修剪，剪除并清除越冬卵枝梢；其次应加强茶园管理，中耕除草，疏除徒长枝、地蕻枝等，增进茶丛通风透光，降低阴湿度，恶化碧蛾蜡蝉的栖息活动场所；茶季应分批勤采，恶化其营养条件，抑制虫口发生。

（二）化学防治

药剂防治应掌握在若虫盛孵、初龄若虫期。一般茶园通常可喷施 2.5% 溴氰菊酯乳油 6 000～8 000 倍液（合每 667m² 10～13mL，安全间隔期 5d）、2.5% 联苯菊酯乳油 3 000～6 000 倍液（合每 667m² 12.5～25mL，安全间隔期 6d）、24% 虫螨腈悬浮剂 2 000～3 000 倍液（合每 667m² 26～40mL，安全间隔期 7d）等。药液中混用含量 0.3%～0.4% 的柴油乳剂可显著提高防效。在喷药时，应注意喷药质量，务使茶蓬内中下层叶背喷湿喷匀。如果虫口密度大，应在第一次喷药后 7d 左右再喷 1 次，以提高防治效果。

曾明森（福建省农业科学院茶叶研究所）

第 66 节　八点广翅蜡蝉

一、分布与危害

八点广翅蜡蝉［*Ricania speculum*（Walker）；异名：*Flatoides tenebrosus* Walker，*Flatoides perforatus* Walker，*Ricania malaya* Stål］别名八点光蝉、橘八点光蝉、白雄鸡、咖啡黑褐蛾蜡蝉、八点蜡蝉等，属半翅目蜡蝉总科广翅蜡蝉科广翅蜡蝉属。

八点广翅蜡蝉在我国分布于甘肃、陕西、河南、湖北、湖南、江苏、安徽、浙江、江西、福建、台湾、广东、广西、海南、四川、贵州、云南等地，在国外分布于尼泊尔、越南、印度、菲律宾、斯里兰卡、印度尼西亚等地。八点广翅蜡蝉寄主广，以阔叶植物为主，主要有苹果、桃、李、梨、梅、杏、山楂、樱桃、枣、柑橘、金橘、柚、桑、茶、油茶、茶花、板栗、石榴、樟树、构树、喜树、油桐、苦楝、棉、柿、苎麻、黄麻、芝麻、大豆、扁豆、海桐、玫瑰、紫薇、女贞、杜鹃、万年春、迎春花、扶芳藤、蜡梅、梓、黄檀、盐肤木、杨、柳、桂、咖啡、可可、蕨、洋槐等。

八点广翅蜡蝉是茶园蜡蝉常见种之一，20 世纪 90 年代前为害较轻，常与其他种类的蜡蝉统称蜡蝉。20 世纪 90 年代起在湖南中部、南部、西部的山区茶园和丘陵茶园发生为害，局部茶园有成灾现象。2000年以来，八点广翅蜡蝉成为广东英德、河南信阳等茶区害虫优势种之一，与其他蜡蝉混杂发生，成为部分茶区的主要害虫。八点广翅蜡蝉主要以若虫、成虫刺吸茶树嫩梢的汁液为害，新梢受害后生长迟缓，甚至枯萎。若虫期分泌白色蜡质，排泄蜜露，污染叶片及枝梢，引起煤污病，影响茶树的正常生长。成虫产卵在茶树嫩梢组织内，常致新梢生长枯竭或折断。八点广翅蜡蝉食性杂，也是果树、森林和农作物的害虫，90 年代起已给香柚（湖南辰溪）、柑橘（湖北宜昌、浙江温州）、青梅（浙江湖州）、石榴、油茶（江西）、园林植物（贵州铜仁）等果木生产造成严重损失。

二、形态特征

成虫：体长为 6～7.5mm，翅展为 16～18mm。头胸部黑褐色至烟褐色，足和腹部褐色，有些个体的后胸、腹基节及足为黄褐色。额具中脊和侧脊，但极不清晰，唇基具中脊。前胸背板具中脊，两边点刻明显；中胸背板具纵脊3条，中脊长而直，侧脊近中部向前分叉，两内叉内斜至端部几乎会合，外叉较短。前翅褐色至烟褐色；前缘近端部2/5处有1近半圆形透明斑，斑的外下方有1较大的不规则形透明斑，内下方有1较小的长圆形透明斑，近前缘顶角处还有1很小的狭长透明斑；翅外缘有2个较大的透明斑，其中前斑不规则（多数在上内方有1突起，有的个体在下内方也有1突起），后斑长圆形，内有1小褐斑（有的个体该小斑近乎消失，而有的个体该斑较大，将后斑分成2个）；翅面上散布有白色蜡粉。后翅黑褐色，半透明，基部色略深，脉色深，中室端部有1小透明斑。少数个体在近前缘处还有1狭长的小透明斑，外缘端半部有1列小透明斑。后足胫节外侧有刺2个（彩图16-66-1，1）。

卵：长为1.2mm，长卵形，卵顶具1圆形小突起，初乳白渐变淡黄色。

若虫：头额宽大截平，体形短胖，略呈钝菱形，翅芽处最宽，体长为5～6mm，宽为3.5～4mm。初孵若虫乳白色，渐转暗黄褐色，布有深浅不同的斑纹。近羽化时一些个体背部斑纹色较深，腹部末端有4束灰白色波状弯曲的蜡丝，呈扇状伸出，中间1对长约7mm，两侧长6mm左右，平时腹端上弯，蜡丝覆于体背以保护身体，常作孔雀开屏状，向上直立或伸向后方，通体形态似章鱼（彩图16-66-1，2）。

三、生活习性

一般1年发生1代，以卵于枝条内越冬。在陕西、河南等地，若虫于5月中、下旬陆续孵化，在贵州铜仁和湖南怀化等地于4月上、中旬开始孵化。7～8月成虫羽化，9～10月仍可见成虫活动。在江西南昌油茶上1年发生2代，以第二代未成熟的成虫在枝条、枯枝落叶或土缝中越冬，部分以卵越冬。4月上旬开始活动并产卵，5月上旬开始卵陆续孵化，至6月上旬若虫开始老熟羽化，7月上、中旬前后为羽化盛期，成虫经20d左右开始交尾，7月上旬至8月下旬为产卵期，8月上旬第二代若虫开始孵化，至9月上旬第二代老熟若虫羽化，羽化的成虫经短时补充营养后下树寻找合适的场所越冬。

成、若虫白天活动为害，刺吸茶树嫩梢汁液。幼龄若虫具有较强的群集性，常数头聚集在嫩茎或嫩叶背面为害，四龄后分散为害。若虫爬行迅速，受惊动跳跃逃逸，腹末蜡丝簇生，披散波状弯曲，上举作孔雀开屏状。蜡丝常脱落于栖息为害处。若虫怕水，下雨时下移入丛内，天晴即上梢为害。成虫羽化后继续取食为害，约10d后即可交尾、产卵，每头雌虫可产卵4～5次，每次间隔6～8d。卵产于当年生成熟枝梢木质部内，每次可产卵20余粒，雌虫以产卵器刺破皮层成深达木质部的卵穴，每一穴产1粒卵，卵穴彼此相邻排成1纵列，长为10～35mm。卵列处杂布产卵时产卵器锉出的部分木质部纤维组织，并覆有白色绵毛状蜡丝，蜡丝易脱落，孵化后露出孵化孔。成虫有趋聚产卵的习性，虫量大时被害枝上布满卵列。成虫飞行力较强且迅速，有一定的趋光性，1代区成虫至秋后陆续死亡。八点广翅蜡蝉在湖北宜昌的各虫态历期分别为：卵期为270～332d，若虫期为40～50d，成虫期为28～40d（钟仕田，1989）。

四、发生规律

（一）寄主植物

八点广翅蜡蝉趋嫩性强，造成八点广翅蜡蝉成虫对不同茶树品种的选择性，茶园内各品种上成虫数量表现为：英红9号＞黄枝香＞金观音。

八点广翅蜡蝉成虫自身生活习性和环境共同影响了其在茶园的空间分布。在品种一致、长势较为均一的茶园中，八点广翅蜡蝉成虫虫口密度在每调查点2.3～17.9头范围内于茶园中呈一般的聚集分布（负二项分布），一般以对角线和Z形法实地取样，可根据Willson（1983）提出的序贯抽样估计法按$K=4.911$制成精密度为0.20、0.25、0.30的序贯抽样表。

（二）茶园栽培条件

八点广翅蜡蝉喜欢阴湿环境，杂草繁茂的茶园发生较重。茶树生长繁茂、树冠高大的发生较重；一般周围植被丰富的茶园，尤其是生态茶园生态树的种植常致茶园通风条件差，光照弱，湿度大，为八点广翅蜡蝉提供了较适宜的生存场所。所以，山区茶园和丘陵茶园发生较严重。此外，施肥水平高、茶梢抽长旺盛、采摘不勤、营养条件好的茶园发生较重。茶园生态条件对八点广翅蜡蝉的发生有很大的关系，含有其他寄主的生态茶园可为八点广翅蜡蝉提供充足的食物资源和栖息场所，延长了八点广翅蜡蝉为害时间，常加重其发生为害。近年来，随着茶园生态建设的推广，八点广翅蜡蝉在短期内发生为害将呈加重趋势。

(三) 天敌

湖北宜昌观察发现，八点广翅蜡蝉常受多种天敌的抑制，其中普通草蛉、大腹圆蛛等为优势种，还有日本通草蛉、大草蛉、步甲、异色瓢虫等多种昆虫和黄褐新圆蛛、八斑球腹蛛等 14 种蜘蛛。卵期还发现一种小蜂寄生 (钟仕田，1989)。另据湖南报道，蜡蝉的天敌种类很多，已发现 20 多种。主要天敌有鸟类：白脸山雀 (*Parus major* Linne)、棕背伯劳 (*Lanius schach* Linne)、画眉 (*Garrulax canorus* Linne)、灰喜鹊 [*Cyanopica cyana* (Pallas)]；蜘蛛类：黄斑圆蛛 (*Araneus ejusmodi* Boes. et Str.)、三突花蛛 [*Misumenops tricuspidatus* (Fabr.)]、黑色蝇虎 [*Plexippus paykulli* (Savigny et Audouin)]；捕食性昆虫类：普通草蛉 [*Chrysoperla carnea* (Stephens)]、日本通草蛉 [*Chrysoperla nipponensis* (Okamoto)]、大草蛉 [*Chrysopa pallens* (Rambur)]、中华大刀螳 [*Tenodera sinensis* (Saussure)]、黄蜻 (*Pantala flavescens* Fabricius)、猎蝽 (*Sirthenea* sp.)、异色瓢虫 [*Harmonia axyridis* (Pallas)]。在山区以鸟类对蜡蝉成虫的控制作用最大。对蜡蝉若虫的控制以草蛉、猎蝽和瓢虫类为主，其中以普通草蛉的若虫为优势种。

五、防治技术

八点广翅蜡蝉的发生与阴湿环境、生态条件关系密切，茶园植被覆盖度大、阔叶树种寄主抽梢轮次多的茶园发生严重，也与近年来夏茶弃采和茶园失管致杂草丛生有关。为此，首先应加强茶园管理，整治茶园环境。八点广翅蜡蝉趋嫩性强，防治上应以控梢为主，而剪除卵枝是防治该虫的关键节点。

(一) 农业防治

八点广翅蜡蝉产卵于当季成熟枝条内，茶园修剪剪除卵枝是一种关键的控制措施。1 代区可在全年茶季结束后修剪，2 代区在夏茶结束后修剪一次。修剪还能恶化害虫取食、产卵条件及栖息场所，抑制其发生。八点广翅蜡蝉喜阴湿，应及时清除杂草，对周围植被进行修剪、清理，地下水位高的茶园要注意排水，综合改善通风、透光条件，从而抑制其发生。八点广翅蜡蝉趋嫩性强，应及时采摘，发生严重的茶园可重采、强采。

(二) 生物防治

生态茶园是现代茶业的发展方向，是利用天敌的基础，但在生态茶园建设中要注意生态树种的选择、遮阴度的控制等。茶园农药和杀虫灯等非选择性防治方法的应用要科学，以尽量减少对天敌的伤害。

(三) 物理防治

八点广翅蜡蝉成虫有趋光性，在成虫发生期，可利用频振式诱虫灯诱杀成虫，从而有效降低成虫种群密度及后代发生数量。在发生季节可用捕虫网捕捉成虫和若虫。

(四) 化学防治

在若虫盛孵期用药。防治八点广翅蜡蝉的药剂种类较多，以触杀或内吸农药为好，可选用 2.5% 溴氰菊酯乳油 6 000～8 000 倍液 (合每 667m² 10～13mL，安全间隔期 5d)、2.5% 联苯菊酯乳油 3 000～6 000 倍液 (合每 667m² 12.5～25mL，安全间隔期 6～7d)、24% 虫螨腈悬浮剂 2 000～3 000 倍液 (合每 667m² 26～40mL，安全间隔期 7d) 等。在配制药液时，药液中添加 1% 矿物油，可显著提高防治效果。

曾明森 (福建省农业科学院茶叶研究所)

第 67 节　柿广翅蜡蝉

一、分布与危害

柿广翅蜡蝉 (*Ricania sublimbata* Jacobi) 属半翅目蜡蝉总科广翅蜡蝉科广翅蜡蝉属。最初被命名为 *Pochazia sublimate* Schumacher (1915)，隶属于宽广蜡蝉属，后从宽广蜡蝉属调入广翅蜡蝉属，并更名为 *Ricania sublimbata* Jacobi (1916)。

柿广翅蜡蝉寄主广泛，目前已知的林木类寄主分属 53 个科共 134 种。主要寄主有柿、茶、山楂、栀子、小叶青冈、山胡椒、母猪藤、柑橘、苹果、桃、李、椿、构树、梧桐、女贞、桂花等。在我国，柿广翅蜡蝉分布于黑龙江、山东、河南、湖北、湖南、四川、浙江、江苏、安徽、福建、台湾、重庆、广东、广西、贵州、江西、上海等地。柿广翅蜡蝉为害茶树的报道最早见于 1995 年。2006 年湖北南部茶园发现该虫为害，2011 年河南南部平原和高山茶园均发生柿广翅蜡蝉为害，其分布范围逐年扩大，为害逐年加重，已上升为河南南部茶园的主要害虫之一。

二、形态特征

成虫：体长为 6.5～10mm，翅展约 24～36mm；头、胸呈黑褐色；腹部基部黄褐至深褐色，其余各节深褐色，头胸及前翅表面多被绿色蜡粉。额中脊长而明显，无侧脊；前胸背板具中脊，两边具刻点；中胸背板具纵脊 3 条，中脊直而长，侧脊斜向内，在端部互相靠近，在中部向前外方伸出一短小的外叉。前翅前缘外缘深褐色，向中域和后缘色渐变淡；前缘 1/3 处稍凹入，此处有一三角形至半圆形淡黄褐色斑。后翅暗黑褐色，半透明，脉纹黑色，脉纹边缘有灰白色蜡粉，前缘基部色浅，后缘域有 2 条淡色纵纹。前足胫节外侧有刺 2 个（彩图 16 - 67 - 1）。

雌成虫和雄成虫触角感受器类型和分布形式相似，均有毛形、毛腔形、耳廓形、三角形、锥形和腔形感受器。其中毛形感受器最多，占总感受器的 40％以上，主要分布于梗节上。其次为三角形感受器和锥形感受器，分别占总感受器的 25％和 15％以上，主要分布在梗节上。耳廓形感受器在梗节上呈环状排列，数量占总感受器的 10％以上。毛腔形感受器分布在鞭节基部，仅有 1 个。

柿广翅蜡蝉成虫足上存在 5 种形态的感受器，包括刺形、毛形、三角形、吸耳球形和 Bohm 氏鬃毛等感受器。其中刺形感受器最多，占总感受器的 50％，主要分布于腿节和胫节上。其次为三角形感受器和吸耳球形感受器，分别占总感受器的 20％和 15％，主要分布在前跗节的爪垫上。Bohm 氏鬃毛感受器在爪片上分层且成簇排列，数量占总感受器的 10％。毛形感受器主要分布在基节上，数量占总感受器的 5％。雌成虫和雄成虫之间足上感受器类型、数量和分布特点相似。

卵：长为 1.13～1.14mm，长肾形，顶端有微小乳状突起，初产时为乳白色，后渐变成白色至浅蓝色，近孵化时为灰褐色。卵块呈条状双行互生倾斜排列于嫩枝、叶脉或叶柄组织内，上面均匀地覆盖白色绵状物，之后消失。

若虫：共 5 龄。体长在一龄期为 1.20～1.32mm，三龄期为 2.95～3.10mm，五龄期为 4.95～5.33mm。其中一龄期体色呈淡黄绿色，胸部背板上有一条淡色中纵脊，腹末有 4 个无色透明的泌腺孔，蜡丝丛上翘，可将腹部覆盖；三龄期体色淡绿，泌腺孔淡紫色，中后胸背板中纵脊两侧各有 1 个黑点，蜡丝丛可将全身覆盖；五龄期体淡黄色，前、中胸背板中纵脊两侧各有 1 个黑点，后胸背板上因翅芽覆盖仅可见 2 个黑点（四龄期为 4 个黑点），蜡丝丛淡黄色间有紫色斑（彩图 16 - 67 - 1）。

三、生活习性

柿广翅蜡蝉一般 1 年发生 2 代，以卵产于茶树枝条内越冬，在豫南茶区越冬代卵一般在 4 月中、下旬开始孵化，5 月上旬达到孵化盛期，成虫始于 5 月下旬，6 月上旬为羽化高峰期，成虫期 30d；第一代卵始于 6 月下旬，7 月中、下旬达到产卵高峰；若虫始见于 7 月下旬，高峰期在 8 月，盛发期在 9 月；成虫于 9 月下旬开始产越冬卵，10 月达到产卵盛期，11 月上旬仍有少量成虫活动。

若虫孵化多于晚上至凌晨 2：00，刚孵化若虫体呈白色，尾部光滑。若虫畏光，孵化后爬行至较隐蔽的叶片背部为害，孵化经数小时后，腹末即分泌出雪花状的蜡丝丛覆于体背，体色渐渐变成淡绿至绿色。若虫善爬行，甚为活跃，爬行时除腹末 4 根蜡丝平直向后伸外，其余 8 根蜡丝均直立或斜立于腹末呈扇形。受惊动过大时则迅速跳跃逃逸。雨天和夜晚多栖息于茶树内部枝条上或叶背。大龄若虫多单头隐栖于叶背为害，嫩梢和叶面仅有少数，且多见于傍晚或阴天。成虫产卵聚集，初孵若虫亦具群集性，一至二龄若虫喜群集，通常 3～5 头集中在同一叶片上取食，三龄后则向茶丛中迁移分散取食，食量也显著增大。经过 4 次蜕皮后羽化为成虫。

蛹多于凌晨羽化。刚羽化的成虫全身白色，眼呈灰褐色，12h 后渐渐变成黑褐色。初羽化的成虫静栖于原位不动，即使摇动枝叶也不离开，约 15h 后即能飞翔。成虫飞行力较强且迅速，一般不作长距离飞行，善跳跃，趋黄色性强，有一定的趋光性。成虫白天活动为害，温暖晴朗天气活跃，早晚或阴天活动少。成虫羽化后，多在幼嫩枝梢上吸汁为害，耐饥力弱，断食 1.6～2.1d 死亡。成虫羽化取食约 10d 后，才进行交尾，交尾几天后雄虫死亡，雌虫还需取食近 10d 后产卵。卵产于当年生茶树枝条木质部内，以直径 2～3mm 的枝背面光滑处落卵最多，少量产于叶片主脉。卵孵化后，产卵条表面呈现粉末木屑，易折断枯死。产卵时，雌虫先用产卵器刺破枝条表皮长达 7～18mm、深达木质部的产卵痕，产卵从枝条下部开始，逐渐往上部移动，产卵完毕，将产卵前尾部分泌的大量白色蜡丝均匀覆盖于产卵痕上。每行卵有 6～17 粒，相邻两卵间隔大约 0.8mm。每头雌虫产卵 29～103 粒，平均 62 粒。成虫具有群集性，产卵也具有聚集现象。

四、发生规律

（一）气候条件

在江苏金坛地区柿广翅蜡蝉卵期发育起点温度为 $(12.6\pm1.2)℃$，有效积温为 $(252.2\pm25.1)℃$；若虫期发育起点温度为 $(12.9\pm4.4)℃$，有效积温为 $(749.7\pm284.1)℃$；成虫期发育起点温度为 $(24.0\pm0.6)℃$，有效积温为 $(65.6\pm12.2)℃$；全世代发育起点温度为 $(12.6\pm0.8)℃$，有效积温为 $(1430.8\pm111.8)℃$。

（二）天敌

柿广翅蜡蝉的天敌现已查明的有 24 种，其中小蚂蚁捕食卵，平腹小蜂寄生卵，日本通草蛉、大草蛉、普通草蛉、八斑瓢虫、龟纹瓢虫、异色瓢虫、蓝长颈步甲等捕食若虫，两点广腹螳螂、大刀螂、点球腹蛛、灰背狼蛛、麻雀、蝙蝠、燕子等捕食若虫和成虫。

五、防治技术

（一）农业防治

结合茶园修剪，清除带卵茶梢，并带出茶园烧毁；因该虫喜好阴暗环境，因此，宜及时清除茶园杂草，改善茶园通风透光条件。

（二）生物防治

利用有利于天敌繁衍的耕作栽培措施，选择对天敌较安全的选择性农药，并合理减少施用化学农药，保护利用天敌昆虫来控制柿广翅蜡蝉种群。

（三）物理防治

柿广翅蜡蝉成虫趋色性强，可用黄色色板诱杀。

（四）化学防治

在若虫盛发期可将装洗衣粉水的盆接在茶树下，用力摇晃茶树，集中杀灭。化学防治可选用 10％虫螨腈悬浮剂 2 500 倍液（合每 $667m^2$ 30mL，安全间隔期 10d）、50％马拉硫磷乳油 800～1 000 倍液（合每 $667m^2$ 80～100mL，安全间隔期 7～10d）。由于虫体被有蜡粉，在药液中混用含油量为 0.3％～0.4％的柴油乳剂或黏土柴油乳剂，可提高防治效果。防治适期应选择在柿广翅蜡蝉一至三龄若虫期，在孵化高峰期防治效果最佳（汪篯等，2000；刘永生等，2001；刘永生，2003）。

吴光远　刘丰静（福建省农业科学院茶叶研究所）

第 68 节　褐带广翅蜡蝉

一、分布与危害

褐带广翅蜡蝉（*Ricania taeniata* Stål）又称有裙带蜡蝉、龟甲羽衣，属半翅目蜡蝉总科广蜡蝉科广翅蜡蝉属。褐带广翅蜡蝉为害茶、柑橘、水稻、甘蔗及禾本科杂草等。在我国主要分布于陕西、江苏、上海、浙江、湖北、江西、台湾、广东、广西、贵州，在国外分布于日本、菲律宾、马来西亚、印度尼西亚等。

二、形态特征

成虫：体长为 4.5mm，翅展为 14mm。头、胸背面褐色，腹面色较浅，腹部黄褐色。额具中脊和侧脊，均较长而明显；唇基无中脊。前胸背板具中脊，两边点刻明显；中胸背板具纵脊 3 条，中脊直且长，有的个体端半部较模糊，侧脊从中部向前分叉，两内叉内斜于端部互相会合，外叉短而模糊。前翅黄褐色，基部和前缘色较深；翅中部具 2 条深色的直横带，近外缘还有一较宽色更深的直横带，此带内方还有 1 很细的褐色横带。后翅浅褐色，无斑纹。后足胫节外侧有 2 刺。

卵：长为 1.2～1.3mm，长椭圆形，灰白色。

若虫：体长约 6mm，体被白色蜡絮，有 4 条褐色纵纹。

三、生活习性

褐带广翅蜡蝉 1 年发生 1 代或 2 代，主要以卵越冬，部分以末代成熟的成虫在枝条丛、枯枝落叶或土缝中越冬。卵期 10 个月左右，若虫期 1～2 个月，成虫期 1 个月左右。卵多产于寄主的嫩枝、叶脉和叶柄的组织内，表面均匀地覆盖着白色絮状物，幼嫩枝梢被产卵的，入冬后嫩梢可逐渐干枯死亡。卵孵化多集中在 21：00 至翌日早晨。初孵若虫善爬行，孵化后移至下部枝条，群集于叶背及嫩枝上，数小时后，体背被腹部分泌的蜡丝覆盖，并开始跳跃。取食时移至上部嫩梢或下部嫩梢上。若虫共 5 龄，一至二龄有群居习性，三龄后分散为害。若虫受惊后可弹跳转迁别处取食，原来的为害处一般不会留有白色蜡粉和絮状物，但在高龄若虫期弹跳转移的，可在原为害处见到少许的白蜡粉。成虫一般全天均可羽化，夏日高温时多在早、晚羽化。多在天气晴朗的清晨和傍晚随风移动。成虫善跳跃且飞翔能力强，成虫寿命较长，耐饥力较差。

四、发生规律

在生长茂密、通风透光差的茶园，夏、秋雨季的多阴雨期间褐带广翅蜡蝉发生较多。一般管理粗放、杂草丛生、氮肥偏多、春茶前未修剪、少采多留叶的茶园，均有利于其发生。在冬季或早春，气温连续数天持续低温后，越冬成虫大量死亡，虫口密度下降，翌年第一代发生量相对较少。

五、防治技术

（一）农业防治

剪除产卵虫梢。广翅蜡蝉科的种类产卵聚集，产卵痕明显，有的有卵枝梢枯萎，容易识别，可在冬季和早春结合茶树修剪，剪除产卵枝梢，带出园外销毁，减少越冬虫源基数。

（二）生物防治

保护天敌，充分发挥天敌的控制作用。在茶园严禁猎鸟。在蜘蛛和捕食性昆虫发生多时，尽量减少化学药剂的使用次数和使用量。

（三）化学防治

应在若虫盛孵后及时进行化学防治，农药选择可参考其他蜡蝉类害虫，并注重茶丛内中上部叶背的喷施。

王庆森　李慧玲（福建省农业科学院茶叶研究所）

第 69 节　钩纹广翅蜡蝉

一、分布与危害

钩纹广翅蜡蝉（*Ricania simulans* Walker；异名：*R. episcopalus* Walker，*R. episcopalis* Stål）。属半翅目蜡蝉总科广翅蜡蝉科。

钩纹广翅蜡蝉分布于黑龙江、山东、四川、浙江、福建、台湾、江西、广东、广西等地。主要为害苹果、梨、桃、柑橘、茶、桑、苎麻。钩纹广翅蜡蝉主要以若虫、成虫刺吸茶树嫩梢、叶片的汁液，被害茶树生长不良、发芽稀且小、叶片细薄，甚至新梢枯萎。若虫期体背和腹末分泌白色蜡质，排泄蜜露，阻碍茶树的光合作用，影响茶树的正常生长发育。成虫产卵在茶树嫩梢及叶片主脉组织内，对新梢组织造成损伤。

二、形态特征

成虫：体长为7～9mm，翅展为11～15mm。体褐色至深褐色，以中胸背板色最深，腹面色浅，后翅色淡，前翅油状光泽明显。额具中脊，无侧脊，前胸背板具中脊，两边有刻点；中胸背板具中脊3条，中脊长而直，侧脊从中部向前分叉，二内叉内斜，端部互相靠近，外叉短，基部断开。前翅广阔，外缘和内缘长度相等；前缘的横脉域和外缘整齐排列的端室连成一宽带，并略呈波状；前缘近端部2/5处有一长三角形透明斑，近顶角有一黑褐色隆起眼斑；内横带透明，宽而略呈弧形，前端不到前缘的横脉域；外横带由2条透明的短横带组成，其前带的末端向内伸出一小叉；内外横带之间近顶角处有一黑褐色隆起的眼斑。后翅翅脉色深，二横带均无色透明，带上的脉纹白色；翅后缘有无色透明纵条。后足胫节外侧具2个大刺和1个极小的刺。

卵：长约1～1.3mm，近圆锥形，初乳白色，渐变淡黄色。

若虫：黄褐色，布有深浅不同的斑纹，低龄若虫为乳白色，体被白色蜡粉，外貌整体呈灰白色。

三、生活习性

钩纹广翅蜡蝉一般1年发生1～2代，在湖南1年发生1代，以末代成熟的成虫在茶丛内、枯枝落叶中越冬，部分以卵越冬。4月上旬越冬成虫开始活动，5月上旬卵开始孵化，6月下旬至7月上旬为羽化盛期。成虫大量发生于7～8月，9月后虫口数量骤减。成虫羽化后1个月左右开始产卵，卵多产于茶树新梢皮层内，群集产卵，一般产在当年生嫩梢上，几十粒卵环集成团，产卵处明显，表面粗糙，有卵新梢有时枯死。初孵若虫较活泼，孵化后即向茶丛中下部阴暗处爬行。一至二龄若虫喜群集在徒长枝上取食，三至四龄若虫则向茶丛中上部迁移。各龄若虫均固定一处取食，体背分泌白色蜡质覆盖。若虫畏光，受惊后即弹跳逃逸，且留下尾部白色毛束。成虫耐饥力差，飞翔力弱，受惊扰一般不作长距离飞翔，但善跳跃。

四、发生规律

在生长茂密、通风透光差的茶园，夏秋多阴雨期间蜡蝉发生较多。一般管理粗放、杂草丛生、氮肥偏多、春茶前未修剪、少采多留叶的茶园，均有利于钩纹广翅蜡蝉发生。

五、防治技术

（一）农业防治

加强茶园管理，中耕除草，疏除徒长枝，增进茶丛通风透光，降低阴湿度，结合春前轻修剪，茶季分批勤采，抑制虫口发生。

（二）物理防治

人工捕杀，成虫盛发期用网捕杀，安置黑光灯或使用频振式诱虫灯诱杀成虫，也可减少下一代虫口数量。冬季结合清园，剪除带卵枝条，集中烧毁，减少越冬虫卵。加强肥水管理，缩短春梢老熟时间，摘除零星夏梢，阻断钩纹广翅蜡蝉的食物链。

（三）化学防治

掌握若虫盛孵、初龄若虫期及时施药。可喷施2.5%溴氰菊酯乳油6 000～8 000倍液（合每667m² 10～13mL，安全间隔期5d）、2.5%联苯菊酯乳油3 000～6 000倍液（合每667m² 12.5～25mL，安全间隔期6d）、24%虫螨腈悬浮剂2 000～3 000倍液（合每667m² 26～40mL，安全间隔期7d）等。

王庆森　李慧玲（福建省农业科学院茶叶研究所）

第70节　缘纹广翅蜡蝉

一、分布与危害

缘纹广翅蜡蝉［*Ricania marginalis*（Walker），异名：*Flatoides marginalis* Walker］属半翅目蜡蝉

总科广翅蜡蝉科。缘纹广翅蜡蝉在我国主要分布于湖北、浙江、广东、广西；在国外分布于缅甸、印度、马来西亚。除茶树外，该虫还为害桃、咖啡、油茶（周尧和路进生，1985）。

二、形态特征

成虫：体长为 6.5～8mm，翅展为 19～23mm。体褐色至深褐色，有的个体很浅，近黄褐色，中胸背板色最深，近黑褐色，足的颜色稍浅。额中脊长而明显，侧脊很短，前胸背板具中脊，两边刻点明显；中胸背板长，具纵脊 3 条，中脊长而直，侧脊前半端分叉，二内叉内斜在端部互相靠近，外叉短，基部稍断开。前翅深褐色，后缘色稍浅，前缘外方 1/3 处有三角形大透明斑，近中部有 1 正圆形透明斑，此斑的内方还有 1 暗褐色小圆斑；外缘有 1 大 2 小不规则形的透明斑，后斑较小，斑纹常散成多个；沿外缘还有 1 列很小的透明小斑点；翅面上散布有白色蜡粉。后翅黑褐色半透明，脉纹近黑色，前缘基部色稍浅。后足胫节外侧具刺 2 个（彩图 16 - 70 - 1）。

卵：长约 1～1.3mm，近圆锥形，乳白色。

若虫：体淡褐色，胸背外露，有 4 条褐色纵纹，腹末有 2 束绢状白蜡长丝。

三、生活习性

缘纹广翅蜡蝉 1 年发生 1～2 代，在江苏 1 年发生 1 代，多以卵在枝梢内越冬，少数以成虫在茶丛中越冬。春季越冬卵孵化出若虫刺吸为害芽梢，并分泌蜡丝。7 月中、下旬盛孵，且孵化期较长。至 9 月上旬羽化为成虫，10 月中、下旬盛卵，11 月中旬绝迹。在茶丛间飞动活跃，刺吸为害夏、秋季嫩梢，并刺裂枝梢皮层产卵导致芽梢干枯。成虫善飞翔，多静伏于新梢上刺吸为害，少数则栖于叶背。成虫寿命较长，羽化后约 1 个月产卵。其产卵具有趋嫩性，多产于新梢皮层，也有产在叶柄及叶背主脉内的，多呈双行排列，大部分位于向阳方向。据调查，离叶层高度为 10cm 处越冬卵占 87.3%，10～20cm 处占 11.75%，大于 20cm 处占 0.95%。产卵时先以产卵瓣划破皮层，而后产卵其中，卵的一端作鱼鳍状突起外露，外被白色絮状分泌物，每处产卵数不等，多则 10 多粒，少则 1 粒，排列成行，每雌均可产卵 20 多粒。若虫孵化后转移至下部枝条，取食时移至上部嫩梢或下部嫩枝上。一至二龄若虫有群居习性，三龄后则分散爬至上部嫩梢为害。若虫共 5 龄，每次蜕皮前移至叶背，蜕皮后再迁回嫩茎上为害，分泌白色絮状物覆盖虫体，体被蜡质丝状物，栖息处还常留下许多白色蜡丝。

四、发生规律

缘纹广翅蜡蝉卵在田间的分布型为聚集分布，其聚集分布由环境因素造成，主要是修剪方式的变化。近几年各地大量发展名优茶，采取了立体式采摘，许多茶场每年在春茶后修剪一次，夏、秋茶便不再采摘，留养大量的嫩梢给蜡蝉提供了较好的食料、产卵条件和活动空间；其次靠近树林也是重要原因。缘纹广翅蜡蝉发生和为害的轻重与气候条件、寄主品种、生育期、栽培技术、生境条件（地形和植被）和天敌等因素密切相关。喜温暖湿润的气候条件，凡 1～4 月月均温比常年高、降水量比常年偏多的年份，第一代发生重，第一、二龄若虫盛期遇大风大雨，虫体可被冲刷致死，连续阴雨也不利于虫体生长。

五、防治技术

（一）农业防治

剪除产卵虫梢。广翅蜡蝉科害虫产卵密集成团，产卵痕明显，有的枝梢枯萎，可在冬季和早春结合茶树修剪，剪除产卵枝梢，带出园外销毁，减少越冬虫源基数。

（二）生物防治

保护天敌，充分发挥天敌的控制作用。在茶园严禁猎鸟。在蜘蛛和捕食性昆虫发生多时，尽量减少药剂的使用次数和使用量。

（三）物理防治

人工捕杀成虫，在蜡蝉成虫发生盛期，可用捕虫网捕杀。

（四）化学防治

化学药剂防治必须在若虫盛孵后及时进行，并注重丛内中、上部叶背的喷施。

王庆森　李慧玲（福建省农业科学院茶叶研究所）

第71节　眼斑宽广蜡蝉

一、分布与危害

眼斑宽广蜡蝉（*Pochazia discrete* Melichar）别名眼斑广翅蜡蝉，属半翅目广翅蜡蝉科。在我国主要分布于广东、贵州（习水、黎平、麻阳河、剑河、雷山）、浙江（天目山）、甘肃（文县）、海南（尖峰岭）、湖南、江西、江苏、广西（桂林）、香港。

眼斑宽广蜡蝉以若虫、成虫刺吸茶梢为害，并分泌蜡丝、蜜露污染芽叶，造成茶叶减产。1963年周尧在天目山首次发现眼斑宽广蜡蝉，并记载寄主钩藤。后续在粤港地区红树林害虫种类调查中发现寄主白骨壤（*Aricennia marina*），成虫、若虫静止于白骨壤的枝干叶上，吸取植物汁液，对植物造成影响。而张汉鹄记载寄主茶树，若虫、成虫刺吸为害茶梢，并分泌蜡丝、蜜露污染芽叶。

二、形态特征

成虫：体长为11～12mm，翅展为42～46mm。额唇褐色，前胸背板黑色，额具有中脊和侧脊，中脊较长，侧脊短小。唇中脊不完整，前胸背板较窄，具中脊，中脊两侧有明显的刻点。中胸背板宽大于长，具有三条脊，中脊长而直，侧脊具有分支，侧脊分支长度约为侧脊的1/4。前翅灰黑色大三角形，颜色均匀，前缘端部1/3处有一浅黄褐色几乎不透明的近梯形斑。一半透明斑在外缘臀角近1/3处，斑上方近顶角处还有一半透明斑；翅面中央有一圆形黑色环带，环内有一圆形半透明斑；翅面上散布有黄、白和褐色的蜡粉，不同颜色的蜡粉在翅面形成隐约可见的两个大圆斑。后翅无斑纹，翅脉黑色。足不透明，黄褐色。胫节末端具有端刺7个，后足胫节具有大侧刺2个，短侧刺1个。第三跗节端部具有钩状端刺2个。

卵：长约1mm，卵圆形，初乳白色。

若虫：虫体盾形，腹部末端具有蜡丝，覆盖于身体上，呈扇形。初孵若虫白色。

三、生活习性

眼斑宽广蜡蝉1年发生1代或2代，以卵在当年生的嫩枝条上越冬，卵长条状排列于嫩梢的组织内，历期260d左右。

成虫期30d左右。成虫具有趋光性、趋阴性和群聚性，易受惊跳跃，成虫在叶片背面刺吸为害，造成叶片发黄、枯死。

若虫期60d左右。若虫畏光，低龄若虫群聚于同一叶片的叶背取食，大龄若虫分散取食，向着卵枝梢附近的嫩叶和叶片移动，若虫腹部末端具有蜡丝。

四、发生规律

眼斑宽广蜡蝉虫口数量受春天温度、湿度、光照的影响，其中温度是决定性因素，温度高，卵孵化率高，虫口基数大。天敌因子是影响眼斑宽广蜡蝉的重要因素。该虫的天敌很多，主要有鸟类、蜘蛛、瓢虫、草蛉等，若虫期天敌以草蛉、猎蝽和瓢虫类为主。

五、防治技术

（一）农业防治

加强茶园管理，结合茶园修剪，剪除产卵的虫梢，减少虫源基数；在成虫盛发期可人工捕杀。

（二）生物防治

应注意合理使用农药和减少使用农药，保护天敌和利用天敌的调控作用。

（三）化学防治

在若虫盛发期，使用化学农药防治，但必须注意将茶丛中上部叶片背面喷湿。用药种类可参阅碧蛾蜡蝉。

曾明森　张辉（福建省农业科学院茶叶研究所）

第 72 节　带纹疏广蜡蝉

一、分布与危害

带纹疏广蜡蝉（*Euricania fascialis* Walker，异名：*Flatoides fascialis* Melichar）别名带纹广翅蜡蝉，属半翅目广蜡蝉科。

在我国，带纹疏广蜡蝉主要在长江流域及长江流域以南发生为害，主要分布于福建、广东、广西、云南、贵州、四川、湖南、湖北、江西、浙江（杭州）、江苏（南京、苏州）、安徽、河北、上海、北京等省份；在国外，主要分布于日本（大阪）、缅甸、印度。

带纹疏广蜡蝉以成、若虫聚集在茶树嫩梢与叶背吸食汁液，致树梢、叶片营养不良，叶片褪绿发黄，枝叶枯死，严重影响树势及茶叶产量，雌成虫产卵还能破坏寄主植物组织，伤口可导致病原菌侵入，排泄物还能诱发煤污病，造成二次为害。除茶树外，该虫还能为害桑、柑橘、洋槐等植物。该虫在一般年份发生量少，为害所造成损失也较轻。

二、形态特征

成虫：体长为 6～6.5mm，翅展为 20～22mm。头短而宽于前胸，栗褐色，前胸与中胸栗褐色，后胸为黄褐色至褐色，唇基侧缘无脊线。前翅透明，翅周缘均为褐色宽带；在前缘褐色宽带上，于中部和外方 1/4 处各有 1 黄褐色四边形斑纹将宽带割成 3 段；前翅爪片脉上无粒突，前缘横脉不分叉。后翅无色透明，翅脉褐色，外缘和后缘有褐色宽带。后足胫外侧有 2 个刺。

卵：两端稍尖，白色，透明，有光泽，孵化时呈暗黄褐色。

若虫：长为 1.0～5mm，虫体呈盾形，初孵若虫白色，老熟若虫暗灰色，腹部末端见白色束状蜡丝，其长度随虫龄增长。

三、生活习性

带纹疏广蜡蝉 1 年发生 1 代，以卵越冬。卵直线排列于寄主植物嫩梢和叶背中脉处，具有白色絮状物覆盖。卵期 10 个月左右，于春季孵化，孵化时间集中在晚上。若虫期 1～2 个月。若虫具有群居性，善爬行，腹部末端具有蜡丝，若虫后期体背被蜡丝覆盖。若虫稍受惊时，作孔雀开屏状，横行斜行。惊动过大则跳跃。成虫历期约 1 个月。成虫具有趋阴性和群居性，善跳跃，飞翔力较弱，夏季为羽化高峰期。若虫、成虫群聚在叶片背面刺吸为害，造成叶片发黄、枯死。具有趋黄色性。

四、发生规律

（一）虫口数量
带纹疏广蜡蝉虫口数量主要与春季温度、湿度、光照有关，其中温度是决定性因素。

（二）环境条件
带纹疏广蜡蝉发生量与茶园小气候有关，茶园遮阴、湿度大，带纹疏广蜡蝉发生严重，同时发生量与地理位置有关，同一坡地，下坡比上坡发生严重。周围有其他寄主植物的发生严重。

（三）天敌
蜡蝉的天敌很多，主要有鸟类、蜘蛛、瓢虫、草蛉等，山区鸟类对蜡蝉成虫控制作用较大。

五、防治技术

参考眼斑宽广蜡蝉。

曾明森　张辉（福建省农业科学院茶叶研究所）

第 73 节　眼纹疏广蜡蝉

一、分布与危害

眼纹疏广蜡蝉 [*Euricania ocellus* (Walker)；异名：*Pochazia ocellus* Walker，*Ricania ocellus* Stål] 别名眼纹广翅蜡蝉、桑广翅蜡蝉，属半翅目广蜡蝉科。

在我国，主要分布于海南（吊罗山）、辽宁、河北、四川、陕西、台湾、广东、广西（南宁、桂林、百色）、贵州（黎平、榕江）、湖北、湖南、江西、江苏、浙江、香港；在国外，分布于越南、印度、孟加拉国、缅甸、日本等。

眼纹疏广蜡蝉自 20 世纪 90 年代开始，已上升为茶树的重要害虫，成、若虫均刺吸茶树嫩梢汁液，引起树势衰弱。若虫在茶树嫩梢上留下许多白色絮状物，严重时亦引起烟霉病。成虫产卵在嫩梢表皮组织内，导致茶梢枯萎死亡。除为害茶树外，还为害洋槐、柑橘、柚、枳壳、桑、油茶、油桐、蓖麻、苦楝、冬青、枫树、扁豆、藜、蒿等植物。在江西发生严重，严重影响茶、柑橘等果林的产量和质量。

二、形态特征

成虫：体长为 5～6mm，翅展为 16～20mm；体褐色或黄褐色，头与额黑色，额边缘黄褐色，额具有中脊和亚侧脊。前胸背板黑色且明显隆起，具有中脊，两个刻点分布于中脊两侧。中胸背板黑色扇形，中脊较长达到前缘，两亚侧脊向中脊靠拢。两亚侧脊分支伸出到前胸背板的前缘。前翅大部分透明，周缘具有色带，翅面中部具有暗褐色的环，环中间有 1 灰白色透明斑，环前面有黑色斑点。浅黄色三角斑在前缘中部横断前缘褐带。后翅除去外缘和后缘褐色带，其余均透明，翅脉褐色，近后缘有模糊的褐色纵条。后足胫节具有 2 个侧刺，胫节基部着生 6 个端刺，第二跗节基部端刺 7 个，两个钩状刺着生于第三跗节端部（彩图 16 - 73 - 1，1）。

卵：长为 0.75～0.81mm，椭圆形，顶端具有微小乳状突。卵期初产时无色，后期渐变成白色至浅蓝色，近孵化时为暗蓝色。

若虫：共 5 龄。虫体呈盾形。体色随虫龄增加发生变化（彩图 16 - 73 - 1，2）。

一龄若虫体长为 0.87～1.25mm，乳白色微泛蓝，前胸背板中脊天蓝色，腹部末蜡丝白色微伴天蓝色，12 束蜡丝呈放射状，将腹部覆盖。

三龄若虫体长为 1.65～2.6mm，体天蓝色，前胸背板中脊与蜡丝浅天蓝色，蜡丝覆盖虫体。

五龄若虫体长为 2.55～3.13mm，体天蓝至淡黄绿色，中脊呈绿色，蜡丝天蓝至淡灰色，覆盖全体。

三、生活习性

眼纹疏广蜡蝉在华南地区 1 年发生 1～2 代，江西、湖南 1 代，为害盛期在 6 月中旬至 8 月下旬。成虫出现于 5～8 月，雌、雄差异不大，同向侧身交尾，其飞翔能力弱，无趋光性，具趋黄色性，但善跳跃，多数在枝条上取食，羽化后 1 个月左右产卵。卵块呈条状或环状双行互生倾斜排列于嫩枝、叶脉或叶柄的组织内，上面白色棉状覆盖物分布不均，有成堆现象（不久后消失）。以卵越冬，卵产于当年生枝梢内。

初孵若虫较活跃，孵化后即向茶树中下部阴暗处爬行。若虫喜阴湿，怕阳光，喜群聚吸食茶树茎、叶汁液。

四、发生规律

眼纹疏广蜡蝉的发生与茶园的生态环境有很大关系。一般周围植被丰富、茶树生长繁茂、树冠高大、营养条件较好的茶园发生较多，平地茶园、幼龄茶园、采摘频繁的茶园发生较少。眼纹疏广蜡蝉的天敌很多，主要有鸟类、蜘蛛、瓢虫、草蛉等。

五、防治技术

（一）农业防治

加强茶园管理，结合茶园修剪，剪除产卵的虫梢，减少虫源基数；在成虫盛发期，人工捕杀。

（二）生物防治

应注意合理使用农药和减少使用农药，保护天敌和利用天敌的调控作用。严禁在茶园捕鸟，山区鸟类对蜡蝉成虫控制作用较大。

（三）物理防治

眼纹疏广蜡蝉对黄色具趋性。可用黄色黏板在成虫发生期进行诱杀。

（四）化学防治

在若虫盛发期，使用化学农药喷施防治，但必须注意将茶丛中上部叶片背面喷湿。

曾明森　张辉（福建省农业科学院茶叶研究所）

第74节　可可广翅蜡蝉

一、分布与危害

可可广翅蜡蝉（*Ricania cacaonis* Chou et Lu）属半翅目广蜡蝉科。可可广翅蜡蝉在我国已知分布于广东、海南、湖南、江苏等地，在国外未见报道。已记载的寄主植物有可可、茶树、油梨树等。可可广翅蜡蝉为害茶树的报道始见于20世纪80年代。80年代初，在海南茶区，尤其是胶茶间作的茶园，该虫为害相当严重。90年代起，随着名优茶的不断发展，采摘方式的变化，尤其是夏秋梢留养栽培模式的推行，该虫发生数量逐年上升，近年来已成为江苏茶园蜡蝉类害虫发生量最大、为害最严重的种类。

二、形态特征

成虫：体长为6mm，翅展为16mm。头、胸及足黄褐色至褐色，中胸背板色稍深，额铭黄色，有的个体基部具黑褐色阴影；头顶有5个并排的褐色圆斑，有的个体这些褐斑色很浅，颊上围绕着复眼有4个褐色小斑，以触角处的一个为最大；腹部褐色。额具中侧脊，唇基无中脊或有不明显的中脊；前胸背板具中脊，两边刻点不明显；中胸背板具纵脊3条，中脊长而直，侧脊从中部分叉，二内叉内斜于端部左右会合，外叉小，基部断开很多。前翅烟褐色，外缘略呈波状。前缘外方2/5处有1黄褐色斑纹，被褐色横脉纹分成2～3个小室，此斑至翅基部的前缘上有6～7对黄褐色斜纹；近外缘有1条黄褐色细横线与外缘几乎平行，这条横线末端明显，前端较模糊且稍向内弯；翅的中域和后缘域散布多条黄褐色横纹；顶角处还有1个隆起的圆形斑，上有1～3个深色小点。后翅黑褐色，半透明，前缘基半部色稍浅。后足胫节外侧具刺2个（彩图16-74-1，1）。

卵：长约1～1.3mm，近圆锥形，乳白色（彩图16-74-1，2）。

若虫：体淡褐色，较狭长，胸背外露，有4条褐色纵纹，腹部被有白蜡，腹末呈羽状平展（彩图16-74-1，3）。

三、生活习性

可可广翅蜡蝉在湖南湘西1年发生1代，以卵在茶树或其他植物嫩梢组织中越冬。在江苏，可可广翅蜡蝉是茶园中发生最早的蜡蝉，1年发生2代，以卵在茶树枝梢及茶园周边寄主的枝梢内越冬。越冬卵于4月上、中旬开始孵化，4月下旬盛孵，5月下旬成虫始发，6月上旬盛发，下旬始卵，7月上旬盛卵。第二代若虫于7月中、下旬始孵，8月上旬盛孵，9月下旬羽化为成虫，10月中、下旬盛卵，11月上旬成虫陆续死亡。

成虫善飞翔，无趋光性，多静伏于新梢上刺吸为害，少数则栖于叶背。且喜群居，少则2头，多则7～8头聚居于新梢上。成虫寿命较长，羽化后约1个月产卵。

卵多产于茶丛中、下部新梢皮层内，叶柄和叶背主脉内也可产卵。据越冬卵在茶树上垂直分布情况的调查，离叶层高度 10cm 内产卵占 87.3%，10～20cm 处占 11.75%，大于 20cm 处的卵占 0.95%。产卵时先以产卵瓣划破皮层，而后产卵其中，卵的一端作鱼鳍状突起外露，外被白色絮状分泌物，每处产卵数不等，多则 10 多粒，少则 1 粒，排列成行。每雌均可产卵 20 多粒。可可广翅蜡蝉的着卵枝率与卵密度的指数模型为 $y=0.026\,3e^{5.6437x}$（式中：y 表示卵密度，x 表示着卵枝率）。当着卵枝率大于 0.38 时，准确率达 80% 以上。

若虫孵化后转移至下部枝条，取食时移至上部嫩梢或下部嫩枝上。一至三龄有群居习性，三龄后则分散爬至上部嫩梢上为害。若虫共 5 龄，各龄若虫均固定一处取食，每次蜕皮前移至叶层，蜕皮后再迁回嫩茎上为害，并分泌白色絮状物覆盖虫体，体被蜡质丝状物，如同孔雀开屏，栖息处还常留下许多白色蜡丝。

可可广翅蜡蝉以成、若虫刺吸为害嫩梢，影响茶树新梢生长，同时在嫩梢上残留白蜡，引起茶树病害的发生，且该害虫发生期早，延续时间长，严重影响茶树新梢生长，降低茶青产量和品质。同时雌成虫产卵于嫩梢，致使嫩梢易折，或枯萎、死亡。

四、发生规律

可可广翅蜡蝉的发生与茶园的生态环境与管理方式有很大关系。该虫喜阴湿，畏阳光，茶丛繁茂、覆盖度大以及遮阴郁闭的茶园最利于其发生，海南胶茶间作茶园可可广翅蜡蝉发生远比一般茶园严重。一般周围植被丰富、遮阴度高、茶树生长繁茂、树冠高大、营养条件较好的茶园发生较重，平地茶园、幼龄茶园及采摘频繁、常修剪的茶园发生较轻。

可可广翅蜡蝉卵发育起点温度为 9.98℃，有效积温 88.5℃。若虫发育起点温度为 10.81℃，有效积温为 368.0℃；29℃时卵和若虫的发育历期最短，分别为 5.17d 和 27.45d。其中，一至五龄若虫的发育历期分别为 4.55d、4.44d、5.24d、6.50d、4.94d。卵和若虫对高温的适应能力较强。

蜡蝉的天敌种类很多，已发现 20 多种。主要天敌有鸟类：白脸山雀（*Parus major* Linne）、棕背伯劳（*Lanius schach* Linne）、画眉（*Garrulax canorus* Linne）、灰喜鹊［*Cyanopica cyana*（Pallas）］；蜘蛛类：黄斑圆蛛（*Araneus ejusmodi* Boes. et Str.）、三突花蛛［*Misumenops tricuspidatus*（Fabr.）］、黑色蝇虎［*Plexippus paykulli*（Savigny et Audouin）］；捕食性昆虫类：普通草蛉［*Chrysoperla carnea*（Stephens）］、日本通草蛉［*Chrysoperla nipponensis*（Okamoto）］、大草蛉［*Chrysopa pallens*（Rambur）］、中华大刀螳［*Tenodera sinensis*（Saussure）］、黄蜻（*Pantala flavescens* Fabricius）、猎蝽（*Sirthenea* sp.）、异色瓢虫［*Harmonia axyridis*（Pallas）］。在山区以鸟类对蜡蝉成虫的控制作用最大。对蜡蝉若虫以草蛉、猎蝽和瓢虫类的控制作用为主，其中以普通草蛉的若虫为优势种。

五、防治技术

（一）农业防治

清除越冬卵，减少发生基数。宜在秋末、早春结合茶园修剪，剪掉并清除带越冬卵枝梢；成虫盛发期用捕虫网捕杀；恶化栖息活动场所，加强茶园管理，中耕除草，疏除徒长枝、地蕻枝，增进茶丛通风透光，降低阴湿度。茶季分批勤采，恶化其营养条件，抑制虫口发生。

（二）生物防治

保护鸟类、蜘蛛、天敌昆虫等天敌资源，尽量选用对天敌较安全的选择性农药，并减少药剂的使用次数和使用量。

（三）化学防治

药剂防治应掌握在若虫盛孵期和初龄若虫期及时施药。一般茶园通常可喷施 2.5% 溴氰菊酯乳油 6 000～8 000 倍液（合每 667m² 10～13mL，安全间隔期 5d）、2.5% 联苯菊酯乳油 3 000～6 000 倍液（合每 667m² 12.5～25mL，安全间隔期 6d）、24% 虫螨腈悬浮剂 2 000～3 000 倍液（合每 667m² 26～40mL，安全间隔期 7d）等。药液中混用含量 0.3%～0.4% 的柴油乳剂可显著提高防效。在喷药时，应注意喷药质量，务使茶丛喷湿喷遍。如果虫口密度大，应在第一次喷药后 7 d 左右再喷 1 次，以提高防治效果。

曾明森（福建省农业科学院茶叶研究所）

第 75 节　绿　盲　蝽

一、分布与危害

绿盲蝽［*Apolygus lucorum*（Meyer‑Dür）；异名：*Capsus lucorum* Meyer‑Dür，*Lygus lucorum*（Meyer‑Dür），*Lygocoris lucorum*（Meyer‑Dür）］属半翅目盲蝽科。

绿盲蝽是我国茶区早春头茶发生的重要害虫（彩图 16‑75‑1）。在我国的分布东自东部沿海、台湾，西至西藏，北自陕西、山东，南至广东、广西、海南。在国外，分布于日本、欧洲、北美洲等地。绿盲蝽的寄主植物种类繁多，除茶树外还为害棉花、绿豆、蚕豆、向日葵、玉米、蓖麻、苜蓿、苹果、桃、梨等。

二、形态特征

成虫：长卵圆形，扁平，绿色，长为 5～5.5 mm，宽约 2.5 mm。头宽短；复眼黑褐色；触角线形，淡褐色，4 节，第二节最长，基两节黄绿色，端两节黑褐色。前胸背板深绿色，密布刻点。小盾片三角形，微突，黄绿色。前翅革片为绿色，革片端部与楔片相接处略呈灰褐色；楔片绿色，膜区暗褐色。足黄绿色，股节膨大，后足股节末端具褐色环斑，胫节有刺（彩图 16‑75‑2，1）。

卵：长形略弯曲，长约 1.0 mm，宽为 0.26 mm，淡黄绿色，卵盖黄白色。

若虫：共 5 龄。洋梨形，全体鲜绿色，被稀疏黑色刚毛。头三角形。唇基显著。眼小，位于头两侧。触角 4 节，比身体短。喙 4 节，端节黑色，其余绿色。腹部 10 节；臭腺开口于腹部第三节背中央后缘，周围黑色。跗节 2 节，端节长，端部黑色。爪 2 个，黑色（彩图 16‑75‑2，2）。

一龄若虫体长为 1.04mm，宽为 0.50mm。淡黄绿色，头大，复眼红，唇基突出。触角灰色被细毛，端节长且膨大。三胸节等宽，依次渐短，第三腹背中央有暗色圆斑。

二龄若虫体长为 1.34mm，宽为 0.68mm。黄绿色，复眼紫灰。头部及前、中胸背中央有纵凹陷。中、后胸和后缘平直，侧边具极微小的翅芽。腹背橙红色点明显。

三龄若虫体长为 1.90mm，宽为 0.88mm。绿色，复眼灰暗。前胸背板梯形，背中线凹陷。翅芽与中胸分界清晰，中胸翅芽盖于后胸翅上，后胸翅芽末端达腹部第一节中部。腹部比胸部宽，腹背橙红色点仍在。

四龄若虫体长为 2.55mm，宽为 1.36mm。绿色，复眼灰色，前胸背板梯形，背中线浅绿色，两侧具有深绿色方形骨化部分，盾片三角形。翅芽绿色，末端达腹部第三节。腹部第四节最宽。足绿色，胫节绿色。

五龄若虫体长为 3.40mm，宽为 1.78mm。绿色，复眼灰色，触角红褐色，端部色深。端部两节较基部两节为细。盾片三角形，边缘深绿色。中胸翅芽绿色。脉纹处深绿色。膜区墨绿色，末端达第五腹节。

三、生活习性

绿盲蝽以卵越冬，一般 1 年发生 5 代，在湖北、江西发生 6～7 代。据上海黄山茶林场观察，绿盲蝽在当地年发生 5～6 代，第一代发生于 4 月上、中旬，第二代 5 月下旬至 6 月上旬，第三代 6 月下旬至 7 月上旬，第四代 8 月上旬，第五代 9 月上旬。据观察，绿盲蝽发生为害与茶树有关的主要是第一代（即越冬代）。一般情况下，绿盲蝽第五代成虫在 10 月上旬开始迁入茶园取食（以茶花为主）产卵越冬，翌年 4 月上旬，越冬卵在春茶萌芽时孵化。若虫生长蜕皮 4 次，并经过 5 个龄期：一龄 4～7d，二龄 7～11d，三龄 6～9d，四龄 5～8d，五龄 6～9d，若虫期 28～44d；成虫寿命 7～30d。初孵若虫即刺吸为害嫩芽，形成众多红点，继之枯竭变褐，随芽叶伸展大量穿孔残破，这一症状称为"破叶疯"（彩图 16‑75‑1）。发生严重时，对春茶的产量和品质均会产生较大影响。4 月中旬越冬卵孵化，若虫主要为害春茶嫩叶等以及部分杂草。一代成虫羽化高峰在 5 月中、下旬，羽化后即大量迁移飞出茶园。

绿盲蝽生活隐蔽，行动活跃，并有明显的趋嫩性。在田间调查时不易被发现。雌雄性比：越冬代雌成虫的比例为雄成虫的 2～3 倍，其他各代差异不大。成虫羽化主要在下午和晚上，多数雌性成虫一生中多次交尾，卵为散产。越冬卵多产在茶树越冬芽鳞片缝隙内，也有少量产在折断的艾蒿组织内，卵盖常残留在寄主植物表面。当气温回升至 10～15℃时，越冬卵开始孵化。4 月中旬前后盛孵，与当地春茶芽叶萌发生长的物候期基本一致。若虫爬行敏捷，白天潜伏，夜晚爬至茶树嫩梢上取食为害，蓬面嫩梢上的若虫

占总虫量的 $70\%\sim75\%$。据观察，1 头若虫平均一晚为害 2 个芽头，在每个芽头上造成几十个或上百个斑点才转移至第二个芽头为害。

绿盲蝽成虫和若虫除了取食植物以外，还能捕食鳞翅目昆虫的卵、蚜虫、蓟马和螨类等小型昆虫，甚至同种的低龄若虫。

在田间，绿盲蝽成虫常在多种作物之间转移为害，特别是在寄主植物生育期变化等胁迫条件下，能进行大规模、远距离的转移。绿盲蝽成虫明显嗜好绿豆、蚕豆、艾蒿、黄花蒿等寄主植物。成虫喜食花蜜，并对茶花中的挥发性物质有特殊的趋性。

四、发生规律

（一）虫源基数

绿盲蝽越冬基数与第一代发生量大小有密切关系，并影响早春头茶的受害程度。调查发现，茶绿盲蝽主要是以第一代若虫和成虫为害春茶幼嫩枝叶，不仅造成减产，还影响茶叶品质。其他各代在茶园中均很少出现。该虫于 4 月上、中旬初见若虫，并出现被害状，5 月上、中旬为害严重，5 月下旬羽化为成虫后逐渐向菜田、棉田迁移，茶园中虫口减少，为害减轻。

（二）气候条件

绿盲蝽卵最适于在 $15\sim25℃$、相对湿度为 80% 以上的适温高湿条件下发生。春季寒潮对低龄若虫的生存及冬季低温对成虫存活、产卵均有影响，并直接关系春茶虫口与为害轻重。4 月份低温则可明显抑制绿盲蝽的发生，而此时节若遇多雨则是绿盲蝽大发生的有利气候条件。夏季持续高温将导致绿盲蝽种群数量下降。若温度在 $25\sim30℃$，绿盲蝽种群快速上升；在 $35℃$ 时，若虫存活率与成虫寿命明显降低，产卵量与卵孵化率也降低。

（三）寄主植物

绿盲蝽在不同寄主植物上的种群适合度和增长率有明显的差异。在绿豆上的若虫存活率和发育速率、成虫产卵量明显高于棉花。茶丛繁茂郁闭，氮肥用量高，芽叶持嫩性强的茶园，一般虫口较多；冬季间作豆类的茶园，往往绿盲蝽发生为害较重。秋季茶花多的茶园，则易招致成虫迁入产卵越冬。

作物栽培方式对绿盲蝽的发生也有一定的影响。若茶树与豆科作物间作、与果树邻作，给绿盲蝽提供了充足的食物资源，延长了绿盲蝽为害时间，常加重其发生为害。近年来，随着我国农作物种植结构的调整，种植方式由传统的单一粮油作物种植逐步向多元化作物种植的格局转变，这种转变将有利于绿盲蝽种群发生为害的进一步加重。

（四）化学农药

过去茶园使用的化学农药都是广谱性、高毒、高残留品种，对绿盲蝽有很好的兼治效果，生产上基本无需进行专门防治。21 世纪初以来，随着我国高毒农药的相继禁用以及茶园生态环境的改变，给绿盲蝽的种群增长提供了空间，导致其为害趋重，并随着种群生态叠加效应衍生成为区域性多种作物的重要害虫。

五、防治技术

绿盲蝽的防治应该强调以农业防治为主，化学防治协调进行，特别是对越冬代的封园防治极为重要。

（一）农业防治

早春 4 月绿盲蝽越冬卵孵化之前，可通过毁减越冬场所来压低虫源基数。早春清除田埂杂草，能使大量绿盲蝽若虫因食物匮乏而死亡。要避免茶树与棉花、向日葵、蓖麻及果树、蔬菜、牧草等田地毗邻或间作，减少绿盲蝽在不同寄主间迁移为害。

利用绿盲蝽成虫的偏食性，在茶园四周种植绿豆诱集带，可以阻隔绿盲蝽成虫迁入茶园，同时将茶园中的成虫吸引到诱集带上，再结合诱集带的定期化学防治，能有效降低茶园中绿盲蝽的发生为害。另外，在茶园空地间作向日葵、蓖麻等也能有效地减轻绿盲蝽为害茶树。

绿盲蝽成虫偏好含氮量高的植株和植物组织。控制过量使用氮肥，及时采摘，可减轻绿盲蝽的发生为害。

（二）生物防治

绿盲蝽的捕食性天敌有蜘蛛、瓢虫、草蛉、猎蝽、螳螂等。茶园中蜘蛛优势种群有叉线金蝉蛛、前齿蟏蛸、突腹蛛、管巢蛛等。春季茶丛上蜘蛛种群增长，三突花蛛（*Misumenops tricuspidatus* Fabr.）、条纹蝇虎蛛（*Plexippus setipes* Karsch）等一些游猎性蜘蛛成为控制绿盲蝽虫口的重要因素。应选择有利于天敌繁衍的耕作栽培措施，对天敌较安全的选择性农药，并合理减少施用化学农药，保护利用瓢虫、草蛉、蜘蛛等天敌昆虫来控制绿盲蝽种群。

（三）物理防治

绿盲蝽成虫有明显的趋光和趋黄性，生产上可以利用频振式杀虫灯、黄色黏虫板进行诱杀，从而有效降低成虫种群密度及后代发生数量。

（四）化学防治

绿盲蝽化学防治的关键在于掌握恰当的防治时机。绿盲蝽的经验防治指标为：每公顷受害点 120～150 个，每点若虫数 5 头以上。结合芽面被害后的红色小点检查，当红点开始增多时，应及时防治，应适当加大用药量，杀死入侵个体，有效地减少茶园绿盲蝽的种群基数，以免暴发成灾。药剂种类较多，防治效果比较好的种类及其用量为：10%联苯菊酯乳油、2.5%溴氰菊酯乳油 6 000～8 000 倍液（合每 667m^2 10～15 mL，安全间隔期 7～10d），7.5%鱼藤酮乳油（每 667m^2 50g，安全间隔期 3～5d），15%茚虫威乳油 2 500～3 500 倍液，24%虫螨腈悬浮剂 1 500～ 1 800 倍液。

彭萍　王晓庆（重庆市农业科学院茶叶研究所）

第 76 节　台湾刺盲蝽

一、分布与危害

台湾刺盲蝽（*Helopeltis fasciaticollis* Poppius）曾称茶角盲蝽，又称可可锤角盲蝽，属半翅目盲蝽科。主要分布于台湾、海南、广东、广西，是华南近热带茶区的主要害虫之一。该虫刺害茶树芽叶，也刺害嫩茎、花和幼果。初期为害形成淡灰色水渍状密集斑点，之后变黑褐色坏死或连成枯斑，严重时导致整株凋萎（彩图 16－76－1），还可为害可可、腰果、芒果等。此外，台湾刺盲蝽在印度、印度尼西亚、斯里兰卡和非洲各国都为害茶树。

二、形态特征

成虫：长椭圆形，体长为 4.5～6.0 mm，褐色至黄褐色。复眼球状向两侧突出，黑褐色。触角丝状，4 节，是体长的 2 倍，基节长于头与前胸之和。中胸橙黄，小盾片有 1 棒竖立，棒基膨大，褐色，上半段淡细稍弯，黄褐色，顶端球状，黑褐色。前翅革质部分透明，膜质部分灰黑色具彩虹，伸出腹末 2 mm。足细长，黄褐色，多小黑斑点。雌性腹末 3 节腹面及外雌器黑色，产卵管倒钩向前内陷。雄性腹末橙黄色（彩图 16－76－2，1）。

卵：近圆筒形，长约 1.5 mm，宽为 0.4 mm，白色，孵化前橘红色。底圆而上端稍扁，卵盖上着生 2 条平行不等长的白色刚毛（彩图 16－76－2，2）。

若虫：共 5 龄。初孵时橘红色，小盾片平，二龄后小盾片角突渐大，四龄前皆为橘红色，五龄黄褐色，复眼红色，触角、小盾片角突和足皆黄褐色。老熟若虫长为 4～5 mm，足细长善爬行（彩图 16－76－2，3）。

三、生活习性

台湾刺盲蝽在海南 1 年发生 10 代，世代重叠，无明显越冬现象。一代 27～91d，平均 52d。各虫态历期：卵 5～13d，若虫 10～15d，雌成虫 15～63d，平均 32.5d；雄成虫 9～51d，平均 27d。

成虫羽化后经 3～5d，雌性腹末和腹面淡黄转黑，雄性腹末淡黄转橙黄，性成熟即交尾。一生可交尾 2 次以上，交尾时间多为黄昏，交尾后次日即可产卵。卵多散产于嫩茎、嫩叶、叶柄或主脉内，孔外露出卵顶毛。每雌产卵 25～184 粒，平均 95 粒；产卵期 10～58d。成、若虫均较活跃，受惊即潜匿茶丛间或坠地逃走。成虫善飞，也可随风远距离扩散。成、若虫喜清晨或黄昏取食为害嫩叶、幼茎，并喜食第二片真叶，一昼夜即刺吸 144～268 次。

四、发生规律

(一) 虫源基数

台湾刺盲蝽越冬基数与第一峰发生量大小有密切关系。

(二) 气候条件

台湾刺盲蝽喜温爱湿，生长繁殖适宜温度为 20～30℃、相对湿度 80% 以上。据在海南室内饲养观察，日均温 18℃ 以下、湿度低于 80%，低龄若虫大量死亡；温度高于 30℃、湿度低于 75%，成、若虫取食减少，活动迟钝，低龄若虫死亡率高。在海南东南沿海胶茶间作园区，每年 4～5 月、9～10 月是台湾刺盲蝽发生的高峰期。海南北部冬春低温干旱，虫口稀少。夏季气温升至 25℃，雨日多，湿度大，茶树生长旺盛，虫口急骤增加，夏茶受害严重。在海南 8～11 月是为害高峰期，若遇台风、暴雨袭击，易致虫口锐减。

(三) 茶树品种

台湾刺盲蝽在低洼潮湿、植被生长茂密、荒芜、管理粗放的茶园发生较重。胶茶间作茶园，虫口随遮阴度增大而加重，株害率可达 58% 以上。提高茶园通风透光性，降低遮阴度，可减少台湾刺盲蝽的发生。

(四) 栽培方式

茶树栽培方式、耕作管理措施对台湾刺盲蝽的发生也有一定的影响。20 世纪 70 年代，该虫以为害可可、腰果为主，防治不及时，会造成腰果园 80%～100% 的损失。随着茶、林生态茶园的建立，改变了茶树单一的田间小气候，增加了荫蔽度，提高了园区的相对湿度，减小了风速，间接地影响了该虫的种群分布及其为害，导致其成为茶树上的主要害虫。茶园管理不当、杂草丛生、采摘不及时均有利于该虫发生，冬季修剪不及时、不彻底，有利于该虫的越冬。

五、防治技术

(一) 农业防治

胶茶间作茶园应做到遮阴度适当，提高园区的通风透光性；加强茶园管理，及时采摘和冬季修剪，可有效地减少台湾刺盲蝽发生为害。

(二) 生物防治

台湾刺盲蝽的捕食性天敌有蜘蛛、猎蝽、螳螂等。选择对天敌较安全的农药，减少化学农药施用，以保护利用蜘蛛等天敌昆虫。

(三) 化学防治

加强田间虫情调查，在 11 月至翌年 1 月种群为害扩展的临界期，及早发现中心虫株，局部施药控制蔓延。

台湾刺盲蝽经验防治指标：芽受害率 5%。防治时期为若虫发生的高峰期。

尽量选择在清晨或黄昏时施药，严重时，可间隔 7d 再施药 1 次。药剂可选用 4.5% 高效氯氰菊酯乳油 1 500 倍液（合每 667m² 50mL，安全间隔期 5d）、24% 虫螨腈悬浮剂 2 500 倍液（合每 667m² 30mL，安全间隔期 10d）和 10% 联苯菊酯乳油、2.5% 溴氰菊酯乳油 6 000～8 000 倍液（合每 667m² 10～15 mL，安全间隔期 5d）。

彭萍　王晓庆（重庆市农业科学院茶叶研究所）

第 77 节　茶 网 蝽

一、分布与危害

茶网蝽（*Stephanitis chinensis* Drake，异名：*Sphephanitis chinensis* Drake）又名茶脊冠网蝽、茶军配虫、白纱娘等，属半翅目网蝽科。

茶网蝽在国内主要分布于广东、贵州、四川、云南和重庆等省（直辖市），是西南茶区的重要害虫。

茶网蝽的寄主有茶树、油茶等。以成、若虫群集于叶背刺吸汁液，致受害叶呈现许多密集的白色细小斑点，远看茶树一片灰白。叶背出现黑色黏液状排泄物，影响茶树的光合作用（彩图 16-77-1）。严重时致叶片脱落，树势衰弱，茶芽萌发缓慢且细小或发芽停滞，影响产量和品质。

二、形态特征

成虫：体长为 3～4 mm，体小，扁平，暗褐色，前胸具网状花纹。背板发达，向前突出将头部覆盖，向后延伸盖住小盾片，两侧伸出呈薄圆片状的侧背片。翅长椭圆形，膜质透明，满布网状花纹。前翅有 1 纵粗脉，中间具 2 条暗色斜斑纹。触角膝状，4 节，第三节最长。腹部黑色，具 1 暗色纵沟（彩图 16-77-2）。

卵：长椭圆形，乳白色，一端稍弯，上覆黑色带有光泽的胶状物。

若虫：体形似成虫，无翅，体色随虫龄增长而异。若虫共 5 龄。第五龄若虫体长约 2 mm，体黑色，复眼红色发达，翅芽明显，头顶有笋状物 3 根成等腰三角形排列，胸部中央有 1 黑点，腹部背面第七、八、十节各有 1 突起物，边缘暗白色，体节两侧有 8 对刺状突起。

三、生活习性

在贵州、四川每年发生 2 代，以卵在茶丛下部叶片背面中脉及两侧组织内越冬，低山茶园也有以成虫越冬的。在四川，越冬卵于翌年 4 月上、中旬至 5 月上旬孵化。越冬代若虫发生盛期在 5 月上、中旬，5 月中旬至 7 月中旬进入成虫发生期，5 月中、下旬进入成虫发生盛期。第二代卵期在 5 月下旬至 9 月下旬，7 月下旬至 10 月下旬进入若虫期，8 月中旬进入若虫盛发期。8 月中旬至 12 月成虫开始出现，9 月中旬至 10 月上旬为成虫盛发期。贵州各代发生期常较四川提早 10～20d。全年以第一代发生整齐且集中，发生初、盛、末期明显，且虫口密度大，常为第二代的 3～4 倍，为害严重。

成虫初羽化时，全身均为白色，2h 后翅上显露花纹，腹部颜色加深，后随时间推移，翅上的黑纹和腹部颜色逐渐加深。初羽化的成虫生活力弱，不善飞翔，多静伏于叶背或爬行于枝叶间；羽化后 4d 开始活跃，进行交尾产卵。成虫多在上午交尾，历时 30～90min，每雌产卵数量最多为 34 粒，最少 6 粒，平均 16 粒左右。成虫喜把卵产在茶丛中、下部叶背中脉两侧组织内，排列成行，产后覆以黑色胶质物。卵期平均 93d，最长 106d，最短 87d。初孵若虫从卵壳内爬出，先在茶丛中、下部叶背刺吸汁液，后向上部扩散。若虫有群集性，常成群集于叶背主、侧脉附近，排列整齐，随虫龄增大，开始分散。第一代若虫历期 18～24d，平均 20.8d；第二代若虫历期 21～26d，平均 22.4d（表 16-77-1）。

四、发生规律

（一）虫源基数

一般低山害虫发生比高山严重。

（二）气候条件

天气温和干燥，发生严重。一般若虫发生盛期均在气温 21～23℃、相对湿度 75%～80% 的气候条件下，反之，气温高、湿度大，则发生轻。第一代成虫羽化后，高温低湿，寿命短，总产卵量少，第二代成虫发生期的温、湿条件适宜，寿命长，总产卵量多。

表 16-77-1 茶网蝽生活史（四川 2 代区）（引自四川省农业科学院茶叶研究所，1978）

Table 16-77-1 Life history of *Stephanitis chinensis*（Two generations area in Sichuan）（from Tea Research Institute，Sichuan Academy of Agricultural Sciences，1978）

世代	月	1～2			3			4			5			6			7			8			9			10			11			12		
	旬	上	中	下	上	中	下	上	中	下	上	中	下	上	中	下	上	中	下	上	中	下	上	中	下	上	中	下	上	中	下	上	中	下

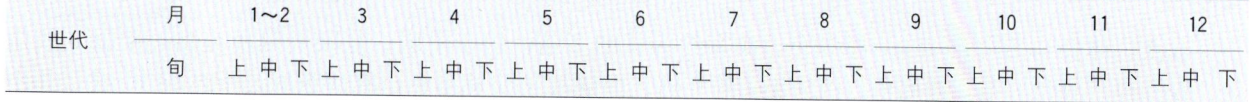

（续）

世代	月	1~2			3			4			5			6			7			8			9			10			11			12		
	旬	上	中	下	上	中	下	上	中	下	上	中	下	上	中	下	上	中	下	上	中	下	上	中	下	上	中	下	上	中	下	上	中	下
二											●	●	●	●	●	●	●	●	●	●	●	●	●	●										

注 ●：卵，—：若虫，＋：成虫。

（三）寄主植物

一般云南大叶种及生长健壮的茶树易受其害。

（四）天敌

四川苗溪茶场发现的军配盲蝽（*Stethoconus japonicus* Schumacher）对茶网蝽的捕食量很大，对茶网蝽有一定抑制作用。

五、防治技术

（一）农业防治

科学肥水管理，铲除茶园杂草，千方百计增强树势；受害严重的茶园在早春进行重修剪，消灭越冬卵，剪下的枝叶集中处理。

（二）生物防治

保护军配盲蝽等天敌。

（三）化学防治

一代低龄若虫发生盛期是防治该虫的关键时期。一代若虫发生较整齐，群集性强，抗药力弱，故防治效果较高。药剂可选用 2.5% 联苯菊酯乳油 2 500 倍液（合每 667m² 32 mL，安全间隔期 7d）。喷药时务必将有虫斑的叶背喷湿。

桂连友（长江大学）

第 78 节　茶黄蓟马

一、分布与危害

茶黄蓟马（*Scirtothrips dorsalis* Hood），又名茶黄硬蓟马、脊丝蓟马，属缨翅目蓟马科。起源于南亚，目前已经扩散至全球。在我国主要分布于长江流域以南，西至云南、贵州、四川、重庆，东至东部沿海及台湾，南至广东、广西、海南，是我国南方茶区的重要害虫之一。在国外分布于日本、印度、斯里兰卡、印度尼西亚、肯尼亚等产茶国。茶黄蓟马以一、二龄若虫和成虫锉吸为害茶树新梢嫩叶。在春、夏季虫口不多时，叶片受害后，常在叶片主脉两侧能见到 2 条平行于主脉的红褐色条状疤痕，叶片微卷；秋季虫口多时则整片叶褐变，叶背布满小褐点，芽叶变小，甚至枯焦、脱落，严重影响茶叶的产量和品质（彩图 16 - 78 - 1）。该虫除为害茶树外，还可加害山茶、芒果、台湾相思、荔枝、苹果、石榴、双翼豆、葡萄、草莓、银杏、辣木、守宫木、穗花牧豆树等多种植物。

二、形态特征

成虫：体长 0.7~0.9 mm，橙黄色。头宽约为长的 2 倍，短于前胸。复眼灰黑稍突出，单眼 3 枚鼎立，橙红色。触角 8 节，淡褐色，约为头长的 3 倍。前翅狭长淡黄褐色，有两纵脉，上脉鬃 10 根，其中基鬃 7 根，端鬃 3 根，下脉鬃 2 根。第二至七腹节各有 1 暗褐囊状斑纹，第八腹节后缘栉毛明显。腹部鬃毛较长（彩图 16 - 78 - 2，1）。

卵：肾形，长约 0.2 mm，乳白至淡黄色，半透明（彩图 16 - 78 - 2，2）。

若虫：共2龄。初为白色透明，一龄若虫体长为0.3～0.5mm，复眼红色，触角粗短，头胸长约为体长的一半，胸宽于腹。二龄体长为0.5～0.8 mm，淡黄至深黄色，触角暗灰，基节淡黄，中、后胸与腹部等宽，头胸长约短于腹部（彩图16-78-2，3）。

前蛹即三龄若虫。黄色。复眼灰黑色，触角第一至二节膨大，三至八节渐尖。翅芽白色透明，伸达第三腹节，各腹节侧齿缘有1白鬃。

蛹即四龄若虫，黄色。复眼前半红色后半黑褐色，触角紧贴体背，翅芽前期伸达第四腹节，后期达第八腹节。

三、生活习性

在广东、云南1年发生10～11代，世代重叠，无明显越冬现象。在茶园中1～4月虫口较少，5月种群数量上升，7～8月受气温影响波动较大，9月下旬开始盛发，10～11月进入发生高峰期，直至12月下旬虫口下降。在当地自然条件下，12月至翌年2月成虫潜伏在茶花中可继续繁衍，但发育缓慢。

各虫态历期：卵5～8d，幼虫4～12d，蛹2～5d，成虫10～20d，产卵前期2～4d。成虫活泼，喜跳跃，受惊后能从栖息场所迅速跳开或举翅迁飞。一天中以9：00～12：00，15：00～17：00飞翔最盛。中午日光强烈时多栖息叶背和芽尖中，成虫有趋嫩取食、产卵的习性，无趋光性，但对黄绿色趋性明显。成、若虫喜避光，午间栖于叶背或芽上，阴天全天活动，雨天或低温少动，雨后晴天特别活跃。雄虫少，雌雄比为1：（0.24～0.48），两性生殖为主，亦营孤雌生殖。成虫交尾和产卵大多在15：00～18：00进行，卵产于芽和嫩叶叶背表皮下，每雌产卵少则几十粒，多则百余粒，平均35～62粒。若虫共4龄。初孵若虫即在叶背面活动，随日龄增加而渐活跃。三龄若虫行动缓慢，不再取食为害，并下移准备化蛹，也称为前蛹。四龄若虫也称为蛹，多在根际土面潮湿的枯枝落叶层化蛹。

茶黄蓟马的趋嫩性强，主要以成虫和一至二龄若虫在芽及芽下一至三叶取食，以芽下二叶居多，约占虫口量的40％，成、老叶上基本无虫为害。

四、发生规律

（一）虫源基数

茶黄蓟马在广东、云南无明显越冬现象，在云南临沧一带冬季成虫常潜伏在茶花中继续繁衍，在广东冬季该虫常转移寄主而聚集在月季花上产卵并孵化出大量若虫。

（二）气象条件

茶黄蓟马的发生受气候条件影响，年度间发生程度有差异。一般冬季温暖开春早或秋季雨水少，茶黄蓟马为害较重；相反，秋季雨水多或夏季暴雨对茶黄蓟马的发生有所抑制。在广东、云南、福建一般3月开始取食为害，5、6月虫口不断上升并形成第一次虫口高峰；7、8月受高温影响虫口数量下降，9月以后虫口迅速上升，发生量增多，形成第二次虫口高峰，取食活动一直持续到11月底，12月至翌年2月成虫常潜伏在茶花中继续繁衍，虽发育缓慢，但并不真正休眠，有适宜的食料时仍可进行取食活动，在温暖向阳地块茶树嫩梢上仍能见到成虫。

（三）寄主植物

茶黄蓟马一般在幼龄或留养茶园中发生量较采摘茶园重，采摘不及时、阳坡茶园、无遮阴茶园发生较重。不同的茶树上该虫为害程度有较大差异，水仙、云南大叶种茶树等大叶种茶树上虫口密度较大，高桥早、湘波绿、鸠坑、毛蟹等中小叶品种茶树上为害较轻。

（四）天敌

茶黄蓟马的天敌已发现的有草间钻头蛛［*Hylyphantes graminicolum*（Sunderall）］、盲走螨（*Typhlodromus* sp.）、索加真绥螨［*Euseius sojaensis*（Ehara）］、大赤螨（*Anystis* sp.）、七星瓢虫（*Coccinella septempunctata* L.）、日本通草蛉（*Chrysoperla nipponensis* Okamoto）、小花蝽（*Orius* sp.）等捕食性昆虫或螨类。

五、防治技术

（一）农业防治

选用抗性品种，增加茶园间作种类，均有利于控制虫害发生；茶园及时分批勤采、适时轻修剪可控制虫口发生。特别是一至四轮芽，及时分批采摘灭虫，同时结合培肥，促进茶树生长，缩短采摘间隔期，可抑制虫口发生。

（二）生物防治

保护利用天敌，特别是蜘蛛和捕食螨，提高茶园田间自然控制力，减少农药用量。

（三）物理防治

利用茶黄蓟马对黄色或黄绿色板的趋性，在每 $667m^2$ 茶园中设置黄板 15～20 片进行物理诱集黏杀。有喷灌设施的茶园，秋季喷灌可减轻茶黄蓟马为害。

（四）化学防治

加强田间调查，掌握在害虫点片发生阶段或发生高峰出现前结合叶蝉兼治，幼龄茶园 5 月以后，成龄茶园第五轮芽期须及时防治。

防治指标：幼龄茶园为百梢有虫 50～60 头，虫梢率 30%；成龄茶园为百梢有虫 100 头，虫梢率＞40%。

在茶树生长季节，药剂可选用 2.5%联苯菊酯乳油 1 500～2 000 倍液（合每 $667m^2$ 25～40 mL，安全间隔期 7d）、2.5%高效氯氟氰菊酯乳油 2 000～3 000 倍液（合每 $667m^2$ 25～35 mL，安全间隔期 6d）、10%虫螨腈悬浮剂 1 500～2 000 倍液（合每 $667m^2$ 25～40 mL，安全间隔期 7d），施药时注意均匀喷洒至茶蓬上部叶片正、背面，发生严重时隔 7～10d 再喷药 1 次。

彭萍（重庆市农业科学院茶叶研究所）

第 79 节　茶棍蓟马

一、分布与危害

茶棍蓟马（*Dendrothrips minowai* Priesner）属于缨翅目蓟马科。在我国分布于广东、广西、福建、海南、贵州、湖南等南方茶区；在国外近年来在日本、韩国发现并为害茶树。该虫以成、幼虫锉吸芽叶的汁液为害，受害叶片背面出现纵向的红褐色条痕，条痕相应的叶片正面略凸起，失去光泽。受害严重时，叶背的条痕合并成片，叶质僵硬变脆，茶叶产量和品质下降。为害作物包括茶树、山茶等（彩图 16 - 79 - 1）。

二、形态特征

成虫：雌虫体长为 0.8～1.1mm，长为宽的 3～4 倍，近黑褐色。头及复眼色暗，触角第三至四节各有 1 角状感觉锥，第六节有 1 芒状感觉锥，长度超过末节。前胸与头等长，为前胸宽之半，背板无显鬃。翅狭长微弯，后缘平直，前翅灰色，中央近基部有 1 白色透明短带，左右合并为 1 白点，前缘毛稀短不超过 30 根，仅 1 支脉，上脉端鬃 2 根。腹部 10 节，两侧较暗，第九腹节后缘环生 8 根短鬃，末节端部 4 根短鬃，中部两根较粗（彩图 16 - 79 - 2）。

卵：长椭圆形，约为 0.1mm，乳白色，半透明。

若虫：一龄呈乳白色半透明，体长为 0.25～0.35mm。头扁，细长；复眼鲜红；触角第四节最长，末数节尖细。二龄扁，肥，体长为 0.4～0.5mm，淡黄至橙红；复眼红黑；触角第三节倒花瓶状 5 隔，边缘锯齿状，末数节两侧各有 1 长毛。三龄若虫头黄白色，体白色，肥而多皱，成长若虫体长 3～4mm（彩图 16 - 79 - 3）。

前蛹（三龄若虫）体收缩，橙红，背较暗。复眼暗红，前缘半月形红晕。触角贴向头后弯曲，第三节侧有 5 齿，第四节倒花瓶状 6 隔，第五节以后灰黑。前后翅芽分别达第二腹节及第三腹节前端。蛹（四龄若虫）体橙红，翅芽渐长，腹部节间明显，第三至八节两侧锯齿状，腹末有 4 根粗短鬃。

该虫雄虫数量较少，雌雄比为 1∶0.2～1∶0.4，成虫、若虫比为 1∶3.8～1∶6.0。

三、生活习性

成虫羽化交尾产卵以 8：00～11：00 最盛。卵散产于芽下一至三叶内，或 4～5 粒产于叶面凹陷中，以芽下第一叶上最多。每雌平均产卵约 30 粒。

若虫多清晨、黄昏孵化，初孵若虫不甚活跃，有群集性，常十至数十头聚于叶面、叶背甚至潜入芽缝取食，基本不为害老叶和花。三龄停食并沿枝干下移至苔藓、地衣或地表枯叶内化蛹。下移时间以 15：00～18：00 最盛。蛹期不食，仍可爬动。

成虫飞翔力不强，受惊则弹跳飞起。烈日下多栖息于丛下荫蔽处或芽缝内，雨天在叶背活动。

四、发生规律

茶棍蓟马世代重叠，且无越冬现象，冬季仍见成虫活动产卵和若虫孵化。年发生代数不详，5～6 月 18～25d，10～11 月 35～40d 完成 1 代。卵历期 5～7d，成虫寿命 7～10d。

在贵州，茶棍蓟马主要为害夏秋茶，产量损失（y）与虫口密度（x）的关系式为 $y=2.094\ 8\ x-2.177\ 6$。

在杭州，一年中有 2 个虫口高峰期。第一个在 5～6 月，第二个在 9～10 月。7～8 月的高温对种群的数量有明显抑制作用。茶棍蓟马在浙江多发生在靠近荒山或森林的茶园中。留养不采茶的茶园或幼龄茶园的受害程度常重于投产茶园。

茶树品种间虫口数量存在差异，主要发生在当地小叶种群体上，凤凰水仙也受害，但云南大叶种上少见。

五、防治技术

由于各地茶园茶青产量不同，根据产量等级制定茶棍蓟马防治指标，见表 16 - 79 - 1。

表 16 - 79 - 1　不同茶青产量等级与茶棍蓟马的防治指标

Table 16 - 79 - 1　Corresponding control thresholds of *Dendrothrips minowai* in different production plantations

茶青产量（kg/hm²）	750	600	450	300
允许损失率（%）	22.2	27.8	37.0	55.5
防治指标（头/m²）	104	129	168	247

（一）农业防治

采用抗性品种。搞好肥培管理，清洁茶园。在生产茶园中，夏秋茶期间（6～10 月），根据茶树生长情况，及时合理采摘一芽二叶及相同嫩度的对夹叶，控制该虫的食料，并采掉大部分若虫（60%～80%）和产卵叶片，能有效地控制该虫的密度。

（二）物理防治

利用茶棍蓟马的趋色性，用色板诱集黏杀，黄色、蓝色、银色色板对该虫均有较好的吸引力。

（三）化学防治

采摘茶园以低容量蓬面扫喷为宜。药剂可选用 15%茚虫威乳油 2 500～3 500 倍液、24%虫螨腈悬浮剂 2 000～3 000 倍液和 10%联苯菊酯乳油 5 000 倍液。

陈宗懋　罗宗秀（中国农业科学院茶叶研究所）

第 80 节　茶橙瘿螨

一、分布与危害

茶橙瘿螨（*Acaphylla steinwedeni* Keifer）又称斯氏尖叶瘿螨、斯氏小叶瘿螨、茶刺叶瘿螨等，属于蛛形纲蜱螨目瘿螨科。

除西藏不详以外，茶橙瘿螨在国内分布广泛，西自云南、贵州、四川，东至东部沿海及台湾，北自山

东、河南、陕西，南至广东、广西、海南。国外分布于日本、印度、斯里兰卡、印度尼西亚等国。茶橙瘿
螨寄主种类较多，除茶树外，还为害油茶、梨、檀、漆树、蓼、苦菜等作物。在印度，Watt G. 于 1898
年定名了一种茶树瘿螨 *Phytoptus theae* Watt，1903 年 Watt G. 和 H. H. Mann 又将该螨更名为 *Acaphyl-la theae* Watt（茶尖叶瘿螨），该螨仅分布在印度的阿萨姆（Assam）、卡恰尔（Cachar）、大吉岭（Dar-jeeling）和杜瓦尔斯（Duars）等地。该作者在《茶树病虫害》(*The Pests and Blights of Tea Plant*) 一书
中指出，此螨的背中部前后有两个瘤状突起，体浅红色，主要在茶树叶缘和主脉两侧加害，并特别指出此
种不分布在中国。由此可见，此种（*A. theae*）与我国的茶橙瘿螨不同。

在我国，以茶橙瘿螨为优势螨类为害茶树的报道始见于 20 世纪 50 年代，70 年代演变成为我国茶树
的重要害螨之一。该螨体形小，发生代数多，螨口密度大，常给夏秋茶造成很大损失（彩图 16-80-1）。

二、形态特征

成螨：成螨体较扁平，纺锤形，橙黄色。体长为 0.17～0.19mm，宽为 0.06～0.075mm。喙长
0.03mm，斜下伸。盾板中央有纵隆起，背毛长为 0.004～0.005mm。背中央具中脊，背环 30 个，光滑，
腹环 60～65 个，具圆形微瘤（彩图 16-80-2，1）。

卵：球形，半径约 0.04mm，无色透明，有光泽，近孵化前色混浊（彩图 16-80-2，2）。

幼螨：椭圆形，长约 0.08mm，宽约 0.03mm，初孵化时乳白色，背盾板的饰纹和生殖器盖片未形
成，体环不明显，经第一次静止蜕皮后即成若螨。

若螨：卵圆形，长约 0.1mm，宽约 0.04mm，淡橘黄色，体环趋于明显，背部盾板饰纹已出现，但
生殖区仅出现 1 对生殖毛，而生殖器盖片仍未形成，其他特征与成螨相似（彩图 16-80-2，3）。

三、生活习性

茶橙瘿螨年发生代数因茶区而异，长江流域 1 年发生 20 余代，台湾 30 代。世代重叠现象严重。各虫
态均可越冬，一般以成螨越冬居多，越冬场所多在成、老叶背面。在南方无明显冬眠现象，当日均温升至
10℃以上时，即可开始活动繁殖。3 月以后，生育速度加快，繁殖量加大，螨口数量逐渐增多。全年有
1～2 次明显的发生高峰。如 4 月中旬以后少雨多晴，温、湿度适宜，第一高峰将提早出现，春茶后期即
受其害。第一发生高峰在 5 月中旬至 6 月上旬，第二发生高峰在 8～10 月高温干旱季节，以第一峰为主。
若全年只有 1 个发生高峰时，高峰期在 8～10 月，以 9～10 月螨口量最大。在杭州地区，茶橙瘿螨 1 年可
发生 25～27 代。该螨世代历期：均温 20.2℃为 9.47～10.47d，24.7℃为 6.58d，29.2℃为 5.43～5.93d。
各螨态历期：卵期 2.1～7.3d，幼、若螨期 2.0～6.4d，成螨期 4～7d，低温条件下可长达 1 个月，产卵
前期 1～2d。茶橙瘿螨的发育起始温度为 (5.373 ± 1.39)℃，完成 1 代的有效积温为 (170.07 ± 14.62)℃，成螨生长的过冷却点为 (-25.44 ± 0.5)℃。

茶橙瘿螨营大量孤雌生殖，每雌产卵少则 20 余粒，多则 50 余粒。卵散产，日夜均可产卵，每次 1
粒，产于嫩叶叶背，且以叶脉两侧凹陷处为多。幼螨孵出即在叶背栖息吸食，蜕皮 2 次经若螨变为成螨。
蜕皮静止期内，数小时至 10h 不食不动。蜕皮后继续取食。茶橙瘿螨在茶树上以茶丛上部最多，中部次
之，下部最少，一般嫩叶螨口多于成叶，成叶多于老叶；在同一嫩梢上，一般以芽下二、三叶螨口数量较
大，大多数栖于叶背。越冬螨口多集中在上部老叶，春茶萌发后渐向新梢转移，春茶期嫩叶上螨口较多。
夏茶以嫩叶和春季留叶上螨口较多，秋茶除嫩叶较多外，春、夏茶留下的成叶都有较多螨口。在芽梢上，
开始一般以鱼叶和第一真叶上螨口最多，随着芽叶的伸展，趋嫩转移，上部嫩叶螨口则渐趋增多。茶橙瘿
螨在田间的分布：早春呈高度聚集分布，呈现发虫中心，夏季则随螨量增大渐趋扩散。

四、发生规律

（一）螨源基数

茶橙瘿螨越冬存活基数愈小，其发生最高峰日愈迟，当越冬螨口密度高，4 月中旬以后雨少晴多，螨
口高峰将提早出现。

茶橙瘿螨基数≤56.4 头/叶时，对螨口正常发展无影响；茶橙瘿螨基数＞102.2 头/叶时，随着螨口基
数增大，螨口发展速度呈缓慢下降趋势；螨口密度达 991 头/叶时，呈急剧下降趋势。

（二）气象条件

气象因子对茶橙瘿螨发生有明显的影响。温度小于 18℃ 或超过 27℃ 时，螨口发展减慢。平均温度在 18～26℃，相对湿度 80％ 以上，茶芽全面伸展对其发生有利。冬季低温对该螨影响不大，将成螨和卵在 −6～−18℃ 极端低温条件下处理，仍有一定数量的存活和孵化。大雨或暴雨，尤其是暴风雨冲击之后，螨口急剧下降。但雨量小、雨日多，时晴时雨则有利其发生。7、8 月炎热季节，日均温长期大于 27℃，对其发生不利，并影响螨口高峰的出现，甚至影响整个下半年的发生。茶园坡向对茶橙瘿螨发生也有影响，一般向阳坡发生较多，背阴坡发生较少。发生呈一年两次高峰的双峰型，一般以第一峰螨口最大，夏茶受害较重；第二峰螨口较少，为害秋茶。但是早春越冬螨口基数大小，关系第一峰迟早和能否形成。第一峰出现日期与 1 月总降水量和相对湿度两个因子显著相关，雨、湿因子数值越大，高峰期越迟，甚至到秋季才出现高峰，形成单峰型。早春螨口基数 >0.5 头/cm²，春夏形成第一高峰，全年呈现双峰。

相对湿度在 75％～90％ 时，对螨口发展最有利；相对湿度达 95％ 时，螨口发展显著减慢；相对湿度 ≤50％ 时，螨口停止发展甚至下降。螨口增长与降水量和降雨强度呈负相关。茶梢的嫩度对螨口增长影响较大，一芽三叶、一芽四叶、成老叶的螨口平均发生量分别是一芽二叶的 70％、55％、27％。日照对螨口增长无影响。

（三）茶树品种

茶树品种间的叶片结构、生化组成不同，存在抗性差异，影响茶橙瘿螨的发生。一般生长旺盛、芽叶较嫩的品种有利于茶橙瘿螨取食繁衍。祁门储叶种叶较薄而软，芽叶较密，持嫩性较强，螨害严重；祁门 119 叶片较厚且脆，绒毛较多，螨害较轻。无性系品种福鼎大毫、云旗、金橘、毛蟹等品种，叶片下表皮气孔密度小，茸毛密度大，表皮角质化程度高，同时咖啡碱、氨基酸含量高，抗性强，能控制螨口繁衍。反之，无性系品种菊花春、大叶云峰、碧峰、广水、竹枝春、碧云等敏感品种，螨口发生较多。茶树新梢中高含量氨基酸是控制茶橙瘿螨种群发生的重要生化因素，施氮处理的茶树其自然发生的螨口数量比对照显著降低。

（四）天敌

茶橙瘿螨天敌有多种蜘蛛、捕食螨、瓢虫、草蛉、褐蛉、花蝽等。安徽南部茶区优势种天敌为八斑鞘腹蛛（Coleosoma octomaculatum），日本通草蛉（Chrysoperla nipponensis）、食螨瓢虫（Stethorus sp.）、食螨瘿蚊（Acaroletes sp.）也是常见天敌。7～9 月，螨口高峰期茶园中天敌数量相对较少，秋后 10 月天敌数量回升，螨口趋于下降。据报道，1 头食螨瓢虫成虫每小时能捕食 25 头茶橙瘿螨。

（五）农药引起的螨类猖獗

20 世纪 60 年代初期，茶园中大量使用有机氯类（如滴滴涕）和波尔多液等农药控制蚧类（日本长白盾蚧、角蜡蚧、椰圆盾蚧等）害虫，但该类药剂对多种螨类的捕食性天敌（如瓢虫）具有强杀伤力，而对螨的杀伤力很弱，同时据国外研究证明，滴滴涕和波尔多液对螨类有刺激发育的效应。因此，在 60 年代后期，茶橙瘿螨、茶叶丽瘿螨、跗线螨等茶树害螨成为我国各茶区茶园害虫的优势种群。

五、防治技术

（一）农业防治

选用抗性品种，冬季或春前修剪，可压低螨口基数，有助于推迟或削弱第一发生高峰；及时分批勤采，恶化害螨食源，有利于控制螨口数量。如在杭州龙井茶区，茶园采摘早、采得勤，致使第一高峰不明显，甚至不出现。茶园土壤施氮或喷施含氮叶面肥，对茶橙瘿螨的繁殖力有强烈的抑制作用，可减轻茶园螨害。

干旱时喷灌。江西蚕茶研究所的试验表明，夏季结合抗旱，利用喷灌水的冲力，可冲掉叶片上附着的 95.4％～99.4％ 的茶橙瘿螨，起到防治作用。

（二）生物防治

保护利用天敌，特别是田间捕食瓢虫和捕食螨。此外，按每 667m² 人工释放 6.8 万头胡瓜钝绥螨（Amblyseius cucumeris）防治茶橙瘿螨，持续 50d 的结果表明，防效达 81.40％。

（三）化学防治

加强田间调查，掌握在害螨点片发生阶段或发生高峰出现前及时喷药防治。

防治指标：中小叶种茶树平均每叶螨口为 17～22 头，或叶面上螨口密度为 3～4 头／cm²，或螨情指数为 6～8。

在茶树生长季节，药剂可选用 99％矿物油乳油 100～150 倍液（合每 667m² 500～750mL，安全间隔期 7d）、20％复方浏阳霉素乳剂（由浏阳霉素 1 份乐果 3 份复配而成）1 000 倍液（合每 667m² 75mL，安全间隔期 7d）、20％四螨嗪悬乳剂 1 000～1 500 倍液（合每 667m² 50～75mL，安全间隔期 10d）、73％炔螨特乳油 1 500～2 000 倍液（合每 667m² 37.5～50mL，安全间隔期 10d）、10％虫螨腈悬浮剂 2 000～3 000倍液（合每 667m² 25～37.5mL，安全间隔期 7d），药液喷洒至茶蓬上部叶片背面，注意农药的轮用、混用。

秋茶采摘后用 45％石硫合剂晶体 150～200 倍液（合每 667m² 375～500g，采摘茶园不宜使用）喷雾清园，可压低越冬螨口基数，减轻翌年螨害的发生。

附：测报技术

（一）发生期预测

根据越冬螨口密度、定点螨口消长调查及大面积螨口密度普查，结合温度和降水量等气候情况，参照历年资料，预测发生高峰期。

（二）发生趋势分析

当越冬螨口密度大，4 月中旬以后晴多雨少，预示第一螨口高峰将提早出现。当定点调查的螨口数不断增长，有螨率达 50％，平均每叶有螨 2 头以上，同时，大面积普查有螨叶达 50％，螨口指数 1.4 左右，此后两旬日均温 20～27℃，旬降水量少于 30mm 时，即有大发生趋势。

（三）发生程度分级

分级指标	1 级	2 级	3 级	4 级	5 级
每叶螨数（头）	<10	10～50	51～100	101～200	>200
代表值	1	5	10	20	30

彭萍　王晓庆（重庆市农业科学院茶叶研究所）

第 81 节　茶叶丽瘿螨

一、分布与危害

茶叶丽瘿螨［*Calacarus carinatus* (Green)］又名龙首丽瘿螨、茶紫瘿螨、茶紫锈螨，隶属于蛛形纲蜱螨目瘿螨科。国内分布北自山东、河南，西至云南、贵州、四川，东自沿海地区及海南、台湾。国外分布于日本、斯里兰卡、印度、印度尼西亚、越南、格鲁吉亚、毛里塔尼亚、美国等。主要为害茶树老叶及成叶，当田间螨口多时则同样为害嫩叶。螨口散布于叶面且多聚于叶脉附近，蜕皮堆积如同灰白尘埃。叶片无光呈紫铜色，脆卷易裂，最后枯落，树势衰退，芽梢萎缩硬化，旱季更易加重（彩图 16 - 81 - 1）。茶叶丽瘿螨除为害茶树外，还为害山茶、油茶、欧洲荚蒾、辣椒。

二、形态特征

成螨：近卵圆形，体长 0.19～0.25mm，宽为 0.07～0.09mm，紫褐色，背部有 5 条白色纵列的絮状物，足 2 对。腹部近圆柱形，由前向后稍细，腹背部后体段有环纹，体两侧各有排成一列的刚毛 4 根，腹末端有刚毛 1 对明显，向后伸出（彩图 16 - 81 - 2）。

卵：球形，直径约 0.04mm，黄白色，半透明。

幼、若螨：幼螨初期体裸露，有光泽。若螨黄褐至紫褐色，近菱形，开始被白色蜡絮，后体段环纹不明显，体长为 0.05～0.10mm。

三、生活习性

1 年发生 10 多代，7～10 月为盛发期；成螨常栖息于叶面并产卵于叶面。由于繁殖快，代数多，世代重叠现象严重。主要为害茶树老叶及成叶，螨口多则同样为害嫩叶。

长江中下游 1 年发生 10 余代，多以成螨在叶背越冬。春季温度回暖向叶面聚集。当平均气温 25℃时，完成 1 代需要 13～14d。其中卵期 3～5d，幼、若螨期 4～5d，成螨寿命 5～7d，产卵前期 2～4d。平均气温 32℃时，完成 1 代仅需 10d 左右。每雌产卵 16～28 粒。卵散产于叶面，孵化后即在叶面活动为害，幼螨蜕皮均经短暂停食静止后继续为害。当气温＞28℃，或夏季中午前后，部分害螨移向叶背，黄昏后又返回叶面，秋凉降温则全部移至叶背。在茶树生长季节，成螨和幼、若螨主要栖息在茶树叶背面，以叶脉两侧及低凹处较多，在田间茶叶丽瘿螨常与茶橙瘿螨混合发生，为害初期被害状往往不明显，叶片正面似有灰白色尘埃（即蜕皮壳）。当这种尘埃增多后，叶片逐渐失去光泽，呈紫铜色，芽叶萎缩，叶质硬脆，且常由中脉向上卷曲，最后全部脱落。

四、发生规律

（一）螨源基数

以成、若螨在叶背越冬。越冬螨口基数大小，影响其螨口的发生与消长。越冬成螨在早春开始活动，初发生时，往往在少数茶丛上形成为害中心，螨口随温度上升而增加，以后逐渐向周围扩散。

（二）气象条件

大气温度、湿度、降水量与茶叶丽瘿螨的螨口消长关系密切。一般日均温＞25℃、相对湿度＜80％、干旱少雨的气候条件最有利于该螨发生。秋季随气温下降，螨口数量也逐渐减少。由于茶叶丽瘿螨成螨多分布在叶片正面，多雨水，尤其是降雨强度大时，对其生存十分不利，可造成螨口的急剧下降。长江中下游的江苏、浙江一带茶区，一般 7～8 月发生较重；在福建福安，以 7～10 月发生最多，4～6 月螨量较低。但也会因年份气候的差异，呈现出不同的发生高峰期。如在江苏南部茶区，1979 年 6 月中旬至 7 月中旬呈现第一发生高峰，9 月中旬至 10 月上旬，出现次高峰，而 1983 年仅 8 月中旬至 9 月中旬呈现 1 次高峰。2002 年，青岛地区干旱少雨，7～8 月降水量比 2001 年同期减少 50％～90％，8 月平均气温较常年高 1～3℃，随茶苗引种携带的茶叶丽瘿螨在山东崂山一带茶区大面积发生。

（三）茶树品种

不同茶树品种受茶叶丽瘿螨为害程度不同。一般小叶种茶树发生较轻，而叶片平展、隆起度大的福鼎大毫茶、福安大白茶、福云 6 号等大叶种发生较重；种植荫蔽的茶园、苗圃中的茶苗也易受害。

五、防治技术

（一）农业防治

合理搭配品种，及时采摘，加强肥水，增强树势，改善茶园通透性，提高抗逆能力；气候干旱时节，有喷灌设施条件的茶园应及时灌溉，提高茶园湿度，减少害螨的发生；加强植物检疫，严防将病虫苗木带出圃外。

（二）生物防治

天敌的主要种类有瓢虫、粉蛉、草蛉、捕食螨等，在田间对其种群数量有一定的控制作用。

（三）化学防治

在害螨发生始期，抓住该螨的发生中心，及时防治，以防其大面积扩散。

在茶树生长季节，药剂可选用 99％矿物油乳油 100～150 倍液（合每 667m² 500～750mL，安全间隔期 7d）、20％复方浏阳霉素乳剂 1 000 倍液（合每 667m² 75mL，安全间隔期 7d）、20％四螨嗪悬浮剂 1 000～1 500 倍液（合每 667m² 50～75mL，安全间隔期 10d）、73％炔螨特乳油 1 500～2 000 倍液（合每 667m² 37.5～50mL，安全间隔期 10d）、10％虫螨腈乳油 2 000～3 000 倍液（合每 667m² 25～37.5mL，安全间隔期 7d），药液喷洒至茶蓬上部叶片背面，注意农药的轮用、混用。

秋茶采摘后用 45％石硫合剂晶体 150～200 倍液（合每 667m² 375～500g，采摘茶园不宜使用）喷雾清园，可压低越冬螨口基数，减轻翌年螨害发生。

彭萍 王晓庆（重庆市农业科学院茶叶研究所）

第 82 节 咖啡小爪螨

一、分布与危害

咖啡小爪螨 $[Oligonychus\ coffeae\ (Nietner)]$ 又名茶红蜘蛛，属蜱螨目叶螨科。国内已知分布于江西、福建、台湾、广东、广西、云南等省份。国外分布于印度、斯里兰卡、越南、印度尼西亚、南非等。该螨多在成叶叶面刺吸并结细网，受害叶呈现黄至红褐色斑，叶片失去光泽，满布卵壳与蜕皮如同白色尘埃，最后叶片硬化、干枯、脱落（彩图 16-82-1）。

二、形态特征

成螨：雌螨宽椭圆形，体长 0.3～0.5mm，宽约 0.28mm，红色，后半体暗红至紫褐色；背隆起，有 4 纵列白毛，各 6～7 根，共 26 根。毛较粗壮，末端尖细，毛长大于毛间横距；须肢端感器顶端方形，足 4 对（彩图 16-82-2，1）。雄螨菱形，长约 0.41mm，宽约 0.24mm，深红色；阳具端向腹面垂直弯曲，端部渐窄，顶圆钝（彩图 16-82-2，2）。

卵：近圆形，直径约 0.11mm，红色，孵化前淡橙色。下方扁平，上方有一白细毛。

幼螨：椭圆形，长约 0.20mm，宽约 0.14mm，鲜红后转暗红，足 3 对。

若螨：椭圆形，暗红色。第一龄若螨长约 0.20mm，宽约 0.13mm；第二龄若螨长 0.23～0.26mm，宽约 0.14mm。足 4 对。

三、生活习性

在福建 1 年发生约 15 代，台湾 20 余代，世代重叠。在广东茶区无明显越冬滞育现象，冬季寒冷时，繁殖率降低，世代历期长；生长季 10～20d 即可完成 1 代。各虫态历期及一个世代历期的长短，随气候条件变化而变化，气温升高，历期缩短。7 月份平均卵期 4d，幼螨期 1.5～2d，若螨期 4～4.5d，成螨期 10～30d，产卵前期约 3d。

主要为害老叶、成叶，严重时亦为害嫩叶。该螨喜阳光，一般多分布于茶丛上部叶面，营两性生殖，也营孤雌生殖。成螨有持续孕卵和产卵的习性。卵散产于叶面，多在主脉、侧脉附近及叶片凹陷处，雌螨产卵 40～100 粒，从卵孵化到成螨需经 2～3 次蜕皮。幼螨善爬行，雄成螨更活跃，1d 内可转移 2～3 个枝梢，随落叶坠地仍可爬回树上，且能吐丝下垂，随风力吹散蔓延，人、畜携带或苗木运输均有助于传播。当气候寒冷时，常在叶面吐丝结网匿栖。

四、发生规律

（一）螨源基数

越冬基数大小，影响螨口的发生与消长。冬季 1～2 月低温对该螨种群有较强的抑制作用。初发生时，往往在少数茶丛上形成为害中心，螨口随温度上升而增加，以后逐渐向周围扩散。

（二）气象条件

咖啡小爪螨发生消长与降水量和气温有关。适宜于 20～30℃、相对湿度 49%～94% 的条件下孵化发生，高温干旱虽不利于该螨发生，但严重干旱会因植株缺水而加重疫情。据福建安溪茶区调查，每年 4～5 月和 9～10 月，是咖啡小爪螨发生的两个高峰期。在云南沧源等茶区也时有发生，全年尤以秋后至春前的干旱季节为害严重，少雨年份更为明显。春后随升温多雨，螨口趋少；炎夏季节，该螨仅在茶丛中、下部荫蔽处残存，秋季适温少雨，又渐回升。雨季发生较轻，大雨或连续降雨，可致螨口数量明显下降。适度荫蔽的茶园，有利于减少该螨的发生，同一茶园内位于荫蔽下的茶树受害较空旷地段的轻。

（三）茶树品种

不同茶树品种间咖啡小爪螨发生程度略有差异。分析资料表明，咖啡碱含量高的茶树品种，抗性明显较强，如铁观音、福鼎大毫茶、福安大白毫、云南大叶种则发生较轻。

五、防治技术

（一）农业防治

加强茶园管理，增施氮肥，及时采摘，增强树势，提高茶树抗逆能力；合理搭配品种，改善茶园通透性，气候干旱时有条件的茶园应及时灌溉，增加茶园湿度。加强植物检疫，严防将带螨苗木携出圃外。

（二）生物防治

天敌的主要种类有食螨瓢虫（*Stethorus* sp.）、小毛瓢虫（*Scymnus* sp.）、环艳瓢虫（*Jauravia* sp.）、罕兼食瓢虫（*Micraspis inops*）、蠼螋（*Labidura riparia*）和草蛉（*Chrysopa* spp.）等，在田间对该螨种群有一定的抑制作用。每 667m² 人工释放捕食螨 5 万～7 万头，对该螨控制效果较好。此外，印度对应用荧光假单胞菌（*Pseudomonas fluorescens* Trevisan）防治茶园咖啡小爪螨进行了广泛探索，并取得了较好的防治效果（Roobakkumari et al.，2011）。

据报道水蓼、苍耳、麻风树等植物提取物对咖啡小爪螨也有较好的杀伤效果。

（三）化学防治

在害螨发生始期，抓住该螨有发生中心的发生规律及时进行挑治或重点防治，可抑制该螨大面积扩散。药剂可选用 99% 矿物油乳油 100～150 倍液、20% 复方浏阳霉素乳剂 1 000 倍液（合每 667m² 75mL，安全间隔期 5d）、20% 四螨嗪悬浮剂 1 000～1 500 倍液（合每 667m² 37.5～75mL，安全间隔期 10d）、73% 炔螨特乳油 1 500～2 000 倍液、50% 溴螨酯乳油 3 000 倍液，注意农药的轮用、混用。

秋茶采摘后用 45% 石硫合剂晶体 250～300 倍液喷雾清园，压低越冬螨口基数。

彭萍　王晓庆（重庆市农业科学院茶叶研究所）

第 83 节　茶短须螨

一、分布与危害

为害茶树的短须螨属（*Brevipalpus*）植食螨有 3 种：卵形短须螨（*Brevipalpus obovatus* Donnadieu）、紫红短须螨（*B. phoenicis* Geijskes）和加州短须螨 [*B. californicus* (Banks)]（Fernando et al.，2010）。经鉴定，我国茶树上发生的短须螨是卵形短须螨，属蜱螨目细须螨科。在国内分布西自云南、贵州、四川，北自陕西、山东、河南，东至沿海各地及台湾，南至广东、广西、海南。紫红短须螨在国外分布于日本、斯里兰卡、印度、印度尼西亚、孟加拉国、菲律宾等国。成、若螨主要刺吸茶树老、成叶汁液为害。受害叶片逐渐失去光泽，局部叶色变红转暗，叶背出现许多紫褐色突起斑，主脉变紫褐色，最后叶柄变黑腐引起落叶。严重影响树势，导致茶叶产量锐减。某些种类还能传播植物病毒病。茶短须螨还为害桃、李、柿、梨、洋桃、薄荷、留兰香、夜来香、马兰头、杜鹃、野艾等 45 科 120 多种经济林木、花卉和杂草。

二、形态特征

成螨：雌螨长卵形，较扁平，中脊隆起，体长为 0.27～0.31mm，宽为 0.13～0.16mm，体色鲜红、暗红、橙红色，因季节和取食而异；足 4 对，前后各 2 对，色淡，足基部第二节细小，跗节有 1 长毛。体背有不规则黑斑和网纹，背毛 12 对，刚毛状或披针状（顶毛 1 对，肩毛 2 对，肩毛 1 对，背中毛 3 对，后半体背侧毛 5 对）。雄成螨较雌成螨体形略小，体末尖削呈楔状，体长为 0.25mm，宽为 0.12mm 左右（图 16 - 83 - 1）。

卵：卵形，长为 0.08～0.11mm，宽为 0.06～

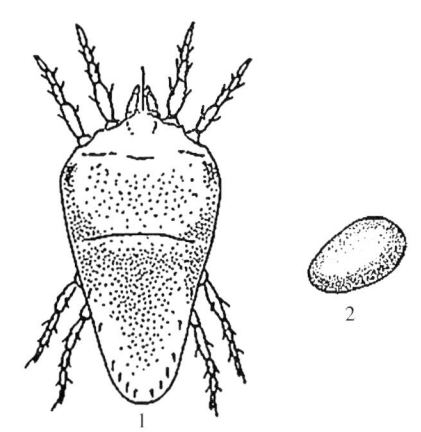

图 16 - 83 - 1　卵形短须螨（引自 Cranham，1966）

Figure 16 - 83 - 1　*Brevipalpus obovatus*

(from Cranham，1966)

1. 雌成螨　2. 卵

0.08mm，光滑，鲜红至橘红色，孵化前渐变蜡白色。孵化后卵壳半透明，白色。

幼螨：近圆形，长为0.11～0.18mm，宽为0.08～0.10mm，体色橘红渐变浅色，足3对，体末有毛3对，2对呈匙形，中间1对刚毛状。

若螨：一龄若螨近卵形，长为0.17～0.22mm，宽为0.10～0.12mm，形似成螨，体色较幼螨浅，体背面开始出现不规则形黑斑，足4对。二龄若螨近长方形，长为0.23～0.30mm，宽为0.13～0.15mm，橙红色，体背黑斑加深，体色与成螨接近，眼点明显。足4对，前、后各2对，自基部向端部渐细。尾部较成螨钝，3对毛发达，均呈匙状。

三、生活习性

在长江中下游1年发生7代，台湾11代，世代重叠，每年10～11月，多以成螨聚于根茎地下0～6cm处越冬，个别在落叶、腋芽处越冬。在广东、海南无越冬滞育现象，广西也只有少量转至根际越冬。在浙江杭州一带，茶短须螨年发生6～7代。夏季气温在28℃时，完成1代需要20d左右，春、秋季气温在20～22℃时，完成1代需要40d左右。各虫态历期：夏季，温度在30℃左右时，卵期6～7d，幼螨期3～4d，若螨期（第一、第二龄若螨）7～8d，产卵前期2d；春、秋季温度21℃左右时，一般卵期14d，幼螨期6d，若螨期15d，产卵前期3～5d。成螨寿命较长，一般34～45d，越冬雌成螨寿命可达6个月以上，雄成螨20～30d。幼螨及第一、第二若螨的各个期间，能明显地分为两个时期，即活动取食期、不食不动静止期。蜕皮静止期：幼螨1～5d，一龄若螨1～4d，二龄若螨2.5～8d。

茶短须螨雄螨极少，雌雄性比高达2 000∶1。雌成螨以孤雌生殖为主，产出多为雌螨，并不断进行孤雌生殖。孤雌生殖产生的后代与两性生殖产生的后代没有差异。雄螨可多次交尾。雌螨一生产卵12～54粒，日产1～4粒。卵多散产于叶背，少数产于叶面、叶柄、腋芽和枝干上。茶短须螨在茶园内的种群呈聚集分布，其茶树空间分布为均匀性分布，并有自下向上爬迁为害的习性。发生初期，茶树下部叶片螨口量最大，约占62%以上，中部占36%，上部占2%。发生盛期，部分害螨爬行上迁，中、上部螨口量增多，约占50%以上，上部及中、下部各占20%左右。幼螨近90%在叶背为害，又以主脉两侧为多，叶柄部及低洼处次之，多次的刺吸为害使叶片主脉两侧及叶柄产生霉斑或霉烂。发生严重的茶园，在该螨发生高峰期，茶树大量落叶。

四、发生规律

（一）螨源基数

茶短须螨以雌成螨群集于根际泥土下越冬，少数也可在枝干裂缝和落叶内越冬。但在我国南方的广东、海南、广西茶区无明显滞育现象。越冬基数直接影响翌年螨口发生为害的早迟，以及发生严重程度。

（二）气象条件

茶短须螨的消长与气候有着密切的关系。适宜在24～30℃、干旱少雨的条件下发生。春季，当气温上升到10～15℃时，越冬成螨开始活动；秋末，当气温下降至15～17℃时，卵、幼螨、若螨均停止生长发育，雌成螨渐向根际聚集，气温<11℃进入越冬休眠。在江苏、浙江、湖南等省1年发生6～7代，翌年4月开始往茶树叶片上迁移为害，6月螨口增长迅速。高温干旱对其发生有利，因此，7～9月常发生1～2个高峰。一般旬平均温度高于24℃，旬降水量少于40mm，茶短须螨易在20～30d后形成1个高峰。反之，如果降水量大，螨口会快速下降。10月后螨口下降，11月后地上部分螨口迅速减少，大量成螨爬至根部进入越冬期。该螨在茶园内的种群呈聚集分布，在茶树各方向呈均匀性分布。螨口分布以叶背较多，由于成螨寿命长和产卵期长，世代重叠现象严重。

在生长季节，除天敌等因子以外，有时虽遇不良气候因子，但其自然死亡率较低。深秋时低温会使各虫态停止发育，未完成发育的茶短须螨卵、幼螨、若螨无法安全越冬而死亡。冬季多雨、低温和冻土，越冬成螨死亡率较高；早春低温多雨也影响成螨的存活率。

（三）茶树品种

茶树苗圃、幼龄及台刈更新茶园常易发生该螨，强采或管理粗放茶园也易受害。在台湾，高山茶园受害较轻，茶树品种以清心乌龙等小叶种受害重，大叶乌龙和阿萨姆等受害轻。

五、防治技术

（一）农业防治

对受害严重的衰老茶园，在发生高峰前，修剪或台刈并清除枯枝落叶；秋、冬成螨进入越冬后，扒开根际土壤，可用废柴油涂刷茎基部，消灭越冬虫源。加强茶园肥水管理，防旱抗旱以增强树势。也可结合茶树树冠构造，通过改变传统施药方式提高防效。

（二）生物防治

保护利用天敌，特别是田间的捕食瓢虫和捕食螨。茶短须螨的天敌主要有红点唇瓢虫（*Chilocorus kuwanae*）、捕食螨等，对其种群数量有一定的控制作用。

（三）化学防治

在茶园中螨害局部发生时，应及时用药控制该螨的蔓延。采摘茶园，春、夏茶之间或在高温干旱季节，即螨害高峰期之前可选用 99％矿物油乳油 100～150 倍液（合每 667m² 500～800mL，安全间隔期 5d）、20％四螨嗪悬浮剂 1 000～1 500 倍液（合每 667m² 50～80mL，安全间隔期 10d）、73％炔螨特乳油 1 500～2 000 倍液（合每 667m² 40～50mL，安全间隔期 10d）。施药方式以低容量侧位喷雾为佳，药液应主要喷在茶树中下部叶背，并注意农药的轮用、混用。

秋茶采摘后用 45％石硫合剂晶体 250～300 倍液（合每 667m² 25～30g 晶体）喷雾清园，压低越冬螨口基数。

彭萍　王晓庆（重庆市农业科学院茶叶研究所）

第 84 节　茶跗线螨

一、分布与危害

茶跗线螨 [*Polyphagotarsonemus latus* (Bank)；异名：*Hemitarsonemus latus*] 又名侧多食跗线螨、茶黄螨、茶黄蜘蛛，属蜱螨目跗线螨科。分布于长江流域以南，北自湖北、安徽、江苏，南至广东、广西、海南，西自云南、贵州、四川，东至东部沿海各地及台湾。20 世纪 80 年代，四川茶区发生为害严重。国外分布于日本、印度、斯里兰卡和乌干达。

茶跗线螨成、若螨刺吸茶树嫩梢芽叶汁液，致使芽叶色泽变褐、叶质硬脆增厚、萎缩多皱、生长缓慢甚至停滞，产量锐减，品质下降（彩图 16-84-1）。该螨除为害茶树外，还为害棉花、大豆、辣椒、茄子、豇豆、萝卜、黄瓜、菜豆、番茄、马铃薯、黄麻、橡胶、合欢、榆、野玫瑰、桃、蓼等约 29 科 68 种作物。

二、形态特征

成螨：雌螨阔卵形，长为 0.17～0.25mm，宽为 0.11～0.16mm，淡黄而略透明。后体背中纵列乳白色条斑，产卵前变窄甚至消失；足 4 对，第二至三足爪退化，爪垫发达；第四对足纤细，跗末端毛长而明显。雄成螨近菱形，长为 0.16～0.19mm，宽为 0.10～0.12mm，淡黄色，略透明；第三对足特长，第四对足较大，胫跗节细长，端亦有一鞭状长毛（彩图 16-84-2，1）。

卵：椭圆形，长约 0.1mm，卵壳上有纵列白色小圆瘤 6 行，每行 6～8 个。

幼螨：初孵幼螨椭圆形，乳白色半透明，足 3 对。取食后变为淡绿色，后期体呈菱形。

若螨：长椭圆形，体形与成螨接近，背部有云状花斑，有足 4 对（彩图 16-84-2，2）。

三、生活习性

在四川、重庆茶区 1 年发生 20～30 余代，世代重叠，多以雌成螨在嫩叶背、芽鳞片和芽腋内分散或聚集越冬。茶树生长季节 3～10d 即可完成 1 代。雌雄性比为 5：1～10：1。以两性生殖为主，亦营产雄螨孤雌生殖。雄成螨一生可多次交尾。雄螨能准确地判别雌性若螨，常聚集在其周围，有时以尾刺将其拦腰挑起四处爬行，待雌体从尾端脱落，立即与之交尾。雌螨一生只交尾 1 次，交尾过的雌成螨即失去对雄螨的引诱力。交尾后的雌成螨，取食量加大，体色渐变为半透明，体型也渐大而丰满，开始产卵。卵散产于芽尖或嫩叶背面，每雌产卵十至百余粒。两性卵孵化率高达 95％以上，孤雌生殖产卵量接近正常，但孵化率较低，约为 40％左右。孤雌所产雄性个体具有正常的生殖能力。每雌产卵数十粒或百余粒，平均日产 5.8 粒，雌雄交尾后 1d 即可产卵，3～11d 进入产卵高峰。各虫态历期很短，卵、幼螨、若螨及成螨产卵前期，1 至数日。成螨死亡前 1～3d 停止产卵，体色变暗黄甚至带黑色。成螨寿命 4～7d，越冬雌成螨历期长达 6 个月。

茶跗线螨食性广，趋嫩性强。96.4％螨口聚集在茶树新梢芽下 1～3 叶的叶背上。雌成螨在成叶上可以存活，但不产卵。一般很少爬动，但随芽叶伸展即向上或周围茶梢上部迁移。螨口聚集分布，春季呈现明显发生中心。

四、发生规律

（一）螨源基数

茶跗线螨以雌成螨在茶芽鳞片内或叶柄等处越冬，越冬基数直接影响翌年的螨口发生为害的早迟以及在当地茶园的发生严重程度。

（二）气象条件

地域性气温高低关系年发生代数，四川东、南部各主产茶区，年均温 15.5℃，年发生 20 代；年均温 15.6～18.5℃，年发生 30 余代；年均温＞18.5℃，年发生 40 代以上。四川西、北部茶区气温较低，发生代数少且始盛期亦较东、南部茶区为迟。

茶跗线螨适宜于在气温 18～25℃、相对湿度 80％～90％、干旱少雨的条件下发生。早春旬气温达 7℃左右时出蛰活动取食，10～11℃开始产卵，4～5 月增殖扩散，6～9 月炎热前后出现两次螨口高峰期，夏秋茶受害严重。秋后气温降至 12℃以下，自高海拔至低海拔地区该螨先后进入越冬状态。

降水量是控制该螨螨口消长的重要因素。在重庆地区，4～6 月雨日多，螨口稀少，7～8 月随着伏旱持续时间的延长，螨口随之急剧上升。

（三）栽培措施及茶树品种

茶树芽梢伸育、留养状况，直接关系茶跗线螨的发生。一般留养茶园、幼龄茶园以及秋茶不采或采摘轻的茶园，螨口较多；茶丛郁闭度大的茶园，发生早期呈现边缘效应，边行或行端的螨口量较大。茶树品种间存在抗性差异，在重庆地区，蜀永 1 号、南江 1 号、南江 2 号、云南大叶种具有一定抗性，而福鼎大白、巴渝特早属易感螨害品种。鲜叶生化成分中的可溶性糖含量高，该螨发生较少；发生程度与鲜叶中氨基酸含量呈显著正相关。

（四）天敌

茶跗线螨的天敌主要有盲走螨（*Typhlodromus* sp.）、具瘤神蕊螨（*Agistemus exsertus*）、德氏钝绥螨（*Amblyseins deleoni*）、胡瓜钝绥螨（*Amblyseius cucumeris*）及蜘蛛、蓟马等。多种天敌在自然状态下，构成茶跗线螨发生的重要制约因素。

五、防治技术

（一）农业防治

选择栽培抗性品种，加强茶园肥水管理，以增强树势，提高抗逆性；在茶叶生产季节及时采摘，以恶化食源，压低螨口基数；受害严重的茶园，春茶采摘后，在该螨发生高峰前采取修剪或台刈措施并清除枯枝落叶；台刈或幼龄茶园套种藿香蓟等植物，改善茶园小气候，促进植绥螨种群增加，提高以螨治螨的生态控制效应。

（二）生物防治

保护和利用田间捕食螨等自然天敌，提高对害螨种群发生的控制力。在 3～9 月，人工释放德氏钝绥螨，每 667m² 释放 1.5 万～2.0 万头，可较好地控制茶跗线螨为害。

（三）化学防治

抓住茶跗线螨发生始盛期前进行药剂防治，是控制该螨为害的一项关键措施。加强测报，适时防治螨害中心的防控效果达 38％～43％。采摘茶园，春夏茶间隙期，即始盛期前选用 99％矿物油乳油 100～150

倍液（合每 667m² 500~800mL，安全间隔期 5d）、棉油皂 50 倍液（安全间隔期 5d）、10％浏阳霉素乳油 1 000~1 500 倍液（合每 667m² 50~80mL，安全间隔期 10d）、20％四螨嗪悬浮剂 1 000~1 500 倍液（合每 667m² 50~80mL，安全间隔期 10d）、73％炔螨特乳油 1 500~2 000 倍液（合每 667m² 40~50mL，安全间隔期 10d）喷雾。印楝素对茶跗线螨也有较好的防效。施药方式以低容量侧位喷雾为佳，药液应主要喷在茶树中下部叶背。应注意农药的轮用、混用，以免害螨产生抗性。

秋茶采摘后用 45％石硫合剂晶体 250~300 倍液喷雾清园，压低越冬螨口基数。

附：测报技术

（一）发生趋势预测

根据越冬螨口基数调查和始发期调查结果，结合当年气象资料，进行发生趋势预测。如果越冬虫口基数高于常年，该螨始见期早，夏无酷暑，湿润多雨，可预测重发生；相反，越冬螨口基数低于常年，始见期迟，且夏有暴雨和高温，则可预测发生较轻。

（二）为害程度估计

当茶园平均每叶有螨大于 5 头，有螨芽叶率在 30％以上，预示今后一定时期内为害严重；平均每叶有螨在 0.5 头以下，有螨芽叶率在 10％以下，则预示今后一定时期内为害较轻。

（三）防治适期预测

一般发生为害初期向后推迟 30d，即为防治适期。

彭萍　王晓庆（重庆市农业科学院茶叶研究所）

第 85 节　神泽氏叶螨

神泽氏叶螨（*Tetranychus kanzawai* Kishida）又名茶叶螨、茶红蜘蛛，属蜱螨目叶螨科。国内分布于台湾、福建、江西、湖南、浙江等地，但大陆发生较少，台湾则屡有严重发生。国外分布于日本、菲律宾等地，是日本茶区的三大害虫之一，约占茶园害螨的 99％。该螨刺吸为害芽叶，受害部分明显黄化，嫩叶从叶尖始变褐色，最后脱落。老叶受害后背面变褐并凹陷，叶面隆起褪色，被害处稍黄，同时附有白粉状蜕皮（彩图 16-85-1）。发生严重时引起落叶和枝梢枯死。该螨除为害茶树外，还为害柑橘、梨、葡萄、苹果、桑等植物。

一、形态特征

成螨：雌成螨椭圆至卵圆形，体长约 0.4mm，红至深红色，冬季朱红色。雄螨菱状卵圆形，体色淡红或淡红黄色（彩图 16-85-2）。

卵：球形，直径约 0.10mm，初产时近透明，孵化前淡红色（彩图 16-85-3，1）。

幼螨：近圆形，长约 0.20mm，淡黄色（彩图 16-85-3，2）。

若螨：一龄若螨卵圆形，暗红色，长约 0.20mm，宽约 0.13mm。二龄若螨长 0.23~0.26mm，宽约 0.14mm，淡红色（彩图 16-85-3，3）。

二、生活习性

在日本、台湾年发生约 9 代，世代重叠，常以春、秋虫口较多，以雌成螨在茶丛老叶背越冬。在温暖地区，各虫态均能越冬。越冬螨体呈朱红色，雌成螨不产卵。各虫态发育历期：在 15~30℃，随温度升高而缩短，一般卵 2.5~17.1d，一龄若螨 1.1~7.4d，二龄若螨 1.1~6.2d，成螨 19.2~34.8d。全世代 12.4~53.9d，雄螨略长于雌螨。

神泽氏叶螨多栖息于叶背中部主脉附近凹陷不平处，茶树生长季多在茶丛采摘面，冬季则在茶丛下部和内部叶片处。春季雌螨由朱红转红色开始产卵。两性生殖，亦营孤雌产雄生殖。雌成螨产卵量随温度升高而增加，25℃时有效卵量最大。每雌产卵 40~50 粒。幼螨爬动缓慢，借助风、雨或人、畜携带进行远距离传播。

三、发生规律

（一）螨源基数

越冬螨口基数大小，影响神泽氏叶螨的发生与消长。冬季气温高，有利于其存活越冬，则早春产卵开始得早，茶园发生严重。

（二）气象条件

温度是影响神泽氏叶螨发育和产卵量的主要因子。据报道，神泽氏叶螨发生的适宜温度为 20～30℃，相对湿度 65％～75％，高温干旱虽不利于该螨发生，但严重干旱会因植株缺水而加剧疫情。在日本，全年以秋后至春前的干旱季节为害严重，少雨年份更为明显。开春后随升温、多雨，螨口趋少；炎夏季节，螨口仅在茶丛中、下部荫蔽处残存，秋季适温少雨，螨口又渐回升。雨季发生较轻，大雨或连续降雨，可使螨口数量明显下降。在遮阴树庇护下，减轻了雨水冲刷，螨的发生明显比裸露处严重。

（三）栽培措施及茶树品种

偏施氮肥或茶园间作豆类，有利于该螨的发生，多施磷、钾、锰肥则有抑制作用。茶树品种间该螨的发生程度有差异。采摘、修剪也会将部分害螨带出茶园，从而减轻其为害。

（四）化学农药

茶园中使用拟除虫菊酯类农药后，对长毛钝绥螨等叶螨天敌杀伤力强，致使叶螨发生量剧增；而波尔多液的使用，对神泽氏叶螨有刺激发育的效应。

（五）天敌

天敌的主要种类有长刺钝绥螨（*Amblyseius longispinosus* Evans）、食螨瓢虫（*Stethorus japonicus*）、六点蓟马（*Scolothrips longicornis*）等，在田间对该螨种群有一定的抑制作用。

四、防治技术

（一）农业防治

加强茶园管理，及时采摘，增强树势，提高抗逆能力；合理搭配品种，改善茶园通透性；气候干旱时有条件的茶园应及时灌溉，增加茶园湿度。加强植物检疫，严防将带虫苗木携出圃外。

（二）化学防治

在害螨发生始期，利用该螨有发生中心的规律及时进行点片防治，以防其大面积扩散蔓延。

防治指标：每平方厘米叶面积有虫 2～3 头。

在茶树生长季节，可选用 99％矿物油乳油 100～150 倍液（合每 667m² 500～750mL，安全间隔期 7d）、20％复方浏阳霉素乳剂 1 000 倍液（合每 667m² 75mL，安全间隔期 7d）、20％四螨嗪悬浮剂 1 000～1 500 倍液（合每 667m² 50～75mL，安全间隔期 10d）、73％炔螨特乳油 1 500～2 000 倍液（合每 667m² 37.5～50mL，安全间隔期 10d）、10％虫螨腈乳油 2 000～3 000 倍液（合每 667m² 25～37.5mL，安全间隔期 7d）喷雾，药液喷洒至茶蓬上部叶片背面，注意农药的轮用、混用。

秋茶采摘后用 45％石硫合剂晶体 150～200 倍液（合每 667m² 375～500g，采摘茶园不宜使用）喷雾清园，可压低越冬螨口基数，减少翌年螨害发生。

彭萍　王晓庆（重庆市农业科学院茶叶研究所）

第 86 节　茶　梢　蛾

一、分布与危害

茶梢蛾［*Parametriotes theae* Kusnetzov，异名：*Tetanocentria theae*（Kuznetsov）］又名茶尖蛾、茶梢蛀蛾，隶属鳞翅目尖蛾科。

在我国主要分布于江苏、安徽、浙江、福建、湖北、湖南、广东、广西、陕西、贵州、云南、四川、重庆和江西等省份。在国外主要分布于格鲁吉亚、印度等国。

除为害油茶外，还为害茶树、山茶等。幼虫前期为害油茶叶片，潜食叶肉；越冬后转移蛀食嫩梢，使被害春梢失水枯死，影响油茶结实。

在 20 世纪 60 年代以前，茶梢蛾为害油茶并不严重，70 年代开始已逐渐成为油茶的主要害虫之一，尤其是在丘陵地区的青壮油茶上猖獗成灾。20 世纪 60 年代，在广西广南、富宁两县的主要油茶产区，被该虫为害的面积达 13hm² 多。一般被害春梢占萌发春梢的 30%～40%，严重的植株达 70%～80%，造成连年减产。2004 年，在安徽部分油茶产区该虫猖獗成灾，油茶林被害株率一般为 45%～60%，重者达 76%，少数超过 84%。一般被害春梢率占萌发春梢的 38%～48%，重者达 85%。

二、形态特征

成虫：体长为 5～7mm，深灰色有金属光泽。触角丝状，比前翅稍长。前翅狭长，翅面有许多小黑点，翅中部近后缘有 2 个黑色圆斑。后翅狭长呈匕首形。前、后翅后缘均有长缘毛。

卵：初产时为乳白色，椭圆形，透明细小，约 4d 后，渐变为深黄色。

幼虫：老熟后体长为 7～9mm，头部深褐色，胸、腹部蜜黄色，被稀疏短毛，腹足不发达，趾钩单序环，臀足趾钩呈缺环。

蛹：黄褐色，近圆柱形，长约 5mm，末端有 1 对向前伸出的淡黄色棒状突起。

三、生活习性

茶梢蛾每年发生 1～2 代，多数每年 2 代。以幼虫在被害芽梢内或叶片内越冬。翌年 4 月下旬至 5 月上旬化蛹，5 月中、下旬成虫羽化和产卵于叶柄或腋芽处，6 月上、中旬卵孵化为幼虫，9 月上、中旬化蛹，9 月下旬至 10 月上旬成虫出现并产下第二代卵，10 月中、下旬卵孵化。12 月中、下旬幼虫进入越冬状态。翌年 3 月上、中旬幼虫恢复取食活动。

表 16 - 86 - 1　茶梢蛾年生活史（江西 2 代区）（引自巢军等，2007）

Table 16 - 86 - 1　Life history of *Parametriotes theae*（Two generations area in Jiangxi）（from Chao Jun et al.，2007）

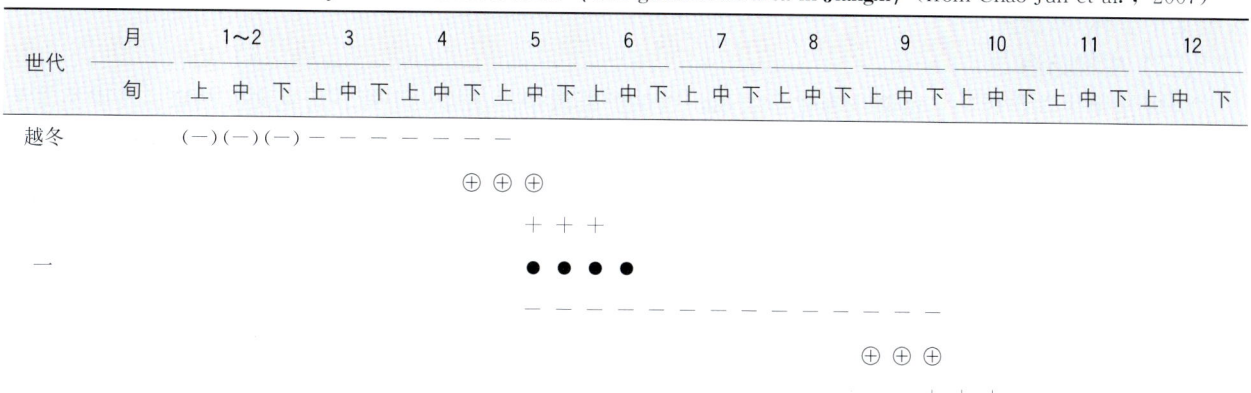

注　●：卵，—：幼虫，⊕：蛹，＋：成虫，（—）：越冬幼虫。

茶梢蛾的卵期 12～15d，幼虫期 310～320d，蛹期 20d，成虫寿命 7～30d。

少数茶梢蛾雄成虫一羽化出孔即寻找雌成虫交尾，但大多数需要补充营养 3d 才进行交尾，5～8d 为交尾高峰期。交尾多于夜间进行，白天很少。交尾持续时间为 10min，雌雄有多次交尾现象。雌雄性比为 1：1。成虫白天静伏于小枝上，夜间活动，趋光性颇强。交尾后 3～6d 雌虫开始产卵，卵产于叶柄附近或小枝表皮裂缝中，每 2～5 粒成堆，每雌可产卵 50 余粒。据室内观察，雌虫平均每晚产卵 3～6 堆，平均产卵期 8d，产卵量为 40～80 粒。

该虫孵化多在 10：00 前。幼虫孵出后 30min 左右，就开始活动，爬至叶背处，选择位置，啃开叶表皮，潜入叶肉内取食，形成大小不同的黄褐色虫斑。虫斑大部分靠近叶脉中部。12 月大部分幼虫开始越冬。越冬幼虫于翌年 3 月春梢开始萌发时，从叶片转移蛀食嫩梢，1 头虫可为害多个春梢。随着虫体增大，食量增加，幼虫大量啃食隧道周围木质部仅留表皮，致使被害嫩梢大量失水而干枯死亡。三龄幼虫老熟后，在被害枯梢的侵入口，咬 1 圆形羽化孔，并在羽化孔下部作蛹室，吐丝膜封口化蛹（表 16 - 86 -

1）。

四、发生规律

（一）茶园条件

肥培留养的茶园，茶梢蛾发生严重。幼虫多发生在嫩梢中，这种嫩茎中的幼虫占总量的 90% 左右。低山茶园发生较高山茶园严重。

（二）气候条件

茶梢蛾成虫出孔初始期和高峰期的早迟与当年出孔期气温高低和降水量多少有关。其中，温度更为重要，当平均气温达 21℃ 左右时才开始羽化，日均气温 23～26℃ 时为羽化盛期。

（三）寄主植物

条植茶园、幼龄茶园发生较多；及时分批采摘的茶园及合理修剪的茶园发生较少。品种间抗性存在一定差异。在福建，铁观音由于发芽迟，夏梢正遇新一代蛀害，虫口发生较黄旦、毛蟹、本山为多。

（四）天敌

茶梢蛾的天敌较为丰富，特别是当地植物群落较多的林地茶园天敌更多。寄生性天敌的自然寄生率可达 40% 以上，主要为寄生蜂类，天敌还有病菌类和黄蚂蚁、大山雀等。在林内较普遍发生的还是以寄生蜂为主，如梢蛾瘦姬蜂（离缘姬蜂）（*Trathala* sp.）、黄色旋小蜂（*Eupelmus* sp.）、梢蛾茧蜂（*Bracon* sp.）均以寄生茶梢蛾幼虫为主。

五、防治技术

（一）农业防治

苗木检疫，新区调运苗木时要加强检验，防止茶梢蛾传播蔓延。茶梢蛾幼虫在油茶枝梢内越冬，在羽化前的冬春季节进行油茶修剪，修剪的深度以剪除幼虫蛀枝（枝梢有虫道的部位）为度，剪下的茶梢及叶片要集中于林外处理。

（二）生物防治

合理使用化学农药，尽可能少施化学农药，以保护茶园中的茧蜂、小蜂、寄生蝇、蜘蛛、步甲类等天敌，抑制茶梢蛾的发生。每年 3 月中、下旬越冬幼虫转蛀时，用 2×10^8 孢子/mL 的白僵菌制剂喷雾或喷粉，防治效果可达 85% 左右。

（三）物理防治

根据茶梢蛾成虫趋光性强的特性，在羽化初期，利用频振式诱虫灯诱杀成虫。

（四）化学防治

幼虫潜叶盛期或蛀梢初期施药，在潜叶盛期侧重中、下部叶面喷雾，蛀梢初期侧重蓬面喷雾。药剂可选用 2.5% 联苯菊酯乳油 2 500 倍液、15% 茚虫威悬浮剂 2 500～3 500 倍液或 2.5% 溴氰菊酯乳油 2 250～4 500 倍液。喷药时务必将有虫斑的叶背喷湿。

桂连友（长江大学）

第 87 节　油茶织蛾

一、分布与危害

油茶织蛾（*Casmara patrona* Meyrick）又名茶蛀梗虫、茶枝蛀蛾、油茶蛀茎虫、茶织叶蛾，俗称钻心虫、蛀心虫。隶属鳞翅目织蛾科（镰蛾科）。

在我国主要分布于江苏、安徽、浙江、福建、江西、河南、湖南、广东、四川、贵州、云南、湖北和台湾等主产茶区。

寄主种类为茶树、油茶、小叶油茶和野生油茶。以幼虫从上向下蛀食枝干，致茶枝中空、枝梢萎洞，日久干枯，大枝也常整枝枯死或折断，严重影响产量、质量。

在湖北省南部不同茶区都有不同程度为害，为害较重的茶园可使茶叶减产 10%～15%，蒲圻羊楼洞、崇阳桂花、咸宁柏墩、通城大坪、通山土桥茶场每年都有 5%～10% 的茶园受害。一般以树龄较大、管理粗放、树势衰弱的茶园受害较重，崇阳鹿门、胴肿茶场 2010 年以来发生面积占 25% 左右。在浙江临安地区为茶树偶发性次要害虫，一般年份均轻发生或局部地块零星发生，然而虫口的逐年累积也会导致严重发生。

二、形态特征

成虫：体长为 15～18mm，翅展为 31～40mm，体翅均茶褐色。前翅长方形；近翅基中部有 1 土红色隆起小块，小块中纵陷；近外缘有淡肉黄色小区；沿前缘基部 2/5 至近顶角处有 1 条红褐色带纹；从顶角向后缘前端伸出三角形的黑色带纹；其后有白色线纹分割的 2 个黑色斑。后翅较宽，灰褐色。腹部密生淡黄褐色毛，各节有白毛横带 1 条。

卵：浅米黄色，马齿形，长约 1mm。

幼虫：白色，头黄褐色，头中央有 1 淡黄色"人"字纹。体细长，老熟时体长为 25～30mm。胸部肥大，前胸硬皮板淡赭黄色，背中线白色，后部有 1 乳白色肉疣。中胸背板亦有黄褐色斑纹。后胸及腹部白色，背面常稍带黄紫色。腹末臀板黄褐色。

蛹：长圆筒形，长为 18～20mm，黄褐色，腹末有 1 对突起。

三、生活习性

油茶织蛾每年发生 1 代，以老熟幼虫在受害茶树枝干中越冬。安徽南部及湖南长沙越冬幼虫于 4 月下旬后化蛹，5 月上、中旬进入化蛹盛期，5 月下旬至 7 月成虫羽化后交尾产卵，6 月上、中旬进入羽化高峰期，6 月下旬幼虫盛发，8 月上旬后开始见到枯梢。成虫多在下午或夜间羽化，白天隐蔽在茶丛中，夜晚活动，有趋光性。交尾后的成虫把卵产在嫩梢上一至六叶节间，粒产，每处 1 粒。幼虫多为害径粗 1～1.5cm 的枝干，初孵幼虫从叶腋处钻入芽鞘，并向下钻蛀，5d 后梢部 4～6 片叶开始萎凋，一至二龄幼虫为害小枝，三龄后从小枝进入侧枝或主干处为害，常蛀到近地面处，枝干的阴面蛀有 1 列排泄孔 3～5 个，幼虫栖息在最下 1 个孔的下方，常从孔中排出长 2～3mm 的圆柱形粪便和木屑。老熟幼虫化蛹前先在距枝端 1/3 处咬 1 个羽化孔。然后在孔下虫道内吐丝做茧化蛹其内。羽化孔近圆形，直径 3.5～5mm。幼虫由上向下蛀食木质部，所蛀部位的上部枝梢逐渐枯死。在排泄孔下方可见黄棕色颗粒状粪便，这是鉴别此虫为害状的主要特征。如果在枝干下方发现比排泄孔稍大而呈椭圆形的孔洞，外部有丝黏结封闭时，这是幼虫化蛹症状。幼虫在虫道中很活泼，受惊时能迅速前进或后退，可自被害枝下部退向上端虫道中。幼虫必须在生活着的枝干中生长，被害枝虫道的下部常保持着青色的皮层，虫道内部是湿润的，当枝干枯干时，幼虫就很快死亡。初龄幼虫耐旱力弱，一旦摘下被害枝梢，就不能继续生存。12 月中、下旬老熟幼虫进入越冬状态（表 16-87-1）。

油茶织蛾的卵期 10～23d，幼虫期 290～310d，蛹期 30d，成虫寿命 4～10d。

表 16-87-1　油茶织蛾年生活史（江西 1 代区）（引自巢军等，2007）
Table 16-87-1　Life history of *Casmara patrona* (One generation area in Jiangxi) (from Chao Jun et al.，2007)

月	1～2			3			4			5			6			7			8			9			10			11			12		
旬	上	中	下	上	中	下	上	中	下	上	中	下	上	中	下	上	中	下	上	中	下	上	中	下	上	中	下	上	中	下	上	中	下
	(—)	(—)	(—)	(—)	(—)	(—)	(—)	(—)	(—)	(—)																							
										⊕	⊕	⊕																					
													+	+	+																		
													●	●	●																		
										—	—	—	—	—	—	—	—	—	—	—	—	—	—	—	—	—	—	—	—	—(—)	(—)		

注　●：卵，—：幼虫，⊕：蛹，+：成虫，(—)：越冬幼虫。

四、发生规律

（一）茶园条件

茶园边缘油茶织蛾为害发生重于茶园中部，丘陵、低山区比高山区被害重。另外，油茶织蛾的发生量与油茶的树龄、郁闭度以及天敌具有一定关系。一般郁闭度大及老龄的油茶林发生较多，天敌寄生率越高，则发生相对较少。

（二）气候条件

油茶织蛾是一种比较特殊的害虫，茶树枝干内作为幼虫和蛹生活的唯一场所，在枝干内取食，既安全，隐蔽性又好，温、湿度受外界不良气候的影响较小，但初龄幼虫耐旱力弱，4 月的气象因子与其发生迟早有密切关系。在一个世代中，从成虫羽化至卵孵化约 20d 在茶树体外，受环境影响较大。

（三）寄主植物

管理粗放的茶园和老龄茶树及树势衰弱的茶园油茶织蛾为害重。此外，枝干粗壮的乔木型品种较枝干细的灌木型品种受害轻。

（四）天敌

目前国内关于油茶织蛾的天敌报道甚少。已知螟虫长体茧蜂 [*Macrocentrus linearis*（Nees）] 寄生油茶织蛾幼虫体内。

五、防治技术

（一）农业防治

加强茶园管理，科学施肥浇水，铲除茶园杂草，增强树势，适时采茶，发现有油茶织蛾虫梢及时剪除。在 8～9 月和翌春发现细枝枯萎及虫粪时，及时在最后一个排泄孔的下方 15cm 处剪断。剪下的枝条带出茶园妥善处理。及时收集风折虫枝，带出园外集中处理，可压低虫口，减轻为害。

（二）生物防治

保护利用天敌。剪下的虫枝集中在寄生昆虫保护室内，以收集羽化出来的茧蜂，然后散放到茶园，使其继续寄生油茶织蛾。

（三）物理防治

利用成虫的趋光性，每年成虫发生高峰期的 5 月至 6 月底安装频振式诱虫灯诱杀。连续使用 2～3 年也很有效。

（四）化学防治

化学防治适期是油茶织蛾卵孵盛期。可用 15％茚虫威悬浮剂 2 500～3 000 倍液喷雾；主干明显的大叶种茶或受害但尚未完全枯死的大枝条，用脱脂棉蘸 80％敌敌畏乳油 40～50 倍液塞进虫孔后用泥封住，可毒杀幼虫。

桂连友（长江大学）

第 88 节　茶　木　蛾

一、分布与危害

茶木蛾（*Linoclostis gonatias* Meyrick）又名茶堆沙蛀蛾、茶枝木掘蛾、茶食皮虫，属鳞翅目木蛾科。

在我国主要分布于江苏、安徽、浙江、福建、湖北、湖南、广东、广西、陕西、贵州、云南、四川、重庆和江西等省份。

寄主有茶树、油茶、相思树。初孵幼虫吐丝缀 2 个叶片潜居咀食表皮和叶肉，三龄后开始蛀害枝梢并吐丝黏合木屑、虫粪，形成黄褐色沙堆网袋。有的蛀入茎干分叉处，破坏输导组织。茶木蛾严重为害时，导致部分茶园枝枯叶败，树势退。该虫是茶园中发生普遍的一种害虫。在 1981 年，湖北省蒲祈羊楼洞茶场每丛茶树有虫达到 20 头左右。

二、形态特征

成虫：体长为 8～10mm，翅展为 19mm，头部及颜面棕色，翅上有银白色具光泽的鳞片，无花纹，前翅、后翅缘毛银白色。

卵：球形，乳黄色。

幼虫：末龄幼虫体长为15mm，头红褐色，前胸硬皮板黑褐色，中胸红褐色，腹部各节具黑色小点6对，前列4对，后列2对，黑点上着生1根细毛。

蛹：长为8mm，圆筒形，红褐或黄褐色，腹末有1对三角形刺突。

三、生活习性与发生规律

茶木蛾每年发生1~2代，多数每年发生1代，仅台湾年发生2代，以老熟幼虫在受害枝内越冬，个别年份也可见以蛹越冬。5月化蛹，6月羽化，7月上旬进入羽化盛期，7月中旬后卵陆续孵化为幼虫，世代重叠。12月中、下旬幼虫进入越冬状态。翌年3月上、中旬幼虫恢复取食活动。

成虫寿命3~5d。成虫夜间活动，有趋光性，卵产于嫩叶背面。初孵幼虫吐丝黏结叶片，藏匿其间咬食下表皮和叶肉，使叶片枯死，三龄以后，即开始蛀害枝梢或茶树枝条分枝处，先剥食该处树皮，然后咬1圆形小孔，向下蛀入木质部，形成短直的虫道，在取食的同时，吐丝黏合碎木屑和虫粪，形成巢状物附着在被害处周围，外表如堆沙状。幼虫怕光，隐居在虫道内取食，有的把老叶搬入虫道内取食，老熟后在虫道内吐丝作茧化蛹。幼虫耐旱性和耐饥性均较强，能在干燥枝条中生存。幼虫期300多天（表16-88-1）。

表16-88-1　茶木蛾年生活史（湖北1代区）（引自龚世清等，1983）

Table 16-88-1　Life history of *Linoclostis gonatias*（One generation area in Hubei）（from Gong Shiqing et al.，1983）

世代	月	1~2	3	4	5	6	7	8	9	10	11	12
	旬	上 中 下	上 中 下	上 中 下	上 中 下	上 中 下	上 中 下	上 中 下	上 中 下	上 中 下	上 中 下	上 中 下
越冬		(—)(—)(—)— —	— — —	— — —								
					⊕ ⊕	⊕ ⊕ ⊕	⊕ ⊕					
						+ + +	+ + + +					
一						● ● ●	● ● ● ●					
							— — —	— — —	— — —	— — —	— — —(—)(—)	

注　●：卵，—：幼虫，⊕：蛹，＋：成虫，（—）：越冬幼虫。

四、防治技术

（一）农业防治

受害严重的茶园，可根据情况，重修剪或轻修剪，剪去虫蛀枝并带出园外集中处理。

（二）物理防治

根据茶木蛾成虫趋光性强的特性，在成虫羽化初期，利用频振式诱虫灯诱杀成虫。

（三）化学防治

在幼虫孵化盛期化学防治。药剂可选用2.5%联苯菊酯乳油2 500倍液、150g/L茚虫威乳油2 500~3 500倍液或25g/L溴氰菊酯乳油2 250~4 500倍液喷雾。

桂连友（长江大学）

第89节　黑跗眼天牛

一、分布与危害

黑跗眼天牛［*Bacchisa atritarsis*（Pic.），异名：*Chreonoma atritarsis*（Pic.）］又名茶红颈天牛、茶结节虫、油茶红颈蓝翅天牛、蓝翅眼天牛、油茶蓝翅天牛，是我国的特有种类。属鞘翅目天牛科。

在我国主要分布于辽宁、陕西、山东、河南、安徽、湖北、浙江、江西、湖南、四川、贵州、云南、福建、台湾、广东、广西等省份主产茶区。但以淮河以南为主要分布区，淮河以北则少见。浙江油茶产区均有分布，丽水市的遂昌、松阳、莲都、青田、云和等油茶林内普遍可见。

寄主种类为茶树、油茶、红花油茶、毛柄毛蕊茶、木荷、枫杨、榆、胡桃、梨、苹果、桃、梅等。

　　幼虫蛀食枝干，被害处受刺激形成疣状结节。每个枝上可有数个至十多个结节，使树体水分、养料输送受阻，长势衰退，芽叶瘦小，叶色黄化，甚至枯死。成虫咬食叶片背面主脉呈黄褐色纵条状痕迹，引起叶片枯黄脱落，轻者生长不良，重者易折断或枯死。

　　黑跗眼天牛在茶区普遍发生。浙江茶区受害较严重。此外，在江西茶区发生普遍。该虫为害十分严重，制约了茶产业的发展。

二、形态特征

　　成虫：体长为 9～11mm。头、前胸背板及小盾片绛红色，前胸背板中部有 1 疣突。触角柄节绛红色，第三、四节基部橙黄色，其余皆为黑色。复眼黑色。鞘翅蓝色带紫色光泽，散生粗刻点。腹面橙黄色。各足跗节及胫节端部 1/3～2/3 黑色，其余橙黄色。全体多毛。

　　卵：圆柱形，两端稍尖，乳黄色，长约 2cm。

　　幼虫：体长约 20mm，黄色。上颚黑褐色。前胸膨大，背面骨化区近前缘有 1 条中央截断的褐色骨化斑纹，中部靠后还有 1 较大的黄褐色斑纹；后胸至腹部第七节背、腹面均有长方形隆起，中央下陷成两峰的肉质移动器。表皮薄而略透明。

　　蛹：长约 10mm。初化蛹时乳黄色，后变橙黄色。羽化前复眼黑色，翅芽灰黑色。

三、生活习性

　　黑跗眼天牛 1～2 年发生 1 代。以幼虫在枝干内越冬。在浙江松阳 2 年完成 1 代，分别以上年和当年的幼虫越冬。越冬后当年幼虫继续在虫道内取食，上年幼虫于 4 月中旬起陆续化蛹，4 月下旬起成虫陆续羽化，5 月中旬起产卵，5 月下旬起幼虫陆续孵化。

　　成虫羽化后 3d 始出虫道。白天活动，中午及午后活动最盛，阴雨天和晚上多停留在树冠叶片下面，很少活动。成虫咬食叶片背面主脉，但食量不大。卵多产于茶树主干上。成虫产卵时先将树皮咬成中断的 U 形裂痕，然后产卵于裂缝中间上方皮层下，每处 1 粒。每雌产卵 12～20 粒。一般径粗 1.0～1.5cm 的枝干上产卵最多。幼虫孵化后蛀入皮层，自下而上旋绕蛀食 1 圈，再蛀入木质部和髓部，并向上蛀食成虫道。蛀道内壁不光滑，留有木屑。被害处受到刺激形成疣状结节。若幼虫旋绕蛀食的蛀道首尾相接，或结节数个相连，被害枝就会枯死。幼虫老熟后在结节上方虫道内化蛹。成虫羽化后再咬一直径约 5mm 的圆孔飞出（表 16 - 89 - 1）。

表 16 - 89 - 1　黑跗眼天牛生活史（浙江 2 年 1 代区）（引自陈汉林等，2002）

Table 16 - 89 - 1　Life history of *Bacchisa atritarsis*（One generation every two years area in Zhejiang）（from Chen Hanlin et al.，2002）

年份	月	1~3			4			5			6			7~11			12		
	旬	上	中	下	上	中	下	上	中	下	上	中	下	上	中	下	上	中	下
I		(—)	(—)	(—)	(—)	(—)	(—)												
						⊕	⊕	⊕	⊕	⊕									
							+	+	+	+		+							
									●	●	●	●	●	●	●	●		●	●
II		(—)	(—)	(—)	(—)	(—)	(—)												
III		(—)	(—)	(—)	(—)	(—)	(—)												
							⊕	⊕	⊕	⊕	⊕	⊕							
								+	+	+		+	+	+		+			
								●	●	●	●	●	●	●	●	●		●	●

注　●：卵，—：幼虫，⊕：蛹，+：成虫，(—)：越冬幼虫。

黑跗眼天牛的卵期 15d，幼虫期 660d，蛹期 18～27d，成虫寿命 20d。

四、发生规律

（一）茶园条件

茶园大都地处山地和丘陵地带，在多数情况下任其自然生长，导致树体的抗病虫害能力十分脆弱；大部分油茶与其他林木混植，造成了多种病虫害混杂发生，从而加剧了茶园黑跗眼天牛为害；疏于虫害的防治与管理，造成虫害的扩散与蔓延。

（二）气候条件

冬春气温高，有利于茶园黑跗眼天牛发生，也是该害虫大面积暴发的主要气候因素。

（三）寄主植物

一般树龄较大、树势衰老的茶园黑跗眼天牛发生重。管理粗放、多年不修剪的茶园发生较严重。不同茶树品种上黑跗眼天牛的发生程度也有差异。主干直径 1～2cm 的品种较多发生。茶园中尤以政和大白茶、福鼎大白茶、云南大叶种等小乔木型茶树被害较严重。

（四）天敌

国内已记载茶园黑跗眼天牛的幼虫期寄生性天敌有黄翅黑兜姬蜂 [*Dolichomitus melanomerus tinctipennis* (Cameron)]、眼天牛扁寄蝇（*Platymyia* sp.）及肿腿蜂。解剖 837 个虫体，茶园黑跗眼天牛的幼虫被眼天牛扁寄蝇寄生的有 236 个，寄生率为 28.2%。被寄生的天牛幼虫内有 1～3 头寄生蝇，多为 1 头。该寄蝇 3 月 28 日开始化蛹，4 月 9 日开始羽化，4 月中旬为羽化盛期。在茶园释放肿腿蜂，寄生率为 10%。也有报道黑跗眼天牛的幼虫被白僵菌感染而死亡。

五、防治技术

（一）农业防治

在冬季抚育管理时剪去虫枝并及时烧毁，以减少虫源，促进植株健康生长。

（二）生物防治

采用球孢白僵菌黏膏涂孔、菌液注孔、菌液喷干、菌粉喷干、菌膏涂干、蛀孔喷粉、无纺布菌条等。如释放助迁肿腿蜂成蜂，将放蜂管置于高 1.5m 左右的树枝上，4 年生以下树枝放蜂量为蜂虫比 1∶1～1∶2，5 年生以上树枝为 3∶1～8∶1。

诱捕器诱杀和诱捕天牛成虫。羽化初期，在林旁空气比较流通的地点设置诱捕器。每悬挂点相距 50～100m，诱捕器所使用的引诱剂可采用 99 - D，悬挂期内 5～7d 收集 1 次天牛。

饵木堆引诱产卵杀灭成虫。在天牛成虫羽化期，在林间通常每公顷设置 2～5 堆，用普通木材堆成三脚架，架高 1.5m，每 10d 加 1 根饵木，引诱成虫产卵，待产卵期结束后，取回所有的饵木烧毁。

（三）物理防治

在病虫害种群数量规模较少的情况下，主要采取物理方法防止虫害扩散。

成虫产卵期和幼虫孵化蛀食皮层期，用小刀刮去产卵痕处的皮层或锤击产卵刻槽，以杀灭虫卵。成虫羽化期间，捕捉成虫。成虫羽化盛期，在每天 10：00 前和 16：00 后，巡视茶树上部叶背，捕捉成虫。

（四）化学防治

采用驱避剂防治黑跗眼天牛。对于新造油茶林，在成虫羽化期，喷施 0.1% 水蓼二醛，干扰黑跗眼天牛定居和取食。

幼虫孵化后到幼虫未钻入木质部之前，采用 80% 敌敌畏乳油或 15% 茚虫威悬乳剂 100 倍液，用毛笔蘸涂刻痕和环形蛀道，或树干打孔注药防治，打孔注射机可采用市售树干注射机，打孔直径为 0.5～0.8cm，树径 10cm 以下，每树 1 孔，树径每增加 5cm 加 1 孔，孔深 1～4cm，使用敌敌畏药液，每孔 1～3mL。幼虫钻入木质部之后，在幼虫为害处用脱脂棉蘸 15% 茚虫威悬浮剂 100 倍液，塞进虫孔后用泥封住，利用其挥发性可毒杀幼虫。

桂连友（长江大学）

第 90 节 茶 天 牛

一、分布与危害

茶天牛 [*Aeolesthes induta*（Newman）] 又名楝树天牛、楝闪光天牛、蛀心虫、蛀根虫，属鞘翅目天牛科。

在我国主要分布于江苏、安徽、浙江、江西、福建、湖南、广东、广西、台湾、贵州、云南等省份的主产茶区。茶天牛的寄主为茶、油茶、橡树、松等。

幼虫蛀食主干和根部，致树势衰弱，上部叶片枯黄，芽细瘦稀少，枝干易折断，严重时整株枯死。

20 世纪 50～80 年代，茶天牛是我国安徽、浙江、福建、台湾、湖南、广东、广西等地茶园为害率较高的一种害虫。90 年代中期以来，随着茶树树龄的不断增加，茶园逐渐老化，茶天牛为害趋向严重。

二、形态特征

成虫：体长约 30mm，暗褐色，有光泽，生有褐色密短毛。头顶中央具 1 条纵脊。复眼黑色，两复眼在头顶几乎相接。复眼后方具 1 短且浅的沟。触角中、上部各节端部向外突并生 1 小刺。雌虫触角与体长近似；雄虫触角为体长近 2 倍。前胸宽大于长，前端略狭，中部膨大，两侧近弧形，背面具皱，小盾片末端钝圆；鞘翅上具浅褐色密集的绢丝状绒毛，绒毛具光泽，排列成不规则方形，似花纹。

卵：长为 4mm 左右，宽约 2mm，长椭圆形，乳白色。

幼虫：末龄幼虫体长为 37～52mm，圆筒形，头浅黄色，胸部、腹部乳白色，前胸宽大，硬皮板前端生黄褐色斑块 4 个，后缘生有"一"字形纹 1 条，中胸、后胸、一至七腹节背面中央生有肉瘤状凸起。

蛹：长为 25～30mm，乳白色至浅赭色。

三、生活习性

茶天牛 2 年或 2 年多发生 1 代，以幼虫或成虫在寄主枝干或根内越冬。在江西，越冬成虫于 4 月下旬至 7 月上旬出现，5 月底产卵，进入 6 月上旬幼虫开始孵化，10 月下旬越冬，翌年 8 月下旬至 9 月底化蛹，9 月中旬至 10 月中旬成虫才羽化，羽化后成虫不出土在蛹室内越冬，到第三年 4 月下旬才开始外出交尾。成虫羽化率高，平均在 90% 以上。成虫出土时，沿蛀道向上爬至近土表处咬一孔爬出或就在原排泄孔钻出，出土时间多在夜间和清晨。成虫出土后，沿枝干上爬至茶丛顶端，稍待片刻，便开始飞翔活动，但飞翔力不强。成虫具趋光性，灯下常有成虫前来扑灯。灯下诱集的成虫数量的变化与田周成虫的消长动态无关，以雄成虫居多。成虫的交尾多见于出土后的次日，交尾历时 2～10h，交尾 1～4 次，交尾后相隔 1d 产卵。成虫多选择外露根部或主干产卵，产卵时先用口器咬破皮层，再将产卵管插入产卵，卵单产，通常每茶丛仅产 1 粒，产完即离开，再移至另一茶丛产卵。每只雌虫一生产卵 14～31 粒。

幼虫孵化后，蛀入主干或根颈部取食，初时向上取食，约蛀 4～8cm 后，转头向下蛀入根部，取食后有木屑及虫粪排出树外。蛀道最长达 47cm，一般都在 25cm 以上，蛀道的道径一般有 1.2～1.8cm，最宽的达 2.6cm。幼虫蛀食后，如茶树根被害程度较重，则整丛茶树亦难存活。幼虫老熟后，往往向上爬至近土表的根内或根颈处的蛀道内化蛹（表 16-90-1）。

表 16-90-1 茶天牛生活史（江西 2 年 1 代区）（引自谢振伦，1966）

Table 16-90-1 Life history of *Aeolesthes induta*（One generation every two years area in Jiangxi）（from Xie Zhenlun et al.，1966）

年份	月 旬	1～3 上 中 下	4 上 中 下	5 上 中 下	6 上 中 下	7 上 中 下	8 上 中 下	9 上 中 下	10 上 中 下	11～12 上 中 下
I		(—)(—)(—)	(—)(—)(—)						
			⊕ ⊕	⊕ ⊕ ⊕	⊕				
			+ +	+ + +	+ +				

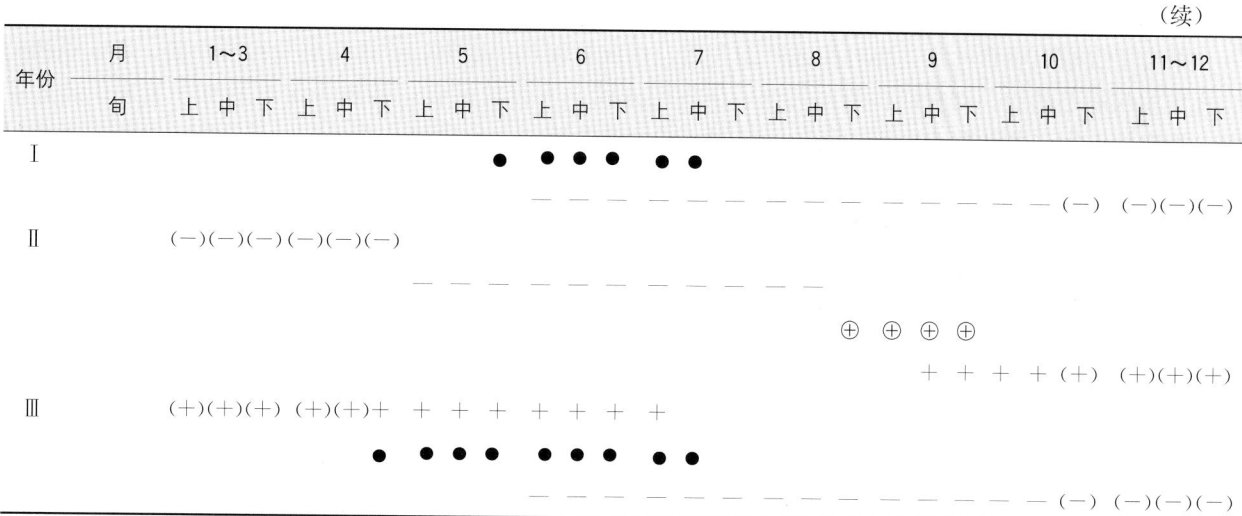

（续）

注　●：卵，—：幼虫，⊕：蛹，+：成虫，（—）：越冬幼虫，（+）：越冬成虫。

四、发生规律

（一）茶园条件

在山地茶园及老龄、树势弱的茶园为害重。茶园通风、采光条件较好，土壤干湿度良好的地块茶天牛发生重于茶园低洼地处，土壤深厚、肥沃地方重于土壤浅、薄、瘦的茶地。年管理茶园次数相对减少，有时出现茶园荒芜，杂草丛生，茶树根际几年未挖掘，加上秋、冬季连续几年不中耕，平时管理相对滞后，为根际害虫发生及田间虫源积累创造了一定条件。

（二）气候条件

茶天牛在高海拔茶园的发生程度高于低海拔茶园，初步反映出茶天牛的发生与温度有关。茶天牛的发生与气候因子影响的关系研究较少。

（三）寄主植物

茶树品种存在抗虫性差异。福鼎大白茶相对受害严重。根颈外露的老茶树受害重。

（四）天敌

目前，尚无相关茶天牛天敌昆虫的记载。

五、防治技术

（一）农业防治

茶树根际应及时培土，严防根颈部外露和成虫产卵。秋、冬季茶园进行一次中耕。

（二）物理防治

成虫羽化期间，捕捉成虫。成虫羽化盛期，在每天 10：00 前和 16：00 后，巡视茶树上部叶背，捕捉成虫。

灯光诱杀天牛成虫。在成虫羽化初期，用频振式诱虫灯诱杀成虫。

（三）化学防治

幼虫为害期，用脱脂棉蘸 15％ 茚虫威乳油 100 倍液，塞进虫孔毒杀幼虫。半乔木型茶树，在成虫初发期使用白涂剂（生石灰、硫黄、牛皮胶加水成糊状），将地上 45cm 的树干涂白，防止茶天牛产卵。在成虫盛发期喷施 25g/L 溴氰菊酯乳油 2 250～4 500 倍液喷雾。

桂连友（长江大学）

第 91 节　茶吉丁虫

一、分布与危害

茶吉丁虫（*Agrilus* spp.），隶属鞘翅目吉丁虫科。在国内主要分布于福建、安徽、江西、湖南等省。

寄主为茶、油茶、野葡萄、大青。

茶吉丁虫成虫咀食叶片，由叶尖或叶缘开始，形成波浪状的缺刻，并排泄虫粪污染叶面，影响茶树的光合作用与制茶品质。幼虫蛀食茶树枝干，从皮层开始向下盘旋蛀食，幼虫排泄出的虫粪填塞于新蛀道中，被害枝干因受刺激使表皮于翌年肿大隆起，状如藤蔓缠绕，致树势衰弱，枝干易折断，严重时叶片呈一片紫铜色，易脱落，导致整株枯死。

在福建崇安地区，茶吉丁虫为害严重，被害梢率为 16.6%～24.0%，最高达 34.2%。受害枝多是粗大的原生枝干。

二、形态特征

成虫：体长为 8～11mm。头小，赤色，两复眼间头顶处凹陷明显。触角黑色，锯齿状。前胸背板在距前缘 2/3 处有 1 横走的凹陷，凹陷前前胸背板赤色，凹陷后青灰色。鞘翅近基部青蓝色，前缘中央近基部有 1 金色斑块，其周缘暗色。

卵：初呈乳白色，后转变为橙黄色至黑色，孵化时卵壳中央有 1 明显的黑点。卵一般呈卵圆形或不规则形。长为 1.2mm，宽为 1mm。卵壳表面光滑。

幼虫：体长为 20mm 左右。瘦长，扁平，乳白色。前胸膨大，背板骨化，黄色，中央有 1 个似"八"字形的棕色浅纹。腹部各节间缢缩明显，末节后半部骨化，黄色，其端末有 1 对黑褐色突起。胸、腹足均退化。

蛹：初期乳白色，翅芽长 2mm。中期头与前胸背板前 2/3 处为赤色，腹背为紫蓝色，腹面蓝黑色；翅芽黄白色，长 5mm。后期体色近似成虫，只是翅芽黄白色，长 7～8mm。

三、生活习性

茶吉丁虫每年发生 1 代，以幼虫在被害枝干内越冬。在福建武夷山地区 4 月上旬开始化蛹，4 月中旬末至下旬为化蛹盛期。4 月下旬成虫羽化，5 月上、中旬为羽化盛期，至 8 月中旬尚有个别成虫在活动。5月中旬末开始产卵，5 月下旬为产卵盛期，直至 8 月中旬仍可产卵。卵 6 月中旬开始孵化，6 月下旬与 7月上旬为孵化盛期，至翌年 3 月为幼虫活动期。

成虫咬破蛹室的表皮，从羽化孔爬出，起初不大活动，静伏于嫩梢上，用口器咀嚼嫩叶的表层，形成褐色针头大的小斑点。1～2d 后食量增加，从叶尖或叶缘取食形成波浪式缺刻。成虫有假死性，稍受惊动即收缩不动或滚落在茶丛枝叶上或地上，但随即爬起或飞逃。成虫飞翔能力不强，一般每次只能飞 15m左右。成虫在 10：00 之前与 16：00 之后，以及阴雨天不甚活动。晴天的中午前后活动最甚。雌虫的寿命一般比雄虫长。成虫羽化后 7d 左右开始交尾，交尾时间大多在 10：00 以后，且大多数是在茶树叶片上进行。每次交尾持续 1～2h，每虫可交尾多次。交尾后 12～24h 开始产卵，产卵时先将产卵器伸出，在枝干上爬行寻找表皮粗糙或有裂缝处产卵，每次产卵 1 粒，卵单产散生。1 头雌虫在 3d 内产 9 粒卵。卵孵化后幼虫钻入皮层蛀食，7d 后幼虫体长 3mm 左右，30d 后 10mm 左右。幼虫一般是向上盘旋为害，但也有个别向下盘旋为害的，蛀道长 5～20cm。在表层下的幼虫扁平瘦长。到翌年 1 月钻入木质部为害，2 月下旬至 3 月幼虫绝大部分老熟，并蜷曲在蛀道中，此时幼虫肥胖圆筒状，同时在木质部内筑蛹室化蛹，蛹室的另一端接近表皮，以便成虫羽化时咬羽化孔爬出。幼虫期自 7 月至翌年 3 月。冬季幼虫仍然在皮层与木质部内部蛀食为害，在越冬期无显著的休眠现象（表 16 - 91 - 1）。

表 16 - 91 - 1　茶吉丁虫生活史（福建 1 代区）（引自福建省农垦厅热作局，1965）
Table 16 - 91 - 1　Life history of *Agrilus* spp.（One generation area in Fujian）（from Tropical Crops Bureau of Department of Agricultural Reclamation of Fujian Province，1965）

世代	月	1～2			3			4			5			6			7			8			9			10			11			12		
	旬	上	中	下	上	中	下	上	中	下	上	中	下	上	中	下	上	中	下	上	中	下	上	中	下	上	中	下	上	中	下	上	中	下
越冬		—	—	—	—																											—	—	—
							⊕	⊕	⊕	⊕	⊕																							
								+	+	+	+	+	+	+	+	+	+	+	+	+	+	+											

（续）

世代	月	1~2	3	4	5	6	7	8	9	10	11	12
	旬	上中下	上中下	上中下	上中下	上中下	上中下	上中下	上中下	上中下	上中下	上中下	上中下
一				● ●	● ● ●	● ● ●	●	● ● ●				

注 ●：卵，—：幼虫，⊕：蛹，＋：成虫。

茶吉丁虫各虫态历期：卵期30d，幼虫活动期270d，蛹期20d，成虫寿命15~25d。

四、发生规律

（一）气候条件

成虫活动期（其中包括羽化、产卵等）最适宜的气温为25~28℃、相对湿度为80％。气温30℃以上和20℃以下，不适于成虫活动。卵孵化时要求有较高的气温（约30℃）和适中的相对湿度（约75％）。幼虫活动期均在茶树枝干内，因此受气候影响较少。

（二）寄主植物

茶吉丁虫一般为害成年茶树（四龄以上），一至三龄茶树偶有个别被害。在茶树品种间存在抗虫性差异。除水仙茶树极少受害外，其他品种如祁门储叶种、政和大白茶、福鼎白毫以及各种菜茶（本地土茶）等，均严重受害。

（三）天敌

目前，尚无相关茶吉丁虫天敌昆虫的记载。

五、防治技术

（一）农业防治

在冬季抚育管理时剪去虫枝并及时烧毁，以减少虫源，促进植株健康生长。

（二）物理防治

在成虫羽化的5~7月，捕捉刚羽化的成虫（成虫在叶面活动较少）。成虫羽化盛期，在每天10：00前和16：00后，巡视茶树上部叶背，捕捉成虫。

（三）化学防治

幼虫钻入木质部之后，在幼虫为害处用脱脂棉蘸15％茚虫威乳油100倍液塞进虫孔后用泥封住，可毒杀幼虫。

桂连友（长江大学）

第92节　茶枝小蠹虫

一、分布与危害

茶枝小蠹虫（*Xyleborus fornicatus* Eichhoff），别名茶材小蠹，属鞘翅目小蠹科，是南方茶区枝干钻蛀性害虫之一。在我国分布于广东、广西、海南、四川、重庆、贵州、台湾等地。在国外分布于斯里兰卡、印度、印度尼西亚、马来西亚等国。成、幼虫蛀害茶树枝干，茎外呈现许多小圆孔，导致树势衰退，枝干枯竭断折。为害作物包括茶树、橡胶、咖啡、荔枝、柳、樟等。

二、形态特征

成虫：圆筒形，体长为2.0~2.4mm，褐至黑褐色，有光泽。头半球形，位于前胸下，触角短锤形，弯曲。前胸发达，背板宽略大于长，前部多粒突。鞘翅长为前胸长的1.6倍，两侧缘前3/4平行，后1/4作弧形后收。翅面沟浅，刻点较密，各沟纵列刻点上有一绒毛。前足胫节外侧齿状。

卵：球形，乳白色。

幼虫：头黄白色，体白色，肥而多皱，成长幼虫体长为 3～4mm。

蛹：椭圆形，长约 2mm，白色。

三、生活习性

茶枝小蠹虫喜干燥畏潮湿，干旱季节适于其发生。海拔为 400～500m 的地区，1 代经过 50d 左右，其中卵期 8d，幼虫期 18d，蛹期 9d，产卵前期 12d。一般 8：00～17：00 为活动时间，飞行速度为 0.3～0.6m/s，连续飞行最长时间为 24min。全年 365d 中只有 3d 时间在自然空间，其余时间均在茶树枝干中生活。

温度是影响茶枝小蠹虫生长发育最重要的因素，该虫生长最适宜的温度为 30℃，当温度低于 15℃ 时，无法生长存活。生长各阶段发育的起始温度分别为：卵 (15.7±0.5)℃，幼虫 (15.8±0.8)℃，蛹 (14.3±1.4)℃；有效积温分别为：卵 (70±4.4)℃，幼虫 (95±8.5)℃，蛹 (72±5.1)℃。

雌成虫羽化后在原处等待雄成虫，交尾后爬出蛀孔，移至离地 50cm 以下的主干或 1～2 级分枝上（尤喜 10～12mm 直径的茶枝），咬开皮层钻入木质部产卵繁殖。蛀孔多在休眠芽下方，孔径约 2mm。蛀道弯曲或呈环形规则。虫口多时蛀道交错，但都不触及形成层。雌虫产卵于新蛀道底部，等待老熟后即在蛀道内化蛹，孔口常堆积有米黄色灯芯状圆柱形粪屑。一般一孔一雌，也有一孔 2～5 头雌虫的，甚至不同虫态同在一个蛀道内。

四、发生规律

茶枝小蠹虫在斯里兰卡一般于海拔 150～1 300m 的茶园里发生。在海南 1 年发生 3～4 代，重叠发生。每年 1～2 月、4～6 月形成成虫为害高峰。闷热天气成虫常伏于孔口透气，若孔口有水珠，即以木屑顶出水珠，保持虫道通气。雨天湿度大，孔内不适，常致成虫飞出，因而在雨季常为害较轻。

茶枝小蠹虫的发育与茶树枝干中 α-菠菜甾醇 (α-spinasterol) 关系密切。α-菠菜甾醇是一种影响茶枝小蠹虫幼虫蜕皮发育功能的蜕皮激素，在生长发育过程中如果缺乏 α-菠菜甾醇，茶枝小蠹虫就不能正常生长 (Cranham，1966)。斯里兰卡的科学家进一步研究发现，茶枝小蠹虫只能利用游离态的 α-菠菜甾醇，如果与其他化合物相结合而成为结合态的 α-菠菜甾醇，茶枝小蠹虫便不能利用 (Kumar et al.，1995)。在此基础上，研究出在土壤中每株茶树的根际放入一颗醋酸铅胶囊，茶树会吸收醋酸铅，在枝干中醋酸铅和 α-菠菜甾醇相结合形成结合态的 α-菠菜甾醇，这样在茶树枝干中的茶枝小蠹虫便会因缺乏 α-菠菜甾醇而死亡，用很低的成本达到防治的目的 (Hewavitharanage et al.，1999)。

五、防治技术

（一）农业防治

沿主干分枝处剪除虫枝，剪除萎凋枝梢，捕杀成虫。茶园铺草防旱，改善灌溉条件，增施有机肥与磷、钾肥，通过水肥管理，增强树势与抗性，引进抗性品种。施肥时每丛茶树根际施用醋酸铅 1g，吸入茶丛内部后可与茶树体内的 α-菠菜甾醇相结合，使得在枝条内的茶枝小蠹虫的幼虫不能正常蜕皮化蛹，有一定的防治作用。

（二）化学防治

成虫发生期喷施 2.5% 溴氰菊酯乳油 4 000～6 000 倍液（合每 667m² 15～25mL，安全间隔期 5d）于茶树主干和骨干枝，达到触杀的目的。

罗宗秀　陈宗懋（中国农业科学院茶叶研究所）

第 93 节　茶树有害生物的综合治理

一、茶园有害生物的历史演替

茶树是一种古老的农作物，原产于我国西南部。据记载，茶树的栽种历史可追溯到 4 000 多年前。在公元 600 年的唐代，茶树已有大面积的种植。茶树在我国分布在 18°～37°N，94°～122°E 的地域范围内，东起台湾、西至西藏察隅河谷、南自海南琼崖、北达山东半岛，分布在 20 个省份 1 000 多个县市。茶区主要分布在亚热带、暖温带地区，常年害虫发生严重。我国已记载的茶树害虫种类有 430 种，病害近 100 种。目前，茶小绿叶蝉、茶尺蠖、茶毛虫、蓟马、茶蚜、茶饼病、茶轮斑病等在我国大部分茶区发生严重，且难于防治。茶树病虫害每年可给茶园带来 10%～20% 的产量损失。因此，对有害生物进行有效防治是保证茶产业发展的必要手段。

在化学肥料和农药还未问世以前，茶区有害生物的种群相对稳定。主要是茶毛虫、茶尺蠖等食叶类害虫和在老茶园中发生普遍的钻蛀性害虫和地衣苔藓类附生生物，上述病虫害仅在个别情况下才会暴发成灾。

新中国成立伊始，茶叶生产处于恢复阶段，开始对衰老茶园进行改造，茶园中害虫的种类仍是以食叶类害虫和钻蛀性害虫为主。随后，钻蛀性害虫的发生随着修剪、台刈等技术的普及而有明显减轻。20 世纪 50 年代末到 60 年代初，老茶园改造和新茶园发展是当时提出的茶叶生产中的主要技术手段。人工合成的化学农药，如滴滴涕、六六六已开始在茶叶生产中推广应用；化学肥料也在茶叶生产中普遍使用，这些措施对茶叶产量的增加发挥重要作用，但对茶园害虫和天敌的种群平衡也产生了负面影响，主要表现为天敌数量的减少，次要性害虫再生猖獗现象，如日本长白盾蚧、茶网盾蚧（蛇眼盾蚧）、茶绿绵蚧、日本龟蜡蚧等过去在果树和林木上发生的蚧类在茶树上猖獗发生。这也是在我国有记载以来发生的第一次茶园害虫的种群演替。另一个明显变化是由于新茶园的发展和建立、化学氮肥的施用，许多芽叶害虫，如假眼小绿叶蝉、茶蚜、茶小卷叶蛾、茶细蛾的种群在 60 年代初期和中期在我国茶叶生产中开始上升。

20 世纪 60 年代到 70 年代中期，我国新茶园大批出现，茶园面貌发生明显改变。化学肥料在茶园中施用量迅速增加，化学农药在茶叶生产中的使用量和次数直线上升，化肥和农药的负面效应已在生产中逐渐显露。氮素的大量使用导致茶树芽叶中的酸性氨基酸和碱性氨基酸间的比例发生改变，精氨酸含量的上升可以促使螨类和蚧类的产卵量增加。为防治蚧类，有机磷农药用量逐年增加，导致害螨的种类和种群密度上升，这也是我国茶园中害虫种群的第二次演替。当时茶叶生产中的主要害虫除了茶尺蠖、茶毛虫、刺蛾、茶丽纹象甲等食叶类害虫发生普遍和严重外，日本长白盾蚧、茶网盾蚧、角蜡蚧、椰圆盾蚧等多种蚧类，假眼小叶绿蝉、茶小卷叶蛾、茶橙瘿螨、茶叶丽瘿螨、卵形短须螨、茶跗线螨等在全国茶叶生产中普遍发生。

20 世纪 70～80 年代全国茶园面积迅速扩大，随着名优茶生产的发展，化肥的用量也随之迅速增加。化学农药品种发生替换，拟除虫菊酯类农药上升为主要品种，这类农药对黑刺粉虱的天敌杀伤力很强，导致黑刺粉虱在全国范围内猖獗发生，这是我国茶园中害虫的第三次种群演替。茶叶生产中的主要害虫除了茶尺蠖、茶毛虫、茶丽纹象甲等食叶类害虫仍发生普遍外，黑刺粉虱成为 80 年代以来在全国各茶区发生严重和普遍的一种害虫，它在茶产业中的地位显著上升。小绿叶蝉在 80 年代已上升为从南到北全国范围内的第一位害虫，这与采取夏秋季留养停采的技术措施及化肥用量的明显上升有关。螨类在全国 4 个茶区都有不同程度的发生。各种蓟马和茶跗线螨在西南茶区发生严重。角蜡蚧在全国茶区发生较为普遍。茶茸（黑）毒蛾和斜纹夜蛾是棉花和蔬菜上的食叶害虫，现在成为茶叶上的一种重要的外来入侵害虫。

20 世纪 90 年代以来，茶园害虫的综合治理和无公害生产提出了尽量减少农药使用量和次数的目标。茶叶生产中的主要害虫除了茶尺蠖、茶毛虫、茶丽纹象甲等食叶类害虫发生普遍外，假眼小绿叶蝉、黑刺粉虱、各种螨类、茶黄蓟马和茶棍蓟马等刺吸和锉吸式害虫对茶叶生产的威胁已超过食叶类害虫。

21 世纪以来的十多年全国茶园面积有了较大的扩展。到 2011 年，全国茶园面积已达 250 万 hm²。茶园中的栽培技术措施亦有了较大的变化：在施肥技术上已改变了过去大量增施氮肥的习惯；在采摘技术上根据名优茶的要求采摘单芽、一芽一叶到二叶的芽梢，留叶较多；在化学防治技术上提倡使用植物性农药和微生物农药，减少化学农药的使用。茶叶生产中茶尺蠖、茶毛虫和茶丽纹象甲等食叶类害虫仍然发生普遍和严重，但威胁最大的仍是假眼小绿叶蝉。由于采摘习惯的改变，在采摘后留下的叶片，为茶细蛾产卵创造了良好环境。因此，茶细蛾在 21 世纪已上升为重要害虫，2010 年以来在四川、重庆、江苏、浙江等省份发生较多。此外，各种螨类、蚧类、蓟马、粉虱等吸汁型害虫对茶叶生产的威胁已超过食叶害虫。总体而言，茶树的害虫问题虽对茶叶生产仍具有一定威胁，但在无公害防治和可持续发展理念的指导下，对害虫的治理比 20 世纪有较大进步。

综观漫长历史长河，茶树有害生物随着生态环境的变化而发生的种群演替呈现出如下 4 个特点：

（1）由大型害虫向小型害虫演替；

（2）由咀嚼式口器害虫向吸汁式口器害虫演替；

（3）由发生代数少、繁殖力相对较小的害虫向发生代数多、繁殖力相对较强的害虫演替；

（4）由在叶表栖息的害虫向隐蔽栖息（潜叶、卷叶、虫体外有介壳）的害虫演替。

茶树病害和杂草的演替情况不如害虫明显，但也发生一定的变化。如茶芽枯病原是一种在 20 世纪 60 年代和 70 年代为害芽叶的真菌病害，从 80 年代起由于名优茶的迅速发展，芽叶在茶树上的存留时间明显缩短，因此发生程度明显减轻，甚至很少发生。茶炭疽病的发生从 20 世纪 90 年代起明显加重，这和发展名优茶在夏秋季停采而留养芽叶为炭疽病菌提供更多侵染的机会有关。

二、茶树有害生物的综合治理

在有害生物防治的历程上，经历了曲折、困难、寻路、探索，至 21 世纪开始采用综合治理和绿色防控的途径，即在防治策略上以保持生态系统的平衡为目标，促进茶树安全生产，力争减少化学农药的使用量，在此基础上采取生态控制、生物防治、物理防治、科学用药等环境友好型措施，将有害生物控制在经济危害水平以下，而不是消灭整个有害生物种群。对茶树的保护也不是单纯地针对某一防治对象，而是从生态系的整体角度来考虑，同时还要考虑生物的资源和环境保护，既要考虑当时当地的病虫害，也要考虑到未来和更大空间的病虫害；既要考虑当代的人类和环境，也要考虑到未来的人类和环境。在防治措施上，是以农业防治、物理防治、生物防治为主要手段，辅之以化学防治，以此达到综合治理的目标。

20 世纪 60 年代，由昆虫学、化学和生态学科组成的交叉学科——昆虫化学生态学应运而生。昆虫种内（种间）及与其他生物之间的化学通信联系、作用机制以及昆虫与植物次生代谢产物之间协同进化关系等诸多方面的研究成为化学生态学领域中的研究热点。随着昆虫化学生态学相关原理的不断揭示，相关成果逐渐开始从实验室走向田间，这给有害生物的绿色防控策略展示了美好的前景。有人将这种化学生态学和综合治理相结合的设想冠以"保护性生物防治"（conservation biological control，CBC）的名称，也就是第五个防治手段——化学生态防治。它的主体理念是通过寄主植物—害虫—天敌三者之间的化学通讯联系，成功实现对有害生物的综合治理，使得天敌的数量和分布可以通过挥发性的信息化合物进行控制，从而实现保护性生物防治的目的。

在有害生物治理上，还要考虑到宏观性（不只考虑目标生物，还要考虑生态的平衡和种群的多样性）、协调性（强调农业、物理、化学和生物防治措施的协调和互补）和持续性（强调生态调控，达到长期抑制有害种群）。

（一）以农业措施为基础，加强生态调控

以田间管理为基础的农业防治，以改变生态系的生存环境为主要目标，因而是一种温和的调节措施。例如，在发展新茶园时，注意选择对当地病虫害有较高抗性和高产优质的无性系品种，同时要注意无性系的搭配，避免大面积种植单一品种。这也是实现机械化采摘所必需的前提条件。

在农业防治中，抗虫品种的选育与应用是茶树害虫防治的重要基础，目前已列为茶树品种选育的标准之一。日本茶叶生产中，茶炭疽病、茶轮斑病和桑盾蚧的严重发生对生产具有重要影响。21 世纪以来采用分子育种技术育出的 Yamatomidori 和 Fujimidori（抗炭疽病）、Himemedori 和 Kanayamidori（抗轮斑病）以及 Yumekaori（抗桑盾蚧）等高产抗病（虫）品种，在生产中发挥了明显的作用。

业已证明，某些农艺措施对茶树病虫具有明显的防治效果。如，及时合理采摘对茶芽枯病、假眼小绿叶蝉和茶叶害螨具有防治效果。但同时，某些害虫种群的数量也会有明显上升。如，留叶采摘为茶细蛾提供了适宜的产卵场所，因而使茶细蛾的种群数量上升，而成为茶园害虫优势种。采茶机的普及和推广一方面解决了采茶的劳动力缺乏问题，同时由于机械采摘造成叶片损伤，导致了茶轮斑病、茶云纹叶枯病等茶树病害的严重发生。修剪既是一项栽培技术，同时也是一项病虫防治措施。不同的修剪高度对不同病虫害具有不同的防治效果（图 16-93-1）。化肥的过量使用使茶芽中酸性氨基酸组分（天门冬氨酸、谷氨酸）和碱性氨基酸组分（精氨酸、赖氨酸、组氨酸、甘氨酸）的比例变小，特别是精氨酸含量的增加有利于叶蝉、螨类等吸汁型害虫的种群数量增加，而鱼粑肥的施用可使碱性氨基酸特别是精氨酸的含量减少，可以减少吸汁型有害生物的数量，起到防治的作用。

由此可见，通过农业技术措施的运用，可以提高生态系的功能，进而控制有害生物的发生，起到事半

功倍的作用。

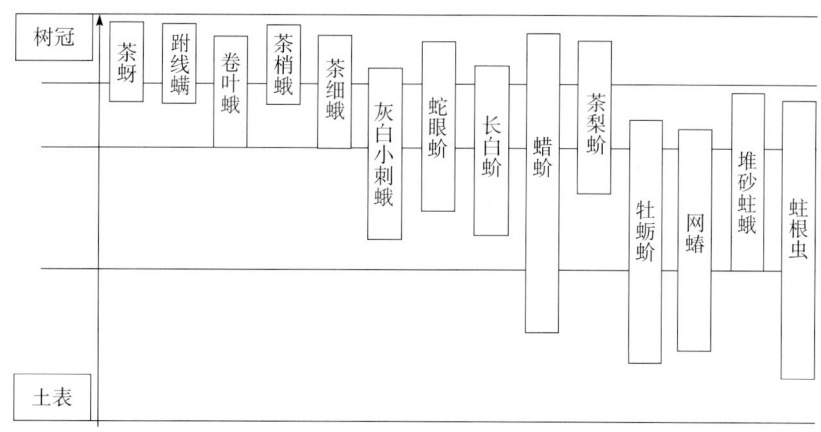

图 16 - 93 - 1　修剪和茶树害虫发生部位的关系

Figure 16 - 93 - 1　The relationship between tea pests damaged parts and pruning

（二）保护和利用天敌资源，大力发展生物防治

生物防治包括应用有益微生物防治茶园害虫和茶树病害。有益微生物包括病毒、真菌和细菌。目前，已从 40 多种茶树害虫中分离到 63 种昆虫病毒，其中核型多角体病毒 38 种，颗粒体病毒 17 种，质型多角体病毒 5 种，非包涵体类病毒 3 种。其中茶尺蠖核型多角体病毒、茶毛虫核型多角体病毒已在我国茶区广泛应用，已有商品化生产，其他产茶国也普遍应用病毒防治茶树害虫。昆虫病毒已成为茶园有害生物综合治理中的一个重要内容。

在真菌治虫上，有白僵菌（*Beauveria bassiana*）、蚜霉（*Emtomophthora aphidis* Hoffm.）、圆孢霉（*Erynia radicans* Humber）、韦伯虫座孢霉（*Aegerita weberi* Faweett）、拟青霉（*Paecilomyces*）和座壳孢菌（*Aschersonia*）等几种白僵菌对多种鳞翅目食叶害虫和小绿叶蝉有一定致病力，在茶叶生产中有一定应用。但用微生物防治茶树害虫一般见效慢，因此要较化学防治提前实施方能见效。韦伯虫座孢霉是在 20 世纪 80 年代从茶树黑刺粉虱上分离到的一种寄生菌，并证明对茶园中的黑刺粉虱有很强的致病力，在福建和浙江进行的大面积防治证实，一次喷药 2 年后可在茶园中定殖，黑刺粉虱的发生率降低 70% 以上，持效至少 3 年。韦伯虫座孢霉通常和拟青霉菌同时发生。座壳孢菌是寄生在各种蚧类上的昆虫寄生真菌，但尚未商品化。应用细菌防治茶树害虫的实例有苏云金杆菌防治茶园中的各种鳞翅目食叶害虫，但应用的规模有待进一步扩大。

捕食性天敌中发生最普遍的是瓢虫。瓢虫是蚜虫、蚧类、害螨、粉虱的重要捕食性天敌，对降低茶园中上述害虫的种群数量有一定作用。红点唇瓢虫对各种蚧类、草蛉对茶蚜均有重要的自然控制效果。茶园中的捕食性蜘蛛在我国已发现有 290 种（27 科），对假眼小绿叶蝉有很强的捕食作用。应用捕食螨防治茶树害螨在日本已在茶叶生产中应用。此外，红点唇瓢虫、草蛉在茶园中发生普遍，对各种蚧类、螨类、粉虱种群都有一定的抑制作用。

寄生性天敌中发生最普遍的是寄生蜂。茶尺蠖幼虫的寄生蜂——单白绒茧蜂（*Apanteles* sp.）在茶尺蠖发生的地区较为普遍，特别在秋季，寄生率在有的年份可高达 60% 以上。茶蚕的寄生蝇在台湾省发生普遍。对这些寄生蜂重在保护，使得它们在害虫的种群中发挥抑制害虫的作用。表 16 - 93 - 1 是我国在主要茶树害虫种群中起抑制作用或有利用价值的有益生物种类。

表 16 - 93 - 1　我国主要茶树害虫种类和有益生物种群

Table 16 - 93 - 1　Main pest and beneficial organisms on tea plant in China

害虫种类	有益生物种类	作用方式	报道作者
茶尺蠖	单白绒茧蜂	幼虫天然寄生	胡萃等，1979
	核型多角体病毒	幼虫寄生	朱国凯等，1981
茶蚕	蚕饰腹寄生蝇	幼虫寄生	曾信光，2012
	茶蚕卵寄生蜂	卵寄生	

（续）

害虫种类	有益生物种类	作用方式	报道作者
茶毛虫	核型多角体病毒	幼虫寄生	周显头，1981
日本长白盾蚧	寄生蜂	雌成虫天然寄生	赵启民，1979
黑刺粉虱	韦伯虫座孢霉和拟青霉菌	幼虫和天然寄生蛹壳	陈雪芬等，1999
茶网盾蚧、椰圆盾蚧	座壳孢菌	幼虫和天然寄生蛹壳	张汉鹄和谭济才，2004
茶蚜	红点唇瓢虫、异色瓢虫、草蛉	捕食茶蚜	张汉鹄和谭济才，2004

（三）根据害虫的物理和化学趋性，推行物理防治

利用各种害虫对色、光、味的趋性是进行有害生物物理防治的基础。昆虫的颜色识别能力对其本身寄主的定位具有重要的意义，同时也可以利用来作为害虫防治的一种手段。通常对昆虫具有引诱作用的颜色有绿色、黄色、蓝色、紫色，因昆虫的种类不同而表现各异。不同的昆虫具有不同的趋性光谱范围（表 16-93-2，图 16-93-2），一般昆虫对 250～700 nm 的光波表现有趋性。利用昆虫的这一特性，可以在田间采用色板或者诱虫灯对害虫进行针对性防治。茶树害虫总体上表现出对黄色、绿色具有较强的趋性，包括假眼小绿叶蝉、黑刺粉虱、八点广翅蜡蝉、茶毛虫、茶棍蓟马、茶黄蓟马、茶蚜等，也有些夜间活动的害虫表现出对光的趋性，包括茶奕刺蛾、茶卷叶蛾、茶尺蠖等，但也有些茶树害虫对色泽无趋性，例如茶象甲类害虫。赵冬香（2001）选用雪白、橘橙、琥珀黄、翠绿、宝石绿、湖水蓝等 6 种颜色，利用六边形观测室测定了假眼小绿叶蝉对颜色的选择反应。结果表明，琥珀黄诱到的假眼小绿叶蝉数量最多，但与湖水蓝和宝石绿所诱到的数量间差异不显著，而与翠绿、雪白和橘橙所诱到的数量差异显著（$P<0.05$），橘橙诱到的虫数最少。而假眼小绿叶蝉对于琥珀黄、油菜花黄、麦秆黄、螳螂绿、宝石绿、翠绿等 6 种不同的黄色和绿色的反应中，琥珀黄、螳螂绿、油菜花黄和宝石绿 4 种颜色诱到的虫数差异不显著，且诱到的虫数较多，而它们和翠绿诱到的虫数间差异达到显著水平（$P<0.05$），翠绿诱到的虫数最少；而对不同黄色和蓝色的选择反应中，琥珀黄、油菜花黄、麦秆黄和湖水蓝间虫数差异不显著，诱到的虫数较多；各种黄色与靛蓝、海青间虫数差异达显著水平（$P<0.05$）；三种蓝色中，湖水蓝与海青间虫数差异不显著，而湖水蓝与靛青间虫数差异达显著水平（$P<0.05$）。总之，假眼小绿叶蝉对不同黄色之间无明显偏嗜性差异，而对不同的绿色中，对翠绿的偏嗜性最小。相对而言，感官上翠绿色颜色较深，宝石绿接近黄绿色，而螳螂绿为色泽较浅的绿色，湖水蓝色泽也较浅，可以认为假眼小绿叶蝉更偏嗜黄绿色、浅绿色。在室内行为测定的基础上，选择琥珀黄、宝石绿、湖水蓝、雪白、翠绿、橘橙 6 种颜色制作成黏板在茶园进行诱捕假眼小绿叶蝉的试验结果表明，假眼小绿叶蝉对琥珀黄的偏嗜性最强，琥珀黄与宝石绿间的虫数无差异，而琥珀黄与湖水蓝间的虫数差异达到显著水平（$P<0.05$）。湖水蓝与宝石绿差异不显著，与其余 4 种颜色的差异也未达到显著水平。田间试验结果与室内实验结果基本上一致，假眼小绿叶蝉偏嗜黄绿色、浅绿色，这与其对茶树芽梢的趋嫩为害相一致。

茶八点广翅蜡蝉（*Ricania speculum* Walker）和黑刺粉虱也对黄色趋性明显。连续 1 个多月的黄色黏纸板田间诱捕试验表明，每块黏板 5d 诱捕到茶八点广翅蜡蝉的数量最多可达 39 头，平均 15 头左右。利用素馨黄、芽绿、鹦鹉绿三种颜色的各黏板在田间进行的诱捕试验表明，素馨黄［(1174.8±697.7) 头/板］诱捕到的黑刺粉虱数量显著高于其他两种颜色（$P<0.05$），芽绿的诱虫数［(710.8±508.8) 头/板］与鹦鹉绿的诱虫数［(529.3±352.6) 头/板］差异不显著。素馨黄、芽绿、鹦鹉绿三种颜色的黏板诱捕到假眼小绿叶蝉的平均数为（75.6±33.9）头/板、（110.3±60.6）头/板、（119.5±75.0）头/板，其中素馨黄与芽绿、鹦鹉绿诱捕到叶蝉数量之间的差异显著（$P<0.05$），而芽绿与鹦鹉绿诱捕到叶蝉数量之间差异不显著。韩宝瑜等（2008）选用 3 种颜色的（雪白、芽绿、素馨黄）色板对茶毛虫雄成虫进行田间诱集试验，结果显示，芽绿的诱集效果最好。林金丽等（2009）通过不同颜色考察了色板对茶园昆虫的引诱力，结果显示，试验供试茶园内诱捕昆虫的目、科和种基本相同。半翅目为优势诱捕类群并且捕获的主要是茶树害虫，不同颜色的色板之间引诱的种数和个体数差异显著。素馨黄和芽绿诱捕的种数和个体数最多，被捕昆虫的群落多样性指数很小，对叶蝉、粉虱和蜡蝉的引诱力最强；土黄和橘黄诱捕的种数和个体数较多，多样性指数较小，对半翅目昆虫的引诱力较强；纯白色诱捕的种数和个体数居中，多样性指数最大，即诱捕的各种昆虫的个体数差别小；果绿、桃红、墨绿和湖蓝诱捕的种数和个体数明显较少，多样性

指数也较小；天蓝色诱捕的种数和个体数最少。寄生蝇类偏嗜蓝色，缨小蜂类、茧蜂类和小蜂类等天敌昆虫偏嗜芽绿色。

表 16 - 93 - 2　常见茶园害虫和天敌的最佳趋色（引自韩宝瑜等，2008）

Table 16 - 93 - 2　Optimum attractive colors of tea pests and its natural enemies（from Han Baoyu et al.，2008）

害虫种类	最佳趋色	报道作者
茶毛虫	芽绿	韩宝瑜等，未发表
茶尺蠖	柠檬黄	林金丽等，2009
假眼小绿叶蝉	金色	边磊等，未发表
黑刺粉虱	素馨黄	赵冬香等，2009
八点广翅蜡蝉	黄色	孙晓玲等，2011
角蝉	土黄	林金丽等，2009
茶黄蓟马	浅绿色	边磊等，未发表
茶棍蓟马	绿色	边磊等，未发表
三轮蓟马	黄色	Xian S N，1997
茶蚜	黄绿色	赵冬香等，2009
桑盾蚧	黄色	Kaneko S 等，2006
食蚜蝇	黄色	边磊等，未发表
寄生蜂（缨小蜂、茧蜂）	芽绿	林金丽等，2009

　　近年来，采用不同色泽的黏板作为物理防治方法进行茶树害虫的防治取得很大的成功，并已在生产实践中推广应用。色板诱虫是一种简便、环保的害虫防治方法，技术成熟，可以作为一种辅助手段用来减少茶园中农药的使用量。但目前市面上色板产品质量参差不齐，颜色差别大，材质各异，防效高低不同，需要统一标准，规范色板质量。中国农业科学院茶叶研究所农产品质量安全中心提出利用数字化标准规范色板颜色标准，利用自制昆虫颜色行为趋性观测仪对茶园害虫进行大量的颜色筛选，获得假眼小绿叶蝉、茶棍蓟马、柿广翅蜡蝉的最佳引诱色彩的数字标准，其中假眼小绿叶蝉的引诱色彩已经转化为色板产品。

　　在夜间，色板由于缺乏自然光而失去作用，可以用诱虫灯来防治害虫，诱虫灯同样是利用昆虫对不同光波的趋性，采用不同波长和强度的光源诱集害虫。如可以利用黑光荧光灯对茶奕刺蛾进行诱杀，采用频振式杀虫灯诱杀茶奕刺蛾。左伯荣等（2005）采用频振式诱虫灯在夜晚对茶树害虫进行诱杀，诱集昆虫总计 8 目 27 科 38 种，以鳞翅目、半翅目、鞘翅目为主，鳞翅目中以鹿蛾科、卷蛾科、夜蛾科为主，占总诱虫量的 43.71%。半翅目以突背斑红蝽为主，占总诱虫量的 11.30%。鞘翅目以叶甲、金龟甲为主，占总诱虫量的 2.82%；诱集到的茶树害虫有茶卷叶蛾、茶鹿蛾、茶白毒蛾、茶尺蠖、黄刺蛾、扁刺蛾、金龟甲、叶甲类；但对假眼小绿叶蝉没有诱捕作用。用诱虫灯诱杀茶树害虫在茶叶生产中已经广为应用，对一些有趋光性的害虫具有一定防治效果。但由于这种诱虫灯诱杀昆虫的范围广，既能诱杀害虫，也会诱杀一些有趋光性的益虫，因此在不同地区应该根据具体情况进行利弊分析，确定是否采用。

　　除了利用色和光进行害虫的物理防治外，还有利用害虫的趋化性，可以制作成饵料诱杀某些害虫。如用糖（45%）、醋（45%）和黄酒（10%）的调制液在田间诱集茶小卷叶蛾、小地老虎等害虫的成虫。

　　从 20 世纪 90 年代初期开始，澳大利亚、英国等国科学家开始利用芳香植物所释放的挥发物作为引诱或忌避害虫或天敌的辅助防治手段，并将之纳入了大田作物综合治理的内容。Pyke 等人最早在澳大利亚提出"推-拉"这个术语作为害虫防治的一种战略。20 世纪 90 年代中期开始，Khan 等人研究了用象草（Pennisetum purpureum Schumacher）和苏丹草［Sorghum vulgare sudanense（Piper）Hitchc.］作为诱集害虫的植物，用银叶山绿豆（Desmodium uncinatum Jacq.）、绿叶山绿豆［D. intortum（Miller）Urban］和糖蜜草（Melinis minutiflora Beauv）作为忌避害虫栖息和产卵的植物，提出在玉米或高粱田的四周种植诱集植物，结合玉米或高粱田中间作的忌避植物，采用这个"推-拉"战略用以防治玉米螟，并在肯尼亚获得巨大的成功。据测定，在天黑开始的第一个小时从象草和苏丹草植株中释放的绿叶挥发物数量几乎增加了 100 倍，主要是己烯醛、反-2-己烯醛、顺-3-己烯醇和顺-3-己烯醇醋酸酯等 4 种绿叶挥发物，这些挥发物还有诱集捕食性和寄生性天敌的作用，到天亮时挥发物的量降到正常的水平。非洲国家利用"推-拉"战略在玉米和高粱上防治玉米螟的成功启示我们，利用作物多样性来防治害虫的机理实际上也是挥发物的功效。因此，寻找一些对茶树害虫具有引诱或忌避作用的植物，利用它们作为"推-拉"战略的作物多样性配置对象，摸清其"推-拉"作用的机理，为进一步应用提供依据。

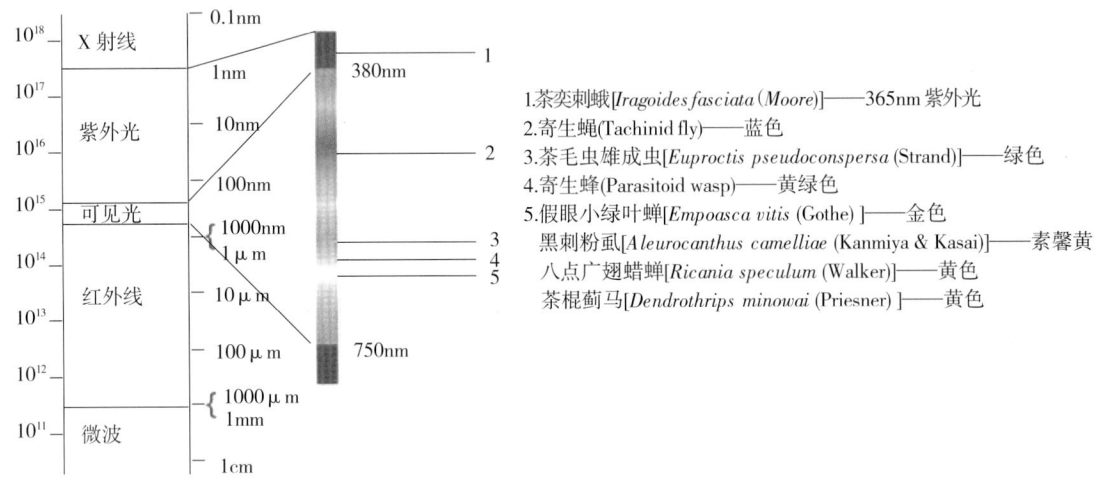

图 16-93-2　不同色泽（波长）对几种茶树害虫和益虫的引诱作用（边磊等，2013）

Figure 16-93-2　Different trapcolor（wavelength）of various tea pests and natural enemies

（Bian Lei et al.，2013）

（四）化学生态防治将在新世纪茶树有害生物综合治理中发挥越来越大的作用

化学生态防治是用生态学的理念、化学和生物学的防治技术相结合，创造一个绿色防控、无公害的新防治技术。利用人工合成的雌性昆虫释放的性信息素化合物，并加工成诱芯在田间以挥发物的状态在空间弥漫，使得雄虫迷向而找不到雌虫，而被性信息素诱芯所诱集而毒杀，达到减少种群的防治目的。利用昆虫性信息素进行虫情监控与害虫防治始于20世纪60年代，具有灵敏度高、安全无毒、专化性强、对天敌及有益生物安全和不污染环境等诸多优点。目前，有关茶树害虫性信息素的研究已鉴定了13种茶树害虫的性信息素组分，包括卷叶蛾科的茶小卷叶蛾、茶长卷叶蛾和褐带长卷叶蛾，细蛾科的茶细蛾、毒蛾科的茶毛虫、尺蛾科的油桐尺蠖 [Ascotis（＝Boarmia）selenaria Denis & Schiffermuller]、茶尺蠖和艾尺蠖以及蚕蛾科的茶蚕、盾蚧科的桑盾蚧。

日本从20世纪70年代起就开始了茶小卷叶蛾性信息素的研究，经过17年多学科科学家的研究，一个包括4种化学组分的商品问世，并取得良好的防治效果，其效果甚至优于化学防治的效果。其他茶树害虫性信息素的田间应用效果远不如茶小卷叶蛾的防效。我国茶毛虫的性信息素也已经商品化，并已在茶叶生产中应用。性信息素除了用于迷向防治外，在生产中还用于害虫发生期和种群数量预测预报。

除了性信息素外，虫害及外源植物激素诱导茶树产生的挥发物具有驱避害虫和引诱天敌的功效。表16-93-3是害虫及外源植物激素诱导茶树产生的挥发物对害虫天敌的生态功能。由此可见，利用人工模拟的挥发性化合物进行害虫或天敌种群的调控也具有应用的前景，但目前还未达到生产应用的程度。

表 16-93-3　茶树挥发物的生态功能研究进展（引自王国昌，2010）

Table 16-93-3　Research progress in ecological function of tea plant volatiles（from Wang Guochang，2010）

挥发物组分	昆虫名称	作用	参考文献
反-β-罗勒烯 ＋（反，反）-α-法尼烯 ＋ DMNT ［（E）-β-ocimene＋（E，E）-α-farnesene＋DMNT］	沃氏钝绥螨（Neoseiulus womersleyi）	吸引	Ishiwari et al.，2007
2,6-二甲基-3,7-辛二烯-2,6-二醇（2,6-dime-thyl-3,7-octadien-2,6-diol）	白斑猎蛛（Evarcha albaria）	吸引	赵冬香等，2001
芳樟醇、顺-3-己烯-1-醇、香叶醇、反-2-己烯醛、反-β-罗勒烯 ［linalool、（Z）-3-hexen-1-ol、geraniol、（E）-2-hexenal、（E）-β-ocimene］	假眼小绿叶蝉 ［Empoasca vitis（Göthe）］		
顺-3-己烯醋酸酯、反-2-己烯-1-醇、顺-3-己烯-1-醇、水杨酸甲酯 ［（Z）-3-hexenyl acetate、（E）-2-hexen-1-ol、（Z）-3-hexen-1-ol、MeSA］	无翅茶蚜（Toxoptera aurantii Boyer）	吸引	Han & Han，2007

（续）

挥发物组分	昆虫名称	作用	参考文献
苯甲醛、吲哚（benzaldehyde、indole）	七星瓢虫（*Coccinella septempunctata*） 蚜茧蜂（*Aphidius* sp.）	吸引	Han & Chen，2002
苯甲醛（benzaldehyde）	异色瓢虫（*Harmonia axyridis*）		
芳樟醇、苯甲醛、苯甲醇、正己醇、1-戊烯-3-醇、水杨酸甲酯、3-蒈烯（linalool、benzaldehyde、benzyl alcohol、n-hexanol、1-penten-3-ol、MeSA、3-carene）	龟纹瓢虫（*Propylaea japonica*）	吸引	亓黎等，2008
n-Hexanal，n-Pentanol. e-2-penten-1-ol，（larval-damaged shoots）E-3-hexen-1-ol，linalool 幼虫为害的茶梢	绒茧蜂（*Apanteles* sp.）	吸引	许宁等，1999

（五）合理进行化学防治，实现无公害综合治理

在可持续植物保护的思想指引下，农药的概念已发生深刻的变化，对农药的要求并不注重其杀灭作用，而是更注重于调节种群的作用。当前对农药的要求并非只是关注其杀伤力，而是更加关注环境友好、生物协调。对茶树这样一种饮用作物来讲，安全是首先要考虑的。从目前来讲，在茶产业上还不可能完全不用农药，但必须强调的是要合理选用农药种类，采取安全有效的使用方法，尽量减少化学农药的使用量，使得有害生物的种群数量可以降到经济危害水平以下。

在化学农药的选择上，应该注意如下几点：①低毒、高效、低残留农药的选用；②在茶树叶片和环境中易于降解；③茶叶中的农药残留在泡茶过程中浸出率低；④无异味残留，对茶叶品质无不良影响；⑤对天敌的杀伤力较小，对非靶标生物的安全性高；⑥尽量选用茶叶进口国在茶叶中限量标准（MRL）较宽的农药。

从近几年的实践和实施情况出发，将当前茶园中主要病虫种类防治中的适用农药列于表16-93-4。表16-93-5是我国和主要茶叶进口国的茶园中常用农药的允许限量标准（MRL）。

表 16-93-4　茶园主要病虫害的适用推荐农药品种（陈宗懋等，2010）
Table 16-93-4　Pesticides for main pests and diseases in tea garden（Chen Zongmao et al.，2010）

农药种类	防治对象	每公顷使用剂量	稀释倍数	安全间隔期（d）	适用茶园
2.5%联苯菊酯乳油	茶尺蠖、茶毛虫、卷叶蛾类、刺蛾类、茶蚕、茶蚜	187.5～375 mL	3 000～6 000	6	生产国内内销茶茶园和生产出口欧盟、日本茶的茶园可用
	假眼小绿叶蝉、蓟马类	375～600 mL	1 500～2 000	7	
	茶丽纹象甲	1 100～1 500 mL	750～1 000	7	
2.5%高效氯氟氰菊酯乳油	茶尺蠖、茶毛虫、卷叶蛾类、刺蛾类、茶蚕、茶蚜	187.5～375 mL	6 000～8 000	5	生产国内内销茶茶园和生产出口欧盟、日本茶的茶园可用
	假眼小绿叶蝉、蓟马类	375～525 mL	2 000～3 000	6	
	茶叶螨类	750～1 100 mL	1 000～1 500	6	
10%氯氰菊酯乳油	茶尺蠖、茶毛虫、卷叶蛾类、刺蛾类、茶蚕、茶蚜	187.5～225 mL	6 000～8 000	3	生产国内内销茶茶园和生产出口欧盟、日本茶的茶园可用
	假眼小绿叶蝉	300～375 mL	3 000～4 000	5	
2.5%溴氰菊酯乳油	茶尺蠖、茶毛虫、卷叶蛾类、刺蛾类、茶蚕、茶蚜	187.5～225 mL	6 000～8 000	5	生产国内内销茶茶园和生产出口欧盟、日本茶的茶园可用
	油桐尺蠖、木橑尺蠖、茶细蛾	375～525 mL	3 000～4 000	5	
	日本长白盾蚧、黑刺粉虱	375～750 mL	2 000～3 000	6	
15%茚虫威乳油	茶尺蠖、茶毛虫、卷叶蛾类、刺蛾类、假眼小绿叶蝉	180～270 mL	2 500～3 500	14	生产国内内销茶的茶园可用
22%噻虫嗪·高效氯氟氰菊酯悬浮剂	假眼小绿叶蝉、茶尺蠖	60～120 mL	6 000～8 000	5	生产国内内销茶的茶园和生产出口日本茶的茶园可用

（续）

农药种类	防治对象	每公顷使用剂量	稀释倍数	安全间隔期(d)	适用茶园
24%虫螨腈乳油	假眼小绿叶蝉及茶树害螨	150～375 mL	1 000～3 000	7	生产国内内销茶茶园和生产出口欧盟、日本茶的茶园可用
2.5%鱼藤酮乳油	尺蠖类、卷叶蛾类、刺蛾类、茶蚕、毒蛾类、叶蝉类、茶蚜	2 250～3 750 mL	300～500	7～10	生产国内内销茶茶园和生产出口欧盟、日本茶的茶园可用
0.6%苦参碱水剂	茶黑毒蛾、茶毛虫	750～1 120 mL	1 000～1 500	7	生产国内内销茶茶园和生产出口欧盟、日本茶的茶园可用
20%四螨嗪悬浮剂	茶树害螨	750～1 120 mL	1 000	10	生产国内内销茶茶园和生产出口日本茶的茶园可用
73%炔螨特可溶液剂	茶树害螨	675～750 mL	1 500～2 000	10	生产国内内销茶茶园和生产出口欧盟、日本茶的茶园可用
45%石硫合剂晶体	茶树害螨及茶树叶、茎病	5 620～7 500 g	150～200	封园农药。采摘茶园不可使用	生产国内内销茶茶园和生产出口欧盟、日本茶的茶园可用
	蚧类、粉虱类	7 500～11 250 g	100	封园农药。采摘茶园不可使用	
白僵菌（每克含50亿～70亿孢子）	假眼小绿叶蝉、茶丽纹象甲、茶尺蠖	10 500～15 000 g	50～70	3～5	生产国内内销茶茶园和生产出口欧盟、日本茶的茶园可用
苏云金杆菌可湿性粉剂≥16 000 IU/mg	尺蠖类、毒蛾类、刺蛾类	2 250～3 750 g	300～500	3～5	生产国内内销茶茶园和生产出口欧盟、日本茶的茶园可用
	假眼小绿叶蝉	1 120～1 500 g	800～1 000	3～5	
70%甲基硫菌灵可湿性粉剂	茶树叶、茎病	750～1 120 g	1 000～1 500	10	生产国内内销茶茶园、出口日本茶园可用。出口欧盟茶园因标准严格应慎用
	茶树根病	1 200～1 500 g	500～600（穴施）	10	
75%百菌清可湿性粉剂	茶树各种叶病	1 120～1 500 g	800～1 000	10	生产国内内销茶茶园、出口日本茶园可用。出口欧盟茶园因标准严格应慎用

表 16 - 93 - 5　各国（地区）制定的茶园中常用农药限量标准（MRL）

Table 16 - 93 - 5　Tea pesticides standards of countries（regions）in the world（MRL）

农药名称	茶叶中农药的限量标准（mg/kg）					
	中国	欧盟	日本	美国	印度	联合国食品法典委员会
联苯菊酯	5.0	5.0	5.0	30.0		
高效氯氟氰菊酯	15.0	1.0	15.0			
氯氰菊酯	20.0	0.5	20.0			20.0
溴氰菊酯	10.0	5.0	10.0		2.0	10.0
氯菊酯	20.0		20.0			20.0
氰戊菊酯	已禁用	0.05RS+SR 0.05RR+SS	1.0			0.1
甲氰菊酯	5.0		25.0	2.0	2.0	
茚虫威	3.0	5.0	0.01			5.0

（续）

农药名称	茶叶中农药的限量标准 (mg/kg)					
	中国	欧盟	日本	美国	印度	联合国食品法典委员会
噻虫嗪·高效氯氟氰菊酯		1.0 / 0.1				
虫螨腈		50.0	40.0	0.01		
吡虫啉	0.5	0.05	10.0			
啶虫脒		0.1	50.0	50.0		
敌敌畏		0.02	0.1			
马拉硫磷		0.5	0.5			
杀螟硫磷	0.5	0.5	0.2			0.5
乙酰甲胺磷	0.1	0.05	10.0			
三唑磷		0.02				
鱼藤酮		0.02				
四螨嗪		0.5	20.0			
炔螨特		5.0	5.0	10.0		10.0
甲基硫菌灵		0.1	10.0			
噻嗪酮		0.05		30.0		
噻虫胺		0.7		70.0		
呋虫胺				50.0		
硫丹		30		24.0		
草甘膦		2.0		1.0		
唑螨酯		0.1		20.0		
百菌清		0.1	10.0			
唑草酮		0.02		0.1		
乙虫腈				30.0		
乙螨唑		15.0		15.0		
吡丙醚		0.05		0.02		
螺甲螨酯		0.02		40.0		
噻虫嗪		20.0		20.0		
氯虫苯甲酰胺		0.02		50.0		
三氯杀螨醇		20.0		50.0		

在茶园用药的品种选择上有一个至关重要的问题，就是除了要考虑对靶标生物的活性效果外，还要关注一个和茶叶关系密切的问题——农药的水溶解度。茶叶是一种特殊的食品，饮茶者只饮用茶汤，而不吃茶叶。从安全性的风险评估考虑，关键是通过饮茶汤时所摄入的农药数量。因此，在选择农药品种时要关注农药的水溶解度问题。一般来讲，水溶解度高于 20mg/L 的农药，在泡茶时的浸出率均较高，这个数值可供选用农药时参考。实验证明，水溶解度越高的农药，在泡茶时农药从茶叶中被浸出来的比例也越高。表 16-93-6 是农药的水溶解度和泡茶时的浸出率的相互关系。

表 16-93-6　农药在水中的溶解度与泡茶时在茶汤中的浸出率的关系
Table 16-93-6　The relationship between water solubility of pesticide and leaching ratio in tea soup

农药	水溶解度（mg/L）	泡茶时的浸出率（%）
滴滴涕	0.001	<1
氯氟氰菊酯	0.005	2.9
氯菊酯	0.040	2.9
氯氰菊酯	0.041	1.8

（续）

农药	水溶解度（mg/L）	泡茶时的浸出率（%）
溴氰菊酯	0.1	1.2
三氯杀螨醇	0.1	2.2
丙体六六六	7.0	6.5
喹硫磷	22.0	40.4
杀螟硫磷	30.0	70.9
马拉硫磷	150.0	86.3
吡虫啉	420.0	28～45
啶虫脒	5 400	68～85
乐果	25 000	98.3

因此，一方面在选用农药时必须坚持用水溶解度低的农药，另一方面，必须将目前茶叶生产中还在用的水溶解度较高的农药（如吡虫啉、啶虫脒、乐果）要从茶叶生产中替换出去。表16-93-7列出了在茶叶生产中的禁用农药。

表16-93-7 我国茶园禁用农药和限用农药

Table 16-93-7 The banned and severely restricted pesticides in Chinese tea plantation

农药名称	类别	农药英文名	禁用原因	备注
2，4，5-涕	H	2，4，5-T	有致畸毒性	
阿维菌素	I	abamectin	剧毒，我国未批准在茶树上使用	日本要求在茶树上禁用
乙酰甲胺磷	I	acephate	代谢产物形成甲胺磷	欧盟严格控制使用
啶虫脒	I	acetamiprid	高水溶性，泡茶时浸出率高	欧盟严格控制使用，建议在茶树上限用
涕灭威	I	aldicarb	剧毒	WHO 1a类，我国已列入菜、果、茶、药用植物禁用名单
艾氏剂	I	aldrin	高残留、致癌	已列入联合国POP名单
双甲脒	A	amitraz	慢性毒性高	欧盟严格控制使用
杀草强	H	amitrole	致畸	日本要求在茶叶上禁用
各种含砷化合物	I，F	arsenic compounds	剧毒	美国和欧盟已禁用，WHO 1b类
莠去津	H	atrazine	环境中稳定，水溶性中等	欧盟严格控制使用
益棉磷	I	azinophos-ethyl	急性毒性高	欧盟严格控制使用
保棉磷	I	azinophos-methyl	急性毒性高	欧盟严格控制使用，WHO 1b类
苯菌灵	F	benomyl	慢性毒性高	欧盟严格控制使用
六六六	I	BHC	高残留	全世界已停产和禁用，已列入联合国POP名单
乐杀螨	A	binapacryl	慢性毒性高	欧盟严格控制使用
毒杀芬	I	camphechlor toxaphene	高残留	我国已禁用，已列入联合国POP名单
敌菌丹	F	captafol	慢性毒性高	美国、欧盟已禁用，WHO 1a类
甲萘威	I	carbaryl	慢性毒性高	欧盟已禁用
克百威	I，A	carbofuran	剧毒	我国已列入菜、果、茶、药用植物禁用名单
丁硫克百威	I	carbosulfan	环境毒性	欧盟严格控制使用
杀螟丹	I	cartap	环境毒性	欧盟严格控制使用
灭幼脲	I	chlorbenzuron	致畸	日本要求在茶叶上禁用
氯丹	I	chlordane	致畸	已列入联合国POP名单，美国、欧盟已禁用
杀虫脒	I	chlordimeform	致畸	我国已全面禁用

（续）

农药名称	类别	农药英文名	禁用原因	备注
毒虫畏	I	chlorfenvinphos	慢性毒性高	WHO 1b 类
乙酯杀螨醇	A	chlorbenzilate	致畸	欧盟禁用
蝇毒磷	I	coumaphos	环境毒性	我国已列入菜、果、茶、药用植物禁用名单
二溴氯丙烷	N	DBCP	致畸	我国已禁用
滴滴涕	I	DDT	高残留	全世界已停产和禁用，已列入联合国 POP 名单
内吸磷	I	demeton	剧毒、高残留	我国已列入菜、果、茶、中草药禁用名单，WHO 1b 类
敌敌畏	I	dichlorvos	遗传毒性	日本要求在茶叶上禁用，我国已经停止茶树上叶面喷施，WHO 1b 类
狄氏剂	I	dieldrin	高残留、致癌	已列入联合国 POP 名单
三氯杀螨醇	A	dicofol	高残留，产品中含高滴滴涕	我国已在茶树上禁用（1997 年宣布）
乐果	I	dimethoate	高水溶性、泡茶时浸出率高	建议在茶树上限用
乙拌磷	I	disulfoton	剧毒、高残留	WHO 1a 类
灭线磷	N	ethoprophos	剧毒	我国已列入菜、果、茶、药用植物禁用名单
苯线磷	N	fenamiphos	剧毒	我国已列入菜、果、茶、药用植物禁用名单
杀螟硫磷	I	fenitrothion	高水溶性、泡茶时浸出率高	建议在茶树上限用，日本要求在茶树上禁用
甲氰菊酯	I	fenpropathrin	高残留	欧盟已在茶树上禁用
氰戊菊酯	I	fenvalerate	高残留、遗传毒性	我国已于 1999 年列入茶树上禁用名单
氟虫腈	I	fipronil	环境毒性	日本要求在茶树上禁用，欧盟严格控制使用
氟乙酰胺	R	fluoroacetamide	剧毒	我国已全面禁用
地虫硫磷	I	fonofos	剧毒	我国已列入菜、果、茶、药用植物禁用名单
草甘膦	H	glyphosate	环境毒性	欧盟严格控制使用
七氯	I	heptachlor	高残留	欧盟已禁用，已列入联合国 POP 名单
吡虫啉	I	imidacloprid	水溶性高、泡茶时浸出率高	欧盟严格控制使用，建议在茶树上限用
异丙威	I	isoprocarb	环境毒性	日本要求在茶树上禁用
氯唑磷	I	isazophos	高毒	我国已列入菜、果、茶、药用植物禁用名单
甲基异柳磷	I	isofenphos-methyl	高毒	我国已列入菜、果、茶、药用植物禁用名单
噁唑磷	I	isoxathion	剧毒	欧盟已禁用，WHO 1b 类
溴苯膦	I	leptophos	高毒	美国禁用，欧盟严格控制使用
马拉硫磷	I	malathion	水溶性高	建议在茶树上限用
含汞化合物	F	mercury compounds	剧毒、高残留	我国已全面禁用
甲胺磷	I	methamidophos	剧毒、水溶性高	我国已全面禁用
甲萘威	I	methomyl	皮肤毒性高、水溶性高	建议在茶树上限用
久效磷	I	monocrotophos	剧毒、水溶性高	我国已全面禁用
除草醚	H	nitrofen	慢性毒性高	我国已全面禁用
氧乐果	I, A	omethoate	剧毒、水溶性高、泡茶时浸出率高	建议在茶树上限用
百草枯	H	paraquat	环境毒性	日本要求在茶树上禁用，欧盟严格控制使用
对硫磷	I	parathion	剧毒、水溶性高	我国已全面禁用

（续）

农药名称	类别	农药英文名	禁用原因	备注
甲基对硫磷	I	parathion-methyl	剧毒，水溶性高	我国已全面禁用
甲拌磷	I	phorate	剧毒	我国已列入菜、果、茶、药用植物禁用名单
伏杀硫磷	I	phosalone	环境毒性	欧盟严格控制使用
硫环磷	I	phosfolan	剧毒	我国已列入菜、果、茶、药用植物禁用名单
甲基硫环磷	I	phosfolan-methyl	剧毒	我国已列入菜、果、茶、药用植物禁用名单
磷胺	I	phosphamidon	剧毒，水溶性高	美国、欧盟已禁用
辛硫磷	I	phoxim	剧毒，水溶性高	日本要求在茶树上禁用，建议在茶树上限用
喹硫磷	I	quinalphos		日本要求在茶树上禁用
西玛津	H	simazine	环境毒性	欧盟严格控制使用
特丁硫磷	I	terbufos	剧毒	我国已列入菜、果、茶、药用植物禁用名单
三唑磷	I	triazophos	水溶性较高	日本要求在茶树上禁用，建议在茶树上限用

　　农药的安全使用至关重要。在正确选用农药的基础上还要按照规定的计量和稀释倍数使用，此外还要严格按照规定的安全间隔期进行采摘。安全间隔期是指在规定剂量使用的前提下，还必须按规定等待一个让农药在阳光和雨露和茶树本身代谢降解的时间使得茶树叶片上的农药可以降解到允许残留水平以下，得以保证饮用者的身体健康。各种农药在茶树上的安全间隔期见表 16 - 93 - 4 。

主 要 参 考 文 献

蔡煌 . 1992. 茶炭疽病在福鼎县的流行及防治 [J] . 中国茶叶 (6)；20.

蔡煌 . 1993. 茶煤病严重危害闽东茶叶生产 [J] . 福建茶叶，1；41.

蔡荣权 . 1983. 我国绿刺蛾属的研究及新种记述 [J] . 昆虫学报，26 (4)；437 - 447.

蔡晓明 . 2009. 三种茶树害虫诱导茶树挥发物的释放规律 [D] . 北京：中国农业科学院 .

岑定浩，来燕学 . 1992. 蚧轮枝霉对红蜡蚧寄生的观察试验初报 [J] . 浙江林学院学报，9 (1)；101 - 105.

常熟县虞山林场生产科技组 . 1978. 茶树蛇眼蚧观察及防治 [J] . 林业科技资料 (1)；62 - 63.

陈棣华，栗陶生，肖莲春，等 . 1989. 灰茶尺蠖核型多角体病毒的初步研究 [J] . 茶叶科学，9 (1)；91 - 92.

陈健，程观泰 . 2000. 茶白星病的发生及防治 [J] . 安徽农业 (3)；21.

陈君如，鲁元恺 . 1981. 茶蛇眼蚧 [J] . 中国茶叶，3 (2)；16 - 17.

陈流光 . 1995. 茶白星病药效试验 [J] . 贵州农业科学 (5)；53 - 54.

陈庆红 . 2000. 柿广翅蜡蝉生物学特性及其防治初步研究结果 [J] . 湖北植保 (3)；24 - 25.

陈信祥，罗新国 . 1996. 茶刺蛾的发生与防治 [J] . 茶叶，22 (1)；27，32.

陈雪芬 . 1986. 一个世纪来的茶饼病 [J] . 国外农业 (茶叶)，1；1 - 6.

陈雪芬，吴光远，金建忠，等 . 1994. 韦伯虫座孢菌及其在防治黑刺粉虱上的应用 [J] . 中国茶叶，16 (2)；4 - 5.

陈雪芬，殷坤山，胡宏基 . 1985. 茶短须螨的生物学特性和防治研究 [J] . 茶叶科学 (2)；17 - 20.

陈宗懋 . 1973. 国外茶树保护研究进展 [J] . 国外茶叶动态 (4)；1 - 7.

陈宗懋 . 1979a. 茶树害螨的发生生态与防治 [J] . 茶叶 (2)；49 - 58.

陈宗懋 . 1979b. 茶园病虫区系的构成和演替 [J] . 中国茶叶，1 (1)；6 - 8.

陈宗懋，陈雪芬 . 1990. 茶树病害的诊断和防治 [M] . 上海：上海科学技术出版社 .

陈宗懋，陈雪芬，殷坤山 . 1991. 茶树病虫害防治 [M] . 北京：气象出版社 .

陈宗懋，陈雪芬 . 2000. 新编无公害茶园农药使用手册 [M] . 北京：人民出版社 .

陈宗懋 . 2000. 中国茶叶大辞典 [M] . 北京：中国轻工业出版社 .

陈宗懋 . 2005. 茶树害虫防治的新途径——化学生态防治 [J] . 茶叶，31 (2)；71 - 74.

陈宗懋，孙晓玲，等 . 2013. 茶树害虫的化学生态 [M] . 上海：上海科学技术出版社 .

陈宗懋，孙晓玲，罗宗秀，等 . 2012. 茶园农药科学使用手册 [M] . 杭州：中国农业科学院茶叶研究所 .

崔廷宪，姚学坤，赵远艳，等.2011.机动喷雾机与手动喷雾器防治茶园黑毒蛾的比较试验［J］.中国茶叶，10：24-25.

邓欣，谭济才，侯柏华.2006.10％浏阳霉素乳剂防治茶橙瘿螨效果初报［J］.中国农学通报（2）：320-322.

邓欣，谭济才.1992.东山峰农场茶白星病发生规律研究［J］.湖南农业大学学报：自然科学版，18（S1）：200-203.

邓欣.1994.湖南省茶树苔藓植物种类调查与鉴定初报［J］.湖南农学院学报，20（2）：132-137.

丁永官，陈锦绣.1989.茶蚕颗粒体病毒与低剂量化学农药混用研究［J］.生物防治通报，5（2）：79-81.

高旭晖，郭胜好.1996.茶赤叶斑病的发生规律［J］.植物保护学报，26（2）：133-136.

高旭晖，郑高云，梁丽云，等.2008.茶云纹叶枯病病原菌侵入与叶位关系研究［J］.植物保护，34（2）：76-79.

高旭晖.1997.茶赤叶斑病与叶片结构及空间位置的关系［J］.茶叶科学，17（1）：21-26.

谷明，林乃铨.2011.假眼小绿叶蝉对不同绿肥挥发性物质的行为反应［J］.福建农林大学学报：自然科学版，40（3）：242-245.

顾昌华.2008.铜仁地区广翅蜡蝉种类及主要种生物学、生态学和防治研究［D］.贵阳：贵州大学.

郭剑雄，罗秀珍.2003.茶细蛾的幼虫空间分布型研究［J］.福建茶叶（1）：8-9.

戈峰，陈小飞，王常平，等.2002.茶毛虫性信息素对茶毛虫防治效果研究［J］.茶叶科学，22（2）：115-118.

过婉珍，方银松，郑月英.2001.综合措施根治茶炭疽病［J］.茶业通报，23（4）：22.

过婉珍，黄明星.1991.茶芽粗腿象成虫始见期模糊多元回归预测［J］.中国茶叶（3）：35-36.

过婉珍，吴关宝.2002.茶芽粗腿象成虫高峰日的预测［J］.茶叶，28（4）：204-205.

过婉珍.2000.茶芽粗腿象成虫食叶量的测定［J］.中国茶叶（1）：19.

过婉珍.2008.以茶黑毒蛾生活习性制订防治策略［J］.福建茶叶，4：32.

杭州茶叶试验场科研室.1978a.角蜡蚧发生规律及防治［J］.茶叶科技简报（1）：73.

杭州茶叶试验场科研室.1978b.长白蚧发生及其防治研究［J］.茶叶科技简报（1）：73-74.

洪安忠，朱俊庆.1995.温度对茶黑毒蛾生殖的影响［J］.茶叶，21（2）：32-34.

洪北边，楼云芬，吕文明.1999.茶树种质资源抗茶云纹叶枯病鉴定［J］.中国农业科技导报，1（4）：72-75.

洪北边.1983.长白蚧玻管预测法［J］.中国茶叶（2）：36.

洪北边，殷坤山.1991.茶尺蠖核型多角体病毒制剂的防治效果［J］.茶叶科学，11（1）：39-44.

胡萃，宋齐生，等.1985.茶橙瘿螨田间分布规律的研究：空间分布［J］.浙江农业大学学报，11（4）：395-401.

胡萃，朱俊庆.1987.木樗尺蠖核型多角体病毒的大量增殖［J］.浙江农业大学学报，13（2）：144-149.

胡萃，赵启泉，郑蕊.1979.茶尺蠖幼虫期的寄生天敌［J］.昆虫学报，22（4）：413-419.

胡梅操，祝柳波，袁嗣良，等.1998.柿广翅蜡蝉的生物学与预测预报试行办法［J］.江西植保（1）：8-11.

胡淑霞.1994.茶枝梢黑点病的发生及危害的调查［J］.蚕桑茶叶通讯（3）：34-35.

胡淑霞.1999.安徽茶种资源抗轮斑病初步鉴定研究［J］.作物品种资源（3）：41-42.

胡小萍，赵明义，朱阔蛟.1981.蛇眼蚧生活史及防治方法的初步研究［J］.茶叶通讯（3）：31-37.

胡宗强.2011.茶小绿叶蝉的综合防治技术［J］.园艺林业研究，3（2）：28-29.

黄安平，包小村.2009.茶刺蛾及其防治进展研究［J］.湖南农业科学，9：84-86，88.

黄建，黄邦侃.1988.龟蜡蚧的生物学及其寄生性天敌调查［J］.福建农学院学报，17（1）：31-37.

黄明星，胡希金.1992.茶叶夜蛾卵发育起点温度即有效积温的研究［J］.中国茶叶，4（2）：20-24.

黄明星，骆冬英.1990.多级判别法预测第一代长白蚧卵孵高峰期［J］.中国茶叶（4）：27-28.

黄世雄.2003.茶网饼病在武夷山市重发原因及防治措施［J］.植保技术与推广，23（8）：21.

黄世雄.2005.几种农药防治茶网饼病药效试验［J］.福建茶叶（3）：13.

江楚平，杜仲福，曾庆明.1993.茶饼病的发生规律及综合防治研究［J］.四川农业大学学报，11（2）：255-260.

江楚平，杜仲福，刘世贤.1985.茶饼病菌的侵染及其生物学特性［J］.四川农业大学学报，3（2）：9-16.

江西省婺源茶叶学校，安徽省屯溪茶叶学校.1980.茶树病虫害防治［M］.北京：农业出版社.

江永跃.2006.茶煤病的综合防治［J］.蚕桑茶叶通讯，3：40.

江塚昭典，安藤康雄.1994.チャの病害［M］.东京：日本植物防疫协会：440.

节洁，张艳璇，林坚贞.2000.我国茶树害螨的发生与防治［J］.福建农业科技（2）：25-26.

解子桂，樊晓明，裴启好.1996.福云六号茶苗白绢病的发生与防治［J］.茶业通报，18（4）：36.

金珊，孙晓玲，陈宗懋，等.2012.不同茶树品种对假眼小绿叶蝉的抗性［J］.中国农业科学，45（2）：255-265.

金子武.1976.吸汁害虫の多发倾向とその要因［J］.茶，29（3）：49-53.

鞠瑞亭，王凤.2007.上海市绿化植物中四种常见刺蛾的生态位及其种间竞争［J］.生态学杂志，26（4）：523-527.

匡海源，赵健.1988.斯氏尖叶瘿螨生物学特性及其种群动态［J］.南京农业大学学报，11（2）：48-53.

赖传碧.1987.茶刺蛾生活习性的初步观察及药剂防治试验［J］.广西农业科学（5）：28，39-40.

赖传碧.1993.茶园角蜡蚧的发生及防治［J］.昆虫知识（6）：337-338.

兰建军，周灵爱，陈银方，等.2006.性诱剂防治茶园斜纹夜蛾 [J].中国茶叶，28 (2)：25-27.

冷杨，肖强，殷坤山.2007.茶毛虫核型多角体病毒 Bt 混剂的作用特性 [J].植物保护学报，34 (2)：177-181.

冷杨.2006.茶毛虫病毒的病理特征和病毒 Bt 制剂的作用特性研究 [D].杭州：中国农业科学院茶叶研究所.

黎健龙，邵元海，唐劲驰，等.2011.八点广翅蜡蝉成虫空间分布型及抽样技术 [J].广东农业科学 (19)：81-83.

李慧玲，林乃铨.2012.温、湿度对假眼小绿叶蝉种群数量及梢内着卵量的影响 [J].福建农业学报，27 (1)：55-59.

李慧玲，林乃铨.2008.假眼小绿叶蝉卵缨小蜂生物学特性研 [J].茶叶科学，28 (6)：407-410.

李金海，汪荣灶.1999.茶网饼病的发生与防治 [J].江西农业科技 (5)：41-42.

李仁烈，黄柏麟.1994.碧蛾蜡蝉种群消长与产卵寄生的关系 [J].江西柑橘科技 (1)：27-28.

李苏萍，陈秀龙，韩国柱，等.2006.山东广翅蜡蝉生物学特性及防治措施 [J].中国森林病虫 (3)：36-38.

李彦章、陈棣华.1994.灰茶尺蠖核型多角体病毒某些生化特性的研究 [J].中国病毒学 (3)：265-271.

李正英，姚永松.2011.茶云纹叶枯病的发生与药剂防治试验 [J].茶叶科学技术 (2)：31-34.

厉晓腊，金轶伟，柴一秋，等.2006.茶毛虫核型多角体病毒对茶毛虫的致病性研究 [J].茶叶科学，26 (4)：265-269.

廖奇伟.1979.茶细蛾的发生与防治简介 [J].茶叶通讯 (4)：54.

廖志安.1959.油茶尺蠖初步研究报告 [J].昆虫学报，10 (1)：54-66.

林金丽，韩宝瑜，周孝贵，等.2009.色彩对茶园昆虫的引诱力 [J].生态学报，29 (8)：4303-4316.

林雄毅.2007a.茶苗根结线虫病为害调查与综合防治 [J].茶叶科学技术，4：43.

林雄毅.2007b.茶黄蓟马的发生特点与防治方法 [J].中国植保导刊，27 (11)：28-29.

刘春盛.1993.蛇眼蚧防治试验总结 [J].茶叶通讯 (4)：35-36.

刘进，马贵成.1998.几种药剂防治桔园柿广翅蜡蝉的试验 [J].湖北植保 (3)：21.

刘丽芳，徐德良，穆丹，等.2011.EPG 技术分析不同品种茶树抗假眼小绿叶蝉取食行为的差异 [J].安徽农业大学学报，
　　38 (2)：146-150.

刘联平.2001.茶圆赤星病的发生与综合防治措施 [J].四川农业科技 (8)：38.

刘联仁.1991.龟形小刺蛾生物学特性的观察 [J].西昌农业科技 (3)：49-51.

刘联仁.1993.龟形小刺蛾的生物学特性及防治 [J].中国果树 (3)：17-18.

刘明炎，毛迎新，谭荣荣，等.2008.茶毛虫核型多角体病毒防治茶毛虫的效果及持效性 [J].湖北农业科学，47 (7)：
　　800-801.

刘守安，韩宝瑜，付建玉，等.2007.茶炭疽病菌毒素的致病活性及理化性质初探 [J].茶叶科学，27 (2)：153-158.

刘曙雯，嵇保中，张凯，等.2007.柿广翅蜡蝉越冬卵刻痕的分布与危害特点 [J].南京林业大学学报：自然科学版 (3)：
　　57-62.

刘永生，张清良.2001.柿广翅蜡蝉生物学特性及防治初报 [J].亚热带植物科学，(2)：39-41.

刘永生.2003.柿广翅蜡蝉发生及药剂防治试验 [J].农资科技 (5)：18-19.

刘增荣，刘稳，徐爱芬.1982.日本龟蜡蚧天敌昆虫调查简报 [J].昆虫天敌 (1)：35.

鲁肃昌，刘奕清.1990.茶角蜡蚧的多杀菊酯等药效试验 [J].茶叶科学简报 (4)：39-40.

鲁肃昌.1993a.茶角蜡蚧卵的盛孵期预测模型研究 [J].农业系统科学与综合研究 (4)：269-272.

鲁肃昌.1993b.茶角蜡蚧优化防治技术数学模型研究 [J].农业系统科学与综合研究 (3)：172-174.

罗天相，刘莎.2003.柿广翅蜡蝉的发生与防治 [J].安徽农业科学 (6)：1057-1067.

罗天相.2003a.柿广翅蜡蝉发育起点温度和有效积温研究 [J].湖北农业科学 (5)：76-77.

罗天相.2003b.为害果树的广翅蜡蝉科害虫的田间识别 [J].江西植保，26 (1)：14-15.

吕文明，楼云芬.1989.茶刺蛾暴发成灾因子探讨 [J].中国茶叶 (1)：18-19.

马文泉.1984.龟蜡蚧的初步观察与防治 [J].中国茶叶 (5)：38.

梅志坚.2004.茶树碧蛾蜡蝉的发生与防治 [J].茶叶科学技术 (3)：43.

梅志坚.2007.阿克泰防治茶树碧蛾蜡蝉药效试验 [J].福建茶叶 (1)：22.

苗进，韩宝瑜.2007.假眼小绿叶蝉在不同品种茶树上的取食行为 [J].生态学报，27 (10)：3973-3981.

欧阳科连.1979.椰园蚧防治试验初报 [J].茶叶通讯 (4)：39-41.

彭萍.1991.茶树品种抗茶轮斑病鉴定 [J].茶叶通讯 (2)：26-28.

彭世能.2006.古丈县茶毛虫生物学特性研究与无公害防治试验 [D].长沙：湖南农业大学.

秦涵淳，杨腊英，唐复润，等.2008.茶蓑蛾寄生真菌的分离鉴定及其培养性状 [J].热带作物学报，29 (5)：653-658.

邱淑芬，孙国俊，李粉华，等.2010.江苏金坛地区柿广翅蜡蝉调查初报 [J].江西农业学报，22 (1)：95-96，101.

邱忠莲，袁洪刚.2005.山东茶区茶园主要害虫综合防治技术 [J].茶业通报 (2)：68-69.

邱忠莲.1997.角蜡蚧的发生与防治 [J].中国茶叶 (6)：20.

冉隆珣，玉香甩，曾莉，等.2009.云南大叶种茶树茶饼病发生及防治研究 [J].西南农业学报，22 (3)：651-654.

戎文治，还进，张克声.1984.茶苗根结线虫病研究［J］.植物病理学报，14（4）：225-232.

戎文治.1983.茶褐色叶斑病（Cercospora sp.）调查研究［J］.茶叶，1：30-32.

穆丹.2011.茶树挥发性信息素调控假眼小绿叶蝉及叶蝉三棒缨小蜂行为的功效［D］.中国农业科学院.

阮建云，石元值，马立锋，等.2003.钾营养对茶树几种病害抗性的影响［J］.土壤（2）：165-167.

沙坪茶场茶叶研究所.1980.云尺蠖和木橑尺蠖危害茶树的初步观察［J］.昆虫知识，17（2）：66-77.

邵元海，徐德良，周静峰，等.2009.缘纹广翅蜡蝉越冬卵空间分布型及抽样技术研究［J］.茶叶科学技术（1）：20-22.

沈强，王菊英.2007.山东广翅蜡蝉的生物学特性及防治［J］.昆虫知识，44（1）：116-118.

盛忠雷，王晓庆，彭萍，等.2011.茶毛虫和茶细蛾性诱剂的田间防控效果研究［J］.西南农业学报，24（5）：1775-778.

石和芹，汪荣灶，熊春梅.2008.茶芽粗腿象成虫消长动态及其食叶量的研究［J］.安徽农业科学，36（23）：28-30.

石嘉贵.1987.丽绿刺蛾颗粒体病毒试验［J］.生物防治通报（2）：23.

石声俊.2009.8种药剂防治茶饼病药效的比较［J］.农技服务，26（12）：74，86.

苏基富.1983.茶树蛇眼蚧防治适期试验初报［J］.茶叶通讯（3）：39.

孙椒德，王庆森.1998.福建茶区茶饼病的发生与防治［J］.茶叶科学技术（2）：28-29.

孙晓玲，蔡晓明，王国昌，等.2011.茶园中广翅蜡蝉成虫对不同颜色的趋向选择［J］.茶叶科学，31（2）：95-99.

孙晓玲，陈宗懋.2009.基于化学生态学构建茶园害虫无公害防治技术体系［J］.茶叶科学，29（1）：136-143.

孙晓玲，陈宗懋.2009.茶丽纹象甲防治研究现状及展望［J］.中国茶叶（11）：8-10.

谭济才，邓欣.1992.茶白星病发生程度与生态环境的关系［J］.茶叶通讯（1）：37-40.

谭济才，邓欣.1993.茶白星病的发生与海拔高度的关系［J］.植物保护（3）：21-30.

谭济才.1995.湖南省茶园蜡蝉种类调查研究初报［J］.茶叶科学，15（1）：33-37.

谭济才.2001.茶树病虫害防治学［M］.北京：中国农业出版社.

唐美君，殷坤山，郭华伟，等.2010.茶毛虫核型多角体病毒和Bt混剂的配比筛选及药效评价［J］.植物保护，36（5）：165-167.

唐美君，殷坤山，陈雪芬.2003.虫生真菌粉虱拟青霉的培养性状和寄主范围［J］.茶叶科学，23（6）：46-52.

唐尚杰，秦汉忠，王东晓.1991.椰凹圆蚧的研究［J］.上海交通大学学报：农业科学版（3）：29-35.

唐志勇，唐学军.2010.气温对茶小绿叶蝉发生的影响及预测［J］.安徽农业科学，38（7）：3523-3524.

汪篯，张国宝，刘进，等.2000.柿广翅蜡蝉危害柑橘的特点与控制技术［J］.中国南方果树（3）：12.

汪荣灶，齐桂光.2000.茶芽粗腿象发生生态的调查［J］.茶业通报，22（2）：30.

汪荣灶，王林志.2009.茶苗根结线虫病的发生与防治［J］.贵州茶叶，1：20-24.

汪荣灶，祝捷.2010.茶广翅蜡蝉生物学初步研究［J］.中国茶叶（5）：29.

汪荣灶.1992.茶黑毒蛾寄生性天敌的初步考察［J］.蚕桑茶叶通讯，4：28-29.

汪荣照，陈星.2002.茶芽粗腿象生物学特征的初步观察［J］.蚕桑茶叶通讯，108（2）：10-11.

汪义平，方惠等.2003.茶黑毒蛾发生规律与防治［J］.植保技术与推广，23（1）：21-22.

汪勇，朱飞，陆远强.2010.茶棍蓟马防治试验［J］.吉林农业（12）：105.

王朝禺.1983.蛇眼臀网盾蚧的观察及其防治［J］.昆虫知识（1）：25-26.

王凤，鞠瑞亭.2006.绿化植物五种刺蛾生物学特性比较［J］.中国森林病虫，25（5）：11-15.

王凤.2007.上海城市绿地常见刺蛾种群生物学及预警技术研究［D］.扬州：扬州大学.

王凤英，夏英三.2004.山东茶褐蓑蛾生物学特性及防治［J］.昆虫知识，41（6）：582-584.

王凤英，夏英三.2005.茶褐蓑蛾雌蛹重与产卵量的相关性研究［J］.中国植保导刊，12：33-34.

王洪亮，李卫海，王丙丽，等.2011.柿广翅蜡蝉成虫足感受器超微结构的研究［J］.北方园艺（19）：127-129.

王辉，杨志荣，朱文，等.1999a.龟蜡蚧病原真菌的分离及应用研究［J］.西南农业大学学报，21（4）：345-349.

王辉，杨志荣，朱文，等.1999b.龟蜡蚧病原真菌的分离鉴定及生物学特性研究［J］.四川大学学报，36（1）：174-177.

王美玲，叶华智.2001.茶树品种对茶饼病的抗性研究［J］.四川农业大学学报，14（1）：82-86.

王庆森.1994.福建茶饼病的发生与防治初报［J］.福建茶叶（1）：20-24.

王庆森.1997.茶黑毒蛾的发生与防治［J］.茶叶科技简报，1：11-14.

王荣灶，祝捷.2010.茶广翅蜡蝉生物学初步研究［J］.中国茶叶（5）：29.

王思政，黄桔，李慧，等.1996.中国柑橘新害虫——柿广翅蜡蝉研究初报［J］.华北农学报（3）：136.

王迎春，王云，李春华.2003.茶根腐病防治方法［J］.贵州茶叶，3：7-8.

王永模，戈峰，刘向辉，等.2006.应用性信息素迷向法防治茶毛虫的田间试验［J］.昆虫知识，43（1）：60-63.

魏忠民，武春生.2008.中国扁刺蛾属分类研究（鳞翅目，刺蛾科）［J］.动物分类学报，33（2）：385-390.

吴传伟，李慧娟，赵敏，等.2011.茶黑毒蛾的空间分布及抽样技术［J］.浙江农业科学，4：886-887.

吴光远，曾明森，林阿祥，等.1998.茶椰圆蚧发生规律与农药防治效果的研究［J］.中国茶叶（6）：36-37.

吴光远，曾明森，王庆森，等．2002．白僵菌871菌株毒理及其防治茶丽纹象甲［J］．武夷科学（1）：156-159.

吴敬才，詹世河，郑林华．2005．45％松碱合剂防治茶树苔藓及地衣的试验简报［J］．茶业通报，27（4）：161-162.

吴谋瑞，朱运华．1991．茶长绵蚧的发生与防治［J］．蚕桑茶叶通讯（1）：33-34.

伍建芬，黄增和．1983．丽绿刺蛾初步研究［J］．昆虫学报，26（1）：36-41.

夏怀恩．1965．湄潭茶树蚧类寄生蜂种类及寄生情况调查［J］．茶叶科学（4）：68-70.

夏声广，熊兴平．2009．茶树病虫害防治原色生态图谱［M］．北京：中国农业出版社．

夏雄勤，陈碧莲，孙兴全，等．2009．柿广翅蜡蝉发生规律及防治［J］．安徽农学通报（16）：199-200.

肖素女．1998．茶卷叶蛾性费洛蒙田间诱虫效果测试［J］．台湾茶业研究汇报，17：9-17.

谢先镒．1992．茶蛾蜡蝉的危害与防治［J］．蚕桑茶叶通讯（2）：27.

谢振伦．1983．广东茶区几种新兴害虫（续）［J］．中国茶叶（5）：13，12.

徐常青．2004．中国广翅蜡蝉科分类研究［D］．北京：中国科学院动物研究所．

徐德良．2009．茶树蜡蝉种群生态及控制技术研究［D］．苏州：苏州大学．

徐家雄，林明生，陈瑞屏，等．2008．粤港地区红树林害虫种类调查［J］．广东林业科技，24（2）：46-49.

徐志宏，张莉丽，王会美．2003．红蜡蚧寄生蜂种类订正研究（膜翅目：小蜂总科）［J］．中国森林昆虫，22（5）：1-5.

薛中官，王永昌．2000．扁刺蛾越冬幼虫空间分布型的研究［J］．江苏林业科技，27（4）：43-45.

杨春材，杜铖瑾，李晓玲，等．1996．日本龟蜡蚧产卵量和卵期的测报［J］．茶叶科学，16（1）：53-56.

杨丽丽，孙钦玉，杨云秋，等．2009．不同茶树品种对茶赤叶斑病抗性的初步鉴定［J］．茶业通报，31（4）：154-155.

叶冬梅．1987．茶白星病在浙江西南山区发生规律与防治［J］．植物保护（3）：13-14.

叶久生，刘金根．1998．扁刺蛾在皖南茶区的发生特点及综合防治技术［J］．茶叶通讯（4）：46.

叶岳．1985．蛇眼蚧的初步观察与防治［J］．广东茶叶科技（4）：18-20.

叶正凡，毛治国，谢桂香，等．1990．茶红锈藻病发生规律与防治［J］．植物病理学报，20（4）：271-275.

叶正凡，张小娥．1981．茶红锈藻病的发生及其防治［J］．茶叶通讯，2：41-42.

殷坤山．1980．茶细蛾锤腹姬小蜂［J］．中国茶叶（5）：15.

殷坤山，肖强．2004．茶毛虫病毒杀虫剂田间使用技术研究［J］．中国茶叶（4）：18-19.

殷坤山，洪北边，尚稚珍，等．1993．茶尺蠖性信息素生物学综合研究［J］．自然科学进展，3（4）：332-338.

应荣枢．1999．柿广翅蜡蝉危害柑橘果实的新发现［J］．中国南方果树（6）：18.

余加和，谢继金，周继法，等．2001．防治茶园赤星病试验［J］．茶业通报，23（1）：27.

余美杰．2009．三种常见刺蛾的识别与防治［J］．安徽农学通报，15（3）：198-199.

喻爱林，单继红，涂业苟，等．2006．油茶高产无性系碧蛾蜡蝉的生物学特性及防治［J］．江西植保，29（4）：181-182.

詹金碧，刘霞，李六朋，等．2011．湄潭县茶饼病发生规律及防治技术初探［J］．栽培与耕作（2）：14-15.

曾莉，廖文波．1997．茶树种质资源抗病性鉴定［J］．生态科学，16（2）：60-64.

曾莉，玉香甩，汪云刚．1994．茶苗根结线虫病研究初报［J］．云南农业科技，6：6-11.

曾明森，王庆森，余素红．2001．茶长绵蚧及其寄生菌的垂直分布与防治初探［J］．茶叶科学技术（1）：8-10.

曾明森，吴光远，王庆森．2003．我国茶丽纹象甲的研究进展［J］．河南科技大学学报：农学版，23（4）：16-20.

曾明森．1995．茶白星病发生与防治初报［J］．茶叶科学技术（1）：17-18.

曾胜平，王拱辰，陈鸿逵．1990．红蜡蚧和日本龟蜡蚧上的镰刀菌研究［J］．中国生物防治（2）：93.

曾兆华，赵士熙，吴光远，等．2000．茶椰圆蚧的重要天敌——日本方头甲及其捕食作用的研究［J］．华东昆虫学报，9（1）：73-79.

曾兆华，赵士熙，吴光远．2000．茶椰圆蚧的生物学特性及其防治［J］．福建农业大学学报，29（2）：210-215.

张汉鹄，谭济才．2004．中国茶树害虫及其无公害治理［M］．合肥：安徽科学技术出版社．

张汉鹄．1995．茶树病虫害［M］．北京：中国农业出版社．

张汉鹄．2004．我国茶树蜡蝉区系及其主要种类［J］．茶叶科学，24（4）：240-242.

张连合．2010．大蓑蛾的鉴别及发生规律研究［J］．安徽农业科学，38（16）：8499-8500.

张连合．2010．大蓑蛾的为害及防治方法研究［J］．安徽农业科学，38（17）：9023-9025.

张炎周，田继耀．1997．柿广翅蜡蝉在漳河库区为害柑橘［J］．湖北植保（6）：15.

张炎周，田继耀．1999．柿广翅蜡蝉为害柑橘情况调查［J］．中国南方果树（2）：20.

张玉波．2009．西南地区广翅蜡蝉科昆虫分类研究（半翅目：蜡蝉总科）［D］．贵阳：贵州大学．

张月楼．1965．茶长棉蚧发生规律及其防治研究［J］．茶叶科学（3）：61-65.

张泽岑，王雪萍．2006．利用茶树品种多样性控制茶芽枯病的研究［J］．茶叶科学，26（4）：253-258.

张正群、孙晓玲、罗宗秀等，2012，芳香植物气味及提取物对茶尺蠖行为的影响［J］．植物保护学报，39（6）：541-548.

章秀杰．2004．茶叶夜蛾的发生与防治［J］．蚕桑茶叶通讯，1（2）：38-39.

赵冬香，陈宗懋，程家安.2001. 假眼小绿叶蝉对不同颜色偏嗜性的研究 [J]. 茶叶科学，21 (1)：78-80.

赵丰华，吕立哲，任红楼，等.2011. 豫南茶园柿广翅蜡蝉生物学特性 [J]. 中国茶叶 (5)：18-19.

赵丰华，吕立哲，任红楼.2010. 信阳茶树新害虫——蜡蝉 [J]. 中国茶叶 (10)：16-17.

赵丰华，彭萍，任红楼，等.2011. 茶园茶毛虫性信息素应用研究 [J]. 中国茶叶 (12)：17-18.

赵启民，吕文明，楼云芬，等.1979. 茶细蛾 [J]. 中国茶叶 (1)：30-32.

赵启民，张觉晚.1963. 长白蚧的发生规律及其防治研究初报 [J]. 浙江农业科学 (8)：349-356.

赵士熙，曾兆华，吴光远.2001. 孟氏隐唇瓢虫和台毛艳瓢虫对茶椰圆蚧的捕食作用 [J]. 华东昆虫学报，10 (1)：72-76.

赵友文，杭德龙，夏必文，等.2014. 灯下昆虫图鉴 [M]. 北京：中国农业出版社.

赵志清，陈流光.1998. 茶棍蓟马的发生规律与防治技术 [J]. 中国茶叶 (5)：6-7.

赵志清，陈流光.1999. 茶白星病病原菌生物学特性初探 [J]. 中国茶叶 (4)：16.

赵志清.1996a. 茶棍蓟马的生物学及生态学特征 [J]. 中国茶叶 (3)：26-27.

赵志清.1996b. 茶棍蓟马防治指标的测定 [J]. 贵州茶叶 (4)：22-30.

浙江诸暨县林特局茶叶科技站.1978. 茶蛾蜡蝉 [J]. 茶叶科技简报 (4)：12-13.

钟仕田，夏楚贵.1989. 柑桔园八点广翅蜡蝉生物学观察及防治 [J]. 中国柑橘，18 (4)：32-33.

周程爱，刘松.1995. 椰圆蚧年周期种群动态研究 [J]. 湖南农业科学 (2)：39-40.

周国珍，洪海林，饶辉福，等.2006. 鄂南茶树新害虫——碧蛾蜡蝉与柿广翅蜡蝉 [J]. 湖北植保 (4)：45.

周玲红，邓欣，邓克尼.2007. 茶白星病对茶鲜叶主要化学成分的影响 [J]. 湖南农业大学学报：自然科学版，33 (6)：741-743.

周尧，路进生.1977. 中国的广翅蜡蝉科附八新种 [J]. 昆虫学报，20 (3)：314-321.

周尧，路进生，黄桔，等.1985. 中国经济昆虫志第三十六册同翅目蜡蝉总科 [M]. 北京：科学出版社.

朱俊庆.1999. 茶树害虫 [M]. 北京：中国农业科学技术出版社.

朱俊庆.1986. 茶用克尺蠖的初步观察 [J]. 中国茶叶 (6)：4-5.

朱俊庆.1981. 木橑尺蠖的危害及防治 [J]. 茶叶 (2)：34-35.

朱俊庆，郭敏明，张爱兰.1985a. 木橑尺蠖卵发育起点温度及有效积温的研究 [J]. 中国茶叶 (2)：18-19.

朱俊庆，郭敏明、张爱兰.1985b. 木橑尺蠖生物学特性及防治研究 [J]. 茶叶科学，5 (1)：51-58.

朱俊庆.1983. 角蜡蚧形态及生物学特性的研究 [J]. 茶叶 (1)：34-37.

朱俊庆.1989. 应用判别分析法预测第一代长白蚧的防治适期 [J]. 中国茶叶 (2)：30-31.

朱俊庆.1990. 长白蚧第一代防治适期预测的研究 [J]. 植物保护 (5)：9-10.

左伯荣，贝小燕，吴彩谦，等.2005. 频振式杀虫灯诱杀茶树害虫试验观察 [J]. 广西植保，18 (3)：16-17.

水田隆史，长友博文，服部诚.2005. 抵抗性品种にゎける クワシロカイガラムシの摄食行动の解析 [J]. 茶研报，98：21-32.

Adedeji A R. 2006. Thread blight disease of tea [*Camellia sinensis* (L.) O. Kuntze] caused by *Marasmius pulcher* (Berk Br.) Petch in the South Western Nigeria [J]. African Scientist，7 (3)：107-122.

Amrine J W Jr，Stasny T A H. 1994. Catalog of the Eriophyoidea (Acarina，Prostigmata) of the World [M]. West Bloomfield，Michigan：Indira Publishing House.

Ando T，Taguchi K Y，Uchiyama M，et al. 1985. Female sex pheromone of the tea leafroller，*Caloptilia theivora* Walsingham (Lepidoptera：Gracillariidae) [J]. Agricultural and Biological Chemistry，49：233-234.

Calnaido D. 1965. The flight and dispersal of shot - hole borer of tea (*Xyleborus fornicatus* Eichh.，Coleoptera：Scolytidae) [J]. Entomologia Experimentalis et Applicata，8：249-262.

Cheng L L，Nechols J R，Margolies D C，et al. 2010. Assessment of prey preference by the mass-produced generaList predator，*Mallada basalis* (Walker) (Neuroptera：Chrysopidae)，when offered two species of spider mites，*Tetranychus kanzawai* Kishida and *Panonychus citri* (McGregor) (Acari：Tetranychidae)，on papaya [J]. Biological Control，53：267-272.

Cia X M，Sun X L，Dong W X，et al. 2012. Variability and stability of tea weevil-induced volatile emissions from tea plants with different weevil densities，photoperiod，and infestation duration [J]. Insect Science，19：507-517.

Fernandes A P，Ferreira M da C，de Oliveira C A L. 2010. Efficiency of different spraying lances and spraying volumes on the control of *Brevipalpus phoenicis* in coffee crops [J]. Revista Brasileira de Entomologia，54 (1)：471-481.

Gnanamangai B M，Ponmurugan P，Yazhini R，et al. 2011. PR enzyme activities of *Cercospora theae* causing bird's eye spot disease in tea plants (*Camellia sinensis* (L.) O. kuntze) [J]. Plant Pathology Journal，10 (1)：13-21.

Gulati A，Veni A L，Sud R K，et al. 2006. Status and Prospects of Integrated Pest Management Strategies in Selected Crops：Tea [M] //Singh A，Sharma D P，Garg O K. Integrated Pest Management Principles and Applications Volume 2：Applications. New Delhi：CBS Publishers & Distributors.

Hewavitharanage P，Karunaratne S，Kumar N S. 1999. Effect of caffeine on shot-hole borer beetle（*Xyleborus fornicatus*）of tea（*Camellia sinensis*）[J]．Phytochemistry，51：35 - 41.

Ho H Y，Tao Y T，Tsai R S，et al. 1996. Isolation，identification and synthesis of sex pheromone components of female tea cluster caterpillar，*Andraca bipunctata* Walker（Lepidoptera：Bombycidae）in Taiwan [J]．Journal of Chemical Ecology，22：271 - 285.

Joshi S D，Sanjay R，Baby U I，et al. 2009. Molecular characterization of *Pestalotiopsis* spp. associated with tea（*Camellia sinensis*）in Southern India using RAPD and ISSR makers [J]．Indian Journal of Biotechnology，8：377 - 383.

Joubest J J Rijkenberg F H J. 1971. Parasitic green algae [J]．Annual Review of Phytopathology，9：45 - 64.

Jsentenac G. 2005. Natural antagonists of *Empoasca vitis* Goth in Bourgogne. Study of the feasibility of biological control by augmentation [J]．Rrogres Agricole et Viticole，122（4）：79 - 87.

Kanmiya K，Ueda S，Kasai A，et al. 2011. Proposal of new specific status for tea-infesting populations of the nominal citrus spiny whitefly *Aleurocanthus spiniferus*（Homoptera：Aleyrodidae）[J]．Zootaxa，2797：25 - 44.

Kumar N S ，Hewavitharanage P，Adikaram N K B. 1995. Attack on tea by *Xyleborus fornicatus*：inhibition of the symbiote，*Monacrosporium ambrosium*，by caffeine [J]．Phytochemistry，40（4）：1113 - 1116.

Kumar R ，Rahman A ，Jasin V，Kumar V，et al. 2010. Biological control of broad mites（*Polyphagotarsonemus latus*）with the generalist predator *Amblyseius swirskii* [J]．Experimental and Applied Acarology，52（1）：29 - 34.

Langat J K，Otieno W，Musau J M. 1998. Evaluation of some Kenya tea（*Camellia sinensis*）clones for resistance/susceptability to *Pestalotiopsis theae*（Sawada）as influenced by some chemical attributes of mature green leaf [J]．Tea-Tea Board of Kenya.

Majid M-B，Tong X-l ，Feng J-N ，et al. 2011. Thrip（Insecta：Thysanoptera）of China [J]．Check List，7（6）：720 - 744.

Moriwaki J，Sato T. 2009. A new combination for the causal agent of tea anthracnose：*Discula theae- sinensis*（Miyake）Moriwaki & Toy. Sato，comb. Nov. [J]．Journal of General Plant Pathology，73.

Mukhopadhyay A，De Dnti，Khewa S. 2010. Exploring the biocontrol potential of naturally occurring bacterial and viral entomopathogens of defoliating lepidopteran pests of tea plantations [J]．Journal of Biopesticides，3（1 Special Issue）：117 - 120.

Nakai M . 2009. Biological control of tortricidae in tea fields in Japan using insect viruses and parasitoids [J]．Virologica Sinica，24（4）：323 - 332.

Noguchi H ，Tamaki Y Yushima T. 1979. Sex pheromoneo of the tea tortrix moth：isolation and identification [J]．Applied Entomology and Zoology，14：225 - 228.

Petch T. 1923. The diseases of the tea bushy [M]．London：MacMillan & Co Ltd；56 - 64，194.

Pu X Y，Feng M G，Shi C H. 2005. Impact of three application methods on the field efficacy of a *Beauveria bassiana*-based mycoinsecticide against the false-eye leafhopper，*Empoasca vitis*（Homoptera：Cicadellidae）in the tea canopy [J]．Crop Protection，24（2）：167 - 175.

Punyasiri P A N，Abeysinghe I S B，Kumar V. 2005. Preformed and induced chemical resistance of tea leaf against Exobasidium vexans infection [J]．Journal of Chemical Ecology，31（6）：1315 - 1324.

Roobakkumarl A，Babu A，Vasantha Kumarl D，et al. 2011. *Pseudomonas fluorescens* as an efficient entomopathogen against *Oligonychus coffeae* Nietner（Acari：Tetranychidae）infesting tea [J]．Journal of Entomology and Nematology，3（5）：73 -77.

Ruan J，Wu X，Härdter R. 2000. Balanced plant nutrition may help reduce pesticide use by improving tea plants' resistance to fungal diseases [J]．UNEP Industry and Environment：89 - 90.

Sarmah M，Rahman1 A，Phukan A K，et al. 2009. Effect of aqueous plant extracts on tea red spider mite，*Oligonychus coffeae*，Nietner（Tetranychidae：Acarina）and Stethorus gilvifrons Mulsant [J]．African Journal of Biotechnology，8（3）：417 - 423.

Seala D R，Ciomperlikb M，Richardsc M L，et al. 2006. Comparative effectiveness of chemical insecticides against the chilli thrips，*Scirtothrips dorsalis* Hood（Thysanoptera：Thripidae），on pepper and their compatibility with natural enemies [J]．Crop Protection ，25（9）：949 - 955.

Shin G-H，Choi H K，Hur J-S，et al. 1999. First report on grey blight of tea plant caused by Pestalotiopsis theae in Korea [J]．The Plant Pathology Journal，15（5）：308 - 310.

Sivapalan P. 1977. Population dynamics of *Xyleborus fornicatus* Eichhoff（Coleoptera：Scolytidae）in relation to yield trends in tea [J]．Bulletin of Entomological Research，67：329 - 335.

Stroinski A. 2002. Three new species of *Meliprivesa* Metcalf, 1952. (Hemiptera Fulgoromorpha: Ricaniidae) [J]. Annales Zoologici, 52 (4): 587 - 591.

Sun X L, Wang G C, Cai X M, et al. 2010. The Tea Weevil, *Myllocerinus aurolineatus*, Is Attracted to Volatiles Induced by Conspecifics [J]. Journal of chemical ecology, 36: 388 - 395.

Sun X L, Wang G C, Gao Y, et al. 2012. Screening and field evaluation of synthetic volatile blends attractive to adults of the tea weevil, *Myllocerinus aurolineatus* [J]. Chemoecology.

Tamaki Y, Noguchi H, Yushima T. 1971. Two sex pheromones of the smaller tea tortrix: Isolation, identification and synthesis [J]. Applied Entomology and Zoology, 6: 139 - 141.

Tamaki Y, Noguchi H, Sugie H, et al. 1979. Minor components of the female sex-attractant pheromone of the smaller tea tortrix moth (Lepidoptera: Tortricidae): Isolation and identification [J]. Applied Entomology and Zoology, 14: 101 - 113.

Tamaki Y, Noguchi H. 1984. Biological activities of analogues of 10-methyldodecyl acetate, a sex pheromonal component of the smaller tea tortrix moth (*Adoxophyes* sp. , Lepidoptera: Tortricidae) [J]. Applied Entomology and Zoology, 19: 245 - 251.

Tsai R S, Yang E C, Wu C Y, et al. 1999. A potent sex attractant of the male tea tussock moth, *Euproctis pseudoconspersa* Strand (Lepidoptera: Lymantriidae) in Taiwan: Field and EAG responses [J]. Zoological Studies, 38: 301 - 306.

Wakamura S, Yasuda T, Ichikawa A, et al. 1994. Sex attractant pheromone of the tea tussock moth, *Euproctis pseudoconspersa* Strand (Lepidoptera: Lymantriidae): Identification and field attraction [J]. Applied Entomology and Zoology, 29: 403 - 411.

Walgama R S, Pallemulla R M D T. 2005. The distribution of shot-hole borer, *Xyleborus fornicatus* Eichh. (Coleoptera: Scolytidae) across tea growing areas in Sri Lanka-a reassessment [J]. Sri Lanka Journal of Tea Science, 70 (2): 105 - 120.

Walgama R S, Zalucki M P. 2007. Temperature - dependent development of *Xyleborus fornicatus* (Coleoptera: Scolytidae), the shot-hole borer of tea in Sri Lanka: Implications for distribution and abundance [J]. Insect Science, 14: 301 - 308.

Wickremasinghe R L, et al. 1980. Biochemical pathway in the control of tea Shot-hole borer [J]. Plant & Soil, 55 (1): 9 - 15.

Willamsd J. 2002. Scale insects (Hemiptera: Coccoidea) described by James Anderson M. D. of Madras [J]. Journal of Natural History, 36 (2): 237 - 246.

Witjaksono O K, Yamamoto M, et al. 1999. Responses of japanese giant looper male moth to synthetic sex pheromone and related compounds [J]. Journal of Chemical Ecology, 25: 1633 - 1642.

Yang C Y, Han K S, Boo K S. 2009. Sex Pheromones and Reproductive Isolation of Three Species in Genus *Adoxophyes* [J]. Journal of Chemical Ecology, 35 (3): 342 - 348.

Zhao C H, Millar J G, Pan K H, et al. 1998. Responses of Tea Tussock Moth, *Euproctis pseudoconspersa*, to Its Pheromone, (R) -10, 14-Dimethylpentadecyl Isobutyrate, and to the S-Enantiomer of Its Pheromone [J]. Journal of Chemical Ecology, 24 (8): 1347 - 1353.

Zheng D R, Liu G H, Zhang R J, et al. 2012. Evaluation of the predatory mite *Amblyseius hainanensis* (Acari: Phytoseiidae) and artificial rainfall for the management of *Brevipalpus obovatus* (Acari: Tenuipalpidae) [J]. Experimental and Applied Acarology: 1 - 11.

第16单元 茶树病虫害

彩图16-1-1 茶饼病症状（1.李晨江摄；2和3.吴全聪摄）
Colour Figure 16-1-1 Symptoms of tea blister blight caused by *Exobasidium vexans*
(1. by Li Chenjiang; 2 and 3. by Wu Quancong)

彩图16-2-1 茶网饼病症状（陈庆昌摄）
Colour Figure 16-2-1 Symptoms of tea net blister blight caused by
Exobasidium reticulatum (by Chen Qingchang)

彩图16-3-1 茶云纹叶枯病症状（黎健龙摄）
Colour Figure 16-3-1 Symptoms of tea brown blight
caused by *Colletotrichum gloeosporioides*
(by Li Jianlong)

彩图16-4-1 茶炭疽病症状（罗宗秀摄）
Colour Figure 16-4-1 Symptoms of tea anthracnose
caused by *Discula theae-sinensis* (by Luo Zongxiu)

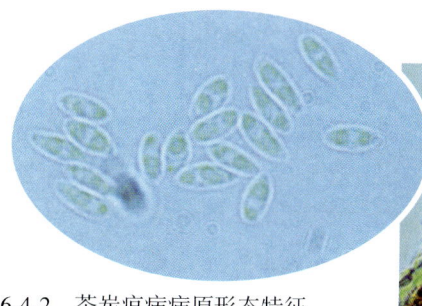

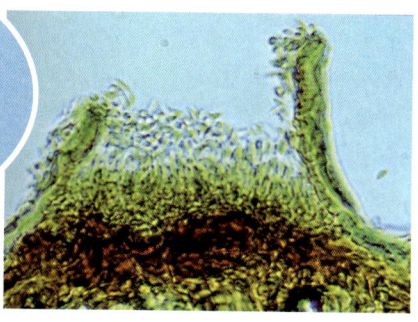

彩图16-4-2 茶炭疽病病原形态特征
（引自小泊重洋，2000）
Colour Figure 16-4-2 Morphology of
Discula theae-sinensis
(from Kodomari Shigehiro, 2000)

彩图16-5-1 茶轮斑病症状
（彭萍摄）
Colour Figure 16-5-1
Symptoms of tea gray blight caused by
Pestalotiopsis theae (by Peng Ping)

彩图16-6-1 茶白星病症状（刘明炎摄）
Colour Figure 16-6-1 Symptoms of tea white spot
caused by *Phyllosticta camelliae* (by Liu Mingyan)

彩图16-8-1 茶赤叶斑病症状（彭萍摄）
Colour Figure 16-8-1 Symptoms of tea red leaf blight caused by
Phyllosticta theicola (by Peng Ping)

彩图16-7-1 茶芽枯病症状（张家侠摄）
Colour Figure 16-7-1 Symptoms of tea
Phyllosticta leaf spot caused by *Phyllosticta
gemmiphilae* (by Zhang Jiaxia)

彩图16-9-1 茶褐色叶斑病大型病斑症状（曾莉摄）
Colour Figure 16-9-1 Symptoms of tea bird's eye spot with large spots caused by *Pseudocercospora ocellata* (by Zeng Li)

彩图16-9-2 茶褐色叶斑病小型病斑症状（彭萍摄）
Colour Figure 16-9-2 Symptoms of tea bird's eye spot with small spots caused by *Pseudocercospora ocellata* (by Peng Ping)

彩图16-11-1 茶红锈藻病症状（曾莉摄）
Colour Figure 16-11-1
Symptoms of tea red rust caused by *Cephaleuros parasiticus* (by Zeng Li)

彩图16-10-1 茶煤病症状（彭萍提供）
Colour Figure 16-10-1 Symptoms of tea sooty mold caused by *Neocapnodium theae* (by Peng Ping)

彩图16-12-1 茶藻斑病症状（罗宗秀提供）
Colour Figure 16-12-1 Symptoms of tea alga caused by *Cephaleuros virescens*（by Luo Zongxiu）

彩图16-13-1　茶灰色膏药病症状
（引自小泊重洋，2000）
Colour Figure 16-13-1　Symptoms of tea
plaster caused by *Septobasidium pedicellatum*
（from Kodomari Shigehiro，2000）

彩图16-13-2　茶褐色膏药病症状
（引自小泊重洋，2000）
Colour Figure 16-13-2　Symptoms of tea
brown plaster caused by *Septobasidium
tanakae*（from Kodomari Shigehiro，2000）

彩图16-15-1　茶线腐病症状
（引自江塚昭典，1994）
Colour Figure 16-15-1
Symptoms of tea thread blight
caused by *Marasmius pulcher*
(from Akinori Ezuka, 1994)

彩图16-16-1　地衣为害茶树状（赵冬香摄）
Colour Figure 16-16-1　The damage symptoms of lichen on tea plant (by Zhao Dongxiang)

彩图16-16-2　苔藓为害茶树状
（赵冬香摄）
Colour Figure 16-16-2
The damage symptoms of
moss on tea plant
(by Zhao Dongxiang)

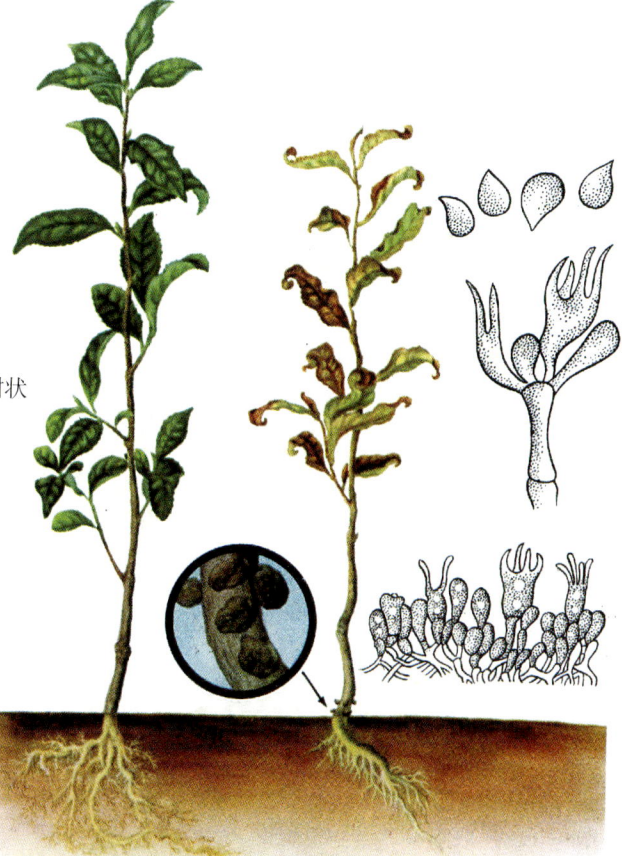

彩图16-17-1　茶苗白绢病症状和病原形态特征
（引自中国农业科学院茶叶研究所，1982）
Colour Figure 16-17-1　Symptoms of tea sclerotial blight and
morphology of *Athelia rolfsii* (from Tea Research Institute,
Chinese Academy of Agricultural Sciences,1982)

彩图16-18-1 茶树根腐病症状（陈宗懋摄）
Colour Figure 16-18-1 Symptoms of tea root rot
(by Chen Zongmao)

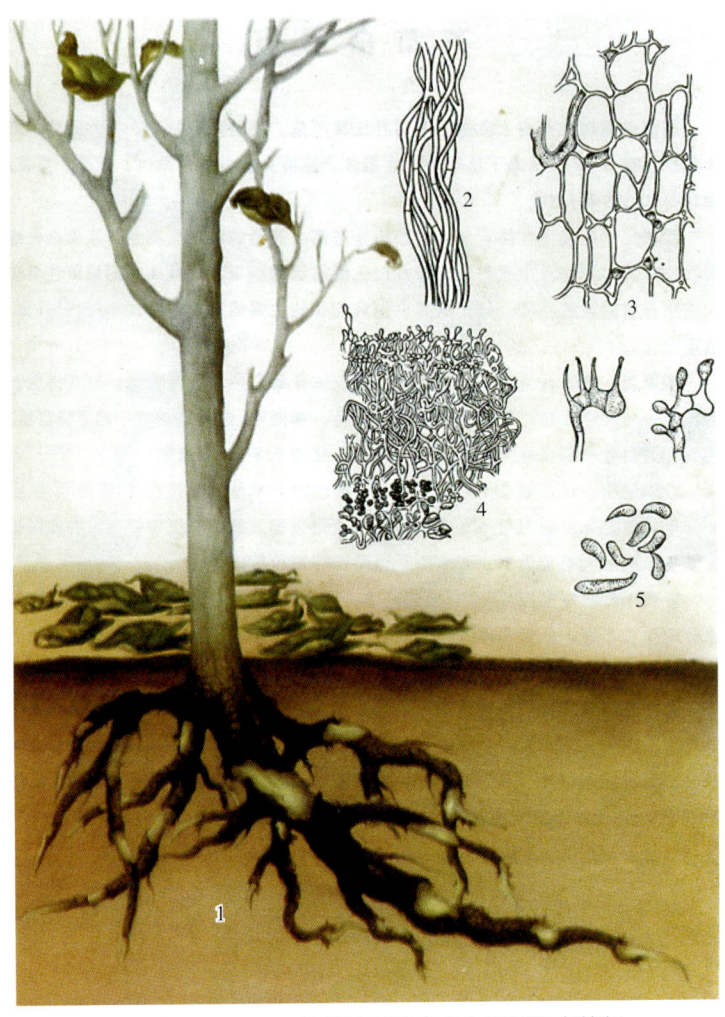

彩图16-19-1 茶紫纹羽病症状和病原形态特征
（引自中国农业科学院茶叶研究所，1974）
Colour Figure 16-19-1 Symptoms of tea purple root rot and
morphology of *Helicobasidium purpureum*
(from Tea Research Institute, Chinese Academy of Agricultural
Sciences, 1974)
1.症状 2.病原菌根状菌索 3.病组织细胞间隙的菌丝
4.病原菌子实层纵断面 5.担子及担孢子

彩图16-20-1 茶苗根结线虫病为害状
（普洱试验站提供）
Colour Figure 16-20-1 The damage symptoms
of tea root -knot nematode
(by Puer Field Station)

彩图16-21-1 茶尺蠖为害状
（国家茶叶产业技术体系泉州试验站摄）
Colour Figure 16-21-1 The damage
symptoms of *Ectropis obliqua*
(by Quanzhou Field Station,
National Tea Industry Technology System)

彩图16-21-2　茶尺蠖（1和2. 罗宗秀摄；3和4. 边磊摄）
Colour Figure 16-21-2　*Ectropis obliqua* (1 and 2. by Luo Zongxiu; 3 and 4. by Bian Lei)
1. 雄成虫　2. 雌成虫　3. 卵　4. 蛹

彩图16-22-1　茶银尺蠖为害状（黎健龙摄）
Colour Figure 16-22-1　The damage symptoms of
Scopula subpunctaria (by Li Jianlong)

彩图16-22-2　茶银尺蠖（1和3. 张家侠摄；2. 国家茶叶产业技术体系宁德试验站摄）
Colour Figure 16-22-2　*Scopula subpunctaria*
(1 and 3. by Zhang Jiaxia; 2. by Ningde Field Station, National Tea Industry Technology System)
1. 成虫　2. 卵　3. 蛹

彩图16-23-1　油桐尺蠖（张汉鹄提供）
Colour Figure 16-23-1　*Buzura suppressaria* (by Zhang Hangu)
1. 成虫　2. 卵　3. 幼虫　4. 蛹

彩图16-25-1 木橑尺蠖
（夏声广和熊兴平提供）
Colour Figure 16-25-1 *Culcula panterinaria*
(by Xia Shengguang and Xiong Xingping)
1.成虫 2.幼虫

彩图16-26-1 灰尺蠖（张家侠摄）
Colour Figure 16-26-1 *Ectropis grisescens* (by Zhang Jiaxia)
1.成虫 2.幼虫 3.蛹

彩图16-29-1 茶茸毒蛾（1和3.张家侠摄；2.龙正权摄）
Colour Figure 16-29-1 *Dasychira baibarana* (1 and 3. by Zhang Jiaxia; 2. by Long Zhengquan)
1.成虫 2.幼虫 3.茧

彩图16-30-1 茶白毒蛾（1.国家茶叶产业技术体系无锡试验站提供；2.陈庆昌摄）
Colour Figure 16-30-1 *Arctonis alba*
(1. by Wuxi Field Station, National Tea Industry Technology System; 2. by Chen Qingchang)
1.成虫 2.幼虫

彩图16-31-1 茶毛虫
（陈宗懋提供）
Colour Figure 16-31-1 *Euproctis pseudoconspersa*
(by Chen Zongmao)
1.雌成虫 2.雄成虫 3.卵
4.幼虫 5.蛹

彩图16-33-1 茶小卷叶蛾为害状
（李艳霞摄）
Colour Figure 16-33-1 The damage symptoms
of *Adoxophyes honmai* (by Li Yanxia)

彩图16-33-2 茶小卷叶蛾
（国家茶叶产业技术体系宁德试验站提供）
Colour Figure 16-33-2
Adoxophyes honmai
(by Ningde Field Station, National
Tea Industry Technology System)
1.成虫 2.幼虫

彩图16-34-1 茶卷叶蛾为害状
（国家茶叶产业技术体系宁德试验站提供）
Colour Figure 16-34-1 The damage symptoms of *Homona coffearia*
(by Ningde Field Station, National Tea Industry Technology System)

彩图16-34-2 茶卷叶蛾（国家茶叶产业技术体系宁德试验站提供）
Colour Figure 16-34-2 *Homona coffearia*
(by Ningde Field Station, National Tea Industry Technology System)
1.成虫 2.卵 3.幼虫 4.蛹

彩图16-35-1 茶细蛾为害状
（引自小泊重洋，2000）
Colour Figure 16-35-1 The damage symptoms
of *Caloptilia theivora*
(from Kodomari Shigehiro, 2000)
1.取食嫩叶 2.反卷叶成三角苞

彩图16-35-2 茶细蛾（彭萍摄）
Colour Figure 16-35-2 *Caloptilia theivora* (by Peng Ping)
1、2.成虫 3、4.幼虫 5.蛹 6.茧

彩图16-36-1 茶蓑蛾（1和2.徐德良摄；3.国家茶叶产业技术体系宁德试验站提供）
Colour Figure 16-36-1 *Cryptothelea minuscula*
(1 and 2. by Xu Deliang; 3. by Ningde Field Station, National Tea Industry Technology System)
1.幼虫 2.蛹 3.护囊

彩图16-37-1 大蓑蛾
（引自张连合，2010）
Colour Figure 16-37-1
Cryptothelea variegata
(from Zhang Lianhe, 2010)
1. 幼虫 2. 护囊

彩图16-38-1 褐蓑蛾
（引自张连合，2010）
Colour Figure 16-38-1
Mahasena colona
(from Zhang Lianhe, 2010)
1. 幼虫 2. 护囊

彩图16-39-1 茶小蓑蛾
（引自张连合，2010）
Colour Figure 16-39-1
Acanthopsyche sp.
(from Zhang Lianhe, 2010)
1. 幼虫 2. 护囊

彩图16-40-1 白囊蓑蛾护囊
（严团章、梁遂权、张春蓓摄）
Colour Figure 16-40-1 Capsule of *Chalioides kondonis* (by Yan Tuanzhang, Liang Suiquan and Zhang Chunbei)

彩图16-41-1 扁刺蛾
（1和2. 国家茶叶产业技术体系无锡试验站提供；3. 夏声广摄）
Colour Figure 16-41-1 *Thosea sinensis* (1 and 2. by Wuxi Field Station, National Tea Industry Technology System; 3. by Xia Shengguang)
1. 成虫 2. 幼虫 3. 幼茧

彩图16-42-1 茶奕刺蛾（张家侠摄）
Colour Figure 16-42-1 *Iragoides fasciata* (by Zhang Jiaxia)
1.成虫 2.幼虫 3.茧

彩图16-43-1 丽绿刺蛾成虫（引自赵友文，2014）
Colour Figure 16-43-1 Adult of *Parasa lepida*
(from Zhao Youwen, 2014)

彩图16-45-1 黑眉刺蛾（吕立哲和任红楼提供）
Colour Figure 16-45-1 *Narosa nigrisigna*
(by Lü Lizhe and Ren Honglou)
1.成虫 2.幼虫 3.茧

彩图16-46-1 茶蚕为害状（引自曾信光）
Colour Figure 16-46-1 The damage symptoms of *Andraca bipunctata*
(from Zeng Xinguang)

彩图16-46-2 茶蚕（引自曾信光，2012）
Colour Figure 16-46-2 *Andraca bipunctata*
(from Zeng Xinguang, 2012)
1.幼虫 2.蛹

彩图16-46-3 茶蚕黑卵蜂寄生茶蚕卵
（引自曾信光，2012）
Colour Figure 16-46-3 *Telenomus bipunctata* parasitizing
Andraca bipunctata eggs (from Zeng Xinguang, 2012)

彩图16-47-1　茶谷蛾为害状（彭萍摄）
Colour Figure 16-47-1　The damage symptoms of *Agriophara rhombata* (by Peng Ping)

彩图16-47-2　茶谷蛾（彭萍摄）
Colour Figure 16-47-2　*Agriophara rhombata* (by Peng Ping)
1. 成虫　2. 蛹

彩图16-48-1　茶叶斑蛾
（国家茶叶产业技术体系重庆试验站和清远试验站提供）
Colour Figure 16-48-1　*Eterusia aedea*
(by Chongqing and Qingyuan Field Station, National Tea Industry Technology System)
1. 成虫　2. 幼虫

彩图16-49-1　茶丽纹象甲为害状
（张家侠摄）
Colour Figure 16-49-1　The damage symptoms of *Myllocerinus aurolineatus* (by Zhang Jiaxia)

彩图16-49-2　茶丽纹象甲（孙晓玲等摄）
Colour Figure 16-49-2　*Myllocerinus aurolineatus* (by Sun Xiaoling et al.)
1. 成虫　2. 幼虫　3. 蛹

彩图16-50-1　茶芽粗腿象为害状
（罗宗秀和陈宗懋提供）
Colour Figure 16-50-1　The damage symptoms of *Ochyromera quadrimaculata* (by Luo Zongxiu and Chen Zongmao)

彩图16-50-2　茶芽粗腿象成虫
（罗宗秀和陈宗懋提供）
Colour Figure 16-50-2　Adult of *Ochyromera quadrimaculata* (by Luo Zongxiu and Chen Zongmao)

彩图16-51-1 绿鳞象甲成虫
（孙晓玲和陈宗懋提供）
Colour Figure 16-51-1 Adult
of *Hypomeces squamosus*
(by Sun Xiaoling and Chen Zongmao)

彩图16-52-1 茶籽象甲为害状
（孙晓玲等提供）
Colour Figure 16-52-1 The damage
symptoms of *Curculio chinensis*
(by Sun Xiaoling et al.)

彩图16-52-2 茶籽象甲
（孙晓玲和陈宗懋提供）
Colour Figure 16-52-2 *Curculio chinensis*
(by Sun Xiaoling and Chen Zongmao)
1. 成虫 2. 幼虫

彩图16-53-1 茶蚜为害状（苏亮摄）
Colour Figure 16-53-1 The damage
symptoms of *Toxoptera aurantii*
(by Su Liang)

彩图16-53-2 茶蚜有翅雌成蚜
（引自小泊重洋，2000）
Colour Figure 16-53-2 Winged
Toxoptera aurantii
(from Kodomari Shigehiro, 2000)

彩图16-53-3 茶蚜无翅雌成蚜
（孙晓玲摄）
Colour Figure 16-53-3 Wingless
Toxoptera aurantii
(by Sun Xiaoling)

彩图16-54-1 假眼小绿叶蝉为害状
（彭萍摄）
Colour Figure 16-54-1 The damage symptoms
of *Empoasca vitis* (by Peng Ping)

彩图16-54-2 假眼小绿叶蝉（彭萍摄）
Colour Figure 16-54-2 *Empoasca vitis* (by Peng Ping)
1. 成虫 2. 卵 3. 二龄若虫 4. 四龄若虫 5. 五龄若虫

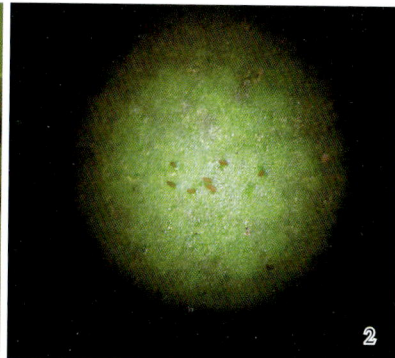
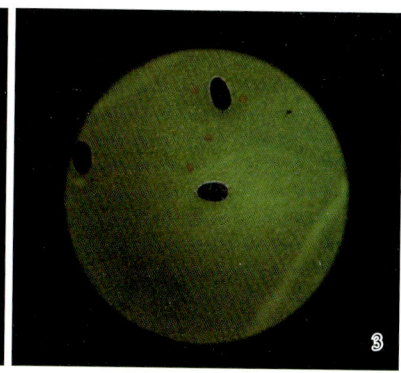

彩图16-55-1　黑刺粉虱（1.高宇摄；2和3.国家茶叶产业技术体系宁德试验站提供）
Colour Figure 16-55-1　*Aleurocanthus spiniferus*
(1. by Gao Yu; 2 and 3. by Ningde Field Station, National Tea Industry Technology System)
1.成虫　2.卵　3.若虫

彩图16-57-1　日本长白盾蚧为害状
（吴光远提供）
Colour Figure 16-57-1　The damage
symptoms of *Lopholeucaspis japonica*
(by Wu Guangyuan)

彩图16-57-2　日本长白盾蚧
若虫（引自小泊重洋，2000）
Colour Figure 16-57-2
Nymph of *Lopholeucaspis
japonica* (from Kodomari
Shigehiro, 2000)

彩图16-59-1　椰圆盾蚧为害状
（引自小泊重洋，2000）
Colour Figure 16-59-1　The damage
symptoms of *Aspidiotus destructor*
(from Kodomari Shigehiro, 2000)

彩图16-60-1　茶牡蛎蚧为害状
（吴光远提供）
Colour Figure 16-60-1　The
damage symptoms of
Paralepidosaphes tubulorum
(by Wu Guangyuan)

彩图16-61-1　角蜡蚧为害状
（吴光远提供）
Colour Figure 16-61-1　The
damage symptoms of *Ceroplastes ceriferus*
(by Wu Guangyuan)

彩图16-62-1　日本龟蜡蚧成虫
（邵元海摄）
Colour Figure 16-62-1　Adult of
Ceroplastes japonicus (by Shao Yuanhai)

彩图16-63-1 红蜡蚧为害状
（1. 王沅江摄；2. 刘明炎摄）
Colour Figure 16-63-1 The damage symptoms of *Ceroplastes rubens* (1. by Wang Yuanjiang; 2. by Liu Mingyan)

彩图16-64-1 茶绿绵蚧成虫（王庆森摄）
Colour Figure 16-64-1 Adult of
Chloropulvinaria floccifera (by Wang Qingsen)

彩图16-65-1 碧蛾蜡蝉为害状（李艳霞摄）
Colour Figure 16-65-1 The damage
symptoms of *Geisha distinctissima*
(by Li Yanxia)

彩图16-65-2 碧蛾蜡蝉（1.李艳霞摄；2.赵丰华摄）
Colour Figure 16-65-2 *Geisha distinctissima*
(1. by Li Yanxia; 2. by Zhao Fenghua)
1. 成虫 2.若虫

彩图16-66-1 八点广翅蜡蝉（1.高宇摄；2.李艳霞摄）
Colour Figure 16-66-1 *Ricania speculum*
(1. by Gao Yu; 2. by Li Yanxia)
1.成虫 2.若虫

彩图16-67-1 柿广翅蜡蝉若虫和成虫
（彭萍摄）
Colour Figure 16-67-1 Nymph and adult of
Ricania sublimbata (by Peng Ping)

彩图16-70-1 缘纹广翅蜡蝉成虫（杨普香摄）
Colour Figure 16-70-1 Adult of *Ricania marginalis*
(by Yang Puxiang)

彩图16-73-1　眼纹疏广蜡蝉
（曾明森和张辉提供）
Colour Figure 16-73-1　*Euricania ocellus* (by Zeng Mingsen and Zhang Hui)
1. 成虫　2. 若虫

彩图16-74-1　可可广翅蜡蝉（1. 王沅江摄；2和3. 徐德良摄）
Colour Figure 16-74-1　*Ricania cacaonis* (1. by Wang Yuanjiang; 2 and 3. by Xu Deliang)
1. 成虫　2. 卵　3. 若虫

彩图16-75-1　绿盲蝽为害状
（1. 彭萍摄；2. 引自小泊重洋，2000）
Colour Figure 16-75-1
The damage symptoms of *Apolygus lucorum* (1. by Peng Ping; 2. from Kodomari Shigehiro, 2000)

彩图16-75-2　绿盲蝽
（引自小泊重洋，2000）
Colour Figure 16-75-2
Apolygus lucorum
(from Kodomari Shigehiro, 2000)
1. 成虫　2. 若虫

彩图16-76-1　台湾刺盲蝽为害状（引自萧素女，1994）
Colour Figure 16-76-1　The damage symptoms of *Helopeltis fasciaticollis* (from Xiao Sunü, 1994)

彩图16-76-2 台湾刺盲蝽（引自萧素女，1994）
Colour Figure 16-76-2 *Helopeltis fasciaticollis* (from Xiao Sunü, 1994)
1. 成虫 2. 卵 3. 若虫

彩图16-77-1 茶网蝽为害状
（王迎春摄）
Colour Figure 16-77-1 The
damage symptoms of *Stephanitis
chinensis* (by Wang Yingchun)

彩图16-77-2 茶网蝽成虫
（王迎春提供）
Colour Figure 16-77-2 Adult of
Stephanitis chinensis
(by Wang Yingchun)

彩图16-78-1 茶黄蓟马为害状
（徐德良摄）
Colour Figure 16-78-1 The
damage symptoms of *Scirtothrips
dorsalis* (by Xu Deliang)

彩图16-78-2 茶黄蓟马（吴光远提供）
Colour Figure 16-78-2 *Scirtothrips dorsalis* (by Wu Guangyuan)
1. 成虫 2. 卵 3. 若虫

彩图16-79-1 茶棍蓟马为害
状（引自萧素女，1998）
Colour Figure 16-79-1
The damage symptoms of
Dendrothrips minowai
(from Xiao Sunü, 1998)

彩图16-79-2 茶棍蓟马
（1.引自萧素女，1998；
2.边磊摄）
Colour Figure 16-79-2
Dendrothrips minowai
(1. from Xiao Sunü, 1998;
2. by Bian Lei)
1.成虫 2.若虫

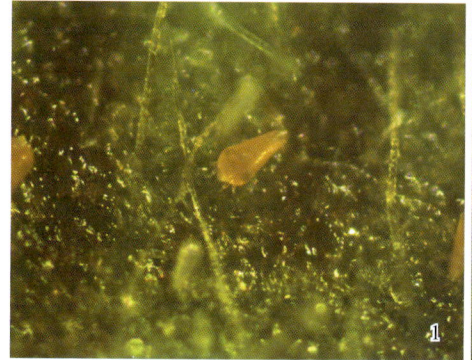

彩图16-80-1 茶橙瘿螨为害状（彭萍提供）
Colour Figure 16-80-1 The damage symptoms of
Acaphylla steinwedeni (by Peng Ping)

彩图16-80-2 茶橙瘿螨（彭萍摄）
Colour Figure 16-80-2 *Acaphylla steinwedeni* (by Peng Ping)
1.成螨 2.卵 3.若螨

彩图16-81-1 茶叶丽瘿螨为害状
（彭萍摄）
Colour Figure 16-81-1 The
damage symptoms of *Calacarus
carinatus* (by Peng Ping)

彩图16-81-2 茶叶丽瘿螨成螨
（彭萍摄）
Colour Figure 16-81-2 Adult of
Calacarus carinatus (by Peng Ping)

彩图16-82-1 咖啡小爪螨为害状
（彭萍摄）
Colour Figure 16-82-1 The
damage symptoms of *Oligonychus
coffeae* (by Peng Ping)

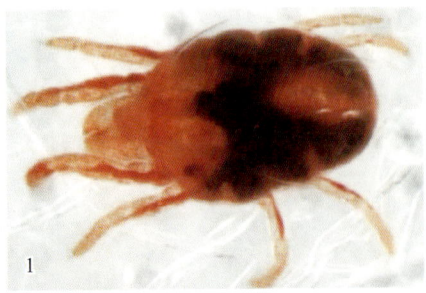
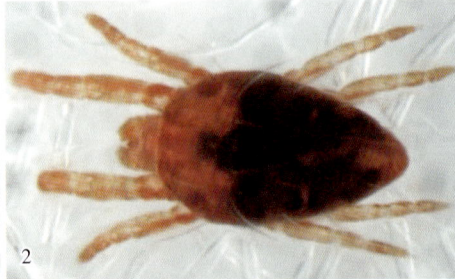

彩图16-82-2 咖啡小爪螨成螨
（彭萍摄）
Colour Figure 16-82-2 Adult of
Oligonychus coffeae (by Peng Ping)
1. 雌成螨 2. 雄成螨

彩图16-84-1 茶跗线螨为害状（彭萍摄）
Colour Figure 16-84-1 The damage
symptoms of *Polyphagotarsonemus latus*
(by Peng Ping)

彩图16-84-2 茶跗线螨（彭萍摄）
Colour Figure 16-84-2 *Polyphagotarsonemus latus* (by Peng Ping)
1. 成螨 2. 若螨

彩图16-85-1 神泽氏叶螨为害
状（引自小泊重洋，1982）
Colour Figure 16-85-1 The
damage symptoms of *Tetranychus
kanzawai* (from Kodomari
Shigehiro, 1982)

彩图16-85-2 神泽氏叶螨成螨（罗宗秀摄）
Colour Figure 16-85-2 Adult of *Tetranychus kanzawai* (by Luo Zongxiu)
1. 雌成螨 2. 雄成螨

彩图16-85-3 神泽氏叶螨（罗宗秀摄）
Colour Figure 16-85-3 *Tetranychus kanzawai* (by Luo Zongxiu)
1. 卵 2. 幼螨 3. 若螨

第17单元　热带作物病虫害

第1节　橡胶树白粉病

一、分布与危害

橡胶树白粉病是橡胶树上最重要的病害之一。该病于1918年在印度尼西亚爪哇首次发现，1951年在我国海南岛开始为害，迄今已遍布全世界各植胶国，在我国已经遍及所有植胶区。橡胶树白粉病菌只侵染橡胶树，引起橡胶树大量落叶，树冠生长不良。胶树长势衰弱，甚至新梢枯死，导致延迟开割时间而使胶乳产量锐减。病害大流行年份可使胶乳减产30%左右，中度流行年份减产10%～20%，特大流行年份减产50%以上，4级病树减产约15%，5级病树减产约35%。1959年我国海南岛、2008年云南西双版纳地区就因该病大流行造成橡胶树多次大量落叶，胶乳产量比上年同期减产一半以上。

二、症状

橡胶树白粉病只为害橡胶树的幼嫩组织，包括嫩叶、嫩芽、嫩梢和花序。嫩叶感病初期，在叶面或叶背上出现辐射状的银白色菌丝，似蜘蛛丝，以后在病斑上出现一层白粉，形成大小不一的白粉病斑，这是该病最显著的特征。嫩叶感病初期若遇高温，菌丝生长受到抑制而病斑变为红褐色。红褐色病斑遇适宜的温度还能恢复产生分生孢子，使病斑继续扩大。发病严重时，病叶布满白粉，叶肉组织皱缩、畸形、变黄，最后脱落。不脱落的病叶，随着叶片的老化和气温升高，病斑上的白粉逐渐消失，留下白色癣状斑或黄褐色坏死斑（彩图17-1-1，1～5）。花序感病后出现一层白粉，病害严重时花蕾全部脱落，只留下光秃秃的花轴。

三、病原

橡胶树白粉病病原为橡胶树粉孢（*Oidium heveae* B. A. Steinm），属子囊菌门粉孢属真菌。未发现有性型。菌丝生于寄主表面，无色，透明，有分隔。分生孢子梗直立，棍棒状，不分枝。分生孢子单细胞，无色，透明，卵圆形或椭圆形，大小为（27～45）μm×（15～25）μm，串生于分生孢子梗顶端。分生孢子成熟后从梗上脱落（彩图17-1-1，6、7）。

橡胶树粉孢为专性寄生菌。据报道，该菌除了橡胶树以外，还可以侵染红木（*Bixa orellana*）、麻风树（*Jatropha curcas*）、飞扬草（*Euphorbia hirta*）、刺头婆（*Urena lobata*）等野生寄主。但在我国橡胶种植区，迄今未见该菌侵染其他植物并导致发病的报道。

橡胶树粉孢只能侵染橡胶树幼嫩组织，角质层厚度达到4μm即不能侵入。而且该菌喜好冷凉气温。其侵染、病斑扩展和产孢的适宜温度为15～25℃，温度达到38℃或近0℃时，孢子发芽率低于0.5%。在适宜温度下4～8d繁殖1代。在一般室温条件下孢子只能存活5～7d，经低温后保存可存活15d左右。

四、病害循环

在橡胶树冬季落叶时，橡胶树粉孢主要在苗圃幼苗、断倒树嫩梢、林下橡胶自生苗及越冬未落的老叶上越冬。当春季气温回升，橡胶树开始萌动抽出嫩叶时，病菌借助气流从越冬场所传播到新抽嫩叶上。在适宜环境条件下，病菌孢子可在几小时内萌发，由一端长出芽管，芽管尖端膨大形成附着胞，固定于寄主的叶表面，然后由附着胞产生侵入丝，穿过角质层到达叶表皮细胞内，再膨大而形成梨形吸器，吸取寄主的营养，供应留在寄主表面的芽管继续伸长形成菌丝，最后菌丝在叶表上蔓延，几天后，菌丝形成分生孢子梗，在其顶端产生分生孢子。分生孢子成熟后，又借气流传播到橡胶树幼嫩组织上并再次侵染。到了橡胶树新抽叶片成熟后，感病橡胶树叶片很少，病菌以苗圃幼苗、断倒树嫩梢、林下自生苗为主要存活场所，进入越夏和越冬阶段，成为翌年的初侵染源（图17-1-1）。

五、流行规律

（一）橡胶树物候

橡胶树新抽大量易感病的嫩叶是白粉病流行的基本条件。橡胶树大面积种植郁闭成林后，落叶、抽叶过程明显，春季长出大量嫩叶，为白粉病菌提供大量的感病组织，也使胶园形成一种阴凉高湿的小气候环境，有利于病菌侵染、繁殖和传播，为病害流行提供了必需的条件。没有这个条件，橡胶树白粉病菌只能在少量嫩叶和苗圃幼苗上辗转发生，度过夏、秋及冬季。橡胶树群体抽叶期的早晚，决定着白粉病发生期的早晚。橡胶树群体嫩叶历期长短，决定着白粉病的流行强度。同一植株几种叶龄并存的，病情也比较严重。嫩叶期如遇到倒春寒，延缓新叶老化进程，病情加重。

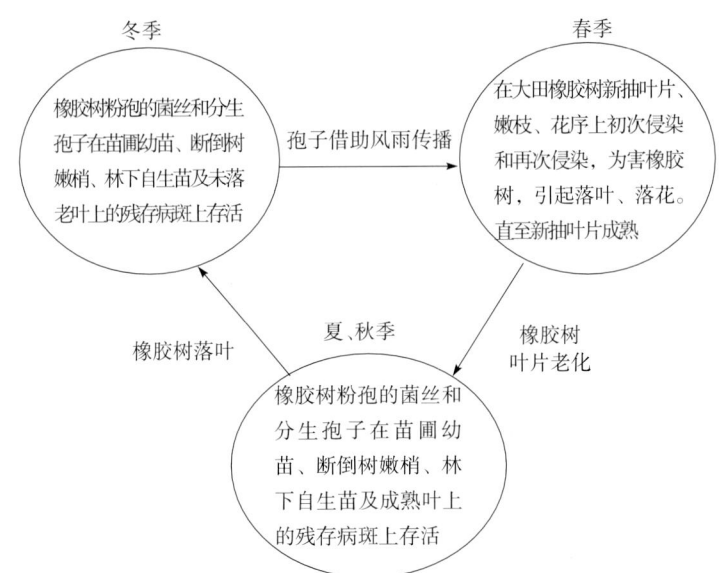

图17-1-1　橡胶树白粉病病害循环（郑服丛绘）

Figure 17-1-1　Disease cycle of powdery mildew of rubber tree（by Zheng Fucong）

种植不同品系病情也不一样，除与品种基因有关外，也与物候峰期有关。实生树和多品系混种林段，物候不整齐，病情比较重。而品种单一和物候整齐的林段，病情相对比较轻。品种PB86和RRIM600冬季落叶彻底，抽叶早而整齐，在病菌大量增殖之前，新叶已经老化，可起到避病作用；但在某些年份因抽叶早，遇上倒春寒，延长了嫩叶历期，病情反而比晚抽叶的品种重。品种PRI 07冬季落叶一般不彻底，抽叶晚且不整齐，多数年份病情比较重。

（二）越冬菌量

橡胶树冬季大量落叶期，橡胶树粉孢即进入越冬阶段。越冬场所主要为胶林中未落的老叶、嫩梢、苗圃中的小苗、林下实生苗。越冬菌量的多少与翌年白粉病的流行强度有关，因为基础菌量多，初侵染菌源越大，病害始见期相对较早，再侵染次数多，病害也就相对比较重。但由于受气候和物候的综合影响，有时越冬菌量虽大，白粉病却并不严重，反之，有的年份越冬菌量较少，当年白粉病却很重。这是因为，越冬菌量大小虽与病害流行强度有一定关系，但病害能否流行，还取决于橡胶树在抽嫩叶期间的气候条件是否适宜。

（三）气象因子

1. 温度　橡胶树白粉病病斑扩展的适宜温度为15～22℃。在这个温度范围内，只要有一定的菌源和感病组织，病害便会迅速发展。春季橡胶树抽新叶期间如遇上日平均温度大于26℃持续6d或最高温度32℃以上的高温天气，则白粉病不会流行。

天气条件除了直接作用于病菌外，也决定橡胶树的物候期长短，特别是白粉病流行前期的天气，常常决定着橡胶树的越冬落叶程度和抽叶整齐度，从而影响白粉病的流行。在气象因子中，温度是决定白粉病是否流行的主导因素。因为橡胶树越冬落叶和春季抽叶的整齐度和进程与冬、春的气温密切相关。冬季气温偏高，橡胶树落叶不彻底，春季抽叶也就不整齐。相反则落叶彻底，抽叶整齐。在橡胶树抽叶期间天气暖和会加速抽叶速度和新抽叶片老化，从而减轻病情。如果出现倒春寒，则延缓新叶老化而加重病情。

2. 日照和湿度　在其他流行条件满足的情况下，降雨和日照对白粉病的发生发展也有一定影响。日照不良不利于橡胶树抽叶和新抽叶片的老化，有利于白粉病流行。橡胶树粉孢耐干旱，在降水量很少、相对湿度很低的情况下，只要其他流行条件具备，就会导致病害流行。如海南东部及云南潞江坝个别年份出现历史上罕见的春旱，橡胶树白粉病仍然大流行。

六、预测预报

（一）中期预测预报

中期预测是在橡胶树春季抽芽以前，根据橡胶树落叶、抽芽情况及越冬菌量、当时的气候条件及 2～4 月（抽嫩叶期）的天气预报，预测当年白粉病流行强度。根据多年来对白粉病流行规律的认识，得出以下橡胶树白粉病流行的预测指标。

（1）从 1 月中、下旬开始至 2 月中旬，平均温度在 17℃以上。

（2）抽芽初期（抽芽 5％左右）橡胶树越冬落叶量在 70％以下，橡胶树在 2 月中旬以前抽芽，抽芽参差不齐。

（3）越冬菌量比常年大，病害始见期比常年早。

（4）气象预报 2 月下旬至 3 月中旬平均温度为 18～21℃或同期有 12d 以上的冷空气影响，平均温度为 12～20℃，极端低温在 8℃以上。

（二）短期预测预报

短期预测预报是在橡胶树抽叶初期，根据病害发生发展和橡胶树抽叶情况，预测白粉病在一定范围内的发展趋势，决定是否需要防治及防治时间，以指导近期的防治工作。橡胶树白粉病可用以下方法进行短期预测预报。

1. 发病指数法 每年在橡胶树新叶抽出 20％时开始，以林段为单位进行物候及病情调查，每隔 3d 调查 1 次。如果橡胶树的物候期为古铜色嫩叶期，发病指数大于或等于 1，或橡胶树的物候期为淡绿期，发病指数大于或等于 4，即已达到喷药指标，应立即进行一次全面喷药防治。喷药后 7d 继续调查，如果发病指数仍超过上述指标，则需要再次全面喷药，直至橡胶树新叶 70％以上老化为止。新叶 70％老化后，则改为单株或局部喷药。

2. 嫩叶发病率法 调查时间及方法同发病指数法。但在采叶调查病情时，只采古铜色叶和淡绿叶，不采老化叶。计算嫩叶发病率。如果橡胶树物候和白粉病病情达到喷药指标（表 17 - 1 - 1）时，应立即喷药防治，喷药后 7d 再次调查，达到指标的林段需再次喷药防治，直至橡胶树新叶 90％老化为止。

表 17 - 1 - 1　嫩叶发病率喷药指标（引自郑服丛等，2006）

Table 17 - 1 - 1　Control index（threshold）of powdery mildew of rubber tree

by young leaf disease incidence（from Zheng Fucong et al.，2006）

橡胶树物候	嫩叶发病率（％）	防治操作
抽叶率<30％	约 20	单株或局部防治
抽叶率 30％～50％	15～20	全面喷药
抽叶率 50％至叶片老化 40％	25～30	全面喷药
叶片老化 40％～70％	50～60	全面喷药
叶片老化>70％		单株或局部防治

3. 总发病率法 从橡胶树新叶抽出 10％开始，每 3d 1 次调查橡胶树的物候和叶片病情，计算总发病率（抽叶率乘以发病率），根据物候、天气和总发病率确定喷药日期和喷药措施（表 17 - 1 - 2）。第一次喷药后 8d 再进行物候调查（不查病情），如果橡胶树新叶未达到 50％老化，则应在 2～4d 内安排第二次全面喷药。第二次喷药后 8d 进一步进行物候调查（也不查病情），如果橡胶树新叶仍未达到 50％老化，则应在 2～4d 内安排第三次全面喷药。60％植株叶片老化后进行一次病情调查，总发病率在 20％以上的林段，要进行局部或单株防治。

4. 捕孢子测报法 利用孢子捕捉器捕捉胶园空气中悬浮的橡胶树粉孢的孢子，根据孢子出现的时间及数量，进行短期测报，指导防治。具体做法：孢子捕捉器安装在胶园中或胶园边缘，离地面 4～8m 高。从橡胶树抽芽 50％开始，每天在 14：00 和 16：00 各观察一次，用显微镜观察记录每片载玻片的孢子数量。当每载玻片捕孢量等于或大于 8 个，且橡胶树物候处于古铜叶期，应在 3～5d 内进行一次全面喷药；如每载玻片捕孢量等于或大于 8 个，而橡胶树物候处于淡绿叶期，则在 5～7d 内进行全面喷药。第二次全面喷药时间，根据流行期的气候、橡胶树物候及药剂的有效期而定。如果第一次喷药后 7～9d，嫩叶老化率小于 70%，则需进行第二次全面喷药。如果老化率在 70% 以上，但无 32℃ 的高温天气，还需要进行局部喷药防治。

表 17 - 1 - 2 橡胶树白粉病总发病率预测法（引自郑服丛等，2006）

Table 17 - 1 - 2 Prediction of powdery mildew of rubber tree by

leaf disease incidence（from Zheng Fucong et al.，2006）

序号	预测指标			防治操作
	总发病率（%）	抽叶率（%）	其他	
1	≤3（实生树）或≤5（芽接树）	≤20	正常天气	在 4d 内全面喷药
2	—	20～50	正常天气	在 3d 内全面喷药
3	—	51～85	正常天气	在 5d 内全面喷药
4	≤3（实生树和芽接树）	≥85	正常天气	不用全面喷药，但 3d 内对林段中物候进程较晚的植株进行局部喷药
5	—	叶片老化植株≤50%	正常天气；第一或二次全面喷药 8d 后	在 4d 内再次全面喷药
6	≥20	叶片老化植株≥60%	—	在 4d 内对林段中物候进程较晚的植株进行局部喷药

　　注　1. 正常天气是指没有低温阴雨或冷空气等异常天气，如遇低温阴雨或冷空气，喷药时间应适当提前；2. 防治药剂均为硫黄粉，如使用其他药剂，喷药时间应提前 1～2d；3. 中期测报结果为特大流行的年份，序号 1～3 的喷药时间应提前 1d。

　　5. 病害始见期法　橡胶树在抽叶过程中，白粉病出现的迟早，是决定病害能否流行的重要标志。若白粉病始见期（系统调查过程中首次发现白粉病的日期）出现在橡胶树抽叶株率 70% 以前，病害将严重或中度流行，在病害始见后 9～13d 内应进行第一次全面喷药防治。

　　橡胶树白粉病上述几种测报方法，在生产上已经多年应用，并取得了较好的防治效果，但不同方法各有特点。总发病率法的预测准确性较高，预见性强，测报用人工少，防治成本低。发病指数法及嫩叶病率法的测报用工多，防治费用偏高，时间提前量略差。捕孢测报法省去田间调查工作，预见性较强，是橡胶树白粉病自动化远程测报的有效手段。

七、防治技术

　　白粉病的防治要贯彻"预防为主，综合防治"的方针，综合运用品种抗性、化学防治和农业防治等措施。由于我国植胶区气候环境条件复杂，白粉病发生程度也有明显差异，因此，各地应根据当地具体情况，因地制宜采取最有效的防治措施，把病害控制在经济允许为害水平之下。

　　按照农业部颁布的橡胶植物保护技术规程，橡胶树白粉病的防治应达到如下防效：特重病年（或区）3 级病株不超过 15%，4～5 级病株不超过 4%；重病年（或区）3 级病株不超过 10%，4～5 级病株不超过 3%；中病年（或区）3 级病株不超过 7%，4～5 级病株不超过 2%。

（一）化学防治

　　硫黄粉是目前广泛用于防治橡胶树白粉病的有效药剂，硫黄粉的细度要求 325 筛目 *，太粗或太细防治效果都不理想。硫黄粉用量为 9～18kg/hm²，根据白粉病病情、橡胶树物候和天气情况酌情确定。病情较重、橡胶树处于嫩叶盛期、遇低温阴雨天气时，喷粉量应适当加大。病情较轻、橡胶树新抽叶片已开始成熟、遇晴朗暖和天气，喷粉量可适当减少。硫黄粉的有效期为 7～10d。喷粉时间应选在风力不超过 2级时为宜。22：00 到翌晨 8：00 期间，一般气流比较平稳且橡胶树叶面有露水，最适宜喷粉。大雾或静风天气，白天也可喷粉。喷粉操作应从下风处开始，喷粉走向要与风向垂直，以获得最大的保护面积。利用飞机喷施硫黄悬浮剂防治橡胶树白粉病，具有防效好（与地面防效相等或稍好）、速度快、工效高及喷粉均匀等优点，适用于大面积控制病害流行，有条件的可选用。但飞机喷粉存在成本稍高，受天气、地形限制较大等缺点。飞机喷粉每次用药量一般为 12kg/hm²，有效喷幅为 80～100m。由于飞机喷粉工作效率比较高，第一次喷粉时间可适当推迟到橡胶树抽叶 40% 左右、总发病率 10%～40% 时进行。第二次喷粉

---

　　* 325 筛目对应的孔径约为 45μm。

时间则参照地面防治。

三唑酮、十三吗啉、丙环唑等也是防治橡胶树白粉病的有效药剂。由于橡胶树树冠高大，宜将药剂有效成分加工成乳油或油烟剂等剂型，用热雾机喷热雾或用烟雾机喷烟。喷热雾或喷烟可使药物抵达树冠顶部，而且在持续雨天的情况下，利用下雨间歇期进行喷药操作也能取得良好的防效，弥补了持续雨天喷硫黄粉影响防治效果的缺陷。

橡胶树白粉病的化学防治应抓好以下 4 个环节：

1. 铲除越冬菌源　在早春橡胶树抽叶以前，摘除断倒树和正常树的冬嫩梢 2～3 次，每株断倒树留几条粗壮的嫩梢（指经常遭受台风危害的沿海地区），并用硫黄粉或硫黄悬浮剂进行防治。橡胶树苗圃的白粉病也是病菌越冬场所之一，每年从 12 月开始，根据橡胶树苗嫩叶的病情进行喷药防治，直到有效控制病害发生为止。

2. 控制中心病株（病区）　在橡胶树新叶抽出 20％以前，进行一次中心病株（区）调查，一旦发现中心病株或中心病区，应及时进行单株或局部喷药防治。在橡胶树抽叶不整齐、中心病株（区）明显的年份，做好这次防治对于控制病害的大区流行有较好的效果。在阴雨天气持续时间长的年份和地区，抓紧中心病株（区）的防治尤为必要。

3. 流行期全面喷药　根据病情、物候及未来 1 周内的天气预报和本地区的短期预报资料，安排好各林段第一次喷粉日期。若预报有阴雨天气出现，应提前喷粉，才能收到预期的防效。

4. 非感病期局部喷药　新抽叶 70％老化以后，绝大部分橡胶树已安全度过了感病期，没必要进行全面防治。但胶林中还有一部分抽叶较迟的橡胶树处于感病阶段，不防治仍会严重落叶，可采取局部防治的办法。

（二）农业防治

加强栽培管理，增施肥料，促进橡胶树生长，提高抗病和避病能力，可减轻病害发生和流行。

马来西亚于 1973 年做了营养元素对橡胶树抽叶和病菌侵染产孢关系的试验，发现加倍施用氮肥能降低病菌产孢的能力和使橡胶树提早抽叶，增加叶量。在大田试验中，也发现在越冬末期和抽芽初期加倍施用氮肥可获得浓密健康的树冠，降低因病落叶的数量。在那些不易喷粉和人工脱叶的胶园，可采取加倍施氮肥的方法来减轻病害。

（三）选育抗病品种

选育抗病品种的工作，国内外都做过一些研究，但进展缓慢，还不能满足生产的需要。早期在印度尼西亚爪哇发现无性系 LCB870 新抽出的叶片在 12～14d 内老化，常能避过白粉病为害，但因其产量不高而未推广。20 世纪 50 年代，斯里兰卡选育出抗病品种 RRIC52，产量中等，具有较高的抗病力，曾推荐在高海拔地区种植。此后用 RRIC52 与其他高产品系杂交，选育出 RRIC100、RRIC101 和 RRIC103 等抗病品系。用 RRIC52 与高产品系 RRIC7 杂交，在 268 个人工授粉的后代中，选育出两个耐白粉病的品系1103 和 1108。

总体上看，LCB870 较为抗病，但产量不高。在云南海拔较低地区，该品系芽接树从抽叶到 95％叶片老化，一般只需 10d。因嫩叶期很短，因此发病轻。RRIC52 是目前抗白粉病能力最强的品系，在我国广东、云南等地表现耐病，在一些年份叶片虽然普遍感病，但不导致落叶。PP86 和 RRIM600 对白粉病也有一定抗性，其主要特点是落叶彻底、抽叶整齐一致，胶树群体叶片老化快，因此表现避病。PR107、GT1、PBS/51 和 PR228 属于感病品系。

附：橡胶树白粉病分级标准

1. 橡胶树叶片病情分级标准

0 级：整张叶片无病灶；

1 级：叶片上病斑面积占叶片总面积的 1/16；

3 级：叶片上病斑面积占叶片总面积的 1/8；

5 级：叶片上病斑面积占叶片总面积的 1/4，或叶片因病而轻度皱缩；

7 级：叶片上病斑面积占叶片总面积的 1/2，或叶片因病而中度皱缩；

9 级：叶片上病斑面积占叶片总面积的 3/4，或叶片因病而严重皱缩。

叶片病斑双面重叠只计一面。

2. 橡胶树整株病情分级标准

0 级：整株叶片健康；

1 级：少数叶片有少量病斑；

3 级：多数叶片有较多病斑；

5 级：病斑累累，或叶片轻度皱缩，或因病落叶 1/10；

7 级：叶片严重皱缩，或因病落叶 1/3；

9 级：因病落叶 1/2 以上。

3. **橡胶树白粉病流行程度分级标准**　根据橡胶林段白粉病流行末期病情指数的高低而定。试用的标准如下：

特大流行：整株病情指数 60 以上；大流行：整株病情指数 40～60；中度流行：整株病情指数 20～40；轻度流行：整株病情指数 10～20；不流行：整株病情指数 10 以下。

4. **橡胶树白粉病流行区的划分**

流行情况	流行区的类型	主要包括的地区
多数年份轻病，个别年份重病	偶发区	海南西部、东北部的文昌、海口、粤西的徐闻、阳江、阳春等地以及广西的其他地区和福建等地
多数年份病情中等，个别年份重病或者轻病	易发区	海南万宁、琼海、定安、粤西化州、高州、电白等地以及云南的河口，广西的陆川和钦州等地区
病害流行频率高，多数年份重病	常发区	海南三亚、保亭、陵水、乐东、琼中、云南的西双版纳等地区

郑服丛（海南大学环境与植物保护学院）

第 2 节　橡胶树炭疽病

一、分布与危害

橡胶树炭疽病早期只在苗圃地和新植幼树上少量发现，1962 年首次在海南大丰农场开割橡胶树上发现该病的害，个别品系因全年受害导致反复落叶而不能割胶。1967 年该病在广东红五月农场开割橡胶树上大流行。1992 年橡胶树炭疽病在海南畅好农场大面积流行，发病面积达 1 550.53 hm²，占开割林地面积的 75%，受害橡胶树近 31.2 万株，造成 20 多万株橡胶树 4、5 级落叶，部分林段的橡胶树因落叶、枝条枯死，导致开割时间推迟 1 个半月，也有部分林段因受到炭疽病菌反复侵染，推迟 2～3 个月开割，干胶产量损失达 250 t。近年来，由于大量更新和推广高产品系，炭疽病发生日趋严重。1996 年仅海南垦区发病面积就达 73 万 hm²，损失干胶 15 000 t。广西、云南和福建等省各植胶区也相继报道该病发生为害情况。2004 年，云南西双版纳、红河、普洱、临沧、德宏和文山等植胶区不同程度地发生橡胶树老叶炭疽病，据勐养橡胶分公司调查，8～10 月，0.2 hm² 橡胶林发生橡胶树老叶炭疽病，病重林地的病情指数达 3～4 级，部分病叶脱落，致使胶乳产量急速下降。现今，橡胶树炭疽病是我国天然橡胶种植区普遍发生的一种叶部病害。

二、症状

橡胶树炭疽病可为害胶树的叶片、叶柄、嫩梢和果实，严重时引起嫩叶脱落、嫩梢回枯和果实腐烂。古铜期的嫩叶染病后叶片从叶尖和叶缘开始回枯和皱缩，呈现不规则形、暗绿色水渍状病斑，边缘有黑色坏死线，即急性型病斑。淡绿期叶片上的病斑近圆形或不规则形，暗绿色或褐色，病斑边缘凹凸不平，部分病斑凸起呈圆锥状，严重时可看到整个叶片布满向上凸起的小点，后期形成穿孔，造成大量橡胶树落叶。在老叶上，常见典型的症状有：①不规则型：病斑初期灰褐色或红褐色近圆形，病健交界明显，后期病斑相连成片，形状不规则，有的穿孔；②叶缘枯型：受害初期叶尖或叶缘褪绿变黄，随后病斑向内扩展，初期病组织变黄，后期为灰白色，病健交界部呈锯齿状；③轮纹型：老叶受害后出现近圆形病斑，其上散生或轮生黑色小粒点，排成同心轮纹状（彩图 17 - 2 - 1）。

新抽嫩叶受害后，首先在叶尖、叶缘出现黑褐色小斑，随病斑扩展，叶缘和叶尖变黑、干枯，叶片向内卷曲。

叶柄、叶脉感病后，出现黑色下陷小点或黑色条斑。感病的嫩梢有时会暴皮凝胶，芽接苗感病后，嫩茎一旦被病斑环绕，顶芽便会发生回枯。若病菌继续向下蔓延，可使整株枯死。

绿果感病后，病斑暗绿色、水渍状腐烂。在高湿条件下病组织上长出一层粉红色黏稠的孢子堆。

三、病原

橡胶树炭疽病的病原有胶孢炭疽菌［*Colletotrichum gloeosporioides*（Penz.）Penz. et Sacc.］和尖孢炭疽菌（*C. acutatum* J. H. Simmonds：J. H. Simmonds），均属子囊菌无性型炭疽菌属真菌。有性型为子囊菌门小丛壳属的尖孢小丛壳（*Glomerella acutata* Guerber et J. C. Correll）。

胶孢炭疽菌的分生孢子盘多分布在叶正面，呈不规则散生或同心轮纹状排列。分生孢子盘圆形至椭圆形，黑褐色，盘周缘着生有刚毛。刚毛黑褐色，基部稍膨大，顶端尖锐，分隔，硬直或稍弯曲，长度为 45～102μm，基部宽为 3～6μm。分生孢子梗短瓶状或细棒状，不分枝，栅栏状排列，一般不分隔，大小为（12.2～15.1）μm×（3.2～5）μm；分生孢子单胞，无色，圆柱形或椭圆形，两头钝圆，内含 1～2 个油滴，大小为（10.2～16.5）μm×（3.6～5.5）μm，平均为 15.2μm×4.5μm；附着胞不规则至棍棒状。

尖孢炭疽菌很少见分生孢子盘，分生孢子长梭形，两端尖，单胞，大小为（14.5～18.5）μm×（2.75～7.0）μm，平均 17.4～4.19μm。

胶孢炭疽菌和尖孢炭疽菌在 PDA 上的培养性状：菌落圆形，气生菌丝长绒毛状，发达，白色至灰白色，多产生橙黄色孢子堆。

四、病害循环

橡胶树炭疽病菌以菌丝体及分生孢子堆在染病的组织或受寒害、半寒害的树梢上越冬。翌年春季条件适宜时，分生孢子随风雨传播，从寄主的伤口、气孔和表皮 3 种途径侵入。潜育期一般为 3～6d，条件最适宜时潜育期为 1～2d。田间气温 21～24℃、相对湿度大于 95% 时，病菌产孢较多，侵入迅速，病斑扩展快。

五、流行规律

橡胶树炭疽病的流行方式有暴发型和渐发型两种，流行曲线有多峰波浪型和单峰弓型。该病发生流行与菌量、物候、气候、品系、菌株和立地环境等有关。菌量和易感病组织是病害流行的基本条件，多雨高湿是病害流行的主导因素，风雨有利于分生孢子的传播。浓雾天气促使孢子向下传播。在小区内相同条件下，不同橡胶品系抗病性不同，橡胶树叶片组织越嫩的品系（或品种），受害程度越重，反之则较为抗病。橡胶树一旦感病，其叶片就容易脱落，尤其是刚开芽至古铜物候期的嫩叶受害最为严重，因此，这个时期也是病害防治的关键时期。地势低洼、冷空气易沉积、荫蔽潮湿的地区，也较容易发病且为害严重。另外，栽培管理差、肥力不足的地块，病害发生也较严重。

六、防治技术

（一）农业防治

对历年重病林段和易感病品系的林段，可在橡胶树越冬落叶后到抽芽初期，施用速效肥。改善苗圃阴湿环境，避免在低洼积水地、峡谷地建立苗圃。加强栽培管理，合理施肥，使胶苗生长健壮，提高胶苗的抗病能力。

（二）化学防治

对历年重病区和易感病品系的林段，从橡胶树抽叶 30% 开始，发现炭疽病时，应根据未来 10d 的气象预报，如有连续 3d 以上的阴雨或大雾天气，就要在低温阴雨天气来临前喷药防治。喷药后从第五天开始，若预报还有上述天气出现，而预测橡胶树物候仍为嫩叶期，则应在第一次喷药后 7～10d 内喷第二次药；若 7d 后仍有 20% 以上古铜叶，且又有不良天气预报，则进行第三次喷药。苗圃地可喷施以下药剂：80% 炭疽福美可湿性粉剂 500 倍液、70% 代森锰锌可湿性粉剂 400～600 倍液、50% 苯菌灵可湿性粉剂

1 500倍液、25％溴菌腈可湿性粉剂500倍液、75％百菌清可湿性粉剂600～800倍液。每隔7～10d喷1次，共喷2～3次。也可用10％百菌清可湿性粉剂或20％氟硅唑·咪鲜胺热雾剂，7：00前或19：00以后，静风时施药，每次用量为1 500g/hm²。每隔7～10d喷1次，共喷2～3次。

黄贵修 刘先宝（中国热带农业科学院环境与植物保护研究所）

第3节 橡胶树根病

一、分布与危害

橡胶树根部病害是橡胶树的重要病害之一。该病害主要为害橡胶树根系，使橡胶树体内正常的生理生化功能受阻，生长和产胶受抑制。会造成根颈部腐烂，轻病植株吸收功能下降，产量降低，病情重的植株则整株死亡，丧失产量。

橡胶树根病最早发生于1904年，在新加坡橡胶树上首先发现白根病，后各植胶国相继报道根病的发生，其中以马来西亚、印度尼西亚、印度、科特迪瓦、刚果（金）等国较为严重。国外报道的橡胶树根病有8种，目前我国发现的有7种。橡胶树根病在我国整个植胶区普遍发生，是制约我国橡胶单产提高的关键因素。其中，为害较重的是红根病、褐根病和紫根病，此外还有黑纹根病、臭根病、黑根病和白根病。但不同地区的根病种类不同。白根病在国内属检疫性病害，1983年在海南东太农场第二代更新胶园发现，现只在云南河口有小面积发生，已采取措施得到有效控制。

1965年对云南河口植胶区6个农场374 677株实生树普查，根病累计总发病率为2.1％，死亡率为0.25％。1988—1990年在红河和西双版纳调查，根病发病面积占植胶总面积的17.44％，其中，红根病占57.62％，紫根病占39.04％，褐根病占2.79％；根病的种类有红、褐、紫、黑、臭、黑纹等6种，比1965年增加了黑根病和黑纹根病两种。2006年，河口分公司第三次对根病进行了普查，结果发现根病种类上升到了7种，根病累计发病率为3.3％，累计死亡率为2.5％，病区由448个发展到10 440个。发病率、死亡率、病区数都大幅度增高，呈严重上升态势。

根病与胶园共生，随着胶园年限的增长其为害越来越严重。据调查，第二代胶园5年累计最高发病率达5.6％，与第一代胶园30年累计发病率5％～7％相比较，其为害趋势将更大。因此，如不做好胶园根病防治工作，第二代胶园存在着比第一代胶园更严重的根病为害。据海南海胶集团生产管理部的调查统计，感染根病的橡胶树以每年500万株递增，造成重大的经济损失。

二、症状

橡胶树感染根病后，地上部分症状总体表现为树冠稀疏，枯枝多，不抽顶芽或抽芽不均匀，叶片变小、变黄和无光泽，有的叶片还卷缩。秋、冬季早落叶或春季迟抽叶，树干干缩，有些病树树头出现条沟、凹陷或烂洞。高温多雨季节会在病树基部长出菌膜和子实体。不同橡胶树根病地下部分症状表现有差异，各种根病诊断的主要依据是病根表面生长的菌丝体合并形成的根状菌索或菌膜的形态和色泽，病根（腐烂木材）的外观、质地及气味，生长在腐木地上部分的子实体形状及颜色（彩图17-3-1）。

1. 红根病 病根平粘一层泥沙，用水较易洗掉，洗后常见枣红色或黑红色革质菌膜，前端呈白色，后端变为黑红色。病根散发出浓烈的蘑菇味。木材湿腐，松软呈海绵状，皮木间有一层白色或淡黄色腐竹状菌膜。高温多雨季节在病树树头侧面的树根上长出无柄的担子果，上表面有皱纹，灰褐色、红褐色或黑褐色，下表面光滑，灰白色（彩图17-3-2）。

2. 褐根病 病根表面粘泥沙多，凹凸不平，不易洗掉。有铁锈色，疏松绒毛菌丝和薄而脆的黑褐色菌膜。病根散发出蘑菇味。木材干腐，质硬而脆，剖面有蜂窝状褐纹，皮木间有白色绒毛状菌丝体。根颈处有时烂成空洞。子实体半圆形，无柄，上表面黑褐色，下表面灰褐色不平滑（彩图17-3-3）。

3. 紫根病 病根不粘泥沙，有密集的深紫色菌索覆盖。已死病根表面有紫黑色小颗粒。无蘑菇味。木材干腐、质脆、皮易粉碎，木易与皮分离（彩图17-3-4，1）。

4. 白根病 病根根状菌索分枝，形成网状，先端白色，扁平，菌索老熟时稍圆，黄色至暗褐色。木质部褐色、白色或淡黄色，坚硬，在湿土中腐烂的根呈果酱状。病根有蘑菇味。子实体无柄，上表面橙黄色，有明显的黄色边缘，下表面橙色、红色或淡褐色（彩图 17-3-4，2）。

5. 臭根病 病根不粘泥沙，表面无菌丝和菌膜。有时出现粉红色孢梗束。木质坚硬，木材易与根皮分离，皮木间有扁而粗的白色至深褐色羽毛状菌索（彩图 17-3-5，1）。病根发出粪便臭味。

6. 黑根病 病根粘泥沙，水洗后可见网状菌索，其前端白色，中段红色，后段黑色，洗去泥沙菌索露出白色小点。木材湿腐、松软、无条纹，有时呈白色。有蘑菇味。子实体紧贴病部，为灰褐色至灰白色膜状，长于树干皮层（彩图 17-3-5，2）。

7. 黑纹根病 病根不粘泥沙，表面无菌丝、菌膜。在树干、树头或暴露的病根处常有灰色或黑色炭质子实体。木材干腐，剖面有锯齿状黑纹，有时黑纹闭合成中圆圈。病根无蘑菇味（彩图 17-3-5，3）。

三、病原

橡胶树根病是担子菌和子囊菌中的许多不同的真菌侵染橡胶树根系而造成的一类传染性病害。

橡胶树红根病病原是橡胶灵芝 [*Ganoderma philippii*（Bres. et Henn.）Bers.；异名：*Fomes philippii* Bres. et Henn.，*F. pseudoferreus* Wakef，*Ganoderma pseudoferreum*（Wakef.）Overh. et Steinm.]，属担子菌门灵芝属真菌。红根病菌的担孢子椭圆形，单胞，一端斜截，褐色，中央有油滴，大小为（8.7～9.1）$\mu m \times$（3.3～5.4）μm。红根病菌的子实体檐生，短柄，半圆形或不规则形，上表面有皱纹，灰褐色、黑褐色或红褐色；下表面光滑，灰白色，边缘厚钝，白色。

橡胶树褐根病病原是有害木层孔菌 [*Phellinus noxius*（Corner）G. Cunn.]，属担子菌门木层孔菌属真菌。褐根病菌的担孢子卵圆形，深褐色，壁厚，单胞。大小为（3.25～4.12）$\mu m \times$（2.6～8.25）μm，有油滴。褐根病菌的子实体木质，无柄，半圆形，边缘略向上，呈黄褐色，上表面黑褐色，下表面灰褐色不平滑，其上密布小孔，是产生孢子的多孔层。

橡胶树紫根病病原是紧密卷担菌（*Helicobasidium compactum* Boed.），属担子菌门卷担子菌属真菌。紫根病菌的菌丝生于橡胶树的根部，表面形成紫色的菌膜或扁球形菌核。担孢子无色，卵圆形或镰刀形，顶端圆，基部略尖，表面平滑。紫根病菌的子实体平伏，紫色，呈松软的海绵状。

橡胶树白根病病原是木质硬孔菌 [*Rigidoporus lignosus*（Klotzsch）Imazeki]，属担子菌门硬孔菌属真菌。白根病菌的担子棒状，无色，平均大小为 $4.04\mu m \times 17.66\mu m$，其上着生 4 个担孢子。担孢子近圆形或椭圆形，无色，顶端较尖，有 1 油粒，直径为 2.8～8μm。菌索根状，粗细不一，有少数分枝，分枝多时呈细网状，后形成一层白色菌膜。白根病菌的子实体革质或木质，长径为 8.2～8.6cm，短径为 5.1～5.3cm。檐生，无柄，单生或群生，堆积成层，长达数尺。上表面橙黄色，有明显的黄色边缘，下表面橙色、红色或淡褐色。

橡胶树臭根病的病原是蔓球束菌（*Sphaerostilbe repens* Berk. et Br.），属子囊菌门球束菌属真菌。无性阶段产生分生孢子，分生孢子梗束高 2～8mm，直径 0.5～1mm，顶端膨大呈圆球形。球状体头部呈白色或粉红色。分生孢子单细胞，无色，卵圆形，大小为（9～22）$\mu m \times$（6～10）μm。有性阶段的子囊壳球形，深红色。子囊孢子 8 个，双细胞，卵圆形，灰褐色至红褐色，大小为（19～21）$\mu m \times 8\mu m$。

橡胶树黑根病病原是褐卧孔菌（*Poria hypobrunnea* Petch.），属担子菌门卧孔菌属真菌。在树根表面形成网状菌索，菌索很活跃，根状，前端白色，较老部分变为黑色。黑根病菌的子实体紧贴病部，长于树干皮层，为灰褐色至灰白色膜状，宽为 15～30cm，长为 50～130cm，长有白色至淡黄色腐竹状菌膜于子实层与木质部之间，且易分离剥落。

橡胶树黑纹根病病原是炭色克里兹氏菌（*Kretzschmaria deusta*（Hoffm.；Fr.）P. M. D. Martin；异名：*Hypoxylon deustum*（Hoffm.；Fr.）Grev.，炭色焦菌 [*Ustulina deusta*（Hoffm.；Fr.）Link]），属子囊菌门克里兹氏菌属真菌。子实体由子座构成，可分为无性或有性阶段，子座初为白色至灰白色的薄片，后变为深灰色或黑色块状物。无性阶段的子实体青灰色，近边缘为浅灰色。孢子梗密集形成孢子层，孢子梗短而不分枝，无色。分生孢子为单胞，无色，香瓜子形，大小为 2.5$\mu m \times$5.5μm。有性阶段产生子囊壳。子囊壳埋生于子座中，黑色，球形；子囊棒状，内含子囊孢子 8 个，单行排列，有侧丝；子囊孢子单胞，香蕉形或梭形，褐色至黑色，大小为（27～38）$\mu m \times$（7～13）μm。

四、病害循环

前茬感染根病的橡胶树病根或垦前林地中感染根病的各种灌木，其根病病原菌很容易传染到新定植的橡胶树上，是最重要的初侵染源。除此之外，病根上长出的子实体产生的担孢子可借助风雨、昆虫进行传播，在适宜的环境条件下，被风吹落到新砍伐的木桩截面的孢子萌发产生侵入丝，侵入截面，扩展使其发病。在橡胶树幼树阶段，只是单株受害，损失较小；随着树龄的增长，根系交错接触，病害传播蔓延，从而形成病区，胶园受害越发严重。

在橡胶树林段中，已经感染上根病的橡胶树，其根系生长中与健康橡胶树的根系接触，即可将病原菌传播扩散到健康植株上。橡胶树林段周围的野生灌木或木本作物，有很多种类也是橡胶树根病的寄主，但不同种类的根病病菌寄主范围不尽相同。红根病菌的寄主有：橡胶树、红心刀把木、厚皮树、三角枫、苦楝树、台湾相思、山枇杷、柑橘、荔枝、咖啡、可可、茶树、鸡血藤等；褐根病菌的寄主有：橡胶树、三角枫、倒吊笔、台湾相思、非洲楝、桃花心木、苦楝、木麻黄、麻栎、厚皮树、柑橘、咖啡、胡椒、野牡丹、鸭脚木、龙眼、柠檬桉、芒果等；紫根病菌的寄主有：白心刀把木、飞机草、木薯、甘薯、葛藤等；白根病菌除寄生橡胶属植物外，还可寄生可可、槟榔、咖啡、芒果、椰子、樟树、印度麻、番荔枝、菠萝蜜、人心果、银合欢、细叶桉、油棕、柑橘、茶、鱼藤、竹、胡椒、刺桐、木薯、龙脑树、木棉树等。这些植物如果感染了根病，也可以通过根系的接触传播给橡胶树。此外，病根上的病菌也可借助风雨进行传播扩散，但这种传播作用很小。

五、流行规律

根病的发生与垦前林地植被类型、土壤、环境条件、开垦方式和栽培措施等都有关系。

（一）垦前林地植被类型

橡胶树根病的侵染来源是杂树病根，垦前植被为森林地或混生杂木林地的胶园根病多。海南中部、云南河口根病发生多，主要原因是垦前植被多为森林地。广西垦区和海南琼文地区及广东高州、化州地区根病发生少，主要是垦前植被为小灌木及芒萁草原地。如海南省国有阳江农场垦前植被属森林地的林段，发病率为 1.49%；灌木林地的根病次之，发病率为 1.22%；草原地较少发生根病，发病率为 0.39%。红、褐、紫三种根病的发生数量及病区的大小与垦前植被关系最为密切。

（二）开垦方式

根病发生与开垦方式有密切的关系。机垦林地，杂树头、病根等清除较彻底，大大减少了病菌的侵染来源，植胶后根病发生较少。人工开垦林地，因病死树头等清理不彻底，地里残留的杂树桩及树头多，根病发生也较多。

（三）农业措施

根病的发生与栽培管理也有一定的关系。林地经过开垦，深翻耕作，发病较轻。主要是由于在熟荒地、深翻地、苗圃地、间作地经过多次耕作，清除了带病的杂树头，减少了林地根病的菌源。而杂木林地残留病树头多，侵染来源多，根病会因此严重。

（四）土壤类型

根病蔓延速度与土壤质地、土壤湿度和通气程度有关。土壤质地黏重、结构紧密、易板结、通气程度差的林段根病较重。土壤含水量过高，有利于菌膜（索）的蔓延，不利于橡胶树的生长，会降低橡胶树根系的抗病力，加重根病的发生。

六、防治技术

根病的防治原则是认真抓好早期综合治理，早发现早治疗，不让病菌在橡胶园蔓延扩大。定期检查，发现病树及时挖隔离沟或清除病株，并施以化学药剂来加以控制。

（一）农业防治

1. 彻底清除杂树桩　清除杂树桩是消灭根病的侵染源。林段中对无法拔起的大树头，可用 20% 2,4-滴丁酯毒杀树头，清除根病的侵染源。全面清除林段内原有的死树头，对易感染根病的杂树活树头，如三角枫、厚皮树、麻栎、大叶樟、刀把木等用 20% 2,4-滴丁酯（用 20 份 2,4-滴丁酯溶于 80 份柴油中配成药液）等杀树剂，在树头离地面 50cm 处刮去一圈粗皮，将药液涂在圈内，以加速树头的死亡，同时在树头截面上涂凡士林以防孢子侵染。

2. 禁止病苗上山定植或林地中的病根回穴　胶苗出圃要严格检查，禁止病苗上山。在定植穴内和周围土中如发现有病根，要清除干净，防止病根回穴。

3. 加强抚育管理 搞好林段管理，消灭荒芜，增施有机肥。可在胶苗行间种植爪哇葛藤、毛蔓豆等覆盖作物，保持土壤湿润，促进腐生菌的生长，抑制根病菌的活动。扶正风倒树，树根伤口应涂上凡士林，防止病菌孢子侵入出现新的发病中心。

4. 定期检查与处理 橡胶树定植后，每年至少调查一次根病发生情况。调查时间宜在新叶开始老化至冬季落叶前。海南岛 5、6 月干旱季节，病树易表现失水症状；7～9 月雨季，菌膜易爬出树头露出土面。因此，这两个时期容易发现根病树。此外，根据病树在冬季早落叶、春季迟抽叶的特点，在胶树大落叶前和春季新叶老化后进行调查，也易发现病树。

一次可查看 1～3 行橡胶树，远看树冠，找寻叶片变黄的植株；近查可疑的植株，如死树、杂树桩周围及防护林边的橡胶树根颈处。一旦查出病株要及时处理，防止病情蔓延扩大。

5. 挖沟隔离 根病树、与根病树相邻的第二株和第三株橡胶树间各挖深 1m、宽 30～40cm 的隔离沟，阻断健康树的根系与病根接触，可有效防止根病的传播。然后定期（一般 2～3 个月）清除沟中的土壤和砍断跨沟生长的根系，才能真正阻断根系传播病害的途径。

（二）化学防治

对橡胶林进行全面巡查，发现病树做好标记。然后对病树及与病树相邻的两株树，进行治疗和根颈保护。具体做法是：在离橡胶树头 20～30cm 处，围绕橡胶树根颈周围挖 1 条约 10cm 宽、20cm 深的浅沟，将 75％十三吗啉乳油 30mL，用清水 3L 对成药液，将药液均匀淋灌于小沟内，待药液被完全吸收后，用土壤将浅沟封好。2 个月后再淋灌 1 次。连续施用 2 年，2 年为 1 个疗程，效果较好。

附：

1. 橡胶树根病分级标准 0 级：树冠叶片正常，根系生长正常，根部无病灶；1 级：树冠叶片正常，根部小量侧根出现病害症状；3 级：树冠叶片稍有异常，病树部分侧根的病原菌体先端接近主根，呈向心发展态势；5 级：树冠叶片异常，侧根发病达 1/3～1/2，主根局部出现病害症状；7 级：树冠叶片严重失绿但无落叶，侧根发病超过 1/2，病害呈离心发展态势；9 级：树冠叶片严重失绿且部分落叶，侧根大部分发病腐烂，主根出现病害症状超过其总面积的 1/2。

注：同一级别中树冠症状与根部症状有冲突时以根部症状确定病害级别。

2. 病情指数、防治效果计算方法 病情指数是全面考虑发病率与严重度两者的综合指标。当严重度用分级代表值表示时，病情指数计算公式为：

$$病情指数 = \frac{\sum(各级病级代表值 \times 该级病株数)}{调查总株数 \times 9} \times 100$$

$$防治效果 = \left(1 - \frac{CK_0 \times PT_1}{CK_1 \times PT_0}\right) \times 100\%$$

CK_0 清水对照区施药前的病情指数；PT_1 药剂处理区施药后的病情指数；CK_1 清水对照区施药后的病情指数；PT_0 药剂处理区施药前的病情指数。

贺春萍（中国热带农业科学院环境与植物保护研究所）

第 4 节　橡胶树死皮病

一、分布与危害

橡胶树死皮病是世界植胶国家普遍发生、为害极大的一种病害。在 1913—1923 年，印度、马来西亚和印度尼西亚橡胶树发生了大量死皮病，引起了很大恐慌。自发现死皮病以来，人们一直在不断地研究和探索死皮的起因和发病机理。一个多世纪来，人们并没有解决这一世界难题，尤其是在新开发出的早熟橡胶高产品系中死皮病更为严重，死皮率在正常割胶情况下仍超过平均数。在我国因橡胶树褐皮而停割的树占开割树的 20％以上，有的甚至高达 40％，每年因该病所造成的经济损失达 20 亿元以上，并且病情呈发展趋势，已严重影响我国天然橡胶基本安全供给。

二、症状

死皮病是天然橡胶生产中出现的一种割面症状，表现为割线局部或全部不排胶。死皮病是中国的一种习惯性说法，而国际上常称为 Tapping Panel Dryness，简称 TPD，译为"割面干涸"。因该病害发生时在割面上常伴有褐色斑点、斑纹出现，因而又称为褐皮病，也称为树皮坏死或树干韧皮部坏死。

此病病症表现多样，罹患死皮病的橡胶树割线，初期呈灰暗色水渍状，割线上胶乳减少、割线断断续续，胶乳停排，胶管内缩，严重时树皮产生褐色斑点、斑纹，病皮干枯，爆裂脱落，割面变形，割面及韧皮部坏死等现象（彩图 17-4-1）。

三、病原

造成橡胶树死皮病的原因很多，目前国际上尚无统一认识。总体分为生理性死皮和病理性死皮，生理性死皮主要是由于强度割胶、品系遗传性、乙烯利刺激强度过大、频率过高等引起，病理性死皮是由类立克次氏体（图 17-4-1）所引起，在胶园中生理性和病理性死皮常常相伴发生。

四、发生规律

橡胶树死皮病经常在高产品系、高产林段、高产树位或高产单株上发生严重。

1. 割胶强度 死皮病的发生与割胶强度，特别是割胶频率关系密切。割胶强度过大，会降低橡胶树的抵抗能力，可能诱发死皮病。

2. 乙烯利刺激 乙烯利刺激强度太大、频率过高，可诱发死皮病。

3. 品系遗传性 橡胶实生树死皮病的发生率比无性系高，而无性系中不同品系的抗病性也不相同，如 RRIM707、RRIM600 死皮病发生较严重，GT1、PR107、PB86 次之，RRIM518 较轻。

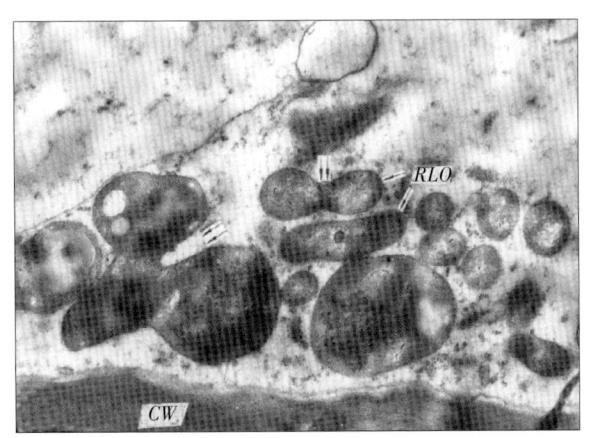

图 17-4-1 橡胶树死皮病病原（陈慕容提供）
Figure 17-4-1 The pathogen of tapping panel dryness (by Chen Murong)

4. 地理环境 死皮病在我国植胶区有自北向南逐渐加重的趋势。这种发病现象的存在，生理学者认为是由于割胶年刀次不同所引起的；病理学者则认为，除割胶年刀次差异的原因外，可能还与割胶期间的气温、菌体及虫媒的活动有关。

五、发生特点

橡胶树死皮病的发生具有以下几个特点。

1. 病灶扩展方向 病灶扩展方向与乳管的走向一致，早期病灶多由割面的右上方向左下方扩展，纵向扩展大于横向扩展。

2. 发病部位 发病的部位与割线的排胶影响面直接相关，向下割（阳刀）死皮向下扩展，直至根部；向上割（阴刀）则死皮向上扩展，直至分枝。

3. 病灶在两个割面之间的扩展 病灶在两个割面之间的扩展以相邻树皮的斜向扩展为主，两个割面相距越近，扩展率越高。但是，原生皮病灶难以扩展到再生皮，再生皮病灶也难以扩展到另一个再生皮割面，通常原生皮病灶只能在原生皮上扩展。

4. 乳管系统的坏死 乳管系统的坏死是不可逆的，在死皮的病灶范围内，由于胶乳凝固堵塞，是无法在原位恢复正常产胶的。某些干涸的割线，因乳管坏死范围较小，可将干涸的树皮割掉，然后在原割线继续轻度割胶。而一些死皮病，病灶范围较大，病斑往往扩展到根部，这种病灶必须及时进行隔离或刨皮处理，才能转换割面割胶。

六、防治技术

橡胶树死皮病的综合防控应坚持"以防为主，防重于治"的原则，处理好管、养、割三方面的关系。

（一）物理防治

1. 病灶处理 在晴天用弯刀先刨去病部粗皮，再小心刨至砂皮内层（但不可碰伤形成层），为了使未刨净的病斑自行脱落，可用 0.5％硼酸涂抹伤口，数天后拔除凝胶以防积水。长成新皮后一般可恢复割胶。

2. 开沟隔离 目的是防止病部扩大。具体方法是：在病部和健部交界处，从健部下刀，用利刀开一条沟，使病部和健部隔离，避免病情扩展。这种割前隔离是小胶园控制割面死皮经常采用的方法。割前隔离是一种有效的预防措施，每年隔离一次的效果比一次性隔离好，防病效率提高 50％～76％。也可采用开沟隔离、刮皮、使用棕油＋敌菌丹混合剂涂封的综合措施，该措施的死皮恢复率可达 85％。

（二）农业防治

严格执行采胶制度，降低割胶强度，加强采胶管理，做到割胶和养树相结合，避免强割胶和雨水冲胶；加强胶园管理，施足化肥、有机肥，消灭林段荒芜，使林段通风，提高橡胶树的抗病力。对病树则根据发展情况及严重度控制割胶强度和刺激强度，无法恢复的割面转高部位割胶。

（三）化学防治

四环素族抗生素是目前防治橡胶树死皮病最有效的化学药剂，重点保护开割幼树，在控制采胶强度，加强田间管理的前提下，四环素族抗生素对保护开割幼树的防治效果达差异显著水平以上，对 1～3 级中、轻病树有较好的抑制和治疗作用。施用四环素族抗生素防治死皮病，1～3 级病树发病率下降 2％，而不涂药的对照发病率上升 21.8％。在中、老龄停割病树复割部位上施用四环素族抗生素，能在一定程度上抑制病状扩展，延缓病情发展。而且该药剂可以与乙烯利混合涂施，节约了劳动力和时间，从而可降低防治成本。

附：橡胶树死皮病病情分级标准

0 级：健康；1 级：病斑长度为 2cm 以下；2 级：病斑长度为 2cm 或占割线长度的 1/4；3 级：病斑长度占割线长度的 1/4～1/2；4 级：病斑长度占割线长度的 1/2～3/4；5 级：病斑长度占割线长度的 3/4 至全线死皮。

罗大全（中国热带农业科学院环境与植物保护研究所）

第 5 节　橡胶树割面条溃疡病

一、分布与危害

橡胶树割面条溃疡病是世界性广泛分布的重要割面病害，1909 年在斯里兰卡首次发现。1961 年，中国云南垦区首次发现。1962 年冬在海南东太、东兴、西庆、西联等 17 个农场首次暴发了条溃疡病，造成几十万株胶树割面严重溃烂，致使 30 万株重病树在 1963 年被迫停割，减产干胶450t，另有大批高产胶树在 1963 年冬季提前停割，造成当年干胶产量锐减。1964 年和 1967 年该病又在海南垦区大流行。1978—1980 年云南西双版纳垦区橡胶树割面条溃疡病发生流行，因病停割的重病树达 23 万多株，年损失干胶近 800t。

二、症状

橡胶树割面条溃疡病初发生时，在新割面上出现一至数十条竖立的黑线，呈栅栏状，病痕深达皮层内部以至木质部。黑线可汇成条状病斑，病部表层坏死，针刺无胶乳流出，低温阴雨天气，新老割面上出现水渍状斑块，伴有流胶或渗出铁锈色的液体。雨天或高湿条件下，病部长出白色霉层，老割面或原生皮上出现皮层隆起、爆裂、溢胶现象，刮去粗皮，可见黑褐色病斑，病斑边缘水渍状，皮层与木质部之间夹有凝胶块，除去凝胶后木质部呈黑褐色（彩图 17-5-1）。

三、病原

橡胶树割面条溃疡病病原为卵菌门疫霉属（*Phytophthora* de Bary）的多种疫霉菌，有棕榈疫霉 [*P. palmivora*（E. J. Butler）E. J. Butler]、蜜色疫霉（*P. meadii* McRae）、柑橘褐腐疫霉 [*P. citrophthora*（R. E. Sm. et E. H. Sm.）Leonian]、辣椒疫霉（*P. capsici* Leonian）、烟草疫霉 [*P. nicotianae* Breda de Haan，异名：寄生疫霉（*P. parasitica* Dastur）] 等。

橡胶树割面条溃疡病菌在 PDA 培养基上菌落为白色丝状，菌落形态为明显的玫瑰花瓣放射状。气生菌丝较少，产生孢子囊和厚垣孢子。厚垣孢子顶生或间生，直径为 $20\sim35\mu m$。孢子囊形态变化大，为卵形、长卵形、椭圆形、近球形、梭形，大小为（$32.5\sim77.5$）$\mu m\times$（$17.5\sim37.5$）μm。成熟孢子囊释放多个游动孢子。生长适宜温度为 $24\sim26℃$，最高为 $33℃$。

四、流行规律

降雨或高湿度是病菌侵染的主要条件，尤其是持续的阴雨天气，高湿且冷凉天气容易导致病斑扩展、树皮溃烂。割胶刀数多、强度大、割口过深、伤口多、割正刀、割线呈波浪形或扁担形等病重。地势低注、密植、失管荒芜、靠近居民点的林段，病害往往发生较重。橡胶树割面条溃疡病菌寄主范围很广，除橡胶树外，还能侵染多种热带植物。

五、防治技术

（一）农业防治

1. 保持橡胶林通风透光　加强林段抚育管理，保持林段通风透光，降低林间湿度，保持割面干燥，使病菌难以入侵。

2. 切实做好冬季安全割胶　避免强度割胶，提高割胶技术。在季风性落叶病发生的胶园安装防雨帽，坚持"一浅四不割"的冬季安全割胶措施。一浅：坚持冬季浅割，留皮 0.15cm。四不割：一是早上 8：00 气温在 15℃以下，当天不割胶；二是毛毛雨天气或割面未干不割胶；三是芽接树前垂线<50cm，实生树前垂线<30cm 不割胶，另转高线割胶；四是病树出现 1cm 以上病斑，未处理前不割胶。

3. 在割线上方安装防雨帽　安装防雨帽既阻隔树冠下流的带菌雨水、露水，又能保持中、小雨帽下 80～100cm 范围茎干的树皮保持干燥，达到头天晚上下雨，第二天早上仍可正常割胶，并可防止雨水冲胶，减少了死皮和割面霉腐，也无需涂施农药或少施农药。安帽树每年能多割 5～6 刀，增产干胶 0.25kg。

4. 涂施乙烯利　刮去割线下方粗皮，然后涂施 5% 乙烯利水剂能提高割面树皮对橡胶树割面条溃疡病的抗性，每月 1 次，防效相当于 1% 三乙膦酸铝药液，但要配合减刀和增肥措施。

（二）化学防治

在割胶季节，割面出现条溃疡黑纹病痕时，及时涂施含有效成分 1% 的甲霜灵或 5%～7% 三乙膦酸铝缓释剂 2 次，能控制病纹扩展。对扩展型斑块则要进行刮治处理：用利刀先把病皮刮除干净，病部修成近梭形，边缘斜切平滑，伤口用含有效成分 1% 的敌菌丹或三乙膦酸铝，或 0.4% 甲霜灵进行表面消毒，待干后撕去凝胶，再用凡士林或 1：1 松香棕油涂封伤口。处理后的病部木质部可喷 80% 敌敌畏乳油 1 500～2 000 倍液防虫蛀，2 周后，再涂封煤焦油或沥青柴油（1：1）合剂，并加强病树的抚育管理，增施肥料。

黄贵修（中国热带农业科学院环境与植物保护研究所）
高宏华（中国热带农业科学院橡胶研究所）

第 6 节　橡胶树棒孢霉落叶病

一、分布与危害

橡胶树棒孢霉落叶病（Corynespora leaf fall disease，CLFD）现已成为南亚、东南亚和中非橡胶树最具破坏性的叶部病害，是继南美叶疫病（South American leaf blight，SALB）之后第二个威胁世界天然橡胶产业的重要病害。该病于 1936 年首次于塞拉利昂的橡胶树苗圃发现，但未引起重视。直到 1958 年在印度的橡胶树实生苗圃中再次发现，才引起人们的高度重视。此后，1960 年在马来西亚的嫁接苗圃中发生，1969 年在尼日利亚，1980 年在印度尼西亚，1984 年在喀麦隆、加蓬、科特迪瓦，1985 年在斯里兰卡、泰国和巴西的亚马逊州，1988 年在孟加拉国、菲律宾先后报道在苗圃和成龄胶园发生；1999 年越南的苗圃和成龄胶园也发现该病。2006 年在我国云南、广西和海南的橡胶树苗圃和幼龄树上发现该病为害。目前，由多主棒孢引起的橡胶树棒孢霉落叶病已成为世界各植胶区最具破坏性的叶部病害。

二、症状

（一）苗圃

橡胶树嫩叶和老叶都受棒孢霉落叶病侵害，发病症状因品系、叶龄、侵染部位而异。淡绿期叶片受害常形成圆斑型病斑，即病斑为深褐色圆形，直径 1～8mm，病斑中央浅灰色，由深褐色坏死线所围绕，外围有明显的黄色晕圈。随着叶片的老化，病斑逐渐扩大呈纸质状，最终形成炮弹状穿孔，外围有深褐色坏死线和明显的黄色晕圈。病斑周围的叶组织黄红色或褐红色，严重时叶片脱落。受害叶片除了能产生坏死病斑和萎蔫脱落外，橡胶树棒孢霉落叶病最典型的症状就是鱼骨状病斑，棒孢病菌寄主专化性毒素沿叶脉传导，叶片组织内部由于毒素的积累，导致叶脉组织变褐坏死，并沿叶脉形成鱼骨状病斑，严重时导致大量落叶（彩图 17-6-1）。由山扁豆生棒孢侵染为害的橡胶树棒孢霉落叶病在田间的病斑症状表现出多样性，除了典型的鱼骨状病斑外还有其他症状特点（彩图 17-6-2）。嫩枝和叶柄发病，通常出现浅褐色长病斑；叶柄或叶片基部发病，则枝条上几乎所有的叶片都会干枯且迅速凋落；植株发病，则反复落叶，甚至整株枯死。

（二）幼龄树及开割树

发病初期，在淡绿期的嫩叶上出现大量的圆形或不规则形的病斑，外围的黄色晕圈非常明显。一般而言，该病最先为害靠近路边或在开阔位置的橡胶树，且暴露在阳光下的枝条受害更为严重。老化期的叶片感病后，叶片上出现一些面积较大的枯斑，像被火烧过一样从叶尖和叶缘开始发病至整片叶干枯脱落，病斑通常呈黄褐色和红褐色，叶脉受到感染则会出现典型的鱼骨状病斑，发病严重时，毒素沿叶脉扩张至整片叶导致叶片脱落（彩图 17-6-3）。

三、病原

橡胶树棒孢霉落叶病的病原为山扁豆生棒孢［*Corynespora cassiicola*（Berk. et M. A. Curtis）C. T. Wei］，别名瓜棒孢菌，多主棒孢，属子囊菌门无性型棒孢属真菌。

山扁豆生棒孢的分生孢子顶端单生，倒棍棒状至圆柱状，直立或稍弯，浅橄榄色至深褐色，光滑，具有 4～20 个假隔膜，基部有 1 个突出的脐，大小变化较大，一般为（12.78～157.41）$\mu m \times$（2.80～12.71）μm。分生孢子梗长，直立或稍弯，单生或偶尔分枝，浅色至浅褐色，有分隔，大小为（110～850）$\mu m \times$（4～11）μm。分生孢子萌发产生 1 条或数条芽管，这些芽管多从分生孢子末端伸出，不同来源的菌株在形态学上存在一定的差异。该病原菌在 PDA 培养基上，菌落圆形，边缘整齐，平铺，浓密，青灰色或褐色，边缘为白色，细发状；菌丝有分隔，浅色至褐色，各菌株因寄主或生境的不同培养性状各异（彩图 17-6-4）。

四、病害循环

山扁豆生棒孢可以在被感染的作物残体上或土壤中存活 2 年以上。该病菌的寄主范围很广，来自不同寄主植物上的山扁豆生棒孢菌株可以交叉侵染。橡胶种植园中，杂草的存在有利于病原菌的存活，病原菌在田间的传播方式主要是分生孢子通过气流和风雨传播。在田间整年都可能发生落叶病，病区整年都能从空中捕捉到分生孢子。

五、流行规律

当相对湿度大于 96%，温度在 28～30℃时，橡胶树棒孢霉落叶病菌分生孢子可以萌发；但是，当温度在 20℃以下或 35℃以上时分生孢子萌发受到抑制。病原菌在田间最适宜的发病环境条件是高湿、气温在 26～29℃的阴雨天气。该病害一般在 3～4 月出现病情，8～9 月病情急剧上升，10～11 月病情达到全年最高值，之后逐渐下降。

橡胶树棒孢霉落叶病的发生与流行常受到寄主植物、病原物、环境条件和人类活动等诸多因素的影响，这些因子的相互作用决定了该病害发生流行的强度和广度。在棒孢霉落叶病发生严重的地区，通过孢子捕捉试验发现，一天中分生孢子释放数量有规律性的变化：从子夜至 7：00，释放的孢子数量很少；临近 12：00 急剧增加，并迅速达到高峰。棒孢霉落叶病菌产生的分生孢子借助风雨传播。在田间整年都可能发生落叶，在病区整年都能从空气中捕捉到山扁豆生棒孢的分生孢子。天气湿润、气温在 26～29℃时有利于产孢和侵染，小雨多云天气有利于病害流行。山扁豆生棒孢的寄主范围较广，能侵染 145 属的数百种作物或野生植物，只要外界环境条件适宜，病原菌就会相互迁移交互侵染。另外，不同植胶地区，棒孢霉落叶病发生的严重程度有很大差异，这与各地气候和不同毒力遗传型的病菌以及不同橡胶品系的感病性密切相关。建立棒孢霉落叶病的抗病性评价方法和标准（表 17 - 6 - 1），有助于橡胶树抗病品种和品系的筛选，表 17 - 6 - 2 是橡胶树棒孢霉落叶病病害分级标准（彩图 17 - 6 - 5）。

表 17 - 6 - 1　橡胶树棒孢霉落叶病抗病性评价分级标准
Table 17 - 6 - 1　The rating scale for resistance evaluation of Corynespora leaf fall of rubber tree

抗性水平	菌饼和孢子液点接法（cm）	毒素生物萎蔫法	喷雾接种法
高抗（HR）	病斑直径<0.5	萎蔫指数<10	病情指数<15
中抗（MR）	0.5≤病斑直径<1.0	10≤萎蔫指数<20	15≤病情指数<20
轻感（S）	1.0≤病斑直径<1.5	20≤萎蔫指数<30	20≤病情指数<30
中感（MS）	1.5≤病斑直径<2.0	30≤萎蔫指数<40	30≤病情指数<40
高感（HS）	病斑直径≥2.0	萎蔫指数≥40	病情指数≥40

表 17 - 6 - 2　橡胶树棒孢霉落叶病病害等级划分标准
Table 17 - 6 - 2　The scale and description for Corynespora leaf fall of rubber tree

为害等级	为害程度
0	叶面无病斑
1	病斑总面积占叶面积的比例小于 1/8
2	病斑总面积占叶面积的比例大于等于 1/8，小于 1/4
3	病斑总面积占叶面积的比例大于等于 1/4，小于 1/2
4	病斑总面积占叶面积的比例大于等于 1/2，小于 3/4
5	病斑总面积占叶面积的比例大于或等于 3/4

病情指数的计算公式为：

$$病情指数 = (\sum 各病级叶片数 \times 相应病级数值) / (调查总叶片数 \times 最高病害级数) \times 100$$

六、防治技术

山扁豆生棒孢广泛分布于热带及亚热带国家和地区，能够侵染包括橡胶树在内的多种作物。该病原菌的致病力较强，侵染寄主植物后会造成严重的产量损失。过去的 20 多年，由山扁豆生棒孢侵染引起的橡胶树棒孢霉落叶病在南亚、东南亚和中非地区的几个主要橡胶树高产品系上为害严重，已经成为天然橡胶产业持续发展的一个限制因素。近年来，随着该病在各个橡胶生产国的频频暴发，各橡胶品系对该病害的抗性在逐渐丧失，单纯地采用化学农药防治已经不足以完全控制该病害的发生，所以要采取综合防治措施。

（一）加强检疫

由山扁豆生棒孢侵染引起的橡胶树棒孢霉落叶病要加强检疫工作，防止该病从发病区域扩散到无病区域，对发病地区的橡胶苗木、橡胶树加工产品、病区土壤进入非发病区，特别是调运的苗木，必须实施严格的检疫处理，经签发准运检疫证后方能调运。

（二）农业防治

1. 选育和嫁接抗病品种　在病害高发区域不应种植感病品种，如 RRIM600、PR107 和 GT1。经测定，IAN873、湛试 32713、云研 277-5 是较好的抗病品系，应推广种植。其次，我国自己选育的大丰 117、南华 1、云研 77-4、热研 7-33-97、文昌 11、热研 8-333 等品系也较为抗病。可用耐病品系给2～3 年树龄的感病品系换头。

2. 选择适宜的无病立地环境设立苗圃　选择地势较高，通风良好、平坦的地块进行育苗。拔除 2 年以上树龄的所有易感病品种的染病植株，烧毁所有叶片和小枝以摧毁接种体。不在发病林地附近建苗圃，严禁从发病胶园采种，禁止从发病苗圃购苗。发病严重的苗圃需全部砍除，集中销毁，清除寄主，并对土壤进行全面消毒。

（三）化学防治

建议生产上使用的药剂有：50％多菌灵、70％甲基硫菌灵、50％福美双可湿性粉剂等杀菌剂。针对不同时期的橡胶树受山扁豆生棒孢侵染，所采取的防治方法有所不同，应结合当时的气候情况和病害的发生程度，并针对苗圃地、幼树林段和成龄胶园采用不同的防治措施和防治药械。

1. 橡胶种苗基地　加强和加大国内检疫力度，严禁从发病苗圃地调运繁殖或种植材料，对病区病株残体进行处理和集中烧毁，并对病情进行严密监测，防止病害的传播与蔓延。

尽可能在远离发病林地处开辟苗圃，选用抗病品系的种子育苗，加强苗圃栽培管理，苗床设计要方便喷药作业。

化学防治推荐在雨季每 5d，干旱季节每 7～10d 喷施一次有效杀菌剂，可使用的杀菌剂有 50％苯菌灵可湿性粉剂或 40％多菌灵可湿性粉剂 800 倍液，或 25％咪鲜胺·多菌灵可湿性粉剂 600～800 倍液。

2. 幼龄胶树　对于 10m 高以上的幼树可通过高位芽接技术以耐病品系替代感病品系来进行病害的防治。化学防治方法同上。

3. 开割林段成龄胶树　对于开割林段的橡胶树，所需的喷药器具应具有大功率、高喷量的特点，可保证药剂能均匀地喷洒到高、中、低层的橡胶树叶片上。化学防治的有效时段应在橡胶苗出圃前。印度、马来西亚、泰国等国推荐使用多菌灵、代森锰锌、咪鲜胺和己唑醇等药剂来进行苗圃化学防治。

黄贵修　李博勋（中国热带农业科学院环境与植物保护研究所）

第 7 节　橡胶树季风性落叶病

一、分布与危害

橡胶树季风性落叶病是在季风雨开始以后才发生流行的侵染性病害。1909 年在斯里兰卡和印度首次发现该病。以后在其他国家或地区，如缅甸、苏门答腊和加里曼丹、越南、柬埔寨、泰国、马来西亚、巴西、秘鲁、尼加拉瓜、哥斯达黎加和委内瑞拉等国陆续有报道。我国于 1965 年在云南西双版纳首次发现橡胶树季风性落叶病。1978 年云南西双版纳 6 个农场发病面积达 133.33hm²，1979 年、1980 年云南景洪农场发病胶园有 1 733.33hm²，在海南儋州、白沙、琼中、临高、澄迈、琼山、万宁等县（市）的农场曾有发生。季风性落叶病可以为害橡胶树地上部的任何部位，但主要为害叶片、绿色枝条和绿色胶果，引起叶片脱落、枝条回枯和果实腐烂，对橡胶树为害很大。

二、症状

该病主要发生在绿色胶果及叶柄、叶片和枝条上。最显著的特征是：叶片、叶柄、未成熟的胶果和枝条感病后，均会出现水渍状病斑，并且病斑上有白色凝胶（彩图 17-7-1）。绿色胶果是该病最先感病的再侵染源，胶果感病后，出现水渍状、近圆形病斑，以后病斑扩展使整个果实腐烂，并长出一层白色霉状物，即病原菌菌丝和孢子囊，病果不会脱落，最终变成为僵果。叶片、叶柄感病后出现水渍状病斑，病斑上有凝胶，后期病斑呈黑褐色，感病的叶片、叶柄脱落（彩图 17-7-2）。枝条感病后初期呈水渍状，皮层呈褐色，刮开皮层可见木质部呈褐色水渍状，最终感病枝条呈黑褐色枯死。枝干、茎基、割面等部位感病，初期受害部位多开裂，出现暴胶，水渍状，后期形成溃疡。林段感病时，最先可在感病林段见到不正常落叶。早期落叶叶片绿色，中后期落叶除绿色叶片外，还有黄绿色和黄红色叶片出现，在脱落的叶柄上可见到梭形暗黑色水渍状病斑，病斑上有白色凝胶。一般情况下，胶果最先感病，再通过雨水传播到叶、枝、干、割面、茎基等部位。病害发生严重时，出现大量落叶，枝条回枯，枝干发病，特别是老病区枝干、茎基、割面溃疡严重。

三、病原

橡胶季风性落叶病病原为卵菌门疫霉属（*Phytophthora* de Bary）的多种疫霉菌，有棕榈疫霉 [*P. palmivora* （E. J. Butler）E. J. Butler]、蜜色疫霉（*P. meadii* McRae）、柑橘褐腐疫霉 [*P. citrophthora* （R. E. Sm. et E. H. Sm.）Leonian]、辣椒疫霉（*P. capsici* Leonian）、烟草疫霉 [*P. nicotianae* Breda de Haan，异名：寄生疫霉（*P. parasitica* Dastur)] 等。其培养性状和生物学特性同橡胶树割面条溃疡病菌。

橡胶树季风性落叶病菌在 PDA 培养基上菌落为白色丝状，菌落形态为明显的玫瑰花瓣放射状。气生菌丝较少，产生孢子囊和厚垣孢子。厚垣孢子顶生或间生，直径为 $20\sim35\mu m$。孢子囊形态变化大，为卵形、长卵形、椭圆形、近球形、梭形，大小为 $(32.5\sim77.5)~\mu m\times(17.5\sim37.5)~\mu m$。成熟孢子囊释放多个游动孢子。生长适宜温度为 $24\sim26℃$，最高为 $33℃$（彩图 17-7-3）。

四、病害循环

橡胶树季风性落叶病菌能产生抵抗不良环境的厚垣孢子，寄主范围广。带菌的僵果、枝条、割面条溃疡病斑以及带菌的土壤是该病的侵染来源。每年季风雨到来时，树上带菌的僵果和枝条在连续阴雨潮湿的气候条件下，产生孢子囊并释放游动孢子，借风雨传播到绿色僵果、嫩枝和叶片上侵染为害引致发病。

五、流行规律

橡胶树季风性落叶病多发生在 6~11 月的雨季，如果出现平均日照小于 3h，降水量大于 2.5mm 的雨日持续 4d 以上，平均相对湿度大于 90%，日最高气温低于 30℃ 等天气过程，该病就会发生。根据发病率统计，橡胶树季风性落叶病在我国垦区发生流行的时间不长，在云南主要集中在 7、8、9 3 个月内发生流行。而在海南 1973 年和 1988 年都在 10~11 月发生流行。地处峡谷、低洼和荫蔽度较大的林段和地区发病较重。PB86、RRIM600、PR107、PB5/51 等橡胶无性系易感病，而 GT1 为抗病品系。

六、防治技术

（一）农业防治

1. 改善胶园环境 对橡胶林应加强维护，及时清除林段周边的灌木、竹篷、高草，砍除橡胶树下垂枝，保持胶园通风透光。做好排水工作，降低林间湿度。

2. 控制胶果量 橡胶林胶果量受橡胶树白粉病控制。春季橡胶白粉病为害花序，降低坐果率，胶果少，从而可减轻季风性落叶病的发生。云南西部植胶区虽然季风性落叶病分布较广，但一般常年只在某些林区发生，除局部胶林或极个别特殊年份造成部分胶林落叶较多外，一般病情较轻，不会因落叶导致产量的明显损失。因此，对本病一直未采取高成本的药剂防治。这主要利用保留一定程度的白粉病病情，有效降低胶林结果量的规律，收到控制季风性落叶病发生和流行的效果，即实现橡胶白粉病、季风性落叶病的综合控制。

3. 合理搭配栽培品种 选种抗病或耐病的高产品系，以及产果少的品系，从而起到避病的作用，如种植云研 77-2、云研 77-4 等。

（二）化学防治

苗圃或幼树林段，发病初期用 1％波尔多液喷雾，每隔 7～10d 喷射 1 次，共喷 2～3 次。成龄胶园，用 1.13～1.5kg 王铜溶解于 13.5～18kg 无毒煤油中，用机动弥雾机或飞机喷雾，或用 1％波尔多液加 0.2％硫酸锌喷雾防效也较好。避免在加工厂或收胶站附近林段或在当天割胶的林段喷药。喷药前应将林段内的胶杯倒放，以防药液污染，影响胶乳质量。

黄贵修　蔡吉苗（中国热带农业科学院环境与植物保护研究所）

第 8 节　橡胶树麻点病

一、分布与危害

橡胶树麻点病于 1904 年在马来西亚首次发现，我国于 1951 年开始报道该病的发生。麻点病在我国各植胶区均有发生。近年来在海南省分布极为广泛，发病较为严重。麻点病是橡胶幼苗期的一种重要叶部病害，对苗圃一年生胶苗为害严重，对开割的橡胶树一般不造成危害。该病主要为害叶片、叶柄和嫩梢。为害严重时会引起嫩叶脱落，顶芽不能正常抽出，苗木生长缓慢，芽接后的成活率降低。

二、症状

橡胶树麻点病在橡胶叶片上形成的病斑小而多，较密集。不同叶龄叶片发病后所表现的症状有所不同。古铜叶受害，叶片出现暗褐色水渍状小斑点，严重时，叶片变褐、枯死和脱落。淡绿期叶片受害，最初出现黄色小斑点，随后病斑扩展为直径 1～3mm 的圆形或近圆形病斑，病斑中央灰白色，对光观察略透明，边缘褐色，周围有黄色晕圈，随叶片老化后，有些病斑中央出现穿孔。接近老化的叶片染病，出现深褐色小点。叶片主脉、叶柄及嫩枝条发病，出现褐色条斑。在潮湿条件下，病斑背面常出现灰褐色霉状物（彩图 17 - 8 - 1）。

三、病原

橡胶树麻点病病原为橡胶树平脐蠕孢 [*Bipolaris heveae* (Petch) Arx]，属子囊菌门无性型平脐蠕孢属真菌。分生孢子梗褐色，弯曲或稍弯曲，膝状。分生孢子舟形，两端钝圆，新形成的分生孢子浅褐色，弯曲，无隔膜。老熟分生孢子褐色，壁厚，并有等距离隔膜，一般 7～8 个，多的有 13 个隔膜（彩图17 - 8 - 2）。

四、病害循环

橡胶树麻点病菌以分生孢子在幼树及苗圃病叶上越冬，为病害发生的初侵染源。翌年 3～4 月病叶上的分生孢子借风雨和耕作活动传播到橡胶树苗新抽的嫩叶上，分生孢子萌发形成附着胞，从附着胞腹面长出侵入丝从表皮直接侵入，也可从叶表皮孔或伤口侵入引起病害发生。潜育期为 18h 左右。叶片发病后，病斑在适宜条件下产生分生孢子，并开始重复侵染。

五、流行规律

温度为 25～30℃最有利于橡胶树麻点病发生，温度在 32℃以上时，病害几乎不再发展。靠近老苗圃的新开苗圃，或在幼树行间设置的苗圃发病较多；地势低洼、近河边的苗圃及偏施氮肥、杂草灌木丛生、植株行距较密、通风性差的苗圃一般发病较重。

（一）苗圃环境

橡胶树麻点病因苗圃环境条件不同，发病的严重程度存在差异。如设在山谷、低洼地、近河边和四周蒿草灌木丛生，通风程度很差的苗圃，发病严重；高坡地或通风良好的平坦地苗圃，发病较轻。

（二）栽培措施

施用氮肥过多，胶苗叶片大而嫩，利于病菌侵染，发病较重；施足基肥，同时追施全肥，胶苗生长健壮，发病较轻。淋灌水过多或株行距较密的苗圃，一般橡胶树麻点病发生较重。

(三) 气象因素

温、湿度与橡胶树麻点病发生程度关系密切。日平均气温在 20℃以下和 32℃以上，病害几乎不发展或基本不发病。高湿和降雨有助于该病的发生和发展。

六、防治技术

(一) 农业防治

1. 选择条件适宜处设主苗圃 选择土壤肥沃、排水良好、通风透光的地块育苗。应尽量避免在靠近老苗圃或在幼树行间育苗，且植苗行距不宜过密。

2. 加强抚育管理 施足基肥并合理施用氮、磷、钾肥，避免偏施氮肥和淋水过多。及时清除苗圃周围的杂草、灌木，以利通风透光，降低湿度。

(二) 化学防治

在病害流行季节到来之前，可用 50％多菌灵可湿性粉剂 500 倍液，或代森锰锌等药剂防治，每 7～10d 喷施 1 次，共喷 2～3 次，对减轻病害有一定的效果。

黄贵修 李博勋 (中国热带农业科学院环境与植物保护研究所)

第 9 节 橡胶树桑寄生

一、分布与危害

橡胶树桑寄生为桑寄生科 (Loranthaceae) 茎半寄生有害植物，主要有广寄生 [*Taxillus chinensis* (DC.) Danser] 和五蕊寄生 [*Dendrophthoë pentandra* (Lim.) Miq.] 两种。海南和广东植胶区以广寄生为主，云南植胶区以五蕊寄生为主。

据报道，橡胶树寄生植物有 16 种，其中桑寄生科 6 属 11 种 1 变种，槲寄生科 (Viscaceae) 1 属 4 种。桑寄生科有鞘花属的鞘花 (*Macrosolen cochinchinensis*) 分布于云南、海南；桑寄生属的球果桑寄生 (*Loranthus globosus*)、厚叶桑寄生 (*L. crassipetalus*) 和木麻黄桑寄生 (*L. casuarineae*) 均分布于马来西亚；离瓣寄生属的离瓣寄生 (*Helixanthera parasitica*) 分布于海南；五蕊寄生属的五蕊寄生分布于马来西亚和我国云南；梨果寄生属的锈毛梨果寄生 (*Scurrula ferruginea*)、红花寄生 (*S. parasitica*)、小红花寄生 (*S. parasitica* var. *graciliflora*)、小叶梨果寄生 (*S. notothixoides*) 和卵叶梨果寄生 (*S. chingii*)，其中锈毛梨果寄生分布于马来西亚，卵叶梨果寄生分布于云南，其他 3 种分布于海南；钝果寄生属的广寄生分布于海南和广东。槲寄生科有槲寄生属的白果槲寄生 (*Viscum album*)、瘤果槲寄生 (*V. ovalifolium*)、扁枝槲寄生 (*V. articulatum*) 和柿槲寄生 (*V. diospyrosicola*)，白果槲寄生分布于马来西亚，瘤果槲寄生分布于马来西亚和我国海南，扁枝槲寄生和柿槲寄生分布于海南。扁枝槲寄生寄生于广寄生上，为橡胶树二重寄生。

橡胶树桑寄生为害橡胶树的主要表现有：①影响橡胶树生长。桑寄生吸收橡胶树水分和无机养分，争夺阳光，造成橡胶树叶片发黄、枯枝和抽叶延迟。严重时整个树冠被寄生代替，面目全非，致使橡胶树死亡。②降低干胶产量。一般认为，橡胶园寄生率达 25％以上时，胶乳减产 3％～7％。据报道，人工砍除寄生后的胶树增产 2.6％；高空喷杀寄生后，平均单株胶乳产量增加 10％～56％，个别胶树增加胶乳 3 倍多；树头钻孔施药法处理寄生后，平均单株增产干胶 4.27g/刀，平均树位增产率为 6.2％。虽然测产的方法不同，胶树产量的影响因素也复杂，但是，防除寄生后，干胶产量均有提高。③传播病害。据报道，桑寄生是橡胶树季风性落叶病菌和白粉病菌的寄主，可以传播这两种病害。④加重橡胶树风害。桑寄生大多聚生于胶树树冠，致使胶树容易被风折断。

橡胶树桑寄生的寄生率和寄生指数可以反映桑寄生对胶树的影响范围和程度，随着寄生率和寄生指数的增加，对橡胶树的为害逐渐加重。寄生率表示橡胶树受寄生侵染的多少，寄生率＝橡胶树受寄生为害的株数×100/调查橡胶树株数×100％；寄生指数表示橡胶树受寄生为害的严重程度，分 4 级 (目测)：0 级为无寄生，1 级为寄生体积<0.5m³，2 级为寄生体积 0.5～1m³，3 级为 1～1.5m³，4 级为>1.5m³。寄生指数＝100×∑ (各级橡胶株数×各级代表值) / (调查总株数×最高级代表值)。

二、症状

橡胶树桑寄生为害橡胶树的主茎和分枝。寄生初期植株小，叶片少，较难分辨。随着植株长大，桑寄生的茎沿着橡胶树茎生长，形成许多吸盘。在吸盘处，橡胶树的茎肿大形成许多结瘤。桑寄生的叶片和橡胶树的叶片迥然不同，容易分辨。特别是在冬季，橡胶树落叶后，桑寄生依然绿叶满枝，一眼可辨，是调查桑寄生的最佳时期（彩图17-9-1）。

三、病原

橡胶树桑寄生主要有广寄生和五蕊寄生两种。

广寄生：灌木，高0.5～1m，嫩茎、叶和花密被锈色星状毛，后逐变无毛。分枝灰棕色，具皮孔。叶对生或近对生，纸质，卵形至长卵形，叶柄长0.8～1cm，叶基部楔形至阔楔形，顶端圆钝，侧脉3或4对。伞形花序1～2腋生或生于小枝落叶节上，具（1）2（3～4）花。花褐色，花冠花蕾筒状，稍弯，顶部卵球形，裂片4，匙形，反折。果椭圆形或近球形，果皮密生小瘤体（彩图17-9-2）。

五蕊寄生：灌木，高至2m，嫩芽密被灰色短星状茸毛，不久毛脱落，成长枝、叶均无毛。叶革质，互生或近对生，叶形多样，披针形至近圆形，通常为长圆形或椭圆形，长为5～13cm，宽为2.5～8.5cm，顶端急尖或钝圆，基部钝或渐狭；侧脉2～4对。总状花序，腋生，长为7～20mm，具花3～10朵，密被茸毛；花梗长约2mm；苞片阔三角形；花托圆柱状或壶状，长为2～2.5mm；副萼杯状或漏斗状，具不规则的5钝齿；花冠钟形，青白色，后变黄红色，长为1.5～2cm，5深裂，裂片长约1.2cm；花丝长为3～4mm，花药长为2～5mm；花盘环状。果卵形，红色，长为8～10mm，直径为5～6mm，顶端较狭，具宿存副萼，果皮被疏毛或平滑。

四、病害循环

桑寄生果实成熟脱落，鸟啄食或松鼠取食后，经过消化道排出种子，黏附在橡胶树皮上，萌发产生胚根，形成吸盘，分泌黏液，溶解树皮组织。吸盘产生初生根，从皮孔或芽孔侵入树皮外层，一般只侵入幼嫩且较薄的树皮。当初生根接触到活的树皮组织时，产生分枝形成假根，在树皮内层蔓延，并产生与假根垂直的次生吸根，穿过形成层伸入木质部。次生吸根组织部分分化为输导组织，导管和橡胶树导管相连，吸收橡胶树体内的水分和无机盐，供应桑寄生生长。这样，桑寄生和橡胶树就建立了寄生关系。同时，胚芽也开始发育，形成短枝。初生吸根和假根上会不断产生不定芽，形成新枝，呈丛生状。茎基部的不定芽又长出匍匐茎，在橡胶树茎上延伸，产生新的吸根侵入树皮，并长出新的茎叶，不断蔓延为害橡胶树。

五、流行规律

橡胶树桑寄生主要靠鸟类传播与扩散。种子无休眠期，在果实内可以发芽。在月均温15～26℃，相对湿度78%～88%时，种子在死、活物体上均能发芽，平均发芽率达87.3%。桑寄生幼苗只能在其寄主树上生长成植株，完成生活周期。

六、防治技术

橡胶树桑寄生防治困难较大，因为橡胶树是高大乔木，高为10～30m，而且桑寄生与橡胶树都是阔叶类植物，并建立了寄生关系，形成一体。橡胶树桑寄生的防治目前主要有人工砍除和化学防除两种方法。

人工砍除是一种传统的防除方法，一般在冬季胶树落叶后进行，砍除被桑寄生为害的枝干。这种方法劳动强度大，工效低，成本高，伤树重，而且十分危险，人员伤亡事故时有发生。

化学防除主要有高空喷杀和树头钻孔施药两种方法。

高空喷杀法是用高杆连接喷雾器，对桑寄生进行喷雾，将其杀死。药剂主要是草甘膦原药，对水（药水比为1∶2）喷雾，要在冬季橡胶树落叶时进行。

树头钻孔施药法是在冬季橡胶树落叶时，在树头于桑寄生着生方向，用手钻或电钻钻一斜孔（直径1.0～1.2cm，深5～10cm），用注射器注入专用药剂3～8mL，用封口剂封口即可。注意事项：①施药量根据胶树和桑寄生的大小而定，小则用下限，大则用上限，特大或几个分枝都有桑寄生时，要钻2～3个孔施药；②施药方向一定要与桑寄生着生方向一致，确保药液传到桑寄生上；③施药后胶树抽叶时，药剂传到有桑寄生的枝条会有药害，抽出的叶片会脱落，但大部分枝条都会重新抽叶，恢复正常，对整株胶树当年产量影响不大。药剂没有传到的枝条不受影响。

范志伟 黄乔乔（中国热带农业科学院环境与植物保护研究所）

第10节 木薯细菌性枯萎病

一、分布与危害

木薯细菌性枯萎病是一种世界性病害，最早于1900年在拉丁美洲发现，1912年在巴西有发生记载，1972年在亚洲有正式发生的报道。目前，该病害已经广泛分布于亚洲、非洲和南美洲的木薯产区。在南美洲和非洲，该病害是木薯毁灭性的病害之一，导致产量损失达12%～90%，品质也严重下降，甚至可造成毁种绝收。该病害在我国首次发生流行是在台湾，随后在海南儋州、广东深圳、广西北海等地有发生报道。目前，根据中国热带农业科学院环境与植物保护研究所的普查结果，该病已经在我国海南、广西、广东、云南、江西等木薯主产区普遍发生。2009年，广东省遂溪县下六镇地区种植了华南5号、华南7号和华南8号的木薯田，在7月受台风雨影响而造成该病大面积发生，发病面积为200hm²，致部分田块绝收。2012年该病在广西平南县和广东湛江市再度大发生，发病面积分别为70hm²和130hm²，部分田块产量损失在50%以上。

二、症状

木薯细菌性枯萎病主要为害叶片和茎秆，造成叶片枯黄、凋萎、提前脱落，严重影响植株长势。首先为害完全展开的成熟叶片，然后逐渐扩散。叶片和茎秆均可被侵染，最初出现水渍状、暗绿色的角形病斑，随后扩大或汇合。天气干燥时病斑不再扩展，变为褐色或黄褐色，条件适宜时，病斑可进一步呈水渍状扩展。湿度很大时，病斑扩展迅速，形成大面积的深灰色水渍状腐烂，整个叶片凋萎。湿度适宜时，受害叶片常凋萎、干枯脱落。嫩枝、嫩茎和叶柄发病时出现水渍状病斑，病部凹陷并变为褐色，后期呈梭形或开裂状，其周围着生的叶片凋萎，顶端回枯。染病的茎秆和根系的维管束干腐、坏死，严重时嫩梢枯萎，大量叶片脱落，甚至全株死亡。田间湿度大时叶片和茎秆的病斑上易出现黄色至黄褐色的菌脓。病害在田间大发生时，植株上的叶片大量变黄，提前脱落，严重时仅剩中部和上部数轮叶片甚至仅剩茎秆。湿度大时，叶片不变黄，直接凋萎脱落（彩图17-10-1）。

三、病原

木薯细菌性枯萎病病原的名称经过多次变化，最初命名为 *Bacillus manihotis* Arthaud‑Berthet，随后改为 *Phytomonas manihotis* Arthaud‑Berthet & Bondar（J. Carlos Lozano，1986）。在病原细菌的大种化阶段，修改为 *Xanthomonas manihotis*（Arthaud‑Berthet & Bondat）Starr 1946。伯杰在《细菌鉴定手册》中列出了黄单胞菌的5个种，同时将木薯萎蔫病菌的种名改为 *Xanthomonas campestris* pv. *manihotis*。L. Vauterin 等（1995）发现病原菌能够利用糊精、纤维二糖、龙胆二糖等碳源，不能利用 β‑甲基‑D‑葡糖苷、L‑鼠李糖和蚁酸等碳源，和其他黄单胞菌不同，因此结合核酸杂交、基因组 GC 含量等差异，将其重新分类并命名为地毯草黄单胞菌木薯萎蔫致病变种（*Xanthomonas axonopodis* pv. *manihotis*，简称 Xam），沿用至今。

在 YPG 培养基平板上，菌落初为乳白色，后变为淡黄色，表面光滑，黏稠状（彩图17-10-2）。菌体杆状，革兰氏染色为阴性，极生单鞭毛，多为单个排列，有荚膜，不产生芽孢。

四、病害循环

木薯细菌性枯萎病在田间主要通过雨水、昆虫及带菌工具进行传播。木薯细菌性枯萎病菌能够在老熟茎秆的韧皮部存活，常通过带病的植株插条、育种材料或种子的调运进行远距离传播。

五、流行规律

（一）木薯生长阶段

木薯苗期生长缓慢，田间湿度小，不利于病害发生。生长中后期植株封行，田间湿度增大，有利于病害发生。田间调查也表明，病害通常在 7 月出现，8～10 月为盛发期。

（二）气候条件

高温多雨季节，木薯枯萎病菌容易繁殖和传播，田间易发病。台风雨天气不仅有利于病原菌的大面积传播，同时造成植株受伤，也给病原菌提供了侵入位点，因此该季节病害最易发生且为害严重。

（三）带菌种茎

调查表明，种茎带菌条件下，植后 2 个月病害即可发生。2013 年 4 月，海口市演丰镇某木薯园种植了带菌木薯种茎，6 月即发病，后又受台风雨影响，致细菌性枯萎病大发生，植株叶片大量凋萎脱落。

（四）种质抗性

不同的木薯品种之间存在着抗性差异。卢昕等（2013）评价了我国木薯核心种质对细菌性枯萎病的抗性，发现绝大多数种质均表现出一定的感病性。华南 9 号、华南 7 号具有一定的抗病性。

六、防治技术

严格实行植物检疫措施，禁止向非疫区调运带病木薯种茎。在生产中留种时，应在未发病田块选择健康种茎。对于带病种茎，可以采用 0.4％甲醛浸泡来进行消毒处理。栽培中加强田间水肥管理，增强植株的抗病性。在发病区选择华南 9 号、华南 7 号等具有一定抗性的种质。发病区应加强对病害的监测工作，当病害零星发生时，应及时喷洒 32％三唑酮・乙蒜素乳油（2％＋30％）、80％乙蒜素乳油等药剂 2～3 次，可有效减轻病害。

黄贵修　李超萍（中国热带农业科学院环境与植物保护研究所）

第 11 节　木薯疫霉根腐病

一、分布与危害

木薯根腐病由多种病原引起，广泛分布于世界上各个种植区（J. T. Ambe，1994）。该病是我国木薯生产中的新发病害，2010 年首次在海南儋州、广东湛江发生为害。2011 年该病在云南、广东、广西等省份大面积发生，其中以云南保山及瑞丽的弄岛、勐秀、畹町和广东湛江等地为害严重，特别是主栽品种华南 205 田间发病率高。目前已经确认为害我国木薯的病原菌为棕榈疫霉（Han Guo et al.，2012）。病原菌主要为害根系，破坏水分和营养物质吸收能力，严重影响植株的长势，造成产量损失，严重时整株死亡。病原菌也可直接为害块根，降低品质。

二、症状

幼嫩或成长植株均可受害。木薯疫霉根腐病菌侵染根部后，破坏其吸收水分和营养物质的功能。侵染初期植株不表现症状，随着病害的加重，植株地上部分在中午前后光照强、蒸发量大时出现萎蔫，但在夜间或者湿度大时能够恢复。植株上部的嫩叶最先出现萎蔫，病情进一步严重后，萎蔫不能恢复。由于缺少水分和营养物质，病株叶片变黄、脱落，最后全株死亡。病株根系腐烂、坏死，块根呈灰白色、灰黑色或黄褐色变色现象，病斑规则或不规则，后期腐烂（彩图 17 - 11 - 1）。

三、病原

木薯疫霉根腐病病原为卵菌门疫霉属的棕榈疫霉〔*Phytophthora palmivora*（E. J. Butler）Butler〕。该菌在 PDA 培养基上菌落呈放射状，边缘清晰，气生菌丝中等，基质菌丝柔韧，不易切断（彩图 17 -11 - 2）。孢囊梗简单合轴分枝。孢子囊多顶生，倒梨形，大小为（29.31～52.82）μm×（22.33～35.12）μm，长宽比为 1.3~1.5，乳突明显。孢子囊具脱落性，孢囊柄短，大小为 1.35~5.02μm，成熟后释放游动孢子。游动孢子球形，排孢孔宽 3.33~8.14μm。藏卵器球形，大小为 25.42~47.11μm，壁光滑，基部棍棒状。雄器围生，球形、圆筒形或卵形。卵孢子球形，壁光滑，满器或不满器，直径为 16.20~28.15μm。厚垣孢子直径为 27.94~40.11μm（彩图 17-11-3）。

四、病害循环

该病为土传病害，田间可借雨水、农事操作等进行传播。带病土壤或植株病残体也可传播病害。

五、流行规律

发病初期，多为个别或部分植株发病，有明显的发病中心，病害随后向四周扩散。地势低洼、排水不良、通风不畅或过度密植等造成田间湿度大的地块，发病重。偏施氮肥使植物徒长或土壤黏重、缺肥使植株生长不良都会降低植株的抗病能力，雨季时发病严重；地下害虫发生严重的田块，该病发生尤为严重。

六、防治技术

防治木薯疫霉根腐病主要应采取农业措施，预防为主，综合防治。

（一）农业措施

1. 清洁田园　新开垦次生林种植地，有条件的情况下最好采用机耕，同时尽可能将树桩和灌木树头清理干净。在病害发生地，种植前施用生石灰进行土壤消毒。

2. 选用抗病或耐病品种　研究表明，华南 11、华南 8 号、桂热 5 号、桂热 891、桂热 911、南植 199 等种质具有较好的抗性，可供生产中选用。

3. 加强田间管理　增施有机肥，缺磷土壤注意增施磷肥，提高植株抗病能力。

4. 选用健康种苗　建立无病种茎培育基地，以确保种茎不带菌。从种源上减少侵染源，是该病综合防治的关键一步。

（二）化学防治

田间发现中心病株后，及时拔除并且撒施石灰消毒，用农药对周围植株进行灌根处理。常用有效药剂有 64％代森锰锌·噁霜灵可湿性粉剂（56％＋8％）、50％氟吗啉·三乙膦酸铝可湿性粉剂（5％＋45％）和 25％甲霜灵·霜霉威盐酸盐可湿性粉剂（15％＋10％）等。

黄贵修　陈奕鹏（中国热带农业科学院环境与植物保护研究所）

第 12 节　木薯褐斑病

一、分布与危害

木薯褐斑病是世界木薯种植区广泛发生的真菌性病害，最早于 1885 年在非洲东部发现，随后在印度（1904 年）和菲律宾（1918 年）发现，20 世纪 70 年代后相继在巴西、巴拿马、哥伦比亚、加纳等国家发生，且发病非常严重。据报道，20 世纪 70 年代，在加纳几乎所有的木薯都感染上此病（Jameson，1970）。木薯褐斑病在我国木薯种植区也常有发生。根据中国热带农业科学院环境与植物保护研究所的普查结果，目前，在海南、广东、广西、云南等木薯产区均有该病的发生。病害主要为害完全展开的叶片，造成植株提前落叶，削弱长势并影响产量。木薯植株发病后，下部和中部叶片大量脱落，严重时仅剩上部的数轮叶片。2008 年 8 月在对海南儋州地区华南 8 号的木薯田调查中发现，雨季情况下，田间木薯植株下部和中部叶片上出现大量褐色病斑，叶片黄化脱落，部分植株只剩上部 3~4 轮叶片。

二、症状

木薯褐斑病最初为害植株的下层叶片，随后向植株高处和四周扩散。叶片受侵染后，发病初期为水渍状、墨绿色病斑，近圆形或不规则，随后扩大并变成灰褐色。典型成熟病斑的正反两面均为褐色，近圆形或不规则，病斑中央色泽较深并有同心轮纹，边缘黑褐色，病斑有时扩展并汇合成不规则大斑块。部分木薯种质发病后，病斑周围的叶脉出现轻微变色（通常为黑色）。发病后期病斑中央破裂、穿孔，潮湿时，叶片下表皮病斑上有灰橄榄色的粉状物，是病原菌子实体及分生孢子。发病叶片最终黄化、干枯并提前脱落（彩图 17 - 12 - 1）。

三、病原

木薯褐斑病病原为子囊菌无性型钉孢属的木薯钉孢 [*Passalora henningsii* (Allesch.) R. F. Castaneda et U. Braun]。

在 PDA 培养基平板上，病原菌菌落灰黑色，生长缓慢（培养 30d 菌落直径小于 20mm）。菌落边缘不整齐，表面不规则褶皱状隆起，浅灰色。气生菌丝不发达，基内菌丝较发达（彩图 17 - 12 - 2）。在木薯叶片的病斑上，病菌能形成子座。子座叶表皮下生，近球形至长圆形，褐色，直径 15.0～50.0μm。分生孢子梗紧密簇生在子座上，浅灰褐色，直立至弯曲，不分枝，大小为（16.5～57.5）μm×（3.5～6）μm，顶部圆锥形，无隔膜或者有 1 个隔膜，孢疤痕明显加厚。人工诱导条件下能够形成和田间一致的大型分生孢子（单个着生于分生孢子梗顶部）。新生分生孢子浅灰色，成熟分生孢子浅灰褐色，圆柱形，直立或稍弯曲，顶部钝圆，基部钝圆或倒圆锥形，2～9 个隔膜，大小为（20～80）μm×（5～7）μm，脐点明显。田间条件下，病斑上没有发现小型分生孢子。在人工诱导条件下，小型分生孢子可以通过大型分生孢子的断裂产生，但是数量很少。小型分生孢子圆柱形，无隔膜，大小为（8～19）μm×（3～7）μm（彩图17 - 12 - 3）。

四、病害循环

木薯褐斑病在田间主要靠气流和雨水进行传播。条件适宜时，田间植株的病斑上能产生大量分生孢子，是其主要的侵染来源。借助发病种茎，病害可实现远距离传播。病原菌常在田间木薯病残体上越冬，成为翌年的侵染来源。

五、流行规律

高温有利于褐斑病的发生，湿度大时病害发生更为严重。木薯生产中后期容易发病，特别是种植 5 个月以后发病尤为严重。高温、高湿季节发病最为严重。

六、防治技术

（一）农业措施
选用抗病种质；种植时注意选用健康种茎；适时施肥、除草、消除荒芜；合理密植，降低田间湿度以减缓病害发生与流行。

（二）化学防治
注意加强田间病害监测，特别是在病害易发生季节，把握病害防治有利时机。常用的有效药剂主要有 50%多菌灵可湿性粉剂、25%咪鲜胺乳油、3%中生菌素水剂和 25%丙环唑乳油等。

黄贵修　裴月令（中国热带农业科学院环境与植物保护研究所）

第 13 节　木薯炭疽病

一、分布与危害

木薯炭疽病是木薯生产中为害最严重的一种世界性病害。1903 年该病最早发现于东非的坦桑尼亚，1904 年巴西也发现了该病为害，随后马达加斯加（1936）、波多黎各（1939）、尼日利亚和刚果（金）（1953）等地均有发生，目前，已经扩散到世界各木薯主要种植区。中国热带农业科学院环境与植物保护研究所的普查表明，该病现在我国海南、广东、广西、云南等地普遍发生。该病主要为害叶片和茎秆，影响其长势，从而降低块根的产量和品质。2011 年 11 月，受长时间雨水天气的影响，海南昌江石碌镇木薯炭疽病大面积发生，发病面积约 20hm²，田间植株上部叶片大面积变黄脱落，部分植株落叶严重。

二、症状

木薯嫩叶最先受害，木薯炭疽病菌侵染后，发病部位出现褪绿，然后扩大并形成淡褐色或暗褐色病斑。叶片扭曲、干枯，部分或者全部坏死。病斑中央浅褐色，边缘褐色，发病严重时叶片脱落。病菌也能侵染幼嫩枝条，形成溃疡和干枯。湿度大时，病斑中心常出现粉红色小点，即为病原菌的分生孢子堆（彩图 17-13-1）。

三、病原

木薯炭疽病病原为胶孢炭疽菌 [*Colletotrichum gloeosporioides* (Penz.) Penz. et Sacc.]，属子囊菌无性型炭疽菌属真菌。有性型为子囊菌门小丛壳属的围小丛壳 [*Glomerella cingulata* (Stoneman) Spauld. et H. Schrenk]（Fokunang C. N. et al.，2000；蔡吉苗等，2010）。

该菌在 PDA 培养基平板上，菌落为白色，圆形，边缘整齐。气生菌丝旺盛，基内菌丝不发达，不产生色素（彩图 17-13-2）。菌丝有分隔，无色。菌落上能产生分生孢子，分生孢子着生于分生孢子梗上。分生孢子圆柱形，两端钝圆，直立，单胞，无色，表面光滑，中间有一个油滴，平均大小为 15.47μm×5.07μm。

四、病害循环

在田间条件下，木薯炭疽病菌能在发病组织上产生大量分生孢子，分生孢子借风雨传播而导致病害蔓延。病原菌能够在老熟茎秆上存活，多在田间病枝或枯枝上越冬而成为翌年的侵染源。

五、流行规律

该病害常在多雨季节发生，田间湿度大时容易发生。气候适宜时，连续长时间下雨易流行。不同种质对病害的抗性有差异。

六、防治技术

（一）农业措施

选用抗病或者耐病木薯种质；种植时尽量避开大雨季节；选用无病种茎；加强田间管理，合理施肥，提高木薯植株对病害的抵抗能力；冬季进行田间清理，以减少翌年的侵染源。

（二）化学防治

注意加强田间监控，特别是在病害易发生季节，发现病害后要及时防治。常用的有效药剂主要有 50％多菌灵可湿性粉剂、25％咪鲜胺乳油、25％丙环唑乳油和 40％氟硅唑乳油等。

黄贵修　时涛（中国热带农业科学院环境与植物保护研究所）

第 14 节　木薯棒孢霉叶斑病

一、分布与危害

木薯棒孢霉叶斑病于 2009 年 7 月和 9 月分别在海南白沙和广西武鸣等地发现。中国热带农业科学院环境与植物保护研究所随后的病害调查发现，该病目前已经在海南、广东、广西、云南等多地发生。国外尚无该病发生的报道。

二、症状

木薯棒孢霉叶斑病病菌主要侵染叶片，初期形成黄色的小晕圈，随后扩大，同时中央变黑褐色。后期病斑进一步扩大，中央呈白色、纸质化并伴有穿孔现象，边缘黑褐色，周围有明显的黄色晕圈。病斑周围叶脉常变为黑色。发病严重时叶片变黄并提前脱落。田间湿度大时病斑中央会出现霉状物，即病原菌的分生孢子梗和分生孢子（彩图 17 - 14 - 1）。

三、病原

木薯棒孢霉叶斑病病原为山扁豆生棒孢［*Corynespora cassiicola*（Berk. et M. A. Curtis）C. T. Wei］，属子囊菌无性型棒孢属真菌。

在 PDA 平板上，木薯棒孢霉叶斑病菌菌落为圆形，边缘较整齐，中间浅灰色，边缘白色，气生菌丝较旺盛（彩图 17 - 14 - 2）。显微镜观察结果表明，菌丝有分隔。分生孢子梗直或弯曲，无分枝，单生或丛生，白色至浅褐色。分生孢子单生，倒棍棒形或圆柱形，直或略弯，浅橄榄色或褐色，有 4～13 个分隔，顶端钝圆，基部近截形，脐点明显，分隔处一般不缢缩，孢子大小为（19.6～150.3）$\mu m \times$（5.5～10.7）μm，平均为 70.7$\mu m \times$8.9μm（图 17 - 14 - 1，图 17 - 14 - 2）。

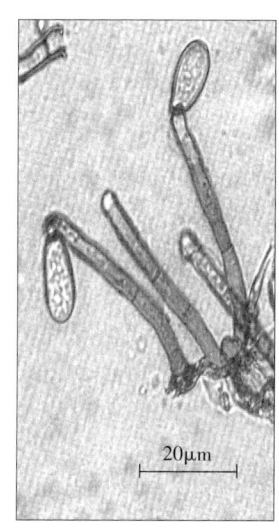

图 17 - 14 - 1　山扁豆生棒孢分生孢子梗与新生
分生孢子（刘先宝提供）

Figure 17 - 14 - 1　Conidiophores and newborn conidia of
Corynespora cassiicola（by Liu Xianbao）

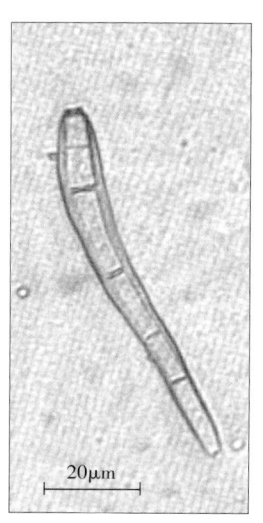

图 17 - 14 - 2　山扁豆生棒孢分生孢子
（刘先宝提供）

Figure 17 - 14 - 2　Conidia of *Corynespora cassiicola*
（by Liu Xianbao）

四、病害循环

气候适宜时，病斑上能形成大量的分生孢子，分生孢子借助风雨传播而使病害扩展和蔓延。木薯棒孢霉叶斑病菌能够在老熟茎秆上存活，多在田间病株或残叶上越冬并成为翌年的侵染源。

五、流行规律

木薯棒孢霉叶斑病在木薯的整个生长季节均可发生，田间湿度大时易发病，连续长时间下雨易流行。不同品种间对该病的抗性有差异。

六、防治技术

（一）农业措施

选用抗病或者耐病木薯种质；加强田间水肥管理，合理施肥，提高木薯植株对病害的抵抗能力；做好田间卫生，清除杂草，以降低田间湿度；木薯收获后注意进行田间清理。

（二）化学防治

在潮湿或者多雨季节注意田间病害监控，发现病害后要及时防治。常用的有效药剂主要有 50% 多菌灵可湿性粉剂、25% 咪鲜胺乳油、25% 丙环唑乳油等。

黄贵修　刘先宝（中国热带农业科学院环境与植物保护研究所）

第 15 节 木薯平脐蠕孢叶斑病

一、分布与危害

木薯平脐蠕孢叶斑病于 2009 年 7 月首次于我国海南省儋州市发现，已在海南、广东、广西、云南等地发生为害，为我国新发木薯病害。2010 年 10 月，该病在云南保山地区发生，受害面积 66.67hm^2。目前国外尚无该病发生的报道。

二、症状

木薯平脐蠕孢叶斑病菌主要侵染成长的叶片。叶片被侵染后，最初形成水渍状、褪绿的圆形或近圆形病斑，后期发病组织坏死，变为枯黄色。病斑中央色泽较深并略有同心轮纹，病斑边缘深褐黄色。潮湿时病斑中央常形成霉状物，即病原菌的分生孢子梗和分生孢子。病斑常扩展并汇合成不规则的大斑块，后期病斑中央常破裂并呈穿孔状。条件适宜时，病原菌同样可以侵染茎秆，形成水渍状病斑并最终致茎秆干枯坏死（彩图 17 - 15 - 1）。

三、病原

木薯平脐蠕孢叶斑病病原为子囊菌门无性型平脐蠕孢属的狗尾草平脐蠕孢 [*Bipolaris setariae*（Sawada）Shoemaker]。

在 PDA 平板上，木薯平脐蠕孢叶斑病菌菌落圆形，青灰色，边缘较整齐、白色，气生菌丝旺盛致密，菌落背面棕黑色；基内菌丝不发达；不产生色素（彩图 17 - 15 - 2）。菌丝有分隔。分生孢子梗丛生，褐色，直立或有膝状曲折，不分枝，具隔膜，基细胞膨大呈半球形。成熟的分生孢子长椭圆形，稍弯曲，两端钝圆，具 5～8 个隔膜，脐点明显，凹入基细胞内，大小为（49.71～117.12）μm×（13.32～17.16）μm，平均 96.83μm×15.22μm（图 17 - 15 - 1）。

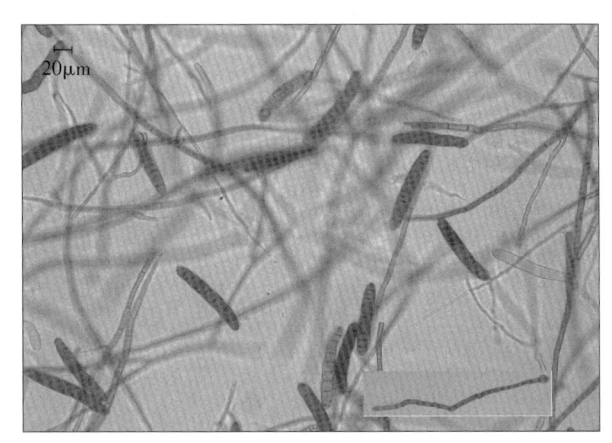

图 17 - 15 - 1 木薯平脐蠕孢叶斑病菌分生孢子及分生孢子梗（右下）（黄贵修提供）

Figure 17 - 15 - 1 The conidia and conidiophores of *Bipolaris setariae* (by Huang Guixiu)

四、病害循环

气候适宜时，木薯叶片病斑上能形成大量的分生孢子，借助风雨传播而使病害扩展和蔓延。木薯平脐蠕孢叶斑病菌多在木薯田间病残体上越冬，成为翌年的侵染源。

五、流行规律

田间湿度大时容易发生该病害，连续长时间下雨易流行。苗期该病发生较轻，生长中后期发生较重。在田间该病常和其他病害混合发生。

六、防治技术

（一）农业措施

尽量选用抗病或者耐病木薯种质；种植时选用无病种茎；加强田间水肥管理，提高木薯植株对病害的抵抗能力；注意清除杂草，降低田间湿度；木薯收获后注意清除田间病残体。

（二）化学防治

注意加强田间监测，特别是在病害易发生季节，发现病薯后要及时防治。常用的有效药剂主要有腈菌唑（12.5％腈菌唑乳油）、丙环唑（25％丙环唑乳油）、咪鲜胺（25％咪鲜胺乳油）和氟硅唑（40％氟硅唑乳油）等。

黄贵修　时涛（中国热带农业科学院环境与植物保护研究所）

第 16 节　剑麻斑马纹病

一、分布与危害

剑麻斑马纹病是为害剑麻的主要病害，是剑麻生产中的一种毁灭性病害。1961 年坦桑尼亚首先发现该病，造成严重损失。我国 1970 年首次在广东省东方红农场发现该病，1973 年暴发流行。此后，在我国广西、海南、福建和云南等地相继报道发生该病，并连续流行，成为剑麻生产中影响最大的病害之一。

二、症状

剑麻斑马纹病菌侵染剑麻植株的各部分，引起叶斑、茎腐和轴腐，这三种症状可在同一植株上单独发生或合并发生，故称斑马纹复合病，发病多数是叶片先感病，进而感染茎、轴，最终致整株死亡（彩图 17 - 16 - 1）。

叶斑：叶片感染剑麻斑马纹病初期出现绿豆大小的褪绿斑点，水渍状，在高温高湿的环境中，病斑扩展迅速，1d 内直径可达 2～3cm。由于昼夜温差的影响，形成深紫色和灰绿色相间的同心环，边缘淡绿色至黄绿色，水渍状。病斑中心逐渐变黑，有时溢出黑色黏液，后期病斑老化时，坏死组织皱缩，形成深褐和淡黄色相间的同心轮纹，呈典型的斑马纹状。即使叶片干枯失水，同心轮纹仍然明显，肉眼易于鉴别。染病叶片，有时也会不规则地出现没有轮纹的病斑。潮湿时病斑上长出一层白色霉状物，即病菌的菌丝体和孢子，天气干燥时，霉状物可因失水而消退。

茎腐：病株叶片最初呈失水状，褪色发黄、纵卷，而后萎蔫、下垂；重病株叶片失去膨压，全部下垂至地面，只剩下一根孤立的叶轴。纵剖茎部，病部呈褐色，在病健交界处有一条粉红色的分界线，此后病组织逐渐变黑，腐烂组织发出难闻的臭味，摇动茎腐病株易倒。

轴腐：叶斑和茎腐病变向叶轴扩展而成。病株叶片初为褐色，卷起，严重时用手轻拉叶轴尖端，长锥形的叶轴易从茎基部抽起或折断。未展开的嫩叶在叶轴中腐烂，有恶臭味。剥开叶轴可看到在嫩叶上有规则的轮纹病斑。有时呈灰色和黄白相间的螺旋形轮纹。

三、病原

Wienk 证实，在坦桑尼亚剑麻 11648 品系的斑马纹病的病原主要为烟草疫霉（*Phytophthora nicotianae* Breda de Haan）和棕榈疫霉（*P. palmivora* (E. J. Butler) E. J. Butler，异名：槟榔疫霉 [*P. arecae* (Coleman) Pethybr.]）也能引起同样的症状。

我国剑麻斑马纹病主要致病菌为烟草疫霉（*P. nicotianae*），属卵菌门疫霉属。该菌在固体培养基上气生菌丝旺盛。菌丝粗细不均匀，宽 8.5（5～11）μm。菌丝膨大体有或无，其上有若干条放射状菌丝。孢囊梗简单合轴分枝或不规则分枝。孢子囊卵圆至近圆形，少数椭圆形，平均长为 47（23～64）μm，宽为 35（18～51）μm，长宽比为 1.3（1.2～1.5）。部分孢子囊上有丝状附属物。孢子囊具乳突，通常 1 个，少数 2 个；乳突大多明显，半球形，厚为 5.8（3～8.5）μm，少数孢子囊乳突不明显。孢子囊顶生，常不对称。具脱落性，孢囊梗短，为 2.8（0.5～5）μm。排孢孔宽为 5.8（4～8.3）μm（彩图 17 - 16 - 2）。厚垣孢子有或无，顶生或间生，直径为 32（18～51）μm。异宗配合，配对培养容易产生大量卵孢子。藏卵器小，球形，壁光滑，基部棍棒状，直径为 26（20～32）μm。雄器围生，近圆形或卵形，高为 10（8～14）μm，宽为 13（10～19）μm。卵孢子满器或不满器，直径为 22（18～28）μm。寄主范围很广。病原菌生长的适宜温度为 24～28℃，适宜 pH 为 6.0～7.0，适宜湿度为 90％～95％，最适光照为 24h 连续光照。

四、病害循环

剑麻斑马纹病病田土壤中带有病菌，冬旱期处于休眠状态，5 月以后经过连续降雨，提高了土壤含水量，病菌由休眠转为活跃，出现适当条件时，产生孢子和游动孢子，经雨水、气流和人畜、车辆、农具等进行传播，通过伤口或叶片气孔侵入，几天后产生病斑，形成当年的新病株。病菌在这些病株上繁殖，为田间侵染提供大量菌源。整个雨季一批批的麻叶受害，田间菌量很大，遇到合适条件病害开始流行，10 月以后病菌又返回土壤，由活跃转为休眠，如此反复循环，不断蔓延为害。

五、流行规律

剑麻斑马纹病，在一个地区或一块麻田的流行多数不是突发，往往是从点到面，由轻到重。剑麻斑马纹病一年中的发病阶段大致可以分为点片发病，扩大流行和流行势下降 3 个阶段。病害发生流行与气象因素、立地环境、麻龄、品种、栽培管理措施及田间菌量等因素都有一定的关系。根据定点观察的结果，一年中病害发生发展的规律，新老病区有所不同。新发病区始病期迟，7 月以前只在少数麻株上发现，8 月以后病株增多，9～10 月病情急剧上升并出现大批茎腐、轴腐植株，达到流行高峰；10 月以后病势下降，不出现新病株，只是流行期感病的植株还会发展为茎腐、轴腐。往年发过病的田块始病期出现早，4 月就开始发病，6～7 月进入流行期，直到 10 月病势下降。

六、防治技术

（一）选育抗病品种

剑麻不同品种对斑马纹病的抗性差异非常明显，利用抗病良种是防治斑马纹病最经济、有效的措施，抗病品种可通过引种、杂交育种、系统选育、转基因和人工诱变等途径获得。中国热带农业科学院热带生物技术研究所抗病性鉴定结果表明：番麻、东 368、墨引 6 号、墨引 12、墨引 7 号、墨引 5 号、假 7 号、马盖麻、东 109、金边弧叶龙舌和墨引 4 号 11 份种质为高抗种质；假菠萝麻、墨引 1 号、东 2 号和南亚 1 号 4 份种质属中抗种质；灰叶剑麻、墨引 2 号、粤西 75 属感病种质；弧口十龙舌兰、银边假菠萝麻、东 292、金边东 1 号、蓝剑麻、广西 76416、粤西 114、桂幅 4 号、东 74、墨引 10 号和墨引 11 这 11 份种质属中感种质；多叶普通剑麻、普通剑麻、雷神、墨引 8 号、东 16、南亚 2 号、金边番麻、H.11648、粤西 117 等 9 份种质为高感种质。

目前，国外剑麻栽培品种主要以普通剑麻和灰叶剑麻为主；我国剑麻栽培品种主要以 H.648 为主，国内外剑麻主要栽培品种单一。由于剑麻营养生长期一般是 10 年以上，有些甚至长达 15 年以上，且由于各品种的花期不一致、花粉储藏不易、品种多为多倍体、F_1 代育性差、种子发芽率低、缺少抗源等因素，给杂交育种工作带来很大的困难，目前国内外剑麻工作者尚未培育出高抗剑麻斑马纹病又具有较好品质的剑麻品种。

（二）农业防治

1. 设专职技术人员管理 麻岗应实行专人管理，技术管理人员应对从事剑麻栽培工作的人员进行技术培训，使他们对剑麻栽培管理和剑麻斑马纹病的症状、发生流行规律、为害严重性及防治措施有足够的认识。

2. 建立无病苗圃 苗圃地应选择在土壤疏松，阳光充足，靠近水源，远离病麻田、牛栏或剑麻加工场所的地块。必须选择无性优良单株（周期长叶 600 片以上）的株芽苗培育成繁殖母株，建立繁殖圃，从繁殖圃育出来幼苗或直接用无性优良单株的株芽苗进行培育。杜绝在生产麻田采集走茎苗培育。

3. 开好"三沟" 麻田定植完毕，应立即开好排水沟、防冲刷沟和隔离沟，防止大雨淹没麻田或流水冲刷。坚持每年雨季前检查"三沟"畅通情况，若有破损处，应及时进行维修。

4. 合理施肥 不偏施氮肥，做到氮、磷、钾、钙、镁等各种元素的协调施用。若施用麻渣或垃圾肥，必须通过堆沤充分腐熟后才能施用。施用时必须穴施，并回土覆盖，忌用小行间覆盖。

5. 加强抚育管理 麻田要坚持及时中耕除草，消灭荒芜。特别是幼龄麻，由于植株小，叶片较接近土壤，通透条件差，湿度大。若管理不及时，容易发生斑马纹病。幼龄麻管理，无论是除草、培土或是割叶，必须在晴朗天气下进行，以减少病菌从伤口侵入的机会。忌雨天在麻田作业。

6. 及时处理病株 雨季应经常检查麻田，若发现病株，应选择在天气晴朗时，挖除并烧毁，用 2% 硫酸铜液或 1 : 1 : 1 000 波尔多液消毒病穴及其周围土壤。

7. 作物间作套种技术

（1）间作作物。间作热研柱花草回田的生物量最大，可增加大量有机质；间种大豆、花生，成熟期有大量落叶和根瘤菌固氮，均可培肥地力。

（2）间作后的管理。间种作物培肥地力后，在剑麻管理上做到及时调整施肥措施，如减少氮肥的投入，控制徒长，提高抗性，并降低生产成本等。

（三）化学防治

化学药剂防治只限于发病田块，剑麻斑马纹病大田药剂筛选实验结果表明，90% 三乙膦酸铝可溶粉剂 45～90 倍液、68% 甲霜灵·锰锌水分散粒剂 100 倍液、55% 敌磺钠可溶粉剂 200 倍液和 70% 甲基硫菌灵可湿性粉剂 400 倍液对剑麻斑马纹病的防治效果较好，防效可达 90% 左右。

附：剑麻斑马纹病病情分级及病情严重度分级标准

（一）剑麻斑马纹病田间病情分级标准

剑麻斑马纹病病情分级标准按《NY/T222—2004 剑麻栽培技术规程》中的附录 C 的规定执行。

按 0～3 级分级法对叶片发病情况进行评定，标准如下：

0 级：无病斑；1 级：叶片出现病斑；2 级：叶片基部出现病斑；3 级：茎腐或轴腐。

$$\text{病情指数}（DI）= \left[\sum (N_i \times i)/3M\right] \times 100$$

式中 N_i 为第 i 病害级的麻苗数；i 为病害级别；M 为调查总麻苗数。

（二）剑麻斑马纹病室内接种病情严重度分级标准

接种 15d 后，按 0～5 级分级法对叶片发病情况进行分级，标准如下（附彩图 17 - 16 - 1）。

0 级：无可见病斑；1 级：1%～20% 叶片面积有病斑；2 级：21%～40% 叶片面积有病斑；3 级：41%～60% 叶片面积有病斑；4 级：61%～80% 叶片面积有病斑；5 级：≥80% 叶片面积有病斑。

易克贤 郑金龙（中国热带农业科学院环境与植物保护研究所）

第 17 节 剑麻茎腐病

一、分布与危害

剑麻茎腐病是除剑麻斑马纹病外，为害剑麻最重的真菌性病害。该病首先发现于坦桑尼亚的普通剑麻上，是坦桑尼亚普通剑麻上的最重要病害。我国于 1987 年在广东省的一些国有农场发现该病。1987—1988 年雷州半岛植麻区因该病死亡剑麻 20 多万株（折合 56.67hm²），直接损失纤维 250t，折合人民币 70 多万元，给植麻区造成重大经济损失。此后该病在我国广西、海南、福建和云南等地相继发生，并连续流行，成为对剑麻生产影响最大的病害之一。

二、症状

剑麻茎腐病多发生在旺产期后的中老龄麻株上。根据扩展快慢可将病斑（集中在叶片基部）分为急性和慢性两个类型（彩图 17 - 17 - 1）。

急性型：病斑初期呈浅红色，然后变浅黄色水渍状，病组织腐烂，并有大量浊水溢出。剑麻茎腐病菌通过叶基入侵茎部后再纵横向扩大侵染，致茎部组织腐烂，严重时叶片失水、凋萎（下垂叶片的基部呈红色），植株死亡。病组织初期有发酵酒酸味，后期腐烂变恶臭。叶基病斑后期失水变黑褐或灰白色（疏松无肉汁），表面有大量黑色孢子产生。纵剖茎，可见病健交界处有明显的红褐色界线。

慢性型：病斑黑褐或红褐色水渍状，扩展慢，一般不易造成植株死亡。

三、病原

剑麻茎腐病病原为黑曲霉（*Aspergillus niger* Teigh.），属子囊菌门曲霉属真菌。分生孢子头灰黑色、炭黑色，初球形，后变辐射状，直径 300～1 000μm。分生孢子梗无色或顶部黄色至褐色，直立，具隔膜，大小为（200～400）μm×（7～10）μm，大型者长数毫米，宽达 20μm 以上。顶囊球形，近球形，直径为 20～50μm，大型的可达 100μm，无色或黄褐色。产孢结构两层排列，常呈褐色至黑色。顶层孢梗长瓶形，大小为（6～10）μm×（2～3）μm。分生孢子球形，褐色，初光滑后变粗糙或具细刺，有色物质沉淀成瘤状、条状或环状，直径为 2.5～4μm，成链状串生。有时产生菌核。常产生色较浅的突变种。目前尚未发现有性态（彩图 17-17-2，彩图 17-17-3）。

四、病害循环

剑麻茎腐病菌是一种土壤习居菌，土中到处可见，不存在冬天死亡的问题，同时它又是一种空气真菌。该菌腐生兼寄生。经室内测定，孢子在 -25℃低温条件下处理 2h 未能致死；14℃左右孢子开始活动，40℃左右生长受抑制，60℃左右可致死；27～28℃在培养基上培养 1d 可产生孢子。

五、流行规律

剑麻茎腐病菌主要经气流传播，轻微的空气流动就可以把孢子传送到另一田块的植株上。另外，还可经水溅传播（指第一、第二刀麻）。经接种叶基割口，在孢子量很少（折算数 3 个左右）的情况下也能致病，且孢子量的多少与病斑扩展程度无明显相关。病菌侵入途径主要是割口，其次是叶片折口。晴天一般在割叶后 1～2d 内由新鲜割口入侵，2d 后伤口干燥愈合便不再入侵为害。

六、防治技术

（一）选育抗病品种

培育和繁殖抗病品种用于大田生产可以有效解决剑麻茎腐病。广东省农垦局 1989 年经大田接种测定，发现东 12 达到中抗水平，但其株形、产量等不及 H.11648。由于剑麻营养生长期一般是 10 年以上，有些甚至长达 15 年以上，且由于各品种的花期不一致、花粉不易储藏、品种多为多倍体、F₁代育性差、种子发芽率低、缺少抗源等因素，给杂交育种工作带来很大的困难，目前中外剑麻工作者尚未培育出高抗剑麻茎腐病又具有较好品质的剑麻品种。

（二）农业防治

1. 选择无病壮苗 不得从病区选苗，繁殖苗宜采用株芽苗自繁自育，不宜选用走茎苗作种苗。

2. 选择无病田与轮作 种植剑麻地块要选择无病地块，更新麻园不宜连作，应轮作 1～2 年后再种剑麻。

3. 种植前土壤及幼苗处理 撒石灰消毒处理畦面；种前的小苗，用甲基硫菌灵或多菌灵 1 000 倍液浸泡，进行消毒杀菌处理。坚持起龟背状的畦种植，尽量不用低洼积水地种植，周围开深排水沟，避免积水。

4. 施石灰 石灰即能防病，又能增产，且能提高出麻率，故建议大田全面施用，并结合增施有机肥和合理配施其他营养元素，以提高防治效果。石灰应于发病前（即 3 月前）施用。可均匀撒施于土壤疏松的大小行面上。也可均匀撒施于大行面上然后中耕，还可与有机肥混合沟施，但禁止穴施。一般病田按 0.5 kg/株、非病田按 0.25 kg/株的用量施用，连施 2～3 年。若麻株抗性提高和土壤 pH 提高到 6 左右，可暂停施，或减少施用量，或改施石灰石粉。此外，钾肥和酸性磷肥的施用要适当控制。

5. 调整割叶期 将病田和易感病田调至低温期割叶。原 6 月前割叶的提前到 3 月 10 日前割叶，原 7 月后割叶的推迟至 11 月中旬后割叶。不要反刀割叶，以免造成更多伤口。病区麻园割叶时要注意防止交叉感染，先割健康植株，然后再割病株，割下的病叶要专机专打，麻渣不要施回麻田。

6. 经常检查及时处理病株 经常检查麻园，一经发现病株要立即挖除，集中堆放在远离麻园的地方烧毁或深埋，并用石灰对病穴消毒或用多菌灵、硫菌灵 800 倍液对病穴消毒，防治病菌传染。

7. 作物间作套种

（1）间作。间作热研柱花草、日本青回田的生物量最大，可增加大量有机质；间种大豆、花生，成熟期大量落叶和根瘤菌固氮，均可培肥地力。

（2）间作后的管理。间种作物培肥地力后，在剑麻管理上做到及时调整施肥措施，如减少氮肥的投入，控制徒长，提高抗性，并降低生产成本等。

（三）化学防治

于割叶后 3d 内用 40％多·硫悬浮剂 500 倍液、25％多菌灵可湿性粉剂 200 倍液、50％咪鲜胺锰盐可湿性粉剂 200 倍液、10％苯醚甲环唑水分散粒剂 5 000 倍液和 7.5％氟环唑乳油 1 000 倍液。

附：剑麻茎腐病分级标准

级　别	分级标准
0	无病
1	叶基割口感病 1～4 个
2	叶基割口感病 5～10 个
3	叶基割口感病 11 个以上
4	叶片凋萎茎腐

注　以株为单位。

易克贤　郑金龙（中国热带农业科学院环境与植物保护研究所）

第 18 节　香蕉条斑病毒病

一、分布与危害

香蕉条斑病毒病又称香蕉线条病毒病，1974 年首先在科特迪瓦种植的香蕉品种中发现，至今已在喀麦隆、哥伦比亚、马拉维、桑给巴尔、摩洛哥、加纳、贝宁、尼日利亚、乌干达、哥斯达黎加、澳大利亚、约旦、毛里求斯、马德拉群岛、加那利群岛、厄瓜多尔、南非、马达加斯加、印度、巴西、菲律宾等国家或地区种植的香蕉上发现该病，一些产蕉地发病率可高达 90％，产量损失可达 $4.5\sim30t/hm^2$。在我国台湾和广东、云南等地种植的香蕉上也发现该病，但尚未有造成严重损失的报道。

二、症状

香蕉条斑病毒侵染香蕉后可以产生多种症状，典型症状是叶片出现断续或连续的褪绿条斑及梭条斑，随着症状的发展可逐渐成为坏死黑色条斑，假茎、叶柄及果穗有时也会出现条纹症状。症状严重时还会造成植株矮化，甚至不开花，即使开花结果，果穗也小，果实不饱满（彩图 17 - 18 - 1）。

香蕉条斑病毒病与香蕉花叶心腐病的症状非常相似，在田间识别中易混淆，但香蕉条斑病毒病在后期可以发展成为坏死条斑，从而可加以区分。香蕉条斑病毒侵染还可引起许多其他症状，如假茎内部坏死呈心腐症状、假茎基部肿大、假茎分开和生长排列不规则、叶皱缩卷曲及木栓化和叶片变窄等。

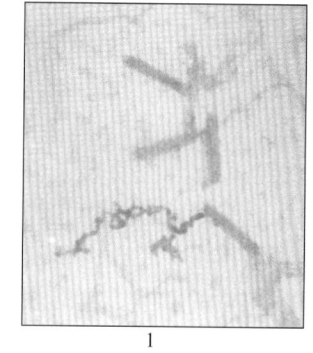
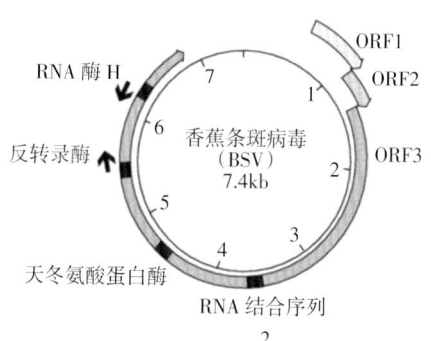

图 17 - 18 - 1　香蕉条斑病毒粒体电镜图片（1）及香蕉条斑病毒基因组（2）（刘志昕提供）

Figure 17 - 18 - 1　Electron micrograph of purified virus virions (1) and the genome structure of *Banana streak virus* (2) (by Liu Zhixin)

三、病原

引起香蕉条斑病的病原是香蕉线条病毒（*Banana streak virus*，BSV），隶属于花椰菜花叶病毒科杆状 DNA 病毒属（*Badnavirus*）。这类病毒被称为内源拟逆转录病毒（Endogenous pararetro viruses，EPRV）。该病毒有两种存在形式：蛋白衣壳包被的游离态和寄主基因组整合态。现有证据表明，某些香蕉品种中整合有香蕉条斑病毒序列，并且某些整合序列在组培或逆境条件的诱导下可游离出来，再侵染为害寄主。香蕉条斑病毒特征如下（图 17 - 18 - 1）。

（一）病毒粒体特征

香蕉条斑病毒粒体大小约为 30nm×130nm，无包膜，内含约 7.4kb 大小的双链（ds）环状 DNA 基因组。沉降系数为 200S，提取物的 $A_{260/280}$ 为 1.26。

（二）基因组特征

香蕉条斑病毒杆状粒体内含约 7.4kb 单链缺口的环状 ds DNA。其正链包括 3 个开放阅读框（ORF），其中 ORF1 和 ORF2 编码 2 个蛋白，分子质量分别为 20.8ku 和 14.5ku，其功能不详。ORF3 编码 1 个复合蛋白，从 N 端到 C 端依次为运动蛋白（MP）、外壳蛋白（CP）、天冬氨酸蛋白酶（AP）、反转录酶及 RNA 酶 H。*BSV* 基因进入寄主细胞后，转录成一比原基因组更长些的转录产物，此转录产物既是多义顺反子 mRNA，又可作为负链复制的模板。香蕉条斑病毒可将其基因整合到香蕉基因组中。

（三）株系特征

根据血清学性质，香蕉条斑病毒可划分为许多株系，株系间存在很大的血清学差异性，有些株系与已制备的香蕉条斑病毒抗血清不发生反应，株系间 DNA 序列也存在很大差异。经免疫捕捉 PCR 和三抗夹心法等方法检测，BSV - Onne 株系的分布十分广泛。在澳大利亚根据寄主品种不同鉴定出几个株系，分别为 BSV - Cav、BSV - Mys、BSV - GF 和 BSV - RD 等。在尼日利亚从香蕉杂交种中分离出 BSV - OL 株系。对这些株系的 PCR 产物进行测序，结果表明株系间序列同源性低。许多证据表明，BSV - IM 株系是由整合的序列激活而游离出来产生的。由于以上一些香蕉条斑病毒株系序列同源性很低，目前国际病毒分类委员会（ICTV）把它们作为杆状 DNA 病毒属（*Badnavirus*）病毒的不同种看待。

四、传播及介体

（一）传播方式

香蕉条斑病毒最重要的传播方式是通过无性繁殖材料（吸芽、组培苗等）进行传播，是引起香蕉条斑病毒病害流行的主要途径。自然条件下，香蕉条斑病毒通过粉蚧传播，一般仅局限在小面积范围内，很少扩散蔓延。种子也可带毒传播，但不能通过机械摩擦和土壤传播。在一定的自然条件下，甘蔗杆状病毒（*Sugarcane bacilli form virus*，SCBV）也可以由粉蚧从甘蔗传播至香蕉，并造成与香蕉条斑病毒病相似的症状。

（二）传播介体

香蕉条斑病毒可通过柑橘臀纹粉蚧（*Planococcus citri*）和甘蔗红粉蚧（*Saccharicoccus sacchari*）以半持久方式进行传播。康氏粉蚧（*Pseudococcus comstocki*）和菠萝粉蚧（*Dysmicoccus brevipes*）也可以传播香蕉条斑病毒。粉蚧的卵、若虫、成虫均可传毒，若虫的传毒效率高于成虫，传毒效率还因蕉类品种的不同而存在差异。

（三）流行规律

大部分香蕉种植苗都来自组织培养途径，而组培是香蕉条斑病毒传播的主要途径之一。香蕉条斑病毒可随着组培中香蕉分化芽的繁殖，通过游离病毒形式或病毒基因组整合进香蕉基因组的形式逐代传递。在一定的胁迫条件下，一些内源拟逆转录病毒能重组成一个完整的有复制能力的病毒基因组，从而变得具有侵染性。香蕉条斑病毒病的症状表现受很多因素的影响，包括香蕉品种、病毒株系及环境条件等，从而导致症状表达不稳定、症状类型多，症状的发生有时很严重，有时则很轻，甚至隐症。例如野生长梗蕉（*Musa balbisiana* LA. Colla，BB）、蕉麻 Abaca（*Musa textilis* Née，AAAA）、Awak（ABB）等在香蕉条斑病毒侵染的情况下无症状或仅表现出极轻微的症状，而有些品种，如 Cavendish 系列、TMPx 系列等，则表现出明显的条纹症状。温度也影响香蕉条斑病毒病症状的表达，低温（22℃）有利于症状表达，并且植株内香蕉条斑病毒病的浓度高；高温（28~32℃）时大部分病株隐症，这就导致症状只在一年中的某个特定时期才能表达，从而使表达具有时段性。

五、诊断与防治

（一）病害诊断检测

由于香蕉条斑病毒病具有症状不稳定，且易于同 CMV 引起的香蕉花叶心腐病相混淆，不能通过机械摩擦接种，无指示植物等特点，这就给生物学鉴定带来很大困难。香蕉条斑病毒粒体具有典型的杆菌样形态结构，但由于病毒在植株内的分布极不均匀，通过电镜观察病毒粒体进行诊断非常不易。而血清学方法曾被广泛应用于香蕉条斑病毒的检测，但分离物间血清学相关性低，有些分离物与已制备的血清不发生反应。因香蕉条斑病毒分离物间同源性低，应用传统的双抗夹心法仅能检测香蕉条斑病毒的部分分离物。

尽管目前国际上已制备出香蕉条斑病毒抗血清，并建立了 ELISA 检测方法用于香蕉条斑病毒检测，但由于香蕉条斑病毒存在许多分离物，且存在无外壳蛋白的形态以及基因整合形态，也使血清学方法的应用受到限制。PCR 的灵敏度高于 ISEM 及 ELISA 法，为了避免整合序列的影响，有效地检测游离状态的病毒粒体，人们开发了免疫捕捉 PCR（IC‑PCR），但还不能对所有分离物进行检测。

（二）主要防治方法

1. 栽培无病苗　目前种植的香蕉多为试管苗，建立无病育苗系统，确保使用无毒的材料进行组培育苗，以杜绝初侵染源，是阻止病害流行最重要的措施。

2. 应用抗（耐）病品种　BITA‑3、PITA‑14、PITA‑16、TMPx 等品种、品系对香蕉条斑病毒有较好的抗（耐）病性。

3. 严格执行检疫制度　通过检疫阻止病株的调运及扩散。在国家、地区间进行香蕉种质资源交流以及进行香蕉种质保存时，为了保证安全性，都需要进行病毒检测。

4. 铲除初侵染源及阻止介体的二次传播　发现带毒植株要及时铲除、销毁，并对原带毒植株所在穴洞撒施石灰等进行消毒。

刘志昕（中国热带农业科学院热带生物技术研究所）

第 19 节　香蕉束顶病

一、分布与危害

香蕉束顶病于 1889 年首先在斐济被发现，之后在澳大利亚、印度、巴基斯坦、印度尼西亚、太平洋诸岛屿、加蓬、埃及、中国、刚果（金）、菲律宾、越南及其他国家和地区发生。20 世纪 20 年代，该病曾使澳大利亚的香蕉产业陷于崩溃，也给其他许多产蕉国带来巨大的经济损失。在我国台湾，关于香蕉束顶病最早的记载是 1900 年，之后曾多次不同程度地流行为害。在我国大陆，1954 年福建省漳州地区有关于香蕉束顶病的最早记载。50 年代和 90 年代，香蕉束顶病在我国广东、广西、福建、云南和海南等香蕉主要产区多次流行为害，部分产区的发病率为 5%～25%，重病蕉园发病率可高达 80% 以上，甚至发展到毁灭性程度，严重影响我国香蕉产业的发展。

二、症状

香蕉束顶病的典型症状是植株束顶状矮缩，香蕉在整个生长季均可发病，症状和为害因染病时期不同分别有以下表现（彩图 17‑19‑1）。

苗期染病：植株呈矮缩状，新抽叶片变短变窄，束状丛生，支脉、中脉及茎脉上首先出现深绿色点线状的青筋，其后叶缘逐渐褪绿黄化、皱缩，叶质脆硬，假茎由上向下逐渐枯黄或呈烂心状，最后病株枯死。

中苗期染病：植株新抽嫩叶初呈黄白色，逐渐变暗，出现暗色条纹，从叶缘变白逐渐向主脉扩展，呈连片白枯状，缺绿，致病株不孕穗现蕾。

孕穗后期染病：新抽嫩叶失绿，抽穗停滞。

初穗期染病：病株呈花叶状，穗轴不再下弯，香蕉停止生长。

抽穗后期染病：穗轴虽能下弯，但香蕉生长停滞，不能食用，病株根系生长不良或烂根，假茎基部变成微紫红色，解剖假茎有的可见褐色条纹，外层鞘皮随叶子干枯变褐或焦枯。

晚期染病：少数晚期染病的植株，果形细小而弯曲，果味变淡，失去商品价值。

三、病原

（一）病原特征

香蕉束顶病的病原是香蕉束顶病毒（*Banana bunchy top virus*，BBTV），隶属于矮缩病毒科香蕉束顶病毒属（*Babuvirus*）。BBTV为18～20nm的等轴二十面体粒体，基因组至少由6个大小1.0～1.1 kb的环状单链（ss）DNA组分所组成，外壳蛋白约20ku。BBTV在Cs_2SO_4中的浮力密度为1.28～1.29 g/mL，在等密度蔗糖梯度中，BBTV粒体呈现核蛋白的紫外吸收光谱特征，$OD_{260/280}$的比值为1.33，最大紫外吸收值在258nm，最小吸收值在245nm，沉降系数为46S。病毒粒体能够在1%（m/V）的乙酸双氧铀、0.1 mol/L磷酸钾溶液或pH 7.4的PBS缓冲液中稳定存在；而在pH 8.5、0.1 mol/L Tris - HCl或0.1 mol/L硼酸中，大部分病毒粒体被破坏；在pH 9.6、0.05mol/L的碳酸盐溶液中，病毒颗粒几乎完全被破坏（图17 - 19 - 1）。

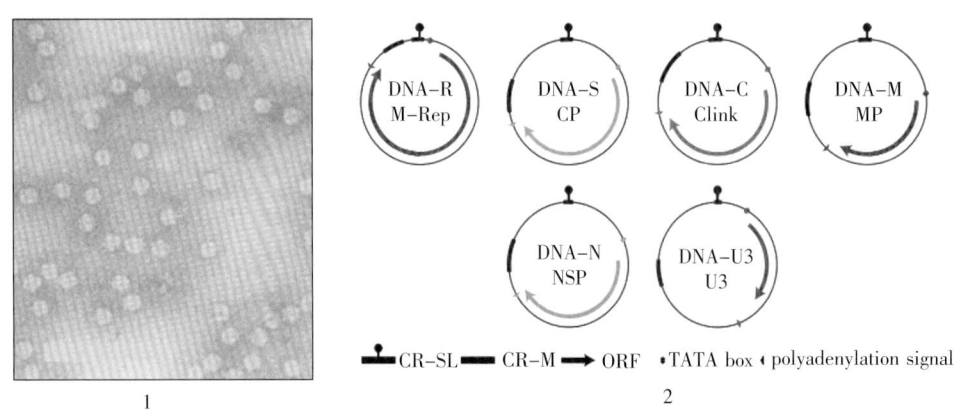

图17 - 19 - 1　香蕉束顶病毒粒体电镜图片（1）及病毒基因组（2）

（1. 引自Harding，1991；2. 引自国际病毒分类委员会第九次报告）

Figure 17 - 19 - 1　Electron micrograph of purified virus virions （1）

and the genome structure of BBTV （2）

（1. from Harding，1991；2. from ICTV 9th Report）

（二）基因组特征

香蕉束顶病毒侵染香蕉后推测其基因组与双生病毒滚环复制一样，基因组DNA可形成单体、双体、多体，这些中间分子可以进行分子内重组。已知香蕉束顶病毒基因组6个约1kb的环状ssDNA分子中，DNA1和DNA3～6分别编码复制酶组分（Rep）、外壳蛋白（CP）、运动蛋白（MP）、细胞周期蛋白（Clink）和核穿梭蛋白（NSP）等功能蛋白。研究表明，DNA3和DNA4编码的蛋白还具有基因沉默抑制子作用，但DNA2（DNA - U3）是否编码蛋白及作用机制至今尚不清楚，有可能通过编码miRNA、siRNA等ncRNA在病毒基因表达调控和侵染致病中的作用。香蕉束顶病毒有些分离物中存在1～3种卫星组分，属于α卫星。

（三）株系划分

广东香蕉束顶病毒各分离物曾被划分为两个株系，NSP株系（广州天河分离物）和NS株系（高州分离物），NSP株系能侵染香蕉（*Musa nana*）、大蕉（*M. sapientum*）和粉蕉（*M. pisang - awake*），而NS株系不能侵染粉蕉。因此，确定NSP株系是广东蕉区的优势株系。

福建曾把香蕉束顶病毒区分为BBTV - S（重型）和BBTV - M（轻型）两个株系。BBTV - M和BBTV - S均能引致香蕉叶片上的青筋症状，两者在血清学上有密切关系，但BBTV - M仅引致植株产生少量青筋，而BBTV - S除引致香蕉植株上有大量青筋之外，还引致严重矮化、束顶以及轻度黄化，BBTV - M的潜育期较BBTV - S明显长，香蕉交脉蚜对BBTV - S的传毒率大大高于对BBTV - M的传毒率，BBTV - M对BBTV - S有强的保护作用。

香蕉束顶病毒澳大利亚分离物的多克隆抗体以及中国台湾分离物的单克隆抗体都与来自澳大利亚、中国台湾、汤加、西萨摩亚以及夏威夷病株样品呈阳性反应，而与对照呈阴性反应，这表明上述地区的香蕉束顶病毒分离物是与血清学相关的。通过对香蕉束顶病毒基因组中 DNA1 和 DNA3 的序列同源性分析，目前世界上报道的香蕉束顶病毒近 70 个分离物可被明显地划分成两个组，一个是南太平洋-印度洋组（Pacific - Indian Oceans group），包括澳大利亚、夏威夷、斐济、汤加、印度、埃及、缅甸、巴基斯坦、布隆迪、喀麦隆、刚果（金）、马拉维等国家和地区的香蕉束顶病毒分离物；另一个是东南亚组（Southeast Asian group），包括印度尼西亚、日本、菲律宾、越南、中国的香蕉束顶病毒。以上两个香蕉束顶病毒组的组内序列的差异为 1.9%～3.0%，而组间序列的差异大约为 10%。

四、传播及介体

国内外对香蕉束顶病传播方式及特性的研究表明，香蕉束顶病毒不能通过汁液摩擦和土壤传播，健、病植株根部自然交接和菟丝子也均不能传播，仅由香蕉交脉蚜（Pentalonia nigronervosa）以持久方式传播，香蕉交脉蚜的最短获毒时间为 30 min，最短接毒时间为 15 min，循回期在 1 d 左右，一次获毒后可以保毒 14 d，但带毒蚜虫的后代不传毒。染病的繁殖材料是该病的初侵染源，交脉蚜为次侵染源。香蕉为宿根性作物，主要借吸芽繁殖。植株染病后，母体发病，吸芽也均带病（极个别的吸芽可以避免被感染不带毒）。所以，香蕉束顶病毒的远距离传播靠带病的繁殖材料，而近距离传播则靠香蕉交脉蚜。香蕉丛中病毒由一个吸芽传到其他吸芽，被称为初生感染，由蚜虫在不同植株间传染称为次生感染。

蕉苗感染病毒后 1～3 个月内就可发病。由于香蕉交脉蚜辗转传染，一块 13.3～20 hm² 的大蕉园，在 4～5 年内，发病率就可高达 50%～80%。在我国福建，一般 4～6 月为发病高峰期，在云南，5～7 月为发病高峰期，在台湾，7～8 月为发病高峰期，这可能与各地的温度及香蕉生长季节有关。在干旱少雨季节，由于香蕉交脉蚜繁殖量和有翅蚜发生较多，香蕉束顶病发生较重。在雨多、天气潮湿的年份和季节，香蕉交脉蚜死亡较多，该病发生较轻。而在低温、少雨季节，植株虽已感染，生长停止，但症状尚未表现，到高温时才表现症状。

在香蕉产区，香蕉束顶病流行的主要侵染源为病株。由于该病在粉芭蕉和大蕉上的潜育期比香蕉上的长，因此粉芭蕉和大蕉可在病区病害的长期定殖和流行中起重要的作用。在夏季，病害潜育期相对较短，在冬季与初春，温度较低病害潜育期较长。在多年生的老蕉园，香蕉束顶病流行的侵染源来自本地，病害的潜育期很长，甚至在一些香蕉头上可长期潜伏，只有在合适条件下，再生吸芽后才可表现典型的症状，正是在香蕉交脉蚜的发生高峰期中存活的小病吸芽，可成为香蕉束顶病毒病在蕉园中扩散和蔓延的极为有效的侵染源。这种现象使得香蕉束顶病毒病在老蕉园中的流行和蔓延显得更为复杂，同时也使得从老病蕉园中彻底铲除香蕉束顶病毒病有很大的难度。而新蕉园侵染源多来自种苗中的病株，同样因传病介体交脉蚜的传播而引起病害流行。因此，大量种植带病蕉苗是病害迅速扩展的直接原因，而传毒介体香蕉交脉蚜活动猖獗和管理粗放是病害严重发生和流行的主导因素。

五、诊断与防治

（一）病毒检测技术

高灵敏度的检测技术对香蕉束顶病诊断和控制是必需的。至今，已成功应用的检测方法有 ID - ELISA、DAS - ELISA、同位素或非同位素标记的核酸探针的 Dot - blot 或 Southern blot、PCR 以及免疫吸附电镜法等。比较几种检测方法的适用性和灵敏度，结果表明，血清学特异性的 DAS - ELISA 法检测香蕉束顶病毒的灵敏度为 1∶250（相当于 0.4 mg 香蕉叶片组织），Southern blot 和非同位素标记的核酸探针 Dot - blot 的灵敏度也均达到 0.4 mg 叶片组织，同位素标记的核酸探针 Dot - blot 的灵敏度相对较高，达到了 0.08 mg 叶片组织。普通 PCR 技术灵敏度相对较高，能检测出相当于 80ng 香蕉叶片组织。综上所述，血清学方法操作简单，成本低，适合大量样品的检测，但灵敏度及准确性不及普通 PCR 等分子生物学方法。

（二）病害防控措施

香蕉束顶病的防治至今还没有十分有效的办法，种植无毒香蕉苗、及时铲除田间病株和有效控制蚜虫的传播对于控制病害发生蔓延具有一定效果。

1. 种植无毒蕉苗 种植无病毒蕉苗是蕉园无病化的前提条件。因此要加强蕉苗市场管理，对用于组培的吸芽进行检测，首先确保蕉苗没有携带病毒。

2. 铲除病株　经常在田间巡视，及时发现并清除病株，减少病毒传染源。香蕉束顶病株在蕉园中呈现均匀分布的空间分布型，显症病株周围有一定数量的无症"健株"是带病毒的，在铲除病株的同时，铲除病株周围一定数量的带毒"健株"更有效。

3. 防治传毒蚜虫　加强蕉园管理，合理施用化学药剂，切断虫媒，确保蕉园无蚜虫流行。香蕉束顶病在田间靠交脉蚜传播，最重要的是及时和坚持不懈地铲除显症病株，同时防止介体香蕉交脉蚜的传毒。

4. 轮作　实行稻蕉轮作能够改善土壤环境，有利于香蕉和水稻的生长，取得蕉粮双丰收。

5. 抗病育种　研究表明，芭蕉属中的所有种对香蕉束顶病毒都是易感的。因此，目前还没有抗香蕉束顶病的品种。澳大利亚、美国夏威夷和我国台湾等都开展了抗香蕉束顶病毒转基因育种研究，但目前还未能在生产中应用。

刘志昕（中国热带农业科学院热带生物技术研究所）

第 20 节　香蕉花叶心腐病

一、分布与危害

香蕉花叶心腐病从 20 世纪 20～30 年代开始在大洋洲、亚洲和南美洲等地发生为害，澳大利亚、菲律宾、印度、巴西等国家先后有报道。我国于 1974 年首先在广东省广州市郊的部分地区及东莞个别地点首次发现，后蔓延扩展较快，现已成为香蕉重要病害之一，在广东、广西、福建、云南和海南等省份均有发生，有些蕉园发病率高达 80％～90％，一般发病率为 5％～10％。

二、症状

香蕉花叶心腐病表现为花叶、假茎腐烂和植株生长减弱等症状。具体表现为：叶片上出现褪绿黄色条纹，嫩叶上条纹表现为白色，尤其是顶部 1～2 片叶最明显；心叶和假茎内初现黄褐色水渍状小点，后扩大联合成黑褐色坏死斑块而腐烂；叶片表现轻微卷曲，整个植株生长缓慢，早期染病植株矮化甚至死亡，成株染病生长衰弱，多数不能抽蕾，即使结实也难以长成正常果实（彩图 17 - 20 - 1）。

三、病原

香蕉花叶心腐病的病原是黄瓜花叶病毒（*Cucumber mosaic virus*，CMV），隶属雀麦花叶病毒科黄瓜花叶病毒属（*Cucumovirus*）。它是一种分布范围最广、发生最普遍的植物 RNA 病毒之一，能侵染 100 科 1 200 多种单子叶和双子叶植物（图 17 - 20 - 1）。

（一）粒体理化特征

黄瓜花叶病毒粒体为等轴二十面体，直径 28～30nm，粒体中心有一个约 12nm 的电子致密结构。病毒遗传物质为 RNA，外壳蛋白由一种亚基组成，分子质量为 24～28ku。

（二）基因组特征

黄瓜花叶病毒基因组由单链（ss）、正义 RNA 构成，包括 RNA1 长 3 357nt，RNA2 长 3 050nt，RNA3 长 2 216nt，亚基因组 RNA4 长约 1 000nt。有的株系还含有卫星 RNA（Satellite RNA）。

（三）分子生物学特征

黄瓜花叶病毒基因组为多组分 RNA，其 5′端是甲基化帽子结构（$m^7G^{5'}ppp^{5'}Gp$），3′端有一个约 200bp 的保守区并折叠形成 tRNA 结构，无 Poly（A）尾。其中 RNA1 编码一个 111～112ku 的病毒复制需要的蛋白，具有甲基转移酶和解旋酶基元；RNA2 编码 2 个蛋白，靠近 5′端的开放阅读框（open reading frame，ORF）编码 93～97ku 的 2a 蛋白是病毒聚合酶，叠加于 2a 开放阅读框的 C 端编码 11～13ku 的 2b 蛋白是以亚基因组方式表达的，其作用是寄主转录后基因沉默（PTGS）的抑制子；RNA3 也编码 2 个蛋白，其靠近 5′端的开放阅读框编码 31ku 的运动蛋白（MP），靠近 3′端的开放阅读框以亚基因组方式编码 24～26ku 的外壳蛋白（CP）。有的株系存在卫星 RNA，没有明显的编码能力，其复制干扰黄瓜花叶

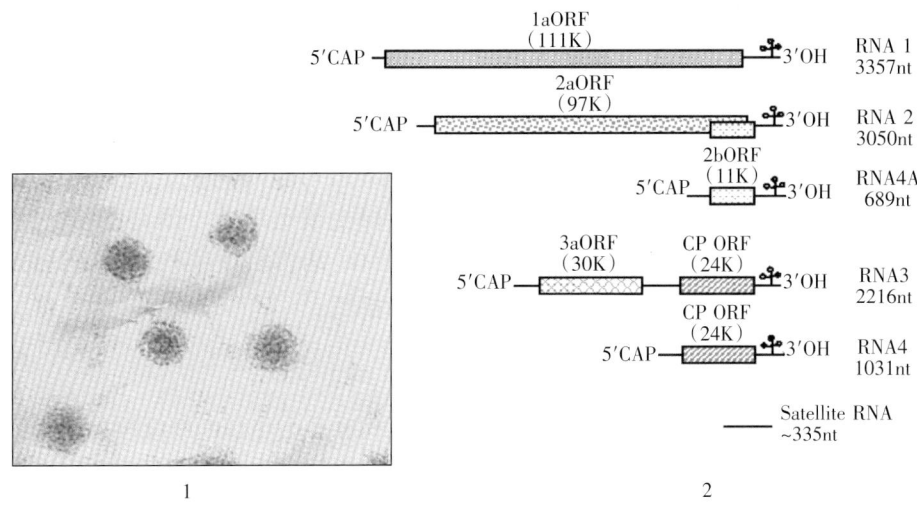

图 17 - 20 - 1　黄瓜花叶病毒（CMV - B）粒体电镜图片（1）及 CMV - Fny 株系基因组（2）

（1. 刘志昕提供；2. 引自 Roossinck，2001）

Figure 17 - 20 - 1　Purified virus virions of CMV - B under electron microscope（1）and the genome structure of CMV - Fny（2）（1. by Liu Zhixin；2. from Roossinck，2001）

病毒的复制，从而对辅助病毒致病力产生影响，这种影响的程度是从减轻到严重加剧，但多数黄瓜花叶病毒 satRNA 的存在可以减轻黄瓜花叶病毒引起的症状。

（四）株系特征

由于黄瓜花叶病毒具有广泛的寄主范围，病毒 RNA 复制过程中基因突变和基因组重组，加之卫星 RNA 的作用，使得该病毒产生大量的株系。过去根据寄主和症状类型做出的株系命名与分类关系较复杂，寄主种类差异和症状受环境条件影响等原因使得对其比较具有很大困难。全世界已经报道了 100 多个黄瓜花叶病毒的株系或分离物。依据血清学及生物学等特征把众多的黄瓜花叶病毒株系分为 2 个亚组，即 DTL 血清组（亚组Ⅰ）和 ToRS 血清组（亚组Ⅱ）。随着研究数据的积累和研究手段的不断改进，近来的研究表明，黄瓜花叶病毒亚组Ⅰ能进一步分为亚组ⅠA（Subgroup ⅠA，SGⅠA）和ⅠB（Subgroup ⅠB，SGⅠB）。黄瓜花叶病毒亚组间的核苷酸序列同源性约为 58%～75%，外壳蛋白的氨基酸同源性为 79.5%～83.2%，而亚组内同源性非常高，分别可达到 99.1% 和 100%。

从黄瓜花叶病毒引起的植物病害症状来看，亚组Ⅰ通常引起坏死、失绿、矮化和蕨叶等较严重的症状，而亚组Ⅱ仅引起斑驳和花叶等较温和的症状。徐东平等对中国多种作物上的黄瓜花叶病毒分离物进行了分子生物学研究和亚组鉴定。结果表明，中国黄瓜花叶病毒分离物主要属于亚组Ⅰ，占 90% 以上，亚组Ⅱ仅占 10% 以下，而且亚组间不存在症状上的差异。李华平等从表现断续条纹、连续条纹和斑驳等 3 种不同类型花叶症状的香蕉植株上得到 CMV - BS、CMV - MM 和 CMV - CS 等 3 个分离物，根据 CP 基因序列同源性分析结果，将广东的 3 个黄瓜花叶病毒香蕉分离物划分为 3 个不同株系。张锡炎等报道了海南香蕉上的黄瓜花叶病毒分离物 CMV - BH，并对其 CP 基因进行了克隆和测序。虽然海南和广东的香蕉黄瓜花叶病毒分离物存在较大差异，但基本可以确认它们均属于黄瓜花叶病毒亚组Ⅰ成员。王海河等报道了香蕉上的黄瓜花叶病毒分离物 CMV - Xb，并对其 RNA3 进行了克隆和测序，结果发现 CMV - Xb 属于 CMV 亚组Ⅱ成员。

四、传播及介体

香蕉花叶心腐病自然传播的最大特点是病毒可由几十种蚜虫传播，其中棉蚜、桃蚜和玉米蚜是最常见的介体，而且各个龄期都可传毒。黄瓜花叶病毒属于蚜虫非持久性传播或口针带毒，专化性较低。蚜虫保持病毒的时间少于 4h。另外黄瓜花叶病毒极易通过汁液摩擦接种传播；病株花粉的表面污染也造成携带黄瓜花叶病毒并传播到授粉植株而引起系统侵染；嫁接和无性繁殖材料造成黄瓜花叶病毒的垂直传播；种子传播也是黄瓜花叶病毒的重要传播途径之一，有许多关于黄瓜花叶病毒通过种子传播的报道，但种传率较低，多数植物黄瓜花叶病毒种传率在 10% 以下。

黄瓜花叶病毒寄主范围甚广，除香蕉外，还有黄瓜、番茄、十字花科植物以及一些杂草等。香蕉花叶心腐病的初侵染源主要是田间病株和吸芽，蕉园内病害近距离传播主要靠蚜虫，也可以通过汁液摩擦或机械接触方式传播；远距离传播主要是通过带毒吸芽的调运。香蕉花叶心腐病的潜伏期长短和寄主生育期有关，幼嫩的组培苗对黄瓜花叶病毒敏感，感病后最短 10d 左右即可发病，吸芽和成株感染潜伏期可能 1 至数月。每年发病高峰期为 5～6 月。香蕉花叶心腐病的发生与蚜虫数量、植株生育期和蕉园间作方式等有密切关系。温暖而干燥的年份有利于蚜虫繁殖活动，因而发病往往较重。幼株较成株易感病。蕉园间作或周围大面积种植蔬菜，尤其是茄科、葫芦科蔬菜，蚜虫在这些作物上辗转繁殖为害，则病害发生严重。

五、诊断与防治

香蕉花叶心腐病有两种典型症状：一是花叶症状，即病株叶片上出现断断续续的褪绿黄色条纹或梭形圈斑；二是心腐，在嫩叶黄化或出现斑驳症之后，心叶或假茎内部出现水渍状病变，横切假茎病部可见黑褐色块状病斑，中心变黑腐烂、发臭，顶部叶片有扭曲的倾向，最后整株腐烂枯死。病株抽蕾时，果轴或花出现黄色圈斑，果实出现黑斑，发育不良，无经济价值。

（一）诊断方法

香蕉花叶心腐病的诊断除了观察典型症状外，可根据指示植物生物学接种、病毒粒体电镜观察、利用多克隆抗血清和单克隆抗体进行血清学实验对其病原黄瓜花叶病毒进行检测而科学诊断。20 世纪 70 年代后酶联免疫吸附测定法（enzyme linked immuno sorbent assay，ELISA）用于检测植物病毒后，特别是在一些经济作物种苗的病毒检测中发挥了重要的作用，目前在国内外香蕉试管苗生产中被广泛地使用，具有灵敏度较高、特异性强的特点，同时它具有快速、简便、不需要昂贵仪器、制样简单等优点，是一种理想的病毒检测手段，可从病组织汁液中检测出 2.4ng/mL 含量的病毒。除此之外，90 年代后根据病毒基因扩增而建立的反转录-聚合酶链式反应（reverse transcription - polymerase chain reaction，RT - PCR）越来越多地用于香蕉等种苗病毒病的诊断检测，其灵敏度比 ELISA 提高 2～3 个数量级，可靠性也大大提高。

（二）防治方法

1. 加强检疫 选择不带病毒的蕉苗繁殖，带毒苗应及时销毁，原来发病株的吸芽不能再用。

2. 合理栽培 远离葫芦科、茄科等蔬菜作物，避免在香蕉园或其附近种植瓜、豆类植物，以避免传播病毒。

3. 清理蕉园 发现病蕉必须挖除，带出田外深埋沤肥，同时深翻土，进行土壤消毒。

4. 药剂防虫 可选用 40％氧乐果乳油 1 000～1 500 倍液、10％吡虫啉可湿性粉剂 3 000 倍液防治蚜虫，每隔 7～10d 喷 1 次。

5. 诱导抗病 在病害发生初期或抽蕾期之前，试用 20％吗啉胍·乙铜可湿性粉剂等抗病毒制剂。

刘志昕（中国热带农业科学院热带生物技术研究所）

第 21 节　香蕉枯萎病

一、分布与危害

香蕉枯萎病又名香蕉镰刀菌枯萎病、香蕉尖镰孢枯萎病、黄叶病，是目前香蕉产业最重要的病害，自 1874 年在澳大利亚首先发现以来，除了美拉尼西亚、索马里和南太平洋的部分岛屿未见报道外，在全球范围内的香蕉种植区都已有该病发生为害的报道。1896 年香蕉枯萎病在巴拿马发生，给当地的香蕉产业造成严重损失，引起了人们的广泛关注，因此，该病又称香蕉巴拿马病。20 世纪初期，南美洲以优质大蜜哈香蕉（Gros Michel AAA）为主栽品种的地区，都遭受了香蕉枯萎病菌 1 号生理小种的侵染，90％以上的蕉园感染了香蕉枯萎病。香蕉枯萎病对大蜜哈品种的毁灭是迅速彻底的，60 年代，抗 1 号生理小种的 Cavendish 品种代替大蜜哈种植，恢复了香蕉产业。可是，1967 年在我国台湾发现的 4 号生理小种几乎侵染大多数香蕉主要栽培品种包括 Cavendish 和大蜜哈等，短短几年扩散到整个台湾蕉园。随后，该病害迅速传播蔓延。目前，世界上除巴布亚新几内亚、南太平洋群岛和一些地中海沿岸国家外，几乎所有的香蕉分布地域均遭受该病为害。在马来西亚，由于该病为害导致部分香蕉品种不能大规模商业栽培。

香蕉枯萎病在我国台湾、广东、广西、福建、海南和云南的部分地区均有分布。台湾于 1967 年首次发现该病，并在 70 年代大面积流行，香蕉的种植面积由 1965 年的 5 万 hm^2 减少到 2002 年的 0.5 万 hm^2。广东省中山市于 20 世纪 70 年代初发现香蕉枯萎病菌侵染粉蕉。1996 年香蕉枯萎病菌 4 号生理小种引起番禺的巴西蕉及广东 2 号品种发生香蕉枯萎病，并向周围市县传播，目前已有约 0.1 万 hm^2 蕉园弃耕。香蕉枯萎病在蕉园的发病率为 10%～40%，严重的可达 90% 以上。2008—2010 年，全国香蕉种植面积分别为 32 万 hm^2、33.6 万 hm^2、36 万 hm^2，枯萎病发生面积分别为 1.09 万 hm^2、1.37 万 hm^2、1.53 万 hm^2，分别占全国香蕉种植总面积的 3.41%、4.08%、4.25%，香蕉枯萎病发病程度愈演愈烈（上述数据并不包括因发生枯萎病后弃种的面积）。目前台湾、福建、广东和海南的许多地方因发生过香蕉枯萎病至今仍无法种植香蕉。

二、症状

香蕉的各个生长期，从幼小的吸芽至成株期都能发病。由于各个生长期土壤类型等情况的不同，外部症状也有些差异；病原菌的不同小种，也会导致不完全相同的症状。

（一）外部症状

受害蕉株初期老叶外缘呈现黄色，黄色病变初表现于叶片边缘，后逐渐向中肋扩展，致使整叶发黄迅速枯萎。叶柄在靠近叶鞘处下折，致使叶片下垂；随后病株除顶叶外，所有叶片自下而上相继变褐、干枯；心叶延迟抽出或不能抽出。病害后期，整株枯死，形成一条枯秆，倒挂着干枯的叶子。部分病株可以看到假茎基部纵裂，先在假茎外围近地面处开裂，继而开裂向内扩展。严重发病时整株死亡，有些病株虽能继续生长并抽蕾，但果实发育不良、果梳少、果指小，无食用价值（彩图 17-21-1）。

（二）内部症状

横切病株球茎及假茎基部，中柱生长点和皮层薄壁组织间出现黄色或红棕色的斑点，这是被病原菌侵染后坏死的维管束。这种变色也集中在髓部和外皮层之间，内皮层内面维管束形成一圈坏死。纵向剖开病株根茎，初发病的组织有黄红色病变的维管束，近茎基部，病变颜色很深，越向上病变颜色渐渐变淡。在根部木质导管上，常产生红棕色病变，一直延伸至根茎部；至后期，大部分根变黑褐色而干枯。病茎旁所生吸芽的导管也会受侵染，纵剖球茎，可以看到红棕色的维管束从母株延伸侵染的迹象。病害严重的植株，整个球茎内部明显地变为深红色及棕褐色，中柱和内层的叶鞘变褐色；剖开病组织，有一种特异而不是臭的气味，只有在其他微生物再次侵染后，才腐烂发臭（彩图 17-21-2）。

总之，香蕉枯萎病的主要病症有 3 点：一是植株外缘老叶变黄，有条形黄斑，下垂；二是假茎基部纵向开裂；三是纵切假茎和球茎的维管束变棕红至黑色。凡符合上述条件的香蕉植株均可怀疑为感染香蕉枯萎病。

三、病原

香蕉枯萎病病原为尖镰孢古巴专化型 [*Fusarium oxysporum* Schltdl. ex Snyder et Hansen f. sp. *cubense* (E. F. Sm.) Snyder et Hansen，Foc]，隶属子囊菌无性型镰孢属。香蕉枯萎病菌是兼性寄生菌，其腐生能力很强，在土壤中可以存活 8～10 年。病原菌进入寄主以后，采用死体营养方式，先降解寄主组织，再吸收营养。

香蕉枯萎病菌有 3 种类型孢子：大型分生孢子、小型分生孢子和厚垣孢子。大型分生孢子产生于分生孢子座上，镰刀形，无色，具足细胞，3～7 个隔膜，多数为 3 个隔膜，大小为 (30～43) μm × (3.5～4.3) μm，这些孢子一般可在死亡植株的表面和分生孢子座群中发现。小型分生孢子在孢子梗上呈头状聚生，单胞或双胞，椭圆形至肾形，大小为 (5～16) μm × (2.4～3.5) μm，数量大，是在被侵染植株导管中产生量最多的孢子类型。分生孢子萌发温度为 8～36℃，适宜温度为 28～30℃，pH 为 3～10，适宜 pH 为 5～7；菌丝生长温度为 8～34℃，适宜温度为 26～28℃，pH 为 3～10，适宜 pH 为 6～7。厚垣孢子椭圆形或球形，顶生或间生，单个或成串，单个厚垣孢子大小为 (5.5～6) μm × (6～7) μm，0～1 隔，厚垣孢子从老的菌丝体或分生孢子上产生（彩图 17-21-3）。

香蕉枯萎病菌在马铃薯琼脂培养基（PDA）平板上的表现为：菌落中心突起，絮状，粉白色至浅粉色，背面呈肉色，略带有紫色；菌落边缘呈放射状，菌丝白色致密。病原菌可正常生长温度为 15～35℃，适宜生长温度为26～30℃。适宜弱酸性环境，pH5 条件下生长最好（彩图 17-21-4）。

香蕉枯萎病菌有 4 个生理小种。1 号生理小种（Foc1）感染香蕉的栽培种大蜜哈（Gros Michel AAA）和龙牙蕉（Musa AAB），2 号生理小种（Foc2）在中美洲，仅感染三倍体杂种棱香蕉（Bluggoe ABB），3 号生理小种（Foc3）感染野生的蝎尾蕉属（*Heliconia* spp.），4 号生理小种（Foc4）感染几乎所有的香蕉种类，为害最大（表 17-21-1）。

表 17-21-1 尖镰孢古巴专化型各生理小种及寄主或侵染品种（引自 Stover R. H.，1986）

Table17-21-1 Races of *Fusarium oxysporum* f. sp. *cubense* and its host or affected cultivar（from Stover R. H.，1986）

生理小种	寄主或侵染品种
1	大蜜哈（AAA）、龙牙蕉（AAB）、Silk（AAB）、粉蕉（ABB）
2	大蕉 Bluggoe（ABB）和相近种，一些 Jamaica 四倍体（AAAA）
3	蝎尾蕉属（*Heliconia*）
4	所有的 Cavendish（AAA）、Latundan（AAB）、大蜜哈、Pisang Li lIN（AA）、Bluggoe（ABB）

四、病害循环

香蕉枯萎病为土传系统性维管束病害，初侵染源主要是带菌的球茎、吸芽、病株残体及带菌土壤和水源。病原菌主要是从罹病蕉树的根茎通过导管延伸至繁殖用的吸芽内，用带病的吸芽进行繁殖时，病害就会传播开来。病蕉根部周围的土壤，也是病菌存留的场所，如在带病的土壤上种植蕉苗，病菌可以从根部侵入，并通过寄主维管束向茎上发展。土壤中病菌侵入寄主的方式一般是通过幼根，或受伤的根茎，进而向球茎及假茎蔓延。在茎基部侵入的病菌沿着导管系统而进入吸芽。当母株发病枯萎后，吸芽还可以带病继续生长一段时间。全株枯死后，病原菌能在土壤中营腐生生活。

香蕉枯萎病菌随病株残体、带菌土壤、耕作工具、病区灌溉水、雨水、线虫等近距离传播蔓延，带菌吸芽、土壤、二级种苗及地表水成为远距离传播媒介。病菌能侵染一些杂草，但不表现症状，在没有种植香蕉时营腐生生活，待日后侵染。杂草中的病菌也可以通过农事操作进行传播。多雨、温度较高时病害严重；土壤 pH6 以下，沙壤土、肥力低、土质黏重、排水不良、下层土渗透性差的地块，均有利于病害发生（图 17-21-1）。

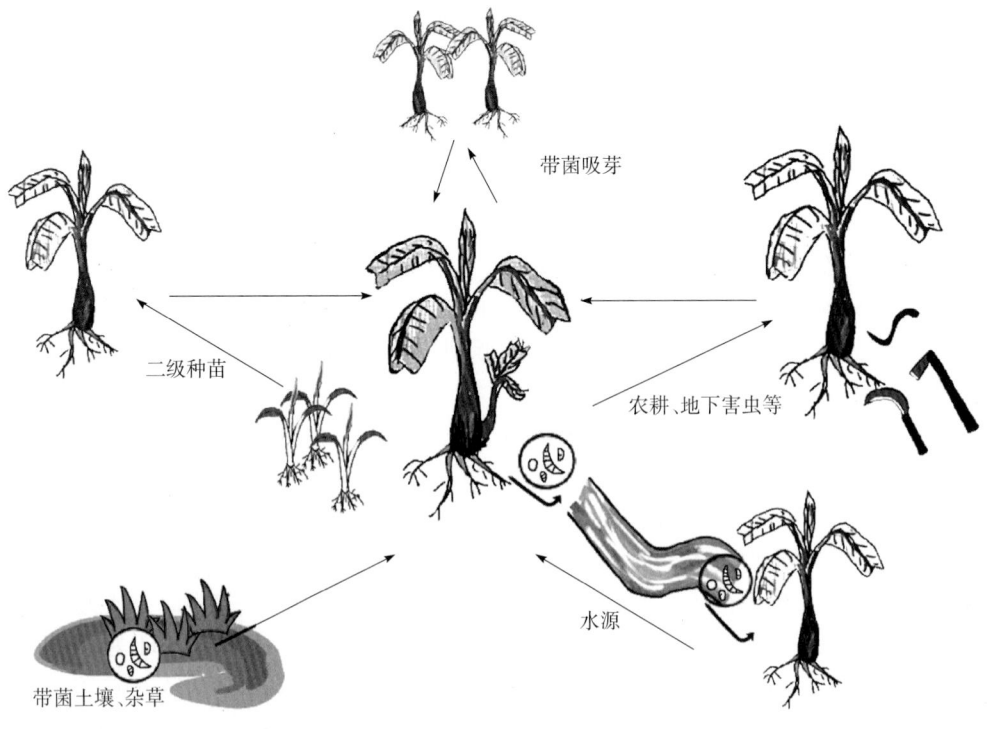

图 17-21-1 香蕉枯萎病病害循环

Figure 17-21-1 Disease cycle of banana Fusarium wilt

五、流行规律

（一）香蕉枯萎病的田间发病特点

1. 发病中心明显，扩散速度快　香蕉枯萎病为害的田块有明显的发病中心，局部发病率高，在相同的栽培条件下，同一田块的相邻地方，发病率可能有很大差异。该病传染扩散速度快，一般零星发病后的第三年就可形成新的发病中心。病田病株率年度间以 3～5 倍的速率增长，以最终病株率为标准，从零星发病到全田大部分植株普遍发病，时间为 4～5 年。年度之内，香蕉枯萎病田间发病主要从当年 5 月开始，直到香蕉采收期病害都在不断蔓延和加重。重病田的病株率年度内呈现初期发展较慢，中期较快，后期又相对缓慢的趋势增长。

2. 不同生长期症状表现不同，病原菌致病力强　苗期一般不表现发病症状，在抽蕾期至挂果期症状较明显。在贫瘠土壤、沙质土、沙壤土、pH6 以下的酸性土壤或排水不良的田块易发病；土温较高、土壤最大持水量达 25%、地势低洼及线虫发生数量多的田块，发病最重。病原菌在土壤中存活时间长，即使在淹水 2 年的情况下，病菌仍可存活，因此病害蔓延范围广、感染率高。

（二）影响病害传播流行的四个重要因素

种苗、水源、土壤、施肥为影响我国香蕉枯萎病传播流行的四个重要因素。第一，在香蕉枯萎病发生严重区及其附近培育香蕉种苗是香蕉枯萎病在新开垦地发生流行的主要因素；第二，采用来自受感染区域或途经发病区的水源进行灌溉是远距离传播的重要因素；第三，不同土壤类型尤其是土壤中有机质含量、通气性、保水性、土壤 pH 等也能影响香蕉枯萎病的发生流行；第四，施用有机肥比施用尿素等化学肥料的田块的发病率与扩展速率明显减轻。

（三）香蕉枯萎病的田间发展特性

王振中等通过对广东省内历年病害发展情况的数据进行统计，分别利用单利式 Vanderplank 和复利式 Logistic 病害增长模型对数据进行拟合，证明香蕉枯萎病在田间的发展具有单利式和复利式增长的双重性质，说明病害在田间主要是以土壤中存在的病原菌为主要传播体，但也可能存在以新发病植株为接种体来源的再侵染。同时，由于土壤病原菌的侵染是陆续进行的，而使得病害的发展曲线兼有单利式发展和复利式发展的双重特性。

六、防治技术

香蕉枯萎病的防治技术包括：抗病品种选育、安全育苗、病原菌早期检测、农业防治、化学防治及生物防治。

（一）抗病品种选育

大部分香蕉栽培品种为三倍体，不能产生种子，常规的杂交选育工作比较困难，而应用胚性悬浮细胞作为材料的转基因工程技术尚不成熟，因此，在香蕉的抗病性育种研究中，大多通过体细胞变异筛选进行选育。20 世纪 80 年代，台湾香蕉研究所通过体细胞变异筛选对 Cavendish 进行抗枯萎病选育，筛选出了 GCTCV 序列的台蕉 1 号（Tai Cao No.1）和宝岛蕉（Formosana），具有显著的抗枯萎病能力。近几年在海南较大面积推广的农科 1 号，是由广州市农业科学院应用体细胞变异农科 1 号选育的，在性状、外观、生育期和果实品质方面与巴西蕉品种相近。

近年来，丹麦、奥地利、南非、巴西、马来西亚、中国都开展了香蕉诱变育种研究，并取得了一定进展。我国台湾选育出抗香蕉枯萎病 4 号生理小种的台蕉 1 号、台蕉 2 号、台蕉 3 号和宝岛蕉等一系列品种（系）。广东等地也培育出不同的抗病品种，主要有在台蕉 1 号的基础上培育出的抗枯 1 号，抗病效果较好。据报道，华南农业大学选育的香蕉新品系粤优抗 1 号抗病效果明显。据报道，印度国家香蕉研究中心（NRCB），获得了抗香蕉枯萎病菌 1 号生理小种的 AAB 组品种 Maca。除上面的台蕉和宝岛蕉品种系列，其他主推的还有粉杂 1 号、粤丰 1 号、南天黄、抗枯 5 号和闽蕉 6 号等中高抗品种。但是，抗病品种一般农艺性状存在一定缺陷，如产量较低、叶柄脆弱、植株高大、生长周期长、果实脱绿期长、品质较差、商品价值低等。

随着生物技术在育种中的应用，利用基因工程的手段进行香蕉转基因育种成为研究热点。各研究机构相继在微繁殖、单克隆抗体、分子生物学和遗传转化等方面开展了研究，其中遗传转化从单一的农杆菌感染到与基因枪法相结合。在香蕉体细胞杂交的应用中，使用原生质融合技术，建立体细胞杂交体系，但存在着体细胞杂合体的频率很低且实验重复性差等缺点。在国内，许多科研人员在转基因领域进行研究，具有代表性的是李平华等以芽尖为外植体探索农杆菌侵染转化的条件，裴新梧等人把葡萄糖氧化酶基因导入香蕉，获得抗枯萎病的植株品系。到目前为止，仍没有转基因抗病品种大面积推广。

（二）安全育苗

从 20 世纪 90 年代开始，香蕉种苗生产以组织培养繁殖香蕉苗为主。香蕉组培苗分为瓶苗和袋装苗，瓶苗是指小植株的一级组培瓶苗，袋装苗是指供大田定植的二级营养袋苗。瓶苗的培育包括外植体的准备、外植体的培养及继代培养、生根培养；袋装苗的培育包括大棚育苗、苗圃管理、种苗分级、炼苗、出圃。香蕉组培苗的培育可参考农业行业标准《NY/T357—2007　香蕉　组培苗》等。为避免由于种苗带菌而引起香蕉枯萎病的远距离传播，在组培苗的育苗过程中必须采取一系列的安全措施。

1. 外植体材料的选择　应在未发生香蕉枯萎病的蕉园，选择果梳整齐、果实大小均匀、产量高、无病害症状的健壮母株的吸芽作外植体。吸芽应按株系进行编号并建立株系档案。

2. 袋装苗育苗地点选择　应选在交通方便、水源充足、排水良好，且远离老蕉区，周围无茄科、葫芦科作物的地方，作为袋装苗育苗地点，以防止病毒病传播。不在香蕉枯萎病病区内建立育苗基地。育苗棚周围应清除杂草并保持清洁，大棚四周加盖孔径为 0.25～0.425mm 的防虫网一层，棚内外定期喷施杀虫剂杀灭蚜虫。

3. 苗圃消毒处理　营养土不得使用香蕉枯萎病区土壤，必须杀菌消毒处理。所用水源也须经消毒杀菌处理。育苗用工具要专物专用，定期进行消毒处理。袋装苗在装袋（杯）前，要对基质材料及营养土进行消毒，对运进的瓶苗进行适当的病虫害预防处理。人员出入育苗棚时，采取隔离和消毒措施，防止假植苗或营养土被人为传染检疫性病原。

4. 袋装苗的培育　为保证香蕉苗有充足的营养和生长空间，袋装苗使用口径或直径为 5～10cm、高 10～15cm 的黑色育苗袋（杯）。袋装苗培育使用多元复合肥作为追肥，不得使用含氮量高的叶面肥。袋装苗（杯苗）在移栽前 15d 不施用肥料，确保种苗质量和移栽成活率。

5. 运输工具消毒处理　种苗出圃时要对种苗运载工具进行消毒处理（主要指汽车、塑料筐或木箱在运苗外出返回苗圃时进行消毒）。

6. 出圃苗的要求　袋装苗出圃标准应当符合《NY/T357—2007　香蕉　组培苗》的分级规定。同时应对出圃前种苗进行抽样检测，杜绝发病种苗出圃。

（三）病原菌的检测检疫

香蕉枯萎病是土传病害，香蕉一旦感病后难以进行有效控制，加强检疫防控，对病害的发生进行早期预防是阻断病害蔓延的有效措施之一。首先，对种植地的土壤、灌溉用水源以及种苗等传病介质进行带菌测定，可为提前预防病害的发生起到指导性的预警作用，同时，确定病原的种类可为防治病害提供参考；其次，定位病害中心的位置可为有效控制病害的蔓延提供依据。目前，综合应用特异性专用培养基和分子检测技术可以做到对病原菌的检测，从而定期对种植区进行监控，可以实现对病害发生的早期预警。

1. 香蕉尖镰孢菌特异性专用培养基　目前报道的很多专用选择性培养基可有效培养尖镰孢，黄俊生等研制了一种用于检测香蕉枯萎病病原菌的选择性培养基 PCEA，其成分为：马铃薯 200g，$CuSO_4 \cdot 5H_2O$ 0.5g，$MgSO_4 \cdot 7H_2O$ 0.6g，KH_2PO_4 0.1g，75%敌磺钠结晶粉 3g，72%农用硫酸链霉素 0.50g，95%酒精 10mL，水 1 000mL，pH5.8，琼脂 18～20g。该培养基与其他常见分离培养基相比，无需灭菌操作，且成分简单、检测率显著，抑菌效果好，病菌在其上生长快、菌落典型，是一种较为理想的选择性培养基，该技术可为香蕉枯萎病的早期快速检测监测提供辅助鉴定。

2. 香蕉尖镰孢菌的分子检测技术　有研究通过香蕉枯萎病菌的进化相关基因（18S rDNA 和 ITS）、致病相关基因（$fga1$、FPD1 基因）和 RAPD 分子标记 3 种基因类型的综合分析，分别设计特异性引物，构建多重 PCR，可对不同种的镰孢菌、不同感病时期、不同部位的病原菌进行检测，同时也可对土壤和水源中的香蕉枯萎病菌进行抽样检测研究。

（四）农业防治

1. 轮作　常见的轮作植物为水稻。根据不同地域的要求，在海南可轮作玉米、甘蔗、番木瓜、西瓜、甜瓜和菠萝等。在广东省番禺地区，常见蕉农应用韭菜轮作或者套种的方法对香蕉枯萎病进行防控，效果比轮作甘蔗和水稻明显。

2. 土壤深翻和消毒 把深层土壤翻到地表暴晒，利用阳光进行消毒。改善土壤通透性，提高土壤保水保肥能力。种前通过机耕进行深翻，可降低土壤中病原菌数量，有效控制病害的发生。土壤化学消毒可施用 45％咪鲜胺乳油或 90％噁霉灵可湿性粉剂 1 000～3 000 倍液，然后保湿密闭进行消毒。种植前施用土壤改良剂或石灰调节土壤酸碱度；对于根结线虫较重地块，施用淡紫拟青霉和芽孢杆菌复配生物有机菌肥进行协防，防止伤根，减少感染病害的机会。

3. 合理施肥 香蕉是喜钾植物，栽培中应注意氮、磷、钾肥配合施用并增施钙、镁肥，以增强蕉株抗病和耐病能力。种植前以充分腐熟的农家肥作为基肥，种植后前 3 个月以液施为主，施用含有复合拮抗微生物的抗枯专用有机菌肥，后期施用有机肥进行追肥，通过对土壤中微生物种群的调节，控制香蕉枯萎病菌的繁殖，是有效控制病害发生的方法之一。

4. 套种与生态覆盖 蕉园套种甘薯是高秆长生育期与矮秆短生育期作物的搭配，在充分利用空间和光热资源的同时，对蕉园进行生态覆盖，既可保持土壤湿度，又可增强生防菌剂、化学药剂等对病虫害的防治效果，且简便易行，综合效益高。

5. 病株处理 香蕉树病株体积大，直径 20～30cm，尤其地下球茎部分，不易搬迁移除；病原菌主要集中在维管束部位，不易灭菌消毒，自然枯萎时间长，极易导致病菌以发病株为中心在田间蔓延扩散并引起大面积发病。因此，对田间发病植株应及时采取相应的配套措施进行处理。

①香蕉园一旦出现发病植株，应尽早进行假茎基部打孔灌药灭除处理，可应用专门杀菌致枯剂（含有咪鲜胺、多菌灵、草甘膦、二甲基亚砜、乙二醇和黄原胶）和打孔施药装置进行处理。病株周围喷施 45％咪鲜胺水乳剂 3 000 倍液和生防芽孢杆菌制剂后，用薄膜覆盖发病区域。②对病穴进行土壤消毒：病株除去后，病穴施石灰及多菌灵杀灭病菌，并以土覆盖，病穴周围 2m 范围内的蕉株用 50％多菌灵可湿性粉剂 500 倍液淋根。③根结线虫协防：香蕉园如果根结线虫比较严重，会加重枯萎病为害，可每月 2 次定期喷施水溶性 E7 淡紫拟青霉菌肥进行防治。④病区内实行独立排灌，严禁带菌水流入无病蕉园。⑤病区耕作用过的工具必须浸入 50％福尔马林药液消毒后才能用于无病蕉园耕作。⑥发病 30％以上的蕉园，应改种水稻或水生作物，水淹 2 年后再种植香蕉。

（五）化学防治

香蕉枯萎病病原菌以休眠孢子形式宿存在土壤中，可以存活数年。在一定程度上，香蕉枯萎病的发生与土壤中病原菌数量呈正相关，因此，降低土壤中病原菌数量是防治病害的有效策略。

95％噁霉灵原药＋50％多菌灵可湿性粉剂、20％五氯硝基苯粉剂＋50％多菌灵可湿性粉剂、50％多菌灵可湿性粉剂＋70％福美双可湿性粉剂和 50％敌磺钠可溶粉剂＋70％福美双可湿性粉剂用 600～800 倍液在香蕉种植时结合淋定根水灌根，可抑制土壤中的香蕉枯萎病菌繁殖，减少菌源，推迟或减轻香蕉发病。45％噁霉灵·溴菌腈可湿性粉剂对土壤中的香蕉枯萎病菌有较高的抑制作用，对初罹病蕉苗的防治效果较佳。95％噁霉灵原药 3 000 倍液喷洒土壤，用 40％五氯硝基苯粉剂 500 倍液＋50％多菌灵可湿性粉剂 500 倍液间隔淋浇香蕉茎秆，对早期发病的植株有部分恢复作用。对发病初期，刚刚出现症状的植株可采用 70％甲基硫菌灵可湿性粉剂 800 倍液淋灌根茎部，每 7d 1 次，共 3～4 次，对发病后期的少量植株可以用含 2％多菌灵有效成分的药液注射病株球茎，或将多菌灵胶囊塞入球茎内，挖出病株，用石灰粉或 2％～3％的福尔马林液对病穴进行消毒处理。

（六）生物防治

包括我国在内的大多数国家目前均极少有防治植物土传病害的无公害农药注册。香蕉枯萎病的生物防治研究主要有生防细菌、真菌、放线菌。

1. 细菌类生防菌 香蕉枯萎病的生防细菌主要有芽孢杆菌。周登博等利用甲基营养型芽孢杆菌发酵液提高盆栽香蕉的酶活性。朱利林等筛选到枯草芽孢杆菌，并证明其能在香蕉根际定殖，盆栽防效达到78.8％。芽孢杆菌抗逆性强，能形成生物膜和分泌抗菌脂肽，是防治香蕉枯萎病的优良菌株。其防病机制表现为产生多种抗菌物质、营养竞争、增强植物抗病性和长势等方面。喻国辉和牛春艳等通过用枯草芽孢杆菌 T21 发酵液灌根和叶腋喷施，对香蕉枯萎病田间防效均达 60％以上。近年来前人已从补充土壤营养的角度，将芽孢杆菌与有机肥结合施用，盆栽试验对香蕉枯萎病防效达 30％以上，能提高香蕉防御酶活性。另外，荧光假单胞杆菌、绿脓杆菌对香蕉枯萎病均有拮抗作用，添加松棘树的压滤渣作为营养载体时能提高抑病效果。其他分离到的生防细菌还包括绿脓杆菌、黏质沙雷菌、荚壳布克氏菌等。

2. 真菌生防资源　包括木霉属真菌（*Trichoderma*）、丛枝菌根真菌（*Arbuscular mycorrhize*，AM）、非致病尖镰孢菌和淡紫拟青霉（*Paecilomyces lilacinus*）。

用于香蕉枯萎病生物防治的真菌中，研究应用较多的有木霉属真菌（*Trichoderma*）、丛枝菌根真菌（*Arbuscular mycorrhize*，AM）等。木霉类真菌生长迅速，有利于与病原菌抢占生态位点，分泌活性物质，具有一定定殖能力，在室内试验中表现出较强抑菌活性，可提高香蕉防御酶活性。丛枝菌根真菌菌根是自然界普遍存在的一类真菌与植物根系建立的互惠共生体，它可促进共生植物的生长，增强植株的抗逆性，应用丛枝菌根真菌防治枯萎病是利用它与镰孢菌存在的竞争关系。已报道用于防治枯萎病的有哈茨木霉（*Trichoderma harzianum*）和绿色木霉（*Trichoderma viride*）。电镜扫描表明，哈茨木霉对香蕉枯萎病菌菌丝有强烈的寄生作用，产生吸器直接穿入菌丝，分泌胞外溶菌酶，从而减轻病害。

优良生防真菌淡紫拟青霉对香蕉枯萎病也有较好的控制作用，而且对多种尖镰孢菌具有拮抗活性。已报道，在小区试验中，淡紫拟青霉菌株 E7 对香蕉枯萎病的防效达到 69.61％，淡紫拟青霉 080409-13 和 080819-B2-1 发酵液对香蕉枯萎病盆栽防效均在 80％以上。

3. 放线菌　大多数具有拮抗能力的放线菌均为链霉菌。该类放线菌主要通过分泌抗菌素抑制香蕉枯萎病菌的生长，达到控病的目的。如玫瑰浅灰链霉菌、灰肉色链霉菌均有较强的拮抗活性；李松伟等分离到放线菌 H1001 和 H1010，与有机肥、木霉和淡紫拟青霉组成的复合菌菌剂对香蕉枯萎病小区防效达47.79％。秦涵淳分离到 2 株放线菌 D4-4-L 和 ZJ-E1-2，对香蕉枯萎病盆栽防效达 86％以上。

4. 复合生防菌肥　直接施用拮抗生防菌剂对土传病害的防控效果并不理想。采用拮抗生防菌剂与生物有机肥复配或发酵后施用，建议复配具有拮抗互补作用的 2 种以上拮抗菌剂，能显著提高拮抗菌防控香蕉枯萎病等土传病害的功效。利用哈茨木霉 SQR-T037 菌株与有机肥制备的获得不同剂型的生物有机肥，可显著降低黄瓜枯萎病发病率，并提高了黄瓜产量。添加枯草芽孢杆菌（*Bacillus subtilis*）HJ15 和 DF14到有机肥中，混合后经固体发酵获得生物有机肥处理盆栽棉花，可明显减轻黄萎病的发生程度。周端咏和潘江禹等研究表明，适宜浓度尿素等肥料对淡紫拟青霉产孢量和土壤定殖力有明显的促进作用。枯草芽孢杆菌与有机肥组合可提高香蕉 β-1，3-葡聚糖酶活性；含有解淀粉芽孢 W19 的生物有机肥将盆栽香蕉枯萎病的发病率降低 23％。

黄俊生　王国芬（中国热带农业科学院环境与植物保护研究所）

第 22 节　香蕉褐缘灰斑病

一、分布与危害

在香蕉的生产上，褐缘灰斑病是最严重的真菌病害之一，早在 20 世纪 30 年代初期已在中美洲和南太平洋地区普遍发生，褐缘灰斑病为害造成香蕉叶片大量干枯死亡，致使果实产量严重减产，同时影响果实的品质，特别是储运保鲜。褐缘灰斑病为害后，催熟过程中香蕉成熟不一致，着色不均匀，无商品价值。

香蕉褐缘灰斑病分为 2 种：黄条叶斑病（yellow sigatoka）和黑条叶斑病（black sigatoka）。黑条叶斑病传播速度快，防治困难，为害更加严重。

黄条叶斑病：该病最早于 1902 年在印度尼西亚爪哇被发现。1912 年该病在斐济广泛流行，并定名为黄条叶斑病。1962 年以来，黄条叶斑病一直作为一种流行性病害在世界各地的香蕉种植区相继发生。

黑条叶斑病：1963 年（Wieckhorst Silke 认为是 1964 年），斐济岛最早报道了由 *M. fijiensis* 引起的黑条叶斑病。后来该病在整个太平洋群岛相继报道。1972 年，美洲第一次报道该病是在洪都拉斯，向北传播到危地马拉、洪都拉斯首都伯利兹城和墨西哥南部，向南拓展到萨尔瓦多、尼加拉瓜、哥斯达黎加、巴拿马、哥伦比亚、厄瓜多尔、秘鲁和玻利维亚。最近报道是在委内瑞拉、古巴、牙买加、多米尼加共和国，威胁着加勒比海的其他国家。黑条叶斑病在亚洲也有发生（如不丹、中国台湾及海南、越南、菲律宾群岛、马来群岛以西、印度尼西亚苏门答腊岛）。在非洲，赞比亚于 1973 年第一次报道该病，1978 年加蓬也有报道。黑条叶斑病沿着西海岸线到达喀麦隆、尼日利亚、贝宁湾、多哥、加纳、科特迪瓦。该病在刚果（金）发生，向东最有可能跨过刚果民主共和国（不包括扎伊尔）到达布隆迪、卢旺达、坦桑尼亚以西、乌干达、肯尼亚和中非共和国。黑条叶斑病被认为是香蕉叶斑病害中最重要的病害。在大多香蕉种植区，黄条叶斑病很大程度上已被黑条叶斑病所代替。

香蕉壳针孢叶斑病症状与香蕉褐缘灰斑病相似，1989 年在尼日利亚发生。1992—1995 年在南亚和东南亚调查黄条叶斑病的分布时发现该病在南印度、斯里兰卡、西马来群岛、泰国、越南为害。1997 年在毛里求斯也有该病的报道。直到 2000 年，Carlier 等经过 ITS 和 5.8S rDNA 鉴定后认为其病原是另一个种——芭蕉球腔菌（*Mycosphaerella eumusae*），其无性型为芭蕉壳针孢（*Septoria eumusae*），因此将此病害命名为壳针孢叶斑病。

二、症状

要正确区分黑条叶斑病和黄条叶斑病这两种病的症状有时非常困难。通常来讲，黄条叶斑病的第一症状是在叶片正面出现浅黄色条纹，而黑条叶斑病则是在叶背出现深褐色的条纹，两者开始都是 1～2mm 长，然后逐渐扩大成有黄色晕圈和浅灰色中心的坏死组织。病斑汇合和传播，从而损毁大面积的叶片组织，导致减产和果实早熟。相比之下，黄条叶斑病比黑条叶斑病更为严重，因为它会出现在更为早期的叶片上，因此会损坏植物的光合组织，造成更大的伤害。而且，黑条叶斑病能侵染很多对黄条叶斑病产生抗性的品种（比如 AA）（彩图 17-22-1）。

以下为黄条叶斑病的症状描述：

发病初期在叶背面产生赤褐色小条纹，肉眼可见的症状常出现在第三片和第四片或者更老的下层叶片上，主要集中在叶缘。小条纹伸长并稍微变宽，形成长轴与叶脉平行的赤褐色窄斑。与上层叶片的小条斑相比，下层叶片的小条斑肉眼更容易看到，分布不均匀。叶片上常几个病斑汇合形成大条纹。条纹由赤褐色变成黑褐色或几乎黑色，有时略呈紫色。病斑继续扩散，使得整片叶变黑。病斑逐渐变宽形成长椭圆形或纺锤形斑点，浅褐色、边缘水渍状。褐色或黑色的病斑中央稍微凹陷，水渍也变得更加明显，水渍状周围的病组织可能稍微黄化。病斑中央脱水变成浅灰色或浅黄色，凹陷加深，边缘暗色。病健组织交界处有亮黄色过渡带。叶片萎陷干枯后，斑点仍有明显的浅色中心和黑色边缘。

三、病原

香蕉褐缘灰斑病菌在分类上存在很大的争议。1984 年，Cronshaw 报道，香蕉黄条叶斑病病原菌为 *Mycosphaerella musicola* Leach；J. L. Mulder、黑条叶斑病病原菌为 *M. fijiensis* Morelet。黑条叶斑病也曾分为 2 种，分别为黑叶斑病（*M. fijiensis*）和黑叶斑病（*M. fijiensis* var. *difformis*），据 Leach 等人推测，*M. fijiensis* 是由 *M. musicola* 通过突变而衍生出来的一个毒力比之更强的菌株，在形态特征上有些差异。而 Pons 则认为 *M. fijiensis* var. *difformis* 是 *M. fijiensis* 的同物异名的种，在形态学上大致相似。现在一般报道为以下 2 个种：*M. musicola*（香蕉生球腔菌，无性型为香蕉假尾孢［*Pseudocercospora musae*（Zimm.）］）引起黄条叶斑病；*M. fijiensis*（斐济球腔菌，无性型为斐济假尾孢［*Pseudocercospora fijiensis*，异名：*Paracercospora fijiensis*（Morelet）］）引起黑条叶斑病。有性型为子囊菌门球腔菌属真菌；无性型为子囊菌门假尾孢属真菌。

香蕉生球腔菌（*M. musicola*）：分生孢子梗无色，叶片两面生，丛生，直立或稍弯曲，瓶状，多数无分隔，无明显孢痕。分生孢子单个着生，大多数圆筒形，有些倒棍棒形，直立或屈膝状弯曲，有 1～5 个横隔膜，基部无明显的脐点（孢子痕）。

斐济球腔菌（*M. fijiensis*）：分生孢子梗主要在叶背生，单生或者 2～5 个簇生，常从叶背气孔伸出，淡色至浅褐色，屈膝状，孢子痕较厚（彩图 17-22-2）。分生孢子倒棍棒形或圆筒形，有 1～10 个分隔，基部有明显脐点（孢子痕）（彩图 17-22-3），从脐端到顶部渐变狭窄，有明显的底部。在 PDA 培养基上生长的速度很慢，室温下培养 1 个月，菌落直径为 0.5～1cm，产孢难且少，黑色坚硬的菌块往培养基下生长，表面长出灰色或灰白色菌丝，在培养过程中，有些菌落的菌丝变为很淡的粉红色。菌落表面常伴有水疱状物（彩图 17-22-4）。

四、病害循环

香蕉褐缘灰斑病的病害循环比较简单，病原菌以菌丝体和有性阶段孢子囊在病叶和干枯的叶片上越冬，春季子囊孢子或分生孢子传播到香蕉的嫩叶上侵染，经过 15~25d 的潜伏期后出现症状，并在病斑上产生大量分生孢子，传播到新的叶片和植株。在我国香蕉植区，病菌的有性阶段很少观察到。

五、流行规律

香蕉褐缘灰斑病的发生流行与气候密切相关，高温高湿利于病害的发生。香蕉褐缘灰斑病在我国香蕉上全年都发生为害，高温高湿季节是病害流行季节，病害的发展蔓延及病原菌的产孢量与下雨天数关系密切；冬季和早春，气温较低，降水量少，病斑中只镜检到单生的尾孢菌孢子，4 月初，气温回升，才镜检到病斑中有丛生于暗色子座上的分生孢子梗（3~10 个）和分生孢子，4 月中旬，丛生的尾孢菌孢子大量产生，出现一个产孢高峰期；5 月以后，丛生的尾孢菌孢子虽常镜检到，但数量和密度均比 4 月份少得多，直到 8 月初，香蕉植株已经长大封行，叶片数多且叶片大，香蕉园内荫蔽，湿度大，丛生的尾孢菌孢子才迅速增加，出现第二个产孢高峰。10 月以后，降水量少，连续下雨天数少，该病的严重度及丛生的尾孢菌产孢数量和密度均减少。病害的发展与香蕉的叶龄有关，分生孢子侵染香蕉的幼嫩叶片，潜伏期（国外报道 15~25d）过后发生为害，下层叶片先感染先发病，因此，下层叶片比上层叶片发病重。香蕉抽蕾期消耗大量营养物质，抗病性弱，病害发展也较快。

香蕉褐缘灰斑病菌的分生孢子借雨水、露水传播。镜检发现，香蕉心叶以下第二、三片叶的叶尖、叶缘有较多的尾孢菌孢子片段，这些孢子片段在叶片表面萌发，芽管自气孔侵入，虽然叶片表面用肉眼尚未发现病状和病征，但实际上，心叶以下第二、三片叶已被侵染。在香蕉园挂载玻片（载玻片表面涂凡士林，晴天挂在香蕉园 2m 和 1m 高处，24h 检查）捕捉孢子，结果在载玻片上镜检到分生孢子。

六、防治技术

由于病原菌对苯并咪唑类杀菌剂已产生抗性，目前防效较好的为三唑类杀菌剂，如 25% 丙环唑乳油。澳大利亚的昆士兰等香蕉大面积种植地区，在病害流行期，采用丙环唑＋矿物油进行飞机低容量喷雾防治，15~20d 喷 1 次，每年喷 8~10 次，可以有效控制该病。在我国主要采取以下措施进行综合防治：

（1）合理控制种植密度，定期修除枯叶、杂草和多余的吸芽，进行地面覆盖，保持蕉园通风透光。

（2）加强肥水管理。施足基肥，增施有机肥和钾肥，不偏施氮肥；旱季定期灌水，雨季注意排水，促进香蕉植株生长旺盛，提高抗病力。

（3）割除病枯叶，减少侵染菌源。

（4）化学防治。在病害发生初期开始定期喷药，轻病期 15~20d 喷 1 次，重病期 10~12d 喷 1 次，重点保护新叶、嫩叶，一年喷药约 8 次。目前防治效果较好的农药为丙环唑各种剂型和吡唑醚菌酯、苯醚甲环唑、醚菌酯等杀菌剂，浓度按说明使用；三唑类杀菌剂 1 000 倍液与代森锰锌 1 000 倍液混配使用效果好（表 17 - 22 - 1）。

表 17 - 22 - 1　防治香蕉褐缘灰斑病的主要杀菌剂

Table 17 - 22 - 1　Main fungicides for banana sigatoka

商品名称	有效成分	英文通用名称	作用
敌力脱、必扑尔	丙环唑	propiconazole	治疗、保护
福星、菌克星	氟硅唑	flusilazole	内吸、治疗
粉锈宁、百理通、百菌酮	三唑酮	triadimefon	内吸、治疗
腈菌酯	腈菌唑	myclobutanil	内吸、治疗
四高、思科、势克	苯醚甲环唑	difenoconazole	治疗、保护
凯润	吡唑醚菌酯	pyraclostrobin	治疗、保护
翠贝	醚菌酯	kresoxim-methyl	治疗、保护
肟菌酯	肟菌酯	trifloxystrobin	保护、治疗
拿敌稳	肟菌酯＋戊唑醇	trifloxystrobin＋tbuconazole	保护、治疗
喷克、大生 M-45、新万生	代森锰锌	mancozeb	保护
丙森锌	丙森锌	propineb	保护

谢艺贤（中国热带农业科学院环境与植物保护研究所）

第 23 节　香蕉炭疽病

一、分布与危害

香蕉炭疽病主要侵害果实，是香蕉上一种重要的全球性病害，已成为香蕉产业的主要限制因素。果园果实很少发病，在采后储运与销售期间发病严重，影响果实外观，降低果实品质和营养价值，常导致香蕉在销售和消费过程中成为不合格商品，造成蕉农和销售商的巨大损失。我国香蕉产区均有该病发生，严重时可导致储藏期的果实全部腐烂。

二、症状

香蕉炭疽病主要侵害成熟或近成熟的果实，以成熟期果实受害最重，引起果实腐烂。也可为害叶、（假）茎、花、果轴、地下球茎等部位，引起叶斑、折叶、枯梢、花腐、茎腐、轴腐、柄腐及球茎腐烂。

在成熟的香蕉上，初期为近圆形、暗褐色或黑褐色小斑点，即分生孢子盘，呈芝麻点状，俗称芝麻蕉，随后迅速发展为暗褐色、黑褐色下陷的斑块，多个病斑汇合则形成不规则形大病斑，最后造成全果腐烂，储藏环境湿度大时，病部产生许多橙红色的黏粒，即病原菌的分生孢子盘和分生孢子。有些品种只发生油渍状斑点，其上亦有分生孢子盘；有的品种病斑呈梭形，中央开裂。果梗和果轴受害时产生黑色水渍状斑，造成黑顶和顶腐，严重时果梗、果轴全部变黑、干缩或腐烂，病部长出粉红色孢子团（彩图 17-23-1）。

青果受害时，病斑长椭圆形，黑褐色，上生许多小黑点（彩图 17-23-2）。但一般情况下，香蕉炭疽病极少侵害未成熟的果实，偶有香蕉品种在青香蕉上发生炭疽斑，且迅速扩大，并扩展到果肉，值得注意。若开花不久被病菌侵染，指果端部变黑腐烂，引起"烟头病"（彩图 17-23-3）。

叶片受害时，病斑初期不明显，后期呈不规则长条形，中央灰色，上生许多小黑点，即病原菌的分生孢子盘。叶柄和中脉受害，在叶柄及叶中脉背面产生红色小点，红色小点逐渐扩大成线形或近椭圆形的病斑，病斑由红色转为红褐色，且连接成片，布满整个叶柄、中脉的背面以及叶鞘的一部分，最后于叶柄处产生折痕，使叶片下垂。

茎受害，病部发黑，严重者茎腐，进而侵害蕉轴组织并延及果梳，严重时造成轴腐。

三、病原

香蕉炭疽病的病原为芭蕉炭疽菌 [*Colletotrichum musae* (Berk. et M. A. Curtis) Arx，异名：*Gloeosporium musarum* Cooke et Massee]，属子囊菌无性型炭疽菌属真菌，有性型尚未发现。

在 PDA 培养基上，气生菌丝茂盛、茸状、白色，老熟后呈灰色至暗灰色，并在菌落上散生黑色分生孢子盘或橙红色点状的黏质分生孢子团（彩图 17-23-4）；分生孢子盘直径为 $135 \sim 240 \mu m$，无刚毛，不形成菌核；产孢细胞瓶梗状、无色、不分枝、顶生分生孢子；分生孢子圆筒形、直、末端稍窄，无色，大小为 $(12 \sim 17) \mu m \times (4.5 \sim 5.5) \mu m$，附着胞不规则形，较大，暗褐色，常有较大的瓣（彩图 17-23-5）。

芭蕉炭疽菌离体培养时，其最低生长温度为 $5 ℃$，最适宜温度为 $28 \sim 30 ℃$，最高温度为 $38 ℃$；在体内可忍受 $45 ℃$ 高温。

关于香蕉炭疽病的病原菌种类，据报道，自病蕉上通常可分离获得侵害芒果、柑橘、荔枝、苹果、桃等多种水果的胶孢炭疽菌（*C. gloeosporioides*），但其作用迄今仍不清楚，一般来说不侵染香蕉。人工接种时也使香蕉果实致病，但症状轻。用芭蕉炭疽菌（*C. musae*）进行人工接种时，苹果和柑橘的果实可发病，但发病轻，不侵害荔枝、龙眼、番石榴等果实。根据分生孢子的大小与宽度来区分两个种确实比较困难，因此有人把香蕉上的胶孢炭疽菌（*C. gloeosporioides*）作为芭蕉炭疽菌（*C. musae*）的异名。

四、病害循环

该病的初侵染来源是带病的蕉树，以菌丝体和分生孢子在田间植株病部越冬。翌年分生孢子或从病部菌丝体产生的分生孢子借风雨或昆虫传播，孢子遇湿萌发，侵入寄主幼嫩组织。在果实上，病菌通常以附着胞或菌丝体潜伏在嫩果皮内而呈休眠状态。在果实成熟时才表现症状并产孢。在储运期，病菌借病果与健康果实接触传播，或病果的病斑上长出大量分生孢子辗转传播，不断进行重复侵染，成熟果实被病菌侵染后，病害发展迅速。

Muirhead 研究认为，附着胞在炭疽病菌的潜伏侵染中起相当重要的作用，在青香蕉上有两类附着：无色附着胞和暗色附着胞。自无色附着胞长出的菌丝侵入后，会引起附近寄主细胞的过敏反应，以致它们生长一定时期后便停止，果实成熟时，表皮下的菌丝体仍不活动；而留在青香蕉上的暗色附着胞，先是休眠，其萌发产生的侵入丝可在寄主组织中定殖并造成典型的炭疽病斑。若用氯化银处理，可杀死玻片上或果面上透明无色的附着胞，但不能杀死暗色的附着胞，所以未萌发的暗色附着胞的休眠期决定了该病菌的潜伏侵染期。但也有些菌株不具有潜伏侵染的特性，侵入后很快产生病斑。此外，该菌侵入后，还可产生乙烯加速香蕉果实后熟软化。

五、流行规律

本病在多雨重雾和潮湿条件下发生最盛。果实的成熟度亦影响发病，幼果果期虽已感病，但要到成熟前才开始表现症状，成熟果实在储运期间温度高达 25～32℃ 时，发病最严重。

该病菌可侵染蕉类各品种，以香蕉受害最重，大蕉次之，龙牙蕉很少受害。果皮薄的品种一般较果皮厚的品种容易感病。果实的糖分含量同果皮厚度一样，在决定感病性中起重要作用。含糖分较高的品种侵染至发病只需 6～10d，而糖分较低的品种却需要 15～20d；同时，果实含糖量与病斑大小和扩展期的长短呈正相关，含糖分较高的品种能短期内产生较大的病斑。

六、防治技术

香蕉炭疽病是一种具潜伏侵染特性的病害，又由于菌源场所众多，故防治上首先要控制田间侵染，仅采后用杀菌剂浸果结合低温储运，防治效果不佳，甚至无效。故该病应采用田间控病为首的综合防治方法。

1. 选种高产、优质的抗病品种和加强水肥管理，增强植株长势，提高抗病力。

2. 清洁蕉园，及时清除和烧毁病叶、病花、病轴和病果，并在断蕾后进行套袋，可减少病菌侵染。

3. 采用抹花技术，可减少炭疽病的发生。

4. 在抽穗时开始对花穗和小果喷雾，每隔 14d 喷 1 次，共喷 2～3 次；雨季每隔 7d 喷 1 次，重点喷果实及其附近叶片。常用的药剂有石灰少量式波尔多液（1∶0.35∶100）、50%多菌灵可湿性粉剂 500～1 000mg/L、2%嘧啶核苷类抗菌素水剂 100mg/L、75%百菌清可湿性粉剂 800～1 000mg/L、80%代森锰锌可湿性粉剂 1 000mg/L 等，药剂交替使用。

5. 储运场所须先用 5%福尔马林液喷洒，或硫黄熏蒸 24h，或甲醛、高锰酸钾熏蒸 24～48h，或臭氧消毒机等进行消毒。

6. 晴天采果，采用无伤采收法进行采收，收获时香蕉果实不要直接与地面接触（彩图 17 - 23 - 6）。果实成熟度 75%～85% 时采收最好，过熟时容易造成损伤和染病，一般当地销售的可在成熟度达九成时采收，远地销售的应提前到成熟度为八成或七成时采收。

7. 果实采后 24h 内须清洗进行防腐处理（彩图 17 - 23 - 7）。可用的防腐杀菌剂有：500～1 000mg/L 噻菌灵、500mg/L 抑霉唑、1 000mg/L 异菌脲、225～450mg/L 咪鲜胺，喷果或浸果 1～2min 均可。

8. 香蕉包装应用采后保鲜包装方式，即瓦楞纸箱＋聚乙烯薄膜＋乙烯吸收剂。当天处理的香蕉应当天包装入库。包装箱采用天地盖式双层瓦楞纸箱。包装袋用聚乙烯薄膜袋（0.03～0.04mm），乙烯吸收剂采用经充分吸附饱和高锰酸钾溶液的蛭石晾干后用无纺布包装，每袋 15～20g。在纸箱内垫好薄膜袋，然后把合格蕉梳以弓背朝上的方式小心、整齐、紧密地排列在箱内，蕉梳之间用 EPE 发泡纸隔开，蕉果不能高出纸箱（彩图 17 - 23 - 8）。短期储运用有孔薄膜袋装好蕉梳后，盖上纸箱上盖即可；较长期储运或夏季高温长途运输的，用薄膜袋装好蕉梳后，放入乙烯吸收剂，乙烯吸收剂按每千克香蕉不少于 2g 的标准放置。

9. 香蕉的最适储运条件为温度 11～13℃，空气相对湿度 85%～90%，O_2 和 CO_2 浓度均为 2%～5%。

依据香蕉的储藏条件，加强各项管理措施，尽可能地保持适宜的储藏条件，减少采后炭疽病的发生。

胡美姣（中国热带农业科学院环境与植物保护研究所）

第 24 节　香蕉黑星病

一、分布与危害

香蕉黑星病在东南亚、太平洋以及我国香蕉产区普遍发生。侵害叶片及果实，病叶一般自植株下部向上发展，气候利于病害扩展时，蕉树叶片干枯，只剩几片叶，产量损失达 30％～50％，在果实上产生黑色斑点，病斑密度大时，果实表面布满黑色病斑，严重影响果实的外观，果实采收后，病斑继续扩展造成腐烂，严重影响果实耐储性，大大降低果实质量等级，致使价格低，效益低，甚至无法销售。

二、症状

香蕉黑星病主要侵害叶片及幼果。叶片、叶柄上散生许多深褐色至黑色、突起的小黑点，扩大后形成近圆形黑色的斑块。病斑密生时，叶片变黄，提早干枯。病叶一般自植株下部向上发展。主要侵害幼果，多在果背弯曲处的表皮上产生许多散生的黑褐色小粒，表皮突起，变粗糙，果实成熟时一般不造成烂果，但可致表皮变黑、不均匀软熟，病部组织略下陷，外观差（彩图 17-24-1）。

三、病原

香蕉黑星病病原为香蕉球座菌（*Guignardia musae* Racib.），无性型为香蕉叶点霉 ［*Phyllosticta musarum* (Cooke) van der Aa，异名：*Macrophoma musae* (Sacc.) Berl. et Voglino］。常见为无性阶段，分生孢子器黑褐色，扁圆球形，埋生或半埋生于寄主表皮组织内，单个或多个聚集，大小为 $60\sim170\mu m$（常见大小为 $135\mu m$ 左右），顶部有一孔口。分生孢子椭圆形或卵圆形，大小为（$10\sim20$）$\mu m\times$（$7\sim13$）μm，常见大小为（$15\sim18$）$\mu m\times$（$9\sim10$）μm，外面包裹有一层厚为 $1\sim3\mu m$ 的胶质层，一端有 1 条无色透明附属物，长为 $8\sim16\mu m$。潮湿条件下，从分生孢子器孔口涌出白色卷丝状的孢子角。子囊棍棒状或圆筒状，双囊壁，具短柄，另一端钝圆，大小为（$35\sim85$）$\mu m\times$（$20\sim25$）μm，内有 8 个子囊孢子，子囊孢子椭圆形，单胞，无色，在子囊中排列成 $2\sim3$ 行。

四、病害循环

香蕉黑星病菌以菌丝体或分生孢子在病叶、病果上越冬。翌年春季降雨后，分生孢子从分生孢子器中溢出，由雨水或露水短距离扩散到叶片和果实上。在常温条件下分生孢子在 $2\sim3h$ 后萌发，随后在芽管前端形成附着胞，产生细小的侵染钉，穿透表皮细胞侵入为害，产生斑痕。随后在病部产生大量分生孢子，经风雨传播，形成再侵染。

五、发生规律

香蕉黑星病可周年发生，目前香蕉主栽品种巴西蕉、威廉斯等为感病品种，粉蕉、大蕉极少发病。

该病害主要侵害老叶，底层叶片最先发病，随着植株生长，逐渐向上层叶片扩展，抽蕾后，病害则逐渐向护叶、苞叶、果轴和果实传播，香蕉抽蕾期和抽蕾后病害发展很快。

病原菌可随散落田间的香蕉枯死病组织和仍在植株上的病残体在果园中周年大量存在，是病害的主要侵染来源。田间接种体主要是分生孢子，其次是有性阶段产生的子囊孢子。分生孢子萌发后产生附着胞，形成侵染钉从寄主表面直接侵入是病原菌的主要侵染方式。

湿度是影响病害发生发展最重要的环境因子，其次是温度。雨水和露水有利于病原菌分生孢子的释放和在寄主表面的分散，并有利于病原菌分生孢子的萌发、附着胞的形成。病原菌分生孢子主要通过雨水、露水的流动或溅射传播，因此，降雨、露水、多雾天气十分有利于病害的发生；夏秋温暖潮湿的天气条件下病害容易发生，冬春季节气温较低，若天气多雾、露水重或雨水多，病害也可以严重发生。

果实上病害的发生程度与叶片上病害的发生程度有很大的关系。过度密植，偏施氮肥，排水不良的蕉园发病较重。

六、防治技术

(一)清除侵染来源

经常检查并清除蕉园老叶、下层病叶及病残体并集中烧毁，及时抹除果指上的残存花器。

(二)加强水肥管理，提高抗病力

疏通蕉园排灌沟渠，避免雨季积水；不偏施氮肥，增施有机肥和钾肥，提高植株抗病力；抽蕾期，用纸袋或塑料薄膜套果，减少病菌侵染。

(三)化学防治

叶片出现明显症状时应进行药剂防治，尤其在香蕉结果期，控制病原菌侵染果实。对于香蕉果实，宜在香蕉抽蕾后苞片未开前进行第一次喷药保护，以后每隔 7~15d 喷 1 次，连喷 2~3 次后套袋护果。可采用肟菌酯·戊唑醇、戊唑醇、吡唑醚菌酯、氟硅唑、腈菌唑、苯醚甲环唑等农药，腈菌唑等三唑类药剂不宜在幼果期使用。

张欣（中国热带农业科学院环境与植物保护研究所）

第 25 节 香蕉根结线虫病

一、分布与危害

香蕉根结线虫病是香蕉上的一种重要土传病害，在世界所有香蕉产区均有分布，发生频率高，为害严重，可造成较大的经济损失。我国是香蕉根结线虫病的重发区域，在广东、广西、海南、福建、云南、贵州和台湾等省份的香蕉产区，该病均有不同程度的发生与为害，尤其是连续多年种植的蕉园发病严重。世界上该病主要分布于中美洲和西印度群岛的墨西哥、巴拿马、哥斯达黎加、洪都拉斯、危地马拉、多米尼加、瓜德罗普、牙买加和马提尼克，南美洲的巴西、哥伦比亚和厄瓜多尔，非洲的埃塞俄比亚、喀麦隆、几内亚、尼日利亚和加那利群岛，亚洲的菲律宾、泰国和印度等生产香蕉的国家和地区。

根结线虫的寄主范围极广，除了寄生香蕉以外，还可侵染包括蔬菜、果树、花卉、油料、南药和野生杂草在内的 114 科 3 000 多种植物。根结线虫的种类繁多，世界上已报道的有 90 多种，国内已记载的有 30 多个有效种。我国寄生香蕉的根结线虫有南方根结线虫、爪哇根结线虫和花生根结线虫。该病一般导致香蕉产量损失 20%~30%，严重者达 50% 以上，甚至失收。

二、症状

根结线虫为害香蕉根系，侵入根组织后能引起寄主植物的一系列病变，表现为线虫取食时分泌毒素刺激根细胞膨大，使根系上形成大小不等的瘤状物即根结。根结初为白色，表面光滑，后逐渐变褐色。随着侵入的病原线虫数量的增加，整个根系布满根结，连接成不规则的串珠状根结团，阻碍或破坏根系对肥水的吸收和输送功能，同时诱发其他病原菌的复合侵染，从而导致整个根系腐烂。根结线虫为害初期，植株地上部病状不明显，随着病情加重，地上部逐渐呈现生长不良，长势衰弱，叶片自下至上褪绿黄化，无光泽，似缺肥缺水症状，严重时叶片脱落，终致植株枯死（彩图 17-25-1）。

三、病原

根结线虫属线虫门侧尾腺纲垫刃目异皮科根结线虫属。雌虫和雄虫形态明显不同。雄虫细长，呈线状，圆筒形，无色透明，尾部短，尾部钝圆，体表环纹清楚；唇区稍突起，无缢缩，口针发达，基部球明显；食道体部圆筒形，中食道球纺锤形，峡部较短；排泄孔位于神经环位置稍后处；交合刺细长，无交合伞。雌虫成熟后呈梨形或柠檬形，乳白色；唇区略呈帽状，有 6 个唇瓣；头小且尖，口针发达，基部球明显，背食道腺开口于基部球稍后处；食道圆筒形，中食道球球形，排泄孔位于中食道球前面；阴门和肛门位于虫体的末端，阴门周围的角质膜形成特征性会阴花纹；多行孤雌生殖，卵椭圆形或肾脏形。从卵孵化出的二龄幼虫（J2）线形，无色；口针纤细，中食道球卵圆形；尾尖透明区明显，尖端狭窄。我国香蕉上的根结线虫优势种群为南方根结线虫，其次为爪哇根结线虫和花生根结线虫（彩图 17-25-2）。

（一）南方根结线虫（*Meloidogyne incognita*）

雌虫：体长 597.7（493.5～676.5）μm；最大体宽 402.5（331.5～526.4）μm；口针长 14.5（13.1～15.6）μm；DEGO（背食道腺开口至口针基部球距离）3.2（2.4～4.5）μm；口针基部球高 2.4（2.1～3.0）μm，口针基部球宽 4.0（3.2～4.5）μm；中食道球高 50.5（42.0～61.2）μm，中食道球宽 41.5（29.0～47.5）μm。雄虫：体长 1508.0（1047.5～1681.5）μm，最大体宽 35.1（33.4～41.2）μm；口针长 24.2（22.5～40.0）μm；DEGO 2.3（1.7～3.0）μm；口针基部球高 3.4（2.5～3.5）μm，口针基部球宽 4.8（4.5～5.1）μm。J2：体长 395.4（355.4～479.6）μm，最大体宽 15.7（13.5～18.2）μm；口针长 12.3（10.5～14.0）μm；DEGO 2.9（2.0～3.6）μm；尾长 50.2（43.1～58.6）μm；透明尾长 15.8（11.5～22.5）μm。

雌雄异形。雌虫膨大，呈球形或梨形，有突出的颈部；唇区稍突起，略呈帽状，会阴花纹变异较大，一般背弓高；花纹明显呈椭圆形或方形，背弓顶部圆或平，有时呈梯形，背纹紧密，背面和侧面的花纹波浪形至锯齿形，有时平滑，侧区常不清楚，侧纹常分叉。雄虫线形，唇区平至凹，不缢缩，常有 2～3 条不完整的环纹；口针圆锥体部尖端钝圆，杆状部常为圆柱形，靠近基部球位置较窄，基部球圆。年轻雌虫的苹果酸脱氢酶电泳带谱型为 N1 型，酯酶电泳带谱型为 I1 型。用引物 C2F3 和 1108 进行 mtDNA 扩增，其片段长度为 1.7kb。

（二）爪哇根结线虫（*Meloidogyne javanica*）

雌虫：体长 715.8（589.0～865.0）μm，最大体宽 455.5（425.0～612.3）μm；口针长 15.6（13.0～17.3）μm；DEGO 4.6（4.1～5.0）μm；口针基部球高 2.0（1.8～2.5）μm，基部球宽 4.3（3.9～5.0）μm；中食道球高 50.5（30.0～60.2）μm；中食道球宽 42.5（33.0～48.5）μm。雄虫：体长 1 540.0（1 107.5～1 679.0）μm，最大体宽 36.5（33.2～43.0）μm；口针长 23.8（22.5～40.0）μm；DEGO 3.2（1.5～3.9）μm；口针基部球高 2.7（2.5～3.5）μm，口针基部球宽 4.2（3.4～5.0）μm。J2：体长 432.2（352.2～478.1）μm，最大体宽 15.3（13.5～17.0）μm；口针长 12.3（9.5～12.9）μm；DEGO 3.1（2.0～3.9）μm；尾长 51.3（43.0～54.2）μm；透明尾长 15.6（11.5～21.5）μm。

雌雄异形。雌虫梨形或近球形，颈较长，与虫体纵轴在一条直线上或略弯向一侧，与体分界明显；口针基球与基杆分界明显，会阴花纹在群体内变异很大，通常为椭圆形至圆形，形成一个套一个的同心圆，背弓低到高形，线纹平滑、细密、连续，有明显的侧线，很少有线纹通过侧线，也有些种群的侧线不明显。雄虫线形，头冠宽，前端圆，有 2 条不完全的环纹，头区与体部分界不明显，口针锥体向基部渐粗，基杆圆柱形，中食道球明显，瓣门大。侧区有 4 条侧线。尾端阔圆。年轻雌虫其苹果酸脱氢酶电泳带谱型为 N1 型，酯酶电泳带谱型为 J3 型。用引物 C2F3 和 1108 进行 mtDNA 扩增，其片段长度为 1.7kb。

（三）花生根结线虫（*Meloidogyne arenaria*）

雌虫：体长 705.8（589.0～885.0）μm，最大体宽 465.5（425.0～601.3）μm；口针长 15.1（13.5～16.3）μm；DEGO 4.8（4.5～5.0）μm；口针基部球高 2.2（2.0～2.5）μm，基部球宽 4.7（4.5～5.0）μm；中食道球高 51.5（32.0～60.2）μm；中食道球宽 40.5（29.0～48.5）μm。雄虫：体长 1 340.0（1 007.5～1 674.0）μm；最大体宽 35.1（33.2～40.0）μm；口针长 24.5（22.5～40.0）μm；DEGO 4.1（2.7～5.6）μm；口针基部球高 2.9（2.5～3.5）μm，口针基部球宽 3.8（3.4～5.0）μm。J2：体长 412.2（352.6～478.9）μm，最大体宽 16.3（13.5～17.0）μm；口针长 11.9（9.5～12.0）μm；DEGO 2.7（2.0～3.9）μm；尾长 48.6（43.0～50.2）μm；透明尾长 15.5（11.5～21.5）μm。

雌雄异形。雌虫膨大，呈梨形或球形；唇区稍突起，略呈帽状；会阴花纹变异较大，花纹明显呈椭圆形，一般背弓扁平至圆形，大多时候弓上的线纹在侧线处分叉，有明显的侧线，有线纹通过侧线，背面和侧面的花纹波浪形至锯齿形，侧纹常分叉，有时纹断续并分叉；有些种群没有侧线。雄虫线形，唇区平至凹，不缢缩，常有 1～2 条不完整的环纹；口针圆锥体部尖端钝圆，杆状部常为圆柱形，靠近基部球位置较窄，口针基球为圆球形。年轻雌虫其苹果酸脱氢酶电泳带谱型为 N1 型，酯酶电泳带谱型为 A2 型。用引物 C2F3 和 1108 进行 mtDNA 扩增，其片段长度为 1.1kb。

四、病害循环

香蕉根结线虫主要以卵、幼虫和雌虫在土壤和病根组织内越冬，翌年气温回升到 10℃ 以上时开始活动。在海南等热带地区，根结线虫无越冬现象，可周年发生。卵经过胚胎发育后在卵壳内形成一龄幼虫，从卵中孵化出来的幼虫为 J2，即二龄侵染幼虫。J2 在土壤中活动并侵染香蕉幼根，寄生于根部皮层与中柱之间，进行取食，同时分泌毒素刺激根细胞过度生长和分裂，形成多核的巨型细胞，致使根部形成大小不等的根结。幼虫初期无两性分化，侵入香蕉根，并在其中寄生，经历三、四龄期后发育为雌、雄成虫。成熟雌虫固着在根组织内生活和繁殖，将卵产于露在根外的胶质卵囊中，每条雌虫可产卵 500～1 000 粒。卵粒散落到土壤中成为再侵染源。香蕉根结线虫在广西南宁 1 年发生 9 代，世代重叠明显。世代历期随气温和降水量的变化而不同，一般为 30～50d。根结线虫在土壤中自行移动的速度十分缓慢，因而主要借助流水、农具、带病有机肥、病苗、病土和人畜活动进行传播。

五、流行规律

（一）耕作制度

香蕉根结线虫的发生与耕作状况关系密切。前茬为葫芦科、茄科和豆科蔬菜或其他寄主作物，则发病重。前茬为水稻则发病轻，种植水稻的年限越长，越不利于病害发生发展。据海南省农业科学院植物保护研究所调查，采用香蕉下水田的种植模式，病害大大减轻；而连续种植 3 年以上的蕉园病害发生严重。

（二）土壤质地

沙土和沙壤土比黏土和黏壤土更易发病。同一类型的土壤中，香蕉在坡地和平地均有种植，土壤类型既有沙土也有黏土，平地种植因土壤湿度较高而发病较重。连续多年未防治或防治不及时也会导致根结线虫的数量在土壤中不断积累，世代重叠明显，病害加重。

（三）根结线虫种群在蕉园的分布与消长

香蕉根结线虫 J2 主要分布在 0～40cm 深的耕作土层内。60d 内 3 次取样测定，分别占线虫总数的 84%、86.96% 和 6.92%。随着香蕉根系的伸长，不同深度耕作层中的病原线虫量不断增加。其中以 11～20cm 深的土层最为明显，单位体积里的种群数量由苗期的 6 条增加至成熟期的 183 条，最大线虫量也出现在此土层中；其次为 0～10cm 土层。在 41～60cm 土层内的线虫数量少而稳定。61cm 以下的深土层极少有根结线虫分布。

（四）气候

根结线虫的世代历期随气温和降水量的变化而不同，在 25～30℃ 和适宜降水量条件下，世代历期 30～35d；气温偏高、偏低或降水量过大的时间段，世代历期 40～50d。耕作层土壤温度在 12℃ 以下和 36℃ 以上不适合 J2 活动，侵染力明显下降。南方根结线虫在 4.6℃ 土温下超过 14d 不能存活。

（五）香蕉品种

该病害可侵染所有栽培的芭蕉属作物，至今未发现抗香蕉根结线虫的种质材料。除了巴西蕉以外，引进和地方栽培的香蕉品种如芭蕉、粉蕉、皇帝蕉、红蕉和北蕉均高度感病。因此，用这些作物轮作不能抑制病害的发生与发展。

（六）其他病害

香蕉根结线虫病与香蕉枯萎病关系密切。马冉等（2012）测定了南方根结线虫和香蕉枯萎病菌 4 号生理小种对香蕉的复合致病力，在感枯萎病香蕉品种上先接种根结线虫可减轻枯萎病的发病程度，同时接种两种病原物或先接种枯萎病菌 5d 后接种根结线虫可加重枯萎病发生程度，两种病原复合侵染后根结线虫种群数量受到抑制。在抗枯萎病香蕉品种上，同时接种两种病原物可导致香蕉对枯萎病抗性的部分丧失。

六、防治技术

（一）轮作

染病坡地因地制宜地采用非寄主作物、免疫或高抗作物如玉米、木薯、甘蔗等交替种植，水田采用与水稻或水生作物轮作 1 年以上，均可大大减轻病害。

（二）清除病残组织与翻耕晒垡

前茬作物为香蕉根结线虫的寄主时，于收获后和香蕉移苗种植前，彻底清除病残体，减少土壤中病原线虫的种群数量。

（三）生物熏蒸和阳光消毒

非寄主作物收获后均匀撒施石灰 750kg/hm²，并将秸秆翻入耕作层直至秸秆腐烂。或上茬作物完全收获后于土壤表面撒施稻草 7 500kg/hm²＋50％石灰氮颗粒剂 1 500kg/hm²，或稻草 7 500kg/hm²＋鸡粪 3 750kg/hm²＋17.2％碳酸氢铵 1 005kg/hm²，一并翻入 20cm 以下耕作层，用农用薄膜封盖 15d 以上后，翻土通气 5～7d 后移栽。或盛夏高温季节对耕作层土壤实施深翻晒垡 15d 以上。

（四）培育无病种苗

应选用不携带香蕉根结线虫的种苗。大棚工厂化培育无病苗时，应选取无线虫污染的土壤和培养基质制备营养杯，以杜绝香蕉苗感染根结线虫。

（五）植前土壤消毒

香蕉苗移栽前，蕉园地块用 35％威百亩水剂 45kg/hm² 对水 4 500kg，或用 98％棉隆微粒剂 75～150kg/hm² 穴施和覆土，并用地膜覆盖熏蒸 7d 后，翻土释放毒气，7d 后移栽。

（六）加强水肥管理

染病地块增施堆肥、鸡粪、猪粪等有机肥，也可施用蟹壳粉、骨粉、黄豆粉、芝麻渣等有机添加物。按蟹壳粉：堆肥＝1：20 的比例施于土壤中，可有效地控制根结线虫病的发生。

（七）植前和生长期施用杀线虫剂

香蕉园已染病或香蕉生长季节里发现植株发病，可选用 10％噻唑磷颗粒剂 15.0～22.5kg/hm² 或 0.5％阿维菌素颗粒剂 45.0kg/hm² 沟施或穴施。也可选用 2.5％二硫氰基甲烷可湿性粉剂 1 500～3 000 倍液或 1.8％阿维菌素乳油 1 000～1 500 倍液灌根。

陈绵才（海南省农业科学院植物保护研究所）

第 26 节　芒果炭疽病

一、分布与危害

芒果炭疽病是芒果生长期及采后的主要病害之一，在印度、印度尼西亚、菲律宾、泰国、秘鲁、圭亚那、波多黎各、古巴、特立尼达、刚果（金）、西非、马来西亚、法国、南非及巴西等所有芒果生产国家和地区都有发生。在我国广东、广西、云南、海南、福建等芒果生产地区每年都有不同程度的发生。该病害在芒果生长期侵染常引起叶斑，严重时造成落叶，侵染枝条则造成回枯等症状，影响芒果树的正常生长发育；开花季节和坐果早期如果遭遇阴雨天气，常常导致大量落花落果，使果实减产 30％～50％；该病害具有潜伏侵染特性，在采后储运和销售期间，造成果实腐烂，病果率一般为 30％～50％，严重的可达 100％；个别情况下，采前侵染也可以在果实表面形成病斑，影响果实外观品质。

二、症状

芒果炭疽病主要侵害嫩叶、嫩枝、花序和果实。严重时可引起落叶、落花、果腐、枝枯（彩图 17-26-1）。

叶片：嫩叶染病大多从叶尖或叶缘开始，初期形成黑褐色、圆形、多角形或不规则形小斑。扩展后或多个小斑融合可形成大的枯死斑，使叶片皱缩扭曲，嫩叶发病严重时，呈快速凋萎状。天气干燥时，枯死斑常开裂、穿孔。病叶常大量脱落，枝条变成秃枝。成叶感病，病斑多呈圆形或多角形，直径小于 6mm，病斑两面生黑褐色小点（即分生孢子盘），在潮湿的情况下，分生孢子盘上可出现橙红色的分生孢子堆。

花序：侵染花梗形成长条形或不规则形的红褐色或黑色病斑，受害花变成褐色或黑色，最终干枯凋萎、脱落，严重时整个花序、花轴枯死，造成花疫。

果实：幼果受害后最初出现红色斑点，扩大后出现近圆形的黑色凹陷病斑或整个果实变黑腐烂，导致大量落果，较大的果实由于自身生理或自我疏果而败育后形成僵果，病原菌在其上营腐生生长并产生大量的分生孢子。中果受侵染后果皮上出现近圆形黑色凹陷病斑。在果园，在发育后期的青果上偶尔也可以看到黑色的炭疽病斑，大量病斑愈合常在果肩上形成大面积粗糙龟裂的黑色炭疽斑块或沿果肩向果尖排列，呈泪痕状。芒果果实炭疽在采后阶段更常见，果实青熟采收后在储藏过程中，在果面可见边缘模糊的圆形黑色或褐色病斑，不同大小的病斑可相互愈合形成大病斑覆盖果面，或常呈现泪痕状；病斑通常仅限于果皮，在严重的情况下病原菌可侵入果肉。后期，病原菌在病斑上形成分生孢子盘和橙色至粉红色的分生孢子堆。侵染青果，常在果皮上造成小的红点症状。

枝条：嫩枝病斑黑褐色，向上下扩展，环绕全枝后形成回枯症状，病部以上的枝条枯死；顶芽受害常呈黑色坏死状；病斑上生小黑粒点。

三、病原

芒果炭疽病的病原有两种：一种是胶孢炭疽菌 [*Colletotrichum gloeosporioides* （Penz.）Penz. et Sacc.]，属子囊菌无性型炭疽菌属真菌，有性型为子囊菌门小丛壳属的围小丛壳 [*Glomerella cingulata* （Stoneman）Spauld. et H. Schrenk]，是引起芒果炭疽病的主要病原菌。另一种是尖孢炭疽菌 （*C. acutatum* J. H. Simmonds：J. H. Simmonds），有性型为尖孢小丛壳 （*Glomerella acutata* Guerber & J. C. Correll），比较少见。

胶孢炭疽菌的分生孢子盘半埋生，黑褐色，圆形或卵圆形，扁平或稍隆起，大小为 （110～260）μm×（30～85）μm。刚毛深褐色，1～2 个隔膜，直或弯，大小为 （50～100）μm×（4～7）μm。分生孢子圆柱形或椭圆形，无色，单胞，两端钝圆，中间有一油滴，大小为 （9～24）μm×（3～4.5）μm。在 PDA 培养基上菌落呈灰绿色或灰白色，气生菌丝绒毛状，后期产生橘红色的分生孢子堆。有性阶段通常在培养基中不难产生，子囊壳烧瓶状，有明显的嘴喙，直径为 90～152μm，高 104～160μm；子囊大小为 （41～72）μm×（8～12）μm，单层壁，棍棒形，不成熟的子囊壳中可见侧丝，成熟后，侧丝消失；子囊孢子宽肾形、长椭圆形至纺锤形，无色，稍弯曲，单行排列，大小为 （10.5～15.1）μm×（4.3～7.4）μm。

尖孢炭疽菌分生孢子单胞，无色，梭形，大小为 （10.2～16.5）μm×（2.2～3.6）μm，中间有一油滴。在芒果上产生的症状与胶孢炭疽菌基本相同。

四、病害循环

有报道称病原菌在果园的落叶上可以产生子囊孢子，但其在病害循环中的作用尚不清楚。由于分生孢子在芒果园中更为常见，而且在树冠上大量产生，因此，病枝、病花、病叶和僵果上产生的病原菌分生孢子被认为是主要的侵染来源。在这些病组织上产生的分生孢子经雨水溅射传播到健康的叶片和花序，引起再侵染，因此，在这些器官上炭疽病为多循环病害。病原菌侵染幼果造成落果或形成僵果挂在树上。在发育较大的果实上，病原菌采前侵染后进入潜伏状态，直到果实进入后熟阶段才表现症状，造成果实采后腐烂。在采后，病原菌一般不会在果实间发生再侵染，所以采后炭疽病一般是单循环病害。

来源于油梨、柑橘、番木瓜上的胶孢炭疽菌分生孢子也可以侵染芒果并产生症状，但这些侵染来源在芒果炭疽病流行学上的意义还不清楚。

五、流行规律

（一）分生孢子产生、萌发和附着胞形成的条件

果园空气湿度是影响病害传播和发生的主要环境因素，在有自由水或空气相对湿度超过95％的条件下，果园病残体上产生大量分生孢子，通过风、雨、昆虫等传播到芒果健康组织表面。在潮湿的条件下，胶孢炭疽菌分生孢子产生的适宜温度为25～30℃。在有自由水或空气相对湿度超过95％的条件下，分生孢子才能萌发和形成附着胞。分生孢子在相对湿度低至62％的情况下存放1～2 周，再放至100％相对湿度下，仍然能够萌发。分生孢子在相对湿度100％的条件下培养3h 时即可萌发，6h 大部分分生孢子萌发，12h 可产生附着胞，在有水膜的条件下分生孢子萌发率和附着胞形成率均显著提高。

光照可促进胶孢炭疽菌形成分生孢子。短时（10～30min）太阳光照可诱导菌落产生大量分生孢子。黑暗有利于分生孢子发芽，光照对分生孢子发芽有一定的抑制作用。

（二）病原菌侵染过程及侵染条件

胶孢炭疽菌分生孢子通过风、雨传播到嫩梢、嫩叶、花穗、果实上后，遇到合适的温、湿度条件即萌发产生芽管，并在芽管先端形成附着胞，从附着胞下方的侵染孔产生侵染钉穿透寄主表面的角质层直接侵

入，芽管或菌丝也可以从伤口或自然孔口侵入寄主组织。在嫩叶、花穗和幼果上，病原菌侵入后经过短暂的潜育期即可产生坏死症状。在未成熟的果皮中，5，12-顺式十七碳烯基间苯二酚、5-十五烷基间苯二酚、5（7，12-十七烷二烯基）间苯二酚等取代间苯二酚类抗菌物质含量较高，或由于病原菌不易获得生长所需的营养物质，病原菌暂时处于休眠状态，进入潜伏状态，待果实产生呼吸跃变，进入后熟阶段时，抗菌物质含量减少到较低水平，或在乙烯的刺激下，病原菌进入活跃的死体营养状态，菌丝迅速生长扩展，致使果面产生大量病斑，发生采后炭疽。因此，在较大的未成熟果实上，病原菌侵入后形成潜伏侵染，通常在青果上不表现症状。

胶孢炭疽菌分生孢子的萌发和侵入需要较高的湿度。尽管分生孢子在相对湿度 95％ 的条件下也能萌发和形成附着胞，但在有自由水的条件下，分生孢子更容易萌发和侵入。因此，连绵阴雨、雾大、露水重的天气条件均有利于炭疽病的发生。

（三）芒果炭疽病发病条件

芒果炭疽病的发生流行与气候条件、品种抗性以及寄主生育期有密切的关系。

1. 气候条件 20～30℃，90％ 以上的相对湿度最有利于发病。在我国华南与西南芒果产区，每年春季芒果嫩梢期、花期及幼果期，温度均适宜发病，此期如遇阴雨连绵或雾大湿度高的天气，该病常严重发生。湿度是影响我国芒果种植区炭疽病发生与流行的关键因子。据报道，16℃ 以上，每周降雨 3d 以上，相对湿度高于 88％，病害也可在两周内大流行。冬、春严寒遭冻害后也易导致病害大流行。

2. 品种抗病性 芒果品种间抗病力存在明显差异，但目前还没有发现免疫品种。台农 1 号在广东、海南表现抗病，白花芒、吕宋芒、金钱芒、扁桃芒、泰国象牙芒、云南象牙芒、粤西 1 号、秋芒、金煌芒、玉文 6 号、海顿芒、圣心芒、凯特芒和陵水芒等中抗；湛江红芒 1 号、红象牙、鹰嘴芒、紫花芒、桂香芒、爱文芒、白象牙芒、肯特芒、印度 2 号、印度 3 号等抗病力较弱。在感病品种上，采前采后炭疽病发生都很严重。

3. 寄主生育期 叶片最感病的时期是抽芽、开叶至古铜期；淡绿期发病较轻，青绿期的叶片抗病性增强，即使受害，病斑扩展也会受到限制。开花期、幼果期和熟果期也较感病，但相比之下，成熟果较幼果易染病，且染病后腐烂迅速。枝条以嫩梢期最感病。

（四）胶孢炭疽菌的种内遗传多样性

不同菌株间在致病性上存在较大差异，尽管目前尚未发现本菌有生理小种分化现象，但种内存在丰富的遗传多样性，存在明显的致病性和遗传分化。在美国佛罗里达，胶孢炭疽菌群体遗传多样性分析表明，自芒果不同组织采集分离的病原菌菌株的果胶降解酶谱存在多样性，某些酶谱类群仅存在于特定的芒果组织中，而有些酶谱类群则可存在于几种不同的组织中，说明某些酶谱类群的成员可能更倾向于侵染特定的寄主组织。

六、防治技术

（一）农业防治

1. 选用优良抗病品种 根据上市季节和市场对品种的要求，尽可能地选择种植抗病品种。

2. 清除病残体 结合修剪剪除病枝病叶，修剪后用 1％ 石灰等量式波尔多液或 65％ 代森锰锌可湿性粉剂 600～800 倍液保护伤口；清除园中病残体，集中烧毁或挖沟撒石灰深埋。

3. 其他栽培防病技术 适度修剪，保持树冠通风透光，在低洼或雨水多的地区，做好果园排水，降低果园湿度；在一个果园内尽可能选择同一品种或抽梢、开花和坐果期相同的品种，避免与荔枝、龙眼等寄主作物混种；在第二次生理落果后套袋保护果实。

（二）化学防治

重点保护嫩叶和保花保果。开叶后每 7～10d 喷药 1 次，直至叶片老化。花蕾抽出后每 10d 喷药 1 次，连续喷 3～4 次，小果期每月喷 1 次，直至成熟前。供选用药剂有：25％ 嘧菌酯悬浮剂 600～1 000 倍液、30％ 苯醚甲环唑·丙环唑乳油 3 000～3 500 倍液、75％ 百菌清可湿性粉剂 500～800 倍液、1％ 石灰等量式波尔多液、50％ 硫菌灵可湿性粉剂 1 500 倍液、50％ 多菌灵可湿性粉剂 1 000 倍液或 65％ 代森锰锌可湿性粉剂 600～800 倍液，还可用烯唑醇、苯醚甲环唑、戊唑醇等。此外，也可通过诱抗剂、植物源农药、拮抗微生物来防治。干旱地区或夏季高温期应适当降低药剂使用浓度，或避开中午用药，以免对果皮造成伤害。

（三）果实采后处理

精选的好果，用 51℃ 温水浸果 15min，或 54℃ 温水浸果 5min（不同的品种热处理所需的温度和时间稍有差异）。或用 500mg/kg 苯菌灵、1 000mg/kg 多菌灵、42% 噻菌灵悬浮剂 360～450 倍液浸果 3min。或用咪鲜胺药液（含有效成分 250mg/kg）浸泡 30s，后在含氧量 6% 的环境中储藏。其他化学处理方式，如氯化钙、柠檬酸、草酸或水杨酸处理，壳聚糖涂膜和乙烯受体抑制剂 1-甲基环丙烯（1-MCP）处理等对芒果采后炭疽病都有不同程度的控制作用。

蒲金基（中国热带农业科学院环境与植物保护研究所）

第 27 节　芒果细菌性黑斑病

一、分布与危害

芒果细菌性黑斑病又称细菌性角斑病或溃疡病，是世界性分布的常发性细菌性病害，在亚洲、非洲、大洋洲、北美洲、南美洲均有发生，是欧盟列举的重要的危险性有害生物。我国大部分芒果产区都属于芒果次适宜生长区，芒果花期处于春雨连绵季节，果实生长处于高温高湿、台风频繁发生的季节，而这些气候条件极容易引起芒果细菌性黑斑病的发生与流行。目前该病已在我国海南、广东、广西、云南、福建、四川、台湾等省份主产区普遍发生，在多雨潮湿的年份或局部果园已经成为芒果上的第一大叶部和果面病害，一般造成产量损失达 15%～30%，严重时达 50% 以上。常造成早期落叶、枝条枯死，果实受害对其产量和商品价值影响较大，同时芒果炭疽病病原菌、蒂腐病病原菌常从病斑裂口处侵入果实，导致储藏期大量烂果，烂果率可达 100%。2007 年我国也将其列入进出境检疫性有害生物名录。

自然寄主为芒果（*Mangifera indica*）、腰果（*Anacardium occidentale*）、巴西胡椒（*Schinus terebinthifolius*）和槟榔青（*Spondias pinnata*）等漆树科（Anacardiaceae）植物；人工接种寄主有野芒果（*Mangifera* sp.）和紫葳科（Bignoniaceae）植物等。

二、症状

芒果细菌性黑斑病在芒果叶片、枝条、花穗、果柄和果实上皆可发生。感病叶片最初在近中脉和侧脉处产生水渍状小点，逐渐变成黑褐色，病斑扩大后边缘受叶脉限制，呈多角形或不规则形，有时多个病斑融合成较大病斑，病斑表面隆起，周围常有黄晕。感病枝条和果柄发病形成黑褐色不规则形病斑，有时病斑呈纵向开裂，伴有黑褐色胶状黏液渗出。大部分感病果实上的病斑初为红褐色小点，扩大后呈黑褐色，病部常有菌脓溢出，后期病斑表面隆起，溃疡开裂（彩图 17-27-1）。

三、病原

芒果细菌性黑斑病的病原是野油菜黄单胞菌芒果致病变种［*Xanthomonas campestris* pv. *mangiferaeindicae*（Patel，Moniz & Kulkarni）Robbs，Ribiero & Kimura，异名：*Xanthomonas citri* pv. *mangiferaeindicae*］，属薄壁菌门黄单胞菌属。

该菌在营养琼脂（NA）培养基上菌落圆形，乳白色，隆起，表面光滑，有光泽，边缘完整，大小为 1.0～1.5mm；菌体短杆状，大小为（0.9～1.6）μm×（0.3～0.6）μm，革兰氏染色阴性，单根极生鞭毛。

该菌氧化酶反应阴性，脲酶阳性，脂肪酶阴性；在以葡萄糖、阿拉伯糖、果糖、半乳糖、甘露糖、蔗糖、乳糖、麦芽糖、棉子糖、海藻糖、甘露醇、木糖、山梨糖和甘油为碳源的 Dye 培养基上产酸；可利用柠檬酸盐、琥珀酸盐，并使其呈碱性反应；产生过氧化氢酶和氨气，不产生吲哚；能水解淀粉，液化明胶，胨化牛乳，产生硫化氢。有无氧气时均能生长。对硝酸盐的还原作用，菌株间略有差异。

四、病害循环

病原细菌潜伏在病叶、病枝条、病果、果园内外的杂草上越冬，尤以病秋梢为主。高湿低温（15～20℃）有利于病原细菌越冬存活。翌年借雨水溅射传到新生的器官组织上，从伤口或水孔、气孔、皮孔、蜡腺、油腺等自然孔口侵入发病，芒果结果后又经风雨传播到果上为害。储运中湿度大时，接触传染，导致大量腐果。远距离传播主要靠带菌苗木、接穗和果实等。果园内传播主要依靠风雨，特别是暴风雨，其中雨滴传播只局限于树冠、枝叶之间，暴风雨则是树与树之间传播的主要原因。此外，果园内的农事活动，如耕作、嫁接、修剪等也能传播该病。某些昆虫（如瘿蚊）被认为对病原菌具有传播作用。潜育期随品种和种植区的气候条件不同而不同，一般为 5～15d。

五、流行规律

（一）传播扩散条件

1. 传播与扩散 芒果细菌性黑斑病可通过气流、带病苗木、风、雨水等传播扩散至新抽生的嫩梢、嫩叶上为害。

2. 病原菌存活期 叶片病斑上的病菌存活期较长，在温度为 28℃，相对湿度为 95% 的可控条件下，叶片病斑含菌量下降缓慢，而且从叶龄为 3 个月和 18 个月的感病品种病叶组织中检测到病原菌数分别为 10^7 cfu/mL 和 10^5 cfu/mL。而作为主要初侵染源之一的枝条病斑含菌量则较难评估。高湿条件有利于病原菌的附生，自由水则有利于病菌从破裂的表皮释放与扩散，而干燥条件则使菌量骤降。低温可能更适于病原菌在芒果芽上的附生存活，在高湿（85%±5%）低温（15～20℃）条件下，病芽的带菌量为 10^5 cfu/芽；而在高温（25～35℃）条件下，病芽的带菌量为 10^2 cfu/芽。病原菌在病落叶或土壤中存活期有限。

（二）病原菌侵染条件

1. 品种抗病性 尚无免疫品种，目前生产上大面积栽培品种为中抗或耐病品种。印度品种 Peter Alphenes、Muigea Nangalora、Neclum Baneshan 较感病。国内广西本地土芒、广西 10 号、桂热 10 号、贵妃芒、凯特芒易感病，紫花芒、桂香芒、绿皮芒、串芒和粤西 1 号中抗，红象牙芒比较抗病。据报道，抗病品种的酚类化合物、黄酮类化合物、糖总量及铵态氮含量均较高。

2. 气候条件 25～30℃时，高湿条件有利于发病。台风来临后，常常在嫩梢、嫩叶上造成许多伤口，为病原菌的侵入提供了便利的条件。所以每次台风之后，常招致细菌性黑斑病大暴发，尤其是地势开阔的低洼地受水浸之后，发病更重，避风、地势较高的果园发病较轻。风速较大的地区，枝叶和果实摩擦造成伤口，在降雨和露水重的天气条件下，也容易发生细菌性黑斑病。

六、防治技术

（一）加强检疫
防止病原菌随带菌苗木、接穗和果实扩散。

（二）选种抗耐病品种
在重病区可考虑种植较抗病的品种。

（三）农业防治

1. 营造防护林 在沿海地带或平坦易招风的果园营造防风林或设置风障，一般 3.3～6.6hm² 果园营造一片防护林带较适宜，或直接在林地开辟果园，减少大风造成的伤口，避免病害发生。

2. 做好预防工作 新果园尽量选健康无病苗木，及早剪除病叶，并定期喷铜制剂或农用链霉素。果园与苗圃最好分开，尽量不要在投产果园行间育苗。引进的种子、实生苗、接穗做好检疫工作，或先做消毒处理后再进入苗圃。

3. 加强水肥与花果管理，提高植株抗性

4. 结合修剪清洁果园，减少初侵染源 冬季彻底清除落地病叶、病枝和病果；春季对花量、果量过多的果园适度截短花穗和果穗，并协同清除病枝、病叶和病穗；收果后应及时修剪密生枝、掩蔽枝和弱枝等，同时将病枝、病叶彻底剪除，病枝、病叶和病果应集中烧毁或深埋。修剪或冬季清园后宜及时喷施农药进行果园消毒。

（四）化学防治
药剂防治要切实把好"三关"，即防治适期关、防治次数关和对路药剂关。

1. 防治适期和用药次数 新梢转绿前定期喷药防病护梢，每次抽梢喷药 1～2 次；幼果期喷药护果；密切注意天气预报，台风等暴风雨前后连续喷药 2～3 次，保护果实、幼叶、嫩枝。

2. 防治药剂 1‰等量式波尔多液于秋剪后喷施，防病保梢；选用王铜、氢氧化铜、甲基硫菌灵、农用链霉素·黄原胶增效剂、新植霉素或春雷霉素·王铜等药剂对水喷施叶片、枝条及花果。

（五）生物防治

筛选对细菌性黑斑病具有拮抗作用的微生物进行生物防治。

附：

（一）芒果细菌性黑斑病病害严重度分级标准

0 级：无病斑；1 级：每叶 1～2 个病斑；3 级：每叶 3～10 个病斑；5 级：每叶 11～25 个病斑；7 级：每叶 25 个病斑以上。

（二）芒果细菌性黑斑病病情指数计算方法

病情指数是全面考虑发病率与严重度两者的综合指标。当严重度用分级代表值表示时，病情指数计算公式为：

$$DI = \frac{\sum\limits_{i=1}^{n}(X_i \cdot a_i)}{\sum X_i \cdot a_{max}} \times 100$$

式中 DI——病情指数；

X_i——病害分级标准各级代表值；

a_i——各级严重度的调查单元数；

$\sum X_i$——调查单元总数；

a_{max}——最高级值。

漆艳香（中国热带农业科学院环境与植物保护研究所）

第 28 节 芒果疮痂病

一、分布与危害

芒果疮痂病是芒果园常见病害，最早于 1942 年从古巴和美国佛罗里达州采集的标本上发现该病。此后，国外几乎所有的芒果产区，包括澳大利亚、墨西哥、西印度群岛、危地马拉、洪都拉斯、萨尔瓦多、巴西、委内瑞拉、哥伦比亚、关岛、印度、泰国、菲律宾、加纳、几内亚、科特迪瓦等国家或地区，都有该病的发生记载。我国于 1985 年在广州发现该病害，目前在各芒果产区均有发生。该病害在我国曾被列为检疫对象，现已取消。芒果疮痂病发生严重时，幼果容易脱落，留在树上的果实果皮上布满病斑，粗糙不堪，对果实产量和外观品质影响很大。在菲律宾，该病害可造成 20％以上的淘汰果率。该病在我国局部地区的感病品种上发生严重，好果率降低 10％以上。

二、症状

芒果疮痂病主要侵染幼嫩的叶片、枝条、花序、果梗和果实。症状因芒果品种、侵染部位、组织的幼嫩程度、植株长势而不同（彩图 17-28-1）。

1. 叶片症状 在叶片上常形成近圆形灰褐色病斑，大小多为 1～3mm，具明显的黄色晕圈，病斑粗糙开裂，中央略凹陷，背面略突起，颜色较深，后期变成软木状，有时形成穿孔。叶缘发病常导致叶片扭曲畸形和缺刻。在潮湿的环境条件下，嫩叶上形成大量的褐色坏死斑，导致落叶。叶片背面主脉受侵染，病斑沿叶脉扩展，形成较大的黑色长梭形病斑，病斑中央沿叶脉开裂，后期病斑呈灰色软木状。在病斑上产生灰褐色绒毛状霉层，即病原菌的分生孢子梗和分生孢子。病害严重时，枝条和叶片上病斑密集，容易产生落叶。

2. 果实症状 病原菌侵染幼果，在果面产生黑色的小坏死斑，严重侵染导致落果。在台农和贵妃等品种上，随着果实长大，小坏死斑稍有扩展，中央灰褐色，边缘黑色，稍突起，逐渐发展为浅褐色的疮痂样或疤痕状小病斑，中央常开裂，略有凹陷，潮湿的环境中病斑中央有灰褐色霉状物，病斑中央的疮痂样组织容易揭去；小病斑可以相互愈合产生较大的不规则粗糙斑块，在桂热、台农、贵妃和金煌等品种上，有时产生黑色的小病斑或较大面积的褐色粗糙斑块。较大的疮痂斑块往往造成果皮组织不能正常生长而凹陷，最终导致果实畸形。严重时整个果面布满疮痂斑块，果皮呈灰色或灰褐色的软木状。疮痂病早期症状容易与药害或炭疽病的黑色病斑相混淆，但炭疽病不会形成疮痂样病斑，果实成熟后，疮痂病病斑不会扩展导致果实软腐，但疮痂病严重的果实容易发生采后炭疽病。疮痂病粗糙的疤痕有时会被误认为果皮擦伤。

3. 枝条症状　病原菌侵染幼嫩的枝条，形成大量略微突起的褐色或灰褐色近圆形或椭圆形病斑，病斑边缘颜色较深，大小为 1～2mm，天气潮湿时，病斑中央有浅褐色霉层。在干燥的环境中，病斑较小，颜色较深。大量病斑相互愈合形成较大的疮痂斑块，病组织呈浅褐色软木状，粗糙开裂。花序主轴和侧枝、果梗受侵染，症状与枝条上相似。

三、病原

芒果疮痂病的病原为芒果痂圆孢菌（*Sphaceloma mangiferae* Bitanc. et Jenkins），属子囊菌门无性型痂圆孢属真菌。有性型为芒果痂囊腔菌（*Elsinoë mangiferae* Bitanc. et Jenkins），属子囊菌门痂囊腔菌属真菌。病原菌有性阶段不常见，仅在美洲有过描述。

芒果疮痂病菌的分生孢子盘大小不一，褐色，有时呈分生孢子座形。分生孢子梗直立或稍弯曲，单生或簇生于分生孢子盘上，大小为（12～35）μm×（2.5～3.5）μm，基部加宽，瓶梗式产孢，分生孢子单生，偶有两个串生，单胞或有一个分隔，卵形、椭圆形、纺锤形或筒状，有时略弯，孢壁光滑，无色或淡褐色，大小为（5.0～7.5）μm×（1.9～2.5）μm，少数具油球。

芒果疮痂病菌在寄主表皮下产生褐色的子囊座，大小为（30～48）μm×（80～160）μm，子囊球形，大小为 10～15μm，不规则着生，含 1～8 个无色的子囊孢子，大小为（10～13）μm×（4～6）μm，子囊孢子具 3 隔，中间隔膜缢缩。有性阶段的子囊腔常埋生于病组织内，子囊圆球形，内含 8 个子囊孢子。

四、病害循环

芒果疮痂病菌可以产生分生孢子和有性孢子，但有性孢子少见，在病害循环中的作用还不清楚，因此，无性阶段的分生孢子在侵染和病害传播中扮演着重要角色。病原菌分生孢子在病株上存活，在潮湿的环境条件下，产生分生孢子借助风雨传播，引起新梢和嫩叶发病，随着抽梢，不断再侵染；开花后，引起花序和果梗发病；坐果后，病原菌由发病的枝条、叶片、花序、果梗随风雨传播到果实，产生果实疮痂症状，果实病斑上产生的分生孢子也可以引起果实再侵染。芒果疮痂病菌只侵染芒果，目前尚未发现其他寄主植物。

五、流行规律

（一）传播扩散及其侵染条件

1. 传播与扩散　芒果疮痂病菌分生孢子通过气流和雨水传播，在有遮盖的环境和有风潮湿的天气条件下，病害可传播 4.25m 的距离，在田间开阔的环境中，扩散距离可能更远。更远距离的传播主要通过病果、种苗、枝条进行。

2. 芒果疮痂病菌分生孢子萌发的条件　分生孢子萌发的温度为 12～37℃，最适 28℃；pH 为 3～9，以 pH5 最佳；以自由水或饱和湿度条件下萌发率最高；连续黑光灯光照促进萌发；1% 葡萄糖液在 28℃ 或 33℃ 下明显增加了萌发率。菌丝体生长温度为 4～37℃，22～33℃ 下生长良好，最适为 28℃；pH 为 2～11，最佳为 pH5。病菌孢子形成温度 12～33℃，最适为 28℃；pH 为 5～9，最佳为 pH7。

（二）流行条件

1. 寄主物候　病原菌主要侵染叶片、枝条、花序、果梗和果实的幼嫩组织，随着组织老化抗病性逐渐增强。

2. 气候条件　分生孢子萌发和侵染需要自由水存在，多雨、多雾、露水重等潮湿温和的天气有利于病原菌产孢和病害发生。韦晓霞在福建的调查发现，福州全年的温度、湿度条件均适宜疮痂病发生，但温度和湿度对病害发生的影响程度不同,其中湿度对病害发生程度的影响明显,温度对病害发生的影响作用不明显,而降雨对发病影响则十分明显。因此,影响此病发生流行的主要因素是叶片、枝梢、花序或果实生长的幼嫩程度和相对湿度。该病害在海南的发生规律与此相同,全年均可发生,在易感病的物候期遇到多雨、多雾、露水重等潮湿的天气,病害发生程度就重。

3. 品种抗性 根据观察,海南主栽品种贵妃和台农比较感病;在广东,本地土芒最感病,紫花芒、桂香芒和串芒次之,红象牙芒较抗病。

六、防治方法

(一)农业防治

1. 选用无病种苗和接穗 目前的主栽品种多不抗病,新植果园应尽可能选择健康种苗栽植,老果园高接换冠也要选择健康无病的接穗。

2. 清除病残体 结合每次修剪,彻底清除病枝梢,清扫残枝、落叶、落果,集中销毁。

3. 加强栽培管理 注意加强水肥管理,促进果园抽梢和开花整齐;避免过量或偏施氮肥,补充适量钾肥,促进新梢或嫩叶老化,增强组织抗病能力;在第二次生理落果后及时套袋护果。

(二)化学防治

苗圃以保梢叶为主,结果园以保果为主。掌握抽梢期及果实开始膨大至采果前 15～10d 交替喷施 80%代森锰锌可湿性粉剂 800 倍液、70%甲基硫菌灵可湿性粉剂 600 倍液、40%多·硫悬浮剂 600 倍液、1:1:160 波尔多液、70%代森锰锌可湿性粉剂 500 倍液或 75%百菌清可湿性粉剂等。抽梢期施药 1～2次,幼果期施药 2～3 次,施药间隔 10～15d。

蒲金基(中国热带农业科学院环境与植物保护研究所)

第 29 节　芒果树流胶病

一、分布与危害

芒果树流胶病又称回枯病、顶枯病、枯萎病、速死病等,20 世纪 20 年代,该病在印度首先报道,目前已成为印度、巴基斯坦、阿曼等国芒果树的毁灭性病害,澳大利亚、南非、美国(佛罗里达州)、印度尼西亚、埃及、巴西、秘鲁、尼日利亚、萨尔瓦多等国家也报道有该病发生。在我国,20 世纪 80 年代,该病首先在海南白沙县大岭农场的幼树上发现,随之,三亚、乐东、东方、昌江等地芒果树的成株上发生该病。近年来,该病有发生流行的趋势。2011 年,在三亚市林旺镇的一个果园,发病率达 100%,平均枝条发病率超过 40%,整个果园几乎毁灭。

芒果树流胶病寄主范围广,其寄主植物已知约 500 种,可以侵染植物不同部位,造成多种症状,如枯萎、果腐、根腐、叶斑、丛枝等。可侵染的常见热带亚热带水果有柑橘、芒果、香蕉、荔枝、龙眼、番木瓜、番荔枝、油梨、毛叶枣、红毛丹等。

二、症状

该病主要侵害枝条和茎干,有时也可侵害叶片;侵害果实时引起蒂腐病。

枝条或茎干感病,初期病部出现水渍状褐色病斑,后变黑色,剖开病部枝条,木质部变浅褐色;病斑扩大后病部开裂,流出乳白色树脂,后期树脂变为黄褐色、棕褐色至黑褐色,病斑扩大环绕枝条,且向上、向下扩展,最后病部以上的枝条枯死,黑褐色,病部长出许多黑色颗粒。受害部位的叶片从叶柄开始发病,并沿叶脉扩展,黄褐色,严重时整个叶片枯死。幼树感病,可致整株枯死(彩图 17-29-1)。

该病也可从叶尖、叶缘先感病,出现褐色,后变灰色的病斑,其上有许多小黑点,然后向叶面、叶脉扩展,到达叶脉后沿叶脉向叶柄和茎干向上、向下发展,造成回枯或整株死亡。

果实感病,果蒂部分先出现褐色斑点,不断扩大使整个果蒂的果皮变褐、腐烂,渗出黏液(彩图 17-29-2)。

三、病原

芒果树流胶病的病原复杂，有生物因素和非生物因素两类，其中，病原真菌是最重要的致病因子。

目前文献报道，引起芒果流胶病的病原菌复杂，主要为葡萄座腔菌科（Botryosphaericeae）真菌，其中可可毛壳色单隔孢 [*Lasiodiplodia theobromae*（Pat.）Griffon et Maubl.，异名：可可葡萄壳色单隔孢（*Botryodiplodia theobromae* Pat.）]，其有性型为玫瑰葡萄座腔菌 [*Botryodiplodia rhodina*（Berk. et M. A. Curtis）Arx]，为最重要的病原菌。此外，葡萄座腔菌 [*Botryosphaeria dothidea*（Moug.；Fr.）Ces et De Not，异名：茶藨子葡萄座腔菌（*B. ribis* Grossenb. et Duggar）]、甘薯长喙壳（*Ceratocystis fimbriata* Ellis et Halst.）、圆酵母样亨德逊霉（*Hendersonula toruloidea* Nattras）、芒果新壳梭孢 [*Neofusicoccum mangiferae*（Syd. et P. Syd.）Crous，Slippers et A. J. L. Phillips，异名：*Fusicoccum mangiferae* Syd. et P. Syd.]、小新壳梭孢 [*N. parvum*（Pennycook et Samuels）Crous，Slippers et A. J. L. Phillips，异名：*Fusicoccum parvum* Pennycook et Samuels]、拟茎点霉（*Phomopsis* spp.）、柑橘囊孢壳（*Physalospora rhodina* Berk. et M. A. Curtis）等也有报道。引起我国芒果流胶病的病原菌主要是可可毛壳色单隔孢。

可可毛壳色单隔孢在 PDA 培养基上菌落绒毛状，初期白色，后为灰黑色（彩图 17 - 29 - 3，1），菌丝有分隔和分枝。在病枝条和培养基上偶产生炭质、黑色的分生孢子器，往往多个集生在一个子座内，分生孢子器内有附属丝，产生大量分生孢子，分生孢子卵形或椭圆形，厚壁，未成熟时无色，单胞，内含物颗粒状；成熟的分生孢子黑褐色，双胞，有一横隔，表面具数条脊纹，大小为（12.5～16.8）μm×（16.9～24.5）μm（彩图 17 - 29 - 3，2、3）。在蛋黄果或番木瓜茎干上可产生有性态，子囊座中等至大型，假囊壳单生或群生，子囊腔为桃形，大小为（175～179）μm×（230～275）μm，内生棒形子囊，子囊有短柄，大小为（46～49）μm×（11～13）μm，内含 8 个子囊孢子，成双行排列，子囊孢子大小为（16～18.4）μm×（7.9～9.2）μm，单胞，无色或稍具褐色，卵形或椭圆形。子囊间有侧丝。

可可毛壳色单隔孢菌丝最适生长温度为 28～32℃，致死温度为 60℃/10min，孢子萌发最适温度 30℃；菌丝生长最适 pH 为 5～9，孢子萌发适宜 pH 为 7～10；菌丝生长最佳碳源是蔗糖，木糖不适于该菌生长；最佳氮源是蛋白胨；全光照有利于该菌生长。

四、病害循环

病菌以菌丝体或分生孢子器在病株和病残体上存活越冬，翌年春季温湿度适宜时，菌丝体扩展或分生孢子器涌出大量分生孢子，分生孢子借风雨传播，主要从伤口侵入致病。菌丝体还潜伏在芒果植株的茎干、果实和叶片上，待条件适宜时发病。

五、流行规律

1. 气候条件　高温、高湿和荫蔽的环境条件有利于本病发生流行。台风过后该病易暴发流行；在排水不良的苗圃地易发病。在海南，秋末春初时病害严重。

2. 品种抗病性　不同品种的抗病性不同，台农 1 号、椰香芒、留香芒等品种发病重，而金煌芒、贵妃芒等品种抗病。

3. 树势衰弱和受天牛为害较多的果园发病较重。

六、防治技术

1. 加强天牛等蛀食害虫的防治，减少病菌从伤口的侵入。

2. 在枝条的发病部位以下 10～15cm 处进行修剪，且每次修剪时对修剪工具用多菌灵等杀菌剂消毒，修剪掉的病枝梢移出果园外并集中烧毁，以防交叉传染。

3. 涂抹伤口。在切口处涂上以下几种药剂之一。

（1）波尔多膏。配制方法：硫酸铜：新鲜消石灰：新鲜牛粪＝1：1：3，充分混合成软膏状。

（2）硫菌灵浆。配制方法：70% 甲基硫菌灵：新鲜牛粪＝1：200，充分混匀。

（3）王铜糊。配制方法：0.3% 王铜可湿性粉剂制成糊状。

4. 病枝修剪后可喷洒 1％波尔多液、50％咪鲜胺锰盐可湿性粉剂或 20％丙环唑乳油 100～150mg/L、10％苯醚甲环唑水分散粒剂 50～150mg/L、40％氟硅唑乳油 150mg/L、50％吡唑醚菌酯乳油 150～200mg/L、75％代森锰锌可湿性粉剂 750～1 000mg/L、50％多菌灵可湿性粉剂 1 000mg/L 等。在细菌性角斑病严重的果园，还需喷洒 40％王铜悬浮剂 800mg/L、72％农用链霉素可溶粉剂 200～300mg/L、33.5％喹啉铜悬浮剂 200mg/L 等。

胡美姣（中国热带农业科学院环境与植物保护研究所）

第 30 节　芒果畸形病

一、分布与危害

芒果畸形病又称芒果丛芽（花）病、芒果簇芽（花）病。1891 年，印度首次发现芒果畸形病，目前该病害在马来西亚、巴基斯坦、埃及、南非、巴西、以色列、墨西哥、美国、苏丹、阿曼、苏丹、古巴、乌干达、委内瑞拉、斯威士兰、尼加拉瓜、萨尔瓦多、澳大利亚、孟加拉国和阿联酋等国均有发生。芒果畸形病在我国四川省攀枝花市和云南省华坪县部分芒果园已发生多年，周俊岸等（2009）报道在广西也发现了芒果畸形病，但随后即被铲除，其他地区尚未发现。该病主要侵害芒果嫩梢和花序，病花序几乎无法结果。印度一块芒果园连续 3 年对该病为害所做的一项调查发现，因花序畸形导致的产量损失高达 86％；在印度北部，超过 50％的芒果树受到该病侵害，产量损失巨大。在南非 73％的芒果园存在该病，发病株率为 1％～70％。在巴西的圣弗朗西斯科河流域，一些果园芒果畸形病发病率甚至高达 100％。在我国四川攀枝花和云南省华坪县部分发病严重的芒果园，发病株率高达 100％，导致大部分枝条无法结果，造成巨大经济损失。

二、症状

根据受害部位不同，芒果畸形病可分为营养器官畸形和花序畸形。营养器官畸形多发生在幼苗上，在结果树上也很常见。幼苗上的典型症状是植株顶端优势丧失，导致叶腋或顶芽膨大并产生大量的嫩芽；丛生的嫩枝呈束状生长；畸形芒果苗的根系浅且 3 级侧根少于正常苗。幼苗早期（3～4 个月）受感染后植株保持矮小直到最后干枯；后期被感染的幼苗发育受抑制但仍可继续生长。成龄果树的枝条被感染后，其营养芽也会萌发，并成束生长，呈扫帚状，最后干枯，但是在下个生长季节会再度萌发，而且畸形芽常发生在被剪枝的部位。花芽分化紊乱常出现不正常的开花坐果现象，如挂果期长出花序、出芽期开花等。感染程度严重的成龄果树发育不良，植株矮小（彩图 17 - 30 - 1）。在通常情况下，表现营养器官畸形的枝条将会产生畸形的花序。受感染的花序整个或部分畸形膨大甚至呈现盘状，花数明显增加，花轴变短、变粗，小花簇拥在一起，最后焦枯死亡。畸形花序虽然会产生更多的小花，但大部分小花并不开放，而且不育花的数量也增加。畸形花序上两性花的雌蕊通常功能丧失，且花粉发育能力差。畸形花序几乎不能坐果，即使结果，果实也不能正常发育，导致败育。

三、病原

芒果畸形病究竟是生理性病害还是侵染性病害（如病毒、真菌）或者由螨类为害引起，学术界一直争论不断，直到近 10 年，越来越多的实验证实，该病是由镰孢菌引起的侵染性病害。目前，通过柯赫氏法则验证的芒果畸形病菌有胶孢镰孢［*Fusarium subglutinans*（Wollenw. et Reinking）Nelson，Toussoum et Marasas］、芒果镰孢（*F. mangiferae* Britz，Wingfield et Marasas）和不育菌丝镰孢（*F. sterilihyphosum* Britz，Marasas et Wingfield）。层出镰孢［*F. proliferatum*（Matsushima）Nirenberg］在马来西亚和尖镰孢（*F. oxysporum* Schltdl. ex Snyder et Hansen）在墨西哥也被报道与芒果畸形有关。从四川省攀枝花市和云南省华坪县两地芒果园取样，通过组织分离、柯赫氏法则验证、病原菌形态学鉴定，ITS 序列、β- tubulin、α- elongation factor 等基因序列分析等辅助鉴定，明确发生在四川攀枝花和云南华坪的芒果畸形病病原菌有 2 种，即芒果镰孢（*F. mangiferae*）和层出镰孢（*F. proliferatum*）。

芒果镰孢在 PDA 培养基上，菌落在 25℃下的平均增长率为 3.4mm/d。气生菌丝白色，絮状，菌落背面浅黄色至暗紫色，并有玫瑰红色的小点。产孢梗合轴分枝，单瓶梗或复瓶梗上产生分生孢子，复瓶梗有 2~5 个产孢口。小型分生孢子形状上有变化，大多是倒卵球形，小型分生孢子多单胞，少数双胞，大小为（4.3~9.0~14.4）μm×（1.7~2.4~3.3）μm。分生孢子座奶油色或橘黄色。大型分生孢子长且细，通常具 3~5 个隔膜，大小为（43.1~51.8~61.4）μm×（1.9~2.3~3.4）μm。无厚垣孢子。层出镰孢在 PDA 培养基上 28℃光暗交替条件下培养 7d，气生菌丝棉絮状，白色至浅粉红色，基物无色。培养后期，菌落颜色逐渐加深至深紫色。PDA 培养基上产生少数大型分生孢子，瘦长，直立，两端略微弯曲；顶端细胞尖端弯曲，呈鸟喙状；足胞不明显，多数具 3 个隔膜，隔膜大小为（19~22）μm×（1~3）μm。PDA 培养基上小型分生孢子数量极多，形状多样，多为卵圆形、肾形、纺锤形等；多假头状着生；隔膜数 0~2 个，大小为（2~17）μm×（0.5~4）μm。产孢细胞单瓶梗或复瓶梗，较短。无厚垣孢子，有性型未见，亦未见菌核产生。

四、病害循环

该病害的病害循环，目前还不是很清楚。有研究表明，该病害为系统性侵染，枯死的病花和病枝上可产生大量的分生孢子，分生孢子借助气流或昆虫在果园传播，引起反复侵染。目前发现芒果是该病病原菌的唯一寄主。尚不清楚 Mangifera 属其他种或漆树科其他相近属种是否为其寄主。

五、流行规律

（一）传播扩散及侵染条件

1. 传播与扩散　实验表明，病原菌只能通过伤口侵染芒果，树体之间的接触、暴雨、冰雹、鸟类、昆虫、芒果瘤瘿螨（Aceria mangiferae）或人为造成的机械伤口均有可能为病原菌提供侵染条件，促进病害的传播。嫁接在该病害传播上起着重要的作用，带菌的接穗有助于病害向新果园中传播蔓延。带菌的苗木和接穗可造成病害的远距离扩散。该病害传播速度较慢，在一苗圃进行的跟踪调查显示，就丛芽发生率而言，第一年发病率最高的地块在随后的几年里仍表现出最大的发病率。也有文献记载病害可土传。

2. 病菌分生孢子产生和致死的条件　层出镰孢生长的最适温度为 24℃，最适 pH 为 10；孢子萌发最适温度为 24℃，最适 pH 为 5。病原菌能够利用供试的各种碳源和氮源生长，其中，碳源以果糖最好，氮源以蛋白胨最好；连续光照处理菌丝生长速率高于交替光照或持续黑暗处理；分生孢子的致死温度为 55℃/20min 或者 60℃/5min。

3. 病菌侵染过程及侵染条件　芒果畸形病菌分生孢子随风雨传播至芒果顶芽、腋芽、花芽或伤口，萌发产生芽管，从上述组织的微小伤口直接侵入，并在木质部和韧皮部等组织中扩散，导致花序畸形或腋芽过度抽生。1992 年，以色列学者的研究报告指出胶孢镰孢会引起芒果丛芽，芒果瘤瘿螨是该病害的传播媒介，还造成侵染伤口。Freeman 等人把 GUS 报告基因转入芒果镰孢菌株中，通过人工接种，证实芽和花组织是寄主的初次侵染点，伤口也可以为病原菌提供侵染途径。

（二）流行条件

气候特别是开花期的环境温度对病害的发生和严重程度有明显的影响。在埃及，春梢抽出花穗时病害发生最为严重，其次是夏梢和秋梢。在印度，气候显著影响病害的发生，在气候较温暖的南部地区，发病率低；而开花前环境温度较低的地区，病害最为严重。在美国佛罗里达州，潮湿的环境有利于病害的发生。

有人发现瘿螨种群与病害发生率呈正相关，实验表明应用杀螨剂可降低病害严重程度。

在墨西哥的田间调查数据表明，丛芽发病率的变化与冠层捕获的镰孢菌（Fusarium sp.）大型分生孢子的数量、风速呈正相关；营养器官畸形率高峰发生于大量抽梢期；营养器官畸形丛芽积累量与日平均最高温度、每小时平均温度、相对湿度大于 60% 的小时数呈负相关，与风速呈正相关。最大的分生孢子数量出现在雨季，并与风速呈正相关。显示果园小环境对病害的发生发展有重要影响，风有助于分生孢子释放和传播；抽梢和开花季节，病害发展受到高温限制，当日最高温度高于 33℃，每小时平均温度高于 25℃时，发生率不再增加。

最近的研究结果表明，15℃以下的低温，可以诱导植株产生胁迫乙烯，可能导致芒果出现畸形症状，而 F. mangiferae 也可以在离体条件下产生乙烯。在海南，通过人工接种，在气温较高的夏秋季节也可以导致芒果枝条产生较为典型的畸形病症状，说明病原菌侵染是该病害发生的主导因素，低温是该病害发生的主要环境因素。由此推测，在低温条件下，*F. mangiferae* 通过产生乙烯或者刺激芒果组织产生胁迫乙烯，导致芒果枝条或者花序产生畸形症状。

六、防治技术

（一）加强检疫

不要从病区引进繁殖材料，使用无病繁殖材料，如健康的接穗等；对病害发生严重的果园实行适当隔离，防止病害传播到健康果园。

（二）农业防治

1. 清除果园病残体　在花期和营养生长期对果园进行定期检查，若检查时发现病害，应根据发病严重度对果树进行修剪并将发病枝条和花穗销毁。在发病部位以下 40cm 处剪除畸形枝条能有效压制病害发生。病树修剪后需喷洒杀真菌剂（保护剂和治疗剂）和杀虫剂（尤其是杀螨剂）来减少病害进一步蔓延的可能性。修剪时注意工具的消毒。

2. 改善树体营养状况　避免过量或偏施氮肥，结合栽培技术，根据果园情况定期喷施含微量元素的叶面肥，改善果树的营养状况，可提高植株抗病性和果实产量。

（三）化学防治

1. 使用植物激素和其他生长调节剂　如在印度，果农在花芽分化时期施用外源生长素（200mg/kg 萘乙酸）来减少花的畸形并提高产量。

2. 喷施杀菌剂　在抽梢和开花期，用 50％甲基硫菌灵可湿性粉剂 700 倍液，50％多菌灵可湿性粉剂 700 倍液、25％咪鲜胺锰盐可湿性粉剂 1 500～2 000 倍液或 25％苯醚甲环唑乳油 2 000～3 000 倍液喷雾，对病害防治有一定效果。

蒲金基（中国热带农业科学院环境与植物保护研究所）

第 31 节　荔枝霜疫霉病

一、分布与危害

荔枝霜疫霉病严重发生于我国广东、广西、福建、海南和台湾等地，不仅侵害近成熟的果实，也侵害嫩梢、叶片、花穗、结果小枝、果柄及幼果。在珠江三角洲、粤西、粤东等主产区，花期常遇连绵阴雨或挂果期雨水不断，病菌迅速侵入扩散，引起大量落花、落果、裂果和烂果，损失可达 30％～80％。

二、症状

嫩叶感病，最初只是形成褪绿小斑，后扩大成淡黄绿色或褐色不规则的病斑；若叶尖、叶缘先发病，则病斑如沸水烫状、边界不明显。湿度大时，病斑正面和背面均长出白色霉状物（病原菌的子实体）。较老熟的叶片受害通常在中脉处断续变黑，沿中脉出现小褐斑；完全老熟的叶片一般不受害。

花穗感病，造成花穗变褐而落花，严重时整个花穗枯萎脱落。

果枝和果柄感病，形成褐色病斑，病部与健部的界线模糊不清，高湿时病部产生白色霉层。

果实感病，病斑可在果实的任何部位发生，但多从果蒂开始发生，最初在果皮表面出现暗绿色、褐色或黑色、不规则、无明显边缘的病斑，病斑迅速扩展蔓延，致使全果发病，变褐腐烂，流出酸臭汁液；若连续阴雨或空气湿度大，果实脱落，病果表面长出白色霉层；幼果感病后很快脱落，造成大量落果（彩图 17 - 31 - 1）。

三、病原

荔枝霜疫霉病的病原是荔枝霜疫霉（*Peronophythora litchii* C. C. Chen ex W. H. Ko，H. S. Chang，H. J. Su，C. C. Chen et L. S. Leu），隶属于卵菌门霜疫霉属。

荔枝霜疫霉菌无性型产生孢囊梗和孢子囊，孢囊梗多级有限生长，呈二叉状分枝，孢子囊在每级孢囊梗的小分枝顶端同时形成。孢子囊柠檬形，大小为（31～35）μm×（18～21）μm，有乳突并有短而小的柄。孢子囊不易被风吹散，但遇水后立即脱落。孢子囊遇水萌发，其萌发途径有 2 种，直接萌发产生芽管，间接萌发释放游动孢子，一个孢子囊可产生 5～14 个游动孢子，多为 6～8 个。游动孢子肾形，侧生双鞭毛，亦可萌发产生芽管而后长成菌丝。该菌为同宗结合，在完全黑暗或黑暗与光交替的条件下均可产生有性器官，藏卵器球形，无色，雄器近卵圆形，为侧生或者穿雄生。卵孢子球形，无色至淡黄色，直径为 19.2～32.5μm（图 17-31-1）。

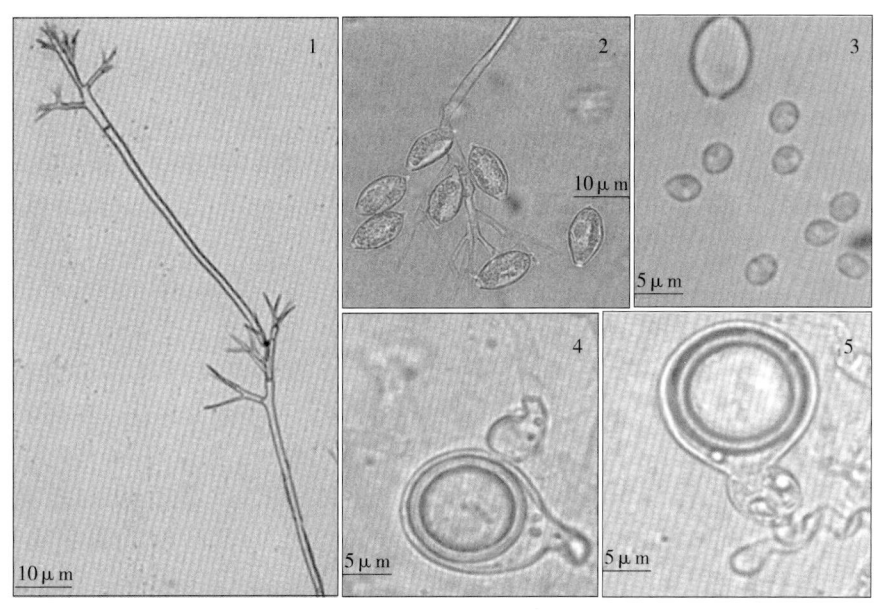

图 17-31-1　荔枝霜疫霉（张荣、徐丹丹、姜子德提供）
Figure 17-31-1　*Peronophythora litchii*（by Zhang Rong，Xu Dandan and Jiang Zide）
1. 孢囊梗　2. 孢子囊　3. 游动孢子　4、5. 卵孢子

四、病害循环

高湿度是引起该病发生的首要条件，侵染过程短、再侵染频繁是该病在荔枝主产区普遍发生、严重流行的主要原因。在高湿度的条件下，病菌只需数分钟便可侵入果实；温度 25～30℃时，病菌侵入果实 1d 后，在病斑上便产生孢子囊（病菌的繁殖体）。凡已经感病的果园，若连续下几天雨，该病就会严重暴发。

病原菌以卵孢子的形式在落花、落果及患病的果柄及小枝上越冬；待翌年春季，气温升高，降水量加大，卵孢子萌发形成孢子囊，孢子囊遇水立刻脱落萌发释放游动孢子，游动孢子随风雨传播，侵入为害寄主叶片、花穗和果实，形成大量的孢子囊和游动孢子，成为初次侵染源，此时，只要连续数天阴雨便可能造成该病害流行。

五、防治技术

1. 修枝清园　秋冬修剪后，及时喷施 1～2 次保护性药剂（如 30％王铜悬浮剂 600～800 倍液），以保证秋梢和结果母枝的健康生长，减少初侵染菌源。

2. 合理施肥　以有机基肥为主，化肥为辅，增施磷、钾肥，避免偏施氮肥，保证土壤疏松，秋冬防旱，雨季则防止果园积水。

3. 化学防治　在花蕾期至成熟期喷药防治应根据当地的天气情况及果园病害发展情况而定，在荔枝花蕾期、开花期、小果期、中果期、转色期各喷药 1～2 次，连续喷施 3～5 次，注意有效药剂的交替使用，防止或延缓抗药性的产生。如遇连续降雨，则应抢晴喷药，果实成熟期是关键时期，应密切注意天气变化，喷药护果。

防治荔枝霜疫霉病的有效药剂有：50％烯酰吗啉可湿性粉剂 1 500～2 000 倍液，250g/L 吡唑醚菌酯乳油 1 000～2 000 倍液，25％双炔酰菌胺悬浮剂 1 000～2 000 倍液，18.7％烯酰·吡唑酯水分散粒剂

800~1 000 倍液，25%嘧菌酯悬浮剂 800~1 500 倍液，68%精甲霜·锰锌水分散粒剂600~800 倍液，60%唑酯·代森联水分散粒剂1 000~1 500 倍液，62%多·锰锌可湿性粉剂 600~800 倍液。

在花蕾期至果实成熟期，发生荔枝霜疫霉病的同时，荔枝炭疽病也极易发生流行，因此在喷药防治时应同防同治。

姜子德（华南农业大学植物病理学系）

彭埃天（广东省农业科学院植物保护研究所）

第 32 节　荔枝藻斑病

一、分布与危害

荔枝藻斑病是荔枝上发生较为普遍的病害之一，有时发病严重而影响树势，其病叶率高达 80% 以上，但是，一般情况下对荔枝生产影响不大。荔枝藻斑病分布范围广，我国广东、广西、海南、福建、台湾、云南和四川荔枝产区均有发生。泰国和印度也有发生。

二、症状

荔枝藻斑病以侵害荔枝叶片为主，有时也侵害枝条和树干。幼龄树较少发生，成年树发病较多。幼龄叶片发病少，主要在成熟叶片和老叶上发病。病害在荔枝叶片上有不同的症状。在荔枝叶片正面产生褐色、暗褐色或黑色病斑，初期病斑大小不一，后期病斑扩大为圆形、近圆形或不规则形，病斑中央变成灰白色，而周围为黑褐色；在同一叶片的背面，初期病斑淡灰色水渍状，后期逐渐变成黑褐色。在病斑的正反面均会产生症状，叶片正面常常是放射状生长的黄色霉状物，叶片反面则产生黄色或橙黄色绒毛状物，是病原菌的孢囊梗和游动孢子囊（彩图 17-32-1）。

三、病原

荔枝藻斑病的病原是头孢藻（又称绿色头孢藻）[*Cephaleuros virescens* Kunze，异名：寄生头孢藻（*C. parasiticus* Karsten）]，属植物界绿藻门头孢藻属。

头孢藻是一种寄生性绿色藻菌（parasitic green algae），其营养菌体（vegetative thallus）呈碟状，由对称排列的细胞构成。营养菌体在寄主组织中产生丝状体（filaments）。丝状体主要在寄主叶片的角质层和表皮之间生长，但是，如果在适宜条件下，也可以在叶片的栅栏组织和叶肉组织之间生长。孢囊梗从丝状体上长出，成丛生长。孢囊梗褐色，具 1~4 个分隔，常见 2~3 个分隔，不分枝，长为 141~544μm（平均282μm），宽为 6.8~13.6μm（平均 10.2μm）。孢囊梗末端膨大成头状的细胞（head cell），上生 1 至多个小梗，即支撑细胞（suffultory cell）。支撑细胞常常呈膝状弯曲，一般不超过 10 个。每个支撑细胞顶端着生 1 个游动孢子囊。游动孢子囊球形、椭圆形或洋梨形，有较短乳突，黄褐色，直径为 19.4~40.9μm。游动孢子囊成熟后，遇水释放游动孢子。游动孢子椭圆形，侧生双鞭毛，无色。游动孢子在水中依靠鞭毛游动（彩图 17-32-2）。

四、病害循环

头孢藻以营养体在寄主组织中越冬，或者以孢子囊在病叶和病残体上越冬存活。在第二年合适的气候条件下，营养体产生孢囊梗和游动孢子囊。游动孢子囊主要由风、雨传播。侵染多在雨季后发生。游动孢子囊释放游动孢子，游动孢子在水中游动。游动孢子休止后成为休止孢，休止孢萌发产生芽管，由气孔侵染叶片组织。侵染初期，罹病细胞变黄，在合适条件下，侵染的营养体不断扩展，早期受到侵染的寄主细胞死亡并产生枯死病斑。

多雨和大雨，经常和严重灌溉都利于病害的扩展和蔓延。水位较高和排水较差、树冠荫蔽、通风透光不良的果园有利于发病。管理差、土壤贫瘠等造成树势衰弱，也有利于发病。

除侵染荔枝外，该菌还侵染龙眼、柑橘、芒果、茶树等 400 多种生长大约介于 32°N 和 32°S 之间的热带和亚热带植物。

五、防治技术

(一)农业防治

1. 果园卫生　剪除轻病树上的病叶,同时清除地面上的落叶,以减少侵染源。

2. 修剪　对荔枝树进行修剪,对密度较大的果园要进行间伐,增强通风透光。

3. 加强肥水管理　采果后要翻耕施肥,增强树势;注意果园土壤的排水。

4. 铲除果园杂草　除草有利于减少果园的相对湿度。

(二)化学防治

在发病严重果园,可选择波尔多液、王铜制剂和 58％甲霜灵·锰锌可湿性粉剂等药剂喷雾防治。

潘汝谦　姜子德(华南农业大学植物病理学系)

第 33 节　龙眼白霉病

一、分布与危害

龙眼白霉病是 2011 年在广西钦州龙眼上发现的一种新病害,2012 年广州地区也普遍发生,为害石硖、储良、桂香、公妈本、赐合种、后壁埔等多个龙眼品种,病果率为 18.27％～41.92％。该病主要发生在龙眼果实成熟期,除侵害龙眼果实外,也侵害龙眼叶片,在高温多雨天气,极易流行。目前,病害主要分布在广东广州市、潮州市、东莞市和惠州市及广西钦州市等地。

二、症状

龙眼白霉病主要侵害果实和叶片。在幼果期和果实膨大期病害症状不明显,在果实成熟期,整穗果实都覆盖着一层白色霉状物(即病原菌的菌丝体和分生孢子),果穗的枝条有部分干枯,而且有部分果实脱落;发病后期,严重发病的果实果皮变为暗褐色,果肉变质腐烂;中度和轻度发病的果实,果肉虽未腐烂,但风味下降;而且,果皮表面所覆盖的一层白色霉状物会影响销售,降低商品价值。叶片受害,并没有明显症状,但是,病征明显且与病果类似,在叶片正面覆盖着一层白色霉状物(彩图 17-33-1)。

三、病原

龙眼白霉病的病原为桃三浦菌〔*Miuraea persicae*(Sacc.)Hara,异名:*Cercospora persica* Sacc.〕属子囊菌门无性型三浦菌属真菌。其有性型为桃球腔菌(*Mycosphaerella pruni-persicae* Deighton),属子囊菌门球腔菌属真菌。

桃三浦菌在 PDA 培养基上菌落初为白色,后期中央变褐色;自然条件下菌丝白色至浅褐色,产孢梗从表生菌丝生出,侧生,偶见顶生,形成小瘤状,单生,近圆筒形,圆锥形,直或微弯,大小为(12.47～71.14)μm×(1.77～11.03)μm,无色,后期浅褐色,光滑,基部有或无隔膜;分生孢子单生,棍棒形、纺锤形、近圆筒形,0～10 个横隔膜,光滑,壁薄,后常呈淡黄绿色至淡褐色,顶端钝,基部钝圆至截形,脐点不明显,大小为(16.05～61.91)μm×(1.51～2.58)μm。未能发现病原菌的有性世代(彩图 17-33-2)。

四、病害循环

病原菌以菌丝体或分生孢子在叶片或病残体上越冬,分生孢子经气流传播,侵染树冠内腔阴暗处叶片,龙眼果实发育接近成熟时的高温高湿天气,分子孢子大量形成导致重复侵染频繁发生,造成病害流行。

五、防治技术

(一)农业防治

剪除病叶;清除地面上的落叶,以减少侵染源;适当修剪果树,果树密度较大的果园要进行间伐,增强通风透光;加强肥水管理,采果后要翻耕施肥,增强树势。

（二）化学防治

以保护成熟期果实为主，当病果穗率超过 5% 时，应及时进行喷药防治。可选用 25% 咪鲜胺乳油 1 500 倍液、45% 咪鲜胺水乳剂 2 000～2 500 倍液、50% 多菌灵可湿性粉剂 500～1 000 倍液、70% 甲基硫菌灵可湿性粉剂 700～1 000 倍液等药剂喷雾 1～2 次，间隔 7～10d，最后一次喷药与采果应相隔 15d，以确保果品的食用安全。

潘汝谦　姜子德（华南农业大学植物病理学系）

第 34 节　荔枝炭疽病

一、分布与危害

荔枝炭疽病是荔枝的重要病害，在所有荔枝产区和荔枝品种上都有发生。可以侵害嫩叶、嫩梢、花穗，尤其侵害接近成熟或成熟的果实，是造成荔枝后期大量烂果、落果和采后果实腐烂的主要原因，严重影响荔枝产量和果实的商品性。

二、症状

荔枝炭疽病可以侵害叶片、花穗、果实，但症状不尽相同。

叶片症状分急性型和慢性型两种。

慢性型：叶片病斑多从叶尖开始，也会从叶缘、叶内发生，在嫩叶已充分张开但尚未转绿时开始发病。最初在叶尖出现黄褐色小病斑，随后迅速向叶基部扩展，呈烫伤状病斑，严重时，整个叶片的 1/2～4/5 以上均呈褐色的大斑块，病健交界明显。前期叶面和叶背均为深褐色，健部和病部交界处颜色更深，呈赤褐色至黑褐色，后期病部叶面为灰色，叶背仍为褐色。叶缘或叶内发病的则呈椭圆或不规则形病斑。潮湿时，叶背病部产生黑色小粒点。严重时，病叶向内纵卷，易脱落（彩图 17 - 34 - 1）。

急性型：一般多在未转绿时的嫩叶边缘或叶内开始发病，初为针尖状褐色斑点，后变为黄褐色的椭圆形或不规则形凹陷病斑，直径为 5～16mm。初期有不明显轮纹，后期呈黑褐色，病部易破裂。后期叶背病部产生黑色小粒点。

嫩梢：顶部先开始呈萎蔫状，然后枯心，病部呈黑褐色，后期整条嫩梢枯死。嫩梢一般发病较少，多在阴雨天气下呈急性型发病，在春、夏梢上有少数嫩梢发病，秋梢很少发病。

花穗：荔枝花及花穗受害，花穗变褐色枯死，造成落花或幼果脱离。侵害小枝时病部褐色，局部致死，上端的叶片干枯死亡（彩图 17 - 34 - 2）。

果实：在幼果直径 10～15mm 时开始发病，先出现黄褐色小点，后呈深褐色，水渍状，病健部界线不明显，后期病部生黑色小点，为分生孢子盘。潮湿时病部会出现红色黏液，为分生孢子。炭疽病菌一般只侵染果皮，后期导致果肉腐烂，味道变酸（彩图 17 - 34 - 3）。

三、病原

荔枝炭疽病的主要病原为胶孢炭疽菌 [*Colletotrichum gloeosporioides* (Penz.) Penz. et Sacc.]，为子囊菌无性型炭疽菌属真菌。有性世代为围小丛壳 [*Glomerella cingulata* (Stonema) Spauld. et H. Schrenk]，属子囊菌门小丛壳属真菌。

分生孢子盘黑色，生于病部表皮下，成熟时突破表皮。分生孢子梗圆柱形，在分生孢子盘内排列成一层，无色，单胞，顶生分生孢子。分生孢子无色，单胞，长椭圆形或圆柱形，两端较圆或一端稍尖，内含两个油球。分生孢子萌发产生菌丝，幼嫩菌丝无色，老菌丝黑褐色，有分隔；在果实上，通常不产生刚毛。在叶片上的分生孢子盘则往往产生刚毛。有性世代迄今未在田间发现（彩图 17 - 34 - 4）。

四、病害循环

荔枝炭疽病的初侵染源是树上或落到地面的病叶等病残体。以菌丝体和分生孢子在病组织中越冬。借雨水及气流（风）传播，以借雨水传播为主。储藏期间主要以健果接触病果传播。病菌侵入寄主后可直接产生病斑，也可侵入呈潜伏状态，在果实成熟时表现出症状，高温多湿的气候下发病较多；树势衰弱、组织幼嫩或近成熟的果实容易染病。

五、流行规律

叶片发病，4 月下旬至 5 月上旬为第一次发病高峰期，5 月下旬至 6 月上旬为第二次发病高峰期。8 月下旬至 9 月上旬以后，病害发生较轻。即春、夏梢发病重，秋梢发病轻。如 8～9 月遇阴雨天气，则可能出现第三次发病高峰期，秋梢也会严重感病。果实于 4 月下旬开始感病，一般早熟品种发病少，迟熟品种发病较多。

此病害在 13～38℃下均能发病，适宜发病温度为 22～29℃，高湿利于发病，特别是连续高温的阴雨天气利于病害大发生，但温度过高对其有抑制作用。

六、防治技术

1. 加强栽培管理　注意深翻改土，增施有机肥和磷、钾肥，切忌偏施氮肥，以增强树势，提高树体本身的抗病力。

2. 降低菌源　冬季彻底清园，剪除病叶、枯梢，并集中烧毁。结合防治其他病虫害喷 1 次 0.8～1 波美度石硫合剂。春、夏梢发病时，及早剪除病叶、病梢、病果，并喷洒杀菌剂防治。

3. 叶面喷洒铵态氮　有研究证明，尿素等铵态氮对病菌菌丝生长和孢子萌发有明显的抑制作用。同时，叶面喷施铵态氮，增加叶面吸收外源营养，植株叶片浓绿，提高植株生长势，从而增强抗病性。铵态氮肥使用浓度为 0.5%～1%，与杀菌剂混合喷洒。

4. 抓好防虫工作　荔枝蝽等害虫刺吸造成的伤口，有利于孢子萌发侵入。而且荔枝蝽还能携带分生孢子，成为扩大再侵染的途径。

5. 果实采收后及时进行处理　果实采摘后，首先剔除有病虫害及机械损伤的果实，再结合霜疫霉病、酸腐病等的防治采用保鲜药剂进行处理。

6. 适时喷药保护　幼龄树以保护为主，应在新梢抽出后、嫩叶已展开而未转绿时喷药。成年树以保花穗和保果为主。在抓好综防措施、消灭越冬菌源和压低早春萌动时病菌对春梢感染的前提下，抓好花穗、幼果和熟果期的喷药防治。保果应从花穗和幼果期开始，这是对病原菌潜伏侵染的应对措施。在夏、秋梢抽出后，叶片展开，但还未转绿时，应抓紧喷药。保果可在幼果 5～10mm 大时开始喷药。每隔 7～10d 喷 1 次，连续喷施 2～3 次。使用的杀菌剂有咪鲜胺、咪鲜胺锰盐、氢氧化铜、0.5% 石灰倍量式波尔多液、甲基硫菌灵、代森铵、多菌灵、苯菌灵、代森锰锌、炭疽福美等。

张新春（中国热带农业科学院环境与植物保护研究所）

第 35 节　番木瓜环斑病毒病

一、分布与危害

由番木瓜环斑病毒（*Papaya ring spot virus*，PRSV）引起的病毒病害是为害番木瓜生产的一种世界性、毁灭性病害，可导致番木瓜严重减产和品质下降。该病害最早于 1940 年在美国佛罗里达州首次报道，此后，在巴西、澳大利亚、厄瓜多尔、越南、斯里兰卡、泰国、印度等世界各番木瓜产区都有报道，并造成了严重损失。在我国，该病害在华南地区始见于 1959 年，至 60 年代中期流行成灾，后来在我国台湾、海南、广东、广西、云南和福建等番木瓜产区广泛流行。常规栽培品种发病率都高达 90% 以上，导致番木瓜高达 50%～90% 的减产并严重影响果实品质；同时，该病害可导致第二年发病株无法收获果实，使得番木瓜只能秋播春植，而当年收果后全部砍除，迫使番木瓜丧失了多年生、周年产果的优势。由于番木瓜种植业的低迷，使相应的通过番木瓜生产木瓜蛋白酶和木瓜凝乳酶的加工产业因原材料短缺而只能小规模生产或停产。2000 年以来，为了适应市场需求，我国不同单位从夏威夷、泰国和我国台湾等地引入了各种优质小果型番木瓜，但在华南地区种植后，发病比在当地更为严重。

二、症状

最初病株顶部叶片出现水渍状斑点，进而呈花叶斑驳和褪绿黄化，后期叶片扭曲、畸形，似鸡爪状。叶柄、茎秆和果实上产生水渍状斑点、条纹或同心轮纹状环斑。冬春季病树叶片脱落，仅剩顶部少量花叶及皱缩小叶，一般难以越冬或越冬后翌年长势衰弱，不结果或少结果，病株一般在 1～2 年内死亡。

三、病原

该病病原为番木瓜环斑病毒（*Papaya ringspot virus*，PRSV），属马铃薯 Y 病毒科马铃薯 Y 病毒属（*Potyvirus*）。病毒粒体为弯曲线状，大小为（700～800）nm×12nm。病毒基因组为＋ssRNA，基因组全长约 10kb，$5'$-末端与一个基因组结合蛋白（VPg）相结合，$3'$-末端具有 Poly（A）尾结构。整个基因组由一个开放阅读框（ORF）编码，先直接表达一个多聚蛋白前体，再经剪切、组装成能行使功能的蛋白。从 N 端到 C 端基因序列依次为 *P1*、*HC-Pro*、*P3*、*Cl*、*NIa*、*Nib* 和 *CP*。

PRSV 株系根据寄主范围可分为 P 型和 W 型，P 型株系侵染番木瓜和葫芦科作物，是制约番木瓜生产的重要病原；W 型株系侵染葫芦科作物，但不侵染番木瓜。两者外壳蛋白基因（*CP*）和复制酶基因（*Nib*）有很高的同源性，血清学密切相关。

经过长期的进化发展，世界不同地区 P 型株系分化为不同的株系和分离物，目前报道的约有 36 个。其中日本、美国和澳大利亚分别报道了 5 个、3 个和 2 个株系，厄瓜多尔、巴西、越南、斯里兰卡和泰国各报道了 1 个株系，我国台湾报道了 12 个株系。我国南方地区根据 PRSV 在西葫芦（*Cucurbita pepo L.*）上的症状不同，可将其分为 4 个株系：Ys、Vb、Sm 和 Lc。其中 Ys 为优势株系，侵染西葫芦叶片产生黄色斑点，并带有轻花叶；Vb 次之，在西葫芦上产生沿叶脉变灰白的症状；Sm 株系在华南地区分布不够广泛，在西葫芦上可产生重花叶；Lc 株系仅在广西少数地区分布，导致西葫芦叶片卷曲。这 4 个株系在植物体内运转速度略有差异，其中 Sm 运转最快，Vb 次之，Ys 最慢，但物理性质相差不大，存活期和致死温度略有差异。

四、病害循环

病毒可在番木瓜病株及染病的葫芦科植物上越冬，春季通过桃蚜（*Myzus persicae*）、棉蚜（*Aphis gossypii*）、橘蚜（*Toxoptera citricidus*）等多种蚜虫以非持久方式传播至大田植株上，并进行反复传播。此外，农事操作和大风造成的病健植株叶片间的机械摩擦也能传病，种子不具传毒作用。值得指出的是，蚜虫在传播病毒的过程中，由于对番木瓜汁液中富含的蛋白酶和凝乳酶等生物碱敏感，因此蚜虫在植株中的取食方式多为"试探取食"，这样导致蚜虫在植株中取食时间短，迁飞频繁，从而在田间整个生长季节内可快速将病毒传至更多的植株。

五、流行规律

种植品种、气候、有翅蚜数量和活动能力以及毒源植物与本病的发生与流行密切相关。番木瓜品种中尚未发现具有较好抗性的常规品种，尽管常规品种间存在一定抗性差异，但这种差异并不显著。在常规年份，这些品种仍然 100% 发病。气候中温度是最重要的因素。病毒在植株中侵染、增殖的最适温度通常为 20～26℃，在这一温度范围内，病害发生多且重。在广东，番木瓜生长期一般为 3～12 月，5～6 月是病害的第一个发病高峰期，7～8 月由于气温高，不适合发病，且一些发病轻的植株出现隐症现象，因而病害数量逐渐下降，到 9～10 月温度又降为适合发病，病害数量又逐渐上升，出现了第二个发病高峰期。适合的气候，不仅有利于病毒侵染和增殖，而且在天气温暖和干旱的条件下，更有利于有翅蚜生长发育、活动和繁殖。有翅蚜数量和活动能力与发病呈正相关。据广州地区观察，有翅蚜盛发期比病害高峰期通常早 10～30d。对于毒源植物而言，距离番木瓜园区越多或越近，则发病越早和越重。

六、防治技术

（一）培育和种植抗病品种

种植抗病品种是防治病毒病最为经济和有效的措施，但在番木瓜常规品种和种质资源中尚未发现对该病具有较高抗性的品种或种质材料，因此难于通过常规育种方法来获得生产上应用的抗病品种。而转基因生物技术的发展为获得抗病品种提供了可能。夏威夷 Fitch 等于 20 世纪 90 年代初开展表达 PRSV 衣壳蛋白（coat protein，CP）基因的转基因研究，于 1993 年获得了转 CP 基因的抗病品系 55 - 1 和 63 - 1，这两个品系对夏威夷当地病毒株系都有较高的抗性，于 1997 年获准进行商品化生产，目前整个夏威夷种植的番木瓜基本上都为转基因品系。但十分可惜的是，这两个品系对我国华南地区的 4 种 PRSV 株系、台湾的 PRSV 株系以及泰国等亚洲其他国家的 PRSV 株系都无效，因此，这两个品系只能在夏威夷推广种植，而不能推广扩大到其他国家或地区种植。不同国家和地区必须要选用当地优势株系的基因进行转基因研究，才有可能获得抗当地病毒株系的较理想的转基因植株。我国中山大学、华南农业大学、中国热带农业科学研究院和台湾中兴大学等分别在 20 世纪 90 年代开展了番木瓜转基因研究，所转的基因包括病毒的 CP 基因、复制酶基因、核酶基因等，并获得了不同抗性的转基因品系，部分品系进行了相应的转基因植物的安全性评价等。其中华南农业大学在华南地区 PRSV 株系广泛调查的基础上，确立了优势株系 Ys，将 Ys 株系的 CP 基因、复制酶基因（Rep）等进行了克隆，通过农杆菌共培养转化方法将病毒基因转入番木瓜组织，获得了质优丰产的高抗番木瓜环斑病毒的转基因品系"华农 1 号"。在完成系列转基因植物安全性评价的基础上，"华农 1 号"于 2006 年获得了国家颁发的在广东省生产应用的安全证书，继而于 2010 年获得了在我国番木瓜适生区生产应用的安全证书。自 2006 年在广东省应用以来，"华农 1 号"品系对番木瓜环斑病表现出很高的抗性，植株在种植期间没有任何症状，而且至少可以种植 2 年以上，因此得到了较大面积的推广应用。

（二）无病种苗培育

对于非转基因抗病品种而言，无病种苗的培育是防控该病的基础。目前番木瓜种苗的培育方式主要有种子苗、组织培养苗和扦插苗 3 种方式。除种子苗外，其他两种方式的番木瓜材料在种苗繁育前，最好利用血清学和分子生物学方法进行病毒检测，以保证所有繁育的材料无毒。幼苗出苗后通常在防虫温室和网室内进行培育，以防止蚜虫传毒。

（三）网室种植

番木瓜环斑病主要通过蚜虫和机械接触传播，在防虫网内种植番木瓜可有效防止蚜虫对病害的传播。20 世纪 90 年代以来，我国台湾主要以网室种植番木瓜，种植面积每年达 1 000 hm² 以上，防病效果明显。自 2000 年以来，我国部分地区根据市场需求，分别从夏威夷、泰国、马来西亚等国以及我国台湾地区引种优质红肉小果型品种，由于这些品种对华南地区的病毒株系高度感病，因此，也主要采取网室种植，取得了明显的经济效益。

（四）其他防病技术

番木瓜属浅根系草本大型植物，喜高肥、怕涝、怕旱。因此，种植地块整地时要高垄深沟，重施有机肥，植后早施追肥，促进番木瓜早生快发。有条件的果园要建设滴灌和喷灌设施，实行水肥一体化管理。

李华平（华南农业大学农学院）

第 36 节　番木瓜茎基腐病

一、分布与危害

番木瓜茎基腐病又称番木瓜烂头病，主要侵害幼苗期和生长期的番木瓜植株，常发生于主干与地面的交界处，侵害幼苗时，造成茎基部和根部腐烂，侵害生长期植株时，造成茎基部腐烂，严重时整个植株死亡。该病发生较普遍，发病率一般在 10%～30%，严重时可达 50%。除侵害番木瓜外，还可侵害瓜类蔬菜、甜瓜、番茄、番石榴等。

二、症状

发病初期，植株茎基部近地面处出现水渍状斑点，然后逐渐扩展为较大的不规则状斑块，此时茎基部表面略显肿胀或表皮开裂，病组织变褐腐烂，有时流出白色胶状物，湿度大时，病部产生白色棉絮状物，即病菌菌丝、孢囊梗和孢子囊。剖开受害番木瓜茎基部，可见其内部组织变为暗褐色、水渍状腐烂。随着病斑的扩展，向上可蔓延至茎干较高的部位，向下可扩展至根部，当病斑扩展至环绕茎干一周时，由于水分、养分供应不足，病株叶片逐渐黄化、枯萎、下垂，最后全株死亡（彩图 17 - 36 - 1）。

三、病原

番木瓜茎基腐病的病原有 2 种，即瓜果腐霉［*Pythium aphanidermatum*（Edson）Fitzp.］，属卵菌门腐霉属；棕榈疫霉［*Phytophthora palmivora*（E. J. Butler）E. J. Butler］，属卵菌门疫霉属。

瓜果腐霉：在 CMA 培养基上菌落白色，絮状，气生菌丝茂盛，菌丝多分枝，无分隔，孢子囊由膨大菌丝或瓣状菌丝、不规则菌丝组成，顶生或间生，萌发后形成球形孢子囊，孢子囊内含大量游动孢子，游动孢子肾形，侧生双鞭毛；藏卵器球形，无色，壁平滑，多顶生，偶间生，柄较直。雄器袋状、宽棍棒状、屋顶状、玉米状或瓢状，间生或顶生，大小为（12～15）μm×（10～15）μm；卵孢子球形，平滑，不满器，壁厚，直径为 14～22μm。

棕榈疫霉：在固体培养基上气生菌丝中等旺盛，未见菌丝膨大体；厚垣孢子球形，顶生或间生，可大量产生。孢囊梗简单合轴分枝；孢子囊梨形、卵形，少数椭圆形，孢子囊乳突明显，常为 1 个，孢子囊脱落，具短柄，长为 2.3～4.0μm。

四、病害循环

病原菌以卵孢子或菌丝体随病组织在土壤中越冬，成为初侵染源。在适宜的温湿度条件下，越冬的卵孢子或菌丝体产生游动孢子囊，并释放出游动孢子或游动孢子囊直接萌发形成芽管侵入植株内，病部产生的游动孢子囊和游动孢子借灌溉水、风雨或人为传播引起发病。

五、流行规律

1. 夏季高温、雨水多，有利于病原菌的生长与传播，茎基腐病发生严重。

2. 土壤黏重、地势低洼积水的果园易发病，而排水良好的沙质土很少发病。

3. 幼苗移栽时，栽培过深或根颈部培土过多，发病严重。

4. 番木瓜茎干斜拉过程中造成其茎干基部轻微损伤，而且斜拉后茎干易于暴晒受伤，为病原菌提供侵入途径，果园发病重。

六、防治技术

1. 培育健苗　选择地势较高、通风透光良好的地块育苗，不宜采用易带病菌的菜园土等作为育苗土，且育苗土先用五氯硝基苯、甲霜灵或福美双等消毒，再装杯育苗。在育苗过程中，应根据苗床湿度适当控制浇水量，避免苗床过湿。

2. 栽培措施　选择灌、排水方便的缓坡地或平地建设番木瓜果园，并对地块进行深翻，减少菌源；采用深沟高畦起垄栽培，施腐熟有机肥，控施氮肥，增施磷、钾肥。雨后及时排水，降低果园湿度。田间覆盖杂草时，应与茎基部保持一定的距离。田间杂草应及时清除。幼苗移栽时防伤根，减少病菌从伤口侵入。注意培土，不宜培土过深，避免培潮湿的黏土。

3. 化学防治　田间发病严重的植株应及时清除病株，并集中深埋或烧毁。发病初期的病株进行化学防治，将病株根颈部的土壤扒开，用消毒过的竹片或小刀将已感病的皮层和组织刮净，然后用 47% 春雷·王铜可湿性粉剂 800～1 000 倍液、30% 噁霉灵水剂 800～1 000 倍液、64% 噁霜·锰锌可湿性粉剂 300 倍液、25% 甲霜灵可湿性粉剂 800 倍液、69% 烯酰吗啉可湿性粉剂 600～800 倍液、72.2% 霜霉威水剂 500 倍液、44% 精甲·百菌清可湿性粉剂 800 倍液＋47% 春雷·王铜可湿性粉剂 800 倍液，或波尔多液（6∶6∶50）等涂抹病部或灌根，7～10d 施 1 次，连续 2～3 次。雨后及时补施。经过治愈恢复树势的植株，由于伤口容易断裂，使用 1.2～1.5m 的竹竿支撑加固。

胡美姣　谢艺贤（中国热带农业科学院环境与植物保护研究所）

第 37 节　番木瓜疮痂病

一、分布与危害

番木瓜疮痂病是番木瓜上的重要病害之一，在番木瓜产区均有发生，主要侵害叶片，有时也侵害果实，严重时造成落叶，果实溢出白色胶状物。

二、症状

侵害叶片，症状主要发生在叶片背面，在沿叶脉两侧出现白色小点，后变为圆形、椭圆形或不规则白斑，渐转为浅黄色，病斑表面组织木质化，突起呈疮痂状，手摸质感粗糙；叶面呈现褪绿淡黄色病斑，严重时整叶变黄；后期病斑呈灰褐色，易破裂穿孔，病叶易早衰脱落。湿度大时，在病斑上着生灰色至褐色的霉层，此为病原菌的分生孢子梗及分生孢子（彩图 17 - 37 - 1，1）。

侵害果实，受害部位初为白色，后转为黄褐色，病斑上常常覆盖灰白色、中央灰褐色的霉层，果实表面的疮痂比叶片的疮痂突起更明显，且病斑处常溢出白色胶状物（彩图 17 - 37 - 1，2）。

三、病原

番木瓜疮痂病的病原至少有 4 种，分别为番木瓜枝孢（*Cladosporium caricinum* C. F. Zhang et P. K. Chi）、番木瓜生枝孢（*C. cariciolum* Corda）、芽枝状枝孢 [*C. cladosporioides*（Fresen.）G. A. de Vries] 和多主枝孢 [*C. herbarum*（Pers.：Fr.）Link]，其中番木瓜枝孢、番木瓜生枝孢和芽枝状枝孢为主要病原菌。

番木瓜枝孢：分生孢子梗单生或串生，顶端或中间膨大成结节状，孢痕明显，暗褐色，壁光滑，有分隔。分生孢子串生，圆形、椭圆形或圆柱形，近无色至淡橄榄色，多数无隔，少数 1～2 个隔，大小为 （3.9～15.6）μm×（2.9～6.5）μm。在 PDA 培养基上菌落平展，墨绿色，具白色边缘（彩图 17 - 37 - 2）。

番木瓜生枝孢：分生孢子梗簇生，直立或微曲，2～7 个分隔，先端淡色，不分枝，大小为 （102～230）μm×（2.57～5.1）μm，有节状膨大；枝孢大小为 （15.3～20.4）μm×（3.8～5.1）μm；分生孢子柱形、长椭圆形或近圆形，0～1 个分隔，淡褐色，表面光滑，大小为 （5.1～26.2）μm×（3.8～7.6）μm。

芽枝状枝孢：分生孢子梗单生或丛生，直立或弯曲，有隔膜，梗端和梗基部膨大，少数具分枝，褐色，向上逐渐变浅至近无色，大小为 （68～244）μm×（3.2～4）μm；分生孢子着生在梗顶端或侧面，浅褐色至褐色，圆形、椭圆形或柠檬状，0～2 个分隔，大小为 （6～14）μm×（2～4）μm。

四、病害循环

病菌以菌丝体和分生孢子在病叶、病果等病残体上越冬，翌年环境条件适宜时，以分生孢子进行初侵染，借气流或雨水传播，病部产生的分生孢子进行再侵染，病害不断扩展蔓延。

五、流行规律

初始菌源数量和温湿度条件是该病发生流行的决定性因素。往年发病重的果园，来年病害一般发生较重。在温度适宜的条件下，遇上连续下雨，往往加速病害流行。此外，果园低洼积水、定植过密、生长茂盛，都会加重病害的发生流行。

六、防治技术

1. 选择通风透光的地块种植，且定植时一般采用宽行密植，株行距 1.5m×2.5m，可适当稀植。

2. 清洁果园，及时清除植株病叶、病果，并集中烧毁或深埋；及时清除果园内及周边的杂草，以利于通风透光，降低果园湿度。

3. 在发病初期进行药剂防治。可选择的杀菌剂有：50％多菌灵可湿性粉剂 500～900 倍液、70％甲基硫菌灵可湿性粉剂 600~800 倍液、25％咪鲜胺乳油 1 000~1 500 倍液、10％苯醚甲环唑水分散粒剂 2 000~3 000 倍液、50％腐霉利可湿性粉剂 1 500 倍液或 47％春雷·王铜可湿性粉剂 600~800 倍液。7~10d 喷 1 次，连喷 3~4 次。

胡美姣　高兆银（中国热带农业科学院环境与植物保护研究所）

第 38 节　菠萝心腐病

一、分布与危害

菠萝心腐病在世界菠萝产区均有发生，局部地区为害严重。该病是一种土传病害，常见于定植后不久的菠萝园，造成幼苗腐烂和严重死苗，也侵害成年植株和将近结果的植株，使菠萝的根茎腐烂。病害扩展蔓延迅速，造成较大损失。

二、症状

发病初期叶片为青绿色，叶梢颜色暗淡而无光泽，叶基部逐渐由浅褐色转至黑色水渍状软腐，并逐渐向上发展，心叶极易拔起，发病后期在病健交界处形成一波浪形、深褐色界纹，紧接其下为 1 条宽几毫米的灰色带，病株叶色逐渐变黄或变红，叶尖变褐干枯。在多雨时，病原菌亦可侵染叶缘或叶尖，形成边缘不明显的黄褐色至黑褐色水渍状病斑。结果树受害，病原菌从茎秆传入，导致果实下部的小果出现半透明、浅褐色的水渍状腐烂，潮湿时受侵染组织上覆盖白色霉层（彩图 17-38-1）。

三、病原

菠萝心腐病主要由疫霉（*Phytophthora* spp.）引起，包括樟疫霉（*P. cinnamomi* Rands）、烟草疫霉 [*P. nicotianae* Breda de Haan.，异名：寄生疫霉（*P. parasitica* Dast）]、棕榈疫霉 [*P. palmivora*（E. J. Butler）E. J. Butler]、柑橘褐腐疫霉 [*P. citrophthora*（R. E. Sm. et E. H. Sm.）Leonian]、堀氏疫霉（*P. drechsleri* Tucker）等，其中，以樟疫霉和烟草疫霉最为普遍。

此外，在病部还可分离到腐霉（*Pythium* spp.）和欧文氏菌（*Erwinia* spp.）。

四、病害循环

病菌以卵孢子存活于土壤残渣中，条件适宜时萌发，形成孢子囊和游动孢子，借助于风、农具、雨水的溅射或漫流等方式传播到植株上，或借对寄主植物渗出物的趋性以到达植株最敏感的部位（即不定根端和萌发须根突破的伤口处），通过茎顶端、叶片基部、茎基部及根部的伤口或幼嫩的毛状体侵入，最后造成植株心部腐烂，病株死亡后，病菌进入休眠阶段。再侵染以厚垣孢子、孢子囊和游动孢子进行。

五、流行规律

1. 高温多雨季节，特别是秋季定植后遇暴雨，往往发病较重。
2. 土质黏重或排水不良，容易积水的果园发病较重。

六、防治技术

1. 避免在低洼、高湿地种植，最好起畦种植，并注意田间排水。
2. 选种健壮的无病种苗，并经过一定时间的干燥后再种植。或先剥去基部几片老叶，然后用波尔多浆（1：1：3）、甲霜灵·锰锌（700~800mg/kg）、甲霜灵（600mg/kg）或三乙膦酸铝（1 200mg/kg）浸苗基部 10~15min，倒置晾干后种植。
3. 深耕浅种，种植时勿使土粒沾心而感染病菌。中耕除草时要注意避免植株基部受伤，合理施肥，勿偏施或过施氮肥。
4. 及时拔除并烧毁病株，病穴的土壤进行清除，换上新土，再撒石灰消毒，然后补苗。
5. 化学防治。发病初期，可用甲霜灵·锰锌 750mg/kg、三乙膦酸铝 2 000~2 500mg/kg、噁霜·锰锌 1 000mg/kg、甲霜灵 1 000～1 200mg/kg 等喷施。

胡美姣　谢艺贤（中国热带农业科学院环境与植物保护研究所）

第 39 节　菠萝黑腐病

一、分布与危害

菠萝黑腐病又称菠萝基腐病，在世界菠萝产区均有发生，未成熟或成熟的果实均可受害。病菌可引起根腐、幼苗基腐、叶腐及叶斑，但以储藏期的果腐病发生为害最普遍，严重时损失可达 40%，通常在采收时无明显症状，储藏期间发病。该病除侵害菠萝外，还可侵害甘蔗、油棕、可可、椰子、槟榔、芒果及香蕉等作物。

二、症状

果腐：未成熟和成熟果实均可受害，通常在田间无显著症状，主要侵害储藏期的成熟果实。一般果实受伤部位或果柄切面先感病，受伤部位或靠切口的果面初为暗色水渍状软斑，后扩大并互相连接，发展至整个果面，呈黑色、无明显边缘的大斑块，内部组织变软，水渍状，与健康组织有明显分界；果轴及其周围变黑，果皮、果肉和果心崩解，散发出特殊芳香味，后期病果渗出大量液体（彩图 17 - 39 - 1）。

幼苗基腐：发生于刚定植的幼苗，温暖潮湿的季节发病严重。发病植株根部及下部叶片变黑腐烂，后期只剩纤维组织。病菌还可从摘除顶芽造成的伤口侵入，侵害嫩叶基部引起心腐。

叶斑：苗期及成株期叶片均可受害。初期病斑为褐色小点，潮湿条件下迅速扩大为不规则、黑褐色、水渍状的长条形斑块，上着生灰白色霉层，即病原菌的分生孢子梗和分生孢子。干旱条件下病斑变为草黄色、纸状、边缘黑褐色，严重时叶片枯黄。

三、病原

菠萝黑腐病病原为奇异鞘孢（*Chalara paradoxa*（De Seynes）Sacc.，异名：奇异根串珠霉 [*Thielaviopsis paradoxa*（De Seynes）Höhn.]），属子囊菌无性型鞘孢属真菌，有性型为奇异长喙壳 [*Ceratocystis paradoxa*（Dade）C. Moreau]，属子囊菌门长喙壳属真菌。

无性型产生厚垣孢子及内生分生孢子。在 PDA 上菌落初为灰白色，后变黑。厚垣孢子串生，未成熟的厚垣孢子黄棕色，老熟的黑褐色，表面有刺突，球形或椭圆形。大小为（12～22）μm×（8～16）μm，厚垣孢子梗无色至淡橄榄色，无分枝，有隔或无隔，基部一般不膨大，大小为（33～89）μm×（3.3～6.6）μm。分生孢子长方形或筒形，无色，单胞，内生于浅色的生殖菌丝中，大小为（5～8）μm×（3～5）μm。分生孢子梗自菌丝侧生，无色至淡橄榄色，不分枝。在寄主上产生褐色霉层，分生孢子梗无分枝，基部有 1～4 个隔膜，大小为（50～150）μm×（5～10）μm；内生的分生孢子自瓶梗状产孢细胞中相继成串生出（彩图 17 - 39 - 2）。

有性型产生子囊壳，子囊壳长颈外露，子囊散生，子囊近卵圆形或棍棒状，子囊孢子无色，椭圆形。

病菌对营养的要求不严，在许多种培养基上均生长良好。病菌最适生长温度为 25℃，最高为 36℃，低于 10℃和高于 37℃时生长明显受到抑制。菌丝生长的最适 pH 为 6。光照对菌丝的生长也有抑制作用。在培养基上病菌只形成分生孢子，不产生子囊壳及其他类型的孢子。

四、病害循环

病菌以菌丝体或厚垣孢子在土壤或病组织中越冬。厚垣孢子可在土中存活 4 年之久，并借雨水溅射及昆虫传播，病菌从伤口侵入。在储运期间，病菌通过接触传播而蔓延至健果上，条件适宜时萌发，通过伤口（主要是果柄切口）及小果间的裂缝侵入。

五、流行规律

1. 收获时，果柄的切口是病菌侵入的主要途径。摘除冠芽过迟，伤口大，难以愈合也发病较多。

2. 采收前，温暖潮湿的条件有利于病菌生长繁殖。先潮湿接着干旱，易导致果实裂口，为病菌的侵入提供有利条件，从而加重病害的发生。

3. 菠萝成熟期间遭低温霜冻，或采收后堆集又日灼，均可增加发病机会。

4. 甜味品种较酸味品种发病严重。

5. 储藏及运输过程中温、湿度高，利于病害的扩展。

6. 包装及运输过程中损伤越大，越有利于病害的扩展。

六、防治技术

1. 选用壮苗 种植前，苗须经 2～3d 阴干，并选晴天种植。定植后发现病苗应及时拔除，并进行土壤消毒处理。

2. 加强栽培管理，建立良好的排灌系统，防止果园积水，可减少病害发生。

3. 根据果实成熟度差异，分期分批采收。

4. 采收、包装、运输及储藏过程中避免机械损伤，储藏果实宜用竹筐、纸箱分装，不宜堆码过高，并注意储运期间的通风降温。

5. 采收及采收后防止日晒 采收后尽快将果实运进工厂及时加工，在 12℃ 的低温条件下储藏效果更佳。

6. 采收时每割 1 个菠萝，割刀先在消毒液内浸 1 次，有明显防治效果，但这样采收速度减慢。也可在果实基部切口处、被摘除冠芽凹陷处及其他伤口处，滴苯甲酸等消毒液，亦有效果，但不如逐个割收时消毒割刀效果好。

7. 采后使用仲丁胺、噻菌灵、咪鲜胺和抑霉唑等杀菌剂药液浸果处理，能显著控制菠萝黑腐病。

胡美姣　李敏（中国热带农业科学院环境与植物保护研究所）

第 40 节　菠萝凋萎病

一、分布与危害

菠萝凋萎病是世界各个菠萝主产区最重要的病害之一，对菠萝经济栽培造成严重影响。我国海南、广东、广西等地均有菠萝凋萎病的发生，在世界上该病害主要分布于美国夏威夷、圭亚那、澳大利亚、哥斯达黎加、洪都拉斯、马来西亚、古巴、印度等菠萝种植区。菠萝凋萎病目前只发生在菠萝上，暂未发现菠萝凋萎病的新寄主。据统计，夏威夷受侵害的菠萝种植园年减产 30%～55%；菠萝凋萎病导致澳大利亚菠萝种植年产值减少 10% 左右；古巴因菠萝凋萎病导致菠萝减产 40%；以我国海南琼海市为例，菠萝园发病率高达 60% 以上，经济损失 25%～30%。

二、症状

菠萝凋萎病前期植株根系停止生长，随后腐烂或枯死，引起叶片失水、皱缩，叶缘向内卷曲，叶片逐渐褪绿转黄，由黄变亮红，严重时整片菠萝园呈现苹果红色。菠萝凋萎病重症植株体内脱落酸、可溶性蛋白、游离脯氨酸、游离酚、过氧化物酶水平升高，酸性转化酶活性加强，植株产量和单果重下降。生长旺盛或已坐果的菠萝植株比长势衰弱的植株发病更早，症状表现更明显。种植越早，减产幅度越大（彩图 17 - 40 - 1）。

三、病原

菠萝凋萎伴随病毒（*Pineapple mealybug wilt associated virus*，PMWaV）是菠萝凋萎病的主要病原之一，根据病毒粒体形态学与染色体特征和以菠萝粉蚧为传毒媒介等特点被归入长线形病毒科（*Closteroviridae*）葡萄卷叶病毒属（*Ampelovirus*）。葡萄卷叶病毒属病毒粒体的长度一般为 1 400～2 200nm，包含 1 个大小为 16.9～19.5kb 的线状、正向单链 RNA 分子。目前在全世界已报道 5 种菠萝凋萎伴随病毒，即 PMWaV - 1、PMWaV - 2、PMWaV - 3、PMWaV - 4 和 PMWaV - 5。

夏威夷大学 Sether 和 Hu 的研究表明，PMWaV-2 侵染与菠萝粉蚧侵食是引起菠萝凋萎病必不可少的两个因素，缺少其中任何一个因素都无法引起症状。受粉蚧为害的菠萝植株在检测出 PMWaV-2 4～7 周后会出现症状，且老龄菠萝植株对该病的抗性强于幼龄植株，种植满 10 个月的菠萝植株再接种 PM-WaV-2，发病率明显较低。随后 Hu 提出一个菠萝凋萎病病因的假设，即在 PMWaV-2 感染而不受粉蚧侵食的情况下，菠萝植株体内会产生相应的抗性，避免症状的出现，而当粉蚧侵食菠萝植株时可能会释放一种未知物质，这种未知物质可能抑制了菠萝寄主的抗病性，使得菠萝凋萎病症状得以发生。2008 年，澳大利亚的 Gambley 等人在实验中分离到了 PMWaV-1、PMWaV-2、PMWaV-3、PMWaV-5 等 4 种菠萝凋萎伴随病毒，却未发现菠萝凋萎病与其中任何一种具有明确稳定的相关性，并推断菠萝凋萎病的发生可能是 PMWaVs 中的某个种或者不同种的复合侵染而引起的症状，不同病毒种之间可能相互影响，打破致病种的沉默机制，产生协同增效的作用（图 17-40-1）。

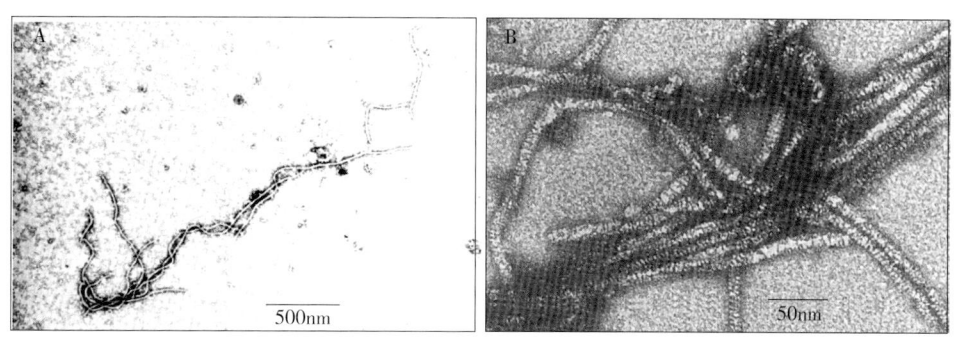

图 17-40-1　电镜下菠萝凋萎伴随病毒粒体形态（引自 U. B. Gunasinghe 和 T. L. German，1989）

Figure 17-40-1　Electron micrograph of *Pineapple mealybug wilt-associated virus* virions

(from U. B. Gunasinghe and T. L. German，1989)

四、病害循环

菠萝凋萎伴随病毒可随芽苗、植株组织传播，菠萝分株繁殖和组培繁殖都能传播病毒。其传毒媒介为菠萝粉蚧，包括新菠萝灰粉蚧 [*Dysmicoccus neobrevipes* (Beardsley)] 和菠萝粉红蚧 [*Dysmicoccus brevipes* (Cockerell)] 等 2 个种（图 17-40-2）。

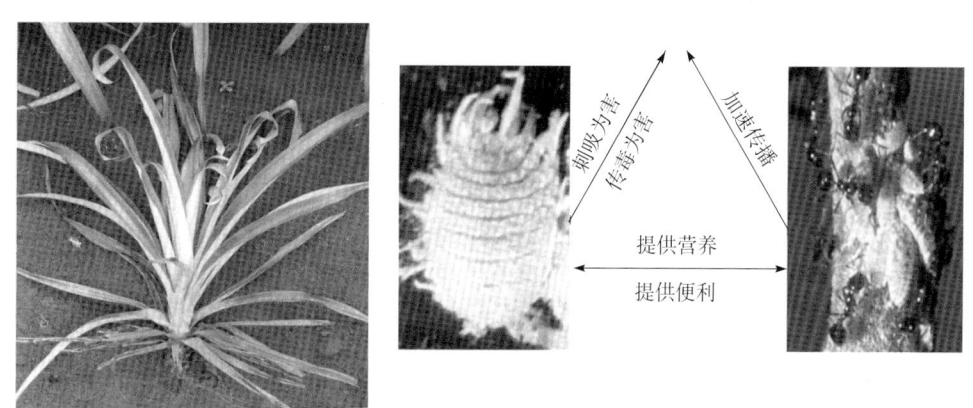

图 17-40-2　菠萝凋萎病传播途径（范鸿雁、罗志文、何凡提供）

Figure 17-40-2　Symptoms and pathogenic factors of pineapple mealybug wilt

(by Fan Hongyan，Luo Zhiwen and He Fan)

五、流行规律

病害发生多数在秋冬季高温干旱和冬春季低温阴雨天气。我国广西多发生在 9～11 月和翌年 3～4 月，广东地区多发生于 10～12 月，海南多发生于 11 月至翌年 1～2 月。秋季干旱期，粉蚧繁殖快，导致菠萝凋萎病病情加重；春季阴雨期，土质黏湿，该病造成菠萝根系不易生长且腐烂。环境条件也是发病的重要因素。如山腰洼地易积水；山坡陡，土壤冲刷严重，根系裸露；沙质土保水性能差，含水量少，根系易枯死凋萎。地下害虫如蛴螬、白蚁等取食地下根部也可加重凋萎病的发生。新开荒地发病少，熟地发病多。

六、防治措施

(一)农业防治

菠萝种植过程严格精选无病壮苗，禁止从发病区和病田选种引种导致病毒传播扩散。田间生产中尽量选择高畦种植，避免雨水沉积和土肥流失，针对不同土壤性质，适量增施有机肥以改良土壤的透气性，为菠萝植株根系生长提供良好条件。另外，深耕和田间清园，及时清除病株等农艺措施能有效降低菠萝粉蚧的虫口密度，减轻菠萝凋萎病的发生。

(二)药剂防治

美国在 20 世纪后期利用马拉硫磷、对硫磷、滴滴涕和机油乳剂等高毒高残留的化学农药防治菠萝粉蚧，随后使用氯丹、七氯、林丹等化学药剂控制蚂蚁种群达到对菠萝粉蚧的防治。随着时代发展，人们对生态环境保护意识加强，高毒、高残留的化学农药相继禁用，蒽油隔离及灭蚁灵毒饵诱杀等措施代替原来的剧毒农药被用来防治菠萝凋萎病。菠萝种苗定植前应采用马拉硫磷乳油、乐果乳油和敌敌畏等化学药剂的混合液做浸根处理；如在菠萝种植园发现病株，应该及时使用以上所列农药加上 50%硫菌灵可湿性粉剂 400 倍液和 1%～2%尿素后混合喷洒，可有效减轻症状，降低田间损失。

(三)生物防治

由于 PMWaVs 是由新菠萝灰粉蚧（*D. neobrevipes*）和菠萝粉红蚧（*D. brevipes*）为传播介体，可通过生物防治有效降低两种粉蚧虫口密度，抑制其对 PMWaVs 的传毒效率，从而达到对 MWP 的有效防控。美国学者曾对菠萝粉蚧天敌的种类做了大量研究，结果表明有寄生性天敌和捕食性天敌，在一定的环境下，天敌的出没可以很好地抑制介体昆虫的数量增长，从而达到防治效果。20 世纪 30 年代，美国学者引进的菠萝粉蚧寄生蜂天敌的寄生率高达 9.9%，为菠萝粉蚧的防治提供了一种更为环保的方法。他们还针对该寄生蜂开展研究，研究结果表明寄生蜂种群的个体大小与菠萝粉蚧种群的个体大小相关性明显，而菠萝粉蚧个体大小对该寄生蜂种群的繁殖能力和性别比率都有很大影响。

范鸿雁　何凡　罗志文（海南省农业科学院热带果树研究所）

第 41 节　菠萝蜜花果软腐病

一、分布与危害

花果软腐病为菠萝蜜花及果实上的常见病害，在菠萝蜜产区发生普遍且严重，在海南产区的果实发病率可达 70%～80%，在缺失管理的果园发病更为严重。开花期及幼果期受害，严重影响产量，成熟期及储运期受害则显著降低果实品质。

二、症状

花序、幼果、成熟果均可感病。发病初期病部出现黄豆大小的水渍状、褐色或黄褐色斑点，随病情进一步发展，病部表面密生白色至灰褐色绵毛状物，中央有许多灰黑色点状物，而后霉层颜色逐渐加深变为灰黑色，即病原菌的菌丝体、孢囊梗与孢子囊。潮湿时霉层布满全花序、全果，导致花序、幼果变软、变黑，最终脱落。近成熟果实和储藏期果实受害，果面产生灰黑色霉层，果肉软腐变黑，最后全果腐烂（彩图 17-41-1）。

三、病原

菠萝蜜花果软腐病病原有 3 种，分别为匍枝根霉［*Rhizopus stolonifer*（Ehrenb.；Fr.）Vuill.］、米根霉（*R. oryzae* Went et Prins. Geerl.）和木菠萝根霉（*R. artocarpi* Racib），属接合菌门根霉属真菌。

匍枝根霉：孢子囊球形至椭圆形，褐色至黑色，囊轴球形至椭圆形，具中轴基。孢子形状不对称，近球形至多角形，表面具线纹，似蜜枣状，褐色至蓝灰色。接合孢子球形或卵形，黑色，具瘤状突起，配囊柄膨大，两个柄大小不一，无厚垣孢子（彩图 17-41-2）。

米根霉：菌落疏松或稠密，初期白色，后变为灰褐色至黑褐色。匍匐枝爬行，无色。假根发达，褐色。发育温度为 30～35℃，最适温度为 37℃，41℃亦能生长。

四、病害循环

温暖潮湿及多雨条件适合菠萝蜜花果软腐病的蔓延发展。风、雨和昆虫可以携带根霉孢子传播，孢子黏附在花序和果实表面并萌发，形成侵染菌丝侵入花序和果实组织，在花序和果实表面又产生了大量孢子，成为再次侵染的来源。病菌必须通过伤口才能侵入成熟果实，但对于花和幼果，不需伤口病菌就能直接侵入。病原菌可以在植株残体和土壤中存活，条件适宜时，开始新一轮的侵染。

五、流行规律

此病菌属于弱寄生菌，只在抗病性较弱的生长阶段侵染。其最先为害雄花序，授粉完成前后的花序最易受害，后转至雌花序为害；近成熟果实或储藏期果实受害，一般从伤口侵入，果实间接触会导致病害传播。

六、防治技术

（一）农业防治

1. 清理果园，修剪枯枝、病枝及生长弱的枝条增加空气流动，降低相对湿度，把病果和病残体从树上和果园内清理掉，以减少病原传播。

2. 铲除幼树周围的杂草，确保灌根区没有积水，果实成熟后不要和土壤中病残体接触以防止感染。

（二）化学防治

病害发生严重的果园，要定期喷药。可用 77% 氢氧化铜可湿性粉剂 600～800 倍液喷雾或 0.5% 等量式波尔多液喷雾预防，也可用 50% 氯硝胺可湿性粉剂 500 倍液防治。在田间要注意防治为害果实的害虫。

（三）采后防治

小心采收，不能摔果，采摘及运输时尽量避免损伤果实。收果后，果实用 40% 噻菌灵悬浮剂 500～800 倍液浸泡 5～6min，晾干后用纸单果包装，可防止病菌相互接触传染。果实收获后应立即进行预冷，采后处理时一定要用干净水冲洗，并在包装、运输前晾干。

胡美姣　高兆银（中国热带农业科学院环境与植物保护研究所）

第 42 节　菠萝蜜蒂腐病

一、分布与危害

该病在果实成熟期和储运期发生，一般只从伤口或自然孔口侵入或从成熟果实的果柄间离层处入侵，往往造成果实大量腐烂，发病率一般为 10%～20%，严重时可达 30%～40%。

二、症状

果实受害，往往从蒂部开始，病斑初为针头状大小的褐色小点，以后逐渐扩大为圆形、中央深褐色、周围灰褐色的水渍状的大病斑。最后果实的大部分变为褐色腐烂，果肉变质味苦，无食用价值。病部密生白色黏质物，为病菌的菌丝体。一般病菌从幼果的自然孔口难以入侵，但也有少数未成熟果实受害，呈干缩状挂于树上而不易脱落（彩图 17-42-1）。

叶片受害后，常于叶缘出现浅褐色或灰褐色的近圆形病斑，病斑中央散生明显的小黑点，为病菌的分生孢子器，边缘具细小的黑褐色分界线，外有清晰的黄色晕圈。

三、病原

菠萝蜜蒂腐病的病原为可可毛壳色单隔孢 ［*Lasiodiplodia theobromae* （Pat.）Griffon et Maubl.，异

名：可可葡萄壳色单隔孢（*Botryodiplodia theobromae* Pat.）〕，属子囊菌无性型毛壳色单隔孢属真菌。有性型为玫瑰葡萄座腔菌〔*Botryosphaeria rhodina*（Berk. et M. A. Curtis）Arx.〕。

分生孢子器集生，黑色；分生孢子椭圆形，初期无色单胞，成熟后为深褐色双胞，表面有纵纹，大小为（19～30）μm×（11～15）μm。

详细描述参考第 29 节芒果树流胶病相关内容。

四、病害循环

该病菌是以菌丝体和分生孢子器在病枝及病果上越冬。第二年春，气候条件适宜时，越冬菌源产生大量分生孢子作为初次侵染来源，侵染菠萝蜜的幼果。由于幼果的抗病性较强，故病菌侵入后潜伏在果实内，待果实开始成熟，抗病性降低时便陆续出现症状。此外，病菌还从伤口侵入，挂果期间受台风侵袭或害虫所造成的果面受伤，都是病菌侵入的重要途径。

五、流行规律

1. 病菌一般从伤口侵入，挂果期间受台风雨侵袭或害虫为害造成果面受伤，病害则发生重。
2. 病菌可潜伏侵染幼果，但果实成熟时才表现症状，储藏期病害可通过果实间接触传播。

六、防治技术

1. 在生产管理及采收时，要尽量减少果实受伤，在储藏运输时，最好用纸或海绵进行单果包装，以避免病果相互接触，增加传播。
2. 防治此病的关键措施是要在幼果期喷药保护，尤其台风雨过后要特别加强喷药保护。主要药剂有：50% 多菌灵可湿性粉剂 500 倍液、70% 甲基硫菌灵可湿性粉剂 800 倍液、40% 王铜悬浮剂 500 倍液、25% 咪鲜胺乳油 1 000 倍液、75% 百菌清可湿性粉剂 800 倍液和 1% 波尔多液等，每隔 7～10 d 喷药 1 次，连续 2～3 次。
3. 果实储藏在温度为 11～13℃、相对湿度为 85%～95% 条件下，可有效减轻储藏期蒂腐病的发生。

胡美姣　张正科（中国热带农业科学院环境与植物保护研究所）

第 43 节　菠萝蜜炭疽病

一、分布与危害

炭疽病是菠萝蜜上的一种常见病害，为害叶片及果实，是造成果实在成熟期与储运期腐烂的重要原因之一。

二、症状

此病侵害叶片，引起叶斑。在叶表和叶背均可产生黑褐色至砖红色病斑，随后变成中心灰白色、边缘棕黑色的病斑，并产生黑色的分生孢子盘。叶部常见有两种症状：①叶脉坏死型。发病始于中脉基部，然后向中脉顶端蔓延，最后沿中脉向侧脉发展，叶脉黄化、变褐坏死，叶脉附近叶肉组织变褐。②叶斑型。病斑从叶尖、叶缘开始，半圆形或不规则形，褐色至暗褐色坏死，有时病斑中央组织易破裂穿孔。果实受害后，出现黑褐色圆形斑，其上长出灰白色霉层，引起果腐，果肉褐色、坏死。潮湿条件下，病部产生粉红色孢子堆（彩图 17-43-1）。

三、病原

该病病原为胶孢炭疽菌〔*Colletotrichum gloeosporioides*（Penz.）Penz. et Sacc.〕，属子囊菌无性型炭疽菌属真菌。

在马铃薯葡萄糖琼脂培养基上菌落灰绿色，气生菌丝白色绒毛状，后期产生橘红色的分生孢子堆，分生孢子圆柱形，单胞无色，大小为（13～17）μm×（3.0～4.5）μm。

详细描述参考第 26 节芒果炭疽病相关内容。

四、病害循环

病菌以菌丝体在病枝、病叶及病果上越冬。越冬的病菌作为翌年的初次侵染来源，侵染嫩叶及幼果，病菌侵入后在幼果内潜伏，待果实成熟时开始发病。

五、流行规律

1. 此病全年均有发生，在海南，以 4～5 月发病较严重。
2. 一般果园田间管理不善，树势弱，病害发生较为严重。
3. 病菌可潜伏侵染幼果，但果实成熟时才表现症状，储藏期病害可通过果实间接触传播。

六、防治技术

1. 加强管理　收果后，应进行松土，增施磷肥、钾肥和有机肥料，注意排水，尽量剪除树上的病枝叶及病果，并集中烧毁，减少病源。

2. 药剂保护　在花期及幼果期喷药保护。常用药有：1％波尔多液、50％多菌灵可湿性粉剂 500～600 倍液、40％多·硫悬浮剂 500 倍液、50％灭菌丹可湿性粉剂 500 倍液、75％百菌清可湿性粉剂 600～800 倍液、30％王铜悬浮剂 600 倍液、70％代森锰锌可湿性粉剂 600 倍液、70％甲基硫菌灵可湿性粉剂 800 倍液等。每隔 7～10d 喷药 1 次，连续 2～3 次。

3. 储藏期防护　果实储藏在温度为 11～13℃、相对湿度为 85％～95％的条件下，可有效减轻储藏期炭疽病的发生。

胡美姣　李敏（中国热带农业科学院环境与植物保护研究所）

第 44 节　油梨炭疽病

一、分布与危害

炭疽病是油梨的常见病害，主要侵害果实，果实整个生长期都可受害，造成果腐，是引起油梨落果、果腐和储运期缩短果实货架寿命的主要原因之一。在美国佛罗里达州、澳大利亚、南非、新西兰、墨西哥和以色列等地区均有过此病的报道，是南非油梨上最重要的采后病害，常造成 37％以上的鲜果损失。在我国海南、广西亦有发生。

二、症状

油梨的叶、花、果和嫩枝均可受害。叶片染病，在叶尖和叶缘处开始出现锈褐色斑点，后斑点扩大、坏死，整叶枯萎、脱落。嫩枝染病，在嫩枝上产生褐色或紫色坏死斑，造成枝条回枯。花染病后呈红褐色至深褐色。幼果染病，产生浅褐色圆形斑点，直径 6～13mm，斑点扩展，形成各种形状的斑块，下陷，斑块扩大而引起落果。有时病菌侵入幼果不立即表现出症状，潜伏侵染，直到果实采收后软熟时才出现凹陷的病斑，严重时果肉腐烂（彩图 17 - 44 - 1）。

三、病原

油梨炭疽病的病原是胶孢炭疽菌 [*Colletotrichum gloeosporioides*（Penz.）Penz. et Sacc.]，属子囊菌无性型炭疽菌属真菌。其有性型是围小丛壳 [*Glomerella cingulata*（Stoneman）Spauld. et H. Schrenk]，属子囊菌门小丛壳属真菌。菌丝初期无色，后期变浅褐色。分生孢子盘内密生短小的分生孢子梗，梗上长有分生孢子。分生孢子单胞，无色，椭圆形或圆筒形，有油点或无；孢子大小为（12.2～15.8）$\mu m \times$（4.0～5.4）μm。

四、病害循环

油梨炭疽病菌主要以分生孢子盘、子囊壳、菌丝或分生孢子等形式在病叶、病枝、病果、果柄或土壤内越冬。菌丝和分生孢子盘中产生的分生孢子成为初侵染源。分生孢子萌发后芽管先端形成附着胞，后形成侵染钉直接穿透植物表皮侵入，也可通过气孔、皮孔或伤口入侵，造成侵染。

五、流行规律

油梨炭疽病的发生与湿度、降雨关系最为密切。病菌通过雨水或昆虫进行传播。在结果期遇到高湿多雨天气，病害发生较重。在多雨、重露和灌溉的高湿地区容易发病。

六、防治技术

1. 坐果期如天气潮湿需喷施 2～3 次含铜杀菌剂（波尔多液、氧化亚铜或碱式硫酸铜）或苯菌灵等，能有效控制炭疽病的侵害。

2. 果实采后经 0.2％咪鲜胺药液或 0.05％苯菌灵＋0.05％咪鲜胺药液处理后，置于 13℃下储藏 16d 不会发生炭疽病。

3. 采后 6d 内用每升含 0.25g 的苯菌灵药液浸泡果实 0.5min，取出风干，用纸包后放入纸箱中，可有效控制储运期的炭疽病发生。

贺春萍（中国热带农业科学院环境与植物保护研究所）

第 45 节　油梨根腐病

一、分布与危害

1929 年 Tucker 在波多黎各首次报道油梨根腐病发生，现今该病是当前世界上对油梨为害性最大的病害，其普遍发生于栽培油梨的地区，危及油梨树的投产年限及寿命，严重影响油梨种植业的发展。我国台湾、海南、广东、广西、云南等省（自治区）均有发生，某些地区由于此病发生严重，使整个果园毁灭。该病主要分布在美国（加利福尼亚州、佛罗里达州、夏威夷州和得克萨斯州）、墨西哥、中南美洲和加勒比海地区、太平洋地区（澳大利亚、新西兰、斐济）、非洲及以色列。

二、症状

油梨树的幼苗、幼树和成年树均能被其侵害，主要侵害植株的根部和茎基部，造成吸收根变黑、易脆和腐烂。重病树的吸收根全部腐烂，而直径 0.75cm 以上的侧根、主根不受侵害，这是本病的主要特征，也是与担子菌引起的其他根腐病的主要区别。茎干受害初期病部皮层呈水渍状、褐色，最后整个皮层坏死、腐烂，病部表面有白色的菌丝体和孢子囊。当坏死部位达 1/3 树围或环剥皮层时，植株即凋萎死亡。随着根系病情的发展，植株地上部也出现症状，最初树顶叶片变小，褪绿转黄，树势逐渐衰退，病树在失水的条件下萎蔫干枯，大量落叶，树冠稀疏。病树通常不再抽生新枝，随着病情发展，枝条回枯，一般在树冠顶部枝条最先枯萎。病树坐果少，有的病树结果虽多，但果小易脱落，畸形；有的果实还未成熟即已干枯。重病树常不再抽新梢，也不结果，最终整株死亡。一株大树从早期出现症状到整株死亡一般经过 1 年至数年（彩图 17-44-1）。

三、病原

油梨根腐病的病原是樟疫霉（*Phytophthora cinnamomi* Rands），属卵菌门疫霉属。孢子囊无色，椭圆形或卵形，大小为（33～40）$\mu m \times$（57～110）μm，无乳头状突起，顶部稍厚，不脱落。孢囊梗纤细，偶有分枝，常从空孢子囊中层出。藏卵器直径 40～58μm，壁平滑，随着生长逐渐变为黄色或金黄色。雄器围生，卵孢子满器。

四、病害循环

油梨根腐病菌寄主广泛，主要寄主有油梨、桉树、菠萝、澳洲坚果及松树等，此病菌能在无寄主植物存在的潮湿土壤中存活 6 年以上，并提供初侵染源。带菌的土壤、种子、病苗是主要侵染来源。病菌主要靠流水传播，种子、苗木、耕作工具、动物等也能传播。遇潮湿条件，病部能很快产生孢子囊，并传至周围植株，逐渐蔓延，重复多次侵染，使果园发病严重。

五、流行规律

高温高湿是本病发生的重要条件，潮湿的土壤是主要诱病因子。土壤含水量高有利于病菌的存活、生长与繁殖；在排水不良的地方病害特别严重。影响油梨根腐病发展的因素有：

1. 温度 土壤温度在 20～30℃时最适于发病，33℃以上和 12℃以下几乎不发病。这与病原菌的生长温度曲线相对应。

2. pH 土壤 pH 为 6.5 时最适于此病发生，土壤过酸不利于发病。

3. 水分 病害发生与排水不良的土壤之间关系密切。浅滩、不透水的黏土层或表土持水力高等都能引起排水不良。低洼、透水性差、黏重土壤、排水不良或过量灌溉等导致土壤含水量高的条件有利于发病。

4. 其他因素 各龄油梨树都可不同程度地感染此病，但高龄树比低龄树发生更为普遍，也更严重。品种不同，抗病性也有差异。据国外报道，墨西哥的一个油梨变种杜克品种（Duke）较抗病。

六、防治技术

油梨根腐病应以选用抗病品种为主，综合运用农业、生物及化学防治等措施进行防治。

（一）选用抗病品种

应用抗病砧木嫁接苗种植，在国外已获得良好的防治效果，此方法已成为目前防治本病的主要方法。据美国加利福尼亚州的研究发现，用品种 Duke7 和 Duke6 作插条时，种苗表现出良好的抗病力，无病树达 80%～90%。以抗病品种 Duke7、G6 为砧木的种苗发病率分别为 27% 和 11%，而以感病品种 Topa 为砧木的种苗发病率高达 55%。

（二）农业防治

1. 园地规划及选择 园地应选择排水良好的缓坡地种植，避免积水。种植时应挖环园排水沟，起畦种植，种植坑的土层应略高于周围土层，做到行间排水，避免积水。

2. 检疫 严格检疫制度，定植健壮无病苗木。

3. 种子、种苗消毒 育苗时必须进行种子消毒。种子消毒用 50℃ 热水浸 30min；种苗可用 2%～3.5% 的三乙膦酸铝、0.3% 甲霜灵或氯唑灵消毒。

4. 建立无病苗圃 选用无病菌土壤进行育苗，建立无病苗圃。

（三）生物防治

使用各种土壤改良剂、拮抗物、菌根、土壤增添物和抑制性土壤来控制病害的发展。将苜蓿粉拌进带菌的土壤，可刺激有益微生物群体增加，加强与病原菌的竞争；同时苜蓿粉中的皂素对病原菌有毒害作用，可在植株周围土壤中施入 1%～5% 的苜蓿干粉 60～100g/株。某些有机土壤增添物，如鸡粪肥、苜蓿粗粉、羽毛粗粉有抑制樟疫霉产孢、繁殖及减少油梨苗感病的效用。抑制性土壤中的有机质、氮和钙都十分丰富，在这些抑制性土壤的浸出液里，樟疫霉几乎不形成孢子囊，菌丝发育也差。

（四）化学防治

发病初期，用 5% 敌磺钠颗粒剂 1.5kg/株环施根圈周围，或用 70% 敌磺钠可溶粉剂 90g/株，施后立即淋水，每年处理 9 次。也可用中性的 20% 亚磷酸液（用氢氧化钠中和）注射于病树主干内，可获良好的防治效果。对结果油梨树在灌溉水中施入甲霜灵和三乙膦酸铝。三乙膦酸铝施到叶片上，具有向下输导的特殊功能从而控制根腐病；甲霜灵既能直接杀菌，又有内吸作用，发病初期施药效果较好。在土壤中施入甲霜灵·锰锌、甲霜灵、三乙膦酸铝等农药也能延缓病害的发展。

（五）实行轮作

实行水旱轮作或种植樟疫霉菌的非寄主作物，有利于改变土壤中微生物的平衡，不利于病菌的生存。

贺春萍（中国热带农业科学院环境与植物保护研究所）

第 46 节 黄皮炭疽病

一、分布与危害

黄皮炭疽病是各产区黄皮生产上的一种常见病害，各个生育期均可感病，引起果腐、叶斑、叶腐、枝枯等症状，侵害花序和果实，造成大量的落花落果，严重影响其产量和果品质量，该病还是黄皮储运期的主要病害。

二、症状

果腐：一般幼果期发病较轻，成熟果实较易染病。果实上初现水渍状褐色小斑点，以后逐渐扩展为圆形病斑，呈褐腐状，表面密生橘红色黏孢团，果汁从病部裂口处溢出（彩图 17 - 46 - 1）。

叶斑：叶片中央和边缘都会受害，病斑圆形或半圆形，直径 2～12mm，病斑可以相互连接，灰白色，边缘水渍状，病部与健部分界明显（彩图 17 - 46 - 1）。

叶腐：主要发生在苗期的嫩叶上。病斑常从叶尖、叶缘处开始，呈浅褐色腐烂，病部扩展快，病健组织交界不明显，5～7d 内可导致全叶腐烂；叶柄受害变褐色，易产生离层而导致叶片早落，造成秃枝。

枝枯：枝条发病后，病部呈褐色坏死。

三、病原

黄皮炭疽病病原为胶孢炭疽菌 [*Colletotrichum gloeosporioides* (Penz.) Penz. et Sacc.]，属子囊菌无性型炭疽菌属真菌。有性型为围小丛壳 [*Glomerella cingulata* (Stoneman) Spauld. et H. Schrenk]，属子囊菌门小丛壳属真菌，偶有发现（彩图 17 - 46 - 2）。

从黄皮果实病部的橘红色孢子堆镜检观察，分生孢子盘内产生大量褐色的有隔刚毛，产孢细胞圆筒形，无色，分生孢子单胞，无色，圆筒形，两端钝圆，内含物颗粒状。在马铃薯葡萄糖琼脂（PDA）培养基上，菌落初为白色，后变为灰白色，气生菌丝绒毛状，后期产生橘红色黏孢团。镜检发现，菌丝无色，有隔，分生孢子无色，单胞，圆筒形，两端钝圆，大小为 （9.5～16.7）μm×（3.2～5.5）μm，具 1～2 个油球。分生孢子萌发后遇硬物则在芽管端部产生 1 褐色、近圆形或不规则形的附着胞。

四、病害循环

病菌主要以菌丝体在病叶、病枝和病果上越冬。翌年春季，当环境条件适宜时，病菌产生分生孢子靠风雨或昆虫传播，在寄主组织表面从伤口、气孔入侵为害。该病在黄皮的整个生长期均可发生，一般在夏梢、秋梢以及花果期发病较多。

五、流行规律

1. 温度 病菌适宜的生长温度为 21～28℃，一般高温高湿的天气条件下容易诱发本病。

2. 栽培管理 该病的发生与栽培管理关系密切，栽培管理粗放、缺乏水肥或偏施氮肥、树势衰弱的果园，发病较重。

3. 土壤条件 果园的土壤条件也是诱发病害的原因之一，土质过分黏重，或者过分疏松，保水保肥力差的果园，病害容易发生。

4. 病菌自身特性 此病菌具有潜伏侵染特性，因此，果实成熟季节如遇台风雨，会促使已潜伏侵染的病菌发病，使果实成熟期病害大面积发生，造成大量烂果，影响产量。

5. 品种 与黄皮品种密切相关。一般白糖黄皮、鸡心黄皮和无核黄皮较本地黄皮品种发病重。

六、防治技术

1. 肥水管理 科学用肥用水，增施有机肥和磷、钾肥，增强树势，提高植株抗病能力。

2. 田间管理　做好田园清洁，及时剪除病枝、病叶、病果，集中烧毁或深埋，以减少侵染来源，地膜覆盖可减少病害发生。

3. 药剂防治　及时施药，保护新梢、幼果。在发病初期，或新梢抽发初期和谢花坐果期，均应及时施药。可选用的杀菌剂有：70％甲基硫菌灵可湿性粉剂800～1 000倍液、75％百菌清可湿性粉剂700～1 000倍液、50％多菌灵可湿性粉剂800～1 000倍液、70％代森锰锌可湿性粉剂500～600倍液等。隔7～10 d喷1次，连喷2～3次。

4. 采后预防　采收后可使用400mg/L咪鲜胺药液浸泡1min处理，储藏在8℃下可取得良好的防治效果。

胡美姣　李敏（中国热带农业科学院环境与植物保护研究所）

第47节　黄皮梢腐病

一、分布与危害

黄皮梢腐病又称黄皮死顶病，是黄皮上的一种重要病害，在我国黄皮产区发生普遍，有一些重病果园病株率达到100％，严重时植株死亡。

二、症状

该病可侵害黄皮的地上各部位，主要侵害嫩梢，嫩梢上的幼芽、幼叶感病后变褐坏死、腐烂，嫩梢顶端感病后呈黑褐色，病部干枯并明显收缩，呈烟头状；较老的枝条感病，病斑褐色，梭形，长3～12mm，病部隆起但中央下凹，表面因木栓化粗糙；叶片和果实受害，病斑褐色、水渍状。潮湿时，病部表面密生白霉和橙红色的黏孢团（彩图17-47-1）。

三、病原

黄皮梢腐病的病原为砖红镰孢长孢变种（*Fusarium lateritium* Nees ：Fr. var. *longum* Wollenw.），属子囊菌无性型镰孢属真菌。

在PDA培养基上，气生菌丝稀疏，菌落平铺，初期无色、后期鲑红色，中央产生橙红色黏孢团。菌落反面乳酪色至鲑红色。分生孢子梗简单或分枝，瓶梗形或圆柱形，直或弯，大小为（12～21）μm×（3～4）μm，分生孢子以5个隔膜最多，3～4个或6～7个隔膜的次之，余者其少；厚垣孢子较少，顶生、单生或2～4个串生，近球形。在石竹叶培养基（CLA）上，气生菌丝较多、絮状，菌落无色。小型分生孢子稀少。大型分生孢子一般较直，少数略弯曲，近圆柱形，两端渐尖；顶端细胞喙状，基部足细胞明显（图17-47-1）。在玉米粉琼脂培养基（CMA）上气生菌丝卷

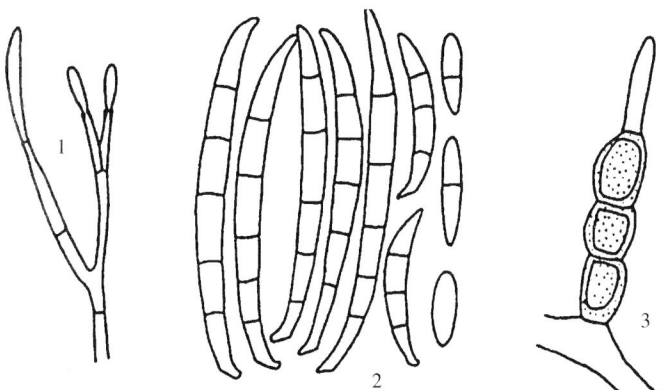

图17-47-1　砖红镰孢（戚佩坤提供）
Figure 17-47-1　*Fusarium lateritium*（by Qi Peikun）
1. 分生孢子梗　2. 大型及小型分生孢子　3. 厚垣孢子

丛毛状，白色至粉红色，产生橙红色黏孢团，反面淡肉红色。在米饭培养基上菌落开始生长较慢，后加快，絮状，肉红色。

四、病害循环

病菌以菌丝体及分生孢子在病部越冬。在环境条件适宜时菌丝体产生大量分生孢子，借风雨近距离传播至寄主嫩梢，在新病部长出分生孢子进行再侵染，造成果腐及枝条溃疡。带菌苗木进行远距离传播，扩

展到新区侵害。该病害常年可见，4～8 月为发病高峰期，春梢发病较重。

五、流行规律

本病周年发生，春梢发病明显重于秋梢。刚抽出的嫩芽、嫩梢易感病。管理粗放、树势较弱的果园发病严重。

六、防治技术

1. 加强果园管理 合理灌溉，增施腐熟的有机肥，增强树势；剪除病梢、病叶、病枝条及茂密枝；结合修剪，清理果园，减少病源；注意排水措施，保持果园适当的温湿度。

2. 选用抗病品种 选种适宜当地气候的抗病品种。

3. 加强检疫 严格进行检疫，苗木进行消毒处理后再调运。

4. 化学防治 黄皮出新梢、新芽时加强检查，发现病症时，及时喷药，可使用的杀菌剂有：50% 多菌灵可湿性粉剂 500～600 倍液、70% 甲基硫菌灵可湿性粉剂 500～600 倍液、40% 王铜悬浮剂 500 倍液等，间隔 7～10d 1 次，连续 3～4 次。

胡美姣　谢艺贤（中国热带农业科学院环境与植物保护研究所）

第 48 节　杨桃炭疽病

一、分布与危害

炭疽病是杨桃上的常见病害，在各杨桃产区均有分布。不但侵害采收前成熟期的果实，而且在采后储运期间还可继续造成危害。

二、症状

主要侵害果实，叶上病症不明显。果实上的任何部位都可发病，出现水渍状、浅褐色、圆形、轻微凹陷小点，病斑逐步扩大并深入组织内部，最后扩大并互相连合为暗褐色至紫褐色的不规则大斑，有的裂开，内部果肉亦变褐腐烂，发出异味。病斑直径 1cm 时，中央产生赤红色或黑色的分生孢子堆，潮湿时为黏质小点即分生孢子盘和分生孢子，严重时全果腐烂。后期常感染杂菌（如绿霉菌等），加速果实腐烂（彩图 17-48-1）。

三、病原

病原有 2 种：①胶孢炭疽菌 [*Colletotrichum gloeosporioides* (Penz.) Penz. et Sacc.]，有性型为围小丛壳 [*Glomerella cingulata* (Stoneman) Spauld. et H. Schrenk]，详细描述参考第 26 节芒果炭疽病相关内容（彩图 17-48-2，1）；②辣椒炭疽菌 [*Colletotrichum capsici* (Syd.) E. J. Butler et Bisby]（彩图 17-48-2，2）。

四、病害循环

病菌以菌丝体和分生孢子盘在病组织上或随病残体进入土壤存活越冬，以分生孢子借风雨传播进行初侵染与再侵染，由气孔或伤口侵入。潜育期 2～3d，全年均可发病。温暖潮湿的年份和季节发病严重，果面受伤易发病，近成熟或成熟的果实易感病。

五、流行规律

1. 气候条件 高温高湿的条件有利于此病的发生流行。

2. 生长期 近成熟和成熟期的果实易发病。

3. 伤口 果面伤口多，在储运销售期间发病严重。

六、防治技术

1. 加强田间管理 冬季清园，剪去病枝、病果，落果、病果集中深埋或烧毁，彻底清除树上和地面上的菌源。

2. 成熟后预防 采收、装运及储藏过程中尽量避免果实遭受损伤。

3. 药剂防治 发病严重的杨桃园，可在幼果期开始喷碳酸钠波尔多液（硫酸铜 500g、碳酸钠 600g、水 100kg），隔 10～15d 喷 1 次，连续防治 2～3 次。此外也可以用 25% 溴菌腈可湿性粉剂 500 倍液、40% 多·硫悬浮剂 600 倍液、25% 咪鲜胺乳油 800 倍液、70% 硫菌灵可湿性粉剂＋75% 百菌清可湿性粉剂 1 000倍液。视天气和病情隔 7～15d 防治 1 次，连续 2～3 次。

胡美姣　李敏（中国热带农业科学院环境与植物保护研究所）

第 49 节　火龙果茎腐病

一、分布与危害

火龙果原产中美洲的哥斯达黎加、尼加拉瓜、墨西哥、古巴、越南等地，人工栽培遍及中美洲、以色列、越南、泰国、美国南部。在我国 20 世纪 90 年代初由台湾引进试种，90 年代中后期在海南、广东、广西、贵州、福建等省份都有种植。

火龙果是一种新兴的热带、亚热带水果，国内对其病虫害的系统调查和相关研究较少，茎腐病在台湾、粤西地区有发生，其余地方还未见报道。

粤西产区发生火龙果茎腐病，发病率 2% 左右，中心病区发病率高达 65%，造成火龙果枝条大面积腐烂枯死，对火龙果生产造成较大影响。

二、症状

火龙果茎部组织感染时，组织变褐色、软化，严重的溃烂，病斑处凹陷，茎脊常见缺刻状病斑，有时组织溃烂，仅剩中央主要维管束组织。

三、病原

火龙果茎腐病的病原有多种，但以镰孢菌感染造成的茎部腐烂现象较为常见。茎腐病的病原主要是由半裸镰孢（*Fusarium semitectum* Berk. et Ravenel）、尖镰孢（*F. oxysporum* Schltdl. ex Snyderet Hansen）、拟轮枝镰孢［*F. verticillioides*（Sacc.）Nirenberg］3 种镰孢菌所引起，属子囊菌门镰孢属真菌；台湾发现的火龙果茎腐病的病原是腐霉属（*Pythium sp.*），属卵菌门；另外，在粤西火龙果上发现仙人掌平脐蠕孢［*Bipolaris cactivora*（Petr.）Alcorn］也可引起茎腐病，该菌属子囊菌门平脐蠕孢属真菌，是中国内地新发现种。平脐蠕孢分生孢子直，倒棍棒状或椭圆形，褐色，光滑，具 1～5 个假隔膜，多数 3 个。顶部细胞较小，基脐略突出或不明显，分生孢子大小为（13.5～43.2）μm×（4.5～10.2）μm。分生孢子梗圆柱状，单生或簇生，直立或略弯，上部屈膝状，呈褐色，产孢痕明显，大小为（15.5～174.3）μm×（3.5～10.7）μm。

四、病害循环

病菌主要在病残体及土壤中越冬，病菌可由水流、水滴飞溅传播，从伤口侵入。茎部接触地表因病菌侵入易造成茎肉质组织腐烂。

五、流行规律

高温高湿、通风透光不良，伤口多，偏施氮肥或未腐熟的厩肥，连作，旧盆钵或操作工具未消毒等均可加重病害发生。用未经消毒的垃圾土或田园土栽培、嫁接，低温、受冻及昆虫为害等造成的伤口均易诱发该病的发生。此病害具有发病急、蔓延快、为害大的特点，若不及时采取有效的防治措施，将会造成植株萎蔫而死亡。

六、防治技术

（一）农业防治

1. 土壤消毒 选无菌土栽培，病土应经过消毒处理后方可用作栽培土。土壤消毒时，可按照 1：1 000 的比例将 50％多菌灵可湿性粉剂拌细干土（经充分混匀后即成药土），栽植时将药土撒入穴内，每平方米用药土约 10kg；也可用 2％～3％的甲醛溶液浇灌土壤，每平方米用药液 18kg，用塑料薄膜覆盖 2d 后揭去薄膜，待药味完全挥发后才能种植。另外，应选充分腐熟的厩肥作基肥。

2. 加强田间管理 适时适量浇水，注意排水，合理灌溉；适量多施钾肥；加强温室通风透气，保持植株基部干燥，可有效预防和大大降低茎腐病的发病率；发现病株立即切除病组织，切口用硫黄粉或木炭粉涂抹消毒，与此同时，节制浇水。

（二）化学防治

1. 药剂预防 火龙果定植后，应定期对植株喷洒 50％多菌灵可湿性粉剂 500 倍液，或 0.5％波尔多液，或 70％敌磺钠可溶粉剂 800～1 000 倍液，或 70％甲基硫菌灵可湿性粉剂 800 倍液。也可用 20％的石灰乳或每平方米用 50～100g 漂白粉消毒土壤。

2. 药剂防治 发病初期向植株基部喷洒 1：1：100 的波尔多液或 72％农用链霉素可溶粉剂 4 000 倍液，每隔 15d 喷 1 次，连喷 2～3 次。

贺春萍（中国热带农业科学院环境与植物保护研究所）

第 50 节　火龙果炭疽病

一、分布与危害

火龙果炭疽病为贵州种植区的主要病害之一，严重影响植株的生长，威胁着火龙果的生产。广西钦州市 2014 年报道有此病的发生。我国台湾、广东、贵州、广西均有分布。

二、症状

火龙果炭疽病可侵害茎部表面及果实。初感染时，茎组织产生病变，形成大量红色病斑，后期病斑扩大而相互愈合连成片，逐渐变为黄色或白色，病斑组织出现黑色细点，呈同心轮纹排列，并突起于茎表皮。成熟果实感染时会出现两种症状，一种症状是后期转色后被感染，一旦果实受感染，出现淡褐色、凹陷的水渍状病斑；病斑扩大，相互愈合成大斑；后期病部产生黑色小颗粒和橘红色的黏状物。另一种症状是初为水渍状斑点，病斑逐渐扩大，圆形、凹陷；干燥时病斑边缘灰白色，中间淡灰色至黑色，病斑上着生小黑点；潮湿时病斑表面溢出红色黏稠物（彩图 17-50-1）。

三、病原

火龙果炭疽病病原有 2 种，为胶孢炭疽菌 [*Colletotrichum gloeosporioides* (Penz.) Penz. et Sacc.] 和辣椒炭疽菌 [*Colletotrichum capsici* (Syd.) E. J. Butler et Bisby]，两种病原菌均属子囊菌无性型炭疽菌属真菌。胶孢炭疽菌分生孢子盘埋生，盘上产生许多棍棒状、无色的分生孢子梗。分生孢子梗顶端细胞膨大，梗顶端产生分生孢子。分生孢子长椭圆形或一端稍窄，呈短棒状，无色，单胞，内含数个油球，大小为（9～26）$\mu m \times$（3.5～6.7）μm。辣椒炭疽菌分生孢子盘褐色，直径为 115～260μm，盘上密生刚毛。刚毛黑色，顶端渐尖，基部无明显膨大，大小为（55～275）$\mu m \times$（4～5）μm。分生孢子无色，镰刀形，顶端钝状，基部窄，大小为（21～27）$\mu m \times$（2.8～4.0）μm（彩图 17-50-2）。

四、病害循环

病原菌以菌丝体和分生孢子盘在病株和病残体上存活越冬。以分生孢子作为初次侵染源和再次侵染源，借风雨或昆虫活动传播。人为接触有助于孢子飞散。该菌除侵染火龙果外，还可侵染仙人掌、仙人球、蟹爪兰和荷花等多种花卉。

五、流行规律

病菌发育适温 25℃，高温多湿利于发病。炭疽病的发生与相对湿度有密切的关系。常下雨或果园利用喷灌方式施肥及灌水时，都易于病害的传播及感染。

六、防治技术

（一）农业防治

合理密植，适度修剪过密的三角茎，使果园通风透光；及时挖除病茎节，彻底清除病残物并烧毁；增施磷钾肥，避免施用未充分腐熟的土杂肥；轻病茎节用刀挖除肉质病部，切口涂抹 50% 多菌灵可湿性粉剂。

（二）化学防治

炭疽病发病前，用 70% 甲基硫菌灵可湿性粉剂 700 倍液进行全园喷雾预防，发病期再用 50% 多菌灵可湿性粉剂 600 倍液或代森锌等其他杀菌剂交替喷雾，每隔 10d 喷 1 次，连续施用 2~3 次。

附：火龙果炭疽病分级标准

0 级：肉质茎无病斑；1 级：肉质茎病斑数每 10cm 有 1~10 个；2 级：肉质茎病斑数每 10cm 有 11~30 个；3 级：肉质茎病斑数每 10cm 有 31~50 个；4 级：肉质茎病斑数每 10cm 有 50 个以上。

贺春萍（中国热带农业科学院环境与植物保护研究所）

第 51 节　番石榴蒂腐病

一、分布与危害

番石榴蒂腐病又称番石榴焦腐病、溃疡病，可侵害树干、枝条和果实，引起枝条枯死、果实腐烂，是影响番石榴生产的主要真菌病害，也是番石榴储藏期的常见病害。除了侵害番石榴外，该病害的病原菌还可以造成香蕉、芒果、番木瓜等热带亚热带水果果实腐烂，甚至造成荔枝、芒果等植株死亡。

二、症状

该病侵害树干、枝条，病部初期树皮淡褐色，病痕沿上下扩展，病部两侧病健交界处有裂痕，树皮呈溃疡状，木质部外层褐色至黑褐色，随着病组织的扩展，茎溃疡裂皮症状加重，树皮沿病痕裂开。如病部发展到绕树干 1 周，则病株死亡。在病部树皮上可见子囊果和分生孢子器。侵害果实，多在果实两端开始发病，成熟果实发病较多，病斑初期为淡褐色，近圆形，后期暗褐色至黑色，最终全果变黑、果皮皱缩（幼果受害干腐），果肉也呈黑褐色，病部后期通常长出许多黑色小点（分生孢子器和子囊果）。剖开病果，果轴呈褐色至黑色（彩图 17-51-1）。

三、病原

番石榴蒂腐病病原为可可毛壳色单隔孢 ［*Lasiodiplodia theobromae*（Pat.）Griffon et Maubl.，异名：可可葡萄壳色单隔孢（*Botryodiplodia theobromae* Pat.），蒂腐壳色单隔孢（*Diplodia natalensis* Pole-Evans）］，属子囊菌无性型毛壳色单隔孢属真菌。玫瑰葡萄座腔菌 ［*Botryosphaeria rhodina*（Berk. et M. A. Curtis）Arx.］为其有性型，属子囊菌门葡萄座腔菌属（彩图 17-51-2）。

子囊壳埋生，近球形，暗褐色，偶有 2 个聚生在子座内，大小为（224~280）$\mu m \times$（168~280）μm，孔口突出病组织，子囊棍棒状，双层壁，有拟侧丝；子囊孢子 8 个，椭圆形，单胞，无色至淡色，大小为（21.3~32.9）$\mu m \times$（10.3~17.4）μm。

分生孢子器为真子座，球形或近球形，直径为 112~252μm，单个或 2~3 个聚生在子座内，器壁较厚。分生孢子初为单胞，无色，成熟的孢子双胞，褐色至暗褐色，表面有纵纹，大小为（19.4~25.8）$\mu m \times$（10.3~12.9）μm。在病果上产生大量的分生孢子器和分生孢子，9 月采回的病果置于室内，11 月可检查到有性世代。

在 PDA 培养基上，菌落生长迅速，菌丝体初灰白色，后灰色至暗灰色，在 28～30℃ 光照条件下，12d 形成分生孢子器，28d 后分生孢子成熟。

四、病害循环

被害枝条上的菌丝或分生孢子是翌年的主要侵染源，翌年春产生的分生孢子或子囊孢子借风雨传播进行初侵染和再侵染。

五、流行规律

病菌分生孢子和菌丝均可侵染寄主组织，风雨、害虫叮咬及农事操作造成伤口后更易感病。一般在多雨的 8～9 月开始在田间发病，10 月达到发病高峰，在风口及高地势处发病尤为严重。管理不善或树龄过长，树势衰弱，发病较严重。该病菌具有潜伏侵染的特性，在储藏期，初发病果实来自田间的病菌潜伏侵染，病害靠果实间接触传播。

六、防治技术

1. 清理果园，剪除病虫枝、病果，并集中烧毁。

2. 少施氮肥，增施钾肥和有机肥，提高植株抗病能力。

3. 药剂 7～8 月每 10d 喷 1 次，连续 2～3 次喷药保护。可选用的药剂有 45％代森铵水剂 1 000 倍液、50％硫菌灵可湿性粉剂 1 000 倍液、70％硫菌灵可湿性粉剂 800～1 000 倍液、75％百菌清可湿性粉剂 800 倍液、50％硫悬浮剂 200 倍液、波尔多液等，于果实膨大中期喷药后套袋。

4. 采后杀菌剂处理。可选杀菌剂有噻菌灵、苯菌灵、咪鲜胺等。

5. 热处理。将果实浸泡在 46℃ 的热水中 35min，放置 1～2h 后打蜡，或在 20℃ 下储藏 24h 后再进行冷藏。

胡美姣　高兆银（中国热带农业科学院环境与植物保护研究所）

第 52 节　番石榴炭疽病

一、分布与危害

番石榴炭疽病是番石榴储藏期间最常见的病害之一，在果实成熟期普遍发生。

二、症状

该病可侵害叶片、枝梢、花和果实，引起梢枯、落花和烂果。感染叶片，病斑近圆形，褐色至暗褐色，边缘色深，微现轮纹。枝梢受害，出现黑褐色短条状凹陷斑，绕茎后枝枯。幼果感病后变为干果，将近成熟果实受害后，果面上先出现针头状小斑，进一步扩大为深褐色、圆形或近圆形、中间下陷、水渍状病斑，直径为 3～30mm，几个斑点可连成大斑。以夏、秋果受害严重，严重时果实发病率可达 20％，在潮湿条件下，病斑上常产生粉红色或橘红色小点（即病原菌的子实体）（彩图 17 - 52 - 1）。

三、病原

番石榴炭疽病病原有 2 种，胶孢炭疽菌 ［*Colletotrichum gloeosporioides* (Penz.) Penz. et Sacc.］ 和尖孢炭疽菌（*C. acutatum* J. H. Simmonds；J. H. Simmonds），均属子囊菌无性型炭疽菌属真菌。胶孢炭疽菌：有性型为围小丛壳 ［*Glomerella cingulata* (Stoneman) Spauld. et H. Schrenk］，属子囊菌门小丛壳属。分生孢子盘黑色，刚毛直，暗色，1～3 个分隔，顶端色淡，大小为 (3.5～4.5) $\mu m \times$ (24～30) μm，本地番石榴受侵染的成熟果实上分生孢子盘一般不长刚毛；产孢细胞圆筒形或瓶梗形，内壁芽殖；分生孢子圆筒形，单胞，无色，内含物颗粒状，大小为 (11.6～36) $\mu m \times$ (4.0～5.0) μm。子囊壳着生于黑色的瘤状子座内，每个子座含 1 至数个子囊壳；子囊壳暗褐色，烧瓶状，外部附有毛状菌丝，子囊壳直径为 85～300μm；子囊长棍棒形，平行排列于子囊壳内，大小为 (55～70) $\mu m \times 9 \mu m$，内含 8 个子囊孢子；

子囊孢子单胞、无色，卵圆形或长椭圆形，稍弯曲，大小为（12~22）μm×（3.5~5.0）μm；分生孢子萌发的温度范围为 12~40℃，适宜温度为 28~32℃；适宜的相对湿度为 95％以上（彩图 17-52-2）。尖孢炭疽菌：在印度阿萨姆省，该种是引起番石榴储藏期果实腐烂的主要病原菌之一，我国很少发生。当相对湿度大时，在腐烂果实上形成的分生孢子盘内不产生刚毛，但产生大量橙红色的分生孢子。分生孢子圆柱形或卵形，无色、单胞，大小为（10.8~18）μm×（3.6~4.3）μm。通过光学显微镜和扫描电镜研究发现，病菌侵入丝通过气孔或直接刺穿角质层进入果实内，大量的菌丝在细胞内和细胞间扩展，快速降解细胞壁和破坏细胞膜结构的完整性，导致细胞破裂，最后刺穿角质层形成分生孢子盘。

四、病害循环

病菌在病株和病残体上越冬，分生孢子借风雨传播。由于该菌具有潜伏侵染的特性，病原菌侵染后长期潜伏在果实内，在果实近成熟时开始发病。储藏期间主要以病果与健康果实接触传播。

五、流行规律

高温高湿的气候条件有利于该病的发生；新梢、嫩叶易感病；不同品种的抗病性差异很大，泰国大果番石榴最易感病，广州地区本地品种胭脂红番石榴则较抗病。

六、防治技术

1. 加强田间管理　清理果园，剪除病虫枝、病果并集中烧毁；少施氮肥、增施钾肥和腐熟的有机肥，提高植株抗病能力。

2. 药剂防治　7~8 月，每 10d 防治 1 次，连续 2~3 次喷药保护，药剂有 45％代森铵水剂 1 000 倍液、50％硫菌灵可湿性粉剂 1 000 倍液、70％硫菌灵可湿性粉剂 800~1 000 倍液、75％百菌清可湿性粉剂 800 倍液、50％硫悬浮剂 200 倍液或波尔多液等。并在果实膨大中期喷药后套袋。

3. 采后杀菌剂处理　可选的杀菌剂有噻菌灵、苯菌灵、咪鲜胺等。

4. 热处理　将果实浸泡在 46.1℃的热水中 35min，放置 1~2h 后打蜡，在 20℃下储藏 24h 后再进行冷藏，有利于保持果实的品质。

胡美姣　谢艺贤（中国热带农业科学院环境与植物保护研究所）

第 53 节　红毛丹炭疽病

一、分布与危害

炭疽病为红毛丹储藏期间的主要病害，在田间也可侵害叶片、花序、果实和枝条。

二、症状

侵害叶片，多从叶尖或叶缘开始发病，也可从叶片中间任何位置发病，初期出现黄褐色小病斑，随之扩展，褐色，病健界限明显，潮湿条件下，叶背产生黑色小颗粒（即病原菌的分生孢子盘和分生孢子），严重时引起大量落叶。

侵害幼苗，可引起幼苗枯死。

侵害花序，可引起花梗和花瓣变褐色，造成花朵大量脱落。

侵害果实，发病初期，病斑黑色，圆形，发病后期，病斑进一步扩大，凹陷，潮湿条件下，会出现粉红色的分生孢子堆（彩图 17-53-1）。

三、病原

此病的病原为胶孢炭疽菌 [*Colletotrichum gloeosporioides* (Penz.) Penz. et Sacc.]，属子囊菌无性型炭疽菌属真菌（图 17-53-1）。有性型为围小丛壳 [*Glomerella cingulata* (Stoneman) Spauld. et H. Schrenk]，属子囊菌门小丛壳属真菌，在田间和培养条件下偶有发现。

详细描述参考第 26 节芒果炭疽病相关内容。

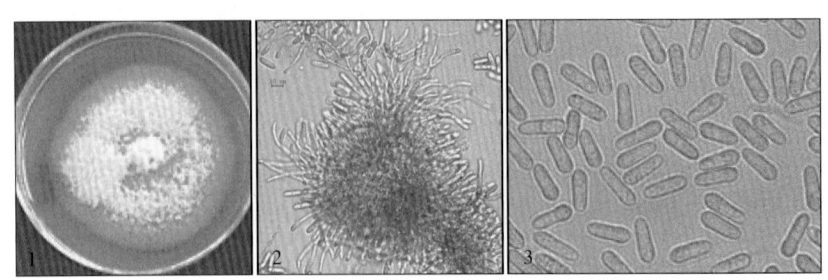

图 17 - 53 - 1 胶孢炭疽菌（胡美姣提供）

Figure 17 - 53 - 1 *Colletotrichum gloeosporioides*（by Hu Meijiao）

1. 菌落形态 2、3. 分生孢子盘和分生孢子

四、病害循环

病菌以菌丝体和分生孢子盘在树上和落在地面的病叶、病果上越冬。翌年春天气候条件适宜时，分生孢子借助风雨和昆虫等传播到幼嫩的组织上，萌发产生附着胞和侵入丝，从寄主的伤口或直接穿透表皮侵入寄主。温湿度适宜时，病斑上又产生大量分生孢子而继续传播。该病具有明显的潜伏侵染特性，病菌侵入寄主后，有时并不表现症状，待条件适宜时再表现症状。

五、流行规律

该病的发生与栽培管理关系密切，栽培管理粗放，缺乏水肥或偏施氮肥，树势衰弱，发病较重。病菌适宜生长温度为 21～28℃，因此，高温高湿的天气条件下容易诱发本病。炭疽病菌具有潜伏侵染特性，因此，采收季节如遇台风雨，会促成已潜伏侵染病菌的果实发病，使果实成熟期病害大面积发生，造成大量烂果，影响产量。

六、防治技术

（一）农业防治

加强栽培管理，增施有机肥和磷、钾肥，切忌偏施氮肥，从而增强树势，提高植株的抗病性。采果后彻底清园，剪除病叶、病枝，集中烧毁或深埋，并喷药进行保护。

（二）化学防治

及时施药，保护新梢、幼果。在发病初期，或新梢抽发初期和谢花坐果期，均应及时施药。可选用的杀菌剂有：70％甲基硫菌灵可湿性粉剂 800～1 000 倍液、75％百菌清可湿性粉剂 700～1 000 倍液、50％多菌灵可湿性粉剂 800～1 000 倍液、70％代森锰锌可湿性粉剂 500～600 倍液等。隔 7～10d 喷 1 次，连喷 2～3 次。

胡美姣 李敏（中国热带农业科学院环境与植物保护研究所）

第 54 节 毛叶枣炭疽病

一、分布与危害

炭疽病是毛叶枣的常见病害，在毛叶枣产区普遍发生。主要侵害叶片和果实，以侵害果实对产量和品质影响最大。整个生长季节都可发生，在果实成熟期造成严重落果，在储藏期间引起果实腐烂，通常病果率达到 10％～20％，严重时可达 50％以上，果肉品质变坏而丧失食用价值。

二、症状

叶片上病斑多发生在叶缘或叶尖，少数发生在中央。病斑不规则形或半圆形，深灰色、略凹陷，大小 0.5～1.0cm，病健交界明显。病斑后期产生轮纹状或散生呈针尖状的颗粒状物，即病原菌的分子孢子盘和分生孢子。

幼果受害初期表面出现褐色小斑，斑点逐渐扩大，近圆形或不规则形，病健分界不清晰，病部黄褐色，有时边缘呈黑色；果肉下陷、腐烂，其上常有粉红色的黏胶状物，即病菌的分生孢子，天气干燥时，带病僵果挂在树梢上。

病菌侵染成熟果实，主要先从果肩部侵入，形成水渍状斑点，后扩展为凹陷、圆形或近圆形、浅褐色至褐色病斑，大小可达 3cm 以上，病斑下的果肉淡褐色、软腐，常达果实的中心部。病果经保湿 1～2d 后，病斑迅速扩大，部分病果上可形成典型的炭疽病病斑，有轮状着生的分子孢子盘，其上分泌出橘红色的分生孢子堆，有的果实表面留有清晰可见的分生孢子盘突破表皮的痕迹（彩图 17 - 54 - 1）。

三、病原

毛叶枣炭疽病的病原有 2 种。

胶孢炭疽菌［*Colletotrichum gloeosporioides*（Penz.）Penz. et Sacc.］：属子囊菌无性型炭疽菌属。其有性型为围小丛壳［*Glomerella cingulata*（Stoneman）Spauld. et H. Schrenk］，属子囊菌门小丛壳属。

在 PDA 培养基上菌落圆形，边缘整齐，外缘菌丝呈匍匐状生长，菌丝初为白色，随着菌龄的增加，菌丝变粗，有隔膜和分枝，后期菌落变为灰色、浅褐色、黑褐色或墨绿色，个别菌株出现扇变现象，后期产生轮纹状排列的分生孢子盘，其上产生橘红色的分生孢子，分生孢子圆筒形，单胞，无色，两端钝圆，大小为（10.7～15.5）μm×（3.9～4.5）μm。分生孢子盘初期多为圆形、单生、黑褐色，后期可由若干个小分生孢子盘联合成大型分生孢子盘，有时也产生单个近球状的大型分生孢子盘，偶见刚毛。

球炭疽菌［*Colletotrichum coccodes*（Wallr.）S. Hughes］：属子囊菌无性型炭疽菌属。

在寄主上形成球形至不规则形的黑色菌核。分生孢子盘黑褐色，聚生在菌核上，刚毛黑褐色，硬，顶端较尖，有隔膜 1～3 个，聚生在分生孢子盘中央，大小为（42～154）μm×（4～6）μm。分生孢子梗圆筒形，有时稍弯或有分枝，偶生隔膜，无色或浅褐色，大小为（16～27）μm×（3～5）μm。分生孢子圆柱形，单胞，无色，内含物颗粒状，大小为（7～22）μm×（3.5～5）μm。附着胞褐色，大小为（11～16.5）μm×（6～9.5）μm，形状多变。在培养基上生长适温为 25～32℃，最高 34℃，最低 6℃。

四、病害循环

病原菌以分生孢子盘和分生孢子越冬，树上枣吊是病原菌的主要越冬场所。分生孢子可以通过风雨四处传播，从气孔和伤口等处可轻易侵入寄主。

五、流行规律

果实含糖量高或寄主组织衰弱时病原菌侵染较快较多。本病的发生发展与温、湿度的变化密切相关，一般在温度为 23℃、相对湿度 80% 时开始发病，温度为 25～28℃、相对湿度 80～89% 时发病盛行。由于该病原菌具潜伏侵染特性，常造成果实在储藏期间发病，在高温高湿储运环境下，病原菌通过发病果实与健康果实接触快速传播，引起大量腐烂。

六、防治技术

1. 加强栽培管理　注意深翻改土，增施有机肥和磷、钾肥，切忌偏施氮肥，以增强树势，提高树体本身的抗病力。

2. 搞好果园卫生　果实采收完毕，主干更新修剪时将带病的枝、叶、果实剪除并集中烧毁，清除果园周围杂草并集中处理，以减少病菌的侵染来源。

3. 适时喷药保护　在花期和幼果期选用以下药剂防治：1∶2∶200 波尔多液、50% 甲基硫菌灵可湿性粉剂 800～1 000 倍液、45% 代森铵水剂 800 倍液、46% 氢氧化铜水分散粒剂 600～800 倍液、50% 多菌灵可湿性粉剂 600～800 倍液或 69% 烯酰吗啉·锰锌可湿性粉剂＋75% 百菌清可湿性粉剂（1∶1）1 000 倍液，每 7～10d 喷 1 次，连续喷 2～3 次。如遇连续阴雨天气，适当缩短喷药间隔天数。

4. 采后处理　目前常用的、较安全的防腐剂有脱氢醋酸、苯甲酸钠及山梨酸钾等。此外，臭氧处理或紫外线照射等对病害防治有很好的效果。

胡美姣 张正科（中国热带农业科学院环境与植物保护研究所）

第55节 毛叶枣疫病

一、分布与危害

毛叶枣产区均有发生，主要侵害果实。在重病果园可造成绝收。

二、症状

主要侵害近成熟期果实，果实受害后，果面产生褐色斑点，边缘不甚清晰，条件适宜时，病斑迅速扩大到全果。由于病菌侵入需要水滴，而果实花蒂一端滞水时间较其他部位长，故病斑首先从果实的下部开始。病斑扩大后，为不规则形，呈深浅不均匀的暗红褐色，边缘似水渍状，有时病斑部分表皮与果肉分离，外表似白蜡状。病果果肉腐烂，并可沿导管延伸到果柄，均变为褐色。病变组织空隙处有白色绵状菌丝体，病果开裂处或在高湿条件下的果面上，也可见到白色菌丝体（彩图17-55-1）。病斑扩展至全果时，果实不变形，病果呈皮球状，具有弹力，最后失水干缩。病果易脱落，极少数悬挂在树上形成僵果。

三、病原

毛叶枣疫病的病原有2种：棕榈疫霉 [*Phytophthora palmivora* (E. J. Butler) E. J. Butler] 和烟草疫霉（*P. nicotianae* Breda de Haan），均属卵菌门疫霉属。

棕榈疫霉（*P. palmivora*）：在V8培养基上菌丛白色，毛茸状，边缘清晰；菌丝宽4～6μm，孢囊梗合轴分枝，孢子囊多呈卵形、柠檬形、近椭圆形，多具1个乳突，大小为（51～57）μm×（34～37）μm，长宽比约为1.5，每个孢子囊都有1个短柄。孢子囊可直接产生芽管，或形成游动孢子。有性阶段为异宗配合形成卵孢子，有A1和A2两种交配型。但这两种交配型菌株在给予相反交配型菌株的性激素时，也能自交形成卵孢子。藏卵器球形，无色，直径为20～30μm，壁光滑，雄器围生，较长；卵孢子球形，无色或淡黄色，满器，直径为18～28μm。厚垣孢子近圆形，在有营养条件下，厚垣孢子萌发形成菌丝体。在条件适宜时，厚垣孢子形成短的芽管，在芽管顶端形成1个孢子囊（彩图17-55-2）。

烟草疫霉（*P. nicotianae*）：在CA培养基上菌落棉絮状、繁茂。菌丝简单，直径为2～6μm。孢囊梗分枝或不分枝，直径为2～3.5μm。孢子囊球形，顶生或侧生，大小为（33～61）μm×（23～47）μm，具乳突1～2个，不脱落。游动孢子从孔口直接释出或经孢囊放出，大小为（9～14）μm×（7～12）μm，鞭毛长为6～30μm。休止孢子、厚垣孢子球形，藏卵器球形，直径为16～34μm。雄器近球形，围生，大小为（8～16）μm×（9～16）μm。卵孢子球形，无色至浅黄色，直径为14～28μm，满器或不满器。生长适温为24～28℃，最低为9℃，最高为37℃。

四、病害循环

病原菌以厚垣孢子、卵孢子或菌丝体随病组织在土壤中越冬。其中在落果上形成的厚垣孢子在土壤中存活，为主要初侵染源。飞溅的雨水是孢子囊释放和传播所必需的条件，在雨季，土壤中的厚垣孢子在水中萌发产生孢子囊和释放出游动孢子。雨水可把游动孢子溅到空中，小水滴中的游动孢子借风力而扩散，成为接种体，从而引起病害流行。

五、流行规律

较大降雨或灌水后，一般会出现侵染和发病高峰。接近地面的果实先发病，果实距地面1～1.5m仍可发病，但以距地面60cm以下发生较多。树冠下垂枝较多、果园四周杂草丛生、果园局部小气候湿度大时，疫病发生严重。田间采回的病果易引起储运期间健康果实的腐烂。

六、防治技术

（一）农业防治

随时清除落地果实，并摘除病果，集中深埋或带出果园外。结果时搭架或固定枝条，以防止结果部位过低，使靠近地面的受病菌感染。注意果园通风、排水，防止积水，以减少病害发生。

（二）药剂防治

疫病发生较多的果园，对树冠下部的果实应喷药保护，药剂可用 65% 代森锌可湿性粉剂 600 倍液或 40% 三乙膦酸铝可湿性粉剂 300 倍液，结果期每隔 10～15d 喷药 1 次，共喷 3～5 次。其他药剂还有甲霜灵、波尔多液（1∶2∶200）等；使用波尔多液应注意避免产生药害。

胡美姣　高兆银（中国热带农业科学院环境与植物保护研究所）

第 56 节　毛叶枣白粉病

一、分布与危害

白粉病是毛叶枣上最重要的一种真菌病害，为害轻时，可影响果实外观和品质，严重时造成减产，甚至绝收。

二、症状

主要侵害果实、叶片和嫩枝条，以侵害果实为主。叶片受害后，开始在叶片背面产生白色小粉点或丝状物（即菌丝体和分生孢子），逐渐扩展成边缘不明显的连片白粉，严重时整个叶片布满白粉，正面颜色褪绿变淡或浓淡不匀，凹凸不平，以致叶片扭曲、皱缩（彩图 17-56-1）。幼果受害后，在花萼或果梗凹洼处产生白粉，受害严重时果实布满白色菌丝和分生孢子。果实长大后，果皮呈现众多麻点而成锈果，略显畸形，易裂。果梗受害导致幼果萎缩早落。

三、病原

毛叶枣白粉病病原为枣粉孢 [*Oidium zizyphi*（Yen et Wang）U. Braun]，属子囊菌无性型粉孢属真菌。

菌丝体表生，无色透明，有分隔；分生孢子梗在菌丝体中产生，直立，无分枝；分生孢子圆柱形或筒形，串生，单胞，无色，表面平滑，大小为（27～30）$\mu m \times$（15～16）μm，田间未见其有性阶段。

四、病害循环

该菌为专性寄生菌，以菌丝体、分生孢子在寄主植株上越冬，也可在阔叶杂草等植物上越冬，翌年春季侵染发病，病部产生的大量分生孢子借风雨传播，先侵染叶片，再侵染花穗和果实。

五、流行规律

果园病残体为白粉病的发生创造了先决条件。品种的抗病性差异决定病害流行强弱。树势衰弱、土壤浸渍、通风不良的果园病害发生严重。

六、防治技术

以农业防治为主，辅以化学防治的综合防治措施。

1. 加强果园的水肥管理，增强树势　以施有机肥为主，同时氮、磷、钾按适当比例进行科学搭配，促进植株健康生长。

2. 搞好果园卫生　在每年采果后，对毛叶枣树进行合理修剪，使树体内通风透光，并将剪除的枝条集中烧毁。

3. 定期疏果　由于毛叶枣挂果多，应及时疏果，去病留健，去劣留优，对减轻病害发生、提高单果重十分必要。

4. 套袋保护　对果实进行套袋可以减少病菌侵染，减轻病害发生。

5. 化学防治　在发病初期及时喷药，可有效控制病害蔓延。可用的杀菌剂有：70％硫黄可湿性粉剂 300～400 倍液、50％硫悬浮剂 200～400 倍液、40％多·硫悬浮剂 400～600 倍液、20％三唑酮可湿性粉剂 1 500 倍液、40％氟硅唑乳油 5 000～8 000 倍液或 62.25％腈菌·锰锌可湿性粉剂 600 倍液。每 7～10d 喷施 1 次，连续 3～4 次。

胡美姣　谢艺贤（中国热带农业科学院环境与植物保护研究所）

第 57 节　鸡蛋果炭疽病

一、分布与危害

鸡蛋果炭疽病是鸡蛋果上的主要病害，在鸡蛋果产区均有发生。

二、症状

该病主要侵害主蔓、叶片和果实。

主蔓感病，在发病初期，主蔓上产生灰白色小圆斑，稍凹陷，外缘有 1 黑褐色线圈。病斑表面着生许多轮状排列的黑色小点即病原菌的分生孢子盘和分生孢子。发病后期，病斑迅速扩大至主蔓整个皮层，多个病斑相接，形成不规则形病斑，直至整个主蔓变为灰白色。解剖病株主蔓，发现皮层干缩，呈干腐状。

叶片感病，病斑圆形或近圆形，中央淡褐色，边缘褐色，常多个病斑融合成大斑，导致叶片局部枯死，严重时引起落叶。病部产生黑色小粒，为病原菌的分生孢子盘，天气潮湿时，形成橙红色的分生孢子堆。

果实感病，病斑圆形，黄褐色，病健交界处水渍状，潮湿时病斑逐渐扩展软化，表面也产生黑色的分生孢子盘，最终脱落腐烂（彩图 17-57-1）。储藏期发病时，病斑凹陷，果实皱缩。

三、病原

鸡蛋果炭疽病的病原有 2 种：胶孢炭疽菌 [*Colletotrichum gloeosporioides* (Penz.) Penz. et Sacc.] 和辣椒炭疽菌 [*C. capsici* (Syd.) E. J. Bulter & Bisby]，均属子囊菌无性型炭疽菌属真菌。

胶孢炭疽菌（*C. gloeosporioides*）：在病部形成分生孢子盘，常具刚毛，在 PSA 培养基上，刚毛有或无，产孢细胞瓶梗形，分生孢子圆筒形，边缘规则，内含物颗粒状，两端钝圆，无色，大小为（9～14）$\mu m \times$（3.3～4.3）μm，附着胞褐色，边缘不规则（彩图 17-57-2）。

辣椒炭疽菌（*C. capsici*）：在病部形成分生孢子盘，常具刚毛，在 PSA 培养基上，刚毛有或无，产孢细胞瓶梗形，分生孢子镰刀形，无色，内含 1 油球，大小为（39～51）$\mu m \times$（4.5～6.5）μm，附着胞暗褐色，椭圆形或近球形，边缘规则。

四、病害循环

病菌以菌丝体和分生孢子盘在病株上或随病残体在土中存活越冬，以分生孢子作为初侵染与再侵染源，借风雨传播，从伤口侵入致病。

五、流行规律

高温高湿的环境有利于病害发生，处于树冠内荫蔽处的叶片容易感病。偏施氮肥，叶色浓绿的植株易发病。黄果种较紫果种更易感病。

六、防治技术

1. 加强田间管理　抓好田园清洁，收集病叶、病果并集中烧毁。发病较重的果园在冬春清园后，宜随即在地面以及树上喷施 30％王铜悬浮剂或 0.5％波尔多液（1∶1∶200）1 次。

2. 药剂防治　发病初期及时连续喷药控病。药剂可选用 69％烯酰吗啉·锰锌可湿性粉剂＋75％百菌清可湿性粉剂（1∶1）1 000～1 500 倍液、25％溴菌腈可湿性粉剂 500 倍液、60％多菌灵·福美双可湿性粉剂 600 倍液、50％咪鲜胺锰盐可湿性粉剂 1 000～1 500 倍液、40％多·硫悬浮剂 600 倍液、40％三唑酮·多菌灵可湿性粉剂 800～1 000 倍液等，视病情喷 2～3 次，隔 7～15d 喷 1 次，前密后疏。

胡美姣　李敏（中国热带农业科学院环境与植物保护研究所）

第 58 节　鸡蛋果茎基腐病

一、分布与危害

茎基腐病是鸡蛋果上的一种毁灭性病害，1930 年澳大利亚首次报道了该病害的发生，后在巴西、乌干达、南非、美国、印度等国家均有报道，我国福建、广东、海南等省份也有发生，发病率达 20％～80％，甚至连片枯死，严重影响鸡蛋果的产量和产业发展。

二、症状

该病害主要侵害植株根、茎，一般在茎基部离地面约 20cm 处发生水渍状褐色斑，后扩展成暗褐色，稍凹陷，皮层腐烂，海绵状，最后皮层脱裂，木质部横切面变褐色。后期茎基部逐渐变黑，烂根、烂茎，整株枯死。拔起腐烂病株，可闻到类似蘑菇的气味。在潮湿条件下，病部表面长满白色絮状物，不久后产生许多鲜红色颗粒状物（彩图 17 - 58 - 1）。

三、病原

该病病原较为复杂，已报道的病原有：①西番莲尖镰孢（*Fusarium oxysporum* Schltdl. ex Snyder et Hansen f. sp. *passiflorae* Schlecht. ）；②腐皮镰孢〔*Fusarium solani*（Martius）Appel et Wollenw. ex Snyder et Hansen〕，有性型为赤球红丛赤壳菌〔*Haemanectria haematococca*（Berk. et Broome）Samuels & Rossman，异名：*Nectria haematococca* Berk. et Broome〕；③烟草疫霉（*Phytophthora nicotianae* Breda de Haan）。

西番莲尖镰孢（*F. oxysporum* f. sp. *passiflorae*）：在 CDA 平板上产生典型的大分生孢子和小分生孢子。镰刀形的大分生孢子无色透明，具 3～4 个隔膜，大小为（40～50）μm×（3～4.5）μm；小分生孢子圆形，单胞，无色，大小为（5～12）μm×（2～3.5）μm。

腐皮镰孢（*F. solani*）：在 PSA 培养基上，气生菌丝体较发达，白色絮状，并产生许多黏分生孢子团，培养后期培养皿反面呈淡蓝色，在米饭培养基上呈淡棕蓝色。在 PSA 培养基上产生的大分生孢子镰刀形，稍弯，有的呈纺锤形，产生于短而多分枝的分生孢子梗上，2～4 个隔膜，以 3 个隔膜居多，大多数足细胞不明显，顶细胞喙状，大小为（28～38）μm×（3.8～4.8）μm；小孢子卵形，椭圆形或肾形，0～1 个隔膜，大小为（8～12）μm×（3～4）μm；厚垣孢子球形、近球形，淡褐色，顶生或间生，常两个串生。其有性型为赤球红丛赤壳菌（*H. haematococca*），形成颜色鲜艳的子座，表生，不发达；子囊壳鲜红色，丛生于子座上，球形、近球形或卵圆形，孔口内壁具缘丝，直径 129～198μm；子囊圆筒形、棍棒形，有时弯曲，具短柄，大小为（39～58）μm×（4.2～7.2）μm，内含 8 个子囊孢子；子囊孢子单列，无色，椭圆形至倒卵形，1 个隔膜，分隔处缢缩，大小为（8.4～12.4）μm×（3～4）μm。

烟草疫霉（*P. nicotianae*）：在 V8 平板上，菌落圆形，气生菌丝欠发达，将菌丝块置于无菌水中培养 1～2d 后产生大量孢子囊，孢囊梗无分枝或有短分枝，孢子囊不易从孢囊梗上脱落，孢子囊倒梨形、柠檬形或椭圆形，基部钝圆，大小为（24.5～44.3）μm×（22.8～34.5）μm，孢子囊有明显的乳状突起，部分孢子囊具小柄，柄长 3～5μm，未见厚垣孢子，冷藏后孢子囊释放游动孢子。

四、病害循环

病菌主要以菌丝体、子囊壳和厚垣孢子随病残体或在土壤中越冬，翌年雨季遇上高温高湿的条件，厚垣孢子等萌发产生菌丝体，菌丝体再分化产生分生孢子梗和分生孢子；子囊壳遇雨水后释放子囊孢子；子囊孢子和分生孢子随流水、土壤和农具等传播进行再侵染。

五、流行规律

本病在雨季易发生和流行，旱季停止发生；果园排水不良，土壤含水量大时，病害发生严重。

田间进行除草时，若弄伤植株茎基部，极易诱发本病的发生。

六、防治技术

1. 农业防治　种植地选择通风透光、排水良好的土地，起高畦种植，篱架式搭架。加强田间管理，及时修枝整蔓，固蔓，增施钾肥。及时挖除和烧毁病株，并对病穴及周围的土壤进行消毒，可用 1.5％生石灰喷淋土壤和病穴进行消毒处理，或 50％敌磺钠可溶粉剂 500～1 000 倍液灌根和 1 000～1 500 倍液淋灌土壤。修剪后用石灰加多菌灵和杀虫剂刷茎秆基部预防，或用多菌灵淋灌预防该病发生。

2. 种植抗病品种　在重病区选种较抗病的黄果品种或黄果品种与紫果品种的杂交种，或用黄果品种为砧木，嫁接紫果品种。

3. 在发病初期淋灌根茎部进行保护　可选用的杀菌剂有：50％多菌灵可湿性粉剂 200～500 倍液、70％甲基硫菌灵可湿性粉剂 600～800 倍液、25％甲霜灵可湿性粉剂 500～800 倍液等。

胡美姣　李敏（中国热带农业科学院环境与植物保护研究所）

第 59 节　莲雾炭疽病

一、分布与危害

炭疽病为莲雾上的常见病害之一，在莲雾生长及储运期间均有发生。该病主要侵害果实，也可侵害枝条和叶片。

二、症状

果实受害，发病初期表现为褐色小病斑，稍向内凹陷，随着病斑扩大，病斑周围的组织呈水渍状，病斑上呈现粉红色或橙色分生孢子堆，有时有同心轮纹，发病后期数个病斑连合，造成严重腐烂（彩图 17-59-1）。

枝条受害，表皮由绿色转变成褐色斑点。

叶片受害，组织坏死，呈灰白色，中央暗褐色，边缘褐色，其上偶有白色粉块，即病菌的分生孢子堆。

三、病原

莲雾炭疽病病的病原为胶孢炭疽菌 [*Colletotrichum gloeosporioides* (Penz.) Penz. et Sacc.]，属子囊菌无性型炭疽菌属（彩图 17-59-2）。有性型为围小丛壳 [*Glomerella cingulata* (Stoneman) Spauld. et H. Schrenk]，属子囊菌门小丛壳属。

详细描述参考第 26 节芒果炭疽病相关内容。

四、病害循环

病菌的无性和有性世代，皆可侵害莲雾。分生孢子借风雨传播，落到果实表面后，如温湿度适宜，孢子萌发可在 12h 内完成。孢子萌发形成芽管侵入表皮，可感染任何发育期的果实，果实成熟或近成熟时更易感病。未成熟的果实感病，一般不形成病斑，直至果实成熟后，潜伏的病菌才活跃造成危害。储藏期间通风不良或湿度高时，病斑扩展快速，有利于造成新的感染。子囊壳为黑褐色小点，在枯枝条或枯叶上越冬。子囊壳内有许多子囊，子囊壳遇水，释放子囊，再释出子囊孢子，子囊孢子借雨水散播造成新的感染。黑色的子囊壳开口突出于叶片表面。莲雾果实受感染后易脱落，病果落到地上，其上的病菌成为越冬或新感染菌源，待遇适当条件，再度侵入叶片及果实。

五、防治技术

通风不良或高湿的环境容易引起植株感病。

1. 搞好果园卫生　清除并烧毁病果、落果及落叶，搞好果园清洁，冬季清园后喷 1％波尔多液 1 次，降低病原密度，减少病害发生。

2. 加强树体管理　增施有机肥，提高树体抗病力；注重果树整理，修剪病枝、徒长枝，使通风良好。

3. 套袋防治　套袋前先行疏花疏果，幼果期（吊钟期）喷药后套袋保护。套袋期不喷杀菌剂。除以上措施外，台湾地区在袋内放置干燥剂对疫病、炭疽病以及黑腐病均有较好的防治效果。

4. 药剂防治　在发病初期，可选用的杀菌剂有 50％噻菌灵悬浮剂 500～1 000 倍液、50％甲基硫菌灵可湿性粉剂 400～600 倍液、50％多菌灵可湿性粉剂 500 倍液、50％甲基硫菌灵•硫黄悬浮剂 600 倍液等，7～10d 喷药 1 次，连续 2～3 次。

5. 采后管理　采后用保鲜膜单果包装，可有效降低储运期莲雾炭疽病的发生。

胡美姣　谢艺贤（中国热带农业科学院环境与植物保护研究所）

第 60 节　莲雾拟盘多毛孢叶斑病

一、分布与危害

该病侵害莲雾叶片和果实，在莲雾产区均有发生，在管理较差的果园发生较重，储藏期果实受伤后也易感病。

二、症状

叶片受害，形成不规则黄褐色病斑，后期有黑色小点（即病原菌分生孢子盘）散生于病斑表面。

果实受害，一般侵害成熟果实或近成熟的果实，在幼果、中果期不表现症状。病菌多从果实伤口处或裂开处侵入，感病初期，果实出现水渍状、紫色小斑点，后逐渐扩大成不规则形、深紫红色皱陷斑，湿度大时病斑上有白色至灰白色霉层，表面散生黑色圆形小点，即分生孢子堆，果实切开果肉呈淡紫色，后期病果干枯皱缩（彩图 17 - 60 - 1）。

三、病原

莲雾拟盘多毛孢叶斑病病原有 4 种，分别是拟盘多毛孢 [*Pestalotiopsis eugeniae*（Thüm）Rib. Souza]、茶褐斑拟盘多毛孢 [*P. guepinii*（Desm.）Steyaert]、掌状拟盘多毛孢 [*P. palmarum*（Cooke.）Steyaert] 和萨马兰拟盘多毛孢（*P. samarangensis* Maharachch. et K. D. Hyde），均为子囊菌无性型拟盘多毛孢属真菌。

拟盘多毛孢（*P. eugeniae*）：分生孢子 5 个细胞，纺锤形，中间 3 个细胞暗色，其中中间的细胞色泽最深，两边细胞透明无色，分生孢子大小为（19～24）μm×（6～7）μm。

顶端附属丝 1～3 根，长 6～12μm（彩图 17 - 60 - 2）。

茶褐斑拟盘多毛孢（*P. guepinii*）：在（25℃）PDA 培养基上菌落初呈白色，后灰白色，菌落平展，扩展迅速，培养基背面呈淡橙黄色。分生孢子盘杯状，黑色，散生，初埋生，后外露，直径为 170～280（218）μm；分生孢子梗无色；分生孢子梭形，直或稍弯曲，4 个真隔膜，隔膜处缢缩，两端细胞无色，中间 3 个细胞浅褐色，大小为（25.74～21.45）μm×（7.15～5.72）μm，顶端附属丝 2～3 根，以 2 根为多，端部钝，长为 18.59～25.7（22.02）μm，基部有附属丝 1 根，长为 4.29～5.7（5.01）μm。

掌状拟盘多毛孢（*P. palmarum*）：分生孢子盘圆形或扁球形；产孢细胞柱形；分生孢子 5 个细胞，真隔膜，圆柱形至纺锤形，中间 3 个细胞有色，其中，上面 2 个细胞棕色，下面 1 个细胞榄褐色，顶细胞和基细胞无色，大小为（18～20）μm×（5～7）μm，顶端的附属丝 2～3 根，长为 6～14μm。

萨马兰拟盘多毛孢（*P. samarangensis*）：在 PDA（25℃）上培养，菌落扩展迅速，白色，培养基背面亦为白色。分生孢子盘杯状，黑色，初埋生，后外露，在培养基表面呈轮纹状排列。分生孢子 5 个细胞，圆柱形至纺锤形，中间3个细胞暗色，其中中间的细胞色泽最深，呈黑褐色，其他两细胞呈灰褐色，两边细胞透明无色，分生孢子大小为（18～21）$\mu m\times$（6.5～7.5）μm。顶端附属丝3根，长12～18μm。基部附属丝长3.5～5.2μm。

四、病害循环

果实的生理性裂开处或伤口处往往是病原菌的主要感染部位，分生孢子盘为黑色小点，大部分埋在表皮组织内，仅在裂口处稍突出表层细胞，分生孢子由裂口处释放，往往由雨水飞溅或昆虫等媒介传播，附着于寄主表面，湿度大时，分生孢子萌发产生芽管，侵入寄主果实或叶片，引发病害。储运期间病果通过接触传播。

五、防治技术

通风及排水不良或高湿环境时，病害发生严重。

1. 清洁果园 将受害的叶片、枝条、果实等集中于果园一处，烧毁或深埋入土中，避免病菌再次侵染。

2. 物理防治 利用套袋阻隔病菌侵入。

3. 化学药剂防治 目前尚无正式推广药剂，但可利用炭疽病防治药剂兼防拟盘多毛孢叶斑病。

胡美姣 高兆银（中国热带农业科学院环境与植物保护研究所）

第61节 莲雾根霉果腐病

一、分布与危害

主要发生在莲雾采收后的储运期间，侵害成熟的果实，在包装箱内发病严重。病菌由伤口侵入，在果园容易造成落果。

二、症状

受害果初期表面产生白色菌丝，后期菌丝顶端产生黑色孢子囊，菌丝转灰黑色，由黑色孢子囊中可释出大量黑色粉状孢囊孢子，如莲雾果实上长出毛发。该病传染很快（彩图17-61-1）。

三、病原

莲雾根霉果腐病病原为匍枝根霉 [*Rhizopus stolonifer* (Ehrenb. ex Fr.) Vuill.]，属接合菌门根霉属。气生菌丝稀疏，初为白色，后为灰色。大多数有1～2根匍匐根，匍匐根与基质接触处长假根，假根向上方长出孢囊梗，孢囊梗直立，不分枝或偶尔分枝，淡褐色，2～4根成束，长为75～250μm，直径为20～36μm；囊轴椭圆形、球形，大小为（50～130）$\mu m\times$（39～90）μm；孢子囊球形，黑色，直径为100～210μm；孢囊孢子近球形，表面具浅纹，灰褐色，大小为（7.5～15）$\mu m\times$（5.5～7.5）μm。其有性世代产生接合孢子，球形，黑色，表面有瘤状突起，配囊柄膨大，两个柄大小不一，无厚垣孢子（彩图17-61-2）。

四、病害循环及流行规律

病菌主要侵害成熟果实，由果实表皮伤口侵入，引起受害组织变成灰褐色，并形成大量菌丝及孢子囊进行再侵染。果园不通风，易引起本病蔓延。由于病菌生长快速，果实受伤后发病特别严重。

五、防治技术

对果园进行田间清洁，将病果集中并烧毁或埋入土中。果园适时修剪，使通风良好。采收时宜戴手套逐个摘下，尽量保留果梗并轻拿轻放，将果实轻放在底部和边层均有柔软衬垫物的果箱中，尽可能避免造成机械伤，减少病菌侵入机会。低温储藏（10℃）可有效减轻该病的发生。

胡美姣 高兆银（中国热带农业科学院环境与植物保护研究所）

第 62 节　腰果炭疽病

一、分布与危害

炭疽病在世界腰果生产国均有发生，是巴西腰果种植区最主要的病害，在非洲腰果种植区的为害程度仅次于白粉病。1965 年在印度腰果种植区就有炭疽病发生流行的报道。在我国海南、云南等腰果园也有发生，但是为害相对较轻。

炭疽病可侵害腰果的叶片、嫩枝、花序、幼果和果梨。受害严重时叶片和幼果完全枯萎并脱落。如果发病条件适宜，炭疽病可使腰果减产 50%，严重影响果梨和坚果质量。

二、症状

腰果树的所有幼嫩部分均可受炭疽病的侵害。在高湿条件下，染病嫩叶先在叶缘处产生红褐色、不规则形病斑，重病嫩叶皱缩、脱落。染病嫩梢初期产生红褐色、闪光的水渍状病斑，继而在病部溢出树脂。病斑纵向辐射状扩展，最终导致嫩梢干枯。在干枯嫩梢下方的枝条上新萌发的嫩梢被侵害后又可枯死，结果常形成鹿角状的枝条。花序染病变黑、枯萎和脱落。坚果和果梨染病常导致果腐，形成同心轮纹状（彩图 17 - 62 - 1）。

腰果树感病的枝叶、坚果、果梨均可形成褐色至棕黑色的坏死斑点或病斑。在雨季，炭疽病特别容易严重发生，可完全毁坏新抽出的枝梢，并会持续地毁坏新抽出的嫩枝和嫩叶，受害严重的腰果植株，其全株嫩枝干枯、嫩叶脱落，表现类似火烧的症状。

三、病原

腰果炭疽病病原为胶孢炭疽菌 ［*Colletotrichum gloeosporioides*（Penz.）Penz. et Sacc.］，属子囊菌无性型炭疽菌属。其分生孢子堆粉红色，分生孢子梗无色，圆筒形或管状，尖端细小。分生孢子无色，单胞，长圆形至圆筒形，有时中间稍狭窄，两端钝圆，大小为（9.8～15.8）μm×（2.4～4.6）μm。

四、病害循环

炭疽病菌存在于腰果树已病死的花序、枝条、僵果等组织和土壤中。在雨季或腰果开花期，病菌残留组织或土壤中产生的病菌分生孢子，随风、水传播，侵入枝叶、果梨和坚果组织中，可重复侵染。

五、流行规律

腰果炭疽病菌在腰果树上残存在病枝、病叶组织内越冬，成为主要侵染来源。在高湿条件下这些病组织上常产生大量分生孢子，孢子由风雨和昆虫传播，从寄主伤口、皮孔或气孔侵入。在坦桑尼亚，腰果炭疽病发生的最适时间为 5～9 月，虽然该时期降水少，但是在每天晚上和清晨，在腰果叶片上凝聚着已被腰果炭疽病菌侵染的露水，使分生孢子盘产生大量的分生孢子，在当天产生的分生孢子便可借助风力传播。

腰果炭疽病菌的侵染循环和水分、湿度密切相关。在巴西东北部的 1～4 月雨季，腰果炭疽病害发生为害达到高峰，在腰果植株之间迅速蔓延。当温度为 22～28℃，空气湿度处于饱和状态下 10h 以上，最容易发病。腰果植株在开花期间，昆虫在花序上取食而造成的伤口，也是诱发炭疽病的因子。

六、防治技术

（一）选用抗（耐）炭疽病丰产良种

通过基因改良技术，提高腰果树对炭疽病的抗性。在巴西，腰果研究者已经从一些矮化的腰果品种中检测到了高遗传变种，这表明存在着大量潜在的抗性品种。矮化品种在人工接种抗性基因后发现对炭疽病有抗性。坦桑尼亚发现不同产地的腰果树对炭疽病的反应不同，AC4 基因对腰果炭疽病有一定的抗性。

（二）农业防治

1. 建设防风林带 腰果园周围要建设防风林带，减少风害损伤，有助于减轻炭疽病的侵害。

2. 做好果园卫生 收果后及时清除树上的病死枝叶和僵果及果园地面的枯枝、落果和落叶，集中烧毁。

（三）化学防治

防治腰果炭疽病的最佳时期是在幼嫩组织较为敏感的时期，即是在新梢抽发期、开花初期和坐果初期。有效防治药剂有：1%波尔多液、70%代森锰锌可湿性粉剂 1 000 倍液，或 40%多菌灵可湿性粉剂 400 倍液，每隔 10～14d 喷施 1 次，连续喷施 3 次。同时，王铜、氢氧化铜、敌菌丹、苯菌灵、二氰蒽醌、敌菌灵、联苯三唑醇、三唑醇和嗪氨灵等也可有效防治腰果炭疽病。

梁李宏 张中润（中国热带农业科学院热带作物品种资源研究所）

第 63 节 澳洲坚果速衰病

一、分布与危害

国外和我国云南省德宏、临沧、普洱和西双版纳等澳洲坚果种植区均有发生。据 2007 年在云南省澳洲坚果种植区对该病进行调查发现，速衰病株率为 0.31%，渐衰病株率为 15.16%，其中普洱种植区最严重，分别为 52.94%和 88.89%（表 17 - 63 - 1）。

表 17 - 63 - 1 云南澳洲坚果种植区速衰病调查情况

Table 17 - 63 - 1 Investigation result to rapid decline of *Macadamia ternifolia* in Yunnan growing areas

地点	调查株数	速衰病株	渐衰病株	发病率（%）
沧源	187	0	0	0
孟定	114	0	24	21.05
德宏 1	223	0	4	1.79
德宏 2	176	0	0	0
盈江 1	187	3	18	11.23
盈江 2	214	0	19	8.88
盈江 3	241	0	10	4.15
思茅 1	187	2	97	52.94
思茅 2	81	0	72	88.89
合计	1610	5	244	15.47

二、症状

该病从开始发病至植株死亡，在时间上可分为速衰（彩图 17 - 63 - 1，1）和渐衰（彩图 17 - 63 - 1，2）两种不同衰退类型。速衰症状为，感病树冠自上而下或整株短期内叶片由绿色变灰绿色，最终转为红棕色，有的叶片则直接变为棕色，叶片不脱落或很少脱落，病株树冠从表现症状到死亡为 10～20d。随着发病时间后延，在距离地面 60cm 范围的主茎表面长有横生、唇状、浅黑色的分生孢子器，在病株的枝条、茎干及根的木质部上均能分离到病菌。有的病株在地面 30cm 以下到主根上长出长梭状或圆形点状的孢子器，常为黑色。有的在根表面长出粗糙的炭黑状物，在炭质层下面为黄白色或铁锈色的菌膜，菌膜具清香蘑菇味，木质部水渍状，有污泥味（彩图 17 - 63 - 2）。有的病株多数叶片脱落，根部的发病部位表层与木质部间初期呈紫色，并伴有浓烈的腐臭味，发病 45～60d 植株死亡。渐衰症状为，感病叶片黄化并逐渐脱落，病害进一步扩展，引起全株落叶，枝条回枯，一般在 2～3 年后死亡。

三、病原

澳洲坚果速衰与壳色单隔孢（*Diplodia* sp.）、木炭角菌（*Xylaria arbuscula* Sacc.）和辣椒疫霉（*Phytophthora capsici* Leonian）等真菌的侵染和棘胫小蠹虫的为害都有密切联系。澳洲坚果的衰退不是由一个原因引起的，还与土壤状况有关。病因包括：疫霉菌引起的根腐病，但受该菌感染且表面出现衰退症状的植株并不多见；缺锌、缺铜或两者同时出现，土壤中磷酸盐含量低，锰含量高；土壤酸度大（pH<4.5）、土壤结构差、树冠下面糜烂等。

丛赤壳菌在 PDA 上培养 4d 后菌落黑色，有少量黑色气生菌丝，7d 后产生浓密的气生菌丝，出现菌丝团；14d 后在基质表面长出粗糙、球形的分生孢子器，镜检分生孢子椭圆形，未成熟的分生孢子无隔，成熟的分生孢子呈浅黑色，有 1 分隔。

木炭角菌在 PDA 平板上（彩图 17 - 63 - 3），（27±1）℃培养 7d 后观察，初期菌丝长絮状或呈玫瑰花瓣状放射，气生菌丝白色。显微镜下观察，有大量卵孢子和藏卵器产生，卵孢子圆球形，藏卵器满器，雄器下位生、侧生或穿雄生，平均直径 15.5μm，孢子囊丝状或袋状。

四、流行规律

该病害多发生于果园低凹处、迎风面茎基部地面出现 1 圈空隙和管理过程中根系受机械损伤的植株。每年雨季，病原菌孢子从伤口侵入澳洲坚果根茎下端受伤的组织，发生侵染形成病斑，6～9 个月后地下部将有 2/3 的根系坏死，植株叶片因失去水分和养分而在短期内死亡。

五、防治技术

加强对植株的水肥管理，增强植株对病害的抵抗能力。在大田管理中，尽量不要人为损伤植株根系，减少病原菌的侵染机会。

每年雨季到来后，要经常观察植株的抽叶情况，一旦植株出现长时间不抽叶或抽叶极少的现象应引起注意，并及时挖出主茎下端的根系进行检查，一旦根部表皮出现坏死，有浓烈的臭味时，要及时进行处理。如侧根外围全部坏死，在距正常根部 5～6cm 处去除坏死的根，用 58％甲霜灵·锰锌可湿性粉剂或 25％甲霜灵可湿性粉剂 500～550 倍液涂于伤口，并将挖出的土壤暴晒 4～5d 消毒，然后回土。

周明（云南省热带作物科学研究所）

第 64 节　澳洲坚果花疫病

一、分布与危害

澳洲坚果花疫病又称总状花疫病、葡萄孢霉疫病，是澳洲坚果的重要病害之一。1960 年，在美国夏威夷首次观察到灰绿葡萄孢霉造成的花序疫病，使坐果减少。在澳大利亚新南威尔斯州也零星发生该病害，该病害具有潜在的破坏性，有造成坚果产量损失高达 40％的报道，但在昆士兰州发生较轻。据报道，花疫病在 10 龄以下的坚果树上少见。在我国，云南西双版纳、盈江等澳洲坚果种植区也相继发现有该病发生。

二、症状

该病主要侵害花序，受害后初期在萼片上出现暗色小斑点，随后整个花朵枯死，并很快扩大至整个花序，只剩下绿色的总花梗不受侵害。当整个花序感染疫病后，总花梗的颜色变暗。随着病害的发展，花枯死并脱落，或由真菌的灰色蛛网状菌丝体围绕着总花梗缠绕起来。在潮湿的条件下，受侵害的总状花序变成暗灰色至黑色。

三、病原

澳洲坚果花疫病病原为灰葡萄孢（*Botrytis cinerea* Pers.：Fr.），属子囊菌门无性型葡萄孢属真菌。

病菌分生孢子梗丛生，不分枝或分枝，直立，有分隔，分隔处缢缩，青灰色至灰色，顶端色渐淡，成堆时呈棕灰色，顶端簇生分生孢子；分生孢子广椭圆形、倒卵形或近圆形，表面光滑，无色，单胞，大小约为 $3.7545\mu m \times 2.5435\mu m$，成堆时淡黄色。菌核黑色，扁平或不规则形。

病菌发育温度为 $4\sim32℃$，较适温度为 $20\sim25℃$。在 $14\sim30℃$、相对湿度为 $93\%\sim95\%$ 时，分生孢子均能萌发，以 $21\sim23℃$ 最为有利。病菌在 $35\sim37℃$ 下，24h 内即可死亡。分生孢子抗旱力强，在自然条件下，经过 138d 仍具有生活力。

四、病害循环

病菌以菌丝体或分生孢子及菌核附着在病残体上或遗留在土壤中越冬。条件适宜时菌核萌发产生菌丝体、分生孢子梗及分生孢子，分生孢子成熟后脱落，借气流、雨水或露珠及农事操作进行传播。在适温和寄主组织表面有水滴存在的条件下，分生孢子萌发，从寄主伤口、衰弱或死亡组织侵入。开花后的花瓣、花序部分最易被病菌入侵。侵入后的病菌迅速蔓延扩展，并在病部表面产生分生孢子，并通过上述方式进一步传播，引起频繁的再侵染。

五、流行规律

花序在整个发育过程中都会受到侵染。长时期的潮湿天气和密植等栽培措施都有利于病菌的侵染，引起花疫病的发生。

1. 水分、温湿度 低温高湿的环境是澳洲坚果花疫病发生流行的主要原因。长时间高湿，温度为 $16\sim24℃$，或温度适宜，相对湿度达到 80% 以上时，便开始发病。温度介于 $18\sim22℃$ 和相对湿度为 $95\%\sim100\%$ 时，最有利于该病的发生。若连续阴雨，田间湿度大，则易造成花疫病大流行。当孢子被风雨传到其他花序上并至少有连续 6h 的阴湿环境，造成再侵染。

2. 栽培措施 栽培措施对澳洲坚果花疫病的发生影响很大。种植园地势低洼、潮湿，光照不足，氮肥施用过多，植物生长过旺，田间定植密度大，大水漫灌，管理粗放，未及时整枝、中耕、除草等都会加速该病害的传播和蔓延。

六、防治技术

1. 清除菌源 冬季清园时剪除树上的病枯枝，结合施腐熟的有机肥进行深翻，将病残枝、叶及僵果清理出园，集中烧毁或深埋，以降低病菌初次侵染基数。花后及时摘除落在幼果和嫩梢上的残花，可有效防止幼果和嫩梢花疫病的发生。

2. 加强栽培管理 根据澳洲坚果各品种特点，掌握各定植密度。一般采取低干、宽行、密植栽培，控制冠幅不超过 6m，且行间必须有 $2\sim3m$ 空间。尽量疏除造成上部和内膛郁闭的枝条，据树势发育状况及时对过长枝回缩更新，以增强树势，改善通风透光条件。多施腐熟有机肥，酌施化肥。追肥采用沟施和根外追肥相结合、速效性氮肥和有机液肥相结合的办法，少施勤施。

3. 药剂防治 在澳洲坚果开花之前喷 1 次 5 波美度石硫合剂。60% 花序开放时，喷杀菌剂防治。使用药剂及浓度可选 50% 腐霉利可湿性粉剂 1 000 倍液、65% 甲霉灵可湿性粉剂 1 500 倍液、50% 异菌脲可湿性粉剂 1 000 倍液、75% 百菌清可湿性粉剂 1 000 倍液以及 70% 甲基硫菌灵可湿性粉剂 $800\sim1 000$ 倍液等。每隔 10d 喷 1 次，连喷 $2\sim3$ 次。上述药剂应交替或复配使用。

詹儒林（中国热带农业科学院南亚热带作物研究所）

第 65 节 澳洲坚果炭疽病

一、分布与危害

我国澳洲坚果种植区均有分布。据 2007 年在云南省澳洲坚果种植区对该病进行调查发现（表 17-65-1），此病侵害澳洲坚果的叶和果皮，呈现零星发生。

表 17 - 65 - 1 云南澳洲坚果种植区炭疽病调查情况
Table 17 - 65 - 1 Investigation result to *Macadamia ternifolia* anthracnose in Yunnan growing areas

地点	调查株数	病株数	病株率（%）
沧源	187	0	0
孟定	114	0	0
德宏 1	223	1	0.45
德宏 2	176	0	0
盈江 1	187	0	0
盈江 2	214	0	0
盈江 3	241	0	0
思茅 1	187	0	0
思茅 2	81	3	3.70
合计	1610	4	0.25

二、症状

病害在植株的叶、嫩梢、果上均有发生。感病初期病组织呈水渍状、浅黑色小斑块，随着病程的发展，病斑逐步扩大，后期病斑长出近似轮纹状的黑色分生孢子器。该菌侵染坚果嫁接苗、扦插苗嫩叶或成熟叶片，受侵染后叶片出现圆形或多角形的褐色病斑，周围有黄晕，病斑扩大后，整个叶片褐变、扭曲，直至脱落。嫩叶、嫩梢受害，多变黑枯死。此病以雨水、风传播，在潮湿多雾的天气，为害较重，有时导致成片幼苗落叶、枯死。绿色果实受害，初期出现黑色斑点，斑点互相结合，形成腐烂斑块（彩图 17 - 65 - 1，1），果实表面覆盖橘黄色、针状的病菌子实体，继而果皮腐烂。病菌侵染可由果皮扩展到果柄，造成大量的熟前落果。幼果及果壳感病后变黑褐色（彩图 17 - 65 - 1，2），湿度大时，表面长出橘红色的分生孢子团。

三、病原

澳洲坚果炭疽病病原为胶孢炭疽菌 [*Colletotrichum gloeosporioides* (Penz.) Penz. et Sacc.]，属子囊菌无性型炭疽菌属。分生孢子器有或无刚毛，长 75～210μm，浅黑色，分生孢子无色，不含油球，大小为 (10.5～18) μm×(4～5.1) μm，平均为 15μm×4.7μm，附着胞浅黑色，近球形或玉米粒形，直径为 4.4～8.3μm。

四、流行规律

该病在 5～8 月高温高湿雨季，果实成熟前发生，嫩梢与嫩叶受害轻，幼果、未成熟果遇连续多雨天气病害发生严重。

五、防治技术

每年在病害发生期用 50% 多菌灵可湿性粉剂 800～900 倍液、80% 福·福锌可湿性粉剂 700～750 倍液对叶、嫩梢和幼果喷雾防治。澳洲坚果叶上炭疽病多发生于 5～10 月，果上多发生在 5～7 月果实采收之前，果上一旦有病害发生，如不防治或防治不及时，会造成减产。因此，该病的防治重点要放在保果上，当未成熟的幼果表皮出现水渍状小斑时，要及时用药防治，果园中可选用含 0.5%～0.8% 多菌灵或百菌清的溶液喷雾防治，以免病害进一步发展。

周明（云南省热带作物科学研究所）

第66节　槟榔黄化病

一、分布与危害

槟榔黄化病是一种缓慢抑制植株生长、严重降低槟榔产量的危险性病害，于1949年最早报道于印度喀拉拉邦中部的Muvattupuzha，Meenachil和Chalakudi地区，在随后的几十年里，该病在印度其他槟榔种植区也逐渐流行起来，给印度的槟榔产业造成了巨大损失。1981年，槟榔黄化病首次在我国海南省屯昌县境内（原海南省药材场）的槟榔种植园内发生，侵害面积6.67hm²左右。1983年开始，海南各地槟榔种植业发展加快，随着槟榔种植产业的迅猛发展，种植面积迅速扩大，槟榔黄化病也随之向各槟榔种植地区扩散蔓延。目前在我国，该病害仅在海南省发生，早期发病的槟榔园已全园被毁，颗粒无收；重病园发病率高达90%，减产78%～80%，甚至绝产；部分槟榔园发病率为10%～30%。

二、症状

槟榔黄化病在田间表现为黄化型和束顶型两种症状。

黄化型症状（彩图17-66-1）：发病初期，植株下部倒数第二至四张羽状叶片外缘1/4处开始出现黄化，黄化部分与正常绿色组织的界线明显。抽生的花穗较正常植株短小，无法正常展开，结果量大大减少，常常提前脱落，减产70%～80%，少量存留的果实品质严重降低。感病植株叶片黄化症状逐年加重，干旱季节黄化症状更为突出，整株叶片无法正常舒展生长，常伴有真菌引起的叶斑及梢枯；解剖可见病叶叶鞘基部刚形成的小花苞水渍状败坏，严重时呈暗黑色，花苞基部有浅褐色夹心（彩图17-66-2）；感病后期病株根茎部坏死腐烂，感病植株常在顶部叶片变黄1年后枯死，大部分感病株开始表现黄化症状后5～7年枯顶死亡。

束顶型症状（彩图17-66-3）：病株树冠顶部叶片明显缩小，呈束顶状，节间缩短，花穗枯萎不能结果，病叶叶鞘基部的小花苞水渍状败坏。大部分感病株表现症状后5年枯顶死亡。

槟榔黄化病与槟榔生理性黄叶的区别：槟榔生理性黄叶（彩图17-66-4）是由于槟榔园管理不善、缺肥或干旱引起，槟榔叶片发黄现象呈现区域性，成片发生，一般是下部叶片均匀黄化，严重的干枯死亡。而黄化病则有明显的发病中心，即在槟榔园中，发病初期只有少量植株有黄化的表现。

三、病原

槟榔黄化病的病原为植原体，属硬壁菌门柔膜菌纲植原体暂定属（*Candidatus* Phytoplasma）。

槟榔黄化植原体形态为圆形、椭圆形等多种形态，菌体内有较丰富的纤维状体（即DNA）、细胞核区及较薄的质膜，没有细胞壁，其直径为180～550nm，单位膜的厚度为9～13nm（图17-66-1）。

四、流行规律

槟榔黄化病可侵害槟榔的各龄植株，国外的研究认为槟榔黄化病的病原可以通过叶蝉和飞虱进行传播，将棕榈长翅蜡蝉在感病的植株上饲毒30～41d后，在其唾液腺中观察到植原体，而在实验室饲养的和健康槟榔园采集的棕榈长翅蜡蝉的唾液腺中未发现植原体。利用棕榈长翅蜡蝉和无根藤进行槟榔黄化病桥接传播试验，结果发现供试的槟榔小苗表现黄化症状，从而进一步证明槟榔黄化病可以通过棕榈长翅蜡蝉和无根藤传播。

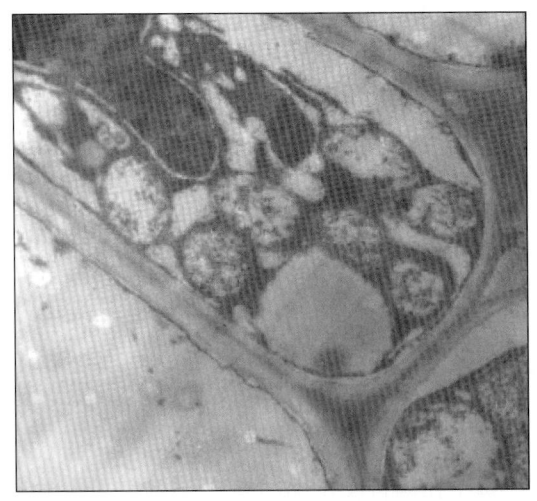

图17-66-1　感染黄化病植株筛管内的植原体
（陈慕容和罗大全提供）

Figure 17-66-1　The phytoplasma in the sieve tube of the infected areca nut (by Chen Murong and Luo Daquan)

五、防治技术

由于槟榔黄化病病原具有专性寄生、系统侵染的特点，其病原不均匀分布于寄主植物的筛管组织内，对其有效的药物治疗不仅取决于药物自身的性质和作用方式，而且也受制于药物在寄主体内的吸收、分布、运转及代谢状况，迄今所报道的药物及施药方式虽有一定的抑制作用，但治疗效果尚不理想。国内外对槟榔黄化病的研究基础十分薄弱，目前尚未有行之有效的防治办法，因此，对这种病害必须采取"预防为主，综合防控"的措施。

（一）消除侵染源

槟榔黄化病发生历史较长、病害严重的地区和种植园，应积极配合政府采取彻底灭除侵染源的措施。根据该病害的田间发病特征，结合田间管理加强观察，特别是从发病严重地区引种的槟榔园，如发现槟榔园内有黄化病株，应及时砍伐病株带绿叶部位并烧毁。利用槟榔黄化病快速检测技术，一方面加强检疫，防止该病原在地域间扩散；另一方面彻底清除带毒槟榔植株。

（二）除虫防病

在槟榔抽生新叶期间，全园喷施内吸性杀虫剂保护，可降低黄化病的传播概率。有条件的每月定期喷施 1 次，可结合叶面肥施用。

（三）加强槟榔园的水肥管理

槟榔园内应保持一定的覆盖度，田间除草应采用刀具低砍的方法。在槟榔园内长期使用除草剂，园内土地过于裸露，会影响槟榔树的正常生长，降低槟榔树的抗病能力，影响产量。多施磷肥可以延迟黄化病的发生并提高产量，增施草木灰等农家肥，可提高植株的抗病能力，也可提高健康槟榔树的产量。印度杂交种 Saigon×Mangala 具有较高的耐病性。

罗大全　车海彦（中国热带农业科学院环境与植物保护研究所）

第 67 节　槟榔茎基腐病

一、分布与危害

槟榔茎基腐病又称槟榔红根病，在世界槟榔主产区印度、中国、马来西亚等国均有发生。国内对该病害的系统调查和相关研究较少。此病害 2005 年前后，在万宁、陵水等地发生较为严重，部分槟榔园发病率达 10%～50%，特别是在一些荒芜失管的槟榔园发病较重。但近年来调查，该病害在槟榔主栽区仅零星发生。

二、症状

病害首先引起槟榔根茎坏死，地上部的树冠从老叶开始变色，发黄枯死，继而扩展到新叶，与严重干旱时症状相似。植株的茎基部颜色变为红褐色，并伴随褐色黏稠状的液体流出。随着病情的发展，树冠逐渐缩小，整株树冠变黄，叶片干枯脱落，只剩下光秃秃的树干，并在枯死的茎基部上长出子实体（担子果）。病株根部呈海绵状湿腐，根表不粘泥沙。严重时，植株在发病数月后全株枯死（彩图 17 - 67 - 1）。

三、病原

槟榔茎基腐病病原为担子菌门灵芝属的灵芝菌［*Ganoderma lucidum*（Leyss.：Fr.）P. Karst.］。病菌担子果上表面呈锈褐色或枯叶色，有皱纹；边缘白色，略向上；下表面光滑呈灰白色；直径为 3～16.5cm，宽为 3.6～11.0cm，无柄或有短柄，侧生于病树茎基部的侧面，或从病树的表层病根上长出，子实体有蘑菇香味。此种病菌寄主范围广泛，除槟榔外，还能侵染椰子、油棕、芒果、凤凰木、水黄皮、木麻黄、山扁豆、罗望子、油柑和刺苞菊等（彩图 17 - 67 - 1）。

四、病害循环

五至十年生槟榔最易感病，最初侵染源主要是垦前林地已经染病的树桩或各种灌木等野生寄主。开垦时遗留下来的病根和病树桩，如没有彻底清除，种植槟榔后，槟榔根系和病组织接触，病组织上的菌丝、菌索和菌膜就能直接延伸到健康槟榔根上使其发病。病菌的孢子也可借风雨传播到槟榔的根颈上，从伤口侵入，引起植株发病。

五、流行规律

垦前林地发生根病的杂树多，开垦时病树桩和树根未清除干净，遗留下来的病树桩、树根越多，发病越严重；槟榔园周围得病的野生寄主多，槟榔发病也较重；失管荒芜、过度密植且排水不良、土壤质地黏重、结构紧密、易板结、通气差的槟榔园易发生茎基腐病。

六、防治技术

(一) 农业防治

(1) 开垦时彻底清除或毒杀林地中的发病树桩、树根。

(2) 清除槟榔园周围的发病野生寄主植物的死树桩和树根并烧毁。

(3) 发现病害，及时在病树四周挖深沟隔离病区，以防病害向邻株蔓延。

(4) 避免在槟榔园附近栽种易感病的凤凰木、水黄皮、铁刀木等树种。

(二) 化学防治

(1) 用含 0.5％的十三吗啉药液淋灌树头周围土壤，对邻近病区的植株进行预防和治疗轻病株。

(2) 在雨季开始，用 2％波尔多液灌根或喷施克菌丹、多菌灵、王铜和萎锈灵等药剂，有一定防效。

(3) 也有人采用硫黄来防治此病。

(三) 生物防治

绿色木霉菌（*Trichoderma viride*）、枯草芽孢杆菌（*Bacillus subtilis*）、链霉菌（*Streptomyces* sp.）对茎基腐病菌有拮抗作用，将来可考虑用于生物防治。

罗大全（中国热带农业科学院环境与植物保护研究所）

李增平（海南大学环境与植物保护学院）

第 68 节　椰子泻血病

一、分布与危害

椰子泻血病是椰子上的主要病害之一，其发生历史久远，分布范围广，为害较为严重，一直以来受到广大植保工作者的高度重视。2009 年以来，我国椰子泻血病发生较为普遍，并有逐年加重的趋势，主要发生在海南、广西、广东和云南等椰子种植区。在世界上该病主要分布于斯里兰卡、印度、菲律宾、马来西亚和特立尼达岛等热带地区。椰子泻血病主要侵害椰子，其病菌也可侵染槟榔（*Areca catechu*）、油棕（*Elaeis guineensis*）、酒瓶椰子（*Hyophorbe lagenicaulis*）、三角椰子（*Dypsis decaryi*）、布迪椰子 [*Butia capitata*（Mart.）Becc]、长穗棕竹（*Rhapis* sp.）、王棕（*Roystonea elata*）、箸棕（*Sabal palmetto*）和华盛顿棕（*Washingtonia filifera*）等重要棕榈植物，同时还可侵染香蕉、菠萝、甘蔗等重要热带亚热带经济作物。椰子感病后，生理机能遭到干扰和破坏，树冠凋萎，叶片脱落，椰子果产量下降，品质降低，严重时整株死亡。2004 年，巴西塞尔希培州发现 50 株椰子出现泻血病症状，发病植株生长变缓，3～4 个月后死亡。2011 年，海南省文昌、海口、琼海和万宁等地普遍发生椰子泻血病，发病率 40％以上，死亡率超过 5％。

二、症状

泻血病以侵害茎干为主。发病初期在椰子茎干上出现细小、变色的凹陷斑点，病斑扩大后可汇合，在树干上形成大小不一的裂缝。随着病情的发展，茎干内纤维开始解体腐烂，从裂缝处流出红褐色的黏稠液体，风干后呈铁锈色或黑褐色。严重时树干腐烂，叶片由下到上逐渐干枯脱落，植株死亡（彩图 17-68-1）。

三、病原

椰子泻血病的病原是奇异长喙壳 [*Ceratocystis paradoxa* (Dade) C. Moreau]，属子囊菌门菌物球壳目长喙壳属，其无性型为 *Chalara paradoxa* (De Seynes) Sacc.，异名：*Thielaviopsis paradoxa* (De Seynes) Höhn.。在完整的生活史中能产生 3 种不同类型的孢子，即厚壁分生孢子、薄壁分生孢子和子囊孢子。无性繁殖产生两种分生孢子，一种是在深褐色的分生孢子梗内形成的黑褐色、圆形或椭圆形的厚壁分生孢子；另一种是在无色分生孢子梗内形成的无色、圆筒形或圆形的薄壁分生孢子。厚壁分生孢子经过一段时间的休眠期才萌发；薄壁分生孢子形成后，可随即萌发。有性型形成具长颈的瓶状子囊壳，口孔上有口须。子囊壳内有许多梨形或卵形的子囊，子囊孢子成熟后子囊壁即消解，子囊孢子分散在子囊壳内。子囊孢子单细胞，圆形或椭圆形，盔状，无色透明，形成后就能萌发。奇异长喙壳菌为异宗配合真菌，有性孢子必须由不同交配型菌株，以对峙培养的方式才可以诱发产生。

厚壁分生孢子球形至椭圆形，壁厚，黄棕色至黑褐色，排列成链状，大小为 (11.3~17.6) μm×(8.1~13.1) μm，在较短的孢子梗上产生，能抵御外界不良环境，在土壤中休眠可达 4 年以上。在 PDA 培养基上 (25℃)，菌落初为灰白色，后变黑色，菌落平展、扩展迅速。薄壁分生孢子短圆筒形或长方形，单胞，壁薄，初无色，后变褐色，内生，大小为 (6.3~10.6) μm×(4.3~6.3) μm。分生孢子梗自菌丝侧生，无色至淡橄榄色，不分枝（彩图 17-68-2）。子囊壳长颈瓶状，大小为 (1 000~1 500) μm×(200~350) μm；子囊棍棒形，大小为 25μm×10μm；子囊孢子无色，椭圆形，大小为 (7.0~10.0) μm×(2.5~4.0) μm，内生 8 个单细胞椭圆形的子囊孢子。

四、病害循环

椰子泻血病菌主要在热带地区的土壤及寄主植物病残体上以菌丝体或厚壁分生孢子越冬。雨季来临时萌发长出芽管，反复从伤口侵染椰子，并扩散传播到其他棕榈科植物上繁殖蔓延。其中，伤口是椰子泻血病菌侵染循环中的关键环节，长期的低温和高湿是泻血病严重发生的两个主导诱因。病菌主要靠气流、雨水溅射、昆虫及人事操作传播扩散。

五、流行规律

椰子泻血病的流行与气候、品种及树龄和栽培条件有密切关系。

（一）气候

气候条件对病菌的繁殖和椰子的抗病力均有影响，阴雨连绵的天气容易发病；相反，病害的发生、发展便会受到抑制。当温度低于 5℃ 或高于 40℃ 时，分生孢子不能萌发，25℃ 时分生孢子萌发率最高，达 75.40%。

（二）品种及树龄

不同品种椰子对泻血病的抗性有明显差异，根据在海南的调查结果显示，马哇椰子、红矮椰子和黄矮椰子相对比较抗病，香水椰子易感，海南本地高种椰子次之。同一品种在不同树龄阶段亦表现不同的抗性。各龄期的椰子均可感病，但以 11~15 年的椰子感病程度最重，由于这阶段植株的维管束组织柔软，含水量高，病害在茎内扩展的速度快，受害植株大多数死亡。老龄植株往往比较耐病，感病严重的树半年至 3 年内也会死亡。

（三）栽培技术

栽培技术既影响到椰子抗病力，也关系到病菌生长发育的田间小气候，因此，在栽培技术中，特别是肥水管理与病害的发生和流行关系密切。每年每株椰子施用氮、磷、钾肥的量以 0.5kg、0.32kg、1.2kg 为佳，避免增施氮肥；定期清除杂草，减少病菌滋生的场所；干旱季节每周浇灌 1 次，使椰子生长健壮，增强抗病力。长期积水或漫灌，椰子根部发育差，吸收养分能力减弱，抗病力低，加重发病。地下水位高，土质黏重，排水不良的土壤均易引起发病。

六、防治技术

（一）选用抗（耐）病丰产良种

椰子的不同品种对泻血病的抗性差异非常明显，利用抗泻血病良种是防治泻血病最经济、有效的措施。抗泻血病良种可通过引种、杂交育种、系统选育和人工诱变等方式获得。根据在海南的调查结果显示，马哇椰子、红矮椰子和黄矮椰子相对比较抗病，香水椰子易感，海南本地高种椰子次之。在选用抗泻血病丰产良种时，要注意品种的合理布局和轮换种植，防止大面积单一使用某一个品种。

（二）农业防治

彻底切除受侵染的组织，把切除下来的发病组织集中烧毁；避免在树干上造成机械损伤。加强抚育管理，多施有机肥，同时做好排灌系统，及时浇水和排水，防止旱涝引起生理性病害，促进植株生长，增强抗病力。用 25mL 水和 50g 滑石粉拌成浆混合木霉菌涂抹在发病部位可以有效防治泻血病。每年 8～9 月将 50g 混有木霉菌的滑石粉与 5kg 印楝饼混匀撒在根部，既可增加土壤微生物的含量，又可抑制土壤中的病菌发育，对泻血病的发生有一定的预防作用。

（三）化学防治

挖除病组织，并集中烧毁，对处理过的伤口用含 5％十三吗啉的药液消毒，2d 后涂上波尔多浆保护；为防止病菌沿着树干向上蔓延，用含 5％十三吗啉的药液在 4～5 月、9～10 月和翌年的 1～2 月各灌根 1次。此外，可用 300g/L 苯甲·丙环唑乳油每公顷 225～375mL 对水灌根，7～10d 灌 1 次，连续灌根 2～3次，防治效果显著。使用 50％多菌灵可湿性粉剂、50％咪鲜胺锰盐可湿性粉剂、50％异菌脲可湿性粉剂、80％代森锰锌可湿性粉剂等对水喷雾，防病效果均较好，可根据药源情况选用，各种药剂的具体用量根据使用说明书确定。

余凤玉（中国热带农业科学院椰子研究所）

第 69 节　咖啡锈病

一、分布与危害

咖啡锈病是世界小粒种咖啡生产国的主要病害，1861 年，咖啡锈病首次在肯尼亚野生咖啡上被报道；1869 年，斯里兰卡生产性栽培的咖啡发生锈病，在 10 年内完全摧毁了咖啡产业。到 1920 年，锈病蔓延至整个非洲及亚洲的咖啡栽培国家。1970 年，锈病传到西半球的巴西，到 1986 年时已传播至整个中南美洲。美国的夏威夷是现有未发生锈病的咖啡栽培区域之一。锈病是破坏性最大的咖啡病害，以其流行猛烈、传播迅速、损失惨重而著称，与水稻稻瘟病、马铃薯晚疫病合称为世界作物三大病害。咖啡锈病在我国于 1922 年首次发生于台湾，1942—1947 年在广西龙津一带及海南发生，以后扩展至云南各地。云南是国内种植小粒种的主产区，1958 年小粒种咖啡波邦、铁毕卡种植面积达到了 3 300hm²，除了保山潞江坝干热区锈病发生相对较轻外，其他地区锈病均发生较重。由于锈病为害和市场价格及其他因素的影响，到1978 年，云南省仅潞江坝保留了 13.3hm² 的咖啡面积。后来随着抗锈品种的推广，咖啡种植面积逐渐扩大，到 2011 年云南省种植面积达到 4 万 hm²。而因为新小种的出现，使生产上主要栽培种卡蒂姆类咖啡出现锈病为害。据调查，云南省除了几个新区抗锈品种未发现锈病外，其他主要种植区都发生了不同程度的锈病。

咖啡锈病主要侵害商业种植的小粒种咖啡。咖啡感病后，叶片病斑上布满锈孢子，导致植株提早落叶，光合作用能力下降，当年营养生长和果实变小，造成后期的碳水化合物量不足，引起枯枝、早衰。病害流行年份可使咖啡的产量损失超过 30％，严重的可达 50％。同时又因锈病造成大量落叶，引发天牛类害虫的严重为害，因此严重影响了咖啡生产的持续发展。

二、症状

咖啡锈病菌仅侵染叶片，重病年份幼果和嫩梢上也有孢子堆。症状主要表现于叶背孢子堆的发展过程，发病初期叶背面开始出现 2～3mm 的小黄斑点，其周围有浅绿色晕圈。斑点逐渐扩大，以后在发病部位的叶背面出现橙红到橙黄色的孢子堆。随后孢子堆以同心圆方式逐渐扩大，一般直径达 5～8mm，最大病斑可达 25mm，往往许多病斑连成一片。咖啡锈病菌在气孔处产孢，与大多数锈病菌的病斑隆起呈疣状、表皮破裂的产孢方式不同。后期叶片正面病斑老化，中间出现褐斑，病叶黄化、脱落。在阴雨潮湿天气，孢子堆上有白色霉状超寄生菌使孢子迅速霉坏（彩图 17-69-1）。

三、病原

咖啡锈病病原是咖啡驼孢锈菌（*Hemileia vastatrix* Berk. et Broome），属担子菌门驼孢锈菌属真菌，目前只发现夏孢子、冬孢子、担孢子，而性孢子和锈孢子尚未发现，也未发现有转主寄主。咖啡锈病菌生活史尚未完全阐明，在自然中仅靠夏孢子侵染咖啡，以菌丝体在病叶内越冬越夏，病叶是锈菌唯一的生存场所。

夏孢子：咖啡叶背的黄色粉末即锈菌夏孢子，孢子均由叶背气孔伸出，密集排列，呈椭圆形、肾形、拟三角形或不规则形。夏孢子一般有明显的驼背，其背脊上密生短刺，而腹部无刺。孢子大小为（30.0～42.5）$\mu m \times$（20.5～31.2）μm，平均为 34.9$\mu m \times$23.75μm。夏孢子萌发时一般产生 1～3 个芽管。芽管中不均匀分布黄色颗粒状物，是一种脂毛素，锈菌的特殊黄色由此产生。孢子萌发时，孢子中原来的内含物移入芽管而中空，残留外壳。

冬孢子：比夏孢子略小，为陀螺形或不规则形，黄色，外表光滑，有 1 乳突，大小为（26.4～30）$\mu m \times$（16.0～24.7）μm。常出现于夏孢子堆中，但不普遍。无休眠期，接触水立即发芽，伸出粗大的棍棒状担子梗，宽为 9.7～10.6μm，孢子的细胞中细胞质完全集中在担子梗中，分隔为 4 个细胞，同时进行细胞核减数分裂，每一个细胞中伸出 1 个小孢子梗后形成单倍体担孢子。

担孢子：梨形或卵圆形，橙黄色，大小为（14.7～15.7）$\mu m \times$（11.6～12.3）μm，担孢子形成后即可萌发，芽管粗短，宽为 3.17μm，不能侵染咖啡，可能需要转主寄生（图 17-69-1）。

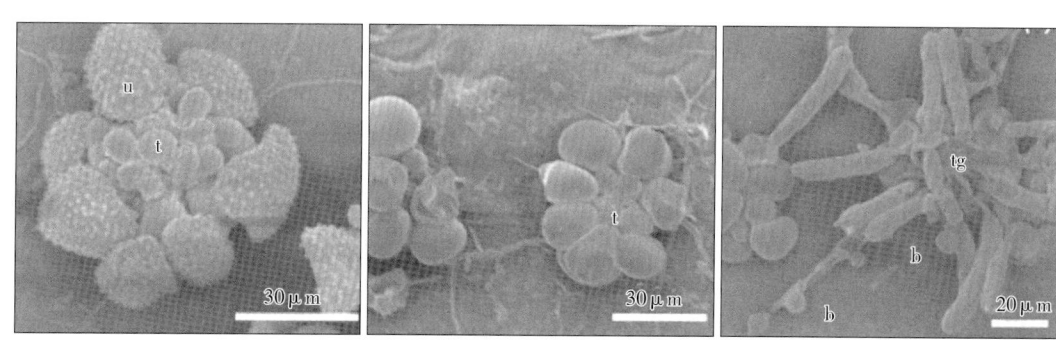

图 17-69-1 咖啡驼孢锈菌（引自 Ronaldo de Castro Fernandes，2009）
Figure 17-69-1 *Hemileia vastatrix*（from Ronaldo de Castro Fernandes，2009）
u. 夏孢子 t. 冬孢子 b. 担孢子 tg. 发芽的冬孢子

四、病害循环

在我国华南四省以及贵州和四川能种植小粒种咖啡的地区调查发现，咖啡锈病主要以菌丝在咖啡病组织内渡过不良环境，田间残留的病叶是主要的侵染来源。在适宜的气候下，病部产生夏孢子，借气流、雨水、昆虫和人、畜传播；在 14～30℃和叶面有水膜的条件下发芽，从气孔侵入。菌丝在叶片薄膜细胞间生长，因受温度和咖啡品种的差异，潜育期 14～30d，后在叶面产生新的夏孢子堆，以此循环侵染（图 17-69-2）。

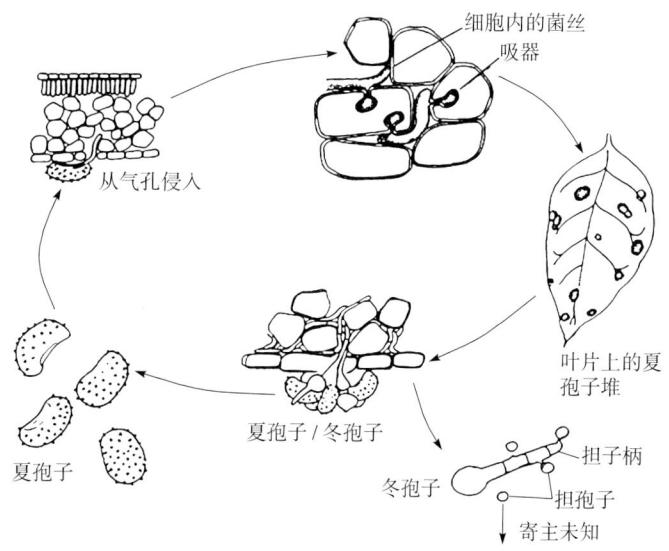

图 17-69-2 咖啡锈病菌生活史（引自 P. A. Arneson，2000）
Figure 17-69-2 The life cycle of *Hemileia vastatrix*
（from P. A. Arneson，2000）

五、流行规律

（一）传播扩散及其侵染条件

1. 传播与扩散 咖啡锈病是一种气流传播病害，锈病菌夏孢子遇到轻微的气流，就会从夏孢子堆中飞散出来。风力弱时,夏孢子只能传播至邻近的植株上。当气流强、菌量大时,强大的气流可将大量的锈病菌夏孢子吹送至 1 500～3 000m 的高空,随气流传播到几百万米以外的咖啡树上侵害。夏孢子在被吹送至高空以前有一部分已失去生活力,在传播过程中又有部分孢子濒临死亡,降落到植株上的孢子只有很少一部分尚保持着侵染力,但总的数量仍然足以使大面积的咖啡受到侵染。

2. 咖啡锈病菌夏孢子寿命及萌发条件 咖啡锈病菌夏孢子的寿命与日照时间长短及温、湿度的高低有密切关系。据报道,雨季咖啡叶面上夏孢子 10～15d 即丧失发芽率,而在低温干燥季节(平均温度 5.8℃),个别叶片上的夏孢子在 50d 后尚有 21% 的发芽率。夏孢子在相对湿度 80% 的条件下,生活力很快丧失,在真空冻干的条件下可存活 3～5 年,甚至更久。因此,常用真空抽气 1～2h 后,在密封低温干燥的条件下保存菌种。在−196℃ 超低温液态氮中保存菌种,效果更好。

咖啡锈病菌夏孢子萌发的适温范围是 15～28℃,最适范围是 21～22℃;侵入适宜温度为 18～24℃。锈病菌潜育期长短与温度关系密切,在最适温度(22℃左右)下是 14～15d,气温增加或降低,潜育期均相应延长,温度为 25℃ 时是 15～18d,18℃ 时是 25～29d。夏孢子产生量受到温度、湿度和寄主抗病性的影响,单一菌斑在 3～5 个月产孢 4～6 批次,共释放出 300～400 000 个孢子。超寄生真菌如血红轮枝菌 (*Verticillium haemilliae*) 和蘑菇轮枝菌 (*V. psallistae*) 常出现在病斑处,降低夏孢子的生命力,但其田间生物防治效果不明显。锈病菌夏孢子萌发阶段强光对其有抑制作用,阴雨天或微弱光线不影响萌发。在云南芒市试验表明孢子置强烈日光下 4h 完全丧失发芽率,在高海拔地区阳光中紫外线丰富,孢子远距离传播可能受限制。

3. 侵染过程及侵染条件 叶面自由水是感染成功的必要条件。咖啡锈病菌夏孢子落到感病咖啡品种的叶片上,遇合适的温、湿度条件,在 2～4h 发芽,即萌发长出芽管,夏孢子形成附着器,长出泡囊,由此侵入叶背面气孔空腔。

萌发后 10h 内在芽管顶端棒状的附着器下方伸出 1 条管状的侵入丝,钻入气孔内。在气孔下长出侵染菌丝和吸器,伸入附近细胞内,用以从组织中吸取养料和水分,锈病菌夏孢子萌发侵入咖啡叶片在 24～48h 内即完成感染。咖啡锈病菌夏孢子的萌发和侵入都要求与水滴或水膜接触。如无水滴或水膜,即使相对湿度达到 90% 以上,夏孢子也很少或不能萌发。因此,在自然条件下夏孢子多靠叶背的雨水膜或凝结的露滴发芽,这也是病斑多发生在水滴或水膜多的叶缘边的原因。水滴保留 20h 以上时才能达到侵染最大值。长期干旱不利于发病。由于侵染至病斑表现的潜伏期需 3～6 周,所以病症明显表现时,常是在干旱期间。过度结果的咖啡树比结果少的感锈病重;因为叶片的感病与叶子的矿物质含量和淀粉含量有关,移走未成熟的果后植株锈病严重度下降;荫蔽条件的咖啡植株锈病较轻,这与咖啡结果合理,树势强有关;而完全暴露在阳光下的咖啡树易过度结果,并且叶片气孔比率也较高,病菌易侵入,所以感病较重。

夏孢子潜伏期受寄主和环境条件的影响,在感锈品种结果多的高产年份,且环境条件有利于寄主快速生长时,只需要 1～2 周;而在较抗锈品种的老叶,特别是在冷凉和干燥的条件下潜伏期长达几个月。一般来讲,在开花后 3 个月发病率在 5%～10% 被认为是一个阈值水平。咖啡锈病史最显著的特点是当新的病原菌毒力小种成为优势种后,生产上用于控制病害的抗锈品种的抗锈性也逐渐丧失。

(二)造成大流行的环境及营养条件

1. 海拔 国外大量资料报道,海拔愈高,气温愈低,锈病愈轻。由于海拔与山地形成的生态差异,即不同坡向、地势和南来暖气流爬坡形成了地形雨,出现了一些年降水量、日照时间和光辐射能差异极大的地区,从而影响到咖啡长势,造成结果量和锈病发生程度的差异。一般来讲,海拔高,咖啡不易出现过度结果,也是发病轻的原因。

2. 温度 温度是影响发病的因素之一,夏孢子在培养基上发芽最低、最适、最高温度分别为 15.5℃、22℃、28℃,在叶面上发芽最低、最高温度分别为 12.5℃、32.5℃。

温度不仅直接影响夏孢子的萌发、侵染、潜育期及寿命,而且构成各地区不同的流行季节。值得注意的是,在不适宜气温来临之前 1 个月侵染的最后一批病叶,一般在侵染后即遇低温,潜育期长达 1～2 月后才出现病斑和产生大量夏孢子,造成使人认为仍在流行的假象。

3. 降水量与露量 夏孢子萌发必须接触水滴,因而叶面上的水滴(雨露)量与停留时间是锈病侵染与流行的必要因素。云南亚热带地区都是雨季来临后锈病迅速流行,这与湿度大、叶面水膜停留时间长有关。仅有高温而无自由水的情况下,并不足以诱导夏孢子发芽,这也是云南保山潞江坝低海拔地区咖啡锈病发生轻的原因；夏孢子在幼叶上的萌发率比中老叶上的要高。露量在咖啡锈病流行上是极其重要的生态因素。昼夜温差愈大，露量愈重，有利于夏孢子萌发。云南非雨季流行期 9～11 月，绝对日温差可达 16～18℃，露停留时间长达 14～16h。在降水量稀少地区或无雨季节，叶面上的露滴是大流行的唯一基本条件。

4. 栽植密度、荫蔽树　适宜的荫蔽，能减少叶面露量，延缓叶面水分的蒸发，也控制了咖啡过度开花结果，有效防止了咖啡园早衰，较好地保持叶片的抗锈性；相反，叶片在强光照射下易发病。

5. 植株营养状况

（1）结果量。结果愈多特别是结果过多超过自身营养负荷时，植株处于易染病体质，锈病发生愈重。进行疏果后，锈病的严重度可以减少 2%～38%。咖啡结果有明显的大小年，结果大年即是锈病流行之年。显然，咖啡结果量引起的营养耗竭是锈病大流行最关键性的因素。

（2）咖啡植株的中层结果枝由于结果对养分的强烈消耗形成了全株营养物的吸引中心，全株各部分叶片愈靠近结果枝，养分含量愈低。同时不同部位叶片由于养分含量差异也表现出抗病性的差异。从单株上看，锈病的发生首先在越冬老叶上，然后依次是果枝上叶片、果枝上当年新叶或二分枝上叶、植株上层当年新枝叶、植株顶梢叶。因此，锈病在植株上出现的部位是由内向外、由下而上，表现出一定的转移规律。

（3）咖啡植株全年生长和开花结果动态以及生殖生长与营养生长的平衡。云南有近半年低温期，咖啡会停止生长，而浆果在 11 月下旬至 12 月集中成熟，在 11 月至翌年 3 月，咖啡停止生长。在冬旱季白天光照足、光合率高，而夜间呼吸量低，枝条内积累的糖类丰富，导致当年大量开花结果。由于冬旱季落叶甚多，开花时花果量往往超过同株叶片的数量，而且生殖生长早于营养生长，抢先耗用了糖分的储备，抑制或减少同株上新枝叶的抽出，加之果实生长对养分的强烈消耗，生殖生长远远大于营养生长，为数不多的叶片营养负荷极大，抗病性降低。同时又遭遇锈病流行期，树势必然迅速衰减，使锈病发生极重。

6. 营养物质和能量流的收支平衡及主要矿质营养与抗病关系　营养物质和能量流的收支平衡，是咖啡园生态系统的核心，是决定一个咖啡园的经济寿命和系统稳定性的关键。

（1）营养物质和能量流的来源和支出。咖啡树的光能利用率与干物质产量，肥料的来源（包括自然界的氮、磷、钾、CO_2 等循环）和肥料的施用与植株的利用及在土壤中淋溶、固定、挥发等的丧失，土壤有机质的积累和分解，雨水的降落与土壤吸收和蒸发，光合产物（糖）的积累与开花结果、生长、呼吸以及其他生理代谢能量的消耗等，都存在着平衡问题，这些平衡的破坏，必然导致整个生态系统的瓦解。

（2）咖啡需要大量的氮钾肥。根据肥料试验，氮肥充足（特别是在缺肥时）最有利于植株抗锈性增强，氮肥再加钾肥，效果更显著。国内对咖啡营养指标与抗锈力相关性的研究表明，在 6～7 月测定咖啡中层果枝，总氮不低于 2%，钾不低于 1.5%，总糖不低于 9%，当年锈病不会太严重，否则，应及时追肥。

咖啡需磷不多，但充足的磷有利于咖啡增产，叶片中碳量与叶绿素含量增加有利于产生抗病性。在海南各咖啡园土壤酸性大，速效磷普遍低，且磷肥来源困难，一般植株普遍缺磷，果实很小，产量很低，这是否是锈病发生极轻的原因，尚待研究。

（三）咖啡锈病菌的生理专化现象

咖啡锈病菌是一种专化性很强的专性寄生菌，只能在活的咖啡植株上才能够生存。锈病菌种内存在一些彼此在形态上没有明显差异，但在致病性方面有所区别的生理小种。一个特定的生理小种只能侵害咖啡的一些品种，对另一些品种不造成危害。

锈病菌生理小种类型多、变异快，一个品种是否抗锈病主要决定于它是否能够抵抗当地的锈病菌优势小种。抗病品种经大面积推广种植多年后，其抗锈性往往就会减退或丧失。锈病菌生理小种的变化、新的致病小种的产生和发展是引起咖啡品种抗锈性丧失的主要原因，同时这种变化又与咖啡品种类型和布局的改变有着密切的联系，它们之间存在着相互制约的关系。

自 20 世纪 50 年代以来，葡萄牙国际咖啡锈病研究中心（以下简称 CIFC）收集了世界各咖啡生产国存在或选育出的主要咖啡种质，并根据种质对锈病菌生理小种的感病和抗病反应，确立了 40 个咖啡生理种群，并用来作为锈病菌生理小种的鉴别寄主谱。从这些咖啡种群中现已分离到的抗病基因有 9

个，其中 *SH1*、*SH2*、*SH4*、*SH5* 来源于小粒种咖啡；*SH3* 来源于大粒种咖啡；*SH6* ～ *SH9* 来源于中粒种咖啡。各咖啡种群的代表品种或种质具有的抗病基因及所抗的生理小种数见表 17 - 69 - 1。CIFC 先后发现了 40 个咖啡锈病菌生理小种（表 17 - 69 - 1），其中，多数小种能侵染小粒种（*Coffea arabica*）和拉塞摩萨种（*C. racemosa*），而能侵染中粒种（*C. canephora*）和大粒种（*C. liberica*）的小种类型极少；这些小种中常见的、分布较广的、对生产上威胁较大的有 8 个（表 17 - 69 - 2）。这些优势生理小种都是不同时期导致咖啡生产品种丧失抗锈性的主要原因。由于锈病生理小种不断出现，近期在研究的新小种有 10 余个。

1988 年和 1997 年中国热带农业科学院环境与植物保护研究所在我国咖啡种植区收集咖啡锈病菌标样，在 CIFC 进行小种鉴定，共发现锈病菌生理小种 7 个。其中云南 5 个，分别为 Ⅱ、Ⅰ、ⅩⅤ、ⅩⅩⅢ 和 ⅩⅩⅣ 号生理小种；海南 3 个，分别为 Ⅱ、Ⅵ 和 ⅩⅩⅡ 号小种；广东仅 1 个，为 Ⅱ 号小种。Ⅱ号小种分布于我国各咖啡种植区，占鉴定样品总数的 55.2%，是我国的优势小种。1999 年以来，云南生产上主要栽培品种 Catimor 类咖啡逐渐出现感染锈病。Catimor 是小粒种卡杜拉与小粒种和中粒种自然杂交获得的四倍体杂交种蒂姆（HDT）进一步杂交选育的四倍体咖啡品种。2011 年 10 月初在云南德宏和保山采的锈病样本鉴定结果表明，使品种 S288 致病的锈病菌小种为 Ⅷ（v2，3，5）；使 Catimor 类咖啡致病的小种为 ⅩⅩⅩⅢ（v5，7 或 v5，7，9）、ⅩⅩⅩⅣ（v2，5，7 或 v2，5，7，9）和 ⅩⅬⅡ（v2，5，7，8 或 v2，5，7，8，9），并且在 Catimor 样本上还检测到了 1 个具有毒力基因（v1，5，7 或 v1，5，7，9）的新小种（表 17 - 69 - 3）。锈病变异的主要原因与基因突变有关，要抑制这个真菌击败抗性的超强能力，必须选育出同时带有多个 *SH* 基因的持续抗性栽培种，因此要加快选育具有抗锈谱广的新品种，加强研究延缓新小种出现的锈病防控技术，延长抗锈品种在大田使用的经济寿命，提高咖啡生产经营的效益。

表 17 - 69 - 1　咖啡锈病菌生理小种鉴别寄主、抗病基因型和咖啡生理小种组群编号（引自 CIFC，2006）

Table 17 - 69 - 1　Coffee differentials hosts to coffee leaf rust, genotypes for rust resistance, designation and coffee physiological groups（from CIFC，2006）

咖啡品种	组群编号	所采用的鉴别寄主	寄主带有的抗病基因	所抗的小种数（个）
小粒种及四倍体咖啡	β	849/1-Matari	不明	2
	α	128/2-Dilla &. Alghe	*SH1*	29
	γ	635/2 S. 12 Kaffa	*SH4*	24
	E	63/1 Bourbon &. 1/19 Caturra	*SH5*	8
	R	1343/269 HDT	*SH6*	30
	I	134/4 S. 12 Kaffa	*SH1*，4	32
	C	87/1 Geisha	*SH1*，5	32
	5	H 468/23	*SH1*，6	39
	D	32/1 DK 1/6	*SH2*，5	23
	G	33/1 S. 288-23	*SH3*，5	34
	J	110/5-S. 4 Agaro	*SH4*，5	27
	4	H 440/7	*SH5*，6	32
	L	1006/10KP 532 (p131)	*SH1*，2，5	35
	Z	H 153/2	*SH1*，3，5	38
	W	635/3 S 12 Kaffa	*SH1*，4，5	36
	8	H 539/8	*SH1*，4，6	39
	7	H 538/29	*SH1*，5，6	40
	H	H 34/13 S 353/5	*SH2*，3，5	37
	Y	H 152/3	*SH2*，4，5	31

（续）

咖啡品种	组群编号	所采用的鉴别寄主	寄主带有的抗病基因	所抗的小种数（个）
小粒种及 四倍体咖啡	6	H 537/18	*SH2，5，6*	35
	X	H 151/1	*SH3，4，5*	38
	10	H 581/17	*SH3，5，6*	40
	11	H 583/5	*SH4，5，6*	37
	V	H 150/8	*SH1，2，3，5*	38
	O	HW 17/12	*SH1，2，4，5*	37
	U	H 148/5	*SH1，3，4，5*	39
	T	H 147/1	*SH2，3，4，5*	38
	9	H 535/10	*SH2，3，5，6*	40
	S	HW 18/21	*SH1，2，3，4，5*	39
	M	644/18 Kawisari hybrid	*SH5，?*	39
	3	H 419/20	*SH5，6，9*	36
	2	H 419/2	*SH5，8*	35
	1	H 420/10	*SH5，6，7，9*	37
	A	832/1 HDT	*SH5，6，7，8，9?*	40
二倍体 咖啡	F	269/3 *C. racemosa*	?	0
	N	168/12 *C. excelsa* Long Koi	?	1
	B	263/1 *C. congensis* Uganda	?	35
	K	829/1 *C. Canephora*	?	37
	P	681/7 *C. canephora*	?	39
	Q	1621/1 *C. congensis* Uganda	?	38

注 ? 表示抗病基因未知。

表 17 - 69 - 2　咖啡锈病菌优势小种的世界性分布和出现频率（引自 CIFC，2006）

Table 17 - 69 - 2　Worldwide distribution and occurrence frequency of advantage coffee rust pathogen races（from CIFC，2006）

小种类型	分布国家数（n，33）	样品数（n，788）*	出现频率（%）
I	15	117	15
II	30	442	56
III	10	70	9
IV	3	9	1
V	2	3	0.4
VI	3	26	3
VII	2	2	0.3
VIII	2	4	0.5

* 被鉴定的 30 个小种的样品总数。

表 17 - 69 - 3　对小粒种咖啡及其与咖啡属杂交获得的四倍体分离种有致病性的锈病菌小种毒力基因型（引自 CIFC，2006）

Table 17 - 69 - 3　Virulence genotype of *Hemileia vastatrix* race to *Coffea arabica* and some tetraploid
segregants of *C. arabica* × *Coffea* spp.（from CIFC，2006）

生理小种	毒力基因型	生理小种	毒力基因型
I	*v2*，5	XXIII	*v1*，2，4，5
II	*v5*	XXIV	*v2*，4，5
III	*v1*，5	XXV	*v2*，5（6）?
IV	*v*?	XXVI	*v4*，5，（6）
VI	*v*?	XXVII	*v1*，4，（6）
VII	*v3*，5	XXVIII	*v2*，4，（5，6）
VIII	*v2*，3，5	XXIX	*v5*，（6，7，8，9）
X	*v1*，4，5	XXX	*v5*，（8）
XI	*v*?	XXXI	*v5*，（6，9）
XII	*v1*，2，3，5	XXXII	*v*（6）?
XIII	*v5*，?	XXXIII	*v5*，（7）or *v5*，（7，9）
XIV	*v2*，3，4，5	XXXIV	*v2*，5，（7）or *v2*，5，（7，9）
XV	*v4*，5	XXXV	*v2*，4，5，（7，9）
XVI	*v1*，2，3，4，5	XXXVI	*v2*，4，5，（8）
XVII	*v1*，2，5	XXXVII	*v2*，5，（6，7，9）
XVIII	*v*?	XXXVIII	*v1*，2，4，5，（8）
XIX	*v1*，4?	XXXIX	*v2*，4，5，（6，7，8，9）
XX	*v*	XL	*v1*，2，4，（6）
XXI	*v*?	XLI	*v2*，5，（8）
XXII	*v5*，（6）	XLII	*v2*，5，（7，8）or *v2*，5，（7，8，9）

注　? 表示毒力基因未知；（ ）表示对应的抗性基因来自 HDT 衍生种。

六、防治技术

（一）选用抗（耐）锈丰产良种

利用抗性品种是防治病害最经济、有效的措施。使用传统的育种方法控制严重影响经济效益的咖啡锈病已取得了相当大的成功。种植由基因控制的抗病品种是管理植物病害成本最低的有效手段，是作物改良的主要措施之一。咖啡抗锈良种的选育主要通过种内杂交、多系育种和种间杂交种的发掘、培育和利用等途径获得。1911 年印度选育出了高产抗锈的 Kent 系列咖啡，首先开创了咖啡选育种研究的先河。随后世界上许多咖啡生产国都相继开展了抗病虫选育种研究工作。如 CIFC 选育出了 Catimor、Sarchimor 和 Cavimor 系列品种；巴西选育出了 Araponga MG1、Cultivars Catiguá MG1、Catiguá MG2、Paraíso MG H 419 - 1、Sacramento MG1、Pau-Brasil MG1、伊卡突（Icatu）、IAPAR 75163 等多个抗锈高产品种；哥伦比亚选育出了哥伦比亚（Colombia）、卡斯特蒂略（Castillo）等多系卡蒂姆类优良品种和高干优质的特比（Tabi）抗锈品种；哥斯达黎加也选育出了卡蒂姆类的咖啡 T5175、T8867、American 等抗锈品种；肯尼亚鲁伊鲁咖啡研究所用本国咖啡品质最好的品种 SL28 与抗浆果病的品种 Rume Sudan 和抗锈病的品种 Catimor 杂交，培育出了抗锈病和浆果病（CBD）、优质的 F1 杂交种 Ruiru11，近期又选育出了高干的抗病高产优质品种巴天（Batian）；印度选育出了 S. 288、S. 795、Sln. 5A、Sln. 6、Sln. 7. 3、Sln. 9 和钱德勒吉利等多个抗锈品种。

我国先后从国外引进了大量的咖啡抗锈品种和种质，其中 S. 288、Catimor 7963（F_6）、T5175、T8867 和 P86 等抗锈良种进行推广种植，近期又引进了 Sarchimor 系列和 Cavimor 系列等抗锈新品种进行适应性及持久抗锈性研究和推广应用，解决了生产上对咖啡抗锈优良品种迫切需求的问题。为了防止抗锈新品种世代的任意发展而导致的抗锈性过早丧失，应避免使用来自商业种植园的种子，只使用农业部门认定的咖啡良种繁育基地生产的优良世代的种子或种苗。

(二) 农业防治

推行高产品种复合栽培模式，提供适宜的荫蔽，防治咖啡园早衰，保持叶片的抗锈性。注意合理施肥，增施磷、钾肥，避免偏施氮肥，增强品种的抗锈性。适时修枝整形，促进营养生长，控制过度结果而损伤树势。

(三) 化学防治

在没有抗病品种或者原有抗病品种已丧失抗锈性而又缺乏替代品种时，喷药防治就成为大面积控制锈病流行的主要手段，同时也是品种防治措施的必要补充。要充分发挥药剂的最大防锈保产效果，提高经济效益，必须根据锈病的发生流行特点、气候条件、品种感病性及杀菌剂特性等，结合预测预报，确定用药量、用药适期、用药次数和施药方法等。前期选择保护性杀菌剂，喷药预防 1～2 次。后期有病斑出现时，使用内吸性杀菌剂进行喷雾防治。各药剂应与铜制剂轮流使用，以免产生抗药菌系；在雨季来临前喷药，低产量年份每年喷 2～3 次，高产量年份 4～6 次。在云南雨季来临前喷施 1 次 25％三唑酮可湿性粉剂，进入雨季后，在 7 月或 8 月喷 1 次波尔多液，9 月或 10 月再喷 1 次 25％三唑酮可湿性粉剂，交替使用。

附：

1. 咖啡抗病性鉴定分级标准　分为 0～9 反应级别 (附表 17 - 69 - 1)，抗病型主要分为免疫、高抗、中抗、中感、高感五种类型。

附表 17 - 69 - 1　咖啡锈病鉴定分级标准 (引自 CIFC，2006)
Supplementary Table 17 - 69 - 1　The infection type and scale for coffee rust used at CIFC (from CIFC，2006)

反应级别	CIFC 对病斑性状表示方法	叶片或全株反应型描述说明	鉴定结果分类
0	i	免疫，无任何病症	0 级是免疫级；
1	fl⁻，t⁻	有微小褪色斑，常有小的瘤痂出现，有时用放大镜或迎着阳光看到	1、2、3＝R 高抗型；
2	fl，t，O	较大褪色斑，常伴有瘤痂，无夏孢子产生	4、5＝MR 中抗型；
3	fl，t，O，O⁺	可见大小不同的褪绿斑，包括很大的褪色斑，无夏孢子产生	6、7＝MS 中感型；
4	fl，t，O，1;	可见大小不同的褪色斑，在大的褪色斑上有一些夏孢子生成，占总病斑面积 25％以下，偶有少量瘤痂发生，有时病斑早期出现坏死	8、9＝S 高感型
5	fl，t，0 - 2	同 4，但夏孢子生成更多，产孢面积占总病斑面积 50％以下	
6	fl，t，0 - 3	同 5，产孢面积增加达 50％～75％。	
7	fl，t，0 - 4	同 6，孢子很丰盛，产孢面积达 75％～95％	
8	t，2 - 4	可见不同产孢等级病斑，有时伴有少量瘤痂	
9	4	病斑带有极丰盛的孢子，边缘无明显褪绿圈	

2. 咖啡锈病发病率和严重率的调查　对咖啡锈病流行规律研究和生产上对病情的调查，采用以病枝为单位调查的分级标准。

发病率计算：

$$发病率 = \frac{病枝数}{调查总枝数} \times 100\%$$

病害严重率计算，0 级：无病或者几乎无病；1 级：1～3 枝有病；2 级：达 1/4 有病；3 级：达 1/2 有病；4 级：1/2 以上有病。

$$严重率 = \frac{\sum 代表数值 \times 各病级枝数}{调查总枝数 \times 最重级数值} \times 100\%$$

张洪波 (云南省德宏热带农业科学研究所)

第70节 咖啡根病

一、分布与危害

咖啡树有多种根病，即根颈龟裂病、褐根病、黑根病和镰孢菌根病、紫根病、红根病等。这些根病在世界不同种植区常有发生，特别是海拔高的种植园发生较重，发病率可达到9%，造成一定的损失。在我国云南的景洪、瑞丽和海南的万宁、澄迈咖啡园已有褐根病发生。

二、症状

发生根病的咖啡树一般表现为生长势衰弱、树冠叶片萎蔫和枯枝多，甚至整株死亡。根茎龟裂病在病部树皮下面能见到乳酪状白色菌丝体，在新近杀死的树基部丛生浅褐色蘑菇状子实体，此病常与褐根病和黑根病混淆，最明显的区别是前者在根或根茎部位出现根茎龟裂，有时裂开很长，发病广，可侵害中粒种咖啡和咖啡园的荫蔽树。褐根病分布广但发病率不高，病根粘泥沙多，凹凸不平，不易洗掉，菌膜平铺在病根上，呈黑褐色，有铁锈色茸毛状的菌丝，病根木材干腐质硬而脆，并布有蜂窝状褐纹，皮层与木质部间有白色或黄色茸毛状菌丝体，根颈处有时烂成空洞，高温多雨季节还会长出菌膜和子实体。地上部分表现树冠稀疏、枯枝多，叶片变成暗黄绿色，严重时整株死亡。黑根腐病的病根上铺展有宽的扇状菌丝体，在病死根上能见到小球状黑色子实体。在镰孢菌根病的根部无特征性菌丝体，但在被害茎部的木质部看到紫褐色病变。紫根病可在树头上长出松软的海绵状紫色子实体。生长于根部的菌丝表面由紫色疏松菌丝体结成的茸毛状膜或网丝囊扩展后形成扁球形侵染垫，表面紫色，内层黄褐色，中央白色。红根病的病根平粘一层泥沙，用水较易洗掉，洗后可见枣红色革质菌膜。

三、病原

根颈龟裂病病原为蜜环菌 [*Armillaria mellea* (Vahl.；Fr.) P. Kumm.]；褐根病病原为有害木层孔菌 [*Phellinus noxius* (Corner) G. Cunn]；黑根腐病病原为锥孢座坚壳菌 [*Rosellinia bunodes* (Berk. et Broome) Sacc.]；镰孢菌根病病原为腐皮镰孢 [*Fusaruim solani* (Martius) Appel et Wollenw. ex Snyder et Hansen]；紫根病病原为紧密卷担菌 (*Helicobasidium compactum* Boed.)；红根病病原为橡胶灵芝 [*Ganoderma philippii* (Bres. et Henn.) Bers.，异名：*Fomes pseudoferreus* Wakef.，*Ganoderma pseudoferreum* (Wakef.) Overh. et Steinm.] 它们分别属于担子菌门和子囊菌门。

四、病害循环

咖啡根病主要是通过病根与健康根系接触感染传播。垦前已感病的树桩或灌木是该病的主要侵染来源。其子实体产生的孢子还可通过风雨和昆虫传播。

五、流行规律

咖啡根病的发生与垦前林地中存在的侵染源多少有密切的关系。因此，凡属森林地或混生杂木林地开垦的咖啡园发病最多。机垦林地、彻底清除杂树头和根茎的咖啡园，发病率比人工开垦、清除树头不彻底的林地较小。土壤类型也与发病有关，黏质通气差的土壤发病较高。在新开垦的森林地通常易发生根茎龟裂病、褐根病或黑根病，林地残留的病树桩和病根系提供初侵染菌源。干旱等降低植株生长势的因子常诱发镰孢菌根病。本病的野生寄主较多，如橡胶树、三角枫、台湾相思、非洲楝、桃花心木、苦楝、木麻黄、厚皮树、荔枝、可可、茶树等。

六、防治技术

（一）农业防治

开垦时彻底清除侵染来源。清除的方法可用机垦，清除带病树头和树根，或用除草剂毒杀；回穴时防止病、杂树残根回入穴内。发生病株立即挖根检查，用刀将病部刮除干净，伤口涂浓缩硫酸铜混合剂或涂沥青，然后覆干净土埋根。加强管理，避免用有根病树作遮阳树。

（二）生物防治

用生物制剂防治咖啡根病。木霉菌（*Trichoderma harzianum*）是一种能有效防治土生病原菌的真菌，其对土生病原菌表现出拮抗作用，并能抑制这些病原菌的活性。木霉菌剂的施用方法：将一袋试剂（500g/L 的培养体）与 30kg 腐熟的农家土杂肥混合，放置于荫蔽处 1d。在每一受害植株根系周围挖半径为 15～20cm、深为 3～5cm 的辐射状坑，挖坑时注意不伤到根。将 3kg 的真菌剂施于坑中，并将翻出的土及覆盖物再填回坑中。邻近的健康植株也要施用生物制剂。木霉菌剂的施用时间第一次撒施是在 10～11 月，雨停后容易鉴别出受害植株枯萎症状时进行；第二次撒施是在翌年 5～6 月，土壤足够潮湿时进行。

张洪波（云南省德宏热带农业科学研究所）

第 71 节　咖啡立枯病

一、分布与危害

咖啡立枯病是在咖啡育苗过程中常发生的一种重要病害。咖啡立枯病在亚洲、美洲、非洲种植咖啡的国家普遍发生，我国各咖啡种植区均有分布。该病引起催芽床上咖啡幼苗倒伏枯死。特别是大规模育苗基地，一旦发病则出现成片幼苗死亡，带来一定的损失。该病除侵害咖啡外，还侵害茶、可可、橡胶等。

二、症状

发病初期在幼苗茎基部或茎干上的病斑扩展，形成环状缢缩，造成顶端叶片凋萎，全株自上而下青枯、死亡。病部树皮由外向内腐烂，直至木质部。在病部长出乳白色菌丝体，形成网状菌索（彩图 17 - 71-1），后期长出菜籽大小的菌核，灰白色至褐色。

三、病原

咖啡立枯病病原为立枯丝核菌（*Rhizoctonia solani* Kühn），属担子菌门无性型丝核菌属真菌。菌丝体蜘蛛网状，有横隔，开始无色，后呈茶褐色，宽为 $14\mu m$（彩图 17 - 71 - 2）。菌丝分枝处稍细，呈直角分枝，不远处有 1 横隔，这是识别该菌的主要特征。此菌主要借菌丝体蔓延、侵害，后期产生菌核。其寄主范围广，能侵害包括芒果幼苗在内的多种植物，以菌核在土中存活，靠菌核和菌丝体传播。

四、病害循环

该病菌的寄主十分广泛，它能侵染包括芒果幼苗在内的很多作物。以菌核在土壤中存活，在地表面枯死的植物残体上大量繁殖菌丝体，并借菌核和菌丝体传播和蔓延，侵入咖啡引起幼苗死亡，后又回到土中。

五、流行规律

在高温高湿，地势低洼、排水不良或淋水过多，苗床过分荫蔽，苗木拥挤，连作的土地或地表有很多枯死的植物残屑的地块，都有利于发病，且蔓延迅速。

六、防治技术

（一）农业防治

（1）苗圃地不要连作，整地要细致、平整，最好高畦育苗，避免苗圃积水。

（2）播种或插条不宜过密，适当淋水，注意田间卫生，及时清除地面枯枝落叶。

（3）用熟地育苗，在播种覆土前或插条前用 45% 代森铵水剂 0.5kg 对水 200～250kg，或用 12% 萎锈灵可湿性粉剂 800～1 000 倍液喷洒畦面，进行土壤消毒。

（二）化学防治

发现病苗及时清除烧毁，并喷药防治。选用 10％苯醚甲环唑水分散粒剂 2 000～2 500 倍液或 0.5％波尔多液等喷洒，可控制病害蔓延。

张洪波（云南省德宏热带农业科学研究所）

第 72 节　咖啡炭疽病

一、分布与危害

咖啡炭疽病是一种分布极广泛的真菌性病害。在世界所有咖啡种植区都有发生报道。我国云南、广西、广东、海南、福建及台湾等省份的咖啡种植区均有炭疽病的发生，可引起咖啡树落叶、枝枯、落果和浆果干腐，严重时整株死亡。20 世纪 80 年代后期，咖啡炭疽病曾在海南省兴隆、大丰农场等地发生流行，造成一定程度的产量损失，成为咖啡生产的主要病害之一。

二、症状

咖啡树嫩梢、叶片、枝条、果实及苗圃期的幼苗都可受咖啡炭疽病菌的侵染。咖啡叶片，尤其以嫩叶最易受侵害，产生的病斑多位于叶片的边缘，染病初期形成暗色水渍状斑点，后扩大为圆形或不规则形的浅褐色或黑色病斑，病斑受叶脉限制，直径 3mm 左右，后期几个病斑可愈合成大病斑，病斑中央灰白色，边缘黄色，后完全变成灰色，病斑上伴有许多排列成同心轮纹的小黑点（彩图 17 - 72 - 1，1）。枝条染病初呈淡绿色的小斑点，继之扩张成凹陷的灰褐色、不规则形的坏死病斑，最后引起枝条回枯，其上同样长出黑色小点。果实感病，病斑呈黑色下陷状；绿色浆果多数在侧面形成近圆形、稍凹陷的暗褐色至灰黑色病斑，有时几个病斑汇集成不规则形的大病斑，果肉坏死、变干、紧贴在种豆上，最后变成黑色僵果，严重时造成落果（彩图 17 - 72 - 1，2）；处于幼嫩期的受害浆果在病害症状变得明显前已脱落，较大的浆果染病后干死，形成僵果挂在枝上，果肉和种豆已腐烂；在较老的大果上则形成木栓化的浅褐色病疤；果实感染病菌形成黑果亦被称作黑果病（彩图 17 - 72 - 1，3）。移苗上袋的咖啡幼苗子叶及真叶亦可受炭疽病菌的侵染，真叶染病与嫩叶相似；子叶染病，病斑多集中于外缘，呈不规则的浅褐色病斑并伴有一些小黑点，病斑扩大后相互连接在一起似焦叶状（彩图 17 - 72 - 1，4）。

三、病原

咖啡炭疽病的病原有 3 种，分别是咖啡炭疽菌（*Colletotrichum coffeanum* F. Noack）、胶孢炭疽菌［*C. gloeosporioides*（Penz.）Penz. et Sacc.］和咖啡浆果炭疽菌（*C. kahawae* J. M. Waller et Bridge），三者均属子囊菌无性型炭疽菌属真菌（图 17 - 72 - 1）。

咖啡炭疽菌多侵染咖啡树的绿色浆果、叶片及枝条。在培养基上，其菌丝致密至丝丛卷毛状，淡巧克力褐色，不产菌核。分生孢子生于分生孢子盘内，无色，单胞，短圆柱形，大小为（12～18）μm×（4～5）μm。叶片和果实病斑上的分生孢子盘内有刚毛，刚毛黑色，有分隔，比分生孢子长 4～5 倍，但在枝条病斑上的分生孢子盘无刚毛，分生孢子也稍短。有性型为围小丛壳［*Glomerella cingulata*（Stoneman）Spauld. et H. Schrenk］，属子囊菌门小丛壳属。

胶孢炭疽菌可侵染咖啡叶片、枝条和成熟浆果。菌落圆形，边缘整齐，气生菌丝白色、灰白色，后变深灰色，絮状或绒状。分生孢子盘呈扁圆形盘状，偶见刚毛，刚毛基部褐色，上端渐淡，分隔，硬直或稍弯曲，由基部向上端渐细，端稍圆，分生孢子梗短小、密集，不分枝，无隔膜，无色透明。分生孢子单

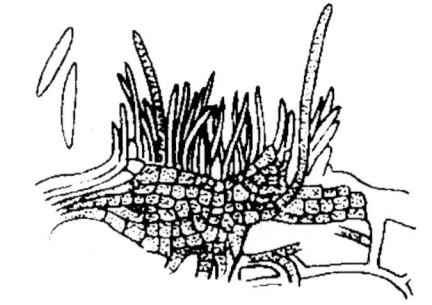

图 17 - 72 - 1　炭疽菌属真菌分生孢子盘形态特征（引自《中国农业百科全书》，1996）

Figure 17 - 72 - 1　Morphological characteristics of acervulus of *Colletotrichum* (from *Encyclopedia of Agriculture China*，1996)

胞，无色，圆柱形，两头钝圆，少数一端稍细，孢子中间多数有 1 个油滴，大小为（14.0～15.1）μm×（5.2～5.5）μm。分生孢子萌发时中间产生 1 横隔，在芽管顶端产生 1 附着胞。附着胞圆形、梨形或不规则形，初为白色或亮绿色，后期变褐色，中间有 1 亮绿色折射点，大小为（5.67～6.3）μm×（6.64～7.43）μm。

咖啡浆果炭疽菌亦称卡哈瓦炭疽菌，仅侵染绿色浆果，导致浆果腐烂，并使早熟果脱落，属我国公布的 435 种进境植物检疫性有害生物之一。在非洲各国，由咖啡炭疽病菌的一个高毒性菌系引起的、在膨大浆果上产生的典型炭疽病斑和浆果柄腐被称为咖啡果苦腐病（CBD），其病原菌即为咖啡浆果炭疽菌。

四、病害循环

咖啡炭疽病周年均可发生，其病原菌可随病残体、种苗、果实、人类活动、鸟类和农机具的携带而远距离传播。冬季咖啡炭疽病菌在受害咖啡树的枝、叶、果或随着脱落的叶片等掉落在地上越冬，成为咖啡炭疽病的主要侵染来源。翌年春天在适宜的温、湿度条件下，越冬菌源产生出大量分生孢子并借气流、雨水及昆虫的携带在植株间分散传播。落在感病部位上的分生孢子，在适宜温度和有水膜的情况下发芽，芽管经表皮的自然孔口或伤口侵入植株引发病害，染病组织在 14～21d 内又可产生大量的分生孢子进行重复多次再侵染（图 17 - 72 - 2）。

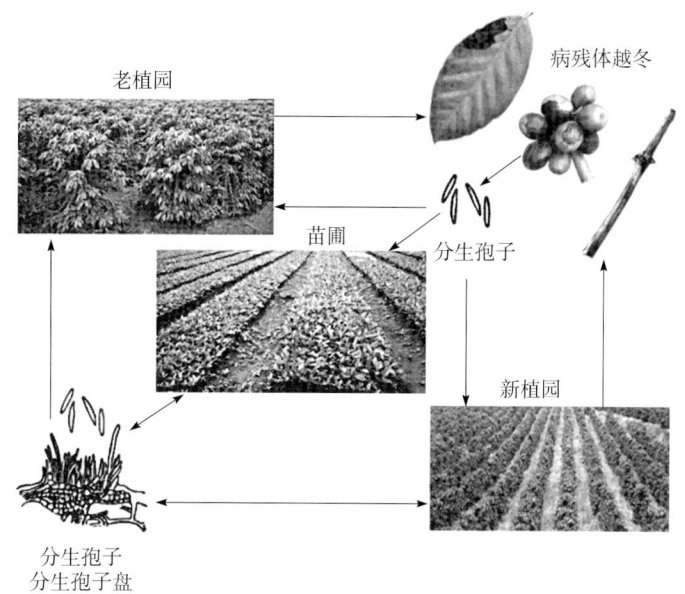

图 17 - 72 - 2　咖啡炭疽病病害循环
Figure 17 - 72 - 2　Disease cycle of coffee anthracnose

五、流行规律

咖啡炭疽病属高湿型病害，病原菌分生孢子在温度 15～32℃、相对湿度 80%～100%范围内，都可萌发，但以温度 18～25℃、湿度 90%～100%时最适宜；分生孢子在 20℃、饱和的相对湿度或有水膜的条件下，经 7h 后发芽。

咖啡炭疽病上半年由于干旱发展缓慢，病情有自然下降的趋势。3～4 月在咖啡挂果初期，田间昼夜温差大，露水多，叶的病情开始加重，呈现 1 个发病高峰，随后病情逐渐减轻，6 月上旬降到最轻。进入下半年，雨水多，高温高湿，病害发展快，叶、果病情不断上升，果成熟后期病情达最高峰。潜伏侵染在绿色浆果上的病原菌随着果实的成熟变得活跃，在 15～28℃和有自由水的情况下，分生孢子萌发并直接侵入到绿色浆果角质层。大多数侵染发生在开花后的 42～70d，而在 22～28d 和 92～98d 期间侵染甚少。受侵染的咖啡组织形成病斑的最适温度为 22℃。已经干了 24h 的分生孢子在条件适宜时仍能造成一定的侵染。咖啡炭疽病菌常在 7 月上旬至 8 月上旬侵染果枝，使枝条呈水渍状腐烂，带有臭味，然后往果节处沿果柄、果蒂发展，使果柄腐烂，果实变黑。

咖啡炭疽病，特别是浆果炭疽病主要在冷凉和高湿季节发生，尤其是在长期干旱后连续降雨时发病严重。病害一般从 11 月中旬开始出现，20～30d 后病害发展达到高峰，翌年 1 月病情又逐渐稳定下来。因此，在雨季结束迟，降水量高，雨日多的年份炭疽病常易流行；而暴雨和台风频繁的年份，咖啡炭疽病发生也较严重。

在病菌侵染过程中，湿度和温度的影响最大。一方面，炭疽病菌的萌发、繁殖都必须在有水的条件下才能进行，当温湿度适宜时，孢子的萌发率高、潜育期缩短、侵入速度快；在低温、低湿的环境里，炭疽病菌的潜期延长。另一方面，在高湿条件下，树叶的气孔开张度大、水孔泌水多而持久，保护组织柔软、愈合伤口能力减慢，植株抗侵入能力降低，有利于病原菌的侵染，因此，在高温高湿的雨季，咖啡炭疽病普遍流行，发生严重度与降水量成正比。

栽培管理与咖啡炭疽病的发生轻重也关系密切。凡管理较好、适当种有荫蔽树、施肥充足的园区，咖啡长势好，冠幅大，枝叶茂盛，早晚咖啡树上露水小，不利发病，感病的果少，病害就轻；而不种荫蔽树的咖啡园，咖啡长势差，阳光灼伤果多，早晚咖啡树上露水大，有利于病原菌侵染，感病的果多，咖啡炭疽病害往往发生严重。因此，加强管理，保持咖啡长势良好，可以减轻咖啡炭疽病的发生。

咖啡品种的植物学特性差异也与炭疽病发生的轻重有关。咖啡植株节间长，枝叶稀疏的品种，因果实受阳光灼伤多常发病严重；而咖啡植株节间短，叶枝稠密的品种，果极少被阳光灼伤，病害发生一般较轻。

六、防治技术

(一)农业防治

1. 选择优良品种，推行高效复合栽培模式 通过科学规划种植布局，选用适应性和抗性强的优质良种进行育苗，在移栽定植时严格按照健康种苗的标准选择咖啡苗并合理密植，同时积极推行咖啡套种其他经济林木果树和作物，如澳洲坚果、柚子、西南桦、玉米等复合栽培模式，建立生长健壮、树冠结构合理的咖啡园。具体模式可选择：澳洲坚果种植株行距 4m×8m，每公顷种植 310 株，在其行距间种植咖啡 4 行，株行距 1m×2m，每公顷种植 4950 株；柚子株行距 2.5m×8m，每公顷种植 500 株，在其行距间种植咖啡 4 行，株行距 1m×2m，每公顷种植 4 950 株；海拔 1 200m 以上西南桦植株行距 4m×12m，每公顷种植 208 株，在其行间种植咖啡 6 行，株行距 1m×2m，每公顷种植 4950 株；新植咖啡园每年在咖啡行距间种植 2 行玉米，连续播种两茬为咖啡遮阳。

2. 强化引种检疫制度和加强田间栽培管理 通过产地检疫，严格控制咖啡浆果炭疽菌的传入；同时结合合理施肥，中耕除草，修枝整形，控制植株结果量，促使植株旺盛生长，增强抗病力，并及时清除病枝、病叶、僵果和垂死的枝条，尤其是季风潮湿期腐烂的果柄和死亡的枝条；在采果后做好清园工作，及时修剪浓密枝叶，捡拾落果、烂果并集中烧毁。

3. 适时保护咖啡植株，保持园区土壤水分 结合季节气候特点，分别在 4～5 月和 9～10 月用 0.5％波尔多液保护新植株，在季风前 5～6 月喷 0.5％波尔多液保护果柄和枝条。同时保持适当荫蔽，在干热季节，可让落叶覆盖物留在地面以保持土壤水分，有条件的咖啡种植园区可选用稻草、杂草、薄膜等覆盖咖啡根部台面。

(二)化学防治

在浆果发病初期，喷施 1％波尔多液、86.2％氧化亚铜可湿性粉剂 1 500 倍液、40％多菌灵可湿性粉剂 100 倍液、70％百菌清可湿性粉剂 250 倍液、80％代森锰锌可湿性粉剂 600～800 倍液，或 50％甲基硫菌灵可湿性粉剂 800～1 200 倍液，天气潮湿时每隔 7～10d 喷药 1 次，连续喷 2～3 次。每年 4～9 月用以上药剂喷施 1～2 次，对防治咖啡枝条回枯和叶炭疽病有很好效果；用含 1％敌菌丹的药液在开花两周后开始喷第一次，以后每隔 3 周喷 1 次，共喷 8 次，可收到良好的防治效果。

附：咖啡炭疽病叶片（果实）分级标准

0级：无病；1级：叶片（果）感病面积小于全叶（全果）面积的 1/8；3级：叶片（果）感病面积等于或大于全叶（全果）面积的 1/8、小于 1/4；5级：叶片（果）感病面积等于或大于全叶（全果）面积的 1/4、小于 1/2；7级：叶片（果）感病面积等于或大于全叶（全果）的 1/2 或果柄感病。

杨子林（云南省临沧市植保植检站）

第 73 节　可可炭疽病

一、分布与危害

由胶孢炭疽菌引起的可可炭疽病是可可上最常见的病害之一。病菌可以侵染寄主地上部分的任何器官。可产生叶枯、叶穿孔和不规则叶斑等三种叶部症状，以及幼果、青果果腐。在所调查的可可园中，叶枯症状的发生率最高，达 78％，其次是叶穿孔症状，发生率 42％，不规则叶斑症状，发生率 12％。调查的可可园中，60%发生果腐。病害症状的类别受种植形式的影响。在重荫蔽情况下叶枯显著；相反，在荫蔽相对小的可可—椰子混种园和纯可可园里通常出现叶穿孔。种植形式与不规则叶斑和果腐的发病率关系不大。

二、症状

可可炭疽病菌常引起大量落叶、落果和枝梢枯死，严重时可致整个果实坏死。叶片受害表现为叶片上产生坏死病斑，病斑多出现于叶缘或叶尖，呈圆形或不规则形，浅灰褐色，边缘褐色，病健部分界线清晰。病斑上有同心轮纹排列的黑色小点。在不正常的气候条件下和栽培管理不当时，叶部有时发生急性型病斑。一般从叶尖开始并迅速向下扩展，初如开水烫伤状，浅褐色或暗褐色，呈深浅交替的波纹状，边缘界线模糊，病斑正、背两面产生众多散乱排列的黑色子实体，高湿度下出现淡红色至橘红色分生孢子堆，后期颜色变深变暗，病叶易脱落。

嫩梢或小枝受害，通常自叶柄基部的腋芽处开始产生圆形或椭圆形小型溃疡，病斑初为淡褐色，椭圆形；后扩大为棱形，灰白色，病健交界处有褐色边缘，其上有黑色小粒点，病部环绕枝梢一周后，使枝梢枯死。嫩梢有时会出现急性型症状，常自梢端 3～10cm 处突然发病，状如开水烫伤，呈暗绿色，水渍状，3～5d 后凋萎变黑，上有朱红色小粒点。

幼果受害，初期为暗绿色不规则病斑，病部凹陷，其上有白色霉状物或朱红色小液点。后扩大至全果，成为变黑僵果挂在枝梢上。大果受害，以在果腰部受害较多，通常形成圆形或近圆形、黄褐色或褐色病斑，并不断扩大，引起果实早落。在高湿度下病斑上也产生环纹排列的黑色子实体和粉红色的分生孢子堆（彩图 17 - 73 - 1）。果梗受害，初期褪绿，呈淡黄色，其后变为褐色，干枯，果实随即脱落，也有的病果变成僵果挂在树上。可可花受害时常出现褐色腐烂而落花。

三、病原

可可炭疽病病原为胶孢炭疽菌 [*Colletotrichum gloeosporioides* (Penz.) Penz. et Sacc.]，属子囊菌无性型炭疽菌属。分生孢子盘产生于表皮下，成熟后突破表皮。分生孢子盘排列为一圈，为圆形，随着病斑的扩展，成为"圆圈"，为轮纹状排列。分生孢子盘释放黏状、肉红色分生孢子。分生孢子无色，单胞，圆柱形或长椭圆形，两头钝圆，少数一段稍细，孢子的中部多半有 1～2 个油滴，有的略弯曲，大小变化比较大，即使同一单胞培养产生的分生孢子形态亦存在差异，大小一般为(10.3～21)μm×(3.3～6) μm。分生孢子梗无色，单胞，不分枝，圆桶状或棍棒形，表面不光滑，具有瘤状突起或疣，略呈栅栏状着生于分生孢子盘内，大小为 (12～26) μm× (3.5～4) μm。

有性型为围小丛壳 [*Glomerella cingulata* (Stoneman) Spauld. et H. Schrenk]，属子囊菌门小丛壳属。围小丛壳的子囊壳聚生，在病斑上排列为轮纹状，瓶形，深褐色，直径 125～320μm，子囊棍棒形，无柄，大小为 (55～70) μm× (9～16) μm，壁可消解。子囊孢子椭圆形，略弯，无色，单胞，大小为 (12～28) μm× (3.5～7) μm。该菌在 PDA 培养基上呈辐射状生长，致密，毛毡状。菌落圆形或近圆形，边缘整齐平坦，初为白色，后逐渐变为墨绿色，菌落表面生褐色分生孢子，呈轮状排列，有明显的分层轮纹。培养基背面可见酱色分泌物。菌丝生长适温为 28℃ 左右，适宜 pH 5.0～8.0；分生孢子产生的适宜 pH 为 6.0～9.0；当 pH 为 7.0 时有利于菌丝生长和分生孢子萌发。

四、病害循环

病菌以菌丝体和分生孢子盘在病叶、病果等病组织中越冬。翌年春季遇到适宜的温湿度条件，便会产生大量分生孢子，分生孢子借风雨和昆虫传播。分生孢子在适宜的环境条件下萌发产生芽管，从气孔、伤口或直接穿透表皮侵入寄主组织。炭疽病菌是一种弱寄生菌，健康组织一般不会发病。但发生严重冻害，早春低温潮湿，夏秋季高温多雨等，或由于耕作、移栽、长期积水、施肥过多等造成根系损伤；或肥力不足、干旱、虫害严重、农药药害、空气污染等造成树体衰弱；或由于偏施氮肥使植株大量抽发新梢和徒长枝，均能助长病害发生。

胶孢炭疽菌的分生孢子须在雨水中释放和传播。分生孢子堆在干燥的条件下，其粉末也可随风传播。昆虫也是传播的媒介之一。子囊孢子则可由风传播。病菌通常能自附着胞产生侵染丝直接穿透表皮侵入寄主体内。但在有伤口的条件下，侵染更易进行。

胶孢炭疽菌有潜伏侵染的特性。它可在寄主器官成熟前或幼嫩时进行侵染，以附着胞固定在寄主体表蜡质层中潜伏，也可以侵染丝在角质层下或表皮细胞中潜伏。待有利于病菌生长的条件出现时，终止休眠状态，继续生长发育，引起寄主发病。如果这种条件不出现，潜伏的病菌继续处在休眠状态或逐渐消亡。通常由于寄主组织的成熟、衰老、发育不足或受外界不良条件影响而致生长势削弱等，使寄主生理上发生重大变化时，病菌就会终止休眠，引起发病。

五、流行规律

病害每年 4～6 月干旱季节发生较严重，以可可树中、上部叶片受害最重。通常是梢头顶芽以下 10cm 左右范围内的叶片发病。病叶上先出现暗褐色小斑点，形状不规则，后病斑迅速扩展，使针叶先端枯死或全部枯死。病菌可自病死针叶扩展侵入嫩茎，使梢头枯死，病轻的顶芽仍可萌发新梢，但生长大受影响。枝条基部针叶和树冠下部枝叶有时也发病，一般仅引起针叶先端枯死。果实受侵染较少，病重的形成僵果或早落。因生理原因发生黄化的新梢也可能发病，使嫩梢枯死。

在潮湿条件下，病死针叶上会产生病菌的子实体，以叶背面气孔带上为多。有时也可见到橘红色的分生孢子堆。当气温为 10～15℃时，病死针叶上会产生大量子囊壳，特别在潮湿和弱光照条件下容易产生。

六、防治技术

（一）农业防治

1. 搞好田间卫生 及时清除病叶、病果等病组织，统一清理出可可园，集中烧毁或深埋。

2. 加强栽培管理 适时修剪枝条、叶片等，采用配方施肥技术，增施有机肥和钾肥，提高可可树的抗病力。

3. 雨后及时排水，防止湿气滞留。

4. 选种抗炭疽病品种。

5. 种子用 50％多菌灵或 50％硫菌灵或 60％多·福可湿性粉剂 500 倍液拌种后播种。

（二）化学防治

苗期或成株期初发病时喷洒 75％百菌清可湿性粉剂 800～900 倍液或 70％代森锰锌可湿性粉剂 500～600 倍液。

刘爱勤　桑利伟（中国热带农业科学院香料饮料研究所）

第 74 节　可可黑果病

一、分布与危害

可可黑果病又称可可疫病，是世界上对可可产业为害最严重的一种真菌病害，主要侵害可可果实，引起黑色腐烂，产量损失可达 40％～50％。在巴西、喀麦隆、加纳、科特迪瓦、墨西哥、印度、菲律宾、委内瑞拉等可可主产国均有发生，为害严重。Pires 等研究表明，Amazon 1 - 2、EET 45、TSA 654、TSA 1188、CEPEC 40、UF 36、TSH 565、CEPEC 541 和 PA 300 等可可品种对疫病具有潜在抗性；墨西哥、中美洲和哥伦比亚的 SGU、SC、RIM、UF 和 CC 等可可品系对疫病具有较高抗性。2010 年 10 月，刘爱勤等在海南中国热带农业科学院香料饮料研究所种植的可可园首次发现该病，随后在海南万宁、陵水等可可种植园均发现该病，果实受害率在 20％～40％。

二、症状

可可黑果病主要侵害荚果（彩图 17 - 74 - 1，彩图 17 - 74 - 2），也常侵害花枕、叶片、嫩梢、茎干、根系。幼苗和成龄株都受侵害。荚果染病，开始在果面出现细小的半透明斑点，很快变褐色，后变黑色，斑点迅速扩大，直到整个荚果表面被黑色斑块覆盖。潮湿时病果表面长出一层白色霉状物。病果内部组织受害变褐色。最后病果干缩、变黑、不脱落。花枕及周围组织受害，开始皮层无外部症状，但在皮下有粉红色病变。受害叶片先在叶尖湿腐、变色，迅速蔓延到主脉；较老的病叶呈暗褐色，枯顶，有时脱落。嫩梢受害常在叶腋处开始，病部先呈水渍状，很快变暗色、凹陷，常从顶端向下回枯。茎干受害产生水渍状黑色病斑，病斑横向扩展环缢后，病部以上的枝叶枯死。根系受害变黑死亡。在高湿苗圃，受害幼苗初期顶部叶片变褐色，扩展到茎干引起幼苗坏死。

三、病原

国外已报道的可可黑果病病原为棕榈疫霉 [*Phytophthora palmivora*（E. J. Butler）E. J. Butler]、巨核疫霉（*P. megakarya* Drechsler）、辣椒疫霉（*P. capsici* Leonian）和柑橘褐腐疫霉 [*P. citrophthora*（R. E. Sm. et E. H. Sm.）Leonian] 等。2010 年 10 月，刘爱勤等在我国海南首次发现该病，从中国热带农业科学院香料饮料研究所种植的可可园分离得到一个病原菌，根据其形态特征，再结合 16SrDNA 序列分析，将该病原菌鉴定为柑橘褐腐疫霉。该病菌在 CA 培养基上菌落均匀，放射状或棉絮状；气生菌丝中等到茂盛。菌丝形态简单，粗 5～9μm，一般 7μm；具少量球形或不规则形菌丝膨大体，顶生或间生，直径 24～35μm。孢囊梗假轴式分枝、不规则分枝或不分枝，直径 1.5～4.0μm。孢子囊形态、大小变化甚大，卵形、椭圆形、长倒梨形或不规则形，基部圆形，大小为（29～81）$\mu m \times$（25～49）μm，平均为 53.8$\mu m \times$30.2μm，长宽比为 1.1～2.1，平均 1.7；具明显乳突，乳突高为 4.1～6.8μm，一般 1 个，少数 2 个，偶尔 3 个；孢子囊不脱落，成熟后释放游动孢子 26～51 个。游动孢子肾形，大小为（10.0～14.5）$\mu m \times$（8.3～10.4）μm，具双鞭毛，鞭毛长为 16.6～29.0μm。休止孢球形，直径为 7.0～12.4μm，萌发产生芽管或小孢子囊；小孢子囊卵形、椭圆形，大小为（8～13）$\mu m \times$（6～10）μm，含 1 个游动孢子。厚垣孢子未见。藏卵器球形，有时向基部渐细而呈漏斗形，直径为 19～33μm，无色或褐色，柄棍棒形或锥形。雄器鼓形、近球形或短圆筒形，单胞，围生，大小为（9～19）$\mu m \times$（7～15）μm，平均为 12.2$\mu m \times$10.2μm，壁薄，无色。卵孢子球形，直径为 18～29μm，壁厚为 1.8～2.8μm，不满器或几乎满器（图 17 - 74 - 1）。

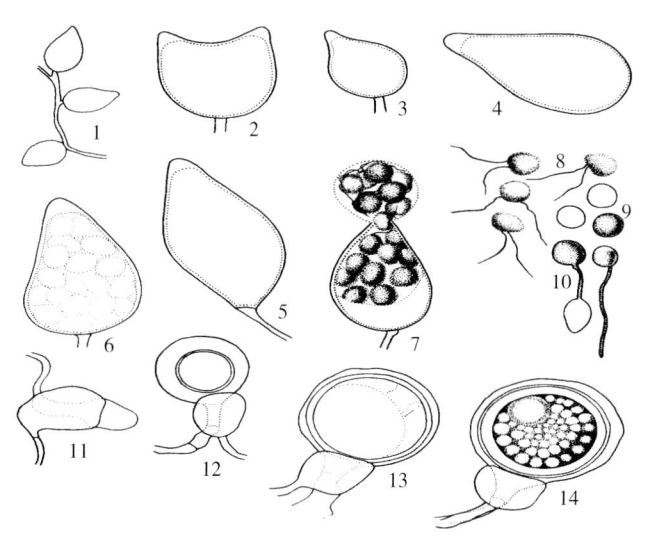

图 17 - 74 - 1　柑橘褐腐疫霉（桑利伟摄）
Figure 17 - 74 - 1　*Phytophthora citrophthora*（by Sang Liwei）
1. 孢囊梗和孢子囊　2～6. 孢子囊　7. 孢子囊释放游动孢子　8. 游动孢子
9、10. 休止孢子及其萌发　11. 幼藏卵器穿雄生　12～14. 藏卵器、雄器和卵孢子

四、病害循环

病菌在旱季进入休眠状态，在地面和土中的植物残屑、留在树上的病果、果柄、花枕、树皮内、地面果壳堆中，或在其他荫蔽树的树皮中存活。雨季来临时产生孢子囊，为流行提供初侵染菌源。孢子囊主要借雨水溅散传播，昆虫和蜗牛等也能传病。降落在荚果上的孢子囊或游动孢子在高湿下萌发，借芽管穿入果表引起发病。病斑出现 2～3d 内产孢，又借风雨溅散传播，开始新一轮的病害循环。

五、流行规律

在海南省万宁兴隆地区，可可黑果病的发病率在一年中的不同月份是不同的，一般从 2 月连续一段阴天小雨后开始出现新的黑果病，之后速度加快，3～4 月会出现一个小的发病高峰，5 月后又开始减弱，6～8 月气温高、雨水较少、短暂干旱时病害停止发展；9～11 月中旬雨季来临，持续降雨天数增加，发病率急剧上升，病害开始流行，至11月底出现阳光充足的干旱天气，病害流行结束；12月上旬至翌年1月基本不发病。总之，在持续高湿的地区黑果病特别严重。降水量是影响可可黑果病发生流行的最重要因素。

六、防治技术

（一）农业防治

1. 种植时株行距不可过密，荫蔽树要适度，定期修剪，避免过分荫蔽，并定期控萌、除草，以降低果园湿度。

2. 及时清除病果、病叶、病梢和园内枯枝落叶，集中烧毁。

（二）化学防治

1. 雨季开始发病时，定期喷施1%波尔多液、68%精甲霜·锰锌可湿性粉剂500倍液或50%烯酰吗啉可湿性粉剂500倍液，整株喷药，10~15d喷1次，直到雨季结束。

2. 切除茎干溃疡病皮，用铜制剂、甲霜灵或三乙膦酸铝消毒病灶和用煤焦油涂封。

刘爱勤　桑利伟（中国热带农业科学院香料饮料研究所）

第75节　胡椒瘟病

一、分布与危害

胡椒瘟病又称胡椒基腐病，是世界胡椒种植区首要的胡椒病害。病害发生时，可使胡椒产量损失5%~30%；病情严重时，椒园内的茎蔓在4~6个月内完全破坏，损失达90%。早在1885年，印度尼西亚已有胡椒发生突然凋萎死亡的报道，此后印度亦有类似的报道，但病原菌不确定，归因于栽培不当，或其他真菌、细菌、害虫所致，看法不一。直到1936年Muller在印度尼西亚对该病进行较为详细的研究，把病原菌定为棕榈疫霉胡椒变种（*Phytophthora palmivora* var. *piperis*）。1963年Holliday和Mowat在马来西亚沙捞越的工作再次肯定了Muller的研究结果，以后在巴西、印度、泰国、柬埔寨、越南、斯里兰卡和南美洲与非洲的一些国家该病相继发生。在马来西亚的沙捞越多次发生胡椒瘟病大流行，造成胡椒大量减产和重病椒园被迫荒弃。1966年巴西亚马逊地区因该病毁灭100万株胡椒，损失相当于3 000t干椒。印度尼西亚苏门答腊地区，曾因胡椒瘟病的严重发生，将胡椒园改种其他作物。

我国胡椒瘟病主要流行区在海南省。海南省1954年较大量地试种胡椒。据调查，1956年在苗圃首次出现病叶。1958—1959年东平农场结果椒死亡160多株。1960年兴隆农场、海南植物园等地区的胡椒曾大量死亡。当时亦曾引起有关的生产和科研单位注意，对病因进行调查，但都笼统地把胡椒的死亡归因为水害和管理不当。随着栽培面积和地区的扩大，1964年该病在万宁兴隆和儋县部分地区大面积暴发流行，此后，1967年和1970—1972年再次暴发流行，遍及全岛，摧毁了许多结果椒园，造成严重的损失。据不完全统计，仅1970—1972年的胡椒瘟病大流行，胡椒栽培面积已由4 600hm²下降到3 600hm²，海南胡椒种植面积减少1/5，给胡椒生产造成了严重损失。此病在我国广东、云南、广西的胡椒种植区也有发生。

1972—1979年张籍香等通过研究确定，海南地区结果椒发生大面积死亡的原因主要是由于棕榈疫霉[*Phytophthora palmivora* （E. J. Butler）E. J. Butler]为害所造成的，并对该病的主要传染来源、传播途径、病害流行过程和主导因素等进行了研究，提出了以治水为主（排水）、农药处理为辅的综合防治措施。2007—2011年，刘爱勤等通过形态学和分子生物学技术对采自海南省不同市（县）的胡椒瘟病病原菌进行了系统鉴定，将引起海南省胡椒瘟病的病原菌鉴定为辣椒疫霉（*Phytophthora capsici* Leonian）。

二、症状

胡椒瘟病菌能有效地侵染胡椒的主蔓基部、根、叶、枝条、花、果穗等器官，而以侵染茎基部（胡椒头）最严重，常引起整株胡椒萎蔫和死亡。在主蔓基部离地面上下20cm已经木栓化的部位，染病初期外表无明显症状，当刮去外表皮时可见内皮层变黑，木质部呈浅褐色。剖开主蔓可见到木质部导管变黑，有褐色条纹向上下蔓延，病健交界处不明显。后期，外表皮变黑、腐烂、脱落，从腐烂的木质部流出黑色液体，中柱分裂成一束松散的导管纤维。挖检病株，可见接近染病地下主蔓处的根系变黑、腐烂，逐渐向根尖扩展，而下层其他根系尚未受害，这与胡椒水害、肥害先从根尖开始坏死，以后大根腐烂的症状有明显区别。主蔓基部染病腐烂的植株，整个叶蓬变得无光泽，叶色暗淡，呈失水状，叶片凋萎和脱落。如天气干热，这类病株可在几天之内骤然青枯，最后和嫩蔓一起转为黑色，枯死的嫩蔓可一节一节地脱落。染病幼苗呈水渍状黑褐色腐烂。

叶片感病症状是识别胡椒瘟病的典型特征。在植株下层枝蔓上的叶片最先感病，开始为浅褐色或灰黑色水渍状斑点，斑点迅速扩大成黑褐色、圆形、菱形或半圆形，边缘呈放射状扩展，环境潮湿时在病叶背面长出白色霉状物，即病菌的菌丝和孢子囊。气候干燥时霉状物消失，病斑变成灰褐色，病叶最后脱落。嫩枝蔓染病皮层产生水渍状、墨绿色病痕，重病时一节一节脱落；花序和果穗染病一般由顶端开始，产生水渍状斑，以后变黑、干枯（彩图 17 - 75 - 1）。

三、病原

Muller 于 1936 年首次记载并鉴定出胡椒瘟病的病原为棕榈疫霉胡椒变种（*Phytophthora palmivora* var. *piperis*）。其后，又相继有人报道了胡椒瘟病病原，并被归入棕榈疫霉（*P. palmivora*）中。由于其形态特征与其他种不同，作为一个新变异体，也称为 *P. palmivora*（E. J. Butler）Butler MF4；又因它与马来西亚的辣椒疫霉（*P. capsici* Leonian）极其相似，因而又定名为辣椒疫霉。刘爱勤等通过形态学和分子生物学技术对采自海南省不同市（县）的胡椒瘟病病原菌进行了系统鉴定，将引起海南省胡椒瘟病的病原鉴定为辣椒疫霉（*P. capsici*）。

辣椒疫霉在 CA 上菌落呈放射状、絮状，气生菌丝中等到繁茂。孢子囊形态、大小变异甚大，从近球形、肾形、梨形、椭圆形到不规则形，可见颗粒状内含物，大小为（50～110）$\mu m \times$（25～60）μm，乳突明显，呈半球形，单个，偶见双乳突，排孢孔宽为 5～7μm；孢子囊易脱落，具长柄，柄长为 20～100μm（彩图 17 - 75 - 2）。

四、病害循环

病原菌在胡椒植株的病组织内和土壤中存活。含菌土壤、病（死）植株的病残组织及其他寄主植物均可提供初侵染菌源。病菌主要借流水和风雨传播，人、畜、农具、种苗和大蜗牛也能带菌传病。孢子囊或游动孢子的芽管可从寄主的自然孔口或伤口侵入，亦可直接穿入幼嫩组织，接种木栓化胡椒主蔓，潜育期 15～20d，接种嫩叶或嫩蔓，潜育期 2～5d。

五、流行规律

（一）侵染来源、传播方式和侵染途径

主要侵染来源是带菌土壤和病（死）株、残枝落叶，病菌靠雨水或流水、风雨、人、畜传播。雨水能将病菌从病株淋洗到土壤中，使成为带菌的病土，降雨时又将病土溅射到叶片上，使下层椒叶首先感病。病菌又能随雨水、地面流水在椒头流传，甚至传到附近椒园。

病原菌可由孢子囊直接萌芽侵入，也可借游动孢子萌芽侵入叶片和幼嫩蔓，可通过伤口、吸根和幼嫩组织侵入。老蔓和椒头，在不挖椒的情况下，一般从茎部修剪的伤口侵入，个别根尖先感病，向地下蔓蔓延。

（二）发生过程

本病每年 3～4 月开始在少数植株上发病，9～11 月是流行时期。其在一年中的发生流行大致可分为 4 个阶段：①中心病株出现阶段：一个无病椒园，最初出现的感病植株不多，贴近地面的少数叶片先感病，或者出现零星死株。在老病区则此阶段不明显，周年都有病株出现；在强台风影响下发病的椒园，由于风雨传播，病害开始发生时，中心病株也不明显，一开始就比较普遍，感病叶离地面较高，有时可在植株顶部。②普遍蔓延阶段：中心病株出现后，如不及时防治，病菌通过人、畜的传播，近地面的椒叶、花、果大量感病，叶片感病率普遍上升，此段时间大部分植株主蔓尚未表现症状，如继续遇到台风或连续雨天，叶片继续大量感病，流行速度加快，病株普及全园。③严重发生阶段：椒园普遍发病后，要经过一段时间

才转入此阶段，主要与台风降雨有关，适宜条件下这一过程较短，这时主蔓基部受到侵染，组织腐烂，死株急剧增加，根据观察，海南岛严重发病死亡阶段多在 9～11 月，个别年份在 12 月，如继续降雨，还会继续出现病叶。④流行速度下降阶段：严重发病的椒园大量病椒死亡后随着低温干旱天气的来临，病害较少出现，病害流行速度下降，由于病菌在椒头组织内扩展缓慢，多表现为叶片变黄，枝条脱落死亡。但在老病区或椒园，积水的情况下，流行过程不明显，以暴发形式发生严重流行。

（三）气象因子

胡椒瘟病的发生流行与气象因子有极密切的关系，在气象因子中，强降雨（特别是台风后连续降雨）是病害流行的主要因素。病害的发生和流行主要取决于当年的降水量。据海南省部分地区 5 个流行年降水量的初步分析，每年流行季节的月降水量和当年发病有极密切的关系。年降水量在 2 000mm 以上的植椒区，流行期 9～10 月（个别年份 9～11 月）两个月的总降水量超过 1 000mm 时，就可能局部发生和流行；如流行期两个月的总降水量超过 1 000mm，持续降雨天数在 15d 以上，加上台风暴雨的影响，则可导致瘟病大面积流行。

台风是加剧瘟病流行的重要因素。台风吹倒和动摇支柱，吹落大量叶片，给胡椒造成大量伤口，增加病菌侵染机会，特别是强台风把整株胡椒打倒在地，不但扭伤椒头，而且使整株叶片大量染病。台风还将感病叶片传到无病椒园，造成瘟病较远距离的传播。

瘟病流行与温度有一定关系，但不是决定因素，从病害流行季节的温度来看，月平均温度在 26～28℃时，适合于病菌产孢、萌发和侵染，加上降水量充足，瘟病发生严重，较高的温度不利于病菌产孢繁殖，而比较冷凉的天气有利于病害发生和流行。一般来说，流行期 9～11 月的气温是适宜的。

胡椒瘟病发生流行的适宜气候条件为：①流行期 9～10 月两个月的总降水量超过 1 000mm；②温度 25～27℃；③田间相对湿度 83％以上。

（四）土壤、地形地势

胡椒瘟病是一种典型的气候依赖性土传性病害，气象因子满足病害发生条件时，病害的发生流行严重度和土壤质地、地形地势关系较密切。一般土质较黏重、排水不良和地势低洼积水的土壤发病较严重，发病后死亡率也比较高；反之，排水良好的沙质土发病较轻或少病，不造成大流行。地形地势和瘟病发生的关系也很密切。椒园如选在靠近河边、水库边、沟边，在暴雨期内洪水淹没也容易发病。

（五）农业措施

栽培措施对胡椒瘟病发生流行也有影响，如选地不当，不注意检疫，在病区采苗，椒园过于集中，没有造防护林，没有建好排水沟或排水沟失修造成椒园积水等都有利于病害的发生和流行。

六、防治技术

（一）农业防治

1. 选用无病种苗，不引种病区种苗。

2. 不选低洼积水、河边、水库边、沟边容易浸水的地方和排水不良的土壤种椒，椒园尽量不要选在居民点附近。

3. 搞好胡椒园基本建设，造好防护林。开好排水沟，等高梯田或起垄种植。胡椒园外要有深 0.8～1m、宽 1m 的排水沟，园内每隔 12～15 株胡椒要开 1 条纵沟，梯田或垄要有小排水沟，做到大雨不积水。

4. 不要连片大面积种植胡椒，一般一块胡椒园以 2 000～3 335m² 为宜，四周做好围栏，防止家畜或无关人员随便进入。

5. 逐年修剪基部 20cm 以下的枝条，使椒头保持通风透光，一般在第二次割蔓前先剪去"送嫁枝"，第三次割蔓时修剪完毕。定期清洁椒园内和椒头枯枝落叶，这项工作应该在雨季来临前做好。

6. 在雨季湿度大时要对胡椒园土壤进行消毒，可用波尔多液（1∶2∶100）均匀撒在冠幅内及株间土壤上。

7. 消灭胡椒园内的蜗牛和蚂蚁。

8. 加强施肥管理，不偏施氮肥。

9. 在发病胡椒园劳动结束后禁止进入其他健康胡椒园，同时发病胡椒园禁止外人进入。

10. 在发病胡椒园使用过的劳动工具要及时消毒，发病胡椒园和健康胡椒园禁止共用劳动工具。

11. 在台风雨季，进胡椒园之前最好对鞋或靴子进行消毒。

（二）化学防治

发现有胡椒植株感染瘟病时，应及时采取以下措施：

1. 检查　贯彻勤检查、早发现、早防治的原则。暴雨过后应及时检查有无病叶出现（特别是曾发生过瘟病的椒园），发现病叶的植株应用标记物做好标记。

2. 采病叶　病叶少的胡椒，在露水干后采去病叶（病花、果穗），再喷药保护。病叶太多或天气不好，可先喷药 1 次，再采病叶（特别注意病叶采摘后要集中在园外低处烧毁）。

3. 叶片喷药　病叶采摘后，用 68％精甲霜·锰锌可湿性粉剂、25％甲霜·霜霉威可湿性粉剂或 50％烯酰吗啉可湿性粉剂 500 倍液整株喷药，或在离最高病叶 50cm 以下的所有叶片上喷药。喷药时喷头向上，并由下而上喷，以确保叶片正反面都喷湿，以有药液滴下为好。每隔 7～10d 喷 1 次，连喷 2～3 次，直到无新病叶产生为止。

4. 椒头淋药　发病初期在中心病区（即病株的 4 个方向各 2 株胡椒）的胡椒树冠下淋 68％精甲霜·锰锌可湿性粉剂或 25％甲霜·霜霉威可湿性粉剂 250 倍液，每株 5～7.5kg/次。视病情轻重，淋药 2～3 次。

5. 土壤消毒　淋药后，用 1％硫酸铜液，或 68％精甲霜·锰锌可湿性粉剂、25％甲霜·霜霉威可湿性粉剂或 50％烯酰吗啉可湿性粉剂 500 倍液对中心病区的土壤进行消毒。雨天湿度大时亦可用 1∶10 粉状硫酸铜和沙土混合，均匀撒在冠幅内及株间土壤上。

6. 处理病死株　方法一：晴天及时挖除病死株，并清除残枝蔓根，集中在园外低处烧毁；病死株植穴用火烧，用 2％硫酸铜液消毒或暴晒至少半年，阳光暴晒和火烧植穴一般要经半年之后才无病菌存在。方法二：砍除地上部分并集中在园外烧毁，椒头灌入 2％硫酸铜液 12.5kg/株，15d 后再挖除椒头暴晒 1 个月以上。

刘爱勤　桑利伟（中国热带农业科学院香料饮料研究所）

第 76 节　胡椒细菌性叶斑病

一、分布与危害

胡椒细菌性叶斑病是胡椒种植区的主要病害之一。1962 年在我国海南省的一些胡椒园开始零星发生，1966 年后此病发生逐渐普遍和严重。20 世纪 70 年代初在海南省万宁县大面积流行，重病植株叶片落光，枝蔓干枯而失去生产能力，直至整株死亡。此病在各龄胡椒中均可发生，其中大、中龄胡椒受害最严重。发病严重时，枝蔓枯死脱落，甚至整株死亡。果穗感病后，初期病斑呈圆形、紫褐色，后期整个果粒变黑色，易脱落。此病在我国海南、云南、广东、广西等胡椒种植区均有发生。

二、症状

此病在各龄胡椒园均有发生。以大、中龄椒发病较多，叶、枝、蔓、花序和果穗均受害，主要侵害老熟叶片（彩图 17-76-1，1）。叶片感病后，初期出现水渍状斑点，几天后病斑变为紫褐色，呈圆形或多角形，随后病斑渐变为黑褐色。后期许多病斑汇合成为一个灰白色大病斑，边缘有黄色晕圈，病健交界处有 1 条紫褐色分界线。在潮湿条件下，叶片背面的病斑上出现细菌溢脓，干后形成一层明胶状薄膜。病叶早期脱落，严重时只留下光秃的蔓（彩图 17-76-1，2）。枝蔓较少受害，病菌多从节间或伤口侵入（彩图 17-76-1，3），呈不规则形的紫褐色病斑，剖开枝蔓病组织，可见导管已变色。果穗感病后，初期病斑呈圆形、紫褐色，后期整个果粒变黑色，易脱落（彩图 17-76-1，4）。

三、病原

胡椒细菌性叶斑病病原为野地毯草黄单胞菌萎叶致病变种 [*Xanthomonas axonopodis* pv. *betlicola* Vauterin，异名：*X. campestris* pv. *betlicola* (Petel. et al.) Dye]，1981 年文衍堂等鉴定认为海南胡椒细

菌性叶斑病的病原与印度报道的相同。该病原菌菌落呈圆形，直径为 1~2mm，表面光滑，闪光，边缘完整，乳酪状，低度突起，半透明或不透明，乳白带浅黄色（彩图 17-76-2，1）。菌体短杆状，末端圆形，大小为 (0.4~0.7) μm× (1.0~2.4) μm，单个或成双排列，也有的 3~5 个排成短链状（彩图 17-76-2，2）。革兰氏染色反应阴性。无芽孢，鞭毛单极极生。该菌除侵害胡椒外，还能侵染蒌叶、假蒟、海南蒟等胡椒属植物。国外报道还可侵染柠檬、菜豆等植物。病菌潜育期为 10~14d。

四、病害循环

病菌的主要侵染来源是带病种苗和田间病株及其残体，病菌在病组织内可存活 1 个月以上。感病的野生寄主也是侵染来源之一。病菌从伤口和自然孔口侵入寄主。主要借雨水传播，雨水能冲散病斑上的细菌溢脓，分散的细菌随着雨水流到下层叶片上和土壤里，溅散的雨滴又能把土中的细菌带回到下层叶片上使其发病。露水、流水、风雨、昆虫及人工田间操作也能传病。

五、流行规律

本病在胡椒园里整年均可发生，上半年发病缓慢，病情轻；下半年发病严重，并往往出现流行。病害发生发展过程在正常天气情况下有一个病株由少到多、病情从轻到重的过程。开始只是个别植株先感病，而后病菌随着风雨逐渐向四周扩散而遍及全园。如海南省万宁县龙滚区某农场的 6 号椒园，1982 年 4 月只有 5 株病椒，到年底病椒增至 10 株；1983 年 7 月病椒发展到 37 株，至年底增加到 308 株；1986 年全园 351 株胡椒全部感病。但是，在台风季节，本病在椒园里传播迅速，病情严重，甚至在短期内发生流行。

（一）气象因子

1. 降水量和湿度 高降水量（高湿度）是本病发生发展的基本条件，雨水能有效地传播病原细菌。降雨期间椒园湿度高，胡椒叶片上形成水膜，更有利于病斑上菌脓的产生、细菌的传播和侵入。因此，降水量大的年份发病严重。

2. 台风 台风（雨）是本病流行的主导因素。台风期间，风夹雨能远距离地传播病原细菌。这种天气最有利于病原细菌的繁殖、侵入和扩展，重复侵染也多。同时，胡椒遭受台风袭击后，出现大量伤口，抗病力下降，使病原细菌很快与胡椒建立寄生关系，发病率和发病指数迅速上升，并在短期内出现流行。如 1985 年 9~10 月，海南地区连续遭受两次强台风袭击，万宁县某农场的胡椒园，台风前仅有病椒 4 株，发病率 26%；台风后病情急剧上升，病椒达 153 株，发病率 100%，重病株大量落叶，其生长受到严重影响。

3. 温度 温度对本病有一定影响。上半年高温干旱，不利于病原细菌的繁殖、传播和侵入，发病缓慢，病情轻，下半年气温较低，又是台风季节，有利于病原细菌的繁殖、传播和侵入，新病斑迅速增多，扩展快，病情严重。

（二）栽培管理

1. 防护林 在同等条件下，防护林稠密的椒园，虽经台风袭击，但发病仍较轻；反之，防护林稀疏或无防护林的椒园，台风后发病较重。在同一椒园里，靠近防护林的胡椒发病较轻，远离防护林以及迎风面的胡椒发病较重。

2. 隔离种植 胡椒园过于集中，面积过大，有利于病原细菌传播，发病较重；反之，椒园分散，每个椒园面积小（2 000~3 335m²），可避免或减轻病害发生。

3. 椒园管理 雨天或露水未干，进入椒园进行农事操作，容易人为地促进病菌传播和病区扩大，如万宁县兴隆站 9 号椒园，1984 年 6 月初只有病椒 26 株，6~7 月因工人常在露水未干时采果，导致 7 月底病椒增加到 56 株。当天摘除病叶（花、果）后，没有及时喷药保护也容易导致病害扩展，加重病情。

六、防治技术

胡椒细菌性叶斑病的防治，应加强农业措施，采取铲除菌源和药剂防治相结合的综合防治措施。

（一）农业措施

1. 种植胡椒前，应先搞好胡椒园的规划和基本建设。胡椒园应选择排水和透水性良好的地段；椒园不宜过于集中，每个椒园面积不要过大，一般以 2 000~3 335m² 为宜；修好椒园内外的排水沟；营造防风林，减少风害。

2. 选种无病壮苗，严禁从病区引进种苗。

3. 加强椒园抚育管理，合理施肥，防止积水；搞好田间卫生，清除枯枝落叶并集中烧毁；雨天或露水未干时，不进入病园作业。

（二）化学防治

1. 定期查病，若发现中心病株或小病区，及时把病株上的病叶摘除干净，剪除病枝蔓，拔除病株冠幅下的自生苗，一同清出园外烧毁。当天喷洒 1% 波尔多液，保护伤口和健康枝叶；地面也要喷药消毒。处理后加强水肥管理，台风前后勤检查，及时处理，以杜绝病害扩展。

2. 发病严重的胡椒园，病叶采摘后，选用 1% 波尔多液、77% 氢氧化铜可湿性粉剂 500 倍液或 72% 农用硫酸链霉素可溶粉剂 2 000 倍液喷雾。每隔 7~10d 喷 1 次，连喷 2~3 次，直到无新病叶产生为止。

刘爱勤　桑利伟（中国热带农业科学院香料饮料研究所）

第 77 节　胡椒花叶病

一、分布与危害

胡椒花叶病又称小叶病、皱缩叶病、镰刀叶病和发育不良病，是一种世界性的病毒病。该病在我国最早于 1975 年在海南兴隆华侨农场发现。后来随着引种和栽培范围的逐渐扩大，发病越来越普遍，现已遍布广东、广西、云南、福建等胡椒种植区。胡椒花叶病的发生范围广泛，除我国外，亚洲的菲律宾、斯里兰卡、马来西亚、印度尼西亚、越南和印度等国家及南美的巴西均发现此病。胡椒花叶病常导致胡椒花穗变短或脱落，结果少，果实也小，从而导致产量严重下降甚至绝产，而且商品价值差。如在我国海南省，该病可造成胡椒减产 40% 以上。重病胡椒园胡椒花叶病的发病率超过 60%，如海南儋州有些重病胡椒园发病率曾一度高达 90%。

二、症状

胡椒植株感病症状因严重程度、品种、茎蔓年龄、病毒性质、气候条件及相关病毒载体不同而表现不一，加上生长季节、生长阶段或其他因素不同造成的影响，有时难于通过肉眼鉴别是否感病。轻微感病的胡椒植株只在叶片上出现花叶症状，而植株生长发育正常，产量也表现正常，甚至有时部分感染的茎蔓表现出一部分枝叶正常，一部分枝叶感病。随着病情的发展，感病植株通常表现为叶色斑驳，形似马赛克，叶片变小、皱缩、卷曲、畸形，残存的叶片边缘坏死，叶组织硬而易碎（彩图 17 - 77 - 1）。严重感病的胡椒叶片成熟前通常脱落，植株生长受到显著抑制，茎蔓发育迟缓，植株矮缩（彩图 17 - 77 - 2）。

通常无病正常健康植株株高约为 240cm，冠幅约为 200cm，而感病植株高仅约 180cm，约为健康植株的 2/3，冠幅约 90cm，约为健康植株冠幅的 1/2。花穗短，且多数在坐果前脱落，残留的果穗短而结果少，果实也小（彩图 17 - 77 - 3），导致产量下降。感病植株节间变短，导致整株生长不良，因此，感病枝条表现出典型的丛枝病特征（彩图 17 - 77 - 4）。吸收根少且易坏死，地下茎蔓的皮层组织增厚且呈暗褐色，对施肥反应差。

三、病原

胡椒花叶病的病原为黄瓜花叶病毒（*Cucumber mosaic virus*，CMV），是一种世界性分布的病毒，为近球形的 20 面粒体，直径为 27~30 nm。CMV 在室温下干燥 72h 即失去活性，高温 65~70℃ 下 10min 即死亡。CMV 属于雀麦花叶病毒科黄瓜花叶病毒属，是寄主范围最为广泛的 RNA 病毒之一，能侵染 85 科 365 属 1 000 多种单、双子叶植物。

（一）CMV 核酸组成

CMV 的核酸主要由两部分组成，分别为基因组 RNA 和卫星 RNA（sRNA）。

1. 基因组 RNA　CMV 具有典型的三分体（RNA 1、RNA 2 和 RNA 3）单链正义 RNA 病毒的特点。RNA 1 和 RNA 2 编码复制酶基因，与病毒的复制有关，决定着寄主植物的症状表现、种传以及对温度的敏感性，此外，源于 RNA 2 的亚基因组 RNA 4A 编码的 2b 蛋白与病毒的移动和致病性相关。RNA 3 通过亚基因组 RNA 4 翻译表达外壳蛋白（CP），CP 蛋白组成病毒粒体的外壳，起到保护核酸的作用，而且，CP 蛋白还与病毒的寄主范围、症状、长距离运输及蚜虫传播能力有关。更为重要的是，CP 蛋白具有诱导寄主植物对 CMV 产生抗性，减弱病毒对寄主植物的侵染及系统性传播，从而达到安全免疫的潜能。RNA 3 除编码 CP 蛋白外，还编码 3a 运动蛋白，该蛋白与病毒在寄主细胞间运动有关。RNA 3 变异率很低，其编码区无论在核苷酸水平还是氨基酸水平上均比较保守，表明 CMV 保守核苷酸和氨基酸对维持其本身的功能稳定性发挥着至关重要的作用。

RNA 1、RNA 2 和 RNA 3 在体外的细胞翻译系统中均具有翻译活性，但在寄主组织细胞内未检测到其翻译产物。CMV 基因组一般 RNA 通过亚基因组进行表达，仅翻译 RNA 5′端阅读框，而靠近 3′端的阅读框则常借助亚基因组 RNA，使原来不在 5′端的阅读框转至 5′端进行表达。

2. sRNA　sRNA 是依赖于辅助病毒复制、包被和在寄主内扩散的一类低分子质量 RNA，是寄生于病毒的亚病毒。sRNA 有其特异核苷酸序列，不同株系 sRNA 高度同源，而且与辅助病毒 RNA 没有或只有很低的序列相似性。目前，超过 65 株 CMV 携带着大小为 330～405 nt 的 sRNA。sRNA 不编码任何基因产物，但其与病毒共同侵染寄主植物可使寄主的症状减轻、加重或无影响，而大多数 sRNA 对辅助病毒症状起减轻作用。关于 sRNA 能够减轻 CMV 症状的原因，有学者认为是由于 sRNA 与 CMV 基因组 RNA 竞争有限的 RNA 复制酶，sRNA 对复制酶亲和力较高，可高效复制，从而降低了 CMV 基因组的复制和病毒粒体的形成。同时，由于 sRNA 基因组的大量复制，寄主组织内大量积累 dsRNA（卫星 RNA 的双链形式），dsRNA 能够促进寄主植物对病毒抗性的形成。

（二）CMV 株系划分

CMV 株系较多，为便于研究，国内外专家依照不同的标准，对 CMV 的株系进行了鉴定和划分。

1. 根据寄主划分　不同的 CMV 株系寄主范围不同。同一种植物上不同 CMV 株系所引起的症状也有所不同，这些不同常常用来进行 CMV 和其他病毒以及 CMV 自身株系之间的鉴定和划分。根据 CMV 侵染的寄主范围不同，将侵染蔬菜的 CMV 划分为十字花科株系群、普通株系群等 6 个株系群。依据不同的应用要求，对 CMV 株系的划分标准也不同。例如，在国外，根据 CMV 在不同寄主上症状的差异，将 CMV 划分为 S 和 WT 两大株系。此外，根据不同 CMV 侵染豇豆、昆诺藜后分别在 25℃ 和 32℃ 的症状反应，将 CMV 划分为亚组 Ⅰ 和亚组 Ⅱ。在国内，通过用不同辣椒品种对 CMV 的抗性进行株系研究，将全国 20 多个 CMV 分离物划分为六大类群。此外，根据来源豆科作物的 CMV 分离物侵染豆科植物后引起的症状，将 CMV 划分为系统和枯斑 2 种类型。

2. 根据血清学特性划分　血清学特性是对 CMV 分类的一个重要依据。一些建立在单克隆抗体和多克隆抗体基础上的血清学技术，常被用来对 CMV 进行株系分类。多克隆抗体与大多 CMV 株系都能起反应，而单克隆抗体专化性较强，能将不同的株系区分开。根据血清学特性的差异，CMV 分为 2 个亚组，分别为 DTL 血清组和 ToRS 血清组。事实表明，按照血清学方法对 CMV 株系进行划分的结果与根据寄主划分的结果在很大程度上相吻合。如按照血清学特性划分的 DTL 血清组和 ToRS 血清组分别与按照寄主反应特征划分的亚组 Ⅰ 和亚组 Ⅱ 相对应。但同时也应注意到，使用不同的血清学方法对 CMV 进行株系分类，其结果存在一定的差异。

3. 根据基因组划分　根据 CMV 基因组对其进行株系划分是目前国际上普遍认可的一种方法。依据这种方法，除了一个较为特殊的株系外，其余的 CMV 均可以划分为两大亚组，分别为亚组 Ⅰ 和亚组 Ⅱ。相同亚组株系间核苷酸序列有 90%～99% 的同源性，不同亚组间有 75% 左右的同源性。而随着研究内容的积累和研究、分析手段的不断改进，CMV 亚组 Ⅰ 又进一步分为亚组 ⅠA 和 ⅠB。

基因决定性状。不同株系的 CMV 在生物学、血清学等表现上的差异源于其基因组核酸序列的不同。通过核酸序列分析对 CMV 亚组进行鉴定，已经成为目前区分 CMV 亚组最灵敏、最可靠的方法之一，它可从分子水平揭示 CMV 不同亚组分离物之间的差异，把 CMV 毒力与寄主植物抗病性联系在一起，从而为转基因抗病毒作物的选育提供重要的理论依据。正是基于此点，在 CMV 株系划分中，出现了"病理株系"和"基因株系"这两种新株系。通过对"病理株系"和"基因株系"这两种株系 *cp* 基因的序列分析，与已知的 CMV 株系 *cp* 基因序列相比较表明，它们分属于亚组 Ⅰ 和亚组 Ⅱ，这与生物学和血清学鉴定、划分的结果一致。

四、病害循环

CMV 的寄主范围非常广泛，毒源植物十分普遍。侵染胡椒的 CMV 初侵染源主要来自其他寄主植物。CMV 在胡椒干叶中存活时间较短，但是在根残体中存活的时间相对较长，而且土壤吸附可增加 CMV 的稳定性。胡椒是热带多年生常绿藤本植物，CMV 在热带地区没有明显越冬期，因此全年都可侵染胡椒。胡椒花叶病可由棉蚜、嫁接、带病的插条、制作插条用的刀具等传播，但是胡椒种子不传病。该病远距离传播主要通过带毒的种苗，在田间短距离传播的媒介是棉蚜。蚜虫以非持久性方式传播，吸毒 15 min 后就可以传毒。高温、干旱和微风有利于蚜虫的滋生、繁殖和迁飞，从而能加快病毒的传播。

五、流行规律

（一）传播与扩散

胡椒花叶病是一种严重的传染性病害，可通过种苗、插条以及制作插条用的刀具等传播，也可通过人工嫁接传播。胡椒栽培一般不采用嫁接，因而嫁接不是该病传播的主要途径。胡椒花叶病可通过昆虫载体进行传播，世界范围内有 60 多种蚜虫可以传病，在我国主要是通过棉蚜以非持久性方式传病。在巴西和日本，蚜虫（棉蚜或绣线菊蚜）可以把 CMV 传给假酸浆（*Nicandra physaloides*），待其发病后，再由棉蚜传给胡椒嫩芽或嫩叶。而在国内，棉蚜传播该病不需要任何中间寄主，带毒的棉蚜可在田间胡椒植株之间直接传毒，使胡椒感病。CMV 在一些寄主植物上可以通过汁液摩擦接种传播，但在胡椒上，汁液摩擦接种不能传病，这或许与胡椒叶片中含有单宁之类抑制病毒的物质有关。此外，胡椒花叶病也不会通过种子或土壤传播。

胡椒花叶病远距离传播主要通过感病的种苗（插条）从一个地区传播到另一个地区，而田间短距离传播主要靠蚜虫，由棉蚜在胡椒植株间直接传毒。

（二）CMV 侵染胡椒的过程

当胡椒植株与 CMV 发生亲和性互作时，CMV 可顺利侵入胡椒内部组织并进行增殖和运输，破坏胡椒植株的叶绿体及正常生理功能，出现褪绿与花叶症状等，此为感病。CMV 利用胡椒的营养、能量在胡椒组织细胞内进行复制和病毒粒体装配，完成病毒增殖过程（图 17 - 77 - 1）。大量的病毒粒体通过胞间连丝（peasmodesmata）向周围其他细胞移动，此为细胞间短距离运输（cell-to-cell transport）；病毒经维管束向胡椒根部和顶部移动，此为长距离运输（long distance transport），最后病毒遍布胡椒植株全株，引起整株发病。

（三）发生规律

胡椒花叶病的发生与流行具有一定的规律，气候因素、椒园管理、土壤环境、蚜虫种群动态和胡椒品系的抗病性等都是胡椒花叶病发病的影响因素。

高温、强光照、干旱会抑制胡椒植株生长和降低其抗病能力，病毒的潜育期缩短，同时，高温、干旱有利于传毒媒介（蚜虫等）的繁殖、迁飞和取食活动，有利于病毒迅速传播和复制，加剧了胡椒花叶病的发生和流行。椒园管理差，特别是苗期管理不当，幼苗徒长或生长衰弱及肥水管理不当均有利于发病。养分不足，胡椒生长不良，发病率高且症状严重，而且感病越早的植株病情越重，同时，偏施氮肥，幼嫩组织较易感病，也利于该病的暴发，而且症状表现较快。土壤瘠薄、排水不良的椒园，胡椒植株生长衰弱，发病也重。生长年限较长、杂草丛生的胡椒园也利于该病的发生。此外，土壤中缺钙、钾等元素，追肥不及时能助长花叶病的发生。在椒园有带毒胡椒植株的情况下，蚜虫发生的迟早和数量与胡椒花叶病发生及流行的轻重呈正相关，尤其是田间有翅蚜的数量和迁飞直接影响该病在椒园的传播。胡椒植株的抗病性也与胡椒花叶病的发生与流行有一定的关系，遗憾的是目前还没有发现抗 CMV 的胡椒品系。

六、防治技术

对胡椒花叶病的防治，必须认真贯彻"预防为主，综合防治"的植保工作方针。总的来说，现有的对胡椒花叶病的具体防治措施可归纳为植物检疫、农业防治、物理防治、生物防治、化学防治等，而以后将要重点发展的防治措施主要是脱毒组培、构建、选育转基因抗性植株。

（一）调查病情，确定疫区

为了及时掌握胡椒花叶病的发病情况，控制该病向四周扩散，必须适时调查椒园胡椒植株感病情况，

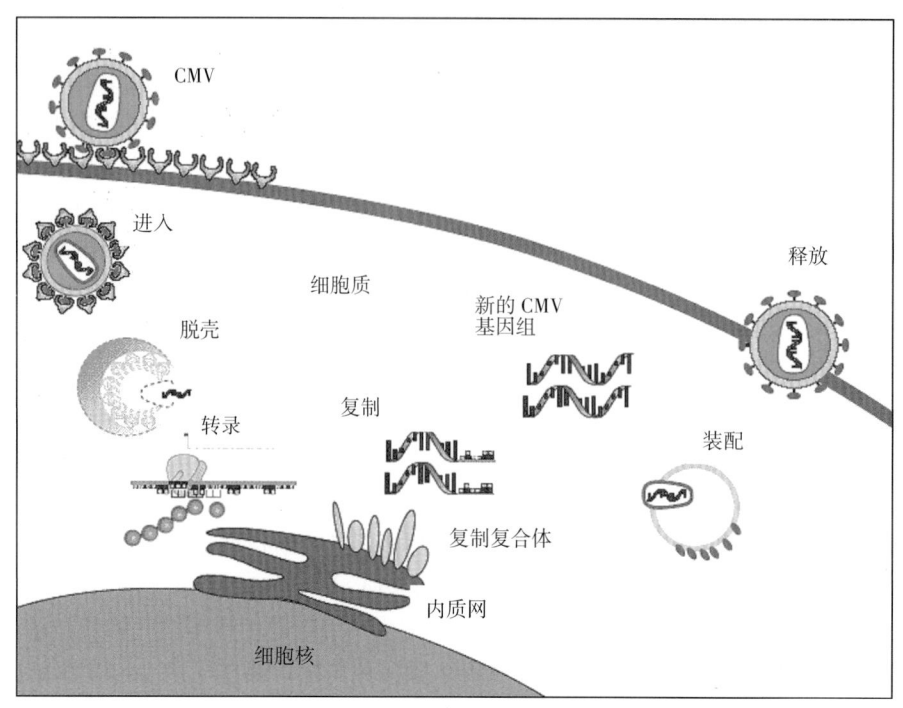

图 17-77-1 CMV 复制循环模拟图（仿 Racanelli et al.，2003）

Figure 17-77-1 Sketch of CMV replication cycle（from Racanelli et al.，2003）

查清病害的分布，划定疫区与无病椒园的界线。根据多年对我国胡椒花叶病发生情况的调查研究，结合实际情况，我们建议将疫区划分为三种类型，即零星病椒园、轻病椒园、重病椒园，三者的划分标准如下：

零星病椒园：椒园胡椒植株发病率在 10% 以下；

轻病椒园：椒园胡椒植株发病率在 10%～30%；

重病椒园：椒园胡椒植株发病率在 30% 以上。

（二）加强检疫，严控扩散

加强检疫的目的是防止胡椒花叶病及其介体随种苗等在不同地区间扩大蔓延。因此，必须严格进行检疫管理，从源头上杜绝带毒种苗和带毒介体，查清病害的分布，避免异地传播。做好检疫工作，需从以下几个方面着手：①根据胡椒花叶病的传播情况、地理条件、交通条件和封锁、根除的需要划定疫区和保护区，这要求各胡椒种植区全面开展对胡椒花叶病的普查工作；②对运出疫区或运入保护区的胡椒种苗或其他介体等实施调运检疫，检疫部门一旦发现检疫对象，应现场直接铲除或销毁，不留后患；③有计划、分步骤地建立无病健康胡椒种苗繁育基地，并实施产地检疫；④对从外地运来的胡椒种苗等进行隔离试种，确认没有感病后，方可分散种植。

（三）农业防治

对胡椒花叶病的农业防治是指在椒园生态系统中，利用和改进耕作栽培技术，调节 CMV、胡椒及环境之间的关系，创造有利于胡椒生长、不利于胡椒花叶病发生的环境条件，控制该病发生与发展。在各种防治技术中，农业防治是最为安全、经济、高效的措施。总体来说，农业防治的措施主要有如下几项：间作套种、改进栽培方法、维持椒园卫生和选用无病种苗。

1. 耕作改制，间作套种 合理的耕作体系，不仅可以调节椒园生态系统、改善土壤的理化性质及其肥力、利于胡椒的生长发育和根际有益微生物的繁衍，而且能减少 CMV 的存活率、切断病害循环、减轻胡椒花叶病的发生。不过，耕作体系的改变引起胡椒花叶病为害减轻的同时，有可能导致另一些病害的发生甚至加重，因此，耕作体系发生改变后，应经常调查是否引起别的病害发生，及时采取控制措施。需要指出的是，各地的自然条件有所差异，所以，必须因地适宜，兼顾生产和防病的需求，建立合理的耕作体系。

大面积、连片单一种植胡椒必然为毒源或传毒介体提供良好的营养和繁衍条件，有利于胡椒花叶病的传播流行。CMV 的寄主范围广泛，感染病毒后的植物往往成为传播给临近寄主的毒源，同一种介体往往又是胡椒和别的作物的共同害虫。因此，改变栽培模式，实行合理的间作套种，隔绝毒源和传播介体，可达到避免病毒侵染的目的。中国热带农业科学院香料饮料研究所正在开展的胡椒与槟榔间作种植模式研究，或许有助于控制胡椒花叶病为害，但还需要进一步的深入研究。

2. 改进栽培管理技术　胡椒不同生育期对花叶病的敏感程度存在差异。一般植物生长早期比较容易感染病毒病，胡椒也不例外。因此，通过优化肥水管理等栽培管理技术，可改善胡椒生长状态，同时创造不利于 CMV 侵染繁殖的条件，抑制病害的发生。

胡椒花叶病的消长与肥水管理密切相关。如氮肥施用过多会加重该病的感染和流行，而施用过少，则胡椒的长势不旺，抵抗力差。因此，为减轻病毒的侵染，应合理施肥。合理施肥应遵循的原则是：氮、磷、钾肥配合施用，避免偏施氮肥，增施充分腐熟的有机肥，适量施用微肥；合理掌握肥料用量，基肥要足，追肥要早。椒园干旱有利于胡椒花叶病的侵染和流行，因此要及时灌水。但田块过湿有利于其他病原微生物的繁殖和侵染，从而诱发多种病害。因此，椒园应做到浅水灌溉，并结合排水烤田。水可以调节胡椒对肥料的利用，所以，在胡椒整个生育期中，肥、水管理应结合进行，充分发挥肥、水的综合调控作用，这样不仅可以增强胡椒植株的自身抵抗力，还可以有效控制传毒介体昆虫，从而减少病毒感染。

在优化肥水管理的同时，还需做到在胡椒定植后经常检查及补插荫蔽物，直至幼苗枝条能自行荫蔽椒头（约第二次割蔓后），方可除去荫蔽物。割蔓最好在雨季或雨后进行，尽量不要在高温干旱季节剔苗，以避免病毒侵入。

3. 维持椒园卫生　椒园卫生是指通过摘除病叶、拔除病株、铲除发病中心和清除田间病残体并集中烧毁等措施，减少椒园的病毒量，消除毒源，从而达到减轻或控制胡椒花叶病的目的。

CMV 是寄主范围最为广泛的植物病毒之一，可以侵染 1 000 多种植物，椒园中的杂草或一些野生植物，很有可能是重要的侵染源，而且椒园杂草还是各种介体昆虫栖息、繁衍的场所，有可能是胡椒花叶病侵染循环中的重要环节。因此，椒园及周边的杂草必须铲除。

4. 建立无病苗圃，选用无病种苗　胡椒花叶病可经种苗携带而传播扩散，生产和利用无病种苗可有效防治胡椒花叶病。为此，首先必须设置隔离区栽种无病健康胡椒苗，幼苗期应定期检查，发现花叶症状的病株或生长不良的植株，应挖除烧毁，同时配合监测手段，建立无病良种留用田，直接提供无病健康种苗。需要注意的是，长期利用无性繁殖材料繁殖，往往会造成病毒的积累。因此，选用健康的胡椒插条，而且只在没有发现花叶病症状的健康胡椒植株上切蔓作繁殖种苗，在防除病毒初侵染源上具有重要作用。

（四）物理防治

物理防治是利用简单工具和各种物理因素，如光、热、电和放射能、声波等方法清除、抑制、钝化或杀死 CMV 来控制胡椒花叶病发生发展的方法。对于胡椒花叶病，热力处理是较好的选择。热力处理主要包括蒸气消毒和热力治疗两种方法。

蒸气消毒是指用 65～70℃ 热蒸气处理温室或苗床的土壤 20～30 min，可杀死绝大多数 CMV。热力治疗感染病毒的胡椒植株或种苗是获得无病毒繁殖材料的重要方法。具体可采用热水或热空气处理，其中以热空气处理效果较好，对胡椒的伤害较小。

（五）生物防治

生物防治以其对环境无污染、对人畜无毒、对植物无副作用等优点，一直以来备受植保专家们的青睐和推崇。对胡椒花叶病的生物防治主要是指利用 CMV 的弱毒疫苗（弱毒株系）或天然抗病毒活性物质提高胡椒植株对 CMV 侵染的抵抗力。

弱毒疫苗的作用机制是利用植物体内同种病毒株系之间的干扰作用，病毒弱毒疫苗（弱株系）抑制了强株系，弱病毒保护了寄主植物不受强病毒的严重为害，从而达到控制病毒病的目的。弱毒疫苗可以通过人工高温诱变、辐射诱变和化学诱变获得。目前还没有用 CMV 弱毒疫苗防治胡椒花叶病的报道，所以这方面的工作还需要一定的研究支持，但是别的一些弱毒疫苗的成功应用（如番茄花叶病毒弱毒苗），为 CMV 弱毒疫苗在防治胡椒花叶病方面的应用提供了有益的借鉴。

对 CMV 侵染具有抑制作用的天然抗病毒活性物质主要有两个来源，即植物源和微生物源。丰富的植物资源为天然抗病毒活性物质的开发提供了极其有利的条件。由于环境兼容性好，而且有高效、安全、低毒和低残留等优点，以天然植物活性物质为有效成分的植物源抗病毒剂被广泛应用。有学者已从 500 余种中草药中筛选出了近 30 种对 CMV 具有显著治疗和保护作用的品种，如 NS-83、赤霉酸等。微生物源抗病毒活性物质，目前在细菌、真菌、放线菌及它们的次生代谢产物中都发现有抑制病毒侵染的活性成分。其中光合细菌能诱导寄主植物产生耐病毒的作用，对 CMV 引发的病毒病具有较好的控制作用。

（六）化学防治

对胡椒花叶病的化学防治需要从两个方面着手，即对该病的直接防治和对传毒昆虫的防治。

首先需要指出的是，虽然一些能防治胡椒花叶病的保护剂、治疗剂和对胡椒植株抗性有诱导作用的药剂已开始在椒园施用，但在实际应用中都不可能完全控制病毒的侵染和增殖。目前胡椒花叶病化学防治中采用的对策主要有两点：① 构建保护膜，如抗植物病毒剂 Monsanon，这类物质能在胡椒叶片表面形成一层很薄但可抑制 CMV 侵染的膜；②钝化病毒，如病毒唑、盐酸吗啉胍等，通过对病毒 RNA 复制过程和病毒相关蛋白质表达过程的抑制或干扰，实现其抗病毒活性。

治虫防病是胡椒花叶病的重要防治措施和应急措施。化学杀虫剂杀灭的介体昆虫主要是刺吸式口器的棉蚜，这对控制棉蚜种群数量、减少病毒传播至关重要。当前，椒园防虫药剂主要有混灭威、吡虫啉等。由于棉蚜的传毒速度快、效率高，在防治胡椒花叶病时应以选用速杀型的杀虫剂为佳。

（七）脱毒组培，构建转基因抗性植株

病毒在感病植株体内的分布是不均匀的，其数量随植株部位与年龄而异。病毒在植株体内的转移通过维管束系统完成，在分生组织区域内没有维管束组织，病毒只能勉强通过胞间连丝传递，赶不上细胞的分裂和生长速度，所以顶端分生组织区域可逃避病毒的侵染。利用茎尖生长点 0.1～1 mm 部位分生组织不含病毒的特性，在保证成活的条件下，切取的范围越小，不带病毒的可能性越大。我国已在烟草、大蒜等多种植物上完成脱毒组培工作，培育出的脱毒苗分别避免了烟草花叶病毒和大蒜花叶病毒的侵染。在还没有发现抗病品系的情况下，胡椒作为无性繁殖作物，培育脱毒种苗是防除花叶病，提高产量和改善品质的有效途径。但是胡椒还没有关于脱毒组培方面的报道，所以这方面的工作还有待进一步研究。除了选用植株茎尖外，原生质体也是脱毒组培的一个重要部位。原生质体培养主要是利用植株体内不是所有细胞都带有病毒的事实，分离培养无毒原生质体，最后形成无毒健康植株。

病毒基因工程技术的发展，为植物病毒病的防治开辟了一个新的途径。通过转基因技术，目前国内外已将多种抗病毒基因转入植物体内，培育出了不同的转基因抗病植株。目前植物抗病毒基因工程的功能基因来源主要有 3 个领域，分别为利用病毒本身的基因、利用植物中自然存在的抗性基因和植物、微生物的核糖体失活蛋白基因。从现有的报道来看，用于抗病毒基因工程的功能基因多数来自于病毒本身，如 CMV 的外壳蛋白（CP）基因、复制酶基因、sRNA 基因和运动蛋白（MP）基因等。目前还没有关于胡椒转基因植株抗病性的研究，别的寄主植物通过导入抗性基因（如转基因烟草、转基因番茄、转基因辣椒等），已被证明对 CMV 侵染具有明显的抗性，这可作为构建转基因抗病胡椒植株的直接、有益的借鉴。

将 CMV cp 基因导入植株是目前介导 CMV 抗性较为成功的一种方法，构建的多种转 CMV cp 基因作物对 CMV 侵染表现出不同程度的抗性。通过导入病毒 cp 基因获得的抗病植株通常表现以下特点：①抗性与 CP 蛋白的表达量呈正相关；②抗性与病毒浓度有关，高浓度病毒接种能克服 CP 蛋白介导的抗性；③抗性只对病毒粒体起作用，对裸露的病毒 RNA 通常不具备抗性。

CMV 寄主植物抗病毒基因工程另一个重要领域是利用病毒 RNA 复制酶基因的一部分转化植物，从而诱导寄主作物对 CMV 产生抗性。复制酶基因介导的抗性具有如下特点：①对完整的病毒粒体和裸露的病毒 RNA 都具有高度的抗性；②抗性不受病毒浓度的影响；③抗性持续时间长，对温度不敏感；④抗性具有较好的稳定性和株系专化性。由此可见，利用转 CMV 复制酶基因有望获得高水平的抗 CMV 植株。

sRNA 是依赖于辅助病毒（helper virus）复制、包被和在寄主内扩散的一类低分子质量 RNA，是寄生于病毒的亚病毒。sRNA 介导的抗病毒机制是其与病毒 RNA 竞争复制酶，干扰病毒基因组的复制，从而使表达 sRNA 的转基因植株抗病性得到提高。

病毒在细胞间的移动需要运动蛋白的参与。运动蛋白可与胞间连丝相互作用，促进病毒在细胞间的转移。将有缺陷型或异源 MP 蛋白基因转入到植物中，可介导转基因植株对病毒产生抗性。如将有 N 端缺失的 CMV mp 基因转入到寄主植物中，寄主植物对 CMV 的侵染表现出较好的抗性。转 CMV mp 基因的植株不仅对基因来源病毒具有抗性，而且对其他一些病毒也具有抗性。如构建的转烟草花叶病毒（TMV）部分缺失的 mp 基因烟草植株不仅对 TMV 产生抗性，而且对 CMV 等也具有抗性。

RNA 沉默也是诱导寄主植物对病毒产生抗性的一种策略。利用 RNA 沉默介导的抗性机制，采用表

达病毒来源的双链 RNA 是目前培育抗病毒转基因作物的最佳方法。该方法培育的抗病毒转基因植株还有一个优势，就是在相关病毒接种前，检测转基因植株中小分子 RNA 的存在与否，可快速筛选到有应用前景的转基因抗病毒工程植株。将 CMV 的部分复制酶基因的反向重复片段转化烟草，结果发现有超过一半的转基因植株对 CMV 具有免疫作用。

为了进一步提高转基因工程植株对病毒的抵抗力，人们普遍采取复合抗性基因策略。如将 CMV cp 基因和 sRNA 基因共同转化到植株中，当接种 CMV 后，转基因植株感病率不仅明显低于非转基因植株，而且明显高于单转 cp 基因或 sRNA 基因的植株。

刘爱勤　刘向阳（中国热带农业科学院香料饮料研究所）

第 78 节　胡椒枯萎病

一、分布与危害

胡椒枯萎病是胡椒的重要病害之一，又称为黄化病、慢性萎蔫病、慢性衰退病。自 20 世纪 30 年代初，胡椒枯萎病就在印度尼西亚邦加岛严重发生，损失胡椒 2 200 万株，损失率高达 90％；以后圭亚那、巴西、马来西亚、文莱等地都有发生。我国主要发生在海南、云南、广东、广西和福建等地，胡椒损失率 5％～30％。1993 年我国海南文昌县调查，有 20％的胡椒园因枯萎病为害植株全部死亡，造成巨大的经济损失。

二、症状

胡椒枯萎病的发生不受植株龄期的影响，多发生于成株期。常呈现典型的"半边死"症状，即同一支柱两侧种植的两株胡椒，一株枝叶已变褐枯死，另一株叶片才开始褪绿变黄，不同病株的褐色枯死枝叶与黄绿色枝叶混杂相间。病害的地上部症状总体可表现为慢性型和急性型 2 种（彩图 17 - 78 - 1）。

慢性型症状：症状表现持续时间较长，一般可达 1 年以上。发病初期植株停止生长，顶端叶片褪绿、变黄；后向下扩展至植株的大部分叶片，叶片变黄，变褐脱落，最后植株枯死。地下部为侧根先受害，变色腐烂。

急性型症状：症状表现期可持续 4～6 个月，初期症状与慢性型症状相似，但发病后 6 个月左右，整个植株突然失水萎蔫，植株短时间内枯死，大量叶片萎垂不落。地下部为主根先受害，变色腐烂。剖开主蔓可见维管束变黑坏死，皮层腐烂。

三、病原

胡椒枯萎病的病原是腐皮镰孢［*Fusarium solani* (Martius) Appel. et Wollenw. ex Snyder et Hansen］和尖镰孢（*F. oxysporum* Schltdl. ex Snyder et Hansen），属子囊菌无性型镰孢属。腐皮镰孢气生菌丝茸状，白色或乳白色；大型分生孢子马特型，两端钝圆，足细胞圆形或不明显，3～5 个分隔，大小为 (32.5～40) μm×（5～6）μm；小型分生孢子卵形、椭圆形或肾形，假头生，0～1 个分隔，大小为 (12.5～15) μm×（5～6）μm；产孢细胞单瓶梗，长筒形，具隔膜，大小为（15～180）μm×（2.5～4.5）μm。尖镰孢气生菌丝羊毛状，白色、粉色至紫色；大型分生孢子微弯或两端尖而弯曲，呈镰刀形，无色，2～5 个隔膜，多数为 3～4 个隔膜，大小为（16.4～57.3）μm×（2.7～5.1）μm；小型分生孢子卵形、卵圆形，少数肾形，单胞或双胞，无色。

还有研究报道认为该病是由尖镰孢及线虫共同侵染引起的。

四、病害循环

镰孢菌是一种土壤习居菌，病菌从根部或埋在土里的受伤主蔓侵入导管系统，然后向上蔓延使植株表现典型症状，属维管束系统病害。病株枯死后，病菌随病株残体在土中营腐生生活。

该病主要侵染来源是带病媒介或土壤，感病的根和植株残体，农业工具，风、水流、人和动物等。在没有寄主植物或不利的环境条件（如干燥或水浸土壤）下，病菌也可在土壤中存活多年。

带菌苗木是胡椒枯萎病远距离传播的途径，在病区主要借地面流水、农具、土壤作近距离传播。

五、流行规律

降水量大或持续阴雨天气是病害发生发展的主要条件。土壤黏重、酸性较大、排水渗透性差，湿度高、低洼积水及植株长势差的胡椒园易发病。大风、大雨或人、畜活动频繁的地方病害扩展蔓延快。土质好、肥力高、保水渗水性好、生长健壮的胡椒树发病少。降水量大、雨天集中、阴雨持续时间长发病严重。

六、防治技术

（一）加强检疫

严禁从病区运出胡椒苗，自无病区输出的椒苗不得带土壤，并经 75％百菌清可湿性粉剂＋25％多菌灵可湿性粉剂 600 倍液或 40％多·硫悬浮剂 600 倍液浸泡 0.5min。

（二）选用无病壮苗

选用无病地块育苗，选择生长健壮、不带病的苗种植，纤弱和损伤的苗不宜种植；严禁在有病的椒园里剪取种苗。

（三）农业防治

1. 搞好椒园排灌系统。整个胡椒园内及四周要排水畅通，及时排水。

2. 开垦好椒园地。种植胡椒前，要全面垦地，清除烧毁杂草和杂木树头。挖穴后暴晒 1 个月，用 0.25kg/株石灰粉消毒植穴，低洼积水地不宜种植。

3. 合理施肥，不偏施氮肥。施足基肥，增施有机肥，不偏施氮肥，避免碰伤椒头。施有机肥一定要发酵成熟后才施用，同时，施肥要避免伤根，以防肥害和病菌感染。

4. 发现病株，及早挖除。将枯枝、落叶、落果等及时清理出园外集中烧毁，并用药剂消毒病穴，消灭菌源。

5. 在病区周围挖隔离沟，并用药剂消毒土壤。

6. 防止病园的土壤借人、畜、农具、流水传入新区。

（四）化学防治

用 75％百菌清可湿性粉剂 800 倍液或草木灰喷撒沟内。靠近病株的健株及其周围的地面，用 75％百菌清可湿性粉剂＋25％多菌灵可湿性粉剂 500 倍液或 40％多·硫悬浮剂 500 倍液喷雾，将植株叶片及地表喷湿透，每隔 15d 防治 1 次，连用 2～3 次。

贺春萍（中国热带农业科学院环境与植物保护研究所）

第79节　胡椒根结线虫病

一、分布与危害

胡椒根结线虫病是由根结线虫属（*Meloidogyne*）线虫引起的胡椒病害，是世界胡椒产区的重要病害之一。胡椒根结线虫病分布广泛，世界各地主要胡椒产区印度、越南、马来西亚等都有该病发生。我国海南、广东、广西和云南各胡椒种植区也都有此病发生。我国栽培胡椒已有多年的历史，海南是中国胡椒的主产区，种植面积和产量均占全国的 90％以上，其独特的高温和长期湿润气候有利于胡椒的生产，然而，这样的气候同样适合根结线虫的生长繁殖。从文昌、琼海、定安、万宁、儋州、临高、澄迈、屯昌、琼中、五指山和保亭等县市胡椒产区的胡椒园广泛采样调查发现，胡椒根结线虫病在海南发生严重，株发病率约为 89.5％，是制约胡椒产量和品质的主要障碍因素。此外，根结线虫侵染后使胡椒根部形成伤口，导致了其他土传病害如疫病、枯萎病、根腐病和慢蒌病（黄化病）的复合侵染，继而严重影响了胡椒产业的发展。

寄生胡椒的根结线虫无寄主专一性，除胡椒外，还可侵染包括蔬菜、果树、花卉、油料、南药和野生杂草等 114 科的 3 000 多种植物。胡椒根结线虫病导致胡椒产量损失一般为 20％～30％，严重者达 50％

以上，甚至绝收。

二、症状

胡椒的各个时期均能被根结线虫寄生。根结线虫二龄幼虫从根尖开始侵入根部，在受害部位形成球形、串珠状及不规则形、大小不一的根瘤。初形成的根瘤呈乳白色，后变成淡褐色或深褐色，最后呈黑褐色。旱季根瘤干枯开裂，雨季根瘤腐烂，严重影响植株的生长。被害植株的根系受到破坏，地上部常表现为生长停滞、节间变短、枝纤弱矮小，新抽出的嫩叶久不转绿，叶片无光泽、变黄、萎蔫。幼龄胡椒病状尤为明显，成株常落花落果，甚至整株死亡（彩图 17-79-1）。

三、病原

根结线虫在分类地位上为线虫门侧尾腺纲垫刃目异皮科根结线虫属。根结线虫雌雄异体。幼虫呈细长蠕虫状。雄成虫线状，细长，尾部钝圆，无色透明，大小为（1.0～1.5）mm×（0.03～0.04）mm。雌成虫梨形，多埋藏在寄主组织内，大小为（0.44～1.59）mm×（0.26～0.81）mm。卵囊通常为褐色，表面粗糙，常附着根表面（彩图 17-79-2）。据海南省农业科学院植物保护研究所对来自海南的 12 个市县胡椒产区的 27 个纯化种群进行系统鉴定，寄生胡椒的根结线虫种有南方根结线虫（*M. incognita*）和花生根结线虫（*M. arenaria*），南方根结线虫是优势种群。

（一）南方根结线虫（*Meloidogyne incognita*）

雌虫：体长 580（483.5～698.5）μm，最大体宽 401.5（316.5～538）μm，口针长 13.5（12.8～15.6）μm，背食道腺开口至口针基部球距离（DEGO）3.2（2.5～4.5）μm，口针基部球高 2.8（2.5～3.5）μm，口针基部球宽 4.0（3.0～4.5）μm，中食道球高 51.5（32.0～60.2）μm，中食道球宽 40.5（29.0～48.5）μm。

雄虫：体长 1340.0（1 007.5～1 674.0）μm，最大体宽 35.1（33.2～40.0）μm，口针长 24.5（22.5～40.0）μm，DEGO 2.2（1.5～3.0）μm，口针基部球高 3.3（2.5～3.5）μm，口针基部球宽 4.8（4.5～5.0）μm。

二龄幼虫：体长 390（352～478）μm，最大体宽 16.0（13.5～17.0）μm，口针长 10.5（9.5～12.0）μm，DEGO 2.5（2.0～3.0）μm，尾长 47.5（43.0～50.2）μm，透明尾长 14.5（11.5～21.5）μm，体长/最大体宽 a=26.5（26.0～28.0）。

形态特征：雌雄异形。雌虫膨大，呈球形，有突出的颈部；唇区稍突起，略呈帽状，会阴花纹变异较大，一般背弓高；花纹明显呈椭圆形，背弓顶部圆或平，有时呈梯形，背纹紧密，背面和侧面的纹从波浪形至锯齿形，有时平滑，侧区常不清楚，侧纹常分叉，有时纹断续并分叉。雄虫线形，唇区平至凹，不缢缩，常有 2～3 条不完整的环纹；口针圆锥体部尖端钝圆，杆状部常为圆柱形，靠近基部球位置较窄，基部球圆（彩图 17-79-2）。

其他特征：年轻雌虫同工酶试验表明其酯酶电泳带表型为 I1 型，苹果酸脱氢酶电泳带表型为 N1 型。用引物 C2F3 和 1108 扩增线粒体 DNA，其片段长度为 1.7kb。

（二）花生根结线虫（*Meloidogyne arenaria*）

雌虫：体长 715.8（590.0～875.0）μm，最大体宽 485.5（425.0～600）μm，口针长 15.2（14.5～16.3）μm，DEGO 4.9（4.5～5.0）μm，口针基部球高 2.2（2.0～2.5）μm，口针基部球宽 4.7（4.5～5.0）μm，中食道球高 51.5（32.0～60.2）μm，中食道球宽 40.5（29.0～48.5）μm。

雄虫：体长 1 340.0（1 007.5～1 674.0）μm，最大体宽 35.1（33.2～40.0）μm，口针长 24.5（22.5～40.0）μm，DEGO 4.1（2.7～5.6）μm，口针基部球高 2.9（2.5～3.6）μm，口针基部球宽 3.8（3.4～4.9）μm。

二龄幼虫：体长 412.2（352.6～478.9）μm，最大体宽 16.3（13.5～17.0）μm，口针长 11.9（9.5～12.0）μm，DEGO 2.7（2.0～3.9）μm，尾长 48.6（43.0～50.2）μm，透明尾长 15.5（11.5～21.5）μm，a=26.5（26.0～28.0）。

形态特征：雌雄异形，雌虫膨大，呈球形，唇区稍突起，略呈帽状，会阴花纹变异较大，明显呈椭圆形，背弓顶部圆或平，大多时候弓上的线纹在侧线处分叉，有线纹通过侧线，背面和侧面的纹波浪形至锯齿形，侧纹常分叉，有时纹断续并分叉；有些种群没有侧线。雄虫线形，唇区平至凹，不缢缩，常有 1～2 条不完整的环纹；口针圆锥体部尖端钝圆，杆状部常为圆柱形，靠近基部球位置较窄，基部球为圆球形。

其他特征：年轻雌虫同工酶试验表明其酯酶电泳带表型为 A2 型，苹果酸脱氢酶电泳带表型为 N1。用引物 C2F3 和 1108 扩增线粒体 DNA，其片段长度为 1.1kb。

四、病害循环

胡椒属于多年生热带作物，根结线虫无越冬现象，且周年世代重叠明显。一龄幼虫在卵壳内形成，孵化出来后成为二龄侵染幼虫。在寄主根分泌物的引诱下，二龄幼虫从近根尖部位侵入胡椒幼根，刺激根部形成形态各异的根结。随着根结增多，根部受害严重，局部影响到养分的吸收，导致植株地上部分叶片萎黄，植株生长缓慢甚至停止生长。同时二龄幼虫在根组织内逐次发育成三龄幼虫、四龄幼虫，进而发育成雌成虫和雄成虫。雌成虫成熟后产卵于胶质卵囊内，胶质卵囊多外露于根结表面。条件适宜时卵孵化，形成再侵染。根结线虫完成 1 个世代需 25～30 d。22～30℃的地温范围最适合根结线虫的侵染和为害。根结线虫在土壤中的自行移动距离有限，主要是借助流水、农具、带病有机肥和人畜活动进行传播。

五、流行规律

许多热带亚热带作物如香蕉、菠萝、番木瓜、番石榴、甘蔗、茶树、咖啡、可可、香茅、西瓜、辣椒、茄瓜、丝瓜、苦瓜等均为胡椒根结线虫的寄主，因此，在种过根结线虫寄主植物的地块开垦成胡椒园后容易发生胡椒根结线虫病。胡椒根结线虫病的发生和流行还与土壤类型、气候条件和栽培管理条件等有密切关系，在透气良好的沙质土中发生较严重，黏质土壤不利于根结线虫病的发生；土壤中线虫基数相同的条件下，土壤湿润，温度为 25～30℃，发病程度更为严重；栽培管理差，缺乏肥料特别是缺乏有机肥，土壤干旱的胡椒园易发生。遇上干旱季节，寄主地上部的症状表现尤为明显，为害也严重。

六、防治技术

1. 选择无病地块　尽量避免选用前作为寄主的染病地段培育胡椒苗或开垦胡椒园。

2. 选用无病种苗　应选用不携带根结线虫的胡椒种苗。规模化扦插和培育种苗时，应选取无根结线虫污染的土壤和培养基质制备营养杯，以杜绝胡椒苗感染根结线虫。

3. 清除病残体，深翻土壤　新开垦的胡椒园，在干旱季节将土壤深翻 40cm 以上，反复翻晒 2～3 次。在近水源地块，也可引水浸泡两个月以上，排干水后再整地移栽。

4. 加强田间管理　进行稻草覆盖，多施腐熟有机肥，增强植株抗病能力。采用深穴施肥，使胡椒根系延伸到 40cm 以下土层。结合胡椒生长的生理需要适当增施磷肥和钾肥。

5. 化学防治　适当施用杀线虫剂或土壤熏蒸剂。移栽前提前用 35% 威百亩水剂 45kg/hm² 对水 4 500kg，或用 98% 棉隆微粒剂 75～150kg/hm² 穴施熏蒸土壤。在老园区及时选用 10% 噻唑磷颗粒剂 15.0～22.5kg/hm²，或 0.5% 阿维菌素颗粒剂 45.0kg/hm² 穴施；也可选用 2.5% 二硫氰基甲烷可湿性粉剂 1 500～3 000 倍液，或 1.8% 阿维菌素乳油 1 000～1 500 倍液灌根。

王会芳（海南省农业科学院植物保护研究所）

第 80 节　香草兰细菌性软腐病

一、分布与危害

香草兰（*Vanilla plonifolia* Andrews）是一种名贵的多年生热带藤本香料植物。1987 年在海南兴隆地区引种试种成功。随着香草兰种植面积不断扩大，各种病害相继发生，已报道的病害有 22 种。其中，由胡萝卜欧文氏菌侵染所致的香草兰细菌性软腐病是目前分布普遍且对生产造成较大损失的病害，在海南各个香草兰种植区均有发生。

二、症状

叶片受侵染的部位初时呈现水渍状、褐色纺锤形或不规则形凹陷斑，随后水渍状病痕迅速扩展，病部叶肉组织浸离，软腐塌萎，仅残留表皮，具恶臭味，腐烂病痕的边缘出现褐色线纹。在潮湿情况下病部渗出乳白色溢脓，迅速扩展，最后整片叶腐烂，只剩上下两层表皮。在干燥情况下，腐烂的病叶呈干痂状。茎蔓被害部位初呈水渍状，有浅褐色病痕，后迅速扩展，组织软腐、浮肿，用手轻压有乳白色溢脓流出（彩图17-80-1）。

三、病原

香草兰细菌性软腐病的病原为胡萝卜欧文氏菌胡萝卜亚种 [*Erwinia carotovora* subsp. *carotovora* (Jones) Bergey et al.]，属薄壁菌门欧文氏菌属。菌体短杆状，两端钝圆，多数单个排列，少数成双排列或3～5个菌体呈短链排列。菌体大小为 $0.5\mu m×$（$0.9～2$）μm，不产生芽孢，不产生荚膜，革兰氏染色反应阴性，生长发育适温为25～30℃，pH7.0时生长最好。用银盐染色法可见菌体有4～6根周生鞭毛。菌体在平板培养基上培养48h，菌落圆形或不定形，稍平坦，表面光滑，边缘稍皱，乳白色，半透明，菌落直径为1～2mm。在液体培养基上培养2～3d，培养液混浊，无液面生长。在YDC斜面培养基上培养3d，菌苔乳白色。在King's培养基上培养3d，菌落不产生黄绿色荧光色素。病菌能在封管和不封管的葡萄糖琼脂柱上生长，并使葡萄糖发生发酵型产酸。能利用果糖、蔗糖、乳糖、半乳糖、海藻糖，并使其产酸，但不产气；不能利用麦芽糖和甜醇产酸。病原菌能利用琥珀酸钠、苹果酸钠和醋酸钠作为唯一碳源，并使其发生碱性反应，而不能利用草酸钠、苯甲酸钠和酒石酸钠作为唯一碳源。

病原菌的氧化酶反应阴性，过氧化氢酶反应阳性，产氨，产硫化氢，不产吲哚，可使石蕊牛乳变红，明胶液化，不水解淀粉，果胶酶阳性，甲基红反应阳性，乙酰甲基甲醇反应阴性，硝酸盐还原反应阴性，蔗糖还原反应阴性，卵磷脂酶反应阴性。病原菌能在含5%食盐的培养液中生长，能在37℃时生长，对15mg/kg红霉素敏感。

四、病害循环

病原菌随带菌的病残体、土壤、未腐熟的农家肥以及越季病株等越冬，成为重要的初侵染源。在生长季节病原菌可通过雨水、露水、灌溉水、肥料、土壤、昆虫等多种途径传播蔓延，田间人工操作也能传病。病菌从伤口或自然裂口侵入寄主，导致发病。伤口包括虫伤口、机械伤口、病伤口等。自然裂口多在持续降雨后出现。病组织中的病菌又借昆虫、雨水等传播，引起再次侵染，使病害扩展蔓延。昆虫取食造成大量伤口，成为软腐病病原菌侵入的重要通道，同时多种昆虫的虫体内外可以携带病原菌，能有效传病。

土壤中残留的病原菌可以从萌发中的幼芽和整个生育期的植株根部侵入，进入表层土壤的病菌随雨水溅落传到叶片上引起病害。带菌土壤成为重复侵染的来源。细菌侵入后可向地上部运转，整个生育期在寄主体内潜伏侵染，成为生长后期腐烂病的主要菌源。

病原菌的寄主种类很多，可在不同寄主之间辗转为害。该病原菌除侵染香草兰外，还能侵染小白菜、辣椒、番茄、马铃薯、芦荟、黄瓜，产生典型的水渍状软腐，但不能侵染胡椒、槟榔。

五、流行规律

该病害在海南省各种植区周年都有发生，其中以海南省万宁市种植区发病最重。植株生长后期湿度大的条件下发病严重。本病周年均可发生为害。病害发生流行与降水量、温湿度关系极为密切，降水量大、持续降雨天数多、田间湿度大、温度高是病害发生发展的重要条件。病害流行期通常出现在每年4～10月，11月至翌年3月发病较轻。遇到低温干旱期，病害受到抑制或发展缓慢。

多雨、高湿是病害发生发展的重要因素，而台风是病害流行的主导因素。在海南省各种植区，该病害全年都可发生，以高湿多雨季节（4～10月）发病较重，低湿干旱季节（11月至翌年3月）发病较轻。每次连续降雨过后，病害都会出现一个高峰期。连续降雨后的数天内香草兰园相对湿度大，早晚有露水，有利于病菌繁殖和病斑扩展。下雨伴随刮风，茎、叶相互摩擦致伤，也有利于病菌传播、侵染。高温、高湿、降水量大有利于该病发生发展，病情严重。反之，病情较轻，或者不发病。

六、防治技术

坚持"预防为主，综合防治"的原则，采用农业防治和化学防治相结合的综合防治措施，可持续有效控制本病害的发生流行，使香草兰丰产丰收，并获得较好的经济效益。

（一）农业防治

1. 加强田间管理，注意通风透光，施用腐熟有机肥，轮作，减少病源。

2. 加强栽培管理，采用垄作或高畦栽培，修好排水沟，在雨后及时排水，适当降低田间湿度，雨天不在香草兰植株上操作。

3. 及时清除病残体并带出园外集中处理。

4. 及时防治害虫，且田间操作应注意小心，避免机械损伤，尽量减少伤口。

（二）化学防治

以发病株及其周围的植株为重点喷施农药，喷药时注意喷施接近地面的茎蔓及茎基部。雨季来临之前，可喷施 0.5%～1.0%波尔多液 1 次；将病蔓、病叶处理后及时喷施 72%农用链霉素可溶粉剂 1 000 倍液、47%春雷·王铜可湿性粉剂 500 倍液、77%氢氧化铜可湿性粉剂 500～800 倍液或 64%噁霜·锰锌可湿性粉剂 500 倍液保护。每周检查和喷药 1 次，连续喷 2～3 次，全株均喷湿，冠幅下的地面也喷药，以喷湿地面为度。连续数日降雨后或台风后，抢晴天轮换喷施以上农药。各种药剂应轮流使用，避免病菌产生抗药性。

刘爱勤　苟亚锋（中国热带农业科学院香料饮料研究所）

第 81 节　香草兰疫病

一、分布与危害

香草兰疫病是威胁香草兰产业可持续发展的一种重要病害，主要侵害嫩梢和果荚，轻者减产 10%～20%，重者造成毁灭性损失。此病最早于 1926 年在留尼旺发现并把其病原鉴定为寄生疫霉（*Phytophthora parasitica*）。此后，在马达加斯加、印度尼西亚的爪哇、波多黎各均先后报道了香草兰疫病的发生为害情况。我国云南省西双版纳于 1985 年发现此病，每年 7～8 月的高温多雨季节，露地栽培的香草兰发病严重。在海南，刘爱勤曾于 1997 年在中国热带农业科学院香料饮料研究所（简称"香饮所"）香草兰园腐烂的香草兰嫩梢上分离到一疫霉菌，因病情很轻而未引起重视，后虽一直关注但未再发现病株。2006 年 3 月，香饮所内多块香草兰园中的香草兰嫩梢发生腐烂，经显微镜检查鉴定病原为疫霉菌，发病率 10%左右。随后研究人员在海南省香草兰种植区进行普查，结果表明各植区均有疫病发生，平均使香草兰果荚减产 10%～20%，成为制约香草兰产业发展的限制因素之一。

二、症状

植株受寄生疫霉侵染后，茎蔓、叶片、果荚均能发病，以嫩梢、嫩叶、幼果荚和低部位（离地 40cm 以内）的蔓、梢、花序和果荚更易发病。在田间多数从嫩梢开始发病。发病初期嫩梢尖出现水渍状病斑，后病斑渐扩至下面第二至三节，呈黑褐色软腐，病梢下垂，有的叶片呈水疱状，内含浅褐色液体，并有黑褐色液体渗出。湿度大时，在病部可看到白色棉絮状菌丝。果荚发病初期出现不同程度的黑褐色病斑，随病情扩展，病部腐烂，后期感病的叶片、果荚脱落，茎蔓枯死，造成严重减产（彩图 17-81-1）。

三、病原

Bhai 等调查了印度香草兰疫病的发生为害情况，并对其病原进行了鉴定，经鉴定，印度香草兰疫病的病原菌是蜜色疫霉（*Phytophthora meadii* McRae）。Tsao 等对法属波利尼西亚香草兰疫病病原进行了分离鉴定，病原有棕榈疫霉 [*P. palmivora*（E. J. Butler）E. J. Butler]（A1 与 A2 交配型）、烟草疫霉

[*P. nicotianae* Breda de Haan，异名：寄生疫霉（*P. parasitica* Dastur）]（A1 和 A2 型）和辣椒疫霉（*P. capsici* Leonian）（=*P. palmivora* MF4，A1 型）。杨雄飞等对云南西双版纳的香草兰疫病病情和流行规律进行了调查，并进行了病原鉴定，结果表明，云南西双版纳的香草兰疫病的病原有冬生疫霉（*P. hibernalis* Carne）、柑橘褐腐疫霉 [*P. citrophthora*（R. E. Sm. et E. H. Sm.）Leonian]、辣椒疫霉（*P. capsici*）和烟草疫霉（*P. nicotianae*）。曾会才等从云南西双版纳景洪、勐腊的热带作物园香草兰疫病果荚、茎节、叶片上分离到 10 个菌株，经鉴定，云南西双版纳的香草兰疫病病原为烟草疫霉（*P. nicotianae*），均属于 A1 交配型。刘爱勤等通过对香草兰疫病病原进行分离、形态特征鉴定和 rDNA ITS 序列测序分析，明确了引起海南香草兰疫病的病原为烟草疫霉（*P. nicotianae*），交配型为 A2 交配型。

该病菌在 V8 培养基上菌落丛生呈棉絮状，不规则，气生菌丝中等丰富。菌丝近直角分枝，主菌丝直径为 $5\sim7.5\mu m$。孢囊梗不规则合轴分枝，孢子囊端生或间生，在水中不脱落，球形、宽椭圆形至倒梨形，大小为（$25\sim50$）$\mu m\times$（$20\sim40$）μm，长宽比为（$1.2\sim1.63$）：1，全乳突。有性生殖为异宗配合，A2 交配型，藏卵器球形，淡黄色，直径为 $22.5\sim32.5\mu m$，卵孢子近乎满器，大小为 $17.5\mu m\times30\mu m$，雄器围生，大小为（$7.5\sim17.5$）$\mu m\times$（$7.5\sim22.5$）μm（彩图 17-81-2）。

四、病害循环

病菌主要以卵孢子在土壤中的病残体上越冬，卵孢子越冬后，经雨水冲刷到靠近地面的茎蔓或嫩梢上，萌发产生芽管，当芽管与寄主表皮接触时，形成压力胞，再在压力胞后部产生侵入丝，直接穿过表皮侵入寄主，引起初侵染。以后在病斑上产生大量的孢子囊。孢子囊或孢子囊萌发产生的游动孢子在植株生长期间又经风、雨和流水传播，进行再侵染，使病害在田间扩大蔓延。

五、流行规律

（一）降水量、温湿度

该病从 3 月初开始发病，有两个发病高峰期，一个为 4 月下旬至 6 月上旬，另一个为 9 月中旬至 11 月上旬。1~3 月，由于气温低，降雨少，基本不发病；4 月下旬至 6 月上旬，平均气温在 $25\sim26.5℃$，降雨较多，发病较严重，其中 5 月发病率最高；7 月下旬至 9 月上旬，由于持续的高温天气，且降雨较少，发病逐渐减弱；9 月中旬至 11 月上旬，由于平均气温回落到 $24\sim27℃$，降水量充足，又进入到下一个发病高峰期。2007 年 10 月台风过后发病更严重；随后气温逐渐降低，降雨减少，发病减弱，12 月上旬已基本不发病。可见，温度在 $24\sim26℃$，降雨充沛，就有利于发病；温度过低或过高，降雨少，则不利于发病。

（二）栽培管理、土壤、地形地势

连作地发病早而重；田间管理不及时，杂草多或叶螨为害严重的地块，发病重；过度密植或偏施氮肥使生长繁茂，田间郁闭而通风不良时，也有利于病害的发生和蔓延。地势低洼、排水不良、土质黏重、雨后积水或渠旁漏水的地块发病重。

六、防治技术

香草兰疫病的防治，应采取以农业防治为基础，协调应用生物防治、物理防治和化学防治等措施的综合防治技术。

（一）农业防治

1. 建园时种好防护林，修好浇灌排水沟　排水沟要畅通，保证雨后不积水，旱季可灌溉，减少病菌繁殖传播。

2. 培育无病种苗　应从无病区或病区中的无病香草兰中选取优良插条苗，在苗圃培育无病种苗。

3. 加强种植园管理　加强施肥、覆盖物、除草、引蔓、修剪等田间管理，使植株长势良好，提高抗病性，防止病菌侵染香草兰茎蔓、根系；起垄种植，做到垄顶不积水。

4. 搞好田间卫生　做好香草兰园的修剪、理蔓和田间清洁等日常管理工作，防止茎蔓过度重叠堆积和大量嫩蔓横陈地表。及时清除病株或地面的病叶、病蔓、病果荚，集中在园外烧毁或深埋。修剪或采摘病叶、病蔓后要在当天喷施农药保护，防止病菌从伤口侵入。

5. 及时清除感病部位 选晴天剪除病蔓、病叶和染病果荚并涂药保护切口。病株四周土壤施生石灰或淋药消毒，以减少侵染来源，防止病害蔓延。清除的病组织集中在园外烧毁或深埋。

6. 每年授粉后至幼果期、夏秋季抽梢期，须加强田间巡查，一旦发现嫩梢、幼果荚发病，应及早剪除并及时喷施农药。遇到连续降雨等有利于发病的气候条件，应抢晴及时喷药防治。对低部位（离地 40cm 以内）的茎蔓更要喷药保护，种植带地表亦应喷施杀菌剂，最大限度地减少梢腐、果荚腐、茎蔓腐的发生。

（二）化学防治

在该病发生高峰期到来前先使用链霉菌 M10 发酵液进行预防；茎蔓或果荚初染病时及时用小刀切除染病部分，随即用 1％波尔多液、甲霜灵、三乙膦酸铝或烯酰吗啉可湿性粉剂等涂擦保护切口；发病严重时，应彻底清理病叶和病嫩梢到园外烧掉，再立即使用 68％精甲霜·锰锌水分散颗粒剂 1 000 倍液、50％烯酰吗啉可湿性粉剂 1 000 倍液或 36％霜脲·锰锌可湿性粉剂 1 000 倍液进行交替喷药防治，每隔 7d 喷药 1 次，连续喷药 2～3 次。

刘爱勤　桑利伟（中国热带农业科学院香料饮料研究所）

第 82 节　六点始叶螨

一、分布与危害

六点始叶螨［*Eotetranychus sexmaculatus*（Riley）］又名橡胶黄蜘蛛，属蛛形纲蜱螨目叶螨科，是橡胶树的重要害螨。

该螨在国外分布于日本、美国和新西兰等国家；国内分布于广东、广西、海南、云南、四川、湖南、江西和台湾等地。该螨食性杂，能为害橡胶、柑橘、油桐、腰果、茶树、番石榴、台湾相思、苦楝和菠萝蜜等 20 多种经济植物和野生植物。

六点始叶螨是我国橡胶树上长期存在的一个重要问题。1972 年六点始叶螨在广东西部和平农场首次暴发，以后发生面积逐年扩大，为害日益严重。2004—2005 年在云南为害面积达 2.67 万 hm^2，2007—2008 年，六点始叶螨在海南的白沙、琼中、儋州暴发为害，导致干胶严重减产。

六点始叶螨主要是以口针刺入植物组织吸取细胞液和叶绿素。其症状表现为开始时沿叶片主脉两侧基部为害，造成黄色斑块，然后继续扩展至侧脉间，甚至整个叶片，轻则使叶片失去叶绿素，影响光合作用，重则使叶片局部出现坏死斑，严重时叶片枯黄脱落，并形成枯枝，致使个别胶园当年停割一段时间，减少产量（彩图 17-82-1）。

二、形态特征（彩图 17-82-2）

雌成螨：体长为 0.34～0.46mm，体椭圆形，中部稍宽，后端略圆，大多数背部有 6 个不规则黑斑，部分有 4 个黑斑。

雄成螨：体长为 0.25～0.31mm，体瘦小、狭长。腹部末端稍尖。足较长，背面有不规则黑斑。

卵：卵圆形，直径为 0.11～0.13mm。初产时无色透明，后变为淡黄色，孵化时为灰白色。

幼螨：体长为 0.12～0.14mm，近圆形，淡黄色，足 3 对，体背无黑斑或黑斑不明显。

若螨：体长为 0.20～0.35mm，体浅黄色，足 4 对，形似成螨。

三、生活习性

六点始叶螨世代发育历经卵、幼螨、一龄若螨、二龄若螨和成螨等虫态。在进入一龄若螨、二龄若螨和成螨期之前各有一个静止期，静止期 12h 左右，这时，各足跗节向内弯曲，蜕皮时在第二对和第三对之间横式裂开。大多数先蜕下身体后半部分的皮，再蜕前半部分。每次蜕皮历时 1～5min。皮白色，粘于叶背面。雌螨在最后一次静息时，就有雄螨守候等待交配。每次交配时间为几十秒至几分钟。每头雄螨可以进行多次交配。该螨在室温 20～30℃完成 1 个世代需 14～17d，成螨期 10～31d，产卵量 12～39 粒。成蟎和若蟎能吐丝，为害严重时橡胶叶背面能看到许多丝网。成蟎的活动力强，特别是气温较高时，爬行较快。雌蟎每小时能爬行 3~5m，雄蟎每小时爬行 6~9m。

四、发生规律

六点始叶蟎在海南、云南、广东等植胶区无越冬现象，冬季仍在未脱落的胶叶上或少量在已落叶的橡胶树枝条芽鳞上继续为害，大部分则随橡胶树冬季落叶迁移到地面附近的小灌木、杂草和台湾相思等防护林上栖息取食。每年开春随着温度的上升，橡胶树开始萌动抽叶，六点始叶蟎从枝条或其他寄主转移到新抽的胶叶上繁殖为害，蟎的数量随橡胶树新抽胶叶的老化而增加。海南垦区近年来由于受干旱天气影响，六点始叶蟎为害一般自 4 月至 5 月上、中旬开始；随着干旱天气的延续，5 月下旬种群数量激增；6 月上旬达到为害高峰期，7 月以后种群数量锐减；10 月下旬至 11 月再回升，形成一个次高峰。橡胶树受害落叶主要在 5~6 月，常严重影响当年的胶乳产量；11 月以后发生一般相对较轻，且橡胶树接近停割期，虽有少部分落叶，但对橡胶树不会造成大的危害。

五、防治技术

（一）田间监测

在海南，4~6 月和 10~11 月分别为全年六点始叶蟎发生的第一高峰期和第二高峰期，因此，该地区每年加强 3 月下旬至 4~5 月和 9~10 月的监测工作显得尤为重要，特别是干旱年份，这是全年控制害蟎发生为害的关键。在云南，7 月和 10 月分别是六点始叶蟎发生的第一高峰期和第二高峰期，因此，该地区每年加强 5~6 月和 8~9 月的监测工作显得尤为重要，特别是干旱年份，这是全年控制害蟎发生为害的关键。需注重监测间作植物和低洼处以及植株中下层，干旱季节应加强监测。

（二）农业防治

1. 减少虫源　避免选用六点始叶蟎的中间寄主树种台湾相思等作为防护林，以减少六点始叶蟎冬季的生活场所，从而降低其翌年发生基数。

2. 提高橡胶树的抗虫性　加强对橡胶树的水肥管理，做好保土、保水、保肥和护根，增施农家肥料和复合肥，提高橡胶树抵抗病虫害的能力。

3. 控制采胶　对中度为害的开割树要降低乙烯利使用浓度或停施乙烯利，达到重度为害的胶树要及时停割。

（三）生物防治

胶园生态系统比较稳定，天敌丰富，捕食蟎一般平均每叶可达 0.4~0.6 头，对害蟎有很大的控制作用，因此应注意胶园自然天敌的保护利用。重点保护拟小食蟎瓢虫和捕食蟎。

（四）化学防治

可选用 1.8% 阿维菌素乳油 2 500~3 000 倍液、15% 哒蟎灵乳油 2 000 倍液、34% 柴油·哒蟎灵乳油 1 500 倍液、5% 阿维·哒乳油 2 000 倍液等低毒药剂进行防治。蟎害发生在苗圃或幼树上时可采用普通喷雾器喷雾法防治；蟎害发生在开割树上，喷雾器无法将药液喷到受害部位时，需要采用烟雾法，用烟雾机喷施烟雾剂，药液经高温挥发后被气流吹到橡胶树叶层，沉降于叶片上，害蟎取食后，可将其杀死。施药时需要观察，若害虫密度达到 6 头/叶以上时要对中心病株和重发病株进行防治，在第一次施药后 6~7d 观察虫口数量，决定是否需要再次防治，大暴雨后也需要观察虫口数量决定是否防治。

张方平（中国热带农业科学院环境与植物保护研究所）

第 83 节　橡副珠蜡蚧

一、分布与危害

橡副珠蜡蚧（*Parasaissetia nigra* Nietner）又名橡胶盔蚧、乌黑副盔蚧，属同翅目蚧总科蚧科副珠蜡蚧属（*Parasaissetia* Takahashi），也曾被归为珠蜡蚧属（*Saissetia* Deplanches）而被称为黑盔蚧（*S. nigra* Nietner）。是近年来为害天然橡胶树生长的新发害虫。

橡副珠蜡蚧国外分布于日本、印度、斯里兰卡、马来西亚、菲律宾、以色列、埃及、西班牙、澳大利亚、美国、秘鲁、洪都拉斯、南非、巴基斯坦等多个国家，国内分布于海南、云南、广东、福建及台湾等地。该虫为多食性害虫，寄主植物的种类多达 95 科，我国已记录的寄主植物有 36 科 160 种以上。该虫主要为害起源于热带的园林植物，如榕属和木槿属植物，同时也为害农作物，如番荔枝、柑橘、咖啡、棉花、巴豆、番石榴、芒果、木瓜等。

20 世纪 80～90 年代橡副珠蜡蚧在云南省的大渡岗、临沧耿马和西双版纳黎明农场等地零星发生。至 2002 年，该虫在西双版纳呈暴发趋势，以为害中、幼龄橡胶树为主，发生面积约 666.7hm²，在随后两年的时间内，其发生面积呈几何级数增长，并以为害开割林为主。2003 年发生面积达 3 333.3 hm²，2004 年达 40 666.7 hm²，约占植胶面积的 25.2%。2008 年在海南省西流农场和中国热带农业科学院试验场首次暴发，面积为 266 hm²；受干旱气候影响，橡副珠蜡蚧已在海南澄迈、琼中、白沙、万宁、乐东等多个植胶区暴发，据不完全统计，2011 年海南已有近万公顷橡胶树遭到橡胶树介壳虫为害。橡副珠蜡蚧给我国的橡胶产业造成了严重损失，据统计，2004 年云南西双版纳州因橡副珠蜡蚧为害造成橡胶产量减产 11.5%，2011 年海南部分农场的个别林段减产达 30% 以上。

橡副珠蜡蚧主要以成虫和若虫用口针刺吸、取食橡胶树幼嫩枝叶的营养物质，从而影响橡胶树的生长。由单头虫引起的为害较小，但是虫口数量大时，则会造成枯枝、落叶，严重时整株枯死。橡副珠蜡蚧还会分泌大量蜜露，诱发煤烟病，使橡胶树枝叶被煤污物覆盖。当橡副珠蜡蚧大发生时，其介壳密被于植株的表面，严重影响橡胶树的呼吸作用和光合作用（彩图 17-83-1）。

二、形态特征（彩图 17-83-2）

雌成虫：体长为 3～6mm，椭圆形，背部隆起，枝上和叶上的隆起程度有所不同。虫体周围有一圈缘毛，柱状。体被暗褐色至紫黑色蜡壳，较硬，产卵期有光泽。在三龄若虫和成虫初期明显可见整个背部由连续的多角纹组成，边缘角质化，中央有一小孔。单眼 1 对，位于头的腹侧面，在触角基部的外侧。触角棒状，7～8 节。内口式刺吸式口器，位于前体的腹面，在头的基部，开口在前足水平线之间。足正常大小，分节正常，胫节、跗节关节处不硬化，胫节略长于跗节，爪下无齿，跗冠毛 2 根，爪冠毛 2 根，细长，端部膨大。气门注 4 个，不明显，每注有刺 3 根，中刺 3～4 倍长于侧刺，肛片 1 对，三角形，未见中室毛。体腹面可见多种孔腺和管腺，最普遍的孔腺是多格腺，管腺则是杯状腺。肛片前有发达的肛环，硬化，其上着生 6 根环毛。

卵：椭圆形，长 0.25～0.30mm，宽 0.12～0.14mm。初产卵期的成虫所产卵多为半透明，分散；产卵后期的成虫所产的卵多为粉红色，卵黏结成团。在孵化之前变为橘黄色，在近孵化的卵的一端有两个黑色眼点。

一龄若虫：单眼 1 对，体椭圆形，初孵幼虫长 0.33～0.40mm，宽 0.15～0.20mm，为橘黄色，取食后体色会变暗。在爬行时可以明显看到触角和足，而在静止时则把触角和足收藏于体下，有 2 条明显尾须。

二龄若虫：体扁平，体背分泌蜡物，有较软的蜡壳，呈龟裂状，蜡壳上附有少量的白色蜡丝，口针较长，达生殖孔，触角和足均藏于薄软的蜡壳下面，刚蜕皮时，体色较浅，当暴露于自然光下后慢慢暗化。

三龄若虫：体浅褐色，触角和足均藏于薄软的蜡壳下面。口针褐色，相对体长较短，不能达到生殖孔。体背已略为隆起，体背的蜡质物分泌发达，龟裂状明显，体背已开始大量分泌白色蜡丝，在其刚毛附近的分泌物已显著增加。生殖孔更加发达。

三、生活习性

橡副珠蜡蚧世代重叠，在云南和海南每年发生 3～4 代。该虫发育经卵、若虫和成虫几个阶段，温度适宜时完成世代发育需 2～3 个月。若虫分为 3 个阶段，一龄若虫也称为"游走子"，是该虫扩散的重要时期，可通过快速爬行或借助风力扩散到邻近植物上，尤其是在刚抽出的新枝叶上刺吸取食，然后很少移动。二龄若虫期是缓慢的生长期，个体增大不明显；背部扁平，贴于枝干或叶片，通常静止，但如果取食条件恶化，仍可以移动；开始分泌少量蜜露，虫口数量大时，可引起轻微煤烟病。三龄若虫个体稍大于二龄若虫，较为扁平，灰色或暗色，同时分泌大量蜜露，聚集成不透明的水滴状，该龄虫若取食条件恶化，仍可以移动。成虫初期是个体急剧增大的时期，介壳虫蜕皮进入成虫期后其个体急剧增大，蜡壳逐渐变硬、变褐色至黑色。该虫营孤雌生殖，以橡胶树为寄主植物，成虫产卵于母体蜡壳体下，产卵量高，平均达 824 粒，个别雌虫产卵上千粒。分泌大量蜜露，蚂蚁用前足敲打时可在短时间内分泌出大量蜜露。

四、发生规律

橡副珠蜡蚧一年内有 3 个繁殖高峰期，分别在每年的 3～4 月、6～7 月和 9～10 月。其中，3～4 月虫态较为整齐，是防治的最佳时期，其他繁殖高峰期世代重叠比较明显。在海南和云南西双版纳地区，由于温度较高，冬天仍能较慢地生长发育，没有越冬现象，冬天各个虫态均可见。橡副珠蜡蚧的分布、发生数量和为害程度与橡胶园的环境条件，如温度、地势、降雨、橡胶树物候、长势和天敌等密切相关。

1. 温度和降雨　橡副珠蜡蚧在温度为 13℃ 以上时仍能缓慢生长发育，高温下发育速度加快，但是日最低温超过 29℃ 时，卵不能正常孵化，若高温持续 5d 以上，有 50%～70% 的卵不能孵出，橡副珠蜡蚧的最适生长温度为 23～27℃；而降雨对该虫的发生影响较为明显，在阴雨连绵的季节虫口显著减少。

2. 物候　主要为害橡胶树幼嫩枝叶。

3. 橡胶树长势　橡胶树生长健壮受害较轻，生长弱则受害较重。通常橡胶树的顶端和外层受害重，而下层和内层受害轻。

4. 立地环境　橡副珠蜡蚧最早为害海拔 800m 以上的中、幼龄橡胶树，逐步向低海拔处蔓延。其为害通常是山上重，山下轻，迎风面重，山凹处轻。

5. 天敌　橡副珠蜡蚧在生长发育过程中，其种群数量往往受到众多天敌的控制。包括寄生性天敌、捕食性天敌、寄生性天敌真菌。

五、防治技术

（一）加强监测

搞好监测工作，更好地贯彻"预防为主，综合防治"的植保工作方针，定期监测，查清害虫的发生情况，掌握害虫发生发展动态，做出科学的分析，及时、准确地控制或消灭害虫，把它控制在最低的经济损失指标之内。

（二）农业防治

加强水肥管理，增施农家肥和复合肥，对受害的开割树降低乙烯利使用浓度或停施、停割，提高橡胶树抗虫能力，修除橡胶树弱枝、枯枝，清除林地杂草，减少越冬虫源。

（三）生物防治

1. 保护利用天敌　在自然界，橡副珠蜡蚧的天敌资源比较丰富，有寄生蜂、草蛉、褐蛉、捕食性瓢虫及寄生菌等类群，应重点保护利用副珠蜡蚧阔柄跳小蜂、斑翅食蚧蚜小蜂和纽绵蚧跳小蜂等寄生蜂，当田间寄生率达 30% 以上时可依靠天敌的自然控制作用。在大暴发时应选用对天敌低毒的防治药剂进行控制。

2. 助迁天敌　从天敌密度高的区域采集斑翅食蚧蚜小蜂、副珠蜡蚧阔柄跳小蜂和纽绵蚧跳小蜂等天敌蛹到橡副珠蜡蚧密度高但缺少天敌的区域进行释放。助迁次数为 2～3 次。

3. 释放天敌　将室内扩繁的寄生蜂等天敌释放到橡副珠蜡蚧发生的橡胶园，释放方法为每 3 株悬挂一个放入寄生蜂蛹的放蜂器，每隔 10d 释放 1 次，连续释放 3 次。释放天敌时严格控制施用杀虫剂。

（四）化学防治

一般在晴天的上午及 16：00 以后施药。在若虫高峰期每 667m² 可选用 2.5% 溴氰菊酯乳油 30mL 对水 60kg、20% 毒·氯乳油 75mL 对水 60kg、48% 毒死蜱乳油 75mL 对水 60kg、2.5% 氯氟氰菊酯乳油 20mL 对水 60kg 进行防治，对若虫防效可达 80%。

张方平（中国热带农业科学院环境与植物保护研究所）

第 84 节　对粒材小蠹

一、分布与危害

对粒材小蠹［*Xyleborus perforans* (Wollaston)］属鞘翅目小蠹科齿小蠹亚科材小蠹属。主要分布于马达加斯加、印度、斯里兰卡、菲律宾、印度尼西亚、北美、巴西及我国广西（龙胜）、云南（西双版纳）和海南。其寄主范围广，包括橡胶、铁刀木、巴西木等。

在橡胶树遭受风、雷、寒、病等灾害造成树皮溃烂、干枯后，对粒材小蠹开始发生为害。其为害部位显现针锥状蛀孔和黄褐色木质粉末，严重时，茎干遍布蛀孔和粉柱、粉末，以至胶树枯死。由于该虫属钻蛀性害虫，且虫体较小，其为害具有很大的隐蔽性，给防治带来一定的困难（彩图 17 - 84 - 1，1）。

二、形态特征

雌成虫：体长为 2.5～2.8 mm，宽为 0.8～0.9 mm，短柱形，黄褐色至赤褐色，体表光亮；头部颜色较浅，前额扁平，额面刻点稀疏，浅大，其上绒毛直立稀疏；复眼肾形，黑色；触角柄节粗大，锤状部球形，锤状部基节长度约占锤状部全长的一半；前胸背板长宽比约为 1.1，背面观呈长盾形，侧面观背顶明显，前半部为瘤区，密布整齐排列的颗瘤，每粒颗瘤之后都生有黄褐色绒毛，后半部为刻点区，均匀散布圆小的刻点，刻点区没有绒毛，纵中线无刻点分布；小盾片三角形；鞘翅与前胸背板长度之比约为 1.6，鞘翅后 1/3 处开始平缓下倾成斜面，尾部圆钝，刻点沟中刻点排列规则，呈直线形，沟间部狭窄，其上刻点稀疏且小，沟间部中的刻点斜面自基部开始明显突起成粒，在斜面上自基部向端部颗粒加大，变得稀疏，但是等距排列，斜面第一、三沟间部的颗粒较大而多，通常每列 3～4 粒，第二沟间部颗粒消失，鞘翅绒毛仅发生在沟间部，自鞘翅的基部到端部规则地排成直线。

雄成虫：体长为 2.1～2.2 mm，宽为 0.8～0.9 mm，比雌虫短，黄褐色，鞘翅着色较深，呈棕褐色；背面观看不到头部；前额扁平，额面刻点稀少并且分散，着生疏短的金黄色绒毛，两侧具向中间弯曲的较长的绒毛，毛端在中线处几乎相接；前胸背板前部 2/5 处开始向前向下倾斜，前缘中部向前伸出且收缩变狭窄，端部向上略微弯曲，状似弯钩，斜面中央略微下陷，下陷部分稀布刻点，刻点中央长有向后弯曲的黄褐色长绒毛，前胸背板后端 3/5 光滑平直，稀布圆小刻点，具有空白无点的纵中线；前胸背板与鞘翅连接处具有 1 个像颈状的小空隙；小盾片三角形，无刻点、绒毛及沟陷；翅面密布圆小刻点，绒毛长而密，背面观鞘翅自后端 2/5 处开始收缩变窄，侧面观后 2/5 处开始向下倾斜，斜面第一、三沟间部颗粒较多，各具 3 粒，第四沟间部 2 粒，第二沟间部没有（彩图 17 - 84 - 1，2）。

卵：椭圆形，后端 1/3 处开始向后逐渐缩小，后端比前端窄小，具光泽。初产下时为乳白色，体色在发育过程中逐渐加深，孵化前转为浅灰色。

幼虫：体长为 2.0～3.0mm，宽为 0.6～0.9mm。乳白色，蛴螬形；头全露，卵圆形，背面中央具有 1 凹入的中线；触角区有圆锥形突起，触角区刚毛 5 根，外侧的 4 根呈正方形排列，另外 1 根在正方形的中央（彩图 17 - 84 - 1，3）。

蛹：体长为 2.8～3mm，宽为 0.9～1.0mm，初蛹为乳白色，后转为黄白色至黄色；背面观头部隐藏，前胸背板前缘向前轻微突起，略窄于后缘，呈梯形。前端、中部的两侧各具刚毛 2 根，近后缘的左右两侧各具刚毛 3 根，平行排列。复眼类似肾形。触角可见柄节、鞭节及膨大的球状部。两鞘翅在腹后中线处几乎相连，鞘翅出现明显的刻点沟和沟间部，腹部后 1/3 处开始逐渐收缩，尾端细小（彩图 17 - 84 - 1，4）。

三、生活习性

对粒材小蠹以成虫和幼虫越冬。越冬成虫喜欢群居，其坑道最宽可达 1 cm。每年 2 月越冬成虫陆续出孔，为对粒材小蠹的扬飞高峰期，随处可见在胶树上爬行寻找侵入孔或者正在钻孔的成虫。扬飞的成虫寻找树势衰弱的胶树主干侵入，尤其是割胶面，易吸引对粒材小蠹的钻蛀，橡胶树的第一个分枝处也是对粒材小蠹钻蛀的主要地点，幼树尤其明显。成虫进入橡胶树之后开始钻蛀坑道并将钻蛀坑道产生的粉末由侵入孔推出孔外；侵入孔直径为 1 mm；成虫侵入后直接蛀入木质部，侵入通道与胶树的枝干垂直，侵入道的末端加宽，为交配室，交配室与胶树的枝干平行，并且比侵入道加长加宽。

四、发生规律

（一）气候条件

对粒材小蠹的发育历期受到温度影响。在 16～28℃内，对粒材小蠹各虫态及全世代发育历期都随着温度的升高而变短，28℃恒温条件下，卵、幼虫、蛹、产卵前期及世代的发育历期最短，分别为 3.80d、

22.82d、3.81d、0.74d 和 32.32d。在 32℃恒温条件下，除了卵之外各个虫态及全世代的发育历期都比28℃条件下变长，卵、幼虫、蛹、产卵前及全世代的发育历期分别为 3.53d、26.62d、5.10d、1.01d和 35.40d。

对粒材小蠹各个虫态及全世代的存活率也受温度的显著影响。卵、幼虫、蛹、产卵前期和全世代在28℃时存活率最高，其存活率分别为 97.32％、96.75％、95.61％、95.11％和 85.62％；高于或低于28℃时，各个虫态存活率均有所下降，卵、产卵前期和全世代在 32℃时存活率最低，分别为 83.11％、76.78％和 38.19％；蛹和产卵前期在 16℃时存活率最低，分别为 75.31％和 42.79％。

对粒材小蠹卵、幼虫、蛹、产卵前期的发育起点温度分别为 5.61℃、5.02℃、9.65℃及 9.42℃，有效积温分别为 113.66℃、711.67℃、83.73℃及 15.96℃；卵、幼虫、蛹和产卵前期 4 个虫态中，幼虫的发育起点温度最低，有效积温最大。

不同湿度条件下对粒材小蠹各虫态的发育历期有明显影响。在相对湿度为 85％的条件下，对粒材小蠹各虫态及全世代的发育历期最短，卵、幼虫、蛹、产卵前期和全世代的发育历期分别为 3.43d、24.31d、3.65d、0.81d 和 31.36d；高于或低于该湿度，各虫态及全世代的发育历期均逐渐延长；当相对湿度为 55％时，各虫态及全世代的发育历期最长，卵、幼虫、蛹、产卵前期和全世代的发育历期分别为4.52d、31.37d、4.56d、1.55d 和 42.20d。

湿度对对粒材小蠹各虫态的存活率存在一定的影响，在 55％～85％时，该虫的各虫态及全世代的存活率随着湿度的加大而逐渐升高，在 85％时，卵、幼虫、蛹、产卵前期和全世代存活率最大，分别为96.32％、97.00％、95.31％、94.11％和 83.80％；但是，当相对湿度为 95％时，各虫态的存活率反而比85％条件下降低，卵、幼虫、蛹、产卵前期和全世代的存活率分别为 85.62％、76.50％、75.32％、81.54％和 40.22％。

（二）天敌

橡胶对粒材小蠹的天敌现已知有两类：一类是寄生性昆虫，即膜翅目金小蜂科；另一类是捕食性昆虫，即鞘翅目郭公甲科蚁形郭公虫［*Thanasimus formicarius*（L.）］。

五、防治技术

（一）农业防治

首要任务是做好橡胶园的清洁工作，彻底清除虫害死树和死桩以及胶园周围的野生寄主；根据胶树生长状况进行适当强度的割胶；搞好胶树抚育管理，增加胶树施肥量，增进胶树养分供给，保持胶树长势旺盛和抗虫能力；提高割胶技术，降低因割胶对胶树造成的伤害；经常检查胶树状况，发现害虫及时处理。

（二）生物防治

保护橡胶对粒材小蠹天敌，合理使用农药，利用天敌控制虫害。

（三）化学防治

化学防治是目前防治对粒材小蠹的主要方法，2.5％高效氯氟氰菊酯乳油、40％辛硫磷乳油、30％氯胺磷乳油、40％氰戊·马拉硫磷乳油、5％甲维·毒死蜱乳油、40％氯氰·辛硫磷乳油、3.0％除虫·氰戊乳油、480g/L 毒死蜱乳油、5％丁烯氟虫腈乳油、2 000IU/μL 苏云金杆菌悬浮剂、40％乙酰甲胺磷乳油、50％乐果乳油、1.8％阿维菌素乳油对对粒材小蠹均具有一定的毒杀作用，其中 40％氰戊·马拉硫磷乳油、480 g/L 毒死蜱乳油和 50％乐果乳油效果较好。对粒材小蠹属于钻蛀性害虫，一旦钻进橡胶树木质部，化学药剂也很难防治，因此，早期防治是必要的。经常进行林间踏查，做到早发现早防治，当发现对粒材小蠹开始在橡胶树皮中为害时，就要抓住时机喷洒化学药剂进行防治，这种防治方法不仅可以保护胶树不受对粒材小蠹为害，而且可以降低用药量，节省成本，增强防治效果。

陈泽坦（中国热带农业科学院环境与植物保护研究所）

第 85 节　朱砂叶螨

一、分布与危害

朱砂叶螨［*Tetranychus cinnabarinus*（Boisduval）］属真螨目叶螨科叶螨属（*Tetranychus*），是目前

国内木薯上发生最广泛的一种害螨。

朱砂叶螨为世界性害螨。木薯产区均有分布。以成、若螨群聚于寄主叶背吸取汁液，初期叶面上呈褪绿的小点，后变灰白色，发生严重时，全叶枯黄似火烧状，造成早期落叶和植株早衰，植株生长势衰弱，产量降低（彩图 17 - 85 - 1，1、2）。

二、形态特征

成螨：雌成螨体长 0.28～0.48mm，椭圆球形，深红色或锈红色，体背两侧各有 1 对黑斑。须肢端感器长约为宽的 2 倍。后半体背部表皮纹略呈菱形，肤纹突呈三角形至半圆形。气门沟不分支，顶端向后内方弯曲成膝状。口针鞘前端钝圆，中央无凹陷，气门沟末端呈 U 形弯曲，背毛刚毛状，12 对，无臀毛，腹毛 16 对。足 I 跗节前后双毛的后毛微小，爪间突分裂成几乎相同的 3 对刺毛，无背刺毛。雄成螨体色常为橙黄色，较雌螨略小，体后部尖削。须肢跗节的端感器细长，背感器稍短于端感器，刺状毛比锤突长。背毛 13 对，阳具的端锤微小，两侧突起尖利（彩图 17 - 85 - 1，3）。

卵：圆球形，直径约 0.13mm，光滑，无色透明（彩图 17 - 85 - 1，4）。

幼螨：足 3 对，近圆形，透明，取食后体色变暗绿。

若螨：足 4 对，前期绿色，后期体色逐渐变红，体色出现明显块状色斑，与成螨相似。

三、生活习性

朱砂叶螨 1 年发生 15～20 代，发生为害随气温变化而变化，在植株的垂直分布为，中下部多，上部少。朱砂叶螨的发育起点温度约为 9.9℃，有效积温约为 160.0℃，15℃时存在滞育现象。在适宜温度下，随温度升高，朱砂叶螨发育速率加快，历期缩短。朱砂叶螨扩散的主要途径为爬行扩散和吐丝飘垂。另外，还可通过风力、昆虫、人、畜及农事活动等远距离传播。除卵期外，朱砂叶螨各龄螨存在较强的密度效应，密度较高时会导致死亡率增加，寿命缩短，繁殖力卜降，同时还可影响性比，尤其是雄螨的死亡率显著增加。当密度超过每平方厘米 3 头时雌成螨表现较强的扩散性。

四、发生规律

(一) 气候条件

朱砂叶螨的生长发育与周围环境密切相关。高温、低湿、降水少时发生重，但气温过高（超过 35℃）和高湿（相对湿度超过 80％）则不利于其发生。高湿条件，尤其是高温高湿环境对朱砂叶螨的生命活动极为不利，高湿使得朱砂叶螨卵和幼、若螨的发育历期延长，成螨寿命缩短。相反，高温低湿则是该螨的最佳发育条件。长短光照对朱砂叶螨的影响有显著差异，在 20℃ 时，短光照明显加速该螨发育，提高种群内禀增长率。相反，在适温以上则延缓叶螨发育，种群内禀增长率相应降低。酸雨在干扰植物生长的同时，也会间接影响朱砂叶螨的生长发育。朱砂叶螨在主要木薯产区常年为害，如在海南其为害自种植后 1 个月左右，通常在 3 月底 4 月初开始发生并逐渐加重，到 7 月下旬为发生高峰期，受害株率可高达 85％ 以上。在广西武鸣等地，存在两个发生高峰期，分别为 7～8 月和 11 月。

(二) 寄主植物

不同品种木薯上朱砂叶螨的发生为害期不同，感性品种发生期早于抗性品种，如在广西武鸣县华南 205 上朱砂叶螨发生期比华南 8 号早 28d，比南植 199 早 45d，但为害高峰期却相同，而抗性木薯品种上的虫口密度远低于感性木薯品种。35℃ 以上高温并伴随干旱发生时，朱砂叶螨为害减轻。不同栽培模式下，朱砂叶螨的发生规律存在不同，起畦栽培会显著减轻朱砂叶螨为害程度。

(三) 天敌

被捕食性天敌捕食是影响田间朱砂叶螨种群动态的一个关键因素。不同木薯种植区调查发现，在海南、广西、广东等木薯种植区，拟小食螨瓢虫和塔六点蓟马数量较多，对朱砂叶螨种群具有一定的自然控制作用，而在云南木薯产区，捕食螨数量较多，可能对该产区朱砂叶螨种群具有一定的控制作用。

(四) 化学农药

螨类发生代数多，繁殖快，长期单一使用化学农药的不但会杀死、杀伤天敌，而且会显著增加其抗性，导致其种群数量的增加。朱砂叶螨对阿维菌素和高温具有交互耐性，朱砂叶螨对阿维菌素产生抗药性后会增加其种群对高温的耐受性，而长期的高温胁迫能诱导其对阿维菌素的抗性。

五、防治技术

朱砂叶螨个体小，繁殖快，寄主多，分布广，防治应以抗性品种及栽培措施为主进行综合防治。在木薯种植中，在种植前要降低螨源基数，可通过耕地、灌溉等农业措施以及种茎药剂浸泡、熏蒸等杀灭残留螨源。在种植中期及发生初期要及时采取农业防治措施以及使用生物防治方法来防治，而在发生高峰期则要选择低毒高效杀螨剂进行集中连续防治。在种植后期及收获期要及时清理枯枝落叶，降低翌年螨源基数。

（一）农业防治

收获季节清理枯枝落叶，合理深耕和灌溉，减少螨源；中耕除草、合理施肥，增强木薯的生长势，提高其自身的抗螨能力。与玉米、丝瓜、香瓜、茄子、花生等短期作物合理间作，可有效减轻朱砂叶螨为害木薯。单一种植时，起畦栽培，亦可有效减轻朱砂叶螨为害。

（二）生物防治

保护捕食螨、食螨瓢虫、草蛉等螨类自然天敌。对朱砂叶螨的防治较活跃的领域为天敌捕食螨的应用，其中，以植绥螨科的种类较为重要。近些年，有关捕食螨和害螨的关系研究主要集中于朱砂叶螨利它素对捕食螨的定位反应和捕食螨对朱砂叶螨的捕食作用。此外，瓢虫、南方小花蝽和蜘蛛也是农田控制朱砂叶螨种群增长的重要因子。如拟小食螨瓢虫和草间小黑蛛等对朱砂叶螨均有较好的捕食效果，调查发现塔六点蓟马可捕食木薯上的朱砂叶螨。

此外，生物源农药在替代和减少化学合成杀螨剂防治朱砂叶螨方面显示了巨大的潜力。姜黄、地肤、黄花蒿、青蒿和许树等的提取物对朱砂叶螨均有较好的防效。

培育抗虫新品种可提高木薯的产量和品质。毒蛋白基因、蛋白酶基因、淀粉酶抑制基因以及植物外源凝集素类基因的表达产物均具有杀虫、杀螨活性，是今后研究的一个重要方向。

（三）化学防治

虽然化学防治存在抗药性、环境污染等严重问题，但是由于其施用方便、见效快等优点，仍然是目前朱砂叶螨等害螨防治的主要措施。在种植时可用 1.8% 阿维菌素乳油和 48% 毒死蜱乳油以 $1:1$ 的比例混合后稀释 $1\,000\sim1\,500$ 倍，浸种茎 $5\sim10$ s，可有效减轻朱砂叶螨为害。在朱砂叶螨发生高峰期，主要通过阿维菌素、哒螨灵、噻螨酮等防治。

陈青（中国热带农业科学院环境与植物保护研究所）

第86节　单　爪　螨

一、分布与危害

为害木薯的单爪螨又名木薯绿螨（cassava green mite，CGM），属叶螨科单爪螨属（*Mononychellus*），起源于南美洲，曾发现有8种单爪螨为害木薯，后经国际热带农业中心Belloti进一步确定认为，为害木薯的单爪螨属种类主要有3个种，分别是木薯单爪螨 [*Mononychellus tanajoa* (Bondor，1938)]、麦氏单爪螨（*M.mcgregori* Flechtmann & Baker，1970）和加勒比单爪螨 [*M.caribbeanae* (Gutierrez，1987)]。单爪螨主要为害木薯顶芽、嫩叶和茎的绿色部分，以口针刺吸植株冠部的芽、新叶和幼茎汁液。受害叶片均匀布满黄白色斑点，发育受阻，斑驳状，变形，受害严重时可导致叶片褪绿黄化，甚至畸形，枝条干枯，严重时整株死亡。其可随木薯种苗调运及随风等进行远距离传播扩散，严重为害时可使木薯减产 $40\%\sim60\%$，甚至绝收。该螨于1971年在非洲乌干达首次发生与为害，曾导致木薯绝收，目前仍是非洲等木薯种植地区的毁灭性害螨。

麦氏单爪螨是近年来入侵泰国、柬埔寨、缅甸等亚洲国家的单爪螨种类，并于2008年首次在我国海南儋州发现，目前在我国的分布区主要为海南儋州、云南大部分地区、广西武鸣及广东湛江部分地区（彩图17-86-1，1）。

二、形态特征

成螨：体绿色，雌螨体长 $350\mu m$ 左右，雄螨体长 $230\mu m$，包括颚体长 $281\mu m$。须肢端感器粗短，长度不到宽度的1.5倍；口针鞘前端钝圆；气门沟末端球形；表皮纹突明显，前足体后端表皮纹轻微网状。前足体背毛、后半体背侧毛和肩毛的长度与它们基部的间距相当；后半体背中毛长度约为它们基部间距的1/2；足Ⅰ胫节有9根触毛和1根纤细感毛，跗节有5根触毛和1根纤细感毛；足Ⅱ跗节有3根触毛和1根纤细感毛，胫节有7根触毛。麦氏单爪螨与非洲、南美洲发生最严重的木薯单爪螨无论为害状、为害部位均很相似，主要区别在于麦氏单爪螨背毛长锥形，顶端渐尖，基部具棘，而木薯单爪螨背毛短，无棘（彩图17-86-1，2，3）。

卵：圆球形，产于木薯插条的叶片、叶柄或枝干上。

幼螨：白色，足3对。

若螨：绿色，具4对足，无生殖孔，一龄和二龄若螨的体形大小、腹面毛数、生殖孔等可与成螨区别。

三、生活习性

麦氏单爪螨发育与繁殖的适宜温度为24～28℃，适宜湿度为75%～85%，适宜光照时长为12～14h，适宜在宽叶木薯品种（系）的中上部为害。21℃下，麦氏单爪螨发育历期最长，完成1代需15.42d，24～33℃温度条件下，麦氏单爪螨完成1代需10.83～11.47d。36℃高温下，麦氏单爪螨完成1代需10.08d，但卵的孵化率显著降低，仅为32.05%，39℃下麦氏单爪螨完成1代仅需9.83d，但其孵化率仅为13.42%。在21～27℃条件下，麦氏单爪螨后代产卵量随着温度的升高而增加。在27℃下，平均每雌产卵量最高，可达50粒，在30～39℃条件下，麦氏单爪螨后代产卵量随温度升高而减少。在21℃下，产卵持续时间最长，为47d，产卵高峰期在雌螨羽化后第2～13天，平均每雌每天最大产卵量为2粒。在39℃下，产卵持续时间最短，为9d，产卵高峰期在雌螨羽化后3～6d，平均每雌每天最大产卵量为1粒。在21℃下，麦氏单爪螨雌成螨寿命最长，为21d，24℃下为19d，27℃下17.33d，而30℃和33℃下分别为14d和12d。而当温度超过36℃时雌成螨寿命极显著缩短，36℃为6.33d，39℃仅为3d。大雨会使麦氏单爪螨种群数量下降。

四、发生规律

（一）螨源基数

单爪螨可全年为害，卵可产于嫩叶、叶柄及茎部，可随插条传播，枯枝、落叶及插条均可成为翌年螨源。因此，要及时清除受单爪螨为害的枯枝、落叶，种茎要经药剂处理杀死卵及各龄螨后种植。

（二）气候条件

湿度对单爪螨发育与繁殖存在显著影响，75%～85%是单爪螨发育与繁殖的适宜湿度条件。无论湿度过高还是过低均会延长单爪螨的发育历期。当湿度为55%和95%时，单爪螨卵孵化率和后代产卵量显著降低，雌成螨寿命显著缩短。当湿度为65%时，单爪螨卵孵化率、平均每雌产卵量以及成螨寿命均与75%和85%湿度条件下无显著差异，但其发育历期却显著延长。光照主要通过影响卵和前若螨的发育历期影响麦氏单爪螨总发育历期，对幼螨和后若螨的发育历期无显著影响。麦氏单爪螨需要光照时间长于10h才可正常地完成发育与繁殖，其中12～14h为麦氏单爪螨发育与繁殖的适宜光照时长。随着光照时间的延长，麦氏单爪螨总发育历期呈逐渐缩短趋势。光照小于10h，麦氏单爪螨卵期显著延长；光照时间为12h和14h时，卵期最短，后代孵化率可达100%，但12～18h光照对麦氏单爪螨卵期无显著影响。随着光照时间的延长，麦氏单爪螨前若螨的发育历期逐渐缩短，光照小于10h麦氏单爪螨后代卵的孵化率显著降低，成螨寿命显著缩短，光照时间为6h和8h时的麦氏单爪螨后代卵孵化率仅分别为69.67%和81.36%，成螨寿命仅分别为12.67d和14.33d。随光照时间的延长，麦氏单爪螨平均每雌产卵量逐渐增加，从光照6h时的32.47粒升高到14h时的45.33粒，随后开始缓慢降低，光照6～8h和光照12～14h下麦氏单爪螨的产卵量之间存在显著差异。

（三）寄主植物

目前国内单爪螨主要寄主为木薯，亦发现为害橡胶，研究发现单爪螨在橡胶上的发育与繁殖与在木薯敏感品种上相当。

（四）天敌

捕食螨艾氏新绥螨（*Neoseiulus idaeus* Denmark & Muma）对巴西塞尔瓦多木薯种植区单爪螨的种群动态监测发现，捕食螨种群密度过大会对其捕食功能产生反馈抑制作用。1989 年以前，在哥伦比亚调查到多达 32 种植绥螨，对单爪螨种群具有一定的抑制作用。

（五）化学农药

针对单爪螨曾先后筛选出一些有效的杀螨剂，但因一些免费试用未经环境安全性检测的化学杀螨剂常被散发给木薯种植户用以防治木薯单爪螨，不仅导致环境遭到破坏，且使单爪螨的抗药性增强，随后的暴发成灾更加严重。

五、防治技术

单爪螨为新入侵我国热带地区的害螨，目前分布范围在逐渐扩大，因此，需加强检疫工作，减缓其扩散速度。筛选、培育抗性品系、引进和保护有效天敌及加强栽培管理的综合防治措施相关研究在非洲乌干达等国家已有报道，并已获得比任何单独防治措施更有效和更经济的控制效果。

（一）农业防治

种植时采用无螨害种茎。培育抗虫新品种可提高木薯的产量和品质。中耕除草、摘除或剪除有螨株及中心株，消除其隐蔽场所，减少螨源；合理施用各种肥料，增强作物的生长势，提高作物自身的抗螨能力；保护捕食螨、食螨瓢虫、草蛉等螨类自然天敌；合理深耕和灌溉可杀死大量螨源；玉米、丝瓜、茄子、花生与木薯合理间作，可有效减轻其为害。木薯收获后及时清理枯枝落叶，集中销毁，以降低翌年螨源基数。

利用品种抗性和生物防治为防治木薯害虫和害螨的首选措施。据国际热带农业研究中心调查报道，在其所有调查木薯品种中易感单爪螨的品种占 45%，中等抗性的品种占 14%。Benntt 和 Yaseen 报道，单爪螨在木薯不同品种中的种群数量差异大，其中 Kru46、Kru15、KruK 和 Kawanda 等品种上木薯单爪螨数量最低。坦桑尼亚地区木薯品种对单爪螨的抗性结果表明，高感品系有 Yohana、Chombela、Liongo 和 Lumalampunu，中等抗性品系有 Kayeba、Mabale 和 Kihony，高抗品系有 Mzimbitala、Kongolo、Dalama、NJemu 和 Kanyanzige。根据叶片短柔毛的密集程度，可判断品种对单爪螨的抗性程度，而叶片短柔毛的存在与否可作为鉴别木薯品种是否抗螨的指标。Nukenine 等研究表明，木薯品种（系）显著影响单爪螨种群的增长，1 月是筛选抗单爪螨抗性种质的最有利时机。

（二）生物防治

单爪螨的天敌有捕食性螨艾氏新绥螨（*Neoseiulus idaeus* Denmark & Muma）和阿里波小盲走螨（*Typhlodromalus aripo* DeLeon）、蜘蛛、瓢虫、草蛉、蜻类、蓟马和瘿蚊等。由于经济、效果持久且对环境无害，保护和利用这些天敌进行防治显示出更好的前景。

单爪螨自 1971 年传入非洲乌干达后，导致了 80% 的产量损失，严重者甚至绝收，对木薯产业造成了严重的威胁。CMB、IITA 以及 CIAT 等国际合作组织通过 18 年共同合作研究，基本摸清了单爪螨的自然分布范围，并且发现了单爪螨的重要天敌阿里波小盲走螨是一种捕食性天敌，其被发现后很快即成功应用。该捕食螨是目前非洲、南美洲等用以防治单爪螨的主要天敌之一。1989 年以前，在哥伦比亚调查到 32 种木薯害螨天敌——植绥螨，并成功研发出一种简单、经济、有效的植绥螨饲养方法——Mesa-Bellotti 群体饲养法，成功应用于单爪螨的生物防治。另外还发现了木薯单爪螨专性寄生真菌塔氏新接合霉（*Neozygites tanajoae*）和佛罗里达新接合霉（*Neozygites floridana*），因其寄主专一，目前也已在很多木薯种植区应用。

迄今为止，对单爪螨主要天敌的利用也存在一些问题。对巴西塞尔瓦多木薯种植区单爪螨及其两种天敌（艾氏新绥螨和塔氏新接合霉）的种群动态监测发现，捕食螨种群密度过大会对其捕食功能产生反馈抑制作用，而对单爪螨寄生真菌塔氏新接合霉的调查发现，虽然通过回归模型已简单预测到真菌寄生的高峰时间与单爪螨的种群发生高峰期一致，但实际上，在该时间塔氏新接合霉对单爪螨的种群数量并不能产生显著影响，因为其正处在营养生长阶段，不能产生繁殖体，而当叶片已开始脱落，单爪螨种群已衰退时，塔氏新接合霉却开始流行致病。因此，对天敌的利用要掌握好时间，不能仅根据模型来确定。而从不同单爪螨种群分离得到的塔氏新接合霉具有不同的感染和致病能力，在利用时要考虑地理种群差异。

（三）化学防治

螨类的生活周期短，化学杀螨剂的使用易使其增加抗性，而有些杀螨剂还能刺激螨类的生殖和迁移，但在严重为害期间，药剂防治仍是不可缺少的手段。建议化学防治作为木薯单爪螨最后一种防治措施。做好田间监测工作，及时用药防治，有效的药剂有阿维菌素、哒螨灵、噻螨酮等。

卢芙萍（中国热带农业科学院环境与植物保护研究所）

第 87 节 铜绿丽金龟

一、分布与危害

在木薯上发生为害较重的金龟子为铜绿丽金龟（*Anomala corpulenta* Motschulsky），又称铜绿金龟子，属鞘翅目丽金龟科，主要以幼虫咬食木薯鲜薯及种茎。该虫为害多种林木和果树，是国内外公认的较难防治的土栖性害虫，在我国也是地下害虫优势种之一，我国除西藏、新疆外的各省份均有发生。

二、形态特征

成虫：体中型，长卵形，体长为 15～22mm，宽为 8～12mm。背面铜绿色，有金属光泽，前胸背板、小盾片色较深。鞘翅色较淡而泛铜黄色，密布刻点，两侧具不明显的纵肋 4 条，肩部具疣突。头部较大，头和前胸背板色泽明显较深，唇基梯形，短阔。唇基前缘呈淡黄褐色，触角黄褐色，呈鳃状。前胸背板发达，前缘弧形内弯，侧缘弧形外弯，前角锐，后角钝。臀板黄褐色，三角形，常具 1～3 个形状多变的铜绿或古铜色斑纹。腹面乳白、乳黄或黄褐色。前足胫节外缘 2 齿，内缘距发达。臀小盾片半圆形，鞘翅背面具 2 条纵隆线（彩图 17-87-1，1）。

卵：初产时椭圆形，乳白色，长为 1.65～1.93mm，宽为 1.30～1.45mm，孵化前呈圆球形，长为 2.4～2.6mm，宽为 2.1～2.3mm，卵壳表面光滑。

幼虫：体肥大，体形弯曲，呈 C 形，多为白色，少数为黄白色。头部褐色，腹部肿胀。体壁柔软多皱，具胸足 3 对。三龄幼虫体长为 30～33mm，头宽为 4.9～5.3mm，头长为 3.5～3.8mm。头部前顶刚毛每侧 6～8 根，排成一纵列。额中侧毛每侧 2～4 根。臀节腹面覆毛区刺毛列由长针状刺毛组成，每侧多为 15～18 根，两列刺毛尖端大多彼此相遇或交叉，刺毛列的前端远没有达到钩状刚毛群的前部边缘（彩图 17-87-1，2）。

蛹：体稍弯曲，长为 18～22mm，宽为 9.6～10.3mm，臀节腹面雄蛹有四裂的疣状突起，雌蛹较平坦，无疣状突起。

三、生活习性

铜绿丽金龟每年发生 1 代，幼虫共 3 龄，多以幼虫在地下活动，老熟幼虫做土室化蛹，预蛹期约 12d，4 月底 5 月初成虫开始羽化出土。成虫喜欢栖息在疏松、潮湿的土壤中，潜入深度一般为 7cm 左右。铜绿丽金龟卵、一龄幼虫、二龄幼虫、三龄幼虫、整个幼虫期、蛹、成虫以及全世代的发育起点温度分别为 (11.93 ± 0.61)℃、(10.09 ± 0.64)℃、(10.12 ± 0.63)℃、(4.11 ± 0.56)℃、(4.50 ± 0.52)℃、(10.42 ± 0.22)℃、(9.18 ± 0.73)℃ 和 (6.96 ± 0.53)℃。相应的有效积温分别为 (128.50 ± 5.19)℃、(353.45 ± 14.77)℃、(374.04 ± 15.50)℃、(3139.85 ± 91.30)℃、(4132.56 ± 112.84)℃、(168.62 ± 2.34)℃、(526.21 ± 24.67)℃ 和 (4587.01 ± 146.82)℃。成虫昼伏夜出，多在傍晚活动，进行交配产卵，夜晚闷热无雨时活动最盛，活动最适温度 25℃，相对湿度 70%～80%。成虫平均寿命约为 30d，一生可交尾多次，有较强的趋光性和假死性。卵产于土中，雌虫每次产卵 20～40 粒，6～7 月新一代幼虫孵化。铜绿丽金龟幼虫可在木薯种植初期为害土中的种茎，而鲜薯可常年受其为害。

四、发生规律

（一）虫源基数

随着农业的发展，近年来，免耕种植作物面积逐渐增大，农田耕翻次数减少，而旋耕技术的推广使用，导致土壤耕层较浅，有利于地下害虫虫源积累。

（二）气候条件

幼虫的发生为害与土壤温度、湿度、耕作栽培以及农田附近的林木、果树等生态条件有密切关系，从而影响其为害程度。而其中，土壤湿度对铜绿丽金龟幼虫的影响较大，土壤湿度适中，土壤绝对含水量为 18%～20% 时比较适宜幼虫生长，土壤含水量低于 10% 时，幼虫食量减少，体重减轻。土壤含水量高于 25%，土壤呈泥泞状态，造成土壤中氧气缺乏，不利于幼虫生长，导致其死亡。

（三）寄主植物

与甘蔗、甘薯及花生等作物轮作的木薯地块，蛴螬的发生较重。

（四）天敌

白僵菌、绿僵菌、黏质沙雷氏杆菌以及昆虫病原线虫（异小杆科线虫）均可自然感染铜绿丽金龟幼虫，影响其种群数量。

五、防治技术

因地下害虫为害重，防治难度大，缺乏监管，虽然化学防治在短期内能起到很好防治效果，但长期以来使用高毒、高残留农药进行防治，不但杀死杀伤天敌，且导致生态环境遭受破坏。对铜绿丽金龟的防治，应继续贯彻执行"预防为主，综合防治"的植保方针，提倡生物防治为主，同时积极研发高效、低毒、低残留的化学杀虫剂。

（一）农业防治

木薯种植过程中，在施用有机肥料前，要先将肥料经过高温发酵，杀死其中的幼虫和虫卵。

近年来，旋耕机械逐步取代了传统的犁耙机械，造成土壤孔隙过多，使蛴螬等地下害虫的生长繁殖有更好的空间条件。另外，木薯渣、秸秆还田等也为其提供了充足的有机养分及食料，给蛴螬等地下害虫提供了生存的有利环境。木薯地灌溉少，减少了对地下害虫的杀伤，也给地下害虫的生存提供了有利的条件。木薯也被称作是一种"懒人作物"，在一些小农户的种植地，播种下去后便不再管理。所有这些均导致蛴螬等地下害虫虫源基数增加，是近年来蛴螬等地下害虫猖獗发生的重要原因。

因此，在地下害虫防治中要提倡机耕全垦、多犁多耙，尽量杀死土中的幼虫和蛹，减少来年虫源基数，降低其为害潜力。土壤旋耕后进行镇压，减少土壤孔隙，恶化地下害虫生活条件。在蛴螬大量发生的地块，收获后翻耕土壤，直接消灭一部分残留虫源，同时将大量虫体暴露地表或浅土层中，使其被天敌啄食。

（二）生物防治

苏云金芽孢杆菌、昆虫病原真菌如绿僵菌和白僵菌在蛴螬的防治上具有极大的应用潜力，连续几年施用，可使土壤中带菌量逐年增加，有可能造成蛴螬自然流行病，起到长期控制的作用。布氏白僵菌 Bbr17 对铜绿丽金龟幼虫感染率高，毒力效果好，在卵期或幼虫期施药，以活菌体施入土壤，效果可延续到下一年，施用方法为在根部土表开沟施药并盖土，或者顺垄条施，施药后随即浅锄，能浇水更好。我国已经对铜绿丽金龟性信息素进行了有益的研究和探索，但未见结构鉴定方面的报道，有待进一步研究。

（三）物理诱杀及人工防治

铜绿丽金龟具有较强的趋光性，因此可根据铜绿丽金龟晚上出土、交配、取食等活动习性，使用黑光灯诱杀。黑光灯的发光波长在 360nm 左右，对铜绿丽金龟有较好诱性，可每天晚上开灯进行诱杀。也可采用双色灯或频振式诱虫灯诱杀。

与其他金龟子一样，铜绿丽金龟成虫具有假死性，因此，可利用成虫的假死特性以及其活动规律进行人工捕捉。铜绿丽金龟成虫对糖醋液有趋性，可利用糖醋液诱杀。

另外，铜绿丽金龟对蓖麻具有趋性，因此可在田间种植蓖麻，设置陷阱，诱杀成虫。

（四）化学防治

种植前用 1.8% 阿维菌素乳油和毒死蜱乳油以 1:1 的比例混合后稀释 1 000～1 500 倍浸泡种茎 5～10min，可有效防治铜绿丽金龟幼虫的发生。种植时每公顷可用 15kg 阿维菌素与毒死蜱颗粒剂，或 40% 辛硫磷乳油、敌百虫晶体、烟草水等与基肥混合施于种植穴内，可有效控制其发生。

40% 毒死蜱乳油 1 000 倍液、1 500 倍液以及 10% 灭多威可溶粉剂 1 500 倍液对铜绿丽金龟成虫的触杀效果最好，亦可在其成虫出土时进行喷施或与基肥共同追施。

陈青（中国热带农业科学院环境与植物保护研究所）

第 88 节　蔗根锯天牛

一、分布与危害

蔗根锯天牛 [*Dorysthenes granulosus* (Thomson)]，又名蔗根土天牛，属鞘翅目天牛科锯天牛亚科土天牛属。是我国蔗区的主要地下害虫种类之一，近年来严重为害木薯，尤其在广西木薯产区为害较重。

蔗根锯天牛食性很杂，除为害甘蔗和木薯外，还为害龙眼、柑橘、桉树、板栗、松树、油棕、椰子、槟榔、橡胶树、厚皮树、麻栎等植物（彩图 17 - 88 - 1，1）。

二、形态特征

成虫：体近椭圆形，长为 15～63 mm，宽为 8～25 mm，个体大小差异较大。体棕红色，前胸背板色泽较深，头部及触角基部 3 节棕黑色。头部前额中央凹陷，上颚发达，向内弯勾。复眼很大，黑色，几乎占头部的一半。下颚须末节最长，端部宽。触角基瘤宽阔，彼此接近。雄虫触角粗大，扁宽，长达鞘翅末端，雌虫触角细小，长达翅鞘中部。前胸背板宽阔，两侧缘各有 3 个锯齿，鞘翅宽于前胸，每翅有 2～3 条纵脊线，靠中缝 2 条近端处相接（彩图 17 - 88 - 1，3）。

卵：长椭圆形，一头较尖，乳白至淡黄色。

幼虫：体长为 57～90 mm，圆筒形，前端扁平，后端稍窄。乳白色，老熟幼虫乳黄色。上颚、头和前胸背板黑褐或黄褐色，体表光亮，有少数细毛。头近方形，头盖中缝闭合，两侧叶后方突出，触角黑褐色，2 节。上颚粗壮，三角形。前胸背板宽阔，近前缘有一黄褐色儿丁质化的波状横纹。前缘及两侧有长短不同的细毛，两侧近后端各有 1 条纵凹线。胸足较小，3 对。腹部第一至七节有步泡突，每一步泡突有 2 个横沟纹，步泡突隆起面光滑（彩图 17 - 88 - 1，2）。

蛹：裸蛹，初时体淡黄色，复眼紫红色。翅芽长到第四腹节，后足长到第六腹节末端。

三、生活习性

蔗根锯天牛 2～3 年发生 1 代，以老熟幼虫在土中越冬。成虫羽化后，先在蛹室内静伏约 1 个月，待身体硬化后，遇雨天土壤潮湿疏松时便突破蛹室爬出土面，成虫出土后当天晚上或翌日晚交尾。交配产卵一般在夜间进行。交尾后的翌日晚产卵，产卵量大，每雌平均产卵约 250 粒。卵散产于 1～3cm 深的土中，卵期 10～18d。幼虫在土中 20～30cm 深处活动，耐饥性强，在无食料的条件下仍能蛰伏存活，到食料充足时再发生为害。幼虫龄期较多，各龄历期也不整齐，当年孵化的幼虫至年底可达十龄。幼虫共经历 15～18 个龄期。老熟幼虫在距地表 20～30cm 处的土中做土室化蛹。成虫一般在 4 月上旬始见，有趋光性，4～6 月为成虫羽化期，多在雨后出土。一般沙质土坡地木薯地受害较重。蔗根锯天牛繁殖力强，种群数量增长快，抗药性强。

四、发生规律

（一）虫源基数

主要以幼虫取食种茎和鲜薯，可将鲜薯取食至仅剩皮层，地下部分食空后可沿茎基部向上咬食，造成缺株或死苗。随着木薯的种植规模不断扩大，一些曾连片种植甘蔗的田块用来种植木薯，水田面积减少，水旱轮作机会减少，致使蔗根锯天牛种群数量不断增加，增加了其暴发成灾的概率，近年来蔗根锯天牛对木薯种植区的为害，尤其是在广西木薯种植区为害逐年加重。

（二）气候条件

高温干旱有利于蔗根锯天牛繁殖为害。近年来南方地区天气气候的典型特征是高温、干旱、少雨，而蔗根锯天牛由于栖居于土壤中，少雨干旱的气候有利于天牛幼虫的生存。气候炎热又干旱少雨的年份，卵及初孵幼虫的存活率高，受害相对严重。蔗根锯天牛多发生在沙质壤土中，以排水良好的沙质土丘陵、坡地受害最重，与甘蔗轮作田受害极重。

（三）寄主植物

蔗根锯天牛主要为害甘蔗，近年来开始大量为害木薯，种过甘蔗的田块，蔗根锯天牛的发生普遍较重。

（四）化学农药

长期、大面积、单一使用农药也是引发蔗根锯天牛大发生的原因之一。蔗根锯天牛多年来主要为害甘蔗，而甘蔗田防治蔗根锯天牛主要使用克百威及现已禁用的特丁硫磷，由于长期、大面积、单一使用同一类杀虫机制的药剂，且没有其他药剂与之轮换使用，蔗根锯天牛在这类药剂长期的选择压力作用下，形成了一定的抗药性，而抗药性的产生，导致药剂防效下降，必然导致害虫防治失控。

五、防治技术

蔗根锯天牛世代重叠，田间各龄期幼虫混合发生，在发生期较难确定其防治适期，给防治工作带来困难。另外幼虫体型大，皮下脂肪发达，对药剂的耐药性强，加之幼虫多生活于土中，发生期用药较难防治。

（一）农业防治

近年来，旋耕机械逐步取代了传统的犁耙机械，造成土壤孔隙过多，使蔗根锯天牛等地下害虫的生长繁殖有更好的空间条件。另外，木薯渣、秸秆还田等也为其提供了充足的有机养分及食料，给蔗根锯天牛等地下害虫提供了生存的有利环境。木薯地灌溉少，减少了对地下害虫的杀伤，也给地下害虫的生存提供了有利的条件。木薯也被称作是一种"懒人作物"，在一些小农户的种植地，播种下去后便不再管理。所有这些均导致蔗根锯天牛等地下害虫虫源基数增加，是近年来地下害虫猖獗发生的重要原因。

因此，在地下害虫防治中要提倡机耕全垦、多犁多耙，尽量杀死土中的幼虫和蛹，减少来年虫源基数，降低其为害潜力。土壤旋耕后进行镇压，减少土壤孔隙，恶化地下害虫生活条件。在蔗根锯天牛大量发生的地块，收获后翻耕土壤，直接消灭一部分残留虫源，同时将大量虫体暴露地表或浅土层中，使其被天敌啄食。

（二）生物防治

绿僵菌［*Metarhizium anisopliae*（Metschn.）Sorokia］对天牛幼虫的感染力较强，可加以利用。借鉴甘蔗生产中蔗根锯天牛的防治，利用自然感染绿僵菌的幼虫，磨碎后制成绿僵菌悬浮液，浸种茎 1～10 min，使种茎带菌后下种或将悬浮液直接喷到土中拌匀种植。在其他天敌方面的利用可借鉴的主要有寄生蜂和病原线虫，如可借鉴林木上天牛生物防治方面的研究经验，如管氏硬皮肿腿蜂（*Scleroderma guani* Xiao et Wu）可寄生多种天牛，已在多种天牛幼虫的防治中应用，可研究利用其控制蔗根锯天牛。另外，可借鉴利用昆虫病原线虫防治天牛等钻蛀性害虫的研究成果，研究利用昆虫病原线虫（*Steinernema carpocapsae*）防治蔗根锯天牛。

（三）物理防治及人工防治

蔗根锯天牛成虫羽化后喜在隐蔽场所进行交配，因此，可利用这一习性在木薯行间空地随机选点，挖 30cm×30cm×40cm 的土坑，在坑周围用塑料薄膜围好后放入肥皂水诱杀成虫。其次，利用成虫的趋光性诱杀，19：00～20：00 开灯较好。同时捕捉暴露于土表的幼虫和蛹，集中杀灭，以减少下年的虫源。

（四）化学防治

种植前用 40％辛硫磷乳油、48％毒死蜱乳油、5％氟虫腈悬浮剂等药液浸泡种茎 5～10min，既可防治蔗根锯天牛，又可提高出苗率。

蔗根锯天牛世代重叠，田间各龄幼虫混合发生，且幼虫大部分时期藏匿于土中咬食鲜薯，一般药剂很难到达幼虫栖息的部位。同时高龄幼虫虫体肥大，体表脂肪厚，对药剂耐药力强。因此，可选择在幼虫对药剂较敏感的时期或最易接触药剂的时期施药防治。根据其幼虫活动习性，可在种植时用药剂与基肥沟施，形成保护层，以杀死取食种茎的幼虫。另外，可在薯块形成期结合追肥，每公顷追施 15kg 阿维菌素与毒死蜱颗粒等药剂杀死幼虫。此法亦可与杀菌剂浸种同时进行。

陈青（中国热带农业科学院环境与植物保护研究所）

第 89 节 美地绵粉蚧

一、分布与危害

美地绵粉蚧（*Phenacoccus madeirensis* Green）属同翅目粉蚧科，以成、若蚧刺吸为害木薯叶片和嫩茎，并可诱发煤烟病，使木薯叶片光合作用降低，降低木薯产量。美地绵粉蚧是为害木薯的主要粉蚧种类之一，原产地为中南美洲，现已有记录地区包括热带非洲区、古北区、新北区与澳洲区，1970 年曾在非洲木薯种植区大量发生，造成叶片 100％受害，鲜薯产量损失达 60％。近年来，该虫入侵日本、泰国、缅甸、老挝、柬埔寨、越南等亚洲国家，并暴发成灾，造成严重的产量损失。在秘鲁为害马铃薯。在意大利首先于 1990 年发现于西西里岛，现已成为 1 种严重的观赏植物害虫。该虫于 2002 年入侵我国台湾，2009年首次在海南三亚发现为害扶桑（朱槿）（*Hibiscus rosa-sinensis*），2010 年在木薯上发生为害，目前主要分布于海南部分木薯种植区（彩图 17 - 89 - 1）。

二、形态特征

雌成虫活虫体常绿色。主要识别特征包括在胸部背面中区和亚中区无多格腺，多格腺在腹部第四至七节背面成行或带，缘区或亚缘区可向前延伸至第一腹节；刺孔群 18 对。五格腺仅在腹面。背刚毛短、锥状，许多刺基附近有 1 或 2 个三格腺。雌虫若虫共 3 龄，其中三龄若虫与成虫相似，仅大小具有差异。雄虫若虫共 4 龄，其中三龄和四龄包裹于丝状隧道中，即蛹期，随后羽化为具有飞翔能力的雄成虫，但口器退化。雌雄差异仅到三龄若虫期才可区分。

三、生活习性

美地绵粉蚧寄主多达 52 科 160 余种，在木薯上普遍发生。该虫在意大利西西里岛每年发生 5～6 代，以卵或雌成虫越冬，世代重叠。在适宜条件下，10～22d 即可完成 1 代，但视温度而定，最适宜的温度为25～30℃。生殖方式为两性生殖，每雌平均产卵 600 多粒，产在包裹虫体全身的卵囊内，一头雌虫一生仅产 1 个卵囊，卵囊主要产在叶片中脉附近。一龄若虫活动能力最强，二龄开始活动能力减弱，甚至固定位置不动。可在干、枝、叶片和果实上为害，但更喜在叶片背面、嫩枝和芽上为害。温度和寄主植物是影响美地绵粉蚧成虫寿命以及雌虫产卵量的重要因素。

四、发生规律

（一）虫源基数

耕作方式、种茎、收获后残存虫源的处理与否均直接影响美地绵粉蚧虫源基数。气候、天敌以及周围寄主植物种类均影响美地绵粉蚧的种群数量。

（二）气候条件

温度在 15℃和 35℃时美地绵粉蚧不能完成全世代发育，不能发育至成虫即全部死亡。在 20～32℃时，美地绵粉蚧从卵到成虫的平均发育历期均以 20℃时最长，30℃下发育最快，其中在 20℃和 30℃下的发育历期，雄虫分别需 58～78d 和 22～25d，雌虫分别需 48～70d 和 18～25d。成虫寿命随温度的升高而缩短，20℃时最长，30℃最短，其中在 20℃和 30℃下的成虫寿命，雄虫分别需 5～6d 和 2～3d，雌虫分别需 26～40d 和 12～15d。

（三）寄主植物

美地绵粉蚧寄主范围广，繁殖能力强，入侵新的环境后，一旦条件适宜并找到合适寄主即可快速定殖并扩散。但寄主植物对其种群存活的影响较大，寄主植物是影响其成虫寿命及雌成虫产卵量的重要因素。在番茄、绿豆和咸丰草上的种群动态观察表明，最大净增长率在番茄上 30℃为 33.9，在绿豆上 28℃为248.0，在咸丰草上 25℃为 71.0。种群最短倍增时间在番茄上 30℃为 24.6d，在绿豆上 30℃为 10.2d，在咸丰草上 25℃为 30.3d。35℃时，在绿豆与咸丰草叶上所产卵囊内均为空卵。

(四) 天敌

寄生蜂长索跳小蜂（*Anagyrus* sp. nov. nr. *sinope* Noyes & Menezes）是美地绵粉蚧的重要寄生性天敌，主要寄生二龄若虫和产卵前期成虫。寄生蜂对寄主不同发育阶段的寄生力不同，也导致了其对美地绵粉蚧种群数量的控制效果不同。寄生寄主两个不同阶段对寄生蜂的发育、后代个体的大小、种群数量、性比等均有显著影响，寄生后美地绵粉蚧干瘪时间也会导致寄生蜂种群数量的变化。寄生二龄若虫后寄主若能发育至成虫后干瘪则会显著增加羽化寄生蜂成虫的雌性百分率，寄生蜂个体显著增大，群体数量也增加，对后续美地绵粉蚧的种群影响也较大。

五、防治技术

目前，国际上防治美地绵粉蚧提倡长久、生态安全以及经济上具有可持续发展的方法，其中，最好且被广泛使用的防治方法是利用天敌进行生物防治，其次是通过选育抗性品种进行防治。生物防治过程中，天敌的释放必须要有专业人员指导，需有专门的生物防治专业化队伍进行培训，而抗性品种的使用需要与生物防治相结合，除非抗性品种对粉蚧的抗性非常强。在非洲，一些小的种植户仍采用化学药剂进行防治，因此为保证生态和环境安全以及有效持续防控粉蚧的发生为害，还需要政府部门等的参与。

(一) 农业防治

采用无虫害种茎。在种植期增施有机肥，提高作物自身抗性。另外，合理轮作与间作，破坏该虫生存环境。在粉蚧发生期及木薯收获后及时清除受粉蚧为害的枯枝落叶和不用种茎，集中销毁，以减少翌年虫源。

(二) 生物防治

保护利用天敌。粉蚧的天敌有孟氏隐唇瓢虫（*Cryptolaemus montrouzieri*）、陡胸瓢虫（*Clitostethus neuenschwanderi* Fursch）、小基瓢虫（*Diomus austrinus* Green）、亨氏基瓢虫（*Diomus hennesseyi* Fursch）、弯叶毛瓢虫（*Nephus phenacoccophagus*）和跳小蜂等，要注意保护利用。发生期使用化学杀虫剂应选天敌隐蔽期使用，采取挑治方法，或使用选择性农药，以保护天敌，发挥其对粉蚧的自然控制作用。

(三) 人工防治

可用硬毛刷或细钢丝刷刷除寄主枝干上的虫体。剪除被害严重的枝条，集中烧毁。

(四) 化学防治

在种植时用 1.8% 阿维菌素乳油和 48% 毒死蜱乳油 1 000～1 500 倍液浸泡种茎 5～10min 可杀死美地绵粉蚧等木薯害虫，降低虫源基数，对美地绵粉蚧具有一定的控制作用。在木薯生长期，要加强监测，根据调查测报，抓准初孵若虫分散爬行期实行药剂防治。推荐使用 1.8% 阿维菌素乳油 1 500 倍液与 48% 毒死蜱乳油 1 000 倍液滴加少量食用油混合喷洒防治，也可用含油量 0.2% 的黏土柴油乳剂混 80% 敌敌畏乳油、50% 混灭威乳油、50% 杀螟硫磷乳油或 50% 马拉硫磷乳油 1 000 倍液。

陈青（中国热带农业科学院环境与植物保护研究所）

第 90 节　银纹夜蛾

一、分布与危害

银纹夜蛾［*Argyrogramma agnata*（Staudinger）；异名：*Plusia agnata* Staudinger，*Phytometra agnata* Staudinger］属鳞翅目夜蛾科，别名黑点银纹夜蛾、豆银纹夜蛾等，全国各地均有分布。主要为害白菜、萝卜、甘蓝等十字花科和豆科蔬菜，其次还为害茄子、胡萝卜等，是为害多种蔬菜的杂食性害虫。近年来为害木薯叶片，以幼虫咬食木薯叶片，形成缺刻、孔洞，甚至只剩叶脉。广泛分布于木薯种植区，在江西木薯产区为害较重（彩图 17 - 90 - 1，1）。

二、形态特征

成虫：体长 12～17mm，翅展 30～33mm，体灰褐色。前翅深褐色，具 2 条银色横纹，翅中有一显著的 U 形银纹和 1 个近三角形银斑，二者靠近但不相连。后翅暗褐色，有金属光泽（彩图 17 - 90 - 1，2）。

卵：半球形，直径 0.4～1.0mm，白色至淡黄绿色，表面具网纹。

幼虫：老熟幼虫体长约 30mm，淡绿色，虫体前端较细，向尾部渐宽。头部绿色，两侧有黑斑；胸足及腹足均为绿色，腹足 4 对，第一和第二对腹足退化，行走时体背拱曲，受惊扰时，体呈 C 形或 O 形。有尾足 1 对。亚背线白色，气门黄色，体节分界线黄色（彩图 17 - 90 - 1，3）。

蛹：体长 13～18mm，初期背面褐色，腹面绿色，末期整体黑褐色。第一和第二节气门孔突出，颜色深且较明显。腹部体端延伸为方形臀棘，上生钩状齿 6 根。蛹外被有薄茧。

三、生活习性

该虫在华南地区 1 年发生 6～7 代，在江西 1 年约发生 3 代，世代重叠。在田间自然条件下，平均温度为 25.3℃ 和 22.9℃ 时，卵的发育历期分别是 （3.7±0.07） d、（4.4±0.4） d，平均温度为 21.4℃ 和 26℃ 时，幼虫历期分别是 26d 和 21d。平均温度 22℃ 时，蛹的发育历期为 （12.1±0.09） d。成虫白天可以活动，以午后活动最频繁，夜间交尾，有弱趋光性。卵单产，常产于叶背。初孵幼虫在叶背取食叶肉，残留上表皮，三龄后分散为害，取食全叶、嫩芽及花蕾，受惊易落，老熟幼虫多在叶背、土表吐丝结茧化蛹。幼虫有假死性，有转株为害的习性，转移时间多在夜间和清晨，这时施药易接触到虫体，防治效果最好。发育起点温度卵期为 11.25℃，幼虫期为 8.02℃，整个世代发育的起点温度为 8.85℃，有效积温为 573.90℃。该虫在江苏南京、江西南昌的全年总有效积温分别为 2 779.9℃ 和 3 328.8℃，1 年发生达 5～6 代。银纹夜蛾种群生长的最适温区为 22～25℃，温度低于 20℃ 时成虫多不产卵。高温对其不利，在 31℃ 条件下，幼虫的存活率与化蛹率降低。在江西吉安地区，银纹夜蛾 1 年发生 5～6 代，在 27℃ 下，卵期 2.8d，幼虫期 12.3d，预蛹期 0.8d，蛹期 6.6d。每雌平均产卵 311.9 粒，最多 756 粒。

四、发生规律

（一）虫源基数

种植时田内的银纹夜蛾虫量与秋季发生量有密切关系，并影响木薯受害程度。与豆类轮作会增加虫源基数。受温、湿度等影响，春季及夏季初期，湿度较低，卵的孵化率和低龄幼虫的存活率较低，虫源基数较低。盛夏至初秋，温、湿度适宜，虫源基数增加。

（二）气候条件

银纹夜蛾的发生为害程度主要受虫源和温、湿度条件的影响。温度低，降水量多，湿度大，不利于银纹夜蛾的发生。春季及夏季初期，湿度较低，卵的孵化率和低龄幼虫的存活率较低，由于虫源基数较少，发生为害较轻。初秋，温、湿度适宜，有利于幼虫的大发生，虫源数量增加，因而卵的孵化率增加，幼虫的存活率提高，为害加重。在卵期和初龄幼虫期下暴雨，则不利发生。湿度是影响银纹夜蛾成虫交尾和产卵的主要气候因子。成虫喜在较湿的环境中进行产卵，当相对湿度低于 45% 时，成虫不能交尾，可产少量未受精卵。湿度高于 90% 时，产卵量增加。银纹夜蛾成虫交尾产卵在夜间进行，具有趋弱光特性，因此，夜间弱光是其交尾产卵的必要条件，当光强超过 3lx 时，成虫不交尾，也不产卵。

（三）寄主植物

银纹夜蛾主要为害豆类及十字花科蔬菜，春季和夏季初期虫源基数相对低，主要在豆类上为害，发生轻。气候适宜，豆类长势好，卵量多，后代虫源基数大，受害重。在豆类收获期，可转移为害木薯等作物。

（四）天敌

天敌主要有瓢虫、蜘蛛、草蛉、青蛙等捕食性天敌，稻苞虫黑瘤姬蜂 ［*Coccygomimus parnarae*（Viereck）］ 可寄生银纹夜蛾蛹，这些天敌对银纹夜蛾自然种群后期的发生具有一定的抑制作用。

五、防治技术

银纹夜蛾寄主广泛，产卵量多，可转移为害。防治银纹夜蛾应采用以农业和物理防治为主，以化学防治为辅，保护利用天敌的综合防治措施。

（一）农业防治

银纹夜蛾为害重的田块，收获后深耕犁耙，压低越冬虫口基数，减少第一代发生量。优化作物布局，避免邻作银纹夜蛾的迁移和繁殖，可种植玉米诱集带进行诱集。

（二）生物防治

每 667m² 可释放螟黄赤眼蜂 1.5 万头，苜蓿银纹夜蛾核型多角体病毒等防治银纹夜蛾。在三龄幼虫期前用苏云金杆菌或 Bt 乳油喷施防治，每克含活孢子量 100 亿个以上，在气温 20℃ 以上防治效果较好。

（三）物理防治

利用成虫的趋化性配糖醋液诱集雌蛾，加强测报，同时发生盛期可用糖醋液加少量药剂诱蛾。根据其为害习性，可在清晨太阳出来前、傍晚及阴天进行人工捕捉，发现卵及幼虫聚集较多的叶片时进行人工摘除。清除杂草，收获后翻耕晒土。可利用成虫的趋光性，在其盛发期利用黑光灯和频振式杀虫灯等诱杀。

（四）化学防治

加强监测，掌握在低龄幼虫早期施药防治，适时进行挑治，交替使用低毒高效药剂。施药时间选择在清晨或傍晚前后进行，防效较好。药剂主要选用 1.8% 阿维菌素乳油和 48% 毒死蜱乳油 1 000～1 500 倍液、25% 灭幼脲悬浮剂 500～1 000 倍液、10% 吡虫啉可湿性粉剂 1 500 倍液或 5% 氟啶脲乳油 3 000～4 000倍液等。

陈青（中国热带农业科学院环境与植物保护研究所）

第 91 节　新菠萝灰粉蚧

一、分布与危害

新菠萝灰粉蚧［*Dysmicoccus neobrevipes*（Beardsley）］属同翅目胸喙亚目粉蚧科洁粉蚧属，是我国剑麻上最主要的害虫之一。

新菠萝灰粉蚧主要分布在热带，在亚热带地区有少量记载，在种植凤梨科植物的国家和地区都有分布，例如，美国夏威夷、斐济、牙买加、马来群岛、墨西哥、密克罗尼西亚、菲律宾和中国台湾等。新菠萝灰粉蚧 1998 年首次在海南昌江县麻区发现，为我国外来有害生物。该虫为胎生，若虫及成虫聚集在剑麻的根、茎、叶片部位，刺吸剑麻的汁液为食，以为害嫩叶为主，影响剑麻的生长发育，其分泌的蜜露可引致煤烟病，为害严重时可导致剑麻植株死亡。近年来，该虫在海南、广东剑麻产区暴发为害，产量损失一般为 30%。新菠萝灰粉蚧的主要寄主还有香蕉、椰子、咖啡、番荔枝、菠萝、琼麻、可可、晚香玉以及金合欢属、人心果属、番荔枝属、玉蕊属、藤黄属、海岸桐属、芭蕉属、仙人掌属、落尾木属、雨树属、可可树属等（彩图 17 - 91 - 1，1，2）。

二、形态特征

雌虫：体呈椭圆形，体外被白色蜡质分泌物覆盖。体长 2.5～4.5mm，宽 1.5～2.0mm。触角细索状，着生在头部顶端腹面两侧边缘，共 8 节，第一节粗短，第四节近似念珠状，为整个触角最短的节，第八节最长。每节均生有数根细毛，第八节细毛明显多于其他节。喙位于前足的中间，即胸部第一节。口针 4 条，里面 2 条较细，另外 2 条较粗，包在其外。这 4 条口针细长而硬，长度可达虫体的长度，卷曲藏于中、后胸间的特殊口袋中。体侧有 17 对刺孔群，在虫体的背面分布着许多长短、粗细不一的体毛。3 对胸足着生于 3 个胸节上，每足由 6 节组成，且每节均生有数根细毛。在前足和中足下方各有 1 对喇叭状气门，分别为前胸气门和后胸气门。背部具有前背裂和后背裂，如横裂的唇状。在腹面第四至五节间有 1 明显腹裂。尾端有 2 根显著伸长的臀瓣刺，肛门位于腹部最后一节，肛环呈圆形，在肛环上有 1 列卵圆形的肛环孔和 6 根肛环刺（彩图 17 - 91 - 1，3，4）。

雄虫：新菠萝灰粉蚧雄虫比较细长，头、胸、腹部分节明显，体色为褐色，体长约 1.0mm。触角丝状，着生于头部的顶端，9 节，每节生有长短不一的细毛。头部具有红棕色眼。在其胸部的中部有 1 对翅，有金属光泽，并具有两条明显的翅脉，翅脉处的金属光泽为银白色，其他部位为金黄色。尾部有 2 根特别长的蜡丝，接近尾部处为灰褐色，其他部位为白色（彩图 17 - 91 - 1，5）。

若虫：新菠萝灰粉蚧若虫有 3 个龄期，初孵化的若虫（一龄若虫）呈长椭圆形，体色为橘黄色，虫体长约 0.5mm，分节明显。单眼 1 对，红色。触角为 8 节。背部无白色蜡质物，发育至一龄若虫后期，该虫背部有少量均匀的蜡质物分布。二龄若虫黄褐色变淡，灰色加深，随着虫龄增长，体表逐渐被均匀的蜡质物覆盖。在二龄若虫的后期虫体基本呈现灰色。达到三龄若虫时虫体被自身所分泌的蜡质物均匀覆盖。

三、生活习性

在晴天时，新菠萝灰粉蚧主要分布在叶片上及叶腋部位，而在阴雨天则聚集在剑麻的叶腋部。该虫一龄期与二龄前期比较活跃，聚集性差，其爬行速度比成虫快。三龄期开始聚集，爬行速度变慢。若虫蜕皮期间会爬行到剑麻叶片的顶部或中间部位进行蜕皮，蜕皮过程从其头部开始，到尾部完全蜕完可持续 1～3d，蜕皮结束后留下完整的空壳。进入下一龄期的虫体爬到剑麻叶腋部位聚集生活。一龄若虫孵化后第 8～13 天进行第 1 次蜕皮，第 12～25 天开始进行第 2 次蜕皮，第 19～45 天开始进行第 3 次蜕皮，随后进入成虫期。该虫的雌性成虫个体大小差异很大，聚集性强，行动缓慢，通常聚集在剑麻的叶腋部位，直到产下一代若虫时再次爬到剑麻叶片的中间部位完成产仔，不同的雌虫个体产仔数量差异也很大，少的可产几头，多的可达 170 头。

新菠萝灰粉蚧可以分泌蜜露，并与蚂蚁共生，蚂蚁以该虫分泌的蜜露为食。当用毛笔将新菠萝灰粉蚧轻轻从剑麻上拨下时，蚂蚁会将该虫叼至剑麻植株上，蚂蚁可以起到搬运新菠萝灰粉蚧的作用，是新菠萝灰粉蚧的传播方式之一。同时，蚂蚁对新菠萝灰粉蚧还具有一定的保护作用，在降雨来临之前蚂蚁会在剑麻的叶腋部筑起高高的蚁巢，将该虫埋在蚁巢中防止雨水的冲刷。在雨过天晴时，蚂蚁会破坏其巢穴将新菠萝灰粉蚧露出。虽然蚂蚁对该虫具有一定的保护性，但是大的降雨对新菠萝灰粉蚧的密度有显著影响，尤其是对一龄若虫的影响特别明显（彩图 17 - 91 - 1，6）。

四、发生规律

（一）气候条件

新菠萝灰粉蚧若虫期发育起点温度为 9.47℃，有效积温为 531.29℃；产仔前期发育起点温度为 13.25℃，有效积温为 147.65℃。在 20～32℃时新菠萝灰粉蚧各虫态发育历期随着温度的升高而缩短。20℃恒温下，新菠萝灰粉蚧各虫态发育历期显著长于其他温度。36℃条件下该虫虽然可以完成其世代历期的发育，但各虫态发育历期所需时间均有所增长。就整个世代来讲，温度对该虫有一定的影响，20～32℃为该虫的适宜生长发育温度。较低或较高的温度使新菠萝灰粉蚧的存活率下降，20～28℃对害虫的存活有利。在 24℃下新菠萝灰粉蚧内禀增长率最高，瞬时增长速率最快，种群数量增长最大。

新菠萝灰粉蚧为喜湿昆虫，在湿度为 85% 的条件下，各发育阶段及世代的生长发育历期最短。湿度高于或低于 85%，该虫各个发育阶段及世代生长发育所需的历期均有所增长，当湿度为 55% 时各个发育阶段及世代所需历期均最长。

新菠萝灰粉蚧成虫发生数量明显受气温影响，发生具有季节性，1 月和 9 月发生较轻。高峰主要出现在 3～4 月和 11～12 月。5～6 月是产仔高峰期。海南雨季主要出现在 5～10 月，在这个季节害虫为害呈现逐渐下降趋势，10 月回升，在 12 月出现第二次高峰。

根据新菠萝灰粉蚧发生的高峰来划分，新菠萝灰粉蚧在海南（儋州）地区全年可发生 5 代，且世代重叠。第一代发生于 2 月下旬至 3 月上旬，第二代发生于 5 月下旬至 6 月上旬，第三代发生于 7 月下旬至 8 月上旬，第四代发生于 10 月上旬，第五代发生于 12 月上旬。各世代各虫态历期随不同季节因温度、湿度等条件的不同而呈现一定差异。

（二）寄主植物

新菠萝灰粉蚧在不同的寄主上有明显的选择性，在 7 种主要寄主剑麻、金边龙舌兰、香蕉、仙人掌、金合欢、龙眼、椰子中，明显嗜食剑麻。取食剑麻的新菠萝灰粉蚧发育历期、成虫寿命及繁殖力、存活率等与取食其他寄主存在明显差异。寄主植物单宁酸含量高、可溶性糖含量低、可溶性蛋白质含量低对新菠萝灰粉蚧生长不利。

（三）天敌

新菠萝灰粉蚧有许多天敌。寄生性天敌包括顶眼金绿跳小蜂（*Aenasius cariocus* Compere）、哥伦比亚金绿跳小蜂（*A. colombiensis* Compere）、灰粉蚧长索跳小蜂（*Anagyrus ananatis* Gahan）、粉蚧汉姆跳小蜂（*Hambletonia pseudococcina* Compere）。捕食性天敌包括丽草蛉（*Chrysopa formosa* Brauer）、隐

唇瓢虫、弯叶毛瓢虫等。

丽草蛉为新菠萝灰粉蚧的优势天敌，对新菠萝灰粉蚧有明显的控制作用。丽草蛉一至三龄幼虫对新菠萝灰粉蚧一龄若虫的功能反应均属 Holling II 型，日最大捕食新菠萝灰粉蚧一龄若虫量分别为 91.0412 头、191.1940 头和 265.3587 头，功能反应的参数 $\dfrac{a'}{T_h}$ 值分别为 85.4367、125.5375、200.4754；丽草蛉二龄幼虫自身密度干扰作用的模拟模型分别为 $E=0.460P^{-0.399}$ 和 $E=0.452\,8/[1+0.268\,4\,(P-1)]$，表明丽草蛉二龄幼虫对新菠萝灰粉蚧一龄若虫的捕食作用率随着丽草蛉二龄幼虫自身密度的增大而下降；二龄幼虫的种内干扰效应试验表明，随着丽草蛉二龄幼虫密度增大和新菠萝灰粉蚧一龄若虫数量成倍增加，幼虫的捕食作用下降。

五、防治技术

(一) 农业防治
田地保持清洁，防止蚂蚁进入田地，可达到控制粉蚧数量的效果。

(二) 生物防治
利用或释放优势天敌丽草蛉控制新菠萝灰粉蚧，采用有利于昆虫天敌繁殖的农业栽培措施，选择对昆虫天敌低毒的农药，合理少施农药，保护及利用昆虫天敌。

(三) 化学防治
根据新菠萝灰粉蚧喜凉喜湿的特性，对害虫的发生进行预测预报，并适当使用化学药剂防治。有效药剂：4.5%高效氯氰菊酯乳油 600 倍液、40%杀扑磷乳油 600 倍液、40%机油乳剂 50 倍液。

陈泽坦（中国热带农业科学院环境与植物保护研究所）

第 92 节　皮氏叶螨

一、分布与危害

皮氏叶螨（*Tetranychus piercei* McGregor）也称香蕉红蜘蛛，属蛛形纲蜱螨亚纲真螨目叶螨科叶螨属。国外分布于日本、菲律宾，在我国主要分布于广东、广西、福建、台湾、江西、浙江等省份。目前，皮氏叶螨已在海南全岛发生，为害日趋严重。据调查，在东方、乐东、昌江、澄迈、琼海和儋州等地的许多蕉园植株受害率高达 100%。受害香蕉被害部位褪绿变褐，虫口密度较小时，叶背褪绿，褐色斑点稀少，叶面基本不表现症状；随着虫口密度增加，褪绿面积、褐色斑点不断扩大，严重时整个叶背全部变黑褐色，叶面变黄，最终整个叶片干枯。生长前期的香蕉受害，可造成植株中下层叶片变黄干枯，严重影响中小苗生长；生长后期的香蕉受害，影响香蕉的产量和质量，且造成果实延迟成熟（彩图 17-92-1）。

二、形态特征（彩图 17-92-2）

成螨：雌螨体长为 467μm，包括喙长为 541μm，体宽为 338μm。体呈椭圆形，成螨身体呈红褐色，足及颚体为白色，体侧一般有三裂形黑斑。须肢端感器柱形，长约为宽的 1.5 倍；背感器梭形，与端感器接近等长。螯肢端节特化成 1 对长鞭状、可活动的口针，基部愈合成囊状的口针鞘，口针鞘前端圆钝。气门位于颚体基部，1 对，气门沟末端呈 U 形弯曲。背表皮纹在后半体构成菱形图案。背毛刚毛状，13 对，具微绒毛，细长，不着生在毛突上，刚毛长度超过横列间距。足 4 对，足 I 跗节双毛近基侧有 4 根触毛和 1 根感毛，感毛与后双毛几乎在同一水平；胫节有 9 根触毛和 1 根感毛。足 II 跗节双毛近基侧有 3 根触毛和 1 根感毛，另 1 触毛在双毛近旁；胫节有 7 根触毛。足 III 跗节有 9 根触毛和 1 根感毛；胫节有 6 根触毛。足 IV 跗节有 10 根触毛和 1 根感毛；胫节有 7 根触毛。

雄成螨：雄螨体长为 297μm，包括喙长为 366μm，体宽为 166μm。体狭长，粉红色。须肢有拇爪复合体，跗节有端感器。须肢端感器柱形，长约为宽的 2.5 倍；背感器梭形，稍短于端感器。足 I 爪间突为 1 对粗壮的爪，背面具背刺毛，足 II 爪间突分裂成 3 对针状毛，背面也具背刺毛，足 III、IV 爪间突同雌螨。足 I 跗节双毛近基侧有 4 根触毛和 3 根感毛；胫节有 9 根触毛和 4 根感毛。足 II 跗节双毛近基侧有 3

根触毛和 1 根感毛，另 1 触毛在双毛近旁；胫节有 7 根触毛。足Ⅲ、Ⅳ跗节和胫节的毛数同雌螨。阳具柄部宽阔，末端弯向背面，形成 1 对微小的端锤，与柄部有一定角度，其远侧突短小而尖利。

若螨：足 4 对，体形小于成螨，呈淡紫或淡红色，体两侧黑斑呈深黑色。腹面刚毛数量少于成螨。

幼螨：足 3 对，初孵时乳白色，取食后为暗绿色，两侧具黑色带纹。

卵：圆形，初产时乳白色，孵化前淡黄至淡褐色。

三、生活习性

皮氏叶螨的寄主有香蕉、绿豆、桑、泡桐、蔷薇、番木瓜、番荔枝、番茄、木薯、桃、藿香蓟、鱼腥草、无花果和变叶木等。皮氏叶螨具有群集性，成螨、若螨、幼螨群集于叶背吸食叶片的汁液为害，多在叶背面活动，以为害老叶为主，多沿叶脉或支脉发生，被害部细胞变为红褐色。雌虫产卵时，单粒产于叶背，并以分泌液将卵固定，以免散失。行两性生殖或孤雌生殖，未受精的卵发育成雄性，受精卵则发育成雌性。

皮氏叶螨世代发育历经卵、幼螨、第一若螨、第二若螨和成螨等 5 个时期，在进入第一若螨、第二若螨和成螨期之前各有一个静止期。静止期的个体固定于叶片上，足伸直于体下，不食不动，静止结束经蜕皮后变为下一发育阶段。蜕皮时，表皮在前足体和后足体之间横向裂开，先蜕下后半体皮，再把前半体表皮蜕下。

皮氏叶螨对温度的适应性较强，其繁殖速度与温度有关，低温发育缓慢，高温发育速度加快。世代发育起点温度为 10.73℃，完成世代发育所需有效积温为 183.34℃，在 16～36℃ 条件下可完成世代发育，以 24～32℃ 为最适温区。各发育阶段及世代发育历期以 16℃ 时最长，并随着温度的上升而缩短，而卵期、后若螨期、产卵前期和全世代历期在 32℃ 时最短，幼螨期和前若螨期在 36℃ 最短。雌成螨寿命在 16℃ 时最长，平均为 34.48d，并随着温度的上升而缩短。皮氏叶螨在 32℃ 时存活率最高，随着温度的上升或下降，存活率呈下降趋势，16℃ 时最低，其次为 36℃，24～32℃ 条件下，世代存活率变化平缓。雌成螨产卵量在 28℃ 时最大，温度上升或下降，产卵量随之减少，但 24～32℃ 条件下，产卵量没有显著性波动，并均极显著高于 16℃、20℃、36℃ 时的产卵量。

四、发生规律

皮氏叶螨在海南香蕉上 1 年可发生约 26 代，世代重叠明显，无越冬现象，可终年发生为害。皮氏叶螨栖息于叶片背面，以幼螨、若螨和成螨吸食叶片的汁液而造成为害，除未展开的嫩叶少有受害外，其他叶片均可受害。为害初期密度低时，虫口在叶片呈群集分布，而后随着叶片虫口密度的提高而扩展至整个叶片。皮氏叶螨具有吐丝织网特性，受害部位伴有大量螨体的蜕皮和丝网。皮氏叶螨既能两性生殖，也可孤雌生殖。雄螨先于雌螨羽化，先羽化的雄成螨爬到未羽化的雌成螨体上或在其周围等候其羽化，雌螨蜕皮变为成螨后，已先羽化的雄螨随即与之交配。交配呈重叠状，即雄螨爬到雌螨腹面，腹部末端上弯而将阳具插入雌螨生殖孔进行交配，交配时间持续数分钟，但短者不足 1min。卵产于叶片背面，不经交配的雌螨也能产卵，但未受精卵孵出的后代均为雄螨。高温干旱季节为害较重，在海南每年 10 月至翌年 4 月，干旱少雨，且温度适宜，食料充足，皮氏叶螨的发生为害重。4～10 月因高温且常有暴雨，皮氏叶螨为害较轻。

五、防治技术

皮氏叶螨的防治应从蕉园生态系统出发，遵循"预防为主、综合防治"的植保方针，做好苗期、大田生长期的防治工作。严格控制其猖獗为害，合理施用农药，切实保护和利用天敌。

（一）生物防治

皮氏叶螨的天敌种类很多，有拟小食螨瓢虫、越南食螨瓢虫、小花蝽、蓟马和捕食螨等多种天敌，其中食螨瓢虫和捕食螨为果园优势天敌。在不常喷药的蕉园，天敌种类和数量十分丰富，在后期常能控制其为害。因此，在进行香蕉园害虫防治时应注意保护利用天敌，在叶螨大量发生为害时，选用对皮氏叶螨针对性强的杀螨剂，少用广谱性的杀虫杀螨剂；在皮氏叶螨密度低时，尽量利用天敌对其进行控制。

（二）农业防治

清除香蕉园内其他寄主植物和杂草，可减少皮氏叶螨发生。

（三）化学防治

在干旱少雨、食料充足，皮氏叶螨的发生为害严重时期，是防治的关键时期，在做好虫情预报的基础上，及时进行药剂防治。1.8%阿维菌素乳油 4 000 倍液、50%溴螨酯乳油 1 500～2 000 倍液、15%哒螨灵乳油 2 000 倍液、8%阿·哒乳油 2 000～3 000 倍液等药剂对皮氏叶螨均有良好的防治效果。由于该螨在叶片背面为害，在施用农药时应注意将药液喷施到叶背。由于皮氏叶螨的世代历期较短，发育、繁殖速度快，对药剂容易形成抗性，在进行药剂防治时应科学用药，以保持其对药剂的敏感性。

刘奎（中国热带农业科学院环境与植物保护研究所）

第 93 节　香蕉花蓟马

一、分布与危害

香蕉花蓟马〔*Thrips hawaiiensis*（Morgan，1913）〕又称黄胸蓟马、夏威夷蓟马，属缨翅目蓟马科，是为害香蕉花蕾和幼果的重要害虫。该虫主要分布于南亚、东南亚、东亚地区，在我国云南、海南、广东、江苏、浙江、湖南、广西、四川、西藏、台湾等省份均有分布，近年来香蕉花蓟马为害香蕉日趋严重，影响了香蕉果实的外观品质，已成为香蕉的重要害虫。

蓟马的若虫、成虫主要刺吸香蕉花子房及幼果的汁液。雌虫在幼果的表皮组织中产卵，虫卵周围的植物细胞因受刺激而引起幼果表皮组织增生。果皮受害部位初期出现水渍状斑点，其后渐变为红色或红褐色小点，最后变为粗糙的黑褐色突起小黑点（黑斑）。当蓟马虫口密度较大时，可在香蕉果实上产生密集的粗糙黑色虫斑，并招致黑霉发生，外观很差，严重影响香蕉果实的外观品质，降低经济价值（彩图 17 - 93 -1）。

二、形态特征（彩图 17 - 93 - 2）

雌成虫：体长 1.2～1.4mm，头宽大于长，后部有横纹；单眼区位于两复眼间中后部，单眼间鬃位于前后单眼外缘连线之外，单眼月晕红色，眼后鬃呈一行排列，鬃Ⅱ甚小，小于鬃Ⅰ和鬃Ⅲ，鬃Ⅰ长于鬃Ⅲ；触角 7 节，念珠状或棍棒状，除第三节色浅，其余各节褐色；口器为锉吸式，口锥端部尖，伸至前胸腹板后缘。胸部橙黄褐色，腹部黑褐色。前胸背板布满横纹，后角鬃 2 对，外角鬃小于内角鬃，后缘鬃 3 对；后胸背片前中部有横纹，稍后有几个网纹，其后和两侧为纵纹，后胸前中鬃与前胸外角鬃近等长，但大于前缘鬃，其后有 1 对无鬃孔；中后胸腹片分离，仅中胸腹片叉骨有刺。翅膜质，前、后翅较窄长，翅脉退化，翅边缘密生缨状长毛。前翅前缘鬃 29 根，前脉基鬃 7 根，端鬃 3 根，后脉鬃 15 根。背片两侧及腹片有横纹，第二节背片背侧鬃 3 根，第五至八节背片微弯梳清晰，第八节背片后缘梳完整。背侧片无附属鬃，第二节腹片附属鬃 4～5 根，第三至七节腹片附属鬃 14 根左右。足跗节 1～2 节，跗节端部有泡囊。静止时 4 翅沿背平置，行走时腹端不时往上翘。

雄成虫：体较雌虫略小，体长 0.9～1.0mm，体黄色，腹部第三至七节腹片有横腺域。

若虫：体形与成虫相似。一龄若虫除孵化时乳白色，后逐渐变为浅黄色，由头、3 个胸节、11 个腹节、3 对结构相似的足组成，无翅芽；二龄若虫为浅红色；三龄若虫触角变为鞘囊状，短而向前，翅芽外露；四龄若虫触角伸长且弯向头背后，翅芽增大。

卵：淡黄色，肾形，细小。

三、生活习性

香蕉花蓟马是植物花部的常见蓟马，该蓟马食性很杂，广泛发现于十字花科、豆科、茄科、芸香科、菊科等多种植物的花内。寄主植物多达 141 种，如油菜、白菜、南瓜、野玫瑰、珍珠梅、车轮梅、油桐、茶、猪屎豆、刺槐、豌豆、大豆、菊花、柑橘、猕猴桃、夜来香、洋紫荆、蒲桃、桃金娘、桑、芒果、羊蹄甲、金合欢、咖啡、滇丁香、瑞香、独活、青皮象耳豆、海南粗丝木、药用狗牙花、烟草、月季、白刺花、凤凰木、白楸、茜草、三叉苦、牵牛花、蓼、玉米、莲雾、番石榴、杨桃、紫香蓟、龙葵、甘薯、柠檬、美人蕉等。

香蕉花蓟马属于过渐变态类，生殖方式包括两性生殖和孤雌生殖。整个发育期包括卵、若虫、成虫三个时期。卵单产，部分或完全镶嵌在植物组织内（幼果、雄蕊、雌蕊、花瓣、苞片）。若虫共 4 龄，一、二龄需取食，并且爬行活跃，称为幼虫阶段；三龄若虫不再取食，钻入土壤缝隙或枯枝落叶层化蛹，三龄若虫蜕皮后即为蛹（四龄），其中三龄称为前蛹，四龄称为伪蛹；成虫善飞善跳，可借风吹入异地。成虫在清晨和黄昏时段较为活跃，蓝色和黄色对其具有一定的引诱效果。

香蕉花蓟马可以田间的多种杂草如含羞草、光头稗、空心莲子草等为寄主，香蕉花蕾一旦抽出，花苞片尚未展开时，香蕉花蓟马已经侵入花蕾吸食幼果汁液，并在幼果上产卵，当花苞片张开时，花蓟马即转移到未张开的花苞片内，继续为害。成虫、若虫取食时，用口器锉碎植物表面吸取汁液，但口器并不锐利，只能在植物的幼嫩部位锉吸。

香蕉花蓟马的成虫和若虫一般都隐蔽在花中，雌虫除了将卵产在花蕊或花瓣的表皮内外，还喜欢将卵产在幼嫩的幼果上，卵深入幼果表皮组织内，卵周围植物组织细胞因受刺激，生长异常而膨大隆起，在果皮形成小突起，遗留粗糙小虫斑。

香蕉花蓟马只为害已展开及稍展开的苞片内的花段（即第 1~4 苞片内的花段），而完全未展开的内部花段不受侵害，且虫量呈递减模式，越往内层虫量越少。香蕉的花苞开放后，当子房已成熟，因果皮硬化，香蕉花蓟马便不能在蕉果上产卵。

四、发生规律

香蕉花蓟马 1 年发生多代，在台湾 23 代左右，在海南终年可见，世代重叠为害，在台湾以 3~6 月和 10~11 月的干旱期间发生较多。香蕉花蓟马生活于香蕉花蕾内，营隐蔽生活。该虫有聚集快、侵入快的特点。香蕉花蓟马在香蕉尚未抽穗开花时，在香蕉植株上很难采集到虫，只在香蕉抽蕾开花时，才聚集到香蕉植株上。香蕉花蓟马在蕉园中以花苞为活动中心，抽穗后由外界聚集，使得其在花苞内的数量迅速增加。花苞片尚未展开时，蓟马已侵入花蕾吸食幼果汁液，并在幼果上产卵，雌成虫产卵于幼果、花瓣或花蕊的表皮下，有时半埋在表皮下；当花苞片张开时，花蓟马即转移到未张开的花苞片内，继续为害。香蕉花蓟马在香蕉树上的动态具有一定的规律，香蕉抽穗后，果串内的香蕉花蓟马逐渐增多，到抽穗的第 6 天成虫的数量达到最高值，12d 后果串内的成虫剧减。花苞着生高度与香蕉花蓟马发生量有关，以着生高度 120~140cm 的花苞感虫数最高。香蕉花蓟马的发育速率与温度相关，一般情况下，温度越低，生命周期就越长。香蕉花蓟马的最适温度为 20~25℃，发育起始温度为 15℃，每头雌虫的产卵量为 30~40 粒。高温干旱有利于此虫大发生，多雨季节发生少，借风常可将蓟马吹入异地。

五、防治技术

1. 加强蕉园田间管理，减少园内外杂草滋生；加强肥水管理，促使花蕾苞片迅速展开。当雌花开放结束后，及时断蕾，减少虫源。

2. 掌握蓟马发生规律，及时施药防治。香蕉现蕾时，即用 20% 吡虫啉可溶液剂 1 500 倍液、240g/L 螺虫乙酯悬浮剂 4 000 倍液、60g/L 乙基多杀菌素悬浮剂 1 500 倍液喷雾防治，可有效防治香蕉花蓟马。

刘奎　邱海燕（中国热带农业科学院环境与植物保护研究所）

第 94 节　香蕉象虫类

一、分布与危害

目前为害香蕉的象虫类有两种：香蕉假茎象甲（*Odoiporus longicollis* Olivier）和香蕉根颈象甲 [*Cosmopolites sordidus*（Germar）]，属鞘翅目象甲科。

香蕉假茎象甲，亦称香蕉双带象甲、香蕉双黑带象甲、香蕉扁黑象甲、香蕉大黑象甲、香蕉双带扁象，具有大黑型和双带型两种类型，国外主要分布在东南亚的泰国、菲律宾、印度尼西亚、马来西亚，国内分布于广东、广西、海南、云南、贵州、福建和台湾等地。香蕉假茎象甲主要蛀害香蕉假茎，是香蕉生产中最重要的害虫之一，在不同的香蕉生长阶段和管理水平下，香蕉假茎象甲可导致10%～90%的产量损失，如果香蕉假茎象甲在香蕉生长阶段的早期开始为害，造成的损失会更大。2000—2007年，金沙干热河谷流域香蕉假茎象甲发生面积达666.7hm²，造成减产10%～30%。贵州南部低热地区被害株率高达67.2%～94.9%。广东、广西大部分香蕉园常年有虫株率高达50%，为害率达60%～70%，蛀死率为5%～10%。

香蕉根颈象甲又称香蕉球茎象甲、香蕉象虫、香蕉黑筒象，香蕉根颈象甲起源于马来西亚和印度尼西亚，现已遍及几乎全世界的香蕉种植地，包括澳大利亚、非洲、中南美洲、佛罗里达、墨西哥、西印度群岛、一些太平洋岛屿及南亚和东南亚。香蕉根颈象甲主要以幼虫蛀食香蕉植株近地面的茎基部和根茎，形成纵横交错的蛀道，阻碍了水分和养分向上输送。植株受害后，叶片变黄、枯萎，直至全株死亡；成株受害，长势衰弱，抽穗延迟，不能抽穗或果穗、果指瘦小，严重被害植株的根茎变黑腐烂，遇到大风易倒伏，可导致香蕉产量损失20%以上，如果不加以防治，严重时可达100%，已被原国家环境保护总局（2002年11月发布）列入我国主要外来入侵物种之一。

二、形态特征

（一）香蕉假茎象甲（彩图17-94-1）

成虫：体长9.8～13.2mm，宽3.8～5mm。体窄，菱形，红褐色。前胸背板两侧各有1条前窄后宽的纵纹；鞘翅缝和鞘翅端部边缘以及头、触角、体腹面大部分为黑色；或体黑色，仅触角、跗节红褐色。头小，半圆形，额窄，有小窝；眼大，不突出于头的轮廓。喙略弯，稍侧扁，短于前胸，基部1/4较粗。向前缩窄，背面光滑，有些个体端部背面密布细小颗粒。触角着生于喙基部，触角沟坑状，柄节略长于索节之和；索节6节，棒节愈合，侧扁，端部1/2密生短绒毛，顶端为弧形隆脊。前胸长大于宽，基部最宽，两侧略平行，近端部向前缩窄，有缢缩，基部略突圆；背面扁平，两侧和前、后缘散布圆形刻点，顶区光滑，有些个体在中线两侧有2行略呈窄菱形不整齐的刻点。小盾片盾形。鞘翅肩部最宽，向后缩窄，圆形刻点排列成行纹，行间略隆，3、5、7、9行间较宽。臀板外露，密布刻点和刚毛。前胸腹板后区较短，基部向后略突出；后胸前侧片较窄，中间略收缩，端部与腹板1相邻接；后胸腹板基部中间有八形细沟。足短，腿节棒状；胫节内端角有钩，端部有齿；跗节3宽大；爪分离。

卵：长2.4～2.6mm，长椭圆形，表面光滑，初为乳黄色，渐变至茶褐色。

幼虫：淡黄白色，肥大，无足，头壳红褐色，后缘圆形，高龄幼虫较瘦，体多横皱，腹中部特别肥大。腹末端斜面的上沿着生深褐色粗刚毛4对，下沿3对。前胸及腹末斜面上的气门大小是其他节气门的2倍。

蛹：体长14～16mm，初为乳黄色，羽化时浅赤褐色。背面观前胸背板前缘内缢处各有3枚瘤刺，呈八形排列于中线两侧。二至七腹节亚背线及气门上线处，着生相距较远的刺突各1对。腹末节背面生2对瘤状刺突。纤维茧长椭圆形。

（二）香蕉根颈象甲（彩图17-94-2）

成虫：新生成虫浅红棕色，然后才变成黑色。体形略小，体长为9.5～11.5mm，宽为3.8～4.5mm。体呈圆筒形，黑色，触角、跗节深褐色。头半圆形，额窄，有小窝；眼扁平，不突出于头的轮廓。喙圆柱形，短于前胸，末端内藏咀嚼式口器，基部有横缢，近基部较粗，触角着生于喙基部1/3处，触角膝状，柄节长于索节之和；索节6节，棒节愈合，端部1/3密覆绒毛，顶端突圆。前胸长大于宽，略呈圆筒形，近端部缢缩；背面密布圆形刻点，仅中纵线中段留有光滑无刻点的直带纹。小盾片略呈圆形。鞘翅肩部最宽，向后渐缩窄；鞘翅有纵沟9条，行纹窄于行间，奇数行间略宽略隆，行间散布圆形刻点。臀板外露，密布短绒毛。前胸腹板基节间突很窄，在基节之间有横沟；腹板后区宽，不特别向后突起。后胸前侧片基部较宽，端部窄，与腹板1相邻接。足腿节棒状；胫节侧扁，刻点排成纵列，背隆线明显，内端角有钩，前足胫节外端角有1小齿；跗节短，跗节3不呈叶状；爪分离。

卵：乳白色，长椭圆形，表面光滑，长为1.8～2.2mm，厚为0.6～0.8mm。

幼虫：幼虫乳白色，肉质身体，肥大，无足，长约12mm，头壳深红褐色，最后的两个腹节盘状，从侧面看像是被砍断，第八腹节有一个大的加长气孔，而其他腹节的气孔很小，难以观察到，腹末斜面上、下沿各具褐色刚毛4对。

蛹：通常是在靠近根茎的表面化蛹，成熟幼虫用嚼细的蕉茎纤维将隧道两端封闭，不结茧。体色乳白，渐变乳黄至黄褐色，长为 11～13mm。头基部具 6 对赤褐色刚毛，长、短各 3 对；喙有许多横向凹陷的不规则边缘；前胸背板有 12 条同色刚毛，每 2 条并立，分生于前胸背板的前缘、前缘角侧面、背板中央及后角近侧方处；腹部末端背面具 2 个瘤突。

三、生活习性

(一) 香蕉假茎象甲

香蕉假茎象甲对不同的香蕉品种适应性不同，在不同的香蕉品种上成虫与幼虫的发生量不同，在香蕉、龙牙蕉、大蕉上发生数量较大，为害较重；粉蕉上数量较少，为害较轻。

香蕉假茎象甲成虫喜群聚，多聚集分布在香蕉假茎断裂切口处、蕉茎外层枯鞘下或潜于腐烂的叶鞘内；能飞翔；畏光，成虫白天常群居栖息在叶鞘内侧，夜间外出活动、交尾和产卵。具假死性。耐湿怕干，在潮湿情况下耐饥力强，数十天不死，但在温度较高的干燥环境下，则只能活几天。耐低温，耐饥饿，无明显的休眠期，冬天各种虫态均可见。卵产在植株中下段表层叶鞘组织的空格中，每处产卵 1 粒，产卵痕微小，初呈水渍状，后变为褐色小点，有小量胶质外溢。幼虫孵化后，将产卵痕咬成约 2mm 大的小方孔以通气，一至二龄幼虫多在外两层叶鞘内纵向蛀食，三龄后多向茎心横蛀。四龄进入暴食期，一昼夜可蛀食成 30cm 长的隧道，蛀食方向无规律，上下纵横直穿通外鞘。香蕉假茎象甲幼虫主要蛀食蕉茎上部，很少向下蛀入根茎部，低龄幼虫分布在假茎中下段的中心部位，高龄幼虫则多分布在假茎中上及外层叶鞘。老熟幼虫在蛀道内以纤维做茧，化蛹其中。茧的一端有一个约 1mm 的茧口，茧口向下，起透气和排水作用。成虫羽化后，栖息茧中 2～3d，待体色由浅黄褐色渐变为黑褐色至黑色后，扩大茧孔而脱出。温度对香蕉假茎象甲的生长发育、正常活动有显著影响，其适宜温度是 17～27℃，超出这个温度范围，生命活动就会受到抑制（彩图 17-94-3）。

高湿夜间香蕉假茎象甲可短距离迁飞，寿命多数在 200d 以上，高温对产卵有抑制作用。幼虫孵化后先在外层叶鞘取食，渐向植株上部中心钻蛀，有的可蛀食到果穗部分，但一般不蛀食球茎。成虫也取食蕉茎，但食量小。在食料缺乏时，幼虫和成虫均具有相残的习性。

(二) 香蕉根颈象甲

香蕉根颈象甲主要为害香蕉和芭蕉，包括大蕉、西贡蕉、龙牙蕉及粉蕉等。成虫喜隐蔽，藏匿于受害假茎最外 1、2 层干枯或腐烂的叶鞘下或者靠近球茎的地面，尤以假茎外表层叶鞘腐烂潮湿处为多；喜群聚，能飞翔，畏阳光，具假死性。

成虫也取食蕉茎，但食量小，为害远不及幼虫严重。成虫将卵产于接近地面的茎或球茎上，产在最外 1、2 层的叶鞘组织小空格中，每格 1 粒。成虫产卵时，先以口咬伤植株，再将产卵管插入。初孵幼虫自假茎蛀入球茎内，幼虫蛀食香蕉植株近地面的茎基部和根茎，形成纵横交错的蛀道。幼虫老熟时以蕉茎纤维封闭隧道两端，不做茧，于内静止 1～2d 后化蛹。羽化后成虫仍暂居于隧道中，若干天后，始由隧道上端钻出。成虫多在夜间活动，虽有翅，却很少飞，很少能在 3 个月内扩散 50m。香蕉根颈象甲具有趋湿性，雄虫趋于低湿环境，而雌虫较喜高湿环境，降雨能提高成虫存活力。香蕉根颈象甲产卵率与温度相关，而与相对湿度和降水量无关。花期香蕉与收获后的残留物是香蕉根颈象甲的理想产卵地，卵单产在叶鞘或根茎表面，产卵率很低，通常情况下为 1 周 1 粒，也有报道 1 周 5～8 粒，并且香蕉根颈象甲产卵存在密度制约因素。卵的最低发育温度为 12℃，若虫的最低发育温度为 10℃，在 25～30℃时卵的孵化率最高，若虫的发育最快。在热带，卵期为 1 周，幼虫期为 4～6 周，蛹期为 1 周。香蕉根颈象甲属于 k-选择类昆虫：成虫具有很低的生殖能力，并且寿命较长，大多数成虫能活 1 年，有的甚至可以活 4 年，在潮湿环境下，即使不取食，也能活几个月，但是在干燥环境下则只能活几天。

四、发生规律

(一) 香蕉假茎象甲

香蕉假茎象甲在四川 1 年发生 4～5 代，贵州 1 年发生 5 代，少数 6 代，闽南地区 1 年发生 4～5 代，广东 1 年发生 6 代，海南 1 年发生 4～6 代，世代重叠严重。田间留头蕉茎上香蕉假茎象甲各虫态数量明显高于成长蕉株。

香蕉假茎象甲各虫态历期受温度的影响较大，卵、幼虫、蛹历期分别为 2～8d、19～40d、10～55d，成虫寿命 100～422d。香蕉假茎象甲发生高峰期、产卵高峰期、幼虫发生高峰期在不同地域不尽相同。香蕉假茎象甲成虫发生高峰期在广东、广西 1 年有两个，广东为 4～5 月和 9～10 月；广西为 3～5 月和 9～11 月；而在闽南地区 1 年有 3 个高峰期，出现在 4 月初、6 月初和 10 月下旬。香蕉假茎象甲春季、秋季产卵量较大，夏季产卵量较低，冬季产卵量最少。幼虫发生高峰期在海南为每年 5～6 月和 10～11 月；四川会东县为每年 3～6 月；闽南地区为每年 5 月上旬至 6 月中旬、9 月下旬至 10 月中旬。

冬后 3～4 月雌虫比例明显高于雄虫，5～6 月雌虫比例逐渐下降。在控制香蕉假茎象甲自然种群的生态因子中捕食及其他因子的排除作用控制指数均为最大，是重要的控制因子，自然死亡和疾病对自然种群的影响较小。

（二）香蕉根颈象甲

香蕉根颈象甲在华南地区 1 年发生 4 代左右，海南 4～5 代，贵州 4 代，少数 5 代，世代重叠严重，常同时可见各个虫态。在广东 3 月初至 10 月底发生数量较多，以幼虫在地下部茎内越冬。1 个世代历期夏季 30～45d，冬季 82～127d。夏季卵期 5～9d，幼虫期 20～30d，蛹期 5～7d，但是越冬代幼虫则需要 90～110d。海拔高度、年降水量与香蕉根颈象甲的丰度呈负相关性，海拔 1 000m 以下象甲的丰度最高，1 500～1 600m 丰度非常低，1 600m 以上无象甲发生；干旱季节象甲的数量较多。

五、防治技术

防治香蕉象甲类要勤查勤防，预防为主，综合防治。

（一）农业防治

选用象甲的抗性品系，加强香蕉园的管理，如施肥、护根、除草和去吸芽能够提高香蕉的生长活力，提高香蕉对象甲的抵抗能力。

（二）蕉苗检疫

由于香蕉象甲主要是通过带虫植株的移栽、搬运进行扩散传播，因此要禁止带虫蕉苗输入新种蕉区。用无虫蕉苗种植，最好选用组培苗。

（三）清洁蕉园

经常割除香蕉假茎外层的腐烂叶鞘，特别是采收后，砍下的假茎要搬出园外集中处理。暂时留下的假茎待腐烂后应及时挖除清理，保持蕉园清洁，消灭害虫滋生场所。对已经受害的蕉园，砍下带虫假茎和旧蕉头残体，投入粪坑沤肥，或切开暴晒 5d 以上将幼虫杀死。

（四）诱捕

结合清园，人工捕捉群集于叶鞘基部、枯老的假茎外鞘内的成虫；或者利用收获香蕉后的假茎，纵剖后置于香蕉行间进行诱捕；另外，香蕉根颈象甲还可用诱剂和诱捕器进行诱捕，连续可有效减少蕉园中香蕉象甲的成虫基数。

（五）化学防治

在成虫的发生高峰期用 40% 毒死蜱乳油 1 000 倍液、2.5% 高效氯氟氰菊酯乳油 1 500 倍液自上而下喷洒假茎，重点喷叶柄和腐烂叶鞘部分，可以有效杀死隐藏在叶鞘中的成虫和部分幼虫。

刘奎　邱海燕（中国热带农业科学院环境与植物保护研究所）

第 95 节　褐足角胸叶甲

一、分布与危害

褐足角胸叶甲 [*Basilepta fulvipes*（Motschulsky）] 又称褐足角胸肖叶甲，属鞘翅目叶甲总科肖叶甲科角胸叶甲属，是一种小型甲虫。国外分布于俄罗斯、朝鲜、日本，在我国分布于云南、广西、贵州、四川、福建、台湾、湖南、江西、湖北、浙江、江苏、山东、陕西、山西、北京、宁夏、内蒙古等 20 多个省份。在不同的地区其所为害的作物有所不同，在河北、北京地区主要为害玉米，在江苏地区主要为害菊花，在云南、广西主要为害香蕉，另外还可取食部分杂草。褐足角胸叶甲为害香蕉主要是成虫取食香蕉叶片正面表皮与叶肉，残留叶背表皮，造成叶片缺刻，形成虫斑，被害叶片出现不规则褐色弯曲的焦黑色蛀食状，其分泌物及粪便还污染嫩叶，使嫩叶先焦黄后变焦黑；另外，成虫还取食香蕉幼果表皮和苞片内表皮，被害嫩果在果皮上形成不规则褐色弯曲的焦黑色蛀食状，蕉果受害后，其缺刻随着果实的膨大而增大，在果皮上形成一道道黄褐色的缺刻斑，严重影响香蕉果实的外观品质，降低香蕉价值。云南省河口县香蕉每年因受褐足角胸叶甲为害的损失在 30％ 左右。2008 年，南宁市西乡塘区坛洛镇和金陵镇的香蕉地有虫地块约为 70％，平均被害株率 45％，最高达 80％（彩图 17‑95‑1）。

二、形态特征（彩图 17‑95‑2）

成虫：体形小，雌虫略大于雄虫，卵形或近于方形，体长为 3～5.5mm，体宽为 2～3.2mm。体色变异大，大致可分为 6 种色型：标准型、铜绿鞘型、蓝绿型、黑红胸型、红棕型和黑足型。常见铜绿鞘型和红棕型。标准型：体黑红，头和上唇黄褐色，前胸背板和鞘翅铜绿色，具金属光泽，足、小盾片和触角端部 6 或 7 节黑红；铜绿鞘型：头、前胸、小盾片和足褐红色，触角淡黄，其端部 6 或 7 节黄褐到黑褐色，鞘翅铜绿色；红棕型：身体棕红、棕黄或棕色，触角端节或多或少深褐或黑褐色；蓝绿型：头和前胸背板蓝绿色，鞘翅和小盾片蓝紫色，足和触角端部 6 或 7 节黑红色；黑红胸型：头和前胸黑红色，稍具金属光泽，鞘翅金属绿或铜色，足褐黄，很少深褐色；黑足型：触角和足黑色。头部刻点密而深刻，头顶后方具纵皱纹，唇基前缘凹切深。触角丝状，雌虫触角长度达体长的 1/2，雄虫触角长度达体长的 2/3；第一节膨大、棒状，第二节长椭圆形，稍短于第三节且较粗，第三和第四节较细，第三节稍短于第四节或二者近于等长，自第五节起稍粗，各节近于等长。前胸背板宽短，宽近于或超过长的 2 倍，略呈六角形，前缘较平直，后缘弧形，两侧在基部之前中部之后突出成较锐或较钝的尖角形；盘区密被深刻点。

卵：黄色，长 0.55～0.60mm，直径 0.24～0.25mm，初产略透明，光滑，长椭圆形，聚产。

幼虫：共 4 龄，黄色，头黄褐色，中缝和背中线色浅；口器黑色；前胸盾板黄色，生有少量刚毛；中、后胸两侧淡黄色；各体节背面无毛斑，但有刺毛；气孔色浅，胸足淡黄色；初孵幼虫淡黄色，略透明，体长 0.8～1.0mm。

三、生活习性

褐足角胸叶甲的食性杂，寄主包括大豆、谷子、玉米、高粱、大麻、甘草、香蕉、李、梅、苹果、梨、樱桃、菊花等多种重要作物。

温度对褐足角胸叶甲的生长发育具有明显的影响。在 10℃、14℃ 下褐足角胸叶甲的卵不能孵化；10℃ 下成虫能正常取食、交配，但不产卵；34℃ 下可正常取食，不能产卵；40℃ 时食量减少，能存活 6d 以上；在 42℃ 下，24h 成虫死亡率达 60％。在 18～30℃ 时可正常生长发育，最适温度为 22～26℃，在此温度范围内，各虫态发育速率随着温度的升高而加快，各虫态发育所需时间随着温度升高而缩短。卵的发育历期为 4.5～16d，一至四龄幼虫的发育历期为 27～134d，老熟幼虫期 4～25d，蛹的发育历期 4.5～23d；在 18～30℃ 时，雄成虫的寿命为 4～62d，雌成虫的寿命为 13～105d，并且成虫的寿命随着温度升高而缩短。

褐足角胸叶甲成虫在土中羽化后飞到香蕉心叶或新蕾苞片内群集为害，取食嫩叶正面表皮与叶肉、幼果表皮或苞片内表皮，但是当幼果的果梳完全露出，果皮转青老熟后，该虫很少取食或者不再取食为害。雌虫交配前后均取食以补充营养，并于为害场所交配，雌虫交配后两天内即可产卵，卵多聚产于腐烂湿润的假茎、枯叶组织内，少数产在蕉园表土中，卵粒较规则排列。雄虫交配后 1～2d 死亡，雌虫交配后 2～3d 死亡。幼虫孵化后弹跳入土壤中，在香蕉根茎周围活动，以土中腐殖质为食（取食香蕉根），并在土中化蛹。幼虫和蛹在土中的深度，受到 10cm 土层温度的影响，10cm 土层温度在 15℃ 时，幼虫主要在 5～15cm 土层中活动；10cm 土层温度低于 15℃ 时，幼虫会下潜到 15～20cm 土层中。

土壤含水量对褐足角胸叶甲的幼虫、蛹具有一定的影响。当土壤含水量在 3％ 以下时，幼虫停止发育，土壤含水量为 1.5％ 时幼虫仍可存活；土壤含水量在 5％ 时，幼虫化蛹率为 18％；土壤含水量为 10％ 时，化蛹率 70％；当土壤含水量在 15％～23％ 时，化蛹率达 90％ 以上；当土壤含水量超过 30％ 时，幼虫不化蛹。降雨对褐足角胸叶甲卵的孵化、幼虫化蛹、成虫羽化和出土有促进作用，但在蛹期遇大雨或暴雨，水淹 3d 以上蛹会全部死亡。

四、发生规律

褐足角胸叶甲在广西南宁 1 年发生 3～4 代，以各龄幼虫在土壤中越冬，翌年 3 月下旬至 4 月上旬褐足角胸叶甲开始化蛹、羽化，成虫终见期一般在 11 月中、下旬。早春升温越早，越冬幼虫化蛹越早，成虫出土也越早。夏、秋干旱年份无灌溉条件的地区 1 年发生 3 代，夏、秋多雨或有灌溉条件的地区 1 年发生 4 代。在无灌溉条件的地区，褐足角胸叶甲第一代成虫出现于 4 月上旬至 6 月下旬，第二代出现于 7 月上旬至 9 月下旬，第三代出现于 10 月上旬至 11 月下旬；在灌溉区，第一代成虫于 4 月上旬至 6 月下旬羽化，第二代于 7 月上旬至 8 月下旬羽化，第三代于 8 月下旬至 9 月下旬羽化，第四代于 10 月上旬至 11 月下旬羽化。成虫的发生高峰期出现在 5 月中旬、7 月中下旬、10 月中旬。

成虫可以单个或群集为害，成虫能飞善跳，具假死性，受惊即从叶片上坠落，片刻之后又飞起。白天晚上均能活动取食，尤以晚上活动取食较多，成虫无趋光性，喜欢在较阴暗、隐蔽的地方活动，如心叶喇叭口内和花蕾的苞片内。成虫能耐饥饿 1～2d。幼虫生活在土壤中，为害植株根部，并在土壤中化蛹羽化。褐足角胸叶甲整个生育期中幼虫在 5～10cm 土层最多，蛹在 0～10cm 土层最多，成虫在 0～5cm 土层最多，在 15～20cm 土层中没有蛹和成虫。

香蕉品种之间虫量差异不显著；沙土、无喷灌条件、有杂草、不覆盖地膜的蕉地幼虫和成虫密度较大。

五、防治方法

(一) 农业防治

冬季清除田间假茎枯叶、田边杂草，恶化褐足角胸叶甲越冬环境；及时清除无用的吸芽苗，应在冬季和春季清理蕉园或追肥时适当翻土，恶化幼虫和卵的栖息环境。在 3 月下旬至 4 月上旬，幼虫化蛹期间，在为害区香蕉地进行土壤灌水、地面施药（如毒土等）或覆盖薄膜。

(二) 人工捕杀

褐足角胸叶甲成虫喜群集于香蕉心叶和蕉果苞片内为害，可利用其假死习性收集害虫集中杀死。

(三) 化学防治

在成虫盛发期用 48％毒死蜱乳油 1 000 倍液均匀喷洒香蕉叶、秆和蕉园地面，可杀死刚羽化的成虫和到地面产卵的成虫；也可在香蕉现蕾初期即香蕉植株抽生最后一张短叶片及花蕾抽出 10cm 长时用 1.8％阿维菌素乳油 2 000 倍液＋18％杀虫双水剂 300 倍液等喷香蕉嫩叶和蕉蕾，可以有效减轻褐足角胸叶甲对香蕉果实的为害。为避免害虫产生抗性，要轮换使用防治药剂。

刘奎（中国热带农业科学院环境与植物保护研究所）

第 96 节　　香蕉弄蝶

一、分布与危害

香蕉弄蝶（*Erionota torus* Evans）又称黄斑蕉弄蝶、芭蕉卷叶虫、蕉苞虫、蕉弄蝶，属鳞翅目弄蝶科，是一种大型弄蝶。国外分布于美国、印度、缅甸、马来半岛、越南、日本，在我国分布于海南、广东、广西、福建、云南、台湾、贵州等省份。香蕉弄蝶是为害香蕉、芭蕉叶片的重要害虫，其幼虫吐丝卷结叶片成叶苞，食害蕉叶，发生严重时，蕉园卷叶累累，蕉叶残缺不全，香蕉与芭蕉叶片受害后，光合作用受到影响，阻碍生长，导致减产。

幼虫取食时从叶苞上端与叶片相连的开口处伸出虫体的前部自上而下取食，边吃边卷，加大叶苞。同时咀食叶苞上端或卷苞内部的叶片，被害蕉叶虫苞累累，严重的造成整株光秆，只剩几条叶中脉。香蕉弄蝶为害严重时可导致香蕉果实延迟成熟和减产（彩图 17‑96‑1，彩图 17‑96‑2）。

二、形态特征

成虫：雌成虫体长 28～31mm，翅展 60～80mm；雄成虫体长 23～26mm，翅展 54～65mm。体黄褐色或茶褐色；头部和胸部密被黄色或灰褐色鳞毛；复眼黑褐色，半球形，被褐色细短眼球毛；触角锤状，黑褐色，近膨大部呈白色；前翅黄褐色，翅中央有 2 个黄色方形大斑，近外缘有 1 个黄色方形小斑，这 3 个斑呈三角形排列，前翅前缘近基部被灰黄色鳞毛；后翅黄褐色或茶褐色，无斑纹，缘毛白色。

卵：圆球形而略扁，横径 1.8～2.2mm，卵顶微陷，卵壳表面有放射状白色纵纹 19～26 条，初产时黄白色，渐变红色，近孵化时转变为灰黑色。

幼虫：初孵幼虫体长 6mm，头大而黑，胴部蛋黄色。老熟幼虫体长 52～65mm，淡黄或带微绿色，体被白色蜡粉；头部黑色，略呈三角形；胴部第一、二节细小如颈，第三至五节逐渐增大，第六节以后大小均匀，各体节有横皱纹 5～6 条，并密生短微毛。腹足 4 对，尾足 1 对，均有细小、环形排列的趾钩（彩图 17 - 96 - 3，1）。

蛹：雌蛹体长 32～47mm，雄蛹体长 28～44mm，长圆柱形，淡黄白色，被白粉。喙长，直伸到腹末，其末端与体分离，腹部臀棘末端具许多刺钩。蛹发育大体分两个阶段，初化蛹由黄白色发育至褐色为第一阶段；翅芽由黄白色发育至茶褐色，淡红色斑点转黄白色为第二阶段（彩图 17 - 96 - 3，2）。

三、生物学特性

目前记录的香蕉弄蝶的寄主植物有粉蕉、芭蕉、香蕉、美人蕉、紫蕉、马尼拉麻、椰子、竹、桃榔、棕榈等。香蕉弄蝶卵多散生，也有的 2～23 粒排列成无规则的卵块，卵一般产在叶片上，叶面较叶背多，极少数产在叶柄或假茎上。不同季节卵期不同，夏、秋季节为 3～10d，冬季为 20～84d。初产卵黄白色，后转粉红色，然后转为深红色至暗红色，孵化前为灰黑色。幼虫发育经历 5 个龄期，发育所需时间依据温度而定，夏、秋季的第二至四代的一龄和二龄幼虫均为 2～3d，三龄 3～4d，四龄 4～5d，五龄 4～6d，幼虫期 20～32d；蛹期 10d。越冬代幼虫历时 108～133d，蛹期 13～26d。卵多在 5：00～8：00 孵化。初孵幼虫体蛋黄色，头黑色，头大于腹。幼虫孵化后取食卵壳，然后分散到叶边缘取食，先咬成一个缺口，然后再吐丝缀合成苞。虫苞随着幼虫的长大而增大。一个虫苞只有一条幼虫居内，幼虫在苞内，头部多数朝上，极少数头朝下。幼虫发育至二龄后，才有能力吐丝纵卷成筒状虫苞。幼虫在虫苞内一般取食苞上端或苞内侧叶。进入二龄后期，有个别幼虫腹背分泌白蜡粉，三龄幼虫腹背普遍有白蜡粉，随着龄期的增大，胸、腹部的白蜡粉增多。老熟幼虫进入预蛹期先在虫苞上吐丝，将叶片结紧，防止天敌和漏水，然后化蛹。4 月底以后到越冬代前的幼虫化蛹不结茧，而越冬代幼虫预蛹前就吐丝结茧。蛹体均被白蜡粉，蛹期 8～12d。

不同龄期的虫苞长度有差异：一、二龄 2.5～4.5cm，三龄 3.0～5.5cm，四龄 6.0～18.5cm，五龄 11.0～30.0cm。

四、生活习性及发生规律

香蕉弄蝶在广西 1 年发生 5～6 代，福建 1 年可发生 4 代，广州、深圳地区 1 年发生 6 代，台湾 5 代，气温较低的地方 1 年发生 3 代。世代重叠，以老熟幼虫在叶苞中越冬，其中幼虫越冬以五龄虫居多，但是在食料缺乏时，也有的以三、四龄幼虫滞育越冬，高龄幼虫的耐寒能力强。越冬幼虫化蛹、成虫羽化期不一，于翌年 2 月上、中旬或者 3 月中、下旬化蛹；3 月中旬至 4 月上、中旬成虫羽化。此后，第一、二、三代成虫出现期为 6 月中下旬、8 月上中旬、9 月中旬至 10 月上旬。各代产卵期依次为 4 月中旬至 5 月上旬、6 月下旬至 7 月上旬、8 月至 10 月中旬。各代幼虫盛发期为 5 月至 6 月中旬，7 月至 9 月上旬，10 月或 11 月至翌年 3 月。成虫多在 5：00～8：00 羽化，2～3h 后便可起飞，雄虫比雌虫早羽化 10～30min。成虫在早晨日出及傍晚日落前后 1h 活动最频繁，中午较少活动，阴天可整天活动，取食花蜜、交配、产卵；飞翔迅速，并喜欢在阴凉的蕉丛林下停息。成虫羽化后当天或第二天就可以交配。雌虫通常交尾 2～4 次，每头雌虫一生可产卵 80～150 粒。卵散产或聚产在寄主叶面、叶背、叶脉或嫩茎上。幼虫多在 5：00～8：00 孵化，幼虫孵化后，先咬食卵壳，然后各自爬到叶缘啃食叶片成缺刻，而后吐丝缀连卷叶成圆筒形叶苞以藏身，幼虫在阴天全天可取食，晴天多在早、晚活动。取食时，幼虫从叶苞上端与叶片相连的开口处探身苞外取食附近叶片，边吃边卷，加大叶苞。取食和卷叶均朝着叶的中肋方向进行。一、二龄幼虫为害较轻，只形成小缺刻；三龄后虫体增大而藏身困难，则开始转苞为害，此后食量大增，老龄幼虫可卷起大半张叶片。幼虫取食期，如蕉叶完整没有撕裂的，幼虫在一个虫苞内边取食边卷苞，直到老熟化蛹。而蕉叶有多处破裂的，一般到三龄后转苞为害。但幼虫转苞为害绝大多数都在初孵的叶片上进行，能转移到第二片叶为害的极少。如食料缺乏时，则迁移到叶片其他部位或其他叶片上另结新苞。幼虫老熟后，吐丝封闭苞口，并在卷苞内化蛹。

五、防治技术

①冬、春季清除枯叶，消灭越冬幼虫，减少虫源；②人工摘除叶苞，消灭幼虫；③幼虫孵化期，未结苞前喷洒10％吡虫啉可湿性粉剂2 500 倍液，10％氯氰菊酯乳油、2.5％溴氰菊酯乳油2 000～2 500 倍液，48％毒死蜱乳油1 000～1 500 倍液，2.5％氯氟氰菊酯乳油2 500～3 000 倍液，叶面喷雾，杀死幼虫。

刘奎　邱海燕（中国热带农业科学院环境与植物保护研究所）

第 97 节　香蕉冠网蝽

一、分布与危害

香蕉冠网蝽［*Stephanitis typical*（Distant）］又称香蕉网蝽、香蕉花网蝽、军配虫，属半翅目网蝽科，是芭蕉科植物上的重要害虫。成虫和若虫群栖于蕉叶背面吸食，破坏蕉叶的叶绿体，被害叶片呈许多浓密的褐黑色小斑点，叶片正面呈花白色斑，影响光合作用，叶片早衰枯死，影响芭蕉的产量和品质，老蕉园受害尤其严重，并且可传播香蕉簇矮病。香蕉冠网蝽国外分布于印度、斯里兰卡、巴基斯坦、日本、韩国、巴布亚新几内亚、印度尼西亚、马来西亚、菲律宾等国家和地区，在我国主要分布于福建、台湾、广东、广西、海南和云南等地。

香蕉冠网蝽常以成虫、若虫群集在香蕉的中、下部叶片背面，在叶片背面刺吸汁液，叶片受害后，叶背面出现许多黑褐色液滴状排泄物，并附着许多幼虫蜕落的皮；正面呈现许多黄白色斑点，严重时叶片呈暗灰黄色，影响光合作用，当虫口密度较大时，叶片局部发黄甚至全叶枯死，导致植株生长缓慢，影响香蕉产量和质量（彩图 17 - 97 - 1）。

二、形态特征（图 17 - 97 - 1）

成虫：体长 2.1～2.4mm，刚羽化时呈银白色，后逐渐转变为灰白色。头小，棕褐色，复眼大而突出，黑褐色。触角4节，第三节细长，约为全长的 1/2，末节稍膨大，棕褐色。具刺吸式口器，喙4节，末端黑色，伸达后足基节间。在前胸背板两侧及头顶部分有一块白色突出膜，上具网状纹，形状特异，似"花冠"，侧背板呈翼状扩展，并向上翘起，前部形成囊状头兜，前尖后圆，覆盖头部，后部与三角突的壁状中脊相连接，两侧为小翼状的侧脊。胸部腹板的中央两侧隆起，中央呈槽状，前窄后宽，喙置于槽中。足细长，跗节1节，末端具2爪。前翅膜质，近透明，长椭圆形，基部窄，端部宽圆，凹凸不平，膜质透明，具网状纹，翅基及近端部有黑色横斑，翅缘具毛，前翅远超过腹末；

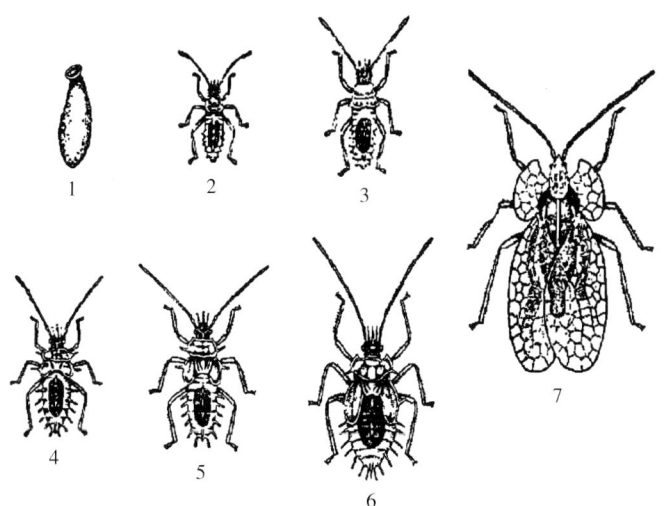

图 17 - 97 - 1　香蕉冠网蝽（引自陈振耀，1984）
Figure 17 - 97 - 1　*Stephanitis typical*（from Chen Zhenyao，1984）
1. 卵　2. 一龄若虫　3. 二龄若虫　4. 三龄若虫
5. 四龄若虫　6. 五龄若虫　7. 成虫

纹，有毛。雌虫腹部可见8节，末端锥形，产卵器明显；雄虫腹部瘦长，可见7节，腹末平截，具1对镰刀状抱器。后翅狭长，无网纹，仅达腹末，宽约为前翅的 1/3，无网

卵：长 0.5mm，宽 0.2mm，长椭圆形，稍弯曲，顶端有一卵圆形的灰褐色卵盖，初产时无色透明，后期白色。

若虫：一龄体长 0.5～0.7mm，刚孵化白色，以后体色渐深，体光滑，体刺极不明显。头部淡黄褐色，复眼淡红色，喙伸达第四腹节。胸部及足白色，胫节被密毛。腹部瘦长，中部浅黄褐色，末端稍尖。二龄体长 0.8～1.2mm，头部黄褐色，复眼红色。体刺明显可见，头部可见5根，前胸两侧缘各1根，中

胸及自第二腹节起各腹节侧缘及背板各 1 根。自二龄起,腹部中段黑褐色。三龄体长 1.4~1.6mm,头部棕褐色,复眼深红色,喙伸达第三腹节,翅芽出现。体刺肉眼可见。四龄体长 1.7~1.9mm,头部褐色,复眼紫红色,喙伸达第二腹节,翅芽明显可见,伸达第一腹节,腹部中段黑褐色。五龄体长 2~2.1mm,头部黑褐色,复眼紫红色,喙伸达第一腹节。前胸背板盖及头部基半,两侧缘稍突出。翅芽已达第三腹节,其基部及末端有一黑色横斑。

三、生活习性

香蕉冠网蝽为香蕉的主要害虫之一,除为害香蕉外,尚可为害油梨、番荔枝、木菠萝、香樟、椰子、油棕、姜黄、小豆蔻、马尼拉麻、山姜属植物及姜花属植物。

成虫羽化后经 1~2h 便能取食,5d 后便转叶为害或迁飞到邻近植株心叶下第二、三片叶背取食,并行交配产卵。交配多在 8:00~14:00,晴天无风下进行,每雌虫交配 1~2 次,以 1 次为多,第二次多在第一次产卵后进行。交配后 4d 开始产卵。卵主要产于第二至四片蕉叶(由上而下)叶背的叶肉组织内,并以叶基主脉两侧 10cm 范围内分布最多,相对集中地产在一处,每产完一粒卵即分泌胶状物质覆盖于卵上,使叶片的外观呈褐色斑块。产卵时,有一头雌虫产卵一处,但也有数头雌虫聚集产卵一处的现象,致使每卵块粒数由数十粒至百余粒。一般每雌虫产卵 2~5 次,共产卵 35~45 粒,有的多达 60 余粒,产卵期为 8~15d。

幼虫主要集中在中部第五至七片叶,在田间的存活率约为 69.05%,若虫蜕变为成虫后,具有飞往上部新叶产卵的习性。成虫则喜欢在蕉株顶部 1~3 片嫩叶叶背取食和产卵为害,雌雄比为 3∶2。除非受到刺激、干扰或被害叶片枯萎,否则香蕉冠网蝽很少迁移或飞翔。

该虫在广州每年发生 6~7 代,世代重叠,无明显的越冬休眠现象。气温低于 15℃ 时不太活动,静息于蕉叶背面,温度回升则恢复活动。强台风对香蕉冠网蝽的数量消长影响甚大,强台风过后,蕉园中其数量明显下降,但降雨对其影响不甚明显。

四、发生规律

在广州地区,香蕉冠网蝽 1 年发生 6~7 代,世代重叠,无明显的越冬现象。第一代于 4 月下旬至 5 月上旬羽化,第二代于 6 月上、中旬,第二代于 7 月中、下旬,第四代于 8 月中、下旬,第五代于 9 月下旬,第六代于 11 月中、下旬羽化,如冬季气温较高亦能完成 1 代。卵和若虫的发育起点温度分别为 14.7℃ 和 12.5℃。在广西南宁,7~9 月为香蕉冠网蝽的发生高峰期。在台湾嘉义地区,1 年发生 9 代,完成一个世代最短 17d,最长 80d,在冬季,除发育时间较长外,无明显的越冬现象,各虫态可同时发现。在夏天卵平均历期(11.92±2.43)d,冬季平均历期(32.10±0.59)d。

卵成簇产于叶背的叶肉组织内,并分泌胶状物覆盖保护。幼虫孵化后栖叶背取食;成虫则喜欢在蕉株顶部 1~3 片嫩叶叶背取食和产卵为害。气温下降到 15℃ 时成虫静伏不动,待温度回升后再恢复活动。在夏、秋季发生较多,旱季为害较为严重,台风、暴雨对其生存有明显影响。

幼虫聚集在叶片背面,孵化后和蜕皮时会短距离爬行,但是仍在同一叶片上,直到叶片枯萎,在幼虫期,会经历 4 次蜕皮,第一次蜕皮时用后腿站立,这次蜕皮历期 4~12h,翅芽和侧背板在三龄幼虫时出现,在四龄和五龄时可明显看到。夏季幼虫期为 12d,冬季为 30d。

五、防治方法

割除严重受害叶片,集中烧毁或埋入土中,以减少虫源。在三龄高峰期,在叶片正、反面喷施 48% 毒死蜱乳油 1 000~1 500 倍液、50% 敌敌畏乳油 800~1 000 倍液、20% 三唑磷乳油 1 000~2 000 倍液,隔 5d 后再喷施 1 次,可以有效防治香蕉冠网蝽。

刘奎(中国热带农业科学院环境与植物保护研究所)

第 98 节　香蕉交脉蚜

一、分布与危害

香蕉交脉蚜(*Pentalonia nigronervosa* Coquerel)又名蕉蚜、蕉黑蚜,属同翅目蚜科,广泛分布于国内外热带和亚热带香蕉产区。东南亚、印度、大洋洲、夏威夷、北美、南美、非洲等国家和地区，我国台湾、广东、广西、福建、云南等省份均有分布。南美洲和欧洲温室中也发现有香蕉交脉蚜。除香蕉和芭蕉属植物（如马尼拉蕉）之外，还发现香蕉交脉蚜为害姜目和天南星科的各种可以作为重要食物来源和具观赏价值的植物种类，例如小豆蔻、梳姜、姜、芋、木薯及闭鞘姜属、姜花属、蝎尾蕉属和千年芋属。香蕉交脉蚜除了是香蕉束顶病的媒介外，还传播香蕉花叶病毒、番木瓜环斑病毒和小豆蔻花叶病毒。

历史上香蕉交脉蚜曾有两个名称，*Pentalonia nigronervosa* Coquerel 和 *Pentalonia caladii* van der Goot。Coquerel 于 1859 年第一次描述了印度洋留尼汪岛香蕉上发现的香蕉交脉蚜，并命名为 *Pentalonia nigronervosa*。随后 van der Goot 于 1917 年在爪哇岛木薯上也发现了，命名为 *Pentalonia caladii*，没有明确提及是否与 *Pentalonia nigronervosa* 有关，也没有描述两者之间的差别。Hardy（1931）认为，*P. caladii* 是受到环境影响而产生的变种。而 Foottit（2010）认为，在广泛的地理范围内，分子数据与形态数据和正常寄主偏好的一致性表明两组之间的形态差异是遗传性的，而不是寄主引起的表型反应，*Pentalonia nigronervosa* 和 *Pentalonia caladii* 是不同的，应当给 *Pentalonia caladii* van der Goot 正常的种的地位。

二、形态特征

香蕉交脉蚜分为无翅蚜和有翅蚜两种类型。无翅蚜体卵圆形，长 0.8～1.6mm，红褐色至黑色，额瘤明显，尾片圆锥形，具瓦纹。有翅蚜体长卵形，长约 1.7mm，头、胸黑色，腹部红褐色至黑色，头顶两侧额瘤明显。复眼红棕色，触角、腹管和足的腿节、胫节的前端呈暗红色，触角 6 节，并在其上有若干个圆形的感觉孔，腹管圆筒形，前翅径脉与中脉有段交会（故称"交脉"），形成一个四边形闭室，翅脉附近有许多黑色小点。前翅大于后翅。孤雌生殖，卵胎生，若蚜要经过 4 个龄期以后，才变成有翅或无翅成虫（彩图 17 - 98 - 1）。

三、生活习性

香蕉交脉蚜在福建漳州一带 1 年繁殖 10～15 代及以上，世代间高度重叠，一头成蚜一般可产 30～60 头若蚜，平均 45 头，最多观察到 129 头。一头成蚜一般每天可产 0～4 头若蚜，最多的见到每天产 6 头。20～30℃的温度条件下，从若蚜出生至最后一次蜕皮的时间为 8～9d，最后一次蜕皮 1～3d 后即可开始生殖。成蚜寿命为 15～50d，多数 20～40d，平均约为 31d。香蕉交脉蚜在广西每年发生 4 代，每年 4 月和 9～10 月为高峰期。

香蕉交脉蚜常先在寄主植物的下部为害，随着虫口密度的增加而逐渐向上转移，以心叶基部的虫口密度最大，多聚集于嫩叶的隐蔽处为害。香蕉交脉蚜吸食寄主养分的同时传播病毒，在取食对象上也有一定选择性，主要为害刚出土至 50cm 高的蕉苗，以及定植后 3 个月内的试管苗，当香蕉苗长至超过 1m 高以后，基本不再为害，而转移到较低矮的吸芽上取食为害。

四、发生规律

（一）虫源基数

在蕉株上繁殖的香蕉交脉蚜多成群存在，群体大小数量不等，少则几头、几十头，多则几百头、上千头，最多的见到 2 000～3 000 头。一般以胎生无翅蚜和若蚜较多，有翅蚜在一个蕉株上的数量一般较少，常几头或几十头。在人工饲养条件下，当一蕉株上繁殖的香蕉交脉蚜达到几百头，甚至上千头，蕉株长势变弱、枯黄时，或因管理欠缺而蕉株枯黄时，有翅蚜以一至数倍的速度增加，多达几十头，甚至 100 多头，纷纷扑到养虫笼边上的尼龙纱网上，大有向外飞迁之势。这种现象表明，田间蕉株上繁殖产生的有翅蚜可能有一部分在其翅发育完全后即飞迁到周围蕉株上，而蕉株上观察到的有翅蚜数量远比实际产生的有翅蚜数量少得多。

在蕉株上，蕉蚜密度高达几头、几百头以上时，可分布在母株和周围吸芽上。母株上的蕉蚜多分布在假茎上部、展开叶片的基部和假茎基部，尤其是外面有枯蕉叶遮盖的地方。密度更大时，遍及果轴和假茎基部。一般在叶片上部很少见到。在吸芽上多分布于吸芽基部外表有枯叶鞘的里面，甚至在尚未露出地面而地面上有裂缝的小吸芽上，当蕉蚜密度很低时，一般仅少量几头分布于小吸芽上。另外，在田间可见有少量（1 头或几头）有翅蚜单独分布于蕉株心叶或展开的叶片上，有时还伴有 3～5 头甚至排列整齐的一至二龄若蚜，而植株上又无一定数量的无翅成蚜和若蚜寄生，这说明这些有翅蚜由周围蕉株或寄主上迁飞而来。

（二）气候条件

香蕉交脉蚜田间种群数量发生的密度与气候关系密切。一般在干旱年份发生较多，多雨年份则较少，且易死亡；干旱或寒冷季节，蕉株生长停滞，蚜虫多躲藏在叶柄、球茎或根部，并在这些地方越冬，停止吸食为害；到春天环境条件适宜时，蕉株恢复生长，蚜虫开始活动和繁殖。因此，在冬季香蕉束顶病很少发生，4～5 月才陆续发病。

在广东地区香蕉交脉蚜一年有两次发生高峰期，分别在 4 月和 11 月。大风雨对香蕉交脉蚜有强烈的冲刷作用，环境湿度大，有利于其天敌多毛菌的生长和繁殖。香蕉交脉蚜忌高温，在南方炎热多雨的夏季，自然死亡率高。每年夏季，南方沿海省份常常高温酷热，加之频频受台风袭击，雨水多，蕉园内香蕉交脉蚜天敌多，田间数量很少，有时甚至难觅其踪迹；香蕉交脉蚜也怕寒冷，每年气温最低的 1 月数量也不多，香蕉交脉蚜喜欢温暖干燥气候，每年春暖及秋凉季节，蕉园内的香蕉交脉蚜发生数量多。

（三）寄主植物

香蕉交脉蚜在田间除寄生香蕉外，还少量寄生蕉园或蕉园周围的芋和姜黄。在室内人工饲养条件下，在粉芭蕉、大蕉、美人蕉、芭蕉芋、艳山姜、芋、姜和姜黄上能少量繁殖，但繁殖率和速度远不如在香蕉上的繁殖率和速度。

（四）天敌

香蕉交脉蚜的天敌有蜘蛛、瓢虫、蚜茧蜂 [*Aphidius transcaspicus* （Hymenoptera：Braconidae）]、寄生蝇 [*Endaphis maculans* （Diptera：Cecidomyiidae）] 等。

（五）化学农药

香蕉种植园是否施用乐果、氧乐果等农药及使用次数在很大程度上影响香蕉交脉蚜的数量，尤其是在香蕉交脉蚜即将进入高峰期时，施用杀虫剂后，其虫口密度锐减，并维持在较低的水平。

五、防治技术

（一）农业防治

在适宜条件下，香蕉交脉蚜的繁殖率高，在田间以有翅蚜飞迁和无翅蚜爬行迁移，种群的数量增长很快，应当破坏其滋生的外界环境，实行轮作，及时清除蕉园杂草和病株，消灭虫源，将病株及其吸芽彻底挖除，以防止蚜虫再吸食病株汁液而传播，并且注意微肥、生长调节剂的配合使用，增强植株的生长势，增强对病毒的抵抗力。有蚂蚁时，还需兼杀蚂蚁。

（二）生物防治

利用有利于香蕉交脉蚜天敌繁衍的耕作栽培措施，选择对天敌较安全的选择性农药，并合理减少施用化学农药，保护利用天敌昆虫来控制香蕉交脉蚜种群。

（三）物理防治

香蕉交脉蚜有着明显的趋光性，生产上可以利用频振式杀虫灯进行诱杀，从而有效降低成虫种群密度及后代发生数量。

（四）化学防治

非洲山毛豆、蓖麻、夹竹桃、马樱丹、番茄、飞机草、鳞花草、千头柏、牵牛花、白花非洲山毛豆、马尾松和走马箭等异源植物对香蕉交脉蚜具有明显的忌避作用。除此之外，氨基甲酸酯类杀虫剂（抗蚜威）、菊酯类杀虫剂（高效氯氟氰菊酯、联苯菊酯、氰戊菊酯）均可防治香蕉交脉蚜。

可选用 50％抗蚜威可湿性粉剂、80％敌敌畏乳油 1 500 倍液喷雾；2.5％高效氯氟氰菊酯乳油、2.5％溴氰菊酯乳油、10％氯氰菊酯乳油均为 5 000 倍液；10.8％四溴菊酯乳油为 1 500 倍液。试管苗移栽前每 667m² 用 25％噻虫嗪水分散粒剂 20～30g 加水对苗床进行灌根处理。重点对秋植苗进行喷药保护。每隔 10d 喷 1 次，连喷 2 次。

陈伟强（云南省红河热带农业科学研究所）

第 99 节　芒果横线尾夜蛾

一、分布与危害

芒果横线尾夜蛾（*Chlumetia transversa* Walker），又名芒果钻心虫、芒果蛀梢蛾，属鳞翅目夜蛾科。

主要分布于我国海南、广东、广西、云南及台湾等省份。

芒果横线尾夜蛾寄主主要为芒果。以幼虫蛀食芒果的嫩梢和花穗，使之枯萎，严重时，虫害株率可以达到100％，严重影响植株正常生长及产量（彩图17-99-1，1）。

二、形态特征

成虫：体长9～11mm，翅展19～23mm。头部棕褐色，额区白色，下唇须前伸，黑色，末端灰白色。雄蛾触角基部栉齿状，约占触角全长的1/2，端部丝状。雌蛾触角丝状。体背面黑褐色，胸、腹交界处有一白色"八"字形纹。腹面灰白色，腹部各节两侧均有1个白色小斑点。前翅茶褐色，基横线以内黑褐色，犹如一个黑褐色的大三角形；后翅灰褐色，外缘黑色，近臀角有一白色短横纹（彩图17-99-1，2）。

卵：扁圆形，直径为0.5～0.8mm。初产时青色，后转红褐色，孵化前色变淡。卵壳表面有隆起纹54～55条，隆起纹上有整齐的横格7～8个，近顶部的横格呈不规则状；顶部的横格亦呈不规则状，卵顶中央为具8～9瓣的梅花形花纹。

幼虫：一般有5龄，亦有4龄或6龄的。老熟幼虫体长13.0～15.0mm，头部棕褐色，前胸背板褐色，胸、腹青色，具紫红色斑块，第七腹节气门稍大，第八腹节气门几乎为第六腹节气门的两倍，各体节杂有不规则的淡绿色斑块，胸足淡褐色，腹足趾钩为单序中带，略呈弧形。幼虫体色随取食芒果品种及嫩梢不同而有显著差异（彩图17-99-1，3）。

蛹：椭圆形，长9.5～11.0mm，黄褐色，头及前胸较短，复眼黑褐色，前胸背面、中胸后缘两侧、后胸及各腹节前半部散布有粗细不一的刻点，中胸后缘向后弯，但线条整齐，腹末钝圆光滑，无臀棘（彩图17-99-1，4）。

三、生活习性

芒果横线尾夜蛾在海南1年发生8～10代，世代重叠。12月至翌年4月为第一个虫口高峰期，为害花芽和嫩梢；5～6月和9～10月发生量也大，分别为害夏梢和秋梢。花穗被害影响坐果和引起落果。该虫全年为害程度与植株抽梢情况密切相关，平均气温23℃以上时为害较重。一般在4月中旬至5月中旬，5月下旬至6月上旬，8月中旬至9月上旬及11月上、中旬芒果新梢抽发时出现4次为害高峰。成虫趋光性和趋化性不强，完成1个世代夏、秋季历时30～35d，春季约50d，冬季约118d。卵在25～30℃时，历期2～3d，平均2.5d。幼虫共5龄，春季历期21d，夏、秋季12～14d，冬季54d。蛹在冬、春季历期17.3～54.2d，夏、秋季10.3～14.3d。成虫寿命10～19d。

成虫白天多静伏于树干上或栖息于荫蔽处，趋光性较弱。交配在下半夜较盛，交配后一般在第三、四天开始产卵，最早于次晚开始，个别的要10d后才产卵。产卵多在上半夜进行。连续产卵10多粒后稍停息，然后又继续。卵多产在嫩叶下表面，少数产于嫩枝、叶柄和花序上。卵散产，每头雌蛾一生产卵54～435粒，平均255粒。卵多在上午孵化，初孵幼虫先为害柔嫩叶脉和叶柄，约达三龄时便钻蛀为害嫩梢。幼虫老熟后从为害部位爬出，寻找化蛹场所，部分停留在树干伤口或烂洞中，有的钻进天牛为害过的隧道里，但更多的个体继续往下爬到树头周围的土中化蛹。当树上被害梢开始出现凋萎症状时，则表明其中的老熟幼虫已经脱出，而尚未出现凋萎症状的被害梢中都有幼虫存在。这一特点为确定人工诱蛹过程中的适宜收蛹时间提供了依据。

四、防治技术

（一）农业防治

适时修剪，清除枯枝，刮除粗皮，冬季涂干保护，减少合适的化蛹场所；可根据幼虫化蛹习性，在树干基部绑扎稻草引诱老熟幼虫化蛹，定期取下烧毁，对抑制下一代虫口效果很好；认真防治脊胸天牛，减少虫伤枝，以不利于芒果横线尾夜蛾化蛹。

（二）药剂防治

幼虫三龄前和枝条萌芽时喷洒90％敌百虫晶体1 000～1 500倍液、50％杀螟硫磷乳油800～1 000倍液，以后每隔7d喷1次，连喷3次，对杀卵及防治幼虫均有较好的效果。

（三）生物防治

芒果横线尾夜蛾的天敌有多种寄生蜂和寄生蝇，因此要保护和利用其自然天敌。另外，可采集被寄生的蛹，置于筛眼为 2.0mm 的虫笼中，再将虫笼悬挂于芒果园内，这样寄生性天敌从寄主蛹中羽化后即可飞出虫笼寻找寄主寄生，而该虫成虫则被困死笼中。

赵冬香（中国热带农业科学院环境与植物保护研究所）

第 100 节　芒果矢尖蚧

一、分布与危害

芒果矢尖蚧 [*Unaspis yanonensis*（Kuwana）] 又称箭头蚧、矢尖盾蚧、矢根蚧，属同翅目盾蚧科。主要分布于我国湖北、湖南、福建、广东、海南、广西、云南、四川和台湾等省份。

寄主主要有芒果、荔枝、龙眼、柑橘、柠檬、茶树、橡胶等。以若虫和成虫聚集在植株枝梢、叶片及果实上吸汁为害，被害处的四周变黄绿色，叶片卷曲发黄、凋萎，严重时削弱树势，并能诱发煤烟病。

二、形态特征（彩图 17 - 100 - 1）

雌成虫：介壳长形，黄褐色或棕黄色，边缘灰白色，长 2.8～3.5mm，前端尖，后端宽，介壳中央有一明显的纵脊，形成屋脊状，似箭形。触角位于前端，退化成一瘤状突起，上面各生长毛 1 根。口喙长。

雄成虫：体细长，橙黄色，体长约 1mm，翅 1 对，白色透明。腹部末端有针状交尾器。雄介壳狭长，粉白色，棉絮状，长约 1.5mm，壳背有 3 条纵脊，壳点位于前端，淡黄褐色。

卵：椭圆形，橙黄色，长约 0.2mm。

若虫：初孵若虫橙黄色，草鞋形，触角和足均发达，尾端有 1 对长毛，二龄若虫淡橙黄色或淡黄色，扁椭圆形，后端黄褐色，体长约 0.2mm。触角及足均消失。

蛹：橙黄色，长圆形，腹部末端黄褐色，后期腹部末端有生殖刺芽。

三、生活习性

芒果矢尖蚧 1 年发生 2～4 代，世代重叠。以雌成虫越冬为主，少数以二龄若虫越冬。每年 4 月下旬日均温 19℃ 以上时，越冬雌成虫开始产卵，10 月以后日平均气温低于 17℃ 时停止产卵，每头雌成虫平均产卵 38～165 粒，产卵以越冬代最多。成虫产卵期长达 40d。卵产于母体下，卵期只有 2～3h。其生殖方式为两性生殖，繁殖力强。第一代若虫高峰期为 5 月中、下旬，多在老叶上寄生为害，成虫于 6 月下旬至 7 月上旬出现。第二代若虫高峰期在 7 月中旬，大部分寄生于新叶上，一部分寄生于果实上，成虫于 8 月下旬出现。第三代若虫高峰期在 9 月上、中旬，成虫于 10 月下旬出现，翌年 3 月下旬为成虫高峰期。初孵若虫行动活泼，形小体轻，能随风或动物传播。经 1～2h 后，即定居在枝、叶、果上吸食为害。翌日体上开始分泌棉絮状蜡质，虫体在蜕皮下继续生长，蜕变为雌成虫。雄若虫一龄之后即分泌棉絮状蜡质介壳，常群集成片。温暖湿润有利于矢尖蚧生存，高温干燥可使矢尖蚧幼蚧大量死亡。密植果树树冠交叉郁闭易使矢尖蚧盛发，大树发生矢尖蚧较幼树重。

四、传播途径

芒果矢尖蚧在果园中呈中心分布，常由一处或多处生长旺盛且荫蔽的果树上开始发生，然后向周围扩散蔓延至整个果园。山坡呈现出中心点至片的延伸，一般大面积成灾的情况较少；树完全封闭的虫口密度大，受害重；树势弱且管理差的受害也重。对于一个果场来说，果园中心树虫口密度大，受害重，四周边缘虫口密度小，受害轻；幼树虫口密度小，受害轻。矢尖蚧的短距离传播主要靠枝叶相邻接触、人员进出沾带及风吹扩散，长距离传播主要通过幼苗、枝条的引进和果实的运输。

五、防治技术

（一）农业防治

芒果矢尖蚧为害程度与树势有关。因此，应做好果园的防治、施肥、防冻及其他病虫害防治工作。加强栽培管理，增强树势。冬、春修剪时剪除虫害枝叶、郁闭枝、衰弱枝和干枯枝，使树体通风透光良好，有利于植株生长和提高药剂的防效。剪下的枝叶应堆放一段时间，以保护天敌。以后再集中烧毁。

（二）化学防治

芒果矢尖蚧第一代发生比较整齐，初孵一、二龄若虫耐药性差，此时天敌虫口也较低，是药剂防治的关键时期。喷药适期为当年第一代幼蚧初见日后 21～25d。防治一、二龄幼蚧一般可选用 40％毒死蜱乳油、0.5％苦·烟水剂 1 000～1 500 倍液、25％噻嗪酮可湿性粉剂 1 300～1 800 倍液等。各代均以若蚧盛发期为最佳防治期。为害严重时，可间隔 15～20d，连续喷药 2～3 次。

（三）生物防治

芒果矢尖蚧的重要捕食性天敌有日本方头甲（*Cybocephalus nipponicus* Endrödy Younga）、整胸寡节瓢虫（*Telsimia emarginata* Chapin）、湖北红点唇瓢虫（*Chilocorus hupehanus* Miyatake）等，重要寄生性天敌有矢尖蚧黄蚜小蜂（*Aphytis yanonensis* DeBach et Rosen）、褐黄异角蚜小蜂［*Coccobius fulvus* (Compore et Annecke)］和黄金蚜小蜂［*Aphytis chrysomphali* (Mercet)］等。应注意保护利用天敌昆虫来控制矢尖蚧种群。

赵冬香（中国热带农业科学院环境与植物保护研究所）

第 101 节　芒果剪叶象甲

一、分布与危害

芒果剪叶象甲（*Deporaus marginatus* Pascoe）属鞘翅目象甲科，又名芒果切叶象甲、切叶虎。分布于我国云南、广西、广东、海南、四川和台湾等省份，国外分布于缅甸、印度、斯里兰卡和马来西亚等地。芒果剪叶象甲为寡食性，是芒果的主要害虫之一，除为害芒果外，尚可为害腰果和扁桃。在芒果和龙眼混栽的果园，也可为害龙眼。该虫是芒果主要食叶害虫之一，成虫啃食嫩叶上表皮和叶肉，啃食斑近乎圆形，仅余下透明状的下表皮，致使叶片卷缩甚至干枯。雌成虫在嫩叶上产卵后将叶片近基部 1/4～1/3 处剪断，切口齐整如刀切，使带卵部分掉落地面，造成秃梢，严重影响树势。为害严重的几乎将整株嫩叶全部切断，幼树受害严重时影响正常生长（彩图 17‐101‐1，1）。

二、形态特征

成虫：体长 4.3～4.7mm，红黄色，有白色绒毛，以中、后胸和腹部较密。喙、触角、复眼黑色。鞘翅黄白色，周缘黑色，肩部和外缘黑色部分较宽，内缘呈线状的黑色；两鞘上均具深刻点且粗密，每翅 10 行，点刻间着生白色的绒毛。翅肩下伸，肩角圆钝。足腿节黄色，胫节和跗节黑色（彩图 17‐101‐1，2）。

卵：椭圆形，长 0.7～0.9mm，宽约 0.3mm，表面光滑。初产乳白色，渐变为淡黄色，具光泽。

幼虫：长椭圆形，长 5.2～6.5mm，宽 1.4～1.8mm，初孵时乳白色，后呈淡黄色，无足型，体节多具皱纹，腹部两侧各具 1 对肉刺，疏生淡黄色刚毛。腹部各节两侧各有 1 对小刺。初孵化时乳白色，后变淡黄色。

蛹：离蛹，长 3～4mm，宽 1.4～2mm，淡黄色，老熟时呈浅褐色，头部有乳状突起，上着生刚毛，胸部背面具细毛，末节有肉刺 1 对。茧扁椭圆形，长 4～4.5mm，宽约 4mm，高 3～3.5mm。蛹外面具扁椭圆形土质的蛹室。

三、生活习性

芒果剪叶象甲在云南 1 年发生 3～4 代，世代重叠。在广西南宁 1 年可发生 7 代，在海南儋县 1 年发生 8～9 代。

据在广西南宁的观察，该虫各世代、各虫态历期除第一代较长（卵期 3d、幼虫期 6d、土栖期 18d、产卵前期 6d）外，5～10 月正常发育的各世代、各虫态历期差异不大（卵期 2d、幼虫期 5d、土栖期 12d、产卵前期 4d）。该虫的老熟幼虫在土中滞育越冬，翌年 3 月见越冬代成虫羽化，为害芒果的零星嫩梢。自 5 月起世代重叠，旬重叠达 3 代，月重叠达 4 代之多。1 年有 2 个数量高峰，以 6 月第二代为害最严重，此时正值芒果抽梢高峰期，剪叶遍地，造成秃梢。下半年 9 月至 10 月中旬第五、六代也发生较多。成虫羽化出土后，有明显的向上性、趋嫩性和群集性，常聚居于芒果嫩梢、嫩叶上，有一定的趋光性。遇惊动时假死落地或中途飞走。成虫多产卵于嫩叶中脉两侧，每头雌虫一生产卵 220～495 粒，单叶着卵量 1～23 粒，平均 4.3 粒，着卵叶被成虫于叶基 1/4～1/3 处剪断而落地。卵在落叶内孵化，幼虫于落叶内潜食叶肉。幼虫老熟后破叶入土，做土室化蛹。土栖期包括预蛹期和蛹期。芒果剪叶象叶的发生与气候和土壤条件的适宜性关系密切。温度除影响各虫态发育历期外，还影响该虫的取食与存活，当气温低于 20℃ 时，成虫取食量明显下降，10℃ 以下时则停止取食。成虫产卵剪叶期间，若遇烈日，落地带卵剪叶迅速萎蔫，会导致卵和幼虫大量死亡。入土幼虫的发育与存活受制于土壤含水量，其临界含水量下限为 10%，上限为 35%，土壤含水量适宜时，幼虫化蛹正常，土栖期短，羽化率高，当含水量偏低时，幼虫便进入休眠状态。

芒果剪叶象甲在海南室内 1 年发生 9 代，完成 1 代需 30～50d。由于个体发育进度不一致，世代重叠严重，重叠代数可达 4 代，冬季无明显滞育现象。成虫羽化后常在蛹室内滞留 2～3d 后出土，当气温低于 20℃ 时则推迟出土。有的成虫因土壤板结无法出土而死于蛹室。成虫羽化出土后 2～3d 即进行交配，交配后 1～2d 开始产卵。取食嫩叶、嫩茎、花柄等。嫩叶被害后仅剩另一叶面表皮，一般食害造成 1.2～1.9mm^2 的圆形斑，几个至十几个取食斑连成片，严重的使叶片脱落。每对成虫每天取食叶面积 270mm^2，下午占全天取食量的 65%。当气温低于 20℃ 时，取食量随之减少，10℃ 以下基本不取食，并停止其他活动，一天中下午是成虫取食的高峰期。

成虫不取食老叶，也不取食着卵的嫩叶。仅雌虫有剪叶习性。产卵前，先用口器在叶片正面主脉的一侧咬 1 小洞，然后产卵其中，并用口器压实产卵孔周围的叶表面，由叶脉流出乳胶状物质将其封盖，每片叶上产卵数达 1～16 粒。

卵均匀地交互成对产于嫩叶的主脉两侧，卵痕多为略向叶缘外弯的肾形。雌虫在一叶片上产卵后即爬行到近叶基处的边缘，迅速从这一边咬向另一边，将叶片切断，虫体随叶片坠落至中途即飞离另寻新叶为害。时有剪叶不产卵和产卵不剪叶现象。未交配的雌虫也可产卵和切叶，但卵不孵化。如无天敌侵害，卵孵化后幼虫能正常生长，老熟时掉落途中化蛹。单头雌虫产卵量为 220～495 粒，切叶 80～145 片，成虫产卵后，切断叶片及取食为害均限于嫩梢。全年中 9 月中旬生长的嫩梢受害最严重。孵化后的幼虫即在叶片上、下表皮之间取食叶肉组织，叶片被取食为害处仅剩上、下表皮，形成蜿蜒曲折的隧道，隧道随虫体生长而加宽，常使新老隧道连通成片。若 1 片叶中有多头幼虫时，可将叶肉全部吃空，未离体叶片上的幼虫也可以正常发育，幼虫老熟后停止取食，钻出叶片入土做茧化蛹。

四、发生规律

（一）环境

按芒果树嫩梢从苞片裂开到叶片转浅绿色，春、夏、秋季约需 20d，以第 8～11 天嫩叶宽为 2.5～5cm 时最易被产卵切叶，第 11 天后幼叶转入老化，成虫则不在其上产卵切叶取食为害。芒果园中，全年嫩梢除 3 月、5 月、7 月、9 月等 4 次比较整齐外，其他时期均生长有零星嫩梢。成虫大量为害也随着梢的生长而发生。

（二）寄主植物

随着栽培模式的不断变化，芒果剪叶象甲的寄主植物也有所变化。目前发现的寄主植物有芒果、腰果、扁桃、龙眼、柠檬。主要取食寄主植物的嫩梢。

（三）多型现象

芒果剪叶象甲自然种群个体存在体色变异。即根据成虫腹部腹面的色泽情况可分为黄色型（黄色），黑色型（黑色）和居中型（末端 2～3 节黄色、其余几节为黑色），在自然种群中的比例分别为黄色型

65.7％，黑色型和居中型 34.3％。不同色型的个体寿命、取食、交尾、切叶及同性异色的个体大小差异甚微，但在产卵量和对产卵部位的选择上有明显的分化倾向。黄色型平均每个雌虫产卵 650 粒，58.8％的卵产在叶脉内，黑色型平均产卵 400 粒，55.4％的卵产在脉侧叶肉组织中。成虫的 3 种色型终生稳定，可自然混杂或单独完成生活史。3 种色型呈连续变异，共同组成芒果剪叶象甲种群。

（四）天敌

芒果剪叶象甲的主要天敌是蚂蚁等，最易受侵袭的时期是幼虫孵化后至入土做成蛹室前这一段时间。

五、防治技术

（一）农业防治

1. 新种植的果园，栽培模式是重要因素，避免芒果和龙眼混栽，以杜绝或减少虫源。

2. 对芒果和龙眼混栽的果园，可结合除草、施肥或控梢翻松园土，杀死在土壤中的部分蛹和越冬幼虫。

3. 果园内发现该虫咬断落地的芒果嫩梢，要及时收集并烧毁，目的是消灭虫卵，降低下一代的虫口数量。

（二）生物防治

利用有利于天敌繁衍的耕作栽培措施，选择对天敌较安全的选择性农药，并合理减少化学农药施用量，保护利用天敌昆虫来控制芒果剪叶象甲的种群。

（三）物理防治

根据该虫的趋光特性，采用频振式杀虫灯，可以诱杀该虫，对环境无污染，对人、畜安全，可明显减少化学农药的使用次数和施用量。

（四）化学防治

在各代成虫羽化期，掌握虫情，适期喷药杀死成虫。在嫩梢生长期每隔 7d 喷药 1 次，18％杀虫双水剂 500～800 倍液和 2.5％溴氰菊酯乳油 3 000 倍液均可。

尼章光（云南省农业科学院热带亚热带经济作物研究所）

第 102 节　白蛾蜡蝉

一、分布与危害

白蛾蜡蝉（*Lawana imitata* Melichar）又名紫络蛾蜡蝉、白翅蜡蝉、青翅羽衣、白鸡等，属同翅目蛾蜡蝉科。主要分布于我国海南、广东、广西、四川、云南、贵州、福建、台湾等省份。寄主主要有芒果、番石榴、荔枝、龙眼、柑橘等果树及可可、胡椒、菠萝蜜、茶树、黄皮等多种作物。主要以成、若虫密集在枝条、嫩梢、花穗、果梗及果实上吸食汁液，使树势衰弱，枝条干枯、落叶、落花、落果或果实变小、品质低劣，其分泌物蜜露积聚在受害部位，可引发煤烟病。

二、形态特征

成虫：体长 19.0～21.3mm，初羽化时黄白至碧绿色，体被白色蜡粉，头近圆锥形，颈区具脊，喙短粗，端节淡褐色，伸达中足基节处。复眼灰褐色，单眼淡红色。触角在复眼下方，基部膨大，其余各节呈刚毛状，端节呈淡绿或褐色。前胸背板宽舌状，前缘中央有一小凹刻，近前缘处有一双弧形横刻纹，后缘凹入，呈弧状；中胸背板发达，背面具 3 条近平行的脊状隆起。腹部黄褐色至褐色，侧扁。前翅粉白色，略呈紫色，有的个体淡绿色，翅面宽广，顶角似直角，臀角向后呈锐角尖出，外缘平直，后缘近基部略弯曲，径脉和臀脉中段黄色，臀脉基部蜡粉较多，集中成小白点；后翅灰白色或碧玉色，半透明。静止时双翅呈脊状竖起。足淡黄色，跗节末端色深；后足胫节外侧有刺两根（彩图 17-102-1，1）。

卵：长 1.5mm，长椭圆形，淡黄白色，表面具细网纹。

若虫：成长若虫体长约 8mm，白色，稍扁平，翅芽末端平截，全身被白色蜡粉，腹末有粗长蜡丝束（彩图 17-102-1，2）。

三、生活习性

白蛾蜡蝉在海南每年发生2代，第一代若虫盛发期为4～5月，成虫盛发期为6～7月，第二代若虫盛发期为7～8月，成虫盛发期为9～10月。在广西南宁1年发生2代，主要以成虫在寄主茂密的枝叶间越冬。翌年2～3月天气转暖后，越冬成虫恢复活动，取食交尾产卵。第一代卵孵化盛期为5～6月，第二代卵孵化盛期为7～8月；若虫盛发期为7月下旬至8月上旬；9～10月陆续出现成虫，9月中、下旬为第二代成虫羽化盛期，至11月所有若虫几乎发育为成虫。然后随着气温下降成虫转移到寄主茂密的枝叶间越冬。

卵散产于寄主新梢皮层下、叶柄或叶背组织内，也有3～5粒聚产成行的。产卵处微隆起，呈现枯褐色斑点。初孵若虫群集为害嫩梢以后常3～5头成群活动和跳跃。成虫善飞，耐饥力差，无趋光性。羽化1个月后开始交尾产卵。成、若虫常群集于嫩梢上，吸食嫩枝及嫩叶汁液，栖息处附着大量白色蜡丝，遇惊即纷纷跳飞，常留下白色蜡丝。在生长茂密、通风透光差的果园，夏、秋雨季多阴雨期间白蛾蜡蝉发生较多。在冬季或早春，气温降到3℃以下连续数天后，越冬成虫大量死亡，虫口密度下降，翌年白蛾蜡蝉第一代发生相对较少。

四、防治技术

（一）农业防治

加强果园管理，合理修剪，疏剪过密枝叶，改进通风透光条件；剪除枯枝，以防止产卵；见树上有白色绵状物时，用竹竿触动树枝，若虫受惊跳落地面后捕杀。

（二）化学防治

在初龄若虫期及若虫盛期可施药防治。药剂可选用90%敌百虫晶体或50%杀螟硫磷乳油，喷药时从树冠喷至树干，再喷至地面有虫受惊后跳落的地方。

（三）生物防治

可通过保护食虫鸟、蜘蛛、瓢虫、胡蜂、螯蜂、螳螂、草蛉等天敌，自然控制该虫的发生。

赵冬香（中国热带农业科学院环境与植物保护研究所）

第103节　橘小实蝇

一、分布与危害

橘小实蝇［*Bactrocera dorsalis* (Hendel)］属双翅目实蝇科寡鬃实蝇亚科，该虫曾被划归为合腹寡毛实蝇属（*Dacus*）、小实蝇属（*Strumeta*）。早期文献中常见的学名 *Dacus dorsalis* Hendel、*Strumeta dorsalis* (Hendel) 是同种异名。在各地分布区的俗称各有不同，如针蜂、果蛆、黄苍蝇、金苍蝇等，在台湾也称为东方果实蝇。

橘小实蝇原产于印度及马来半岛等地，现已广泛分布在东南亚、印度次大陆、夏威夷群岛及南太平洋的热带和亚热带地区，主要包括菲律宾、印度尼西亚、泰国、越南、巴基斯坦、孟加拉国、印度、不丹、中国、日本、关岛、马里亚纳群岛、美国（夏威夷州和加利福尼亚州）等国家和地区。

橘小实蝇在国内主要分布于海南、台湾、福建、广东、广西、湖南、云南、四川，近年该虫发生区域呈扩大趋势，在贵州、浙江、江苏、江西等地区也有发生。橘小实蝇的寄主范围非常广泛，可为害芒果、番石榴、杨桃、柑橘、桃、李、番荔枝、番木瓜、葡萄、梨、枣、青梅、枇杷、杨梅、香蕉、番茄、茄子、黄瓜、南瓜等46个科250余种水果、瓜茄类作物及野生植物。橘小实蝇成虫产卵于果皮内，在果实表面留下产卵痕迹。幼虫潜居果瓤食害，常造成水果腐烂或未熟先黄而脱落，严重影响水果的产量和质量，有的甚至完全失去了食用价值，造成重大经济损失，是果蔬生产上为害最为严重的害虫之一。

早在20世纪30年代我国大陆就有橘小实蝇的发生记录，但是在90年代前田间橘小实蝇种群密度都很低，直至90年代中期以后该虫数量在我国华南和西南地区迅速上升并扩展，为害加重，造成很多地区果实减产，甚至失收。在1997年，橘小实蝇在台湾造成的经济损失高达40亿元，对农业生产影响极大，并造成水果外销困难。在广东，20 世纪 90 年代以来，橘小实蝇在部分地区暴发成灾，发生面积不断扩大，防治不及时常造成芒果、杨桃、柑橘等水果受害严重。2000 年，广东潮州市橘小实蝇大发生，为害番石榴、杨桃、青梅、枇杷、杨梅等，发生面积达 60 多 hm²，严重落果，造成损失 200 多万元。在四川攀西地区芒果园，果实的受害率达 50%，严重受害的果园高达 80% 以上，产量损失超过 50%，严重制约芒果生产发展。在云南一些地区或个别年份，水果的受害率可达 90% 以上，成为阻碍当地水果种植业规模发展的不利因素。据报道，2003 年我国南方受害水果面积超过 40 万 hm²，虫果率高达 30%～80%，直接经济损失达数百亿元。橘小实蝇为害已成为影响我国果蔬安全生产的重大问题。

二、形态特征（彩图 17 - 103 - 1）

成虫：体长 6.6～7.5mm，翅长 6～7mm，体黄褐色至黑色。头部颊黄色，复眼棕红色，复眼间黄色，复眼下方各有 1 个圆形大黑斑。喙短，淡黄色，顶鬃发达，内、外各 1 对，黄褐色；上侧额鬃 1 对，发达，黑褐色，下侧额鬃 2 对，也为褐色。胸背大部分黑色，并着生黑色或黄色短毛，肩胛鲜黄色。中胸沟后两侧有略呈弧形的黄色纵纹；胸部肩板有 2 对暗褐色鬃，背侧鬃 2 对；前翅上鬃 1 对，后翅上鬃 2 对，中侧鬃 1 对，黄色。小盾片黄至橙黄色，有 1 对较大的鬃，长于小盾片。翅透明，第一径室、第三径室的沿缘脉部分及端部第五径室的前外角具灰褐色的狭带纹；臀室的大部及沿臀脉部分灰褐色；第一、二前缘室透明；第一径脉和第四、五合径脉具小鬃；翅痣三角形，其宽为长的 1/5；肘脉及臀脉斜行，不达翅缘；中肘横脉略呈波状。腹部椭圆形，黄至黄褐色，第三节基部棕红色，端部渐宽，黄色，具 1 条黑色横带；第二节淡黄色，基半部有黑色横带；第三节基部及两侧和第四节两侧均黑褐色；第三至五节的背面中央有 1 条显著的黑纵纹。

卵：梭形微弯，一端尖细，另一端钝圆，长 0.8～1.2mm，宽 0.2～0.3mm；初产时白色透明，后渐变成乳黄色。

老熟幼虫：蛆形，体长 8～10mm，宽 2～3mm。头部口钩黑褐色，呈镰刀状。前气门呈小环形，后气门的气门板呈新月形，其上各具有 1 个长椭圆形裂孔。

蛹：椭圆形围蛹，黄褐色，长 4～6mm，宽 1.5～2.5mm。初化蛹时呈乳白色，4～6h 后变为淡黄色，羽化时呈棕黄色。从蛹壳可获得幼虫期的重要外部形态特征。

三、生活习性

橘小实蝇在不同地区年发生代数不同，世代重叠现象明显，同一时期内各种虫态均能见到。在其季节性分布地区，每年发生 2～3 代。该虫在福建厦门 1 年发生 5 代，在广东广州 1 年发生 7～8 代，在云南元江 1 年发生 6 代，每年有 2 个成虫发生高峰，分别出现在 4 月和 7～8 月，1 月下旬出现第一代，末代虫在 8 月初发生。橘小实蝇种群的发生高峰，主要与当地温度、降水、土壤含水量等环境因子以及其寄主作物的生长特性、果实品质、栽培制度等有关。在四川攀西地区芒果园，橘小实蝇无明显越冬休眠期，每年 7 月和 10 月出现 2 次明显的成虫发生高峰，12 月至翌年 5 月虫量发生较少。在海南西北部，橘小实蝇为害芒果期一般在 5～7 月，成虫虫口高峰为 6～8 月。橘小实蝇成虫可以在果蔬或草丛中遮蔽越冬，也可以老熟幼虫和蛹在土壤中越冬。成虫约在 12 月下旬停止产卵，翌年 4 月中、下旬逐渐开始繁殖后代。

橘小实蝇成虫活跃，但耐饥力差，一般在 2d 内，如果得不到食物，将会涸饥而死。雌、雄成虫寿命有一定差异，在相同条件下，雄虫寿命比雌虫略长。通过田间标记-释放-回收试验，橘小实蝇在野外存活时间约为 42d，室内饲养种群寿命为 80～90d。成虫多在黄昏时交配，在室内恒温 22℃的条件下，交配时间长达 2h，还可多次交配。在交配的过程中，活动仍自如，翅振动频率快，但不飞翔。温度对橘小实蝇成虫性成熟有明显影响，随温度的升高，雌虫产卵前期和雄虫性成熟时间均缩短，在 25℃室温下，雌虫产卵前期为 13.8d，雄虫性成熟时间为 12.8d，在芒果上单雌产卵量达 913～1 634 粒。

橘小实蝇喜在果实软组织、伤口处、缝隙处等硬度低的地方产卵，卵多产于果皮与果肉间，在果皮上可见针尖大小的产卵孔，经特殊方法染色处理可清晰观察该孔，雌虫一般每次产卵 1～10 粒，1 个卵穴内最多达 56 粒，纵向堆叠呈束状排列或散生，产卵深度 2.8～5mm。当成虫产卵器刺穿果皮时，细菌或真菌也可能随之侵入果实，从而加速果实腐烂。

幼虫自孵化后数秒便开始活动，昼夜不停地取食为害。幼虫3龄，食量随龄期增长而增大，第三龄幼虫食量最大，为害最烈，导致果实腐烂、脱落。幼虫老熟后，开始钻出果实表皮，弹落地面，以弹跳的方式寻找适宜入土化蛹的场所。幼虫弹跳时，首尾相触呈弯弓状，然后弹起，当落到适宜的地点时，很快就能钻入土中。若未能找到合适的入土场所，则可连续多次弹跳，最后化蛹位置距最初落地点可达50cm左右。据试验，在室内日平均温度27.9℃和日平均相对湿度79.7%的条件下，幼虫入土化蛹的深度，在半干湿的沙土中，最深处为6.5cm，最浅处为2.5cm，一般为3～4cm。老熟幼虫入土后，经过6～8h，变成围蛹。在27℃条件下橘小实蝇蛹期为8d左右。羽化的成虫破开蛹壳的前部出土。成虫借助体壁的收缩和扩展出土，初羽化成虫体色较淡，翅未展开，几小时后，体壁变硬，色泽变深，翅展完全，开始活动觅食。橘小实蝇具有一定的远距离迁移能力，在中国台湾、美国夏威夷、日本小笠原群岛、马来西亚槟榔岛都有关于橘小实蝇具远距离迁移扩散能力的报道。

四、发生规律

（一）虫源基数

橘小实蝇越冬代虫源与当年种群发生量关系密切。在芒果种植区，不少成虫可在自然条件下越冬，落果中的老熟幼虫在表土层化蛹也成为越冬虫源。在田间对橘小实蝇自然种群调查的结果显示，该虫在芒果上经过一个世代的繁殖，其种群数量可增长157.7倍。由于橘小实蝇繁殖能力强，春季气温回升后种群数量便迅速上升，造成危害。

（二）气候条件

利用芒果为食物在室内饲养橘小实蝇，其卵、幼虫、蛹的发育起点温度分别为13.3℃、9.0℃和12.5℃，有效积温分别为17.4℃、118.9℃、112.4℃，世代合计248.7℃。温度能影响橘小实蝇种群数量的变化和发育速率。在35℃恒温条件下，该虫卵历期、幼虫历期、蛹历期分别为1.12d、6.17d和7.35d，均比20℃恒温条件下发育速率高60%以上。同时，温度也可以使橘小实蝇成虫性成熟时期提前，在30℃恒温条件下，雌虫产卵前期为12.8d，比20℃恒温条件下提早16.1d。橘小实蝇成虫产卵量随温度变化呈一定规律，低温时产卵量较低，随温度升高有一定程度增大，当温度过高时产卵量迅速下降，产卵适温为20～30℃。

由于橘小实蝇老熟幼虫入土化蛹，因此土壤含水量对橘小实蝇成虫的羽化影响明显。当土壤含水量较低或较高时，羽化率都受到明显抑制。相对含水量在30%～80%时，蛹的羽化率较高。不同湿度环境对橘小实蝇的发育和生存均有影响，一般在降水量充沛时，雌虫产卵较多，种群增长快。气候干旱会影响成虫羽化、雌虫产卵和卵孵化率。

（三）寄主植物

寄主果实的成熟度对橘小实蝇产卵行为有明显影响。雌虫一般选择开始膨大、较软的果实产卵。取食不同寄主果实的橘小实蝇成虫寿命也有差异，一般以取食柑橘的寿命较长，取食番石榴和杨桃的较短。取食芒果的雌、雄虫在25℃条件下，寿命分别为79.9d和89.9d，单雌产卵量最高达1634粒。由于橘小实蝇产卵量受不同寄主植物种类和果实成熟度的影响，因此不同果园橘小实蝇种群发生动态不同。

橘小实蝇对不同品种芒果的为害有一定差异。据报道，在云南元江和四川攀西地区的芒果园，晚熟品种果实受害率均高于早熟品种。此外，橘小实蝇对果皮厚度、果肉肉质也有偏好。所以，应根据当地实际情况，合理选取、搭配芒果栽培品种，可降低橘小实蝇为害程度。

（四）天敌

田间调查发现，橘小实蝇捕食性天敌有蚂蚁、蜘蛛、螳螂等。当橘小实蝇老熟幼虫弹跳落地进行化蛹时，外界因子对其影响较少，但常观察到有蚂蚁捕食。土壤中的蛹也会受到一些天敌的攻击。在广东，橘小实蝇寄生性天敌主要有4科8种，包括茧蜂科（Braconidae）的阿里山缘脊茧蜂［*Fopius arisanus*（Sonan）］、布氏缘脊茧蜂［*Fopius vandenboschi*（Fullaway）］、长尾开裂茧蜂［*Diachasmimorpha longicaudata*（Ashmead）］和费氏短背茧蜂［*Psyttalia fletcheri*（Silvestri）］，姬小蜂科（Eulophidae）的印啮小蜂［*Aceratoneuromyia indica*（Silvestri）］，小蜂科（Chalcididae）的吉氏角头小蜂［*Dirhinus giffardii*（Silvestri，1914）］和匙胸瘿蜂科（Eucoilidae）的柔匙胸瘿蜂属（*Aganaspis* sp.）两种。其中，印啮小蜂田间自然寄生率最高约为20%，费氏短背茧蜂田间自然寄生率最高约为15%。在天敌微生物应用方面，病原线虫斯氏线虫（*Steinernema carpocapsae* All）可用于防治土壤里化蛹的橘小实蝇。据报道，昆虫病原菌白僵菌对橘小实蝇蛹也有一定的致死作用。

（五）化学农药

在常规防治中化学农药的使用十分普遍和频繁，以有机磷类和拟除虫菊酯类农药为主，近年来阿维菌素使用也较多。据报道，在广东、福建等地橘小实蝇已对有机磷类、拟除虫菊酯类和抗生素阿维菌素类杀虫剂产生了中等水平的抗性，且呈快速上升趋势。因此，为减少农药的使用，提高防治效果，应根据果园橘小实蝇发生情况，在成虫羽化盛发期，对果实尚未造成危害时合理用药。

五、防治技术

橘小实蝇是水果生产上为害最为严重的害虫之一，为了控制橘小实蝇的为害，保护水果的安全生产，根据当前对该虫研究结果及各地发生防控情况，应因时因地，采用适宜的防治方案。以虫情监测为依据，清除虫果为基础，采取性引诱、毒饵引诱、套袋防虫和药剂防治等措施，合理组配成控制技术系统，将橘小实蝇的为害控制在经济损失水平以下。

（一）田间调查监测

选择有代表性的果园设置监测点，用橘小实蝇性引诱剂（甲基丁香酚）诱测。按每 667m² 3 个诱测瓶（彩图 17-103-2），悬挂于果园边缘离地约 1.5m 的荫蔽树枝上，间隔约 50m。诱测瓶可用矿泉水瓶自制，每瓶放入 2mL 性引诱剂和 1mL 杀虫剂（可用阿维菌素或马拉硫磷），间隔 3 周补充 1 次药剂。各监测点 3～10 月每 3d 检查 1 次诱虫量，11 月至翌年 2 月每两周检查 1 次诱虫量，记录不同水果上的平均每瓶诱虫数，作为防治的依据。当寄主处于挂果期，诱测到的虫数呈上升趋势时，需采取防治措施。

（二）及时、彻底清除虫果、落果

在果树挂果中后期，每隔 2d 摘除果园内的虫果，清除地上的落果、烂果，并集中掩埋于 50cm 厚的土层以下并压实，或用水浸泡 7d 以上，也可用敌百虫或菊酯类药剂处理或沤肥。在果园收获末期，要将残留的虫果摘除。

（三）适时套袋防虫保果

对经济价值较高的芒果品种，在果实膨大软化前用塑料或纸质袋套袋。如塑料袋较薄，可在袋内置泡沫塑料网格袋。套袋前应注意病虫害防治。

（四）应用性诱剂和毒饵诱杀

从成虫羽化期开始，在挂果期果园每公顷挂放 45 个性诱器，根据果园地形合理间隔放置，以距离 30～50m 为宜。还可用芒果或其他寄主水果搅烂成果浆，加入 3％顺式氯氰菊酯乳油 500 倍液作毒饵，或用菊酯类、阿维菌素等药剂制成毒饵，在果园分散布点诱杀成虫。目前，还可以选购市面上诱饵与杀虫剂（多杀霉素）混配的药剂如猎蝇（GF-120）饵剂，在果园进行点喷诱杀，注意抓早期防治。

（五）药剂加诱饵进行防治

以虫情监测为依据，当果园处于挂果期，橘小实蝇数量逐渐增加时即为羽化始盛期，应开始喷药防治，到果实采收 10～14d 前或在所选农药的安全间隔期前停止。喷药时间应选在 9：00～10：00 成虫活跃时进行。药剂应选用高效低残留的阿维菌素、菊酯类和有机磷农药，加 2％～3％糖蜜水后对树冠点喷或隔行条施。药剂防治后要加强监测，调查防效，必要时再进行第二次防治。可供选择的农药有 1.8％阿维菌素乳油 1 500 倍液、2.5％氯氟氰菊酯乳油 1 000 倍液、10％氯氰菊酯乳油 2 000 倍液、40％敌百虫乳油 1 000 倍液。

（六）土壤处理

对落果、烂果多而未能及时清除的果园有必要进行土壤处理。在橘小实蝇成虫羽化前深翻土，使之不能羽化出土，也可适当采用化学药剂或斯氏线虫防治。

每公顷用 7.5kg5％辛硫磷颗粒剂撒施，也可以使用 1.5％灭蝇胺颗粒剂 15kg 拌沙 225kg 撒施。

（七）统一采取防治措施

在芒果产区，对于大面积种植的果树，要统一采取防治措施；零星种植的番石榴、杨桃、柑橘、桃、李等易受橘小实蝇为害的果树，也要同时进行防治，减少虫源滋生地。同时，也要注意芒果园内橘小实蝇天敌的保护。

曾玲（华南农业大学）

第 104 节　芒果瘿蚊

一、分布与危害

芒果瘿蚊（*Erosomyia mangicola* Shi）属双翅目瘿蚊科，在云南、广西、广东、四川等地均有发生，已发展成为芒果产区上的主要害虫之一。芒果瘿蚊主要为害芒果嫩梢及叶，幼虫蛀食嫩叶，造成褐斑，穿孔破裂，叶片卷曲，严重时叶片枯萎脱落，梢枯，以致树冠生长不良。为害高峰期植株和新梢被害率均达100%，严重影响芒果的生产（彩图 17 - 104 - 1，1）。

二、形态特征

成虫：雄虫体长 1～1.05mm，草黄色，中胸盾片两侧色暗，中线色淡，足黄色，翅透明，触角 14节，长 1.12mm，前、中、后爪各有齿，后足细长。抱握器端部细长，略弯，阳茎粗壮，端部宽大，端缘中央具凹刻。雌虫体长 1.2mm，草黄色。触角 14 节，长与腹部相等或略短，各节有 2 排轮生刚毛。产卵器具有大的端叶，端叶上密生小刺和数根刚毛（彩图 17 - 104 - 1，2）。

卵：椭圆形，长约 1mm，无色。

幼虫：蛆形，黄色。末龄幼虫体长 1.8～2.1mm，有体节，剑骨片细长，端部宽大，端部中央具有较大的三角形凹刻。形成 2 个三角形大齿。

蛹：短椭圆形，外有一层黄褐色薄膜包囊，蛹体黄色。头的后面前胸处有 1 对长毛，黑褐色。头部的前面有 1 对红色的短毛。足细长，紧贴腹部中央。触角、翅芽均紧贴在虫体两侧。

三、生活习性

芒果瘿蚊 1 年发生多代，每代历时 16～17d。其中卵期 2d，幼虫期 7d，蛹期 5～6d，成虫期 2～3d。以蛹在果园 1～3cm 深的表土层内越冬。越冬蛹羽化、交尾后成虫产卵于新梢嫩叶，卵散产，每叶几粒至几百粒。

幼虫孵化时间主要在下午，初孵幼虫白色，稍后转为乳黄色，幼虫孵出后从卵壳底面咬破嫩叶表皮钻进叶内取食叶肉。受害部初见针尖状褐色小点，周围呈现黄绿色、水渍状晕斑。随着幼虫发育，受害部位叶片组织因受刺激而逐渐向两面隆起，逐步形成直径 2～3mm 疱疹状突起的虫瘿，一虫一瘿。幼虫老熟前不转移。瘿内幼虫老熟后咬破表皮爬出叶面弹跳或随露水落地，沿土壤缝隙入土化蛹。

幼虫怕干旱或强烈阳光，落地后 2～3h 找不到湿润土壤则不能入土化蛹，在强光下暴晒 2～3h 即死亡。但能耐高湿，在水盆中能活 15～20d。幼虫进入表土后，2d 就结成一层体外薄膜，随后化蛹。人工翻动土壤则会中途死亡或延迟化蛹。

成虫羽化出土后当晚开始交配，至凌晨前结束，翌日上午雌虫产卵于嫩叶背面。成虫寿命短，雄虫于交尾后翌晨即开始死亡，多数在翌日晚上死去；雌虫多数在产卵后第 2 天死亡，少数在第 3 天。成虫有弱趋光性，但怕强光，故晴天成虫大多躲在树冠的荫蔽处。成虫体小纤弱，雨天不利于飞翔活动，遇大风雨时将被打落死亡。

四、防治技术

（一）农业防治

根据芒果瘿蚊喜温暖潮湿气候和荫蔽环境的特点，结合芒果的生长发育规律，在芒果生产过程中，应注意修剪树冠，保持果园内通风透光，适时清园和松土，破坏其化蛹场所。采取下列措施，可有效降低芒果瘿蚊的种群密度。

1. 选种梢期较一致的高产优质品种或化学控梢以免新梢交替抽生，同时抹掉零星抽发的芽，让其整齐抽出，避免为瘿蚊提供持续的食料。

2. 苗木处理 调运前认真检查并将有虫瘿的叶片彻底摘除烧毁，严防害虫随苗木传入新区。

3. 加强土肥管理 芒果施肥要根据芒果生长的需肥特点，推广配方施肥，增施有机肥，控氮增磷、钾，同时还要注意补充硫、钙、镁、锌、硼等元素，保证果树营养元素平衡供给，促进树体健壮生长，增强抵抗虫害能力。

4. 及时对树干进行修剪整形 剪去病虫枝、弱枝、交叉枝和徒长枝，保持树冠有良好的空间分布，通风透光，弱化害虫滋生环境。冬季清园，清扫枯枝落叶，铲除杂草，集中烧毁或挖坑深埋。可以直接消灭躲藏在枯枝落叶及杂草上的越冬害虫。

5. 深翻园土 进入秋、冬季，清园结束后深翻园土，可以将躲藏在土中越冬的害虫暴露在土表，使其冻死或深埋在土中闷死。

（二）生物防治

保护和利用天敌资源，芒果瘿蚊的天敌种类较多。据初步调查，寄生蜂主要有桑氏长尾啮小蜂（*Aprostocetus sankarani* Bouêek）、纳氏柄翅小蜂 [*Gonatocerus narayani*（Subba Rao & Kaur）]、芒果瘿蚊广腹细蜂（*Synospeas* sp.）等，此外，还有草蛉、蚂蚁、蜘蛛和一些致病微生物等。这些天敌对芒果瘿蚊的种群有一定的控制作用。

（三）化学防治

在害虫高发期，合理用药。选择使用高效、低毒、低残留农药，严格遵守使用农药的安全间隔期规定，严禁使用国家明令禁止使用的高毒、高残留农药品种。

1. 根据测报，于成虫羽化出土前夕，可选用 50% 辛硫磷乳油配制成毒土撒施全园后，随即浅耕 4～6cm，使药土糅合浅埋，压低虫口密度。

2. 在芒果瘿蚊大发生期，在新梢抽出 2cm 时进行喷药保护，可选用辛硫磷、敌百虫、溴氰菊酯、氰戊菊酯、敌敌畏等对水喷雾，保护好晚秋梢或早冬梢。

黄武仁（中国热带农业科学院环境与植物保护研究所）

第 105 节 荔枝蒂蛀虫

一、分布与危害

荔枝蒂蛀虫（*Conopomorpha sinensis* Bradley）又称荔枝细蛾、爻纹细蛾，属鳞翅目细蛾科。主要分布于我国广西、广东、福建、台湾等省份。

荔枝蒂蛀虫的寄主主要为荔枝、龙眼。主要以幼虫蛀食为害荔枝幼果和成果，幼果被害造成落果，成果期被害，果蒂与果核之间充满虫粪，造成"虫粪果"。在花穗、新梢期，也能钻蛀嫩茎和幼叶中脉，被害叶片中脉变褐，花穗干枯，影响果品产量和品质。

二、形态特征

成虫：体长 4～5mm，翅展 9～11mm，触角约为体长的 1.5 倍。前翅 2/3 基部灰黑色，端部橙黄色，在翅的中部有 1 组由 5 条相间白色线构成的 W 形纹，两翅合拢构成清晰"爻"字形纹是该虫的最明显特征（彩图 17-105-1，1）。

卵：椭圆形、扁平，长径 0.3～0.4mm，卵壳上刻纹，三角形至六边形不等，有微突，纵向排列成约 10 列。初产时淡黄色，后转为橙黄色。

幼虫：圆筒形，乳白色。老熟幼虫黄白色，体长 8～9mm，仅具 4 对腹足，臀板三角形（彩图 17-105-1，2）。

蛹：长约 7mm，初化蛹时呈淡绿色，后转为黄褐色，近羽化时为灰黑色，触角长于蛹体，头顶有 1 个三角形突起的破茧器，似薄膜状（彩图 17-105-1，3）。

茧：扁平，椭圆形，白色透明，结于叶上，多在叶背。

三、生活习性

荔枝蒂蛀虫 1 年发生 6～12 代。在福建 1 年发生 6～11 代。在广东 1 年发生 9～11 代，而在广西玉林 1 年可发生 12 代。世代重叠，主要以幼虫在荔枝冬梢或早熟品种花穗穗轴顶部越冬。各代历期 15～55d。在广西玉林地区，第一代发生在 2 月上、中旬至 3 月下旬，历期约 44d，而第六代发生于 7 月下旬至 8 月中旬，历期仅 15～19d。成虫产卵前期 2～4d；卵历期，冬、春季为 4～5d，5～10 月为 1.5～2d。幼虫期，冬、春季为 21～30d，5～10 月最长，约 13d，最短 7d，平均 10～11d。蛹期，冬、春季为 20～26d，5～10 月为 4.8～9d。成虫期，冬、春季为 5～13d，5～10 月为 4～7d。

荔枝蒂蛀虫成虫具有昼伏夜出的习性，白天静伏于树冠内枝叶上。蛹羽化后翌日凌晨交尾，交尾后雌蛾于晚上产卵，尤其喜在荫蔽、潮湿、通风透光差的树上产卵。产卵有明显的趋果性和趋嫩梢性，卵喜产在幼果中、下部，果实成熟前则产在近果蒂部龟裂片缝隙间。雌蛾一般选择在顶芽已经萌动的小叶主脉上、花穗轴的先端、荔枝果实表皮颜色由深绿色变为黄绿色和果蒂周围表皮出现浅红色的果实上产卵。每雌平均产卵 114 粒左右。幼虫孵出后自卵壳底面直接蛀入果实内，整个取食期间均在蛀道内，虫粪也留在蛀道中。为害荔枝果实的幼虫自第二次生理落果后（即果核从液态转为固态），开始蛀入幼果核内，引致大量落果；为害近成熟的果实时，幼虫在果蒂与果核之间食害，果蒂与种柄之间充满黑褐色粉末状的虫粪，俗称"粪果"，不堪食用。

四、发生规律

（一）温度

温度对荔枝蒂蛀虫的生长发育影响较大，发育最适温度为 24～28℃。15℃ 以下和 30℃ 以上对其生存和繁殖均有明显抑制作用。5～8 月的气温较适合其生长发育，其种群数量约占全年总数量的 76.2%～96.2%。如在广西玉林地区，7 月下旬至 8 月中旬，完成 1 个世代仅需 15～19d。

（二）营养供应

营养供应状况对荔枝蒂蛀虫的生长发育影响亦较大，它决定着荔枝蒂蛀虫的为害程度。如在荔枝、龙眼混栽区或早、中、迟熟品种混栽区，由于能连续提供较为丰富的适合于蒂蛀虫取食的食料，因而较易发生严重的虫害。同样，全年梢次多、抽发不整齐或冬梢抽发多，来年虫害将较为严重。

（三）果实发育状况

荔枝蒂蛀虫的发生与果实发育状况亦有密切关系。当荔枝幼果果皮颜色由深绿色变为淡黄绿色、果蒂周围表皮开始出现红色时，或幼果果核种腔内含物由液态转变为固态时，较易受幼虫蛀害；随着果实的生长，虫口数量增加，成熟期虫口数量最多。

五、防治技术

（一）农业防治

根据荔枝蒂蛀虫生活习性和发生为害特点，结合荔枝的生长发育规律，在荔枝生产过程中，采取下列措施，可有效降低荔枝蒂蛀虫的种群密度。

1. 控杀冬梢，降低越冬和第一代虫源 荔枝采果后，荔枝蒂蛀虫为害秋冬嫩梢，并以幼虫在冬梢中越冬。在暖冬年份，由于气温偏高，一方面对荔枝蒂蛀虫越冬有利，另一方面促使荔枝大量抽生冬梢，常造成来年荔枝蒂蛀虫偏重发生。因此，在暖冬年份加强控杀冬梢是大幅度降低荔枝蒂蛀虫越冬和第一代虫源的关键。具体方法是结合果园冬季清园，修剪病虫枝、枯枝、阴枝，同时在结果母枝的秋梢老熟后和花芽分化前，发现抽生冬梢，即人工或用 5.2% 烯效·乙烯利水剂 1 000 倍液将其除去，降低荔枝蒂蛀虫越冬和第一代虫源，也可促进荔枝花芽分化。

2. 及时清除果期地面落果和落叶，压低第二、三代荔枝蒂蛀虫种群密度 荔枝果期有 3～5 个落果高峰期，其中第一个落果高峰期主要是由于雌花授粉受精不良引起，其余高峰期则主要是由于营养供应不足和病虫害造成。荔枝蒂蛀虫幼虫蛀果是引起落果的主要原因之一。由于荔枝蒂蛀虫幼虫蛀入果实内为害，药剂防治幼虫较困难。但是，蛀果落地后，幼虫仍会藏于落果中一段时间，老熟后才爬出果外，在地面杂草和落叶上吐丝化蛹。可利用这一特性，从荔枝的第二个落果高峰期开始，及时清除落果和落叶，深埋或烧毁，可明显减少第二、三代虫源。

3. 套袋防治果实后期荔枝蒂蛀虫 荔枝果蒂周围开始出现浅红色、果皮即将转色时，用荔枝专用袋套果穗，能有效防治果实后期荔枝蒂蛀虫及其他害虫的为害，同时避免了果实成熟期频繁用药，引起果实农药残留超标。

（二）化学防治

1. 确定防治适期 荔枝蒂蛀虫幼虫一旦蛀入果内为害，药剂很难控制，因此，用药剂防治主要是杀死成虫，而选准施药适期，是确保防效的关键。因此，必须通过预测，准确掌握成虫盛发高峰期及时喷药，保证防治效果。具体方法是于每次落果高峰期清除落地果时，收集 5kg 左右的落地果，带回室内，摊放在盆或桶中，撒上叶片或折皱的碎纸片，每天检查叶片或纸片，记录并收集荔枝蒂蛀虫蛹于广口瓶等容器中，用纸和皮筋封口。根据幼虫化蛹高峰期，加上蛹期天数，可短期预测本果园的防治适期。同时，结合室内观察，了解成虫的羽化进度，从始见成虫羽化之日起，每天观察记录成虫羽化数，当成虫累积羽化率达 40％左右时，可确定是进入成虫盛发期，抓紧此时喷药防治，可提高防效。在利用室内荔枝蒂蛀虫发育进度预测防治适期时，也可通过收集和观察荔枝园树冠周围叶片上蛹的发育进度，配合预测。

2. 选择药剂 果期用药一定要选择高效、低毒、低残留的农药。目前防治荔枝蒂蛀虫常用的药剂有 10％氯氰菊酯乳油 1 500 倍液、2.5％高效氯氟氰菊酯乳油 2 000 倍液、40.7％毒死蜱乳油 1 000 倍液、22％高氯·辛乳油 1 000～1 500 倍液、52.25％毒·氯乳油 1 000 倍液、90％敌百虫原药 800 倍液、20％灭幼脲水悬浮剂 1 000 倍液等。注意不同类别农药应轮换使用，以免产生抗药性。

3. 施药方法 由于荔枝蒂蛀虫成虫白天静伏在树冠内较荫蔽、潮湿、通风透光差的枝干上，因此，喷施药剂要特别注意喷到荫蔽枝干及地下杂草处。

（三）生物防治

保护和利用天敌资源。荔枝蒂蛀虫的天敌种类较多。据初步调查，寄生蜂主要有愈腹茧蜂（*Phanerotoma* sp.）、啮小蜂（*Tetrastichus* sp.）、蒂蛀蛾绒茧蜂（*Apanteles* sp.）、甲腹茧蜂（*Chelonus* sp.）、无后缘姬小蜂（*Sphenolepis* sp.）、扁股小蜂（*Elasmus* sp.）等。另外，还有草蛉、蚂蚁、蜘蛛和一些致病微生物等。这些天敌对荔枝蒂蛀虫的种群大小起着控制作用。化学防治时应选用对天敌低毒的杀虫剂，在第二次生理落果前和采果后少用药甚至不用药，减少药剂对天敌的伤害，发挥天敌的控制作用。

赵冬香（中国热带农业科学院环境与植物保护研究所）

第 106 节 荔 枝 蝽

一、分布与危害

荔枝蝽［*Tessaratoma papillosa*（Drury）］又名荔蝽、荔枝蝽象，俗名臭屁虫，属半翅目蝽科。分布于我国海南、广东、广西、云南、贵州、福建、江西、台湾等省份。

荔枝蝽的寄主主要有荔枝、龙眼、柑橘、芒果、梅、梨、桃、橄榄、香蕉等。其中，荔枝、龙眼是其主要寄主，成、若虫均以刺吸式口器刺吸为害嫩梢、枝叶、花穗及幼果，被害后嫩梢、枝叶干枯，花穗萎缩，幼果干枯脱落，严重时造成大减产或失收。其分泌的臭液有腐蚀作用，能使花蕊枯死，果皮发黑，严重影响果品质量，并能损伤人的眼睛及皮肤。

二、形态特征

成虫：体长 23～30mm，全体黄褐色至棕褐色（初羽化成虫色浅，呈淡绿色），椭圆形。头短，三角形。复眼肾形，棕褐色。单眼圆，红色。触角 4 节，粗短，深褐色。喙 4 节，棕褐色，端部黑色。前胸背板前部向下倾斜，中部隆起，后部覆盖小盾片基部。小盾片三角形，端部尖长。前翅膜片脉纹粗。足棕褐色，短。腹面常被白色蜡粉，当年新成虫蜡粉明显，上年越冬后交尾的成虫蜡粉仅留痕迹。臭腺孔周围黑色。雌虫第七腹节后侧角尖锐，第八节分成 4 片，中片大，侧片小，三角形；第九节分两片，后部分离，呈三角形凹陷, 其余为载肛突; 雄虫第七腹节两侧角向后伸展, 末端不及腹末, 第九节前部稍隆起, 后缘中央呈弧状弯缺, 其侧角呈尖角状 (彩图 17-106-1, 1)。

卵: 圆形, 直径 2.5~2.8mm, 初产时多为淡绿色或淡黄色, 孵化前变为红色 (彩图 17-106-1, 2)。

若虫: 一龄体长约 5mm, 椭圆形, 初孵时红色, 渐变深蓝黑色, 触角 4 节, 前胸背板甚宽大, 两侧朱红色; 二龄体长约 8mm, 长方形, 橙红色, 外缘灰黑色。中胸背板特别发达, 后胸小, 缩在第二腹节的中央; 三龄体长约 11mm, 翅芽初见; 四龄体长 14~17mm, 翅芽明显, 伸达第一腹节。五龄体长 19~22mm, 翅芽发达, 伸达第三腹节, 出现 1 对淡色单眼 (彩图 17-106-1, 3)。

三、生活习性

在海南荔枝蝽 1 年发生 1 代, 多以性未成熟的成虫在树冠浓密的树上或其他隐蔽场所聚集越冬。越冬成虫于翌年 2~3 月上枝梢或花穗活动取食, 当日均温度升至 20℃ 以上且持续数天时, 即行交尾产卵, 产卵期 3 月中旬至 10 月上旬, 产卵盛期是 3~4 月。卵多产于树冠中下部叶片背面, 也可产于花穗、树干、枝条上或果树附近。卵单产, 聚集成块, 每块常具 14 粒卵, 也有 12 粒或 13 粒者, 排列方式多样, 有时可见不同时段产的两卵块叠放一起。每雌平均产 5~10 个卵块。初孵若虫有群集性, 经 12~24h 后分散取食, 田间也常见同一龄期或不同龄期的若虫聚集在一起。成、若虫均有假死性, 受到惊扰时, 即射出臭液或下坠, 但不久又可爬回树上。6 月当年羽化的新成虫相继出现, 上一年羽化的老成虫陆续死亡。新旧成虫可并存一段时间。7、8 月后, 荔枝园中若虫大部分羽化为成虫。成虫期 203~371d, 平均 311d。新成虫多见于多新梢的荔枝树上, 大量取食以积累脂肪准备越冬。

四、防治技术

(一) 人工防治

荔枝蝽产卵盛期组织人员采摘卵块, 或在荔枝蝽成虫聚集越冬时, 人工捕捉、灭杀, 以降低虫口密度, 该法适用于幼树及小果园。

(二) 化学防治

根据虫害监测及测报, 掌握施药关键期, 于越冬成虫卵巢开始发育至成虫产卵前期和卵块初孵期用药防治。药剂可选用 90% 敌百虫晶体 600~800 倍液、2.5% 高效氯氟氰菊酯乳油 1 000~1 500 倍液、13% 高氯·唑磷乳油 1 500 倍液、10% 高效氯氰菊酯乳油 3 000 倍液等。

(三) 生物防治

释放荔枝蝽卵平腹小蜂 (*Anastatus japonicus* Ashmead) 防治, 特别适用于对树冠高大、枝叶茂密、喷药难以防治的老龄果园。于 3~4 月荔枝蝽产卵期, 每隔 10d 释放平腹小蜂 1 次, 共 1~2 次。释放量视树龄大小或荔枝蝽密度而定, 一般每次每株 300~500 头, 如虫口密度大, 应先喷敌百虫压低虫口, 7~10d 后再放蜂。此外, 荔枝蝽卵跳小蜂 (*Ooencyrtus corbetti* Ferrière) 及蜘蛛等捕食性天敌对荔枝蝽的发生也有一定的控制作用, 应注意保护利用。

赵冬香 (中国热带农业科学院环境与植物保护研究所)

第 107 节 荔枝异型小卷蛾

一、分布与危害

荔枝异型小卷蛾 [*Cryptophlebia ombrodelta* (Lower)] 又名荔枝小卷蛾、黑点褐卷叶蛾, 台湾称为粗脚姬卷叶蛾, 属鳞翅目卷蛾科。国内广泛分布于广东、广西、海南、江苏、河南、云南及台湾等省份, 国外分布于日本、东南亚、南非、大洋洲、美国等。

荔枝异型小卷蛾寄主为杨桃、荔枝、橙、扁轴木 (叶、荚)、金链花、野扁豆、金合欢、羊蹄甲、皂角、国槐、无忧树、东京油楠、仪花、短萼仪花等。幼虫可蛀果为害, 也可为害嫩梢。初孵幼虫为害果实表皮, 二龄后蛀入果内取食, 导致果实腐烂或脱落。

二、形态特征

成虫：暗褐色，体长 6.5～7.5mm，翅展 16～23mm。雄蛾较小，色泽较淡，头顶有 1 束疏松的褐色毛丛，触角丝状，前翅黑褐色，外缘较直。后足胫节被褐色疏松长毛，中、端部各有 1 对距。前翅后缘具深褐色纵带。后足胫节和第一跗节具黑、白、黄三色相间的细长浓密鳞毛。雌蛾前翅近顶角处有深褐色斜纹，后缘有 1 个外围有灰白色边带的近三角形黑斑。

卵：长 0.3～0.4mm，扁平，中央略突起，黄色，卵粒鱼鳞状，3～4 行排列。

幼虫：末龄幼虫体长 12～13mm，宽 2.5～3.0mm，背部粉红色，腹部淡白色，头和前胸背板褐色；毛片灰色；肛上板灰黑色；臀栉无。

蛹：长 10.5mm，宽 2.8～3.0mm，被蛹，有椭圆形丝质薄茧。褐红色，头额部较圆滑。腹部第二至七节背面的前、后缘各有 1 列刺状突，第八、九节的刺突特别粗大，第十节背面具臀棘 3 条，肛门两侧各 1 条。腹末端圆滑无刺钩。末端常卷曲。

茧：长 14.0～15.0mm，宽 6.5～7.1mm。灰白色，常形成在胚轴内，如在花萼与胚轴之间则茧体较大，茧体表面常缀附虫粪。

三、生活习性

在福建地区 1 年发生 4～5 代，以幼虫在果实或枝干表皮缝隙中结茧越冬，翌年 3 月上、中旬开始化蛹，3 月下旬至 4 月初羽化。在广州室内饲养，1 年完成 5 代。第一至四代虫（非越冬代）从 3 月上旬开始至 9 月下旬结束，完成 1 代历时 39～44d，其中第一代 44d、第二代 39d、第三代 40d、第四代 43d，第五代虫（越冬代）从 9 月下旬开始至翌年 2 月下旬结束，完成 1 代历时 188d。

成虫昼伏夜出，有趋光性。卵产在叶片上。初孵幼虫在果皮表面稍有凹陷处咬食表皮，二龄后蛀入果中食害种核，通常 1 果 1 虫，偶见 1 果 2 虫；蛀孔外有小颗粒状褐色虫粪和丝状物，后期蛀孔附近呈水渍状。幼虫老熟后钻出果外，在树皮裂缝或附近杂草上化蛹，也有部分在果内化蛹，成虫羽化时将蛹壳留在茧的孔口处，成虫全天可羽化，但以夜晚为盛。成虫于夜晚交配、产卵。

一般在 5 月幼虫大量为害荔枝早熟品种。在广西南宁地区，在 5 月中旬至 7 月上旬，中晚熟种荔枝的果实从假种皮膨大期至成熟期均有幼虫蛀害。在广州地区，8～9 月为害杨桃，造成腐烂及落果。10 月以后多以幼虫在苏木科的牛角树、萧豆树和金链花等嫩茎中越冬。

四、防治技术

（一）检疫

美国夏威夷等地区以 250Gy-γ 射线、49℃ 热水处理作为荔枝异型小卷蛾等的隔离检疫措施。

（二）农业防治

通过控制冬梢、剪除幼虫寄主植物的嫩梢，可以减少越冬虫口基数。

（三）化学防治

5 月底 6 月初，开花期喷施 25％ 杀虫双水剂 600～800 倍液、90％ 敌百虫晶体 800 倍液、10％ 氯氰菊酯乳油 2 000～2 500 倍液、10％ 高效氯氰菊酯乳油 5 000 倍液或 2.5％ 氯氟氰菊酯乳油 3 000 倍液。发生较严重时在挂果期也可进行喷药防治。

（四）生物防治

于成虫产卵始、盛期，繁殖释放松毛虫赤眼蜂 2～3 批，每次每棵树放蜂 1 000～2 000 头，能有效控制荔枝异型小卷蛾的发生和为害。从原产地引进天敌，也可以进行有效防治。在昆士兰，已知的天敌昆虫有 10 种，主要有壮绒茧蜂（*Apanteles briareus* Nixon）、茧蜂（*Bracon* sp.）、双斑脊额姬蜂（*Gotra bimaculatus* Cheesman）和一种寄生蝇。

赵冬香　钟义海（中国热带农业科学院环境与植物保护研究所）

第 108 节 三角新小卷蛾

一、分布与危害

三角新小卷蛾（*Olethreutes leucaspis* Meyrick）是荔枝、龙眼的主要害虫，属鳞翅目卷蛾科，广泛分布于我国海南、广东、广西、福建和云南等地的荔枝、龙眼种植区。幼虫为害植株的嫩叶、嫩梢和花穗，严重时可取食整株树的嫩叶和嫩梢，影响果树翌年结果母枝形成，造成产量损失。三角新小卷蛾近年来为害日趋严重。据调查，一般荔枝、龙眼果园的被害率为 20%～31%，严重的可达 60% 以上，已成为我国荔枝、龙眼的一大害虫。除为害荔枝、龙眼外，也可为害其他作物（彩图 17‑108‑1，1）。

二、形态特征

成虫：体长 5～8mm，翅展 17～18mm，头部黑褐色，单眼 1 对，头顶具疏松黑色毛丛，唇须黑色，前伸；触角丝状，基部较粗，黑褐色。前翅近长方形，黑褐色，边缘具细毛，前缘近 2/3 处有淡黄色三角形斑块，角端有缺刻，斑块外围深黑色，前缘有 10 条明显钩状纹；翅后缘基部有丛毛。后翅灰黑色，前缘肩角至中部灰白色。足内侧白色，外侧灰黑色，足上鳞片具金属光泽。前足具净角器，跗节 4 节；中足端距 2 个（一长一短），跗节 4 节；后足距 4 个，中距 2 个，端距 2 个，跗节 5 节。雄成虫腹面披灰黑色毛，后足胫节具长灰黑毛，雌成虫腹面灰白色，后足胫节不具灰黑长毛（彩图 17‑108‑1，2）。

卵：长椭圆形，长 0.52～0.55mm，中央稍隆起。卵表面具有近六边形的花纹，初产时乳白色，将孵化时黄白色。

幼虫：初孵幼虫头黑色，二龄幼虫起头部黄绿或淡黄色，胴部淡黄绿色，老熟幼虫黑褐色或灰褐色，头部单眼区黑褐色，两后颊下方各有 1 个正方形的黑色斑块，前胸背上有 12 根刚毛，中线淡白色；气门周缘黑褐色；腹足趾钩三序全环，臀足为三序横带（彩图 17‑108‑1，3）。

蛹：体长 8～8.5mm，宽 2.3～2.5mm；其头、胸、腹的颜色因取食荔枝或龙眼嫩叶而有差异，一般预蛹墨绿色，复眼淡红色，第九至十腹节橘红色；中蛹期头橘红色，复眼、中胸盾片漆黑色，翅芽及腹部黄褐色至红褐色；将近羽化的蛹翅芽黑色，前翅显示黄三角斑块。胸背蜕裂线明显隆起，舌状突末端伸至后胸的 2/3 处（彩图 17‑108‑1，4）。

三、生活习性

三角新小卷蛾在海南儋州地区 1 年发生 10 代，且世代重叠，以幼虫在叶片上吐丝结叶苞并在其中越冬，翌年 2 月下旬开始化蛹。第一代幼虫于 3 月中、下旬至 4 月上旬在荔枝、龙眼嫩梢上为害，此时期为害较轻，第二代发生期为 4 月下旬，第三代为 5 月中、下旬，第四代为 6 月中、下旬，第五代为 7 月中旬，第六代 8 月中旬，第七代为 9 月中旬，第八代为 10 月中、下旬，第九代为 11 月下旬至 12 月上旬，第十代为翌年 1 月中、下旬。各世代各虫态历期随不同季节因温度、湿度等条件的不同而呈现较大差异。卵期最长可达 6d，最短 1d；幼虫历期最长达 30.5d，最短 6d；蛹期最长达 32d，最短 6d；成虫寿命最长达 12d，最短 2d。

四、发生规律

（一）气候条件

三角新小卷蛾卵发育起点温度为 4.92℃，有效积温为 55.8℃；幼虫期发育起点温度为 3.91℃，有效积温 194.4℃；蛹期发育起点温度为 8.54℃，有效积温为 167.7℃；成虫期发育起点温度为 11.14℃，有效积温为 49.9℃；全世代发育起点温度为 4.30℃，有效积温为 544.9℃。在 16～32℃ 温度下，三角新小卷蛾各虫态都能正常发育，16～28℃ 温度下，各虫态发育历期随着温度的升高而缩短。16℃ 恒温下三角新小卷蛾各虫态发育历期显著长于其他温度，卵期、幼虫期、蛹期、成虫期和世代历期分别为 4.68d、16.27d、25.55d、7.00d 和 53.50d；32℃ 恒温下蛹期、成虫期和世代历期最短，发育历期分别为 7.88d、2.24d 和 20.84d；在 28℃ 恒温下，卵和幼虫历期最短，分别为 2.18d、7.61d，32℃ 恒温下卵及幼虫发育历期比 28℃ 恒温下长，分别为 2.32d、8.40d。

温度对三角新小卷蛾各虫态的生长发育和存活率都有不同程度的影响。在各温度（16℃、20℃、24℃、28℃、32℃）下，卵的孵化率均很高，都达到了 92％ 以上，20～28℃ 温度下卵孵化率达 96％。在各温度处理下，幼虫的存活率也都很高，均在 70％ 以上，20～32℃ 温度下幼虫存活率相对更高一些，都达到了 80％ 以上；高龄幼虫（四至六龄）的存活率在 5 个温度处理下都很高，都达到了 90％ 以上，28℃ 下高龄幼虫存活率甚至高达 100％。温度对蛹存活率的影响差异较大，24℃ 下，蛹的存活率最高，为 92.31％。低温和高温对蛹存活不利，在 16℃、20℃ 和 32℃ 条件下，蛹死亡率分别为 21.42％、34.21％、40.47％。24℃ 和 28℃ 最适宜蛹发育，蛹的死亡率仅为 7.69％ 和 9.30％。从整个世代的存活情况来看，24℃、28℃ 和 32℃ 的世代存活率较高，16℃ 和 20℃ 下的世代存活率较低。

在实验温度均为 25℃ 条件下，三角新小卷蛾卵、幼虫、蛹及世代的发育历期在相对湿度为 85％ 条件下皆最短，发育历期分别为 1.67d、12.46d、7.67d 和 25.42d。在 25℃ 的实验温度条件下，卵在相对湿度为 95％ 下历期最长，为 4.68d；在相对湿度为 65％ 条件下幼虫历期最长，为 17.28d；蛹在相对湿度为 55％ 条件下历期最长，为 12.17d；成虫寿命在相对湿度为 55％ 条件下最短，为 3.17d，在相对湿度为 65％ 条件下最长，为 4.06d。在各个不同湿度条件下，三角新小卷蛾世代历期在相对湿度为 55％ 条件下最长，为 36.06d。三角新小卷蛾卵发育最适湿度为 80％，孵化率为 84.4％；幼虫最佳发育湿度为 82％，化蛹率为 84％；蛹的最适发育湿度为 82％，羽化率为 96％；卵至蛹最适发育湿度为 84％，存活率为 82％。

（二）寄主植物

三角新小卷蛾对荔枝不同品种的为害程度有差异，5 个常种荔枝品种三月红、白糖罂、妃子笑、无核荔枝、玉荷包中，无核荔枝和玉荷包 2 个品种被害相对较重，嫩梢被害率分别为 62.62％ 和 62.86％。对三月红、白糖罂和妃子笑 3 个品种的为害相对较轻，嫩梢被害率分别为 53.81％、54.05％ 和 54.76％，三角新小卷蛾对这 3 个品种的选择没有显著性差异，但与无核荔枝和玉荷包间存在显著差异。

不同寄主植物对三角新小卷蛾各虫态发育历期有明显的影响。三角新小卷蛾取食柑橘时卵历期最长，为 3.30d，取食龙眼时卵历期最短，为 2.18d。食料为柑橘时，其幼虫的发育历期最长，为 11.30d；食料为龙眼时，幼虫发育历期最短，为 7.61d。取食不同寄主植物时三角新小卷蛾蛹的发育历期也存在差异性，取食荔枝的三角新小卷蛾的蛹发育历期为 9.30d，龙眼、莲雾、芒果和柑橘上蛹的发育历期分别为 8.38d、10.30d、10.40d 和 11.30d。喂饲荔枝的成虫寿命最长，为 5.40d，显著长于饲喂龙眼、莲雾、芒果和柑橘时的寿命。

五、防治技术

（一）农业防治

修枝整形，搞好果园卫生。通过对果树进行枝叶修剪，特别是采果后修剪，消除害虫发生的基本条件，压低害虫基数。

（二）生物防治

科学用药，合理减少农药使用，以保护利用害虫原有天敌。

（三）化学防治

荔枝上三角新小卷蛾幼虫对高效氯氟氰菊酯、毒死蜱、氯氰菊酯、阿维菌素和杀虫单等药剂较为敏感，各药剂处理均有较好的防效，用药 7d 后各药剂的防治效果都达到了 75％ 以上，高效氯氟氰菊酯和毒死蜱的防效甚至高达 100％。从生态学和发展绿色食品等角度出发，建议生产上使用低毒高效的药剂，如阿维菌素等。

陈泽坦（中国热带农业科学院环境与植物保护研究所）

第 109 节　荔枝瘤瘿螨

一、分布与危害

荔枝瘤瘿螨［*Aceria litchii*（Keifer），异名：*Eriophyes litchii*（Keifer）］也称荔枝瘿螨，属蜱螨目

瘿螨科，俗称毛蜘蛛，被害部称毛毡病。

荔枝瘤瘿螨是荔枝、龙眼的重要害虫，在广东、广西、海南、福建、云南、四川等国内荔枝、龙眼产区均有分布。成螨、若螨刺吸荔枝、龙眼的新梢、嫩芽、花穗和幼果汁液。为害初期幼叶被害部在叶背先出现黄绿色的斑块，被害斑凹陷，凹处长出无色透明的稀疏小绒毛，渐变成乳白色。过 2～3 周，随着瘿螨发展为害，受害部的茸毛增多，浓密，呈黄褐色，最后变成深褐色，似毛毡；被害叶也随之变形，扭曲不平，状如狗耳；严重发生时，受害叶、枝条干枯，影响树势。花器受害后畸形膨大，不开花结果，受害花穗的花瓣及柱头发育畸形，花朵的萼片膨大，呈倒钟形，花瓣和柱头发育不全，长出绒毛状物，形似小绒球，最后花穗枯死，不久脱落；幼果受害后，果面和果柄同样长出白色茸毛，发育受阻而引起大量落果，坐果率低，影响荔枝、龙眼产量与质量；成果前期受害，果面出现褐色毛毡斑块，影响果实着色和品质（彩图 17‑109‑1）。

二、形态特征

成螨：体极微小，狭长，蠕虫状，一般肉眼很难看见，体长 0.15～0.19mm，体色淡黄至橙黄色。头小，向前伸出，其端有螯肢和须肢各 1 对；头、胸部有足 2 对；腹部渐细而且密生环毛，末端具长尾毛 1 对。

卵：圆球形，光滑，半透明，乳白色至淡黄色。

若螨：体形似成螨但更微小，初孵化时虫体灰白色，半透明，随着若螨发育渐变为淡黄色，腹部环纹不明显。

三、生活习性

荔枝瘤瘿螨在云南、广西、广东、海南一年四季均有发生，1 年发生 10 代以上，世代重叠，无明显越冬现象；在日平均温度为 28.7℃时，完成 1 代约需 15d，日平均温度为 15.5℃时需 55d。成螨一般在 1～2 月在树冠内膛的晚秋梢或冬梢被害叶毛毡基部越冬，但气温稍暖仍可见其活动。2 月下旬至 3 月，越冬后的螨体陆续迁移到春梢嫩叶和花穗上为害繁殖，4 月上旬以后繁殖量逐渐增大，5～6 月螨体密度最大，为害最重。该螨生活、产卵繁殖在被害处的虫瘿绒毛间，平时不大活动，受阳光照射或雨水淋湿后则活动较活跃。荔枝新梢芽体刚萌动至幼叶展开时，螨体从老虫瘿绒毛间逐渐转移至新芽上，潜入未伸展的嫩叶基部空隙取食、繁殖。为害 5～7d，嫩芽外周受刺激，生长出白色茸毛；嫩叶受害初期出现黄绿色斑，被害处组织表皮细胞受刺激后也长出白色茸毛，但茸毛比较稀疏。随着新梢的生长和螨体不断繁殖，受害处的茸毛逐渐增多，其颜色由乳白色半透明变为黄褐色，以后由黄褐色转变为鲜褐色、褐色；受害嫩叶呈现畸形弯曲。

荔枝瘤瘿螨传播主要靠风、雨滴飞溅、苗木调运、农具器械和自身爬行等途径。

荔枝瘤瘿螨具喜阴畏光的习性，故在树冠下层和内膛树叶易受害，大树受害较重，苗木和幼树受害较轻。

荔枝瘤瘿螨对荔枝不同品种的为害程度有差异，黑叶、淮枝、广西灵山香荔、糖驳和丁香等品种受害较重，桂味和糯米糍次之，三月红受害最轻。其为害的轻重与虫口分布密度、植株的生长环境有着密切关系，一般栽培管理粗放、土壤干旱、肥料不足、修剪不够、枝梢多的果园发生严重；树龄高、树冠大、荫蔽、潮湿、周围杂树多和种植密度大的果园发生严重；管理好、通风透光好、光线充足、排水良好的果园发生轻，在果树春梢期为瘿螨出现高峰期。

尼氏钝绥螨（*Amblyseius nicholsi* Ehar et Lee.）、具瘤神蕊螨（*Agistemus exsertus* Gonzales-Ro-driguez）、亚热冲绥螨（*Okiseius subtropicus* Ehara）和拉哥钝绥螨（*Amblyseius largoensis* Muma）等均是荔枝瘤瘿螨的有效天敌。

四、防治技术

（一）农业防治

在荔枝采果后，结合冬季控梢修剪，进行一次全面的清园，清理果园中过密的阴枝、弱枝、病虫枝以及地上落叶、落果。在荔枝瘤瘿螨发生严重的果园，特别要处理虫瘿率高的枝梢，并集中烧毁或深埋，消灭越冬虫源。

(二) 药剂防治

可根据荔枝瘤瘿螨的发生特点、生活习性适期进行喷药防治。第一次掌握在越冬螨开始活动或荔枝抽新梢（开花前春梢）的 3 月下旬至 4 月上旬用药；第二次掌握在 8 月采果后抽秋梢时用药。以下药液均有显著效果：2.5%氯氟氰菊酯乳油 3 000 倍液、73%炔螨特乳油 1 000 倍液、50%溴螨酯乳油 3 000 倍液、1.8%阿维菌素乳油 1 500 倍液、20%哒螨酮可湿性粉剂 3 000 倍液。防治时应注意喷施芽梢的正面和反面。注意药剂交替轮换喷施，以避免产生抗药性。

(三) 严格进行检疫

调运苗木时，应挑选无虫叶的苗木。育苗时不要在虫枝上进行高压苗繁殖，以防害螨随苗木传播。

(四) 加强天敌保护利用

尽量避免使用杀伤性大的农药，以保护利用天敌。有条件的果园可保留培植胜红蓟、紫苏等良性杂草，改善果园生态环境，促进天敌栖息繁衍。据报道，在自然界中有 4～5 种捕食荔枝瘤瘿螨的天敌，其中，以亚热冲绥螨和拉哥钝绥螨的种群占优势，能有效控制荔枝瘤瘿螨的种群发展。

罗心平（云南省农业科学院热带亚热带经济作物研究所）

第 110 节　龙眼角颊木虱

一、分布与危害

龙眼角颊木虱（*Cornegenapsylla sinica* Yang et Li）属同翅目木虱科，是一种新的为害龙眼的重要害虫，分布于我国福建、广西、广东、云南、海南等地，在广西龙眼产区发生普遍，局部龙眼园受害严重。

龙眼角颊木虱仅为害龙眼。成虫在龙眼嫩梢、芽和叶上吸食为害；若虫固定于叶背吸食并形成下陷的虫瘿，因此在叶面布满小突起，叶片变小，畸形扭曲。影响新梢抽生和叶片的正常生长。定点调查表明，夏梢一叶最多有若虫 200 多头，年平均叶受害率达 63%，夏梢平均叶受害率 91%，春梢 68%，秋梢 39%，冬梢 32%。春、夏两季发生严重。龙眼角颊木虱已被证实与荔枝蝽同为龙眼鬼帚病的传播媒介（彩图 17-110-1，1）。

二、形态特征

成虫：雌虫体长 2.5～2.6mm，宽 0.7mm；雄虫体长 2.0～2.1mm，宽 0.5mm。虫体背面黑色，腹面黄色。头部短而宽，有 1 对向前平伸的颊锥，呈圆锥状。触角 10 节，第一、二节和末端两节黑色，其余节为黄色，但第三至七节的端部 1/3 为黑色，末端有 1 对叉状褐色刚毛。前胸侧板上端黑色，其余为黄色；中胸大且隆突。足黄色。前足胫端和跗节黑褐色，爪黑色；后足胫节基部无距，端部有黄褐色粗长刺，基跗节有 1 对爪状黑刺。翅透明，前翅具显著的黑色条纹，臀角黑褐色，翅脉黄褐色，脉序呈“介”字形分支；后翅狭条形，稍短于前翅，透明无斑，脉褐色。腹部粗壮，锥形，背板黑色，其两侧自下缘起与腹板均为黄色（彩图 17-110-1，2）。

卵：长 0.2mm，宽 0.1mm，长椭圆形。卵的一端尖细，延伸成弧状弯曲长丝，另一端圆钝，底面扁平，有一短柄突出，以固定在寄主上。初产时乳白色，后变为黄褐色，近孵化时黄黑色（彩图 17-110-1，3）。

若虫：共 5 龄。一、二龄若虫体形略长，似椭圆形，体长 0.25～0.40mm，浅黄色；三龄若虫体长 0.43mm，初见翅芽但不明显，周缘有蜡丝，体形椭圆，背面有红褐色条纹；四、五龄若虫体长 0.7～0.83mm，椭圆形，扁平，黄色，翅芽明显膨大且重叠，体背显出褐色斑纹（彩图 17-110-1，4）。

三、生活习性

龙眼角颊木虱在云南、福建福州 1 年发生 3～5 代，在广东广州 1 年发生 7 代，而在广西西南地区每年发生 7 代以上，以若虫在被害叶的钉状孔穴内越冬。翌年 2 月下旬至 3 月上旬为越冬成虫羽化期。成虫在白天羽化，上午羽化最多，羽化后成虫在嫩梢上栖息约 1d 后开始交尾，交尾后 3d 开始产卵，卵散产在嫩叶背、新梢、顶芽、嫩叶柄、花穗枝梗等处，以嫩叶背和嫩梢枝梗上着卵最多，已转绿的幼叶着卵极少。每雌一生产卵多的达100多粒，少的也有20粒左右。卵历期，春季8~9d，夏季5~6d。初孵若虫在幼叶背爬行，选择适合部位吸取叶肉汁液，2~3d后受害部位叶面上突，叶背凹陷，形成钉状孔穴；若虫一生在孔穴内生活，直到羽化前才爬出孔穴外蜕皮变为成虫。成虫常在新梢上的嫩芽、幼叶处栖息取食，取食时头端下俯，腹端上翘；一般白天午间温度较高时较活跃，遇惊动能起跳作短距离飞翔；雌虫寿命4~8d，雄虫3~6d。

成虫、卵和若虫1年中发生5个高峰期，各期均与龙眼抽发新梢期相遇，但以春梢期虫口密度最高，夏梢、夏延秋梢和二次秋梢虫口密度较低，冬季气温较高的年份，部分若虫羽化为成虫，为害冬梢。龙眼品种中的广眼、青壳石硖等品种受此虫为害重，而储良、大乌圆、黄壳石硖受害相对较轻。

四、防治技术

(一)农业防治

结合采后修剪，疏去弱枝、荫蔽枝，保持树冠及果园通风透光，清除树上病虫枝、病虫僵果和病皮，扫除地面枯枝落叶与杂草等，集中烧毁，减少越冬虫源。加强果园水肥管理，增施有机肥，增强树势，提高果树自身的抗逆能力。通过肥水管理，促使龙眼抽梢整齐一致，使叶片尽快转绿老熟，以减轻为害。对幼龄树零星抽发的嫩梢要及时进行人工摘除。

(二)生物防治

在天敌活动期，尽量少用农药，保护天敌。龙眼角颊木虱的天敌主要有寄生若虫的姬小蜂、捕食若虫的粉蛉和捕食成虫的蚂蚁等。中华微刺盲蝽（*Campylomma chinensi* s Schuh）在若虫期可捕食木虱卵496个，成虫期每天可捕食130个左右，可释放中华微刺盲蝽进行防治。

(三)药剂防治

根据该虫越冬后第一代发生较整齐的特点，在若虫孵化盛期，及时选用安全、高效的农药；在每次嫩梢抽发期要深入果园观察，若发现有龙眼角颊木虱为害迹象，要在新梢抽出3~5cm时及时喷药保梢。药剂可选用2.5%高效氯氰菊酯乳油1 000倍液、25%吡虫啉可湿性粉剂1 000倍液、2.5%噻嗪酮可湿性粉剂2 500倍液、48%毒死蜱乳油2 000~3 000倍液、20%氰戊菊酯乳油2 000倍液或2.5%溴氰菊酯乳油3 000倍液，杀卵效果明显。每次新梢期喷1~2次，注意药剂的轮换使用。

罗心平（云南省农业科学院热带亚热带经济作物研究所）

第111节 桉小卷蛾

一、分布与危害

桉小卷蛾（*Strepsicrates coriariae* Oku）属鳞翅目卷蛾科小卷蛾亚科。国内最初资料显示，该虫是桉树嫩梢的重要害虫。由于桉小卷蛾的雄性外生殖器抱器腹末端有1根刺，和刺小卷蛾属（*Pelochrista*）很像，因此很长一段时间被误定为刺小卷蛾属（*Pelochrista* sp.），1997年被移至桉小卷蛾属（*Strepsicrates*）。日本学者Sadao Wakamurac（2004）在其一篇文章中描述到另一种桉小卷蛾属昆虫——圣桉小卷蛾（*Strepsicrates semicaella* Walker）也可在番石榴和桉树上发生为害，是否为同种异名还有待考证。

桉小卷蛾目前在国内已知主要分布在广东、广西、海南、福建；国外除日本外，尚未见其他国家有相关的研究报道。寄主植物包括桉树、白千层、白树、油树、红胶木、桃金娘、番石榴、莲雾、蒲桃等林木和果树。

在我国，以桉小卷蛾为优势种的卷蛾类害虫为害桉树的报道始见于20世纪80年代。80年代初期起，桉小卷蛾在广东、广西、海南和福建的林区严重为害，主要为害苗圃幼苗和一年生苗木，严重影响桉树苗和白千层等林木苗木的生长。1980—1981年广州地区调查发现此虫只为害桃金娘科的一些植物，包括桉树、白千层、白树、油树、红胶木、桃金娘等，其中以白千层的苗木受害最严重。1991年7月中旬调查发现广西合浦县乌家镇初定植巨尾桉65hm²，有虫株率94%。随着化学防治和其他防治手段的结合使用，在桉树林区开展了防治工作，桉小卷蛾得到了有效控制，为害程度有所减轻，但一直是林业部门关注的一种桉树害虫。

桉小卷蛾作为番石榴害虫，国外首次报道见于 20 世纪 70 年代，日本学者 Oku（1974）对其形态特征进行了详细描述，而国内几乎没有相关报道。进入 21 世纪后，台湾优良番石榴品种作为一类亚热带珍稀果树品种被大量引进大陆种植，取得了较好的经济效益。但是橘小实蝇、粉蚧、蓟马、卷蛾类等害虫的为害也制约了番石榴的生产。2006—2007 年在福建惠安番石榴园发现了一种小卷蛾为害番石榴；2009 年在福建长泰、福清、福州等地发现了这种小卷蛾的为害，后经鉴定确认为桉小卷蛾（*Strepsicrates coriariae* Oku），其中福州地区发生最为严重，株被害率春、夏季可达 50% 以上，秋季达 80% 以上；广东、海南等部分县市的番石榴园也发生较普遍。2011 年广东省也报道另一种小卷蛾——圣桉小卷蛾为害番石榴和莲雾。

目前桉小卷蛾已成为继橘小实蝇、番石榴粉蚧、棉蚜等害虫之后严重为害番石榴的一种重要害虫（彩图 17 - 111 - 1，1、2）。

二、形态特征

成虫：体灰褐色，复眼大，黑褐色。触角线状，灰褐色，着生于复眼之间，停息时触角向后延伸。下唇须短，灰色，先膨大后变细，折叠前伸。胸部灰色，混有白色鳞片。雌蛾的腹部较雄蛾肥大。雄蛾体长 5～7mm，翅展 13～15mm。触角前 7 节粗长，第八、九节变细，形成一斜凹槽，第十一节有一锤状突起。前翅延长，盖住后翅，灰黄色或灰褐色；有前缘褶且不及中点，基斑、中带和端纹不明显。前翅前缘中部到顶角有 5 对银白色的钩状纹和黄褐色的云纹相间。前翅中室下方 1/2 处有 1 丛竖起的灰白色鳞片，中室下缘的中部和后缘的臀角区各有 1 个黄褐色的三角斑。停息时，两前翅的斑纹构成 1 个明显的图案。雌蛾体形较大，体长 6～7mm，翅展 15～17mm。前翅灰黄色，翅面斑纹较雄蛾不明显，前翅前缘近基部不加厚，无前缘褶（彩图 17 - 111 - 1，3）。

卵：扁圆形，直径 1.07mm。初产时呈乳白色，有金属光泽，以后颜色逐渐发生变化。经过 1～2d 的发育沿卵边缘逐渐出现一圈红色或暗红色的曲线斑纹，底透明，红色晕圈渐渐扩大。近孵化时，卵质变黄，幼虫的黑色头壳清晰可见。孵化后，卵壳变成银白色薄膜状。未受精的卵白色，无金属光泽，卵边缘不会出现红色或暗红色的曲线斑纹（彩图 17 - 111 - 1，4）。

幼虫：多数 5 龄，少数 4 龄和 6 龄。一龄幼虫体长 1.34mm，头部棕褐色，前胸小盾片浅黄色，胴部黄绿色。二至四龄幼虫体长分别为 2.87mm、5.00mm 和 8.39mm，头部呈黄褐色，前胸小盾片有时会变为黑色，胴部变成黄褐色或灰黑色。老熟幼虫背上会出现 3 条黑褐色背线，1 条背中线和两条亚背线，末龄幼虫体长 12.70mm，后期会由黄褐色或灰黑色变成鲜红色（彩图 17 - 111 - 1，5）。

蛹：属于被蛹，似纺锤形。刚化蛹时呈浅黄色，后来颜色逐渐变深，最后为红褐色，长 6～8mm。蛹的胸部背面分节明显，中胸背板向后舌状突出。自腹面观，复眼明显，黑色；两翅翅芽分离，不接触，前翅伸达腹部第四节；后足没有伸出翅端。自背面观，腹部背面第二十至腹节前缘有 1 排粗大的刺突，第二至八腹节后缘有 1 排较小的刺突。尾部可以活动，腹末向后突起形成臀棘，上有钩刺（彩图 17 - 111 - 1，6）。

三、生活习性

桉小卷蛾在广东林区 1 年发生 8～9 代，无明显越冬现象。而在福州番石榴园 1 年发生 6～8 代，世代重叠。以老熟幼虫越冬，但越冬现象不明显。翌年 3 月中、下旬，气温回升时越冬幼虫开始取食活动。越冬寄主包括桉树、蒲桃、桃金娘、白千层、莲雾等。生活史经过卵、幼虫、蛹、成虫 4 个阶段。常温下卵期 2～6d，幼虫期 11～31d，蛹期 6～11d，成虫寿命 2～15d，整个生命周期 21～70d。室内饲养结果表明，温度较低时，桉小卷蛾发育缓慢，各虫态历期长；温度较高时，桉小卷蛾发育较快，生命周期短。温度 28℃、相对湿度 80%±5%、光周期为 L：D＝14：10 的条件下，从卵发育到成虫需要（24.79±0.11）d，其中卵期（3.88±0.02）d，一龄幼虫期（2.13±0.04）d，二龄幼虫期（1.96±0.03）d，三龄幼虫期（2.02±0.25）d，四龄幼虫期（2.23±0.04）d，五龄幼虫期（5.45±0.74）d，蛹期（7.11±0.05）d。

温度影响桉小卷蛾生长发育，温度降低，卵发育趋于缓慢，卵期延长。冬末春初，卵期可达 8～15d。

孵化时，幼虫咬破卵壳，头部先伸出，虫体在拉伸与收缩中爬出卵壳。卵粒耐雨水，浸泡在雨滴中8h也可正常孵化，卵孵化盛期为8：00～11：00。孵化率较高，平均可达71.00%，高的可达85.89%。

桉小卷蛾幼虫多数蜕4次皮，蜕皮后，体内粪便排清，虫体乳白色，幼虫会吃掉前一龄的蜕，剩下头壳。冬末春初气温较低时，幼虫发育缓慢，各龄幼虫历期也会延长。

桉小卷蛾以幼虫为害寄主新梢为主，结苞为害，具有一定的趋嫩性。一至三龄幼虫取食叶肉，幼虫沿叶背叶脉蚕食叶片，造成红褐色的毛毡状虫道，一般虫体隐藏于虫道内取食。三龄幼虫常爬出虫道取食叶肉表皮，造成窗斑，褪绿。老龄幼虫可取食整叶，在叶脉间取食叶片，造成孔洞、缺刻，可卷叶，有时会吐丝结茧。幼虫可以转移取食，1头幼虫为害2～3个梢，导致嫩梢枯萎，严重影响开花和结果。果园偶尔会发现幼虫为害幼果，幼果被害后果面上呈现灰褐色毛毡状虫道，导致幼果畸形生长或脱落。

有报道表明，田间大部分幼虫在表土化蛹，幼虫吐丝缀合土粒成疏松的茧。但在调查过程中发现桉小卷蛾可在番石榴的卷叶或枯梢中结茧或不结茧化蛹。实验室饲养条件下，老熟幼虫一般吐丝结茧化蛹，有的不结茧直接在叶片上化蛹。茧丝细且紧密，梭形，白色膜状。末龄幼虫后期会由黄褐色或灰黑色变成鲜红色，然后身体慢慢缩水，蜕皮，变成黄白色，不动，1d左右开始化蛹；大多在叶背叶脉的凹槽间吐丝结茧化蛹，有的也会在嫩梢的虫苞中结茧化蛹，少量会吐丝缀合其粪便成疏松的茧。蛹期平均（6.75±1.63）d，大多数为6～7d。

桉小卷蛾成虫多数在午夜至8：00～11：00羽化，少数在下午羽化。9月后气温降低，蛹发育缓慢，蛹期延长，羽化时间也会延迟至14：00～16：00。羽化时蛹的头、胸部会先露出茧外。初羽化时成虫的虫体较软，翅尚未展开，需补充营养。

成虫羽化后需吸食露水或花蜜才能交配和产卵，大部分于当天晚上或第二天晚上交配，羽化后2～3d开始产卵。卵产于叶片的正面或背面，有的也可以产在嫩梢和嫩茎上，卵散产。1头雌蛾可多次产卵，产卵高峰期为午夜至9：00。桉小卷蛾每雌可产卵1～6次，1次可产多达76粒卵，一生可产155粒卵，平均每雌可产98粒卵。

桉小卷蛾成虫白天常躲于隐蔽处、叶片下，夜晚田间在灯下可以诱到成虫，趋光性较强，可用黑光灯、频振式杀虫灯等测报和诱杀。

成虫寿命受环境影响较大，生长条件良好，营养充足，寿命长。28℃条件下成虫寿命为4～8d。冬天时，气温较低，寿命延长。12月下旬羽化的成虫寿命可达12～19d。相同条件下，雌蛾的寿命较雄蛾长。

四、发生规律

（一）田间种群动态

桉小卷蛾在广东、海南、广西等林区终年可见，冬季无越冬现象。在福州番石榴园各个季节也均可见到，但1～3月上旬老熟幼虫活动迟缓，处于半越冬状态。3月中旬后老熟幼虫开始活动取食，3月下旬至4月上、中旬，田间可见越冬代成虫。4月上、中旬田间始见越冬代成虫产下的第一代卵，4月中、下旬第一代卵陆续孵化，并开始为害番石榴嫩梢。但由于受到气温较低影响和4～5月梅雨季节对幼虫存活率的影响，为害相对较轻，种群繁殖扩散较慢。第二代幼虫盛发期是6中、下旬，也是全年为害的第一个高峰期，此时正值番石榴修剪后的快速生长期，桉小卷蛾幼虫大量取食嫩茎、嫩梢和新叶，造成嫩梢枯萎，严重影响结果母枝的生长发育。经过田间药剂防治后，虫口密度锐减。8～9月开始，种群的数量发生较大变化，第四代幼虫于9月中旬又达到一个为害小高峰，第五代为害高峰期在11月中旬。12月下旬老熟幼虫取食活动迟缓，陆续进入越冬状态，但越冬现象不明显。

（二）气候因子

桉小卷蛾的发生量与冬季林区和果园的虫口基数密切相关。由于此虫越冬现象不明显，气候因子的变化对虫口基数的影响很大。冬季低温，老熟幼虫大量死亡或活动取食缓慢，则虫口基数低。夏季高温多雨也不利于其生长发育。降水量大小对桉小卷蛾的影响也很大，5月适量的降雨有利于其大量繁殖，而雨水过多或干旱，则不利于该虫生长发育。1986年海南琼海县遭遇异常干旱天气，当年调查发现各林区极少发现桉小卷蛾为害；1994年广东雷州地区遭遇持续大雨或暴雨，桉树林地几乎见不到桉小卷蛾为害的虫苞，翌年虫口密度依然很低。2011年福建福州春夏之交气温偏低，番石榴园桉小卷蛾的为害高峰期比2010年偏迟约1个月，到7月中、下旬才迎来第一个幼虫为害高峰期。

（三）寄主植物

桉小卷蛾在不同寄主植物上的种群密度有明显的差异。该虫可为害桉属各品种，但 1987 年海南国有上埔林场调查发现托里桉最感虫，而赤桉则较抗虫，同样的栽培条件下，前者的虫口密度是后者的 42.36 倍；福州 2011 年室内接虫试验和野外调查表明，桉小卷蛾虽均可为害番石榴、莲雾、蒲桃等果树，但番石榴上的虫口密度最高，且在莲雾和蒲桃上无法完成完整的 1 代或虽完成 1 代的发育，但幼虫、蛹和成虫的个体明显偏小。

（四）天敌

桉小卷蛾田间种群密度大小与天敌有一定的关系。其中捕食性天敌有蜘蛛、草蛉、螳螂等。福州郊区观察发现，斜纹猫蛛、三突花蛛等可捕食桉小卷蛾幼虫；广东和海南发现捕食性天敌主要是可以捕食成虫和幼虫的警觉管巢蛛（*Clubiona vigil* Karsch）。但田间桉小卷蛾幼虫卷苞为害，天敌昆虫对其捕食作用比较有限。

寄生蜂发现有广大腿小蜂 ［*Brachymeria lasus*（Walker）］、无脊大腿小蜂（*Brachymeria excarinata* Gahan）和桉小卷蛾绒茧蜂。前两种寄生蜂从幼虫到蛹跨期寄生，桉小卷蛾绒茧蜂只寄生幼虫，2011 年 7 月福州番石榴园调查发现寄生率可达 30％以上。2012 年 4～7 月还发现 1 种白僵菌寄生桉小卷蛾幼虫，对桉小卷蛾的为害起着一定的自然控制作用。

（五）化学农药

20 世纪 80 年代至 90 年代末，在广东、海南、广西等省（自治区）的林场主要使用的化学农药有乐果、敌百虫、敌敌畏、辛硫磷等，这些农药多为广谱、中高毒杀虫剂，可兼治桉小卷蛾，基本上可以控制桉小卷蛾的为害，使桉小卷蛾没有暴发成灾。进入 21 世纪后，由于对高毒、高残留农药的限制生产和使用，同时桉小卷蛾嗜好的许多台湾优良番石榴品种被引进大陆种植，使得部分林区和番石榴园桉小卷蛾发生严重，成为桉树和番石榴等果树的重要害虫之一。

五、防治技术

以农业防治为基础，适时使用化学防治，物理防治为辅，结合生物防治。根据桉小卷蛾的生物学特性及为害程度的不同采取不同的防治措施。

（一）农业防治

1. 果园地选择　桉小卷蛾的其他重要中间寄主有桉树、白千层等，因此，果园地不宜选在种植成片桉树或白千层的林地山地的周围。

2. 冬季清园　冬季桉小卷蛾以老熟幼虫在枯枝落叶或卷叶中越冬。因此冬季采果后应及时修剪，清除杂草和枯枝落叶，减少翌年的虫口基数。可结合其他病虫害的防治喷施 1 次 0.8～1.0 波美度石硫合剂。

3. 适时修剪，合理管理水肥　按丰产果园的常规肥水管理，尤其注意修剪后应施足基肥。桉小卷蛾一年中有两个幼虫为害高峰期，第一个高峰期在 6～7 月；第二个高峰期在 9 月，即夏、秋两个季节发生严重。因此，春、夏季应注重修剪，以避过一、二、四代桉小卷蛾的为害高峰期。根据对果实采摘的时间要求，准备 9～10 月采摘的番石榴建议应在 4 月中、下旬对果树进行重剪，去除上年所有的枯枝落叶；而拟春节期间采摘的果园则建议 6 月底后重剪，去除为害的虫苞和枯枝落叶，减轻下半年的发生程度。修剪后 1 周需施足基肥（以鸡粪肥或猪粪肥沤熟为宜）1 次。

（二）物理防治

在各代成虫期，利用桉小卷蛾成虫的趋光性，悬挂黑光灯、频振式杀虫灯或太阳能诱虫灯诱杀成虫。一般挂灯间隔以 100m 为宜，挂灯处要求无高大障碍物，每天 19：00 至翌日 6：00 开灯。

（三）生物防治

保护和利用天敌，绒茧蜂和白僵菌寄生桉小卷蛾的幼虫，大腿小蜂从幼虫到蛹跨期寄生，厉螨是幼虫的主要捕食性天敌。田间施药时应注意选用对天敌较安全的选择性药剂，以发挥天敌的自然控制作用。

（四）化学防治

1. 防治时间　桉小卷蛾的药剂重点防治期在 6 月中、下旬至 7 月中、下旬；可结合农事操作，通过修剪控制新梢减少桉小卷蛾的食源来压低虫源，同时为果园积累更多的有机物，实现果园的增产和水肥利用率。幼虫为害高峰期 6 月中、下旬至 7 月和 9～10 月各施药 1～2 次。每次施药间隔期至少 7d。

2. 可用药剂 选择 20％除虫脲可湿性粉剂 75～150g/hm²、25％杀虫双水剂 3 750mL/hm²、10％氯氰菊酯乳油 150～300mL/hm²、50％辛硫磷乳油 1 500mL/hm²、40％毒死蜱乳油 900～1 200mL/hm²、5％氯虫苯甲酰胺悬浮剂 450～825g/hm²、20％氟虫双酰胺水分散粒剂 225～300g/hm² 等进行防治。但要注意药剂轮换使用，避免害虫产生抗性。使用时按上述要求或标签规定的使用浓度、使用间隔期和限制使用次数使用。

3. 注意事项 桉小卷蛾幼虫在东西南北中 5 个方位分布没有差异。因此，喷药时应均匀喷雾到树冠四周及上、中、下部。如药后 24h 内遇雨水冲刷，应重新喷药，以达到防治目的。

目前，尚无桉小卷蛾对所使用药剂的抗性报道，说明桉小卷蛾对生产上常用的药剂还处于敏感阶段。因此，桉小卷蛾化学防治的关键是要抓住用药时机——幼虫为害的两个高峰期，同时轮换使用农药，以避免产生抗性；另外，冬季采果后应及时修剪，消除杂草和枯枝落叶；早春注意适时修剪，减少果园虫口基数，以免暴发成灾。

附：测报技术

1. 调查抽样技术 果园采用 5 点取样，每块地利用目测法调查 10 株，统计株被害率、百梢虫数及各虫态虫量所占比例。成虫消长动态利用诱虫灯进行逐日监测。

2. 发生程度分级标准 以番石榴园主害代发生盛期桉小卷蛾为害后番石榴叶片的平均卷叶程度，分为重度发生、中度发生和轻度发生 3 级。

轻度：有虫苞株率 10％以下为轻度发生（＋）。

中度：有虫苞株率 10％～20％为中度发生（＋＋）。

重度：有虫苞株率 20％以上为重度发生（＋＋＋）。

3. 调查测报内容

（1）有虫苞株树和百梢虫口数的调查。4 月下旬到 11 月上旬，在番石榴果园内采取随机取样法或其他取样方法确定样树，调查样树中有桉小卷蛾为害成虫苞的比例，同时每棵样树的树冠按东、西、南、北、中 5 个方位各抽取 2 根枝梢，调查各梢的虫苞数，以确定果园虫口密度。

（2）各代成虫羽化调查。4 月下旬到 11 月上旬，利用病虫测报灯诱杀成虫，确定各代成虫的高峰期，以确定下一代卵孵化的高峰期、幼虫发生盛期等，以指导果园用药。

吴梅香（福建农林大学）

第 112 节 脊胸天牛

一、分布与危害

脊胸天牛（*Rhytidodera bowringii* White）属鞘翅目天牛科。在我国和缅甸、印度尼西亚、印度腰果植区发生，是我国重要的腰果害虫。除为害腰果外，还为害芒果、人面子等。脊胸天牛幼虫蛀害腰果枝干，造成枝干枯死或折断，使腰果植株长势减弱，严重时可导致植株死亡（彩图 17 - 112 - 1，1）。

二、形态特征

成虫：体长 30～38mm，宽 6～8mm。体狭长，两侧平行，栗色至栗黑色。额上有刻点，头顶后方有许多小颗粒。雄虫触角约为体长的 3/4，雌虫触角稍短，第五至十节外侧扁平，外端角钝，内侧具小的内端刺，第十一节扁平如刀状。触角与复眼间有纵脊纹，复眼后方中央有 1 条短纵沟。前胸前端狭于后端，前胸背板前、后端具横脊，中间具 19 条隆起的纵脊，脊沟丛生淡黄色的绒毛。小盾片较大，密被金色绒毛。鞘翅前宽后狭，后缘斜切，内缘角突出，刺状。翅面刻点密布，基端刻点较粗密，呈皱状，除具灰白色短毛外，尚有金黄色毛组成的长斑纹，排列成 5 纵行。腹部背面及足密被灰色或灰褐色毛（彩图 17 - 112 - 1，2）。

卵：长圆筒形，长约 1mm，黄褐色，表面粗糙，无光泽。

幼虫：老熟幼虫体长 58～77mm，胸宽 8～11mm，乳黄色，被稀疏的褐色毛，圆筒形。头部背面前端漆黑色。前胸背板平滑，前缘有断续的褐色条纹，前部具较浅的小刻点，后方呈乳白色盾状隆起，上具纵沟，两侧的纵沟较细而平行。具后背板褶。前胸腹板主腹片后缘具 5～7 个乳状突起。气门 9 对，中胸气门比腹部气门约大 1 倍。胸部气门位于中胸中部，椭圆形。第一至七腹节背面和腹面均由子疣突起排列成 2～4 条横向和两侧各有 1 条纵向的步泡突。胸足 3 对（彩图 17 - 112 - 1，3）。

蛹：黄白色，长 36～39mm，宽约 11mm，体较扁平，裸蛹。腹部侧面及背面被有大量弯曲的刺。触角纤细，呈弧状贴在体的侧面，和翅芽平行，不达体末端。

三、生活习性

脊胸天牛在我国华南地区 1 年发生 1 代，跨年完成，部分两年 1 代，以幼虫越冬。成虫发生时间因地区略有差异。在我国海南腰果植区，成虫出现于 3～7 月，4～6 月是其羽化高峰期。在我国云南腰果植区，6～8 月为成虫羽化盛期。成虫产卵于枝条、叶面及枝条断裂或树皮缝隙中。卵散产，大多一处 1 粒，也有多达 6～8 粒黏结成块，卵期约 10d。幼虫孵化后大多从枝条末梢的端部侵入，由枝端向下往主干方向蛀入，蛀至分杈处，往往向上蛀食杈枝的一小段后再返下往主干方向蛀食，从小枝至干枝乃至主干。隧道为简单的圆筒形，内壁黑色，幼虫可在其上下活动。被害枝条上每隔一定距离有一排粪孔。幼龄时排粪孔小而密，随着虫龄增长，排粪孔渐大且距离渐长。小枝条上的孔洞排出粒状虫粪及木屑，疏松，呈黄白色。大枝干上虫粪混着黑色黏稠液体，由排粪孔排出，掉落至下方的叶片上或地上，凝结成块，是脊胸天牛存在的重要标志。

幼虫钻蛀的隧道，在小枝条里，沿树枝中心向下延伸。在大枝干里，则常靠边材钻蛀。如枝条侧斜，其隧道及排粪孔常在下侧方。若枝干竖直，则各个方向均可被蛀害。不论隧道在枝干的方向如何，其排粪的分支子隧道一定是向下倾斜，以利排粪和防雨水冲入。幼虫期 260～310d。老熟幼虫在隧道内筑一段长 7～10cm，略宽于一般隧道的蛹室化蛹，蛹室两端常用含碳酸钙的白色分泌物隔开。蛹期 30～50d。成虫羽化后在蛹室中滞留一段时间（10～30d），而后拓宽排粪孔爬出。通常在夜间活动，有趋光性。白天藏匿于浓密的枝叶丛中。交尾发生在当晚 21：00～22：00，经交尾的雌虫在雄虫离去数分钟后即开始产卵。每雌一生产卵 6～25 粒，成虫寿命 13～36d。

四、防治技术

（一）农业防治

在腰果收获后，结合果园的修枝工作，剪除被害枝条，或将被害枝条砍下劈开取出幼虫。根据脊胸天牛的为害习性，每年 7 月起，逐株检查腰果园植树，发现虫枝即从最后（最下方）1 个排粪孔的下方 15cm 处剪除虫害枝，以后每隔 1～2 个月复查 1 次，可将此虫控制在为害初期。具体操作时应检查上部的切口断面是否有虫道，如发现有虫道，可用铁丝刺杀其中可能残留的幼虫。新植腰果园在种植后第二年起，就应采取此措施，并年年坚持不懈，能长期有效地控制此虫的为害。

对已严重为害的重虫害树，可在收果后采取重修剪的办法，将病虫老弱枝全部锯除，仅保留带主骨干枝，同时加强抚育管理，增施有机肥，促进新树冠形成。

（二）生物防治

昆虫病原线虫如 *Steinerernema carpocapsae*（DD - 136）对脊胸天牛的中老龄幼虫及预蛹均有一定的防治效果，特别是在室内试验时效果显著，但在田间应用时由于受到腰果树高、脊胸天牛排粪孔的结构和位置等影响，操作比较困难。

（三）化学防治

对已进入大枝干的天牛幼虫，可用注射针筒将 80％敌敌畏或 38％氯·马乳油原液注入最后 1 个排粪孔，杀死隧道内的天牛幼虫。注药前应仔细清除排粪孔口的虫粪，以保证药剂顺利进入隧道。若用棉花蘸药液堵塞虫洞，则应用湿泥封住大多数排粪孔以保证药效。

张中润　梁李宏（中国热带农业科学院热带作物品种资源研究所）

第113节 茶角盲蝽（腰果）

一、分布与危害

茶角盲蝽（*Helopeltis theivora* Waterhouse）属半翅目盲蝽科。在早期腰果害虫研究中，曾将该虫与台湾刺盲蝽（*Helopeltis fasciaticollis* Poppius）相互混淆，据胡奇和罗永明（1999）等报道，台湾刺盲蝽在我国腰果种植区海南省和云南省还未有分布。该虫曾又名安氏锤刺盲蝽、安妥茶角盲蝽、茶刺盲蝽。分布于中国海南、印度、斯里兰卡、马来西亚、印度尼西亚等，是我国和印度腰果植区的重要腰果害虫。除为害腰果外，还可为害番石榴、可可、金鸡纳树、红毛榴莲、芒果、茶、咖啡等。

茶角盲蝽的若虫和成虫为害腰果幼嫩组织，包括嫩叶、嫩梢、幼芽、花枝、花托、幼嫩果梨和坚果。腰果嫩梢受害时，在受害部位有透明树脂溢出，树脂逐渐硬化，受害的嫩梢变黑并逐渐干枯，在防治不力时，受害枝条上抽发的嫩梢也同样遭受为害。腰果嫩叶受害时，导致嫩叶皱缩，呈现多角形水渍状斑，最后枯萎。腰果花序受害时，花穗干枯脱落，花托出现褐色疤痕，受害严重时，多个褐色疤痕连成一片，最终导致整个花束枯萎。腰果幼嫩果梨和坚果受害时，呈现疹状斑，最后皱缩和脱落。被害严重的腰果种植园，花枝、叶片和果实干枯，外观呈火烧状，可造成腰果园80%～100%失收。观察表明，由于全年大部分时间幼龄腰果植株嫩梢的汁液都较老龄植株多，所以幼龄植株被茶角盲蝽为害的时间比老龄植株更长些。腰果幼嫩枝梢受茶角盲蝽为害干枯后，也会引起花枝回枯病的发生（彩图17-113-1，1～5）。

二、形态特征

成虫：雄成虫体长5.6～6.0mm，雌成虫体长6.5～7.2mm，雌、雄成虫体宽1.2～1.5mm。休黄褐色或淡黄褐色，有时略呈黄色。头部黑褐色或褐色，从额端部及唇基基部两侧区域经复眼下方直至颈部背方后缘有1条宽的黄色条带。头部腹面黄色或淡黄色。复眼球形，向两侧突出，黑褐色。触角细长，约为体长的2倍。第一节黄褐色，基部淡黄白或淡黄色，背部颜色略深，具不规则的褐色或黑褐色斑点，长于头与前胸背板之间。第二节大部分土黄色，其余黑褐。第三、四节黑褐色，上生短毛，喙黄白色，末端灰黑，伸至后胸腹板处。前胸背板前方缩小，呈颈状，其后缘部及末端缩小部分前缘黑褐色，其余土黄色，而雄虫则全部呈黑褐色。胸部有一别针状突起。小盾片后缘圆形，其前端长有一稍向后弯、顶部呈小圆球状的小盾片角，角的基部土黄色，圆球状处长有细毛。前翅淡黄色，具虹彩。足土黄色，其上散生许多黑色斑点。腹部暗褐色或绿色带土黄色。雌性腹部腹面侧缘略呈橙红色。生殖节淡黄褐色，有时略带橙色（彩图17-113-1，6、7）。

卵：近似筒形，长径0.93mm，白色。卵盖两侧具一长一短的白色丝状附器，长度分别为0.62mm及0.25mm。

若虫：一龄若虫体长1.3mm，宽0.3mm，长形，体红色。复眼红色。除触角第一节外，体其他各部均着生黑褐色毛（彩图17-113-8）。

二龄若虫体长1.9mm，宽0.4mm，长形，体色红色，略带土黄色。复眼红色。第一触角节明显粗于其他3节。小盾片角圆锥形。

三龄若虫体长2.8mm，宽0.7mm，长形，全体红色，带土黄色。复眼红褐色。翅芽明显。小盾片角顶部出现圆球状结构。

四龄若虫体长3.5mm，宽1.0mm，长形，全体土黄色，带红色。复眼黑褐色。第一、二触角节基部具散生的黑色斑纹。翅芽灰色，伸至第一腹节背面。小盾片角完整。

五龄若虫体长5.1mm，宽1.4mm，长形，全体土黄色，稍带红色。复眼黑色。触角上具散生的黑色斑。第三及第四触角节上部具黑褐色毛。喙的端部黑色，伸达前胸腹面。翅芽发达，伸至第三腹节背面，其基部及端部呈灰黑色。小盾片角完整。腿节上具灰色斑，跗节黑色。

三、生活习性

茶角盲蝽1年发生12代。卵期5～15d。若虫5龄，一龄若虫期2～3d，二龄若虫期1～6d，三龄若虫期1～7d，四龄若虫期2～8d，五龄若虫期3～6d，若虫对腰果的为害随着龄期的增加而加重。成虫寿命11～25d。成虫对腰果的为害远大于若虫，这是由于成虫的产卵习性所致。当成虫在1个枝梢上产卵后，就不再对该枝梢进行为害，转而为害新的枝梢。茶角盲蝽完成1代需26～52d。在腰果梢期、花期、坐果期及幼果期虫口数量较大。雌、雄成虫多在上午进行交尾，每次交尾时间持续在2h以上，交尾多次。雌虫交尾后最早于翌日开始产卵，卵产于花枝、叶柄表皮组织下，少数亦产于果托里，连续产卵天数最长的达22d，每头雌虫产卵52～242粒，在冬季照常产卵繁殖。初孵若虫有群集性，成、若虫喜荫蔽，可昼夜不断对腰果进行为害，吸取组织汁液。

四、发生规律

（一）气候条件

茶角盲蝽喜温爱湿，生长繁殖适宜温度为20～30℃，适宜湿度80%以上。气温和湿度对该虫的存活影响很大。据室内饲养观察，日平均温度18℃以下，湿度80%以下时，低龄若虫大量死亡；当温度高于30℃，湿度低于73%时，成虫、若虫取食减少，活动迟钝，低龄若虫大量死亡。气温对该虫卵的发育也有明显影响。气温19℃以上，卵历期较短，一般在1～7d，少数为6d。当气温降至15～17℃时，卵历期可长达18d。气温对该虫的孵化率也有明显影响。19℃以上孵化率一般可达90%以上；17℃以下为70%～85%，少数寄主上为50%以下。

在海南腰果种植区，该虫的发生高峰期在每年3～4月。而6～8月高温干旱，热辐射强，果园植被简单，果实已老化成熟，嫩梢减少，食料受限制，则虫口密度显著下降。9～10月台风暴雨频繁，因受风雨冲刷，影响其取食和产卵，虫口密度较低。

（二）腰果品系

茶角盲蝽在不同腰果品系上的发生为害有明显的差异，同一腰果品系上茶角盲蝽的种群发生也存在明显差异。田间研究表明，腰果品系CP63-36和FL30属高感品系，GA63为感虫品系，HL2-13为中抗品系，HL2-21的抗虫性最强，为高抗品系。从5个腰果品系的物候特性来看，营养生长慢，花期最迟的HL2-21对茶角盲蝽的抗虫性最强，营养生长旺盛、花期最早的CP63-36和FL30抗虫性则最弱。说明腰果品系的花期对抗虫性影响很大，花期越早的腰果品系茶角盲蝽为害越严重。另外，作为优良高产腰果品系，产量较高的FL30、CP63-36和GA63过多花枝造成的荫蔽环境也可能是诱发茶角盲蝽发生的重要因素。

五、防治技术

每年在腰果植株最末1次抽梢（管理良好的腰果植株1年可抽梢3～4次，我国海南约在10～11月抽生最末1次新梢）开始，应定期进行田间调查，随时掌握茶角盲蝽的发生动态。腰果植株在初花初果时是茶角盲蝽大发生初期（我国海南在11月至翌年1月），此时喷洒农药，是当年防治茶角盲蝽成败的关键。

（一）农业防治

在腰果园收果后，进行修枝管理，剪除过密枝条，除去带卵枝条。结合除草施肥，彻底清除腰果园中的杂草，以减少茶角盲蝽的食料来源。

（二）生物防治

一般情况下，自然天敌难以控制茶角盲蝽的种群，但自然天敌可作为害虫综合防治的一个重要措施，可结合其他防治方法进行。茶角盲蝽的捕食性天敌有蜘蛛［蝇象蛛（*Hyllus* sp.）、瓢虫（*Pseudospidemerus circumflexa* Mots.）、胸臭蚁［*Dolichoderus thoracicus*（Smith）］以及5种猎蝽即颈犀猎蝽［*Sycanus collaris*（Fab.）］、标记猛猎蝽（*Sphedanolestes signatus* Dist.）、*Irantha armipes* Stål、*Occamus typicus* Dist. 和无饰嗯猎蝽（*Endochus inornatus* Stål）。

（三）化学防治

根据虫情和使用药剂的持效期长短决定喷药次数和喷药间隔时间。一般第一次喷药后7～10d，再喷1次药，此后视虫情的发展，每隔7d或10d喷1次药。若第一次喷药时机适宜，只需喷1～3次药（最末1次梢期、花期、坐果期）即可控制茶角盲蝽为害。实践表明，防治茶角盲蝽的最佳喷药时间是在腰果最末1次梢期、花期和坐果期的初期，在早晨和傍晚时喷药效果最佳，因为此时的茶角盲蝽最为活跃。

有效药剂有 20％氰戊菊酯乳油 2 000～2 500 倍液、2.5％溴氰菊酯乳油 2 000～2 500 倍液、80％敌敌畏乳油 1 000～1 500 倍液和 90％敌百虫可溶粉剂 1 000 倍液。

张中润　梁李宏（中国热带农业科学院热带作物品种资源研究所）

第 114 节　腰果云翅斑螟

一、分布与危害

腰果云翅斑螟（*Nephopterix* sp.）属鳞翅目螟蛾科。在我国腰果植区普遍发生为害，是腰果的重要害虫。该虫曾又名腰果蛀果斑螟、腰果蛀螟。除为害腰果外，迄今还未见该虫为害其他作物的报道（彩图 17 - 114 - 1，1）。

二、形态特征

成虫：翅展 18～25mm，暗灰色。前翅镶有白色或稍带橙褐色的鳞片，靠近外缘具 1 条稍弯曲的灰白色线状纹，外缘具 1 明显黑纹，缘毛基部色深，外观呈 1 条黑色线纹。后翅白黄色。雄虫触角栉齿状，体小。雌虫触角鞭状，体较肥大（彩图 17 - 114 - 1，2，3）。

卵：扁椭圆形，长约 0.7mm，宽约 0.5mm。初孵卵为乳白色，后逐渐变为浅黄色，最后呈紫红色，卵壳表面具皱状突起。

幼虫：一龄幼虫体长 2mm，头壳宽 0.2mm，体色浅黄带紫红，头及前胸盾浅褐色（彩图 17 - 114 - 1，4）。

二龄幼虫体长 2.8mm，头壳宽 0.35mm，体色浅紫红，头及前胸盾浅褐色。

三龄幼虫体长 4.5mm，头壳宽 0.5mm，体色紫红，头及前胸盾浅褐至黑褐色。

四龄幼虫体长 9～10mm，头壳宽 1.0mm，体色紫红，头及前胸盾黑褐色。

五龄幼虫体长 13～16mm，头壳宽 1.4mm，体色紫红带灰绿。前胸盾片紫黑色，中央有 1 条白色纵线，将其分成左右相等的两部分，其上各着生刚毛 5 根。中、后胸各节背面具 4 个呈横向排列的刚毛瘤，内侧两个较小。腹部各节背面前半部具 4 个刚毛瘤，后半部具 2 个刚毛瘤，前半部内侧两个刚毛瘤与后半部两个刚毛瘤呈前窄后宽的梯形排列。腹部第一至八节气门圆形，呈紫红色，并具黑色边框，第八腹节上的气门最大，约为其他气门的 1.5 倍。第九腹节背面具 1 黑色斑。臀板黑色，具光泽，似圆形。第三至六腹节及第十腹节具腹足，趾钩为双序。

蛹：长椭圆形，长 10mm，宽 3mm。裸蛹，背面褐红色，腹面前半部淡绿色，腹部第一至七节背面中央具不规则的黑斑，尾端黑色。蛹外有老熟幼虫吐丝制作而成或吐丝结缀碎屑及土粒而成的蛹茧包裹，蛹茧呈椭圆形（彩图 17 - 114 - 1，5）。

三、生活习性

据室内饲养，在平均温度为 24.2℃、湿度为 79.5％时，完成 1 代需 30～34d。其中，卵期 5d，幼虫期 8～12d（一龄 2d，二龄 1～2d，三龄 1～2d，四龄 1～2d，五龄 3～4d），蛹期 11d，成虫寿命 6d。

成虫于每天 17：30～20：00 羽化，羽化高峰时间为 19：00～19：30，羽化出的成虫经 11～30s 展翅完毕，羽化率达 100％。雌蛾羽化高峰在傍晚，雄蛾大多在 20：00。据室内同一批次 266 头蛹中羽化出来的成虫统计，雌虫与雄虫之比为 1.5：1。成虫向光性弱，在室内突然给处于黑暗中的成虫直射白光时，静伏的成虫立即做出反应而扑动，但不扑光，在成虫发生期，靠近腰果园的室内灯光亦未见有成虫扑灯。

卵多分布在果梨与坚果交界处的果蒂上（58.9％），其次是在果柄上（20.5％）。腰果云翅斑螟在海南完成 1 代需 30～34d，成虫于傍晚及晚上羽化，第二天清晨开始交尾，交尾呈“一”字形，交尾 1 次需时 3～5min，交尾后第二天即开始产卵，可产卵多次，产卵时间在晚上，单产，产卵于坚果果腹、果蒂、果柄上，花萼萼片背面及花枝脱落处。雌虫最高产卵量达 125 粒。幼虫多在下午孵出。

卵通常单产，但也有数个叠成鱼鳞状的，最多可见 6 个卵叠成一片。1 个果实上有卵 1～24 粒。产于果梨上的卵当幼虫孵出后立即蛀害，而产于其他部位的卵幼虫孵出后转移至果梨或坚果进行蛀害。蛀孔入口呈圆形，洞口布满条状或堆状的排泄物，被蛀害的果梨果肉或坚果果仁可被蛀食一空，剩下果壳最后呈干枯状，生长发育较久的坚果果仁被蛀害后呈扭曲状，果梨被蛀害后引起腐烂。老熟幼虫随落果或夜间悬丝直接下地，在离地表 1cm 深的土中吐丝结缀土粒做茧并蜕去旧皮在其内化蛹。幼虫咬破卵壳孵出，白色透明的卵壳留在果面上。初孵幼虫橘红色或橘黄色，在果面上缓慢爬行，遇沟缝或凹陷隐蔽处即停留取食果皮，翌日上午或下午蛀入果中为害。

腰果云翅斑螟幼虫可转果为害。据观察，若在果实发育早、中期侵入，一头幼虫须转果 1～4 次，才能完成幼虫发育阶段，从而造成多个果实受害。若初侵入的果实是后果态，则无须转果即可完成幼虫期的发育。

幼虫成熟时腰果云翅斑螟即脱离果实预备化蛹。化蛹前的老熟幼虫在果内做一白色的薄丝茧，静伏其中半天至 1d，然后离开果实。室内观察，12：00～14：00 是幼虫脱离果实的高峰时期，其余时间较少见有幼虫脱离果实化蛹。大多数幼虫随同成熟的被害果实掉落到地面，在落果中继续取食到老熟时才脱离果实，也有少部分在树上完成幼虫期的发育后，吐丝吊落到地面上化蛹。

腰果云翅斑螟化蛹于树冠下的土壤中。老熟幼虫脱离果实后，爬行数分钟至十几分钟，然后钻入土中，吐丝做一椭圆形的土茧化蛹。在室内，若不提供土壤，幼虫四处爬行一段时间，最后不结茧而裸露化蛹。蛹在土中的垂直分布主要集中于 1cm 深的表土层中，少量在 2cm 深的土层里，3cm 以下几乎没有蛹分布。

四、发生规律

在海南南部，腰果云翅斑螟全年发生 9 代，田间世代重叠。第一代始于 10～11 月，时值花前嫩梢期，并有少量花序和零星果实，但田间虫口极少，嫩梢、花序及零星果实上的为害率为 0.1% 左右。1 月至 3 月上旬，腰果树进入结果初期，在长势较好的果园里，约有 9% 的树结果，该虫的第三、四代发生于此期间，田间虫果率为 0.5%～8%。经前 4 代的虫口积累之后，第五至七代恰逢结果盛期，是大发生为害时期。这期间，田间结果树由 3 月上旬的 10% 剧增到 55%，然后逐渐增加到 90% 以上。与此同时，虫果率由 3 月上旬的 8% 增加到 17%，至 4 月底 5 月初，虫果率达 60% 以上。此后，随着田间果实量的减少，种群数量自然下降。

五、防治技术

（一）农业防治

在结果初期（我国海南 1～3 月），人工摘除树上被害果实或被害花枝，以降低当年虫源基数。捡拾地上被害落果集中处理以及在树冠下撒施毒土，以减少下代虫源。在蛹期结合中耕除草挖蛹。

（二）化学防治

化学防治适期是盛果初期，我国海南植区通常 3 月中、下旬是第一次喷药防治适期。有效药剂有20% 氰戊菊酯乳油 2 000～2 500 倍液、2.5% 溴氰菊酯乳油 2 000～2 500 倍液或 18% 杀虫双水剂1 000～1 500 倍液。第一次喷药后，每隔 10d 或 7d 再喷 1 次，共喷 2～3 次，即可保护大多数果实免遭虫害。

张中润　梁李宏（中国热带农业科学院热带作物品种资源研究所）

第 115 节　椰心叶甲

一、分布与危害

椰心叶甲 ［*Brontispa longissima* (Gestro)］ 属鞘翅目铁甲科，又名红胸叶虫、椰子扁金花虫、椰棕扁叶甲、椰子刚毛叶甲。有多个异名，分别为 *Brontispa castanes* Lea、*B. froggatti* Sharp、*B. javana* Weise、*B. reicherti* Uhmann、*B. selebensis* Gestro、*B. simmondsi* Maulik、*B. longissima* var. *javana*

Weise、*B. longissima* var. *selebensis* Gestro、*Oxycephala longipennis* Gestro、*O. longissima* Gestro。

椰心叶甲原发生于印度尼西亚、巴布亚新几内亚，后分布区逐渐扩大。现分布区为中国、越南、印度尼西亚、澳大利亚、巴布亚新几内亚、所罗门群岛、新喀里多尼亚、萨摩亚群岛、法属波利尼西亚、新赫布里底群岛、俾斯麦群岛、塔西提岛、关岛、马来西亚、斐济群岛、瓦努阿图、瑙鲁、新加坡、法属瓦利斯和富图纳群岛、马尔代夫、老挝、柬埔寨、菲律宾、泰国。马达加斯加、毛里求斯、塞舌尔、韩国也曾有报道。

椰心叶甲是棕榈科植物上的重要害虫之一，主要随植株远距离传播。其寄主有椰子（*Cocos nucifera*）、槟榔（*Areca catechu* L.）、假槟榔 [亚历山大椰子（*Archontophoenix alexandrae*）]、山葵 [克利巴椰子、皇后葵（*Arecastrum romanzoffianum*）]、省藤（*Calamus ritang*）、鱼尾葵（*Caryota ochlandra*）、散尾葵 [黄椰子（*Chrysalidocarpus lutescens*）]、西谷椰子（*Metroxylon sagu*）、大王椰子 [雪棕、王棕（*Roystonea regia*）]、棕榈（*Trachycarpus fortunei*）、华盛顿椰子 [大丝葵（*Washingtonia robusta*）]、卡喷特木（*Carpentaria acuminata*）、油椰（*Elaeis guineensis*）、蒲葵（*Livistona chinensis*）、短穗鱼尾葵 [丛立孔雀椰子（*Caryota mitis*）]、软叶刺葵（*Phoenix roebelenii*）、象牙椰子（*Phytelephas macrocarpa*）、匏茎亥佛棕 [酒瓶椰子（*Hyophorbe lagenicaulis*）]、公主棕（*Dictyosperma album*）、红槟榔（*Cyrtastachys renda*）、*Bentinckia nicobarica*、青棕（*Ptychosperma macarthurii*）、海桃椰子（*Ptychosperma elegans*）、丝葵 [老人葵（*Washingtonia filifera*）]、海枣（*Phoenix dactylifera*）、*Laccospadix australasica*、*Thrinax parviflora*、斐济桐（*Pritchardia pacifica*）、短蒲葵（*Livistona muelleri*）、*Gulubia costata*、红棕桐（*Latania lontaroides*）、刺葵 [糠椰（*Phoenix loureirii*）]、岩海枣（*Phoenix rupicoda*）、董棕 [孔雀椰子（*Caryota urens*）]、日本葵等，其中椰子为最主要的寄主植物。

椰心叶甲仅为害棕榈科植物最幼嫩的心叶部分，幼虫、成虫均在未展开的心叶内取食表皮薄壁组织，一般沿叶脉平行取食，形成狭长的与叶脉平行的褐色坏死线，为害严重时叶片枯干。一旦寄主心叶抽出，害虫也随即离去，寻找新的隐蔽场所取食为害。成年树受害后期往往表现部分枯萎和顶冠变褐甚至植株死亡。通常幼树和不健康树更容易受害。棕榈科的一些生理或非生理性病害也造成叶片出现褐色、皱缩症状，但表皮无虫道破裂，也没有虫体排泄物，可以和椰心叶甲为害状加以区别。

在印度尼西亚的南苏拉威西省，椰子种植的土壤条件不好，人工管理也差，再加上有粉虱的感染，因此，极易受到椰心叶甲的侵害。有时椰心叶甲与粉虱、金龟子和象甲一起为害椰树，严重时导致树木死亡，轻者多年不结果。在以后的几年里，椰心叶甲波及爪哇岛，某些地区有 10%～15% 的椰树受到感染。在所罗门群岛，由于椰树受椰心叶甲为害，不到 10 年，损失达 6.5 万英镑。椰心叶甲 1975 年发现由印度尼西亚传入我国台湾，1976 年统计受害苗约为 4 000 株，而 1978 年受害植株仅恒春已达 4 万株以上。

1977 年椰心叶甲发现于昆士兰州的库克敦，之后便传到约克角半岛、印利斯菲尔和凯恩斯。1979 年 12 月发现于北部地区的达尔文，澳大利亚政府采取种种措施，试图限制和根除，然而，到 1981 年，该虫已经在当地成功定殖了。

1961 年法属波利尼西亚的塔西提岛发现椰心叶甲为害，并迅速遍布整个群岛。1981 年椰心叶甲在 Tubuai 岛猖獗为害，1983 年在 Rurutu 岛和 Rangiroa 岛大暴发，导致巨大的经济损失。

椰心叶甲于 20 世纪 70 年代早期传入美属萨摩亚的图伊拉岛，于 1979 年由美属萨摩亚传入西萨摩亚的乌波卢岛，当发现该虫时，该虫已扩散至很多地区，将其根除已不可能，其已经开始向萨瓦伊岛扩散，共造成椰子产量损失 50%～70%。

1999 年，马尔代夫从马来西亚和印度尼西亚引进棕榈时传入椰心叶甲，2000 年以后，对近 9 000 株椰子树进行了药剂防治，并拔除和烧毁了许多椰子苗。几年前，越南引进观赏棕榈时传入椰心叶甲，2001 年椰心叶甲感染越南南部所有 21 个省 15 万 hm² 的 100 多万株椰子树，2003 年 8 月扩散至 30 多个省约 600 万株椰子树。在当地用杀虫剂已不能有效控制椰心叶甲的传播。

在我国，椰心叶甲 1975 年传入台湾，1991 年传入香港，1999 年以来，在大陆口岸检验检疫部门被屡次检获。2002 年发现该虫在海口市自然界定殖，现已扩散蔓延至海南、广东、广西、福建、云南等地的许多县市。

中国科学院动物研究所利用生态位模型对椰心叶甲在我国的潜在分布区进行了预测，椰心叶甲在我国的潜在分布区主要集中于华南和华东地区；分析结果还表明，东南亚和南亚也存在广大的适生区，即越南、老挝、泰国、缅甸、印度、柬埔寨等，这将对我国广西、云南两省及西藏南麓局部区域构成威胁。

二、形态特征

成虫：体扁平狭长，具光泽。体长 8.1～10mm，宽 1.9～2.1mm。头部红黑色，前胸背板黄褐色；鞘翅黑色，有时基部 1/4 红褐色，后部黑色。头顶背面平伸出近方形板块，两侧略平行，宽稍大于长。中纵沟两侧具粗刻点和皱纹，前方具锥形角间突，长稍超过触角柄节的 1/2，基部略宽，向端渐尖，不平截；触角粗线状，一至六节红黑色，七至十一节黑色（彩图 17 - 115 - 1，1）。

前胸背板略呈方形，长宽相当。前缘向前稍突出，两侧缘中部略内凹，后缘平直。前侧角圆，向外扩展，后侧角具 1 小齿。刻点不规则，中前部刻点大，两侧较小且与鞘翅刻点大小相当，中后部、前缘中部及前侧角斜向内具无刻点区。

小盾片略呈三角形，侧圆，下尖。鞘翅基部平，不前弓。翅两侧基部平行，后渐宽，中后部最宽，往端部收窄，末端稍平截。有小盾片行，具 2～4 个浅刻点。鞘翅中前部具 8 列刻点，中后部 10 列，刻点整齐。刻点相对较疏，大多数刻点小于横间距。行距宽度大于刻点纵间距。翅面平坦，两侧和末梢行距隆起，端部偶数行距呈弱脊，尤以 2、4 行距为甚，且第二行距达边缘。鞘翅有时全为红黄色（印度尼西亚爪哇），有时后面部分（比例变化较大）甚至整个鞘翅全为蓝黑色（所罗门群岛、印度尼西亚 Irian Jaya），鞘翅的颜色因分布地不同而有所不同。

足粗短。第一至三跗节扁平，向两侧膨大，尤以第三跗节显著，几乎包住第四跗节，第四跗节端部稍突出于第三跗节。2 爪约为第四跗节的 1/2，不伸出第三跗节之外。胫节端部均有小齿。腹面几近光滑，刻点细小。

卵：长筒形或椭圆形，褐色，两端宽圆，长 1.5mm，宽 1.0mm。卵壳表面有蜂窝状突起。成虫通常将卵产于心叶虫道内，1～3 个呈 1 纵列或两列黏着于叶面，少数超过 4 个，偶见 7 个。周围有取食的残渣和排泄物。刚产下的卵黄色，半透明，后颜色逐渐加深，变成棕褐色（彩图 17 - 115 - 1，8）。

幼虫：孵化时幼虫从卵的端部或近端部裂缝内钻出，初孵及刚蜕皮时体色为乳白色，慢慢体色变为黄白色。幼虫分 5～7 龄，常见 5 龄，白色至乳白色。各龄幼虫可根据头壳宽、体长明显区分开。一龄幼虫体长 1.7mm，头宽 0.5mm，头部相对较大，体表的刺较老龄的明显，胸部每节两侧各有 1 根毛，腹部侧突上有 2 根毛，尾突的内角有 1 个大而弯的刺，背腹缘上有 5～6 根刚毛。二龄幼虫体长增加到 2.7mm，头宽 0.6mm，明显大于一龄，腹部侧突比一龄幼虫长，每个侧突上有 4 根毛，分布在端部的不同点，刚毛比成熟幼虫长。前胸有 8 根毛，两边各 4 根；中、后胸共 6 根毛，每侧 3 根，2 前 1 后。尾突内角上的刺和一龄幼虫一样，不太明显。发育到五龄老熟幼虫时，体淡黄色，体长可达到 7.7mm，头宽可达 1.3mm，体扁平，两侧缘近平行。前胸和各腹节两侧各有 1 对侧突，腹部 9 节，因八、九节合并，在末端形成 1 对内弯的尾突，实际可见 8 节。尾突基部有 1 对气门开口，末节腹面的肛门有肛门褶。头部触角 2 节，单眼 5 个，排成 2 行，前 3 后 2，位于触角后，上颚具 2 齿（彩图 17 - 115 - 1，3～7）。

幼虫的龄期可从尾突的长短来区分：一龄平均为 0.13mm，二龄 0.20mm，三龄 0.29mm，四龄 0.37mm，五龄 0.45mm。

幼虫与其近缘种的主要区别为：腹侧突几乎相等，腹第八节侧突长小于尾突宽，两尾突外侧在基部大部分近乎平行，凹缘达到尾突气门至端部的一半，尾突凹长宽相差无几，中间处最宽，尾突逐渐尖细并内弯，腹第八侧突比前面的短。

蛹：与幼虫形态近似，但个体稍粗，浅黄至深黄色，长约 10.0mm，宽约 2.5mm，头部具 1 个突起，腹部第二至七节背面具 8 个小刺突，分别排成两横列，第八腹节刺突仅有 2 个，靠近基缘。腹末具 1 对钳状尾突，基部气门开口消失。刚化蛹时，蛹体表面光亮，呈半透明状态。以后蛹体表颜色变深变暗，翅芽变黑（彩图 17 - 115 - 1，2）。

三、生活习性

椰心叶甲每年发生3~4代，在海南1年发生4~5代，每个世代需要55~110d，其中卵期3~5d，幼虫期30~40d，预蛹期3d，蛹期5~6d，成虫羽化2~8周后开始产卵。成虫寿命超过220d，世代重叠现象较明显。幼虫为3~6龄，随地区不同而异，在西萨摩亚群岛幼虫为4龄。

椰心叶甲喜食棕榈植物心叶部分。成虫羽化2~8周后，开始交配产卵，一生交配多次，交配时间以傍晚居多。每头雌虫一生可产卵120粒左右，最多达196粒，卵产于心叶的虫道内，通常3~5粒卵呈1纵列黏附于叶面，周围有取食的残渣和排泄物。在叶片上成虫产卵的位置首选叶基部，其次是叶边沿，最后选择叶中部。极少重复产卵于同一地方，一般选择间隔较远的地方产卵，最少间隔3.3~4.3cm。

成虫和幼虫均具有负趋光性、假死性，喜聚集在未展开的心叶基部活动，见光即迅速爬离，寻找隐蔽处。成虫具有一定的飞翔能力，常在早晚飞行，迁飞最活跃时间是16：00~19：00，白天多缓慢爬行。由于成虫期较长，因此，成虫的为害远远超过幼虫。通常成虫3~5d、高龄幼虫7d不取食仍能存活。成虫及幼虫常聚集取食，喜欢为害三至六年生棕榈科植物，取食寄主未展开的心叶表皮薄壁组织，形成与叶脉平行的狭长褐色条斑。心叶展开后呈大型褐色坏死条斑，有的叶片皱缩、卷曲，有的破碎枯萎或仅存叶脉，被害叶表面常有破裂虫道和排泄物。成年树受害后常出现褐色树冠，严重时，整株死亡。幼树和不健康的树易受害。

四、发生规律

伍筱影等研究了温度对椰心叶甲生长发育的影响，表明椰心叶甲同一虫态的发育历期随温度的升高而缩短，与温度呈显著负相关。在16℃条件下，椰心叶甲完成1个世代需要193.5d，而在28℃下，完成1个世代发育只需要57.6d，两者相差近4倍，说明温度对椰心叶甲的发育历期及一年的发生代数影响显著。钟义海等对椰心叶甲各虫态在不同温度下的发育历期和发育速率、发育起点温度、有效积温及存活状况进行了详细的研究，结果表明，椰心叶甲世代发育起点温度为11.08℃，有效积温为966.22℃，在海南省1年发生的理论代数为4~5代；温度过高对虫卵的孵化影响极大，超过32℃时，卵不能孵化；16℃低温条件对椰心叶甲的生长发育有抑制作用，而32℃高温有致死作用；20~28℃为生长适温。椰心叶甲的各虫态随苗木或其他载体进行远距离传播，成虫可飞行扩散，存活率高。初步研究结果表明，雌成虫单次可飞行200m左右，雄成虫单次可飞行约100m。从疫区调运棕榈科植物苗木，若未经处理，椰心叶甲的存活率较高。在秋季，采下大王椰子初展心叶10d后，幼虫、蛹、成虫存活率仍在60%以上。

海南岛属于热带岛屿季风气候，气候环境条件适宜，为椰心叶甲的入侵、定居与扩散提供了有利条件。椰心叶甲的成、幼虫均生活在棕榈科植物幼嫩心叶内，其小环境稳定，这对各个虫态的存活和种群发展有利。由于台风能增大椰心叶甲的飞行距离，所以，台风有助于椰心叶甲的扩散和传播。

棕榈科植物食叶类害虫种类及数量均较少，椰心叶甲在资源生态位上缺乏有力的竞争对手，易于侵入，而一旦传入，即会占据并充分利用这个资源生态位（心叶），进一步发展种群、定居并扩散。棕榈科植物上动物群落物种多样性较低，群落结构简单。尤其是人工种植的棕榈林生态系统，经常受到外界因素的干扰，物种间难以建立稳定的密切关系。由于新的生态环境中缺乏有效抑制椰心叶甲的天敌，椰心叶甲入侵后极有可能暴发成灾。

椰心叶甲的天敌有寄生性天敌、捕食性天敌和病原微生物（表17-115-1）。目前应用较为成功的为其中3种，分别为椰心叶甲啮小蜂（*Tetrastichus brontispae*）、椰甲截脉姬小蜂（*Asecodes hispinarum*）和绿僵菌（*Metarhizium* spp.）。被利用的天敌还有垫跗螋［*Chelisoches morio*（F.）］、椰心叶甲刺角赤眼蜂［*Haeckeliania brontispae*（Ferrière）］、椰心叶甲尖角赤眼蜂［*Hispidophila brontispae*（Ferrière）］、黄猄蚁［*Oecophylla smaragdina*（Fab.）］、凹缘跳甲卵小蜂（*Ooencyrtus podontiae* Gah.）、相似铺道蚁（*Tetramorium simillimum*）、爪哇分索赤眼蜂（*Trichogrammotidea nana* Zhut.）、椰实蠼螋及蚂蚁、树蛙和壁虎等。

表 17 - 115 - 1　椰心叶甲的天敌

Table 17 - 115 - 1　The natural enemies of *Brontispa longissima*

天敌种类	分类	捕食、寄生或感染虫态	分布国家或地区
寄生性天敌　椰甲截脉姬小蜂（*Asecodes hispinarum*）	姬小蜂科	幼虫	巴布亚新几内亚、西萨摩亚、越南（引进）、中国（引进）
青背姬小蜂（*Chrysonotomyia* sp.）	姬小蜂科	幼虫	巴布亚新几内亚、西萨摩亚
椰心叶甲尖角赤眼蜂［*Hispidophila brontispae*（Ferrière）］	赤眼蜂科	卵	马来西亚、印度尼西亚（爪哇、苏拉威西）
椰心叶甲卵跳小蜂（*Ooencyrtus pindarus*）	跳小蜂科	卵	马来西亚、印度尼西亚
椰心叶甲啮小蜂［*Tetrastichus brontispae*（Ferrière）］	姬小蜂科	幼虫、蛹	印度尼西亚（爪哇）、印度尼西亚（苏拉威西，引进）、美属萨摩亚（引进）、关岛（引进）、马里亚纳群岛（引进）、新喀里多尼亚（引进）、巴布亚新几内亚（引进）、社会群岛（法属波利尼西亚，引进）、所罗门群岛（引进）、瓦努阿图（引进）、西萨摩亚（引进）、澳大利亚（引进）、中国（引进）
爪哇分索赤眼蜂［*Trichogrammotidea nana*（Zhutner）］	赤眼蜂科	卵	巴布亚新几内亚、印度尼西亚（爪哇）、所罗门群岛（引进）、斐济（引进）
捕食性天敌　垫跗螋［*Chelisoches morio*（Fabricius）］	垫跗螋科	幼虫、蛹	新喀里多尼亚、瓦努阿图、西萨摩亚、中国
黄猄蚁［*Oecophylla smaragdina*（Fabricius）］	蚁科	幼虫、蛹	所罗门群岛
褐大头蚁［*Pheidole megacephala*（Fabricius）］	膜翅目蚁科	幼虫、蛹	新喀里多尼亚
相似铺道蚁［*Tetramorium simillimum*（F. Smith）］	膜翅目蚁科	卵	澳大利亚
病原微生物　球孢白僵菌［*Beauveria bassiana*（Bals.）Vuillemin］	真菌	幼虫、蛹、成虫	新喀里多尼亚
绿僵菌［*Metarhizium anisopliae* var. *anisopliae*（Metschn.）］	真菌	幼虫、蛹、成虫	澳大利亚、西萨摩亚、新喀里多尼亚、美属萨摩亚、瓦努阿图、中国

五、防治技术

椰心叶甲目前的防治方法包括：①化学防治，主要采用喷雾、淋灌、注射、埋药等方法；②物理防治，在面积小、疫树少的小疫点，采取砍伐销毁染虫株，剪除并烧毁带虫心叶的做法；③生物防治，包括利用寄生蜂、病原微生物和生物农药等。

（一）检疫

在调运绿化苗木的过程中要严格检查和检疫，发现有虫苗木要及时进行药剂喷洒，不得调运。同时对经过检疫无虫的苗木出具检疫证方可调运。对于来自疫区而检疫未发现椰心叶甲各虫态的，可准予试种一段时间，并加强后续监管监测。试种期间尽量与其他棕榈植物隔离。

现场检疫主要检查未展开和初展开心叶的叶面和叶背是否有椰心叶甲为害状及成虫和幼虫存在；同时检查装载容器如集装箱、纸箱等箱体有无此虫。进口的成树有的高达 7～8m 甚至 10m，一般以开顶集装箱装运，查验时应逐株实施检疫。现场未发现成虫和幼虫的，剪取带症叶回室内检查是否有卵。对于发现成虫或幼虫的货柜应立即进行封柜处理，防止椰心叶甲飞散。将截获的可疑成虫、幼虫和蛹带回室内进行鉴定；并在双目解剖镜下仔细检查从现场剪取的心叶是否带卵，一经发现，再做进一步鉴定。

（二）物理防治

对面积小、疫树少的小疫点，采取根除措施，将染虫株或染虫区内所有的疫树全部砍伐销毁，并对周围的棕榈科植物施药。由于椰心叶甲只取食未展开和初展的心叶，且产卵和化蛹也均在其折叠的叶内，剪除并烧毁带症心叶可有效降低虫口密度。

　　为了使这种措施有效，必须一次性地大面积实施并且要经常性地采取这种措施。3～6 年的椰树可以承受半年失去一片叶子，但更小的椰树却不能，因为这样会影响它们的生长速度。虽然这种方法有一定的效果，然而花费太大，并且不能很大程度地影响此虫的种群数量。剪除受害叶后最好结合施用杀虫剂。对国内各地已经引进的棕榈科植物进行深入调查，如发现有椰心叶甲为害，立即销毁。

（三）选育和利用抗虫品种

　　不同的椰树品种对椰心叶甲具有不同的抗性。在所罗门群岛的伦内尔岛，有一个叫"Rennell"的品种很少受到椰心叶甲为害。在非洲科特迪瓦和斐济也有椰树品种具有高抗性。在西萨摩亚，测试 6 个品种中有 1 个品种对椰心叶甲具有高抗性。

（四）化学防治

　　椰心叶甲暴发初期，作为应急措施，通常采用喷药方式进行防治。目前，国内推荐的常用化学药剂主要有氯氰菊酯、阿维菌素、啶虫脒等。喷雾施药可迅速压低虫口密度，操作较方便。但是因椰心叶甲在棕榈科植物的心叶内为害，药剂很难触及靶标害虫，且在高大棕榈植物上喷雾施药有诸多困难。为了达到更好的防治效果，喷雾施药往往需要多次间隔施药。这样容易造成成本的增加和环境的多次污染。

　　为了减少环境污染和更有效地控制椰心叶甲，科研人员在施药方法上做了相关研究。赵志英等（2003）选用了具有胃毒、触杀及内吸传导作用的 5 种药剂对高秆椰树进行茎干注射和根部埋药防治椰心叶甲试验。理论上讲，茎干注射和根部埋药防治椰心叶甲，操作相对方便，是一种非常理想的施药方法。但具有胃毒、触杀及内吸传导作用的药剂如甲胺磷、灭多威等效果却较差，原因可能是椰子的输导组织有其特殊性，药液部分被分解或未能较好地被送到心叶。此外，注药后，茎干上的注药孔口有药液渗出也是影响防治效果的原因之一。与椰子树相比，打孔施药法对大王椰上的椰心叶甲具有明显的防治效果（郑常格等，2010），这表明不同的棕榈科植物生理上存在差异，进而影响农药防治靶标害虫的效果。所以，如何提高达到心叶的有效药量是化学防治的关键。为探寻出最有效的药剂、最适浓度、用量和注孔深度等，应进行深入的探讨。新加坡学者也做过类似研究，其研究结果表明，吡虫啉较克百威和阿维菌素无论是注射还是根埋都有较好的控制作用，但是喷雾法最有效。

　　挂药包法防治椰心叶甲是联合国粮农组织推荐措施之一。在 20 世纪 90 年代，克百威挂药包曾在马来西亚用于防治椰子害虫。目前，在海南挂药包药剂多为椰甲清粉剂（杀虫单和啶虫脒复配剂），含触杀性药剂和内吸性药剂成分（张志祥等，2008）。该粉剂具有渗透性强、内吸性好及持效期长等特点。药剂可以通过降雨淋溶直接触杀害虫或内吸进入心叶，药效缓慢释放，可持续 4 个月左右。对于植株高大的椰子树，挂包防治法比较适宜。不足之处在于海南 10 月至翌年 3 月降雨较少，药剂不能发挥药效，需喷水车淋水来提高药效，增加了防治成本。药剂防治很难做到完全杀灭害虫，药效期过后，残留的椰心叶甲可能再次暴发为害。而且长期使用同种农药防治椰心叶甲有可能造成其抗药性，加大防治难度。

（五）生物防治

　　由于椰心叶甲取食未展开心叶的表皮，钻入叶片中间，化学药剂虽然速效性好，但不好接触到害虫，树木高大时施药又十分困难。化学防治还会带来害虫抗药性、化学药剂残留等问题。当椰心叶甲大发生的时候化学防治和物理防治方法都不能起到很好的效果。所以，从长远的角度来看，要想较好地控制椰心叶甲的为害，必须采取以生物防治为主的办法。

　　1. 椰心叶甲啮小蜂　椰心叶甲啮小蜂，又名椰扁甲啮小蜂，属膜翅目小蜂总科姬小蜂科啮小蜂亚科啮小蜂属，是椰心叶甲蛹的重要内寄生蜂，原产于印度尼西亚的爪哇岛，现已被所罗门群岛、新喀里多尼亚岛、塔希提岛、关岛、澳大利亚、萨摩亚群岛和中国台湾等地区引进应用控制椰心叶甲，取得良好效果。

　　椰心叶甲啮小蜂可以寄生椰心叶甲的老熟幼虫和蛹，但以寄生初蛹为主。每个寄主体内产很多卵，幼虫就生活在寄主体内，经 20d 左右羽化成蜂。每个寄生蛹平均出蜂量超过 20 头。出蜂量受温度影响，16℃出蜂率只有 55％左右，20～28℃时出蜂率超过 93％。另外，椰心叶甲啮小蜂的寄生率也受温度影响较大。16℃时的寄生率为 41.67％，30℃时的寄生率为 70％，20～28℃时寄生率都在 96％以上。

　　我国于 2004 年将椰心叶甲啮小蜂从台湾科技大学引进到海南。在田间对椰心叶甲蛹的寄生率约 85％左右，每一代（约 20d）能扩散 1 000m，扩散高度达 12m，防治效果较好。

　　2. 椰甲截脉姬小蜂　椰甲截脉姬小蜂属膜翅目小蜂总科姬小蜂科凹面姬小蜂亚科（＝灿姬小蜂亚科）

截脉姬小蜂属，原产地在西萨摩亚和巴布亚新几内亚，是椰心叶甲的四龄幼虫寄生蜂，与椰心叶甲啮小蜂在防治椰心叶甲的利用上有互补性。Viet（2004）的研究表明，在 28℃ 时，椰甲截脉姬小蜂世代平均历期 17.0d，雌蜂寿命 3.4d，雄蜂寿命 4.1d；自然条件下寄生椰心叶甲二至四龄幼虫，但主要寄生四龄幼虫，强迫条件下可寄生椰心叶甲各龄幼虫及蛹。

椰甲截脉姬小蜂发育历期较短，28℃ 左右从产下卵到羽化出蜂一共只需 15d 左右的时间，16℃ 下发育则会延长到 49.3d。一年发生多代。一头寄主可被多头寄生蜂寄生，寄主出蜂量大。一条被寄生的僵死幼虫最多出蜂量可达 140 头。其寄生能力受温度影响较大，28℃ 以下，寄生率随温度下降而下降，28℃ 左右为最适合温度。

在联合国粮食及农业组织的支持下，越南 2003 年 4 月从西萨摩亚引进此蜂，在椰心叶甲为害严重的南部槟知、沿江等 4 省释放获得成功，到 2004 年 3 月建立种群，并扩散至 8km 外，对椰心叶甲产生良好的控制作用。

中国热带农业科学院于 2004 年 3 月将椰甲截脉姬小蜂从越南引进到了海南，椰甲截脉姬小蜂引进以后进行隔离研究，对其生物学特征、风险性评估等进行了研究。至 2004 年 11 月初，椰甲截脉姬小蜂已饲养繁殖至第九代，完成了安全性评估实验。2004 年 9 月在海口、三亚、琼海、文昌野外释放椰甲截脉姬小蜂 300 万头。至 2007 年 3 月，释放椰甲截脉姬小蜂达 5 亿头。大约每平方千米悬挂放蜂器 40 个，每个放蜂器有即将出蜂的被寄生的椰心叶甲幼虫 100 头。野外跟踪调查结果表明，椰甲截脉姬小蜂对椰心叶甲产生了良好的控制作用，一些椰树上的椰心叶甲高龄幼虫明显减少，椰树的心叶开始恢复生长。研究表明，该蜂在室内对椰心叶甲幼虫的寄生率为 70% 左右，在田间对椰心叶甲幼虫的寄生率超过 40%，田间每一代能扩散约 200m，可在高度为 10m 的椰子树上找到此寄生蜂，防治效果良好。

3. 绿僵菌　绿僵菌是一种广谱性的虫生菌，能寄生 5 目 24 科约 200 种昆虫，致病性强，但是对人、畜和作物无害。绿僵菌对椰心叶甲的致病可分以下几个步骤：①孢子附着于寄主体表；②孢子在寄主体表萌发；③分泌蛋白酶、几丁质酶等侵入到寄主组织；④侵入到组织后，释放毒素杀死寄主。绿僵菌生长中产生的毒素为环状缩肽类毒素——绿僵菌素（destruxins），又称为破坏素（destruxins），对鳞翅目、同翅目、双翅目、直翅目和鞘翅目等昆虫具有毒杀和拒食作用。绿僵菌是一种控制椰心叶甲比较安全有效的昆虫病原真菌，对椰心叶甲幼虫、蛹和成虫均有较强的活性，通过体表或取食作用进入椰心叶甲体内，并在其体内不断增殖和在种群中传播。通过消耗营养、机械穿透、产生毒素杀死害虫。绿僵菌寄生具有一定的专一性和安全性，对人、畜无害，不污染环境，无残留，害虫不会产生抗药性。

绿僵菌首次在巴布亚新几内亚图图伊拉岛发现感染椰心叶甲并致死。

在中国台湾的致病力实验中，当接种浓度为 2.15×10^7 个/mL 的绿僵菌（MA-1）孢子悬浮液时，椰心叶甲幼虫、蛹和成虫的死亡率均达到 100%。即使孢子浓度为 2.17×10^3 个/mL 时，幼虫死亡率也能达到 47%，蛹达到 60%。1986 年、1987 年在台湾的屏东县进行了绿僵菌（MA-1）防治椰心叶甲的试验，施用 3 次后未发现有活虫。由于绿僵菌 MA-1 对氨基甲酸酯类杀菌剂比较敏感，利用紫外光及化学药剂的诱变处理，得到 MA-126，与亲本毒性相同且抗杀菌剂。

越南国家植物保护研究所的科研人员正在试验用绿僵菌防治椰心叶甲，用绿僵菌防治椰心叶甲在室内达到极高的死亡率，大田防治已经在越南中部的一些省份展开。

2004 年以来，广东省林业科学院和中国农业科学院农业环境与可持续发展研究所进行了绿僵菌高毒力菌株筛选、生产工艺、剂型及林间使用技术等一系列研究。2005 年上半年进行的林间防治试验效果显著，7d 后椰心叶甲致死率约为 60%，15d 后杀虫率达到 85%。绿僵菌能够持续控制椰心叶甲种群增长，大面积防治效果显著，病原体通过流行传播，持效和后效明显，但相对化学农药它的作用时间较慢。

（六）综合治理，分类防治

将生物、化学、机械等单项技术融合起来，发挥各自优势，可达到综合控制椰心叶甲的目的。对不同场所和不同程度的为害可进行分类防治，城镇、景区以挂药包为主，快速灭杀害虫，消除灾害，保护景观，遏制疫情沿路扩散。农村和椰林成片的区域以放蜂为主，辅以绿僵菌防治，为害严重的应挂药包进行急救处置。利用寄生蜂防治椰心叶甲有两种放蜂方法：一是直接释放寄生蜂成虫，这种方法是借鉴我国台湾和澳大利亚的放蜂方法，即把刚羽化的寄生蜂接入指形管内，用 5% 的蜜糖水饲喂后，直接将装有寄生蜂的指形管固定于椰心叶甲寄主的叶鞘处，打开指形管放蜂即可；二是释放被寄生蜂寄生的椰心叶甲幼虫或蛹，这种方法是借鉴越南的放蜂方法，通常要制作专门的放蜂器。释放寄生蜂的数量和次数，需根据椰心叶甲的虫口密度而定，通常需要持续放蜂 6 个月才会有防治效果。小片疫点和零星分布的椰子树采取挂包全面防治，力争扑灭或实现较长时间的控制。对槟榔树、苗圃花卉和椰子小树实行喷灌农药防治。

总之，要较好地控制椰心叶甲发生为害，首先应把好苗木关，严防其通过苗木、盆景等的调运而传入；一旦传入，必须采取应急措施予以根除，严防扩散蔓延。要严密检测来自疫区的棕榈科植物，加强毗邻地区虫情监测与防治工作。目前在已经发现椰心叶甲疫情的地区，要组织力量，多采取以生物防治为主的害虫综合治理技术措施，既要坚持使用寄生性天敌和病原真菌为主的生物防治，对一些受害严重的重要树种，也可以利用椰心叶甲敏感高效低毒化学药剂控制其局部大发生。目前，对于成片棕榈科林木，利用椰心叶甲啮小蜂、椰甲截脉姬小蜂可基本控制椰心叶甲的为害，对于零散（如行道树、绿化园林、林缘）的棕榈科植物，需要探索有效的新防治方法。

彭正强　吕宝乾（中国热带农业科学院环境与植物保护研究所）

第 116 节　红棕象甲

一、分布与危害

红棕象甲 [*Rhynchophorus ferrugineus* (Olivier)] 又名锈色棕榈象甲、亚洲棕榈象甲、印度红棕象甲，为鞘翅目象虫科隐颏象亚科棕榈象属。

红棕象甲在我国主要分布于海南、广西、广东、福建、云南、浙江、西藏、上海、江西、台湾和香港，国外主要分布于印度、伊拉克、沙特、阿联酋、阿曼、伊朗、埃及、西班牙、巴基斯坦、巴林、印度尼西亚、马来西亚、菲律宾、泰国、缅甸、越南、柬埔寨、斯里兰卡、所罗门群岛、新喀里多尼亚、巴布亚新几内亚、日本、约旦、科威特、文莱、卡塔尔、老挝、孟加拉国等国家。

我国已记载红棕象甲的寄主植物有 26 种，包括椰子、油棕、槟榔、桃榔、糖棕、马尼拉椰子、鱼尾葵、贝叶棕、越南蒲葵、中国蒲葵、大叶蒲葵、西谷椰子、加纳利海枣、美丽针葵、刺葵、银海枣、散尾葵、大王棕、棕榈、华盛顿棕、台湾海枣、假槟榔、酒瓶椰子、三角椰子、霸王桐，以及禾本科的甘蔗。

红棕象甲幼虫和成虫都能为害，尤以幼虫所造成的损失较大。幼虫钻蛀树干取食茎干疏导组织，导致树干成空壳，风吹易折断。为害心叶和生长点时，可使植株死亡。为害幼龄椰树时，通常从树冠、受伤部位或裂缝侵入树体，也可从根部侵入，受害部位能看到侵入孔洞或黑色黏稠液体渗出。而从树冠部位为害时，早期不易发现，但生长点已被蛀食，严重者被蛀空，心叶部位易折断。为害初期，为害状不明显，使用声音探测仪监测能听到害虫在树干内活动的声音。为害后期，心叶干枯，叶片基部枯死，叶柄处能看到侵入的孔洞，蛀孔口处有树干纤维碎屑或黏液。为害严重的植株明显可以闻到酒精发酵的气味，此时植株已难以挽救。椰子等棕榈成林时间较长，一旦死亡，损失惨重（彩图 17-116-1）。

红棕象甲近年来在我国南方迅速蔓延，是我国严重为害棕榈植物的高危性检疫害虫，具有严重的潜在经济危害性。据资料记载，每年我国口岸检疫部门都多次截获到红棕象甲。红棕象甲是典型的南方害虫，20 世纪 90 年代后，在我国才开始受到重视。随着棕榈植物的引种及贸易活动的展开，红棕象甲在我国的为害范围逐渐扩大。2002 年和 2003 年相继在广西和贵州引进的加拿利海枣树上发现红棕象甲为害。2005 年在上海松江和江苏柳州再次发现红棕象甲为害，广州部分棕榈苗圃受害率几乎达 100%。2007 年首次侵入浙江，在丽水造成严重的经济损失；2008 年杭州、温州发现 21 棵加拿利海枣被毁灭性棕榈科植物害虫红棕象甲为害致死，同年在福建宁德、厦门首次发现红棕象甲为害。

二、形态特征

成虫：体长为 19~34mm，宽为 8~15mm，胸厚为 5~10mm，喙长为 6~13mm。身体红褐色，光亮或暗。体壁坚硬。喙和头部的长度约为体长的 1/3。口器咀嚼式，着生于喙前端。前胸前缘小，向后逐渐扩大，略呈椭圆形，前胸背板具两排黑斑，前排 2~7 个，中间 1 个较大，两侧较小，后排 3 个均较大，或无斑点。鞘翅短，边缘（尤其侧缘和基缘）和接缝黑色，有时鞘翅全部暗黑褐色。身体腹面黑红相间，腹部末端外露；各足腿节末端和胫节末端黑色，各足跗节黑褐色。触角柄节和索节黑褐色，棒节红褐色。成虫头部的延伸部分为喙，喙圆柱形，喙近基部中央向端部具 1 条中纵脊；雄虫喙的表面较为粗糙，纵脊两侧各有 1 列瘤，喙的背面近端部起 1/2 长外覆有 1 丛短的褐色毛；雌虫喙的表面光滑无毛，且较细并弯曲。锤状触角，生于喙近基两侧。柄节棒状，直且较长；索节共 6 节，长为柄节的 70%～80%，第一节倒梨状，长约为宽的 1.5 倍，第二节倒卵状，长约为宽的 1.1 倍，第三、四、五节近等长，扁球状，第六节甚宽短，长为宽的 50%～60%；棒节为斧状，长为宽的 60%～80%，基半部光滑，端半部密布绵毛。成虫前足基节间距狭，中足基节间距宽，后足基节间距甚宽；各足腿节短棒状，侧扁，光滑，刻点细小，腹面密布橙黄色鬃毛；各足胫节近直，侧扁，光滑，刻点细小，腹面内外两侧均具 1 列橙黄色鬃毛，内侧 1 列尤长，胫节端钩发达，基部下缘两侧各具 1 簇长刚毛，前足胫节端部外缘具 2 枚齿，中、后足胫节端部外缘不具齿。雌虫各足（尤其是前足）腿节和胫节腹面鬃毛比雄虫短而稀疏。一般鞘翅目昆虫的雄性外生殖器，只有阳茎和阳茎基，阳茎套在环状的阳茎基内，两者以膜质相连。红棕象甲的雄性外生殖器的基本结构与此相似，符合象甲科昆虫外生殖器的具环式构造。由阳茎基、阳茎组成外生殖器。阳茎基 V 形，套住阳茎，由节间膜相连。阳茎基顶部在中央凹入，靠前缘两侧具刚毛，靠后缘两侧中央骨化程度较低，略透明。阳茎有两根细长的阳茎内骨。中茎勺状，弧形弯曲，基部略透明，端部鸭舌状。一般鞘翅目昆虫的雌性外生殖器没有由附肢特化的产卵瓣，只是由于腹末端几节变细，平时套在体内，产卵时伸出，称为伪产卵器。所以，红棕象甲的雌性外生殖器结构比较简单，由产卵器鞘、产卵器组成。产卵器鞘整体锥形，端部靠前两侧具刚毛，靠后缘两侧中央骨化程度较低，略透明。产卵器为一外壁骨化的产卵管，端部有刺突。产卵器和产卵器鞘由膜连接起来。雄虫内生殖器官由睾丸、输精管、贮精囊、射精管、附腺等部分组成。每侧的睾丸由两个独立的睾丸管组成，睾丸管圆形，乳白色，中央凹陷，睾丸管之间有输出管相连，进而汇入下方共同的输精管。输精管中后部在成虫发育成熟后，膨大而呈乳白色，为贮精囊。附腺每侧各 1 条，细长而弯曲，与输精管一同汇入射精管。射精管略粗于输精管。雌虫内生殖器官由卵巢、侧输卵管、中输卵管、受精囊、受精囊腺等部分组成。每侧的卵巢由两条卵巢管构成，每条卵巢管下端卵粒大而饱满，向上逐渐减小。卵巢管基部以卵巢管萼与侧输卵管相连，卵巢管萼乳白色，膨大。卵巢管萼下方是侧输卵管，两条侧输卵管汇入中输卵管，向下连接生殖腔。中输卵管背面是受精囊，连接着受精囊腺（彩图 17 - 116 - 2）。

卵：乳白色，具光泽，长卵圆形，光滑无刻点，两端略窄。卵期 3～4d。刚产的卵晶莹剔透，第二天没什么变化，第三天略膨大，两端略透明，后又逐渐缩小至原先水平，孵化前卵前端有 1 暗红色斑，平均大小为 2.36mm×0.93mm（彩图 17 - 116 - 3）。

幼虫：体表柔软，皱褶，无足，气门椭圆形，8 对。头部发达，突出，具刚毛。腹部末端扁平，略凹陷，周缘具刚毛。初龄幼虫体乳白色，比卵略细长。老龄幼虫体黄白至黄褐色，略透明，可见体内 1 条黑色线位于背中线位置。头部坚硬，蜕裂线 Y 形，两边分别具黄色斜纹。体大于头部，纺锤形，可长达 50mm（彩图 17 - 116 - 4）。

蛹、茧：蛹为离蛹，长为 20～38mm，宽为 9～16mm，长椭圆形，初为乳白色，后呈褐色。前胸背板中央具 1 条乳白色纵线，周缘具小刻点，粗糙。喙长达前足胫节，触角长达前足腿节，翅长达后足胫节。触角及复眼突出，小盾片明显。蛹外被 1 束寄主植物纤维构成的长椭圆形茧（彩图 17 - 116 - 5）。

三、生活习性

红棕象甲的交配行为整日可见，但在暗光周期开始 0.5h 左右会有一个明显的高峰期。交配前，一般可见雄虫比较活跃，主动寻找雌虫。雄虫一般趁雌虫取食或停留时爬上雌虫背面，通过前足抱住雌虫的后胸，并用前足的跗节紧紧抓住前胸背板两侧或背板与鞘翅的连接处。雌虫受到刺激后背负着雄虫爬行，而雄虫则紧紧抱住雌虫防止逃逸。待雌虫安静后，雄虫慢慢调整自身的位置，伸出红棕色阳茎，但最初只是末端抵住雌虫腹部末端，并不进入雌虫的交配囊，此过程持续 1～2s 后，雄虫将阳茎完全进入雌虫的交配囊进行交配。此外，红棕象甲交配姿势除背负式外，少数可以相互拥抱交配，并可见雄虫伸出的交配器，但由于雌虫的反抗和不停扭动虫体，这种交配姿势往往极少能够成功。在无外界环境干扰时，尤其是其他成虫干扰时，红棕象甲单次交配时间均可达 1min。红棕象甲虫体的大小并不影响其交配，且虫体的大小与其单次持续交配时间无显著相关性。产卵前,雌虫先寻找合适的产卵地点。首先不停地在寄主植物上四处爬动,在找到大概的合适位置时停留,然后通过口喙和触角来触探表面。确定合适位置后,即用口喙将植物表面刺穿形成小孔,最后调转身体将产卵器插入小孔中产卵。有时产卵后雌虫会用口喙将卵推入植物组织更深处。一段时间后,植物组织会分泌汁液,凝固后将卵覆盖或粘在植物组织上。但观察中也发现,如果所提供的棕榈植株组织比较幼嫩,红棕象甲不借助喙也可以直接将卵产入其中。红棕象甲的卵为单产,1 处 1 粒。雌虫每刺穿 1 个小孔需 1~3min,每产 1 粒卵需 2~4min,雌虫平均每日产卵 1~2 粒,多则 3~5 粒。

在既定的实验条件下,卵产后 3~5d 便开始孵化。幼虫孵出后便开始取食并钻蛀。幼虫首先用上颚一点点将植物组织撕碎,靠身体的蠕动向前钻蛀和排除植物屑末。幼虫的钻蛀并无规律,一个钻蛀孔可存在多头幼虫。在幼虫密度过高时,幼虫会抢夺一个钻蛀孔,或尾随先前钻蛀的幼虫继续钻蛀。争夺钻蛀孔往往会发生两种情况:一是当幼虫钻蛀时身体只钻入一半时,尾随其后的幼虫通过上颚不停钳夹前幼虫的尾部,而被钳夹的幼虫会通过不停摆动尾部来摆脱幼虫的攻击,经过激烈争斗后,胜者会赢得钻蛀孔,而败者会离开重新钻蛀;二是当幼虫整个虫体刚进入钻蛀孔时,也会有其他幼虫来争夺钻蛀孔,由于钻蛀较深,往往争夺不成功。在幼虫钻蛀过程中,会伴随一系列的蜕皮行为。幼虫蜕皮时,首先旧头壳破裂,头部末端两侧有 2 根乳白色的带状物连接旧表皮。在整个蜕皮的过程中,幼虫通过虫体向前蠕动以及白色带状物施加给旧表皮的阻力完成蜕皮。并且白色带状物会随着虫体向前的蠕动而渐渐向后缢缩,蜕皮完成后会留在旧表皮中。

幼虫在完成最后一次蜕皮后,便开始采集纤维做茧化蛹。末龄幼虫首先通过上颚将纤维撕下,然后通过一层层缠绕将整个虫体包裹起来。在整个茧的过程中存在 3 种虫态,即预蛹(包含末龄幼虫)、蛹、成虫。虽然在整个过程中茧并没有明显的行为,但通过摇动或震动茧后红棕象甲在其中表现的行为,并结合茧的颜色和质地可准确判断茧中存在的 3 种虫态。将摇动的茧平放在手掌后,明显感觉到茧壳中的虫体某个部位(尾部)在进行有节律的摆动,可以判断茧壳中的虫态为蛹;同样的方法,发现茧壳摇动后里面的虫态并没有发生任何变化或动作,可以判断茧壳中存在的虫态为预蛹或成虫。但在整个茧的过程中,不同虫态下茧壳的颜色和质地也不同,预蛹存在时茧壳颜色较浅且质地松软,而蛹和成虫存在时茧壳颜色较深且质地坚硬。研究中还发现,摇动预蛹茧壳时,可能会发现茧壳中的虫体向前蠕动,这是由于茧刚建成,末龄幼虫受到震动本能的反应造成的。

红棕象甲的自然生活史已被许多国家描述,主要包括印度、印度尼西亚、缅甸、菲律宾、伊朗、西班牙、埃及等国家。红棕象甲完整的生活周期在各个国家的报道均不一致,菲律宾报道该虫完成一个生活周期仅需 45d,而在西班牙需要 139d。红棕象甲的潜在生殖率很高,造成了其世代重叠的现象。据 Nirula 的估测,一头红棕象甲雌成虫将在 14 个月里、4 个世代内产生超过 500 万头幼虫。Rahalkar 等(1972)和 Abe 等(2009)报道红棕象甲在印度和日本 1 年可以发生 3~4 代,Salama 等(2002)估测在埃及 1 年可以发生 21 代之多。而在中国,据报道该虫 1 年可以发生 1~3 代。

在相同的虫态下,20~36℃下红棕象甲发育历期随着温度的升高而缩短。在 20℃下红棕象甲完成一个世代平均需要 423.03d,但在 36℃下平均仅需 80.14d。且在所有的温度下,不同温度所对应的相同虫态除在 28℃和 32℃中二龄和三龄幼虫的发育无显著性差异外,其他均呈显著差异。不同温度下甘蔗饲养的红棕象甲每个发育阶段的发育起点温度不同。在各个虫态中,蛹和四至十龄幼虫的发育起点温度最低,分别为 16.48℃和 16.62℃。而整个世代的发育起点温度和有效积温分别为 17.41℃和 1 590.72℃。温度同样影响世代的存活率,低温导致了较低的存活率。在不同的温度下,各个虫态的死亡率在 28℃下最低。20~36℃时,除 36℃下卵的存活率较低以外,在其他温度下均有较高的存活率。

四、发生规律

红棕象甲的活动具有季节性。据 Vidyasagar 等(2002)报道,红棕象甲在沙特阿拉伯的活动高峰期为 4~5 月,10~11 月为 1 个较小的高峰期。在埃及、以色列的活动高峰期为 4~6 月。在印度一年有两个高峰期,其中 10~11 月为最大高峰期,6~7 月为小的高峰期。覃伟权、黄山春等研究发现,该虫在海南文昌一年有 4 个高峰期,第一个高峰期为 4 月底至 5 月初,第二个高峰期为 7 月中旬至 7 月底,第三个高峰期为 10 月中旬至 10 月底，第四个高峰期为 11 月底至 12 月初，其中，第二次高峰期为最大。红棕象甲在各国的活动高峰期不同，可能是由于各国的农业气候条件不同造成的。

环境对红棕象甲的影响最为明显，主要表现在季节性的活动高峰期和低谷、温度对其发育的影响及湿度对其存活的影响。

由于各国的农业气候环境不同，在不同月份通过聚集信息素或者具有活性物质的引诱物对红棕象甲进行诱捕，发现每个月诱捕的数量差异较大。表现为成虫活动高峰期一般出现在高温月份来临前、高温月份、高温月份末。

温度对红棕象甲的影响较明显，主要表现在发育进度以及适生范围。Salama 和 Hamdy（2001）研究了 21.2℃和 29.5℃下卵和幼虫的发育状况。发现卵在 21.2℃下发育历期为 4.9d，而在 29.5℃下需要 3.6d；幼虫在 21.2℃和 29.5℃下发育历期分别为 90.4d 和 21.5d。且报道红棕象甲卵和幼虫的发育起点温度分别为-1.78℃和 18.6℃，并在低于此温度下观察到了幼虫的冬眠现象。随后，Salama 等（2002）报道了其成虫的最低发育阈值和最高发育阈值，为-2.3℃和 45℃。黄山春等（2008）通过聚集信息素诱集红棕象甲发现，低温天气诱捕的虫数较高温天气少。

湿度对红棕象甲存活的影响也比较明显。黄山春等（2008）通过聚集信息素对红棕象甲的诱集，发现雨天诱集的虫口数量明显少于非雨天所诱集的。Aldryhim 和 Al-Bukiri（2003）通过在林间采用滴灌和漫灌两种方式研究了红棕象甲分布情况，发现在漫灌试验处理小区受害寄主明显多于滴灌方式处理小区，并提出了土壤湿度是红棕象甲侵染蔓延的一个重要因素。随后，Aldryhim 和 Khalil（2003）在干燥的泥炭沼、潮湿的泥炭沼及水中对红棕象甲成虫进行了存活实验。发现在干燥的泥炭沼环境下，成虫仅能存活 2.5d，而在潮湿的泥炭沼和水中分别能存活 39.5d 和 23.5d。Al-Ayedh 和 Rasool（2009）将 γ 射线辐射后的雄成虫与雌成虫放置在相对湿度为 25%、50%、90%的环境条件下，发现相对湿度 50%和 90%条件下的单雌每天产卵量和孵化率均显著高于相对湿度为 25%条件下所获得的参数。

五、防治技术

（一）植物检疫

加强检疫，切断传播虫源。一旦发现有红棕象甲为害的植株，应立即就地销毁。同时积极开展疫情普查，杜绝害虫引进。

（二）农业防治

及时清理棕榈苗圃里的垃圾及枯枝败叶，减少园内虫源。受害植株应及时救治，受害后无法救治的或已经死亡的植株，应及时清除、销毁，彻底消灭幼茎组织内各虫期的害虫。针对成虫喜欢在植株上的孔穴或伤口产卵的习性，尽可能减少人为制造的伤口或孔穴，如发现应用沥青涂封或用泥浆涂抹，防止成虫产卵。

（三）早期声音探测技术

红棕象甲生活隐蔽，早期为害难以发现，后期发现多数植株损伤较大或已死亡，运用声音探测可帮助我们提早发现受害植株，为保护受害植株争取关键防治时间。目前国内主要运用 AED-2000L 便携式声音探测仪对红棕象甲幼虫在蛀道中取食和钻蛀的频率采集和分析，从中找出其取食和钻蛀规律，可以用来监测红棕象甲的早期为害，以做到早期预防。

（四）生物防治

在红棕象甲发生区每 667m² 悬挂红棕象甲诱捕器 1~2 个，每个诱捕器内悬挂聚集信息素 1 个，同时添加乙酸乙酯 10mL 作为协同增效剂，防治效果最佳（中华人民共和国农业部，2012）。

（五）化学防治

主要使用注射药液进行防治。防治幼虫时可向叶柄基部和树干内注射的药剂有 80%敌敌畏乳油 1 000 倍液、30%三唑磷乳油 500 倍液、4.5%高效氯氰菊酯微乳剂 500 倍液、3%啶虫脒微乳剂 1 000 倍液、40%毒死蜱乳油 1 500 倍液或 1.8%阿维菌素乳油 1 500 倍液，也可用棉花蘸敌敌畏原药塞入虫孔，并用塑料膜密封熏蒸 1 周，连续 3~5 次即有效。

覃伟权（中国热带农业科学院椰子研究所）

第 117 节　红脉穗螟

一、分布与危害

红脉穗螟（*Tirathaba rufivena* Walker）属鳞翅目螟蛾科，俗名蛀果虫、钻心虫，是槟榔进入开花结果年龄（四年生以上）后最严重的害虫。红脉穗螟在国内分布于广东、海南和台湾等地；国外分布于马来西亚、印度尼西亚、菲律宾、斯里兰卡、澳大利亚。该虫主要为害槟榔、油棕和椰子，还可为害美丽针葵、鳞皮金棕、老人葵、金山葵等植物（表 17 - 117 - 1）。

表 17 - 117 - 1　红脉穗螟的部分寄主植物及其受害程度

Table 17 - 117 - 1　Host plants of *Tirathaba rufivena* and its damage levels

寄　主	寄主不同部位受害程度		
	花穗	果	心叶
槟榔（*Areca catechu* L.）	++++	+++	+
椰子（*Cocos nucifera* L.）	++	+	++
油棕（*Elaeis guineensis* Jacq.）	++	++	—
江边刺葵［美丽针葵（*Phoenix roebelenii* O' Brien）］	—	—	++
鳞皮金棕（*Dictyosprma furfuraceum* H. Wendl. et Drude)	++	+	—
丝葵［老人葵（*Washingtonia filifera* Wendl.）］	—	—	+
金山葵（*Syagrus romanzoffiana* Glassman）	++	—	+

注　—：不受害，+：偶尔受害，++：轻度受害，+++：中度受害，++++：重度受害。

成虫产卵及为害部位因寄主物候期不同而有差异。在槟榔花苞片未展开前，卵产于花苞基部缝隙或伤口处，初孵幼虫由此蛀入花穗，常在苞片未展开前就将花穗蛀食一空，仅留发黑的花穗梗和大量虫粪及啃屑（彩图 17 - 117 - 1）。开花期，成虫产卵于花穗梗、花瓣内侧及缝隙处，十余粒或数十粒聚产或单产。果期，成虫产卵于果蒂部，初孵幼虫可从果蒂缝隙处蛀入果内，蛀食槟榔。一般 1 果内有 1 头虫，少数有两头虫为害。被害果内充满虫粪，果实长大成形后，因组织坚硬，不易蛀入，为害较轻。秋季收果（椰干）后至春季开花前，在非留种田，因缺乏食料，红脉穗螟亦可为害质地较嫩的心叶，致使生长停滞，甚至发黑腐烂，造成植株死亡（彩图 17 - 117 - 2）。

红脉穗螟在海南省槟榔上发生普遍，且造成不同程度的为害。株害率为 10%～67%，平均 35%。花穗被害率和虫果率，在不同地区、地块以及不同年份差异很大。花穗被害率为 10%～40%，虫果率为 15%～25%。

二、形态特征

成虫：雌虫体长为 12mm 左右，翅展为 23～26mm。前翅灰绿色，中脉、肘脉、臀脉和后缘具玫瑰红色鳞片，中室区有白色纵带 1 条，除外缘有 1 列小黑点、中室端部和中部各有 1 个大黑点外，翅面尚散生一些模糊的小黑点，以翅基和顶角较多。中室狭长，中脉基部消失，横脉不明显，肘脉直生。后翅橘黄色，具 3 根翅僵，M_2 脉缺，腹部背面橘黄色，腹面灰白色。雌虫下唇须长，从背面可见（彩图 17 - 117 - 3，1）。雄虫似雌虫，但虫体较雌虫细长，体长为 11mm 左右，翅展为 21～25mm。前翅中室宽大，下方（即肘脉）弧形下弯，中脉基部保留，横脉可见且分叉。后翅具 1 根翅僵，前、后缘密布黄褐色长绒毛（彩图 17 - 117 - 3，2）。

卵：椭圆形，略扁，长为 0.45～0.67mm，宽为 0.4～0.45mm，表面有网状纹，初产时乳白色（彩图 17 - 117 - 3，3），后变为淡黄至橘红色。

幼虫：老熟幼虫体长约 22mm，体圆筒形，向两端渐细，初孵化的幼虫白色透明，随着虫龄的增长体色逐渐变深而呈黑褐色，老熟时略呈淡褐色，头及前胸背板黑褐色，有光泽（彩图 17 - 117 - 3，4）。臀板黑褐色间黄褐色。中、后胸背板各有 3 对黑褐色大毛片，腹部各节亚背线、背线、气门上下线处均各有 1

对黑褐色大毛片，其上着生 1～2 根长刚毛。腹足趾钩为双序环（臀足为三序横带）。

蛹：长 9～14mm，棕黄色，背面密布黑色颗粒，沿背中线有 1 条明显的褐色纵脊，翅芽下端伸达第四腹节后缘。前、后翅分别抵腹部第四节和第三节后缘。腹末有臀棘 4 枚。雄蛹生殖孔位于腹部第八节，且两侧各有 1 乳状突起，雌蛹生殖孔在腹部第九节，且两侧无乳状突。

茧：长 12～15mm，宽 3.8～6mm，长椭圆形（彩图 17 - 117 - 3，5）。

三、生活习性

在海南岛栽培的槟榔上，红脉穗螟全年为害，1 年可发生 10 代，世代重叠，发生很不整齐，但以花期和幼果期为害最重。成虫不为害槟榔，白天隐藏于叶背或隐蔽处，夜间活动。成虫羽化时间一般在 18：00～21：00，羽化率平均为 95.2％。雌雄性比为 1.25：1。以 10％糖水为补充营养的情况下，雌虫寿命最短 5d，最长 18d，平均 12.13d；雄虫寿命最短 5d，最长 17d，平均 11.45d。交配发生于成虫 1～5 日龄，2 日龄期交配比例最高，交配次数约为总数的 46％；3 日龄次之，约占总数的 30％。有少量雌雄成虫在羽化当夜就可交配，但这部分成虫的交配行为均发生在凌晨以后。3：00～5：00 为交尾盛期，交尾持续 20～90min，平均 51min。雌成虫一生可进行 2 次交配，而雄成虫一生可交配 3 次以上，且雄成虫在同一晚可进行 2 次交配。

交尾后翌日晚开始产卵，产卵期 3～9d，平均 6.5d。产卵时间多为 21：00～24：00。产卵量为 81～220 粒，平均 125 粒。卵孵化率平均在 90％以上。昼夜均可孵化，尤以 9：00～11：00 最盛。初产的卵为乳白色，后为橘红色，孵化前可见明显的胚胎和黑色眼点。幼虫从破卵壳到虫体完全爬出卵壳需 1～4min。

幼虫行动敏捷，畏光。幼虫集中为害，1 个花苞内可多至几十头、上百头，被害花苞常在未打开前就发黑腐烂。1 个被害果内一般有 1 头幼虫，偶有 2 头。幼虫食尽种子和部分内果皮，被害果很易脱落。幼果和中等果受害尤重。果实长大后幼虫常啃食果皮，造成流胶或形成木栓化硬皮，影响商品质量。秋季收果后至春季开花前，幼虫还可为害心叶和邻近的羽状复叶，使心叶抽不出或枯死，严重影响植株的生长，以致造成植株秃顶或死亡。老熟幼虫在被害部位吐丝结缀虫粪做茧，1～2d 后化蛹。幼虫蜕皮需 2～5min，每增加 1 龄，体表上的刚毛增多，增粗。幼虫有取食蜕下头壳的习性。

据室内饲养观察，在日平均温度为 22～27℃的自然变温和相对湿度为 76.0％～95.3％条件下，红脉穗螟完成 1 个世代需 30～43d，其中卵期 2～3d，幼虫期 20～22d，蛹期 10～11d。幼虫有 5 龄，个别有 6 龄。每龄的发育期，虫体大小及头宽值见表 17 - 117 - 2。

表 17 - 117 - 2　红脉穗螟各龄幼虫的发育期、体长及头宽（28℃，相对湿度 85％～95％）（n＝40）（引自杨光融等，1986）
Table 17 - 117 - 2　Development, body length and head width of each *T. rufivena* larval stage（28℃，RH85％- 95％）（n＝40）
（from Yang Guangrong et al.，1986）

龄期	发育期（d）		体长（mm）		头宽（mm）	
	变异范围	平均值±SD	变异范围	平均值±SD	变异范围	平均值±SD
一龄	2～3	2.20±0.24	3～5	4.08±0.67	0.189～0.206	0.197±0.006
二龄	2～3	2.24±0.53	6～8	6.92±0.79	0.413～0.449	0.442±0.081
三龄	2～3	2.89±0.86	12～14	12.67±0.78	0.734～0.889	0.829±0.044
四龄	3～4	3.15±0.49	16～17	16.67±0.88	1.118～1.342	1.255±0.075
五龄	4～5	4.27±1.06	24～28	25.58±2.26	1.890～2.067	1.966±0.081

四、发生规律

红脉穗螟幼虫有两个高峰期：第一个高峰期是 6 月下旬，也是槟榔第三穗花的盛花期，幼虫主要为害花穗；第二个高峰期在 10 月上旬，是槟榔的成果期，幼虫主要为害成果，引起严重落果。

温度高，降水量少，有利于红脉穗螟的繁殖，同时还影响到槟榔的生长。气候异常，导致槟榔的叶鞘裂开或叶片脱落时间较早，而其花苞生长较为缓慢，苞片不易脱落，花苞外露时间过长，为该害虫产卵侵入提供了很好的机会。

树龄对为害程度有一定的影响。具体表现为低龄树更易受为害，高龄树受害程度相对较轻，这可能与红脉穗螟的取食、交配等行为有关。不同地形槟榔受害程度有所不同，由重到轻依次为坡地、平地、水田地。坡地的保水能力最差，使得许多花苞提前枯萎，加速了红脉穗螟的转移和产卵，导致受害花苞增加。一些花苞只有一半受害，但已干枯，致使害虫转移。

部分种植槟榔的农民对红脉穗螟为害认识不够，缺少对槟榔园的整体管理，没有抓住防治时机，甚至没采取任何防治措施，使该害虫虫源长期累积，导致为害严重。

五、防治技术

红脉穗螟的为害特点给防治造成了困难。仅采用一般的喷药防治难于收到理想的效果。因此，我们必须在掌握其发生规律的基础上，采用相应的综合防治措施，才能收到好的防治效果。

(一) 化学防治

选用敌百虫、氰戊菊酯、甲萘威、马拉硫磷等农药在槟榔开花的不同时期进行交替喷施，效果很好。①苞露出前后期。选用40%乐果乳油1 000～1 300倍液喷射，有杀虫和杀卵作用。②穗期选90%敌百虫原粉加水稀释1 000～1 300倍喷雾或用50%杀螟硫磷乳油1 000～1 200倍液喷雾，既可防治槟榔叶部、花穗部的害虫，又有保护天敌的作用。③花前或幼果期选用20%氰戊菊酯乳油3 000倍液或50%马拉硫磷乳油1 200～1 300倍液，防效良好，如严重为害时，可选用20%硫丹乳油500倍液喷雾，防效更好，又不影响蚁类等天敌。④ 10亿孢子/mL苏云金杆菌乳剂稀释100倍加3%苦楝油喷雾，或10亿孢子/mL苏云金杆菌乳剂100倍液加5%氯氰菊酯乳油10mg/L喷雾，是一项低毒有效的防虫措施。甲氨基阿维菌素苯甲酸盐和棉铃虫核型多角体病毒对红脉穗螟均有很好的防治效果。田间试验结果表明：0.5%甲氨基阿维菌素苯甲酸盐乳油450～675g/hm^2、20亿PIB/g棉铃虫核型多角体病毒360g/hm^2对槟榔红脉穗螟的防治效果均在90.59%以上，可替代化学药剂。如果穗被害率未超过8%，可喷射个别被害果穗。

(二) 生物防治

槟榔为木本植物，多年结果树高达十多米，施药难度大，而且该害虫钻蛀为害花果，隐蔽性很大，药剂不易接触到害虫，因此，化学药剂防治难以发挥有效的作用。同时，化学药剂的滥用将在很大程度上影响自然生态环境和药材及其产品的安全。为了寻找安全有效的防治方法，对红脉穗螟的天敌昆虫及其作用进行了调查，发现在槟榔主产区有多种红脉穗螟天敌，其中，寄生性天敌细点扁股小蜂（*Elasmus punctulatus* Verma & Hayat）为红脉穗螟优势天敌之一，在田间自然寄生率达20%～30%，对控制该害虫的种群数量和抑制其对槟榔的为害具有重要作用。

细点扁股小蜂属于膜翅目（Hymenoptera）细腰亚目（Apocrita）小蜂总科（Chalcidoidea）扁股小蜂科（Elasmidae）扁股小蜂属（*Elasmus*），该天敌昆虫在海南省琼海、万宁等市县均有发现。该寄生蜂个体小，搜索能力较强，能在短时间内搜索到隐蔽的寄主；繁殖能力强，单雌产卵11～74粒。在26℃±0.5℃条件下，卵、幼虫及蛹的存活率均达98%以上。因此，利用细点扁股小蜂对红脉穗螟进行生物防治有着很好的前景。

除寄生性天敌外，在田间还存在着一大类捕食性天敌，常见的有蚂蚁（*Formica* sp.）、蜘蛛（*Sitticus* sp.，*Lycosa* sp.）、蠼螋（*Forcipula* sp.）、瓢虫类（Coccinellidae）等，捕食性天敌在海南槟榔园区发生非常普遍，其中又以垫跗螋（*Chelisoches morio*）为优势种群，单头垫跗螋成虫在1d内对红脉穗螟二至三龄和四至五龄幼虫的最大理论捕食量可达到10.76头和7.26头，可见其捕食潜能巨大，应在生产上加以保护利用。

(三) 农业防治

根据幼虫畏光特性，在有光情况下表现极不安定的特点，每年青果收获完毕后，及时投入冬春管理：①进行株间除草、修整环山行及挖穴压青施肥等工作，并将槟榔园内的乔木清除干净。把园内的枯叶和枯花、落果集中烧毁或堆埋，降低害虫种群数量。②合理施肥。适时施肥，既加快槟榔的生长，又加快花穗外露和果实生长。花穗暴光早，果实采摘早，从而避开或错开了虫源的为害时间，减轻为害程度。此外，附近的油棕或椰子园也要进行冬防、减少来年的虫源。

做好果园病虫害监测工作，如发现该害虫，及时消除被红脉穗螟幼虫为害的花穗和被蛀的果实，对抑制红脉穗螟的发生有一定作用。槟榔开花至收果前，定期检查槟榔园，及时清除病花穗和病果。

槟榔属于热带雨林植物，不但要求高温高湿、土壤湿润的生长环境，而且还必须具有一个合理的群体结构，以便最大限度地利用太阳光能。根据观察结果，合理的种植密度能使槟榔园通风透气，阳光充足，不但槟榔高产，而且病虫害少。

吕宝乾（中国热带农业科学院环境与植物保护研究所）

钟宝珠（中国热带农业科学院椰子研究所）

第 118 节　咖啡天牛

为害咖啡的天牛是一类主要钻蛀性害虫的统称，其共同的特点是以幼虫蛀食咖啡植株的树干、枝条和根部，受害咖啡因水分和养分输导受阻，树势逐渐衰弱，轻者叶黄枝枯，产量锐减，重者整株枯死，或因主干被蛀食空后而折断，导致颗粒无收，为害极大。

天牛属鞘翅目天牛科昆虫。据文献记载，我国为害咖啡的天牛共有 10 种，分属 3 个亚科。分别是沟胫天牛亚科中的旋皮锦天牛 [*Acalolepta cervina*（Hope）；异名：*Lamia cervina* Hope，*Acalolepta cervina* Breuning，*Monochamus cervina* Hope 和 *Dihammus cervinus* Bates]、海南灰天牛 [*Blepephaeus subcruciatus*（White），异名：*Monochammus subcruciatus* White] 和黄天牛 [*Bacchisa* sp. near *pallidiventris*（Thomson）]，天牛亚科中的咖啡双条天牛（*Xystrocera festiva* Thomson）、咖啡皱胸天牛 [*Plocaederus obesus*（Gahan）]、澳门绿虎天牛 [*Chlorophorus macaumensis*（Chevrolat）]、艳虎天牛（*Rhaphuma placida* Pascoe）、灭字脊虎天牛（*Xylotrechus quadripes* Chevrolat）和咖啡脊虎天牛 [*Xylotrechus grayii*（White）；异名：*Clytus grayii* White，*Xylotrechus grayii* Mochizuki et Masui]，锯天牛亚科中的毛角薄翅天牛 [*Megopis marginalis*（Febricius）]。

为害咖啡的天牛分布最广为害最重的是旋皮锦天牛和灭字脊虎天牛两种。在云南咖啡种植区以灭字脊虎天牛为优势种群，占混合种群中的 78%，旋皮锦天牛约占 22%，咖啡脊虎天牛、咖啡皱胸天牛、咖啡双条天牛和黄天牛零星发生；20 世纪 50 年代末，广西咖啡种植区以灭字脊虎天牛为优势种群，咖啡脊虎天牛呈零星发生；在海南植区有咖啡皱胸天牛、灭字脊虎天牛、咖啡脊虎天牛、海南灰天牛及艳虎天牛的为害记录；澳门绿虎天牛及毛角薄翅天牛未见报道。

一、旋皮锦天牛

（一）分布与危害

旋皮锦天牛亦称咖啡旋皮天牛、咖啡锦天牛、绒毛天牛、柚木肿瘤钻孔虫，在我国主要分布于云南各种植区及广东、广西、贵州、四川、福建建阳大竹岚、西藏，但仅在云南省有为害咖啡的报道；东南亚、尼泊尔、日本、朝鲜及印度等国外地区也有分布。

旋皮锦天牛是咖啡树的主要害虫之一，多为害二至四年生的幼树，尤其是二至三年生的幼龄小粒种咖啡（*Coffea arabica*）树受害最为严重；为害咖啡树时，以孵化后的幼虫在树干的皮层下作环状钻蛀为害，形成螺旋状纹。旋皮锦天牛幼虫旋蛀的速度很快，新孵化后 10d 左右的幼虫，在定植 1 年平均直径 15mm 咖啡茎干上的蛀痕一般占整个树围的 1/3～2/3，在茎干粗大的老龄咖啡树上，由于茎围相对较大，树皮较厚，环蛀一般只限于树围的一半左右。而后随着虫龄的增长，钻蛀的隧道逐渐延长，二至三年生的咖啡树干常被环蛀成螺旋状，由上而下或由下而上渐次侵入形成层，在树干表皮下形成长 15～30cm、宽 4～8mm、深入木质部 3～5mm 的扁平螺旋状蛀道。蛀道被粪便所填塞，被害初期或植株不表现出为害状时不易被发觉；螺旋状蛀道连续多圈，一般为 3～5 圈，最多可达 14 圈；为害部位多在离地面 5～30 cm 或 50～80 cm 的树干基部，受害的咖啡树韧皮部被切断，初期为害状不明显，后期渐显，轻者显现叶黄枝枯，长势衰弱，第二年不能正常开花结果，严重的到秋末冬初即慢慢枯死（彩图 17 - 118 - 1，1）。为害株率轻者为 3%～5%，一般达 10%～15%，重者达 20%～30%，在个别靠近野生寄主的咖啡园可达 70%～80%，甚至高达 100%，对咖啡生产构成极大威胁。

（二）形态特征

成虫：体长 15～17mm，宽 5～8mm。通体密被呈丝光的纯棕色或深咖啡色绒毛，无杂色斑纹。头顶光滑，复眼下叶扁大，比颊部略长。触角细长，端部绒毛较稀，色彩也较深，基节粗大，向后渐细，末节细瘦，雄虫触角超过体长 5～6 节，雌虫超过 3 节。前胸近于方形，两侧刺突圆锥形，背板平坦光滑，刻点稀疏，有时集中于两旁，前缘微拱突，靠后缘具两条平行的细横沟纹。小盾片半圆形，被淡灰黄色绒毛。鞘翅肩部较宽，向后渐狭，略呈楔形，末端略呈斜切状，外端角明显，较长，内端角短，大，圆形，有时整个末端呈圆形，翅基部无颗粒，刻点为半规则式行列，前粗后细，至端部则完全消失（彩图 17 -118 - 1，2）。

幼虫：体长 25～38mm，宽 3.5～5.2mm，长圆筒形，乳白至蜡黄色，胸节较宽大，逐渐向尾部缩小。头颅很扁，侧缘中部稍缢入，中部前、后均稍膨大，后端浑圆；额线不很明显，前端止于触角后方；口器框深棕黑色，相当宽，唇基色淡、光滑，为较宽的梯形；口上毛 6 根；上唇卵圆形，基半部具横皱纹，前半部及边缘密生粗刚毛；上颚黑色，端钝，基部具刚毛 2 根；下颚负颚须节外缘挺直，顶端膨大，呈竹节状，具粗刚毛，下颚须各节均很直，下颚叶短小，不超过下颚须第二节顶端，内侧密生长刚毛，下唇亚颏与颏分界明显，颏的背方中央两侧各具粗壮刚毛 2 根；外咽片很小，有 1 对深陷的毛孔；口后片前缘色深，坚硬，具横皱脊纹；触角 2 节，第二节长为基部宽的 2/3，顶部透明的锥形主感器仅稍短于第二节，两旁有细指状突 3 个，细毛 3 根；触角孔后缘封闭；侧单眼 1 对，小于触角孔。前胸背板横宽，黄褐色，前缘密生细毛，两侧具细长毛，侧沟明显，亚侧陷浅，沟的前端内侧各有 1 卵形陷，其前方较光滑，具细横皱，背中央骨化板密布粗糙细颗粒，中部两侧较稀粗，中区较密，向后渐细密，近后缘处有细皱纹；前胸腹板中前腹片较光滑，仅具稀疏短毛；胸足可见，极短小，色暗，有 1 丛刚毛；中胸气门突入前胸。腹部第三至九节的上侧片均发达，呈突边板，第一、二节的不明显，各腹节的背步泡突具 2 横沟，4 列卵圆形瘤突近念珠状，不愈合；中沟每侧 5～6 个，斜向排列，互相不愈合，两端侧纵褶附近各有 3 或 4 个瘤突，各腹节侧瘤突明显，具 2 根细长刚毛；腹气门卵圆形或广椭圆形，围气门片黄褐色，缘室位于气门片后缘下方，在气门口后边的中部后方有小型缘室 3 个，呈短横条状，并列在气门边上（彩图 17 -118 - 1，3）。

蛹：体长 25～28mm，宽 4.5～5.5mm，乳白色，羽化时呈黄褐色或棕褐色。头下倾于前胸之下，口器后弯，下唇须伸达前足基部。触角向后伸至中胸腹面，卷曲呈发条状或略呈盘旋状。前、中足均屈贴于中胸腹面，后足屈贴于体腹部两侧。腹部可见 9 节，第十节嵌入前节之内，其中第七节最长，第九节具褐色端刺（彩图 17 - 118 - 1，4）。

卵：长 3.5～4mm，宽 1.0～1.2mm，呈棱形，略弯曲，初产时乳白色，近孵化时变为黄褐色或棕褐色（彩图 17 - 118 - 1，5）。

（三）生活习性

旋皮锦天牛在云南 1 年发生 1 代并跨年度完成，10 月中、下旬后，当温度降至 20～25℃，相对湿度降至 70％～75％以下时，气候干燥，老熟幼虫在寄主植物的茎基部表皮下或根部附近或钻入土中构筑蛹室并以滞育态越冬，翌年 3 月中、下旬，当温度回升至 20～25℃，相对湿度达 70％～75％及以上时，滞育解除，开始继续发育。4 月下旬至 5 月中、下旬，当温度升至 30℃以上，土壤湿度在 80％～90％时，成虫陆续羽化，进入羽化盛期，5 月中、下旬进入雨季后开始钻破基部树干表皮而出或向上爬出土表面，先短暂停歇或短距离爬行后，开始起飞活动并交尾产卵。5 月中、下旬至 6 月中、下旬为成虫产卵高峰期和幼虫初侵入盛期，卵多产在茎干距地表 100cm 以下的皮层内，其中距地 20cm 的最多。7～8 月蛀入的幼虫多在皮层和形成层中旋蛀为害，进入 9 月以后即逐渐蛀入木质部继续为害直至越冬。据观测，在室内温度 30～32℃，相对湿度 70％～90％条件下，卵期 6～9d，平均 7.5d；幼虫共分 6 龄，历期 287～298d，平均 292d，其中滞育越冬期 138～145d；蛹为离蛹，历期 12～18d，平均 15d；完成 1 代需 305～325d，平均 315d；雌成虫寿命 26～30d，平均 28d，雄成虫寿命 32～37d，平均 34.5d。

成虫具趋嫩绿习性、假死性和畏光性，飞行能力较弱，飞行速度慢，距离短，白天隐伏在咖啡或其他寄主根部附近的枯草落叶或其他阴暗场所，20：00 开始活动，取食和交尾时见光立即躲避；在交尾前常栖息在寄主枝叶上，取食幼嫩树枝干皮部、叶脉、叶柄，取食补充营养后 5～10d 后互相追逐交尾，交尾时呈雄上雌下的重叠式；交尾后当天即可产卵，并具多次交尾、产卵习性，产卵、交配交错进行；雌成虫喜欢选择咖啡树向阳一侧产卵，而遮阴部位产卵稀少；产卵时，先咬破树皮，形成 1～2mm 的长方形裂口，将卵粒单产于皮层下，孵化的幼虫随即在皮层旋蛀为害；幼虫的旋蛀行为对咖啡树径的粗细和位置具较强的选择性；多集中在直径 2～3cm 的咖啡树上，多分布在咖啡树茎靠近地表的位置；当旋蛀的树径大于 4cm 时，多选择离地 50～100cm 的部位为害。偶尔也旋蛀第一、二侧枝的皮层；幼虫在空间分布上呈现随机分布，以单株虫口数为 1 头的频率最高；在野生寄主上的幼虫越冬后于翌年 3 月下旬离开隧道，在距树干表面 2～9mm 处做蛹室化蛹，蛹室的大小为蛹体长的两倍，两端有较粗的木丝填塞。

（四）发生规律

1. 虫源基数 由于幼虫是在咖啡树干皮层下旋蛀为害，易被天敌捕杀，很难在咖啡树上完成 1 个世代，因此，侵害咖啡园的旋皮锦天牛主要来源于越冬的野生寄主；其受害地块、为害株率与其周边林地距离具明显的相关性，离林地越近，受害率越高，反之，则轻。若咖啡园周边的林地存在丰富的寄主植物和很高的虫口基数，在适宜的条件下，旋皮锦天牛种群极易迅速增长，导致严重发生。

2. 气候条件 旋皮锦天牛的卵在 25～35℃、相对湿度 75%～95% 条件下均能孵化，孵化率达 94%。温度低于 15℃ 或高于 35℃，相对湿度低于 60% 时，不利于卵的孵化；生境荫蔽度的高低也影响着旋皮锦天牛的发生，生长于荫蔽环境内的咖啡树受害率低。据调查，隐蔽于木豆附近的咖啡树受害率仅为 7.89%，而完全无遮阴的咖啡树受害率则达 25.56%。

3. 寄主植物 旋皮锦天牛食性杂，除咖啡之外，还为害团花树、蓖麻、石榴、臭牡丹、柚木、菩提树、驳骨丹、九里香、草本接骨木、茶、羽叶山黄麻、钓樟、菠萝蜜、喜树、细花樱桃等 18 科 23 属 30 多种植物。

4. 天敌 在自然界中，旋皮锦天牛的天敌主要有捕食性和寄生性两类，其中捕食性天敌昆虫有立毛举腹蚁（*Crematogaster ferrarii* Enery）、黑褐举腹蚁（*C. rogenhoferi* Mayr）、蠼螋（*Labidura riparia*）和一种锤角螋（*Nesogaster* sp.）；寄生性天敌昆虫有茶色深沟茧蜂（*Iphiaulax rufus*）。在这些天敌中捕食性的两种蚂蚁对旋皮锦天牛的幼虫、蛹和未羽化的成虫都具有较强的捕食能力，据调查，这两种蚂蚁对旋皮锦天牛幼虫的捕食率最高可达 50%；而蠼螋在一些咖啡园对越冬的旋皮锦天牛幼虫捕食率高达 10% 左右。

（五）防治技术

1. 农业防治 ①采用咖啡套种其他经济林木果树和作物的复合栽培模式，建立长势健壮、树冠结构合理的咖啡园。通过选用抗逆性较强的咖啡品种每 1hm² 种植 4 500～5 500 株，与其他经济林木果树和作物套种，如澳洲坚果、柚子、西楠桦、玉米等，使咖啡园保持在 20%～40% 的荫蔽度，一方面可有效地控制旋皮锦天牛的为害；另一方面又改善了咖啡园的环境条件和水肥效应，在提高经济和生态效益的同时，也使咖啡树长势更强，抗逆性得到有效提升。具体模式如下：澳洲坚果种植株行距 4m×8m，每 1hm² 种植 310 株，在其行距间种植咖啡 4 行，株行距 1 m×2m，每 1hm² 种植 4 950 株；种植柚子株行距 2.5m×8m，每 1hm² 种植 500 株，在其行距间种植咖啡 4 行，株行距 1 m×2m，每 1hm² 种植 4 950 株；海拔 1 200m 以上的西楠桦种植株行距 4m×12m，每 1hm² 种植 208 株，在其行间种植咖啡 6 行，株行距 1m×2m，每 1hm² 种植 4 950 株；新植咖啡园每年在咖啡行距间种植 2 行玉米，连续播种两茬为咖啡遮阴。②加强咖啡园管理。注重水肥管理，及时除草和修剪树势，控制调节湿度和荫蔽度；每年 10 月中、下旬后至翌年 3 月中、下旬前，结合冬季除草清园工作，全场浅翻挖咖啡地 1 次。③清洁咖啡田园，及时清除虫害株和野生寄主。利用冬季或农闲时，及时清除长势较弱的虫害株并及时更新、复壮。具体方法是在离地 30cm 处对受害咖啡树进行切干，截干后用石蜡或凡士林涂封，而后对萌生枝进行修芽留干，选留健壮的 1～2 条直生枝培育成主干，按照丰产综合栽培技术措施进行管理。对切下的咖啡树干和清除的咖啡园周边旋皮锦天牛野生寄主树，要随即带离咖啡园并集中烧毁，以减少翌年外来的虫源。

2. 生物防治 在保护旋皮锦天牛天敌的基础上，充分利用白僵菌（*Beauveria* sp.）和肿腿蜂成熟的应用技术，控制旋皮锦天牛为害。白僵菌是天牛最重要的病原微生物，以球孢白僵菌（*Beauveria bassiana*）最为重要，可采用菌液喷干、菌粉喷干和菌膏涂干的方法防治旋皮锦天牛；肿腿蜂中的管氏肿腿蜂（*Scleroderma guani* Xiao et Wu）和川硬皮肿腿蜂（*S. sichuanensis* Xiao）具有生态适应性强、寄主谱广、搜索寄生能力强等特点，采用人工繁殖与田间放蜂的方式是目前生产上大规模运用且效果好、效率高的天牛生物防治方法。

3. 物理防治 ①涂干。选择在 5 月下旬成虫羽化前，用 1 份药剂、25 份新鲜牛粪、10 份黏土和 15 份水，混合后均匀搅拌成糯糊状，以适用、粘稳在树干上为度，均匀涂刷距地面 50～80cm 的树干，防治旋皮锦天牛产卵，药剂可选用 50％杀螟丹可湿性粉剂和敌毒粉（敌百虫＋毒死蜱）。②人工捕捉。7 月中、下旬至 10 月中、下旬，对二至三年生幼龄咖啡树逐株检查树干，并进行人工捕捉幼虫，早检查早发现，杀死其中的幼虫，以弥补化学淋喷干、涂干防治的漏洞。

4. 化学防治　①喷药杀死交尾前补充营养的成虫。20％甲氰菊酯乳油 1 500～2 000 倍液或 40％毒死蜱乳油 800～1 000 倍液任选一种，交替使用，于成虫出现期每 7～10d 喷 1 次，连喷 2～3 次。②及时开展统防统治。从咖啡定植后第二年起，每年在雨季来临初，用 15％或 5％毒死蜱颗粒剂，每公顷用 30～75kg 施咖啡根颈基部进行统防；也可结合田间管理，于每年的 5 月中、下旬至 6 月中、下旬，全场用 16％虫线清（主要有效成分由呋线威和丙硫磷组合而成）乳油 150～200 倍液、40％杀扑磷乳油 1 000～1 200 倍液或 50％杀螟丹可湿性粉剂 500～700 倍液逐株淋喷距地面 50～80cm 的树干部位，重点淋湿二至四年生的幼龄咖啡树干；5 年树龄以上每年 5 月中旬至 6 月用 40％毒死蜱乳油 200 倍液喷茎干基部，间隔 7～10d 连喷 2 次。对旋皮锦天牛常发区域或严重发生地块，可每间隔 10～15d，连续喷淋树干 2～3 次，杀死卵或刚孵化尚未进入真皮或木质部的幼虫。

二、灭字脊虎天牛

（一）分布与危害

灭字脊虎天牛又名咖啡灭字虎天牛，在我国长江以南较常见，主要分布于云南所有种植区及广东、广西、海南、福建、贵州、四川及台湾。国外的印度、缅甸、泰国、越南、老挝、柬埔寨、斯里兰卡、菲律宾、印度尼西亚、马来西亚都有分布。

灭字脊虎天牛主要为害成龄咖啡树，以幼虫钻蛀入树干木质部，将木质部蛀成横向、纵向或环向曲折纵横交错的隧道（彩图 17‐118‐2，1），有时还会向下钻蛀为害根部，导致受害咖啡树叶萎枝枯，甚至全株死亡；被害树干内有幼虫少则 1 头，多则达 57 头，且有的在一棵树干内同时存在不同世代的各虫态；被害咖啡树因组织受到刺激而形成环状肿块，导致表皮木栓层断裂，水分输送受阻，其上枝叶变黄、枯死，茎干基部常萌发侧芽（彩图 17‐118‐2，2）；受害树干受推、拉力或被风吹易折断。其为害株率一般为 2％～5％，重者达 10％～25％。

（二）形态特征

成虫：体型较小，黑色或黑绿色，体长为 10～18mm，体宽为 2.5～3.2 mm；头、胸被淡黄或绿灰色绒毛；前胸背板不着生绒毛区域形成黑色斑纹，中央有 1 个黑色大圆斑，两侧各有 1 个小黑斑点；鞘翅具有灰色或淡黄色绒毛斑纹，每翅有 5 个斑纹，第一为横斑，位于基缘；第二为斜斑，由肩向内斜；第三斑纹从小盾片之后的中缝为起点，至中部之前，横外缘弯曲；第四横斑纹位于中部稍后，近中缝一端较宽；第五斑纹是斜斑，位于端末；两翅前端 3 个黄色斑纹共同组成"灭"字形纹。腹面大部分区域着生浓密黄色绒毛，雌雄额脊不相同，雄虫中央有 1 条细纵脊，两侧各有 1 个近长方形的粗糙面脊斑；雌虫有 3 条纵脊；头具细粒状刻点；触角黑色，雄虫触角长达鞘翅基部，雌虫触角则稍短，第三节同柄节或第五节约等长。前胸背板长稍胜于宽，前端略窄；胸面有颗粒状或皱纹刻点。小盾片近半圆形，鞘翅后端稍窄，端缘略斜切。外端角较尖，缝角刺状，翅面具细密刻点。足细长，后足第一跗节长于其余跗节的总长度（彩图 17‐118‐2，3）。

幼虫：老熟幼虫体长可达 21～38mm，前胸宽可达 3.5～5.5mm。黄白色，扁圆筒形。头颅近梯形，侧缘弧圆，近后端最宽，后缘平直；口器框黑褐色，其余黄褐色；额前缘中部略凹，中额线与额线均不明显；口上毛 4 根；上唇乳白色，椭圆形，前缘具较长刚毛；上颚凿形，外侧光滑；下颚负颚须节外侧浑圆，下颚须 3 节，等长；下颚叶高与下颚须齐，端部向内倾斜，具稀疏刚毛；下唇须第一节长于第二节；颊密被短毛；口后片前缘平直，口后线明显；下咽片长方形，外咽线细脊状。侧单眼圆形突出，无色素斑。触角 3 节，第三节长为第三节宽的 2 倍，第三节端部具长刚毛 3 根，短毛 2 根，锥形主感器长为第三节的 1/2。前胸背板横宽，前缘后具 2 横斑，中区色较淡，具较疏细毛，侧沟短，两侧间"山"字形骨化板乳白色，中央有细纵脊，表面具细纵刻纹，前胸腹板与侧前腹片分界不明，中央有细毛，两侧区光滑；足退化。腹部背步泡突光滑，各沟纹不明显；肛门 3 裂（彩图 17‐118‐2，4）。

蛹：榄核形，长为 16～18mm，宽为 4.5～5.0mm，初为乳白色，渐变为乳黄色、蜡黄色至黄棕色，触角向后伸至中胸腹面，卷曲呈发条状。头部倾于前胸之下，口器向后（彩图 17‐118‐2，4）。

卵：长椭圆形，一端偏细。长为 1.2～1.5 mm，宽为 0.8～1.0 mm，卵的周围有一圈网状附着丝，初产时白色或乳白色，后渐变为灰棕色，近孵化时变为棕褐色或棕黑色（彩图 7 - 118 - 2，5）。

（三）生活习性

灭字脊虎天牛以幼虫和成虫在寄主茎干内越冬，1 年发生 1 代，由于越冬虫态差异，世代重叠严重，一年出现 3 个成虫高峰期，第一个在 3～4 月，第二个在 6～7 月，第三个在 9～10 月。

11 月上、中旬，当温度降至 20～25℃，相对湿度降至 70%～75% 及以下时，灭字脊虎天牛以幼虫和成虫呈滞育态进入越冬，滞育越冬期 97～112d。翌年 2 月中、下旬当温度回升至 20～25℃，相对湿度达 70%～75% 时，滞育解除，越冬成虫和幼虫开始继续发育；因越冬虫态不同，翌春成虫出孔群飞期较长，自 3 月初至 11 月底都可发现，造成虫态参差不齐，一年四季都有灭字脊虎天牛成虫出孔交配产卵活动。

成虫体形小，行动活泼，敏捷，但飞翔力较弱，多喜爬动或短暂迁飞，具一定的趋光习性和短暂假死性，多选择晴天 10：00～16：00 气温在 25℃ 以上时出没于向阳空旷处的老咖啡树上活动，早、晚、阴雨天或气温低于 25℃ 时成虫静伏不动；雌成虫用其尾端针状产卵管将卵散产于粗大、表皮干翘、粗糙、离地面 10～30cm 的中下部树干裂缝内，一般 1～10 粒 1 组，分数组产在树皮缝隙内；雌成虫产卵量与其体形大小呈正相关，体长 13mm 以下的产卵量在 80 粒以下，体长 15mm 以上的产卵量可达 150 粒，每年以 7 月和 10 月羽化出孔的成虫产卵量最多；孤雌可产卵但不能孵化；初孵幼虫先在树表皮下深度 1～3mm 处蛀食形成弯曲的隧道，约 20d 后便深入木质部蛀食；幼虫蛀入树干之初，外表无明显蛀入孔，更没有排出木屑或虫粪的迹象，当在树干组织内穿凿纵横交错的大小坑道时，则一边蛀食一边向体后排泄粪便，使粪便充塞于坑道内，借以防御敌害；蛀食道长 40～50cm，在直径 2.5cm 以上、较粗大的树干中为害，蛀道多呈纵横交错状；若在较细小的树干上为害，幼虫先环绕树干旋蛀数圈后，即蛀入髓部，沿树心向根部蛀食，致整株枯死；老熟幼虫向树干边缘钻蛀圆形孔道，孔道开口于表皮下，并用木屑填塞孔口，以最后段蛀道作蛹室，而后停食静止不动，体躯收缩成圆筒形，经 3～4d 后便蜕皮化蛹；成虫全天可羽化，但多在夜间或阴天的白天，初羽化成虫仍在蛹室内静伏 5～7d，待体壁和鞘翅硬化以及性器官发育成熟后，多于温度 25℃ 以上，烈日或阳光充裕的晴天 12：00～16：00 从表皮孔口钻出（彩图 17 - 118 - 2，6），在树干上短暂停留或短距离爬行后起飞，成虫出孔后只舔食水滴，不为害寄主，在天气晴朗、气温高、阳光普照的白天正午异常活跃，常飞向咖啡树枝叶浓密、较阴凉、隐蔽处或咖啡树冠活动，寻偶交配；出孔后的成虫当天即可交配并分多次进行，交配呈雄上雌下的重叠式，交配后雌虫当天或数天后开始产卵，交配与产卵交错进行。

在室内温度 30～32℃、相对湿度 80%～90% 条件下，灭字脊虎天牛的卵期 9～12d，平均 10.5d；幼虫分 6 龄，历期 296～322d，平均 309d；蛹为离蛹，历期 9～15d，平均 12d；完成 1 代需 314～349d，平均 331.5d；离开树干的雌成虫寿命 14～22d，平均 18d；雄成虫寿命 17～25d，平均 21d；除每年各代次经历的时空不同，各虫态发育历期具差异，在相同的湿度和食物条件下，温度较高时各虫态发育正常率较高、较快，历期稍短；反之，各虫态死亡率较高，发育慢，历期稍长。

（四）发生规律

1. 虫源基数 灭字脊虎天牛种群具有幼虫存活率很低、种群时间上变动大、不稳定、发育快速、产卵量大、生活史短、寿命短于 1 年的特征。新植咖啡地的虫源，主要是由其他野生寄主植物和老咖啡园迁移蔓延而来的，因此靠近野生寄主和老咖啡园的新植地，虫害出现较早，受害重；此外，管理差、立地条件差、树势衰弱的咖啡园易招引灭字脊虎天牛产卵为害。因此各世代发生量及为害率呈逐代加重的趋势。

2. 气候条件 咖啡灭字脊虎天牛成虫每期出孔数量与当时的天气有极密切关系，晴天高温时成虫多，反之则少；灭字脊虎天牛在干旱季节为害较重，喜欢侵害衰弱木，但在极度荫蔽潮湿的环境下也不利于其发生；凡无荫蔽或荫蔽不良、较暴晒向阳、管理又粗放的咖啡园，受害较严重。如广西水口三年生的幼树受害率高达 53%。其卵在 20～35℃，相对湿度 80%～90% 条件下均能孵化，孵化率达 93.4%，温度低于 20℃ 或高于 35℃，相对湿度低于 60% 时，不利于卵的孵化。

3. 寄主植物 灭字脊虎天牛除为害咖啡外，还能寄生厚皮树、铁刀木、蓖麻、柚木、芒果、菠萝蜜、楠木、山石榴及水团花等，据广西大青山区调查，灭字脊虎天牛的寄主植物厚皮树受害率高达 47%。咖啡树为次生寄主树，而小粒种咖啡（*Coffea arabica*）又较中粒种咖啡（*Coffea canephora*）更易受灭字脊虎天牛为害；灭字脊虎天牛对咖啡树径的粗细同样具较强的选择性，多集中蛀食直径 3～4cm 的咖啡树，且单株虫口数为 1 头的频率最高，其种群空间分布型符合随机分布。

4. 天敌　灭字脊虎天牛虽然繁殖力比较强，但是自然死亡率却很高，其中天敌的制约对该虫的发生发展具有相当的抑制作用。其天敌有捕食性和寄生性两类，捕食性天敌昆虫除立毛举腹蚁、黑褐举腹蚁及蠼螋外，还有食虫虻、中华小家蚁（*Monomorium chinense* Santschi）及小家蚁 [*M. pharaonis* (L.)]，寄生性天敌昆虫有间斑举腹姬蜂（*Pristaulacus intermedius*）。这些天敌对灭字脊虎天牛的幼虫、蛹、未羽化的成虫及成虫都具有较强的捕食和寄生能力。据调查，中华小家蚁和家蚁常在灭字脊虎天牛虫道中活动，特别是在蛹室内较常见，时有灭字脊虎天牛被咬碎或只剩下皮和头部一些残迹，它们对灭字脊虎天牛的捕食率可达到 10%～20%，间斑锤举腹蜂的寄生率一般在 8% 左右，而食虫虻则可直接捕食灭字脊虎天牛成虫（彩图 17 - 118 - 3）。

（五）防治技术

1. 农业防治　①选植抗逆性强、高产、密集、矮生的品种。咖啡灭字脊虎天牛喜欢为害树叶稀疏、茎干裸露、皮粗爆裂的咖啡树，一些抗逆性差的品种常因病害发生造成大量落叶，致使灭字脊虎天牛发生也较重。因此，在生产上推广抗逆性强、高产、植株矮、树形紧凑、自身荫蔽性强的新品种，除了抗病和高产外，对灭字脊虎天牛的为害也具有一定的抑制作用，从而减轻虫害发生。目前普遍推广种植的卡蒂姆 CIFC7963 即为抗性品种。②采用复合栽培模式，适度增加荫蔽度并合理密植。灭字脊虎天牛成虫喜在干燥向阳处产卵，实行复合套种栽培模式并合理密植可有效增加咖啡园荫蔽度，既可增加咖啡园相对湿度，又有利于咖啡生长，从而使咖啡免受或少受为害。③加强田间管理，促进咖啡树健康生长。注重水肥管理、修枝整形和冬季除草清园工作，促使咖啡强势生长，营造不利于灭字脊虎天牛的园区环境，增强植株抗虫能力。④清洁咖啡田园，及时处理虫害树及野生寄主，减少虫口密度。加强田间巡查力度，及时发现处理和更新复壮虫害株，集中烧毁，将灭字脊虎天牛各虫态于脱离树干、出蛀孔之前杀死，重点是 5 月中、下旬至 7 月上、中旬第二代的防治。同时在冬季或农闲时，及时清除咖啡地周边灭字脊虎天牛的野生寄主，以减少外来虫源。

2. 生物防治　在充分保护和利用天敌的前提下，采用成熟的白僵菌及肿腿蜂应用技术防控灭字脊虎天牛，方法与旋皮锦天牛生物防治方法相同。

3. 人工防治　根据该虫的生物学习性、发生为害规律和年生活史，在各代成虫脱离树干、出蛀孔前认真逐株检查，清除并烧毁有虫植株，或用弯刀刮皮去除咖啡茎干粗皮，或戴手套擦去茎干粗皮，能有效防治灭字脊虎天牛的为害。

4. 化学防治　在 4 月中旬前涂干，用水∶胶泥∶石灰粉∶75% 毒死蜱可湿性粉剂∶食盐∶硫黄粉 = 2∶1.5∶1.2∶0.005∶0.005∶0.005 的配比，混合搅拌均匀成糨糊状，均匀涂刷距地面 50～80cm 的咖啡树干，防治第二代、第三代灭字脊虎天牛产卵和第一代卵或刚孵出尚未进入木质部的幼虫。其他化学防治方法与旋皮天牛相同。

三、咖啡皱胸天牛

（一）分布与危害

咖啡皱胸天牛又称咖啡胖天牛，我国主要分布于海南、广东、广西、云南及台湾等省份，国内分布区明显偏南，北限未过 25°N，最北达广东连县、广西南宁、云南新平，南至南部国境线，东面滨海，西达云南西侧；以台湾、海南及云南密度稍高，海南一些咖啡种植园受害率最高可达 21.1%。国外分布于泰国、缅甸、印度。

咖啡皱胸天牛以幼虫钻蛀咖啡幼树树干下部及老树第一分枝基部的树皮及木质部为害，致使植株叶片发黄，生长势减弱甚至死亡。

（二）形态特征

成虫：体长 28～49mm，体宽 11～14 mm，红褐色，密被棕灰色短绒毛，背面的带金黄色，腹面的带浅灰色，且较长。头部复眼间具 1 条纵脊纹。触角红褐色，第一节大部分、第二节及第三至十节的末端黑褐色。前胸宽大于长，侧刺突发达，前胸背板具不规则的隆起皱褶。鞘翅缝缘常呈黑色，端部斜切，外端角突出，呈齿状，内端角呈刺状。前胸腹板突片有 1 圆筒形瘤突。雄虫触角约超出体长的一半，腹端圆形；雌虫触角与体等长或略短，腹端较平直（彩图 17 - 118 - 4）。

卵：长椭圆形，长 2.1mm，宽 1.1mm，乳黄色。卵壳表面被小刺。

幼虫：老熟幼虫体长可达 80mm，前胸宽 15mm，体细长，圆筒形。头颅额前缘后唇基平直光滑，上唇横卵形，密生金黄色刚毛；上颚黑褐色，粗糙，基半部具粗短刚毛 3～6 根，下颚须第三节端尖，长为第二节的 2/3；下唇须第一节长，第二节长为第一节的 1/3；额粗糙，棕褐色，后颊光滑，无隆脊；口后片具微弱的条状脊纹，棕褐色，前缘色更深，口后线暗色，弧形内弯；外咽线明显隆起。侧单眼 3 对，圆形，极突出，排成 1 纵列。触角 3 节，第三节细长，长为基宽的 4 倍，为第二节长的 1/2，锥形主感器短小，不及第三节长的 1/4。前胸背板前缘两侧各具 1 个横向的红褐色斑，中央具由 2 个半圆形斑组成的褐色圆形斑，后缘具中央前突的褐色斑，前胸背板前缘之后及侧缘密生赤褐色细毛，后区暗色，具微刺粒及细纵脊纹，被稀疏细毛，腹部背步泡突具 2 横沟，中沟宽而浅，无瘤突，密被刺粒；第九腹节背板无刺突；侧板上侧盘不很明显；肛叶粗糙，表面无毛，周围有很密的银灰色细毛。足发达，前跗节细长，淡色，具小刺。气门宽卵形，围气门片厚，色淡，无缘室。

蛹：黄白色，肥大，触角卷曲在腹部末端。触角节端部膨大，前胸具发达的侧刺突，翅芽短而窄。蛹茧扁椭圆形，长径 25mm，短径 15mm，白色，坚硬。

（三）生活习性及发生规律

咖啡皱胸天牛 1 年发生 1 代，成虫于 5 月中旬出孔、交尾及产卵；经交尾的雌虫卵散产于离地面 1m 以内的树干或第一分枝基部树皮缝隙中。幼虫孵出后在皮下及边材部分为害，然后蛀入木质部，蛀道纵横交错；幼虫老熟时分泌碳酸钙在蛀道较宽处结成扁椭圆形坚硬的茧，并在其内化蛹。若成虫 10 月羽化则当年出茧，否则在茧内越冬至翌年初春才破茧而出，于 5 月才飞离。被害植株在基部有大量虫粪及木屑堆积。

咖啡皱胸天牛除为害咖啡外，还可寄生腰果、芒果、木棉、人面子、山樣子、酒椰子、破布子、吉贝、石梓、婆罗双树、酸枣、苹婆、榄仁树、板栗、黄楝等。

（四）防治技术

咖啡皱胸天牛的防治应注重预防，结合田间管理，于冬、春季在树干上涂刷石灰水。同时加强巡查，辅以人工捕杀成虫和发现虫害株及时清除幼虫或在被害枝干洞口塞以蘸有 20％氰戊菊酯乳油或 90％敌百虫原药或 80％敌敌畏乳油的棉球，外封以湿泥的方式进行防控。

在防控其他咖啡天牛时，可以起到兼防咖啡皱胸天牛的作用。

四、咖啡脊虎天牛

（一）分布与危害

咖啡脊虎天牛又称咖啡虎天牛，也称斑胸虎天牛，在国内黄河以南较常见，主要分布于甘肃、江苏、福建、广东、广西、河南、山东、台湾、海南、四川、云南及西藏东部的三江流域，国外各咖啡产区均有分布。

咖啡脊虎天牛以幼虫为害咖啡树，初孵幼虫先在形成层与木质部之间蛀食，外表无明显的蛀入孔，仅被害处表皮稍隆起。三龄以后侵入木质部纵横钻蛀，被害处呈 1 条弯曲的隧道，隧道中填满木屑，受害部位由于失去机械支持作用，在遇到风雨时常常被折断。

（二）形态特征

成虫：体长 9.5～15mm，宽约 4.5 mm。体黑色。额长形，两侧缘有平行的脊线，头顶粗糙，有颗粒状皱纹。眼缘凹陷处被乳白色毛。触角约为体长之半，三至五节末端具长毛，端部 6 节白色。前胸背板中央高突，似球形，具粗糙刻点，且有 10 个淡黄色绒毛斑；中胸小盾片顶端被乳白色绒毛；后胸腹板有稀散白斑，鞘翅棕褐色，基部略宽于前胸，端部渐窄，端缘平直，翅面密布细刻点，并有数条由稀疏白毛组成的曲折线；足黑色，中、后足腿节、胫节棕红色。腹部腹面每节两侧各具 1 白斑（彩图 17-118-5）。

幼虫：老熟幼虫体长 22mm，前胸宽 5mm。体圆柱形，乳白色。头颅近梯形，后端渐宽；唇基梯形，光滑，淡黄褐色；上唇横卵形，前区两侧密生刚毛；下颚负颚须节背侧突很小，下颚须 3 节约等长；上颚黑色，粗短，基半部具 1 横列短毛；下唇须第一、二节等长；额前沿黑褐色区较宽，极光滑，中额线褐色线痕状，额线不见；口器框骨化较弱，红褐色；口后片前缘黑褐色，口后线直，后端稍向外伸；外咽片较宽，隆起，外咽线向外岔开。侧单眼 1 对，圆形，极突出，无色素斑。触角 3 节，细长，长于连接膜，第二节长为基宽的 1.5 倍，端部具刚毛 2 或 3 根，第三节长约为第二节的 1/2，端部有细长刚毛 1 根，长于第三节，锥形主感器长为第三节的 1/3。前胸背板前缘后方具 2 个褐色横斑，后区平滑；前胸腹板中前腹片分界不明，中央稍后两侧有 2 个圆形光滑区，后缘具褐色微粒，足极小，褐色刺突状。腹部背步泡突光滑，无细线纹；第七、八腹节较粗大，肛门 3 裂。气门椭圆形，围气门片褐色，唇瓣深陷。

（三）生活习性

咖啡脊虎天牛 1 年发生 1 代，以成虫在寄主树内越冬。翌春气温回升，日平均气温高于 20℃，最高温度高于 25℃，持续 3～5 d 后，成虫即咬穿树皮出孔活动。成虫出孔后即能进行交配和产卵。其雌、雄成虫一生中均能连续交配多次，每次交配的时间长达十多秒至数十秒。交配后的翌日开始产卵。成虫出孔群飞期较整齐，一般在 3 月上旬至 4 月下旬。喜在晴天 10：00～16：00 在向阳、裸露的咖啡树干上爬动，觅偶交配。交配后即用其针状产卵管插入树干粗皮裂缝内产卵。卵散产或数粒成排，一生可产卵 50～100 粒。卵孵化后，初孵幼虫先在木质部表面蛀食，当幼虫长到 8 mm 左右时，即开始向木质部内部蛀食，形成迂回曲折的蛀道。蛀道内充满木屑和粪便，而在枝干表面无排粪孔，因此很难发现，直到遭受蛀食的咖啡树表现明显症状时才易被发现。老熟幼虫化蛹前，先在树干的边缘咬好圆形的羽化孔，但不咬穿韧皮部，以最后的蛀道作为蛹室。成虫羽化后留在寄主枝干内隧道中继续生活 15～18d，或经越冬后才由出口爬出。卵历期 6～8d，幼虫历期 180d，蛹期 30d，成虫静伏在蛹室内越冬期 100～105d，成虫出孔交配产卵需 25d。

成虫一般在白天活动，飞翔力强，有假死性，对糖醋味有较强的趋性，多于晴天活动，喜在距地 50～100cm 咖啡的茎表皮裂缝中产卵，孵化后的幼虫蛀入皮层为害。

（四）发生规律

咖啡虎天牛可为害咖啡、梧桐、柚木、榆、泡桐、山石榴、金银花等。越冬虫态与生境有一定的关系。一般在向阳坡地，以成虫越冬的占多数，而在背阴坡地以幼虫越冬的比例有明显增加。交配的情况与气温的高低有密切关系，在早晨、傍晚或阴天时，因气温较低而不进行交配。在白天，当气温高达 20℃ 以上时，交配最为活跃。

咖啡脊虎天牛的天敌有赤腹姬蜂（*Xylophrurus coreensis* Uchida），寄生率约为 27%，在直径约 1cm 的中上部树干内的幼虫，以及在靠近木质部边缘为害的幼虫被寄生的较多。另一种为肿腿蜂（*Scleroderma* sp.），只是偶尔有发现，虽然自然寄生率很低，但经人工繁殖放蜂后田间寄生率可达 70%～80%，对其为害有一定的控制作用。

（五）防治技术

咖啡脊虎天牛的防控应在加强田间管理，及时更新、复壮受害和长势衰弱的受害植株的基础上，辅以人工捕杀、糖醋液诱杀和药剂防治。

糖醋液诱杀的具体方法是将糖、醋、水、90% 敌百虫原药按 1：5：4：0.01 的比例混合，装于直径为 7cm 左右的广口瓶内，悬挂于咖啡园中诱杀成虫。

药剂防治是在 5 月上旬和 6 月下旬初孵幼虫尚未蛀入枝干木质部前，用 50% 敌敌畏乳油 1 500 倍液、2.5% 溴氰菊酯乳油 600 倍液或 50% 辛硫磷乳油 1 000 倍液，每隔 7～10d 防治 1 次，喷雾于咖啡主枝上，连续 2～3 次，杀死初孵幼虫。

其他防治方法可参照旋皮锦天牛及灭字脊虎天牛。

五、其他天牛

（一）海南灰天牛

海南灰天牛主要分布于我国海南、香港、广东及广西，可为害咖啡、茶树和厚皮树。

成虫：体较小，长 12.5～16mm，宽 4.5～5.5mm，黑褐色至棕褐色，被覆厚密绒毛。触角红色，被稀疏的灰褐色绒毛；头、胸覆盖有褐色绒毛，有时前胸背板中部后端至基缘有淡黄色绒毛。小盾片亦为同色绒毛。鞘翅被褐色绒毛，每翅肩下有 1 条斜纹，向中缝的 2/5 处延伸，然后沿中缝又向外侧伸出，形成 1 个弧形的灰斑纹，把鞘翅分成两个褐斑，一个位于基部，一个位于中后部的外侧；两翅基部的褐斑共同组成 1 个三角形的斑纹，每翅中后部外侧为 1 个近半圆形的斑纹；两翅的弧形灰斑组成 1 个交叉的近

"十"字形的斑纹。体腹面及足被覆灰褐色绒毛。复眼深凹，小眼面较粗，复眼下叶较大，长胜于宽，为其下颊长的 2 倍；额宽胜于长，头中央有 1 条细纵沟。触角基瘤十分突出，触角之间的额深凹，触角细长，向端部渐细；雄虫触角长度为体长的 1.8 倍，柄节端疤发达，第三节略长于第四节。前胸背板宽胜于长，有前、后缘横凹沟，每个侧刺突较粗大，中区有 6 个大小不一的低瘤突，排成 3 列，中央 1 列 2 个，两侧各有 1 列，每列 2 个，胸面有稀疏的刻点。小盾片舌形。鞘翅肩宽，末端稍窄，端缘斜凹切，缝角较尖锐；基部有几粒颗粒，翅面刻点较前胸背板刻点稠密，前端刻点较粗，末端刻点较细。中胸腹板突片有瘤状突起，腹部有稀疏的细刻点。足不长，较粗壮，前足基节窝向后关闭，中足胫节外端不具斜沟（彩图 17 - 118 - 6）。

幼虫：成熟幼虫体长 35～40mm，前胸宽 6.5～7.0mm，淡乳黄色，体圆筒形，被稀疏细毛。头部椭圆形，较宽短，侧缘近乎平行，无缢入，背面呈圆形隆起，口器框褐色边较狭；中额线和额线不明显；口上毛多数，在 10 根以上；上唇半圆形，中部具长刚毛；上颚切边凹入；下颚须 3 节依次短小，下颚叶低于下颚须第二节端部，下唇须第一节粗而长；外咽片不明显；口后片前缘呈凹弧形，前方有长毛，中部横向隆起；侧单眼 1 对，圆突，色素斑黑色，明显；触角 3 节，第二节横宽，第三节细长，长为宽的 2 倍，其旁锥形主感器长为第三节的 1/2。前胸背板横宽，侧沟明显，亚侧陷斜向，背板后区骨化部不呈"凸"字形纹，略呈横扁的扇形，具纵刻纹，前胸腹板中前腹片近三角形，表面光滑，具粗毛，与侧前腹片分界明显；足退化。腹部背步泡突具 2 横沟及 4 列光滑的念珠状瘤突；第二至八腹节上侧片显著突出，侧瘤突宽，具 2 毛，骨化坑不显著；肛门 3 裂，中裂缝短。

（二）黄天牛

1998 年在云南省普洱市大开河村 S288 品种咖啡树干上捕获此虫（彩图 17 - 118 - 7，1），经英国 CABI Biocienceuk Center 鉴定为 *Bacchisa* sp. near *pallidiventris* (Thomson)。据该中心记录，其他眼天牛属天牛在中国为害芒果树。普洱市孟连和个别基地种植的小粒咖啡 Catimor 品种上也零星发现此虫为害。黄天牛以幼虫取食距地 50cm 以上、茎粗约 3cm 的细主干和枝条，为害状似咖啡旋皮天牛，但蛀道较窄且取食木屑粗长，幼虫蛀入木质部的入洞口有长木屑紧塞，在洞内每 1 条长木屑呈 V 形紧塞于洞穴内。幼虫进入木质部为害较少，主要是造蛹室。据室内全年树干饲养初步观测，该虫每年仅发生 1 代，于 5～7 月羽化（与旋皮天牛成虫羽化时间相似）。刮树皮、剖开树干能观察到成虫、幼虫、蛹，身体均为黄色（彩图 17 - 118 - 7，2）。成虫畏光，触角较短，交配前栖息于咖啡树上，剥食嫩枝树皮、叶脉或叶柄。雌成虫产卵于向阳粗糙的树皮裂缝中，其个体大小类似于灭字脊虎天牛。

（三）咖啡双条天牛

咖啡双条天牛主要分布于中国云南及印度、缅甸、印度尼西亚、马来西亚、越南、老挝，可为害咖啡、可可、阔叶合欢、南洋楹、橄树。

成虫：体长 26～40 mm。红棕色至棕黄色；前胸背板金绿色，中区棕黄色；鞘翅内侧 1/2 棕黄色，外侧 1/2 金绿色；触角黑色，足棕红色，腿节基部及端部、胫节大部黑褐色，胫节端部及跗节黄褐色（彩图 17 - 118 - 8）。

幼虫：老熟幼虫体长可达 45mm，前胸宽可达 7.5mm。体圆筒形，中等粗，乳白色。头颅近梯形，额前沿锈色，凹凸不平；唇基梯形，深黄褐色；上唇横椭圆形；前区密生浅黄褐色粗短刚毛；上颚粗短，黑色，基半部具刚毛数根；下颚须 3 节，负颚须节背侧突竹笋状，约与下颚须第三节等大；下唇亚颏具浅褐色纵脊，下唇舌大，下唇须第二节短于第一节；口后片前缘深色，骨化区很宽，具不明显的横脊纹，口后缝明显，稍弯，外咽区微隆，外咽线显著凹入；单眼不可辨；颊肩状突出，后颊具棕黑色狭边线和许多短刚毛；口器框棕黑色的骨化部分在触角下方中断；触角第二节长为基部宽的 1.5 倍，端部的锥形主感器长为第三节的 1/4。前胸背板横宽，后端稍宽，侧缘具许多淡色细毛，散布光滑的小点，背中线显著下陷，前端淡黄褐色，有光泽，中区具粗刻点和短刚毛。后区有细密的纵条纹；前胸腹板中前腹片具 1 对三角形有光泽的粗糙区。腹部步泡突光滑；侧板密被细毛，间有少数长刚毛；足明显，4 节，色淡。腹节第八节宽，第九节极短小，嵌入第八腹节后缘，仅稍露出；气门椭圆形，围气门片黄褐色，唇瓣赤褐色，深陷；肛门 3 裂，裂缝长度和夹角相等。

（四）澳门绿虎天牛

澳门绿虎天牛又称勾纹绿虎天牛，分布于我国陕西、湖北、广东、香港、海南、广西，可为害咖啡、松、杉、柳、杨、红花羊蹄甲及相思。

成虫：体长 7.5～14mm。黑色；复眼内缘凹入，触角基瘤彼此接近，触角细长，伸达翅中部；触角及足棕褐色，体被灰白色绒毛；前胸近球形，长略胜于宽，前胸背板中区具黑斑且后缘内凹，两侧各有 1 黑斑；每个鞘翅上具 4 条灰白色条纹，第一条位于翅基部，外端不达肩角，并沿中缝向后与第二条连接，第一、二灰白色条纹连成弧形，内有 1 纵纹及 1 横斑，第三条甚宽，呈典型横带，第四条位于翅端部，翅端斜截（彩图 7 - 118 - 9）。

幼虫：老熟幼虫体长可达 22mm，前胸宽可达 5mm。体圆筒形，中小型，向后渐狭，至第七、八节又窄。头颅近方形，宽略胜于长，中部以后稍宽，侧缘呈弧形，后端平直，中央稍凹入；中额线棕褐色，细而明显，额线不显著，口器框棕黑色区较细，唇基扁狭，为后唇基所遮盖，仅露出 1 狭条；上唇淡色，很小，近圆形，密生长刚毛，上颚粗短，全部黑色，切口凿形；下颚负颚须节外缘较直，背侧突不明显，具长刚毛，下颚须第一节外端角背侧突也不明显，第三节瘦长柱形，与第二节等长，下颚叶外缘直，近长方形，端部具短刚毛；下唇舌很小，高不及下唇须第一节，第二节短小。口后片前缘具齿状纵隆脊 5 个，外咽片宽，具 1 对小突起。单眼 1 对，圆突。触角基部连接膜很长，等于触角全长，触角第二节稍长于第一节，第三节微小。口器框、唇基、上唇以及上颚均棕黑色，上唇近圆形，前端黄褐色刚毛密且长；下唇舌很小，淡灰色，下唇须第一节肥圆，大于第二节；中额线淡色；外咽片矩形；口后线明显。前胸背板背中线直贯至后端，凹缝两边稍隆起，"山"字形骨化板前方两侧下陷，后区具细线纵刻纹；前胸腹板中前腹片中央纵凹沟仅后端明显。腹部步泡突表面光滑，无瘤突，仅有浅凹痕，中沟较明显，两旁的细线痕围成左右各 1 宽卵形，外侧弧形，中部内陷，第九腹节末端毛细长稀疏，肛门 3 叶等裂。

（五）艳虎天牛

艳虎天牛分布于我国广东、海南、四川和云南，国外老挝、缅甸、印度及西里伯斯有分布，可为害咖啡、栀子及割罗。

成虫：体长 10.5～14 mm。头、触角端部的节、后足腿节及胫节黑色；前胸背板红褐色，基缘两侧各有 1 个白色绒毛斑；鞘翅黄褐色，中部及端部各具 1 黑斑，前小，斑前端有 1 白点，翅端缘白色，微斜截（彩图 17 - 118 - 10）。

幼虫：老熟幼虫体长可达 23mm，前胸宽可达 4.5mm。体略呈方柱形，乳白色，被细毛，各节间向内陷。头颅近方形，边缘近于平行，前端 1/3 处微凹；额中央及上颚关节暗褐色，其余乳白色，中额线与额线均不明显；口上毛 4 根；上唇乳白色，椭圆形，前缘密生刚毛；上颚端部黑色，基部黑褐色，外侧具 1 纵沟；下颚叶内侧缘平直，端部高达下颚须第三节中部；侧单眼 1 对，无色素斑；触角孔圆形，触角 3 节，第二节长为第三节的 2 倍，第三节细短，向外倾斜，锥形主感器长为第三节的 2/3。前胸背板前区中部具细毛，后区 "山" 字形骨化板乳白色，后端中央有纵裂沟；前胸腹板中前腹片与侧前腹片分界不明显，前者中部稍隆起，后者有短毛。腹部背步泡突具 1 横沟，两端具斜侧沟，均有细短分支，横沟后方的分支长，中央 1 支分 2 叉；第一、二腹节具侧盘，周围有放射状细纹；肛门 3 裂。

（六）毛角薄翅天牛

毛角薄翅天牛主要分布于我国贵州、云南、广西、广东、海南、台湾，可为害橡胶、咖啡、可可、萝芙木等热带植物。

成虫：体长 9～41 mm，细长。体棕红色或黄褐色；前胸背板无毛斑，前缘、后缘、小盾片端部及鞘翅周缘黑色。头正中有细纵线，具刻点，额前端有半圆形低凹；雄虫触角超过体长，柄节粗大，第三节起各节内缘着生极细的黄色缨毛，基部 3 节粗糙，下沿着生齿状小突；雌虫触角与体等长，前胸背板前端狭窄，基部宽，中部与基部近于等宽，略似半球形，后端侧缘清楚；胸面密被细颗粒刻点及淡黄色绒毛，小盾片密布细刻点及淡色毛，鞘翅微显 2～3 条纵脊线，被黄色短细毛，雌、雄虫腹部末节后缘均有半圆形凹缺，雌虫更大，产卵管外露，足扁平（彩图 17 - 118 - 11）。

幼虫：老熟幼虫体长可达 58mm，前胸宽可达 12mm。体长圆筒形，乳白色。头颅近方形，两侧近平行，后侧角浑圆，后缘中央稍凹入，中额线黑褐色，口上片前缘平直，两侧角呈弧形突出；上唇舌形；上颚黑褐色，髁后脊明显；口上毛 6 根；下颚叶内缘向外侧倾斜，密生粗刚毛，下颚须第一、二节等长，第三节略长于第二节的 1/2；下唇颏粗大，前缘中部呈弧形凹入；侧单眼 3 对，排成 1 竖行，圆形突出，色素斑不显著，后方具痕迹单眼 2 个；触角 3 节，触角环向前覆盖，连接膜基部，第二节较粗，端部主感器环形，第三节短小，具细毛数根。前胸背板乳白色，具稀疏的褐色细短毛，背中央具 1 个梭形光滑凹陷，侧沟间骨化板的后区两侧及近后缘中央也有光滑凹陷，前胸腹板中前腹片前端分界不明，腹部各节背面步泡突光滑，无瘤突；2 横沟及 2 短斜侧沟明显，第九腹节长为第八腹节的 2 倍，肛门 3 裂。

以上几种咖啡天牛的防治方法可采用适当种植荫蔽树；及时清除和烧毁为害严重的咖啡树；在旱季在不损伤韧皮部的前提下人工磨平粗糙的树皮，破坏成虫产卵场所和在成虫羽化期及时开展统防统治。具体防治方法同旋皮锦天牛、灭字脊虎天牛。

附：

1. **受害率调查取样方法**　采用层积随机抽样法调查咖啡天牛受害率。即在同一块地进行抽样调查，每公顷分成 25 部分，每部分分别调查 2、4、6 株，记录有虫样数并统计受害率。

2. **产量损失估计**　用被害树和正常树的产量估算产量损失。

$$损失 = （未受害树每株平均产量 - 受害树每株平均产量）× 受害株树$$
$$理论产量 = 损失 + 单位面积实际产量$$
$$产量损失 = 损失 ÷ 理论产量 × 100\%$$

3. **国外几种为害咖啡的天牛**

白带褐天牛（*Anthores leuconotus* Pasc.）：广泛分布于 5°N 以南的非洲地区，能为害各种咖啡树、茜草科植物或灌木。

毡刺横带天牛（*Bixadus sierricola* White）：在整个西非、中非及乌干达部分地区发生严重，能寄生各种咖啡属植物及其他次生林木。

黄头细腰天牛（*Neonitocris princeps* Jordon）：在西非及中非地区可为害高种、小粒种和中粒种咖啡。

咖啡黄头天牛（*Dirphya nigricornis* Ol.）：在肯尼亚小粒种咖啡园为次要害虫，偶尔在某些地区严重发生。马拉维及坦桑尼亚也报道有该虫发生但不严重。

咖啡蛀果天牛（*Sophronica ventralis* Aurivillius）：分布于肯尼亚、乌干达。寄主植物为咖啡，能随咖啡种子传播。

此外，在加纳有另一种蛀果天牛 *Sophronica calceata*，喀麦隆有蛀果天牛 *Sophronica nigrorittata*，其为害情况不详，但能随咖啡豆传播为害。

杨子林（云南省临沧市植保植检站）

第 119 节　咖啡绿蚧

一、分布与危害

咖啡绿蚧〔*Coccus viridis*（Green）〕属同翅目蜡蚧科，又名咖啡绿软蜡蚧。广泛分布于世界整个热带地区。国内分布于广西、广东、海南、云南等。除了为害咖啡外，还为害茶叶、柑橘、橡胶、椰子、可可、胡椒、芒果、柠檬、冬青、龙眼、人心果等；以若虫和成虫群集在咖啡嫩梢和叶背面吸取汁液，尤其以嫩部受害较重。除直接吸取寄主汁液外，排泄的蜜露堆积在叶片上，诱致煤烟病发生，妨碍光合作用，植株被害后生长势衰弱，严重被害的幼果果皮皱缩，果柄发黄，幼果未成熟即脱落，使得咖啡产量减少，质量降低（彩图 17 - 119 - 1）。

在我国，咖啡绿蚧为害咖啡的报道始见于 1965 年，咖啡绿蚧在广西西南部咖啡种植区发生为害，调查植株受害率达到 84%，其中有煤烟病植株占 25% 以上。过去由于咖啡种植面积起伏明显，咖啡绿蚧多为零星发生，随着咖啡种植面积的增加，尤其是在云南咖啡主要种植区，2008 年以来，冬春季干旱明显，咖啡绿蚧为害严重。2012 年 4 月云南省德宏热带农业科学研究所调查，因害虫引起的煤烟病达 30% 以上。

二、形态特征

雌成虫：体长 2.5~3.25mm，宽 1.5~2.0mm，体平、卵形，浅黄绿色。在背中有不规则的灰黑色斑点环状物，中间稍微突出，边缘十分薄，皮肤软，从不几丁质化。主要以孤雌生殖繁殖后代。

卵：圆形，边缘扁平，中间稍微突出。

三、生活习性

在巴西实验室 25℃ 的条件下咖啡绿蚧完成 1 代历期 47~51d，在国内热区如海南 1 代历期 28~42d，若虫 3 龄。孤雌生殖一雌虫一生可产卵数百粒，卵置于母体下面。初孵化的若虫在母体下面作短暂停留，而后分散外出。若虫非常活跃，四处爬行寻找适宜的场所，定居后不再移动。

干旱季节和阴湿且通风不良的环境有利于其发生。雨季害虫能被真菌寄生，使虫口密度急剧下降。该虫在叶片上的分布以叶脉两侧较多，嫩枝上多分布在纵行的稍微凹陷处。低温季节咖啡绿蚧繁殖速度下降，为害程度亦减轻。

四、发生规律

（一）虫源基数

由于热带地区冬季温度相对较高，越冬虫口基数也较高，在云南保山潞江 1~3 月平均单株虫口数在 9~86 头，到 8 月达到了 1 428 头。研究表明云南保山、德宏等热带地区咖啡绿蚧单株虫口数量的大小取决于 8 月以前的积温；9~10 月为害率为负增量，该虫传播停止。

咖啡绿蚧为害率的大小取决于 8 月以前单株虫口数量的大小，8 月以后尽管单株虫口数量下降但为害率仍保持较高的水平，直至 9 月达到最高点，9 月以后为害率基本保持稳定并略有下降；因此，咖啡植株一旦受害后在短期内难以恢复正常生长，而受害较轻的植株仍可恢复生长，但并不表明咖啡绿蚧停止了扩散传播。

（二）气候条件

在云南潞江干热河谷区咖啡绿蚧周年虫口数量随温度上升而上升，随温度下降而下降，受温度影响明显，虫口周年变化呈单峰曲线，峰值出现在 8 月，平均达到了 1 428 头；但在湿热区的德宏，8 月雨季区，对该虫的发展有一定影响；发生最重是在 4~5 月温度高的干旱区。

（三）天敌

7 月进入雨季后由于降水量集中、空气湿度大，有利于绿蚧天敌寄生菌——枝孢霉（*Cladosporium*）、灿球赤壳（*Sphaerostilbe*）和笋尖孢霉（*Acrostalagmus*）等的发生与寄生，很大程度上抑制了咖啡绿蚧单株虫口数量的扩大。另外，绿蚧天敌中的肉食性昆虫如大红瓢虫（*Rodolia rufopilosa* Mulsant）、红环瓢虫（*R. limbata* Motschulsky）、二星瓢虫 [*Adalia bipunctata*（Linnaeus）] 以及内寄生性天敌如膜翅目小蜂科种类进入 6~7 月后开始大量发生，对咖啡绿蚧单株虫口数量的扩展产生抑制作用。因此 8 月以后尽管月积温仍然足够，但咖啡绿蚧单株虫口数量已开始大幅度下降，这并不表明咖啡绿蚧停止生长繁殖。

五、防治技术

（一）生物防治

保护和利用天敌。寄生蜂、寄生菌和瓢虫能大幅度降低咖啡绿蚧的虫口密度，应保护利用。利用猎蚧轮枝孢菌（*Verticillium lecanii*）防治绿蚧，在田间用每毫升含 $16×10^6$ 个孢子的菌悬液对咖啡喷雾 2 次，每次隔 2 周，能使 30%~95% 的咖啡绿蚧死亡。

（二）化学防治

在旱季害虫严重发生时使用药剂防治，可选用 48% 毒死蜱乳油 1 000~2 000 倍液、25% 噻嗪酮可湿性粉剂 1 500~2 000 倍液、0.3% 苦参碱水剂 200~300 倍液、50% 马拉硫磷乳油 1 200~1 500 倍液或 2.5% 高效氯氟氰菊酯乳油 1 000~3 000 倍液等对树体进行喷雾。

张洪波（云南省德宏热带农业科学研究所）

第 120 节　咖啡根粉蚧

一、分布与危害

咖啡根粉蚧属同翅目粉蚧科，据资料介绍为害咖啡土表下根部的粉蚧有记录的达 40 种之多；国内最早报道的广西南部为害咖啡的根粉蚧鉴定为咖啡臀纹粉蚧（*Planococcus lilacinus* Cockerell），其在国内分布于广东、海南、广西、云南和台湾，国外分布于菲律宾、印度、越南、印度尼西亚、非洲等主要咖啡产区。2002 年云南普洱根粉蚧发生为害较重，经英国 CABI Biocienceuk Center 鉴定为印度牦粉蚧〔*Planococcdes robustus*（Plate）〕，其主要分布在国内。这里主要介绍咖啡臀纹粉蚧。

咖啡臀纹粉蚧为害咖啡、柑橘和石榴等作物的根部。主要以若虫和雌成虫寄生在咖啡根部，初期先在根颈 2~3cm 处为害，以后逐渐蔓延至主根、侧根并遍布整个根系，吸食其汁液；植株根部受害部常出现一种以蚧虫的分泌物为营养的真菌 *Diacanthodes* sp.，其菌丝体在根部外围结成一串串瘤疱，将蚧虫包裹保护起来，有利于其大量传播繁衍，消耗了大量植株养分及严重影响根系生长，使植株早衰，叶黄枝枯（彩图 17-120-1，彩图 17-120-2）。植株受害初期当年虽然不致枯死，但翌年生长势日趋衰退，不能正常开花结果，造成减产和品质下降，最后因根部发黑腐烂，整株凋萎枯死。而印度牦粉蚧除为害根部外，有时也为害在根部以上荫蔽较好的茎干部位，蚂蚁常搬土把其包裹保护起来，为害处长达 20~50cm，使咖啡树势减弱。

二、咖啡臀纹粉蚧形态特征

成虫：雌成虫体长 2.5~3.5mm，宽 1.2~1.5mm，椭圆形，背面稍隆起，体呈紫色，但背面密被白色蜡粉。其体边缘有短而粗钝的蜡毛 17 对，自头部至尾端愈向后愈长，以尾端蜡毛最长。触角丝状，共 8 节，淡黄色。胸足淡黄色，很发达，能自由行动。体腹面腺堆共 18 对。肛环有明显角质化环带，似马蹄形，上有长刺毛 6 根，两边相对排列。雄虫体长 1.0~1.3mm，宽 0.3~0.38mm，呈榄核形，黄褐色。触角丝状，10 节，尾端具有 1 对长蜡毛。

卵：椭圆形，紫色，常聚集成堆，外被白色蜡粉。

若虫：初孵化时为紫红色，外形和雌成虫相似，背面扁平，没有蜡粉，随虫龄发育而渐增蜡粉，体边缘的蜡毛也随龄期增长而明显突出。

三、生活习性

在广西 1 年发生两代，以若虫在土壤湿润的寄主根部越冬，翌年 3~4 月为越冬代成虫盛期，6~7 月为第一代成虫盛期。有世代重叠现象，一般完成 1 个世代约经 60d，卵期 2~3d，若虫期 50d，雌成虫寿命 15d，雄虫 3~4d，主要靠蚂蚁进行传播为害，同时蚂蚁取食其分泌的蜜露，并为之起保护作用。

四、发生规律

咖啡根粉蚧一般喜在土壤肥沃疏松，富含有机质和稍湿润的林地发生。幼龄树与成年树相比受害较重，易出现受害状。干旱年份该虫发生较重。该虫寄主较多，能为害胡椒、可可、芒果等，田间生长的草本植物有的也是其野生寄主。

五、防治技术

（一）农业防治

咖啡根粉蚧的寄主范围广，应做好其他寄主的根粉蚧防治，消除虫源。咖啡采取间作，增强其树势，则不利于该虫发生。

（二）生物防治

天敌数量多能较好地控制蚧虫的为害。瓢虫对该虫的生防效果较好。目前一些咖啡生产国和地区主要采用生物防治方法来控制蚧虫危害。

（三）化学防治

化学农药防治蚂蚁能有效防止蚧虫的传播，可用 90%敌百虫晶体 500～1 000 倍液喷杀，防治效果好。用 48%毒死蜱乳油 1 000 倍液每株 200～300mL 灌根，可获得理想防效。

张洪波（云南省德宏热带农业科学研究所）

第 121 节　咖啡豹蠹蛾

一、分布与危害

咖啡豹蠹蛾（*Zeuzera coffeae* Nietner）属鳞翅目木蠹蛾科，别名咖啡木蠹蛾、咖啡豹纹木蠹蛾、咖啡黑点蠹蛾、茶枝木蠹蛾、棉茎木蠹蛾等。

咖啡豹蠹蛾在我国分布较为广泛，主要分布在安徽、陕西、江西、江苏、广东、广西、河北、河南、福建、台湾、浙江、湖南、湖北、四川、贵州、云南、海南等省份。咖啡豹蠹蛾食性杂，寄主植物种类比较多，主要有茶、咖啡、荔枝、龙眼、黄皮、芒果、番石榴、石榴、柑橘、橙、核桃、杏、苹果、李、桃、梨、柿、枇杷、葡萄、樱桃、枣等多种园林经济作物和果树，另外还为害悬铃木、红叶李、小叶黄杨、山茶花、梅花、榆叶梅、大丽花、碧桃、樱花、紫荆、月季、羊蹄甲、日本晚樱、山杏、白玉兰、广玉兰、梅花、黄杨、栀子花、香樟、香石竹、杜鹃、海棠、木麻黄、槭树、杨、柳、鹅掌楸、刺槐、女贞等多种园艺绿化树种及花卉植物。

咖啡豹蠹蛾以幼虫在寄主植物的枝条或树干木质部取食为害，受害较轻的寄主植物表现为叶片发黄、植株长势缓慢衰弱，果实发育不良或掉落，受害严重时可引起寄主植物的枝条干枯，甚至整株枯死。咖啡豹蠹蛾在咖啡树上为害是以幼虫在咖啡株的分枝（侧枝）上或茎干的中下部木质部（髓部）进行取食，受害株叶黄、枝枯、幼果干枯、长势缓慢衰弱甚至整株枯死，幼龄咖啡树受害率一般为 4%～5%，受害严重的咖啡园可达 10%～12%。咖啡豹蠹蛾将卵产于咖啡株的嫩梢顶端或腋芽处，初孵化的幼虫从腋芽处蛀入枝条或茎干，先在木质部和韧皮部之间旋蛀 1 至数圈，然后沿髓部向上蛀成直隧洞，使咖啡树遇到大风天气时枝条或茎干从蛀口处被折断，被害枝条或茎干被折断后，幼虫从折断处出来向枝条或茎干较粗的下段再次蛀食侵入为害。植株受害 3～5d 后，受害部位以上的枝干即可枯萎，受害部位蛀入孔下方可见到幼虫排出黄色粉末状的木屑粪便。咖啡豹蠹蛾在云南咖啡上 1 年发生 2 代，越冬代和夏秋代的成虫分别出现在 4～6 月和 8～10 月，5～7 月和 9～11 月是两代幼虫初侵入和转移侵入为害的时期。咖啡豹蠹蛾除为害咖啡外，还在其他多种经济林木或果树上为害，一般 1 年发生 1 代，在核桃、苹果、梨、桃及枣等多种果树上为害也比较重，果树的骨干枝或结果枝常常被截断，树冠不全甚至成光头状，导致大量减产。

二、形态特征

成虫：雌蛾体长为 12～46mm，翅展为 42～68mm；雄蛾体长为 11～40mm，翅展为 26～47mm。头白色，虫体被灰白色鳞片，前胸背板鳞片疏松，胸部背面有 3 对平行的蓝黑色斑点，腹部每节有蓝黑色宽横带，各具 8 个大小不等、呈环状排列、具光泽的蓝黑色斑点，雌蛾腹部末端钝圆，有长约 3～4mm、黄色产卵管伸出。触角黑色，上具白色短绒毛，雌蛾触角丝状，雄蛾触角基半部双栉齿状，端半部丝状。翅灰白色，翅上散生大小不等比较规则的蓝黑色斑点。头部前翅前缘、前翅内缘、翅脉先端共有略呈圆形的黑斑 27～29 个，中室有较大的黑斑 7～8 个，其他各室均有近圆形黑斑 3～13 个。后翅翅脉边缘各有 1 蓝色斑，且颜色较深，其他部分斑点颜色较浅，中部有不规则的淡色黑斑；翅脉间密布大小不等的青蓝色短斜斑点，外缘有 8 个近圆形青蓝色斑点。胸部具白色长绒毛，中胸背板的侧面有 3 对由青蓝色鳞片组成的圆斑。腹部被白色细毛，第三至七节腹节背面及侧面有 5 个青蓝色毛斑组成的横列，第八腹节背面几乎被青蓝色鳞片所覆盖。胫节、跗节黑蓝色，有光泽（彩图 17 - 121 - 1，1）。

卵：椭圆形，长为 0.85～0.9mm，宽为 0.75～0.8mm，初产时橙黄色或淡黄白色，后变为淡红色，少数橘红色，孵化前为紫黑色。卵壳薄而表面无饰纹。

幼虫：初孵幼虫体长为 1.5～2.0mm，紫黑色或暗褐色，头橘红色，头顶、上颚、单眼区域及前胸背板黑色；体节有黑色毛瘤，瘤上有白色细毛 1～2 根；老熟幼虫体长为 28～50mm，头淡赤褐色，前胸背板中央有 1 条纵向的黄色细线，后缘有 1 黑褐色突起，布满小齿突，前两排整齐，中间数齿较小，腹面色较淡，臀板及第二节基部黑色；预蛹期幼虫体黄白色，头淡赤褐色，前胸背板黑色，较硬，后缘有锯齿状小刺 1 排，中胸至腹部各节有横排的黑褐色小颗粒状隆起（彩图 17 - 121 - 1，2）。

蛹：长圆筒形，雌蛹长为 16～42mm，雄蛹长为 14～34mm，蛹的头端有 1 个尖的大齿突，形似鸟喙，体色较深，呈褐色，化蛹初期淡褐色，后呈黄褐色；近羽化时每一腹节侧面出现 2 个圆形黑斑，背面有 1 灰黑色横条斑，末节背面有 1 排齿突，其余各腹节均有 2 圈横行排列的齿突，腹部末端有 6 对臀棘（彩图 17 - 121 - 1，3）。

三、生活习性

咖啡豹蠹蛾在我国云南咖啡上 1 年发生 2 代，在其他省份的各种寄主植物上 1 年发生 1～2 代，以 1 年发生 1 代居多，各虫期有重叠现象，以不同龄期的幼虫在受害寄主枝条或茎干内越冬，其中老熟幼虫占 55%左右，大部分幼虫越冬后不再取食，至翌年 3 月开始取食为害，4 月中旬至 5 月上旬为为害高峰期，4 月下旬至 6 月下旬化蛹，5 月中旬成虫羽化，5 月下旬至 6 月上旬为羽化盛期，7 月上旬结束，6 月上旬幼虫孵化，6 月中旬为孵化盛期，幼虫孵化后逐渐蛀入枝条或茎干髓心部分取食为害，直至 10 月上旬开始进入越冬，12 月上旬全部进入越冬状态。

越冬幼虫在平均气温达 8℃以上时即开始取食，13℃左右时取食量显著增加，15～18℃时全部取食。大部分幼虫一般只为害其越冬的虫枝，少数幼虫转枝为害，故春季为害直接损失较小，但在咖啡上，幼虫先在较嫩的枝条端部为害，然后转枝为害，导致蛀孔前端的枝条枯死，最后随着虫龄增大，转到咖啡主茎钻蛀为害，使树体受害部位以上枯萎或折断。幼虫受龄期、取食能力和寄主食料等因素的影响，个体为害期为 5～40d，直到幼虫老熟，一般以 15～20d 居多。

老熟幼虫化蛹前，先吐丝连缀木屑和所排出的粪便堵塞蛀道的两端，约 55%的幼虫先向外咬出直径 1～2mm 的通气孔，后在 1～5mm 处向外咬出直径为 5～6mm 的椭圆形羽化孔，另 45%的幼虫则直接咬出羽化孔。羽化孔孔盖边缘咬痕清晰，容易发现，然后在羽化孔后 2～3cm 处吐丝连缀木屑结 1 个隔膜作为蛹室，幼虫头部紧靠隔膜。蛹期 25～45d，多数 35d 左右，蛹前期 1～13d 不等，多数 5～11d。

成虫羽化时，蛹体借助腹部的刺列向前蠕动顶破隔膜至羽化孔，再顶掉孔盖露出蛹体 2/3，经 1min 左右胸背开裂，成虫迅速脱出蛹壳，爬行 5min 左右即展翅停息。成虫羽化与气温密切相关，日平均气温 20℃以上开始羽化，23～28℃为羽化适温，如遇 20℃以下低温阴雨天气则显著减少或停止羽化。羽化时间为 7：00～19：00，以 16：00～18：00 羽化最盛。成虫飞翔活动时间为 19：00～22：00，以 20：00～21：00 最为活跃，也是求偶交尾的集中时间。初期羽化的成虫第二天晚间交尾，第三天产卵；中、后期羽化的成虫当晚交尾，第二天产卵；交尾历时 2～14h 不等，并有第二次交尾习性。成虫白天较少飞翔，多爬行活动或静伏，有趋光性，无趋化性。成虫白天和夜间均可产卵，单雌产卵 300～800 粒左右，多者可达 1 100 多粒，历时 3～4d 产完，以 10：00～12：00 产卵最多。卵多产在树干的粗皮缝隙和分杈处，其次是粗皮表面，少量产在小枝条、叶片和地面上；在咖啡上主要是产在嫩枝上或腋芽处，也有产在叶片上或茎干缝隙处；在核桃和苹果等果树上，主干和第一层主枝基部产卵量较多，一般占 80%以上。产卵成堆者居多，一堆少则几粒，多则 400 粒以上，排列无规律，也有成虫边爬行边产卵，使卵粒排列成念珠状，较少单粒散产，但在咖啡树上则以单粒至数粒散产，较少有成堆的卵。卵自然孵化率可达 90%～100%，成虫寿命 3～8d，卵期 9～15d，未交尾的雌成虫也能大量产卵，但不能孵化。

卵初产时呈淡黄色或杏黄色，后变为粉红色，孵化前变为污白色或紫黑色，同时卵粒上出现 1 个明显的小黑点（系幼虫的头部和前胸背板），幼虫孵化时间一般为 5：00～19：00，以 7：00～11：00 孵化最盛。孵化时在放大镜下可见小幼虫在卵壳内间歇蠕动，经 7～8min 后将卵壳咬成不规则的圆孔爬出，幼虫爬出卵壳后吐丝结网覆盖卵块，并于其下取食卵壳，较大的卵堆表层的卵能顺利孵化，内部的卵则因互相黏结，初孵幼虫无力脱出窒息而死。孵化后 10～36h 幼虫开始分散，分散时部分幼虫吐丝下垂，随风扩散，部分向上爬行至嫩梢顶端腋芽处蛀入，小幼虫边啃食表皮组织，边吐丝结网裹住虫体，历经 4～5h 后蛀入寄主组织内部。

在咖啡植株上，咖啡豹蠹蛾初孵幼虫一般先从枝条或主干顶端的叶柄基部或叶腋处蛀入，1～2d 后受害叶片即黄萎干枯并逐渐凋落，也有从植株主干顶端5～20cm处蛀入，5～10d后植株茎尖从蛀孔处上方逐渐黄萎枯死，此时幼虫钻出树体向下转移为害，经2～5次转移为害后，幼虫逐渐长大，并在咖啡植株主干距地面15～30cm处蛀入；蛀孔圆形，蛀孔处下方常可见黄色或淡黄色粉状木屑，约85%的幼虫沿髓部向上蛀食为害，蛀孔处以上的树体部分长势逐渐衰弱、变黄和枯死，或遇大风天气折断；约15%的幼虫沿髓部向下蛀食为害达树干基部，甚至蛀食到根系部分，受害的植株逐渐黄萎最后整株枯死。在苹果、梨和核桃等长势好的树上，脱离叶部的咖啡豹蠹蛾幼虫大部分从新梢顶芽以下4～6片叶的柄基或柄梢夹角处蛀进枝条内部，少数幼虫从顶芽以下2～3片叶或7～8片叶柄基部蛀入，幼虫蛀至髓部后先向下蛀食0.5～1cm，然后掉头向上蛀食（以后的转移为害习性均如此）。在长势弱的树上，部分幼虫则从叶丛枝蛀入为害二至三年生的枝条。幼虫取食3～5d后，钻出枯梢或叶柄，转移至新梢为害，由腋芽蛀入，沿髓部向上取食。6～7月当幼虫向二年生枝转移为害时，往往在木质部和韧皮部之间绕枝条蛀1环道。由于输导组织被破坏，枝条很快枯死。在同一枝条上，有时随着虫体的长大，从上至下连续钻几个孔向上蛀食，但各蛀道不相通。亦有枝条完全被蛀食中空，在不同方向留下多个圆形孔，或仅剩表皮的内孔，而粪便仅从基部1孔排出，呈圆柱状堆集在地面，这与天牛粪便极易区分。幼虫虫体大，食量大，爬行迅速，一生中常转移为害3～4根枝条，喜蛀直径为0.1～1.2cm的枝条，蛀道长5～35cm。幼虫共5龄，每次蜕皮后，停止排粪2～3d。

咖啡豹蠹蛾幼虫性喜晴朗、高温、干燥天气，转移为害均在7：00～18：00，以9：00～11：00为最多，如遇低温、阴雨或阴暗环境则转移为害现象明显减少。幼虫多数从原蛀孔脱出，少数从排粪孔脱出。脱出的幼虫均向下爬行转移，蛀入枝条内再向上为害。幼虫昼夜取食，但白天的取食量大于夜间，以9：00～15：00高温阶段取食最盛。幼虫从树体排出的粪便用口器送出，前期从原蛀孔中排粪，中、后期为害旺盛，一部分幼虫贪食不能及时排出粪便而堵塞了蛀道，即另咬出直径5～6mm圆形排粪孔。新排粪孔被网膜封闭，中间有1条不明显的纵裂缝，粪便排出后虫头缩回，裂缝自然闭合。咖啡豹蠹蛾幼虫为害量很大，到休眠为止，个体幼虫蛀道平均长70～80cm。在成龄苹果、梨上，为害1片叶、2～4根一至七年生枝条（不含分枝），被害状十分明显，6月中、下旬被害叶呈萎蔫状，7月上旬后可见大量嫩梢枯萎，8月上旬至10月，枯萎和折枝现象普遍发生，片状分布异常明显；落叶后至冬季，可见虫枝风折倒挂，春季树木发芽后未折断的虫枝不发芽或晚发芽；9～10月，50%左右的幼虫停止取食即进入休眠状态，另50%左右则表现了时食时停的反复现象，反复1～5次，每次间隔1～19d，均在最后1个被害枝内休眠越冬；休眠前幼虫均将蛀入处用粪便和木屑堵塞，头部均朝枝条下方。

四、发生规律

（一）虫源基数

在各种寄主植物上咖啡豹蠹蛾以不同龄期的幼虫在受害寄主枝条或茎干内越冬，其中老熟幼虫占55%左右，翌年4月下旬至6月下旬化蛹，5月中旬成虫羽化，常年之下，越冬幼虫存活率都在90%以上。成虫单雌产卵量300～800粒左右，多者可达1100多粒，卵自然孵化率可达90%～100%。因此，控制越冬代成虫的基数是防治其为害的关键，一般通过秋冬季节田间修枝整形及平时的田间观察，及时剪除虫害枝并进行烧毁或捕杀虫害枝内的幼虫，对越冬代虫源基数控制起到良好的效果。

（二）气候条件

咖啡豹蠹蛾是一种喜晴朗、高温、干燥天气的害虫，其生长发育适宜温度为18～32℃。越冬幼虫在平均气温达8℃以上时即开始取食，13℃左右时取食量显著增加，15～18℃时全部取食。成虫羽化与气温密切相关，日平均气温20℃以上开始羽化，23～28℃为羽化适温，如遇20℃以下低温阴雨天气则显著减少或停止羽化。

（三）寄主植物

咖啡豹蠹蛾食性较杂，对不同的寄主植物都有较高的适应性，在大部分的寄主植物上都能完成生长发育过程，在温暖地区的苹果、梨及核桃等果树上1年只能完成1代，而在热带地区的咖啡、龙眼及荔枝等果树上则1年可完成2代。

（四）耕作管理制度

咖啡豹蠹蛾食性杂，在不同的寄主植物上都可取食为害，但主要以幼虫在寄主植物的主干或枝条内为害，受害后的寄主植物在高温干旱的天气下会很快表现出被害状，且被害状容易识别。因此，在田间管理过程中定期观察田园中的植物生长情况，及时剪除虫害枝，在秋冬季节和初春进行枝整形，捕杀受害枝内的幼虫，减少越冬虫源基数，并清除田园周边的寄主植物，在很大程度上可以降低虫源的基数，减少植物大面积受害或降低暴发成灾的概率。

（五）天敌

咖啡豹蠹蛾的天敌种类有蚂蚁、小茧蜂、长距茧蜂和赤眼蜂等，还有串珠镰刀菌，其中茧蜂类对咖啡豹蠹蛾的寄生率可达 22％以上。另外，在阴雨潮湿季节，串珠镰刀菌对咖啡豹蠹蛾的寄生率也可达 18％以上，是抑制咖啡豹蠹蛾暴发成灾的重要因子。

五、防治技术

1. 保护和利用天敌　咖啡豹蠹蛾的天敌种类不太多，但对咖啡豹蠹蛾大面积为害与暴发成灾具有重要的抑制作用，因此要尽可能地保护和利用天敌对咖啡豹蠹蛾虫口数量的抑制能力。

2. 加强田间管理　定期检查园中植物生长情况，一旦发现虫害枝或植株，应自幼虫蛀入孔下方及时剪除并烧毁或捕杀受害枝条内的幼虫，特别是秋冬或早春季节及时对田园内的植物和周边的寄主植物进行修枝整形，尽可能地剪除虫害枝或寄主植物以减少害虫的繁殖场所，并对受害枝条或寄主植物内的幼虫进行人工捕杀。

3. 化学防治　在 4～6 月咖啡豹蠹蛾卵孵化盛期，初孵幼虫蛀入枝干内为害前，可选用 50％杀螟硫磷乳油、45％氧乐果乳油 1 000～1 500 倍液或 20％氰戊菊酯乳油 1 500～2 000 倍液喷雾防治。对树干较粗的植株如发现有幼虫已从主干蛀入，则可用棉花球蘸取 45％氧乐果乳油、50％敌敌畏乳油或 50％杀螟硫磷乳油 10～20 倍液堵塞幼虫蛀入口来杀灭树干内的害虫。

李贵平（云南省农业科学院热带亚热带经济作物研究所）

第 122 节　茶角盲蝽（可可）

一、分布与危害

茶角盲蝽（*Helopeltis theivora* Waterhouse）属半翅目盲蝽科角盲蝽属，又名茶刺盲蝽，是热带地区的一种重要害虫，目前已知在全世界为害经济作物 30 多种。在国内除严重为害腰果外还为害其他多种作物如可可、咖啡、茶树、香草兰、番石榴、红毛榴莲、胡椒、洋蒲桃及芒果等。茶角盲蝽是可可的主要害虫之一，严重为害可可嫩梢、花和果实，影响可可生长发育和产量。国外主要分布于斯里兰卡、印度、马来西亚、印度尼西亚；在国内主要分布于海南、云南、台湾等地区。茶角盲蝽的为害最早在国内报道于20 世纪 80 年代前后。1984 年华南热带作物研究院兴隆试验站的可可受害率为 96％。茶角盲蝽在海南省可可种植区每年发生 11 代且世代重叠，冬季仍进行取食，是制约我国可可发展的主要因素。

成、若虫以刺吸式口器刺食组织汁液，为害植物的嫩叶、嫩梢、花枝及果实。嫩叶、嫩梢、花枝被害后呈现多角形或梭形水渍状斑，斑点坏死、枝叶干枯；幼果被害后呈现圆形下凹水渍状斑并逐渐变成黑点，最后皱缩、干枯；较大果实被害后果壁上产生许多疮痂，影响外观及品质（彩图 17-122-1）。被害斑经过 1d 后即变成黑褐色，随后呈干枯状；最后被害斑连在一起使整枝嫩梢、整个花枝、整张叶片、整个果实干枯，由此在被害严重的种植园，外观似火烧景象，严重影响可可产量和品质，为害严重时可造成作物绝收。茶角盲蝽雌成虫以刺吸式口器刺破花枝、嫩梢、幼果等表皮组织然后将产卵管插入组织内产卵，亦使这些部位最终坏死呈干枯状。

二、形态特征

成虫：雌成虫体长为 6.2～7.0mm，体宽为 1.3～1.5mm。虫体淡黄褐色至黄褐色，头部黑褐色或褐色；复眼球形，向两侧突出，黑褐色。触角细长，约为体长的两倍；第一节黄褐色，基部黄白或淡黄色，背上部分颜色略深，具不规则的褐色或黑褐色斑点，第二、三、四节深黄褐色或黑褐色；第二节基部 2/3的毛短于该节中部直径的一半，端部 1/3 毛长超过或等于该节中部直径。前胸背板前半部黄褐色或黄色，有时略带橙色，后半部黑褐色。前胸背板后叶黄褐色或黄色略带橙色，后缘区域有 1 黑褐色大斑，斑的形状多有变异。中胸小盾片中央具有 1 细长的杆状突起，突起的末端较膨大；小盾片端缘圆，其前部有 1 稍向后弯、顶部呈小圆球状的小盾片角，小盾片角基部土黄色，圆球状部有细毛。翅淡灰色，具虹彩。足土黄色，其上散生许多黑色斑点。腹部暗褐色，带土黄或绿色。前翅褐色、黄褐色或暗黄褐色，基部色较淡。腹部腹面淡黄褐色或黄褐色，有时略带橙色。雌性腹部腹面侧缘略呈橙红色。生殖节淡黄褐色，有时略带橙色。雌性有时第八腹节腹面褐色或淡褐色（彩图 17 - 122 - 2，1）。

雄成虫体较小，体长为 5.4～6.1 mm，体宽为 1.2～1.3 mm，前胸背板黄褐色。

卵：圆筒形，白色。长为 1.0mm，宽为 0.3mm。卵盖两侧各具 1 条白色丝状的呼吸突，长的为 0.6mm，短的为 0.2 mm（彩图 17 - 122 - 2，2）。

若虫：共 5 龄。一龄若虫体长为 1.2mm，体宽为 0.3mm，长形；体红色，复眼红色，除触角第一节外，虫体其他各部均着生褐色毛。二龄若虫体长为 2.0mm，体宽为 0.4mm；体色红略带土黄，复眼红色，第一触角节明显地粗于其余 3 节，小盾片角圆锥形。三龄若虫体长为 2.8mm，宽为 0.7mm；全体红色带土黄，复眼红褐色，翅芽明显，小盾片角顶部出现圆球状结构。四龄若虫体长为 3.5 mm，体宽为 1.4mm；全体土黄色带红，复眼黑褐色，第一、二触角节基部具散生的黑色斑纹，翅芽灰色伸至第一腹节背面，小盾片角完整。五龄若虫体长为 5.1mm，体宽为 1.4mm，长形；全体上黄色稍带红；复眼黑色；触角上具散生的黑色斑，第三及第四触角节上部具黑褐色毛；喙的端部黑色，伸达前胸腹面；翅芽发达伸至第三腹节背面，其基部及端部呈灰黑色；小盾片角完整；腿节上具灰色斑，跗节黑色（彩图 17 - 122 - 2，3）。

三、生活习性

茶角盲蝽在海南岛 1 年发生 11 代，无越冬现象，世代重叠，在同一个时期可发现各虫态同时存在。不同世代历期长短不一，平均 1 代历期需 26.1～52.2d。各虫态发育历期长短亦不同，其中成虫寿命为 11～65d，卵期 5～10d，若虫期 9～25d，雌虫产卵前期 1～13d，产卵期为 8～45d，平均 20d。

成、若虫喜在较为隐蔽的幼嫩枝、叶及嫩果上栖息及取食为害。每天日出之前活动频繁，当栖息处受到阳光照射时立即转移。成、若虫受惊动时立即迅速爬至他处，有时成虫尚作极短距离（约 1m）的飞翔迁移。

成虫交尾多在上午进行，交尾多次，交尾方式呈“一”字形。每次交尾时间为 2～3h。

雌成虫交尾后于翌日即开始产卵，卵产于花枝、嫩梢、叶柄及嫩果上；产卵天数最长的可达 22d。1 头雌虫一生产卵 51～672 粒，平均 208 粒，遗腹卵数最多的可达 37 粒。在可可植株上卵散产于果荚、嫩枝表皮组织下，也有 3～5 粒产在 1 处的。茶角盲蝽无冬蛰现象，在冬季照常产卵繁殖；雌雄性比为 1：1。

卵初产时乳白色，将要孵化时颜色稍微变深。在温度为 23.6～28.7℃、相对湿度为 70％～90％的条件下，雌虫产于嫩梢组织内的卵孵化率最高可达 77％以上；初孵若虫具群集性。若虫共蜕皮 4 次，蜕 1 次皮需 2～3min，刚蜕皮的若虫先静伏 3min 后才活动，其体色呈白黄色。

四、发生规律

茶角盲蝽在海南可可种植区 1 年中均有发生，但以每年 6 月可可开花盛期和 10～12 月相对湿度最高时虫口密度最大。可可开花数越多，虫口量越大，反之则减少。相对湿度越大，虫口量也越大。

茶角盲蝽以成、若虫以刺吸式口器刺食寄主组织汁液，为害植物的嫩叶、嫩梢、花枝及果实。茶角盲蝽若虫共 5 龄。初孵化若虫不久便开始取食，并具有群居性，三龄后开始分散为害。被害果荚、嫩枝、嫩叶表面出现许多水渍状斑点，1d 后斑点变为黑褐色，随着龄期的增加，为害斑也不断增大。10 头三龄若虫 1d 取食斑平均为 79 个。成虫昼夜为害。刚羽化的成虫活动能力较弱，数小时后便开始取食。

茶角盲蝽在海南无越冬期，终年可见其发生为害，但不同时期为害程度不同。11 月下旬至翌年 1 月下旬若虫历期较长，成虫寿命长短差异亦很明显。从该虫虫口增长速度及空间构型来看，1 年中其种群建立始于 8～9 月，翌年 1 月前，虫口增长缓慢，2 月初起，虫口急剧增加，随着虫口的增加，于 4～5 月为害达到最高峰，而后由于环境因素的影响，6～7 月虫口自然减少，冬季及初春虫口密度较小，在可可抽梢、开花及坐果季节虫口密度较大。当可可休梢、休果期时该虫转而为害林间生长的其他寄主植物，以致在可可田间几乎找不到为害状。而后，随着物候、气候等条件逐渐适宜，为害迅速扩展，为害的高峰期遍及整个园区。因此，茶角盲蝽在其种群建立的早期和后期，田间为害呈聚集分布；而在虫口高峰期，为害趋向密集的随机分布。

五、防治技术

（一）农业防治

1. 改善生态环境　在栽培过程中对田间作物进行合理密植、合理修剪，使整个种植园及植株不至于过度荫蔽，改变茶角盲蝽的小生境；对园林绿化植物、行道树等进行整枝疏枝使其通风透光，造成不利于茶角盲蝽生长繁殖的环境条件。每年定期进行修枝和适当疏伐是减轻茶角盲蝽为害的重要手段。

2. 加强田间栽培管理，增强抗虫能力　可可幼苗期选用银合欢或椰子树等非茶角盲蝽寄主作物为荫蔽树，以减少盲蝽的繁殖滋生场所。剪除过密枝条，降低可可园的相对湿度，从而改变盲蝽的生活环境。

3. 加强田间调查和养护管理，及时去除带卵枝条，集中烧毁，减少虫源。

（二）化学防治

定期全面调查，及早发现中心虫株（区），局部喷药（挑治）。根据茶角盲蝽的发生规律及田间为害特点，采取适当的防治策略，定期调查，早发现、早防治。每年11月至翌年1月是其种群为害扩展的临界期，也是化学防治的最有利时机，发现中心虫株（区），及时进行局部喷药。幼果盛期连续喷药保护对盲蝽具有好的防效。在可可开花、幼果盛期及虫口密度较大茶角盲蝽发生较为严重的种植园，在梢期、花期、坐果期各喷药1次，每隔7～10天喷药1次，连续喷2～3次，可选用2.5%高渗吡虫啉乳油2 000倍液或480g/L毒死蜱乳油3 000倍液或25%杀螟硫磷乳油1 500倍液进行喷雾防治，各药剂交替使用。

刘爱勤　孙世伟（中国热带农业科学院香料饮料研究所）

第 123 节　热区草害

一、热区杂草种类、分布与危害

我国热区包括海南、广东、广西、云南、福建、贵州、四川、湖南、江西和台湾10省份的热带、南亚热带区域，主要作物有水稻、甘蔗、玉米、橡胶、香蕉、柑橘等农作物、热带作物和果园、桑园、茶园等。根据《中国杂草志》（李扬汉，1998）的初步统计，热区杂草估计有860多种，约占全国杂草种类的60%。

许成文等（1964）报道，海南胶园杂草杂木就有154科571属1 034种，分为10种植被类型，主要有次生杂木林、幼龄阳性杂灌木、大白茅、飞机草、铺地黍等群落。范志伟等（2008）报道，海南有外来入侵杂草35科104属141种，其中水生2种、水陆生1种、陆生138种。范志伟等（2013）报道，海南农林杂草有99科369属686种。谢贵水等（2013）报道，海南橡胶园林下植物有106科339属505种，其中裸子植物1种，蕨类植物23种，单子叶植物88种，双子叶植物393种。按照用途可分为药用植物、牧草植物、食用植物、观赏植物、纤维植物、珍稀濒危植物和海南特有种7种类型。

广东省植物研究所（1973）报道，广东省（包括现海南）的农田杂草有59科171属280多种，其中以禾本科（56种）、菊科（38种）、莎草科（26种）、玄参科（16种）、蓼科（12种）等的种类较多；水田杂草有120多种，旱地杂草有210多种。宁洁珍等（1992）报道，广东省常见的农田杂草有267种，其中以禾本科（60种）、菊科（37种）、莎草科（18种）、玄参科（11种）、蓼科（10种）较多；水田杂草46种，旱地杂草150种，水旱田均有杂草71种。王芳等（2009）报道，广东省有外来入侵植物27科72属93种，为害严重的有假臭草、飞机草、薇甘菊、阔叶丰花草、空心莲子草、风眼莲等24种。宋付平等（2010）报道，广东木薯园主要杂草有22科74种。

夏民生和周秉珍（1986）报道，广西农田杂草有91科346属604种，以亚热带杂草为主，为害严重的有大白茅、狗牙根、马唐、罗氏草、双穗雀稗等。刘朝兴等（1988）报道，广西国有农场田园杂草有102科595种，其中水田有69种，旱地有511种，水旱兼生有15种；为害水田的主要杂草有稗草、牛毛草、碎米莎草、水虱草、水蜈蚣、萤蔺、矮慈姑等，为害旱地的主要杂草有大白茅、铺地黍、马唐、香附子、胜红蓟等。苏微微等（2001）报道，广西龙眼、荔枝园杂草有 19 科 53 种，为害较重的杂草优势种有胜红蓟、马唐和香附子等；香蕉园杂草有 17 科 33 种，为害较重的杂草优势种有酸模叶蓼、胜红蓟和母草等。卢植新和马跃峰（2003）报道，广西贵港农田杂草有 74 科 373 种，其中水田杂草 102 种、旱地杂草 242 种和水旱共生杂草 29 种；恶性杂草有稗、狗牙根、鸭舌草、藜、异型莎草、香附子，并提出了防除技术。谢云珍等（2007）报道，广西有外来入侵植物 36 科 80 属 114 种，为害严重的有飞机草、紫茎泽兰、空心莲子草、胜红蓟、鬼针草、小飞蓬、凤眼莲、互花米草等。广西合浦县植保植检站（2012）报道，广西合浦县主要农作物杂草有 64 科 287 种。

赵国晶等（1986）报道，云南农田杂草有 102 科 626 种，其中水田杂草 224 种，旱地杂草 402 种。热带、南亚热带区水田杂草主要有稗、异型莎草、鸭舌草、四叶萍等，旱地杂草主要有马唐、大白茅、胜红蓟、飞机草等。胡发广（2005、2007）报道，云南怒江干热河谷区旱地农田杂草有 34 科 139 种，分 4 个主要群落组成，其中香附子、辣子草、竹节菜、狗牙根、鬼针草为优势种；外来入侵杂草有 13 科 34 种。丁莉等（2006）报道，云南现有外来入侵植物 39 科 86 属 129 种，为害严重的有紫茎泽兰、凤眼莲、飞机草、空心莲子草、胜红蓟和阔叶丰花草。周会平等（2012）报道，云南西双版纳橡胶林下植被有 87 科 242 属 340 余种植物，常见的有弓果黍、飞机草、胜红蓟、毛蕨、葛藤、大白茅等。

苏振昌（1997）报道，福建漳州市早稻田主要杂草有 13 科 19 种，主要有稗、异型莎草、空心莲子草、鸭舌草、矮慈姑、田字草、节节菜等；晚稻田杂草有 14 科 21 种，主要有鸭舌草、节节菜、异型莎草、空心莲子草、矮慈姑等；柑橘园杂草有 18 科 43 种，荔枝园杂草有 8 科 21 种，香蕉园杂草有 10 科 18 种，为害严重的是马唐、牛筋草、胜红蓟、空心莲子草和香附子。杨坚和陈恒彬（2009）报道，福建外来入侵植物有 29 科 73 种。

据报道，1968 年，台湾主要杂草有 390 种，1980 年超过 542 种，1999 年有记录的杂草共有 118 科 715 种，种类较多的为禾本科、菊科、莎草科、大戟科、旋花科等。林宝鑫（1980）报道，台湾有 10 种问题杂草（如萤蔺、含羞草、狗牙根、香附子）、30 种顽强杂草（如水稗、小叶灰藜、藿香蓟、牛筋草）和 81 种主要杂草，还有 6 种极危险性杂草和 5 种禁止引进杂草。徐玲明和蒋慕琰（1993）报道，台湾草坪常见杂草有 21 科 80 种，主要有禾本科、莎草科和豆科，约占 59%；主要杂草有毛颖雀稗、水蜈蚣、蝇翼草、雷公根、香附子、酢浆草、马唐、山地豆、牛筋草和铺地黍。徐玲明和蒋慕琰（2009）报道，台湾草坪常见杂草 138 种，如牛筋草、两耳草、刺苋、菁芳草、鼠曲草、爵床、鬼针草、银胶菊等。台湾外来入侵植物有 279 种，其中超过 50 种具侵占性，20 种已在台湾大区域扩散，具高度危害力，如巴拉草、银合欢、飞机草、薇甘菊、银胶菊、空心莲子草、马樱丹、水葫芦等。

热区杂草具有种类多、生命力和繁殖力强、生长快和长势壮、适应性广、群落种类组成多等特点。热区农田恶性杂草和部分主要杂草种类列于表 17 - 123 - 1。

表 17 - 123 - 1　热区农田恶性杂草和部分主要杂草种类
Table 17 - 123 - 1　Species of worst weeds and main weeds on tropical farmland

恶性杂草	水旱田	稗、空心莲子草
	水田	旱稗、水葫芦、田字草、矮慈姑、野慈姑、鸭舌草、异型莎草、碎米莎草、牛毛毡
	旱地	马唐、牛筋草、狗牙根、大白茅、铺地黍、假臭草、阔叶丰花草、鸭跖草、飞机草、紫茎泽兰、香附子
主要杂草	水旱田	千金子
	水田	硬稃稗、节节菜、圆叶节节菜、水蓼、草龙、尖瓣花、虻眼、水莎草、萤蔺、水虱草
	旱地	狗尾草、光头稗、筒轴茅、虮子草、雀稗、双穗雀稗、莠狗尾草、竹节草、藜、鳢肠、泥胡菜、茅、铁苋菜、酸模叶蓼、马齿苋、胜红蓟、三叶鬼针草、小蓬草、金腰箭、耳草、少花龙葵、黄花草、繁缕、小藜、苋、刺苋、皱果苋、青葙
区域恶性或主要杂草	华南	龙爪茅、升马唐、两耳草、四生臂形草、红茅草、假高粱、银胶菊、巴西含羞草、薇甘菊、肿柄菊、独脚金、广寄生
	西南	看麦娘、棒头草、尾稃草、早熟禾、牛繁缕、播娘蒿、辣子草、遏蓝菜、腺梗豨莶、饭包草、野茼蒿
	检疫杂草	毒麦、假高粱、菟丝子、列当、豚草、紫茎泽兰、薇甘菊、空心莲子草、眼子菜、猪殃殃、扁秆藨草

橡胶树株行距宽，幼树生长慢，封行晚，杂草发生量大，为害严重。根据试验观测，大白茅为害严重的胶园，胶树生长量减少 15%～50%，割胶推迟 1～3 年，胶乳减产 7%～35%。

二、热区橡胶等林果园杂草防除技术

（一）盖草压草

可以采取树圈盖草或植带盖草。树圈盖草是在树基部周围盖草，一般盖草直径为 1～2m，厚度 15cm。植带盖草是在整个种植带上盖草，需要材料较多。盖草材料有作物茎叶、杂草杂灌木茎叶等，但不能带有杂草种子，以免造成危害。要注意在树干基部直径约 10cm 范围内不能盖草，以免发生日灼伤害或冻害。盖草不仅可以治草，而且还能保持水土，提高土壤肥力，促进林果树生长。

（二）间作抑草

在林果园行间种植豆科作物（如花生、大豆等）、豆科牧草（如柱花草等）和药用作物（如益智、砂仁、巴戟等）等，不仅能抑制杂草，而且还能提高土地生产率，增加经济收入，建立良性生态循环。如胶—茶生态系统，就是典型的例子。

（三）生物防除

在成龄林果园，可因地制宜放养家禽、家畜等，既能控制杂草，又能增肥增收。

（四）化学防除

在林果种植前，对大白茅等多年生杂草，用草甘膦灭除后再种植；在林果种植后的幼龄期，用草铵膦或百草枯防除一年生杂草；在林果树茎干木栓化达 1m 后，可以用草甘膦定向喷雾或涂抹防除一年生和多年生杂草。香蕉等一些果树对草甘膦敏感，在种植后不宜使用草甘膦除草。

在橡胶等热带林果园使用的除草剂品种主要有土壤处理除草剂：莠灭净、乙草胺等；茎叶处理除草剂：草甘膦、草铵膦、百草枯、麦草畏、氯氟吡氧乙酸、氟吡乙禾灵等。其使用方法和用量（有效成分）如下。

1. 莠灭净（ametryn） 为选择性内吸传导型除草剂，用于林果园防除一年生禾本科、莎草科和阔叶杂草，对多年生杂草节节草也有很好的控制作用。

在林果树植前或植后，杂草充分萌发至三叶期前，用莠灭净 1 440～1 800g/hm^2，对水 450～750L，均匀喷雾于杂草茎叶上。持效期 70d 以上。

2. 乙草胺（acetochlor） 为选择性芽前除草剂，用于林果苗圃防除一年生禾本科杂草和某些阔叶杂草。

在杂草萌芽前，用乙草胺 750～1 250g/hm^2，对水 450～750L，均匀喷雾于土壤表面。

3. 草甘膦（glyphosate） 为有机磷类、广谱、内吸传导型、灭生性除草剂，广泛用于林果园等植前植后防除一年生、多年生杂草和杂灌木，对多年生根茎杂草，如大白茅、香附子等有良好的防效。也可以用于各类作物田（轮作田）植前或植后苗前免耕少耕除草。

对于稗、马唐、龙爪茅、臂形草、牛筋草、狗牙根、狗尾草、弓果黍、两耳草、胜红蓟、金腰箭、三叶鬼针草等，用草甘膦 600～1 500g/hm^2；对于大白茅、铺地黍、香附子、两耳草、飞机草等，用草甘膦 1 800～3 000g/hm^2；对于山黄麻、倒吊笔、大青叶等，用草甘膦 5 625g/hm^2，在杂草生长旺季至开花前，对水 300～450L，进行茎叶均匀定向喷雾，避免药液飘移到作物叶片上；对于胶树桑寄生，用草甘膦对水配成 5% 有效浓度的药液，在冬季胶树落叶后至抽芽前，进行高空喷雾。

草甘膦为灭生性除草剂，喷雾时一定要防止药雾飘移到附近作物的叶片或绿色嫩枝上，以免造成药害。配药应用清水，可加入适量表面活性剂，以增强除草效果，节省药量。对于耐药性强的阔叶杂草杂木，可用草甘膦与 2,4-滴丁酯、环嗪酮、三氯吡氧乙酸等混用，可以扩大杀草谱，提高药效。喷施草甘膦后 4h 内遇大雨时会降低药效，应酌情补喷；施后 3d 内，请勿割草、放牧或翻地，以免影响药效。草甘膦对金属有腐蚀性，在储存与使用时应尽量用塑料容器。

4. 草铵膦（glufosinate-ammonium） 为灭生性触杀型茎叶处理除草剂，有一定的吸收传导作用，广泛用于林果园等植前植后防除一年生和多年生非根茎类杂草，如马唐、稗、狗尾草、牛筋草、狗牙根、苋、空心莲子草等。对大白茅、香附子、鸭跖草等多年生根茎类杂草只能杀叶，不能除根。也可以用于各类作物田（轮作田）植前或植后苗前免耕少耕除草。

草铵膦用量 $300\sim600g/hm^2$ 可以防除一年生杂草，用量 $700\sim2\,000g/hm^2$ 就可以防除多年生杂草。要注意对杂草进行茎叶定向喷雾，避免药液飘移到作物的叶片或绿色部分。

5. 百草枯（paraquat）　　为速效触杀灭生性茎叶处理除草剂，广泛用于林果园等植前植后防除一年生和多年生非根茎类杂草，如马唐、稗、狗尾草、牛筋草、苋、空心莲子草等。对大白茅、香附子、鸭跖草等多年生根茎类杂草只能杀叶，不能除根。也可以用于各类作物田（轮作田）植前或植后苗前免耕少耕除草。

百草枯用量 $600\sim900g/hm^2$，对水 $300\sim450L$，对杂草茎叶定向喷雾，避免药液飘移到作物的叶片或绿色部分。

百草枯杀草快，耐雨性强，喷药后 30min 遇雨时基本能保证药效。施药后 21d 左右，杂草可能会开始再生或萌发，控草期短。施药时混用或在杂草枯死后喷施土壤处理除草剂，可以延长控草期。

6. 麦草畏（dicamba）　　为选择性内吸传导型除草剂，用于林果园防除一年生和多年生阔叶杂草。

在阔叶杂草萌发后，用麦草畏 $144\sim288g/hm^2$，对水 $450L$，对杂草茎、叶均匀喷雾，避免药雾飘移到双子叶林果树上。

7. 氯氟吡氧乙酸（fluroxypyr）　　为内吸传导型苗后除草剂，用于防除一年生阔叶杂草。

在草坪建植后，杂草萌发后，用氯氟吡氧乙酸 $120\sim240g/hm^2$，对水 $450L$，对杂草茎叶喷雾处理。

8. 氟吡乙禾灵（haloxyfop-etotyl）　　为选择性内吸传导型茎叶处理除草剂，用于双子叶林果园防除一年生和多年生禾本科杂草，如稗、马唐、狗尾草、牛筋草、臂形草、千金子、狗牙根、丝茅等，对阔叶杂草无效。

对一年生禾本科杂草，于 $3\sim6$ 叶期，用氟吡乙禾灵 $75\sim150g/hm^2$；对多年生禾本科杂草，用氟吡乙禾灵 $187.5\sim300g/hm^2$，对水 $450L$，对杂草茎叶均匀喷雾。高效氟吡甲禾灵用量为 $30\sim52.5g/hm^2$。这两种药剂均可与防除阔叶草及莎草的除草剂混用，扩大杀草谱。

杂草吸收药剂快，喷药后 $1\sim2h$ 下雨不影响除草效果。

（五）杂草资源化利用

热区杂草有多种用途，如绿肥、饲料、食用、中草药、观赏、植物源农药、工业原料、治理环境污染等。加以利用才是最好的防治方法。热区杂草的开发利用是今后的重点研究方向。

范志伟　黄乔乔（中国热带农业科学院环境与植物保护研究所）

主 要 参 考 文 献

安贤书 . 1995. 胡椒枯萎病的发生情况及防治 [J]. 植物保护（5）：29.

安榆林 . 2012. 外来森林有害生物检疫 [M]. 北京：科学出版社 .

白建相，王涓，黄林，等 . 2008. 云南河口垦区橡胶树根病普查及治理方法探讨 [J]. 热带农业科技（3）：7 - 11.

白巧，宋福猛 . 1997. 橘小实蝇为害芒果情况及防治研究初报 [J]. 热带农业科学，4：45 - 46.

北京农业大学 . 1980. 昆虫学通论：上册 [M]. 北京：农业出版社 .

蔡东宏 . 1999. 世界剑麻业历史现状及中国剑麻业发展前景和对策 [J]. 福建热作科技（1）：4 - 9.

蔡东宏 . 2000. 中国剑麻业现状和发展对策 [J]. 广西热作科技（4）：2 - 22.

蔡吉苗，王涓，黄贵修，等 . 2008. 云南橡胶树棒孢霉落叶病病情调查与病原鉴定 [J]. 热带农业科技，30（4）：1 - 4.

蔡吉苗，李超萍，时涛，等 . 20010. 木薯炭疽病病原鉴定及其生物学特性研究 [J]. 安徽农业科学，38（10）：5435 - 5438，5467.

蔡建和，范怀忠 . 1994. 华南番木瓜病毒病及环斑病毒株系的调查鉴定 [J]. 华南农业大学学报（4）：13 - 17.

蔡健和，黄红，秦碧霞，等 . 1993. 香蕉花叶心腐毒的快速灵敏检测 [J]. 广西植保（3）：19.

蔡磊，校现周，蔡世英 . 1999. 乙烯利与橡胶树排胶及死皮关系 [J]. 云南热作科技，22（4）：18 - 21.

蔡小娜，黄大庄 . 2009. 中国主要天牛危害状识别鉴定研究 [J]. 中国森林病虫，28（6）：37 - 47.

蔡云鹏，黄明道，陈新评 . 1992. 香蕉园内花蓟马之发生及其为害 [J]. 中华昆虫，12（4）：231 - 237.

蔡云鹏，程秋蓉，江文浩，等 . 1996. 香蕉束顶病的发生及防治 [J]. 广西农业科学（2）：45 - 47.

蔡志英，李加智，何明霞 . 2009. 三种热雾剂对橡胶炭疽病大田防治试验 [J]. 热带农业科技，32（3）：10 - 11.

蔡志英，黄贵修 . 2011. 巴西橡胶树炭疽病研究进展 [J]. 西南林业学报，31（1）：89 - 93.

蔡志英 . 2002. 西双版纳澳洲坚果花疫病及其对产量的影响 [J]. 云南热作科技，25（1）：34 - 35.

岑志坚，何国祥，韦文添，等 . 1997. 油梨根病病原鉴别及防治措施探讨 [J]. 广西热作科技（3）：25 - 29.

车海彦，吴翠婷，符瑞益，等．2010．海南槟榔黄化病病原物的分子鉴定［J］．热带作物学报，31（1）：83-87．

陈彩贤，李成，陆温，等．2012．香蕉褐足角胸叶甲发生规律研究［J］．南方农业学报，43（5）：609-615．

陈彩贤．2009．香蕉褐足角胸叶甲药剂防治试验研究［J］．安徽农业科学，37（20）：9527-9529．

陈邓．2008．剑麻病虫害防治［J］．中国热带农业，4：50-52．

陈敦忠，徐碧玉，金志强．2005．香蕉镰刀菌枯萎病的诊断及防治［J］．热带农业科学，25（2）：53-57．

陈河龙，郭朝铭，刘巧莲，等．2011．龙舌兰麻种质资源抗斑马纹病鉴定研究［J］．植物遗传资源学报，12（4）：546-550．

陈厚彬，等．2010．荔枝产业综合技术［M］．广州：广东科学技术出版社．

陈慧．2000．用生物制剂防治咖啡根病［J］．世界热带农业信息（3）：25．

陈积学，蒙平．2012．海南番木瓜主要病虫害绿色防控技术［J］．安徽农学通报，18（4）：74-75．

陈健．2001．番木瓜栽培技术［M］．广州：广州科学技术出版社．

陈金机．2006．台湾水晶无籽番石榴引种栽培［J］．热带农业科学，26（4）：30-32．

陈静华，张绍升．2008．香蕉枯萎病菌4号小种在各培养基上性状比较［J］．福建农林大学学报：自然科学版，37（4）：344-349．

陈利锋，徐敬友．2001．农业植物病理学［M］．北京：中国农业出版社．

陈莲，林河通，陈艺晖，等．2010．台湾青枣果实采后生理和病害研究进展［J］．28（6）：45-53．

陈良秋．2007．海南岛槟榔主要病虫害的化学防治［J］．现代农业科技（18）：74-75．

陈绵才，谢圣华，肖彤斌，等．2004．海南岛主要栽培果树的根结线虫病及其防治［J］．热带农业科学，24（6）：8-12．

陈慕容，黄庆春，罗大全，等．1993．华南五省（区）橡胶树褐皮病发生规律调查报告［J］．热带作物研究（3）：10-14．

陈慕容，罗大全，许来玉，等．2000．橡胶树褐皮病皮接传染研究［J］．热带作物学报，21（3）：15-20．

陈慕容，杨绍华，郑冠标，等．1991．橡胶树丛枝病及其与褐皮病关系的研究［J］．热带作物学报，12（1）：65-73．

陈慕容，黄庆春，等．1992．"保01"防治橡胶树褐皮病及其作用机理的研究［J］．热带作物研究（1）：30-37．

陈佩珍，顾茂彬，郑日红，等．1997．桉小卷蛾发生规律与防治的研究［J］．林业科学研究，10（1）：100-103．

陈青，杨卫帆，覃丽金，等．2004．大叶丁香丙酮提取物对皮氏叶螨毒力及代谢酶活性的影响［J］．热带作物学报，25（2）：33-36．

陈青，杨卫帆，覃丽金．2005．锡兰肉桂丙酮粗提物对皮氏叶螨的毒力及其代谢酶活性的影响［J］．中国生态农业学报，13（4）：29-31．

陈青，卢芙萍，黄贵修，等．2010a．木薯害虫普查及其安全性评估［J］．热带作物学报，31（5）：819-827．

陈青，卢芙萍，卢辉，等．2010b．棉铃虫、斜纹夜蛾无公害药剂防效筛选试验［J］．华东昆虫学报，19（4）：241-244．

陈青，卢芙萍，卢辉，等．2011．木薯外来入侵害虫普查及其安全性考察技术方案［M］．北京：中国农业出版社．

陈青，卢芙萍，卢辉，等．2012．木薯主要地下害虫蛴螬、蔗根锯天牛发生规律与防控技术研究［J］．热带作物学报，33（2）：246-251．

陈青，卢芙萍，徐雪莲，等．2009a．阿维菌素对棉铃虫的抗性选育及其对解毒酶活性的影响［J］．华东昆虫学报，18（3）：198-204．

陈青，卢芙萍，徐雪莲，等．2009b．菜虫净对辣椒棉铃虫的防效评价［J］．华东昆虫学报，18（2）：107-111．

陈青，卢芙萍，徐雪莲，等．2012．"扫虫光"对辣椒地下害虫的防效评价［J］．中国农学通报，28（4）：240-244．

陈荃英，裴汝康．1979．橡胶炭疽病的研究［J］．热带农业科技，2：29-35．

陈荃英．1982．橡胶炭疽菌生物学特性观察［J］．云南热作科技（3）：25-27．

陈善辉，王健华，刘志昕．2009．香蕉条斑病毒PCR检测方法的正交优化［J］．基因组学与应用生物学，28（2）：353-355．

陈善辉．2009．海南香蕉条斑病毒病调查及病原病毒的分子检测研究［D］．海口：海南大学．

陈善铭，齐兆生，罗永明，等．1981．中国农作物病虫害［M］．北京：农业出版社．

陈伟，符悦冠，等．2009．不同寄主植物对橡副珠蜡蚧发育和繁殖的影响［J］．热带作物学报，30（1）：70-74．

陈伟，符悦冠，等．2010．温度对橡副珠蜡蚧实验种群的影响［J］．热带作物学报，31（5）：809-814．

陈伟强，赵素梅，谢艺贤，等．2012．云南河口香蕉褐足角胸叶甲的发生危害与防治初报［J］．热带农业科学，32（2）：47-51．

陈文群．2009．尖峰岭椰心叶甲发生与防治初报［J］．热带林业，37（3）：38-40．

陈希芹．2004．胶孢炭疽菌的遗传多样性［D］．雅安：四川农业大学．

陈小帆，武目涛．2004．广东口岸进境植物检疫截获疫情工作［J］．植物检疫，18（3）：187-188．

陈叶海．1999．我国剑麻种植业经营及研究现状［J］．中国麻作，21（4）：42-46．

陈义群，黄宏辉，林明光，等．2004a．椰心叶甲在国外的发生与防治［J］．植物检疫，18（4）：250-253．

陈义群，黄宏辉，王书秘．2004b．椰心叶甲的研究进展 [J]．热带林业，32 (3)：25-30.

陈义群，黎仕波，黄宏辉，等．2004c．越南、瑙鲁、马尔代夫等国发生椰心叶甲 [J]．植物检疫，18 (1)：30.

陈义群，林明光，黄宏辉，等．2004d．椰心叶甲的重要寄生蜂—椰扁甲啮小蜂 [J]．植物检疫，18 (6)：344-345.

陈泽坦，李荣幸，钟义海，等．2007．湿度对三角新小卷蛾实验种群生长的影响 [J]．华东昆虫学报，16 (3)：202-206.

陈泽坦，李荣幸，钟义海，等．2008．不同温度条件下三角新小卷蛾实验种群生命表 [J]．热带作物学报，29 (1)：93-96.

陈泽坦，李荣幸，钟义海．2009．寄主植物对三角新小卷蛾生长发育和繁殖的影响 [J]．热带作物学报，30 (5)：695-698.

陈泽坦，张小冬，张妮．2010．不同温度条件下新菠萝灰粉蚧实验种群生命表 [J]．热带作物学报，31 (3)：464-468.

陈泽坦．2004．海南岛香蕉根结线虫病原的鉴定与防治 [J]．热带作物学报，25 (4)：21-24.

陈振佳，张开明．1998．咖啡锈菌生理小种的研究进展及我国咖啡锈菌生理小种变化的动态预测 [J]．热带作物学报，19 (1)：87-98.

陈振耀，张洲桂，李恩杰．1984．香蕉冠网蝽的初步研究 [J]．昆虫知识，21 (5)：209-212.

陈正佳，C. J. Rodrigues Jr. 1998．中国咖啡锈菌（Hemileia vastatrix）生理小种研究 [J]．菌物系统，17 (1)：21-28.

陈志粦，林朝森，谢森，等．2002．热带观赏植物几种重要害虫的药剂防治技术 [J]．植物检疫，16 (5)：276-279.

成家壮，韦小燕．2003．菠萝心腐病病原疫霉种的鉴定 [J]．云南农业大学学报，18 (2)：134-135.

程立生，刘君成，宋国敏．1989．拟小食螨瓢虫成虫对朱砂叶螨捕食作用的研究 [J]．热带作物学报，10 (2)：99-105.

程美仁．1982．仙人掌植物的病虫害 [J]．植物保护 (3)：34-36.

崔昌华，郑服丛，贺春萍，等．2011．海南胡椒主要真菌病害调查与病原鉴定 [J]．安徽农业科学，39 (6)：3355-3358.

崔昌华．2006．橡胶老叶炭疽病病原菌的生物学、对药物的敏感性及 ITS 序列分析 [D]．儋州：华南热带农业大学．

代志．2010．地下害虫的发生与防治 [J]．现代农业科技，12：165-166.

单家林，余卓桐，肖倩莼，等．1999．橡胶树抗白粉病组织学研究 [J]．热带作物学报 (2)：17-22.

但健国，蒲天胜．1989．土壤条件对芒果剪叶象发育与存活的影响 [J]．广西热作科技，4：22-25.

邓国荣，杨皇红，陈德扬，等．1998．龙眼荔枝病虫害综合防治图册 [M]．南宁：广西科学技术出版社．

邓晖，张天宇．2002．中国平脐蠕孢属的分类研究 I [J]．菌物系统，21 (3)：327-333.

邓小华，陈刘生，阮赞誉，等．2011．莲雾害虫圣桉小卷蛾（鳞翅目：卷蛾科）中国新记录 [J]．华南农业大学学报，32 (2)：55-56.

邓志林．2008．梧州市椰心叶甲的发生原因及防治 [J]．广西热带农业 (5)：52-53.

丁福章，张泽华，张礼生，等．2006．绿僵菌对椰心叶甲的控制作用研究 [J]．西南农业大学学报：自然科学版，28 (3)：454-456.

董春，何汉生．1999．芒果细菌性黑斑病研究进展 [J]．果树科学，16：47-51.

董凤英，胡美姣．2001．番石榴果实采后病害及保鲜技术研究进展 [J]．热带农业科学 (2)：44-50.

杜和禾，黄俊生．2013．香蕉枯萎病菌加 w2 基因的克隆及其序列分析 [J]．广东农业科学，40 (10)，138-142.

杜宜新．2006．广东省番木瓜病原真菌鉴定及生物学特性研究 [D]．泰安：山东农业大学．

段春芳，黄贵修，李超萍，等．2012．云南木薯一种叶斑病病原的分离鉴定 [J]．24 (12)：118-120.

樊瑛，甘炳春，陈思亮，等．1991．槟榔红脉穗螟的生物学特性及其防治 [J]．昆虫知识，28 (3)：146-148.

樊瑛，甘炳春，陈思亮，等．1992．用苏云金杆菌制剂和苦糠油防治槟榔红脉穗螟 [J]．热带作物学报，13 (1)：95-99.

樊瑛，黄炳春，陈思亮，等．1986．槟榔红脉穗螟的调查研究初报 [J]．中药通报，11 (2)：8-9.

范鸿雁，罗志文，王祥和，等．2012．菠萝蜜花果软腐病鉴别与防控建议 [J]．中国园艺文摘，7：154-155.

范怀忠，任佩瑜．1964．番木瓜花叶病初步调查研究 [J]．植物保护学报，3 (4)：423.

范会雄，李德威，黄宏积，等．1996．橡胶树炭疽病发生流行规律及防治研究 [J]．植物保护，22 (5)：31-32.

范思伟，杨少琼．1995．强割和排胶过度引起的死皮是一种特殊的局部衰老病害 [J]．热带作物学报，16 (2)：15-22.

范永山，刘颖超，谷守芹，等．2004．植物病原真菌的 MAPK 基因及其功能 [J]．微生物学报，44 (4)：547-551.

范志伟，董兴国，周裕芳．1993．橡胶树桑寄生化学防除技术的研究 [J]．热带作物研究 (3)：20-24.

范志伟，董兴国．1991．橡胶树上的桑寄生植物 [J]．热带作物研究 (4)：86-89.

范志伟，刘国道．2013．海南农林杂草名录 [M]．北京：中国农业出版社．

范志伟，沈奕德，赖齐贤，等．1995．海南桑寄生科植物调查初报 [J]．海南师范学院学报，7 (增刊)：74-76.

范志伟，沈奕德，刘丽珍．2008．海南外来入侵杂草名录 [J]．热带作物学报，29 (6)：781-792.

范字森．2013．胡椒高产栽培技术 [J]．安徽农业科学，41 (2)：547-548.

方剑锋，云昌均，金扬，等．2004．椰心叶甲生物学特性及其防治研究进展 [J]．植物保护，30 (6)：19-23.

方云洪，张长寿．1992．飞机喷洒硫黄新剂型防治橡胶树白粉病考察报告 [J]．云南热作科技 (3)：29-33.

方中达 . 1979. 植病研究方法 [M] . 北京：农业出版社：1-8.

费茨尔 R D. 1996. 澳洲坚果的病虫及其防治 [J] . 云南热作科技，19 (1)：40-47.

费继锋，肖火根，李华平，等 . 2001. 香蕉线条病毒的研究进展 [J] . 病毒学报，17 (4)：381-385.

冯宏祖，刘映红，何林，等 . 2010. 朱砂叶螨对阿维菌素及高温的交互耐性 [J] . 浙江大学学报：农业与生命科学版，36 (2)：159-167.

冯黎霞，阮小蕾，周国辉，等 . 2005. 转基因番木瓜抗病性测定和纯合系的获得 [J] . 仲恺农业技术学院学报，18 (4)：12-15.

冯荣扬，梁恩义 . 1998. 菠萝粉蚧发生规律及防治 [J] . 中国南方果树，27 (5)：28-29.

冯荣扬，郭良珍，梁恩义，等 . 2000. 咖啡豹蠹蛾生物学特性及其防治 [J] . 植物保护，26 (4)：15-17.

冯淑芬，刘秀娟，王绍春，等 . 1998a. 橡胶树炭疽病流行规律 [J] . 热带作物学报，19 (4)：39-44.

冯淑芬，刘秀娟，郑服丛，等 . 1998b. 橡胶树炭疽菌生物学和侵染特征研究 [J] . 热带作物学报，19 (2)：7-14.

符悦冠，张方平，刘奎，等 . 2004. 皮氏叶螨生物学特性观察及 5 种药剂毒力测定 [J] . 热带作物学报，25 (3)：66-71.

府学三 . 1995. 芒果切叶象产卵习性对种群数量的影响 [J] . 福建果树，1：28-29.

傅子碧，陈端珍 . 1987. 黄胸蓟马的发生与防治 [J] . 福建茶叶 (2)：24-25.

甘炳春，黄良明，陈旭玉，等 . 2010a. 红脉穗螟天敌—扁股小蜂生物学特性的研究 [J] . 中国农学通报，26 (5)：219-222.

甘炳春，黄良明，刘丽风，等 . 2010b. 红脉穗螟天敌—扁股小蜂发育起点温度和有效积温 [J] . 中国森林病虫，29 (3)：13-17.

甘炳春，林一鸣，邢贞杰，等 . 2009. 红脉穗螟成虫行为习性的观察研究 [J] . 中国农学通报，25 (13)：202-205.

甘炳春，杨新全，周亚奎，等 . 2010. HaNPV 对红脉穗螟弱化作用的研究 [J] . 江西农业学报，22 (10)：83-84.

高宏华，罗大全，黄贵修 . 2008. 巴西橡胶树棒孢霉落叶病概述 [J] . 热带农业科学，5：8.

高敏，张茂松，王美新 . 2006. 思茅咖啡黑果病与气象条件的关系及趋势预报 [J] . 中国农业气象，27 (4)：339-342.

高新明，李本金，兰成忠，等 . 2011. 番石榴焦腐病的 ITS 分析及 PCR 检测 [J] . 植物病理学报，38 (3)：227-232.

高新明 . 2011. 番石榴焦腐病病原菌鉴定、生物学特性及分子检测技术研究 [D] . 福州：福建农林大学 .

耿召良 . 2004. 拟小食螨瓢虫生物学及对皮氏叶螨的捕食效能研究 [D] . 儋州：华南热带农业大学 .

龚标勋 . 1998. 槟榔主要病虫害及其防治措施 [J] . 植物医生，11 (3)：11-12.

龚标勋 . 2000. 海南槟榔落花落果原因及其预防措施 [J] . 植物医生，13 (2)：25.

龚标勋 . 2002. 菠萝凋萎病及其防治措施 [J] . 植物医生 (1)：31.

龚恒亮，安玉兴，管楚雄，等 . 2008. 我国蔗根锯天牛的为害及防治对策 [J] . 甘蔗糖业，5：1-5，38.

龚秀泽，白志良 . 2001. 从越南入境的椰子树苗中截获椰心叶甲初报 [J] . 广西植保，14 (4)：29-30.

龚友才，粟建光 . 2002. 麻类作物诱变育种的现状与进展 [J] . 中国麻作，24：14-17.

苟亚峰，孙世伟，刘爱勤，等 . 2010. 23 种植物提取物对胡椒瘟病原菌的抑制作用 [J] . 植物保护，36 (6)：128-131.

顾茂彬，陈佩珍 . 1990. 桉小卷蛾化学防治试验 [J] . 林业科学研究，3 (3)：299-300.

管致和，等 . 1989. 昆虫学通论 [M] . 北京：农业出版社 .

广东省植物研究所 . 1973. 农田杂草及其防除 [M] . 广州：广东人民出版社 .

郭朝铭 . 2006. 龙舌兰属麻类种质资源遗传多样性的 AFLP 分析与抗病性鉴定 [D] . 儋州：华南热带农业大学 .

郭刚，黄华孙，张伟算，等 . 2000. 几种橡胶新品系对白粉病的抗性初步评价 [J] . 华南热带农业大学学报 (4)：5-9，18.

郭涵，祝天成，李超萍，等 . 2013. 由棕榈疫霉引起的木薯根腐病防控药剂的筛选 [J] . 湖北农业科学，52 (11)：2552-2554，2561.

郭建辉 . 2002. 我国荔枝、龙眼病害名录 [J] . 亚热带植物科学，31 (增刊)：48-50.

郭立佳，梁昌聪，张建华，等 . 2013. 香蕉枯萎病菌 1 号和 4 号生理小种菌株侵染和定殖巴西蕉和粉蕉根系的观察 [J] . 热带作物学报，34 (11) .

郭立佳，杨腊英，彭军，等 . 2013a. 不同药剂防治香蕉枯萎病效果评价 [J] . 中国农学通报，29 (1)：188-192.

郭立佳，杨腊英，彭军，等 . 2013b. 香蕉枯萎病病原菌 Six 同源基因的鉴定 [J] . 热带作物学报，34 (12)：2391-2396.

郭丽华，庞杰，林娇芬，等 . 2002. 菠萝采后贮藏技术 [J] . 中国农技推广，1：57-58.

国营东风农场橡胶树根病防治组 . 1993. 应用十三吗啉淋灌技术防治橡胶树根病结果初报 [J] . 云南热作科技 (1)：27-29.

韩群鑫，林志斌，李贤 . 2005. 椰心叶甲生活习性初探 [J] . 广东林业科技，21 (1)：60-62，70.

郝秉中，吴继林 . 2007. 橡胶树死皮研究进展：树干韧皮部坏死病 [J] . 热带农业科学，27 (2)：47-51.

郝晓娟 . 2006. 作物枯萎病生防细菌的研究 [D] . 杭州：浙江大学 .

何凡，周传波，王运勤，等 . 2000. 海南省 8 市县杨桃病虫害种类及其防治 [J]. 热带农业科学（2）：8 - 13.

何汉生，董春，朱彬矸，等 . 1996. 芒果细菌性黑斑病的发生与防治研究初报 [J]. 广东农业科学，6：35 - 37.

何洪俊，柯道秀，熊映清，等 . 1992. 草间小黑蛛对朱砂叶螨的捕食反应 [J]. 昆虫天敌，23（3）：107 - 112.

何丽 . 2001. 咖啡苗圃常见病害的识别及防治 [J]. 云南农业，10：15.

何明阳 . 2008. 荔枝瘿螨的发生危害及综合防治 [J]. 福建农业（7）：22.

何明忠，钟秋珍 . 2002. 龙眼角颊木虱的形态发生与综合治理 [J]. 福建果树（4）：19 - 20.

何其光，邬国良，郑服丛 . 2011. 橡胶树根病化学防治试验初报 [J]. 中国热带农业（4）：43 - 44.

何胜强，郭青 . 1998. 芒果疮痂病及其防治 [J]. 植物医生，11（3）：10.

何胜强，戚佩坤 . 1997. 芒果疮痂病菌生物学特性研究 [J]. 植物病理学报，27（1）：149 - 155.

何新华 . 1995. 杨桃病虫害及其防治 [J]. 福建果树（3）：41 - 43.

何衍彪，詹儒林，赵艳龙 . 2007. 菠萝粉蚧及菠萝凋萎病研究进展 [J]. 广东农业科学（2）：47 - 50.

何裕威，黄丽华，骆莺伦 . 1992. 黄皮炭疽病病原及发生规律初步研究 [J]. 仲恺农业技术学院学报，5（1）：80 - 85.

何月秋，李顺德，杨定发，等 . 2002. 云南省毛叶枣病害的初步记述 [J]. 云南农业大学学报，17（4）：397 - 399.

何自福，肖火根，李华平，等 . 2001. 香蕉束顶病毒 NS 株系 DNA 组分 6 的克隆及序列分析 [J]. 华南农业大学学报（3）：36 - 39.

贺春萍，吴伟怀，余贤美，等 . 2010. 红毛丹炭疽病菌生物学特性研究 [J]. 热带作物学报，31（2）：253 - 258.

胡美姣，李敏，高兆银，等 . 2010. 热带亚热带水果采后病害及防治 [M]. 北京：中国农业出版社 .

胡美姣，李敏，杨凤珍，等 . 2005. 两种芒果炭疽病菌生物学特性的比较 [J]. 西南农业学报，18（3）：306 - 310.

胡美姣，邢梦玉，张令宏，等 . 2002. 毛叶枣采后病害与防腐保鲜技术 [J]. 中国南方果树，31（5）：51 - 53.

胡奇，罗永明 . 1999. 中国四种角盲蝽的识别 [J]. 昆虫知识，36（3）：169 - 171.

胡琼波 . 2004. 我国地下害虫蛴螬的发生与防治研究进展 [J]. 湖北农业科学，6：87 - 92.

华立中，奈良一，赛缪尔森 G A，等 . 2009. 中国天牛（1406 种）彩色图鉴 [M]. 广州：中山大学出版社：129 - 204.

华敏，何凡，王祥和，等 . 2003. 海南妃子笑荔枝丰产栽培技术 [J]. 海南农业科学，1：1 - 7.

华南亚热带作物科学研究所华南热带作物学院 . 1962. 热带作物栽培学 [M]. 北京：农业出版社 .

黄标，邓业余，郑立权，等 . 2007. 剑麻主要病虫害防治技术研究及推广 [C] // 中国热带作物学会 2007 年学术年会论文集：373 - 375.

黄标，符清华 . 1990. H.11648 麻茎腐病发生规律及防治研究 [J]. 热带农业科学（3）：38 - 45.

黄朝豪，狄榕，马遥燕 . 1988. 胡椒花叶病传播途径的研究 [J]. 热带作物学报，9（1）：121 - 125.

黄朝豪，李增平，谢昌平，等 . 1995. 海南香蕉花叶病的研究 [J]. 热带作物学报，16（1）：70 - 76.

黄朝豪 . 1997. 热带作物病理学 [M]. 北京：中国农业出版社 .

黄春华 . 2008. 我国台湾水果登陆大陆对两岸果业的影响 [J]. 中国果树（4）：66 - 67.

黄法余，梁广勤 . 2000. 椰心叶甲的检疫及防除 [J]. 植物检疫，14（3）：158 - 160.

黄法余，梁琼超，赖天忠，等 . 2000. 南海口岸多次截获椰心叶甲和红棕象甲 [J]. 植物检疫，14（2）：69.

黄根深，赖剑雄 . 1994. 海南省小粒种咖啡炭疽病病种菌型及流行规律研究 [J]. 热带农业科学，4：24 - 32.

黄根深，赖剑雄 . 1995. 海南省小粒种咖啡炭疽病农药筛选及综合防治 [J]. 热带农业科学，4：12 - 15.

黄根深 . 1989. 胡椒细菌性叶斑病的流行规律 [J]. 热带作物研究（1）：35 - 40.

黄根深 . 1991. 胡椒细菌性叶斑病的综合防治 [J]. 热带作物研究（1）：71 - 74.

黄贵修，高宏华，李超萍 . 2008. 橡胶树主要病害诊断与防治原色图谱 [M]. 北京：中国农业科学技术出版社 .

黄贵修，刘先宝，高宏华，等 . 2009. 橡胶树多主棒孢病菌遗传多态性分析 [J]. 热带作物学报，29（6）：777 - 780.

黄贵修，时涛，刘先宝，等 . 2008. 巴西橡胶树棒孢霉落叶病 [M]. 北京：中国农业科学技术出版社 .

黄贵修，许灿光 . 2012. 中国天然橡胶病虫草害识别与防治 [M]. 北京：中国农业出版社 .

黄河征 . 1990. 香蕉象甲习性与防治 [J]. 广西农业科学（6）：35 - 36.

黄河征 . 1989. 芭蕉弄蝶的生活习性及防治 [J]. 广西农业科学（2）：30 - 33.

黄家德，黄栩 . 2006. 无核黄皮主要病虫害的发生与防治 [J]. 广西植保，19（3）：12 - 14.

黄家雄 . 2009. 小粒咖啡标准化生产技术 [M]. 北京：金盾出版社：84 - 104.

黄俊生，彭军，杨腊英，等 . 2012. NY/T 2251—2012　香蕉花叶心腐病和束顶病病原分子检测技术规范 [S]. 北京：中国农业科学技术出版社 .

黄蓬英，林玲玲，吴媛，等 . 2013. 台湾黑珍珠莲雾主要病虫害调查初报 [J]. 江西农业学报，25（8）：83 - 85.

黄山春，李朝绪，阎伟，等 . 2011. 红棕象甲幼虫声音室内探测 [J]. 热带作物学报，32（10）：1915 - 1920.

黄山春，马子龙，吕烈标，等 . 2008. 海南槟榔种植地区红脉穗螟发生为害特点及其防治对策 [J]. 江西农业学报，20（9）：81 - 83.

黄山春，马子龙，覃伟权，等.2008.红棕象甲聚集信息素引诱桶的制作及应用［J］.林业科技开发，22（3）：94-96.

黄山春，覃伟权，李朝绪，等.2009.红棕象甲形态特征及生殖器官结构观察［J］.西南农业学报，22（5）：1345-1348.

黄山春，覃伟权，李朝绪，等.2010.红棕象甲为害调查与诱集监测［J］.热带作物学报，31（4）：640-645.

黄绍岗.2001.芒果剪叶象甲剪叶的原因及防治［J］.广西植保，14（3）：14.

黄圣明，余小川，潘贤丽.1987.腰果蛀螟的田间分布型与防治对策［J］.热带作物研究（1）：48-53.

黄文成.1987.应用孢子捕捉器预测橡胶树指导防治白粉病［J］.中国农垦（9）：27.

黄信祥.1993.菠萝植株心腐病的致病因素及预防措施［J］.广西热作科技（1）：42-46.

黄雪梅，庞学群，季作梁.2001.香蕉采后防腐保鲜技术研究进展［J］.食品科学，22（1）：80-83.

黄雅志，阿红昌.2001.橡胶小蠹虫的危害和防治［J］.云南热作科技，24（3）：1-4.

黄雅志，阿红昌.2004.云南省澳洲坚果害虫资源调查［J］.热带农业科技，27（4）.

黄雅志，刘昌芬，李知桥.1989.橡胶树紫根病危害特点及有效防治技术［J］.云南热作科技（4）：21-28.

黄雅志，刘昌芬.1993.橡胶树根病及其治理措施［J］.云南热作科技（1）：7-14，29.

黄雅志，裴汝康，刘昌芬.1988.橡胶树红、褐根病综合防治的初步研究［J］.云南热作科技（3）：1-7.

黄雅志.2000.咖啡旋皮锦天牛、灭字脊虎天牛和咖啡豹蠹蛾及其防治［J］.云南热作科技，23（1）：5-9.

吉训聪，肖敏，王运勤，等.2007.香蕉红蜘蛛药剂防治试验［J］.中国果树（4）：43-44.

吉训聪，王杰清，肖敏，等.2008.杀菌剂防治香蕉黑星病试验［J］.中国热带农业（3）：47-48.

纪燕玲，蔡选光，郑道序，等.2006.汕头市椰心叶甲发生情况调查初报［J］.广东林业科技（1）：12-13，35.

季良.2009.植物病毒病防治与检疫：上册［M］.北京：中国农业出版社.

姜子德，习平根，冼继东，等.2011.对未来五年我国荔枝植保研究的思考［J］.中国热带农业，5：61-63.

蒋书楠.1989.中国天牛幼虫［M］.重庆：重庆出版社.

金开璇，孙福生，陈慕容，等.1995.槟榔黄化病病原的研究初报［J］.林业科学，31（6）：556-558.

景晓辉，吴伦英，区小玲，等.2009.一种简便分离香蕉枯萎病菌的选择性培养基［J］.热带作物学报（11）：1671-1673.

鞠瑞亭，李跃忠，杜予州，等.2006.警惕外来危险害虫红棕象甲的扩散［J］.昆虫知识，43（2）：159-163.

鞠瑞亭，李跃忠，王凤，等.2008.基于生物气候相似性的锈色棕榈象在中国的适生区预测［J］.中国农业科学，41（8）：2318-2324.

鞠瑞亭，彭正强，李跃忠，等.2007.入侵害虫椰心叶甲在中国的适生性分布研究［J］.园林科技（3）：34-37.

柯仿钢.2011.无公害香蕉主要病虫害防治技术［J］.植物医生，24（3）：19-21.

柯仿钢.2011.香蕉褐足角胸叶甲的为害症状与防治技术［J］.农药市场信息（20）：41.

柯月华.2001.红皮蕉的特性与栽培技术［J］.福建热作科技，26（1）：41-42，45.

匡石滋，李春雨，田世尧，等.2013.药肥两用生物有机肥对香蕉枯萎病的防治及其机理初探［J］.中国生物防治学报，29（3）：417-423.

邝炳乾.1956.咖啡灭字虎天牛的初步研究［J］.昆虫知识，9：280-284.

邝炳乾.1965.咖啡根粉蚧习性及药剂防治试验初报［J］.昆虫知识（6）：345-348.

邝炳乾.1977.广西咖啡树两种虎天牛的研究［J］.昆虫学报，20（1）：49-56.

赖传雅.2003.农业植物病理学［M］.北京：科学出版社.

兰国胜，杨文成.2007.银纹夜蛾的发生及综合防治［J］.湖北农业科技，46（1）：74-75.

郎国勇.2012.番石榴炭疽菌生物学特性及防治剂筛选［D］.福州：福建农林大学.

朗关富，韩东亮，李德义，等.2012.旱地小粒咖啡栽培中存在的问题与对策［J］.中国热带农业，44（1）：32-34.

黎辉，朱智强.2011.海南西培农场橡胶树条溃疡病发生规律及防治经验总结［J］.热带农业工程，35（2）：15-16.

李超萍，潘羡心，农卫东，等.2007.广西橡胶树棒孢霉落叶病病情调查与病原鉴定［J］.广西热带农业，6：26-30.

李超萍，时涛，刘先宝，等.2011.国内木薯病害普查及细菌性枯萎病安全性评估［J］.热带作物学报，32（1）：116-121.

李朝生，霍秀娟，林贵美，等.2008.香蕉新害虫褐足角胸叶甲的发生与防治初报［J］.广西农业科学，39（6）：771-773.

李朝生，韦华芳，霍秀娟，等.2011.香蕉褐足角胸肖叶甲生物学特性［J］.南方农业学报，42（12）：1486-1488.

李朝绪，覃伟权，黄山春，等.2008.海南利用寄生蜂防治椰心叶甲效果分析［J］.林业科技开发，22（1）：41-44.

李道和.1998.剑麻栽培［M］.北京：中国农业出版社：218-219.

李德富，孙龙芳，林寿峰.1991.福建省西番莲茎基腐病调查研究报告［J］.福建热作科技，4：9-11.

李德伟，于冬梅，朱斌良，等.2008.椰心叶甲及其检疫防治研究进展［J］.植物检疫，22（5）：321-324.

李鄂平.2003.香蕉花蓟马的为害及防治［J］.植物医生，16（5）：20.

李鄂平.2006.荔枝溃疡病的发生与防治［J］.植物医生，5（19）：18-19.

李贵平．2004．云南怒江干热河谷区咖啡绿蚧周年发生规律研究［J］．热带农业科技，27（3）：17-19．

李国元，邓青元，华光安，等．2005a．红栀子园两种主要害虫咖啡透翅天蛾和茶长卷叶蛾的生物学特性及防治［J］．昆虫知识，42（4）：400-403．

李国元，邓青云，华光安，等．2005b．红栀子主要害虫与天敌种类及田间种群动态研究［J］．昆虫天敌，27（1）：21-25．

李红梅，孙江华，韩红香，等．2005．椰心叶甲在我国潜在分布区的预测分析［J］．中国森林病虫，24（6）：8-11．

李华平，胡晋生，范怀忠．1994．黄瓜花叶病毒的株系鉴定研究进展［J］．中国病毒学，9：187-194．

李华平，胡晋生，范怀忠．1996．黄瓜花叶病毒香蕉株系的衣壳蛋白基因克隆和序列分析［J］．病毒学报，12（3）：235-242．

李怀方，刘凤权，郭小密．2001．园艺植物病理学［M］．北京：中国农业大学出版社．

李加智，蔡志英．2003．云南省澳洲坚果病害［J］．热带农业科技，26（2）．

李加智．2008．云南橡胶树叶炭疽病病状及发生近况［J］．热带农业科技，31（3）：13-16．

李加智．1995．西双版纳香荚兰病害研究初报［J］．云南农业大学学报，10（2）：136-138．

李嘉诚，冯玉红，喻少帆．2005．0.5％阿维菌素颗粒剂防治胡椒根结线虫田间药效试验［J］．农药，44（9）：427-428．

李建国，等．2008．荔枝学［M］．北京：中国农业出版社．

李剑书，蔡明段，邱燕萍，等．1999．荔枝龙眼病虫害的识别与防治［M］．广州：南方日报出版社．

李磊，覃伟权，黄山春，等．2009．室内饲养红棕象甲的行为观察［J］．昆虫知识，46（6）：926-929．

李丽莎．2009．云南天牛［M］．昆明：云南科学技术出版社：26-115．

李莲英．2003．五星农场更新剑麻园斑马纹病调查分析［J］．广西农业科学（5）：47-48．

李茂，将昌顺．2008．主要热带作物对炭疽病抗病机制研究进展［J］．热带农业科技，31（1）：45-47，52．

李孟楼，张立钦．2008．森林动植物检疫学［M］．北京：中国农业出版社．

李敏，胡美姣，高兆银，等．2010．不同热水处理对芒果主要采后病害控制及贮藏期影响的研究［J］．果树学报，27（1）：88-92．

李敏，胡美姣，岳建军，等．2009．芒果可可球二孢蒂腐病菌生物学培养特性［J］．热带作物学报，30（11）：1660-1664．

李敏慧，张荣，姜大刚，等．2009．根癌农杆菌介导的香蕉枯萎病菌 4 号生理小种的转化［J］．植物病理学报（4），405-412．

李萍．2008．咖啡的病虫害防治［J］．农村适用技术，9：42-43．

李庆树，刘志明，韦刚．2003．香蕉根结线虫生物学特性研究［J］．西南农业学报，26（2）：66-69．

李庆树，刘志明，韦刚．2004a．香蕉根结线虫病原鉴定简报［J］．莱阳农学院学报，21（2）：175-176．

李庆树，刘志明，韦刚．2004b．香蕉品种对根结线虫病的抗性鉴定［J］．植物保护，30（2）：84-86．

李荣．2000．氯苯灵烟雾剂防治橡胶黑盔蚧试验［J］．云南热作科技，23（4）：17-18，21．

李荣幸，钟义海，陈泽坦．2005．几种化学药剂对三角新小卷蛾的室内毒力测定［J］．农药，44（9）：416-417．

李润唐，邹恒欢，郭志雄，等．2010．湛江地区火龙果主要病虫害及其防治［J］．中国园艺文摘（11）：173-174．

李松伟，黄俊生，羊玉花，等．2011．香蕉枯萎病菌 *pacC* 基因的克隆与序列分析［J］．热带作物学报（12）：2159-2165．

李松伟．2011．香蕉枯萎病生防放线菌综合防控初步研究［D］．海口：海南大学．

李土荣．1997．菠萝粉蚧的生物学特性及防治［J］．昆虫知识，34（3）：149-152．

李为争，袁莹华，原国辉，等．2009．铜绿丽金龟对不同植物叶片的选择和取食反应［J］．生态学杂志，28（9）：1905-1908．

李文蓉．1998．东方果实蝇之防治［J］．中华昆虫，2：51-60．

李文伟，张洪波．2004．云南省小粒种咖啡根、茎、叶害虫［J］．广西热带农业，95（6）：35-37．

李雪英，古德就．2000．芒果瘿蚊生物学特性及发生规律的研究［M］//走向 21 世纪的中国昆虫学——中国昆虫学会 2000 年学术年会论文集：824-829．

李迅东，翟留香，李芹．1998．云南香蕉根结线虫种群动态的研究［J］．华南农业大学学报，19（4）：32-35．

李扬汉．1998．中国杂草志［M］．北京：中国农业出版社．

李亿坤．1994．荔枝炭疽病发生规律及其防治［J］．山西果树，1：30-32．

李永忠，杨媚，周而勋，等．2007．番木瓜茎基腐病初步研究［J］．广东农业科学，12：60-61．

李友恭，陈顺立，林思明．1981．福建省天牛科昆虫初步名录［J］．武夷科学，1（S1）：93-103．

李增平，罗大全，王友祥，等．2006．海南岛槟榔根部及茎部病害调查及病原鉴定［J］．热带作物学报，27（3）：70-76．

李增平，罗大全．2007．橡胶树病虫害诊断图谱［M］．北京：中国农业出版社．

李增平，张萍，卢华楠．2001．海南岛木菠萝病害调查及病原鉴定［J］．热带农业科学，5：5-10．

李振岐．1998．我国小麦品种抗条锈性丧失原因及其控制策略［J］．大自然探索，17（4）：21-24．

郦卫弟，贝亚维，张治军，等．2012．杭州非栽培植物上访花蓟马种类调查及发生分析［J］．浙江农业学报，24（2）：

252-257.

梁改进，陈加福，魏雪英．2001．荔枝霜疫霉病的发生及防治［J］．福建果树（3）：42-43．

梁光红，陈家骅，杨建全，等．2003，橘小实蝇国内研究概况［J］．华东昆虫学报，12（2）：90-98．

梁广勤，梁帆，林楚琼，等．1993．热水处理芒果杀灭果实中的橘小实蝇［J］．江西农业大学学报，（4）：448-453．

梁李宏，张中润．2007a．海南腰果病虫害及其防治［J］．热带作物学报，28（1）：76-79．

梁李宏，张中润．2007b．腰果病虫害［M］．北京：中国农业出版社．

梁琼超，黄法余，黄箭，等．2002．从进境棕榈植物中截获的几种铁甲科害虫［J］．植物检疫，16（1）：19-22．

梁琼超，黄法余，赖天忠．1999．南海局在全国口岸首次截获椰心叶甲［J］．中国检验检疫，13（11）：33．

梁琼超，黄法余，梁广勤，等．2000．椰心叶甲的检疫及防除［J］．植物检疫，14（3）：158-160．

梁秋玲，韦健，李孝云，等．2011．火龙果茎腐病病原鉴定及室内药剂毒力测定［J］．中国南方果树，40（1）：9-12．

梁天锡，张钧．1985．咖啡害虫综合治理技术［J］．热带农业科学，2：84-89．

廖海洪，卢明，卜礼园，等．2006．北海甘蔗蔗根锯天牛发生为害严重［J］．广西植保，16（3）：22-24．

廖林凤，董章勇，王振中，等．2009．香蕉枯萎病菌RAPD分析及4号生理小种的快速检测［J］．植物病理学报（4）：353-361．

廖寿南，谢保令．1995．山枝子咖啡透翅天蛾的生活习性及防治［J］．广西农业科学（3）：128-129．

林宝鑫．1980．台湾之有害杂草［J］．台湾杂草学会会刊，1（1）：81-85．

林碧芳．2006．台湾青枣白粉病的发生及防治［J］．农业与技术，26（3）：166．

林春花，胡美姣．2004．炭疽菌潜伏侵染研究进展［J］．热带农业科学，24（3）：57-63．

林凡．2010．橡胶树根病的防治［J］．农村实用技术（1）：50．

林进添，曾玲，梁广文，等．2004，橘小实蝇的生物学特性及防治研究进展［J］．仲恺农业技术学院学报，17（1）：60-67．

林进添．2003．橘小实蝇生物学生态学及控制技术研究［D］．广州：华南农业大学．

林兰稳，奚伟鹏，黄赛花．2003．香蕉镰刀菌枯萎病防治药剂的筛选［J］．生态环境，12（2）：182-183．

林明光，刘福秀，彭正强，等．2009．海南省香蕉作物害虫调查与鉴定［J］．西南农业学报（6）：1619-1622．

林寿峰，李今中．1989．西番莲茎基腐病调查研究初报［J］．福建热作科技，1：6-9．

林延谋，杨光融，王洪基，等．1985．胶树六点始叶螨的发生规律及防治研究［J］．热带作物学报，6（2）．

林延谋．1984．国外木薯单爪螨研究概况［J］．热带农业科学，4：89-91．

林运萍，蒋菊生，白先权，等．2008．橡胶树棒孢霉落叶病的发生及防治［J］．中国热带农业（1）：54-55．

林湛松，王健华，刘志昕．2011．香蕉条斑病毒云南河口分离物开放阅读框Ⅱ的原核表达、融合蛋白纯化及抗血清制备［J］．生物学杂志，28（5）：50-54．

凌开树，林伯欣．1988．香蕉弄蝶生物学及其防治初步研究［J］．福建省农科院学报，3（1）：17-22．

刘爱勤，桑利伟，孙世伟，等．2012a．海南省菠萝蜜主要病虫害识别与防治［J］．热带农业科学，32（12）：64-69．

刘爱勤，黄根深，张翠玲．2000．香草兰细菌性软腐病发生规律研究初报［J］．热带作物学报，21（3）：39-44．

刘爱勤，桑利伟，孙世伟，等．2008．香草兰疫霉菌对9种杀菌剂的敏感性测定［J］．农药，47（11）：847-848．

刘爱勤，桑利伟，孙世伟，等．2009．胡椒瘟病病原菌对12种杀菌剂的敏感性测定［J］．热带农业工程，33（2）：11-13．

刘爱勤，桑利伟，孙世伟，等．2010．三种拮抗菌发酵液对香草兰疫病防效研究［J］．热带农业科学，30（2）：5-7．

刘爱勤，桑利伟，孙世伟，等．2012b．6种药剂防治香草兰疫病田间药效试验［J］．热带农业科学，32（4）：1-3．

刘爱勤，桑利伟，谭乐和，等．2011．海南省香草兰主要病虫害现状调查［J］．热带作物学报，32（10）：1957-1962．

刘爱勤，曾涛，曾会才，等．2008．海南香草兰疫病发生情况调查及疫霉菌种类鉴定［J］．热带作物学报（6）：803-807．

刘爱勤，张翠玲，黄根深，等．2007．香草兰细菌性软腐病防治研究［J］．植物保护，33（5）：147-149．

刘昌芬．1995a．咖啡常见病害及其防治［J］．云南热作科技，18（3）：44．

刘昌芬．1995b．主要热带和亚热带经济作物的胶孢炭疽菌［J］．云南热作科技，18（4）：26-29．

刘昌芬．1997．咖啡蚧虫的生物防治和云南咖啡害虫综合治理浅见［J］．云南热作科技，20（4）：20-23．

刘昌燕，王国芬，梁昌聪，等．2010．3株真菌对香蕉枯萎病拮抗效果比较［J］．果树学报，27（6）：1032-1036．

刘朝兴，史子兴，吕文介，等．1988．广西国营农场田园杂草发生调查［J］．广西农业科学（3）：37-42．

刘朝祯，王璧生，戚佩坤．1989．广东省芒果病害调查初报［J］．广东农业科学，6：152-156．

刘朝祯，王璧生，戚佩坤．1990．香蕉刺盘孢及其所致香蕉炭疽病的化学防治［J］．植物病理学报，20（3）：179-184．

刘春华，李春丽，徐志．2010．咖啡种类及其病虫害研究［J］．中国热带农业，36（5）：59-61．

刘大章．2006．攀西地区澳洲坚果病虫害及防治［J］．广西热带农业（1）：13-14．

刘进平，郑成木．2001．胡椒瘟病与辣椒疫霉［J］．热带农业科学，5：27-31．

刘进平，郑成木．2003．胡椒慢萎病研究进展［J］．广西热带农业，87（2）：40-41．

刘进平 . 2005. 胡椒病毒类病及其防治 ［J］. 广西热带农业，101：24 - 25.

刘军，刘复生，庞义，等 . 1994. 温度对银纹夜蛾实验种群的影响 ［J］. 昆虫天敌，16 (3)：127 - 133.

刘奎，林健荣，符悦冠，等 . 2008. 椰扁甲啮小蜂寄生对椰心叶甲蛹免疫反应的影响 ［J］. 昆虫学报，51 (10)：1011 -1016.

刘奎，彭正强，符悦冠 . 2002. 红棕象甲研究进展 ［J］. 热带农业科学，22 (2)：70 - 77.

刘奎，谢艺贤 . 2010. 热带果树常见病虫害防治 ［M］. 北京：化学工业出版社 .

刘丽，阎伟，魏娟，等 . 2011. 红棕象甲幼虫化学防治研究 ［J］. 热带作物学报，32 (8)：1549 - 1552.

刘联仁 . 1995. 咖啡豹蠹蛾生物学特性的初步观察 ［J］. 四川果树 (3)：12 - 13.

刘巧莲，郑金龙，易克贤，等 . 2010. 剑麻斑马纹病病原菌对 13 种药剂的筛选 ［J］. 热带作物学报，31 (11)：2010 -2014.

刘清琪，张俊林，李庆水，等 . 1981. 咖啡虎天牛为害金银花的初步研究 ［J］. 中药材科技，2：18 - 19.

刘任，戚佩坤，梁关生，等 . 番石榴茎溃疡病病原鉴定 ［J］. 华南农业大学学报，17 (2)：65 - 69.

刘荣光 . 2002. 南亚热带小宗果树实用栽培技术 ［M］. 北京：中国农业出版社：31 - 32.

刘淑娴，陈军，徐社金，等 . 2011. 不同环境因子对黄皮果实炭疽病发病的影响 ［J］. 中国园艺文摘，11：48 - 49.

刘晓妹，刘文波，范秀利 . 2006. 芒果细菌性黑斑病生防菌的筛选及防效测定 ［J］. 生物防治，22 (增刊)：94 - 97.

刘晓妹，刘文波，蒲金基，等 . 2009. 芒果对细菌性黑斑病抗病性测定 ［J］. 果树学报，26 (3)：349 - 352.

刘秀娟 . 1979. 盘长孢状刺盘孢分离菌与橡胶炭疽病严重度的关系 ［J］. 世界热带农业信息，6：30 - 74.

刘秀娟 . 1982. 几种热带作物的炭疽病及其防治 ［J］. 热带作物译丛，4：157 - 160.

刘秀娟，黄圣明，杜敏，等 . 1998. 香蕉组培苗果实的采后病害及防腐保鲜 ［J］. 热带作物学报，19 (4)：46 - 51.

刘秀娟，胡美姣 . 2000. 荔枝果实采后病害及其防腐保鲜技术 ［J］. 热带农业科学 (1)：67 - 73.

刘秀娟，杨业铜，冷怀琼 . 1987. 我国植胶区橡胶树炭疽病菌的种型鉴定 ［J］. 热带作物学报，8 (1)：93 - 101.

刘颖，谢蓉蓉，洪晓月 . 2010. 共生菌 Cardinium 对朱砂叶螨的生殖调控作用 ［J］. 昆虫学报，53 (11)：1233 - 1240.

刘友樵 . 1997. 桉小卷蛾是我国一新记录种 ［J］. 森林病虫通讯 (4)：10 - 11.

刘羽，刘增亮，高爱平，等 . 2009. 芒果种质对炭疽病的抗病性评价 ［J］. 热带作物学报，30 (7)：1000 - 1004.

刘月廉，周娟，赵志彗，等 . 2011. 广东省火龙果腐烂病病原鉴定 ［J］. 华中农业大学学报，30 (5)：585 - 588.

刘增亮，张贺，蒲金基，等 . 2009. 芒果疮痂病的症状、病原与防治 ［J］. 热带农业科学，29 (10)：34 - 37.

刘志明，秦碧霞，陈永惠，等 . 2005. 中国香蕉根结线虫病研究进展 ［J］. 植物保护，31 (1)：19 - 21.

刘志明，秦碧霞，朱桂宁，等 . 2004. 香蕉根结线虫病的发生与防治 ［J］. 中国南方果树，33 (6)：43.

刘志昕，潘俊松，郑学勤，等 . 1994a. CMV 香蕉分离物抗血清的制备及应用研究 ［J］. 热带作物学报，15 (S1)：27 - 35.

刘志昕，潘俊松，郑学勤 . 1994b. 香蕉花叶心腐病的血清学诊断及检测方法的建立 ［J］. 热带作物学报，15 (S1)：19 -25.

刘志昕，郑学勤，狄蓉，等 . 1995. 香蕉花叶心腐病的分子诊断研究初报 ［J］. 热带作物学报，16 (S1)：7 - 11.

刘志昕，郑学勤，相宁，等 . 1994c. 香蕉束顶病毒提纯研究初报 ［J］. 热带作物学报，15 (S1)：37 - 40.

刘志昕，郑学勤 . 2002. 橡胶树死皮病的发生机理和假说 ［J］. 生命科学研究，6 (1)：82 - 85.

龙海宁，韦桥现 . 2007. 柳州市蔗根锯天牛的发生及防治对策 ［J］. 广西植保，20 (1)：41 - 42.

龙乙明，王剑文，佘宇平，等 . 1997. 云南小粒种咖啡 ［M］. 昆明：云南科学技术出版社：127 - 146.

龙乙明，王剑文 . 1998. 小粒种咖啡栽培技术 ［M］. 昆明：云南科学技术出版社：82 - 83.

卢川川，伍慧雄 . 1991. 乌副盔蚧的生物学及其防治研究 ［J］. 昆虫天敌，13 (3)：101 - 106.

卢川川 . 1985. 桉小卷蛾的生物学和防治 ［J］. 林业科学，21 (1)：97 - 101.

卢芙萍，符悦冠，郭容琦，等 . 2012a. 极端高温对木薯单爪螨保护酶活性的影响研究 ［J］. 中国农学通报，28 (18)：223 -230.

卢芙萍，符悦冠，黄贵修，等 . 2011. 温度对木薯单爪螨生长发育与繁殖的影响 ［J］. 热带作物学报，32 (9)：1720 -1724.

卢芙萍，符悦冠，经福林，等 . 2012b. 卵高温胁迫对木薯单爪螨发育与繁殖的影响 ［J］. 中国农学通报，28 (21)：229 -236.

卢芙萍，洪志忠，赵冬香，等 . 2009. 拟小食螨瓢虫对木薯朱砂叶螨的行为反应与空间分布相关性 ［J］. 热带作物学报，30 (10)：1506 - 1509.

卢浩然 . 1993. 中国麻类作物栽培学 ［M］. 北京：中国农业出版社 .

卢辉，徐雪莲，卢芙萍，等 . 2011. 温度对黄胸蓟马生长发育的影响 ［J］. 中国农学通报，27 (21)：296 - 300.

卢辉，钟义海，刘奎，等 . 2011. 香蕉花蓟马对不同颜色的趋性及田间诱集效果研究 ［J］. 植物保护，37 (2)：145 - 147.

卢辉，陈青，卢芙萍，等 . 2012. 木薯单爪螨全球潜在地理分布的 Maxent 预测 ［J］. 植物检疫，26 (1)：1 - 6.

卢明 . 2005. 北海市木薯细菌性枯萎病的发生为害特点及防治对策 ［J］. 广西植保，18 (1)：9 - 11.

卢昕，彭建华，黄贵修，等．2008．巴西橡胶树主要种质对棒孢霉落叶病抗性评价［J］．热带作物学报，28（4）：73-77.

卢昕，李超萍，时涛，等．2013．国内 603 份木薯种质对细菌性枯萎病抗性评价［J］．热带农业科学，33（4）：67-701，90.

陆安娜，施贤明，叶国岳．1988．敌杀死、速灭杀丁防治槟榔红脉穗螟的研究［J］．中药材，11（1）：3-6.

陆大京，周启昆，郑冠标，等．1982．橡胶树白粉病病原菌生物学研究［J］．热带作物学报（2）：63-70.

陆家云．2000．植物病原真菌学［M］．北京：中国农业出版社：39-360.

陆家云．2004．植物病害诊断［M］．2 版．北京：中国农业出版社．

陆温，田明义，韦绥概，等．2005．我国天牛种群生态学研究进展［J］．广西农业生物科学，24（2）：172-178.

陆永跃，梁广文，梁剑浩．2001．机油乳剂对香蕉交脉蚜的控制作用研究［J］．植物保护，27（3）：38-40.

陆永跃，梁广文，邵婉婷，等．2002a．非洲山毛豆提取物对香蕉交脉蚜的忌避作用研究［J］．植物保护，28（6）：19-22.

陆永跃，梁广文，邵婉婷，等．2002b．异源植物提取物对香蕉交脉蚜的控制作用［J］．华中农业大学学报，21（9）：334-337.

陆永跃，梁广文，曾玲．2000．不同香蕉品种上假茎象甲的发生和为害研究［C］//中国昆虫学会 2000 年全国昆虫学术讨论会论文集．北京：中国科学技术出版社：741-746.

陆永跃，梁广文，曾玲．2002c．春季香蕉假茎象甲自然种群生命表的研究［J］．应用生态学报，13（12）：1642-1644.

陆永跃，梁广文，曾玲．2002d．香蕉品种对假茎象甲田间抗性评价指标的研究［J］．植物保护，28（2）：14-16.

陆永跃，梁广文．2008．香蕉假茎象甲虫情调查与预测预报技术［J］．中国南方果树，37（3）：62-64.

陆永跃，曾玲，梁广文．2002e．香蕉害虫综合治理研究进展［J］．武夷科学，18：276-279.

陆永跃，曾玲，王琳，等．2004a．棕榈科植物有害生物椰心叶甲的风险性分析［J］．华东昆虫学报，13（2）：17-20.

陆永跃，曾玲．2004b．椰心叶甲的传入途径与入侵成因分析［J］．中国森林病虫，23（4）：12-15.

陆永跃．2007．香蕉弄蝶虫情调查与预测预报方法［J］．中国南方果树，36（5）：53-54.

吕宝乾，陈义群，包炎，等．2005．引进天敌椰甲截脉姬小蜂防治椰心叶甲的可行性探讨［J］．昆虫知识，42（3）：254-258.

吕宝乾，彭正强，唐超，等．2005．椰心叶甲寄生蜂——椰甲截脉姬小蜂的生物学特性［J］．昆虫学报，48（6）：943-948.

吕宝乾，彭正强，许春霭，等．2006．椰心叶甲蛹寄生蜂——椰心叶甲啮小蜂的生物学特性［J］．昆虫学报，49（4）：643-649.

吕江南，贺德意，王朝云，等．2005．全国麻类生产调查报告Ⅵ［J］．中国麻作，27（1）：41-48.

吕劲锋，戚佩坤．1992．广东鸡蛋果真菌病害调查初报［J］．华南农业大学学报，13（4）：91-96.

吕佩珂，苏慧兰，庞震，等．2002．中国果树病虫原色图谱［M］．2 版．北京：华夏出版社：291-292.

吕延超，蒲金基，谢艺贤，等．2009．芒果畸形病研究进展［J］．中国南方果树，38（3）：68-71.

吕延超，蒲金基，谢艺贤，等．2010．芒果畸形病病原菌的生物学特性的初步研究［J］．热带作物学报，31（3）：453-456.

吕玉兰，黄家雄．2005．胡椒抗死株栽培技术［J］．云南农业科技（2）：29-30.

罗大全，陈慕容，叶沙冰，等．1998．海南槟榔黄化病与椰子致死性黄化病的病原关系初探［J］．热带农业科学，18（6）：21-24.

罗大全，陈慕容，叶沙冰，等．2001．海南槟榔黄化病的病原鉴定研究［J］．热带作物学报，22（3）：43-46.

罗大全，陈慕容，叶沙冰，等．2002．多聚酶链式反应检测海南槟榔黄化病［J］．热带农业科学，22（6）：13-16.

罗大全．2007a．海南槟榔黄化病病原研究新进展［J］．世界热带农业信息（10）：25.

罗大全．2007b．海南槟榔黄化病的发生及防治［J］．海南农垦科技（5）：26.

罗大全．2007c．海南槟榔黄化病研究现状［J］．世界热带农业信息（6）：24-26.

罗大全．2009．重视海南槟榔黄化病的发生及防控［J］．中国热带农业（3）：11-13.

罗禄怡，罗黔超，姚坦，等．1985．贵州的香蕉象甲及其生物学特性［J］．昆虫知识，22（6）：265-267.

罗霓，何凡，范鸿雁．2008．海南省番木瓜主要真菌病害调查［J］．中国热带农业，4：48-50.

罗孙荣，陈铣，孙良，等．2011．16%虫线清乳油防治咖啡灭字虎天牛试验［J］．中国热带农业，42（5）：88-89.

罗永明，蔡世民，金启安．1990．海南岛脊胸天牛的研究［J］．热带作物学报，11（2）：107-112.

罗永明，金启安．1986．腰果云翅斑螟的初步研究［J］．热带作物学报，7（2）：99-105.

罗永明，金启安．1991．海南岛腰果角盲蝽的研究［J］．昆虫学报，34（1）：60-67.

罗永明，金启安．1992．海南岛脊胸天牛生物学的进一步研究［J］．热带作物学报，13（1）：59-61.

罗永明，金启安．1985．海南岛两种角盲蝽记述［J］．热带作物学报（9）：120-128.

罗永明．1991．海南岛的腰果害虫［J］．热带作物学报（9）：83-92.

罗振海, 孔太湖. 1988. 泰国大果番石榴果实红麻斑病研究 [J]. 热带农业科学, 3: 47-49.

罗卓军, 吴少伟, 郭培照, 等. 2011. 十三吗啉防治橡胶树根病效应总结 [J]. 中国热带农业 (1): 58-59.

骆焱平, 蔡笃程, 朱朝华, 等. 2005. 几种杀虫剂防治椰心叶甲的药效试验 [J]. 农药, 44 (3): 142-143.

马冉, 徐春玲, 项宇, 等. 2012. 南方根结线虫和香蕉枯萎病菌4号生理小种对香蕉复合致病力的测定 [J]. 华中农业大学学报, 31 (1): 62-68.

马万炎, 邓大清, 候伯鑫, 等. 1993. 咖啡透翅天蛾的生物学特性观察 [J]. 森林病虫通讯 (3): 19-21.

毛超, 戴青冬, 汪军, 等. 2013. 香蕉枯萎病菌4号生理小种农杆菌介导遗传转化体系的建立及T-DNA插入突变体的筛选 [J]. 南方农业学报, 44 (12): 1985-1991.

孟绪武. 1961. 云南生物考察报告: 鳞翅目 天蛾科 [J]. 昆虫学报 (4): 522-524.

孟绪武. 1963. 咖啡天蛾生活习性初步观察 [J]. 昆虫学报, 12 (5): 713-714.

苗建才, 迟德富, 常国彬, 等. 2009. 阿维除虫脲防治椰心叶甲促进绿色食品开发 [J]. 森林保护, (4): 57-61.

明德南. 2008. 小粒种咖啡果苦腐病的时空动态模型 [J]. 世界热带农业信息 (3): 26.

莫丽珍, 王宁. 2002. 防治咖啡根粉蚧农药筛选试验 [J]. 热带农业科技, 25 (2): 17-19.

莫丽珍, 闫林, 董云萍. 2012. 小粒种咖啡高产优质栽培技术图解 [M]. 昆明: 云南人民出版社: 107-115.

莫丽珍. 2002. 云南小粒咖啡新病虫害 [J]. 云南热作科技, 25 (3): 14-15.

莫晓凤, 冯家望, 麦向真, 等. 2000. 进境莲雾果实软腐病的调查 [J]. 植物检疫, 14 (3): 148-150.

莫泽传, 李春雷. 1993. 槟榔"红脉穗螟"的综合防治 [J]. 热带作物科技 (5): 53-55.

宁洁珍, 吴万春, 暨淑仪, 等. 1992. 广东省农田杂草种类和群落学特征 [J]. 杂草学报, 6 (4): 1-6.

牛立霞, 王健华, 冯团诚, 等. 2008. 海南胡椒中黄瓜花叶病毒分离物的分子鉴定 [J]. 热带作物学报, 29 (4): 510-513.

农向群, 高松, 邓春生, 等. 1999. 白僵菌绿僵菌分生孢子对高温的耐受力 [J]. 中国生物防治, 15 (3): 111-114.

农业部. 2009. NY/T 1698—2009 小粒种咖啡病虫害防治技术规程 [S]. 北京: 中国农业出版社.

欧阳欢. 2004. 胡椒综合研究进展与产业化 [J]. 中国农业科技导报, 6 (6): 30-33.

潘海燕. 2011. 无核黄皮果树病虫害的发生与防治 [J]. 农业研究与应用, 4: 64-65.

潘浣钰, 彭少麟, 张素梅, 等. 2008. 土壤理化性质与褐根病感染的相互关系 [J]. 生态环境 (4): 1650-1653.

潘江禹, 汪军, 毛超, 等. 2012. 不同肥料对生防菌淡紫拟青霉E7定殖的影响 [J]. 广东农业科学, 39 (19): 61-63.

潘少林, 宋瑞林, 钟秋珍, 等. 2009. 番石榴主要品种及发展思路 [J]. 中国果树 (2): 45-46.

潘文勤, 李华英, 颜文好, 等. 2011. 武鸣县木薯朱砂叶螨发生规律初探 [J]. 热带农业科学, 31 (8): 34-38.

潘贤丽, 邱建德, 邢福易, 等. 1991. 腰果园茶角盲蝽为害分布型及防治策略的研究 [J]. 热带作物学报, 12 (1): 91-97.

潘贤丽, 邢福易. 1987. 腰果蛀果斑螟的发生与防治 [J]. 热带作物学报, 8 (1): 109-116.

潘贤丽, 邱健德, 等. 1991. 腰果园茶角盲蝽为害分布型及防治策略的研究 [J]. 热带作物学报 (3): 91-96.

潘贤丽, 邢福易. 1991. 芒果切叶象甲体色变异观察 [J]. 昆虫知识, 18 (1): 24.

潘贤丽. 1996. 印度尼西亚胡椒病害治理 [J]. 世界热带农业信息 (3): 1-4.

潘羡心, 彭建华, 黄贵修, 等. 2008. 不同来源橡胶树多主棒孢病菌致病性及基础生物学特性的比较 [J]. 热带作物学报, 29 (4): 494-500.

潘衍庆, 等. 1997. 中国热带作物栽培学 [M]. 北京: 中国农业出版社.

潘衍庆, 梁荫东, 张开明. 1998. 中国热带作物栽培学 [M]. 北京: 中国农业出版社.

庞启洪. 2010. 橡胶树常见病虫害的防治 [J]. 绿色科技 (9): 79-81.

庞正袭. 1992. 桉小卷蛾的危害和防治方法 [J]. 广西林业 (2): 17.

裴超群, 陶玉兰. 1992. 剑麻斑马纹病重病区补植的新品种—杂种76416号 [J]. 广西热作科技, 24 (1): 29-38.

裴超群. 1997. 龙舌兰科植物资源调查报告 [J]. 广西热作科技 (1): 15-21.

裴汝康, 李发昌, 刘素清. 1992. 云南咖啡钻蛀性害虫种群发生动态 [J]. 云南热作科技, 15 (1): 18-25.

裴汝康, 刘素清. 1994. 云南咖啡天牛类害虫优势种群发生规律和综合治理的研究 [J]. 云南热作科技, 17 (2): 23-26.

裴汝康. 1991. 云南橡胶树及热带果树常见病原寄生植物的初步调查 [J]. 西南林学院学报, 11 (2): 208-213.

裴月令, 时涛, 蔡吉苗, 等. 2011. 木薯棒孢霉叶斑病病原鉴定及其生物学特性测定 [J]. 热带作物学报, 32 (4): 728-733.

裴月令, 时涛, 李超萍, 等. 2013a. 木薯褐斑病病原鉴定及其生物学特性研究 [J]. 热带作物学报, 34 (5): 927-934.

裴月令, 时涛, 李超萍, 等. 2013b. 木薯褐斑病菌的室内药剂筛选 [J]. 热带农业科学, 33 (2): 49-52.

佩里 R N, 莫恩斯 M. 2011. 植物线虫学 [M]. 简恒, 译. 北京: 中国农业大学出版社.

彭晖华, 张忠义. 1997. 中国枝孢属的分类研究 番木瓜生枝孢等3个新记录种及9个已知种 [J]. 云南农业大学学报, 12

（1）：23-27.

彭建立，陈冬木，纪大南，等．2000．龙眼角颊木虱生物学特性及防治研究［J］．华东昆虫学报，9（2）：49-54.

彭军，王国芬，黄俊生，等．2006．香蕉两种主要病毒多重 PCR 检测方法的建立［J］．园艺学报，33（4）：845-848.

彭涛，钟宁．1997．咖啡灭字脊虎天牛和咖啡脊虎天牛研究概述［J］．云南热作科技，20（2）：35-38.

彭艳，熊惠波，许评，等．2008．泰国椰心叶甲防治技术考察［J］．中国热带农业（3）：31-32.

彭正强，程立生，鞠瑞亭，等．2006．椰心叶甲在中国的适生性分布［J］．热带作物学报，27（1）：80-83.

戚佩坤，潘雪萍，刘任．1984．荔枝霜疫病的研究 I．病原菌的鉴定及其侵染过程［J］．植物病理学报，14（2）：113-119.

戚佩坤．2007．广东果树真菌病害志［M］．北京：中国农业出版社．

齐兴柱，杨腊英，郭立佳，等．2013．FoAP1 基因在香蕉枯萎病菌致病过程中的功能分析［J］．植物病理学报，43（6）：596-605.

钱庭玉．1982．咖啡、可可天牛类害虫幼虫记述［J］．热带作物学报，3（2）：87-90.

乔依．1982．芒果切叶象甲的初步研究［J］．植物保护，8（4）：25-26.

秦涵淳，杨腊英，李松伟，等．2010．香蕉镰刀菌枯萎病拮抗放线菌的分离筛选及其抑制效果的初步评价［J］．中国生物防治（2）：174-180.

秦涵淳，杨腊英，李松伟，等．2009．培养基营养成分对香蕉枯萎病尖孢镰刀菌生长的影响［J］．热带作物学报（12）：1852-1857.

秦涵淳．2010．拮抗放线菌的筛选及其对香蕉镰刀菌枯萎病防治作用的研究［D］．海口：海南大学．

秦云霞，曾华金，刘志昕．2004．黄瓜花叶病毒 CP 基因原核表达及抗血清的制备［J］．中国生物工程杂志，24（8）：73-76.

覃瑞，程旺元．2004．黄瓜花叶病毒研究进展［J］．中南民族大学学报：自然科学版，23（2）：33-37.

覃伟权，陈思婷，黄山春，等．2006．椰心叶甲在海南的危害及其防治研究［J］．中国南方果树，35（1）：46-47.

覃伟权，李朝绪，黄山春．2009．红棕象甲在中国分险性分析［J］．江西农业学报，21（9）：79-82.

覃伟权，马子龙，吴多杨，等．2004．几种引诱物对红棕象甲的诱集和田间监测［J］．热带作物学报，25（2）：42-46.

覃伟权，赵辉，韩超文．2002．红棕象甲在海南发生为害规律及其防治［J］．云南热作科技（4）：29-30.

覃伟权，朱辉．2011．棕榈科植物病虫鼠害的鉴定及防治［M］．北京：中国农业出版社．

邱辉宗，吴美云．1993．田间诱虫色片对花蓟马［Thrips hawaiiensis（Morgan）］之诱引效果［J］．中华昆虫，13：229-234.

邱世明．2007．香蕉条斑病毒 PCR 检测及 CP 基因片段的表达［D］．海口：海南大学．

饶雪琴，李华平．2004．转基因番木瓜研究进展［J］．中国工程生物杂志，24（6）：38-42.

饶雪琴，李华平．2005．番木瓜环斑病毒融合基因植物表达载体的构建［J］．华中农业大学学报，24（4）：325-329.

饶雪琴，张曙光，高乔婉．2005．工厂化组培香蕉分化芽中病毒的检测［J］．华南农业大学学报，26：64-66.

任璐，陆永跃，曾玲．2007．沙土含水量对橘小实蝇蛹存活的影响［J］．华南农业大学学报，28（1）：61-66.

任梅英，张妮，严珍，等．2010．防治对粒材小蠹有效药剂的室内筛选［J］．农药，49（9）：682-683.

容煊雄，陈沐荣，邓湘辉，等．2003．5 种化学杀虫剂防治椰心叶甲试验［J］．广东林业科技，19（4）：49-50.

阮小蕾，侯燕，李华平．2010．转 PRSV 复制酶基因番木瓜食品安全性的初步评价［J］．华中农业大学学报，29（3）：381-386.

阮小蕾，王加峰，李华平．2009．VIGS 介导的转复制酶基因番木瓜对 PRSV 的抗性［J］．华中农业大学学报，28（4）：418-422.

芮凯，吴凤芝，肖彤斌，等．2006．9 种杀线剂对海南主要栽培果树根结线虫病的防治［M］//廖金铃，彭德良，段玉玺．中国线虫学研究．北京：中国农业科学技术出版社：158-164.

芮凯，谢圣华，陈绵才，等．2006．8 种杀虫制剂对椰心叶甲的防治效果评价［J］．中国农学通报，22（9）：490-492.

桑利伟，刘爱勤，孙世伟，等．2010．胡椒主要病害识别与防治技术［J］．热带农业科学，30（1）：3-5.

桑利伟，刘爱勤，谭乐和，等．2010．胡椒瘟病田间发生规律观察［J］．热带作物学报，31（11）：1996-1999.

桑利伟，刘爱勤，谭乐和，等．2011．海南省胡椒瘟病病原鉴定及发生规律［J］．植物保护，37（6）：168-171.

桑利伟，谭乐和，刘爱勤，等．2010．海南省胡椒主要病害现状初步调查［J］．植物保护，36（5）：133-137.

邵志忠，胡卓勇．1984．橡胶树叶片不同发育期与白粉病自然感病性的观察［J］．云南热作科技（1）：1-5.

邵志忠，杨雄飞．1995．橡胶树白粉病对橡胶产量损失的研究［J］．云南热作科技（4）：5-13.

沈发荣，周又生，赵焕萍．1997．柑橘小实蝇生物学特性及其防治研究［J］．西北林学院学报，12（1）：85-89.

沈金定，韩翠英．1985．应用 DD-136 防治脊胸天牛的初步研究［J］．昆虫天敌，7（1）：28-29.

沈有孝，黄宏辉，彭正强，等．2004．越南椰心叶甲防治工作考察报告［J］．热带林业，32（4）：28-30.

石敬夫，钟先金．1993．咖啡木蠹蛾生物学特性的研究［J］．安徽林业科技（1）：10-12．

时涛，蔡吉苗，李超萍，等．2010a．橡胶树多主棒孢菌室内产孢条件的优化［J］．热带作物学报，31（1）：98-105．

时涛，李超萍，蔡吉苗，等．2010b．木薯新叶斑病病原鉴定及其生物学特性［J］．热带作物学报，31（3）：457-463．

舒梅，山云辉．2002．咖啡黑果病的病因分析及防治［J］．云南农业科技，5：31-32．

宋妍，詹儒林，张世清，等．2006．绿僵菌防治椰心叶甲的毒力菌株筛选［J］．植物检疫，20（6）：333-336．

苏宝玲，黄华，刘广纯，等．2011．铜绿丽金龟发育起点温度与有效积温的研究［J］．北方园艺，19：134-136．

苏微微，李正扬，韦雪琼．2001．广西龙眼、荔枝、香蕉园杂草调查初报［J］．广西植保（1）：10-12．

苏振昌．1997．漳州市农田杂草种类，组合（群落）及为害的调查报告［J］．福建热作科技（4）：24-25．

孙广宇，宗兆锋．2002．植物病理学实验技术［M］．北京：中国农业出版社：142-144．

孙俊萍．1999．我国主要热带作物发展现状及方向［J］．热带农业科学（1）：68-72．

孙莉娜，董军，陈永强，等．2010a．椰心叶甲在广东的危害及其防治研究综述［J］．防护林科技（4）：66-69．

孙莉娜，董军，陈永强，等．2010b．中山市椰心叶甲综合防治研究［J］．现代园艺（10）：13-15．

孙茂林，吴文伟，陈静，等．1992．香蕉交脉蚜及其防治研究［J］．植物保护学报，19（4）：358，372．

孙茂林，张云发，华秋瑾，等．1991．香蕉束顶病流行病学及综合防止技术研究［J］．西南农业学报，4（1）：78-81．

孙世伟，刘爱勤，桑利伟，等．2010．6种杀虫剂对茶角盲蝽的药效试验［J］．热带农业科学，30（1）：3-5．

孙英华，林少霞，郁顺章，等．1986．抗生素4261的研究　Ⅲ．应用抗生素4261防治橡胶树割面条溃疡［J］．热带作物学报，2：008．

孙元友，李颖，薛俊华．2009．铜绿丽金龟的生活习性及其防治技术［J］．辽宁农业科技，38（5）：54-55．

孙卓，郑服丛．2008．BTH诱导橡胶抗炭疽病效果初探［J］．广东农业科学（7）：76-77．

2006．台湾火龙果病害［J］．世界热带农业信息（4）：27-29．

谭娟杰，虞佩玉，李鸿兴，等．1980．中国经济昆虫志：第十八册　鞘翅目　叶甲总科［M］．北京：科学出版社．

谭亮魁，王文凯，李传仁，等．2008．中国天牛综合防治研究进展［J］．湖北农业科学，47（2）：232-237．

唐光辉，江志利，张文锋，等．2006．树干注药防治椰心叶甲药效试验［J］．中国森林病虫，25（4）：39-41．

唐卫，王群利，朱华龙，等．2012．几种杀虫剂防治香蕉褐足角胸叶甲田间药效评价［J］．农药科学与管理（2）：47-50．

唐友林．1995．低温贮藏对菠萝果实外观和采后病害的影响［J］．热带作物研究，2：28-32．

唐志．1988．椰心叶甲［J］．植物检疫，2（1）：75-78．

陶珽燕，何凡，范鸿雁，等．2010．几种杀菌剂对荔枝霜疫霉病的室内毒力测定［J］．农药，49（1）：72-73．

汪军，潘江禹，毛超，等．2013a．土壤物理因素和栽培方式对淡紫拟青霉E7在香蕉根际定殖和促生作用的影响［J］．果树学报，30（2）：274-280．

汪军，王国芬，杨腊英，等．2013b．施用淡紫拟青霉与套作对香蕉枯萎病控病作用的影响［J］．果树学报，30（5）：857-864．

王璧生，黄华．1999．香蕉病虫害看图防治［M］．北京：中国农业出版社：18-19．

王璧生，刘景梅，彭埃天，等．2004．腈菌唑防治香蕉黑星病药效试验［J］．广东农业科学（3）：38-39．

王璧生．1989．广东香蕉采后病害研究［J］．广东农业科学（4）：42-43．

王芳，王瑞江，庄平弟，等．2009．广东外来入侵植物现状和防治策略［J］．生态学杂志，28（10）：2088-2093．

王国芬，彭军，代鹏，等．2007．香蕉枯萎病镰刀菌ITS序列的PCR扩增及其分子检测［J］．华南热带农业大学学报（3）：1-5．

王海河，谢联辉，林奇英．2001．黄瓜花叶病毒香蕉株系（CMV Xb）RNA3 cDNA的克隆和序列分析［J］．中国病毒学报，16（3）：252-256．

王华宁．2013．广西农垦剑麻病虫害防治方法和技术［J］．广西职业技术学院学报，6（3）：1-8．

王会芳，肖彤斌，陈绵才，等．2010．不同技术措施对蔬菜根结线虫种群的影响［J］．植物保护，36（2）：161-164．

王会芳．2008．海南岛胡椒病原根结线虫鉴定及化学防治初步研究［D］．海口：海南大学．

王慧芙．1981．中国经济昆虫志：第二十三册　螨目　叶螨总科［M］．北京：科学出版社：117-118．

王继栋，朱西儒．2002．荔枝采后病害及其防治技术研究进展［J］．果树学报，9（2）：128-131．

王健华，林湛松，张雨良，等．2011．香蕉条斑病毒云南分离物ORFI的原核表达及其抗血清制备［J］．热带作物学报，32（7）：1356-1359．

王健华，刘志昕，郑服丛，等．2005．植物病毒检测技术研究进展［J］．热带农业科学，25（3）：71-75．

王九辉，张世清，黄俊生．2007．绿僵菌侵染对椰心叶甲酚氧化酶活性的影响［J］．昆虫知识，44（2）：252-255．

王俊贤．1978．油梨更新时防治根腐病的进展［J］．热带作物译丛，4：3．

王娌莉，覃东东，黄应忠．2008．番石榴粉蚧的药剂防治实验［J］．广西园艺，19（2）：21-22．

王容燕，王金耀，宋健，等．2007．铜绿丽金龟的室内人工饲养［J］．昆虫学报，50（1）：20-24．

王绍春，冯淑芬．1998．橡胶树炭疽病大田化学防治试验［J］．热带作物研究（3）：1-4．

王绍春，冯淑芬．2001．粤西地区橡胶树炭疽病流行因素分析［J］．热带作物学报，22（1）：15-22．

王淑荣，王润梅，赵建华．2003．紫根病的防治［J］．河北林业（5）：19．

王树明，周敏，陈鸿洁，等．2008．河口垦区橡胶树根病区土壤养分调查［J］．热带农业科技（4）：12-13．

王松标，陈佳瑛．2005．毛叶枣主要病虫害及综合防治［J］．中国南方果树，34（4）：55-57．

王天喜，和泉勇，刘敏，等．2006．绿丽金龟成虫对吴茱萸花序的为害及防治措施［J］．中国植保导刊，2：31-32．

王伟，程立生，沙林华，等．2006．海南岛外来入侵害虫初探［J］．华南热带农业大学学报，12（4）：39-44．

王文华．2007．香蕉枯萎镰刀菌1，4号小种rDNA-ITS序列分析及4号小种遗传转化体系建立［D］．儋州：华南热带农业大学．

王文辉，许步前．2003．果品采后处理及贮运保鲜［M］．北京：金盾出版社：292．

王亚，谭昕，汪军，等．2012．体内定殖木霉H6对香蕉苗生长的影响［J］．热带生物学报，3（2）：142-146．

王毅．2007．菠萝心腐病的发生及防治［J］．华北民兵（7）：62．

王莹，黄烈健，黄雪梅，等．2010．油梨贮藏保鲜技术研究进展［J］．广东农业科学，8：167-169．

王赟，李晓娜，李增平，等．2009．胡椒主要病害及其防治方法［J］．河北农业科学，13（7）：30-32，47．

王云尊．1991．咖啡豹蠹蛾生物学特性及其防治［J］．山东林业科技（2）：50-52．

王振中．2006．香蕉枯萎病及其防治研究进展［J］．植物检疫（3）：198-200．

王之劲．2008．中国沟胫天牛亚科沟胫天牛族分类与区系研究［D］．重庆：西南大学．

王直诚，华立中．2009．中国天牛名录厘定与汇总［J］．北华大学学报：自然科学版，10（2）：159-192．

王子清．2001．中国动物志：昆虫纲　同翅目　蚧总科［M］．北京：科学出版社：392-394．

韦茜，蔡永强，钟杰，等．2007．火龙果炭疽病药效筛选试验［J］．安徽农业科学，35（10）：2999-3000．

韦晓霞，黄世勇．1996．芒果疮痂病病情消长规律的调查观察［J］．福建果树（4）：20-22．

魏佳宁，于新文．1998a．咖啡天牛的生存对策、防治策略及其应用［J］．动物学研究，19（3）：218-224．

魏佳宁，于新文．1998b．思茅地区咖啡天牛天敌的多样性调查和控制评价［J］．生物多样性，6（4）：248-252．

魏景超．1979．真菌鉴定手册［M］．上海：上海科学技术出版社：101-649．

魏娟，覃伟权，马子龙，等．2009a．红棕象甲成虫对5种植物发酵挥发物的行为反应［J］．热带作物学报，30（11）：1652-1655．

魏娟，覃伟权，马子龙，等．2009b．红棕象甲危害现状和主要防治措施研究进展［J］．广东农业科学（6）：110-112．

魏铭丽，崔昌华，郑肖兰，等．2008．橡胶树白根病研究概述［J］．广西热带农业（4）：17-19．

魏守兴，陈业渊．2008．香蕉周年生产技术［M］．北京：中国农业出版社．

温华良，冯伟明，梁普兴，等．2007．番木瓜生育期病虫害的发生与防治［J］．广东农业科学，4：55-56．

温丽娜，符悦冠，等．2009．副珠蜡蚧阔柄跳小蜂生物学习性［J］．中国生物防治，25（2）：112-119．

温丽娜，符悦冠，等．2010．温度对副珠蜡蚧阔柄跳小蜂发育和繁殖的影响［J］．昆虫知识，47（1）：151-155．

文衍堂，黄圣明．1994．芒果细菌性黑斑病症状与病原菌鉴定［J］．热带作物学报，15（1）：80-85．

文衍堂，李木荣．1992．香草兰细菌性软腐病病原菌鉴定［J］．热带作物学报，13（1）：101-104．

文衍堂．1982．木薯细菌性疫病病原菌鉴定［J］．热带作物学报，3（2）：91-97．

吴宝，陈权辉．1994．3%多菌灵烟剂（2号）防治橡胶炭疽病试验小结［J］．热带作物科技（6）：42-43．

吴锦涛，张昭其．2001．果蔬保鲜与加工［M］．北京：化学工业出版社．

吴进权．2006．台湾青枣白粉病的发生与防治［J］．福建农业，1：22．

吴菊华，钟仕田．1989．咖啡透翅天蛾的生物学研究［J］．植物保护，15（1）：9-11．

吴孔明．1994．朱砂叶螨密度效应研究［J］．昆虫知识，27（4）：213-216．

吴琳，黄华平，杨腊英，等．2010．拮抗香蕉枯萎病镰刀菌木霉菌株的分离筛选［J］．热带作物学报，31（1）：106-110．

吴梅香，傅建炜，占志雄，等．2011．闽南番石榴园树冠节肢动物群落的结构与动态［J］．华南热带作物学报，32（3）：495-499．

吴千红，杨国平，经佐琴，等．1995．朱砂叶螨自然种群动态研究［J］．应用生态学报，6（3）：255-258．

吴青，曾玲，孙京臣，等．2006．田间释放绿僵菌防治椰心叶甲的效果［J］．山东农业大学学报：自然科学版，37（4）：568-572．

吴伟南，方小端，刘慧，等．2008．利用巴氏钝绥螨控制番木瓜皮氏叶螨的研究［J］．中国南方果树，37（1）：50-52．

吴振廷．1995．药用植物害虫［M］．北京：中国农业出版社：96-98．

伍筱影，钟义海，李洪，等．2004．椰心叶甲生物学研究及室内毒力测定［J］．植物检疫，18（3）：137-140．

武三安，南楠，吕渊．2010．中国大陆一新入侵种——美地绵粉蚧 Phenacoccus madeirensis（Hemiptera：Coccoidea：Pseudococcidae）［J］．植物分类学报，32（B08）：8-12．

冼继东，彭埃天，姜子德．2011．龙眼角颊木虱的为害及防治 [J]．中国热带农业 (5)：71 - 72.

《中国农业百科全书》编委会．1996．中国农业百科全书：植物病理卷 [M]．北京：农业出版社.

向梅梅．1994．菠萝真菌病害研究现状 [J]．仲恺农业技术学院学报，7 (2)：69 - 75.

向旭，陈洁珍．1999．荔枝高产技术问答 [M]．广州：广东科学技术出版社.

肖广江，刘春燕，曾玲，等．2007．鱼藤·氰乳油和印楝素乳油对椰心叶甲的田间控制作用研究 [J]．广东农业科学 (9)：66 - 69.

肖广江，陆永跃，曾玲．2006．阿维菌素对椰心叶甲的毒力和防治效果 [J]．昆虫知识，44 (4)：530 - 533.

肖凌．2004．印尼的椰棕扁叶甲研究 [J]．世界热带农业信息 (11)：35.

肖倩纯，余卓桐．1990．芒果幼树回枯病研究 [J]．热带农业科学，1：58 - 61.

肖倩纯，单家林，余卓桐，等．1997．橡胶树对白粉病抗病新种质筛选研究 [J]．作物品种资源 (1)：35 - 38.

肖倩纯，李绍鹏．1998．芒果炭疽病抗病品种筛选研究 [J]．热带作物学报，19 (2)：43 - 48.

肖永清，孙宝芝，杨雄飞．1982．橡胶割面条溃疡菌的侵染和扩展 [J]．热带农业科技，3：3.

肖永清，徐明安．1984．乙磷铝防治橡胶树条溃疡病效果好 [J]．农药，3：22.

肖永清，杨雄飞，李家智．1992．橡胶季风性落叶病的发生和预测预报 [J]．云南热作科技 (2)：5 - 9.

肖永清，杨雄飞、李家智．1994．橡胶树茎干溃疡病 [J]．云南热作科技 (2)：1 - 3.

谢昌平，劳智滢，丁榕，等．2009．番木瓜疮痂病菌的室内药剂筛选 [J]．29 (1)：30 - 32.

谢昌平，谢梅琼，文衍堂．2005．番木瓜疮痂病病原菌鉴定及生物学特性的研究 [J]．热带农业科学，25 (6)：9 - 14.

谢昌平，郑服丛．2010．热带果树病理学 [M]．北京：中国农业科学技术出版社.

谢德啸，羊玉花，周端咏，等．2012．尖孢镰刀菌古巴专化型 4 号生理小种红色荧光蛋白基因转化 [J]．热带作物学报，33 (4)：685 - 689.

谢恩高，黄东桃，周文钊．1996．剑麻抗病高产新品种的选育及其探讨 [J]．中国麻作 (2).

谢恩高，王东桃，周文钊．1994．剑麻选育种工作的回顾与展望 [J]．中国麻作，16 (3)：10 - 12.

谢恩高．1996．剑麻种质改良与育种 [J]．中国麻作，18 (1)：11 - 13.

谢光煜，李肇涛，卜智勇，等．1989．广西油梨根腐病的发生与防治 [J]．热带作物研究，2：42 - 43.

谢贵水，王纪坤，林位夫．2013．中国植胶区林下植物：海南卷 [M]．北京：中国农业科学技术出版社.

宋付平，覃新导，冯朝阳，等．2010．广东木薯园主要杂草生态调查与调控措施 [J]．中国农村小康科技 (12)：50 - 53，81.

夏民生，周秉珍．1986．广西农田杂草探讨 [J]．广西农学院学报 (2)：21 - 28.

卢植新，马跃峰．2003．广西贵港赤红壤区域农田杂草发生与防除技术 [J]．广西农业科学，增刊 (2)：58，68，78.

周会平，岩香甩，张海东，等．2012．西双版纳橡胶林下植被多样性调查研究 [J]．热带作物学报，33 (8)：1444 - 1449.

谢江江．2012．中国龙眼真菌病害调查及病原菌鉴定 [D]．广州：华南农业大学.

谢联辉．2008．植物病原病毒学 [M]．北京：中国农业出版社.

谢龙莲．2007．荔枝主要病害及防治技术 [J]．世界热带农业信息，5：24 - 26.

谢鹏辉，秦长生，廖仿炎，等．2006．椰心叶甲在国内的危害与防治研究概况 [J]．江西植保，29 (1)：27 - 31.

谢天恩，胡志红．2006．普通病毒学 [M]．北京：科学出版社.

谢艺贤，符悦冠．2009．热带作物种质资源抗病虫性鉴定技术规程 [M]．北京：中国农业出版社：21 - 24.

谢云珍，王玉兵，谭伟福．2007．广西外来入侵植物 [J]．热带亚热带植物学报，15 (2)：160 - 167.

辛鑫，刘磊，潘江禹，等．2013．绿色木霉 H6 对香蕉枯萎病的诱导抗性作用 [J]．广东农业科学，40 (7)：83 - 85.

邢谷杨，林鸿顿．2003．胡椒高产栽培技术 [M]．海口：海南出版社.

邢谷杨．2004．胡椒无公害生产及其主要病虫害防治 [J]．广西热带农业，95 (6)：34 - 35.

邢海波．2004．澳洲坚果主要病虫鼠害防治 [J]．云南农业 (10)：15.

徐迟默．2009．菠萝凋萎病毒病研究进展 [J]．热带作物学报 (5)：718 - 724.

徐丹丹．2014．基于荔枝霜疫霉病发生的病原菌生物学特性的研究 [D]．广州：华南农业大学.

徐东平，周仲驹．1999．黄瓜花叶病毒亚组Ⅰ和Ⅱ分离物外壳蛋白基因的序列分析与比较 [J]．病毒学报，15 (2)：164 -171.

徐红梅，管兰华，韩正敏．2004．用 RAPD 标记研究中国木本植物胶孢炭疽菌的群体分化 [J]．东北林业大学学报，32 (6)：55 - 57.

徐金汉，李心忠．1996．荔枝瘿螨种群动态及其生物学特性 [J]．福建农业大学学报，25 (4)：458 - 460.

徐玲明，蒋慕琰．1993．台湾草坪杂草之种类调查及植群分析 [J]．台湾杂草学会会刊，14 (2)：79 - 92.

徐玲明，蒋慕琰．2009．台湾草坪杂草图鉴 [M]．台北：猫头鹰出版社.

徐明光，吴俊宗，江蔡淑华．1988．头孢藻 (*Cephaleuros virescens*) 在芒果叶片上的形态 [J]．生物科学，31 (1)：

27-26.

徐雪莲，戴好富，陈青，等．2011. 31 种热带植物乙醇提取物对朱砂叶螨的生物活性研究 [J]. 热带作物学报，32 (10)：1-7.

徐雪荣，臧小平，雷新涛．2002. 杨桃病虫害及其防治 [J]. 中国南方果树，31 (4)：34-37.

徐云，孙茂林．1988. 香蕉象甲生物学特性及防治 [J]. 云南农业科技 (6)：17-19.

许成文，陈少卿，钟义，等．1964. 海南岛胶园杂草杂木调查报告 [R]. 中国热带农业科学院．

许美洪．1979. 用热雾法防治橡胶麻点病 [J]. 世界热带农业信息，6：6.

许思学．2003a. 黄栀子咖啡透翅天蛾发生规律及防治技术初探 [J]. 植保技术与推广，23 (12)：22-23.

许思学．2003b. 咖啡透翅天蛾发生规律及防治初探 [J]. 江西植保，26 (2)：89.

许文耀，吴刚．2004. 噁霉灵与溴菌腈混配对香蕉枯萎病菌的抑制效果 [J]. 植物保护学报，31 (1)：91-95.

许闻献，魏小弟，校现周，等．1995. 刺激割胶制度对橡胶树死皮病发生的生理效应 [J]. 热带作物学报，16 (2)：9-14.

许奕进，吴锦涛，黄苇，等．2003. 台湾青枣采后商品化处理技术 [J]. 中国南方果树，32 (1)：51-52.

许益镌，曾玲，陆永跃．2004. 橘小实蝇的产卵选择性研究 [J]. 华中农业大学学报，24 (1)：25-26.

许再福，李雪英，古德就．1999. 芒果瘿蚊的三种寄生蜂 [J]. 昆虫天敌，21 (4)：170-173.

薛贤清．1990. 灯诱森林害虫名录 [J]. 西北林学院学报，5 (1)：118-125.

薛玉潇，贾慧升，王国芬，等．2012. 接种生防菌和病原菌对香蕉抗枯萎病的诱导 [J]. 热带生物学报，3 (1)：62-65.

薛玉潇．2012. 解淀粉芽孢杆菌 bwa7 在香蕉上的定殖及其生防机制的初步研究 [D]. 海口：海南大学．

鄢小宁，郑服丛，林茂松．2005. 两广地区香蕉根际寄生线虫的调查与鉴定 [J]. 热带农业科学，25 (6)：4-8.

严炯．2010. 海南香蕉象甲发生为害调查及假茎象甲寄主选择性初步研究 [D]. 海口：海南大学．

严珍，陈泽坦．2011. 入侵害虫新菠萝灰粉蚧天敌——丽草蛉研究初报 [J]. 农业科技通讯 (5)：78-80.

阎伟，刘丽，黄山春，等．2011. 逐步回归模型在红棕象甲预测中的应用 [J]. 热带作物学报，32 (8)：1545-1548.

晏卫红，黄思良，陈永宁，等．2001. 香蕉折叶型炭疽病的发生及其病原鉴定 [J]. 广西植保，14 (3)：3-5.

羊玉花，杨腊英，杨歆璇，等．2009. 香蕉枯萎病菌 fgal 基因的克隆与序列分析 [J]. 热带作物学报 (12)：1808-1812.

杨伟，周祖基．2001. 我国天牛类害虫生物防治概况 [J]. 四川林业科技，22 (3)：49-53.

杨东平．2007. 茂名市区椰心叶甲发生与防治初报 [J]. 广东园林 (2)：62-64.

杨凤珍，高兆银，李敏，等．2008. 黄皮果实炭疽病病原菌鉴定及其拮抗内生菌筛选 [J]. 中国南方果树，37 (6)：48-50.

杨凤珍，李敏，高兆银，等．2009. 莲雾果实病害及防治技术研究进展 [J]. 浙江农业科学，5：961-964.

杨光融，林延谋，符悦冠．1986. 槟榔红脉穗螟的生物学特性 [J]. 热带作物学报，7 (2)：107-110.

杨光融，林延谋．橡胶六点始叶螨 Eotetranyohus sexmaculatus（Riley）的生物学研究 [J]. 热带作物学报，4 (1)．

杨国海，梁帆，梁广勤，等．1996. 寡毛实蝇的监测、鉴定和检疫处理研究 [J]. 昆虫天敌，18 (4)：3-10.

杨坚，陈恒彬．2009. 福建外来入侵植物初步研究 [J]. 亚热带植物科学 (3)：47-52.

杨建峰，邬华松，孙燕，等．2010. 我国胡椒产业现状及发展对策 [J]. 热带农业科学，30 (3)：52-55.

杨建峰，邢谷杨，孙燕，等．2009. 海南典型胡椒园土壤化学肥力现状分析与评价 [J]. 热带作物学报，30 (9)：1291-1294.

杨腊英，黄小娟，谢玉萍，等．2010. 香蕉枯萎病菌 cypl 基因的克隆与序列分析 [J]. 热带作物学报，31 (2)：248-252.

杨腊英，黄小娟，谢玉萍，等．2012. 香蕉枯萎病病原菌海藻糖合成酶基因 tpsl 的克隆与诱导表达分析 [J]. 中国农学通报，28 (7)：171-175.

杨平澜．1982. 中国蚧虫分类概要 [M]. 上海：上海科学技术出版社．

杨歆璇，杨腊英，羊玉花，等．2009. 香蕉枯萎病菌 pgx4 基因的克隆与序列分析 [J]. 热带作物学报 (11)：1665-1670.

杨雄飞，孙宝芝．1985. 香荚兰疫病病原鉴定 [J]. 云南热作科技 (1)：23-25.

杨雄飞．1986. 云南西双版纳橡胶树疫霉种的初步研究 [J]. 云南热作科技 (4)：11-19.

杨雄飞．1987. 西双版纳橡胶树疫霉种的致病力比较 [J]. 云南热作科技 (2)：15-19.

杨焰平．2008. 云南主要热带作物病虫害诊断与综合防治原色图谱 [M]. 昆明：云南民族出版社：6-7.

杨业隆，卓少明，梁伟光，等．1968. 茶角盲蝽的发生与环境的关系以及田间分布型 [J]. 热带农业科学，6 (2)：68-73.

杨叶，黄圣明，文衍堂．1994. 芒果细菌性黑斑病菌的室内药剂筛选试验 [J]. 热带农业科学，3：34-36.

杨永生．2002. 元江芒果实蝇的为害特点及其防治 [J]. 云南林业科技 (2)：59-61.

杨政海，杨章仁．1995. 清水江流域香蕉弄蝶发生及为害初步研究 [J]. 贵州农业科学 (5)：51-52.

杨志华，吕锡麟．1990. 银纹夜蛾生物学特性的观察 [J]. 昆虫知识，5：287-289.

姚婕敏，谢翠红，何衍彪，等．2008. 广东橘小实蝇寄生蜂调查 [J]. 环境昆虫学报，30 (4)：350-356.

姚锦爱，黄鹏，余德亿，等．2011. 建兰炭疽病病原菌分离、鉴定及培养条件优化 [J]. 热带作物学报，32 (10)：

1940-1944.

叶长明, 魏祥东, 陈东红, 等. 2003. 转基因番木瓜的抗病性及分子鉴定 [J]. 遗传, 25 (2): 181-184.

叶玉珠, 袁媛, 陈培春, 等. 2001. 咖啡透翅天蛾的生物学特性研究 [J]. 浙江林业科技, 21 (2): 17-18.

叶郁菁, 黎瑞铃, 陈秋男. 2006. 温度与寄主植物对美地绵粉蚧 (Phenacoccus madeirensis Green) 发育与种群数量之影响 [J]. 台湾昆虫, 26: 329-342.

殷友琴, 杨宝军, 王秋丽. 1994. 30 种作物根结线虫病的病原鉴定 [J]. 华南农业大学学报, 15 (1): 22-26.

游翔. 2004. 椰心叶甲疫情防治措施 [J]. 中国林业 (4A): 30.

于新文, 况荣平. 1997. 咖啡天牛幼虫种群的空间分布型与应用 [J]. 动物学研究, 18 (1): 39-44.

余道坚, 陈志粦. 2002. 澳大利亚椰心叶甲的发生与检疫控制 [J]. 世界农业 (4): 36-37.

余凤玉, 林春花, 朱辉, 等. 2011. 椰子茎泻血病菌生物学特性研究 [J]. 热带作物学报, 32 (6): 1122-1127.

余乃通, 刘志昕. 2011. 香蕉束顶病毒研究新进展 [J]. 微生物学通报, 38 (3): 396-404.

余卫红. 1980. 西马来西亚菠萝果实溃烂病 [J]. 世界热带农业信息 (2): 41-42.

余卓桐, 王绍春, 林石明, 等. 1989. 橡胶树白粉病为害损失测定及经济阈值的初步研究 [J]. 热带作物学报 (2): 73-80.

余卓桐, 王绍春. 1988. 橡胶树白粉病流行过程和流行结构分析 [J]. 热带作物学报 (1): 83-89.

余卓桐, 肖倩莼, 黄武仁, 等. 2002. 橡胶树白粉病防治决策模型研究 [J]. 热带作物学报 (3): 27-31.

余卓桐. 1985. 橡胶树白粉病化学防治研究 [J]. 热带作物学报 (1): 57-66.

俞浩. 1987. 咖啡锈病及其防治 [M]. 广州: 广东省农垦总局生产处.

喻国辉, 周林, 程萍, 等. 2012. 枯草芽孢杆菌 TR21 对香蕉抗病相关基因表达的诱导作用 [J]. 中国生物防治学报, 28 (1): 152-156.

袁诚林, 张伟锋, 袁红旭. 2004. 粤西地区火龙果病害调查初报及防治措施 [J]. 中国南方果树, 33 (2): 49-50.

袁高庆, 黎起秦, 韦继光, 等. 2009. 广西滇刺枣的病原菌种类鉴定 [J]. 中国南方果树, 38 (3): 57-59.

袁秀珍, 杨志宏. 2001. 栀子透翅天蛾的生活史研究 [J]. 武汉教育学院学报, 20 (6): 11-14.

云南省农垦总局, 云南省热带作物学会. 2008. 云南主要热带作物病虫害诊断与综合防治原色图谱 [M]. 昆明: 云南民族出版社.

云南省热带作物科学研究所, 西双版纳农垦分局. 1985. 西双版纳垦区橡胶季风性落叶病发生规律研究初报 [J]. 云南热作科技 (2).

云南省热带作物科学研究所质保组. 1977. 橡胶树割面条溃疡病在云南垦区的发生历史及其现状 (一九七六年) [J]. 云南热作科技 (2): 3-6.

曾大兴, 戚佩坤, 姜子德. 2003. 胶孢炭疽菌的种内遗传多样性研究 [J]. 菌物系统, 22 (1): 50-55.

曾凡梅, 刘义. 2010. 草坪铜绿丽金龟幼虫空间分布型研究 [J]. 现代农业科技, 20: 178-179.

曾会才, 张开明, 李锐, 等. 2000. 香草兰疫病病原菌种的鉴定 [J]. 热带作物报, 21 (1): 56-59.

曾米尔, 马光. 1966. 用苜蓿粉进行油梨 (鳄梨) 根腐病的生物防治 [J]. 3: 55-58.

曾士迈, 张树榛. 1998. 植物抗病育种的流行学研究 [M]. 北京: 科学出版社.

曾特迈尔, 张诒仙. 1974. 用敌克松防治油梨根腐病 [J]. 世界热带农业信息 (4): 34-36.

曾小荣, 郑刚辉. 2011. 木薯主要病虫害的发生及防治 [J]. 现代农业科技, 18: 200, 205.

曾鑫年, 林进添. 1988. 黄胸蓟马对香蕉的危害及其防治 [J]. 植物保护 (6): 15-17.

曾鑫年. 1999. 香蕉黄胸蓟马的防治 [J]. 柑橘与亚热带果树信息 (1): 39.

曾忠坚, 刘国强, 林志清. 2003. 不同杀菌剂防治香蕉黑星病药效试验 [J]. 中国果树 (1): 31-34.

詹如林, 郑服丛, et al. 2003. 海南西番莲茎腐病病原的分离与鉴定 [J]. 热带作物学报, 24 (4): 39-42.

詹儒林. 2010. 芒果主要病虫害诊断与防治原色图谱 [M]. 北京: 中国农业出版社.

詹儒林. 1998. 国内外澳洲坚果主产区病虫害的发生与防治 [J]. 中国南方果树, 27 (5): 23-28.

詹兴球, 蔡江文. 2012. 75% 十三吗啉乳油防治橡胶红根病田间药效试验 [J]. 热带农业科学 (5): 59-60, 90.

占志雄, 邱良妙, 吴玮, 等. 2009. 杀虫剂对龙眼角颊木虱与天敌瓢虫的毒力及选择性研究 [J]. 福建农业学报, 24 (1): 35-39.

张传飞, 姜子德, 钟国强, 等. 2005. 外源水果储运期病害研究初报 [J]. 仲恺农业技术学院学报, 18 (4): 53-57.

张传飞, 戚佩坤. 1997. 黄皮梢腐病病原菌鉴定 [J]. 植物病理学报, 27 (1): 42.

张春霞, 何明霞, 李加智, 等. 2008. 云南西双版纳地区橡胶炭疽病病原鉴定 [J]. 植物保护, 34 (1): 103-106.

张方平, 符悦冠. 2004. 海南香蕉皮氏叶螨的发生与防治 [J]. 中国南方果树, 33 (6): 44, 47.

张方平, 符悦冠, 等. 2006. 橡副珠蜡蚧生物学特性及防治概述 [J]. 热带农业科学, 26 (1): 38-41.

张方平, 符悦冠, 等. 2008. 杀虫剂对橡副珠蜡蚧和斑翅食蚧蚜小蜂的选择毒性 [J]. 农药, 47 (4): 282-283.

张方平，符悦冠，等．2009．斑翅食蚜蚜小蜂对寄主龄期的选性的研究［J］．中国生物防治，25（1）：89-91．

张方平，符悦冠，等．2010a．温度和光周期对斑翅食蚜小蜂发育与繁殖的影响［J］．生态学报，30（5）：1280-1286．

张方平，符悦冠，等．2010b．斑翅食蚜蚜小蜂的生物学特性［J］．生态学报，30（17）：4708-4716．

张方平，牛黎明，等．2010c．副珠蜡蚧阔柄跳小蜂的控制作用研究［J］．应用生态学报，21（8）：2166-2170．

张方平，朱俊洪，符悦冠．2010d．常用杀虫剂对橡副珠蜡蚧及副珠蜡蚧阔柄跳小蜂的选择毒杀作用［J］．热带作物学报，31（1）：116-121．

张方平，韩冬银．2010e．拟小食螨瓢虫捕食六点始叶螨的初步观察［J］．昆虫知识，47（6）：1236-1239．

张桂兴．2007．抗香蕉枯萎病放线菌的筛选及菌株 Da03047、Da04010 的分类鉴定［D］．儋州：华南热带农业大学．

张国辉，王兰，何月秋．2005．毛叶枣病害调查及炭疽病的研究［J］．江西植保，28（2）：63-67．

张国辉，王兰，赵明福，等．2006．云南省毛叶枣主要真菌病害调查［J］．植物保护，32（1）：87-91．

张国庆．2009．咖啡豹蠹蛾生物学特性的初步研究［J］．安徽农学通报，15（1）：145-146．

张贺，漆艳香，谢艺贤，等．2010．芒果细菌性黑斑病病原细菌室内药剂筛选［J］．中国农学通报，26（12）：344-347．

张贺，蒲金基，张欣．2011．5 种杀菌剂对香蕉黑星病的田间防效比较［J］．中国热带农业（6）：57-59．

张洪波，白学慧，李锦红，等．2011a．云南咖啡抗锈品种抗锈性丧失原因及防止对策［J］．热带农业工程，35（4）：4-8．

张洪波，李维锐，周仕峥，等．2011b．云南咖啡使用研究及创新应用［J］．热带农业科学，31（10）：24-33．

张洪波，李文伟，赵云翔，等．2002．云南小粒咖啡灭字脊虎天牛为害严重的原因及防治研究［J］．云南热作科技，25（4）：17-21．

张洪波，赵云翔，蒋青年．1999．咖啡灭字脊虎天牛捕捉器试验及其生物防治意义［J］．云南热作科技，22（1）：12-13．

张胡焕，谢艺贤，蒲金基，等．2010．常用杀菌剂及其混剂对芒果炭疽病菌的毒力测定［J］．农药，49（1）：64-68．

张建民．2001．中国蓟马科分类研究［D］．杨凌：西北农林科技大学．

张钧．1985．我国尚未发现与分布不广的重要热带作物害虫［J］．热带作物研究，4：52-61．

张开明，陈舜长，黎乙东，等．1983．防雨帽预防橡胶树条溃疡病的初步研究［J］．热带农业科学，3：11．

张开明，黄庆春，陈舜长，等．1985．瑞毒霉和霉疫净防治橡胶树条溃疡病的试验研究［J］．热带作物学报，2：8．

张开明，文衍堂．1993．海南香草兰病害调查初报［J］．热带作物科技（3）：17-19．

张开明，郑服丛，黎乙东，等．1991．中国胡椒疫霉种及交配型的研究［J］．热带作物学报，12（2）：71-76．

张开明．1964．橡胶树叶盘圆孢炭疽病［J］．世界热带农业信息，3：18．

张开明．1981．广东垦区巴西橡胶树条溃疡病发生规律及其防治［J］．热带作物学报，2（2）：44-51．

张开明．1999．香蕉病虫害防治［M］．北京：中国农业出版社．

张开明．1996．咖啡病害［M］//《中国农业百科全书》编委会．中国农业百科全书：植物病理学卷．北京：中国农业出版社．

张开明．2006．橡胶树白根病［J］．热带农业科技报（4）：33-34．

张令宏，李敏，高兆银，等．2009．抗多菌灵的芒果炭疽病菌的杀菌剂筛选及其交互抗性测定［J］．热带作物学报，30（3）：347-352．

张妮，陈泽坦，张小冬，等．2009．我国菠萝病虫害及其防治［J］．中国南方果树，38（3）：52-55．

张妮，陈泽坦，徐雪莲．2011．不同寄主对新菠萝灰粉蚧生长发育和繁殖的影响［J］．热带作物学报，32（9）：1733-1735．

张清源，林振基，刘金耀，等．1998．橘小实蝇生物学特性［J］．华东昆虫学报，7（2）：65-68．

张荣．2012．荔枝霜疫霉侵染过程研究及农业措施控制作用初探［D］．广州：华南农业大学．

张润志，任立，孙江华，等．2003．椰子大害虫——锈色棕榈象及其近缘种的鉴别（鞘翅目：象虫科）［J］．中国森林病虫，22（2）：3-6．

张若芝．1985．芒果瘿蚊 Erosomyia mangicola 的生物学观察初报［J］．热带农业科学，1：39-41．

张珅，郑江枫，陈梦茵，等．2012．莲雾果实采后处理与保鲜技术研究进展［J］．包装与食品机械，6：42-45．

张雯龙，谭志琼．2008．应用绿僵菌防治椰心叶甲研究进展［J］．广西农业科学（39）：485-489．

张锡炎，刘志昕，郑学勤，等．1995．香蕉花叶病毒外壳蛋白基因的分离测序和比较［J］．热带作物学报，16：13-18．

张小冬，陈泽坦，钟义海．2008．新菠萝灰粉蚧生活习性初探［J］．华东昆虫学报，17（1）：22-25．

张晓群．2010．咖啡灭字脊虎天牛和旋皮天牛发生及防治技术［J］．中国热带农业，36（5）：58-59．

张孝义，等．1986．昆虫生态预测预报［M］．北京：农业出版社．

张欣，高爱平，刘增亮，等．2009．影响芒果炭疽病病斑扩展的因素［J］．热带作物学报，30（11）：1656-1659．

张欣，陈勇，谢艺贤，等．2007．橡胶树白根病的鉴别与防治［J］．植物检疫报（2）：122-124．

张焱能，肖星，张欣，等．2010．香蕉黑星病防治药剂田间试验［J］．热带农业科学，30（7）：20-23．

张永强，Ahmed Diriye Aden，韦绥概，等．2001．香蕉园害虫和捕食性节肢动物群落结构及动态研究［J］．生态学报，21（4）：641-645．

张云霞，陈守才，邓治．2006. 橡胶树死皮病研究进展 ［J］. 热带农业科学，26 (5)：56 - 62.

张展薇，袁沛元，王碧青，等．1997. 荔枝品种与栽培图说 ［M］. 广州：广东经济出版社.

张昭其，庞学群．1998. 南方水果贮藏保鲜技术 ［M］. 南宁：广西科学技术出版社：93 - 194.

张志祥，程东美，江定心，等．2004. 椰心叶甲的传播、危害及防治方法 ［J］. 昆虫知识，41 (6)：522 - 526.

张志祥，徐汉虹，江定心．2008. 椰甲清淋溶性粉剂挂袋法防治椰心叶甲技术的研究与推广 ［J］. 广东农业科学 (2)：65 - 68.

张中润，王金辉，黄伟坚，等．2012. 海南腰果云翅斑螟发生为害特点 ［J］. 植物保护，38 (5)：158 - 161.

张宗山，刘静，张丽荣，等．2005. 宁夏枸杞炭疽病病原的生物学特性研究 ［J］. 西北农业学报，14 (8)：132 - 137.

张祖新，王广远，刘同英，等．1987. 应用粉锈宁热烟雾剂防治橡胶树白粉病 ［J］. 植物保护 (3)：11 - 12.

章士美，赵泳祥．1996. 中国农林昆虫地理分布 ［M］. 北京：中国农业出版社：142 - 148.

赵本忠．2006. 豹纹木蠹蛾生物学特性及防治研究 ［J］. 林业调查规划 (S2)：174 - 177.

赵国晶，屠乐平，李恒．1986. 云南农田杂草简介 ［J］. 云南农业科技 (6)：10 - 12.

赵家华，夏敏，曾朝华．2005. 芒果瘿蚊的发生规律及防治方法 ［J］. 植保工程，1：35.

赵素梅，陈伟强，谢艺贤，等．2011. 几种药剂对褐足角胸叶甲的毒力测定 ［J］. 热带农业科学，31 (12)：52 - 56.

赵文琴，樊美珍，蔡守平，等．2005. 不同绿僵菌、白僵菌菌株对铜绿丽金龟幼虫的毒力生物测定 ［J］. 生物学杂志，22 (5)：43 - 45.

赵艳龙，何衍彪，詹儒林．2007. 我国剑麻主要病虫害的发生与防治 ［J］. 中国麻业科学，29 (6)：334 - 338.

赵志英，林奖，殷应州．2003. 几种农药防治椰心叶甲的效果比较 ［J］. 热带林业，31 (3)：8 - 10.

赵志英，周鹏，曾宪松，等．1998. 核酶基因转化番木瓜研究 ［J］. 热带作物学报，19 (2)：20 - 26.

郑服丛，黄宏才，等．2006. NY/T 1089—2006 橡胶树白粉病测报技术规程 ［S］. 北京：中国农业出版社.

郑服丛，黎乙东，等．1992. 剑麻茎腐病病原生物学特性的研究 ［J］. 热带作物学报 (1)：79 - 85.

郑冠标，陈慕容，杨绍华，等．1988. 橡胶树褐皮病的病因及其防治研究 ［J］. 华南农业大学学报，9 (2)：22 - 23.

郑冠标．1991. 鸡蛋果病害文献综述 ［J］. 热带作物研究，2：83 - 88.

郑继华．1999. 西番莲主蔓干腐病 ［J］. 广西热作科技，4：25 - 26.

郑加协，黄盈．1997. 福建西番莲茎基腐病及其防治研究 ［J］. 福建农业学报，1：40 - 43.

郑金龙，高建明，易克贤，等．2010. 杀菌剂对剑麻茎腐病病原菌的室内毒力测定 ［J］. 中国麻业科学，32 (5)：270 - 274.

郑金龙，高建明，易克贤，等．2011a. 剑麻茎腐病菌的 rDNA - ITS 序列分析 ［J］. 热带作物学报，32 (6)：1093 - 1096.

郑金龙，高建明，张世清，等．2011b. 6 种杀菌剂对剑麻斑马纹病的田间药效筛选试验 ［J］. 江西农业学报，23 (11)：115 - 116.

郑金龙，高建明，张世清，等．2011c. 剑麻斑马纹病病原鉴定 ［J］. 东北农业大学学报，42 (12)：59 - 64.

郑金龙，习金根，易克贤，等．2012. 6 种杀菌剂防治剑麻茎腐病田间药效实验 ［J］. 广东农业科学 (23)：65 - 66.

郑金龙．2008. 剑麻斑马纹病病原生物学及 rDNA - ITS 序列分析 ［D］. 海口：海南大学.

郑维全，杨建峰，郝朝运，等．2012. 胡椒连作常见问题及其栽培技术 ［J］. 热带生物学报，6 (6)：247 - 251.

郑伟，蔡永强，戴良英．2007. 火龙果病虫害的研究进展 ［J］. 贵州农业科学，35 (6)：139 - 142.

郑小波．1995. 疫霉菌及其研究技术 ［M］. 北京：中国农业出版社.

中国科学院动物研究所．1986. 中国农业昆虫 ［M］. 北京：农业出版社.

中国农业科学院果树研究所，中国农业科学院柑橘研究所．1994. 中国果树病虫志 ［M］. 2 版. 北京：中国农业出版社.

中国农作物病虫害编辑委员会．1979. 中国农作物病虫害 ［M］. 北京：农业出版社.

中国热带农业科学院，华南热带农业大学．1998. 中国热带作物栽培学 ［M］. 北京：中国农业出版社.

中华人民共和国农业部．2007. NY/T 1464.11—2007 农药田间药效试验准则，第 11 部分：杀菌剂防治香蕉黑星病 ［S］. 北京：中国农业出版社.

中华人民共和国农业部．2008. NY/T 1475—2007 香蕉病虫害防治技术规范 ［S］. 北京：中国农业出版社.

中华人民共和国农业部．2012. NY/T 2161—2012 椰子主要病虫害防治技术规程 ［S］. 北京：中国农业出版社.

钟宝珠，吕朝军，钱军，等．2014. 垫跗螋对红脉穗螟幼虫的捕食功能反应 ［J］. 环境昆虫学报，36 (2)：127 - 132.

钟宁，李光华，宋丽萍．1995. 咖啡灭字虎天牛研究综述 ［J］. 思茅师专学报（综合版），11 (1)：88 - 92.

钟文惠．2003. 世界剑麻产销概况及中国剑麻产业的发展前景 ［J］. 热带农业工程 (3)：2 - 5.

钟义海，刘奎，彭正强，等．2003. 椰心叶甲——一种新的高危害虫 ［J］. 热带农业科学，23 (4)：67 - 72.

钟义海，伍筱影，刘奎，等．2004. 椰心叶甲发育的起点温度和有效积温 ［J］. 热带作物学报，25 (6)：47 - 49.

钟赞华，赖瑞云．2002. 芒果切叶象甲生存率与土壤类型及其含水量的关系 ［J］. 福建热作科技，27 (1)：6 - 7.

周成任，李继勇，林明光，等．1992. 海南岛咖啡病虫的调查报告 ［J］. 热带作物学报，13 (2)：75 - 80.

周传波，吉训聪，肖敏，等．2007．海南省香蕉病虫害种类及防治技术研究初报［J］．安徽农学通报，13（19）：205-213．

周登博，井涛，谭昕，等．2013．6 种基质拮抗菌发酵液对香蕉枯萎病及相关防御酶的影响［J］．热带作物学报，34（5）：947-951．

周端咏，刘一贤，谢德啸，等．2012．香蕉枯萎病菌 ste12 基因的克隆与序列分析［J］．热带作物学报，32（12）：2298-2301．

周端咏，汪军，刘一贤，等．2012．几种肥料对淡紫拟青霉 E7 菌株产孢量的影响［J］．中国农学通报，28（30）：155-158．

周华，张洪波，郭铁英，等．2012．云南德宏地区胡椒栽培技术［J］．中国热带农业，47（4）：69-74．

周建南．1995．国外巴西橡胶树死皮的研究［J］．热带作物研究，2：73-78．

周靖华，李艳红，张林林，等．2012．几种杀虫剂对铜绿丽金龟成虫的触杀作用［J］．西北农业学报，21（9）：179-183．

周俊岸，赵英，莫永龙，等．2009．广西发现芒果新病害［J］．中国植保导刊，29（11）：46．

周逢先，戚佩伸．1993．穿心莲、胡椒枯萎病病原鉴定［J］．华南农业大学学报，14（4）：117-123．

周昆华，陈焕雄．2007．花蕾注药法防治香蕉花蓟马的试验研究［J］．云南农业科技（5）：20-22．

周利琳，司升云．2006．斜纹夜蛾和银纹夜蛾的识别与防治［J］．长江蔬菜，8：33-34．

周林，程萍，喻国辉，等．2011．枯草芽孢杆菌 TR21 对香蕉抗病相关酶活的诱导作用［J］．中国农学通报，27（2）：185-190．

周明，陶锦华，唐应和．2004．四种杀虫剂对橡胶盔蚧的防效试验［J］．热带农业科技，27（4）：17-18．

周鹏，郑学勤．1995．病毒 RNA 复制酶-Nib 基因转化番木瓜的研究［J］．热带作物学报，16：40-43．

周荣，曾玲，崔志新，等．2004a．椰心叶甲的形态特征观察［J］．植物检疫，18（2）：84-85．

周荣，曾玲，梁广文，等．2004b．椰心叶甲实验种群的生物学特性观察［J］．昆虫知识，41（4）：336-339．

周荣，曾玲，陆永跃，等．2004c．温度对椰心叶甲取食量的影响［J］．中山大学学报：自然科学版，43（4）：41-43．

周荣，曾玲，陆永跃，等．2004d．椰心叶甲取食行为及取食为害量研究［J］．华南农业大学学报，25（4）：50-52．

周少凡，魏满金．1995．几种杀虫剂防治香蕉冠网蝽的效果评价［J］．仲恺农业技术学院学报，8（2）：54-57．

周少凡，伍锡湛．1986．香蕉扁黑象甲预测预报及防治技术［J］．植物保护学报，13（3）：195-199．

周少凡，陈赞盛，章潜才，等．1993．香蕉冠网蝽传播香蕉簇矮病的研究［J］．电子显微学报，12（3）：238-241．

周少霞．1998．旺茂农场更新麻园斑马纹病严重之因［J］．广西热作科技，68（3）：25-26．

周文钊，谢思高．1999．剑麻杂交育种 F2 代选育初报［J］．中国麻作，21（3）：16-18．

周亚奎，甘炳春，杨新全，等．2011．两种生物农药对槟榔红脉穗螟的防治效果研究［J］．江西农业学报，23（2）：117-118．

周亚奎，甘炳春，杨新全，等．2012．海南省槟榔红脉穗螟危害情况调查［J］．中国森林病虫，31（1）：20-21．

周迎春，文定良．2009．咖啡灭字脊虎天牛及其防治技术［J］．云南农业科技，5：52-53．

周又生，沈发荣，赵焕萍．1996．芒果炭疽病 [Colletotrichum gloeosporioides（Penz.）] 生物学及其综合防治研究［J］．西南农业大学学报，18（3）：206-209．

周又生，王华，周庆辉，等．2002．咖啡旋皮天牛生态学及发生危害规律和治理研究［J］．西南农业大学学报，24（5）：409-411．

周又生，赵忠喜，李松林，等．2002．咖啡灭字虎天牛生物生态学及发生危害规律和治理研究［J］．西南农业大学学报，24（1）：1-4．

周志宏，王助引，黄思良，等．2000．香蕉、菠萝、芒果、病虫害防治彩色图说［M］．北京：中国农业出版社．

周忠实，邓国荣．2006．广西三角新小卷蛾等龙眼卷叶蛾的综合治理［J］．果树学报，23（2）：304-306．

周仲驹，林奇英，谢联辉，等．1993．香蕉束顶病的研究Ⅰ．病害的发生、流行与分布［J］．福建农学院学报：自然科学版，22（3）：305-310．

周仲驹，林奇英，谢联辉，等．1995．香蕉束顶病的研究Ⅲ．传毒介体香蕉交脉蚜的发生规律［J］．福建农业大学学报，24（1）：32-38．

周仲驹，林奇英，谢联辉，等．1996．香蕉束顶病毒株系的研究［J］．植物病理学报，26（1）：63-68．

周祖琳．1993．咖啡蠹蛾为害葡萄［J］．植物保护（6）：45-46．

朱朝华，范志伟，杨叶．2006．热带农田杂草生态与管理［M］．北京：中国农业大学出版社．

朱利林．2012．香蕉枯萎病拮抗芽孢杆菌的筛选及其定殖特性研究［D］．海口：海南大学．

朱耀沂，邱辉宗．1989．小琉球东方果实蝇处理后再发生为害原因之探讨［J］．中华昆虫，9：217-230．

朱自慧．2003．世界可可业概况与发展海南可可业的建议［J］．热带农业科学，23（3）：28-33．

庄军．2005．香蕉束顶病毒 DNA 组分启动子的研究及香蕉条斑病毒的初步鉴定［D］．海口：华南热带农业大学农学院．

Coffey M D，骆维．1986．油梨根腐病的化学防治［J］．世界热带农业信息（5）：42-45．

Darvas J M，黄光辉．1986. 茎干注射乙磷铝防油梨根腐病 ［J］．热带作物译丛，3：43-45.

Hashim I，陈秋波．1979. 橡胶南美叶疫病防治研究新进展 ［J］．世界热带农业信息，6：3.

Lev L S. 1985. 中国台湾省的木薯细菌性疫病 ［J］．世界热带农业信息，4：58-60.

Lim T M，Aziz S A K，Radziah N Z，等．1979. 防治橡胶叶病的热雾新技术 ［J］．云南热作科技 （1）：33-36.

McMillan R T，伍筱影．1992. 采后化学处理对防治油梨炭疽病的效果 ［J］．世界热带农业信息，4：33-34.

Mohangan C R，Kaveriappa K M，郑大鹤．1985. 印度南部可可炭疽病的症状与分布 ［J］．热带农业科技，4：43-47.

Nagao M A. 1993. 澳洲坚果的病虫害治理 ［J］．热带作物科技 （5）：74-77.

Pegg K G，姚成林．1988. 用亚磷酸防治油梨疫霉根腐病 ［J］．热带作物译丛 （1）：43-46.

Zentmyer G A，陈锦平．1984. 油梨病害综述 ［J］．热带作物译丛，30 （4）：43-47.

Abang M M，Fagbola O，Smalla K，et al. 2005. Two genetically distinct populations of *Colletotrichum gloeosporioides* Penz. causing anthracnose disease of Yam （*Dioscorea* spp.）［J］. Journal of Phytopathology，153：137-142.

Abera A，Gold C，Kyamanywa S. 1999. Timing and distribution of attack by the banana weevil *Cosmopolites sordidus* （Coleoptera：Curculionidae） in East African Highland Banana （*Musa* spp.）［J］. Florida Entomologist，82：61-64.

Abraham E V. 1958. Pests of cashew （*Anacardium occidentale* L.） in south India ［J］. Indian Journal of Agricultural Sciences，28 （4）：531-544.

Adejumo T O. 2005. Crop protection strategies for major diseases of cocoa，coffee and cashew in Nigeria ［J］. African Journal of Biotechnology，4 （2）：143-150.

Al Adawi A，Deadman M，Al Rawahi A，et al. 2006. Aetiology and causal agents of mango sudden decline disease in the Sultanate of Oman ［J］. European Journal of Plant Pathology，116 （4）：247-254.

Alcorn J L，Grice K R E，Peterson R A. 1999. Mango scab in Australia caused by *Denticularia mangiferae* （Bitanc. & Jenkins） comb. nov ［J］. Australasian Plant Pathology，28：115-119.

Alfieri S A. 1967. Stem bleeding disease of coconut palm Cocos Nucifera L. ［J］. Plant Pathology Circular，53：250-251.

Aliakbarpour H，Salmah M R C. 2011. Seasonal abundance and spatial distribution of larval and adult thrips （Thysanoptera） on weed host plants in mango orchards in Penang，Malaysia ［J］. Applied Entomology and Zoology，46 （2）：185-194.

Ambe J T. 1994. Effect of harvesting time on cassava fresh root yield in Cameroon ［J］. Discovery and Innovation，6 （3）：315-317.

Anderson D L，Gibbs A J，Gibson N L. 1998. Identification and phylogeny of spore-cyst fungi （*Ascosphaera* spp.） using ribosomal DNA sequences ［J］. Mycological Research，102 （5）：541-547.

Anggrgreani H. 1977. Observations on the degree of natural infection of *Oidium heveae* in irradiated GT1 clone ［J］. Menara Perkebunan，45：59-63.

Ann P J，Ko W H. 1980. Oospore germination of *Peronophythora litchii* ［J］. Mycologia，72 （3）：611-614.

Anonymous. 1925. Oidium leaf fall of rubber ［J］. Tropical Agriculturist，64：304.

Arauz L F. 2000. Mango anthracnose：Economic impact and current options for integrated management ［J］. Plant Disease，84 （6）：600-611.

Arneson P A. 2000. Coffee rust ［EB/OL］. http：//www. apsnet. org/edcenter/intropp/lessons/fungi/Basidiomycetes/Pages/CoffeeRust. aspx.

Asthana R P，Mahmud K A. 1945. Bacterial leaf spot of *Piper betle* ［J］. Journal of Agricultural Science：283-288.

Ayesu-Offei E N，Antwi-Boasiako C. 1996. Production of Microconidia by *Cercospora henningsii* Allesch，Cause of Brown Leaf Spot of Cassava （*Manihot esculenta* Crantz） And Tree Cassava Manihot glaziovii Muell.-Arg ［J］. Annals of Botany，78：653-657.

Bachiller N C S J，Abad R G. 1998. Host rang and control studies of stem bleeding disease of coconut （*Cocos nucifera* L.） in the Philippines ［J］. Philippine Journal of Crop Science，23 （Supplement No. 1）：44.

Barkai-Golan R. 2001. Postharvest diseases of fruits and vegetables-development and control ［M］. Amsterdam，Netherlands：Elsevier.

Baringbing W A. 1996. Bariyah-Baringbing. Effects of environment condition on the population of *Brontispa longissima* Gestro and its predator *Chelisoches* spp. in North Lampung ［J］. Coconut Research Development，12 （2）：48-54.

Basak A B，Mridha M A U，Uddin M J. 1990. Studies on the occurrence and severity of leaf spot disease of jack fruit trees caused by *Colletotrichum gloeosporioides* Penz in chittagong Bangladesh ［J］. Chittagong University Studies Part Ii Science，14 （1）：1-14.

Bau H J，Cheng Y H，Yu T A，et al. 2004. Field evaluation of transgenic papaya lines carrying the coat protein gene of papaya ringspot virus in Taiwan ［J］. Plant Disease，88 （4）：594-599.

Beckman C H. 1987. The nature of wilt diseases of plants [M]. St. Paul, MN: APS press.

Beckman C, Halmos S. 1962. Relation of vascular occluding reactions in banana roots to pathogenicity of root - invading fungi [J]. Phytopathology, 52 (9): 893.

Beckman C, Mace M, Halmos S, et al. 1961. Physical barriers associated with resistance in Fusarium wilt of bananas [J]. Phytopathology, 51: 507 - 515.

Bhat A I, Faisal T H, Madhubala R, et al. 2004. Purification, production of antiserum and development of enzyme linked immunosorbent assay - based diagnosis for *Cucumber mosaic virus* infecting black pepper (*Piper nigrum* L.) [J]. Journal of Spices and Aromatic Crops, 13: 16 - 21.

Bhat A I, Siju S. 2007. Development of a single - tube multiplex RT － PCR for the simultaneous detection of *Cucumber mosaic virus* and *Piper yellow mottle virus* associated with stunt disease of black pepper [J]. Current Science, 93: 973 - 976.

Bishop C, Cooper R M. 1983. An ultrastructural study of vascular colonization in three vascular wilt diseases I. Colonization of susceptible cultivars [J]. Physiological Plant Pathology, 23 (3): 323 - 343.

Blaha G. 1990. Use of isoenzyme patterns and RFLP to identify the *Phytophthora* spp. on cacao [J]. Bulletin OEPP, 20 (1): 59 - 65.

Bogler D J, Simpson B B. 1996. Phylogeny of Agavaceae based on ITS rDNA sequence variation [J]. American Journal of Botany, 83 (9): 1225 - 1235.

Borges A A, Borges - Pérez A, Fernández - Falcón M. 2004. Induced resistance to Fusarial wilt of banana by menadione sodium bisulphite treatments [J]. Crop Protection, 23 (12): 1245 - 1247.

Bostein D, White R L, Skolnick M H, et al. 1980. Construction of a genetic map in man using restrication fragment length polymorphisms [J]. American Journal of Human Genetics, 32: 314 - 331.

Bouriquet G. 1934. Madagascar: list of the parasites of cultivated plants - Internat [J]. Bulletin. of Plant Protection, 8 (5): 99 - 100.

Bouriquet G. 1946. Maladie bacterienne ou 'Feu' [M] //Les maladies des plantes cultivees a Madagascar. Paris vie: Paul Lechevalier.

Brandes E W. 1919. Banana wilt [D]. Michigan: University of Michigan.

Brown E S, Green A H. 1958. The control by insecticides of *Brontispa longissima* (Gestro) (Coleopt. : Chrysomelidae - Hispinae) on young coconut palms in the British Solomon Islands [J]. Bulletin of Entomological Research, 49: 239 - 272.

Burhan M J. 1991. Mango malformation disease recorded in United Arab Emirates [J]. FAO Plant Protection Bulletin, 39 (1): 46 - 47.

Burns T M, Harding R M, Dale J L. 1995. The genome organization of Banana bunchy top virus: analysis of six ssDNA components [J]. Journal of Genetics Virology, 76: 1471 - 1482.

CABI. 1989. Distribution maps of pests: Nos. 9, 65, 170, 227, 504, 505, 506, 507, 508 [M]. 56 Queen's Gate, London, SW7 5JR, UK: CAB International Institute of Entomology.

Campbell C W, Marlatt R B. 1986. Current status of mango malformation disease in Florida [J]. Proceedings of the International Society of Tropic Horticulture, 30: 223 - 226.

Canto T, Prior D A M, Hellwald K H, et al. 1997. Characterization of *Cucumber mosaic virus* [J]. Virology, 237: 237 -248.

Cardoso J E, Cavalcanti J J V, Cavalcante M de J B, et al. 1999. Genetic resistance of dwarf cashew (*Anacardium occidentale* L.) to anthracnose, black mold, and angular leaf spot [J]. Crop Protection, 18: 23 - 27.

Carlier J, Foure E, Gauhl F, et al. 1999. "Sigatoka leaf spots", Disease of Banana, Abaca and Enset [M]. New York : CABI: 37 - 92.

Carlier J, Zapater M F, Lapeyre F, et al. 2000. Septoria Leaf Spot of Banana: A Newly Discovered Disease Caused by *Mycosphaerella eumusae* (*Anamorph Septoria eumusae*) [J]. Phytopathology, 90 : 884 - 890.

Carter W. 1934. Mealybug wilt and green spot in Jamaica and Central America [J]. Phytopathology, 24: 424 - 426.

Castano A. 1969. Leaf spots of Cercospora Carribaea in cassava (*Manihot utilisima* Pohl) in the region of Barbasa (Antioquia) [J]. Agricultura Tropical, 25: 327 - 329.

Chadha K L, Pal R N. 1993. The current status of the mango industry in Asia [J]. Acta Horticulturae, 341: 350 - 359.

Chakrabarti D K, Kumar R. 2000. Epidemiological principles of control of mango malformation - a review [J]. Agricultural Review, 21 (2): 129 - 132.

Chakrabarty R, Acharya G C, Sarma T C. 2013. Management of basalstem rot of arecanut (*Areca catechu* L.) under assam condition [J]. The Bioscan, 8 (4): 1291 - 1294.

Chakrabarty R, Ray A K. 2007. In vitro studies on management of basal stme rot of arecanut caused by *Ganoderma lucidum* (Curtis ex. Fr.) Karst [J]. Journal of Plantation Crops, 35 (1): 39 - 41.

Chee K H. 1978. Evaluation of fungicides for control of South American leaf blight of *Hevea brasiliensis* [J]. Annals of Applied Biology, 90 (1): 51 - 58.

Chen R S, Wang W L, Li J C, et al. 2009. First report of papaya scab caused by *Cladosporium cladosporioides* in Taiwan [J]. Plant Disease, 93 (4): 426.

Cheng Y C, Raske A G, Wickman B E. 1991. Integrated pest management of several forest defoliators in Taiwan [J]. Forest Ecology and Management, 39 (1 - 4): 65 - 72.

Chevaugeon J. 1956. Les maladies cryptogamic du manioc en Afrique Occidentale [M]. Paris Vie: Paul le Chevalier.

Chiang H S, Hwang M T. 1991. The banana skipper, *Erionota torus* Evans (Hesperidae: Lepidoptera): establishment, distribution and extent of damage in Taiwan [J]. Tropical Pest Management, 37 (3): 207 - 210.

Chillali M, Idder I H, Guillaumin J J, et al. 1998. Variation in the ITS and IGS regions of ribosomal DNA mong the biologic alspecies of Europe an Armillaria [J]. Mycological Research, 102: 533 - 540.

Chiu S C, Chen Z C, Chou L Y, et al. 1988. Biological control of coconut leaf beetle in Taiwan [J]. Journal of Agricultural Research China, 37 (2): 211 - 219.

Chong J H, Oetting R D, Iersel M W V. 2003. Temperature Effects on the Development, Survival, and Reproduction of the Madeira Mealybug, Phenacoccus madeirensis Green (Hemiptera: Pseudococcidae), on Chrysanthemum [J]. Annals of Entomological Society of America, 96 (4): 539 - 543.

Chua T H. 1978. The parasite complex of *Saissetia nigra* in Malaysia [J]. Entomophaga, 23 (2): 195 - 201.

Chuang T Y. 1984. Ecological study of banana freckle caused by *Phyllosticta musarum* [J]. Plant Protection Bulletin, 26 (4): 335 - 345.

Cifferri R. 1951. Red rot of sisal in Venezuela [J]. Phytopathology, 41 (8): 766.

Cochereau P. 1969. Establishment of *Tetrastichus brontispae* Ferr. (Hymenoptera, Eulophidae), Parasite of *Brontispa longissima* Gestro, var. *froggatti* Sharp (Coleoptera, Chrysomelidae, Hispinae) in the Noumean Peninsula [J]. Cahiers ORSTOM Serie Biologie No. 71: 139 - 141.

Collins A, Milbourne D, Ramsay L, et al. 1999. QTL for field resistance to late blight in potato are strongly correlated with maturity and vigour [J]. Molecular Breeding, 5: 387 - 398.

Commere, Eschbach M, Serres E. 1990. Tappingpanel drynessin Coted'Ivoire [M] //Foo K Y, Chuah P G. Proceedings of the IRRDB Workshop on Tree Dryness. Malaysia: Rubber Research Institute of Malaysia: 48 - 60.

Condé B D, Pitkethley R N, Smith E S C, et al. 1997a. Mango scab and its control. Agnote 709 [M]. Northern Territory of Australia.

Condé B D, Pitkethley R N, Smith E S C, et al. 1997b. Identification of mango scab caused by Elsinoë mangiferae in Australia [J]. Australasian Plant Pathology, 26: 131.

Crawford A R, Bassam B J, Drenth A, et al. 1996. Evolutionary relationships among Phytophthora species deduced from rDNA sequence analysis [J]. Mycological Research, 100. 437 - 443.

Crous P W, Braun U, Hunter G C, et al. 2014. Phylogenetic lineages in Pseudocercospora [J]. Studies in Mycology, 75: 37 - 114.

Cui C H, Zheng F C, He C P, et al. 2011. Investigation of main fungal diseases of pepper in Hainan province and their pathogen identification [J]. Plant Diseases and Pests, 2 (2): 1 - 5.

Dahal G, Hughes J, Lockhart B E L. 1998. Status of banana streak disease in Africa: problems and future research needs [J]. Integrated Pest Management Review, 3 (2): 85 - 97.

Dahal G, Thottappilly G, et al. 1998. Effect of temperature on symptom expression and reliability of banana streak badnavirus detection in naturally infected plantain and banana (*Musa* spp.) [J]. Plant Disease, 82 (1): 16 - 21.

Dala J L. 1987. Banana bunchy top: an economically important tropical plant virus disease [J]. Advances in Virus Research, 33: 301 - 325.

Daniells J W, Geering A D W, Brynde N J, et al. 2001. The effect of *Banana streak virus* on the growth and yield of dessert bananas in tropical Australia [J]. Annals of Applied Biology, 139: 51 - 60.

Daniells J W, Geering A, Thomas J E. 1998. Banana streak virus investigations in Australia [J]. Info Musa, 7 (2): 20 -21.

Daniells J W, Thomas J E, Smith M. 1995. Seed transmissioin of banana sreak virus confirmed [J]. Info Musa, 4 (2): 1 - 7.

Daniels J, Gampell R H. 1992. Characterizat ion of Cucumber mosaic virus isolates from california [J]. Plant Disease, 9:

1245 - 1250.

de Silva D P P, Jones P, and Shaw M W. 2002. Identification and transmission of Piper yellow mottle virus and Cucumber mosaic virus infecting black pepper (*Piper nigrum*) in Sri Lanka [J]. Plant Pathology, 51: 537 - 545.

Deberdt P, Mfegue C V, Tondje P R, et al. 2008. Impact of environmental factors, chemical fungicide and biological control on cacao pod production dynamics and black pod disease (*Phytophthora megakarya*) in Cameroon [J]. Biological Control: Theory and Application in Pest Management, 44 (2): 149 - 159.

Delanoy M, Salmon M, Kummert J. 2003. Development of real time PCR for the rapid detection of episomal Banana streak virus (BSV) [J]. Plant Disease, 87, 33 - 38.

Delgado - Jarana J, Martínez - Rocha A L, Roldán - Rodriguez R, et al. 2005. *Fusarium oxysporum* G - protein β subunit Fgb1 regulates hyphal growth, development, and virulence through multiple signalling pathways [J]. Fungal Genetics and Biology, 42 (1): 61 - 72.

Di Pietro A, García - Maceira F I, Meglecz E, et al. 2001. A MAP kinase of the vascular wilt fungus *Fusarium oxysporum* is essential for root penetration and pathogenesis [J]. Molecular Microbiology, 39 (5): 1140 - 1152.

Diers B W, Keim P, Shoemaker R C. 1992. Mapping of Phytophthora resistance loci in soybean with restriction fragment length polymorphism markers [J]. Crop Science, 32: 377 - 383.

Dr Jayarama. 2007. CHANDRAGIRI - Farmer Friendly New Arabica Plant Variety [J]. Indian coffee VOL. LXXI NO12: 21 -25.

Drenth A, Whisson S C, Maclean D J, et al. 1996. The evolution of races of *Phytophthora sojae* in Australia [J]. Phytopathology, 86: 163 - 169.

Drew R, Hancock D L. 1994. The *Bactrocera dorsalis* complex of fruit flies (Diptera: Tephritidae: Dacimae) in Asia [J]. Journal Bulletin Entomology Research, 84 (2): 68.

Dulce R N, Warwick & Edson E M P. 2009. Outbreak of stem bleeding in coconuts caused by *Thielaviopsis paradoxa* in Sergipe, Brazil [J]. Tropical Plant Pathology, 34 (3): 175 - 177.

D' Hont A, Denoeud F, Aury J M. et al. 2012. The banana (*Musa acuminata*) genome and the evolution of monocotyledonous plants [J]. Nature, 488: 213 - 217.

Edathil T T, George M K, Krishnakutty V, et al. 1984. Thermal fogging for controlling Phytophthora and Oidium leaf disease of rubber in India [J]. Abstracts in 4th Seminario National da Seringueira, Junko, Salvador: 156.

Eduviges G B, Cintra M, Gonzalez J, et al. 1998. First Report of a Closterovirus - Like Particle Associated with Pineapple Plants [J]. Plant Disease, 82 (2): 263.

Elliot S L, Moraes G J, Mumford J D. 2009. Failure of the mite - pathogenic fungus *Neozygites tanajoae* and the predatory mite *Neoseiulus idaeus* to control a population of the cassava green mite, Mononychellus tanajoa [M] //Disease of Mites and Ticks. Springer Netherlands: 211 - 222.

Estrada A B, Dodd J C, Jeffries P. 2000. Effect of humidity and temperature on conidial germination and appressorium development of two Philippine isolates of the mango anthracnose pathogen *Colletotrichum gloeosporioides* [J]. Plant Pathology, 49, 608 - 618.

Faleiro J R. 2006. A review of the issues and management of the red palm weevil *Rhynchophorus ferrugineus* (Coleoptera: Rhynchophoridae) in coconut and date palm during the last one hundred years [J]. International Journal of Tropical Insect Science, 26 (3): 135 - 154.

Fan Z W, Dong X G, Zhou Y F, et al. 1995. Chemical control of Chinese Taxillus on rubber trees [J]. The Planter, 71 (835): 459 - 468.

FAO. 1983. Control of the coconut hispid beetle, Samoa. Terminal Statement Prepared of the Government of Samoa by FAO, Rome, Rome, Italy: FAO, AG: TCP/SAM/0101 and 0102.

Fauquet C M, Mayo M A, Maniloff J, et al. 2005. Virus taxonomy, eighth report of the international committee on taxonomy of viruses [M]. London: Elsevier Academic Press.

Fernandes R de C, Evans H C, Barreto R W. 2009. Confirmation of the occurrence of teliospores of *Hemileia vastatrix* in Brazi with observations on their mode of germination [J]. Tropical Plant Pathology, 34 (2): 108 - 113.

Firman I D. 1981. Information - Circular, South - Pacific - Commission [J]. Plant Protection News, (88): 11.

Fitch M M M, Manshardt R M, Gonsalves D, et al. 1993. Transgenic papaya plants from Agrobacterium - mediated transformation of somatic embryos [J]. Plant Cell Report, 12: 245 - 249.

Fokunang C N, Ikotun T, Dixon A G O. 2000. Field reaction of cassava genotypes to anthracnose, bacterial blight, cassava mosaic disease and their effects on yield [J]. African Crop Science Journal, 8 (2): 179 - 186.

Footitit R G, Maw H E L, Pike K S. 2010. The identity of *Pentatonia nigronervosa* Coquerel and *P. caladii* van der Goot (Hemiptera: Aphididae) based on molecular and morphometric analysis [J]. Zootaxa, 2358: 25‐38.

Forster H, Ribero O K, Erwin D C. 1983. Factors affecting oospore germination of *Phytophthora megasperma* f. sp. *medicaginis* [J]. Phytopathology, 73: 442‐448.

Freeman S, Maimon M, Pinkas Y. 1999. Use of GUS transformants of *Fusarium subglutinans* for determining etiology of mango malformation disease [J]. Phytopathology, 89: 456‐461.

Freire F C O, Cardoso J E, Santos dos A A, et al. 2002. Disease of cashew nut plants (*Anacardium occidentale* L.) in Brazil [J]. Crop Protection, 21: 489‐494.

Gagnevin L, Bouvet G, Mete K, et al. 2000. Interest of the insertion sequence IS1595 as a population typing tool for *Xanthomonas* pv. *mangiferaeindicae* [C] //Taormina‐Giardini Naxos, Italy: Congr. European Foundation Plant Pathology 5th.

Gagnevin L, Leach J E, Pruvost O. 1997. Genomic variability of the Xanthomonas pathovar mangiferaeindicae, agent of mango bacterial black spot [J]. Applied and Environment Microbiology, 63: 246‐253.

Gagnevin L, Pruvost O. 2001. Epidemiology and control of Mango bacterial black spot [J]. Plant Disease, 85 (9): 928‐935.

Gagnevi L. 1998. Analyse de la diversité génétique de *Xanthomonas* pv. *mangiferaeindicae* et sa signification dans le pouvoir pathogène et la biologie de la bactérie [D]. Paris, France: Implications dans l'épidémiologie de la maladie des taches noires du manguier à l'ile de la Réunion.

Gambley C F, Steele V, Geering A D W, et al. 2008. The genetic diversity of ampeloviruses in Australian pineapples and their association with mealybug wilt disease [J]. Australasian Plant Pathology, 37 (2): 95‐105.

Gamliel‐Atinsky E, Freeman S, Sztejinberg A, et al. 2008. Interaction of the mite Aceria mangiferae with *Fusarium mangiferae*, the causal agent of mango malformation disease [J]. Phytopathology, 99 (2): 152‐159.

Gamliel‐Atinsky E, Sztejinberg A, Maymon M, et al. 2009. Infection dynamics of *Fusarium mangiferae*, causal agent of mango malformation Disease [J]. Phytopathology, 99 (6): 775‐781.

Ganeswara R A, Laxminarayana R M Rao P. 1980. Administration of systemic insecticide through root‐a new method of control of red palm weevil, in coconut [J]. Indian Coconut Journal, 11 (1): 5‐6.

Geering A D W, McMichael L A, Dietzgen R G, et al. 2000. Genetic diversity among banana streak virus isolates from Australia [J]. Virology, 90 (8): 921‐927.

Gewolb J. 2001. DNA sequencers to go bananas? [J]. Science, 293 (5530): 585‐586.

Ghislain M, Trognitz B, Ma del R Herrera, et al. 2001. Genetic loci associated with fild resistance to late blight in offspring of *Solanum phureja* and *S. tuberosum* grown under short‐day conditions [J]. Theoretical and Applied Genetics, 103: 433‐442.

Gibes H R, Childers N F. 1949. Report of the Federal Experiment Station in Puerto Rico 1947‐1948. 85 [M] //The Commonwealth Mycological Institute. The Review of Applied Mycology, Surrey, UK: 118.

Goffart J P. 1982. Contribution a letude de la variabilite de *Colletotrichum gloeosporoides* f. sp *manihotis* [D]. These pour lobention du diplome dingenieur agronome. Univer. Catholique de Louvain, Belgium: 12‐191.

Gold C S, Pena J E, Karamura E B. 2001. Biology and integrated pest management for the banana weevil *Cosmopolites sordidus* (Germar) (Coleoptera: Curculionidae) [J]. Integrated Pest Management Reviews, 6 (2): 79‐155.

Gold C, Kagezi G, Night G, et al. 2004. The effects of banana weevil, *Cosmopolites sordidus*, damage on highland banana growth, yield and stand duration in Uganda [J]. Annals of Applied Biology, 145 (3): 263‐269.

Gonsalves D. 1998. Control of papaya ringspot virus in papaya: a case study [J]. Annual Review of Phytopathology, 36: 415‐437.

González‐Hernández H, Reimer N J, Johnson M W. 1999. Survey of the natural enemies of *Dysmicoccus mealybugs* on pineapple in Hawaii [J]. Bio Control, 44 (1): 47‐58.

Gourves J, Samuelson G A, Boheman C H, et al. 1979. The Chrysomelidae of Tahiti (Coleoptera) [J]. Pacific Insects, 20 (4): 410‐415.

Groenewald S. 2006. Biology, pathogenicity and diversity of *Fusarium oxysporum* f. sp. *cubense* [D]. Pretoria: University of Pretoria.

Guo H, Li C P, Shi T, et al. 2012. First report of *Phytophthora palmivora* causing root rot of rassava in China [J]. Plant Disease, 96 (7): 1072.

Guo J C, Yang L T, Liu X, et al. 2009. Characterization of the exogenous insert and development of event‐specific PCR detection methods for genetically modified Huanong No. 1 papaya [J]. Agricultural and Food Chemistry, 57: 7205 - 7212.

Hagga W M, Abd El - Wahab M E. 2009. First report of *Fusarium sterilihyphosum* - and *F. proliferatum* - induced malformation disease of mango in Egypt [J]. Journal of Plant Pathology, 91 (1): 232.

Hahn S K, Isoba J C G, Ikotun T. 1989. Resistance breeding in root and tuber crops at International Institute of Tropical Agriculture [J]. Ibadan Nigeria: Crop Protection: 147 - 168.

Halfpapp K. 2001. Introduction of Tetrastichus brontispae for control of Brontispa longissima in Australia [C] //Proceedings of the Sixth Workshop for Tropical Agricultural Entomology, Darwin, Australia, 11 - 15 May 1998. Northern Territory of Australia, No. 288: Technical Bulletin Department of Primary Industry and Fisheries: 59 - 60.

Hall G. 1989. *Peronophythora litchii*. Descriptions of Fungi and Bacteria, IMI Descriptions of Fungi and Bacteria [M]. CAB International, 98: 974.

Haper G, Dahal G, Thottappilly G, et al. 1999. Detection of episoma banana streak badnavirus by IC - PCR [J]. Journal of Virological Methods, 79 (1): 1 - 8.

Haper G, Osuji J O, Heslop - Harrison J S, et al. 1999. Integration of banana streak badnavirus into the Musa genome: molecular and cytogenetic evidence [J]. Virology, 255: 207 - 213.

Harding R M, Burns T M, Dale J L. 1991. Virus - like particles associated with banana bunchy top disease contain small single - stranded DNA [J]. Journal of General Virology, 72: 225 - 230.

Haribabu R S, Rath S, Rajput C B S. 1983. Insect pests of cashew in India and their control [J]. Pesticides, 17 (4): 8 - 16.

Harper G, Hart D, Moult S, et al. 2005. The diversity of banana streak virus isolates in uganda [J]. Archives of Virology, 150 (12): 2407 - 2420.

Hassan E. 1972. Problems of applied entomology in Papua New Guinea [J]. Anzeiger fur Schadlingskunde und Pflanzenschutz, 45 (9): 129 - 134.

Hazra S K, Das Sudripta, Das Sisal A K. 2002. Plant regeneration via organogenesis [J]. Plant Cell, 70 (3): 235 - 240.

Hegstad M J, Nickell C D, Vodkin L O. 1998. Identifying resisrance to *Phytopldthora sojae* in selected accessions using RFLP technoques [J]. Crop Science, 38: 50 - 55.

Hill D S. 1983. Agricultural Insect Pests of the Tropics and their Control [M]. Cambridge University Press.

Ho H Y, Su Y T, Ko C H, et al. 2009. Identification and Synthesis of the Sex Pheromone of the Madeira Mealybug, *Phenacoccus Madeirensis* Green [J]. Journal of Chemical Ecology, 35: 724 - 732.

Holcomb G E. 1986. Hosts of the parasitic alga Cephaleuros virescens in Louisiana and new host records for the continental United States [J]. Plant Disease, 70 (11): 1080 - 1083.

Hrishi H, Hair R G. 1978. Cassava production Technology [M]. Trivandrum: Central tuber crops research institute: 73 -74.

Hsu H T, Barzuna L, Hsu Y H, et al. 2000. Identification and subgrouping of Cucumber mosaic virus with mouse monoclonal antibodies [J]. Phytopathology, 90: 615 - 620.

Iqbal Z A F A R, Pervez M A, Saleem B A, et al. 2010. Potential of *Fusarium mangiferae* as an etiological agent of mango malformation [J]. Pakistan Journal of Botany, 42 (1): 409 - 415.

Iqbal Z, Ahmad K, Khan Z I, et al. 2008. Variability among isolates of fungus *Fusarium mangiferae* associated with malformation disease of mango [J]. Pak. J. Bot., 40: 445 - 452.

Iqbal Z, Dastt S A. 2004. Assessment of mango malformation in eight districts of Punjab (Pakistan) [J]. International Journal of Agriculture and Biology, 6 (4): 620 - 623.

Iqbal Z, Valeem E E, Shahbaz M, et al. 2007. Determination of different decline disorders in mango orchards of the Punjab, Pakistan [J]. Pakistan Journal of Botany, 39 (4): 1313 - 1318.

Jacquemond M, Teycheney P Y, Carrère I, et al. 2001. Resistance phenotypes of transgenic tobacco plants expressing different Cucumber mosaic virus (CMV) coat protein genes [J]. Moleculor Breeding, 8: 85 - 94.

Jain S, Akiyama K, Kan T, et al. 2003. The G protein β subunit FGB1 regulates development and pathogenicity in *Fusarium oxysporum* [J]. Current Genetics, 43 (2): 79 - 86.

Jain S, Akiyama K, Mae K, et al. 2002. Targeted disruption of a G protein α subunit gene results in reduced pathogenicity in *Fusarium oxysporum* [J]. Current Genetics, 41 (6): 407 - 413.

Jameson J D. 1970. Agriculture in Uganda [M]. 2nd ed. Oxford: Oxford University Press: 116 - 276.

Javier - Alva J, Gramaje D, Alvarez L A, et al. 2009. First report of Neofusicoccum parvum associated with dieback of mango trees in Peru [J]. Plant Disease, 93 (4): 426.

Jones D R，et al. 1993. Safe movement of Musa germplasm [J]. Infomusa，2 (2)：3 - 4.

Joubert J J，Rijkenberg F H J. 1971. Parasitic green algae [J]. Annual Review of Phytopathology，9：45 - 64.

Kao C W，Leu L S. 1980. Sporangium germination of Peronophythora litchii，the causal organism of litchi downy blight [J]. Mycologia，72 (4)：737 - 748.

Kaplan I B，Zhang L，Palukaitis P. 1998. Characterization of *Cucumber mosaic virus* [J]. Virology，246：221 - 231.

Karan M，Harding R M，Dale J L. 1994. Evidence for two groups of *Banana bunchy top virus* isolates [J]. Journal of General Virology，75：3541 - 3546.

Kessing J L M，Mau R F L. 1992. *Dysmicoccus neobrevipes* (Beardsley) [EB/OL]. Honolulu，Hawaii：Department of Entomology. 1992 - 03. http：//www•extento•hawaii•edu/Kbase/crop/Type/d_neobre•htm.

Khanzada M A，Lodhi A M，Shahzad S. 2004. Pathogenicity of *Lasiodiplodia theobromae* and *Fusarium solani* on mango [J]. Pakistan Journal of Botany，36 (1)：181 - 189.

Khaskheli M I，Pathan M A，Jiskani M M，et al. 2008. First record of *Fusarium nivale* (Fr.) Ces. Associated with mango malformation disease (MMD) in Pakistan [J]. Pakistan Journal of Botany，40 (6)：2641 - 2644.

Kishun R. 1986. Role of insects in transmission and survival of *Xanthomonas campestris* pv. *mangiferaeindicae* [J]. Indian Phytopathology，39：509 - 511.

Kishun R. 1989. Stem injection of chemicals for control of bacterial canker of mango [J]. Acta Horticulturae，231：518 -552.

Kopp A. 1930. Les maladies des plantes à la Réunion [J]. Rev. de Bot. Appliquée，10 (105)：281 - 287.

Koppenh fer A，Schmutterer H. 1993. *Dactylosternum abdominale* (F.) (Coleoptera：Hydrophilidae)：A predator of the banana weevil [J]. Biocontrol Science and Technology，3 (2)：141 - 147.

Koppenh fer A，Seshu Reddy K，Sikora R. 1994. Reduction of banana weevil populations with pseudostem traps [J]. International Journal of Pest Management，40 (4)：300 - 304.

Kubiriba J，Legg J P，Tushemereirwe W，et al. 2001. Vector transmission of banana streak virus in the screenhouse in uganda，annals of applied biology [J]. Annals of Applied Biology，139 (1)：37 - 43.

Kueh T K. 1990. Major diseases of black pepper and their management [J]. The Planter，66：59 - 69.

Kumar J，Singh U S，Beniwal S P S. 1993. Mango malformation：one hundred years of research [J]. Annual Review of Phytopathology，31：217 - 232.

Kung J N，Seif A A，Waller J M. 1992. Black leaf streak and other foliage diseases of bananas in Kenya [J]. Tropical Pest Management (38)：359 - 361.

Kvas M，Steenkamp E T，Adawi A O Al，et al. 2008. *Fusarium mangiferae* associated with mango malformation in the Sultanate of Oman [J]. European Journal of Plant Pathology，121：195 - 199.

Langford M H. 1945. South American leaf blight of hevea rubbertrees [M]. US Department of Agriculture.

Lau C S K. 1991. Occurrence of Brontispa longissima Gestro in Hong Kong [J]. Quarterly Newsletter Asia and Pacific Plant Protection Commission，34 (3 - 4)：10.

Le Guen V，Lespinasse D，Oliver G，et al. 2003. Molecular mapping of genes conferring field resistance to South American Leaf Blight (*Microcyclus ulei*) in rubber tree [J]. Theoretical and Applied Genetics，108 (1)：160 - 167.

Le Guen V，Rodier - Goud M，Troispoux V，et al. 2004. Characterization of polymorphic microsatellite markers for Microcyclus ulei，causal agent of South American leaf blight of rubber trees [J]. Molecular Ecology Notes，4 (1)：122 - 124.

Lei L，Wei Q Q，Zi L M，et al. 2010. Effect of Temperature on the Population Growth of *Rhynchophorus ferrugineus* (Coleoptera：Curculionidae) on Sugarcane [J]. Environmental Entomology，39 (3)：999 - 1003.

Lengeler K B，Davidson R C，D'souza C，et al. 2000. Signal transduction cascades regulating fungal development and virulence [J]. Microbiology and Molecular Biology Reviews，64 (4)：746 - 785.

Leonard - Schippers C，Gieffers W，Salamini F，et al. 1992. The Rl gene conferring race - speeific resistance to *Phytophthora infestans* in potato is located on potato chromosome V [J]. Molecular nd General Genetics，233：278 - 283.

Lewsey M，Surette M，Robertson F C，et al. 2009. The role of the Cucumber mosaic virus 2b protein in viral movement and symptom induction [J]. Molecular Plant - Microbe Interactions，22：642 - 654.

Liao C H. 1972. Studies on mango fruit spot I [J]. Pathogenicity，Bulletin of the Taiwan Agricultural Research Institute，21 (2)：146 - 150.

Liao C H. 1975. Studies on mango fruit spot II [J]. Pathogenicity，Bulletin of the Taiwan Agricultural Research Institute，23：62 - 66.

Lieberei R. 1988. Relationship of Cyanogenic Capacity (HCN - c) of the Rubber Tree Hevea brasiliensis to Susceptibility to

Microcyclus ulei, the Agent Causing South American Leaf Blight [J]. Journal of Phytopathology, 122 (1): 54 - 67.

Lieberei R. 2007. South American leaf blight of the rubber tree (*Hevea* spp.): new steps in plant domestication using physiological features and molecular markers [J]. Annals of Botany, 100 (6): 1125 - 1142.

Lima C S, Fenning L H P, Costa S S, et al. 2009. A new Fusarium lineage within the *Gibberella fujikuroi* species complex is the main causal agent of mango malformation disease in Brazil [J]. Plant Pathology, 90 (3): 434 - 458.

Lin C H, Sheu F, Lin H T, et al. 2010. Allergenicity assessment of genetically modified *Cucumber mosaic virus* (CMV) resistant Tomato (*Solanum lycopersicon*) [J]. Journal of Agricultural and Food Chemistry, 58: 2302 - 2306.

Ling N, Xue C, Huang Q, et al. 2010. Development of a mode of application of bioorganic fertilizer for improving the biocontrol efficacy to *Fusarium wilt* [J]. Biocontrol, 55 (5): 673 - 683.

Liu S D. 1994. The application of fungicide resistant Entomopathogenic green muscardine fungus in Taiwan: Biological control of coconut leaf beetle (*Brontispa longissima*) and diamondback moth (*Plutella xylostella*) [J]. Technical Bulletin - Food and Fertilizer Technology Center (S1): 138.

Liu S J, He X H, Park G, et al. 2002. A conserved capsid protein surface domain of Cucumber mosaic virus is essential for efficient aphid vector transmission [J]. Journal of Virology, 76: 9756 - 9762.

Liu X B, Shi T, Li C P, et al. 2010. First report of *Corynespora cassiicola* causing leaf spot of cassava in China [J]. Plant Disease, 94 (7): 916.

Lockhart B E L. 1986. Purification and serology of a bacilliform virus associated with banana streak disease [J]. Phytopathology, 76 (10): 995 - 999.

Lohnes D G, Nickell C D, Schmitthenner A F. 1996. Origin of soybean alleles for *Phytophthora* resistance in China [J]. Crop Science, 36: 1689 - 1692.

Lozano J C, Booth R H. 1974. Disease of cassava (*Manihot esculenta* Crantz) [J]. Pans, 20: 30 - 54.

Lozano J C. 1986. Cassava Bacterial Blight: a manageable disease [J]. Plant Disease, 12: 1089 - 1093.

Lu F P, Chen Q, et al. 2012. Effects of high temperature on activities of some protective enzymes in *Mononychellus tanajoa* [J]. Agricultural Science & Technology, 13 (3): 672 - 677.

Lu H, Chen Q, Lu F P, et al. 2011. Suitability Assessment of Mononychellus tanajoa (Acari: Tetranychidae) in Yunnan Based on Maxent Model [J]. Agricultural Science & Technology, 12 (12): 1905 - 1908.

Lu H, Chen Q, Lu F P, et al. 2012. Environmental suitability of the red spider mite *Tetranchus cinnabarinus* (Acari: Tetranychidae) among cassava in China [J]. Advanced Materials Research, 518 - 523: 5446 - 5449.

Lu H, Ma Q F, Chen Q, et al. 2012. Potential geographic distribution of the cassava green mite *Mononychellus tanajoa* in Hainan, China [J]. African Journal of Agricultural Research, 7 (7): 1206 - 1213.

Lucas J. 2009. Plant pathology and plant pathogens [M]. John Wiley & Sons.

Luo J, Ran W, Hu J, et al. 2010. Application of bio - organic fertilizer significantly affected fungal diversity of soils [J]. Soil Science Society of America Journal, 74 (6): 2039 - 2048.

Luz E D M N, Mitchell D J. 1994. Influence of soil flooding on cocoa root infection by *Phytophthora* spp [J]. Agrotropica, 6 (2): 53 - 60.

Maddison P A. 1983. Coconut hispine beetle. Advisory leaflet South Pacific Commission, 17 (4): 7.

Magee C J. 1953. Some aspects of the bunchy top disease of banana and other *Musa* spp. [J]. Journal and Proceedings of the Royal Society of New South Wales, 87: 3 - 18.

Maharachchikumbura S S N, Guo L D, Chukeatirote E, et al. 2013. A destructive new disease of *Syzygium samarangense* in Thailand caused by the new species *Pestalotiopsis samarangensis* [J]. Tropical Plant Pathology, 38 (3): 227 - 235.

Mahnood A, Gill M A. 2002. Quick decline of mango and In Vitro response of Fungicides against the Disease [J]. International Journal of Agriculture & Biology, 4 (1): 39 - 40.

Majumdar P K, Sinha G C and Singh R N. 1970. The effect of exogenous application of alpha - napthyl acetic acid on mango malformation [J]. Indian Journal of Horticulture (20): 130 - 131.

Male M F, Vawdrey L L. 2010. Efficacy of fungicides against damping - off in papaya seedlings caused by *Pythium aphanidermatum* [J]. Australasian Plant Disease Notes, 5: 103 - 104.

Manicom B Q. 1986. Factors affecting bacterial black spot of mangoes caused by *Xanthomonas campestris* pv. *mangiferaeindicae* [J]. Annals of Applied Biology, 109: 129 - 135.

Manicom B Q. 2008. Factors affecting bacterial black spot of mangoes caused by *Xanthomonas campestris* pv. *mangiferaeindicae* [J]. Annals of Applied Biology, 109 (1): 129 - 135.

Martin P J, Topper C P, et al. 1997. Cashew nut production in Tanzania: constraints and progress through integrated crop management [J] . Crop protection, 16 (1): 5 - 14.

Masanza M, Gold C, van Huis A, et al. 2004. Effect of sanitation on banana weevil *Cosmopolites sordidus* (Germar) (Coleoptera: Curculionidae) population and crop damage in farmers fields in Uganda [J] . Crop Protection, 24: 275 - 283.

Maublanc A, Barat H. 1928. Une maladie nouvelle de la Vanilla [J] . Agronomy. Colon, 17 (123): 77 - 82.

McMillan Jr R T. 1986. Serious diseases of tropical fruits in Florida [J] . Proceedings of Florida State Horticultural Society, 99: 224 - 227.

McMillan Jr R T. 1974. Rhizopus artocarpi rot of jackfruit (*Artocarpus heterophyllus*) [J] . Florida State Horticultural Society, 392 - 393.

Mendgen K, Hahn M, Deising H. 1996. Morphogenesis and mechanisms of penetration by plant pathogenic fungi [J] . Annual Review of Phytopathology, 34 (1): 367 - 386.

Meredith D S, Lawrence J S. 1969. Black leaf streak disease of bananas (*Mycosphaerella fijiensis*): Symptoms of disease in Hawaii, and notes on the conidial state of the causal fungus [J] . Transactions of the British Mycological Society, 52 (3): 459 - 476.

Meyer R C, Milbourne D, Hackett C A, et al. 1998. Linkage analysis in tetraploid potato and association of markers with quantitative resistance to late blight (*Plytophthora infestans*) [J] . Molecular and General Genetics, 259: 150 - 160.

Moffet M L, Petersen R A, Wood B A. 1979. Bacterial black spot of mango [J] . Australian Plant Pathology, 8: 54 - 56.

Montasser M S, Tousignant M E, Kaper J M. 1998. Viral satellite RNAs for the prevention of Cucumber mosaic virus (CMV) disease in field - grown pepper and melon plants [J] . Plant Disease, 82: 1298 - 1303.

Morrelli K L, Kader A A. 2002. Speciaty banana - Recommendations for maintaining postharvest quality [EB/OL] . http: // postharvest. ucdavis. edu/Produce/ProduceFacts/Fruit/specialty _ banana. pdf.

Morroni M, Thompson J R, Tepfer M. 2008. Twenty years of transgenic plants resistant to *Cucumber mosaic virus* [J] . Molecular Plant - Microbe Interactions, 21: 675 - 684.

Morton A, Tabrett A M, Carder T H, et al. 1995. Subrepeat sequences in the ribosomal RNA intergenic regions of Verticillium alboatrum and V. dahliae [J] . Mycological Research, 99: 257 - 266.

Mourichon X, Fullerton R A. 1990. Geographical distribution of the two species *Mycosphaerella musicola* Leach (*Cercospora musae*) and *M. fijiensis* Morelet (*C. fijiensis*), respectively agents of Sigatoka Disease and Black Leaf streak Disease in bananas and plantains [J] . Fruits, 45 (3): 213 - 218.

Mubeenlodhi A, Alikhanzada M, Shahzad S, et al. 2013. Prevalence of Pythium aphanidermatum in agro - ecosystem of Sindh province of Pakistan [J] . Pakistan Journal of Botany, 45 (2): 635 - 642.

Muniappan R, Dueno J G, Blas T. 1980. Biological control of the Palau coconut beetle *Brontispa palauensis* (Esaki and Chujo) on Guam [J] . Micronesia, 16: 359 - 360.

Muratori F B, Gagne R J, Messing R H. 2009. Ecological traits of a new aphid parasitoid, *Endaphis fygitiva* (Diptera: Cecidomyiidae), and its potential for biologiacal control of the banana aphid, *Pentatonia nigronervosa* (Hemiptera: Aphididae) [J] . Biological , 30: 185 - 193.

Nagano H, Mise K, Furusawa I, et al. 2001. Conversion in the requirement of coat protein in cell - to - cell movement mediated by the Cucumber mosaic virus movement protein [J] . Journal of Virology, 75: 8045 - 8053.

Narasimhan M J. 1959. Control of mango malformation disease [J] . Current Science, 28 (6): 254 - 255.

Nathaniels K K N, Brahma R N. 1979. Important diseases of cashew and their control [J] . Indian Farming, 28: 19 - 20.

Nayar R, Selsikar C E. 1978. Mycoplasma - like organisms associated with yellow leaf disease of *Areca catechu* L [J] . European Journal of Forest Pathology, 8: 125 - 128.

Nayar R. 1971. Etiological agent of yellow leaf disease of *Areca catechu* L [J] . Plant Disease Reporter, 55: 170 - 171.

Nayar R. 1976. Yellow leaf disease of arecanut: virus pathological studies [J] . Arecanut and Spice Bulletin, 8: 25 - 26.

Nelson S C. 2008. Cephaleuros species, the plant - parasitic algae [D] . Honolulu (HI): University of Hawaii.

Nelson S C. 2005. Stem bleeding of coconut palm [M] . Honolulu: University of Hawaii.

Nelson S. 2005. Rhizopus rot of jackfruit. Cooperative extension service, College of Tropical Agriculture and human resources University of Hawaii at Manoa [J] . Plant Disease, 7: 29.

Nemesia C S J B, Reynaldo G A. 2004. Distribution and progression of stem bleeding disease of coconut (*Cocos nucifera* L.) in some areas of the Philippines [J] . Cord, 20 (2): 43 - 55.

Nieves N, Gaskin R, Borroto E, et al. 1996. El wilt de la pina: Cambiosmetabólicos inducidos en Cayena Lisa [J] . Revista Brasileira de Fruticultura (18): 245 - 254.

Nikam T D, Bansude G M, Kumar K C A. 2003. Somatic embryogenesis in sisal [J] . Plant Cell Reports, 22 (3):

188 -194.

Noriega - Cantu D H，Teliz D，Mora - Aguilera G，et al. 1999. Epidemiology of mango malformation in Guerrero，Mexico，with traditional and integrated management [J] . Plant Disease，83 (3)：223 - 228.

Nyiira Z M. 1978. Mononychellus tanajoa (Bondar) biology，ecology and economic importance [M] . Cali，Colombia：CIAT.

Oberhagemann P，Chatot - Balandras C，Schafer - Pregl R，et al. 1999. A genetic analysis of quantitative resistance to late blight in potato：Towards marker - assisted selection [J] . Molecular Breeding，5 (5)：399 - 415.

Oku T. 1974. Some new species of Olethreutinae (Lepidoptera，Tortricidae) from Japan [J] .Kontyû，42 (2)：127 - 132.

Onzo A，Hanna R，Janssen A，et al. 2003. Interactions in acarine predator quild：impact of Typhlondromalus aripo abundance and biological control of cassava green mite in Africa [J] . Experimental and Applied Acarology，31：225 - 241.

Onzo A，Hanna R，Sabelis M W. 2009. Within plant migration of the predatory mite，Typhlondromalus aripo from the apexto the leaves of cassava：Response to day - night cycle，prey location and density [J] . Journal of Insect Behaviour，22 (3)：186 - 195.

Ospina - Giraldo M D，Royse D J，Thon M R，et al. 1998. Phylogenetic relationships of Trichoderma lunzianum causing mushroom green mold in Europe and North America to other species of Trichoderma from world - wide source [J] . Mycologia，90 (1)：76 - 81.

Palomar M K，Martinez M A. 1988. Reaction of cassava plants to brown leaf spot infection. annals of tropical research [J] . 10 (1)：1 - 8.

Palukaitis P，García - Arenal F. 2003. Cucumoviruses [J] . Advances in Virus Research，62：241 - 323.

Palukaitis P，Roossinck M J，Dietagen R G，et al. 1992. Cucumber mosaic virus [J] .Advances in Virus Research，41：281 -348.

Paranjothy K，Gomez J B，Yeang H Y. 1976. Physiological aspects of brown bast development [J] . Proceedings of International Rubber Conference：181 - 202.

Pennypacker B W，Nelson P E. 1972. Histopathology of carnation infected with Fusarium oxysporum f. sp. dianthi [J] . Phytopathology，62，1318 - 1326.

Pietro A D，Madrid M P，Caracuel Z，et al. 2003. Fusarium oxysporum：exploring the molecular arsenal of a vascular wilt fungus [J] . Molecular Plant Pathology，4 (5)：315 - 325.

Pinkas Y，Gazit S. 1992. Mango malformation—control strategies [C] //Proceedings of the 4th International Mango symp. Miami，FL，USA：22.

Pires J L，Luz E D M N，Lopes U V. 1997. Field resistance of cocoa clones to black pod disease caused by Phytophthora spp. in Bahia，Brazil [J] . Fitopatologia Brasileira，22 (3)：375 - 380.

Ploetz R C，Benscher D，Vazquez A，et al. 1996. A reexamination of mango decline in Florida [J] . Plant Disease，80：664 -668.

Ploetz R C，Gregory N F. 1993. Mango malformation in Florida：Distribution of Fusarium subglutinans in affected trees，and relationships among strains within and among different orchards [J] . Acta Horticulturae，341：388 - 394.

Ploetz R C，Zheng Q I，Vazquez A，et al. 2002. Current status and impact of mango malformation in Egypt [J] . International Journal of Pest Management，48 (4)：279 - 285.

Ploetz R. 2001. Malformation：a unique and important disease of mango [M] . St Paul：APS Press：233 - 247.

Ponnamma K N，Rajeev G ，Solomon J J. 1997. Evidences for transmission of yellow leaf disease of arec palm，areca catechu L. by proutista moesta (westwood) (homoptera：derbidae) [J] . Journal of Plantation Crops，25 (2)：197 - 200.

Ponnamma K N，Rajeev G，Solomon J J. 1991. Detection of Mycoplasma - like organisms in Proutista moesta (Westwood) a Putative vector of Yellow Leaf Disease of Arecanut [J] . Journal of Plantation Crops，19 (1)：63 - 65.

Ponnamma K N. 1994. Studies of Proutista moesta westwood：population dynamics，control and role as a vector of yellow leaf disease of arecanut [D] .Thiruvananthapuram：University of Kerala.

Porras V H，Sanchez J A. 1991. Effect of mulching on the spread of Phytophthora in cocoa [J] .Turrialba (IICA)，41 (4)：589 - 597.

Prakash O. 2004. Diseases and disorders of mango and their management. Diseases of fruits and vegetables diagnosis and management Volume I [M] .Kluwer Academic Publisher：511 - 620.

Prasad A，Singh H，Shukla T N. 1965. Present status of mango malformation disease [J] . Indian Journal of Horticulture，22：254 - 265.

Prins M，Laimler M，Noris E，et al. 2008. Strategies for antiviral resistance in transgenic plants [J] . Molecular Plant Pathology，9：73 - 83.

Pruvost O，Couteau A，Luisetti J，et al. 1995. Biologie et épidémiologie de l'agent de la maladie des taches noires de la mangue [J] . Fruits，50：183 - 189.

Pruvost O，Couteau A，Vernière C，et al. 1993. Epiphytic survival of *Xanthomonas campestris* pv. *mangiferaeindicae* on mango buds [J] . Acta Horticulturae，341：337 - 344.

Pruvost O，Luisetti J. 1991. Attempts to develop a biological control of bacterial black spot of mangoes [J] . Acta Horticulturae，291：324 - 337.

Pruvost O，Savelon C，Boyer C，et al. 2009. Populations of *Xanthomonas citri* pv. *mangiferaeindicae* from asymptomatic mango leaves are primarily endophytic [J] . Microbial Ecology，58：170 - 178.

Pu J J，Xie Y X，Zhang X，et al. 2008. Preinfection behaviour of *Phyllosticta musarum* on banana leaves [J] . Australasian Plant Pathology，37 (1)：60 - 64.

Purushothamal C R A，Ramanayaka J G，Sano T，et al. 2007. Are phytoplasmas the etiological agent of yellow leaf disease of *Areca catechu* in India? [J] . Bulletin of Insectology，60 (2)：161 - 162.

Purwantara A. 1990. Effect of some meteorological elements on the infection of *Phytophthora palmivora* on cocoa pod [J] . Menara Perkebunan，58 (3)：78 - 83.

Qi X，Guo L，Yang L，et al. 2013. Foatf1，a bZIP transcription factor of *Fusarium oxysporum* f. sp. *cubense*，is involved in pathogenesis by regulating the oxidative stress responses of *Cavendish banana* (*Musa* spp.) [J] . Physiological and Molecular Plant Pathology，84：76 - 85.

Qing C，Lu P L，Xu X L，et al. 2011. Relationships between abamectin resistance and the activities of detoxification enzymes in the cotton bollworm，Helicoverpa armigera [J] . ICABE (1 - 2)：136 - 139.

Qiu H X，Gibert M G. 2003. Flora of China：Loranthaceae [M] . Beijing：Science Press，5：220 - 239.

Qiu H X，Gibert M G. 2003. Flora of China：Viscaceae [M] . Beijing：Science Press，5：240 - 245.

Qu H X，Sun G C，Jiang Y M，et al. 2000. Pathogenesis - related proteins in litchi after inoculation with *Peronophthora litchii* [J] . Acta Horticulturae，558：439 - 442.

Racanelli V，Rehermann B. 2003. Hepatitis C virus infection：when silence is deception [J] . TRENDS in Immunology，24：456 - 464.

Radhakrishnan T C. 1990. Control of stem bleeding disease of coconut [J] . Indian Coconut Journal (Cochin)，20 (9)：13 - 14.

Ram K，Ramesh C，Kishun R. 1994. Epiphytic survival of *Xanthomonas campestris* pv. *mangiferaeindicae* on weeds and its role in MBCD [J] . Plant Disease Research，9 (1)：35 - 40.

Ramanujam B，Nambiar K K N，Kumar A. 1999. Chemical control of stem bleeding disease of coconut [M] //Oropeza C，Verdeil J L，Ashburner G R，et al. Current Advances in Coconut Biotechnology. London：Kluwer Academic Publishers.

Ramos L J，Lara S P，Jr McMillan R T，et al. 1991. Tip dieback of mango (*Mangifera indica*) caused by *Botryosphaeria ribis* [J] . Plant Disease，75：315 - 318.

Rawther T S S，Abtaham K J，Nair M A. 1980. Microbial profiles of aercanut soils under mixed cropping with special reference to arecanut yellow leaf [J] . Proceedings of the Second Annual Symposium on Plantation Crops：71 - 75.

Rawther T S S，Nair R R，Saraswathy N. 1982. Diseases：In the Arecanut Palm [M] . Kasaragod，Kerala：Central Plantation Crops Research Institute.

Reckhaus P，Adamou I. 1987. Hendersonula dieback of mango in Niger [J] . Plant Disease，71：1045.

Recorbet G，Alabouvette C. 1997. Adhesion of *Fusarium oxysporum* conidia to tomato roots [J] . Letters in applied microbiology，25 (5)：375 - 379.

Reimer N J，Beardsley J R. 1990. Effectiveness of hydramethy - lnon and fenoxycarb for control of bigheaded ant (Hymenoptera：Formicidae)，an ant associated with mealybug wilt of pineapple in Hawaii [J] . Journal of Economic Entomology，83：74 - 80.

Robson J D，Wright M G，Almeida R P P. 2006. Within - plant distribution and binomial sampling of *Pentatonia nigronervosa* Coquerel (Hemiptera：Aphididae) on banana [J] . Entomological of America，99 (6)：2185 - 2190.

Robson J D，Wright M G，Almeida R P P. 2007a. Biology of *Pentatonia nigronervosa* (Hemiptera：Aphididae) on banana using different rearing methods [J] . Physiological，36 (1)：46 - 52.

Rocha H M，Machado A D. 1973. The effect of light，temperature and relative humidity on sporulation of *Phytophthora palmivora* (Butl.) Butl. in cacao pods [J] . Revista Theobroma Jan/Mar，3 (1)：22 - 25.

Rodriguez - Alvarado G，Fernandez - Pavia S P，Ploetz R C，et al. 2008. A *Fusarium* sp. different from *Fusarium oxysporum* and *F. mangiferae* is associated with mango malformation in Michoacan, Mexico [J]. Plant Pathology, 57: 781.

Rohrbach K G, Beardsley J W, German T L, et al. 1988. Mealybug wilt, mealybugs, and ants of pineapple [J]. Plant Disease, 72 (7): 558 - 565.

Rohrbach K G, Beardsley J W, German T L, et al. 1988. Mealybug wilt, mealybugs, and ants on pineapple [J]. Plant Disease, 72: 558 - 565.

Rohrbach K G, Schenck S. 1985. Control of pineapple heart rot, caused by *Phytophthora parasitica* and *P. cinnamomi*, with metalaxyl, fosetyl Al and phosphorous acid [J]. Plant Disease, 69: 320 - 323.

Roossinck M J, Sleat D, Palukaitis P. 1992. Satellite RNAs of plant viruses: structures and biological effects [J]. Microbiology Review, 56: 265 - 279.

Roossinck M J. 2002. Evolutionary history of Cucumber mosaic virus deduced by phylogenetic analyses [J]. Journal of Virology, 76: 3382 - 3387.

Rouppe van der Voort N A M, van Eck H J, Draaistra J, et al. 1998. An online catalogue of AFLP markers covering the potato genome [J]. Molecular Breeding, 4: 73 - 77.

S R H. 1972. Banana Plantain and Abaca Disease [M]. England: Commonwealth Mycological Institute.

Sakalidis M L, Ray J D, Lanoiselet V, et al. 2011. Pathogenic *Botryosphaeriaceae* associated with *Mangifera indica* in the Kimberley Region of Western Australia [J]. European Journal of Plant Pathology, 130 (3): 379 - 391.

Sakimura K. 1970. Mirex applied by airplane for ant control [J]. Pineapple Research Institute News, 18: 1 - 4.

Sandbrink J M, Colon L T, Wolters P J C C. 2000. Two related genoypes of *Solanum microdontum* carry different segregating alleles for field resistance to *Phytophlhoro infestans* [J]. Molecular Breeding, 6: 215 - 225.

Sang T, Crawford D J, Stuessy T F. 1995. Documentation of reticulate evolution in peonies (Paeonia) using internal transcribed spacer sequences of nuclear ribosomal DNA: implications for biogeography and concert evolution [J]. Proc Natl A cad Sci USA, 92: 6813 - 6817.

Sarkar A, Sen R, et al. 2008. An ethanolic extract of leaves of *Piper betle* (Paan) Linn mediates its antileishmanial activity viaapoptosis [J]. Springer - Verlag: Parasitology Research, 22 (1).

Sarma Y R, Kiranmai G, Sreenivasulu P, et al. 2001. Partial characterization and identification of a virus associated with stunt disease of black pepper (*Piper nigrum*) in south India [J]. Current Science, 80: 459 - 462.

Sattar A. 1946. Diseases of mango in the Punjab [J]. Punjab Fruit, 10: 56 - 58.

Savant N V, Raut S P. 2000. Studies on symptomatology of die - back of mango stone grafts [J]. Acta Horticulturae (ISHS), 509: 823 - 832.

Schlosser E. 1971. Mango malformation: Incidence of bunchy top on mango seedling, in West Pakistan [J]. FAO Plant Protection Bulletion, 19: 41 - 42.

Schwalbe C P, Hallman G J. Invasive arthropods in agriculture: problems and solutions [M]. Enfield, NH: Science Publishers editors.

Sether D M, Hu J S. 2000. A closterovirus and mealybug exposure are both necessary components for mealybug wilt of pineapple symptom induction [J]. Phytopathology, 90: S71.

Sether D M, Hu J S. 2002a. Closterovirus infection and mealybug exposure are necessary for the development of mealybug wilt of pineapple disease [J]. Phytopathology, 92 (9): 928 - 935.

Sether D M, Hu J S. 2002b. Yield impact and spread of pineapple mealybug wilt associated virus - 2 and mealybug wilt of pineapple in Hawaii [J]. Plant Disease, 86 (8): 867 - 874.

Sether D M, Melzer M J, Busto J, et al. 2005. Diversity and mealybug transmissibility of ampeloviruses in pineapple [J]. Plant Disease, 89 (5): 450 - 456.

Sether D M, Ullman D E, Hu J S. 1998. Transmission of pineapple mealybug wilt - associated virus by two species of mealybug (*Dysmicoccus* spp.) [J]. Phytopathology, 88 (11): 1224 - 1230.

Sharma I. 1993. A note on population dynamics and etiology of die back of mango in Himachal Pradesh [J]. New Agriculturist, 2 (2): 229 - 230.

Shi T, Li C P, Li J F, et al. 2010. First report of leaf spot caused by Bipolaris setariae on cassava in China [J]. Plant Disease, 94 (7): 919.

Singh Z, Dhillon B S, Arora C L. 1991. Nutrient levels in malformed and healthy tissues of mango (*Mangifera indica* L.) [J]. Plant Soil, 133: 9 - 13.

Singh Z, Dhillon B S. 1989. Presence of malformin - like substances in malformed floral tissues of mango [J]. Journal of Phytopathology, 125: 117 - 123.

Sivakannaran S, Lcong S Ghousc M, et al. 1994. Influence of some agronomic practices on tapping pan el dryness in Hevea trees [M] //International Rubber Research and Development Board Workshop on Tapping Panel Dryness [M]. Hainan, China: Hainan Press: 26.

Smith R, Walker J. 1930. A cytological study of Cabbage plants in strains susceptible or resistant to yellows [J]. Journal of Agricultural Research, 41 (1): 17 - 35.

Soroker V, Blumberg D, Haberman A, et al. 2005. Current Status of Red Palm Weevil Infestation in Date Palm Plantations in Israel [J]. Phytoparasitica, 33 (1): 97 - 106.

Sreenivasaprasad S, Mills P R, Meehan B M, et al. 1996a. Phylogeny and systematics of 18 *Colletotrichum* species based on ribosomal DNA spacer sequences [J]. Genome, 39: 499 - 512.

Sreenivasaprasad S, Sharada K, Brown A E, et al. 1996b. PCR - based detection of *Colletotrichum acutatum* on strawberry [J]. Plant Pathology, 45: 650 - 655.

Stapley J H. 1971. The introduction and establishment of the *Brontispa parasite* in the *Solomon islands* [J]. South Pacific Commission Information Circular, 30: 2 - 6.

Stapley J H. 1973. Insect pests of coconuts in the Pacific region [J]. Outlook on Agriculture, 5 (7): 5, 211 - 217.

Stapley J H. 1980. Coconut leaf beetle (Brontispa) in the Solomons [J]. Alafua Agricultural Bulletin, 5 (4): 17 - 20.

Stechmann D H, Semisi S T. 1984. Insect pest control in Western Samoa with special reference to present status of biological and integrated control measures [J]. Anzeiger fur Schadlingskunde, Pflanzenschutz, Umweltschutz, 57: 65 - 70.

Steiner L F. 1957. Field evaluation of oriental fruit fly insecticides in Hawaii [J]. Journal of Economic Entomology, 50: 16 -24.

Stover R, Buddenhagen I. 1986. Banana breeding: polyploidy, disease resistance and productivity [J]. Fruits, 41 (3).

Su Y C, Huang H, Liu X Y, et al. 1999. Systematic relationship of several controversial *Cunninghamella taxa* inferred from sequence comparison of ITS2 of rDNA [J]. Mycological Research, 103 (7): 805 - 810.

Sudarshana M R, Roy G, Falk B W. 2007. Methods for engineering resistance to plant viruses [J]. Methods in Molecular Biology, 354: 183 - 195.

Summanwar A S, Raychaudhuri S P, Phatak S C. 1966. Association of the fungus *Fusarium moniliforme* Sheld with the malformation in mango (*Mangifera indica* L.) [J]. Indian Phytopathology, 19: 227 - 228.

Surridge A K J, Viljoen A. Crous P W, et al. 2003. Identification of the pathogen associated with Sigatoka disease of banana in South Africa [J]. Australasian Plant Pathology, 32 : 27 - 31.

Talekar N S. 1991. Thrips in Southeast Asia [R]. Bangkok, Thailand: proceedings of a regional consultation workshop: 44 -45.

Taliansky M E, Garcia - Arenal F. 1995. Role of cucumovirus capsid protein in long - distance movement within the infected plant [J]. Journal of Virology, 69: 916 - 922.

Tan K H, Serit M. 1994. Adult population dynamics of *Bactrocera dorsalis* (Diptera: Tephritidae) in relation to host phenology and weather in two villages of Penang, Malaysia [J]. Environmental Entomol. Lanham, Md: Entomological Society of America, 23 (2): 217 - 275.

Tanksley S D, Ganal M W, Prince J P, et al. 1992. High density molecular linkage maps of thepotato and tomato genomes [J]. Genetics, 132: 1141 - 1160.

Thomas J E, Dietzgen R G. 1991. Purification, characterization and serological detection of virus - like particles associated with banana bunchy top disease in Australia [J]. Journal of General Virology, 72: 217 - 224.

Tjien T. 1953. The control of the most important coconut pests in Eastern Indonesia [J]. Philippine Agriculture (37): 283 -286.

Toller R W, Gullar R, Ferrer J B. 1959. Preliminary Surrey of plant diseas in the Republic of Panama [J]. Plant Pisease, Reptr, 43: 1201 - 1203.

Trognitz F, Manosalva P, Gysin R, et al. 2002. Plant Defense Genes Associated with Quantitative Resistance to Potato Late Blight in *Solanum phureja* X Dihaploid *S. tuberosum* Hybrids [J]. Molecular Plant - Microbe Interactions, 15 (6): 587 -597.

Tsai Y P, Chen H P, Liu S M. 1989. Freckle disease in banana and its control [J]. Taiwan Agriculture Bimonthly, 25 (3): 33 - 38.

Ullstrup A J. 1937. Histological studies on wilt of China aster [J]. Phytopathology, 27, 737 - 748.

Van Der Goot P. 1936. Ziekten en plagen der cultuurgewassen in Nederlandsch - Indië in 1935 [J]. Meded. Znst. Plziekt., Batavia, 7: 87 - 106.

Van Wyk M, Adawi A, Khan A O, et al. 2007. *Ceratocystis manginecans* sp. nov., causal agent of a destructive mango wilt disease in Oman and Pakistan [J]. Fungal Diversity, 27: 213 - 230.

Van Zyl E, Kotze J M, Steyn P L. 1988. Isolation of *Xanthomonas campestris* pv. *mangiferaeindicae* from gall fly - induced lesions on mango leaves [J]. Phytophylactica, 20: 89 - 90.

Vauterin L, Hoste B, Kersters K, et al. 1995. Reclassification of *Xanthomonas* [J]. International Journal of Systematic Bacteriology. 45 (3): 472 - 489.

Vega G, Chavira K G, de la Vega M M, et al. 2001. Analysis of genetic diversity in *Agave tequilana* var. Azul using RAPD markers [J]. Netherlands Journal of Plant Breeding, 119 (3): 335 - 341.

Via S. 1986. Pesticide resistance strategies and tactics for management [M]. Washington D C: National Academy of Science: 222 - 225.

Vidhyasekaran P. 2010. Fungal pathogenesis in plants and crops: molecular biology and host defense mechanisms [M]. CRC Press.

Viet T T. 2004. Classical biological control of coconut hispine beetle with the parasitoid *Asecodes hispinarum* Boucek (Hymenoptera: Eulophidae) in Viet Nam [M]. Piao Y F. Report of the Expert Consultation on Coconut Beetle Outbreak in APPPC Member Countries. FAO Regional Office for Asia and the Pacific, Bangkok, Thailand: RAP Publication, 29: 90 - 99.

Voegele J M. 1989. Biological control of *Brontispa longissima* in Western Samoa: an ecological and economic evaluation [J]. Agriculture, Ecosystems and Environment, 27: 315 - 329.

Várzea V M P, Marques V D, Pereira A P, et al. 2005. The Use of Sarchimor Derivatives in Coffee Breeding Resistanceto Leaf Rust [C] //Várzea V M P, Marques V D. Population variability of Hemileia vastatix VS. Coffee Durable Resistance - Durable Resistance to Coffee leaf Rust Livraria Universo Agricola: 22nd Colloquium International Conference on Coffee Science: 53.

Wachters E A, Korsten L, Kotze J M. 1991. Systemicity and variation in pathogenicity between strains of *Xanthomonas campestris* pv. *magniferaeindiae* [M]. Yearbook South African Mango Growers, Association, 11: 22 - 24.

Wakamurac S. 2005. Sex pheromone components of olethreutid moth *Strepsicrates semicaella* (Walker) (Lepidoptera: Tortricidae), a pest of guava and eucalyptus [J]. Applied Entomology and Zoology, 40 (4): 637 - 642.

Wallance M M, Diekmahns E C. 1952. Bole rot of sisal [J]. The East African Agricultural Journal, 18 (1): 24 - 29.

Waller J M, Blgger M, Hillocks R J. 2007. Coffee Pests, Diseases and their Management [M]. King'Lynn, Norfolk: the UK by Biddles Ltd.

Wang B, Yuan J, Zhang J, et al. 2013. Effects of novel bioorganic fertilizer produced by *Bacillus amyloliquefaciens* W19 on antagonism of Fusarium wilt of banana [J]. Biology and Fertility of Soils, 49 (4): 435 - 446.

Waterhouse D F, Birribi D, David V. 1998. Economic benefits to Papua New Guinea and Australia from biological control of banana skipper (*Erionota thrax*) [M]. Australia: CSIRO Division of Entomology.

Waterhouse Doug, Dillon Birribi, Vincent David. 1998. Economic benefits to Papua New Guinea and Australia from the biological control of banana skipper (*Erionota thrax*) [J]. Impact Assessment Series (IAS).

Watt G. 1891. A Dictionary of Economic Products of India [M]. Calcutta, India: Gov. Printing Press.

Wendy S K, Maren B, Benjamin G V, et al. 2008. Characterization of *Erwinia chrysanthemi* from a bacterial heart rot of pineapple outbreak in Hawaii [J]. Plant Disease, 92 (10): 1444 - 1450.

Whisson S C, Maclean D J, Manners J M, et al. 1992. Genetic relationships among Australian and North American isolates of *Phytophthora megasperma* f. sp. *glycinea* assessed by multicopy DNA probes [J]. Phytopathology, 82: 863 - 868.

Wienk J F. 1964. Planter dan - bole rot [J]. Kenya Sisal Bd. Bull., 50: 33.

Wintermantel W M, Zaitlin M. 2000. Transgene translatability increases effectiveness of replicase - mediated resistance to Cucumber mosaic virus [J]. Journal of General Virology, 81: 587 - 595.

Wintgens J N. 2004. Coffee: Growing, Processing, Sustainable Production [M]. Wiley - VCH.

Wu R Y, Su H J. 1990. Purification and characterization of banana bunchy top virus [J]. Journal of Phytopathology, 128: 203 - 208.

Wydra K. 2002. The concept of resistance, tolerance and latency in bacterial diseases: examples from cassava and cowpea [J]. 'New Aspects of Resistance Research on Cultivated Plants' Bacterial Diseases. Beitr Zu¨chtungsforschung BAZ, 8 (3): 36 - 43.

Wösten H, Schuren F, Wessels J. 1994. Interfacial self - assembly of a hydrophobin into an amphipathic protein membrane mediates fungal attachment to hydrophobic surfaces [J]. The EMBO Journal, 13 (24): 5848.

Xie W S, Hu J S. 1995. Molecular cloning, sequence analysis, and detection of banana bunchy top virus in Hawaii [J].

Phytopathology，85 (3)：339 - 347.

Xin - geng Wang，Russell H. Messing. 2006. Potential Host Range of the Newly IntroducedAphid Parasitoid *Aphidius transcaspicus* (Hymenoptera：Braconidae) in Hawaii [J] . Proceedings of Hawaiian，38：81 - 86.

Yanagita T，Yamagishi S. 1958. Comparative and quantitative studies of fungitoxicity againse fungal spores and mycelia [J] . Applied Microbiology，6 (6)：375 - 381.

Yang R，Shi P，Liu G P，et al. 2011. Network - based feedback control for systems with mixed delays based on quantization and dropout compensation [J] . Automatica，47 (12)：2805 - 2809.

Yaninek J S，Herren H R. 1988. Introduction and spread of the cassava green mite，*Mononychellus tanajoa* (Bondar) (Acari：Tetranychidae)，an exoticpest in Africa and the search for appropriate control methods [J] . A review Bulletin Research，78 (1)：1 - 13.

Yaninek J S，Moraes G J，Markham R H. 1989. Handbook on the cassava green mite (*Mononychellus tanajoa*) in Africa [M] . Cotonou：Republic of Benin.

Young C L，Wright M G. 2005. Seasonal and spatial distribution of banana aphid，*Pentatonia nigronervosa* (Hemiptera：Aphididae)，in banana plantations on Oahu [J] . Proceedings of Hawaiian，37：73 - 80.

Youssef S A，Maymon M，Zveibil A，et al. 2007. Epidemiological aspects of mango malformation disease caused by *Fusarium mangiferae* and source of infection in seedlings cultivated in orchards in Egypt [J] . Plant Pathology，56：257 - 263.

Yu F Y，Niu X Q，Tang Q H，et al. 2012. First report of stem bleeding in coconut caused by *Ceratocystis paradoxa* in Hainna，China [J] . Plant Disease，96 (2)：290.

Yu N T，Zhang Y L，Feng T C，et al. 2012. Cloning and sequence analysis of two banana bunchy top virus genomes in Hainan [J] . Virus Genes，44 (3)：488 - 494.

Yu X W，Kuang R P. 2001. The spatial characteristics of larval galleries of coffee stem - borer：*Acalolepta cervina* (Coleoptera：Cerambycidae) [J] . Entomologia Sinica，8 (3)：271 - 278.

Zhang Y Z，Huang D W，Fu Y G，et al. 2007. A new species of Metaphycus Mercet (Hymenoptera：Encyrtidae) from China，parasitoid of *Parasaissetia nigra* (Nietner) (Homoptera：Coccoidea) [J] . Entomological News，118 (1)：68 - 72.

Zhang Z G，Zheng X B，Wang Y C，et al. 2007. Evaluation of the rearrangement of taxonomic position of *Peronophythora litchii* based on partial DNA sequences [J] . Botanical Studies，48：79 - 89.

Zhuang J，Wang J H，Zhang X. 2011. Molecular characterization of banana streak virus isolated from Musa acuminata in China [J] . Virologica Sinica，26 (6)：393 - 402.

Zinsou V，Wydra K，Ahohuendo B，et al. 2004. Genotype • environment interactions in symptom development and yield of cassava genotypes in reaction to cassava bacterial blight [J] . European Journal of Plant Pathology，11：217 - 233.

彩图17-1-1　橡胶树白粉病症状及病原（1～5.郑服丛提供；6和7.李增平提供）
Colour Figure 17-1-1　Symptoms of powdery mildew of rubber tree and *Oidium heveae*
（1-5. by Zheng Fucong; 6 and 7. by Li Zengping）
1.嫩叶正面病斑　2.嫩叶背面病斑　3.受害叶片畸形　4.红褐色癣状病斑　5.受害花序
6.病原菌的分生孢子梗和未成熟的分生孢子　7.成熟的分生孢子

彩图17-2-1　橡胶树炭疽病症状
（黄贵修提供）
Colour Figure 17-2-1　Symptoms
of anthracnose of rubber tree
(by Huang Guixiu)
1.古铜期症状　2.嫩叶期症状
3.病斑上散生黑色小粒点呈轮纹状
4.病斑上生孢子堆

彩图17-3-1　橡胶树根病地上部症状
（贺春萍提供）
Colour Figure 17-3-1
Symptoms of root rot of rubber tree
（by He Chunping）

彩图17-3-2　橡胶树红根病
病根及子实体（贺春萍提供）
Colour Figure 17-3- 2　Rubber
tree red root rot and fruiting
bodies in the field
（by He Chunping）

彩图17-3-3　橡胶树褐根病病根及子实体
（贺春萍提供）
Colour Figure 17-3-3　Rubber tree brown root
rot and fruiting bodies（by He Chunping）

彩图17-3-4　橡胶树紫根病病根（1）、白根病病根（2）及子实体（3）（贺春萍提供）
Colour Figure 17-3-4　Rubber tree purple root rot（1）, white root rot (2) and fruiting bodies（3）
（by He Chunping）

 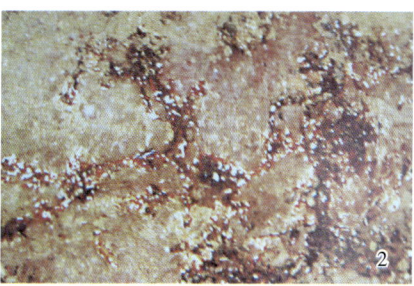 

彩图17-3-5 橡胶树臭根病病根（1）、黑根病病根（2）和黑纹根病病根（3）（1.贺春萍提供；2和3.李增平提供）
Colour Figure 17-3-5 Rubber tree stinking root rot（1）, poria red root rot（2）and ustulina root rot（3）
（1.by He Chunping; 2 and 3. by Li Zengping）

 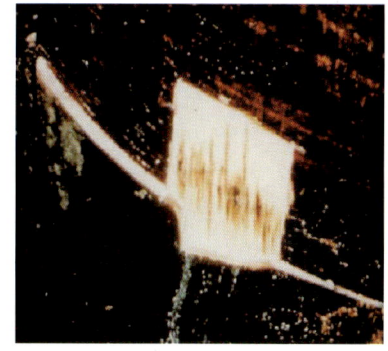

彩图17-4-1 橡胶树死皮病症状（罗大全提供）
Colour Figure 17-4-1 Symptom of rubber tree tapping panel dryness (by Luo Daquan)

彩图17-5-1 橡胶树割面条溃疡病田间症状（黄贵修提供）
Colour Figure 17-5-1 Symptoms of cut noodles ulcer of rubber tree in the field (by Huang Guixiu)

彩图17-6-1 橡胶树棒孢霉落叶病典型鱼骨状病斑（黄贵修提供）
Colour Figure17-6-1 The typical "fishbone" lesion of Corynespora leaf spot of rubber tree (by Huang Guixiu)

彩图17-6-2 橡胶树棒孢霉落叶病在田间的不同症状（黄贵修提供）
Colour Figure17-6-2 Symptoms of Corynespora leaf spot of rubber tree in the field (by Huang Guixiu)
1.典型鱼骨状病斑 2.叶尖、叶缘枯 3.圆斑型病斑伴有明显的黄色晕圈 4.炮弹状穿孔病斑 5.纸质状穿孔

彩图17-6-3　不同生育时期橡胶树受山扁豆生棒孢侵染后的田间症状（黄贵修提供）
Colour Figure 17-6-3　Symptoms of Corynespora leaf spot
at different growth stages of rubber tree in the field (by Huang Guixiu)
1. 开胶树症状　2. 幼龄胶树症状　3. 苗圃橡胶树症状

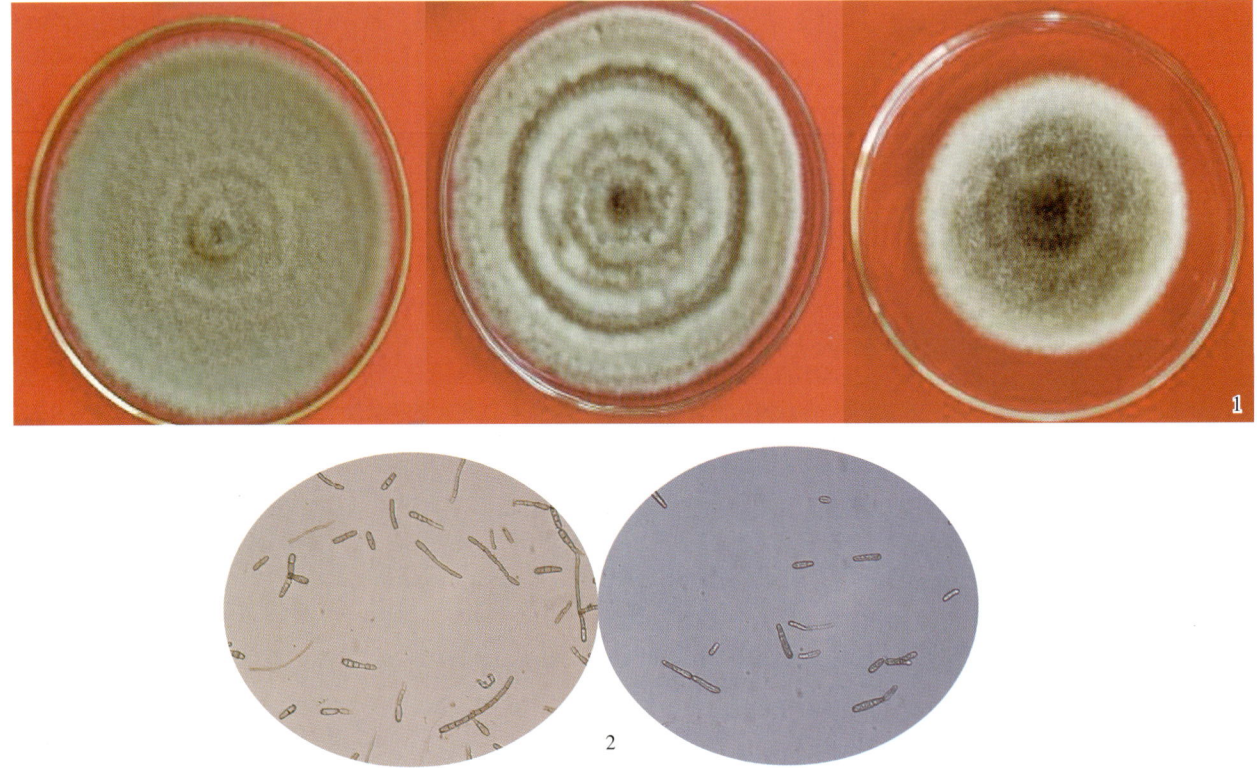

彩图17-6-4　山扁豆生棒孢菌落培养性状及分生孢子（黄贵修提供）
Colour Figure 17-6-4　The colonies on PDA and conidia of *Corynespora cassiicola* (by Huang Guixiu)
1. 菌落培养性状　2. 分生孢子

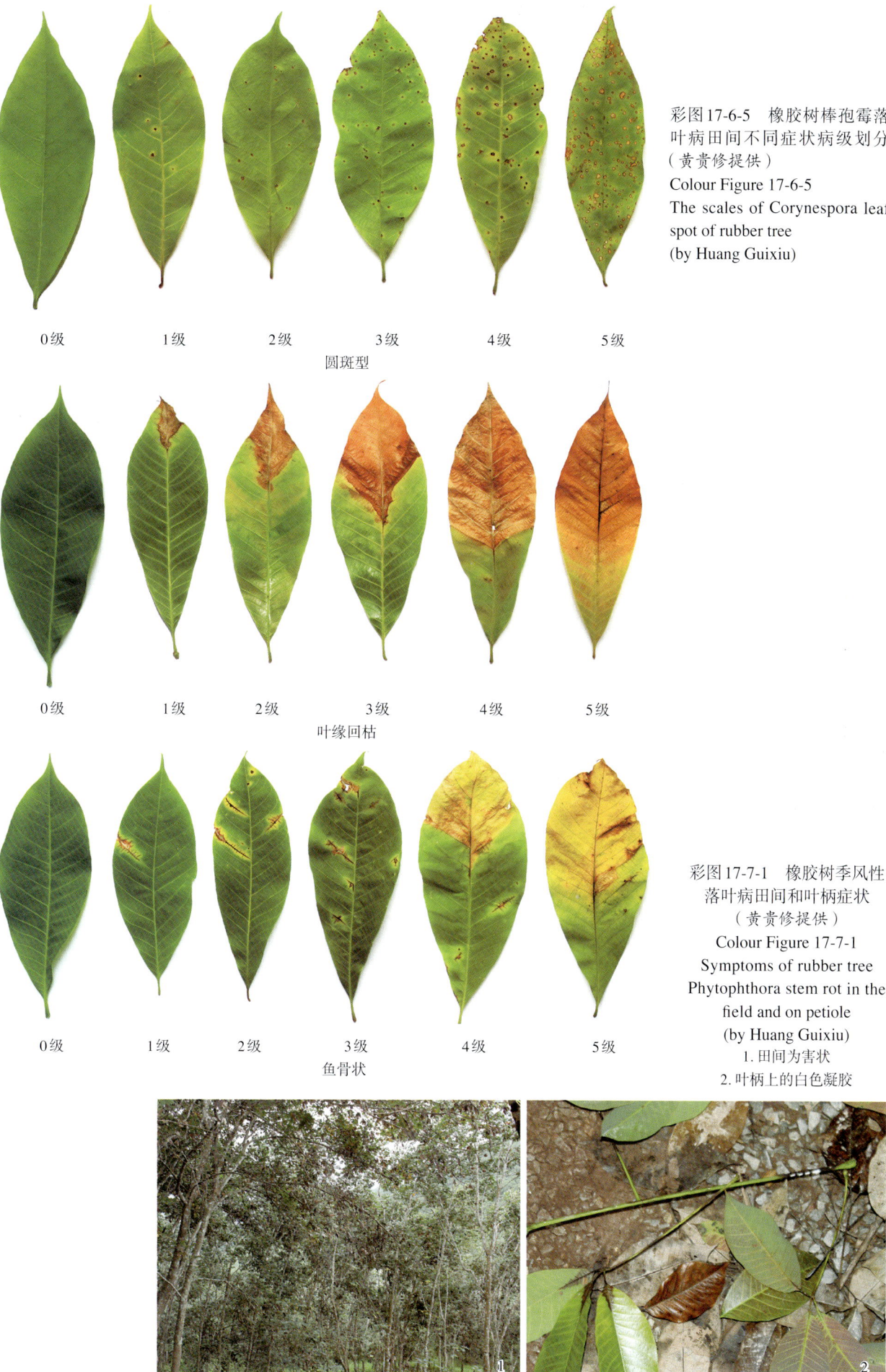

彩图17-6-5　橡胶树棒孢霉落叶病田间不同症状病级划分
（黄贵修提供）
Colour Figure 17-6-5
The scales of Corynespora leaf spot of rubber tree
(by Huang Guixiu)

| 0级 | 1级 | 2级 | 3级 | 4级 | 5级 |

圆斑型

| 0级 | 1级 | 2级 | 3级 | 4级 | 5级 |

叶缘回枯

| 0级 | 1级 | 2级 | 3级 | 4级 | 5级 |

鱼骨状

彩图17-7-1　橡胶树季风性落叶病田间和叶柄症状
（黄贵修提供）
Colour Figure 17-7-1
Symptoms of rubber tree Phytophthora stem rot in the field and on petiole
(by Huang Guixiu)
1. 田间为害状
2. 叶柄上的白色凝胶

彩图17-7-2 橡胶树季风性落叶病落叶和树冠症状（黄贵修提供）
Colour Figure 17-7-2 Symptoms of rubber tree Phytophthora stem rot on leaf and canopy (by Huang Guixiu)
1.落叶 2.树冠症状

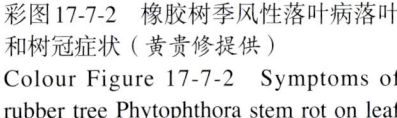

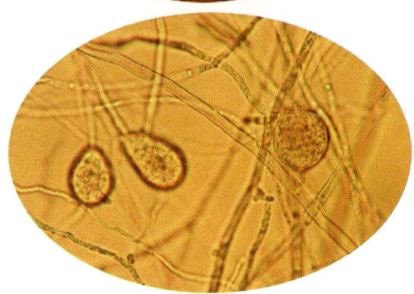

彩图17-7-3 疫霉菌的培养性状和分生孢子形态结构（黄贵修提供）
Colour Figure 17-7-3 Colony on culture media and conidia of *Phytophthora* sp. (by Huang Guixiu)

彩图17-8-1 橡胶树麻点病田间症状，病斑小而密集，迎光观察略透明（黄贵修提供）

Colour Figure 17-8-1 Symptoms of rubber tree pitting with small and dense lesions and slightly transparent under light (by Huang Guixiu)

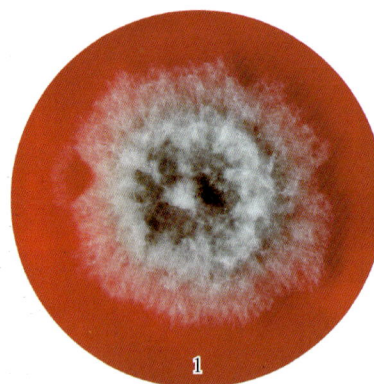
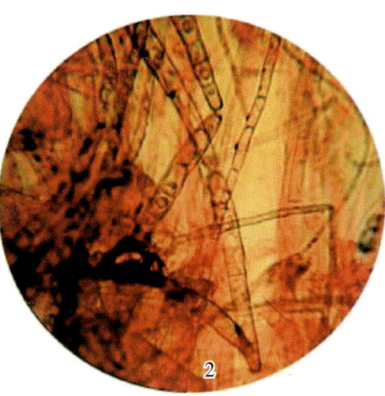
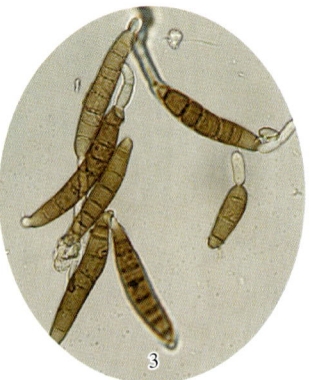

彩图17-8-2 橡胶树麻点病菌菌落生长特征（1）及其分生孢子（2、3）（黄贵修提供）
Colour Figure 17-8-2 Colony (1) and conidia of *Bipolaris heveae* (2, 3) (by Huang Guixiu)

彩图17-9-1　广寄生为害状（范志伟提供）
Colour Figure 17-9-1　Symptom of *Taxillus chinensis* on rubber trees（by Fan Zhiwei）

彩图17-9-2　广寄生
（范志伟提供）
Colour Figure17-9-2
Taxillus chinensis
（by Fan Zhiwei）

彩图17-10-1　木薯细菌性枯萎病症状
（1～5、8、9、11. 黄贵修提供；6. 时涛提供；7. 陈房生提供；10. 李超萍提供）
Colour Figure 17-10-1　The symptoms of cassava bacterial blight
(1-5, 8, 9, 11. by Huang Guixiu; 6. by Shi Tao;
7. by Chen Fangsheng; 10. by Li Chaoping)
1.叶片受害初期呈水渍状，暗绿色角斑　2.潮湿时，叶片病斑呈深灰色并腐烂
3.潮湿时，病斑上出现菌脓　4.病叶枯黄并提前脱落　5.田间初发病期，部分叶片变黄、凋萎
6.湿度大时，病叶不变黄，直接凋萎　7.病害大发生时叶片大量变黄并提前脱落
8.病株仅剩少量上部叶片　9.发病后期回枯
10.茎秆受害出现淡黄色菌脓　11.茎秆受害形成的病痕

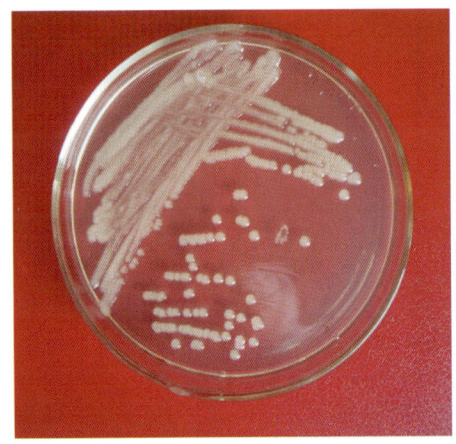

彩图17-10-2　木薯细菌性枯萎病菌菌落
（YPG培养基平板）（李超萍提供）
Colour Figure 17-10-2　The colonies of
Xanthomonas axonopodis pv. *manihotis* on
YPG medium (by Li Chaoping)

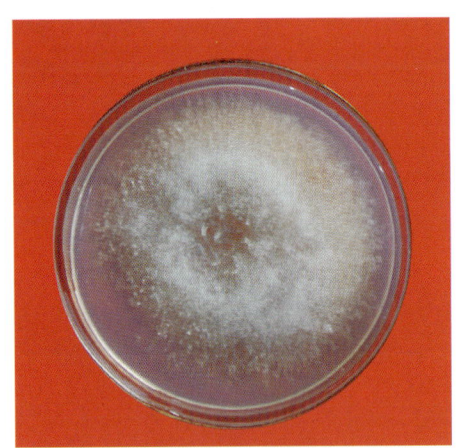

彩图17-11-2　木薯疫霉根腐病菌菌落
（燕麦培养基平板）（郭涵提供）
Colour Figure 17-11-2　The colony of
Phytophthora palmivora on oat medium
(by Guo Han)

彩图17-11-1　木薯疫霉根腐病症状（黄贵修提供）
Colour Figure 17-11-1　Symptoms of cassava Phytophthora root
rot (by Huang Guixiu)
1.发病植株萎蔫，叶片变黄、脱落　2.病株根系腐烂
3.发病薯块灰白色、灰黑色或黄褐色

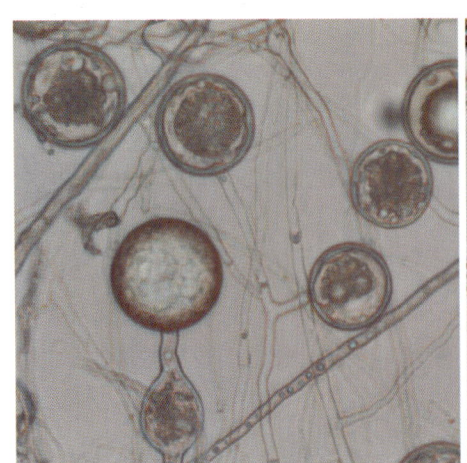

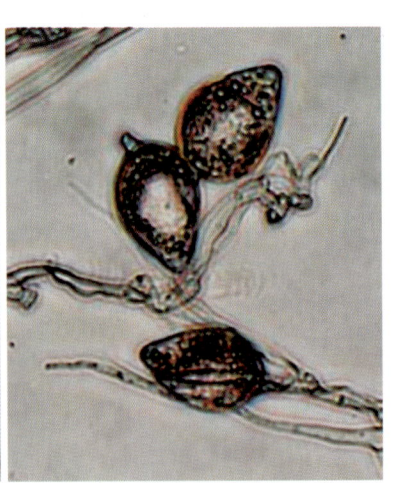

彩图17-11-3　木薯疫霉根腐病菌孢子
囊和藏卵器（李超萍提供）
Colour Figure17-11-3　The sporangia
and oogonia of *Phytophthora palmivora*
(by Li Chaoping)

彩图17-12-1 木薯褐斑病
症状
（裴月令和黄贵修提供）
Colour Figure 17-12-1
Symptom of cassava
brown leaf spot
(by Pei Yueling and
Huang Guixiu）
1.发病初期的墨绿色病斑和褐
色老病斑 2.田间病叶

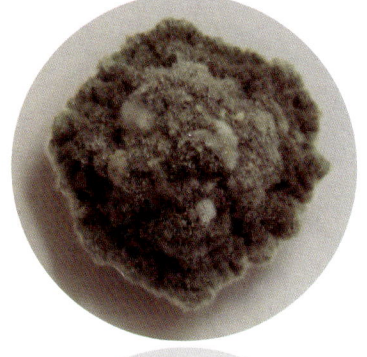

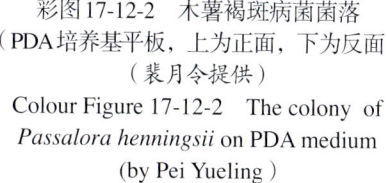

彩图17-12-2 木薯褐斑病菌菌落
（PDA培养基平板，上为正面，下为反面）
（裴月令提供）
Colour Figure 17-12-2 The colony of
Passalora henningsii on PDA medium
(by Pei Yueling）

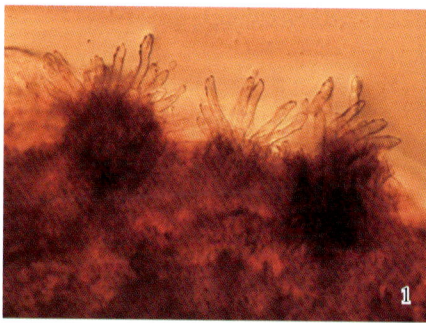

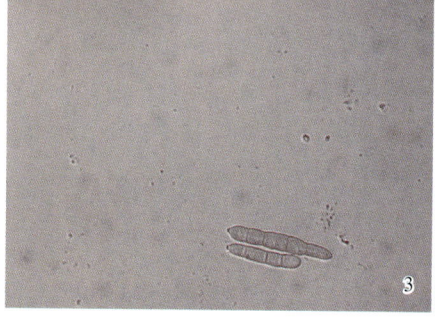
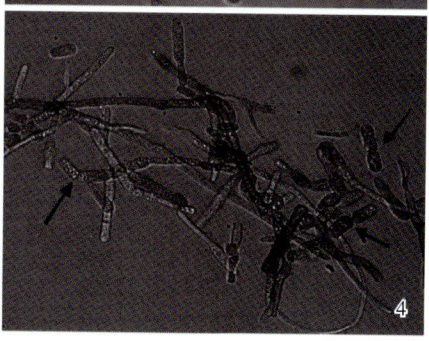

彩图17-12-3 木薯褐斑病菌形态（裴月令提供）
Colour Figure 17-12-3 Morphology of Passalora henningsii (by Pei Yueling）
1.病原菌的子座 2.分生孢子梗和新生的分生孢子
3.大型分生孢子 4.大型分生孢子断裂形成小型分生孢子

彩图17-13-1 木薯炭疽病症状（黄贵修提供）
Colour Figure 17-13-1 Symptoms of cassava anthracnose (by Huang Guixiu)
1.病叶部分干枯 2.病叶扭曲、干枯

彩图17-13-2 木薯炭疽
病菌在PDA培养基上的
菌落（黄贵修提供）
Colour Figure 17-13-2
The colony of
Colletotrichum
gloeosporioides on PDA
(by Huang Guixiu)

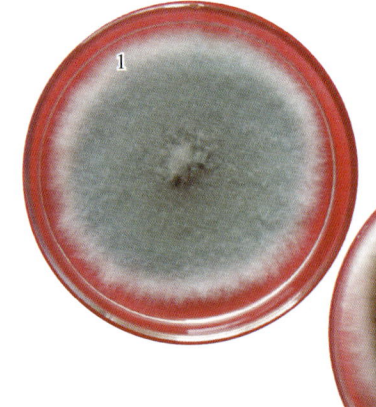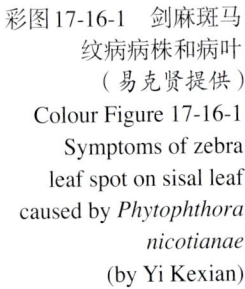

彩图 17-14-1 木薯棒孢霉叶斑病症状（黄贵修提供）
Colour Figure 17-14-1 Symptoms of cassava Corynespora leaf spot
(by Huang Guixiu)
1. 初发病叶片出现黄色小晕圈 2. 病斑扩大，中央呈黑褐色
3. 后期病斑白色，纸质并伴有穿孔现象

彩图 17-14-2 棒孢霉叶斑病菌
在 PDA 培养基上的菌落
（裴月令提供）
Colour Figure 17-14-2 The colony of
Corynespora cassiicola
on PDA medium (by Pei Yueling)

彩图 17-15-1 木薯平脐蠕孢叶斑
病病叶（黄贵修提供）
Colour Figure 17-15-1 Symptoms
of cassava Bipolaris leaf spot on leaf
(by Huang Guixiu)

彩图 17-15-2 木薯平脐蠕孢叶斑病菌在
PDA 培养基上的菌落（时涛提供）
Colour Figure 17-15-2 The colonies of
Bipolaris setariae on PDA medium
(by Shi Tao)
1. 正面 2. 反面

彩图 17-16-1 剑麻斑马
纹病病株和病叶
（易克贤提供）
Colour Figure 17-16-1
Symptoms of zebra
leaf spot on sisal leaf
caused by *Phytophthora
nicotianae*
(by Yi Kexian)

彩图17-16-2　剑麻斑马纹病病原菌孢囊梗、
孢子囊和游动孢子的显微特征（郑全龙摄）
Colour Figure 17-16-2　Sporangiophore,
sporangium and zoospore of *Phytophthora
nicotianae* from sisal
(by Zheng Jinlong)
1.孢囊梗　2.孢子囊和游动孢子

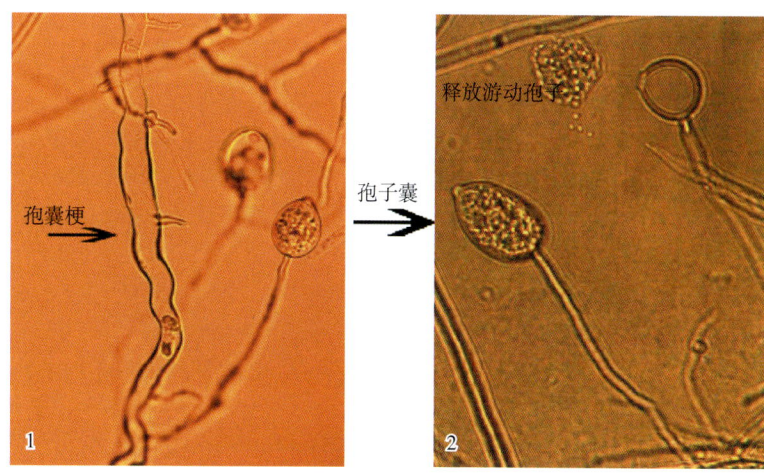

附彩图17-16-1　剑麻斑马纹病病情分级（郭朝铭提供）
Supplementary Colour Figure 17-16-1　The rating scale of the zebra leaf spot of sisal (by Guo Chaoming)
1.0级　2.1级　3.2级　4.3级　5.4级　6.5级

彩图17-17-1　剑麻茎腐病症
状(郑全龙摄)
Colour Figure17-17-1
Symptoms of sisal stem rot
（by Zheng Jinlong）

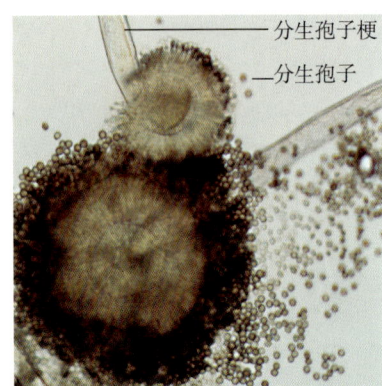

— 分生孢子梗

— 分生孢子

彩图 17-17-3 剑麻茎腐病菌显微结构
（郑金龙提供）
Colour Figure 17-17-3
Aspergillus niger under microscope
(by Zheng Jinlong）

彩图 17-17-2 剑麻茎腐病菌菌落
（郑金龙提供）
Colour Figure 17-17-2 Colony *Aspergillus niger* (by Zheng Jinlong）

彩图 17-18-1 香蕉条斑病毒病
症状（刘志昕提供）
Colour Figure 17-18-1
Symptoms of banana infected by
Banana streak virus
(by Liu Zhixin)
1. 断续或连续的褪绿条斑
2. 梭形条斑
3. 叶片上的坏死黑色条斑
4. 中脉上的坏死黑色条斑

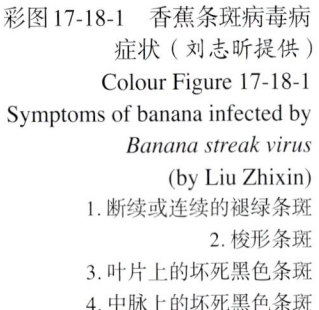

青筋

叶缘黄化

彩图 17-19-1 香蕉束顶病症状，示植株束顶矮缩、叶片边缘黄化和叶片、叶鞘上的"青筋"（刘志昕提供）
Colour Figure 17-19-1 Symptoms of banana bunchy top, showing dwarfed yellowing plant and
the dark green streaking in leaf veins (by Liu Zhixin)
1、2、3、5. 叶片、叶鞘上的"青筋" 4、5. 叶片边缘黄化 5. 束顶矮缩

彩图17-20-1 香蕉花叶心腐病田间症状（1）及花叶和心叶腐烂（2）症状（刘志昕提供）
Colour Figure 17-20-1 Symptoms of banana mosaic infected by *Cucumber mosaic virus*, showing diseased banana (1), mosaic and heart rot (2) (by Liu Zhixin)

彩图17-21-1 香蕉枯萎病植株老叶外缘变黄（黄俊生提供）
Colour Figure 17-21-1 The diseased banana plants with the dominant symptoms of yellowing leaves（by Huang Junsheng）

彩图17-21-2 香蕉枯萎病植株内部症状
（1和2. 黄俊生提供；3和4. 郭立佳提供）
Colour Figure 17-21-2 Internal symptoms of banana Fusarium wilt (1 and 2. by Huang Junsheng; 3 and 4. by Guo Lijia)
1. 香蕉种苗球茎纵切面出现黑褐色
2. 香蕉假茎横切面出现褐色或黑色
3. 假茎纵切面显微图像显示，维管束组织有菌丝分布（Hy表示菌丝）
4. 球茎横切面显微图像显示感病位置有大量菌丝和孢子（Co表示孢子）

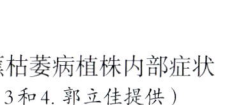

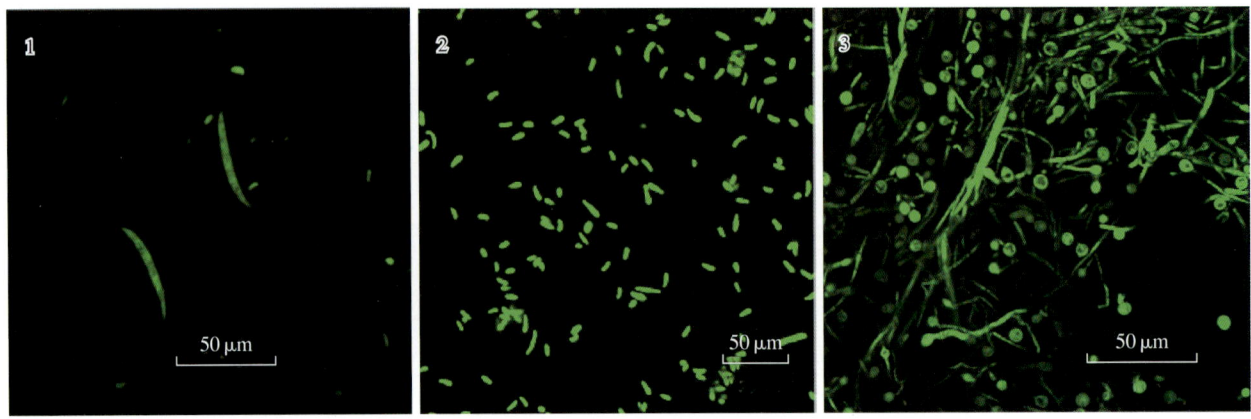

彩图17-21-3　尖镰孢古巴专化型孢子形态（转绿色荧光蛋白的病原菌图片）（郭立佳提供）

Colour Figure 17-21-3　Spore morphology of GFP-marked *Fusarium oxysporum* f. sp. *cubense* isolate（by Guo Lijia）

1.大型分生孢子　2.小型分生孢子　3.厚垣孢子

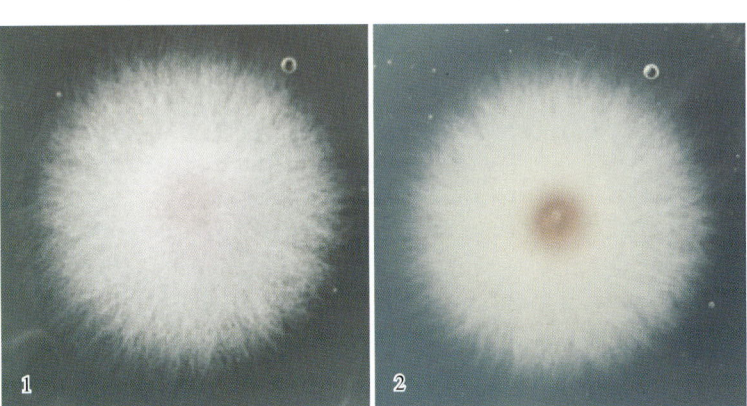

彩图 17-21-4　尖镰孢古巴专化型在 PDA培养基上的菌落形态 （郭立佳提供）

Colour Figure 17-21-4　*Fusarium oxysporum* f.sp.*cubense* colony on PDA medium（by Guo Lijia）

1.正面　2.背面

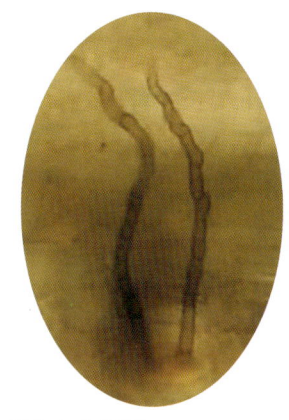

彩图17-22-2　斐济球腔菌分生孢子梗 （谢艺贤提供）

Colour Figure 17-22-2　Conidiophore of *Mycosphaerella fijiensis* (by Xie Yixian)

彩图17-22-1　香蕉黑条叶斑病症状（谢艺贤提供）

Colour Figure 17-22-1　Symptoms of banana black sigatoka (by Xie Yixian)

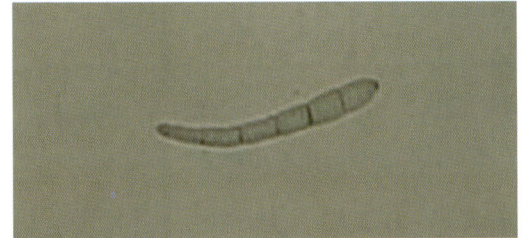

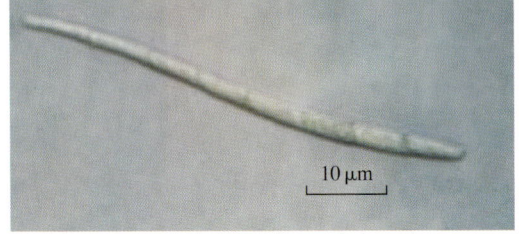

彩图17-22-3　斐济球腔菌的分生孢子 （谢艺贤提供）

Colour Figure 17-22-3　Conidia of *Mycosphaerella fijiensis* (by Xie Yixian)

彩图17-22-4　斐济球腔菌在PDA培
养基上的菌落形态（谢艺贤提供）
Colour Figure 17-22-4　Colony of
Mycosphaerella fijiensis on PDA
(by Xie Yixian)

彩图17-23-1　香蕉炭疽病症状（胡美姣提供）
Colour Figure 17-23-1　Symptoms of banana anthracnose（by Hu Meijiao）
1. 初期症状　2. 中期症状　3. 后期症状

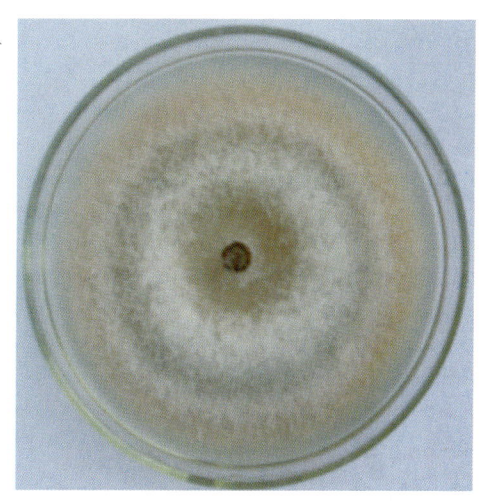

彩图17-23-2　香蕉炭疽
病青果受害状
（Scot C. Nelson提供）
Colour Figure 17-23-2
Anthracnose on green
banana (by Scot C. Nelson)

彩图17-23-3　香蕉炭疽病烟
头症状（胡美姣提供）
Colour Figure 17-23-3
Cigar-end rot symptoms of
banana anthracnose
（by Hu Meijiao）

彩图17-23-4　香蕉炭疽病菌菌落
（胡美姣提供）
Colour Figure 17-23-4　Colony of
Colletotrichum musae on PDA
（by Hu Meijiao）

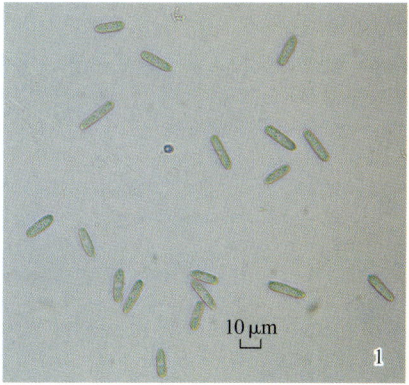

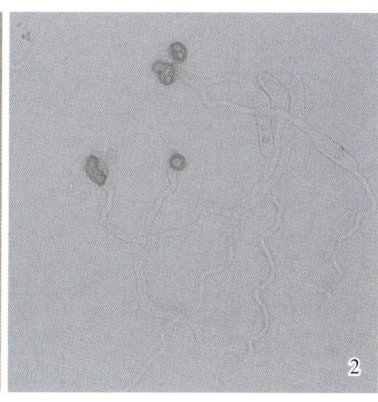

彩图17-23-5　香蕉炭疽病菌
（胡美姣提供）
Colour Figure 17-23-5　*Colletotrichum
musae*（by Hu Meijiao）
1. 分生孢子　2. 附着胞

彩图 17-23-6　香蕉采收
（胡美姣提供）
Colour Figure 17-23-6
Banana harvesting
（by Hu Meijiao）

彩图 17-23-8　香蕉包装
（胡美姣提供）
Colour Figure 17-23-8　Banana
packaging
（by Hu Meijiao）

彩图 17-23-7　香蕉采后处理（胡美姣提供）
Colour Figure 17-23-7　Banana postharvest
treatment（by Hu Meijiao）

彩图 17-24-1　香蕉叶片（1）、果
实（2）黑星病症状（张欣提供）
Colour Figure 17-24-1
Symptoms of banana freckle
on leaf (1) and fruit (2)
（by Zhang Xin）

彩图 17-25-1　香蕉苗期根结
线虫病症状（符美英提供）
Colour Figure 17-25-1
Symptoms of root knot nematode
on banana（by Fu Meiying）

彩图 17-25-2　根结线虫雌虫会阴花纹（符美英提供）
Colour Figure 17-25-2　Perineal patterns of root knot nematodes
on banana (by Fu Meiying)
1.南方根结线虫　2.爪哇根结线虫　3.花生根结线虫

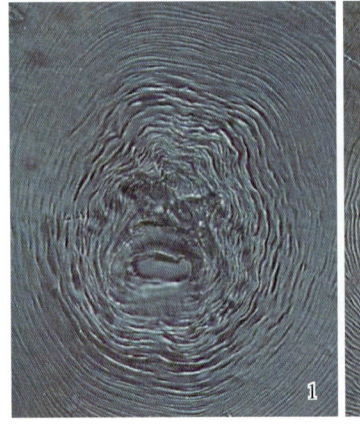

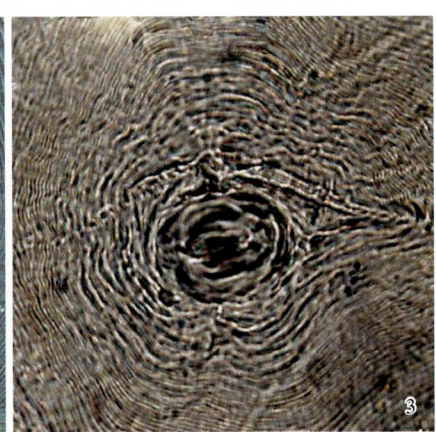

彩图17-26-1 芒果炭疽病
症状（蒲金基提供）
Colour Figure 17-26-1
Symptoms of mango
anthracnose (by Pu Jinji)
1.叶片症状 2.花穗症状
3.未成熟果实症状
4、5.成熟果实症状

彩图17-27-1 芒果细菌性黑斑病症状（蒲金基提供）
Colour Figure 17-27-1 Symptoms of bacteria black spot of mango (by Pu Jinji)
1.叶片症状 2.枝条症状 3.果柄症状 4.果实症状

彩图17-28-1 芒果疮痂病症状（蒲金基提供）
Colour Figure 17-28-1 Symptoms of mango scab (by Pu Jinji)
1.叶片症状 2.果实症状 3.嫩梢症状 4.花序症状

彩图17-29-1　芒果树流胶病症状（胡美姣提供）
Colour Figure 17-29-1 Symptoms of mango gummosis (by Hu Meijiao)

彩图17-29-2　芒果树流胶病果实症状（胡美姣提供）
Colour Figure 17-29-2 Symptoms of mango gummosis on fruit (by Hu Meijiao)

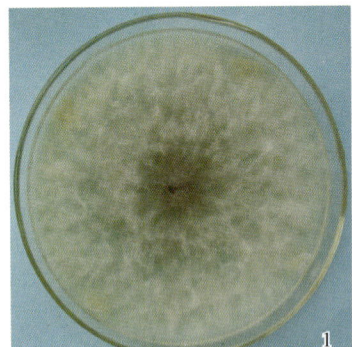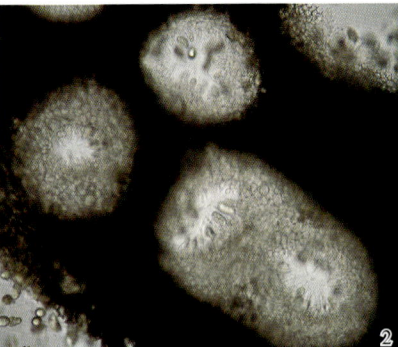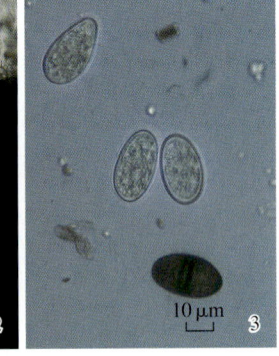

彩图17-29-3　可可毛壳色单隔孢（胡美姣提供）
Colour Figure 17-29-3 *Lasiodiplodia theobromae* (by Hu Meijiao)
1. 在PDA培养基上的菌落形态
2. 分生孢子器及分生孢子
3. 分生孢子

彩图17-30-1　芒果畸形病症状（蒲金基提供）
Colour Figure 17-30-1 Symptoms of mango malformation (by Pu Jinji)
1.扫帚状畸形枝条　2.畸形芽
3.严重畸形的成龄果树　4.畸形花序

彩图 17-31-1　荔枝霜疫霉病症状（张荣、彭埃天、姜子德提供）
Colour Figure 17-31-1　Symptoms of litchi downy blight (by Zhang Rong, Peng Aitian and Jiang Zide)
1.叶症状　2.花穗症状　3.果实初期症状　4.成熟果后期症状

彩图 17-32-1　荔枝藻斑病症状（潘汝谦提供）
Colour Figure 17-32-1　Symptoms of litchi algal leaf
spot（by Pan Ruqian）
1.叶片正面　2.叶片背面

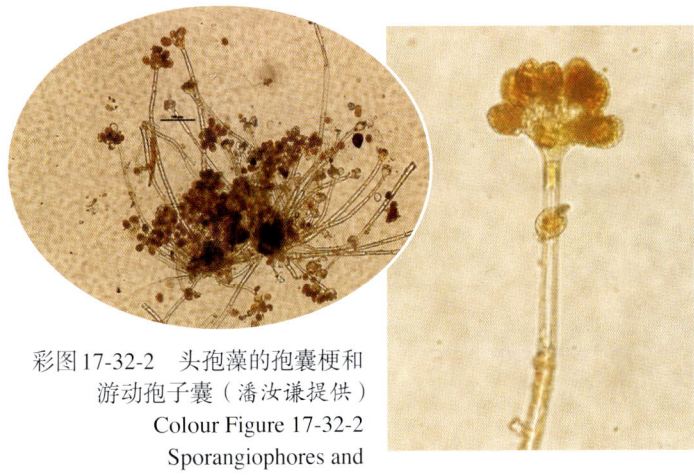

彩图 17-32-2　头孢藻的孢囊梗和
游动孢子囊（潘汝谦提供）
Colour Figure 17-32-2
Sporangiophores and
zoosporangia of *Cephaleuros*
virescens (by Pan Ruqian)

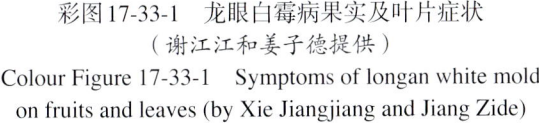

彩图 17-33-1　龙眼白霉病果实及叶片症状
（谢江江和姜子德提供）
Colour Figure 17-33-1　Symptoms of longan white mold
on fruits and leaves (by Xie Jiangjiang and Jiang Zide)

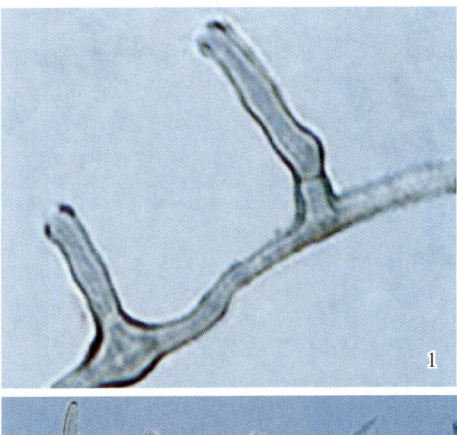
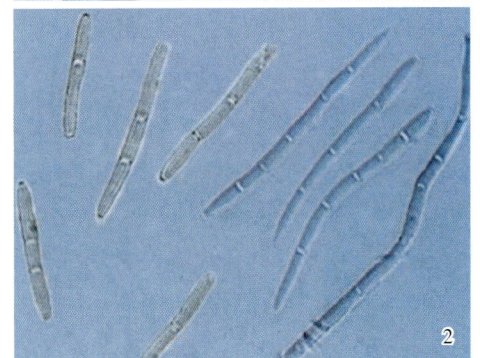

彩图 17-33-2　桃三浦菌形态
（谢江江和姜子德提供）
Colour Figure 17-33-2　Morphology of
Miuraea persicae (by Xie Jiangjiang and Jiang Zide)
1.分生孢子梗及产孢梗　2.分生孢子

彩图17-34-1 荔枝炭疽病慢性型叶部症状（张新春摄）
Colour Figure 17-34-1 The chronic symptoms of litchi anthracnose on leaves (by Zhang Xinchun)

彩图17-34-2 荔枝炭疽病花穗部症状（引自戚佩坤，2000）
Colour Figure 17-34-2 Symptoms of anthracnose on spicas of litchi (from Qi Peikun, 2000)

彩图17-34-3 荔枝炭疽病果实症状（张新春摄）
Colour Figure 17-34-3 Symptoms of anthracnose on fruits of litchi (by Zhang Xinchun)

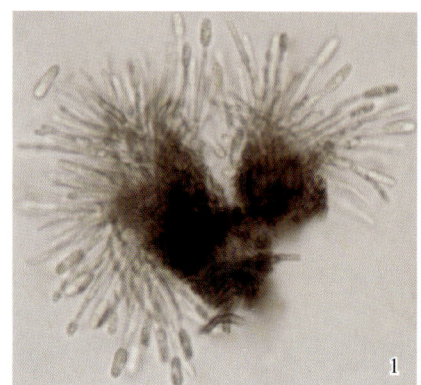
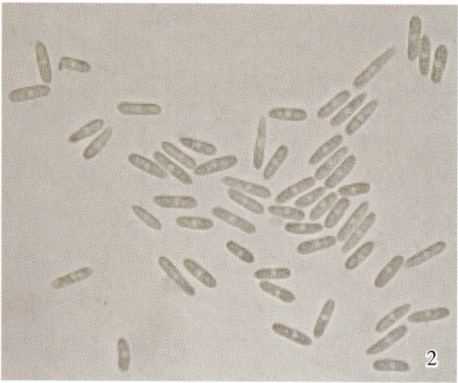

彩图17-34-4 荔枝炭疽病菌的分生孢子盘和分生孢子（张新春摄）
Colour Figure 17-34-4 The acervulus and spores of *Colletotrichum gloeosporioides* (by Zhang Xinchun)
1.分生孢子盘 2.分生孢子

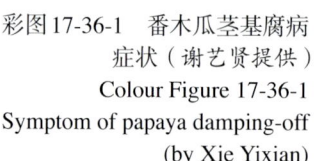
彩图17-36-1 番木瓜茎基腐病症状（谢艺贤提供）
Colour Figure 17-36-1 Symptom of papaya damping-off (by Xie Yixian)

彩图 17-37-1　番木瓜疮痂病
症状（胡美姣提供）
Colour Figure 17-37-1
Symptoms of papaya scab
(by Hu Meijiao)
1. 叶片症状　2. 果实症状

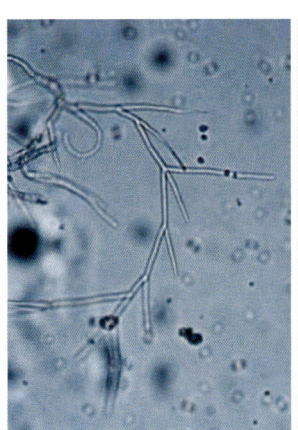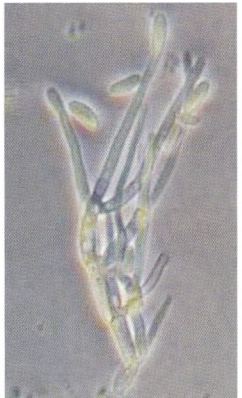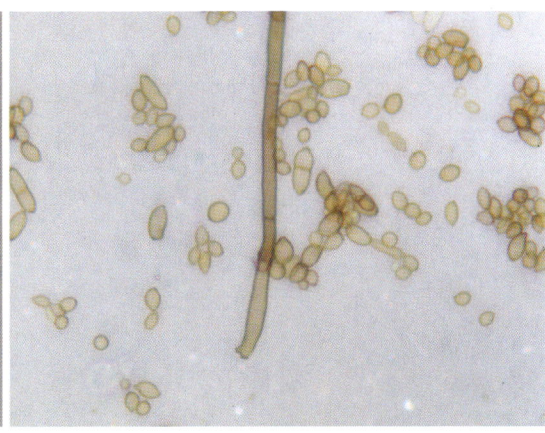

彩图17-37-2　番木瓜枝孢分生孢子梗和分生孢子（胡美姣提供）
Colour Figure 17-37-2　*Cladosporium caricinum* (by Hu Meijiao)

彩图17-38-1　菠萝心
腐病症状
（谢艺贤提供）
Colour Figure 17-38-1
Symptoms of pineapple
Phytophthora heart rot
（by Xie Yixian）
1. 整株受害　2. 心腐状

彩图17-39-1　菠萝黑腐病症状（胡美姣和何衍彪提供）
Colour Figure 17-39-1　Symptoms of pineapple black rot（by Hu Meijiao and He Yanbiao）

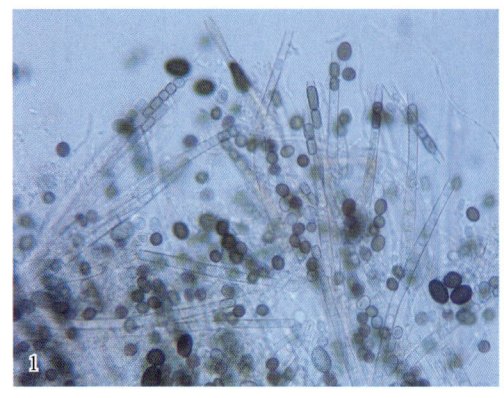

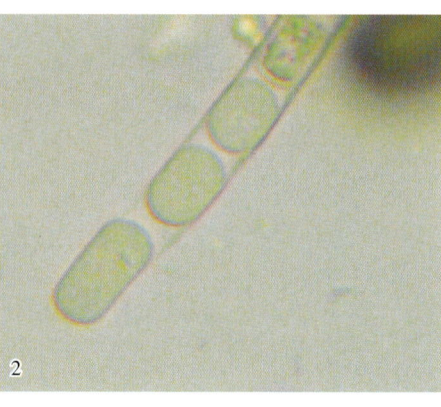

彩图17-39-2　菠萝黑腐病菌
（胡美姣提供）
Colour Figure 17-39-2
Chalara paradoxa
（by Hu Meijiao）
1. 分生孢子梗、分生孢子和厚垣孢子
2. 分生孢子产生方式

彩图17-40-1　菠萝凋萎病田间症状（范鸿雁、罗志文和何凡摄）
Colour Figure 17-40-1　Symptoms of pineapple mealybug wilt
(by Fan Hongyan, Luo Zhiwen and He Fan)

彩图17-41-1　菠萝蜜花果软腐病症状（胡美姣提供）
Colour Figure 17-41-1　Symptoms of Rhizopus rot of jackfruit（by Hu Meijiao）
1.小果受害状　2.近成熟果实受害状　3.储藏期果实受害

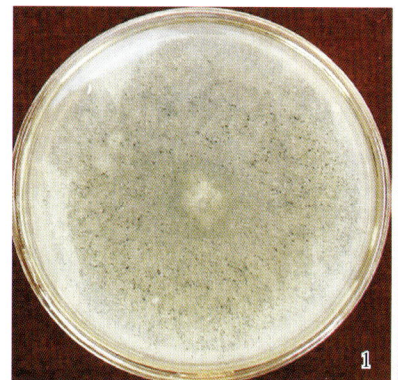
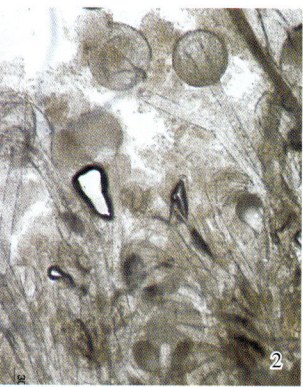
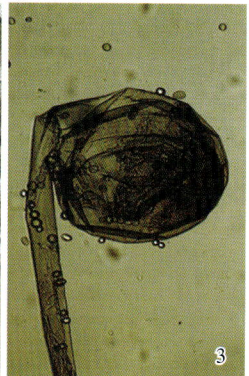

彩图17-41-2　匍枝根霉
（胡美姣提供）
Colour Figure 17-41-2
Rhizopus stolonifer
（by Hu Meijiao）
1.菌落形态
2、3.孢囊梗及孢子囊

彩图17-42-1　菠萝蜜蒂腐病症状
（刘爱勤提供）
Colour Figure17-42-1　Symptoms of
jackfruit stem-end rot（by Liu Aiqin）

彩图17-43-1　菠萝蜜炭疽病症状（刘爱勤和胡美姣提供）
Colour Figure17-43-1　Symptoms of jackfruit anthracnose
（by Liu Aiqin and Hu Meijiao）
1.叶片症状　2.果实症状

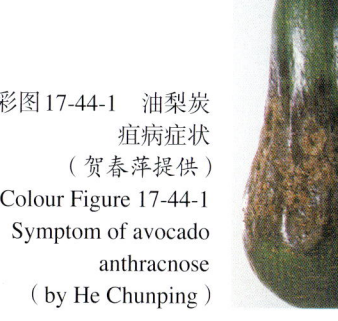

彩图17-44-1　油梨炭
疽病症状
（贺春萍提供）
Colour Figure 17-44-1
Symptom of avocado
anthracnose
（by He Chunping）

彩图17-46-1　黄皮炭疽病症状（胡美姣和谢昌平提供）
Colour Figure17-46-1　Symptoms of wampee anthracnose (by Hu Meijiao and Xie Changping)
1.果实症状　2.叶片症状

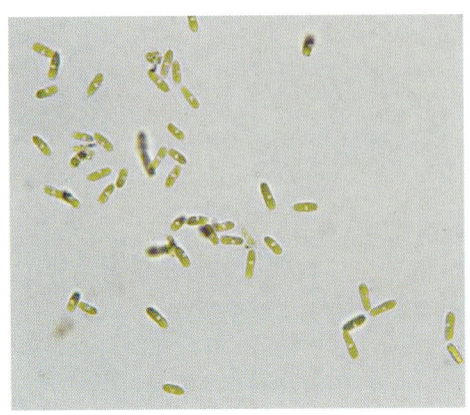

彩图 17-46-2 黄皮炭疽病菌
（胡美姣提供）
Colour Figure17-46-2 *Colletotrichum gloeosporioides* (by Hu Meijiao)

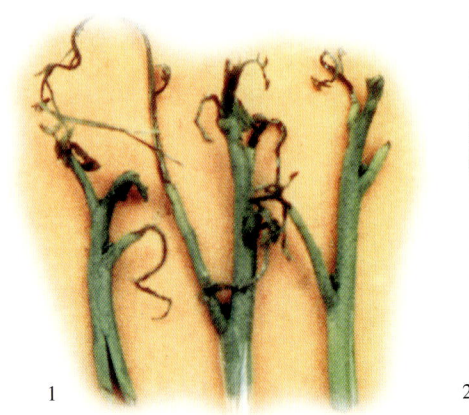

彩图 17-47-1 黄皮梢腐病症状（戚佩坤提供）
Colour Figure 17-47-1 Symptoms of wampee top rot
(by Qi Peikun)
1. 嫩梢感病 2. 枝条感病

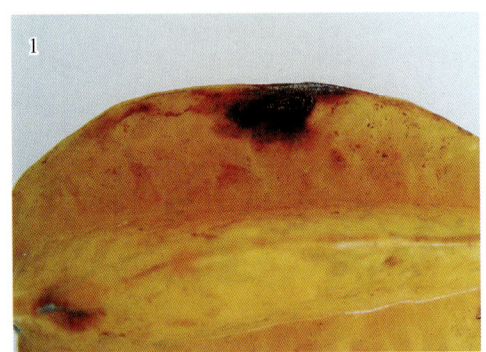

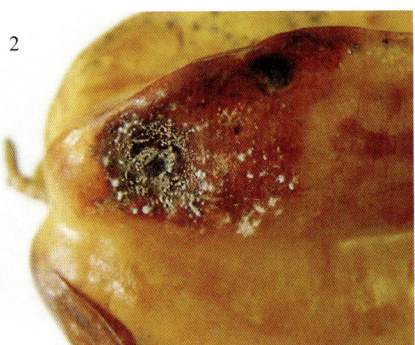

彩图 17-48-1 杨桃炭疽病症状
（胡美姣提供）
Colour Figure 17-48-1
Symptoms of carambola
anthracnose（by Hu Meijiao）
1. 早期症状 2. 后期症状

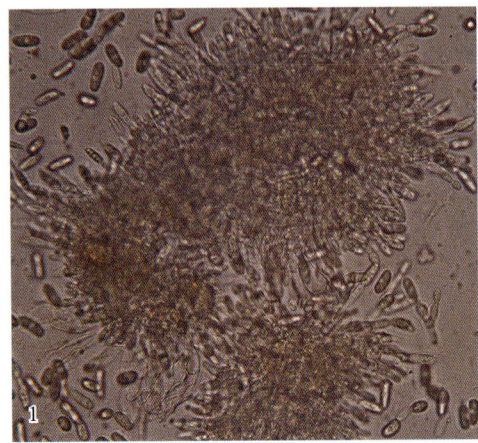

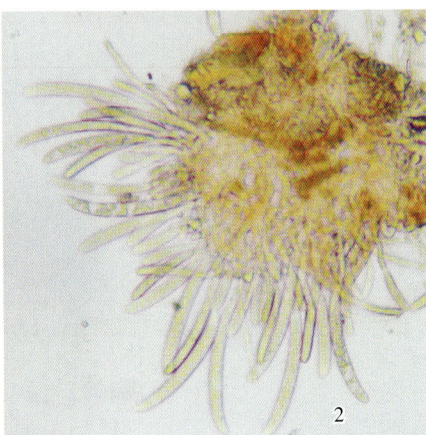

彩图 17-48-2 杨桃炭疽病菌
（胡美姣提供）
Colour Figure17-48-2
Pathogens of carambola
anthracnose（by Hu Meijiao）
1. 胶孢炭疽菌 2. 辣椒炭疽菌

彩图 17-50-1 火龙果炭疽
病症状（贺春萍提供）
Colour Figure 17-50-1
Symptom of pitaya
anthracnose
（by He Chunping）

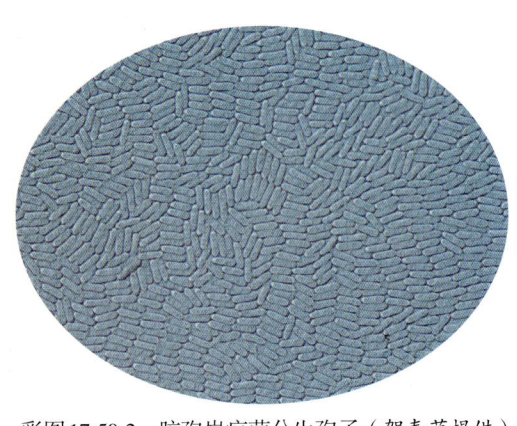

彩图 17-50-2 胶孢炭疽菌分生孢子（贺春萍提供）
Colour Figure17-50-2 Conidia of *Colletotrichum gloeosporioides*（by He Chunping）

彩图17-51-1　番石榴蒂腐病症状（胡美姣提供）
Colour Figure 17-51-1　Symptoms of guava stem-end rot（by Hu Meijiao）

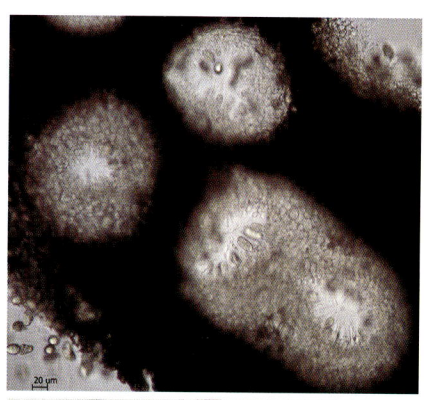

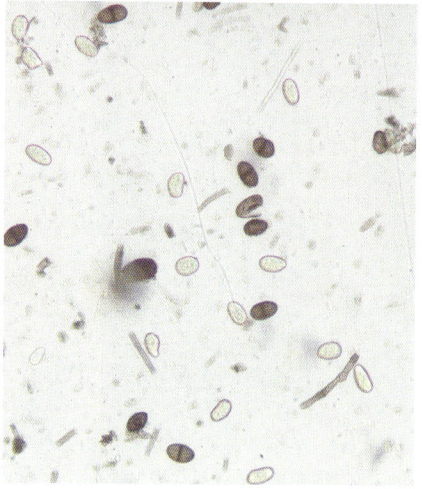

彩图17-52-1　番石榴炭疽病症状（谢艺贤提供）
Colour Figure17-52-1　Symptoms of guava anthracnose（by Xie Yixian）
1. 叶片症状　2. 果实症状

彩图17-51-2　番石榴蒂腐病菌
（胡美姣提供）
Colour Figure 17-51-2
Lasiodiplodia theobromae
（by Hu Meijiao）

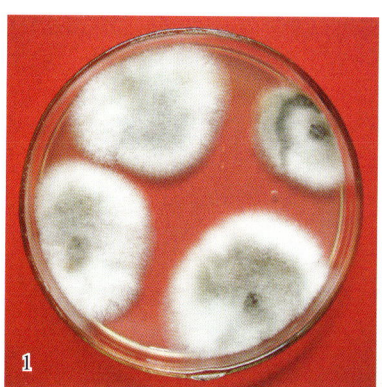
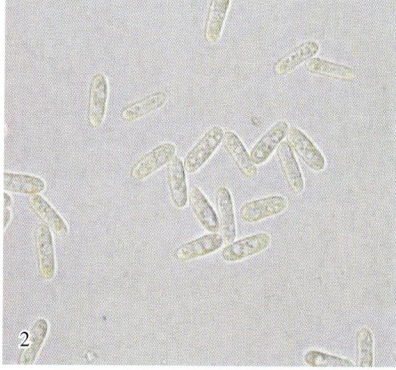

彩图17-52-2　番石榴炭疽病菌
——胶孢炭疽菌
（胡美姣提供）
Colour Figure17-52-2
Colletotrichum gloeosporioides
（by Hu Meijiao）
1. 菌落　2. 分生孢子

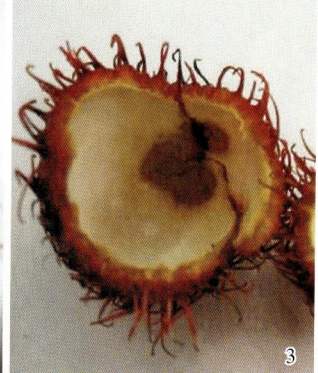

彩图17-53-1　红毛丹炭疽病症状（胡美姣提供）
Colour Figure17-53-1　Symptoms of rambutan anthracnose（by Hu Meijiao）
1. 叶片症状　2. 果实症状　3. 果皮内部症状

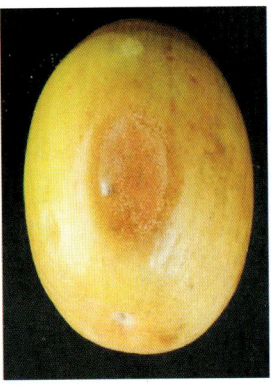

彩图17-54-1　毛叶枣炭疽病症状（胡美姣提供）
Colour Figure 17-54-1 Symptoms of India jujube anthracnose（by Hu Meijiao）

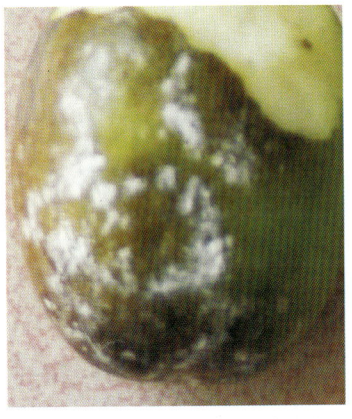
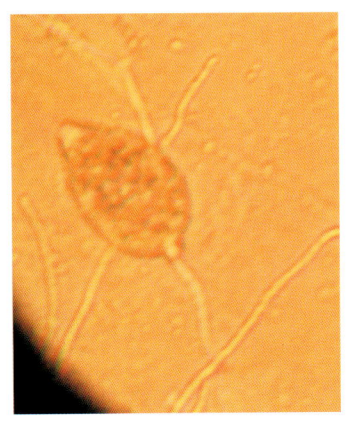

彩图17-55-1　毛叶枣疫病症状（胡美姣提供）
Colour Figure 17-55-1 Symptoms of Phytophthora blight of India jujube（by Hu Meijiao）

彩图17-55-2　毛叶枣疫病菌——棕榈疫霉（胡美姣提供）
Colour Figure 17-55-2 *Phytophthora palmivora*（by Hu Meijiao）

彩图17-56-1　毛叶枣白粉病症状（谢艺贤提供）
Colour Figure 17-56-1 Symptoms of powdery mildew of India jujube（by Xie Yixian）

彩图17-57-1　鸡蛋果炭疽病症状（胡美姣提供）
Colour Figure 17-57-1 Symptoms of passion fruit anthracnose（by Hu Meijiao）

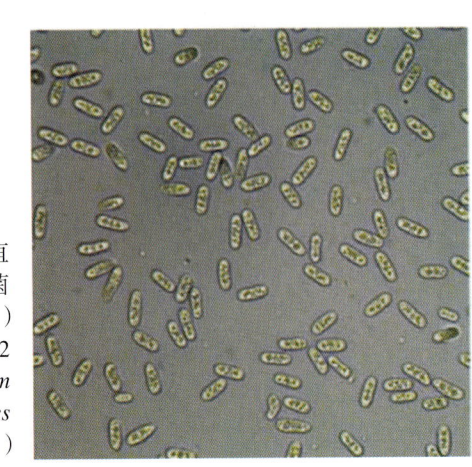

彩图17-57-2　鸡蛋果炭疽病菌——胶孢炭疽菌（胡美姣提供）
Colour Figure 17-57-2 *Colletotrichum gloeosporioides*（by Hu Meijiao）

彩图17-58-1　鸡蛋果茎基腐病症状（詹儒林提供）
Colour Figure 17-58-1 Symptoms of passionfruit damping-off（by Zhan Rulin）

彩图17-59-1　莲雾炭疽病症状
（谢艺贤提供）
Colour Figure 17-59-1
Symptoms of wax apple anthracnose
（by Xie Yixian）

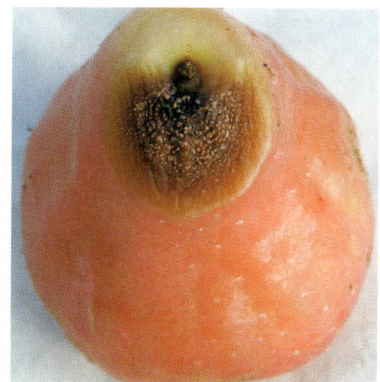

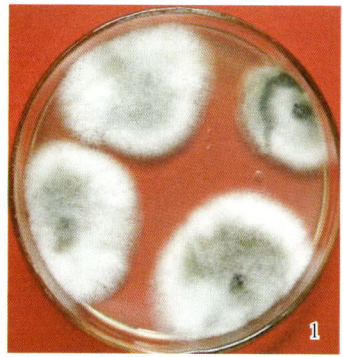
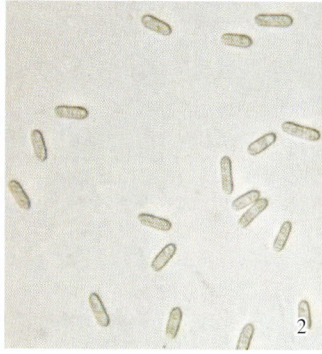
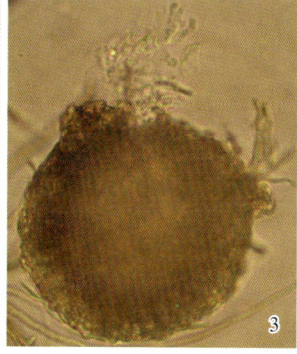

彩图17-59-2　莲雾炭疽病菌（胡美姣提供）
Colour Figure 17-59-2　*Colletotrichum gloeosporioides*（by Hu Meijiao）
1. 菌落形态　2. 分生孢子　3. 子囊壳　4. 子囊和子囊孢子

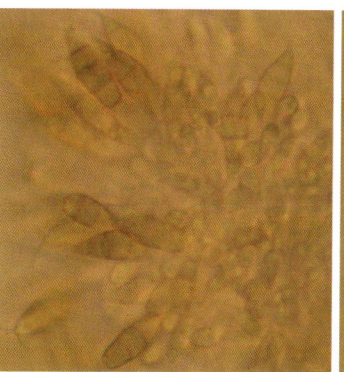
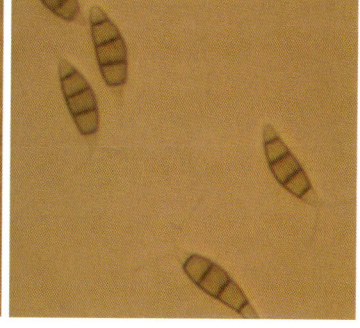

彩图17-60-2　拟盘多毛孢（胡美姣提供）
Colour Figure 17-60-2　*Pestalotiopsis eugeniae*（by Hu Meijiao）

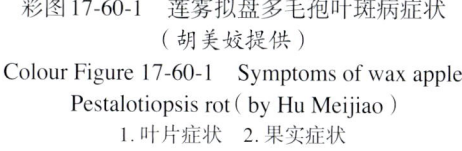

彩图17-60-1　莲雾拟盘多毛孢叶斑病症状
（胡美姣提供）
Colour Figure 17-60-1　Symptoms of wax apple
Pestalotiopsis rot（by Hu Meijiao）
1. 叶片症状　2. 果实症状

彩图17-61-1　莲雾根霉果腐病症状
（胡美姣提供）
Colour Figure 17-61-1　Symptoms of Rhizopus rot
of wax apple（by Hu Meijiao）

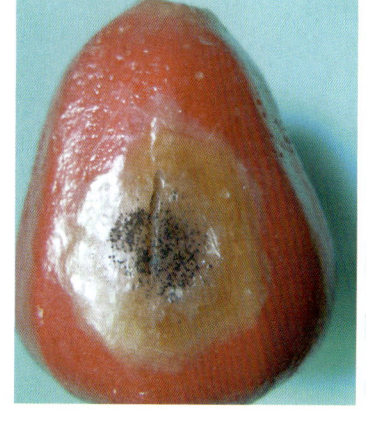

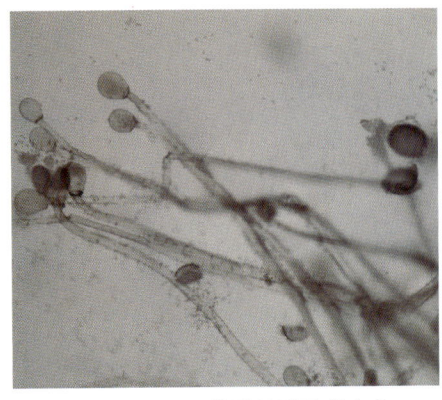

彩图17-61-2　莲雾根霉果腐病菌
（胡美姣提供）
Colour Figure 17-61-2　*Rhizopus stolonifer*
（by Hu Meijiao）

彩图17-62-1　腰果嫩叶和果实感染炭疽病症状（梁李宏摄）
Colour Figure 17-62-1　Symptoms of cashew nut anthracnose on tender leaf and fruit (by Liang Lihong)

彩图17-63-1　澳洲坚果速衰病整株症状（周明提供）
Colour Figure17-63-1　The whole plant symptoms of macadamia rapid decline (by Zhou Ming)
1.速衰　2.渐衰

彩图17-63-2　澳洲坚果速衰病症状（周明提供）
Colour Figure 17-63-2
Symptoms of macadamia rapid decline (by Zhou Ming)
1.茎部症状　2.根部症状

彩图17-63-3　木炭角菌菌落（周明提供）
Colour Figure17-63-3　Colony of *Xylaria arbuscula*（by Zhou Ming）

彩图17-65-1　澳洲坚果炭疽病侵害果实症状（周明提供）
Colour Figure17-65-1　Symptoms of macadamia anthracnose on fruits (by Zhou Ming)
1.前期症状　2.后期症状

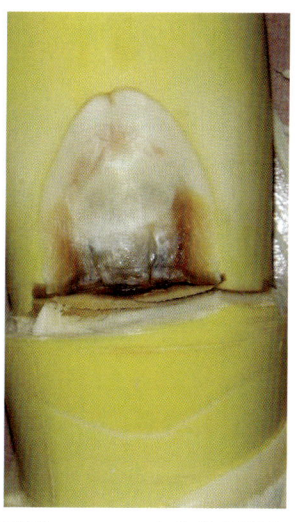

彩图17-66-1 槟榔黄化病黄化
型症状（罗大全提供）
Colour Figure 17-66-1
Symptom of arecanut
yellowing (by Luo Daquan)

彩图17-66-2 小花苞水渍状
败坏（罗大全提供）
Colour Figure 17-66-2
Symptom of arecanut
inflorescence water-soaking (by
Luo Daquan)

彩图17-66-3 槟榔黄化病束顶
型症状（罗大全提供）
Colour Figure 17-66-3
Symptom of arecanut
bunchy top (by Luo Daquan)

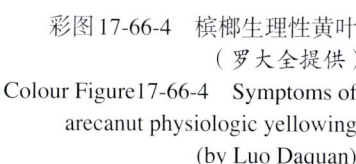

彩图17-66-4 槟榔生理性黄叶
（罗大全提供）
Colour Figure17-66-4 Symptoms of
arecanut physiologic yellowing
(by Luo Daquan)

彩图17-67-1 槟榔茎基腐病菌的担子果（李增平提供）
Colour Figure 17-67-1 Basidiocarp of *Ganoderma lucidum* (by Li Zengping)

彩图 17-68-1　椰子泻血病症状（余凤玉提供）
Colour Figure 17-68-1　Symptoms of stem bleeding of coconut (by Yu Fengyu)

彩图 17-68-2　椰子泻血病菌厚壁分生孢子、薄壁分生孢子和菌落形态（PDA）（余凤玉提供）
Colour Figure 17-68-2　The chlamydospores, conidia and colony on PDA plate of *Ceratocystis paradoxa* (by Yu Fengyu)

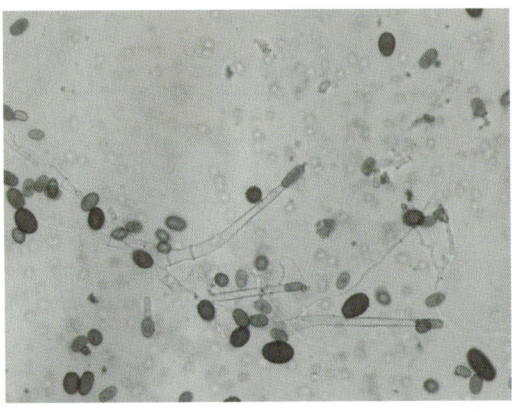
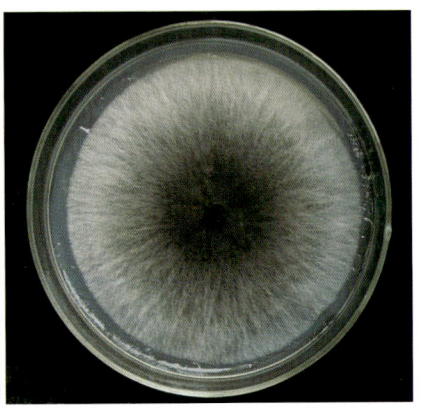

彩图 17-69-1　咖啡锈病症状
（1 和 3. 引自张洪波，2012；
2. 引自农业部农垦局热作处，1989）
Colour Figure 17-69-1　Symptoms of coffee rust (1 and 3. from Zhang Hongbo, 2012; 2. from Department of Tropical Crops, Bureau of State Farms and Land Reclamation, Ministry of Agriculture, 1989)
1. 感病叶片背面　2. 感病叶片
3. 叶片背面夏孢子被寄生

彩图 17-71-1　咖啡立枯病病部形成的网状菌索（张洪波提供）
Colour Figure 17-71-1　The mesh rhizomorph in diseased coffee root collar（by Zhang Hongbo）

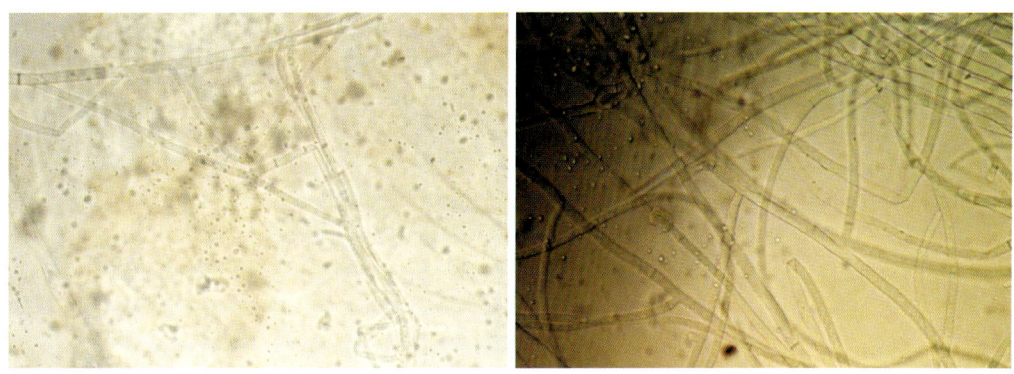

彩图17-71-2 立枯丝核菌菌丝（张洪波提供）
Colour Figure 17-71-2 Hypha of *Rhizoctonia solani*（by Zhang Hongbo）

彩图17-72-1 咖啡炭疽病症状
（李波提供）
Colour Figure 17-72-1
Symptoms of coffee anthracnose
（by Li Bo）
1.叶片症状 2.浆果症状
3.黑果症状 4.苗期症状

彩图17-73-1 可可炭疽病果实
症状（刘爱勤摄）
Colour Figure 17-73-1
Symptoms of anthracnose on cocoa
(by Liu Aiqin)

彩图 17-74-1　可可黑果病初期症状
（刘爱勤摄）
Colour Figure 17-74-1　Early stage symptom
of cocoa black pod rot (by Liu Aiqin)

彩图 17-74-2　可可黑果病中期症状
（刘爱勤摄）
Colour Figure 17-74-2　Middle stage
symptom of cocoa black pod rot
(by Liu Aiqin)

彩图 17-75-1　胡椒瘟病症状（刘爱勤摄）
Colour Figure17-75-1　Symptoms of pepper Phytophthora root rot (by Liu Aiqin)
1. 初期木质部导管变黑　2. 后期外表皮变黑　3. 整株胡椒青枯落叶　4. 幼苗感病症状
5. 下层叶片感病　6. 圆形病斑　7. 菱形病斑　8. 枝蔓和果穗症状

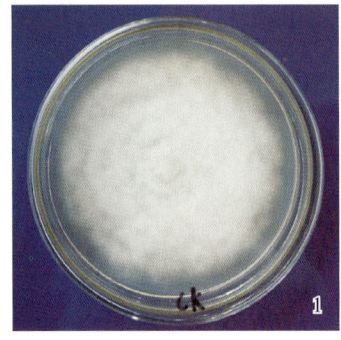

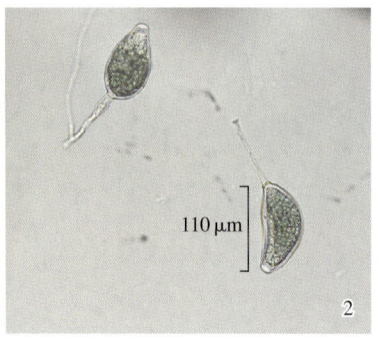

110 μm

彩图 17-75-2　胡椒瘟病菌形态（桑利伟摄）
Colour Figure17-75-2　Morphology of
Phytophthora capsici (by Sang Liwei)
1. 菌落形态　2. 孢子囊形态

彩图17-76-1　胡椒细菌性叶斑病症状（刘爱勤摄）
Colour Figure 17-76-1
Symptoms of pepper bacterial leaf spot (by Liu Aiqin)
1.叶片症状　2.整株症状
3.枝蔓症状　4.果穗症状

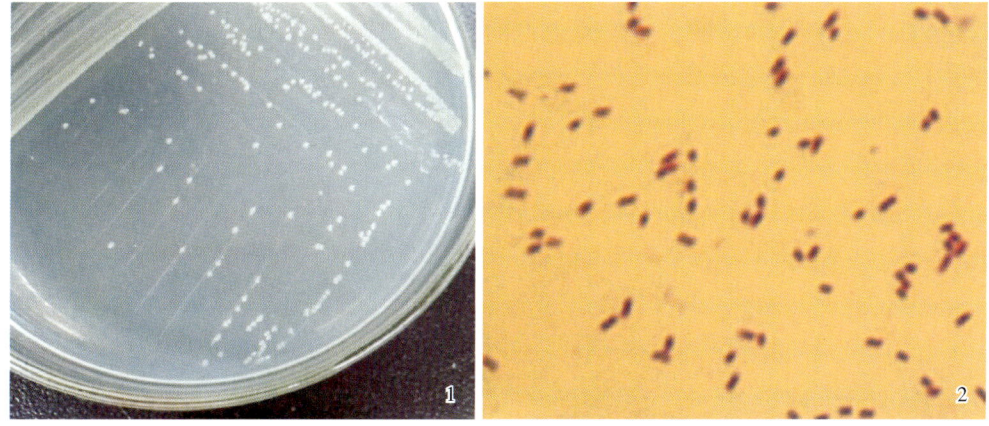

彩图17-76-2　胡椒细菌性叶斑病菌形态（刘爱勤摄）
Colour Figure 17-76-2　Morphology of *Xanthomonas axonopodis* pv. *betlicola* (by Liu Aiqin)
1.菌落形态　2.菌体形态

彩图17-77-1　胡椒花叶病感病叶片和健康叶片比较（刘向阳摄）
Colour Figure 17-77-1　Differences between normal and mosaic leaves of pepper (by Liu Xiangyang)

健康叶片　　　　感病叶片

彩图 17-77-2　胡椒花叶病感病植株和健康植株（刘爱勤摄）
Colour Figure 17-77-2　Differences between normal and mosaic pepper plants (by Liu Aiqin)

彩图 17-77-3　胡椒花叶病感病果穗（花穗）与健康果穗（刘向阳摄）
Colour Figure 17-77-3　Differences between normal and mosaic pepper fruits (by Liu Xiangyang)

彩图17-77-4　胡椒花叶病感病枝条（左）和健康枝条（右）（刘向阳摄）
Colour Figure17-77-4　Differences between normal (right) and mosaic (left) pepper branches ((by Liu Xiangyang)

彩图 17-78-1　胡椒枯萎病症状（贺春萍提供）
Colour Figure 17-78-1　Symptom of pepper Fusarium wilt（by He Chunping）

彩图17-79-1　胡椒根结线虫病症状（王会芳提供）
Colour Figure 17-79-1　Symptoms of root knot nematode on pepper (by Wang Huifang)

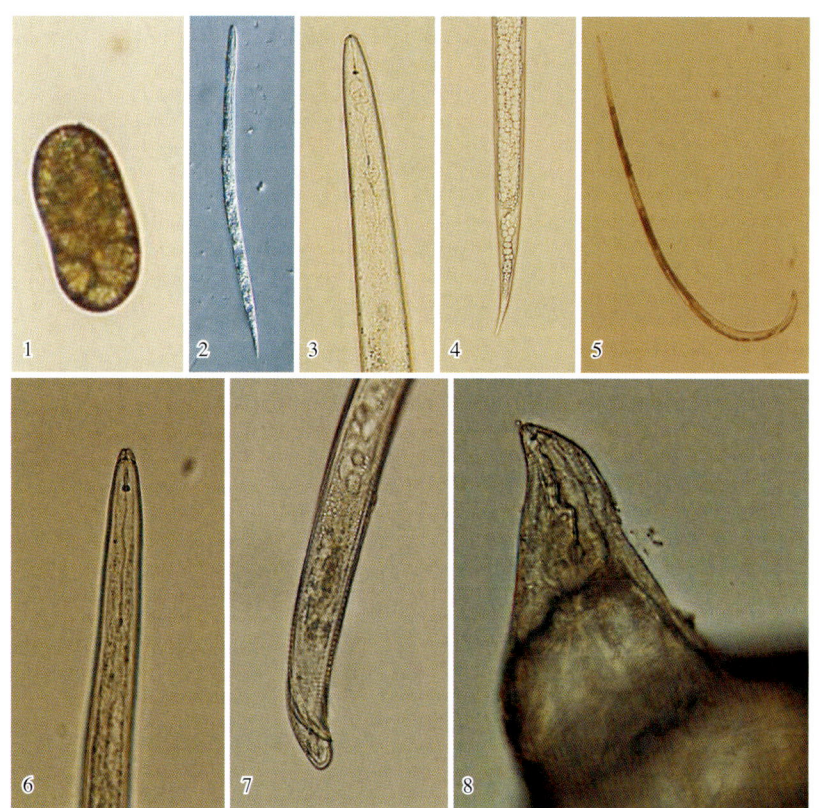

彩图17-79-2　南方根结线虫的形态特征（黄伟明提供）

Colour Figure 17-79-2　The morphology of *Meloidogyne incognita* (by Huang Weiming)

1.卵　2.二龄幼虫　3.二龄幼虫前端　4.二龄幼虫尾端
5.雄虫　6.雄虫前端　7.雄虫尾端　8.雌虫头部

彩图17-80-1　香草兰细菌性软腐病症状
（刘爱勤摄）

Colour Figure 17-80-1　Symptoms of vanilla bacterial soft rot (by Liu Aiqin)

1.叶片症状　2.茎蔓症状

彩图17-81-1　香草兰疫病症状（刘爱勤摄）

Colour Figure 17-81-1 Symptoms of vanilla Phytophthora blight (by Liu Aiqin)

1.嫩梢症状　2.嫩叶症状
3.果荚症状　4.茎蔓症状

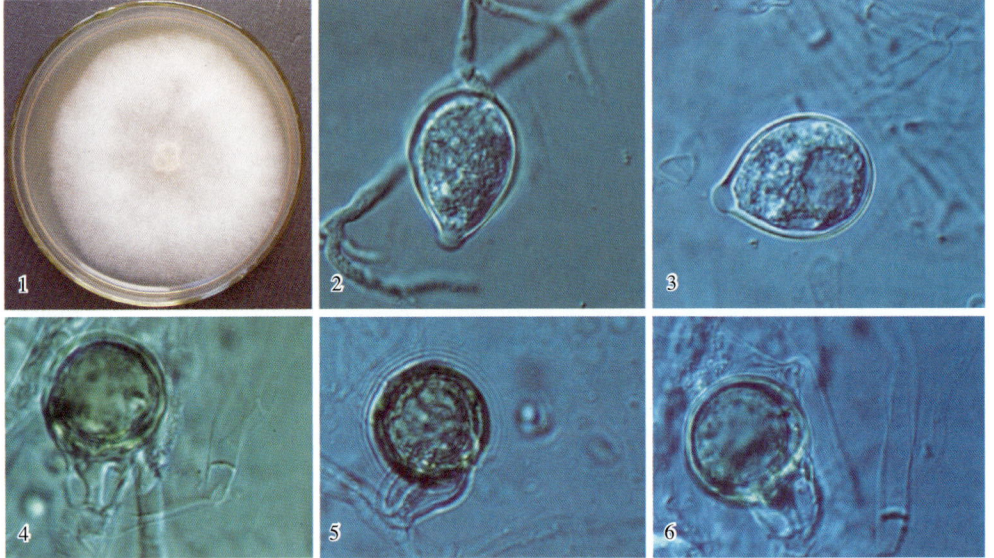

彩图17-81-2 香草兰疫病菌形态（曾会才摄）
Colour Figure 17-81-2 Morphology of *Phytophthora* sp. (by Zeng Huicai)
1.菌落 2、3.孢子囊 4~6.藏卵器和雄器

彩图17-82-1 六点始叶螨为害状（张方平摄）
Colour Figure 17-82-1 Damage symptoms of *Eotetranychus sexmaculatus* (by Zhang Fangping)

彩图17-82-2 六点始叶螨成螨（张方平摄）
Colour Figure17-82-2 Adult of *Eotetranychus sexmaculatus* (by Zhang Fangping)

彩图17-83-1 橡副珠蜡蚧为害状（张方平摄）
Colour Figure17-83-1 Damage symptoms of *Parasaissetia nigra* (by Zhang Fangping)

彩图17-83-2 橡副珠蜡蚧（张方平摄）
Colour Figure 17-83-2 *Parasaissetia nigra* (by Zhang Fangping)

彩图17-84-1　对粒材小蠹（陈泽坦摄）
Colour Figure 17-84-1　*Xyleborus perforans* (by Chen Zetan)
1. 为害橡胶树状　2. 成虫　3. 幼虫　4. 蛹

彩图17-85-1　朱砂叶螨
（陈青提供）
Colour Figure 17-85-1
Tetranychus cinnabarinus
(by Chen Qing)
1. 为害木薯叶片中期症状
2. 为害木薯叶片后期症状
3. 成螨　4. 卵

彩图17-86-1　麦氏单爪螨（卢芙萍提供）
Colour Figure17-86-1　*Mononychellus mcgregori*
(by Lu Fuping)
1. 为害木薯叶片状　2. 雌成螨　3. 雄成螨

彩图 17-87-1　铜绿丽金龟（陈青提供）
Colour Figure 17-87-1　*Anomala corpulenta*
(by Chen Qing)
1. 成虫（左♀，右♂）　2. 幼虫　3. 为害鲜木薯

彩图 17-88-1　蔗根锯天牛（陈青提供）
Colour Figure 17-88-1　*Dorysthenes granulosus* (by Chen Qing)
1. 幼虫为害鲜木薯及茎　2. 幼虫　3. 成虫（左♀，右♂）

彩图 17-89-1　美地绵粉蚧（陈青提供）
Colour Figure 17-89-1　*Phenacoccus madeirensis* (by Chen Qing)
1. 为害木薯叶片　2. 为害木薯嫩茎　3. 为害木薯诱发煤烟病

彩图17-90-1　银纹夜蛾（陈青提供）
Colour Figure 17-90-1　*Argyrogramma agnata* (by Chen Qing)
1. 为害木薯叶片　2. 成虫　3. 幼虫

彩图17-91-1　新菠萝灰粉蚧（陈泽坦摄）
Colour Figure17-91-1　*Dysmicoccus neobrevipes* (by Chen Zetan)
1. 为害叶基部　2. 引发煤烟病　3. 雌成虫背面　4. 雌成虫腹面　5. 雄虫　6. 与蚂蚁的互惠共生

彩图17-92-1　皮氏叶螨为害香蕉叶背状
（刘奎摄）
Colour Figure17-92-1　Damage symptoms
caused by *Tetranychus piercei*（by Liu Kui）

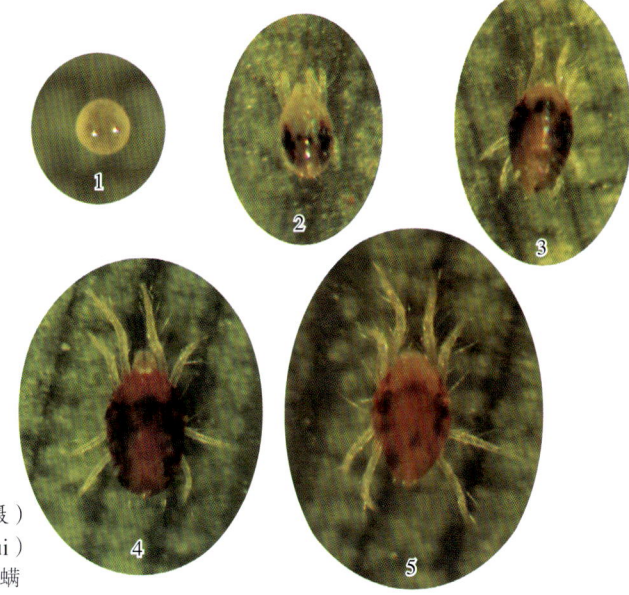

彩图17-92-2　皮氏叶螨（刘奎摄）
Colour Figure 17-92-2　*Tetranychus piercei*（by Liu Kui）
1. 卵　2. 幼螨　3. 若螨　4. 雄成螨　5. 雌成螨

彩 图17-93-1 香蕉花蓟马为害香蕉果实（刘奎摄）

Colour Figure17-93-1 Banana fruits damaged by *Thrips hawaiiensis*（by Liu Kui）

1.在幼果表皮产的卵

2.果实受害状

彩图17-93-2 香蕉花蓟马形态和生活史（邱海燕摄）

Colour Figure17-93-2 Morphology and life history of *Thrips hawaiiensis*（by Qiu Haiyan）

1.卵 2.一龄若虫 3.二龄若虫 4.预蛹 5.伪蛹 6.成虫

彩图17-94-1　香蕉假茎象甲（邱海燕摄）
Colour Figure17-94-1　*Odoiporus longicollis*（by Qiu Haiyan）
1.卵　2.若虫　3.蛹　4.茧　5.成虫

彩图17-94-2　香蕉根颈象甲（邱海燕摄）
Colour Figure17-94-2　*Cosmopolites sordidus*（by Qiu haiyan）
1.卵　2.若虫　3.蛹　4.成虫

彩图17-94-3　香蕉假茎象甲为害香蕉（刘奎摄）
Colour Figure17-94-3　Banana damaged by *Odoiporus longicollis*
（by Liu Kui）
1.蛀食孔口流出胶状物　2.为害导致香蕉无法抽蕾
3.为害导致香蕉易折断

彩图17-95-1 褐足角胸叶甲为害状
（刘奎摄）
Colour Figure17-95-1 Damage
symptoms caused by *Basilepta fulvipes*
(by Liu Kui)
1.为害叶片状 2.为害果实状

彩图17-95-2 褐足角胸叶甲（引自李朝生，2011）
Colour Figure 17-95-2 *Basilepta fulvipes* (from Li Chaosheng, 2011)
1.成虫（红棕型） 2.卵 3.幼虫

彩图17-96-1 香蕉弄蝶虫苞
（刘奎摄）
Colour Figure 17-96-1
Worm buds of *Erionota torus*
(by Liu Kui)

彩图17-96-2 香蕉弄蝶为害香
蕉叶片状（刘奎摄）
Colour Figure 17-96-2
Damage symptoms caused by
Erionota torus (by Liu Kui)

彩图17-96-3 香蕉弄蝶（邱海燕摄）
Colour Figure 17-96-3 *Erionota torus*
（by Qiu Haiyan）
1.幼虫 2.蛹

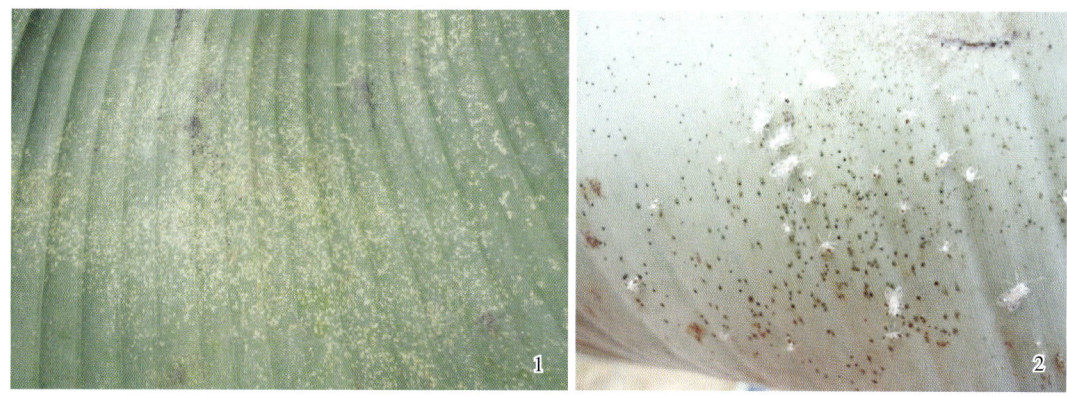

彩图17-97-1　香蕉冠网蝽为害状（刘奎摄）
Colour Figure 17-97-1　Damage symptoms caused by *Stephanitis typical*（by Liu Kui）
1.叶面被害状　2.叶背被害状

彩图17-98-1　香蕉交脉蚜为害状（陈伟强摄）
Colour Figure 17-98-1　Damage symptoms caused by *Pentalonia nigronervosa* (by Chen Weiqiang)

彩图17-99-1　芒果横线尾夜蛾（赵冬香提供）
Colour Figure 17-99-1　*Chlumetia transversa* (by Zhao Dongxiang)
1.为害状　2.成虫　3.幼虫　4.蛹

彩图 17-100-1 芒果矢尖蚧
（赵冬香提供）
Colour Figure 17-100-1
Unaspis yanonensis
(by Zhao Dongxiang)
1.成虫 2.若虫

彩图 17-101-1 芒果剪叶
象甲（尼章光摄）
Colour Figure 17-101-1
Deporaus marginatus
(by Ni Zhangguang)
1.为害叶片 2.成虫

彩图 17-102-1 白蛾蜡蝉（赵冬香提供）
Colour Figure 17-102-1 *Lawana imitata* (by Zhao Dongxiang)
1.成虫 2.若虫

彩图 17-103-1　橘小实蝇（曾玲提供）
Colour Figure 17-103-1　*Bactrocera dorsalis* (by Zeng Ling)
1. 雌成虫　2. 卵　3. 幼虫　4. 蛹

彩图 17-103-2　橘小实蝇性引诱瓶
（曾玲提供）
Colour Figure 17-103-2　Trap baited with sexual lures (by Zeng Ling)

彩图 17-104-1　芒果瘿蚊（1. 韩冬银提供；2. 黄武仁摄）
Colour Figure 17-104-1　*Erosomyia mangicola*
(1. by Han Dongyin; 2. by Huang Wuren)
1. 为害状　2. 成虫

彩图 17-105-1　荔枝蒂蛀虫（赵冬香提供）
Colour Figure 17-105-1　*Conopomorpha sinensis* (by Zhao Dongxiang)
1. 成虫　2. 幼虫　3. 蛹

彩图17-106-1 荔枝蝽（赵冬香提供）

Colour Figure 17-106-1 *Tessaratoma papillosa*

(by Zhao Dongxiang)

1. 成虫 2. 卵 3. 若虫

彩图17-108-1 三角新小卷蛾（陈泽坦摄）

Colour Figure 17-108-1 *Olethreutes leucaspis* (by Chen Zetan)

1. 为害荔枝状 2. 成虫 3. 幼虫 4. 蛹

彩图17-109-1 荔枝瘤瘿螨（龙亚芹摄）

Colour Figure 17-109-1 *Aceria litchii* (by Long Yaqin)

1. 为害叶片状 2. 为害新梢状 3. 为害叶片状（叶面） 4. 为害叶片状（叶背） 5、6. 为害花序状

彩图17-110-1　龙眼角颊木虱
（罗心平摄）
Colour Figure 17-110-1
Cornegenapsylla sinica
（by Luo Xinping）
1.为害状　2.成虫　3.卵　4.若虫

彩图17-111-1　桉小卷蛾
（吴梅香提供）
Colour Figure 17-111-1
Strepsicrates coriariae
（by Wu Meixiang）
1.为害番石榴嫩梢　2.为害番石榴幼果
3.成虫　4.卵　5.幼虫　6.蛹

彩图17-112-1　脊胸天牛
（1.梁李宏摄；2和3.张中润摄）
Colour Figure17-112-1
Rhytidodera bowringii
（1. by Liang Lihong;
2 and 3. by Zhang Zhongrun）
1.为害腰果树干　2.成虫　3.幼虫

彩图17-113-1　茶角盲蝽（1～5. 梁李宏摄；6～8. 张中润摄）

Colour Figure 17-113-1　*Helopeltis theivora* (1-5. by Liang Lihong; 6-8. by Zhang Zhongrun)

1. 为害腰果叶片　2. 为害腰果嫩梢　3. 为害腰果花枝　4. 为害腰果果实　5. 为害腰果植株　6. 雄成虫　7. 雌成虫　8. 若虫

彩图17-114-1　腰果云翅斑螟

（1和4. 梁李宏摄；2、3、5. 张中润摄）

Colour Figure 17-114-1　*Nephopterix* sp.

(1 and 4. by Liang Lihong; 2, 3, 5. by Zhang Zhongrun)

1. 为害腰果果实　2. 雌成虫　3. 雄成虫　4. 幼虫　5. 蛹

彩图17-115-1　椰心叶甲（吕宝乾摄）
Colour Figure 17-115-1　*Brontispa longissima*
(by Lü Baoqian)
1.成虫　2.蛹　3.五龄幼虫　4.四龄幼虫
5.三龄幼虫　6.二龄幼虫　7.一龄幼虫　8.卵

彩图17-116-1　红棕象甲为害状（黄山春提供）
Colour Figure 17-116-1　Damage symptoms caused by *Rhynchophorus ferrugineus* (by Huang Shanchun)
1.为害高龄椰树　2.从椰树树干伤口侵入为害　3.从幼龄椰树树冠侵入为害　4.从地表椰树根部侵入为害

彩图17-116-2　红棕象甲成虫（黄山春提供）
Colour Figure 17-116-2　Adults of
Rhynchophorus ferrugineus
(by Huang Shanchun)

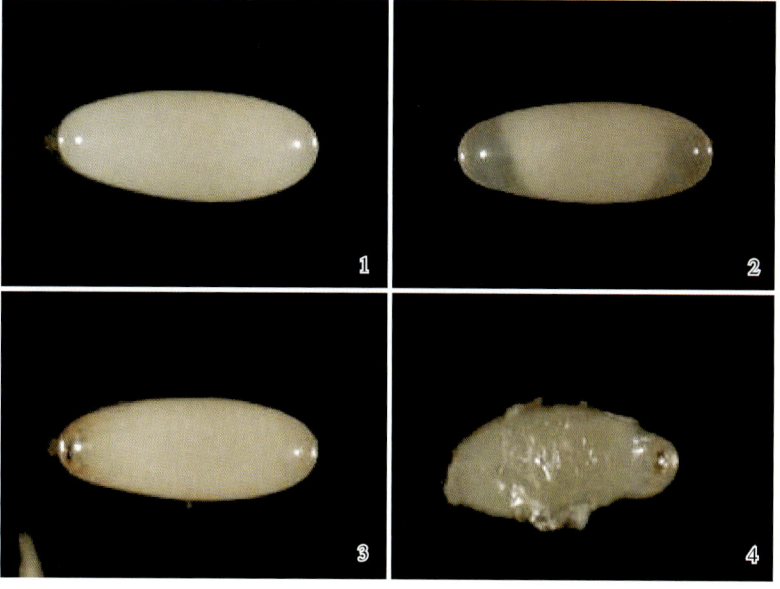

彩图17-116-3　红棕象甲卵（黄山春提供）
Colour Figure 17-116-3　Eggs of *Rhynchophorus ferrugineus*
(by Huang Shanchun)
1.刚产的卵　2.第二天的卵　3.第三天的卵　4.即将孵化的卵

彩图17-116-5 红棕象甲蛹
（黄山春提供）
Colour Figure 17-116-5
Pupa of *Rhynchophorus ferrugineus*
(by Huang Shanchun)
1.腹面 2.背面

彩图17-116-4 红棕象甲幼虫（黄山春提供）
Colour Figure 17-116-4 Larva of *Rhynchophorus ferrugineus* (by Huang Shanchun)

彩图17-117-1 红脉穗螟为害槟榔花苞状（吕朝军摄）
Colour Figure 17-117-1 Symptom of *Areca catechu* flower bud infested by *Tirathaba rufivena*
（by Lü Chaojun）

彩图17-117-2 红脉穗螟为害槟榔心叶状（阎伟摄）
Colour Figure 17-117-2 Symptom of *Areca catechu* heart leaves infested by *Tirathaba rufivena*（by Yan Wei）

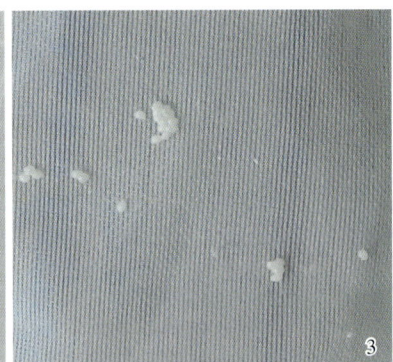

彩图17-117-3 红脉穗螟
（1～3.钟宝珠摄；
4.吕朝军摄；
5.黄山春提供）
Colour Figure 17-117-3
Tirathaba rufivena
(1-3. by Zhong Baozhu;
4. by Lü Chaojun;
5. by Huang Shanchun)
1.雌成虫 2.雄成虫
3.卵 4.幼虫 5.茧

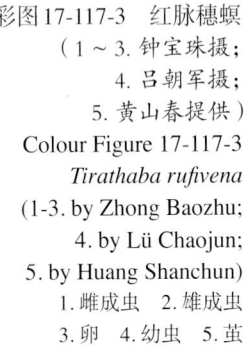

彩图 17-118-1　旋皮锦天牛（1. 杨子林提供；2. 李波提供；3. 张洪波提供；4和5. 莫丽珍提供）
Colour Figure 17-118-1　*Acalolepta cervina*（1. by Yang Zilin; 2. by Li Bo; 3. by Zhang Hongbo; 4 and 5. by Mo Lizhen）
1. 为害状——枯死倒伏　2. 成虫　3. 幼虫　4. 蛹　5. 卵

彩图 17-118-2　灭字脊虎天牛
（1和5. 莫丽珍提供；2. 杨子林提供；3. 刘爱勤提供；
4. 李波提供；6. 张洪波提供）
Colour Figure 17-118-2　*Xylotrechus quadripes*
（1 and 5. by Mo Lizhen; 2. by Yang Zilin; 3. by Liu Aiqin;
4. by Li Bo; 6. by Zhang Hongbo）
1. 幼虫钻蛀的隧道　2. 为害状——枯死倒伏　3. 成虫
4. 幼虫、蛹　5. 卵　6. 羽化孔及幼虫为害断面

彩图 17-118-3　食虫虻捕食灭字脊虎天牛成虫（李波提供）
Colour Figure 17-118-3　Asilidae preying *Xylotrechus quadripes* adult（by Li Bo）

彩图 17-118-4　咖啡皱胸天牛成虫
（中国自然保护区标本资源共享平台提供）
Colour Figure 17-118-4　Adult of *Plocaederus obesus*
(by China Nature Reserve Specimen Resources Sharing Platform)

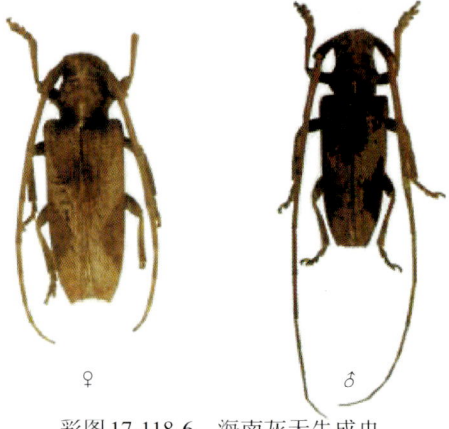

彩图 17-118-5　咖啡脊虎天牛成虫
（引自华立中等，2009）
Colour Figure 17-118-5　Adults of *Xylotrechus grayii*（from Hua Lizhong et al., 2009）

彩图 17-118-6　海南灰天牛成虫
（引自华立中等，2009）
Colour Figure 17-118-6　Adults of *Blepephaeus subcruciatus*（from Hua Lizhong et al., 2009）

彩图 17-118-7　黄天牛（莫丽珍提供）
Colour Figure17-118-7　*Bacchisa* sp. near *pallidiventris*（by Mo Lizhen）
1.成虫　2.幼虫、蛹及幼虫钻蛀的隧道

彩图17-118-8　咖啡双条天牛成虫（熊紫春提供）
Colour Figure 17-118-8　Adult of *Xystrocera festiva*
（by Xiong Zichun）

彩图17-118-10　艳虎天牛成虫
（引自华立中等，2009）
Colour Figure 17-118-10　Adult of *Rhaphuma placida*
（from Hua Lizhong et al., 2009）

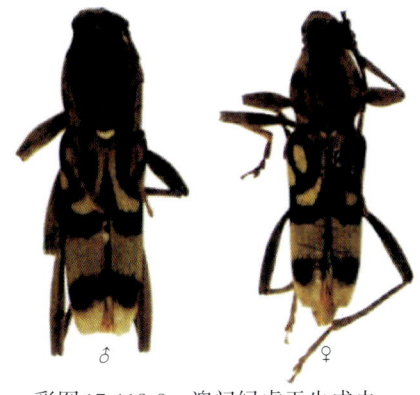

彩图17-118-9　澳门绿虎天牛成虫
（引自华立中等，2009）
Colour Figure 17-118-9　Adult of *Chlorophorus macaumensis*（from Hua Lizhong et al., 2009）

彩图17-118-11　毛角薄翅天牛成虫
（中山大学生物数字博物馆提供）
Colour Figure 17-118-11　Adult of *Megopis marginalis*
（by Zhongshan University Digital Museum）

彩图17-120-1　咖啡根粉蚧为害根颈土下部位（张洪波提供）
Colour Figure 17-120-1　Coffee root mealybug feeds below ground on the roots (by Zhang Hongbo)

彩图17-119-1　咖啡绿蚧为害诱发煤烟病
（张洪波提供）
Colour Figure 17-119-1　Coffee tree attacked by green scale resulting in black sooty mould
（by Zhang Hongbo）

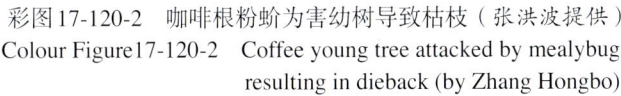

彩图17-120-2　咖啡根粉蚧为害幼树导致枯枝（张洪波提供）
Colour Figure17-120-2　Coffee young tree attacked by mealybug resulting in dieback (by Zhang Hongbo)

彩图 17-121-1　咖啡豹蠹蛾（李贵平提供）
Colour Figure 17-121-1　*Zeuzera coffeae* (by Li Guiping)
1. 成虫　2. 幼虫　3. 蛹

彩图 17-122-1　茶角盲蝽为害可可果实状（刘爱勤摄）
Colour Figure 17-122-1　Damage symptom of cocoa fruits
caused by *Helopeltis theivora* (by Liu Aiqin)

彩图 17-122-2　茶角盲蝽（孙世伟摄）
Colour Figure 17-122-2　*Helopeltis theivora* (by Sun Shiwei)
1. 雌成虫　2. 卵　3. 若虫

第 18 单元　桑树、柞树病虫害

第 1 节　桑萎缩病

一、分布与危害

桑萎缩病是桑树的毁灭性病害之一，正在威胁我国各地蚕桑生产的可持续发展。桑萎缩病分布范围较广，流行频率高，为害损失严重，目前尚无高效的防治方法。一般认为桑萎缩病可以分为桑萎缩型萎缩病（mulberry common dwarf disease）、桑黄化型萎缩病（mulberry yellow dwarf disease）和桑花叶型萎缩病（mulberry mosaic dwarf disease）3 种。国外分布于日本、韩国、法国、意大利、乌兹别克斯坦等国家。国内江苏、安徽、浙江、山东、湖南、湖北、福建、广东、江西、陕西、云南、四川、重庆等蚕区均有不同程度的发生。在生产中，蚕农根据桑萎缩病侵害症状，常常称之为"癃桑""猫耳朵""龙头桑""糜桑""虾桑""癞头皮桑""鬈桑""惊桑"等。

桑萎缩病的为害特征是流行快速、被害树势衰败加速、桑叶减产急剧，造成的损失持续长久。桑园从发病至暴发仅需 3~4 年时间，患病的桑树枝条短细、叶形变小（似猫耳状）、叶质下降，一般两三年后开始陆续死亡。

桑萎缩病在我国不同时期的蚕桑业发展过程中都造成过危害。早在 100 多年前就有关于"癃桑"的记载。20 世纪中后期，据不完全统计，我国蚕区每年因此病损失的桑园达 4% 左右。例如，20 世纪 70 年代中期，江苏省南通市港闸区蚕种场发现了桑萎缩病，此病害日趋严重，1983—1987 年每年挖出的病株堆积如山，田间病株率达 30%~50%。20 世纪 80 年代后期四川省涪陵地区推广高产而易感病的桑树品种后，导致病害迅速蔓延，并造成危害，1988 年仅 3~4 个乡的桑园零星发病，到 1990 年扩大到 8 个乡，桑园发病株率高达 40% 以上。1990 年浙江省湖州市、嘉兴市重点蚕桑生产地区调查，桑园桑花叶型萎缩病发病株率达 2.0%~3.0%，其中海宁、崇德、桐乡 3 地普查，桑园发病株率为 4.6% 左右，严重地区发病株率达 80%，春季桑叶损失 5 250t。1992 年调查重庆市北碚原蚕种场的桐乡青桑品种，发现桑园发病株率为 15%。

近年来，桑萎缩病在我国植桑区有日渐增多趋势，江苏、浙江地区部分老蚕区发病率达 30% 以上，很多病株数年后即枯死。其中，桑黄化型萎缩病大都在夏伐后发生，病株很快衰枯，病害严重的桑田发病株率在 60% 以上，个别田块高达 90%，致使整片桑园无法采叶利用，蚕农有"一年栽桑，二年养蚕，三年用桑，四年癃光"的农谚；桑萎缩型萎缩病也在夏伐以后发病，有来势猛、发病快的特点，严重地区 3~4 年发病率达 80%~100%，桑叶减产 50% 以上；桑花叶型萎缩病主要发生在春季和晚秋，严重影响春季和秋季桑叶产量。

二、症状

（一）桑萎缩型萎缩病

桑萎缩型萎缩病大多在桑树夏伐后发病。病情发展可分初期、中期和末期 3 个阶段。初期发病较轻，叶片缩小，叶面皱缩，裂叶品种的叶形变圆，枝条变短、变细，叶序混乱，节间缩短。中期发病时，中等的枝条顶部或中部腋芽早发，生出较多侧枝，全叶黄化，质粗糙，秋叶早落，春芽早发，无花葚。末期发病较重的桑叶硬化早，枝条生长显著不良，徒长瘦枝，病叶更小，病树最后枯死。整株发病为先局部、后整株，逐步蔓延加重（彩图 18-1-1）。

（二）桑黄化型萎缩病

桑黄化型萎缩病大都在夏伐后发生，早的在 5 月上旬出现症状，6～8 月发病最烈。在发病初期枝条顶端的桑叶缩小、变薄，叶脉变细，叶缘稍向背面卷曲，叶黄化，腋芽萌发；发病中等的桑树桑叶更小，叶片更向背面卷曲，色黄质粗，枝条变短、变细，叶序混乱，节间缩短，侧枝多而细小，病枝不生桑葚，但发病较轻的桑树，健枝仍会生长一些花葚。后期发病严重，病树枝短叶小，叶瘦小如猫耳朵，腋芽不断萌发，细枝丛生成簇，如扫帚状，2～3 年后死亡。该病先由单株发病，后蔓延至全株。翌年经过夏伐，枝条顶端仍然萎缩，下部叶片部分正常（彩图 18-1-2）。病枝越冬后有枯梢现象，病根色泽不鲜。

（三）桑花叶型萎缩病

桑花叶型萎缩病发病初期，叶片侧脉出现不相连的淡绿色或黄绿色斑块，叶肉褪绿变薄，叶脉附近仍然为绿色，以后逐渐扩大，相互连接，形成黄绿相间的花叶症状。叶形不正，叶缘往往向叶面卷缩，叶背的侧脉上产生小瘤状和棘状突起。病枝稍细，节间略短，春末夏初及秋季，同一病枝上的叶片常有表现症状和不表现症状的间歇发病现象。发病严重时，叶片明显变小且叶面卷缩严重，质粗并且叶脉明显变为褐色，瘤状和棘状突起更多，腋芽早发，侧枝萌发，病株易受到冻害，桑根不腐烂，病株逐渐衰亡（彩图18-1-3）。病株内同时会发生病变，病叶养分含量减少。

三、病原

（一）桑萎缩型萎缩病病原

桑萎缩型萎缩病病原，在早期研究称之为植物类菌原体（类支原体）（mycoplasm-like organisms，MLOs），目前确认它是桑萎缩植原体（mulberry dwaf phytoplasma），属柔膜菌纲植原体暂定属。

桑萎缩植原体主要存在于病枝和叶脉的韧皮部的筛管和薄壁细胞中。在病叶薄壁细胞中植原体的基本形态为圆球形或椭圆形；在韧皮部筛管中的，或在穿过细胞壁胞间连丝的，或在二分裂或芽殖时的植原体，可成为变形体态，如丝状、杆状或哑铃状等，称为多形性。圆形植原体的质体大小为 $80\sim800nm$，外层质膜厚 $8\sim10nm$，质体内可见到直径约 13nm 的核糖体颗粒。症状越重的病树，植原体量越多，并充填在筛管细胞内，造成养分输送管道堵塞，致使养分运输不畅或阻断。

（二）桑黄化型萎缩病病原

桑黄化型萎缩病病原也属于植原体的一类。此病原物不能在体外人工培养，不经汁液传染，可按柯赫氏法则鉴定病原，采用从病桑组织提取纯化的病原植原体，将植原体注入健康介体昆虫拟菱纹叶蝉体内，使成为带毒虫后，再回接种健康桑，健康桑发病，由此确定病原。

上述两种萎缩病型虽在症状上不同，但其病原植原体在电子显微镜下不能区别。通过用 PCR 与 RFLP 方法，将16SrRNA 的核苷酸全序列测定，并对植原体的核糖体16SrRNA 进行图谱分析对比，发现两种病型植原体的核糖体16SrRNA 有高度同源性。

（三）桑花叶型萎缩病病原

桑花叶型萎缩病病原为一种线状类病毒（图 18-1-

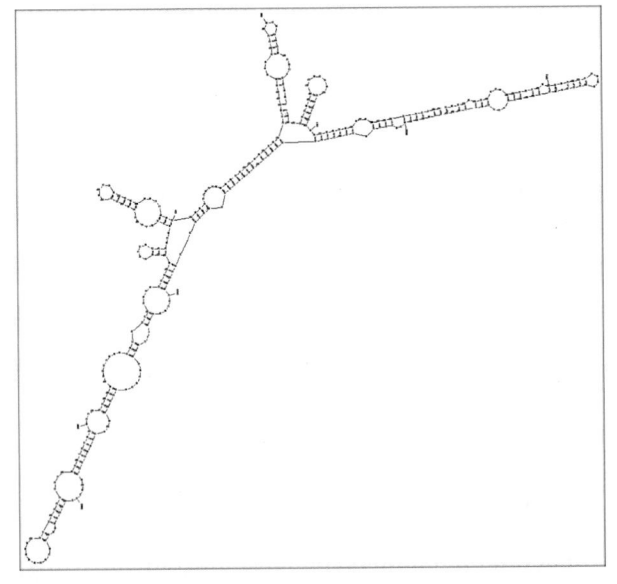

图 18-1-1　桑花叶型萎缩病类病毒基因序列的二级结构
（引自王文兵，2010）

Figure 18-1-1　Secondary structure of *Mulberry mosaic dwarf viroid*（MMDV）sequence（from Wang Wenbing，2010）

1），在电子显微镜下宽度为 11～13nm，长度为 1 000nm 左右，可见到蛋白亚基成双层饼形排列，每一层双层饼形宽度约 5nm，双层饼内的两层亚基宽度各约 2nm。可根据该病毒序列设计引物，用 RT-PCR 的方法对该病原进行鉴定（图 18-1-2）。

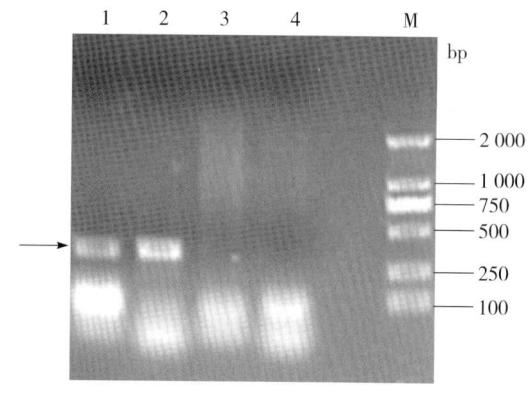

图 18-1-2　RT-PCR 方法检测桑花叶型
萎缩病类病毒（王琳摄）

Figure 18-1-2　Detection of *Mulberry mosaic dwarf viroid*
(MMDV) by RT-PCR（by Wang Lin)

四、病害循环

（一）桑萎缩型萎缩病

病原植原体在病株根部越冬。病原可以通过嫁接传染，也可以通过两种菱纹叶蝉媒介传染。病株经过休眠后，嫁接在健康砧木上的发病率为 0～37%，而健康接穗嫁接在发病砧木上基本全部发病。病原有低温钝化现象，钝化程度与当地越冬温度相关。

在桑树生育期间，病原通过昆虫介体传播。拟菱纹叶蝉（*Hishimonoides sellatiformis* Ishihara，俗称"红头"）和凹缘菱纹叶蝉［*Hishimonus sellatus*（Uhler），俗称"绿头"］可以传播桑萎缩型萎缩病（彩图 18-1-4）。叶蝉介体传播病毒有吸毒、获毒、循环、保毒、传毒等 5 个阶段。

1. 吸毒期　菱纹叶蝉需在病树上生存 3～24h，这是必要的吸毒时间；吸毒适温为 18～25℃。病株组织的病原物，在菱纹叶蝉吸汁时进入食道（吸毒，成为带毒昆虫）。

2. 获毒期　即生存在病树上的菱纹叶蝉，吸食时口针需要插入到桑叶病组织大的维管束中，才能获得含桑萎缩病病原植原体的营养流，即获毒。叶蝉在一、二龄若虫时，其口针短，插不到大的维管束中，不能获毒。发育到四、五龄若虫或成虫时，其口针才能在吸食中获毒。叶蝉在桑枝已木栓化的桑叶上吸食的，不能获毒。两种菱纹叶蝉吸毒、获毒时间一般为 1d 左右（有的吸毒数小时才可获毒），一旦获毒，其传染能力将持续到叶蝉死亡为止，但并不经卵传到下一代。

3. 循环期　菱纹叶蝉获毒后病原物通过胃部到达肠道，穿过肠壁膜，进入血淋巴，并在营养丰富的血淋巴内大量繁殖一段时间。该阶段病原物不断增殖，达到一定数量，最后到达菱纹叶蝉唾液腺等部位。在其唾液腺体、卵巢、睾丸、精液囊、精细胞、脑、胸神经节、脂肪体、肠等组织中都可看到病原植原体的存在。体内大量植原体穿过唾液腺体膜，进入唾液腺、唾液管，完成病原在虫体内的循环期，这一循环期需 13～55d，多数为 20d。

4. 保毒期　2 种菱纹叶蝉获毒后终身保毒，但有间歇传病现象。不经卵传递给下代。

5. 传毒期　经过循环期的菱纹叶蝉具备了传毒的可能性。保毒叶蝉在吸食时，口针插入到桑叶中大的维管束附近，口针中的舌头伸出来并从不同方向探索维管束的营养流，当舌头探到营养液时，从口针内吐出唾液，沿舌头而下，唾液呈胶状形成唾液管道。当舌头缩回口针后，营养流从唾液管道吸入虫体。叶蝉离开后，带有病原物的唾液管道留在桑组织内，管道中病原植原体便接种到寄主维管束内，即传毒。叶蝉成虫的生命期雄性较短，获毒后，未完全通过循环期便已经死亡，所以只有生命期长的雌性叶蝉可以完成循环期，进入传毒期。

在叶蝉介体传播的 5 阶段中，关键是病原物能否在虫体内繁殖，病原物能否透过肠膜，病原物能否透过唾液腺膜到达腺体和唾液管内。这是两种菱纹叶蝉成为桑萎缩植原体专性介体昆虫的条件。

2 种菱纹叶蝉 1 年发生 4 代，传毒能力不同，拟菱纹叶蝉较强，全年 4 代均有较高的传毒率（36.6%～72.7%），而凹缘菱纹叶蝉的第一代和第四代具有传毒能力，传毒率为 2.4%～19.3%，第二代及第三代传毒能力极低或基本不传毒。

桑树或桑苗通过菱纹叶蝉介体感染病原物后，病原物不断增殖，并达到一定数量后再表现出一定的症状，该过程称为潜育期。其潜育期一般为 20～300d。通常在夏季、早秋感染的当年发病，出现初期症状，到翌年桑树夏伐后发生严重症状。在仲、晚秋感染的当年不发病，潜育期延长到翌年。潜育期长短受温度高低、桑园施肥情况的影响。

　　萎纹叶蝉还可将桑萎缩植原体传染到葎草、三叶草、枣树（症状为小叶、黄叶，不同于枣疯病的丛枝症）上。另外，南方菟丝子（*Cuscuta australis* R. Brown）也可将桑萎缩植原体传染到长春花（*Catharanthus roseus*，异名：*Vinca rosea*）上。

（二）桑黄化型萎缩病

　　桑黄化型萎缩病病原可以通过嫁接传播，也可以通过昆虫媒介传播。桑树越冬时，病原存在于主根部分较多，而在侧根部分较少，枝条内病原存量极少，并且有越冬失毒现象，失毒程度与各地温度相关。在桑树生长发育期，无论接穗、砧木，只要一方带病，均能发病。桑树经过休眠，春季用无病接穗嫁接，以带病主根为砧木，发病率为100%，而以带病侧根为砧木，发病率为0~8%；若以病枝嫁接健砧，在江苏地区几乎不发病，而在广东地区仍能发病。

　　和桑萎缩型萎缩病一样，拟萎纹叶蝉和凹缘萎纹叶蝉也是本病的媒介昆虫。其传播过程也分为吸毒、获毒、循环、保毒、传毒5个阶段，和桑萎缩型萎缩病的传毒机理基本相同。

（三）桑花叶型萎缩病

　　桑花叶型萎缩病病原主要通过病苗、病穗和病砧传播，其病原在树体内越冬。其中嫁接传毒概率较大，传毒率达80%。近年来发现田间栽植的健康植株会被病株感染，说明除了上述传播途径外，有其他介质传播的可能。

五、流行规律

（一）桑树品种抗病力与发病的关系

　　病原侵入树体至发病的潜育期长短、发病率高低、严重程度与桑品种抗病力强弱有关。生产上现行品种抗病力弱是病害流行的重要因素。其中，红皮大种、剑持、红顶桑、乌皮桑、火桑等对桑萎缩型萎缩病极易感染；红皮大种最易感染桑黄化型萎缩病；湖桑35、剑持、白条桑等品种极易感染桑花叶型萎缩病。

　　在江苏省病区经大田自然感病和病原接种鉴定结果表明，以红皮大种、湖桑32的抗病力较弱，湖桑7号的抗病力较强，而红皮大种、湖桑32分布地区，正是此病的发生严重地区（表18-1-1）。

表18-1-1　几个主要桑品种对桑萎缩病的抗病力鉴定

Table 18-1-1　Resistance identification of mulberry mosaic dwarf of some varieties

品种名称	自然发病率（%）	嫁接接种发病率（%）	桑拟萎纹叶蝉接种发病率（%）
红皮大种	42.00	83.33	—
剑持	20.00	54.00	—
桐乡青	10.13	20.00	—
湖桑32	12.24	71.42	52.85
湖桑7号	1.33	15.15	14.81
育2号	0	6.78	—

（二）介体昆虫传染与发病的关系

　　2种萎纹叶蝉在桑园内虫口密度与发病消长变化有关，凡桑树长势旺盛，肥培水平较高的桑园，有利于萎纹叶蝉滋生繁殖，成为病害传播的因素。

（三）田间病原积累与发病的关系

　　桑园内出现少量病树时，往往不能立即清除，致使病原积累，达到病害暴发的程度。每年病原以倍数级增加，从桑树建园开始发病至暴发为3~4年。

（四）气温与发病的关系

　　上述3种萎缩病对温度的反应不一：桑萎缩型萎缩病易受温度条件影响，一般30℃症状急剧表现，春季低温25℃以下隐症，因此6~9月发病较多，其中7~8月较为严重，春季发病轻而少；桑黄化型萎缩病无明显的隐症现象，当年新表现的病株在夏伐后高温季节暴发；花叶型萎缩病病原钝化现象不明显，病枝低温保存100d后嫁接仍有45.45%的发病率，但具有高温隐症的特点，因此，该病主要发生在春季和初夏。在夏伐后，随着气温升高而症状消失，桑树仍然能正常生长一段枝条，但随着晚秋气温下降，病症再次出现，枝条出现"间隙现象"即温度影响隐症的结果。

（五）树龄与发病的关系

通常认为，树龄的大小，树枝和树干的多少及粗细，与病原数量多少相关。10 年以上树龄的桑树发病率较幼壮树龄的发病率略低。

（六）施肥与发病的关系

偏施氮肥，桑枝叶柔嫩，不但降低了桑树抗病力，而且更加容易引诱菱纹叶蝉群集吸汁，增加吸毒和传毒的机会。

六、防治技术

（一）严格检疫

病区桑苗禁止向无病区人为调运。对于黄河流域、长江流域病区生产的、经越冬后的接穗，因穗内不带病原，一般可以放行。因调查病区桑苗带病率一般在 0.1% 左右，高的可达 1%～5%，因此在有必要采取检测时，需要抽提 0.3% 左右的桑苗样本。检测技术主要依据田间病树的症状来确定。在 5～10 月桑树生长期间发病则出现黄叶、小叶和丛枝等症状。在桑树休眠期与初期发病，其地上部枝、叶症状不太明显，容易漏检，可采用病理学诊断法。如瑞氏色素染色诊断法，将受检桑的近主根部病部横断切片，经染色、洗脱、漂洗后，在低倍显微镜下即能检测到病根韧皮部可见到深蓝色的颗粒状色斑，健康的无此色斑。也可用旦尼氏染色诊断法，病部切片染色可见到深绿色的颗粒状色斑，其他一般细菌不着色。用荧光显微镜，病部也可见到蓝绿色颗粒状荧光斑。

其他的诊断方法还有血清学诊断法、电镜诊断法、PCR 扩增技术诊断法等。

1. 血清学诊断法　从桑萎缩病病桑中抽提病原植原体，制备出兔抗血清，可用于病苗的诊断。

2. 电镜诊断法　在寄主植物体内，病原植原体存在于维管束的筛管细胞内。病组织的浸出液或超薄切片，在电子显微镜下，可看到病原植原体（电镜下需见到双重结构单位膜以及纤丝状 DNA 结构，这是确定其为植原体的基本标志）。

3. PCR 扩增技术诊断法　用桑萎缩植原体的 16SrRNA 进行 PCR 诊断，技术成熟、灵敏度高。按常规法进行直接 PCR 可采用引物 R16mF2（5′-CATGCAAGTCGAACGGA-3′）和 R16mR1（5′-CTTAAC-CCCAATCATCGAC-3′）。对于桑花叶型萎缩病的分子检测，也可依据引物 P3-F（5′-GTCCAGACACA-CATCT-3′）和 P4-R（5′-TGATGAGTTCGAAAGAAC-3′）常规 PCR 检测。

（二）彻底清除桑园内病株，杜绝病源

病树一定要 5～8 月彻底挖除，以杜绝病源。在冬季挖除病树是不能彻底杜绝病源的，因为生长期传染的潜育期病树无症状，部分病树仍留在桑园内。

（三）灭杀介体昆虫，控制病原传播途径

按积温，菱纹叶蝉在江浙 1 年发生 4 代，山东 3 代，以卵越冬；辽宁 2 代，以成虫越冬。因气温对病原的影响，第一、二代成虫是传病的关键时期。最佳防治期是在提早夏伐的基础上，对桑树"白拳"喷用农药，杀灭老龄若虫与成虫。养蚕时用农药，可选用噻嗪酮。

（四）选用抗病品种

抗病品种的选择方法有 3 种：①在病区桑园调查不发病的桑树品种的基础上，将性状好的各桑品种随机排列栽种在病区，比较其发病率，选出较抗病品种，如湖桑 7 号等。此法缺点是用时要 5 年左右。②在 6～8 月用套接法将病接穗嫁接在检定的健康品种桑上，或用桑拟菱纹叶蝉介体接种比较其发病率，选出抗病品种，如育 2 号。③提取抗病性物质，如桑的植物防卫素，对比各桑品种的桑防卫素含量，选出抗病品种，如黄芯采桑等。

（五）加强肥培管理

1. 夏伐要随采随伐，新开剪桑园尽可能安排在早期夏伐。

2. 控制夏、秋用叶比例，注意养树与用叶结合，减少诱发本病的因素。

3. 避免偏施氮肥，注意氮、磷、钾的科学合理施用，增强土壤肥力和桑树抗病能力，减少有害昆虫感染机会。

（六）病树康复治疗

桑萎缩植原体对四环素类抗菌素非常敏感。在秋季采用土霉素注射治疗，经过挖土露出桑树主根、打孔、注入土霉素药液和覆土 4 个步骤即可完成。经过大面积试验，病树治愈率稳定在 60% 以上。有些病树治疗后复发，主要是治疗操作不规范或树体存在伤口、虫口，影响或阻碍药液在树体中的分布和吸收。

利用专门治疗桑黄化型萎缩病的药剂，于桑树休眠期平茬，用打孔注药法将药液注入病桑根部，每株 30～50mL，病树治愈率稳定在 90% 以上。

方荣俊 盛晟 蒯元璋（中国农业科学院蚕业研究所）

第 2 节 桑花叶病

一、分布与危害

桑花叶病俗称皱桑病、卷桑病、条叶桑病等，是广西和广东蚕区的杂交桑树上为害最重的病害之一。江苏、浙江、安徽、四川等蚕区也有零星发生，但田间发病率低，发病症状与桑树黄化型萎缩病相类似，没有引起人们注意。

20 世纪 50 年代起，广东一带蚕区的桑园就发现有桑花叶病的发生。60 年代和 70 年代，广东栽桑养蚕主要集中在珠江三角洲的顺德县、南海县和中山县，当时这里是以桑基鱼塘为主的养蚕区，肥丰水足，主要栽植的桑树品种是伦教 40 和广东荆桑。伦教 40 桑品种对桑花叶病有很高的抗病性，经调查，大多数田块无病，少数田块发病株率只有 0.4%，广东荆桑的发病株率也只有 20%～25%。80 年代起，广东的栽桑养蚕由原来的珠江三角洲向山区和新区转移，而山区和新区主要是以栽植杂交桑品种为主，这些品种在田间的发病株率高达 80% 以上，危害达到相当严重的地步。

进入 21 世纪后，桑花叶病在西南新发展的蚕区发生严重。2004 年对四川省安岳县调查，全县桑园 6 666.7hm²，桑花叶病发生占全县桑园面积的 80% 左右，受害严重的桑园，发病株率达 50% 以上。以桐乡青品种发病最重，育 71-1、璜桑、农桑 14 次之，湘 7920 抗性较好。

近年来，随着广西蚕桑的发展，桑花叶病发生急剧加重。在局部蚕区，病害发生高峰期田间的发病株率达 70%～80%，受害严重的桑园，发病株率可达 100%，发生期主要是春季和晚秋季节。发病桑树桑叶卷、缩、皱、褪绿、变小、变硬，影响桑叶产量和质量。病叶养蚕造成家蚕发育不整齐，有的甚至不能上蔟、结茧，造成蔟中死亡率增加。

二、症状

桑花叶病为多症状病害，桑树发病桑叶上表现的症状常见有花叶斑、环状斑、网状斑、条状丝叶形等 4 种典型的症状，因此，桑花叶病依照病状，可分为花叶型、环斑型、网状叶斑型和条状丝叶型。

1. 花叶型 受害桑树的叶片呈深绿与浅绿或黄绿相间的花叶状或斑驳线状，病叶轻微皱缩、变小，叶质变劣（彩图 18-2-1，1）。

2. 环斑型 受害桑树的叶片浮现出许多大小不同、中间呈绿色、周围呈黄色的环斑或不规则形状的褪绿大斑，病叶叶面平展不皱缩（彩图 18-2-1，2）。

3. 网状叶斑型 受害桑树的叶片主脉、侧脉、细脉两侧绿色加深，叶脉间的叶肉组织褪色，病叶呈网孔状褪绿斑（彩图 18-2-1，3）。

4. 条状丝叶型 受害桑树的叶片开始变小形成矛状（彩图 18-2-1，4），随着病情的发展，在叶尖部的叶肉和侧叶脉消散，仅剩下主叶脉或近叶柄部有小小叶肉，病叶呈丝状或带状，如彩图 18-2-1，5。随着受害加深，桑树整株矮缩为健康株的 1/3～1/2，枝条细小，节间缩短，叶序、叶形奇形怪状。

三、病原

桑花叶病是由一种或多种植物病毒复合侵染引起的病毒病害，其病毒的形态和大小差别极大，在电子显微镜下，有球状、杆状、线状等。桑花叶病的病原尚不能定论，一般认为，花叶型病原是长 400～1 000nm、直径约 16nm 的线状病毒；环斑型病原是直径 22nm 的球形桑环斑病毒（*Mulberry ringspot virus*，MRSV），或者是长约 700nm 的线状桑潜隐病毒（*Mulberry latent virus*，MLV），从环斑型病叶中，还能分离到球形的烟草坏死病毒；网斑花叶型病原不明；条状丝叶型病原是长约 500nm、宽约 12nm 的线状病毒。

四、病害循环

桑花叶病的病原主要在田间的病桑植株中越冬，主要通过嫁接、昆虫媒介、桑树伐条器械交叉使用等传播。桑树带病枝条和苗木调运是病害远距离传播的主要途径。桑花叶病病毒通常在桑树抵抗力弱的时候侵染，主要从伤口侵入，一般在无载体的情况下，也可经过机械接种传播，但其病毒离开寄主细胞不久后即失活。桑环斑病毒既可通过线虫、汁液传染，还可经豆科植物种子传染。桑坏死病毒可经芸薹壶菌的游动孢子通过土壤传染。田间越冬植物、无性繁殖器官及越冬昆虫是其病毒主要的越冬场所和翌年初次侵染的来源。

嫁接传染：桑花叶病毒嫁接传毒最为直接，传病率达到 80％左右。病桑籽育苗不传染。在桑树生长发育期间进行嫁接繁育，不论接穗、插穗砧木等材料，只要有一方带病，都会传染发病。桑树越冬时病原存在于根部，且主根病原数量多于侧根。采用患病桑树主根作砧木嫁接繁育的桑苗，传染桑花叶病的概率明显高于其侧根作砧木嫁接繁育的桑苗。

昆虫媒介传染：传播桑花叶病毒的媒介昆虫主要是菱纹叶蝉。传毒发病程序为菱纹叶蝉在桑树病株组织吸汁时，把含有病原病毒的叶汁同时吸入食道（成为带毒虫），通过胃达到肠部，再渗过肠壁进入血淋巴，病原物不断繁殖最后进入唾液腺，当菱纹叶蝉口针刺入桑树健株细胞或细胞间隙时，唾液中的病原即进入健康树体中（传毒），病原在健康树体中不断繁育增殖，达到一定程度后树体表现出发病症状。

桑树伐条器械交叉使用传染：使用刚剪伐过带桑花叶病枝条的器械，如果不经过消毒直接用于健康桑树桑枝的伐条，容易传播病原病毒给健康的桑树，从而导致桑花叶病快速流行。

五、流行规律

桑花叶病的发生和为害受环境温度、桑树品种、桑叶收获方式及桑园管理水平影响较大。春季当气温升到 15℃以上时，桑花叶病的环斑型症状便开始出现。20～24℃时是环斑型症状发生的高峰期；25～28℃是花叶型、网状叶斑型和条状丝叶型等症状发生的高峰期。当气温上升到 28℃以上时，桑花叶病在桑叶上的各种症状消失，桑树保持正常生长。晚秋季节气温逐渐下降，病症重新再现，枝条上出现"间隙现象"，具有高温隐症特征。广东和广西蚕区每年 3 月开始出现病状，4～5 月为发病高峰，特别是在这个时间段里，如果出现低温阴雨气候，桑花叶病发病严重，并有可能引起大暴发。

不同的桑树品种，抗病力差异大，杂交桑易感病，伦教 40、农桑 14 等较抗病。桑树冬伐根刈（离地面 2～5cm 剪伐）发病严重，冬伐留树干 40～60cm 剪伐的桑园发病较轻。桑叶过度采收及树龄老化的桑园易发病。桑园地下水位高、施肥不足或偏施氮肥发病较重。春季的微型昆虫如叶蝉、蚜虫等发生严重的时候，桑园发病程度较重。

六、防治技术

1. 严格检疫　病区苗木、接穗禁止向新区或无病区调运；加强苗圃巡查，特别是桑苗出圃前抓紧重点排查，彻底清除病株；病区接穗母本园，在头年发病时节认真调查，清出病株或给病株做出记号，严防嫁接穗条带病。

2. 选种抗病品种　伦教 40、农桑、强桑等桑树品种较抗病，可选用种植或嫁接换种。

3. 加强桑园管护　早夏伐，增加桑树夏伐后生长期，有利于增强桑树树势。夏伐后防止过度采摘桑叶，注意桑树养用结合，减少本病诱发因素。桑园多施有机肥，避免偏施氮肥，注重氮、磷、钾肥的配合施用，增强土壤肥力，确保桑树健壮生长。彻底挖出病株，该病高发期注意巡查桑园，发现病株及早挖，挖干净，清除病源。大面积发病的杂交桑园，冬伐避免根刈，可采用冬留枝干 40～60cm 的方式，减轻翌年病害的发生。健康桑园桑树伐条时，伐条器械刀口要清洗干净并消毒处理，防止交叉传播感染。

4. 杀灭媒介昆虫，切断传染途径　全年重点抓 3 次喷药防治害虫。第一次在 4 月中、下旬，喷施 80％敌敌畏乳油和 50％马拉硫磷乳油 1 500 倍混合液；第二次在桑树夏伐后，桑园全面喷施 90％敌百虫可溶粉剂 3 000 倍液；第三次在 9 月中、下旬，喷施 40％辛硫磷乳剂 1 500 倍液。

5. 化学防控 广东和广西蚕区杂交桑园，如果上半年桑园发病严重时，可喷100mg/kg硫脲嘧啶液，即1g硫脲嘧啶白色粉剂溶于40mL氨水中，再用清水稀释到10kg。每隔10d喷1次效果好。

廖先谋（广西壮族自治区河池蚕桑管理站）

吴福安（中国农业科学院蚕业研究所）

第3节 桑疫病

一、分布与危害

桑疫病是一种世界性桑树细菌性病害，主要分布于亚洲、欧洲、前捷克斯洛伐克、伊朗、朝鲜等国家和地区。我国江苏、浙江、山东、湖南、湖北、四川、广东、广西、安徽、河北、山西、陕西、云南、辽宁和重庆等省份的植桑区均有发生，以浙江、江苏和山东等省发生较重。主要侵害桑树叶部和新梢茎部，流行发生时，病株率达到90%以上，受害桑园常减产20%左右，个别年份局部地区可造成60%以上的损失，部分受害县市蚕区为害面积达70%，受害桑叶品质严重下降。

二、症状

本病主要有缩叶型、桑黑枯型和断柄型3种，以前两种较为常见，特别是桑黑枯型发生面积较广（彩图18-3-1）。

缩叶型桑疫病多发生在春季，常常在桑树发芽开始（江浙一带为4月上旬）就出现症状，5月为发病盛期，症状主要集中在嫩叶和嫩梢上，6月中、下旬以后的高温季节急剧减少。若病原细菌从叶片气孔侵入叶内，则叶面散生油渍状圆形病斑，病斑逐渐扩大变为黄褐色，病斑周围稍褪绿呈黄色界线。随着嫩叶长大，病斑部位坏死穿孔，整个叶片皱缩，进而脱落。若病菌从叶柄、叶脉处侵入，则通过维管束扩展至叶脉，常在叶背的叶脉上形成病斑，初呈褐色，后变黑色，使叶片不能展开，叶面反向卷曲。病菌从嫩梢侵入时，枝条表面形成大小不一的纵裂病斑。主要表现在叶片向后卷缩，叶肉不能生长，叶片上有圆形褐色病斑，后期穿孔。

桑黑枯型桑疫病在春天发芽后开始发病，春季和夏秋季高温季节发病严重，全年形成2个发病高峰期，以夏季（江浙两省蚕区一般为7~8月）为发病盛期，9月以后发生较少或者不见发病。桑黑枯型桑疫病侵害桑叶时，叶片呈现褪绿转黄的不规则多角斑。侵染新梢发生烂头症，并沿枝条向中下部蔓延，在枝条表面形成粗细不等、稍隆起的点线状黑褐色病斑，枝条内部呈现比外部更鲜明的黄褐色点线状病斑。有的病斑可穿过木质部深达髓部，木质部和髓部受害后发生畸形病变。有时病斑相连成块，在中央形成空洞，空洞周围的表皮组织向外突出呈隆起状。有的病斑能蔓延到桑芽的中轴组织、枝干和潜伏芽内。

断柄型桑疫病在5月上旬开始发病，5月下旬发病严重。在枝条上部，嫩叶叶柄中间部位的下方缢缩发黑，随后桑叶枯萎下垂，进而在叶柄缢缩处断裂脱落，影响春桑叶产量。

三、病原

桑疫病的病原最早由法国包伊尔（Boyer）和拉姆拜蒂（Lambert）在1985年从桑树病枝上分离得到，为丁香假单胞菌桑致病变种（*Pseudomonas syringae* pv. *mori*），属薄壁菌门假单胞菌属。

菌体呈短杆状，两端钝圆形。黑枯菌系菌体大小为（0.48~0.68）$\mu m \times$（2.17~2.85）μm，缩叶菌系菌体大小为（0.41~0.68）$\mu m \times$（2.04~2.86）μm。单极生束鞭毛1~10根，不形成芽孢，无荚膜，或荚膜疏松。

菌落圆形，呈半透明乳白色，中心突起湿润。在修改King B培养基上产生绿色荧光，在肉汁冻、水、牛乳、灭菌马铃薯及Fermi液中生长良好。在Cohn液中黑枯菌系生长良好，缩叶菌系几乎不生长。

革兰氏染色阴性；需氧生长；硝酸还原，反硝化作用，明胶液化，淀粉水解，产硫化氢；VP试验、甲基红测定、吲哚试验、精氨酸双水解、氧化酶反应等均为阴性；过氧化氢酶试验、产氨试验及产果聚糖试验等为阳性；使石蕊牛乳产碱变蓝；能迟缓分解一批糖醇类，但不产气体；缩叶菌系能分解木糖，黑枯菌系则不能分解木糖。

两菌系的生长温度为 2～35℃；生长最适温度，黑枯菌系为 28～30℃，缩叶菌系为 25～28℃；干热致死温度，黑枯菌系（$1.8×10^9$ cfu/mL）为 90℃/10min，缩叶菌系为 120℃/10min；生长 pH 为 5.0～9.0，最适 pH 为 6.3～8.0；含菌量为 $1.5×10^8$ cfu/mL 的菌悬液用紫外线照射（距离 0.5m）致死时间，黑枯菌系为 25min，缩叶菌系为 60min；8 月太阳光照射致死时间，黑枯菌系为 90min，缩叶菌系为 150min；干燥条件下生存 30d；水中生存天数，30℃下为 120d，0～5℃下为 150d；在土壤中生存天数，低温下为 150d，30℃下为 60d；病组织埋在土中，病原菌生存时间长达 215d。

通过鞭毛交叉凝集及凝集素吸收测定，可以证明桑疫病两型菌系具有相同的种特异抗原即鞭毛抗原（H 抗原），根据鞭毛抗原交叉凝集的 R 值，可将桑疫病菌分为两群，A 群为黑枯菌系，B 群为缩叶菌系。将抗原加热，破坏鞭毛抗原后进行交叉定量凝集、凝集素吸收和琼脂双扩散试验，结果为菌体抗原差异显著，可将桑疫病菌分为 4 个血清型，其中 I 型为黑枯菌系，II～IV 型为缩叶菌系。

四、病害循环

病原菌主要在病枝枝条活组织内越冬，到第二年侵染新萌发的芽和叶，成为早春初次侵染的主要来源。春季气温变暖，枝条内营养液流动，病树内病原菌由维管束蔓延到桑树新芽和嫩叶部位，引起再次入侵，并在叶柄、叶脉上形成新病斑。在适宜的温、湿度条件下，病斑内细菌迅速繁殖，溢出黄白色的菌脓。菌脓随雨水滴溅到邻近芽叶上，或经昆虫、枝条相互接触所造成的伤口侵入，也可以通过气孔侵入，引起再侵染而发病。在适宜的环境条件下，病菌再侵入桑树的幼嫩叶和顶芽，经 3～4d 潜育期，7d 左右发病形成新病斑，并向下扩展延伸至枝条中下部，甚至延伸到枝条基部，或者入侵桑树"拳部"的潜伏芽，成为夏伐后的初次侵染源。如果遇上高温多湿天气（如梅雨季节），病原菌迅速增殖，不断引起再侵染，如果桑树品种对此病原免疫力弱，则病害在较短时间内能蔓延扩大导致流行。残留在土壤中的病叶、病枝及病土中的病原也是侵染源之一，但树体病组织是主要侵染源。带病苗木和接穗在不同地区间的调运，是本病远距离传播方式之一。

五、流行规律

本病侵染途径分伤口侵入和气孔侵入，一般情况下以伤口侵入为主。造成伤口的因素主要是人为损伤、虫口、风雨，大风大雨不但使桑叶产生伤口，而且有利于病原的传播。

引起本病流行的因素有气象条件、桑树品种本身抗病性和桑园管理措施等，其中以气象因子关系极为密切。在高温多湿环境下，病原细菌繁殖速度快，病害迅速流行；在夏季雷雨后暴晴，气温突然上升，湿度较高时，病原入侵以气孔为主，此时发病快速且严重，几天内遍及整个桑园。在招风地方，枝叶相互摩擦造成伤口，容易感染发病，如江边、河边、河堤、山坡地等招风地段的桑园发病重，浙江省的钱塘江边、江苏和浙江两省的环太湖周边的桑园，由于风大，水气重，本病发生亦重。

一般来说，在江浙蚕区，春季桑疫病发病程度与 4 月气温的高低有极密切的关系，秋季桑疫病的发生程度与 7、8 月的温湿（雨）系数有极密切的关系。高温多湿（雨）的情况下，发病重，甚至流行，在高温少雨的情况下，发病轻，甚至不发病。

桐乡青、育 71-1 等品种易感该病；在发病较严重的桑园，枝条上越冬病斑多，病原基数大，常在翌年发病早、蔓延迅速；偏氮少钾施肥、虫口较多的桑园易发本病。

地势低洼、地下水位高的桑园，微生态湿度大，容易发病；偏施氮肥、枝叶徒长、组织柔软的桑园抗病力弱，也容易发病。多施有机肥、农家肥及磷钾肥的桑园发病少。

桑树的害虫容易使枝叶造成大量伤口，有利病菌的侵入，尤其是为害嫩叶、嫩梢的害虫，虫口密度大的桑园发病严重，如桑象虫、桑瘿蚊等害虫，除直接造成伤口有利于病原入侵外，虫体还能携带病菌，促进病害流行。

六、防治技术

（一）选用抗（耐）桑疫病丰产良种

不同的桑树品种对桑疫病的抗病力差异很大。浙江省农业科学院蚕桑研究所等单位曾多次进行抗性鉴定，认为强抗品种有湖桑 199、6031、剑持、农桑 8 号、育 2 号、育 151、5801、湖桑 13、湖桑 20、加定 204、伦教 109、铁干桑、凤城 1 号、梨叶桑、黑鲁桑、农桑 12、农桑 14 和丰田 5 号等；中抗品种有荷叶白、双头桑、黑格鲁、摘桑等；中感品种有早青桑、大墨斗、团头荷叶白、湖桑 197、璜桑 14、黄皮海桑、新一之濑等；感病品种有桐乡青、育 71-1、湖选 2 号、麻桑、益都黄鲁头、农 14 芽变、强桑 1 号和金十等。

因此，在发病严重地区，因地制宜选栽育 2 号、育 151、5801、农桑 8 号、南 1 号、湖桑 13、凤城 1 号、梨叶桑、黑鲁桑等抗病性强的品种。重病区的风口地段，发病桑园缺株补植及病树嫁接时，宜选用强抗的湖桑 199、6031 等品种。

（二）农业防治

对带有点线状病斑的接穗和苗木，尤其是新蚕区调进接穗、苗木时，要重视检验，严防病原扩散与传播。

桑园间作与套作，不要造成桑园微环境高湿；对于低洼多湿的桑园，要及时开沟排水，并增施有机肥料；酸性土壤桑园，要增施石灰改良土壤；加强桑树害虫的防治。

在桑疫病的高发季节，逐块桑园进行检查，发现发病枝条要及时剪除；冬季桑树剪梢时，根据桑疫病病斑的延伸情况，在枝条的点线状病斑的下方 30cm 左右处剪伐，并注意髓部颜色，剪去油渍状的黄色部分，直至髓部呈现白色为止，严重的田块要进行齐拳剪，对于整株发病的桑树坚决挖除并集中销毁。

（三）化学防治

发病初期，在剪除病梢后，采用喷雾法进行喷药防治。可选用 15％硫酸链霉素与 1.5％盐酸土霉素混合液的 500 倍液，也可用盐酸环丙沙星或盐酸恩诺沙星 100mg/kg 药液喷雾防治，隔 7～10d 再喷第二次（建议不同类型的药剂交叉使用），即可控制病害。广东桑区在发病前期采用 0.1％铜氨液（50g 硫酸铜＋12％氨水 400～450mL＋水 50kg）隔 2d 喷 1 次，连喷 2 次，有较好的预防效果。

王俊　吴福安（中国农业科学院蚕业研究所）

第 4 节　桑褐斑病

一、分布与危害

桑褐斑病俗名烂叶病、焦斑病，是桑树叶部的主要病害之一。该病广泛分布于我国各植桑区，浙江、江苏、安徽、河南、河北、山东、辽宁、四川、云南、新疆等省份均有发生，局部地区暴发年份为害非常严重，如浙江省德清县 1975 年全县桑园 50％发生此病，损失桑叶量达 30％；辽宁省前所桑蚕种场 1976 年桑园发病株率高达 80％以上，严重地块片叶不收。此病发生期很长，辽宁自 6 月中旬开始，直至 10 月初落叶前，近 4 个月的时间均可陆续发病。江浙一带发生期更长，一般 4 月下旬即开始发病，5 月上、中旬到达发病盛期。云南的曲靖、大理、楚雄等蚕区已发生严重，一般从 5 月下旬开始直至 10 月底落叶前均有发生。发病初期，病斑少而小，病叶尚可饲蚕，受害重的桑叶，病斑多而大，往往连接成片，使病叶枯萎，提早脱落或整叶腐烂，严重地影响了桑叶的产量和质量。桑褐斑病病原除侵染桑树外，还可寄生杨树。

二、症状

病斑呈现于叶片的正背两面。最初为淡褐色、水渍状的小斑点，病斑周围叶色稍变黄，病叶逆光观察可见病斑轮廓十分明显，随着病情的发展，病斑逐渐扩大，形成近圆形的茶褐色或暗褐色病斑，有时病斑受叶脉的限制而呈多角形或不规则形，直径为 2～10mm，病斑边缘色较深，呈暗褐色或茶褐色，中央淡褐色或灰色，其上环生白色或微红色的粉质块。这种粉质块在同一病斑的正反两面都有，后期变黑褐色，残留在病斑上。晚秋发病的叶片病斑周缘常有紫褐色晕，叶脉被侵染亦变紫褐色，叶背更为明显。阴雨连绵时，病斑吸水膨胀，腐败穿孔；遇干燥天气，病斑中部往往开裂。严重发病的叶片上，许多病斑相互连接成大病斑，不久叶片枯焦，形成焦斑、烂叶而脱落。叶柄、新梢发病时，则呈暗褐色、长形略凹陷的病斑（彩图 18-4-1）。

三、病原

本病由斑点壳囊孢（*Phloeospora maculans*（Bereng.）Allesch.，异名：*Phloeospora mori*（Lév）Sacc.，桑黏隔孢［*Septogloeum mori*（Lév）Briosi et Cavara］）侵染引起，属子囊菌门壳囊孢属真菌。病斑上的粉质块是病菌的分生孢子盘，开始时形成于病叶表皮下，其后突破表皮而外露。如遇阴天潮湿，其上出现淡红色、稍带黏性的粉质状物，这是分生孢子的团块。分生孢子盘直径为 $60\sim150\mu m$，分生孢子梗丛生于分生孢子盘的表面，圆筒形、无色、单胞，大小为（$5\sim15$）$\mu m\times$（$2.5\sim3$）μm，其上着生分生孢子。分生孢子棍棒形或圆筒形，两端圆，顶部稍细，有 $3\sim5$ 个隔膜，隔膜处不缢缩，大小为（$30\sim50$）$\mu m\times$（$3\sim4$）μm。

四、病害循环

病菌主要以分生孢子盘在遗落地表的被害叶上越冬。第二年环境条件适宜时，产生新的分生孢子，通过风、雨或昆虫传播到桑叶表面，引起初侵染。夏伐后如新梢先端受侵害，病菌亦有可能以菌丝体在梢部病疤上越冬，成为第二年初次侵染源。落在叶面上的分生孢子，如温湿度适宜就能迅速萌发侵入，一般从病菌孢子附着新的叶片开始，隔 10d 左右即产生新的病斑，再过 $4\sim5$d，新病斑上又能产生粉质块，形成大量分生孢子，引起再次侵染。据辽宁试验，在日平均温度 22℃、相对湿度 87% 以上时，其潜育期为 8d 左右。因此，在整个桑树生长季节如条件适宜，可进行多次再侵染，不断扩大危害。

五、流行规律

高温多湿利于桑褐斑病的发生，其中多湿是发病的主要因素。因此，在气温高、降雨频繁的年份发病多而重；河港、水泽、池塘、水稻田四周等多湿环境的桑园发病重；阴雨连绵时，栽植过密、通风透光差的桑园发病重；地下水位高、排水不良以及偏施氮肥、肥培管理差的桑园容易发病。桑树品种间抗病性的差异也很大，荷叶白、早青桑、桐乡青、湖桑 197 等品种抗病性较强，而火桑、小官桑、红皮大种、望海桑等品种抗病力较差。辽宁省则以朝鲜秋雨最易感病，其次是黄鲁桑，而湖桑各品种表现较抗病。

桑褐斑病的发生与气象环境关系密切，例如，浙江省杭加湖蚕区群众经验，有两个指标可以预测当年本病是否流行，其一是降水量，预测春分到谷雨的降水量在 250mm 以上时发病严重，在 200mm 以下时，发病可能减轻；其二是根据病斑数量进行预测，即在 4 月中、下旬，平均每片叶上初见 $5\sim6$ 个小斑点以上时，发病将会严重，应立即喷药防治；若在 5 月中旬，平均每片叶上仅见 $1\sim2$ 个点时，则发病甚轻，不必用药防治。

云南省楚雄彝族自治州茶桑站 2006—2008 年对楚雄、姚安、大姚、永仁、南华、双柏 6 县（市）主要蚕区的部分桑园进行定点抽样调查。通过连续 3 年的调查，分别就桑园立地条件、土壤状况、管理水平、栽培模式、气象环境、栽培品种等因素与桑褐斑病的发生发展相关性进行分析研究，基本掌握了该病在本地区的发生及流行规律：不同的桑园立地条件对桑树褐斑病发生流行影响较大，河滩桑的发病率为 21.7%，田桑为 47.74%，地桑为 59.99%；不同的桑园土壤状况对桑褐斑病发生流行影响明显，沙壤地发病率为 14.26%，黏壤地为 48.81%，红壤地为 68.6%；桑园管理水平与桑褐斑病发生流行程度相关，管理好的发病率为 23.25%，管理一般的为 52.58%，管理差的为 70.63%；桑园栽培模式与桑褐斑病发生流行程度相关，夏伐的发病率为 34.86%，春伐的为 81.45%，套种的为 76.00%；桑园通风条件与桑褐斑病发生流行程度相关，通风好的发病率为 9.95%，一般的为 56.36%，差的为 68.46%；桑园光照条件与桑褐斑病发生流行程度相关，光照好的发病率为 11.17%，一般的为 61.66%，差的为 77.67%；桑园排水状况与桑褐斑病发生程度相关，排水好的发病率为 17.3%，一般的为 57.12%，差的为 67.96%；桑树栽培品种与桑褐斑病发生流行程度相关，农桑 8 号发病率为 29.33%，盛东 1 号发病率 34.72%，农桑 12 为 35.35%，云桑 1 号为 38.44%，农桑 14 为 44.66%，女桑为 45%，育 71-1 为 53.75%，桐乡青为 51.93%，湖桑 32 为 70.71%。

另外，病情扩散与降水量多少也有关。如楚雄彝族自治州 2006—2008 年 3 年间，$5\sim9$ 月降水量分别为 609mm、676mm、762mm，这 3 年病情也是逐年上升。

六、防治技术

防治桑褐斑病应从消灭越冬病原，改进栽培技术，不断提高桑树本身抗病力等多方面着手。坚决贯彻"预防为主，综合防治"的植保方针。

1. 消灭病原 在病叶上越冬的病原，是第二年初侵染的主要来源。因此，被害叶应在冬季落叶前和健全叶一并摘除作为家畜饲料。此外，清理地面落叶或深翻桑园，地面病残部分一律翻入深土，以消灭越冬病原，冬季修剪桑树把病枝、弱枝、枯枝、虫伤枝也应剪除烧毁。

2. 加强栽培管理 加强肥培管理，改善桑园环境条件，避免不合理间作，低洼多湿桑园要及时开沟排水，避免栽植过密，使桑园通风透光良好。

3. 药剂防治 发病季节要注意调查，发现每株桑树有几片叶发病，每叶有 4～5 个褐色病斑时应立即喷施 50％多菌灵可湿性粉剂 1 000～1 500 倍液（加 0.05％的洗衣粉作展着剂），或 70％硫菌灵可湿性粉剂 1 500 倍液，以后隔 10～15d 再喷 1 次，病情即可得到控制。

发病严重的桑园，在秋蚕结束后，可喷 1～2 次 0.7％波尔多液，或在春季桑树发芽前普遍喷 1 次 4～5 波美度的石硫合剂，以消灭依附在枝干上的越冬病原。

4. 栽植抗病品种 本病多发地区，可栽培抗病强的品种，如农桑 8 号、盛东 1 号、丰田 2 号、丰田 5 号等。

胡思贵　胡之亮　傅荣（云南省楚雄彝族自治州茶桑站）

第 5 节　桑紫纹羽病

一、分布与危害

桑紫纹羽病俗称霉根、烂蒲头病等，是中国、印度、朝鲜和日本等亚洲各主要植桑国家桑树根部重要病害之一，我国广西、江苏、浙江、安徽、河南、山东、河北、湖南、四川、重庆、广东、台湾等省份均有发生。

该病曾在日本桑园大暴发。我国于 1987 年开始对此病的病原进行分离并开展病害防治研究。在育苗区，一般造成桑苗损失率达 20％～30％，严重的苗圃桑苗损失率达 80％以上。近年来在广西蚕区发生严重，从发病到枯死，桑苗和幼龄桑树只需数月，成林桑一般 2～3 年即死亡，乔木桑经多年后枯死。

二、症状

桑树感染发病初期，地上部分呈缺肥状，桑树生长缓慢，随着病情加重，枝条细小，叶色变黄，叶形变小并下垂，枯焦脱落，树势逐渐衰弱，进而从枝梢顶端或细小枝条开始枯死，最后引起全株死亡。

在患病初期，根皮失去光泽，随后可见到丝缕状紫褐色或紫色纵横交错呈网状的菌丝，菌丝逐渐纠结成根状菌索，菌索纵横交错呈网状联结。以后在根茎部及露出地面的树干基部及土面相集成 1 层紫红色的茸状菌膜。随病情发展，病根变褐或变黑，并布满菌索，皮层和木质部彼此分离，皮层变黑腐烂，由于根的外部木栓层和中间的木质部腐烂较难，结果皮层烂尽，剩下栓皮和木质部彼此完全脱离，栓皮像 1 个套子套在木质圆柱上（彩图 18-5-1）。

三、病原

桑紫纹羽病的病原为桑卷担菌（*Helicobasidium mompa* N. Tanaka），属担子菌门卷担子属真菌。侵入皮层和寄生于根部表面的菌丝形态和功能不同。侵入皮层的菌丝具有吸收营养功能，宽 5～10μm，粗细不一。在病根表面的菌丝体行生殖功能，紫红色，宽 5.0～6.5μm，节距 70～110μm，能纠结成根状菌索。根状菌索内部紧密，外部疏松，粗 0.5～1.0mm，呈长茸状或不规则分枝，错综成网状。菌核半球形，呈紫色，大小为（1.1～1.4）mm×（0.7～1.0）mm。菌核的剖面，外层为紫色，稍内为黄褐色，内部为白色。菌核和根状菌索都能抵抗不良的环境条件。在病树干基部形成的紫色菌膜，即此病菌的子实体，呈皮膜状，待表面略呈粉质时，表明已产生担子和担孢子。担子无色，圆筒形，有隔膜 3 个，分隔成

4 个细胞，大小为（25～40）$\mu m \times$（6～7）μm，多向一方弯曲，在凸面的每一个细胞上，各长出 1 个小梗，在小梗上着生担孢子。小梗无色，圆锥状。担孢子无色，单胞，卵圆形，顶端圆，基部尖，大小为（16～19.5）$\mu m \times$（6～6.4）μm。

四、病害循环

桑紫纹羽病的病原具有侵入寄主植物根系和利用土壤中有机物营腐生生活的能力。病原菌在枯死的寄主植物的根部或者在土壤中，能生存 3～5 年，在土壤中呈垂直分布，大多数集中在表土深 10～25cm 区域，最深可达 150cm 左右。

该病菌以菌丝体、根状菌索或菌核随病根或在土壤中越冬，且生命力和传病力都很强。当环境条件适宜时，先从根状菌索及菌核上长出营养菌丝，从皮孔或毛细根侵入桑树新根的柔软组织，如被害细根软化腐朽消失后，又逐渐延及侧根和主根。以后再在病根表面形成根状菌索和菌核，在树干基部形成膜状子实体，并产生担子和担孢子，担孢子在适宜的条件下，萌发成菌丝，但萌发后大多数丧失侵染能力。

在患病的桑苗圃里，冬季挖苗时，病残根系大量遗留在土壤内，致使土壤中菌量逐年积累增加，传病范围日益扩大，在苗圃地里形成以发病株为中心逐渐向外扩大的趋势，零星发生的桑园经 3～4 年后便成片发生。

病菌可以通过流水、农具使土壤内菌核和残存病根内菌丝与新寄主植物根系接触传染。还可通过桑苗、林苗、果苗、薯块、花生等寄主调运传带到新区。

五、流行规律

该病原菌属于好气菌。缺氧条件下不发育，但能生存 50d 左右。发育温度 8～35℃，适温 27℃，土壤通气性好，持水量在 60%～70%，pH 为 5.2～6.4 时最适合病菌繁殖。影响发病的因素主要是水湿，凡排水不良的桑地有利发病。此外，在桑地间作易感病的甘薯、马铃薯、花生、大豆、萝卜、胡萝卜等作物，极易造成发病，熟地育苗也往往发病重。桑树从发病到死亡，所经时期的长短，因树龄和环境条件而异，幼龄苗木死亡较快，在土壤湿度大、土温高、阳光猛烈时，病害发展快，桑株死得也较快。

寄主除桑树以外，本病还侵害柑橘、苹果、梨、桃、李、葡萄、茶、松、杉、柳、白杨、枹、栎、石刁柏、刺槐，以及大豆、薯类、萝卜、花生、黄芪、甘蔗、人参等，约 48 科 113 种植物。

六、防治技术

（一）检疫和病苗消毒

病区商品苗木禁止向无病地区调运。检出的病苗予以烧毁，对感病轻的或有可能感病的桑苗进行消毒处理。处理方法是用 25% 多菌灵可湿性粉剂 500 倍液或 45℃ 温水浸苗根 30min，可杀灭桑组织内外的寄生病菌，对桑苗成活力影响不显著。

（二）农业防治

1. 选择无病菌地块发展桑园　用新鲜桑树枝条（直径 1.0～1.5cm），剪成 30cm 左右，将 2～3 枝扎成 1 束，并将 2 束扎成"十"字形诱捕束。将诱捕束在 5～9 月横埋入约 20cm 深穴内，做好记号，经 1 个月掘起，用肉眼检查是否有菌束。枝条上菌丝有疑问时可在显微镜下检查，看是否有 H 形联结菌丝。可据此判断田间是否有菌。

2. 开沟隔离　挖除病株并烧毁，在病区范围的四周挖深 1.5m、宽 0.3m 的隔离沟，以防土壤内病菌扩展蔓延。

3. 科学施肥　合理施用有机肥，有机肥料须充分腐熟后，才能施入桑园。

4. 合理轮作　发病桑园和苗圃，改种水稻、麦类、玉米等禾本科作物，经 4～5 年后再种桑培苗。如果仅轮作 1～2 年，不但没有防治效果，反而会因耕作加速病菌扩散、蔓延。

（三）物理防治

1. 利用太阳能消毒　夏季高温期间，在大面积发生紫纹羽病地的土壤表面覆盖 1 层透明聚乙烯薄膜半个月以上，使表土 30cm 深的温度增加，杀死病菌。

2. 土壤改良 酸性较重的土壤每 667m² 可施石灰 125～150kg。

王超 吴福安（中国农业科学院蚕业研究所）

第 6 节 桑干枯病

一、分布与危害

桑干枯病又称桑胴枯病，国内分布于江苏、浙江、四川、广东、广西、云南、山东、山西、福建、安徽、江西、河北、陕西、甘肃、辽宁、新疆、台湾等省份的蚕区；国外分布于印度、日本和朝鲜半岛等地区。在冬季寒冷和积雪地区为害严重，多发生在早春融雪后。枝干上最初出现淡黄色椭圆形或不规则形病斑，以后渐变赤褐色或橙黄色，上生鲨鱼皮状小疹。桑树感病后，轻的影响发芽率，重的造成局部或整枝枯死，直接影响桑叶产量和质量。

二、症状

本病一般发生在较寒冷的地区，且大都发生在桑树一年生枝条上。一般在春季 3～5 月桑树发芽前后，从枝条的基部开始，在树皮表面出现油渍状暗色的圆形、椭圆形或不规则形的病斑，病斑常以冬芽为中心向外扩展，后逐渐变成赤褐色。当病斑逐渐扩大绕枝一周时，病斑上部的枝条很快枯死。为害严重时 1 根枝条上可产生 10 多个病斑，使整根枝条干枯死亡。5～6 月病斑与健康组织交界处略有凹陷，呈橙黄色，上生鲨鱼皮状小疹。6～7 月以后小疹顶破外皮，露出黑色小点（彩图 18 - 6 - 1）。

病菌不侵入根部，枝干枯死后根际能再发不定芽。

三、病原

桑干枯病病原为桑间座壳（*Diaporthe nomurai* Hara），属子囊菌门间座壳属，无性型为子囊菌门拟茎点霉属（*Phomopsis* sp.）真菌。

病原菌侵入桑树枝干后，首先在木栓层和韧皮部之间蔓延，随着气温回升，菌丝体在病部逐渐发育成圆锥形子座。子座内分别形成分生孢子器和子囊壳。分生孢子器扁球形，底部平坦，褐色，大小为 $(400～800)$ μm× $(100～200)$ μm，有长形颈，颈长 110～207μm，颈孔径 52～78μm，颈口突破表皮。分生孢子器底部丛生分生孢子梗，无色，单胞，丝状，大小为 $(12～19)$ μm× $(1.2～2.0)$ μm，梗顶着生分生孢子。分生孢子有两种，一种是纺锤形孢子，无色，单胞，大小不一，大的为 $(7.7～13.2)$ μm× $(3.3～4.4)$ μm，小的为 $(7.0～12)$ μm× $(2.0～3.5)$ μm；另一种是线形孢子，无色，单胞，稍弯曲，大小为 $(25～28)$ μm× $(1～2)$ μm。两种分生孢子在分生孢子器内单生或混生。分生孢子器周围生有扁球形或球形的黑色子囊壳。子囊壳直径为 220～300μm，有长形颈，颈长 100～400μm，孔径 36～50μm，通过子座开口于表皮。壳内生子囊，子囊棍棒状或倒棍棒状，基部有短柄，大小为 $(45～60)$ μm× $(6～11)$ μm，内含 8 个子囊孢子。子囊孢子纺锤形或椭圆形，中间有 1 个大隔膜，隔膜处略有缢缩，无色，大小为 $(10～15)$ μm× $(3.5～4.4)$ μm。

四、病害循环

病菌以分生孢子器、子囊壳及菌丝体在病枝上越冬。3 月开始在枝干木栓层和韧皮部之间形成菌丝块并发育成子座，4 月子座突破外皮。分生孢子于 4 月中旬至 7 月喷散传播；子囊孢子一般在 9～10 月成熟喷散，早的可在 7 月成熟喷散。病原孢子落在枝条伤口或者皮孔上，在适宜条件下发芽，发芽后菌丝自伤口或皮孔侵入枝干内引起发病。在积雪地区，病原菌多从皮孔侵入，夏、秋季在健康桑树皮孔内营腐生生活，冬、春季侵入枝条内部寄生。在小雪及温暖地区，病原菌则在养分消耗多、抵抗力弱的枝条上营半寄生、半腐生生活。

五、流行规律

桑干枯病的发生与桑品种、气候及栽培管理条件等密切相关。

1. 桑品种　各品种间的抗病力存在一定差异，一般山桑系品种抗病力强，鲁桑系等品种易感病。

2. 气候条件　寒冷地区、积雪深和积雪时间长的桑园容易发病。

3. 树型养成　低干桑容易发病，中干桑次之，高干桑发病较少。

4. 采叶程度　秋季摘叶过度，枝条储藏养分不足，木栓化程度低，抗寒、抗病能力下降，易引起发病。

5. 采叶方法　采叶粗暴或采用捋叶方法，容易造成伤口，有利于病原侵入发病。

6. 肥水条件　秋季多雨或偏施氮肥的桑园，由于枝条徒长，组织不充实，容易遭受冻害而发病严重。

六、防治技术

对于桑干枯病的防治，可采用农业防治、生物防治和化学防治相结合的综合防治措施。

(一) 农业防治

1. 发病严重地区宜栽植山桑系抗病品种，避免栽植鲁桑系等感病品种。

2. 在寒冷地区宜采用中、高干树型养成，无干桑可采取壅土防病、新栽苗木采用稻草包扎树干等措施。

3. 夏、秋蚕期，桑叶不宜采摘过度，要摘叶留柄，减少伤口发生，施肥要注意氮、磷、钾比例，防止过迟或过多施用氮肥。

4. 春季桑树发芽时，及时剪除病枝并烧毁，发病严重的桑园应全园春伐。

(二) 生物防治

桑干枯病菌的天敌寄生菌有 *Clonostachys rosea*（Link：Fr.）Schroers，异名：粉红黏帚霉 [*Gliocladium roseum*（Link：Fr.）Bainier]，该菌寄生在桑干枯病菌分生孢子器的子座上，使桑干枯病菌致死，可作为桑干枯病菌的天敌在防治上加以利用。

(三) 药剂防治

秋末冬初在树干上喷布 4 波美度石硫合剂，或 50%甲基硫菌灵可湿性粉剂 500～1 000 倍液，或 50%多菌灵可湿性粉剂 500～1 000 倍液，进行防治。

浦冠勤（苏州大学）

第 7 节　桑里白粉病

一、分布与危害

桑里白粉病俗称白粉病、白背病、白涩病等，是桑树叶部常见真菌性病害之一。分布范围广，中国、日本、印度、越南、朝鲜、韩国等国均有发生。我国主要发生在广东、广西、四川、云南、江西、辽宁、河南、河北、山东、山西、江苏、浙江、吉林、黑龙江、安徽、台湾等省份。

受害桑叶的养分被大量消耗，影响桑叶品质，促使提前硬化。用病叶饲蚕，由于病叶劣、营养价值差，且可食量减少，以致蚕体虚弱，易诱发蚕病，全茧量、茧层量均降低。桑里白粉病除侵害桑树外，还侵害梨、柿、栗、臭椿、构树等。

二、症状

本病主要发生于桑叶背面，开始时出现白色分散的细小霉斑，逐渐扩大，连接成片，布满全叶背，霉斑表面呈粉状，即病原菌的菌丝体和分生孢子。后期在白色霉斑上出现黄色小粒状物，这是病原菌的闭囊壳，当小粒状物由黄色转橙红色再变褐色，最后变成黑色时，白色粉霉消失。在病斑相应处的叶表，可看到微黄至淡黄褐色的斑块（彩图 18-7-1）。

桑里白粉病通常发生在枝条中、下部较老的叶上，枝条上部的嫩叶一般不受侵害。本病常与污叶病并发为害。

三、病原

桑里白粉病病原为桑生球针壳 [*Phyllactinia moricola*（Henn.）Homma]，属子囊菌门球针壳属真菌。无性型为桑生拟小卵孢（*Ovulariopsis moricola* Delacr.）。

菌丝匍匐于叶背，以附着器吸附于叶背表皮，部分菌丝从气孔进入叶肉组织的细胞间隙摄取养分。菌丝体不分枝，纵横交错成网状。在叶面的菌丝体上产生直立的分生孢子梗，分生孢子梗无色、丝状，有3～4个隔膜，大小为（167～236）μm×（5～8）μm，顶端膨大，分割成分生孢子。分生孢子无色、单胞，短棍棒状，大小为（60～86）μm×（19～26）μm，单生。闭囊壳扁球形，幼嫩时黄色，老熟后黑褐色，直径140～290μm，附属丝无色，针状，基部膨大如球，大小为（219～315）μm×（7.5～10）μm。1个闭囊壳内含有子囊5～45个，子囊短筒形，基部有短柄，大小为（60～105）μm×（25～40）μm，无色，内藏2个（偶有3个）子囊孢子。子囊孢子单胞，椭圆形，大小为（27～49）μm×（19～26）μm，无色，有时略带淡黄色。

桑里白粉病菌在30％～100％的湿度范围内均可发芽，最适于发病的温度为22～24℃，相对湿度为70％～80％，在上述条件下，成熟的分生孢子经2h即可萌发，形成菌丝，25℃时经72h即可形成分生孢子，1批分生孢子脱落后，每隔3～5h又可形成1批。

四、病害循环

病原菌以闭囊壳黏附在桑冬芽附近的枝条上或随病叶遗落在地表上进行越冬。翌年春季，当环境条件适宜时，闭囊壳喷散出子囊及子囊孢子，随风雨飞散到桑叶上，子囊孢子在适宜温湿度时，发芽侵入桑叶，成为初次侵染源。桑株感病后，病原菌在侵入部位产生分生孢子，经过10d左右，桑叶背面出现白色病斑，病原菌进入无性繁殖世代，在病斑部不断产生分生孢子，分生孢子成熟后脱落飞散，引起再次侵染。从春至秋连续由分生孢子产生多次侵染循环，不断扩大为害。

五、流行规律

桑里白粉病的发生与温湿度、桑叶的硬化度以及桑树收获形式等有密切关系。

1. 温湿度与发病的关系 本病原菌发病的最适温度是22～24℃、相对湿度为70％～80％。但相对湿度在30％的极为干燥条件下或在100％的极度潮湿条件下，本病原菌的孢子也能萌发，只要温度适宜，病害就能发生和流行。盛夏期间，气温过高，对病菌生长不利，发病受到抑制；气温较低的山区桑地，有利病害的发生。

2. 桑品种与发病的关系 叶片硬化早的品种容易发病，如山桑系品种重于白桑系白种，白桑系品种又重于鲁桑系品种。

3. 栽培环境与发病的关系 地下水位较低或干旱的丘陵地、过于密植或缺钾桑地发病较重，反之，发病较轻。

4. 收获方法与发病的关系 冬留干比冬根伐、春伐比夏伐发病重。

六、防治技术

1. 选栽硬化迟的桑品种 在长江流域可栽团头荷叶白、湖桑38；在华南地区可选栽湛江油桑、钦州桑等品种。

2. 加强肥培管理 施足基肥，及时追肥，注意配施钾肥。久旱不雨时要注意抗旱，以增强树势、延迟硬化，提高树体抗病力。

3. 及时采叶，防止叶片老化 采叶要从下向上，分批采摘，清除株间老叶、落叶，控制病害蔓延。

4. 药剂防治 发病初期全面喷洒2％硫酸钾或5％多硫化钡或0.3％～0.5％多菌灵（有效成分）；采叶期喷50％硫菌灵可湿性粉剂1 000倍液或70％甲基硫菌灵可湿性粉剂1 500倍液，隔10～15d再喷1次；也可用50％多菌灵可湿性粉剂200～500倍液喷于叶面，隔7～10d喷1次，连续喷数次；冬期喷2～4波美度石硫合剂，杀灭枝条上或地面上的越冬病菌。

潘刚　夏志松（中国农业科学院蚕业研究所）

第8节　桑青枯病

一、分布与危害

桑青枯病属于桑树全株性病害，又称枯萎病、细菌性枯萎病，俗名瘟桑、疽桑。中国华南蚕区多有发生，在国外未见报道，具有发病急、蔓延快等特点，对蚕桑生产造成很大的威胁。该病最早报道发生于1968年的广东顺德，曾经在广东省蚕区大面积发生，发病严重的地区有化州、廉江、郁南、罗定、翁源、拓山、阳春、电白、新会、三水、台山、德庆、清远、始兴等地区。1978年广东顺德桑地发病面积达1 072hm²，占当时本地桑地总面积4 690hm²的23%，发病严重的桑地不得不改种甘蔗或其他作物，目前该病在广东、广西、浙江、江西等省份大面积发生，随着杂交桑栽植的扩大北移，病害发生面积和分布范围逐年扩大，成为未来影响我国蚕桑业发展的一个制约性因素。

桑青枯病一般于桑树生长盛期大量暴发，而且一经发病大部分枯死，无法采叶，少数发病较轻的植株，虽然能够带病存活至翌年，但当年产量也会受到影响。本病在田间具明显的发病中心，如果桑园同时出现多个发病中心，病情会很快蔓延，致使整片桑株枯死，发病桑园补栽新桑苗后仍能发病。

本病除侵害桑树外，尚能侵害番茄、茄子、豇豆、蚕豆、菜豆、辣椒、芥蓝等多种作物。

二、症状

桑园中病株呈点块状发生，有明显的发病中心。本病是典型维管束病害，病原菌侵染桑树根部导管，影响水分运输，叶片出现凋萎。无论是多年生桑，或是当年的定植桑和实生苗，均能受害。地上部的症状表现为叶片青枯、枯焦，直至脱落，其中有些是全株叶片同时出现失水凋萎，但叶片仍能保持绿色，呈青枯状，凋萎死亡速度快；成林桑或摘顶后超过30d发病的，多数枝条上中部叶片的叶尖、叶缘先失水，然后变褐、干枯，逐渐扩展至全叶、全株，死亡速度较慢（彩图18-8-1）。地下部的初期症状外观并不明显，但拔起病株，剖开根部皮层，可见木质部有褐色条纹，随病情进展可延及茎枝，发病严重时，根的木质部全部变褐、变黑，病根或病枝切口很少或没有白色的桑乳汁分泌，却有污白色的菌脓溢出，根部皮层色泽在初发病时正常，久病的根部皮层呈湿腐而脱落，木质部变黑腐朽（彩图18-8-1至彩图18-8-3）。成林桑死亡速度较慢，部分桑树当年恢复生长，第二年逐步死亡。

本病在高温多雨季节最易发病，久雨初晴时出现发病高峰。

三、病原

桑青枯病病原为茄劳尔氏菌（*Ralstonia solanacearum*），属薄壁菌门劳尔氏菌属。菌体短杆状，单细胞，两端圆，单生或双生，大小为（1.24～3.15）μm×（0.45～1.18）μm，平均为1.9μm×0.8μm，鞭毛极生，1～3根，多数1根，少数3根，无芽孢，无荚膜，革兰氏反应阴性（图18-8-1）。在马铃薯肉汁冻培养基上形成圆形菌落或不正圆形，稍隆起，平滑有光泽，湿润而呈黏液状，菌落初期灰白色，后为暗褐色，这是细菌分泌的一种水溶性色素所致，能使培养基变褐（彩图18-8-4）。人工培养后，其致病力容易消失，当培养基变褐时其致病性也随之丧失。

病原菌在10～40℃的范围内均可生长，以28～36℃生长最好，18℃以下和38℃以上生长受到抑制，其致死温度为53℃10min，适合生长的pH为5～9，以pH7～8生长最好。

桑青枯病菌可从变褐的维管束中分离出来。把1小块木质部褐色组织放进灭菌培养皿，加1滴无菌水后将病组织撕碎，静置10～30min，然后将此悬浮液画线于氯化三苯四氮唑（TZC）培养基上，置30℃下培养48h便会出现菌落，如

图18-8-1　电子显微镜下的茄劳尔氏菌
（引自蒯元璋，2012）

Figure 18-8-1　*Ralstonia solanacearum* under electron micros-cope (from Kuai Yuan-zhang, 2012)

果是青枯菌则菌落呈不正圆形，略隆起，初为白色，以后中央出现螺旋样红色沉着或红色小点，有时菌落红色或菌落外面有 1 圈白边。如果是腐生菌落则为暗红色或暗紫红色。如果要分离土壤中的青枯菌，则可将土壤放在灭菌小烧杯或其他容器中，加上一定量的无菌水（水面必须浸过土壤），充分搅拌后静置 15～30min，取其上清液画线于 TZC 培养基上。病原菌接种可用培养 48h 的细菌悬浮液，滴 1 滴在桑幼苗第三叶（从顶部算起）叶腋上，然后用向下倾斜的针，通过菌液轻刺 4～5 次茎部。接种后把植株置于温度为 30℃、湿度为 80％以上的地方，经 5～7d，接种部位呈水渍状，上部萎蔫。番茄幼苗对桑青枯病菌的反应非常敏感，接种 1～2d 就可表现症状，是测定桑青枯病菌较为理想的指示植物。具体做法是，选用具 1～2 片真叶的番茄苗或初果期的嫩梢（可把嫩梢扦插于水中），将菌液滴在植株的叶腋上，用小针刺 4～5 次茎部，其余做法与接种桑苗相同。

农作物青枯病是一种世界性的病害，特别在热带和亚热带地区发生更为普遍和严重，以茄科作物受害最烈，烟草、番茄、辣椒等受害尤甚，严重发生年份甚至失收。青枯病菌群体较为复杂，在世界范围内广泛分布，寄主范围极为广泛，可侵染 54 个科的 450 余种植物。其划分有多种方法，第一种分类方法是根据寄主范围来分，不同菌株间的致病性具有明显的寄主专化性，可将青枯病菌分为 5 个生理小种；第二种分类方法是根据其对 3 种双糖（麦芽糖、乳糖和纤维二糖）和 3 种己醇（甘露醇、山梨醇和甜醇）氧化产酸能力的差异将青枯病菌划分为 5 个生化型；第三种分类方法是近年来一般采用的分子生物学分类方法，根据限制性片段长度多态性（RFLP）结果和 16S rRNA 序列进行分类。就生化型而言，Hayward（1964）首次根据青枯病菌对 3 种双糖和 3 种己醇等 6 种化合物的利用情况，将供试的青枯病菌分为 4 个生化型：生化型Ⅰ，不能利用全部 6 种化合物；生化型Ⅱ，利用 3 种糖而不利用 3 种醇；生化型Ⅲ，利用全部 6 种化合物；生化型Ⅳ，利用 3 种醇而不利用 3 种糖。我国自 20 世纪 80 年代以来，也曾报道过与上述 4 个生化型特性不同的生化类型。

何礼远等（1983）发现中国桑青枯病菌的一些菌株只对桑的致病力很强，但对番茄、马铃薯、茄子、龙葵和辣椒的致病力很弱，对普通烟、花生、芝麻、蓖麻、甘薯和姜则不致病，命名为 5 号小种，得到了国际认可，供试的广东桑青枯病菌不能利用山梨醇和甜醇而能利用 3 种双糖和甘露醇产酸。后来的研究发现桑树上不仅仅只存在生化变种 5 菌株，还存在生化变种 3 和生化变种 4 的菌株，但都是以生化变种 5 为主要菌系。Cook 等（1989）利用 RFLP 技术将桑青枯菌鉴定为 MLG16、MLG19 和 MLG20，其中 MLG16 菌株 M5 属于生化变种 4。2003 年陈永芳等用 PCR 等方法对我国的植物青枯病菌菌株进行了组群划分，其中 2 株桑青枯病菌划为生理小种 5 和生化变种 5，1 株桑青枯病菌（M5）被划为生理小种 1 和生化变种 4。

根据华静月等（1982）研究认为，桑青枯病菌是新的生理小种，与其他 3 个生理小种不同，故定为小种。所有桑青枯病菌菌株用伤根接种都不能对番茄致病。因此，桑青枯病菌致病力分化明显，关于生化变种 3 和生化变种 4 的菌株，从致病性来说应当属于生理小种 5，但致病机理是否与 5 号生理小种有差异性，需要进一步研究。而曾宪铭等（1995）比较了 13 种寄主植物 129 个青枯病菌菌株，其中包括 10 个桑青枯病菌菌株，并比较了 3 种双糖（乳糖、麦芽糖、纤维二糖）和 3 种己醇（甘露醇、山梨醇、甜醇）的利用情况，发现桑青枯病菌除了存在 Hayward 的 4 个生化型之外，有 7 个能利用 3 种双糖和甘露醇而不能利用山梨醇、甜醇产酸的菌株，并且定为生化型Ⅱ的亚型之一（Ⅱ），而这一亚型曾经被 He 等（1983）定为生化型Ⅴ。而 Boudazin 等（1999）倾向于将我国桑树上的青枯病菌分为 5 个生化类型。

目前，发现桑青枯病菌（5 号小种）基因组中存在大量的插入元件，推断其可能在桑青枯病菌寄主适应性进化过程中起重要作用，并且建立了特异性分子检测体系。一般倾向于认为青枯菌种群分为 5 个生理小种及 5 个生化变种，并可采用分子生物学方法测定菌属的 16S rRNA 序列，通过序列比对而进行分类。

我国热带及亚热带地区，气候温暖，雨水充沛，更适于青枯病的发生和流行，受害作物种类繁多，加以各地生态环境不尽相同，有可能导致青枯菌种群新的类型的增加及种群的复杂性。

四、病害循环

桑青枯病菌在病根、病枝、病残体、土壤以及混有病株残体的肥料里越冬，翌年春暖，病原细菌开始生长繁殖、侵染桑树。病菌传播方式主要有：

1. 土壤传播　桑青枯病菌对土壤有很强的适应能力，能离开寄主单独生活在土壤中，并且在土壤中繁殖。桑青枯病菌一旦传入无病桑地就可在土壤中生存下来，再在适宜的条件下繁殖积累，所以，土壤是桑青枯病菌栖息的主要场所。因此，发过病的土壤及遗留在土中的病株残枝是此病害主要的传染源。通过降雨及人事活动等，病菌可通过伤口、虫口等侵入根部组织，或通过受伤的茎部侵入植株。病株残体上的青枯病菌在土壤中存活的时间，因土壤环境条件不同而不同，如果连续种植寄主植物，病菌的寿命则可延续得更长。在土壤中凡是桑树根系达到的深度，也是病菌可以扩展的深度，但多数病菌还是分布在表土层内。

2. 苗木、枝条传播　苗木传播主要是带病苗木直接种植传染及带病苗嫁接传染 2 种形式。

3. 雨水传播　在灌溉的桑田或暴雨之后的田间，青枯病病原菌可借助水流向四周扩散，凡水流经过的桑树都可能引起发病。

4. 采桑工具传播　采桑工具主要通过接触伤口传播病害，如用桑剪收获病枝，病菌沾在桑剪上再修剪健枝，健枝可引起发病。

5. 病株残体传播　桑青枯病是导管病害，病原菌积集在病株的根、茎导管内，如在潜伏期（即外表未现病症）进行条桑收获喂蚕，养蚕后残枝连同蚕沙回田作肥料，便可污染土壤，病原菌从田间病株及腐烂组织散落在土壤中，通过传播媒介或病健株之间的相互接触进行重复传播侵染，扩大为害。

五、流行规律

1. 桑园立地条件与发病的关系　据调查，地势高、地下水位低的桑田发病较轻，扩展蔓延也较慢；相反，地势低洼、排水不良的桑地发病较重。病区如用灌溉防旱方法，则会加速病害的扩展蔓延。

2. 桑树栽培及采伐模式与发病的关系　桑青枯病的发生也与树型养成有一定的关系。近几年桑园树型均为矮干速成，春季种桑，当年秋季收获秋叶养蚕的桑园及桑树夏伐过迟（遇高温）、采叶过度均导致桑树抵抗力下降，易感染该病。不同采伐收获方式，发病率明显不同，高温期间摘顶降枝可促使病害的发生。广东蚕桑科学研究所 1979 年进行了 2 种不同采伐收获方式与发病关系的试验，结果表明，6～7 月摘顶降枝比二、三造轮番采横枝、6 月底轮番降枝、下三造采叶片的发病率升高 60.3％～183.5％（不同品种升高程度不同）。高温期间避免摘顶降枝，减少伤口发生，可减少病害传染机会。化州县蚕桑试验站有 1 块伦教 40 良种桑地，1979 年发生青枯病，1980 年病情加重，冬季清除病株进行补植，1981 年实行只采叶不剪枝不降枝的收获方法，病情大大缓解。在发病桑地勤中耕松土，也可因人为操作伤根，加速病害的传播。反之，在病区实行免耕或使用化学除草则可减少病菌感染机会。

3. 桑园间作与发病的关系　桑园里套种茄科、豆科作物容易交叉感染该病。避免间作茄科、豆科等易感植物，可以减少不同寄主间交叉感染的机会。

4. 气候条件与发病的关系　桑青枯病的发生和发展与温度、湿度关系密切。通常桑青枯病在珠江三角洲地区 4～11 月发生，而以 7～9 月侵害严重，春季发生初期容易被误认为晚霜冻害。以 7～9 月间，即晚秋蚕时发病最多，高温多湿可促进发病。春季温度回升早，发病期也提前。桑树枝条针刺和根部淋菌液接种试验结果表明，接种后发病率高低主要取决于温度、湿度，接种后发病迟早则与空气湿度密切相关。凡接种后相对湿度在 85％以上的发病早（4～11d），低于 80％的发病迟（15～26d）。生产上往往可见到在发病高峰期遇上干旱发病并不多的现象。

5. 品种与发病的关系　不同桑树品种对桑青枯病抗病力不同。广东蚕桑科学研究所对 500 多个桑树品种、品系单株进行抗病力鉴定，结果发现有部分桑树品种如抗青 10 号、抗青 4 号、冬 9 号、湛 26、盛东 1 号等抗病力较强，另外，越 1 号、望月桑、巡 17、罗冲 17 及桑抗 1 号、顺农 2 号、顺农 3 号等表现出一定抗病性。目前生产栽植的广东荆桑、杂交桑（塘 10×伦 109、沙 2×伦 109、北 1×540）和伦教 40 均感病。

6. 树龄与发病的关系　树龄与发病的关系密切，一般树龄越短，发病率越高，新栽桑、幼龄桑容易感染，死亡也快，3 年以前树龄的桑树易发病，3 年以后发病率降低，老桑树虽然有一部分会很快死亡，但大部分仍然能继续发根，可生存到翌年，但长势低矮（表 18-8-1）。

表 18 - 8 - 1　桑树树龄与桑青枯病发生关系调查（引自广东蚕桑科学研究所，1978）

Table 18 - 8 - 1　The relationship between mulberry age and mulberry bacterial wilt

(from Guangdong Institute of Sericultural，1978)

品种	树龄	试验株数（株）	发病株数（株）	发病率（%）
北 1×540	1 年以下	2 280	1 368	60
荆桑	1 年	1 428	543	38
伦教 40	2 年多	1 138	76	6.68
伦教 40	3 年	1 052	41	3.90

六、防治技术

防治桑青枯病，必须贯彻"预防为主，综合防治"的方针。在综合防治中，要以农业防治为主，化学防治为辅，结合其他防治措施。

1. 实行植物检疫　严格控制青枯病向无病区扩展，提倡自留、自繁、自育、自用，避免苗木大调大运，并积极推广以种子为繁殖材料。确有必要到病区调种、引种时，必须与植物检疫部门密切配合，事先认真进行产地检疫，保证苗木无病。

2. 培育无病种苗　根据生产调查及试验结果，带病苗木、枝条是病害传播蔓延的主要途径。有病苗木栽于无病地后，病株内的病菌散入土中，使土壤带菌进行传播，所以在已发病地区，土壤带菌和病苗对病害的传播蔓延是同样重要的。在培育苗木时首先选用无病的实生苗作砧木，无病的枝条作接穗或插穗材料，选用无病地（如前作多年种甘蔗、水稻、小麦）作苗圃。已发病地区，要把住枝条、苗木、土壤无病这三关，切断病害的主要传播途径，培育无病种苗，结合其他措施，逐年减少为害。

3. 苗木消毒　苗木表面病原菌可用盐酸土霉素药液 500mg/kg 和含有效氯 0.4% 漂白粉液浸渍半小时，即可达到消毒目的，但苗木内的病原菌难于杀灭，因染病植株维管束已丧失内吸能力，消毒药剂无法被吸收。

4. 合理间作、套种　在病地进行间作或套种时，要种植桑青枯病原细菌的非寄主作物（如甘蔗、花生、香蕉、玉米、水稻、小麦等），否则既会使种植的作物感病又会加重桑树发病。特别注意不要使用病地作苗圃用，不然会因苗木的调运、移栽而把病土带到无病区去。

5. 对重病桑园实行合理轮作　发病严重的桑地要实行轮作，根据病原菌的寄主范围，选定轮作物。轮作年限要视病情轻重、土质结构等具体情况而定。病情严重的，轮作年限要长，反之则可短些。水旱轮作可比桑蔗轮作时间短些，病地改种水稻一年半、花生半年，合计 2 年，即达到灭菌效果。一般桑蔗轮作 5 年，发病已大为减轻，甚至可达到完全无病。

6. 合理采伐桑树　对桑树进行合理采伐可增强树体抗病力。广东蚕桑科学研究所提出带叶摘顶、留叶采横枝收获法，可减少病害发生，增加单位面积桑产叶量。具体做法是，头造采摘叶片，二造带叶摘顶（采叶前 7～10d 摘顶），待腋芽萌发后再摘除成熟叶，以后各造留叶采横枝（采侧枝桑时），在侧枝基部留 1 片叶剪除。在发病期最好是采用采摘成熟叶收获法，也可采用带叶打顶收获法或留叶剪枝收获法，这样可以减少发病死亡率 30% 左右，在发病期不要采用降枝收获法，否则会增加发病死亡率。

7. 及时清除病株　当田间少量发病时，应将病株挖起，最好将病株周围未见症状的植株也一起挖掉，集中烧毁，病穴及其周围用 1：100 倍福尔马林液或含 1% 有效氯漂白粉 100 倍液消毒，也可用新鲜石灰 25 倍液淋透消毒。土壤消毒的关键是使消毒药剂渗透土层，与病原菌充分接触。

8. 选育和推广抗病品种　利用抗病品种防治病害是最经济有效的方法。目前选育抗病品种的方法，主要应用系统选育和杂交育种。经选育和鉴定的抗病品种有抗青 10 号、抗青 4 号、冬 9 号、湛 26、盛东 1 号及中抗品种桑抗 1 号、顺农 2 号、顺农 3 号等，部分品种是通过系统选育方法，即在重病田块从死剩单株中选育而成。另外，在进行系统选育时要注意以下几点：

（1）选择抗病单株时期。一般应在发病高峰期后或在冬季收造前进行。

（2）应在发病严重地，选择死剩单株，最好能挖开根部检查木质部有无变色，因为有些染病单株初期外观不见病症。

（3）做好抗性分级鉴定标准。

（4）选择的单株要通过人工针刺接种或人工病圃鉴定，同时要以当地生产品种和已有的抗病品种作为对照。

（5）经人工接种或病圃鉴定后，还要分发到不同类型的地区进行多点试种鉴定。

方荣俊　吴福安（中国农业科学院蚕业研究所）

第9节　桑芽枯病

一、分布与危害

桑芽枯病是桑树枝干的重要病害之一，侵害桑芽，常与拟干枯病并发，对桑树生长和桑叶产量的影响很大。本病分布于吉林、辽宁、河北、宁夏、山西、陕西、山东、安徽、江苏、浙江、江西、湖北、湖南、四川、贵州、云南、广西、广东、台湾等省份，尤其在山东、江苏等省份发生较多。1993年春季，山东省文登、沂源等地区桑芽枯病和拟干枯病大量发生，轻病区枝条发病率为20%～30%，重病区有60%以上的枝条干枯发病，甚至整株干枯死亡，对春季蚕茧生产造成不可估量的损失；2007年春，江苏省铜山县桑芽枯病暴发，一般田块桑叶产量因此而减产20%～30%，严重田块几乎绝收，对春蚕生产造成严重影响。

本病病原除寄生桑树外，还寄生合欢、刺槐、构树等其他树种。

二、症状

冬末至早春，在枝条中上部的冬芽附近，最初出现油渍状暗褐色略下陷的病斑，以后病斑逐渐扩大，呈梭状，其上密生略隆起的小粒，突破表皮后露出砖红色小疹状颗粒（彩图18-9-1），为病原菌的分生孢子座。随着病情的发展，相邻的病斑可相互连接成大病斑，当病斑绕枝一周后，截断了树液的流通，上部枝条即干枯死亡；病部皮层逐渐腐烂，很容易与木质部剥离，并释放出一种酒精气味。发病3～4个月后，在枯死枝的病斑部又可产生蓝黑色的小粒，即病菌的子囊座。受害较轻时，病斑仅局限于枝条局部，病斑周围愈伤组织的形成可限制菌丝的扩展，其上部枝条不致枯死，但被害部显著变形，呈癌肿状，外皮常常破裂，在其上露出黑褐色的韧皮纤维。

三、病原

桑芽枯病病原已知有3种：浆果赤霉桑生变种［*Gibberella baccata* （Wallr.）Sacc. var. *moricola* （de Not.）Wollenw.］、茄丛赤壳［*Nectria solani* Reinke et Berthold f. sp. *mori* （Y. Sakurai et Matuo）G. Arnold，异名：茄菌寄生桑专化型（*Hypomyces solani* Reinke et Berthold f. sp. *mori* Y. Sakurai et Matuo）］［无性型：*Fusarium solani* （Martius）Appel et Wollenw. ex Snyder et Hansen f. sp. *mori* Y. Sakurai et Matuo］、茄丛赤壳豌豆专化型［*Nectria solani* Reinke et Berthold f. sp. *pisi* （Reichle，W. C. Snyder et Matuo）G. Arnold，异名：茄菌寄生豌豆专化型（*Hypomyces solani* f. sp. *pisi* Reichle，W. C. Snyder et Matuo）］［无性型：*Fusarium solani* f. sp. *pisi* （F. R. Jones）Snyder et Hansen］。较常见的是浆果赤霉桑生变

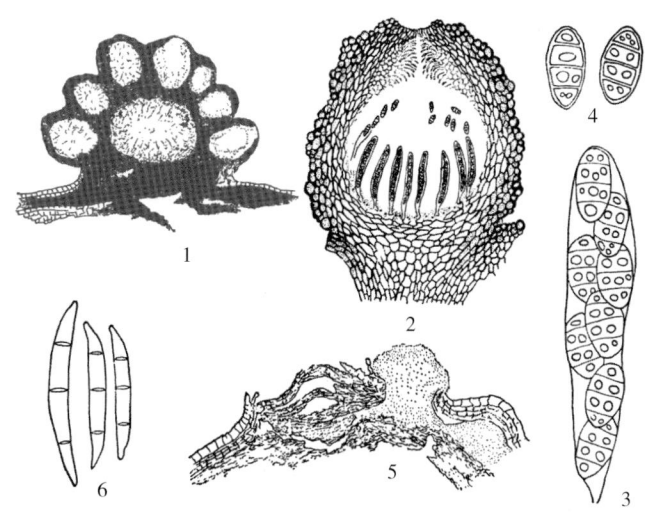

图18-9-1　浆果赤霉桑生变种形态（引自中国
农业科学院蚕业研究所，1985）

Figure 18-9-1　Morphology of *Gibberella baccata* var. *moricola*
（from Institute of Sericultural，Chinese Academy
of Agricultural Sciences，1985）

1. 子囊座纵切面　2. 子囊壳纵切面　3. 子囊
4. 子囊孢子　5. 分生孢子座与分生孢子器纵切面　6. 分生孢子

种，属子囊菌门赤霉菌属，其子囊壳蓝黑色，球形或椭圆形，大小为 $230\mu m \times 180\mu m$，其顶部有孔口，内藏子囊。子囊棍棒形或圆筒形，有短柄，大小为 $(50\sim90)\mu m \times (8\sim12)\mu m$，内含 8 个无色椭圆形的子囊孢子，具 3 个隔膜，大小为 $(12\sim20)\mu m \times (4\sim6)\mu m$。

无性型为砖红镰孢（*Fusarium laterium* Neesi Fr.），分生孢子座初为圆形丘状，逐渐隆起后破裂，露出橙红色半圆形的肉质小块，吸水后显著膨胀。在分生孢子座的顶部密生一层短小的分生孢子梗，各具 2～3 个分枝，有隔膜，大小为 $(10\sim15)\mu m \times (3\sim4)\mu m$，其前端着生分生孢子，无色或淡红色，镰刀形，有 3～5 个隔膜，大小为 $(30\sim40)\mu m \times (4\sim5)\mu m$（图 18-9-1）。

四、病害循环

桑芽枯病菌以子囊孢子或分生孢子附着在树体上越冬，或以菌丝体在枝条病斑内越冬。翌年早春，由越冬孢子或在病斑部越冬的菌丝体引起初次侵染，此后，在新形成的病斑上再产生分生孢子，引起再次侵染。桑芽枯病菌的无性世代在春季 3、4 月发生较多，而有性世代则 9、10 月最盛。本菌主要由伤口侵入，但在积雪地带可从皮孔侵入，自伤口侵入的病菌是否能蔓延扩展致病，与侵入的时期有关。在桑树生长季节，桑树愈伤组织形成旺盛，可抑制侵入的病菌扩展，而不引起发病。晚秋，桑树生长渐趋停止，愈伤组织形成也逐渐减弱，此时侵入的病菌得以蔓延扩展，病斑即可渐渐扩大，以致翌年春季病情迅速发展而使枝条枯死。

五、流行规律

桑芽枯病是一种由伤口侵入的弱寄生菌，一般在桑树生长普遍衰弱时才引起大面积发病，其中影响发病的主要因子是：

1. 采叶程度　夏秋叶采摘过度，致使枝干内储藏养分减少，组织不充实，枝条木栓化程度降低，处于不耐寒、不抗病的衰弱状态，有利于桑芽枯病的发生，特别是秋叶采摘过度对幼龄桑的影响更大。

2. 采叶方法　秋叶采摘粗暴或采用捋叶的方法，很容易造成大量伤口，为桑芽枯病菌的侵入创造条件。在夏季桑树生长期间，由于桑树愈伤组织形成旺盛，一般不易侵入，自 8 月下旬至 10 月上、中旬，是子囊孢子的释放阶段，在有大量伤口存在的情况下是病原侵入的主要时期，其中又以 9 月中旬最为有利，此时气温适宜于病菌的生长（桑芽枯病菌生长温度是 2～33℃，最适温度是 22.5℃左右），而桑树生长逐渐趋于停止，愈伤组织形成减弱，但树液还在流动，损伤部仍保持湿润状态，极有利于病菌的侵入。

3. 施肥　秋季偏施或迟施氮肥，使枝条徒长，组织不充实，若后期气温回升，冬芽秋发，储藏养分消耗更大，桑树的抗逆力降低，容易发病。

4. 桑园地势　地势低洼、排水不良、土质黏重的桑园发病较重。夏、秋季容易遭受台风袭击的地区，或桑园其他病虫为害严重的田块，往往容易造成大量伤口而引起发病。

5. 冻害　冬季绝对温度低或低温持续时间较长时，桑树容易遭受冻害而发病。

6. 桑树品种　桑树品种与发生桑芽枯病的关系密切，一般情况下，木质疏松的品种发病严重。广东桑、湖桑 38、湖桑 199、嘉定桑及黄鲁桑等品种容易发病。梨叶大桑、黑鲁桑、桐乡青、湖桑 5 号、鸡冠鲁桑等品种发病少。在相同条件下，又以幼龄桑容易发病。

六、防治技术

桑芽枯病的防治应以增强树势、提高抗逆力为主，注意减少伤口，适时开展药物防治为辅的综合防治措施。

1. 合理用叶　夏、秋蚕期，每次养蚕时应注意合理留叶，保证有较多的养分积累储藏，充实枝干，提高树体抗病力。

2. 加强肥培管理　夏、秋蚕期，桑园施肥要注意氮、磷、钾的配合比例，适当增施有机肥料，避免偏施和迟施速效性氮肥，以免造成秋后徒长，降低树体抗寒、抗病能力。

3. 减少伤口　提倡夏、秋蚕期采叶留柄；及时防治桑园其他病虫害；减轻台风、暴雨的损伤，避免或减少桑树枝干部的伤口，特别是 9～10 月更要注意。

4. 及时清除病原　冬季及时整枝和剪梢，减少越冬病原；春季发现病枝要及时剪除，修剪下的枝梢要及时带出桑园集中处理。

5. 枝干消毒　冬季整枝剪梢后，喷洒 4～5 波美度石硫合剂或 50％甲基硫菌灵可湿性粉剂 500 倍液，进行枝干消毒，杀灭附着在枝干表面的越冬病原。

6. 选栽抗病品种　在本病多发地区，应注意选栽抗病力强的桑树品种，如梨叶大桑、黑格鲁、鸡冠鲁桑、桐乡青等，避免栽植易感品种。

浦冠勤（苏州大学）

第 10 节　桑赤锈病

一、分布与危害

桑赤锈病是一种为害桑芽、桑叶、嫩梢和花葚的真菌病害，是桑树常见芽、叶部病害。俗称金叶、金桑、黄疸、赤粉病、金吊叶等。本病分布很广，中国、日本、印度等国家和地区均有发生。在我国的大部分蚕区如四川、江苏、浙江、安徽、山东、山西、河北、甘肃、陕西、云南、福建、广西、广东、江西、辽宁、新疆、台湾等广大蚕区均有发生为害。曾经在广东、陕北地区、山东、太湖流域等局部蚕区为害相当严重。日本等国也有包括桑赤锈病在内的 3 种桑树锈病的发生。从分布的地理气候看，种植在潮湿的沿海、沿江及山间峪地区域的桑园，桑赤锈病常暴发成灾。随着我国东桑西移战略的实施，该病有在广西等西部局部地区蔓延和发展的趋势。

桑赤锈病主要为害嫩芽、叶片、叶柄和新梢，间或为害桑葚，一般年份只零星发生，遇气候环境适宜，可引起大面积流行，具有潜育期短、病菌侵染力强、传播快的特点。如 1990—1991 年春夏，浙江湖州 40 个乡镇的 14 666hm² 专业桑园有 11 199hm² 发生桑赤锈病，受侵染的桑园占总面积的 76.36％，有的整片桑园无一片好叶，给蚕桑生产造成严重损失。而 1999 年夏季在浙北重点蚕区又一次发生桑赤锈病大面积流行。桑赤锈病流行后引起大量断枝，导致桑树秋期生长受阻，不仅桑叶损失惨重，而且还严重影响桑叶质量。病叶饲养家蚕虽然没有中毒症状，但由于感染本病的桑叶畸形卷曲，布满金黄色病斑，引起叶质低劣，产量降低，最终导致蚕茧歉收。

二、症状

桑赤锈病一般在春季和初夏多发，秋季也有发生。容易侵害桑树嫩芽、幼叶、叶柄、新梢、花葚等部位。嫩芽及嫩叶染病后病部局部肥厚、畸形或弯曲，严重时常造成桑芽不能萌发。叶片正反部位均可染病，最初在叶片背面散生圆形有光泽小点，逐渐隆起呈青泡状；随着时间推移，病原孢子逐渐成熟扩散，青泡变黄泡，桑叶染病部位颜色变黄，出现橙黄色病斑，表面有点状分布的壶状锈孢子器；然后黄泡成熟喷散，即从锈孢子器中喷出鲜橙黄色粉状的锈孢子，布满全叶，故有"金叶"之称；最后，逐渐焦化。叶片上的老病斑最后呈暗紫色溃疡状，而枝梢上病斑最后逐渐变黑凹陷，枝条内木质部腐烂坏死。发病严重的幼嫩、细小枝条韧皮部一起腐烂折断，大部分病枝在不断生长时不堪重负，或遇大风、大雨时，在病斑处纷纷折断，而韧皮部相连。感病的桑条不立即死亡，但随时间延长，逐渐枯死，远远望去，桑条纷纷倒挂，桑树像 1 个鸟巢。发病严重地块断枝率达到 100％。桑花染病呈不规则膨大。桑葚染病后失去原来光泽，变黄，后期布满橙黄色粉末。大面积发病时，芽叶布满金黄色病斑，为害严重的桑园一片金黄，病原孢子成熟飞散时，可在桑园内地面、四周道路及池塘、湖泊等水面上，见到一层金黄色粉末（彩图 18-10-1）。

三、病原

桑赤锈病病原为专性寄生菌 *Peridiopsora mori*（Barclay）K. V. Prasad，B. R. D. Yadav et Sathe，异名：*Caeoma mori* Barclay，桑锈孢锈菌 ［*Aecidium mori*（Barclay）Dietel］，属担子菌门被孢锈菌属。该病原菌仅产生锈子器和锈孢子，先在病组织表皮下形成菌丝体团块，以后发育成球状或鸭梨形的锈子器，隆起呈泡泡纱状，此阶段孢子尚未成熟，是防治的较佳时期。锈子器逐渐成熟，色泽由淡黄转深，最后突破寄主表皮露出表皮外。锈子器多开口于叶正面，裂口呈钟状，称为锈子腔，成熟的锈孢子由锈子腔钟状裂口散发。锈子器直径一般$150\mu m$，周围有1层保护膜，表面有微刺；锈子器的基部并列着生圆筒形的无色孢子梗，大小约$30\mu m \times 5\mu m$，在其顶端着的生锈孢子排列成链状。锈子器最初无色，呈多角形，后渐呈圆形。成熟的锈孢子从锈子腔钟状裂口中散出，锈孢子呈球形或椭圆形，橙黄色，基部多为切头状，表面有细刺及突起，大小为（$13\sim20$）$\mu m \times$（$10\sim17$）μm，有2个不明显的发芽孔（彩图18-10-2）。

桑赤锈病无论用锈孢子悬浮液、锈孢子粉还是病叶碎片进行接种均可发病，其中以锈孢子悬浮液及病叶碎片效果较好，一般以第一、二嫩叶接种易发病，第三片以下叶片难发病甚至不发病；叶面、叶背接种均可发病，但以叶面接种发病多且操作较方便。接种成败关键在于气候条件，以雨后阴天接种发病率高，若晴天温湿度适宜，接种发病率亦很高，接种前后遮阴与否与发病关系不大。

锈孢子发芽温度为$5\sim36℃$，最适温度为$20\sim25℃$。在适温范围内，湿度是最重要的影响因子。相对湿度高于80%时，发病率最高，达到100%；相对湿度为$77\%\sim78\%$时，发病率降为85%。温度为$18\sim30℃$时，随温湿度的升高病情加快加重；温度高于$30℃$、湿度低于80%时，发病受到抑制；温度达到$30\sim39℃$时，能抑制本病的发生，但不能杀灭病原。

锈孢子主要靠风、雨传播，桑枝和芽内越冬菌丝是翌年的初侵染源。锈孢子芽管一般有1根，长度达到$4\sim10\mu m$时即可侵入桑树的幼嫩组织。在适宜的温湿度环境条件下，新鲜的锈孢子经3昼夜所生的菌丝长度即可达到$200\mu m$，而采下$3\sim4d$后的叶片上的锈孢子经3昼夜所生的菌丝长度仅仅达到$15\mu m$，说明锈孢子的生活力及致病力与本身的新鲜度及环境条件的关系极大。通常1个病斑内有几个到20多个锈子器，也有的由许多锈子器连成1个大病斑。锈子器形成的温度为$5\sim25℃$，发育起点温度为$5℃$，适温为$13\sim18℃$，经$10d$以上锈子器开口，喷出链状的锈孢子。据广东蚕桑科学研究所1967年测定：病叶在$3℃$经$30d$，其锈孢子仍有很强的致病力；在$12℃$经$5d$，锈孢子生活力正常，经$10d$以后锈孢子生活力有不同程度减弱；在$18℃$经$5d$，锈孢子生活力已有影响，经$20\sim30d$则大部分失去制毒力；在$32\sim40℃$经$5d$，锈孢子生活力已大大减弱，以致完全失去致病力。

四、病害循环

桑赤锈病的年侵染循环可以概括为：越冬菌丝在春季气温逐渐升高后，随着桑树生长发育，在桑树组织内开始萌发，菌丝先在绿色组织内形成锈子器，最后锈子器成熟并突破表皮组织，喷散出成熟的锈孢子，这是初次侵染；成熟的锈孢子随风、雨传播，落到桑树幼嫩组织表面以后，遇到适宜的环境，很快就发芽，侵入桑树组织内，开始下一个世代发育；在环境条件适宜的情况下，不断进行再次侵染，夏季遇到高温时停止发育。秋季环境条件适宜时，新梢上的病菌还可以形成锈孢子，发生再次侵染；各次的侵染菌丝均可以菌丝束态在桑芽和枝条组织内生存、越冬。

（一）初次侵染

初次侵染一般在早春桑树脱苞后，在桑叶、嫩芽上看到第一次发病具有的橙黄色病斑，俗称"穿黄袍"。太湖流域初次侵染期（发现病芽）一般在4月。在此期间，病芽陆续发生。该期间从桑树发育期来说，大致是从脱苞期开始，至开5叶期结束，而发病高峰期在4月中旬。初次侵染历期最长，达$328d$左右，主要是侵入桑树体内的病菌在枝条、腋芽内越夏、越冬。

（二）初次侵染后的历次侵染

除初次侵染外，其余各次用人工接种法调查各次侵染历期。从第一次锈孢子成熟喷散开始，用累次接种法，结合田间发病进行调查发现，病原菌从锈孢子萌芽侵入寄主组织到发病死亡，经过侵入发育期（从接种成熟孢子到形成青泡）、锈子器形成期（从小青泡出现到青泡扩大并转为黄泡）、锈孢子喷散期（从黄泡出现到锈子器成熟穿孔，喷散出橙黄色锈孢子粉团）、锈子器老化期（从喷粉开始到锈子器变焦呈褐色）等4个时期。桑赤锈病菌初次侵染后的侵染历期，随着温湿度的升高而缩短，初次侵染历期最长，而在再次侵染的过程中，以第二次侵染历期最长，经过$30d$左右，第五次侵染最短，经过$23d$左右。4月中、下旬（$14\sim15℃$）接种，到叶面出现泡泡纱状需要$11\sim12d$，到泡泡纱变黄需要$10\sim11d$，到叶面出现金黄色锈孢子需要$11\sim12d$；5月上旬（$18\sim20℃$）接种的上述3个过程分别为$8d$、$10d$、$11d$；5月下旬到6月上旬（$22\sim25℃$）接种的分别为$9d$、$11d$、$13d$；而7月中、下旬（$30℃$以上）接种的则分别为$14d$、$16d$、$18d$。锈孢子喷散期一般$3\sim8d$，锈子器老化期为$4\sim8d$。第三次侵染即可出现世代重叠现象（图18-10-1）。

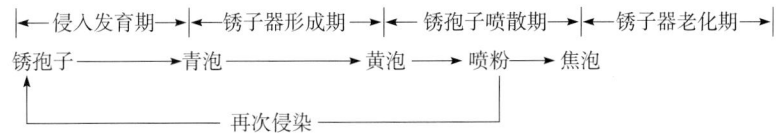

图 18 - 10 - 1　桑赤锈病菌侵染循环（引自夏志松，1981）

Figure 18 - 10 - 1　Infection cycle of *Peridiopsora mori*（from Xia Zhisong，1981）

（三）桑赤锈病菌的越夏和越冬

桑赤锈病菌没有严格意义的越夏，其越夏并不是生理特性，只是当夏季的温度太高，或湿度超过其适应范围时，暂时停止发育，以菌丝束态度过不良环境。此时桑树不表现病征，而一旦遇上适宜的环境条件，可再次成为侵染源。

桑赤锈病菌以菌丝束态在桑树枝条和桑芽内越冬。寄生在春伐桑上的各代病菌和夏伐桑上的各代病菌，经过一段时期的生长发育后，均可潜伏在枝条或腋芽内，当温湿度条件适宜时，桑赤锈病菌侵入桑树的幼嫩绿色组织，菌丝沿着细胞间隙生长，一部分到达表皮层形成锈子器，另一部分向桑树组织内部伸长，到达维管束周围与维管束平行生长。一些能够进入桑芽组织的菌丝，随着桑芽的生长发育而到达其表皮层，成为初次侵染源。潜伏在枝条或腋芽内越夏、越冬的菌丝，在翌年气温升高时再行发育，成为新一轮侵染循环的病源。

五、流行规律

桑赤锈病的发生与当地气候条件、桑树品种、栽培管理方法等因素有密切关系。

（一）气候条件与桑赤锈病传播扩散的关系

本病在春夏季潜育期为 11～13d。如果冬季温暖，翌年 4～5 月多湿地区则容易暴发本病。长江流域 4～6 月发病严重，黄河流域发病期在 4～9 月，南方温暖地区在 5～6 月和 9～10 月进入发病高峰期。往往是早春少数芽发病，而从 4 月下旬开始，全块桑园被重复多次再侵染，最终桑园皆是病株。到高温干燥的夏末秋初，本病病菌生长受到抑制，叶片硬化，发病减少。

气候温暖、雨量充沛的气候条件非常有利于桑赤锈病的暴发，多雨多湿的天气如梅雨季节尤其会加速本病的蔓延。在广东每年从 3 月开始发病，4～6 月盛发，7～8 月由于高温，病害发展受抑制，9～10 月又有 1 次发病高峰。山东省 6 月下旬至 9 月上旬正值雨季，平均气温为 21～26℃，平均湿度为 70%～85%，有利于病害蔓延。所以，山东 1 年中 2 次发病高峰分别为 5 月下旬至 6 月上旬、7 月下旬至 8 月。

锈孢子除在气候温暖、桑树全年保持有绿叶的地区能随锈孢子在病组织上越冬外，一般还能以菌丝状态潜伏于枝条冬芽组织内或冬芽附近的病斑内越冬，第二年春暖，越冬菌丝随着芽叶生长侵染活动芽，成为第一次侵染源。广东桑区有秋冬育桑苗习惯，在桑树未落叶或桑造结束以前已有冬桑生长，冬季桑叶没有间断，病害得以持续发生，所以广东桑区第一次侵染来源，除越冬菌丝外，还有桑苗地里的病桑。

（二）桑树品种与桑赤锈病传播扩散的关系

不同桑树品种对本病的抵抗力具有一定的差异性。广东地区桑品种伦教 40 较荆桑易感病，而伦教 104 和剑持具有一定的抗病力。山东地区的湖桑抗性较强，而鲁桑、实生桑抗性较弱；而据山西蚕区 2010 年调查，鲁桑、实生桑系列品种抗性较弱，湖桑、陕桑 305 抗性较强。

（三）桑园栽培管理等与桑赤锈病传播扩散的关系

密植桑园、光照不足、杂草丛生、枝叶郁闭、通风透气差的桑园，有利于桑赤锈病的繁殖与蔓延，发病明显重于其他桑园。地势低洼的桑园、河边地、阴坡地，空气湿度大，发病也较重。部分桑园杂草也发生赤锈病，尽管病原没有证明和桑赤锈病是否相同，但桑园内杂草多，会造成利于桑赤锈病病原扩增的小气候环境，因此，桑园的通风条件对于该病的传播扩散具有一定的影响。

（四）收获方法与桑赤锈病传播扩散的关系

除了桑园密度及桑园杂草，不适合的收获管理方式也会加剧本病的发生。本病一般只侵害绿色幼嫩组织，如嫩芽、嫩叶和新梢。采伐收获桑叶后便可以控制病害，但留枝留芽收获法使桑树生长季节始终存在绿色幼嫩组织，为病原菌提供了优越的越冬、越夏场所，导致病害不断循环侵染，扩大蔓延。广东冬留大树尾（留枝桑）翌年发病早而重，造造割枝发病轻或不发病。山西晋东南地区采取出扦收获法，桑树生育期间树上常留有绿叶，利于病菌存留和侵染，发病往往高于其他地区的夏伐桑园。新老桑树混栽、春伐夏伐兼行、收获叶不伐条等管理方式，为病原菌提供了优良的越冬、越夏场所，导致病害不断循环侵染。

六、防治技术

（一）选用抗锈良种

选用抗病品种是防治桑赤锈病最经济有效的措施，如可选用伦教 40、黄鲁桑、湖桑、向海桑 1 号等较抗病品种种植。各地均有一些对桑赤锈病抗病力较强的品种，但有的产量不高，因此，要加强选育，使之尽快应用于生产。

（二）采用合理的采摘和管理模式

1. 减少新老桑树混栽、春伐夏伐兼行的栽培模式。

2. 杜绝收获叶不伐条、留枝留芽留叶等收获管理方式，减少病原菌越冬越夏概率。

3. 地势低洼、湿度较大的桑园加强开沟排水工作，改变桑园小气候，减少病原扩增，同时培育健树，提高桑树抗病能力。

4. 合理剪伐。枝条密度大，会使阳光不足、湿度大、通风不良，有利于锈病发生，要适当剪枝，重病时要将全部叶片采光，山东对高干鲁桑进行夏伐，即对鲁桑不用留叶留芽的剪伐方法，大大减少了再侵染病叶的滋生，同时又复壮了老桑株。大面积剪伐更新可以控制桑赤锈病的为害，严重发病的春伐桑要进行第二次剪伐，病情轻的则摘去病芽叶及病枝。

5. 管理好养蚕的废弃物，蚕沙中含有大量病原，如作为肥料返回桑园，或随意丢弃在桑园中，均会造成二次感染。

6. 清除桑园杂草，不仅可以防除桑赤锈病病原的间接寄主，也可以改变桑园小气候，减少桑树感染桑赤锈病的机会。

（三）人工防治

其方法一般采用春季剥除初次侵染病芽。在发病初期的早春，可发现初次侵染的病芽，此时病芽呈淡黄色，说明桑赤锈病的锈孢子尚未喷散，对防治本病有一定的效果。在发现病芽后 2～3d 内组织人力，在泡泡纱（青泡期）变黄之前摘除病芽、病叶、病梢，集中销毁，可减少病源，清除初侵染源。以后每隔 7d 检查、剥除 1 次，直至不再出现病芽为止，一般进行 3～4 次。据删元璋等（1982）研究，及时剥除病芽，叶片的防治效果可达 80％以上，枝条的防治效果达 90％以上，将初次侵染病芽彻底剥除，既可控制当年的病原再次侵染为害，也能大大降低枝条上的越冬菌源的基数，从而有效地控制翌年病害的发生。此方法一般人工进行，由于其费工费力，在目前劳动力价格日益高涨的形势下受到一定制约，但效果良好。

（四）化学防治

利用化学药剂防治是防治桑赤锈病的主要措施之一。防治桑赤锈病主要药剂有三唑酮、双苯三唑醇、烯唑醇、代森锌、代森锰锌、萎锈灵等杀灭真菌药剂，具有治疗性的药剂有拌种灵、萎锈灵等。以 25％三唑酮可湿性粉剂和 50％拌种灵可湿性粉剂两种杀菌剂效果较好。

喷药时期要掌握在青泡期或锈孢子尚未喷散传播前进行，以取得更好的防治效果。

1. 药液喷射芽叶

（1）25％三唑酮可湿性粉剂 1 000 倍液，春季田间防治效果为 90.6％～100％，夏季田间防病效果为 70.26％～99.07％。

（2）用 50％拌种灵可湿性粉剂 300 倍液的防治效果为 77％～95％，防治效果显著。

（3）30％双苯三唑醇乳油 3 000 倍液或 5 000 倍液，田间防治效果为 92％～100％，对家蚕无害并且内吸速度快。

（4）40％多菌灵可湿性粉剂 300 倍液，春季田间防治效果为 79.1％～99.07％，夏季田间防治效果为 73.08％～97.4％。该药对家蚕有 7～10d 的残毒期。

此外，有报道认为，25％腈菌唑乳油 2 500 倍液＋75％百菌清可湿性粉剂 1 200 倍液喷雾效果更佳。

2. 地面消毒　为防止散落地面的锈孢子进行再传播，山东省运用含有效氯 1％或 0.5％漂白粉液喷洒地面，广东省则采用施石灰、塘泥的方法。据广东蚕桑科学研究所试验，经 10％石灰浆处理，锈孢子大部分不能发芽。广东土壤酸性较强，每公顷施 60～70kg 石灰，可以中和土壤酸性，促进桑的生长，提高叶质，增强树体抵抗力，施塘泥既可防止落地病叶孢子的传播，又可补水补肥有利于桑树的生长。

方荣俊　潘刚（中国农业科学院蚕业研究所）

第 11 节　桑葚菌核病

一、分布与危害

桑葚菌核病是桑树的一种主要真菌病害，俗称桑白果病。随着对桑葚中活性物质及补肾滋阴、抗氧化等保健作用的研究深入，其作为第三代水果之王越来越受到人们的青睐。近年，蚕桑产业结构有了较大调整，果用桑和果叶兼用桑的种植面积不断扩大。然而，桑树极易发生桑葚菌核病。此病病势猛，流行频率高，极易扩大传染，在我国蚕区分布广泛，并有连年暴发的特点。由于发病桑果无商品和食用价值，如不及时防治，严重的可导致桑园颗粒无收，给桑农带来巨大的经济损失。我国是世界上桑树种植面积最大的国家，同时也是世界上最大的桑葚菌核病流行区。桑葚菌核病在我国每年都有不同程度的发生和为害，主要发生在江苏、浙江、安徽、山东、上海、云南、贵州、江西、四川、重庆、广东、广西、陕西和台湾等省份。例如 1997 年江苏无锡引进桑品种大十大面积栽种，获得了较好的效益，但 2005 年大面积感染菌核病，减产 80%，$1hm^2$ 果用桑仅收获桑葚 1 500kg。上海崇明是我国最早大面积栽种果用桑的地区之一，2007 年种植的 $667hm^2$ 果用桑突然患上了菌核病，导致原先红得发紫、饱满多汁的桑果一下子变干发白，颗粒无收。2010 年春季，广西果用桑因感染菌核病，减产 60% 以上。近两年来，四川、重庆地区发病尤其严重，2012 年，四川南部县近百公顷的果用桑由于感染菌核病，减产达 90% 以上；重庆的西里蚕种场、西南大学果桑园、重庆北碚金果园等感染率都在 85% 以上。

二、症状

桑葚菌核病是肥大性菌核病、缩小性菌核病、小粒性菌核病的统称，其中肥大性菌核病是最为常见的一种。

桑花感染肥大性菌核病后，花被厚肿肥大，呈灰白色或乳白色，发病桑葚膨大，每一小果中皆为黑色包裹白色的硬块（菌核），小果破后散出臭气，单独或随整个病葚一起掉落，花被部分脱离变成菌核，子房被菌丝侵蚀成大小空洞状（彩图 18‑11‑1，1）。

桑花感染缩小性菌核病后，桑葚整体显著缩小，小果灰白色，质地坚硬，花被外生细微皱缩，表面散生暗褐色微细斑点。病葚落入土壤后，内形成坚硬的黑色菌核（彩图 18‑11‑2，1）。

桑葚小粒性菌核病是桑葚各小果染病后变灰白色，显著膨大突出，外观如爆米花，俗称为"爆米花病"，容易脱落入土壤而残留果轴，病小果花被不肥大，但子房特别肥大（彩图 18‑11‑3，1）。

菌核由黑色的外层和白色（或灰白色）的髓部组成，不含寄主组织残余物；每年 2 月下旬至 4 月上旬桑树开花时，土壤表面可见菌核抽生出的子囊盘，子囊盘自菌核上产生，具柄、漏斗形、盘状或中央稍突起；外囊盘被矩胞组织或角胞组织，细胞壁薄，浅肉色至褐色。

三、病原

桑葚菌核病病原主要为核盘菌科真菌，是一类寄主范围广泛的植物病原真菌。虽有报道称从病葚上发现多种桑葚病原真菌，公认而常见的 3 种，分别为白井杯盘菌 [*Ciboria shiraiana*（Henn.）Whetzel]、肉阜状杯盘菌 [*Ciboria carunculoides*（Siegler et Jenk.）Whetzel] 和核地杖菌 [*Scleromitrula shiraiana*（Henn.）S. Imai]，其余的包括核盘菌 [*Sclerotinia sclerotiorum*（Lib.）de Bary]、*Scleromitrula rubicola* T. Schumach. et Holst‑Jensen 和 *Synciboria ningpoensis* 等。它们曾在病果中被发现，可能寄生或腐生桑葚，但是否成为桑葚菌核病的病原菌还有待研究。

桑葚肥大性菌核病病原为白井杯盘菌（桑实杯盘菌）（*Ciboria shiraiana*，异名：*Ciboria shiraiana* Henn.）属子囊菌杯盘菌属。白井杯盘菌的无性型形成菌丝体和菌核，无性阶段有分生孢子阶段，但并不发达，有性阶段形成子囊盘和子囊孢子。病花的花被及子房受菌丝侵染形成大小空洞，其中丛生分生孢子梗。分生孢子梗基部粗，顶端细小，大小为 (8～16.5) μm×(2.2～4.4) μm，顶端着生分生孢子。分生孢子单胞，卵形，无色，大小为 (2.7～5) μm×(2.2～2.8) μm。菌核大小不一，黑色，表面有瘤状突起，1 个菌核萌发产生 1～5 个子囊盘。子囊盘肉质，漏斗状，褐色，有长柄，漏斗状的子囊盘盘口直径为 0.5～1.5cm，柄部褐色、圆筒状，外表生有锈色细毛，长 (3～5) cm×(0.1～0.2) cm，着生子囊及侧丝组成的子实层。子囊圆柱状，基部较细，大小为 (146～177) μm×(8～10) μm，内含 8 个子囊孢子，子囊孢子在子囊内着生于上半部，椭圆形，无色，单胞，透明，大小为 (6～10) μm×(3～5) μm，具隔膜 1～2 个，先端处有 2～3 个分叉，大小为 (117～184) μm×(2～3) μm (彩图 18 - 11 - 1、2～4)。

桑葚缩小性菌核病病原为核地杖菌 [*Scleromitrula shiraiana*，异名：*Mitrula shiraiana* (Henn.) S. Ito & Imai]，属子囊菌门核地杖菌属。分生孢子梗细丝状，具分枝，大小为 202.8μm×3.3μm，端生卵形至椭圆形分生孢子。分生孢子单胞，无色，大小为 2.0μm×4.6μm。菌核萌发时产生子实体，子实体单生或数个丛生，有长柄，柄部扁平，有的稍扭曲，灰褐色，生有绒毛，大小为 (30～90) mm×(1.5～2) mm。子实体头部长椭圆形，具数条纵向排列纹，浅褐色，大小为 (5～15) mm×(3～6) mm。子实体头部的子实层中生有子囊和侧丝，子囊棍棒形，先端圆，基部细，大小为 (58～73) μm×(5～8) μm，内生子囊孢子 8 个。子囊孢子单胞无色，椭圆形，未成熟期 (萌发后的前 25d) 为 2 列排列，26d 后逐渐变化为不规则的 1 列线性排列，大小为 (3.6～8.9) μm×(2.3～4.5) μm (彩图 18 - 11 - 2、2～4)。

桑葚小粒性菌核病病原为肉阜状杯盘菌 (*Ciboria carunculoides*，异名：*Sclerotinia carunculoides* Siegler & Jenk.)，属子囊菌门肉阜杯盘菌属。在子房内所生的小型分生孢子，无色，近球形，大小为 (2.0～4.0) μm×(2.0～3.2) μm。菌核黑色，较硬，呈不规则块状，表面平。每个菌核生出 1 至数个子囊盘。子囊盘杯状，直径 4～12mm，具长柄，柄部长 15～42mm，粗约 1.5mm。子囊盘上着生子实层，产生子囊。子囊圆筒形，大小为 (104～123) μm×(6.4～8) μm，内生 8 个子囊孢子，子囊孢子肾脏形，无色透明，其凹面附着菱形板与半球形小体。侧丝纽带状，有时有分枝，有隔或无隔，大小为 (94～128) μm×(1.2～2.0) μm (彩图 18 - 11 - 3、2、3)。

四、病害循环

核盘菌是兼性寄生菌，既可以在人工培养基上生长，也可在一定温度范围 (10～30℃) 内自然生长，于生长后期形成菌核，适宜温度为 16～28℃。核盘菌在田间的存在方式包括菌丝体、子实体和菌核，其中 90% 以上时间是以菌核形式存在。

菌核是核盘菌的一种休眠结构，病原菌以菌核的形式在土壤中越夏、越冬，待到翌年 (2～4 月，桑树开花时) 条件适宜时，菌核萌发。菌核萌发时产生肉质的子囊盘柄，其后柄的顶端膨大，形成子囊盘，盘内子实体上着生子囊及侧丝组成的子实层。成熟子囊可以喷发出大量子囊孢子，形成雾状，借助气流，大面积扩散，传播到正在开放的桑雌花花器的柱头上，发芽，侵入花器，引起初次侵染。病菌侵入子房后，菌丝大量生长，形成分生孢子梗和分生孢子 (此时的分生孢子还具有侵染能力，但因桑树的花期较短，当年再次侵染桑花的概率很小)，最后菌丝聚集形成菌核，菌核随桑葚落入土中越夏和越冬，成为翌年的感染源，至此完成它的整个生活史 (彩图 18 - 11 - 4)。同时，菌核也可不休眠，在条件适宜的环境下 (如 16～28℃、土壤潮湿)，可以直接萌发或产生菌丝。菌核在不同的土壤湿度条件下，可存活 1～3 年。

五、流行规律

菌核病菌菌丝生长的温度范围较广 (0～30℃)，最适温度为 25℃ 左右。菌丝不耐干燥，田间的相对湿度超过 75% 时菌丝才能较好地生长发育。菌核萌发产生子囊孢子和子囊盘的适宜温度为 15～20℃，最适温度为 15℃。菌核萌发产生子囊盘与光照度关系密切，在无光或光照不足时，只能长出子囊盘柄，而不能形成子囊盘。病菌的子囊孢子对温、湿度的适应性较广。子囊孢子在 0～35℃ 均可萌发，以 5～10℃ 最为适宜，孢子萌发率均可超过 50%，一般在 24h 内完成萌发。子囊孢子萌发对湿度要求不是很严格，在相对湿度 85% 以上，萌发率可达 100%。子囊孢子在直射日光下 4h 即丧失萌发能力。子囊孢子对紫外线比较敏感，不能在田间长期存活。菌核抗干旱和低温能力较强，对高温高湿的环境条件较敏感。在长江中下游流域，实施水旱轮作可起到减少核盘菌菌源的效果。新栽果用桑一般在挂果的第一年极少发生桑葚菌核病，第二年开始有少量发生，第三年明显增多，并对桑果生产造成一定影响。此后若不采取有效措施，其发生量将逐年增加，严重时可造成颗粒无收。

桑葚菌核病发病有很多其他相关因素，主要包括气候环境、桑树品种、土壤耕作状况、种植密度、病原的积累状况以及桑园的地理环境位置等。

1. 气候环境　桑葚菌核病的发生流行与温湿度的关系密切。初春 2～4 月降水量多，天气温暖，土壤潮湿，有利于土壤中菌核的萌发和子囊盘抽生。

2. 地理位置　一般来说，海拔低，通风状况不好，桑园周围有较多油菜、黄瓜等其他容易感染菌核病的植物栽种的区域容易暴发菌核病。

3. 种植密度　目前主要栽植的是大十、红果 2 号等品种，栽植密度大，株间荫蔽，行距过小，通风透光性差，不利于耕作和土壤深翻，病害极易发生。

4. 病原菌积累　在头 2 年发病轻微的桑园内，若不及时清除落地的病葚和杀死病原，采取有效防范措施，翌年若气候高温潮湿，本病就会大量暴发。

5. 品种差异　育 2 号、农桑 8 号和三倍体大十等品种较容易感染菌核病，而品种 46C019 和苏葚 72 等抗病性能较强。

6. 土壤的耕作　某个桑园一旦感染，若无有效防治，其土壤中的有效菌核数量逐年增多，侵染源的积累导致菌核病发病逐年严重。因此，深翻的次数直接决定了浅层土壤中的有效菌核数量，也影响翌年的本病暴发情况。

六、防治技术

（一）选用抗病良种

选栽抗性较强的桑树品种，针对本地区的实际情况，尽量选栽如台湾选育的 46C019 和苏葚 72、打洛 1 号（中国农业科学院蚕业研究所国家种质镇江桑树圃保存的果叶两用桑品种）等抗病性较强的品种，从根本上缓解菌核病的暴发。

（二）农艺管理

1. 合理栽培　果用桑不与其他如油菜、黄瓜等也易感染菌核病的农作物间种，改善种植桑树的行距和株距，采用最合适的种植密度。种植行向要与春季风向一致，这样有利于通风排湿、增加光照，提高桑果产量，又可减少桑葚菌核病的发生。因菌核病菌的菌核会在土壤中越冬，在长江中下游流域，实施水旱轮作可起到减少菌源的作用。

2. 冬翻夏耕　菌核的子囊盘萌发率随着土壤的深度增加而下降。桑树落叶后进行冬翻，深度为 15～25cm；夏伐后进行夏耕，深度为 10～15cm；采果结束后，可结合施肥对土壤进行人工深翻，可减少子囊盘的萌发率。

3. 科学施肥　施足腐熟基肥，勿偏施氮肥，增施磷、钾肥，增强植株抗病能力。全年要在冬季结合桑园土壤深翻、桑芽膨大、夏剪后萌芽抽梢这 3 个时期施肥。

4. 清除病源　冬季桑树休眠期间，对枝条适当剪梢，并剪除细弱枝、下垂枝、病害枝和枯枝，并清除地面枯枝落叶；桑葚成熟期，人工早期采摘病葚、捡拾落地病葚并集中深埋。翌年春季，菌核萌发产生子囊盘时，及时中耕，并深翻，从而减少侵染源。

5. 铺地膜　在每年 2 月底至 3 月初菌核萌发传播之际，可在桑园地表铺上 1～2 层塑料薄膜，可以到达隔离土壤中病原菌的作用，对菌核病的防治具有明显效果。此操作一般应全桑园以及邻近桑园都进行，并在春季 3 月初完成。

6. 合理选择建园位置　建园时，应选择通风采光好、地势较高、土壤肥沃、远离感染源的地方，当然最好还能满足灌溉方便的要求。

7. 调节产果期　桑葚菌核病若要发生，桑树的开花期须与病菌子囊盘的萌发期吻合。使用氰氨化钙或单氰胺在 9～12 月喷洒果桑枝叶，可促使桑树开花期提前 2～3 个月，使开花期与子囊盘萌发时期错开，桑树就不容易感染菌核病。

（三）化学防治

目前，防治桑葚菌核病的主要手段还是化学防治。

1. 树体喷洒农药 对口农药主要有甲基硫菌灵、多菌灵、菌核净等。在使用时，其浓度一般为：70%甲基硫菌灵可湿性粉剂 1 000 倍液、50%多菌灵可湿性粉剂 800～1 000 倍液、40%菌核净可湿性粉剂 1 000 倍液、30%苯醚甲环唑·丙环唑乳油 3 000～5 000 倍液、10%苯醚甲环唑水分散粒剂 1 500 倍液、50%异菌脲可湿性粉剂 1 000～1 500 倍液、25%吡唑醚菌酯乳油 1500 倍液、高锰酸钾 200 倍液等。

药物防治一般分 3～4 次进行，分别为始花期，始盛期、盛花期和盛末期，果期，每隔 5～7d 喷洒 1 次，喷药时，除花外，还要对树干、桑叶、枝条进行全面喷洒。有病状时每 4d 喷 1 次，直至少量桑果由青变红时停喷。采果前 20d 左右停止用药。

喷药时要将药剂直接喷洒于桑树，雾点需细，不可漏喷，用量一般以花序、叶、枝充分湿润，滴水为度。在遇到雨天时，应在雨停后，枝条干时再进行喷雾。而且不同的农药应该交替使用，防止病原菌过快产生抗性。如：40% 菌核净可湿性粉剂 1 000 倍稀释液，持效期 7～10 d；30%苯醚甲环唑·丙环唑乳油 3 000～5 000 倍液，持效期 17 d；10%苯醚甲环唑水分散粒剂 1 000～1 500 倍液，持效期 6～10 d；50%异菌脲可湿性粉剂 1 000～1 500 倍液，持效期 7～14 d；70% 甲基硫菌灵可湿性粉剂和 25%吡唑醚菌酯乳油 1 500 倍液，持效期 7～14 d。但实际上，随着用药次数的增多，已经发现菌核病对多菌灵、甲基硫菌灵的抗药性有所增强，这些药的防治效果也有所降低。

2. 烟熏或粉尘法杀菌 如果是保护地（塑料棚内）栽培，也可选用烟熏法或粉尘法。用 15%腐霉利烟熏剂，傍晚进行密闭烟熏。每 667m² 大棚每次 250g，隔 5d 熏 1 次，连熏 2～3 次。或者用粉尘剂，每 667m² 大棚用 1～1.5kg 喷粉。

3. 土壤消毒 当桑葚菌核病发生严重时，可采取土壤消毒的方法，土壤消毒的最佳时期在子囊盘出土时（气温在 15℃左右）。每 667m² 可用 70%五氯硝基苯可湿性粉剂 2～3kg，或 50%多菌灵可湿性粉剂 4～5kg，加湿润的细土 10～15kg，搅拌均匀后撒在田间，可抑制菌核的萌发，也可杀死刚刚萌发的幼嫩芽管。3 月初往桑园地表撒生石灰、石硫合剂，或喷高锰酸钾 2 000 倍液也可达到抑制菌核萌发的目的。这些消毒应该在整个桑园进行，包括其道路和沟渠。

（四）物理防治

远红外加热技术具有节能、加热升温快、无污染和热效率高等特点。根据桑葚菌核病的发病特点，利用远红外加热方法，使土壤温度在 60s 内迅速升到 125℃而杀死病原菌，从而使病原菌不再传播，达到防治菌核病的目的，但该方法操作难度较大，必须要求桑树栽培整齐划一，以免伤到树体。

（五）生物防治

1. 植物源生物制剂 选择对桑葚菌核病菌有明显抑制效果的中草药如秦皮、白鲜皮、五倍子、诃子等提取物进行喷雾防治，可于始花期向桑树花序、叶、枝及桑园地面喷洒中草药复合提取物 3～4 次，每隔 2～3d 喷 1 次，对桑葚菌核病防治效果较好。

2. 专一寄生真菌 油菜等作物现在已经有了盾壳霉等商业化的真菌生物制剂用以专一寄生菌核病菌，从而抑制菌核病的发生。也可从发病的菌核中筛选出专一寄生桑葚菌核病菌的真菌，将其应用于桑葚菌核病的防治。

徐立（西南大学）

第 12 节 桑卷叶枯病

一、分布与危害

桑卷叶枯病别名桑叶枯病，是我国桑树主要真菌病害之一，在我国大部分蚕区均有发生。主要分布在我国的江苏、浙江、安徽、山东、四川、辽宁、黑龙江、内蒙古、湖北、湖南等省份，印度等国家也有发生。近年来由于气候变暖等因素，该病发生面积有扩大趋势。本病对苗叶的侵害比成林桑大，发病严重田块，叶发病率达 11%～18%，叶片致病后卷枯或干枯脱落，影响养蚕用叶。2001 年春季，地处湘鄂交界处的江西修水县漫江、山口、征村、全丰、白岭、古市等乡镇杂交桑大面积暴发桑卷叶枯病，面积约 667hm²，发病株率一般为 15%～40%，严重的桑园则高达 100%，极大影响春蚕用叶；2002—2003 年春季该病在湖南省蚕桑科学研究所桑园连续 2 年发生，发病株率分别高达 80%和 50%，桑叶损失分别达

35％和20％；2006 年秋季，该病在江苏睢宁县零星发生，尔后逐渐扩展蔓延，至 2009 年秋季，全县 420hm² 桑园发病，分布在双沟镇、王集镇、桃园镇、姚集镇等蚕桑重点地区，平均发病株率18％，严重田块发病株率高达 100％，发病最为严重的是王集镇尤庄村，该村 40hm² 桑园大面积发生此病，平均株发病株率55.2％，60％的桑园发病株率超过80％，而且为害程度较为严重，发病严重田块枝条上部 4～8 片桑叶基本脱落，秋季桑叶减产 40％ 以上。

二、症状

本病在 4～10 月均有发生，侵害桑叶片，以嫩叶为主，故枝条先端 4～5 片叶发病多。春季桑叶发病时，被害桑叶边缘先呈水渍状，后生深褐色连片病斑。随着叶片的生长和病组织的坏死，病叶向叶背面卷缩，严重时全叶发黑脱落，致使整枝只剩新梢顶端嫩芽。夏、秋季发病较多，桑叶发病时，枝条顶端叶片的叶尖和附近叶缘变褐，后扩大至前半部叶，呈黄褐色大枯斑，下部叶片受害，则从叶缘向叶脉间发生黄褐色或灰褐色的梭形大病斑。在病叶上，病健组织界线明显（彩图 18 - 12 - 1）。病斑吸水后易腐烂，干燥时则裂开。被害叶易脱落或干枯。当天气阴雨潮湿时，病斑上产生暗蓝褐色的霉状物，即病原菌的分生孢子梗和分生孢子。

三、病原

桑卷叶枯病病原为桑单孢枝霉（*Hormodendrum mori* Yendo），属子囊菌门单孢枝霉属。在病斑上所见暗蓝褐色的霉状物即是病菌的分生孢子梗及分生孢子。菌丝在叶组织内摄取养分，有一部分匍匐于叶面，并抽出分生孢子梗。分生孢子梗鼠褐色，起初单梗，逐步形成丛梗，大小为（235～290）μm×（5～7）μm，具 6～10 个隔膜，丛梗的顶端或隔膜处产生多回分枝，长出数个细长细胞，大小为（23～30）μm×（6～8）μm，单胞或为有 1～3 个隔膜的 2～4 细胞。

在分生孢子梗与分枝细胞交界处显著收缩，似蟹足的关节，极易脱落。在分枝细胞顶端和隔膜处产生二次分枝，二次的分枝细胞较小，长椭圆形，通常是单胞，偶有 1 个隔膜的双胞。分枝还可继续生长，最后的分枝细胞顶上着生连锁状的椭圆形分生孢子。

分生孢子淡灰白色，单胞，大小为（6～10）μm×（4～6）μm。每个分生孢子的连接点处收缩，容易脱落，留有微小突起的残痕。

病原菌可用常规的组织分离法和稀释纯化法从桑卷叶枯病叶分离得到。病菌在马铃薯葡萄糖琼脂培养基（PDA）和桑叶汁培养基上 28℃ 条件下生长良好，24h 能形成白色圆形凸状菌落，48h 菌落分 3 层，底层直径 22mm，为白色菌丝体，中层直径 16mm，为浅灰色分生孢子梗，上层直径 10mm，为蓝褐色分生孢子。病组织在 PDA 培养基平面培养（24～25℃）4d 左右，病原菌即可从组织块内长出白色菌丝。菌落在 PDA 培养基上的颜色由白色变为绿色再变为绿灰色。菌落全圆，边缘纤毛状，高度隆起。菌丝的生长温度为 8～40 ℃，产生分生孢子的温度为 10～38 ℃，最适温度为 28℃，在 28℃ 下，病菌在 PDA 培养基表面有水滴的情况下菌丝生长最快，24h 形成直径 12mm 的菌落，36h 能产生分生孢子，在湿润的 PDA 培养基上培养 24h 菌落直径 9mm，40h 产生分生孢子。有水滴情况下分生孢子萌发快，而在干燥的 PDA 培养基上菌丝生长极慢，不能产生分生孢子，说明相对湿度越大，菌丝生长和产生分生孢子速度越快。

病菌分生孢子 15℃ 发芽率为 12％，25～30℃ 时发芽率 93％～95％，达最高峰，35℃ 发芽率 18％，40℃ 不发芽。菌丝生长和分生孢子产生的温度为 15～35℃，最适温度为 25～30℃。分生孢子的致死温度为50～55 ℃，在水温 60℃、55℃ 下处理 10min 后，分生孢子均不能萌发。在 50℃ 和 45℃ 温度下水浴10min，分生孢子萌发率分别为 5.0％ 和 15％。适合菌丝生长的 pH 为 4.5～11.0，最适 pH 为 6～7；连续光照可促进产孢。菌落覆盖培养基的颜色为绿灰色，此时已长出暗蓝褐色的分生孢子梗和淡灰色的分生孢子（彩图 18 - 12 - 2）。

培养基的氮源、碳源对菌丝生长和产孢会有一定影响。病菌氮源除半胱氨酸不能利用外，其余都能被利用，其中丝亮氨酸、天门冬酰胺、天冬氨酸利用最好，而以硝酸钙作氮源病菌产孢最多；半胱氨酸不仅不能被病菌利用，而且还抑制其生长发育。一般培养基碳源均能被病菌生长发育所利用，其中以 D-甘露醇、果糖利用率最高，而对肌酸利用较差。

以不同杀菌剂在培养基上检验杀菌效果（表 18 - 12 - 1），供试验的 6 种不同杀菌剂对桑卷叶枯病菌的孢子萌发均有很好的抑制作用，抑制率达 97.5%～100%，但不同杀菌剂对菌丝生长的影响存在显著的差异，三氯异氰尿酸、二氯异氰尿酸钠基本上对菌丝生长没有抑制作用，而多菌灵和甲基硫菌灵抑制作用很强。

表 18-12-1　不同杀菌剂对桑单孢枝霉分生孢子萌发和菌丝生长的影响（引自侯印宝等，2009）

Table 18-12-1　Inhibition effect of the fungicides against growth and spore germination of *Hormodendrum mori*（from Hou Yinbao et al.，2009）

杀菌剂	分生孢子			菌　丝	
	稀释倍数	萌发率（%）	抑制率（%）	稀释倍数	菌落直径（mm）
多菌灵	500	0	100	2 000	2.0
甲基硫菌灵	500	0	100	2 000	3.0
百菌清	500	1.0	97.5	2 000	7.0
三氯异氰尿酸	500	0	100	2 000	22.0
二氯异氰尿酸钠	500	0	100	2 000	20.0
代森锰锌	500	0	100	2 000	16.0
灭菌水	—	40.0	—	—	26.0

四、病害循环

病菌以菌丝体在病叶组织中随落叶遗留在地面越冬，翌年春暖后在病叶部产生分生孢子梗和分生孢子，随风雨传播到桑叶上，引起初次侵染。其后在新的病斑上不断产生分生孢子，随风雨飞散，传播到叶片上，引起再次侵染。

五、流行规律

1. 桑园立地条件与发病的关系　同一桑树品种栽植在不同地势的桑园内，桑树发病和受害程度不同。据湖南省蚕桑科学研究所调查，2002 年在同一地区，栽植在低洼、地下水位高的桑园，桑卷叶枯病发病株率达 98%，栽植在地势高、地下水位低、通风良好的桑园发病株率为 57%。

2. 越冬菌源与发病的关系　据湖南省蚕桑科学研究所调查，上年发病重的桑园发病重，上年发病轻的桑园发病轻。20 世纪 90 年代中期，该所桑园开始零星发生桑卷叶枯病，大都只在叶尖出现病斑，并不造成危害，往后有逐年加重趋势。2001 年 4 月 21 日该所 20hm² 桑园出现零星病斑，4 月 28 日开始形成多个发病中心，到 5 月 5 日病害迅速扩大蔓延，发病田块株发病率达 30% 左右，大量菌源随病叶脱落遗留在桑园内越冬，为 2002 年病害的暴发流行提供了前提条件。

3. 温湿度与发病的关系　桑卷叶枯病菌为高湿菌，分生孢子的萌发和侵入不能缺少水分，病害一经发生，如遇适温高湿天气，就会迅速扩展蔓延，造成流行。病害流行速度和对桑叶造成的损失与发病年份的平均气温、雨日、降水量、相对湿度均呈正相关。病菌一旦侵染桑叶后，即使天气十分干燥，菌丝体仍能在叶组织中不断生长，形成大病斑。病斑在气候干旱时极少产生分生孢子，但遇阴雨天，分生孢子会大量形成，即引起本病流行。据湖南省蚕桑科学研究所调查，本病在湖南洞庭地区 4～10 月都会发生，在 7、8 月夏、秋季高温多湿的条件下发病最多，特别是连续阴雨天气后暴晴 2～3d，再突遇大雨，最易发生。此病具有突发性和暴发性的特点，病害一经发生，如遇适温高湿天气，就会迅速扩展蔓延流行。该病害流行因素是大量的越冬菌源、适温高湿的气象条件和大面积的易感品种。病害流行速度与 7～8 月的旬平均气温、雨日、降水量、相对湿度均呈正相关。一般当旬平均气温 ≥15℃，旬平均相对湿度 ≥90%，旬雨日 ≥6d，旬降水量 ≥90mm 时，往往造成该病流行。相对湿度是本病流行最重要的气象因子，相对湿度 ≤70%，分生孢子难以产生和萌发，不能引起再侵染，该病即使发生也很难扩展蔓延，不会造成流行（表 18-12-2）。2009 年 8 月初，江苏睢宁县连续阴雨后暴晴 3d，至 8 月中旬又如此反复 2 次，给此病流行创造了适宜条件，以至于 2009 年桑卷叶枯病的发病率比 2008 年高出 2 倍以上。

表 18 - 12 - 2　桑卷叶枯病流行与气象因子的关系调查（引自谈顺友等，2006）

Table 18 - 12 - 2　Relationship between the meteorological factors and mulberry leaf

blight epidemic（from Tan Shunyou et al.，2006）

年份	4月下旬				5月上旬				株发病率（%）	病情指数
	平均气温（℃）	雨日（d）	降水量（mm）	平均相对湿度（%）	平均气温（℃）	雨日（d）	降水量（mm）	平均相对湿度（%）		
2001	15.98	7	60.0	83.3	20.96	4	41.6	80.7	30.0	8.75
2002	14.29	8	197.8	91.3	17.10	8	120.8	89.1	80.0	35.0
2003	17.28	7	89.2	88.0	20.12	6	84.6	82.7	50.0	20.25
2004	19.70	5	87.8	86.5	20.00	3	82.4	81.1	20.0	2.75
2005	20.90	3	56.1	80.0	22.20	5	129.8	87.3	10.0	0.30

注　气象资料由湖南省澧县气象局提供。

4. 桑树品种与发病的关系　品种间感病性有显著差异。团头荷叶白、剪刀桑、红顶桑、荷叶白、湖桑 7 号、湖桑 32 易感病。2001—2005 年，湘 7920 在湖南地区株发病率可达 100%；育 71 - 1、育 2 号、农桑 14、新一之濑较抗病。感病品种表现为病斑大，开始发病到流行时间短，株发病率高，为害损失严重；而抗病品种病斑小，病害扩展慢，不易造成大流行，发病率低，为害损失轻。

5. 栽植密度与发病的关系　在同一条件下栽植同一桑树品种，一般桑苗受害程度比成林桑严重，低干密植桑叶片发病率比中、高干桑叶片发病率高。据调查，杂交桑每 667m² 栽 3 000 株的发病株率在 38.7% 以内，而栽 3 500 株的病株率为 40%～100%。

六、防治技术

（一）选用抗病桑树品种

选用抗病品种是防治桑卷叶枯病最经济有效的措施。在病区可选栽育 71 - 1、农桑 14、育 2 号、湘 456 等抗病品种，提高桑树本身的抗病、耐病能力。一般抗性品种发病率较低，且发病叶片病斑小，扩展慢，受害轻。调查发现，叶片较薄的品种病原容易侵入，而叶片较厚、表面蜡质层较厚的品种，病原菌难以侵入。印度学者有利用转基因育种的方法提高桑树抗卷叶枯病的报道，利用外植体转入构建的含目的基因（烟草逆渗透蛋白基因）质粒，最终培育的转基因植株，对包括卷叶枯病在内的几种真菌病害均具有较好的抗性，为我国桑树育种工作者在培育抗桑卷叶枯病品种提供了借鉴。

（二）采用合理的桑园管理模式

新栽桑园应该注意适度的低干密植，或者改为中干稀植，改善桑园内通风透光条件，同时建好桑园排灌设施，发病期及时清沟排渍，降低田间湿度，创造不利于病害流行的湿度条件，可以极大地减轻该病发生程度。同时注意适度采叶，保持通风透光，雨后及时排水，防止湿气滞留。

春季初见病叶时，应及时剪除烧毁，以防病原再次传播蔓延。晚秋蚕结束后，彻底清除发病严重桑园的病叶，收集烧毁，减少翌年初次侵染源。

（三）化学防治

本病化学防治的药剂一般为：50% 多菌灵可湿性粉剂、70% 甲基硫菌灵可湿性粉剂、36% 甲基硫菌灵悬浮剂、56% 甲硫噁霉灵可湿性粉剂、4～5 波美度石硫合剂等。桑卷叶枯病发病初期开始连续喷施多菌灵、甲基硫菌灵等进行化学防治，可有效控制该病的发生与蔓延。一般在发病初期喷洒 70% 甲基硫菌灵可湿性粉剂或 36% 甲基硫菌灵悬浮剂或 50% 多菌灵可湿性粉剂或 56% 甲硫噁霉灵可湿性粉剂 800～1 000 倍液，1 周后复喷 1 次。在实际操作中，可加配叶面肥，以促进桑叶细胞修复生长，提高防治效果。喷药时的注意事项：一是喷药前要注意天气变化，如喷药后不足 1d 就开始下雨，雨后最好补喷 1 次，以确保喷药效果；二是喷药要全面细致周到，做到叶片正反两面都能喷湿。夏伐后防治可喷洒 4～5 波美度石硫合剂或 50% 多菌灵可湿性粉剂 500 倍液进行树体消毒。

方荣俊　潘刚（中国农业科学院蚕业研究所）

第 13 节　桑树断梢病

一、分布与危害

桑树断梢病是发生于桑树枝干的一种真菌性病害，具有来势猛、发病重、损失大的特点。由于病害主要发生在春伐桑树的新梢基部，枝条极易折断，故又称桑树断枝病。桑树断梢病主要分布在四川、重庆、浙江、陕西、湖北、江西、云南、安徽、广西和广东等蚕区。20 世纪 60 年代初桑树断梢病在川渝蚕区局部轻度发生，70 年代中期发展为川渝蚕区严重的桑树病害之一。1979 年，重庆合川县桑树断梢病株发病率达 95%～100%，梢发病率为 20%～30%，断梢率 10%，严重地区高达 60%，全县损失桑叶达 200 万 kg。1990 年，四川遂宁市部分桑园病株率达 76%左右，梢发病率为 13%～27.7%，1991 年发病严重的桑园断梢率达 96.2%，造成桑叶大量减产而缺叶倒蚕。该病在浙江省首次发生于兰溪市横溪镇国庆村，70 年代后期，桑树断枝病主要发生在兰溪市梅江区一带，1978 年国庆大队有少量发生，1989 年扩展到 26 个村，其发病率达 80%以上，枝发病率高达 90%以上，全区桑园中有 57%发病，春叶损失 25 万 kg，1990 年梅江区 4 个乡发病桑园面积达 383hm²，占全区桑园总面积的 82%；另外，在浙江海宁、安吉和嘉兴等地也有此病发生，2006 年浙江富阳市胥口镇石山村首次发现桑树断梢病，局部桑园枝条发病率达 95%以上。1991 年，陕西石泉县首次发现春伐桑树发生桑树断梢病，对石泉县范围内的 20 多片春伐桑园调查发现，有 40%的桑园有此病发生，严重地块株发病率高达 26.5%，枝发病率高达 80%以上。2005 年，江西修水县首次在一个桑园内发现桑树断梢病，染病品种为农桑 8 号，发生面积不到 667m²，株发病率达 80%。2007 年，湖北宜都市聂家河镇白家淌村首次发现桑树断梢病就暴发成灾。

二、症状

该病发生在春伐桑新梢基部 2～3cm 处，当桑葚感染桑葚小粒型菌核病时，葚柄逐渐变成黑褐色，靠近葚柄的新梢基部皮层中的病原菌由内向外侵染，逐渐在外部呈现黑色斑点，再变为块斑，渐渐扩展为周斑，斑长 1～4cm，淡灰褐色，表皮纵裂。感病桑葚菌核初形成时，剖开新梢皮层，其韧皮部与木质部表面均变为黄褐色。发病轻的新梢，病斑处产生愈伤组织，呈灰褐色龟裂状的疔瘤，枝梢继续生长，对桑叶产量和质量影响不大。发病重的新梢，病斑干腐向内凹陷，造成环缢，病斑的木质部及皮层大部分纤维组织坏死，失去输导作用，韧度减退，遇风雨天气、采叶触动或在自然重力的作用下，枝条极易折断，少部分病枝直接断离树体，但大多数枝条断后仍有少量木质部和树体相连，倒挂在树上，桑叶仍能保持一定时间的绿色，但最终整梢桑叶枯死（彩图 18-13-1），严重影响桑产叶量。病枝病变部位常着生白桑葚。

三、病原

桑树断梢病病原为桑小粒型菌核病菌，即肉阜状杯盘菌 [*Ciboria carunculoides* (Siegler et Jenk.) Whetzel]，属子囊菌门杯盘菌属，子囊盘杯状，直径为 4～12mm；子囊盘柄部大小为 (10～40) mm×(1～1.5) mm；子囊圆柱状，大小为 (100～125) μm×(6.2～8) μm；子囊内有 8 个子囊孢子，无色、单胞、肾脏形，有半球形小体附着，大小为 (6.2～10.1) μm×(2.5～5) μm；侧丝线形，有隔，有分枝，大小为 (90.7～124.5) μm×(1.2～2.2) μm。

四、病害循环

据现有资料，桑葚小粒型菌核病菌产生的子囊孢子侵染雌花，生成病葚，最后病菌发育为菌核，菌核落入地面越夏越冬。病菌侵染雌花形成菌核的过程中，生长旺盛的菌丝在肿大的组织内作有限的扩展蔓延，即菌丝由病葚通过葚轴、葚柄蔓延到新梢基部，形成断梢。而桑葚受侵染后形成的菌核落土中，第二年 2～3 月，当气候条件合适时，萌发产生子囊盘，释放出子囊孢子，作为当年侵染雌花的初次侵染源。侵染循环如图 18-13-1 所示。

五、流行规律

从前人调查研究及现有资料来看，桑树断梢病的发生，主要与桑葚小粒型菌核病菌的多少、桑树品

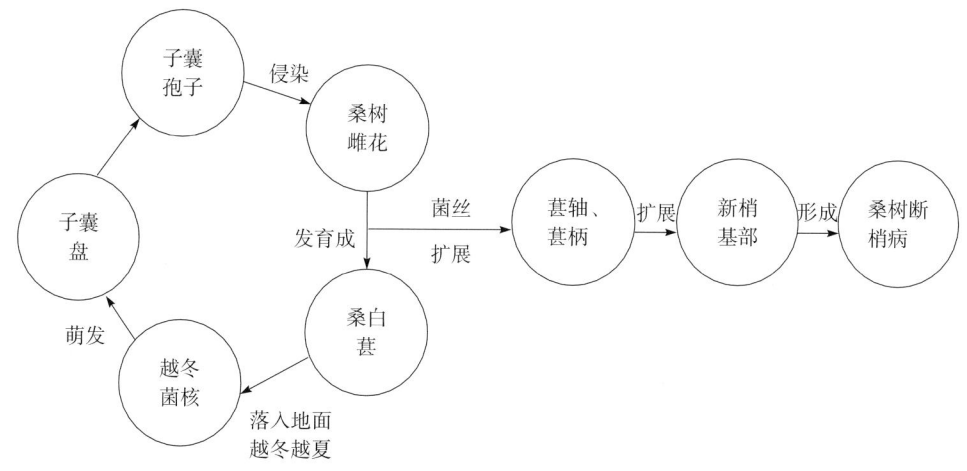

图 18 - 13 - 1　桑树断梢病病害循环（引自谈廷桂等，1982）

Figure 18 - 13 - 1　Disease cycle of mulberry shoot break（from Tan Tinggui et al. ，1982）

种、桑树花性、树型养成、气候条件和环境条件等因素有关。

（一）桑葚小粒型菌核病与发病的关系

四川省农业科学院蚕业研究所 1979 年及浙江省农业科学院蚕桑研究所 1996 年通过采桑花去青葚和留桑花留青葚试验结果均表明：桑葚小粒型菌核病的发生，必然引起桑树断梢病，桑葚小粒型菌核病发病率与桑树断梢病梢发病率呈正相关。

（二）桑树品种与发病的关系

多年来各地调查结果表明，桑品种不同，断梢病的发生有明显差异。据调查，小冠桑、湖桑、农桑 8 号、农桑 12、广东桑、荷叶白、充场桑等品种发病重，桑品种 707、新一之濑、6031、泉桑等发病率较低，湘 7920、育 71 - 1、实生桑不发病。

（三）桑树花性与发病的关系

桑树断梢病的发生与桑树的花性关系密切。雌雄同株桑，仅着生雌花的新梢发病，着生雄花的新梢不发病；雌雄异株桑，开雌花株发病，雄花株不发病；雌花多的比雌花少的品种发病重，开花早的比开花晚的品种早发病。

（四）桑树剪伐形式与发病的关系

浙江省农业科学院蚕桑研究所研究表明，该病主要发生在春伐桑树上，以提高 15cm 春伐桑发病最为严重，发病率 80％左右，常规春伐桑枝发病率为 40％左右，夏伐桑不发病。

（五）气候条件与发病的关系

桑树断梢病菌的侵入从初期到枝条折断需 3 个月左右，该病的发生蔓延与温湿度有密切关系，特别是湿度因子对桑树断梢病的发生轻重是至关重要的因素。一般 3～5 月，阴雨潮湿日数多，相对湿度在 85％以上，桑断梢病发病则严重。因为 3 月正值桑花盛开期，月平均温度在 10～15℃，如果此时雨水较多、相对湿度较大，则有利于在土壤中越冬的小粒型菌核萌发子囊盘，并散发出大量雾状子囊孢子作为初侵染源侵染雌花。而 4、5 月若遇高温、多湿的气候条件，则有利于病菌的侵染繁殖，病原菌通过染病桑葚的葚轴和葚柄扩散侵入嫩枝基部继续生长发育，造成断梢病的发生和流行，4 月下旬至 5 月下旬新梢基部发病达盛期。6 月以后温度逐渐升高，月平均温度达 30℃以上，该病则不再蔓延。

（六）地势及桑园间套作与发病的关系

地势不同，桑树断梢病发生程度不同。根据四川省农业科学院蚕业研究所报道，地势较高的坡地，土层薄及桑树周围无间作，地表含水量少，菌核难萌发，发病轻。相反，平地水田，尤其是地势低洼的桑园，若没有做好桑园开沟排水，容易造成积水，或者桑园间套作有豆类、油菜等作物时，地面潮湿，有利于菌核萌发生长，本病发生就重。此外，陕西省蚕桑丝绸研究所对陕南石泉县断梢病的发生情况调查发现，一般坡地桑园发病率比平地桑园高，与四川省报道的断梢病发生特点不同。初步推测这可能是由于陕西与四川气候条件不同所致，具体情况还需进一步调查研究。

六、防治技术

(一)人工防治

1. 摘除花葚　在桑树开花、青葚期及时摘除雌花和青桑葚，防治效果可达 100％。重病区，坚持 2～3 年进行本法防治，可以基本控制本病的为害。白葚期摘除桑葚，无防病作用。

2. 合理剪伐　将春伐改为夏伐，或者是春伐与夏伐隔年轮伐，也可获得较好的防治效果。

(二)农业防治

1. 适当密植　在发展桑园时要注意栽植密度，应以 667m² 栽 800 株、中低干养成为宜；同时应避免种植农桑 8 号、农桑 12 等易感病品种。

2. 开沟排水、勤除杂草　搞好桑园开沟排水，做到桑园无积水，降低桑园湿度，改善桑园小气候环境；勤除杂草，保持土壤干燥，不利菌核萌发从而减少发病。

3. 合理施肥　适当控制桑园氮肥施用量，推广施用桑树专用复合肥，实行测土配方施肥，以增强桑树的抗病能力。

4. 加强桑树的培护管理，合理修剪　冬季对枝条进行适当修剪，剪除细弱枝、下垂枝、病害枝和枯枝，不可留条过多，以利集中养分供应，翌年春季萌发壮健枝条，同时也保证翌年生长季节桑园的通风透光。

(三)药剂防治

在桑树初花期开始至花期结束，用 70％甲基硫菌灵可湿性粉剂 1 000 倍液或者 50％多菌灵可湿性粉剂 800 倍液连续防治 3 次，每次间隔 7d，对枝、干、叶、桑园地面及桑园周围的地面、沟渠全面喷洒预防。喷药需注意以下几点：

(1) 喷施时雾点须细、周到，不可漏喷。花序、叶、枝充分湿润。如遇阴雨天，要在雨停枝干时施药，施药后 24h 内如遇大雨，雨停后则应补施。

(2) 防治时农药浓度须按照要求，不可任意提高浓度，否则不利于以后防治。

危玲　肖金树（四川省农业科学院蚕业研究所）

第 14 节　桑膏药病

一、分布与危害

桑膏药病俗称"烂脚病""烂脚癣"，分布于大洋洲、美洲、亚洲。我国的四川、云南、安徽、江苏、浙江、山东、广西、广东、福建、台湾等地都有发生。膏药病是桑树树干外部的真菌病害，少量病菌菌丝侵入树表皮和木栓层组织，一般对桑树影响不大；但在发病严重时，菌膜紧紧包裹枝干，产生机械压力，出现凹陷，使桑树枝干生长受到阻碍，发芽率降低，叶形变小，枝条生长缓慢，影响桑叶产量和质量。

膏药病除侵害桑外，还侵害茶、花椒、樱桃、樱花、梅、桃、杏等植物。

二、症状

桑膏药病多发生在桑树二年生以上的枝干表面，在一年生枝干上极少发生。病菌常形成大小不等的圆形或不规则的菌膜，紧贴附在枝干上，很像贴着的"膏药"，故称桑膏药病。国内常见的桑膏药病有灰色膏药病及褐色膏药病两种（彩图 18-14-1）。

灰色膏药病一般山区发生较多，病菌寄生于粗大的枝干背阴处，菌膜初生时很小，逐渐扩大包裹枝干。菌膜天鹅绒状，周围灰白色，中央灰褐色，形成明显的轮纹状，表面平滑。一般在 6 月前后，菌膜产生粉末状的担子和担孢子。菌膜老化时，表面龟裂，周围又会产生新的菌膜。

褐色膏药病一般平原地区发生较多，病菌多寄生于枝干上。菌膜栗褐色至紫褐色，后变暗褐色，表面为天鹅绒状，较厚，菌膜扩大至 10mm 左右时，边缘有一条细灰白色线，老化时不发生龟裂。

三、病原

桑膏药病病原有 3 种。灰色膏药病菌为柄隔担耳 [*Septobasidium pedicellatum* (Schwein.) Pat.]，

褐色膏药病菌为田中隔担耳 [*Septobasidium tanakae* (Miyabe) Boedijn et B. A. Steinm.，异名：田中卷担菌（*Helicobasidium tanakae* Miyabe)]，黑色膏药病菌为黑隔担耳（*S. nigrum* W. Yamam.），都属担子菌门隔担耳属真菌，前两种在我国蚕区常见。

1. 灰色膏药病菌　病原菌菌丝开始时无色，后变灰褐色，在枝干上交叉重叠形成菌膜，厚度为 0.5～1.0mm。菌膜的菌丝直径约 3.5μm，菌丝形成致密子实层，即病菌子实体。子实体厚度为 200～480μm，最初生无色球状的前担子，又称下担子。前担子大小为（9～12）μm×（2～3）μm，基部有短柄，顶生圆筒形孢子，又称上担子。上担子生长变弯曲，生出 3 个隔膜，形成 4 个担子，大小为（24～26）μm×（6～8）μm。各担孢子发芽后，在其芽管上常附 1 个小孢子，大小为 14μm×3.5μm。

2. 褐色膏药病菌　病原菌菌膜厚约 1mm，菌丝褐色，直径 3～5μm，具分叉和隔膜。菌丝内膜较厚，内含颗粒。菌膜上着生的子实层不形成前担子，而直接生出担孢子。担孢子初为棍棒状，后稍呈纺锤形，有 2～4 个隔膜，分成 3～5 个担子，担子大小为（49～65）μm×（8～9）μm。从顶端和前侧的担子上各生一个较长的小梗，大小为（35～63）μm×（3.5～4）μm，小梗上生担孢子。担孢子镰刀形，顶端圆，大小为（27～40）μm×（4～6）μm。发芽时，担孢子直接形成菌丝。

四、病害循环

桑膏药病菌以菌丝膜在桑和其他寄主植物枝干上越冬，翌年春季随气温回升而逐渐发育，至 5～6 月梅雨季节产生担孢子，随风雨冲溅而传播蔓延。灰色膏药病菌属虫生真菌，即寄生昆虫的真菌，其担孢子往往附着在桑白蚧虫体上传播。病菌先以菌丝侵入虫体吸收养分，形成中间暗四周白的小菌膜，并继续扩大形成膏药状的厚菌膜，菌丝穿过虫体进入桑树，开始侵害。

五、流行规律

桑园经过土地平整、矮化密植以后，全园通透性变差，湿度增大，致使桑膏药病发生蔓延，有逐年加重的趋势。

桑膏药病多发生在土壤潮湿、通风透光不良的桑园内及老桑园中，并常与介壳虫并发，凡发生桑膏药病的桑园，桑白蚧必定也多。

六、防治技术

1. 加强对桑白蚧的防治。

2. 冬季用竹片或小刀具刮除菌膜，病部再涂上 3 波美度石硫合剂，也可用铜铵合剂 100 倍液。还可在菌膜上直接涂刷煤焦油或废柴油，均有良好防治效果。

3. 加强桑园管理，做好低洼地开沟排水工作，改善通风透光条件。

蒯元璋（中国农业科学院蚕业研究所）

第 15 节　柞树白粉病

一、分布与危害

柞树白粉病分布范围广泛，在我国辽宁、吉林、河北、贵州等省份均有分布。柞树白粉病是柞树的主要病害，主要为害一年生芽柞及二年生以上柞树夏梢和一至三年生的实生苗和幼林。蒙古栎和槲栎发病较重，辽东栎和麻栎则发病较轻，辽宁省有些地区芽稞发病率达 70%～90%。病菌的菌丝体沿着叶的上下表面以及幼嫩枝条的表面不断蔓延，紧贴于叶面和茎表面的菌丝体形成掌状附着胞，每个附着胞长出一根很细的菌丝，钻入寄主表皮细胞内，并在其中形成卵形或圆形的吸器，病菌以吸器从植株中吸取养分。白粉病菌大量繁殖，夺取柞叶的营养物质，使叶绿素含量下降，光合作用减弱，生理机能失常，致叶片发育逐渐停顿，叶片变形，局部或全部萎缩、硬化，变为黄褐色或赤褐色半枯萎状态，早期便脱落。被病菌侵染的幼嫩枝条往往不能木质化而易受冻伤。被害严重的柞园不能放养秋柞蚕，有些被害柞园虽然能养蚕，但减蚕率很高，收茧少，质量差。

二、症状

柞树白粉病在东北地区发病期为7～10月，7月上旬至8月中旬发病最重，发病初期柞叶无异常表现，随着病菌菌丝及分生孢子生长，在叶表面开始形成白色霉粉状物，并逐渐扩大，且病菌新产生的孢子在老病斑附近还能造成连续不断的多次侵染使白粉扩及全叶。此时，叶片变成黄褐色或赤褐色。柞树生长后期，即9～10月，在白色病斑处出现肉眼易见的白色颗粒。这种颗粒由白变黄，最后变成黑色，是白粉病菌的有性时期的子囊果。发病重时柞叶萎缩、卷曲、干枯，病菌随枯叶落地越冬（彩图18-15-1）。

三、病原

柞树白粉病病原为粉状白粉菌〔*Erysiphe alphitoides*（Griffon et Maubl.）U. Braun et S. Takam.，*Microsphaera alphitoides* Griffon et Maubl.〕，属子囊菌门白粉菌属，该菌主要寄生柞树的嫩叶和嫩梢。病原菌的形态特征如图18-15-1所示。

1. 闭囊壳　在自然柞林里，由于9月气温下降和柞叶老化，白粉病菌开始出现有性世代——闭囊壳。在光学显微镜下观察和测量，成熟的闭囊壳为赤褐色或黑褐色，呈扁球形，表面龟裂状，壳缘着生6～24根顶端双叉分枝的附属丝；闭囊壳直径81～126 μm，附属丝长63～130 μm；闭囊壳中有4～22个子囊，子囊大小为（23～41）μm×（9～21）μm，子囊内有4～8个子囊孢子，大小为（5～9）μm×（3～6）μm。

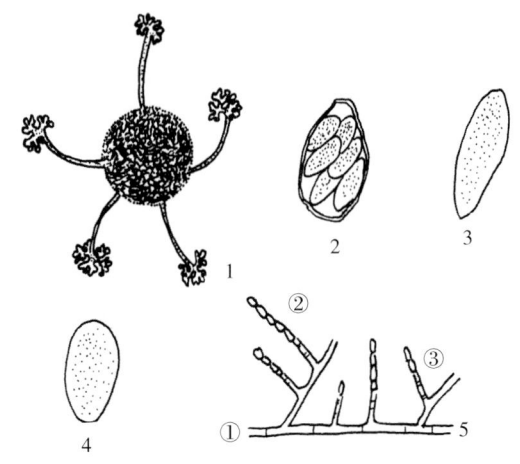

图18-15-1　柞树白粉病菌形态（引自吴佩玉，1981）
Figure 18-15-1　Morphology of *Erysiphe alphitoides*
（from Wu Peiyu, 1981）
1. 闭囊壳　2. 子囊　3. 子囊孢子　4. 分生孢子
5. 菌丝及分生孢子：①菌丝体，②分生孢子，③分生孢子梗

2. 菌丝体　在温度20℃和相对湿度80%的条件下，子囊孢子或分生孢子吸收水分后长出芽管。芽管不断生长而形成无色透明具分隔的菌丝，菌丝平均直径3～4 μm。菌丝从侵染点开始向四周分枝，紧贴在寄生表面上；再经数次分枝形成网状，此为营养生长阶段。然后从菌丝体上长出一些膨大部分——掌状附着胞，牢固地将菌丝体固定在寄主叶面。接着又从附着胞长出很细的侵入丝，穿透表皮伸入寄主叶内并形成吸器，借以吸收营养。当营养生长达到一定阶段，垂直向上长出分生孢子梗和形成分生孢子，分生孢子梗长24～50 μm。

3. 分生孢子　分生孢子椭圆形，无色透明，常常几个到二十几个连生在分生孢子梗的顶端，形成一串晶莹的分生孢子，大小为（16～26）μm×（12～18）μm。

四、病害循环

病菌以闭囊壳在落叶、病枝梢上越冬。5月中、下旬气温升高，降水量增多，湿度增大，子囊吸水膨胀放出子囊孢子。子囊孢子借气流传播至寄主，进行初次侵染。在叶质幼嫩、温湿度适宜时，很快长出分生孢子梗和分生孢子。病菌以分生孢子进行再侵染。该菌4d就能完成一个无性世代，所以一年中可进行多次侵染。9月中旬病菌形成闭囊壳，随后逐渐成熟，闭囊壳随病叶落地越冬。

五、流行规律

病原菌无性世代的分生孢子，从5月上旬循环侵染到9月中旬，持续存在4个月之久。有性世代处于无性世代发育的后期，由于环境条件的不适（主要是温湿度变化和柞叶的老化），便在菌丝体上形成闭囊壳越冬。

在辽宁省丹东地区，越冬的闭囊壳在5月上、中旬气温升高、降水量增多、湿度增大时吸水膨胀。当闭囊壳被胀破后，子囊及子囊孢子发射出来。4月下旬至5月上旬的气温和降水量是影响子囊孢子发射的主要因素，气温在 13℃ 左右，降水量达 8 mm，子囊孢子就开始发射。子囊孢子的发射期为 5 月中、下旬，侵染潜育期 10～13d。子囊孢子发芽最适温度为 20～25℃，最适湿度 80％ 以上，湿度低于 60％ 时不发芽。在温度 20 ℃ 和相对湿度 65％ 的条件下，经 3h 即长出芽管并逐渐伸长形成菌丝体，20 h 菌丝开始分枝，48 h 交织成网状，72 h 长出分生孢子梗，96 h 在孢子梗出现第一个分生孢子，柞叶表面开始呈现白色病斑。子囊孢子飘落在柞叶上完成首次侵染，长出菌丝建立寄生关系，之后产生分生孢子，分生孢子又飘落到柞叶上进行再次侵染，周而复始。每年 5～10 月均为白粉病发生季节，常在 5 月下旬就能看到柞树叶出现白粉状病斑，7 月上旬至 8 月中旬发病最重。

蒙古栎和槲发病最重，麻栎发病轻；在同一树种中，一至三年生的幼树及发芽后 1 个月内的嫩叶发病重；成年茂盛的柞树及生长 45d 以上的老叶发病轻。地势低洼、窝风闷热、杂草丛生的柞园发病较重。病害常因低氮高钾而发生减轻，受磷的影响较小，施用硼、硅、铜、锰等微量元素能减轻病害发生。

六、防治技术

根据"允许发病最低界限"原则，如发病叶占全树冠 1/10 以内可不防治。发病严重时可采取以下措施：

1. 清洁桑园　结合营林措施，清除病叶、病梢，收集烧毁，减少翌年的初次侵染源。

2. 调整种植密度　合理密植，促进通风透光，既有利于林木正常发育，也能预防或减轻病害的发生。

3. 化学防治

（1）发病初期用 2％ 硫酸钾或 5％ 多硫化钡液喷洒柞叶，能抑制病害蔓延。

（2）选用很细的硫黄粉或硫黄石灰粉（2：1），也可选用 0.8％ 硫化钾溶液、0.3～0.4 波美度石硫合剂、5％ 的肥皂液，喷洒防治。

（3）6 月下旬至 7 月上旬，在柞树上喷布 0.05％～0.10％ 的多菌灵进行防治。

陈悦　赵娜（辽宁省农业科学院蚕业科学研究所）

第 16 节　柞树早烘病

一、分布与危害

柞树早烘病是影响柞蚕生产的重要柞树病害之一，通常在秋柞蚕四至五龄时发生，多发生于北方柞林区。发病重的年份，成片柞林全部早烘，叶质硬化焦枯而不能养蚕。不同树种发病程度差异很大，辽东栎、蒙古栎最易发生早烘，槲栎、麻栎发病较轻且晚。该病发生时正是秋柞蚕大蚕期，食量较大，常造成秋蚕后期缺乏饲料不能正常养蚕，从而影响柞蚕茧的产量和质量，给柞蚕生产带来巨大损失。从近几年的调查结果发现，此病发生有逐年加重的趋势，发病重的柞园发病率达 30％ 以上，有的柞园已被迫停止了秋柞蚕的放养，在辽宁省柞蚕区已成为影响柞蚕生产的最重要的柞树病害。

二、症状

柞树早烘病往往是成片柞林同时发病，远看好似秋末冬初的枫叶，病树的叶片呈红褐色干枯状，但并不脱落，一般 8 月中、下旬开始发病，9 月上、中旬随着气温下降病情迅速加重。此病首先发生在柞树下部枝条的基部叶片上，再发展到中部叶片，然后逐渐向上发展。枝条上部新叶最初不表现症状，后期才开始发病，最后发展到全株。发病初期在成熟叶片边缘处出现一种褐色的小斑点，其形状很不规则，约有米粒大小，分布不均匀，叶片表现正常状，柞蚕尚可食用其叶。以后斑点继续扩大至整片叶的叶缘，再由叶缘部位不均匀地向中部扩展，且叶边缘呈卷起状，随后慢慢连成较大的褐斑，最终整个叶片几乎变成褐色，且呈现以主叶脉为轴向上卷起状，柞蚕不能食用该叶。但叶片并不脱落，直到翌年春天柞树发芽时才脱落（彩图 18 - 16 - 1）。

三、病原

柞树早烘病的为害在 20 世纪 50 年代就被柞蚕科研人员关注，经多年研究尚未发现其致病病原，因此，目前还未确定柞树早烘病是生理性病害还是侵染性病害，多数学者倾向于柞树早烘病是一种生理性病害。任小龙（2005）等研究认为，该病的发生与土壤及柞树叶片中某些元素的含量有关。

四、流行规律

根据辽宁省蚕业科学研究所资料记载，柞树早烘病最早于 1954 年在辽宁省铁岭市西丰县发现的，随后开始了对该病的调查研究，到目前虽未确定其致病原因，但已总结出柞树早烘病的流行规律如下：

（1）夏秋季雨水多及土壤含水量高的柞园早烘病发病比较严重。

（2）无干树型早烘病发生程度最为严重，在柞墩密度逐渐增大的情况下，无干树型发病速度要比中干树型快。

（3）早烘病最早易发生在老龄枝条上，新枝条最初不表现任何症状，然后逐渐向新枝条发展。

（4）不同树种对早烘病发病程度影响很大，一般辽东栎和蒙古栎最易发病且发病早，其次为槲栎和麻栎。

（5）北向柞园的柞树发病重且迅速，南向坡向的柞树发病轻且较缓和。

（6）秋季气温急骤下降也会加快发病速度。

（7）柞墩密度大、坡度大、土层薄、腐殖质少的柞园发病较重。

五、防治技术

根据柞树早烘病的流行规律，结合柞园情况及具体的蚕业生产需要，主要采用以下综合防治措施，以尽量减少柞树早烘病对柞蚕生产的为害。

1. 采取喷施含氮、钾叶面肥或土壤补施钾肥、氮肥进行初步防治。

2. 柞园避免过度密植，促进通风透光，对过密柞园进行疏墩。

3. 避免过度砍伐，合理修剪，增强树势，防止柞树衰弱。

4. 保护柞园的植被，防止柞园土壤的沙砾化，减少柞园土壤的养分流失。

5. 在放养秋蚕时应先利用蒙古栎和辽东栎，后利用麻栎；先利用无干树型，后利用中干树型；先利用阴坡柞园，后利用阳坡柞园；尽量将可能发病的柞树在发病前使用，从而避开其为害。

杜占军 刘孝良（辽宁省农业科学院蚕业科学研究所）

第 17 节 柞树锈病

一、分布与危害

柞树锈病又称松栎锈病、松栎柱锈病、松瘤锈病等，广泛分布于亚洲、欧洲和美洲，在我国长江流域、西南地区及东北地区都有分布，主要为害壳斗科、松属二针和三针类树木，以壳斗科的麻栎、栓皮栎发病最重。柞树发生此病后影响其生长和叶质。

二、症状

5 月发病，在幼嫩柞叶的背面出现黄色小点，即病菌的粉状夏孢子堆，叶的正面相应部位色泽较正常稍淡。7～10 月，在夏孢子堆中或其他处陆续生出许多褐色至黑褐色、稍曲或卷曲的毛状物，即冬孢子柱，柞叶可变枯黄状。受害的松树枝干上形成大小、数目不等的木瘤（彩图 18 - 17 - 1）。

三、病原

柞树锈病病原为东方柱锈菌（*Cronartium orientale* S. Kaneko，异名：栎柱锈菌［*C. quercuum* (Berk.) Miyabe；Shirai]），属担子菌门柱锈菌属真菌。该菌是全孢型专性转主寄生菌，其性孢子和锈孢子生于松属植物枝干的木瘤中，夏孢子和冬孢子生于壳斗科植物叶片上。性子器扁平，近无色。性孢子无色，梨形。锈子器泡状，散生或聚生，成熟时放出橘黄色粉状锈孢子。锈孢子串生，卵形或椭圆形，鲜黄色。夏孢子堆黄色，半球状。夏孢子倒卵形或近球形，鲜黄色，外壁无色有刺，大小为（18～28）$\mu m\times$（14～20）μm。冬孢子柱毛状，褐色。冬孢子褐色，长椭圆形，大小为（28～70）$\mu m\times$（14～22）μm。冬孢子成熟后即可萌发，产生无色透明的卵形担孢子。

四、病害循环

1 月在松树木瘤的裂缝里产生性子器，4 月自性子器下层组织的深处产生锈子器，4 月下旬至 5 月上旬锈孢子成熟，被风吹到柞树叶片上，萌发产生芽管，由气孔侵入，5～6 月产生夏孢子堆，成熟的夏孢子反复侵染柞树叶片。直到 7、8 月即产生冬孢子柱，冬孢子 8、9 月成熟后，不经休眠即萌发产生担孢子。担孢子借气流传播，落到松针上萌发产生芽管，由气孔侵入松针，并向枝皮部延伸，有的担孢子落到枝皮上，萌发产生芽管后，由伤口侵入皮层中。病菌以菌丝体在松树皮下越冬，木瘤中的菌丝体可多年生，每年自木瘤上产生锈孢子进行传播，为害柞树。

五、流行规律

1. 寄主类型　病菌为转主寄生菌，柞树和松树混种易于发病。

2. 发育时期　该病主要为害幼嫩枝叶，在伐条更新的柞林中发病较重。

3. 温、湿度　夏、秋气温低、湿度大易于发病，郁闭潮湿处发病较重。

六、防治技术

（一）造林技术防治

1. 在易发病区，不营造松栎混交林，两种树至少要相距 5 km。

2. 冬季清除柞林枯枝落叶，生长季剪除感病枝叶，集中烧毁。春季锈子器未成熟前，伐除松树上的病瘤枝条及病重株，集中烧毁，以减少病原扩散。

3. 及时修剪，保持适当疏密度，使柞园通风透光，降低湿度。

（二）化学防治

1. 春季发芽前或发病时，喷施 0.3～0.5 波美度的石硫合剂、65％代森锌可湿性粉剂 500 倍液等，可连续施用 2～3 次。

2. 对转主寄主，可在 3 月上、中旬喷施 3～5 波美度石硫合剂或 45％石硫合剂晶体 50 倍液等 1～2 次，树干施用 0.025％～0.05％放线菌酮液。

赫英姿　历红达（辽宁省农业科学院蚕业科学研究所）

第 18 节　柞树蛙眼病

一、分布与危害

柞树蛙眼病分布于四川、河南、辽宁、吉林、黑龙江等省份，主要为害蒙古栎、辽东栎、麻栎、槲栎等。该病主要为害柞树叶片，影响柞树生长，使叶质变差，影响柞蚕生产。

二、症状

柞树蛙眼病发病期为 7 月至 9 月下旬（四川在 4 月即有发生）。发病初期，柞树叶片上隐约出现直径约 1 mm 的点状病斑。8 月中、下旬，病斑迅速扩大，直径达 3～6 mm。病斑中部呈灰白色，边缘一圈呈褐色，灰白色部分与褐色部分界线分明，状似蛙眼；病斑背面呈淡褐色。病斑通常沿叶脉散生或单生，少数集生，每片叶生 1～8 个。发病后期病斑隆起。9 月在病斑灰白部分的边缘出现许多呈环状排列的小黑点，即病原菌的子囊壳（彩图 18 - 18 - 1）。

三、病原

柞树蛙眼病病原为点状球腔菌［*Mycosphaerella punctiformis*（Pers.；Fr.）Starb］，属子囊菌门球

菌属真菌。子囊壳近球形，黑色，直径 70～110 μm，囊壁由 2～3 层棕色角胞组织构成，壳口乳头状，黑褐色，直径 5～10 μm。子囊壳初期埋生于叶表皮下，成熟时顶破叶表皮，露出壳口。子囊圆柱形，近无柄，无侧丝，双囊壁，无色透明，丛生，大小为（9～12）$\mu m \times 45 \mu m$，内含 8 个重叠排列的子囊孢子。子囊孢子无色，壁薄，大小为（2～4）$\mu m \times$（9～14）μm，近纺锤形，上端略钝，下端略尖细，中间隔膜垂直于长轴将其等分为 2 个细胞，隔膜处略收缩。子囊孢子发芽时，2 个细胞分别沿长轴方向向两侧长出芽管，同时也可侧向长出芽管。该菌无性阶段形成分生孢子器，器内生分生孢子柄，柄上着生分生孢子。分生孢子椭圆形，无色，单胞，大小为（15～21）$\mu m \times 60 \mu m$（图 18‑18‑1）。以前称作梭孢大茎点菌（*Macrophoma fusispora* Bub.）。

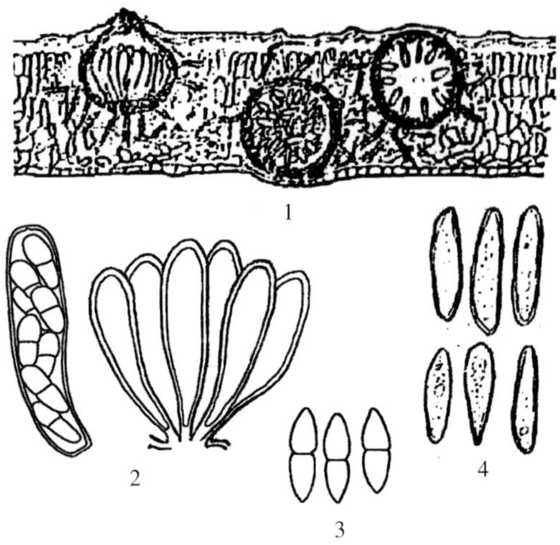

图 18‑18‑1　点状球腔菌（仿秦利，2003）

Figure 18‑18‑1　*Mycosphaerella punctiformis* (from Qin Li, 2003)

1. 病叶切片示闭囊壳　2. 子囊　3. 子囊孢子　4. 分生孢子

四、病害循环

柞树蛙眼病菌以子囊壳在病叶上越冬，翌年 6 月中、下旬子囊壳成熟，子囊孢子散出，借风传播。子囊孢子落于柞叶上，在适宜条件下萌发，由气孔侵入柞叶，开始侵染循环。7 月柞叶出现病症，8 月中、下旬进入盛发期，病斑迅速扩大、增多，症状明显。至 9 月，病原菌形成子囊壳。病斑处的病菌不产生无性孢子，每年只有 1 次侵染循环。

五、流行规律

柞树蛙眼病菌在病叶上越冬，越冬病菌的数量直接影响当年初侵染的情况及病害发生轻重。6～8 月降水影响子囊壳的成熟和孢子的传播及发病程度，因此，上年病叶多，当年 6～8 月多雨，则该病易流行。此外，土地瘠薄、肥料不足、管理不当、树势弱的柞园发病重。

六、防治技术

1. 清理柞园，减少病原　柞树蛙眼病菌在病叶上越冬，清除柞园病叶可以减少翌年侵染源。在秋末冬初或结合柞园春伐，彻底清理柞园内落叶，集中深埋或烧毁，以减少初侵染源。在生长季，发现病叶及时摘除，减少传染。

2. 加强管理，增强树势　柞树长势旺盛则抗性强，不易感病。加强柞园管理，合理修剪，科学施肥，及时排灌，适时防治病虫害，促进柞树旺盛生长，以提高其抗病性和耐病性。

3. 化学防治　在 6 月上、中旬，子囊孢子飞散前喷施防治真菌的药剂，如 36％甲基硫菌灵悬浮剂 400 倍液、65％代森锌可湿性粉剂 500 倍液、50％多菌灵可湿性粉剂 600～800 倍液等；或在子囊孢子飞散时期集中喷药 1 次；在重病区，间隔半个月再喷 1 次效果更好。

夏润玺　王世富（沈阳农业大学）

第 19 节　柞树缩叶病

一、分布与危害

柞树缩叶病也称烂斑病、叶肿病，世界各地均有发生，在我国主要分布于河南、山东、四川、东北等地，为害麻栎、栓皮栎、白栎、槲栎等多种柞树，红橡树较易感病，而白栎相对不易感病。该病是柞树的常见病害之一，为害叶片，一般对柞树的生长不会造成太大影响，但严重时造成叶片皱缩、卷曲，使叶片早落，重病区仲夏即有 50％～85％的树叶早落。有的年份发病重，可发生重复感染，使树势减弱，降低对其他病原的抗性，影响柞树生长和养蚕。

二、症状

柞树缩叶病多发生于未成熟叶片，早春即开始出现症状，发病初期叶正面出现黄绿色至黄色的突起似水疱状圆形病斑，直径 1.5～13mm，典型病斑直径 10mm，随着病情发展，病斑颜色加深，几周后，逐渐变成棕褐色，并略带红色，边缘浅黄色。后期病斑变成灰绿色至深棕褐色。叶背面病斑部位略凹陷，呈灰绿色，后期长出灰白色或紫灰色粉层，为病菌的子囊层。病斑单生、散生或聚生，常见每片叶上散生多个病斑，并可扩展相连成大块枯斑，造成叶片扭曲变形、皱缩卷曲，叶肉略显肥厚，质脆，雨后或呈霉烂状（彩图 18-19-1）。夏末秋初，病叶多早落。

三、病原

柞树缩叶病的病原为蓝色外囊菌 [*Taphrina caerulescens*（Mont et Desm.）Tul.]，属子囊菌门外囊菌属真菌。该菌的菌丝体寄生于叶组织细胞间，不形成子囊果，无足细胞。子囊在叶背病斑处的表皮组织内形成，圆柱形，大小为（55～70）μm×（15～20）μm，单生于菌丝上，呈栅栏状平行排列成子囊层，内含子囊孢子。子囊孢子球形或椭圆形，直径 1～4μm，无色，单胞，可以芽殖产生许多芽孢子（图 18-19-1）。

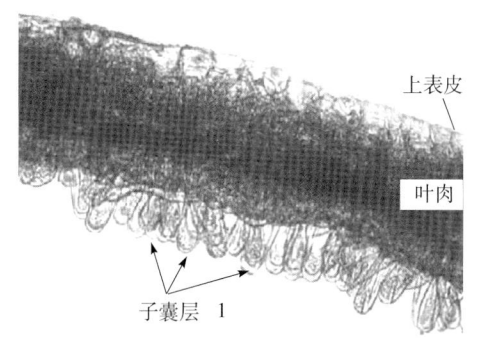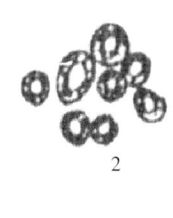

上表皮

叶肉

子囊层 1

2

图 18-19-1 蓝色外囊菌（1. M. Kangas 摄；2. 引自秦利，2003）
Figure 18-19-1 *Taphrina caerulescens*（1. by M. Kangas；2. from Qin Li，2003）
1. 病叶组织切片 2. 芽孢子

四、病害循环

柞树缩叶病菌的孢子在芽鳞或树皮缝隙中越冬。春季柞树发芽时，病原菌的分生孢子在适宜条件下萌发，通过气孔或直接通过表皮侵入幼叶组织，开始新的侵染循环。

菌丝体在叶表皮下组织细胞间生长，刺激受侵染组织细胞过度生长，形成圆形突起疱状病斑。几周后，感染组织最终死亡，变成褐色。

仲夏，菌丝体上长出子囊，之后子囊突破叶表皮，单层排列覆于叶表，并可散出子囊孢子，使叶表病斑处如覆白色或浅黄褐色粉状物。

子囊孢子随风或雨水传播，在适宜条件下萌发，并可产生芽孢子，如落于新发幼叶，则可形成新的侵染循环；有的芽孢子附于叶芽芽鳞下或树皮缝中越冬，成为翌春侵染源。

五、流行规律

柞树缩叶病菌一般较易侵染新发出的嫩叶，叶成熟后则不易侵染。一般每年发生 1 个侵染循环，但如果夏季叶芽存在萌动潜力，萌发出易感病嫩叶，则可能发生第二个侵染循环。

柞树缩叶病菌的孢子在温暖湿润天气易于萌发，而湿冷条件利于该病的早期发展，在春季多雨气温又不高的适宜条件下可发生严重侵染，发病重。严重感染的叶片在成熟前早落，连续多年严重感染，影响树的外观，使树势减弱，一般不危及树的生命。柞树萌芽后如果气候条件干热，不适于孢子萌发，则只发生轻微感染，不易发病。

柞树长势旺盛则抗性强，不易感病；树势弱则抗性弱，易感病。

六、防治技术

1. 加强管理 及时修剪，去除枯枝、弱枝，加强水肥管理，增强树势，以增强抗病性。

2. 减少病源 发现病枝病叶及时清除，防止扩散。秋末或翌年春，清除柞园落叶并销毁，以减少病源。

3. 化学防治 柞树缩叶病一般发病不重时对柞树生长影响不大，不需要药物防治，但发病较重和在有特殊需要的时候可施药防治。春季发芽前喷施1次抗真菌药剂即可，等萌芽后再施药效果不好。常用药剂有：75%百菌清可湿性粉剂600倍液、70%甲基硫菌灵可湿性粉剂1 000倍液，或75%百菌清可湿性粉剂1 000倍液加70%甲基硫菌灵可湿性粉剂1 000倍液。

夏润玺 秦利（沈阳农业大学）

第20节 柞树干基腐朽病

一、分布与危害

柞树干基腐朽病在我国各省份广泛分布，如东北地区、内蒙古自治区、西北的天山和阿尔泰山林区及河南西部地区，主要为害柞树及栗、桦、杨、柳等，有时也为害针叶树，引起严重的干基腐朽。该病多发生于老树，使树势衰退，叶色发黄，严重时导致死亡。该病连年持续发展，所造成的损失不断扩大。

二、症状

柞树干基腐朽病病株叶小而黄，树干基部可见病菌子实体，菌盖扇形，无柄，状似扇贝壳，覆瓦状排列，硫黄色至鲜橙色。病树树势逐渐衰弱，干基部或主干腐朽，最后整株枯死。腐朽初期木材浅黄色，有白色纹线，后期变红褐色并沿年轮与射线方向碎裂，裂缝中常生长白色菌膜（彩图18-20-1）。

三、病原

柞树干基腐朽病的病原为硫色炮孔菌（硫黄菌）〔*Laetiporus sulphureus*（Bull.；Fr.）Murrill〕，又称硫色干酪菌、硫黄多孔菌、硫色多孔菌、鸡蘑，属担子菌门炮孔菌属真菌。病原菌子实体初如瘤状或脑髓状，后长出无柄扇形菌盖，状似扇贝壳，在树干基部水平伸展，常多个如覆瓦状重叠排列。菌盖宽3～30cm，厚0.5～2cm，表面有细茸或无，有皱纹，无环带，边缘薄，波浪状至瓣状裂。菌盖肉质，上表面硫黄色至鲜橙色，下表面硫黄色，菌肉白色或浅黄色。菌盖干后褪色，质轻而脆。菌管长1～2mm，管口多角形，平均每毫米3～4个，硫黄色，后期褪色。担子棒状，前端较宽，有4个锥状小梗。担孢子卵形至近球形，光滑，无色，一端具小突起，大小为（5～7）μm×（4～5）μm。

四、流行规律

柞树干基腐朽病多导致树干基部发生腐朽，腐朽部位多在树干距地面5m以下范围内，但也有达7m以上的，引起主干腐朽，造成柞树枯死。柞林内的枯木、树桩一般先发病，进而病菌侵染周围长势比较弱的树，然后侵染范围不断扩大。该病多半呈隐性发生，发病初期无明显症状，不易从外部发现，往往直到病菌子实体出现时才引起注意。环境条件直接影响该病的发生，在雨水多的年份发病重，地势低洼、窝风、郁闭度大的柞林发病重。柞树树势弱或受伤时易感该病，如受烧伤、冻伤多的柞林发病严重。

五、防治技术

1. 加强管理 适时修剪，增强通风透光；及时防治病虫害，保持柞树健康生长；干旱季节及时灌水，地下水位高、易积水的柞园，应及时排水，防止土壤湿度过大。通过加强管理促进柞树健康生长，增强树势，提高抗病性。

2. 控制传播途径 清理病死株、病重株和病菌子实体，以防止扩散。清除病虫木、枯立木、倒木、风折木，减少侵染机会。生长季的雨后，及时进行检查，清除病菌子实体，防止蔓延。

3. 病株治疗 仔细刮除病部皮层，用10波美度石硫合剂消毒伤口，并加强管理，促进树势恢复。

夏润玺 秦利（沈阳农业大学）

第 21 节　柞树根朽病

一、分布与危害

柞树根朽病也称柞树根腐病，在我国分布于黑龙江、辽宁、吉林、河北、四川、甘肃、云南等省份，为害蒙古栎、辽东栎等，引起柞树根颈部的皮层和木质部腐朽，最后整株枯萎死亡。

二、症状

柞树根朽病病株叶片变黄，提早脱落，新梢生长受到抑制，叶形变小，枝叶稀疏，最后整株枯死。该病主要为害柞树的根颈部和根部，初期病部呈暗淡的水渍状，之后转呈暗褐色。病部皮层变得疏松，皮层间充满白色的交错蔓延生长的菌丝。皮层与木质部易分离，之间常见白色菌丝束和扇形菌丝层（菌膜），在菌丝层边缘有白色羽毛状分枝，并略带有光泽。后期病部腐朽，皮层腐烂，病重时病部的木质部也腐朽，如海绵状，质地柔软，呈淡黄色或白色，边缘有黑色线纹。在病根表面和皮层内及附近土壤中可见深褐色或黑色扁圆形根状菌索。在高温多雨的季节，在病株干基部和周围地面常见丛生的蜜黄色蘑菇状子实体（榛蘑）（彩图 18 - 21 - 1）。

三、病原

柞树根朽病的病原为蜜环菌 ［*Armillaria mellea*（Vahl：Fr.）P. Kumm.］，属担子菌门蜜环菌属真菌。子实体从病株干基、根系及土壤中的菌索上长出，初期半球形，后逐渐平展呈伞形至扁平，丛生，肉质，直径 3.5～15cm。菌盖薄锐，表面有细鳞片，滑润，稍黏，黄色至黄褐色，中央色深，边缘色淡。菌盖反面白色，菌褶直生至延生，较疏，后期略呈红褐色。菌柄中生，长 4.0～9.5cm，直径 0.5～1.0cm，上部较细，近白色，有菌环，下部至基部渐膨大，淡黄色至淡黄褐色，幼时充实，老时中空。担孢子椭圆形，无色透明，光滑，大小为（8～9）μm×（5～6）μm（彩图 18 - 21 - 2）。

四、病害循环

蜜环菌子实体上产生的担孢子成熟后随气流传播至残桩上，在适宜的环境条件下萌发，长出菌丝体，沿树桩向下延伸至根部，在根部长出菌索。病菌的菌丝体和菌索可在病树根部土壤中越冬。菌索在表土内扩展延伸，当顶端接触到树根时，沿根部表面延伸，长出白色菌丝状分枝并直接侵入根内，或从伤口侵入。在受害根部皮层与木质部间形成白色的扇形菌膜，并在死根部长出菌索。在适宜条件下，菌索上长出子实体。

五、流行规律

蜜环菌可在土壤里残根上存活多年，主要靠菌丝体和根状菌索的蔓延及病树与健树的根部接触进行传播，也可由工具、流水等传播。该病病程较长，从发病到引起柞树死亡有时几年时间，初期症状不明显，往往直到干基树皮腐朽开裂或长出子实体才被注意到。病害往往由一个中心向四周扩散。病原菌从根部沿主干向上延伸，引起干基腐朽，在皮层内木质部表面常能见到扇形菌丝层。在温暖潮湿季节，主干上的菌索也能向下延伸到地面，从而转移到邻近的树木根部进行侵染。当蜜环菌在受害林木根颈部形成层内引起环割后，树木便枯萎死亡。随着病株的衰亡，干基树皮干裂并剥离主干。

柞树长势健壮能抵抗蜜环菌侵染，而树势衰弱则易感病，因干旱、冻害、病虫害、管理粗放等导致树势衰弱时容易发病。各种年龄的柞树都能受害。新伐树桩、残根为蜜环菌的滋生提供了有利的条件，更易发生根朽病。

在蜜环菌生长适温（25～30℃）、相对湿度较大的环境条件下，菌索扩展迅速，高温干旱则抑制病菌扩展。地势低洼、地下水位高、排水不良、土壤长期潮湿，有利于病害发生。富含树根和腐朽的木质及腐殖质土壤有利于菌索的蔓延。土壤长期干旱，相对湿度在 5% 以下，病菌则容易死亡。

六、防治技术

(一) 加强管理

合理修剪，增强通风透光；及时防治病虫害，保持柞树健康生长；增施有机肥，改良土壤性状；干旱季节及时灌水，地下水位高、易积水的柞园，应及时排水，防止土壤湿度过大。通过加强管理促进柞树健康生长，增强树势，提高抗病性。

(二) 控制传播途径

清理病死树、病重树和病桩、病根，及时烧毁，病穴土壤可用 40% 甲醛 100 倍液消毒，以清除传染源。在病树发病区周围挖 1m 深以上的沟，以隔离病菌，防止其向周围健康树根部蔓延。生长季的雨后，及时进行检查，挖除病菌子实体及残根，并予以烧毁。清除柞园的树桩、树根等易感物，预防和减少该病的蔓延和发生。

(三) 病株治疗

1. 切除治疗 发病重的柞株彻底清除，发病轻的柞株可进行治疗。挖开土层，找到发病部位及发病根。将发病根从基部锯断，彻底清除。仔细刮除根颈部病斑皮层，用 10 波美度石硫合剂消毒伤口，然后覆无菌土或药土（70% 五氯硝基苯可湿性粉剂与土的比例为 1∶50 混合均匀），加强管理，促使树势尽快恢复。

2. 灌药治疗 对病株进行根部灌药治疗，在树周围呈放射状挖 3～5 条沟，深约 60cm，沟长至树冠投影外围。向沟中浇灌药液，然后覆盖无菌土或药土。也可以在树周围钻孔灌药。常用药液有 40% 甲醛 100 倍液、45% 代森铵水剂 500 倍液、70% 甲基硫菌灵可湿性粉剂 500 倍液，每株大树浇灌药液 20～25L，幼树酌减。

3. 发病柞园消毒 发病重的柞园可在地面撒药灭菌，用 1 份福美双、1 份硫黄粉和 2 份碳酸钙混合均匀，按 15～30kg/hm² 用量施药于柞园地表。

夏润玺 秦利（沈阳农业大学）

第 22 节 橡实僵干病

一、分布与危害

橡实僵干病发生于我国安徽、陕西、甘肃、辽宁和吉林等省份，在法国、德国、英国、美国等均有发现。在自然状况下发病率为 30%～50%，严重时可达 70%，被害橡实发芽率降低，影响育苗。

二、症状

橡实僵干病发生初期，果壳表面出现变色病斑，初期颜色较浅，之后颜色加深，呈灰褐色，病斑边缘一圈呈铅黑色。剥开果壳，可见受害子叶表皮上出现橙黄色梭形小斑，周围环以暗色晕纹。发病后期，子叶变黑，被浅灰色菌膜包被，内部长满菌丝，形成假菌核。最后，子叶失水干缩，橡实失去萌发能力。在适宜条件下，假菌核吸水膨胀，种壳被胀裂，有时假菌核上长出子实体，喇叭状至杯盘状，浅褐色至深褐色（彩图 18 - 22 - 1）。

三、病原

橡实僵干病病原为橡实杯盘菌 [*Ciboria batschiana* (Zopf) N. F. Buchw.]，又称橡实假核盘、栎杯盘菌，属子囊菌门杯盘菌属真菌。该菌只有菌丝体及子囊盘，无分生孢子。菌丝无色，有分枝，表面带疣状突起，直径 1.8～2.4μm。感病橡实中菌丝与子叶组织组成假菌核，越冬后，春季假菌核吸水，逐渐生出小喇叭状子囊盘 3～6 个。子囊盘直径 2～8mm，浅褐色至深褐色，具 5～25mm 的细长柄。子囊盘内许多子囊直立单层排列，构成子实层。子实层深黄色，后变深褐色。子囊圆筒形，大小为 (105～130) μm×(6～8) μm，内有 8 个子囊孢子。子囊孢子近椭圆形，单细胞，大小为 (8～10) μm×(5～6) μm，光滑无色，在子囊中单列排列。孢子成熟后，从子囊中挤出，并弹入空中，随气流传播。侧丝线形，顶端稍膨大，直径 1.5～3μm（彩图 18 - 22 - 2）。

四、病害循环

橡实僵干病菌以假菌核在被害橡实中越冬。第二年秋季，当新橡实成熟落地后接触病果上的菌丝，菌丝发生的芽管从种脐侵入果内，以子叶为营养持续生长，逐渐形成新的假菌核。

五、流行规律

橡实僵干病1年发生1次，多发于秋季。自然环境下，落地橡实一般零星发病，高温多湿易于发病。在20℃下，病菌侵入后2～6周便可完全破坏子叶，形成假菌核。橡实储存过程中，如有病果混入则成为侵染源，当温湿度过大，橡实含水量高于40%，特别是橡实带伤时，则易造成该病蔓延。春季橡实发芽期间，如遇霜冻更有利于病菌侵染，致使子叶、根、幼芽变色以致死亡。

六、防治技术

秋季橡实落地后要及时收集，严格选择，淘汰不良果、病果，减少感染机会。橡实储存前要充分晾干，至含水量达30%～40%时混入一些细沙储存。储藏期间严格控制温湿度，定期检查，及时除去病果。

夏润玺　姜义仁（沈阳农业大学）

第 23 节　桑　　螟

一、分布与危害

桑螟〔*Glyphodes pyloalis* Walker，异名：*Diaphania pyloalis* (Walker)〕属鳞翅目草螟科，别名桑绢丝野螟、白蚰、油虫、卷叶虫、青虫等。

除新疆外国内蚕区均有发生，江苏、浙江、广东、安徽、江西、四川、湖南、湖北、广西、重庆尤为严重。国外分布于东南亚、日本、印度等地区。桑螟寄主植物单一，至目前除为害桑树外还未发现在其他作物上为害。

自1980年，桑螟逐渐演化为我国桑树重要害虫之一。1989年重庆北碚蚕区第三代桑螟桑树新梢为害率达67.6%，叶为害率46%。1990年后，随着高效农药在桑园中推广使用，桑蟥、野蚕、桑尺蠖等桑园主要害虫被控制，全国主要蚕区桑螟为害更加突出。1990年、1996年、1998年、2001年、2005年、2006年及2008年江苏省沿江苏南局部蚕区，秋季桑螟持续大发生，主要表现为发生频率增加、周期明显缩短、发生面积扩大，造成局部地区秋蚕无法正常饲养，蚕农损失惨重。1996年浙江省湖州市区、德清县第四代桑螟大面积发生，受灾面积达到1.3万 hm²。1997—1999年3年浙北重点蚕桑产区，第五代桑螟连续暴发，平均虫量达到45.0万头/hm²，年受灾面积达到3万 hm²，年损失上千万元。进入21世纪，随着一些新蚕区桑园面积扩大，桑螟为害面积和程度逐步加大、加重。广西、贵州、浙江淳安等地区在20世纪较少出现桑螟灾害性为害，2005年和2012年5月，广西部分地区出现桑螟暴发，田间虫口密度最大时曾达90头/株，造成桑园片叶无收；2008年夏、秋季，贵州省的遵义和黔东南、黔南等地区桑园大面积发生桑螟为害，秋季单株桑树虫口密度达80～100头，桑叶有效利用率降低到20%，导致桑园严重减产，影响部分蚕农秋季丝茧生产不能正常进行；浙江淳安新蚕区，2000年前很少出现桑螟严重为害，但在2000年、2004年、2006年、2007年，曾多次出现桑螟严重为害，影响秋蚕正常生产。2014年，浙江北部蚕区桑螟大暴发，为历史罕见，多数成片桑园无一片绿叶（彩图18-23-1）。

桑螟频繁暴发，不但严重影响蚕茧生产，而且由于桑螟的微粒子病与家蚕有互感性，诱发了蚕种生产微粒子病流行。20世纪90年代中后期，在江浙一带桑螟连续大发生，从桑园采回的带有桑螟幼虫的桑叶，在桑室内，桑螟与家蚕争食桑叶，此外野外桑螟为害过的桑叶都受到桑螟粪便等代谢产物不同程度的污染，从而容易导致家蚕微粒子病大流行，蚕种淘汰率严重年份达到12.4%，蚕种带毒率超过80%，桑螟大发生严重影响到蚕种生产安全。

随着大量农药在桑园中使用，桑螟为害没有下降，却有进一步加重态势，目前已经成为我国蚕区重要害虫，影响我国蚕桑生产可持续发展。

二、形态特征

成虫：体长 10mm，翅展 20mm，属中小型蛾。头白色短小，复眼黑色卵形，单眼椭圆形，触角鞭状灰白色，胸背中央暗褐色，两侧盖白鳞毛，前翅有各种棕褐色带，沿前缘者狭长色淡，沿外缘者宽而色深，翅中央有 1 棕色带，其下端有 1 圆形白孔，中央有褐点；近外缘带有 1 较窄的褐色带，下端与中央带相连接。近翅基有 2 斜行带；后翅大部分白色，接近外缘有 1 阔暗褐带，在内缘近肛角处有 1 小黑纹，腹背蜕褐色，腹底白色。雌腹大尾圆，雄腹瘦长，尾尖向上举，由 1 簇白毛形成（图 18 - 23 - 1）。

卵：黄绿色，不规则椭圆形，表面有蜡质，具反光，壳薄，长 0.7mm，宽 0.4mm。

幼虫：初孵化时淡绿色有光泽，遍体生毛，经 4 次蜕皮，头扁、淡黄褐色，胸腹部亚背线上圆形绿色突起较大，并有深绿色背线，各节有侧线黑点 1 对，第二、三节亚背线黑点 1 对，居侧线黑点之上，第四至十二节有两对亚背线黑点，与侧线黑点成鼎足之势。第一节侧线下有并列 3 小黑点，并有小点分布，其周围第二、三节侧线下各有 1 黑点，每黑点上各有毛 1～2 根。越冬幼虫体呈粉红色（图 18 - 23 - 1）。各龄幼虫之间的差异如下。

一龄幼虫体长 3mm 左右，各胸腹节均无毛片出现。

二龄幼虫体长 5mm 左右，第一、二胸节于气门上线处各有 1 对明显毛片，第三节和第一腹节于气门上线处，各有 1 对隐约可见的毛片，第二腹节气门上线处用解剖镜观察，左右对称各有 1 毛片。

三龄幼虫体长 8mm 左右，幼虫胸腹各级气门上线处，左右对称各有 1 明显毛片，第二、三胸节气门上线处，在原来毛片上下各又出现 1 点毛片，左右对称。

四龄幼虫体长 13mm 左右，第二、三胸节上毛片同三龄一样，自第三胸节至后腹节亚背线处左右各出现两点毛片，和原先毛片呈"丁"字形。

五龄幼虫体长 24mm 左右，主要特征同四龄幼虫（彩图 18 - 23 - 2）。

蛹：纺锤形，黄褐色，眼部黑褐色，各胸节背面中央有 1 隆起纵脊，前翅尖达第四腹节后缘，触角及足之先端暗褐色，气孔 7 对，暗褐色，居腹部第二至八节，前两对特大。胸部各节和腹部第一至四节前缘各有深褐色边缘，腹部第五至七节近前缘有横行深褐色起线，尾端有钩刺 8 个；雌体长 11.8mm 左右，雄体略小（图 18 - 23 - 1）。根据桑螟蛹发育进展变化，蛹体可分为 5 级。

一级蛹：初蜕皮蛹，整个蛹体青嫩色。

二级蛹：2.5d 期的蛹，复眼混浊透明状，胸和附肢嫩黄色。

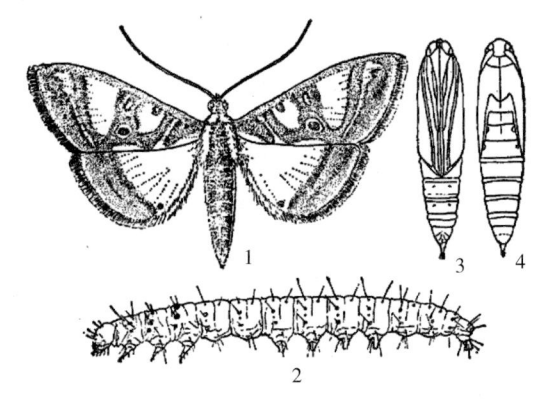

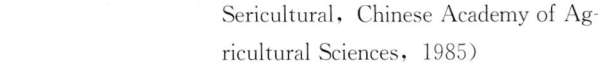

图 18 - 23 - 1　桑螟（引自中国农业科学院
蚕业研究所，1985）

Figure 18 - 23 - 1　*Glyphodes pyloalis*（from Institute of Sericultural，Chinese Academy of Agricultural Sciences，1985）

1. 成虫　2. 幼虫　3. 蛹腹面观　4. 蛹背面观

三级蛹：4.5～5.5d 期的蛹，复眼棕色，腹部除附肢淡黄色外，其他为浅褐色。

四级蛹：6.5d 期的蛹，复眼深褐色，附肢间沟纹色加深，附肢呈棕褐色，腹节间也呈棕褐色。

五级蛹：8d 期的蛹，复眼黑色，翅纹明显。

三、生活习性

桑螟 1 年发生代数自北向南为 3～10 代。在山东或山东附近 1 年发生 3 代，少数年份 4 代；浙江、江苏、四川、安徽等地区 1 年发生 5 代，少数年份有 4 代或 6 代发生；江西、贵州等地区 1 年发生 5～6 代；福建等地区 1 年发生 7 代；广西 1 年发生 8～10 代。以幼虫越冬，越冬盛期为 11 月。桑螟进入越冬状态是由短期光照和低温引起的兼性滞育，三、四龄虫期是光感应的重要阶段，完全滞育与非滞育，只有在一定的连续光照条件下才能产生；温度 24.6℃，30°53′N，桑螟的临界光周期为 13h 40min。解除滞育与春季有效积温有密切关系，早春气温回升快，桑螟发生也相应提前，一代桑螟出现迟早对全年桑螟代数多少有很大影响。桑螟越冬时间在不同地区有些差异，在太湖流域每年 9 月底大多数桑螟幼虫进入五龄期开始越冬，到 10 月中、下旬全部进入越冬；广西一带 10 月虫口密度仍较大，为害严重，11 月中旬开始，桑螟以老熟幼虫越冬。桑螟越冬场所较多，老熟幼虫在桑树干的缝隙、蛀孔、枯枝落叶和根际表土中越冬；被养蚕采叶带进蚕室的幼虫在建筑物墙缝、墙与墙和墙与楼板等连接处、室内堆放物等场所结白茧越冬，越冬时间长达 250d 左右。越冬代桑螟幼虫羽化有 2 个特点：一是个体间羽化时间差异很大，前后可相差 30d，且羽化时间的迟早与越冬时间迟早和越冬场所关系不密切；二是越冬幼虫群体在羽化过程中峰值不明显。所以桑螟有世代重叠现象，特别是桑螟大发生年，世代重叠尤为严重。不同地区越冬代桑螟幼虫羽化时间差异较大，太湖流域一般在 4 月底 5 月初开始羽化，5 月中、下旬能见到第一代幼虫为害；广西地区 2 月底 3 月初开始羽化，3 月中旬能见到第一代幼虫；福建地区 3 月中、下旬开始化蛹，4 月中旬为羽化盛期，4 月下旬有第一代初孵幼虫出现。第一代幼虫出现后，之后每隔 1 月发生 1 代。太湖流域以 8~9 月的第四、五代为害最严重，广西地区以 5 月的第三代为害最严重。

桑螟成虫羽化在 3:00~9:00，以 5:30 最多，占 60％以上；羽化时沿触角和胸背纵脊裂开，头、足先伸出蛹壳，尾棘钩于茧上，羽化率在 86％以上。成虫白天隐伏叶下，夜间活动，有趋光性，羽化当天晚上即能交尾，平均经 16h 交尾，以 19:00 后至翌日早晨为多。交尾后数小时至 24h 开始产卵，以第一至二日产卵最多，第一日产卵量占总卵数 50％左右，第二日占总卵量 25％左右；产卵时间以 18:00~24:00 最盛；中午不产卵。卵多产在叶背面，沿叶脉散产，也有重叠。产卵叶位，不同季节差异较大，春季桑螟产卵于桑枝新梢顶部第一至九叶为多，秋季产卵于枝条中下部叶为多，但桑条顶端的芽、苞、新嫩叶产卵数多于其他部位叶。桑螟蛾产卵习惯常沿叶脉产 2~3 粒，最多时 1 叶可达到 20 多粒；1 雌蛾产卵数一般在 53~254 粒，平均在 186 粒，最多也可达到 500 粒，雌蛾交尾产卵完毕后即死亡，寿命越冬代为 4~5d，一至三代为 3~4d，第四代为 4~5d，最长达 11d。雌雄性比接近 1:1，并随着温度变化而变化。在 19~31℃ 内，随着温度升高性比逐渐下降；在 22℃ 以下，雌虫的生存率相对较高，性比（y）与温度（x）之间存在着二次多项式关系：$y = 0.1317x^2 - 7.9073x + 162.13$（$R^2 = 0.9853$）。说明桑螟种群在偏低温度的逆境中，通过减少雄虫来调节适合度。

桑螟成虫善于飞行，在离桑园较远的城市高楼上也能引诱到桑螟成虫；新开辟蚕区，桑树上最先出现的鳞翅目害虫一般都是桑螟。远离蚕区的城市中间零星栽几株桑树也能出现桑螟的严重为害，所以桑螟有远距离迁移能力。

桑螟卵小壳薄，在调查时非专业人员很难发现。遇高温干旱，卵易干瘪。卵孵化以白天为主，孵化率为 75％~95％，在气温低于 16℃、高于 35℃ 时卵孵化率很差；秋季桑叶茂盛，常规性干旱对桑螟卵孵化影响不大，如遇多雾天，孵化率可达到 95％以上。卵在不同温度下历期分别是：21℃ 时为 7.5d 左右，25℃ 时为 6d 左右，28℃ 时为 5d，30℃ 时为 4d 左右。

桑螟幼虫初孵时很小，不细看很难发现。初孵幼虫居叶背叶脉分叉处，食害下表皮和叶肉。三龄后幼虫吐丝折叶或叠叶，潜伏其中进行取食，常见数头一起为害（彩图 18-23-2）。一叶食光再移食其他叶，全叶食尽，则吐丝下垂，随风飘至其他株，或沿枝干下爬，向邻株迁移。一般经 5 次蜕皮后老熟化蛹。各龄幼虫历期随季节气温变化差异较大，在太湖流域各龄幼虫历期如表 18-23-1 所示。第一、二、三、四代幼虫老熟后即在卷叠叶内结茧化蛹、羽化，越冬幼虫沿枝干下爬，寻找树缝、蛀孔或避风向阳的根际土块处结薄茧越冬。四龄以下幼虫不能正常越冬。老熟幼虫越冬死亡率与越冬幼虫体内的血淋巴中蛋白质、氨基酸、小分子糖类和幼体内的水分、脂肪、甘油等相关，过冷却能力变化与血淋巴蛋白质含量、体内结合脂肪含量、甘油含量的增减相一致，与虫体内水分含量呈负相关。随着寒冬到来，虫体内的水分含量迅速降低，血淋巴中蛋白质、结合脂肪、甘油含量迅速上升，12 月至翌年 2 月虫体内水分含量降至最低，血淋巴中蛋白质、结合脂肪、甘油含量升至最高，过冷却能力最强，如 1、2 月，甘油含量最高，分别为 9.72％、10.82％，其过冷却点降到最低，分别为 -18.38℃、-18.88℃；3、4 月水分逐渐增多，血淋巴中蛋白质、结合脂肪、甘油逐渐减少，过冷却点随之升高。桑螟越冬幼虫以小分子糖类（海藻糖、甘露醇、山梨醇）-氨基酸（丝氨酸、丙氨酸、酪氨酸、赖氨酸、精氨酸）-甘油-蛋白质-结合脂肪组成抗寒物质系统。田间越冬幼虫死亡率一般在 50％以上。

表 18 - 23 - 1 桑螟各代幼虫历期

Table 18 - 23 - 1 Duration of each larval stage in *Glyphodes pyloalis*

代别	各龄历期（d）					全龄（d）	全龄平均温度（℃）
	一	二	三	四	五		
一	3.4	1.9	3.1	3.5	4.0	15.9	21.75
二	2.1	1.8	2.0	2.0	3.0	10.9	28.42
三	2.0	2.0	2.5	2.5	3.5	12.5	27.1
四	2.2	1.9	2.8	3.7	3.5	14.1	26.9
五	2.9	3.2	4.0	3.3	5	18.4	19.28

越冬桑螟幼虫化蛹时间受翌年早春有效积温控制，不同地区差异较大。在太湖流域一般在翌年 4 月中旬开始陆续化蛹，蛹期 14～17d，最长达到 25d，4 月底能见到羽化初蛾，5 月中、下旬为羽化盛期。在广西地区 2 月中旬开始陆续化蛹，2 月底 3 月初陆续羽化。蛹历期随温度变化也有些差异，当日平均温度在 21℃时为 14～15d，24℃时为 9～10d，26℃时为 8～9d，28℃时为 7d，30℃时为 7～8d。

四、发生规律

(一) 虫源基数

桑螟幼虫越冬基数与翌年早春一代桑螟发生量大小关系密切，越冬代桑螟发生量大，翌年桑螟有偏重发生的趋势。前代桑螟数量多少与下一代桑螟数量受环境因子影响显著。在其他气候因素适宜的条件下，当温度为 24.49℃时，下代与上代蛾量比值可达 32.3 倍。

(二) 气候条件

温度是影响桑螟种群变化最显著的因素。

桑螟卵的发育起点温度为 (12.41 ± 4.13)℃，有效积温为 (63.14 ± 8.68)℃；幼虫的发育起点温度为 (11.12 ± 0.55)℃，有效积温 (187.36 ± 6.48)℃；蛹的发育起点温度为 (13.40 ± 1.11)℃，有效积温为 (94.27 ± 8.40)℃；成虫的发育起点温度为 (14.60 ± 2.66)℃，有效积温为 (54.61 ± 12.32)℃。1 个世代的发育起点温度为 (12.95 ± 0.93)℃，有效积温为 (382.11 ± 25.67)℃。

桑螟实验种群生命表显示：16.34℃桑螟不能完成生活史；在 19～28℃温度范围内，该虫生长速率与温度间存在线性关系，随温度升高，生长速率加快；而世代生存率则在温度为 24.82℃时达到最大值，为 61.81%；在 25℃时，在充分满足空间和食物条件下，理论上种群的内禀增长力为 0.1132，瞬时出生率为 45.01%，瞬时死亡率为 33.69%，种群将按每日增加 1.1199 倍的速度或以 6.1288d 增加 1 倍的速度无限增长，世代平均周期为 31.8005d；种群趋势指数 (I) 与温度 (x) 之间为二次多项式关系：$I = -0.75x^2 + 36.73x - 417.37$。

湿度是影响卵孵化的关键因素之一。桑螟卵小、壳薄，易受气候影响，在多雾和多湿环境下卵孵化率高，相对湿度达到 70%～80%时，卵孵化率可达到 95%以上，甚至达到 100%。但遇高温干旱和强光易干瘪，孵化率大幅下降，严重时下降到 50%以下。正常年份，在大田中 6～7 月桑螟发生数量是全年最低。根据浙江湖州地区调查，一代桑螟幼虫基本上每公顷在 22 500 头以上，二至三代（6～7 月）每公顷在 15 000 头左右，四至五代每公顷基本在 150 000 头以上。桑螟幼虫在多雨多湿环境中生存率降低，遇高温干旱能加剧桑螟为害程度。在太湖流域，秋季 8～9 月，桑园长势茂盛，内部小环境湿度较高，而大气气候比较干燥，非常适合桑螟繁育，所以四至五代极易暴发成灾。因五代桑螟在太湖流域极易成灾，浙江湖州地区对五代桑螟进行重点观察分析。应用生物统计方法，分析各气象要素对五代桑螟的数量影响，结果表明，在浙江湖州地区，各气象要素的时间分布对五代桑螟数值效应的变化较大，有的时段为正效应，有的时段为负效应；影响效应最大为相对湿度，日平均温度次之，降水和日照对湿度和温度起着修饰作用。8 月上旬高温多湿、8 月中旬高温干燥对五代桑螟发生量有明显的促进作用；9 月上旬多湿和适度低温、9 月中旬干燥和适度高温有利于五代桑螟数量增加。多湿环境有利于桑螟卵的生存和孵化，干燥环境有利于桑螟幼虫和蛹的生存。在桑螟羽化盛期或幼虫孵化初期，遭遇连续大雨，下一代桑螟虫量将大幅度下降，或为害高峰延迟。如浙江北部地区在 2012 年 9 月上、中旬，正是四代桑螟羽化盛期、孵化初期，9 月 8～11 日，每只诱虫灯日诱蛾量达到 1 000 头左右，预测五代桑螟呈暴发趋势，但在 9 月 12 日后遭遇

"海葵"台风，连续大风大雨，结果五代桑螟发生量比历年低，预期暴发并没有出现，少数地块出现较重为害，为害高峰期也比预测期推迟 5d 左右。

桑螟属暴发潜力较大害虫，在自然环境中遇到适合的环境条件，增加倍数可以达到 30 倍以上。如浙江湖州地区，1998 年四代桑螟数量为每公顷 21 000 头，处在较低水平，至五代时每公顷数量突然增到 600 000 头以上，增长了 30.7 倍。所以，常规"压前控后"的害虫防治技术，在桑螟大暴发年份不宜作为防治策略。

（三）农事操作

桑螟发生数量与农事操作有着密切关系，在春季，如果蚕桑生产布局合理，桑螟为害高峰出现之前，家蚕已经上蔟，通过夏伐，可以把大部分桑螟带出桑园，桑螟虫口基数将会急剧下降。如果春蚕生产饲养延迟，在家蚕上蔟前，大批桑螟老熟化蛹，后代桑螟数量就大。在 8～9 月，是蚕桑生产中秋、晚秋饲养期，也是最适合桑螟发生期，如果养蚕生产布局合理，通过合理采摘桑叶，可以把大部分桑螟带出桑园，把桑螟数量和灾害化解于无形之中。如果桑螟为害高峰先于养蚕用叶高峰，桑螟的灾害就会形成。如湖州地区在 1997 年和 1998 年调整秋蚕生产布局，把传统的早、中、晚 3 季秋蚕改为早中秋蚕和中晚秋蚕二期，早中秋蚕发种时间分别是 8 月 20 日和 9 月 10 日，与秋季四、五代桑螟发生期完全重合。结果连续两年五代桑螟大暴发，桑叶损失在 15% 以上，导致许多农户中晚秋蚕无法正常饲养。之后，对秋季养蚕布局又进行了调整，把中秋蚕发种时间调整到 8 月 25 日至 9 月 1 日，把晚秋蚕发种时间调整到 9 月 20～25 日，结果从 2000 年至 2012 年五代桑螟一直没有出现严重为害。家蚕和桑螟都是鳞翅目昆虫，以桑叶为食，如果家蚕先食尽了桑叶，桑螟由于缺乏食料就不能顺利完成世代，所以，通过合理安排养蚕采叶、伐条等农事操作，可以调节桑螟发生数量，影响桑螟发生规律。

（四）天敌昆虫

桑螟天敌种类较多，卵期寄生蜂有广赤眼蜂（*Trichogramma evanescens* Westwood）、松毛虫赤眼蜂（*T. dendrolimi* Matsumura）等。由于桑螟卵很小，在大田调查中很少发现卵寄生蜂。幼虫期寄生天敌有混腔室茧蜂（*Aulacocentrum confusum* He et van Aehterberg）、桑绢野螟长绒茧蜂［*Dolichogenidea heterusiae*（Wilkinson）］、甲腹茧蜂（*Chelonus* sp.）、菲岛愈腹茧蜂（*Phanerotoma philippinensys* Ashmead）、红胸齿腿姬蜂（*Pristomerus erythrothoracis* Uchida）、守子蜂（*Cedria paradoxa* Wiakinson）、菲岛长距茧蜂（*Macrocentrus philippinensis* Ashmead）等。各寄生蜂都在桑螟一至四龄期开始寄生，有的能在桑螟幼虫暴食前致其死亡，有的则在桑螟幼虫老熟后致其死亡。桑螟幼虫优势寄生蜂主要有 2 种，分别是混腔室茧蜂和桑绢野螟长绒茧蜂（彩图 18-23-3）。混腔室茧蜂最高寄生率可达 59%，平均寄生率为 50.54%。其寄生方式是容性寄生，即被其寄生后的桑螟幼虫，在老熟前不表现任何症状，保持正常取食，直至老熟时其身体不显红色而呈乳白色，体缩短，用手挤压其腹部可见 1 内含物随之滚动，即寄生蜂的幼虫。不久，寄生蜂幼虫钻出寄主体外，并继续吸附于寄主幼虫体上取食，随着桑螟幼体逐渐干瘪，寄生蜂幼虫身体迅速膨大，然后吐丝结茧，此过程需 1d 即可完成。混腔室茧蜂的茧蛹历期为：雌体 7.7～8.8d，平均 8.4d；雄体 7.1～7.9d，平均 7.6d。混腔室茧蜂能进行孤雌生殖，其子代均为雄蜂，即产雄孤雌生殖。混腔室茧蜂对一至四龄寄主幼虫均能寄生，寄生的最适龄期为二、三龄桑螟幼虫，寄生率分别达到 52% 和 12%，此外寄生时由于雌蜂产卵器穿刺而引起的寄主死亡率也非常高，尤其是低龄寄主期，除被寄生个体外，其余未被寄生但却遭受寄生蜂产卵器穿刺的个体的死亡率可高达 92%～100%。

桑绢野螟长绒茧蜂对各代桑螟的幼虫均能寄生，最高寄生率达到 55.41%，平均寄生率为 33.99%。绒茧蜂寄生于桑螟一至二龄的幼虫，偶尔寄生三龄幼虫，而四、五龄幼虫已不适合绒茧蜂寄生。刺激桑绢野螟长绒茧蜂搜索寄主的利他激素存在于寄主幼虫、为害叶、粪便之中，热稳定性好，能被甲醇、二氯甲烷、氯仿所抽提。被桑绢野螟长绒茧蜂寄生的桑螟低龄幼虫，体色由水绿色变成淡黄色，行动缓慢，发育延迟，至三龄末四龄初时，幼虫开始急躁好动，爬行迅速，可透视腹部内呈淡红色的桑绢野螟长绒茧蜂幼虫。不久，桑绢野螟长绒茧蜂幼虫从桑螟幼虫体内钻出，并附着在桑螟幼虫体外继续吸取寄主体液，直至桑螟幼虫干瘪死亡，桑绢野螟长绒茧蜂则在其附近的桑叶背面结茧化蛹。被寄生的桑螟幼虫大部分死于四龄暴食前，对于控制当代桑螟的为害和下代桑螟发生具有重要意义。在太湖流域桑绢野螟长绒茧蜂 1 年发生 6 代，第六代以茧蛹于 10 月底至 11 月初开始越冬，翌年 5 月中、下旬开始活动，羽化为成虫。在正常的生态环境下，桑绢野螟长绒茧蜂的自然羽化率一般比较高，为 81.08%～86.44%，平均 84.40%。其存活率也相对较高，为

76.92%～82.6%，平均 79.82%。雌、雄蜂羽化后即可交配，交配前，雄蜂振动双翅，不断追逐雌蜂，交配时间为 10～60s。当日羽化的雌蜂不论是否交配，均可产卵。雌蜂产卵前，在桑叶上来回爬行，用触角敲打探索，并以产卵器不断试探搜索寄主，当遇到适龄寄主——一、二龄桑螟幼虫时，即迅速猛螯，弯曲产卵管鞘，将产卵管插入寄主幼虫体内产卵，产卵历时数秒钟。每雌平均产卵寄生 16.2 头寄主，最少 7 头，最多 28 头。雌蜂的产卵寄生期为 1～8d。该蜂可营孤雌生殖，其子代均为雄蜂，即产雄孤雌生殖。在自然条件下，成蜂的寿命为 1～3d，平均 2.2d。雌蜂一般产卵 1d 后即死亡。桑绢野螟长绒茧蜂各代各虫态发育历期与温度有关。卵发育至成蜂的历期随温度升高而缩短，一般完成 1 个世代需 12～19d。

桑螟蛹期寄生蜂有 3 种：①广黑点瘤姬蜂［*Xanthopimpla punctata* (Fabricius)］，体长 10～12mm，黄色；单寄生，跨期寄生于老熟幼虫至蛹，于桑螟蛹内化蛹、羽化，羽化蛹孔位于桑螟蛹头、胸交界处；②广大腿小蜂［*Brachymeria lasus* (Walker)］，雌蜂体长 5.2～6.5mm，雄蜂略小；单寄生，跨期寄生于老熟幼虫至蛹，在寄主蛹内化蛹、羽化，羽化孔圆形，位于寄主蛹的前端；③柄腹姬小蜂（*Pediobius* sp.），体长 1.5～2.3mm，体淡绿色，有金属光泽；多寄生，从寄主蛹内羽化，1 头桑螟蛹内可羽化出 20～30 头柄腹姬小蜂。蛹期寄生蜂田间寄生率较低，一般不超过 1%。

重寄生蜂有 3 种：①中华横脊姬蜂（*Stictopisthus chinensis* Uchida），单寄生于桑绢野螟长绒茧蜂体内，由绒茧蜂体内羽化；②次生大腿小蜂［*Brachymeria secundaria* (Ruschka)］；③桑螟广肩小蜂（*Eurytoma* sp.），单寄生于桑绢野螟长绒茧蜂体内。

捕食性天敌有猎蝽、步行虫、黄蜂等。

据浙江湖州地区调查，桑螟天敌自然寄生率最高可达到 70% 以上。在桑螟数量最多的第四、五代相对寄生率较低，翌年第一代桑螟发生时天敌寄生率开始回升，至第二代时寄生率达到高峰，第三代桑螟时天敌寄生率开始下降。即在桑园生态系统中，天敌与桑螟种群处在一个相对动态平衡之中。天敌随着桑螟种群数量的上升而上升，桑螟随着天敌数量的上升而下降，天敌数量下降而桑螟数量上升。天敌控制着桑螟，依赖于桑螟生存繁殖。天敌与桑螟种群的动态过程呈现出跟随现象。

（五）化学农药

桑园在化学农药没有使用前，主要害虫是桑蟥、野蚕、桑尺蠖，桑螟一直是次生害虫。化学农药引入到桑园后，考虑到家蚕饲养的安全，使用的都是广谱、高效、短残留农药，桑蟥、野蚕逐渐被控制，目前为害很轻。但桑螟卷叶为害，隐蔽性较强，对桑蟥、野蚕高效的农药，对桑螟控制效果一般，对螟类高效的农药，由于其对家蚕残效期太长，在桑园中不能使用，并且由于蚕农长期在养蚕间隙使用农药，使桑螟发生世代与家蚕饲养重合度很高，防治难度越来越大，给桑螟种群增长提供了很大空间。桑螟是一类灾变能力极强的害虫，在极短时间内指数型增长，即使上一代桑螟虫源基数很低的情况下，遇到适合的环境条件，也能迅速暴发成灾。所以，随着近年农药大量、不规范地使用，桑螟为害也在逐年加重，正逐步成为桑园的主要害虫之一。

五、防治技术

桑螟灾害形成不仅在于桑螟数量，也和养蚕采叶时间有很大关系。桑螟食叶与家蚕食叶都有一个渐变过程，一至三龄幼虫食桑曲线平缓，四龄时开始转折，五龄达到高峰，四龄和五龄幼虫食叶量占全龄食叶量 80% 以上。所以，桑螟为害高峰先于养蚕用叶高峰，灾害就会形成，如养蚕用叶高峰先于桑螟为害高峰，灾害损失就会减少。防治桑螟，应从桑螟灾变形成条件入手，改变桑螟生存环境，辅之化学农药防治手段进行综合治理，可以收到事半功倍的效果。

（一）农业防治

主要是通过合理规划农事操作，提高桑园科学栽培管理水平，可以收到很好的防治效果。一是通过科学安排蚕种饲养布局，使养蚕用叶高峰先于桑螟为害高峰，在不使用化学农药的情况下，能起到很好调节桑螟种群的数量。比如，近年气温升高，春季桑螟出现时间提早，如果蚕种饲养沿袭传统习惯时间，就容易出现桑螟灾害性为害。所以，通过适当提早蚕种饲养时间，在桑螟为害高峰没有到来前，通过养蚕大面积采叶和伐条，把大部分桑螟带出了桑园，防治效果远胜于化学农药；在非常适宜桑螟发生的中晚秋时期，可以预测出主为害代桑螟幼虫孵化和为害高峰期，通过调整中晚秋发种时间，使养蚕用叶高峰先于桑螟为害高峰，通过养蚕采叶，把桑螟带出桑园，桑螟发生数量虽没有减少，但不会造成桑叶实际损失，同时少用了1次蚕期农药，对确保秋蚕饲养安全有着积极意义，可以达到农药防治达不到的效果。二是科学安排全年蚕种饲养次数。近年在太湖流域蚕种饲养次数越来越少，大部分农户夏蚕、早秋都不饲养，至中晚秋时才饲养，此时桑园非常茂盛，郁闭度、湿度均高，通风差，非常有利于桑螟繁殖，造成灾害。而通过增养家蚕次数，采摘了下部桑叶，这样可带走下部桑螟，减少桑螟虫源基数，同时改善了桑园农事操作环境，有利于提高桑园化学农药防治质量。三是及时夏伐。春季余叶的桑园不能留养至秋季，这样减少了桑螟从春夏至秋的过渡性桥梁寄主，不仅减少了当代桑螟数量，也减少了下一代桑螟虫源基数。四是及时做好桑园的"结束"和"解束"工作。据调查，桑螟有79.74%在束草内越冬，2.26%在树穴内越冬，因此，在每年养蚕期结束后，及时在桑树上束草或桑园四周堆草，为桑螟老熟幼虫提供越冬场所，在翌年2~3月，幼虫开始活动前收集草束及堆草，待天敌飞出后烧毁，可大幅度降低桑螟越冬虫口数，对防治桑螟有较好效果。五是建设健康型的桑园。单位面积内合理种植桑树株数，均衡施肥，桑园中沟渠通畅，清除桑园内的枯枝残叶，建立一个有利于降低桑螟繁殖系数、桑树健康生长的环境。

（二）生物防治

桑螟天敌资源十分丰富，在桑园管理、采叶过程中可随时保护和利用天敌，如在采叶时，若发现被采桑叶上有桑绢野螟长绒茧蜂小白茧，应将其放在桑树上，让它羽化寄生，减轻桑螟的为害；在桑树落叶前或落叶时，收集桑叶上的小白茧，至翌年4月再将小白茧放回桑园，以抑制第一代桑螟的发生；应尽量少施用对该天敌有杀伤力的农药，以保护桑绢野螟长绒茧蜂。利用有利于天敌繁衍的耕作栽培措施，选择对天敌较安全的选择性农药，并合理减少施用化学农药，保护、利用天敌昆虫来控制桑螟种群。

（三）物理防治

桑螟成虫有着明显的趋光性，生产上可以利用频振式杀虫灯或黑光灯进行诱杀，从而有效降低成虫种群密度及后代发生数量。

（四）化学防治

桑螟的防治指标为春、夏季24 000~30 000头/hm²，秋季36 000~60 000头/hm²。防治桑螟的药剂种类较多，在桑树上登记、防治效果较好的种类及其使用浓度为40%灭多威乳油2 000倍液、8%残杀威可溶粉剂1 500倍液、40%毒死蜱乳油1 500倍液、40%辛硫磷乳油1 500倍液、60%敌·马合剂1 000倍液、80%敌敌畏乳油800倍液。

当前，桑螟对桑园上常用的化学农药已产生较大抗药性水平。桑螟对灭多威抗性达到35.2倍；对双效磷（敌百虫与马拉硫磷混剂）抗性10.6倍，对敌敌畏抗性已达到很高水平，实验室检测的半致死浓度已高于大田防治的推荐浓度；对辛硫磷和毒死蜱的抗性在5倍左右，处于低水平抗性阶段。抗灭多威的桑螟品系对毒死蜱不存在交互抗性，所以，在对灭多威已产生很高抗性的地区，防治桑螟时可用毒死蜱与灭多威交替使用或镶嵌使用，延缓桑螟抗性发展。

桑螟暴发能力强，常规"压前控后"防治技术对桑螟不是很适合，因为，即使上代基数很低，只要环境条件适宜，也会暴发成灾。浙江湖州地区提出桑螟的化学防治策略是"治好第一代，兼治二、三代，重点防治四、五代"，蚕种生产桑螟防治策略为：主要做好越冬代桑螟防治和清理工作。化学防治桑螟的技术核心是及时防治，在桑螟没有出现折叶为害的三龄前，及时进行化学防治，可以收到事半功倍的效果。

白锡川（浙江省湖州市吴兴区农林技术推广服务中心）

盛晟　吴福安（中国农业科学院蚕业研究所）

第 24 节　桑　尺　蠖

一、分布与危害

桑尺蠖［*Phthonandria atrilineata* (Butler)］属鳞翅目尺蛾科，别名桑痕尺蛾、桑搭、造桥虫、剥芽虫、寸寸虫等。国内分布于各植桑区，在江苏、浙江、山东、四川、湖北、陕西、湖南、福建、山西、河南、贵州、河北、重庆、安徽、辽宁、吉林、广东、广西、云南、台湾等地桑园里常年可见。国外主要分布于日本和朝鲜等国家。

桑尺蠖是我国桑树芽、叶兼害的重要害虫之一。主要为害期在春季和秋季，以春季啃食桑芽造成损失最为普遍，以秋季暴食桑叶造成桑叶大幅度减产为主要特征（彩图 18-24-1）。

桑尺蠖在我国重点蚕区有暴发成灾的例子。1990 年前后，浙江省杭嘉湖蚕区桑尺蠖连年发生为害猖獗，局部地区桑叶损失率在 10% 以上，并形成其幼虫与家蚕室内争吃桑叶的局面，近年来，该虫仍然是该地区桑树上重点防治害虫之一；山东、陕西和河北等地的北方蚕区，自 20 世纪 80 年代后，在早春季节遭受桑尺蠖越冬幼虫为害严重，如山东曲阜县大发生田块，越冬幼虫昼夜啃食桑芽，被害率在 70% 以上，在采用人工捕捉时，每天每人可以捕捉上树越冬幼虫 2 万头以上，部分桑园为害严重时，整株桑树枝条都不发芽；江苏省各主要蚕区自 20 世纪 90 年代以来，如南通与盐城，桑尺蠖偏重暴发的频率在增强，特别在秋季，个别年份为害程度仅次于桑螟，已成为影响江苏蚕桑产业稳定发展的"瓶颈"之一。

桑尺蠖暴发容易加重家蚕病害发生。例如，它是家蚕微粒子病病原（微孢子虫）重要中间寄主。桑尺蠖幼虫体内有两类微孢子虫，一类是来源于家蚕；另一类是与家蚕微孢子虫不同，对桑尺蠖健康没有影响，但能感染家蚕。

在桑园野外桑尺蠖检出多种形态的微孢子虫，但主要是家蚕微孢子虫。野外桑尺蠖和家蚕间微粒子的交叉感染有 2 种情况：一是野外桑尺蠖的微孢子虫感染给家蚕；二是家蚕微孢子虫传染给野外桑尺蠖，反过来再由野外桑尺蠖传染给家蚕。生产上主要是后者。多年饲育原蚕地区发现，野外桑尺蠖微孢子虫有多样性。例如，桑尺蠖幼虫体内的一种微孢子虫（简称桑尺蠖微孢子虫），形态为长卵圆形，大小为（3.5～4.1）μm×（1.6～1.9）μm，能感染寄生家蚕的主要组织器官，引起家蚕发病，但致病力要比家蚕微孢子虫弱，且能经卵传染给下一代，其胚种传染率要比家蚕微孢子虫低。

桑尺蠖除为害桑树外，至今没有发现其他寄主。

二、形态特征

成虫：体色灰黑，体形雌蛾略大于雄蛾，体长分别为 18～20mm 和 16～18mm，翅展分别为 42～47mm 和 37～40mm。复眼球形、黑色，触角栉齿状，雌蛾的较雄蛾短，翅灰褐色，翅面散生不规则黑色短纹，前翅外缘钝锯齿形，具灰褐色缘毛，外缘线细，黑色，沿锯齿状的外缘呈波浪形。前翅中部有两条黑色曲折的横线，其外方 1 条自后缘中部引出，斜向前缘尖，及至距尖 3～4mm 处又折向前缘，内方 1 条自后

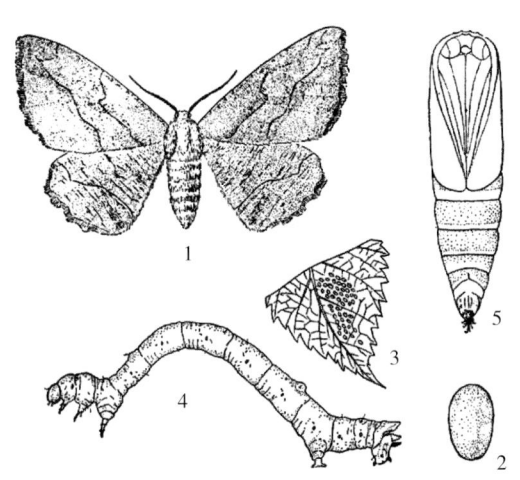

图 18-24-1　桑尺蠖（引自中国农业科学院蚕业研究所，1985）

Figure 18-24-1　*Phthonandria atrilineata*（from Institute of Sericultural, Chinese Academy of Agricultural Sciences, 1985）

1. 成虫　2. 卵　3. 产卵叶　4. 幼虫　5. 蛹

缘约 1/4 处引出，斜向前缘 1/2 处，两条横线之间及其附近为深灰黑色；后缘外缘亦成波浪形，其外横线的外方色泽较深（图 18-24-1）。

卵：扁平椭圆形，长径 0.8mm，横径 0.5mm，水绿色，孵化前呈暗紫色（图 18-24-1）。

幼虫：体圆筒形，前细后粗，背面散有黑色小点。成长幼虫体长 52mm 左右，头部暗褐色。胸部第二、三两节背面各有 8 个小黑点，排成 1 横排。腹足 2 对，着生在第六、九腹节上。腹部第一、五两节背面各有 1 个长形突起，第六、八两节亦有 1 对较小的毛突（图 18-24-1）。幼虫期形态特征随龄期变化而不同，具体如表 18-24-1 所示（彩图 18-24-2）。

表 18-24-1　桑尺蠖幼虫期形态特征

Table 18-24-1　Morphological characteristics of *Phthonandria atrilineata*

龄别	头宽 (mm)	体长 (mm)		形态特征
		范围	平均	
一龄	0.21	1.8～3.0	2.6	体小头大，体腹背均黑色，两侧各有 1 条白带，喜欢爬行，胸腹足淡黄色，半透明

（续）

龄别	头宽 (mm)	体长 (mm)		形态特征
		范围	平均	
二龄	0.40	5.0～7.6	5.7	体暗色，白带变黄白，胸腹足不透明，好静
三龄	0.80	9.0～12.0	10.3	体青绿色，第一、五腹节背开始出现突起
四龄	1.50	14～26	19.7	体色青褐，两横形突起更加明显
五龄	2.30	28～35	31.9	体枯褐色，虫体增大迅速
老熟	2.30	48～56	51.1	体形达到最大，食欲减退直至停止取食
吐丝	2.30	30～40	35.9	虫体明显缩短变粗，体形前细后粗，焦黄色，活动减弱，吐丝器开始吐丝
预蛹	2.30	22～28	23.5	吐丝结束，虫体继续收缩，呈青绿体色，腹足失去活性

蛹：圆筒形，长 19mm，紫褐色，具粗糙不规则的皱纹，第一至三腹节具有许多刻点，中胸背板前方有 1 对很小的叶状物（翅基板），气门长椭圆形，共 8 对，位于腹节两侧；臀棘黑褐色，略呈三角形，上生 4 对钩刺。雌蛹生殖孔从体表凹进，位于第八腹节腹面，雄蛹生殖孔从体表突出，位于第九腹节腹面。茧浅褐色，茧层疏薄（图 18 - 24 - 1）。

三、生活习性

我国桑尺蠖 1 年发生代数随着纬度的变化自北向南 2～7 代递增。吉林、辽宁 1 年发生 2 代，山东、河北 1 年发生 3 代，江苏、浙江、四川等蚕区 1 年发生 4 代，江西 1 年发生 4～5 代，广东 1 年发生 6～7 代，均以幼虫越冬。

桑尺蠖在江苏、浙江和安徽等地 1 年发生 4 代。幼虫有 5 个龄期。四代的产卵期分别为 5 月中旬、6 月下旬、8 月上旬、9 月中旬，以第四代的三至四龄幼虫越冬。在四川等蚕区 1 年发生 4 代，各代的发生期比江浙要早 1 旬、蛰伏期比江浙迟 1 旬左右。越冬场所为树皮裂隙、桑树的束草内，亦有平伏在桑树皮外，尤其在桑枝干分杈处的阴面较多。在江苏和浙江蚕区，10～11 月气温下降到 16℃ 以下时，以第四代三、四龄幼虫进入越冬。初时幼虫大多数平伏于桑树枝条朝东北背光的表皮上，随着气温下降，逐渐转移到桑树主干、叶下的背风面，遇上寒潮持续而气温过低时，或者大雪覆盖天气，幼虫大部分潜入树拳裂隙、蛀孔或者天牛粪便中，只留出头部；严寒季节，相互重叠，群集成堆。如遇上中午阳光普照气温上升时，此时的越冬幼虫又恢复活动而食害冬芽，这与越冬幼虫发育起点温度为 (3.4±0.7)℃ 相对应。当早春树液开始流动、冬芽芽腹现青时，幼虫便开始活动，日夜食害桑芽，先将桑芽蛀食成洞，再将头伸入洞内将芽吃空。桑树伐（春伐或者夏伐）后，树体上留下的定芽量不多，幼虫食量大，在食光定芽后，再食尽新萌发的潜伏芽，远看全株桑树为光秃状，宛如枯死株。

桑树伐条后，幼虫白天常紧伏于茎枝上，不食不动，夜晚活动啃食桑芽。在拳式养成的老桑园中，桑树拳大，树皮裂隙多，幼虫潜入裂隙深处，体色与桑皮极为相似，形成典型的"拟态"，鸟类与人类眼睛不易分辨和察觉。

桑尺蠖不仅为害桑芽，而且也为害桑叶。孵化后，即向上、向光爬行，不久后开始进食。取食 2～3d 后以腹足停在桑树上，头部抬起开始第一次蜕皮。幼虫一般蜕皮 4 次，少数 5 次，蜕皮时，头与前胸间产生 1 横裂缝，幼虫由此裂缝向前爬出，将皮蜕于身后。初蜕皮幼虫头部朝下，体软色艳。幼虫每次蜕皮前 1d 至蜕皮后 2～3h 内停止进食。幼虫取食桑叶，食性专一，各龄幼虫均能食害老、嫩桑叶，但是有趋嫩性。低龄幼虫日夜取食，高龄幼虫昼伏夜食。初孵时，幼虫可在桑叶正面活动，但多数群集叶背，静止时倒挂在叶背上，食害下表皮和叶肉组织，在桑叶叶面形成透明斑点。三龄以上幼虫可将桑叶食成孔洞，四、五龄幼虫沿桑叶叶缘向内咬食呈大缺刻（彩图 18 - 24 - 1）。静止时，以腹足抓握，斜立于桑枝背荫处，状如小枝，虫体与桑枝成 1 锐角，所成角度随虫龄增大而减少，亦有斜立于叶背者。阴雨天，高龄幼虫常沿枝干下爬，依附在桑拳上（彩图 18 - 24 - 2）。

幼虫一龄时食量很小，二龄后渐增，三龄起激增，每日食叶量是二龄的 13 倍。至四龄食量猛增，食量占全龄总食叶量的 23.9%。五龄的食叶量最大，食量占全龄总食叶量的 77.1%，但因五龄历期比四龄长 1 倍以上，故平均每天食叶量与四龄期持平。

幼虫老熟后，在树干周围土层中或者其他场所寻找裂隙，结一浅褐色半透明的薄层茧，化蛹其中，蛹期为 8~20d。各代蛹历期如表 18-24-2 所示。

表 18-24-2　各代桑尺蠖蛹历期
Table 18-24-2　Developmental duration of pupa of Phthonandria atrilineata

代别	温度（℃）	平均历期（d）	最长历期（d）	最短历期（d）
越冬代	21.34	18.50	20.15	14.50
第一代	23.92	13.88	15.44	11.75
第二代	25.87	9.53	11.92	7.96
第三代	27.73	10.09	13.08	7.63

成虫羽化时间以傍晚前后（18:00~21:00）居多，少数在清晨。羽化时，在蛹体的背面，前胸与中胸间横裂，中胸背中央纵裂，成虫从"丁"字形裂隙间脱出，初羽化出成虫翅湿润、皱褶，不能飞翔，翅向前方屈伸，然后向前上方伸展直竖，再落在背上进行短距离飞翔，然后前后翅平展于虫体的左右两侧，两前翅前缘与虫体垂直，呈一直线。

成虫羽化不久进行交尾，交尾多在晚间进行，交尾时，雌、雄蛾两翅平展，静止不动，雄蛾的一生可交配 2~3 次。雌蛾一般一生 1 次，极少有 2 次，交尾后当晚雌蛾即可产卵，产卵前期 0.5~3.0d。卵多集产在枝条顶端的嫩叶背面，排列不规则，群集成斑块状分布，可在一叶上产卵多达 500 余粒，极少产在桑枝上。羽化后 3~5d 内雌蛾产卵最多，每雌产卵一般为 400~700 粒，最多达 1 100 余粒。平均产卵量以第二代雌蛾最多（310~1 000 粒），第三代因湿度偏低，产卵量减少（380~950 粒）；产卵期第一代雌蛾最短（3~7d），第三代最长（7~11d）。成虫昼伏夜出，日中展翅平伏在叶下或枝上。成虫有趋光性，雄蛾的飞翔力差于雌蛾，成虫寿命一般为 6~9d，雌蛾寿命长于雄蛾，第三代成虫长于第一、二代成虫。

卵孵化需要较高的温度，气温愈高，卵历期愈短，一般卵历期 5~10d。一蛾所产出的卵孵化率比较一致，孵化率一般在 90% 左右。

桑尺蠖在河北省 1 年发生 3 代。保定地区 4 月末 5 月初桑芽发青时，越冬幼虫开始活动，5 月下旬产卵，卵期 2 周左右。6 月上旬卵盛孵，幼虫期 30d 左右，7 月上旬化蛹，蛹期 10~20d，7 月下旬羽化。雌成虫寿命半月左右，雄虫 1 周左右。第二代的卵期在 7 月下旬，幼虫期在 8 月上旬，第三代的卵期在 9 月上旬，幼虫期在 9 月中旬到第二年的 6 月下旬。

四、发生规律

（一）虫源基数

越冬桑尺蠖幼虫基数，对翌年的为害程度起重要作用。每头越冬桑尺蠖幼虫平均要吃掉 7 个桑芽，按每个桑芽春叶产量 3.39g 计，在高干桑上虫口基数达到 60 000 头/hm² 时，春叶损失率为 12% 左右；在一般中低干桑上，虫口基数达到 24 000 头/hm² 时，春叶损失率为 40%~50%。在桑树栽植密度为每 667m² 1 000 株的桑园，越冬桑尺蠖幼虫基数 20 头/株时，桑叶减产达 474.6kg 左右。

1 头越冬桑尺蠖可繁殖 200 多头下一代桑尺蠖，所以，头两代桑尺蠖虫口基数如果不压下去，遇到合适的环境条件，8~9 月就会有桑尺蠖大暴发的可能。

桑尺蠖生长发育最适温度为 30℃，此时的化蛹率为 98%，羽化率为 99%。而气温高于 32℃ 开始死亡，34℃ 时积累死亡率达 90%、35~36℃ 时达 96%。在夏、秋之交，桑尺蠖龄期短，繁殖系数高，世代重叠明显，如果遇到了凉夏，到了秋蚕期桑尺蠖容易暴发成灾。所以控制好桑尺蠖春秋两季虫口基数，是全年桑尺蠖防控重点。

（二）气候条件

冬季温暖有利于幼虫越冬，能使翌年虫量增加和发生期提早。5 月以后，降水量充足，温度高，多雾多露，有待于成虫羽化和卵孵化，虫口数量会逐代上升。避风向阳和生长郁闭的桑园往往发生较多。

桑尺蠖幼虫发育起点温度低，体内具有良好的抗寒基质，使得该虫在热带、温带和寒带都能适应生存。早春出蛰后的越冬幼虫发育起点温度（3.4±0.7）℃，有效积温 497.5℃；非越冬代幼虫发育起点温度为（4.2±1.4）℃，有效积温为505.8℃。

越冬幼虫体内水分、糖原、脂肪含量下降，其中以糖原含量下降明显。越冬幼虫以"小分子糖-氨基酸-糖蛋白"物质系统形成抗寒基质，增强耐寒性。越冬幼虫从越冬初期至越冬滞育期，四龄幼虫的平均过冷却点从初期的−12.7℃下降至滞育期的−24.4℃。

（三）寄主植物

仅为害桑树。

（四）天敌昆虫

桑尺蠖的天敌很多，以腹脊茧蜂 [Aleiodes gastritor（Thunberg）] 最为常见，一头桑尺蠖体内最多可寄生99头。被寄生的幼虫死后，桑尺蠖腹足及臀足仍固着于桑枝上，体色变黑、硬化，体内有寄生蜂的蛹。其他还有寄生于幼虫的家蚕追寄蝇 [Exorista sorbillans（Wiedemann）]，寄生于蛹体的广大腿小蜂 [Brachymeria lasus（Walker）]，寄生于卵的桑尺蠖黑卵蜂（Telenomus sp.）等。

（五）化学农药

敌百虫、敌敌畏、辛硫磷和亚胺硫磷等农药，对三龄以下的桑尺蠖都有很好的防治效果；其中敌敌畏和辛硫磷，在桑叶上降解快，对家蚕的残毒期短，为首选农药品种。

灭多威属于高毒农药，在推荐浓度下喷雾，桑园常规喷雾10d后一般就可以养蚕，对中低龄幼虫有好的防治效果。

亚胺硫磷对桑尺蠖中低龄幼虫有较好的防治效果。早秋桑尺蠖盛发期（世代重叠严重）桑园喷雾7d后防治效果达到80%左右。

老蚕区桑尺蠖对敌百虫、敌敌畏、辛硫磷都产生了不同程度的抗药性。把不同作用方式，或者是不同类型的农药混合使用，防治效果好。如敌百虫、敌敌畏与辛硫磷混用，增效作用明显；灭多威是一种抗药风险较高的农药，灭多威与辛硫磷混用，增效作用显著，同时也能在一定程度上延缓桑尺蠖对灭多威抗性的发展。

鱼尼丁受体类杀虫剂，如氟虫酰胺、氯虫苯甲酰胺等，是防治其他作物上的鳞翅目害虫的高效农药，但家蚕对其极敏感，建议远离桑园。

氯虫苯甲酰胺对三龄家蚕的摄入致死中浓度（LC_{50}）为 $4.0905（3.1075\sim5.0431）\times10^{-3}$ mg/L，致死中量（LD_{50}）为 $1.1435（1.0944\sim1.1911）\times10^{-8}$ mg/头；在常规浓度下对家蚕无熏蒸毒性；以 1.25×10^{-4} mg/L 稀释液根灌和喷叶处理，氯虫苯甲酰胺都表现极强的内吸传导特性。氯虫苯甲酰胺对家蚕的残毒期很长，1.25×10^{-4} mg/L 稀释液田间喷雾桑叶，间隔60d后饲喂三龄和五龄家蚕的死亡率均为100%，且中毒反应极快，一般舔食毒叶后仅需 $1\sim5$h 即表现出中毒症状，经停止食桑、静伏、少量吐液、蚕体萎缩等过程后陆续死亡。

菊酯类农药对家蚕毒性大，在桑园里降解慢，对家蚕叶部残毒期很长，只能在冬季养蚕结束后使用。

虫螨腈是一种对桑尺蠖选择性很强的农药品种，对桑尺蠖幼虫毒力高，但对家蚕低毒，是目前防治桑尺蠖的优良农药品种，建议与其他农药轮用、混用，以延缓桑尺蠖对其抗药性的发展。

五、防治技术

防治重点是越冬代与第三代幼虫。

（一）农业防治

结合桑园秋冬管理，在越冬前把稻或麦草束捆在枝条上形成草束结，诱集幼虫钻入草束内越冬，第二年春季解草束时，将桑尺蠖幼虫拣出放入天敌保护器中，使其自然飞出后，集中烧毁处理。

桑树春芽萌发前后，进行人工捕捉，结合采叶，随时捕杀幼虫。

在各代羽化期后利用桑尺蠖性信息素、灯光诱杀成虫。冬季桑树用石灰水刷白桑树主干。

（二）生物防治

可人工释放桑尺蠖腹脊茧蜂进行防治。在室内以桑尺蠖幼虫作为繁殖腹脊茧蜂寄主进行人工繁殖。采用分批饲养、分批寄生方法。羽化的雌雄腹脊茧蜂成虫都很活泼，飞翔力很强，成虫寿命一般5d左右，最长可达7d。调节腹脊茧蜂发育成长的温湿条件，使之发育良好。待寄生在桑尺蠖体内的腹脊茧蜂发育到蛹的后期，连同寄主一起进行冷藏保存。在进行冷藏之前，先经过中间温度，经1昼夜后，再移入冰箱下层，温度在 5℃左右，2 昼夜后，再移到中层，温度在－2～－1℃，经 1 周后再移到上层，温度－12～－11℃，使成冰冻状态。冷藏时间在 34d 以内，不论是腹脊茧蜂的幼虫期或蛹期都能很好存活，而老龄蛹期的冷藏效果最理想。

在桑尺蠖大发生时期，将冷藏保存的寄主体内将要羽化的腹脊茧蜂，连同寄主一起取出，即从冰箱中逐步下移，取出后经中间温度而升温，准备释放。

腹脊茧蜂寄生率与放蜂点的设置、桑园栽植疏密程度和树龄有关，一般采用点状放蜂为宜。每 667m² 设 1 放蜂点，点设在地块中央，将冷藏的蜂种置于敞口的容器内，置于放蜂处，让腹脊茧蜂自行羽化、飞出、寻找寄主。放蜂时间以 22：00 后或早晨日出前。一般桑园自然寄生率为 2.8%～23%，通过人工放蜂，寄生率可提高到 78%。

（三）化学防治

早春桑树冬芽开始萌动到脱苞前，或者在桑树伐条后 3d 内，用 90%敌百虫晶体 2 000 倍液、80%敌敌畏乳油 1 000 倍液、20%亚胺硫磷乳油 1 500 倍液对桑树整体进行周到的常规喷雾，防治效果可达 90%左右，对家蚕残毒期分别为 20d、3d 和 10d。

60%双效磷乳油对桑尺蠖等桑园害虫有很好的防效。该药是敌百虫（20%）与马拉硫磷（40%）的复配药剂。桑树夏伐后 3～7d，用 50%杀螟硫磷乳剂 1 000 倍液喷雾，防治效果达 96%以上；用 50%杀螟硫磷乳剂和 40%异稻瘟净乳油各 1 000 倍液混合喷雾效果更好；残毒期均为 13～20d。

养蚕期间，用 24%虫螨腈悬浮剂 2 000～3 000 倍液常规喷雾，药后 1d 防效达 70%以上，药后 6d 防效达 99%以上，用药后 3d 采叶养蚕。

吴福安　盛晟（中国农业科学院蚕业研究所）

第 25 节　桑 蓟 马

一、分布与危害

桑蓟马（Pseudodendrothrips mori Niwa）属缨翅目蓟马科，别名桑伪棍蓟马。成虫、若虫均以锉吸式口器刺破叶背或叶柄表皮吮吸汁液，被害部位因失去叶绿素而显白色透明小凹点，不久变褐色，被害叶因失水而提早硬化，叶质下降，影响养蚕成绩。

桑蓟马在我国各蚕桑地区均有分布为害，国外日本、朝鲜曾有发生，近年来在伊朗也是桑树上的一种主要害虫。

桑蓟马严重为害桑叶的报道始见于 20 世纪 50 年代。浙江省地方国营嘉兴蚕种场桑园从 1950 年开始桑蓟马为害逐年加重，致使秋叶质量严重下降。1955 年，采用 6.5%六六六可湿性粉剂 500 倍液喷雾防治桑蓟马，田间防效在 80%左右。70 年代，浙江、江苏等蚕区桑蓟马发生和为害趋重，成为当地秋季桑园主要害虫之一，此后加强了对桑蓟马发生规律和防治方法的研究。20 世纪 80～90 年代，广西、四川、江西、陕西等地桑蓟马为害加重，如四川省南充蚕种场 1988 年、1989 年两年 41.67hm² 桑园中有 33.33hm² 被害，特别严重的有 26hm²；据 1989 年春季土门坝桑园调查，枝条受害率达 100%，芽受害率为 89.4%，造成春叶减产 10%左右，可谓"小虫成大灾"。1991 年，四川省涪陵市桑蓟马暴发成灾乡占 29.15%，枯焦锈叶率高达 37.39%。21 世纪以来，随着"东桑西移"工程的实施，云南等西部省份的桑园面积迅速增加，桑蓟马发生和为害程度加重。

二、形态特征

成虫：体长 0.8mm 左右，纺锤形，淡黄色，复眼暗褐色，触角 8 节，口器锉吸式。翅细而狭长，灰白透明，翅缘密生长毛；前翅基部较粗，隆起。雌虫腹部末端狭长，产卵管短，向下弯曲，两侧有锯齿状突起，翅仅达腹末；雄虫体色较深，腹部末节钝圆，翅盖过腹末。跗节 2 节，末端具两爪及可伸缩的端泡（图 18-25-1）。

卵：长约 0.2mm，肾脏形，一端略小，白色透明。孵化前可见 1 对红色眼点。

若虫：初孵时体长 0.2mm 左右，白色透明，具有复眼 1 对，触角 4 节，各节生刚毛。二龄若虫体淡绿色，三龄若虫体黄绿色，四龄时橘红色，体长约 0.7mm。若虫均无翅，体形与成虫相似（图 18 - 25 - 1）。

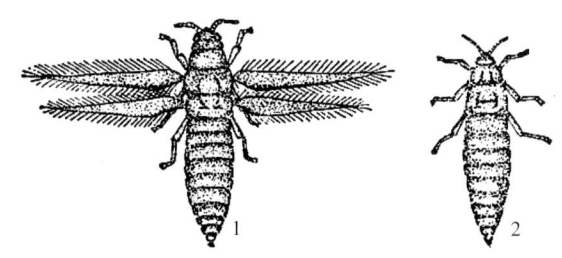

图 18 - 25 - 1　桑蓟马（引自中国农业科学院蚕业研究所，1985）

Figure 18 - 25 - 1　*Pseudodendrothrips mori*（from Institute of Sericultural，Chinese Academy of Agricultural Sciences，1985）

1. 成虫　2. 若虫

三、生活习性

桑蓟马 1 年发生代数自北向南为 5～10 代。在黄河流域，一般 1 年发生 5～8 代；在长江流域 1 年发生 8～10 代；在西南蚕区 1 年发生 10～12 代。以成虫在枯枝、落叶、树皮、裂隙、杂草中越冬，翌年春叶开展时，越冬成虫迁至桑树上开始活动为害。

桑蓟马成虫很活跃，有趋嫩习性，主要集中在新梢上产卵为害，随着新梢的持续向上生长，成虫为害区逐渐上移。发生代的雌虫羽化后，春季经过 7～8d，夏季经过 3～4d，在新梢顶端第一至三叶上爬行，寻找适当产卵部位，以锯齿状的产卵器在嫩叶背面的主、侧叶脉分叉间及其附近的叶肉组织表皮内产卵，每处产 1 粒，一生产卵 50～70 粒，寿命 7d 左右。卵期 5～7d。雄虫交尾后 3～5d 即死亡。

桑蓟马初孵若虫活动能力较弱，主要在所孵叶背为害，根据各代桑蓟马成虫顶梢产卵的习性，在桑蓟马全年发生盛期，随桑树不断向上生长，造成桑蓟马不断由下而上，分层为害。桑蓟马若虫全龄蜕皮 3 次，经 10～13d，羽化为成虫。

四、发生规律

（一）虫源基数

桑蓟马在桑树上终年可见，一般虫口密度自春至夏逐渐上升。夏伐时虫口集中在春伐桑园、补植桑等有叶桑树上，夏伐株长出新枝后，虫口密度重又回升。7～9 月虫口密度最高，是为害最重的季节。晚秋蚕期时虫口密度再度下降。

由于桑蓟马 1 年发生代数多，从第四代开始表现出明显的世代重叠。

在浙江、江苏蚕区，第一代桑蓟马若虫在 4 月下旬初孵，4 月底盛孵，第一代成虫羽化高峰在 5 月中旬，最大虫量日在 5 月上旬。越冬代到第一代虫口密度增加 11.6 倍，但与夏、秋季相比虫口密度较低。第一代成虫羽化后，随着夏伐开始逐渐迁飞到春伐桑上产卵。第二代若虫在 5 月下旬初孵，5 月底至 6 月初盛孵，成虫羽化高峰在 6 月中旬，最大虫量日在 6 月上旬。第三代若虫在 6 月下旬盛孵，最大虫量日在 6 月底至 7 月初，成虫羽化高峰在 7 月上旬。第四代若虫盛孵期在 7 月中旬，最大虫量日在 7 月下旬初，成虫羽化高峰在 7 月下旬。第五代若虫盛孵期在 7 月底至 8 月初，8 月上旬末为成虫羽化高峰，最大虫量日在 8 月上旬。从第五代开始，年际间发生进度差异拉大。第六代若虫盛孵期在 8 月中旬，成虫羽化高峰在 8 月底，最大虫量日在 8 月下旬初。第四至六代是一年中虫量最高、为害最重的季节。第七代若虫盛孵期在 9 月上、中旬，成虫羽化高峰在 9 月下旬，最大虫量日在 9 月中旬。第八代、第九代虫口密度显著下降，虫量高峰不明显。

（二）空间分布

桑蓟马的生活习性决定其在不同叶位上的虫口密度。成虫活动能力强，具有趋嫩习性，主要分布在桑枝上部第一至三叶；低龄若虫活动能力弱，主要分布在第四至七叶背面，高龄若虫也有的在叶片正面。江西南昌调查结果表明，桑蓟马主要集中分布于桑枝上部叶位，虫口密度一般占总虫量的 80%～90%。桑叶反面的桑蓟马虫量大于叶片正面，以若虫为主时叶片反面的虫量比例可达 80%～96%，以成虫为主时叶片反面的虫量比例仍占 60%～74%。细弱枝条的虫口密度相对较低。

（三）气候条件

桑蓟马各年在田间的发生量大小与夏、秋季气候密切相关。高温干旱、多日照的天气发生较为严重，雨水对种群有抑制作用。浙江海宁调查结果表明，桑树枝叶量较小时，日降水量 30mm 可使桑蓟马的虫量下降 50% 左右。

浙江、江苏蚕区在 7 月上、中旬出梅后高温干旱天气多见，7～9 月是桑蓟马为害最重的季节。云南省受印度季风和东亚季风的交叉影响，具有干湿季节分明的气候特点，一般在春夏干旱、秋旱时期桑蓟马发生严重。又由于山地立体性气候特点，不同地区差异明显，桑蓟马发生和为害程度也就不同。

（四）桑树品种

桑蓟马在桑树品种间的发生程度存在明显的差异，桐乡青、新一之濑、农桑 14 等嫁接桑品种的叶色较深，叶片蜡质层厚，桑蓟马的为害程度较轻；荷叶白、湖桑 199 等品种上的桑蓟马虫口密度高，海宁桑对桑蓟马最为敏感；杂交桑品种叶肉薄、易失水，对桑蓟马的抗性差于嫁接桑品种。

（五）天敌昆虫

江西南昌调查发现，桑蓟马的天敌有大草蛉 [*Chrysopa pallens* (Rambur)]、日本通草蛉 [*Chrysoperla nipponensis* (Okamoto)]、中华简管蓟马 [*Haplothrips chinensis* (Priener)]、南方小花蝽 [*Orius strigicollis* (Poppius)]、塔六点蓟马 [*Scolothrips takahashii* (Priesner)]，以及瓢虫、蚁形甲和小型蜘蛛等。大草蛉幼虫可捕食桑蓟马若虫 755 头/d，南方小花蝽为 90～140 头/d，华简管蓟马为 50～60 头/d，塔六点蓟马为 20～30 头/d。这些天敌在桑园中多出现在 8～9 月，对桑蓟马种群数量的控制有重要作用。

五、防治技术

（一）农业防治

在桑树落叶后至翌年 4 月越冬成虫迁至桑树上为害之前，将枯枝、落叶、杂草清除后带出桑园并烧毁，可有效压低虫源基数。

（二）化学防治

1. 农药品种　20 世纪 70 年代，江苏无锡开始用乐果、敌敌畏、马拉硫磷等有机磷农药防治桑蓟马；浙江省海宁试验表明，乐果对桑蓟马若虫的防效最好，敌敌畏对桑蓟马成虫的防效最好，防治适期对防效的影响极大，在大量若虫期喷药效果明显提高。90 年代以后，毒死蜱、灭多威在防治桑园其他害虫的同时，可兼治桑蓟马。21 世纪以来，虫螨腈、吡蚜酮、哌虫啶等新农药对桑蓟马的防效良好。

2. 防治技术　桑园害虫防治必须以确保采叶养蚕安全为前提。我国各养蚕地区的饲养和桑树剪伐方式差异较大，桑蓟马的发生规律和防治要求不同。尽管许多杀虫剂对桑蓟马均有一定防治效果，但农药的残毒期相差很大，因此，在不同时期的农药品种选择十分重要。

距养蚕采叶时间短的，可选用乐果、敌敌畏、虫螨腈、吡蚜酮等；距采叶时间较长的，可选用灭多威、毒死蜱等；哌虫啶对桑蓟马成虫防效很好，但对家蚕残毒期较长，仅限于特定的季节使用。

防治适期应掌握在桑蓟马若虫孵化高峰时喷药。施药技术上要根据桑蓟马的空间分布特点，低龄若虫集中在桑枝中上部桑叶背面，成虫在枝条顶端嫩叶正反面都有，因此，喷药的重点部位应在桑枝中上部叶片的正反面。

在浙江、江苏蚕区桑树夏伐后，桑蓟马虫口集中在留叶桑园内，此时防治的桑园面积小，是全年农药防治的关键时期。秋季持续高温干旱时，应密切注意桑蓟马的发生动态，及时进行适期防治，防止桑蓟马虫量突增，造成秋叶产量和质量下降。

陈伟国（浙江省海宁市蚕桑技术服务站）
盛晟　方荣俊（中国农业科学院蚕业研究所）

第 26 节　朱砂叶螨

一、分布与危害

朱砂叶螨 [*Tetranychus cinnabarinus* (Boisduval)] 属蛛形纲蜱螨目叶螨科，别名桑红蜘蛛、红叶螨、棉红蜘蛛等。与二斑叶螨 (*Tetranychus urticae* Koch) 外部形态很相近。在不同寄主及不同区域这两个种在外部形态（如幼螨、若螨和成螨体色及大小的变化）都有明显的相同之处，不少研究者都曾认为它们同属一个种（*Tetranychus telarius* Linnaeus）。1956 年，Boudreaux 依据饲养试验结果和形态学特征首先把朱砂叶螨从二斑叶螨分离出来作为一个独立的种后，得到了许多研究者的认同。1987 年，Meyer

在查阅了相关文献后，把这两个种视为同物异名，这个结论也曾被一些专著所采纳。1990 年，匡海源等从杂交、体色变化、体形大小、外部形态特征、超微结构、生理生化和生态等方面对这两个种进行了较为全面的比较与研究，进一步证实朱砂叶螨和二斑叶螨存在完全的生殖隔离，属于两个完全不同的种。Zhang 等从英国 18 个不同地点的大棚番茄上收集到的 2 个种，从雌螨 7 个形态特征上进行了研究，结果支持 Boudreaux 及匡海源的结论，赞同朱砂叶螨和二斑叶螨废除原复合种名 *Tetranychus telarius*，单独成立为 2 个近似种的建议。至此，朱砂叶螨为一个独立的种得到普遍认可。

在我国，朱砂叶螨主要分布于吉林、辽宁、内蒙古、河北、宁夏、甘肃、新疆、北京、山西、陕西、山东、安徽、江苏、上海、浙江、福建、江西、湖南、河南、湖北、重庆、四川、云南、广西、广东、香港、台湾等地。

朱砂叶螨是近年来夏、秋季桑园常见的害螨。其幼螨、若螨及成螨通常群集叶背，在叶脉之间吸食叶汁，致使在相应的叶面产生红黄色斑块（彩图 18-26-1）。大发生年份，1 叶上的螨数可多至千余头。被害严重时，桑叶失水焦枯，不宜用作蚕的饲料。

二、形态特征

雌成螨：体椭圆形，背面隆起，体长为 0.471～0.559mm，宽约 0.256mm，体色除 4 对足及颚体为淡黄色外，其余部分为红至褐色，体背两侧有 2 个不规则形的深红褐色斑块。越冬虫体鲜红色，背毛式为 2、4、6、4、4、4。足 I 自转节至跗节（不包括爪间突）的长度约为 0.336mm，其各节长度比例为：转节 14、腿节 75、膝节 37、胫节 45、跗节 75。跗节前端具 1 对退化的爪，末端着生 4 条条状黏毛，爪间突呈 3 对辐射状刺毛。

雄成螨：体长为 0.375～0.417mm，宽约 0.160mm。体形显著较雌螨为小，后半体逐渐向后尖削，体色较雌螨为淡，以红色为主，微带黄色。足 I 自转节至跗节（不包括爪间突）的长度约为 0.252mm。背毛 13 对，阳茎端垂十分微小，两侧的突起尖利，长度几乎相等。

卵：圆形，直径约为 0.127mm，初产时白色透明，近孵化时呈灰白色，卵面具 2 个红点（彩图 18-26-2）。

幼螨：体长约 0.182mm，宽约 0.135mm，有足 3 对，初孵化时近透明，孵化后经 5～6h（经取食后）体背两侧逐渐呈现不规则形的绿褐色块状斑（彩图 18-26-2）。

若螨：有足 4 对。前若螨体长为 0.198～0.300mm。后若螨（雌）体长为 0.300～0.336mm，背毛式同雌成螨。无生殖皱襞层。

三、生活习性

朱砂叶螨在江苏 1 年发生 19～20 代。以成螨在土隙、树缝及杂草中越冬。翌年春天气回暖后，桑芽尚未萌发时，成螨先在杂草上取食、产卵、繁殖。4 月中旬桑芽萌发后，朱砂叶螨由桑园中的杂草移到桑树。卵期 6 月至 9 月上旬为 3～4d，9 月中旬至 10 月上旬为 5～6d，4 月中旬或 11 月下旬为 11d。自幼螨初孵至变为成螨，雌螨需 9～11d，雄螨需 5.5～7d。未经交尾的雌成螨所产子代全是雄性。交配过的雌螨产两性后代，且雌雄比例严重偏斜，一般雌雄比例为 4：1，这种生殖方式，是由于一类由细胞质遗传的沃尔巴克体菌属（*Wolbachia*）细菌寄生在雌螨生殖组织的细胞质里，通过卵的细胞质传播并诱导生殖不亲和、孤雌生殖、雌性化、雄性致死和调节繁殖力所造成。卵散产，但也相对集中。卵产在叶背上，在所结的丝网上也能产卵。1 头雌成螨一般可产卵 50～100 粒，最多可产 139 粒，产卵期 1 个月左右。雌成螨的寿命在 9～10 月间可达 1 个月左右。随着桑树新梢的增长，雌成螨亦逐渐向上部叶片迁移，继续产卵扩大为害。雌性个体经 3 次蜕皮（幼螨、前若螨、后若螨）而发育为成螨，雄性个体只经两次蜕皮（幼螨、若螨）即发育为成螨。

朱砂叶螨扩散的主要途径为爬行扩散和吐丝飘垂。在食料丰富的环境中，主要靠爬行传播，活动范围一般较小；在为害十分严重、螨的密度大和食料恶化的情况下，在寄主叶面上的螨往往群集成团，凭借吐丝串连下垂，借助风力进行短距离的传播、扩散和迁移（彩图 18-26-3）；昆虫、人畜及人类农事活动等可远距离传播朱砂叶螨。除了卵期，该螨其他发育阶段均具有较强的密度效应。密度较高可导致死亡率尤其是雄螨死亡率增加，寿命缩短，繁殖力下降，同时还可影响性比。当密度超过 3 头/cm² 时，雌成螨表现较强的扩散性。

四、发生规律

(一)虫源基数

桑园朱砂叶螨均在地面杂草上越冬,冬前或早春 3 月掌握越冬成螨活动期,及时除草消灭叶螨,是减少翌年叶螨基数、种群数量的重要措施。一般害螨严重为害的地方,都是田间杂草多的地方。

(二)气候条件

气温与雨水是影响朱砂叶螨发生的关键因子,一般低湿与适温容易引起大暴发。

朱砂叶螨属于温度依赖型生物。温度对其分布、生殖发育有着重要的影响。在桑树上,卵发育起点温度和有效积温分别为 8.966℃和 62.929℃,幼螨发育起点温度和有效积温分别为 12.925℃和 21.038℃,前若螨发育起点温度和有效积温分别为 8.841℃和 22.616℃,后若螨发育起点温度和有效积温分别为 9.847℃和 26.254℃,世代发育起点温度和有效积温分别为 8.897℃和 159.197℃,平均发育起点温度为 9.895℃。

朱砂叶螨大发生和降水量关系极为密切。月降水量在 50mm 以下为发生猖獗年,50~100mm 为中等发生年,100~150mm 为轻微发生年。朱砂叶螨种群动态在年度间、地方间、样地大小上存在着差异,幼若螨动态与成螨动态有明显差异。

轻度酸雨条件下,寄主植物内糖、磷及可溶性蛋白含量和适口性有所变化,对朱砂叶螨生长有刺激作用,但在强酸性酸雨(pH<3.0)胁迫下,植物的生长受到抑制,营养物质含量降低,可抑制朱砂叶螨的生长。

朱砂叶螨滞育诱导反应曲线为长日照型,临界光照长度为 9.75h。15℃条件下,0~1.5h 和11~24h光照时无滞育发生,光照 6.25~9.75h 则几乎完全滞育。后若螨期和成螨期具光敏感性,最敏感虫态是成螨。

(三)寄主植物

世界范围内有 100 多种植物都可被朱砂叶螨为害,是谷物、棉花、果树、蔬菜、观赏植物等上的常见害虫之一,在中国寄主植物有 32 科 113 种,如棉花、玉米、高粱、粟、向日葵、桑树、甘薯、豆类、瓜类、柑橘、茄子等。

不同寄主植物上朱砂叶螨的幼螨、若螨和成螨期存在着明显的密度效应。雌成螨密度超过 3 头/cm²时表现较强的扩散性。同种寄主植物不同品系及不同生态环境对朱砂叶螨种群变化作用结果也不同。营养逆境对后代的偏雌调节作用显著减弱。

同一株植物上,朱砂叶螨的空间分布不均匀。如在瓜类寄主上,朱砂叶螨是多维生态位最大重叠的主要害螨之一,一般寄生在寄主植物距地面 2/3 高度以上的成熟叶背面。

(四)天敌

1. 真菌 在阴雨高湿的气候条件下有的真菌可导致螨类疾病的流行,能压低螨类种群数量。虫霉菌能寄生于叶螨的血腔,导致叶螨死亡;汤普森多毛菌(*Hirsutella thompsonii*)、虫霉菌(*Entomphthora floridan*)致叶螨死亡率可达 30%~90%。

2. 病毒 螨类受病毒感染的症状是麻痹、足变僵直,体内有反光晶体。同时叶螨产卵量减少,寿命缩短。

3. 捕食性天敌 叶螨的捕食性天敌有深点食螨瓢虫(*Stethorus punctillum* Weise)、南方小花蝽[*Orius strigicollis*(Poppius)]、大眼长蝽(*Geocoris pallidipennis* Costa)、微小花蝽(*Orius minutus* Linnaeus)、智利小植绥螨(*Phytoseiulus persimilis* Athias-Henriot)。

五、防治技术

(一)农业防治

冬季清洁桑园,去除枯枝落叶。全年勤除桑园内及桑园周围的杂草。种植抗螨桑树品种也有一定效果。

不同桑树品种对朱砂叶螨种群动态有显著差异。试验研究表明,在温度为(28±1)℃、相对湿度为

75％±10％、光周期 16L：8D 的条件下，西农 6071、和田白桑、新一之濑和大石 4 个桑树品种上朱砂叶螨内禀增长率大小依次为 41.894％、37.065％、36.171％和 35.253％。说明朱砂叶螨对 4 种桑树的易感性，以西农 6071、和田白桑、新一之濑、大石顺序渐弱。

（二）生物防治

天敌是控制朱砂叶螨自然种群演变的关键因子之一，而且天敌种类丰富。常见的有捕食性螨、真菌和病毒等，其中捕食性螨中的智利小植绥螨作用最为明显。该螨捕食量大，行动迅速，1 年发生多代，全虫期皆能捕食各龄期的叶螨，尤喜捕食卵，每天平均可捕食叶螨 18 头，一生可捕食叶螨卵 200～300 粒，可以迅速控制害螨种群。

（三）物理防治

可在桑树发芽前和朱砂叶螨即将上树为害前，用无毒不干黏虫胶在树干中涂一闭合黏胶环，环宽约 1cm，1 个月左右再涂 1 次，可有效阻止朱砂叶螨向树上转移为害。

（四）化学防治

可用 73％炔螨特乳油 3 000 倍液或 40％乐果乳油 1 000 倍液进行防治，桑叶背面必须喷药周到。农药在确保农作物高产的同时，也有许多不足，主要是农药污染环境，如早期的有机氯农药，环境微生物难以将它分解；常用的甲苯、二甲苯等有机溶剂由于性质稳定，单位面积使用量较大，对环境的影响很大；有些农药由于化学性质比较稳定，在环境中降解缓慢，而且脂溶性强，易在生物体内积累和富集，残留问题突出，对人畜危害较大。因此，植物源的杀螨剂成为当前的研究热点。

吴福安　陶士强　盛晟（中国农业科学院蚕业研究所）

第 27 节　桑　象　虫

一、分布与危害

桑象虫（*Baris deplanata* Roelofs）属鞘翅目象甲科，又叫桑蟓、姬象虫、桑象鼻虫、桑象甲、盘霉虫。主要为害桑树，未发现其他寄主。

桑象虫在我国华东、华南、华中、西南及台湾等各植桑区均有发生，在江苏、浙江发生尤为普遍。桑象虫是为害桑芽的主要害虫之一，尤以成虫为害重。成虫在春季食害冬芽及萌发的嫩芽、新梢，有时也为害叶片、叶柄及嫩梢基部，降低发芽率，影响春叶产量。夏伐后主要为害拳部刚萌发的嫩芽，或截口以下的定芽和新梢，影响发条数。为害严重的可将整株桑芽吃尽，待潜伏芽、休眠芽再度萌发时又继续为害，以致桑芽不能萌发而造成局部或整株枯死。桑叶开展后，桑象虫也为害叶片，咬成缺刻或孔洞。6 月成虫产卵盛期，还在嫩芽基部钻孔产卵，致使新梢易被风雨吹折，干枯死亡。

近年来由于养蚕人员老龄化、桑园管理粗放，桑象虫为害有上升趋势。2002 年春季安徽寿县桑象虫暴发为害，桑株被害率 80％，桑芽被害率 55％，春叶减产 35％。2009 年桑象虫在江苏睢宁县桑园大面积发生，平均每 667m² 虫口密度 3 850 头，少数失管桑园每 667m² 虫口密度高达万头以上，造成夏伐桑树发芽时间推迟、发芽率降低，个别受害严重的桑园，桑树发芽率只有 30％左右。

二、形态特征

成虫：体长椭圆形，长 4～5mm，宽 1.8～2mm，体黑色，稍具光泽。头部延长成喙状，向下方略弯曲形如象鼻。口器咀嚼式，触角从头管中部伸出，膝状，端部膨大如锤状。前翅鞘质，黑色，上有 10 条纵沟，沟间有 1 条刻点；后翅膜质，灰黄色，半透明，隐于前翅下。前后足较中足大，基节及腿节黑色有刻点，跗节红褐色，密生白毛（彩图 18 - 27 - 1）。

卵：长椭圆形，长 0.36～0.58mm，宽 0.22～0.39mm，乳白色，孵化前变灰黄色。

幼虫：体柔软粗肥，圆筒状，稍弯曲，似新月形，无足。初孵化幼虫乳白色，成熟后淡黄色。头部咖啡色。成长幼虫体长 5.6～6.6mm。

蛹：体略呈纺锤形，长 4.5mm，宽 4mm，乳白色，羽化前转为黄褐色，腹部末端左右各有 1 个小突起（图 18 - 27 - 1）。

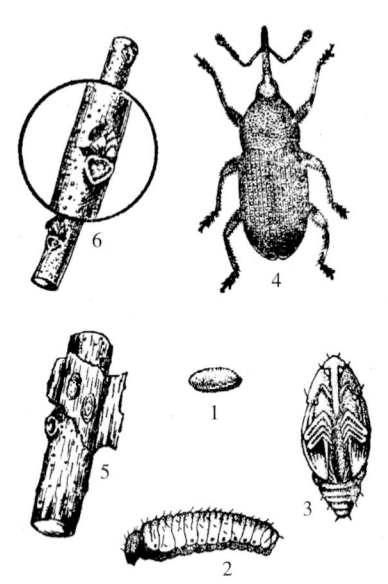

图 18 - 27 - 1 桑象虫形态及为害状（引自中国农业科学院蚕业研究所，1985）

Figure 18 - 27 - 1 Morphology of *Baris deplanata* and the damage symptoms (from Institute of Sericultural, Chinese Academy of Agricultural Sciences，1985)

1. 卵 2. 幼虫 3. 蛹 4. 成虫
5. 半截枝上的化蛹穴 6. 为害状

三、生活习性

桑象虫 1 年发生 1 代，间有少数不完全的二代。多数以成虫在半截枝皮下的化蛹穴内越冬，少数以幼虫或蛹越冬（彩图 18 - 27 - 2）。在长江流域，越冬桑象虫成虫一般于翌年 3 月下旬至 4 月上旬日平均温度 13.2℃以上时开始从枯桩上化蛹穴等潜伏场所出来为害，日夜蛀食冬芽，吃成深洞。冬芽萌发后，桑象虫又取食嫩叶、叶柄及新梢，致使叶片枯萎或新梢折断。春伐或夏伐以后新芽萌发时，成虫聚集在拳部咬食刚萌发的嫩芽，减少发条数。蛀食时先吃靠近截口的芽，逐渐向下取食，致使半截枝上段将来形成枯死的短桩（彩图 18 - 27 - 3 至彩图 18 - 27 - 5）。若潜伏芽、休眠芽萌发后又被吃光，则导致树体干枯死亡。成虫生活周期长，喜白天取食活动，阴雨天潜入土表或树缝中。4 月中、下旬为成虫交尾盛期，5 月中旬开始产卵，6 月上旬进入产卵盛期。成虫产卵于夏伐后留下的半截枝上，一般不产在已枯死或未剪伐的健枝上（因不适宜幼虫生长），故不进行剪伐的乔木桑或齐拳剪定的桑园桑象虫发生较少。如全部桑枝未剪伐，则桑象虫也有在枝条梢端以下 20cm 范围内产卵的。产卵时先以头管向半截枝的皮孔内蛀成小洞，然后产卵在

其内，少数卵产在芽苞或叶痕内，每洞 1 粒。产卵部位以半截枝上离截口愈近处最多，能产卵的半截枝最短的是 1.3cm。

卵期 5～9d，孵化后的幼虫就在半截枝皮下生活，并迅速生长。如卵产在半枯不活的半截枝上（即失去生活力的半枯半湿润状态的形成层及其附近组织），则更适宜幼虫生长。幼虫在皮层及木质部附近蛀食形成细狭的隧道，一生蛀食的孔道长为 7～8cm，致使枝条受害处皮层与木质部分离，皮层因之干枯、变薄，容易撕破。幼虫粪便褐色，都排在孔道内。幼虫经 29～72d 老熟。幼虫老熟后体转乳白色，体形更为肥胖，在木质部内蛀成一个深 1.3～1.8mm，大小为（5～7.4）mm×（1.5～2）mm 的上盖细木丝的椭圆形化蛹穴，化蛹其中。

蛹期差异较大，6～10 月化蛹的蛹期为 7～17d，7～8 月羽化为成虫者最多。10 月中旬化蛹的蛹期较长，为 34～59d，羽化迟，羽化后的成虫一般当年不出来为害，在化蛹穴内越冬，至翌年 3～4 月再出来为害。

成虫后翅稍退化，不善飞翔，但爬行迅速，有假死性，稍一惊动就落地，片刻又爬上树取食为害。4 月下旬即有成虫开始交尾，交尾后两周产卵，产卵期长达 4 个月左右。1 头雌成虫产卵数最多 112 粒，产卵完毕后 10d 左右即死亡，寿命前后共达 7 个月。雄虫寿命较长，个别至翌年 3 月才死亡，长达 10 个月左右。

四、发生规律

桑象虫的发生与桑园管理水平及桑树的剪伐形式有关。夏伐或春伐采用提高剪定的桑园有利于桑象虫的发生。管理粗放、夏伐后及冬季不整株的桑园发生多。桑园周围有篱笆桑的，或夏伐条、剪梢枝长期堆在桑园四周的容易发生。木质疏松的桑品种发生量多。桑蛀虫发生多的田块受害重。

桑象虫化蛹穴内常有 1 种幼虫体外寄生蜂，为桑象虫旋小蜂（*Eupelmus* sp.），其成虫产卵于化蛹穴内，孵化后寄生于桑象虫老熟幼虫体上，寄生率可达 20.6%～68.2%。

五、防治技术

桑象虫的防治应采取农业防治和化学防治相结合的方法，重点加强桑园管理，减少桑象虫产卵及越冬场所。

（一）农业防治

1. 合理剪伐　桑象虫为害严重地区，尽量采用齐拳剪伐，避免提高剪定，降低半截枝数量，可减少桑象虫的发生与为害。夏伐后的枝条不要长期堆放在桑园四周，应及时运出并远离桑园。

2. 不用桑树做篱笆　桑园附近避免用桑树做篱笆，因篱笆桑剪伐不整齐，半截枝多，有利于桑象虫成虫产卵繁殖。

3. 彻底修剪枯枝、枯桩　夏伐疏芽时剪除半截枝，消灭桑象虫卵及初孵幼虫。冬季结合整株，修剪枯枝、枯桩和桑蛀虫为害枝，以减少越冬成虫，剪下的枯枝、枯桩应带出桑园集中处理。

（二）诱杀防治

夏伐后剪取桑枝 30～60cm，插于田间，诱集成虫产卵，然后集中销毁。

（三）化学防治

1. 春季虫口密度超过 0.3 头/m² 的桑园，可于 3 月下旬至 4 月上旬进行化学防治。防治桑象虫的药剂种类较多，防治效果比较好的种类及其浓度为：8%残杀威乳油（或可湿性粉剂）1 000～1 500 倍液（推广初期可用 2 500～3 000 倍液），或 40%毒死蜱乳油 1 000 倍液，或 40%丙·辛乳油 1 500 倍液，或 90%敌百虫晶体 1 000～1 500 倍液，或 40%辛硫磷乳油加 80%敌敌畏乳油各 1 000 倍液喷洒桑拳和枝条。

2. 夏伐后 3～5d 内，用上述药物中的任何一种于早晨或傍晚进行"白拳"治虫。在虫口密度较大的情况下，7d 后可重复喷药 1 次。喷药要全面、细致、周到。

仝德侠（江苏省睢宁县蚕桑技术指导站）

浦冠勤（苏州大学）

许明芬（江苏省蚕种管理所）

第 28 节　桑　粉　虱

一、分布与为害

桑粉虱（*Bemisia myricae* Kuwana）属同翅目粉虱科，又名白虱、杨梅粉虱。我国江苏、浙江、安徽、广东、广西、四川、贵州、台湾等蚕区均有发生，国外分布于日本。桑粉虱除为害桑树外，还为害梅、茶、李、桃、柿、杨梅、泡桐、柑橘、无花果等。

桑粉虱夏、秋季常猖獗成灾，苗圃、密植桑园发生尤重。成虫群集桑苗顶部 1～2 叶上产卵为多，幼虫吸食中部叶汁，被害叶出现许多褐色小斑点，并逐渐枯萎。幼虫能分泌蜜汁滴落在下部叶面上，常诱发煤污病，受害桑苗及桑树枝梢无健叶，严重影响桑苗生长和秋蚕饲养。

二、形态特征

成虫：雄虫体长约 0.8mm，雌成虫体长 1.2mm，黄色，体翅均有白粉。头小，球形，复眼黑褐色、肾脏形。触角鞭状 7 节，第一节小，第三节特大。口器刺吸式。前胸小，中、后胸大。前、后翅乳白色，具黄色翅脉 1 条。雄虫翅略透明。足淡黄色，跗节 2 节，先端有 1 对爪。腹节 5 节，淡黄色。雄虫尾端有钳状附器。

卵：长 0.2mm，宽 0.08mm，圆锥形，初产时淡乳白色，经 6～10h 后变为淡黄色，20h 后逐渐变为黑褐色，有金属光泽。

若虫：长 0.25mm，扁平椭圆形，背面淡黄色，有半透明蜡质物覆盖体上。末端背面有乳房状突起，两侧排列 36 根硬毛，足短小。口吻长，针状，先端黑褐色。

伪蛹：长 0.8mm，扁平椭圆形，背面乳白色，半透明，中央隆起，后半部两侧有锯齿状突起。末端管状口两侧各有 1 刺，上具 2 毛，复眼鲜红色，翅足发达（图 18-28-1）。

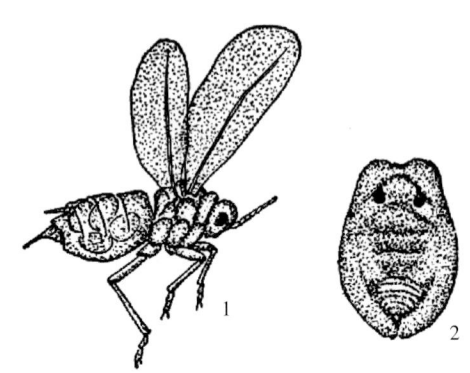

图 18 - 28 - 1　桑粉虱（引自中国农业科学院蚕业研究所，1985）

Figure 18 - 28 - 1　*Bemisia myricae*（from Institute of Sericultural，Chinese Academy of Agricultural Sciences，1985）

1. 成虫　2. 蛹

三、生活习性

（一）年生活史

1 年发生多代，以伪蛹在落叶上越冬，发生期长。江苏、浙江在 4 月桑树发芽时即发现成虫，9 月下旬最盛，11 月少见。四川 3 月中旬初即发现成虫，以后逐渐增多，8～9 月最盛，翌年 1 月少见。广东蚕区终年可见，5～6 月大发生，影响三至四造蚕的饲养，至 12 月仍有发生。各虫态历期因各地气候而异，浙江卵期 3～6d；贵州卵期 5～7d，若虫期 3～4 周，伪蛹期 1 周，成虫期 3～6d，以伪蛹越冬。

（二）习性

成虫多在上午羽化。羽化时刻随气温高低而有早迟。8 月中旬，以 6:00～8:00 最盛，占 80% 以上，4:00～6:00 和 8:00～9:00 次之，9:00 以后未见羽化。桑粉虱平均雌虫率达 97.25%，故繁殖迅速，容易成灾。据贵州省农业科学院蚕业研究所观察，成虫活动以 7:00～9:00、18:00～20:00 较多，16:00 后均伏嫩叶背面。成虫有趋光性。

羽化后当天正午即行交尾，交尾时两虫呈 1 直线，经 1～1.5min 即分开。交尾后翌日 6:00～8:00 盛行产卵，日中也常产，夜间停产。产卵位置以叶背为主，叶面也间有之，枝梢的嫩叶上尤多。据 1940 年祝汝佐调查，在顶端第一至五嫩片叶上产卵数占 98%，第五叶以下的老叶仅占 2%。每雌虫产卵数最多 212 粒，平均 30.4 粒。产卵时间最长 6d，平均 2.9d。每天产卵数最多 37 粒，平均 10.4 粒，产卵完毕后雌虫即死。成虫饲育寿命最长 7d，平均 3.2d。

卵经 1 周孵化，若虫伏叶背，以针状口器刺入叶组织中吸吮叶汁，被害叶初出现斑点，继即卷缩而枯萎，若虫能分泌糖汁物，诱致黑煤病的发生。据祝汝佐 1938—1939 年 8 月下旬在四川南充调查，南充的中坝桑地全部被桑粉虱为害，枝梢嫩叶上密集白色的成虫和卵；中部桑叶已被若虫食害而卷缩枯萎；下部桑叶叶面布满黑煤病斑。若虫经 3～4 周形成伪蛹于叶背，经 1 周羽化为成虫。

四、发生规律

（一）气候条件

桑粉虱是一种好湿性害虫，喜在不通风、不透光和湿度高的密植桑园，尤喜苗圃中生活。

（二）桑树品种

虫口密度因桑品种不同而异，以长势旺盛、叶色浓绿的嫩梢上多，成熟叶上少见，据贵州省农业科学院蚕业研究所 1988 年调查，桑园品种中，虫口密度以道真桑最高，之桑 1 号、之桑 2 号次之，湖桑再次。它的群集部位以桑树顶梢上第一至二叶为多。

（三）天敌

主要有七星瓢虫、龟纹瓢虫等，桑梢上的蜘蛛对桑粉虱也有一定的抑制作用。

五、防治技术

（一）农业防治

1. 清除落叶　冬季将桑园的落叶收集烧毁或作堆肥，以杀死越冬伪蛹或若虫。

2. 改善环境条件　桑苗圃应远离桑园，加强通风、透光和排湿工作。

3. 摘梢头　8 月上旬为桑粉虱繁殖期，摘去梢端第一至五叶，可杀死大量卵和若虫，摘除顶梢后应及时施肥。

4. 合理安排蚕期　广东曾用提早三造蚕饲养，赶在桑粉虱盛发期前，将桑叶采光，使成虫无处产卵而且也因营养缺乏而死。

（二）化学防治

在幼虫或成虫期，可选用 90％敌百虫原药或 40％乐果乳油 1 000 倍液，或 50％马拉硫磷乳油、80％敌敌畏乳油 1 000 倍液，喷布梢端防治。

盛晟　吴福安（中国农业科学院蚕业研究所）

第 29 节　桑 瘿 蚊

一、分布与危害

我国发生于桑上的瘿蚊有为害幼年桑树根颈部的根瘿蚊（*Diplosis fasciata* Niwa）、为害桑叶的叶瘿蚊（*D. morivorella* Naito）、为害桑葚的葚瘿蚊（*Contarinia morulae* Jisang）、为害枝条的桑枝斑瘿蚊（*Trishononyia maculata* Sasoki）和为害枝条顶芽幼叶的桑芽瘿蚊等。其中桑芽瘿蚊分布最广、为害最重。

桑芽瘿蚊有桑吸浆虫（*Contarinia* sp.）和桑瘿蚊（*Epimyia* sp.）两种。

桑吸浆虫又称广东桑瘿蚊、桑芽吸浆瘿蚊、桑春瘿蚊，最早发生于广东，其分布地区局限在华南、西南等中国最温暖地区。该虫的为害发生在春季，1 年发生 3～4 代，广东蚕区的发生期在 1～4 月，四川则发生在 3～6 月。

桑瘿蚊又称浙江桑瘿蚊、桑止芯瘿蚊，至今没有确定的拉丁学名，在形态上与日本发生的桑橙瘿蚊（*Diplosis mori* Yokoyama）极相似，黄而田等人 1992 年编著《实用桑树保护学》时，曾请周尧先生做过鉴定，鉴定结果是两种瘿蚊不同属，此后未见关于桑瘿蚊分类地位的鉴定报告，因此，这里仍引用周尧先生鉴定的属名 *Epimyia*。

桑瘿蚊主要发生在夏、秋季，5～10 月均可见到其为害，除桑外，未见为害别的作物。桑瘿蚊的为害最早发现于 1972 年，在浙江省杭州市西部山区的临安县武隆乡后营村，后随着浙江桑苗外运，逐渐扩展到全国。以山东为例，1976 年，海阳蚕种场从浙江购入一批湖桑苗，当年即发生桑瘿蚊，文登、临朐也是因调入湖桑苗而当年发生桑瘿蚊，因此，山东发生的桑瘿蚊应与浙江桑瘿蚊是同一种。桑瘿蚊现广泛分布在我国江苏、浙江、山东、广东、广西、安徽、湖南、湖北、河南、四川、重庆、陕西、贵州等蚕桑主产省份，成为蚕桑生产中的重要害虫。

桑瘿蚊的为害虫态是幼虫，在桑树顶芽幼叶的内侧以口器刺伤幼叶组织后吸取汁液，使顶芽变色、弯曲、凋萎、变黑、脱落、"盲顶"。桑瘿蚊的为害还表现为分层现象，即顶芽"盲顶"，枝条封顶后一段时间，上部腋芽萌发，又被下一代幼虫寄生为害，被害腋芽又"盲顶"，如此反复为害多次，造成桑枝簇生成团，成"扫帚状"。到为害后期，桑树侧枝丛生、树形杂乱、枝短且细、叶小而瘦，桑叶产量大减，成熟度低，致叶质恶化。由于桑瘿蚊是以幼虫在顶芽内吸食为害，虫体细小，不易被发现，等到顶芽出现弯曲、变黑、枯死等明显症状且易被识别时，桑瘿蚊的幼虫已接近老熟且落地，若此时才采用化学农药防治，效果差。桑瘿蚊的为害可造成秋叶减产 28％～50％，严重时可达 60％以上，而且影响翌年春叶产量。因叶质变劣而影响养蚕收成，一般秋蚕张种产量减少 16％以上，因叶小、侧枝多，采叶用工增加 1 倍以上。

二、形态特征

成虫：体长 2～2.5mm，淡橙黄色，飞翔似蚊，静止时两翅叠于背上。头球状，复眼大，黑色，无单眼。触角 14 节，鞭节淡褐色，雌虫各鞭节呈长圆筒形，具柄，雄虫触角较雌虫长。前翅发达呈匙形，灰黄色，膜质透明，有紫色闪光，翅面和翅脉上着生有黑色细毛，自前缘至后缘有 1 条横带，近翅端也有稍浅的 1 条横带。翅脉 4 条，沿前缘的为前缘脉，然后为第一径脉，只达翅长 1/3 处，第三条为径脉总支，直达翅端，与前缘脉的端部相接，第四条为中脉后支，与肘脉合并为叉状。后翅为平衡棒，淡黄褐色。足细长，灰褐色，各节密生细短毛。雌虫腹部略显纺锤形，末端着生产卵器，全部伸出时约为体长的一半。雄虫腹细瘦，末端着生交配器（彩图 18 - 29 - 1，1）。

卵：长 0.15～0.3mm，宽 0.08～0.1mm，长椭圆形，初产时无色透明，表面光滑柔软，有弹性，孵化前转淡橙黄色，红色眼点明显（彩图 18-29-1，2）。

幼虫：初孵幼虫无色透明，渐转乳白色，虫体中间呈天蓝色，一次蜕皮后，胸骨片隐约可见，随着龄期增加，体色渐转成淡橙黄色。全体分 13 节，具 4 个尾突。老熟幼虫入土，体翻卷，胸骨片朝外，结成近似圆形、扁平、中凹的囊包，称为"休眠体"，黄泥色，干燥时似沙粒，吸水后膨大有弹性，可透见囊内幼虫，胸骨片明显（彩图 18-29-1，3）。

蛹：长约 2mm，扁平椭圆形，淡橙黄色。头的前方有 1 对细短白色的头前毛。前胸背面有 1 对黑褐色呼吸管。离蛹、裸蛹或茧蛹皆可见，茧长椭圆形，表面粗糙。3 对细长的足从胸部伸到腹部排列在胸腹中央，端部几乎齐平。蛹经前蛹、初蛹、中蛹、后蛹 4 个阶段。

前蛹：乳白色。老熟幼虫头部缩到第一胸节内，体型粗短，3 个胸节连成圆形，分界不明显，胸骨片明显。眼点分离，不明显。

初蛹：前蛹蜕出幼虫的皮，胸骨片随之脱落，头前毛、翅芽、触角、足开始出现，呼吸管伸出，有 2 个黑色眼点。

中蛹：复眼逐渐形成，左右愈合，呈红褐色，翅芽、触角、足呈浅褐色。

后蛹：复眼、翅芽、触角、胸足的颜色变为褐色至黑褐色（彩图 18-29-1，4～6）。

三、生活习性

（一）年生活史

1 年发生世代数南北地区相差悬殊，黄河流域 1 年发生 4～5 代，长江流域 6～7 代，广东、广西 8～9 代，因发生代数多，从第二代起出现世代重叠。以老熟幼虫在土下结成休眠体越冬，日平均气温 12℃以上且土壤湿度适宜时，解除休眠而化蛹。以浙江省为例，各代桑瘿蚊幼虫为害盛期分别在 5 月中下旬、6 月中下旬、7 月上旬、7 月下旬至 8 月上旬、8 月中下旬、9 月上旬、10 月中旬。室内积温试验与生活史饲养结果显示，30℃下完成 1 代最少仅需 14d。一般情况下，成虫 1～3d，卵 1～2d，幼虫 5～10d，蛹 9～12d。

（二）习性

成虫大多傍晚羽化，夜间活动，飞翔力弱，有趋光性。雌虫寿命一般 2～3d，雄虫 1～2d，傍晚交配。交配后雌虫在顶芽叶背皱褶处或第一、二嫩叶叶背产卵，每处产 2、3 粒，每雌产卵 30 粒左右。成虫喂给 10％糖水可活 10d 以上。

卵壳薄，柔软易破，不耐高温干燥。

幼虫孵出后即侵入桑顶芽内部，在第二至五叶处以口器吸食汁液。当寄生虫量少时，桑芽仍照常生长，但出现变形的虫口叶，若 1 芽中有 3 头以上幼虫，桑芽弯曲变形，变黄褐色，直至发黑、腐烂、脱落，造成桑树封顶。幼虫有背光向湿习性，干燥时即弹出逃逸，遇湿即安。在高湿环境下，有利于桑瘿蚊的卵孵化、幼虫活动和蚊的羽化。

蛹集中在 10cm 以内的表土中。

四、发生规律

（一）气候条件

桑瘿蚊成虫和卵的发育起点温度为（17±0.38）℃，有效积温为（32.3±1.4）℃；幼虫的发育起点温度为（18.2±1.4）℃，有效积温为（49.7±7.5）℃；蛹的发育起点温度为（12±0.03）℃，有效积温为（143.1±0.88）℃。

适宜相对湿度为 70％～85％。适宜气温是 17～27℃，最适 18～22℃，30℃以上的高温对桑瘿蚊生长发育有抑制作用。夏秋季连绵阴雨，易引起大发生。如浙江临安 1980—1982 年 7、8 月平均降水量较 1977—1979 年分别高 124.4mm 和 49.9mm，日照分别减少 40.6h 和 56h，从而引起桑瘿蚊连续 3 年大暴发。幼虫和蛹长期生活在土中，若遇高温干旱、土壤干燥，幼虫和蛹死亡率高，成虫出土困难，发生轻，为害晚。山东省蚕业研究所范慧莲调查发现，越冬休眠体在土温平均 17℃时开始化蛹，随着温度的升高，化蛹数量增多，以土温 20～29℃时化蛹数量最多，低于 17℃，即不化蛹。虽温度超过 17℃，但湿度低时仍不能化蛹。1986 年在山东文登，按正常年份越冬休眠体应在 6 月上旬末化蛹，6

月中旬末至下旬初羽化，6 月底 7 月初第一代幼虫大量发生。但因当年 6 月干旱、土壤湿度低，直到 7 月 13～14 日下雨后，越冬休眠体才开始化蛹，致使第一代幼虫在 7 月底大量发生，比正常年份整整推迟 1 个月。

（二）土壤条件

壤土及沙壤土发生重，土壤中性或微碱（pH7～10）的沙质壤土发生较重。山间低洼地、山脚等谷地桑园或池塘边桑地，因土层深厚疏松、地下水位高、日照短、避风，适宜桑瘿蚊生长发育，有利其发生。据江苏盐城生物工程高等职业技术学校蔡国祥等调查试验发现，在各环境因子综合影响下，以土壤速效钾含量、土壤水分含量、桑园地表覆盖物的数量对桑瘿蚊发生量影响最为显著。

（三）桑品种及栽培条件

据安徽泾县农业局缪盘春在县桑品种园调查发现，新一之濑、泾 794、青叶鼠返等桑品种，角质层厚、表面油光、叶面深绿色，枝条受害率 0～4％，受害较轻甚至不受害，同园中其余桑品种枝条受害率 40％～86％，显示部分桑品种对桑瘿蚊不敏感。进一步分析桑品种抗桑瘿蚊的原因，一是叶面光滑，影响成虫和幼虫的附着力；二是叶面角质层厚，影响幼虫口器刺伤能力。在浙江临安，桑瘿蚊秋季为害率以团头荷叶白、湖桑 197、荷叶白、桐乡青顺序依次降低。嫁接桑为害率高于实生桑。在四川蓬安，桑瘿蚊为害率以伦教 40、湖桑、实生桑、育 2 号、油桑、充场、新一之濑顺序依次降低。

桑芽萌发参差不齐，为害加重。种植密度高、光照弱，湿度相应增大，有利于桑瘿蚊发生。树型越高，为害越轻，如浙江临安相邻两地块的桐乡青桑品种，高干桑的条为害率为 9.5％，低干桑的条为害率达 23.9％。

（四）天敌昆虫

寄生幼虫的天敌有尖腹黑蜂和宽腹姬小蜂，捕食性天敌有小花蝽、六点蓟马、蚂蚁、蜘蛛等。据山东省蚕业研究所调查发现，小花蝽是桑瘿蚊天敌中的优势种，小花蝽数量大的桑园，桑瘿蚊发生明显偏轻，应注意保护。

五、防治技术

由于桑瘿蚊的老熟幼虫、囊包幼虫、蛹期都在土壤中，其幼龄幼虫在顶芽尚未展开的幼叶内侧处吸汁为害，比较隐蔽，初期不易被人们发现，因此，桑瘿蚊的防治时期难以把握，应做好预测预报工作，掌握防治适期。桑瘿蚊是微体昆虫，1 年发生代数多，虽活动力差，但可随风飘移扩散，因此应重视联防联治，防治死角。

桑瘿蚊的综合防治，应在周密的预测预报基础上，及时掌握虫情，根据桑瘿蚊的发生特点和发生规律，采用相对应的栽桑技术和栽培管理措施，结合适当的化学防治，从而把桑瘿蚊控制在经济危害水平以下。

（一）农业防治

1. 桑园进行冬耕和夏耕，把在土壤下层的桑瘿蚊休眠体、蛹翻到地面上来，土壤晒白干燥，使虫、蛹被晒干或冻死，暴露在地面而被天敌或其他生物取食，从而减少桑瘿蚊的虫口密度，减轻翌年为害。

2. 清洁桑园　把桑园的枯枝落叶、病害枝、虫害枝、弱枝以及桑园和桑园四周的杂草清除干净，并将其集中烧毁或集中堆沤作基肥用。既可把在枯枝、落叶和杂草中越冬的桑树病原菌和害虫消灭，又使桑园通风透光，从而促进表土通风干燥，加速潜藏于表土中的休眠体、幼虫和蛹的死亡。

3. 春叶摘芯　如果春季养蚕末期发生桑瘿蚊，可对桑园进行全面摘芯，把摘下的桑芯运出桑园焚毁，可消灭大部分的第一代幼虫，降低虫口基数，并可促进桑叶成熟。

（二）生物防治

利用有利于天敌繁衍的耕作栽培措施，选择对天敌较安全的农药，化学防治以土壤施药为主，合理减少顶芽喷药次数，保护、利用天敌来控制桑瘿蚊。

（三）物理防治

山东莒县实施桑行间黑地膜覆盖技术，结合桑行漏盖部分土壤施药，防治桑瘿蚊取得较好效果。地膜厚度为 0.008～0.01mm，幅宽 1.5～1.8m，遮光率 80％～90％，覆盖时间在春季桑园施肥结束、桑树发芽后进行，或在夏伐追肥结束后覆盖。黑地膜覆盖技术，使桑瘿蚊老熟幼虫不能入土化蛹，成虫羽化后被闷死在地膜内，不但可防治桑瘿蚊等害虫，还可起到抑制杂草生长、保墒、减少泥叶、提高地温、改善土壤结构、提高桑叶产量等作用。

（四）化学防治

以土壤施药为主，顶芽喷药防治为辅。通过土壤施药，重点防治一、二代土内虫蛹，压低三代以前的虫口数量，三代以后再有较重发生，通过顶梢喷药防治。

1. 土壤施药　以甲基异柳磷效果最好，在土壤中的持效期为 30d 左右，其次是辛硫磷，在土壤中的持效期为 20d 左右。在此期间，可持续杀灭土中虫蛹，2 次用药间隔期为 30d，施药方法分地面喷雾和颗粒剂撒施。因为桑瘿蚊老熟幼虫是弹跳落地的，树梢伸展到的甚至更远的地里都有虫，因此，土壤施药时，田边、地沟、田间小路都要施到。

地面喷雾防治操作简便，效果好。针对不同发生程度的桑园，可进行 1～2 次地面喷雾。对连年发生重、未进行正规防治的桑园，建议进行 2 次地面喷雾。第一次于夏伐后实施，清除桑园杂草，用 40％甲基异柳磷乳油 300 倍液，喷施于地面，每 667m² 用药液量 60kg。在夏蚕饲养结束后，也就是 1 个月后，实施第二次地面喷药防治，用 40％甲基异柳磷乳油 400 倍液，掺入 20％百草枯水剂 400 倍液，喷施于地面，每 667m² 用药液量 80kg，甲基异柳磷虽无内吸作用，但沾到桑叶上对蚕的残毒期极长，若 40％甲基异柳磷乳油 300 倍液喷到桑叶上，50d 后仍引起蚕中毒，因此，喷药时需尽量压低喷头，减少桑叶沾药量。只要喷药时有桑叶，就应掺入百草枯。掺入百草枯的作用是：沾染药液的桑叶部位将形成枯斑，蚕不取食桑叶枯斑，因此不会引起蚕中毒，还可清除桑园杂草。一般发生严重的桑园，经过 1 年的正规防治，第二年以后可每年施药 1 次，因越冬代虫口基数低，第一代虫不会造成大的为害，只需进行上述所讲的第二次地面施药。

另一种地面施药方法是撒施颗粒剂。每 667m² 用 5％甲基异柳磷颗粒剂 3kg，拌干细土 50kg，撒遍桑园并浅锄。这种施药方法应注意，桑叶有水时不能撒药，并尽量降低撒施高度，不要撒到桑叶上，撒药后及时摇动桑树，抖落毒土。

2. 顶芽用药　根据虫情预测，在各代幼虫孵化盛期，如虫情较重，可用 40％灭多威乳油 3 000 倍液喷 1 次，或 80％敌敌畏乳油 1 000 倍液、25％乐果乳油 500 倍液，利用晴好天气喷施顶芽，每隔 3d 喷 1 次，连续喷药 2～3 次，可控制该代桑瘿蚊的为害。用药品种可根据养蚕时间确定，灭多威对蚕的残毒期是 8d，敌敌畏的残毒期是 3d，乐果对蚕安全。

盛晟（中国农业科学院蚕业研究所）

杜建勋　郭光（山东省蚕业研究所）

第 30 节　桑螟蚕蛾

一、分布与危害

桑螟蚕蛾（*Rondotia menciana* Moore）属鳞翅目家蚕蛾科，别名白蚕、松花蚕。是桑树上的重要害虫，有一化、二化、三化性种类，是国内苗木检疫对象。寄主有桑、构树等桑科植物及柳、枸杞等。

桑螟蚕蛾分布于我国的江苏、浙江、安徽、山东、河南、河北、山西、陕西、甘肃、湖北、湖南、江西、四川、重庆、广东及辽宁等省份。国外分布于朝鲜、日本、印度。在江、浙两省的太湖流域，长江、钱塘江及四川剑门关附近蚕区桑园中，曾严重为害。后经大力防治，这些地区的桑螟蚕蛾为害基本上得到了控制。

桑螟蚕蛾发生历史久远，《沈氏农书》《湖州府志》及沈青奇 1840 年所著《蚕桑说》等都有螟害的记载，并记述了防治方法。此虫历史上年年猖獗发生，民间有"一年螟，二年荒，树上螟，家中光"的农谚。据 1947 年记载，浙江吴兴县损失秋叶 47.14％，德清县损失 48.79％，吴江县秋叶损失达 86.7％。新中国成立初期桑螟蚕蛾发生面积仍很大，为害严重；1965 年后，螟害逐年减轻；1974—1980 年太湖流域几乎不受其害。但 1983—1986 年，江、浙两省的螟害有所回升，如浙江湖州市桑螟蚕蛾为害面积上千公顷，年损失秋叶上万吨，年损失蚕茧上千吨。1995—1996 年，桑螟蚕蛾为害又加重，为害面积和程度达到了 1985 年水平。

桑螟蚕蛾以幼虫食害桑叶造成桑叶减产。幼虫喜食叶肉，不喜叶脉，为害严重时桑叶只剩叶脉，远望如黄色麻袋布。后期1叶上多者结数十个黄茧，片叶不收，致秋蚕无法饲养。

二、形态特征

成虫：体黄头小，复眼球状、黑褐色。触角双栉形、灰褐色。胸背有黄褐色长毛。翅近三角形，黄色。前翅前缘近翅端呈弧状，外缘近翅端顶角凹入，前翅有波浪形黑纹两条，两纹中间在中室横脉上有1短黑纹。后翅前后缘呈弧状，第二肘脉间略陷入。翅轭黄褐色，翅面有2条黑纹，近前缘不明显。前、后翅基部有浓黑色鳞毛散布。足灰黄色，有淡黄色短毛。雌蛾体长10mm，翅展35mm，淡黄色，腹部肥大，腹下有棕色毛。雄蛾体长9mm，翅展27mm，深黄色，触角外侧栉长于内侧栉1/3，腹下生黄毛。

卵：卵粒扁平，椭圆形，中央略陷入，卵壳表面密生多角形突起。初产卵乳白色，孵化前变粉红色。越冬的卵块上覆1层灰白色膜，故又称有盖卵块，初产棕褐色，后变灰褐色，孵化时变黄褐色。卵产于叶背，排列成行，各行并列有3～10行，3～6层。越冬卵块产在枝干上，圆或椭圆形，直径为5～12mm。

幼虫：体长24mm，筒状。头棕黑色，初孵幼虫灰白色，密生细毛。第一次蜕皮后体上敷有1层白粉；第三次蜕皮后粉色变淡黄色；各节有皱纹，中有黑斑，环节肥大。第八节背面有1黑色臀角。

蛹：雌蛹体长10～15mm，较肥大，雄蛹较短。体乳白色，长筒状。羽化前2d变黄色，翅上黑纹显出。产越冬卵的雌蛾蛹腹部呈棕黑色，每节有1黑纹，各节中间有黄纹。

茧：淡黄色，椭圆形，外层疏松，内层致密，丝黄白色，总长约17mm。

三、生活习性

（一）年生活史

桑螟蚕蛾分一化性（头螟）、二化性（贰螟）及三化性（叁螟）3种。长江流域以一、二化性居多，近年来三化性数量稍有上升趋势，它们的初孵期完全一致。太湖流域在6月初越冬代卵始孵，6月中旬末、下旬初为盛孵高峰，7月中旬化蛹。7月下旬成虫羽化产第一代卵，此时一化性桑螟蚕蛾即产盖有白膜的卵越冬，二、三化性桑螟蚕蛾产裸卵块，当年卵孵出贰螟、叁螟。在7月下旬至8月上旬裸卵盛孵，8月下旬盛化蛹，9月上旬成虫羽化产卵。此时二化性桑螟蚕蛾产越冬卵块，而三化性桑螟蚕蛾仍产裸卵块。9月中旬叁螟卵盛孵，10月上旬化蛹，10月下旬成虫产卵越冬。不同化性的桑螟蚕蛾初发生期和历期大致相同。

（二）成虫

羽化时成虫先顶破蛹壳，破茧而出，以6:00～9:00羽化最多，第一代占46.3%，第二代占67.5%，第三代占34.9%。9:00～15:00羽化的，第一代占43.3%，第二代占22.5%，第三代占50%。雌、雄比例均接近1:1。成虫羽化后1h即行交尾，个别也有迟到6d后交尾的。交尾盛期在中午前后，尤以11:00～15:00最多，交尾时间平均达20min。交尾后隔2h左右即开始产卵。产卵时若中途受惊，即飞往他处继续产卵。产越冬卵时边产边脱落腹下茶褐色毛，覆盖卵面。成虫飞翔力晚间较强，日中较弱，有一定趋光性。第一、二代成虫寿命一般5d，第三代约10d。

（三）卵

裸卵块即当年孵化的卵块，大多产于桑叶背面，少数产在枝干上；越冬的有盖卵块大部分产在桑树主干和一年生枝条上。卵块在桑树上的分布，随树干的高低而不同，在中干桑树上以分枝上产的卵块最多，一年生枝条上次之，主干上最少；乔木桑或高干桑，卵多产在主干及分枝上，一年生枝条上极少；低干桑上的卵大部分产在一年生枝条上。产卵位置多在斜枝的下面或直立枝的外侧。一般越冬卵块为120～140粒，裸卵块比越冬卵块粒多些，最高可达280～300粒。据浙江湖州蚕桑科学研究所观察，8月桑螟蚕蛾产下的有盖越冬卵块，约有1/3的卵块在当年孵化。

（四）幼虫

卵在孵化前2d呈现1黑点，孵化时在卵端一侧咬1椭圆形、边缘不整齐的孔口。孵化以每日6:00～9:00最盛，越冬代卵此时孵化的约占总越冬代卵量的78%；第一、二代约95%，夜间孵化很少。越冬卵块卵的孵化率平均为60.5%，高者达80%，初孵出的幼虫沿枝爬行，密集在叶背，吃去表皮和绿色组织，留下透明的上表皮。幼虫第一次蜕皮后即能食叶成孔，为害全叶，只留下叶脉。幼虫早晚在叶面取食，日中俯伏在叶背咀食。幼虫共蜕皮 5 次，一般一至四龄期均为 3～6d，五龄期 5～8d，全龄期18～33d。

（五）蛹

幼虫老熟后在叶面、叶背或叶间结茧化蛹。有时 1 叶上多达 20 余个茧，茧的外层稀薄，内层较致密，一端较疏，叁蟥茧成群结在枝干上。

四、发生规律

（一）虫源基数

养蚕布局对虫源各代基数影响较大。以春蚕为主，仅养少量夏秋蚕的养蚕布局有利于该虫发生。以每年养五季蚕（春蚕、夏蚕、早秋蚕、中秋蚕和晚秋蚕）的布局，可有力抑制桑蟥蚕蛾的发生发展，仅夏蚕的饲养全面采叶，可减少蟥卵 20%～40%。大面积饲养夏秋蚕后，当蟥卵未孵出前后，即采叶喂蚕，可汰除蟥卵。

桑树的树型养成对各代虫源基数影响也较大。桑蟥蚕蛾产卵喜在 1.5m 以上的枝干上，当桑树为矮化养成型式，许多蟥卵产在中、矮干的一年生枝条上，占总卵量的 20%～30%，这些卵在翌年尚未孵化前，便随夏伐条被携出桑园。

全面药剂治虫过去均采用人工防治，如冬春刮卵、"小暑三日打头蟥""处暑三日打贰蟥"等均系人工防治很不彻底，现统一使用农药防治。由于桑蟥蚕蛾卵块孵化较整齐，农药防效显著，经几年春秋防治，桑蟥蚕蛾数量逐年减少，终使桑蟥蚕蛾灾害得到控制。

（二）天敌

1. 卵期寄生蜂　主要有桑蟥蚕蛾黑卵蜂（*Telenomus* sp.）和蟥卵小蜂（*Ooencyrtus* sp.），分别属膜翅目黑卵蜂科和跳小蜂科。这两种蜂在江浙一带分布甚广，寄生越冬卵率可高达 37.75%～56.3%。

2. 幼虫至蛹的跨期寄生蜂　主要为桑蟥蚕蛾聚瘤姬蜂 [*Iseropus kuwanae*（Viereck）]，寄生率高达 31.8%，1 头桑蟥蚕蛾幼虫可被 1～8 头蜂寄生，寄生 1～2 头蜂者最多，占 60% 以上。家蚕追寄蝇 [*Exorista sorbillans*（Wiedemann）] 的寄生率为 9.2%。

3. 蛹期寄生蜂　广大腿小蜂 [*Brachymeria lasus*（Walker）] 的寄生率为 2.8%～21.7%。还有霍氏啮小蜂 [*Tetrastichus howardi*（Oliff）]、大角啮小蜂（*Tetrastichus* sp.）和姬小蜂（*Sympiesis* sp.）等。

4. 寄生菌　以球孢白僵菌 [*Beauveria bassiana*（Balsamo）Vuillemin] 为常见。

五、防治技术

（一）植物检疫

严格执行桑苗和接穗调运时的检疫制度，防止桑蟥蚕蛾以卵传播扩散。发现桑苗和接穗枝条有卵，可用 90% 敌百虫晶体 1 000 倍液浸 1～2min 杀死蟥卵，对桑无药害。

（二）农业防治

桑树矮化密植区，凡高干或中干桑园更新时要以中、矮干为主，每公顷栽苗 700～1 000 株。2～4 月提倡刮卵灭蟥，并保护卵寄生蜂。

（三）化学防治

太湖流域的桑蟥蚕蛾防治适期为卵盛孵高峰后 2～5d 进行。喷药期一般头蟥在 6 月下旬，二蟥在 8 月上旬，三蟥在 9 月上旬末，用 80% 敌敌畏乳油 1 000 倍液、50% 辛硫磷乳油 1 000 倍液、90% 敌百虫晶体 1 500 倍液成片统一防治，杀虫率均在 95% 以上。防治以头蟥、二蟥为重点。

盛晟　方荣俊　吴福安（中国农业科学院蚕业研究所）

第 31 节　桑 天 牛

一、分布与危害

桑天牛 [*Apriona germari*（Hope）] 属鞘翅目天牛科胫天牛亚科，别名粒肩天牛、褐天牛，又称啮桑、蛀心虫、大羊角、盘根蛀、铁泡虫、老母虫等。

国内各蚕区均有发生。国外分布于日本、朝鲜、越南、缅甸、印度、泰国等。

桑天牛成虫常在新枝上啃食皮层，呈不规则形伤口，一旦皮层被吃成环状，将影响养分输导，枝条上部即枯死。成虫产卵时还在新枝基部咬成伤痕，形成产卵穴，使枝条易被风折断。幼虫蛀食枝干，甚至深入根部，轻则致桑树发育不良，重则全株枯死，最易造成桑园缺株（彩图 18-31-1）。

桑天牛除为害桑树外，还为害无花果、山核桃、白杨、柳、刺槐、枫、苹果、海棠、沙梨、枇杷、樱桃、柑橘等植物。

二、形态特征

成虫：雌虫体长约 48mm，雄虫约 36mm。体与鞘翅均为黑色，密生黄褐色绒毛，基部密生黑色光亮瘤状颗粒，达全翅 1/4～1/3 部位。头部中央有 1 条纵沟。大颚锐利，黑褐色。触角鞭状，11 节，比体略长，柄节和梗节黑色，鞭节的各节基部呈青白色，端部黑褐色，雌虫触角比体长。前胸近方形，背板两侧各有 1 刺状突起。足黑色，密生灰白色绒毛，腹面中央密生灰色绒毛。雌虫腹末两节略向下方弯曲（彩图 18-31-2，1）。

卵：长约 6mm，长椭圆形，一端较细，略弯曲，乳白色（彩图 18-31-2，2）。

幼虫：体长约 60mm，圆筒形，乳白色，无足，第一胸节较大，背面有硬皮板，后部密生深棕色小颗粒，中间有 3 对尖叶状空白纹。第三胸节至第七腹节的背面各有 1 个长圆形的步泡突，有帮助行动的作用，其上密生棕色粒点。气门椭圆形，褐色。

蛹：体长约 50mm，纺锤形，淡黄色。触角、足、翅紧贴体外，为自由蛹。翅芽达第三腹节。腹部末端有褐色半圆形环，着生黄褐色刚毛。

三、生活习性

桑天牛完成 1 个世代所需时间因地而异。江苏、浙江、安徽、四川等地一般 2 年发生 1 代，广东在根刈桑上为 1 年 1 代，台湾 1 年发生 1 代，但都以幼虫在桑株坑道内越冬。

越冬幼虫在春暖后就开始向下蛀食，经 1～2 个冬季，可深达主干和根部。蛀食的坑道每隔 4cm 左右向外蛀 1 排泄孔，借以通气和排粪。有新鲜排泄物的蛀孔，即幼虫所在。坑道长短因桑树养成高低不同，在中、高干桑上，坑道长达 200cm，排泄孔多达 18 个；在低干桑上，可蛀入根部，排泄物均由最靠近地面的排泄孔排出，蛀完 1 条根后，尚可向上再蛀食主干，上下往复，形成数条坑道。幼虫老熟后转头向上，到达树干中下部时，在接近外层皮处咬 1 横穴，然后退回孔道内以木丝填塞两端，化蛹其中。至此幼虫经历两个冬季，约 640d 而化蛹。

蛹期约 23d。羽化时间以夜间为主，占 68%；上午次之，约 21%；下午较少，约占 11%。羽化后经 4d 左右开始咀食羽化孔上方的木丝，再经 2d 左右钻出羽化孔。产卵前期 5～12d，此间成虫咬食一年生桑枝树皮，平均每头成虫咬食 62.13 条，其中咬断率为 51.31%；大田中，枝受害率为 11.63%，其中断条率为 47.00%。即使枝未断，也使桑枝形成圆环状或不规则的伤口和垂皮，以致枝条枯死。一般高、中干比低干桑枝被害率高，分别为 12.18%、11.76% 和 5.84%。交尾时间一般在 20：00 以后，产卵大多在夜间至翌日 4：00，卵分批产出，日产卵 1～7 粒，连续 1～7d 后，间歇 1～3d 后再产，产卵期长达 33～40d。1 雌虫产卵最多为 136 粒，最少 94 粒，平均 120 粒。成虫寿命雌虫为 62～69d，雄虫为 70～75d。

卵多产在直径 10mm 左右的一年生枝条基部 6～10cm 处，直径 5mm 以下的细枝或 30mm 以上的粗枝上极少。雌虫产卵时先倒立在枝条上，用坚强的上颚咬破皮层和木质部，使下端咬断，上端连在枝上，形成 1 长 12～20mm 呈 U 形的产卵穴，然后转体向上将产卵管插入咬伤部，产 1 粒卵于内，之后以腹端将咬起的皮层及木质部压紧。广东桑天牛在产卵时常将枝条上端咬断，在断口下方 2～3cm 处产卵。产卵枝过于细小，直径不到 14mm 时，多在产卵处上部，将皮层咬成 1 环状痕，使上段枯死。产卵枝直径超过 14mm 时，多无咬断现象。据浙江嘉兴 1981—1983 年的调查发现，春伐桑着卵率为 16.13%，夏伐桑则为 10.25%。

卵期 20d 左右，8 月上旬以前产卵孵化的幼虫，当年即可蛀食，11 月上旬越冬，第二年 3 月中旬开始活动蛀食；8 月底以后产的卵，孵化后当年不蛀食，初孵幼虫在产卵穴内越冬，第二年活动较迟，至 4 月底才开始蛀食。两者均于第二年11月上旬再蛰伏，至第三年3月中旬再蛀食一段时间，5月中旬末才化蛹，6月中旬成虫开始羽化，7月上、中旬为羽化盛期，9月中旬羽化结束。

综上所述，桑天牛的一个世代生活历期是：卵期约20d，幼虫约640d，其中活动期259～376d，越冬期为258～347d，蛹期为23d，全期共670～697d。

四、发生规律

(一)产卵规律

为了减轻桑天牛为害，除抓住幼虫期防治外，本着治早、治小、治巧的原则，了解掌握桑天牛的产卵规律，是控制该虫蔓延极为重要的环节。

调查表明，无论在长势强或弱的桑园中，桑天牛都进行产卵，只是随着桑枝的生长，其产卵的位置有所转移。生长衰弱的低干或高干桑园中，如一年生枝条直径低于0.7cm以下，桑天牛一般不产卵，而转移产卵于二至三年生枝条直径在1.5～2cm的枝干上。在不同养成形式的桑园中，高干桑的株产卵率要明显高于低干桑。由此看出，随着桑树的增高，虫口基数也随着提高，桑天牛的为害将更加严重。在十年生的低干密植的桑园中，桑天牛的为害程度是一年生桑的3.5倍。因此，在老桑园中更应加强对桑天牛的防治。

另外，桑天牛的产卵率（株、枝条）随着桑株品种的不同，差异也较明显。调查表明，育71-1、育151、育2等树型大，枝条粗的桑品种桑天牛的为害较重，而湖桑32、新一之濑、桐乡青等树型适中、枝条偏细的品种为害较轻。桑园的邻作与桑天牛的产卵为害有着密切的关系。有邻作的桑园四周的卵痕数量明显增多，为桑园中央的2倍以上。因此，在新建桑园时，应避免靠近杨、柳、果树等桑天牛易害的树林，可减轻邻作对桑园的交叉影响。对已建起的桑园，如靠近以上邻作，更应提防和加强对该虫的防治。

(二)天敌昆虫

桑天牛卵长尾啮小蜂（*Aprostocetus fukutai* Miwa et Sonan）是桑天牛的主要天敌。1年发生3代，以幼虫在桑天牛卵内越冬，翌年5月下旬化蛹，各代成虫分别于6月下旬、7月下旬和8月下旬羽化，以第三代幼虫越冬。1寄主卵内能发育蜂数最多75头，最少14头，平均24头。桑天牛卵发育到第五天后，就不适于寄生蜂产卵寄生。在浙江杭州寄生率为24%，广东达40%～70%。

(三)寄主植物

桑天牛分布广，食性杂，是多种树木的主要害虫，尤其是桑树和构树，是桑天牛的最佳寄主植物。已知为害的树种达36种之多，分布遍及世界各地。

五、防治技术

桑树在生长发育过程中，经常遭受各种病虫害为害。各地因自然条件和养蚕布局不同，在防治方法上也应该有所差异，但必须本着从全局出发，认"预防为主，综合防治"为原则，在严格执行植物检疫制度的前提下，坚持以农业防治为基础，因地制宜，合理应用农业、生物、化学等各种有效的防治措施，使之相互协调，发挥最大的总体效果，从而达到安全、有效、经济、简易控制病虫害的目的。

(一)农业防治

桑天牛易远距离带虫卵为害。凡是从外地调运的桑苗都要进行严格的检疫，发现有产卵槽、侵入孔、虫道、羽化孔、活虫体等应及时按检疫法处理。检疫是防止天牛扩散传播的有效途径。

选用相对抗虫害的品种，规划建立规模桑园，在桑园四周设保护行。平时桑园管理时，结合修剪除掉虫枝并集中处理。注意树型养成，适当增加拳数和条数，防止独条过旺徒长。同时，净化桑园周边环境，避免栽植构树、无花果、杨、柳等树种，断绝桑天牛的补充营养，减少桑天牛的交叉为害。

(二)人工防治

1. 捕杀成虫 桑天牛成虫潜伏在枝条中部，隐没在桑叶中咬食枝皮，用手捕杀即可。若振动枝条，成虫受惊后会落地假死，很少飞逃，容易捕杀。捕杀成虫应掌握在羽化盛期，特别在雨后，采取人工捕杀。也可以结合养夏蚕，每次采叶前巡查桑株捕杀。

2. 杀卵 早秋蚕后枝条下半部桑叶已采摘，容易发现桑天牛的产卵枝。产卵部位一般在直径2cm的枝条阳面，离基部约 8cm 处。成虫产卵时，常做 U 形刻槽，产卵 1 粒于其中。因此，在 7~8 月查找 U 形产卵槽，用尖刀将卵挑出刺破即可。

3. 刺杀幼虫 幼虫孵化后，钻入木质部中向下打洞，并隔一段距离咬 1 个孔，以便排出木屑和粪便。可选用最下的 1 个新粪孔，将蛀屑掏出，然后用尖细钢丝从虫口插入，反复在洞道中扎刺，以杀死幼虫。

（三）生物防治

桑天牛有几种主要天敌，如寄生幼虫和蛹的花绒坚甲、肿腿蜂，寄生卵的桑天牛卵啮小蜂。在生产过程中加强天敌的保护，将对桑天牛种群数量有一定的限制作用。

李国宏研究大斑啄木鸟（*Dendrocopos major*）防治桑天牛，得出斑啄木鸟种群密度在 0.37~0.55 只/hm² 时，对桑天牛越冬幼虫的平均啄食量达到 24.71%，啄食高峰发生在 1 月，两年后虫株率下降 51.3%~84.8%。因此，在成片桑园中央，有意保留部分乔木桑，招引啄木鸟入园，也可以人工增殖和迁移啄木鸟。

昆虫病原线虫是专性嗜虫线虫，对人畜安全。徐洁莲经多年的筛选，从山东土壤中诱集到嗜菌异小杆线虫（*Heterorhabditis bacteriophora* 8406），对桑天牛的防治效果达 90% 以上。施用线虫后的桑叶用来饲蚕，其蚕期经过全茧量、发蛾率、蛾产卵量等多年试验对比无明显差异，使用安全。在粤北利用嗜菌异小杆线虫 3 000 头/mL 浓度的制备液防治诱饵树上的桑天牛，防效达 89%~100%。吕昌仁利用芜菁夜蛾线虫（*Steinernema feltiae*）防治意杨桑天牛也取得了很好的效果。在幼虫期注入线虫的制备液，此时虫道通直，线虫易注入并易与寄主充分接触，应用病原线虫防治桑天牛的特点在于不伤害其他天敌，又不污染环境。

从植物中寻求对害虫生理和行为有活性的天然化合物，成为生物防治的又一新途径。稽保中经过试验，苦豆子（*Sophora alopecuroides* L.）和披针叶野决明（*Thermopsis lanceolata* R. Br.）中分离得到的野靛碱和黄华碱及印楝（*Azadirachta indica* A. Juss）果仁的提取物对桑天牛的存活及生殖都有影响。双稠哌啶类生物碱对各类昆虫有拒食活性，还能引起昆虫产卵量和孵化率的降低，其作用机制和灭幼脲相似。印楝提取物在剂量很低的条件下就可引起桑天牛死亡，亚致死量下，产卵量大大减少，而且卵孵化率很低。严敖金提取桉叶油对 3 种天牛进行忌避试验，结果表明柠檬桉叶油对桑天牛的忌避效果好。

随着科学技术的发展，以菌治虫方面也有了长足的发展。李会平等从土壤中采集并筛选到了对桑天牛幼虫具有较高毒性的球孢白僵菌 Bboo 菌株，并系统研究了其生物学特性，通过对白僵菌对桑天牛的致病性及其影响因子、白僵菌对桑天牛幼虫的入侵和致病过程、桑天牛幼虫对白僵菌入侵和致病的防御反应、桑天牛幼虫染病后的病理学变化研究认为，桑天牛幼虫染病后的最终死亡原因，主要由以下因素造成：①感染后期，昆虫体腔内充满大量菌丝体，造成营养物质的枯竭，使体液循环受阻，造成生理饥饿，导致新陈代谢紊乱而死亡。②染病后期，由于桑天牛幼虫体内免疫系统被破坏，使得血淋巴生理生化上发生变化，如血腔的 pH 改变、酶活性变化、昆虫脱水等因素而导致虫体死亡。③染病后期，虫体内部组织器官被破坏分解，正常的生理功能出现紊乱而死亡。④白僵菌分泌毒素也可能是致死的一个原因。

（四）化学防治

幼虫尚未蛀入木质部前，可选用内吸性强的杀虫剂喷洒枝干及产卵部位，毒杀卵及幼虫。在孵化盛期连续喷药可提高防治效果。对已蛀入树干的幼虫可以采取注射药物、药物堵孔、毒签熏蒸等方法。

应根据养蚕时期、农药残效期、桑天牛发育期及为害程度采取相应的措施。目前，生产上常使用的方法是：①将药棉或适当大小的废旧棉布用 80% 敌敌畏乳油浸湿后，刮开天牛幼虫寄生的最下方蛀孔，将药棉或旧棉布深深地塞入蛀孔内。此法防效达 95% 左右，应在养蚕前 5~7d 进行。②用注射器对准经扩大后的虫道最下排泄孔口挤入 20% 氰戊菊酯乳油 500 倍液制成的软膏防治桑天牛幼虫，效果达到 100%。③用 50% 杀螟硫磷乳油、80% 敌敌畏乳油、40% 乐果乳油分别加水或柴油混合液 30~50 倍液，用漆刷蘸药液涂刷蛀孔周围。忌全株涂刷，以免造成药害导致桑树死亡。此法应在春季发芽前、夏伐后或秋蚕结束后进行。④用注射器吸取 50% 辛硫磷乳油 500 倍药液，注射到有新鲜虫粪的蛀孔，杀灭桑天牛幼虫效果达 100%，成虫期应和防治其他桑园害虫一并进行。

田善富 范涛 李瑞雪（安徽省农业科学院蚕桑研究所）

第 32 节　野　桑　蚕

一、分布与危害

野桑蚕（*Theophila mandarina* Moore）属鳞翅目家蚕蛾科，别名野蚕。

野桑蚕分布遍及我国各省份蚕区，以太湖流域及四川省北部发生最为严重。浙江湖州市各地每 667m² 桑园有野桑蚕虫口达 4 000～200 000 头。野桑蚕自 6～9 月普遍为害，尤以秋季更烈。野桑蚕喜在桑条顶端食害桑芽、嫩叶，严重时只留主脉，或把成片嫩叶吃光，影响稚蚕用叶和桑树正常生长，并带来蚕病。

野桑蚕除为害桑树外，也为害构树。

二、形态特征

成虫：翅长 15～21mm，体长 13～21mm。雌蛾灰褐色，触角羽状、暗褐色。前翅有暗褐色斑纹，前缘呈弧形，外缘顶角之下有 1 弧形深陷，具黑褐色边，近翅基有 1 弧状暗带，近外缘有 1 暗褐色亚缘带，由前缘斜向抵达后缘，带的内边为直线，外边为弧状线纹。在两带中间，内缘有 1 白边的黑褐点。腹肥大，尾尖。雄体色较深，形小，尾上举。

卵：扁平、卵圆形，长径 1.2mm，横径 1.0mm，中央略凹，初产时黄白色，渐变为灰白色。

幼虫：初孵幼虫暗褐色，有长毛。成长幼虫褐色，有斑纹。头小，胸部第二、三节特膨大，第二胸节背面有黑纹 1 对，周围红色，第三胸节背面有 2 个深褐色圆纹，第二腹节背面有 2 个红褐色马蹄纹，第五腹节背面有 2 淡圆点，第八节上生 1 尾角。气门灰褐色，有黑缘，居第一胸节和第一至第八腹节两侧。五龄蚕体长最大 65mm，多数 40mm（彩图 18 - 32 - 1）。

蛹：棕褐色，纺锤形，体长 12～23mm，多数 18mm。

茧：灰白色，坚硬，丝长 150～210mm。

三、生活习性

（一）年生活史

野桑蚕 1 年发生代数各地不同，辽宁、山东、河北等省 1 年发生 2 代，发生期分别为 6～7 月和 8～9 月，以卵越冬。太湖流域野桑蚕 1 年发生 3 代，以卵在桑树拳下越冬，翌年 4 月下旬开始孵化，7 月上旬结束。第一代卵孵化期长达 3 个月，孵化高峰在 6 月上、中旬。

（二）成虫羽化和性比

据浙江湖州蚕桑科学研究所对成虫羽化时刻测定，成虫羽化大部分在白天，尤以上午为多，7:00～17:00 成虫羽化率达 83.0%，其中 7:00～11:00 羽化率占 58.2%。

第三代成虫的羽化进度，前后历期达 3 个月，最早羽化为 9 月中旬末，10 月底羽化率为 8.99%，羽化盛期在 11 月上、中旬，羽化率为 22.74%～91.52%。

全年 3 代野桑蚕蛾的性比，第一代以雌性居多，雌雄比为 54.8：45.2；第二、三代均以雄性居多，第二代雌雄比为 44.4：55.6，第三代为 40.3：59.7。全年 3 代平均，雌性比雄性少，其比例为 42.4：57.6。

成虫寿命第一、二代平均为 2～5d；第三代寿命长，可达 10～20d。

（三）卵

野桑蚕越冬卵，始产期为 9 月中旬，产卵盛期为 11 月上、中旬，末期为 12 月上、中旬，前后长达 90d。越冬卵产出时期虽然不同，但翌春卵孵化高峰期均在 6 月上、中旬。

野桑蚕第一、二代卵散产，绝大部分产在叶、条梗上。产卵于叶背的占总卵量的 61.4%，于叶正面的占 35.73%，产于枝条上的卵占 3.9%。单产 1 粒的占总卵量的 23.5%，2 粒的占 29.45%，3 粒的占 21.6%，4 粒的占 12.0%，即产 1、2、3、4 粒卵的共占总卵粒的 86.27%。当气温下降到 8.3～11.7℃，产卵位置较低，大部分在桑拳下。卵粒平铺集中，排列不整齐，一二百粒不等。

第一代野桑蚕产卵期约为 3d。对 50 头雌蛾进行测定，发现平均第一天产卵占总产卵量的 54.3%，第二天占 22.51%，第三天占 9.98%，第四天占 7.24%。第二代野蚕产卵更快，第一天产卵量占总产卵量的 87.13%，第二天占 10.5%，2d 内基本产完。第三代平均 4d 产完。每雌蛾平均产卵 235 粒。卵孵化率经浙江湖州蚕桑科学研究所测定，第一代的卵孵化率为 82.96%，第二代卵孵化率为 95.88%，第三代为 93.93%。

卵的色泽变化见表 18 - 32 - 1。

表 18 - 32 - 1　野桑蚕卵的色泽变化

Table 18 - 32 - 1　The colour of *Theophila mandarina* eggs

产卵后天数	色泽变化	相当于家蚕的发育期
第一天	淡黄色	受精分化期
第二天	淡黄色，稍深	上唇突起出现期
第三天	卵周呈细棕色，点呈环状	头、胸分节期
第四天	大部棕色	反转终了期
第五天	全部棕色	毛瘤刚毛，气管发生期
第六天	淡灰色	点青期，卵门呈青色
第七天	褐灰色	转青期，头部、胸部均着色
第八天	孵化后卵壳淡黄色	孵化期，出卵壳

（四）幼虫

野桑蚕幼虫期为 22.3d。野桑蚕生育期的长短与气温关系密切，4 月 13 日孵化的野蚕幼虫，全龄期 32d；5 月上旬孵化的野桑蚕，幼虫历期 19～21d；6 月 28 日孵化的野桑蚕（三眠蚕）幼虫历期 16.8d。

（五）蛹

第一、二代野桑蚕幼虫期气候炎热，蒸发量大，昼夜均憩息在叶正面，老熟后结茧在叶正面的占 34.68%，叶背面的占 46.56%，在叶与叶间的占 12.1%，结茧在桑拳的占 4.51%。第三代野桑蚕结茧期，时值中秋节，雾多露重，叶面湿润滴水，野桑蚕无法在湿叶上栖身，故均结茧于桑叶背面或他处，叶面上极少结茧。第三代蛹历期最长达 51.5d，最短 28d，平均 41.06d，是人工消灭野桑蚕茧（蛹）的良机。

四、发生规律

（一）气象条件

野桑蚕属于变温昆虫，体温的高低主要取决于周围环境温度的变化，其生长发育的快慢、发生程度的轻重都与气候因素有较大的关系。据浙江嘉兴提供的气象资料中，有 17 年的 5～10 月旬平均气温都高于野桑蚕卵的发育起点温度 11.67℃和蛹的发育起点温度 12.18℃，此时期的积温、降水量等均有利于野蚕的生长发育。同时，较长时间的特殊气候对野桑蚕的发育和繁殖均有一定的影响。

（二）虫源基数

野桑蚕的繁殖率较高，每头雌蛾一般产卵 150～250 粒，而且其孵化率和羽化率都较高，幼虫生命力也较强，据浙江嘉兴 1993—1998 年调查，越冬野桑蚕卵 6 年平均孵化率 86.74%，而非越冬卵孵化率在 90%以上。桑园害虫的优势种群更替也影响野蚕的发生。20 世纪 80 年代初期，浙江嘉兴地区桑园以桑毛虫为主要害虫，野桑蚕数量较少，而到 80 年代后期，野桑蚕上升为主要害虫。据 1988 年调查，野桑蚕平均每 667m² 虫量为 3 026 头，远高于 1982 年调查时的 48 头。

（三）化学农药

以拟除虫菊酯类农药为主的冬前防治及各发生期的规范治虫措施，野桑蚕虫量显著减少。近年来，由于桑园防治其他鳞翅目害虫的高毒农药的使用，许多蚕区的桑园野桑蚕不再是主要害虫，一般不用专门防治。

五、天敌

（1）野蚕黑卵蜂（*Telenomus* sp.）。寄生于卵内，体黑，形似桑螟黑卵蜂，体较大。雄性触角念珠状 12 节，雌性触角棍棒状 10 节，寄生率为 7.97%～10.07%。黑卵蜂能寄生在家蚕卵内，每年可繁殖 9～10 代。成虫喂以蜜糖水，寿命普遍延长 1～2 倍，雌蜂寿命为 30～40d，雄蜂为 10d，可行孤雌生殖。

20℃时完成1个世代需23d，30℃时为14d。

（2）野蚕黑瘤姬蜂［*Coccygomimus luctuosus*（Smith）］。体黑色，头上有刻点，多白毛，胸、腹部密生刻点，末端上举。各节背片后缘光滑，翅面有毛。体长13mm。系野桑蚕蛹体内寄生蜂，也能寄生稻苞虫蛹。

（3）广大腿小蜂［*Brachymeria lasus*（Walker）］。寄生广泛，也系野桑蚕蛹期寄生蜂。

（4）家蚕追寄蝇（*Exorista sorbillans* Wiedemann）。寄生野桑蚕幼虫，产卵于体外环节间膜上，孵化后钻入体内，化蛹于寄主茧内，寄生率在3.57%左右。

（5）粉质拟青霉（黄僵菌）［*Paecilomyces farinosa*（Dicks）Fr.］。寄生率在11.1%。

（6）绿穗霉（绿僵菌）（*Metarhizium anisopiae*）。寄生率为1.4%。

（7）球孢白僵菌（*Beauveria bassiana* Vuillemin）。寄生率为2%。

（8）捕食性天敌方面已发现的有胡蜂、麻雀两种。

六、防治技术

（一）农业防治

1. 采茧灭蛹 第三代野桑蚕的蛹期长，达40d之久，时间在10月，可发动群众采茧灭蛹，减少越冬卵。

2. 冬季刮卵 据浙江湖州蚕桑科学研究所测定，冬季刮2～3次卵，可减少翌年虫口53.0%。幼龄桑的树皮光滑，防效会更高些。

（二）化学防治

根据夏蚕饲养期及稚蚕专用桑园设置情况，防治第一代野桑蚕可采用80%敌百虫乳油1 000～1 500倍液，重点喷顶端嫩叶。凡野桑蚕越冬卵量大、为害重的桑园，应在6月10日和25日前后连续两次用药。对野桑蚕发生多的桑园，第二次用药可推迟在6月25～28日前后进行，兼治多种害虫。

第二代野桑蚕发生期为8月上旬，各村应集体留出稚蚕专用桑园，再由各户全面施药。秋蚕结束，10月上、中旬，野桑蚕、桑螟、灯蛾、桑尺蛾、桑毛虫等害虫正为害或孵化，提倡用20%氰戊菊酯乳油8 000～10 000倍液全面喷治；对野桑蚕数量多的地方，也可在11月上、中旬喷药，杀灭成虫，减少越冬卵。秋后使用菊酯类农药，经浙江嘉兴市测定，不影响翌年春蚕产丝，丝质指标与对照区完全一致，而桑尺蛾、桑毛虫等明显减少。

盛晟　吴福安（中国农业科学院蚕业研究所）

第33节　桑菱纹叶蝉

一、分布与危害

桑菱纹叶蝉属同翅目叶蝉科殃叶蝉亚科，分拟菱纹叶蝉（*Hishimonoides sellatiformis* Ishihara）和凹缘菱纹叶蝉［*Hishimonus sellatue*（Uhler）］2个种。因成虫前翅后缘中部具有三角形或半圆形的大褐斑，两前翅合拢时，呈菱形纹，由此得名。

拟菱纹叶蝉又称红头菱纹叶蝉，分布于中国、朝鲜、日本、印度、前苏联，我国江苏、浙江、安徽、江西、湖南、湖北、广东、广西、山东、辽宁、河南、河北、福建等地均有发生。凹缘菱纹叶蝉分布于世界各地。

两种菱纹叶蝉以成虫、若虫刺吸桑叶汁液，由于一般桑园内虫口密度不高，尚不致对桑叶造成明显危害，但它们是桑树萎缩病、枣疯病的介体昆虫，因此引起国内外的重视与关注。在桑树上，两种叶蝉可以通过吸汁传播桑萎缩病植原体，拟菱纹叶蝉还可以卵传播桑萎缩病植原体。

二、形态特征

（一）拟菱纹叶蝉

成虫：体长3.3～3.8mm，至翅端长4.4～5.0mm。头部淡黄色，头顶前缘具1对暗黑色斑纹，中域具不规则淡黄色略带橙色的横带，颜面蛋黄褐色，散布黄褐色网状纹，在后唇基区的两侧各具7条暗红线，复眼暗红色，单眼灰白色。前胸背板比头顶颜色略深暗，具蠕虫状细纹。小盾板淡黄色，基部具橙褐色斑点。前翅青白色半透明，脉纹和菱纹黄褐色至暗褐色，翅端暗褐色。两前翅合拢时，菱形斑中有"品"字状排列的 3 个小淡色斑。胸部腹面淡褐色，腹部背面黑褐色，边区及腹面淡黄褐色，具不规则网状纹。雄性外生殖器阳茎基呈 Y 形，阳茎基干粗短，阳基具二分叉，阳基上有 2 对腹侧突，与阳基呈直角相交，生殖孔开口于端叉的末端处，阳茎侧突大，伸至阳茎端叉的中部。雌性第二产卵瓣上缘齿呈钝齿形单序，排列较整齐（图 18 - 33 - 1）。

卵：长椭圆形，长径 1.6mm，横径 0.7mm，一端稍尖，一端钝圆。

若虫：体较凹缘菱纹叶蝉长，特别是腹部较长。五龄虫体长 2.9～3.7mm。头、胸背面黄褐色，有光泽，腹面呈红色。复眼暗红色，单眼灰白色。头部和胸部背面具不规则暗纹，散生浓黑点。腹部背面第一至四节色较淡，翅芽褐色，伸达第二腹节，腹面暗红色，腹部较长。

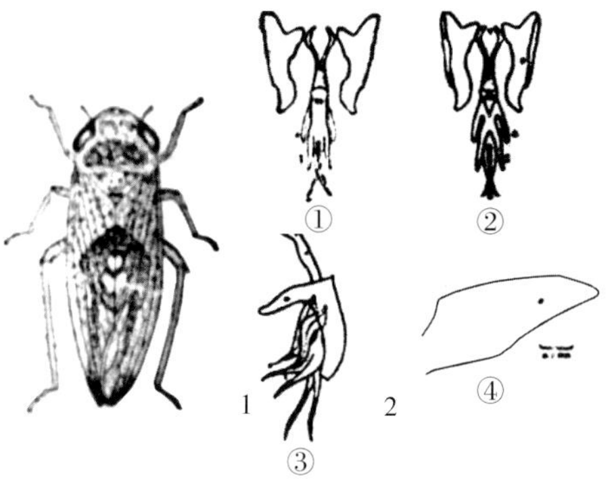

图 18 - 33 - 1　拟菱纹叶蝉成虫
（引自华德公，1996）

Figure 18 - 33 - 1　Adult of *Hishimonoides sellatiformis*（from Hua Degong，1996）

1. 成虫　2. 外生殖器：①雄虫的正面，②雄虫的背面，③雄虫的侧面，④雌虫产卵瓣及其上缘齿形

（二）凹缘菱纹叶蝉

成虫：体长 2.8～3.4mm，至翅端长 3.7～4.6m，头部和前胸背板有黄绿色光泽。前翅白色，脉和斑纹较淡，在菱形斑中有上下排列的 3 个小淡色斑，翅端部暗褐色，中间有 4 个灰白色小圆点。后足胫节上有两排短刺，前翅银白色，有许多暗褐色斑点和短条纹。雄性外生殖器阳茎基呈 Y 形，阳茎基干略长，阳茎端呈叉形，端部略膨大，外缘中部明显切凹（本种特征）。雌性第二产卵瓣上缘齿形成大小双序，大齿数达 2～7 枚。

卵：呈香蕉形，一端稍尖，一端钝圆，长径 1.5mm，横径 0.6mm。

若虫：五龄虫体长 2.9～3.3mm。头冠黄绿色，疏生褐色小斑点，具淡黄色中纵线 1 条。复眼暗绿色，单眼黄色。胸部背面浓褐色，散生黄点。翅芽黄褐色，伸达第二腹节。

三、生活习性

两种桑菱纹叶蝉世代和历期基本相似。1 年发生代数自北向南为 3～5 代。华北地区 1 年发生 3 代，江苏、浙江蚕区 1 年发生 4 代，广东和广西 1 年发生 5 代，均以卵在一年生枝条的皮层内越冬，产卵痕呈半月形。在江苏和浙江两省的历期相差不大，越冬卵于 4 月下旬孵化为第一代若虫，5 月中旬开始羽化为成虫，至 5 月下旬进入羽化盛期。卵产在桑叶背面主叶脉内。6 月中旬为第二代若虫盛孵期，7 月上旬成虫进入羽化盛期，7 月下旬第三代若虫盛孵，8 月中旬成虫盛羽化，9 月中旬第四代若虫盛孵，9 月下旬盛羽化。第三、第四代出现世代重叠现象。

第一代和第四代成虫期因气温较低，历期较长，一般需要 45d 左右，甚至有达到 87d 的饲育记录。第二代和第三代成虫期为 30～40d。各代若虫期为 15～28d，也是第一代和第四代较长，第二代和第三代较短。卵期以越冬代最长，达 152d，第二代至第四代的卵期为 12～14d。凹缘菱纹叶蝉在桑园内越冬孵化的第一代若虫，密集在桑树上，一龄若虫在幼嫩的托叶内摄食。二龄以后若虫在梢头或嫩桑叶上摄食。至 5 月中、下旬第一代成虫羽化时，因养蚕用桑的需要而采伐（夏伐），成虫便迁移到幼嫩的绿肥作物或杂草上生活，并完成第二世代。当绿肥生长老化或收获时，可再迁移到其他寄主植物上，如芝麻、葎草、小旋花等。第三、第四代成虫往往陆续迁回桑树，一直到产卵越冬，也有的不迁回桑树，而随着非越冬寄主作物消亡，也可迁往其他越冬寄主植物上产卵越冬。

四、发生规律

（一）虫源基数

两种桑菱纹叶蝉有嗜嫩习性。凡桑树长势旺盛，肥培水平较高的桑园，有利于桑菱纹叶蝉滋生繁殖，虫口密度高。

桑拟菱纹叶蝉喜桑、恋桑，常年生息在桑园内，因此，虫口密度相对较高，成为传染桑萎缩病的主要介体昆虫。

（二）气候条件

第一代和第四代成虫期因气温较低，历期较长，一般需 45d 左右，甚至有达 87d 的饲育记录。

（三）寄主植物

桑拟菱纹叶蝉食性单一，目前认为桑是其主要的寄主植物。有时在葎草、紫穗槐、松、柏、忍冬、构树、无花果、紫云英、芝麻等植物上短暂生活，但未见其繁殖 1 代。

凹缘菱纹叶蝉的寄主植物种类多，已知的有桑、葎草、紫穗槐、梧桐、松、柏、枣、酸枣、忍冬、构树、无花果、蔷薇、大麻、大豆、赤豆、绿豆、豇豆、决明子、三叶草、紫云英、田菁、茄子、马铃薯、蓖麻、芝麻、刺苋、小旋花、繁缕、乌蔹莓等。在这些寄主植物上可生活并完成世代发育，但在全年生活过程中，需转换寄主。

（四）天敌

菱纹叶蝉的捕食性天敌有捕食性蜘蛛，如草间钻头蛛（*Hylyphantes graminicola*）、食虫沟瘤蛛（*Ummeliata insecticeps*）、黑色蝇虎（*Plexippus pakylli*）、三突花蛛（*Misumenops tricuspidatus*）、星豹蛛（*Pardosa astrigera*）等。寄生性天敌有球孢白僵菌（*Beauveria bassiana*）。寄生卵的缨小蜂（*Polyema* sp.），一般对越冬卵寄生率高达 30％，为虫体寄生菌。

五、防治技术

（一）农业防治

科学肥水管理，铲除桑园杂草，增强树势；冬季修剪时要重剪，剪去新枝梢的 1/4～1/3，可杀灭部分越冬卵。

（二）化学防治

重点防治第一代，掌握在卵的盛孵期，喷洒 50％马拉硫磷乳油 800 倍液、80％敌敌畏乳油 1 000 倍液、50％杀螟硫磷乳油 600～900 倍液或 90％敌百虫晶体 1 000 倍液。

防治成、若虫可喷洒 50％辛硫磷乳油 2 000 倍液、40％乐果乳油 1 500 倍液、50％马拉硫磷乳油1 500 倍液、10％吡虫啉可湿性粉剂 2 500 倍液或 48％毒死蜱乳油 1 300 倍液。

蒯元璋（中国农业科学院蚕业研究所）

第 34 节　桑脊虎天牛

一、分布与危害

桑脊虎天牛（*Xylotrechus chinensis* Chevrolat）属鞘翅目天牛科脊虎天牛属，又名桑虎天牛、虎斑天牛。分布于我国江苏、浙江、安徽、山东、江西、陕西、湖北、河北、四川、辽宁、广东、台湾等地区。桑脊虎天牛是桑树枝干害虫之一，寄主有桑、苹果、梨、柑橘、葡萄等。受害桑树的形成层及其附近组织被桑脊虎天牛幼虫蛀食后形成隧道，隔断树体养分和水分的输导。为害轻时，桑树枝细叶小，产量不高；为害严重时，造成桑树大量枯死。

二、形态特征

成虫：体长 16～28mm，黄褐色，腹面黑褐色。咀嚼式口器，具强大的上颚。触角 11 节，棕褐色，长达鞘翅基部。复眼肾脏形。前胸背板近球形，前缘密生黄毛，中央有赤色横带 1 条，其前后各有 1 条黑色横带，后缘中央有 1 黄斑，鞘翅前半部有 3 条黄带及 3 条黑带交互形成的斜带，翅面向端部方向近 1/3 处有 1 黑色横带，翅末端褐色，略有黄毛。腹节后半部被黄毛，形成 5 条黄带。腿节黑褐色，端部被黄毛，胫节及跗节褐色。雌虫腹部末端显著露于鞘翅外。雄虫前胸背板前缘灰黄色或褐色，腹部末端被鞘翅覆盖。

卵：长椭圆形，长径 1.8mm 左右，横径 0.4mm，乳白色，一端稍尖。

幼虫：体长 30mm 左右，淡黄色，圆筒形，头小，隐匿在第一胸节内。胸部第一节膨大，其背面左右及前缘两侧各具 1 褐色斑纹。腹部第一至七节背腹两面均有步泡突。

蛹：纺锤形，体长 20mm 左右，淡黄色。触角平伸至中足腿节中部，不卷曲。

三、生活习性

桑脊虎天牛在辽宁 1～2 年发生 1 代，以幼虫越冬。第二年 4 月上、中旬开始活动。如果是以老熟幼虫越冬，则于翌年 5 月上旬到 6 月中旬相继化蛹，6 月上旬成虫羽化出孔，出孔高峰在 6 月下旬至 7 月上旬。成虫出孔后不久即交尾产卵，孵化后的幼虫蛀食到 11 月上旬越冬，翌年继续为害至 7 月下旬，8 月成虫羽化出孔。完成 1 个世代，前后约经 14 个月。这一代成虫再产卵孵化的幼虫，到冬季才发育至一至二龄，需要经过两次越冬，约经 22 个月完成 1 个世代。因此，完成两个世代约需 3 年。

卵期一般 7～20d。孵化多在上午，孵化率可达 100%。初孵幼虫沿形成层及其附近组织迂回蛀食成狭窄不规则的隧道，隧道中充满虫粪，随着龄期增大，通常向下蛀食韧皮部及木质部。同时每隔一段距离，向外蛀成粟粒大小的通气孔，通气孔分布不规则。在桑树生长期中，虫粪常被树液稀释成粥状，从通气孔排出，成条状堆积在树干表面似蚯蚓。幼虫经 5～6 次蜕皮而老熟，近老熟时蛀 1 孔进入木质部，用上颚将木质部咬成许多条状木屑，形成蛹室，在内化蛹。初化蛹时呈白色，渐转黄色以至深黄色，当复眼变深褐色时，即将羽化。蛹期 13～38d，平均为 21d。

成虫羽化后，将木屑和虫粪扒开，经蛀入孔再咬破树皮而出孔，一般 5：00～17：00 成虫出孔，以中午最多，出孔后可立即交尾，1 次交尾 3～5min。雌虫交尾后即产卵，卵多产在树干的缝隙及裂口内，产卵痕呈弦月形。1 头雌成虫 1d 产卵数十粒，每处产卵 1 粒。成虫有较强的飞翔力，一次飞翔可达十几米到几十米。成虫平常隐栖于树叶背面或树干基部萌生的枝丛中，不取食，仅以水分维持生命。成虫寿命，雌虫为 15～22d，雄虫为 14～32d。水对成虫寿命影响极为显著，在室内饲养，给水饲养者寿命（21d）为不给水饲养者（7d）的 3 倍。

四、发生规律

桑脊虎天牛的发生与桑树品种、树龄、树势及修剪均有一定关系。桑品种以秋雨桑、铁耙桑、剑持桑等受害较重，大白条桑、西昌桑、嘟噜桑等品种受害较轻。同一品种，树龄大受害重，树龄小受害轻。桑树生长旺盛，树势强，树皮裂隙和枯死、半枯死组织少的桑树，此虫发生较少；反之则重，半枯死株更重。桑树剪伐时造成大量剪口或锯口的，受害重。

五、防治技术

（一）农业防治

在成虫发生期，特别是 6～7 月，及时捕捉，可收到显著的防治效果。用沥青、漆等涂护锯口、剪口及各种机械伤口，可防止成虫产卵。桑树老化是脊虎天牛得以迅速繁殖的重要原因，因此要加强桑园管理，增强树势。要彻底杜绝脊虎天牛的为害，必须从改造老龄桑树、增强桑树长势入手。老龄桑园由于栽桑年份长，土壤板结严重，因而要对老龄桑园进行深翻松土，增加土壤的透气性。同时老龄桑树根系较为老化，养分吸收能力差，通过深翻截断部分老根，促使萌发新根系，增强根部吸收能力，从而增强树势。

（二）化学防治

用 480g/L 毒死蜱悬乳剂 200 倍液、50% 辛硫磷乳油 200 倍液或 80% 敌敌畏乳油 10 倍液浸渍的棉球，或黏泥等物堵塞幼虫的蛀入孔，杀死木质部内的幼虫、蛹或成虫。堵孔时需注意鉴别有虫孔和无虫孔。鉴别方法如下：有虫孔分当年蛀入孔和隔年蛀入孔两种。当年蛀入孔表面不易见，可根据幼虫食害的症状找到其蛀食的隧道，削开树皮，从隧道末端向上 3～15cm 有杏黄色湿润虫粪处，其下即是当年蛀入孔。隔年蛀入孔表面可见或不可见，洞口及隧道内充满褐色或深褐色疏松而干燥的虫粪。无虫孔分陈旧蛀孔、羽化孔和啄木鸟啄食孔 3 种。陈旧蛀孔表面可见洞口，隧道内无虫粪或极少虫粪；羽化孔孔口圆形，边缘整齐，洞孔深直，表面显而易见；啄木鸟的啄食孔洞口方形，周围有许多被啄食的痕迹。

（三）生物防治

管氏肿腿蜂（*Scleroderma guani* Xiao et Wu）属膜翅目肿腿蜂总科肿腿蜂科，是一些钻蛀性害虫特别是天牛科幼虫和蛹的体外寄生昆虫。从 20 世纪 70 年代开始，我国对管氏肿腿蜂的应用技术进行了研究，在生物学特性、人工繁殖技术和林间放蜂防治害虫等方面均已取得显著进展。管氏肿腿蜂卵在桑脊虎天牛幼虫上大部分横向排列在体表，幼虫两侧和背腹面卵的数量差异极显著。桑脊虎天牛的天敌在东北还有啄木鸟，啄食其幼虫、蛹，灭虫效果可达 11.3%。

陶士强（中国农业科学院蚕业研究所）

第 35 节　桑　毛　虫

一、分布与危害

桑毛虫［*Porthesia similis* (Fuessly)］属鳞翅目毒蛾科盗毒蛾属，别名盗毒蛾、桑毒蛾、黄尾白毒蛾、桑褐斑毒蛾，俗称金毛虫、毒毛虫、花毛虫、狗毛虫、洋辣子等。

桑毛虫分布在欧亚各地。在亚洲，中国、日本、朝鲜均有分布。我国北起黑龙江、内蒙古，西至陕西、四川、贵州、云南，南迄广东、广西，东达沿海各省份及台湾省均有分布。江苏、浙江、安徽、广东、四川等主要蚕区发生普遍，在一定的区域内常猖獗成灾，历史上在广东蚕区发生特别严重。

桑毛虫主要以幼虫食害桑树芽、叶，尤其以越冬幼虫在早春剥食桑芽为害最重，严重时幼虫可将整株桑芽吃光。以后各代幼虫在 5 月下旬至 10 月上旬为害夏、秋桑叶，吃成大缺口，仅留叶脉，严重时，全园桑叶都可吃光，仅剩叶脉。幼虫食性杂，除为害桑树外，还为害桃、苹果、榆树、梧桐、李、枣、樱桃、海棠、栗、白杨、枫等。桑毛虫幼虫体上的毒毛能使家蚕中毒患黑斑病，致结薄茧，产量下降。桑毛虫从第二龄起至老熟前，全身 32 个黑斑上都出现毛瘤和毒毛，毒毛极微细，中空，储毒液，长 45～315μm，端部如针尖，游离处有 2 节箭尾状构造。幼虫体上毒毛对人体有很大的危害，毒毛随蜕皮散落在桑园中，随风飘散，刺入或接触人体皮肤时会发痒、红肿疼痛，搓揉后会出现豆粒大小的红晕，即桑毛虫皮炎，呼吸道吸入过量毒毛会引起中毒。大发生时，桑毛虫皮炎易流行。

二、形态特征

成虫：体中型，全白色。雌体长 14～18mm，翅展 36～40mm；雄体长 12～14mm，翅展 28～30mm。复眼黑色圆形，触角淡褐色，羽状，雌性触角较狭长。前后翅白色，前翅后缘有黑褐纹，前缘内面有黑褐带，后缘密生白缘毛，后翅无纹，白缘毛很长。腹部白色，雌蛾大尾部圆，雄蛾较小尾尖，尾端有黄丛毛，雌蛾尾端毛特长，在产卵后用以覆盖卵面。

卵：扁圆形，灰黄色，中央略凹陷，直径 0.6～0.7mm，排列成块。卵块形状不定，但大多为长带状，卵块上盖有雌蛾腹部末端的黄毛。

幼虫：体长 26～40mm，头部黑褐色，体黄色，背线红色，亚背线、气门上线和气门线黑褐色，均断续不连。前胸背板具 2 条黑色纵纹。一龄幼虫灰褐色，二龄出现彩色和黄毛，三龄幼虫头壳上黄色"八"字纹隐约可见，从四龄开始，"八"字纹明显。胸部及腹部背面黄色，腹部第一至二节膨大，背面中央各有 1 对浓黑毛丛，生于背突起上。胸部第一节背面两侧有红瘤突起，上生黑色长毛，第二节以下各节均有黑背突、侧突各 1 对，气门线下突起各两对，上均生黑毛，背侧突起上生褐色松枝状毛，即毒毛。气门线下突起红色瘤，上生长白毛，在腹部第六、七两节背面中央各有 1 圆形突出黄色孔，能收缩放射液体，也有驱敌作用。腹部只有腹足两对，爬行时一起一伏，静止时斜立枝上。

蛹：体长 9～11.5mm，圆筒形，短而粗，黄褐色或棕褐色，翅芽达第四腹节，胸、腹部各节有幼虫期毛瘤遗迹。臀棘较长，表面光滑，末端生细钩刺 1 撮。茧长 13～18mm，土黄色，长椭圆形，茧层薄，茧上附有少数幼虫期的毒毛。

三、生活习性

（一）年生活史

桑毛虫 1 年发生的代数，依地区气候而不同。内蒙古大兴安岭地区 1 年 1 代，山东、河北、辽宁 1 年发生 2 代，发生期分别为 5～6 月、7～8 月；珠江三角洲 1 年 6 代，少数 5 代，发生期分别为 4 月中下旬、6 月上旬、7 月中下旬、8 月下旬、9 月下旬至 10 月上旬、11 月中旬。江苏、浙江、四川以 1 年发生 3 代为主，间有不完全的 4 代，江西南昌 4 代，广东 6 代，代次基本分明，越冬龄期不一，以三龄幼虫为多，少数以二龄或四龄幼虫越冬。第二年早春气温上升到 16℃ 以上时，越冬幼虫破茧而出，开始为害桑芽，一般与冬芽萌发期相吻合，如东北地区在 5 月中、下旬，江西在 3 月中、下旬，广东在 3 月上旬。各地各代成虫发生期由北向南有所提早，但自辽宁至长江南岸基本稳定在 6 月上旬，提早不明显。

在太湖流域，桑毛虫越冬幼虫活动为害在 3 月下旬至 4 月初，5 月中、下旬化蛹。第一代幼虫于 6 月上旬始孵，中旬盛孵，7 月中旬为为害盛期；第二代为害盛期在 8 月下旬至 9 月中旬。

（二）成虫

成虫日间停伏在桑叶间，傍晚飞翔，有趋光性。大多在每日 14:00～18:00 羽化，傍晚尤多，羽化前期以雄性居多，当雌雄羽化比例接近 1：1 时，一般为发蛾高峰期。羽化当天，交尾率低，占 8.3%～33%；1 昼夜后性腺成熟，交配多在羽化后 3d 内完成，以第二天交配率最高。交配在清晨，交配时间最短为 3h，最长达 16h，平均 7h。夜间产卵于叶背，成卵块，4～10d 产毕。产卵前期 1d，雄蛾有多次交尾现象，雌蛾一般只交尾 1 次。雄蛾寿命平均 4～14d，雌蛾 7～17d。产卵高峰期为 18:00～20:00，第一天产卵最多，约占 50%，有 82.7% 的卵在 3d 内产出，产卵期 5～7d。浙江湖州市郊区塘甸乡 3 000 盏黑光灯大面积诱虫试验结果表明，成虫扑灯很少，大多在微光下交尾。另据复旦大学在 1 392 株桑树上采茧查第二代成虫羽化，查得发蛾高峰期为 6 月 10～12 日；而黑光灯下的发蛾数量，高峰期在 6 月 18 日，在桑园中的实际高峰期推迟 6～8d。因此，黑光灯诱成虫尚不能在测报中应用。

（三）卵

卵排列不规则，中间稍隆起，有时有 2～3 层。初产时白色，后变黄色，产卵时产卵瓣夹住卵粒向四周摆动，产卵瓣上的距毛不断刷落腹毛，黏在卵面，故卵粒间均杂有腹毛。产卵完毕，卵块表面再覆上 1 层腹毛，一生产卵 5～8 块，每块平均 60～112 粒卵。卵期第一代平均为 6d，第二代为 5～6d，第三代为 7～8d。产卵位置多数在叶背，以桑条中部叶片上为多，少数在老叶上。各地桑毛虫卵期有差别，东北地区 8～9d，江苏、浙江 4～7d。

（四）幼虫

幼虫孵化后经 5～7 次蜕皮，20～37d 老熟化蛹，越冬幼虫期可达 250d。蜕皮前幼虫体色变深，食欲减退，行动缓慢，节间黑痕明显；蜕皮后体色鲜明。蜕皮上的毒毛仍有毒。初孵幼虫群集为害，不同卵块的同龄幼虫，分散后仍能集中为害，食去叶背表皮和叶肉。幼虫自二龄开始长出毒毛，随龄期增大，毒毛增多。幼虫具假死性，受惊即吐丝下垂，转移到邻株为害，或跌落地面。三龄后分散，喜食嫩叶，常居条梢叶上分散取食，吃成缺刻，仅留叶脉。幼虫老熟后，一般在叶背、树干裂隙或近主干地面结茧化蛹。蛹期 7～21d。幼虫越冬期，取决于各年寒潮早晚，在长江以南地区，10 月（初霜之前）幼虫即寻找枝干裂隙、蛀孔等处吐丝做茧蛰伏越冬。初结的茧疏松，随气温下降不断吐丝加厚，并把体毛脱下，加在茧上。越冬时，大部为二至三龄幼虫；越冬场所在桑树皮隙、蛀孔、裂缝或根部及拳下，尤以宅边暖和处居多。

越冬幼虫出蛰后，即蜕皮 1 次，其中有 88% 幼虫在茧衣内蜕皮后再外出，有 11.5% 是爬出茧衣后再蜕皮。太湖流域幼虫出蛰始期，气温 10.5℃，最高气温为 16～17℃；当日平均气温 12℃ 时大量出蛰。出蛰末期为 4 月 27 日左右，气温已稳定在 16～17℃。

（五）蛹

幼虫老熟后，沿桑树主干下爬，在树主干附近土缝中做茧化蛹，少数在土表。化蛹前，边吐一层丝网，边脱毒毛，逐步加厚茧衣。凡被桑毛虫绒茧蜂或其他天敌寄生的幼虫，绝大多数不入土化蛹，均在枝条的叶背做茧。蛹期第一代为 11.3d，第二代为 13.5d，越冬代为 12.5d。

四、发生规律

（一）虫源基数

桑毛虫种群总是在一定数量的虫源基础上繁殖发展起来的，春季越冬代幼虫的数量是当年发生的基础。以 1 年发生 3 代为例，每年 10 月中旬，越冬代幼虫生长缓慢，以三至四龄幼虫在枝干裂缝和枯叶内做茧越冬。翌春，越冬幼虫出蛰为害嫩芽及嫩叶，5 月下旬至 6 月中旬出现成虫，第一代幼虫出现在 6 月上旬，7 月中旬进入为害盛期；第二代成虫出现在 9 月中、下旬，为害盛期在 9 月；第三代幼虫在 9 月下旬出现，10 月上旬幼虫寻找合适场所结茧越冬。

10 月中旬虫口数量最多。自 10 月中旬起一部分幼虫开始越冬（约占越冬总虫量的 30%）；10 月下旬大部分幼虫越冬（约占越冬总虫量的 70%）。11 月上、中旬未越冬的幼虫，因无越冬能力而自然死亡。翌年 6 月，夏伐后若半月内不下雨，有 63% 蛹不能羽化而自然死亡。人类农事活动主要是采叶和伐条，可将大量幼虫带出桑田而使虫口锐减。在春伐桑园中，由于小气候湿度高，虫蛹均能正常羽化，更由于不采叶伐条，幼虫不受人类农事活动的干扰，所以，第一代幼虫的发生量在春伐桑园内特别高。

1972 年和 1995 年上海地区桑毛虫大暴发。7 月下旬至 8 月恰是第一代幼虫为害盛期。统计显示，1972 年第一代的虫量比 1971 年猛增 144 倍，当年越冬代蛾的数量是 1971 年的 12 倍。

一般桑园要进行夏伐，所以第一代桑毛虫的虫口数量较少，对桑树为害不大，但到了第二代，由于各种条件均适合桑毛虫的繁殖，故虫口数量剧增，对桑树造成严重危害。第二代桑毛虫大发生的原因是：①气象条件适合桑毛虫的生长发育；②8 月 15 日前后正处于早秋蚕用叶盛期，无法使用药剂治虫；③天敌数量还未达到制约的程度。这一时期大田的发生情况是：8 月上旬少数卵开始孵化，8 月 15 日左右达孵化高峰，8 月下旬至 9 月上旬幼虫为害最烈，9 月中旬结束。

（二）气候条件

1. 当春季气温回升至 10.5℃时，越冬代桑毛虫幼虫开始出蛰，气温达到 12℃时，大量出蛰；当秋季气温降至 12.8℃时，桑毛虫幼虫开始越冬。上年出现暖冬及当年春季天气暖和，桑毛虫第一代产卵期晴天少雨，则当年的桑毛虫发生严重。卵孵化期遇多湿气候有利于卵的孵化，高温、干旱则有利于该虫的暴发为害，梅季桑园受涝灾、积水时间长，桑毛虫的蛹死亡率高，下一代虫量明显减少。

2. 桑毛虫抗寒耐饥力强，经测定，7 月置 5℃冰箱中，不食不动可经过 2 周不死，说明以幼虫越冬的桑毛虫，抗低温能力均较强。

3. 桑毛虫成虫有一定趋光性，但入室扑灯极少；喜在弱光下产卵，故村前屋后有灯光处，卵量明显增多。

4. 寄主植物　桑毛虫食性杂，寄主植物种类繁多。悬铃木、杨、柳、桑、构、重阳木、榆、椿、泡桐、槐、海棠、樱花、月季、梅、苹果、梨、枣、桃、大豆、棉花等叶片都被其食害。凡桑园附近有榆、杨、柳、桃、李、梅、杏、栗等林木或果园的地方，桑毛虫发生量较多。食桑叶的桑毛虫发育最快。

5. 天敌　桑毛虫天敌资源丰富，尤其是寄生性天敌种类多。国内已发现有桑毛虫黑卵蜂（*Telenomus abnormis* Crawford）寄生于桑毛虫卵中，但在自然界总卵块寄生率仅 3%，利用价值较小。其他有啮小蜂（*Tetrastichus* sp.）、矮饰苔寄蝇（*Hyleorus elatus* Meigen）及桑毒蛾雕绒茧蜂〔*Glyptapanteles femoratus*（Ashmead）〕等。

五、防治技术

（一）农业防治

1. 养好中秋蚕和晚秋蚕，做到蚕叶平衡；连续几年，可明显减少桑毛虫数量。

2. 做好防除杂草及冬季桑园清园，尽量消除桑园害虫滋生地。

（二）生物防治

1. 应用多角体病毒防治桑毛虫　有报道称，每 667m² 用剂量为 4×10^7 个的多角体病毒，掌握在幼虫三龄以前、二龄高峰期喷施效果最好，可从田间死虫回收所用去的病毒，一般每公顷只需 150～300 头病死虫即可。感染多角体病毒的桑毛虫幼虫死亡时多以尾足倒挂于桑树枝条上或伏在叶面，虫体组织液化，无臭味，电镜下可见到大量多角体，一般在气温 22～28℃时桑毛虫经取食传染，其病程 5～20d。病毒破坏幼虫体细胞，幼虫尸体及排泄物内含大量病毒，可成为新的个体发病的来源。目前病毒的失毒和连代传染的机制尚未科学阐明。浙江省海宁县在桑毛虫多角体病毒的应用时发现，经过 1d 暴晒后病毒即无毒性。科学家认为病毒制剂一定要作为商品大量出售，才能作杀虫剂使用；另外，应研究它在自然界保持长期残留毒性的条件，让其自然传染，则意义更为重大。

2. 保护桑毛虫天敌黑卵蜂、大角啮小蜂、矮饰苔寄蝇及桑毛虫绒茧蜂等。

3. 利用桑毛虫性信息素诱杀桑毛虫成虫　性信息素诱杀桑毛虫成虫是为了减少成虫交尾的概率，目前还局限于测报，不能应用于生产中。

（三）人工防治

1. 冬季做好桑园清园工作，清除落叶，剪除有孔虫枝，除去裂隙、拳下虫茧，及时刮净老树皮，剪除枯枝、枯桩，减少越冬幼虫。

2. 桑毛虫发生严重的桑园，应人工摘除卵块　桑毛虫产卵在叶背，上盖黄毛，易识别，可在各代桑毛虫孵化前后及时摘除卵块或群集幼虫。人工摘除"窝头毛虫"，即在低龄幼虫集中为害 1 叶时，连续摘除 2～3 次。

3. 束草诱杀　于幼虫蛰伏越冬前，将稻草束于桑树主干或分枝上，束草长 15～25cm，厚 4～5 层，诱集幼虫入内越冬，在翌年幼虫活动前，把草解下，同时应注意把枝干上的虫茧一齐采下，放入寄生蜂保护室中，待天敌羽化飞出再把束草等烧毁。

（四）化学防治

1. 秋末组织桑园封园，打好"关门虫"　仲秋或晚秋蚕一结束，及时组织采用氰戊菊酯（有效成分）6 000～10 000 倍液喷洒，除杀灭桑毛虫、尺蠖外，兼治桑螟、桑人纹污灯蛾等多种害虫，减少翌春桑毛虫为害。浙江湖州、嘉兴两市连续 3 年使用，防效在 95％以上，对翌年春蚕无影响。

2. 白条治虫　凡秋末未用菊酯类农药打"关门虫"，翌春桑毛虫、尺蠖发生严重的桑园，可在 4 月上、中旬害虫出蛰完毕时进行。

3. 杀灭越冬幼虫　在春季桑芽萌发前后，把桑划分为老桑、新桑、春伐桑等几个类型，各选定几块桑，每一块桑地随机选取大、中、小桑树 10 株，调查总虫数（包括在裂隙、虫孔中的越冬虫数及已走出活动的虫数），当有 50％的幼虫活动时，即可用 80％敌敌畏乳油 1 000 倍液，或 60％敌·马乳油 1 800 倍液，或 40％辛硫磷乳油 1 000～1 500 倍液杀灭幼虫。

4. 杀灭发生代幼虫　可根据各地历年各代成虫羽化期，于各代羽化高峰期开始采卵观察孵化情况，于盛孵期开始喷药。防治第二代桑毛虫时，应先留出稚蚕专用桑园或划片防治，可使用的农药有 40％辛硫磷乳油 4 000 倍液或 80％敌敌畏乳油 2 000 倍液。为确保夏秋蚕安全，应划片喷药。

5. 6 月上、中旬重点防治春伐桑园，消灭第一代桑毛虫，也可兼治多种害虫。

6. 桑毛虫为害树种较多，在喷药的同时，对旁边树上的桑毛虫应同时防治。

方荣俊　吴福安（中国农业科学院蚕业研究所）

第 36 节　桑黄星天牛

一、分布与危害

桑黄星天牛［*Psacothea hilaris*（Pascoe）］属鞘翅目沟胫天牛科，又名长角天牛、黄星桑天牛、黄点天牛。分布于我国上海、浙江、江苏、安徽、山东、福建、陕西、湖南、湖北、江西、河南、河北、北京、甘肃、四川、贵州、广东、广西、海南、台湾、东北等地区。寄主有桑、无花果、苹果、油桐、枇杷、柑橘、榕、柳、杨、松、杉、核桃等。桑黄星天牛以成虫啃食桑叶及嫩枝皮层。幼虫蛀食枝干皮层，初期无明显症状，随着皮层被蛀食的面积不断扩大，被害树上的枝条生长不良，叶小而黄，一旦皮层被环食，输导组织受损，蛀道以上枝干便枯死，影响桑叶产量及质量。

二、形态特征

成虫：雌虫体长 16～30mm，雄虫体长 15～22mm。全体底色黑，密被灰绿色绒毛，间有黄毛组成的斑纹。头部共有 7 个黄色斑纹，包括头顶中央 1 纵走黄斑。触角 11 节，从第二鞭节起各节基部 1/3 及末节端部均呈青白色，雌成虫触角长度短于体长的 2 倍，雄成虫触角长度约为体长的 2.5 倍。前胸两侧中央各有 1 小突起，左右两侧各有 1 条纵走黄色斑，与头顶两侧的 2 个黄色短纹排成 1 直行。每鞘翅上约有 5 个较大的及一些较小的近圆形黄色斑点。腹部各节腹面左右各有 2 个黄色斑纹排成 4 直行，但末端两节内侧的1个黄斑不明显或消失。

卵：圆筒形，长径3.2～4.2mm，横径1～1.2mm，淡黄色。

幼虫：体长25.5～32.5mm。头部黄褐色，上颚及头盖前沿黑褐色，上唇黄色多毛，前唇基白色无毛。第一胸节宽阔，背面有黄色"凸"字形硬皮板，其前方和两侧黄褐色，有光泽，两侧转角处各有1个明显凹入的三角形区，腹部第一至七节的背腹两面各有1个横长圆形步泡突。

蛹：纺锤形，体长15～32mm，乳白色，复眼褐色。

三、生活习性

桑黄星天牛在江苏、浙江地区1年发生1代，以未成熟幼虫越冬，越冬场所在木质部的隧道穴内或在树皮下的蛀道内。翌年3月中旬起继续蛀食为害，6月上旬为化蛹盛期，7月上旬为羽化盛期，7月下旬为产卵盛期，8月上旬卵孵化，11月上旬幼虫开始蛰伏越冬。但由于发育进度不一致，自5月中旬至8月下旬均可见到成虫。成虫初羽化时体软，翅斑青白色，自化蛹处向外咬成直径4.5～8mm的圆形羽化孔而外出，出孔时间以上午居多，羽化后翅斑由青白色逐渐转变为黄色，体色渐浓，鞘翅亦逐渐硬化。

成虫食害嫩枝皮部、叶脉及叶片。成虫7:00～9:00交尾最盛，羽化后约经10d开始产卵。每头雌虫最多可产卵182粒，每株桑树上产卵数可多达129粒。成虫产卵时先用上颚咬成约3mm长的产卵痕，然后产卵于皮下6～7mm深处，每穴产卵1粒，少数2粒。卵经10～15d孵化。

幼虫孵化后，沿皮下蛀食，其排泄物堆积于蛀道内，堆积过多时会从皮部裂隙处挤出。幼虫在体长20mm左右时，即咬1椭圆形蛀入孔，深入木质部，形成隧道，幼虫老熟后，在隧道底部咬成化蛹穴，以木丝紧塞穴口，在其中化蛹。

研究表明，温度（20℃、25℃）和光周期（16L:8D、12L:12D）共同对桑黄星天牛幼虫滞育的发生和解除起作用。温度20℃、光周期为16L:8D有利于幼虫滞育的发生；温度20℃、光周期（12L:12D）有利于幼虫滞育的解除。

四、发生规律

桑园周围栽植有天牛喜食的食物源植物，为该虫提供了营养来源，客观上为天牛的发生提供了条件。桑树田间地理分布和天牛发生率的关系很大，特别是新栽的幼龄桑园表现明显。桑园四周、沟渠旁、路边的桑树天牛发生率高，单行或小面积桑园天牛发生率也高。天牛发生率和周边栽植的树种有一定关系。周边栽植天牛易为害的树种，桑园的天牛发生率也很高，而成林成片的周边无天牛其他寄主的规模桑园，天牛发生率低。

树龄在2～5年的桑树受天牛为害严重，而10年以上的成林桑园天牛发生率低；高干桑最易受害，而低干桑最利于避免受害。

五、防治技术

（一）农业防治

成虫羽化后，在梢端取食桑叶或嫩枝时，利用其假死性，震落捕捉，在6～8月产卵前期或产卵期内进行。见到产卵痕及幼虫为害处，以锥戳死其内的卵或幼虫。桑建园前先清除附近有虫的杂树以消除虫源，建立成片的规模桑园，可减轻天牛的为害。加强桑园管理，增强树势可减轻受害。挖除枯死桑，剪除有虫枝并及时处理，减少虫源，减轻受害。

（二）化学防治

化学防治因其速效性在桑黄星天牛防治中起着很大的作用。幼虫尚未蛀入木质部前，可用50%杀螟硫磷乳油250～300倍液，喷射于树干上的为害部位。在幼虫孵化盛期连续喷药可提高防治效果。对已蛀入树干的幼虫可以采取注射药物、药物堵孔、毒签熏蒸等方法进行防治。

（三）生物防治

保护和利用啄木鸟、天牛卵啮小蜂等天敌，充分发挥它们的抑制作用。冬季或早春整枝时发现有天牛产卵穴而无蛀孔的枝条，其中的卵多被寄生，应予保留；夏伐时寄生蜂尚在化蛹期中，应将无蛀孔产卵枝选出，成束挂在桑园枝干上，可明显增加对天牛卵的寄生率，起到较好的防治效果。

自然界中，桑黄星天牛往往受到病原微生物的侵染而得病死亡。有些病原微生物在时间和空间上具有扩散蔓延能力，能形成不同程度的流行病，达到持续控制害虫的效果，是自然界控制桑黄星天牛种群数量变动的重要因素。利用微生物防治害虫具有独特的优越性：害虫不易产生抗药性，具有良好的环境安全性，对寄主有较强的选择性，有利于保护天敌。有些真菌已表现出巨大的应用潜力，被开发成杀虫剂而大量生产和应用，如利用布氏白僵菌（*Beauveria brongniartii* Petch）防治桑黄星天牛等桑园天牛。

陶士强（中国农业科学院蚕业研究所）

第 37 节　桑 白 蚧

一、分布与危害

桑白蚧〔*Pseudaulacaspis pentagona*（Tagioni‐Tozzetti）〕属同翅目盾蚧科，又名桑白盾蚧、桑盾蚧、桑介壳虫等。分布于欧洲、亚洲、美洲、大洋洲、非洲，我国各蚕区均有发生。桑白蚧除为害桑外，还为害茶、棉、橄榄、苦楝、梧桐、杏、梅、李、苹果、葡萄、枫、槭、榉、木芙蓉、柳等。若虫、雌成虫群集桑主干、枝条上，以口针刺入皮层吸食树汁，也有在叶脉或叶柄、桑芽的两侧寄生，故可由接穗和桑苗远距离传播。由于繁殖力强，常见桑白蚧盖满树干，使桑树发育不良，枝梢枯萎，叶片细小，甚至全树枯死。桑白蚧为害后往往并发桑膏药病。

二、形态特征

成虫：雌成虫无翅，体长 1.1～1.4mm，扁平，向臀板方向尖削，淡黄色至橙黄色，臀板呈红褐色；头、胸部分节不明显，触角瘤状，上生刚毛各 1 根，口器大，黑色，腹部 9 节，足退化，肛门位于臀板中部之前。雌虫的介壳笠帽形，直径 1.7～2.8mm，白色、黄色或灰白色，背面突起，中央有 1 橙黄点，即若虫蜕皮后形成的壳点。雄成虫为橙黄色或橘红色，复眼黑色，翅灰白色，透明，超体长，纺锤状；触角位于头的前侧方，10 节，与体等长；基节宽过于长，第二节棍棒状，其余各

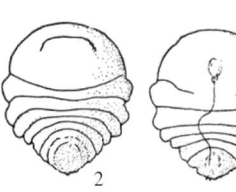

图 18‐37‐1　桑白蚧（引自中国农业科学院蚕业研究所，1985）

Figure 18‐37‐1　*Pseudaulacaspis pentagona*（from Institute of Sericultural，Chinese Academy of Agricultural Sciences，1985）

1. 雌虫介壳　2. 雌成虫背面观　3. 雌成虫腹面观　4. 雄虫介壳

节长卵形，着生细毛；胸部发达，足细长，多毛，呈刷状；口器退化，腹部末端尖削，交尾器针状；触角、足及交尾器淡黄色。雄介壳为长椭圆形，呈白色绵质状，背面有 3 条隆起，1 个黄色壳点位于介壳前端（图 18‐37‐1）。

卵：椭圆形，长 0.25mm，宽 0.12mm，卵色有白色和淡红色 2 种。

若虫：一龄若虫呈卵形，扁平，复眼 1 对，足 3 对，以中足和后足为最宽。腹部有 2 根较长的刚毛。虫色 2 种，从白色卵孵化出来的若虫呈淡黄色，为雄虫。从淡红色卵孵化出来的若虫呈橙黄色，为雌虫。第二龄若虫足及触角均退化，尾部 2 条刚毛也随之消失。雌虫梨形，粉红色，略带淡黄色，背面隆起，胸部最宽，腹部分节明显，末端渐细，头、胸、腹部不易区分。雄虫短纺锤形，淡黄色或白色，头、胸、腹部已略能区分，眼特大，紫黑色。第三龄若虫均为雌虫，橙黄色，这时的口器显得更硬而长。

蛹：体长 0.6～0.8mm，长椭圆形，深黄色或橙黄色，复眼黑色，触角、翅和足紧贴在体上，腹部明显，末端有较长针状交尾器。

三、生活习性

（一）年生活史

陕西、宁夏 1 年发生 2 代，江苏、浙江、四川 1 年发生 3 代，广东、台湾 1 年发生 5 代。均以受精雌虫在枝干上越冬。据浙江省农业科学院蚕桑研究所对桑白蚧生活史调查发现，1 年发生 3 代。

（二）成虫

卵产在母体的介壳下面，当卵粒充满介壳后也有少数产在外面。每雌虫产卵数随寄主植物不同而异。寄生在桑树上的介壳虫，产卵多者可达 200 粒以上，少则 70 粒左右，寄生在茶树上的为 50～100 粒。产卵期长短与温度有关，气温高，产卵期短；气温低，产卵期长。雌虫产卵后，死于介壳内，呈紫黑色。

（三）若虫

初孵若虫仍停留在雌虫介壳下，1～4h 后，从介壳后部与树皮缝隙处爬出。若虫体色有乳白色和橙黄色 2 种，雄若虫白色，雌若虫橙黄色。雄若虫爬行范围小，分散距离短，多集中在雌虫介壳周围。雌若虫分散范围广，离雌虫介壳较远。爬行速度每分钟为 1～2cm，经爬行 5～11h 后，固定吸食，一般都固定在树枝凹陷不平处或树皮缺口上。若虫固定吸取汁液后不久即开始分泌蜡质。雌若虫经 3 次蜕皮变为成虫，雄若虫经 2 次蜕皮化蛹。蜕皮时，由腹面的前端裂开，虫体微向后移，蜕皮留在体前端，然后再分泌棉絮状蜡质物盖于体背。第一次蜕皮置于新分泌的蜡质的前端呈第一壳点。1 次蜕皮后，雌雄若虫可明显区分；经 2 次蜕皮后，雄若虫成为前蛹，此时介壳稀松，可透见虫体，半月后，雄成虫羽化。雌虫第二次蜕皮后继续分泌蜡质覆盖虫体，为介壳增厚期。

四、发生规律

（一）气候条件

气温过高、过低对桑白蚧的发生具有很大的影响。高温干旱对桑白蚧的发生不利。地势低洼，地下水位高，桑园密植、郁闭多湿的小气候有利于桑白蚧的发生。此外，偏施氮肥、枝条徒长、管理粗放的桑园发生也多。

（二）天敌

寄生桑白蚧的天敌有桑盾蚧恩蚜小蜂［*Encarsia berlesei*（Howard）］和桑白蚧黄金蚜小蜂［*Aphytis proclia*（Walker）］两种寄生蜂，捕食性天敌有日本方头甲（*Cybocephalus niponicus* Endrödy‑Younga）、闪蓝红点唇瓢虫（*Chilocorus chalybeatus* Gorham）和红点唇瓢虫（*Chilocorus kuwanae* Silvestri）等。以上天敌对桑白蚧的抑制在前期起颇大作用。

五、虫情及测报调查

（一）越冬基数调查

在第三代受精雌成虫越冬后，选择受桑白蚧为害严重的和一般的桑园两块，每块面积 667m² 以上。用随机取样法调查 200 株以上桑树，计算株被害率。同时进行虫口密度调查，根据被害株的为害程度，分轻、中、重 3 级调查，每级调查数不少于 5 株，从而推算出每 667m² 虫口密度。

（二）早春越冬雌成虫产卵进度调查

根据桑白蚧虫体小、产卵情况不易观察的特点，采取室内外结合调查。从 4 月下旬开始，随机剪取带有介壳的短枝，拿回室内镜检。在室外调查，用昆虫针或解剖针拨开介壳，用放大镜观察产卵进度。

（三）早春卵孵化进度调查

方法基本上同产卵进度调查，不同的是，拨开雌虫介壳（不少于 5 只），将卵放入保湿的培养皿内，逐日观察，并分别记载孵化卵、未孵化卵及瘪死卵数量。在室外调查，固定调查株，选择 1 根枝条，保留 5～10 只介壳虫，计算孵化率。孵化盛期，即是农药防治的最佳时期。

（四）药效调查

选择 667m² 以上的被害桑园 1 块，设试验和对照区，重复 3 次。调查时，备用纸板制成 4cm² 小方框供取样，用针在（株、条）小方框内拨开介壳观察成虫死亡情况，并记载施药前后的虫数，计算防效。

六、防治技术

（一）农业防治

做好桑园培育管理，加强整株修剪，开沟排水，降低地下水位，合理密植，改善桑园小气候，使桑园通风透光，不利于桑白蚧的发生。冬季或早春桑芽萌发前，用破布、草把、竹刷等工具，抹擦掉密集在主干或枝条上的越冬雌成虫，减轻第一代的为害。

（二）化学防治

根据桑白蚧覆盖蜡质介壳的生理特点，掌握以下 3 个阶段施用不同药剂。

1. 蜡质未形成期（卵盛孵期）　据浙江省农业科学院蚕桑研究所 1978 年试验结果，用柴油加工业用肥皂（各 10％）加温至 40℃喷雾或用排笔涂抹被害处，防治效果可达 95％以上。也可用 80％敌敌畏乳油 500～1 000 倍液、50％马拉硫磷乳油 1 000 倍液、40％亚胺硫磷乳油 500～800 倍液或 50％杀螟硫磷乳油 500～1 000 倍液喷雾，均有较好防治效果。

2. 介壳形成初期（低龄幼虫期）　用含 0.1％有机磷农药的 20 倍石油乳剂喷雾或涂抹被害处，效果较好。可加的有机磷农药有 80％敌敌畏乳油、50％马拉硫磷乳油等。

3. 介壳形成期（成虫期）　可用洗衣粉 20％溶液涂抹被害处。另外，据浙江湖州蚕桑研究所 1981 年试验，用洗衣粉 2kg 加 1kg 煤油加 25kg 水混匀，早春或夏伐后喷雾或涂抹被害处，介壳虫死亡率可达 98％以上。

根据桑白蚧各生长期的发育特点，各代若虫孵化盛期就是防治适期。在浙江杭州地区，1 年 3 代用药适期分别是 5 月上旬、7 月中下旬和 9 月中旬。

盛晟　王俊（中国农业科学院蚕业研究所）

第 38 节　桑黄萤叶甲

一、分布与危害

叶甲类属鞘翅目叶甲科。为害桑树的叶甲类害虫主要有桑黄萤叶甲 [*Mimastra cyanura*（Hope）]、桑宽黄叶甲（*Platyxantha chinensis* Maulik）、桑窝额萤叶甲 [*Fleutiauxia armata*（Baly）] 和桑皱鞘叶甲 [*Abirus fortunei*（Baly）] 4 种，其中以桑黄萤叶甲最为严重。桑黄萤叶甲，又称蓝尾叶甲、黄叶虫、黄叶甲等，俗称萤火虫。

桑黄萤叶甲在我国江苏、浙江、江西、湖南、重庆、福建、广东、四川及贵州等主要蚕区均有分布，特别在丘陵地为害更重，浙江山区桑园普遍发生，重庆蚕区为害也很严重。该虫因地域分布广，各地区的为害成虫形态略有差异，在重庆、四川成虫除尾部是蓝色外，其余部分均是黄色，称蓝尾叶甲，而在浙江成虫整个身体均是黄色，无蓝尾，称黄叶虫。桑黄萤叶甲成虫食性杂，食害桑、梧桐、橙、沙桐、大麻、苎麻、枫、榉、榆、朴、构、无刺槐、黄桷等。幼虫则为害马齿苋、蟋蟀草、香附子等杂草。该虫以成虫群集桑叶正、背面蚕食叶片，使受害桑叶成缺刻或穿孔，常将展开不久的嫩叶吃光，仅留主脉，造成春叶损失严重，春蚕缺叶；同时该虫在梢端爬行飞舞和取食时，排出的大量粪便污染了梢芽及下部成熟叶，严重影响桑叶的质量（图 18-38-1）。四川铜染团碾公社 1964 年因该虫成灾，发动群众在 3d 内捕捉 150kg，每 1kg 约 10 000 余头，可见其为害严重程度。1995 年浙江诸暨地区桑黄萤叶甲严重发生，桑树平均被害株率达到 87.7％，部分受害株率高达 96.4％。

二、形态特征

成虫：体长 8～12mm，长椭圆形。腹部黑色或土黄色。头部黄色，头顶中央有 1 黑褐色纵沟即黑色"山"字形斑。复眼半球形，黑色。触角丝状，共 11 节，第一至三节黄色，其余为黄褐色，各节生有刚毛，愈向末端毛愈多。前胸背板长方形，土黄色，端部色较深。前侧角向前突出，中央有 1 浅纵沟，两侧各有 1 三角形黑褐色浅凹陷。中、后胸黑色，并有黑色横带将其分成 5 节，并布满白毛。前翅黄褐色，略成长方形，布满细刻点，外缘黑色，少数个体翅外缘部分有蓝黑色大斑纹。后翅膜质，灰黑色，半透明。胫节深褐色或黑色，跗节 5 节，末端有 2 爪。雌虫前足正常，雄虫基跗节扁平而宽大。腹部黑色，胸、腹部各节密生细毛（彩图 18-38-1，1）。

卵：圆球形，直径 0.7～1mm，麦秆黄色，卵壳表面光滑，无花纹。

幼虫：体长 10mm，初孵化时为灰色或灰黄色，蜕皮前渐黄色，蜕皮后变为污黑色。胸、腹部土黄色，头部、前胸硬皮板及腹部末节的硬皮板均为黑色、有光泽。体型粗短，腹部圆筒形稍扁，末端有囊状，第五、六节较肥大，尾端弯曲。胸部第二、三节有亚背线。气门上线及气门下线有瘤状突起各 2 对，气门线瘤状突起 1 对。腹部第一至八节，各节有气门上线瘤状突起 4 对。亚背线有瘤状突起 2 对，尾气门线及气门下线瘤状突起各1对，突起均为深褐色。3对胸足黑褐色。尾足白色，囊状，可伸缩以助行动。后足1对，能伸缩以助行动。后足共12节，以第三、九节最肥大，体略向腹面弯曲（彩图18-38-1，2）。

蛹：为裸蛹，纺锤形，长8mm，初化蛹时黄白色，后变麦秆黄色。胸、腹背面有瘤状突起，排列位置与幼虫大体相同。瘤状突起黑褐色，有刚毛，尾端有2个黑色刺状突起。触角向后绕过前中足再向前伸接近口器。翅芽伸达腹部第四节，胸腹横断切面略呈三角形（图18-38-1；彩图18-38-1，3）。

三、生活习性

桑黄萤叶甲1年发生1代，以老熟幼虫在土下越冬。虫态历经时期各地稍有差异。

据浙江诸暨饲养观察，越冬幼虫翌年4月中旬化蛹，5月上旬开始羽化，6月下旬开始产卵，7月中旬开始孵化，10月下旬幼虫潜入土中越冬。虫态历期为卵期63d；幼虫期一龄8.05d，二龄11.37d，三龄活动期47.95d（其中取食27.35d），三龄越冬期为160.4d；蛹期26.3d；成虫期56.5d。四川比浙江发生早，越冬迟，越冬幼虫翌年3月上旬化蛹，3月下旬至4月中旬羽化，5月中旬产卵，6月中、下旬孵化，11月上旬入土越冬。

桑黄萤叶甲初羽化成虫体色较暗，呈灰黄色；在羽化穴内不喜活动，约经2d后慢慢出土，但活动力很弱。随着营养的不断充实，体色逐渐变黄而有光泽，飞翔活动力

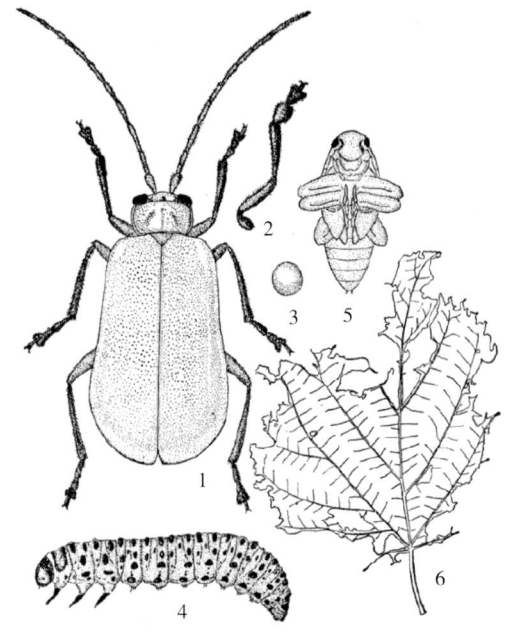

图18-38-1 桑黄萤叶甲及为害状（引自中国农业科学院蚕业研究所，1985）

Figure 18-38-1 *Mimastra cyanura* and the damage symptom（from Institute of Sericultural, Chinese Academy of Agricultural Sciences，1985）

1. 雌成虫 2. 雄成虫足 3. 卵
4. 幼虫 5. 蛹 6. 为害状

也随之增强。四川成虫于3月中旬羽化后，先在榆树、黄桷树、中国梧桐、沙桐等的枝梢上取食嫩叶，将嫩叶基本食光后，桑树新梢生长到8～10片叶的时候陆续迁至桑树上为害。4月中、下旬桑树上虫口密度达到高峰，每株中干桑多达200头。成虫白天活动，活动时间以晴天9:00～16:00活动最频繁，且飞翔力最强，飞翔高度可达15～16m，在一定风力作用下，可到处传播。成虫具有明显的假死性和群聚性。中午温度过高时，成虫停伏叶背阴处不动；日落后至翌日晨露水未干前及阴雨天不太活动，此时，飞翔力也弱，有假死性，受惊落地随即展翅飞起，飞距仅1～1.7m。中午气温过高时，成虫停伏于叶子背面，常数十多个集1叶上为害，沿叶缘向里咀食，形成不规则细齿状缺刻。雌雄比6:4，成虫交尾多在8:00～11:00，1次0.5～1.5h。雌虫可交尾多次，喜在光线较暗处产卵，产卵期10d，长的可达32d，产卵后5～15d雌虫死亡。卵多产于土表或土块裂缝中，1雌平均产卵71.6粒。卵期30～73d，平均57d。卵呈圆球形，初产卵为乳黄色，继而逐渐加深至麦秆黄色，后期由于虫卵胚胎发育成熟，卵在孵化前变为褐色。卵以日中孵化较多，孵出后的幼虫多在土表活动，触之即蜷缩假死、停伏或逃脱，很少入土或爬上植株。初孵幼虫行动活泼，取食不分昼夜尤以6:00～9:00更旺，气温在32℃以上时，一般都喜潜伏于阴湿土隙中或土块边不活动。幼虫喜食嫩草芯（如马唐、千金子、狗尾草、香附子、双穗雀稗等），也食青菜叶和幼草根，遇刺激即停伏或逃避或蜷缩作假死状。幼虫蜕皮前后，常静伏于小土穴或土块缝隙中，不食不动，背部隆起，身体向腹面微曲，呈休眠状态，蜕1次皮约需2d。经两次蜕皮，共3个龄期。三龄老熟幼虫尾部肥大且向下弯曲，行动迟缓，取食缓慢，于10月中旬开始入土准备越冬，此时，随气温变化，常在土中上下活动，取食甚少，到10月底至11月上旬相继入土越冬。入土后在1.5～2cm深处，营造圆形光滑的土室，1室1虫，幼虫体屈曲，仰卧室中越冬。翌年4月越冬幼虫在原土室内化蛹，初化蛹体乳白柔嫩，后期体色转灰黄，外翅逐渐变硬。蛹在土室内一般不活动，蛹期经过26d左右，然后在土室内羽化为成虫。

四、发生规律

（一）虫源基数

桑黄萤叶甲的幼虫和蛹均能在山坡地、溪边的荒草地及苔藓生长处找到，但至今尚未在桑园内找到其幼虫和蛹，证明其不在桑园内完成年生活史。成虫有明显的迁移性，5 月上旬陆续迁入桑园为害春叶，5 月下旬夏伐后，成虫开始向山地树林或邻近春伐桑及桑苗地迁移，几天内可将成片苗叶食尽。夏伐后只有少量成虫继续在桑园内取食残存叶片，2～3d 内均迁出桑园。榆叶是桑黄萤叶甲后期的主要食物，桑园附近榆树的多少与桑黄萤叶甲发生量有关。

自然条件下桑黄萤叶甲不能在桑园内完成生活史的原因是：①5 月下旬桑园夏伐后，造成桑园内桑黄萤叶甲食料短缺，而桑黄萤叶甲此时尚未进入产卵盛期，需继续取食，为追寻食料而迁离桑园。②桑黄萤叶甲产卵于表土层，桑园内夏耕、除草、采叶、治虫等农事活动，使其卵期难以得到保护，桑黄萤叶甲为寻找合适的产卵地点而迁离桑园。③幼虫在土表生活，要求多湿环境，而桑园在夏秋季一般易遭受干旱，不适其生存。唯有山地、溪边等较为潮湿的非耕地、杂草及苔藓生长处为其幼虫生存的适宜环境，由此便形成桑园-榆林-荒草地的生态迁移，且相对稳定。如果缺少其中 1 个条件，桑黄萤叶甲发生量就有较大变化。根据实地调查，同样是山地桑园，周边是树林柴山，有荒草地的桑园发生量多。山林中榆树多的桑园地段虫口密度更高。周边是竹林或秃山的桑园虫量较少，平原水网桑园几乎不发生。

同一发生区域，不同田块的虫口密度差异也很大，上年发生早、虫口多的桑园，第二年成虫迁入也早，相对虫量也多。上年虫口密度低的桑园，即使因夏伐迟当年有大批成虫迁入，但翌年虫量亦未见上升。多年调查结果表明，桑黄萤叶甲成虫迁入桑园的数量多少主要与幼虫源距离的远近有关。

另外，桑黄萤叶甲对长势好、叶色浓绿的桑树新梢叶有密集取食习性。总之，桑园附近有无适宜幼虫生活的场所是决定下年虫量的关键因子。

（二）气候条件

桑黄萤叶甲发生迟早以 4 月的积温、降水量影响最大。温度越高，降水量充足，桑黄萤叶甲成虫羽化越早，反之，则延迟，但气温适宜，而雨水不足，也同样会抑制其成虫的羽化。长江以南地区春季气温回升早，多山丘林地，温暖潮湿，虫量则多。地处南面，春季气温回升早，成虫出现的时间也早。地处丘陵山地，周围杂木林多，较潮湿，其虫量也多。平原水网地带发生时间迟，虫量最少。

（三）寄主植物

幼虫喜食马齿苋、牛繁缕及十字花科青菜的叶子，也喜食受潮的大、小麦种子，饥饿时勉强啃食蟋蟀草、香附子等杂草。成虫的寄主植物除了桑以外，还有苎麻、大麻、梧桐、榉、春榆、橙、沙桐、枫、朴、构、无刺槐、黄桷等。在同一桑园中不同桑品种，桑黄萤叶甲的为害程度不同。

（四）天敌昆虫

茶翅蝽的成虫和若虫，可吸食桑黄萤叶甲体液而致死。白僵菌、捕食螨也均能侵害桑黄萤叶甲。已发现的茶翅蝽的成虫和若虫可将口器插入桑黄萤叶甲的腹部节间膜内，吸取体汁使其致死。阴雨时期，白僵菌寄生也会引起桑黄萤叶甲死亡。

（五）化学农药

桑用农药是防治桑树害虫的重要环节，既要杀虫又要保虫。在养蚕期间，桑用农药应具有广谱、高效、低毒的特点。如敌百虫、敌敌畏、辛硫磷、乐果等是目前桑园常用的有效农药。

成虫盛发期晨露未干时采用高效、低残留的 50％辛硫磷乳油稀释 1 000～1 500 倍液喷雾，5d 后采叶，效果较好。

25％乐果乳油稀释 300 倍液、500 倍液、1 000 倍液和磷酸二氢钾一起喷施，效果好。喷施 25％乐果乳油 300 倍液后需隔天才可采桑。

五、防治技术

桑黄萤叶甲的防治策略为预防为主，综合防治。根据其生活习性，防治措施分为 3 个阶段：①桑黄萤叶甲初发生期。此时，春蚕还未饲养，虫量不多，可不防治。②桑黄萤叶甲盛发期。此时正值春蚕大量饲养期，养蚕与治虫矛盾突出，应分片分块轮治，在保证养蚕的安全前提下，采用多种策略捕杀桑黄萤叶甲。③桑黄萤叶甲迁飞期。此时春蚕结束，桑园进入夏伐，桑黄萤叶甲因暂时中断食源而迁飞至春伐桑和苗桑，虫量集中，又接近其产卵期（6月下旬），是防治桑黄萤叶甲的最佳时期。

（一）农业防治

利用桑黄萤叶甲的假死习性，于清晨露水未干前，用脸盆盛肥皂水或用簸箕盛风化石灰置于枝下，震动桑条，桑黄萤叶甲受惊落入脸盆或簸箕中，集中杀死。

桑树夏伐后1周内进行耕翻除草，不仅能改善土壤的理化性质，增加土壤肥力，有利于桑树早萌芽早抽条，而且可使虫卵及孵化幼虫露出土面，让鸟类等天敌捕食。冬季桑园深耕1次，翻土20～25cm，不仅可破坏土壤中害虫越冬的巢穴，而且能将翻出地表的越冬蛹冻死或干死或被鸟食，有的可被耕作器具直接杀死，可有效减少越冬虫源基数。冬季用1%波尔多液等封闭桑园。

利用成虫群集为害和假死特性，对低、中干桑树，应在清晨露水未干前用纱布网罩套枝梢，并轻轻摇动树干，使虫体落于网内，然后集中处理，既经济防效又好。

（二）化学防治

桑黄萤叶甲在桑树上的为害期正值春蚕期，宜用80%敌敌畏乳油1 000倍液喷洒，喷药后1周即可采叶饲蚕。喷药应在晨露未干成虫不活泼时进行。同时，应注意防治其他林木上的成虫。桑树发芽时开始注意榆、沙桐、梧桐、黄桷等树木，若发现虫源即用90%敌百虫晶体1 000倍液喷射树梢。进行夏伐的桑树可留少数桑枝不剪，诱集桑黄萤叶甲取食，然后喷洒敌敌畏药液再伐条，这样既可减轻当年的为害损失，又可压低以后的繁衍数量。

（三）生物防治

据观察，桑黄萤叶甲成虫期有些个体可被茶翅蝽的成虫和若虫以针状口器插入腹部节间膜内吸食体液致死；在阴雨时期，也会被白僵菌寄生而死。在此期间，忌喷广谱性药剂，有利保护好天敌，对减轻成虫为害有一定的作用。

方荣俊　王俊（中国农业科学院蚕业研究所）

第 39 节　春 尺 蠖

一、分布与危害

春尺蠖（*Apocheima cinerarius* Erschoff）属鳞翅目尺蠖蛾科，别名步曲、沙枣尺蠖、杨尺蠖、造桥虫等。可为害桑、杨、柳、榆、槐、苹果、梨、沙果、葡萄等多种林木及果树。在桑树上又名桑搭、剥芽头虫、条虫、寸心虫、寸尺虫、量天尺、弯弓虫、秤杆虫等。春尺蠖在我国河南、山东、江苏、浙江、河北、青海、四川、新疆、甘肃、宁夏、内蒙古、陕西等省（自治区）均有分布，国内各地桑园都有发生。以幼虫食害桑芽和桑叶，是早春为害桑树的主要害虫之一。

桑树春尺蠖以早春越冬幼虫为害桑芽最严重。越冬幼虫将整个桑芽内部吃空，只留芽苞，甚至连芽周围的桑枝皮层也食害，常造成桑树芽发育不齐，枝展叶不全或整株桑树光秃不发芽。幼虫发育快，随着龄期增加，食量大增，在桑树展叶后又暴食叶片。幼虫再通过吐丝借助风力转移到附近树上继续为害。猖獗发生时，可将桑树的芽、叶全部吃光，被害叶片残缺不全，严重影响桑树的生长发育和春蚕的正常生产。陕西关中地区，幼虫从4月上旬开始为害雀口期芽叶，到4月下旬，桑树虫口达千余头。又如新疆墨玉县，幼虫3月下旬为害芽苞，到4月中旬大部分桑叶及嫩芽就已被食光。幼虫在缺少食料情况下，能食少量的苜蓿、小麦叶片、玉米、绿肥等。

二、形态特征

成虫：雌蛾口喙退化，无翅，体长9～16mm，体色因食料不同而异，以梨及沙果为主要食料者体色灰黄；以榆及桑为主要食料者色较深，体呈灰褐色。复眼黑色，触角丝状。胸部3节不发达。腹部肥大，分为7节，各节背面有棕黑色横行刺列，中央有两条纵走的黑褐色线，末端有小刺1束。产卵器较长，最长可达6mm，黄色，平时缩入体内，产卵时伸出体外。雄蛾体长10～15mm，翅展28～37mm。复眼黑色，杂有褐色斑点，口喙退化，触角羽毛状。前翅正面灰褐色至灰黑色，中部颜色较深，有黑色鳞片组成的内、中、外横线 3 条。后翅黄白色至灰白色，有不明显的横线 10 条。腹部可见 8 节，前端各节所生刺列大致相同，第七、八节分别有小刺 20 余根束集末端上方。

卵：扁平，长圆形或椭圆形，长 0.8～1mm，横径 0.6mm，壳柔软，卵壳上有明显整齐的刻纹，卵粒常聚成不规则块状。前期产的卵呈古铜色或赭色，后期产的卵呈土黄色或黄褐色，孵化前变为褐色或深紫色。未受精的卵色泽不变，最后干瘪。

幼虫：初孵幼虫体长 2.0～4.0mm，黄色，头大。腹部背面有 5 条纵走的黑色条纹，两侧有宽而明显的白色条纹，高龄幼虫体长 22～40mm，有胸足 3 对。腹部第六节有腹足 1 对，末端有臀足 1 对。气门上线、下线及背线黑色，其间夹以白色条纹，亚背线及气门线黄褐色。幼虫体色因寄主不同而有差别，有黑褐色、灰褐色、灰黄色、灰黄绿色等。桑树春尺蠖墨绿或黄绿色，果树春尺蠖多为黄褐色。

蛹：体长 9.2～20mm（包括尾端的臀棘刺及分叉），末端呈棘状，分为两叉。雌成虫虽无翅，但在雌蛹蛹壳上同样有翅的痕迹。幼虫期营养条件的好坏直接影响蛹体的大小。食料充足时，平均蛹长 16.87mm，重 0.21g；食料不足时，平均蛹长 13.43mm，重 0.1g 左右（图 18 - 39 - 1）。

三、生活习性

（一）年生活史

春尺蠖在东北地区及新疆 1 年发生 1 代，在树冠下及周围土中筑室化蛹越夏越冬，在地下时间长达 10 个月之久。新疆地区翌年 2 月下旬至 4 月中旬，日平均温度 1℃ 以上，地表 3～5cm 处平均地温 0℃ 以上，蛹开始羽化。3 月上旬至 4 月下旬为产卵期，3 月中、下旬是产卵高峰期。3 月下旬至 5 月中旬为幼虫期，4 月中、下旬为幼虫暴食为害期。4

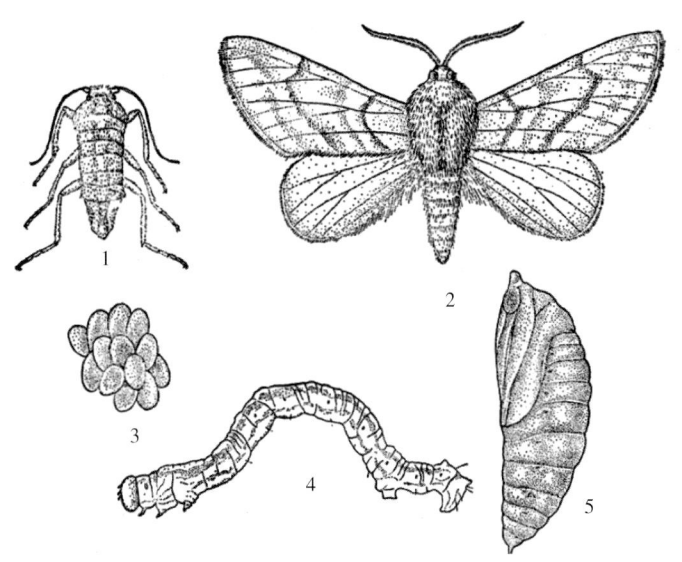

图 18 - 39 - 1 春尺蠖（引自华德公，1996）

Figure 18 - 39 - 1 *Apocheima cinerarius* (from Hua Degong, 1996)

1. 雌成虫 2. 雄成虫 3. 卵 4. 幼虫 5. 蛹

月下旬幼虫入土化蛹，5 月 10 日左右进入化蛹盛期。东北地区则 5 月中旬陆续出现一龄幼虫。盐碱地桑园受害较为严重。

（二）习性

成虫羽化后不立即出土，要在土室中静伏一段时间，一般于黄昏时逐渐破土而出，在地表留下 1 个小洞口。雄蛾出土后立即排出土黄色的蛾尿，雌虫未见。随即便纷纷向树根集中并爬行上树。雌成虫出土后需爬上树进行交配、产卵。成虫有忌光性及假死性，白天潜伏在树皮裂缝及树干的孔洞中，夜间出来活动，已上树的成虫隐藏在开裂的树皮下、树干裂缝及树枝分杈等隐蔽处。发蛾盛期，震动树干，成虫即可落地。成虫活动有突发性，如日落前未见有成虫，黄昏来临时则大量出现，月明星稀之夜成虫很少，闷热朦胧之际，成虫显著增多。成虫以黄昏及 21:00 时最活跃，此刻大量交尾。交尾场所以树干和枝条上最多。交尾后当天即可产卵，一般以上半夜最为集中。成虫寿命与温度呈负相关。羽化较早（2 月底至 3 月初）的成虫，当时气温低，寿命则较长。羽化较晚（3 月中、下旬）的成虫，当时气温渐高，寿命则较短。雌蛾寿命比雄蛾长，成虫羽化率雌蛾比雄蛾高 1 倍。卵多产于寄主的裂隙中，卵粒排列成块。卵量多少与雌蛾体大小有关，雌体大、产卵多，小则产卵少。产卵期平均 10.1d，大部分卵产于产卵期的头几天。成虫平均寿命，雌虫 14.9d，雄虫 10.3d。卵历期因产卵时间早晚而稍有长短。新疆墨玉县，2 月下旬产的卵历期为 30d 左右，3 月上旬产的卵历期为 25d 左右，3 月中旬产的卵历期 15～20d。幼虫 5 个龄期，少数为 4 龄或 6 龄。一至三龄群集，以后分散为害，初孵幼虫取食芽苞、幼叶，三龄以后可取食老叶。初孵幼虫活动能力弱，靠爬行、吐丝下垂或随风飘动等方式扩散为害。幼虫常将 1 对腹足和发达的臀足固定在树枝上静止，如受惊动即吐丝下坠，然后以胸足绕丝缓缓上升，大量取食。幼虫喜食芽苞及嫩叶，四至五龄幼虫耐饥能力强，老熟幼虫在主干周围的土中化蛹，蛹的头部多向上直立，少数亦有成 45°

角斜立或平卧的。入土化蛹深度在 5～50cm，以 16～30cm 的土中最多，蛹经越夏和越冬，其死亡率为 6.6%～12.5%。直到翌年蛹开始羽化，为春尺蠖年生活周期。

四、发生规律

（一）虫源基数

早春桑园春尺蠖数量与越夏越冬的春尺蠖蛹数量、气候等条件有密切关系，并影响到桑树的受害程度。该虫 1 年发生 1 代，根据新疆地区调查发现，1 头雌蛾产卵 32～492 粒，每卵块有 3～238 粒不等。桑园周围林木及农作物也是春尺蠖发生蔓延的基地，春尺蠖的幼虫将其叶片吃光后，可大量落地迁徙，逐步移入桑田。据天津市武清县林业科技推广中心 1994 年统计，每株受害严重杨树有虫 1 万多头。根据牡丹江地区 1994—1997 年室内外观察表明，榆树春尺蠖平均虫口密度 32 头/株，有虫株率 64%，单株叶被食率 55%。由于林木面积大，如春尺蠖扩散，将为害附近桑园。

（二）气候条件

桑园春尺蠖的发生与气候条件关系密切，大量发生的最主要相关因子是：

1. 温度、湿度　上年夏、秋高温干旱，越冬死亡率低，有利于群体数量的急剧增长。卵和幼虫的发育速率随着温度的升高而加快。闷热条件成虫显著增多。成虫寿命与温度呈负相关。羽化较早的成虫，当时气温低，寿命则较长，羽化较晚的成虫，当时气温渐高，寿命则较短。

2. 降雨、降雪　雨水能够冲刷掉一部分虫卵，减少了卵的数量。夏、秋降水量小，冬季降水量大，有利于越冬蛹的存活，自然死亡率低，容易导致翌年大量发生。

3. 光照　成虫有忌光性，隐藏在开裂的树皮下、树干裂缝及树枝分杈等隐蔽处。成虫在黄昏来临时大量出现，月明星稀之夜成虫很少，以黄昏及 21:00 最活跃，此刻可大量交尾。

（三）寄主植物

春尺蠖在不同寄主植物上的种群适合度和增长率有明显的差异。每株受害严重的杨树有虫 1 万多头，而榆树及桑树春尺蠖平均虫口密度每株为几头到几十头不等。桑树脱苞及初展的幼叶，几十头春尺蠖足以将其全部食光，无法展叶，而取食老叶等组织对其种群生长不利。

桑树栽植品种也会影响春尺蠖的发生量，一些野生类型的桑树，如华桑等，不易发生春尺蠖。

桑园种植形式及桑树种植密度等影响春尺蠖发生。在与苕子等绿肥兼作、套作，与杨树邻作等种植模式下，由于桑树与这些作物共同作用的关系，给春尺蠖提供栖息和繁殖的场所，常加重其发生为害。寄主种类和耕作制度的变更，直接影响其种群结构的组成。在新疆地区调查发现，胡杨林是春尺蠖发生蔓延的基地。在新疆墨玉县农田毗邻的戈壁沙滩中有连片的野生胡杨林，春尺蠖的幼虫把胡杨林的叶片吃光后，大量落地迁徙，逐步移入桑田。另外，靠近戈壁边缘的盐碱地，春尺蠖发生比非碱地严重。

（四）天敌

春尺蠖蛹越冬期在土中，有白僵菌（*Beauveria* sp.）寄生，幼虫期有病毒、狭颊寄蝇（*Carcelia* sp.）和悬茧姬蜂（*Charops* sp.）寄生，其中，在野外采集的幼虫寄蝇的寄生率可达 18%。麻雀等鸟类是春尺蠖的主要天敌，它们捕食大量的幼虫，可有效控制桑园春尺蠖的蔓延。但在严重发生区域，鸟类捕食很难抑制其为害。在零星严重为害地区，鸟类捕食是翌年桑尺蠖不能迅速扩散的主要原因。另外，一些寄生蜂、七星瓢虫等昆虫也是春尺蠖的天敌。还有桑尺蠖脊茧蜂，它寄生于桑尺蠖体内，能控制桑尺蠖对桑园的为害。

（五）化学农药

桑园使用的化学农药一般都具有广谱性，如 40% 乐果乳油、80% 敌敌畏乳油、50% 杀螟硫磷乳油、50% 马拉硫磷乳油等。在杀灭桑园其他害虫的同时，对春尺蠖有很好的兼治效果，可有效杀灭春尺蠖的幼虫及成虫。一些春尺蠖为害较重的地区，需要专门防治才能取得良好的防治效果。

化学农药的大量使用有效降低了春尺蠖对桑树的为害，但同时也减少了春尺蠖天敌的数量。21 世纪以来随着我国高毒农药的相继禁用，使桑园化学农药使用模式改变，如甲胺磷的禁止使用，使防治桑树春尺蠖的效果降低，加之一些地区桑园周围经济林木的大量种植，给春尺蠖的种群增长提供了空间，导致其在桑园的为害有加重的趋势，并随着种群生态叠加效应衍生成为桑园区域性多种重要害虫之一。

五、防治技术

（一）农业防治

1. 科学肥水管理　铲除桑园杂草，注意修剪老枝、枯枝，增强树势。

2. 翻土灭蛹　在春尺蠖发生较严重的桑园，在树冠下区域及其周围，特别是比较低洼地段，秋末或冬季进行翻土，深度约 30cm，以破坏蛹室，使蛹体裸露而死亡，降低虫口基数。加强桑园中耕特别是翻耕树干四周，以杀灭于地下越夏越冬的春尺蠖蛹。

3. 束草阻杀成虫　利用成虫羽化出土后沿树干上爬产卵的习性，将小麦、高粱或玉米秆切成 30～40cm 长，疏松地捆扎在离地面 50cm 高的桑主干周围，5～8cm 厚，使成虫潜入产卵，每日解开束草捕杀成虫，并在卵尚未孵化前解除草束集中烧毁。或用旧报纸在相同高度处围成倒喇叭口状，将成虫阻止在倒喇叭口内，每天早晨捕杀成虫。

4. 薄膜涂胶防治　根据春尺蠖雌成虫不能在光滑的塑料薄膜上爬行的特点采用此法。用松香 5 份、蓖麻油 10 份、柴油 1 份、白蜡 1 份配制成胶。薄膜是将大张的塑料薄膜或塑料化肥袋裁成宽 10cm，长视树干粗细而定的长带，将裁好的长带依次用订书机捆钉在距地面 30cm 左右、刮得干净光滑的树干上，待杏树开花，即春尺蠖孵化前几天，用大号毛笔将上述配好的胶涂在薄膜带的中部，要求涂宽 2cm、厚2mm，这样春尺蠖就被控制在树干基部产卵。因树干基部的老皮已被刮净，使得卵块暴露，有利于蜘蛛、螨类等天敌寻觅捕食。特别是一种深红色的大赤螨，喜光善爬，早春活动时间与春尺蠖羽化时间基本吻合，捕食率达 44%。薄膜涂胶不仅能粘住初龄幼虫，对三至四龄幼虫也有作用。据统计，被薄膜涂胶的树冠上层和下层的叶片受害率分别为 4.8% 和 18.5%，比对照树低 46% 和 46.4%。应用此法防治春尺蠖安全、有效且经济简便。

（二）生物防治

1. 保护和利用天敌　利用有利于桑树春尺蠖天敌繁衍的耕作栽培措施，选择对天敌较安全的农药，并合理减少施用化学农药，保护、利用天敌昆虫来控制桑树春尺蠖种群。

2. 利用春尺蠖核型多角体病毒（AciNPV）防治四龄前幼虫，以 16:00～20:00 为最佳时间。

（三）物理防治

对于已羽化出土的成虫，在成虫期内即 2 月底至 3 月中旬，根据春尺蠖雌成虫无翅须爬行上树和雄成虫具趋光性的习性，进行阻杀和诱杀成虫。有电源的地段，也可通过架设黑光灯诱杀成虫，有效率达 80% 以上。

（四）化学防治

1. 可用 90% 敌百虫晶体或 80% 敌敌畏乳油 800～1 000 倍液喷杀幼虫。如果春尺蠖为害严重，发生面积大，可用飞机进行防治。一般常规喷雾是每 667m² 每次喷洒内含有效成分 30g 的敌百虫药液 2.25kg。喷药时间应在卵累计孵化率达 90% 左右为佳。如果喷两次，第一次应在卵累计孵化率为 50% 左右时，隔7～10d 再喷第二次。用飞机喷上述浓度的敌百虫需隔 7d、敌敌畏需隔 3～5d 后方可采叶养蚕。

2. 4 月下旬至 5 月上旬化学药剂防治三龄前幼虫。可使用 80% 敌敌畏乳油 1 000～1 500 倍液、90% 敌百虫晶体 800～2 000 倍液、20% 氰戊菊酯乳油 3 000～5 000 倍液、2.5% 溴氰菊酯乳油 2 000～3 000 倍液、50% 杀螟硫磷乳油 1 000～1 500 倍液等有机磷类、菊酯类药剂进行常量喷雾毒杀低龄幼虫，效果明显，防治效果达 90%。必要时喷洒 48% 毒死蜱乳油 1 300 倍液。

3. 施放烟剂　当大面积发生时，不适合药剂喷药等措施实施防治，可施放敌敌畏插管烟雾剂熏杀低龄幼虫。

方荣俊　王俊（中国农业科学院蚕业研究所）

第 40 节　桑透翅蛾

一、分布与危害

桑透翅蛾（*Paradoxecia pieli* Lieu）属鳞翅目透翅蛾科，又名桑蛀虫，俗称桑条虫、蛀心虫、条割、蛀虫等，在我国的江苏、浙江、四川、贵州等省份均有分布，以江浙两省普遍。四川省南充、阆中、绵阳，贵州省湄潭等均曾普遍发生。桑透翅蛾幼虫蛀食一年生桑枝，蛀孔之间皮层裂开，发育受阻，使叶小而薄，蛀孔附近枝多枯死，严重地区被害枯死枝达 66%。

二、形态特征

成虫：雌虫体长 13～16mm，翅展 29～35mm，雄蛾体长 11～14mm，翅展 22～24mm。头部黑褐色，后缘有毛。触角黑褐色，雌蛾触角锯齿状，雄蛾双栉齿状。复眼圆形黑褐色。下唇须黄白色，向前伸出。胸部前缘两侧各有 1 条黄色横斑；腹与胸同色，胸部近翅基及第一腹节背面两侧有纵走黄斑各 1 条，第二、四、五各节后缘各有黄白带 1 条。腹面第二至五节后缘也各有较狭的淡黄色横带各 1 条，其他部分均有黑褐色毛覆盖。前翅狭长具紫黑色鳞片，外缘生灰褐色缘毛；后翅短，翅基部透明，有稀疏的紫黑色鳞片，外缘和后缘有灰褐色缘毛，足褐色。静止时两翅竖起，外形似胡蜂（彩图 18-40-1，1）。

卵：长 1.1mm，高 0.57mm，三角锥形，紫褐色，卵壳上密布多角形纹，孵化前变暗褐色（彩图 18-40-1，2）。

幼虫：成长幼虫体长 33～45mm，圆筒形，初孵灰白色后变黄白色，头部黄褐色，大颚黑而坚硬，第一胸节背板为黄褐色硬皮板。第二胸节至第七腹节各节黄白，有细软毛，第八腹节背板后有黄褐色硬皮板斜置尾端之上，后缘有锯齿 1 列，四周生刚毛。第三至六腹节和末节各具 1 对退化的腹足（彩图 18-40-1，3）。

蛹：体长 12～17mm，宽 3.4～4.5mm，圆筒状，黄褐色，有光泽，两端略尖，第二至七腹节的背面近前后缘各有 1 列小刺（彩图 18-40-1，4）。

三、生活习性

（一）年生活史

桑透翅蛾在江浙及四川均 1 年发生 1 代，以未成熟幼虫于 10 月下旬开始在枝条孔道中越冬。翌年 3 月中旬活动取食，5～6 月化蛹，蛹约经 30d 羽化，6 月下旬为产卵盛期，卵期 12～20d；7 月中旬，幼虫孵化为害。

（二）习性

成虫多在 6:00～12:00 羽化，以 8:00～9:00 最盛，羽化后经 2～3h 交尾，交尾时间 2h，翌日下午温度最高时产卵，夜间不活动。静止时两翅竖起，栖息于桑叶或花草上，雌雄性比 4∶6，雌蛾寿命 3～4d，雄蛾 2d 左右。

每雌蛾产卵最多 138 粒，产卵位置多在叶背沿主脉旁边，1 叶上仅产卵 1 粒，产卵叶离地面高度以 151～170cm 最多，卵期随温度高低而有长短，26℃时为 19～21d，28℃时为 12d。

幼虫孵化时，咬破卵壳的底面，徐徐爬出，沿叶柄向下，在叶柄基部蛀入新梢，新梢被咬破后，树液流出，凝成黄褐色胶状物，幼虫入枝后，一般都向下蛀食，间有少数向上。若被害枝条短小，蛀到枝顶退回原处，向下另蛀孔道。在矮桑苗被害时茎部若不够食用，即蛀入主根，此时的羽化孔多做在土面附近。最初蛀食孔道 1～2cm 时，即向外蛀排泄孔，以后相隔距离随虫体长大而加长。排泄孔常在同一方向排列成 1 条直线（彩图 18-40-2）。初孵幼虫先在皮层蛀食，然后蛀入木质部、髓部。幼虫一生所蛀排泄孔道，有 9～20 个，平均 13 个。幼虫蛀食不分昼夜，排泄物为黄色圆柱形，从最下的新孔排出。越冬幼虫所在位置依枝条长短而异，健壮枝条入拳者少，瘦弱枝条入拳者多。据 1934 年江浙两省 15 县市调查，入拳过冬者占 60.7%，翌年活动期在 3 月 5～20 日，越冬蛰伏期长达 130d。

幼虫老熟前，即在最下排泄孔上方 2.5cm 处蛀 1 长方形羽化孔，大小为 10.5mm×4.5mm，头转向上，并以木屑填塞，然后退至孔道底部，经 8～9d 化蛹，幼虫期共 310d 左右。

蛹期雌虫为 29～34d，平均 30.73d；雄虫为 28～32d，平均 29.46d。初化蛹黄褐色，羽化前 4～5d 变暗褐色，蛹体移动到羽化孔口，用头部顶开填塞羽化孔的木屑，头、胸部先伸出孔外，腹部紧持孔内，然后摇动身体，使头、胸部壳沿触角裂开，成虫脱壳而出，蛹壳仍留在羽化孔口。若将蛹从孔内取出或破坏羽化孔，使蛹无处着力，蛹壳不会破裂就无法羽化。一般成虫羽化率为 97%。

四、发生规律

肥培管理好的桑园，枝条粗壮，产卵较少，且夏伐前幼虫多未入拳，连续几年夏伐，虫口密度即下降。冬季重修剪或春伐桑树上的虫害较少。据浙江调查，发条早的，幼虫在剪下枝条内尚能化蛹的占28.5%，成虫羽化率为73.83%；伐条迟的，大部分幼虫入拳，化蛹率占79.5%，羽化率可高达94%，故提早分批夏伐，可减轻为害。

五、防治技术

（一）农业防治

1. 加强肥培管理　促使枝条粗壮，减少为害；及时做好整枝、修拳工作，剪去已入拳的虫枝。

2. 春伐或提早分批夏伐　虫害严重区最好齐拳剪去。

3. 刮除或针刺初孵幼虫　小暑后，幼虫刚蛀入新枝皮层，可用小刀刮去皮层或刺死幼虫。

4. 填塞或破坏羽化孔　在5月下旬化蛹期间，搜寻羽化孔，用黏土填塞，或用竹片破坏孔口，使蛹不能羽化或致死。

（二）化学防治

用杀天牛药签插入羽化孔，每孔1支，3d后即死亡。用25%亚胺硫磷乳油、50%杀螟硫磷乳油50倍液注入最下孔内，或用棉球吸药塞孔，均有良好的防治效果。用各种油类如柴油、煤油或植物油，于春季桑树发芽前或夏伐后和养秋蚕后，及时采用注油器，将油从最下方的排泄孔注入，幼虫接触即死。

（三）生物防治

一般采用白僵菌防治，效果较好。

盛晟　王俊（中国农业科学院蚕业研究所）

第41节　黄褐天幕毛虫

一、分布与危害

黄褐天幕毛虫（*Malacosoma neustria testacea* Motschulsky）属鳞翅目枯叶蛾科，别名天幕毛虫、带枯叶蛾、天幕枯叶蛾等，俗称顶针虫、戒指虫、春黏虫、毛毛虫等。

国内分布于东北、华北、华东、华南、西北以及西南等地区，以北方梨区发生普遍。国外分布于日本、朝鲜、美国等。黄褐天幕毛虫寄主植物种类繁多，幼虫除了为害辽东栎、蒙古栎、槲、麻栎、栓皮栎等柞树外，还为害梨、苹果、桃、杏、李子、山楂、葡萄等果树以及杨、柳、榆、桦、榛、槐等树木，是柞蚕业、果业和林业的重要害虫。在柞园内，一龄幼虫啃食辽东栎和蒙古栎刚萌动的冬芽。1个芽苞上常有几十头幼虫，直至把芽苞蛀食空，致使成片柞枝不能发芽。二至三龄幼虫吐丝将枝梢包裹于丝幕内，取食嫩叶。四龄后迁移为害，四至五龄为暴食期，常几日内将树叶吃光。20世纪60年代初，辽西地区黄褐天幕毛虫大发生，闾山梨区受害株率达100%，约上万株梨树叶片被吃光，绥中梨区平均每株梨树有越冬卵块4～6个。1984年此虫在辽宁省内24个县（市、区）大发生，共有50多万公顷柞林被害，被害率20%～70%，致使柞蚕茧减产8 500 t，损失1 140万元；全省130余万公顷柞林被害率为20%，损失600万元；辽南果园平均受害率达15%，损失1 960万元，全省因此虫为害在蚕业、果树和林业上造成的经济损失达3 700多万元。

二、形态特征

成虫：雌性体长约21mm，翅展约45mm；虫体枯褐色，前翅中央具1深枯褐色的宽阔横带；后翅枯褐色，端半部色淡；腹部肥粗（彩图18-41-1）。雄虫体长约19mm，翅展约32mm，体色淡黄；前翅中部具2条深枯褐色的横纹；后翅近外缘亦具1深枯褐色横纹，并与前翅近外缘的1条横纹相连接，腹部瘦细（彩图18-41-2）。

卵：椭圆形，表面灰白色，长径约1.0mm，中央稍凹入。卵粒排列整齐，常数百粒集合成1个卵块，呈顶针状环绕于细枝上，故有"顶针虫"之称（彩图18-41-3）。

幼虫：老熟幼虫体长50～55mm。头部暗蓝色，散布黑点，在颅顶两侧各生1大黑斑。前胸背板及臀板皆为暗蓝色，其上各具2个黑斑。背中线白色或黄白色；亚背线较宽，呈橙黄色；两线中间夹1条黑色纵线；气门上线暗蓝色；在气门线和气门上线之间有1条细窄的橙黄色纵线。胴部各节背面两侧各具1黑瘤，第八节上的黑瘤在背中央，大而显著，每个黑瘤上均生有黑色长毛。气门线以下密生黄白色的细长毛（彩图18-41-4，彩图18-41-5）。

蛹：蛹为被蛹，体长17～20mm，黑褐色，上被淡褐色的短毛（图18-41-1）。茧长椭圆形，白色致密，茧衣黄色疏松，其上附有黄色粉状物。

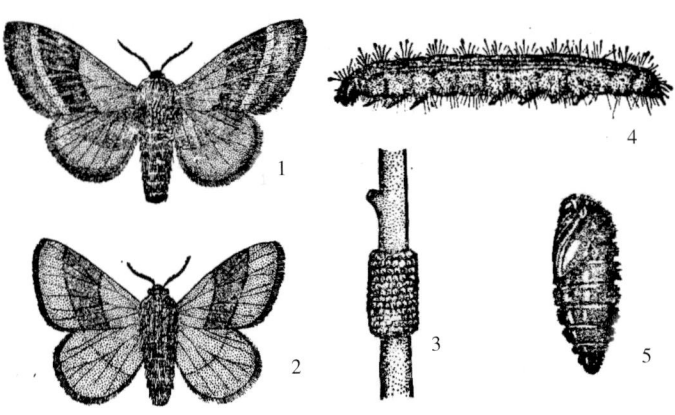

图18-41-1 黄褐天幕毛虫（引自高德三和杨瑞生，2008）

Figure 18-41-1 *Malacosoma neustria testacea*（from Gao Desan and Yang Ruisheng，2008）

1. 雌性成虫 2. 雄性成虫 3. 卵块（顶针状） 4. 幼虫 5. 蛹

三、生活习性

黄褐天幕毛虫1年发生1代，以完成胚胎发育的幼虫在卵内越冬。卵内越冬的幼虫在辽宁省盖州市于4月中旬陆续孵化；幼虫经历5龄，约45d老熟；老熟幼虫于5月下旬至6月上旬化蛹，蛹期14d左右；成虫于6月下旬至7月上旬羽化，羽化后即可交配、产卵；卵经16d左右胚胎发育完成，变成幼虫；幼虫在卵内滞育，直至翌年4月中旬陆续孵化。

成虫羽化期因气温的影响，不同年份有差异。日间大部分在14:00～23:00羽化，约占总羽化数的95.8%，16:00～20:00为羽化高峰。雌雄成虫的比例为48:52。刚羽化的成虫翅很小，仅达腹部的1/3～1/2，经25～30min的展翅后，静伏至天黑，便飞舞，寻找配偶进行交配。成虫多在20:00～22:00交配，交配时间平均在94min左右。雌虫只交配1次。成虫交配后，雌虫当晚就可产卵，也有第二天早晨产卵的。雌虫产卵时，腹部弯曲，尾端延伸，头尾相观，体躯以螺旋状把握在枝条上，围绕枝条每2～4粒卵并排，一圈一圈地将卵产出，自然地将卵排成环状（彩图18-41-3）。产完最后一圈卵后，分泌一种棕黑色的黏性物质涂于最后一圈卵的基部。1头雌虫一般只产1个卵块，但也有在产卵中受惊而中断，再另产的。每雌虫产卵量平均272粒。成虫有较强的趋光性，尤其是雄虫。在羽化高峰期1个诱虫灯1夜曾诱集雄成虫2825头。成虫寿命一般为3～4d，雌虫较雄虫稍长，未交配的成虫寿命可达7d。

成虫嗜好在辽东栎和蒙古栎上产卵，其分布与树种、柞树的林相、山势及枝条粗细等有关。在基本由辽东栎和蒙古栎组成的林中，卵块分布均匀，在大发生年份，平均每墩柞树有卵0.8～5.19块；在以麻栎、槲为主，混有少量辽东栎和蒙古栎的林中，卵块集中分布在辽东栎和蒙古栎上，每墩柞树平均有卵10.57～24.1块，最多的达73块；在麻栎和槲林中，卵块分布量极少。林内及周围的杂草和杂树上基本没有卵块分布，仅在零星的梨树上有分布。卵块多分布在树冠外围及根际附近一至二年生、直径平均为3.25mm的小枝条上。辽东栎和蒙古栎在辽宁省盖州市于4月上、中旬冬芽萌动，旧叶脱落。此期只有光秃的枝条，顶针状的卵块极易发现，为采集卵块的良机。

当平均气温达11℃，日最高气温达20℃，最低气温不低于4℃时，幼虫便开始咬破卵壳而孵化，在孵化开始1周后达孵化高峰期。其高峰期与毛叶迎红杜鹃（*Rhododendron mucronulatum* Turcz.）（俗称映山红）的盛开前期相吻合。据1986年在辽宁省盖州市调查，孵化高峰在4月24日，映山红的盛开期为4月27日。孵化多集中在3:00～11:00，占总孵化数的82.31%。其中5:00～8:00为日孵化高峰，占总孵化数的53.23%。

刚孵化的幼虫，多在卵块附近活动，1~2d 后便爬到邻近的辽东栎或蒙古栎上啃食芽苞。一至三龄幼虫吐丝结幕群居生活（彩图 18 - 41 - 5）。一龄中后期开始吐丝结幕，此期丝幕薄，仅 1~2 层，二至三龄的丝幕逐渐加大加厚，最多达 7~8 层。取食时出幕，休息时静伏于幕内。一至二龄幼虫昼夜取食，但以夜间为主。三龄后取食以白天为主，幼虫常整齐排列在幕上晒太阳，并摇摆头胸部。此虫所排粪便及蜕下的皮均在幕内。随虫体增大，幕内容纳不下时，有的将旧幕加大，但大多数离开旧幕，寻找适当部位重新吐丝结幕。其结幕部位常在柞树中上部的枝杈处，也有的在枝梢处，将几个枝梢连叶结于幕内。四龄后，不再吐丝群集，而向其他寄主上转移。在大发生年份的转移期，幼虫在果园、林地、田野、大道上处处可见，到处乱爬。五龄幼虫食量更大，常几日之内就将柞园、果园、林木的树叶吃光。经测定，四至五龄期的取食量占全龄期取食量的 95% 以上。1 头黄褐天幕毛虫全龄的取食量约为 5.22g 柞叶。幼虫全龄经过约 45d，一龄 9d，二龄 5d，三龄 6d，四龄 8d，五龄 17d。

黄褐天幕毛虫营茧化蛹多在四龄转移后的寄主上，如麻栎、槲、赤杨、桦等树上。此虫多以丝将叶卷曲，或将几片叶、小细枝等缀合，在其间营茧化蛹（彩图 18 - 41 - 6）。老熟幼虫结茧后约经 2d 蜕皮化蛹，蛹经过约 18d 羽化为成虫。在具有辽东栎、蒙古栎的条件下，成虫大多又返回到辽东栎、蒙古栎上产卵。

四、天敌

黄褐天幕毛虫的天敌，在辽宁省盖州市内发现有寄生蝇、寄生蜂、步行甲、螽斯、猎蝽、蜘蛛、蚂蚁、线虫等 20 余种，另外还有核型多角体病毒等。

天幕毛虫抱寄蝇（*Baumhaueria goniaeformis* Meigen）以幼虫寄生黄褐天幕毛虫的幼虫和蛹。其老熟幼虫于黄褐天幕毛虫结茧化蛹后脱出（6~7 月），入土化蛹越冬，翌年 4~5 月初羽化，5 月中旬开始产卵寄生黄褐天幕毛虫。1980 年经调查寄生率约 65.16%。其中，在阳坡采集的黄褐天幕毛虫茧寄生率平均为 79.4%，东向采集的茧寄生率为 71.4%，北向的为 56.7%，西向的为 54%。

天幕毛虫黑卵蜂 ［*Telenomus terbraus*（Ratzeburg）］、大蛾卵跳小蜂 ［*Ooencyrtus kuwanae*（Howard）］、舞毒蛾卵平腹小蜂（*Anastatus disparis* Ruschka）、松毛虫赤眼蜂（*Trichogramma dendrolimi* Matsumura）等均可寄生黄褐天幕毛虫的卵，寄生率约 5.7%，1985 年调查约为 21.78%。

喜马拉雅聚瘤姬蜂 ［*Iseropus himalyensis*（Cameron）］、桑蟥聚瘤姬蜂 ［*Iseropus kuwanae*（Viereck）］、黑瘤姬蜂（*Coccygomimus* sp.）等可寄生黄褐天幕毛虫的幼虫，其寄生率约为 5%。

紫斑螽斯（*Gampsocleis opsocura*）、土褐螽斯（*Atlanticus zeholeusis*）于 6 月上旬将黄褐天幕毛虫茧咬破，取食其中的蛹，局部地方发生较多。红缘厉猎蝽 ［*Rhynocoris ornatus*（Ihler）］、蜘蛛类、蚂蚁类、步行甲等主要捕食黄褐天幕毛虫的幼虫。

天幕毛虫核型多角体病毒对黄褐天幕毛虫有很强的致病作用，三龄中期即可发现感病虫体，四至五龄为感病虫体大发生期，严重时成片黄褐天幕毛虫感病死亡。病虫体液变紫红色，容易溃烂破裂而干瘪在柞树枝干上。1985 年在辽宁省盖州市调查发现，局部黄褐天幕毛虫感病区感病率高达 90% 以上。

在上述天敌中，天幕毛虫抱寄蝇、卵寄生蜂、核型多角体病毒等对黄褐天幕毛虫的数量有相当大的抑制作用，有研究利用价值。

五、防治技术

依据黄褐天幕毛虫卵块在柞林内的分布规律，幼虫具有群集性，成虫具有趋光性，自然界中具有多种天敌等特性，并通过对多种农药的毒力测定，确定采卵、捕杀、诱杀、保护利用天敌及药杀的综合防治措施效果良好。

（一）人工采卵

黄褐天幕毛虫雌性成虫主要将卵产在辽东栎和蒙古栎上。重点在山脊及山的中、上部采集，利用冬闲季节及早春，特别是 4 月上、中旬为最佳期，在一至二年生的小枝条上寻找采集卵块，效果良好。

（二）捕杀幼虫

黄褐天幕毛虫一至三龄幼虫有吐丝结幕的习性，此期幼虫群居生活于丝幕上，极易发现，可以人工捕杀。

（三）灯光诱杀

在成虫羽化高峰期（辽宁省南部为6月下旬）进行灯光诱杀，效果良好。

（四）生物防治

将人工采集的黄褐天幕毛虫的卵块集中收集挂在树上，待到4月中旬，即孵化前期，将卵块分散放置在空闲处。空闲处是直径2m以上的范围，其内必须保持没有其他阔叶树。当黄褐天幕毛虫孵化后，因幼虫具群集性，只离开60cm左右便爬回卵块。如此反复多次，最终因得不到食物而死亡。卵块中的卵寄生蜂仍可羽化、寄生，这样卵寄生蜂就能得到保护，达到生物防治的目的。

（五）药剂防治

在黄褐天幕毛虫孵化高峰刚过的一龄期，应用0.7mm孔径喷头片的手动喷雾器实行低容量喷洒50%辛硫磷乳油、80%敌敌畏乳油的150～200倍液或60%敌·马合剂、50%马拉硫磷乳油100～150倍液，常量喷雾可应用上述药剂的2 000～3 000倍液就可达到良好的防治效果。

杨瑞生　高德三（沈阳农业大学）

第42节　花布灯蛾

一、分布与危害

花布灯蛾〔*Camptoloma interioratum*（Walker）〕属鳞翅目灯蛾科，别名黑头麻栎毛虫，俗称贴虫、包虫等。

国内分布于我国内蒙古东部、黑龙江、吉林、辽宁、安徽、湖北、江苏、浙江、福建、广东等省份。花布灯蛾以幼虫为害柞树的芽和叶。越冬幼虫在早春蛀食柞树的芽苞，常将成片柞树芽苞食空。幼龄幼虫仅食叶肉，大龄后，特别八至十二龄时可将整个叶片食光，严重影响柞树生长，为害柞蚕生产。此虫除为害柞树外，亦为害槠、楠等树木。多年来，花布灯蛾在辽宁省局部地区经常发生，主要在大连市的金州区和庄河市等地区，2010年为大发生年，全省发生面积达到近6.67万 hm²，重度发生面积超过2.67万 hm²。主要发生在本溪的桓仁县，丹东市的宽甸满族自治县，抚顺市的清原县、新宾县，铁岭市的铁岭县，大连市的金州区、庄河市。其中，以本溪的桓仁县（1.67万 hm²）、丹东的宽甸满族自治县（1.13万 hm²）和抚顺的新宾县（0.93万 hm²）3个县尤为严重。

二、形态特征

成虫：体长约15mm，翅展26～34mm，全体橙黄色。前翅色黄，其上有6条黑纹，自臀角略呈放射状向前缘伸出。在外缘的后半部，有朱红色的斑纹两组，每组分出两条伸向翅的基部。在靠近臀角沿外缘处，有方形小黑斑3个。后翅橙黄色。雌虫腹部末端有密厚的粉红色绒毛（彩图18-42-1）。

卵：圆形略扁，淡黄色。卵粒直径近0.5mm，单层排列整齐，卵块近圆状，直径1.5～2cm，其上覆以粉红色的尾毛（彩图18-42-2）。

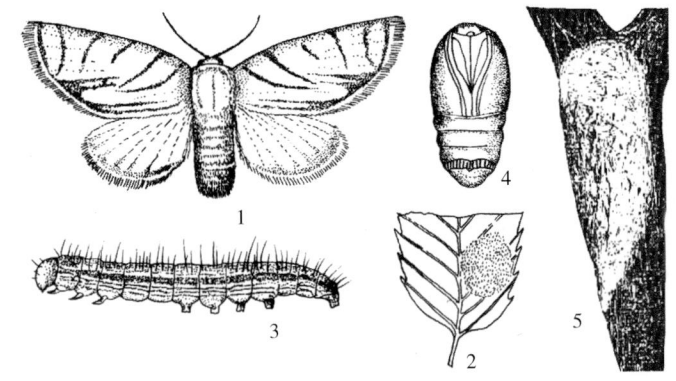

图18-42-1　花布灯蛾（引自高德三和杨瑞生，2008）

Figure 18-42-1　*Camptoloma interioratum*（from Gao Desan and Yang Ruisheng，2008）

1. 成虫　2. 卵块　3. 幼虫　4. 蛹　5. 茧

幼虫：老熟幼虫体长30～35mm。头黑色，前胸硬皮板黑褐色，被黄色线分成4块。胴部灰黄色，其上有茶褐色纵纹12条，形成的图案比较复杂。各节上生有白色长毛数根（彩图18-42-3）。

蛹：被蛹，体长12.5mm，茶褐色。腹部末端有1排短的刺突（彩图18-42-4）。茧暗黄色，类似柞蚕茧的茧色，体长 15～16mm，略呈纺锤形，一端平截，一端稍尖（图 18-42-1，彩图 18-42-5）。

三、生活习性

花布灯蛾 1 年发生 1 代，在辽宁省盖州市观察，以九龄幼虫在柞树根际附近的表土层、杂草、落叶下的虫苞内越冬。越冬幼虫于翌年 4 月 5 日左右出蛰，上树蛀食芽苞。幼虫于 5 月中、下旬老熟，下树结茧化蛹。6 月中、下旬成虫羽化，并交配、产卵。7 月末 8 月初卵孵化，幼虫取食生长到 10 月中、下旬，下树寻找枝干基部的枯枝落叶并在其中吐丝做虫苞越冬（表 18-42-1）。

表 18-42-1　辽宁省盖州市花布灯蛾年生活史（引自郑文云等，2001）

Table 18-42-1　Life history of *Camptoloma interioratum* in Gaizhou，Liaoning

(from Zheng Wenyun et al，2001)

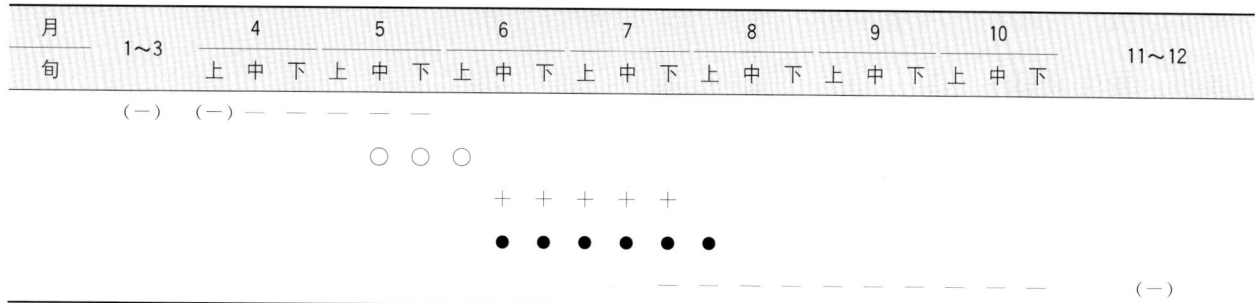

月	1~3	4上	4中	4下	5上	5中	5下	6上	6中	6下	7上	7中	7下	8上	8中	8下	9上	9中	9下	10上	10中	10下	11~12
旬	(一)	(一)	—	—	—	—	—																
					○	○	○																
						+	+	+	+														
								●	●	●	●	●	●										
									—	—	—	—	—	—	—	—	—	—	—				(一)

注　（一）：越冬幼虫，—：营养期幼虫，○：蛹，＋：成虫，●：卵。

花布灯蛾成虫于白天羽化，下午羽化数量略高于上午，上午集中于 6:00～11:00，下午集中于 14:00～18:00。先羽化的多为雄虫，后羽化的多为雌虫。雌雄成虫比例约为 90:92，成虫羽化率为 60.7%。成虫从羽化孔爬出，一般多把握在直立物上，头朝上，腹部朝下进行展翅。刚羽化时，翅柔软且小，仅达腹部的 2/5。展翅时，先舒展一下褶皱的翅，而后翅端紧挨腹背，翅前部鼓起，通过血淋巴渐将翅撑大，鼓离腹背，呈屋脊形。

成虫展翅后飞往树冠叶背处静伏。黄昏后，雄虫飞舞活泼，常在雌虫上空盘旋，并发出"吱吱"的声音。雄虫后翅基部有 1 气囊，在飞舞发声时明显鼓起，飞舞发声 5min 左右，雌虫也开始飞舞，雌雄伴舞 5～10min，就择偶交配，交配时间约 32min。成虫活动及交配时间较集中，一般约在 20:00 开始，21:00 左右结束。交配后的雌虫当夜产卵，也有翌日早晨产卵的。卵多产在辽东栎、蒙古栎树冠中下部的叶背上。卵粒单层，排列紧密，卵块呈圆形，其上覆以鲜红色的雌虫尾毛。雌虫产完卵后会以腹端部对卵块进行全面压实，其产 1 卵块约需 2h，产卵量约 253 粒。成虫有一定的趋光性。雌虫寿命约 6d，雄虫约 5d。

卵期约 23d。因卵块上有密实的尾毛覆盖，卵很少被寄生和被害。孵化率高达 98%。

幼虫孵化时，从卵壳底部咬 1 小孔爬出。初孵幼虫乳白色，先在卵块的覆毛之下吐丝结幕，并将卵块所在的柞叶的叶柄与柞枝以丝固定，然后在叶背取食叶肉。取食时，行动统一，头向叶缘，排列整齐。幼虫取食的叶肉在前胸、中胸部可明显透视到 1 条绿线。被害柞叶仅留表皮和叶脉，呈网状，白色，俗称为"白叶"（彩图 18-42-6）。幼虫每天 9:00、16:00 左右出虫苞取食 30min 左右返回虫苞。取食时间随虫龄增加而延长。特别在 9 月末 10 月上旬，霜降后柞叶质量下降时，幼虫取食时间更长。幼虫取食集中，通常是整叶、整枝、整株的为害，极易发现。幼虫出入虫苞均排成 1 列，排头幼虫边爬边吐丝，后继幼虫以丝为路标跟随。

幼虫在越冬前可发育到九龄，其间取食量不大，生长较缓慢。因此时期幼虫体小，抗药力弱，且群集，易于发现，实行药剂防治或人工杀灭效果最佳。越冬幼虫在早春气温达 10℃时就上树蛀食芽苞。此期幼虫食量大增，为害芽苞仅留鳞片，芽苞蛀空后，继续咬食新发嫩叶，此期为害最重。1 头越冬幼虫可蛀食芽苞平均 42 个，常使成片柞树不发芽。

随龄期增加，虫体长大，原虫苞容纳不下时，幼虫则寻找枝杈等处吐丝营造新虫苞。此时虫苞内幼虫并非均是同一蛾卵所孵化的幼虫。虫苞内非常干净，其排泄的粪便、蜕皮均逐一叼到虫苞外，因而虫苞外常沾有粪粒或头壳等。此幼虫营群集生活，老龄时，大都离开虫苞呈小分散。幼虫不取食时，多静伏在枝干上或枝杈处的虫苞内。幼虫蜕皮 11 次共 12 龄，连同休眠期长达 9 个半月，各龄的头宽、体长及历期见

表 18-47-2。幼虫有较强的抗性，如耐饥、耐低温和耐劣质饲料。

表 18-42-2 辽宁省盖州市花布灯蛾幼虫各龄历期及其头宽、体长（引自郑文云等，2001）

Table 18-42-2 Duration, head width, body length of *Camptoloma interioratum* larvae in Gaizhou, Liaoning（from Zheng Wenyun et al.，2001）

龄期	一	二	三	四	五	六	七	八	九	十	十一	十二
头宽（mm）	0.1	0.2	0.3	0.4	0.55	0.8	1.0	1.2	1.3	1.5	2.0	2.5
体长（mm）	0.8	1.5	2.8	4.1	5.0	7.0	10.0	12.5	13.5	18.0	24.0	30.0
历期（d）	4	7	8	10	9	9	7	10	170	15	10	12

老熟幼虫于 5 月 10 日左右（辽宁省盖州市）下树寻找根际附近的枯枝落叶处（距根际 26cm 左右）吐丝做茧化蛹。吐丝做茧及化蛹各约需 65h 和 70h，蛹期约 1 个月。

四、发生规律

幼虫的天敌有蚂蚁类的小家蚁（*Monomorium pharaonis* L.）、毛蚁（*Lasius* sp.）、凹唇蚁（*Formica sanguinea* Latreille）等，蜘蛛类的鞍形花蟹蛛（*Xysticus ephippiatus* Simon）等。蛹的天敌有寄生蜂、寄生蝇、线虫、山鼠等。其中，寄生蝇的寄生率在局部地区和年份相当高。1983 年在沈阳市东陵调查发现，山鼠是其重要的天敌之一，山鼠可咬破茧层取食蛹，仅剩茧壳，被害率达 31%。

五、防治技术

（一）捕杀幼虫

成长幼虫多在虫苞内休息，虫苞又多在枝干或枝杈处，可捣毁虫苞消灭幼虫。小龄幼虫多集中取食，容易发现，可寻找捕杀。越冬幼虫群居于寄主枝干基部的枯枝落叶内的虫苞中，可在 11 月至第二年的 4 月初寻找并清除枯枝落叶中的虫苞。

（二）消灭虫卵

此虫卵块上覆以鲜红色尾毛，多产于辽东栎、蒙古栎的树冠中下部叶背，可采集卵块消灭之。

（三）黑光灯诱杀成虫

于 6 月中旬至 7 月末，设置黑光灯诱杀防治成虫。

（四）喷药防治

低容量施药浓度一般在 150 倍左右，常量施药浓度为：90% 敌百虫原药 1 500～2 000 倍液、50% 敌敌畏乳油 1 500～2 000 倍液、50% 辛硫磷乳油 2 000 倍液、20% 除虫脲悬浮剂 5 000 倍液，高龄幼虫期可使用 0.5% 苦参碱水剂 800 倍液喷雾防治。

杨瑞生 秦利（沈阳农业大学）

第 43 节 栎黄掌舟蛾

一、分布与危害

栎黄掌舟蛾［*Phalera assimilis*（Bremer et Grey）］属鳞翅目舟蛾科，别名栎黄斑舟蛾、彩节天社蛾、栎黄斑天社蛾、榆天社蛾、麻栎毛虫，俗称义和虫。

国内分布于辽宁、吉林、黑龙江、河北、山东、江苏、浙江、安徽、湖南、湖北等省份。以幼虫在 7～9 月为害柞树，大发生时，常将树叶吃光与蚕争食。寄主植物除了为害辽东栎、蒙古栎、麻栎、栓皮栎、锥栎等栎属植物外，还为害白杨、榆等。

二、形态特征

成虫：体长 20～25mm，翅展 44～55mm。全身基色黄褐，头顶黄色，胸背前半部黄褐色。前翅灰褐色，顶角有 1 淡黄色的掌形斑，斑内缘具红棕色边，翅中央有 1 肾形环状纹，基线、内线、外缘线呈波浪状，黑色（彩图 18-43-1）。

卵：馒头形，直径约 1mm，淡黄色，排成规整的单层卵块（彩图 18-43-2）。

幼虫：初龄幼虫头大，体细，体躯棕红色。老熟幼虫体长约 55mm，头宽约 4.7mm。头部红褐色，全身深褐色，体上有 8 条橙红色纵线。各节还具有 1 橙红色黄带，并生有许多灰色长毛（彩图 18-43-3）。

蛹：纺锤形，雌蛹长约 28mm，宽约 9mm，雄蛹长约 24mm，宽约 6mm。体黑褐色，第四、五、六腹节基部为 1 环状隆起，臀板上方呈锯齿状，臀棘 6 根，短粗，每一臀棘分叉为 2 个钩刺，臀棘基部两侧各有 1~3 根小短刺（图 18-43-1）。

三、生活习性

栎黄掌舟蛾在辽宁 1 年发生 1 代，河南 1 年发生 1 代，安徽 1 年发生 2 代，均以蛹在树下疏松的土层中越冬。在辽宁，5~6 月越冬蛹羽化为

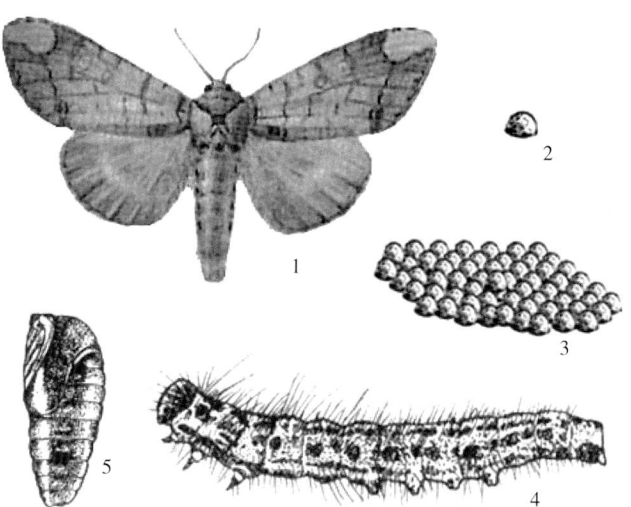

图 18-43-1 栎黄掌舟蛾（引自高德三等，2008）
Figure 18-43-1 *Phalera assimilis*（from Gao Desan et al.，2008）
1. 成虫 2. 卵 3. 卵块 4. 幼虫 5. 蛹

成虫，7~9 月是为害期，7~8 月为幼虫的暴食期，此时期幼虫分散活动和取食，取食不分昼夜。8 月底 9 月初，幼虫老熟下树，并在深约 7cm 的土中化蛹越冬。在河南，越冬蛹于 5 月下旬至 7 月上旬羽化，6 月上旬至 7 月中旬产卵，6 月中旬至 8 月下旬为幼虫取食为害期，7~8 月是为害盛期，9 月中旬幼虫老熟下树开始钻入土中化蛹，9 月底全部下树钻入土中化蛹（表 18-43-1）。在安徽，成虫于 5 月下旬至 6 月上旬羽化，第一代成虫于 7 月下旬至 8 月上旬羽化，白天静伏在树叶上休息，夜晚活动，有较强的趋光性，羽化率在 70% 左右，雌雄比为 0.56，第一代幼虫 6 月下旬至 7 月上旬为害，第二代幼虫 8 月至 9 月上旬为害（表 18-43-2）。

羽化一般在夜晚进行，少数在白天羽化。羽化时，蛹体缓慢地将上半部露出地面，成虫顶破蛹壳爬出，不断爬行 15min 后，双翅逐渐伸长变硬，触角不停地抖动。从羽化到展翅需 53min。成虫白天静伏在树叶上，夜晚活动，有较强的趋光性。成虫羽化约 7h 后交尾，交尾时间长，一般都在午夜后开始持续到第二天中午，成虫只交尾 1 次，交尾中不断爬行，翅膀不断抖动；交尾后雌虫静伏约 15h 产卵，产卵在午夜进行。每头雌蛾可产卵约 260 粒。雄虫交尾后约 70h 死亡，雌虫产卵后约 50h 死亡。成虫将卵产在柞树叶片背面，成块状，单层排列，无覆盖物，常数十粒至近百粒排列（彩图 18-43-2，1）。幼虫于白天孵化，孵化率 70%~90%，但自然死亡率较高，约 50%。幼虫孵化后爬离卵壳，无取食卵壳的习性，初孵化的幼虫食量很小，受到惊吓能吐丝下垂（彩图 18-43-2，2）。幼虫取食时将腹部末端翘起，静伏时头部和腹部均翘起，呈舟形，常成串地排在枝叶上为害。转移为害时行动统一，常常很整齐地转移到另一片树叶或枝条上。幼虫单独饲养有滞育现象，易感病，存活率低。气温低、湿度大的梅雨季节更容易感病。幼虫共 6 龄，三龄后食量大增，多数群集为害，昼夜取食（彩图 18-43-3，1）。四至五龄的食量是一、二、三龄食量的十多倍（表 18-43-3）。幼虫蜕皮前 15h 左右停止取食，蜕皮后约 3h 开始取食。

表 18-43-1 河南省驻马店市栎黄掌舟蛾生活史
Table 18-43-1 Life history of *Phalera assimilis* in Zhumadian, Henan

月	5			6			7			8			9			10月至翌年4月
旬	上	中	下	上	中	下	上	中	下	上	中	下	上	中	下	
		○	○	○	○	○	○									
				+	+	+	+	+								
					●	●	●	●	●							
														○	○	○

注：○：蛹，+：成虫，●：卵，—：幼虫。

表 18 - 43 - 2 安徽省东至县栎黄掌舟蛾生活史
Table 18 - 43 - 2 Life history of *Phalera assimilis* in Dongzhi, Anhui

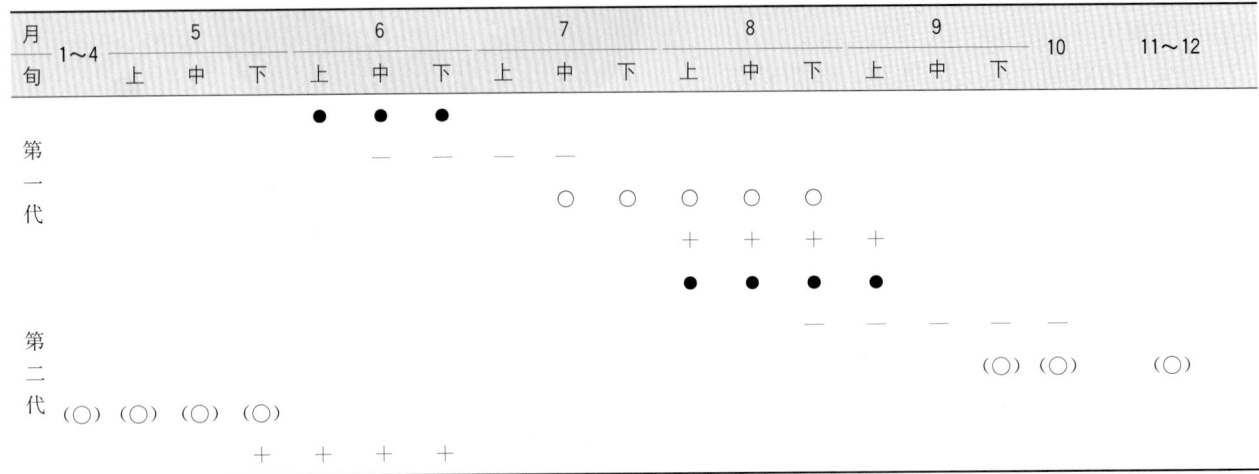

注 （〇）：越冬蛹，＋：成虫，●：卵，—：幼虫，○：蛹。

表 18 - 43 - 3 栎黄掌舟蛾不同世代幼虫龄期与食量比较（安徽定远）
Table 18 - 43 - 3 Comparision of larval duration and food consumption of different generations of
***Phalera assimilis*（Dingyuan, Anhui）**

世代	龄期	天数 (d)	取食量 (g)	取食合计 (g)
第一代	一	8	1.5	
	二	6	8.2	
	三	4	16.2	266.9
	四	5	43.5	
	五	7	197.5	
第二代	一	6	1.6	
	二	4	7.1	
	三	5	17.4	366.5
	四	6	42.7	
	五	9	297.7	

　　幼虫老熟时爬到柞树枝干基部，钻入土中化蛹。室内观察，老熟幼虫化蛹前，身体逐渐缩短变粗，头由红褐色变为黑褐色，体躯由深褐色变为黑色，体躯上8条橙红色纵线和各节橘红色的横带变为灰色，灰白色的长毛变为灰白色绒毛（彩图18-43-3，2）。预蛹期3d，蛹在土内头部朝上。在安徽定远调查，成虫寿命4d左右，雌成虫寿命略长于雄成虫。第一代成虫6月7日产卵，6月20日幼虫孵化，幼虫期约28d，7月18日前后化蛹；第二代8月1日成虫产卵，8月7日幼虫孵化，幼虫期约30d，9月7日前后化蛹。第一代蛹7月18日化蛹，8月6日羽化，蛹期约为19d；第二代蛹9月7日化蛹，翌年5月下旬至6月上旬羽化，蛹期约270d。

四、发生规律

　　栎黄掌舟蛾一般在纯栎林中，以背风向阳和人为活动频繁的地方发生较多；栎林占4成以下的混交林发生较少；栎黄掌舟蛾的发生程度随林分的不同而异，纯栎林的有虫株率比混交林高67.6%，虫口密度多数47头/株；郁闭度小的有虫株率比郁闭度大的有虫株率高28.4%，虫口密度达27头/株；林边缘有虫株率比林中高14%，虫口密度达33头/株；矮林有虫株率比高林高16.2%，虫口密度达22头/株。矮林比高林发生严重，2m高以下的纯林中发生较严重。

　　栎黄掌舟蛾蛹期天敌有黄蜂、跳小蜂、大腿蜂等，蛹期寄生率占9%；卵期天敌有黑卵蜂、赤眼蜂；幼虫期寄生菌有白僵菌、青霉菌、黄霉菌等，尤其是在湿度大的情况下，幼虫感染病原菌的概率较高；灰喜鹊、麻雀、山鸡等鸟类以及家蚕追寄蝇、蚕饰腹寄蝇等寄生性昆虫对栎黄掌舟蛾幼虫种数也有一定的抑制作用。

五、防治技术

（一）人工防治

栎黄掌舟蛾有集中产卵习性，并单层排列在柞树叶片背面。在根刈和中刈柞林，卵期发动人工摘除卵块，可减少幼虫数量。栎黄掌舟蛾幼虫常大量集中取食为害，及时检查并剪除、清理群集为害的幼虫，可以收到显著的防治效果。栎黄掌舟蛾的蛹在柞树干基部周围浅土层中或地面枯枝落叶中越冬，可在蛹羽化前清除柞林的枯枝落叶，消灭部分越冬蛹，减少虫源基数。

（二）黑光灯诱杀成虫

栎黄掌舟蛾成虫具有较强的趋光性，在成虫发生盛期可设置黑光灯诱杀成虫。在辽宁、河南，6 月上、中旬为成虫盛发期；在安徽，6 月上旬为越冬代成虫羽化高峰期，第一代成虫盛发期为 8 月上、中旬。黑光灯诱杀成虫，既能节省人力和物力，又能有效地控制卵块的数量，降低栎黄掌舟蛾的发生基数，起到了事半功倍的效果。

（三）生物防治

保护和招引捕食栎黄掌舟蛾幼虫的益鸟有杜鹃、画眉、灰喜鹊、山鸡等，这些鸟类数量的增多可有效防治多种鳞翅目害虫，但在放养柞蚕的柞园及其附近柞林禁止采用此方法。在放养柞蚕的地区，部分柞林采取封山育林、保护林间植被等措施，可改善天敌昆虫的生存环境，增加天敌数量，达到抑制栎黄掌舟蛾幼虫的目的。

（四）药剂防治

对林分密度不大、坡度不大、根刈或中刈树型的柞林，在虫口密度较大时可以采用化学药剂防治，能迅速灭杀害虫，施药期以三龄幼虫期为宜，药剂可使用 10％氰戊菊酯乳油 5 000～8 000 倍液，或 2.5％溴氰菊酯乳油 8 000～10 000 倍液喷雾，杀虫率达 90％以上；喷施 40％乐果乳油 1 500 倍液，灭杀效果达 90％；喷施 4％阿维菌素乳油 2 000 倍液，灭杀效果达 100％；喷施 4.5％高效氯氰菊酯乳油 2 000 倍液，灭杀效果达 94％。

（五）烟剂防治

在林分密度较大、山坡陡峭、水源缺乏的柞林，每 667m² 施放 1kg 敌敌畏烟剂，在傍晚或清晨微风时放烟，施药期为三龄幼虫期，杀虫效果达 95％以上。放烟时要注意人身安全，防止操作人员烟剂中毒，注意林内防火。

杨瑞生　姜义仁（沈阳农业大学）

第 44 节　亚洲舞毒蛾

一、分布与危害

亚洲舞毒蛾（*Lymantria dispar asiatica* Vnukovskii）属鳞翅目毒蛾科，又名秋迁毛虫。

国内分布于辽宁、黑龙江、吉林、内蒙古、陕西、甘肃、宁夏、河北、山东、河南、湖南、湖北、四川、贵州、新疆、青海等省份。国外分布于前苏联、美国、法国、罗马尼亚、波兰、前南斯拉夫、奥地利、伊朗、英国、日本、朝鲜等国。

寄主植物主要有柞、杨、柳、榆、桦、枫、槐、桑、松、苹果、梨、桃、李、杏、山楂、樱桃、核桃、稠李等。在大发生时也能取食玉米、大豆、蔬菜等农作物。

亚洲舞毒蛾的大发生有一定周期，一般 7～8 年循环 1 次。据在辽宁盖州市七盘岭 10 年的调查结果，1972—1973 年为亚洲舞毒蛾增殖期，1974—1976 年为猖獗发生期，1977—1978 年为衰亡期，1979 年为潜伏期，1980—1981 年为增殖期，到 1982 年又出现猖獗期。这 4 个时期循环周期年限，如果遇到某年不利因素也会使它受到破坏，在气候干旱时，可使增殖期缩短，猖獗期延长。天敌的数量也能使循环周期年限缩短或延长。

亚洲舞毒蛾在辽宁南部与东南部柞蚕区常出现大发生，1974—1976 年有 11 个市、县 84 000hm² 柞树受到严重为害。如1975年鞍山市受害面积17 000hm²，有6 000hm²的柞树叶被吃光；同年在岫岩县10个乡镇大发生，其中，哈达碑、汤池、前营子、龙潭4个乡吃光柞园柞树叶19 884hm²，占柞园总面积的70%。

二、形态特征

成虫：雌蛾黄白色或灰白色，体长26～30mm，翅展55～80mm。头部色泽略淡，复眼与触角黑褐色，栉齿短。下唇须棕黄色，端部与外侧黑褐色，略长过头部。胸部背方黄白色，翅黄白色或灰白色。前翅有褐色横波状纹4条，此纹位于翅前缘，黑褐色；有的个体横波纹不明显，位于前缘处的黑褐色斑纹有的消失，变化较大。在前翅中室中央有1黑褐色近圆形斑点，中室横脉处有1＜形黑褐色斑纹。前后翅缘鳞毛白色，其中有黑褐色毛斑8个左右。腹部肥大，前部黄白色或灰白色，后半部黄褐色，末端着生浓密的黄褐色毛（彩图18-44-1，1）。雄蛾体长15～22mm，翅展35～55mm，棕褐色或灰褐色。触角黄色，微褐色，栉齿深褐色，远比雌蛾发达。下唇须第一节长，第三节短，黄褐色，端部及外侧黑褐色。胸部腹面黄褐色，背面灰褐色。前翅棕褐色或灰褐色；基线由2个黑色斑点组成，翅面具有4条横波状纹，前翅的＜形斑纹和1个小黑点与雌蛾相似。但翅的外缘为暗褐色，外缘鳞毛棕黄色并有黑褐色毛斑。后翅黄褐色，外缘色暗。腹部瘦细，近似圆锥形，末端丛生长毛。腹面黄褐色，背面棕褐色。外生殖器钩形突细长、弯曲。足褐色，后足胫节具2对距（彩图18-44-1，2）。

卵：球形，两侧略扁，直径1.3mm。初期杏黄色，后转为紫褐色。卵粒密集成块状，表面密被较厚一层黄褐色毛（彩图18-44-2）。

幼虫：一龄虫头宽0.6mm，头部黑色，虫体黑褐色，具长毛，有些毛局部扩大呈泡状，称为"风帆"，是为减轻身体重量易被风吹扩散的结构。二龄幼虫头宽1.2mm，头部黑色，虫体黑褐色，体毛中的泡状毛消失，背部出现少数花斑。三龄幼虫头宽2.1mm，头与虫体灰黑色，头面出现不太清晰的"八"字形黑斑，体面花纹增多（彩图18-44-3，1）。四龄幼虫头宽3.0mm，头部淡褐色，"八"字形黑斑明显易见，背部2列毛瘤颜色明显，前5节蓝色，后部的毛瘤红色。五龄幼虫头宽4.4mm，头部黄褐色；虫体色泽不一样，有黑色、灰黄色等。六龄幼虫体长60～70mm，头宽6mm，头部淡褐色，散生黑点，"八"字形黑斑宽大；背线与亚背线淡黄色，气门上线及气门下线部位各体节均有毛瘤，共排成6列，背面2列毛瘤上的刚毛短，黑褐色，气门下线1列毛瘤上的刚毛最长，灰褐色，背上2列毛瘤色泽鲜艳，前5对为蓝色，后7对为红色，气门黑色，足淡红色（彩图18-44-3，2）。

蛹：雌蛹粗大，体长25～35mm；雄蛹体长17～23mm。刚化蛹时，蛹体灰白色，散生暗褐色小斑点，头部及翅淡红色，背部有3条白黄色线，胸腹毛瘤处棕褐色，周围有黄晕。蛹体以后逐渐转为红褐色、暗褐色、黑褐色，被有锈黄色毛丛。腹部末端具钩状臀棘数根（彩图18-44-4）。

三、生活习性

此虫在辽宁省1年发生1代，以完成胚胎发育的幼虫在卵内越冬，翌年4月中旬到5月上旬孵化出幼虫。6月中旬幼虫开始化蛹，6月下旬到7月上旬蛹数量最多。6月底成虫开始羽化，7月中旬为成虫盛期，到8月中旬成虫数量骤减。成虫于6月末产卵，至8月上旬产卵结束（表18-44-1）。

表18-44-1　辽宁省凤城市亚洲舞毒蛾生活史

Table 18-44-1　Life history of *Lymantria dispar asiatica* in Fengcheng, Liaoning

月	1~3	4			5			6			7			8			9~12
旬		上	中	下	上	中	下	上	中	下	上	中	下	上	中	下	
		●	●	●													
									○	○	○	○	○				
										+	+	+	+	+			
										●	●	●	●	●	●	●	●

注　●：卵，—：幼虫，○：蛹，+：成虫。

幼虫孵出时能食卵壳。刚孵化的幼虫群集在卵块上或其附近，停留的时间同天气有关，温暖的晴天或晚期孵化的幼虫停留较短，气温低及早期孵化的幼虫停留时间长些，大风天易将幼虫吹走。在寄主植物上的卵，孵出的幼虫爬到树上啃食幼芽，若卵产在非寄主植物上，孵出的幼虫依靠体轻和泡状毛等可随风转移扩散很远。据记载，在开阔地区可被风吹至 25km 外，或从一山送至另一山的柞园。二、三龄幼虫白天大多数在柞园树下落叶中栖息，有部分在叶背、树皮缝、树上枝干与叶间处藏匿，黄昏后出来上树为害。它们啃食嫩芽、嫩梢，喜食嫩叶，有借风换树扩大为害的习性。幼虫遇到惊扰吐丝下垂，随风飘荡，故有秋迁毛虫之称。三龄前的幼虫，因虫体小、体色黑、食叶轻、白天隐蔽，常不引起养蚕人的注意。当幼虫生长到四龄以后，白天多挂在树冠上，数量较多时，才引起养蚕人注意，常常错过了早期防治的良机，且虫龄越大抗药力越强。五、六龄幼虫有很强的爬行能力，1min 可爬行 1.7m，在柞叶被吃净后，可长距离地爬行转移，扩大为害范围。它们能吃断 3mm 粗的嫩梢，当大发生时，能吃光山上所有的柞叶。

幼虫老熟后，吐少量灰白色丝将柞叶拉卷固定虫体化蛹，或在树叶间、树缝、石块下、落叶中化蛹（彩图 18 - 44 - 5）。蛹期 10～18d，雌蛹期比雄蛹期短。蛹体的大小除雌雄不同外，还与取食的树叶种类、天然饲料与人工饲料以及饥饿与否有差异。取食蒙古柞叶的雌蛹体重平均 1.19g，雄蛹体重平均 0.48g。

羽化后的雄蛾活跃、爱飞翔，发生量大时于林内可见成群飞舞。雄蛾白天不飞翔，于树干、屋檐等处静止，入夜飞翔。雌雄蛾均有趋光性，雌蛾灯诱量比雄蛾多。雌蛾羽化后即可交尾，它分泌出性信息素，对雄蛾有较大的引诱力。因此，有人提取雌蛾的性信息素或人工合成此种物质（顺 7，8 - 环氧 - 2 - 甲基十八烷）用于虫情预测预报或防治亚洲舞毒蛾成虫。一般雌蛾交尾 1～2 次，交尾后将卵产在树的大枝弯曲处、树干上、石块下、墙壁上、屋檐下等处。1 头雌蛾通常产 1 个卵块，少数产 2 个卵块。每个卵块有 460～1 250 个卵粒。雌蛾产卵量的多少同幼虫期的食物有关。

卵块上覆较厚一层蛾毛，耐雨淋，抗低温，在−25℃下经 1 个月与 0～4℃下经 1 年的卵块均能正常孵化出幼虫。强健的卵卵粒饱满，卵内液体多，孵化的幼虫淡棕色；死亡的卵粒透明、液体少，虫体变黑色。亚洲舞毒蛾的卵期较长，在自然条件下达 10 个月之久。产下的卵，经过夏、秋季完成胚胎发育。

越冬卵的数量大小同春季幼虫的发育量有一定的关系。据调查，在柞园山下固定 50 株 15 年生以上的大树，1972 年春每株平均有 37 个卵块，柞园幼虫发生普遍可见，但柞叶受害较轻；1973 年春每株平均有 82 个卵块，幼虫当年发生量较大，柞叶受到较重为害；1974—1976 年春每株平均 101.8～138.4 个卵块，柞园幼虫出现连年大发生；1976 年由于几种天敌的大量寄生，使 1977 年春的冬季卵块数下降到每株平均 2.7 块，当年幼虫发生量很少，到 1978 年春每株平均有 0.03 个卵块，柞园幼虫发生极少。

四、天敌

亚洲舞毒蛾的寄生与捕食天敌，在国外已记录 230 余种，我国辽宁地区已经发现 25 种。

舞毒蛾卵期的天敌以皮蠹虫和跳小蜂为主，幼虫期的天敌主要是线虫和绒茧蜂，幼虫到蛹期的天敌主要是寄生蝇类。1976 年辽宁省盖州市亚洲舞毒蛾大发生，蝇类寄生率达 84％，解除了翌年大量发生为害的威胁。

五、防治技术

（一）药剂防治

1. 粉剂防治　用 1.5％辛硫磷粉剂或 2.5％敌百虫粉剂于幼虫三龄前施药。撒施在秋柞园及春蚕窝茧场及场内外的榛子、杂树等植物上。着重喷洒柞树下的落叶、树干与树冠枝叶。

2. 乳剂防治　用 50％辛硫磷乳油 800 倍液，或 50％敌敌畏乳油 500 倍液于幼虫三、四龄期施药。若幼虫生长到五六龄期再施药，防治效果不佳（表 18 - 44 - 2）。

施药时，应喷洒在春蚕二把场、窝茧场、秋用柞园及场内外的榛子等杂树上，树干、树膛内的枝叶及落叶均应喷上药液。待药剂残毒期过后方可放蚕。

表 18 - 44 - 2 辛硫磷防治柞林亚洲舞毒蛾幼虫试验结果

Table 18 - 44 - 2 Control of *Lymantria dispar asiatica* larvae using phoxim

剂型与浓度	防治面积（hm²）	防治虫龄	48h 检查结果		
			药前活虫数	药后活虫数	虫口减退率（%）
乳油 0.05%	2.0	二至四	363	20	94.5
粉剂 1.0%	4.0	四至五	37	8	78.4
粉剂 1.5%	2.0	一至三	295	3	99.0
粉剂 1.5%	0.7	二至四	456	9	98.0

（二）诱杀防治

1. 落叶诱杀 利用幼虫有下树栖息的习性，于幼虫二、三龄期，在柞园柞树下放置少量落叶，每隔 2～3d 轻轻拣起落叶，放入塑料袋中，集中焚烧。

2. 灯光诱杀 成虫发生期，于柞园下方距电源比较近、地势较高、附近无树遮光的地方，设置黑光灯、汞灯或 200W 白炽灯，晚上开灯，早晨闭灯。将诱来的活虫收集在一起，喂鱼、喂鸡或用火烧毁。用灯光诱杀，最好是大面积连片设灯。

（三）刮除卵块

刮除越冬卵块，能消灭大量虫源。但需注意不要使刮下的卵掉落地上。亦可使用煤油沥青（2∶1）混合液涂抹卵块。

（四）病毒防治

用舞毒蛾核型多角体病毒防治亚洲舞毒蛾幼虫是一种经济、有效的生物防治方法，能使幼虫大量死亡而不感染柞蚕与桑蚕，对人、畜无害。

1. 病毒来源

（1）搜集自然发病的死虫。核型多角体病毒感染亚洲舞毒蛾幼虫后，可破坏幼虫的脂肪、气管、血淋巴、中肠及皮层等部位的细胞，使幼虫体色逐渐转暗呈暗褐色，皮层等组织溃烂，易破裂流出灰褐色或灰白色脓汁，无臭味。但死后被细菌侵染有恶臭。死虫汁液经显微镜检查，可见到大量不规则形多角体。死虫常在树枝分杈处、树干上、叶面上。将有典型病征的死虫搜集在干净的罐头瓶中，扎口后置于冰箱或冷库中保存备用。

（2）从有舞毒蛾核型多角体病毒的单位购入。

（3）自行繁殖病毒。自行繁殖病毒的方法有几种，这里介绍一种简单实用的土坑繁毒方法。

土坑的制作：选择地势较高、通风良好的平坦地面挖坑，宽 100cm，深 20cm，四周修 5cm 的梯形埂，长 300cm。每隔 30cm 设 1 弓形支架，坑底置两行木杆。在土坑上盖前，用 1% 漂白粉消毒，待除药味后，盖上新塑料膜，膜上覆草帘遮光。

准备添毒幼虫：防治的春、秋柞园，约需繁殖病毒 0.5kg，应收集 1.5kg 的亚洲舞毒蛾四龄或五龄初期幼虫。

毒液的制备：将被核型多角体病毒感染的死虫尸，先稀释 10 倍液，按水量加入 0.25% 链霉素灭菌，再用纱布过滤绒毛与杂质，最后对成 100 倍液使用。若用离心法粗提多角体，可稀释成每毫升含 3.5×10^8 个核型多角体病毒使用。

添毒、投虫与给叶：将剪回来的嫩枝条、叶片喷上病毒液或直接浸蘸病毒液，阴干后均匀地平铺在土坑内的木杆上，再将收集回来的幼虫撒在叶片上。吃毒叶 2～3d 后，每天给无毒叶 1～2 次，发病后尽量减少给叶量。

日常管理：土坑内的温度要求在 22～30℃，湿度为 85%～95%。温度高低可用草帘调节，湿度可采取放风减湿或喷水补湿的方法。塑料布四周要用土压严，以防被风吹掉或幼虫爬出，注意不要使雨水注入坑内。

病毒收获与贮存：平均温度在 25℃ 时，添毒后第 9 天前后幼虫开始发病，第 12～15 天死亡最多。若平均温度为 27.5℃ 时，第 8 天始发病，第 10 天达死亡高峰。收获病虫尸时，发病初期每天进行 1 次，发病高峰前后，每天上、下午各进行 1 次，于病虫体皮尚未完全溃烂时，用镊子将死虫夹出，确认是感染核型多角体病毒的病死虫，装入干净的罐头瓶内。对受伤与非感染核型多角体病毒的死虫全部淘汰。病毒的产量与添毒用的幼虫龄期有关，虫龄小繁毒需要虫数多，单头产毒量低；若虫龄达五龄中后期，有的幼虫则要到化蛹后才死亡。收获后将盛病虫的罐头瓶用塑料布扎口，送入冰箱或冷库内储存。

2. 防治时期　在亚洲舞毒蛾幼虫二龄盛期施用。若在幼虫四、五龄期施用，虽然增大浓度防治有效，但虫死的偏晚，树叶损失较大。

3. 使用方法　应用当年繁殖的核型多角体病毒死虫尸，按质量先加 10 倍水，经 3 层纱布过滤后用链霉素灭菌，再加虫尸重量的 3 000～5 000 倍水使用。若用储存 1 年的死虫尸，加水稀释 2 000～3 000 倍使用，施用时，着重喷洒柞树叶背，要求喷洒均匀周到。

4. 防虫效果　病毒治虫没有化学药剂杀虫速度快。喷洒当年繁殖的病毒，经 7～11d 亚洲舞毒蛾幼虫开始发病死亡，虫龄小死得早、虫龄大死得偏晚。二龄幼虫吃毒叶后，第 7 天发病，第 11 天达死亡高峰，到第 16 天死亡率达 98.4％。死亡后的病虫尸溃烂，经风雨吹溅或蝇虫等携带，尚能继续扩大感染，使亚洲舞毒蛾幼虫陆续死亡，并出现 2 次死亡高峰。喷毒防虫的柞园，第二年还有感病虫死亡。

历红达　李喜升（辽宁省农业科学院蚕业科学研究所）

第 45 节　栎褐舟蛾

一、分布与危害

栎褐舟蛾（*Phalerodonta albibasis* Chiang）属鳞翅目舟蛾科，别名栎蚕舟蛾、麻栎天社蛾、栎褐天蛾，俗称红头毛虫。

据记载，此虫主要分布在辽宁、江苏、浙江、山东、陕西、安徽、湖南、湖北、四川等省份。其幼虫食害柞叶，最喜食麻栎叶，常数百头群集在枝叶上为害，树叶很快被吃光，严重影响柞蚕生产及林木的生长和结实（彩图 18-45-1）。寄主植物有麻栎、蒙古栎、辽东栎、槲栎、白栎、栓皮栎等。

二、形态特征

成虫：体长 16～20mm，翅展 38～52mm。全体淡褐色，触角黄褐色，栉齿状。前翅灰褐色，有光泽，混生褐色鳞片，前缘及基部黑褐色，亚基浅褐色锯齿状，内有两条暗褐色锯齿状横线，近外缘 1 条呈弓形。后翅灰褐色，有 1 条不明显的外横线。缘毛黑褐色。头和胸背灰白色，掺有褐色或红褐色，腹部黄褐色。雌蛾色泽较淡，尾端有黑褐色毛丛，体长 18～20mm，翅展 48～52mm。雄虫体色较深，体型较雌虫小（彩图 18-45-1，2；彩图 18-45-2）。

卵：球形，直径 0.9mm 左右，灰白色，数十粒至百余粒产于一起集成条状卵块，上覆黑褐色毛（彩图 18-45-1，3）。

幼虫：老熟幼虫体长约 48mm。头部橘红色，虫体腹部淡绿色或黄绿色，背部与体侧密布规则的黑褐色或紫褐色斑纹（彩图 18-45-1，4）。

蛹和茧：蛹为被蛹，体长约 18mm，色暗褐，头前中央有 1 条小齿状的隆起脊，腹光滑，钝形。茧土褐色，长圆形，背部隆起，腹部扁平。茧层坚硬（彩图 18-45-1，5、6）。

三、生活习性

此虫在辽宁省 1 年发生 1 代，以卵在柞树枝条上越冬。越冬卵于翌年 5 月上、中旬开始孵化为幼虫，幼虫有 5 个龄期，6 月下旬开始老熟并化蛹，蛹期 3 个多月，于 10 月上旬羽化为成虫，并交配，同期产卵于枝条上越冬（表 18-45-1）。

幼虫孵化时先咬食虫卵顶部的卵壳，然后爬出。幼虫孵出后，群集于小枝条柞叶上剥食嫩叶叶肉，使小枝条上叶片枯萎，食量不大。三龄后食量明显增加，日夜取食柞叶，叶片常被吃光，其幼虫之多，常可将小枝压弯，地面布满虫粪。四龄后食量剧增，几日之内便可将整株柞树叶吃光，后群体迁移至另一株柞树为害。五龄时幼虫食量猛增，为暴食期。幼虫的群集性较强，一至三龄时始终在一起取食，四龄虽有分散但不明显，仍几十、几百头地在同一墩柞树上为害，成片柞树的叶片很快被吃光。幼虫略受惊，则昂首翘尾，口吐黑液。

表 18‑45‑1　栎褐舟蛾生活史
Table 18‑45‑1　Life history of *Phalerodonta albibasis*

月	1~3	4			5			6			7			8			9			10			11			12		
旬		上	中	下	上	中	下	上	中	下	上	中	下	上	中	下	上	中	下	上	中	下	上	中	下	上	中	下
	⊙	⊙	⊙	⊙																								
		—	—	—																								
							○	○	○	○	○	○	○	○	○	○	○	○									
																			+	+	+	+					
																			●	●	●	⊙	⊙	⊙	⊙	⊙	⊙

注　＋：成虫，●：卵，—：幼虫，○：蛹，⊙：越冬卵。

幼虫老熟时，从树上爬至地面或直接坠落地面，钻入树干基部杂草根际 3～10cm 深的疏松土中吐丝营茧，并在其中化蛹。茧在土中平卧，上面偏平，下面突起。成虫羽化多在 14:00～18:00，羽化后的成虫白天静伏于灌木、树干基部及杂草丛中隐蔽，黄昏后开始活动，羽化当天即可交尾产卵。卵多产在树冠中、下部直径为 0.3～0.6cm 的小枝条上，多数卵粒沿枝条集成长条状的卵块，排列成 4～6 行，卵块上覆盖有黑褐色绒毛。1 个卵块平均有卵 233 粒左右，最多叮达 540 余粒。成虫出现期仅为 10d，有趋光性。

四、防治技术

（一）人工捕杀

1. 捕杀幼虫　在 5 月下旬幼虫群集为害时，剪下有虫树枝，在地面杀死幼虫。

2. 结合冬季整枝，剪掉有卵块的枝条，集中烧毁。

3. 挖茧　幼虫化蛹集中在根际附近的土下，可在成虫羽化之前挖掘杀之。

（二）生物防治

可以利用天敌，挂鸟巢招引森林益鸟捕食幼虫，开展以鸟治虫，控制虫害发生。

（三）物理防治

利用成虫的趋光性，生产上可于 10 月设置黑光灯进行诱杀成虫，从而有效降低成虫种群密度及后代发生数量。

（四）化学防治

1. 用 80％敌敌畏乳油 2 000 倍液喷杀一至三龄幼虫，效果良好。

2. 以 50％辛硫磷乳油 1 000 倍液喷洒被害柞林，防效达 95％以上。喷药后 7d 可放养柞蚕。

李树英　腾雪莹（辽宁省农业科学院蚕业科学研究所）

第 46 节　栎纷舟蛾

一、分布与危害

栎纷舟蛾［*Fentonia ocypete* (Bremer)］属鳞翅目舟蛾科，俗称旋风舟蛾、细翅舟蛾、罗锅虫。国内分布于黑龙江、吉林、辽宁、北京、河北、山东、陕西、浙江、湖北、湖南、江西、四川、云南等省份，但以辽宁分布广，为害重，其中发生最多为害最重的是盖州市、海城市、大石桥市、西丰县、凤城市、宽甸满族自治县、岫岩满族自治县等地区。国外分布于俄罗斯和日本。

栎纷舟蛾的寄主植物，在辽宁省有蒙古栎、辽东栎、麻栎、槲栎、榛、苹果等，但最喜食的是蒙古栎和麻栎。通常在辽宁柞蚕区大发生时，能很快将柞叶食光，致使柞蚕饥饿而死，严重影响柞蚕生产（彩图

18-46-1)。此外，栎纷舟蛾患有微孢子虫病（微粒子病），能感染柞蚕，使种茧病毒率高达 10%～30%，不能留种，造成种茧短缺，影响翌年柞蚕生产。

二、形态特征

成虫：体长 19～22mm（雄蛾略小），翅展 42～48mm。全体灰褐色，有丝状光泽。头小，被覆灰白色鳞毛，复眼黑褐色，雌蛾触角为丝状，雄蛾触角为短羽状。胸部宽大，灰黑色；前翅狭长桨状，灰褐色，近外缘 1/3 处有 1 白色弧形浪线，其内方有 1 黑褐色近圆形的眼状斑纹；后翅浅灰褐色，但外缘部较深。腹部粗壮，鳞毛短灰褐色；尾毛较长，黑灰色（彩图 18-46-2）。

卵：扁圆形，直径约 0.6mm，初产时为浅黄色，孵化前变为黄色。

幼虫：初孵化幼虫黄绿色，头大，浅褐色，由头向尾逐渐变细，尾部上翘。三龄后体变为绿色，背部出现复杂的黄褐色花纹。四龄开始第三至六腹节增粗向上拱起，呈罗锅状（倒舟形），因此俗称"罗锅虫"。老熟幼虫体粗壮，体长 35～40mm，头赤褐色，有 4 条紫黑色纵走花纹。体躯基色绿，间有黄褐色，从第一腹节起沿气门线和亚背线向后各纵伸棕褐色带（彩图 18-46-3）。

蛹：被蛹。蛹体长 19～23mm，深褐色或黑褐色，光滑略有光泽，中后胸相接处背面有 1 排凹点；尾部细，有 1 排端刺和臀棘。

三、生活习性

（一）生活史

栎纷舟蛾在辽宁 1 年发生 1 代，以蛹在土中越冬，羽化期很不整齐。越冬蛹于翌年 6 月下旬开始陆续羽化，一直延续到 8 月中旬，7 月下旬为羽化高峰。成虫羽化后即可交配产卵，产卵盛期为 7 月下旬至 8 月初。卵期 4～6d，8 月上旬幼虫孵化最多。辽宁地区栎纷舟蛾幼虫 6 个龄期，经 45～52d 老熟，于 8 月下旬至 9 月下旬（盛期为中旬）爬到树干基部入土做土茧，在茧内化蛹越冬，如表 18-46-1 所示。陕西地区栎纷舟蛾生活史与辽宁相同，幼虫也是 6 个龄期，而吴全聪等报道栎纷舟蛾在浙江地区 1 年发生 3 代，幼虫 5 个龄期。

表 18-46-1 栎纷舟蛾生活史
Table 18-46-1 Life history of *Fentonia ocypete*

月	1~5	6			7			8			9			10~12
旬		上	中	下	上	中	下	上	中	下	上	中	下	
	⊙	⊙	⊙	⊙	⊙	⊙	⊙		⊙	⊙				
				+	+	+	+	+	+	+				
						●	●	●	●	●	●	●		
								—	—	—	—	—	—	
									⊙	⊙	⊙	⊙	⊙	⊙

注 ＋：成虫，●：卵，—：幼虫，⊙：蛹。

（二）主要习性

1. 成虫羽化　1985 年在辽宁省凤城市，6 月中旬发现成虫，7 月下旬为成虫羽化高峰，其后一直延续到 8 月中旬。其羽化期长达 2 个月之久，故最早幼虫进入老龄时尚有刚刚羽化的成虫。

成虫多在 18:00～24:00 羽化，羽化后成虫多在杂草及灌木的枝叶上静止 2～3h，充分晾翅后飞翔。成虫羽化数小时后即可交配，当夜可产卵，但以次夜产卵者为多。成虫夜间活动，白昼静伏于柞叶叶背和杂草及灌木丛中。成虫有趋光性，其寿命雌虫平均为 5d，雄虫平均为 3.5d。

2. 幼虫孵化及龄期　幼虫在 4:00 开始孵化，5:00 为高峰，可后延至 8:00。孵化的幼虫食少许卵壳后静止 3～5h 后开始取食。辽宁地区幼虫分为 6 个龄期，幼虫龄期、体长、体色变化及取食状况如表 18-46-2 所示。幼虫被触动时常从前胸腹面排出类似乙酸的液体，因此，民间对其有"气虫"或"屁豆虫"之称。

表 18-46-2 栎纷舟蛾幼虫各龄历期、体长、体色及取食变化

Table 18-46-2 Instar duration, body length and colour variation, infestation of *Fentonia ocypete* larva

龄期	一	二	三	四	五	六
历期（d）	4	4	5	6	7	6
体长（mm）	6.0	9.0	14.0	22.0	36.0	45.0
体色	黄褐色，头大尾细上翘，各节有稀疏白毛	黄绿色，有褐色带和网纹，背有白斑，尾双分叉	黄绿色，有许多黄白绿相间的花纹	同三龄，但体中部增粗，略现拱形	体色同四龄，中部更粗，呈拱形，体上花纹明显	似五龄，但老熟时体色变黄，呈半透明状
取食状况	在叶背剥食叶肉	在叶背剥食叶肉	食叶片	食叶片	食叶片	食叶片

四、天敌

1984—1985 年，在辽宁省凤城市共发现栎纷舟蛾的天敌 20 种，且虫态不同，天敌种类亦异。卵期天敌有舟蛾赤眼蜂、松毛虫赤眼蜂、黑卵蜂等；幼虫期天敌有舟蛾绒茧蜂、小蜂、细小六索线虫、粗壮六索线虫、三突花蛛、隆肩园蛛、中华星步甲、华北螳螂、微孢子虫、核型多角体病毒以及麻雀、喜鹊等鸟类；蛹期天敌有小蜂、姬蜂、寄蜂、细菌、白僵菌等；成虫天敌有麻雀、夜鹰。

这些天敌中对栎纷舟蛾发生量起主要抑制作用的是舟蛾赤眼蜂、舟蛾绒茧蜂、寄蝇、微孢子虫和细菌。1985 年辽宁省蚕业科学研究所调查了 460 粒卵，其中赤眼蜂寄生 144 粒，寄生率为 31.3%。1985 年 9 月中旬在辽宁凤城调查 500 头老龄幼虫，其中 128 头被舟蛾绒茧蜂寄生，寄生率为 25.6%。1985 年从灯光诱集的蛾中抽查 3 批共 382 头蛾，其中 60 头蛾患微粒子病，寄生率为 15.7%；9 月 10 日调查 100 头老龄幼虫，其中 22 头患微粒子病，发病率为 22%。越冬蛹死亡的主要原因是细菌和寄生蝇的寄生。1985 年 4 月下旬在野外挖掘调查时发现，越冬蛹有 57.7% 死于细菌寄生。同时，亦发现蛹内有寄生蝇，寄生率约占 8.5%。

五、防治技术

（一）化学防治

8 月中旬可用 0.05% 的辛硫磷（有效成分），喷布大柞园和营茧场的柞树，防效可达 95% 以上。喷药 7d 后方可放蚕。

（二）生物防治

利用舟蛾赤眼蜂卡，在栎纷舟蛾羽化高峰后 2～3d，以 75 万头/hm² 的密度在柞园内集中释放赤眼蜂，蜂卡距离 9m，对 4 日龄以内的栎纷舟蛾卵的寄生率可达 90% 以上，比药物防治节省工时和成本 50% 以上。

（三）物理防治

栎纷舟蛾成虫的趋光性较强，可设置黑光灯诱杀，能减轻为害。

石淑萍　赵世文（辽宁省农业科学院蚕业科学研究所）

第47节 栎枯叶蛾

一、分布与危害

栎枯叶蛾 [*Pyrosis eximia* Oberthür，1880；异名：*Bhima eximia* (Oberthür)，1913] 属鳞翅目枯叶蛾科黑枯叶蛾属，别名栎黑枯叶蛾，俗称栎毛虫。已知国内分布于辽宁、江苏、浙江、江西、陕西、山西、湖南、甘肃、青海，国外分布于朝鲜、俄罗斯。

栎枯叶蛾以幼虫食害辽东栎、蒙古栎、麻栎、槲栎、锐齿槲栎、袍栎、柞槲栎、红槲栎、白栎、榛、苹果、梨、杨、柳、槐等阔叶树，是柞蚕业及林业、果业的重要害虫之一。

此虫在辽宁所有柞蚕区均有发生，以辽东、辽南受害最重，10 年左右大发生 1 次。1964 年、1965 年

在凤城南部地区和岫岩一带大发生，柞叶被害率为 30％～50％；1971—1973 年在凤城、海城一带大发生，柞叶被害率为 30％；1985—1986 年在凤城、岫岩一带再次大发生，柞叶被害率 30％～40％，严重柞园达 70％左右。此虫在柞园内大发生时，常将柞叶吃光，与柞蚕争食，严重影响柞蚕生产。

1983 年在湖南浏阳县马尾松封山林地中发现栎枯叶蛾为害白栎。此虫发生环境多为松树郁闭度较大的树林内，在中、下层较矮小的白栎树上为害，小幼虫一般聚集在树叶背面，遇高温季节，多隐藏于树干下部，傍晚取食；在郁闭度小的松树林内很少发生。

二、形态特征

成虫：雌虫体长约 28mm，翅展约 85mm，体粗壮，鳞毛厚而密。头小，覆棕色鳞毛；复眼球形，棕黑色；下唇须长，端粗且上翘；触角棕褐色至黑褐色，栉齿状。胸部宽大，披有深棕色长鳞毛；足粗壮，有刷状长毛丛；前翅大而阔，棕色，鳞片较薄，翅脉清晰可见，在中室前、后部各有两条白色波纹，波纹中间为深棕色宽带，1～2 肘脉间有 1 较大椭圆形白斑，近外缘部为宽的白色或浅褐色波纹；后翅小而薄，在中部和近外缘部有两条宽大的白色波纹。腹部粗大，披有厚密的黑褐色鳞毛，尾部毛尤长，呈灰棕色簇状。雄蛾体小，长约 16mm，翅展约 35mm，体棕褐色至棕黑色。头大，披黄棕色粗鳞毛；复眼球形、黑色；下唇须长粗，前平伸；触角大，黑棕色，长栉齿状。胸部宽大，前胸覆盖棕色粗鳞毛，中、后胸鳞毛细长；足短粗，有棕色刷状鳞毛；前翅棕色，半扇形，在中室前后各有两条不甚清晰的白色波纹，中室附近有 1 略呈△形的大白斑；后翅小，扇形，有黄色至黄褐色波纹及大斑。腹部尖小，棕黑色，尾毛略长，呈叉状。雄性外生殖器尾突膜质具毛；抱器瓣牛角状，较短；小抱针指状，具毛；抱足宽马蹄形，末端逐渐变尖；阳茎短粗，端半部渐尖而呈肘状弯曲，末端有尖齿。

卵：椭圆形，棕褐色，光滑略有光泽。卵长 2.1mm，宽 1.5mm。许多卵产在一起，形成长椭圆形或条形卵块，其上覆盖雌蛾尾部脱落的灰黑色鳞毛。卵块长 4.5～7.0cm，宽 1.2～2.0cm（彩图 18-47-1）。

幼虫：老熟幼虫长柱形，灰黑色，体长 7.9cm，体宽 1.0cm，头宽 0.6cm。头棕褐色，有蓝黑色斑点，大颚黑色，触角及下唇须小，棕褐色。各体节背部有 1 近菱形的暗斑并生有短粗的刚毛，中、后胸节各有 1 对灰黑色大毛簇，并在背部杂有黄白色毛；腹部在体侧线部位有 1 对灰黑色毛簇（彩图 18-47-2）。

一龄幼虫刚孵化时体黑色，头亦黑色。单眼 6 对，黑色，呈 C 形排列。胸部第一节背部有 1 对黑毛丛连在一起。胸足黑色，腹足亦黑色，其上有 4 条纵纹。腹部各节亚背线上有 1 小黑点，其上着生黑色刚毛。肛背板和尾足后缘各具 1 黑点，组成品字形黑斑。腹足趾钩为 2 序中列式。气门黑色。

二龄幼虫胸部第二、三节的背部有近圆形黑色毛丛，其后部又有 1 束白色毛丛。气门下线从前至后，每节上均有 1 个隐约可见的黑色疣瘤，其上着生黑色刚毛。

三龄幼虫与二龄基本相同。

四龄幼虫体呈灰黄色，头亦灰黄色，其上有"八"字形黑纹。前胸至腹部第二节的气门下线黑色疣瘤增大，其前缘着生黑色刚毛，后缘有白色毛丛。腹背部呈现红褐色和黑褐色相间的花纹。尾部"品"字形黑斑消失。

五龄幼虫黄褐色，头淡黄褐色。腹部第一至七节背中线上有小白毛丛。气门线黄褐色。

六龄幼虫与五龄基本相同。

七龄幼虫体躯基色黄褐，亚背线上多生黑色短毛，使体背呈 1 纵向黑色带。腹部第一至七节背中线上的白色小毛丛消失。第二至八腹节背中线两侧着生黑色毛丛呈倒"八"字形。

蛹：蛹在灰褐色的薄茧中，首尾略尖，呈粗榧子形，黑色或黑褐色，有光泽。蛹体各节的前缘均生有棕色绒毛，尤以前、中胸部密而长。雌蛹体长 3.5～3.8cm，雄蛹体长 2.2～3.1cm。

三、生活习性

栎枯叶蛾 1 年发生 1 代，以卵越冬。在辽宁，卵多产在辽东栎、蒙古栎等三至五年生的枝条上（彩图 18-47-1）。翌年 4 月下旬到 5 月上旬孵化出幼虫，开始为害柞树。调查发现卵块中含卵数差异较大，在辽宁凤城随机抽查 10 个卵块，平均每块有卵 326.5 粒，其中最少为 89 粒，最多为 483 粒，

10 个卵块平均孵化率为 97.0％。在辽宁盖州和海城对栎枯叶蛾日间孵化情况调查结果表明，孵化集中在上午，以 8:00 前孵化量最大，11:00 后很少孵化。11:00 前孵化比例达 94％。孵化时，幼虫将卵壳啮一孔而钻出，刚出卵幼虫静止在卵块上或其附近的寄主枝干上，约经 10h 开始爬上寄生叶片取食（彩图 18 - 47 - 2，1）。

在辽宁省，栎枯叶蛾一至六龄幼虫群集性很强，取食、栖息和就眠均群集（彩图 18 - 47 - 2，2）。孵化后幼虫从叶缘开始取食，就眠则集中到枝丫处，七龄则分散为害。取食集中在夜间，22:00 到翌日凌晨为取食高峰，白昼静伏枝丫处，受轻微惊扰则摆动前半身躯体，剧烈惊扰就屈身下落，尔后再重新爬上树，聚集在一起活动。幼虫一至三龄食量很少，四龄后食量增大，五龄起猛增。室内饲养调查，1 头四龄盛食期幼虫日食柞叶 2g，1 头七龄盛食期幼虫日食柞叶 32g（彩图 18 - 47 - 2，3），五、六、七龄 3 个龄期食量占总取食量的 93％以上。

幼虫经过 7 个龄期，历经 106d（95～112d），于 8 月中、下旬老熟，陆续爬到地面后在枯枝落叶处吐丝做 1 薄茧，并在其中化蛹。蛹期约 40d，蛹于 9 月下旬至 10 月上、中旬羽化，同期交配、产卵、越冬。

成虫羽化多在下午，以 16:00～18:00 为多。成虫羽化时，将蛹皮从胸部背线处顶破而钻出，爬到地面杂草或灌木上静止晾翅。经 30min 左右翅充分展开，肢体变硬后开始飞翔和求偶，交配多在 19:00～21:00 进行。交配后雌蛾通常在 23:00 到翌日 3:00 进行产卵（亦有翌夜产卵的）。

成虫的趋光性因性别而异。雄蛾趋光性很弱，150W 汞灯也很难诱到。雌蛾趋光性甚强，在大发生年 1 盏 150W 汞灯 1 夜可诱 2 700 头。

雌蛾平均寿命为 3.5d（2～5d），雄蛾平均寿命为 4.0d（3～5d）。雌雄成虫偶有与两雄虫交配的现象。雌雄成虫的比例为 1.1:1（55:50）。雌成虫一般只产 1 个卵块，亦有在产卵过程中受惊而中断，再产 1 个卵块的。卵粒紧密，成单粒并排形式，基本呈 4 纵行排列。产卵同时尾毛脱落黏附于卵块上，呈灰黑色，雌蛾用腹端部将其压实。雌虫多在辽东栎或蒙古栎上产卵，卵块多产在树冠中、下部背光的枝条上。由于雌蛾产卵时缓缓爬动，卵块产成条块状。卵块在柞蚕区内的分布是山的中上部多于下部，阴坡略多于阳坡。

在湖南，栎枯叶蛾卵 4 月上旬开始孵化，幼虫孵化率很高，据室内和室外检查，孵化率可达 100％。每日孵化时间相当集中，都在 8:00～9:00。幼虫期最长 163d，最短 146d，平均 153.7d。各龄所需时间：一龄 9～10d，二龄 5～6d，三龄 5～6d，四龄 5～6d，五龄 9～11d，六龄 17～20d，七龄 27～89d，其中，部分幼虫开始结茧，八龄 68～79d。三龄以前的幼虫有群集习性，只啃食嫩叶表皮；三龄以后即可分散为害，可将整片树叶吃光。9 月上旬幼虫老熟后开始在枝干上结茧，有将树叶连在一起结茧的习性，蛹期最长 71d，最短 53d，平均 58.1d。雌、雄性比为 1:1。10 月下旬成虫羽化。成虫白天羽化，从 8:00～16:00 均可羽化，而以下午羽化最多，占全天羽化数的 62.5％。羽化当天 17:00～18:00 开始交尾，交尾时间最短 14min，最长 30min，同一头雄蛾当天可与 2 头雌蛾交尾。雌蛾交尾后于当天 19:00 左右即行产卵。每头雌蛾可产卵 3～4 块，每块最多 264 粒，最少 65 粒，平均 181 粒。大部分的卵当天可以产完，少数可延续到第二天。单只雌蛾产卵量最高达 599 粒，最少 345 粒，平均 453.2 粒。成虫寿命 3～4d。卵多产于树叶下部的枝条上。卵期长达 148～154d。

四、天敌

目前在辽宁发现栎枯叶蛾的天敌有 12 种：成虫期有夜鹰，卵期有大山雀、花鼠，幼虫期有鞍形花蟹蛛、直截腹蟹蛛、隆肩圆蛛、细小六索线虫、粗壮六索线虫、追寄蝇及核型多角体病毒（NPV），蛹期天敌有细菌和真菌（彩图 18 - 47 - 3，彩图 18 - 47 - 4）。在这些天敌中，NPV 流行时可使幼虫大批死亡，是控制此虫发生基数的因子，其他天敌作用较小。

在湖南，此虫是松毛虫赤眼蜂的中间寄主，易被蚂蚁和鸟捕食。

五、防治技术

(一) 人工采卵
雌虫多在辽东栎或蒙古栎上产卵，卵块多产在树冠中、下部的枝条上，可进行人工采集卵块并消灭。

(二) 化学防治
辽宁蚕区防治栎枯叶蛾主要采用 50％辛硫磷乳油 800 倍液，在无蚕时喷洒柞林，可有效防治一至五龄柞枯叶蛾幼虫及同期发生的其他害虫。喷辛硫磷后 3d 方可养蚕，以防蚕中毒。

董绪国　王连珍（辽宁省农业科学院蚕业科学研究所）

第 48 节　黄二星舟蛾

一、分布与危害

黄二星舟蛾［*Lampronadata cristata*（Butler）］属鳞翅目舟蛾科，别名槲天社蛾、背高天社蛾，俗称大头光、大头虫、大头黄。

国内广泛分布于东北、华北、华东、华中各省份，国外分布于日本、朝鲜、俄罗斯、缅甸等国。该虫是栎类树木的重要食叶害虫，能将柞叶连同叶脉全部吃光。幼虫发生为害时期与秋柞蚕期大体一致，因此，黄二星舟蛾大发生时与秋柞蚕争食，严重影响柞蚕生产。20 世纪 70 年代以来相继在河南、江苏等省大面积为害，1986 年、1987 年，仅南京紫金山柞林重灾面积就近 667hm²，南京中山公园内所有栎属林木叶片在短期内被取食殆尽。

二、形态特征

成虫：体长 28～32mm，雌性成虫平均体长 30.5mm，雄性平均 28.5mm。翅展 68～76mm，雌性平均 73.5mm，雄性平均 70.2mm。体、翅浅黄色至黄褐色，头部灰白色。雌性成虫触角丝状，雄性触角基部双栉齿状，端部丝状，双栉齿状部分占触角全长

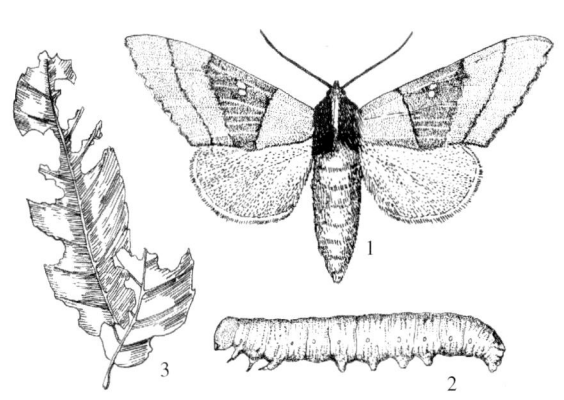

图 18 - 48 - 1　黄二星舟蛾及为害状（仿张翔，1981）
Figure 18 - 48 - 1　*Lampronadata cristata* and damage symptom（from Zhang Xiang，1981）
1. 成虫　2. 幼虫　3. 为害状

的 3/4。胸背中央有高而突出的毛丛，故有背高天社蛾之称。前翅具 2 条明显的暗褐色横线，内线止于后缘齿形毛丛，外线向内斜，外缘脉间呈月牙形缺刻，中脉 1～3 连成 1 个近月牙形缺刻，外缘毛呈灰白色。在靠近翅前缘，近内线处有 1 对连接的灰白色圆点，因此称黄二星舟蛾（彩图 18 - 48 - 1，图 18 - 48 - 1）。

卵：圆形略扁，长径 1.2～1.4mm。初产时乳白色至淡黄色，后变黄褐至灰褐色。卵孔区位于顶端中央，刻纹由 11～12 枚花瓣形状组成。卵表面其他部分为六角形隆脊组成的网纹。

幼虫：老熟时体长约 70mm。初孵化时浅黄色，二龄开始变成淡绿色，老熟时绿色。幼虫头大，体肥无毛。体背浅绿色，有光泽；体侧葱绿色，第一至七腹节有 7 对白色斜线，有的斜线跨两个体节（彩图 18 - 48 - 2，图 18 - 48 - 1）。幼虫共 6 龄，各龄幼虫形态特征见表 18 - 48 - 1。

表 18 - 48 - 1　黄二星舟蛾各龄幼虫形态特征比较
Table 18 - 48 - 1　Morphological comparison of different instar larvae of Lampronadata cristata

虫龄	头宽（mm）	体长（mm）	形态特征
一	0.91±0.09	8.40±1.16	体浅黄色，体背两侧各有 1 条黄白色纵带，上颚端部浅褐色
二	1.52±0.08	11.22±1.71	体黄绿色，气门及上颚端部变为黑色
三	2.33±0.09	20.04±1.78	体黄绿色，腹部第一至八节出现灰白色斜线，每条斜线跨 2 个体节，臀节后缘开始呈黄白色半环纹
四	3.44±0.16	32.85±3.62	体浅黄绿色，胸足鲜黄色，胸部气门橙色，腹部气门棕褐色，气门周围有紫红色晕圈，臀节下缘黄白色环状纹明显
五	5.16±0.17	46.63±5.12	体黄绿色，胸足黄白色，第一至八腹节灰白色斜线明显，胸腹气门均橙红色，周围有紫红色晕圈，臀节下缘环纹双线状，上线橙色，下线黄白色
六	7.82±0.26	65.87±6.09	体黄绿色，胸腹气门橙红色，气门周围有紫红色晕圈，臀节下缘双线环纹上线红色，下线黄白色，上颚基部红色，端部黑色

蛹：体长 30～40mm，宽 10mm，初期为红褐色，后转为黑褐或深褐色，有光泽。胸背中央有 1 条纵向隆起线，尾部末端有两个小突起，节间凹陷较深。雌蛹生殖孔位于第八、九腹节，呈裂缝状，第九腹节节间缝呈 ∧ 形，易与雄蛹区别。蛹居于淡黄褐色土茧中，土茧较薄。

三、生活习性

辽宁、山东 1 年发生 1～2 代，江苏 1 年发生 2 代，部分个体发生 1 代。以蛹在表土层中的薄茧内越冬。在辽宁，成虫于 6～7 月羽化，6 月上旬为羽化高峰期。羽化时，成虫将蛹皮从胸部背中线处顶破钻出，爬到枯枝或灌木上静止不动，待充分展翅后飞翔求偶，羽化时间多在 20:00～22:00 进行，成虫有较强的趋光性，雌蛾交配后当夜即可产卵。交尾时常落在枯干的枝叶上。卵散产于柞树枝干或叶片背面，3～10 粒卵排成 1 列。1 雌虫可产卵 600～720 粒。卵期 1 周，孵化时间集中在 8:00 左右。8 月初到 9 月末为幼虫为害期。幼虫孵化多在 6:00～8:00 进行，初孵幼虫有啃食卵壳习性，最多能将卵壳食掉 70% 以上。幼虫 4 眠 5 龄。一龄幼虫于叶片背面分散取食，仅食叶肉，将叶片为害成筛网状，食量较小，一遇触动便吐丝下垂。一至二龄幼虫喜好爬行，易分散；四龄起，食叶量逐渐增多，为害迅速，从叶缘开始向叶内方向取食，除主脉外能将整个叶片全部吃光（图 18-48-1）。大龄幼虫如受触动，头部左右摆动。一化性个体老熟后，爬到柞树根际表土中以少量的丝结 1 网状土茧化蛹，在表土或落叶杂草中越冬。二化性个体老熟幼虫需钻进土中约 5cm 处，吐少量丝黏结土粒，结 1 网状土茧化蛹越冬。

在江苏，黄二星舟蛾 5 月中旬越冬蛹开始羽化，5 月中、下旬出现第一代卵，5 月下旬至 6 月上旬出现第一代幼虫，7 月中、下旬第一代幼虫陆续老熟化蛹，8 月上旬出现第一代成虫；8 月中旬出现第二代卵和幼虫，第二代幼虫于 9 月底至 10 月中旬化蛹越冬。1993—1994 年室内连续饲养表明：第一代蛹 54.32% 个体于 8 月上、中旬羽化进入第二代，进而以第二代蛹越冬；另一部分第一代蛹直接进入越冬状态。第一代越冬蛹于翌年 5 月中、下旬至 6 月中旬羽化；第二代越冬蛹则于 6 月中旬至 7 月上旬羽化。林间 5 月中旬至 9 月上、中旬均可见到成虫，越冬代成虫羽化高峰期在 6 月上旬，第一代成虫羽化高峰期为 8 月中、下旬。成虫夜间羽化，羽化高峰期为 22:00～24:00，晴朗、重露的夜晚羽化量较多。羽化后成虫即攀缘到杂草、灌木上，静止展翅直至翌日清晨。成虫白天静伏于杂草、树叶、枝干等隐蔽处，日落后活动。成虫具有较强的趋光性，诱虫灯下不同时刻蛾量消长规律，雄蛾呈单峰型，高峰时间为 2:00；雌蛾呈双峰型，第一个高峰为 22:00，第二个高峰为 6:00。大多数雌雄成虫只交配 1 次，交尾盛期为 23:00 至翌日 4:00，交配历期 2～5h。成虫于叶片背面产卵，每次产 3～5 粒，少数可达数十粒。雌蛾产卵量多为 400～600 粒，少数达 800 粒以上。第一代卵历期 5～8d，幼虫孵化后吐丝下垂，随风扩散。一至二龄幼虫在叶背面取食叶肉，受害叶片呈网状。三龄以后取食整个叶片，虫口密度大的林分，地表可见断叶和虫粪。四龄以后进入暴食期，短期内可将整个林分叶片食光。室内饲养第一、二代幼虫期相近，为 25～30d，其中一龄幼虫 5～6d；其余各龄龄期均为 4～5d。各龄幼虫蜕皮时，头、胸部之间旧表皮首先断裂，向后蜕去胴部旧表皮，随着新头壳的发育，旧头壳从前端渐次脱出。因此处于蜕皮期间的幼虫，外观上新旧头壳共存，共存的时间随龄期的提高而延长，三龄以后，林间新旧头壳共存的个体较为常见，可作为虫情监测和选择防治适期的参考。老熟幼虫下树钻入表土中化蛹，到达地面后即寻找合适的化蛹场所。即将化蛹的老熟幼虫，虫体收缩，呈紫红色。钻入表土后织 1 薄茧，虫体呈纺锤形，腹部先出现蛹态，末龄幼虫头壳和表皮分别从前后端脱去，完成化蛹，老熟幼虫入土至完成化蛹历期 4～7d。幼虫喜在枯枝落叶丰富的林地或土层松软湿润的林中坑洼地化蛹，入土深度 1～5cm，蛹斜位，茧薄无蛹室。部分第一代蛹 10～15d 后羽化形成第二代，另一部分直接进入越冬状态。越冬蛹历期约 8 个月。

四、发生规律

在辽宁，黄二星舟蛾的天敌主要有大山雀（华北亚种）（*Parus major artatus* Thayer et Bangs）、鞍形花蟹蛛（*Xysticus ephippiatus* Simon）、直截腹蛛 [*Pistius truncatus* (Pallas)]、平肩圆蛛 [*Araneus abscissus* (Karsch)]、中华金星步甲（*Calosoma chinense* Kirby）、黑广肩步甲（*Calosoma maximowiczi* Morawiz）、青光螽斯（*Gampsocleis opsocura hokusensis* Mori.）、响叫螽斯（*Gampsocleis gratiosa* Brunner von Wattenwyl)、土褐螽斯（*Atlanticus zeholensis* Mori.）、紫斑螽斯（*Gampsocleis opsocura* Mori.）、狭翅大刀螳（*Tenodera augustipennis* Saussure），此外，还有细菌、真菌、寄生蜂、线虫等。

在江苏，黄二星舟蛾主要天敌为一种卵寄生蜂——黑卵蜂（*Telenomus* sp.），1989年林间寄生率达27.79％。由于蛹进入土层较浅，脊椎动物对越冬蛹的捕食量较大，常年被捕食率达30％以上。蛹期有真菌拟青霉（*Paecilomyces* sp.）寄生，林间寄生率约1％，主要限于湿度较大的林地。

黄二星舟蛾对不同栎类树种嗜食程度不同。栓皮栎受害最重，麻栎次之，白栎最轻。第一代幼虫期降水量是影响种群的主要气候因子，主要影响幼虫期疾病的流行和越冬蛹的羽化。1990年为伏旱天气，6月、7月、8月降水量分别为154.7mm、87.0mm、136.3mm，幼虫死亡率低于1％，第一代成虫发生数量剧增。1991年6月、7月、8月降水量分别为447.0mm、493.0mm、229.0mm，幼虫死亡率高达54.10％，有效控制了当年黄二星舟蛾的发生基数。

五、防治技术

（一）人工捕杀幼虫

利用黄二星舟蛾下树越冬的特性，在此虫下树越冬高峰期，人工捕杀老熟幼虫，效果很好。黄二星舟蛾幼虫虫体肥大醒目，较容易捕捉。但此法不宜大面积采用。

（二）黑光灯诱杀成虫

于成虫羽化期，在柞园栎林设置黑光灯诱杀成虫，能大量消灭带卵成虫。在南京紫金山栎林，1989年以来，每年都进行黑光灯诱杀蛾，1盏20W灯1年诱蛾量达11 881头，一般年份诱蛾量为5 000头。诱获个体中以雄蛾居多，且大多为未交配雄虫（占雄虫总数的59.0％～70.5％）。灯下雌虫多已交配（91.7％～94.5％），诱获雌虫产卵量多为300～600粒，因此，黑光灯诱杀成虫是一项经济有效的防治措施。

（三）化学防治

在幼虫四龄前可用80％敌敌畏乳油1 000倍液、50％辛硫磷乳油1 000倍液及90％敌百虫原药1 000倍液喷雾，防治效果均很好。在柞园使用敌敌畏，需在3d后才能放蚕，使用辛硫磷、敌百虫，需在7d后方可放蚕。

在江苏南京，自1986年黄二星舟蛾首次暴发以来，1987年、1989年第一代幼虫期进行了航空化学防治，药剂为2.5％溴氰菊酯乳油（60mL/hm²）＋20％灭幼脲悬浮剂（60mL/hm²），48h死亡率达93.6％。为解决树体高大施药困难，1993年进行了烟剂防治试验，喷烟机械为6HY-25型烟雾机，主要药剂为0.05％溴氰菊酯烟剂，用量7 500g/hm²。48h后四至六龄幼虫死亡率均在90％以上。

杨瑞生　秦利（沈阳农业大学）

第 49 节　黄 刺 蛾

一、分布与危害

黄刺蛾［*Cnidocampa flavescens*（Walker）］属鳞翅目刺蛾科，俗称大花鞋、洋辣子刺毛虫、洋辣子、刺蛾、八角虫、八角罐、羊腊罐、白刺毛。在中国各省份均有分布，国外分布于日本、朝鲜和俄罗斯。黄刺蛾寄主甚广，是城市园林绿化、风景区、防护林、特种经济树及果树的重要害虫，为害树木120种以上。

二、形态特征

成虫：雌蛾体长14～16mm，翅展34～36mm；雄蛾略小，体长12～13mm，翅展28～30mm，体橙黄色。头小，复眼球形、黑色，触角丝状，棕褐色，颅顶鳞毛黄色直立，下唇须长且上举越头顶，基部赤褐色，先端灰白色。前翅前半部黄色，近臀角处及中室上下各有1褐色斑，翅后半部褐色或淡褐色，并由顶角向后缘斜走着2条褐色线；后翅淡褐色，缘毛黑色。足基节桃红色，腿、胫节灰褐色并杂有黑毛，跗节灰色，后足胫节有内距和端距各 1 对。腹部红褐色并有长鳞毛（彩图 18 - 49 - 1）。

卵：椭圆形，略扁平，一端略尖，长约 1.5mm，宽约 1mm。初产时为黄白色，后变黑褐色。卵膜上有龟状刻纹。

幼虫：体长 23～25mm，体幅 9～10mm，柱形，第二、三、四、十体节大且隆起，第二节后各节在亚背线及气门上线处各有 1 对枝刺，亚背枝刺以 2、3、8 对为大，气门上线枝刺以 2、9 对为大。虫体黄绿色，背部有 1 个哑铃形赤褐或紫褐色大斑，气门上线浅蓝色，气门下线杏黄色（彩图 18 - 49 - 2）。

蛹：椭圆形，长 13～15mm，淡黄褐色。头、胸背面黄色，腹部各节褐色（彩图 18 - 49 - 4）。

茧：椭圆形如雀卵，钙质坚硬，其上有灰白与深褐色条纹相间（彩图 18 - 49 - 5）。

三、生活习性

黄刺蛾在我国 1 年发生 1～2 代，在吉林通化地区有时多年发生 1 代。以前蛹期在茧内越冬。在通化地区越冬后的前蛹于 5 月中、下旬开始化蛹，蛹期 15d 左右，越冬代成虫 6 月中旬至 7 月中旬出现，成虫寿命一般在 4～7d，卵期 7～10d。在辽宁 1 年发生 1 代，翌年 6 月中旬化蛹，6 月下旬开始羽化，交配产卵。卵期为 6～7d，7 月下旬陆续孵化出幼虫。江苏泰兴地区越冬代成虫在第二年 5 月中旬至 6 月中旬羽化产卵，第一代卵期 7d 左右，6 月上、中旬幼虫孵化，幼虫在 6 月下旬至 7 月上旬基本上集中在原来产卵的叶片上为害，7 月上旬末至中旬分散为害，7 月中旬为幼虫暴食期，7 月下旬至 8 月上旬幼虫结茧化蛹，8 月上、中旬成虫羽化产卵。第二代卵期 4～5d，8 月中、下旬为幼虫孵化期，8 月下旬末至 9 月上旬为第二代幼虫暴食期，9 月下旬至 10 月中旬老熟幼虫结茧越冬，到翌年春季茧中幼虫在茧内化蛹。

成虫羽化多在 17:00～22:00，从口器中分泌物质，溶解茧颈部胶质，顶开茧盖，露出蛹体近 1/3。成虫羽化后不久即行交配，卵多分散产于叶背。成虫白天静伏于叶背，夜间活动。

幼虫共 7 龄。刚孵化出的幼虫呈黄白色，先取食卵壳，静止片刻后开始取食叶片的下表皮及叶肉，形成圆形透明的小斑。四龄时啮食叶片，将叶片食成不规则的孔洞或缺刻。五至六龄时能将叶吃光，仅剩下叶柄和叶脉。幼虫三龄以前摄食量极小，占全部食量的 0.1%；四到五龄，食量开始增大，占全部食量的 2.4%。六龄以后取食量逐渐增加，占全部食量的 12.7%；七龄后食量猛增，占全部食量的 84.8%。

幼虫老熟后，排空消化管内食物残渣，缩短躯体，开始吐丝结茧。结茧过程分为 3 个阶段：第一阶段是结茧部位的选择和吐丝前准备。老熟幼虫在寄主植物上缓缓爬行，寻找结茧适宜场所，多在直径为 4～6mm 小枝杈处，以大颚咬树皮，啃一块吐一块，连续啃咬 2～3h，形成 1 个长 7～10mm、宽 3～4mm、深达木质部的凹窝。第二阶段是吐丝结茧。首先在啃破皮处吐一层丝，形成茧褥，然后再大幅度地摆动头胸部吐丝，在足周围先形成袋状丝网，逐渐由下线向上包围幼虫。幼虫在网内继续吐丝，先完成茧大小的 4/5，一端留有圆孔，然后在孔处吐丝，形成盖状，其后吐丝停止。此过程为 3～4h。第三阶段是幼虫排泄和结茧完成。当丝茧完成后，幼虫静止 1～2h，再排泄草酸钙等物，充满茧丝间隙，俗称"灌浆"，初期湿软，为浅灰色或浅灰褐色，经 2～3h 后，茧变干硬，石灰化，呈灰色或灰褐色，并有宽的暗褐色纵向花纹。之后幼虫再于茧内吐少量丝，成为光滑内壁，结茧完成。

四、防治技术

（一）人工防治

1. 于秋、冬季节结合养柞园和果园的清理工作，把结在树干、树枝上的越冬虫茧人工取下，集中销毁。

2. 初孵幼虫有群集叶背的习性，被害叶呈透明网状，易于识别，可摘除被害叶片消灭幼虫。

（二）物理防治

黄刺蛾成虫具有趋光性，在各代成虫羽化盛期，夜间安置黑光灯诱杀成虫，效果显著。

（三）生物防治

1. 将每克含孢子 100 亿个以上的苏云金芽孢杆菌菌粉稀释成 1 000 倍液喷雾，可使幼虫感病率在

80％以上。但要注意在养蚕区不能使用，防止污染柞叶和桑叶。

2. 黄刺蛾的天敌主要有上海青蜂、广肩小蜂、姬蜂、赤眼蜂、黑小蜂、步甲、螳螂、索科线虫、星步甲及核型多角体病毒。可利用天敌进行防治，如投放寄生蜂幼虫。在清除黄刺蛾越冬茧时要注意保护寄生蜂。

（四）化学防治

1. 用 90％敌百虫原药以 800～1 000 倍液进行喷雾。有些地区因连续使用，造成黄刺蛾幼虫产生了一定的抗药性，因此，在产生抗药性的地区不宜使用。

2.4.5％高效氯氰菊酯乳油 3 000～3 500 倍液进行喷雾防治，幼虫染药后，30～40min 纷纷下落，出现中毒症状，以后不再取食。

3. 在柞蚕饲养区喷洒 25％亚胺硫磷乳油 3 000～6 000 倍液，效果明显。柞蚕孵化后第二天喷施 6 000 倍的药液蚁蚕无中毒现象。柞蚕二龄后喷施 25％亚胺硫磷乳油 3 000 倍液对蚕安全无害。

4. 喷洒 50％敌敌畏乳油 1 500～2 000 倍液，对三龄以前幼虫效果明显，800 倍液对各龄黄刺蛾幼虫均有效，喷后 3d 即可放养柞蚕。

宋策（辽宁省农业科学院蚕业科学研究所）

第 50 节　麻栎瘿蜂

一、分布与危害

麻栎瘿蜂（*Dryocosmus* sp.）属膜翅目瘿蜂科，是麻栎的重要害虫之一。此虫分布广、为害重，辽宁省有麻栎的地方，几乎都有此蜂的发生和为害。

在国内主要分布在辽宁、山东、河南等省份。辽宁省主要分布在东港、庄河、岫岩、宽甸、凤城、瓦房店、普兰店、海城、盖州、大石桥和丹东等地区。

麻栎瘿蜂产卵在麻栎的休眠芽内，影响翌年发条和生长，被寄生树枝少叶稀，树势衰弱，严重影响产柴量和放养柞蚕。1974—1975 年，在辽宁东港市长皮乡、长安乡调查，2 个乡 1 866.7hm² 栎林均有此蜂发生和为害，平均为害率为 40％～50％，重者达 90％以上；四年生麻栎，发条数减少 40％～60％，枝长减少 40％～50％，产叶量减少 40％～60％，平均株高降低 30％～50％，年约减少枝柴 2 000～3 000t，少养柞蚕 40～60 把，经济损失达 27 万～40 万元。

二、形态特征

成虫：雌蜂体长 2.1～2.4mm，翅展 5.0～5.5mm；雄蜂体长 1.8～2.1mm，翅展 4.5～5.0 mm。头部黑色，侧宽，颊突出。复眼大，椭圆形，黑色。单眼黑褐色，顶生，排列呈三角形。触角 14 节，第一至六节褐色，第七至十四节黑色且逐渐增粗，其上散生长毛，触角长 1.6～1.8mm。上唇及大颚黑色，下唇须浅褐色或褐色，3 节等长，第三节色深，稍膨大。胸部黑色，多皱褶和点刻，略有光泽。前胸狭而短；中胸大而隆起，背片中部有 3 条纵走沟，中沟直，侧沟逐渐内斜，至小盾片前，接近于中沟。小盾片舌状，有粗大的皱褶。翅无色透明，缘脉细，亚缘脉粗大，小室闭，翅上表面有灰褐色锥状突。足褐色，第五跗节及爪垫黑褐色，后足胫节有黑色端距 1 枚。腹部球形，黑褐色，光滑且有强光泽。第一小腹节细小，略呈柄状，第三节背片最大，第三至七节逐渐收缩，第八节最小，其腹片狭长，呈犁头状上翘。腹片可见 6 节，第五腹片大，长舌状。产卵管褐色，针状（彩图 18 - 50 - 1，1）。

卵：白色透明，椭圆形，大小为 （0.075～0.085）mm×（0.065～0.070）mm，基部有 1 细长的柄，柄长 0.13～0.14mm（彩图 18 - 50 - 1，2）。

幼虫：老熟幼虫肥胖多皱，白色，有光泽。头部尖，具棕褐色大颚 1 对，尾部钝，有 1 极小的肛上板。幼虫 12 节，长 2.5～3.0mm（彩图 18 - 50 - 1，3）。

蛹：裸蛹。初化时白色，复眼及单眼红褐色；其后，蛹体逐渐变为褐色。复眼及单眼呈黑褐色；羽化前蛹体变为黑色，有光泽。蛹长 2.4～3.0mm（彩图 18 - 50 - 1，4）。

三、生活习性

（一）生活史

麻栎瘿蜂在辽宁省 1 年发生 1 代，以初龄幼虫在寄主芽内越冬。翌年 5 月上、中旬寄主芽开始萌动时，幼虫随之活动。由于幼虫孵化后新陈代谢产物（或某种激素）的刺激使芽形成瘤状的虫瘿。6 月中、下旬，幼虫逐渐老熟而化蛹。7 月上、中旬羽化为成虫，在瘿内经充分晾翅后，啮破虫瘿外出。交尾后产卵于休眠芽内，8 月上、中旬化出幼虫（表 18 - 50 - 1）。

（二）主要习性

1. 成虫的羽化 幼虫老熟化蛹后，经 7～10d 羽化为成虫，不立即出瘿。成虫在瘿内经 10d 左右，充分晾翅后，咬破虫室和虫瘿壁而外出。初出瘿的成虫，静止在瘿上或附近的小枝上，不时用足清扫触角及翅上的瘿屑。成虫 1 日内以 7:00～11:00 出瘿最多，17:00 后不再出瘿。

表 18 - 50 - 1 麻栎瘿蜂生活史

Table 18 - 50 - 1 Life history of *Dryocosmus* sp.

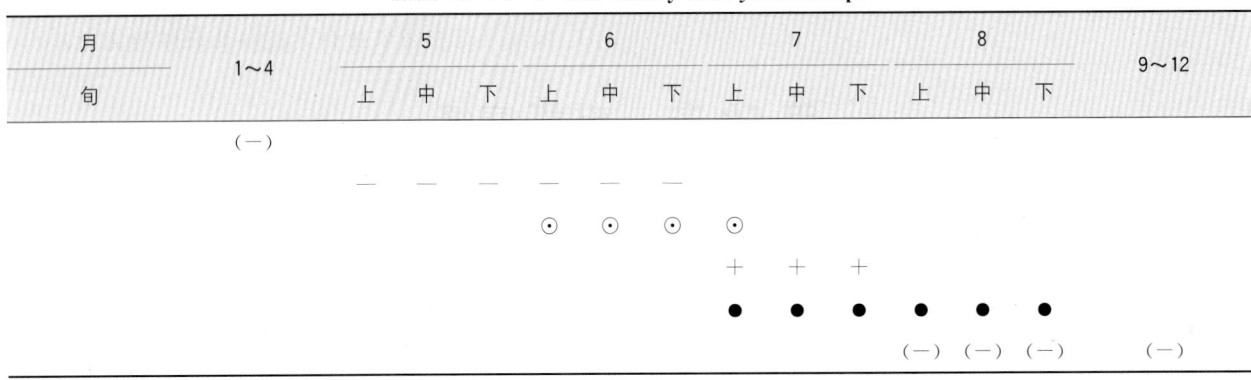

注 +：成虫，●：卵，—：幼虫，（—）：越冬幼虫，⊙：蛹。

2. 成虫活动与产卵 成虫飞翔力很弱，经常在低矮的麻栎树冠及枝叶间飞翔爬行，寻找适当的场所产卵。产卵时 3 对足紧抓寄主，用力抬高腹部，产卵管与虫体几乎呈垂直方向插入芽内，1 次产卵 2～8 粒。

3. 幼虫的越冬 幼虫孵化后受到寄主植物新陈代谢产物等的刺激，在虫瘿内形成 1 个比自身略大的虫室，此时虫室壁并不硬化。解剖芽观察越冬幼虫长 0.08～0.10mm。幼虫越冬死亡率为 6.3%。

4. 虫瘿 越冬幼虫翌春开始活动，虫瘿呈不规则球形，其上多凹凸和小叶片，随着虫体增大和活动的加剧而增大。虫瘿大小变化较大，20 个平均长 8.7mm。6 月末或 7 月上旬虫瘿木栓化，较为坚硬，内有 1.8～2.5mm 的虫室 2～8 个，每室有幼虫 1 头。

此蜂寄主专一，只为害麻栎（*Quercus acutissima*）。

四、防治技术

（一）药剂防治

在麻栎瘿蜂为害严重地区，6 月中旬可在无蚕的柞园内喷布 45% 丙溴·辛硫磷乳油 1 000 倍液，防治后 15d 左右方可养蚕。

（二）砍伐防治

在受害严重的柞园，柞树更新时，彻底清除带虫瘿的枝条，消灭越冬虫源，可减轻翌年的虫害发生。

陈增良 历红达（辽宁省农业科学院蚕业科学研究所）

第 51 节 黄斑波纹杂毛虫

一、分布与危害

黄斑波纹杂毛虫（*Cyclophragma undans fasciatella* Ménétriès）属鳞翅目枯叶蛾科，又称波纹杂毛

虫，俗称毛毛虫。

该虫国内主要分布于内蒙古东部、黑龙江、吉林、辽宁、河北、山西、北京、天津、山东、福建、湖南、湖北、广西、贵州、四川、浙江、江苏、安徽、陕西等省份，在辽宁主要分布于铁岭、抚顺、本溪、丹东等地。国外分布于朝鲜、日本、俄罗斯、印度、巴基斯坦等地。

此虫在国内主要为害辽东栎、蒙古栎、麻栎等柞树，此外，还为害苹果、板栗、山楂等果树、杨树、湿地松、火炬松、马尾松、雪松、杉木、柏木、油茶、春榆、黄榆、苦槠、樟树、檫树、山苍子、榛子、胡枝子等林木以及玉米、苜蓿等作物，严重为害时，可将大片寄主叶片吃光。此虫的幼虫具有 1 对毒瘤，人畜接触易中毒成疾。福建沙县 1991—1994 年连续 4 年共有 11 860hm² 马尾松林几乎被黄斑波纹杂毛虫吃光，造成 1 370 hm² 马尾松枯死，直接经济损失达 936 万元，严重影响马尾松生长。

二、形态特征

成虫：雌成虫体长 38～45 mm，翅展 95～105 mm。体、翅均为淡黄褐色。下唇须发达，前伸，复眼黑色，触角短栉齿状。前翅内横线、中横线及外横线淡褐色，内、中横线间呈褐色宽带，亚外缘斑列褐色，内侧黄白色；中室白斑明显。后翅肩区发达，淡灰褐色。雄成虫体长 28～33 mm，翅展 65～75 mm。体、翅均赤褐色。触角栉齿状，较雌虫大。前翅内、中、外 3 条横线均为黄褐色，内、中横线间具赤褐色宽带；翅基部有圆形黄斑。后翅淡褐色。

卵：椭圆形，略扁。其长径约 2.1 mm，宽径约 1.8 mm。初产时紫红色，卵孔周围色略淡。近孵化时呈淡褐色。

幼虫：各龄幼虫形态特征见表 18 - 51 - 1。

表 18 - 51 - 1　黄斑波纹杂毛虫各龄幼虫形态特征比较

Table 18 - 51 - 1　Comparison of morphological characteristics of different instar

larvae of *Cyclophragma undans fasciatella*

龄期	头宽（mm）	体长（mm）	各龄幼虫形态特征
一	0.9～1.1	6.5～9.0	初孵幼虫体躯呈蓝黑色，头壳黑色，体侧具黄白色长毛；蜕皮前腹部背面第一至七节各具 1 对黄色斑纹，两侧各具 1 对黑色斑纹
二	1.7～1.8	10～22	体躯黄褐色，背中线细，黑褐色，黑色毒毛带明显；腹部第一至七节背面出现黑褐色方形斑，第五节背面具有 1 白色斑纹
三	2.6～3.6	20～45	体躯多黄褐色，额区中央具有 1 褐色"1"字形纵纹；毒毛带前方和第一腹节背面两侧各具 1 白色毛丛，方形斑明显
四	3.8～4.5	42～60	体躯淡黄色，头壳黄白色，蜕皮线两侧具 U 形黑纹，额区具"山"字形黑纹，腹部背面方形斑变菱形斑。体两侧具有白色或黑色束状长毛
五	4.6～6.7	65～85	同四龄
六	5.7～7.0	80～90	同四龄

蛹：雌蛹体长 29～33mm，雄蛹体长 27～31mm。红褐色，体表密被黄色或黑色短毛，臀棘红褐色，短钩状。茧灰白色，表面有少量黑色或黄色毒毛。

三、生活习性

黄斑波纹杂毛虫在辽宁 1 年发生 1 代。在辽宁省清原满族自治县，以卵越冬，翌年 4 月下旬至 5 月上旬孵化。幼虫经 6 个龄期，7 月下旬至 8 月上旬化蛹，9 月中、下旬至 10 月上旬成虫羽化产卵（表 18 - 51 -2）。此虫在山西省则以二至三龄幼虫在阳坡的枯枝落叶、石缝、土块下越冬。翌年 4 月下旬至 5 月上旬开始活动、取食，幼虫期约 330d。7 月中旬化蛹，蛹期 15d 左右。8 月上旬开始羽化，8 月中旬为羽化高峰。8 月中旬开始出现卵，8 月下旬至 9 月上旬为产卵高峰，卵期 10d 左右。幼虫于 8 月末至 9 月初孵化，发育至二三龄，于 10 月中旬开始越冬。在福建北部地区黄波纹杂毛虫 1 年发生 2 代，以三至四龄的幼虫在树干基部杂草、枯枝落叶下越冬，翌年 3 月下旬至 4 月上旬越冬幼虫开始出蛰活动取食，其生活史见表 18-51-3。

表 18-51-2　黄斑波纹杂毛虫生活史（辽宁清原）

Table 18-51-2　Life history of *Cyclophragma undans fasciatella*（Qingyuan, Liaoning）

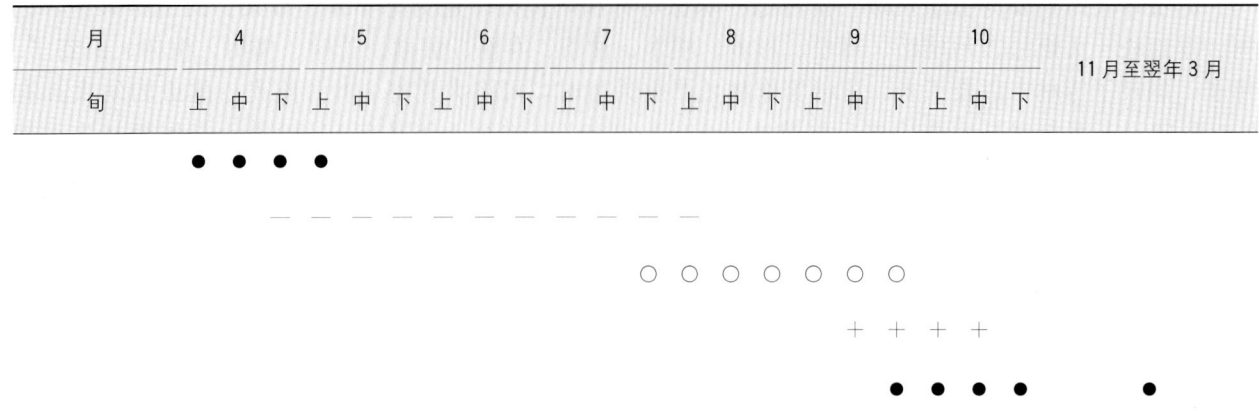

注　●：卵，—：幼虫，○：蛹，＋：成虫。

表 18-51-3　黄斑波纹杂毛虫生活史（福建南平）

Table 18-51-3　Life history of *Cyclophragma undans fasciatella*（Nanping, Fujian）

月	1～5	6			7			8			9			10			11	12
旬		上	中	下	上	中	下	上	中	下	上	中	下	上	中	下		
越冬代	（—）（—）（—）	（—）	（—）															
		○	○	○	○	○	○											
		＋	＋	＋	＋	＋	＋	＋										
第一代			●	●	●	●	●	●	●									
				—	—	—	—	—	—	—								
									○	○	○	○	○					
									＋	＋	＋	＋						
第二代									●	●	●	●	●					
										（—）	（—）	（—）	（—）	（—）				

注　（—）：越冬幼虫，○：蛹，＋：成虫，●：卵，—：幼虫。

在辽宁清原，成虫羽化多在 8:00～10:00，雄虫比雌虫早羽化 1～2d。成虫羽化后约经 30min 即可展翅飞翔。成虫在夜间活动、交配、产卵，活动盛期在 21:00 至翌日 1:00。成虫有较强的趋光性。成虫羽化后不久即可交配，交配时间为 40min 至 12h，交配后即可产卵。雌虫产卵量最少 157 粒，多的达 239 粒。卵多散产于榛子、胡枝子等杂草丛生的地面上。成虫寿命 8d 左右。

越冬卵经过 227d 左右，于 4 月下旬、5 月初孵化。初孵化的幼虫以榛子、胡枝子等的幼芽为食，行动活泼。三龄后行动迟缓，并多转移到辽东栎、蒙古栎、榆树、山里红等树上为害。幼虫多在傍晚或 9:00 前分散取食，白天隐伏于枝干的阴面或叶子的背面休息。据在山西省观察，夏天高温季节，老龄幼虫转移到阴坡取食。随季节和温度的变化，取食时间也有变化，越冬前和早春，幼虫多在晴天白天取食。夏天，11:00～15:00 幼虫很少活动，隐藏在树叶下或草丛中，头部朝下，将身体悬于空中，不食不动，当早晚温度较低时，才爬上树梢进行为害。阴雨天气幼虫可整天为害。幼虫老熟后，于较阴凉、潮湿的石块、土块等缝隙中营茧化蛹。茧为灰白色，并于其中化蛹。蛹期约 30d。幼虫 5 眠 6 龄，约经 115d。各龄历期及头宽、体长见表 18-51-4。

表 18 - 51 - 4　黄斑波纹杂毛虫幼虫各龄历期、头宽、体长（辽宁清原）

Table 18 - 51 - 4　Duration, head width and body length of *Cyclophragma undans fasciatella* larvae (Qingyuan, Liaoning)

龄期	头宽（mm）	体长（mm）	历期（d）
一	0.9～1.1	6.5～9.0	18.6（17～20）
二	1.7～1.8	10～22	10.6（10～13）
三	2.6～3.6	20～45	13.4（12～15）
四	3.8～4.5	42～60	12.4（11～15）
五	4.6～6.7	65～85	17.3（16～19）
六	5.7～7.0	80～90	42.3（39～46）

四、发生规律

（一）地势

如表 18 - 51 - 5 和表 18 - 51 - 6 所示，黄斑波纹杂毛虫多发生在海拔 300～600m 丘陵地的向阳坡腰至坡顶、立地条件较差的马尾松纯林，从分布密度看，阳坡高于阴坡，西坡高于东坡，在虫源地此分布特点尤为明显。

表 18 - 51 - 5　不同海拔高度黄斑波纹杂毛虫分布情况

Table 18 - 51 - 5　Distribution of *Cyclophragma undans fasciatella* larvae at different altitudes

海拔高度（m）	0～100	101～200	201～300	301～400	401～500	501～600	601～700	701～800
调查株数（株）	10	10	10	10	10	10	10	10
虫数（头）	0	0	16	621	935	539	102	12

表 18 - 51 - 6　不同坡向黄斑波纹杂毛虫分布情况

Table 18 - 51 - 6　Distribution of *Cyclophragma undans fasciatella* larvae at different slope directions

坡向	东坡	西坡	南坡	北坡
调查株数（株）	10	10	10	10
虫数（头）	331	342	523	102

（二）气候条件

黄斑波纹杂毛虫在平均气温达到 10℃ 时开始活动取食，当温度继续升高时，其生长发育随之加快，但发育后如遇到寒流，气温降到 10℃ 以下时，刚活动的越冬幼虫则会大量死亡。幼虫能耐 34℃ 高温，成虫能耐 37℃ 高温。第一代幼虫的适温范围为 24～30℃，第二代幼虫的适温范围为 22～28℃，在 18℃ 以下饲养的幼虫一般只发育至四龄后就逐渐停止取食，进入越冬状态。在 22℃ 恒温下，幼虫历期 55d，25℃ 47d，28℃ 39d，30℃ 34d。幼虫期有效积温为 1 011～1 131℃。在 24℃ 下蛹期 21d，蛹期有效积温 3 601～3 709℃；在 24℃ 下，成虫可存活 16 d，但在 18℃ 以下成虫不交配产卵。在 26℃ 下，卵孵化率为 91%，卵孵化 5d 完成，而在 20℃ 下，卵孵化率为 62%，且孵化 12d 才完成。卵正常孵化的相对湿度为 78% 以上，幼虫化蛹需相对湿度 80% 以上，相对湿度在 38% 以下不能化蛹而死亡。

（三）林分组成

黄斑波纹杂毛虫在马尾松人工纯林中为害最重，其次是松、杉混交林，混交林和植被丰富的林分及近成熟林或成熟林黄斑波纹杂毛虫的为害最轻。

（四）天敌

据在山西省调查发现，7～8 月进入雨季时，幼虫会受到白僵菌的侵染，大量死亡。其捕食性天敌昆虫有广腹螳螂；捕食性鸟类有灰喜鹊；卵的天敌有黑卵蜂、赤眼蜂、平腹小蜂；幼虫和蛹的天敌有小茧蜂、松毛虫黑胸姬蜂、松毛虫黑点瘤姬蜂、大腿蜂、蚕饰腹寄蝇、松毛虫狭颊寄蝇、家蚕追寄蝇、伞裙追寄蝇，还有苏云金芽孢杆菌、核型多角体病毒、大山雀、杜鹃、画眉、小噪眉、蚂蚁、食虫蟒、胡蜂等。上述天敌对黄斑波纹杂毛虫的发生数量均有一定的抑制作用。

五、防治技术

1. 灯光诱杀　利用成虫的趋光性，采用灯光诱杀成虫。

2. 保护利用天敌　化学防治采用低毒、高效、环境友好型药剂，保护自然界中天敌，发挥天敌控制蚕虫种群的作用。

3. 药剂防治　一至三龄期可喷洒50％马拉硫磷乳油1 000倍液、80％敌敌畏乳油1 000～1 500倍液、90％敌百虫原药1 000～1 200倍液防治。

杨瑞生　秦利（沈阳农业大学）

第52节　栗山天牛

一、分布与危害

栗山天牛［*Massicus raddei*（Blessig），异名：*Mallambyx raddei* Blessig］属鞘翅目天牛科，又称栗天牛、深山天牛、栎天牛。

栗山天牛分布在我国的黑龙江、吉林、辽宁、内蒙古、河北、山东、河南、山西、陕西、安徽、江苏、浙江、湖南、湖北、江西、福建、海南、四川、云南及台湾等省份，国外分布在日本、朝鲜、俄罗斯。栗山天牛是近年来在我国东北林区暴发成灾的重大蛀干害虫，也是柞蚕业重要害虫之一，主要为害辽东栎和蒙古栎，除此以外，尚为害的寄主植物有栓皮栎、麻栎、青冈栎、乌冈栎、槲栎、锥栗、板栗、千金榆、光叶榉、桑树、无花果、橡树、肉桂、卫矛、水曲柳、柑橘及柚树等。在辽宁、吉林和内蒙古造成大面积成灾的主要树种为蒙古栎和辽东栎，尚未发现该虫危害天然次生林中的红松、油松、山杨、桦树、山杏等柞树混交林组成树种。在我国以吉林、辽宁和内蒙古（赤峰市）为害最为严重。栗山天牛以幼虫钻蛀寄主植物木质部为害，被害较重的林分，寄主树冠枝条大部分枯死，树干千疮百孔，树势衰弱，风折木较多，严重被害的林木树体枯死。据调查，单株最多的虫口达到近200头，最多的蛀道近500个，平均每个蛀道体积为144.24cm³。

吉林省于1993年首先在集安市采伐柞木中发现该虫为害，1996—1997年，该虫发生面积1.4万hm²，1997年后，栗山天牛又在该省的辉南县、梅河口市、东丰县、蛟河市、舒兰市和磐石市相继发生为害，至2004年，全省总发生面积约2万hm²。2005年吉林省栗山天牛发生面积13万hm²，成灾面积8万hm²，并且有进一步扩散和加重为害的趋势。据测算，由于栗山天牛为害造成的直接经济损失达10余亿元。

辽宁省也是栗山天牛严重为害的省份，1995—1996年丹东、本溪、抚顺、鞍山、锦州、葫芦岛6市15县栗山天牛发生面积为10万hm²。丹东市宽甸满族自治县的发生面积就达5.5万hm²，占全省发生面积的1/2以上，为害最为严重，平均受害株率达35％。栗山天牛对柞树造成的大规模为害始于20世纪90年代初期，宽甸满族自治县1992年发现为害，1993年全县发生总面积1.1万hm²，占柞树总面积的4.2％，1998年，为害总面积上升至5.46万hm²，占柞树总面积的26.9％。据辽宁省林业部门1999年的测算，因栗山天牛为害而失去利用价值的木材达200万m³，直接经济损失达12亿元，且其为害有逐年加重的趋势。

内蒙古赤峰市宁城县20世纪90年代初发现该虫在天然次生林中为害，到2003年发生面积已经扩大到0.2万hm²左右。

除以上3个发生最为严重的省份外，在浙江杭州、奉化、平阳、永康、兰溪等地发现该虫为害柑橘树；在福建南平、闽侯、福州、厦门发现该虫为害桑树；在海南发现该虫为害柚树；在河北、贵州、江西和山东发现该虫为害板栗，但都未像辽宁、吉林、内蒙古三省份那样造成严重危害。目前，栗山天牛已成为我国东北以栎木为主的天然林区的头号害虫，严重影响以栎树为主的天然林生态和经济效益的发挥，进而影响到我国东北林区天然林保护工程的实施以及柞蚕业的发展。

二、形态特征

成虫：雌虫体长 41～50mm，雄虫体长 37～45mm，体灰棕色或灰黑色，全身密被黄褐色短绒毛。头比前胸略小，向前倾斜，下颚顶端节末端钝圆，触角和两复眼的中央有深沟 1 条，延伸到头顶。触角鞭状，近黑色，10 节，第一节粗大，呈圆筒状，第二节最小，第三节最长，约等于第四、五节之和，第六至十节呈棒状，每节端部粗大。雌虫触角较雄虫短，约为体长的 1.5 倍。雄虫触角较长，约为体长的 1.75 倍。前胸背板及两侧均有不规则的皱纹，两侧较圆，有皱褶，但无刺突，前胸腹板突片宽阔，中胸背板发音区无中央纵纹。鞘翅周缘有细黑边，后缘呈弧形，内缘角生有尖刺。足较长，密生灰白色毛（彩图 18 - 52 - 1）。

卵：长约 5mm，宽约 1.5mm，略呈圆柱形，两端尖细，初产时乳白色，后逐渐变为橘黄色，卵端部具疣状突起。

幼虫：乳白色，老熟幼虫体长 65～70mm，前胸宽 12～15 mm。体躯肥壮，呈长圆筒形，略扁。头部和前胸背板骨化，呈黄白色或黄褐色。前胸宽大，背面近方形，其上有两个"凹"字形纹。胸足细小，腹足退化。胸部第二至三节及腹部第一至七节背、腹两面均生有粗糙的步泡突。气门褐色（彩图 18 - 52 - 2）。

蛹：纺锤形，裸蛹。雌蛹长 45～51mm，雄蛹长约 48.5mm。初期为乳白色，以后逐渐变为深黄褐色。触角呈发条状，由两侧卷起于腹面，翅超过腹部第二节，腹部可见 7 节。

三、生活习性

栗山天牛在吉林（集安）和辽宁（宽甸）3 年发生 1 代，河北 4 年发生 1 代，河南、江西 2 年发生 1 代，台湾 1 年发生 1 代，以幼虫在柞树枝干或根内越冬，为害期长达 3 年之久。

在河南，越冬的老熟幼虫于翌年 5 月化蛹。蛹期经过 21～25d，于 6 月初羽化为成虫，出孔。羽化高峰在 6 月中、下旬。卵于 6 月中旬出现，于 7 月上旬开始孵化。孵化后的幼虫蛀食到 11 月越冬。越冬幼虫于翌年 3 月下旬开始活动，10 月下旬老熟并移至根部做蛹室在其内越冬。

在辽宁宽甸，成虫 6 月末开始啃食树皮，靠吸食树液补充营养，7 月中旬为羽化盛期，7 月上旬开始产卵，7 月下旬为产卵盛期，8 月中旬为产卵末期，7 月下旬开始孵化，8 月上旬为孵化盛期，8 月下旬为孵化末期。当年孵化的幼虫蜕皮 1～2 次，到 10 月上旬开始越冬，10 月下旬全部进入越冬状态；越冬幼虫翌年 4 月上旬开始活动，蜕皮 1～2 次，10 月上旬开始陆续进入越冬状态，第三年老龄幼虫于 4 月上旬开始活动，蜕皮 2～3 次，10 月上旬以老熟幼虫开始越冬，第四年 5 月下旬开始化蛹，6 月中旬为化蛹盛期，6 月下旬为化蛹末期。

成虫羽化后，要经过一个静伏期（10d 左右），再从羽化孔钻出。成虫出孔后，先在附近树荫处静止不动，傍晚后开始活动，交尾、产卵，午夜活动最盛。成虫有趋光性，喜食树液，常 3～5 头集聚在柞树枝杈处或树皮裂缝处，吸食树液。成虫在笼控条件下，日气温平均为 25℃时，喂以蜂蜜，其寿命约为 16d。卵多产于树干茎部或根部的树皮缝内，每次产 1～2 粒，产卵后分泌白色胶状物将卵粒覆盖。凝固后胶状物变为黄褐色。雌虫产卵量约为 21 粒，产出率达 80％左右。卵历经 10d 左右孵化。

初孵化的幼虫先蛀入皮层韧皮部为害，再逐渐深入木质部（彩图 18 - 52 - 3）。越冬幼虫 4 月为害最严重。幼虫在枝干内每隔一定距离向外蛀食 1 个排泄孔，从排泄孔排出黄色或黄白色粪粒和木屑（彩图 18 - 52 - 4）。一般排泄孔下面幼虫较多，并逐渐向下方移动。较大的幼虫多在柞树的基部或根部为害。

四、发生规律

谢振东等通过连续 6 年的调查发现，栗山天牛的为害阳坡重于阴坡，山脊重于山中，大径树木受害重于小径，林缘重于林内，大龄林重于小龄林。侯义等研究发现在宽甸地区栗山天牛的发生与寄主植物的关系是蒙古栎和辽东栎受害最重，槲栎、麻栎受害程度明显较轻；虫害的发生与林龄的关系是四十年生以上的近熟林、成熟林和过熟林受害较重，四十年生以下的受害较轻；发生与立地条件的关系是南坡重于北坡，岗脊和山的上部重于中下部；栗山天牛在柞树上的垂直分布为 4m 以下为害最重，4m 以上逐渐减轻，这种情况与成虫产卵时选择在木栓层厚、表皮粗糙、裂缝较深的习性有直接关系。

现已发现栗山天牛天敌12种，其中，鸟类包括星头啄木鸟［*Dendrocopos canicapillus*（Blyth)］、大斑啄木鸟（*Dendrocopos major* L.）、黑头鸱(*Sitta villosa*)、旋木雀（*Certhia familiaris*）、五道眉（*Eutamias sibiricus*）、兽纲食肉目狗獾（*Meles meles* L.）等，天敌昆虫主要是寄生蜂类，包括金平野姬蜂（*Yezoceryx jinpingensis*）、小体野姬蜂（*Yezoceryx corporalis*）、长柄依姬蜂（*Ishigakia congipedis*）、管氏肿腿蜂（*Scleroderma guani*）、花绒寄甲（*Dastarcus longulus*），病原微生物主要是球孢白僵菌（*Beauveria bassiana*）。

五、防治技术

（一）物理防治

根据栗山天牛成虫具有较强趋光性的特点，利用黑光灯诱集捕捉成虫；成虫白天在林内常常3～5头聚集在柞树枝杈处或树皮裂缝处，吸食树液，比较容易发现，可利用此习性人工捕捉栗山天牛成虫；成虫交尾期间多集中在山脊柞树上，此时期也是人工捕捉的好时机；在柞树枝干颈部或根际附近的裂缝内寻找卵及幼虫，以木槌等敲击杀之。

（二）生物防治

目前的生物防治措施主要为人工招引益鸟，最高招引率为7%，此方法不适宜在放养柞蚕的栎林中实施；人工释放管氏肿腿蜂防治栗山天牛幼虫，据报道，管氏肿腿蜂对栗山天牛幼虫的防治效果优于其他方法，诸如药剂防治、黑光灯诱杀、营林措施等防治方法；高俊崇在吉林省梅河口市发现了栗山天牛的捕食性天敌花绒寄甲，以往发现花绒寄甲捕食光肩天牛、刺角天牛、桑天牛和松墨天牛，但捕食栗山天牛还是首次发现。

（三）检疫措施

严格做好栗山天牛的检验检疫工作，对外调运的带虫原木就地采用溴甲烷、硫酰氟或磷化铝片剂进行熏蒸处理，也可将检疫苗木等泡水中1个月以上，经处理合格后方可调运。

（四）药剂防治

寻找新鲜排泄孔，排除虫粪木屑后，用注射器注入50%敌敌畏乳油100～200倍液，再用黄泥封口，药杀幼虫。

杨瑞生 秦利（沈阳农业大学）

第53节 橡实象虫

一、分布与危害

橡实象虫（*Curculio arakawai* Matsumura et Kono.）属鞘翅目象甲科。橡实象虫曾被划为 *Balaninus* 属，1927年被划归为 *Curculio* 属。中国科学院动物研究所陈元清（1987）利用传统的鉴定手段研究认为 *C. dentipes*（Roclofs）是 *C. arakawai* Mats. et Kono. 的同种异名。杨瑞生等（2010）以线粒体DNA CO II 基因片段为标记研究了橡实象虫等近缘种的系统进化关系，结果表明，橡实象虫与柞栎象［*C. dentipes*（Roclofs)］CO II 基因序列的平均差异度为0.5%，远远小于昆虫种间差异度的2%，认为橡实象虫与柞栎象是同种异名。*Curculio* 属内近缘种表型相似度高，都是黄褐色体毛上杂有深褐色斑纹，从外形上区别比较困难。橡实象虫别名橡实象甲、橡实象鼻虫。

橡实象虫分布于我国的东北、华北、华中、华南、华东等地区，是柞树等栎属植物，如辽东栎、蒙古栎、麻栎、栓皮栎、青冈栎等种子的重要害虫，也是板栗的重要害虫之一。橡实象虫主要以幼虫为害寄主果实，被害率达40%～80%。橡实被害后只有少量能发芽，大部分不能发芽。成虫也能为害幼嫩的橡实和嫩芽，为害程度亦相当严重。

二、形态特征

成虫：体长7～9mm（头管除外），基色赤褐，体躯略呈纺锤形，体上密被灰褐色细毛。头管细长，前端稍向下弯曲。触角膝状，柄节细长，雌虫触角着生位置略靠近头管基部。前胸背板细毛略长，由背中线向两侧倒。鞘翅基部宽阔，末端窄尖，略呈倒三角形，其上具有许多不规则的棕褐色波状纹。足的腿节膨大，呈锤状（彩图18-53-1）。

卵：乳白色，椭圆形，长约1.5mm。

幼虫：老熟时体长11～13mm。无足，全头型，体肥胖，略弯曲。头黄褐色，胴部乳白色或浅黄色（彩图18-53-2）。

蛹：为裸蛹，化蛹初期乳白色，后变为棕褐色，体长约12mm。

三、生活习性

橡实象虫1年发生1代，以老熟幼虫在土下做土室越冬。在辽宁省越冬幼虫于6～7月化蛹，7～8月羽化为成虫，8～9月产卵于果实内，10月幼虫老熟，脱果并入土越冬。在江苏南京，越冬幼虫7月中、下旬化蛹，蛹期2周。8～9月为产卵为害期，卵期10～12d，幼虫4龄，各龄的平均龄期依次为7d、6d、8d、7d，幼虫期约1个月。9月下旬至11月上旬老熟幼虫咬破橡实外壳而出，钻入土中越冬（表18-53-1）。

成虫初羽化时性未成熟，不交尾，需要1个月左右的时间补充营养后性方成熟。成虫主要取食柞树的嫩芽、幼果补充营养。性成熟后，即可交尾、产卵。产卵时，雌成虫先咬破果皮，再将头管插入果内咬成椭圆形的卵室，随后将卵产下。

表 18-53-1　橡实象虫生活史（江苏南京）
Table 18-53-1　Life history of *Curculio arakawai* (Nanjing, Jiangsu)

月	1~6	7			8			9			10			11~12
旬		上	中	下	上	中	下	上	中	下	上	中	下	
	(一)	—	—	—										
			○	○	○	○	○	○						
				+	+	+	+	+	+	+				
						●	●	●	●					
							—							
								(一)	(一)	(一)	(一)			(一)

注　(一)：越冬幼虫，○：蛹，＋：成虫，●：卵，—：为害幼虫。

雌成虫1次产卵1～3粒，偶尔产5粒，每头雌成虫一生产卵约25粒。之后，再调转身来用头管将卵推入卵室中。果实成熟后，在外部只见1褐色斑点（彩图18-53-3）。

卵经10d左右孵化为幼虫。初孵幼虫由胚乳表面向果蒂方向取食，形成1条扁形、黑色且充满虫粪的隧道。幼虫生长到二龄后，种子成熟落地。幼虫仍在橡实内继续蛀食子叶。如果1个橡实内只有1头幼虫，常将子叶蛀食成大而深的圆洞，若种胚未被破坏，该种子尚可发芽；如果1个橡实内有2头以上幼虫为害，则果实内容物将全被食尽而只剩种皮和虫粪。幼虫在橡实内共蜕皮3次，四龄，在果实内生活的时间约为1个月。因此，橡实储藏期间幼虫仍能继续为害橡实。幼虫老熟后，一般在10月（辽宁省）咬破种皮（壳）脱出，并于土下9～25cm处做土室越冬（彩图18-53-4）。

四、防治技术

(一) 拾落果灭虫源
收集落果放在有水泥地的房屋内，幼虫脱出时，集中消灭。

(二) 浸种杀虫
1. 温水浸种杀虫　在橡实较少时，可用温水浸泡橡实，杀死其中的幼虫。将刚采回来的橡实倒入60℃水中浸泡10 min或用50℃的水浸泡15 min，取出晾干，杀虫率达90%以上。

2. 河水浸种杀虫　在小河中水流较缓的地方，挖1大坑，让河水经坑流过。将刚采回的橡实装在筐或篓中，再放入挖好的水坑内，上面加覆盖物并加压，防虫果露出水面，浸泡 10 d 以上即可。

（三）药剂熏蒸杀虫

在密闭的条件下，每立方米容积的种子用二硫化碳 20～30 mL，温度保持 23 ℃以上，熏蒸 20 h，杀虫率可达 95％以上。

杨瑞生　秦利（沈阳农业大学）

主 要 参 考 文 献

白宏标，王国芬，夏志立.2005. 朝阳市森林虫害等级评估及管理分级划分 [J]. 防护林科技（S1）：72-73.

白景彰，雷扶生.1998. 桑青枯病的发生及防治 [J]. 广西蚕业，35：8-10.

白景彰，莫现会.1985. 桑蓟马的发生规律和防治方法 [J]. 广西蚕业（4）：30-31.

白锡川，费建明，杨海江，等.2005a. 湖州地区桑花叶萎缩病发病状况分析 [J]. 中国蚕业，26（4）：84-86.

白锡川，吕美坤，张德明.2005b. 桑螟对桑园常用农药抗性调查 [J]. 植物保护，31（6）：81-83.

白锡川，沈佰鹤，沈玉丽，等.2000. 夏季桑赤锈病大面积流行原因的分析 [J]. 中国蚕业，82：24-25.

白锡川，杨海江，洪缨莉.2002a. 桑螟发生规律及防治策略 [J]. 昆虫知识，39（5）：366-369.

白锡川，杨海江，陆鸿英，等.2002b. 光周期对浙北地区桑螟滞育的影响 [J]. 蚕业科学，28（4）：329-332.

白锡川，杨海江，陆鸿英.2001a. 湖州地区桑螟世代的演变 [J]. 中国蚕业，22（2）：66-67.

白锡川，杨海江，陆鸿英.2001b. 桑螟化学防治策略 [J]. 蚕桑通报，32（2）：22-24.

白锡川，杨咏钢，柳丽萍，等.2007. 影响桑赤锈病初次发病率因素的分析 [J]. 浙江农业学报，19：454-456.

蔡国祥.1989. 对桑瘿蚊淘土查虫方法的改进试验 [J]. 江苏蚕业，11（4）：49.

蔡国祥.2008. 桑瘿蚊的发生与环境因子间数量关系的研究 [J]. 江苏蚕业，30（1）：15-17.

蔡元才，黄培发，韩国晟，等.1999. 栗山天牛的为害与防治 [J]. 森林病虫通讯（2）：25-26.

蔡元呈，陈祖植.1993. 福建省桑树主要害虫及防治措施 [J]. 福建农业科技，2：40-41.

蔡元呈，羿红.1998. 桑树病虫害及其防治 [M]. 北京：中国农业出版社.

柴建萍，余凌翔，谢道燕，等.2010. 桑红蜘蛛、桑蓟马在云南省不同地域桑园的发生规律及防控要点 [J]. 蚕业科学，36（3）：475-480.

柴建萍，余凌翔，谢道燕，等.2011. 桑褐斑病、桑里白粉病在云南省不同地域桑园的发生为害及防控要点 [J]. 蚕业科学，37（3）：532-537.

柴晓玲，钱振官，李涛，等.2005. 桑椹菌核病发病症状及防治技术研究 [J]. 上海农业学报，21（4）：132-134.

柴晓玲，周水良，沈国新，等.1996. 桑树断枝病的为害及防治 [J]. 蚕桑通报（2）：9.

柴晓玲，周水良，沈国新，等.1997. 桑树断枝病病原菌研究 [J]. 蚕业科学，23（3）：131-134.

陈春.2008. 桑树青枯病防治技术 [J]. 云南农业科技（增刊）：119.

陈俊英.1995. 广东桑花叶病的研究 [J]. 蚕业科学，21（1）：9-14.

陈明胜，吴福安.2009. 桑花叶病研究的现状与对策 [J]. 中国蚕业，30（2）：20-23.

陈青，袁斌，张建宏，等.2006. 桑褐斑病化学防治药剂筛选及综合防治对策探讨 [J]. 农药，45（7）：484-485.

陈人褆.1984. 几种常见叶蝉产卵瓣形态的观察 [J]. 昆虫学报，13（4）：632-636.

陈世骧.1959. 中国经济昆虫志：第一册 鞘翅目 天牛科 [M]. 北京：科学出版社.

陈伟国，杨龙泉，马汉良，等.2007. 缩叶型桑疫病流行情况调查 [J]. 蚕桑通报，38（1）：31-32.

陈伟国，郁志华，孙海燕，等.2009.25％吡蚜酮可湿性粉剂对桑蓟马的防效试验 [J]. 蚕桑通报，40（1）：12-14.

陈小青，朱方容.2006. 桑螟为害与发生规律的研究 [J]. 广西蚕业，43（3）：29-33.

陈元清.1981. 柞栎象及其近缘种 [J]. 昆虫知识，24（1）：44-45.

承建新.1995. 甲基异柳磷颗粒剂对家蚕毒性试验 [J]. 中国蚕业，16（2）：71-72.

崔萍.2009. 桑赤锈病在广西的发生与防治现状 [J]. 河池学院学报，29：61-63.

戴芳澜.1979. 中国真菌总汇 [M]. 北京：科学出版社.

戴荷芳，林寿康，洪本元，等.1992. 不同桑树种质资源对桑黄化型萎缩病的抗病性鉴定 [J]. 江苏蚕业，1：54-57.

戴荷芳，吴春泉.1990. 不同桑树种质资源对桑疫病的抗病性鉴定 [J]. 江苏蚕业，4：5-11.

邓昌敏.2011. 果桑断梢病防治措施初探 [J]. 蚕学通讯，31（2）：20-22.

东永杰，孙绪艮，郭光智，等.2003. 桑螟幼虫的越冬死亡率及过冷却点的研究 [J]. 蚕桑通报，34（4）：18-21.

东永杰，孙绪艮，张卫光，等.2005. 桑螟越冬幼虫体内蛋白质、氨基酸、碳水化合物的变化与抗寒性的关系 [J]. 蚕业科学，31（2）：111-116.

东永杰，孙绪艮，张卫光，等.2005. 桑螟越冬幼虫体内水分、脂肪、甘油的变化与抗寒性的关系 [J]. 蚕业科学，31

（1）：22 - 25.

董辉，仝德侠，王玉荣．2010．桑卷叶枯病的发生与防治［J］．中国蚕业，31（3）：73 - 74.

董延宣，彭炳香．2003．桑天牛产卵规律的初步探讨与防治［J］．中国蚕业，24（4）：30 - 31.

堵鹤鸣，方瑾芬．1996．桑褐斑病菌生物学特性研究［J］．蚕业科学，22（4）：214 - 218.

堵鹤鸣，浦冠勤，郑声铺．1980．桑树赤锈病发病规律的探讨［J］．江苏蚕业，1：11 - 18.

杜建勋，王照红，陈传杰，等．2008．桑疫病病原菌的室内药物敏感试验［J］．蚕业科学，34（4）：730 - 733.

范慧莲，周广溪．1989．桑瘿蚊的发生与防治研究［J］．山东农业科学，27（3）：45 - 47.

费建明，白雪川，于峰，等．2007．分子生物技术检测桑花叶型萎缩病病原［J］．浙江农业学报，19（2）：115 - 118.

冯绳祖．1979．柞蚕学［M］．北京：农业出版社．

符凯，刘智垒，丁珠玉，等．2012．远红外加热技术在桑葚菌核病防治上的研究［J］．农机化研究，34（11）：83 - 85.

符云俊．2001．桑树断梢病的防治［J］．四川农业科技（4）：26.

高德三，王文航．1989．柞蚕场天幕毛虫低容量施药技术的试验研究［J］．辽宁农业科学，3：48 - 50.

高德三，王文航．1990．农药防治柞蚕场天幕毛虫的试验Ⅲ．防治天幕毛虫的最佳施药时期及适宜施药量的试验［J］．沈阳农业大学学报，21（3）：230 - 235.

高德三，王云祥．1985．天幕毛虫卵块在柞蚕场内的分布规律及其在防治上的应用［J］．辽宁农业科学，4：1.

高德三，席惠兰．1987．农药防治柞蚕场天幕毛虫的试验研究Ⅰ．7种药剂毒力测定及柞蚕场小区防治试验［J］．沈阳农业大学学报，18（3）：53 - 58.

高德三，杨瑞生．2008．害虫防治学［M］．北京：中国农业大学出版社．

高德三，张义勇．1998．栎枯叶蛾生物学特性的观察研究［J］．沈阳农业大学学报，29（2）：123 - 126.

高德三．1989．农药防治柞蚕场天幕毛虫的试验研究Ⅱ．药剂对柞蚕的残毒期试验［J］．沈阳农业大学学报，20（1）：15 - 18.

高德三．1994．柞蚕场天幕毛虫综合防治措施的研究［J］．沈阳农业大学学报，25（4）：403 - 408.

高德三．1996．柞蚕场天幕毛虫生物学特性的研究［J］．沈阳农业大学学报，27（4）：311 - 316.

高德三．1997．天幕毛虫卵寄生蜂保护利用的初步研究［J］．辽宁农业科学，2：46 - 47.

高德三．1998．物候法测报天幕毛虫药剂防治适期的研究［J］．辽宁农业科学，2：25 - 26.

高俊崇，山广茂，赵海滨，等．2003．吉林省首次发现捕食栗山天牛的天敌——花绒坚甲［J］．吉林林业科技，32（1）：45 - 47.

耿以龙，徐和光，李东军，等．1998．花布灯蛾生物学特性与防治技术报告［J］．山东林业科技，5：31 - 33.

顾鹏展，钱永祥，孙建芳，等．2000．黄刺蛾对银杏的为害和防治［J］．江苏林业科技，27（4）：48 - 49.

郭海美，蔡国祥．2009．桑瘿蚊防治及预测预报研究进展［J］．江苏蚕业，31（3）：18 - 20.

郭普．2006．植保大典［M］．北京：中国三峡出版社．

郭堂勋，莫贱友，李焜华．2010．广西桑赤锈病和桑锈病的症状识别与防治措施［J］．广西农业科学，41：439 - 440.

郭展雄，朱志德，肖练章，等．1993．抗青枯病桑品种——桑抗1号、桑抗4号育成初报［J］．广东农业科学，1：14.

海宁县农林局．1980．桑蓟马的预测和防治的初报［J］．蚕桑通报，11（1）：25 - 30.

何春华，金一林．1990．桑螟饲养方法及发生规律初探［J］．蚕桑通报，20（2）：20 - 22.

何春华，马秀康．1992．桑赤锈病的发生原因与防治方法［J］．蚕桑通报，22：54 - 55.

何振华．2007．蒙山县桑树细菌性青枯病发生特点与防治［J］．广西蚕业，44：29 - 30.

河南省森林病虫害防治检疫站．2005．河南林业有害生物防治技术［M］．郑州：黄河水利出版社．

贺磊，胡军华，徐立，等．2010．一株桑椹致病菌的鉴定及其生物学特性研究［J］．西南农业学报，23（3）：760 - 763.

洪宜聪．2002．波纹杂毛虫综合防治试验［J］．福建林业科技，29（3）：46 - 50.

侯义，季长龙，高纯，等．2000．栗山天牛生物学特性及防治技术研究［J］．辽宁林业科技（5）：15 - 18.

侯印宝，杨立军，范娟．2009．桑树卷叶枯病及白粉病的防治［J］．特种经济动植物，2：51 - 52.

胡君欢，蔡岳兴，周书军，等．2011．宁波桑果基地菌核病菌的多样性与ITS初步分析［J］．宁波大学学报，24（3）：20 - 23.

华德公．1996．蚕桑病虫害原色图谱［M］．济南：山东科学技术出版社．

华德公，胡必利．2006．图说桑蚕病虫害防治［M］．北京：金盾出版社．

皇谷珍，沈林海，朱文华．2005．桑紫纹羽病环境治理示范试验初报［J］．中国蚕业，26（4）：38 - 39.

黄翠琴．2006．波纹杂毛虫生物学特性的研究［J］．西北林学院学报，21（4）：105 - 108.

黄尔田．1983．桑毛虫的生物学特性及其防治的初步研究［J］．蚕业科学，9（3）：138 - 142.

黄尔田．1984．桑毛虫绒茧蜂生物学及保护利用的初步研究［J］．蚕业科学，10（1）：16 - 21.

黄尔田．1992．实用桑树保护学［M］．成都：四川科学技术出版社．

黄尔田，田立道，肖练章，等.1991.实用桑树保护学 [M].成都：四川科学技术出版社.

黄尔田，张夫其.1989.桑园朱砂叶螨生物学及测报方法的研究 [J].蚕业科学，15（1）：18-22.

黄荣.1997.桑树断梢病防治效果初试 [J].四川蚕业（2）：37-38.

黄伟华.2005.栎黄掌舟蛾的习性及防治 [J].安徽林业科技（2）：15-16.

黄显卓，罗日梅，韦思庆，等.2008.桑树冬留长枝防病高产技术应用 [J].广西蚕业，45（3）：57-59.

季长龙，侯义，高纯.1995.栗山天牛发生情况调查初报 [J].辽宁林业科技（2）：40-41.

季晓琴，周超，周昌云，等.2012.气象因子对桑疫病的发生与流行影响规律分析 [J].中国蚕业，33（4）：65-68.

姜存义，郑桂发.1989.泰县发现桑毛虫天敌——矮饰苔寄蝇 [J].江苏蚕业，8：49.

蒋才云.2010.我国桑树天牛类害虫的发生防治 [J].安徽农业科学，38（8）：4123-4125.

蒋永正.1987.黄叶虫的饲养方法及其应用 [J].蚕桑通报，18（4）：58-59.

蒋永正，王克荣.1988.黄叶虫的发生与防治研究 [J].蚕业科学，2：112-113.

蒯元璋.1965.桑萎缩病的三种病型的研究 [J].蚕业科学，3（4）：205-218.

蒯元璋，陈培根，沈中元，等.1986.泡桐丛枝病类菌原体抽提及其抗血清制备 [J].林业科学通讯，139：23-25.

蒯元璋，刘桥.1995.我国桑芽瘿蚊的发生为害和联防 [J].中国蚕业，16（1）：8-10.

蒯元璋，刘文安，崔元仁.1996.从鲁桑种质资源中选拔抗病品种的研究 [J].蚕业科学，22（3）：140-144.

蒯元璋，汤素，邓秀蓉，等.1980.菱纹叶蝉的研究 [J].植物保护学报，8（1）：1-8.

蒯元璋，吴福安.2013.桑椹菌核病原及病害防治技术综述 [J].蚕业科学，38（6）：1099-1104

蒯元璋，夏志松，陈培根.1980.四环素类抗菌素治疗桑萎缩病树过程中药物在树体内分布和运转分析 [J].蚕业科学，6
（3）：155-158.

蒯元璋，夏志松，梅国荣，等.1982a.桑赤锈病防治研究——剥除初次侵染病芽的防治效果 [J].江苏蚕业（1）：1.

蒯元璋，夏志松，钱月初，等.1982b.桑赤锈病药剂防治研究 [J].蚕业科学，4：2.

蒯元璋，张仲凯，陈海如.2000.我国植物支原体植物病害的种类 [J].云南农业大学学报，15（2）：153-160.

蒯元璋.1982.关于桑萎缩病的介体昆虫及其传病规律的研究进展 [J].国外农学——蚕业（1）：1-5.

蒯元璋.1990.桑紫纹羽病 [M]//中国农业百科全书总编辑委员会.中国农业百科：植物病理学卷.北京：农业出版社.

蒯元璋.2010.桑树病毒与病毒病的研究进展（Ⅰ）[J].蚕业科学，36（5）：818-825.

蒯元璋.2011.桑树病毒与病毒病的研究进展（Ⅱ）[J].蚕业科学，37（2）：278-284.

蒯元璋.2012.桑树病原原核生物及其病害的研究进展（Ⅰ）[J].蚕业科学，38（5）：152-164.

李春晓，季勤，陈钊，等.2010.帕力特防治桑蓟马田间药效试验 [J].广西蚕业，47（3）：21-24.

李东，方平.1997.桑园病虫害的"冬防"十措施 [J].林业科技通讯，11：43.

李丽，毛洪捷.2009.黄刺蛾的生活习性及防治技术 [J].吉林林业科技，38（6）：51，53.

李松盛，方日川.2006.桑毛虫的为害及其防治 [J].现代农业科技，8：59-60.

李尧方.1998.贵州桑树断枝病的发生与防治 [J].植物医生，11（4）：16.

李乙，朱方容，陈小青，等.2010.广西桑树主要病害调查初报 [J].广西蚕业，47（2）：23-26.

李泽虎，秦丽萍.2010.山西蚕区桑赤锈病的发生规律与防治措施 [J].北方蚕业，31：33-34.

李志高，张午中，陈根富.2007a.桑树断枝病的发生和防治对策 [J].蚕桑茶叶通讯（5）：14.

李志高，张午中，陈根富.2007b.桑树断枝病在富阳市的发生和防治 [J].中国蚕业，28（4）：59.

梁杨，徐立，马晓敏，等.2011.对桑椹肥大性菌核病菌具有抑制活性的中草药筛选 [J].蚕业科学，37（2）：187-192.

辽宁省蚕业科学研究所.2003.中国柞蚕 [M].沈阳：辽宁科学技术出版社.

林仲桂，雷玉兰.1999.黄刺蛾幼虫摄食量的初步研究 [J].湖南林业科技，26（4）：48-50，54.

铃木繁实，姚祥.1990.桑瘿蚊的生态与防治 [J].江苏蚕业，11（1）：64-65.

刘会梅，孙绪艮，王向军.2002.桑天牛研究进展 [J].中国森林病虫，21（5）：30-32.

刘康成，杨志华，习平根，等.1996.桑螟发育起点温度和有效积温的研究 [J].昆虫知识，33（2）：85-87.

刘勤，洪恩众.2002.黄刺蛾的防治 [J].特种经济动植物（11）：40.

刘士臣，陈连正.1992.栎褐舟蛾的初步研究 [J].吉林林业科技，99（4）：30-31.

刘树华.1998.不同施药量的5%甲基异柳磷颗粒剂对桑瘿蚊防治效果的试验 [J].江苏蚕业，20（1）：60-61.

刘晓东，田秀铭.2009.辽西地区桑干枯病的发生规律与防治措施 [J].北方蚕业，30（4）：32，35.

刘永光，田国忠，王洁，等.2009.山东蚕区桑黄化型萎缩病病原物的分子鉴定 [J].蚕业科学，35（3）：463-471.

刘友樵，武春生.2006.中国动物志：昆虫纲 第47卷 鳞翅目 枯叶蛾科 [M].北京：科学出版社.

楼黎静，白雪川.1997.桑赤锈病流行与防治的研究 [J].中国蚕业，72（4）：11-12.

卢东升，贾晓，罗春芳.2009.硫黄菌生物学特性研究 [J].中国食用菌，28（5）：10-11.

卢叶青.2010.核盘菌菌核围微生物的分离以及拮抗性分析 [D].武汉：华中农业大学.

吕蕊花，赵爱春，王茜龄，等.2012.桑椹缩小性菌核病病原菌的分类和生物学特性及抑菌药剂筛选［J］.蚕业科学，38（4）：603-609.

罗国庆，唐翠明，王振江，等.2010.桑树杂交组合抗青枯病能力鉴定及与抗病相关酶活性的研究［J］.蚕业科学，36（2）：300-303.

罗国庆，唐翠明，王振江，等.2011.桑树细菌性青枯病的研究概况［J］.蚕业科学，37（6）：1093-1097.

骆有庆，路常宽，陈洪俊，等.2005.需要引起重视的林木害虫——栗山天牛［J］.植物检疫，19（6）：354-356.

马慧霞.2009.江苏省核盘菌（Sclerotinia sclerotiorum）的抗药性监测及对菌核病的防治研究［D］.南京：南京农业大学.

马金河.2001.春尺蠖的综合防治技术［J］.天津农林科技，164（6）：17-18.

毛建萍，浦冠勤，堵鹤鸣.2006.桑疫病病原性状、发生规律及其防治的研究［J］.江苏蚕业，28（3）：4-7.

毛建萍，谭书生.1999.桑断柄型细菌性疫病的研究［J］.蚕业科学，25（4）：203-207.

毛铿祖.1996.广东桑青枯病的发生与防治［J］.广东蚕业（4）：14.

毛美红，白锡川.2009.气象要素的时间分布对五代桑螟数量影响分析［J］.昆虫知识，46（1）：56-60.

毛毓平.1996.桑树黄叶虫的发生规律及防治措施［J］.江西农业科技，4：35.

嵇保中，邵汉清，刘曙雯.1995.黄二星舟蛾的研究［J］.森林病虫通讯（2）：8-10.

缪盘春.1990.桑树抗桑瘿蚊品种的初探［J］.蚕业科学，16（2）：107-108.

莫现会，白景彰.1994.桑树病毒病大田发生及消长规律调查初报［J］.广西蚕业，31（1）：25-28.

莫现会，陈小青，林强，等.2001.我所桑螟发生为害调查初报［J］.广西蚕业，38（1）：30-31.

牛伯庆，汪文静，谢响明.2011.菌核病防治研究进展［J］.生命科学研究，15（6）：537-540.

农向群.2000.布氏白僵菌的研究与应用［J］.植物保护学报，27（1）：83-88.

农业部农药检定所.1989.新编农药手册［M］.北京：农业出版社.

欧阳秩.1982.桑树断梢病病原研究［J］.四川蚕业（1）：34-47.

潘海燕，韦代杰.2011.桑树赤锈病的发生与防治［J］.北京农业，6：58.

潘以楼，刘福海，徐志平，等.2000.油菜菌核病菌对多菌灵的抗药性及其治理初报［J］.江苏农业科学（3）：39-40.

潘哲超.2010.植物青枯菌遗传多样性及致病力分化研究［D］.北京：中国农业科学院.

裴玉燕.1988.柞树害虫黄二星舟蛾的初步研究［J］.辽宁农业科学，3：45-46.

皮忠庆，王宝，宁长林，等.2007.吉林省栗山天牛专项调查技术报告［J］.吉林林业科技，48（1）：39-42.

浦冠勤，黄艳君，毛建萍，等.2012.中国桑树病害名录（Ⅱ）［J］.中国蚕业，33：8-12.

浦冠勤，毛建萍，史伟.2004.桑品种对桑蓟马的抗虫性研究［J］.蚕桑茶叶通讯（2）：2-5.

浦冠勤，毛建萍，薛贵收.2007.中国桑树害虫名录（Ⅰ）［J］.蚕业科学，33（3）：442-447.

浦冠勤，毛建萍，于军香，等.2004.桑螟食叶量测定及其防治指标的研究［J］.蚕业科学，30（2）：207-210.

浦冠勤，毛建萍，朱引根，等.2008.桑椹菌核病的发生与综合治理［J］.中国蚕业（3）：50-51.

浦冠勤，孙兴鲁，毛建萍，等.2010.中国桑树害虫名录（Ⅺ）［J］.蚕业科学，36（1）：132-137.

钱连连，宗勤芬.2007.桑椹菌核病的防治［J］.蚕桑茶叶通讯，2：39.

钱祥明，洪志英，王卫明，等.1995.桑螟的生物特性研究［J］.蚕业科学，21（1）：50-52.

钱银川，陈伟国，孙海燕，等.2006.桑园常用杀虫剂对桑蓟马田间防效的评价［J］.中国蚕业，27（1）：43-44.

秦国夫，赵红，刘小勇.2002.植原体分子分类现状与问题［J］.林业科学，38（6）：125-136.

秦莉，翁俊维.2002.栗山天牛的防治方法［J］.吉林林业科技，31（2）：55-57.

秦利.2003.中国柞蚕学［M］.北京：中国科学文化出版社.

曲广伟，娄杰，张铁利，等.2011.毒绳防治花布灯蛾技术［J］.辽宁林业科技，5：61-62.

任建军，师光禄，谷继成，等.2011.薄荷提取物对朱砂叶螨体内几种酶活性的影响［J］.林业科学，47（12）：85-91.

任培华，高树梅.2009.不同药剂处理对桑虎天牛幼虫防治效果初探［J］.广东蚕业，43（3）：42-43.

任小龙，王世富.2005.辽宁地区柞树早烘病发病规律研究［J］.沈阳农业大学学报，36（3）：328-331.

山广茂，高峰崇，宁长林，等.2002.吉林省森林植物检疫对象普查技术报告［J］.吉林林业科技，31（6）：1-10.

邵力平.1959.东北树木病害［M］.哈尔滨：黑龙江科学技术出版社.

沈柏鹤，潘金湘.2000.春伐桑夏季剪梢防治桑赤锈病试验［J］.蚕桑通报，31：22-23.

盛寿云，夏国祥.1974.上海地区第一代桑毛虫发生期预测及防治的初步研究［J］.复旦学报：自然科学版，2：84-92.

石志琦，周明国，叶钟音，等.2000.油菜菌核病菌对多菌灵的抗药性监测［J］.江苏农业学报，16（4）：226-229.

宋友文，孙力华，单立华.1983.黄斑波纹杂毛虫初步研究［J］.辽宁林业科技，2：32-36，27.

宋宰阳.1984.桑毛虫全年消长规律及其防治策略［J］.江苏蚕业（2）：42-44.

宋宰阳.1989.桑螟生物学特性及其防治的初步研究［J］.江苏蚕业（2）：16-19.

苏州蚕桑专科学校.1998.桑树病虫害防治学 [M].2 版.北京：中国农业出版社.

孙海燕，陈伟国，戴建忠.2012.哌虫啶对家蚕的急性毒性和残毒期测定 [J].江苏蚕业，34（1）：22-23.

孙日彦，王照红，杜建勋，等.2003.桑黄化型萎缩病及其防治技术 [J].北方蚕业，24（3）：49-50.

孙文科，王锐.2007.桑园桑天牛的发生特点和综合防治技术 [J].农技服务，24（12）：46-49.

孙艳梅，范文忠.2010.吉林市春尺蠖发生规律的研究 [J].中国森林病虫，29（6）：24-27.

孙永军.2011.桑虎天牛防治试验 [J].湖北农业科学，50（10）：2003-2004，2010.

孙永平.2001.栗山天牛防治技术 [M].沈阳：辽宁科学技术出版社.

谈顺友，李章宝，王明，等.2006.桑叶枯病的流行因素分析 [J].中国蚕业，27：85-87.

谈顺友，李章宝，王明，等.2012.桑卷叶枯病病原菌的形态特征与分离培养条件 [J].蚕丝科技（4）：38.

谈顺友.2006.桑树叶枯病研究 [D].长沙：湖南农业大学.

谈廷桂.1982.桑树断梢病田间防治试验 [J].四川蚕业（1）：47-53.

谭炳安.1991.桑品种抗青枯病性能测定方法的研究——无土栽培悬浮菌液接种法 [J].广东蚕业，4：14.

唐以巡，漆定梅.1994.朱砂叶螨发育起点和有效积温研究 [J].蚕业科学，20（4）：241-242.

田立道，李雪明.1996.对桑种质资源进行抗桑疫病鉴定的研究 [J].蚕业科学，22（4）：205-207.

田立道，吴福安.1995.桑树病虫害防治技术 [M].北京：金盾出版社.

田智德.2000.桑树根结线虫病的为害及防治研究综述 [J].广西蚕业（4）：17-20.

童新旺.1986.栎枯叶蛾生物学特性初步观察 [J].湖南林业科技（4）：26-27.

涂勇，王向东，陈伟.2007.几种生物农药防治桑褐斑病的药效试验 [J].中国蚕业，28（3）：25-26.

屠华东，陈卫新，洪根法.2008.三种不同药剂防治桑细菌性青枯病试验初报 [J].现代农业科技（6）：57.

汪和燕，章秋林，赖美，等.2008.4%阿维菌素乳油防治栎掌舟蛾试验研究 [J].现代农业科技（21）：131.

王敦崇.2006.桑瘿蚊测报技术的探讨与改进 [J].江苏蚕业，28（2）：15-16.

王凤君，梅克权，王如兴.2003."灭蚕蝇"防治黄叶虫及对桑蚕毒性试验 [J].蚕桑茶叶通讯，2：4.

王国芬，谢关林，徐福寿，等.2007.桑青枯病描述及研究中的几个问题探讨 [J].蚕业科学，33：321-324.

王国良.2009.桑椹菌核病菌多样性调查 [J].菌物研究，7（3）：189-192.

王建新，徐锦松，何春华，等.1992.桑树害虫的系统预测及其方法 [M].杭州：杭州大学出版社.

王琳，方荣俊，黄满芬，等.2013.利用组织培养技术繁育桑树无病毒苗的试验 [J].蚕业科学，39（4）：643-649.

王梅莲.1990.蚕粪等防治桑紫纹羽病试验 [J].蚕桑通报，21（4）：35-37.

王文学，杨胜特，胡仕叶，等.2012.遵义地区桑螟发生原因及综合防治技术 [J].现代农业科技，11：137-139.

王向东，段拥军.2003.黄刺蛾的发生与防治技术 [J].农业科技通讯（9）：32.

王颖，孟祥伟，韩朝军.1999.春尺蠖的发生规律及防治技术 [J].林业科技，24（5）：20-21.

王玉荣，李芬，王林.2011.浅谈桑叶枯病的发生与防治技术 [J].蚕桑茶叶通讯，6：8.

王越，童金林，叶伟清，等.2006.桑青枯病发生原因及防治对策 [J].中国蚕业，27：25-26.

王云柱.2005.黄二星舟蛾的发生与防治 [J].安徽林业，3：43.

王运凤，罗其宏.2011.浅谈桑树断枝病暴发成灾的原因及防治对策 [J].广西蚕业，48（1）：4-5.

王泽林，陈继久.2012.桑紫纹羽病对养蚕成绩的影响 [J].蚕桑通报，43（4）：23-24.

王泽林.2011.桑紫纹羽病的防治措施 [J].蚕桑茶叶通讯（3）：16.

王直诚.2003.东北天牛志 [M].长春：吉林科学技术出版社.

王志明.2005.吉林省蒙古栎林害虫危险性评价 [J].吉林农业科学，30（3）：31-32.

王忠友.1999.栗山天牛对柞树类的为害及防治对策 [J].辽宁林业科技（3）：32-33.

韦广锋，韦应科.2010.桑树青枯病发生规律及防治对策 [J].广西蚕业，47：27-30.

魏成贵，吴佩玉，曲卫国，等.1986.柞树害虫栎纷舟蛾的初步研究 [J].蚕业科学，12（4）：226-230.

魏成贵.1982.麻栎瘿蜂的初步研究 [J].蚕业科学，8（1）：35-38.

魏晓军.2008.桑椹白果病的综合防治 [J].新农村（6）：15.

无锡县多种经营管理局桑病虫测报站.1977.桑蓟马发生规律及其防治的初步意见 [J].江苏蚕业（3）：14-18.

吴芳生，尹家凤.1988.桑尺蠖脊茧蜂的调查研究 [J].蚕业科学，14（3）：124-128.

吴福安，王兴科，余茂德，等.2006a.桑园害虫朱砂叶螨的研究进展 [J].蚕业科学，32（3）：386-391.

吴福安，周金星，余茂德，等.2006b.不同桑树品种上朱砂叶螨实验种群内禀增长率的统计推断 [J].昆虫学报，49（2）：287-294.

吴福安.2010a.桑树细菌性病害的识别与防治 [J].中国蚕业，31（1）：98-100.

吴福安.2010b.桑树真菌病病害的识别与防治（一）[J].中国蚕业，31（3）：84-85.

吴福安.2010c.桑树真菌病病害的识别与防治（二）[J].中国蚕业，31（4）：88-89.

吴开明，许恩远，唐万成，等.1991.桑花叶型病毒病的田间调查及抗病品种鉴定试验［J］.四川省蚕学通报（4）：41-43.

吴开明，许恩远，张建强，等.1993.涪陵市桑蓟马为害成灾状况及原因分析［J］.蚕学通讯，12（1）：20-22.

吴佩玉.1987.栎枯叶蛾的初步研究［J］.辽宁农业科学（2）：41-43.

吴千红，经佐琴.1993.朱砂叶螨滞育诱导的研究［J］.昆虫知识，30（6）：335-337.

吴千红，吴士良.1995.朱砂叶螨自然种群动态研究［J］.应用生态学报，6（3）：255-258.

吴全聪，苏朝安.2008.浙南板栗园栎纷舟蛾的发生规律及防治技术［J］.浙江农业学报，20（2）：109-113.

吴艳，李喜升，董绪国，等.2010.中国柞树主要害虫名录Ⅱ［J］.蚕业科学，36（3）：481-486.

武春生，方承莱.2010.河南昆虫志：鳞翅目 刺蛾科、枯叶蛾科、舟蛾科、灯蛾科、毒蛾科、鹿蛾科［M］.北京：科学出版社.

席体仲，朱军.1991.桑蓟马的发生规律与防治对策［J］.四川蚕业（2）：24-25.

席忠诚.1999.花布灯蛾生物学特性及综合防治技术［J］.甘肃林业科技，24（2）：35-37.

夏跃明，何光燕，王保荣，等.2008.陕桑305的引种及品比试验［J］.中国蚕业，29（2）：44-45.

夏志松，蒯元璋，陈培根.1991.诊断桑树黄化型萎缩病的新方法［J］.蚕业科学，17（2）：70-74.

夏志松，蒯元璋，钱月初，等.1981.太湖地区桑赤锈病侵染循环的调查［J］.蚕业科学，7：8-14.

夏志松，难波成任.2004.桑黄化型萎缩病病原体16SrRNA基因的序列分析［J］.蚕业科学，30（2）：204-206.

夏志松.2005.桑瘿蚊的种类及其为害概况［J］.中国蚕业，26（3）：71-72.

萧刚柔.1992.中国森林昆虫［M］.2版.北京：中国林业出版社.

谢道燕，柴建萍，田梅金，等.2011.云南省主要蚕区在晚霜为害下桑褐斑病发生情况调查［J］.中国蚕业，32（4）：32-36.

谢立群，毛建萍，浦冠勤，等.2003.桑螟实验种群生命的研究［J］.蚕业科学，29（3）：222-225.

谢立群，王卫明，浦冠勤.2002.桑螟实验种群数量变动的模拟［J］.蚕业科学，28（3）：261-264.

谢振东，杨玉新.1999.用栗山天牛做寄主人工繁殖管氏肿腿蜂的试验研究［J］.吉林林业科技，143（6）：11-12.

谢振东，张绪成，张佩勇，等.2000.利用管氏肿腿蜂防治栗山天牛林间放蜂技术试验［J］.吉林林业科技，29（4）：10-14.

谢振东，张绪成，张佩勇，等.2005.栗山天牛生物学特性的研究［J］.吉林林业科技，141（4）：1-3.

熊云林，徐俊，陈三行，等.2008.修水县桑断梢病发生与防治［J］.江西植保，31（3）：114-115.

徐俊，韩乐平，陈鑫，等.2002.杂交桑卷叶枯病暴发原因与防治对策［J］.蚕桑茶叶通讯（1）：19-20.

徐克顺，李美，代应喜.2002.黄刺蛾生活史观察及防治［J］.安徽林业（1）：17.

徐丽慧，谢关林.2007.桑青枯病致病性测定新方法［J］.蚕桑通报，38（1）：19.

徐丽慧，徐福寿，李芳，等.2007.桑细菌性青枯病病原及其生化型鉴定［J］.植物保护学报，34（2）：141-146.

徐万仁，明方福.1999.宁夏桑树病虫害调查及其防治［J］.宁夏农林科技（1）：8-11.

徐雅玲，木合塔尔·艾合买提.2005.黄刺蛾的发生与防治［J］.农村科技（10）：24.

许东，赖文姜，范怀忠.1986.桑青枯菌血清型与其他分型的比较研究［J］.植物病理学报，16（1）：29-36.

许青云，王卫红.2011.驻马店市栎黄掌舟蛾发生规律及其防治技术［J］.安徽农学通报，17（19）：95-96.

许晓风，刘树峰，张伯林，等.1993.桑蓟马种群动态、抽样技术及为害指标研究［J］.安徽农业大学学报，20（1）：72-78.

许晓风.1989.土霉素对桑树黄化型萎缩病治疗机理的探讨［J］.植物保护学报，16（2）：87-92.

许志刚.2009.普通植物病理学［M］.北京：高等教育出版社.

杨冬静，孙厚俊，赵永强，等.2012.甘薯紫纹羽病病原菌的生物学特性及室内药剂筛选研究［J］.西南农业学报，25（5）：1685-1688.

杨谦，张翼鹏.1995.核盘菌子囊盘形成的影响因子［J］.东北林业大学学报，23（2）：126-130.

杨瑞生，姜义仁，石生林，等.2010.橡实象虫及其近缘种基于线粒体DNACOⅡ基因的分子系统学研究［J］.蚕业科学，36（4）：577-583.

杨瑞生，姜义仁.2012.柞园病虫害防治原色图谱［M］.北京：中国农业科学技术出版社.

杨卫，罗坤，李玲利，等.2007.桑树桑天牛防治技术［J］.农村实用技术，7：40.

杨新美.1959.油菜菌核病Sclerotinia sclerotiorum在我国的寄主范围及生态特性的调查研究［J］.植物病理学报，5：111-122.

杨新美.2000.植物生态病理学［M］.北京：中国农业科技出版社.

杨兴来.2000.桑毛虫的发生及防治措施［J］.安徽农学通报，6（6）：47.

杨忠歧.2004.利用天敌昆虫控制我国重大林木害虫研究进展［J］.中国生物防治，20（4）：221-227.

叶楚华 . 2012. 栽果桑注意防范桑椹菌核病 [J] . 农家顾问，5：41.

叶伟清，袁承东，潘志祥 . 2005. 桐庐县桑紫纹羽病的分布成因及防治对策 [J] . 蚕桑通报，36 (2)：36 - 37.

叶元柏 . 1977. 利用红头菱纹叶蝉鉴定桑树品种的抗病性 [J] . 昆虫知识，14 (1)：24.

叶志毅，宋沁 . 2003. 硬枝扦插法用于桑树紫纹羽病的诊断和药剂防效鉴定的研究 [J] . 蚕业科学，29 (3)：308 - 310.

叶志毅 . 1987. 春期桑毛虫生活习性的研究 [J] . 蚕桑通报，18 (1)：33 - 35.

叶志毅 . 2005. 桑树紫纹羽病菌侵染桑根的生长动态观察 [J] . 蚕业科学，31 (3)：247 - 250.

羿红 . 2000. 桑螟的发生与防治研究 [J] . 蚕业科学，26 (3)：182 - 183.

尹益寿，魏洪义，詹根祥，等 . 1994. 桑蓟马田间种群消长规律的研究 [J] . 江西农业大学学报，16 (2)：124 - 129.

于得军，毛建萍，谢立群，等 . 2002. 桑螟寄生性天敌昆虫的研究 [J] . 蚕业科学，28 (4)：273 - 276.

于得军，毛建萍，谢立群，等 . 2005. 桑螟绒茧蜂的生物特性 [J] . 昆虫知识，42 (2)：199 - 201.

于震 . 2011. 果桑干枯病的综合防治 [J] . 现代化农业 (4)：5 - 6.

余虹，孙小峰 . 2005. 桑螟绒茧蜂搜索寄主利它素的存在部位和生物活性测定 [J] . 蚕业科学，31 (1)：26 - 30.

余虹，周勤 . 2003. 浙江省桑螟寄生蜂调查研究 [J] . 蚕业科学，29 (4)：330 - 334.

余虹，周勤 . 宋毓 . 2004. 桑螟绒茧蜂的生物学特性 [J] . 浙江大学学报，30 (5)：557 - 560.

袁世君 . 1955. 用六六六喷杀桑蓟马的初步成效 [J] . 蚕桑通报 (4)：4 - 7.

袁文林，陈茂桢 . 1992. 浅谈桑树断梢病的为害与防治措施 [J] . 四川蚕业 (1)：28 - 29.

袁月芳 . 2010. 春尺蠖发生规律观测及防治 [J] . 中国园艺文摘，26 (8)：118 - 119.

臧宪朋 . 2010. 植物与核盘菌 (Sclerotinia sclerotiorum) 互作分子生物学的初步研究 [D] . 杭州：浙江大学 .

曾宪铭，董春 . 1995. 广东农作物青枯病菌的生化型 [J] . 华南农业大学学报，16：50 - 53.

詹根祥，尹益寿，魏洪义，等 . 1994. 秋季桑蓟马田间发生规律的研究 [J] . 江西植保，17 (3)：6 - 9，16.

张百忍 . 1988. 春伐桑园桑象虫防治试验初报 [J] . 陕西蚕业 (2)：10 - 12.

张圭松 . 1980. 春尺蠖 [M] . 乌鲁木齐：新疆人民出版社 .

张国德，姜德富 . 2003. 中国柞蚕 [M] . 沈阳：辽宁科学技术出版社 .

张会香，高贵田 . 1995. 安康地区桑树紫纹羽病发生情况调查初报 [J] . 北方蚕业，16 (2)：20 - 21.

张建强 . 1990. 桑螟实验种群数量动态研究 [J] . 蚕业科学，16 (2)：108 - 110.

张琼，李良如 . 2003. 黄刺蛾的发生与防治 [J] . 西昌农业科技 (3)：32，28.

张卫光，孙绪艮，曲爱军，等 . 2004. 管氏肿腿蜂的寄生与产卵行为研究 [J] . 昆虫天敌，26 (1)：28 - 33.

张优，徐国强，方承明 . 2000. 辛硫磷对黄叶虫的药效试验 [J] . 蚕桑茶叶通讯，1：35.

张月芳，白锡川 . 2009. 8%残杀威乳油对桑象虫的防治效果 [J] . 中国蚕业，30 (1)：30 - 31，35.

张月季，洪健，游汝恒，等 . 2003. 桑花叶病病原及化学药剂治疗的研究 [J] . 蚕桑通报，34 (3)：13 - 16.

张月季 . 1988. 桑花叶型萎缩病的研究 [J] . 蚕业科学，9 (2)：74 - 79.

赵桂华，王海明，牛迎福，等 . 2010. 杨树紫纹羽病发生与防治 [J] . 西部林业科学 (1)：86 - 89.

赵航，蒯元璋 . 1993. 桑树花叶型萎缩病病原类病毒 (Viroid) 的核苷酸测序初报 [J] . 江苏省植物病理学会通讯，2：61 - 69.

赵浚河，罗建华，陈时宏，等 . 2006. 桑树褐斑病的综合防治 [J] . 四川蚕业，34 (2)：19 - 20.

赵萍，夏庆友，谈廷桂 . 1993. 桑树断梢病流行的 BOX-JENKINS 模型及其在预测中的应用研究 [J] . 蚕业科学，19 (1)：14 - 18.

赵瑞兴，邢礼国，李素梅 . 2011. 辽宁省花布灯蛾发生的原因分析和防治对策 [J] . 辽宁林业科技，6：32 - 33.

赵永华 . 1994. 桑芽枯病和桑拟干枯病的产生与防治 [J] . 山东蚕业 (1)：12 - 13.

郑汉业，徐天森 . 1959. 橡实象鼻虫 Curculio (Balaninus) dentipes Roelofs 的研究 [J] . 林业科学，1：68 - 76.

郑明儿 . 1994. 5%甲基异柳磷颗粒剂防治桑瘿蚊试验 [J] . 蚕业科学，20 (3)：192 - 193.

郑声铺 . 1990. 桑树病虫害防治学 [M] . 北京：农业出版社 .

郑文云，高德三 . 2001. 柞树害虫花布灯蛾生物学特性的研究 [J] . 林业科技，26 (4)：22 - 25.

中国科学研究院上海生物化学研究所，江苏蚕业研究所 . 1974. 桑树萎缩病病原体的研究 Ⅰ . 桑树黄化型萎缩病病原体的电子显微镜研究 [J] . 中国科学，1 (3)：283 - 291.

中国科学研究院上海生物化学研究所，浙江蚕业研究所 . 1974. 桑树萎缩病病原体的研究 Ⅱ . 桑树萎缩型萎缩病 [J] . 中国科学，1 (3)：292 - 296.

中国农业百科全书总编辑委员会，蚕业卷编辑委员会 . 1987. 中国农业百科全书：蚕业卷 [M] . 北京：农业出版社 . 191 - 192.

中国农业科学院蚕业研究所 . 1985. 中国桑树学 [M] . 上海：上海科学技术出版社 .

钟国洪，李明汉，谭炳安，等 . 1986. 灭病威 (40%多·硫胶悬剂) 防治桑赤锈病试验初报 [J] . 广东蚕业，2：11.

钟勇玉，张百忍，张正新，等．1994．陕南桑树断枝病的研究［J］．陕西蚕业（1）：12-13．

周德美，杨新军，汪云好．2003．桑象虫发生规律及防治措施［J］．安徽农学通报，9（4）：84，88．

周林巨．2005．桑黄叶虫成虫发生盛期的中长期预测研究［J］．蚕业科学，31（4）：468-470．

周水良，柴晓玲，周金钱，等．1991．桑树断枝病防治研究初报［J］．江苏蚕业（4）：54．

周祥华．2003．栎黄掌舟蛾生物学特性初步观察［J］．安徽林业科技，4：29．

周艳梅，邢艳辉，马光明．2008．桑芽枯病发生原因及防治对策［J］．江苏蚕业（2）：25-26．

周宇杰，丁伟，王春升，等．2006．青蒿粗提物对朱砂叶螨生物活性的初步研究［J］．西南农业大学学报：自然科学版，28（2）：305-309．

朱本明，陈作义，等．1983．土霉素对桑树黄化型萎缩病类菌原体抽提物的影响初报［J］．蚕业科学，9（3）：184-185．

朱本明，陈作义，等．1984．桑树黄化型萎缩病类菌原体抽提方法的改进及形态观察［J］．蚕业科学，10（1）：13-15．

朱本明，徐伟军，蒯元璋，等．1983．桑树黄化型萎缩病类菌原体抽提及抗血清制备［J］．蚕业科学，8（1）：6-8．

朱方容，白景彰，雷扶生，等．1995．杂交实生桑对花叶病的抗性调查分析［J］．广西蚕业，32（2）：19-23．

朱方容，胡乐山，何彬．2000．桑树不同品种和冬伐形式对花叶病抗性的影响［J］．植物保护学报，27（3）：255-260．

朱方容，沈昌平．1999．桑树对花叶病抗性遗传规律的研究［J］．遗传，21（3）：24-26．

朱燕，吕志强，林天宝．2010．若干新桑品种对桑疫病抗性的鉴定［J］．蚕桑通报，41（2）：31-32．

朱燕，叶志毅，吕志强，等．2005．桑树青枯病的分布为害和防治的研究进展［J］．蚕桑通报，36：6-9．

庄文颖．1998．中国真菌志［M］．北京：科学出版社．

Deines J. 1983. 木麻黄桐丛枝病［J］．植物病理学报，3（4）：40-41．

Shahram Hesami，Kayvan Etebari，Hassan Pourbabaei. 2007．桑蓟马在桑树中空间分布的研究［J］．动物学研究，28（3）：265-270．

Agrios G N. 1978. Plant pathology［M］．2nd ed. New York：Academic Press.

Asano W，Munyiri F N，Shintani Y，et al. 2004. Interactive effects of photoperiod and temperature on diapause induction and termination in the yellow-spotted longicorn beetle，*Psacotheahilaris*［J］．Physiological Entomology，29（5）：458-463.

Biswas G C，Islam W，Haque M M，et al. 2004. Some biological aspects of carmine mite，*Tetranychuscinnabarinus* Boisd. （Acari：Tetranychide）infesting egg-plant from rajshahi［J］．Journal of Biological Science，4（5）：588-591.

Boland G J，Hall R. 1994. Index of plant hosts of *Sclerotinia sclerotiorum*［J］．Canadian Journal of Plant Pathology，16（2）：93-100.

Bolton M，Thomma B，Nelson B. 2006. *Sclerotinia sclerotiorum*（Lib）de Bary：biology and molecular traits of a cosmopolitan pathogen［J］．Molecular Plant Pathology，7（1）：1-16.

Boudazin G，Le Roux A C，Josi K，et al. 1999. Design of division specific primers of *Ralstonia solanacearum* and application to the identification of European isolates［J］．European Journal of Plant Pathology，105：373-380.

Christias C，Lockwood J L. 1973. Conservation of mycelial constituents in four sclerotium-forming fungi in nutrient deprived conditions［J］．Phytopathology，63（5）：602-605.

Das M，Chauhan H，Chhibbar A，et al. 2011. High-efficiency transformation and selective tolerance against biotic and abiotic stress in mulberry，*Morus indica* cv. K_2，by constitutive and inducible expression of tobacco *osmotin*［J］．Transgenic Research，20：231-246.

Diener T O. 1971. Potato spindle tuber "Virus" IV. A replicating，low molecular weight RNA［J］．Virol.，45（2）：411-428.

Digiaro M，Nahdi S，Elbeaino T. 2012. Complete sequence of RNA1 of grapevine Anatolian ringspot virus［J］．Archives of Virology，157（10）：2013-2016.

Doi Y，Teranaka M，Yora k，et al. 1967. Mycoplasma-or PLT group-like microorganisms found in the phloem elements of plants infected with mulberry dwarf，potato witches' broom，aster yellows or paulownia witches' broom［J］．Ann. Phytopath. Soc. Japan，33（4）：259-266.

Elmer G，Richard E G. 1987. Observations on popcorn disease of mulberry in south central kentucky［J］．Castanea，52（1）：47-51.

Fei Jianming，Li Yufeng，Kuat Yuanzhang，et al. 2009. Identification of a latent pathogen on mulberry tree with a disease of mosaic dwarf［J］．African Journal of Biotechnology，8（20）：5358-5361.

Kuai Yuanzhang，Zhu Fengping，Xia Zhisong，et al. 1997. Studies on the mechannism of mulberry resistance to mulberry yellow dwarf disease［J］．Sericologia，37（20）：233-240.

Kuai Yuanzhang. 1988. Purification of the causal agent of mulberry yellow disease and preparation and application of its antiserum［C］//China phytopathology association. International symposium of plant pathology. Beijing.

Kuai Yuanzhang. 1991. Studies on a new pesticide buprofazin in controlling mulberry rhombus leafhopper and its influence upon the silkworm [C] //China Entomology association. 10th International congress of Entomology collectance. Beijing.

Lee, I M, Gundersen-Rindal D E, Davis R E, et al. 1998. Revised classification scheme of phytoplasmas based on RFLP analyses of 16S rRNA and ribosomal protein gene sequences [J] . International Journal of Systematic Bacteriology, 48: 1153 – 1169.

Munnecke D E, Kolbezen M J, Wilbur W D, et al. 1981. Interactions involved in controlling *Armillaria mellea* [J] . Plant Disease, 65 (5): 384 – 389.

Murray R G E, Stackebrandt E. 1995. Taxonomic Note: implementation of the provisional status *Candidatus* for incompletely described procaryotes [J] . International Journal of Systematic Bacteriology, 45 (1): 186 – 187.

Namba S, Oyaizu H, Kato S, et al. 1993. Phylogenetic diversity of phytopathogenic mycoplasmalike organisms [J] . International Journal of Systematic Bacteriology, 43: 461 – 467.

Purdy L H. 1979. *Sclerotinia sclerotiorum*: history, diseases and symptomatology, host range, geographic distributionv, and impact [J] . Phytopathology, 69 (8): 875 – 880.

Riffle J W, Peterson G W. 1986. Diseases of trees in the Great Plains [J] . USDA Forest Service General Technical Report RM-129: 149.

Rollins J A, Dickman M B. 2001. pH signaling in *Sclerotinia sclerotiorum*: identification of a pac C/RIM homolog [J] . Applied and Environmental Microbiology (67): 75 – 81.

Sastry K S. 2013. Seed-borne plant virus diseases [M] . Berlin: Springer.

Sato M, Mitsuhashi W, Watanabe K, et al. 1996. PCR detection of mulberry dwarf disease phytoplasmas in mulberry tissues phloen sap collected by laser stylectomy and insect vector *Hishimonus sellatus* [J] . J. Seric. Sci. Jap. , 65 (5): 352 – 358.

Seal S, Jackson L, Young J, et al. 1993. Differentiation of *Pseudomonas solanacearum*, *Pseudomonas syzygii*, *Pseudomonas pickettii* and the blood disease bacterium by partial 16S rRNA sequencing: construction of oligonucleotide primers for sensitive detection by polymerase chain reaction [J] . Journal of General Microbiology, 139: 1587 – 1594.

Shaw C G Ⅲ, Roth L F. 1978. Control of *Armillaria* root rot in managed coniferous forests [J] . European Journal of Forest Pathology, 8 (3): 163 – 174.

Sinclair W W, Lyon H H, Johnson W T. 1987. Diseases of trees and shrubs [M] . Ithaca: Cornell University Press.

Sung K H, Wan G K, Gyoo B S, et al. 2007. Identification and distribution of two fungal species causing sclerotim disease on mulberry fruits in Korea [J] . The Korean Society of Mycology, 35 (2): 87 – 90.

The IRPCM Phytoplasma/Spiroplasma Working Team-Phytoplasma taxonomy group. 2004. Candidatus phytoplasma, a taxon for the wall-less, non-helical prokaryotes that colonize plant phloem and insects [J] . Interrational Journal of Systematic and Erolutionary Microbiology, 54, 1243 – 1255.

Tomioka K, Sato T, Hanada K, et al. 2012. Plant viruses and viroids released from the NIAS Genebank Project, Japan [J] . Microbiol. Calt. Cou, 28 (1): 35 – 40.

Townsend B B, Willetts H J. 1954. The development of sclerotia of certain fungi [J] . Transactions of the British Mycological Society, 37 (3): 213 – 221.

Tsolakis H, Ragusa S. 2008. Effects of mixture of vegetable and essential oils and fatty acid potassium salts on *Tetranychusurticae* and *Phytoseiulus persimilis* [J] . Ecotoxicology and Environmental Safety, 70: 276 – 282.

Tsuchizaki T. 1976. Mulberry latent virus isolated from mulberry (*Morus alba* L.) [J] . Annals of the Phytopathological Society of Japan, 42 (3): 304 – 309.

Verkley G J M, Crous P W, Groenewald J Z, et al. 2004. *Mycosphaerella punctiformis* revisited: morphology, phylogeny, and epitypification of the type species of the genus *Mycosphaerella* (Dothideales, Ascomycota) [J] . Mycological Research, 108: 1271 – 1282.

Wang Wenbing, Fei Jianming, Wu Yan, et al. 2010. A new report of a mosaic dwarf viroid-like disease on mulberry trees in China [J] . Polish Journal of Microbiology, 59: 33 – 36.

Wargo P M, Shaw C G Ⅲ. 1985. *Armillaria* root rot: the puzzle is being solved [J] . Plant Disease, 69 (10): 826 – 832.

Ye Yuanbai, Gu Baolin. 1992. Annual rhythm of shifting of symptom and pathogenicity within an individual mulberry dwarf diseased tree [J] . Sericologia, 29 (1): 107 – 113.

第18单元　桑树、柞树病虫害

彩图18-1-1　健康桑树与感染桑萎缩型萎
缩病桑树（方荣俊摄）
Colour Figure 18-1-1　Symptoms of
mulberry common dwarf and healthy
mulberry field（by Fang Rongjun）
1. 健株　2. 病株

彩图18-1-2　桑黄化型萎缩
病田间发病状
（引自华德公，1996）
Colour Figure 18-1-2
Symptoms of mulberry yellow
dwarf（from Hua Degong, 1996）
1. 早期症状　2. 后期症状

彩图18-1-3　桑树花叶型萎缩病
田间发病状（方荣俊摄）
Colour Figure 18-1-3　Symptoms of
mulberry mosaic dwarf in the field
（by Fang Rongjun）
1. 病叶　2. 病枝

彩图18-1-4　拟菱纹叶蝉（1）及 凹缘菱纹叶蝉（2）
成虫（引自华德公，1996）
Colour Figure 18-1-4　Adults of *Hishimonoides
sellatiformis*（1）and *Hishimonus sellatue*（2）
（from Hua Degong, 1996）

彩图 18-2-1　桑花叶病症状（吴福安摄）

Colour Figure 18-2-1　Symptoms of mulberry mosaic
(by Wu Fuan)

1. 花叶型　2. 环斑型　3. 网状叶斑型

4. 条状丝叶型发病初期　5. 条状丝叶型发病后期

彩图 18-3-1　桑疫病症状（吴福安提供）

Colour Figure 18-3-1　Symptoms of mulberry
bacterial blight（by Wu Fuan）

1. 主干受害状　2. 枝条受害状　3. 顶端受害状

彩图18-4-1　桑褐斑病症状
（方荣俊提供）
Colour Figure 18-4-1　Symptoms of
mulberry tan spot
(by Fang Rongjun)

彩图18-5-1　桑紫纹羽病侵害根部症状（吴福安提供）
Colour Figure 18-5-1　Symptoms of violet root rot of mulberry
(by Wu Fuan)

彩图18-6-1　桑干枯病侵害枝条症状（引自华德公，1996）
Colour Figure 18-6-1　Symptoms of mulberry Diaporthe
canker on branches (from Hua Degong, 1996)

彩图18-7-1　桑里白粉病侵害桑叶背面
症状（引自华德公，1996）
Colour Figure 18-7-1　Symptoms of
powdery mildew on underside of mulberry
leaves（from Hua Degong，1996）

彩图18-8-1　桑青枯病症状（引自华德公，1996）
Colour Figure 18-8-1　Symptoms of mulberry bacterial wilt
(from Hua Degong, 1996)
1.病株　2.病枝　3.病根　4.病根皮部

彩图 18-8-3 桑青枯病侵害桑树根部症状（吴福安提供）
Colour Figure 18-8-3 Symptoms of mulberry root attacked by *Ralstonia solanacearum*（by Wu Fuan）

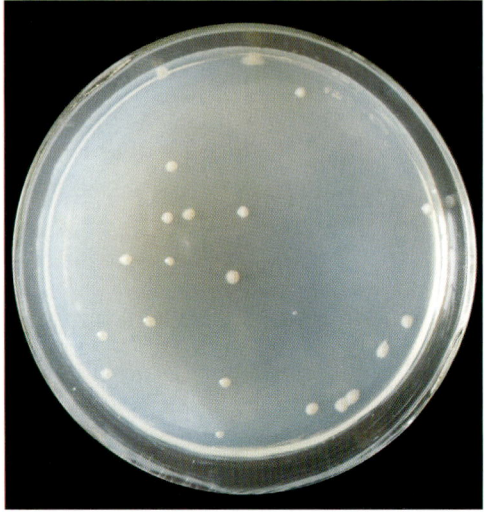

彩图18-8-4 茄劳尔氏菌在培养基上的菌落（吴福安提供）
Colour Figure 18-8-4 Colonies of *Ralstonia solanacearum* growing on medium (by Wu Fuan)

彩图18-8-2 桑青枯病侵害桑树叶片症状
（吴福安提供）
Colour Figure 18-8-2 Symptoms of mulberry leaves attacked by *Ralstonia solanacearum*
(by Wu Fuan)

彩图18-9-1 桑芽枯病症状（浦冠勤提供）
Colour Figure 18-9-1 Symptoms of mulberry stem canker attacked by *Gibberella baccata* var. *moricola* (by Pu Guanqin)

彩图18-10-1 桑赤锈病症状（引自华德公，1996）
Colour Figure 18-10-1 Symptoms of mulberry red rust
(from Hua Degong, 1996)
1.病芽 2.病叶 3.病枝

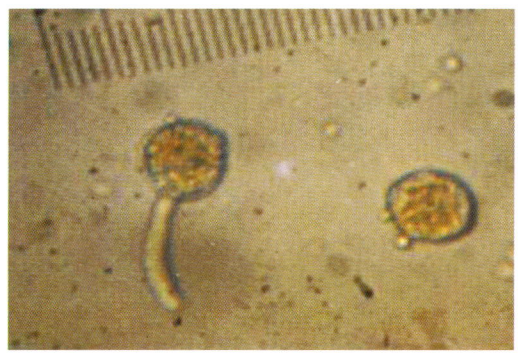

彩图18-10-2　桑赤锈病锈孢子（引自郭堂勋，2010）
Colour Figure 18-10-2　The pathogen's sporule of
mulberry red rust (from Guo Tangxun, 2010)

彩图18-11-1　桑葚肥大性菌核病症状及病菌形态
（1、3、4.徐立和向伟摄；2.吕蕊花和余茂德摄）
Colour Figure 18-11-1　Symptoms of mulberry swollen
fruit disease and morphology of *Ciboria shiraiana*
(1, 3, 4.by Xu Li and Xiang Wei;
2.by Lü Ruihua and Yu Maode)
1.感病桑葚　2.子囊与子囊孢子　3、4.子实体

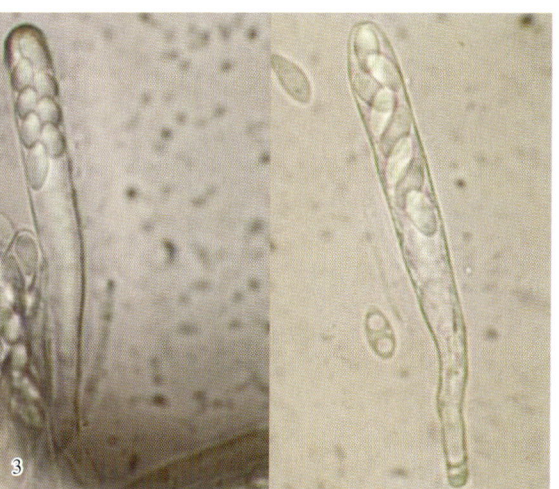

彩图18-11-2　桑葚缩小性菌核病症状及病菌形态（1和3.吕蕊花和余茂德摄；2.徐立和向伟摄）
Colour Figure 18-11-2　Symptoms of mulberry shrunken fruit disease and morphology of *Scleromitula shiraiana*
(1 and 3. by Lü Ruihua and Yu Maode；2. by Xu Li and Xiang Wei)
1.感病桑葚　2.中棒状为其子实体　3.子囊和子囊孢子

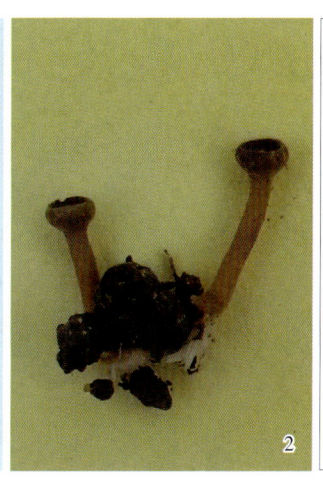
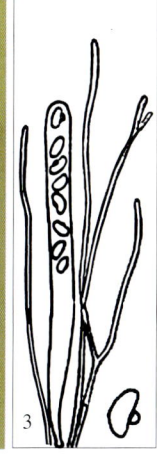

彩图18-11-3　桑葚小粒性
菌核病症状及病菌形态
（1和3.引自蒯元璋等，2012;
2.徐立和向伟摄）
Colour Figure 18-11-3
Symptoms of mulberry popcorn
disease and morphology of
Ciboria carunculoides
(1 and 3. from Kuai Yuanzhang
et al., 2012; 2. by Xu Li and
Xiang Wei)
1.感病桑葚　2.棒状为其子实体
3.子囊和子囊孢子

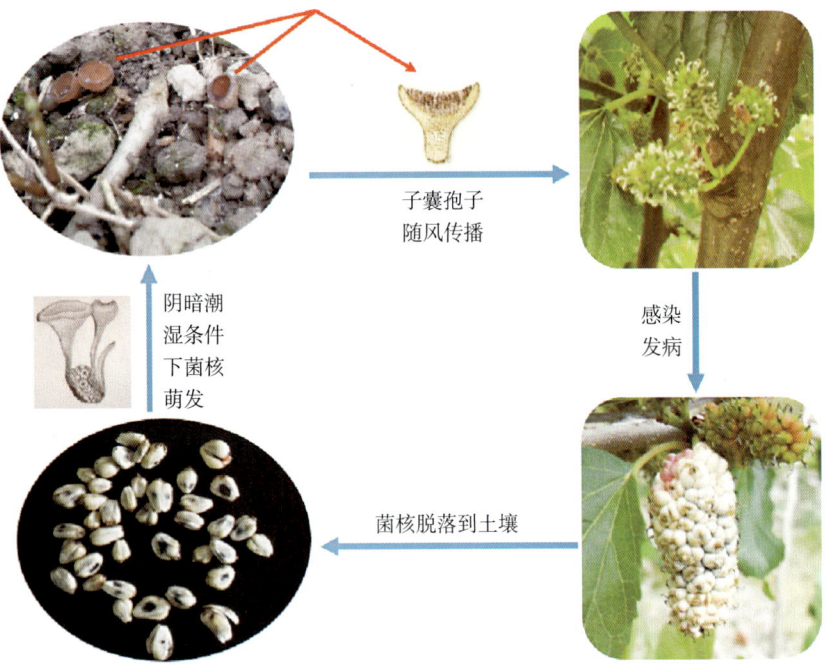

子囊孢子
随风传播

阴暗潮
湿条件
下菌核
萌发

感染
发病

菌核脱落到土壤

彩图18-11-4 桑葚菌核病菌生活史（徐立提供）

Colour Figure 18-11-4 The life cycle of the pathogens of mulberry Sclerotinia blight (by Xu Li)

彩图18-12-1 桑卷叶枯病症状
（引自华德公，1996）

Colour Figure 18-12-1 Symptoms of mulberry leaf blight caused by *Hormodendrum mori* Yendo (from Hua Degong, 1996)

1. 田间病株 2. 病叶

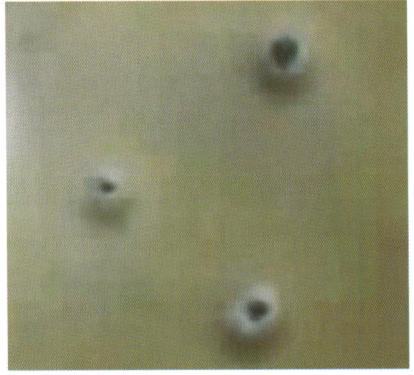

彩图18-12-2 桑单孢枝霉菌的菌落形态
（引自谈顺友等，2012）

Colour Figure 18-12-2 Colonial morphology of *Hormodendrum mori* (from Tan Shunyou et al., 2012)

彩图18-13-1 桑树断梢病
症状（吴福安提供）

Colour Figure 18-13-1 Symptoms of mulberry shoot break (by Wu Fuan)

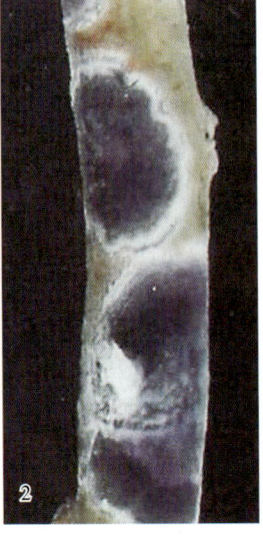

彩图18-14-1 桑膏药病枝干症状
（蒯元璋提供）

Colour Figure 18-14-1 Symptoms of mulberry plaster on branch (by Kuai Yuanzhang)

1. 灰色膏药病 2. 褐色膏药病

彩图 18-15-1　栎树白粉病症状（吴佩玉摄）
Colour Figure 18-15-1　Symptoms of oak
powdery mildew (by Wu Peiyu)

彩图 18-16-1　栎树早烘病症状
（夏润玺摄）
Colour Figure 18-16-1　Symptoms
of oak abnormally withering
(by Xia Runxi)

彩图 18-17-1　栎树锈病症状
（1. E. G. Kuhlman摄；2. R. L.
Anderson摄；3. S. Katovich摄）
Colour Figure 18-17-1
Symptoms of oak rust
（1. by E. G. Kuhlman；2. by R.
L. Anderson；3. by S. Katovich）
1. 叶背孢子堆
2. 叶背夏孢子堆和冬孢子柱
3. 松树上的木瘤

彩图 18-18-1　栎树蛙眼病症状（夏润玺摄）
Colour Figure 18-18-1　Symptoms of oak leafspot
(by Xia Runxi)

彩图 18-19-1　栎树缩叶病症状（M. Kangas摄）
Colour Figure 18-19-1　Symptoms of oak leaf blister
(by M. Kangas)

彩图18-20-1 柞树干基腐朽病症状
（1. J. Hlased摄；2. D. H. Brown摄）
Colour Figure 18-20-1
Symptoms of oak butt and root rot
(1. by J. Hlased；2. by D. H. Brown)
1. 干基部长出的硫黄菌子实体
2. 干心材腐朽

彩图18-21-1 柞树根朽病病症（1. J. Kirkpatrick摄；2. M. Livezey摄；3. R. L. Anderson摄）
Colour Figure 18-21-1 Symptoms of oak root rot（1. by J. Kirkpatrick；2. by M. Livezey；3. by R. L. Anderson）
1. 干基部长出蜜环菌子实体 2. 根状菌索 3. 根部皮下白色菌膜

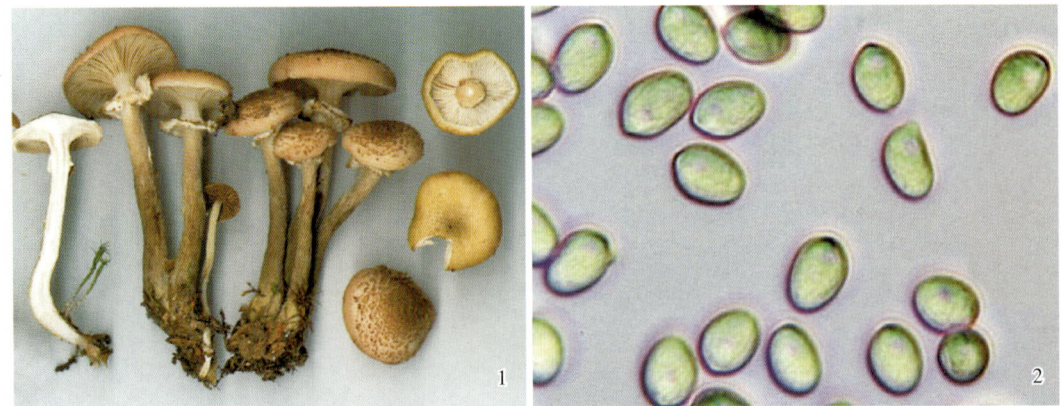

彩图18-21-2 蜜环菌（1. M. Jadner摄；2. M. Storey摄）
Colour Figure 18-21-2 *Armillaria mellea*（1. by M. Jadner; 2. by M. Storey）
1. 丛生的蜜环菌子实体 2. 担孢子

彩图18-22-1　橡实僵干病症状
（1、2. A. Kunca摄；3. G. Golla摄；
4. J. H. Petersen摄）
Colour Figure 18-22-1
Symptoms oak acorns black rot
（1, 2. by A. Kunca; 3. by G. Golla;
4. by J. H. Petersen）
1.橡实表面病斑　2.橡实子叶、胚受害状
3.假菌核上长出子实体
4.橡实表面长出子实体

彩图18-22-2　橡实杯盘菌
（1. J. H. Petersen摄；2. M. Storey摄；
3. E. R. Domínguez摄）
Colour Figure 18-22-2　Ciboria batschiana
（1. by J. H. Petersen; 2. by M. Storey;
3. by E. R. Domínguez）
1.子实体　2.子囊和子囊孢子　3.子囊孢子

彩图18-23-1　桑螟严重为害状
（白锡川提供）
Colour Figure 18-23-1　Serious
damage symptoms caused by
Glyphodes pyloalis
（by Bai Xichuan）

彩图18-23-2 桑螟四龄幼虫（下）
和五龄幼虫（上）
（白锡川提供）
Colour Figure 18-23-2　4th and 5th
larvae of *Glyphodes pyloalis*
(by Bai Xichuan)

彩图18-23-3 桑绢野螟长绒茧蜂小白茧
（白锡川提供）
Colour Figure 18-23-3　*Dolichogenidea
heterusiae* (by Bai Xichuan)

彩图18-24-1 桑尺蠖为害状
（吴福安提供）
Colour Figure 18-24-1　Damage symptom
caused by *Phthonandria atrilineata*
(by Wu Fuan)

彩图18-24-2 桑尺蠖幼虫
（吴福安提供）
Colour Figure 18-24-2　Larva of
Phthonandria atrilineata (by Wu Fuan)

彩图18-26-1 朱砂叶螨在桑叶背面
为害（吴福安提供）
Colour Figure 18-26-1　Damage
symptom caused by *Tetranychus
cinnabarinus* (by Wu Fuan)

彩图18-26-2 朱砂叶螨幼螨和卵
（吴福安提供）
Colour Figure 18-26-2　Larvae and eggs
of *Tetranychus cinnabarinus*
(by Wu Fuan)

彩图18-26-3 朱砂叶螨在遇到逆境（干旱）
时结网传播（吴福安提供）
Colour Figure 18-26-3　Netting and spreading of
Tetranychus cinnabarinus under stress (by Wu Fuan)

彩图18-27-1 桑象虫成虫（吴福安提供）
Colour Figure 18-27-1　Adult of *Baris deplanata* (by Wu Fuan)

彩图18-27-2　桑象虫幼虫在半干枯桑
枝皮下越冬（吴福安提供）
Colour Figure 18-27-2　Overwintering
larvae of *Baris deplanata* in the mulberry
bark (by Wu Fuan)

彩图18-27-3　桑象虫成虫咬食桑树嫩叶
（白锡川提供）
Colour Figure 18-27-3　Adult of
Baris deplanata attacking the tender leaves
(by Bai Xichuan)

彩图18-27-4　桑象虫成虫咬食桑树
嫩芽（白锡川提供）
Colour Figure 18-27-4　Adult of
Baris deplanata attacking the tender
buds (by Bai Xichuan)

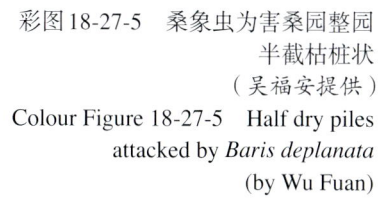

彩图18-27-5　桑象虫为害桑园整园
半截枯桩状
（吴福安提供）
Colour Figure 18-27-5　Half dry piles
attacked by *Baris deplanata*
(by Wu Fuan)

彩图18-29-1　桑瘿蚊各虫态
（引自中国农业科学院蚕业研究所，1985）
Colour Figure 18-29-1　Morphology of *Epimyia* sp.
(from Institute of Sericultural,
Chinese Academy of Agricultural Sciences, 1985)
1.成虫　2.卵　3.幼虫　4.休眠体　5.茧　6.蛹

彩图 18-31-1 桑天牛为害桑树状（田善富提供）
Colour Figure 18-31-1 Damage symptoms
caused by *Apriona germari* (by Tian Shanfu)

彩图 18-31-2 桑天牛（方荣俊提供）
Colour Figure 18-31-2 *Apriona germari* (by Fang Rongjun)
1. 成虫 2. 卵

彩图 18-32-1 野桑蚕幼虫
（方荣俊提供）
Colour Figure 18-32-1 Larva of
Theophila mandarina
（by Fang Rongjun）

彩图 18-38-1 桑黄萤叶甲（引自华德公，1996）
Colour Figure 18-38-1 *Mimastra cyanura* (from Hua Degong, 1996)
1. 成虫 2. 幼虫 3. 蛹

彩图 18-40-1 桑透翅蛾
（引自中国农业科学院蚕业研
究所，1985）
Colour Figure 18-40-1
Paradoxecia pieli
(from Institute of Sericultural,
Chinese Academy of Agricultural
Sciences, 1985)
1. 成虫 2. 卵 3. 幼虫 4. 蛹

彩图18-41-1 黄褐天幕毛虫雌成虫（杨瑞生提供）
Colour Figure 18-41-1
Female adult of *Malacosoma neustria testacea*
(by Yang Ruisheng)

彩图18-41-2 黄褐天幕毛虫雄成虫（杨瑞生提供）
Colour Figure 18-41-2
Male adult of *Malacosoma neustria testacea*
(by Yang Ruisheng)

彩图18-40-2 桑透翅蛾为害状（引自华德公，1996）
Colour Figure 18-40-2 Damage symptom of *Paradoxecia pieli* (from Hua Degong, 1996)

彩图18-41-3 黄褐天幕毛虫卵块及雌成虫产卵状（杨瑞生提供）
Colour Figure 18-41-3 Egg mass of *Malacosoma neustria testacea* (by Yang Ruisheng)

彩图18-41-4 黄褐天幕毛虫幼虫（杨瑞生提供）
Colour Figure 18-41-4 Larva of *Malacosoma neustria testacea* (by Yang Ruisheng)

彩图18-41-5 黄褐天幕毛虫幼虫群集状（杨瑞生提供）
Colour Figure 18-41-5 Larval clusterring of *Malacosoma neustria testacea* (by Yang Ruisheng)

彩图18-41-6 黄褐天幕毛虫丝幕（杨瑞生提供）
Colour Figure 18-41-6 Silky tent of *Malacosoma neustria testacea* (by Yang Ruisheng)

彩图18-42-1 花布灯蛾成虫（杨瑞生提供）
Colour Figure 18-42-1 Adult of *Camptoloma interioratum* (by Yang Ruisheng)

彩图 18-42-2 花布灯蛾卵块（杨瑞生提供）
Colour Figure 18-42-2 Egg mass of *Camptoloma interioratum* (by Yang Ruisheng)

彩图 18-42-3 花布灯蛾越冬幼虫群居状（杨瑞生提供）
Colour Figure 18-42-3 Overwintering larvae cluster of *Camptoloma interioratum* (by Yang Ruisheng)

彩图 18-42-4 花布灯蛾蛹（杨瑞生提供）
Colour Figure 18-42-4 Pupa of *Camptoloma interioratum* (by Yang Ruisheng)

彩图 18-42-5 花布灯蛾茧（杨瑞生提供）
Colour Figure 18-42-5 Cocoon of *Camptoloma interioratum* (by Yang Ruisheng)

彩图 18-42-6 花布灯蛾为害柞树状（杨瑞生提供）
Colour Figure 18-42-6 Damage symptoms caused by *Camptoloma interioratum* (by Yang Ruisheng)

彩图 18-43-1 栎黄掌舟蛾成虫（杨瑞生提供）
Colour Figure 18-43-1 Female adult of *Phalera assimilis* (by Yang Ruisheng)
1. 雌成虫 2. 雄成虫

彩图18-43-2 栎黄掌舟蛾卵
和卵壳（杨瑞生提供）
Colour Figure 18-43-2
Eggs and shells of *Phalera assimilis* (by Yang Ruisheng)
1. 卵 2. 卵壳

彩图18-43-3 栎黄掌舟蛾幼虫
（杨瑞生提供）
Colour Figure 18-43-3 Larva of
Phalera assimilis
(by Yang Ruisheng)
1. 幼虫群集状 2. 高龄幼虫

彩图18-44-1 亚洲舞毒蛾成虫（李树英提供）
Colour Figure 18-44-1 Adult of *Lymantria dispar asiatica*
(by Li Shuying)
1. 雌成虫 2. 雄成虫

彩图18-44-2 亚洲舞毒蛾卵块
（李树英提供）
Colour Figure 18-44-2 Egg mass of
Lymantria dispar asiatica (by Li Shuying)

彩图18-44-3 亚洲舞毒蛾幼
虫（李树英提供）
Colour Figure 18-44-3 Larvae
of *Lymantria dispar asiatica*
(by Li Shuying)
1. 低龄幼虫 2. 幼虫

彩图18-44-5 准备化蛹的亚洲舞毒蛾幼虫（李树英提供）
Colour Figure 18-44-5 Larva preparing to pupate of *Lymantria dispar asiatica* (by Li Shuying)

彩图18-44-4 亚洲舞毒蛾蛹
（李树英提供）
Colour Figure 18-44-4 Pupae of *Lymantria dispar asiatica* (by Li Shuying)

彩图18-45-2 栎褐舟蛾成虫
（李树英提供）
Colour Figure 18-45-2 Adult of *Phalerodonta albibasis* (by Li Shuying)

彩图18-46-1 栎纷舟蛾为害状
（石淑萍提供）
Colour Figure 18-46-1 Damage symptoms caused by *Fentonia ocypete* (by Shi Shuping)

彩图18-45-1 栎褐舟蛾为害状及形态特征（李树英提供）
Colour Figure 18-45-1 Damage symptoms and morphological characteristics of *Phalerodonta albibasis* (by Li Shuying)
1.麻栎被害状 2.成虫 3.产在小枝条上的卵块 4.幼虫 5.蛹 6.茧

彩图18-46-2　栎纷舟蛾成虫
（石淑萍提供）

Colour Figure 18-46-2　Adult of *Fentonia
ocypete* (by Shi Shuping)

彩图18-46-3　栎纷舟蛾幼虫
（石淑萍提供）

Colour Figure 18-46-3　Larva of
Fentonia ocypete (by Shi Shuping)

彩图18-47-1　栎枯叶蛾卵
（董绪国提供）

Colour Figure 18-47-1　Eggs of
Pyrosis eximia (by Dong Xuguo)

彩图18-47-2　栎枯叶蛾幼虫（董绪国提供）
Colour Figure 18-47-2　Larvae of *Pyrosis eximia* (by Dong Xuguo)
1. 低龄幼虫　2. 群居幼虫　3. 七龄幼虫取食

彩图18-47-3　栎枯叶蛾幼虫感染
核型多角体病毒（董绪国提供）

Colour Figure 18-47-3　*Pyrosis
eximia* larva infected by nuclear
polyhedrosis virus (by Dong Xuguo)

彩图18-47-4　栎枯叶蛾幼虫体表的追寄
蝇卵（董绪国提供）

Colour Figure 18-47-4
Pyrosis eximia larva parasited by fly
(by Dong Xuguo)

彩图18-48-1　黄二星舟蛾成虫
（杨瑞生提供）

Colour Figure 18-48-1　Adult of
Lampronadata cristata
(by Yang Ruisheng)

彩图18-48-2　黄二星舟蛾幼虫（杨瑞生提供）
Colour Figure 18-48-2　Larvae of *Lampronadata cristata*
(by Yang Ruisheng)
1. 背面观　2. 侧面观

彩图18-49-1　黄刺蛾成虫
（杨瑞生提供）

Colour Figure 18-49-1　Adult of
Cnidocampa flavescens
(by Yang Ruisheng)

彩图 18-49-2 黄刺蛾幼虫
（杨瑞生提供）
Colour Figure 18-49-2 Larva of
Cnidocampa flavescens
(by Yang Ruisheng)
1. 低龄幼虫 2. 老龄幼虫

彩图 18-49-3 黄刺蛾钙质茧内前蛹
期蛹（杨瑞生提供）
Colour Figure 18-49-3 Prepupa
inside cocoon of *Cnidocampa
flavescens* (by Yang Ruisheng)

彩图 18-49-4 黄刺蛾钙质茧
（杨瑞生提供）
Colour Figure 18-49-4 Cocoon of
Cnidocampa flavescens
(by Yang Ruisheng)

彩图 18-50-1 麻栎瘿蜂
（杨瑞生提供）
Colour Figure 18-50-1
Dryocosmus sp.
(by Yang Ruisheng)
1. 成虫 2. 产在寄主芽内的卵
3. 幼虫及虫室 4. 蛹

彩图 18-52-1 栗山天牛
成虫（杨瑞生提供）
Colour Figure 18-52-1
Adult of *Massicus raddei*
(by Yang Ruisheng)

彩图 18-52-2 栗山天牛幼虫（杨瑞生提供）
Colour Figure 18-52-2 Larva of *Massicus raddei*
(by Yang Ruisheng)

彩图 18-52-4 栗山天
牛幼虫蛀食枝干排出
的粪便
（杨瑞生提供）
Colour Figure 18-52-4
Feces of *Massicus raddei*
on the trunk suface
(by Yang Ruisheng)

彩图 18-52-3 栗山天牛幼虫蛀食枝干内部
（杨瑞生提供）
Colour Figure 18-52-3 Damage symptom
caused by *Massicus raddei* larvae in trunk
(by Yang Ruisheng)

彩图 18-53-3 橡实象虫在橡实表皮
产卵（杨瑞生提供）
Colour Figure 18-53-3 Damage
symptom caused by *Curculio arakawai* on
the surface of acorn (by Yang Ruisheng)

彩图 18-53-1 橡实象虫成虫
（杨瑞生提供）
Colour Figure 18-53-1 Adult of
Curculio arakawai
(by Yang Ruisheng)

彩图 18-53-2 橡实
象虫幼虫
（杨瑞生提供）
Colour Figure 18-53-2
Larvae of *Curculio
arakawai*
(by Yang Ruisheng)

彩图 18-53-4 橡实象
虫脱出橡实后的为害
孔（杨瑞生提供）
Colour Figure 18-53-4
Damaging holes on the
acorn surface caused by
Curculio arakawai
(by Yang Ruisheng)

第19单元　麻类作物病虫害

第1节　苎麻根腐线虫病

一、分布与危害

苎麻根腐线虫病是严重为害苎麻生产的一种主要病害，在我国苎麻种植区都有分布。以长江流域和滨湖地区发生最重。特别是老龄麻园，发病率可高达80%以上，通常造成苎麻减产20%～30%，重者减产50%以上甚至绝收。

二、症状

苎麻根腐线虫病主要是由短体属线虫为害而引起的，主要为害苎麻根部，特别是苎麻的萝卜根。受害麻株初期根部常出现黑褐色不规则病斑，稍凹陷，后渐扩大为黑褐色大病斑，并深入木质部使之变黑褐色海绵状朽腐，质地疏松似糠状，病灶交界处常见黑绿色病变。而被害麻蔸地上部分常常表现出麻株减少且矮小，叶片发黄，干旱时凋萎，发病严重时整根腐烂，麻株枯死（彩图19-1-1）。

三、病原

引起苎麻根腐线虫病的病原线虫主要有2种，为垫刃目短体科短体属（*Pratylenchus*）的咖啡短体线虫（*Pratylenchus caffeae*）和穿刺短体线虫（*P. penetrans*）（程瑚瑞，1989），以咖啡短体线虫居多。咖啡短体线虫雌、雄虫体均为线形，虫体粗短，侧线4条，体长500～700μm（a＝20～30），头部低平，头架骨化显著，口针粗短，基部球发达，食道腺覆盖肠腹面。雌虫单生殖腺前伸，有后阴子宫囊，受精囊明显，尾部宽圆，有时尾部部分平截或有缺刻。雄虫交合伞延伸至尾端。雌、雄成虫及幼虫形态见图19-1-1。

四、病害循环

短体线虫为迁移性内寄生线虫，以卵、幼虫和雌虫在感病寄主根部或土壤中越冬。雌虫可将卵产于苎麻根内。土壤温度达10℃以上时各虫态相继发育，短体线虫成虫及各龄幼虫都有很强的侵染性，并可反复多次再侵染，整个生活史可在苎麻根部组织内完成。苎麻根腐线虫繁殖能力强，雌虫产卵量大，条件适宜时完成1个世代只需要7周左右，在湖南省1年约发生5代。线虫多分布在40cm土层内，以5～15cm土层内数量最多。

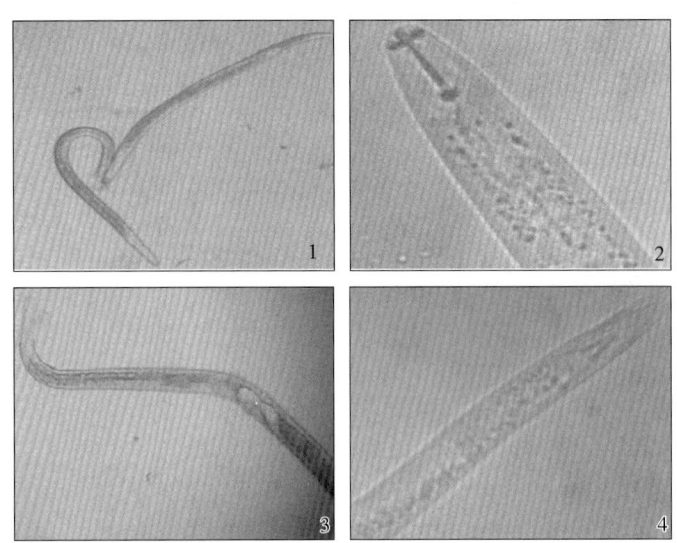

图19-1-1　咖啡短体线虫（成飞雪摄）

Figure 19-1-1　*Pratylenchus caffeae*（by Cheng Feixue）

1. 幼虫　2. 雄虫头部　3. 雌虫尾部　4. 雄虫尾部

通过病土、带病种蔸、土杂肥、农事操作等途径进行传播，土壤内的根腐线虫卵和幼虫还可随灌溉水传至无病区。该类线虫本身在土壤内只能移动几厘米，所以，病蔸是远距离传播的主要途径。

五、流行规律

苎麻根腐线虫生活的适宜温度为 25～28℃，田间土壤温度是影响其孵化和繁殖的重要条件，温度高于 33℃时繁殖量大大下降，温度高于 40℃或低于 4℃时就很少活动，65℃下 10min 可导致死亡。苎麻根腐线虫在干燥或过湿土壤中，活动受到抑制，而地势高、土壤质地疏松、盐分低的土壤适宜其活动，因而沙质土壤往往发病较重。由于根腐线虫的侵入，引起根部皮层细胞产生坏死伤痕，从而极易遭受其他病原菌如镰孢属（Fusarium）、腐霉属（Pythium）以及黑腐霉（Thielaviopsis）等真菌的侵害，形成复合感染，加重对苎麻的为害。

六、防治技术

以预防为主，重视农业措施，合理使用农药，进行综合防治。

（一）农业措施

①选用适应性强、抗病的优良品种。苎麻品种间抗根腐线虫病差异显著，独山圆麻、牛耳青和湘苎 2 号的抗性强，而黑皮蔸和黄壳早则较易感病。②实行高垄栽培，适时开沟排水，降低地下水位。③合理轮作水稻等作物，避免多年连作及种植其他寄主。④加强田间管理，保护无病区，杜绝传染源。多施腐熟农肥，控肥用量。发现病株及时挖毁，并撒石灰于病穴中。

（二）生物防治

可用生物农药或微生态制品进行生物防治。利用生物农药防治苎麻根腐线虫病，可有效减轻对苎麻的为害，如阿维菌素（乳油或颗粒剂）对苎麻根腐线虫病有较好的防治效果。此外，施用微生态制品可有效改善苎麻生长的微生态环境，使土壤中的有益菌物增多，促进土壤中有益菌群的形成，这些有益菌群可分泌酶类物质，抑制根腐线虫的存活；同时，往土壤中施入微生态制品可疏松土壤，利于根系的生长，使根系健壮，在一定程度上可提高根系的抗线虫能力。如施用光合细菌微生态制品，可显著减少苎麻根围根腐线虫数量，降低对苎麻的为害，显著提高产量。

（三）药剂防治

对重病麻园有必要施用化学药剂进行防治。可使用 10％噻唑磷颗粒剂 22.5～30kg/hm²，或移栽前用棉隆消毒土壤。

成飞雪　程菊娥　张德咏（湖南省农业科学院植物保护研究所）

第 2 节　苎麻花叶病

一、分布与危害

苎麻花叶病是苎麻的一种重要病害，在我国各麻区都有发生，尤其长江流域麻区为害较重。

二、症状

病株生长瘦小，株高仅为健株的 1/2～4/5（彩图 19-2-1）。叶片常表现 3 种特征：
(1) 嫩叶呈不均匀褪绿型花叶。
(2) 中、上部叶片皱缩，窄小，叶缘略上卷，并出现黄色小斑或绿色疱斑。
(3) 中、上部叶片的叶脉黄化或弯曲。

三、病原

引起苎麻花叶病的病原主要有两种，烟草花叶病毒（Tobacco mosaic virus，TMV），属帚状病毒科烟草花叶病毒属；番茄曲叶病毒（Tomato leaf curl virus，ToLCV），属双生病毒科菜豆金色花叶病毒属。

四、病害循环

该病通过种根、分株、嫩梢等无性繁殖材料及粉虱、嫁接等传播。带病的无性繁殖材料是该病远距离传播的主要途径。病蔸是该病田间翌年的主要初侵染源。病蔸的跑马根、龙头根、扁担根传毒率达

100％，嫁接传毒率为95.7％，粉虱的传毒率为9.3％。品种间抗病性差异明显。钾肥不足发病重。气温22～26℃潜育期6～8d，28～30℃潜育期12～14d。夏季高温则出现隐症。

五、流行规律

一般症状只出现在苎麻的头麻时期，二麻可能由于环境温度高而不表现症状，三麻期偶有症状。而感染了此病毒的苎麻以后每年的头麻时期均表现出症状。

六、防治技术

（一）选用抗病高产品种

选用湘苎2号、黑皮蔸、红皮小麻等抗病、高产品种，各地可因地制宜推广。

（二）选用无病繁殖材料

新扩种苎麻时，宜采用无病的种根、分株、嫩梢等无性繁殖材料。严禁病蔸、病苗进入无病区。

（三）加强麻田管理

适当增施磷、钾肥，避免偏施过施氮肥。

（四）药剂防治

5～6月粉虱若虫盛发期喷洒40％水胺硫磷乳油1 000倍液、40％氰戊菊酯乳油4 000倍液、25％喹硫磷乳油1 000倍液、35％异丙威乳油500倍液灭杀传毒媒介，治虫防病。

张德咏 朱春晖 刘勇（湖南省农业科学院植物保护研究所）

第3节 苎麻炭疽病

一、分布与危害

苎麻炭疽病在我国长江流域以南各省份麻区均有发生。

二、症状

苎麻炭疽病主要为害叶片、叶柄和茎秆。叶片染病产生圆形至椭圆形、四周褐色、中间灰色的病斑，大小1～3mm，有的1张叶片上生数十个病斑。叶柄、茎染病出现中间凹陷的灰色梭形斑，边缘褐色，严重时茎部病斑深入韧皮部，致纤维上出现红褐色斑点（彩图19-3-1）。

三、病原

苎麻炭疽病的病原为苎麻炭疽菌（*Colletotrichum boehmeriae* Sawada），属子囊菌无性型炭疽菌属真菌。分生孢子无色，单胞，椭圆形，大小为（11～18）μm×（3～6）μm。分生孢子盘四周有数根黑褐色刚毛。

四、病害循环

病菌以菌丝体在种子或病残体组织中越冬，成为翌年初侵染源。苎麻生育过程中病部产生的分生孢子可借风雨及昆虫传播，进行多次再侵染。

五、流行规律

高温多雨、氮肥偏多、麻株过密、地势低洼或经常湿气滞留的麻田易发病。芦竹青、黄壳早等品种较感病。

六、防治技术

（一）选用抗（耐）病品种

因地制宜选用黑皮蔸、安仁蔸麻、黄金蔸、湘苎3号等较抗病或耐病的品种。

（二）加强栽培管理

选择地势高燥、排灌条件好的田块种麻。雨后及时排水，防止湿气滞留。施足底肥，增施磷、钾肥，不偏施氮肥。注意合理密植。

（三）药剂防治

必要时在发病初期喷洒 50% 苯菌灵可湿性粉剂 1 500 倍液或 80% 炭疽福美可湿性粉剂 800 倍液，隔 7～10d 喷 1 次，防治 2～3 次。

朱春晖　张德咏　刘勇（湖南省农业科学院植物保护研究所）

第 4 节　苎麻疫病

一、分布与危害

苎麻疫病分布于湖南、湖北、四川、重庆和江西等苎麻种植区。

二、症状

从幼苗到成熟期均可发病，以苗期受害较重。发病初期在叶尖或叶缘上出现褐色小点，后逐渐扩大为近圆形或不规则形灰白色大斑，边缘黑褐色。阴雨高温时，病斑扩展很快，呈深褐色。病部背面灰紫色，叶脉呈褐色。后期病斑有时出现不明显轮晕，易破碎枯卷，引起腐烂（彩图 19-4-1）。

三、病原

苎麻疫病病原为苎麻疫霉（*Phytophthora boehmeriae* Sawada）和恶疫霉，属卵菌门疫霉属。

（一）形态

1. 苎麻疫霉　菌丝粗细不均匀，孢子囊球形、近球形或卵圆形，少数梨形，孢子囊长宽比≤1.4；乳突 1～2 个，偶见多个，明显，平均厚度≥5μm；成熟孢子囊脱落或不脱落，脱落孢子囊具短柄，平均长度≤5μm；厚垣孢子较少或不形成；同宗配合；藏卵器球形，表面光滑；雄器围生，少数侧生或偶有侧生。

2. 恶疫霉　孢子囊近球或卵形，少数梨形，乳突 1 个，明显，平均厚度≥5μm，孢子囊脱落具短柄，平均柄长≤5μm，偶有厚垣孢子；同宗配合；藏卵器球形；雄器侧生。

（二）特性

病菌发育温度为 15～35℃，最适温度为 20～25℃。pH 为 5.0～7.5，pH6 为最适。

四、病害循环

（一）菌源

病菌主要以菌丝体在田间病组织内越冬。菌丝体不能在土壤或 3cm 土层以下的病残体内越冬。

（二）传播

发病后，病部产生的孢子囊随气流或风雨传播到头麻的幼叶上，萌发后产生许多游动孢子。游动孢子形成休止孢后产生芽管，从叶片自然孔口、伤口或从表皮直接侵入。孢子囊也可直接产生芽管侵入寄主。侵入后经 2～6d，病叶上产生的孢子囊又可传播为害，不断进行再次侵染。

五、流行规律

阴雨连绵、田间湿度大、积水可造成疫病大发生。台风侵袭、虫害重、伤口多，疫病发生重。生产期多雨、生长旺盛、枝叶密集，易发病。迟栽晚发、后期偏施氮肥发病重。郁闭、大水漫灌，易引起该病流行。

六、防治技术

（一）农业防治

选用抗病高产品种，如芦竹青、桐树白、圆叶青和黑皮蔸等。冬季培土可将大部分病残深埋入土，减少第二年初侵染菌源。避免偏施氮肥，适当增施磷、钾肥可减轻发病。

（二）化学防治

发病初期喷 70%代森锰锌可湿性粉剂 400～500 倍液，或 25%甲霜灵可湿性粉剂 250～500 倍液，或 50%福美双可湿性粉剂 500 倍液，隔 10d 喷 1 次，连续 2～3 次。

程菊娥　张德咏　刘勇（湖南省农业科学院植物保护研究所）

第 5 节　苎麻青枯病

一、分布与危害

苎麻青枯病最早在浙江天台、临海两县发现，随后中国麻类研究所在 1963 年报道，在湖南沅江县的苎麻品种资源圃中发现该病害，通过调查明确，是由该所 1960 年征集的天台县苎麻农家品种——铁麻种根上带来的，但是在湖南沅江县苎麻种植区未发现该病害为害。此病目前还只局限于浙江的少量麻区。

二、症状

此病在整个生长季节都能发生，以 6～8 月的二麻受害最重，其次为三麻，头麻发病最轻。苎麻初发病的地下根、茎外表与健兜无差异，横切病部木质部呈褐色水渍状，因丧失孕芽能力，逐渐枯死。病死麻兜地下部分表皮腐烂，木质部呈黑色。病原菌侵害地下根、茎维管束，破坏输导组织，吸收输送水分、营养功能受阻，导致地上植株失水萎蔫而枯死。初发病植株叶片反转卷曲下垂，在低温、多湿的季节，晚间尚能恢复，维持 2～3d 后，中、下部叶片凋落，只剩顶部数片叶干枯而死。在高温干燥季节，感病麻株在上午叶片萎蔫下垂，下午叶片即干枯死亡，故有朝发暮死之说。横切病株木质部呈黄褐色，稍加挤压则有灰白色乳状细菌菌脓。据此，可与一般生理性或其他病理性枯萎相区别。

三、病原

苎麻青枯病病原为茄劳尔氏菌 [*Ralstonia solanacearum* (Smith, 1986)，Yabuuchi et al.，1993] 生化型Ⅲ小种，革兰氏染色反应阴性，菌体杆状，两端圆，大小为 (0.9～2) μm×(0.5～0.8) μm，具有 1～3 根单极生鞭毛，无内生芽孢，无荚膜，为好气性细菌。在琼脂、马铃薯、蔗糖培养基上，28℃培养 24h 产生菌落，菌落为小圆形，表面润滑，有光泽，稍隆起，在反射光下呈白色。病原菌生长的温度范围为 18～37℃，最适温度为 30～35℃，致死温度为 52℃，10min。病原细菌在 PSA 培养基上形成圆形略隆起而有光泽的白色小菌落。

四、病害循环

病菌主要寄生在苎麻地下根、茎内越冬，亦可在土壤及遗落在土壤中的病残体上越冬。因此，带病组织、病残体、土壤、肥料是本病侵染的主要来源。病菌从地下根、茎的伤口处侵入，在寄主体内分裂增殖进入维管束，随输导组织水分、营养物质输送扩散蔓延到其他组织。高温条件有利于病原细菌的增殖和侵染，低洼高湿麻地或暴雨、灌溉有利于病原细菌扩散，发病高峰期多在 7～9 月。连年植麻的病地，发病逐年加重，施用未充分腐熟的带菌土杂肥，也是传播和加剧病害的重要原因。品种间的抗病性虽有一定差异，但目前尚未发现有高抗品种。

五、流行规律

（一）气温

高温（30～34℃）条件有利病菌分裂增殖和侵染。青枯病主要在二麻（6～7 月）、三麻（8～10 月）期间发生，而头麻（4～5 月）较轻。湖南气候以 7～9 月气温最高，故青枯病主要为害二、三麻。

（二）土壤水分

病原菌在土壤中游动向四周扩散蔓延，土壤中水分是重要媒介。土壤含水量高，尤其下阵雨或麻地灌溉，加剧病害发生。

（三）繁殖方法

种子繁殖较分株繁殖发病为轻。

（四）苎麻品种间抗病性

目前，尚无对苎麻青枯病高抗的品种，抗病性比较强的品种有湘潭园麻、江西干县白皮苎麻和宜春大叶芦藩等。

六、防治技术

苎麻是多年生宿根作物，而青枯病又属土传的系统性病害，一旦发生，极难根除，故目前尚缺乏彻底根除办法。在生产中，应采取综合防治措施。

（一）选用抗病品种

选育和推广抗病品种，如湘潭园麻、江西干县白皮苎麻和宜春大叶芦藩等。

（二）选用无病繁殖材料

在扩种苎麻时选用无病种根、种苗。

（三）田间管理

初发轻病麻地，发现病株立即挖毁，清除病土，并用石灰进行土壤消毒。冬季墩土（托土），每公顷加塘泥、坎边土、沙土、河沙土等客土，能减轻病害。

（四）轮作防病

与大豆、小麦、玉米轮作，可减轻该病害为害。

张松柏　张德咏（湖南省农业科学院植物保护研究所）

第6节　亚麻假黑斑病

一、分布与危害

亚麻假黑斑病又称亚麻顶萎病、胡麻假黑斑病，是亚麻主要病害之一。在我国亚麻产区均有不同程度发生，一般发病率为$10\%\sim20\%$，严重时可达30%以上。亚麻幼苗感病后，植株生长缓慢或枯死，发病严重地块，常造成田间缺苗断垄，给亚麻生产带来较大的损失。

二、症状

亚麻假黑斑病在亚麻幼苗期和成株期均可发生。幼芽染病变褐色或黑腐而死，地下部症状较难与其他病害区别。幼苗期受害，叶上生黑色小斑点或叶尖枯黄，茎的顶部及附近叶片呈淡白色，后变褐色，植株顶端枯萎下垂。幼茎靠地面处变褐变软，最后全株枯死。成株期染病，叶尖变褐枯死。带菌种子于高湿条件下储藏可变黑腐败，以致死亡。

三、病原

亚麻假黑斑病病原为链格孢［*Alternaria alternata*（Fr.：Fr.）Keissler］，属子囊菌门无性型链格孢属真菌。分生孢子梗单枝或有分枝，大小为$50\mu m\times（3\sim6）\mu m$。分生孢子倒棒形、梨形或椭圆形，最多有8个横隔膜和数个纵隔膜，常串生为长而分枝的链状，淡黄褐色至金黄褐色，表面光滑或具微刺，大小为（$20\sim63$）$\mu m\times$（$9\sim18$）μm。分生孢子常具短喙，淡褐色或黄褐色，圆锥形或圆柱形，直径$2\sim5\mu m$（图19-6-1）。

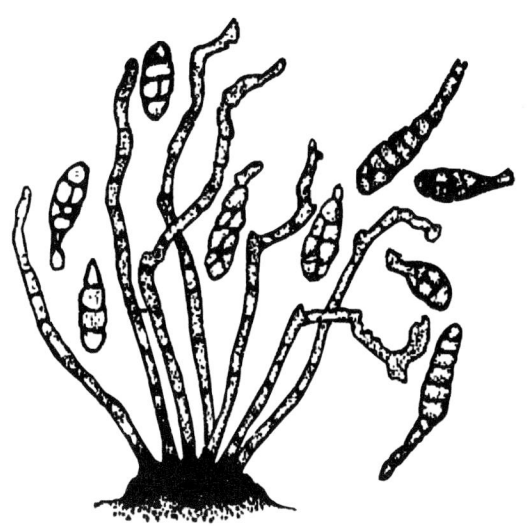

图19-6-1　链格孢（仿徐素琴，1984）

Figure 19-6-1　*Alternaria alternata*（from Xu Suqin，1984）

四、病害循环

亚麻假黑斑病病原菌腐生性很强，在土壤中可存活 4～5 年，并能活跃地生长繁殖。主要以菌丝或分生孢子在种子及病残体上越冬，成为翌年初侵染源。在适宜的温度和湿度条件下，发病后新病斑不断产生分生孢子，并借风雨、灌溉水等在田间传播蔓延，进行重复侵染。也可以通过病株与健康株的根系在土壤中接触传播，因此密植田比稀植田感病严重。播种带菌种子和施用混有病残体的堆肥、粪肥，则是病区逐渐加重的主要原因。

五、流行规律

(一) 品种抗病性

品种对亚麻假黑斑病抗性有显著差别，但目前栽培品种一般很少抗病。品种抗病力低，是造成近年来该病害发生严重的主要原因之一。

(二) 气候条件

气温和降水量与发病有密切关系，亚麻假黑斑病发病最适宜温度 25℃左右，10℃以下病害发展缓慢，在阴天、高湿条件下有利于病害的发生和流行，在雨水多的年份病害发生比较严重。

(三) 耕作栽培

在亚麻重茬、迎茬地块，可使病原菌在土壤内不断积累，发病较严重。深翻和精耕细作，麻株生长旺盛，抗病力强，发病较轻。缺乏营养及营养失调也是促成亚麻感病的诱因，如磷肥田对根系发育有良好的作用，钾肥能促进亚麻茎秆粗壮。在缺钾等养分的土壤内，病害严重。过剩的氮素往往增加发病概率。

六、防治技术

(一) 选育与利用抗病优良品种

选用抗病品种是防治亚麻假黑斑病一种最经济有效的方法。通过筛选抗病资源，进行抗病育种，培育出高产、高抗病材料，是目前亚麻育种的主要目标之一。要在无病田中采种，无病地区应采取严格的检疫措施，防止带病种子传播。

(二) 合理轮作

亚麻假黑斑病病原菌腐生在土壤中，多年连作地不仅土壤理化性状变劣，对麻株生长发育不利，且土壤中的病原菌日积月累，增加了土壤感染度。因此，轮作、选茬十分必要，东北麻区多以玉米、小麦、谷子、高粱、大豆等作物轮作，应采用 5 年以上，避免重茬和迎茬。

(三) 加强栽培管理

种植亚麻要选择土层深厚、土质疏松、保水保肥强、排水良好、地势平坦的黑土地、二洼地，深翻和精耕细作，合理密植，氮、磷、钾和微量元素合理搭配施用，清除田间杂草，及时防治虫害，培育壮苗，促进亚麻的生长，以提高植株抗病力。同时收获后清除亚麻残体，减少越冬菌源。

(四) 药剂防治

根据病情和气候情况，在亚麻假黑斑病发生初期及时喷药，可抑制病害的发生与流行。可喷洒 50%咪鲜胺锰盐可湿性粉剂 1 000～1 500 倍液、75%百菌清可湿性粉剂 500～800 倍液、10%苯醚甲环唑水分散粒剂 1 000～1 500 倍液。第一次用药后，根据病情发展情况，7d 后再喷第二次药剂。

符美英　陈绵才（海南省农业科学院植物保护研究所）

第 7 节　亚麻枯萎病

一、分布与危害

亚麻枯萎病在我国大多数麻区均有发生。亚麻枯萎病又名镰刀菌萎蔫病。该病是亚麻重要病害，麻区一般发病率为 5%～10%，严重时为 20%以上，甚至绝产，严重影响亚麻产量和纤维质量。该病病情发展快，并有逐年加重趋势。

二、症状

苗期至成株期均可发病。苗期染病后幼茎萎蔫，叶片黄枯，状似火烧，幼根变为灰褐色、缢缩，萎凋倒伏而死；成株染病后病株矮小黄化，顶梢垂萎，剖开病茎维管束变褐，严重的全株萎蔫枯死。湿度大时病部可见粉红色霉状物，即病原菌分生孢子梗和分生孢子。病株茎基部的根系腐烂，易从土中拔出。病株较健株矮小，纤维质量降低。该病流行时，为害严重。

三、病原

亚麻枯萎病病原为尖镰孢亚麻专化型 [*Fusarium oxysporum* Schltdl. ex Snyder et Hansen f. sp. *lini* (Bolley) Snyder et Hansen]，属子囊菌无性型镰孢属真菌。分生孢子梗丛生。子座无色至灰褐色或肉色。培养时易产生大量小型孢子，单胞大小为（6～12）$\mu m \times$（2～3）μm；双胞大小为（9～23）$\mu m \times$（2～3）μm。分生孢子座上有时产生大型分生孢子，纺锤形或镰刀形，无色至肉红色，多为 3 个隔膜，大小为（21～41）$\mu m \times$（2.5～4.5）μm。厚垣孢子顶生或间生，球形或梨形，平滑或皱缩，直径 5～13μm，灰黄色（图19-7-1）。

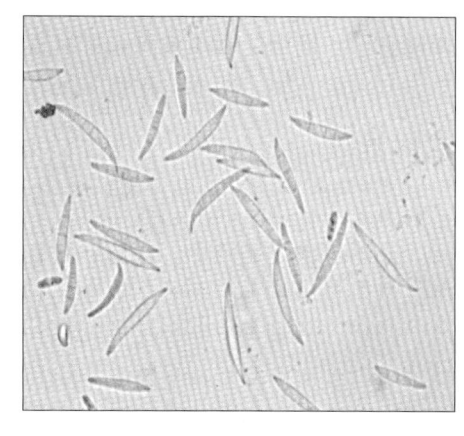

图 19-7-1 尖镰孢亚麻专化型（符美英提供）
Figure 19-7-1 *Fusarium oxysporum* f. sp. *lini*
(by Fu Meiying)

四、病害循环

以潜伏在种皮内的菌丝体和黏附在种子表面的孢子或病残组织内、土壤中的菌丝体及厚垣孢子越冬，成为翌年初侵染源。早期病死株上的病原菌通过雨水或农事活动进行传播，从根系侵入为害。

五、流行规律

土壤温度对亚麻枯萎病的发生有一定的影响。一般土温达 20℃时开始发生此病，25～30℃时为最适合温度，是此病发生的高峰期；超过 35℃以上时，病情停止发展。雨水和湿度的影响也很大。一般在多雨的年份，土壤湿度大，有利于病害的发生。干旱的年份病害发生较轻。侵染适温 16～32℃，此时土壤湿度高，利于其侵入和扩展。生产上连作地发病重。

六、防治技术

（一）选用抗病品种

陇亚 7 号、天亚 5 号、定亚 17、南选 24、德国 1 号、高株、黑亚 6 号、美国亚麻、抗 38、瑞士红、伊亚 1 号、美国高油、黑亚 2 号、新亚 1 号等品种抗枯萎病，可因地制宜选用。

（二）种子处理

用种子重量 0.3%～0.4%的 25%多菌灵可湿性粉剂或种子重量 0.2%的 40%福美双可湿性粉剂拌种。

（三）轮作

与该病原菌的非寄主植物实行 3 年以上轮作。

（四）田间管理

前作收获后及时深耕晒田，熟化土壤，最好采用机播。播种量控制在 67.5～82.5kg/hm² 。合理灌水。采用小地块、小流量、小定额灌溉，提高单方水的效益，防止该病发生。每公顷施用酵素菌沤制的堆肥 30 000kg，氮 90kg，五氧化二磷 45kg，尤其是增施磷肥，能促进根系发育，提高抗病力。

（五）化学防治

发病初期可用 3%春雷霉素可湿性粉剂 210～270g/hm² 灌根，或用 3%甲霜·噁霉灵水剂500～700 倍液灌根。

符美英　陈绵才（海南省农业科学院植物保护研究所）

第 8 节 亚麻炭疽病

一、分布与危害

亚麻炭疽病是亚麻苗期的重要病害，在俄罗斯、波兰等亚麻主产国均有分布，我国黑龙江、吉林、新疆、云南等省份亚麻产区均有不同程度发生。一般发病率为 $10\%\sim30\%$，重病田区发病率达 30% 以上，造成田间缺苗、断苗，甚至毁种，并有逐年加重趋势。亚麻植株的各个器官在整个生长期均可染病，常与亚麻立枯病混合发生，给亚麻生产带来较大的损失。

二、症状

该病多发生在生长前期，病菌可侵染亚麻的幼苗、子叶、叶片、茎秆和蒴果。子叶受害，初期生暗褐色病斑，逐渐扩大呈椭圆形、圆形，微有同心轮纹，其边缘色深，并稍有隆起，最外缘有淡黄绿色斑环，后期中央呈灰色，一直到子叶全部变褐后脱落，严重时整株小苗死亡。成株发病，叶片和茎部的病斑小，水渍状，圆形，暗褐色，叶片上的病斑有轮纹；蒴果上病斑褐色。湿度大时，可在病部产生许多橙红色点状黏质物，即病原菌分生孢子盘上聚集的大量分生孢子。

三、病原

亚麻炭疽病病原为亚麻生炭疽菌 [*Colletotrichum linicola* Pethybr. et Laff.，异名：*C. lini* (Westerd.) Tochinai]，属子囊菌门无性型炭疽菌属真菌。分生孢子盘产生大量刚毛，刚毛具 3 个隔膜，不分枝，黑褐色，大小为 $150\mu m\times4\mu m$。分生孢子盘黑褐色。分生孢子梗短条状，单胞无色。分生孢子直或略弯，圆筒形至近梭形，常含油球，大小为 $(16\sim19)$ $\mu m\times$ $(3\sim4.5)$ μm。附着胞很多，褐色，长棍棒形至不规则形，大小为 $(10\sim13)$ $\mu m\times$ $(6.5\sim13.5)$ μm，常形成复合体。不产生菌核。

四、病害循环

病原菌以菌丝体在病残体组织中越冬，也可以分生孢子在种子内外越冬。种子可带菌，重病田种子带菌率可达 $60\%\sim100\%$，成为翌年初侵染来源。病菌的分生孢子在有水滴条件下萌发后可直接侵入寄主幼嫩组织，产生菌丝体可随导管中的液流传到寄主的其他部位建立寄生关系，严重时可使部分导管堵塞，但主要分布在韧皮部的细胞内和细胞间。外界湿度不够时，已建立的寄主关系在麻茎上通常可不表现症状。病菌的分生孢子随雨水溅飞是该菌再侵染的主要途径。发病初期，田间有明显的发病中心，每次雨后，发病中心即向四周扩散蔓延。

五、流行规律

亚麻炭疽病的发生，菌源是先决条件，其流行则受气候、品种、栽培等因素的影响。

(一) 气候

在有菌源及种植感病品种的条件下，湿度是影响该病流行的关键因子。即使初侵染源少，由于该菌潜伏期短，且产孢量多，只要阴雨天持续时间长，亚麻发病严重。受当地雨季影响，我国北方亚麻区发病高峰期在 7 月、8 月，长江流域亚麻区在 5 月、6 月和 9 月、10 月出现两个发病高峰期。湿度比较大的热带亚热带，亚麻一年四季均可发生病害。

(二) 品种

感病品种是亚麻炭疽病发生、流行的重要条件。在相同的田间管理条件下，抗病品种要比感病品种的发病程度轻。

(三) 栽培管理

苗期偏施氮肥，亚麻植株生长柔嫩，密度过大，有利于病害的发生。合理增施磷、钾肥，特别是磷肥，能促进亚麻茎秆纤维发育，提高亚麻植株抗病性。麻地低洼、积水，相对湿度大时，有利于病害发生。

六、防治技术

(一)选择抗病品种

采用种子成熟正常，籽粒饱满，带菌率低的良种，是防治该病最经济有效的措施。抗病品种有"黑亚系列品种"、狄亚娜、天星 7 号、阿里亚娜、中亚麻 1 号等。种植抗病品种，即使不采取其他措施，亚麻炭疽病也很少发生流行。

(二)种子处理

播种前晒种 2～3d，然后进行药剂拌种。药剂可选用 50％多菌灵可湿性粉剂，或 40％福美·拌种灵可湿性粉剂，或 70％甲基硫菌灵可湿性粉剂，按种子重量的 0.3％～0.5％进行拌种。拌种前先在种子上洒少许清水拌匀，使种子湿润，再拌入药剂，使其均匀黏附在种子上即可播种。

(三)适时播种

播期为 10 月下旬至 11 月上旬。最佳播期的选择因海拔高度不同而异。海拔 1 600～1 800m 区域于 10 月下旬，海拔 1 600m 以下的区域于 10 月 25 日至 11 月上旬为宜。

(四)加强栽培管理

精细整地，以田平土细为标准，提高播种质量，使种子均匀分布不堆积。增施磷、钾肥，合理使用氮肥。保证灌好出苗水，视墒情做好苗期、枞形期、快速生长期和开花期的水分灌溉，为亚麻正常生长创造良好的环境，培育健壮植株，提高抗病能力。

(五)化学防治

当子叶展平时及时喷药防治。药剂可选用 45％咪鲜胺微乳剂 2 500 倍液，或 10％苯醚甲环唑水分散粒剂 1 500 倍液，或 70％甲基硫菌灵可湿性粉剂 800 倍液，或 25％丙环唑水乳剂 2 500 倍液喷雾。视病情每隔 7d 施用 1 次，连续用药 2 次。

符美英　陈绵才（海南省农业科学院植物保护研究所）

第 9 节　亚麻白粉病

一、分布与危害

亚麻白粉病主要为害亚麻、胡麻，在我国黑龙江、吉林、新疆和云南等亚麻种植区均有发生。

二、症状

亚麻白粉病主要为害叶片和茎秆。初在叶、茎和花器表面产生零星的灰白色粉状斑，即病菌的菌丝、分生孢子梗和分生孢子；后期发病严重时，病叶上灰白色粉状物可扩展到整个叶片及全株，植株失绿或枯死（彩图 19 - 9 - 1）。

三、病原

亚麻白粉病主要病原为亚麻粉孢（*Oidium lini* Skoric），属子囊菌门无性型粉孢属真菌。有性型为高氏白粉菌（*Golovinomyces* sp.），属子囊菌门高氏白粉菌属真菌。此外，有记载亚麻内丝白粉菌（*Leveillula linacearum* Golov）也是该病病原。

四、病害循环

病菌以闭囊壳在寄主的病残体上越冬，翌年壳中的子囊孢子借风雨传播后，进行初侵染。田间病部产生分生孢子，进行再侵染。

五、流行规律

亚麻栽植密度过大或发生倒伏常为诱发该病创造了有利条件。

六、防治技术

（一）选用抗病品种

在白粉病大发生的情况下，品种间差异很明显。天亚 4 号较抗病，基本不发生；宁亚 6 号、宁亚 7 号发病较轻；定亚 12、定亚 15 发病较重。

（二）加强栽培管理

合理密植，防止倒伏，提高抗病力。

（三）药剂防治

白粉病在高温高湿气候条件下易发生，多发生于亚麻生长中后期。田间发病用 15％三唑酮可湿性粉剂 1 500～2 250g/hm² 或 50％甲基硫菌灵可湿性粉剂 750～900g/hm²，对水进行叶面喷雾，每 7d 防治 1 次，连喷 2～3 次。发病重的地块，可用 40％氟硅唑乳油 90mL/hm² 或 40％戊唑醇悬浮剂 135mL/hm²，对水 60kg/hm² 进行叶面喷雾，每 10d 喷 1 次，连续 2～3 次。

朱春晖　张德咏（湖南省农业科学院植物保护研究所）

第 10 节　亚麻立枯病

一、分布与危害

亚麻立枯病主要为害亚麻、胡麻，主要为害茎基部。在我国黑龙江、吉林、新疆和云南等亚麻种植区均有发生。

二、症状

亚麻立枯病主要发生在苗期，为害茎基部。先在茎基部的一边出现淡黄色病斑，后变为红褐色，逐渐凹陷病痕。条件适宜时，病部出现褐色小菌核（彩图 19 - 10 - 1）。

三、病原

亚麻立枯病病原为立枯丝核菌（*Rhizoctonia solani* Kühn），属担子菌门无性型丝核菌属真菌。有性型为瓜亡革菌 ［*Thanatephorus cucumeris*（Frank）Donk］，属担子菌门亡革菌属真菌。

四、病害循环

病菌在土壤中腐生或附着在种子上越冬，翌春播种后出苗期侵染根茎部或幼根。

五、流行规律

生产上遇有低温阴湿条件或土质黏重易发病。

六、防治技术

（一）农业防治

（1）与禾本科作物轮作，严禁连作或迎茬。

（2）收获后及时深耕。

（3）适当密植，易板结的湿地雨后及时松土，以利植株生长。

（二）药剂拌种

播种前用种子重量 0.2％～0.3％的 40％五氯硝基苯粉剂或 40％肼菌酮水乳剂或者 0.6％的多菌灵溶液中加少量甲基硫菌灵可湿性粉剂和代森锰锌可湿性粉剂制成复配药剂拌种，还可兼治其他苗期病害。

朱春晖　张德咏　刘勇（湖南省农业科学院植物保护研究所）

第 11 节　亚麻锈病

一、分布与危害

亚麻锈病主要为害作物为亚麻、胡麻，主要为害部位是叶片、茎、花和蒴果。

二、症状

亚麻锈病多发生在开花期前后。植株上部叶片现鲜黄色至橙黄色突起的夏孢子堆，圆形；后期在下部叶片上产生不规则形黑褐色冬孢子堆。茎、花、蒴果染病也可形成夏孢子堆和冬孢子堆。

三、病原

亚麻锈病病原为亚麻栅锈菌 ［*Melampsora lini*（Ehrenb.）Lév.，异名：*M. lini perda*（Koern.）Plam］，属担子菌门栅锈菌属真菌。本菌单主寄生，生活史完全。

四、病害循环

以种子上黏附的冬孢子及病残体上的冬孢子堆越冬。翌春条件适宜时，冬孢子萌发产生担孢子进行初侵染，以后病部产生的锈孢子和夏孢子通过风雨传播蔓延，进行再侵染。春季气温 14～18℃ 及雨露利于担孢子形成，18～20℃ 利于锈孢子和夏孢子的侵染。

五、流行规律

多雨年份，麻田低洼潮湿、施用氮肥过多易发病；播种过晚、不抗病的品种发病重。

六、防治技术

（一）选用抗病品种
选用早熟丰产抗病品种，并注意小种的变化。

（二）合理轮作
收获后及时清除病残体。选择高燥地种植亚麻，低洼地注意排水。不要偏施过施氮肥，适当增施磷、钾肥，提高抗病力。

（三）药剂防治
播种前用种子重量 0.3％ 的 15％ 三唑酮可湿性粉剂或 20％ 萎锈灵可湿性粉剂拌种。在亚麻苗高 15cm 和现蕾期喷洒 20％ 三唑酮乳油 2 000 倍液、20％ 萎锈灵乳油或可湿性粉剂 500 倍液、12.5％ 三唑酮可湿性粉剂 1 500～2 000 倍液。隔 10d 防治 1 次，连防 2～3 次。

张德咏　朱春晖（湖南省农业科学院植物保护研究所）

第 12 节　亚麻灰霉病

一、分布与危害

该病主要为害亚麻幼苗和茎秆。在我国黑龙江、吉林和云南等亚麻主产区均有发生。

二、症状

从种子发芽开始，整个生长过程都可侵染。幼苗出土后，茎基部可见棕色小点，病菌迅速传播，幼苗萎蔫而死。在植株成熟阶段，常侵染茎秆形成条状病斑，感病部位变成淡黄色溃烂。多雨年份麻茎上由分生孢子梗形成绒毛状霉层，破坏纤维。雨露沤麻时，干茎感病部位变白，上面出现与茎木质部牢固粘连而突起的黑色坚硬疣状物（菌核），它由紧密交织的菌丝构成。

三、病原

亚麻灰霉病病原为灰葡萄孢（*Botrytis cinerea* Pers.．Fr.），属子囊菌门无性型葡萄孢属真菌。菌丝体灰色，蜀生性，分生孢子梗直立，有隔、褐色，有大量葡萄串状分枝，上面布满分生孢子，分生孢子单胞、球形、椭圆形或长圆形，无色或淡色，在茎上繁生之后，分泌毒素，使植物中毒，有时可产生黑色片状菌核。病菌生长发育温度 4～32℃，最适温度为 20～25℃，分生孢子在 13～30℃ 下均能萌发，产生分生孢子与孢子萌发的适温为 21～23℃。

四、病害循环

亚麻灰霉病病原菌主要以菌核在土壤中或以菌丝及分生孢子在病残体组织上及混杂在种子中越冬，这些均可成翌年初侵染来源。翌春条件适宜，菌核萌发，产生菌丝体和分生孢子梗及分生孢子。分生孢子成熟后脱落，借气流、雨水等进行传播。萌发时产出芽管，病原菌不需要有伤口即能侵入，也可由表皮直接侵染引起发病，潮湿时病部产生大量的分生孢子可进行再侵染。

五、流行规律

亚麻灰霉病病原菌在土壤中可存活 3～4 年，所以，重茬、迎茬地块发病就比较严重。病原菌可以通过病株与健康株的根系在土壤中接触来传播，因此，密植田比稀植田感病严重。引种时带菌的种子是本病传播到无病区的主要途径，播种带菌种子和施用混有病残体的堆肥、粪肥，则是病区逐渐加重的主要原因。

六、防治技术

（一）选育、利用抗病优良品种

选用抗病品种是防治灰霉病的有效途径之一。通过筛选抗病资源，进行抗病育种，培育出高产、高抗病材料。要在无病田中采种，无病地区应采取严格的检疫措施，防止带病种子传播。

（二）合理轮作

多年种麻的连作地不仅土壤理化性状变劣，对麻株生长发育不利，而且土壤中的病菌日积月累，增加了土壤感染度。因此，轮作、选茬十分必要，应采用 4 年以上轮作，严禁重茬、迎茬。东北麻区多以玉米、小麦、谷子、高粱、大豆等作物轮作，是防治亚麻灰霉病的有效措施。

（三）加强栽培管理

深翻和精耕细作，要求严格遵守减轻亚麻倒伏的农业技术措施，即缩减氮肥用量，增加磷、钾肥和微量元素肥料用量，协调好植株体内氮、磷、钾的比例，合理密植，清除田间杂草，及时防治虫害，培育壮苗，促进亚麻的生长，以提高植株抗病力。收获后清除亚麻残体，切忌在下年种亚麻地块沤麻，减少菌源。

（四）药剂防治

根据病情和气候情况，在亚麻灰霉病发生初期，及时进行喷药，可抑制病害的发生流行。发病初期喷洒 50％乙烯菌核利可湿性粉剂 1 000～1 500 倍液、50％异菌脲可湿性粉剂 1 000 倍液，每隔 7～10d 喷 1次，连喷 2～3 次，防治效果可达 75％以上。药剂防治注意事项：①用药时间在病害发生初期，效果较理想。②药液配制时要搅拌均匀。③喷药时要仔细，保证植株的周身都喷到，才能获得最佳的防治效果。④注意药剂的交替使用。

程菊娥　张德咏（湖南省农业科学院植物保护研究所）

第 13 节　红麻炭疽病

一、分布与危害

红麻炭疽病是红麻生产上为害最严重的一种病害，在全世界种植红麻的国家和地区均有发生。我国

1912 年在台湾首次发现该病，1950 年该病在我国、古巴和美国麻区开始大流行。1953 年我国华北、东北、西北大部分麻区的红麻因该病的流行为害而停种，南方麻区改种黄麻，给我国造成了极为严重的经济损失。直到 1975 年前后，我国采取了种植抗病品种、种子消毒和轮作等防治措施，使得该病得到了控制。

二、症状

红麻炭疽病在红麻整个生育期间均发生，幼芽、幼苗、嫩叶、顶芽、花蕾、嫩果和茎秆等均可被害。带菌的种子萌发后，胚轴组织上产生黄褐色斑点，严重时可导致腐烂。幼苗染病后，茎基部产生水渍状病斑，病斑呈长圆形或梭形，边缘褐色，中间黑色凹陷。在苗高 17～20cm 以后，顶芽常变黑腐烂，引起"烂头"，发病严重时横枝顶芽枯死。在成株期发病，病斑最初呈水渍状小斑点，以后逐渐扩大，呈紫红色圆斑，最后中央呈浅灰色。病斑多沿叶脉发生，使叶片皱缩变形，当病斑相互合并呈不规则形，最后病斑腐烂脱落形成穿孔。花蕾被害，可致腐烂，不能开花结实。蒴果受害，初呈圆形或椭圆形暗红色斑点，中央浅红色，严重时不能结实或种子表面产生白色菌丝。该病严重时可引起红麻茎部折断或引起病部以上组织枯死。在高温高湿的环境下，病斑表面产生带红色黏质状的小黑点，为病原菌的分生孢子盘和分生孢子（彩图 19 - 13 - 1）。

三、病原

红麻炭疽病病原有两种，分别是胶孢炭疽菌 [*Colletotrichum gloeosporioides* (Penz.) Penz. et Sacc.，异名：木槿刺盘孢 (*C. hibisci* Pollacci)] 和束状炭疽菌 [*C. dematium* (Pers.) Grove]，属子囊菌门炭疽菌属真菌。

胶孢炭疽菌分生孢子盘褐色，不规则形，散生或偶然聚生，大小为 $225\mu m \times 65\mu m$，刚毛短，末端尖锐，暗紫色，大小为 $3.5\mu m \times 55\mu m$，自然条件下极少见到。分生孢子盘上串生大量的分生孢子。分生孢子单胞无色，内有 1～2 个发亮的油球，大多为长圆筒形，有的中部稍缢缩，少数为长椭圆形。长期在马铃薯琼脂培养基上培养，也能形成卵圆形分生孢子。新分离的病原菌在马铃薯琼脂培养基上菌落呈土黄色或橘红色，老熟后呈深灰色（彩图 19 - 13 - 2）。

束状炭疽菌是一个分布很广的弱寄生至腐生病菌。分生孢子盘有大量刚毛。分生孢子呈镰刀形或梭形，大小为 $(19.5～24)\mu m \times (2～2.5)\mu m$。吸着胞很多，呈黑褐色，棍棒形或圆形，链状复合体，产生菌核（彩图 19 - 13 - 3）。

四、病害循环

病原菌以菌丝体或分生孢子的形式潜伏于种皮和病残组织中越冬而成为翌年初侵染源。播种带菌种子造成烂种或死苗所产生的分生孢子和越冬菌一起，借风雨或昆虫感染其他健康植株。病部产生大量分生孢子进行再侵染。可从胚轴、叶片的自然孔口侵入或直接穿越表皮侵入。病原菌在种子内可存活 21～31 个月，在病残组织内可存活几个月至 1 年左右。带病种子是远距离传播的主要途径。

五、流行规律

（一）气候

湿度是红麻炭疽病流行的主要影响因素。由于该病的潜伏期短，产孢量大，因此，只要阴雨天气持续时间长，降水量大，相对湿度大，该病就发生严重。我国南方地区发病高峰期多在 5～6 月的梅雨季，北方地区发病高峰期多在 6～8 月。

（二）栽培管理

麻地低洼，地下水位过高，苗期偏施氮肥，低温季节过早播种，种植密度过大均有利于该病害的发生。

六、防治技术

（一）严格执行检疫制度

加强对调运种子的检疫，特别是从国外引种时要严防新的小种传入我国。

（二）选用抗病品种

选择适合当地的优质品种进行种植，如红麻 722、福红 2 号、福红 952、中红麻 10 号、中麻 11、中麻 13。

（三）种子消毒

用 40％拌种双（20％福美双＋20％拌种灵）可湿性粉剂 160 倍液浸种 24h。

（四）加强麻田管理

雨后及时排水，及时清理病残株，合理密植，适当增施钾肥，提高植株的抗病力。在土温 13℃以上播种，避免因过早播种而造成烂种、烂苗现象。

（五）药剂防治

高温高湿气候发病前，选用 80％代森锰锌可湿性粉剂 600 倍液，或 75％百菌清可湿性粉剂 600 倍液喷雾保护。发病初期用 50％咪鲜胺可湿性粉剂 1 500 倍液、10％苯醚甲环唑水分散粒剂 1 000 倍液、70％甲基硫菌灵可湿性粉剂 800 倍液、25％丙环唑乳油 1 500 倍液进行喷雾防治。每隔 7～10d 喷施 1 次，视病情连续施用 2～3 次。

陈绵才　曾向萍（海南省农业科学院植物保护研究所）

第 14 节　红麻斑点病

一、分布与危害

红麻斑点病分布范围很广，在我国各红麻产区均有发生。红麻整个生长期都可受害，尤其生长后期发病最为严重，影响麻株的生长发育和留种麻的种子产量和品质。

二、症状

红麻斑点病可为害红麻叶片、叶柄和茎秆。子叶和真叶受害，发病初期产生小斑点，后扩大成近圆形病斑，边缘呈暗红色的水渍状，中央黄褐色，当叶片上的病斑多时常引起叶片发黄脱落。蒴果及茎秆感病，出生暗红色小斑，后逐渐扩展为圆形或棱形病斑，中央黄褐色，边缘深褐色。多雨高温天气，病部表面长出灰色霉层，即病原菌的分生孢子（彩图 19 - 14 - 1）。

三、病原

红麻斑点病原为马来尾孢（*Cercospora malayensis* F. Stevens et Solheim），属子囊菌门无性型尾孢属真菌。病斑上的灰色霉层即病原菌的分生孢子梗及分生孢子。分生孢子梗丛生，褐色，不分枝，大小为（9～45）μm×（2～4）μm，具 1～2 个隔膜。分生孢子无色，鞭形，直或略弯。3～5 个隔膜，淡褐色，大小为（40～80）μm×（3～8）μm。染病组织经人工培养诱发产生的分生孢子梗和分生孢子一般比田间采集大，隔膜也增多。病菌在马铃薯葡萄糖琼脂培养基上生长较慢，极少产生分生孢子（图 19 -14 -1）。

四、病害循环

病原菌主要以菌丝体在种子内越冬，也可在病残组织内越冬，形成翌年初次侵染源。从新病斑产生的分生孢子借风雨传播，进行重复侵染。带病种子是远距离传播的主要途径。

五、流行规律

多雨高湿的天气发病严重。麻株生长中、后期易感病，多雨高湿的天气有利于本病的发生。偏施氮肥、麻株生长不良、密度过大、低洼渍水的麻地发病较重。

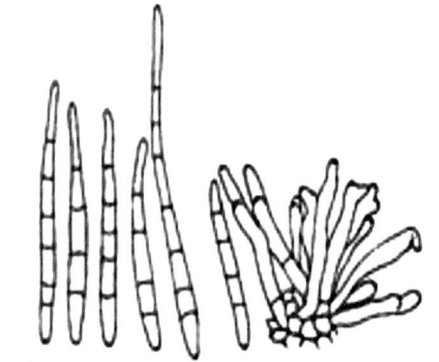

图 19 - 14 - 1　马来尾孢分生孢子及分生孢子梗（仿陆家云，1995）

Figure 19 - 14 - 1　Conidia and conidiophore of *Cercospora malayensis*（from Lu Jiayun，1995）

六、防治技术

（一）种子消毒

用 50％福美双可湿性粉剂 160 倍液浸种 24h。

（二）选用抗病品种

种植适宜当地的抗病品种。

（三）加强麻园管理

深翻土地，合理密植，深沟高畦，雨后及时排水，降低田间湿度。增施有机肥，合理施用氮、磷、钾肥，提高植株抗病力。及时中耕除草和清除病残组织。

（四）药剂防治

发病初期用 25％丙环唑乳油 800～1 000 倍液、40％氟硅唑乳油 600～800 倍液、50％异菌脲可湿性粉剂 800 倍液、70％甲基硫菌灵可湿性粉剂 800 倍液、50％多菌灵可湿性粉剂 500 倍液均匀喷施，发病较重时，隔 7～10d 再喷 1～2 次。

陈绵才　曾向萍（海南省农业科学院植物保护研究所）

第 15 节　红麻腰折病

一、分布与危害

红麻折腰病在我国各红麻产区均有发生。该病可为害红麻茎秆，引起茎秆折倒，影响红麻产量与质量。

二、症状

红麻折腰病多为害红麻的茎秆，尤其是在茎秆中部和叶痕处最易发病。病斑呈椭圆形，开始为浅褐色，后因病情的加重逐渐扩大成黑色，整个病斑长达 10～15cm。湿度大时，病斑表面覆盖一层具轮纹状的黑色霉状物。病部可深入至植株木质部使之变褐色，染病组织易折断，严重时可引起病部以上组织凋萎枯死。

三、病原

红麻腰折病病原为长蠕孢属（*Helminthosporium* sp.）真菌，属子囊菌门无性型长蠕孢属。菌丝呈淡褐色。分生孢子梗粗大，不分枝，多丛生，圆柱形，暗褐色，光滑或有细刺。分生孢子单生、顶生、侧生，倒棍棒形，两端钝圆，无色或褐色，表面光滑，有隔膜，基部具有一个永存性的黑色疤痕。通常有较大的子座，黑色。产孢细胞有限生长，孔出式产孢，分生孢子轮状排列，倒棍棒形（图 19 -15 -1）。

四、病害循环

病原菌主要以菌丝体在种子或病组织内越冬，引起第二年初次侵染。从新病斑产生的分生孢子借风雨传播，对植株造成重复侵染。主要靠种子带菌作远距离传播。

五、流行规律

多雨高湿天气有利于该病的发生。麻田种植密度大，麻地低洼易积水，多年连作，也可造成该病发病严重。

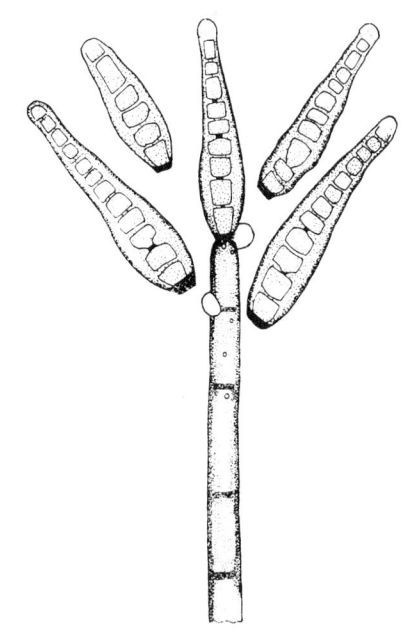

图 19 - 15 - 1　长蠕孢属分生孢子及分生孢子梗（仿陆家云，1995）

Figure 19 - 15 - 1　Conidia and conidiophore of *Helminthosporium* sp.（from Lu Jiayun, 1995）

六、防治技术

（一）农业防治

收获后清除田间病残株，可减少越冬菌源。及时排除雨后积水，降低田间湿度。增施有机肥，提高植株抗病性。

（二）药剂防治

发病初期可选用50％异菌脲可湿性粉剂600～800倍液，或75％百菌清可湿性粉剂800倍液，或50％福美双可湿性粉剂600倍液进行喷雾，每隔7～10d喷1次药，连续喷施2～3次。

陈绵才 曾向萍（海南省农业科学院植物保护研究所）

第16节 红麻枯萎病

一、分布与危害

红麻枯萎病是红麻上常见的一种根部病害，在我国各主产麻区均有分布。为害严重时可诱致植株烂根死苗和成株早枯，甚至整片枯死，严重影响纤维的产量和品质。

二、症状

红麻枯萎病为害幼苗和成株。麻苗受害后，整个根系变褐色，逐渐腐烂，苗凋萎死亡。成株受害后，主根和侧根产生大小和长短不一的褐色病斑，多数须根腐烂，地上部分生长发育不良，叶片变小，褪色黄化。湿度大时，染病部位表面可见粉红色霉状物，即分生孢子，纵剖茎基部可见维管束呈褐色病变。发病严重时根系褐腐，终致整株枯死。

三、病原

红麻枯萎病病原为尖镰孢（*Fusarium oxysporum* Schltdl. ex Snyder et Hansen），属子囊菌门无性型镰孢属真菌。尖镰孢在自然条件下或人工培养条件下可产生小型分生孢子、大型分生孢子和厚垣孢子3种类型。小型分生孢子着生于单生瓶梗上，常在瓶梗顶端聚成球团，单胞，卵形，大小为（5～12）μm×（2.5～3.5）μm；大型分生孢子锤形至镰刀形，少许弯曲，多数为3隔膜，大小为（27～46）μm×（3～4.5）μm；厚垣孢子通常能大量形成，呈淡黄色，球形，间生或顶生、单生，偶尔串生，壁光滑或粗糙。在PDA平板上培养，菌落突起絮状，菌丝白色质密，菌落粉白色，浅粉色至肉色，略带有紫色，由于大量孢子生成而呈粉质（图19-16-1）。

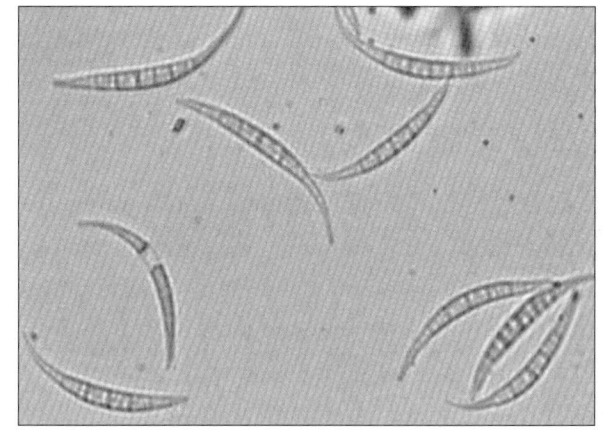

图19-16-1 尖镰孢分生孢子（曾向萍提供）
Figure 19-16-1 Conidia of *Fusarium oxysporum*（by Zeng Xiangping）

四、病害循环

病原菌主要以菌丝体或在种子、病残组织或土壤中越冬，无寄主环境下可存活3年以上，成为翌年初侵染源。病原的菌丝体可以直接侵入红麻根系，也可通过根结线虫为害和人为伤口侵入，到达导管后在其中不断繁殖，借助植株的输导作用在维管束中增殖。植株表面形成的分生孢子借气流和风雨传播进行再侵染。流水、农具、农事操作和带菌有机肥是该病的传播途径。

五、流行规律

该病的发生和流行与气温和降水量关系密切，麻苗出土后，土壤积水且气温在20℃以上即可发病，

23～25℃时最易流行，7月以后高温季节病害相对受到抑制。深翻犁田，增施有机肥，合理追施氮、磷、钾肥，排灌设施良好的麻田发病较轻。采用水旱轮作的耕作模式栽培红麻可以减轻病害。

六、防治技术

（一）农业防治

选用无病种子，不在发病麻园留种并控制带病种子调运。用非寄主换茬轮作3年以上。深翻和改良土壤，施足有机基肥，苗期或发病初期及时施用有机速效氮肥和磷、钾肥，提高植株抗病能力。及时发现和拔除中心病株。雨后及时排水，降低田间湿度。合理密植，生长中期结合间苗、除草等农事操作清除无效麻株，保持麻园通风透气。

（二）化学防治

发病初期可用99%噁霉灵原粉3 000倍液、2.5%二硫氰基甲烷可湿性粉剂1 500倍液、50%多菌灵可湿性粉剂600倍液灌根，每隔7～10d灌施1次，连续施用2～3次。

陈绵才　曾向萍（海南省农业科学院植物保护研究所）

第 17 节　红麻白绢病

一、分布与危害

红麻白绢病主要为害红麻茎秆，在我国主产麻区均有发生。

二、症状

红麻白绢病发生在苗期或者成株期茎基部，病斑横向扩展一圈，植株便枯萎死亡。病斑上及其附近土表常见白色至褐色球状菌核。

三、病原

红麻白绢病病原为核盘菌 [*Sclerotinia sclerotiorum* （Lib.）de Bary]，属子囊菌门核盘菌属真菌。由菌核生出1～9个盘状子囊盘，初为淡黄褐色，后变褐色，上生有很多平行排列的子囊及侧丝。子囊椭圆形或棍棒形，无色，大小为（91～125）μm×（6～9）μm；子囊孢子单胞，椭圆形，排成一行，大小为（9～14）μm×（3～6）μm。

四、病害循环

以菌核在土壤中或混在种子中越冬，成为翌年初侵染源。子囊孢子借风雨传播，侵染老叶或花瓣，田间再侵染多通过菌丝进行，菌丝的侵染和蔓延有两个途径：一是脱落的带病组织与叶片、茎秆接触菌丝蔓延其上；二是病叶与健叶、茎秆直接接触，病叶上的菌丝直接蔓延使其发病。

五、流行规律

菌核萌发温度为5～20℃，15℃最适，相对湿度85%以上，利于该病发生和流行。

六、防治技术

（一）圃地选择

育苗地要选择土壤肥沃、土质疏松、排水良好的土地。前作发病重的苗圃应与禾本科作物轮作4年以上，方能重新育苗。

（二）冬季深耕

感病苗圃地，每年冬季要进行深耕，将病株残体深埋土中，清除侵染来源。

（三）土壤消毒

在育苗或造林前，每公顷用70%五氯硝基苯可湿性粉剂15kg，加细土300kg，拌匀撒在播种沟内或树穴周围。对感病较轻的苗木，可挖开根颈处土壤，晾晒根颈数日或撒生石灰，进行土壤消毒。

（四）加强管理

在苗木生长期要及时施肥、浇水、排水、中耕除草，促进苗木旺盛生长，提高苗木抗病能力。夏季要防暴晒，减轻灼伤，减少病菌侵染机会。

（五）药剂防治

在发病初期可用1%硫酸铜液浇灌病株根部，或用25%萎锈灵可湿性粉剂50g，加水50kg浇灌病株根部；也可每公顷用20%甲基立枯磷乳油750mL，加水750kg，每隔10d左右喷1次。

谭新球　张德咏（湖南省农业科学院植物保护研究所）

第18节　红、黄麻根结线虫病

一、分布与危害

根结线虫病是红麻、黄麻上一种主要病害，对红、黄麻的产量和品质影响极大。国内外主要麻区都有发生，国内主要分布于长江、珠江流域，黄淮海的局部地区也有发生。特别是在湖南、湖北、广东、广西、浙江和河南等红、黄麻主产区为害严重，一般减产20%～30%，严重者达50%，甚至失收。

二、症状

红、黄麻的幼苗及成株期根系均能受害。被害的主根和侧根形成许多大小不等的瘤状物，有时连接成串珠状或肿胀呈畸形（彩图19-18-1）。初为黄白色，表面光滑，较坚实，后逐渐变褐色而腐烂。剖开瘤状物可见到里面有许多白色半透明针头大小的颗粒，此即雌成虫。由于根部被破坏，影响正常的吸收机能，所以地上部生育受阻，植株矮小，叶色变黄或株枯。受害严重的麻地，一般在8月下旬至9月上旬麻株成片发黄、早衰，迫使提前收剥，迟则逐渐枯死，损失更大。麻株根系被害后，常诱致土壤中某些病菌如镰孢属（*Fusarium* sp.）及丝核菌属（*Rhizoctonia* sp.）等真菌的侵染，促使根系加速腐烂，造成植株早枯。

三、病原

此病是由根结线虫属（*Meloidogyne* sp.）中的某些种引起的。在国外 Hartley（1927）首次报道了此病。我国在1951年才对此病害做了初步调查。我国研究者调查表明，为害红、黄麻的线虫主要是南方根结线虫（*M. incognita*），少数为花生根结线虫（*M. arenaria*）和爪哇根结线虫（*M. javanica*）。我国台湾报道主要是爪哇根结线虫，孟加拉国报道有爪哇根结线虫与南方根结线虫两种。中国农业科学院麻类研究所对湖南、湖北、广东、广西、河南、浙江等麻区采集的标样鉴定结果表明，南方根结线虫占绝大多数，占75.1%，属于1号与2号生理小种；其次为爪哇根结线虫，占18.1%；多数麻区有少量花生根结线虫2号生理小种，占6.8%。南方根结线虫雌雄异形，幼虫呈细长蠕虫状。雄成虫线状，尾端稍圆，无色透明，大小为（1.0～1.5）mm×（0.03～0.04）mm。雌成虫梨形，每头雌线虫可产卵300～800粒，雌虫多埋藏于寄主组织内，大小为（0.44～1.59）mm×（0.26～0.81）mm。二龄幼虫无色透明，大小为（0.22～0.56）mm×（0.01～0.02）mm，为侵染龄期（彩图19-18-2）。

四、病害循环

根结线虫多在土壤5～30cm深处生存，常以卵或二龄幼虫随病残体遗留在土壤中越冬，病土、病苗及灌溉水是主要传播途径。一般可存活1～3年，翌春条件适宜时（一般当温度高于13℃时），由埋藏在寄主根内的雌虫产出卵，卵产下经几小时形成一龄幼虫，蜕皮后孵出二龄幼虫，根结内孵出的幼虫不久即迁入土中，在土壤中作短距离的移动寻找根尖，由根冠上方侵入定居在生长锥内，其分泌物刺激根部细胞膨胀，使根形成巨型细胞成虫瘿（或称根结）。在生长季节根结线虫的数量以对数增殖，发育到四龄时交尾产卵，卵在根结里孵化发育，二龄后离开卵块，进入土中进行再侵染或越冬。南方根结线虫在湖南等地一般1年发生4～5代，且世代重叠明显，一般30d左右完成1代。南方根结线虫生存最适温度25～30℃，高于 40℃、低于 5℃ 都很少活动，55℃ 经 10min 致死。

五、流行规律

田间土壤湿度是影响孵化和繁殖的重要条件。土壤湿度适合麻类生长，也适于根结线虫活动，雨季有利于孵化和侵染，但在干燥或过湿土壤中，其活动受到抑制。病原线虫为好气性，故地势高燥、结构疏松，以及含盐量低的沙质土壤发病较重；地势平坦，保水保肥性能好的土壤发病轻；盐分较高的土壤发病也轻，pH4～8 适宜根结线虫生长，发病较重。

六、防治技术

（一）合理轮作

红、黄麻作物连作会加重根结线虫病的发生，在根结线虫发生严重田块，实行水旱轮作，防治效果好。由于根结线虫寄主范围很广，病地与一般旱地作物进行轮作效果不大，但与水稻轮作有较好的防病效果。可采用 2 年麻、1 年稻，或 3～4 年麻、1～2 年稻的轮作制，不但防病效果非常显著，而且稻麻双丰收。在缺少水源麻区，没有条件实行稻麻轮作，可与棉花或杂粮（如玉米、高粱、苎麻等）进行轮作，也能减轻病害。

（二）深耕土壤及水淹

对有条件的地区，将病地翻耕土壤 30cm 以上，把虫源较多的表层土壤翻到深层，再灌水淹几个月，可起到防止根结线虫侵染、繁殖和增长的作用，从而减少侵染、减轻为害。

（三）加强田间管理，合理施肥与灌溉

对无法实行稻麻轮作的麻地，加强田间管理非常重要。如深耕改土、破畦换沟、勤中耕除草、及时灌水抗旱及合理施肥，如施用氯化钾及锰、硼、铜、锌、钼等微量元素肥料，以促进麻株生长发育，增强植株抗病性。此外，清除病残体也极其重要，病麻必须集中在田内收剥，病麻秆及病残组织也要集中作燃料烧毁，以防病原传播与再侵染。

（四）药剂防治

发病严重的地块，可施用棉隆、阿维菌素、辛硫磷等药剂，如播时每公顷沟施 5％ 涕灭威颗粒剂 37.5～60kg，或 0.5％ 阿维菌素颗粒剂 45～90kg，均有一定的防病效果，或在播种前 1 个月左右利用棉隆 450kg/hm² 进行土壤消毒处理，对红、黄麻根结线虫有较好的防治效果。

成飞雪　程菊娥　张德咏（湖南省农业科学院植物保护研究所）

第 19 节　黄麻黑点炭疽病

一、分布与危害

黄麻黑点炭疽病是长果种黄麻上的一种主要病害。20 世纪 70 年代初在湖南和浙江部分麻区发现该病为害长果种黄麻，而后在长江流域及以南麻区普遍发生。整个生长期均可被害。苗期可造成大量死苗。成株期发病，麻株的茎秆、叶片和蒴果上病斑密布，病叶早衰脱落，为害严重时麻株呈光秆状，一般减产 10％ 以上，严重影响纤维和种子的产量和品质。自然条件下，黄麻黑点炭疽病原菌不侵染圆果种黄麻。除了长果种黄麻外，许多蔬菜、果树、花卉和热带作物，如辣椒、菜豆、西瓜、生姜、香蕉、芒果、荔枝、苹果、柑橘、枇杷、红掌和橡胶均为该病原菌的寄主。

二、症状

长果种黄麻幼苗被害，幼茎初呈局部褐色病变，逐渐扩展可使整个茎基和根部变褐腐烂，致苗倒伏死亡。子叶多在叶缘发病，初生褐色小斑点，后扩大成半圆形或近圆形的黑褐色病斑，子叶早落。被害成株其茎秆一般先从下部发病，产生 1～4mm 近圆形或椭圆形黑褐色斑点，后逐渐向上蔓延扩散。染病的茎秆梢部多产生棱形或椭圆形褐色凹陷斑，病斑密生全茎，可深达木质部，后期可见大量小黑点。叶片上的病斑灰褐色，近圆形，大小 3～5mm，中央具 1 个颜色较深的黑点。叶柄和叶脉上的病斑棱形或短条状，黑褐色，稍凹陷。花器上的病斑黑褐色，严重者导致花朵凋落，不能结实。蒴果被害后可产生黑褐色近圆

形凹形斑。种子被害后轻者不饱满或不能成熟，重者腐烂（图 19 - 19 - 1）。

三、病原

黄麻黑点炭疽病病原为胶孢炭疽菌 [*Colletotrichum gloeosporioides* (Penz.) Penz. et Sacc.]，属子囊菌门无性型炭疽菌属真菌。有性型为围小丛壳 [*Glomerella cingulata* (Stoneman) Spauld. et H. Schrenk]，属子囊菌门小丛壳属真菌。分生孢子盘多在茎秆、叶柄、蒴果等部位产生，不规则开裂，盘上着生数根刚毛。刚毛褐色，越向上部色越淡，具 1~4 个横隔。分生孢子长椭圆形，无色，单胞，内含 1 至数个油球，多数为 1 个油球。该菌在 PDA 培养基上的菌丝初白色，后变墨绿色，菌落表面着生的褐色分生孢子呈轮纹状排列。温度 25℃和 pH7 的条件最适宜菌丝生长。

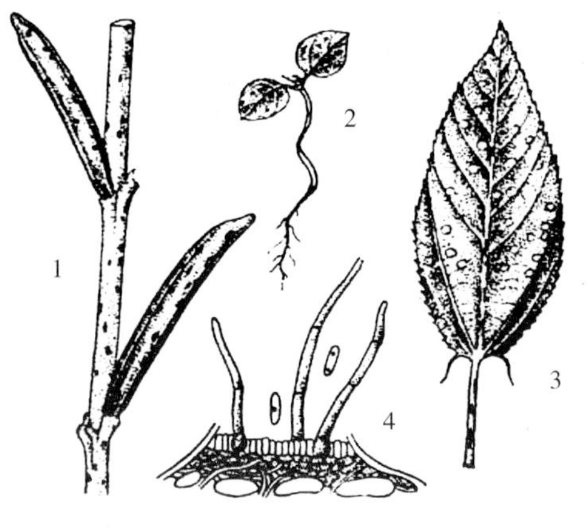

图 19 - 19 - 1 黄麻黑点炭疽病症状及病原
（仿吴家琴，1996）

Figure 19 - 19 - 1 *Colletotrichum gloeosporioides* and symptoms caused by it
(from Wu Jiaqin, 1996)

1. 病茎及病蒴果　2. 病苗　3. 病叶
4. 病原菌分生孢子盘及分生孢子

四、病害循环

黄麻黑点炭疽病原菌主要以菌丝体在种子内越冬，是主要的初侵染源。遗留于田间的黄麻病残组织上的菌丝体和分生孢子盘亦可越冬。越冬的病原菌于翌年气候适宜时产生分生孢子侵染麻苗，引发病害。黄麻生长季节，各染病部位又产生大量分生孢子，不断进行多次再侵染。在病害流行过程中，病原菌的分生孢子主要靠风雨和气流传播与蔓延，而远距离传播的途径主要是带菌种子。

五、发病规律

适宜黄麻黑点炭疽病发生的气候条件是高温高湿，长江流域多于 5~6 月的阴雨连绵季节常见病害的流行，9~10 月因秋雨时间长也会造成黄麻开花结实期严重染病。种子带菌的程度与发病关系密切，种子带菌率高，则田间发病严重。据调查，种子带菌率在 0.5% 时，黄麻生长中期株发病率仅 8%，病情指数仅为 2.7；而当种子带菌率为 11% 时，株发病率和病情指数分别高达 100% 和 43.5。连作、种植密度大、疏于管理、偏施氮肥、麻园低洼积水均有利于病害的发生发展。

六、防治技术

（一）种子处理

1. 药剂浸种　将种子置于 40% 福尔马林 100 倍液中浸泡 30min，然后用清水漂洗 2~3 次，再催芽备播。或将种子置于 25% 咪鲜胺微乳剂 2 000~4 000 倍液中浸 24~48h，或于 40% 福美双·拌种灵可湿性粉剂 160 倍液中浸 24h，捞出洗净和晾干备播。

2. 药剂拌种　用 50% 多菌灵可湿性粉剂，或 40% 福美双·拌种灵可湿性粉剂，或 70% 甲基硫菌灵可湿性粉剂，按种子重量的 0.3%~0.5% 进行拌种后，密封闷种 15d 后播种。

（二）农业防治

1. 轮作　黄麻黑点炭疽病菌寄主范围较窄，且无寄主条件下在田间病残组织和病土中的存活期不超过 1 年，因此，用非寄主作物进行轮作 1 年以上可有效地控制病害。

2. 加强田间管理　采用配方施肥技术，合理增施有机肥和钾肥。雨后及时排水，防止湿度过大。合理密植，结合中耕适当间苗，保持麻园的通风透气。发现中心病株应及时拔除，集中烧毁或深埋。

（三）化学防治

发病前喷施 75% 百菌清可湿性粉剂 600 倍液、80% 代森锰锌可湿性粉剂 600 倍液、53.8% 氢氧化铜可湿性粉剂 1 000 倍液、12% 松脂酸铜乳油 800 倍液喷雾保护。发病初期选用 50% 咪鲜胺可湿性粉剂 3 000 倍液、10% 苯醚甲环唑水分散粒剂 1 500 倍液、20% 嘧菌酯悬浮剂 1 500 倍液、25% 丙环唑水乳剂 2 500 倍液、70% 甲基硫菌灵可湿性粉剂 500 倍液等喷雾治疗。每隔 5~7d 防治 1 次，连续施用 2~3 次。

陈绵才　王三勇（海南省农业科学院植物保护研究所）

第 20 节　黄麻茎斑病

一、分布与危害

黄麻茎斑病又称黑星病、黑斑病，是国内外长果种黄麻上普遍发生的一种病害，我国早在 20 世纪 60 年代初就有研究的报道。在各长果种黄麻产区均有发生。严重被害的麻株，茎秆和叶片上布满病斑，病叶发黄早落。黄麻被害后虽然不致整株枯死，但原麻产量降低，并且麻皮在精洗过程中病斑不易脱落，精洗后的原麻纤维上紧附许多黑色的病斑皮屑，妨碍纤维的加工纺织，降低纤维强力，影响产品的质量和利用价值。除了长果种黄麻外，其他黄麻属植物也是该病原菌的寄主。

二、症状

黄麻整个生长期都可发病，子叶、真叶、茎和蒴果均可受害。子叶被害初期呈现针头状黄褐色至褐色小圆点，逐渐扩大成褐色至黑褐色的近圆形斑，叶缘的病斑多呈半圆形，受害的子叶极易脱落。真叶染病，病斑最初也和子叶上的相似，扩大后呈多角形或不整圆形的褐色或黑褐色病斑，扩展和聚集成片后的病斑呈不规则形，病斑外缘的健康部分往往褪成黄绿色。当病叶变黄即将凋落时，病斑外缘的叶绿素有时不褪而形成绿色的晕圈。叶柄被害，产生椭圆形或长椭圆形的黑褐色病斑。茎部发病多自下部开始，逐渐向上发展，病斑初为褐色圆斑，边缘呈水渍状，后从主茎到分枝普遍扩大成黑褐色、梭形、近椭圆或不规则形，稍隆起。后期茎秆上病斑的水渍状消失，表面恢复平整，中部略凹陷，严重的茎上病斑累累，可深入木质部使之变成褐色，导致原麻在脱胶后仍残留许多黑色病斑及皮屑。蒴果在乳熟期即可受害，初生褐色小点，后逐渐扩大成圆形至椭圆形或不规则形病斑，颜色也随之变为黑褐色，并可深入到果实内部而导致种子带菌。在湿度高或天气阴湿环境下，各种染病组织病斑上均会长出灰白色霉状物，即病原菌的分生孢子梗和分生孢子。

三、病原

黄麻茎斑病病原为黄麻尾孢（*Cercospora corchori* Sawada），属子囊菌门无性型尾孢属真菌。分生孢子梗单条丛生，顶端钝圆，呈褐色，由基部向顶部颜色逐渐变淡，具 0～5 个横隔膜。分生孢子鞭状，直或弯曲，基部较粗，向顶端渐细，无色透明，具 1～6 个横隔膜（图 19-20-1）。

四、病害循环

黄麻茎斑病病原菌主要是以菌丝体在种子内越冬，但种子表面不黏附孢子。病菌的菌丝体也能随病残组织在田间越冬，从而成为翌年的主要初次侵染源。各个生长期的麻株受害后，病斑上不间断产生大量分生孢子，借风雨和气流传播，进行再侵染。该病远距离传播与蔓延的主要途径是带菌种子。

五、发病规律

无病麻区茎斑病的发生主要是由带病种子引起。种子带菌是本病发生的主要因子，种子带菌率越高，病害发生就越普遍，为害也越重。在 7～8 月的多雨季节，有利于病菌分生孢子的传播与侵染。台风或大风过后的麻株长势弱，抗病力下降，产生的伤口更易病菌侵入而发病，从而导致病害的流行。地势平坦、肥沃湿润的地块发病轻，土壤干旱瘠薄的地块发病重，盐碱地发病也重。连作比轮作地发病重。圆果种黄麻较长果种黄麻抗病。

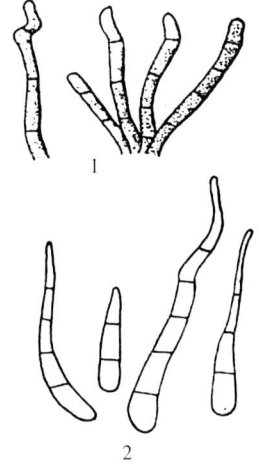

图 19-20-1　黄麻尾孢（仿
　　　　　吴家琴，1996）

Figure 19-20-1　*Cercospora
corchori*
（from Wu
Jiaqin,1996）

1. 分生孢子梗　2. 分生孢子

六、防治技术

（一）农业防治

选择无病麻园留种，并选用无病种子。对连作麻地要深翻改土，或采用非寄主进行轮作。盐碱地施足有机基肥，黄麻生长季节合理增施氮肥、磷肥和钾肥。干旱或洪涝季节及时灌溉或排水，保持麻园的适当湿度。大风或台风过后及时整理倒伏麻株。

（二）化学防治

1. 种子处理　用 25% 咪鲜胺微乳剂 2 000～4 000 倍液浸种 24～48h，或用 40% 福美双·拌种灵可湿性粉剂 160 倍液浸种 24h，洗净和晾干备播。也可用 50% 多菌灵可湿性粉剂、40% 福美双·拌种灵可湿性粉剂、70% 甲基硫菌灵可湿性粉剂，按种子重量的 0.3%～0.5% 进行拌种后，密闭闷种 15d 后播种。

2. 药剂防治　以防治茎部病害为主，在茎秆近基部初发病时，进行喷药防治。可用 25% 丙环唑乳油 800～1 000 倍液、12.5% 烯唑醇可湿性粉剂 1 500 倍液、10% 苯醚甲环唑水分散粒剂 1 000 倍液、70% 甲基硫菌灵可湿性粉剂 800 倍液、50% 多菌灵可湿性粉剂 600 倍液喷雾。每隔 7～10d 喷 1 次，连续喷 2～3 次。

陈绵才　王三勇（海南省农业科学院植物保护研究所）

第 21 节　黄麻根腐病

一、分布与危害

黄麻根腐病于 20 世纪 50 年代在浙江省部分麻区普遍发生，以杭州萧山钱塘江两岸的狭长地带最为严重。随着农作物种植业结构调整和黄麻播种面积的变化，该病在我国各地的发生、分布和为害程度也出现很大差异，黄麻栽培面积较大的地区，该病为害严重。该病在自然条件下主要为害圆果种黄麻，也能侵染长果种黄麻。苹果、梨、桃、葡萄、柿、棉花、花生、油菜、蚕豆、豌豆、苜蓿等多种果树和经济作物也是该病原菌的寄主。

二、症状

带菌种子播种后不发芽或幼根伸出 1～2cm 即变黄枯萎，不能出土成苗。染病的幼茎和幼根呈水渍状，而后呈黄褐色至暗褐色半湿腐状，后期病部往往产生许多黑色小菌核。成株根系被害，多从直根尖端或中段发生黑褐色小斑，逐渐扩展可使整个根系呈黑褐色而败坏，病部呈湿腐状。茎秆染病，多在离地面 5cm 以下茎基部出现褐色至黑褐色病斑，逐渐扩大环绕茎秆形成环腐。生长后期麻株根部或茎基的病斑可扩展至地面 30cm 以上，如遇上台风暴雨季节，病斑可成片蔓延至植株高度的一半以上，同时木质部及中柱均变成褐色，被害部位韧皮部、木质部、中柱组织可见许多椭圆形或近圆形的黑色小菌核，扁平、微突或埋生于病组织内。病害后期病部一般不收缩或微收缩，纤维无散乱和暴露现象。

三、病原

黄麻根腐病病原为丝葚霉属（*Papulospora* sp.）真菌，属子囊菌门无性型丝葚霉属。在染病组织内形成的菌核椭圆形或近圆形，黑色，较扁平，大小为（0.28～1.97）mm×（0.2～0.6）mm，平均为 0.63mm×0.36mm。在马铃薯蔗糖琼脂培养基上的菌丝体初无色，后渐变为暗绿色，老熟菌丝的原生质浓缩，细胞壁加厚，隔膜处缢缩，形成圆形或近圆形的细胞，单生或链生，内含多个油球，而后渐形成黑色小菌核，大小为（0.13～0.72）mm×（0.1～0.2）mm，比田间病株上的略小。

实验室条件下病原菌的培养适温为 25～30℃，10℃ 时仅长出少量菌丝，5℃ 时菌丝停止生长，35℃ 时菌丝生长受到抑制。菌丝生长最适 pH 为 5～7。

自然条件下的病原菌菌核其存活力极强，在 10～20cm 的耕作层内可存活 1 年左右，在土壤表面可存活 3 年以上，在室内常温常湿环境下可存活 11～12 个月，在精洗后的原麻中 30d 仍有活力。

四、病害循环

病原菌主要以菌核随病残组织或在土壤中越冬，成为翌年的初侵染源。侵入黄麻后的菌丝不断生长与繁殖，并形成新的菌核，进行多次再侵染。病害在麻园里主要靠风雨行近距离传播，带病土壤可随着农事操作、农机具和流水行远距离扩散与蔓延。此外带菌有机肥和精洗麻也可传播病害。

五、发病规律

黄麻根腐病的发生与土壤温度关系密切，在 15～30℃，且土壤含水量为 70％时，发病率随土壤温度的上升而递增。含沙粒较多的沙壤土，保水、保肥力差，麻株生长不良，易感病，而黏壤土发病较轻。圆果种黄麻较长果种黄麻感病。圆果种黄麻的品种间抗病性差异很大，同一麻园里抗病品种其发病率仅 4％左右，而感病品种的发病率可高达 80％以上。多年连作的老麻地较轮作地发病重，采用稻麻轮作或冬种小麦可以减轻病害。黄麻感染根结线虫后，可加重根腐病的为害，麻园的部分枯死麻株主要是由于根结线虫与根腐病菌复合侵染所致。

六、防治技术

（一）合理轮作
避免连作，实行轮作，可采取稻麻轮作或冬季播种小麦，对减轻病害有较好效果。

（二）加强栽培管理
黄麻根腐病菌属于弱寄生性病菌，麻株生长不良时易感病，应注意及时中耕除草和清除发病中心病株，保持麻园清洁与通风透光，促进麻株的光合作用，增强抗病能力。干旱季节应及时灌水，洪涝季节要注意及时排水。

（三）合理施肥
播种前下足基肥，注意增施有机肥，黄麻生长期间追施草木灰或高钾叶面肥，提高麻株的抗病和抗倒伏能力。避免过量施用氮肥，尤其是病害发生季节要少施或不施氮肥。

（四）化学防治
发病初期用 50％异菌脲可湿性粉剂 800 倍液、50％腐霉利可湿性粉剂 800 倍液、3％多抗霉素水剂 600 倍液、30％噁霉灵水剂 800 倍液、60％多菌灵磺酸盐可溶粉剂 800 倍液、2.5％咯菌腈悬浮剂 1 500 倍液喷淋或灌根，视病情连续施用 2～3 次。此外，在感染根结线虫病的麻园，每 667m² 可选用 5％丁硫克百威颗粒剂 0.25～0.5kg、5％阿维菌素颗粒剂 15～20g 拌土，于播种前沟施或穴施，对根腐病可起到兼治作用。

陈绵才　王三勇（海南省农业科学院植物保护研究所）

第 22 节　黄麻炭疽病

一、分布与危害

黄麻炭疽病是国内外各主产麻区圆果种黄麻上发生普遍和为害严重的一种病害。20 世纪 40 年代该病在日本首次报道，而后印度、孟加拉国和中国相继大面积发生。发病严重时，麻苗成片枯死。被害黄麻成株茎部黑斑累累，轻者造成纤维断裂，重者致茎基部黑色腐烂、叶片褪绿发黄、早衰脱落，甚至整株枯死，严重影响纤维的产量和品质。该病的病原菌寄生专化性极强，自然条件下除了侵染黄麻和驼子麻以外，不侵染其他作物。

二、症状

黄麻整个生育期的各种组织均可受害。幼苗受害，先在茎基部产生黄褐色湿润的小斑，以后扩大并呈深褐色，病部缢缩，萎蔫猝倒而死亡，较迟发病的麻苗一般不倒伏。发病后期病部表面常散生许多黑色小粒点。

成株染病，多从茎部叶痕处开始发生，初为黑褐色至黑色的近圆形水渍状斑点，逐渐扩大与交汇形成不规则大病斑，时见沿茎部上下延伸达数厘米，初期病斑呈突起状，后期干缩凹陷，严重时病斑明显凹陷可深入木质部而使之变褐色，交汇成片的病斑使病茎表面凹凸不平，皮层破裂，韧皮纤维外露，病部易折断。叶痕间的茎部受害，病斑呈不规则形，略隆起，黑褐色，表面一般不产生黑色小粒点。茎基部严重被害后整个变黑腐烂，并延伸至根部而致全株枯死。

叶片被害，最初沿叶脉出现水渍状的黑褐色小斑，后扩大成近圆形或不规则形黑褐色大斑，并延叶脉扩展而使病斑周围的叶脉变黑，严重时叶片腐烂脱落。

蒴果被害，最初呈黑褐色或黑色小斑点，后使果面变黑干枯，并可深入到种子，使种子呈灰暗色且不能正常发育。病斑还可沿果柄蔓延至茎部，果柄及其连接处的枝干变色。病害后期遇上多雨高湿度气候，各个部位的病斑可散生许多黑色小粒点，即病原菌的分生孢子盘。

三、病原

黄麻炭疽病病原为黄麻炭疽菌（*Colletotrichum corchori* Ikata et S. Tanaka），属子囊菌门无性型炭疽菌属真菌。病菌的分生孢子盘埋生于病组织内，大部分露出，呈盘状或碗状，直径为100～350μm，高25～50μm，周缘着生数根至数十根刚毛。刚毛褐色，基部较粗而上端尖细，直立或弯曲，具2～5个隔膜。分生孢子梗无色透明，单胞，短棒状，大小为（13～35）μm×（4～5）μm。分生孢子单个顶生于分生孢子梗上，无色，单胞，新月形，大小为（12～25）μm×（3.6～6.0）μm。病菌生长适温为25～30℃，分生孢子形成与萌发的最适温度为30℃左右，低于20℃或高于40℃时分生孢子萌发率显著降低。分生孢子在pH5.0～8.0内均能萌发，以pH5.5为最适。光照利于分生孢子萌发，芽管生长。分生孢子保湿4h后即可萌发，16h后产生附着胞。菌丝和分生孢子的致死

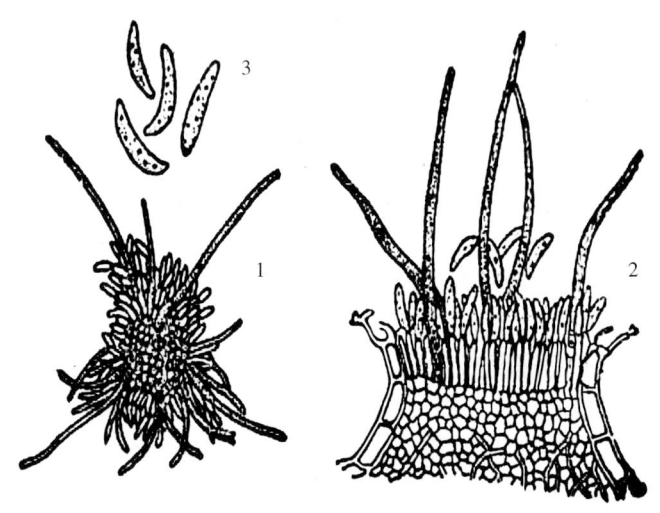

图19-22-1 黄麻炭疽菌（仿张继成，1996）
Figure 19-22-1 *Colletotrichum corchori*（from Zhang Jicheng，1996）
1. 分生孢子盘 2. 分生孢子盘纵剖面 3. 分生孢子

温度是50℃下10min。菌丝和分生孢子形成的最佳碳源为山梨醇和蔗糖，最佳氮源为硝酸铵，最佳矿质营养为钾素（图19-22-1）。

四、病害循环

病菌以分生孢子附着在种子外表或以菌丝体潜伏在种子内越冬，植株病残组织内的菌丝体也能越冬，从而成为翌年初侵染源。越冬菌源翌年侵染麻苗引发病害后，病部产生分生孢子盘，其上的分生孢子借风雨传播，在适宜的温湿度条件下，分生孢子产生一个横隔膜，并从一端或两端长出芽管，芽管先端产生一个球形附着胞，再长出菌丝从表皮细胞间隙侵入，形成再侵染。

五、发病规律

高温高湿的气候最利于病害的发生与蔓延，南方麻区的整个黄麻生长季节中均可发病，但发病高峰多在8月中、下旬，尤其是暴雨或台风季节最利于病菌的传播和侵染，诱致病害的大流行。圆果种黄麻比较感病，长果种黄麻因其抗病性很强而自然情况下极少发病。圆果种黄麻不同品种间的抗病性存在明显差异。多年连作的老麻地由于土质变劣，地力下降，麻株长势弱，发病严重，轮作地特别是水旱轮作的麻地发病较轻。施肥不当如氮肥施用量过大或追施不适时，常引起严重发病；少施或不施磷肥和钾肥，也会加重发病。此外，地势低洼、排水不良和湿度大的麻地，也有利于病害的发生。

六、防治技术

（一）选育与利用抗病品种

利用抗病的圆果种黄麻品种是防控炭疽病高效而经济的技术措施。各产麻区可因地制宜选用中黄麻 1 号、粤圆 5 号、粤圆 17 和梅峰 4 号等高产优质品种。选用与种植高产抗病品种时，应不断进行选育和提纯复壮，以避免种性退化。

（二）选用无病种子

病区种子带菌现象普遍，应选择无病麻田留种。收获的种子在脱粒和储藏过程中要经过淘选和日晒处理，防止病菌污染，并提高种子发芽率。或从无病麻区调运优质种子，从根本上杜绝初侵染源。

（三）加强栽培管理

有条件的麻区，可通过冬种绿肥并回田，改善土壤质地和肥力。播种时施足有机基肥，勤施、轻施苗肥，生长中期应适时适量追施氮肥，按黄麻生长需求合理增施磷肥和钾肥。重病区实行轮作，尤其是水旱轮作，缺乏水源地区可以与其他非寄主作物轮作，在无法轮作地区应采取深翻土壤、破畦换沟和高畦种植，同时开好排灌沟。及时中耕除草和清除枯枝烂叶，保持麻田的通透性。

（四）化学防治

1. 种子处理　可选用 45％咪鲜胺微乳剂 2 000～4 000 倍液浸种 24～48h，捞出洗净和晾干后播种。也可用 40％福美双·拌种灵可湿性粉剂，或 50％多菌灵可湿性粉剂，或 70％甲基硫菌灵可湿性粉剂，按种子重量的 0.3％～0.5％进行拌种，密闭闷种 15d 后播种。

2. 药剂防治　发病前可选用 80％代森锰锌可湿性粉剂 800 倍液，或 53.8％氢氧化铜干悬浮剂 1 000 倍液，或 75％百菌清可湿性粉剂 800 倍液喷雾保护。发病初期可选用 20％咪鲜胺微乳剂 1 500 倍液，或 10％苯醚甲环唑水分散粒剂 1 000 倍液，或 25％吡唑醚菌酯乳油 2 000 倍液，或 70％甲基硫菌灵可湿性粉剂 800 倍液，叶面喷雾 2～3 次，对病害均具有很好的防控作用。

陈绵才　王三勇（海南省农业科学院植物保护研究所）

第 23 节　黄麻枯萎病

一、分布与危害

黄麻枯萎病是 20 世纪 70 年代在浙江省和湖南省栽培长果种黄麻上发现的一种真菌病害。至目前，在印度和孟加拉国等黄麻主产国家均有分布，我国所有黄麻种植区域均见该病普遍为害。被害的麻株生长受阻，矮小，重者叶片萎蔫，最后全株枯死。重病的往往因病而翻耕重播或改种其他作物，轻病的也会造成大量死苗，给生产带来很大的损失。自然条件下，该病原菌只侵染长果种黄麻。

二、症状

麻苗自出土后至成株期均可受害。初期幼苗子叶呈失水状萎蔫，重病苗根部或茎基部多呈褐色至黑褐色腐烂，苗枯死。数片真叶期发病的幼苗，初期顶叶呈黄绿色，后自下而上萎蔫脱落，仅剩 1～2 片顶叶，最终全株枯死。剥开幼茎皮层，木质部呈黄褐色，并有褐色至黑褐色长短不一的细条纹。主根与侧根交界处常有褐色病斑，但严重染病麻株整个根系呈现褐腐。

黄麻生长中、后期染病，叶片最初褪绿，似缺肥缺水，后自下而上萎蔫且逐渐脱落，茎秆表面可见白色至淡红色粉状霉，皮层和木质部极易剥离，木质部呈淡黄褐色、黄褐色至褐色，表面也有褐色至黑褐色细条纹。病株根部外表无异样，但木质部呈褐色。工艺成熟期罹病较轻的麻株外观较正常，或叶片略黄而不挺直，能开花结果，但木质部多呈黄绿色或淡黄褐色。

三、病原

黄麻枯萎病病原为半裸镰孢（*Fusarium semitectum* Berk. et Ravenel），属子囊菌门无性型镰孢属真菌。分生孢子梗无色，不分枝或多次分枝，最上端为产孢细胞；产孢细胞内壁芽生产孢，具单个或多个产孢口，一般可产生大小两种类型分生孢子。大型分生孢子无色透明，呈小舟形或镰刀形，较直或略弯曲，多胞，有 1～5 个横隔膜，多数为 3 隔，基部常有一个显著的突起，称为足胞；小型分生孢子无色透明，多为单胞，少数为具 1 隔膜的双胞，椭圆形、卵形或短圆柱形，单生或串生。厚垣孢子在老熟菌丝顶端或中间形成，灰色，近圆形或椭圆形或瓶状，单生或 2～3 个链生（图 19 - 23 - 1）。

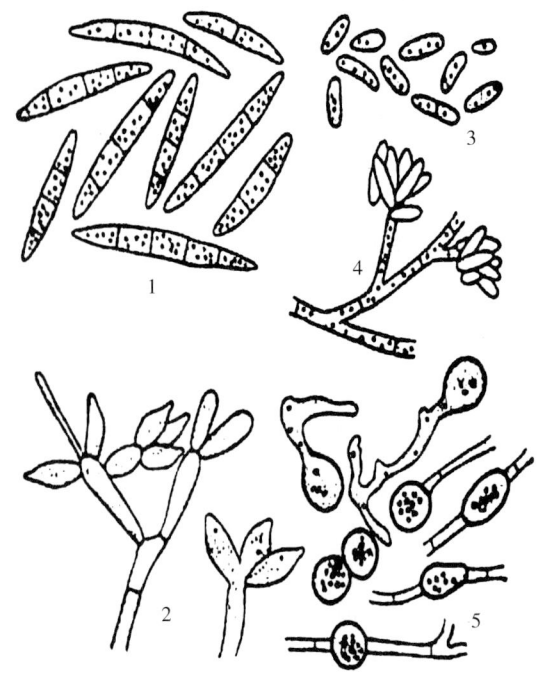

图 19 - 23 - 1　半裸镰孢（陈绵才提供）

Figure 19 - 23 - 1　*Fusarium semitectum*（by Chen Miancai）

1. 大型分生孢子　2. 大型分生孢子梗　3. 小型分生孢子
4. 小型分生孢子聚生在孢子梗上　5. 厚垣孢子及其萌芽

四、病害循环

病原菌主要以菌丝体和厚垣孢子在种子和遗留在土壤里的病残组织上越冬，麻田病残组织内的菌丝可存活 3 年以上，成为翌年的主要初侵染源。病原的菌丝体可以直接侵入黄麻根系，也可通过根结线虫为害和人为伤口侵入。侵入麻株后到达导管，在其中不断繁殖，并借输导作用转移到植株各个部位。田间病株表面产生的分生孢子借风雨传播进行再侵染。病残体及带菌土壤也能通过水流、人为农事操作、农机具和未腐熟的有机肥传播。黄麻生长后期可传播到蒴果上并侵入内部而使种子带菌。

五、发病规律

（一）气候

黄麻枯萎病的发生发展与温度和降水量密切相关，麻苗出土后雨水充足，气温回升到 20℃时开始发病，23℃左右最利于病害的扩展；麻株生长中期如遇多雨天气，发病亦重。7 月中旬以后气温达 29℃以上，麻株随气温增高而生长茂盛，病害受到抑制，轻度染病的麻株仍能开花结实。

（二）品种

长果种黄麻极易感病，至今尚未有抗病的种质材料。圆果种黄麻抗病性极高，人工接种和自然条件下均未发现染病。

（三）耕作制度与栽培管理

病害发生与为害程度与连作年限呈正相关，连作的麻地发病严重，轮作尤其是水旱轮作可减轻病害。深翻犁土，播种前施足有机肥，黄麻生长季节及时合理追施氮、磷、钾肥，排灌设施良好及精耕细作的麻地，一般发病都较轻。

六、防治技术

（一）农业防治

选用无病种子，不在发病麻田留种并控制从病区调运种子。采用圆果种黄麻、红麻换茬轮作，或水旱轮作 3 年以上。有条件的麻区冬种绿肥和回田，改善土壤质地和地力；播种前深翻犁土，施足有机基肥，合理追施磷肥和钾肥。雨季及时开沟排水，降低田间湿度。加强中耕除草，及时发现和拔除发病中心病株，均可有效地减轻病害。

（二）药剂防治

发病初期选用 99％噁霉灵原粉 3 000 倍液，或 20％乙酸铜可湿性粉剂、2.5％二硫氰基甲烷可湿性粉剂 1 500 倍液，或 50％多菌灵可湿性粉剂、70％甲基硫菌灵可湿性粉剂 600 倍液浇灌，力求湿透根系。每隔 7～10d 灌施 1 次，连续施用 2～3 次。

陈绵才　王三勇（海南省农业科学院植物保护研究所）

第 24 节　剑麻斑马纹病

一、分布与危害

剑麻斑马纹病是为害剑麻的主要病害,是目前对剑麻周期产量影响最大的病害之一。该病于 1961 年最先在坦桑尼亚发现,我国于 1970 年在广东粤西的剑麻园首先发现,1972 年以后在广东、海南和广西等省份的部分剑麻产区多次大面积蔓延,随后在全国各剑麻主产区暴发流行,造成大面积麻田受害,引起剑麻叶腐、茎腐、轴腐。发病的剑麻植株长势差,纤维变质,易断裂,甚至整株枯死。

二、症状

剑麻斑马纹病以侵害幼龄麻株为主,多数从叶片开始,进而感染茎、轴,以致整株死亡。

叶片染病,初期在叶面上出现黄豆大小的浅色水渍状病斑,在温度、湿度适宜的条件下迅速扩展,每天可达 2~3cm。染病中后期,病斑继续发展成深紫色和灰绿色相间的同心环带,边缘黄绿色,中央逐渐变黑,有时溢出褐色黏液。病斑老化时,坏死组织皱缩,呈深褐色和淡黄色相间的同心轮纹,形成特有的斑马纹病斑。病斑多以叶基为主。

茎部染病,最初表现为叶片失水,后变灰绿色和纵卷,病株继而呈萎蔫状,基部叶片下垂贴在地面,只剩一根独立的叶轴。剖开病茎,病部呈褐色,在病部与健部交界处有 1 条红色的分界线,病株易摇动和倒伏。

轴部染病,叶片褪绿卷曲。严重时,用手轻拉叶轴尖端,长锥形的叶轴即从茎部折断。未展开的嫩叶呈不规则形褐色轮纹,甚至腐烂,有恶臭味。

同一植株上,剑麻斑马纹病的叶斑、茎腐和轴腐 3 种症状可单独或合并发生,故称斑马纹病复合病。

三、病原

剑麻斑马纹病病原为烟草疫霉($Phytophthora\ nicotianae$ Breda de Haan;异名:寄生疫霉($P.\ parasitica$ Dastur),槟榔疫霉[$P.\ arecae$(L. C. Coleman)Pethybr.])和棕榈疫霉[$P.\ palmivora$(E. J. Butler)E. J. Butler],均属卵菌门疫霉属。

烟草疫霉是主要致病病原菌。在固体培养基上,菌丝生长旺盛,菌丝粗细不均匀,宽 5~10μm。孢子囊多为近球形,有的卵形、椭圆形或不规则形,乳突明显,1 个,偶尔 2 个,平均厚度≥5μm。孢子梗单轴分枝或不规则分枝。成熟孢子囊脱落,具短柄,柄平均长度≤5μm。厚垣孢子有或无,球形,直径 18~51μm。异宗配合。藏卵器小,球形,直径 20~32μm。雄器围生。卵孢子球形,直径 18~26μm。菌丝最高生长温度>35℃。病原菌的最适生长温度 26~28℃,pH 6.0~7.0,光照为 24h/d,相对湿度 90%~95%,培养基为 CA 培养基。

在 CA 培养基上菌落均匀或棉絮状,气生菌丝中等茂盛至十分茂盛,边缘明显。菌丝形态简单,粗 2~6μm;有少量球形或角形菌丝膨大体,直径 10~21μm;菌丝膨大体上有放射状菌丝。孢囊梗不规则分枝或不分枝,直接来源于菌丝,粗 2.0~3.5μm。孢子囊形态多样,常为球形、宽卵形,偶为梨形、陀螺形、顶生、侧生或间生,大小变化甚大,通常大小为(33~61)μm×(23~47)μm,平均为 47.8μm× 32.5μm,长宽比值为 1.2~1.9,平均 1.6;具明显乳突 1~2 个,偶尔 3 个,不脱落。游动孢子自孔口直接释出或经泡囊放出,大小为(9~14)μm×(7~12)μm,鞭毛长 6~30μm。休止孢子球形,直径 8.5~12.0μm。厚垣孢子球形,顶生或间生,直径 21~49μm(平均 31.5μm)。藏卵器球形,直径 16~ 34μm(平均 29.3μm),壁薄,约 2μm,无色;柄棍棒形或漏斗形,向下渐细。雄器近球形、圆筒形,围生,大小为(8~16)μm×(9~16)μm,平均 12.3μm×10.8μm。卵孢子球形,无色至浅黄色,直径 14~28μm(平均 20.5μm),壁厚 2.0~2.5μm,满器或不满器。

棕榈疫霉菌丝无色,粗细一致,少有超过 5μm。孢子囊大多倒梨形、近球形,少数椭圆形,大小为 (43~83)μm×(28~44)μm,具乳突 1 个,大多明显,平均厚度≥5μm;孢子囊脱落具短柄,柄平均长度<5μm。厚垣孢子大量,球形,顶生或间生。异宗配合。藏卵器球形,直径 20~29μm;雄器下位。

在 CA 培养基上菌落均匀，有时呈放射状；气生菌丝较少或中等，边缘明显或不明显。生长温度最低 11℃，最适温度 27～32℃，最高温度 35℃。

四、病害循环

病原菌均为兼性寄生菌，习居于土壤中，亦可在病死的寄生组织中营腐生生活。带菌土壤是主要侵染来源，染病的寄主组织和病叶加工后为未腐熟的麻渣，也可成为初侵染源。病菌以菌丝、厚垣孢子或卵孢子在土壤和病残组织中度过不良环境。5 月以后经过连续降雨，土壤含水量增加，病菌由休眠转为活跃，条件适宜时，长出菌丝，产生孢子囊，释放游动孢子。通过叶片气孔直接侵入寄主，也可从伤口侵入，数天后产生病斑，形成当年的新病株。病菌在染病的麻株上繁殖增殖，产生的孢子囊和游动孢子成为再侵染源。整个雨季一批批麻株受害，田间病原菌量极大，遇到合适条件病害开始流行。病害借助雨水、气流、农机具、人为农事操作和昆虫活动传播，远距离传播主要靠种苗调运方式进行。条件适宜时潜育期很短，仅 2～3d。

五、流行规律

剑麻斑马纹病在一个地区或一块麻田的病害流行多数不易突发，往往有一个从点到面，由轻到重的发生和发展过程，一年中的发病阶段大致也可以分为点、片发病，扩大流行和流行态势下降 3 个阶段。其流行与气象因素、麻田环境、麻龄、品种、栽培管理措施和田间菌量等因素都有一定的关系。

(一) 气候因素

降雨或高湿度是该病发生和流行的主要条件，且一般在每年雨季后发生流行。当麻田气温在 15～35℃、相对湿度在 95%～100% 时易发生病害。气温在 17℃ 以下或 28℃ 以上、相对湿度在 80% 以下时极少发病。

根据定点观察的结果，一年中病害发生发展的规律，新老病区有所不同。新发病区始病期迟，7 月以前只在少数麻株上发现，8 月以后病株增多，9～10 月病情急剧上升并出现大批茎腐和轴腐植株，达到流行高峰；10 月以后病势下降，不出现新病株，但流行期感染病的植株还会发展为茎腐、轴腐。往年有发病史的麻园始病期出现早，4 月开始发病，6～7 月进入流行期，直到 10 月。

(二) 麻田环境

地势低洼、排水不良，或地面水不能控制的冲刷沟边和陡坡地，湖泊或河流边沿地下水位高的麻园极易发生病害。防护林边的麻行，由于湿度大，寡照，发病早，病株多且严重。

(三) 品种

大面积栽种的东 1 号剑麻（H11648）极易感病。普通剑麻、假菠萝麻和马盖麻易感病，灰叶剑麻有一定抗性，无刺番麻和有刺番麻抗病，皮带麻免疫。目前品种中，东 1 号剑麻严重感病，东 2 号等中感，毛里求斯麻免疫，南亚 1 号、粤西 114 较抗病。

(四) 栽培管理措施

种植了病苗的新麻园发病早，蔓延快，病情重。在雨日或雨日不久进行的定植、割叶和除草等的农事操作易形成伤口，极易发生病害。麻田土质黏重，排水不良，过往人、畜较多或光照不足的地块可能成为发病中心。麻田管理不善、荒芜且通风透光差的麻园容易发病。施用麻渣特别是未沤熟的麻渣，一至三龄的麻株偏施氮肥等，极易诱发病害。

六、防治技术

(一) 选用抗病耐病品种

选育高产抗病的新品种，是防治该病的重要途径之一。如种植较抗病品种南亚 1 号、粤西 114，高抗病性品种番麻、东 5、东 74、东 368、墨引 6、墨引 12、墨引 7、墨引 5、假 7、马盖麻、东 109、金边弧叶龙舌和兰墨引 4 号。

(二) 农业防治

1. 选择健康种苗，抓好苗圃的防病，苗圃地要轮作　苗圃四周开好排水沟和防畜沟，苗圃及时做好防病工作，不在病田采苗，种苗最好自繁自育。苗圃地不要选择在前茬为寄主作物或人、畜、车辆来往多的地块。种苗要随挖、随运、随种，不宜堆积，以免发病。

2. 注意农事操作，减少病害传染机会　种植时间选择在相对低温、干旱的季节，不在雨天挖苗与种植。雨季和雨天减少田间作业，安排在旱季进行幼龄麻割叶。移栽后 1～2 年内要及时收割脚叶。平时割叶选择在晴天进行，防止染病。未达到割叶标准的幼麻，在雨季到来前割 2～3 轮脚叶。

3. 加强麻园管理，提高抗病力　及时中耕除草，避免麻园荒芜。麻园作业时尽量减少对麻株损伤。合理施肥，避免偏施氮肥，适当增施钾肥、火烧土或石灰，未开割麻园不宜施用麻渣，同时特别注意麻渣需沤熟后方能用作肥料。

4. 做好田间卫生，建立定期检查制度，清除和控制传染源　连续雨天和台风雨后，对麻园全面检查，及时发现和清除病叶、病株，并集中烧毁。病穴应进行土壤消毒，同时对邻近的麻株和地面喷洒杀菌剂。冬旱季节要清理发病麻田，及时挖除死株或割除病叶，减少田间菌源。

5. 搞好麻园基本建设，切断病菌传播途径　为了防止流水传播病害，应在麻园及周围开好"三沟"，即排水沟、防冲刷沟和隔离沟。不在低洼积水地种植剑麻。采用高垄育苗或种植，一般垄高 25～35cm，地下水位低的垄高 50～60cm。

（三）化学防治

1. 种苗消毒及病害预防　染病苗圃或染病麻园割叶后，可选用 40％三乙膦酸铝可湿性粉剂，或 50％甲霜灵可湿性粉剂，或 80％代森锰锌可湿性粉剂进行叶面喷雾。挖出的种苗在 24h 内用 50％代森锰锌可湿性粉剂对水后喷切口，并及时种植。

2. 麻园药剂防治　发现中心病株，及时使用 80％代森锰锌可湿性粉剂 600～800 倍液，或 50％甲霜灵锰锌可湿性粉剂 500～600 倍液喷雾防治与保护。大面积发病，可选用 72％霜脲·锰锌可湿性粉剂 800 倍液、50％烯酰吗啉可湿性粉剂 800～1 000 倍液、10％霜脲氰可湿性粉剂 2 000 倍液、72.2％霜霉威水剂 600～800 倍液喷雾治疗。视病情和气候连续施用 2～3 次，每隔 5～7d1 次。

卜小莉　陈绵才（海南省农业科学院植物保护研究所）

第 25 节　剑麻茎腐病

一、分布与危害

剑麻茎腐病是剑麻生产上的一种毁灭性病害，对剑麻纤维产量和品质影响极大。该病最早发生于坦桑尼亚的普通剑麻上，成为当地普通剑麻上的最重要病害。我国于 1987 年在广东省部分农场发现该病，特别是 1987—1988 年在湛江垦区该病发病严重，导致 25 万株剑麻死亡，造成巨大经济损失。据国家麻类产业技术体系调查，2007 年以来剑麻茎腐病的发生率越来越高，发病严重的麻园，一个月内株发病率达 100％。剑麻茎腐病不仅为害中、老龄麻，幼龄麻的株发病率有时也达到 75.3％。

二、症状

感病植株叶片褪绿、失水、枯萎、下垂，病叶呈浅绿色。染病组织初期有发酵酒味，后期组织腐烂，在病组织表面可产生大量白色的菌丝体和黑色霉点状的子实体。割叶后留下的叶桩上呈水渍状湿腐，产生黄褐色或红褐色病痕，手压之有汁液流出，天气干旱时病部干缩，紫红色。这种腐烂逐渐蔓延到邻近未割的叶片基部，染病组织湿腐，麻叶萎蔫下垂。纵剖病株躯干，可见从染病叶基向内扩展而形成的黄褐色坏死病痕。病痕向上下蔓延，病健交界处有红色晕圈，有酒精味。叶基腐烂继续扩展，可造成茎干环缢，上部未割的叶片褪绿、凋萎、下垂，最终整株死亡。湿腐的叶基和茎干组织有臭味。在叶桩切口、心叶轴心内可见许多黑色霉状物，严重时死亡。

剑麻茎腐病一般表现出急性和慢性两种类型病斑。急性型病斑初期在侵入伤口处呈浅红色，然后变为浅黄色水渍状，病组织腐烂，并有大量浊液溢出，病原菌通过叶基伤口侵入到茎部，纵向扩展，致茎部组织腐烂，造成叶片失水，整株凋萎，最后死亡。慢性型病斑在侵入伤口处呈黑褐色或红褐色水渍状，病菌扩展较慢，整株不易死亡。

三、病原

剑麻茎腐病病原为黑曲霉（*Aspergillus niger* Tiegh.），属子囊菌门无性型曲霉属真菌。

黑曲霉在培养基上的气生菌丝不丰盛，浅色，有隔膜，后在菌落表面产生一层黑粉状物。分生孢子梗从菌丝上的厚壁足细胞生出，单生，直立，粗大，初浅色，后变褐色，大小为（200～400）μm×（7～10）μm。在分生孢子梗顶端形成球形顶囊，上着生瓶状小梗，放射状排列，在其上串生圆形、褐色或灰褐色的分生孢子。分生孢子直径 2.5～5μm。在培养基上菌丝生长的温度范围为 15～39℃，最适温度为32℃；产孢的温度范围为 16～39℃，最适温度为 32℃；分生孢子萌发的温度范围为 16～44℃，最适温度为 36℃；分生孢子必须在相对湿度≥92％的条件下才能萌发；光照对产孢和分生孢子萌发无明显的影响；在 pH4～9 范围内菌丝可以生长，分生孢子能很好地萌发，但在 pH4～5 时较有利于菌丝生长；病菌侵染的温度范围为 20～42℃，最适侵染温度为 36℃，属高温型真菌。

四、病害循环

该病原菌是一种土壤腐生菌，能在各种有机体上营腐生生活。病株残体上的菌丝体是病害的主要初侵染源，主要通过开割麻株的割叶伤口侵入寄主组织，分生孢子主要靠气流和雨水传播。土壤中的病原菌主要通过雨水进行传播。高温高湿时，孢子迅速萌发，产生病斑，形成新的病株。病菌在这些株上繁殖，为田间侵染提供大量菌源，形成再侵染来源。环境条件不适宜时，病原菌可在麻株病部或麻园土壤中残存和越冬。

五、流行规律

剑麻茎腐病是一种高温型真菌病害，多发生于高温高湿季节，但高温干旱时也可发生。夏秋季节气温高，湿度大，对病害发生和流行极为有利。温度是引起发病的主要条件，通常月平均温度超过 20℃以上高温期割叶，都能满足病原菌侵入和引发病害的条件，降雨天气则更有利病原菌的侵染。

剑麻茎腐病可分为越冬、始发、流行和病情下降 4 个阶段：12 月至翌年 2 月为越冬期，温度较低，不适宜发病；3～4 月为始发期，月平均温度高于 20℃，发病率较低；5～9 月为流行期，随着温度升高，发病率和死亡率急速上升；10～11 月为下降期，随着温度的下降，发病率逐渐下降。

另外，其流行还与土壤环境、麻龄、品种、栽培管理措施等因素都有一定的关系。偏酸或含钙量低的土壤易发生病害。该病主要发生于开割的中老龄麻园，新植 1～3 龄的麻园以及刚刚开割 1～2 刀麻也较容易感染发病。割叶的时间与发病关系极为密切，雨季收割麻叶是发病的重要条件。

六、防治技术

（一）选育与利用抗病品种

培育和种植抗病品种是防治该病最有效的措施之一。目前比较抗茎腐病的剑麻品种有粤西 114、东368、东 16、广西 76416、南亚 1 号等。

（二）农业防治

1. 麻园选择与轮作　种植剑麻地块要选择无病地块，更新麻园不宜连作，要轮作 1～2 年后再种剑麻。种植前，畦面用石灰撒在地上进行消毒处理与土壤酸碱度调整。坚持起龟背状的畦种植，尽量不用低洼积水地种，周围开深排水沟，避免积水。

2. 加强肥水管理　平衡施肥，增施火烧土、钾肥，调节土壤酸碱度，提高麻株抗茎腐病的能力。剑麻是喜钙作物，同时钙有利于增强麻株的抗病力，因此要重视施钙肥，特别是发病麻田，更应增施钙肥，以提高植株的抗性，避免偏施氮肥。不施用未经处理的垃圾肥和土杂肥，以免病菌传染。增施石灰，一般发病病园和非发病麻园分别按 0.5kg/株和 0.25kg/株的用量施用，连施 2～3 年。为了防止流水传播病害，应在麻田及周围开好"三沟"，即排水沟、防冲刷沟和隔离沟。

3. 注意农事操作，降低病害传染概率　调整种植、割叶期，提高割麻技术水平，在高温多雨季节不宜大面积种植与收割，尽量避开高温期种植。割叶不宜在高温多雨季节进行，一般宜在 9 月至翌年 1 月进行。病区麻园割叶时要注意避免交叉感染，先割健株，后再割病株。割下的病叶要专机专打，麻渣不宜施回麻田。

4. 搞好麻田卫生，建立定期检查制度，清除和控制传染源 定期检查麻园，连续雨天和台风雨后对麻园全面检查，及时挖除中心病株，集中烧毁或深埋，并对病穴消毒和邻近的麻株和地面喷洒杀菌剂，防止病原菌蔓延。

（三）化学防治

1. 苗圃和割叶后伤口喷药保护 可选用 50％多菌灵可湿性粉剂 600 倍液，或 75％百菌清可湿性粉剂 800 倍液、80％代森锰锌可湿性粉剂 800 倍液进行叶面喷雾。

2. 麻园药剂防治 发病初期可选用 50％咪鲜胺锰盐可湿性粉剂 1 000～1 500 倍液，或 40％五硝·多菌灵可湿性粉剂 600～800 倍液，或 3％多抗霉素可湿性粉剂 800～1 000 倍液喷雾。

卜小莉　陈绵才（海南省农业科学院植物保护研究所）

第 26 节　剑麻炭疽病

一、分布与危害

剑麻炭疽病是剑麻上的一种常见病害。印度和英国均有该病分布，我国广东、广西和海南等省份各剑麻主产区普遍发生。剑麻炭疽病主要为害叶片，严重的引起烂叶，纤维因感病而易折断，影响剑麻纤维产量和品质。该病原菌寄主范围极广，除了剑麻外，还可以侵染多种热带果树和经济作物。

二、症状

剑麻炭疽病主要为害叶片，多发生在老叶上，叶片正面和背面都可感病。发病初期，叶片表面产生浅绿色或暗褐色稍微凹陷的病斑，外围有一灰绿色晕圈，以后逐渐变为黑褐色。后期病斑扩大，干燥后呈不规则形，病斑有皱缩沟纹，表面散生许多小黑点，有时呈轮纹状。潮湿时，病斑上可出现粉红色黏液。干燥时，病斑皱缩，纤维易断裂。

三、病原

剑麻炭疽病病原为胶孢炭疽菌 ［*Colletotrichum gloeosporioides*（Penz.）Penz. et Sacc.，异名：龙舌兰炭疽菌（*C. agaves* Cavara）］，属子囊菌门炭疽菌属真菌。有性型为围小丛壳 ［*Glomerella cingulata*（Stoneman）Spauld. et H. Schrenk］，属子囊菌门小丛壳属真菌，但在田间较少见。

菌丝浅褐色，圆筒形，有隔膜和分枝，直径 2～7 μm。分生孢子盘出生于叶片表皮组织内，后突破表皮而外露。分生孢子盘多在叶面散生或聚生，浅褐色，排列成同心轮纹状、圆形或卵圆形，偏平或隆起，直径 100～250 μm。培养基上的菌丝初为白色，后变为灰黑色，产生黑色素。分生孢子盘内密生短小的分生孢子梗。分生孢子梗直立、无色，大小为（30～40）μm×（3～4）μm。分生孢子梗有时长出硬而长、直或弯的深褐色刚毛。刚毛 1～2 个隔膜，大小为（100～500）μm×（4～7）μm。分生孢子单胞，无色，椭圆形或圆筒形，两端钝圆，大小为（28～35）μm×（6～7）μm，有油点或无油点（彩图 19 - 26 - 1）。

四、病害循环

病原菌为兼性寄生菌，能在麻株病叶或落地的病残体上残存，并成为侵染菌源。病菌以菌丝体及分生孢子堆在染病的组织或受寒害的叶片上越冬，成为翌年新生嫩叶的初侵染来源。分生孢子借助风雨传播，经伤口侵入剑麻叶片组织。在温湿度适宜的情况下，潜伏期为 2～4 d，最长 6 d。雨水和潮湿的气流是病菌传播的必要条件。

五、流行规律

剑麻炭疽病主要发生在高温多雨季节，但受寒害的麻园炭疽病亦重。相对湿度高是病害流行的基本条件，伴随高温一般有利于发病。寒害枯叶或半枯叶是病原菌越冬的主要场所。病原菌主要借风雨传播病害。地势低洼、冷空气易沉积的麻园，或四面环山、日照时数短、大雾笼罩的谷地，或近水面湿度大的地方，容易诱发病害。

六、防治技术

（一）农业防治

种防风林减少风害造成伤口。搞好麻田卫生，割除老病叶，集中烧毁，减少田间病源。采用合理的株行距，避免种植过密，保持麻园的通风透光。加强麻田管理，搞好排水设施。入冬前增施钾肥，提高麻株抗寒抗病能力。

（二）化学防治

雨季适时喷施 50％多菌灵可湿性粉剂 600 倍液、75％百菌清可湿性粉剂 800 倍液、80％代森锰锌可湿性粉剂 800 倍液保护。发病初期，可用 45％咪鲜胺微乳剂 1 500 倍液、10％苯醚甲环唑水分散粒剂 1 000 倍液、70％甲基硫菌灵可湿性粉剂 800 倍液实施叶面喷雾治疗，视病情发展连续喷药 2～3 次，每隔 5～7d 喷施 1 次。

卜小莉　陈绵才（海南省农业科学院植物保护研究所）

第 27 节　剑麻紫色卷叶病

一、分布与危害

剑麻紫色卷叶病又称剑麻紫色尖端卷叶病、剑麻紫色先端卷叶病，是海南、广西和广东等省份剑麻产区先后发生的一种新病害。2001 年 11 月在海南昌江青坎农场首先发现，不到半年时间便迅速蔓延全场及周边农村。此后，海南红泉农场、广坝农场及其他种麻区也先后大量发生，发病面积达 1 400hm²，重病麻园株发病率高达 80％，减产 30％以上。2003 年 1～2 月在广东省东方剑麻集团公司属下东方红农场、金星农业公司以及周边农村剑麻现该病为害，其中东方红农业公司较重，麻园发病率达 60％。该病不造成植株死亡，但可造成麻株生势衰弱和纤维变质而大幅度减产。

二、症状

该病害多数集中出现在老叶和成熟叶的叶片先端，病叶边缘呈紫色，叶缘两边向中卷曲。初期在植株顶部叶片的叶尖叶缘变紫色或紫红色，叶尖向内卷曲，并向下扩展至叶片中部，并逐渐干枯。叶片表面伴生有大量的褪绿黄褐色病斑，初期呈黄豆大小，后扩展为花生仁大小或连片，边缘紫红色，后期干枯变黑，根系大部分枯死。而后 70％以上的病株并发心腐，病组织初期灰黑色，叶肉叶汁被消耗，仅余表皮和纤维。后期叶片变白色，并在病健交界处断落（彩图 19 - 27 - 1）。

三、病原

剑麻紫色卷叶病病因尚不明确。有报道称该病与气候和土壤中磷、钾和钙元素缺乏或富集有关。海南省农业科学院农业环境与植物保护研究所对土壤的 pH、有机质、碱解氮、速效钾、速效磷、交换性镁、交换性钙、有效硫、代换性锰、有效锌、有效铜、有效铁和有效硼 13 项因子进行了测试，结果表明剑麻紫色卷叶病与这些化学元素无明显相关性。据广东省东方剑麻集团公司东方红农业研究所调查，染病麻株的卷曲叶片上常有新菠萝灰粉蚧 [*Dysmicoccus neobrevipes* (Beardsley)] 出现，且观察到该害虫暴发过后麻园常伴有紫色卷叶病大发生，因此，认为该病可能是由于媒介害虫新菠萝灰粉蚧为害而诱发的一种生理性病害。

四、流行规律

广东省东方剑麻集团农业研究所研究发现，该病害与气温呈显著负相关，与新菠萝灰粉蚧为害有密切关系。新菠萝灰粉蚧在剑麻上取食，吸取剑麻汁液时分泌出一种有毒物质，随同化物在剑麻植株体内上下传导，或使根系生长受阻，无法吸收水分和将矿物质向上输送给叶片，削弱了叶片水分和矿物质的吸收，或产生的毒素直接干扰了植株的正常生理机能，从而出现紫色卷叶、褪绿黄斑和植株生势衰弱，最终导致麻株的心轴腐烂。试验还表明，及时和有效地防治新菠萝灰粉蚧的麻园，病害发生较轻，反之发病严重。

五、防治技术

(一)农业防治

结合麻园管理，及时增施有机肥、磷肥和钙肥，保持植株体内养分平衡，促进正常生长，从而提高抗性。合理定植密度，及时收割和除草灭荒，保持田间通风、透光等良好的生态环境。发现零星病株，可结合防治新菠萝灰粉蚧后挖除或砍除，集中烧毁。

(二)化学防治

重点防治新菠灰萝粉蚧。冬季至早春，或干旱季节新菠萝灰粉蚧虫口密度大，可选用 52.5% 毒死蜱·高效氯氰菊酯乳油 1 000 倍液、20% 啶虫脒微乳剂 1 000 倍液、48% 毒死蜱乳油 800～1 000 倍液进行叶面喷雾。

陈绵才　卜小莉（海南省农业科学院植物保护研究所）

第 28 节　大麻白星病

一、分布与危害

大麻白星病又称斑枯病，为大麻种植区常发病害。分布在云南、河北、河南、新疆、贵州、台湾等地。

二、症状

大麻白星病主要为害叶片。最初沿叶脉处产生多角形或不规则形至椭圆形病斑，黄白色、淡褐色至灰褐色，大小 2～5mm，病斑有时四周具黄褐色晕圈，后期病斑扩大后可并合成较大的病斑，病部生出黑色小粒点，即病原菌的分生孢子。发病严重时病斑融合造成叶片早落。此病在中国东北麻区常有发生，受害严重时早落叶，生长受阻，影响产量（彩图 19 - 28 - 1）。

三、病原

大麻白星病病原为大麻壳针孢 ［*Septoria cannabis* (Lasch) Sacc.］，属子囊菌门无性型壳针孢属真菌。分生孢子器黑色，球形，直径 90μm 左右，散生或聚生在叶两面，初埋生后突破表皮。分生孢子无色透明，针形，直或弯曲，顶端较尖，具隔膜 2～5 个，多为 3 个隔膜，大小为（45～55）μm×（2～2.5）μm。菌丝发育适温为 25℃，最适 pH 5.2（图 19 - 28 - 1，彩图 19 -28 - 2）。

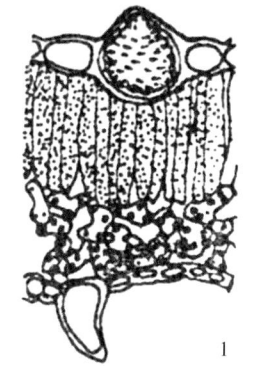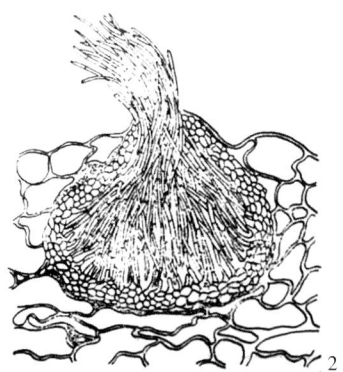

图 19 - 28 - 1　大麻壳针孢（1. 仿陈其本，2005；2. 仿陆家云，2004）

Figure 19 - 28 - 1　*Septoria cannabis*（1. from Chen Qiben, 2005；2. from Lu Jiayun, 2004）

四、病害循环

病菌以分生孢子或菌丝体在遗留地面的病残体上越冬，翌春遇水湿后，成熟的分生孢子器从孔溢出大量分生孢子，借风雨传播进行初侵染，病部不断产生孢子进行再侵染。

五、流行规律

排水不良的低洼阴湿麻地，以及地下水位高和过度密植的麻地，发病往往较重，偏施和过量施用氮肥的发病也重。

六、防治技术

（一）农业防治

选择高燥地块栽植大麻，雨季及时排涝，防止湿气滞留。施用充分腐熟的有机肥，增施磷、钾肥，不要偏施过施氮肥。合理密植，保持田间通风透光，使大麻健康生长，增强抗病力。

（二）化学防治

发病前可选用 70％代森锰锌可湿性粉剂 400～600 倍液，或 30％王铜悬浮剂 600～800 倍液，或 75％百菌清可湿性粉剂 500～600 倍液喷雾保护。发病后可选用 10％苯醚甲环唑水分散粒剂 800～1 200 倍液、25％嘧菌酯悬浮剂 1 000～1 500 倍液、70％甲基硫菌灵可湿性粉剂 800～1 000 倍液、50％多菌灵可湿性粉剂 600～800 倍液喷雾防治。每隔 7～10d 喷施 1 次，共喷 2～3 次。

王会芳　陈绵才（海南省农业科学院植物保护研究所）

第 29 节　大麻白斑病

一、分布与危害

大麻白斑病分布在我国辽宁、黑龙江、吉林、浙江、安徽、云南等省大麻种植区。

二、症状

大麻白斑病主要为害大麻叶片，初生褐色圆形病斑，后变为灰白色，中心白色，上生黑色小粒点，即病菌的分生孢子器。该病与斑枯病相似，分生孢子器多呈轮状排列，必要时需镜检病原进行区别（彩图 19 - 29 - 1）。

三、病原

大麻白斑病病原有两种，分别为大麻茎点霉 ［*Phoma cannabis*（L. A. Kirchn.）McPartl.，异名：*Phyllosticta cannabis*（L. A. Kirchn.）Speg.］和蒿秆叶点霉（*Phyllosticta straminella* Bres.），分别属子囊菌门无性型茎点霉属和叶点霉属真菌。大麻茎点霉的分生孢子器初埋生在寄主组织里，后突破表皮外露，扁球形。分生孢子单胞，无色，椭圆形至圆筒形，直或弯曲，大小为（4～6）$\mu m \times$（2～2.5）μm。蒿秆叶点霉分生孢子器生在叶面，球形至扁球形，上部的壁较厚，暗褐色，大小为 96～150μm，分生孢子椭圆形或卵形，无色透明，单胞，两端各具 1 油球，大小为（5～9）$\mu m \times$（2.5～4）μm（彩图 19 - 29 -2）。

四、病害循环

病菌以分生孢子器和菌丝体在田间病残组织上越冬，翌春菌丝体生长，分生孢子器吸水，溢出大量分生孢子进行初侵染，生长期间分生孢子借风雨传播进行再侵染。

五、流行规律

苗期低温多雨利于病菌入侵和发病，低温多雨有利于病害的发生。

六、防治技术

（一）农业防治

进行 3 年以上轮作。收获后及时深翻，消灭病残组织中的病菌，减少为害。选用健康、饱满的种子，做到适期播种，防止过早播种。加强麻田管理，及时间苗，增施草木灰，提高麻株抗病力。

（二）化学防治

发病初期，尤其是在寒流侵袭前，喷洒 50％咪鲜胺可湿性粉剂 1 500 倍液、50％异菌脲可湿性粉剂

800～1 000 倍液、10%苯醚甲环唑水分散粒剂 800～1 000 倍液、70%甲基硫菌灵可湿性粉剂 600～800 倍液，均有良好的防病保苗作用。

王会芳　陈绵才（海南省农业科学院植物保护研究所）

第 30 节　大麻茎腐病

一、分布与危害

大麻茎腐病是为害大麻生产的主要病害之一。在云南、湖北、河南、江西、安徽、山东、河北等主产区均普遍发生，且为害较重。此病若在大麻播种后发生，会造成烂种或死苗。开花期以后发生，植株枯萎。一般发病率为 10%～15%，严重的达 60%～80%，发生严重时甚至成片枯死，造成绝产，是大麻生产中的毁灭性病害。

二、症状

大麻茎腐病主要为害大麻的茎秆，播种后发病引起烂种死苗，近地面的嫩茎先发病，初为水渍状小斑点，扩展后呈纺锤形或不规则形褪绿斑，以后病斑逐渐变灰褐色至灰白色，稍凹陷，病斑上散生小黑点，即分生孢子器。开花后发病，多自根部或基部开始，以后逐步向茎部蔓延，有的从叶柄基部侵入而后蔓延到茎部。根部感病后，根系变为褐色；茎部受害后，开始产生黄褐色病斑，以后病斑中部变为灰白色，且有光泽，上面密生很多小黑点（分生孢子器）。发病严重的植株，全株叶片卷曲萎蔫，植株顶端弯曲下垂，叶片蒴果变成黑褐色，株形矮小。当病斑绕茎或枝发展严重时，病部以上的茎叶干枯死亡。同时，由于病菌侵害根、茎的皮层及内部，使根部皮层和茎部韧皮部组织脱光和腐蚀，仅剩纤维，茎的内部中空，最后全株枯死，或被风吹折断。

三、病原

大麻茎腐病病原菌为草茎点霉（*Phoma herbarum* Westend.），属子囊菌门无性型茎点霉属真菌。分生孢子器埋生或半埋生，有时突破表皮，球形，褐色，分散或偶尔聚生，有孔口，无乳突。产孢细胞安瓿形至桶形，无色，内壁芽生瓶体式产孢。分生孢子椭圆形，无色，单胞，大小为（4～5）μm×（1.5～2）μm。

病原菌在 PDA 上 7d 左右开始生长，菌落橄榄绿至近黑色，气生菌丝少，絮状，白色，菌丝中心黄色，后密生小黑点（分生孢子器）。在 OA（燕麦片琼脂培养基）上 3～4d 开始生长，几乎无气生菌丝。大型分生孢子卵形、近圆柱形、椭圆形，顶端钝圆，基部明显变尖，无色，单胞，光滑，大小为（1.14～2.00）μm×（0.57～1.05）μm。小型分生孢子圆柱形或哑铃形，两端钝圆，无色，单胞，大小为（0.76～1.71）μm×（0.29～0.95）μm。分生孢子器半埋生，球形，孔口圆形，无乳突或微具乳突，大小为（14.31～25.76）μm×（0.29～0.95）μm（图 19 - 30 - 1）。

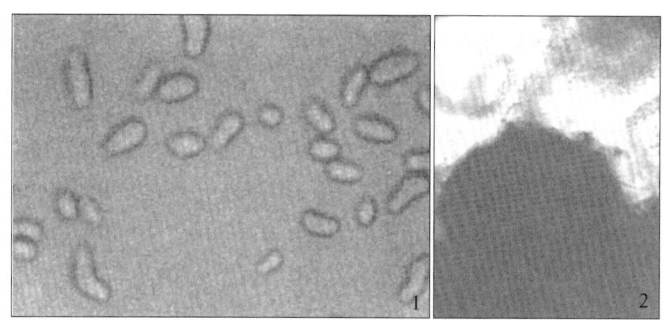

图 19 - 30 - 1　草茎点霉（仿黄素芳，2009）
Figure 19 - 30 - 1　*Phoma herbarum*（from Huang Sufang，2009）
1. 分生孢子　2. 分生孢子器

四、病害循环

病菌以菌丝体在病残组织内或以菌核在土壤中越冬，翌年定植后产生分生孢子，借气流和水滴传播。此菌的分生孢子在 0～30℃都可萌发，以 25～30℃最适宜。分生孢子的耐旱力较强，在室温 20～28℃的条件下，经 30d 干旱，其发芽率仍在 10%以上。菌丝的生长适宜温度为 30～32℃。菌核能在－1℃的低温下不致丧失生活力，在土壤中存活能达两年之久。

五、流行规律

大麻茎腐病多发生在盛花期以后，苗期也能发病。借助气流和水滴传播进行初侵染，每年 7～8 月有 1 次发病高峰，土壤黏重，水肥管理不当，植株长势弱易发病。

六、防治技术

（一）种子消毒

对于带菌种子，可辅之以种子处理，以减轻病害。种子处理常用浸种的方法，用 55～56℃ 温水浸种 10～15min。

（二）农业防治

开沟作厢，排涝防渍，以避免因土壤湿度过大、雨水过多而引发病害。增施磷、钾肥，可增强植株的抗病能力。中耕除草时注意不要伤根，以减少病菌的侵入与传播。

（三）化学防治

出苗后可选用 25％醚菌酯悬浮剂 1 000～1 500 倍液，或 80％代森锰锌可湿性粉剂 600 倍液喷雾保护。发病初期可选用 10％苯醚甲环唑水分散粒剂 800～1 000 倍液、50％醚菌酯乳油 1 500～2 000 倍液喷雾防治、70％甲基硫菌灵可湿性粉剂 600～800 倍液、50％多菌灵可湿性粉剂 600 倍液喷雾防治，根据发病情况喷施 1～3 次，每隔 7～10d 1 次。

王会芳　陈绵才（海南省农业科学院植物保护研究所）

第 31 节　大麻猝倒病

一、分布与危害

大麻猝倒病在各大麻种植区均可发生，是栽培大麻上常见的一种重要病害。据调查，麻田株发病率一般为 6.5％～15％，产量损失 5％～10％。一旦染病，如管理不及时，大幅度死苗，甚至造成绝收。

二、症状

大麻猝倒病主要为害幼苗的茎基，病斑呈水渍状，有时未见明显症状而植株突然死亡，病部长出白色棉絮状的菌丝体，茎基部近地面处产生褐色病斑，病苗枯死倒伏，且极易从土中拔出（彩图 19-31-1）。

三、病原

大麻猝倒病主要由瓜果腐霉 [*Pythium aphanidermatum* (Edson) Fitzp.] 和终极腐霉（*P. ultimum* Trow）引起。病菌侵害种子或幼苗，在幼苗基部茎的表面，引起一种棕褐色水样软腐，植株因头重而倒伏。另外，还有许多真菌也引起大麻猝倒，如立枯丝核菌（*Rhizoctonia solani* Kühn）、灰葡萄孢（*Botrytis cinerea* Pers.：Fr.）、菜豆壳球孢 [*Macrophomina phaseolina* (Tassi) Goid.]、腐皮镰孢 [*Fusarium solani* (Martius) Appel et Wollenw. ex Snyder et Hansen]、尖镰孢（*F. oxysporum* Schltdl. ex Snyder et Hansen）、燕麦镰孢 [*F. avenaceum* (Fr.) Sacc.]、禾谷镰孢（*F. graminearum* Schwabe）等，使大麻猝倒病普遍存在。

瓜果腐霉属腐霉目腐霉科卵菌。菌丝无隔多核，孢子囊生在菌丝顶端或中间，长筒形，有裂瓣或姜瓣状不规则的分枝，在一定条件下可萌发产生游动孢子。游动孢子初在泡囊内缓慢运动，渐渐加速，待泡囊的外膜部分破裂时，游动孢子成团挤出。游动孢子放出后，泡囊即消失。游动孢子呈肾形，凹处有二鞭毛，游动约半小时后变为圆形的休止孢。

终极腐霉属腐霉目腐霉科卵菌。孢子囊多间生，球形至梨形，直径 13～30μm，常直接萌发产生芽管。藏卵器球形，壁光滑，顶生或间生，直径 18～25μm；具侧生雄器 1 个，偶有 2～3 个，典型的同丝生，无柄，紧贴藏卵器，偶有下位生和异丝生，大小为（7.7～15.5）μm×（5.5～10.3）μm，平均为 10.87μm×6.79μm；授精管明显可见，粗约1.5μm。卵孢子球形、平滑，不满器，直径10～25μm，壁厚 0.9～2.8μm，内含贮物球和折光体各1个（图19-31-1）。

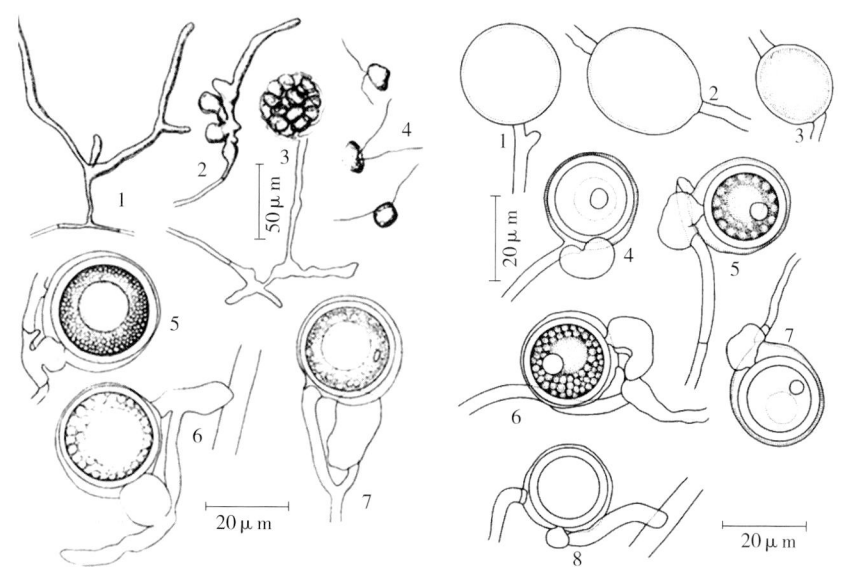

图 19-31-1　大麻猝倒病菌形态特征（引自贺运春，2008）

Figure 19-31-1　Morphological characteristics of pathogens of hemp damping-off (from He Yunchun，2008)

左图：瓜果腐霉　1、2. 孢子囊　3. 孢囊　4. 游动孢子　5～7. 藏卵器、雄器和卵孢子
右图：终极腐霉　1～3. 菌丝膨大体　4～8. 藏卵器、雄器和卵孢子

四、病害循环

两种主要腐霉属病菌的腐生性很强，可在土壤中长期存活，以含有机质的土壤中存活较多，病菌以卵孢子在病株残余组织上及土壤中越冬和度过不良的环境，在适宜的条件下萌发产生游动孢子，或直接长出芽管侵害寄主。病菌借雨水或土壤中水分的流动而传播，在病组织上产生孢子囊，进行重复侵染，后期又在病组织内形成卵孢子越冬。值得注意的是病菌可在土壤中以腐生状态长期生存达4年之久，为苗期的重要病害。

五、流行规律

在适宜的条件下，越冬后的厚垣孢子及卵孢子萌发，先产生芽管，继而在芽管顶端膨大形成孢子囊和游动孢子。游动孢子或菌丝在植株土面上下部位侵染茎根。在潮湿天气，借助于地表水或灌溉水进行一次传播，并在寄主组织中形成卵孢子，组织腐烂时，卵孢子释放入土。低于寄主最适生长温度的条件下发生严重。空气相对湿度80%以上，土壤含水量大，有利于发病。苗床排水不良或降雨过多、过湿，此病会迅速传播。各地麻区因气候不同，其发病期有所差异，一般其发病盛期为4月下旬至5月初，在5月上旬以后逐渐减少。

六、防治技术

（一）农业防治

1. 植前土壤处理　播种前将土壤充分翻晒，每公顷用750～1 050kg草木灰或火土灰撒施，可减少病害的发生。

2. 加强麻园管理　注意播种密度和勤除杂草，保持田间不积水、通风和透光，从而减轻或避免病害。

3. 及时剔除病苗　当田间发现发病中心病株时，应立即拔除。

（二）药剂防治

出苗后如遇低温阴雨天气，选用80%代森锌可湿性粉剂600～800倍液喷雾保苗。发现发病中心后及时选用 50%甲霜灵•锰锌 600～1 000 倍液、50%烯酰吗啉可湿性粉剂 800～1 000 倍液、72%霜脲•锰锌可湿性粉剂 600～800 倍液、72.2%霜霉威水剂 600～800 喷雾防治。

陈绵才 王会芳（海南省农业科学院植物保护研究所）

第 32 节 大麻叶斑病

一、分布与危害

大麻叶斑病在我国各大麻主产区均普遍发生。每年 6～7 月多雨高湿季节，大麻正值快速生长期，叶斑病为害叶片，严重时造成早期落叶，对产量和品质影响较大。

二、症状

主要为害叶片，初期产生暗褐色小点，以后扩大成圆形或近圆形不规则的病斑，直径 2～6mm，微具同心轮纹，病斑中部淡褐色，周边暗黄色，在叶正面病斑呈橄榄色。发病严重时，叶片萎蔫、卷缩、脱落。后期病斑背面散发许多黑色粒状物，在潮湿条件下病斑上生灰色霉层或黑色的霉状物，即病原的分生孢子梗和分生孢子。

三、病原

大麻叶斑病病原有桂竹香链格孢［*Alternaria cheiranthi*（Lib.；Fr.）P. C. Bolle］、香茅弯孢［*Curvularia cymbopogonis*（C. W. Dodge）Groves et Skolko］和拟茎点霉（*Phomopsis ganjae* McPartl.）。

桂竹香链格孢分生孢子梗 4～12 根束生，灰褐色，不分枝，局部膨大，具隔膜 2～15 个，大小为（32～96）$\mu m \times$（4～7）μm；分生孢子单生或串生，椭圆形或近椭圆形至不规则形，暗黄褐色，嘴喙很短或无，表面光滑，具横隔膜 1～5 个，纵隔膜 1～11 个，隔膜处稍缢缩，大小为（21～97）$\mu m \times$（13～32）μm。此外有报道，菠菜链格孢（*Alternaria spinaciae* Allescher et F. Noack）也是该病病原。

香茅弯孢菌落灰至灰黑色绒毛状，气生菌丝很发达，PDA 上产孢少，分生孢子梗褐色，分隔，直立或略弯，少数有分枝，单生，顶部屈膝状合轴式延伸。分生孢子大多数 4 隔以上，脐点突出，棒状或广梭形，直立或略弯，自基部第三细胞膨大，略向一侧弯曲使孢子微弯。中部细胞暗褐色，基部和头部细胞浅褐色（图 19 - 32 - 1）。

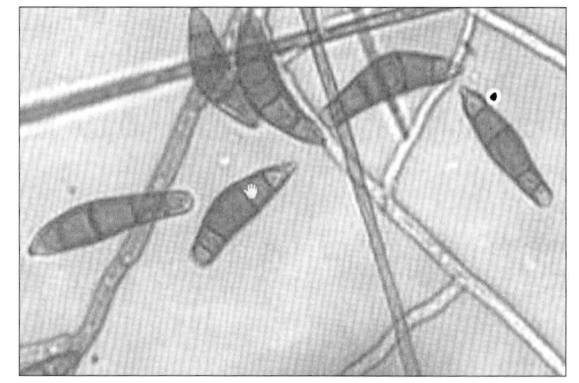

图 19 - 32 - 1 香茅弯孢（引自龚国淑，2004）

Figure 19 - 32 - 1 *Curvularia cymbopogonis*（from Gong Guoshu，2004）

四、病害循环

病菌以菌丝体在种子、土壤、病残体上越冬，翌年春季产生分生孢子，借气流传播进行初次侵染。大麻生长季节，植株病部可不断产生分生孢子进行重复侵染。

五、流行规律

病原菌为弱寄生，麻株在发育不良的情况下发病严重，荫蔽低湿的麻地发病较多，高温高湿有利于孢子侵入，阴雨高湿气候利于病害发生。

六、防治技术

（一）农业防治

1. 合理密植 避免种植过密，改善麻地通风透光状况，可减轻发病。

2. 加强田间管理 及时排水和中耕除草。施足基肥，合理施用氮、磷、钾肥，增施磷、钾肥，提高植株抗病能力。

3. 清除田间病株残体　发现零星病株及时拔除，清除残株落叶，集中烧毁。

（二）化学防治

发病初期可喷施 10％苯醚甲环唑水分散粒剂 1 000 倍液、25％丙环唑乳油 800 倍液、75％百菌清可湿性粉剂 600 倍液、50％多菌灵可湿性粉剂 500 倍液、70％甲基硫菌灵可湿性粉剂 800 倍液防治 2～3 次，能较好地防止病菌再次侵染扩散。

王会芳　陈绵才（海南省农业科学院植物保护研究所）

第 33 节　大麻根腐病

一、分布与危害

大麻根腐病是一种土传真菌病害，全国各地麻区都有发生。随着轮作倒茬减少，病害发生日趋加重。大麻根腐病可造成很严重的损失，Barloy 和 Pelhate 认为在法国由腐皮镰孢［*Fusarium solani*（Martius）Appel et Wollenw. ex Snyder et Hansen］引起的根腐病最为严重。

二、症状

大麻根腐病整个生长期都可发生。发病初期，病株枝叶特别是顶部叶片稍见萎蔫，傍晚至翌日早晨恢复。症状反复数日后，地上部分和全株萎蔫，但叶片仍呈绿色。病根初呈黄褐色，后变成黑色，病斑凹陷，大小不一，可达髓部，根部变黑，肉质根散落，仅留根皮呈管状，根部可局部或全部被害，重病株老根腐烂。横切茎观察，可见微管束变褐色，后期潮湿时可见病部长出白色至粉红色霉层（病菌分生孢子）。该染病植株新根不长，地上部叶片失绿、发黄、枯焦、脱落，可导致植株倒伏，严重者整株枯死。

三、病原

大麻根腐病病原为腐皮镰孢［*Fusarium solani*（Martius）Appel et Wollenw. ex Snyder et Hansen］，属子囊菌门无性型镰孢属真菌。气生菌丝灰白色，分生孢子座苍绿色至深灰蓝色，并常展开形成黏孢团状。小型分生孢子卵形，0～1 隔，假头状着生。大型分生孢子近腊肠状，弯曲，顶细胞多数钝圆，基细胞呈不明显足状，0～3 隔，多数 3 隔。无隔孢子，大小为（9.9～3.3）$\mu m \times$（3.3～4.5）μm，一隔孢子大小为（16.5～25.4）$\mu m \times$（3.8～5.6）μm，二隔孢子大小为（22.3～6.4）$\mu m \times$（6.6～7.2）μm，三隔孢子大小为（33～42.9）$\mu m \times$（6.9～8.7）μm。厚垣孢子顶生、间生、单生或串生，直径为 9.9～13.2 μm（图 19-33-1）。

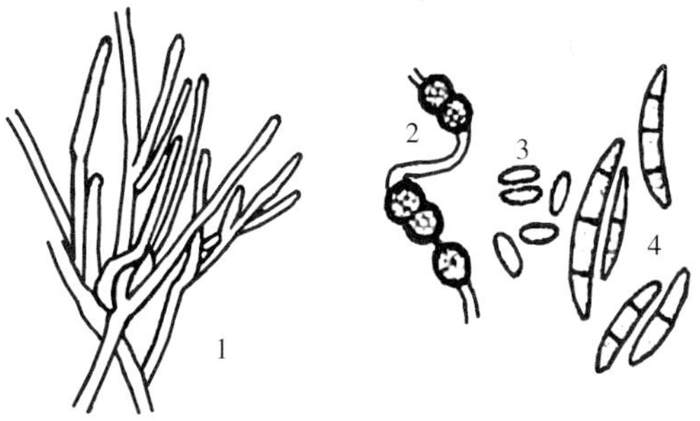

图 19-33-1　腐皮镰孢（仿陆家云，1995）

Figure 19-33-1　*Fusarium solani*（from Lu Jiayun, 1995）

1. 分生孢子梗　2. 厚垣孢子
3. 小分生孢子　4. 大分生孢子

四、病害循环

病菌以菌核、厚垣孢子在病残根上或土壤中越冬，主要靠肥料、工具、雨水及流水传播。种子可携带有潜伏的病菌。病菌经虫伤、机械伤等伤口侵入。翌年春条件适宜时，病菌首先侵入根部或茎基部，渐次向上发展。病部产生的分生孢子可以引起再侵染，但作用不大。其在土壤里可存活 10 年以上。

五、流行规律

大麻根腐病的发生与温度和湿度关系密切。温度在 22～26℃最适合发病，超过 30℃发病率在 2％以下。大麻根腐病对湿度也很敏感，植株种植过密，天棚过低，通风透光性差，湿度越大，发病越重。大水漫灌发病重，小水勤浇发病轻。重茬地、潮湿地、土壤黏重板结、田间积水和地下害虫为害均易加重病情，也容易造成病害的流行。

六、防治技术

（一）农业防治

1. 合理轮作　采用水旱轮作或者非寄主如玉米、烟草等轮作，以减少土壤中病原菌数量。轮作年限越长，病害越轻。

2. 加强栽培管理　灌溉时尽量不要大水漫灌，有条件的可进行滴灌。及时排水，严格控制畦内水分，使土壤保持疏松状态并及时增施磷、钾肥，可以增强植株抗病力。

（二）化学防治

1. 防治地下害虫　播种前或出苗后施用杀虫剂防治蛴螬、蝼蛄等地下害虫。可选用10％毒死蜱颗粒剂125kg/hm²，或40％辛硫磷乳油800倍液灌根。

2. 药剂灌根　发病初期可用99％噁霉灵原粉3 000倍液、2.5％二硫氰基甲烷可湿性粉剂1 500倍液、50％多菌灵可湿性粉剂500倍液灌根，视病情连续施用2～3次，每隔5～7d1次。

王会芳　陈绵才（海南省农业科学院植物保护研究所）

第34节　大麻菌核病

一、分布与危害

大麻菌核病主要为害大麻等，主要为害茎基部、叶片等。

二、症状

大麻菌核病整个生长期均可发生，在高温多湿条件下发生最快。一般于苗高30cm时在麻苗离地10cm处发生灰黑色不规则形病斑，渐次扩大并密生黑灰色的霉，幼苗即在此折断死亡。当麻株长到1m以上发生此病时，叶片出现不规则形黄白色病斑，其上有许多黑色的鼠粪状菌核。茎部染病初现浅褐色水渍状病斑，后发展为具不明显轮纹状的长条斑，边缘褐色，湿度大时表生棉絮状灰白色菌丝，并有很多黑色鼠粪状菌核形成。病茎表皮开裂后，露出麻丝状纤维，茎易折断，致病部以上茎枝萎蔫枯死，典型症状是有大量的菌核黏附在茎秆外。成株期病斑一般在地面上1m左右出现，少见顶部发病的情况。

三、病原

大麻菌核病病原为核盘菌［*Sclerotinia sclerotiorum*（Lib.）de Bary］，属子囊菌门核盘菌属真菌。菌核长圆形至不规则形，似鼠粪状，初白色，后渐成灰色，内部灰白色。菌核萌发后长出1至多个具长柄的肉质黄褐色盘状子囊盘，盘上着生一层子囊和侧丝，子囊无色棍棒状，内含单胞无色子囊孢子8个，侧丝无色，丝状，夹生在子囊之间。

四、病害循环

以菌核在土壤中或混在种子中越冬，成为翌年初侵染源。子囊孢子借风雨传播，侵染老叶或花瓣，田间再侵染多通过菌丝进行，菌丝的侵染和蔓延有两个途径：一是脱落的带病组织与叶片、茎秆接触菌丝蔓延其上；二是病叶与健叶、茎秆直接接触，病叶上的菌丝直接蔓延使其发病。

五、流行规律

病菌主要以菌核混在土壤中或附着在采种株上、混杂在种子间越冬或越夏。菌丝生长发育和菌核形成适温0～30℃，最适温度20℃，最适相对湿度85％以上。在高温多湿条件下发病快。在前茬种植十字花科作物、连作地或施用未充分腐熟的有机肥、播种过密、偏施过施氮肥易发病。地势低洼、排水不良、山区遭受低温频袭或冻害发病重。

六、防治技术

（1）拔除受害植株烧毁；发病前喷施波尔多液 2～3 次。

（2）发病初期开始喷洒 50％异菌脲或 50％乙烯菌核利可湿性粉剂 1 000～1 500 倍液、70％甲基硫菌灵可湿性粉剂 800 倍液、50％多菌灵可湿性粉剂 800～1 000 倍液。

谭新球　张德咏（湖南省农业科学院植物保护研究所）

第 35 节　大麻霉斑病

一、分布与危害

大麻霉斑病主要分布在我国大麻种植区域如安徽、河南、山东、山西、云南、黑龙江、辽宁、吉林、浙江等省份。国外分布于印度、德国、乌克兰、罗马尼亚、加拿大及其他一些欧洲国家。

二、症状

大麻霉斑病主要为害大麻叶片，对苎麻、红麻、黄麻、亚麻等其他麻类作物为害极少。初生暗褐色小点，后扩展成近圆形至不规则形病斑，大小为 2～10mm，中央浅褐色，四周苍黄色。发病重的叶上布满大大小小病斑，致叶片干枯早落后期病斑背面生黑色霉层，即病原菌的分生孢子梗和分生孢子。

三、病原

大麻霉斑病病原为大麻假尾孢 ［*Pseudocercospora cannabina* （Wakef.）Deighton，异名：大麻尾孢 （*Cercospora cannabina* Wakef.）］，属子囊菌门无性型假尾孢属真菌。子实体生在叶背面，无子座；分生孢子梗 2～10 根束生，浅褐色，上下色泽均匀，正直或弯曲，少数具 1～2 个膝状节，顶端狭，不分枝，圆形至近截形，孢痕明显，隔膜 0～4 个，大小为 （16～67） μm×（3.5～5）μm。分生孢子鞭形，无色透明，正直或略弯，基部近截形或截形，隔膜 2～10 个，大小为 （45～80）μm×（3～4）μm。

四、病害循环

病菌以菌丝块或分生孢子在病残体上越冬，成为翌年初侵染源。植株发病后病部可不断产生分生孢子借气流传播，进行多次重复侵染。

五、流行规律

（一）麻田环境

种植密度大、通风透光不好发病重，地下害虫、线虫多时易发病。地势低洼积水、排水不良、土壤潮湿易发病，高温、高湿、多雨易发病。

（二）土壤条件

土壤黏重、偏酸；多年重茬，田间病残体多；氮肥施用太多，生长过嫩；肥力不足、耕作粗放、杂草丛生的田块，植株抗性降低，发病重。

（三）栽培管理

肥料未充分腐熟、有机肥带菌或用易感病种子易发病。

六、防治技术

（一）选用抗病品种和实施轮作

因地制宜选育和种植抗病、高产、优质大麻品种，与非寄主植物进行 3 年以上轮作，有条件的可实行水旱轮作。

（二）加强田间管理

1. 精选种子　播种前对大麻种子进行精选，选用无病、包衣的种子，如未包衣则种子需用拌种剂或浸种剂灭菌，并清除杂草、瘪粒，使种子清洁率达到 95％以上。

2. 适期播种、间苗　根据当地气温进行适期播种，防治过早播种；及时间苗、定苗、补苗，防止高脚苗；合理密植，一般每 667m² 保留株数 20 万株以增加植株间通风透气，防治麻株间郁闭，增加病害发生。

3. 合理施肥　在大麻整个生育期进行合理施肥，一般少施氮肥，施用酵素菌沤制的堆肥或腐熟的有机肥，不用带菌肥料；采用配方施肥技术，适当增施磷、钾肥，培育壮苗，增强植株抗病力，防治麻株后期倒伏发生病害。

4. 合理灌溉　选用排灌方便的田块，开好排水沟，降低地下水位，达到雨停无积水，雨后及时排除田间积水，降低田间湿度，减少病害发生。

5. 清除病株　发现病株后要及时清除病变叶或全株，并带出田间进行及时销毁；收获后及时深翻，消灭病残组织中的病菌；在土壤病菌多或地下害虫严重的田块，在播种前撒施或沟施灭菌杀虫的药土。同时在播种前或收获后，清除田间及四周杂草，集中烧毁或沤肥。

（三）化学防治

发病初期喷洒 1∶0.5～1∶100 倍式波尔多液或 50％琥胶肥酸铜可湿性粉剂 500 倍液、60％多·福可湿性粉剂 600～800 倍液、36％甲基硫菌灵悬浮剂 500 倍液、50％苯菌灵可湿性粉剂 1 500 倍液、65％甲霉灵可湿性粉剂（甲基硫菌灵与乙霉威混剂） 1 000 倍液。

柏连阳　邬腊梅（湖南人文科技学院）

第 36 节　苎麻夜蛾

一、分布与危害

苎麻夜蛾（*Arcte coerulea* Guenée），俗名红脑壳虫、摇头虫等，属鳞翅目夜蛾科，是苎麻生长期的主要害虫之一。分布于日本、印度、斯里兰卡及东南亚等地，我国各苎麻产区均有发生。幼虫属寡食性，除喜食苎麻外，在饲料缺乏的情况下也取食橡树叶、黄麻、亚麻、荨麻、蓖麻、大豆、椿树、枸树叶等。幼虫食害麻叶，严重时全田麻叶蚕食一空，仅留叶柄及主脉，被害麻株生长停滞，多生侧枝，既影响本季的产量和质量，也影响下季麻的生产。二麻为害较重，为害严重的麻园产量损失在 50％以上（彩图 19-36-1）。

二、形态特征

成虫：体长 28～32mm，翅展 65～71mm。头部黑色，口喙黄褐色，胸部茶褐色，腹部深褐色，前缘及翅尖浅茶褐色。亚基线、内横线、外横线、亚外横线黑褐色，呈波状或锯齿状，肾状纹淡红褐色，内具 3 黑纹，肾状纹内侧有 1 黑线。后翅黑褐色，中央有青蓝色带 3 条，带纹中有黑色横切线，外缘缘毛短，内缘簇生长缘毛。

卵：扁圆形，长径约 1mm，乳白色，背面有若干放射状纵纹，纵纹之间又有横纹。

幼虫：老熟幼虫 60mm 左右。三龄前淡黄绿色，三龄后分为黄白型和黑型。黄白型具黑色气门及气门上线，第四节以下气门周围红色，且上下各有 1 黑点，每节背上有 5～6 条黑横线和 4 条白色纹。黑型背上有若干黄色横线，气门上线及气门下线黄色，头、前胸及尾端臀板黄褐色。

蛹：长 25mm，颇粗壮，初化蛹时棕色，渐变黑褐色，可见前足腿节，翅端延达第四腹节末端，胸腹背面光滑，仅有少数刻点及短横线，腹部气门大，呈新月形，后胸气门则极小，腹端圆形，有两根粗壮的臀刺，先端钩状（彩图 19-36-2）。

三、生活习性

苎麻夜蛾多数在晚上羽化，20:00 左右为成虫羽化高峰。成虫常静伏麻株下丛林杂草中或土缝内，白天一般不活动，天黑后成虫飞翔活跃，有趋光性和趋化性。成虫羽化后一天便可交尾，交尾和产卵多在晚上进行。成虫需补充营养，喜食蜂蜜液，羽化后 4～5d 开始产卵，产卵期 3d 左右，第一、二、三代成虫的生育历期较短，一般寿命 6～13d，平均寿命 10d 左右，第四代的成虫生育历期长达 190d。以成虫群集在草丛中及房屋、屋檐、草棚缝隙内越冬。卵多产于麻株的中、上部幼嫩叶背面。卵块中卵粒一般单层排列，不整齐，每块卵 400 粒左右，多者达 1 000 粒以上，被产卵的叶片正面常变黄、下垂。卵的生育历期 3～6d，卵多在 7:00～11:00 孵化，在日平均温度 24℃，相对湿度 90％时，孵化率达 95％以上。幼虫共 6 龄，初孵幼虫在叶背停息数分钟后便开始爬行，取食部分卵壳，继而群集为害卵叶片，取食叶肉，一至二龄幼虫有群集为害和吐丝下垂转移习性。低龄幼虫常集中梢部为害嫩叶，取食叶肉，留下表皮和叶脉，而成筛网状。三龄以上幼虫分散为害，受惊动时以尾足和腹足紧握叶背，头部左右摆动，口吐黄绿色汁液。幼虫食量随着龄期增大而增加，五至六龄幼虫，为害猖獗，每头每天可蚕食 3～5 片叶，属暴食性害虫。三龄以上幼虫失去吐丝下垂的习性，受惊时即坠下地逃离或以第三、四对腹足及臀足握住麻株，头部昂起，左右来回摇摆，若触及虫体时，吐出绿色浆汁，以此防卫，麻农称此为摇头虫。幼虫生育历期以第一代最长，平均历期 25.1d，其次是第二、第四代，第三代最短，平均历期 17.1d。据观察，暴风雨对田间一至二龄幼虫影响很大，致死率达 95％以上，老熟幼虫一般在隐蔽的土坎、疏松表土层内和枯枝落叶中吐丝做薄茧化蛹，蛹期 10～25d。

四、发生规律

苎麻夜蛾以往报道 1 年发生 3 代，越冬虫态及场所各地报道也不一，中国农业科学院麻类研究所近期研究发现，该虫在长江流域 1 年发生 4 代。越冬代成虫于 4 月中旬开始产卵，4 月下旬为产卵盛期，第一代幼虫于 4 月下旬初发，5 月上、中旬盛发，为害头麻；第二代卵于 6 月中、下旬孵化，7 月上、中旬为第二代幼虫盛发期，为害二麻；7 月中旬幼虫陆续化蛹；7 月底至 8 月上旬为成虫羽化盛期，8 月上、中旬为第三代幼虫盛发期，8 月底幼虫陆续化蛹，9 月上、中旬为第四代幼虫盛发期，为害三麻；9 月下旬为盛蛹期，10～11 月成虫陆续羽化。中国农业科学院麻类研究所 1983—1988 年连续跟踪调查结果，与于德河（1983）报道的四川大竹等地苎麻夜蛾的越冬相似。该虫以成虫在草棚及房屋、屋舍缝隙等处越冬。年发生代数的增加可能与全球气候变化有关。

五、防治技术

（一）摘除卵块及群集幼虫

自 4 月下旬至 9 月中旬，勤查麻园，及时摘除卵块和群集幼虫的叶片，集中烧毁或深埋。

（二）中耕松土、消灭虫蛹

5 月底至 6 月上旬头麻收获后，正是第一代蛹期，及时中耕松土，可以消灭部分虫蛹。

（三）药剂防治

抓住幼虫三龄前群集为害这段时期，趁早晨露水未干前进行检查，发现群集幼虫即用草木灰或 2.5％敌百虫粉剂撒于叶片，把幼虫消灭在分散为害之前。三龄后采用 80％敌敌畏乳油 1 500～2 000 倍液，或 18％杀虫双水剂 3kg/hm²，或拟除虫菊酯类农药 300～375mL/hm² 对水 600～900kg，或 1％甲氨基阿维菌素苯甲酸盐乳油 3 000 倍液，或 16 000IU/mg 苏云金杆菌可湿性粉剂 500 倍液喷雾均可达到很好的防效。

薛召东　曾粮斌（中国农业科学院麻类研究所）

第 37 节　苎麻天牛

一、分布与危害

苎麻天牛 [*Paraglenea fortunei* (Saunders)]，俗名蛀莞虫、吃根虫、红头钻心虫等，属鞘翅目天牛科。分布于东南亚各国，以及我国各苎麻产区。主要为害苎麻，也为害木槿、桑等，是苎麻主要害虫之一，老麻园发生较多。成虫、幼虫均可为害，以幼虫为害最严重。幼虫蛀食麻株茎秆基部和地下茎（龙头根、扁担根、跑马根）使麻莞内营养物质减少，形成弱莞，导致麻苗出土迟，生长慢，高矮不一，分株少而纤细，无效麻株增多，在干旱情况下，受害麻莞叶片萎缩不易恢复，此外虫伤口又易遭受病菌侵入造成败蔸、死蔸。成虫取食嫩梢和叶柄，致使麻株光合作用面积减少。嫩梢咬断后主茎停止生长，发生分支，严重影响苎麻的生长发育，降低纤维品质和产量。为害严重的麻园产量损失 50％以上（彩图 19 - 37 - 1）。

二、形态特征

成虫：雄虫体长 11.0～13.5mm，触角比身体长约 1/3，鞘翅末端钝圆。雌虫体长 13.5～17mm，触角与身体等长或略长，鞘翅末端钝圆。雌虫腹面尾节较长，中央有纵沟 1 条。雄、雌成虫触角除基部 4 节呈淡灰蓝色外，其余黑色。体底黑色，密被淡绿色鳞片和绒毛。前胸背板淡绿色，中部两侧各有 1 个圆形黑斑。翅鞘上有淡绿色和黑色构成的两种不同型花斑，一种是每个翅鞘上有 3 个黑斑，另一种是 2 个黑斑（彩图 19 - 37 - 2，1）。

卵：长卵形，似芝麻粒，长 1.9mm，宽 0.7～1.3mm，乳白色，初产时较瘪，后逐渐饱满，孵化时为黄褐色（彩图 19 - 37 - 2，2）。

幼虫：乳白色，老熟幼虫黄白色，体长约 25mm。头部红褐色，前胸背板前半部分光滑，生有黄褐色刚毛，后半部分有褐色粒点组成的突形斑纹，后胸至腹部第一至七节背面各有 1 个长椭圆形下凹纹，四周有褐色斑点（彩图 19 - 37 - 2，3）。

蛹：体长 14～20mm，初期蛹乳黄白色，翅鞘半透明，近羽化时翅鞘、足变灰褐色，复眼漆黑色，前胸背面两圆点呈黑色，尾部第二节有咖啡色环（彩图 19 - 37 - 2，4）。

三、生活习性

成虫羽化时，咬破地下茎形成羽化孔然后从中爬出。刚羽化出来的成虫，在出口处停留 2～3min，然后开始爬行。羽化速度随温度升高而加快，日平均温度在 17℃以上羽化较快。一般羽化率 90％左右。羽化后的成虫有 5％～10％在地下茎内死亡。雄虫羽化比雌虫早 7～10d。两性比例，雌少于雄，雌雄比为 0.89：1。成虫羽化后经 4～5d 开始交配。交配时间多在下午，以 15:00 最盛。交配后 5～6d 开始产卵，产卵期约 1 周。成虫白天活动，每日 9:00～18:00 最为活跃。早晚多栖于麻叶背面不动。有假死性，受惊即落地，易捕捉。雌虫喜在畦边或粗壮高大的麻株产卵，产卵时先在产卵处来回爬行几次，然后咬破韧皮部，头向上，将尾伸入韧皮部与木质部之间，一次产卵 1 粒。每雌可产卵 24～40 粒。卵多产于近地 2cm 麻株基部，少数产在离地 3cm 茎上。在同一株上，另一头天牛再产卵时，多在前一头产卵之旁或侧面，因此多的一孔可达 4 粒卵。成虫产卵前需取食幼嫩梢及梢部叶柄，使得畦边麻株受害较重。产卵期一般不取食，成虫寿命 17～45d，卵历期 12～28d，初孵幼虫先取食孵化处的韧皮部，一般经过 10d 左右侵入麻茎内，直至茎髓部，再至麻蔸。幼虫为害地下茎的髓部及木质部，边钻边食，形成许多孔道。天牛发生严重的麻田，往往 7～8 头甚至 20 头幼虫在一个麻蔸内为害。受害麻蔸被蛀食成许多孔道，形似蜂窝，经过 1～2 年便腐烂。每年 7～11 月为幼虫为害的主要时期，12 月上旬后进入越冬期，停止为害。翌年 3～4 月开始化蛹，也有少数幼虫继续取食为害，幼虫历期 260～300d。幼虫化蛹时，先蛀羽化孔，然后用粪渣将孔堵住。化蛹的位置，有的在地下茎接近表皮层外的木质部，有的在地下茎髓部或木质部。日平均气温在 14℃以上化蛹较快，一般化蛹率 90％，蛹死亡率 5％，蛹历期 15～43d。

四、发生规律

苎麻天牛 1 年发生 1 代，以幼虫在麻蔸内越冬。越冬幼虫翌年 3～4 月开始化蛹，化蛹及羽化随地区气候不同而有差异。在湖北麻区，越冬幼虫 3 月上旬至 5 月上旬化蛹，化蛹高峰期在 4 月上、中旬，成虫在 4 月下旬至 5 月上旬羽化，羽化高峰期为 5 月中、下旬，6 月上旬至 7 月孵化幼虫。在湖南麻区，越冬幼虫 3 月陆续化蛹，成虫在 4 月下旬出现，5 月上旬为成虫盛发期。四川达州麻区于 4 月中旬初见成虫，4 月下旬至 5 月底为成虫盛发期。

五、防治技术

(一)农业防治

(1) 清除麻园四周杂草，减少虫源。

（2）栽新麻时，选择健壮无虫种蔸。为了防止苎麻天牛随种蔸传播，将砍好的种蔸放在冷水中浸泡 1 昼夜，滤干再种。

（3）在苎麻天牛产卵盛期，适时收获头麻，齐地砍麻株，及时扯剥麻皮。

（二）生物防治

气温在 24～28℃、相对湿度 80％ 以上的条件下，用 23 万～28 万活孢子/g 绿僵菌粉剂 30kg/hm² 按 1∶25 比例和细沙土拌匀，制成药土，中耕时施入。

（三）化学防治

头麻收获后结合中耕除草，用敌百虫粉剂有效成分 0.375～0.562 5kg/hm² 按照 1∶1 000 比例和细沙土拌匀，或氯唑磷颗粒剂有效成分 0.9～2.7kg/hm² 按照 1∶750 比例和细沙土拌匀，或辛硫磷颗粒剂有效成分 0.27～0.36kg/hm² 按照 1∶1 000 比例和细沙土拌匀，或二嗪磷颗粒剂有效成分 0.75kg/hm² 按照均匀 1∶750 比例和细沙土拌匀，撒在土表，毒杀幼虫。

药杀成虫。在 5 月上、中旬成虫羽化盛期后约 1 周，成虫尚未产卵前喷药防治，注意上午喷药，先喷四周，后向中央围喷，7d 后再喷 1 次。使用药剂有敌百虫粉剂有效成分 0.54～0.81kg/hm²、敌敌畏乳油有效成分 0.3～0.45kg/hm²、氯氰·毒死蜱乳油总有效成分 0.315～0.472 5kg/hm²、阿维菌素有效成分 0.005 4～0.008 1kg/hm²、灭幼脲可湿性粉剂有效成分 0.112 5～0.15kg/hm²，对水 600～900kg 喷雾。

薛召东　曾粮斌（中国农业科学院麻类研究所）

第 38 节　苎麻珍蝶

一、分布与危害

苎麻珍蝶 [*Acraea issoria* (Hübner)，异名：*Pareba vesta* Fabricius]，别名苎麻黄蛱蝶、苎麻斑蛱蝶，俗称麻毛虫，属鳞翅目珍蝶科。分布于东南亚各国，我国各苎麻产区都有发生。其发生量一般丘陵山区多于平原地区。苎麻珍蝶属单食性害虫，以幼虫为害嫩芽和叶片，导致麻株生长受阻，光合作用减弱，降低产量和品质，尤以嫩芽受害损失最大（彩图 19 - 38 - 1）。

二、形态特征

成虫：雌成虫体长 25mm，翅展约 70mm，前、后翅棕黄色，前翅楔形褐色，前缘和外缘黑褐色，外缘黑褐色部分内有 7～9 个黄色斑。后翅近外缘黑褐色部分内也有 8 个黄色斑。头部黄褐色，前额有光泽，头顶有密毛，触角黑色呈球棒状，口器卷曲时如钟表发条，复眼大，赤黑色有光泽。胸部腹面黑色，有黄色毛块，前胸背面有两丛黄色毛，中、后胸黑色。两侧有稀疏黄毛。雄成虫体较小，长约 20mm，翅展 62mm 左右，体色较雌成虫鲜艳，毛少（彩图 19 - 38 - 2，1）。

卵：椭圆形，长 0.9～1.0mm，宽 0.6～0.7mm，卵壳上有 11～14 条隆起线。卵初产时为鲜黄色，2d 后转棕黄色，近孵化时呈灰褐色。

幼虫：老幼虫体长 30～35mm。头部赤黄色，有"八"字形金黄色脱裂线，单眼及口器黑褐色。胸、腹部背面生有枝刺，前胸 2 根，中、后胸各 4 根，腹部第一至八节各 6 根，末端 2 节各 2 根。枝刺基部蜡黄色，其余紫黑色。每根枝刺上生有 12 根小刺毛。背线、亚背线、气门下线为暗紫色。各体节皆为黄白色。末节为钳状，腹部两侧各有气门 8 个。胸足黑色有光泽，腹足及尾足内侧及外面基部和末端赤黄色，趾钩着生于管状透明肉柱上。雄幼虫 9 龄，雌幼虫 10 龄（彩图 19 - 38 - 2，2）。

蛹：被蛹。体长 20～25mm，灰黄色，圆锥形。初蛹为灰黄白色，羽化时为灰黄色。

三、生活习性

成虫一般在夜晚羽化，飞翔能力较弱，以中午在麻园中活动最盛，早、晚迟缓，晚上栖息于麻叶背面。成虫的体色有两种：雄性多数为灰褐色，雌性多为棕黄色。成虫羽化后 1～3d 交尾，交尾后 1～2d 产卵，成虫寿命 7d 左右，一般雌虫的寿命较雄虫长。卵一般产在麻叶背面沿叶脉处，多产于距顶端 4～6 片叶上；1 头雌虫一般可产卵 200～300 粒，最多可达 800 粒。卵粒块状，呈不规则条状排列，每一卵块有卵数十粒到数百粒。卵初产时为黄色，后变为黄褐色，近孵化时呈灰褐色。初孵幼虫群集于麻叶上取食表皮叶肉，使叶片成焦枯状，早晚多群集在背阳的一面为害，易于捕捉和药杀。三龄后分散为害，以七至八龄食量最大，为害最烈，当每蔸麻的虫量达到 5 头以上时，可将全部麻叶吃光，造成严重减产。幼虫共分8 龄，除一龄以外，均有假死性，受惊后即滚落地面。老熟幼虫在化蛹前 1d 停食，而后用尾部臀足倒挂在叶片背面或麻园边的篱笆和枝秆上化蛹。三麻收获后，第二代五至六龄幼虫于 11 月上、中旬陆续迁移到麻地附近的杂草丛、灌木丛、树林、竹林等的叶背面及背风向阳的土坡裂缝内越冬。幼虫有群集越冬的习性，以离麻地 1～5m 内的越冬场所虫口密度最高。在麻地周围无越冬场所时，幼虫能迁移到 200～300m 以外的场所越冬。迁移幼虫一般在杂草或落叶中越冬，也可在土缝中越冬，背风向阳的坡地上虫口密度较大。在地边杂草越冬的幼虫多群集于离地面 6～17cm 处，拥挤成螺旋状。若在灌木丛林的小树上越冬，一片叶片的背面一般可达 7～9 头幼虫挤在一起。越冬期间，幼虫虫体缩小，体色变深，遇天气晴朗，幼虫有相互拥挤的现象。早春气温回升后即迁移麻地为害，先在头麻地边集中为害，逐渐向地中央麻苗上转移。预蛹期 1～2d，越冬代蛹历期为 10～12d，第一代蛹为 8～10d。

四、发生规律

苎麻珍蝶在湖南、湖北、浙江、福建等省苎麻产区 1 年发生 2 代。第一代历期 85d 左右，第二代历期260～270d（包括越冬期）。越冬代幼虫于第二年 3 月中旬出蛰为害头麻，5 月中、下旬开始化蛹，第一代成虫于 5 月下旬至 6 月上旬初出现。成虫于羽化后 1～3d 交尾，交尾后 1d 左右产卵。第一代幼虫于 6 月上旬至 8 月初为害第二季麻，8 月上旬开始化蛹。第二代成虫 8 月中、下旬开始出现，幼虫于 8 月下旬至10 月中旬为害第三季麻，自 11 月中旬开始进入越冬期，成为次年越冬代虫源。据湖北阳新观察分析，苎麻珍蝶的发生与气象条件有密切关系，越冬幼虫向麻地迁移的迟早主要取决于气温。早春气温回升到17℃以上即迁移麻地为害头麻。第二代发生量与温度和雨量有很大关系，若 8 月温度在 29℃ 以上，降水量在 100mm 以下，蛹的死亡率增高，成虫产卵量减少，卵的孵化率降低；若 8 月气温在 28℃ 左右，降水量在 250mm 以上，则蛹死亡率低，成虫产卵量多，卵的孵化率高。

五、防治技术

（一）草把诱杀

利用幼虫群集趋暖越冬习性，在三麻收获后的 2～3d 内，幼虫向越冬场所迁移之前，于麻地插 750～900 个/hm² 草把（草把上部捆紧，下部散开，形似半开的伞），能诱集 90％ 以上的幼虫，并在第二年惊蛰前收集草把烧毁，可消灭大量越冬幼虫。

（二）搞好麻地"三光"

冬春之际结合清洁麻地、培土，扫除残枝落叶，铲除杂草。做到厢面光、厢沟光和地边光，消灭越冬幼虫。

（三）人工捕捉

在虫口密度低于 0.5 头/蔸时，根据成虫产卵集中和初孵幼虫群集为害的习性，摘除有虫蛹、卵的叶片，捕杀成虫。

（四）药剂防治

在虫口密度高于 0.5 头/蔸时喷药防治。可用敌百虫有效成分 0.54～0.81kg/hm²，或高效氯氟氰菊酯水乳剂有效成分 0.015～0.022 5kg/hm²，或氯氰·毒死蜱乳油总有效成分 0.315～0.472 5kg/hm²，对水600～900kg 喷雾。

薛召东　曾粮斌（中国农业科学院麻类研究所）

第 39 节　苎麻赤蛱蝶

一、分布与危害

苎麻赤蛱蝶（*Vanessa indica* Herbst；异名：*Pyrameis indica* Herbst），别名大红蛱蝶、赤蛱蝶；属

于鳞翅目蛱蝶科。分布于东南亚及朝鲜、日本、蒙古等地。我国除了新疆外各省份均可发生，特别是长江以南各省份苎麻产地发生严重，是取食苎麻叶片的重要害虫。寄主除苎麻外，还可以为害黄麻、大麻、榆树等。幼虫吐丝将麻叶卷起，取食叶片只留下网状叶脉，枝梢的嫩叶被害最甚。被害的麻田常因叶片包卷，成为一片白色，致使光合作用减弱，生长缓慢，植株矮小，而降低纤维产量和质量（彩图 19 - 39 - 1）。

二、形态特征

成虫：为黑红色蝴蝶，体长 20～25mm，翅展 45～67mm。前翅底色为黑褐色，前翅近翅尖处有 8 个大小不等的白斑，排列成半圆形，近前的 1 个常呈浅枯黄色，翅中央有 1 个不规则的赤黄色的斑纹，基部、后缘暗褐色，翅端淡茶褐色，后翅暗褐色，近外缘橘黄色，其中列生 4 个黑褐色斑，内侧有不规则的黑斑 4 个，排成 1 列，内缘角被以紫色鳞粉，其背面浓褐色，有不规则云状斑，内侧有眼状纹 4～5 个，但不清晰，雌雄斑纹相似，但雌蝶前翅较为方正（彩图 19 - 39 - 1，1）。

卵：卵长 0.7～1.0mm，长圆柱形，上有 10～12 条脊纹，初产时浅绿色，后逐渐变灰暗，近孵化时灰白色，顶部黑色（彩图 19 - 39 - 1，2）。

幼虫：幼虫共 5 龄。初孵幼虫头扁圆，黑色，体淡灰色，无短毛。二龄幼虫体色逐渐变黑色，腹部与头部之间有 1 白环，无短毛。三龄幼虫开始密被短毛，头黑色，有光泽。四至五龄幼虫体长 32～37mm，气门下线为黄色，背部黑色，腹部黄褐色。中后胸各有枝刺 4 根，腹部第一至八节上各有枝刺 7 列，最上一列生于背线上，其次 2 列生亚背线上，气门线上下各生 1 列。腹部第九、十节仅有两根枝刺，每个枝刺上又生许多小刺，刺毛黑色，通常有光泽。化蛹前变为黄绿色，头扁圆形，黑色有光泽（彩图 19 - 39 - 2，3）。

蛹：蛹体长 20～26mm，宽 5～8mm，近纺锤形，腹面头胸及第四腹节以前灰绿色，以后为灰赭色，前胸半部椭圆形，复眼特别膨大。中胸背面隆起呈角状，腹面有金属光泽，每个腹节上有 2 个左右对称的小突起，小突起有 3 列。在后期常出现金斑，故也称为金蛹（彩图 19 - 39 - 2，4）。

三、生活习性

苎麻赤蛱蝶羽化多集中在清晨，羽化后 2～3h 方能飞翔，羽化后 2～4d 即可交配产卵。成虫白天活动，飞翔力强，常取食花蜜。成虫在夏天高温时有滞育现象。卵散产，多产在苎麻上部叶片上，少数产在叶柄及茎秆上部，一片叶产 1～2 粒。因产卵时间长，田间出现世代重叠。初孵幼虫卷食顶端嫩叶，并常群集寄主枝、叶上吐丝结网，受惊时即吐丝下垂；三龄后幼虫分散为害；老熟幼虫吐丝将尾端倒悬在卷叶内化蛹。

在湖南，从 4～11 月均能见到幼虫为害。幼虫有假死性，常迁移为害，三龄幼虫约 2d 迁移 1 次，四龄后几乎每天迁移 1 次。三龄前幼虫在顶部吐丝卷叶，咬食叶面青绿部分，残留叶底白色部分；三龄后幼虫则在茎上部较大叶片上吐丝卷叶，蚕食叶片，咬断主脉，使叶片枯萎。老熟幼虫在化蛹前先在卷叶上端吐丝，尾端黏缀于叶上，虫体倒悬于空中，然后蜕皮化蛹。成虫寿命长达数月，并有在屋檐或树林中停栖越夏的习性。

四、发生规律

苎麻赤蛱蝶在长江流域一般 1 年发生 2 代，以第二代成虫在屋檐、杂草和树林中越冬。越冬成虫于 2 月下旬开始活动，3 月中旬左右开始产卵，3 月下旬为幼虫盛孵期，4 月下旬开始化蛹，5 月中旬为盛蛹期，5 月下旬出现第一代成虫。这代成虫羽化后进入生殖滞育越夏，至 8 月中旬才开始活动产卵，8 月下旬至 9 月中旬为幼虫盛发期，9 月下旬开始化蛹，10 月中旬第二代成虫陆续羽化，11 月底进入越冬。

苎麻赤蛱蝶卵的发育起点温度为 (10.8 ± 0.25)℃，有效积温为 (38.7 ± 13.0)℃；幼虫的发育起点温度为 (12.4 ± 0.40)℃，有效积温为 (186.7 ± 6.5)℃；蛹的发育起点温度为 (13.0 ± 0.04)℃，有效积温为 (78.2 ± 0.29)℃。17℃时卵期为 7d，29℃时卵期为 3d，35℃时卵期为 2d。21℃幼虫期为 29d，30℃时幼虫期 18d。17℃时蛹期为 12d，26℃时蛹期为 8d。

五、防治技术

（一）人工捕杀

田间虫口密度低于 0.5 头/蔸时，人工摘除或用木板拍杀卷叶中的幼虫和蛹。

（二）化学防治

当田间发生卷叶为害时，用 2.5%敌百虫粉剂或速灭威粉剂，于早晨露水未干时撒在麻梢上，当幼虫爬出虫苞时可杀死幼虫，8:00～10:00 或 16:00～18:00 幼虫爬出虫苞时喷药防治，可用敌百虫粉剂有效成分 0.54～0.81kg/hm²，或高效氯氟氰菊酯水乳剂有效成分 0.015～0.022 5kg/hm²，或氯氰·毒死蜱乳油总有效成分 0.315～0.472 5kg/hm²，对水 600～900kg 喷雾，均可达到防治效果。

薛召东　曾粮斌（中国农业科学院麻类研究所）

第 40 节　苎麻横沟象

一、分布与危害

苎麻横沟象（*Dyscerus* sp.），属鞘翅目象甲科。国外未见有该虫的报道，我国仅在贵州独山和正安麻区发现。苎麻横沟象为单食性害虫，只为害苎麻，成虫和幼虫均能为害，以幼虫为害造成的损失大。成虫咬食苎麻嫩梢、嫩茎、麻花等，被害处形成缺刻。幼虫钻蛀苎麻地下茎，为害麻蔸木质部和髓部，边蛀边取食，形成一个充满粪渣的隧道，隧道长 100～200mm，宽 6～10mm，被害麻蔸腐败变朽，引起败蔸。被害蔸地上部分枝少，麻株矮小，叶片易凋萎，严重时麻株枯死。3 年以上的老麻园麻蔸被害率达 40%～70%，严重的达 90%，是当地导致麻蔸衰败的主要原因之一。

二、形态特征

成虫：雄虫体长 9.8mm（不包括喙，下同），宽 4.2mm，腹部较窄。雌虫体长 10.5mm，宽 4.8mm，腹部较宽。虫体黑褐色，被覆黄褐色绒毛。喙细长，长约 3mm，其两侧有深沟。触角棒状，灰褐色，柄节细长，第一索节长于第二索节（4:3）；三至七节长度近相等。棒节纺锤形，雌虫稍尖，雄虫稍钝，其长度约等于索节四节、五节、六节之和。眼突出，宽大于长，从背面完全可见。前胸背板暗褐色，长宽相等，其背板中间有一隆起线，隆起线的两侧有两云纹斑突起，后缘宽于长缘。背板侧面密布刻点。小盾片长宽相等，其鳞片黄褐色。雌虫翅鞘长为宽的 2.5 倍，雄虫为 2.3 倍。翅基部纵纹较细，刻点较大，行间稍突起，具橘黄色绒毛。前足胫节端部略弯，里外各有绒毛 1 束。后足基部突起较尖，后胸腹板在中足基节之后有横沟（图 19 - 40 - 1，1）。

卵：乳白色，长卵圆形，长 1.06mm，宽 0.67mm（图 19 - 40 - 1，2）。

幼虫：老龄幼虫体长约 16mm，头部褐色，其他部分为乳白色。体节粗肥多横纹，稍向腹面弯曲，背面有一条隐约可见的灰色背线。无足（图 19 - 40 - 1，3）。

蛹：长约 13mm，初化蛹时乳白色，后变黄褐色，腹背有绒毛（图 19 - 40 - 1，4）。

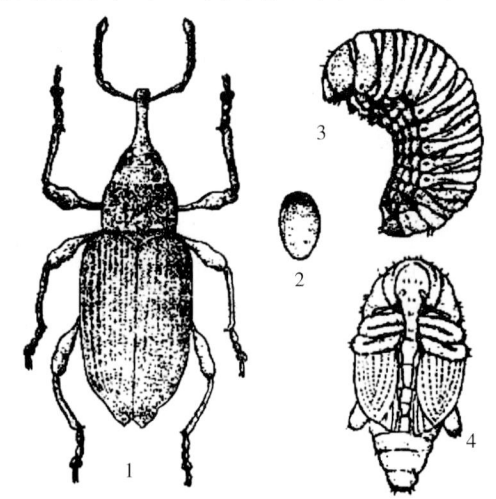

图 19 - 40 - 1　苎麻横沟象（引自王承森和陈曙晖，1989）

Figure 19 - 40 - 1　*Dyscerus* sp.（from Wang Chengsen and Chen Shuhui，1989）

1. 成虫　2. 卵　3. 幼虫　4. 蛹

三、生活习性

成虫善于爬行，偶作短距离飞翔。白天栖息在麻蔸附近枯枝落叶处或土缝中，傍晚至午夜出土活动，下半夜逐渐停止活动。成虫具假死性，受惊时触角和足卷缩装死。每只雌虫可经多次交尾，每次交尾约半小时。产卵时先用喙在麻蔸接近地表处咬一产卵孔，卵产于韧皮部内，每孔产卵 1 粒。产卵后用泥土、纤维渣堵住孔口，每头雌虫产卵 40 粒左右，卵期 7～15d。初孵幼虫在卵壳周围取食，逐渐向下沿麻株韧皮部和木质部钻蛀侵入麻苎内部为害。越冬幼虫历期 200d 左右，当年化蛹的幼虫历期 120～140d。老熟幼虫化蛹前于隧道端部做成椭圆形蛹室，蛹室两端用粪渣堵住。蛹室长 14～18mm，宽 6～8mm。蛹历期 15～20d。成虫于 10 月下旬至 11 月下旬在麻株上栖息。日平均气温 10℃ 以下时以成虫在麻园枯枝落叶处或土缝中蛰伏越冬。越冬成虫寿命 250d 左右，以幼虫越冬的非越冬成虫寿命 120d 左右。

四、发生规律

贵州独山地区以成虫和不同龄期的幼虫越冬，翌年 3 月下旬越冬成虫开始活动，4 月中旬开始产卵，4 月下旬至 5 月中旬为产卵盛期。8 月上旬至 10 月下旬化蛹。8 月中旬出现新成虫。越冬幼虫 4 月中旬至 7 月上旬化蛹，5 月中旬羽化的成虫，6 月上旬产卵，前期产的卵经幼虫、蛹于当年羽化为成虫越冬；后期产的卵以幼虫越冬。独山地区 1 年 1 代。成虫产卵期长达 3 个多月（5 月中旬至 8 月下旬）。幼虫延续的时间长，而且各虫态互相交错，世代重叠。

五、防治技术

（一）严格检疫
该虫目前仅在贵州独山和正安发生，其他省份严禁从该省调运麻种和麻苎，以防该虫扩散蔓延。

（二）虫苎处理
用 20％甲基异柳磷乳油 1 000 倍液或 40.7％毒死蜱乳油 1 000 倍液浸泡带虫麻苎 1h，浸泡后用清水漂洗 2～3 次。

（三）麻地施药
虫害发生严重的麻园，5 月中旬用 20％甲基异柳磷乳油 4 500～6 000mL/hm² 或 40.7％毒死蜱乳油 1 500～2 250mL/hm² 制成毒土 300kg，施穴距麻苎 15cm，穴深 18cm，每苎开 1 穴，施药后覆土踏实。

（四）捕杀越冬虫源
苎麻开花至种子成熟期，利用成虫的群集习性，在麻花和种子上可捕捉大量成虫，对减轻下年为害有显著的效果。

薛召东　曾粮斌（中国农业科学院麻类研究所）

第 41 节　大理窃蠹

一、分布与危害

大理窃蠹（*Ptilineurus marmoratus* Reitter），又名麻窃蠹，属鞘翅目窃蠹科。在我国长江流域的主产麻区均有发生。幼虫蛀食苎麻呈现许多孔眼、缺刻，甚至咬断纤维，致使原麻长短不一，残缺不全，重者被蛀食成糠渣粉末状，而丧失利用价值。另外，由于幼虫群集在麻捆内蛀食，虫体的排泄物与残渣蛀粉混合在一起，易引起霉变。受害重的仓库纤维损失 10％ 以上，是苎麻仓储的重要害虫。幼虫、成虫都能蛀食。除为害仓储苎麻外，还为害仓储黄麻、红麻（全秆和干皮）、中药材、木材、大米、面粉、绿豆及书籍等储存物（彩图 19-41-1）。

二、形态特征

成虫：雄虫体长 3.0～4.0mm，雌虫体长 4.2～5.0mm。粗圆筒形，黑褐色，微有光泽，密生黄色倒伏状粗短毛。体两侧平行，头稳于前胸下。触角 11 节，雄虫梳齿状，雌虫锯齿状，复眼大而圆，黑色。口器咀嚼式，上唇前缘凹陷，上颚粗壮，黑褐色，有 2 齿，大而钝形，下颚内叶呈喇叭状，喇叭口上有长绒毛，外叶横向，顶端和内缘生有绒毛，下颚须 4 节，细长，下唇颏近似椭圆形，密生绒毛，下唇颏 3 节，亦细长。前胸隆起，在基部正中呈圆形隆起，在此两旁各有一纵深窝，基部两侧亦有两个较大的深窝。小盾片近长方形，陷入翅的基部，鞘翅基部有 2 个纵脊，伸入前胸背板基部的窝内。鞘翅两侧平行，每鞘翅靠基部翅缝的两旁有一较大的圆形隆起。肩部有一较小的隆起每鞘翅表面有 5 道皱状纵形突起，行间密布粒状小突起，跗节 5 - 5 - 5 式（彩图 19 - 41 - 2，1）。

卵：似纺锤状，长 0.8mm，乳白色。

幼虫：弯弓形，老熟幼虫体长 6～9mm，虫体密生金黄色长毛，以头部和腹末为最多。气门 9 对，第一对气门较大，着生在前胸后缘，其余 8 对气门大小相等，分别位于腹部第一至第八节的两侧，腹部各节体背着生数十个排列不规则的褐色小短刺，而臀部稍多，约有 150 个以上，肛前骨板褐色，月牙形。老熟幼虫在麻捆蛀孔内结丝做茧并在其中化蛹（彩图 19 - 41 - 2，2、3）。

蛹：体长约 6mm，裸蛹。

三、生活习性

成虫飞翔能力较强，多在 11:00～23:00 活动，其余时间基本不活动，14:00～18:00 活动最旺盛。成虫羽化后，不需要补充营养，即可产卵，产卵前期 1～3d。卵喜产在胶质较重的麻片上，常数十粒、百余粒成块状，每雌虫可产卵 100 余粒。在温度 32℃，相对湿度 80％时卵期 7～8d，在 28℃时，卵期 9～10d。卵孵化率 96％左右。刚孵化的幼虫先啃食产卵部位附近的原麻，以后从外往里蛀食，表面呈现孔眼，其内蛀成隧道状，并留下蛀粉及虫粪，随着幼虫的成长，蛀食的隧道日趋增大，虫粉也越来越多。蛀害严重的麻捆表面，常有数十个，多达上百个蛀孔，捆内几乎变为虫粉，有数千头甚至多达万余头幼虫。老熟幼虫一般在蛀道内结茧化蛹。据中国农业科学院麻类研究所调查，仓库管理不善，进仓不检查，积压多年又长期不翻仓、不杀虫消毒，加之仓内湿度大、原麻含水量高（15％以上）的麻捆容易被为害。刮制粗放、原麻胶质重、附壳多的麻常受害较重。另外，仓库环境条件差，如近闹区、居民区，仓库陈旧、孔眼缝隙多的有利仓外成虫进入仓库繁殖为害。有的盲目调进调出有虫陈麻而造成人为扩散蔓延。害虫一旦进入贮仓，在条件适宜时，便可在仓内持续繁殖为害，所以，储存 3 年以上的麻往往为害重。同时，贮仓又以靠墙四周、近门窗缝隙处的中、下层的麻多发生为害。

四、发生规律

大理窃蠹在长江流域苎麻仓库中 1 年发生 2 代，以幼虫及老熟幼虫结茧在麻捆内越冬，幼虫 5～6 龄。幼虫期较长，具世代重叠现象，仓储中几乎各季都有幼虫为害。6 月上旬至 11 月上旬，幼虫为害较重，从 9 月底开始，部分老熟幼虫逐渐结茧进入越冬。茧内幼虫 4 月上旬开始化蛹，4 月中、下旬为化蛹高峰期，5 月上旬开始羽化，5 月中、下旬为成虫羽化高峰期，成虫寿命 5～25d，平均 14.8d。第二代成虫 7 月下旬开始羽化，8 月上、中旬为第二代羽化高峰期，成虫寿命 6～18d，平均寿命 8d。大理窃蠹全代、卵期、幼虫期及蛹期的发育起点温度分别为 13.12℃、12.82℃、13.39℃ 和 12.41℃，有效积温分别为 1 077.75℃、101.20℃、755.52℃ 和 183.86℃。据中国农业科学院麻类研究所的研究结果，苎麻相对湿度与大理窃蠹的生长发育密切相关，仓内相对湿度 60％～90％，原麻含水量在 12％以上时，有利于该虫的取食和繁殖。当原麻含水量低于 11％时，其发育和繁殖将受到抑制。将原麻含水量降到 10％以下时，生活 42d 则陆续死亡。

五、防治技术

（1）采用 56％磷化铝片剂 7～10g/m³ 密闭熏蒸 7d，或 99％硫酰氟气体制剂 30～40g/m³ 密闭熏蒸 3～5d，可杀死仓库苎麻害虫。

（2）采用 80％敌敌畏乳油 100～200mg/m³，对水 50 倍液喷于仓库内密闭 3d，或 56％磷化铝片剂 3～6g/m³ 密闭熏蒸 7d，或 99％硫酰氟气体制剂 10～20g/m³ 密闭熏蒸 3～5d，可杀死空仓内的害虫。

（3）80％敌敌畏乳油，稀释 500 倍液喷雾，可杀死仓库周围的害虫。

（4）发现有虫的原麻，条件允许时应抓紧脱胶杀虫，并对贮仓及仓库周围进行药杀；未杀虫的原麻禁止外运，以防害虫扩散蔓延。

（5）发现有虫的原麻解捆翻晒 3～5d，可以杀死大部分的幼虫，或解捆后用 80％敌敌畏乳油，稀释 500 倍液喷雾。

薛召东　曾粮斌（中国农业科学院麻类研究所）

第 42 节　苎麻蝙蛾

一、分布与危害

苎麻蝙蛾（*Phassus jianglingensis* Zeng et Zhao），属鳞翅目蝙蝠蛾科，是 20 世纪 80 年代末才发现的一种为害苎麻麻蔸的害虫。湖南主产麻区的沅江、南县、汉寿、益阳、华容等县市有发生。湖北江陵也有该虫为害的报道。国外未见有该虫为害。受害重的麻园为害蔸率达 68%，被害蔸导致纤维减产 20%～65%。

苎麻蝙蛾以幼虫蛀食苎麻地下茎及粗壮的萝卜根，使麻蔸成隧道状，隧道长度可达 20cm，并可纵横分支，蛀孔外堆有棕黄色木屑状虫粪，虫粪被丝和胶质连缀，不易分开，隧道内壁光滑。被害麻蔸生长衰弱，出苗少而小，脚麻多，外观似缺肥状。被害麻蔸易遭菌类和线虫侵染，加速苎麻败蔸腐烂。老麻地重于新麻地。

二、形态特征

成虫：雄虫体长 25～31mm，翅长 22～24mm；雌虫体长 27～36mm，翅长 26.5～28mm。体褐色。头被金黄色绒毛，复眼棕色，触角丝状，橙红色，无下唇须。前翅中室的基部和端部各有 1 个银白色斑纹，端部斑形状变化大，大小约为基部斑的 2 倍；翅前缘有 3 个，外缘有 4 个，后缘有 1 个不规则的黑色条斑。后翅灰色，无斑纹。前翅 Sc 脉和 R 脉几乎合并成一条粗脉；Sc 脉与翅前缘间在基部和中部各有一条横脉；A 脉长，伸向翅外缘；Cup 脉短，仅达翅中部；Cup 脉中部各有 1 条横脉与 CuA 脉和 A 脉相连；后翅 Cup 脉发达，伸及翅外缘。足黄色，被棕色长毛包裹；前中足发达，爪弯曲无中叶，前足胫节无胫矩；后足萎缩，细而短小。腹末两侧各

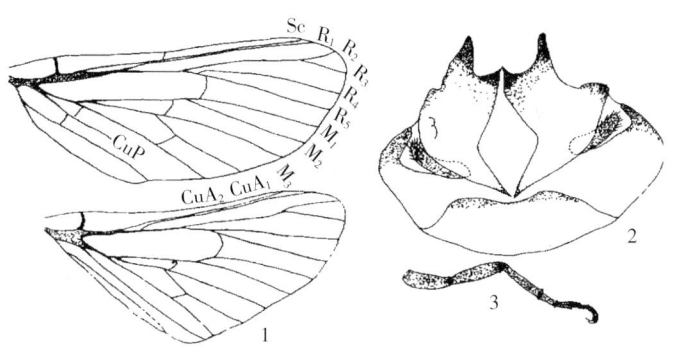

图 19 - 42 - 1　苎麻蝙蛾特征（引自陈洪福等，1995）

Figure 19 - 42 - 1　Morphology of *Phassus jianglingensis*（from Chen Hongfu et al.，1995）

1. 翅脉　2. 雄性外生殖器　3. 前足

有一簇鳞毛向侧后方伸出。雄蛾后足腿节外缘密生橙黄色刷状毛。雄蛾外生殖器横阔，背兜宽大，上中部分岔，抱器瓣短小无钩（图 19 - 42 - 1）。

卵：解剖羽化 3d 后的雌蛾，卵粒近圆形，白色，长约 1mm。

幼虫：幼龄幼虫乳白色，老熟幼虫长 45～48mm，头壳深黄色，宽 4mm 左右。各体节交界处黑色，其余白色。单眼 6 个，位于头部侧下方。胸足黄褐色。腹足趾钩呈椭圆形缺环。

蛹：体长 32～33mm，头部棕红色，胸、腹部肉黄色，羽化前变褐色。触角短，伸向两侧。胸部占整个蛹长的 1/3 以上。翅芽短，仅及胸部末端。腹部前 5 节背面各有 2 条褐色角质棘状突起。尾部指状，无臀棘。

三、生活习性

成虫晚上羽化，羽化前蛹体蠕动到隧道口，蛹体前半部可露出隧道口外。18：00～21：00 羽化最多。成虫羽化后很快寻找并攀附于附近的植株上，头部向上。成虫羽化后蛹壳仍留在隧道口外。成虫无趋光性。用各种食料喂饲成虫，未见取食，说明成虫无需补充营养。成虫白天停歇在树枝、杂草或麻叶下，晚上也很少活动，仅偶然作短距离飞翔。6 月上、中旬出现新一代幼虫，幼虫仅取食苎麻地下茎，拒食营养根。幼虫有互相残杀的习性，每个隧道内仅有一头成活的幼虫。

老熟幼虫在隧道内化蛹，蛹靠腹部的棘状突起左右摇摆而作前后蠕动。

四、发生规律

苎麻蝙蛾在湖南1年发生1代，以老熟幼虫于11月中旬苎麻地下茎的隧道中越冬，越冬幼虫在翌年3月上、中旬气温上升到10℃时继续取食为害，幼虫期长达310d。4月上、中旬陆续化蛹，蛹期25～30d。5月上、中旬出现成虫，成虫寿命6～13d。6月上、中旬出现新一代幼虫。

五、防治技术

(1) 6月中、下旬发现土里有苎麻蝙蛾为害时，用药剂浇灌有虫麻蔸。可用敌百虫粉剂有效成分0.54～0.81kg/hm²，或敌敌畏乳油有效成分1.2～1.8kg/hm²，或二嗪磷乳油有效成分0.9～1.125kg/hm²，或辛硫磷乳油有效成分0.9～1.125kg/hm²，对水900～1 125kg灌蔸。

(2) 在有苎麻蝙蛾的地里，栽麻前进行土壤处理。可用敌百虫粉剂有效成分0.375～0.562 5kg/hm²按照1∶1 000比例和细沙土拌匀，或氯唑磷颗粒剂有效成分0.9～2.7kg/hm²按照1∶750比例和细沙土拌匀，或辛硫磷颗粒剂有效成分0.27～0.36kg/hm²按照1∶1 000比例和细沙土拌匀，或二嗪磷颗粒剂有效成分0.75kg/hm²按照均匀1∶750比例和细沙土拌匀，撒在土表，随即翻到10～15cm深土中，毒杀幼虫。

薛召东　曾粮斌（中国农业科学院麻类研究所）

第43节　苎麻卜馍夜蛾

一、分布与危害

苎麻卜馍夜蛾［*Bomolocha indicatalis*（Walker）］，又名清卜馍夜蛾属鳞翅目夜蛾科。在湖南、湖北、四川、贵州、广西、江西等麻区均有发生。在湘北麻区的各季麻均有幼虫为害，且为害日益加重。观察发现，一般二麻发生数量较多，为害较重，三麻次之，头麻较轻。在大发生年（1982年）的二麻，被害严重的麻田，虫口密度达150多万头/hm²，减产10%左右。幼龄幼虫多在叶背啃食叶肉，留下一层表皮，呈纱窗状。三龄后的幼虫啃食叶片成缺刻状，甚至仅留叶脉，影响麻株正常生长（图19-43-1，3）。

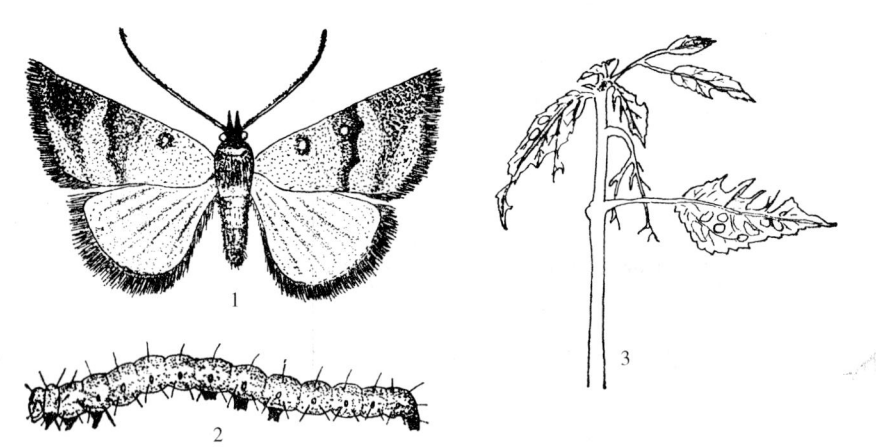

图19-43-1　苎麻卜馍夜蛾（引自中国农业科学院麻类研究所，1995）

Figure 19-43-1　*Bomolocha indicatalis*（from Institute of Bast Fiber Crops，Chinese Academy of Agricultural Sciences，1995）

1. 成虫　2. 幼虫　3. 为害状

二、形态特征

成虫：体长10mm左右，头、胸灰黑色，翅展23～27mm，前翅外缘中部略突出呈弧形，前翅基半部深紫褐色，小室末端有一小白色斑，外横线从顶角到内缘弯曲，外部有3条波浪线（图19-43-1，1）。

卵：椭圆形，直径0.5mm左右，初产时乳白色，孵化前变为浅褐色。

幼虫：老熟幼虫体长约25mm，绿白色或青绿色，头淡褐色，背线绿色，亚背线和气门线白色。第一对腹足退化，第二对腹足短小，第三、四对腹足及尾足发达（图 19-43-1，2；彩图 19-43-1，1）。

蛹：长约 12mm，红褐色，腹部末端有 3 对臀棘，中央的 1 对粗长，两侧的 2 对较细短，黄褐色，尖端钩状（彩图 19-42-1，2）。

三、生活习性

苎麻卜馈夜蛾其年发生代数、越冬虫态尚不完全清楚。在湘北麻区各季麻都有发生为害。一般二麻发生数量较多，为害较重，三麻次之，头麻较轻。幼龄幼虫多在叶背啃食叶肉，留下表皮成纱窗状。三龄后的幼虫把叶食成缺刻，甚至仅留叶脉，影响麻株正常生长。适宜于苎麻卜馈夜蛾的生长发育温度为 25～30℃，相对湿度 75%～95%，尤其是 7～8 月，当月平均降水量在 60mm 以上，雨日多，湿度大时，有利该虫的发生。生长旺盛、麻株嫩绿的麻田往往产卵多，虫口密度大，受害重。成虫有趋光性。

四、发生规律

苎麻卜馈夜蛾发生规律不详，有待研究。

五、防治技术

（一）灯光诱杀

5 月上旬至 9 月下旬，在成虫发生期，田间每隔 150～200m 左右点 1 盏黑光灯或频振式杀虫灯，灯下放大盆，盆内盛水，并加少许柴油或煤油诱杀成虫。

（二）药剂防治

采用杀虫双水剂有效成分 0.75kg/hm²、氟虫双酰胺水分散粒剂有效成分 0.03kg/hm²、高效氯氰菊酯有效成分 0.027kg/hm²、敌百虫粉剂有效成分 0.56～0.69kg/hm²、甲氨基阿维菌素苯甲酸盐乳油有效成分 0.002～0.003kg/hm²、16 000IU/mg 苏云金杆菌可湿性粉剂 1.2～1.8kg/hm²，对水 600～900kg 喷雾。苏云金杆菌喷雾应在早晨露水未干时进行。

薛召东　曾粮斌（中国农业科学院麻类研究所）

第 44 节　灰巴蜗牛

一、分布与危害

灰巴蜗牛 [*Bradybaena ravida* (Benson)]，又称薄球蜗牛，俗称蜒蚰螺、背包蜒蚰螺等，属软体动物门腹足纲柄眼目巴蜗牛科。全国各麻区均有发生，以江湖洼地及沿海地区最多。

灰巴蜗牛食性很杂，除为害黄麻、红麻、苎麻外，还可为害棉、桑、苜蓿、豆类、大麦、小麦、玉米、花生及多种蔬菜、果树等，被害麻叶成缺刻状，严重时咬断麻苗，造成缺苗断垄。

二、形态特征

成体：爬行时体长 30～36mm，背壳呈圆球形，有 5.5～6 螺层。壳口椭圆形。背壳前的体躯背部有 4 条显著的黑褐色纵带，近背中线的两条纵带较宽，两侧的 2 条较细。前触角短，约 1.5～2mm，后触角长，约 8～10mm，顶端有黑色眼。背壳表面多数有不规则形排列较密的灰黑色或灰褐色斑纹，少数个体斑纹稀少。背壳在体躯右侧。生殖孔位于头右后下侧。

卵：圆球形，直径 1～1.5mm，乳白色，有光泽，但不透明，孵化前色稍变深。一般 10～20 粒以上黏集在一起，成为卵堆。卵壳质坚硬。如暴露在日光或空气中，很快就会爆裂。

幼螺：初孵幼体仅 2mm，背壳淡褐色。1 个月后壳右旋增加，食量不大。6 个月后壳右旋大增，一般达 4～5 个螺旋，此时食量也大增。春季孵化的幼螺到秋季可为成体；秋季孵化的幼体，到次年春末为成体，即可交配产卵（彩图 19-44-1）。

三、生活习性

灰巴蜗牛 1 年可发生 1～1.5 代，寿命可达 2 年。以成螺和幼螺在绿肥作物根部、蔬菜根部或草堆、石块、松土下方越冬。越冬时如遇到不良环境，常分泌一层白膜封住壳口，越冬后的次年春季，约 3 月上、中旬气温上升后，开始为害春花作物。吉林、黑龙江等北方地区早春为害约迟 1 个月。当麻苗出土后即为害麻苗的子叶和嫩茎，继而食害真叶。白天隐于作物草丛间或土缝里，晚间取食，如遇阴雨天则整天在外活动。高温干旱季节，常隐藏于作物根部或表层土壤中，分泌白膜封闭壳口，不吃不动，如遇阴雨天气即可恢复活动和取食。待高温季节过后，又开始大量取食，直到 11 月下旬以成螺或幼螺进入越冬。

四、发生规律

灰巴蜗牛是雌雄同体、异体受精的软体动物，成体每年春、秋两季交配、产卵。卵粒黏聚成块，每个卵块有 10～90 粒，产于植株四周，深 1.5～2cm 的表土层，卵表面有黏膜，如直接露出土面则引起爆裂死亡。卵期 15d 以上。初孵幼螺群集为害，低洼潮湿、水沟旁的麻株上最多。以后逐渐分散，11 月中、下旬入土越冬。灰巴蜗牛的发生量与上一年的虫口基数和当年苗期雨量、土壤湿度等条件密切相关，上年虫口密度大、当年苗期雨多，往往造成严重为害，遇干旱年份则为害轻。

五、防治技术

1. 中耕灭卵　根据蜗牛的卵受光照即自爆的特点，可于 5 月产卵盛期全面进行中耕松土，改变田间的生态环境，控制群体增殖，亦可以减轻当年受害。

2. 毒饵诱杀　①清晨或阴雨天人工捕捉，集中杀灭。②用茶籽饼粉 3kg 撒施或用茶籽饼粉 1～1.5kg 加水 100kg，浸泡 24h 后，取其滤液喷雾，也可用 50％辛硫磷乳油 1 000 倍液喷雾。③每 667m² 用 6％四聚乙醛颗粒剂 1.5～2kg，碾碎后拌细土或饼屑 5～7kg，于天气温暖、土表干燥的傍晚撒在受害株附近根部的行间，2～3d 后接触药剂的蜗牛分泌大量黏液而死亡，防治适期以蜗牛产卵前为适，田间有小蜗牛时再防 1 次效果更好。

薛召东　曾粮斌（中国农业科学院麻类研究所）

第 45 节　小造桥虫

一、分布与危害

小造桥虫［*Anomis flava* (Fabricius)］，又称棉小造桥虫、红麻造桥虫、小造桥虫夜蛾，属鳞翅目夜蛾科。是红麻生产上的主要害虫，各麻区均有不同程度的发生，以黄河、长江流域麻区受害最重。寄主范围广，除为害红麻外，还为害棉花、黄麻、大麻、苘麻、烟草、木槿、冬葵等多种作物。以其幼虫取食麻叶，幼龄幼虫咬食叶肉，留下表皮，形成透明小点，三至四龄幼虫咬食叶片成缺刻或孔洞，高龄幼虫暴食叶片，一天内能取食麻叶 4～5 片，仅留下主脉及叶柄，严重影响纤维品质和产量。在主产麻区常年虫口密度 300 万头/hm²，被害严重的麻田损失原麻 1 500kg/hm² 以上。

二、形态特征

成虫：体长 10～13mm，翅展 26～32mm，头、胸部橘黄色，腹部背面灰黄至黄褐色；前翅雌淡黄褐色，雄黄褐色。触角雄栉齿状，雌丝状。前翅外缘中部向外突出呈角状；翅内半部淡黄色密布红褐色小点，外半部暗黄色。亚基线、内线、中线、外线棕色，亚基线略呈半椭圆形，内线外斜并折角，中线曲折末端与内线接近，外线曲折后半部不甚明显，亚端线紫灰色锯齿状，环纹白色并环有褐边，肾纹褐色，上下各具 1 黑点。

卵：扁椭圆形，长 0.60～0.65mm，高 0.26～0.33mm，青绿至褐绿色，顶部隆起，底部较平，卵壳顶部花冠明显，外壳有纵横脊围成不规则形方块。

幼虫：体长 33～37mm，宽约 3～4mm，头淡黄色，体黄绿色。背线、亚背线、气门上线灰褐色，中间有不连续的白斑，以气门上线较明显。气门长卵圆形，气门筛黄色，围气门片褐色。第一对腹足退化，第二对较短小，第三、四对足趾钩 18～22 个，爬行时虫体中部拱起，似尺蠖（彩图 19-45-1）。

蛹：红褐色，头中部有 1 乳头状突起，臀刺 3 对，两侧的臀刺末端呈钩状。

三、生活习性

成虫有趋光性，多在 22：00～24：00 羽化，2：00 次之，其余时间也有不同数量的羽化。雌蛾产卵多至 800 粒，一般 8～400 粒，卵散产于麻株中部叶背面，下部叶片次之，上部叶最少。多数每叶产卵 1 粒，偶尔有 2 粒卵。在平均温度 26℃，相对湿度 92％的条件下，卵的孵化多在 6：00～10：00 以及 16：00～22：00，但以 16：00 最多，占 53％。初孵幼虫活跃，受惊滚动下落，一龄、二龄幼虫取食下部叶片，稍大转移至上部为害，四龄后进入暴食期。低龄幼虫受惊吐丝下垂，老熟幼虫在化蛹前吐丝，使麻叶的一角围成包，或吐丝将相邻的两片叶叠合，在其中化蛹。该虫也取食青菜、榆树、刀豆、桑树以及早熟禾叶，但不能正常发育。

四、发生规律

小造桥虫在湖南等省 1 年发生 5 代，世代重叠明显。其中第一代在木槿、冬苋菜等寄主上为害。第二至五代为害红麻。在红麻上各代幼虫为害盛期分别为 6 月 20 日至 7 月 15 日，7 月底至 8 月 25 日，8 月底至 9 月 25 日，10 月 5～30 日。其中又以第二代幼虫发生数量最多，为害最重，第三、四代次之，第五代较少。湖南 5 月中旬即可查到成虫，较浙江提早 1 个月。湖南 6 月中旬至 7 月上、中旬的第二代幼虫为害最重，浙江则以 8 月中、下旬的第三代为害最重。

该虫的发生与环境的关系密切。其虫口密度随生长类型不同的麻田而异。麻株生长嫩绿的，虫口密度大；种植密度大的麻田，虫口也多。该虫的发生量还与幼虫和卵的天敌数量及种类有密切关系。天敌有绒茧蜂、方室茧蜂、赤茧蜂、悬姬蜂、赤眼蜂、草蛉、胡蜂、小花蝽、瓢虫等。赤茧蜂、方室茧蜂的寄生率最高，绒茧蜂次之。暴风雨可直接将三龄前的幼虫致死，也可使三龄后的幼虫受惊而跌落地面被青蛙等天敌吞食。同时暴风雨对成虫羽化、交尾、产卵等均不利。

五、防治技术

（一）灯光诱杀

用黑光灯或高压汞灯诱杀成虫。

（二）做好测报

加强麻田幼虫防治，掌握在幼虫孵化盛末期至三龄盛期，百株幼虫达 100 头时，进行喷药防治。

（三）化学防治

采用 80％敌敌畏乳油 1 000 倍液、18％杀虫双水剂 200 倍液、50％辛·氰乳油 1 500～2 000 倍液、20％甲氰菊酯乳油 1 500 倍液、还可用 100 亿活芽孢/g 苏云金杆菌可湿性粉剂 500～1 000 倍液进行喷雾防治。

曾粮斌　薛召东（中国农业科学院麻类研究所）

第 46 节　叶　　螨

一、分布与危害

为害红麻、黄麻的叶螨有朱砂叶螨 [*Tetranychus cinnabarinus*（Boisduval）]、侧多食跗线螨 [*Polyphagotarsonemus latus*（Bank）]、咖啡小爪螨 [*Oligonychus coffeae*（Nietner）] 3 种。在我国黄河、淮河流域朱砂叶螨居多；长江流域及其以南麻区除朱砂叶螨外，还有侧多食跗线螨，部分麻区咖啡小爪螨也较严重。印度、孟加拉国则以侧多食跗线螨为害最严重。寄主除为害红麻、黄麻外，还为害棉花、豆类、蔬菜、树木、杂草等多种植物。3 种螨均以成螨、若螨刺吸红麻、黄麻的叶片或嫩茎的汁液，致受害麻叶变黄卷曲、脱落，受害重的纤维减产 20％左右。

二、形态特征

（一）朱砂叶螨

雌成螨：体长 0.28～0.32mm，体红至紫红色（有些甚至为黑色），在身体两侧各具一倒"山"字形黑斑，体末端圆，呈卵圆形。

雄成螨：体色常为绿色或橙黄色，较雌螨略小，体后部尖削。

卵：圆形，初产乳白色，后期呈乳黄色，产于丝网上。

（二）侧多食跗线螨

成螨：体长约 0.2mm，肉眼不易看见。雌成螨体椭圆形，腹部末端平截，短足 4 对，背部有 1 条白色纵带。雄成螨体近菱形，腹部末端圆锥形，淡黄色至橙黄色，半透明。

卵：椭圆形，灰白色，透明，表面具纵列瘤状突起。

幼螨：椭圆形，乳白色，体背有 1 条白色纵带，足 3 对，腹部末端有一刚毛。

若螨：棱形，半透明，是一静止阶段，被幼螨表皮所包围。

（三）咖啡小爪螨

成螨：雌螨宽椭圆形，长 0.4～0.5mm，宽约 0.28mm，红色，后半暗红至紫褐；背隆起，有 4 纵列白毛。各 6～7 根，共 26 根。毛较粗壮，末端尖细，毛长大于毛间横距；须肢端口器顶端方形。雄螨菱形，长约 0.41mm，宽约 0.24mm，深红色；阳具端向腹面直角弯曲，端部渐窄，顶圆钝。

卵：近圆形，径约 0.11mm，红色，孵化前淡橙。下方扁平，上方有一白细毛。

幼螨：椭圆形，暗红色。第一若螨长约 0.2mm，宽约 0.13mm。第二若螨长 0.23～0.26mm，宽 0.14～0.15mm，足 4 对。

三、生活习性

幼螨和前期若螨不甚活动。后期若螨则活泼贪食，有向上爬的习性。先为害下部叶片，而后向上蔓延。繁殖数量过多时，常在叶端群集成团，滚落地面，被风刮走，向四周爬行扩散。雌螨除进行两性繁殖外，还可孤雌生殖，只要条件适宜，短期内即可形成群体。

四、发生规律

叶螨繁殖快。在 28～30℃温度下，除咖啡小爪螨完成 1 代需要 12d 左右外，朱砂叶螨和侧多食跗线螨只需 4～8d 即可完成 1 代。长江流域麻区朱砂叶螨、侧多食跗线螨年生 20 多代，世代重叠。每个雌虫可产卵数十粒至数百粒。长江流域及其以北麻区，当日平均温度低于 10℃以下时，朱砂叶螨和侧多食跗线螨以雌成螨群集在向阳处的枯叶内或杂草根际及土块、树皮缝里潜伏越冬。翌年 3 月中旬，气温升至 10℃以上时，越冬螨开始为害，越冬螨开始取食活动。先在越冬寄主上繁殖 1～2 代，麻苗出土后迁到麻田为害。红、黄麻螨在华南麻区冬季无明显滞育现象。

在北方，朱砂叶螨 1 年可发生 20 代左右，以受精的雌成螨在土块下、杂草根际、落叶中越冬，来年 3 月下旬成螨出蛰。首先在田边的杂草取食、生活并繁殖 1～2 代，然后由杂草上陆续迁往菜田中为害。成螨产卵前期 1d，产卵量 50～110 粒，成虫平均寿命在 6 月为 22d，7 月为 19d，9～10 月为 29d。卵的发育历期在 24℃为 3～4d，在 29℃为 2～3d；幼若期在 6～7 月为 5～6d。所产卵，受精卵为雌虫，不受精卵为雄虫。朱砂叶螨种群在田间呈马鞍形变化，5 月田间很难见到，进入 6 月后，数量逐渐增加。在正常年，在麦收前后，田间红蜘蛛的种群数量会迅速增加，田间为害加重，7 月是红蜘蛛全年发生的猖獗期，也是蔬菜受害的主要时期，常在 7 月中、下旬种群达到全年高峰期。为害至 7 月末至 8 月上旬，由于高温的原因，种群数量会很快下降，8 月中、下旬以后，种群密度维持在一个较低的水平上，不再造成危害，并一直维持至秋季。在秋季，虫体陆续迁往地下的杂草上生活，于 11 月上旬越冬。

朱砂叶螨每年种群消长有所不同。低温年份发生的晚，常于 7 月后进入猖獗发生期，但下降的也晚，常可为害至 8 月中旬以后；高温年份 6 月上旬即可进入年中盛期，盛期至 7 月中、下旬结束。

朱砂叶螨发育起点温度为 7.7～8.5℃，最适温度为 25～30℃，最适相对湿度为 35％～55％，因此高温低湿的 6～7 月为害重，尤其干旱年份易于大发生。但温度达 30℃以上和相对湿度超过 70％时，不利其繁殖，暴雨有抑制作用。

叶螨除短距离爬行扩散外，主要借风力传播，也可以随流水转移。气温 25～30℃，干旱少雨利其发生。麻田杂草多，前茬为豆科、长势差的麻田易发生，靠近沟渠、道路、村庄及棉田的发生重。天敌有捕食螨、草蛉、小花蝽等。

五、防治技术

（一）农业防治

深翻土地，将害螨翻入深层；早春或秋后灌水，将螨虫淤在泥土中窒息死亡；清除田间杂草，减少害螨食料和繁殖场所；避免玉米与大豆间作。

（二）生物防治

利用有效天敌如长毛钝绥螨、德氏钝绥螨、异绒螨、塔六点蓟马和深点食螨瓢虫等进行防治。有条件的地方可保护或引进释放。当田间的益害比为 1：10～15 时，一般在 6～7d 后，害螨将下降 90％以上。

（三）化学防治

加强田间害螨监测，在点片发生阶段注意挑治。轮换施用化学农药，尽量使用复配增效药剂或一些新型的特效药剂。可采用 40％菊·杀乳油 2 000～3 000 倍液、40％菊·马乳油 2 000～3 000 倍液、73％炔螨特乳油、5％噻螨酮乳油 1 500 倍液喷雾防治。

曾粮斌　薛召东（中国农业科学院麻类研究所）

第 47 节　黄麻桥夜蛾

一、分布与危害

黄麻桥夜蛾 [*Anomis sabulifera* (Guenée)]，属鳞翅目夜蛾科，别名黄麻夜蛾、弓弓虫、造桥虫等，是黄麻的主要害虫之一。分布于河南、浙江、青海、台湾、海南、广东、广西、云南、四川等省份。国外主要分布于印度、孟加拉国、尼泊尔等黄麻主产国。长果种黄麻比圆果种黄麻受害严重。在自然条件下，幼虫仅为害黄麻。

黄麻桥夜蛾属间歇性为害的害虫，年间为害程度差异相当大。严重为害的年份，每公顷虫口数一般达 30 万～45 万头，有些年份甚至高达 750 余万头，麻叶几乎全被食光，并能取食花蕊、嫩果和顶芽。顶芽被害，麻株生长受阻，并诱发侧枝，严重影响麻株纤维生长及留种。常年为害纤维减产 20％～30％，种子收获量减少 30％～50％。成虫吸食柑橘、桃、葡萄等果实汁液（彩图 19 - 47 - 1，6）。

二、形态特征

成虫：体长 11～17mm，翅展 28～37mm，体浅茶褐色，前翅浅红褐色至淡咖啡色，翅上布有黑色小点，外横线以内色较深且曲折，内横线略弯，均为褐色，有的伴有白边。中室末端具黑斑 2 个，中室中间具 1 白点，白点周围具浅褐色或褐色斑块，外缘中部向外突出，缘毛浅褐色，上具黑斑 5 个，后翅浅褐色，缘毛色较深（彩图 19 - 47 - 1，1）。

卵：长约 1mm，馒头形，初产时绿色或浅绿色，具光泽，近孵化时灰褐色。表生纵棱约 37 条，横条细弱（彩图 19 - 47 - 1，1，2）。

幼虫：末龄幼虫体长 35mm 左右，黄绿色，头部具不明显浅色斑，背线深茶褐色，亚背线、气门上线色浅且细，气门线的上下方各具断续的黑色阔带，体背面、侧面具黑色毛突且明显，毛突四周生白色圈，前胸具毛突 14 个排成二横列，前列 8 个，后列 6 个；中胸毛突 14 个，8 个在各节中间排成一横列，余两侧各 3 个排成三角形；腹部各腹节生 10 个毛突，排成二横列，前列 4 个，后列 6 个；第一对腹足小，第二对腹足稍小，第三、四对腹足发达（彩图 19 - 47 - 1，4）。

蛹：长 17mm，棕褐色，后胸及腹部一至八节小黑点满布，四至七节刻点大且密，腹部末端臀棘长，上有钩刺 8 根，中间 4 根较粗长（彩图 19 - 47 - 1，5）。

三、生活习性

成虫白天多潜伏在甘蔗、水草、豆类及田边杂草间，夜间活动，飞翔力及趋光性强，尤其对黑光灯。成虫需补充营养，需取食柑橘、水蜜桃、葡萄等果汁或花蜜方能正常交尾、产卵。在温度为 22.5℃时，雌虫平均寿命 17.5d，雄成虫 12.6d。成虫一次交尾能多次产卵，气温 22.5℃时经 5d 产卵。卵散产于上部麻叶与嫩茎上，以叶背居多。成虫在日平均气温 15℃下不产卵，15～20℃时产卵量显著增加，20～25℃时大量产卵。每雌虫平均产卵 412 粒，最多可产卵 1 000 余粒。产卵期 4～17d，平均 8.3d。卵日夜均能孵化。卵历期随温度不同而有差异，当温度为 19.4℃时为 4d，22.5℃时为 2.8d，26℃时为 2.2d。

初孵幼虫先取食嫩叶叶肉，渐大则食成小孔洞或凌乱缺刻，三龄后食量大增，昼夜取食，1 头幼虫 24h 能取食麻叶 4～6 片，仅留叶脉。该虫有向上迁移并局限于麻株上部活动的习性。但当阳光很强时，也能暂时向下爬至下部叶片上。幼虫有吐丝下垂随风飘移他株为害的习性，受震即落地。当温度 19.8℃时，幼虫历期平均 27.2d，21.9℃时 20.3d，25.3℃时 13.6d。老龄幼虫在麻地土面落叶上或麻梢叶片及嫩茎上化蛹。当温度为 14.9℃时，蛹历期平均为 28.6d，19.4℃时为 16.8d，26.3℃时为 8d。

四、发生规律

黄麻桥夜蛾在长江流域麻区 1 年发生 4 代，且世代重叠，无明显的世代交替现象。7 月前在麻田很少查到幼虫，黑光灯下最早于 5 月上旬始见成虫，最迟 7 月上旬，一般为 6 月，终见期大多在 11 月。灯下蛾量 8 月前较少，8～9 月的蛾量占全年蛾量的 90％以上。幼虫为害盛期为 8 月中旬至 9 月中旬，10 月下旬田间极难找到幼虫。10～11 月田间可找到蛹，但人工模拟饲养或田间调查均不能越冬，其他虫态和场所不详，但不能排除成虫由南方迁飞来的可能。

连续阴雨天，麻地湿度高，有利该虫的发生。但黄麻桥夜蛾盛发期若遇暴风雨侵袭，可使虫口密度大幅度下降。暴风雨可直接将三龄前幼虫全部杀死，也可使三龄后幼虫受惊落地而被青蛙等天敌吞食，但暴风雨对成虫羽化、取食、交尾和产卵等均不利。

黄麻桥夜蛾田间天敌很多，鸟类中麻雀、白头翁及青蛙能大量捕食成虫和幼虫。草间钻头蛛 [*Hylyphantes graminicolum* (Sunderall)] 也能捕食成虫和幼虫，1 头成年草间钻头蛛每天可捕食 10 余头成虫和幼虫。寄生性天敌有寄生卵的赤眼蜂 (*Trichogramma* sp.)，寄生幼虫的多胚跳小蜂 (*Copidosoma maculata*)、台湾皮寄蝇 (*Sisyropa formosa*)、家蚕追寄蝇 (*Exorista sorbillans*) 和核多角体病毒等，还有重寄生的菱室姬蜂 (*Mesochorus* sp.)。

五、防治技术

（一）灯光诱蛾

有条件的地区可以用黑光灯或电灯诱蛾。一般每 1.3hm² 装 1 盏灯。长江流域从 7 月下旬至 9 月下旬进行诱杀。

（二）药剂防治

在幼虫三龄前采用 80％敌敌畏乳油 1 500～2 000 倍液、18％杀虫双水剂 3kg/hm²、拟除虫菊酯类农药 300～375mL/hm²，对水 600～900kg，或 1％甲氨基阿维菌素苯甲酸盐乳油 3 000 倍液，或 16 000IU/mg 苏云金杆菌可湿性粉剂 500 倍液喷雾均有良好效果。

曾粮斌　薛召东（中国农业科学院麻类研究所）

第 48 节　中金弧夜蛾

一、分布与危害

中金弧夜蛾 (*Diachrysia intermixta* Warren)，属鳞翅目夜蛾科，在我国东北、华北、湖北、重庆、四川、云南、台湾等地均有分布。主要为害金盏菊、菊花、翠菊、大丽菊、蓟等。云南亚麻田间普遍发生。以幼虫为害，主要为害茎叶、蒴果，初期咬食叶片，后期吐丝，缠绕嫩尖藏在里面为害，并在其中结茧化蛹。严重时，可将全田亚麻作物吃成光秆。

二、形态特征

成虫：体长 17mm，翅展 37～42mm。头、前中胸部红褐色，后胸褐色。腹部黄白色。前翅紫褐色，有大的金色近三角形斑。

幼虫：老熟幼虫长 40mm。头部小，胴部黄绿色。腹部第五至八节较粗，逐渐向前方缩小。步曲行走。

蛹：被蛹。

三、生活习性和发生规律

该虫 1 年发生 2~3 代。以蛹在寄主上越冬。4~5 月羽化为成虫。成虫有趋光性。6~11 月均可见到幼虫为害，以 7~8 月为害最烈。幼虫老熟卷叶后，筑一薄茧茧化蛹其中。是一种暴露性害虫，以幼虫咬食植物叶片为害。成虫需补充营养，成虫寿命 10~15d，平均每雌产卵为 500 粒，幼虫共 5 龄期，各龄历期为 2.8~4.5d，幼虫历期平均为 17.7d，蛹的历期为 11d。

四、防治技术

（一）灯光诱杀

根据成虫有趋光性，可用黑光灯诱杀。

（二）人工捕杀幼虫

在幼虫少量发生时，可用人工捕捉。

（三）化学防治

幼虫盛发时选喷 Bt 悬浮菌剂 200~500 倍液，或敌百虫、杀螟硫磷。幼虫发生量少时也可用 50％杀螟硫磷乳油 800~1 000 倍液消灭虫害。

曾粮斌　薛召东（中国农业科学院麻类研究所）

第 49 节　剑麻粉蚧

一、分布与危害

剑麻粉蚧［*Dysmicoccus neobrevipes*（Beardsley）］，又名新菠萝灰粉蚧，属半翅目灰粉蚧科。早在 1989 年就有该虫的昆虫标本（Beardsley，1959）。该虫最早发现于美国夏威夷，目前主要分布在热带地区，在亚热带地区也有少量分布，例如斐济、美国夏威夷、马来群岛、密克罗尼西亚、牙买加、墨西哥、菲律宾。在国内，剑麻粉蚧最早发现于台湾，主要分布于海南省和广东省所在的热带、亚热带地区。1998 年该虫在我国海南省昌江市青坎农场的剑麻园暴发，2001 年蔓延至昌江剑麻农场及周围农村麻园，为害植株率达 100％，造成年减产 30％以上，损失严重，到 2006 年冬，该虫在广东省湛江徐海麻区发生蔓延，发生为害面积达 1 333hm²，两地为害面积共达 3 000hm²，且有迅速蔓延的趋势。目前，剑麻粉蚧在我国大陆呈现急剧扩散的趋势，对我国剑麻产业构成了巨大的威胁。

剑麻粉蚧先是在肥厚叶基为害，然后蔓延至叶片顶部及心叶（叶轴），严重田块其大田间的走茎苗地上部分和头部（地下 2cm 左右）也发生该虫为害。该虫大量吸食剑麻汁液，消耗植株营养，致营养衰竭；同时排泄蜜露，引起煤烟病的大量发生，严重影响光合作用，植株生势衰弱，部分叶片凋萎卷缩。此外，伴随紫色卷叶病（常兼心叶腐烂）大量发生，初步鉴定为该虫吸食植株汁液时，放出一种有毒物质致植株根系坏死，顶上叶片出现紫色卷叶和褪绿黄斑（初期为黄豆大小，以后扩大连片，最后干枯）及常常并发心叶（叶轴）腐烂，该病主要是冬季发生，翌年 4 月后逐渐恢复，而病害不再复发。海南昌江麻区和广东湛江雷州北和镇等地剑麻农场及农户剑麻，因该虫害引发紫色卷叶病致年减产 30％以上，损失惨重（彩图 19-49-1，彩图 19-49-2）。

二、形态特征

成虫：体呈淡红色，体长 2~3mm，体卵形而稍扁平，披白色蜡粉，其触角退化，行走缓慢（彩图 19-49-3，1）。

若虫：体呈淡黄色至淡红色，触角及足发达，活泼，一龄体长约 0.8mm，二龄体长 1.1~1.3mm，此龄便可产生白色蜡粉，三龄体长约 2.0mm（彩图 19-49-3，2）。

三、生活习性

剑麻粉蚧的成虫、若虫整年在田间为害，先是在叶基为害，然后蔓延至叶片顶部及叶轴和潜入半张开的心叶缝隙（甚至迁移到花轴上为害珠芽苗）吸食植株汁液，严重田块其大田间的走茎苗地上部分和地下头部（表土 2cm 左右）也发生该虫为害。在剑麻田间，粉蚧与蚂蚁表现为共生关系，蚂蚁喜好吸食粉蚧的分泌物（蜜露），当粉蚧遇天敌攻击时，常见蚂蚁担当保护粉蚧的角色。

四、发生规律

剑麻粉蚧属孤雌生殖，世代重叠，27～34d 为 1 世代，平均每个世代为 29d，5～7 月高温不利该虫生长繁育，其每世代为 30～34d；8 月到翌年 4 月温度下降有利该虫生长发育，每世代只需 27～29d。每雌虫繁殖倍数为 36～85 倍，平均 55 倍。雨季，尤其是台风暴雨冲刷对其有较大杀伤力，虫口密度下降。

致死温度：高温致死温度为 48℃，低温致死温度约 3℃。

（一）传播途径

远距离传播主要是靠种苗（带虫）传播。近距离传播主要是自身爬行迁移和靠蚂蚁、风、雨传播。蚂蚁喜好吸食其分泌物（蜜露），在吸食活动过程中进行搬迁。

（二）发生为害与气候环境关系密切

低温干旱季节有利生育繁殖，为害严重，但温度过低也会抑制生长，呈休眠状态或死亡，如 2008 年春季低温致粉蚧死亡率达 50% 以上。雨季，受大雨，尤其是台风暴雨冲刷对粉蚧消灭作用较大，从而抑制其繁殖量，使虫口密度大幅度下降。高温不利生长发育。

剑麻（寄主）汁液丰富，有利该虫吸食，满足该虫生长繁育所需，其生长发育迅速，繁殖快、世代重叠，整年在田间为害，通常没有明显的休眠期。

苗期及大田幼龄麻、成龄麻、老龄麻等不同麻龄均可发生为害，但生长旺盛、叶色浓绿的虫害严重。

品种与虫害有密切关系。墨西哥系列引 5、引 8、引 9、引 10 和灰叶剑麻、无刺剑麻等抗虫性强或较强，可探讨作育种亲本。此外，近年杂交培育的剑 198、110、201、277、389、388、386、556、495 共 9 个新株系较抗剑麻粉蚧和抗紫色卷叶病、斑马纹病，抗寒能力强，且生势良好，目前正在扩繁；而墨西哥系列引 1、引 2、引 3 和东 26、南亚 2 号、东 27、东 109、广西 76416、当家种 H·11648 麻等抗虫能力差。

五、防治技术

（一）做好检疫

抓好虫源检疫制度，落实消毒工作，防止种苗传虫。

（二）农业防治

培育抗虫优质高产新品种。

挖除麻园小行走茎苗，消除粉蚧栖息处。

控氮增钾，抑制徒长或生长过旺，提高抗虫能力。

实行轮作。切断粉蚧生物链，有效消灭虫源；麻园间套种绿肥等，以培肥地力，改善生态环境，有效控制粉蚧为害。

（三）生物防治

麻园间套种热研柱花草，改善生态环境，使生物多样性，促进天敌—草蛉等大量繁衍，以虫治虫，有效控制粉蚧为害。

（四）药剂防治

根据预警抓好麻园巡查，在粉蚧为若虫低龄期选用高效低毒环保型药剂进行扑杀，采用统一行动，群防群治，确保有效控制虫害和保护天敌。可选用 24% 螺虫乙酯悬浮剂 2 800 倍液＋有机硅助剂 4 500 倍液或 48% 毒死蜱乳油、40% 杀扑磷乳油、40% 氧乐果乳油 600 倍液，螺虫乙酯有效期长达 2 个月，其他药剂有效期约 15d。长效药剂要 2 个月左右交替使用 1 次，其他药剂半个月左右交替使用 1 次，方可有效控制粉蚧蔓延，并减轻紫色卷叶病为害。

曾粮斌　薛召东（中国农业科学院麻类研究所）

第 50 节　黑褐圆盾蚧

一、分布与危害

黑褐圆盾蚧［*Chrysomphalus aonidum*（Linnaeus）；异名：*Chrysomphalus ficus* Ashmead，*Aspidiotus ficus* Comstock］，属于半翅目盾蚧科，别名褐圆蚧、褐叶圆蚧、褐圆盾蚧、茶褐圆蚧、鸢紫褐圆蚧。分布于海南（三亚、白沙、琼海）、广东（湛江、徐闻、海康、廉江、高州）、广西（南宁、钦州、玉林、柳州、桂林）、福建（漳蒲、漳州、同安、厦门、长泰、南靖）等剑麻产区。以为害叶部为主，尤以叶片正面虫体较多；为害严重时，叶片变黄且枯萎，能诱发煤烟病（彩图 19 - 50 - 1）。

二、形态特征

成虫：雌成虫体为黄褐色，圆形，略突。老龄虫体的前体部膜质或仅有梢端硬化，倒卵形；胸部两侧各有 1 个刺状突起。雌虫介壳色泽趋于极暗色或黑色，圆形，蜡质比较厚；中央隆起，周围向边缘略微倾斜；壳面有显著的比较密集的环纹，边缘为灰褐色；介壳中央的顶端有 2 个圆形的壳点。雄介壳虫的色泽与质地和雌介壳虫的相同，椭圆或卵形，壳点偏于一端，长 1mm 左右。雄虫体为黄色，长约 0.8mm，翅展 2.0mm 左右（彩图 19 - 50 - 2）。

卵：浅橙黄色，椭圆形。长约 0.2mm 于母体后方介壳下。

若虫：一龄若虫体长 0.24～0.26mm，长椭圆形，浅黄色；有足和触角，腹部末端有 1 对长尾毛。经过第一次蜕皮后，除口针外，触角、足和尾毛均消失。二龄以后，雌若虫介壳为圆形，雄若虫介壳椭圆形，壳点远离中心。

蛹：褐黄色，椭圆形，长约 0.8mm。

三、生活习性

褐圆盾蚧雌虫共 3 龄，若虫期间蜕皮 2 次；雄若虫蜕皮 3 次。雌成虫将卵产在背介壳下，若虫孵化后，分散活动，在找到合适场地，即固定取食为害。在没有食料且温度较高的情况下，仍可存活 3～13d。雌性若虫多寄生在叶背，雄性若虫多寄生于叶面为害。

四、发生规律

黑褐圆盾蚧在广东、广西 1 年发生 4～6 代，陕西汉中 3 代。后期世代重叠，均以若虫越冬。在福州地区，黑褐圆盾蚧在 1 年中可发生 4 代，多数以第二龄若虫越冬。5 月中旬、7 月中旬、9 月上旬、11 月下旬各有 1 代若虫的盛发期。成虫产卵期长，可达 2～8 周，每雌卵量 80～145 粒。

五、防治技术

（一）严格检疫

（1）介壳虫常固着生活，且虫体小，故其远距离传播主要依靠寄主植物携带。因此，在苗木调运时应实施检疫，以防传播蔓延。

（2）选择植物种苗时要严格把关，不栽种带有虫体的苗木；一旦发现带虫植株，应及时进行控制，将虫和带虫植株集中烧毁，以消除虫源，制止蔓延。

（二）物理防治

（1）加强麻园管理。及时中耕松土、施肥、灌水，使麻园通风透光，以增强麻株的长势，提高植株的抗虫能力。

（2）冬季结合剪修，尽量把有介壳虫的部分剪掉，把藏在裂缝中的介壳虫刮掉，并集中进行烧毁。

（3）春季是若虫的活动盛期，在若虫向梢端迁移前，可采用往植株上环绕涂胶或涂废机油的方法（隔10～15d 涂 1 次，共涂 2～3 次），以阻止初孵若虫的传播；同时，应及时清除环下的若虫。

（4）可用木棍、硬毛刷或钢丝刷刷掉植株上的雌虫、若虫和卵，虫体不多的也可用湿抹布把介壳虫和煤污病擦掉或用水擦洗，然后集中杀灭所捕获的虫体。

（三）生物防治

保护并利用天敌，是控制介壳虫类害虫的重要手段之一。介壳虫类害虫的主要天敌有红点唇瓢虫、黑缘红瓢虫及黄金蚜小蜂、黑色软蚧蚜小蜂、闽粤软蚧蚜小蜂、夏威夷软蚧蚜小蜂、斑翅食蚧蚜小蜂、蜡蚧斑翅蚜小蜂、赖食软蚧蚜小蜂、软蚧扁角跳小蜂、绵蚧阔柄跳小蜂和草蛉。

由于介壳虫喜聚集在剑麻的叶缝中及气根部，药物很难触及，因此，利用天敌来防治介壳虫是剑麻害虫防治的发展趋势。介壳虫自然天敌的寄生率或者捕食率要比外地引进的物种和人工繁殖的天敌都要高，因此，对自然天敌加以保护是介壳虫生物防治的主要措施。

（四）化学防治

可用 25％喹硫磷乳油 2 000～2 500 倍液、40％氧乐果乳油 2 500～3 000 倍液进行防治。在虫体孵化盛期和若虫高峰期，可用 20％害扑威乳油 600～800 倍液、75％辛硫磷乳油 600～800 倍液等速效型杀虫剂防治，尽量避免使用对环境副作用大的传统杀虫剂。

曾粮斌　薛召东（中国农业科学院麻类研究所）

第 51 节　麻小食心虫

一、分布与危害

麻小食心虫（*Grapholitha quadristriana* Walsingham，异名：*Grapholitha delineana* Walker），属鳞翅目卷蛾科小食心虫属，别名四纹小卷蛾、大麻食心虫。分布于华北、东北、西北、华中以及台湾，其中内蒙古、山西、河北主要麻产区受害重。第一代幼虫蛀害大麻的嫩茎，被害部膨大变脆，遇风易折，不折断的也影响麻的产量和质量。第二代幼虫蛀害雌株上形成的嫩果，一头幼虫能破坏 7～8 个果。严重时影响种子的产量。

二、形态特征

成虫：雌蛾体长 7mm，翅展 15mm。头及前胸鳞毛粗糙，灰褐色。触角线状，复眼绿色，单眼 2 个，下唇须灰白色。中后胸鳞毛暗褐色，细小而伏贴，腹部灰褐色。前翅前缘淡黄色，有 9 条向后外方倾斜的褐纹，后缘中部具 4 条灰色平行弧状纹直达后缘。近臀角处另有两条不明显的灰纹，前后翅其余部分均黑褐色。足灰白色，跗节 5 节，越近端节越短。
雄蛾小于雌蛾，体色较雌略深，腹部可见 8 节、雌蛾 7 节，后翅翅缰 1 根，雌 2 根（图 19-51-1，1）。

卵：长 0.6mm，浅黄色，扁椭圆形（图 19-51-1，2）。

幼虫：末龄幼虫体长 8.4mm，头壳淡黄色，单眼区深褐色，单眼每边 6 个，前 4 后 2 排列。前胸盾淡黄，半透明，可透见头壳的颅区。前胸、第一至八腹节侧下方各具气门 1 对。臀板不明显，无臀栉（图 19-51-1，3）。

蛹：雌蛹长 6.8mm，褐色，中胸显著，倒卵形，后胸马鞍形，自背面可见 8 个腹节，第二至七节气门突出，第八节上气门不明显，尾端具 6～8 根钩状刺（图 19-51-1，4）。

三、生活习性

成虫晴天中午多静伏在植株下部或杂草丛

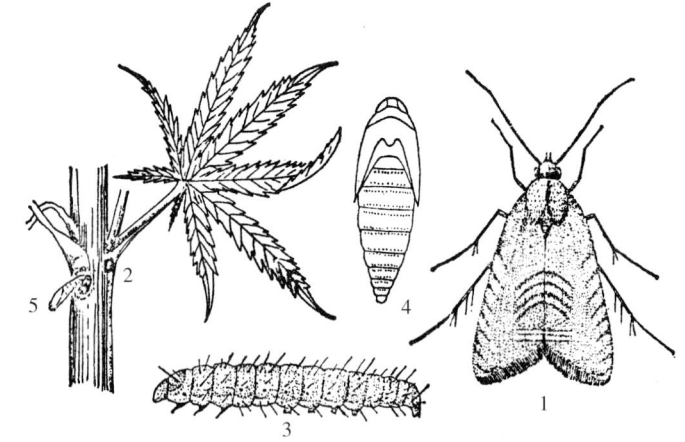

图 19-51-1　麻小食心虫（引自中国农业科学院
　　　　　　植物保护研究所，1995）

Figure 19-51-1　*Grapholitha quadristriana*（from Institute of
　　　　　　Plant Protection，Chinese Academy of Agri-
　　　　　　cultural Sciences，1995）

　　1. 成虫　2. 产在叶柄基部的卵　3. 幼虫
　4. 蛹　5. 羽化孔处留下的蛹壳及枯萎的叶片

内的叶背，受惊即飞出，阴天则全天活动。7：00～9：00 和 15：00 至日落活动，以日暮前最为活跃。雌蛾寿命 6～9d，雄蛾寿命 5～7d。成虫飞翔能力弱，飞翔时间 1～2min，距离不超过 5m。交尾方式呈"一"字形或"人"字形，交尾时间 25～40min。一般雌蛾交尾 1 次，多次产卵，雄虫可交尾多次。交尾后 1d 内即可产卵。产卵多在 7：00～10：00 和 15：00～18：00 进行。产卵时雌蛾到处爬行，选择适宜场所。卵散产，很少 2～3 粒在一起。产卵前期 1～2d，产卵期 3～6d。每雌可产卵 40～50 粒，最多可产 96 粒，但抱卵量可达 200 粒以上。成虫有趋光性及趋嫩绿性，趋向生长嫩绿麻田，选择嫩梢、嫩叶产卵。卵多产于叶背，少数产于花蕾、嫩果以及嫩茎上。卵期 32.2℃时 4d，28.5℃时 5d，23.8℃时 6d，21.8℃时 7d，19.6℃时 8d。卵经 4～8d 孵化，孵化时间多在 8：00～10：00 和 15：00～17：00。幼虫孵出后，到处乱爬，速度很快，一般 1～2h 即可取食。初孵幼虫一般仅取食嫩叶的下表皮和叶肉，并吐丝缀网，身居网内取食，留下上表皮呈窗户纸状。一龄后蛀食嫩茎，但也有少数蚕食叶片成洞孔。三龄前食量小，三龄后食量猛增。

幼虫取食嫩茎，多从嫩茎下 0.7～1.7cm 的主茎处蛀入，嫩茎被害引起麻茎瘤肿，幼虫即匿居其中蛀食，逐渐形成 2cm 长左右的孔道，并从孔道内向外排出黄褐色颗粒状粪便，堆积在孔口之外。取食嫩果多从嫩果的苞叶内蛀入，孔外留有粪便。幼虫有转移为害的习性。它在每次蜕皮前往往外出，爬行或吐丝飘荡转株，寻觅适当场所，吐丝结网，身居网内，然后蜕皮。一般 1 头幼虫能转移为害嫩茎形成瘤肿 3～4 处，可蛀食嫩果 5～10 个。

老熟幼虫多在茎内孔旁结茧化蛹，或吐丝将孔薄封直接化蛹。预蛹期 1～2d。蛹期 32.6℃时 6d，27.8℃时 7d，24.2℃时 8d，19.5℃时 9d。蛹经过 6～9d 羽化，羽化时常将蛹壳带到孔外。

四、发生规律

麻小食心虫在内蒙古 1 年发生 2 代，以幼虫越冬。翌年 5 月中旬化蛹，6 月初田间可见成虫，成虫交配后把卵散产在麻秆折缝处，6 月中旬幼虫为害麻秆，受害处膨大，可见虫粪，第一代幼虫于 7 月中旬开始化蛹，7 月下旬出现成虫。第二代卵产在雌株嫩头上。8 月上旬可见嫩果受害，为害期持续到大麻收获。第二代幼虫常在相邻几个嫩果上吐丝结一薄幕，在里面串食。幼虫老熟后，早的入土结茧越冬，晚的即在种子间隙结茧过冬。在安徽六安 1 年发生 3～4 代，世代重叠，主要以老熟幼虫在留种的麻秆和葎草茎内结茧越冬，极少数以老熟幼虫混杂在种子间隙越冬。安徽六安地区大麻食心虫在种子间隙越冬的虫口密度较低，平均每千克种子 0.17～1.8 头，而内蒙古地区可达每千克种子 11.03～14.56 头。越冬幼虫于翌年 4 月间化蛹，4 月下旬羽化，成虫盛发期分别为 5 月上、中旬，6 月中、下旬和 7 月下旬至 8 月上、中旬，9 月中、下旬。第一、二、三代幼虫为害大麻，第四代幼虫为害葎草。不管有无大麻，均可在葎草上发生，生活周期 33～50d。

不同品种大麻的受害差别很大。一般晚熟品种寒麻被害严重，常年被害率达 60%～80%；而早熟品种火麻受害较轻，被害率仅 20%～30%。据观察，凡生长嫩绿的田块被害重，生长势差的田块受害轻。同时，田边杂草多的易发生。杂草不仅提供麻小食心虫成虫的栖息场所，而且杂草本身如葎草就是它的转株和越冬寄主。因此，田边植株往往被害严重。在安徽寒麻留种麻秆的越冬幼虫密度一般比火麻高。

五、防治技术

（一）农业防治
大麻收获后，早秋耕冬灌。
合理轮作，大麻田不要连作。

（二）化学防治
发生期喷洒 50%亚胺硫磷乳油 1 500 倍液，每公顷喷对好的药液 900～1 125L。

薛召东　曾粮斌（中国农业科学院麻类研究所）

第 52 节　麻　天　牛

一、分布与危害

麻天牛 [*Thyestilla gebleri* (Faldermann)]，属鞘翅目天牛科，别名大麻天牛、麻竖毛天牛，是为害大麻的重要害虫。分布于日本、朝鲜、蒙古、俄罗斯及我国西北、华北和东北的大麻产区，华北、东北及内蒙古、甘肃等麻区受害重。成虫为害大麻幼嫩的叶柄、叶脉和茎的表皮，幼虫钻入麻茎里蛀食茎部麻秆表皮和木质部，茎受害后，局部膨大成瘤状，受风易折断，影响大麻的产量和品质。

二、形态特征

成虫：雌成虫体长 13～18mm，雄虫 9～13mm，较瘦小，色较深。全体黑褐色，密生灰白色绒毛。前胸背板两侧及中线、鞘翅的侧缘和缝缘都有白线，形状似葵花子。触角 11 节，雄虫触角稍长于体，雌虫触角略短于体，各节近似圆筒形，着生灰白色细毛。头、胸部背面鞘翅正中及两侧各有 3 个黄白纵条，前胸圆桶形。无刺（彩图 19 - 52 - 1）。

卵：长约 1.8mm，宽约 0.9mm，长卵形，表面呈蜂巢状，初乳白色，后变为黄褐色或褐色。

幼虫：老熟幼虫体长 15～20mm，乳白色，头小，口器红褐色，前胸大，背板有褐色小颗粒组成的"凸"字形纹。体背自第四节到尾部各节都有成对圆形突起，背中线明显。

蛹：长 16mm 左右，宽 6mm，黄白色。腹部各节近后缘生有红色刺毛。

三、生活习性

成虫飞翔能力较弱，无趋光性，有假死性。清晨多集中在大麻新叶内，不食不动，遇惊即坠地假死，数分钟后又返回麻株。在 9：00～11：00、15：00～18：00 活动较强。初孵幼虫先在皮下取食，蜕皮后蛀入髓部，逐渐向下蛀至根部后，幼虫以虫粪和黏性分泌物封堵蛀孔越冬，也有部分幼虫在麻秆内越冬。当大麻快成熟时，幼虫便向根部转移，到大麻收获时，有 65%～95% 幼虫转移到根部，并用虫粪和分泌的黏液堵塞虫道越冬。

四、发生规律

大麻天牛 1 年发生 1 代，以老熟幼虫在被害麻茬和麻秆内越冬。辽宁于 4 月下旬至 5 月上旬开始化蛹，蛹期 14～21d。5 月下旬出现成虫，5 月下旬至 7 月下旬卵孵化，8 月中、下旬幼虫老熟，进入越冬。成虫寿命 19～23d。成虫羽化后，随之交尾产卵，卵多产在主茎或中部幼嫩处。雌虫先在主茎上咬下一个"八"字形伤痕，然后把 1 粒卵产在其中，每雌可产 40 粒，卵期 7～8d，幼虫期 10 个月。6 月中、下旬进入卵盛孵期，7 月至收获期进入幼虫为害期。麻茬内越冬的幼虫，常因冬季冷冻死亡一部分，但其越冬死亡率和秋耕翻地的关系密切。据山西调查，秋耕地麻茬内越冬成虫死亡率达 56%，但未秋耕地仅 8%。春季的相对湿度也是影响越冬的主要条件。当春季温度在 12～22℃，相对湿度在 80% 以上时，幼虫死亡率约为 5%，但相对湿度在 53%～74% 时，幼虫和蛹的死亡率分别为 42.5% 和 66.7%。播种早被害轻；播种迟则被害较重。留苗密度较稀时被害重，留苗密度较密时则被害轻。

五、防治技术

（一）农业防治
收麻后及时进行秋耕，挖烧麻根，可有效杀死幼虫，压低越冬虫口基数。

（二）人工捕杀
利用成虫假死性，在成虫盛发期于清晨组织人力捕杀成虫。

（三）化学防治
也可在成虫发生盛期喷洒 90% 敌百虫晶体 900 倍液或 50% 马拉硫磷乳油、80% 敌敌畏乳油 1 500 倍液，如能在早晨喷效果更好。

薛召东 曾粮斌（中国农业科学院麻类研究所）

第 53 节 大麻叶蜂

一、分布与危害

大麻叶蜂（*Trichiocampus cannabis* Xiao et Huang），别名大麻毛怪叶蜂，属膜翅目叶蜂科。是大麻上的重要害虫之一，以幼虫嚼食大麻叶片形成孔洞和缺刻，严重时仅残留叶柄和主叶脉，致使麻皮产量锐减。中等为害麻地减产 10％左右。我国仅在安徽麻区发现，其他产麻省未见报道。

二、形态特征

成虫：雌虫体长 5.5～6.8mm，头部黑色，有光泽，触角黑色。前胸、中胸橘红色。中胸腹板、后胸背板黑色。翅带烟褐色，前端色较淡。翅痣、前缘脉黑褐色，翅脉黑色，翅膜具短刚毛。足橘黄色，附节带黑色。腹部褐黄色，有光泽；背片Ⅰ两侧、锯鞘黑色。触角第三节基部正常；唇基前缘呈钝角形凹入，深度中等；横缝、侧缝明显而较深；中窝锹形，较深；复单眼距（OOL）：后单眼距（POL）：单眼后头距（OCL）＝13：10：11。胸腹侧片明显。头部及胸部具稀而很细的刻点；唇基刻点较密。细毛黄褐色，上唇及上颌基部细毛长。

雄虫体长 5.0～6.0mm。胸部黑色；足转节外侧、腿节基部尖端带黑色。唇基前缘呈弧形凹入，较浅；OOL：POL：OCL＝9：7：8。其余形态同雌虫。

卵：乳白色，肾脏形，一端较大。长径 0.9～1.0mm，宽径 0.3～0.4mm。近孵化时，隐约可见卵内幼虫的黑褐色眼点。

幼虫：体细圆筒形，略扁。体表多皱纹，将体节分成若干小节。灰绿色；腹足 7 对，位于腹部第二至七节及第十节上。初孵幼虫体乳白色，头淡黄色；取食后体绿色，头黑褐色。大龄幼虫体背还有 1 条深绿色的背中线，体上多细毛和黑色颗粒，胸足的基部有 1～2 条褐色斜纹。老熟幼虫体长 11～15mm，头宽 0.30～1.55mm，体黄绿略带紫色。

蛹：离蛹，体长 5.0～6.5mm，头宽 1.5mm 左右。刚化蛹时体为青绿色，复眼黄褐色，以后体变为黄绿色；复眼变为黑色，近羽化时头黑色，体橘黄色，翅芽灰色。蛹在茧内，茧丝质，棕黄色，椭圆形，茧外黏附许多小土粒。茧长径 6.0～9.5mm，宽径 3.0～4.4mm，一般雌茧比雄茧粗大。

三、生活习性

成虫一般都在白天羽化，以 8：00～10：00、16：00～17：00 为多。羽化时从茧的较小一端咬一个圆形直径约 2mm 的羽化孔，被姬蜂寄生的孔较小且不圆。羽化的成虫刚从土中爬出无飞翔能力，只是向植株上爬，用 1 对后足不断整翅并不断展翅试飞，约半至 1h 后才能飞翔，飞行距离数米到十几米，时飞时停。早期雄虫多，后期雌虫多。成虫白天活动，雨天和夜晚静伏叶背不动。日出后成虫由叶背爬向叶表，露干后才飞行，早晚只是爬行，有假死性，活动以中午最盛。雌雄交尾或于叶上或于地面，交尾时呈"一"字形或"人"字形。交尾时间一般 15～42s，最长 60s。成虫一生可交配多次，交尾频繁。据观察 1对雌雄成虫在 1h 内可交尾 3 次。成虫可两性生殖，亦可孤雌生殖。当雌蜂遇不到雄蜂交配时，仍可自行产卵，并能正常孵化为幼虫，因此，该蜂有孤雌生殖现象，但其后代全为雄蜂。成虫有趋嫩及趋光性，成虫喜欢产卵于麻头嫩叶上，因此，孵化的幼虫多栖息并为害顶心下 1～3 对叶片。成虫没有扑灯习性，在室内试管饲养时，趋向有光的一端。成虫羽化后即可产卵，卵散生，产于麻株上部叶片组织内，多产在叶正面近叶尖的主脉两侧。成虫产卵时，常伸出产卵器，向叶表刺探，选择适当的地点，合适时即以锯状产卵器锯破叶表皮，产卵于切痕内。产卵处叶表隆起，隐约可见卵粒。每产 1 粒卵，需 0.5～1min。每 1 叶片上产卵 1 至数粒不等。每头雌蜂可产卵 52～120 粒，平均 96 粒。卵经 3～7d 孵化，孵化时间多在8：00～10：00和14：00～15：00。初孵幼虫即可爬行，从叶面爬到叶背，一般半小时即能取食。初孵幼虫因口器较弱，仅取食嫩叶的下表皮及叶肉，留下上表皮。二龄以后即将叶片吃成孔洞或缺刻。三龄前食量小，三龄后食量猛增。幼虫取食有趋嫩性，喜欢取食顶叶下 1～3 对嫩叶。幼虫为害时，常在下部叶片上留下颗粒状椭圆形墨绿色的粪便。幼虫蜕皮 5 次，蜕皮前不食不动，蜕皮时身体不断膨胀，头先脱出，多倒挂在叶片背面，主要在叶脉和叶缘处。每次蜕皮历时 10～20min。幼虫有假死性，一触动就缩成一团，稍振动就跌落地面，1～3min 后方能恢复爬行。幼虫老熟后，即从麻株上下爬入土，吐丝结茧化蛹，入土深度 3～20cm，以 6cm 最多，化蛹时，虫体收缩至 9～11cm。据观察，预蛹期 1～3d，蛹期 4d（二代）。幼虫有滞育现象，滞育期短的数周，长的可达 1 年以上。叶蜂幼虫滞育与食叶老嫩和土壤干旱皆有很大关系。室内饲养时，饲以嫩叶则继续发育，饲以老叶则发生滞育。在饲养过程中，入土结茧幼虫，若土壤干燥，则长期不能化蛹羽化，加水湿润后则很快化蛹羽化。

四、发生规律

大麻叶蜂在安徽六安地区1年发生2代，部分3代，世代重叠，以老熟幼虫在土内做茧越冬。越冬幼虫于翌年春陆续化蛹或继续滞育。越冬代自3月下旬开始化蛹，4月初开始羽化出成虫并产卵（室内越冬代羽化始期比田间要推迟15d左右）。4月上旬为第一代卵孵化盛期，4月中旬为一代幼虫为害盛期，4月下旬至5月初入土结茧化蛹。4月底5月初开始羽化并产卵，第二代卵5月上旬开始孵化，5月中旬为二代幼虫为害盛期，5月下旬幼虫开始入土做茧越冬。少数二代幼虫继续发育，于6月上、中旬发生三代幼虫为害并入土越冬。第一代成虫发生量少，且多为雄蜂，因此幼虫少，为害轻；第二代发生量多，为害重，此时正值大麻快速生长期，为害造成损失较大；第三代发生少数，为害亦轻。

大麻叶蜂的发生与环境关系密切，早播重，迟播轻。因为早播早开筒，麻头嫩绿，成虫趋向产卵，所以发生重。连作重，轮作轻，由于大麻叶蜂以老熟幼虫在原大麻地越冬，且成虫飞行距离有限，所以连作重，轮作轻。阴雨重，干旱轻，大麻叶蜂以幼虫在土内做茧越冬，翌春化蛹羽化，春季长期干旱能影响其继续发育。室内饲养时加水湿润能促使化蛹羽化；雨后田间成虫发生量猛增，说明幼虫化蛹成虫羽化皆需水分和湿度。另外，雨后土壤湿软，有利成虫羽化出土。幼虫喜湿冷而忌干热，高温干旱影响卵的孵化和幼虫的成活，所以阴雨重，干旱轻。但暴雨对幼虫存活也不利，因为暴雨有冲刷作用。

大麻叶蜂的天敌有捕食性和寄生性两大类。捕食性天敌主要有麻雀、蜘蛛、青蛙，瓢虫有七星瓢虫（*Coccinella septempunctata*）、龟纹瓢虫（*Propylea japonica*）、异色瓢虫（*Harmonia axyridis*）3种，草蛉有大草蛉（*Chrysopa pallens*）、中华草蛉（*Chrysoperla sinica*）两种，及胡蜂、蚂蚁等。胡蜂能大量捕食大麻叶蜂幼虫，为重要天敌。寄生性天敌主要有一种寄生蜂，属姬蜂科齿胫姬蜂亚科，学名待定。姬蜂成虫产卵于叶蜂幼虫体内，寄生率一般为15%～30%。此外，成虫体外还寄生有一种无色透明的捕食螨。

五、防治技术

（一）农业防治

（1）实行隔年轮作，可减轻为害程度。大麻叶蜂为单食性害虫，以老熟幼虫在原地土中结茧越冬，翌年化蛹羽化为成虫，成虫飞行距离有限，因此，实行大面积隔年轮作，以有效地防止为害。

（2）冬耕入土结茧的越冬幼虫，以表土6～10cm最多，实行冬季浅耕，将幼虫翻于土面冻死。有条件地区可实行水旱轮作，消灭危害，或冬耕灌水，淹毙越冬幼虫。

（二）人工捕杀

利用幼虫假死性，采用人工捕杀幼虫，也可在早晨露水未干时捕杀成虫。

（三）药治药剂

防治大麻叶蜂，针对其幼虫应以触杀药剂为主。建议使用杀螟硫磷、乐果、甲萘威和敌敌畏等农药，主治第二代，掌握在5月上旬三龄前进行，对准麻头，喷药1次即可。否则虫龄大，效果较差，且麻株长高，施药不便。

曾粮斌　薛召东（中国农业科学院麻类研究所）

第54节　大麻龟板象

一、分布与危害

大麻龟板象（*Rhinoncus pericarpius* Linnaeus），俗称大麻小象甲、大麻龟象、麻乌龟、钻心虫等，属鞘翅目象甲科。单食性，仅为害大麻，在华中、华北大麻产区发生较普遍。成虫、幼虫均为害大麻，成虫取食叶片呈孔洞，或食嫩头，也可以吸取大麻嫩茎组织的汁液，并产卵于嫩头伤口处，大麻受害后，麻梢停止生长，从腋芽发叉，形成双头。幼虫孵化后即钻入茎内，蛀食麻茎，受伤处成肿瘤状，受风害易折断，影响纤维产量和品质。

二、形态特征

成虫：成虫为灰褐色的小型甲虫，体长 2.3～2.8mm，体宽 1.4～1.9mm，呈卵圆形，口吻甚长，为体长的 1/3，弯曲于腹下，几乎与胸部相接；前胸前狭后宽，背面中央有一纵沟。鞘翅表面有细密刻线，形成纵沟 7～8 条。鞘翅基部与胸背部相连处，有一小白斑。腹部密生白毛，各足节膨大，其内侧中部有一齿状突起。成虫初羽化时赤褐色，有棕红色晕，雌虫而后变灰褐色，雄虫变黑褐色。雄虫腹端稍尖，雌虫腹端较圆（图 19 - 54 - 1，1）。

卵：椭圆形，初产时无色透明，表面光滑，长 0.5mm，宽 0.3～0.35mm，近孵化变为暗紫色，长 0.7mm，宽 0.4～0.43mm（图 19 - 54 - 1，2）。

幼虫：乳白色，头黄褐色，足退化，虫体两头小，中间粗，体弯像新月形，全体疏生金黄色短毛。老熟幼虫为黄白色，体长 3.3～3.8mm（图 19 - 54 - 1，3）。

蛹：乳白色，裸蛹，长 2.35～2.8mm，初化蛹时乳白色，后为黄褐色，尾端有 1 对叉状突起，藏匿于圆形的土茧内。茧长 4mm，宽 2mm（图 19 - 54 - 1，4）。

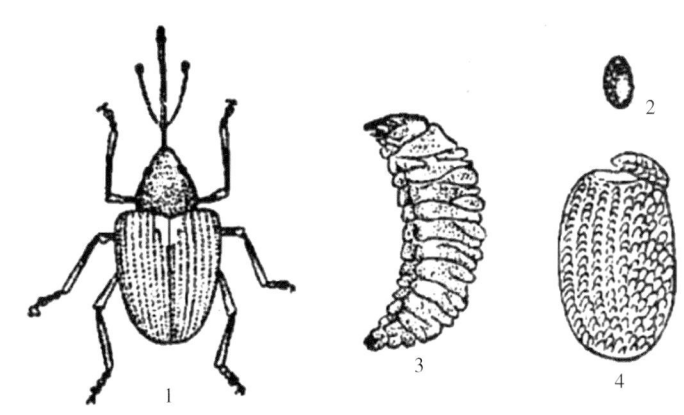

图 19 - 54 - 1　大麻龟板象（引自张继成，1995）
Figure 19 - 54 - 1　*Rhinoncus pericarpius*（from Zhang Jicheng, 1995）
1. 成虫　2. 卵　3. 幼虫　4. 茧

三、生活习性

越冬成虫 3 月中旬出现，成虫具假死性，无趋光和趋化性。成虫寿命可长达 10 个月以上，成虫耐饥性强，飞翔能力差，借风力或水迁移。一般夜间栖息在麻地土壤里，白天在麻株上为害，8：00～10：00 和 15：00～17：00 为活动盛期，当气温 20～25℃时，行动活泼，低于 15℃或高于 25℃时都不甚活泼。成虫出现 2～3d 后交配，交配 2～3d 后产卵。卵散产，多产于嫩头叶间的表皮伤口处，或近嫩头处较粗的叶柄上。雌虫可多次产卵，每次产卵 8～14 粒，卵期 9～15d。幼虫孵化后经 5～6h，由卵穴向茎内蛀入，直至幼虫老熟后由原伤口钻出，入土化蛹。幼虫耐饥性强，有假死性，幼虫期 18～21d。幼虫老熟后从蛀孔钻出，沿麻茎下爬至 1～3cm 的表土内，分泌黏液做土茧化蛹。预蛹期 4～6d，蛹期 5～7d。

四、发生规律

大麻龟板象在安徽六安麻区 1 年发生 1 代，有时发生不完整的第二代，以成虫在麻地附近的杂草和落叶中越冬。越冬成虫于 3 月中旬出现，为害大麻，4 月上旬至 5 月上旬是为害盛期。4 月下旬至 5 月上旬筑土室化蛹，5 月中旬出现新的成虫，越冬成虫于 5～6 月死去，新的成虫于 6 月底至 7 月初离开麻株蛰伏。由于该虫发生很不整齐，因此世代重叠现象严重。从栽培条件来看，沙性土质及留种麻地受害较重，连作麻地被害率高于轮作麻地。

五、防治技术

（一）农业防治

（1）根据大麻龟板象食性单一，飞翔能力差，传播距离不远以及连作麻地为害重等特点，可划分隔离区进行大面积轮作防治。

（2）及时秋耕，清除麻地及附近的杂草和枯枝落叶，降低越冬虫口基数。

（二）化学防治

在越冬成虫活跃初期选用胃毒剂类农药，每隔 7d 防治 1 次，连续防治 2～3 次。此后可视虫口密度防治。

薛召东　曾粮斌（中国农业科学院麻类研究所）

第 55 节　大麻蚤跳甲

一、分布与危害

大麻蚤跳甲（*Psylliodes attenuata* Koch），俗称麻跳蚤，属鞘翅目叶甲科。国外前苏联、欧洲其他地区、日本、朝鲜等地有该虫的报道，我国各大麻产区均有发生和为害。除为害大麻外，还为害啤酒花、菜豆、葎草以及白菜和萝卜等十字花科作物。成虫喜欢聚集在幼嫩的心叶上为害，把麻叶食成很多小孔，严重的造成麻叶枯萎，幼虫取食麻根，但为害较轻（彩图 19 - 55 - 1）。

二、形态特征

成虫：体长 1.8～2.6mm，黑铜绿色，具光泽。触角 11 节，褐色。头、胸部及鞘翅背面刻点较小且稀，翅端具赤褐色反光。各足胫节、跗节褐色，后足腿节着生在胫节末端的上部，胫节末端突出很长，并有等长的刺 2 根（图 19 - 55 - 1，1）。

卵：长 0.4mm，长圆形，浅黄色（图 19 -55 - 1，2）。

幼虫：末龄幼虫体长 3～3.5mm，宽 0.6mm，有明显的头部，3 个胸节各生 1 对胸足，9 个腹节，各节有淡褐色几丁质小毛片（图 19 - 55 - 1，3）。

蛹：裸蛹，黄褐色（图 19 - 55 - 1，4）。

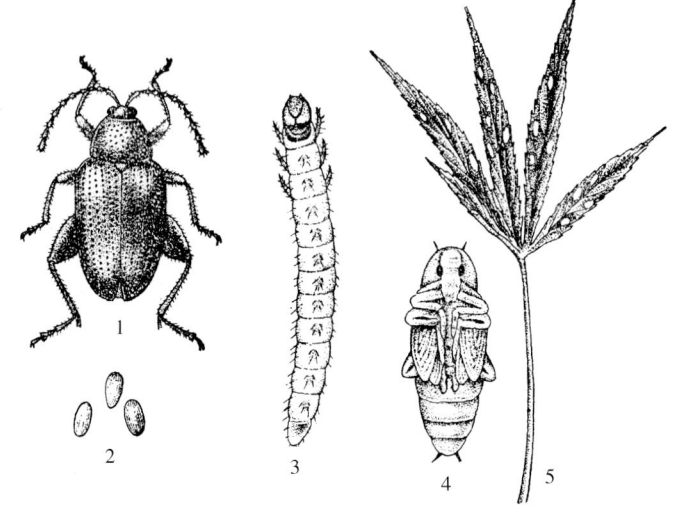

图 19 - 55 - 1　大麻蚤跳甲（引自中国农业科学院植物保护研究所，1995）

Figure 19 - 55 - 1　*Psylliodes attenuata*（from Institute of Plant Protection，Chinese Academy of Agricultural Sciences，1995）

1. 成虫　2. 卵　3. 幼虫　4. 蛹　5. 为害状

三、生活习性

成虫不能飞，善于跳跃，遇惊扰即蹦跳逃逸。有趋上性、趋嫩性和群聚性，喜在植株幼苗主茎顶端群聚取食，以中午最活跃，遇惊扰时，纷纷落地假死，触角及 3 对足同时收拢于腹面不动，稍停片刻又很快恢复活动。成虫交尾后将卵产于大麻茎基部附近。幼虫共 3 龄，极活泼，生活于土内，主要为害大麻地下部分，取食嫩根，也食害侧根的表皮或将主根咬成隧道，为害程度较轻。老熟幼虫在土下做室化蛹。成虫啃食叶片，尤其是心叶，既可从叶缘咬成缺刻，又可从叶片中间咬成孔洞，使叶片呈现渔网状；亦能为害嫩茎，在嫩茎表面啃出大大小小的斑痕，同时啃食嫩茎上着生的腋芽和顶芽，导致植株畸形生长，严重时可至麻苗枯死。大麻收获后，新生代成虫集中为害留种麻，不仅叶片花序被吃光，也常咬食接近成熟的种子，导致种子产量和质量下降。

四、发生规律

大麻蚤跳甲在东北 1 年生 1 代，安徽、山西、山东等地每年发生 2 代。以成虫在杂草丛、植物残株间、土块下或土壤裂缝处越冬。华北麻区越冬成虫翌年 4 月初开始出现，早春以落粒生长的大麻和葎草为食。当播种的大麻出土后，大批成虫转移到大麻幼苗上为害。春季成虫交尾后产卵于浅土大麻的小根附近，卵一般经过 10～14d 孵化为幼虫。幼虫极活泼，主要为害大麻地下部分，蜕皮 2 次，约经 21～42d 开始在土中化蛹。蛹期 10～15d，一般在 7 月下旬到 8 月出现成虫。成虫期长，且各虫期的长短易受外界条件影响，发生期很不整齐。当多数大麻收割后，成虫随即集中到种麻上，严重为害花序及未成熟的种子，防治不及时，种子的产量及质量降低。9～10 月成虫越冬。

大麻跳甲成虫在田间的分布型与虫口密度有一定的关系。密度低时多属于泊松分布和 P - E 核心分布，密度较高时多属核心分布和负二项分布。在确定防治指标时，平均每株虫量在 6 头以上，应采取防治措施。

由于调查时易惊动周围麻株苗上的跳甲成虫，因此实际调查中，采取每点取样一株所得的数据较为准确。

五、防治技术

（一）农业防治

收获后及时清除田间残株落叶，集中烧毁，可减轻下年受害。

（二）化学防治

大麻苗期、种苗开花结实期喷洒 90％敌百虫晶体 800 倍液或 10％啶虫脒可湿性粉剂 1 500 倍液、30％混灭・噻嗪酮乳油 1 500 倍液，要从麻田四周向田中间喷药。

用 20％氰戊菊酯乳油 3 000 倍液或 18％杀虫双水剂 500 倍液灌浇麻蔸，防治幼虫。

曾粮斌　薛召东（中国农业科学院麻类研究所）

第 56 节　大麻姬花蚤

一、分布与危害

大麻姬花蚤（*Mordellistena cannabisi* Matsumura），属鞘翅目花蚤科。分布在宁夏一带西北麻区，是银川平原大麻的重要害虫。寄主为大麻、苍耳。幼虫蛀食嫩茎、顶梢，致受害部膨大呈虫瘿状，不仅品质降低，同时也影响产量。

二、形态特征

成虫：体长 3mm 左右，体黑色，体表密布灰色短毛，头下弯，腹面弯曲成弓形。后腿节膨大，善跳跃，跗节较胫节长，雌虫尾端具长产卵管。

幼虫：老熟幼虫体长 6mm 左右，蜡黄色，胸足特短小，无腹足。腹部一至八节两侧向外膨胀，尾端圆锥形上弯，末端具二分叉。

蛹：长 3mm 左右，头胸部红褐色，腹部黄色。

三、生活习性

宁夏 1 年生 1 代，以幼虫在麻茎、麻根部越冬，有时与麻天牛幼虫混合为害，翌年春天化蛹，6 月羽化为成虫。成虫喜在茴香、胡萝卜等伞形科植物上活动。

四、防治技术

（一）农业防治

大麻收获后马上翻耕，拾净根茬，要求在翌年 5 月成虫羽化前烧完，必要时进行药剂处理。

（二）化学防治

发现成虫聚集到胡萝卜或茴香等伞形科植物花上时，喷洒 2.5％敌百虫粉剂或 2％杀螟丹粉剂、2.5％辛硫磷粉剂 30kg/hm²，也可喷洒 80％敌敌畏乳油 1 000 倍液。

曾粮斌　薛召东（中国农业科学院麻类研究所）

第 57 节　黄曲条跳甲

一、分布与危害

黄曲条跳甲［*Phyllotreta striolata*（Fabricius）］，属鞘翅目叶甲科，又名黄曲条菜跳甲、亚麻跳甲、菜虱、土跳虱、蹦蹦虫、黄条跳蚤、黄跳蚤。黄曲条跳甲发生面积较广，除新疆、西藏、青海外广布我国各地。为害亚麻、大麻、黄麻和红麻，取食子叶生长点，影响苗期分枝生长，降低麻纤维产量与品质。

二、形态特征

成虫：体长 1.5~2.4mm，长椭圆形，黑色，有光泽，前胸背板及鞘翅上有许多刻点，排成纵行；鞘翅上各有 1 条黄色纵斑，中部狭而弯曲。后足腿节膨大，十分善跳，胫节、跗节黄褐色。

卵：长约 0.3mm，椭圆形，淡黄色，半透明。

幼虫：老熟幼虫体长约 4mm，长圆筒形，黄白色，尾部稍细，头部、前胸背板淡褐色，各节具不显著肉瘤，生有细毛。

蛹：长约 2mm，椭圆形，乳白色，头部隐于前胸下面，翅芽和足达第五腹节，胸部背面有稀疏的褐色刚毛。腹末有 1 对叉状突起，叉端褐色。

三、生活习性

发生世代因地域差异而不同，黑龙江一年发生 2 代，华北地区 4~5 代，上海、杭州 4~6 代，南昌 5~7 代，广州 7~8 代。在华南无越冬现象，长江流域及以北地区以成虫在落叶、杂草中潜伏越冬。在越冬蔬菜与春菜上取食活动，随着气温升高活动加强。第二年初春气温达 10℃ 以上开始取食，达 20℃ 时食量大增。成虫善跳跃，高温时还能飞翔，以中午前后活动最盛。有趋光性，对黑光灯敏感。成虫寿命长，产卵期可延续 1 个月以上，因此世代重叠，发生不整齐。卵散产于植株周围湿润的土隙中或细根上，平均每雌产卵 200 粒左右。20℃ 下卵发育历期 4~9d。幼虫需在高湿情况下才能孵化，因而靠近沟边的地里比干燥的地里多。幼虫孵化后在 3~5cm 深的表土层啃食根皮，幼虫发育历期 11~16d，共 3 龄。老熟幼虫在 3~7cm 深的土中筑土室化蛹，蛹期约 20d。

四、发生规律

（一）湿度

温度对黄曲条跳甲的发生数量影响最大，特别是产卵期和卵期。成虫产卵喜潮湿土壤，含水量低的土壤中极少产卵。相对湿度低于 90% 时，卵孵化极少。春、秋季雨水偏多，有利于黄曲条跳甲发生。

（二）温度

黄曲条跳甲的适温为 21~30℃，低于 20℃ 或高于 30℃，成虫活动明显减少，特别是夏季高温季节，食量骤减，繁殖率下降，并有蛰伏现象，因而发生较轻。

（三）食料

黄曲条跳甲属寡食性害虫，偏嗜十字花科蔬菜，也取食亚麻、大麻、黄麻和红麻。

五、防治技术

（一）农业防治

1. 冬季清园 黄曲条跳甲以成虫在落叶、杂草中越冬，在冬季可采用清除残留麻株和落叶，铲除田间沟边杂草的方式，消灭成虫越冬场所，压低越冬基数。

2. 深耕翻晒 黄曲条跳甲的卵、幼虫、蛹在土中栖息为害，可在播种前深耕晒土，并可根据后作作物的需求撒施适量石灰、草木灰，杀灭部分土中的蛹、卵、幼虫。春季气温回暖时，连片翻晒对压低全年虫源基数效果很好。

（二）化学防治

1. 土壤处理 亚麻播种前，大麻、黄麻、红麻播后苗前，可用 40% 辛硫磷乳油 1 200 倍液淋浇土壤 1~2 次，或每 667m² 用 3% 辛硫磷颗粒剂 1.5kg 拌成毒土均匀撒施于畦土上，杀灭土中的幼虫，减少虫源基数。

2. 茎叶喷雾 常用的药剂有 50% 辛硫磷乳油 1 500 倍液（高温、强光时不宜使用）、80% 敌敌畏乳油或 90% 敌百虫晶体、50% 马拉硫磷乳油 1 000 倍液、10% 氯氰菊酯乳油 1 000~2 000 倍液、20% 氰戊菊酯乳油或 2.5% 溴氰菊酯乳油 2 500 倍液。喷药时应注意，田块较宽时可采用先四周再中央的包围喷药法。麻苗出土至幼苗期是重点的施药保护时期，一旦发现跳甲为害应立即喷药防治。高温季节，中午阳光过强时成虫潜伏于土中或植株基部，不宜喷药，最好在 16：00~17：00 喷药，药效较好。

（三）物理防治

灯诱杀虫。利用黄曲条跳甲成虫对黑光灯敏感的特性，可在连片亚麻、大麻、黄麻、红麻种植区按 15～20hm² 园区安装 1 盏黑光灯，诱杀成虫，并能诱杀玉米螟等螟蛾类害虫。

（四）生物防治

利用球孢白僵菌（Beauveria bassiana）防治黄曲条跳甲是应用最广泛的一种生物防治方法。该菌能侵染黄曲条跳甲幼虫和成虫，幼虫在处理后的 5d 开始表现出感病症状，6～8d 时出现感病高峰，成虫在处理 12d 后才出现感病高峰。

柏连阳　邬腊梅（湖南人文科技学院）

主 要 参 考 文 献

陈河龙，郭朝铭，刘巧莲，等 .2011. 龙舌兰麻种质资源抗斑马纹病鉴定研究［J］. 植物遗传资源学报（4）：58 - 62.

陈洪福，薛召东 .1992. 麻类病害名录［J］. 中国麻作（2）：30 - 35.

陈洪福，薛召东，皮德宝，等 .1994. 苎麻蝙蛾及其防治研究［J］. 中国麻作，16（2）：36 - 38.

陈绵才，吴家琴，薛召东，等 .1992. 红麻根结线虫在病田中的分布与消长动态［J］. 植物病理学报，22（2）：163 - 167.

陈英，刘伯忠 .2003. 红麻病虫防治试验初报［J］. 中国麻作，25（1）：28 - 30.

陈泽明 .2007. 剑麻茎腐病防治主要措施［J］. 广西热带农业（1）：35.

陈志东 .2006. 临沧地区亚麻主要病虫草害发生特点及防治技术［J］. 农村实用科技（1）：39 - 40.

成飞雪，何明远，张战泓，等 .2008. 嗜酸柏拉红菌 PSB - 01 菌株对苎麻根腐线虫病的防治效果［J］. 中国生物防治，24 （4）：359 - 362.

程瑚瑞，高学彪，方中达，等 .1989. 植物根腐绒虫病的研究Ⅲ麻根腐线虫病病原鉴定［J］. 植物病理学报，19（3）：151 -154.

邓建民，刘国忠 .2007. 黄麻红麻品种与高效配套技术［M］. 北京：台海出版社.

何红，郑小波，曹以勤，等 . 苎麻疫病病原菌的鉴定及病害诊断［J］. 中国麻作（2）：38 - 40.

何建群，陈贵荟 .2005. 冬亚麻害虫种类及其综合防治技术［J］. 中国麻业，27（6）：312 - 315.

龚国淑 .2004. 玉米弯孢叶斑病病原的群体结构及玉米资源的抗性研究［D］. 成都：四川农业大学.

郭普 .2006. 植保大典［M］. 北京：中国三峡出版社.

胡建辉，郭斌，严立军，等 .2005. 艾格里微生物肥在苎麻上的施用效果［J］. 湖南农业科学，6：44 - 47.

胡学礼，杨明，陈裕，等 .2008. 西双版纳"云麻 1 号"高产栽培技术［J］. 中国麻业科学，30（6）：330 - 332.

黄敬芳，竺万里，林伯荃，等 .1980. 吴忠大麻产区死苗死株原因的调查研究［J］. 中国麻业（4）：29 - 34.

黄素芳，向本春，任敏忠，等 .2009. 新疆甘草斑点病病原分离鉴定［J］. 新疆农业科学，46（3）：536 - 539.

姜卫东，杨学 .2008. 亚麻灰霉病发生规律及综合防治技术研究［J］. 中国麻业科学，30（4）：207 - 209.

李斌 .2008. 蔬菜亚麻跳甲的发生与综合防治技术［J］. 现代园艺，6：30 - 31.

李莲英 .2003. 五星农场更新剑麻园斑马纹病调查分析［J］. 广西农业科学（5）：49 - 50.

李瑞明，马辉刚 .1993. 苎麻炭疽病发生及防治研究［J］. 植物保护学报，20（1）：83 - 89.

李增平，罗大全 .2007. 橡胶树病虫害诊断图谱［M］. 北京：中国农业出版社.

林仁魁，庄家祥，邹华娇，等 .2007. 几种杀虫剂对亚麻跳甲的防治效果［J］. 农药科学与管理，28（11）：29 - 32.

刘巧莲，郑金龙，张世清，等 .2010.13 种药剂对剑麻斑马纹病病原菌的室内毒力测定［J］. 热带作物学报（11）：141 -145.

刘青海 .1983. 大麻对氮、磷、钾营养元素吸收特性的研究［J］. 中国麻业（4）：36 - 41.

陆家云 .2004. 植物病害诊断［M］. 北京：中国农业出版社.

吕佩珂 .1999. 中国粮食作物、经济作物、药用植物病虫原色图鉴［M］. 呼和浩特：远方出版社.

吕佩珂，苏慧兰，吕超，等 .2007. 中国粮食作物、经济作物、药用植物病虫原色图鉴：下册［M］.3 版 . 呼和浩特：远方出版社.

潘兹亮，乔利，王守宝，等 .2012. 豫南地区黄麻主要病害的发生及防治方法［J］. 中国麻业科学，1：15 - 18.

戎文治，徐珊 .1983. 我国红麻上的几种真菌病害［J］. 浙江农业大学学报，9（1）：47 - 53.

宋喜霞，关凤芝，潘虹，等 .2012. 亚麻炭疽病病原菌生物学特性的研究［J］. 黑龙江农业科学（11）：57 - 59.

宋宪友 .2012. 药剂拌种处理对大麻病虫害的防治［J］. 中国麻业科学，34（1）：7 - 10.

王承森，陈曙晖 .1989. 苎麻横沟象及其防治研究［J］. 中国麻业（3）：41 - 43.

王福亮 .2009. 黑龙江省主要大麻病害的综合防治［J］. 吉林农业科学，34（3）：44 - 45.

王福亮，关凤芝，杨学，等.2009.黑龙江省亚麻田间虫害种类及防治技术［J］.中国麻业科学，31（1）：33-37.

王果红，韩日畴.2002.亚麻跳甲的生物防治［J］.中国生物防治，24（1）：91-93.

王会芳，曾向萍，陈绵才，等.2010.不同杀菌剂对红麻炭疽病菌的室内毒力测定［J］.中国麻业科学，32（5）：258-260.

王会芳，曾向萍，陈绵才，等.2011.一株高致病性红麻炭疽病菌的鉴定［M］//吴孔明.植保科技创新与病虫防控专业化.北京：中国农业科学技术出版社：454-458.

汪廷魁，崔连珊，万昭进，等.1987.大麻叶蜂的研究［J］.昆虫学报，30（4）：407-413.

汪廷魁.1995.大麻小象甲生物学特性研究［J］.中国麻作，17（1）：37-39.

吴广文.2001.亚麻病害简介及综合防治［J］.中国麻作，23（1）：11-12.

吴家琴，薛召东.1986.红麻根结线虫病的初步研究［J］.植物病理学报，16（1）：53-56.

吴家琴，薛召东，陈绵才，等.1991.红麻根结线虫病综合防治研究［J］.中国麻作，2：19-24.

夏荨民.2008.黑龙江省亚麻田主要害虫及防治措施［J］.中国麻业科学，30（4）：210-213.

熊和平.2010.国家麻类产业技术发展报告（2007—2009）［M］.北京：中国农业科学技术出版社.

徐丽珍.2008.黑龙江省亚麻病害草害综合防治技术［J］.中国麻业科学，30（2）：99-101.

许敏，陆道训.2002.皖西大别山区大麻食心虫生活史及防治技术的研究［J］.安徽农学通报，8（6）：42-44，47.

许艳萍，杨明，郭鸿彦，等.2006.昆明地区工业大麻病虫害及其防治技术［J］.云南农业科技（4）：46.

薛召东，吴家琴，陈绵才，等.1992.红麻根结线虫生活习性及防治研究［J］.植物保护学报，19（2）：117-121.

薛召东，陈洪福，陈绵才，等.1996.苎麻根腐线虫病化学防治研究［J］.中国麻作，18（6）：41-44.

薛召东，杨瑞林，曾粮斌，等.2011.NY/T 2042—2011　苎麻主要病虫害防治技术规范［S］.北京：中国农业出版社.

杨定发，何月秋，赵明富，等.2004.云南省元江县大麻真菌性病害初步记述［J］.中国麻业，26（6）：281-282.

杨学，王玉福，关凤芝，等.2002.亚麻枯萎病发生规律及其综合防治措施［J］.中国麻业，24（1）：23-26.

杨学.2002.亚麻病害症状及检索表［J］.中国麻业，24（5）：23-27.

杨学.2002.亚麻锈病发生特点及防治［J］.中国麻业，24（6）：17-20.

杨学.2004.亚麻白粉病发生特点及防治技术研究［J］.中国麻业，26（3）：121-124.

杨学，关凤芝，李柱刚，等.2007.亚麻顶萎病发生特点及防治技术研究［J］.中国麻类科学，19（5）：283-285.

杨永红，黄琼，白巍，等.1999.大麻病害研究的综述［J］.云南农业大学学报，14（2）：223-228.

尹志高，陈兰芳，何宝金，等.1963.苎麻天牛生活习性及防治方法的初步研究［J］.湖北农业科学（6）：25-29，17.

余安安，潘正安，肖本权，等.2008.鄂南苎麻主要病虫发生为害与防治技术［J］.湖北植保（3）：25-26.

余玉冰，黄红.1990.克线丹对红麻根结线虫病的防治试验［J］.广西植保（1）：20-21.

曾粮斌，薛召东，余永廷，等.2013.苎麻夜蛾发生规律变化及其防治技术［J］.湖南农业科学（10）：23-24.

张怀芳.1987.红麻黄麻主要病害及其防治［J］.中国麻作（3）：1-3.

张怀芳，陈洪福.1990.克线丹防治苎麻根腐线虫病大田药效研究［J］.中国麻作，3：21-25.

张怀芳.1993.苎麻根腐线虫病的诊断与防治方法［J］.中国麻作，1：31-32.

张继成，薛召东.2000.大理窃蠹发育起点温度和有效积温的研究［J］.中国麻作，22（2）：27-30.

张继成，薛召东.1986.麻类作物主要害虫的发生及防治概述［J］.植物保护，37（2）：36-39.

张继成，薛召东.1996.苎麻花叶病传播方式及防治研究［J］.中国麻作，18（4）：36-40.

张锦泉，来元直.1963.杭州湾两岸麻区黄麻连作与根结线虫病关系的调查［J］.浙江农业科学（4）：160.

张迁西，苏生春，肖平，等.2006.野生苎麻主要病虫害发生与防治技术［J］.江西植保，29（2）：67-70.

张伟雄，文尚华，陈士伟，等.2010.剑麻粉蚧的为害与综合防治技术［J］.热带农业工程，34（4）：47-49.

张正湘，成海青，杜安，等.1991.克线丹防治苎麻根腐线虫病效果好［J］.中国麻作（1）：35-36.

赵艳龙，何衍彪，詹儒林，等.2007.我国剑麻主要病虫害的发生与防治［J］.中国麻业科学（6）：32-36.

赵艳龙，周文钊，何衍彪，等.2009.剑麻茎腐病菌突变株的生物学特性研究［J］.中国麻业科学（4）：39-44.

郑金龙，高建明，张世清，等.2010.杀菌剂对剑麻茎腐病病原菌的室内毒力测定［J］.中国麻业科学（5）：28-32.

中国农业科学院植物保护研究所.1995.中国农作物病虫害：下册［M］.2版.北京：中国农业出版社.

《中国农作物病虫害》编辑委员会.1981.中国农作物虫害：下册［M］.北京：农业出版社.

中华人民共和国农业部.2009.麻类技术100问［M］.北京：中国农业出版社.

周卫川.1995.褐圆盾蚧的发生与防治［J］.福建农业科技（2）：41.

周玉萍，高华援，赵叶明，等.2012.吉林省大麻规范化高产栽培技术［J］.现代农业科技（4）：95-96.

Barloy J，Pelhate J，et al.1962.Premieres observations phytopathological relatives aux cultures de chanvre en Anjou［J］.Ann.Epiphyties，13：117-149.

第19单元　麻类作物病虫害

彩图 19-1-1　苎麻根腐线虫病为害状（成飞雪摄）
Colour Figure 19-1-1　Symptoms of ramie root rot nematode (by Cheng Feixue)

彩图 19-2-1　苎麻花叶病症状（朱春晖摄）
Colour Figure 19-2-1　Symptoms of ramie mosaic
(by Zhu Chunhui)

彩图 19-3-1　苎麻炭疽病症状（朱春晖摄）
Colour Figure 19-3-1　Symptoms of ramie anthracnose
(by Zhu Chunhui)

彩图 19-4-1　苎麻疫病症状（朱春晖摄）
Colour Figure 19-4-1　Symptoms of ramie Phytophthora blight
(by Zhu Chunhui)

彩图 19-9-1　亚麻白粉病症状（朱春晖摄）
Colour Figure 19-9-1　Symptoms of flax powdery mildew
(by Zhu Chunhui)

彩图 19-10-1　亚麻立枯病症状（朱春晖摄）
Colour Figure 19-10-1　Symptoms of flax bacterial wilt
(by Zhu Chunhui)

彩图19-13-1　红麻炭疽病症状（曾向萍提供）
Colour Figure 19-13-1　Symptoms of kenaf anthracnose
(by Zeng Xiangping)
1.叶片症状　2.茎部症状

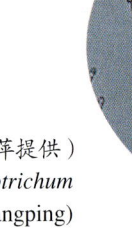

彩图19-13-2　胶孢炭疽菌分生孢子（曾向萍提供）
Colour Figure 19-13-2　Conidia of *Colletotrichum
gloeosporioides* (by Zeng Xiangping)

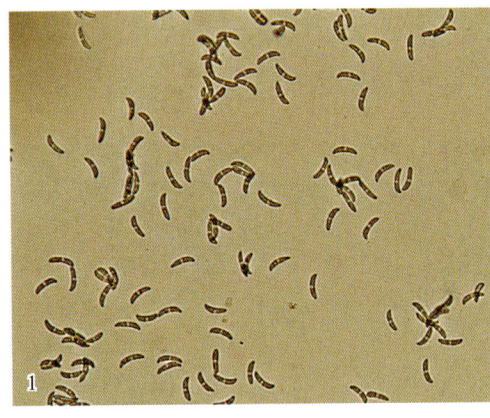
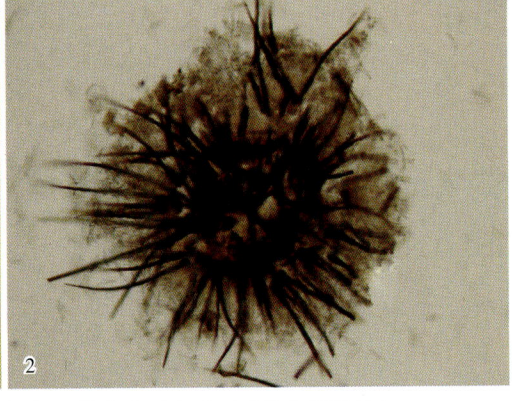

彩图19-13-3　束状炭疽菌分生孢子（1）和分生孢子盘（2）（曾向萍提供）
Colour Figure 19-13-3　Conidia (1) and acervulus (2) of *Colletotrichum dematium* (by Zeng Xiangping)

彩图19-14-1　红麻斑点病叶片症状（王会芳提供）
Colour Figure 19-14-1　Symptoms of kenaf Cercospora
leaf spot at leaf (by Wang Huifang)

彩图19-18-1　红、黄麻根结线虫病根部症状（程菊娥摄）
Colour Figure 19-18-1　Symptoms of kenaf and jute
caused by *Meloidogyne* (by Cheng Ju'e)

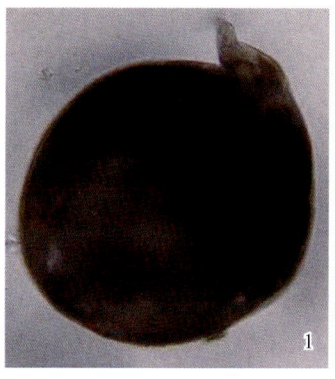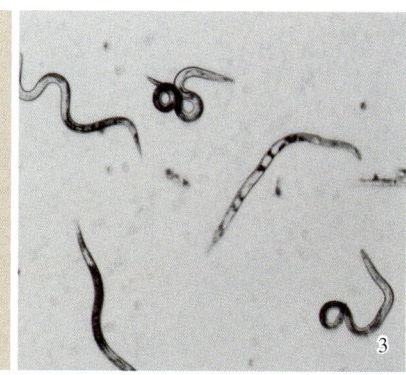

彩图 19-18-2　南方根结线虫形态（成飞雪和程菊娥摄）

Colour Figure 19-18-2　Morphology of *Meloidogyne incognita* (by Cheng Feixue and Cheng Ju'e)

1. 雌虫　2. 雄虫　3. 二龄幼虫

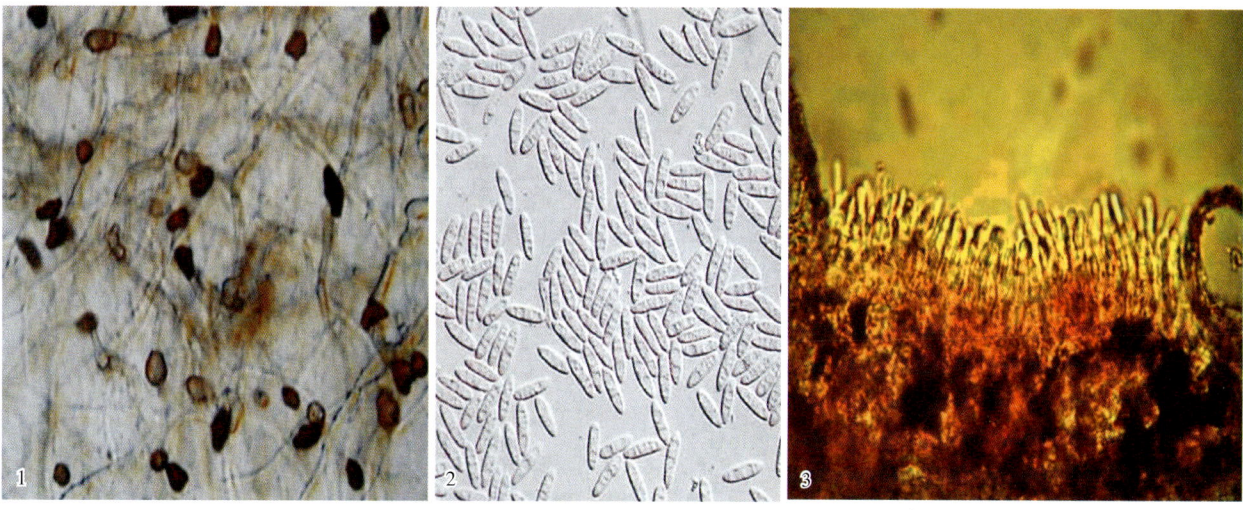

彩图 19-26-1　胶孢炭疽菌的附着胞（1）、分生孢子（2）和分生孢子盘（3）（仿李增平和罗大全，2007）

Colour Figure 19-26-1　Appressoria (1), conidia (2) and acervulus (3) of *Colletotrichum gloeosporioides*
(from Li Zengping and Luo Daquan, 2007)

彩图 19-27-1　剑麻紫色卷叶病田间症状（陈绵才提供）

Colour Figure 19-27-1　Symptoms of sisal hemp purple leaf roll in the field
(by Chen Miancai)

彩图 19-28-1　大麻白星病症状
（王会芳提供）
Colour Figure 19-28-1
Symptoms of hemp yellow leaf
spot (by Wang Huifang)

彩图 19-28-2　大麻白星病病原菌特征（王会芳提供）
Colour Figure 19-28-2　Morphological characteristics of hemp yellow leaf spot pathogens (by Wang Huifang)
1. *Septoria cannabis*　2 ~ 4. *Mycosphaerella*

彩图 19-29-1　大麻白斑病症状（王会芳提供）
Colour Figure 19-29-1　Symptoms of hemp white leaf spot (by Wang Huifang)

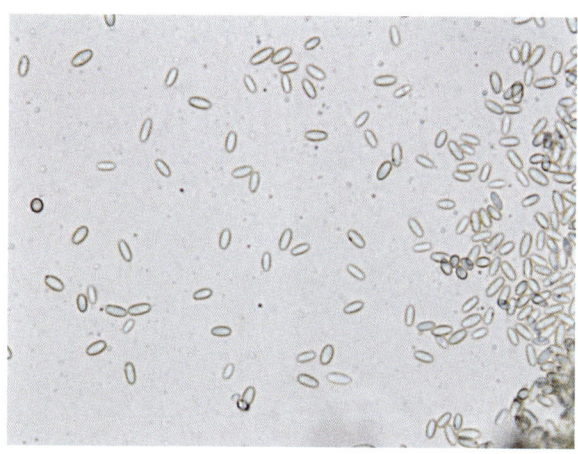

彩图19-29-2 大麻茎点霉（王会芳提供）
Colour Figure 19-29-2 *Phoma cannabis*
(by Wang Huifang)

彩图19-31-1 大麻猝倒病症状（王会芳提供）
Colour Figure 19-31-1 Symptoms of hemp damping-off
(by Wang Huifang)

彩图 19-36-1 苎麻夜蛾为害状（曾粮斌摄）
Colour Figure 19-36-1 Symptoms caused by
Arcte coerulea on ramie (by Zeng Liangbin)

彩图19-36-2 苎麻夜蛾（曾粮斌摄）
Colour Figure 19-36-2
Arcte coerulea (by Zeng Liangbin)
1.幼虫（黑型） 2.幼虫（黄白型） 3.卵

彩图 19-37-1 苎麻天牛为害状（曾粮斌摄）
Colour Figure 19-37-1 Symptoms caused by
Paraglenea fortunei on ramie (by Zeng Liangbin)

彩图 19-37-2 苎麻天牛
（曾粮斌摄）
Colour Figure 19-37-2
Paraglenea fortunei
(by Zeng Liangbin)
1.成虫 2.卵
3.幼虫 4.蛹

彩图 19-38-2 苎麻珍蝶
（曾粮斌摄）
Colour Figure 19-38-2
Acraea issoria
(by Zeng Liangbin)
1.成虫 2.幼虫

彩图 19-38-1 苎麻珍蝶为害状（曾粮斌摄）
Colour Figure 19-38-1 Symptoms caused by *Acraea issoria* on ramie (by Zeng Liangbin)

彩图 19-39-1 苎麻赤蛱蝶为害状（曾粮斌摄）
Colour Figure 19-39-1 Symptoms caused by *Vanessa indica* on ramie (by Zeng Liangbin)

彩图 19-39-2 苎麻赤蛱蝶
（曾粮斌摄）
Colour Figure 19-39-2
Vanessa indica
(by Zeng Liangbin)
　　1.成虫　2.卵
　　3.幼虫　4.蛹

彩图 19-41-1 大理窃蠹
为害状（曾粮斌摄）
Colour Figure 19-41-1
Symptoms caused
by *Ptilineurus marmoratus* on ramie
(by Zeng Liangbin)

彩图 19-41-2 大理窃蠹（曾粮斌摄）
Colour Figure 19-41-2 *Ptilineurus*
marmoratus (by Zeng Liangbin)
　　1.成虫　2.幼虫　3.茧

彩图 19-43-1 苎麻卜馍夜蛾（曾粮斌摄）
Colour Figure 19-43-1 *Bomolocha indicatalis*
(by Zeng Liangbin)
　　1.幼虫　2.蛹

彩图 19-44-1 灰巴蜗牛（曾粮斌摄）
Colour Figure 19-44-1 *Bradybaena ravida* (by Zeng Liangbin)

彩图 19-45-1 小造桥虫（曾粮斌摄）
Colour Figure 19-45-1 *Anomis flava* (by Zeng Liangbin)

彩图 19-47-1 黄麻桥夜蛾（引自中国农业科学院麻类研究所，1995）
Colour Figure 19-47-1 *Anomis sabulifera* (from Institute of Bast Fiber Crops, Chinese Academy of Agricultural Sciences, 1995)
1. 成虫 2. 卵放大 3. 卵产在叶上 4. 幼虫 5. 蛹 6. 为害状

彩图 19-49-1 剑麻粉蚧为害状（曾粮斌摄）
Colour Figure 19-49-1 Symptoms caused by *Dysmicoccus neobrevipes* on sisal hemp (by Zeng Liangbin)

彩图 19-49-2 剑麻粉蚧引起的紫色尖端卷叶病（曾粮斌摄）
Colour Figure 19-49-2 Sisal hemp purple tip volume leaf caused by *Dysmicoccus neobrevipes* (by Zeng Liangbin)

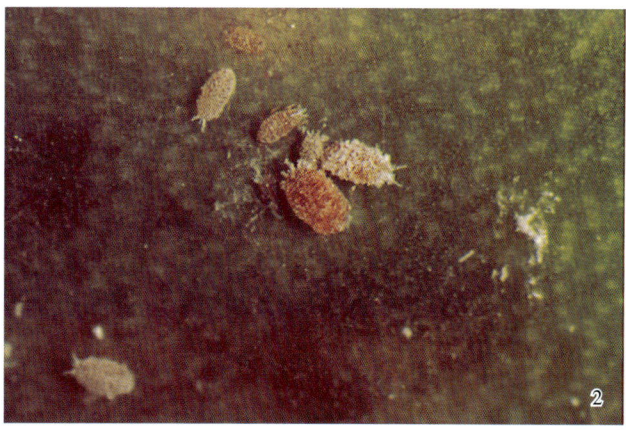

彩图 19-49-3　剑麻粉蚧（曾粮斌摄）
Colour Figure 19-49-3　*Dysmicoccus neobrevipes* (by Zeng Liangbin)
1. 成虫　2. 若虫

彩图 19-50-1　黑褐圆盾蚧为害状（曾粮斌摄）
Colour Figure 19-50-1　Symptoms caused by
Chrysomphalus aonidum on sisal hemp (by Zeng Liangbin)

彩图 19-50-2　黑褐圆盾蚧（曾粮斌摄）
Colour Figure 19-50-2　*Chrysomphalus aonidum*
(by Zeng Liangbin)

彩图 19-52-1　麻天牛（曾粮斌摄）
Colour Figure 19-52-1　*Thyestilla gebleri*
(by Zeng Liangbin)

彩图 19-55-1　大麻蚤跳甲为害状（曾粮斌摄）
Colour Figure 19-55-1　Symptoms caused by *Psylliodes attenuata*
on hemp (by Zeng Liangbin)

第 20 单元　糖料作物病虫害

第 1 节　甘蔗凤梨病

一、分布与危害

甘蔗凤梨病是甘蔗种茎的主要病害，在世界各国甘蔗产区几乎都有发生。我国广西、广东、云南、四川、海南、湖南、湖北、江西、浙江、福建、台湾、江苏、安徽等省份普遍发生该病。以储藏的种蔗和冬春植蔗受害为甚，被害的蔗种腐烂，使蔗芽不能萌发，造成蔗田萌芽率低，严重缺株。目前我国甘蔗病害中，凤梨病是对生产影响较大的病害之一。

甘蔗凤梨病菌最初由德森（de Seynes，1886）在法国研究，此病菌致使凤梨果实腐烂。1893 年在印度尼西亚爪哇的甘蔗上发现此病菌，由于受害的蔗种早期常散发出一种如凤梨般的香味（醋酸乙酯），蔚茵（Went）将此病称为凤梨病（pineapple disease）。1958 年以前安徽省的窖藏蔗种凤梨病为害率达 75% 以上；四川省 1958 年对窖藏的蔗种进行调查，感染凤梨病严重的蔗种损失可达 90% 以上；1959 年广东省澄迈县红光垦殖场的秋植蔗因此病造成 67hm² 的蔗种损失；1983 年福建的福清、仙游等县，春植蔗下种后，遇上连续低温和阴雨，蔗田普遍发生此病，病重田 50%～60% 的种蔗不发芽或发芽出土后蔗苗死亡，造成大量缺株，迫使蔗农不得不重新补种，造成极大损失。目前，广西很多旱坡地蔗区，由于缺乏水源没有进行蔗种消毒，普遍采用加大蔗种用量的办法种植甘蔗，以弥补蔗种因凤梨病萌芽率低的不足，每公顷用种量常达 15t 以上。

此病菌寄主范围很广，除甘蔗外还有凤梨、香蕉、可可、椰子、槟榔、番木瓜、芒果、龙眼、柿、槐、桃、咖啡和各种棕榈类植物。人工接种还可寄生玉米和高粱等。

二、症状

蔗种感染此病菌后，切口的两端开始变成红色，不久便渐渐变成黑色，并产生许多黑色的煤粉状物，是病菌的分生孢子。病菌从两端的切口迅速向茎中心侵染，主要破坏蔗种内的薄壁细胞，纵剖蔗种可见内部组织也变红褐色。病情发展到后期则茎内全部变黑，在切口外部长出黑色煤烟状物，偶尔产生黑色刺毛状物，前者为分生孢子和厚垣孢子，后者为子囊壳。当所有薄壁细胞都被破坏后，种苗形成空腔，仅残留散发状黑色的维管束和大量煤黑色的粉状物。受害蔗种中心髓部先变黑色，是该病的特有症状。蔗种可能在萌芽前便腐烂，使蔗芽不能萌发；也可能在幼苗长至数厘米高以后枯萎。

凤梨病菌也可侵染田间正在生长的甘蔗茎部。当蔗株受到鼠害、虫害、风害而有损伤时，病菌便从伤口侵入。发病到一定程度时，蔗叶凋萎，外皮皱缩变黑，茎内部的病状和蔗种相同。严重者会使植株死亡，但这种情况不常见（彩图 20-1-1）。

三、病原

甘蔗凤梨病病原为奇异长喙壳［*Ceratocystis paradoxa* (Dade) C. Moreau］，属子囊菌门长喙壳属真菌；无性型为子囊菌门根串珠霉属奇异根串珠霉［*Thielaviopsis paradoxa* (de Seynes) Höhn.］。

无性型菌丝无色至淡褐色，直径为 3.5～7.0μm。分生孢子有大小两种，小分生孢子呈圆筒状，薄壁，单胞，无色，大小为（6～24）μm×（2.0～5.5）μm，形成于细长的分生孢子梗上，排列成连锁状，由分生孢子梗的尖端成串地向外逸出。分生孢子梗长约100μm，基部细胞短，末端细胞长。大分生孢子（厚壁孢子）呈椭圆或卵形，厚壁，大小为（10～25）μm×（7.5～20.0）μm，初无色透明至棕黄色，老熟时黑褐色，表面有刺状突起，形成于较短的分生孢子梗上，亦排列成链状。在甘蔗病部的黑粉状物即为病菌的分生孢子。小分生孢子比大分生孢子易萌发，大分生孢子比小分生孢子能抵抗不良环境。

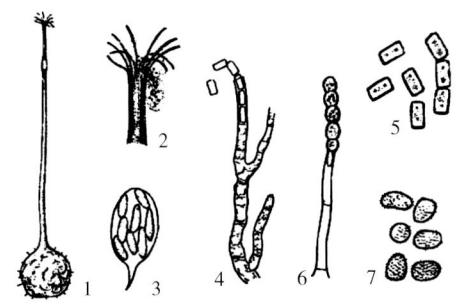

图 20-1-1　甘蔗凤梨病菌（仿陈可才，1999）
Figure 20-1-1　Pathogen of sugarcane pineapple disease（from Chen Kecai, 1999）
1. 子囊壳　2. 子囊壳喙部先端
3. 子囊和子囊孢子　4. 小分生孢子梗和小分生孢子
5. 小分生孢子　6. 大分生孢子梗和大分生孢子
7. 大分生孢子

有性型在自然界里很少产生。在培养基上子囊壳近球形，深褐色，直径为200～300μm，具长喙，喙长 1 000～1 500μm，喙顶部开口撕裂。子囊卵形或近棍棒状，大小为25μm×10μm，内含 8 个子囊孢子。子囊孢子无色，单胞，椭圆形，大小为（7～10）μm×（2.5～4.0）μm。成熟时子囊壁溶化，子囊孢子从喙孔口释出（图 20-1-1）。

凤梨病菌两性异株，能在土壤中腐生。很容易从有病的组织上分离出来，在马铃薯、葡萄糖、琼脂培养基上生长的温度为 13～34℃，最适温度 28℃，低于7℃或高于 37℃时发育完全停止。在甘蔗上生长的温度为 12～36℃，最适温度 28～32℃，8℃以下或40℃以上不能生长，孢子不能萌发。在低湿的土壤里，气温在 32℃时侵染率最高。病菌在 pH1.7～11都能生长，最适为 pH5.5～6.3。凤梨病菌的培养液能够抑制蔗种根部的生长，这是由于培养液中含有一种挥发性物质，以及蔗种在浸入培养液后产生乙烯所致。

曾从凤梨病病蔗中分离出凤梨病菌两个菌系，菌系 1 的菌丝无色，菌系 2 的菌丝黑色。

四、病害循环

甘蔗凤梨病菌是一种寄生性真菌，主要侵染蔗种、宿根和受伤的蔗茎。病菌以菌丝体或大分生孢子潜伏在病组织中或土壤中以及蔗田附近的其他寄主上越冬。菌丝体在蔗田残留的腐烂叶片上可以存活 3～4个月，在蔗渣内可以存活 7 个月，大分生孢子在土壤里可以存活 4 年。病菌从切口侵入，继而向内部组织扩展，在扩展到节部时，节部能暂时遏制菌丝的蔓延，但菌丝最终能穿过节部而侵入相邻的节间。病菌扩展到蔗芽，使蔗芽不能萌发生长直至死亡，如果在病菌扩展到蔗芽之前，蔗芽已经萌发长成幼苗并长出苗根，幼苗已经能够独立生长，蔗种的凤梨病就不能影响这株幼苗；如果幼苗还没有长出苗根，仍然依靠种根吸收养分和水分，幼苗会因蔗种败坏得不到养分而死亡。蔗种在堆藏期间和种植后均可感染。蔗种染病后在土壤中腐烂，能产生大量的分生孢子污染土壤。病土和带病蔗种为病害初侵染源，同时病菌还可以腐生于土壤的有机质中，这就大大延长了土壤中病菌的寿命和增加了孢子的数量。菌丝生长在甘蔗髓部薄壁组织内，随后在两端切口产生大量的大、小分生孢子。小分生孢子容易萌发，在蔗种表面可以存活 12d，是当年再侵染的主要来源。小分生孢子可以随气流传至远方，气流、灌溉水、雨水、砍蔗刀、老鼠和昆虫都可以传播病菌，进行当年重复侵染。而大分生孢子则要休眠一段时间才能萌发，是田间每年初次侵染源。种苗在窖藏期间，通过接触传染，也能引起病菌蔓延。病菌侵入后 2～3d，甘蔗开始表现症状，10～14d 后又产生分生孢子进行再次侵染。

五、流行规律

蔗芽受凤梨病菌的侵染而死亡，除了是由于菌丝破坏了蔗芽的组织形成外，病菌所产生的醋酸乙酯也会抑制蔗芽的萌发。凤梨病菌在较低温度（20℃）情况下能产生更多的醋酸乙酯。

（一）环境条件

病害的发生流行同天气、地势、土质有密切关系。轻工业部甘蔗糖业科学研究所（现广州甘蔗糖业研究所）在广东湛江蔗区对秋、冬、春三个不同植期的甘蔗种苗发病情况进行观察，证明了凤梨病的发生与温度、湿度的关系最密切。秋植甘蔗下种时一般气温还较高，如遇雨量少，这种高温较旱的条件不利于病菌的繁殖，因此种苗的发病率只有 0～12.5%。但下种后遇到台风大雨，蔗田积水，种苗的发病率则高达 97.5%。说明秋植甘蔗的发病环境条件主要是高湿。冬植甘蔗下种时气温较低，甘蔗的萌芽较缓慢，而凤梨病菌仍能繁殖生长，因此，冬植甘蔗凤梨病发生的主要环境条件是低温。春植甘蔗下种后如土温在 19℃ 以下，遇到较长时间阴雨天气，种苗的发病率高；反之土壤温度升高到 21℃ 以上，雨量减少时，则发病率降低。由此可见，低温高湿是春植甘蔗凤梨病严重发生的主导因素。海南（1960）的试验也表明，秋植蔗凡是下种时遇到台风大雨病害都很严重，若下种时湿度适宜则无病或少病。

土壤干旱有利于病害的发生，而干旱只有在低温的情况下才对病害的发生有促进作用。因为侵入蔗种的病菌在组织内的湿度已经满足了病菌的生长需要，但在低温干旱的土壤里甘蔗的萌芽会很缓慢，这就为病菌侵入蔗种提供了更多的时间。冬植蔗由于气温低，雨量少，低温干旱是冬植蔗病害严重的主要原因。春植蔗下种后如遇寒流侵袭，阴雨连绵，气温和土温低，或蔗田渍水，蔗苗出土慢都有利发病；蔗地低湿，土质黏重，或下种太深不利蔗苗出土，易发病；蔗地连作病菌积累多，发病也重。

（二）品种抗性

品种间抗病性有差异，不同的甘蔗品种其细胞对凤梨病的生理抗病性是显著不同的。易感染凤梨病的品种，感染后菌丝在蔗种内生长很快，蔗种的组织很快变黑；而抗病品种感病后，菌丝扩展慢，蔗种组织只变红色，不易变黑。品种抗凤梨病的另一种机理是蔗芽的萌发速度。甘蔗种能否抵抗凤梨病菌的侵染而顺利萌发成茎，很重要的因素在于蔗种能否快速萌芽。所以，在同等环境条件下，早生快发的甘蔗品种表现得较为抗病。

（三）栽培管理条件

土壤黏重的蔗田，灌溉后立即犁翻、整地种植，造成土壤板结，使蔗种萌芽缓慢，病害常常严重发生。在低洼积水的蔗田种秋植稻底蔗，由于湿度很大，缺乏空气，影响蔗种的萌芽，凤梨病也会大量发生。

六、防治技术

药剂防治和农业防治相结合是目前防治凤梨病最重要的方法。药剂防治是用杀菌剂进行种苗消毒来保护切口，减少病菌的侵害。农业防治是采取良好的栽培措施，促进蔗种在种植后早萌芽和出土后早生快发。

（一）选用优良品种

选用萌芽快、抗逆性好、宿根性好的甘蔗品种。

（二）选用梢头苗作种

因梢头苗萌芽快，感病较轻（表 20-1-1）。

表 20-1-1　甘蔗留种部位与凤梨病的关系（湛江甘蔗站，1961）

Table 20-1-1　Relationship between incidence of sugarcane pineapple disease and seed part
(Sugarcane Station of Zhanjiang, 1961)

留种部位	萌芽率（%）	发病率（%）	感染指数
上部（梢头苗）	30.0	72.5	67.5
中部	15.0	95.0	95.0
下部	17.0	100.0	90.0

（三）药剂消毒

药剂消毒可以消灭蔗种表面携带的凤梨病菌，播种之后还可以在比较长的时间内防止土壤中的凤梨病菌侵入蔗种，使蔗种有较宽裕的时间萌芽生长。药剂消毒是防治凤梨病的有效措施。蔗种是否经过药剂消毒，常是甘蔗种植成败的关键。

广西壮族自治区甘蔗研究所（现广西壮族自治区农业科学院甘蔗研究所）1975 年和 1976 年对多种杀菌剂的筛选试验表明，用 50% 多菌灵、苯菌灵或硫菌灵 1 000 倍液浸种 10min，即可基本达到控制凤梨病的要求（表 20-1-2）。

表 20-1-2　几种药剂消毒甘蔗种苗防治凤梨病的效果（南宁，1976）

Table 20-1-2　The effect of sterilizing cane setts with fungicides against sugarcane pineapple disease（Nanning, 1976）

处理	萌芽率（%）	发病率（%）	感染指数
50%多菌灵 1 000 倍液	77.6	10.2	2.4
50%多菌灵 500 倍液	81.0	10.0	2.0
50%苯菌灵 1 000 倍液	81.0	12.0	3.2
50%苯菌灵 500 倍液	81.0	6.0	1.2
50%硫菌灵 1 000 倍液	66.0	8.0	3.6
50%硫菌灵 500 倍液	65.0	10.0	2.0
对照（不消毒）	26.0	34.0	18.4

药剂消毒的方法是将砍好的蔗种装在编织网袋内，放入用 50%多菌灵、苯菌灵或硫菌灵可湿性粉剂配制成的 1 000 倍液内浸泡 10min 即可。

对窖藏的蔗种，可以先用 50%多菌灵、苯菌灵或硫菌灵可湿性粉剂 500 倍液浸切口再储藏。窖藏期间最好再喷 1 次药。开春后气温升高，要注意检查窖内温度，高过 14℃ 就要将覆盖的泥土松开通气，使窖内温度下降。

蔗种经过浸种、消毒和催芽，能够促使蔗种快速萌芽，大大减轻蔗种感染凤梨病的概率，更有效地防治凤梨病。方法如下：①浸种：蔗种剥叶砍断后，先用流动的清水浸种 24~48h，或者生石灰 1kg 加水 50kg 浸种 12~24h，能够使蔗种提早萌芽，提高萌芽率。如果采用 52℃ 的恒温水浸种 30min 或者用 50℃ 的恒温水浸种 2h，可以灭除蔗种携带的宿根矮化病菌，使蔗种萌芽快，甘蔗生长迅速。②消毒：蔗种经过浸种后，自身抵御病菌侵染的能力会降低，需要进行药剂消毒。将上述浸过的蔗种沥干水后，按照药剂消毒的方法消毒。③催芽：冬植和早春植的甘蔗种苗经过浸种、消毒后进行催芽，可以提早出苗；秋植蔗的蔗种经过催芽，也可以达到出苗整齐，且对防治凤梨病有很好的效果。蔗种催芽的办法是，选背风向阳的地方，先垫上一层 15cm 厚的半腐熟堆肥，然后重叠放两层消毒好的蔗种，再放一层 10cm 厚的堆肥，又放两层蔗种，如此分层堆放，同时淋适量水。堆高 1.5m 左右，长、宽各 1~1.5m。表层用堆肥和稻草或者塑料薄膜盖好。每天检查堆内温、湿度 1~2 次，保持最高温度不超过 40℃、最低温度不低于 25℃，湿度低要淋水盖好。当蔗芽催成"鹦哥嘴"、种根刚露出即可移至田间种植。

据 1960 年的试验，蔗种的浸种、消毒、催芽三道工序应该按顺序进行，缺少某项处理，其防治凤梨病的效果都会下降（表 20-1-3）。

表 20-1-3　浸种、消毒、催芽防治凤梨病的效果（湛江甘蔗站，1960）

Table 20-1-3　The effect of soaking, disinfection and accelerating germination against sugarcane pineapple disease（Sugarcane Station of Zhanjiang, 1960）

处理	凤梨病发病率（%）	说　明
浸种＋消毒＋催芽	0	
浸种＋消毒	8	浸种：2%石灰水 12~18h
消毒＋催芽	16	消毒：2%氯化乙基汞 2min （氯化乙基汞在 20 世纪 70 年代已经禁止使用，现改用多菌灵消毒）
消毒	28	

广东省市头甘蔗化工厂用 10%绿色木霉菌孢子液浸泡甘蔗种一下即捞起，也可以有效地防止甘蔗种感染凤梨病（表 20-1-4）。

表 20 - 1 - 4　10%绿色木霉菌液处理蔗种防治凤梨病效果试验（广州，1978）

Table 20 - 1 - 4　The effect of soaking cane setts with 10% *Trichoderma viride* against sugarcane
pineapple disease（Guangzhou，1978）

播种后天数（d）	处理	浓度（%）	浸种时间（h）	蔗种类别	感病率（%）	发芽率（%）
35	菌液	10		双芽苗	0	86.1
	石灰水	2	12	双芽苗	78.0	44.0
45	菌液	10		双芽苗	0	100.0
	石灰水	2	12	双芽苗	81.2	87.5
47	菌液	10		芽片	0	86.6
	石灰水	2	12	芽片	100.0	66.6

（四）适期下种

冬植蔗应该避开最冷的 1 月至 2 月上旬这段时间播种。其他的时间与栽培上要求的下种期是一致的，可根据各地气候条件确定。

（五）地膜覆盖

冬、春植蔗常受低温干旱的影响，蔗种萌芽生长缓慢，采用地膜覆盖栽培能够有效地保持膜内温度和湿度，促使蔗种早出苗、快生长，能有效地减轻凤梨病的发生。地膜覆盖前播种沟内的土壤必须有一定水分。

（六）实行轮作

凤梨病发生严重的蔗地，如果有条件，可以实行 1～2 年的水旱轮作。没有条件的旱坡地可以实行 4 年以上的长周期轮作。

（七）土壤消毒

凤梨病发生严重的蔗地，如果不能实行轮作，则应该将旧蔗头彻底清除并集中烧毁，犁翻蔗沟暴晒 5d 以上，每公顷再施用生石灰 1 500～2 250kg，犁耙后种植经浸种消毒催芽好的蔗种。

王伯辉（广西壮族自治区农业科学院甘蔗研究所）

第 2 节　甘蔗黑穗病

一、分布与危害

甘蔗黑穗病又称鞭黑穗病、黑粉病、灰包病，是一种世界性的重要病害。该病最初于 1877 年前后在巴西纳塔尔栽培甘蔗上早期发现，此后，在东半球的甘蔗产区（包括中国）逐渐流行，直到 1940 年在阿根廷的 Tucuman 发现之前，只局限于东半球，此后，直到 20 世纪 70 年代仍只局限在南非，迄今已遍布世界各甘蔗种植区，并成为几大蔗区的重要病害之一，导致较大的经济损失。该病曾在阿根廷、印度、巴西、津巴布韦、美国路易斯安那州、古巴、菲律宾等国家或地区严重流行，从而危及制糖工业。我国台湾曾发生过几次大流行。近年来，由于植期多样化、频繁大量从境外引种、蔗区间相互调种，加之甘蔗生长周期长、长期连作、宿根栽培和无性繁殖，导致甘蔗黑穗病在我国福建、云南、广东、广西、海南、四川和浙江等主产蔗区普遍发生，并呈日趋加重态势，特别在旱地甘蔗及宿根蔗地上更为严重。

综观我国甘蔗生产发展史，不同时期的当家品种如 Co419、台糖 134、川糖 61-408、桂糖 11、桂糖 12 等在一定程度上就因为高度感染甘蔗黑穗病造成蔗茎产量和糖分的严重损失而不得不被淘汰；当前主栽品种如新台糖 22、闽糖 69-421 等也高度感染黑穗病而即将面临着被淘汰，这在一定程度上制约了我国蔗糖产业的持续稳定发展。甘蔗黑穗病是一种系统性病害，历史上此病在一些蔗区曾流行和引起重大的经济损失，至今仍在造成不同程度的经济损失。甘蔗黑穗病发生的轻重与甘蔗品种的抗病性和感病性有密切的关系，抗病性较强的品种发病率低于 10%，感病的品种发病率可高达 50% 以上，严重的甚至高到 80%～90%，造成巨大的经济损失。

二、症状

该病最明显特征是被害甘蔗植株梢头长出 1 条黑色鞭状物，称黑穗，长数厘米至几十厘米不等。黑穗不分枝，短的直或稍弯曲，长的向下卷曲绕转，中央有一条由薄壁组织和维管束组织构成的心柱，初期呈白色，软脆，后期逐渐变成黑色，坚韧。心柱外面有一层黑粉，是病菌的厚垣孢子。黑粉外面有一层银白色的薄膜，为寄主的表皮，随着孢子成熟，薄膜破裂，大量黑色厚垣孢子随风飞散，最后只剩下心柱。患病蔗株在未产生鞭状物时，可从蔗叶变小而狭长、淡绿、顶叶尖挺、茎细、节疏，分蘖增多成丛簇状等特征来鉴别，发病严重时大量蔗株不能正常生长，使有效茎数减少，造成减产（彩图 20-2-1）。

三、病原

甘蔗黑穗病病原为甘蔗鞭孢堆黑粉菌 [*Sporisorium scitamineum* （Syd.） M. Piepenbr.，M. Stoll et Oberw.，异名：甘蔗鞭黑粉菌 （*Ustilago scitaminea* Sydow）]，属担子菌门孢堆黑粉菌属真菌。菌丝无色，具分隔分枝。厚垣孢子略呈球形，棕色到黑色，单胞，表面有乳状突起，直径一般为 $5\sim6\mu m$。厚垣孢子在水中 12h 便萌发，在干燥条件下可存活数月至 1 年，最适宜萌芽温度 $25\sim30℃$，病菌生长最适 pH6.5。病菌在寄主体内属系统性寄生。病菌致病性和生理小种分化现象普遍存在，即不同蔗区存在不同的生理小种，不同小种对相同的甘蔗品种有不同的致病力，不同的甘蔗品种对相同的黑穗病菌的抗病力也有很大的差异。到现在为止，已有几个国家和地区报道了生理小种的分化，美国夏威夷州存在 A 和 B 两个生理小种，巴西至少存在 2 个小种，巴基斯坦有 5 个小种 （Ferreira，1980），我国台湾存在小种 1 和小种 2 两个小种 （Hsieh，1978），最近又发现 1 个新小种。祖国大陆仅许莉萍等初步报道存在 2 个生理小种，即小种 1 和小种 2，而其他蔗区尚未见报道。

四、病害循环

带病蔗种是远距离传播的菌源；在病区初次侵染源也是带菌的蔗种；感病的宿根蔗、带菌土壤和田间感病杂草也可能是一些地区的菌源。发病蔗田，厚垣孢子主要靠气流传播，其次是灌溉水和雨水，某些昆虫亦是传病的媒介。落到蔗芽上的厚垣孢子，遇水萌发，形成侵染菌丝，随蔗芽的萌发生长，刺激甘蔗生长点而形成鞭状物。成熟的菌丝在鞭状物中产生厚垣孢子，散落在蔗芽上和土壤中进行重复侵染。

五、流行规律

厚垣孢子在干燥土壤中可存活数月至 1 年，高温高湿有利于病菌的萌发和侵染，干旱有利于厚垣孢子在田间的积累。所以，冬、春季遇长期干旱而夏季雨水偏多时，常会造成甘蔗黑穗病的暴发流行。积水低湿的蔗田，蔗株生长不良也容易感染此病。宿根蔗比新植蔗发病重，宿根年限越长发病越重。轮作地发病少，连作地病菌积累量大，发病重。精耕细作，管理及时，增施有机肥，适当多施磷钾肥，蔗苗早生快发长势旺盛的田块发病轻，偏施氮肥的蔗田，受害往往较严重。Co419、台糖 134、云蔗 71-315、川糖 61-408、川糖 3 号、桂糖 11、桂糖 12、新台糖 22、闽糖 69-421、粤糖 89-113、柳城 03-182、Q170、云蔗 03-103 等易感病，选 3、闽糖 70-611、元江 75-17、云蔗 71-388、云蔗 81-173、云蔗 89-151 及新台糖系列等都较抗病。

六、防治技术

（一）选用抗病品种

甘蔗黑穗病发生的轻重与甘蔗品种的抗病性和感病性有密切的关系，国内外的研究表明，防治甘蔗黑穗病最为经济有效的措施就是选用抗病品种。因此，世界几个主产蔗国家和地区如美国、古巴、印度、巴西、澳大利亚、法国以及我国台湾省等都把甘蔗无性系对黑穗病的抗性作为品种选择的一个主要目标，目前我国也已将抗黑穗病作为甘蔗育种目标之一。然而，由于甘蔗黑穗病菌致病性分化现象以及病菌生理小种—寄主间协同进化现象的普遍存在，使从不同品种、不同地区、不同时间等分离的黑穗病菌间有不同的致病性及不同的生理小种。抗某一黑穗病菌生理小种的品种可能不抗其他 1 个或多个小种，在一个地区抗病的品种在另一地区可能不一定抗病；在一个时期抗病的品种，可能一定时间以后，因病菌生理小种变化而有变化，甚至完全没有抗性。而且，因为品种抗性与小种间不同的缘故，田间甘蔗黑穗病的传播速度、为害程度及抗病品种的使用效果也各不相同。因此，弄清一个蔗区甘蔗黑穗病菌的生理小种类型，优势小种及其分布，以及主要栽培品种、推广品种和种质资源对这些小种的抗性程度，并且了解一个地区小种的变化趋势，可以针对性地选育和利用抗病品种，控制甘蔗黑穗病的发生或防止该病的大发生，避免造成重大的经济损失，还可用于指导制订合理的品种计划。

（二）种苗处理

2%～3%石灰水浸种24h，52℃热水浸种20min，40%拌种灵·福美双可湿性粉剂、25%三唑酮可湿性粉剂、80%代森锰锌可湿性粉剂500倍液浸种10min，有一定的防治效果；若用50℃热水浸种2h可彻底防除。

（三）选择无病或少病种苗

在热水处理的基础上建立无病苗圃，种植无病材料，或在田间选择无病的田块留种等方法可避免或减轻黑穗病的为害。

（四）清除田间侵染源

蔗田带菌的枯叶、残根、残茎和土壤是次年的主要初侵染源，病菌经传播扩散后会对蔗芽进行侵染为害。此外，宿根病蔗残留的病菌也会对蔗株造成侵染为害，因此，清除田间的病枯叶、残根、残茎、病宿根以及深翻土壤可以减少次年侵染为害蔗株的侵染源。

（五）加强田间管理

下种前施足基肥，适时灌溉，及时施肥培土，合理施用氮、磷、钾肥，促使蔗苗生长健壮，增强蔗株的抗病力；及时拔除病株（注意掌握在黑穗抽出前或鞭状物的白膜未破裂前拔出），并集中烧毁，减少重复侵染源，控制扩展蔓延。

（六）合理轮作

重病区减少宿根年限，加强与水稻、玉米、甘薯、花生、大豆、苜蓿等非感病作物轮作以避免病菌长期侵染为害甘蔗。

附：

（一）今后我国甘蔗黑穗病研究中应重点关注的问题

1. **甘蔗黑穗病菌生理小种类型、优势小种及其致病性分化** 甘蔗黑穗病菌致病性和生理小种分化现象普遍存在。我国蔗区分布广，蔗区生态环境多种多样，甘蔗种类复杂，甘蔗黑穗病菌在种内或种间会发生杂交而产生变异。目前，该病菌在我国已有不同生理小种的报道。据调查，不同品种、同一品种不同生态区甘蔗黑穗病的发病率有明显差异，从采自不同生态区的甘蔗黑穗病菌鉴别寄主的鉴定结果：NCO310（感小种1、免疫小种2）、台糖134（感小种2、免疫小种1）、新台糖10（免疫）均感病，初步显示了不同生态区甘蔗黑穗病菌存在不同的致病性及不同的生理小种；对澳大利亚引进的品种抗性测定结果与澳测定结果存在差异，初步表明了我国甘蔗黑穗病菌与澳大利亚甘蔗黑穗病菌存在不同的致病性及不同的生理小种。因此，目前迫切需要从分子水平上来明确我国蔗区甘蔗黑穗病菌生理小种类型、优势小种及其致病性分化，这对生产中有效控制病害的传播流行具有非常重要的意义。

2. **甘蔗黑穗病菌快速检测技术体系建立** 带菌蔗种是甘蔗黑穗病的主要传播方式之一。近年来，我国蔗区从境外引种、蔗区间相互调种频繁。为了防止病害通过种苗传播，应尽早研究并建立甘蔗黑穗病菌快速检测技术体系，加强对引种、调种过程中病害的检测，有效地阻止病菌随着蔗种的引进而传播，确保蔗区生产的安全。

3. **研究建立国内标准化抗病性鉴定评价方法和指标体系，加强抗病品种材料筛选** 国内外的研究表明，对甘蔗黑穗病最经济有效的控制方法，就是选用抗病优良品种。因此，对甘蔗种质资源进行抗性评价、筛选优良抗原以指导培育抗病品种成为育种学家和植病学家共同的重要目标。优良抗源的筛选工作必须以数量多、范围广的甘蔗种质资源抗性评价为基础，因此急需研究建立国内标准化抗病性鉴定评价方法和指标体系，加强和完善抗病育种的鉴定和筛选程序，在选种过程中严格进行抗黑穗病筛选，切实提高抗黑穗病育种效率。

4. **分子标记技术辅助选育** 随着现代生物学的发展，生物技术逐渐被应用于育种领域。目前，研究较广的是分子标记和转基因技术。利用RAPD或AFLP技术，找出与抗病基因连锁的标记，对其进行克隆测序，再设计PCR引物，以便快速准确地鉴定甘蔗种质及品种的抗病性；利用转基因技术，对产量性状好、但感黑穗病的品种材料进行改良，获得可靠性强、抗病性稳定的优良甘蔗品种材料。目前，国内外对甘蔗黑穗病抗性遗传已经有了一定的研究基础，相信随着分子生物技术的不断发展和科研工作者的深入研究，抗黑穗病的甘蔗品种将会不断出现。

（二）甘蔗黑穗病抗病性鉴定技术

1. **试验安排**　第一年新植蔗在 2~10 月进行，第二年宿根蔗在 3~10 月进行。

2. **菌源采集和处理**　菌源采集于试验前一年进行。从田间采集黑穗病菌孢子，装于纸袋中，晾干后密封于塑料袋内，于 0℃下储存备用。接种前，把黑穗病菌孢子置于 1‰琼脂糖培养基内，在 28℃的恒温箱内培养 1d 后，用光学显微镜检查病菌孢子发芽情况，计算孢子活力（3 个视野平均值）。以 75g 孢子对水 10kg，配成 $5×10^6$ 个孢子/mL（在 60 倍显微镜下，一个视野有 40 个孢子）的悬浮液，孢子活力在 90%以上。配孢子液时，可加入 0.02%稀盐酸混合以破坏表面离子膜。

3. **材料准备**　选取 10 条生长正常的蔗茎（用顶部 5 个芽），砍成 50 个单芽供接种。

4. **接种方法**　采用浸渍法，将 50 个单芽浸入配好的孢子悬浮液中 10min，取出后于塑料袋内保湿，于 25℃下保温 24h 后播种，设 2 个重复，随机排列。

5. **调查方法**　新植蔗调查项目：接种日期、孢子活力、出苗数、黑穗病鞭子始发期、累计发病茎数、总茎数、累计发病丛数。初侵染时每 7d 调查 1 次，之后每 15d 调查 1 次，至发病终止。

宿根蔗调查项目：总发株数、黑穗病鞭子始发期、累计发病茎数、总茎数、累计发病丛数。每 15d 调查 1 次，至发病终止。

计算公式：累计发病茎率（%）按以下公式计算：

$$BP = sn_1 / sn_2 × 100\%$$

式中　BP——累计发病茎率（%）；

　　　sn_1——累计发病茎数；

　　　sn_2——累计总茎数。

6. **评价标准**　新植蔗黑穗病抗性鉴定评价标准见附表 20-2-1。

附表 20-2-1　新植蔗黑穗病抗性鉴定评价标准

Supplementary Table 20-2-1　Resistance evaluation of smut for planted sugarcane

分级标准	抗病性	发病率（%）
1	高抗（HR）	0~3.00
2	抗病 1（R1）	3.01~6.00
3	抗病 2（R2）	6.01~9.00
4	中抗（MR）	9.01~12.00
5	中感（MS）	12.01~25.00
6	感病 1（S1）	25.01~35.00
7	感病 2（S2）	35.01~50.00
8	高感 1（HS1）	50.01~75.00
9	高感 2（HS2）	75.01~100.00

宿根蔗黑穗病抗性鉴定评价标准见附表 20-2-2。

附表 20-2-2　宿根蔗黑穗病抗性鉴定评价标准

Supplementary Table 20-2-2　Resistance evaluation of smut for ratoon sugarcane

分级标准	抗病性	发病率（%）
1	高抗（HR）	0~6.00
2	抗病 1（R1）	6.01~11.00
3	抗病 2（R2）	11.01~16.00
4	中抗（MR）	16.01~20.00
5	中感（MS）	20.01~30.00

(续)

分级标准	抗病性	发病率（%）
6	感病1（S1）	30.01～40.00
7	感病2（S2）	40.01～60.00
8	高感1（HS1）	60.01～80.00
9	高感2（HS2）	80.01～100.00

李文凤（云南省农业科学院甘蔗研究所）

第3节 甘蔗赤腐病

一、分布与危害

甘蔗赤腐病又名甘蔗红腐病，是我国分布发生较普遍的病害，各植蔗省份均有报道，甘蔗整个生长期都能发生为害。本病以为害蔗茎和叶片中脉为主，也为害叶鞘和宿根蔗桩。叶中脉染病，一般对产量的影响不大。但由于病部产生大量分生孢子，因此，成为蔗茎赤腐病的接种体的主要来源。蔗茎受害后，病菌分泌蔗糖转化酶，使蔗汁纯度降低和蔗糖分减少，此外病部的红色素还影响蔗汁的澄清。发病率高时对产量造成影响。若蔗种带病则常使蔗芽不能萌发造成严重缺株。

二、症状

甘蔗赤腐病为害蔗叶中脉，初生红色小点，进而沿中脉上下扩展成纺锤形或长条形赤色斑，中央枯白色，并生出黑色小点，为病菌分生孢子盘，一条中脉上常有多个病斑，病部后期破裂，叶片常因此而折断。

受害蔗茎，初期外表症状不明显，但内部组织变红并上下扩展，可贯穿几个节间，变色部分常夹杂圆形或长圆形的白色斑块，若为长圆形时则与蔗茎垂直，嗅之有淀粉发酵的酸味。后期病茎的表皮皱缩、无光泽、有明显的红色斑痕，其上着生褐色分生孢子盘，髓部中空，充满灰白色菌丝，茎内组织腐败干枯，上部叶片失水凋萎，严重时整株枯死（彩图20-3-1）。宿根蔗桩受害易引起腐烂，影响萌发。发病严重时常使甘蔗生长不齐和严重缺株，有效茎数减少，造成减产。

三、病原

甘蔗赤腐病病原为镰形炭疽菌（*Colletotrichum falcatum* Went），属子囊菌门无性型炭疽菌属真菌；有性型为塔地小丛壳 ［*Glomerella tucumanensis*（Speg.）Arx et E. Müll.］，属子囊菌门小丛壳属真菌。常见的孢子是无性型的分生孢子，半月形，平均 $25\mu m \times 6\mu m$，无隔膜，内含粒状物和油点，并常有1个大液泡。分生孢子密集呈粉红色或橙红色，分生孢子梗长圆形，淡色，无隔膜，着生于分生孢子盘中，在分生孢子梗中杂有刚毛。除分生孢子外，此菌还常产生能抵抗干旱和不良环境的厚垣孢子，呈墨绿色，圆形或椭圆形，含油点，多生在菌丝的顶端，脱落后即发芽侵入寄主。病菌生长温度为 $10～37℃$，最适温度为 $27～35℃$。pH 为 5～6。

四、病害循环

以菌丝、分生孢子和厚垣孢子在蔗种、病株和土壤里越冬，第二年进行初次侵染。病叶上病菌的分生孢子或厚垣孢子借风雨、昆虫等传播进行重复侵染。幼苗的发病与蔗种的带菌有直接关系。病菌主要通过伤口（如螟害孔、生长裂缝和机械伤口等）侵入叶片和茎内组织。所以螟害严重的地方蔗茎赤腐病也跟着严重发生。

五、流行规律

冬、春植蔗下种后常因低温阴雨发芽慢，抗病力弱和湿度大的环境诱发此病而造成缺株；土壤过湿、过酸也有利于病害发生。暴风雨多，机械损伤率高，或虫害严重虫孔多，则发病严重；Co290 易感病；台糖 134、Co419、云蔗 71-388、云蔗 65-55、云蔗 89-151、川糖 61-408、闽糖 70-611、桂糖 11、桂糖 12 等较抗病。

六、防治技术

（1）选种抗病品种。

（2）选用无病无螟害种苗，病区留种应尽量选用梢头苗。

（3）种苗消毒。1％硫酸铜液浸种 2h；50％苯菌灵可湿性粉剂、75％百菌清可湿性粉剂 1 000～1 500 倍液加温至 52℃浸种 20～30 min。

（4）冬植、早春植蔗采用地膜覆盖，促进萌芽，避过病菌的侵袭。

（5）加强田间管理，及时消灭蔗螟等害虫和清除田间杂草，促进蔗苗生长健壮，增强抗病能力。

（6）实行轮作，适当减少宿根年限。

（7）甘蔗收获后及时把田间病残株叶清除烧毁。

李文凤（云南省农业科学院甘蔗研究所）

第 4 节　甘蔗褐条病

一、分布与危害

甘蔗褐条病是为害甘蔗叶部的重要病害之一，于 1924 年在古巴首次发现，至今已有 20 多个植蔗国家报道发生此病。我国各植蔗省份都有发生褐条病的报道。该病在云南蔗区分布广泛，以前一般都是零星发生，对甘蔗生产威胁不大。但近年来连续在云南省弥勒、开远、勐海等蔗区大范围流行，使大面积甘蔗受到危害，尤其是大面积种植桂糖 11 的蔗区、长期连续种植甘蔗的宿根田块发病更重，一眼望去就似火烧状。

二、症状

病斑最先发生于嫩叶，初期呈透明水渍状小点，以后病斑很快向上下扩展为水渍状条斑，与主脉平行。后变为黄色，并在病斑中央出现红色小点，不久整个病斑都变成红褐色，周围有狭窄的黄晕，在阳光透射下特别明显，病斑在叶片两面表现相同。成熟的条斑一般长 5～25mm，有时甚至 50～75mm，宽一般不超过 2～4mm（彩图 20 - 4 - 1）。与甘蔗眼点病不同，没有向叶尖延伸的坏死病条，很少发生顶腐。本病发病严重时，条斑合并成大斑块，使叶片提早干枯，甘蔗生长受抑制，叶片减少，植株矮小，造成减产减糖分。发病严重田块，一般减产 18％～35％，重的可达 40％以上，蔗糖分降低 15％～30％。

三、病原

甘蔗褐条病病原为狭斑旋孢腔菌（*Cochliobolus stenospilus* T. Matsumoto et W. Yamam.），属子囊菌门旋孢腔菌属真菌；无性型为狭斑平脐蠕孢（*Bipolaris stenoslpila* (Drechsler) Shoemaker，异名：狭斑长蠕孢〔*Helminthosporium stenospilum* Drechsler，*Drechslera stenospila* (Drechsler) Subram. et B. L. Jain〕）。

无性型的分生孢子主要产生在老熟枯干蔗叶的病斑上，分生孢子呈橄榄绿色或淡褐色，纺锤形，两端钝圆，微弯，大小为（37～105）μm×（11～18）μm，具 3～11 个隔膜，一般 7～8 个隔膜。在少数场合下（如我国台湾）或人工培养基上曾发现病菌的有性阶段，子囊壳瓶状，一般完全淹埋，只露出很短的有孔的嘴。暗褐色，子囊梭形，直或稍弯曲，基部有短柄，具 1～8 个子囊孢子。子囊孢子无色，线状，有 4～12 个隔膜，作整齐的螺旋形排列。该菌在蔗糖马铃薯、琼脂培养基中生长良好，菌丝适宜生长温度 28～32℃。

四、病害循环

留在田间的病株残叶和生长在蔗田中的病株是本病的初次侵染源，病部中病斑大量产生分生孢子后，借气流传播蔓延。分生孢子在湿润的叶片上萌芽，主要通过气孔侵入。从病斑上不断产生分生孢子进行重复侵染。甘蔗褐条病不可能由蔗种带菌传病，但附着在蔗种上的病叶所产生的分生孢子也可成为初次侵染源。

五、流行规律

本病在贫瘠或缺磷的土壤上发生严重，肥沃的冲积土极少发病；宿根蔗较新植蔗发病重；低温多雨、长期的阴雨天易暴发流行；台糖 134、选 3、海蔗 5 号、桂 11、云蔗 71-388 等易感病；川糖 61-408、海蔗 4 号、Co290、Co997、云蔗 81-173、云蔗 89-151、云蔗 89-7、桂糖 16、桂糖 17 及新台糖系列等较抗病。抗病品种的茎和叶片含硅质比感病品种多。

六、防治技术

（1）选用抗病品种。

（2）培肥土壤，增施有机肥，适当多施磷、钾肥，可减少甘蔗褐条病的发生。

（3）穴植配施硅肥，可增强蔗株的抗病能力，减轻病害。

（4）及时去除发病严重的病叶，减少田间菌源，控制传播蔓延。

（5）剥除老脚叶，间去无效、病弱株，使蔗田通风透气，降低蔗田湿度，可以减轻病害。

（6）对发病中心用 50％多菌灵可湿性粉剂、75％百菌清可湿性粉剂 500～600 倍液或 1％波尔多液喷雾，每 7d 喷 1 次，连续喷施 2～3 次即可控制。

李文凤（云南省农业科学院甘蔗研究所）

第 5 节　甘蔗梢腐病

一、分布与危害

甘蔗梢腐病于 1896 年最先在印度尼西亚爪哇发现，1927 年梢腐病在爪哇发生流行，使感病品种 POJ2878 受到严重危害，引起 10％～38％的蔗茎枯死。世界各植蔗国时有甘蔗梢腐病发生的报道，但除爪哇以外，大多数是甘蔗实生苗发生梢腐病而生产品种则极少发生。现在已有 78 个国家和地区报道有此病发生。在我国广东、广西、福建、台湾、云南、四川、湖南、江西等省份均有发生甘蔗梢腐病的记载。一般为零星发生，给甘蔗生产造成的威胁不大，但 1989 年在广东省的珠江三角洲蔗区，梢腐病突然暴发，侵袭粤糖 57-423 和粤糖 54-176 等主栽品种，为害面积达 900hm²，受害蔗株的株高较健康株平均短 30～60cm，受害蔗田平均减产 10～30t/hm²，甘蔗糖分降低 0.56％、重力纯度降低 3％左右，发病严重的造成梢头部腐烂和大量长出侧芽，甘蔗糖分降低达 3％，重力纯度下降 7％。2000 年以来，随着新台糖系列品种在我国大陆蔗区的推广应用，梢腐病在我国大陆蔗区的发生与为害有逐年加重的趋势。梢腐病菌的中间寄主甚多，除侵染甘蔗外，也侵染水稻、高粱、玉米、香蕉、南瓜、小麦、凤梨、红麻等作物。

二、症状

本病主要发生在蔗茎的梢部和叶片，感病后引起腐烂，故名梢腐病。受害甘蔗心叶呈梯形凹凸扭曲，并有纵裂，梢头部的叶片常缠在一起变形，有明显褐色皱纹。叶缘和叶尖有红色或黑色的病斑，呈烧焦状态。生长点受害时，引起顶端腐烂及幼轴坏死，有时腐败发出恶臭，蔗茎停止生长，侧芽大量萌发，或者整株枯死。病部呈褐色，上方有时有淡红色或淡黄色的粉霉状物，有时还有黑色小点。早期症状为幼叶基部出现褪绿黄化的斑块，在斑块上会出现红褐色或黑褐色的小点或条纹，后条纹裂开，呈纺锤状裂口，裂口边缘呈锯齿状。叶片的基部较正常叶狭窄，叶片显著皱褶、短缩。病叶老化后，病部呈不规则的红点及红条，有些变红的组织形成不规则的眼形或菱形穿孔，有些形成边缘带暗褐色排列成梯形的病斑，叶缘、叶端也形成暗红褐色至黑色不规则形的病斑，有的叶片展开受阻，顶端出现打结状。如果仅叶片染病，植株一般可恢复生长；若叶鞘染病，则生有红色坏死斑或梯形病斑。

如病菌通过生长点侵入蔗茎的梢头部，蔗茎的内外部均出现症状，纵剖后具有很多深红色条斑，节部条斑呈细线状，有的节间形成具横隔的长形凹陷斑，似梯状。病部发生在茎的一侧时，造成蔗茎弯曲。发病最严重时，梢头腐烂，形成梢腐，生长点周围组织变软、变褐，心叶坏死，使整株甘蔗枯死。有些品种侧芽亦很少萌发（彩图 20 - 5 - 1）。

三、病原

甘蔗梢腐病病原为藤仓赤霉 [*Gibberella fujikuroi* (Sawada) Wollenw.]，属子囊菌门赤霉属真菌。有性型的子囊壳偶尔在寄主病斑表面出现，呈球形或卵形，蓝紫色。子囊呈棍棒状，微弯，无色，内生子囊孢子 8 个。子囊孢子呈长椭圆形，双细胞，分隔处缢缩。无性型为拟轮枝镰孢 [*Fusarium verticillioides* (Sacc.) Nirenberg]，属子囊菌门无性型镰孢属真菌。菌丝纤细无色，分枝不规则，有时数条菌丝组合成孢梗束。无性阶段的分生孢子有两种，即小分生孢子和大分生孢子。小分生孢子串生在分生孢子梗的顶端，长卵形，大小为 $(6.5\sim11.0)$ $\mu m\times$ $(2.8\sim3.5)$ μm，无隔膜，串生。大分生孢子着生于气生菌丝或分生孢子座里，微弯曲，呈镰刀状，大小为 $(30\sim65)$ $\mu m\times$ $(3.5\sim4.2)$ μm，具 3～7 个隔膜。

四、病害循环

甘蔗梢腐病的初侵染来源主要是带病种苗、病株及腐生在土表上的病残株枯叶。病菌的分生孢子通过气流、雨水等在田间进行传播扩散，落在梢头心叶上的分生孢子，在适宜的温湿度条件下萌发出芽管，侵入甘蔗幼嫩叶部，进而侵染蔗株的生长点，导致蔗株发病。病部产生的分生孢子经传播蔓延后又对植株进行再次侵染。

五、流行规律

高温高湿、长期干旱后遇雨水或灌水过多的情况下容易诱发梢腐病，甚至于导致该病害大面积暴发流行。偏施、重施氮肥的蔗田比氮、磷、钾肥合理配施的蔗田发病重。植株组织柔嫩，生长过快的植株发病重。

六、防治技术

（一）选用抗病品种

种植抗病品种是防治甘蔗梢腐病最经济有效的措施。在甘蔗生产中要因地制宜地选用抗病品种。较抗梢腐病的品种有桂糖 11、桂糖 17、粤糖 63-237、粤糖 93-159、粤糖 00-236、CP80-1827 和新台糖 22 等品种；感病品种主要有新台糖 1 号、新台糖 10 号、新台糖 16、新台糖 20、新台糖 23 及福农 28 等品种。

（二）农业防治

1. 合理施肥　采用配方施肥技术，注意氮、磷、钾肥合理配合施用，避免偏施、过施氮肥。

2. 整修排灌系统　及时排除蔗田积水，促使甘蔗正常生长，增强抗病力。

3. 加强栽培管理　及时剥去老叶，清除无效分蘖，挖除病株并集中销毁。甘蔗收获后，及时清洁蔗园，清除蔗地病残株叶并集中烧毁，以减少初侵染源。

4. 合理轮作　发病严重的蔗田要注意轮作，特别是不要与此病原菌中间寄主轮作。

5. 不在发病蔗地留种　尤其不留感病植株的蔗茎作种，以减少病菌初次侵染源。

（三）化学防治

1. 种茎（苗）消毒　用 50% 多菌灵、百菌清或甲基硫菌灵可湿性粉剂 1 000 倍液，也可用 50% 苯菌灵可湿性粉剂 500 倍液浸种 5～10min，有一定的防治效果。

2. 喷药防治　在高温多雨季节，生长旺盛的蔗地，发病初期喷药防治。可用 1：1：100 波尔多液，或 50% 苯菌灵可湿性粉剂 1 000 倍液，或 75% 百菌清可湿性粉剂 700 倍液，或 66.8% 缬霉威·丙森锌可湿性粉剂 1 500 倍液，或 39% 甲霜·噁霉灵（有效成分：噁霉灵 19%，甲霜灵 20%）可湿性粉剂 800～1 000 倍液，喷心叶，7～10d 喷 1 次，连续防治 2～3 次。选择晴天用药，如喷后 24h 内遇大雨需补喷 1 次。

沈万宽（华南农业大学）

第 6 节 甘蔗叶条枯病

一、分布与危害

甘蔗叶条枯病又称叶枯病、叶萎病，主要为害叶片和叶鞘。该病在我国台湾省东海岸，由于高降水量，全年均可发生，并引起蔗茎产量及糖分的损失；而在台湾省南部地区则不常发生。印度、日本、菲律宾等甘蔗生产国均有该病的发生。近年该病在我国广东省西部蔗区局部为害严重，并有蔓延的趋势。甘蔗叶条枯病菌的主要寄主除甘蔗杂交种及甘蔗原种外，芒属（Miscanthus）也可能为其寄主。

二、症状

叶片感染叶条枯病症状：初生浅红色小斑点，后小斑点沿叶脉向两端扩展，形成纺锤形斑，中央常生红褐色侵入小点。甘蔗品种不同，病斑颜色有差异。病斑有红色、淡黄色、黄褐色、赤褐色等多种颜色。成熟的病斑长 1~50mm、宽 1~3mm，有时多个病斑条纹融合成带状，带中常有一些狭窄的绿条间隔。发病重的，病叶呈红褐色，叶片枯死（彩图 20-6-1）。后期病斑边缘出现黑色小点，即病菌的子囊座。该病也可发生于甘蔗叶鞘上，叶鞘感染亦产生紫红色病斑。

三、病原

甘蔗叶条枯病病原为台湾小球腔菌（Leptosphaeria taiwanensis J. M. Yen et C. C. Chi），属子囊菌门小球腔菌属真菌。子座在病叶组织内埋生，圆形至卵圆形，深褐色，大小为（114~162）μm×（97~114）μm。子囊呈卵圆形，直或略弯，透明，内含 8 个子囊孢子。子囊孢子呈长椭圆形，稍弯，具 3~4 个隔膜，成熟时呈深褐色，大小为（39~46）μm×（6.6~12.5）μm。无性型为台湾假尾孢［Pseudocercospora taiwanensis（T. Matsumoto et W. Yamam.）J. M. Yen，异名：台湾尾孢（Cercospora taiwanensis T. Matsumoto et W. Yamam.）］［郭英兰和刘锡琎（2003）认为应属于菌绒孢属（Mycovellosiella）］，属子囊菌门无性型假尾孢属真菌。分生孢子梗直或呈膝状弯曲。分生孢子呈线形，半透明或透明，具 3~5 个至 9~15 个隔膜，大小为（120~200）μm×2.5μm。病菌生长适温为 25~30℃。该病菌未见生理小种分化的报道。

四、病害循环

病菌以枯死病叶上的子囊壳及分生孢子越冬，遇水释放出子囊孢子或分生孢子，借气流传播侵染健康蔗株。分生孢子是此病的主要侵染源，萌芽后从气孔侵入，为害期约 14d。

五、流行规律

甘蔗叶条枯病的流行与气候和品种抗性程度有关，高温高湿的多雨季节本病易于流行，抗病品种不发病或少发病，而不抗病品种发病重。已知甘蔗品种 POJ2883 极感病，PT43-52 感病，POJ2878 中感病，POJ2725 中抗，F146 和 NCo310 抗病。

六、防治技术

（一）选用抗病品种

种植抗病品种是防治甘蔗叶条枯病最经济有效的措施，在甘蔗生产中要因地制宜地选用抗病品种。根据田间发病情况调查，较抗甘蔗叶条枯病的品种有新台糖 22、新台糖 16、新台糖 10 号、粤糖 94-128、粤糖 85-177、粤糖 79-177 等。

（二）农业防治

（1）雨后及时排水，防止田间积水和湿气滞留。

（2）加强栽培管理，及时剥去老叶及病叶并集中烧毁或深埋。甘蔗收获后，及时清洁蔗园，清除蔗地病残株叶并集中烧毁，以减少初次侵染源。

（3）不在发病蔗地留种，尤其不留感病植株的蔗茎作种，以减少病菌初次侵染源。

（4）发病严重的田块不保留宿根蔗，重新翻种抗病品种或合理轮作。

（三）化学防治

发病初期，用 50％苯菌灵可湿性粉剂 1 000～1 200 倍液或 36％甲基硫菌灵悬浮剂 600 倍液喷雾，每 7～10d 喷 1 次，连续喷 2～3 次。

沈万宽（华南农业大学）

第 7 节　甘蔗黄点病

一、分布与危害

甘蔗黄点病又称黄斑病、赤斑病，是甘蔗常见的一种叶片病害。甘蔗黄点病过去只是亚洲一些国家、澳大利亚和太平洋某些岛屿上的重要病害，但是到 20 世纪 60 年代该病已扩展到西印度洋地区，并在马达加斯加和毛里求斯的潮湿地区严重发生。该病已成为世界性的重要病害之一。20 世纪 60 年代曾在澳大利亚昆士兰州北部蔗区严重暴发；1973 年在我国很多蔗区暴发，造成严重损失，在广东珠江三角洲蔗区因大量种植粤糖 57-423 而严重发生；1997 年广东湛江的旱坡蔗地暴发黄点病，为害严重，蔗地甘蔗减产 30％以上；1998 年广西柳州的雒容农场、露塘农场、石榴河农场、龙口茶场和忻城县暴发黄点病，面积达上万公顷。

甘蔗黄点病因病斑初期呈黄色而得名。除了心叶和刚展开的 1～2 片嫩叶外，其他叶片都可受黄点病为害。此病只发生在叶片上，使叶片减少绿色组织面积，叶片的功能降低，叶片提早枯萎，进而影响甘蔗的生长和糖分的积累。甘蔗受到黄点病为害后，病级在 1～2 级时，损失不大；病级达 3 级以上产量损失率明显递增。严重发生黄点病的蔗地，远望一片黄赤色，高度感染的品种枯叶面积为 25％～35％，甘蔗生长停滞，产量和糖分都会受到严重影响。特别是早期收获的甘蔗糖分显著减少，一般蔗糖分损失为 25％～30％，所以，本病对甘蔗早熟品种影响更大。

二、症状

甘蔗黄点病发生于叶片上。最初出现在比较幼嫩的蔗叶，未展开的心叶及刚展开的 1～2 片叶很少发现病斑。病斑形状为不规则的圆形或椭圆形，大小不一，边缘不整齐。发病初期斑点各自分散，病斑以叶尖较多。当气候条件有利于病菌的侵染而所种植的又是感病品种时，病斑会互相融合覆盖了叶片的大部分。随着叶片的成熟，病斑的积累也越多，初时呈黄色，成熟时逐渐变成红色，一般常见黄红斑同存一叶片上，叶片从边缘逐渐向内干枯。严重时中部叶片全部变成锈黄色，在成熟病斑表面上可见到灰白色毛茸状物，以病斑的背面为多，此乃病菌的分生孢子梗、分生孢子和菌丝（彩图 20-7-1）。

三、病原

甘蔗黄点病病原为甘蔗菌绒孢 [*Mycovellosiella koepkei* (W. Krüger) Deighton，异名：*Cercospora koepkei* W. Krüger]，属子囊菌无性型菌绒孢属真菌。病菌菌丝体有分隔，少分枝，半透明至淡褐色，内含细小粒体。菌丝细胞平均长为 (15.82±0.05) μm、宽为 (3.27±0.21) μm。菌丝体在蔗叶组织中容易找到，偶尔也长出叶片表面。分生孢子梗一般从气孔长出，有时也从表皮长出，叶片的下表皮长出的分生孢子梗常比上表皮多，单生或 3～10 枝丛生，淡灰色或淡褐色，顶端色较浅，下部膝状弯曲，梗长为 38～185μm、宽为 3.5～7μm，可有 1～12 个隔膜，通常具 3～6 个隔膜。分生孢子单生在分生孢子梗顶端，纺锤状，直或稍弯，多胞，1～5 个横隔，壁薄，无色或半透明，大小为 (20～50) μm×(5～8) μm（图 20-7-1）。菌丝发育和孢子萌发适温为 28℃，最低温度为 13℃，

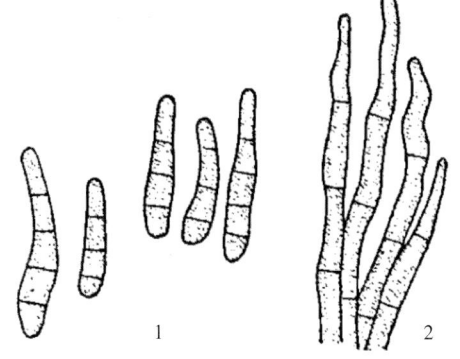

图 20-7-1　甘蔗菌绒孢（仿陈可才，1999）

Figure 20-7-1　*Mycovellosiella koepkei* (from Chen Kecai, 1999)

1. 分生孢子　2. 分生孢子梗

最高温度为 34℃。分生孢子在各种培养基中很容易萌芽产生 1～2 个无色的芽孢，但菌丝生长很缓慢。在一般情况下，分生孢子可存活 3～4 周。

冯荣扬报道了甘蔗黄点病的 3 种病菌，它们均为子囊菌门无性型菌绒孢属真菌，即：①蔗鞘菌绒孢 [Mycovellosiella vaginae (W. Krüger) Deighton]；②台湾菌绒孢 (M. taiwanensis)；③甘蔗菌绒孢 (M. koepkei)。

三种菌的鉴别方法是：

(1) 分生孢子有圆筒形隔膜 0～5 个，大小为 (15～50) μm×(3～6) μm；分生孢子梗不成簇，直径 (2.5～4) μm …………………………………………… 蔗鞘菌绒孢 (Mycovellosiella vaginae)。

(2) 分生孢子梗大小为 (7～55) μm×(2.5～4) μm，分生孢子 6～11 个隔膜，大小为 (20～150) μm×(2.5～4) μm …………………………………………… 台湾菌绒孢 (M. taiwanensis)。

(3) 分生孢子梗 2～20 根成簇，大小为 (30～200) μm×(3～5.5) μm，分生孢子 1～7 个隔膜，大小为 (20～75) μm×(3.5～5) μm …………………………………………… 甘蔗菌绒孢 (M. koepkei)。

四、病害循环

甘蔗黄点病菌主要在甘蔗的病叶组织内以菌丝形态越冬，菌丝在叶片、中脉、叶鞘和花梗的表层组织可以找到。当环境条件适宜时，病菌在甘蔗的病部组织上便长出分生孢子，成为此病的初次侵染源。病菌孢子离体在湿度大的环境中存活时间不长，但埋在土中的病叶上的分生孢子能够存活 3 周以上。在地表残余病株里的病菌，也可以存活一段时间，当环境条件适宜时可以长出分生孢子，进行初次或再次侵染。目前还没有发现病菌存在于蔗茎中。蔗种内部的组织不带病，但附着于蔗种的残叶可以将病菌传到远方。病菌以气流传播为主，雨水的飞溅也可传播。分生孢子附着在叶片上，靠叶片上的自由水分（露水、雨水等）得以萌发，萌发后从气孔或直接从表皮侵入叶片产生病斑，而不必借助伤口。空气湿度高有利于病斑产生分生孢子，不断地再次侵染。幼嫩的叶片更易受感染。甘蔗黄点病在条件适宜时发展非常迅速，能在几天内使一个完全无病的蔗地严重感染。此病开始时多有发病中心，由此向四周蔓延。在一片蔗地中，往往上风位比下风位发病较轻。在广西、广东、台湾、海南此菌终年可以产生分生孢子，只是天气较冷时产生较少，不存在越冬现象。在广西、广东一般以 7～9 月为发病高峰期。

病菌的中间寄主对黄点病的发生和流行的影响还不清楚，除甘蔗类植物外，人工接种还可侵染其他禾本科植物。在巴布亚新几内亚的一些多雨地区，常发生在野生蔗上。

五、流行规律

(一) 气候条件

甘蔗黄点病在高温多湿的环境下最容易发生，气温高、降雨多、田间湿度大、行间过于郁闭的蔗地尤其容易发病。在一定的温度范围内，降水量往往是发生流行的决定因素。据测定，空气中孢子的密度以上午最大，孢子传播最适宜的温度是 18～28℃，最适宜的相对湿度是 40%～90%。

在沿海蔗区，发生时间的迟早和严重的程度与台风有密切的关系。广东省珠江三角洲的围田地区，在 7～9 月，当气温高、雨量多时，此病便发生。台风雨来得早则发病早，来得迟发病也迟。一般台风雨来得频繁的年份往往是甘蔗黄点病发生严重的年份。在广东省湛江，1997 年以前，甘蔗黄点病在雷州半岛蔗区仅在甘蔗老叶上形成散点状小病斑，对甘蔗产量影响不大，没有引起生产单位和种植者的注意。1997 年湛江市全年雨日比往年多，甘蔗黄点病发病率、病情指数都较高，大多数甘蔗老叶提前干枯，特别是 13 号台风过后，甘蔗上只剩下 2～3 片心叶，其他老叶受该病为害干枯下垂或脱落。

在广西的来宾、柳州、河池、百色以及云南、贵州蔗区，远离海边，受台风的影响较小，阴雨天气容易暴发流行。位于广西鹿寨县的雒容农场，1998 年 6 月月平均温度 26.2℃，阴雨天数 25d，日照时数仅 31.3h，相对湿度达 89%。这样长期阴雨的气候条件，非常有利于甘蔗黄点病菌孢子的萌发和侵染，导致甘蔗黄点病大面积严重流行。水田蔗地、特别是低洼湿度大的水田蔗地发生尤为严重。

(二) 栽培措施

一般重施氮肥、生长茂密以致通风透光不良，常严重发病，而合理施肥、生长正常、通风透光好的，发病较轻。研究表明，氮肥施用水平是影响甘蔗黄点病严重度的重要因素。在 200kg/hm² 的施用水平下，参试品种病情指数 18.8～44.8；在 400kg/hm² 的水平下，病情指数上升为 35.6～62.7，差异极显著。可见，施用氮肥水平提高后导致品种发病加重的趋势十分明显，但加重的程度因品种而异。

（三）品种

品种间对黄点病的抗感性有显著差异，主要表现为品种的发病严重度和产量损失率的不同。但黄点病的发病严重度受气候条件的影响甚大，确定一个品种的抗病性目前仍然需要做多年多重复的试验，在大发生的年份中与标准品种作比较。

据轻工业部甘蔗糖业科学研究所（现广州甘蔗糖业研究所）用自然感染的方法在广东测定，免疫的有台糖 172、崖城 62-70、崖城 71-374；抗病的有桂糖 57-624、新台糖 1 号、华南 56-12、桂糖 73-167、崖城 64-389、崖城 71-370；感病的有 Co419、台糖 134、粤糖 57-423。

徐闻县农业局的调查，当地感病品种有印度 419、台糖 134、爪哇 3016、爪哇 2878、海蔗 5 号、粤糖 57-423、华南 56-12 等。凡属爪哇 2878、Co290、台糖 134 的杂交后代皆易感病。抗病品种有 Co331、Co997、粤糖 64-395、粤糖 65-1279、粤糖 54-176、粤糖 63-237、选 3 等。

据湛江海洋大学的试验，粤糖 79-177、粤糖 93-293、粤糖 71-210 及果蔗等品种（系）抗病性较强，新台糖 10 号最感病。

据广西鹿寨雒容农场的调查，台糖 172、桂糖 11、新台糖 16 易感病，又以新台糖 16 最易感病，新台糖 16 蔗地几乎 100％发病。而新台糖 10 号表现较好的抗病性能，病菌感染特轻，基本无病斑。

可以看到，一些品种（如新台糖 10 号）在不同的地域，会表现出截然不同的抗病性。这在选择抗病品种时应该注意。

（四）地下水位

地下水位低的蔗田发病比地下水位高的轻，因后者小气候的湿度大，有利于黄点病的发生。

（五）病菌数量

甘蔗多年连作，蔗地残留病菌逐年积累增多。宿根蔗和秋植蔗发病较严重，宿根年限越长，受害越重；冬、春植蔗和地势较高的旱地蔗发病较轻。若连片大面积种植感病品种，发病严重，反之发病较轻。

六、防治技术

甘蔗病级与产量损失有着十分密切的关系。病级达到 3 级以上，产量损失率明显递增。因此，大田生产防治应尽量控制 3 级以上病株的出现，以减少甘蔗黄点病给生产带来的损失。

1. 种植抗病品种　这是防止甘蔗黄点病的最佳方法。蔗区在选择抗病品种时，更应该在病害发生年份中选择当地感病轻的或无病的甘蔗品种。

2. 做好甘蔗田间管理　搞好蔗田排灌系统，及时排除积水以降低田间小气候的湿度。高温多雨季节及时剥除病叶、老叶并集中烧毁，以减少侵染源，并可使蔗田通风透光。病区在雨季前多施钾肥，以增强甘蔗的抗病力。台风过后要及时扶正甘蔗。

3. 消灭菌源　黄斑病菌能在甘蔗残株、枯叶和土壤中残存，成为下茬甘蔗黄点病的侵染源，因而消灭菌源对防止病害的发生很重要。对发病蔗田在甘蔗收获后用火烧尽田间残株、枯叶，减少病菌残留，切断传播途径。

4. 药剂防治　在发病前，用 25％甲基硫菌灵可湿性粉剂 1 000～2 000 倍液在齐苗期、分蘖初期和分蘖盛期各喷洒 1 次。发病初期用 50％多菌灵可湿性粉剂或 50％甲基硫菌灵可湿性粉剂 800～1 000 倍液，每 7d 喷 1 次，连喷 2～3 次。

附：

（一）甘蔗黄点病病株分级标准（叶片上有直径 2mm 以上的病斑为病叶）

0 级：未发病或基本上未见明显病斑；

1 级：病叶 1～3 片；

2 级：病叶 4～6 片；

3 级：病叶 7～9 片；

4 级：病叶 10～12 片；

5 级：病叶 13 片以上。

（二）病情指数计算方法

病情指数是全面考虑发病率与严重度两者的综合指标。当严重度用分级代表值表示时，病情指数计算公式为：

$$DI = \frac{\sum\limits_{i=1}^{n}(X_i \cdot a_i)}{\sum X_i \cdot a_{max}} \times 100$$

式中　DI——病情指数；

　　　　X_i——病害分级标准各级代表值；

　　　　a_i——调查各病级的株数；

　　$\sum X_i$——调查总株数；

　　　　a_{max}——最高的病级值。

王伯辉（广西壮族自治区农业科学院甘蔗研究所）

第 8 节　甘蔗锈病

一、分布与危害

甘蔗锈病是世界性的甘蔗重要病害之一，常造成巨大的经济损失。该病最早于 1890 年在印度尼西亚爪哇发现。在印度，自 1949 年以来经常发生流行，主栽品种 Co475 因高度感病而被迫取消栽种。20 世纪 70 年代后，在加勒比海地区（古巴、牙买加等）、澳大利亚、美国、墨西哥、印度、泰国和毛里求斯等植蔗国家和地区普遍发生，并多次暴发流行。我国于 1977 年首次发生甘蔗锈病，当年台湾省主栽品种 F176 受甘蔗锈病严重为害；1982 年云南调查发现甘蔗锈病在昌宁、耿马等局部蔗区零星发生，之后福建、广东、四川、江西和广西等蔗区也先后报道，说明甘蔗锈病已在大陆蔗区蔓延。锈病发病严重田块，一般减产 15%～30%，严重的可达 40%以上，甘蔗糖分降低 10%～36%。

二、症状

甘蔗锈病主要发生在叶片上。病叶上最早的症状为长形黄色小斑点，叶片上下两面均可见。斑点的大小主要在长度方面增大，色泽变褐色至橙褐色，周围有一窄小的黄色晕环。后期病斑由于形成夏孢子堆而呈现脓疱状。夏孢子堆大多在叶片下表皮，夏孢子堆在压力作用下胀破表皮释放出高密度的橙色夏孢子，最后病斑变黑色，其周围叶组织坏死。此病严重时，叶上出现大量病斑，病斑合并而形成大幅不定形的坏死区域，结果蔗叶未熟先死，甚至嫩叶也是这样（彩图 20-8-1）。

三、病原

甘蔗锈病是真菌性病害，由黑顶柄锈菌［*Puccinia melanocephala* Sydow et P. Sydow，异名：蔗茅柄锈菌（*Puccinia erianthi* Padwick et Khan）］引起褐锈病，由曲恩柄锈菌（*Puccinia kuehnii* E. J. Butler）引起黄锈病，两种病菌均属担子菌门柄锈菌属真菌。黑顶柄锈菌夏孢子球形或倒卵形，褐色至深褐色，表面密布小刺，壁四周均匀加厚，大小为（20～40）μm×（13～25）μm，芽孔多为 4 个，偶为 5 个，侧丝较多，无色，匙形；冬孢子双细胞，分隔处有明显缢缩，上端深褐色，下端淡褐色，顶壁常加厚，棍棒状，具短柄，大小为（28～45）μm×（10～20）μm。曲恩柄锈菌夏孢子梨形或倒卵形，金黄色至淡栗褐色，表面具稀疏小刺，壁顶端显著加厚 10μm 或更多，大小为（25～50）μm×（16～35）μm，具芽孔 4～5 个，无明显侧丝；冬孢子双细胞，深褐色，壁光滑，长椭圆形或棍棒形，较细长，大小为（30～56）μm×（15～22）μm。夏孢子与水膜接触萌发甚快，干燥条件下夏孢子存活时间短，萌芽率低，最适温度为 20～25℃，在 10～29℃ 常发芽，在凉爽的条件下保持活力达 5 周，但气候炎热时则很快丧失其活力。

四、病害循环

病株上残留的病叶和其他中间寄主是主要的侵染源。由风吹水溅使夏孢子从夏孢子堆迁移到新的侵染位置而发生。病菌只能在寄主的组织上存活，寄主主要是甘蔗和其他多年生禾本科植物，因此，只有活的寄主植物才是该病的初次侵染源。

五、流行规律

锈病发生和温湿度有密切的关系，平均温度在 18～26℃ 易发生流行。云南德宏、西双版纳蔗区一般从每年 5 月起，气温非常适合此病流行。但高温不利于夏孢子存活萌发，病菌孢子必须与水膜接触才能萌发，孢子堆的形成也需要较高的相对湿度。雨多、露水重、湿度大病害容易发生流行。管理不善、土壤贫瘠、甘蔗生长较差的田块锈病发生较重。Q88、闽糖 78-8、垦殖 80-27、垦殖 76-2、选 3、桂糖 11、桂糖 12、桂糖 15、桂糖 17、桂引 9 号、福农 94-0304、P44、闽糖 69-421、新台糖 28、福农 15、粤糖 60 等易感病，闽糖 70-611、云蔗 81-173、云蔗 89-151 及新台糖系列等较抗病。

六、防治技术

（1）选种抗病品种，避免栽种感病品种或暂缓栽种感病品种，这是最经济有效的防治措施。

（2）加强水肥管理，防止积水、降低田间湿度。

（3）合理施肥，增施有机肥，多施磷、钾肥，增强蔗株抗病能力。

（4）剥除老叶，间去无效病弱株，及时防除杂草，使蔗田通风透气，降低蔗田湿度。

（5）及时割除发病严重的病叶，减少传播媒介。

（6）甘蔗收获后及时清除烧毁病残株叶，压低田间菌源。

（7）药剂防治。要加强对常发区病情监测，发病初期及时喷药防治，减少菌量，控制流行。可用 0.5%～1% 波尔多液和 65% 代森锌、12.5% 烯唑醇或 75% 百菌清等可湿性粉剂 500～600 倍液喷雾，每 7～10 d 喷 1 次，连喷 2～3 次，喷药时需做到叶面、叶背喷洒均匀。

附：甘蔗锈病抗病性鉴定技术

1. **材料准备**　种植时间为每年 3～5 月。桶栽，常规管理。每份材料种植 2 桶，每桶需均等高度的 3～5 株。

2. **病原采集**　通常于 8～10 月甘蔗锈病发生期，到发病蔗区采集病菌孢子直接用于接种。

3. **接种方法**　将病菌孢子配成 10×10 倍视野 40～50 个孢子的悬浮液，于傍晚在蔗叶上喷雾接种。接种前应对桶栽材料充分灌水以增加湿度。

4. **调查方法**　接种后的桶栽材料置于遮光网棚中，每天喷水 2～3 次保湿；待 4～5 周充分发病后开始调查参试材料的发病程度。

5. **评价标准**　参照 J. C. Comstock（1992）标准进行评价，如附表 20-8-1。

附表 20-8-1　甘蔗抗锈病鉴定评价标准

Supplementary Table 20-8-1　Resistance evaluation of sugarcane rust

分级标准	抗病性	叶片受侵染状况
1	高抗（HR）	无症状
2	抗病（R）	有坏死斑
3	中抗（MR）	植株上有一些孢子堆
4	中感（MS）	上层叶有一些孢子堆，同时下层叶有许多孢子堆
5	感病1（S1）	上层叶有极多孢子堆，同时下层叶有轻微的坏死
6	感病2（S2）	上层叶有极多孢子堆且下层叶有比第五级更多的坏死
7	感病3（S3）	上层叶有极多孢子堆，下层叶坏死
8	高感1（HS1）	上层叶有某些坏死
9	高感2（HS2）	叶片坏死，植株濒于死亡

李文凤（云南省农业科学院甘蔗研究所）

第 9 节　甘蔗轮斑病

一、分布与危害

甘蔗轮斑病是为害甘蔗叶片最广泛的病害。1890 年首先在印度尼西亚爪哇发现，此后在印度、古巴、巴西、日本、菲律宾等 50 多个国家和地区均有分布。我国的台湾、广东、广西、福建、四川、江西等省份均有发生，是我国各蔗区常见病。该病主要为害老叶，对甘蔗生产造成的经济损失不大，属次要性病害。

二、病状

甘蔗轮斑病主要为害老叶，嫩叶片、叶鞘和蔗茎有时也会发病。叶片被害时，开始出现污绿色至黄褐色长卵形的斑点，边缘黄色。病斑大小为 (2.5～40) mm×(10～12) mm。此时病斑周围多呈红褐色，中心为枯白色，有时整个病斑保持红色或红褐色，上有轮纹。病斑扩大后形状不规则，病斑合并，成为更大的红褐色斑块。随着病斑扩大合并，叶片枯死。在较老的病斑上，有时可以见到病菌的黑色子实体（彩图 20 - 9 - 1）。

三、病原

甘蔗轮斑病病原为高粱茎点霉 ［*Phoma sorghina* (Sacc.) Boerema，Dorenb. et Kestern；异名：*Phyllosticta sorghina* Sacc.，蔗生叶点霉（*Phyllosticta sacchari* Speg.）］，属子囊菌门无性型茎点霉属真菌。分生孢子初无色，老熟时呈浅褐色，大小为 (10～30) μm×(3～3.5) μm。有性型为球腔菌属真菌（*Mycosphaerella holci* Tehon），属子囊菌门。子囊座生于表皮下，球形或半球形，褐色，具有微乳头状突起的孔口（图 20 - 9 - 1）。初在表皮下，后突破表皮，孔口外露，大小为 (130～150) μm×(140～170) μm；子囊圆筒形，基部较窄，大小为 (50～85) μm×(10～15) μm。每个子囊内有 8 个子囊孢子，双行排列，长椭圆形，3 个隔膜，隔膜处缢缩，透明或半透明，大小为 (19～23) μm×(4.5～6) μm，侧丝线状，约与子囊等长（图 20 - 9 - 2）。

图 20 - 9 - 1　子囊座（仿陈可才，1999）

Figure 20 - 9 - 1　Ascostroma (from Chen Kecai, 1999)

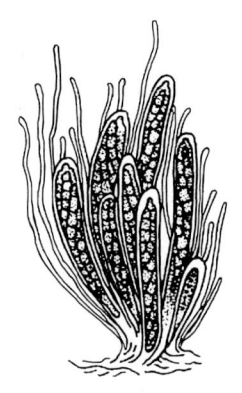

图 20 - 9 - 2　子囊和侧丝（仿陈可才，1999）

Figure 20 - 9 - 2　Ascus and paraphysis (from Chen Kecai, 1999)

四、病害循环

甘蔗轮斑病是叶部病害，此病菌主要在病残株叶上越冬，以子囊孢子借风雨传播到健康的蔗叶上，一般多在老叶上开始发病，条件适宜时，也可侵染到最高肥厚带以下的叶片。甚少由蔗茎、种苗传播。遗落在土表和堆积田间地头的病残株叶是初次侵染源。

五、流行规律

高温多湿有利于本病的发生，在环境适宜的条件下，感病品种患病叶片的病斑很快就产生子囊孢子，成熟后胀破表皮向外飘逸，由风雨夹带传播，造成从一株传到另一株，从一块蔗田传到另一块蔗田，从一个地方传到另一个地方的侵染。品种之间抗性有差别，在甘蔗杂交后代中，具印度种血缘成分比例较高的品种感病，而具细茎野生种比例较高的品种则抗病。

六、防治技术

1. 选用抗病品种　具有割手密种血缘比例较高的品种抗病，印度种和割手密杂交的后代较具抗病性，印度种血缘比例高的品种则易感病。比较抗病的品种有 POJ2725、Co213、Co290、Co281、Co807、Badila 和台糖 29-416 等。

2. 实行品种轮换种植　一块地长期种植同一品种，由于土壤肥力衰减，甘蔗抗病力下降，轮斑病显著增多。如广西贵港市蔗区长期种植选 3 品种，轮斑病发生严重，大量蔗叶提早枯死。品种轮换种植可以大大减少发病。

3. 处理病枯叶片　及时剥除病枯叶片，集中烧毁，或就地压埋或覆盖行间，并喷上 50％多菌灵或苯菌灵可湿性粉剂 1 000 倍液杀灭病菌，减少飞散传播。剥除病枯叶片，可以改善田间通风条件，减轻病害；烧毁病叶，可以减少病菌；喷施多菌灵等农药，可以消灭病菌，也可以保护蔗株减少病害发生。

4. 药剂防治　用 50％多菌灵或苯菌灵可湿性粉剂 1 000 倍液，或 50％代森锰锌可湿性粉剂 500～600 倍液对叶片喷雾，每 7d 喷 1 次，连喷 2～3 次。

王伯辉（广西壮族自治区农业科学院甘蔗研究所）

第 10 节　甘蔗叶焦病

一、分布与危害

甘蔗叶焦病也称叶烧病或焦枯病。分布于菲律宾、泰国、日本、越南、中国、南非、巴拿马、阿根廷等国。1948 年在我国台湾省中部地区发现，为害严重时整块蔗田似被火烤过一样，为当地甘蔗的主要病害。2～3 年后，蔓延至台湾省各蔗区。据 1953 年调查，为害面积达 25 000 hm² 以上，产量减少 25％左右，制糖率降低 3％～13.2％。当时栽培最多的品种 Co290、POJ 2883 及台糖 108、台糖 134 等均遭感染。叶焦病为害严重，在台湾甘蔗种植史上所少见，自 1954 年起，推广对叶焦病有中等抗性的 NCo310，才挽救了台湾糖业。菲律宾叶焦病于 1952 年在甘蔗品种 H37 上发现，到 1954 年，为害面积达 5 000 hm²，到 1955—1956 年，为害面积达 8 000 hm²。1983 年以来，甘蔗叶焦病在我国云南、广西均有发生。2008 年南宁明阳蔗区的粤糖 93-159 严重发病，面积也有数公顷。

寄主植物甘蔗（中国蔗、印度蔗、割手密）、玉米、高粱、大茎野生蔗、芒和五节芒。

二、症状

甘蔗叶焦病多发生于已展开的叶片上，最初产生分散的狭窄的淡褐色条斑，后转为红褐色，周围淡黄色，呈纺锤状条纹，沿叶脉延伸扩大。多数条纹合并扩大，整片叶片枯死，形似火烤状（彩图 20 - 10 - 1）。在病死的枯叶上、下表皮有许多黑色小点，为病菌的分生孢子器。病斑扩展受品种和田间小气候的影响，从开始发生到发展成条斑约需 20 d。老叶染病初期所产生的斑点，通常不发展为条状斑。叶鞘少有染病，有时亦产生草黄色的小点。

三、病原

甘蔗叶焦病病原为甘蔗壳多胞菌（*Stagonospora sacchari* C. T. Lo et K. S. Ling），属子囊菌无性型壳多胞菌属真菌。1950 年罗宗爵和林克治研究此病，将其病原定名为甘蔗壳多胞菌。他们报道的病原菌还有 *Leptosphaeria bicolor*，属子囊菌门小球腔菌属真菌。

甘蔗壳多胞菌属真菌的分生孢子器嵌于病叶组织中，上表皮较下表皮为多。在 PDA 培养基上，菌落在边缘形成辐射状的菌索，菌落最初浅肉色，然后中部菌落黑橄榄色到黑色，这部分形成分生孢子器。产生在培养基上的分生孢子器部分埋没，近球形到球形，具小孔口。分生孢子器初时灰白色到亮褐色，后深褐色或黑褐色，直径为 135～209 μm，分生孢子器壁革质，表面有皱纹，厚为 13.7～17.1 μm。孔口略突出，直径为 15～27 μm。短、细和透明的分生孢子梗产生在分生孢子器内。孢子产生在分生孢子梗顶端，包埋在胶质中。潮湿时，胶质带着孢子通过孔口渗出。孢子是透明的，椭圆的，顶端变尖，基部圆形或略平截，直或略弯，3 个分隔，罕见 1～2 个或 4 个分隔，在分隔处缢缩，当变老时，每个细胞具有 1～2 个液泡。孢子梗大小为（41～46）μm×（150～250）μm（图 20 - 10 - 1）。

图 20 - 10 - 1　甘蔗壳多胞菌分生孢子（仿陈可才，1999）

Figure 20 - 10 - 1　Conidia of *Stagonospora sacchari*（from Chen Kecai，1999）

菌丝体最适生长温度为 28℃，高于 34℃ 或低于 10℃ 均停止生长。在 pH 为 4.0～8.5 均能生长，最适 pH 为 5.5～6.5。不同波长的光线对菌落生长有影响，在完全黑暗中生长最佳，日光次之，继之为紫、蓝、绿和黄光，在橙色和红色光下不能生长。

分生孢子萌发最适温度为 20～25℃，暴露于 40℃ 5h 或 45℃ 10 min 便死亡。在马铃薯蔗糖琼脂培养基上，如温度始终保持 28℃ 或开始 25℃ 培养 3 d，再移到 31℃ 下培养，分生孢子器产生最多。糖分在 1%～4% 时最适于分生孢子器生长发育。

四、病害循环

田间病残株叶为此病的初次侵染源，黏附于种蔗上的病叶或病叶碎片亦可能传病。不同种植期的甘蔗相邻交互种植，上一年种植已成熟的甘蔗与本年种植的幼蔗常并排生长数月，此时老蔗上产生的分生孢子可经风雨传至幼株，蔗田终年可以发生，无所谓越冬或越夏。雨、露是此病在蔗田传播的主要媒介。病菌随病组织落到土壤中越冬，成为翌年的初次侵染源。通过雨水传播到当年生长的植株上侵入到甘蔗叶片组织中生长，在条件适宜时产生分生孢子器。分生孢子器浸入水中 3～5 min 便从孔口放出大量成熟的孢子，借风雨传播到附近的植株和蔗田。当温度在 24～28℃、叶面有水湿时，几小时内便萌发长出芽管，在气孔处形成附着胞，从附着胞长出的侵入丝经保卫细胞侵入叶组织，很少经气孔的孔口侵入。病菌侵入寄主组织产生病斑后不久其上又产生分生孢子进行再次侵染。

五、流行规律

造成这种病害流行的主要因素是降水。分生孢子器放出的孢子干后紧紧黏附在叶面上，需要雨露把黏附在叶片上的孢子润湿、泡松后，才能借风雨传播。因此在干旱季节，就是有风也难传播。放出的孢子存活期一般不超过 2 周，但在分生孢子器内孢子可存活数月。下雨时的大风雨雾将病菌孢子传播到健康蔗株上及其他蔗田中，造成更大面积的病害。孢子从侵染源可凭借风传播 25 m。远距离传播主要是种苗、病残株叶。2008 年广西南宁明阳蔗区的粤糖 93-159 严重发病，除相邻蔗地的新台糖 22 甘蔗受传染外，其他蔗地的新台糖 22 甘蔗没有感染。

此病发生流行与气候的关系十分密切，气温在 25～28℃，连续阴雨，特别是暴风雨最利于此病的迅速扩展。反之，气候干燥，温度过高或过低，病害的扩展蔓延便受到抑制或停止。大面积种植感病品种，可引起此病的流行。如 1951—1953 年我国台湾大面积种植由印度引进的感病品种 Co3012，此病严重发生，造成重大损失。1955 年开始淘汰这一感病品种，改种中度抗病品种 NCo310，此病的传播蔓延便受到抑制。

六、防治技术

1. 种植抗病品种　这是防治该病最主要方法。据云南省农业科学院甘蔗研究所观察，该病的感病品种主要有 Co290、H37-1933、H44-3098、SP70-1284、新台糖 10 号、桂糖 11、桂糖 04-153、闽糖 69-421、粤糖 93-159、粤糖 96-86、云蔗 99-91、云蔗 03-258、福农 30、福农 03 - 35、赣南 02-70 等。2008 年，在广西南宁市江南区吴圩镇蔗区部分村屯粤糖 93-159 发生叶焦病，并传染至相邻的新台糖 22，2009 年换掉染病的粤糖 93 - 159，改种其他无病品种，疫情得以控制。

2. 搞好田园卫生，消灭病菌　甘蔗生长期间及时剥除下部病叶，并集中地头空地烧毁；甘蔗砍收后，烧毁田间残留的茎叶。

3. 药剂防治　药剂防治可作为消灭大田发病中心、压低菌源、减轻发病的一项辅助措施。在发病初期适时喷药，每 7～10 d 喷 1 次，连喷 2～3 次。有效药剂有 50％多菌灵、75％百菌清可湿性粉剂 500～600 倍液、70％甲基硫菌灵可湿性粉剂和 50％敌磺钠可溶粉剂 800～1 000 倍液，以及 65％代森锌可湿性粉剂 600～800 倍液等。

王伯辉（广西壮族自治区农业科学院甘蔗研究所）

第 11 节　甘蔗白疹病

一、分布与危害

甘蔗白疹病亦称白斑病、斑点炭疽病。1929 年在美国佛罗里达和菲律宾已发现此病，但中国直至 1957 年才由台湾首次报道。我国除台湾省外，广西、广东蔗区均有发生。目前还没有该病对甘蔗生产造成明显经济损失的报道，属次要性病害。

二、症状

甘蔗白疹病主要发生在叶面和叶中肋上，有时亦发生在叶鞘上。染病蔗叶开始出现黄色的椭圆形或纺锤形小斑点，直径 0.2～1mm，病痕逐渐转为淡褐色，最后变为灰白色或粉白色，多有褐色边缘。病痕合并后形成狭长的粉白色条纹，表皮略隆起或胀破表皮（彩图 20 - 11 - 1）。

三、病原

甘蔗白疹病病原为甘蔗痂囊腔菌（*Elsinoë sacchari* C. T. Lo），属子囊菌门痂囊腔菌属真菌；无性型为甘蔗痂圆孢（*Sphaceloma sacchari* C. T. Lo），属子囊菌门无性型痂圆孢属真菌。无性型形成分生孢子盘，单生或合盘，在角质层下，后突破表皮，露出分生孢子盘。分生孢子梗无色透明，1～2 个细胞，大小为（3.4～28.9）μm×（2.72～4.56）μm；分生孢子卵圆形至椭圆形，无色透明，大小为（6.5～8.6）μm×3.0 μm。有性型的子座产生于寄主表皮细胞内，由于表皮胀破而外露，子囊座中的子囊腔枕状，大小为 50.0 μm×31.2 μm；子囊腔变异很大，但每个子囊腔内只有 1 个子囊，子囊球形至椭圆形，大小为（10.3～13.0）μm×（9.6～10.6）μm，分散在子囊腔中，内含 1～8 个孢子。子囊孢子透明，长椭圆形，直或略弯，有 3～5 个隔膜，间或有 1 个或多个纵隔膜，隔膜明显缢缩，大小为（8.6～10.0）μm×（3.0～3.3）μm（图 20 - 11 - 1）。

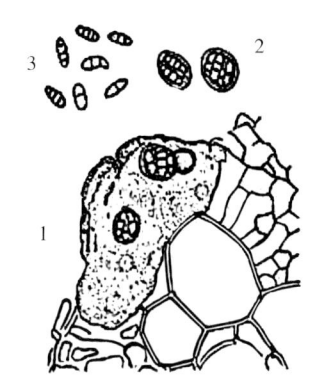

图 20 - 11 - 1　甘蔗痂囊腔菌（仿陈可才，1999）

Figure 20 - 11 - 1　*Elsinoë sacchari* (from Chen Ke-cai, 1999)

1. 寄主表皮上的子座　2. 子囊　3. 子囊孢子

四、流行规律

田间带病的植株和残存蔗地的枯病株叶是初次侵染源，主要靠风雨传播。抗病品种不发病或少发病。一些不抗病品种发病重。

五、防治技术

（1）选种无病品种或无病蔗种。

（2）发病初期及时剥除病叶，并集中烧毁。然后用 50％多菌灵可湿性粉剂，或 50％苯菌灵可湿性粉剂 1 000 倍稀释液，或 1∶1∶100 的波尔多液着重喷叶片，防止病菌扩散蔓延。

王伯辉（广西壮族自治区农业科学院甘蔗研究所）

第12节　甘蔗眼点病

一、分布与危害

甘蔗眼点病（又名甘蔗眼斑病、赤斑病）初期的研究于1890—1899年在印度尼西亚爪哇进行。现该病已发展成为一种世界性危险性甘蔗病害。美国、澳大利亚、古巴、巴西、印度等甘蔗糖业主要生产国均有该病发生的记载。在我国台湾、广东、广西、福建、云南、四川、江西、海南及湖南等省份蔗区均有发生。如1978—1979年眼点病在广东中山、顺德等县暴发，有1 300 hm²的蔗田受害。甘蔗眼点病是传播速度特别快、经济危害性较重的甘蔗病害，除了影响甘蔗产量外，也影响甘蔗糖分质量。病菌除寄生于甘蔗外，也寄生于香茅、紫狼草等。

二、症状

甘蔗眼点病主要为害叶片，但发病严重时病菌亦可侵染甘蔗植株的顶部即生长点，造成梢状腐烂。发病初期在嫩叶上出现水渍状小点，4～5 d后纵向扩展成长5～12 mm、宽3～6 mm的长圆形病斑，其长轴与叶脉平行。病部中央呈红褐色，四周具草黄色狭条晕圈，形状似眼睛，故称眼点病（彩图20-12-1）。随后，病斑顶端出现一条与叶脉平行的坏死条纹，这些条纹都向叶尖处扩展延伸，很少向叶鞘伸展，颜色初呈草黄色，后变为红褐色，长60～90 mm，宽度亦比原来眼斑略大，群众称之为"黄鳝斑"。后期多个病斑及条纹融合，造成大片叶组织枯死。在适宜条件下，病斑上出现暗色霉状物，此乃分生孢子梗和分生孢子。条件适宜或一些不抗病的品种，其心叶及梢部发生急性型或梢腐型眼点病，整个蔗田将一片黄枯，产量损失和糖分减少严重，甚至失收。

三、病原

甘蔗眼点病病原为甘蔗平脐蠕孢 [*Bipolaris sacchari* (E. J. Butler) Shoemaker；异名：*Helminthosporium sacchari* E. J. Butler, *Drechslera sacchari* (Butler) Subram. et B. L. Jain]，属子囊菌门无性型平脐蠕孢属真菌。该菌的有性型至今未发现。分生孢子梗单生，顶端呈屈膝状，黄褐色。分生孢子顶生，圆筒形，两端圆钝，略呈纺锤形，稍弯曲，橄榄绿色至棕色，具隔膜3～11个，大小为（40～114）μm ×（9～18）μm。病菌生长温度为20～32℃，最适温度为27.4～32℃。孢子形成的适温为20～25℃，32℃时不产生孢子。分生孢子在水中浸0.5～2 h便萌芽，每孢皆可长出芽管，但一般由两端的细胞先萌发。

四、病害循环

甘蔗眼点病主要为害叶片，蔗种传病的可能性很少。在春植蔗和秋植蔗兼种的地区，终年有甘蔗生长，病菌相互传播，不存在越冬问题。分生孢子的抗旱性很强，能在叶片上度过旱季，待雨水或潮湿天来临时可萌发而侵染甘蔗，在单一春植蔗地区，病菌可在上季遗留于田间的病残株叶上越冬，成为初次侵染源。病斑上产生的大量分生孢子主要由气流传播，也可以借助人、畜和农具传播，形成再次侵染。分生孢子落在甘蔗叶片上，遇到雨水或露水2h便开始萌发芽管，从叶片的气孔或直接穿透泡状细胞侵入，寄主感染后30～48 h，即发生淡黄色水渍状斑。数日后开始产生分生孢子梗和分生孢子，进行重复侵染。

五、流行规律

甘蔗幼嫩的叶片比老的叶片更易受到眼点病菌侵染。在高温、高湿且持续时间长或连续阴天多、晨雾重的天气条件下，再加上重施氮肥，病害极易暴发、流行。在广东蔗区，甘蔗眼点病从4月开始发生至7～8月发病高峰期；在云南德宏蔗区，甘蔗眼点病一年内有两个发病高峰期，第一高峰期是4月底至5月初，第二个高峰期在10～11月。在适宜条件下，病菌繁殖快，侵染周期短，5～7d菌体即可在病斑内发育并产生大量分生孢子，进行重复侵染。同一品种施氮肥水平低、植株生长缓慢的比施氮肥水平高、植株生长迅速的发病轻。秋植蔗发病比冬植蔗严重，而冬植蔗发病又比春植蔗严重。

六、防治技术

（一）选用抗病品种

选用抗病品种是防治该病的最有效最经济的方法。通过人工接种或自然感染的方法进行抗病性筛选，淘汰感病品种。对甘蔗眼点病抗病品种有粤糖 63-237、粤糖 85-177、海蔗 4 号、Triton、台糖 134、新台糖 20、粤糖 91-976 、CP89-2143、CP88-1672 等；中抗病品种有新台糖 10 号、新台糖 16、新台糖 22、粤糖 93-159、粤糖 94-128、粤引 9 号等；感病品种有粤糖 57-423、Co419 等。

（二）农业防治

（1）改变植期。合理布局甘蔗植期，甘蔗眼点病流行的蔗区应尽量减少秋植蔗，特别是感病品种，而改秋植为冬植，大力推广春植蔗。这样可避开该病发病期，减少损失。

（2）合理施肥。在甘蔗眼点病流行前或流行期间避免重施氮肥，适当增施钾肥、磷肥以增强甘蔗的抗病力。

（3）去除干枯的病叶、老叶和无效分蘖，既可有效减少侵染源，也可使蔗田通风透光，减少发病。

（4）在该病流行的蔗区暂停留宿根蔗。

（5）在低湿蔗地，要加强田间排水工作，防止田间积水，降低田间湿度，使其不利于病菌的侵染。

（三）化学防治

于发病初期可用 1∶1∶100 的波尔多液，或 2% 春雷霉素可湿性粉剂 500～1 000 倍液，或 75% 百菌清可湿性粉剂，或 50% 多菌灵可湿性粉剂 500～800 倍液喷洒蔗叶，每 7～10 d 喷施 1 次，连喷 2～3 次，可抑制病情发展。

沈万宽（华南农业大学）

第 13 节　甘蔗褐斑病

一、分布与危害

此病因使蔗叶产生红褐色斑点而得名，我国各蔗区均有发生，是甘蔗上的一种常见病害。近年来滇西南湿热蔗区发生较普遍。发生严重时，影响产量、糖分和蔗汁纯度。

二、症状

甘蔗褐斑病主要为害叶片，发病初期斑点卵圆形或线形，病斑扩展后，大小自小斑点至长 13 mm 不等，具有一狭窄的黄色环带或斑点环环绕着的特征。老斑点中心干燥变草黄色，有一红色地带及外面的黄色斑点环围绕着。易感病的品种，其斑点较大，常数斑点合并而形成形状不规则的红褐色大斑块。通常斑点为数甚多，分布于整个叶片上，两表面不相上下。斑点先在老叶出现，随着蔗株的生长继续不断地向上侵染。受侵染严重的蔗叶未成熟而先死亡，及至生长季末期，由于已死或垂死的蔗叶数多，受害蔗株或整块蔗田常呈现火烧状（彩图 20 - 13 - 1）。发病严重田块，蔗产量、糖分和纯度全都降低，一般单产糖量减少 12.3%。

三、病原

甘蔗褐斑病属真菌病害，由子囊菌无性型尾孢属的长柄尾孢（*Cercospora longipes* E. J. Butler ）侵染引起。分生孢子在蔗叶的上表面和下表面产生，以下表面产生孢子更多。分生孢子梗着生于小束中，分生孢子倒棒状，直或弯，透明，4～6 个隔膜，大小为（40～80）$\mu m \times 5\ \mu m$ 或（60～170）$\mu m \times 3.5\ \mu m$。

四、病害循环

遗留在土表的病残株和堆置田间附近的病叶是初次侵染源，其分生孢子随风、雨传播落到蔗叶上，在适宜的条件下即萌发侵入。

五、流行规律

甘蔗褐斑病在低温多雨、长期的阴雨天，土壤及空气湿度大，通风透光性差及偏施氮肥时，常严重发生；而合理施肥，生长正常，通风透光好的蔗田，发病较轻。冬季温度低，则来年发病晚、发病程度轻。小茎种甘蔗最易感病，含有割手密遗传性状的后代也易感病；一般大茎种甘蔗较抗病。垦垦 80‑27、元江 76‑14 及新台糖 16 等较感病。

六、防治技术

（1）选种抗病品种。

（2）加强栽培管理，防止积水，合理施肥，增施有机肥，多施磷、钾肥。

（3）及时剥除病叶，间去无效、病弱株，以改善田间湿度及通透性，并可减少侵染源。

（4）甘蔗收获后及时清除病株残叶，减少田间菌源。

（5）发病初期喷药防治，可用 50% 苯菌灵、50% 多菌灵、80% 代森锰锌等可湿性粉剂 600～1 000 倍液或 1% 波尔多液喷雾，每 7 d1 次，连喷 2～3 次。

李文凤（云南省农业科学院甘蔗研究所）

第 14 节　甘蔗虎斑病

一、分布与危害

甘蔗虎斑病，又名甘蔗纹枯病。1899 年在印度尼西亚爪哇首先报道此病，此后澳大利亚、新几内亚岛、斐济、日本冲绳、泰国、印度、菲律宾、波多黎各等国家和地区都发现此病。此病在我国各蔗区都有发生，据福建 1987 年调查，各地普遍发生，一般蔗田病株率 30%～40%，发病严重的达 80% 以上，主要为害蔗株中下部叶鞘和蔗叶，发病严重的田块，蔗茎亦可患病，对甘蔗生长和产量有一定的影响。

二、症状

在适宜的环境条件下，受害蔗株先在尚存绿色的下部叶鞘上呈现污绿色带状或云状斑纹，随后病斑呈淡褐色或褐红色地图状，边缘呈红色。后期叶鞘外侧病斑呈深褐色圈状云纹环斑，形似虎皮上的斑纹（彩图 20‑14‑1）。叶鞘内侧的病斑与青色叶鞘上的病斑相似，呈红色或赭红色，叶片上病斑的形状、颜色和叶鞘上的基本相同。蔗茎被害，表面坏死呈深褐色病斑，表面产生粒状黑褐色菌核。天气潮湿时，病斑上长出白色蛛丝状的菌丝体，匍匐于病组织表面，后集结成白色疏松的绒球状菌丝团，最后变成暗褐色扁球形的菌核，常几个菌核结合成不规则状。在高湿度下病斑表面有时见到一层白色粉状物，即病菌的担子和担孢子。大量白色菌丝充满叶鞘或叶鞘与蔗茎之间。

三、病原

甘蔗虎斑病病原为立枯丝核菌（*Rhizoctonia solani* J. G. Kühn），属担子菌无性型丝核菌属真菌；有性型为瓜亡革菌 [*Thanatephorus cucumeris* (A. B. Frank) Donk，异名：*Pellcularia filamentosa* (Pat.) D. P. Rogers]。菌丝初为白色，后变为褐色，直径为 7～10 μm，多分枝。典型特征是在菌丝分枝处上方形成隔膜，分枝菌丝的基部略缢缩，常盘踞于叶鞘与叶片的薄壁组织内，导致组织坏死。发病组织表面常有菌丝纠结形成的不规则形菌核，直径为 0.5mm，多着生在叶鞘边缘处。菌核初为白色，后变为黑褐色，直径 0.5～3mm，近圆形或椭圆形，着生于病斑表面。成熟菌核内部具有内、外两层，外层多由 10～30 层死细胞构成，约占菌核半径的 1/2；内层除细胞壁外，还有细胞核和原生质，且含丰富的颗粒状储藏物，是活的细胞。菌核萌发就是由内层细胞向外长出菌丝的。此菌不产生无性孢子，有性阶段产生担子和担孢子。担子倒卵形或棍棒状，单胞，无色。顶端生 2～4 个小梗，梗端分别着生 1 个担孢子。担孢子卵圆形或椭圆形，单胞，无色（图 20‑14‑1）。

病菌生长发育温度为 10～40℃，以 28～32℃ 最适。菌核萌发要求相对湿度达 95% 以上，侵染适温为

28～32℃，相对湿度达 96％ 以上。如相对湿度在 85％ 以下，则侵染受抑制。适应的 pH 为5.4～6.7，最适 pH 为 7.5。

四、病害循环

主要以菌核在土壤中越冬，也可以菌丝、菌核在田间的病残株叶以及田边的杂草越冬，成为病害的初次侵染源。甘蔗生长期间，病部长出的气生菌丝向上部叶鞘和邻近蔗株扩展蔓延，进行再次侵染。落在地面的菌核可随灌溉水作远距离传播。蔗田受淹，菌核浮在水面上，可使蔗株上部的叶鞘和叶片发病，加重此病的为害程度。担孢子传病的作用迄今尚未明确，一般认为作用可能不大。

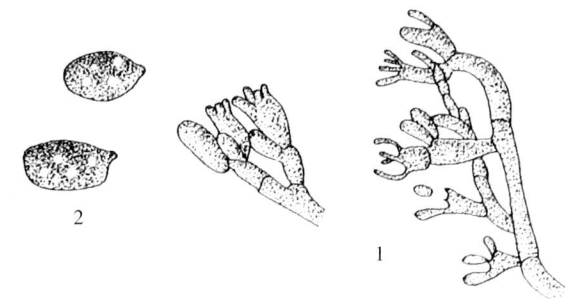

图 20 - 14 - 1　瓜亡革菌（仿陈可才，1999）
Figure 20 - 14 - 1　*Thanatephorus cucumeris*
(from Chen Kecai, 1999)
1. 菌丝和担子　2. 担孢子

五、流行规律

在品种和栽培条件变化不大的情况下，不同年份病害发生轻重主要受气候条件的影响，特别是温度和湿度综合的影响。在多雨季节、蔗田积水、杂草丛生、种植密度过大、通风透光差和偏施氮肥等情况下，容易发病。发病后病部上的菌丝体通过攀援延伸进行多次再侵染而使病害蔓延扩大。该病菌可侵染多种杂草，尤其是蔗田间的绊根草。蔗株与患病的杂草接触，菌丝亦会从杂草上蔓延至蔗叶上。某些品种叶鞘包茎紧密，在被害叶鞘相对应部位的蔗茎受病菌侵染，表皮出现溃疡和褐色病斑。发生严重时，叶鞘、叶片、蔗茎布满病斑，使叶片干枯，植株枯萎。日平均气温达 22℃ 以上又有雨湿，此病开始发生，在 24～26℃ 伴随有雨湿时病情便迅速扩展，在 28～32℃ 和相对湿度达 97％ 以上时发展最快。当相对湿度下降到 75％～80％ 以下，病情扩展便受到抑制或停止发展。偏施氮肥或过量集中追施氮肥，蔗株内碳氮比降低，易感病。增施磷、钾肥，注意肥料三要素配合施用，既保持一定氮素营养，又促进碳水化合物的形成，从而提高植株的抗病性，减轻发病。

病菌的寄主范围很广，人工接种可侵染 54 科 210 种植物。自然发病的植物也有 15 科近 50 种，如菊料、伞形科、田麻科、蝶形花科、十字花科、苋科、旋花科、唇形科、桑科、石竹科和禾本科等。其中重要的寄主作物除甘蔗外，有水稻、大麦、玉米、高粱、豆类、花生、甘薯、黄麻、紫云英、茗子等。

六、防治技术

（1）铲除田边和蔗地行间杂草，剥除枯老蔗叶，改善蔗田通透性，剥下的鞘叶及时带出田外烧毁。减少菌源，减轻发病。

（2）及时中耕施肥，避免偏施氮肥，增施磷、钾肥，注意排涝防渍。

（3）药剂防治。发病初期每公顷用 18.7％ 多菌灵·R-烯唑醇可湿性粉剂 450 g，或 50％ 多菌灵可湿性粉剂 1 200～1 500 g、70％ 甲基硫菌灵可湿性粉剂 1 500 g、20％ 氟酰胺可湿性粉剂 1 500～1 800 g、40％ 菌核净可湿性粉剂 3 000～3 800 g、25％ 戊菌隆可湿性粉剂 750～1 000 g、25％ 三唑酮可湿性粉剂 450～750 g、75％ 灭锈胺可湿性粉剂 750～1 200 g，加水 1 200～1 500 kg 喷雾，着重喷叶鞘部位。发病严重的田块，应结合剥叶后随即喷施 5％ 井冈霉素水剂 800～1 000 倍液，或 20％ 三环唑·井冈霉素悬浮剂 1 000 倍液，每 7 d 喷 1 次，连喷 2～3 次，着重喷施近地面的叶鞘部及地际部。药剂应交替施用，喷匀喷足。

王伯辉（广西壮族自治区农业科学院甘蔗研究所）

第 15 节　甘蔗赤条病

一、分布与危害

甘蔗赤条病又称红条斑病、细菌性红条斑病。在美国、古巴、菲律宾、波多黎各、巴西、日本、墨西哥以及南非等 50 个国家皆有发生。我国的台湾、广东、广西、福建亦有发现，常是零星发生。1972 年我国广东海康县一些蔗田发病率高达 41%。在广西蔗区 2000 年以来几乎每年都有零星发生，先后发生在南宁、北海、扶绥的蔗地，已经发生过赤条病的品种有新台糖 16、新台糖 25、粤糖 93-159、桂糖 94-116、桂引 5 号等。赤条病若仅是叶片条斑对甘蔗生产不会造成严重影响，造成严重损失的是顶腐型的症状，亦因其死亡蔗株发出特有的腐臭味而受到关注。

二、症状

有叶条斑和顶腐两种类型，两者可以单独发生，亦可并发。①叶条斑型：一般多发生于 1～3 叶的叶片近基部 1/3 处和叶片中部，靠近中脉部位。最初条斑表现为水渍状褪绿条纹，绿条斑两端迅速扩展成长条状红色至红褐色病斑，叶的病、健组织界限分明。条斑的宽度为 0.5～4 mm，长几十毫米至叶片全长，条纹细长、均匀、不弯曲。有时 2 条或多条连接成带状，某些品种可延伸至叶鞘。在叶的下表皮病斑上，常常可见到一层薄薄的粉末状的细菌溢出物。在寒冷干燥的条件下，条斑的边缘具有黄晕，以后条斑彼此组合成赤条与黄晕相间的宽带。叶条斑多数发生于梢部幼嫩叶片和中部的叶片上，在老叶上很少见（彩图 20-15-1）。②顶腐型：顶腐和叶斑是同一种病原引起的同一病害的不同表现。顶腐表现为老叶黄化、枯萎。顶腐可以由于茎或芽的感染而引起，并且不表现叶的症状，但也可以由叶的感染引起。其早期症状是与发病的节间相连的叶鞘常在外表面呈红色，而在内表面表现为红色污斑。发病的节间常形成陷斑，这些陷斑起初呈水渍状，后来变为褐色至红色，内部组织的颜色也是如此。节间内部病组织在节间下面凹陷部位与外皮相接处，有一狭窄的暗红色边缘。甘蔗生长点附近的维管束变红、腐烂，进一步发展，导致节间大腔穴的形成，后期心叶腐烂，可以从外面包着的叶鞘中拉出来，并具有一种特殊的臭味，这种臭味是诊断该病的重要特征，常在田边就能嗅到。感染顶腐的蔗株叶片不一定有上述条斑。感染顶腐的蔗茎生长受到抑制，或顶部折断，最上部的一些健康芽有时会长出侧枝，这些侧枝上的叶可能表现出感染的症状。严重感病的蔗茎，其上的芽一般发生腐烂，没有腐烂而长出的幼苗在出土之后也死掉（彩图 20-15-1）。

三、病原

甘蔗赤条病病原是燕麦噬酸菌燕麦亚种（*Acidovorax avenae* subsp. *avenae*），属薄壁菌门噬酸菌属。此菌的同种异名有 *Phytomonas rubrilineans* Lee et al.（1925），Stapp（1928）；*Bacterium rubrilimeans*（Lee et al.）Elliot，1930；*Xanthomonas rubrilineans*（Lee et al.）Starrand and Burkholder，1942；*Xanthomonas rubrilineans* var. *indicus* Summanwar and Bhide，1962。

病原菌很容易从初期发病的条斑上分离到，在培养基上也很好培养。用机械接种叶或幼嫩节间都能成功。其形态和培养性状如下：杆状，单生，偶有串成链状。不形成芽孢，无隔膜。浅黄色至黄色。大小为 0.70 μm×1.67 μm，具 1 根单极鞭毛，偶有 2 根或 3 根，能游动，革兰氏阴性（图 20-15-1）。不产生荧光色素和其他色素，氧化酶反应、过氧化氢酶反应和脲酶试验阳性，精氨酸双水解酶阴性。不水解七叶苷，在含 2% 葡萄糖的蛋白胨琼脂培养基上菌落圆形、乳白色、黏液状、边缘微皱。在牛肉汁葡萄糖琼脂培养基上菌落小、光滑、发亮、浅黄色至黄色；使牛肉汁混浊有皮，有沉淀；使肉汤混浊有薄膜、沉淀；使牛乳干酪素沉淀而被消化。能水解淀粉、酪蛋白、明胶、吐温-80，不产硫化氢或很弱。厌气下利用阿拉伯糖、果糖、半乳糖、葡萄糖、甘油、乳糖、山梨醇、甘露醇

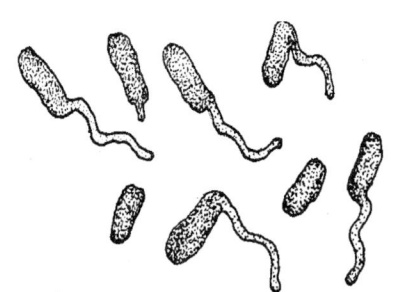

图 20-15-1 燕麦噬酸菌燕麦亚种
（仿陈可才，1999）

Figure 20-15-1 *Acidovorax avenae* subsp. *avenae*（from Chen Kecai，1999）

产酸，但不能利用纤维二糖、*m*-肌醇、麦芽糖、棉籽糖、水杨苷、蔗糖产酸。能以柠檬酸盐、甲酸盐、延胡索酸盐、苹果酸盐、丙二酸盐、丙酸盐、琥珀酸盐、酒石酸盐做碳源。不能以乙酸盐、苯甲酸盐、半乳糖醛酸盐、乳酸盐、草酸盐作碳源。大多数菌株能还原硝酸盐为亚硝酸盐，但不能进一步把亚硝酸盐还原。不产生吲哚，不分解脂肪。

各国报道的病菌特征常有一些不同，可能是由于寄主和株系的差异。在培养基上，此菌的生长温度为 10～40℃，适温为 34℃。致死温度为 51～52℃。在 pH5.4～7.3 均能生长，兼性厌气菌。

四、病害循环

甘蔗赤条病菌从健康叶片的气孔和伤痕侵入，病菌侵入后，便在入口处薄壁组织的细胞间隙中大量繁殖，然后侵入维管束的各组织。特别是导管中充满了病菌。带菌蔗种的蔗芽一般不能萌发，或萌发后很快死亡。在潮湿温暖的条件下 5～7 d 便可产生典型症状，病叶的伤痕表面常有细菌溢泌物，借助雨水和气流，从一植株传到另一植株，从一田块传到另一田块。幼嫩的节间和蔗叶容易感病，而较老的茎、叶受侵染少。病菌可以在土壤中存活 32 d，在灭菌后的土壤中能存活 84～98 d。患病的枯老蔗叶、病茎中的病菌经 4 个月后仍然有致病力。病叶在干燥的厚皮纸箱中 7 个月，仍可分离到病菌。蔗种很少能传染。不同菌系的细菌致病性有差异。

寄主范围除甘蔗外，还能侵染高粱（*Sorghum vulgare*）、石茅（*S. halepense*）、柔毛高粱（*S. plumosum*）、玉米（*Zea mays*）、巴拉草（*Brachiaria mutica*）、绒毛狼尾草（*Pennisetum typhoides*）、抗逆黍（*Panicum antidotale*）、突变雀稗（*Paspalum mutans*）、圆锥雀稗（*P. panicularum*）、类蜀黍（*Euchlaen amexicana*）等。

五、流行规律

甘蔗赤条病在田间主要靠风、雨传播，通过蔗种或机械途径传播的可能性很小。高温多湿有利于病害发生。当平均相对湿度保持在 50% 以上，温度在 35～40℃，本病便会发生；反之，当天气持续干旱，则条斑往往只限在基部的叶片上发生，且在 40 d 后随着感病叶片的枯死脱落，病状便消失。

根据广东遂溪甘蔗试验站 1972 年的调查，红壤比沙地发病多；秋、冬植蔗比春植和宿根蔗发病多；生长旺盛的比生长差的发病多。

品种之间抗病性有差异，据印度报道：侵染低于 2% 的品种有 Co453、Co527、Co617、Co951、Co1081、Co1148、Co975、Co1185、Co846、Co975、Co1158、Co1007、Co1223 等；侵染在 2%～5% 的品种有 Co356、Co975、Bo17 等；侵染 5% 以上且发生顶腐的品种有 Co312、Co1111、Bo117 等。

我国在新中国成立后种植品种 POJ30、POJ16、POJ2878、Co290 和粤糖 57-423，台糖 134 也是抗病的。目前种植的品种新台糖 22 较抗病，新台糖 25、粤糖 00-236 较感病。

六、防治技术

1. 选用抗病品种　生产上改种抗病品种是控制甘蔗赤条病最经济、最有效的方法。在甘蔗品种选育的过程中，应及时淘汰感染赤条病的育种材料。

2. 清洁蔗田　蔗地里出现病株要及时挖除，病叶要及时剥除，集中烧毁。

3. 加强田间管理　注意氮、磷、钾肥的合理施用。

4. 药剂防治　用 72% 农用链霉素可溶粉剂 750～1 000 倍液或 50% 代森锌可湿性粉剂 1 000 倍液，在发病初期喷洒蔗株，每 7 d 喷 1 次，连喷 2～3 次。

附：甘蔗赤条病品种抗性评价试验方法

甘蔗品种对赤条病的抗性，用下列几种方法接种后评价。

（1）皮下注射细菌悬浮液。将细菌悬浮液注射到幼嫩叶片中脉基部形成的储藏器内。

（2）压力枪喷射细菌悬浮液（5×10^6 个细菌/mL）。用压力枪将细菌悬浮液喷射到叶片表面。用此法接种可保证发病，也可用此法评价甘蔗苗的抗性。

（3）针刺法。滴一滴细菌悬浮液于叶片表面，然后用针轻轻刺穿，在每一点刺 20～30 下，当温湿度较高时，此法接种可得到满意的结果。

一般用两个标准评定甘蔗品种的抗性：①叶片上条斑的数量和长度；②蔗茎受侵染的节数。感病品种条斑长，数量多；抗病品种条斑短，数量少。

迄今尚未发现免疫品种，我国大多数的推广品种对此病表现中抗或抗病。

王伯辉（广西壮族自治区农业科学院甘蔗研究所）

第 16 节　甘蔗花叶病

一、分布与危害

甘蔗花叶病（sugarcane mosaic diseases）又名甘蔗嵌纹病，1892 年 Musschenbrock 在爪哇首次记述了此病。该病是甘蔗产区普遍发生的重要病毒病，为世界性病害。甘蔗花叶病在印度、美国、巴西、南非等地都普遍发生，其造成的甘蔗产量损失达 10%～50%，严重时为 60%～80%。在我国广东、广西、浙江、福建、云南、海南、江西、四川、台湾等蔗区也普遍发生。甘蔗花叶病严重影响蔗种萌发率、甘蔗的产量及品质。甘蔗感染花叶病后，叶片叶绿素含量显著减少，不同品种减幅在 10%～60%；蔗汁中还原糖增加，降低蔗糖的结晶率；一般可造成 10%～50% 的产量损失，重病区产量损失为 60%～80%。该病害曾在阿根廷、波多黎各、美国路易斯安那州、古巴、中国台湾等国家和地区发生严重流行，给制糖业造成了重大损失。

目前已明确引起甘蔗花叶病的病毒有高粱花叶病毒（*Sorghum mosaic virus*，SrMV）、甘蔗花叶病毒（*Sugarcane mosaic virus*，SCMV）、玉米矮花叶病毒（*Maize dwarf mosaic virus*，MDMV）、玉米花叶病毒（*Zea mosaic virus*，ZeMV）、约翰逊草花叶病毒（*Johnsongrass mosaic virus*，JGMV）、甘蔗条纹花叶病毒（*Sugarcane streak mosaic virus*，SCSMV）等 6 种，以高粱花叶病毒（SrMV）和甘蔗花叶病毒（SCMV）在全世界蔗区分布最为广泛，其自然寄主仅限于禾本科植物，主要引起甘蔗花叶病（sugarcane mosaic disease）、高粱花叶病（saccharum mosaic disease）及玉米花叶病（maize mosaic disease）等重要病害。SCMV 在自然条件下感染甘蔗、高粱和玉米。在高粱上先出现黄绿色短条斑，随即成红褐色坏死，最后叶片大面积红褐色坏死，但有些高粱品种仅呈花叶症状；在甘蔗和高粱上表现系统花叶或坏死，在甘蔗叶片上表现温和花叶，症状因寄主品种及 SCMV 株系而异；在玉米上表现系统性的花叶症。在我国甘蔗主产区（广西、广东、云南和海南）糖料蔗主要受 SrMV 侵染，而果蔗则较多地受到 SCMV 的侵染。云南从日本、印度尼西亚引种的甘蔗种质中检测到甘蔗条纹花叶病毒（SCSMV）。已知 SCMV 有 10 多个株系，我国大陆蔗区 SCMV 有 A、D 两个株系，台湾蔗区 SCMV 有 A、B、A＋B 及 D 4 个株系。

二、症状

发病甘蔗其症状主要表现为花叶，以新抽叶片中下部显症最为明显。病叶上呈现明显黄绿相间的不规则嵌纹或条斑，病痕长短大小不一，布满整张叶片，对光呈半透明状（彩图 20-16-1，1）；有时病斑褪绿非常明显，病叶变黄白色，出现少量红色点状坏死。病株叶色比健株浅，生长缓慢（彩图 20-16-1，2）。

初期在叶片上出现许多与叶脉平行、长短不一的绿色、浅黄色或浅黄色相夹杂的短条纹，有条形、不正卵形和长圆形。此种不正常的浅色和正常的绿色部分参差相间，呈花叶、斑驳、嵌纹状，有的为短小针状或沿中脉呈放射状延伸。发病期叶片出现花叶，具有黄绿相间不规则的嵌纹、条斑或斑驳，长短大小不一，布满叶片；此病的病状在幼嫩叶片的基部较为明显，如对着阳光观察，其病斑更清晰可见。有时整片叶大部分是正常的绿色，只有少许狭窄的浅黄色条纹，有时整片叶都变成黄色，只留下少许的绿色小岛。条纹的颜色可比正常部分稍淡，也可因完全缺乏叶绿素而接近黄白色，这是受甘蔗品种、病毒株系、气温等影响的结果。感病的新植甘蔗有时会出现叶片黄化和植株矮化，并且分蘖明显减少，而宿根病蔗则会产生发芽缓慢和生长不良现象。有时也出现茎溃疡，即甘蔗茎的外皮发生水渍状斑块，外皮下面的组织先变为紫红色，最终导致坏死。由于坏死组织和健康组织生长不平衡，甘蔗茎外皮被推挤而产生破裂后形成茎溃疡。部分品种在高温时会发生隐症现象。染病蔗株常整丛发病，且容易发生其他并发症，如根腐病。

三、病原

引起甘蔗花叶病的 6 种病毒中，甘蔗花叶病毒（SCMV）、高粱花叶病毒（SrMV）、玉米矮花叶病毒（MDMV）、玉米花叶病毒（ZeMV ）、约翰逊草花叶病毒（JGMV）5 种病毒均为马铃薯 Y 病毒属

（*Potyvirus*）的＋ssRNA 病毒，病毒粒体为线状；甘蔗条纹花叶病毒（SCSMV）为马铃薯 Y 病毒科（*Potyviridae*）未归属的病毒。其中高粱花叶病毒（SrMV）、甘蔗花叶病毒（SCMV）为引起我国甘蔗花叶病的主要病毒。

SrMV 和 SCMV 这两个病毒的提纯相对比较困难，其原因有以下几个方面：一是病毒在寄主组织内浓度通常较低；二是病毒粒体易相互聚集而在低速离心时丢失；三是粒体不稳定易散失感染性；四是提纯病毒中常混杂寄主蛋白。SCMV 和 SrMV 粒体特性非常相似，病毒纯化时只有一个产物，标准沉降常数为 160～175S。浮力密度（氯化铯中）1.285～1.342g/mL，其大小为（800±50）nm×（13±2）nm，均为弯曲的线状，无包膜，螺旋对称结构。SCMV 的致死温度为 50～55℃，SrMV 为 49℃。

SrMV 和 SCMV 的核酸均为单链线性 RNA，长约 9.7 kb，相对分子质量 $3.0×10^6$～$3.5×10^6$，占粒体重量的 5.5%～6%。外壳蛋白亚基均为单组分，分别编码 35 000ku 和 36 850ku 的一条多肽，各由 325 和 329 个氨基酸组成。编码区靠近 3′非编码区，3′端为 Poly（A）结构。与其他马铃薯 Y 病毒属的成员一样，通过多聚蛋白切割的翻译策略进行蛋白表达和翻译。SrMV 和 SCMV 都具有马铃薯 Y 病毒属的典型特征，即具有一个大的编码 346～350ku 蛋白质的单个开放阅读框。产物为一聚合蛋白，自身编码的蛋白酶将多聚蛋白加工成 10 个成熟蛋白。从 N 端到 C 端其蛋白产物分别为：P1、HC-Pro、P3、6K1、CI、6K2、NIa-VPg、NIa-Pro、NIb 以及 CP 等蛋白。

四、病害循环

带毒甘蔗种茎、发病的宿根蔗及其他染病的禾本科寄主和杂草均可以成为甘蔗花叶病的侵染来源。病毒主要通过带毒蔗种调运作远距离传播，田间主要通过蚜虫作近距离传播。已发现有 16 种蚜虫可以非持久性方式传带此病毒，主要有蔗蚜、黍蚜、棉黑蚜、玉米叶蚜、桃蚜、玉米缢管蚜和麦二叉蚜等。另外，机械汁液摩擦也可传染，砍蔗的刀具还可将病毒从病株上传染给健康植株。

五、流行规律

带毒蔗种的调运是甘蔗花叶病传播和扩散的主要途径。干旱少雨有利于蚜虫发生，促进甘蔗花叶病的传播蔓延；但高温常会造成隐症现象。甘蔗属的 5 个种中，热带种高度感病，印度种和大茎野生种感病，中国种和割手密高度抗病或免疫。主栽品种 ROC 22 最易受 SrMV 侵染，其他台糖系列如台糖 16、台糖 28、台糖 95-889、台优、柳城 03-182、柳城 03-1137 均能受到 SrMV 侵染。田间主栽品种高度感病、气候异常、高温少雨天气发病较多，同一地区植蔗时期不统一、宿根蔗年限长、长期连作甘蔗等均会造成甘蔗花叶病的严重发生或大流行。

六、防治技术

1. 选种无病毒蔗种　种植甘蔗健康种苗（即用热处理结合茎尖分生组织培养而获得的无毒健康种苗）。

2. 种植高抗或免疫品种　选育抗病品种是防治花叶病的主要手段。如 POJ2878、闽糖 70/611、桂糖 11 等属于高抗品种，中国种和细茎野生种抗病性较强。也可选用耐病的高产品种。

3. 清除毒源　适时除草，定期清除蔗田内外的禾本科杂草；适当缩短宿根蔗种植年限，重病田停种宿根蔗；避免与玉米、高粱等病毒的寄主作物混栽；不同熟期的甘蔗也不要混栽；苗期发病率在 3% 以下时，及早拔除病株，防止病害蔓延。

4. 及时防治传毒蚜虫　在传毒蚜虫为害甘蔗田的初期应及时喷药防治，常用药剂有 50% 抗蚜威可湿性粉剂 3 000 倍液、10% 吡虫啉可湿性粉剂 2 000 倍液。

张树珍　李增平（中国热带农业科学院热带生物技术研究所）

第 17 节　甘蔗黄叶病

一、分布与危害

甘蔗黄叶病是 1989 年在美国夏威夷州首次发现，因不明其具体的病因，称之为甘蔗黄叶综合征

(sugarcane yellow syndrome，YLS)，现在称之为甘蔗黄叶病（sugarcane yellow leaf disease，SCYLD），其病原为甘蔗黄叶病毒（*Sugarcane yellow leaf virus*，SCYLV）。它是一种普遍发生的流行性病害，在全球多数种植甘蔗的国家和地区都有报道。美国、印度、中国等国家的主要甘蔗栽培品种和杂交亲本表现感 SCYLV。Comstock 等（1998）检测美国佛罗里达州的 46 个亲本及商业品系，只有 CP57-603、CP89-1509 和 CP92-1684 等 3 个品种（亲本）未检测到 SCYLV。Viswanathan（2002）调查印度甘蔗育种研究所天然杂交场中 404 份种质的甘蔗黄叶病发病率，其中 28.64% 品系表现感病症状；在研究所农场里，66 个品种（系）中有 15 个品种感病率达 100%，只有 9 个品种没有发病。我国现有的主栽品种和骨干杂交亲本甘蔗黄叶病发生严重。许东林等（2006）调查显示，粤西蔗区种植的新台糖 16、22、23 和 25 等 4 个品种自然发病率分别为 80%、30%、5% 和 5%。高三基等（2011）调查了甘蔗资源圃（福州）内我国甘蔗骨干杂交亲本黄叶病田间自然发病率，发现品系感染率达 88%，其中约有 64% 品系的植株发病率达 20% 以上。

甘蔗黄叶病容易引起甘蔗蔗茎和蔗糖产量减产。该病使美国路易斯安那州主栽品种 HoCP96-540 和 L97-128 分别减产 10% 和 9%，蔗糖产量分别减少 11% 和 12%。在夏威夷州，甘蔗品种 H87-4094 感病植株与健康植株相比，丛有效茎数减少 30%，生物量降低 29%，蔗糖产量减少 26%。在留尼汪岛，黄叶病引起甘蔗品种 R577 新植和宿根蔗分别减产 28% 和 37%，蔗糖产量分别减少 11% 和 12%。甘蔗黄叶病还影响到甘蔗植株光合作用、碳氮代谢和多胺代谢。感病植株叶片 PSⅡ 原初光能转换效率降低，光化学反应质体醌（PQ）库发生改变，光合速率下降，叶绿素 a、叶绿素 b 含量及两者比值降低，叶片可溶性总糖、蔗糖和还原糖含量增加。叶片的 α-氨基酸态的氮含量增加，磷和氮含量降低，叶片总还原糖积累和输出的日变化消失。感病植株蔗汁还原糖和葡萄糖含量增加，蔗糖分降低，多胺总组分含量提高，与腐胺合成有关的精氨酸酶和鸟氨酸脱羧酶活性较高。另外，感染 SCYLV 的甘蔗叶片维管束鞘细胞和叶肉细胞内细胞器超微结构也会发生病变。

二、症状

甘蔗生长前中期没有病害症状出现，直至生长后期，大约 10 月开始，在田间可以观察到典型症状。发病初期症状较早出现在上部叶片（-1 至 +3 叶），发病中后期则主要出现在 +3 至 +6 叶。症状表现为叶片中脉黄化，并向两侧扩展，中脉下表皮为鲜黄色，上表皮仍是正常的白色或绿白色，有的染病品种叶片中脉两侧出现红褐色。染病植株叶片从叶尖开始干枯坏死，并向下扩展，感病严重的植株叶片发黄、坏死（彩图 20-17-1）。

三、病原

学术界普遍认为，SCYLV 是由黄症病毒科（*Luteoviridae*）属间重组进化而成的一种新病毒，2004 年国际病毒分类委员会将其列入马铃薯卷叶病毒属（*Polerovirus*）成员。但是，在古巴、南非、毛里求斯、印度等国家报道甘蔗黄化植原体（Sugarcane yellows phytoplasma，SCYP）可引起类似症状，然而从植株发病症状难于区别。为了避免混淆，Rott 等（2005）将由 SCYLV 引起的病害统一称为甘蔗黄叶病，而由 SCYP 导致的病害称之为甘蔗叶片黄化病（sugarcane leaf yellows disease）。目前报道的 SCYLV 至少有 9 种不同基因型，即巴西 BRA 型、秘鲁 PER 型、夏威夷 HAW 型、留尼汪岛 REU 型、古巴 CUB 型、哥伦比亚 COL 型、印度 IND 型、中国 CHN1 型、中国 CHN2 型，其中巴西 BAR 型与秘鲁 PER 型、夏威夷 HAW 型同源性较为接近，有时合并称为 BRA-PER 型和 BAR-HAW 型。巴西 BRA 型是主要基因型，在多数国家和地区都有报道。我国蔗区 SCYLV 至少有巴西 BRA 型、秘鲁 PER 型、古巴 CUB 型、中国 CHN1 型、中国 CHN2 型等 5 种基因型，以巴西 BRA 型为主，其他 4 种基因型主要发生在广东蔗区。

SCYLV 粒体为二十面对称体，直径 24~29 nm，浮力密度 1.30 g/cm³，由蛋白质外壳及其包裹着的一条单链、正性的 RNA（ssRNA）构成。SCYLV 基因组大小约 6 kb，除了含有基因组 RNA 外，可能还有 2 个亚基因组 RNA，大小分别为 2.4 kb 和 0.8~1.0 kb。基因组有 6 个已明确的开放阅读框 ORF 和 3 个非编码区 UTR，6 个 ORF 分别为 ORF0、ORF1、ORF2、ORF3、ORF4 和 ORF5，RNA 3′端无 Poly（A）尾（图 20-17-1）。基因组 5′端的 UTR 开始于 ACAAAA 保守序列，这与许多马铃薯卷叶病毒属成员的 5'终端基元一致。该序列在 SCYLV-A 基因组 3 445 核苷酸处再次出现可能是亚基因组的起始点。ORF0 编码一个 30.2 ku 的蛋白质，为病毒 RNA 沉默抑制子；ORF1 编码一个 72.5 ku 的蛋白质，可能编码丝氨酸蛋白酶；ORF2 编码依赖 RNA 的 RNA 聚合酶（R dRp）蛋白，通过核糖体在读码时发生－1 移码阅读，ORF1 和 ORF2 表达产生了 1 个 120.6 ku 融合蛋白；ORF3 编码 22 ku 的外壳蛋白（CP）；ORF4 编码运动蛋白（MP），*MP* 基因包含在 ORF3 序列内，通过＋1 移码阅读表达。ORF5 通过核糖体通读机制与 ORF3 形成通读蛋白。

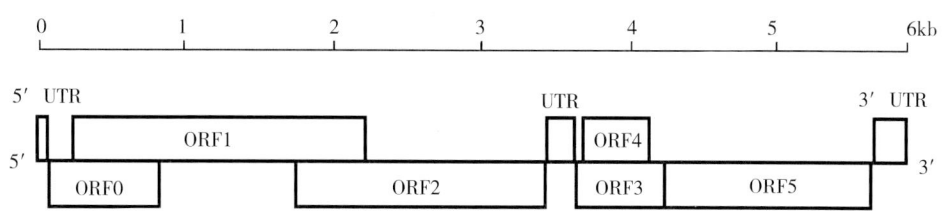

图 20 - 17 - 1　SCYLV 基因组结构（引自 Moonan 等，2000）
Figure 20 - 17 - 1　Structure of the SCYLV genome（from Moonan et al.，2000）
ORF. 开放阅读框　UTR. 非编码区域

四、病害循环

SCYLV 自然寄主为甘蔗属中的热带种（*Saccharum officinarum*）、大茎野生种（*Saccharum robustum*）、中国种（*Saccharum sinense*）、割手密（*Saccharum spontaneum*）、印度种（*Saccharum barberi*）及属内种间杂交种，试验寄主包括蔗茅属（*Erianthus* sp.）、小麦、燕麦、大麦、水稻、玉米和高粱。病毒在甘蔗植株体内主要分布于韧皮部组织。自然条件下，SCYLV 的传播主要依赖甘蔗黄蚜（*Melanaphis sacchari*）以持久性方式传播，人工接种玉米缢管蚜（*Rhopalosiphum maidis*）、红腹缢管蚜（*Rhopalosiphum rufiabdominalis*）和甘蔗粉角蚜（甘蔗绵蚜）（*Ceratovacuna lanigera*）也可携带 SCYLV 侵染寄主。

带毒的甘蔗蚜虫和感病的甘蔗或蔗种材料是侵染的主要毒源，短距离的病毒传播主要是通过甘蔗蚜虫取食传播，在侵染初期，有翅甘蔗蚜虫在其他田块感病植株取食后带毒迁飞，形成初次侵染源，具有随机性。当田块出现初次侵染源，且植株封行后，病毒通过无翅甘蔗蚜虫移动取食为害，在田间短距离的传播，加重植株发病率，这是再次侵染，具有非随机性，只能通过相邻植株之间传播。初次侵染水平对于通过蚜虫传播病毒方式而言是至关重要的因素，因为再次侵染的毒源是来自初次侵染引起的感病植株。长距离扩散则随感病植株的无性繁殖材料引种传播。在自然条件下，SCYLV 不能通过甘蔗感病植株传染到邻近的杂草和谷类作物，即使有些谷类作物是试验寄主。机械和摩擦接种不能传播 SCYLV 病毒。

五、流行规律

甘蔗黄叶病毒的发生、流行，与寄主、环境和有翅蚜数量密切相关。甘蔗是 SCYLV 自然寄主，甘蔗品种的抗病性差异是影响病毒的传播和流行的重要因素。在病毒的流行中，感病的植株和带毒蚜虫作为毒源是先决条件，而大面积的感病植株则是流行不可缺少的因子。甘蔗植株不同部位 SCYLV 含量有所差异，不同生育期以及不同作物季病害发生率也有所区别。甘蔗植株最高可见肥厚带叶（俗称＋1叶）接种 SCYLV 病毒 3 周后，根尖、顶端分生组织和所有新长出的叶片可检测到病毒存在，＋1 叶和以下所有老叶仍没有病毒；接种 9～11 周后，原来的＋1 叶和老叶脱落之后，整个植株都被感染。幼嫩组织病毒滴度明显高于衰老或成熟的组织。健康植株种植 2 个月后，有 14％植株感染 SCYLV；4 个月之后，植株感病率达 25％；6～12 个月之后，没有发现新感病的植株；第一季宿根蔗生长 6 个月后植株感病率为 42％。

媒介昆虫的发生量直接影响病毒病的发生是显而易见的。Daugrois 等（2011）在属于湿润热带地区的瓜德罗普岛研究发现，田间甘蔗蚜虫种群数量的动态变化与黄叶病植株发病率有关，植株感染蚜虫率与植株发病率呈正相关，这表明蚜虫初次入侵的速度和它们的扩散是影响发病率的重要因素，但是，每株植株上蚜虫数目与植株发病率之间没有紧密相关性。甘蔗生长初期植株感染 SCYLV 是随机发生的，随后，在相邻植株 0.5～2 m 之间，以非随机侵染方式传播病毒，通过衡量空间自相关的 Join-Count 统计量分析，植株之间非随机侵染方式的距离为 0.5～1.5 m。

气象因素的变化常影响蚜虫的活动。温暖的天气有利于蚜虫群体的扩增，然而，降水量对蚜虫群体数量有不利的影响。Daugrois 等（2011）研究降水量与蚜虫扩散分布之间的关系，认为甘蔗生长初期（10～46 d）的累积降水量与蚜虫的扩散呈显著的负相关。因为从植株生长初期到叶片封行这阶段主要是有翅蚜虫的迁飞，而降水量可能影响到蚜虫的迁飞，从而影响到蚜虫的扩散。

其他气候条件和生物因素也会影响甘蔗黄叶病症状的表达和植株的发病。随着甘蔗植株的成熟，进入秋冬季节，天气变冷，加上土壤缺水或涝害、营养缺乏等环境条件的胁迫，症状表现更为明显。其他病虫害（如花叶病、宿根矮化病、甘蔗螟虫等）也会加重甘蔗黄叶病的发生。

六、防治技术

（一）培育和选用抗病甘蔗优良品种

由于甘蔗是无性繁殖作物，多年来轮作区域少和长期连作种植，导致了病害不断积累而加重，且生产上种植甘蔗品种单一化严重，植株一旦发病，没有特效农药可以防治，这些因素都大大增加了病害防控的难度，培育和选用抗病品种是防治病害有效、经济的措施。通过常规杂交育种程序选育抗性品种，首先要了解当地栽培品种、杂交亲本以及甘蔗属不同种的抗性，寻找抗性亲本。甘蔗属中 5 个种及蔗茅属对 SCYLV 的抗性表现也有差异，属内种间杂交种、热带种、中国种易感 SCYLV，而割手密、印度种、蔗茅属较抗 SCYLV。大茎野生种的抗性研究结果不一致，Schenck 和 Lehrer（2000）、Komor（2011）研究认为抗 SCYLV，感病率仅为 11%，而 Comstock 等（2001）研究表明感 SCYLV，感病率为 52%～88%。

另外，通过抗病分子育种辅助手段，培育具有高效、广谱、持久的抗病毒能力的甘蔗新品系和新种质，也是控制病害的重要途径。随着植物病毒与寄主互作机制研究的深入，采用 RNA 干扰（RNA interference，简称 RNAi）技术靶向甘蔗病毒编码的 RNA 沉默抑制子，或者利用植物天然抗病免疫系统的机制，培育优异抗病材料，为甘蔗抗病分子育种提供一种新思路、新策略。

根据田间自然发病率，我国的主要杂交亲本种质多数易感染 SCYLV，发病率级别为中等以上的亲本材料约占 44.4%，多数从美国引进的 CP 和 HoCP 亲本属于高发病率等级。因此，在常规杂交系谱选育过程中，应注意加大对甘蔗杂交后代的黄叶病选择压力。在选用抗病优良种时，要注意品种的合理布局和轮换种植，防止大面积单一使用某个品种。新台糖 10 号、新台糖 25 等品种抗黄叶病，具有 CP72-1210 血缘的品种多数容易感病。

（二）选用和推广甘蔗脱毒种苗

采用甘蔗脱毒种苗是切断 SCYLV 传播的重要途径，可有效控制病害的发生和为害。甘蔗脱毒种苗（亦称健康种苗）一般是采用半年蔗，芽的活力强，萌芽率高且出苗快而齐，分蘖力较强，较早封行，能有效控制田间杂草的争养争肥，成茎率高，增加单位面积有效茎数；又由于健康种苗带毒率、带病率低，虫口少，使其抵抗病虫害能力增强，各种病害的发病率明显下降，螟虫、蚜虫等虫害得到有效控制；使得甘蔗叶色浓绿，光合作用增强，光合效能提高，光合产物积累活跃，各种农艺性状随之优化，生长强势，促进甘蔗增产增糖分。因此，在同等生产条件下，甘蔗脱毒种苗可增产 15% 以上，糖分可提高 0.5%，至少可延长宿根一年。

脱毒种苗的生产由三级种苗良繁体系组成，这三级种苗分别是：Primary Seed（原原种）、Secondary（Foundation）Seed（原种，亦称基础原种）和 Commercial Seed（商业种，亦称生产用种）。其中，原原种是集成热水浸泡、高温高湿催芽和腋芽茎尖离体培养方法培育出的甘蔗脱毒瓶苗，经大田定植 6～8 个月后砍收的全茎蔗种；由于组培激素效应使得蔗茎较小，工农艺性状当年达不到原料蔗的要求，需要经过 2 次短期（6～8 个月）田间种植复壮后可作为生产用种，在复壮的同时，脱毒种苗数量也得到快速扩增。

感染 SCYLV 的种茎不能通过温汤和化学试剂处理去除，但可通过顶端分生组织、心叶组织及腋芽培养脱毒，其中通过愈伤组织培养途径去除 SCYLV 成功率最高，但是通过这种途径生产出来的脱毒种苗容易发生遗传变异，且生产时间较长。现在广泛使用的技术是集成热水浸泡、高温高湿催芽和腋芽茎尖离体培养方法，该技术已是一种成熟的常规试验技术，且具有繁殖系数大、脱毒效果好的优点，建议大力推广应用。

（三）加强引种检验和检疫

加强植物检验检疫是防止有害生物入侵和扩大蔓延，保障农业生产安全的重要预防措施。我国分别于1992 年和 1997 年颁布《中华人民共和国进出境动植物检疫法》、《中华人民共和国进出境动植物检疫法实施条例》，于 2007 年公布了《中华人民共和国进境植物检疫性有害生物名录》（国质检动函［2007］516号）。该名录涉及甘蔗的有害生物有甘蔗根象、褐纹甘蔗象、几内亚甘蔗象、小蔗螟、蔗扁蛾、甘蔗凋萎病菌、甘蔗壳多孢叶枯病菌、甘蔗白条病菌、甘蔗流胶病菌、甘蔗线条病毒等 7 种，甘蔗黄叶病毒未被列入该名录。甘蔗黄叶病毒于 2008 年被列入《广西农业植物检疫性有害生物补充名单》（桂农业发［2008］9 号）。

甘蔗黄叶病病原鉴定和检测技术有电镜诊断、组织印迹杂交免疫测定（TBIA）、酶联免疫吸附测定方法（ELISA）、常规 RT-PCR 和实时荧光 RT-PCR 法等。以 Lockhart 教授提供的 SCYLV-IgG为抗体的 TBIA、双抗体夹心酶联免疫吸附测定方法（DAS-ELISA）和抗原直接包被酶联免疫吸附测定方法（DAC-ELISA）在病毒的鉴定和检测上得到广泛应用。美国糖业公司 Irey 博士最早设计的1 对引物 YLSR462 及 YLSF111 具有很高的特异性，已被广泛应用于黄叶病病原 PCR 检测。另外，免疫测定与 RT-PCR 结合的免疫捕获 RT-PCR（IC-RT-PCR）检测技术也被应用到 SCYLV 检测。实时荧光 SYBR Green 染料法和以 TaqMan 或分子信标为探针的实时荧光 RT-PCR 检测技术的检测灵敏度是常规 RT-PCR 的 100 倍，为甘蔗黄叶病的早期诊断和病原鉴定提供了准确可靠、灵敏快速的检测技术。我国国家标准《甘蔗黄叶病毒实时荧光 RT-PCR 检测方法》（GB/T 28067—2011）已发布实施。

甘蔗黄叶病毒主要随无性繁殖的蔗种和甘蔗蚜虫传播。目前全世界报道的 SCYLV 至少有 9 种基因型（株系），我国甘蔗蔗区主要以巴西型为主，在广东蔗区还有古巴型、秘鲁型、CHN1 型、CHN2 型。为防止 SCYLV 其他新株系随种苗或育种材料在国内扩散蔓延，国际引种或省际甘蔗引种必须采取植物检疫措施，一旦发现新株系应就地烧毁后深埋。

（四）化学防治

目前国内外还未见报道对植物病毒病确有实用价值的化学药剂，防治植物病毒病的化学制剂多建立在治虫防病方面。传播甘蔗黄叶病毒的虫媒主要是甘蔗蚜虫，在 3 月初气温回暖时，采用药剂防治对秋繁蔗及田间零星蔗株冬季残存甘蔗蚜虫进行防治，减少越冬虫源有效基数，对零星发生的蔗地（田）及时摘除虫叶，带到田边集中烧毁或压埋蚜虫；6～7 月，蚜虫的始发期时应及时防治，以减少有翅成蚜异地迁飞扩散；8～9 月后，甘蔗蚜虫进入大发生期。防治蚜虫的农药品种有吡蚜酮、吡虫啉、啶虫脒、抗蚜威等。每公顷蔗田用 50％抗蚜威可湿性粉剂 300～450 g，对水 750～900 kg，也可用广谱性农药吡虫啉，每公顷用 10％吡虫啉可湿性粉剂 150～300 g，对水 750～900 kg 进行喷雾。化学农药要选用高效低毒无残留的药剂，避免对瓢虫、食蚜蝇、蚜小蜂等天敌的伤害，确保施药人员的安全。

附：甘蔗黄叶病抗性鉴定方法

（一）甘蔗黄叶病抗性鉴定方法

采用田间自然诱发的方法鉴定甘蔗品种对甘蔗黄叶病的抗性强弱。

对照品种：当地抗病品种和感病品种。

鉴定方法：在重病地进行自然诱发鉴定，参试品种于每年冬季或春季种植于自然诱发鉴定病圃中。每个品种种植面积不小于 20 m²（行长 10 m，2 行），3 次重复，感病品种作为毒源相邻并排种植于所有参试品种周边。在甘蔗工艺成熟季节（11 月至翌年 1 月）调查甘蔗植株叶片发病情况，并按分级标准分级，计算植株病情指数。抗性至少为两年一致的鉴定结果，若不一致以抗性差的为准。建议在病害的常发区，进行多年、多点的联合鉴定。

（二）甘蔗黄叶病抗性评价标准以及严重度、发病率和病情指数的计算方法

1. 抗性评价标准　甘蔗黄叶病的抗性评价标准按 1（高抗）、2（抗）、3（中抗）、4（感）、5（高感）5 个等级决定品种的抗感性（附表 20-17-1）。

附表 20 - 17 - 1　甘蔗黄叶病抗性评价标准

Supplementary Table 20 - 17 - 1　Resistance evaluation of sugarcane yellow leaf

抗性等级	抗病反应型	发病株率（％）
1	高抗	0.0～5.0
2	抗	5.1～15.0
3	中抗	15.1～30.0
4	感	30.1～50.0
5	高感	50.1～100.0

2. 叶片严重度分级标准　甘蔗黄叶病叶片严重度分级标准参照附表 20 - 17 - 2 和附彩图 20 - 17 - 1，按 0、1、2、3、4、5、6 等级划分，以最高可见肥厚叶（＋1 叶）为分级对象。

附表 20 - 17 - 2　甘蔗黄叶病叶片严重度及其症状描述

Supplementary Table 20 - 17 - 2　Severity scale and symptom description of sugarcane yellow leaf

严重度	症状描述
0	没有症状
1	中脉出现小的、淡黄色的条纹
2	中脉淡黄色
3	中脉黄化，但叶片仍为绿色
4	中脉黄化，邻近中脉的部分叶片黄化
5	中脉黄化，中脉两侧的多数叶脉黄化
6	叶片黄化，部分叶缘已经干枯

3. 发病率计算方法　发病率用以表示甘蔗黄叶病发病的普遍程度，以累计发病株数占总调查株数的百分比表示。计算公式如下：

$$发病率＝发病植株数/调查总植株数×100％$$

4. 病情指数计算方法　参见本单元第 7 节附。

高三基（福建农林大学）

第 18 节　甘蔗宿根矮化病

一、分布与危害

甘蔗宿根矮化病（ratoon stuning disease，RSD）是普遍存在于所有植蔗地区的一种世界性的重要病害。自 1944—1945 年在澳大利亚昆士兰州首次发现以来，已有美国、南非、毛里求斯、印度、巴西等 47 个国家和地区报道了该病的发生，遍布世界各蔗区。我国台湾省于 1945 年最先报道此病的发生，在大陆 1986 年确诊存在 RSD，之后广东、福建、广西、云南曾对蔗区进行普查，结果表明均存在甘蔗 RSD，田间发病率高达 86.5％，蔗株平均感染率为 69.05％，干旱缺水时感病率可达 100％。该病害在干旱地区和种植感病品种的蔗区所造成的损失尤其重要，病害造成损失的程度随宿根年数的增加而增加，一般减产 10％～30％，干旱缺水时可达 60％以上，还可导致品种退化。由于甘蔗 RSD 无明显的外部和内部症状，病菌难以分离、培养和检测，传统诊断方法极其困难，导致病害任意传播、扩展蔓延，对甘蔗生产为害极大。

二、症状

甘蔗宿根矮化病无典型的外部症状，一般表现蔗株发育阻滞，宿根发株少，蔗株矮化，蔗茎纤弱，生长不良。不同品种对该病的感染程度不同。有的品种表现严重矮化，有的品种基本不矮化，感病品种的带病蔗种往往发芽很不整齐。宿根蔗一般较新植蔗发病多，矮化严重。病蔗对土壤缺水特别敏感，在炎热的天气比健康蔗容易表现出受旱症状，如出现萎垂、叶尖和叶缘枯死等。

甘蔗宿根矮化病的内部症状表现在两个方面：①用利刀纵剖幼嫩蔗茎，在梢头部生长点之下 1 cm 左右的节部组织变成橙红色，这种橙红色的深浅常因甘蔗品种而不同，有些品种甚至虽染病也不表现这种变色。②成熟蔗茎的节部维管束变色，尤其以蜡粉带附近变色最明显，颜色从黄色到橙红色及至深红色。纵剖面上变色的维管束呈点状或逗点状，有的延伸成短条状，节部的维管束变色绝不会延伸至节间。变色的深浅常因品种而异，或者有的蔗株虽染病，却不呈现节部维管束变色症状（彩图 20 - 18 - 1）。

三、病原

甘蔗宿根矮化病病原为木质部棒形杆菌木质亚种（*Clavibacter xyli* subsp. *xyli* Davis，Gillaspie，et al.）是一种棒杆菌属细菌，寄生于蔗株的维管束中。菌体呈直或微弯的细长棒状，薄壁，有的中部或一端膨大，内有间体。此菌的大小为（0.12～0.5）μm×（0.1～10）μm，可在 SC 培养基上作人工培养。菌落直径 0.1～0.3mm，圆形，边缘整齐，无色。目前，仅能从甘蔗上检测到 RSD 病菌，尚未从其他植物上检测到该病菌的报道。

RSD 病菌在蔗株中分布不均匀，茎基部含菌量较大，往上逐渐减少，叶片、叶脉和叶鞘含菌量更少。由于染病蔗茎不一定都表现节部维管束变色的特异性状，故在诊断上还应采用细菌培养、病原分离接种、镜检等方法来确定。如用电子显微镜和 I-ELISA 或 PCR 两种方法结合可提高 RSD 病菌的检出率和准确性，简单、易行、可靠，适用于大田一般性诊断。

四、病害循环

甘蔗宿根矮化病主要通过带病蔗种和收获工具（如蔗刀等）传播蔓延。初次侵染源主要是带菌的蔗种。病菌可以较长时间地存活在做种苗的蔗茎中或宿根蔗头中，在下一个生长周期开始时带菌的种苗或蔗头便长出带菌的植株。切割过带病蔗株的蔗刀或收获机在收获健康蔗或斩蔗种时，即将病菌传播到健康蔗株或蔗种上，且传播性极强。病蔗的蔗汁稀释至 10 000 倍仍具有传染力，蔗汁在室内放置 14 d 才失去传染作用，蔗刀受污染后放在阴暗处 7 d 仍有传染力。嚼食过病蔗的老鼠再嚼食健康蔗也可传染此病。土壤不传播此病，甘蔗根系接触或叶片摩擦也不易传播此病，育种过程中父母本所带的病也不会通过种子传给实生苗。

五、流行规律

高温少雨、尤其在干旱天气里，发病尤为严重。甘蔗染病后可长期潜伏，当天气干旱或植株生长在干旱的土壤或缺少一种至多种元素的土壤里，此病发生严重，灌溉区比非灌溉区发病轻。宿根蔗比新植蔗重，且宿根年限越长发病越重。不同品种发病程度有差异，主栽粤糖 93-159、桂糖 17、闽糖 69-421、粤糖 83-88、桂糖 94-119、粤糖 00-236、桂糖 11、粤糖 82-882、赣蔗 18、新台糖 20 等易感病。杂草多的蔗地，发病更加严重。

六、防治技术

甘蔗宿根矮化病是一种重要的种传细菌性病害，种植温水脱毒种苗是防治甘蔗宿根矮化病最经济有效的措施，在生产上应加快推广，使之制度化。在工厂化生产甘蔗温水脱毒种苗的基础上，建立无病种苗圃——三级苗圃制，温水脱毒种苗通过一级、二级、三级专用种苗圃扩繁，由三级专用种苗圃直接提供生产用无病种苗，可大幅提高甘蔗的产量和糖分、延长宿根年限，从而显著提高甘蔗生产的经济效益，增加蔗农收入，以解决我国甘蔗特别是宿根蔗长期以来低产、宿根年限短、生产成本高、效益差的问题。

1. 选用无病种苗做种　从无病地区调运蔗种，或在轻病蔗田选择外表健康的甘蔗作种，是防止甘蔗宿根矮化病传播、发生的最好措施。

2. 种苗温水处理　种苗播种前，采用流动水预浸泡 48 h，然后再用 50℃温水处理 2 h，宜采用成熟但不太老的中间节段作种苗，以 2～3 芽苗为好。

3. 建立无病苗圃　将经过温水处理或组培脱毒的种苗集中种植，建立脱毒种苗基地一级、二级、三级种苗圃，并实施耕作刀具的隔离和消毒，为大面积生产提供无病种苗。刀具的消毒可用 75％的酒精擦拭，也可用火焰灼烧进行消毒。

4. 加强栽培管理　田间缺肥干旱，蔗株生长弱，抗病能力低，甘蔗宿根矮化病发病重，减产严重。因此，甘蔗播种前要深耕蓄水，减少干旱，种蔗时要施足基肥，以后要及时施肥培土，促使蔗苗生长健壮，增强蔗株的抗病力。

附：甘蔗宿根矮化病检测技术

（一）电镜负染检测（EM）

1. **仪器设备**　JEM100CX-Ⅱ型透射电子显微镜；砍刀、钳子、疏水膜、覆有 Formvar 膜的铜网、镊子、移液器、滴管、培养皿、滤纸。

2. **试剂**　2％钼酸铵（pH6.4）。

3. **操作步骤**

（1）样品采集。每个样本取 6～10 条蔗茎，每条蔗茎截取中下部茎节，用砍刀切成 7 cm 左右长，再用钳子挤压 25 mL 左右的甘蔗汁于 50 mL 离心管内混匀（每取一个样品后均用 75％的酒精消毒砍刀和钳子），放于−20℃冰箱保存待用。

（2）负染检测。吸约 200 μL 待测蔗汁点于疏水膜上，把制备好的铜网膜面朝下覆于待测样上吸附 5min，用镊子取出，余液用滤纸沿边缘吸去，背面置滤纸上晾 1 min；将 2％钼酸铵（pH6.4）滴于疏水膜上，把已晾干的铜网样品面朝下覆于染液上，染色 3 min，用镊子取出，背面置滤纸上晾干 10 min，用 JEM100CX-Ⅱ型透射电子显微镜检测甘蔗宿根矮化病菌（附彩图 20 - 18 - 1）。

（3）结果及判别。"±"表示 10 000 倍下平均每视野少于 1 个细菌体；"＋"表示 10 000 倍下平均每视野 1～5 个细菌体；"＋＋"表示 10 000 倍下平均每视野 6～10 个细菌体。

（二）间接酶联免疫检测（I-ELISA）

1. **仪器设备**　BIO-RAD Model 550 型酶标仪、冰箱、恒温培养箱、台式高速离心机、旋涡混合器；96 孔聚乙烯酶标板、可调移液器、砍刀、钳子。

2. **试剂**　RSD 抗体和碱性磷酸酶标记抗体（4℃保存）；包被缓冲液：pH 为 9.6，1.59 g Na_2CO_3、2.93 g $NaHCO_3$ 加水至 1 000 mL；PBST 缓冲液：8.0 g NaCl、0.2g KH_2PO_4、2.9 g $Na_2HPO_4 \cdot 2H_2O$、0.2 g KCl 加水至 1 000 mL，然后加 0.5 mL 吐温-20；封闭缓冲液：PBST 中加入 5％的脱脂奶粉；底物缓冲液：10％乙二醇胺 pH9.8；底物：硝基苯磷酸盐 P-NPP，−20℃或−4℃保存。

3. **操作步骤**

（1）样品采集和制备。每个样本取 6～10 条蔗茎，每条蔗茎截取中下部茎节，用砍刀切成 7 cm 左右长，再用钳子挤压 25 mL 左右的甘蔗汁于 50 mL 离心管内混匀（每取一个样品后均用 75％的酒精消毒砍刀和钳子），放于−20℃冰箱保存待用。取待测蔗汁 1 000 μL 于旋涡混合器振荡混匀后 13 000 r/min 离心 3 min，弃上清液；沉淀加 1 000 μL 包被缓冲液，旋涡混合器振荡混匀后 13 000 r/min 离心 3 min，弃上清；沉淀再加 1 000 μL 包被缓冲液，旋涡混合器振荡混匀后 13 000 r/min 离心 3 min，弃上清；沉淀加 300 μL 包被缓冲液稀释混匀。

（2）检测程序。分别将上述制备好的用包被缓冲液稀释混匀的样液加入 ELISA 酶标板反应孔，每孔 100μL，同时设阳性对照（1∶50 包被缓冲液稀释）、阴性对照（用健康蔗汁制备）和空白对照（用 PBST），每个样品 2 重复（2 孔），盖上盖子，37℃恒温培养过夜；PBST 慢洗 2 次，每次 5 min，拍干；每孔加 200 μL 封闭缓冲液，室温封闭 30 min，PBST 同上慢洗 1 次，拍干；每孔加 100 μL RSD 抗血清（用含 2.5％脱脂奶粉的 PBST 以 1∶1 000 稀释），室温孵育 1.5 h，PBST 同上慢洗 1 次，拍干；每孔加 100μL 碱性磷酸酶标记的羊抗兔酶标抗体（用含 2.5％脱脂奶粉的 PBST 以 1∶10 000 稀释），室温孵育 1.5 h，PBST 同上慢洗 5 次，拍干；用 10％乙二醇胺溶解硝基苯磷酸盐（1 mg/mL），加入酶标板，每孔 100 μL，室温下充分显色。

（3）结果及判别。在 BIO-RAD Model 550 型酶标仪 405 nm 波长下分别读取每个样品 0h 和充分显色后的 OD 值。每个样品充分显色后的 OD 值减去 0hOD 值的差大于 0.15 为阳性，小于 0.05 为阴性，在 0.05～0.15 为可疑（附彩图 20 - 18 - 2）。

（4）创新点及有益效果。克服了传统的剖茎检测法和相差显微镜检测法准确性差、操作烦琐、灵敏度低等不足，能简便、快速、准确、有效地检测出病蔗样品中宿根矮化病菌，适合大批量样品快速检测。

（三）组织斑点免疫检测（TBIA）

1. **仪器设备** 冰箱、恒温培养箱、显微镜；转子、刀片、硝酸纤维素膜、培养皿。

2. **试剂** RSD 抗体和碱性磷酸酶标记抗体（4℃保存）；TBST 缓冲液：pH 为 8.0，6.05 g Tris-HCl、2.92 g NaCl 加双蒸水至 1 000 mL，再加入 0.5 mL 吐温-20；封闭缓冲液：TBST 中加入 5％的脱脂奶粉；底物/缓冲液：底物 5-溴-4-氯-3-吲哚-磷酸/氮蓝四唑 2 片加 20mL 双蒸水溶解。

3. **操作步骤**

（1）制样和组织印迹。取待测甘蔗样品中下部茎节，用砍刀切成约 10 cm 长，用转子钻出中间部分后再用锋利刀片将其横切成平面，用力将横切面在硝酸纤维素膜上垂直点压 10～15s，获得印迹斑，室温下自然风干。

（2）检测程序。封闭：将印迹斑风干后把硝酸纤维素膜浸入封闭缓冲液中，37℃下孵育 45 min。TBST 缓冲液快速洗膜 1 次；倒去培养皿里封闭缓冲液，加入 TBST 缓冲液，使硝酸纤维素膜浸入其中，轻轻转动几下，再弃去 TBST 缓冲液。加抗体：把硝酸纤维素膜浸入含 0.1％甘蔗宿根矮化病菌特异性抗血清、1％脱脂奶粉的 TBST 缓冲液中，37℃下孵育 2 h，TBST 缓冲液洗膜 3 次，每次 3 min。加酶标抗体：把硝酸纤维素膜浸入含 0.01％碱性磷酸酶标记抗体、1％脱脂奶粉的 TBST 缓冲液中，37℃下孵育 2 h，TBST 缓冲液洗膜 4 次，每次 3 min。加底物显色：把硝酸纤维素膜转入底物/缓冲液中显色 5～10 min，取出后用蒸馏水冲洗，自然干燥。

（3）结果及判别。肉眼观察或显微镜观察判别，感染甘蔗宿根矮化病菌的样品组织斑上呈紫色，不感染的组织斑上不显色（附彩图 20-18-3）。

（4）创新点及有益效果。能快速准确检测甘蔗宿根矮化病菌，检测结果易于目测判断，且操作简单，取样少，节省劳力，结果可靠，不易受污染，不需特殊仪器，也不需特殊条件，适合于田间大批量样品检测。

（四）PCR 检测

1. **仪器设备** PCR 扩增仪、冰箱、台式高速冷冻离心机、旋涡混合器、恒温水浴锅、微波炉、电泳仪、BIO-RAD 凝胶成像系统；研钵、可调移液器、砍刀、钳子、1.5 mL 离心管、2.0 mL 离心管、PCR 管。

2. **试剂** 2％CTAB 抽提缓冲液：2％CTAB、100 mmol/L 的 TRIS-HCl（pH＝8.0）、20 mmol/L 的 EDTA（pH＝8.0）、1.4 mol/L 的 NaCl；2×PCR Taq mix。0.5％TBE 电泳缓冲液：5.4g Tris、2.75 g 硼酸、2.0 mL 0.5 mol/L EDTA（pH＝8.0），加双蒸水 1 000 mL；异丙醇、氯仿异戊醇（24：1）、无水乙醇、70％乙醇、琼脂糖、Goldview 核酸染料。

3. **操作步骤**

（1）样品采集。每个样本取 6～10 条蔗茎，每条蔗茎截取中下部茎节，用砍刀切成 7 cm 左右长，再用钳子挤压 25 mL 左右的甘蔗汁于 50 mL 离心管内混匀（每取一个样品后均用 75％的酒精消毒砍刀和钳子），放于-20℃冰箱保存待用。

（2）蔗汁总 DNA 的提取。用改进的 CTAB 法提取。每样品取 2 000 μL 蔗汁放入离心管中，12 000 r/min 离心 10 min，弃上清液；沉淀加入 300 μL 灭菌去离子水稀释混匀；加入 600 μL 经 65℃预热的 2％ CTAB 抽提缓冲液，65℃水浴 1 h（其间每隔 20 min 摇匀 1 次）；加入 600 μL 氯仿异戊醇（24：1）剧烈振荡 30 s，12 000 r/min 离心 10 min；取上清液 700 μL 置于新的 1.5 mL 离心管中，加入等体积氯仿/异戊醇（24：1）温和地混匀，12 000 r/min 离心 10 min；取上清液 650 μL 置于新的 1.5 mL 离心管中，加入 23 体积（455 μL）的异丙醇，混匀后置-20℃冰箱中沉淀 4 h 或过夜；4℃下 12 000 r/min 离心 10 min；弃上清液，沉淀分别用 400 μL 冷 70％乙醇和冷无水乙醇各洗 1 次；室温下风干，溶于 30 μL 双蒸水中（用手指轻弹离心管使沉淀充分悬浮），-20℃保存。使用 1.0％琼脂糖凝胶电泳检测提取质量。

（3）引物设计。根据 RSD 病菌 Lxx 16S～23Sr DNA 基因间隔区设计特异引物，其序列为：上游引物 Lxx1：5'-CCGAAGTGAGCAGATTGACC-3'；下游引物 Lxx2：5'-ACCCTGTGTTGTTTTCAACG-3'。目标片段为 438bp。

（4）PCR 扩增。在 PCR 管中按序加入双蒸水 8.6μL、2×PCR Taq mix 8μL、DNA 模板 3μL、上游引物 0.2μL、下游引物 0.2μL；加完后短速离心 10s 后放进 PCR 仪，95℃预变性 5min，94℃变性 30s，

56℃退火 30s，72℃延伸 1min，35 个循环后 72℃延伸 5min，1.0％琼脂糖凝胶电泳检测。

（5）结果及判别。取 10μL PCR 产物经 1.0％琼脂糖凝胶（胶里预先加入 0.005％的 Goldview 核酸染料）在 0.5×TBE 和 140V 的电压下电泳 20min 后，用 BIO-RAD 凝胶成像系统观察判别，扩增到 438bp 条带的为阳性，未扩出 43bp 条带的为阴性（附彩图 20-18-4）。

（6）创新点及有益效果。克服了原有 PCR 检测技术采用常规 CTAB 法抽提 DNA 或病菌快速裂解法释放 DNA 后再 PCR 扩增，抽提或裂解释放总 DNA 含量低，检测灵敏度低、实验体系不易稳定等缺点，改进了蔗汁总 DNA 提取方法，能快速、稳定、准确、灵敏、特异检测出甘蔗宿根矮化病菌，适合大批量样品检测。

李文凤（云南省农业科学院甘蔗研究所）

第 19 节　甘蔗线虫病

一、分布与危害

甘蔗线虫病是世界性病害，国内外蔗区均有分布，是甘蔗常发生的重要病害之一。据国内外报道，全世界已从甘蔗地分离到 31 属 91 种植物寄生线虫。在我国福建、广东、广西、海南、台湾、云南等蔗区均有分布。不同地区分布的线虫种类各有差异，福建和广西蔗区分别检出 14 属和 16 属的植物寄生线虫，以矮化线虫和螺旋线虫为优势类群；广东蔗区检测出 17 属的植物寄生线虫，以根结线虫、矮化线虫和短体线虫为优势类群。由于南方蔗区气候适宜、长期连作和宿根种植等原因，线虫的发生更为普遍。甘蔗受线虫为害后对甘蔗的产量造成严重影响，我国台湾省蔗区一般减产 21％～28％，广东、广西蔗区一般减产 16％～23％。

二、症状

甘蔗线虫病主要为害根部，受害根部出现黑褐色坏死伤痕，表面粗糙；或形成大小不等的根结，须根少；严重时受害蔗根的皮层组织细胞发生崩解，表皮细胞脱落，根表皮腐烂坏死，根系生长受到抑制，妨碍根系对水分和养分的吸收。地上部初期症状不明显，仅表现植株生长缓慢、矮小、叶色淡绿，容易与缺水、缺肥、缺微量元素等症状相混淆（彩图 20-19-1 至彩图 20-19-3）。后期严重者叶片黄化，叶尖干枯，植株矮小，拔节蔗茎节间短，蔗株在干旱缺水时易表现凋萎。另外，甘蔗线虫病与甘蔗病毒病、黑穗病、宿根矮化病等的发生有密切关系，线虫与这些病原共同侵染造成复合病害加重发病。

三、病原

甘蔗线虫病由多个线虫属的线虫为害引起，其中以矮化线虫属（*Tylenchorhynchus*）、短体线虫属（*Pratylenchus*）、根结线虫属（*Meloidogyne*）、螺旋线虫属（*Helicotylenchus*）、滑刃线虫属（*Aphelenchoides*）、真滑线虫属（*Aphelenthus*）为优势种群。线虫是一类两侧对称原体腔无脊椎动物，属于动物界线虫门。虫体细小，呈圆筒形，一般长度不超 1～2 mm，体宽为 30～60 μm；大多数种类雌雄同形，身体细长，呈线形（矮化线虫、短体线虫、螺旋线虫、滑刃线虫、真滑线虫等）；少数种类是雌雄异形，即雄虫保持线形，雌虫显著膨大呈梨形等（根结线虫）。

四、病害循环

甘蔗线虫主要以卵、幼虫、成虫在病根、土壤或其他寄主内越冬，当宿根蔗或当年种的蔗茎长出新根，幼虫触到时，立即用口针刺入幼根表皮取食。其中，根结线虫主要以二龄幼虫侵入甘蔗根部，在根内固定寄生，用口针吸食，其食道腺分泌物刺激根部细胞过度生长，膨大形成根结。短体线虫以成虫和幼虫侵入根部，在根内迁移内寄生，在皮层取食为害，导致皮层组织坏死腐烂。矮化线虫在根部外寄生，同时向蔗根注入其有毒分泌物，使蔗根细胞坏死，甘蔗生长受到抑制，植株矮化。螺旋线虫主要在根部外寄生，被害根部出现许多黑斑点。线虫完成 1 个生活史通常为 22～28 d，包括卵、4 个幼虫期和成虫期（图 20-19-1）。在适宜条件下，卵发育成为一龄幼虫，一龄幼虫在卵壳内发育，并进行第一次蜕皮，孵出后成为二龄幼虫，经 3 次蜕皮发育成三龄幼虫、四龄幼虫和成虫。雌成虫和雄成虫交配后产卵。当没有雄成虫时，雌成虫进行孤雌生殖。成熟雌虫产卵在胶质卵囊内或散落到土中，成为再次侵染源。甘蔗线虫一年繁殖多代，可进行多次重复侵染，甘蔗线虫病终年都可发生。病土、病苗和未腐熟的农家肥是远距离传播的主要途径；灌溉水、雨水、带病肥料、农具以及人畜活动等是田间传播的主要途径。

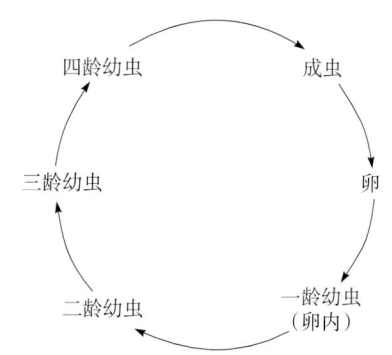

图 20-19-1　甘蔗线虫生活史（刘志明绘）
Figure 20 - 19 - 1　Life cycle of sugarcane nematodes（by Liu Zhiming）

五、流行规律

甘蔗线虫种群数量随季节变化而波动，与温度、降水量及甘蔗生长状况等关系密切。平均温度在 13～15℃ 时，线虫卵陆续孵化出二龄幼虫，开始侵染，平均温度在 22～30℃ 时，是线虫大量侵染盛期，以 22～28℃ 最适于侵染，在 10～20℃ 及 36℃ 以上高温下很少侵染。甘蔗线虫每年可完成 5～10 代。在南方蔗区 4～5 月气温回升，甘蔗种植后新根生长旺盛，更有利于线虫侵染。一年中大田线虫虫口密度有两个高峰期：4～5 月和 9～10 月，两个低谷期：1～2 月和 8 月。

降水量偏多或偏少，都不利于线虫数量增长，月降水量 128～150 mm 时适宜线虫繁殖。另外，线虫在通气良好的土壤环境中生长好，一般沙质土发病比黏质土重。前作为线虫寄主作物的发病重，长期连作和宿根种植的发病重。

六、防治技术

（一）抗病品种选育

抗线虫品种的利用是控制甘蔗线虫病的重要方法，它可以抑制线虫的侵染与繁殖，减少农药的使用，减少为害损失。关于甘蔗抗线虫品种的报道很少，多数甘蔗品种为感病品种。目前国内有研究试验，利用引进的抗线虫基因 hs1 pro-1，构建表达载体并转化，以获得抗线虫转基因植株。

（二）农业防治

农业防治是甘蔗线虫病防治的基础，也是一种经济有效的防治方法，通过改进耕作制度和栽培方法，创造有利于甘蔗生长发育而不利于线虫繁殖的环境条件，以便控制线虫群体的发展，是当前甘蔗线虫病防治的主要途径。

1. 培育无病苗　在大棚内培育甘蔗组培无病苗时，应选取无线虫污染的土壤制备营养杯，以杜绝幼苗感染甘蔗线虫病。

2. 轮作　轮作是一种简单易行、效果显著的防治措施。可与非寄主植物或抗病植物轮作，有条件的蔗区尽量减少连作，进行水旱轮作防治效果更好。

3. 翻晒土壤　种植前 1～2 个月，犁耙土壤，把线虫翻至土表，日照风干，可大量杀死线虫，减轻为害。

4. 加强栽培管理　清除病残根，晒干、烧毁或适当处理，减少初侵染源；进行科学的肥水管理，增施磷钾肥和有机肥，可促进甘蔗新根生长，提高对线虫的抗耐病能力，同时也有利于培养天敌群体，有效抑制线虫种群数量的增长。

（三）生物防治

利用天敌生物及生物所产生的毒素杀死线虫或抑制线虫，可减少农药的使用，减少对环境的污染。有研究表明，在甘蔗线虫孵化高峰期施用阿维菌素、淡紫拟青霉或捕食线虫的真菌制剂等，可收到较好的防治效果。淡紫拟青霉对线虫卵具有较强的寄生能力，并可在多种天然有机基质上繁衍使用；一些植物对甘蔗线虫也有抑制作用，如印楝、万寿菊、蓖麻、孔雀草、美丽猪屎豆等。

（四）药剂防治

应用化学药剂是目前生产上防治甘蔗线虫病的主要措施，见效快，防效好，但对环境污染严重，应选用高效低毒农药。在甘蔗移栽前或小培土时，每公顷用 10% 噻唑磷颗粒剂 22.5 kg，或 0.5% 阿维菌素颗粒剂 45 kg，或淡紫拟青霉等，在新植蔗下种时撒施于蔗种两旁，或宿根蔗开垄松蔸时撒施于蔗根旁，施药后即施有机肥并盖土。

刘志明（广西壮族自治区农业科学院植物保护研究所）

第 20 节　甜菜立枯病

一、分布与危害

1931 年，Steward 首次报道在美国科罗拉多州发生尖镰孢甜菜专化型（*Fusarium oxysporum* Schltdl. et Snyder et Hansen f. sp. *betae*，FOB）侵染引起的甜菜立枯病和根腐病。随后在加拿大、波兰、西班牙、英国、芬兰、法国、德国、伊朗、日本、巴基斯坦、摩洛哥、埃及等国家和地区均报道发生了立枯病。20 世纪 50 年代我国报道了甜菜立枯病的发生情况，并于 1963 年开始对甜菜立枯病进行研究，目前在我国的黑龙江、内蒙古、新疆等甜菜主产区均有该病害发生的报道。

甜菜立枯病发病率一般为 20%～40%，严重地块为 60%～80%，有的高达 95% 以上，造成缺苗断垄甚至毁种。染病未死亡植株根部形成疤痕，影响幼苗的正常生长发育，幼苗百株重降低 30%～45%。在多粒穴播栽培区定苗时立枯病病株由于根部受害，地上部分生长茂盛，易被误认为健苗而留下，严重影响了甜菜的保苗率，给甜菜生产带来了严重影响。

二、症状

甜菜立枯病从甜菜种子发芽出土后到 4～8 片真叶均可发病，以 1～2 对真叶时发病最重（彩图 20-20-1）。由于发病诱因较多，症状大致可分为 4 种类型：① 土内腐死型：在种子发芽时，种子被病菌侵染造成出土前就死亡。② 立枯型：出土后发病，有的子叶下胚轴产生水渍状病斑，以后变成深褐色至黑色，发病部位往往变细，形成绞缢，病组织上下蔓延，严重时扩展到整个子叶下胚轴和根部，罹病部位形成绞缢，变黑腐烂，幼苗萎蔫枯死。③ 猝倒型：幼苗根尖部发病，形成褐色干腐，使幼苗不能吸收营养和水分而死亡。④ 主根腐烂型：发病轻微的幼苗，由于病变只是侵入幼苗初生皮层，尚未达到髓部，经幼根皮层脱落，幼苗仍可恢复正常，但往往在绞缢处后期形成葫芦根，或由于主根烂掉又长出很多叉根或须根。

三、病原

（一）镰孢菌

镰孢菌是甜菜立枯病的重要病原之一。由镰孢菌侵染引起的症状主要表现为：主根下部或侧根初期变淡灰色，后期整个幼根缢缩呈纺锤形或丝线状，干腐，浅灰色至深灰色，维管束被破坏。尖镰孢甜菜专化型还可造成甜菜储藏后呼吸速率加快、蔗糖含量下降以及可溶性糖类含量下降，使得甜菜的经济价值大大降低。镰孢菌既是甜菜前期立枯病，又是后期根腐病及储藏期病害的潜在传染源，加大了病害发生及经济损失。

（二）丝核菌

立枯丝核菌（*Rhizoctonia solani* Kühn）也是甜菜立枯病的重要病原之一。立枯丝核菌引起的症状主要表现为：病根初期柠檬色，植株呈水渍状，组织变黑，症状从土表开始显现，最终蔓延至整个下胚轴，通常形成出苗前死亡或出苗后根茎部缢缩，整个根部变褐，最终死亡。

在美国，引起甜菜立枯病的丝核菌病原主要是立枯丝核菌 AG-4 和 AG-2-2，其中 AG-4 的致病力更强；在伊朗，甜菜立枯病的丝核菌病原主要是 AG-4；在爱尔兰，甜菜立枯病的丝核菌病原有 AG-2、AG-4、AG-5 及禾谷丝核菌（*R. cerealis* E. P. Hoeven），均有致病性且 AG-2 的致病力最强，禾谷丝核菌居中，导致严重的立枯病。我国新疆地区引起甜菜立枯病的立枯丝核菌以 AG-4 为主，且致病性强于镰刀菌等其他病原。

（三）腐霉菌

腐霉（*Pythium*）是引起甜菜立枯病的主要病原之一。该病原主要引起种子腐烂、种芽腐死和苗前立枯，病根呈水渍状湿腐，初限于表皮腐烂，半透明，维管束不变，浅褐色，后期全株腐烂死亡。瓜果腐霉 [*Pythium aphanidermatum*（Edson）Fitzp.] 致病力非常强，造成苗前大量烂种和烂芽，而简囊腐霉（*P. monospermum* Pringsh.）的致病力弱。

腐霉属真菌寄生性较弱，多为水生真菌，其中终极腐霉（*P. ultimum* Trow）在播种期发生较重，终极腐霉在春季土壤水分较充足、地温较低的地块发病较重。瓜果腐霉是一种高温多湿条件下发生的病原，多在春末夏初或夏播田里发病较重。腐霉菌寄主范围广，可以侵染棉花、甜菜、大豆、小麦、瓜类、多种茄科作物等。引起我国新疆地区立枯病的腐霉菌主要是德巴利腐霉（*P. debaryanum* Hesse），日本以终极腐霉为主，芬兰以德巴利腐霉为主。

（四）螺壳状丝囊霉

螺壳状丝囊霉（*Aphanomyces cochlioides* Drechsler）又名甜菜猝倒丝囊霉、甜菜黑腐丝囊霉，为卵菌门丝囊霉属。菌丝透明，直径 3~9 μm，多核体。细长、不规则的丝状孢子囊（长度 3~4 mm）由双亲菌丝产生并与之成直角。初生游动孢子分化于孢子囊，在长长的孢子囊疏散管末端里被挤压并包裹成群。可以在无菌水中培养的受侵染组织中看到。双鞭毛、肾形的次级游动孢子从初级游动孢子的孢囊中产生，经过一段时间的运动，这些被包在囊内并且最终通过芽管萌发。丝囊霉的有性阶段发生在老的腐烂组织中，例如，亚球体、顶端着生的、光滑细胞壁的藏卵器，直径 20~29 μm，每个都具有 1~5 个（通常为 3~4 个）顶端着生的雄器，存在于覆盖藏卵器的分支上。经过受精后，一个光滑的、透明至淡黄色的卵孢子产生，直径 16~24 μm。根据报道，螺壳状丝囊霉是波兰和日本的主要致病菌。

（五）其他致病菌

除以上几种主要致病菌外，还有疫霉（*Phytophthora*）、齐整小核菌（*Sclerotium rolfsii* Sacc.）、甜菜茎点霉（*Phoma betae* A. B. Frank）等也可以引起甜菜的立枯病。齐整小核菌是一种主要发生在热带和亚热带的种传真菌，可以引起许多农艺作物和野草及森林树木的立枯病。在南美洲及美国的中南部地区广泛发生，在非洲、亚洲、大洋洲及欧洲的部分地区都有过报道。齐整小核菌被认为是一种在甜菜根部发生最广泛、常见及严重的致病菌，导致严重的经济损失。而且由于可以产生抗逆性很强的菌核，因此病害防治非常困难。摩洛哥还报道，齐整小核菌可以引起除立枯病外的冠腐病及根腐病。目前，我国还没有齐整小核菌可以引起甜菜立枯病的报道，由于齐整小核菌是一种种传真菌，因此，需要加强检疫，防止带菌种子传入我国引起危害。

甜菜茎点霉是子囊菌无性型茎点霉属真菌，在自然界很常见。子实体（分生孢子器和假子囊层）和孢子在受侵染的幼苗中很少见到，甜菜茎点霉的鉴定可通过在水琼脂上分离真菌，通过观察其紧密结合的培养特征确定。该真菌可通过种子传播，并且能够在土壤中的作物残体上存活长达 26 个月，5~12℃时发病严重。该真菌可侵染甜菜、食用甜菜、饲料甜菜和藜、燕麦。

四、病害循环

（一）镰孢菌立枯病的病害循环

镰孢菌广泛存在于土壤中，尖镰孢甜菜专化型能存在于从未种植过甜菜的田块中，种植甜菜 7 年后，菌量积累达到一定程度，开始引起病害。寄主范围广泛，人工接种可感染棉花、加工番茄、瓜类等；有的能够侵染藜科植物，也能引起大豆、玉米等常见作物的根茎腐烂病害；尖镰孢甜菜专化型能引起牛皮菜、菠菜、剪秋罗、扫帚菜等植物发病，能以灰条菜、黑芥和野生莳萝为寄主存活但是并不引起症状，这些病原可能不会立刻侵染甜菜，但是当菌量积累到一定程度时则可能引起病害。此外，种子也可作为携带镰孢菌的载体，且病原可以存在于种子内部和外部。美国俄勒冈州未经加工和加工过的甜菜种子外部均携带尖镰孢甜菜专化型，能引起甜菜幼苗发病，只是发病率较低。在我国新疆地区的致病性镰孢菌鉴定为 10 个种，其中，以腐皮镰孢和尖镰孢为主。

（二）丝核菌立枯病的病害循环

立枯丝核菌（*R. solani*）主要存在于土壤中，在任何类型的土壤中均能存活，尤其是较湿的土壤中。立枯丝核菌也可能侵染轮作植物，从而侵染甜菜，如立枯丝核菌 AG-2-2 ⅢB 可以侵染玉米等间作植物，但地上部不显示症状，能通过前茬作物玉米从而侵染甜菜，在种植玉米的田里种植甜菜，立枯丝核菌症状发生增加。混有玉米残体的土壤在 12 周后利于立枯丝核菌 AG-2 引起的甜菜立枯病的发生，而含大麦残体的土壤不利于病害发生，采用不同寄主植物和各种 AGs 的不同田间试验表明，延长种植敏感植物之间的间隔可以降低病害的严重程度。所以，轮作时应选择合适的轮作作物，并适当延长间隔时间。酸性土壤中甜菜立枯丝核菌 AG2-2 引起的立枯病发病轻而碱性土中发病重，用干燥的花生植物残渣处理土壤可以抑制非酸性土中的发病。

（三）腐霉菌立枯病的病害循环

腐霉菌为典型的土壤习居菌，主要以卵孢子或菌丝体在土壤及病残体上存活越冬，带菌的植物残体、病土和病肥成为初侵染源。在田间借助灌溉水和雨水溅射而传播，以游动孢子作为初侵染源与再侵染源。

（四）螺壳状丝囊霉立枯病的病害循环

卵孢子能在土壤和病残体上存活很长的时间。在高湿度的土壤条件下，卵孢子通过芽管萌发，并能直接侵染寄主或产生一个顶端孢子囊产生卵孢子。它们可以游向寄主，最终形成芽管。穿透寄主可能是直接的，也可能是在多聚半乳糖醛酸内切酶的协助下穿透的。甜菜的所有生长阶段均可以被侵染，但是苗期植株比成熟植株更容易受侵染。病菌可通过无性游动孢子的局部运动在受侵染的土壤中传播。在甜菜根部发现可引诱游动孢子的化学物质，该物质可能在病菌侵染中起到很重要的作用。

五、流行规律

（一）丝核菌引起的甜菜立枯病流行规律

真菌以菌丝体、串珠状细胞、菌核的形式依靠土壤中的有机质存活，土壤温度在 25～33℃时开始活跃。据报道，菌核能够在土壤中存活数年。甜菜在温暖的土壤中种植容易诱发幼苗猝倒。土壤温度增加时，植物的叶柄、根冠和根部容易受侵染。分离自甜菜的菌株 AG-2-2 能够引起大麦、菜豆、玉米、蜀黍、甜瓜、反枝苋、红甜菜、大豆、甜菜和小麦等发生立枯病。马铃薯也是一些菌株的宿主。

（二）腐霉菌引起的甜菜立枯病流行规律

腐霉菌在农业土壤中无处不在，土壤湿度高和其他因素加速种子的萌发、出苗的情况下就能引起植物减产。瑞士、芬兰和法国已经报道过这种特定的病害，但是现在由于高效杀菌剂对种子的处理已经被广泛应用，所以，这些真菌引起的病害流行已经得到大规模的控制。

（三）螺壳状丝囊霉引起的甜菜立枯病流行规律

孢子囊的产生和游动孢子的扩散需要较高的土壤湿度和较多的游离水，但如果土壤温度过低，病害几乎不会发生。随着土温从 18℃上升到 32℃，病害发生程度越来越严重，最适宜发生温度为 25℃。因此，甜菜若种在较冷的土壤中，通常能抵御丝囊霉的侵染，或者在被丝囊霉初侵染之后若土温开始变冷，植株仍能恢复健康，不过它们仍然保持矮小的形态，并显示出一些潜伏侵染的症状。

其他的环境因素也能影响病害的严重程度和进程。在酸性土壤中，病害发生更频繁。黏重土中病害发生情况比在轻质土中严重。在贫瘠的尤其是在缺乏磷酸盐的土壤中，病害发生更加严重。

六、防治技术

甜菜立枯病发生因素较多，除甜菜茎点霉和齐整小核菌为种传病菌外，其他大多为土传病菌。据统计，约 62.8% 来自土壤，37.2% 来自种子带菌。防治甜菜立枯病的根本办法是选育抗病品种，但采用化学药剂拌种或土壤消毒是最为简洁而有效的方法，当然还应该结合相应的农业措施（如合理的轮作、因地制宜适时播种、合理的肥料施用、及时松土等）进行综合防治。

（一）抗病品种

选育抗耐病品种是防治病害的根本途径。美国育种家育成抗立枯丝核菌的 FC 系列材料；将西葫芦几丁质酶基因导入甜菜，发现一些转基因植株受立枯丝核菌侵染的病症减轻；抗丝核菌病品种降低了病菌侵入和定殖，cDNA-AFLP 显示抗感反应下基因表达模式差异，为抗病育种奠定了基础。细菌蛋白 harpin 处理植株可增强对甜瓜猝倒丝囊霉的抗病性。生防菌寡雄腐霉（*Pythium oligandrum* Drechsler）的 2 个细胞壁组分蛋白 POD1 和 POD2 基因，具诱导蛋白活性，抗螺壳状丝囊霉引起的立枯病。美国、俄罗斯的甜菜种质资源库中存在高抗甜菜茎点霉的抗性资源。

（二）农业防治

合理的农业措施是减少甜菜立枯病发生的重要手段。及时清除病株以免病害蔓延。土壤真菌可以通过处理环境来控制其生长、孢子形成及毒力以降低其致病力，也可以通过与非寄主植物的轮作降低土壤中的菌量。轮作是最重要的农业防治手段，可以明显增强抗立枯丝核菌能力，提高产量。长期增施腐熟有机肥可增强土壤（尤其是下潮地）的通气性和透水性，还可以提高地温，促进幼苗出土，当年增施磷钾肥可以提高抗病力。播种期不宜过早，过早气温太低，幼苗抵抗力减弱；播种也不宜过深，过深幼芽出土困难，消耗养分大，苗期生长衰弱，抗病力弱。温湿度对发病有很大影响，一般避免选择容易低洼积水的地块。

（三）化学防治

化学防治是防治病害的快速、有效的方法。1963 年，我国确定福美双以种子重量 0.8％的剂量拌种防治甜菜立枯病，这种广谱保护性杀菌剂是防治土传病害历史最为悠久的化学药剂，直至今天世界各甜菜生产国仍在使用。1970 年，我国开展敌磺钠防治甜菜立枯病的药效试验，主要用于种子处理和土壤杀菌。1981 年，我国开展五氯硝基苯防治甜菜立枯病的药效试验，五氯硝基苯属有机氯保护性杀菌剂，用于由丝核菌引起的甜菜立枯病。使用 60％敌磺钠·五氯硝基苯可湿性粉剂按药种比 0.8：100 拌种防治甜菜立枯病、根腐病。农用抗生素 660B（Streptomycese aureus 660B）拌种可以防治甜菜立枯病，又可增产和提高甜菜块根含糖量。噁霉灵是一种内吸性土壤杀真菌剂和种子消毒剂，对腐霉菌、丝核菌、镰孢菌引起的甜菜立枯病有较好的防治效果。2003 年，国产 70％噁霉灵可湿性粉剂在黑龙江省甜菜产区进行田间药效试验，防治效果和进口品效果相当。在甜菜播种前一天用敌磺钠或福美双拌种，既可以促进甜菜种子早萌动发芽，又可以防治甜菜苗期立枯病。T-3 甜菜专用种衣剂对防治甜菜苗期立枯病有一定效果。此外，应重视病原的区划分布，确定各地区的优势种群，对单一病原进行药效测定，使药剂防治更有针对性，对于药剂的使用应提倡混配和复配制剂的使用，提高防治效果，延缓抗药性产生。

有文献报道，杀线虫剂能控制由甜菜胞囊线虫和尖镰孢引起的甜菜病害，防治效果与既有杀菌作用又有杀线虫作用的生物制剂没有显著差异。采用以甲霜灵为代表的杀菌剂进行种子处理和土壤处理可有效地控制腐霉菌引起的甜菜立枯病。

（四）生物防治

从国外文献报道看，采用生物制剂防治甜菜立枯病为应用的重点。用酵母（Saccharomyces cerevisiae）对甜菜种子进行浸种、叶面喷雾和根部接种，对引起甜菜立枯病的强致病力菌株尖孢镰刀菌有一定的抑制作用，减少其所造成的根部产量损失，对腐皮镰孢（F. solani）的生长半径也有一定的抑制作用。用于由立枯丝核菌（R. solani）引起的甜菜立枯病的生防菌主要有：链霉属（Streptomyces spp.）、芽孢杆菌（Bacillus spp.）、荧光假单胞菌（Pseudomonas fluorescens）和木霉（Trichoderma sp.）等。利用木霉与代森锰锌混合对甜菜种子进行处理可以抑制立枯丝核菌的生长。此外也有报道表明，利用尖眼蕈蚊的幼虫防治立枯丝核菌 AG-2-2，可减少菌核密度。利用薰衣草、金丝桃等植物的精油可显著地抑制立枯丝核菌菌丝的生长。另外，可以在甜菜种植 8 d 后运用双核丝核菌防治立枯丝核菌引起的甜菜病害。用于由腐霉（Pythium）引起的甜菜立枯病的生防菌主要有：产酶溶杆菌（Lysobacter enzymogenes）、蚕豆根瘤菌（Rhizobium legumino-sarum pv. viceae）、假单胞菌（Pseudomonas）、嗜麦芽寡养单胞菌（Stenotrophomonas maltophilia）和芽孢杆菌（Bacillus）等。此外，混合了荧光假单胞菌 708 的亚麻、芜菁、豌豆、兵豆的植物粉末可以用于防治由腐霉 group G 引起的甜菜立枯病，其中，每粒甜菜种子平均用 7.9mg 的亚麻粉末即可有效控制甜菜立枯病。美国报道，青霉（Penicillium sp.）和黏帚霉（Gliocladium sp.）也可用于防治甜菜立枯病。荧光假单胞菌、灰绿链霉菌（Streptomyces griseoviridis）、绿黏帚霉（Gliocladium virens）、寡雄腐霉（Pythium oligandrum）和哈氏木霉（Trichoderma harzianum）等生防菌来防治腐霉菌引起的甜菜立枯病，具有发展成商品化的前景。温室条件下尖叶桐棉（Thespesia populnea var. acutiloba）及灌丛茼蒿（Chrysanthemum frutescens）的叶部提取物对甜菜种子进行包衣或直接浸泡，可以有效地抑制齐整小核菌（S. rolfsii）引起的立枯病。此外，木霉、荧光假单胞菌和链霉菌也可以用于防治齐整小核菌引起的立枯病。夜蛾斯氏线虫（Steinernema feltiae）及其共生细菌（Xenorhabdus bovienii）能够抑制甜菜茎点霉的菌丝生长。还有报道，可利用寡雄腐霉防治甜菜茎点霉和腐霉引起的苗前或苗后的甜菜立枯病。溶杆菌（Lysobacter sp.）菌株 SB-K88 对螺壳状丝囊霉引起的甜菜立枯病具有很好的防效。

吴学宏（中国农业大学植物病理学系）

第 21 节 甜菜褐斑病

一、分布与危害

甜菜褐斑病是甜菜生产中破坏性最大的叶部真菌病害。1876 年 Saccardo 首先报道了甜菜褐斑病，该病害在欧洲、北美洲和亚洲主要甜菜产区均有发生。目前该病在我国三大甜菜种植区域东北（黑龙江、吉林、辽宁）、华北（内蒙古、河北、山西）和西北（新疆、甘肃、宁夏）均有发生，特别是新疆北部（伊犁）、内蒙古中东部（赤峰和宝龙山）和黑龙江中西部地区常年发病较重。

甜菜褐斑病为害甜菜的叶、茎及种株的花序，以叶片为主，亦有报道其能为害甜菜块根。其破坏光合作用器官，影响甜菜块根增长和糖分积累，同时甜菜恢复生长期又形成大量新叶，消耗块根内的营养物质，形成大青头和糠心，造成甜菜块根产量和含糖量大幅降低。同时，导致块根有害 α-氨基氮含量增高，影响工业制糖。甜菜褐斑病一般年份可使甜菜块根减产 10%～20%，含糖量降低 1%～2%，严重时块根减产 30%～40%，含糖量下降 3%～4%，甚至导致整个田块绝收。

二、症状

甜菜褐斑病为害甜菜的叶、茎及种株花序，以叶片为主。发病初期叶片上形成紫红色小点，逐渐扩大为直径 3～5 mm、边缘褐色或深紫红色的圆形病斑，中央为灰褐色。叶柄和茎上病斑呈卵圆形或梭形，有时露出地面的块根可见凹陷圆斑。空气潮湿时，病斑上可见大量灰白色霉状物（病菌的分生孢子梗及分生孢子）。发病后期，叶片上的病斑可以千计，感病严重的叶片大量枯死，田间一片黄褐色焦枯状。由于发病甜菜恢复生长期又形成大量新叶，消耗块根内的营养物质，形成大青头（菠萝头）和糠心（彩图20-21-1），且不耐储藏。许多藜科、苋科植物接种甜菜尾孢菌均可表现出叶斑症状。

三、病原

甜菜褐斑病病原为甜菜尾孢（*Cercospora beticola* Sacc.）属子囊菌门无性型尾孢属真菌。根据 DNA 序列分析属于子囊菌门小球腔菌属（*Leptosphaeria*），但尚无有性型报道。根据单基因抗性可分为两个生理小种 C1 和 C2。菌丝位于寄主细胞间，无色至橄榄色，有隔，直径 2～4 μm。在寄主的气口下腔中形成假子座。分生孢子梗不分枝，从寄主气口伸出，大小为（3～5.5）μm×（10～100）（多数为 46～60）μm，并在顶端和膝状弯曲处有明显的孢痕。分生孢子无色，光滑，棒形或稍微弯曲，基部截断状，3～14 个隔，含有 1～8 个细胞核，大小为（2～3）μm×（36～107）μm（彩图 20-21-2）。分生孢子大小受环境条件影响，当条件特别适宜时，分生孢子最长可达 400 μm，有 27 个隔。

甜菜尾孢菌落在 PDA 培养基上生长缓慢，多数菌株培养菌落墨绿色，中央为灰白色，菌丝平铺生长且长势缓慢，背面深黑色，第八天菌丝生长直径 2.5 cm 左右，不易产孢。有些菌株形态培养菌落灰白色，绒毛状，菌丝致密，色泽均匀，背面灰绿色，第八天菌丝生长直径 3.5 cm 左右。少数菌株形态培养菌落灰白色，绒毛状，边缘深绿色，菌丝致密，背面黑色，产生红色色素，第八天菌丝生长直径 3.0 cm 左右。病菌在 PDA 培养基上不易产孢，而在 70%番茄汁琼脂培养基和 22.5℃时 8 600 lx 的荧光连续照射的甜菜培养基上，可形成大量分生孢子。

甜菜尾孢除侵染糖用甜菜（sugar beet）外，还能侵染莙荙菜（swiss chard）、红甜菜（table beet）和饲用甜菜（fodder beet），记录寄主范围有 12 科 16 属多种植物，包括菠菜、滨藜、车前、蒲公英、酸模、蜀葵、芹菜、红花、德国高粱、莴苣和虾蟆花等。

四、病害循环

甜菜尾孢以分生孢子、假子座和菌丝团在病残体、母根根头及杂草寄主上越冬，分生孢子在病叶残体上可存活 1～4 个月，假子座可存活 1～2 年，其中带菌的种子、杂草或野生寄主等均是重要的初次侵染源。翌年，越冬的病原作为初次侵染源，可通过雨水、灌溉水、风、农事操作等传播（彩图 20-21-3）。甜菜尾孢侵染甜菜分为孢子萌发、吸器形成、菌丝蔓延和坏死形成 4 个阶段。病害发生程度主要取决于再次侵染次数和环境条件。

五、流行规律

甜菜褐斑病在我国主要甜菜产区一般 6 月下旬至 7 月初开始发病，8 月中、下旬至 9 月初为发病高峰，田间叶片成片焦枯死亡，俗称"黑色八月"，随后因气温转凉病害开始衰减。例如，2009 年，内蒙古乌兰察布市察哈尔右翼前旗甜菜种植区因干旱少雨，甜菜褐斑病 7 月下旬才发生，而黑龙江齐齐哈尔市依安县甜菜种植区因雨水充足和温度适宜，6 月上旬就开始发病，部分地区 5 月下旬田间即有零星发病。甜菜褐斑病在我国是否存在大区流行尚不十分清楚。

甜菜褐斑病的发生受温度和湿度的影响较大，温暖湿润有利于发病。当温湿度条件不适宜时，甜菜褐斑病潜伏侵染时间延长，一旦条件适宜，该病可以迅速扩展发生。白天温度在 27~32℃，夜间温度为 16℃以上，每天相对湿度大于 60%的时间至少在 15~18 h 时，有利于产孢和侵染。分生孢子均在夜间形成，白天释放，气温升高时，相对湿度低于 90%时即大量释放，约 70%的孢子集中在 9~17 h 内释放；而当相对湿度上升时，孢子释放量减少，持续的湿润有利于孢子侵入。但亦有学者发现，间隔湿润最有利于分生孢子侵入，持续湿润下孢子虽然萌发产生芽管，但只有 1%的芽管可以成功侵染。分生孢子萌发产生附着胞通过气口或伤口侵染甜菜，当相对湿度大于 90%持续时间在 1~22 h，温度在 12~40℃均可侵染。分生孢子的初次侵染时间可持续 7~21 d，具体情况因温度、光照、叶龄和寄主抗性而异。通过天气情况，可有效地预测甜菜褐斑病的流行情况，当 3~5 d 内每天 10~12 h 相对湿度都保持在 96%以上和温度高于 10℃时，甜菜褐斑病极可能发生严重流行。若 7~8 月平均气温为 22~24℃，每月降雨 30 mm 以上，病害有大发生可能。种植感病品种、灌溉过量和偏施氮肥发病偏重。

六、防治技术

甜菜褐斑病是一种多循环病害，单一防治措施往往难以取得理想的效果。因此，应采用以抗病品种为基础，结合农业措施、生物防治和化学防治等技术的综合防治策略，有效地将病害发生控制在经济损失水平以下，保障甜菜生产安全。

(一) 选用抗（耐）病丰产高糖品种

选用较好的抗（耐）病品种是防治甜菜褐斑病最经济而有效的方法。目前抗（耐）病品种在世界各甜菜产区得到应用，如希腊、西班牙、意大利及美国等都培育出了对多种生物型甜菜尾孢菌均具有稳定抗性水平的甜菜品种。与敏感品种相比，在无化学防治情况下，抗（耐）病品种在有利于甜菜褐斑病严重流行的条件下能取得较好的防治效果。目前，在我国种植的甜菜品种多数具有中等抗（耐）褐斑病特性，如 KWS（2409、7156、8138）、IM802、H7IM15、HI0479、SD21816、BETA（218、356、807）、AD-VO413、HM1629。国产品种新甜 14、新甜 18、内甜抗 201-203 系列、内 2499、吉甜（303 和 304）、中甜 205 等均具有较好抗（耐）褐斑病特性。

(二) 农业防治

合理轮作倒茬，实行 3 年或以上的与非寄主作物如玉米、胡麻、莜麦和荞麦等轮作，而甜菜老产区则需 7~8 年时间的轮作。及时清理田间病残体和杂草，可有效地降低初次侵染源。同时，实行秋季深耕处理，能有效地加快病残体的腐熟降解，减少病原越冬数量。合理施肥，增施磷钾肥，减少氮肥施用量，能提高甜菜抗病性。

(三) 生物防治

生物防治因其良好的环境兼容性而得到人们的重视。目前，甜菜褐斑病的生物防治研究还处于起步阶段，没有较好的生防菌株或试剂，但相关研究发现枯草芽孢杆菌（*Bacillus subtilis*）菌株 BacB、甜菜褐斑病内生细菌多黏芽孢杆菌（*Paenibacillus polymyxa*）、寡养单胞菌（*Stenotrophomonas* sp.）和弯曲芽孢杆菌（*Bacillus flexus*）对甜菜褐斑病菌均具有一定的防治效果。

(四) 化学防治

由于没有对甜菜褐斑病完全免疫的抗病品种，寄主抗病性较高品种的产量和含糖量低于感病品种，因此，化学防治是生产上控制甜菜褐斑病最有效的方法。防治甜菜褐斑病过去常使用保护性杀菌剂和有机锡杀菌剂并取得了较好的防治效果，但由于病原抗药性的产生和有机锡杀菌剂药害及残留问题而使这些药剂的使用受到了限制。随着内吸性杀菌剂的研发，苯并咪唑类杀菌剂、甾醇脱甲基化酶抑制剂类杀菌剂和甲氧基丙烯酸酯类杀菌剂等先后用于甜菜褐斑病的防治。

当首批病株率达到 3％时或田间出现中心病株时开始定点防治，发病率达到 5％以上进行大面积联合防治。用药原则一种药剂在一个生长季最好只使用一次。生产上防效较好的药剂有三苯基乙酸锡、苯醚甲环唑、氟硅唑、烯肟菌酯、吡唑醚菌酯等。40％氟硅唑乳油每公顷 60～120 mL；10％苯醚甲环唑水分散粒剂每公顷 525～600 g；25％三苯基乙酸锡可湿性粉剂每公顷 1 500 g；50％多菌灵·乙霉威可湿性粉剂每公顷 750～900 g。也可使用甲基硫菌灵和多菌灵，但注意我国有些地区病原已经产生抗药性则防治效果不理想问题。

延缓和避免甜菜褐斑病对杀菌剂产生抗药性是生产中亟待解决的问题，合理有效地施药及结合其他防治方法，建立科学的病害管理方案，有利于抗药性治理和提高病害防治效率。作用机制不同的杀菌剂混用或交替使用，限制作用机制类似或相同的杀菌剂在同一个生长季节的施药次数，按药剂推荐浓度使用，减少用药次数和适时施药均可有效治理甜菜褐斑病菌的抗药性。

附：甜菜褐斑病严重度调查分级标准

（一）以甜菜叶片为单位进行分级方法

  0 级：无病斑；

  1 级：病斑面积占整片叶面积的 5％以下；

  3 级：病斑面积占整片叶面积的 6％～25％；

  5 级：病斑面积占整片叶面积的 26％～50％；

  7 级：病斑面积占整片叶面积的 51％～75％；

  9 级：病斑面积占整片叶面积的 76％以上。

（二）以甜菜单株为单位进行分级方法

  0 级：全株无病斑或仅少数叶片有少数病斑；

  1 级：多数叶片有少数病斑或少数叶片有多数病斑；

  3 级：多数叶片有多数病斑并有 1/4 以下外叶因病枯死；

  5 级：多数叶片有多数病斑并有 1/4～1/2 的外叶因病枯死；

  7 级：多数叶片有多数病斑并有 1/2～3/4 的外叶因病枯死；

  9 级：除新叶外，大部分外叶因病枯死。

韩成贵（中国农业大学）

第 22 节　甜菜白粉病

一、分布与危害

甜菜白粉病于 1903 年首次在欧洲报道，1960 年在欧洲和中东大暴发。1937 年首次在美国发生，于 1974 年在美国西部造成严重损失、1975 年大面积发生；1975 年初次在加拿大的艾伯塔省发生。我国甜菜白粉病，1957 年在新疆焉耆垦区发生，发病率不超过 5％，1959 年石河子垦区大面积种植甜菜以来，年年普遍发生，1960 年严重发病面积达 2 000 hm²，发病率 100％。经 2011 年调查，新疆甜菜白粉病平均发病率 42.64％，平均病情指数 21.83。其中，伊犁产区甜菜白粉病最高病情指数 65.33；昌吉产区甜菜白粉病最高病情指数 25.64；石河子产区甜菜白粉病最高病情指数 21.91；塔城产区甜菜白粉病最高病情指数 21.83；阿勒泰产区甜菜白粉病最高病情指数 18.33。

甜菜白粉病是我国西北特别是新疆甜菜产区的主要病害，华北一些产区也有发生。原料甜菜和采种甜菜均可感病。一般发病率为 50％～90％，发病甜菜块根可减产 10％～20％，含糖量下降 0.5％～1.2％，产糖量下降 10％左右；采种甜菜种子产量减产 10％～15％。

二、症状

在生产田甜菜和采种株甜菜上均可发病，主要侵染叶、叶柄、花梗及种球。发病初期在叶上零星出现一些白色粉状物，经过几天，整个叶片上覆盖一层白粉，即菌丝体和分生孢子（彩图 20 - 22 - 1）。随着时间增长白粉层变厚，几乎覆盖全叶，进入甜菜生长中后期，在白色粉层中长出大量黄色至黄褐色的小粒点（即闭囊壳），尤以叶表面着生最多，几乎布满全叶，闭囊壳成熟后变为黑色颗粒。在新疆伊犁产区，甜菜白粉病从 7 月中、下旬开始发生，8 月中、下旬产生闭囊壳。为害严重的叶片，叶面积明显变小，皱缩不平，病株生长缓慢，病叶变黄枯死。

三、病原

甜菜白粉病病原为甜菜白粉菌〔*Erysiphe betae*（Vanha）Weltziem〕，属子囊菌门白粉菌属真菌。该菌为专性寄生菌，菌丝表生，以吸器在寄主细胞中吸取营养物质和水分。菌丝上生分生孢子梗，梗顶端生分生孢子，分生孢子丰富，圆筒形至椭圆形，无色，大小为（24～50）μm×（14～20）μm。8 月中、下旬进入甜菜生长中后期，白色菌丝层中形成肉眼可见的小颗粒即闭囊壳，闭囊壳初为黄色，逐渐变为褐色，最后变成黑色，球形，直径 0.1mm 左右。附属丝基部褐色，大小为（39～119）μm×（75～82）μm，内有 4～8 个子囊，椭圆形，一端有喙状突起，双层壁。子囊内生 2～4 个子囊孢子，无色，椭圆形，大小为（14～27）μm×（10～18）μm（彩图 20 - 22 - 2）。

四、病害循环

甜菜白粉菌以闭囊壳或菌丝体在种球、病残体或留种母根上越冬。第二年闭囊壳吸水膨胀，释放出子囊和子囊孢子来侵染寄主，或越冬菌丝萌动直接侵染寄主。甜菜生长期间病菌不断产生分生孢子，借气流、雨水飞溅或昆虫携带，将分生孢子传播到健株，造成多次再侵染。发病后期至收获以后，闭囊壳随病叶进入土壤越冬，采种株表面的闭囊壳或内部的菌丝体、母根根头上的闭囊壳或菌丝体，在室内或储藏窖内随种子或母根越冬，成为第二年初次侵染源。

五、流行规律

根据 2009—2012 年连续 3 年在新疆伊犁、昌吉甜菜产区定点调查，伊犁甜菜产区原料甜菜白粉病发生始期为 7 月上、中旬，发病前期病害发展缓慢，8 月中、下旬病害达到发病盛期，8 月底产生闭囊壳，9 月中旬病害扩展缓慢，病害逐渐停止发生。昌吉甜菜产区原料甜菜白粉病发生始期为 7 月中、下旬，8 月下旬至 9 月初达到发病盛期，并有闭囊壳产生，病害传播速度减慢，直到 9 月下旬病害停止发生。该病发生和流行与气象因素关系密切，干旱炎热的天气利于病势扩展。气温 22～24℃，有零星小雨、相对湿度在 65% 以下时，潜育期仅 2～3 d，有利于孢子的发芽和侵入，病害易发生和流行。气温低于 20℃ 时，短时间降雨或湿度较高，对甜菜白粉病菌的孢子萌发和侵入有利。连续降雨尤其是暴雨对病害发生有抑制作用。

灌溉对甜菜白粉病发生有影响，根据甜菜生理需要适时灌水，既能促进甜菜健壮生长，又能适当提高大气湿度，不利于白粉病发生；反之，灌水次数过少，植株生长弱，尤其在高温的情况下，甜菜缺水受旱易发病。氮肥过量、植株生长旺盛，以及连作、前茬或邻作为甜菜采种田或苜蓿地、草木樨地，均有利于甜菜白粉病的发生和流行。

六、防治技术

甜菜白粉病的初次侵染源广泛，除带菌甜菜种球、田间病残体和采种株外，还有感染白粉菌的苜蓿、黄花草木樨以及野生杂草寄主等，因此，必须采取综合防治措施。

（一）种植抗病品种
不同甜菜品种对白粉病的抗病性有较大的差异，种植抗病品种可保证甜菜产量。

（二）病残体清理
秋收后及时清除甜菜田病残体，将甜菜田枯死叶片集中，及时运出田外焚毁或深埋。

（三）加强栽培管理

1. 合理轮作　实行轮作倒茬，避免重茬、迎茬，不应以苜蓿、草木樨为前茬和邻作；适时浇水，防止甜菜受旱，避免偏施氮肥，防止生长过旺，增强植株抗病性；轻病田至少在两年以内不种甜菜，重病田与小麦、豆类等作物轮作 3 年以上。

2. 合理密植　增加田间通风透光性。

3. 适期播种　根据当地气候适时晚播。

4. 合理施肥　根据测土配方，合理施肥，增施有机肥，注重磷钾肥的使用，使甜菜植株生长健壮，提高抗病能力。

5. 及时中耕除草　及时中耕铲除田间杂草，减少初次侵染来源。

(四) 化学防治

1. 种子处理

(1) 磨光种。用种子重量 0.2％的 12.5％烯唑醇可湿性粉剂拌种。

(2) 处理种。直接选用包衣种、丸粒种。

2. 茎叶处理

(1) 保护性杀菌剂。在甜菜发病前选用 75％百菌清可湿性粉剂 800 倍液、75％嘧菌酯悬浮剂 2 500 倍液喷雾预防。

(2) 治疗性杀菌。发病初期，选用 12.5％烯唑醇可湿性粉剂 2 000 倍液、40％腈菌唑可湿性粉剂 3 000 倍液、43％戊唑醇悬浮剂 2 500 倍液、30％氟菌唑可湿性粉剂 1 500～2 000 倍液等药剂，根据病情发展和气候条件，一般在 7 月中、下旬至 8 月初喷 1～2 次药即可。

附：甜菜白粉病调查分级标准

0 级：无病斑；

1 级：病斑面积占整个叶片面积的 10％以下；

3 级：病斑面积占整个叶片面积的 11％～25％；

5 级：病斑面积占整个叶片面积的 26％～50％；

7 级：病斑面积占整个叶片面积的 51％～75％；

9 级：病斑面积占整个叶片面积的 76％以上。

陈卫民（新疆伊犁职业技术学院）

第 23 节　甜菜蛇眼病

一、分布与危害

甜菜蛇眼病是因在甜菜成熟的叶片上形成似蛇眼睛的病斑而得名。该病在我国新疆、内蒙古、黑龙江和甘肃等地均有发生。经 2011 年调查，新疆伊犁特克斯县甜菜蛇眼病最高发病率 40％，最低发病率 5％，平均发病率 15.83％；甘肃省蛇眼病调查，平均发病率 5.92％；黑龙江省甜菜蛇眼病平均发病率 3.38％。该病除为害采种株甜菜和糖用甜菜外，亦为害饲料甜菜。新疆伊犁产区甜菜蛇眼病对产量的影响在 10％以内（魏良民等，2004）。

甜菜蛇眼病从甜菜幼苗到成株期、收获期、窖藏期的整个过程都可发生。甜菜蛇眼病菌苗期引起甜菜黑脚病，成株期侵染叶片引起甜菜蛇眼病，当病菌侵染块根根头后，引起生长期间的甜菜根腐病和储藏期窖腐病。

二、症状

甜菜蛇眼病为害生产田甜菜和采种株甜菜的幼苗、叶片、叶柄、茎秆及块根，以采种株甜菜发生较重。幼苗期：主要为害地下根，使根及地下的下胚轴变为黑色，并缢缩变细，称黑脚病。成株期：主要为害叶片，一般发生在成熟的叶片上，首先在叶片背面产生褐色水渍状圆形斑点，后渐渐扩大（彩图 20-23-1）。一种病斑较小，直径在 0.6 cm 以下，病斑圆形至近圆形，淡褐色至褐色，稍下陷，病斑中央具有一圆形、略突起的灰白色小斑，从病斑的斑形看，酷似蛇眼，故称蛇眼病，后期病斑上生长一些稀疏分散的小黑点物——分生孢子器；另一种病斑大，初为深褐色小斑点，有些下陷，斑中央有小圆斑痕迹，病斑继续扩大后呈圆形或不规则的圆形斑，直径 0.5～2.1 cm，稍有下陷，变薄，灰褐色至暗褐色，病斑上出现多层次的由分生孢子器密集组成的环纹斑，有的病斑上的黑点物仅散生于病斑的中央，病斑质脆易破裂或脱落穿孔，病斑外围具黄晕圈，故又称轮纹斑病。在新疆，两种类型病斑都有发生，但轮纹斑在叶片上出现的密度较多，尤以在种株叶片上最多。病斑常多数合并，促使叶片大面积或全叶早枯。叶柄发病初期，叶柄的两面均有许多黑褐色斑点，叶柄的下面（凸面）斑点呈长点状，并内向腐烂，其表皮只有斑点并未腐烂，叶柄的上面（凹面）斑点呈条状黑烂，将叶柄切开后，腐烂处发黑，横切后，叶柄内维管束发黑褐，内生许多肿瘤状大黑块，维管束堵塞，沿中央维管束发黑褐，形成空洞。到发病后期，发病重的叶片枯萎，病死组织变得比较脆，叶柄连接根头处发黑，腐烂。甜菜蛇眼病的发病时期也是褐斑病的发病适期，一些病叶上蛇眼病斑与褐斑两种病斑同时存在，有的病斑还连到一起。

三、病原

甜菜蛇眼病病原为甜菜茎点霉（*Phoma betae* A. B. Frank），属子囊菌门无性型茎点霉属真菌；有性型为甜菜格孢腔菌［*Pleospora betae*（Berl.）Novodovski］，为子囊菌门格孢腔菌属真菌。分生孢子器球形至扁球形，暗褐色，半埋生在表皮下，直径 100～400 μm，具圆形孔口，内含很多分生孢子。分生孢子在孢子器内混于胶质物中，吸水后从孢子器孔口呈长卷须状溢出。分生孢子单胞、无色，椭圆形，大小为（3.5～9）μm×（2.6～7）μm，多数两极各具一小油球。在自然条件下和培养基上均能产生厚垣孢子。厚垣孢子圆形，无色，具厚壁。

四、病害循环

甜菜蛇眼病病菌以菌丝体和分生孢子器随病残体留在土壤中或以菌丝体和分生孢子附着在种子上越冬，翌年先侵入幼苗形成黑脚。甜菜生长期间病斑上的分生孢子器释放出分生孢子，借雨水、灌溉水等传播，通过伤口或自然孔口等途径侵入引起再次侵染。开始侵染老叶，收获后侵入根部形成根腐病，引起储藏期发病或造成烂窖。收获时切去顶叶过低或沿叶柄基部割断，造成的伤口是病菌侵入的主要途径。土壤中的病残体、带菌的甜菜种球和留种母根为病菌的主要越冬场所，是病菌的初次侵染源。

五、流行规律

采种甜菜一般于 5 月底至 6 月初开始发病，原料甜菜 7 月上、中旬开始发生，出现零星病斑，7 月底至 8 月初为发病高峰期，到 8 月中旬以后此病就不再发生，很少有新的病斑产生。新疆伊犁产区一般到 6 月中、下旬以后，日平均气温在 20℃ 以上时开始发病。当带菌的种子播种后，土壤中病残体和甜菜母根上的病菌，先引起幼苗的黑脚病，后引起叶部的蛇眼病。病菌通过风、雨传播，进行再次侵染。

甜菜蛇眼病菌的分生孢子形成和萌发的最适温度为 20～25℃，最低 2～3℃，最高 30～35℃，多雨低温、潮湿有利于分生孢子的形成和传播，病害重。干旱、土壤碱性大、施肥不当，导致植株生长不良，则可诱发病害的发生。储藏期窖温高于 4℃ 发病重。

六、防治技术

（一）农业防治

1. 选用抗病品种　选用抗病性较强的品种。

2. 病残体清理　甜菜收获后，将甜菜枯死叶片集中，及时运出田外焚毁或进行秋深翻，把病残体深埋，达到清除越冬菌源的目的，可减轻次年发病程度。

3. 加强栽培管理

（1）原料甜菜与制种甜菜隔离种植。

（2）实行轮作倒茬。轻病田在 2 年以内不种甜菜，重病田与小麦等禾本科作物轮作 3 年以上。

（3）合理密植。合理密植，保持田间通风透光。

（4）适期播种。为防止甜菜蛇眼病的发生应适时晚播。

（5）合理施肥。根据测土配方，合理施肥；增施有机肥；注重磷钾肥的使用；使甜菜植株生长健壮，提高抗病能力。

（6）中耕除草。及时中耕铲除田间杂草，减少病菌的初次侵染源。

（7）防止田间积水。防止田间积水，破坏病菌生长条件。

（二）化学防治

1. 种子处理

（1）磨光种。选用50％多菌灵可湿性粉剂按种子重量的0.3％进行包衣处理或用2.5％咯菌腈种衣剂对磨光种进行包衣处理，每250 mL药剂拌甜菜种子100 kg。

（2）处理种。选用经过丸粒化种、包衣种。

2. 茎叶处理

（1）保护性杀菌剂。在甜菜发病前选用70％代森联干悬浮剂600倍液、75％百菌清可湿性粉剂800倍液喷雾预防。

（2）治疗性杀菌剂。发病初期开始喷药，可选用50％多菌灵可湿性粉剂1 000倍液、70％甲基硫菌灵可湿性粉剂1 000倍液、10％苯醚甲环唑水分散粒剂1 500倍液、40％氟硅唑乳油4 000倍液。每7～10 d喷雾1次，发病重的地块连喷2～3次。

附：甜菜蛇眼病调查分级标准

0级：全株无病；

1级：叶片上有1～2个病斑；

3级：叶片上有3～5个病斑；

5级：叶片上有6～9个病斑，部分连成片；

7级：叶片上有10个以上病斑，大部分斑点连成片呈云纹状，病叶开始干枯。

陈卫民（新疆伊犁职业技术学院）

第24节　甜菜霜霉病

一、分布与危害

1893年，法国首先发现了甜菜霜霉病，中国1961年首次在贵州毕节地区的叶用甜菜上发现该病害。该病于2007年5月被列入《中华人民共和国进境植物检疫性有害生物名录》。甜菜霜霉病1991年在新疆伊犁地区新源县、尼勒克县的原料甜菜和采种株甜菜上发生，田间发病率在5％～20％，甜菜减产20％～80％，含糖量降低60％以上。采种株甜菜感病越早，为害越重，种株感病后多数不能抽薹，少数可开花、结籽，但秕粒多。原料甜菜重病株叶片干枯甚至整株枯死。1995年在新疆米泉县原料甜菜上发生，主要引起幼苗死亡。

二、症状

该病主要为害叶片，幼叶最易感病。并可以使幼苗致死。发病初期，被害的叶片组织褪绿，形成褪绿斑，病斑逐渐扩大，叶片增厚易脆，叶缘向下反卷。叶背长有紫灰色霉层，条件适宜时，正反叶面均可产生。发病后期患病叶片变黑坏死（彩图20-24-1）。条件适宜时，部分叶柄亦遭为害。原料甜菜染病后，病叶停止生长，卷曲畸形，最终心叶全部变黑坏死。采种甜菜感病后，花薹不能抽出或抽出很短，整个花薹呈淡黄绿色，节间缩短，最终很少结实或不结实枯死。

在采种株上，生长初期主要为害主芽茎或外围芽上最幼嫩的叶片，以后则为害花茎顶端、花轴、苞叶和花，甚至种球也可被害造成花轴嫩枝生长受阻，扭曲变形，严重时还能导致块根心腐，并引起外层叶片褪绿。

三、病原

甜菜霜霉病菌［*Peronospora farinosa*（Fr.：Fr.）Fr. f. sp. *betae* Byford，异名：*Peronospora farinosa*（Fr.）Keissler］为专性寄生菌，属卵菌门霜霉属。孢子囊梗单根或3根至数根呈簇自气孔抽出，在

主轴的 1/2～2/5 高度处分枝，双叉式向上分枝，4～8 次，多呈 6 次分枝，顶端小梗呈锐角分叉，短且锐，有的顶部钝圆，单胞。少数在分枝节部产生隔膜，孢囊梗基部多较第一分枝处的主轴稍宽，少数基部稍有膨大现象，基部宽为 7～12.3 μm，第一分枝处宽 5.3～10.8 μm，主轴长为 78.8～245 μm，梗的高度为 172.5～418.3 μm。最后一次分枝小梗的长度为 5～11 μm 和 3.25～9.8 μm，无色；孢子囊多为椭圆形，淡色，无乳突，光滑，大小为（20.8～30）μm×（15～20）μm（平均为 25.6 μm×17.8 μm）。后期在干枯病叶组织维管束两侧产生卵圆形至不规则形，黄色至黄褐色藏卵器，大小为 30.7～51.5 μm；卵孢子球形，浅黄色至黄褐色，壁厚有褶皱，外壁直径为 18.4～31.9 μm，内壁直径为 12.3～24.5 μm（彩图 20 - 24 - 1）。

孢子囊萌发温度 0.5～30℃，最适温度 4～10℃ 和高的相对湿度。7～15℃ 和 70% 以上的相对湿度最适于侵染和发病，温度在 20℃ 以上孢子囊极少能侵染寄主。

四、病害循环

甜菜霜霉病菌以卵孢子在病种子和病残体中越冬，也可以卵孢子或菌丝在窖藏母根上越冬，翌年卵孢子萌发或母根中菌丝生长产生孢子囊作为初次侵染源，侵入后产生孢囊梗和孢子囊引起再次侵染。原料田的初次侵染源可以是种子、病残体中的卵孢子及采种株上的孢子囊；采种田最主要的初次侵染源是母根上的卵孢子和潜伏菌丝，其次是病残体中的卵孢子；夏播母根田的初次侵染源可以是带菌种子、病残体中的卵孢子或发病原料田和采种田产生的孢子囊（图 20 - 24 - 1）。

甜菜霜霉病的远距离传播主要靠带菌种子或母根调运而传播，近距离主要是病残体或植株上的孢子囊随气流传播。

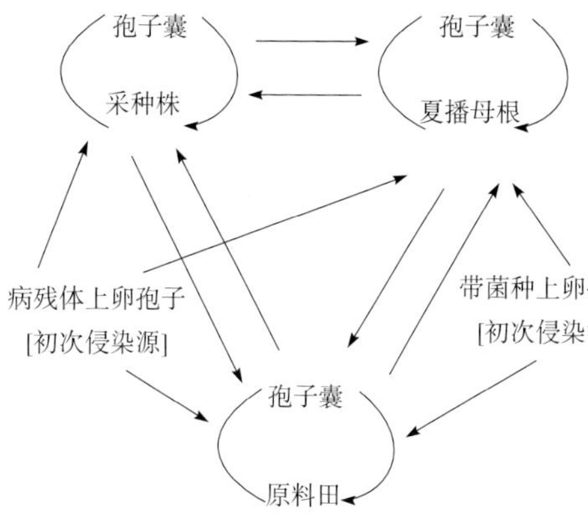

图 20 - 24 - 1　甜菜霜霉病病害循环（仿胡白石，1992）
Figure 20 - 24 - 1　Disease cycle of beet downy mildew (from Hu Baishi，1992)

五、流行规律

冷凉潮湿、多雨地区和年份最适于甜菜霜霉病的发生。温度 16℃ 左右、相对湿度 70% 以上最适于该病流行。重茬、迎茬，偏施氮肥、过度密植、浇水不当等，病害则重。由于主要初次侵染来源之一是潜伏在留种母根上的菌丝，所以，原料甜菜距留种甜菜近则发病重。

该病菌在温度为 5～22℃、相对湿度 60%～100% 条件下可产生孢子囊。平均温度 12℃ 以下、相对湿度 85% 以上产生卵孢子。病菌入侵的温度为 7～15℃，20℃ 以上则很少侵染。孢子囊在低于 12℃ 的条件下可存活 5 d，20℃ 以上的条件下很快失活。因此，低温、高湿的气候条件最适宜发病。

新疆伊犁甜菜产区的采种株甜菜霜霉病发病重，是因为甜菜的幼苗期正处在凉爽、多雨季节所致。

六、防治技术

（1）加强植物检疫。禁止从疫区调种，对外来种子应加强检疫与消毒，不得在疫区制种。

（2）培育和种植抗病品种。

（3）合理布局。在病区实行采种地与原料甜菜地距离 1 000 m 以上的隔离种植，以减少病菌传播机会。

（4）选留无病种株。严禁将带病块根留种。在母根出窖栽植前，用 25% 甲霜灵可湿性粉剂 500 倍液喷洒或浸渍母根，可杀灭寄生在上面的卵孢子和菌丝体。

（5）拔除病株。田间出现中心病株后，注意要及时拔除病株，集中深埋或烧毁，防止扩散蔓延。

（6）实行轮作倒茬，合理施肥和防止过分密植。

（7）清理病残体。收获后及时清除田间病残体于田外烧毁，并进行 20 cm 以上的深翻，减少越冬菌源。

（8）药剂防治。

一是种子处理。①磨光种：选用种子重量 0.2%～0.3% 的 25% 甲霜灵可湿性粉剂拌种。②处理种：选用丸粒化种、包衣种。

二是茎叶处理。①保护性杀菌剂：在甜菜发病前选用 75% 百菌清可湿性粉剂 800 倍液喷雾预防。②治疗剂：发病初期选用 58% 甲霜灵·锰锌可湿性粉剂 800～1 000 倍液，64% 噁霜灵可湿性粉剂 600～800 倍液，72% 霜脲氰可湿性粉剂 800～1 000 倍液，69% 烯酰吗啉可湿性粉剂 2 500～3 000 倍液等药剂进行防治，每 7～10 d 喷 1 次，连喷 2～3 次。防治时期应根据降水情况，掌握雨前雨后喷药防治。

陈卫民（新疆伊犁职业技术学院）

第 25 节 甜菜根腐病

一、分布与危害

Steward 于 1931 年首次描述在美国科罗拉多州甜菜植株根茎枯萎的病害症状，并鉴定病原为尖镰孢甜菜专化型（*Fusarium oxysporum* f. sp. *betae*），之后发现该病原引起甜菜块根的腐烂症状。在世界范围内，包括中国、印度等国家相继报道了由镰孢菌（*Fusarium*）引起的根腐病。

除镰孢菌外，立枯丝核菌（*Rhizoctonia solani*）、螺壳状丝囊霉（又称甜菜黑腐丝囊霉）（*Aphanomyces cochlioides*）等多种土传真菌均可造成块根腐烂症状，这些病原或单独侵染或多种病原复合侵染，且症状复杂难以区分，因此统称根腐病。从欧洲、北美洲、南美洲到亚洲，甜菜在世界范围内广泛种植，根腐病在各个甜菜产区广泛发生，但是在不同地区引起该病害的病原种类不同，呈多样性以及分布的差异性，相关文献报道包括真菌和细菌在内约有 10 余种病原可以引起根腐病。由立枯丝核菌引起的根腐病主要分布在日本、美国、中国（黑龙江和新疆）、欧洲、伊朗等国家和地区；由瓜果腐霉（*Pythium aphanidermatum*）引起的根腐病主要分布在美国（亚利桑那州、加利福尼亚州、科罗拉多州等）、伊朗、菲律宾、乌拉圭、中国（新疆）等国家和地区；另外，病原还包括螺壳状丝囊霉（加拿大、智利、欧洲和美国等国家和地区）、堀氏疫霉（*Phytophthora drechsleri*）、隐地疫霉（*P. cryptogea*）、辣椒疫霉（*P. capsici*）（希腊、伊朗、美国）、甜菜茎点霉（*Phoma betae*）（欧洲、亚洲、北美洲）、甘薯小菌核菌（*Sclerotium bataticola*）［美国（加利福尼亚州）、埃及、希腊、匈牙利、印度、前苏联］、多主瘤梗孢（*Phymatotrichum omnivorum*）（美国西南干热地区）、齐整小核菌（*S. rolfsii* Sacc.）（美国南部、欧洲温暖湿润地区、中东、印度、亚洲）。

病原种类的分布在不同国家和地区呈现出差异，而同一个国家不同地区的主要病原也不完全相同，这种差异可能是由于地区之间种植结构、气候、生态条件、土壤等多方面存在差异而引起的。因此，这给该病害的鉴定以及防治工作，带来了较大的难度。

发生该病害的植株前期地上部生长正常，基本没有明显症状，但发病后地上部叶片突然坏死、块根迅速腐烂或死亡，使其失去生产价值；且以病株为中心，迅速侵染四周的健康植株，造成很大的产量损失，发生病害的甜菜田一般减产 10%～40%，发病严重时减产达 60% 以上，甚至绝产；另外，受害甜菜块根含糖量显著下降，只有 7%～10%，比正常植株（含糖量 17.5%）降低 43%～60%，大大降低了甜菜的生产价值。

在我国甜菜种植地区，根腐病常年发生，且每年自甜菜块根膨大的 6 月到甜菜收获的 10 月间持续发生。2009—2010 年经过实地普查黑龙江齐齐哈尔市的依安县、绥化市的海伦县、望奎县以及内蒙古乌兰察布市察右前旗、赤峰市等地多个村庄的甜菜种植区，发现甜菜根腐病普遍发生；2009 年察右前旗的发病面积和发病级数均不高，按照发病率和 9 级分类法，田间平均发病率大约为 10%，平均发病级数大约为 3 级；依安县的发病率最高大约为 70%，平均发病级数介于 1～3 级，发病较为严重。根腐病发病期较长、发生严重，是我国甜菜生产区的主要病害之一，该病害的发生给当地甜菜生产带来了严重影响。

二、症状

甜菜根腐病症状见彩图 20 - 25 - 1。

（一）镰刀菌引起的根腐病症状及为害

由于甜菜根腐病能由多种不同的病原引起，因此，在根上表现的症状也各不相同。多数情况下，病原的优势种群因种植地区而异，有时几种病原同时侵染甜菜，因此，患病植株表现出复杂的症状，很难依据症状判断病原种类。

由镰刀菌侵染引起的症状主要表现是：初期观察时根腐病症状为叶片萎蔫、褪色、变黄，叶脉坏死并且枯死，产生深褐色病斑。块根表皮上产生深黑色水渍状不规则斑块，逐渐向上蔓延并向根内部深入，中央维管束变深褐色坏死，维管束环呈浅褐色；中度发病病株在根体以下的组织腐烂变黑褐色干腐，根内形成空腔；重病植株块根全部腐烂，地上部叶丛干枯死亡。多发生在定苗后至封垄前的 6 月下旬至 7 月上旬，是田间发生最早的一种根腐病。除了造成产量下降，尖孢镰刀菌甜菜专化型还造成甜菜储藏后呼吸速率加快、含糖量下降以及可溶性糖类含量下降，这使得甜菜的经济价值大大降低。

（二）立枯丝核菌引起的根腐病症状及为害

甜菜植株约 8 周大时，由丝核菌侵染引起的根腐病开始发病，整个生育期都能侵染根部。最初能观察到突然且明显的叶部萎蔫、叶柄基部及根茎部交界处形成深褐色斑点，与根表面连成一片，腐烂处较干燥不湿软；随着病程发展，病部逐渐从上向下、由表及里腐烂，呈褐色、深褐色至黑色。一般是主根周皮坏死，剖面看呈环形，极少情况病原向根内部扩展，病根横切面可见根外呈一圈环形腐烂部分；有时腐烂处稍凹陷并形成深褐色的裂痕，在裂口处可见病菌菌丝。

该病害对甜菜的产量及含糖量有明显的影响。当流行程度达到 30% 时，产量几乎为零，含糖量比正常植株（含糖量 17.5%）下降 1.2%～1.7%，大大降低了甜菜的生产价值。

（三）腐霉引起的根腐病症状及为害

腐霉是引起甜菜根腐病的主要病原之一。该病原造成的症状主要是根部湿腐，地上部急性萎蔫。但不同种类的腐霉引起的症状可能存在一定的区别，例如，由瓜果腐霉造成的症状是植株萎蔫、在叶柄以及主根内部产生水渍状深褐色腐烂，根外部出现类似丝核菌引起的不规则深色坏死斑点；而德里腐霉（P. deliense）则引起花纹状的褐色或黑色坏死，并由主根扩展到次生根。

（四）疫霉引起的根腐病症状及为害

疫霉也是甜菜根腐病的主要病原之一。由疫霉引起的根腐病症状，在田间首先表现为暂时的萎蔫，然后持久萎蔫，最后死亡。受害的根块首先在根基部出现小的坏死斑，继而从下到上发展为水渍状的坏死。主根湿腐由根尖向根冠发展，病健交界处明显，腐烂的组织呈褐色。

三、病原

（一）镰孢菌

尖镰孢是引起甜菜根腐病的主要镰孢菌之一，在美国多个州发生，主要分布在科罗拉多州、得克萨斯州、明尼苏达州、南达科他州、加利福尼亚州、蒙大拿州、怀俄明州以及俄勒冈州。而在世界范围内，包括中国、印度也有病害发生的报道。

研究表明，尖镰孢的两个不同专化型都可引起根腐病：一个是尖镰孢甜菜专化型（F. oxysporum Schltdl. ex Snyder et Hansen f. sp. betae，FOB）。尖镰孢甜菜专化型于 1931 年在美国科罗拉多州报道，当时 Stewart 从叶片枯黄、维管束坏死的甜菜中分离得到镰孢菌，并命名为 F. conglutinans Wollenw. var. betae，后来 Snyder 和 Hansen 将该病原归类为 F. oxysporum f. sp. betae。天冬氨酸是该菌最佳生长氮源，1% NaNO$_3$ 是孢子萌发的最佳氮源，1.5：1.5 的碳氮比利于菌的生长和萌发；大孢子萌发和芽管伸长的适宜条件为温度 30℃、相对湿度 100%、pH 微酸。另一个是尖镰孢甜菜根茎腐专化型（F. oxysporum f. sp. radisbetae），该病原在得克萨斯州、科罗拉多州以及蒙大拿州均有发生。

此外，引起根腐病的其他不同种类的镰孢菌分布也存在差异。腐皮镰孢［F. solani（Martius）Appel et Wollenw. ex Snyder et Hansen］、大刀镰孢［F. culmorum（W. G. Smith）Sacc.］、接骨木镰孢（F. sambucinum Fückel）、深蓝镰孢（F. coeruleum Lib.：Sacc.）等在美国、前南斯拉夫等地发生，主要造成根尖腐烂或者心腐等症状。层出镰孢［F. proliferatum（Matsush.）Nirenberg］、木贼镰孢［F. equiseti（Corda）Sacc.］等也能从根腐病病根上分离到，但不能引起甜菜幼苗致病。除了从根腐病病株上分离得到病原以外，从黄化症状的甜菜上分离得到的镰孢菌也能引起甜菜根腐症状，Ruppel 报道了从加利福尼亚州和科罗拉多州分离到的腐皮镰孢和从得克萨斯州分离到的燕麦镰孢 [F. avenaceum (Fr.) Sacc.]、粉红镰孢 (F. roseum Link ex Snyder et Hansen) 都能引起根腐症状。

我国不同甜菜产区的镰孢菌种类不同，黑龙江以燕麦镰孢、腐皮镰孢和拟轮枝镰孢为主；新疆甜菜产区的镰孢菌包括腐皮镰孢、尖镰孢、拟轮枝镰孢、木贼镰孢、禾谷镰孢、砖红镰孢等6种，其中，又以尖镰孢、腐皮镰孢、拟轮枝镰孢为主；而内蒙古甜菜产区，未见关于镰孢菌的系统报道。

(二) 丝核菌

丝核菌是一类在自然界中广泛存在的真菌，广泛分布于全世界的耕作和非耕作土壤中，且很容易从染病植株及土壤中分离得到。该菌的寄主范围非常广泛，引起多种植物病害，主要引起苗期立枯病以及根腐病。一般依据丝核菌细胞中的核数，分单核丝核菌、双核丝核菌和多核丝核菌。根据1987年Ogoshi提出的丝核菌分类标准，以及1991年Sneh等提出的划分方式，立枯丝核菌 (R. solani Kühn) 都属于多核丝核菌，其主要特征是每个细胞具3个或3个以上的核，菌丝较粗，平均直径 $6\sim10~\mu m$，有性型为担子菌门瓜亡革菌 [Thanatephorus cucumeris (Frank) Donk]。

1978年日本立枯丝核菌首次在甜菜上分离得到，但引起的是叶部疫病。1979—1980年，Herr首次描述了由该病原在甜菜上引起的根腐症状，此后在世界多个甜菜种植地区发生，包括美国、日本、德国、伊朗、波兰等。报道的立枯丝核菌包括AG-1、AG-2-2、AG-4、AG-5等多个融合群，其中AG-2-2为优势融合群。依据融合频率细分后，AG-2-2 ⅢB和AG-2-2 Ⅳ均能侵染甜菜。

由于立枯丝核菌的不同融合群对寄主植物的侵染及致病力不同，各地区种植结构、栽培的甜菜品种、气候、生态条件、土壤、耕作方式等多方面存在差异，因此，关于根腐病病原立枯丝核菌融合群种类的报道也不相同。

Ruppel等 (1973) 报道在美国科罗拉多州引起根腐病的丝核菌主要是AG-2-2，该菌能侵入抗病和感病甜菜品种，但是对于抗病品种菌丝只能侵入周皮或者次生韧皮部，对于感病品种则能侵入维管束。美国明尼苏达州和南科罗拉多州8周大的腐烂的甜菜根上分离物主要是螺壳状丝囊霉和立枯丝核菌，其中96%的立枯丝核菌为AG-2-2，其余为AG-4和AG-5，且AG-2-2有高致病性。美国红河谷地区以及南明尼苏达州地区引起根冠腐病的立枯丝核菌主要病原为AG-2-2，并依其融合频率细分为种内组群 (ISGs) AG-2-2ⅢB和AG-2-2Ⅳ。俄亥俄州、纽约州、密歇根州的甜菜根腐病立枯丝核菌主要是AG-2。Baruch等报道，引起甜菜根腐病病原除了AG-2-2ⅢB、AG-2-2Ⅳ外还包括AG-1-ⅠB，并提出该菌亚种间的遗传变异和系统关系仍需要进一步的研究确定。

引起美国甜菜根腐病的立枯丝核菌以AG-2-2为主，日本、伊朗、德国等国家甜菜根腐病的立枯丝核菌也以AG-2-2为主。并且相对于引起病害的其他病原，如德雷疫霉、瓜果腐霉等，立枯丝核菌致病性最强。根据赵思峰等的文献报道，我国新疆石河子地区引起根腐病的立枯丝核菌以AG-2、AG-4为主，且致病性强于镰刀菌等其他病原。

(三) 腐霉菌

加拿大、匈牙利以及伊朗等国家引起甜菜根腐病的腐霉菌主要是瓜果腐霉，美国亚利桑那州、加利福尼亚州等多个州则以德里腐霉为主。在我国，引起甜菜根腐病的腐霉菌种类较多，主要包括瓜果腐霉 [Pythium aphanidermatum (Edson) Fitzp.]、德里腐霉 (P. deliense Meurs)、终极腐霉 (P. ultimum Trow)、群结腐霉 (P. myriotylum Drechsler) 以及简囊腐霉 (P. monospermum Pringsh.)。引起我国新疆地区根腐病的腐霉菌主要是瓜果腐霉、简囊腐霉。

(四) 疫霉菌

美国加利福尼亚州等多个州、伊朗的甜菜根腐病病原为堀氏疫霉 (Phytophthora drechsleri Tucker)，英国的病原为大豆疫霉 (P. megasperma Drechsler)，日本、美国怀俄明州以及希腊的病原以隐地疫霉 (P. cryptogea Pethybr. et Lafferty) 为主。从菠菜根腐病上分离得到的隐地疫霉，可以引起甜菜以及多种作物根部腐烂，有致病性。

四、病害循环

(一) 镰孢菌引起的根腐病病害循环

镰孢菌是常见的土传真菌，寄主范围广、孢子形态多样等，因此，病原可通过多种方式存活。首先，镰孢菌广泛存在于土壤中，MacDonald 和 Leach 发现，尖镰孢甜菜专化型能存在于从未种植过甜菜的田块中，在种植甜菜 7 年后，菌量积累达到一定程度，开始引起病害。

其次，能引起甜菜根腐病的镰孢菌寄主范围较广，包括藜科和苋科植物，也能引起大豆、玉米等常见作物的根茎腐烂病害。尖镰孢甜菜专化型能引起牛皮菜、菠菜、剪秋罗、扫帚菜等植物的一些品种发病，能以灰条菜、黑芥和野生莳萝为寄主存活但是并不引起症状。有的尖镰孢甜菜根茎腐专化型菌株能侵染藜科植物，如菠菜和马齿苋。存在于寄主上的病原可能不会立刻侵染甜菜，但是当菌量积累到一定程度时则可能引起病害。

再次，休眠孢子也是病原存活的方式之一，尖镰孢甜菜根茎腐专化型可以通过休眠孢子存在于寄主作物上，在没有寄主的情况下也能存活很长时间。另外，种子可作为携带镰孢菌的载体，且病原可以存在于种子内部和外部。美国俄勒冈州未经加工和加工过的甜菜种子外部均携带 FOB，能引起甜菜幼苗发病，只是发病率较低。

（二）丝核菌引起的根腐病病害循环

立枯丝核菌主要存在于土壤中，在任何类型的土壤中均能存活，尤其是较湿的土壤中。Hyakumachi 对土壤中的立枯丝核菌 AG-2-2 的存活进行了调查，证明土壤中菌的存活影响根腐病的发生。越冬植物病残体上的菌核可以成为次年的侵染源，对病害发生有一定的影响。立枯丝核菌也有可能侵染轮作植物，从而侵染甜菜，如立枯丝核菌 AG-2-2 ⅢB 可以侵染玉米等间作植物，但地上部不显示症状，该菌能通过前茬作物玉米从而侵染甜菜。因此，进行轮作时选择合适的轮作作物可有效地控制由该病原引起的根腐病。

（三）腐霉菌引起的根腐病病害循环

腐霉菌寄主范围广，可以侵染棉花、甜菜、大豆、小麦、瓜类、多种茄科作物等。典型的土壤习居菌，主要以卵孢子或菌丝体在土壤及病残体上存活越冬，带菌的植物残体、病土和病肥成为初次侵染源。在田间借助灌溉水和雨水溅射而传播，以游动孢子作为初次侵染源与再次侵染源。日夜温差大及多雨的天气有利于发病，因此，在多雨、潮湿的 7～8 月，我国甜菜主产区的甜菜根腐病病根分离物中能分离到腐霉。温度差异对生长速率影响明显。当土壤湿度过大，气温到 28～32℃ 时该病原易引起根腐病。天气炎热的情况下，对苗期已被侵染的幼苗进行灌溉时，该病害最易发生。主要是由存在于土壤中的厚垣孢子和卵孢子萌发进行侵染。

（四）疫霉菌引起的根腐病病害循环

已经报道过的是堀氏疫霉和隐地疫霉这两种卵菌。堀氏疫霉产透明到黄色或者浅棕色的薄壁的藏卵器（直径 27～40 μm），雄器（直径 10～14 μm）。每个藏卵器着生一个表面光滑的、球形的厚壁的卵孢子（直径 24～36 μm）。内生孢子囊［大小（22～40）$\mu m \times$（24～56）μm］，通过萌发管直接萌发，或者通过形成游动孢子（直径 10～12 μm）间接萌发。另外，还产生厚垣孢子（直径 7～15 μm）。隐地疫霉的细菌丝能形成椭圆形至倒梨形的孢子囊［大小（39～80）$\mu m \times$（24～40）μm］。

该病害主要发生在温暖天气，土壤湿度大、排水不当或者灌溉较多的地区。高温（28～31℃）有利于病害的流行，卵孢子和厚垣孢子能够在土壤中存活多年。

五、流行规律

高温有助于镰孢菌引起根腐病。不同种类的镰孢菌在 30℃ 条件下比 20℃ 的发病率高且发病严重。此外，发病率和根部、叶部干重呈负相关。

湿度对病害的影响上有一些不同的结论。Harveson 和 Rush 认为，高湿度条件下发病率显著高于低湿度，尤其是在使用混合品种的试验地中，每 5～6 周灌溉 1 次比每月灌溉 3 次的潮湿田块能显著减少发病率。但另一个试验显示了不同的结论，认为湿度对发病率和病害严重度没有显著影响，每 2 周浇 1 次水、每 1 周浇 1 次水的两种处理在发病率和病情指数上没有显著差异。

温度和湿度是影响该病害发生的重要条件。该病原多于 25～32℃、温暖高湿条件下发生（Gary 等，2008）。立枯丝核菌 AG-2-2 ⅢB 在低温下（10℃ 和 15.6℃）不引起明显症状，但在相对高温（21.1℃ 和 26.7℃）下病害严重度和病情指数与对照相比都有显著差异。立枯丝核菌 AG-2-2 Ⅳ 引起的病害在 24～35℃ 时与土壤温暖密切相关，而立枯丝核菌 AG-2-2 ⅢB 在更高温度下则引起更严重的损失。

Momeni 等经过对伊朗 Khorasan 省发生甜菜根腐病多个地区的前茬作物、灌溉水来源、灌溉方式及病害严重度的调查记录，发现病害严重度与湿度的相关度最高。

一些杀虫剂如涕灭威、克百威能使根腐病发生更为严重。一些除草剂对不同菌株处理，对病害的严重程度有差异，有的菌株致病力受到影响，有的则没有影响。用立枯丝核菌 AG-2-2 和尖孢镰刀菌甜菜专化型毒力中等菌株材料进行离体试验，结果说明，草甘膦为前处理预防甜菜杂草对病害严重度没有负面影响。

六、防治技术

(一) 抗病品种

选育抗耐病品种是防治病害的重要手段，现今抗性品种多是抗立枯丝核菌的品种。包括日本、德国、法国、荷兰、西班牙、美国、希腊、俄罗斯等在内的多个国家都对培育抗性的甜菜品种进行了深入研究。我国的咸洪泉、赵思峰等也对我国的甜菜品种进行了抗立枯丝核菌的抗病性试验，筛选出较好的甜菜品种，但是随着品种的退化、国外进口种子在国内的推广以及国内抗病育种投入减少，我国现在关于抗病品种方面的报道较少。

(二) 农业防治

合理的农业措施是减少根腐病发生的重要手段。其中，轮作是最重要的农业防治手段，可以明显增强抗立枯丝核菌能力，提高产量。轮作可以有效地控制立枯丝核菌 AG-2-2ⅢB，禾本科作物茬种植甜菜发病少，油菜、亚麻也是甜菜的良好前茬作物，但是采用不适合的前作植物（如玉米、马铃薯、大豆）反而会使病害加重，减少产量。最好进行 6 年以上轮作，重病区应实行 8 年以上的轮作。

肥料可影响根腐病的发生严重度。氮、磷、钾三要素组合中，高氮无磷或无钾者，发病较重，根产量及含糖量较低；无氮高磷高钾者发病较轻，根产量及含糖量较高；高氮缺磷缺钾情况下发病严重。另外，应增施硼肥和锌肥，促进植株生长，提高植株抗病力。在苗床中使用氯化盐可以增加产量并且有降低病害发生的作用。

由于温湿度对发病有很大影响，一旦立枯丝核菌在常年湿涝的土壤定殖便难以清除，一般避免选择容易低洼积水的地块，采用早播、保持田块干燥。尽量避免使土壤湿度长期过高，结合深耕与深松土壤耕作层，增强植株抗逆性、提高植株抗病力，能有效防止疫霉的侵染。

(三) 化学防治

化学防治是防治病害的快速、有效的方法。由于引起根腐病的病原大部分存在于土壤中，因此，播种前进行土壤消毒处理或种子处理，如采用 70％噁霉灵可湿性粉剂对水灌根处理、77％氢氧化铜可湿性粉剂或 75％菌杀净可湿性粉剂（百菌清、福美双、福美锌混剂）闷种、5％菌毒清粉剂浸种、70％噁霉灵可湿性粉剂与 50％福美双可湿性粉剂拌种、60％敌磺钠·五氯硝基苯拌种，都对根腐病有一定的控制效果。

嘧菌酯可有效地防治由立枯丝核菌引起的甜菜根腐病。嘧菌酯和丙硫菌唑可完全抑制立枯丝核菌 AG-2-2ⅢB 的生长，防治效果良好，而苯醚甲环唑则没有明显的抑制效果。嘧菌酯和戊唑醇单独及混合使用对病害的防治效果为 50％～90％，嘧菌酯和生防菌芽孢杆菌（*Bacillus* MSU-127）混用效果最好，当 10 cm 深土壤温度到 19～22℃时使用嘧菌酯有良好的防病效果，但是超过 24℃则效果不明显。日本 Senoo 等在甜菜茎、叶上施用嘧菌酯和戊菌隆可成功地控制由丝核菌引起的病害。另外，三苯基氢氧化锡、百菌清、五氯硝基苯、肟菌酯等都能一定程度地控制该病害。

有文献报道，杀线虫剂能控制由甜菜胞囊线虫和尖孢镰刀菌引起的甜菜病害，防治效果与既有杀菌作用又有杀线虫作用的生物制剂没有显著差异。

针对腐霉菌，化学防治是防治的主要方法之一。主要采用以甲霜灵为代表的杀菌剂，该药剂对甜菜苗期病害的终极腐霉（*P. ultimum* var. *sporangiiferum*）和瓜果腐霉（*P. aphanidermatum*）都有显著的抑制作用，尤其进行种子处理和土壤处理能显著地控制病害。噁霉灵用于甜菜种子处理也可以有效降低由腐霉引起的病害发生。

(四) 生物防治

用酵母（*Saccharomyces cerevisiae*）对甜菜种子进行浸种、叶面喷雾和根部接种，对引起甜菜根腐病的强致病力菌株尖镰孢有一定的抑制作用，减少其所造成的根部产量损失，对茄病镰刀菌的生长半径也有一定的抑制作用。

有文献报道，利用木霉与代森锰锌混合对甜菜种子进行处理可以抑制立枯丝核菌的生长。荧光假单胞菌能有效抑制立枯丝核菌的生长。荧光假单胞菌100倍液浸种也有良好的防治效果，但我国还未见利用生物防治的方法控制甜菜根腐病方面更多的研究报道。

荧光假单胞菌（*Pseudomonas fluorescens*）、灰绿链霉菌（*Streptomyces griseoviridis*）、绿黏帚霉（*Gliocladium virens*）、寡雄腐霉（*Pythium oligandrum*）和哈茨木霉（*Trichoderma harzianum*）等生防菌来防治腐霉，具有发展成商品化的前景。利用尖眼蕈蚊的幼虫防治立枯丝核菌AG-2-2，可减少菌核密度从而降低甜菜根腐病的发生，利用相同原理防治的还有线虫。另外也有报道，利用薰衣草、金丝桃等植物的精油可显著地抑制立枯丝核菌菌丝的生长。

吴学宏（中国农业大学植物病理学系）

第 26 节　甜菜丛根病

一、分布与危害

甜菜丛根病（rhizomania），又称疯根病，是为害甜菜的重要病毒病害。1947年在意大利北部首次发现，1964年日本甜菜连作区发现此病害，随后又相继流行于前南斯拉夫、德国、英国、美国等欧洲和北美洲的甜菜产区，已经成为世界各甜菜产区的一种毁灭性病害。我国于1978年在内蒙古呼和浩特和包头市郊首次发现，目前在内蒙古、新疆、甘肃、宁夏、山西、河北、黑龙江等主要甜菜产区都有不同程度发生。

甜菜丛根病对甜菜的产量和含糖量影响极大，已成为我国甜菜生产和制糖业发展的一大障碍。该病一般发生田块根减产40%～60%，含糖量下降4%～9%，严重地块甚至绝产，并有加重和蔓延的趋势。而且一旦发病，其后10～15年再种植甜菜仍会发病并严重减产。甜菜丛根病还引起存储期含糖量损失25%～41%，而不感染丛根病的甜菜存储期含糖量损失仅为1%～2%。尽管通过种植抗（耐）病甜菜品种产量得到基本保证，但存在含糖量还比较低的瓶颈。因此，该病害依然严重影响我国甜菜制糖业的发展。

二、症状

甜菜丛根病的典型症状是在受侵染的甜菜植株主根和侧根上增生大量须根，须根逐渐坏死并不断集结成团扩展形成"大胡子"症状。发病初期首先是侧根变褐、变细直至坏死，随后主根的维管束也随之变褐、变硬而木质化，根纵切后可见中柱及维管束由黄色逐渐变成褐色。甜菜丛根病地上部症状多变，难以准确判定，主要有坏死黄脉型、植株矮化型、直立黄化型和黄色焦枯型等。典型的坏死黄脉型为在叶片上沿叶脉呈鲜黄色至橙黄色，后沿叶脉形成褐色坏死；直立黄化型为叶片变淡黄色至黄绿色，类似缺肥黄化，叶片变薄，叶片直立或狭长；黄色焦枯型为叶片主脉间出现大面积褐色坏死，叶片下垂，中午烈日下暂时萎蔫，早上可恢复（彩图20-26-1）。

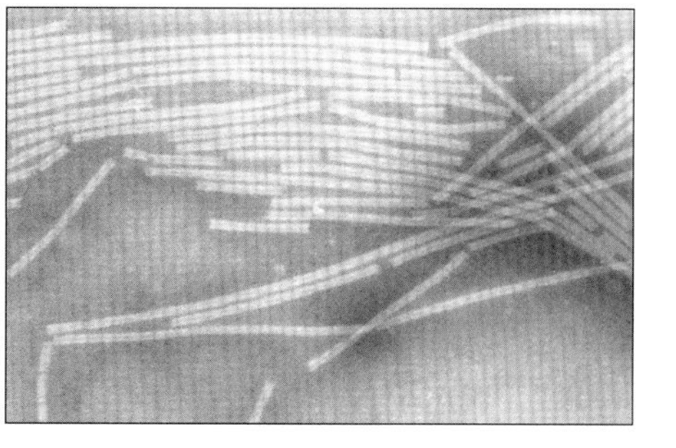

图20-26-1　BNYVV病毒粒体形态（刘志昕摄）
Figure 20-26-1　Electron micrograph of BNYVV virions（by Liu Zhixin）

三、病原及其传播介体

（一）病原

甜菜丛根病病原是甜菜坏死黄脉病毒（*Beet necrotic yellow vein virus*，BNYVV），为甜菜坏死黄脉病毒属（*Benyvirus*）的代表病毒，其传播介体是甜菜多黏菌（*Polymyxa betae*）。BNYVV是一种多分体正链RNA病毒，粒体形态为长度不等的直杆状，大小为（80～390）nm×20 nm，外壳蛋白分子质量为21 ku（图20-26-1）。BNYVV的RNA基因组结构与功能已经基本清楚（图20-26-2）。基因组一般含有4～5条RNA，根据大小分别称为RNA1，6 746nt；RNA2，4 612nt；RNA3，1 775nt；RNA4，1 468 nt 和 RNA5，1 342～1 347nt。5 条 RNA 的同源序列仅限于 5′端的 8～9 个核苷酸和 3′端 Poly（A）尾序前约 70 个核苷酸。RNA1 和 RNA2 编码"持家基因"，为病毒侵染各种寄主植物所必需，RNA1 编码与病毒复制相关的蛋白，在昆诺阿藜原生质体中 RNA1 能独立完成自我复制，说明 RNA1 带有病毒基因组复制所需的全部信息；RNA2 共编码 6 个开放阅读框，包括外壳蛋白（CP）、CP 通读蛋白 p75（read-through protein）、三联基因区蛋白（triple gene block，TGB）和沉默抑制子 p14，其中，CP 是病毒长距离运动所需的因子；p75 定位于线粒体的外膜，参与病毒的包装和真菌传毒；TGB 参与病毒的细胞间运动；p14 富含半胱氨酸、具有"锌指"（zinc finger）结构，能抑制转录后基因沉默（PTGS）。而 RNA3

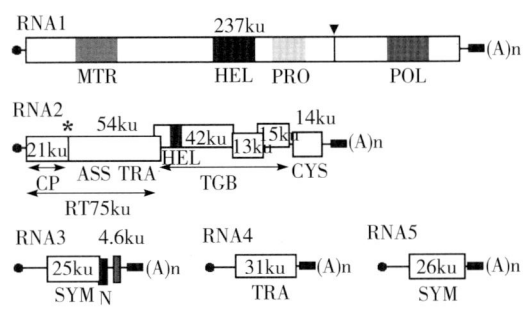

图 20 - 26 - 2　BNYVV 基因组结构简图
（引自 Tamada，2002）
Figure 20 - 26 - 2　Genome organization of BNYVV
（from Tamada，2002）

至 RNA5 不是病毒复制必需，但对于自然条件下病毒侵染甜菜有重要的作用，包括提高介体传毒效率、增强致病性和加重甜菜症状，其中 RNA3 编码 p25 蛋白是病毒侵染甜菜导致丛根症状和影响甜菜产量品质的重要致病因子；RNA4 编码 p31 蛋白也是一个重要的致病因子，在根部具有基因沉默抑制子的功能，对于甜菜多黏菌高效传播病毒非常重要；RNA5 编码 p26 蛋白和病毒致病性相关。深入研究这些组分 RNAs 的复制、运动和致病性，有助于人们对病毒侵染植物的过程有更深入的认识，为防治甜菜丛根病提供科学依据。

　　BNYVV 的自然寄主范围很局限，一般仅侵染甜菜和菠菜。在含 BNYVV 和甜菜多黏菌的病土人工种植条件下，用 ELISA 方法能在 12 种藜科植物、1 种苋科植物和 2 种石竹科植物上检测到 BNYVV 的存在，BNYVV 田间杂草寄主有龙葵、菊苣、天芥、宽叶车前等，没有症状表现的植物中也可检测到 BNYVV，说明这些植物在田间可能成为潜在的病毒传染源。试验用寄主包括局部寄主番杏（*Tetragonia expansa*）、昆诺藜（*Chenopodium quinoa*）、苋色藜（*Chenopodium amaranticolor*）和系统寄主野生甜菜（*Beta macrocarpa*）、本生烟（*Nicotiana benthamiana*）。

（二）传播介体

　　BNYVV 是由甜菜多黏菌（*Polymyxa betae*）以持久性方式进行传播。甜菜多黏菌属根肿菌目多黏菌属（*Polymyxa*），是一种寄生于甜菜及部分藜科植物根部的低等专性寄生菌，目前仍无法在人工培养基上生长。人们对其生活史特别是甜菜多黏菌怎样进行有性生殖的了解得不是十分完全，仅在其整个生活周期中观察到休眠孢子萌发产生可游动的双鞭毛游动孢子（球形或洋梨形），通过侵染根部细胞导致在细胞质内形成多核的原生质团。原生质团分化为游动孢子囊产生并释放游动孢子到根外并进行再次侵染，或者环境条件不适宜时原生质团聚集成鱼卵状厚壁休眠孢子堆，休眠孢子初为淡黄色后为褐色，具六角形外壁，可以存活 15 年以上（图20-26-3）。英国 Asher 等（1987）将此菌生活史分为活跃增殖的游动孢子阶段和在土壤中存活的休眠孢子阶段。当甜菜多黏菌侵染带有 BNYVV 的甜菜后，就可以在其生活史中的某个或某些阶段获取

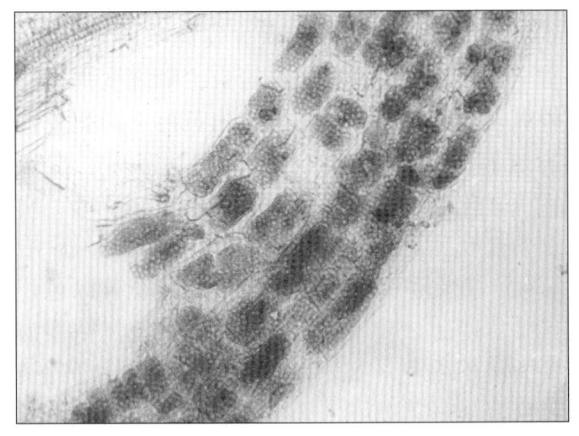

图 20 - 26 - 3　甜菜多黏菌的休眠孢子堆（韩成贵摄）
Figure 20 - 26 - 3　Cystosori of *Polymyxa betae* in beet root tissue（by Han Chenggui）

BNYVV 并传播到其他健康甜菜植株上。游动孢子和休眠孢子都能获取并传播病毒。现有证据表明，病毒不是被吸附在真菌介体的外表而是位于内部。带毒的游动孢子用抗血清处理，休眠孢子用抗血清、低浓度 HCl 或 NaOH 处理不影响病毒的传播，BNYVV 的侵染性能在干燥土壤中长期存活（15 年以上）。尽管在未成熟的游动孢子原生质和液泡中以及在游动孢子囊内成熟的游动孢子外面均可观察到病毒状粒体，并用

特异性外壳蛋白抗血清进行了特异性胶体金标记，但在休眠孢子内尚未观察到 BNYVV 病毒粒体，只是在休眠孢子内壁观察到大量特异性金颗粒标记物。美国科学家通过免疫荧光和免疫金标记的方法发现 *P. betae* 休眠孢子和游动孢子内均含有 BNYVV 基因组编码的非结构蛋白，故推测病毒可在 *P. betae* 内增殖。对于 *P. betae* 是怎样获取和释放病毒的机制，病毒在休眠孢子中的存在方式以及病毒在介体真菌内部能否繁殖等问题还不十分清楚。

四、病害循环

BNYVV 侵染过程是由甜菜多黏菌以持久性方式进行传播，随着介体侵染甜菜而完成。甜菜丛根病的病害循环与病毒传播介体甜菜多黏菌生活史密切相关。甜菜丛根病的主要初次侵染源是病土、病残体和污染粪肥中的休眠孢子（通过家畜消化道仍具有侵染活力），休眠孢子可在土壤中存活 15 年以上。传播方式主要是土壤传播。土壤中的休眠孢子极易随病土、病残体、粪肥、种子、块根及农机具等传播，雨水、灌溉水能促进病害传播。游动孢子被动地随水流迁移，而主动传播距离极为有限。在一个生长季内，休眠孢子萌发释放可游动的双鞭毛游动孢子，通过侵染甜菜根部细胞导致在细胞质内形成多核的原生质团，BNYVV 随游动孢子进入甜菜细胞，甜菜多黏菌无性繁殖形成大量游动孢子囊产生并释放游动孢子到根外进行多次再侵染（整个过程 10 d 左右），当环境条件不适宜时甜菜多黏菌有性生殖形成聚集成厚壁的休眠孢子堆（需要 15 d 左右），休眠孢子可以越冬成为下一年的初次侵染源。

五、流行规律

（一）病害发生时间动态及影响发病的主要因素

甜菜丛根病在我国 6 月下旬至 7 月上旬甜菜开始发病，7～8 月是发病盛期。甜菜多黏菌在甜菜的整个生育期内都可以侵染甜菜植株，田间病株分布一般呈点状或带状。甜菜群体中 BNYVV 侵染的概率取决于土壤中的甜菜多黏菌数量（休眠孢子），而不是游动孢子在植物间的传播，因此，甜菜丛根病发展具有单循环病害的特点。灌溉和降水虽然有利于游动孢子的二次侵染和增加根的接触，但病害发生最重要的在于初次侵染的效率。土壤温度适宜（15～28℃）、土壤湿度过大（相对湿度在 50% 以上），有利于多黏菌休眠孢子萌发和游动孢子的活动。因此，排水不良、灌溉过量的田块易发病。甜菜重茬会导致甜菜多黏菌的积累和大量增殖，发病加重。在 pH6.2 以上的中性或偏碱性地块种植易发病。沙壤土和沙土发病重，黏土发病轻。有效磷低或硝态氮高发病重。另外，甜菜丛根病病株易感染根腐病。

（二）BNYVV 分子变异与致病性分化

BNYVV 侵染寄主后致病性的发挥与病毒在寄主体内的复制，病毒在细胞间及寄主体内的运动能力，病毒的基因组尤其是主要致病基因的变异，以及传毒介体的传毒效率，寄主的抗病性都有紧密的联系。BNYVV 接种试验的症状表现与介体数量、病毒接种浓度无关，仅与病毒致病类型有关。早期用 RFLP（restriction fragment length polymorphism）和 SSCP（single strand conformation polymorphism）方法分析病毒基因组区域（RNA1 至 RNA4），将 BNYVV 分为 A、B 和 P 型 3 种基因型，这 3 种类型无法用血清学进行区分。之后根据序列可以进行分型，利用 CP 的 3 个保守氨基酸可以区分不同类型，即 A 型为 T62S103L172，B 型为 S62N103F172，P 型归为 A 型。Schirmer 等对亚洲、欧洲和美国大量分离物的 CP、p25 和 p26 进行系统发育分析，将这 3 个蛋白均划分为 3 个组，借以分析不同的地理起源。CP 分为 Group Ⅰ、Ⅱ 和 Ⅲ，分别对应原划分的 A、P 和 B 型。RNA3 编码 p25 蛋白是病毒侵染甜菜导致丛根病症状和影响甜菜产量品质的重要致病因子，p25 分为 p25-Ⅰ、Ⅱ 和 Ⅲ，且 68～70 位氨基酸（tetrad 基序）是一个高度变异区间，与病毒致病性密切相关。p25-Ⅰ 主要由 A 型分离物的 p25 组成，具有 11 种 tetrad 基序中的 8 种；p25-Ⅱ 由欧洲 A 型分离物（tetrad 基序为 SYHG）、日本的 A 型分离物（tetrad 基序为 AYRV、AFHG 和 AYHG）和 1 个中国 B 型分离物（tetrad 基序为 AYHG）构成；p25-Ⅲ 主要由 B 型分离物组成，基序均为 AYHR。RNA5 首先在日本发现，随后相继在中国、法国、哈萨克斯坦、英国和德国的甜菜种植区发现含有 RNA5 的 BNYVV 分离物，含 RNA5 的分离物造成丛根病症状加重和产量损失严重。p26 根据内部是否存在第 77 和 227～229 位的缺失，被划分为 J 型（亚洲分离物，存在缺失，Groups JⅠ、JⅡ）和 P 型（欧洲分离物，无缺失，PⅢ）。选择压分析显示，CP 最为保守，p25 变异最大，可能是克服寄主抗性的结果。BNYVV A 型分离物广泛分布于大部分国家，B 型主要在德国、法国、比利时和瑞典发现，P 型仅在法国、英国和哈萨克斯坦的局部地区发现。P 型分离物与 A 型和 B 型分离物比较，在主根的病毒含量相对较高，特别是在抗病品种中含量高。目前，中国、日本和伊朗都有 A、B 两种类型发生，中国和日本分离物多数具有 RNA5 组分，美国仅有 A 型发生，尚未发现 RNA5。

BNYVV 的 RNA3 编码 p25 作为毒性因子或无毒因子，在亲和性互作中 p25 蛋白变异较少，而非亲和性互作中变异较大，不断产生毒性突变株。日本学者研究表明，BNYVV p25 突变体的相对致抗性丧失能力（RB，resistance breaking）为 68 位氨基酸 F<Y<C=L=H<Q<VC。p25 的第 67 位缬氨酸（V67）的单点突变即可使 BNYVV 克服由 *Rz1* 基因介导的抗性，并且突变病毒能在田间抗性植株体内正常复制。p25 蛋白中出现 V67C68 基序是甜菜 *Rz1* 抗性被克服的分子标志。我国主要甜菜产区发生 BNYVV 的致病类型有：分离物 CY1（A 型，ACHG）、CX5（A 型，AHHR）、CH3（B 型，AHHG）和 CY3（A 型，AYHR- D179），均能克服丛根病抗性基因 *MR1* 和 *MR2*。根据日本研究结果推测，CX6/CW1/Wu2/Wu3（A 型，AHHR）、CW11（A 型，AYHR- D179）、Cha/CH2/CH3/CH4/CH5/CX3/呼和 Hoh1（A 型，ACHG）、酒泉 Jiu（A 型，AHHG），均可能具有较强致病性，克服丛根病抗性基因 *MR1* 和 *MR2*，但需要进行生物学测定确认。另外，我国特有的武威 Wu1 和包头 Bao（A 型，ASHG）致病性尚不清楚（表 20 - 26 - 1）。我国 BNYVV 发生地区横跨东北与西北，地理环境、气候条件及种植制度等差异极大，丛根病的为害程度也各不相同，但长期以来缺乏不同地区分离物的分子变异情况的系统调查，因此，需要加强对我国主要甜菜产区 BNYVV 分离物分子变异与致病性分化特点的研究，监测强致病型病毒变异动态，对抗丛根病品种的选育和合理布局有实际指导意义。

表 20 - 26 - 1　我国甜菜坏死黄脉病毒 p25 致病性分型

Table 20 - 26 - 1　Virulence of different BNYVV isolates in China

株系名称	67~70 位氨基酸类型	CP 类型	致病性分型	采集地
CY1	ACHG	A 型	*MR1* 和 *MR2*	宁夏银川
CHa	ACHG	A 型	较强致病性	黑龙江哈尔滨
CX3	ACHG	A 型	较强致病性	新疆昌吉
CH2	ACHG	A 型	较强致病性	内蒙古呼和浩特
CH4	ACHG	A 型	较强致病性	内蒙古呼和浩特
CH5	ACHG	A 型	较强致病性	内蒙古呼和浩特
Hoh1	ACHG	A 型	较强致病性	内蒙古呼和浩特
CX5	AHHR	A 型	*MR1* 和 *MR2*	新疆昌吉
CX6	AHHR	A 型	较强致病性	新疆昌吉
CW1	AHHR	A 型	较强致病性	甘肃武威
Wu2	AHHR	A 型	较强致病性	甘肃武威
Wu3	AHHR	A 型	较强致病性	甘肃武威
CH3	AHHG	B 型	*MR1* 和 *MR2*	内蒙古呼和浩特
Jiu	AHHG	A 型	较强致病性	甘肃酒泉
Wu1	ASHG	A 型	致病性？	甘肃武威
Bao	ASHG	A 型	致病性？	内蒙古包头
CY3	AYHR- D179	A 型	*MR1* 和 *MR2*	宁夏银川
CW11	AYHR- D179	A 型	较强致病性	甘肃武威
CH6	AYHG	B 型	*MR1*	内蒙古呼和浩特
Hoh2	AYHG	B 型	致病性？	内蒙古呼和浩特
NM	AYHG	B 型	致病性？	内蒙古呼和浩特
Hoh3	AYHG	B 型	致病性？	内蒙古呼和浩特
Har2	AFHG	A 型	致病性弱	黑龙江哈尔滨
Har4	AFHG	A 型	致病性弱	黑龙江哈尔滨
Chan1	AFHR	B 型	致病性？	新疆昌吉
Chan2	AFHR	B 型	致病性？	新疆昌吉

六、防治技术

对于甜菜丛根病的控制主要以预防为主，选择无病田块，选用抗（耐）病品种，同时加强栽培技术措施，必要时辅助药剂防治，尽量减少病害损失。

（一）选用抗（耐）病丰产高糖良种

选育和利用抗病品种是最经济有效控制甜菜丛根病的措施。20 世纪 80 年代由意大利育种家选育了世界上第一个抗丛根病品种 "Rizor"，目前已报道的抗病毒基因主要有 $Rz1$、$Rz2$、$Rz3$、$Rz4$、$Rz5$，这些基因均位于 3 号染色体上。抗传毒介体甜菜多黏菌的基因 $Pb1$、$Pb2$ 分别位于 4 号染色体和 9 号染色体上。甜菜抗病基因 $Rz1$ 是美国加利福尼亚州 Holly 甜菜公司鉴定一个抗丛根病资源 Holly 所含有的抗性基因，现在多数抗病品种的抗性来源于这一资源，能显性遗传，都表现出病毒含量显著降低，但不能完全地抵抗 BNYVV。$Rz2$ 和 $Rz3$ 在丹麦的野生海甜菜（Beta vulgaris sp. maritima）中发现，分别登记的品系为 WB42 和 WB41。$Rz2$ 是一个单显性基因，与 $Rz1$ 处于 3 号染色体，两个基因相距 20 cM，抗 BNYVV 的效率超过 $Rz1$，但是遇到强毒株系需要 $Rz1$ 和 $Rz2$ 配合使用才能取得较好的效果。$Rz3$ 不完全显性遗传，与 $Rz1$ 的距离小于 5cM，杂交后代抗性水平各有差异，在 WB41 中还有其他的基因参与抗病反应。$Rz4$ 是通过 AFLP、SNP 和 RAPD markers 以及 QTL 分析在 R36 品种中得到的抗病基因。$Rz5$ 从 WB258 品系中发现，和 $Rz1$、$Rz4$ 位于相同的基因位点。进一步分析表明，这 5 个抗性基因位于一对等位基因上，$Rz1$、$Rz4$ 和 $Rz5$ 位于一条，$Rz2$、$Rz3$ 位于另一条。还鉴定出一些对甜菜丛根病有抗性的资源，如 WB151、C28、C50、R04、R05 等，但对这些资源遗传背景了解不多。$Pb1$、$Pb2$ 也是两个有价值的抗病基因，能够产生类似于 $Rz1$ 的抗性，可以与 $Rz1$ 叠加起作用，联合使用抗 BNYVV 和抗甜菜多黏菌的基因能够产生更持久的抗性。转化 BNYVV 的 CP、MP 和复制酶基因片段植株都有成功抵抗病毒侵染的报道，为培育抗甜菜丛根病品种提供了新的途径。

国内外主要甜菜公司和育种机构培育了大量抗甜菜丛根病品种，但多数商业化品种并不告之所含有的抗性基因种类。目前，在我国表现抗性较好的品种主要有 Beta796、Beta065、KWS1480、KWS9440、张甜 301、宁甜双优 2 号、内糖（ND）38、内甜抗 202、内甜单 1 和内甜抗 201。例如，通过甜菜产业技术体系筛选评价 2012 年在生产上综合表现优异的品种华北区有 Beta064、Beta176、KWS1176、KWS9147、KWS2463、SD13829、内甜 28128，西北区有 Beta218、SD13829、ST13992、HI0936，东北区有 SD12826、HI0940、ST21115、普瑞宝和阿麦斯等。

在选育和利用抗病品种的过程中要注意 "抗性丧失" 现象。大面积单一抗病甜菜品种的种植无疑为 BNYVV 的毒性进化提供了额外的选择压，最终导致甜菜抗病性被克服，而不是抗性基因的丢失。在美国及西班牙等欧洲国家种植含有抗性基因 $Rz1$ 品种的甜菜产区内大面积出现丛根病症状，这表明 BNYVV 已出现抗性突变株，RNA3 编码 p25 的第 67 位氨基酸的突变（Ala→Val）与抗性丧失密切相关。此后，多位研究人员相继在实验中发现了 p25 蛋白不仅在第 67～70 位氨基酸会导致抗性丧失，其他部位如第 118、132、179 位氨基酸的突变同样会介导寄主的抗性丧失。说明单基因抗丛根病性品种的长期应用导致 BNYVV 强毒株系出现必然会导致甜菜 "抗性丧失" 问题。因此，要注意品种的合理布局和轮换种植，防止大面积单一使用某一个品种，今后还要继续加强新抗性资源的开发利用和对 BNYVV 致病性株系群体的系统监测，为品种培育和合理布局提供理论指导，延长甜菜品种的使用寿命。

（二）农业防治

BNYVV 可通过甜菜多黏菌持久性进行传播，其休眠孢子可在土壤中长期存活 15 年以上，连续在病田种植感病甜菜品种会导致病害加重，最终使病田无法种植甜菜。因此，相应的农业栽培措施对轻病田有一定效果，对重病田防效甚微。主要方法：①控制灌溉次数，调节土壤 pH，适当耕作以降低土壤湿度。②育苗防病。采用无病土育苗，育苗土 pH6.0 以下，育苗温度控制在 20℃ 以下，控制灌水次数等。③采用耕种法降低多黏菌的密度，破坏发病环境，加强田间卫生管理，及时清理田间病残株和杂草寄主，病田使用过的农机具注意清洁，长期轮作换茬。④适当早播、增施有机肥及过磷酸钙等生理酸性肥料等，最好使用沼气发酵后的有机肥，发酵能够使 BNYVV 和甜菜多黏菌失活，但是当发酵温度在 38～55℃ 时要至少 1 周才能保证 BNYVV 彻底失活。⑤对拟种植田块进行病毒带菌检测，在无病田可种植感病高糖品种。

（三）化学防治

国外曾采用化学药剂如采用溴甲烷及滴·滴混剂（二氯丙烯/二氯丙烷）对病土进行熏蒸处理，可以杀死甜菜多黏菌的休眠孢子，对病害控制有一定的效果，但不利于含糖量提高，并且单独防治效果不好，成本高，对人畜和环境有害。国内结合翻地或定苗后施用福美双、硫黄混剂或对育苗土进行热处理，从而减轻甜菜丛根病的为害。但总体防治效果不显著。

（四）生物防治

生物防治在甜菜丛根病的防治中取得一定的成效，如荧光假单胞菌（*Pseudomonas fluorescens*）可以抑制甜菜多黏菌菌落的形成，而木霉（*Trichoderma* spp.）可使 BNYVV 的含量降低 21%～68%。我国研究人员也初步筛选出对甜菜丛根病和根腐病有控制效果的生防制剂。

韩成贵（中国农业大学）

第 27 节　甜菜黑色焦枯病毒病

一、分布与危害

甜菜黑色焦枯病毒病，又称甜菜黑色焦枯病，是一种病毒病害。在我国新疆、甘肃、宁夏、山西、河北、内蒙古、吉林、黑龙江等甜菜产区均有发生。该病一般发生在甜菜生长的早、中期。田间一般发病率为 1%～10%。致使叶片光合效率下降，造成甜菜块根瘦小、维管束不同程度的褐色坏死，含糖量极度下降，病株有害灰分和有害氮成分大量增加，重病田块绝产，给甜菜生产带来了巨大的损失。

近年来，世界各地许多甜菜产区（美国、伊朗、西班牙及西欧多个国家）也陆续发现了该病害，由此，甜菜黑色焦枯病已成为世界范围内的甜菜病毒病害之一，引起了广泛的关注。

二、症状

甜菜黑色焦枯病的典型症状为叶脉间出现黑褐色焦枯斑，初期表现为零散、不规则、黑褐色小枯斑，其后在叶脉间出现黑色焦枯（彩图 20-27-1）。叶片通常直立向上、内卷；根毛大量坏死，丛根病症状不明显，发病后期病斑连接成大片，全叶焦枯死亡。黑色焦枯病害最早曾被认为是由甜菜坏死黄脉病毒所引起丛根病的一种症状，但通过病毒粒体电镜观察及血清学测定证明，黑色焦枯病病原与甜菜坏死黄脉病毒完全不同，是由一种球型病毒所引起的新病害。

三、病原及其传播介体

（一）病原

甜菜黑色焦枯病病原为甜菜黑色焦枯病毒（*Beet black scorch virus*，BBSV），属于番茄丛矮病毒科（*Tombusviridae*）坏死病毒属（*Necrovirus*）的成员。病毒粒体直径约为 30 nm，球形（图 20-27-1），由甘蓝油壶菌 [*Olpidium brassicae*（Woron.）Dang] 以非持久方式传播。血清学显示，BBSV 仅与一株来自柳树的烟草坏死病毒（*Tobacco necrosis virus*，TNV）有较强的血清学反应。此病毒的致死温度为 70 ℃ 10 min，20 ℃体外存活期为 13 d 以上，冻干叶片在 4 ℃冰箱中存放 3 年后仍有较强的侵染能力。自然条件下，BBSV 只侵染甜菜。BBSV 经摩擦接种可侵染 4 科 16 种植物，在苋色藜、昆诺藜、墙生藜、菠菜、番杏、甜菜上产生局部坏死斑，在番茄、白烟、莴苣、酸浆、普通烟、心叶烟、三生烟、NN 烟、黄花烟上为无症状局部侵染。BBSV 在低温 18℃下可以系统侵染本生烟（*Nicotiana benthamiana*），叶片产生黄色褪绿斑。已经建立了特异、灵敏的免疫电镜、

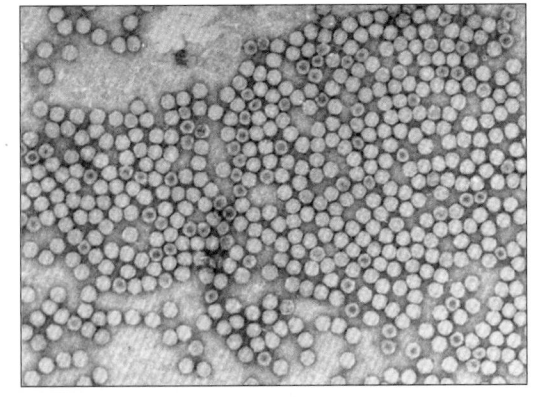

图 20-27-1　甜菜黑色焦枯病毒电镜照片（蔡祝南摄）

Figure 20-27-1　Electron micrograph of BBSV
(by Cai Zhunan)

ELISA 和 RT-PCR 检测 BBSV 方法。

　　BBSV 基因组分子结构与功能。BBSV 核酸为正义单链 RNA，由 3 644 个核苷酸组成，RNA 5′末端无 VPg 蛋白，3′末端无 Poly（A）尾，与新疆分离物核酸序列的相似性为 99.45%（Xi et al.，2006）。

BBSV 基因组共有 6 个开放阅读框（图 20 - 27 - 2），分别编码与 RdRp 相关的 P23 和通读蛋白 P82，协同决定 BBSV 细胞间运动功能的 P7a、P7b 和 P5′以及外壳蛋白 P24（实际测定大小 25 ku）。BBSV 通过产生亚基组（subgenomic RNA，sgRNA）的方式表达胞间运动蛋白和外壳蛋白。sgRNA1 和 sgRNA2 分别起始于 BBSV 基因组 2 209 位和

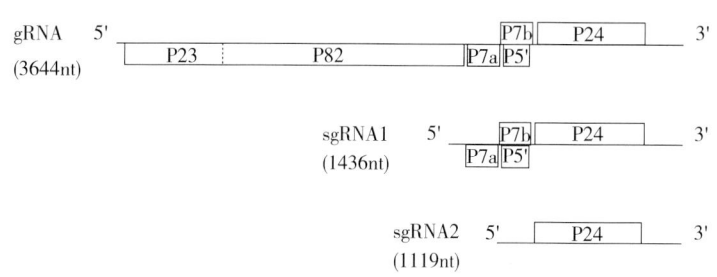

图 20 - 27 - 2　BBSV 基因组结构（引自原雪峰等，2006）

Figure 20 - 27 - 2　Genome organization of BBSV

（from Yuan Xuefeng et al.，2006）

2 526位的鸟苷酸（G），其中，由 sgRNA1 可翻译产生 P7a、P7b 和 P5′三种蛋白，并由此决定了 BBSV 接种苋色藜后的细胞间运动及枯斑症状；sgRNA2 负责外壳蛋白（Coat protein，CP）的表达，CP 大部分缺失时对病毒侵染苋色藜后的局部症状及 RNA 积累水平没有明显影响，但影响在本生烟上的系统侵染症状。在 BBSV 一些分离物中还存在一条小分子 RNA 组分，为 BBSV 的卫星 RNA（satellite RNA，satRNA）。satRNA 全长为 615 个核苷酸，与 BBSV 基因组 RNA 序列没有同源性，并且单独不能侵染寄主，其复制依赖于 BBSV 基因组 RNA，不编码任何蛋白信息，和辅助病毒共同包装在同一病毒颗粒中，satRNA 在病毒粒体中存在单体、二聚体和四聚体结构。在枯斑寄主苋色藜上，satRNA 能够使病毒接种后所产生的枯斑数增加 65%～136%，增加辅助病毒 BBSV 的积累量，对 BBSV 的致病性具有增强作用。satRNA 负义链可能具有抑制 RNA 沉默的功能。

（二）传播介体

　　BBSV 由甘蓝油壶菌以非持久方式传播，游动孢子鞭毛体外带毒。甘蓝油壶菌的形态特征为营养体为球形或椭圆形、多核、有细胞壁的单细胞体，游动孢子囊内产生后生单鞭毛的游动孢子，休眠孢子球形散生。甘蓝油壶菌游动孢子囊球形或椭圆形，直径为 19.5～47.5 μm，具 1～2 根泄出管，大小为 32.5μm×18.8μm～117.5μm×28.8μm；游动孢子球形，单根尾鞭，头部直径为 2.5～3.0 μm，鞭毛长度为12.5～19.0 μm；休眠孢子球形，黄褐色，外壁厚，有脊纹，大小为 11.0～28.0 μm。用甜菜黑色焦枯病毒（BBSV）直接接种甜菜根，BBSV 轻度侵染甜菜，而将 BBSV 与甘蓝油壶菌游动孢子体外混合接种甜菜根，BBSV 则严重侵染，电镜负染观察到甘蓝油壶菌游动孢子表面吸附有 BBSV 粒体。

四、病害循环

　　甜菜黑色焦枯病在田间的传播方式为土壤传播，并且证实为甘蓝油壶菌的游动孢子体外带毒传播。甘蓝油壶菌的侵染过程为游动孢子在侵入植物时先回缩鞭毛，接着产生休止孢并分泌黏性物质将自身固定在植物表面，然后休止孢中的原生质侵入寄主的细胞质中。侵入后不久形成无壁的菌体，36h 后菌体壁开始形成（游动孢子囊），72h 后游动孢子囊发育成熟并通过泄出管释放游动孢子。环境条件不适宜时菌体陆续发育为休眠孢子。甜菜黑色焦枯病的病害循环过程还不十分清楚。

五、流行规律

　　甜菜黑色焦枯病一般气候条件下 5 月末至 6 月初田间开始发病。6 月中旬健康甜菜已封垄，而病田植株很小不封垄，出现死苗现象，7 月中旬重病区甜菜多数死亡，没死的病株新生叶片小而薄，直立黄化，但很少再发展为黑色焦枯病症状。BBSV 和 BNYVV 常混合侵染甜菜，传播介体甘蓝油壶菌和甜菜多黏菌也常混合发生。该病害的发生还与甜菜品种和土壤状况有较大关系，即相同外界环境条件下，甜菜品种不同发病情况不同，而相同品种田块不同发病情况亦不一样。这种病害在田间发病无明显规律，既有随机分布，也有全田植株普遍发生，除甜菜丛根病外还常常与根腐病混合发生。

BBSV 不同分离物具有不同的致病性分化，经基因组片段重组及单核苷酸突变证明，位于 BBSV 3′UTR 区域的第 3 477 位核苷酸由 U 到 G 的改变是导致突变体病毒致病力增强的主要原因，表明植物 RNA 病毒非编码区域的核苷酸对病毒所导致的症状具有调控功能。病毒复制酶 P82 蛋白的第 516 位氨基酸 R 是决定该病毒支持 M 型 satRNA 高效复制的关键位点，satRNA 与 BBSV 之间存在着非常复杂的协同进化关系。

六、防治技术

有关甜菜黑色焦枯病的控制主要采取农业栽培措施，可参考甜菜丛根病。

韩成贵（中国农业大学）

第 28 节　甜菜黄化病毒病

一、分布与危害

甜菜黄化病毒病，又称甜菜黄化病，是一种世界范围内的病毒病害。该病在我国主要甜菜产区均有不同程度的发生，尤以内蒙古、新疆和甘肃为重病区。一般发病率为 10%～20%，严重时为 50%～60%。该病导致甜菜光合作用受阻，植株发育不良，对链格孢（*Alternaria*）、甜菜茎点霉（*Phoma betae*）和镰刀菌（*Fusarium*）等病菌抵抗力下降，造成田间多种病害共同发生，致使甜菜块根产量和含糖量下降，一般减产 10%～40%，严重甜菜地发病率 50%～90%，含糖量下降 1%～5%。发病种株种子产量损失 30% 左右。

二、症状

甜菜黄化病发病初期，在植株上往往靠近底部的老叶首先表现症状，叶尖或叶缘褪绿至金黄色，随后叶脉间出现不规则的黄色病斑，病斑逐渐扩展，仅叶脉保持绿色外，全叶黄化，叶片增厚变脆易碎，清脆有声。部分植株叶片沿叶脉坏死，出现斑点状黄化。发病后期全株仅心叶保持绿色，植株外层叶片变黄干枯，病株维管束变黑坏死。盛夏中午时健康叶下垂，病叶直立（彩图 20 - 28 - 1）。在田间常可见发病中心，以后扩大蔓延。

三、病原及其传播介体

（一）病原

我国甜菜黄化病病原是甜菜西方黄化病毒内蒙古株系（*Beet western yellows virus* - IM，BWYV-IM）。BWYV 为直径 26 nm 球状病毒（图 20 - 28 - 1），通过桃蚜等蚜虫以循回型非增殖方式传播，不能机械传播。2008 年在内蒙古和甘肃检测到 BWYV-IM，2010 年在北京检测到 BWYV-BJ A 和 B 两种基因型。国外除 BWYV 外，欧美地区广泛流行的甜菜温和黄化病毒（*Beet mild yellowing virus*，BMYV）、甜菜褪绿病毒（*Beet chlorosis virus*，BChV）两种病毒均可引起脉间失绿黄化。常规血清学不能区分，可以通过针对 5′ 的 RT-PCR 进行区分，我国尚未检测到 BMYV

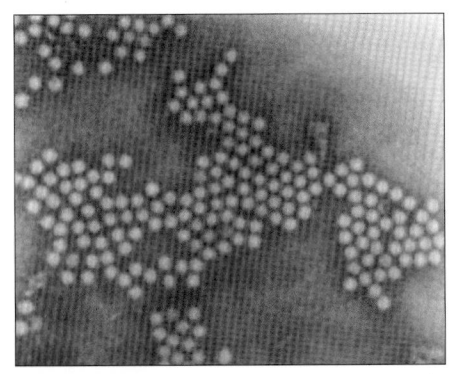

图 20 - 28 - 1　甜菜西方黄化病毒粒体电镜照片
（引自 Rothamsted Research，1994）
Figure 20 - 28 - 1　Electron micrograph of BWYV virions
(from Rothamsted Research，1994)

和 BChV。我国早期文献认为，甜菜黄化病病原为甜菜黄化病毒（*Beet yellows virus*，BYV），病毒粒体长线状，通过桃蚜、豆蚜等传播，对 BYV 进行 RT-PCR 检测的试验结果表明，所有样品均呈阴性；但试验所用的引物是针对 BYV 的特异性引物，不排除我国甜菜同属类似病毒序列上与 BYV 差异较大，而导致 PCR 检测阴性。因此，关于我国甜菜线形病毒属病毒（closteroviruses）的发生与分布还需要进一步的调查研究确认。

文献报道，BWYV 寄主范围广泛，包括藜科、十字花科、石竹科、番杏科、紫菀科、豆科、紫草科、茄科、葫芦科、苋科、马齿苋科植物。我国黄化病毒除侵染糖用甜菜外，还侵染饲用甜菜、叶用甜菜、菠菜、番杏、中亚滨藜、西伯利亚滨藜、藜、灰绿藜、市藜、水蓼、萹蓄、车前等。

我国 BWYV 株系分化情况。对 BWYV 内蒙古和甘肃分离物进行基因组 cDNA 克隆与全序列分析表明，BWYV-IM 和 BWYV-GS 全长、各基因核苷酸与其推测蛋白氨基酸序列一致性大于 95%，推测 BWYV-IM 和 BWYV-GS 为同一病毒（或株系）的不同分离物。BWYV-IM 与其他已报道马铃薯卷叶属病毒（poleroviruses）所有基因编码产物氨基酸序列一致性均低于 90%。根据黄症病毒科病毒分类标准的 10% 差异原则，BWYV-IM 应属于一个新种，但鉴于缺少生物学、介体和寄主范围等数据，暂定为一个新株系，命名为 BWYV 内蒙古株系（BWYV-IM）。对北京的甜菜病毒进行分子鉴定和序列分析时发现，BWYV-BJ 代表与 BWYV-US 和 BWYV-IM 均为不同的 BWYV 第三种株系，暂命名为 BWYV-BJ 株系，且存在两个基因型，分别命名为 BWYV-BJ-A 和 BWYV-BJ-B。这些序列差异是否导致病毒在寄主范围、致病性和传毒介体等生物学方面的差异尚不清楚。

（二）传播介体

BWYV 通过桃蚜（*Myzus persicae*）等多种蚜虫以循回型非增殖方式传播。

四、病害循环

甜菜西方黄化病毒在甜菜母根、菠菜和藜科等杂草上越冬。采种母根是采种植株及附近原料甜菜黄化病毒病的主要初次侵染源，而远离甜菜采种区的原料甜菜以田间藜科杂草和冬季菠菜为主要初次侵染源。病毒主要依靠桃蚜、豆蚜和甜菜蚜等蚜虫传播。病毒可以在一个生长季内由蚜虫传播进行反复侵染。

五、流行规律

甜菜西方黄化病毒随介体侵染寄主。桃蚜经饲毒后就能传染病毒，饲毒时间越长，发病率越高。病毒在甜菜体内潜育期 30 d。甜菜黄化病的发生和流行同毒源、蚜源的来源和数量以及影响蚜虫活动的气候条件有极其密切的关系。病害流行程度与有翅桃蚜发生呈正相关，有翅桃蚜迁飞数量越多，黄化病毒病流行的程度越重。气温和雨量等气候因素直接影响有翅桃蚜迁飞活动，在华北区，温度 17～18℃、相对湿度 40%～45% 情况下则适宜蚜虫的发生；气温 24～25℃、相对湿度 40%～60%，对有翅桃蚜的迁飞最为有利。有翅桃蚜在甜菜整个生育期有两次迁飞高峰，一次在 7 月中、下旬，一次在 9 月中旬。田间甜菜黄化病 6 月中旬开始发病，流行盛期 8 月中旬，9 月中旬病害不再扩展。尚未发现对于黄化病毒免疫品种，但不同品种抗性存在差异。

六、防治技术

（1）选用抗（耐）病品种。

（2）清除田间杂草，减少病毒初次侵染源和蚜虫数量。

（3）加强栽培技术措施，选择肥沃土地、适期早播、增施磷肥、合理密植、加强田间管理等，可促使甜菜生长健壮，增强抗病能力。

（4）消灭传毒蚜虫，降低有翅桃蚜虫口密度。

（5）甜菜地、母根地与采种地最少相距 1 km，且采种地要安排在下风口。

韩成贵（中国农业大学）

第 29 节　甜菜花叶病毒病

一、分布与危害

1898 年 Prillieu 和 Delacroix 首次报道了甜菜花叶病毒病（又称甜菜花叶病），是一种世界上广为分布的病毒病害。对于我国发生的甜菜花叶病，1981 年刘仪等报道了发生于北京地区菠菜上的甜菜花叶病，之后研究人员相继报道了黑龙江、内蒙古和新疆等甜菜主产区甜菜花叶病的发生及为害情况，该病在我国的西北、华北和东北等甜菜主产区均有发生。

在采种区及离采种区较近的原料甜菜发病较重，在我国采种区一般发病率为 30%～40%，严重时为 80%～100%，病株含糖量下降 3.4%，采种量减少 10%～20%，还严重影响种子发芽率。该病毒常与甜菜坏死黄脉病毒（BNYVV）和甜菜西方黄化病毒（BWYV）等病毒复合侵染加重为害，并降低甜菜对褐斑病的抗性。

二、症状

发病初期，受侵染甜菜幼叶明脉，叶片上先出现许多小黄斑，逐渐形成黄绿色花叶或斑驳的斑块，部分植株枯萎，产生褐色枯斑。采种株抽薹困难，结实率低，籽粒干瘪，种子质量下降。发病后期，整株叶片全部变成花叶，叶片提前衰老，植株普遍矮化，个体发育不良，叶片畸形（彩图20-29-1）。

三、病原及其传播介体

（一）病原

甜菜花叶病主要由甜菜花叶病毒（*Beet mosaic virus*，BtMV）引起。此外，黄瓜花叶病毒（*Cucumber mosaic virus*，CMV）、芜菁花叶病毒（*Turnip mosaic virus*，TuMV）和烟草花叶病毒（*Tobacco mosaic virus*，TMV）也能引起甜菜花叶病症状。BtMV 属马铃薯 Y 病毒科（*Potyviridae*）马铃薯 Y 病毒属（*Potyvirus*），病毒粒体线条状，大小为 730 nm×13 nm，为单链正义 RNA 病毒（图 20-29-1）。可由多种蚜虫以非持久性方式传播，亦可机械传播。

已经报道了美国（BtMV-Wa）和德国（BtMV-G）分离物的全序列以及斯洛伐克和英国少数几个分离物 3′端部分序列。国内学者在陆续开展了对 BtMV 的生物学特性以及外壳

图 20-29-1 甜菜花叶病毒粒体（元平摄）
Figure 20-29-1 Virions of BtMV
(by Yuan Ping)

蛋白分子质量测定和氨基酸组分分析、细胞病理学等研究，完成了我国内蒙古（BtMV-IM）和新疆（BtMV-XJ）分离物进行的全序列测定，初步明确我国 BtMV 的分子结构特征，基因组全长 9591nt，3′端具有 Poly（A）尾，编码一个由 3 085 个氨基酸组成的多聚蛋白，与其他 Y 属病毒一样可被切割加工成 10 个蛋白，从 N 到 C 端依次为 P1、HC-Pro、P3、6K1、CI、NIa-Vpg、NIa-Pro、NIb 和 CP。我国分离物与 BtMV-Wa 和 BtMV-G 序列一致性分别为 91.6% 和 93.8%。BtMV 新疆分离物外壳蛋白氨基酸序列与内蒙古和斯洛伐克的完全相同。而与英国、美国的分别存在 1 个和 5 个氨基酸的差异，推测 BtMV 新疆分离物与内蒙古、斯洛伐克、英国的分离物同源性较高，而与美国的同源性较低。可以通过血清学和 RT-PCR 对病毒进行检测。尽管研究人员对我国不同地区的甜菜花叶病病原进行了初步鉴定，但对于不同分离物是否存在分子变异和致病性分化未见报道。

寄主范围以藜科、豆科和茄科等 10 多种双子叶植物为寄主，包括糖甜菜、红甜菜、菠菜和莴苣等作物。

（二）传播介体

超过 28 种蚜虫可传播甜菜花叶病毒，主要为桃蚜（*Myzus persicae*），以非持久性方式传播。

四、病害循环

桃蚜等多种蚜虫以非持久性方式传播甜菜花叶病毒，获毒和传毒仅需数秒，获毒后可保持 1h 至数小时，病毒亦可机械传播，但田间传播主要依靠蚜虫传播扩散，病毒在一个生长季可以进行多次再侵染。病毒在甜菜母根或杂草上越冬，翌年作为初次侵染源。

五、流行规律

甜菜花叶病发病高峰期为 6～7 月。在采种区及离采种区较近的原料甜菜发病较重。气温在 21℃ 以上或 10℃ 以下症状不明显，低湿地、盐碱地发病重。

六、防治技术

选用抗（耐）病品种，采种区与原料区隔离，轮作，清除田间杂草减少毒源，控制蚜虫数量等措施均可以减轻病害发生。

韩成贵（中国农业大学）

第 30 节　甜菜土传病毒病

一、分布与危害

1982 年在英国种植的甜菜上首次分离到甜菜土传病毒（*Beet soil-borne virus*，BSBV），随后在德国、法国、荷兰、比利时、瑞典、芬兰、立陶宛、意大利、西班牙、瑞士、奥地利、匈牙利、波兰、斯洛伐克、克罗地亚、伊朗、土耳其、叙利亚、美国和日本等国家相继被报道，是一种在世界甜菜产区广泛分布的病毒。2006 年 9 月从内蒙古、新疆、吉林和黑龙江采集田间表现出丛根病症状的甜菜样品中检测到 BSBV。

关于 BSBV 的致病性存在一些争议。一些学者认为，从土壤中分离出的 BSBV 能够在甜菜上引起类似丛根病症状，并且损失达到 70% 以上；而另外一些学者认为，机械接种并不能导致上述症状，根据病毒分离物和甜菜品种的不同，田间最大损失为 40%。

二、症状

BSBV 侵染甜菜并不引起任何叶部特异症状，田间常与甜菜坏死黄脉病毒（BNYVV）复合侵染，与甜菜丛根病症状的关系有待深入研究。

三、病原

甜菜土传病毒（*Beet soil-borne virus*，BSBV）是帚状病毒科（*Virgaviridae*）马铃薯帚顶病毒属（*Pomovirus*）的成员，由甜菜多黏菌传播。BSBV 粒体为直杆状，大小分别为300、150 和 65 nm（图 20-30-1）。三分体基因组由 3 条正义 RNA 组成（图 20-30-2）。根据分离物的不同，RNA1 核酸长度在 6.1～6.4nt，RNA2 为 3.0～3.6nt，RNA3 为 2.6～3.3nt。BSBV3′ 端可以形成 tRNA 类似结构，无多聚腺苷酸尾。迄今为止，仅有德国分离物、

图 20-30-1　甜菜土传病毒粒体（引自 Henry 和 Jones，1986）
Figure 20-30-1　Virions of BSBV（from Henry and Jones，1986）

中国内蒙古、新疆分离物和波兰分离物的全序列报道。明确了我国发生的 BSBV 的分子结构特征。RNA1（5 834nt）含有一个大的开放阅读框，编码 204ku 通读蛋白，依次编码甲基化酶、解螺旋酶和依赖于RNA 的 RNA 聚合酶；RNA2（3 454nt）含有一个大的开放阅读框，编码 104ku 的通读蛋白，其中含有19ku 的外壳蛋白；RNA3（3 005nt）只含有一个三联基因区，编码产物可能与病毒在植物细胞间运动有关。BSBV-IM、BSBV-XJ 和 BSBV-G 三个全序列核苷酸序列同源性分别为 99.08%（RNA1）、99.31%（RNA2）和 98.67%（RNA3），RNA1、RNA2、RNA3 编码蛋白的氨基酸平均同源性分别为 99.38%、99.32% 和 98.75%。利用构建的 BSBV 侵染性 cDNA 克隆初步证明，RNA2 对于病毒在昆诺藜上复制和症状表达不是必需的。

BSBV 自然条件下能够侵染藜科植物中的甜菜、菠菜等。昆诺藜和苋色藜是 BSBV 的枯斑寄主。

在同一块田中甚至是同一株甜菜上可能存在几种病毒，如 BVQ、BNYVV 和 BSBMV，这些病毒均由甜菜多黏菌（Polymyxa betae）传播。已有报道，在甜菜上发生的不同种真菌传病毒间存在交叉保护作用，如报道 BSBV 或 BSBMV 侵染后，再接种 BNYVV，由于发生交叉保护作用，病毒的复制和症状的发生都会减弱。

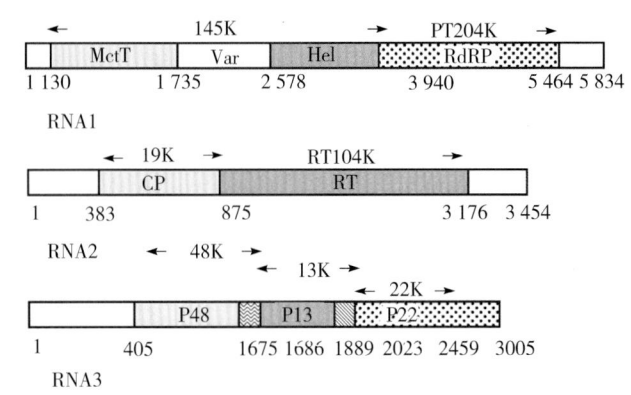

图 20 - 30 - 2　甜菜土传病毒基因组结构（引自 Henry 和 Jones，1986）

Figure 20 - 30 - 2　Genome organization of BSBV
(from Henry and Jones，1986)

四、病害循环

BSBV 是由土壤中甜菜多黏菌进行传播的病毒，因此，病害循环与甜菜丛根病类似。受 BSBV 侵染的甜菜品种或病残体通过农事操作，如农机具、栽培、运输等方式传播。

五、流行规律

BSBV 在田间常与甜菜坏死黄脉病毒（BNYVV）混合发生。BSBV 与 BNYVV 均由甜菜多黏菌传播，甜菜多黏菌在世界分布广泛。因此，发病规律与甜菜丛根病类似。

六、防治技术

甜菜土传病毒病尚无抗病品种可以利用，由于是甜菜多黏菌传播的病害，因此，可参照甜菜丛根病的防治技术。

韩成贵（中国农业大学）

第 31 节　甜菜黑斑病

一、分布与危害

甜菜黑斑病主要分布在我国黑龙江、吉林、新疆甜菜产区。一般主要发生在已经感染其他病害（如褐斑病、蛇眼病、细菌性斑枯病）和生长衰弱的老龄叶片上。但近年也有甜菜黑斑病先于上述病害为害的情况，2011 年，黑龙江呼兰甜菜所试验区，甜菜黑斑病的发病时间是 7 月 11 日，7 月 17 日发病株已有 1/4 外叶因病枯死。而甜菜褐斑病发病时间为 7 月 24 日，甜菜黑斑病的提前加重发生应引起糖厂和科研单位的高度关注和全面监测。

二、症状

病斑初为黄白色，后形成黑色天鹅绒状霉层即病菌的分生孢子层，病斑多带轮纹，直径3～8 mm，后期病斑可连接成片（彩图 20 - 31 - 1）。

三、病原

甜菜黑斑病病原为链格孢 [Alternaria alternata（Fr.：Fr.）Keissler，异名：A. tenuis Ness]，属子囊菌无性型链格孢属真菌。分生孢子梗暗褐色，单枝或有分枝。分生孢子淡褐色，串生，形状不一，自倒棒槌形至椭圆形或卵圆形不一，多似手雷状，顶端有一喙状细胞，分生孢子大小为（5～70）μm×（2.5～15）μm，有 1～5 个横分隔和 0～3 个纵分隔，分隔处稍内缩（图 20 - 31 - 1）。病菌多腐生。

四、病害循环

甜菜黑斑病病害循环报道很少，病菌以菌丝体及分生孢子附着于植株病残体上在表土越冬，成为第二年的初次侵染源，分生孢子借风、雨水传播，重复侵染。

五、流行规律

高温高湿有利于病害发生，甜菜黑斑病多发生在甜菜生长后期的外层老叶片上，甜菜黑斑病菌的寄生性较弱，腐生性很强，植株因缺肥而生育不良，尤其缺硼、锰等微量元素的老龄叶片及感染了其他病害的叶片上，内层叶片很少被感染。

六、防治技术

当田间首批病株率达到 3% 或田间出现中心病株时开始定点防治。发病率达到 5% 以上进行大面积联合防治。可用下列药剂进行喷雾防治。

（1）40% 氟硅唑乳油每公顷 60～120 mL。

（2）10% 苯醚甲环唑水分散粒剂每公顷 525～600 g。

（3）25% 三苯基乙酸锡可湿性粉剂每公顷 1 500～1 800 g。

（4）50% 多菌灵·乙霉威可湿性粉剂每公顷 750～900 g。

（5）70% 甲基硫菌灵可湿性粉剂每公顷 600～900 g。

（6）50% 多菌灵可湿性粉剂 500 倍液叶面喷雾。

（7）40% 硫黄·多菌灵悬浮剂每公顷 2 250～3 000 mL。

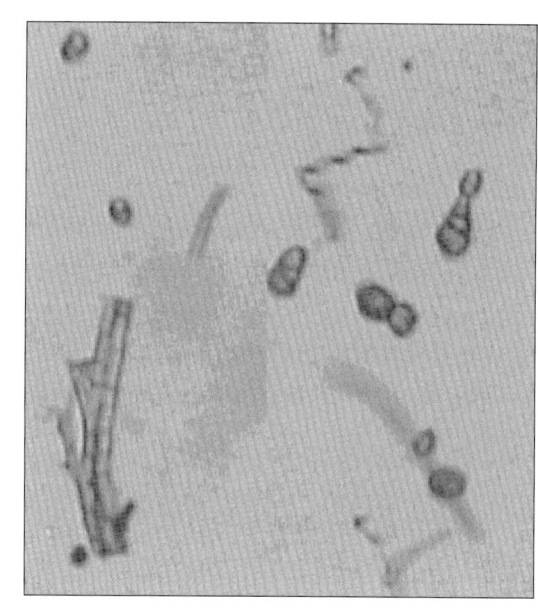

图 20 - 31 - 1　甜菜黑斑病菌分生孢子及分生孢子梗
（乔志文提供）

Figure 20 - 31 - 1　Conidia and conidiophores of *Alternaria alternata*（by Qiao Zhiwen）

乔志文（中国农业科学院甜菜研究所）

第 32 节　甜菜叶斑病

一、分布与危害

甜菜叶斑病是由甜菜柱隔孢菌（*Ramularia beticola*）引起的甜菜生产上的重要病害，该病害据目前的资料记载主要分布在北美洲和欧洲，中国在新疆、云南、陕西等省份有局部发生的报道，寄主是甜菜属植物，是我国进境植物检疫的危险性有害生物。甜菜叶斑病是欧洲甜菜生产上的常见病害，也是重要病害之一。该病害主要为害甜菜叶片，严重时叶片完全干枯，可使甜菜块根的产量和含糖量下降，造成的经济损失较大。甜菜叶斑病菌可随种子远距离传播，近几年，我国甜菜产区大量引进和种植国外甜菜种子，使甜菜叶斑病在我国的发生和为害风险加大，应引起政府和生产部门的重视。

二、症状

甜菜叶斑病病斑灰褐色，边缘浅黑色，圆形至卵圆形，直径 4～7 mm。湿度大时，病斑产生白色霉层。被害严重时叶片变黄、坏死，最后完全干枯（彩图 20 - 32 - 1）。

三、病原

甜菜叶斑病病原为甜菜生柱隔孢（*Ramularia beticola* Fautrey et Lambotte），属子囊菌无性型柱隔孢属真菌。菌丝无色，有隔和分枝，分生孢子梗无色，常成簇从寄主气孔穿出，甜菜叶斑病病斑中间的小白点即是甜菜叶斑病菌的分生孢子梗。分生孢子梗短小，不分枝，产孢梗顶端屈膝状，分生孢子卵形、长椭圆形、圆柱形、单胞或双胞，单胞孢子大小为（8～12）μm×（3～4）μm，双胞孢子大小为（15～25）μm×（2～4）μm（图 20 - 32 - 1）。

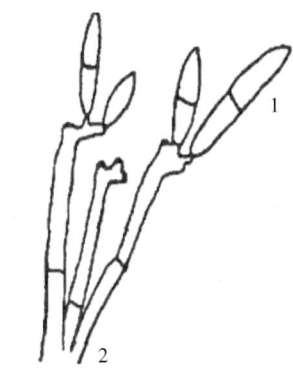

图 20 - 32 - 1 甜菜叶斑病菌分生孢子（1）及分生孢子梗（2）（引自杨志伟，2009）

Figure 20 - 32 - 1 Conidia（1）and conidiophores（2）of *Ramularia beticola*（from Yang Zhiwei，2009）

四、病害循环

病菌以菌丝体、分生孢子在种子和病残体上越冬，分生孢子借气流传播在高湿和较低温度（17～20℃）下，分生孢子在叶片表面萌发，菌丝体通过气孔在寄主细胞内扩展，17℃时，病害的潜育期为16～18 d，密植和缺硫会加重病菌的侵染，高湿低温天气持续时间超过病害的潜育期时，甜菜叶片会大量脱落，一旦气候温暖干燥，甜菜叶片将重新恢复生长。

五、流行规律

甜菜柱隔菌发育的最适温度为 17℃，只有相对湿度在 95％以上时才能侵染。病菌的分生孢子借风、雨近距离传播，也可借种子进行远距离传播，一般在 6 月下旬至 7 月上旬，条件适宜时，田间即可发病。

六、防治技术

甜菜叶斑病在北美洲和欧洲的经济重要性并不大，只有在和甜菜白粉病同时发生时才能造成严重损失，因此，只有在采种田发病严重时，才对甜菜种子进行杀菌剂包衣处理。常用的杀菌剂为福美双。田间发病时，防治技术参见甜菜黑斑病。

乔志文（中国农业科学院甜菜研究所）

第 33 节 甜菜细菌性斑枯病

一、分布与危害

甜菜细菌性斑枯病又名甜菜细菌性斑点病，在我国东北地区发生普遍，但在甜菜产区尚未造成严重危害。1995—2005 年，国外品种面积逐年增大，2005 年以后，国外品种的市场占有率近100％，所有的国外品种全部采用包衣或丸粒化技术，有效地减轻了种传病害的发生，近几年，田间很少有此病的发生。甜菜细菌性斑枯病一般始发在 6 月中旬，盛发期在 7 月中旬，8 月初进入发生末期。严重地块减产 20％左右。

二、症状

甜菜细菌性斑枯病主要为害叶片和种株薹茎。发病开始叶片出现黄绿色斑点，边缘明显。病斑很快扩展为形状不一的黄绿色大斑，中央浅黄褐色，边缘黑褐色，界限明显，病斑常有不规则的涡轮状纹。有的叶脉和叶柄上出现长形黑色条斑。病组织逐渐干缩薄化，微呈波纹状，以后病部部分组织干枯死亡（彩图 20 - 33 - 1）。病叶叶脉黑褐色，在天气炎热的雨后或浇水后，空气潮湿病斑扩展很快，病部常见有菌脓溢出，状似开水烫过。

三、病原

引起甜菜细菌性斑枯病病原是疫病适应假单胞菌［*Pseudomonas aptata*（Brown et Jamieson）Steoens.；异名：*Bacterium apxtata* Brown et Jamieson，*Phytomonas apxtata* Bergey et al.］，属薄壁菌门假单胞菌属。在琼脂培养基上，菌落微白色、光滑、圆形、有绿色荧光，在综合培养基上显得更清晰；细胞微小，短杆状，两端圆钝，有 1～3 根长 3～10 μm 的单极生或两极生鞭毛。菌体大小约1.2 μm×0.6 μm，不还原硝酸盐，不凝固但冻化牛乳；分解葡萄糖、蔗糖。此菌发育最适温度 25～28℃，最高温度 35℃，最低温度 5℃，致死温度 48℃/10 min，其适宜 pH6.3～9。

四、病害循环

甜菜细菌性斑枯病菌的寄主范围并不广泛，病菌附着在种球或病株残余物上越冬，借助雨水、风力传播，从叶片伤口处侵入叶组织。此菌不能在土壤中越冬。

五、流行规律

甜菜细菌性斑枯病菌附着在种球或病株残余物上越冬，不能在土壤中越冬，借助雨水、风力传播，从叶片伤口侵入叶组织。在东北北部地区，通常自 6 月中旬开始发生，7～8 月高温多雨季节蔓延很快，8 月下旬后因温度降低而停止扩展。田间发病与温湿度有着密切关系，一般多在气候干燥骤然天阴或将下雨前或甜菜灌溉后，病株迅速蔓延。高温高湿是缺一不可的发病条件，当外界温湿度适合病菌发育时，病株大批出现并迅速蔓延，否则，很少发现病株。

六、防治技术

目前对于甜菜细菌性斑枯病，尚无妥善的防治方法，可采用下列方法能减轻受害。

（1）由于甜菜种子能携带细菌传病，所以，当采种地发现有细菌性斑枯病株刚出现症状时，立即摘除有病的花薹部分，深埋土内以防再次侵染。

（2）对于裸种而言，种子消毒可减少初次侵染源，从而减轻病害的发生，播种前将种子在 52～55℃ 水温中，恒温浸种 10 min。杀死附着在种球上的病菌，或用 0.8％敌磺钠拌种，或用 40％福尔马林 300 倍液，使甲醛蒸发，浸种 5 min 后，捞出堆放闷种 2 h，使之继续起熏蒸作用，然后将种子摊晾干燥后播种。

（3）清除田间病株残余物，或进行秋翻将残余物深翻入土下。

（4）增施磷钾肥，每公顷施过磷酸钙 150～300 kg、氯化钾 225 kg，提高植株抗病力，并加速叶器官的恢复。

乔志文（中国农业科学院甜菜研究所）

第 34 节　甜菜根结线虫病

一、分布与危害

甜菜根结线虫病在我国长江以南部分甜菜栽培区有所发生，一般发病率 10％～15％，感病严重地块发病率可达 90％以上，块根减产 40％～60％；含糖量降低 20％左右。病原还能侵染南瓜、扁豆、丝瓜、甘薯及黄麻等 1 800 多种植物。

二、症状

甜菜定苗后，植株生长停滞，且瘦缩黄小，干旱时，中午病株叶丛凋萎下垂，严重时植株叶片变黄枯萎，病株根部发育受抑制，主根不发达，侧根增多，其特点是在细根和侧根的尖端形成大小如栗状至核桃仁状不规则形虫瘿，外围叶片发生萎蔫，呈黄绿色，植株瘦小矮化，叶柄细短，叶片狭小，为健株叶片一半（彩图 20 - 34 - 1）。

三、病原

甜菜根结线虫病病原为根结线虫（*Meloidogyne* sp.），具体种还未确定。在虫瘿内形成卵、幼虫和成虫。

成虫：雄虫线性，无色透明，头尖尾钝圆，有棍棒状的交合刺 1 对，老熟幼虫梨形或柠檬形，大小为（325～440）μm×（200～300）μm，生殖孔肛门开于尾端之后，不突出。幼龄幼虫呈长酒瓶状，乳白色。

卵：肾形，黑褐色，大小为（61.3～62.5）μm×（31.3～37.5）μm。

幼虫：线形，无色透明，头钝尾细。

四、病害循环

国内尚无报道。在美国，线虫以卵、幼虫附着在病残体上越冬，成为第二年的初次侵染源。以二龄幼虫侵入甜菜根的表皮细胞并在木质部皮层细胞内定居。二龄雄性幼虫经过 3 次以上蜕皮后钻出根外，雌虫在根内定居 16 d 后完成受精，经过 4 次蜕皮后钻出根外，在甜菜根的表面形成肉眼可见的白色、柠檬状的根结，雌虫钻出根外 30 d 以后开始产卵后死亡，每头雌虫产卵 600 枚，雌虫产卵对温度和其他环境条件高度敏感。

五、流行规律

线虫本身活动能力弱，需要有水分才能游动。线虫需要呼吸，所以土壤通气性好的沙质土有利于线虫病的发生。

六、防治技术

（1）做好检疫工作，病区的块根、种根、根土严禁外运。

（2）实行 4 年以上的轮作，前作选择小麦等禾本科作物为甜菜前茬。不能与花生、南瓜、扁豆等作物轮作。在不能轮作的地块，可在播种前 15 d，施入土内 20 cm 深滴滴混剂，每公顷用原液 450～600 kg，增产防病效果很好。工具和药械用过后，用煤油和机油洗涤，此药液及其挥发气体对人畜有毒，并有轻度腐蚀性，使用时应注意安全。

（3）土壤处理。每公顷施 750 kg 石灰和土壤充分混合，整地作畦时施入土中，可杀死土壤中线虫的幼虫和卵。

（4）增施肥料。增施磷钾肥，增加植株抗病力。

（5）清除残株。及时清除销毁病残根屑，防止落入粪肥中传播病害。

乔志文（中国农业科学院甜菜研究所）

第 35 节　甜菜窖腐病

一、分布与危害

甜菜窖腐病是甜菜块根储藏期间发生腐烂的病害总称，在东北、西北、华北等甜菜产区的窖藏中均有发生。病害的发生，主要是由于入窖前后精选不彻底或入窖后管理不当所致。一般损失 10%～20%，最高发病率达 83%，种子产量和品质降低。发病严重时，块根失去制糖或作母根的经济价值；感病轻微时，由于块根呼吸作用加强，使根中含糖量降低，同时受害的块根在加工过程中使糖蜜增多，质量下降。

二、症状和病原

甜菜窖腐病病原很多。凡在甜菜生长期侵染甜菜块根的病原，都能引起窖腐病的发生，由于各地区的环境条件不同，所以引起甜菜窖腐病的主要病原也有所不同，一般常见的种类和症状（彩图 20 - 35 - 1）有以下几种。

（一）甜菜茎点霉（*Phoma betae* A. B. Frank）

其症状多半从块根内部开始发病，由内向外扩展。病根表面生有白色菌丝体，有酒糟气味，病根横切面有褐色云纹状晕圈（彩图 20 - 35 - 1，1）。

（二）镰孢菌（*Fusarium* sp.）

病根表面覆盖一层白色、粉红色或紫红色霉层，霉层下腐烂组织呈深褐色至黑褐色，干腐。

（三）灰霉菌（灰葡萄孢）（*Botrytis cinerea* Pers.：Fr.）

自根头及伤口发病，最初染病块根组织中生成多细胞的无色菌丝，在病根表面形成白色霉层，后变灰色，组织变褐，块根腐烂（彩图 20-35-1，2）。

（四）匐枝根霉 ［*Rhizopus stolonifer* (Ehrenb.：Fr.) Vuill.］

病根呈淡黄色至淡褐色，软腐。病根表面常附有深灰色至黑色霉层。许多交织的菌丝，往往将各个甜菜块根互相粘连（彩图 20-35-1，3）。

（五）青霉菌（*Penicillium* sp.）

病组织表面覆盖一层蓝绿色或灰绿色的粉末状霉层，霉层下面块根组织褐色或黄褐色，病原有两种：①扩展青霉（*Penicillium expansum* Link），子囊菌门无性型青霉菌属真菌。②展开青霉（*P. patulum* Bainier），属子囊菌门无性型青霉菌属真菌。青霉菌是典型的腐生菌，生长最适相对湿度 85%～100%（彩图 20-35-1，4）。

（六）甘薯小核菌（*Sclerotium bataticola* Taubenh.）

根头发病，病部表面生成棉花状的白色霉层，其后菌丝上长出黑色鼠粪状的菌核，块根逐渐腐烂。

（七）细菌（*Bacterium* sp.）

多自伤口发病，病部组织变软变黏，其上溢出白色菌脓，病部呈褐色，有酸臭气味。

三、病害循环

甜菜窖腐病病原极多，据前苏联研究，共有 200 多种真菌和 60 种细菌。我国窖腐病病原以蛇眼菌为多，其次是灰霉菌、镰刀菌、蔬菜软腐病菌、青霉菌等。初次侵染源有三个方面：①块根本身带菌入窖入堆，其中的块根在田间生长期间已经感染根腐病。②病原随土、沙或农具等带入窖内堆内。③病原原来就存在窖土中或堆放甜菜的地块上，特别是老窖和常年堆放甜菜的地块，菌源比较多，又不采取措施消毒灭菌，成为窖腐病的初次侵染源。病原多从伤口侵入，以分生孢子、菌丝或菌核传播蔓延。

四、流行规律

温湿度过高或过低对块根储藏均不利，温度 3℃以上，相对湿度 80%～100%时，窖腐病病原侵入、繁殖、扩展迅速，发病严重；温度低于 3℃，块根容易受冻容易被窖腐病病原感染。相对湿度在 80% 以下，窖腐病发展受到抑制。相对湿度 50% 以下，块根易失水萎蔫，经过一昼夜，甜菜根平均失水 1.77%，细胞膨压降低，也容易被窖腐病病原感染。特别在储藏期间，块根失水萎蔫，入窖或堆放后，窖内或堆中湿度低、干燥，加快块根萎蔫程度，水分蒸发，引起细胞中有机物分解，呼吸作用加强，能量平衡破坏，根的表皮细胞死亡，空气含量增加，为好气性腐生菌提供有利条件，窖腐病发生就会严重。

五、防治技术

（1）注意保持块根健康新鲜，生长期间做好病虫害防治工作，收获时，随收随埋堆，入窖过程中尽可能避免机械伤害。严格控制窖温在 1～3℃，最高不宜超过 5℃。

（2）保持窖内清洁，入窖前喷洒 1：（40～80）的 40%福尔马林溶液消毒，闷窖 1～2d，或每平方米撒石灰 150～250g。

乔志文（中国农业科学院甜菜研究所）

第 36 节　二　点　螟

一、分布与危害

二点螟（*Chilo infuscatellus* Snellen）又称粟灰螟，属鳞翅目草螟科。二点螟分布很广，我国凡种植甘蔗的地区都有发生，种植粟的地区也普遍发生为害。在国内分布于北起黑龙江、内蒙古，南至海南，西起宁夏、甘肃、四川，东至沿海及台湾。在国外分布于朝鲜、印度及东南亚各国。幼虫为害甘蔗、粟、黍、高粱、稗、狗尾草、香根草、谷莠草、茭白。

二点螟是发生最普遍的甘蔗主要害虫之一。以二点螟为主的甘蔗螟虫从苗期开始至成熟期不断为害甘蔗。甘蔗苗期，生长点受害后即形成枯心苗，引起缺株断垄，减少母茎苗，最后减少有效茎，降低蔗茎产量。据调查，甘蔗苗期枯心多以二点螟为害为主，被害轻的枯心率在 5％以下，一般发生的在 5％～15％，受害严重的在 20％～40％，更严重的枯心率可高达 70％以上。经测定，在一般条件下，枯心率 5％～20％的每公顷减产 2 625～7 950kg，减产率 3.2％～9.4％，枯心率 25％～35％的每公顷减产 9 960～13 537.5kg，减产率 11.7％～15.9％。甘蔗拔节以后被害造成虫蛀节。蔗茎被钻蛀啮食，破坏茎内组织，影响甘蔗正常生长，同时赤腐病菌常由虫口处侵入，降低甘蔗产量和糖分。

二、形态特征

成虫：体长 10～16mm，翅展 19～32mm。雌蛾体色灰黄，雄蛾暗灰色。头部灰黄色，下唇须淡褐色，前伸，长度超过头长 2～3 倍。前翅呈长三角形，淡黄褐色，中室内有 1 个小黑点或者 2 个小黑点，前翅外缘末端有 7 个黑点排列成 1 列，点的内侧伴有微小白点，近外缘有 1 条与其平行弧状的深灰色的横线。翅脉间凹陷，缘毛灰黄色。后翅白色有光泽。胸背灰黄色。腹背白色有光泽（彩图 20-36-1，1）。

卵：一般产成块状，3～4 列呈鱼鳞状排列。卵粒扁平，短椭圆形，卵壳表面有龟甲状刻纹。初产时乳白色，随着发育颜色渐变成淡黄色，将要孵化时变成紫黑色（彩图 20-36-1，2）。

幼虫：初孵蚁螟暗灰色，随后变淡黄色，三龄幼虫开始见暗灰色背线、淡紫色的亚背线及气门上线共 5 条纵线。每节背面有 4 个褐色斑点，排列呈梯形。头部赤褐色至暗褐色。前胸背板在幼龄时呈黑色，三龄以后转为淡黄褐色。老熟幼虫体长约 20mm，黄白色，全身有显著的毛片，腹背各节的 4 个毛片排列略呈方形，气门上毛片有 1 根刚毛，气门下毛片有 2 根刚毛。腹部末端臀板淡黄褐色，腹足趾钩一序一列缺环状（彩图 20-36-1，3）。

蛹：体长 12～15mm，圆筒形，淡黄褐色，有光泽，腹部背面仍可见残存着幼虫期的 5 条纵线，第五至七腹节的背面前缘有黑褐色的波状隆起线，第七节的波纹线延至腹面，腹部末端平截状（彩图 20-36-1，4）。

三、生活习性

成虫多数于夜晚的上半夜羽化，雌雄性比为 1∶（0.9～1），平均寿命 4～5d。成虫白天静伏于蔗叶背面、叶鞘内侧、土缝中或田边杂草中。成虫喜欢干燥环境，因此旱坡蔗地比水田蔗地发生多。成虫有弱趋光性．对黑光灯和蓝光灯的趋性较强。成虫夜间进行交配、产卵。雌蛾释放外激素引诱雄蛾与其交配。其性诱剂主要组分是顺-11-十六碳烯醇。少数当夜羽化当夜可交配，但多数第二晚才交配。雄蛾通常可以交配 1～2 次，多的可达 4 次，多次交配的雄蛾对雌蛾卵的受精率影响不大。雌蛾交配后当晚或次晚开始产卵。每头雌蛾可产卵 1～8 块，每块卵平均 29～48 粒，平均产卵 70～270 粒，最多可达 938 粒。各代卵量有差异。第三代产卵量较大。产卵时间一般持续 4～5d。卵多数产于蔗苗中下部青叶的叶片背面，少数产于叶面和叶鞘。大田螟卵受精率高达 90％以上。卵历期随气温高低而异，4～11d 不等，一般为 5～6d。卵多在清晨和上午孵化。同一块卵孵化时间很整齐，几分钟到 1h 就可孵化完毕。刚孵化的幼虫在叶片上爬行或吐丝下垂随风飘拂，分散到附近蔗株上，从蔗苗基部叶鞘间隙侵入。一龄幼虫先在叶鞘内侧为害，常有数头幼虫群集在同一叶鞘内取食，二龄以后逐渐分散蛀入蔗苗内部，当食至蔗苗生长点后该株蔗苗便成为枯心苗。从孵化蚁螟到蔗田表现出枯心苗的时间长短，视蔗苗大小而异，通常需 4～12d。当为害的蔗苗幼小，不能满足幼虫完成生活期所需食料时，常转株为害。幼虫的成活率、侵入率和最后造成枯心苗数多少与当时当地的雨日、雨量、气温、蔗苗长势和蔗田天敌等有关。凡是孵化期间雨天多，雨量大，幼虫的成活率、侵入率就低。甘蔗苗壮，生长迅速，所造成的枯心苗数就少。反之侵入率高、枯心苗多。据广西壮族自治区甘蔗研究所（现广西壮族自治区农业科学院甘蔗研究所）调查统计，侵入率平均为 16.8％～22.1％，一块卵能造成 1～19 株枯心苗，平均为（7.4±0.4）株。据福建省农业科学院蔗麻研究所（现福建省农业科学院甘蔗研究所）观察，第一代一块卵能造成 6～19 株枯心苗，平均 14.1 株，第二代 2.3～8.1 株，平均 5.2 株。江西赣州地区甘蔗研究所报道，一代为 9.7 株，二代为 5.6 株。

幼虫的历期受温度和食料的影响差异较大，可以蜕皮 4～9 次，一般为 30d 左右。老熟幼虫在枯心苗或被害茎内先咬成圆形羽化孔，孔口留下一层薄膜形成一蛹室，幼虫在羽化孔下方化蛹，蛹无茧。蛹历期 5～17d，一般 7d 左右。以老熟幼虫在被害的枯心苗内、残茎内、蔗兜内或原料蔗内越冬。在蔗兜内越冬的老熟幼虫大部分位于地表下 10cm 以内。

四、发生规律

（一）气候条件

一年发生的世代数、发生时间与当地气温有关，一般由北到南代数递增，各地发生代数及时间详见表20-36-1。一年当中发生的世代间有重叠现象。同一地区每年发生的迟早，与当年的3~4月气温高低有关，气温高，发生早，反之则迟。另外，在干旱条件下有利于二点螟的发生与为害，潮湿对其发生不利。

表 20-36-1　不同地区二点螟各世代的发生期（1995）

Table 20-36-1　The emergence period of *Chilo infuscatellus* in several provinces of China（1995）

世代	浙江镇海（月/旬）	湖南邵阳（月/旬）	江西赣州（月/旬）	福建漳州（月/旬）	广西南宁（月/旬）	广东揭阳（月/旬）	广东雷州半岛（月/旬）	海南琼山（月/旬）
一	5/中、下 5/下、6/上	5/中、下	（4/下~5/上）	4/中~6/中	4/上~6/中	3/中~4/下	3/中、下	2/中~3/中
二	7/中、下 （7/中、下）	7/上、中	（6/下~7/上）	5/中~8/上	5/下~8/上	5/上、中	5/上、中	4/下~5/上
三	8/中、下 （8/下~9/上）	8/中、下	（7/下~8/上）	7/上~9/中	7/上~9/中	6/上、中	6/上、中	5/下~6/中
四	9/上~10/上 （9/中~10/上）	9/中~10/上	（8/下~9/上）	8/中~10/下	8/中~10/下	7/上、中	7/上、中	7/下~8/上
五				9/下至翌年4/下	9/下至翌年4/下	8/上、中	8/上、中	9/上、中
六								10/下~11/上

注　（1）括号内为幼虫为害期；（2）广西南宁、福建漳州为全世代历期。
　　资料来源：根据《中国农作物病虫害》第二版（1995）整理。

（二）环境条件

据观察，二点螟的大发生为害与虫源基数、气候和蔗苗长势有密切关系。凡是宿根蔗面积大，虫源田多，冬春干旱，蔗苗弱小，发生量就大，而且受害重；反之则发生量小、受害轻。一般在旱坡地、沙土蔗地发生为害重，在水田蔗、低洼潮湿地发生为害轻。宿根蔗、春植蔗受害较重，冬植蔗次之，而秋植蔗受害最轻。

（三）危害损失

二点螟主要是对甘蔗苗期为害大，特别是幼苗在分蘖前或分蘖初期受害容易造成缺株。生长中后期的蔗茎受害损失小。对甘蔗为害最大的是第一、二代，特别是第一代为害的多数是母茎苗，常造成缺株断垄，影响以后每公顷有效茎数。第二代发生为害造成蔗苗枯心多数是分蘖苗，这时如母茎苗受害不一定表现枯心，但是造成低位虫蛀节，影响蔗株继续正常生长，遇风易倒伏。种植迟蔗苗长势差的蔗地，第二代发生为害也会造成大量的母茎成为枯心苗。一般在田间因二点螟为害蔗苗枯心出现两次高峰。广西、广东、福建的大部分蔗区第一次枯心苗高峰期在4月下旬至5月上旬，第二次枯心苗的高峰期在5月下旬至6月上旬。广西沿海蔗区田间枯心苗出现高峰比以上相应提早15d左右。广西的北部、湖南、江西、浙江、四川等蔗区比以上相应推迟15~30d。

第三代以后多为害无效分蘖，部分为害蔗茎造成虫蛀节。甘蔗栽培管理与螟害及损失亦有关。甘蔗间种豆类、绿肥等作物，及时施肥培土均可减轻二点螟的为害和损失。

五、防治技术

二点螟一年发生代数多，为害期长，世代重叠，致使甘蔗从幼苗开始直至收获的整个生长期内都不断受害。尤其第一、二代为害甘蔗苗期，对产量影响较大。另外，甘蔗在整个生长期内还有多种螟虫发生为害，而且它们的发生期及为害特点各异。加上目前不同蔗区甘蔗的耕作制度复杂多样，必须采取综合防治措施。例如，在甘蔗收获期的冬季和早春，主要采取农业技术措施为主，以降低越冬虫源基数，减轻第

一、二代的发生为害。在甘蔗苗期以化学防治为主，保住母茎苗，以农业防治、生物防治、性诱剂为辅。在伸长期以生物防治为主，农业防治、性诱剂为辅等。各蔗区可根据当地实际情况，灵活掌握运用以下具体的各项防治措施。

（一）农业防治

1. 减少越冬虫源 低斩收获，要留宿根的甘蔗，收获时应视培土的高低斩至土面下 7～10cm。可以把藏在地下部蔗茎内的蔗螟除去绝大部分。对不留宿根的甘蔗更应低斩。收获后及时清除枯茎残叶、处理蔗头中越冬幼虫，要留宿根的蔗地应将枯茎残叶全部搬出蔗地制作堆肥或作燃料，也可以在收获甘蔗后放火烧蔗叶。如作燃料要在越冬代成虫羽化前烧完，不留宿根的蔗地要在成虫羽化前犁翻耙碎。在当地成虫羽化前将秋笋斩去，可以消灭部分越冬虫源。

2. 合理间套种和轮作 在低地提倡稻蔗水旱轮作，在旱地提倡甘蔗与豆类、花生、甘薯、绿肥、西瓜、马铃薯、蔬菜等作物间套种和轮作。可以改善蔗地小气候，有利于天敌的生活与繁殖，提高天敌控制螟虫的效能，减轻螟害。尽量避免甘蔗与玉米、高粱、小麦等作物间套种或插花种植。

3. 因地制宜推广冬植蔗 适当提早春植蔗期，下种时施足基肥、适时追肥，加强管理，促进甘蔗苗期生长，可以减轻为害和损失。另外，还应根据甘蔗的生长情况和螟虫的发生时期（一般掌握在幼虫孵化前），适时进行浅培土，在伸长期适度剥除老叶（但要铺在蔗行以保水），能在一定程度上防止幼虫对蔗株的为害，从而减轻螟害。

（二）生物防治

1. 释放赤眼蜂 在第一、二代螟蛾产卵期各放蜂 2 次，甘蔗伸长期放蜂 2 次，每公顷每次放蜂 15 万头左右，每公顷设 75～120 个释放点，全年共放蜂 5～7 次，可有效地防治二点螟、条螟和黄螟的为害。

2. 利用红蚂蚁 福建省有利用红蚂蚁防治蔗螟的经验。每年春夏到蚁群集居的场所，如香蕉园、菜园、茭白园等处蚁巢中收集蚁群。用芦苇管或者蔗叶鞘做成筒状，下雨前 1～2d 插入蚁巢 4～6cm，2～3d 后检查筒内有蚁即可将两端塞以湿土，尽快收蚁拿去蔗田插于行间。要插入土中 4～8cm，每公顷放 6 000～7 500 管。这样新植蔗放蚁 1 次，建立群落以后其治螟效果可持续几年。由于红蚂蚁喜欢生活在比较潮湿的环境，因此，此法只适宜在水田、洲地等低湿蔗田应用，因旱坡地的环境不适宜红蚂蚁的生活，治螟效果则不理想。

（三）利用性外激素技术

1. 诱杀法 在各代成虫开始羽化前即可在蔗地内设诱捕器诱杀。用直径 20cm 左右的塑料盆，亦可直接在蔗畦面挖大小 20cm 以上、深 10cm 左右的土坑，内衬塑料薄膜。在瓦盆或者土坑内放满清水并加少许洗衣粉。用细铁线将滴有性诱剂的橡胶塞诱芯绕在小竹棍中部，横架在水盆上使诱芯位于水盆中心并高于水面 1cm 左右，这样便成为一个诱捕器，零星小面积蔗地每公顷设 30～45 个，连片大面积蔗地每公顷设 15 个。每隔几天检查盆内水位，太少时加足水。诱芯不断释放出性外激素把雄蛾引来扑进盆内水中杀死，至成虫羽化结束止。

2. 迷向法 使用时间与诱杀相同。每公顷用橡胶诱芯 1 750 只，或用塑料管诱芯 750～1 500 条。橡胶诱芯先用 3cm 长细铁线扎紧留一端铁线插在蔗蔸、叶鞘或中脉上，塑料管诱芯则可直接插在蔗蔸、叶鞘或叶中脉上。50 条诱芯可按 3.6m×3.6m 面积插 1 条，100 条诱芯可按 2.6m×2.6m 面积插 1 条，根据田间实际行距定。插好即可。

（四）药剂防治

1. 沟施农药 ①种蔗时施药：先将蔗种放入植沟并施足基肥，然后将颗粒剂均匀地撒施于植沟内，再按正常厚度覆土。②苗期施药：苗期施药要掌握在螟卵孵化盛期前 7～10d 施下，将施药与追肥培土等农事活动结合起来，把颗粒剂撒施于蔗苗根际，然后盖一层薄土即可。5% 杀虫单·毒死蜱颗粒剂 75kg/hm²。注意：用颗粒剂沟施一定要盖土并保持土壤湿润，才能发挥药效。

2. 喷雾杀虫 在做好测报掌握虫情的基础上，于螟卵孵化始盛期、高峰期各喷 1 次药，可降低二点螟的为害。药剂防治二点螟重点是第一代，其次是第二代。药剂可用 90% 敌百虫可溶粉剂 500～1 000 倍液、50% 杀螟丹可湿性粉剂 1 000 倍液、50% 杀螟硫磷乳油 1 000～1 500 倍液、25% 杀虫双水剂 150～200 倍液、20% 氯虫苯甲酰胺悬浮剂 20mL 对水 40～50L 喷雾。

黄诚华 潘雪红（广西壮族自治区农业科学院甘蔗研究所）

第 37 节 条　　螟

一、分布与危害

条螟［*Chilo sacchariphagus*（Bojer），异名：*Proceras venosatus*（Walker）］又称蔗茎禾草螟、高粱条螟、斑点条螟，属鳞翅目草螟科。在我国南方各省份蔗区如广东、广西、福建、浙江、云南、台湾、江西、湖南、贵州等均有分布，以水田蔗区发生为害较多。随着气候变化和蔗区灌溉条件的改善，条螟分布与为害有扩展和加重的趋势。条螟以幼虫蛀食蔗茎和幼苗。苗期被幼虫入侵为害生长点后，心叶枯死，形成枯心苗。在萌芽期或分蘖初期被害，可造成缺株，减少有效茎数。在生长中、后期蔗茎被害，造成螟害节，破坏茎内组织，影响甘蔗生长，降低糖分，遇到大风常在虫口处折断，生长点受害，会造成"死尾蔗"。而且虫伤部分常引起赤腐病菌侵入，使甘蔗产量和品质受到损失。除甘蔗外条螟还可为害高粱、玉米、薏米、紫狼尾草（象草）和芦苇等。

二、形态特征

成虫：翅展 24～37mm，雌蛾体长 14mm，雄蛾体长 12mm。头胸背面灰黄色，腹部黄白色。复眼黑褐色，下唇须较长，向前下方直伸。前翅灰黄色，顶角显著尖锐，外缘略呈 1 条直线，顶角下部略向内凹，翅外侧有近 20 条暗褐色细线纵列，中室外端有 1 个黑色小点，雄蛾黑点较雌蛾明显，外缘翅脉间有 7 个小黑点并列。后翅色较淡，雌蛾近银白色，雄蛾淡黄色（彩图 20-37-1，1）。

卵：卵粒椭圆而扁平，约 1.3mm×0.7mm，表面有微细的龟甲状纹。初产乳白色，渐变黄白色至深黄色，卵粒多排成人字形双行重叠的鱼鳞状卵块（彩图 20-37-1，2）。

幼虫：初孵时乳白色，体面有淡褐色斑，连成条纹。幼虫体长 20～30mm，有冬、夏两型。夏型幼虫胸腹部背面有明显的淡紫色纵纹 4 条，腹部背面气门之间，每节近前缘有 4 个黑褐色毛片，排成横列，中间两个较大，近圆形，均生刚毛；近后缘亦有黑褐毛片 2 个，近长圆形。冬型幼虫于越冬前蜕皮后，体面各节黑褐色毛片变成白色，体背有 4 条紫褐色纵线（彩图 20-37-1，3）。

蛹：体长 14～15mm，红褐色或暗褐色，有光泽。腹部第五至第七节各节背面前缘有深褐色不规则网状纹，末节背面有 2 对尖锐小突起（彩图 20-37-1，4）。

三、生活习性

条螟发生的迟早因各地气温不同而异，自北向南一年发生 3～6 代不等，福建一年 3～4 代，广东珠江三角洲地区一年 4 代，广东湛江地区，广西中、南部地区一年 4～5 代，海南一年 5～6 代。

越冬代成虫一般 3 月中旬始见，4 月上、中旬盛发，4 月下旬至 5 月上旬终止。越冬代成虫盛发高峰期的迟早与当年、当地早春气温有很大关系。如早春气温高，盛发高峰就早；反之则较迟。第一代成虫正常年份发生于 5 月上、中旬至 6 月下旬；但遇上倒春寒的年份，越冬代成虫推迟，第一代则相应推迟，发生于 5 月下旬至 7 月上旬；第二代成虫发生于 6 月下旬或 7 月中旬至 8 月上旬或下旬；第三代发生于 8 月上、中旬或 8 月下旬至 9 月下旬或 10 月上旬。因当时当地气温的高低，每代可提早或推迟 4～10d。田间出现各世代虫期比较齐整。

广东第一至第四代幼虫为害的"花叶期"分别在 4 月下旬至 5 月中旬、5 月下旬至 7 月上旬、7 月中旬至 8 月上旬和 9 月上旬至 11 月上旬。

条螟成虫多数于 24：00 前羽化，羽化后少数可以当晚交配，多数第二晚交配，第三晚产卵。成虫趋光性弱，但雌蛾有释放性信息素的能力，性引诱能力强。目前，已人工合成性诱剂，其结构式为顺-13-十八碳烯醇醋酸酯（Z13-18：OAC）、顺-13-十八碳烯醇（Z13-18：OH）、顺-11-十六碳烯醇醋酸酯（Z11-16：OAC）3 种，比例为 5：1：4。雄蛾一生可交配 2 次，交配时间多集中在 3：00 左右，成虫寿命 7d 左右，越冬代成蛾因气温较低，寿命较长。成虫产卵期 4～5d，第一、二天产卵量多，占总产卵量的 60% 左右。每头雌蛾的产卵量为 172～1 071 粒，平均 645 粒。越冬代雌蛾产卵量较少，第一代至第三代产卵量较多。

卵产于蔗叶中脉，约 2/3 卵产在蔗叶正面，1/3 产在叶背。第一代卵历期 7~10d，以后各代 5~7d。幼虫孵化多在 10：00 前后，初孵幼虫有群集心叶为害的习性，被害心叶展开后见一层透明状不规则的食痕或圆形小孔，此种症状叫"花叶"，此时期称为"花叶期"。幼虫在心叶为害 10~14d，为害 2~3d 后即可见"花叶"。三龄以后才由心叶经叶鞘间隙侵入蔗茎蛀食，往往数头幼虫同时侵入一条蔗茎中，附近留有虫粪，易于发现。甘蔗苗期幼虫侵入生长点后，3~5d 出现枯心；甘蔗伸长拔节后，幼虫侵入蔗茎为害。幼虫蛀入孔大，孔周围常呈枯黄色，食道呈横裂形，跨节，孔内外留有大量虫粪，被害蔗株轻则形成螟害节，蛀茎隧道多分支而通过蔗节，且螟害节的上下几节多产生节间收缩，易引起风折株；重则造成枯梢（即死尾蔗）。幼虫侵入的部位多位于梢头部第五至六叶桠处。幼虫侵入蔗茎取食 20~25d 后，便进入老熟阶段，由蔗茎中爬出，寻找干枯的叶鞘、枯心或其他残碎的干枯物处结茧化蛹，预蛹期 3d。第四代幼虫有越冬习性，越冬的位置各有不同，其中 66.5% 的幼虫在蔗茎上的干枯叶鞘内，26.2% 在地面残碎的干枯物上，6.8% 的幼虫在落地的茎中，仅有 0.5% 在蔗茎内。越冬代蛹历期平均 17d，以后各代为 9~10d（表 20-37-1）。蛹的雌雄性比为 1：（0.6~0.9），平均 1：0.8。

表 20-37-1 条螟各世代各虫态历期（引自中国农业科学院植物保护研究所，1995）

Table 20-37-1 The generations and instar duration of *Chilo sacchariphagus*

(from Institute of Plant Protection，Chinese Academy of

Agricultural Sciences，1995)

世代	各虫态历期（d）				全世代历期（d）
	卵	幼虫	蛹	成虫	
一	8.2 (9.5)	38.5 (36.7)	10 (11)	5.4 (5)	62.1 (62.2)
二	6.5 (5.8)	34 (34.2)	9 (10)	5.6 (5)	55.1 (55.0)
三	5.6 (6.7)	35 (34.3)	8.9 (9)	5.9 (5)	55.4 (55.0)
四	6.4 (7.0)	35* (118.2)	18.6 (14.3)	6.3 (11.7)	66.3* (151.8)

注 表中数据为广东番禺沙围田蔗区和湛江旱坡地蔗区（括号内数据）田间调查结果；＊ 为不包括越冬滞育期，幼虫滞育期一般为 140d 左右。

四、发生规律

（一）气候条件

条螟喜高温潮湿天气，如冬春天气特别温暖，则条螟发生期早，发蛾量高，第一代卵可比常年提前 15d 左右出现，卵量亦比常年多 10 倍以上，发生量大增。相反，如果冬春季寒冷且雨水偏多，越冬代螟蛾的发生期可能推迟 15d 左右，且发蛾量及卵量亦相对减少，为害相对减轻。另外，甘蔗中后期雨水偏多，雨量分布均匀，有利于条螟卵孵化和幼虫的生存，故条螟的发生就重；反之，条螟的发生就相对较轻。

（二）寄主植物

甘蔗品种的抗虫性，对甘蔗条螟发生影响较大。种植抗虫性高的品种，条螟发生为害较轻；而种植感虫品种，则条螟发生为害重。如种植新台糖 28，其条螟发生为害的程度就较种植新台糖 22 的为轻。如将冬、春植蔗与秋植蔗邻近种植或插花种植，则条螟辗转扩大为害，加重冬、春植蔗的受害程度。

（三）天敌

条螟寄生天敌有卵寄生天敌赤眼蜂（*Trichogramma* sp.）和螟黑卵蜂等，在一些蔗区的自然寄生率很高。赤眼蜂在 2~4 月自然寄生率为 6.2%~32.11%，5~8 月为 45.4%~82.4%，9~11 月最高为 85.43%~96%，对条螟的发生为害起到重要的抑制作用。条螟的幼虫寄生蜂有螟黄足盘绒茧蜂（*Cotesia flavipes*）、中华钝唇姬蜂（*Eriborus sinicus*）等，但寄生率较低。蛹寄生蜂有一种啮小蜂（*Tetrastichus* sp.），第三、四代条螟的寄生率 23%~50%。另外，捕食性天敌有蚂蚁、蜘蛛和螳螂等，致病微生物有真菌和细菌。

五、防治技术

(一) 农业防治

1. 低斩收蔗　留宿根的蔗田，用小锄低斩，可消除在蔗茎地下部越冬的条螟。

2. 及时处理蔗头及枯叶残茎　收获后，于2月底前，收集残茎、枯叶和枯苗，铺在蔗地就地烧毁。不留宿根的蔗田，将蔗头犁起后烧毁。

3. 精选无虫健苗　下种前用2％石灰水浸种1d，杀死种苗内的螟虫。

4. 灌水淹虫　水源方便的地区，1～4月发现枯心苗多时，引淡水浸没蔗苗2～3d，淹死幼虫。

5. 合理的种植布局和轮作　避免将冬、春植蔗和秋植蔗邻近种植或插花种植，以减少螟虫辗转扩大为害。提倡甘蔗与豆、菜、薯、西瓜间作、套作和轮作，不宜与玉米、高粱等禾本科作物间作和套作，以减轻螟害。

6. 人工杀虫　在条螟"花叶期"用人工将"花叶"中的蚁螟杀死。

7. 及时剥叶　利用条螟老熟幼虫有在叶鞘内侧结茧化蛹习性，及时将枯叶鞘、枯叶剥去并搬离蔗田集中烧毁，以减少下一代田间虫口基数。

(二) 生物防治

1. 释放赤眼蜂　根据蔗区20世纪50年代开始至今的赤眼蜂研究和放蜂经验，通过释放赤眼蜂，可使田间螟卵寄生率提高到70％～90％，对螟虫枯心、虫蛀节及风折株等有良好的控制作用。赤眼蜂是螟虫卵寄生蜂，只有在卵期释放赤眼蜂才能发挥其效力。因此，放蜂的关键技术是掌握准确的放蜂时间，这是影响放蜂效果的最重要因素。所以，一定要掌握螟蛾发生规律及产卵期，在做好害虫预测预报的基础上，于蔗螟始蛾期准时放蜂，确保蛾高峰期田间拥有足够数量的蜂，才能保证放蜂效果。而蜂在发育到中、后蛹期释放为最佳，这样有利于提高赤眼蜂搜寻寄主能力，提高寄生率。赤眼蜂的繁育以柞蚕卵或米蛾卵为中间寄主卵。放蜂时将蜂卡卷夹在蔗茎中部绿色叶片中，用牙签卡紧；如果蔗叶较小，可以用木菠萝叶片卷好卵卡，挂在甘蔗叶鞘上；也可用干竹筒或防雨纸片制成放蜂器。放蜂时要避免卵卡受日晒、雨淋，同时制作卵卡时要取材方便、容易及经济。放蜂时最好从蔗田的上风地头开始放蜂，以距上风地头10m左右作为第一个放蜂点。每代产卵期各释放2次，甘蔗伸长期放蜂1～2次，每公顷每次放蜂150 000头左右，每公顷设75～120个释放点，全年共放蜂5～7次。当田间虫口密度较低时，可适当降低放蜂量。

2. 利用红蚂蚁　每年的春夏季节到红蚂蚁群集居的场所，如香蕉园、菜园等处蚁巢中收集红蚂蚁，用芦苇管或蔗叶鞘做成筒状，下雨前1～2d插入蚁巢4～6cm，2～3d后检查筒内有蚁时即将筒的两端塞以湿土，并尽快将蚁拿到蔗田插入蔗行间。由于红蚂蚁喜潮湿的环境，因此此方法只适宜在水田蔗、洲地蔗等低湿蔗地。旱坡地的环境不适宜红蚂蚁的生存和繁殖，治螟效果不理想。

3. 保护和利用天敌资源　在自然状态下蔗田中具有多种天敌（如捕食性蜘蛛、螳螂，寄生性绒茧蜂、啮小蜂等），因此，在实施化学防治时，应尽量避免大面积叶面喷雾，而主要采取根区周围施用颗粒剂。

(三) 利用性外激素技术

1. 诱杀法　在各代蛹开始羽化前在蔗地内设置诱捕器诱杀成虫。诱捕器可选用黏胶式或水盆式2种。由于水盆式诱捕器设置简单，可就地取材，故蔗螟诱捕器多选择水盆式诱捕器。可选用直径20～40cm的塑料水盆或竹筛（在竹筛上垫上薄膜），在盆中盛水八成满，在水中加入少量洗衣粉，用支架将诱盆架离地面约1m，但诱盆高度应随蔗苗高度进行适当调整。用铁丝将载有性诱剂的橡胶片剂型的诱芯横架于距水盆水面1～2cm上方的中央。大面积蔗地每公顷设15个诱捕器，零星小面积的蔗地每公顷设30～45个。为保证诱芯中有足够剂量的性诱剂，诱芯应每15d更换1次。每隔几天检查盆中水位，当诱盆中水量不足时，适当增补水量。而下雨过后，则应适当除去部分水，并添加洗衣粉，以保持诱捕器的捕获能力。由于诱芯中不断释放出性外激素，可诱杀大量前来交配的雄蛾，致雌蛾不能正常交配，从而降低螟卵受精率，降低种群数量。诱杀工作可于成虫羽化末期结束。

2. 迷向法　利用人工合成的条螟性诱剂制成一定含量的诱芯释放到螟虫活动层空间，以干扰螟蛾正常的交配活动，从而减少条螟的种群数量，控制其为害。在条螟成虫开始羽化时，每公顷用塑料管诱芯1 200～1 500根，均匀插于蔗叶中脉处，形成多个假想的雌蛾，对雄虫产生迷向效果。

（四）药剂防治

1. 喷雾法　根据虫情测报，在每代的成虫羽化始盛期和高峰期，或掌握在条螟"花叶期"用药喷心叶，因此时蚁螟仅处于心叶中。可选用90％杀虫单可溶粉剂500～1 000倍液或90％敌百虫可溶粉剂1 000倍液或48％毒死蜱乳油1 500倍液或1.8％阿维菌素乳油3 000倍液挑治"花叶"。

2. 根区施药　在甘蔗下种期，用5％杀单·毒死蜱颗粒剂60～75kg/hm²或3.6％杀虫双颗粒剂60～75kg/hm²施于甘蔗植沟中；或于苗期小培土时，用上述药剂撒施于蔗苗基部并覆土，效果明显。

附：甘蔗条螟的测报技术

（一）预警监测系统的建立

1. 测报网点建设　由于预测预报是一项长期、系统而技术性很强的工作，因此这项工作应以政府为主导，企业相配合。在各蔗区建立分布合理、能代表各种植期和栽培条件的预测预报网点。每个网点应相对固定地点，指派专人负责，建立原始资料记录的规范化、制度化以及数据存档和共享数据制度。

2. 适时预报　各测报网点统计的原始数据应定时汇总到指定的机构，并由专业技术人员对数据进行确认、统计分析，对螟虫的发生作出准确预测。

3. 信息发布　通过互联网（Internet）技术平台或短信平台将发生期信息及时发布到各蔗区政府技术管理部门、生产单位及农民手中，以指导生产上的防治工作。

4. 预测预报方法　螟虫预测预报方法有多种，传统的方法有发育进度法、灯光法，由于传统方法费时费工、技术条件要求高，一般难以掌握。目前，最简便易行的方法就是性诱剂预测预报方法。

（二）性诱剂预测预报

1. 原理　就是利用人工合成的性诱剂制成诱芯，将诱芯悬挂于诱捕器上方或置于其中，当雄蛾嗅到性诱剂气味后便寻味而来，当螟蛾接近诱源后便被诱捕器捕获。通过定期统计诱捕器中的雄蛾数量，再根据螟蛾数量的变化情况对螟虫发生期作出预测。性诱剂预测预报诱蛾量多、灵敏度高，消长规律、诱蛾高峰期明显，测报准确性高，指导适时防治操作性强，效果好。

2. 诱测田　选择有代表性（如品种栽培、地理环境、虫口密度等）的蔗田为诱测田，面积2hm²以上。

3. 诱捕点（诱测点）　在选定的诱测田中设立3个诱捕点，面积较大时，3个诱捕点可设在同一片蔗田里，有中心路的蔗田采用平行线分布，3个诱捕点可沿中线路两旁分布，路的两端及中间各设1个点。只一边有路的蔗田采用对角线分布。丘陵及基水地蔗田（有水灌溉的蔗田）面积较小并与其他作物间插，各诱捕点可分别设在由几块连片的蔗田中间。

4. 诱捕器　可选用黏胶式或水盆式2种。由于水盆式诱捕器设置简单，可就地取材，捕虫效果好，故蔗螟诱捕器多选择水盆式诱捕器。可选用直径40cm的塑料水盆或竹筛（在竹筛上垫上薄膜），在盆中盛水八成满，在水中加入少量洗衣粉，用支架将诱盆架离地面约1m，但诱盆高度应随蔗苗高度进行适当调整。当诱盆中水量不足时，适当增补水量。而下雨过后，则应适当除去部分水，并添加洗衣粉，以保持诱捕器的捕获能力。

5. 诱芯　选用橡胶片剂型做诱芯。每个诱捕器上安放1个诱芯并置于距水盆水面1～2cm上方的中央。为保证诱芯中有足够剂量的性诱剂，诱芯应每15d更换1次。

6. 诱测时间及数据登录　越冬代始蛾前开始放置诱捕器，开始诱测工作，至螟虫成虫发生末期结束。诱测期间每天早晨检查记录诱捕器捕获的蛾数，并同时将虫体清出诱捕器，以免影响第二天的数据调查（附表20-37-1，附表20-37-2）。

附表20-37-1　诱蛾量原始记录表
Supplementary Table 20-37-1　Table for original record of trapped moths

日期	诱蛾量（头）					占世代蛾量（%）	累计（%）
	1	2	3	合计	平均		

注　（1）记录日期栏填写检查当天日期，每5d为1候，每隔1候留空一行统计每候合计数；（2）占世代蛾量＝（各天诱蛾数/世代诱蛾总数）×100％。

附表 20 - 37 - 2　全年诱蛾量整理表

Supplementary Table 20 - 37 - 2　The number of the trapped moths around the year

世代	世代发生期			盛发期				诱蛾量（头/盆）		
	始发	终止	天数	始盛	高峰	盛末	天数	世代总数	盛发期每天	最高单盆
越冬代										
一										
二										
三										

注　（1）始发日为诱到蟆蛾的第一天或世代重叠时蛾量回升的第一天；（2）始盛日为诱蛾量占当代诱蛾量累计达 20%，高峰日为诱蛾量累计达 50%，盛末日为诱蛾量累计达 80%。

管楚雄（广州甘蔗糖业研究所）

第 38 节　蔗小卷蛾

一、分布与危害

蔗小卷蛾［*Tetramoera schistaceana* (Snellen)，异名：*Argyroploce schistaceana* Snellen］又名甘蔗条小卷蛾、甘蔗黄螟，属鳞翅目小卷叶蛾科。分布于广东、广西、海南、台湾、福建、浙江、云南等省份。蔗小卷蛾为单食性害虫，目前已知只为害甘蔗。甘蔗苗期及分蘖期，幼虫常在蔗株泥面下部幼芽或根带处侵入为害，造成枯心苗，枯心苗一般 5% 左右，重则 15%～20%。中后期，幼虫潜入叶鞘间隙，于芽或根带等较嫩处蛀入，形成螟害节，在根带处上方留下蚯蚓状的食痕，芽眼被吃空，所以中后期被害严重的蔗茎留种比较困难。另外，在一些蔗小卷蛾为害特别严重的蔗区，幼虫可侵入蔗头部蛀食蔗头，影响甘蔗的宿根（彩图 20 - 38 - 1，4）。

二、形态特征

成虫：体长 5～9mm，翅展 5～8mm，深灰褐色，斑纹复杂。复眼大，具青蓝色光泽。前翅中央具一 Y 形黑斑纹。后翅暗灰色（彩图 20 - 38 - 1，1）。

卵：长 1.2mm，宽 0.8mm，扁椭圆形，初产时白色，有珍珠光泽，卵壳上有刻纹。后渐变为乳黄色，近孵化时现赤色斑纹及黑色的头部。卵多单产，最多不超过 3～4 粒。

幼虫：末龄幼虫体长 22mm，浅黄色，头赤褐色，前胸背板黄褐色，两颊生有楔状形黑色纹，胸部、腹部背面具疣状小突起，突起上生有毛（彩图 20 - 38 - 1，2）。

蛹：长 8～12mm，宽 2～2.5mm，黄褐色。腹部第二节的后缘、第三至六节的前后缘、第七节的前缘、第八节及尾节的背面均有锯齿状突起。尾节有数条刚毛。雌蛹生殖孔位于第八腹节，并与第九腹节的产卵孔连成一纵裂缝。雄蛹的生殖孔在第九节（彩图 20 - 38 - 1，3）。

三、生活习性

广东中部蔗区一年发生 6 代，福建南部一年发生 6～7 代，广西中部一年发生 7 代，广东湛江、海南和台湾等蔗区一年发生 7～8 代，无明显休眠期。世代重叠，终年为害。因各地气温和种植不同，其发生期也不同。在广东珠江三角洲一年发生 6 代，第一代 3～5 月，历期 50～60d，第二代 5～6 月，历期 56～65d，第三代 6 月至 8 月上旬，历期 35～56d，第四代 7 月至 9 月上旬，历期 41～48d，第五代 8～10 月，历期 40～58d，第六代 10 月至次年 2 月，历期 162d（表 20 - 38 - 1）。

表 20-38-1 蔗小卷蛾生活史（引自轻工业部甘蔗糖业科学研究所，1958）

Table 20-38-1 Life cycle of *Tetramoera schistaceana* (from Ministry of Light Industry Scientific Research Institute of Sugarcane and Sugar Industry，1958)

| 世代 | 卵期 | | | 幼虫及蛹 | | | 成虫期 | | | |
	发生期（月/旬）	历期（d）	平均温度（℃）	发生期（月）	历期（d）	平均温度（℃）	羽化期（月/旬）	雄蛾（d）	雌蛾（d）	平均温度（℃）
一	3/中、下	—	—	4	34.5	23.9	5/上	3～7	8～12	28.4
二	5/上	7～10	28.4	5～6	30.0	26.7	6/上、中	7～11	7～13	28.0
三	6/中	5～7	27.5	7～8	28.0	27.7	7/下	5～12	8～13	28.5
四	7/下	5～7	28.5	8～9	29.0	27.2	8/下	5～8	8～10	29.2
五	8/下	4～5	29.2	9～10	33.0	24.6	10/上	8～10	9～14	24.4
六	10/中	5～7	25.4	10～2	117.0	16.8	1/上	—	—	—

注 轻工业部甘蔗糖业科学研究所现为广州甘蔗糖业研究所。

蔗小卷蛾喜潮湿，高温干旱对其不利，所以蔗小卷蛾多发生在水田、洲地或较湿润的蔗地。蔗小卷蛾成虫有一定趋光性，扑灯的成虫多为雄虫，雌虫较少，且多已交配，遗腹卵极少。雌蛾性引诱力强，有释放性信息素吸引雄蛾前来交配的能力，一头雌蛾一晚可引诱到 325 头雄蛾的记录。蔗小卷蛾性信息素组分为顺-9-十二碳烯醇乙酸酯（Z9-12：Ac）。成虫白天栖息在下部蔗叶上或叶鞘处，黄昏后活动。成虫在 24：00 到翌日 3：00 交配，以 1：00～3：00 交尾最多。雄虫可交配多次，平均 2 次，但一晚只交配 1 次。与雄虫第一、二次交配的雌虫，产卵量正常，但之后交配的雌虫产卵量下降，下降约 50%。雌蛾亦可重复交配，未经交配的雌蛾一般不产卵或产下极少量的不受精卵。蔗小卷蛾的雌雄比 2：1。一头雌蛾产卵 200～500 粒，卵单产多集中于 0～60mm 高处的叶鞘或茎表面。苗期，卵多产于蔗叶和叶鞘；伸长期，卵多产于蔗茎表面和秋笋上。卵单产，少数 2～3 粒产在一起，但不成块。幼虫多在 11～14 时孵化。初孵幼虫爬行下降，潜入叶鞘间隙，于芽或根带等较嫩处蛀入，将芽眼吃空。甘蔗苗期及分蘖期，幼虫常在蔗株泥面下部幼芽或根带处侵入为害，造成枯心苗，蛀道曲折，一头幼虫多为害一株蔗苗，多无转株为害习性；中后期，幼虫于根带处上方或芽眼处侵入，形成虫害节，在根带处上方留下蚯蚓状的食痕，在被害茎蛀食孔外常露出一堆虫粪。老熟幼虫在蛀食孔口做茧化蛹。

在各蔗区由于发生世代较多，且有世代重叠发生现象，所以终年为害甘蔗。但发生与为害盛期随各地的气候条件和植期而异。广东珠江三角洲地区，宿根蔗田蔗小卷蛾成虫在 3 月中、下旬产卵，5 月初起卵量激增，7 月中旬渐减；春植蔗由 6 月起激增，7 月下旬渐减，8～10 月最少，到 11～12 月卵量又趋回升。广西蔗区全年可见 6～7 次产卵高峰，其中 3～5 月发生量最大，为害宿根蔗和春植蔗的蔗苗（表 20-38-2）。在福建则于 8 月和 9 月出现 2 个为害高峰，为害相当严重。

表 20-38-2 蔗小卷蛾发生期与各虫态历期（引自广西壮族自治区甘蔗研究所，1957）

Table 20-38-2 The emergence period of *Tetramoera schistaceana* and its developmental durations (from Guangxi Sugarcane Research Institute，1957)

| 世代 | 发生期（月/旬） | 各虫态平均历期（d） | | | | 全世代平均历期（d） |
		卵	幼虫	蛹	成虫	
一	4/上～5/上	6.3	33.9	10.5	8.5	59.2
二	4/下～6/中	6.1	17.2	8.7	6.3	38.2
三	6/上～7/下	5.6	19.7	8.1	5.8	39.2
四	7/下～9/上	5.6	19.4	8.1	7.2	40.3
五	8/下～10/下	6.0	18.7	8.9	8.1	41.7
六	11/上～翌年3/下	12.4	65.0	25.4	14.8	117.6

四、发生规律

（一）气候条件

蔗小卷蛾喜潮湿。故多雨、湿度大的季节或年份，有利于蔗小卷蛾的发生；湿润、土壤含水量大的蔗田（如水田、洲地）蔗小卷蛾发生较多。如在广东围田、基水地和坝地蔗田蔗小卷蛾发生较重；在广西则多发于低洼潮湿和有水浇灌的蔗区；在福建水田和洲地发生较多。由于宿根蔗田和秋植蔗苗期蔗田的环境湿度较高，同时初冬及初春的温湿度较适宜，故在此类型的蔗田及季节有利于蔗小卷蛾的生存与发展，故发生与为害较重。在高旱地蔗区，蔗小卷蛾在宿根蔗上为害较重，而新植蔗为害较轻。据福建和广东湛江等地反映，蔗小卷蛾在秋植蔗上为害也相当重，甚至初冬和初春主要以蔗小卷蛾为主，这可能是由于秋植蔗苗期蔗田的环境湿度较高，有利于蔗小卷蛾的生存与发展。

高温对蔗小卷蛾繁殖不利，这主要是对雄蛾的影响，如 9d 内雄蛹日间持续 8h 处于 32℃温度，夜间处于 27～30℃温度下，羽化的雄蛾虽可与雌蛾正常交配，但与之交配后所产的卵有一半不能孵化，而雌蛾在这样的环境中羽化则不受影响。因此，8 月蔗小卷蛾卵量锐减的现象可能与此时正处于高温季节有关。

（二）寄主植物

蔗小卷蛾为单食性害虫，只为害甘蔗。蔗小卷蛾发生为害程度与甘蔗植期有一定的关系，一般宿根蔗田发生较多，新植蔗田发生较少。另外，秋植蔗苗期蔗小卷蛾发生也相当多，初冬和初春也以蔗小卷蛾为主。在高旱地蔗区，蔗小卷蛾在宿根蔗上为害较重，而新植蔗为害较轻。据福建和广东湛江等地反映，蔗小卷蛾在秋植蔗上为害也相当重，甚至初冬和初春主要以蔗小卷蛾为主。

（三）天敌

蔗小卷蛾的主要寄生天敌有拟澳洲赤眼蜂（*Trichogramma confusum*），对蔗小卷蛾的发生起着抑制作用，其自然寄生率与植期和季节变化关系较大。一般宿根蔗田寄生率较高，新植蔗田则前期低，中后期逐渐增高。田间自然寄生率 20.6%～67.2%。蔗小卷蛾幼虫及蛹寄生蜂有 2 种，分别为白茧瘦姬蜂（*Campoplex* sp.）和花胸姬蜂（*Stenaraesides octocinetuss*），多发生于甘蔗生长的中后期，蔗田自然寄生率最高可达 25.4%。

五、防治技术

（一）农业防治

1. 减少越冬虫源　蔗小卷蛾幼虫大部分在秋笋、蔗头地下茎 6～7cm 处越冬。收获时低砍低斩至土面 7cm 以下，收获后及时清洁田园，并将清理出来的枯茎、枯叶和蔗头等残留物堆沤水浸，消灭其中的虫源。

2. 实行轮作或间作　蔗田合理布局，新植蔗应尽量安排在远离宿根、秋植蔗地，可减少蔗小卷蛾就近迁飞为害新植蔗。蔗小卷蛾属于单食性害虫，可与其他作物进行轮作，特别是水旱轮作，可有效控制为害。也可在蔗行间间种绿肥，创造有利于天敌生存发展的田间环境。

3. 选择无虫种苗　选用健壮、无虫种苗，防止种苗带虫。据调查，秋植蔗蔗株上的虫害节中有 24% 的幼虫和蛹。带虫的种苗种植后仍可化蛹或羽化，或继续为害种苗的芽。因此，精选无虫种苗，防止种苗带虫进入新植蔗田。

4. 适当提早种植　下种时多施基肥，促进幼虫壮旺，提早分蘖，避免主茎受害，减少虫害的缺株。

5. 加强田间管理　在卵盛发期及时剥蔗叶，不但可消灭卵及初孵幼虫，还可增强蔗茎的硬度，不利于初龄幼虫蛀食为害；下种时施足肥料，促进蔗苗壮旺和提早分蘖，避免主茎受害，减少虫害的缺株；在蔗行间间种豆科绿肥，创造有利于天敌的生息环境。

6. 灌水浸虫　有水源的蔗地，在枯心苗盛发时可以放水浸畦面 7～10 cm，气温低时可浸 4d；气温 25℃以上时浸 1 d，可消灭幼虫和蛹。甘蔗收获后的蔗地亦可采用放水的办法，消灭蔗头中的害虫。

（二）生物防治

1. 利用红蚂蚁或适时释放赤眼蜂进行防治　释放赤眼蜂可在蔗小卷蛾第一、二代产卵初期各放 2 次，甘蔗伸长期 1～2 次，每公顷每次放 15 万头，安排 120～150 个释放点。全年放蜂 5～6 次。

2. 迷向法防治 利用人工合成的性诱剂制成诱芯用于迷向防治，每 6～7m² 放置 1 个诱芯于蔗叶鞘与蔗茎交界处，5～8 月连续处理 2～3 次，可有效降低雌虫的交配率，从而减少螟害率。

（三）药剂防治

1. 沟施颗粒剂 在甘蔗下种时用 5% 杀单·毒死蜱颗粒剂或 3.6% 杀虫双颗粒剂 60～75 kg/hm² 或 5% 毒死蜱颗粒剂 75 kg/hm² 施于甘蔗植沟中，或于苗期培土时用上述药剂撒施于蔗苗基部并覆土，效果明显。

2. 喷杀防治 在广东、广西蔗区主要抓第一、二、三代和第六、七代防治，即 3～6 月防治对象首先是上年的秋冬植蔗，其次是早发株的宿根蔗；9～11 月是当年的秋冬植蔗。云南等蔗区主抓第一代防治。由于蔗小卷蛾世代重叠，春夏和秋冬两期的喷药，一般每期应连续喷药 2～4 次。喷雾用药可选用 48% 毒死蜱乳油 1 000～1 500 倍液、50% 杀螟丹可溶粉剂 1 000 倍液、1.8% 阿维菌素乳油 3 000 倍液或 20% 氯虫苯甲酰胺悬浮剂 10 mL 对水喷雾。

管楚雄 安玉兴（广州甘蔗糖业研究所）

第 39 节 白 禾 螟

一、分布与危害

在我国，为害甘蔗的白禾螟有 3 种：红尾白禾螟（*Scirpophaga intacta* Snellen）、黄尾白禾螟（*S. novella* Fabricius）和蔗茎白禾螟（*S. auriflua* Zellen）。白禾螟属鳞翅目草螟科。红尾白禾螟分布于广东、广西和海南等地；黄尾白禾螟分布于福建和台湾；蔗茎白禾螟分布于福建、四川。

在为害甘蔗的 3 种白禾螟中，我国大陆蔗区主要以红尾白禾螟为害最严重。

3 种白禾螟不但为害甘蔗幼苗造成花叶及枯心，而且也为害蔗茎造成枯梢（俗称死尾蔗），白禾螟枯梢由于全株枯死或梢头枯死后引起侧芽萌发，使蔗株形似扫把状，因白禾螟引起的枯梢又被称为扫把蔗，由此蔗茎重量减轻，甘蔗单产一般可减少 10%～20%。此外，蔗茎受害后蔗糖分下降。据测定，受红尾白禾螟为害的蔗茎糖分下降 0.57%～1.76%（绝对值）。20 世纪 80 年代前，红尾白禾螟多分布在广东雷州半岛和广西北海蔗区，20 世纪 90 年代至 21 世纪初，白禾螟曾一度销声匿迹，但近年来，甘蔗白禾螟重又现身，并在广东湛江，广西来宾、百色、南宁、崇左出现，甚至在广西柳州蔗区亦发现其踪迹，并在部分蔗区造成严重危害。因此，白禾螟有扩散、加重为害的趋势。

二、形态特征

成虫：体、翅均为纯白色并有光泽，复眼黑色，触角灰黑色。前翅长 12～18 mm，翅展 25 mm，三角形，长而顶角尖，翅背面近前缘外侧呈暗灰色。头部和前胸均覆盖着较长的白色绒毛。雌蛾腹部肥胖，尾毛橙红色，故又称红尾白禾螟。雄蛾腹部较细长，腹部和尾部为橙黄色（彩图 20 - 39 - 1，1）。

卵：卵产成块状，表面覆盖橙黄色绒毛，与三化螟卵相似。卵粒扁平、短椭圆形，卵粒大小为 1.3 mm×1.1 mm，初产时黄白色，以后变为橙黄色，孵化前变成灰黑色。每卵块有卵 10～40 粒不等，平均 28 粒（彩图 20 - 39 - 1，2）。

幼虫：末龄幼虫体长 20～30 mm。灰黑色，体有许多刚毛。初龄幼虫体细长，乳白色。老龄幼虫体肥大、粗短而多横皱，乳黄色。前胸背板浅橙黄色，头小呈黄褐色。胸足短小，腹足及尾足均退化，各具单一的大形钩爪（彩图 20 - 39 - 1，3）。

蛹：雌蛹体长 17～19 mm，雄蛹 16～18 mm。初蛹体色乳黄至乳白色，与老熟幼虫相似，以后变成黄褐色，羽化前变成银白色。雌蛹腹末宽肥而带圆形，橙红色。雄蛹尾部较尖，橙黄色。雌蛹的翅达第四腹节末端，后足伸达第六腹节基部。雄蛹的翅可达第五节基部，后足伸达第七腹节的一半。复眼均为黑色，气门椭圆形，突出，呈褐色（彩图 20 - 39 - 1，4）。

三、生活习性

红尾白禾螟广东、台湾一年发生 4～5 代，海南一年发生 5 代，但第五代极少（约 1% 以下）。黄尾白禾螟在台湾一年发生 4～5 代。

红尾白禾螟以老熟幼虫在蔗株梢头部的隧道里越冬。以第四代开始越冬的越冬期约 120 d，以第五代越冬的则为 100 d 左右。老熟幼虫于 1 月下旬开始化蛹，2 月中旬为化蛹盛期。2 月下旬始见成虫，3 月中旬为成虫羽化盛期。第一代成虫于 5 月上、中旬发生；第二代成虫 6 月中旬至 7 月中旬发生；第三代成虫 8 月上旬至 9 月中旬发生，第二、三代之间有世代重叠现象。全年发蛾量以第二、三代最大，亦是为害甘蔗最严重的两个世代。越冬代成虫产卵于秋植蔗、冬植蔗和早宿根蔗苗上，所以第一代幼虫的为害面积不大。从第二代开始，不论新植、宿根各类型甘蔗都普遍受到危害。幼虫为害造成枯梢时间：第一代 4 月；第二代 5 月下旬至 6 月下旬；第三代 7 月下旬至 8 月中旬；第四代 9 月上旬至 10 月上旬；第五代 11 月中、下旬（表 20 - 39 - 1）。台湾主要在甘蔗苗期和秋植蔗的 10～12 月、翌年 3～4 月有两个为害高峰。

黄尾白禾螟在台湾一年发生 4～5 代。卵历期 7～10 d，幼虫历期 6.7～61 d，龄期数不明，蛹历期 12.6～18.1 d，成虫寿命 3.1～5.2 d。

表 20 - 39 - 1　红尾白禾螟各世代各虫态历期（广东遂溪，1975）
Table 20 - 39 - 1　The generations and instar duration of *Scirpophaga intacta*（Suixi，Guangdong，1975）

世代	虫态	历期（d）	众数（d）	平均（d）	试验虫数（头）	温度（℃）	相对湿度（%）
越冬代	蛹	21～39	38	37.3	30	7.2～23.7	65～96
	成虫	2～10	4	4.2	181	7.2～23.7	65～98
一	卵	12～16	14	14	43	14.3～26.5	100
	幼虫	24～36	27	27.6	24	21.4～29.7	68～97
	蛹	11～12	11	11.5	61	23.8～30.7	75～85
	成虫	2～5	3	3.6	111	23.8～30.7	75～85
二	卵	6～9	7	7.8	34	238～30.7	75～85
	幼虫	25～27	29	30.4	34	23.5～32.5	63～98
	蛹	7～11	10	9.6	92	23.0～31.5	67～94
	成虫	1～3	2	2.1	26	29.4～31.2	77～93
三	卵	6～8	7	7.1	17	25.7～32.2	72～100
	幼虫	25～39	29	31	23	25.7～36.0	72～100
	蛹	8～11	10	10	137	27.3～31.5	72～90
	成虫	1～5	3	3.5	42		
四	卵	6～8	7	7.1	39		
	幼虫Ⅰ	39～52	36	46.4	15	27.3～31.5	72～90
	幼虫Ⅱ	25～35	28	27.5	54	27.9～30.2	81～82
	幼虫＋越冬	162～178	154	159.3			
	蛹	6～13	8	8.6	30		
	成虫	1～6	4	3.7	23		
五	卵	8～10	9	9.1	12		
	幼虫＋越冬	116～133	125	123.1	7		

红尾白禾螟昼伏夜出，有趋光性，雄比雌强。成虫多在 19：00～23：00 羽化，羽化后 1～2 d 完成交配，交配时间多选择在 22：00 至翌日 6：00，以下半夜为多。雌蛾性引诱能力强，能释放性信息素引诱雄蛾前来交配。一头未交配的雌蛾一晚可诱到雄蛾 230 头。经研究其性信息素的结构式为：反-11-十六碳烯醛（E11-16：ALD）和顺-11-十六碳烯醛（Z11-16：ALD），组成比例为 70：30。可通过人工合成的性诱剂应用于测报来指导防治。雌蛾一生多为交配 1 次，但也有交配 2 次的。雌蛾在交配后的第二天产卵，卵多产在蔗叶背面。每雌蛾可产卵 200～300 粒。产卵成块状，卵块上有绒毛覆盖。卵一般多在 7：00～8：00 孵化，初孵幼虫行动活泼，常吐丝下垂借风飘荡分散，选择尚未展开的心叶基部的叶脉背面蛀入，并一直向下蛀害呈直道至生长点，心叶展开后呈带状横列的蛀食孔，孔的周围褐色。当为害严重时，由于多

头幼虫集中于心叶为害，心叶多无法正常展开，叶片出现腐烂或食痕周围逐渐枯死。幼虫稍长大后为害生长点，形成枯心苗和扫把蔗。老熟幼虫在梢头部外侧营羽化孔化蛹。蔗苗幼小时，幼虫常蛀食至蔗苗基部泥面下，老熟后再回头向上，食至地面基部营羽化孔化蛹。成虫羽化时冲破薄茧爬出。

四、发生规律

（一）气候条件

凡冬季温暖干燥，越冬白禾螟死亡率低，可以增加翌年的虫源基数。大风、暴雨和早春低温，常影响白禾螟的发生。当成虫盛发期，如遇台风暴雨，则自然种群数量会急剧下降。如广东遂溪县 1968 年第三代白禾螟成虫盛发期正遇上 8 月中旬的一场大台风，因而发蛾量比上一代的减少了 70%，田间虫口密度减少了 60% 左右。此外，早春第一代发蛾期若受寒潮的影响，可使幼虫的发生期推迟。风力可以帮助蔗螟的分布，凡是处于秋植蔗下风位的春植蔗，螟虫枯心常发生较早且严重，原因是初春时秋植蔗的螟蛾易被风带到春植蔗上产卵。

白禾螟卵和蛹的历期因气温不同而不同。在气温较低时如第一代卵历期为 12～16 d，平均 14 d；而第二代以后由于气温较高，各代卵历期仅需 6～9 d，平均 7 d。越冬代蛹由于处于气温较低的冬天及早春，故历期 21～39 d，平均 37 d；而第二、三代蛹因处于气温较高的夏天，蛹历期仅 7～11 d，平均 10 d。根据魏吉利等（2012）研究结果表明，白禾螟在 21～33℃内，蛹的发育随着温度的升高而加快，符合温度对昆虫生长发育的影响规律。白禾螟蛹的发育起点温度为 14.13℃，有效积温为 191.00℃。研究还证明，昆虫的生长发育受温度、湿度、光照和营养等多种因素的影响，室内恒温试验的结果与自然变温条件下的情况存在一定的差异，白禾螟成虫羽化期在各地明显不同，成虫羽化的始盛期和高峰期更加不一致。因此，各地应根据不同生态环境，利用发育起点温度和有效积温预测成虫羽化的始盛期和高峰期，做到准确、适时喷药进行防治；要在现有研究的基础上，结合生产实际需要，进一步研究白禾螟在自然环境下的发育情况。

（二）寄主植物

幼虫的历期除滞育越冬代以外与甘蔗的生长和营养状况有密切的关系。如第一代幼虫为害甘蔗幼苗，其历期为 24～36 d，平均 27.6 d；而为第三、四代幼虫为害蔗茎，其历期 25～52 d，平均分别为 30 d 和 40 d。第四代幼虫是否发育成第五代，还是进入滞育越冬也与甘蔗植株的营养成分有一定的关系。如取食接近成熟的蔗株，则幼虫直接越冬；如取食尚处于苗期或生长阶段的蔗株，其幼虫则继续发育成第五代。

据广东调查，红尾白禾螟只为害甘蔗。幼虫侵入蔗株后能否造成枯梢取决于寄主植物的生长速度、幼虫的生活力和表现为侵入后的蛀食速度。只有当幼虫的生活力较强，侵入后向下蛀食的速度大于甘蔗生长速度时，才能造成枯梢；否则有可能使侵入的幼虫不是处于梢头中心而是处在伸展叶片的叶脉之中，造成幼虫很难侵入到梢头生长点而不能引起枯梢，甚至在蛀食的过程中半途夭折。这也就是为什么旱地蔗比水田蔗受害重，旱地蔗长势旺盛的比长势差的受害轻的原因。

（三）天敌

红尾白禾螟天敌有 2 种卵寄生蜂，白螟黑卵蜂（*Telenomus* sp.）和等腹黑卵蜂（*T. dignus* Gahan）。幼虫和蛹有 4 种寄生蜂，分别为扁股小蜂（*Elasmus ehntneri* Ferriere）、白螟叉齿蜂 [*Pseudoshirakia jokohamensis* (Cameron)]、蔗螟窄茧蜂（*Stenobracon trifasciatus* Szeptigeti）和 1 种体外寄生蜂黑尾扁腹小蜂（学名不详）。此外，捕食性天敌有胡蜂、蜘蛛、蚂蚁等。致病微生物有白僵菌和细菌等。天敌中以扁股小蜂和蚂蚁为主。因白禾螟第一、二代羽化孔距地面较近，蚂蚁常由羽化孔进入将幼虫和蛹捕食掉。寄生天敌多发生在第三、四代，8 月的寄生率可高达 43.3%。

（四）化学农药

白禾螟在 20 世纪 80 年代中后期至 21 世纪初曾一度销声匿迹，但近年来白禾螟的为害有所抬头，数量也逐渐回升。不仅如此，其分布还有所扩展，目前，已不仅限于广东雷州半岛、广西北海、钦州和海南北部蔗区，在广西南部、中部甚至北部地区也有白禾螟出现。目前，对该虫的防治还没有找到较理想的杀虫剂。

五、防治技术

（一）人工防治

人工割除枯梢，消灭其中的幼虫。根据第一代幼虫为害造成的枯梢易于辨认，且发生面积小的特点，在第一代枯梢期可采用人工割除枯梢的方法，可有效降低以后各代的虫源，减轻为害。不过这一措施应大面积同时进行效果才理想。另外，各代卵期特别是第一、二代卵期，甘蔗处于苗期，植株矮小，田间易发现卵块，可人工检查采摘卵块，以减少田间虫口基数。

（二）药剂防治

1. 喷雾防治　在螟卵盛孵期前 1 d 喷药，防治效果很理想。药剂可选用 40％毒死蜱乳油 1 000 倍液、1.8％阿维菌素乳油 3 000～4 000 倍液等喷雾。

2. 撒施颗粒剂　在播种期选用 5％杀丹·毒死蜱颗粒剂或 5％毒死蜱颗粒剂 45～60 kg/hm²，将药剂撒施于植沟中并覆土，有一定的防治效果。白禾螟发生严重的地区，大培土时期选用上述药剂撒施于蔗株基部并覆土。

（三）其他防治方法

参照甘蔗二点螟防治方法。

管楚雄　安玉兴（广州甘蔗糖业研究所）

第 40 节　大　　螟

一、分布与危害

大螟〔*Sesamia inferens*（Walker）〕又称稻蛀茎夜蛾、紫螟，属鳞翅目夜蛾科。分布于我国广东、广西、福建、云南、江西、浙江、四川、湖南、贵州和台湾等植蔗省份。多数蔗区是局部为害，或季节性为害。大螟食性复杂，主要为害水稻、甘蔗、玉米、高粱、茭白、粟、稗等。大螟为害甘蔗与甘蔗栽培制度有很大关系，如稻底蔗（湖仔蔗）、稻后蔗、蔗麦间种蔗，大螟为害特别严重，蔗稻轮作区靠近稻田的蔗地发生也较多。

二、形态特征

成虫：体长 13～14mm，翅长 8～16mm，头、胸淡黄褐色。前翅淡黄色，桨形，近外缘淡褐色，外缘浅暗褐色，翅中央沿中室至外缘有明显的暗褐色纵线，此纵线上下各有 2 个小黑点；后翅银白色，外缘微褐色，近外缘有 1 条暗褐色的边线；触角黄褐色，雌的丝状，雄的短锯齿状。头前如截断状，头、胸均有长绒毛（彩图 20 - 40 - 1，1）。

卵：块产，不重叠，馒头状，顶稍凹陷，表面有放射状刻纹。初产时乳白色，4～5d 后变为淡黄色，孵化前变为淡紫黄色。

幼虫：末龄幼虫体长 30～40mm，头部黄褐色至暗褐色。体躯淡紫红色，腹面淡乳黄色，气门黑色，椭圆形。体节着生疣状突起，其上有短毛。腹足趾钩一般 15 个，排列呈眉状单列（彩图 20 - 40 - 1，2）。

蛹：肥短，体长 12～19mm，圆柱状，头部较平；蛹初期淡黄色，后变成褐色至深褐色，头、胸披白色粉状物。两翅在腹面互相接触；腹部第一至三节背面满布斑状凹刻，第四至七节背面大部有斑状凹刻。尾端有 4 个钩状物。雄蛹生殖孔位于腹部第九节，孔的两侧有小突起。雌蛹生殖孔位于第八节，孔呈细线内陷，呈黑褐色（彩图 20 - 40 - 1，3）。

三、生活习性

大螟在各地发生的世代数不同。云南一年发生 2～3 代；广东、广西一年发生 5～6 代，分别发生在 3～4 月、5～6 月、7～8 月、9～10 月和 11～1 月；江西、湖南一年发生 4 代，分别发生于 4 月中旬至 5 月上旬，6 月下旬至 7 月下旬，7 月下旬至 8 月中旬和 8 月下旬至 9 月下旬；福建一年发生 4～5 代；台湾一年发生 6～7 代。

成虫白天潜伏于稻丛基部或杂草丛中，晚上活动，上半夜羽化，下半夜交配。成虫对黑光灯趋性较强。雌蛾有释放性信息素的能力，性引诱能力较强。性信息素的成分为 Z11-16：Ac 和 Z11-16：OH，其比例为 4∶1。可应用于测报。羽化后当晚或次晚交配产卵，有趋向高大蔗株产卵的习性。雌蛾产卵于半开的叶鞘内侧，或蔗头附近土块空隙处。卵排成行，每雌蛾平均可产卵 300 粒左右。

幼虫孵化后，群集于叶鞘内侧为害，二至三龄即分散蛀入茎内，随着甘蔗生长增高，为害蛀孔位置随之增高；虫孔较大，在被害孔和叶鞘内侧常留有新鲜粗糙的虫粪。幼虫三龄以后，食量大增，破坏性大。幼虫有转株为害习性，一生可为害 3～5 株蔗苗；老熟幼虫一般在枯叶鞘内或被害处化蛹，并多以老熟幼虫在被害蔗株梢头越冬，蛹和成虫较少。

大螟在华南蔗区可全年为害。在广东珠江三角洲蔗区，大螟为害甘蔗主要是第一、三、五代，分别在 3～4 月、7～8 月和 11～12 月。一个为害盛期是在 3～4 月为害宿根蔗、早春植甘蔗，造成枯心；另一个盛期在 11 月晚造水稻收割后至翌年 1～2 月，大螟幼虫转移为害秋植蔗，特别是稻底秋植蔗及冬植蔗苗，造成大量枯心。7～8 月早造水稻收割后，部分大螟可转移为害甘蔗，造成枯梢或螟害节。在广西常以第一代为害甘蔗幼苗造成枯心，5 月以后（第二代）多转移水田为害水稻，11 月水稻收获后转入秋植蔗为害蔗苗。在福建南部蔗田间套种小麦的甘蔗，受害亦较严重。贵州北部蔗区，甘蔗苗期受害比较严重，为害率可达 25％。

四、发生规律

大螟的为害与栽培制度关系很大。20 世纪 60 年代前，大螟对甘蔗为害不大，只是在 3～4 月有些为害，对甘蔗生产影响不大；但 20 世纪 70 年代以来，由于推广秋植蔗，特别是推广稻底秋植蔗以来，大螟为害相当严重。蔗田间种小麦或麦底蔗，大螟为害也很严重。

蔗田调查发现，大螟除了蜘蛛、螳螂等捕食性天敌外，还发现寄生性天敌，如螟黄足盘绒茧蜂（*Cotesia flavipes*）、大螟钝唇姬蜂（*Eriborus terebranus*）和啮小蜂（*Tetrastichus* sp.）等，在云南还有大螟拟丛毛寄蝇（*Sturmiopsis inferens*）。因此，必须合理用药，创造有利于天敌活动、繁殖的环境，保护利用天敌，可减轻稻蛀茎夜蛾的为害。

五、防治技术

（一）清洁蔗田，减少虫源

铲除田边杂草，减少野生寄主。稻后蔗、稻底蔗应在水稻收割时低割并将禾头锄去，清理出蔗田加以堆沤或烧毁，消灭其中幼虫，防止转移为害甘蔗。

（二）药剂防治

1. 喷药杀虫　根据虫情测报，同时加强田间检查，在为害期每隔 7～10 d 用下列药剂进行喷雾：50％杀螟硫磷乳油 1 000 倍液，或 50％杀螟丹可溶粉剂 500 倍液，或 25％杀虫双水剂 250 mL 对水 50L，或 90％敌百虫可溶粉剂加 40％乐果乳油（1.5∶1）2 000 倍液。

2. 根施农药　苗期干旱缺水、发苗较早的田块，虫害一般都会严重，要注意勤检查，在枯心苗未大量出现前，一般 2 月底 3 月初结合春植蔗下种、宿根蔗松蔸施肥和 4～5 月结合甘蔗培土，每公顷选用 3.6％杀虫双、5％丁硫克百威、5％杀虫单·毒死蜱、8％毒死蜱·辛硫磷、8％杀螟丹·辛硫磷、3％杀螟丹、3％克·仲等颗粒（粉）剂 45～90 kg 或 15％毒死蜱颗粒剂 15～18kg，与 600kg 干细土或化肥混合均匀后撒施于蔗株基部并覆土，能有效地防治整个苗期的各种虫害，药效期可保持 40～60d。

黄诚华　潘雪红（广西壮族自治区农业科学院甘蔗研究所）

第 41 节　台湾稻螟

一、分布与危害

台湾稻螟 ［*Chilo auricilia* （Dudgeon）］ 属鳞翅目草螟科，是为害甘蔗较为普遍而严重的一类钻蛀性害虫。我国广西、云南、广东、福建、四川、湖南和台湾等省份均有分布，不同程度地影响甘蔗生产。台湾稻螟在甘蔗整个生长期都有为害,苗期为害生长点造成枯心苗,枯心率一般在 10%,严重的达 30% 以上;生长中后期钻蛀为害蔗茎(螟害株率严重的高达 40% 以上),破坏蔗茎组织,妨碍甘蔗生长,降低产量和糖分,引起风折。同时,赤腐病菌常由蛀口侵入,造成甘蔗赤腐病。近年来,台湾稻螟发生更普遍,为害更严重,并呈日趋加重之态势。

台湾稻螟食性杂,主要为害水稻,也为害甘蔗、玉米、高粱和黍等。

二、形态特征

成虫:体长 6.5～11.8mm,翅长 18～28mm。前翅黄褐色,翅中央有隆起的深褐色金属状斑块 4 个,左右排成"<>"形,斑块上常具光泽的银色鳞片;亚外缘线上亦有同样的斑点列,翅外缘有 7 个小黑点排成 1 列,缘毛暗褐色有光泽;后翅淡黄褐色,缘毛淡褐色(彩图 20 - 41 - 1,1)。

卵:扁椭圆形,长 0.67～0.85mm,宽 0.45～0.56mm。鱼鳞状排列,呈较明显的纵行,通常为 1～3 行,偶尔可多至 5 行。初产时乳白色,渐变灰黄色,孵化前出现黑点。

幼虫:老熟幼虫体长 16～25mm,头部暗红至黑褐色,体淡黄白色,背面有 5 条褐色纵线,最外侧纵线从气门通过,腹足趾钩双序全环,外方的趾钩略短(彩图 20 - 41 - 1,2)。

蛹:体长 9～16mm,褐色,背面有 5 条棕色纵线,额略向下凹,似截断状。颊在左右两边各形成一突起,略呈三角形。第五至七腹节背面近前缘处各有一横列齿状小突起(彩图 20 - 41 - 1,3)。

三、生活习性

成虫有趋光性,雌蛾有释放性外激素的能力,诱雄能力较强,一晚最多可诱到 171 头。其性诱剂成分为顺十二碳酸酯。这些习性均可利用来测报。成虫多在晚间羽化,羽化后当晚即可交配,多数第二天晚上才产卵。交配后当晚或次晚开始产卵。卵多产在甘蔗叶面,其次为叶背面。每块有卵 20～40 粒。卵多在上午孵化,幼虫活泼,孵化后爬行或吐丝下垂飘荡扩散。从叶鞘间隙侵入蔗株,常数头幼虫同在一株上蛀食。苗期食害生长点造成枯心苗,蛀入蔗茎为害则造成螟害节。蔗茎内蛀道可跨 2～4 节,蛀道有不规则的横道,有转株为害习性。幼虫在被害茎上穿孔较多,虫孔外表一般呈长方形或接近方形。老熟幼虫在枯心苗或被害茎内化蛹,亦有在叶鞘内侧化蛹的。

台湾稻螟一年发生 4～5 代。第一代成虫发生于 4 月上旬至 5 月中旬;第二代发生于 5～6 月;第三代发生于 7 月上旬至 8 月上旬;第四代发生于 8 月下旬至 9 月下旬;第五代发生于 10 月上旬至 11 月上旬。以第五代幼虫在稻茬或蔗头越冬,稻茬占多数。卵期 5～11d,一般 7d 左右;幼虫期视季节而有不同,短者 22～32d,长者 31～59d,越冬幼虫 175～210d,幼虫 6～9 龄,以 6 龄为多;蛹期 5～10d;成虫寿命 2～5d。

四、发生规律

台湾稻螟的发生与水稻栽培制度有关。为害甘蔗目前主要发生在福建、广东、云南德宏州蔗区的甘蔗与水稻混栽区,季节性地在甘蔗田发生为害。每年以 7～8 月在蔗地发生较多,尤以稻田附近的田块密度较高。发生为害以水田蔗地、低洼潮湿地为多;而旱坡地、丘陵蔗地则少,说明此虫的发生为害与田间湿度有关。调查发现,大螟拟丛毛寄蝇是寄生台湾稻螟的优势天敌,主要分布在云南湿热蔗区德宏州。寄生幼虫、单寄生,自然寄生率 20%～35%,在当地对抑制台湾稻螟为害起很大作用。

五、防治技术

鉴于台湾稻螟具有世代重叠、繁殖快、发生早、为害期长、钻蛀蔗株、为害严重、防治难度大、技术性强等特点。因此,必须坚持"防重于治和综合防治"的原则。

防治上注重早期预警监测,关键抓好第一、二代防治,首选以物理防治灯光诱杀、生物防治为基础,农业防治为辅,降低虫口基数;同时,关键时期及时施药,联防统治,高效快速压低虫口基数,达到持续、有效控制其发生为害。

(一)农业防治

1. 合理轮作和间套种 甘蔗和花生、大豆、水稻等轮作,可减轻为害。此外,在蔗田套种蔬菜、绿肥等，可改变田间小气候，有利于台湾稻螟天敌的生存，以减轻为害。

2. 选用无病虫的健壮种苗作种 以免台湾稻螟随蔗种传播为害。

3. 适时下种 早植早施肥，使分蘖早生快发，减少螟害造成的缺株。

4. 清洁蔗田 及时清除斩蔗后的枯叶残蔗和田间杂草，消灭越冬虫源、减少螟害；适时剥除枯叶，以减少田间卵量。

5. 低斩收获 台湾稻螟多在土表蔗头内越冬，低斩可除去大量的越冬幼虫和蛹。

6. 人工割除枯心苗取杀害虫 枯心苗大量出现的田块，可人工从基部割除枯心苗，取出并杀死害虫。个别钻得太深未割出的可用铁丝从枯心中央插下，刺杀幼虫，以减少转株为害和压低下一代虫量。

（二）生物防治

1. 利用性外激素技术 可用诱杀法和迷向法防治台湾稻螟。①诱杀法：即在各代成虫开始羽化前，在蔗田内设直径 20 cm 左右的诱捕盆，把诱芯横架于距盆水面 1 cm 左右，每公顷设 30～45 个诱捕盆（连片蔗地则设 1 个），把雄蛾直接诱到水中杀死。②迷向法：即将内含性诱剂的塑料管诱芯 200 支（每支约 2.5 cm）均匀地插于蔗叶中脉处（按 1.8 m×1.8 m 面积插 1 支），每隔 15～20 d 更换 1 次诱芯，诱芯不断释放出性外激素干扰成虫交配，以减少其发生量。

2. 释放赤眼蜂 赤眼蜂在蔗田中是台湾稻螟的主要天敌，有条件的地方可进行人工繁殖，选择台湾稻螟产卵高峰期补充释放到蔗田，每公顷每次放蜂 15 万头左右，每公顷设 75～120 个释放点，全年共放蜂 5～7 次，对蔗螟有很好的抑制作用。

3. 保护利用天敌 调查发现，螟黄足绒茧蜂、大螟拟丛毛寄蝇及卵寄生蜂等多种天敌是寄生台湾稻螟的优势天敌，在甘蔗产区分布较广，寄生率一般在 15％～35％。因此，必须合理用药，创造有利于天敌活动、繁殖的环境，保护利用天敌，可减轻台湾稻螟的为害。

（三）物理防治

利用台湾稻螟成虫的强趋光性，采用频振式杀虫灯诱杀成虫，可降低虫口基数，保护蔗苗，减轻为害。

具体方法：在成虫盛发期（3～7 月），每 2～4hm² 安装 1 盏灯（单灯辐射半径 100～120m），安装高度一般以 1～1.5m 为宜（按虫口对地距离），每天开灯时间以 20：00～22：00 成虫活动高峰期为佳。

（四）化学防治

98％杀螟丹可溶粉剂 1 000 倍液或 25％杀虫双水剂 200 倍液喷雾；48％毒死蜱乳油 1 000 倍液或 95％杀虫单可溶粉剂 1 000 倍液喷雾；苗期干旱缺水、发苗较早的田块，螟害一般都会严重，要注意勤检查，在枯心苗未大量出现前，一般 2 月底 3 月初结合新植蔗下种、宿根蔗松蔸施肥和 4～5 月结合甘蔗培土，每公顷选用 3.6％杀虫双、5％丁硫克百威、5％杀虫单·毒死蜱、8％毒死蜱·辛硫磷等颗粒剂 45～90kg 或 15％毒死蜱颗粒剂 15～18kg，与 600kg 干细土或化肥混合均匀后撒施于蔗株基部覆土，能有效地防治整个苗期的螟害，药效期可保持 40～60d。

黄应昆（云南省农业科学院甘蔗研究所）

第 42 节 苇 蠹 蛾

一、分布与危害

已知为害甘蔗的苇蠹蛾有芦苇蠹蛾（*Phragmataecia castaneae* Hübner）和蔗黑苇蠹蛾（*Phragmataecia* sp.），以前者为主。苇蠹蛾属鳞翅目豹蠹蛾科。主要分布于我国广东、广西、海南、四川和台湾等局部旱地蔗区，广东只多见于雷州半岛蔗区和海南多见于北部蔗区，但近几年在广东北部蔗区，广西南部、中部蔗区也有苇蠹蛾为害的报道。芦苇蠹蛾整年均可为害甘蔗，苗期受害，造成枯心苗；伸长期受害，可引起甘蔗枯鞘，幼虫侵入蔗茎后，由上向下蛀食，引起虫蛀节，虫道能穿过多个节间，蛀道长且大。苇蠹蛾除为害甘蔗外，尚未发现在田间为害其他作物，但在室内，幼虫可取食玉米、香茅、荔枝树皮和木麻黄等多种植物。

二、形态特征

成虫：芦苇蠹蛾和蔗黑苇蠹蛾成虫在形态上的区别，仅在于后者的前翅及体躯均被有黑色鳞片，而前者全身被茶褐色的鳞片。成虫体长，翅短。雌蛾体长 18～30mm，翅长 15～20mm。雌大雄小，雄虫体长 15～24mm。头、胸淡褐色。前翅色泽均一，各翅脉间有暗黑细线，中室下角有一黑斑，外缘有斑点 11 个，外缘毛后方有一白纹边。后翅灰白色，顶角处稍褐。前足静止时多向前伸出。触角栉齿状，雌蛾两面的栉齿较短，而雄虫较长且基部呈羽毛状，端部呈鞭状。静止时腹末露出翅端，雌蛾裸露较长，末端常有 2mm 长的米黄色产卵管，后翅缰 3～4 条；雄蛾裸露较短，后翅缰仅 1 条。足跗节具黑白相间的斑纹，静止时足多伸向前方（彩图 20 - 42 - 1，1）。

卵：卵产成块状，成堆或圆形条状。卵扁椭圆形，长径 1.4～1.5mm，短径 0.7～0.85mm，初卵为乳白色，后变黄褐色，孵化前为紫褐色。受精卵周围有网纹，边缘有棱格（彩图 20 - 42 - 1，2）。

幼虫：体肥大，末龄幼虫体长 30～40mm。芦苇蠹蛾幼虫紫茄色，腹部色较淡，体有光泽。蔗黑苇蠹蛾幼虫体色为黑色。幼虫体毛较少而短。头及前胸背板淡黄色，有很小的深褐色斑点，头中缝线两侧及头顶有橙黄色"六"字形纹。各体节腰鼓状。初孵幼虫白色，各体节有褪色环状纹，体毛多而长。幼虫可蜕皮 16～20 次，多数 18～19 次。低龄幼虫腹足趾钩数较少，虫龄越大趾钩数越多，一至二龄 10～14 个，排列成两横带状，三龄后 14～20 个，排列成单序全环，七龄后增至 30 个以上。气门肾形状（彩图 20 - 42 - 1，3）。

蛹：体肥大。雌蛹长 28～35mm，雄蛹长 21～26mm。芦苇蠹蛾为紫褐色，蔗黑苇蠹蛾为黑色。头、胸部被白色蜡粉。头顶部有小尖突。翅芽短，略伸过第二腹节。腹部第二节前缘和第三至七节的前后缘各有 1 列齿状凹刻，腹末有锐齿 4 个，第八腹节正面有"八"字形纹。雌蛹腹部第七节特别大，中部有 1 列缺刻，雄蛹腹部第七节不增大（彩图 20 - 42 - 1，4）。

三、生活习性

芦苇蠹蛾在广东湛江地区一年发生 1 代，以老熟幼虫在地下蔗头最底部越冬。成虫于 4 月中旬至 5 月下旬羽化，成虫寿命 1～4d，平均 2.1d。成虫交配后即产卵，卵期为 4 月中旬至 5 月下旬，卵历期 7～12d，平均 9.6d。4 月下旬出现幼虫，幼虫历期 9～12 个月，平均 325d。幼虫的暴食期在 6～7 月。老熟幼虫于次年 2～3 月化蛹，3 月底至 5 月初为蛹期，蛹历期 13～27d，平均 18.3d。

两种苇蠹蛾的成虫多在夜间羽化，并于翌日 4：00～5：00 交配，交配一直延续至当日黄昏完毕，交一次尾持续 14～15h。如第二晚才交尾，交配率则大大下降。成虫寿命较短。成虫的趋光性不强，雌蛾有释放性信息素的能力。雌蛾交尾后不久即产卵，多为当晚 20：00～21：00。卵多产于叶鞘的内侧，亦有少数产在心叶上。一般一天内产完卵。卵块产，每雌蛾可产 2～3 个卵块，每块有卵 40～500 粒，每雌产卵 400～600 粒。卵粒相互黏结成块，堆集成筒状，孵化率 98%～100%。卵历期 9～10d。

幼虫孵化后，先聚集在卵壳附近或背光处，静止不动，待到第二天后才开始爬行，吐丝分散，有趋光性。初孵幼虫从蔗梢顶部三叉口附近叶鞘内侧侵入，并于三叉口下 1.5cm 处蛀入蔗茎，常几头幼虫同时侵入一株蔗苗内。4～6d 便出现枯心苗。另外，幼虫亦可从顶部心叶直接侵入，蛀食心叶细嫩组织，当心叶展开后，造成叶片不规律的穿孔，或叶基部中脉腐烂，致使叶基部曲折。甘蔗伸长期受害，引起枯鞘。三龄幼虫始侵入蔗茎，初期在上部为害，6 月开始向下为害，8 月蛀食至蔗茎的地下部，能穿过多个节间，蛀道长且大，蔗茎成中空状。当幼虫老熟时大多已蛀达蔗茎的地下部，致蔗株枯死。一般 1 株甘蔗内只有一头幼虫，偶有 2 头的。幼虫自 4 月下旬出现，6 月为暴食期，并能转株为害。幼虫在枯死的蔗茎内可存活很长时间。幼虫历期 9～12 个月。幼虫龄期 18～19 龄，随着龄期的增加，虫体也相应增大，含量也相应增加，至八龄后，虫体的大小与龄期增多无关。老熟幼虫在被害蔗茎的地下部越冬，化蛹。化蛹前在蔗头切口处附近咬一个仅留表皮的羽化孔，蛹能自下而上移动至羽化孔，成虫羽化后从羽化孔膜中冲出，并将蛹壳留在羽化孔外面。

四、发生规律

（一）气候条件

苇蠹蛾喜偏旱的环境，因此，少雨偏旱的年份，苇蠹蛾的发生较多；而多雨潮湿的年份特别是 4～5 月雨水天气偏多时，苇蠹蛾的发生就轻。

（二）寄主植物

苇蠹蛾发生轻重与甘蔗植期有一定的关系。宿根蔗面积大，发生为害较重，特别是多年宿根蔗田，其发生程度更重。从发生地势看，山腰地蔗田最多发生，而坡地蔗田次之，水田蔗地不多。

（三）天敌

苇蠹蛾幼虫有 4 种寄生菌，分别为多毛孢菌（*Hirsutella* sp.）、拟青霉菌（*Pacilomyces* sp.）、沙雷氏杆菌（*Serratia* sp.）和日本曲霉（*Aspergillus japonicus*）。另外，还有捕食性天敌如蠼螋，能咬食越冬幼虫和蛹。

（四）化学农药

苇蠹蛾也是在近年才重又现身且分布有所扩展。目前，不仅在广东西部蔗区，而且在广东北部，广西中、南部蔗区亦有发现。这可能也与传统杀虫剂防治效果下降不无关系。

五、防治技术

（一）农业防治

1. 消灭越冬虫源　斩蔗后即检查蔗头切口处有无虫道，见虫道可用 90％敌百虫晶体 100 倍液加少许煤油，注入虫道，杀死其中的幼虫。不留宿根的蔗地，及早犁耙蔗地，并将蔗头捡拾集中，晒干，并于 4 月前烧毁或水浸处理，以消灭其中的越冬虫源。

2. 人工捉虫　苇蠹蛾成虫体大色深，白天交尾时间长，可在其交尾的高峰季节（4～5 月）巡田捕杀成虫。在苗期，发现苇蠹蛾幼虫枯心苗时，人工割除，从而消灭枯心中的幼虫。

3. 育苗移栽　采用育苗移栽的方法，于 4～5 月移植，从而错过苇蠹蛾为害期。

（二）物理防治

可利用苇蠹蛾成虫的趋光性，利用黑光灯诱杀成虫，可获得较好效果。

（三）药剂防治

1. 根部撒施颗粒剂　宿根蔗在 4 月前后结合小培土，每公顷施用 5％杀单·毒死蜱颗粒剂 60 kg 或 5％毒死蜱颗粒剂 75 kg，将药剂均匀撒施于蔗苗根际，并覆土。

2. 药液灌注　在 4～9 月幼虫蛀入蔗茎时会在茎秆上留下虫孔，且幼虫又是由上往下蛀食，可利用这一习性，用 90％敌百虫晶体 500 倍液液或 41.7％毒死蜱乳油 500 倍液由孔口将药液注入虫道中杀死茎秆中的幼虫。

安玉兴（广州甘蔗糖业研究所）

第 43 节　蔗犀金龟

一、分布与危害

目前，在我国发生的蔗犀金龟主要有 2 种：突背蔗龟（*Alissonotum impressicolle* Arrow），又称突背蔗犀金龟、突背金龟、隐纹黑金龟；光背蔗龟（*A. pauper* Burmeister），又称光背蔗犀金龟、光背金龟、乏点黑金龟。

这两种蔗犀金龟在我国蔗区分布最广，危害性最大。国内东起台湾，西至云南的各甘蔗主产省份均有分布，国外在印度、缅甸、菲律宾、南非等国家亦有分布，是我国南方重要糖料作物——甘蔗的重要害虫。在广东、广西、贵州、云南、福建、台湾等省份发生为害比较普遍，为害很大。这两种蔗犀金龟多为相伴混合发生，但在田间种群数量上，突背蔗龟占优势，为优势种群。据胡少波等（1963）报道，在百色地区，突背蔗龟种群数量在两种金龟种群数量中占 75％，突背蔗龟占 25％。龚恒亮等（2010）在广东红旗华侨农场及平沙华侨农场调查：突背蔗龟种群数量约占 80%，光背蔗龟约占 20%。不过这两种蔗犀金龟只有发生在河流冲积土蔗区或土壤含水量较高的黏土或黏壤土蔗区方足以构成对甘蔗生产较大的危害。

突背蔗龟和光背蔗龟均为杂食性害虫，成虫除为害甘蔗外，还可以为害玉米、高粱、水稻等；幼虫主要为害甘蔗。

蔗犀金龟是甘蔗金龟甲中少有的成虫和幼虫（蛴螬），均为害甘蔗，且均能对甘蔗生产构成巨大威胁的重要害虫。成虫为害期，从 4 月下旬至 9 月下旬，前后长达 5 个月之久；幼虫为害期，由 9 月至翌年 3 月，连续 6 个月有余。蔗犀金龟成虫羽化高峰期正值甘蔗苗期，成虫为害造成蔗苗大量枯心，一般为害枯心率 10%～15%，严重为害时，枯心率 30%～50%，甚至达 80% 以上。成虫为害造成甘蔗缺苗断垄，严重影响甘蔗的齐苗、壮苗和有效茎的形成，影响日后的甘蔗单产。当蔗苗长大后，成虫则为害甘蔗的分蘖及蔗芽。而幼虫二至三龄期正处于甘蔗生长后期，当田间虫口密度很高，一般每平方米超过 15 头时，对后期甘蔗亦会造成严重危害，甘蔗蔗根、蔗头被啃食一空，地下茎被蛀成孔洞，形似蜂窝（彩图 20 - 43 - 1、3、4）。当年 10～11 月即可出现蔗株枯黄的现象，如遇后期干旱，则会成片枯死；如遇大风，则连片倒伏。受害蔗株整蔸极易连根拔起，严重影响甘蔗的产量和质量。受害的甘蔗地下部蔗芽被啃食后，无法发芽，受害严重的蔗田不能留宿根。

二、形态特征

成虫：体长雌虫 14.0～17.5mm，雄虫 13.5～16.0mm。体漆黑色而有光泽。头小，近三角形。触角 9 节，鳃片部由 3 节组成。唇基两前角处呈疣状上翘，此 1 对突起较额唇基缝处的 1 对疣突距离要狭；唇基与额区的刻点不连接成横皱状。前胸背板刻点较粗而深，近前缘中央有新月形突起；前胸背板前、侧缘具沿，后缘无沿；前角几呈直角，后角呈宽弧状。小盾片呈弧状三角形，光滑。鞘翅每侧呈明显的纵线沟 8 条。臀板密布同等大小的刻点。前足胫节外侧 3 个大齿后尚有 2 个小齿；中、后足胫节外面具有 2 个横向脊，上生有成列的刺（彩图 20 - 43 - 1、1、2）。

卵：乳白色，带光泽，初产时呈长椭圆形，临孵化前呈圆形。

幼虫：三龄幼虫体长 31～35mm，头宽 4.9～5.2mm、长 3.5～3.8mm。头部前顶刚毛各 1～2 根，后顶刚毛各 1 根，额中侧毛各 1 根。头壳表面稍皱，具小而浅的刻点。触角末节背面感觉器 1 个，腹面 2 个。内唇端感区刺与感前片和内唇片愈合呈锤状的骨化突，其上具圆形感觉器。基感区近中央的突斑小，四周光裸。左上唇根后突呈球状，侧突前端明显前弯。肛背片后部围成臀板的细缝（骨化环）末端指向肛门孔缝角的稍上方；在肛腹片后部无刺毛列，只有钩状刚毛群，钩毛比较密集。

蛹：体长 17～20mm、宽 9～10mm。唇基呈梯形，前缘中部凹陷，后部明显隆起。触角雌雄同形，膝状。额区近唇基后缘中部具有 1 圆形隆起。下颚须呈圆锥状。前胸背板前角后方有凹陷，前胸腹突近锥形。虫体背面中央从唇基经额、头顶、背板直到腹部第七节背板前缘，纵贯一条凹纵线。腹部第一至四节气门长椭圆形，褐色微隆起，发音器 6 对，位于腹部背面第一至七节的节间处；第八节背板每侧基部各具 1 对横椭圆形凹陷。尾节三角形，二尾角呈锐角叉开。雄蛹臀节腹面可见阳基侧突伸达或稍超阴具端部；雌蛹臀节腹面平坦，前缘中间 1 小瓣状突起，中具生殖孔，两侧各具 1 横矩形骨片。

两种蔗金犀龟主要特征的区别见表 20 - 43 - 1。

表 20 - 43 - 1　突背蔗龟和光背蔗龟主要特征的区别（引自龚恒亮等，2010）

Table 20 - 43 - 1　Difference between *Alissonotum impressicolle* and *A. pauper* in main characteristics

（from Gong Hengliang et al.，2010）

虫态及部位		突背蔗龟	光背蔗龟
成虫	头部	头正三角形。唇基上的 1 对突起距离较头顶的 1 对小瘤为狭	头扁三角形。唇基上的 1 对突起距离较头顶 1 对小瘤为宽
	前胸背板	前胸背板刻点较粗而深。近前缘中央有新月形突起	前胸背板刻点较细而浅。近前缘中央无新月形突起
	鞘翅	鞘翅表面刻点粗，翅面光泽呈亚光	鞘翅表面刻点细，光泽明亮
	肛上板	肛上板密布等大的刻点	肛上板基部刻点较端部刻点为粗

（续）

虫态及部位		突背蔗龟	光背蔗龟
三龄幼虫	气门环	第七、八腹节气门环比前方为大，其开口处阔大，均为半环状	第八腹节气门环比前方为小，开口颇大，呈浅半环状
	尾节	钩毛 27～41 根，平均 35 根	钩毛 26～32 根，平均 29 根
	蛹	气门开口及腹部眼状突起较小	气门开口及腹部眼状突起较大

三、生活习性

（一）生活史

在广东突背蔗龟为一年完成 1 个世代，以幼虫越冬。3 月下旬老熟幼虫开始营造蛹室化蛹，蛹期约 20d。成虫于 4 月中、下旬开始羽化，活动期一直持续到 9 月下旬，部分成虫可成活至 12 月。8 月下旬至 9 月初开始产卵，卵历期 15d。9 月中、下旬卵开始孵化，一龄幼虫随之出现，一龄幼虫历期约 45d，10 月中旬进入二龄，历期约 45d；11 月下旬进入三龄，直至翌年 3 月，历期约 150d。在珠江三角洲蔗区，4 月中旬至 5 月成虫羽化出土高峰期正值甘蔗苗期，此时也是成虫为害盛期（高野秀三等，1943；梁庆，1957）。

在广西，突背蔗龟亦为一年 1 代，以三龄幼虫越冬，也可以少部分成虫及卵越冬。成虫发生于 4 月下旬至 11 月底，9 月中旬开始产卵，至 12 月中旬最后一批卵孵化，由 10 月上旬起至翌年 1 月底止，均可找到不同孵化期的一龄幼虫。一般以二龄幼虫越冬，至翌年 1 月上旬以后陆续进入三龄。蛹出现期为 4 月上旬至 5 月中旬。卵、幼虫及成虫的重叠现象出现于 10～11 月（胡少波等，1965）。

在云南，突背蔗龟同样为一年发生 1 代，以幼虫越冬。3 月下旬在地下蔗头附近造蛹室化蛹。成虫 4 月中、下旬开始羽化，端午节前后群集出现，傍晚出土飞翔、取食，为害蔗叶。但与广东、广西等地所观察到的成虫在出土后并不立即交配而要在夏蛰复苏后的 8～9 月才交配产卵的情况不同，这里的成虫出土后即可交配，并于夜间入土产卵。初孵幼虫在表土层为害蔗根，8～9 月以后随着虫龄的增大，为害也随之加重（云南省农业科学院甘蔗研究所，1982）。

表 20 - 43 - 2　各地突背蔗龟年生活史（引自龚恒亮等，2010）

Table 20 - 43 - 2　Life cycle of *Alissonotum impressicolle* in several regions

(from Gong Hengliang et al.，2010)

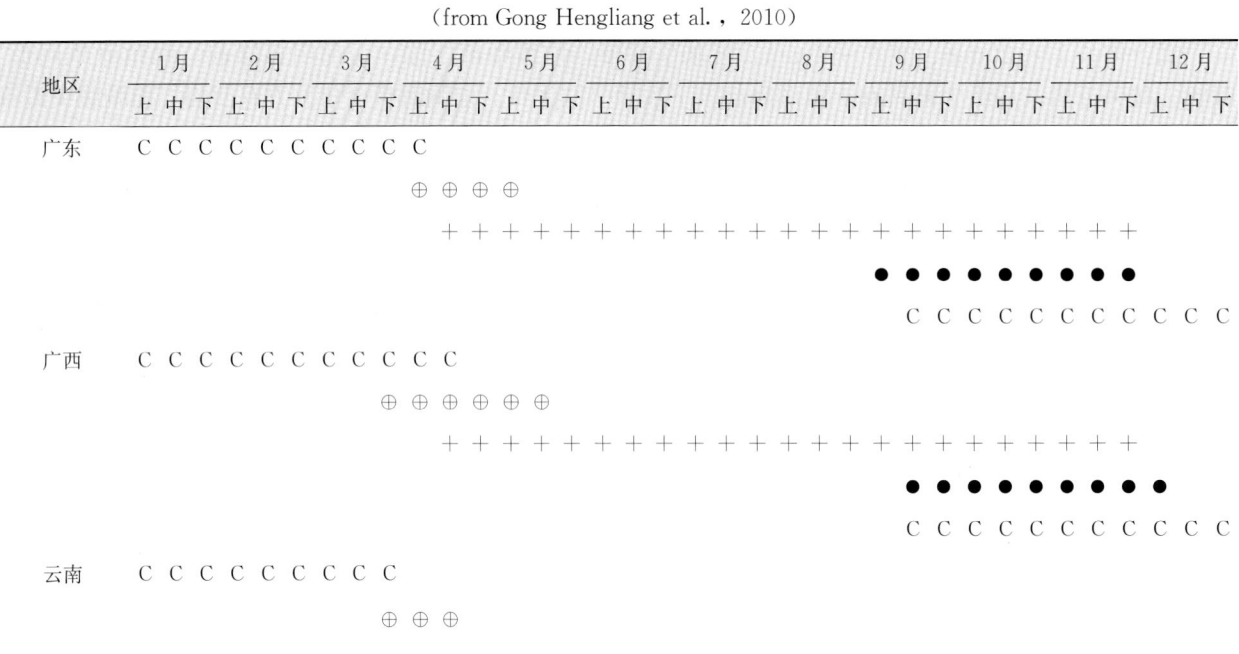

（续）

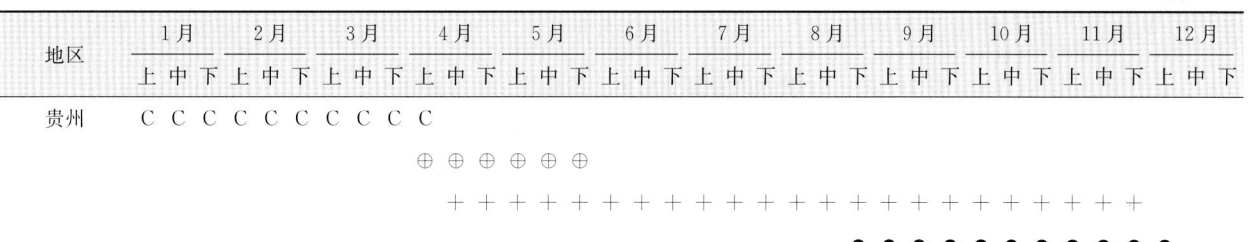

注 ＋：成虫，●：卵，C：幼虫，⊕：蛹。

在台湾，突背蔗龟也为一年1个世代，是南部西海岸蔗田的主要地下害虫之一，发生较普遍。成虫在4～5月于傍晚出土；9～11月在10～15cm深处土中产卵；9～10月为一龄幼虫期，11～12月为二龄幼虫期，1～3月为三龄幼虫期。由于突背蔗龟成、幼虫均为害甘蔗，成虫期为每年的4～10月，此时正值台湾南部雨季；幼虫期为每年的10月至翌年的3月，而这时为低温干燥季节（谢希艾，1981）。

在贵州，突背蔗龟发生世代与其他地区一样为一年1代，以幼虫在蔗根土壤中越冬。翌年4～5月化蛹，幼虫历期180d以上，蛹历期约20d。成虫发生于4～11月，8月下旬开始产卵，9月上旬孵化，卵历期15d左右，成虫寿命约150d。7月温度过高则进入夏蛰，很少取食，8月底开始复苏并交尾、产卵，卵产于蔗头邻近的土壤中。卵于9月中旬孵化并开始出现一龄幼虫，9月中旬至翌年3月为幼虫活动期。初孵幼虫取食已腐烂的有机质，二龄以后啃食蔗根，三龄以后食量大增，取食茎基部及地下蔗芽，将蔗头蛀食成洞穴状（易代勇，2006）。各地突背蔗龟生活史及各虫态历期分别见表20-43-2和表20-43-3。

表 20-43-3 各地突背蔗龟各虫态历期（引自龚恒亮等，2010）
Table 20-43-3 The duration of *Alissonotum impressicolle* in several regions (from Gong Hengliang et al.，2010)

观察地点	卵期	幼虫期	蛹期	成虫期
广东	15d （产卵期8～9月）	一龄45d 二龄45d 三龄150d （幼虫期9月至翌年3月）	20d （化蛹期4～5月）	4月下旬至11月
广西	13～16d （产卵期9～12月）	各龄期37～75d （幼虫期4～11月）	14～18d （化蛹期4～5月）	4～11月
台湾	14～19d （9～12月）	一龄29～45d 二龄26～39d 三龄89～96d （幼虫期9月至翌年3月）	15～19d （化蛹期4～5月）	4～11月 （成虫寿命171～216d）
云南	15d （产卵期8月下旬至12月上旬）	幼虫期 9月中旬至翌年3月	20d （蛹期3月下旬至5月中旬）	成虫期 4月中旬至11月
贵州	15d左右 （产卵期8月下旬至11月）	180d （幼虫期9月中旬至翌年3月）	20d左右 （蛹期4～5月）	成虫期4～11月 （成虫寿命150d）

成虫羽化后不一定立即出土，是否出土为害，与4～5月的雨量有一定的关系。胡少波等1960—1964年连续4年对4～5月雨量与突背蔗龟发生程度相关性进行了观察。1960年5月百色雨量充沛（125.7mm），当年蔗犀金龟发生为害严重；1961年4月只有分散小雨，5月仅降雨1.1mm，该年蔗犀金龟发生很少；1962年4月雨量充沛，5月雨量达197.8mm，成虫在4月底至5月初便破蛹室而出，当年蔗苗被害就很严重；1963年4～5月均旱，蔗犀金龟发生为害很少。由于历年4～5月降水量不尽相同，形成了蔗犀金龟间歇性的猖獗为害。

龚恒亮（1990—1993）在广东红旗华侨农场进行蔗犀金龟防治试验研究时也发现，蔗犀金龟成虫出土为害时间与降雨日关系密切：在4～5月，特别是4月中旬至5月初这段时间，如遇少雨干旱天气，即使到4月底已有95%成虫羽化，成虫仍会潜伏在土中等待机会，地面也很少出现成虫为害。而当5月1日前后一场大雨过后（该地区多年的气候特点是在5月1日前后都会有一次降雨过程），成虫就会大量涌出地面，形成暴发为害。据调查，雨后2d，蔗犀金龟造成的枯心率可达3%以上，雨后4d的枯心率可达到

中国农作物病虫害 第3版
■■■ 第20单元 糖料作物病虫害

10%~15%（表 20-43-4）。因此，4~5 月特别是 4 月下旬至 5 月上旬如雨量充沛，则蔗犀金龟发生严重；反之则轻。由于蔗犀金龟成虫的这一特性，因而突背蔗龟多发生于雨水充沛、土壤湿润的蔗区。

表 20-43-4　降雨对蔗犀金龟出土的影响（引自龚恒亮，1994）

Table 20-43-4　The impact of rainfall on sugarcane rhinoceros beetles unearthed（from Gong Hengliang，1994）

年份	降雨日期（月/日）	调查日期（月/日）	枯心率（%）	调查日期（月/日）	枯心率（%）
1990	5/3	5/5	3.1	5/7	15.2
1991	4/28	5/1	3.8	5/3	12.0
1992	4/30	5/2	2.5	5/4	9.7
1993	5/1	5/3	2.6	5/5	10.5

（二）活动规律

成虫羽化后，除取食迁移及水淹外，均在土内活动。一般在土壤含水量达到饱和时，仅以腹部末端外露土面，借腹部与鞘翅之间的空隙透过空气而呼吸。当蔗田被水淹没时，起初在成虫潜伏处的水面会有小气泡间隙冒出，但 6~10min 后，成虫便爬出土表，浮于水面，故可用水淹法来防治成虫。

成虫迁移原因可能是多方面的，当蔗田水淹或干旱、土壤板结，均可引起迁移，但通常与田间微气候及食料的质量有关。在 5~6 月，日平均土温在 30℃ 以下时，土温愈高，成虫的取食活动愈烈。因此时蔗田逐渐封行形成密闭的环境，土温较植被覆盖度小的玉米、高粱田为低。但同时玉米、高粱的幼苗较嫩，故成虫迁移至玉米地取食补充营养。而距甘蔗田愈远的玉米地，被害愈少。

成虫遇到不良环境条件（如水淹、干旱、土温过高等）或受惊动，便作迁移活动。如从土中挖出成虫时，开始作假死状，不久便能迅速活动。雌虫平均每分钟可爬行 0.96m，雄虫可爬 1.45m。雌虫体躯较胖，动作迟钝，遇小土粒等障碍物时往往翻倒；雄虫体轻，动作敏捷，能越过障碍物前进。因此，成虫具有一定的扩散迁移习性。

刘传禄等（1990）报道，蔗犀金龟成虫对 20W 黑光灯和 100W 白炽灯的趋光性较弱，而对 450W 水银灯的趋光性很强，其诱虫量是 100W 白炽灯的 97.5 倍。林明江、管楚雄等（2006）在云南利用黑光灯诱测和诱杀地下害虫的试验中，发现有大量的突背蔗龟扑灯，并呈现明显的高峰值，说明突背蔗龟具有飞翔能力和趋光性。成虫出土后的扑灯时间均在 19：00~20：00，且以 19：15~19：45 扑灯数量最集中。成虫日间潜伏于蔗株附近的表土中，夜间活动，但极少爬出土面。成虫有假死习性。

成虫潜土深度与土壤温、湿度有一定的关系。当沙壤土 5~10cm 深处土温 30℃ 以下、土壤相对湿度 66.7%（绝对湿度 20%）左右时，成虫在甘蔗种茎以上的表土层 3~5cm 深处活动；高于或低于上述土壤温湿度时，成虫则在种茎以下 5~12cm 深处潜伏。

第一、二龄幼虫，均在甘蔗根系范围内活动，但一龄幼虫以取食甘蔗根际周围土壤或蔗头中腐烂的有机质为生，凡富含有机质的土壤或多年宿根蔗，已腐烂有机质含量高，适合初孵幼虫生存，初孵幼虫成活率高，因而虫口密度高。二龄幼虫开始，咬食蔗头和蔗根。三龄以后食量大增，并逐渐分散为害，取食甘蔗根系及埋在土中的蔗茎。将蔗头或地下茎蛀食成洞穴状。

土壤温度愈高，土壤湿度愈低，潜土深度也愈深；

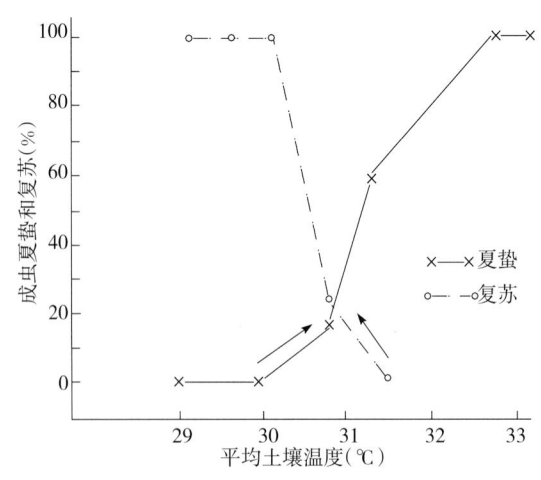

图 20-43-1　突背蔗龟成虫夏蛰和复苏与土壤温度的关系
（仿胡少波等，1965）

Figure 20-43-1　Relationship with soil temperature in adult summer dormant and recovery of *Alissonotum impressicolle*（from Hu Shaobo et al.，1965）

<< 868

由于甘蔗根系的吸水作用、土壤毛细管及有机质均能保持一定的温湿度，适于幼虫的生活条件，故一般情况下幼虫的垂直活动幅度都在根系向下延伸深至5～15cm处，活动范围都在根际内部。

老熟幼虫不取食，随土壤不同湿度而下移至15～30cm深处，营造蛹室准备化蛹，也有个别老熟幼虫在蔗头的蛀孔内化蛹。究其原因有两方面：一方面选择在温湿度比较稳定的土层中营造蛹室，有利于蛹的发育；另一方面因深层土壤较坚实可避免蛹室破坏。幼虫造蛹室是把土壤爬松，不时从C形静止状态发动全身伸直运动，把身边周围泥土排开及挤压而成，并将排出的粪便凝固为蛹室壁。由造蛹室至完成化蛹，需4～7d不等，视温度而异。

（三）成虫夏蛰

6月，由于气温升高，此时成虫准备进入夏蛰。6月下旬少数成虫开始夏蛰，到7月中旬以后全部进入夏蛰。田间成虫潜土深度8～15cm。夏蛰期间成虫不食不动，六足收缩，若遇水淹，则爬出水面，水退后再入土蛰伏。成虫夏蛰复苏期为8月底至9月上旬后，成虫均全部复苏并继续进行补充营养。

夏蛰与土温有很大关系，当5～10cm深处旬平均土温超过30℃时，便开始有成虫进入夏蛰，当土温达33℃以上，成虫全部进入夏蛰。当土温降低至30℃时成虫全部复苏（表20-43-5），土壤湿度对成虫夏蛰似无影响（图20-43-1）。

表 20 - 43 - 5　突背蔗龟成虫夏蛰和复苏与土壤温度的关系（广西百色，1962）（引自胡少波等，1965）
Table 20 - 43 - 5　Relationship with soil temperature in adult summer dormant and recovery of *Alissonotum impressicolle* (Baise, Guangxi, 1962)（from Hu Shaobo et al., 1965）

月	6			7			8			9			备注
旬	上	中	下	上	中	下	上	中	下	上	中	下	
旬平均土温（℃）	29.5	29.9	30.8	31.3	32.8	33.1	31.1	31.5	30.8	30.2	29.7	29.2	成虫136头全部进入夏蛰，复苏虫108头
夏蛰虫数比例（%）	0	0	16.2	58.1	100	100	100	100					
复苏虫数比例（%）							0	24.1		100	100	100	

（四）取食习性

高野秀三等（1943）和梁庆（1957）报道，突背蔗龟是为害甘蔗的专食性害虫。

而胡少波等（1965）研究发现，突背蔗龟除为害甘蔗外，在甘蔗、玉米混种田中也为害玉米，在蔗田毗邻的受旱水田中也为害稻根，在玉米、甘蔗、高粱、芝麻、甘薯间种地上为害玉米及高粱。在室内饲养条件下，对甘蔗、玉米和高粱的嫩茎均取食，但不取含水充足的水稻及稗草。因此，蔗犀金龟是寡食性害虫，而非专食性害虫。

不过，虽在室内饲养条件下，用玉米或高粱作饲料喂养的突背蔗龟，成虫能交配、产卵，但在玉米或高粱田间仅发现成虫为害，并未发现其他虫态为害这两类作物。因此，突背蔗龟能否在高粱、玉米等禾本科作物田内产卵繁殖后代，完成其生活史，还无可信的证据。考其原因，可能由于甘蔗是一年四季生长的作物，能充分满足蔗犀金龟一生中食料的需要，尤其是冬季和早春幼虫的食料。因此，在甘蔗、玉米和高粱的混种地区，成虫只在蔗田内产卵，幼虫和蛹都生活在蔗田内。但成虫的活动性较大，对其他禾本科作物也有趋性，故在迁移分散途中可到蔗田附近的玉米、高粱地内为害，待产卵时，再返回蔗田产卵繁殖。

成虫取食部位主要是蔗苗的地下茎及蔗芽，而对成株期的地下茎绝少为害。

幼虫（蛴螬）取食并对甘蔗造成危害主要是二龄之后。一龄幼虫只取食土中或蔗头中已腐烂的有机质，二龄之后食量开始增加，啃食甘蔗支根和蔗头，三龄取食蔗头和蔗茎基部。

突背蔗龟的取食规律无论在生物学上或防治上，均有重要意义。如在百色地区常闹春旱，雨水来得晚，宿根蔗及蔗种萌芽较迟，不能满足成虫食料的需要，为适应生存，故往往迁移扩散到邻近玉米、高粱等地内为害。由于当地甘蔗、玉米常是小片混种，同时这些作物的营养成分大致相同，因而为成虫提供了丰富的补充食料。

（五）交配与产卵习性

成虫夏蛰复苏后，经过一段时间的补充营养过程，开始行交配、产卵活动。8～9月，成虫一般于

16：00～18：00 在土中进行交配，交配时间持续 1.35h 左右。交配后 7～12d 开始产卵。成虫产卵后即死亡。

富含有机质的多年宿根蔗蔗头处是其成虫交配产卵的最适宜场所。因为初龄幼虫必须取食蔗头腐烂的有机质，且有机质多的土壤比较温暖疏松，易于成虫行动。

卵一般散产于蔗头根际土壤中或腐烂的有机质中，产卵量与土壤温度关系密切。产卵数与土温呈正相关。产卵最适土温为 25～30℃。但在 25℃ 以上时，产卵数较多而产卵量稳定，不会因温度高低而有大的波动。土壤湿度对产卵量亦有影响，但适宜湿度范围相当宽，只有出现严重干旱及土壤含水量达到饱和时，水才会对产卵起抑制作用。

在通常情况下，雌虫每隔 1～2d 产 1 粒卵，每头雌虫产卵 42～52 粒。卵孵化率 81％ 左右。

卵的孵化与雨水也有一定的关系。湿度愈高，卵历期愈短；但卵短期受水淹，能延缓卵的胚胎发育，淹水 5d 后，卵死亡率极高，7d 后，卵全部不能孵化。

(六) 为害特点

突背蔗龟以成虫为害最猖獗。在田间和饲养条件下，成虫不取食蔗叶及老的根、茎，喜欢啮食埋于土内的蔗芽，或在种茎切口处啮食茎心。当蔗芽萌发成幼苗时，便转而为害蔗苗。故甘蔗被害以苗期为最烈。成虫咬食距离地面 3～5cm 的蔗苗基部。幼苗茎基部被咬食，大多成椭圆形的凹陷，长度为茎基部直径的 2～3 倍，宽度与茎基部直径相等，深度为茎基部直径的 1/3～1/2，间或有梭形向上凹陷或带状啮食的被害状，未见有把全株咬断的现象。当被害缺陷超过蔗茎中心时，蔗苗心叶部及在缺陷一边的 1～2 片蔗叶得不到水分及养分，即呈凋萎状，1～2d 后形成枯心，以后逐渐全株干枯，粗看好似蔗螟为害症状，但螟害枯心苗一般仅心叶枯萎，后来仍能再生分蘖，而蔗犀金龟为害则整株枯死，不能再生分蘖。前者用手拔时很难整株拔起，只能拔出心叶，断口大多腐烂；后者较易把全株拔起，断口处有被啮食的半球形伤痕，且留有一丝丝的纤维。这是蔗螟与蔗犀金龟为害的主要区别。

成虫有转株为害的习性，在每株蔗苗上啃食 1 个孔洞后，即转移至另一健株为害。成虫在暴食期，不分昼夜均可为害（水淹或土壤干旱除外）。据室内测定，突背蔗龟成虫在 24h 内可取食嫩蔗茎 0.65g，超过其平均体重 0.26g 的 2 倍以上。在室外盆栽测定，在为害盛期的 5 月，平均每头成虫可造成约 13 株蔗苗枯心。但在田间，平均每头成虫可造成 18 株蔗苗以上枯心。成虫饱食后，一般停食 12～36h，潜伏于蔗茎旁或被害蔗苗的孔洞内，不食不动。心叶枯死时成虫多已离去。当心叶刚刚开始呈萎蔫状时仍可从苗的四周土中挖到成虫。成虫转株为害，通常经由土面爬行，如土壤湿度较大，成虫即钻孔入土，土面留有半圆形的孔洞；如土壤呈湿润状态，便以前足及中足挖土，用上唇基片铲土，借助后足向后推动，约半分钟全身即可埋入土中，土面的孔洞被挖出的松土所封闭或半封闭，入土孔道常离蔗苗基部 3～6cm 处向土中斜伸至蔗苗基部附近，无横道，弯曲度也不大。其潜土范围在蔗头及其周围 10cm 半径之内（其他虫态也不超越此范围）。

成虫在 6 月潜土较深，准备进入夏蛰，7 月中旬以后全部进入夏蛰，于 8 月底至 9 月初，可全部复苏，返回至土表层继续为害。到 9 月中旬成虫一般于 16：00～18：00 在土中进行交配，交配后 7～12d 开始产卵。富有有机质的多年宿根蔗头处是其交配产卵的适宜场所。因为初龄幼虫必须取食蔗头腐烂的有机质，有机质多的土壤比较温暖疏松，易于成虫行动。

一龄幼虫多在甘蔗根系范围内活动，取食蔗头中腐烂的有机质。二龄后，幼虫逐渐分散，取食甘蔗根系及埋在土中的茎部。幼虫可将地下茎部蛀一圆形的孔，并栖息其中大肆为害，有时一个蔗蔸中可有几到十几头幼虫，将整个蔗头蛀成蜂窝状，蔗根被食尽，蔗头附近布满疏松的土粒和虫粪。此时蔗茎枯死，整蔸甘蔗可轻松拔起，如遇大风易倒伏。

玉米、高粱苗的被害状大致与蔗苗相同，但仅少数呈枯心，多数首先呈凋萎状，继而枯死，造成缺株。成株的甘蔗、玉米和高粱受害较小。宿根蔗早萌发的蔗苗在 5 月底至 6 月初已成株，成虫仅取食成株的嫩基部及嫩根，为害不大，待蔗秆皮硬化即不为害。玉米、高粱成株后，成虫多取食嫩根及气根，在抽穗扬花前有时引起倒伏或不结苞。

两种蔗犀金龟的差异性比较：由于突背蔗龟和光背蔗龟多为相伴发生，且各虫态大小、形态特征、生活习性以及发生时期等方面均比较相似，因此，在田间很难将这两种蔗犀金龟区分开来。表 20 - 43 - 6 与表 20 - 43 - 7 列举了两种蔗犀金龟的鉴别特征以及在生活习性与发生规律方面的差异。

表 20 - 43 - 6　两种蔗犀金龟在生活习性上的差异（引自龚恒亮等，2010）

Table 20 - 43 - 6　Differences between *Alissonotum impressicolle* and *A. pauper* in living habits

（from Gong Hengliang et al.，2010）

比较项目	突背蔗龟	光背蔗龟
为害性	5～6 月，成虫数量比光背蔗龟多约 2/3；9 月以后，比光背蔗龟少 2/3，苗期为害重	5～6 月，成虫数量比突背蔗龟少约 2/3；9 月以后，比突背蔗龟多 2/3，苗期为害轻
性成熟	性成熟早，9 月中旬开始交配，下旬开始产卵	性成熟迟，10 月上旬开始交配，中旬开始产卵，产卵期 5 个月
卵孵化	卵孵化率 81%	卵孵化率 84%
越冬虫态	三龄幼虫	除三龄幼虫外，还有成虫、卵、一龄幼虫
成虫寿命	成虫寿命 2 个月左右	成虫寿命 5 个月

表 20 - 43 - 7　两种蔗犀金龟生活史间的差异（广西百色，1962—1963）（仿胡少波等，1965）

Table 20 - 43 - 7　Differences between *Alissonotum impressicolle* and *A. pauper* in life histories

（**Baise，Guangxi，1962—1963**）（from Hu Shaobo et al.，1965）

注　＋：成虫，●：卵，一：一龄幼虫，二：二龄幼虫，三：三龄幼虫，⊕：蛹。

四、发生规律

（一）虫源基数

由于蔗犀金龟成虫和幼虫均为害甘蔗，所以，越冬幼虫虫口基数的大小，与来年成虫出土的峰次和为害程度有很大关系，因此与甘蔗苗期受害程度也密切相关。越冬虫口基数少的年份，成虫峰期少，峰态小，苗期为害就轻；反之，虫口基数大的年份，成虫出土高峰期次数也多，峰态较大，蔗苗受害也重。刘传禄（1990）根据 5 年间的数据分析得出，当田间虫口密度每公顷在 30 000～37 500 头时，成虫出土高峰期仅出现 1 次；田间虫口密度每公顷为 47 280 头时，成虫出土出现 2 次高峰期；当田间虫口密度每公顷达到 69 000 头时，成虫出土高峰期达 4 次之多。

甘蔗苗期成虫数量的多少，不仅表现在蔗苗受害的轻重程度，也影响到后期幼虫（蛴螬）的虫口数量。一般来说，当苗期成虫发生量大时，后期田间蛴螬发生量就大；反之，当成虫发生较轻时，后期蛴螬数量就少。据龚恒亮多年的观察认为，当田间蔗犀金龟幼虫虫口密度每公顷在45 000头以下时，一般对后期甘蔗不会造成太多的影响；当虫口密度每公顷在45 000～75 000头时，蔗头会出现轻度受害，并可造成当年甘蔗5%左右的减产；当虫口密度每公顷达到105 000头以上时，甘蔗后期会出现局部蔗梢枯黄，如遇干旱少雨时，可出现枯死蔗，对产量影响较大（减产10%～15%）；当虫口密度每公顷超过150 000头时，10月就可见到蔗株局部枯黄的现象，随着时间的推移，发生枯黄的面积进一步扩大并出现蔗株枯死，遇风时蔗株倒伏，蔗根极易连根拔起，减产25%以上，如遇干旱天气，则损失更重。受害的蔗田不能留宿根。

（二）气候条件

1. 土壤质地与含水量　在河流冲积土地区如珠江三角洲沙围田蔗区或土壤含水量较高的黏土或黏壤土蔗区，蔗犀金龟为害往往较重，并常形成灾害。而在旱地或沙质土壤或缺水、灌溉条件较差的蔗地，蔗犀金龟为害往往很轻。

2. 降雨　降雨多少，特别是4～5月的降雨与甘蔗苗期的受害程度关系很大。因蔗犀金龟成虫出土需要一定的土壤湿度才能钻出土面，如4～5月初降雨量较常年偏多，或在4月底至5月上旬有一次较强的降雨过程，则蔗犀金龟的为害就重；反之，雨水较常年偏少，则为害就相对较轻。

卵的孵化与雨水也有一定的关系，湿度越高，卵历期越短。但卵短期受水淹，能延缓卵的胚胎发育，淹水5d后死亡率极高，7d后全部不能孵化。

（三）寄主植物

甘蔗苗期受害程度与甘蔗的植期和蔗苗的生长发育有很大关系。一般来说，秋植蔗受害轻，早冬植蔗其次，晚冬植、春植蔗受害较重。在甘蔗长势方面，苗齐苗壮、早发株、早分蘖的甘蔗因避过了成虫出土高峰期而受害轻；反之，苗弱、发株慢、分蘖迟的甘蔗受害重。

五、防治技术

（一）农业防治

1. 清洁田园　头茬作物收获后，及时捡尽田间杂草，以减少害虫产卵和隐蔽的场所。蔗犀金龟冬季常藏匿于蔗头或近地面的地下蔗茎中越冬，因此甘蔗收获时应低斩，以除去部分越冬虫源。收获后，即时清园，去除田间枯茎杂草。不留宿根的蔗区，及时翻犁，可将蔗头捡拾到田边地头，集中烧毁可部分降低越冬虫口密度。

2. 深耕翻犁　蔗犀金龟幼虫（蛴螬）一般栖息于蔗头附近10～30cm深处的土壤中，因此甘蔗收获后不留宿根的蔗地应及早犁地深耕（最好在3月之前完成）、晒垡，通过机械作用，可致部分幼虫和蛹因受机械损伤而死亡，而且幼虫外露在土表便于人工捡拾及鸟类和捕食性昆虫捕食，寒冷天气亦可冻死部分幼虫。宿根蔗地也可通过犁垄松蔸，借助机械作用和人工捡拾，降低田间虫口密度。

3. 改善耕作制度，合理布局　改善耕作制度，合理布局茬口，合理轮作倒茬，恶化地下害虫的生活环境。蔗犀金龟幼虫（蛴螬）最喜食禾谷类和块茎、块根类大田作物，对棉花、芝麻、油菜、麻类等直根系作物不喜取食，在水田环境下也无法生存。因此，水田蔗区可实行与水稻轮作，基水地与旱地蔗区可与花生、甘薯等轮作。轮作地可以使蔗犀金龟得不到合适的食物而死亡，是最经济有效的办法，可减轻当年80%以上的为害。

4. 灌水驱捕成虫或淹杀幼虫　蔗犀金龟在成虫出土为害高峰期，有条件的地方，可采用引水浸田（浸没畦面），成虫便爬出土面，浮在水面上不能飞翔，这时将成虫捕集杀死。捕杀完后，随即放水，经济有效。此法在水田蔗区或水源充足的蔗区可广泛使用，收效甚大。8～9月，天气炎热多雨，也是大多数金龟甲的幼虫期，此时借雨天即时引水入田，并使水面浸过土面1～2cm，持续3～5d，可有效杀死土壤中的蛴螬。甘蔗收获前后，引水入田并浸过土面并保持7d左右，则可将土中的蛴螬全部浸死，对蔗糖分影响不大。

5. 人工捕杀成虫　5～6月，成虫常在晚间爬出土外活动，并重新爬入土中，翌晨在蔗苗基部附近可见到松碎的泥土，挖开松土3.5～7cm便可捕捉到成虫，将其杀之。但人工捕杀在成虫出土高峰期必须经常进行才能奏效。

（二）物理防治

1. 黑光灯诱杀 蔗犀金龟成虫对黑光灯有强烈的趋向性。根据各地蔗犀金龟实际情况，在可能的条件下，于成虫盛发期的 4～7 月设置一定密度的黑光灯进行诱杀，效果显著。

2. 频振式杀虫灯诱杀 频振式诱虫灯是先进的诱虫灯，其诱虫效果优于黑光灯，且对天敌的杀伤力较轻。

3. 自动虫情测报灯 此灯诱虫效果好，灯下成虫多，峰值高，反映的消长曲线更显著，更能引起测报人员的警觉，从而更准确地指导预测预报。

不过在架设诱虫灯时，应根据不同目的布设灯的密度。如仅用于测报目的，可在有代表性的蔗区架设光源。如若用于防治目的，则应依据各蔗区的虫口密度、上年度发生情况架设光源，一般每 2～5hm² 设 1 盏灯，虫口密度高的应密一些；反之，则疏一些。但不管疏、密，光源都应大面积连片布设，这样才能达到诱杀的目的。

（三）生物防治

（1）利用乳状菌防治蛴螬。地下害虫的天敌种类虽然很多，但目前实际可用于生产的是乳状菌和卵孢白僵菌 [*Beauveria brongniartii*（Saccardo）Petch]。在美国，乳状菌制剂 Doom [即甲型日本金龟甲乳状杆菌（*Bacillus popilliae*）] 和 Japi demic [即乙型日本金龟甲乳状杆菌（*Bacillus lentimobus*）] 已有商品出售，用量是每公顷 22.5 kg 菌粉，这种菌粉每克含有 $1×10^9$ 个活孢子，防治效果一般为 60%～80%。法国将卵孢白僵菌施入土中，每平方米施用量为 $2×10^9$ 个孢子，1 年后仍有效果。国内生产的卵孢白僵菌，可于甘蔗中耕培土期，每公顷施 $1.5×10^{15}$ 个孢子，施入甘蔗根际附近土壤中。

（2）金龟子绿僵菌（*Metarhezium anisopliae*）以每毫升 $2.4×10^8$ 个孢子喷洒。

（3）利用蔗犀金龟成虫性信息素诱杀或引诱剂诱杀成虫。

（四）化学防治

目前，甘蔗地下害虫综合防治仍以药剂防治为主要防治手段。由于药剂防治方法见效快、效果好、使用技术相对易掌握，且成本也相对较低，故蔗农普遍易接受。药剂防治应根据各种蔗犀金龟生活习性和发生规律，抓住适期，及时用药，方能取得良好的效果。

1. 成虫期用药

（1）用药灌根。蔗犀金龟成虫防治的最佳时期应抓住成虫出土高峰期（4 月下旬至 5 月）。在蔗犀金龟成虫出土为害盛期，可结合小培土（4 月底至 5 月上旬），施用 50% 辛硫磷乳油 7.5～11.25kg/hm²、20% 氰戊菊酯乳油 6.0～7.5kg/hm² 或 10% 氯氰菊酯 4.5～6.0kg/hm² 对水 15 000kg/hm² 淋施于蔗苗基部。

（2）施用颗粒剂。在蔗犀金龟成虫出土高峰期前 7～15 d，施用杀虫颗粒剂进行防治。其方法是将颗粒剂撒于蔗苗基部，后薄覆土或淋泥浆。颗粒剂品种及用量：3% 辛硫磷颗粒剂 75～90kg/hm² 或 5% 蔗来茎（杀单·毒死蜱）颗粒剂 60～75kg/hm²。

2. 幼虫期用药 在甘蔗中、后期（9 月上、中旬），蔗犀金龟处于卵孵化高峰期，此时初孵幼虫正处于土表层（3～10cm）活动，取食有机质。若结合下雨前用药或下雨后即刻施药，可有效防治后期因蔗犀金龟引起的黄化蔗、枯蔗。选用药剂和用量可参考上述颗粒剂。

附：测报技术

由于地下害虫大部分生命周期甚至整个生命周期均营地下生活，因此，准确掌握其发生时期以及发生量，对于把握防治的最佳适期，实施有效防治至关重要。

（一）虫情调查

1. 田间害虫种类和密度调查

（1）调查目的。主要查明当地主要地下害虫的种类、虫口密度，以便准确掌握虫情，制订防治计划。如能结合土壤普查、农业区划工作同时进行，则意义更大。

（2）调查时间和方法。可根据各地作物栽培及地下害虫优势种群情况而定。一般来说，甘蔗地下害虫的调查多在斩蔗后至种蔗前。田间调查取样方法与害虫田间分布型有很大的关系。根据宋哲和（1975）研究，蔗犀金龟幼虫的田间分布型趋向于负二项分布型。据邝乐生（1979）研究，突背蔗龟幼虫在宿根蔗地是属于核心分布型。龚恒亮（1993）调查分析，齿缘鳃金龟幼虫的田间分布型亦为负二项分布。因此，可以认为，金龟甲幼虫在蔗田的不同密度下，其分布是不随机的，符合于核心分布或负二项分布型。邝乐生（1979）曾以突背蔗龟幼虫为例，比较了常用随机、棋盘式、对角线、平行线等抽样方法，结果表明，这几种抽样方法都可用于金龟甲幼虫的田间抽样，其中以棋盘式最好。若采用随机取样方法，一定要人为地将样本均匀分布于蔗田，然后进行随机取样。样本的大小以连续 5 个蔗蔸为一取样单位，其准确性大于以 1～3 个蔗蔸为一取样单位。

（3）取样量。样本的数量应视准确度要求而定，在甘蔗金龟甲调查中，若要求准确度达 95％时，调查的总蔗蔸数应不少于 40～50 个。调查时，挖土的深度也有讲究，越冬前调查，调查深度以 20～30cm 为好，越冬时期调查以 40～60cm 为宜，在四川、湖南及浙江等蔗区，调查深度还应略深一些，否则调查的虫量不全，误差就大。如进行大面积普查时，应选择有代表性的田块，分别按不同土质、地势、植期、水田、旱地进行调查。选择约 1 hm² 的连片蔗田取 9～10 个点，每点取样量及挖土深度同前。将调查结果填入附表 20‐43‐1 中。

附表 20‐43‐1　地下害虫田间密度调查

Supplementary Table 20‐43‐1　The servey table of the underground pests in the field

调查日期	调查地点	地势	前茬作物	面积（m²）		取样面积（m²）	蛴螬	蝼蛄	蔗根锯天牛	其他	每平方米平均虫数（头）	备注
				水地	旱地							

2. 成虫观测

（1）成虫观测的目的。观测记录当地主要地下害虫如金龟甲、蔗根锯天牛等发生消长情况和活动特性，掌握其发生期和发生量，以便预测成虫或幼虫防治适期和估计其土中幼虫虫口密度。

（2）观测时间。根据地下害虫成虫发生规律，观测时间一般自 3 月初开始，至 7 月底结束。

（3）观测方法。

①物理观测法：多采用 20W 黑光灯或频谱灯，每日诱测，并记录诱捕量。

②引诱剂观测法：在国外有用引诱剂诱测成虫的报道，引诱剂包括性引诱剂和植物引诱剂 2 种。如用香丁醇（geraniol）＋丁香本酚（eugenol）和用丙酸苯乙酯＋丁香酚（7∶3）作引诱剂，以诱测日本金龟甲的报道（Mc Govern 等，1970）。近年来，我国在引诱剂诱测方面的研究逐步增多，陈松笔（2000；2001）分别用植物源提取物组成的食诱剂 F2 和萍毛丽金龟性诱芯 S 分别诱捕小青花金龟（*Xycetonia jucunda*）和萍毛丽金龟（*Proagopertha lucidula*）成虫，取得了较好的效果。王惠等（1988）用华北大黑鳃金龟性信息素粗提物中的苯乙酮可作为白星花金龟的聚集信息物质。上述这些研究为人工合成性诱剂和引诱剂用于金龟甲诱测提供了科学依据。采用引诱剂观测法，将结果填入附表 20‐43‐2 中。

附表 20‐43‐2　地下害虫成虫发生消长规律调查

Supplementary Table 20‐43‐2　The servey table of the occurrence regulation of underground pests

调查日期	调查地点	诱测方法	甘蔗金龟	蝼蛄	金针虫	气象条件			备注
						平均温度（℃）	相对湿度（％）	降水量（mm）	

3. 金龟甲成虫卵巢发育进度调查方法

为掌握成虫的发育进度，预测防治适期，可以当地优势种群为对象，采用灯下诱捕（或田间采集）的雌虫，通过系统解剖雌虫的方法，观察卵巢发育进度。从开始发现成虫至发生末期止，隔日 1 次，每次剖查 20～30 头，分级统计、计算。宋协松等根据对华北大黑鳃金龟和暗黑鳃金龟雌虫不同发育时期卵巢解剖结构，将卵巢的发育进度分为 5 级（附图 20‐43‐1 和附图

20-43-2），并将剖查结果填入附表 20-43-3 中，供研究时参考。

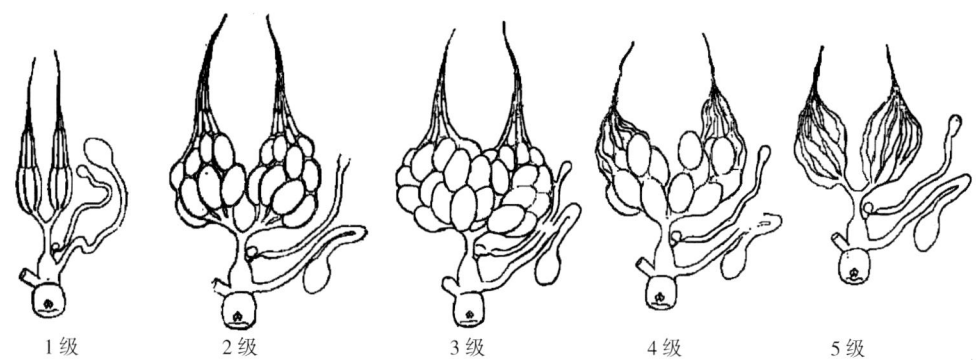

附图 20-43-1　华北大黑鳃金龟雌虫生殖系统及卵巢发育分级（仿宋协松和亓树亮，1985）
Supplementary Figure 20-43-1　Female genital system and ovary classification of *Holotrichia oblita*
(from Song Xiesong and Qi Shuliang，1985)

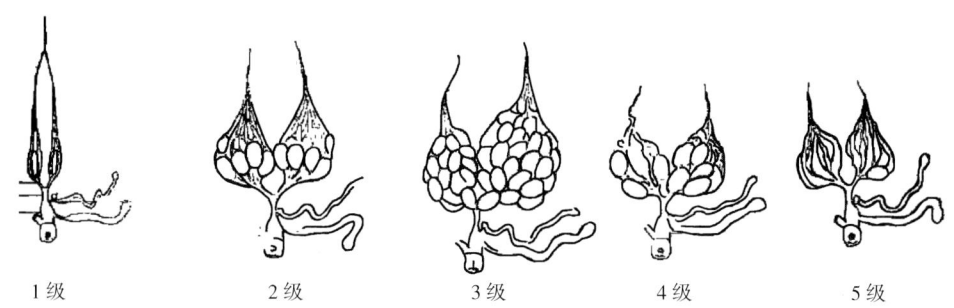

附图 20-43-2　暗黑鳃金龟雌虫生殖系统及卵巢发育分级（仿宋协松和亓树亮，1985）
Supplementary Figure 20-43-2　Female genital system and ovary classification of *Holotrichia*
parallela (from Song Xiesong and Qi Shuliang，1985)

附表 20-43-3　金龟甲成虫卵巢发育进度调查
Supplementery Table 20-43-3　The record table for ovary development progress of beetle

害虫种类：　　　　　　　　　　年度：　　　　　　　　　　单位：

检查日期	解剖虫数（头）	各级卵巢占百分比（%）					发育指数	雌虫占总虫百分比（%）	发生期	备注
		1	2	3	4	5				

卵巢分级标准：金龟甲卵巢发育进度的研究，其分级标准大同小异，目前普遍采用的是 5 级标准，并以发育指数表明卵巢的发育进度（安徽宿迁地下害虫工作组，1982）：

1 级：卵巢发育不完全，肉眼见无卵；

2 级：卵巢发育不完全，肉眼可见不成熟卵；

3 级：抱卵量多，成熟待产卵少；

4 级：抱卵量多，成熟待产卵多；

5 级：卵巢萎缩、空腹或仅有极少量成熟卵。

卵巢发育指数可按下列公式计算：

$$卵巢发育指数 = \frac{级值×头数}{最高级值×总头数} × 100$$

剖查卵巢时应注意几个问题：要做好普查工作，摸清金龟甲发生的具体地点、发生面积及虫口密度；要选好捕捉金龟甲的地点，捕捉地点的虫口密度要相对较大；采样方法宜采用 5 点取样法，捕捉的虫量应不少于 20 头；在田间发现已有 3 级卵巢时，即应采取防治措施。

4. 金龟甲卵的观察　为了做好金龟甲的预测预报以准确掌握蛴螬的防治适期，以指导蛴螬的田间防治工作，有时必须对金龟甲卵历期进行观测。伍椿年等（1985）用暗黑鳃金龟卵 100 粒，分批进行观察，每 3 d 检查 1 次发育进度，统计各级历期和卵孵化历期，分级标准如附表 20 - 43 - 4，可供研究时参考。

附表 20 - 43 - 4　金龟甲卵的分级标准

Supplementary Table 20 - 43 - 4　The grade scale of the development of beetle egg

分级	形态	发育阶段	历期 (d)	卵孵化历期 (d)
1 级	白色，不膨大	合核分裂期	3.65	10.79
2 级	乳白色，膨大呈圆球形	胚胎期	2.45	7.14
3 级	中间透明	胚带分节期	2.55	4.69
4 级	可见 1 对棕色上颚	卵前期	2.14	2.14

5. 为害情况调查　掌握地下害虫为害始期，以便组织防治工作，同时调查作物受害程度，可以作为来年害虫为害趋势分析，以便及早制定防治方案。如甘蔗为害情况调查，应根据不同害虫种类进行调查，蔗犀金龟应在苗期（4 月底至 6 月中旬）调查枯心率，而二点褐鳃金龟亦可在苗期（3 月中至 6 月初）调查死苗率。另外，在一些地下害虫为害较重的蔗区，亦可在 8～11 月调查甘蔗枯死蔗株数，以准确掌握为害情况，早作应对决策。苗期枯（死）苗调查，应选择不同土壤类型、不同植期、新植、宿根等进行随机取样，每次调查10～20 个点，每点连续调查 100 株蔗苗（行长 5～8m）。分别记录总苗数、枯（死）苗数，计算为害率和发展趋势，结果填入附表 20 - 43 - 5 中。

附表 20 - 43 - 5　地下害虫为害情况调查

Supplementary Table 20 - 43 - 5　The record table of damage by underground pests

调查时间	地点	地势	土壤	前茬	作物种类	播种期	调查方法	取样量	健苗数	被害苗数					为害率	备注
										蛴螬	蝼蛄	蔗根天牛	其他	合计		

(二) 预测预报

根据地下害虫的活动情况及出土规律及观察结果，结合气象因素和作物苗情等来预报防治适期。现就蔗犀金龟的预报方法简要介绍。

1. 成虫发生期预测

(1) 幼虫田间化蛹进度调查。每年选择有代表性的田块若干，从 3 月上旬开始，每 5 d 调查 1 次，每次调查各种虫态的虫口总数不少于 50 头，分别记录各种虫态的数量及百分比并置于室内饲养。以后每 5 d 检查 1 次化蛹进度，以了解各批幼虫化蛹及羽化情况，便于验证下次田间调查结果的准确性。

(2) 成虫发生期预测。用田间调查蛹的发育进度加上蛹的平均历期（18 d）来预测田间成虫羽化的始、末期。具体计算公式如下：

成虫始见期＝始蛹出现日＋18d

成虫始盛期＝20％化蛹出现日＋18d

成虫盛发高峰期＝50％化蛹出现日＋18d

成虫盛末期＝80％化蛹出现日＋18d

成虫末期＝末蛹出现日＋18d

（3）蔗犀金龟成虫出土为害时间及防治适期的预测　虽说蔗犀金龟成虫在地面一出现，就会立即为害蔗苗，产生枯心，但由于成虫在土中羽化后，是否马上出土，还取决于4～5月特别是4月中、下旬的降水量及强度，故此成虫盛发期与成虫的防治适期不一定完全吻合，有时甚至相距甚远。蔗犀金龟成虫（包括突背蔗龟和光背蔗龟）每年4月下旬至6月上旬，在适宜的气候条件下，往往突发性大量出土，为害蔗苗，数天之内，可使枯心率猛增数倍。因此，预测蔗犀金龟成虫出土为害时间，以指导施药防治，是甘蔗生产上急待解决的问题，它比其他金龟甲短期预测显得更重要。据胡少波等（1963）在广西百色地区研究，认为蔗犀金龟成虫的发生迟早，与每年4～5月降雨的迟早、数量、次数、强度和分布，以及雨水渗入土中的深度、土温的高低等都有极密切的关系。如此时期降水量达100mm以上，其中有一次日雨量在30mm以上或连续2d累积雨量达50mm以上，而土温不高于33℃时，蔗犀金龟成虫便会大量出土为害。龚恒亮1990—1993年在珠江三角洲地区红旗农场的研究也发现，蔗犀金龟成虫出土为害时间与降雨时日关系密切：在4～5月，特别是4月中旬至5月初这段时间，如遇少雨干旱天气，即使成虫羽化率高达95％以上，成虫仍会潜伏于土中等待机会。而当5月1日前后一场大雨过后（这是该地区多年形成的气候特点），成虫就会大量涌出土面，形成暴发为害。雨后2d，蔗犀金龟枯心率可达3％以上，雨后4d的枯心率可达到10％～15％。所以，在预测蔗犀金龟防治适期时，应充分结合当地气象部门对4月降水量的预报作出预测。如果预报4月的降水量是接近常年或超过常年的，则成虫盛发高峰期便是蔗犀金龟大量出土为害期，也就是施药期（指用药液淋施蔗行）；若4月预报的雨量偏少或4月中、下旬久旱无大雨，即使蔗犀金龟成虫100％羽化也不能出土为害，其成虫盛发高峰期就不能作为指导施药适期。在这种情况下，应推迟施药期，即推迟至大雨过后，成虫出土为害之时即刻用药。但如果施用颗粒剂又另当别论，因颗粒剂施到田间后有一个有效成分释放、扩散的过程，这一过程因品种而异，一般7～15d，因此，施用颗粒剂时其施药时间相对宽松些，可提前在成虫盛发高峰期前7～15d施药。

2. 金龟甲初龄幼虫期的预测　由于甘蔗金龟甲幼虫（蛴螬）初孵幼虫主要集中于甘蔗基部3～10cm土层中活动，取食腐烂的蔗叶、须根等，再加上虫体幼嫩，此时用药，对幼虫的杀伤力强，防治效果好；二龄以后幼虫即下潜到蔗根处啮食蔗根和地下茎，此时用药，除了药力难以深入外，蔗根的庇护作用和虫体增大，增加了药剂防治的难度，因而准确预测金龟甲初孵幼虫期，对于指导金龟甲幼虫期的防治至关重要。

初孵幼虫期的预测，可通过成虫的诱测情况，结合成虫产卵前期、卵历期，结合气候条件进行预测，其具体公式如下：

初孵幼虫期（或卵孵盛末期）＝成虫出土盛末期＋产卵前期＋卵历期

龚恒亮（广州甘蔗糖业研究所）

第 44 节　痣鳞鳃金龟

一、分布与危害

痣鳞鳃金龟（*Lepidiota stigma* Fabricius）又称二点褐鳃金龟，属鞘翅目鳃金龟科鳞鳃金龟属。低龄幼虫取食甘蔗的幼根，三龄后食量大增，活动范围也较广，有时一晚可咬断2根蔗苗，造成甘蔗死苗。幼虫为害甘蔗、花生、甘薯、橡胶和桉树幼苗、其他豆科植物等，成虫为害大叶榕、木菠萝、芒果、凤凰木、细叶榕、木麻黄等幼嫩叶片，是广东湛江、广西北海等地主要的地下害虫。

二、形态特征

成虫：体长34～48mm、宽12～26mm，头宽6～8mm，长椭圆形。体底色虽为黑色，但密被黄褐、灰褐或灰白色等柱状鳞毛，因此，体呈灰褐色至黑褐色或灰白色。头黑褐色，触角、复眼棕褐色。唇基新月形，前缘中间微凹，上卷。额唇基缝中间向后呈角弧状突出。触角10节，鳃片部3节，雌、雄同形。前胸背板前缘弧状内弯，中央有由白鳞毛密集成的中纵线，侧缘弧状外扩，边缘不完整锯齿形，后缘外凸。小盾片呈三角形。鞘翅除缝肋明显外，每侧尚隐约可见3条窄的纵肋。缘折明显，从肩疣起直达弧状的后缘。位于翅鞘近端处，每侧有1个由白色鳞毛组成的椭圆形斑，十分醒目，斑的下方鞘翅下弯。前臀板三角形，中间隆起，顶端呈弧状，两侧及顶端边缘卷起。身体腹面多数从中、后胸侧片直至腹部各腹板两侧，均有灰白色鳞毛密集成界限不太清晰的白色边缘。前足胫节外缘具 3 外齿，但基部退化不显。内方距位于中、基齿之间凹陷处的对面（彩图 20 - 44 - 1）。

卵：椭圆形，乳白色，直径 3.0～5.6mm。

幼虫：三龄幼虫体长 59～75mm、宽 14～17mm，头长 7.2～7.4mm、宽 10.5～13.0mm，乳白色。头部前顶刚毛每侧 5～9 根，呈 1 纵列；后顶刚毛每侧 2～3 根，额中侧刚毛每侧较多，约 15 根。额前缘刚毛多，25～30 根，略呈 1 横列。内唇端感区刺多，约 36 根，呈 3～4 排横弧状排列，其前沿小圆形感觉器 22～26 个，其中 6 个较大，感前片、内唇前片和前侧褶区均缺。在肛腹片后部覆毛区中间的刺毛列，由短锥状刺毛组成，每列 22～30 根，两列间相距较近，刺毛尖常接触交叉，两列间近于平行，但排列不整齐，刺毛列前端远超出钩状刚毛区的前缘。肛门孔横裂呈波浪形，有明显的纵裂痕迹。表 20 - 44 - 1 为各龄幼虫期体长与体宽的关系。

蛹：裸蛹，黄褐色，长 35～54mm，宽 15～23mm。

表 20 - 44 - 1　痣鳞鳃金龟幼虫各龄期体长与头宽

Table 20 - 44 - 1　Body length and head width of each instar larva of *Lepidiota stigma*

龄期	体长（mm）		头宽（mm）	
	范围	平均	范围	平均
一	18～30	24.40	3.8～4.7	4.33
二	45～53	47.13	6.6～8.5	7.50
三	59～75	65.80	10.5～13.0	12.20

注　根据魏鸿钧等（1989）文字描述整理。

三、生活习性

在广东雷州半岛及广西等地，痣鳞鳃金龟为 2 年 1 个世代，以幼虫越冬。老熟幼虫 3 月中旬开始化蛹，一直持续至 6 月上旬。成虫于 4 月上旬开始羽化，5 月上、中旬为盛期，一直延续到 7 月中旬。卵于 5 月中旬始见，6 月中旬出现一龄幼虫，以二龄幼虫在第一年冬季越冬，以三龄幼虫在第二年冬季越冬。痣鳞鳃金龟生活史见表 20 - 44 - 2。

成虫羽化出土后，白天蛰伏于浅土中或树荫蔽处，一般在 6：00～7：00 开始一天中的第一次飞翔，19：00～20：00 作一天中的第二次飞翔，在阳光下主要是交尾活动，往往多头雄虫追逐 1 头雌虫，其交尾活动一直延续到晚上。交尾方式为背负式或一字式，交尾时间持续约 2h。成虫活动受天气的影响很大，无风闷热的夜晚活动力强，刮风下雨或阴雨天很少活动。到 22：00 后成虫才取食，有群集取食的习性。成虫取食大叶榕、木菠萝、芒果、凤凰木、细叶榕、木麻黄等幼嫩叶片作为补充营养，最喜食细叶榕。黎明前飞回浅土中或树荫蔽处潜伏。成虫具假死性，对黑光灯有较强的趋光性。扑灯时间以19：00～21：00 为最多，占整夜灯诱虫数的 72.35%，雌雄性比为 1：1.5。成虫羽化出土后，约经 20d，甚至更长一些时间方交配。交配后约 13d 后潜入土中产卵，每雌产卵量为 30～40 粒，卵多产于沙壤土蔗地边缘，深度为 15～30mm，成虫寿命 19～39d，平均 27.2d。卵历期 15～17d。在土壤较干燥的情况下，卵历期缩短而提早孵化。初孵幼虫常群集一起，在土深 10～20cm 处栖息，取食甘蔗的幼根。三龄后食量大增，活动范围也较广，有时一晚可咬断 2 根蔗苗。一龄幼虫历期 30～110d，平均 65d；二龄历期197～266d，平均 225d；三龄历期 302～407d，平均 348d。老熟幼虫在地表下 20～30cm 处做土室化蛹。蛹历期 32～43d，平均 38.1d。夏、秋季幼虫在土中以土壤含水量 15%～20% 为适宜，其在土中的深度与土壤湿度有极密切的关系，而与土壤温度的关系不大（表 20 - 44 - 2）。

表 20 - 44 - 2　痣鳞鳃金龟生活史（仿陈爱等，1984）

Table 20 - 44 - 2　Life history of *Lepidiota stigma* （from Chen Ai et al. ，1984）

时间	1月			2月			3月			4月			5月			6月			7月			8月			9月			10月			11月			12月		
	上	中	下	上	中	下	上	中	下	上	中	下	上	中	下	上	中	下	上	中	下	上	中	下	上	中	下	上	中	下	上	中	下	上	中	下
第一年										+	+	+	+	+	+	+	+	+	+	+	+															

（续）

时间	1月			2月			3月			4月			5月			6月			7月			8月			9月			10月			11月			12月		
	上	中	下	上	中	下	上	中	下	上	中	下	上	中	下	上	中	下	上	中	下	上	中	下	上	中	下	上	中	下	上	中	下	上	中	下

注 ＋：成虫，●：卵，一：一龄幼虫，二：二龄幼虫，三：三龄幼虫，⊕：蛹。

四、发生规律

（一）虫口基数

虫口基数大小，与甘蔗受害程度关系密切。由于痣鳞鳃金龟幼虫虫体大，特别是进入三龄后，幼虫含量大增。田间虫口密度每公顷在 7 500 头以下，造成田间 3％～5％死苗，对中后期甘蔗影响不大；当虫口密度每公顷超过 15 000 头时，甘蔗苗期将出现 5％～15％的死苗，后期将出现局部蔗株枯黄；当虫口密度每公顷超过 45 000 头时，苗期将出现 25％以上的死苗，田间缺苗断垄现象严重，7～8 月即可见到成片甘蔗枯黄，9 月后蔗株枯死，减产严重甚至造成甘蔗失收。

（二）气候条件

痣鳞鳃金龟喜沙土和沙壤土，尤其是近海地带、河滩地带的沙土为害最重。龚恒亮 1993—1994 年曾在广西博白蔗区调查时发现，在位于南流江两岸的近 13.33hm² 沙壤蔗地，受痣鳞鳃金龟为害特别严重，8 月蔗茎已大面积枯死，挖开蔗头，平均每个蔗头有 2～3 头蛴螬，而就在旁边不远的水田蔗地，虫口密度很低，甚至挖不到蛴螬。庞统 1986 年在海南琼海市潭门区调查时发现，在近海地带沙土中蛴螬密度每平方米达到 1.7 头，而红土、黏土的土壤板结，无此虫或虫口密度极低。

（三）寄主植物

甘蔗受害与甘蔗植期、耕作制度均有一定的关系，宿根蔗比新植蔗受害重，且宿根年限越长，受害越重。连作蔗地比水旱轮作蔗地受害重。同样的土壤类型，其前作是花生地、甘薯地、马占相思林地的，由于这些植物是成虫的喜食寄主，吸引成虫在此产卵，虫口密度大，甘蔗受害重。历年发生蛴螬为害的蔗区，受害重。水、旱轮作受害轻，前作为水稻、桉树林地，成虫产卵少，受害较轻或不受为害。

成虫喜取食大叶榕、木菠萝、芒果、凤凰木、细叶榕、木麻黄等幼嫩叶片作为补充营养，最喜食细叶榕，故靠近细叶榕等树林边的蔗地，痣鳞鳃金龟发生量大，为害重。

五、防治技术

（一）农业防治

1. 深耕翻犁 痣鳞鳃金龟幼虫（蛴螬）一般栖息于蔗头附近 10～30cm 深处的土壤中，因此，甘蔗收获后不留宿根的蔗地应及早犁地深耕（最好在 3 月之前完成）、晒垡，通过机械作用，可致部分幼虫和蛹因受机械损伤而死亡，而且幼虫外露在土表便于人工捡拾及鸟类和捕食性昆虫捕食，寒冷天气亦可冻死部分幼虫。宿根蔗地也可通过犁垄松蔸，借助机械作用和人工捡拾，降低田间虫口密度。

2. 改善耕作制度，合理布局 改善耕作制度，合理布局茬口，合理轮作倒茬，恶化地下害虫的生活环境。水田蔗区可实行与水稻轮作，基水地与旱地蔗区可与花生、甘薯等轮作。轮作地可以使痣鳞鳃金龟得不到合适的食物而死亡，是最经济有效的办法，可减轻当年 80％以上的为害。

3. 人工捕杀成虫 痣鳞鳃金龟成虫盛发期的傍晚很容易在蔗地，或田边地头及附近的树林上集中活动或取食，可借助成虫的假死习性，振摇树枝，使其跌落地面，集中捕杀。

（二）物理防治

灯光诱杀。4～6 月，成虫羽化出土盛期，利用成虫对黑光灯有强烈的趋性，在蔗地边林带旁安装黑光灯诱杀，效果显著。

（三）生物防治

（1）利用乳状菌防治蛴螬。地下害虫的天敌种类虽然很多，但目前实际可用于生产的是乳状菌和卵孢白僵菌［*Beauveria brongniartii* (Saccardo) Petch］。在美国，乳状菌制剂 Doom［即甲型日本金龟甲乳状杆菌（*Bacillus popilliae*）］和 Japi demic［即乙型日本金龟甲乳状杆菌（*Bacillus lentimobus*）］已作商品出售，用量是每公顷 22.5kg 菌粉，这种菌粉每克含有 $1×10^9$ 个活孢子，防治效果一般为 60％～80％。法国将卵孢白僵菌施入土中，每平方米施用量为 $2×10^9$ 个孢子，1 年后仍有效。国内生产的卵孢白僵菌，可于甘蔗中耕培土期，每公顷施 $1.5×10^{15}$ 个孢子，施入根际附近土壤中。

（2）利用金龟甲成虫性信息素诱杀或引诱剂诱杀成虫。

（四）化学防治

1. 成虫期喷雾 痣鳞鳃金龟成虫有聚集于蔗地，或其田边地头及附近喜食的树林上取食、活动的习性，此时用杀虫剂进行喷雾处理，可有效杀灭成虫，减少田间落卵量。使用的药剂有 40％乐果乳油 1 000 倍液、50％辛硫磷乳油 1 000～1 500 倍液，或 20％氰戊菊酯乳油、10％氯氰菊酯乳油 1 000～2 000 倍液。

2. 幼虫期用药

（1）下种期用药。

①施用颗粒剂：在甘蔗播种期，蛴螬上升到浅土层活动、取食，选择 5％蔗来茎（杀单·毒死蜱）颗粒剂 60～75kg/hm²、3％辛硫磷颗粒剂 90kg/hm²、5％毒死蜱颗粒剂 60kg/hm² 或 2％吡虫啉颗粒剂 75kg/hm²，施于甘蔗植沟中，施药后覆土。在春植蔗收获后，若发现蔗头幼虫较多，但仍可留宿根的蔗地，则应及早开垄松蔸，用上述药剂施于蔗头后覆土，可起到一定的防治效果。

②药剂浸种：由于痣鳞鳃金龟幼虫可为害蔗种，引起甘蔗死苗（痣鳞鳃金龟幼虫为害蔗苗的典型症状）或缺苗断垄，在为害较重的蔗区，用药剂进行种苗浸种也不失为一种有效的防治方法。甘蔗播种后，当上迁的幼虫取食到带毒的种苗，药剂经口进入虫体内，致幼虫中毒死亡。浸种的具体操作方法如下：选择持效期较长的杀虫剂如 48％毒死蜱乳油、20％丁硫克百威乳油等稀释 300～500 倍液，对好药液后，将蔗种投于药液中浸种 20～30min，捞起晾干后即可播种。此法可与杀菌剂浸种同时进行。药液可反复浸种 3～4 次，浸种用过的药液可淋入蔗沟中。

（2）小培土时期用药。蛴螬为害较重的蔗地，在有小培土习惯的蔗区，可结合小培土选用上述药剂施于蔗苗基部进行防治。

（3）大培土时期用药。大培土时期（5～6 月）正处于金龟幼虫（蛴螬）的低龄期，且多在蔗地表层土壤中活动，取食有机质，因而是防治这类蛴螬的最佳用药时期。结合甘蔗大培土，选用上述颗粒剂拌肥料（非碱性）一起撒施于蔗株基部；或用 50％辛硫磷乳油 4.5kg/hm² 或 40％毒死蜱乳油 6.0kg/hm² 对水 3 750L 淋蔗头，再大培土，对防治一至二龄幼虫效果显著。

龚恒亮 安玉兴（广州甘蔗糖业研究所）

第 45 节 大等鳃金龟

一、分布与危害

大等鳃金龟［*Exolontha serrulata* (Gyllenhal)］又称黄褐色蔗龟、齿缘鳃金龟，属于鞘翅目鳃金龟科等鳃金龟属，是广东蔗区的主要金龟甲种类之一。该虫主要分布于我国广东和福建，但近年来，大等鳃金龟的分布有扩展趋势，在广西蔗区（王助引等，1994）、云南蔗区（黄应昆等，1996）以及江西的奉新、南昌、宜丰、石城、兴国、上饶、定南、赣县、宁都等地（陈凤英，1997）均已发现大等鳃金龟为害。大等鳃金龟幼虫食性甚杂，除为害甘蔗外，还为害花生、豆类、甘薯、木薯、马铃薯、蕉类及草本植物的根等 10 余科 30 多种植物。大等鳃金龟在广东，多发生于丘陵旱地蔗区和河流两岸的沙坝地，在珠江三角洲沙质较重的基水地和围田区的蔗田也时有发生。在福建和江西，多发生于丘陵旱地蔗区。在云南，多发生于肥沃的沙壤土地带。大等鳃金龟以幼虫为害甘蔗蔗根和蔗头，初孵幼虫以取食土壤中有机质为主，二龄幼虫开始啮食蔗根、蔗头，三龄幼虫食量骤增，咬食蔗头，地下茎被咬食截断或蛀茎成孔。虫口密度高的蔗田，在 7 月下旬由于蔗根被咬食，植株叶片表现淡黄色，生势衰弱，9 月叶片枯黄，11 月植株叶片干枯。一般为害，每公顷甘蔗平均减产 15t 左右，为害严重的蔗田减产 30～45t。大等鳃金龟的为害除了产量损失外，亦影响甘蔗品质，导致甘蔗糖分下降，影响宿根蔗发株以至不能留宿根。

二、形态特征

成虫：体型中等偏大，体长 25.5～32.0mm、宽 10.0～12.5mm。体黄褐色，全身披较长淡黄色绒毛。触角鳃叶状，10 节，其中鳃叶部 7 节。头部密生刻点，唇基偏长方形，密生刻点。复眼发达，褐色。从唇基延伸到复眼有一短带状的长绒毛。前胸背板侧缘外向成钝角状，上密生小刻点。前缘有一个凸直线状边框。小盾片呈半弧形。每个鞘翅上有 4 条隆起带，其中靠内侧的二条集中到鞘翅近末端的瘤状，肩瘤明显。鞘翅覆盖不到尾节。前胫节外侧有 3 齿，内侧有一长刺。中、后胫端生二端距（位于胫端一侧）。前、中、后跗节端部生 1 对爪，爪中部生锐齿。腹部腹板分节纹明显，雌雄易鉴别，雌虫体型偏大，臀板外缘呈稍尖的弧形，雄虫体型略小，臀板外缘稍微凹（彩图 20‐45‐1）。

卵：初产乳白色，长椭圆形，长径 3.2mm，宽径 2.0mm。将孵化时粉红色，圆形，长 3.4～3.9mm，宽 2.8～3.1mm。

幼虫：中等偏大，头部黄褐色，各龄期幼虫的头宽与体长见表 20‐45‐1。前顶毛每侧 2～3 根，后顶毛每侧 1 根，额中侧毛左右各 2 根，额前缘毛及上唇基毛均缺。触角第二节最长，第四节最短，第一节具毛 3～4 根，第二节具毛 1～3 根。前、中足爪近于等长，后足爪较短小，各足爪具刺毛 2 根。足淡黄褐色。第一对气门前两侧各有一显著黄色斑点。第二至七对气门大小近于相等，第八对气门略小而大于第九对气门。复毛区的刺毛 2 列，由尖端微弯的短锥状刺毛组成，每列 10～17 根，两列间近乎平行，仅前后两端刺毛略向中央靠拢。两列刺毛尖端一般不接触（或交叉）。肛门孔横裂。

表 20‐45‐1　大等鳃金龟各龄期幼虫的头宽及体长（引自邝乐生等，1987）

Table 20‐45‐1　Head width and body length of each instar larva of *Exolontha serrulata*

(from Kuang Lesheng et al.，1987)

龄期	头幅宽（mm）		体长（mm）	
	初期	末期	初期	末期
一	2.4	2.4	10.5	16.4
二	3.6	3.9	18.0	29.5
三	6.6	6.6	37.2	49.0

蛹：初蛹为淡黄褐色，将羽化时为黄褐色，体长 35～36 mm、宽 13～14.5 mm。第二至四对气门明显。腹背部有 2 对发音器。尾节左右两腹板明显延长呈交叉状。雌、雄蛹易区别：雄蛹尾节腹面有 2 个瘤状突起，雌蛹则平坦。

三、生活习性

（一）生活史

大等鳃金龟发生世代，各地报道的有所不同，有 2 年 1 代和 1 年 1 代之分。

大等鳃金龟过去在广东曾被认为是 2 年发生 1 代［轻工业部甘蔗糖业科学研究所（现广州甘蔗糖业研究所），1985］，直到 1986 年，邝乐生等采用室内饲养、田间饲养及定期田间调查相结合的方法对大等鳃金龟的生活习性及发生规律进行了详细观察后证实：大等鳃金龟在广东珠江三角洲地区为 1 年发生 1 代，以三龄幼虫越冬。3 月下旬至 6 月下旬老熟幼虫开始化蛹，蛹历期 17～20d。成虫于 5 月上旬开始羽化出土，5 月中旬至下旬为盛发期，7 月为终见期，雌虫寿命为 27～32d，雄虫为 22～25d。成虫出土后当晚即行交配，交配后 3～7d（平均 4.8d）产卵，卵历期 10～12d，平均 10.2d。幼虫共 3 龄，6 月下旬至 8 月中旬为一龄幼虫期，历期 42～52d，平均 48d；7 月上旬至 9 月中旬为二龄幼虫期，历期 34～42d，平均 38d；8 月中旬至翌年 5 月中旬为三龄幼虫期，历期 225～250d，平均 240d。蛹期为 3 月下旬至 6 月下旬。各虫态历期见表 20 - 45 - 2。

表 20 - 45 - 2　大等鳃金龟各虫态历期（引自邝乐生等，1987）

Table 20 - 45 - 2　Each instar duration of *Exolontha serrulata*（from Kuang Lesheng et al.，1987）

虫态		观察虫数（头）	历期（d）		
			最长	最短	一般
卵		150	13	10	11～12
幼虫期	一龄室内	55	65	30	42～52
	一龄田间	3	46	30	41
	二龄室内	53	70	30	33～42
	二龄田间	7	46	34	34～42
	三龄室内	40	261	193	223～242
	三龄田间	33	270	218	242～250
	幼虫期室内	4	315	332	322
蛹期	室内	144	23	13	16～19
	田间	43	31	13	17～20
成虫期	交尾—产卵	49	7	3	4～6
	产卵—死亡	40	9	1	3～5
	已交尾♂寿命	38	22	2	3～8
	未交尾♀寿命	10	36	14	27～32
	未交尾♂寿命	21	60	10	22～25

在广西，大等鳃金龟 1 年发生 1 代，以幼虫越冬。4 月在土中做蛹室化蛹，蛹历期 18～23d。成虫 5～6 月出现。幼虫期长达 300d。以幼虫为害甘蔗，吃尽蔗根，咬断地下蔗茎，严重影响产量（王助引等，1994）。

在福建，沿海地区如晋江为 2 年 1 代（黄成裕，1984），以第一年和第二年的幼虫越冬。于第三年 5 月上旬至 6 月中旬化蛹，成虫于 5 月中旬至 7 月下旬出土活动，5 月下旬至 6 月下旬为成虫产卵盛期，6 月中旬至第三年 6 月上旬为幼虫发生期。为害遍及各类旱作作物，以甘蔗地下部分受害造成损失较大。

1978—1981 年在晋江用 20W 黑光灯诱测结果，大等鳃金龟的发生数量，仅次于红脚丽金龟、铜绿异丽金龟，占各种金龟甲年诱集总量的 6.63%，是晋江地区为害甘蔗及旱作物的重要地下害虫之一。而闽南地区的漳州为 1 年发生 1 代（黄盈，1986）。

在云南，大等鳃金龟亦为 1 年 1 代，以老熟幼虫越冬。成虫于 4 月开始羽化，4 月中旬至 6 月下旬为成虫发生期。5 月下旬至 6 月下旬为产卵期，卵历期 10～15d。6 月上旬至 11 月中旬为幼虫活动期。11 月上、中旬以后，老熟的幼虫潜入 20～30cm 的土壤中做土室越冬，翌年 3 月上、中旬化蛹，蛹历期 12～15d。

在江西，成虫于 4 月中旬左右始见，5 月盛发；5 月上旬开始为害甘蔗和花生，6 月至 7 月上旬为害最烈；8 月上旬甘蔗和花生出现为害状。

广东珠江三角洲地区和云南大等鳃金龟生活史见表 20 - 45 - 3。

表 20 - 45 - 3　大等鳃金龟生活史［参考邝乐生等（1987）及黄应昆等（2002）整理］

Table 20 - 45 - 3　The life history of *Exolontha serrulata*［from Kuang Lesheng et al.
（1987）and Huang Yingkun et al.（2002）］

地区 ＼ 时间	1月	2月	3月	4月	5月	6月	7月	8月	9月	10月	11月	12月
广东珠江三角州地区 成虫 +					＋	＋	＋	＋				
卵 ●					●	●	●	●				
一龄幼虫 一						一	一	一				
二龄幼虫 二							二	二	二			
三龄幼虫 三								三	三	三	三	三
三龄幼虫 三	三	三	三	三								
蛹 ⊕				⊕	⊕	⊕						
云南地区 成虫 +					＋	＋	＋					
卵 ●					●	●	●					
幼虫 C							C	C	C	C	C	C
越冬幼虫 ⊠	⊠	⊠	⊠	⊠								
蛹 ⊕			⊕	⊕								

注 ＋：成虫，●：卵，一：一龄幼虫，二：二龄幼虫，三：三龄幼虫，C：幼虫，☒：越冬幼虫，⊕：蛹。

（二）成虫期

1. 羽化　成虫羽化较一致，出土集中。初羽化时，膜翅和腹部除尾节外乳白色，其余部分浅褐色。经 5～6h 后乳白色部分转为浅褐色，5～6d 后，鞘翅稍硬。一般经 5～12d 破蛹室出土。成虫夜出性，傍晚 19：15 开始活动，19：30～19：50 为活动高峰期，20：00 后渐趋减少。成虫出土孔 1.5cm 左右，出土孔周围有细松的泥土。

2. 交配　成虫活动盛期也就是交配盛期，成虫出土的当晚即可交配。傍晚，成虫多在蔗地四周的蕉树、苦楝树等周围盘旋，一雌虫伏于叶面上，数头雄虫争先前往交配，一雌一雄交配成功后，仍有一至数头雄虫伏在已交配的雌虫或雄虫的背上，伸出阳具，欲作交配状，多则有 11 头雄虫，以 2～3 头雄虫为多。当首头雄虫交配完毕后，另一头雄虫将阳具插入，对雌虫来说是二次交配，但因首次交配后储精囊已经充盈，第二次交配后的精液已溢出雌、雄虫外生殖器的周围。其实施交配时，雌虫伏于叶面上，雄虫倒挂凌空，腹部朝上，交配时间一般 50～80min，平均 68min，最长 170min，最短 23min，雌虫再次交配的时间平均 47min。雄虫交配后不久即死亡。

3. 产卵　雌虫交配后一般一次产完卵，遗卵没有或仅 1～2 粒。卵孵化率很高，达 98%。单雌抱卵最多 77 粒，最少 19 粒，一般 40～54 粒。产卵深度最深 22cm，最浅 5cm，一般 12～17cm。在宿根蔗地，卵多产于靠蔗头附近的土壤中。宿根蔗和新植蔗产卵密度差异较大，新植蔗每平方米 2～2.6 粒，宿根蔗每平方米 12.5～14.5 粒。雌成虫不取食，无补充营养现象，故寿命也较短，在产完卵后不久死亡。成虫在不同植期的蔗地产卵分布情况见表 20 - 45 - 4。

表 20 - 45 - 4　大等鳃金龟在宿根与新植蔗地的产卵情况（引自邝乐生等，1987）

Table 20 - 45 - 4　Spawning differences with the ratoon and new planting of *Exolotha serrulata*
（from Kuang Lesheng et al.，1987）

田块	植期	调查面积（m²）	卵量 卵堆（个）	卵粒数（粒）	每平方米卵粒数（粒）
第一块蔗田	新植	139	8	361	2.6
	宿根	175	54	2 542	14.5
第二块蔗田	新植	140	8	279	2.0
	宿根	140	51	1 754	12.5

4. 趋光性　成虫趋光性强。灯下雌雄性比为 0.89：1。傍晚约 19：10 开始扑灯，以 19：25～19：45 为扑灯高峰时间，与成虫活动高峰时间基本吻合。21：00 后至翌日早上止，也诱到相当数量的成虫，这主要是交配后的雌雄成虫陆续扑灯的缘故。若以当天 21：00 作分界线，则 21：00 前诱集的成虫数量较多。大等鳃金龟扑灯的始盛期至盛末期 10d 左右。在一般情况下，如气压变化不大，风速亦不大时，星星多少、月亮盈亏、云量及小雨，均不影响正常的出土及扑灯。但黑光灯的光亮度对诱虫量有一定影响。

5. 食性　根据邝乐生等的饲养观察，用多种植物叶片（如甘蔗叶、香蕉叶、苦楝树叶、芋叶、菜叶等）进行喂养试验，均未发现成虫取食。由此分析成虫寿命较短的原因，也可能与成虫不取食任何植物，得不到营养补充有关。

6. 卵期　卵产下 7～8d 后，透过卵壳可看见红褐色小丫字形点，为将孵幼虫的上颚。初孵幼虫头壳淡黄色，胸腹部白色，身体较软。过数小时后，头壳转为淡黄褐色，并食其卵壳。经 2～4 d 后分散觅食。

（三）幼虫期

1. 一龄幼虫　以取食甘蔗根际有机质为主，且逐渐向蔗头移动。一龄幼虫蜕皮前夕，虫体皱缩，刚蜕皮时首先由头部纵裂开，全身乳白色，过数小时后，头部黄褐色。

2. 二龄幼虫　取食量增加，咬食蔗根、蔗头。虫口密度大的田块，受二龄幼虫为害的蔗田亦可出现甘蔗植株生长受阻、发黄的现象。

3. 三龄幼虫　三龄幼虫虫体大，食量也大，往往将地下茎蛀成多孔，有时甚至将整株甘蔗的地下部啃断，造成秋后成片甘蔗干枯，严重影响当年甘蔗产量和第二年宿根。如地下蔗根、蔗茎被啃食将尽时，幼虫仅离地面 3.5cm 左右，整株甘蔗可轻而易举地连根拔起，当遇到大风时，甘蔗可出现大片倒伏。

幼虫在土层中的垂直活动深度与地温关系密切，而与土壤湿度的关系不大。例如，12 月中旬以前，土层 20cm 处地温不低于 19℃，幼虫大部分是在 1～20cm 耕作层中活动。12 月下旬至翌年 3 月底，地温 13～17℃时，幼虫下降至 20～40cm 深度土层活动的幼虫数量超过 40%。9 月至 12 月中旬土壤湿度在 19%～25%，而 12 月下旬至翌年 3 月底土壤湿度在 21%～30%，幼虫活动深度反而下降。

4. 老熟幼虫　老熟幼虫期一般 6～20d。3 月中、下旬转入老熟幼虫期后，不食不动，自筑一小蛹室，虫体皱缩，吐出黑色汁液，排清腹腔黑色物质，为化蛹作准备。蛹室对于老熟幼虫能否顺利化蛹相当重要，当老熟幼虫期蛹室遭到破坏，则老熟幼虫不能化蛹甚至死亡。

幼虫与食料：在邝乐生进行的食料喂养试验中，三龄幼虫能取食香蕉根、芭蕉根、白菜根、一日蔗根、牛筋草根、茅根，嗜好番薯、木薯、马铃薯等。

（四）蛹期

老熟幼虫在蛹室内化蛹。蛹室长 6～8cm、宽 2～4cm，长椭圆形。初蛹体软，乳白色，5h 后淡红褐色。6d 后复眼深褐色至黑灰色。13d 后 3 对足基部淡黑色，14d 后头部黑褐色。历时 17～18d 羽化。在蔗田，有约 70% 的幼虫在 10～20cm 土层中化蛹，在 20cm 以下深土层和 10cm 以上浅土层化蛹的约各占 15%（表 20 - 45 - 5）。

表 20 - 45 - 5　大等鳃金龟化蛹深度（引自邝乐生等，1987）
Table 20 - 45 - 5　The pupate depth of *Exolontha serrulata*（from Kuang Lesheng et al.，1987）

土层深度（cm）	1～5	6～10	11～15	16～20	21～25
蛹量（个）	1	9	22	12	7
所占比例（%）	1.96	17.64	43.13	23.53	13.72

四、发生规律

（一）虫口基数

大等鳃金龟幼虫虫体属于中大型，取食量大，特别是三龄后进入暴食期，因此，虫口基数直接影响对甘蔗不同程度的危害，当虫口密度每公顷在 7 500 头左右时，构成轻度为害；而当虫口密度每公顷达到 15 000 头时，可造成中度危害，后期出现局部甘蔗枯死；而当虫口密度每公顷达到 45 000 头左右时，8 月就会出现蔗株枯死的现象，到后期可出现大面积枯死蔗，导致甘蔗严重减产甚至失收。

（二）气候条件

大等鳃金龟多发生于丘陵旱地蔗区和河流两岸的沙坝地，在珠江三角洲沙质较重的基水地和围田区的蔗田也时有发生为害。在云南，多发生于肥沃的沙壤土地带的蔗地。

（三）寄主植物

宿根蔗地受害重于新植蔗地，且宿根年限越长，受害越重。连作蔗地或与花生、甘薯等旱作轮作的蔗地受害重，土壤黏滞、水旱轮作蔗地受害轻。宿根蔗和新植蔗产卵密度差异亦较大，新植蔗每平方米 2～2.6 粒，宿根蔗每平方米 12.5～14.5 粒。

五、防治技术

（一）农业防治

1. 深耕翻犁　大等鳃金龟幼虫一般栖息于蔗头附近 10～30cm 深处的土壤中，甘蔗收获后不留宿根的蔗地应及早犁地深耕（最好在 3 月之前完成）、晒垡，通过机械作用，可致部分幼虫和蛹因受机械损伤而死亡，而且幼虫外露在土表便于人工捡拾及鸟类和捕食性昆虫捕食，寒冷天气亦可冻死部分幼虫。宿根蔗地也可通过犁垄松蔸，借助机械作用和人工捡拾，降低田间虫口密度。

2. 改善耕作制度，合理布局　改善耕作制度，合理布局茬口，合理轮作倒茬，恶化地下害虫的生活环境。蛴螬在水田环境下也无法生存。因此，水田蔗区可实行与水稻轮作，但大等鳃金龟实行旱旱轮作效果不大。

3. 灌水驱捕成虫或淹杀幼虫　大等鳃金龟在成虫出土为害高峰期，有条件的地方，可采用引水浸田（浸没畦面），成虫便爬出土面，浮在水面上不能飞翔，这时将成虫捕集杀死。搜捕完后，随即放水，经济有效。此法在水田蔗区或水源充足的蔗区可广泛使用，收效甚大。8～9 月，天气炎热多雨，也是大多数金龟甲的幼虫期，此时借雨天即时引水入田，并使水面浸过土面 1～2cm，持续 3～5d，可有效杀死土壤中的蛴螬。甘蔗收获前后，引水入田并浸过土面并保持 7d 左右，则可将土中的蛴螬全部浸死，对蔗糖分影响不大。

4. 人工捕杀成虫　大等鳃金龟在成虫盛发期的傍晚很容易在蔗地，或其田边地头及附近的树林上集中活动或取食，可借助成虫的假死习性，振摇树枝，使其跌落地面，集中捕杀。

（二）物理防治

1. 黑光灯诱杀　大等鳃金龟成虫对黑光灯有强烈的趋向性，根据各地大等鳃金龟实际情况，在可能的条件下，于成虫盛发期的 4～7 月设置一定密度的黑光灯进行诱杀，效果显著。

2. 频振式杀虫灯诱杀　频振式诱虫灯是先进的诱虫灯，其诱虫效果优于黑光灯，且对天敌的杀伤力较轻。

3. 自动虫情测报灯　此灯诱虫效果好，灯下成虫峰多，峰值高，反映的消长曲线更显著，更能引起测报人员的警觉，从而更准确地指导预测预报。

不过在架设诱虫灯时，应根据不同目的布设灯的密度。如仅用于测报目的，可在有代表性的蔗区架设光源。如若用于防治目的，则应依据各蔗区的虫口密度、上年度发生情况架设光源，一般每 2～5hm^2 设 1 盏灯，虫口密度高的应密一些；反之，则疏一些。但不管疏、密，光源都应大面积连片布设，这样才能达到诱杀的目的。

（三）生物防治

（1）利用乳状菌防治蛴螬。地下害虫的天敌种类虽然很多，但目前实际可用于生产的是乳状菌和卵孢白僵菌 [*Beauveria brongniartii* (Saccardo) Petch]。在美国，乳状菌制剂 Doom [即甲型日本金龟甲乳状杆菌（*Bacillus popilliae*)] 和 Japi demic [即乙型日本金龟甲乳状杆菌（*Bacillus lentimobus*)] 已作商品出售，用量是每公顷 22.5kg 菌粉，这种菌粉每克含有 $1×10^9$ 个活孢子，防治效果一般为 60%～80%。法国将卵孢白僵菌施入土中，每平方米施用量为 $2×10^9$ 个孢子，1 年后仍有效果。国内生产的卵孢白僵菌，可于甘蔗中耕培土期，每公顷施 $1.5×10^{15}$ 个孢子，施入根际附近土壤中。

（2）金龟子绿僵菌（*Metrarhizium anisopliae*）以每毫升 $2.4×10^8$ 个孢子喷洒。

（3）利用金龟甲成虫性信息素诱杀或引诱剂诱杀成虫。

（四）化学防治

目前，甘蔗地下害虫综合防治仍以药剂防治为主要防治手段。由于药剂防治方法见效快、效果好、使用技术相对易掌握，且成本也相对较低，故蔗农普遍易接受。

1. 大培土时期施用颗粒剂防治　大培土时期（5～6 月）正处于金龟甲幼虫（蛴螬）的低龄期，且多在蔗地表层土壤中活动，取食有机质，因而是防治这类蛴螬的最佳用药时期，结合甘蔗大培土，选用 5％蔗来茎颗粒剂（杀单·毒死蜱）60～75kg/hm²、5％毒·辛颗粒剂 90.0kg/hm²、或 5％毒死蜱颗粒剂 75.0 kg/hm²，可拌肥料（非碱性）一起撒施于蔗株基部；或用 50％辛硫磷乳油 4.5kg/hm² 对水 3 750L 淋蔗头，再大培土，对防治一至二龄幼虫效果显著。由于大等鳃金龟一至二龄幼虫多处于土壤表层，大培土时如先施药后培土，则药层太深，毒杀不到上部幼虫。理想方法是大培土时先培 2/3 的土再施药，然后再培余下的 1/3 土。这样可使药层接近土表，既可杀死土表幼虫，又可借雨水淋溶作用下渗毒杀下部幼虫。宿根蔗地在松蔸后结合施肥用药，用药量应适当增加。

2. 喷雾防治　大等鳃金龟成虫有聚集于蔗地，或其田边地头及附近喜食的树林上取食、活动的习性，此时用杀虫剂进行喷雾处理，可有效杀灭成虫，减少田间落卵量。使用的药剂有 40％乐果乳油 1 000 倍液、50％辛硫磷乳油 1 000～1 500 倍液，或 20％氰戊菊酯乳油、10％氯氰菊酯乳油 1 000～2 000 倍液。

龚恒亮　安玉兴（广州甘蔗糖业研究所）

第 46 节　红脚异丽金龟

一、分布与危害

红脚异丽金龟（*Anomala cupripes* Hope）又名红脚绿金龟、红脚丽金龟、大绿丽金龟，属于鞘翅目丽金龟科异丽金龟属。主要分布于我国广东、广西、福建、四川、云南等省份，是华南、西南地区的重要地下害虫之一。成虫和幼虫均为杂食性，但仅幼虫为害甘蔗。另外，幼虫也为害花生、豆类、薯类及玉米等多种农作物的幼苗、地下根、茎等。成虫主要为害豆类、玉米、麻、荔枝、龙眼、柑橘、杨桃、橄榄、葡萄、凤凰木、大叶榕、桉树等农作物和经济林木的叶片、嫩梢和花芽。

二、形态特征

成虫：椭圆形，体长 18～26mm，宽 9～12mm。前胸背板及鞘翅呈青绿色，有光泽。腹面及足紫铜色。唇基前、侧缘上卷，前角圆弧。下颚须末节呈长椭圆形，顶端收缢，其上具阔叶状陷痕。触角鳃片状，9 节，鳃片部 3 节，雌虫触角鳃片部长于柄部；雌虫触角鳃片部等于或稍短于柄部。前胸背板横阔，侧缘弧状外扩；两前角前伸斜向，呈直角状；后角钝，弧状；前胸背板中央具中纵凹线，背板密布细小浅刻点，沿侧缘光滑并带紫红色光泽。鞘翅中央处隐约可见小刻点排列所成的纵线 4～6 条，边缘稍向上卷起，且带紫红色光泽，末端各有 1 小突起。前足胫节外侧具 2 齿，跗足末端具爪 1 对，前足大爪分叉。臀板三角形，雌虫臀板稍向前弯曲并隆起，雌虫臀板稍尖并向后斜出（彩图 20-46-1）。

卵：初产卵乳白色，椭圆形，孵化前近圆形。

幼虫：三龄幼虫体长 54～56mm，体宽 6.3～6.5mm，头宽 3.9～4.1mm。头部前顶毛每侧 4 根，呈 1 纵列；后顶毛每侧 1 根较长。额中侧毛每侧各 3 根，呈 1 斜列。内唇端感区刺 3 根，圆形感受器 10～12 个，其中较大的 4 个。感前片与内唇前片相连。基感区具突斑 2 个，中横棒可见，上唇根端部呈直角状弯向内唇中区。在肛腹片后部覆毛区中间的刺毛列，由两种不同长度的刺毛组成，每列各 23～25 根，其中短锥状刺毛数和长针状刺毛数大体一致，短锥状刺毛列的前部有粗短锥状刺毛混杂于长针状刺毛中，刺毛列的后端逐渐叉开，刺毛列排列较整齐，几无副列。肛门也呈横裂缝状。

蛹：体长约 28mm，宽约 12mm。唇基近横方形，前角钝。触角鞭状。前胸背板横宽，前角前伸，侧缘弧状外扩，后缘弧状后弯。腹部第一至四节气门淡褐色，近椭圆形，不隆起，气门腔不显，第五至八节气门退化，呈与体同色的小点，发音器 6 对，分别位于第一至七节背板中央的相邻两节连接处。第六对发音器退化，与体同色。腹部第八节背板后缘中央呈钝舌状后突。雄蛹臀节腹面阳基侧突呈横扁圆形，阳基位其前方中央；雌蛹臀节腹面平坦，生殖孔位于第九节前缘中间。

三、生活习性

红脚异丽金龟在福建等地一年发生1代，以幼虫越冬。越冬幼虫翌年3～4月开始化蛹，可延续至8月中旬，成虫于5月上旬至11月下旬出土活动，盛期6～7月，产卵前期为1个月，成虫除在中午烈日下静伏外，一般均在活动，无论白天或夜晚，相遇即交配，成虫一生交配多为1次，偶尔有2次的。每头雌虫平均产卵60～80粒，卵散产于土质疏松、富含有机质的蔗地内，产卵深度距土表10～15cm。成虫除产卵时钻入土中，一般都在地面活动，或隐伏于蔗叶背面或蔗地附近浓密的寄主枝叶丛中。成虫有较强的趋光性。成虫还有假死性，只要稍受震动，即落于土面，但很快便可起飞逃逸。5月中旬至10月上旬为产卵盛期，卵历期12～14d。一龄幼虫31～40d，二龄幼虫41～60d，三龄幼虫200～230d，整个幼虫期300～320d。6月上旬至翌年8月中旬为幼虫发生期，以三龄幼虫为害最严重。老熟幼虫在土中或堆肥中化蛹，蛹历期13～15d。

在广东，红脚异丽金龟为一年1个世代。

红脚异丽金龟在四川亦为一年1个世代，主要以三龄幼虫越冬。越冬幼虫春季上移为害种蔗、芽及新根。4月下旬，红脚异丽金龟幼虫开始下移至距土表30～35cm处做蛹室化蛹。幼虫、蛹的发育速度差异较大，成虫出土很不整齐，始于6月上旬，终于9月上旬。7月中、下旬为成虫出土高峰期。成虫白天栖息蔗叶背面或蔗地附近的寄主枝叶丛中，傍晚20：00～21：00从潜伏处飞出进行交配、取食和产卵等活动。产卵持续7～12d。卵历期12～19d，平均14.9d。田间一龄幼虫始见于6月中旬，终见于9月中、下旬。8月上、中旬为二龄幼虫盛期，8月下旬至9月中旬为三龄幼虫盛期。11月上、中旬三龄幼虫开始下移至距土表30～40cm处越冬，同时也有少量二龄幼虫越冬。

四、发生规律

土质疏松、有机质含量高的蔗地受害较重，坝地沙土、沙壤土等春季土温回升较早较快蔗地中，红脚异丽金龟的发育较早，甘蔗生长中后期受害较重。土质黏重、地下水位较高、春季土温回升较慢的蔗地，种蔗出苗慢，甘蔗种、苗期受害较重，生长中、后期受害较轻。

五、防治技术

（一）农业及人工防治

1. 合理轮作　采用水旱轮作（即稻蔗轮作），或与棉花、芝麻、油菜、麻类等直根系作物轮作。

2. 深耕翻犁　不留宿根的蔗地及早犁地深耕（最好在3月之前完成）、晒垡，通过机械作用伤及部分幼虫致其死亡，且外露在土表的虫体便于人工捡拾及鸟类和捕食性昆虫捕食，宿根蔗地也可通过犁垄松蔸，借助机械作用和人工捡拾来降低田间虫口密度。

3. 人工捕杀成虫　5～7月，成虫常栖于寄主作物叶片上取食为害，可借此捕捉成虫。

（二）物理防治

在成虫盛发期，用黑光灯诱杀成虫。

（三）药剂防治

1. 成虫期用药　成虫盛发期，在成虫的聚集地如蔗地附近喜食的树林上，用40%乐果乳油1 000倍液、50%辛硫磷乳油1 000～1 500倍液、20%氰戊菊酯乳油或10%氯氰菊酯乳油1 000～2 000倍液喷洒。

2. 大培土时期用药　5～7月，选用5%毒死蜱颗粒剂60 kg/hm²，采用追施的方法，将药撒施于甘蔗根际周围，然后大培土。

龚恒亮　安玉兴（广州甘蔗糖业研究所）

第 47 节　戴云鳃金龟

一、分布与危害

戴云鳃金龟（*Polyphylla davidis* Fairmaire）属鞘翅目鳃金龟科云鳃金龟属。属于局部分布型，主要分布于四川岷江流域蔗区和沱江流域的部分蔗区，在宜宾、犍为、富顺、南溪等蔗区危害严重，蔗株受害率一般 15%～30%。除为害甘蔗外，戴云鳃金龟也是四川省多种其他农作物（如花生、玉米、豆类和薯类等）的重要地下害虫。

二、形态特征

成虫：体小型到大型，雌虫体长 37～42mm，雄虫体长 36～39mm，卵圆形或长椭圆形，体色多呈棕、褐至黑褐。头部口器为唇基遮盖，背面不可见。触角 9～10 节，鳃片部 3～8 节。前胸稍狭于或等于翅基之宽，前胸背板两侧边缘有似黄白色眼球状斑点各 1 个，中胸后侧片于背面不可见。后胸背板有密毛群，中央有 1 横脊。小盾片显著。鞘翅缝肋发达，常有纵肋 4 条，盖达腹端，但臀板外露。鞘翅上密布黄白色云状斑纹，有光泽。后翅多发达能飞。腹部最后 1 对气门露出鞘翅之外。足短壮或较纤长，前足胫节外缘有 1～3 齿，内缘有距 1 枚，中足、后足胫节各有端距 2 枚，跗节末端有同形的爪 1 对（彩图 20 - 47 - 1）。

卵：卵初产为白色，长椭圆形，表面光滑。孵化前为淡黄色。卵壳透明。

幼虫：三龄幼虫体长 59～65mm，黄色。头顶冠缝处有 1 深褐色纵向梭形斑点。臀节尖刺毛两侧略平行，尖端稍近，外侧为刺毛群。肛门孔纵裂不明显。

蛹：长 48～50mm，淡黄褐色，长椭圆形，头沿下稍弯，尾节为三角形，末端有 1 尾状突。

三、生活习性

戴云鳃金龟在四川 2 年完成 1 个世代。以二龄和三龄幼虫在距土表 25～35cm 深处做土室越冬。越冬的二至三龄幼虫的数量比例在不同年份差异较大，因而其为害呈大小年交替现象。当年以二龄幼虫为主进行越冬，翌年为为害大年；当年以三龄幼虫为主进行越冬，则翌年为为害小年。三龄越冬幼虫 3 月下旬在距土表 30～35cm 处做蛹室化蛹。当平均气温在 18.1～23.8℃、10cm 土层日平均地温 18.8～25.5℃时成虫开始出土，无风温暖的夜晚或者白天降雨，晚上晴朗闷热的天气出土最多。5 月中、下旬为成虫羽化出土高峰期。新羽化的成虫暂居于蔗叶上 1～2d，后飞至蔗地附近松、竹、麻柳、青冈树、桑树、苦楝等林木上栖息取食树叶。雄虫出土后当日即可交配，交配时间 20～30min。雌虫交配后，需大量补充营养，白天取食或潜伏于灌木林叶下。成虫趋光性不强，但雄虫上灯量较多，雌虫上灯量仅占雄虫的 47.5%～61.0%。成虫具假死性。雌虫于 21：00 左右飞到蔗地内产卵，卵散产。6 月中旬为戴云鳃金龟产卵盛期，卵多产于江河沿岸疏松湿润的沙土、沙壤土的蔗地中，土质黏重的山地中产卵极少。产卵深度为距土表 5～15cm，尤以 10～15cm 土层卵密度较大。产卵期 12～26d。成虫产卵量差异较大，一般 22～86 粒/雌，平均 54 粒/雌。成虫寿命 56～63d，平均 59.7d。卵历期 16～23d，平均 18.2d，7 月上旬为卵孵化高峰期。

幼虫共 3 龄，一龄幼虫始见于 6 月中、下旬，终见于 8 月下旬；二龄幼虫始见于 8 月中、下旬，终见于第二年 5 月中、下旬；三龄幼虫始见于 5 月上旬，终见于第三年 4 月中旬。戴云鳃金龟幼虫龄期和体长见表 20 - 47 - 1。

表 20 - 47 - 1　戴云鳃金龟幼虫龄期和体长（引自龚恒亮等，2010）

Table 20 - 47 - 1　Larval instar and body length of *Polyphylla davidis*（from Gong Hengliang et al.，2010）

虫龄		平均体长（mm）	平均头宽（mm）	龄期（d）		
				最短	最长	平均
一	始期	10.2	2.8	42	48	45.6
	末期	12.1	3.2			
二	始期	33.7	5.6	235	243	239.1
	末期	42.2	6.7			
三	始期	60.0	9.8	327	338	331.2
	末期	65.0	10.5			

当代幼虫孵化后潜入蔗头附近取食甘蔗幼根，当幼虫进入二龄期后，与上代的三龄幼虫一起，从 9 月

上旬至 10 月上旬大量取食蔗株根系，蛀食蔗头。10 月下旬（日平均气温 12.2～15.9℃时）当代二龄幼虫与上代三龄幼虫开始下迁，11 月下旬在 25～35cm 深处土层越冬。

戴云鳃金龟幼虫在甘蔗整个生长季节可形成 3 个为害高峰：翌春上代三龄老熟幼虫一般不上移为害，而在离地面 25～35cm 处做蛹室化蛹。当代二龄幼虫于 3 月上旬开始上移至耕作层为害种蔗及种苗，至 4 月上旬，甘蔗（种蔗及种苗受害）形成第一次受害高峰，造成早期缺苗断垄；5 月中旬，当代二龄幼虫进入三龄，5 月下旬至 6 月上旬是甘蔗第二个受害高峰；因 7～8 月降雨较多，甘蔗受害不甚明显，到 9 月上旬至 10 月上旬，当代三龄幼虫与当年孵化进入二龄幼虫合并一处，大量取食蔗根、蛀食蔗头，从而形成甘蔗的第三个受害高峰。戴云鳃金龟生活史见表 20 - 47 - 2。

表 20 - 47 - 2　戴云鳃金龟生活史（引自龚恒亮等，2010）
Table 20 - 47 - 2　The life history of *Polyphylla davidis*（from Gong Hengliang et al.，2010）

时间	1月上	中	下	2月上	中	下	3月上	中	下	4月上	中	下	5月上	中	下	6月上	中	下	7月上	中	下	8月上	中	下	9月上	中	下	10月上	中	下	11月上	中	下	12月上	中	下
第一年	(二)	(二)	(二)	(二)	(二)	(二)	(二)	(二)	(二)	⊕	⊕	⊕	⊕	⊕	⊕	⊕																			
													+	+	+	+	+	+	+	+	+														
																●	●	●	●	●	●	●	●												
																			一	一	一	一	一	一	一										
																						二	二	二	二	二	二	二	二	二	二	(二)	(二)	(二)	(二)
第二年	(二)	(二)	(二)	(二)	(二)	(二)	(二)	(二)	二	二	二	二	二	二	二																					
									三	三	三	三	三	三	三	三	三	三	三	三	三	三	三	三	三	三	三	三	三	三	三	(三)	(三)	(三)	(三)

注　十：成虫，●：卵，一：一龄幼虫，二：二龄幼虫，（二）：二龄越冬幼虫，三：三龄幼虫，（三）：三龄越冬幼虫，⊕：蛹。

在由戴云鳃金龟所造成甘蔗的 3 个受害高峰中，以第一和第三个高峰期对甘蔗的产量影响最大。甘蔗在种、苗期受害（第一个高峰期），影响植株的分蘖能力和田间基本苗数，从而造成蔗田缺苗断垄，影响有效成茎率。甘蔗生长后期受第三个为害高峰的影响，甘蔗植株晴天午后常出现萎蔫或部分萎蔫症状，易倒伏，植株水分吸收困难，糖分积累明显降低。后期受害较重的蔗田，蔗茎不能榨出蔗汁，完全丧失原料蔗价值，并且明显降低蔗兜翌年的萌发能力，影响下年留宿根。

四、发生规律

（一）虫口基数

虫体属大型，因此，幼虫密度大小，对甘蔗产量损失具有很大的影响，当二至三龄幼虫每公顷达 30 000 头，且二龄幼虫偏多时，这年是为害大年。当虫口密度每公顷达到 9 000 头以上时，甘蔗将减产 10% 左右；达 30 000 头时，甘蔗减产 20%～30%；当达 60 000 头以上时，甘蔗减产 60% 以上。

（二）气候条件

在成虫产卵和幼虫低龄阶段，降雨或土壤湿度的大小对种群数量影响极大。据测定，当土壤含水量降至 5% 以下时，卵期延长，孵化率降低到 46%～61%，幼虫则全部死亡。当土壤含水量在 10%～15% 时，卵可全部孵化成活。所以，6 月中旬至 7 月中旬遇天气少雨干旱时，蛴螬发生为害一般较轻；相反，如雨水过多，土壤过湿，含水量达 20% 以上时，则一龄幼虫全部死亡，虫口密度下降。因此，当 6～7 月下雨均匀、雨量适中时，有利于蛴螬生存、繁育，易造成蛴螬大发生。

沙壤土和沙土适宜戴云鳃金龟的发生为害，尤以沙土发生量多，为害重。壤土和蔗稻轮作的蔗地一般很少发生。

（三）寄主植物

由于戴云鳃金龟除为害甘蔗外，还能为害多种作物，且喜食花生、玉米、马铃薯、小麦、豆类、蔬菜、烟草等。当与这类作物轮作或与这类作物间套种，则甘蔗受害重，特别是甘蔗与花生轮作以及距灌木林近的蔗地戴云鳃金龟发生为害重。在同一地区，花生地和甘蔗地的虫口密度比相邻玉米间甘薯和玉米间黄豆地的虫口密度高几倍和十几倍，甘蔗地和花生地中成虫产卵量最高，受害也最重。

甘蔗植期的不同，其受害程度也不一样。宿根蔗比新植蔗受害重，且宿根年限越长，受害越重。宿根蔗被害株率平均为 42.4%，而新植蔗仅为 17.6%。

五、防治技术

（一）农业防治

1. 深耕翻犁　蛴螬一般栖息于蔗头附近 10～30cm 深处的土壤中，因此甘蔗收获后不留宿根的蔗地应及早犁地深耕（最好在 3 月之前完成）、晒垡，通过机械作用，可致部分幼虫因受机械损伤而死亡，而且幼虫外露在土表便于人工捡拾及鸟类和捕食性昆虫捕食，寒冷天气亦可冻死部分幼虫。宿根蔗地也可通过犁垄松蔸，借助机械作用和人工捡拾，降低田间虫口密度。

2. 合理轮作　合理轮作倒茬，恶化地下害虫的生活环境。戴云鳃金龟最喜食花生、玉米、马铃薯、小麦、豆类、蔬菜、烟草等。因此，应避免与这些作物轮作或间套作，有条件的蔗区，可实行与水稻轮作。

3. 人工捕杀成虫　在戴云鳃金龟成虫盛发期，采用人工捕杀成虫。另外，在成虫盛发期的傍晚很容易在蔗地或其田边地头及附近的树林上发现成虫集中活动或取食，可借助成虫的假死习性，振摇树枝，使其跌落地面，集中捕杀。

（二）物理防治

采用黑光灯诱杀。成虫对黑光灯有强烈的趋向性，于成虫盛发期的 6～7 月设置一定密度的黑光灯进行诱杀，效果显著。不过在架设诱虫灯时，应根据不同目的布设灯的密度。如仅用于测报目的，可在有代表性的蔗区架设光源。如若用于防治目的，则应依据各蔗区的虫口密度、上年度发生情况架设光源，一般每 2～5 hm² 设 1 盏灯，虫口密度高的应密一些；反之，则疏一些。但不管疏、密，光源都应大面积连片布设，这样才能达到诱杀的目的。

（三）生物防治

国内生产的卵孢白僵菌，可于甘蔗中耕培土期，以每公顷 1.5×10^{15} 个孢子施入甘蔗根际附近土壤中。利用金龟子绿僵菌（*Metarhizium anisopliae*）以每毫升 2.4×10^8 个孢子喷洒。

（四）化学防治

1. 下种期用药

（1）施用颗粒剂。在甘蔗播种期幼虫活动较猖獗时，选择 5% 杀单·毒死蜱颗粒剂 60kg/hm² 或 3% 辛·乐颗粒剂 105kg/hm² 施于甘蔗植沟中，施药后覆土。甘蔗收获后，若发现蔗头幼虫较多，但仍可留宿根的蔗地，则应及早开垄松蔸，用上述药剂施于蔗头后覆土，可起到一定的防治效果。

（2）药剂浸种。为防止幼虫为害蔗种，在戴云鳃金龟为害较重的蔗区，用药剂进行种苗浸种，当上迁的幼虫取食到带毒的种苗，药剂经口进入虫体内，致幼虫中毒死亡。选择持效期较长的杀虫剂如 48% 毒死蜱乳油、20% 丁硫克百威乳油等 300～500 倍液，对好药液后，将蔗种投于药液中浸种 20～30min，捞起晾干后即可播种。

2. 小培土时期用药　由于戴云鳃金龟前期幼虫（蛴螬）为害较重，在有小培土习惯的蔗区，可结合小培土选用上述药剂施于蔗苗基部进行防治。

3. 大培土时期用药　大培土时期（6～7 月）正处于戴云鳃金龟幼虫（蛴螬）的低龄期，且多在蔗地表层土壤中活动，取食有机质，因而是防治这类蛴螬的最佳用药时期。结合甘蔗大培土，选用 5% 杀单·毒死蜱颗粒剂 60kg/hm² 或 3% 辛·乐颗粒剂 75～90kg/hm²，可拌肥料（非碱性）一起撒施于蔗株基部；或用 50% 辛硫磷乳油 4.5kg/hm² 或 50% 嘧啶氧磷乳油 6.0kg/hm² 对水 3 750L 淋蔗头，再大培土，对防治一至二龄幼虫效果显著。宿根蔗地在松蔸后结合施肥用药，用药量应适当增加。

龚恒亮　安玉兴（广州甘蔗糖业研究所）

第 48 节　大头霉鳃金龟

一、分布与危害

大头霉鳃金龟［*Sophrops cephalotes*（Burmeister）］属鞘翅目鳃金龟科霉鳃金龟属，是广西南宁、云南等蔗区重要的甘蔗地下害虫。据谭仕东（1992）调查，在广西九曲湾农场，为害甘蔗的金龟甲有 6 种，其中大头霉鳃金龟的种群数量占各种蔗龟总量的 90.3%。严重受害的蔗区虫口密度每平方米一般为 15～30 头，最多的高达 55 头，折合每公顷虫口密度高达 12 万～22.5 万头，植株被害率常达 100%，叶片被害率平均为 23.8%。大头霉鳃金龟除严重为害甘蔗外，尚为害菠萝、荔枝、龙眼等作物。

二、形态特征

成虫：体长 17～20mm，宽 8～10mm，长卵圆形，有发音器，能发出"吱吱"的声音。刚羽化的成虫全体褐色，后体背逐渐变成深褐色、黑褐色或黑色，腹及足呈深褐色至黑褐色。唇基近新月形，前缘折翘，中凹十分明显。额唇基缝微下陷，唇基与头面密布相似的深大刻点，刻点内含灰白色物质。触角 10 节，棒状部 3 节。前胸背板宽短，密布内有灰白物质的刻点，点间连成纵行皱褶，边框明显，侧缘明显扩宽，最宽点在中点之后，前侧角呈直角或略大于直角，后侧角弧形。小盾片呈短宽三角形，其上分布较大刻点。鞘翅两侧近于平行，肩突明显，4 条纵肋清楚，散布较大刻点，刻点内含灰白色物质。臀板外露，近扁圆形，密布圆形刻点，基部有一霉带层，下半部光亮无霉层，端部刻点稀少。腹面密布刻点，被一层银白色闪光粉，后胸腹板中部一菱形滑亮区。各足跗节端部生有 1 对等长的爪，爪下中位有 1 个发达垂直的爪齿，前足胫节外缘 3 齿，第三齿较微小，内缘距 1 枚，较发达，位于第二、三齿之间的对面。雄虫后足跗节第一节略长于第二节，雌虫第一节明显短于第二节（彩图 20 - 48 - 1）。

卵：初产卵长 1.8mm，宽 1.5mm，圆形，乳白色，后逐渐变为污白色。卵体发育至孵化前膨大至 2.6mm×2.2mm，能清楚地看到卵壳内的一端有 1 对略呈三角形的棕色上颚。

幼虫：老熟幼虫体长 29～33mm，宽 6.4～7.0mm，头宽 4.8～5.2mm，头长 4.5～5.0mm，全体圆筒形。头部前顶毛每侧 2 根，位于冠缝与额缝相交处的水平线上下。腹部第一至六节背面密生短细刚毛，第七至九节背面除横生 2 行较细长针状毛外，短细刚毛极少。前胸及腹部第一至七节气门板等大，第八节气门板略小。臀节腹面覆毛区缺刺毛列，具钩状刚毛 50～70 根。

蛹：体长 18～21mm，宽 9～10mm，初蛹期头部及前胸背板为淡褐色，腹部白色，后全体逐渐变成褐色，腹部第一至四节气门板明显膨大突起，呈近圆形，深褐色，第五至八节气门板则退化不显或仅残存一些色泽淡褐的痕迹。腹部背面具发音器 2 对，分别位于腹部第四至五节和第五至六节交界处背面的中央，尾节（即腹部第九至十节）呈长三角形，微向上翘，端部具 1 对尾角，呈钝角状向后叉开。雄蛹臀板腹面具明显隆起的外生殖器；雌蛹臀板腹面平坦，基部中间具生殖孔。

三、生活习性

大头霉鳃金龟在广西南宁一年完成 1 个世代，以成虫分散在甘蔗根际周围离土表 10～25cm 的土中越冬。越冬成虫于翌年 3 月底或 4 月上旬开始出土活动，4 月中、下旬为出土活动盛期。成虫历期 230～270d，其中越冬潜伏期为 160～180d，出土活动期为 70～90d。成虫出土活动后经 30d 左右的补充营养期后，于 5 月上、中旬开始产卵，5 月中旬至 6 月中旬为产卵盛期，卵历期 8～10d，5 月中、下旬至 7 月上旬为幼虫孵化盛期，幼虫历期 120～150d；9 月下旬幼虫开始化蛹，10 月上、中旬为化蛹盛期，蛹历期 11～14d；10 月上旬成虫开始羽化，10 月中、下旬为羽化盛期，成虫羽化后在原处越冬（谭仕东，1992；王助引，1994）。

成虫羽化后不再出土活动，一直在羽化处越冬，到翌年 3 月底或 4 月初，日平均温度达 20℃以上才出土活动。成虫夜出昼伏，白天潜伏在 3～10cm 深较疏松的土中，傍晚 19：00 开始出土活动，20：00 为出土活动高峰期，直至黎明前又入土栖息和产卵。交配时间多在出土活动高峰时进行。

成虫产卵有其特殊，产卵在白天进行，卵产在湿度适中的疏松土壤中，产卵时首先用臀板端部筑一卵室，然后产卵，每室产 1 卵，并用泥土把卵室口封紧，以免遭受其他生物危害。每雌产卵 110～140 粒，产卵历期 35～45d，每天产卵 3～5 粒，最多达 7 粒，后期产卵力较弱，平均每天只产 1～2 粒，甚至间隔 1～2d 才继续产卵。雌虫绝卵后即死亡。

成虫食性复杂，喜吃蔗叶，其次是玉米、龙眼和荔枝等作物的叶片。被害叶片被咬成缺刻，严重时仅残留中脉，尤以苗期受害严重，为害盛期为 4 月中、下旬至 5 月下旬。

幼虫孵化后取食甘蔗幼根，为害期长达 130d 以上，为害盛期为 6～9 月。严重受害的蔗地，植株被害率常达 100%，严重受害的植株根系几乎被啃食殆尽或仅残存土表附近的个别粗老根，蔗茎基部也被咬成缺刻、孔洞，导致植株失水枯萎和早衰。

幼虫在土中的垂直分布与甘蔗根系分布相适应，与土壤质地有一定的关系。调查表明，幼虫的活动范围一般在 3～25cm 的土层中，分布在 5～15cm 土层内取食为害的虫口数量占 80% 以上。直至 9 月底，大部分幼虫下移到 15～25cm 土层中化蛹。

四、发生规律

（一）环境条件

大头霉鳃金龟的发生为害与气候条件、土壤质地、地理位置以及天敌有着密切的关系。

1. 气候条件 气候条件主要影响成虫出土活动及幼虫化蛹。成虫在当年 10 月羽化，在羽化处越冬至翌年日平均温度达 20℃ 以上才能出土活动。据谭仕东 1990 年室内饲养观察，成虫出土活动期间，如遇到当晚气温低于 20℃，即不出土活动。4～5 月日平均温度比上年高 1.2～1.3℃，成虫出土活动和产卵就将比上年提前 10～15d，幼虫化蛹和成虫羽化亦均相应提前 10～15d。

2. 土壤质地和地理位置 地势较低洼、质地疏松的壤土地段，一般虫口密度较大，受害较严重；铁子土、红泥土以及坡地一般虫口密度较小，受害较轻微。田间调查表明，低洼壤土地段一般虫口密度平均为每平方米 21.4 头，坡地红土及铁子土地虫口密度平均为每平方米 0.8 头。主要原因是低洼壤土地质地较疏松，保水力强，土壤湿度较大，有利于成虫产卵、孵化以及幼虫活动。一般土壤含水量高于 15% 时，对成虫产卵、卵孵化和幼虫活动都十分有利，这就是地势低洼的壤土地甘蔗被害较严重的一个重要原因。

（二）天敌

据报道，大头霉鳃金龟的天敌种类很多。据谭仕东在田间调查中发现，有一种茧蜂能寄生大头霉鳃金龟的幼虫，被寄生的幼虫体液全被吸干，仅残存头壳附于茧蜂外面，寄生率 5% 左右；其次尚有一种鞘厉螨（*Coleolaelaps* sp.）也能寄生蛴螬，有时一头蛴螬有 30～100 头吸附于体表。这种鞘厉螨虽不能直接致蛴螬立即死亡，但能影响其健康生长、发育，为其他天敌侵袭创造条件。

五、防治技术

（一）农业防治

1. 深耕翻犁 甘蔗收获后不留宿根的蔗地应及早犁地深耕（最好在 3 月之前完成）、晒垡，通过机械作用，可致部分幼虫和蛹因受机械损伤而死亡，而且幼虫外露在土表便于人工捡拾及鸟类和捕食性昆虫捕食。宿根蔗地也可通过犁垄松蔸，借助机械作用和人工捡拾，降低田间虫口密度。

2. 改善耕作制度，合理布局茬口 蛴螬最喜食禾谷类和块茎、块根类大田作物，对芝麻、油菜、麻类等直根系作物不喜取食，在水田环境下也无法生存。因此，可实行水旱轮作，恶化地下害虫的生活环境，是最经济有效的防治办法。

3. 人工捕杀成虫 大头霉鳃金龟成虫盛发期的傍晚经常在蔗地或其田边地头及附近的树林上集中活动或取食，可借助成虫的假死习性，振摇树枝，使其跌落地面，集中捕杀。

（二）物理防治

借助大头霉鳃金龟成虫对黑光灯的趋向性，采用黑光灯诱杀。于成虫盛发期的 6～7 月设置一定密度的黑光灯进行诱杀，效果显著。架设光源密度一般每 2～5hm² 设 1 盏灯才能达到诱杀的目的。

（三）化学防治

目前甘蔗地下害虫综合防治仍以药剂防治为主要防治手段。由于药剂防治方法见效快、效果好、使用技术相对易掌握，且成本也相对较低，故蔗农普遍易接受。药剂防治应根据大头霉鳃金龟生活习性和发生规律，抓住适期，及时用药，方能取得良好的效果。

1. 成虫期用药 一般用喷雾防治成虫。大头霉鳃金龟成虫有聚集于蔗地，或其田边地头及附近喜食的树林上取食、活动的习性，此时用杀虫剂进行喷雾处理，可有效杀灭成虫、减少田间落卵量。使用的药剂有 40% 乐果乳油 1 000 倍液、50% 辛硫磷乳油 1 000～1 500 倍液，或 20% 氰戊菊酯乳油、10% 氯氰菊酯乳油 1 000～2 000 倍液。

2. 幼虫期用药　甘蔗大培土时期正处于蛴螬的低龄期，且多在蔗地表层土壤中活动，结合甘蔗大培土，选用 5％杀单·毒死蜱颗粒剂 60.0 kg/ hm²、5％毒死蜱颗粒剂 60.0 kg/ hm² 或 3％辛硫磷颗粒剂 75.0～90 kg/ hm²，可拌肥料（非碱性）一起撒施于蔗株基部；或用 50％辛硫磷乳油 4.5 kg/ hm² 对水 3 750L 淋蔗头，再大培土，对防治一至二龄幼虫效果显著。

龚恒亮　安玉兴（广州甘蔗糖业研究所）

第 49 节　暗黑鳃金龟

一、分布与危害

暗黑鳃金龟（*Holotrichia parallela* Motschulsky）属鞘目鳃金龟科，分布在我国 20 余个省份，在北方及长江中下游地区是花生、豆类、粮食作物的重要地下害虫，就分布广、为害重而言，在金龟甲类中逐渐上升到首位。在我国南方甘蔗种植省份，暗黑鳃金龟作为甘蔗地下害虫的地位呈上升态势。暗黑鳃金龟成、幼虫食性很杂。成虫可取食榆、加杨、白杨、柳、槐、桑、柞、苹果、梨等的树叶，最喜食榆叶，次为加杨。成虫有暴食特点，在其最喜食的榆树上，一棵树上可落虫数千头，取食时发出"沙沙"声，很快将树叶吃光；幼虫主要取食甘蔗、花生、大豆、薯类、麦类等作物的地下部分。

二、形态特征

成虫：体长 17～22mm，宽 9.0～11.5mm，呈窄长卵形。体无光泽，被黑色或黑褐色绒毛，前胸背板最宽处在侧缘中部以后，前缘具沿并布有成列的褐色边缘长毛，前角钝，弧形，后角直具尖的顶端，后缘无沿。小盾片呈宽弧状三角形。鞘翅伸长，两侧缘几乎平行，靠后边稍膨大，每侧 4 条纵肋不显，位于尖疣突处的两侧缘布有相当稀而长的褐色边缘毛。前足胫节具 3 外齿，中齿显近顶齿。内方距位于中、基齿之间凹陷处的对面，但稍近基齿。后跗节第一节明显长于第二节。爪齿于爪下方中间分出与爪呈垂直状。腹部腹板具蓝青色丝绒色泽。雄虫外生殖器阳基侧突的下部不分叉，上部相当于上突部分呈尖角状（彩图 20 - 49 - 1）。

卵：长 2.5～2.7mm，宽 1.5～2.2mm，长椭圆形，乳白色；后期圆球形，洁白有光泽。孵化前能明显看到卵壳内的一端有 1 对略呈三角形的棕色上颚。

幼虫：老熟幼虫体长 35～45mm，头宽 5.6～6.1mm，头长 4.2～4.5mm，头部前顶毛每侧 1 根，位于冠缝两侧。绝大多数个体无额前缘刚毛，偶尔有个体只具 1 根额前缘刚毛。内唇端感区刺多数为12～14 根。内唇前侧褶区折面退化，但密而纤细的折面显而可见，每侧折面多为 14～17 条。在感区刺和感前片间除具 6 个较大圆形感觉器外，尚有 9～11 个小圆形感觉器。肛腹片后部钩状刚毛群多为 70～80 根，平均 75 根，分布不均，覆毛区中间无刺毛列，即钩毛群的上端有 2 个单排或双排的钩毛，呈 V 形排列，向基部延伸。肛门孔 3 裂缝状。

蛹：体长 20～25mm，宽 10～12mm。前胸背板最宽处位于侧缘中央，前足胫外齿 3 个，但较钝。腹部背面具 2 对发音器，分别位于腹部第四至五节和第五至六节交界处的背面中央。尾节三角形，二尾角呈锐角叉开。雄外生殖器明显隆起，雌外生殖器可见生殖孔及其两侧的骨片。

三、生活习性

暗黑鳃金龟在四川一年发生 1 代，主要以三龄幼虫在距土表 20～30cm 处做土室越冬。3 月中旬越冬幼虫开始上移活动，为害种蔗、种根和芽，影响蔗株齐苗和分蘖。由于暗黑鳃金龟越冬幼虫的活动、为害时间较短，因此，暗黑鳃金龟对蔗种、蔗苗的为害较轻。4 月中旬，老熟幼虫再次下移至距土表 20～25cm 处做蛹室化蛹，蛹历期 15～18d，平均 16.7d。一般年份，5 月中旬为暗黑鳃金龟化蛹盛期，6 月上旬为成虫出土高峰期。成虫趋光性较强，有隔日出土和假死习性。6 月中旬为产卵盛期，卵成团散产于距土表 10～15cm 层内。卵历期 7～11d，平均 9.1d。6 月下旬为暗黑鳃金龟一龄幼虫出现高峰期，也是幼虫防治的有利时机。当年孵化的幼虫8月中旬进入三龄期，8月下旬至9月下旬为暗黑鳃金龟的为害高峰期。甘蔗受害后，单茎重和糖分积累明显降低。受害较重的蔗田，蔗产量损失可达60%以上。11月下旬，三龄幼虫开始下移越冬（表20-49-1）。

表 20-49-1 暗黑鳃金龟生活史
Table 20-49-1 The life history of *Holotrichia parallela*

地区	1~2月			3月			4月			5月			6月			7月			8月			9月			10月			11月			12月		
	上	中	下	上	中	下	上	中	下	上	中	下	上	中	下	上	中	下	上	中	下	上	中	下	上	中	下	上	中	下	上	中	下
四川																																	

注 ＋：成虫，●：卵，一：一龄幼虫，二：二龄幼虫，（二）：二龄越冬幼虫，三：三龄幼虫，（三）：三龄越冬幼虫，⊕：蛹，C：幼虫，（＋）：越冬成虫。

四、发生规律

(一) 虫口基数

暗黑鳃金龟幼虫属中等体型，为害时间短，食量不大，一般不致造成蔗株整片死亡，但对甘蔗生长影响很大。虫口密度大小与产量损失呈正相关。当幼虫数每平方米3~4头，可致甘蔗减产7.5~15t/hm²；每平方米5~6头，减产15~22.5t/hm²；每平方米7~10头，减产30~45t/hm²。

(二) 气候条件

温湿度条件对暗黑鳃金龟的生长和繁育具有一定的影响。在卵和幼虫的低龄阶段，若降雨多且较大时，可导致土壤中含水量增加，则会淹死部分的卵和幼虫，当年虫害发生就轻；反之，当降雨少，土壤较干燥时，有利于卵的孵化和幼虫的成活，当年害虫发生就偏重。幼虫活动也受温度制约，常通过在土壤中上下移动寻求适合地温。

坝地沙土或沙壤土中卵的密度较大，透气性较差、地下水位较高的泥地中卵的密度较小。

(三) 寄主植物

幼虫发育还受营养状况影响，幼虫喜食脂肪和蛋白质丰富的食物，在大豆田及部分花生田，幼虫发育快，而粮田中的幼虫发育慢。有研究表明，取食不同食料的三龄幼虫的体重有明显差异，取食花生、大豆和玉米的三龄幼虫的平均体重分别为0.99g、0.83g和0.63g（福建）。

五、防治技术

(一) 农业防治

1. 深耕翻犁 甘蔗收获后不留宿根的蔗地及旱犁地深耕、晒垡，通过机械作用，致部分幼虫和蛹因受机械损伤而死亡，而且幼虫外露在土表便于人工捡拾及鸟类和捕食性昆虫捕食，寒冷天气亦可冻死部分幼虫。宿根蔗地也可通过犁垄松蔸，借助机械作用和人工捡拾，降低田间虫口密度。

2. 改善耕作制度，合理布局茬口 有条件的蔗区最好2~3年与水稻进行轮作，这是最经济有效的防治办法，可减轻当年80%以上的为害。

3. 灌水驱捕成虫或淹杀幼虫 8~9月，天气炎热多雨，也是大多数金龟甲幼虫期，此时借雨天即时引水入田，并使水面浸过土面1~2cm，持续3~5d，可有效杀死土壤中的蛴螬，且对蔗糖分影响不大。

4. 人工捕杀成虫　暗黑鳃金龟成虫盛发期的傍晚，成虫在蔗地或其田边地头及附近的树林上集中活动或取食，可借助成虫的假死习性，振摇树枝，使其跌落地面，集中捕杀。

（二）化学防治

1. 成虫期用药　在暗黑鳃金龟成虫聚集的场所如蔗地，或其田边地头及附近喜食的树林上喷洒杀虫剂，可有效杀灭成虫、减少田间落卵量。使用的药剂有40％乐果乳油1 000倍液、50％辛硫磷乳油1 000～1 500倍液，或20％氰戊菊酯乳油、10％氯氰菊酯乳油1 000～2 000倍液。

2. 幼虫期用药　幼虫期用药可根据当时当地的暗黑鳃金龟发生情况，择期用药。

（1）下种期用药。①施用颗粒剂：在甘蔗播种期，正是暗黑鳃金龟幼虫活动较猖獗的时期，选择5％杀单·毒死蜱颗粒剂75kg/hm²、3％辛硫磷颗粒剂90kg/hm²或5％毒·辛颗粒剂75kg/hm²施于甘蔗植沟中，施药后覆土。②药剂浸种：由于暗黑鳃金龟幼虫可为害蔗种，引起甘蔗死苗或缺苗断垄，在蔗龟为害较重的蔗区，用药剂进行种苗浸种也不失为一种有效的防治方法。选用杀虫剂如48％毒死蜱乳油、20％丁硫克百威乳油等稀释300～500倍液，对好药液后，将蔗种投于药液中浸种20～30min。捞起晾干后即可播种。此法可与杀菌剂浸种同时进行。

（2）小培土时期用药。暗黑鳃金龟前期幼虫为害较重，在有小培土习惯的蔗区，可结合小培土选用上述药剂施于蔗苗基部进行防治。

龚恒亮（广州甘蔗糖业研究所）

第50节　蔗根土天牛

一、分布与危害

在我国，有记载为害甘蔗根部的天牛有4种，即蔗根土天牛（又称蔗根锯天牛）[*Dorysthenes granulosus* (Thomson)]、长牙土天牛 [*D. walkeri* (Waterhouse)]、曲牙土天牛（*D. hydropicus* Pascoe）及蔗狭胸天牛（*Philus pallescens* Bates），均属鞘翅目天牛科。其中，蔗根土天牛的为害最重，其主要在广东、海南、广西、台湾、云南、福建等省份的局部蔗区发生。以幼虫啮食蔗种、蔗根、幼苗和蔗茎（彩图20-50-1）。甘蔗苗期受害造成死苗；中后期受害往往造成甘蔗黄萎、枯死和倒伏，影响翌年宿根发株，造成甘蔗减产，甚至失收，尤以沙质土特别是多年宿根或连作蔗地受害最重。

二、形态特征

成虫：体长15～63mm，体宽8～25mm，个体大小差异较大；棕红色；头部和触角基部棕黑色，雄虫触角稍长于虫体，雌虫则仅达翅中部，第三至七节外端角突出；前胸背板两侧有3枚刺突，中刺最长，稍向后弯，后刺最短；雄虫前足比中后足粗大，腿、胫节下侧有成列的齿刺；雌虫前足比中后足略小，无齿刺；腹末后缘弧形，有时可见产卵管外伸；左右鞘翅中间各有2条纵隆线。

卵：长椭圆形，一端稍尖，乳白色至淡黄色，表面具纵纹，长约3mm。

幼虫：体长57～90mm，老熟幼虫乳黄色。头部棕色，近似方形。头棕红色，上颚巨大黑色；前胸最大，长于中后胸之和；腹背第一至七节正中隆起，上有扁"田"字形纹；腹面第一至七节隆起成泡突，为行动器官（彩图20-50-2）。

蛹：裸蛹，体长33～70mm，初时体淡黄色，复眼紫红色；头部向下弯，下颚须与下唇须向后呈放射状伸出；触角经前中足外侧绕到腹面中足末端；翅芽伸达第四腹节，后足长达第六腹节末端。第一至七腹节背面残存着幼虫期扁"田"字形纹的痕迹。

三、生活习性

蔗根土天牛在我国南方蔗区一般为2年1代，以幼虫越冬。成虫于4月上旬开始羽化，羽化后，先在蛹室内静伏1个月左右，待身体硬化后，遇雨天土壤潮湿疏松，便突破蛹室爬出土面。5月为成虫羽化出土盛期，6月为羽化出土末期。成虫出土后的当天即可交配，翌日开始产卵，卵历期7～9d；卵产于土表深1～3cm处，成虫多在夜晚交配产卵，每头雌虫平均产卵251粒。成虫具有较强的趋光性，白天潜伏于隐蔽处，间歇飞行距离约 1 000m。5 月中旬至 6 月中旬为卵孵高峰期。幼虫龄期较多，各龄历期也不整齐，当年孵化的幼虫至年底可达十龄。幼虫经历 15~18 个龄期。老熟幼虫虫体肥大，体长 57~90mm。老熟幼虫在蔗蔸旁或离蔗蔸 10~20cm、距地表 20~30cm 处做蛹室化蛹。蛹室似鸭蛋形，用粪便、泥土、甘蔗纤维、叶鞘碎屑等黏结筑成。从 11 月开始至翌年 3 月间均有老熟幼虫做蛹室，但 90％以上在 3 月做蛹室。老熟幼虫在室内蛰居的时间短则 1 个月，长则 4 个月。老熟幼虫于 3 月下旬至 5 月下旬化蛹，4 月为化蛹盛期。

初孵幼虫潜入植株附近，咬食甘蔗嫩根，长大后逐渐向茎内蛀食，若蔗种种茎或宿根蔗头蛀空后，甘蔗仍处于苗期或分蘖期，幼虫则蛀食蔗苗基部，侵入中心处，致使叶片呈失水状纵卷，逐渐枯黄，最终造成死苗。若蔗种种茎或宿根蔗头蛀空后，甘蔗开始拔节，则幼虫向茎内蛀食，并由地下沿茎而上蛀食地上茎节，幼虫向上蛀食 33~100cm，幼虫将茎内组织蛀空，形成空心蔗。空心蔗遇风易倒折，受害严重的植株整株枯死。

四、发生规律

（一）土壤条件

蔗根土天牛多发生在沙质壤土中，以排水良好的沙质土的丘陵、坡地受害最重；土壤较黏、水改田以及稍黏的稻蔗轮作田，受害极轻。

（二）气候条件

气候炎热又干旱少雨的年份，卵及初孵幼虫的成活率高，甘蔗受害就重。

（三）甘蔗植期

宿根蔗受害重于新植蔗，宿根年限越长受害也越重。

（四）品种特性

蔗茎粗大，水分较多，纤维较软或纤维含量较少的甘蔗品种极易受害。

五、防治技术

（一）人工和机械防治

1. 深耕蔗地　甘蔗收获后，不留宿根的蔗地采用拖拉机悬挂旋耕机，深耕 20~30cm，打破蔗头，可直接杀死天牛幼虫，同时捕捉暴露于土表的幼虫和蛹，集中杀灭，以减少下茬的虫源。

2. 苗期人工杀幼虫　加强甘蔗苗期的田间检查，发现死苗时，天牛幼虫往往仍藏匿于死苗中或死苗的基部，割去带虫的死苗，集中烧毁，能有效减少虫口基数。被害特别严重的蔗地，8~9 月已出现大面积死蔗时，应立即斩去甘蔗，犁垄深翻，捕捉土中幼虫，改种秋植蔗或改种其他作物。

3. 挖坑捕杀成虫　成虫期在虫害发生的蔗地内挖 10 个 30cm×30cm 的土坑，内衬塑料薄膜或相同大小的塑料桶，每天早上去蔗地里将掉入坑内的成虫收集杀死。

（二）灯光诱杀

利用蔗根土天牛成虫趋光性强的特点，在成虫羽化出土高峰期（5~6 月），19：00~22：00 在甘蔗田间地头安放佳多频振式杀虫灯进行诱杀，或在蔗地附近水塘上设置诱虫灯，使其成虫落水而死亡。

（三）生物防治

在宿根蔗破垄松蔸和新植蔗播种时，每公顷用绿僵菌粉 7.5kg（每千克含 $1.08×10^{13}$ 个孢子），撒施于蔗蔸或蔗种上，然后覆土。

（四）药剂防治

1. 根施农药　在甘蔗新植、宿根蔗破垄松蔸或大培土时，每公顷施 3％氯唑磷颗粒剂 45~60 kg；或 5％辛硫磷颗粒剂 75kg，施后覆土。

2. 药液浸种　在蔗根土天牛为害较重的蔗区，选择持效期较长的杀虫剂如 48％毒死蜱乳油稀释 300~500 倍液，对好药液后，将蔗种投于药液中浸种 20~30min，捞起晾干后即可播种。

黄诚华　商显坤（广西壮族自治区农业科学院甘蔗研究所）

第51节　金针虫

一、分布与危害

在我国内地，为害甘蔗的金针虫种类已知的有 10 多种，其中主要有褐纹金针虫 ［褐纹梳爪叩甲 (*Melanotus caudex* Lewis)］、蔗梳爪叩甲 (*M. regalis* Candeze)、根梳爪叩甲 (*M. tamsuyensis* Bates) 等，但目前仅有褐纹金针虫对甘蔗构成重大威胁。

褐纹金针虫分布很广，全国各地均有分布，但在南方为害较重。褐纹金针虫食性很杂，除为害甘蔗外，还为害小麦、棉花、玉米、甘薯、辣椒、花生等。根梳爪叩甲属于鞘翅目叩甲科，分布于台湾和华南一带。主要为害甘蔗，也为害茅草等。幼虫为害蔗苗的芽、根带，使其不发芽；为害幼蔗基部后形成枯心；为害生长茎的地下部，影响生长，严重时不能留宿根。

二、形态特征

(一) 褐纹金针虫

成虫：体细长，长约9mm，宽约2.7mm。黑褐色并被有灰色短毛。头部黑色向前突，密生较粗的点刻。触角暗褐色，第二至三两节略成球形，第四节较第二至三节稍长。前胸背板黑色，点刻较头部为小；后缘角向后突出。鞘翅黑褐色，长约为头胸部的2.5倍，有9条纵列的点刻。腹部暗红色。足暗褐色（彩图20-51-1，1）。

卵：初产为乳白色，后变为略淡黄，椭圆形，长0.6mm，宽0.4mm。孵化前呈长卵圆形，长宽约3mm×2mm（彩图20-51-1，2）。

幼虫：老熟幼虫体长约30mm，宽约1.7mm，体细长，呈圆筒形，茶褐色并带有光泽。头扁平呈梯形，上具纵沟，并生有小点刻。第一胸节及第九腹节红褐色。身体背部有细沟及微细点刻，第一胸节长，第二胸节至第八腹节各节前缘两侧均生有深褐色新月形斑纹。尾节扁平而长，尖端有3个小突起，中间尖锐呈红褐色，尾节前缘有2个半月形斑，靠前部有4条纵线，后半部有皱纹，并密生粗大和较深的点刻（彩图20-51-1，3、4）。张范强等（1986）将幼虫分成7龄。幼虫各龄历期及体长的关系见表20-51-1。

表 20-51-1　褐纹金针虫幼虫各龄历期及体长（引自张范强等，1986）
Table 20-51-1　Duration and body length of *Melanotus caudex* larvae in different instars（from Zhang Fanqiang et al.，1986）

龄期	历期 (d)			体长 (mm)		
	最短	最长	平均	最短	最长	平均
一	—	—	44	4	6	4.5
二	50	102	79.6	6.5	12	7.3
三	49	241	131.8	11	15	12.6
四	31	286	183.3	15	23	17.5
五	14	273	65.2	19	26	23.3
六	38	390	202.4	23.5	30	26.5
七	268	341	310.3	25	31	28.0

蛹：雌蛹体长约17mm，宽约6mm；雄蛹体长约15mm，宽约4mm。腹末有1对刺状突起，向外弯（彩图20-51-1，5）。

(二) 根梳爪叩甲

成虫：体长约16mm，全身橙黄色或黑褐色，体表密生黄色绒毛，头、胸及翅鞘背面密布粗大的刻点，前胸背板的中央稍隆起，翅鞘上有9条刻点纵列。列间密布许多细小的刻点。

卵：卵长0.5～0.7mm，黄色或淡黄色。近卵圆形。卵壳表面有瘤状突起。

幼虫：体细长，老熟幼虫体长30～35mm。初孵化时淡黄色，后渐变为黄褐色，老熟时暗赤褐色。头、胸及尾节色泽较深。周身疏生针状毛。各环节密布点刻。各节的前缘有波状隆起线，两侧有新月形暗色斑点。尾节后缘有 5 个突起，中央 1 个最大，两侧 2 个较小。

蛹：蛹长 16mm，乳白色。足和翅呈鲜黄色。眼黑色。

三、生活习性

（一）褐纹金针虫

褐纹金针虫在广西天峨为三年 1 个世代，世代重叠。以幼虫或成虫在土壤深处越冬。成虫于 11 月上旬陆续羽化，并在原羽化地点越冬。成虫于 4 月中旬至 11 月上旬均有出现，以 5～6 月为盛发期。成虫产卵期为 5 月底至 6 月下旬，产卵盛期为 6 月上、中旬。幼虫从第二年 5 月上旬孵化至第四年的 10 月上旬，历期 2 年半左右，在此期间，幼虫经历 2 次越冬过程，幼虫一般于 1～2 月越冬，当 3 月气温升高后重又回到耕作层活动、为害，7 月后幼虫转入土层深处越夏，秋季又重返耕作层为害作物。第四年的 10 月上旬至 11 月上旬，老熟幼虫开始化蛹。成虫羽化后不出土，在原地越冬，待到翌年 3 月底，当土温上升至 18℃ 左右时，成虫大量出土。成虫历期 175～208d，平均 186d。成虫有趋光性。白天常栖于甘蔗心叶或开裂的叶鞘狭缝内。成虫在夜间出土交配。交配呈背负式，具多次交配和多雄争一雌的特点。一般交配历时 8～18min，有的成虫在晴天 8：00～9：00 仍在蔗叶上交配或活动，10：00 左右成虫回到土中。雌虫交尾后即潜入土中产卵，卵多产于蔗根附近 10cm 深的土层内，也有产在已腐烂的地下种茎内，散产。成虫寿命最长 303d，最短 258d，平均 288.1d。褐纹金针虫幼虫历期 878～885d，平均 881.7d。幼虫长期蛰居土中，为害甘蔗的地下茎节、芽眼、根系等部分，对下季宿根蔗的发株影响很大。蔗苗出土后，幼虫常从蔗苗土下基部啮食成小洞侵入苗内，致使蔗苗枯死，形成枯心，酷似螟害状。幼虫有转株为害习性，一头幼虫常为害数株蔗苗，幼虫整年可见，尤以 4～6 月为害最烈。幼虫为害后，多数离开被害苗，返回土中栖息。甘蔗拔节后，幼虫则为害甘蔗芽眼，造成烂芽。7 月后幼虫停止为害，转入土层深处越夏。秋季，幼虫又返回到耕作层活动，为害甘蔗地下根茎。冬季，幼虫在土室中或土中腐烂的老蔗苞内越冬，越冬期为 1～2 月。3 月气温上升，幼虫又返回到耕作层开始取食活动。由于幼虫历期长，龄期多，同一时期可在田间发现为害甘蔗的各龄期幼虫。第四年的 10 月上旬至 11 月上旬，老熟幼虫开始化蛹，蛹历期 30d。

（二）根梳爪叩甲

根梳爪叩甲在台湾及华南地区，2～3 年完成 1 个世代。成虫于 10 月中旬前后开始羽化。羽化后的成虫于 11～12 月交尾产卵，羽化期一直持续至翌年的 4 月。成虫产卵盛期则在 1～3 月。幼虫期极长，2～3 年。老熟幼虫一般于 9～12 月在土中做一扁平蛹室，并在其中静止 2～3 周后化蛹。蛹历期 18～31d。根梳爪叩甲成虫羽化后日间栖息于甘蔗心叶及叶鞘间隙内，日落后即爬出叶面进行交配。黄昏后至晚上 22：00 左右活动最为频繁。卵散产于生长茂盛的蔗地或茅草地的土中。每雌虫产卵 200～300 粒，卵历期 12～32d。成虫趋光性甚强。根梳爪叩甲的幼虫期极长，2～3 年，在田间一年四季均能见到幼虫。幼虫栖息于土中，为害甘蔗幼苗与成长蔗茎，也为害茅草的地下茎。甘蔗下种后，幼虫为害蔗芽及幼苗，形成枯心，严重时引起缺株断垄。为害幼苗时皆从茎基部蛀入，对分蘖妨碍很大。为害成长蔗茎，则啮食地下部蔗芽和根点，造成甘蔗不分蘖、不发株、不发根。此虫为台湾重要甘蔗害虫，在福建亦有发生，特别是在沙土和砖红壤土蔗地，其为害常使蔗地多处缺株断垄，严重时甚至要犁翻重耕。老熟幼虫在土中做一扁平蛹室，并在其中静止 2～3 周后化蛹。

四、发生规律

张范强等报道，土壤性质以及气象因素对成虫发生消长关系密切。

1. 土壤性质 湿润、疏松、中性及微碱性（pH7.2～8.2）、有机质含量高（＞1%）的土壤，有利于褐纹金针虫的发生，土壤结构差、较干燥、有机质含量低（＜1%），对虫害的发生有明显的抑制作用。

2. 温度 当旬 10cm 地温平均为 17℃，气温 16.7℃，成虫开始出土。当气温上升到 18℃，10cm 地温 20℃，相对湿度 60% 左右时，成虫大量出土活动。成虫活动适宜温度为 20～27℃。

3. 湿度 在适宜温度 20～27℃，成虫活动与相对湿度的大、小极为密切。相对湿度 52% 时，成虫活动数量增多，且较活跃；当相对湿度为 63%～90% 时，雄虫飞翔寻偶，活动交配十分频繁；相对湿度低于 37% 以下，不利于成虫活动，其活动能力与数量明显减小。此时观察笼内置放清水的棉球，发现成虫群聚在清水棉球上吸水，有的可长达50min，说明成虫喜湿润环境。

4. 降雨 成虫发生期日降水量在4mm以上，或有连日降雨，对其发生很有利，特别在干旱情况下若遇降雨，会导致成虫数量突增。因此，成虫活动对水分是异常敏感的。在成虫发生期适量的降雨，较高湿度都有利于其发生；干旱能缩短发生期，并能降低发生量。

五、防治技术

（一）农业防治

1. 轮作、合理安排茬口 寄主是害虫赖以生存、繁衍的基本要素之一，因此防治金针虫最有效的方法就是实施耕地的有计划休耕或改种非金针虫食谱作物。破坏寄主植物发育和金针虫生长、发育、为害的协同性可达到控制金针虫的目的。同时，在水利条件好的蔗区，甘蔗与水稻轮作是控制金针虫为害最有效的办法。

2. 深犁翻蔸，多犁多耙，人工捡拾 深犁翻蔸能迅速降低金针虫种群数量，在长时间未能翻犁的宿根蔗地尤为明显，多犁多耙则更为有效。深犁翻蔸之所以能减轻金针虫的为害，原因有三方面：其一，可借助机械损伤直接杀死金针虫；其二，可将金针虫或蛹等翻至地表面，使其冻死或脱水死亡；其三，金针虫或蛹暴露于土表面易被鸟类及捕食性昆虫捕食，人工捡拾暴露于土表的成虫、幼虫也可部分减少种群数量。

3. 处理老蔗蔸 在老蔗地犁翻整地时，清洁田园，将老蔗蔸及腐烂的老蔗蔸、蔗茎等收集晒干后烧毁。

4. 减少宿根面积、降低宿根年限 金针虫为害程度与宿根蔗及宿根年限密切相关，一般宿根蔗重于新植蔗，宿根年限越长为害越重。因此，在金针虫为害较重的蔗区，应适当调整宿根蔗种植面积，减少宿根年限，可有效抑制金针虫种群累积，降低为害。

5. 加强田间管理 在杂草较多的地块金针虫种群数量明显大于杂草少的地块，排水不畅，田间土壤湿度大，有利于褐纹金针虫的发生。而干旱、灌溉条件差的蔗地有利于金针虫生存，因此，加强田间栽培管理，及时中耕除草，加强肥水管理，可减轻金针虫的为害。

6. 减少虫口基数 出现金针虫枯心时，金针虫往往仍藏匿于枯心苗中，割去带虫的死苗集中烧毁，能有效减少虫口基数。

（二）物理防治

主要利用金针虫成虫趋光性特点，采用灯光诱杀成虫。在成虫羽化出土高峰期的5～6月，在甘蔗田间地头安放佳多频振式杀虫灯进行诱杀。佳多频振式杀虫灯可于19：00～22：00亮灯。

（三）化学防治

化学防治是当前控制金针虫为害最为有效、最快速和简便易行的方法之一。目前使用的主要药剂多为有机磷制剂，如辛硫磷、毒死蜱、甲基异柳磷、甲拌磷以及氨基甲酸酯类（如克百威等）。施药方法则主要采用药剂浸种、沟施农药、地面施药、翻耕施药等。

金针虫生活史长，世代重叠，田间各龄虫混发，且大部分时期藏匿于蔗茎或蔗头中啃食，一般药剂很难到达害虫栖息的部位。因此，要想达到理想的防治效果，必须找出其对药剂较敏感的时期或最易接触药剂的时期，不失时机地施药防治。

依据上述原则，再根据金针虫的生活习性分析，有两个时期为最佳用药时间。

1. 下种期

（1）沟施。因金针虫在春季回温后会重新上迁到耕作层，活动于甘蔗种茎附近，蛀食种茎或蔗芽、嫩苗，造成枯心。利用金针虫的这一取食特点，在甘蔗播种期，用药剂沟施于蔗种附近，并覆土，形成保护层。当幼虫取食活动时，使虫体接触农药，致使幼虫中毒死亡。选用的药剂及用量如下：5%杀单·毒死蜱（蔗来茎）颗粒剂60.0kg/hm^{2}或5%毒死蜱颗粒剂60.0～75.0kg/hm^2。

（2）药剂浸种。在金针虫为害较重的蔗区，用药剂进行种苗浸种。甘蔗播种后，金针虫幼虫会从土层深处转移到蔗种附近取食蔗种，当幼虫取食到带毒的种苗，药剂经口进入虫体内，致幼虫中毒死亡。浸种的具体操作方法如下：选择持效期较长的杀虫剂（如48%毒死蜱乳油、20%丁硫克百威乳油或5%氟氯氰菊酯乳油等）稀释300～500倍液，对好药液后，将蔗种投于药液中浸种10min左右。捞起晾干后即可播种。此法可与杀菌剂浸种同时进行。

2. 甘蔗苗期　甘蔗苗期是金针虫为害盛期，也是防治的最有利时期，时值 4～5 月，金针虫会先在种茎附近（距土表 10～20cm 处）取食活动，为害甘蔗的幼芽及蔗苗。结合甘蔗中耕培土，将选择的上述颗粒剂撒施于蔗苗基部附近，然后覆薄土。

宿根蔗的第一次施药应尽早破垄松蔸，将药剂撒施于蔗头附近，然后覆土。

龚恒亮　安玉兴（广州甘蔗糖业研究所）

第 52 节　甘蔗象甲

一、分布与危害

已知我国蛀食甘蔗茎的象甲有：细平象（*Trochorhopalus humeralis* Chevrolat），属鞘翅目象虫科隐颏象亚科；斑点象（*Diocalandra* sp.），属鞘翅目象虫科隐颏象亚科二点象属；赭色鸟喙象（*Otidognathus rubriceps* Chevrolat），属鞘翅目象虫科隐颏象亚科鸟喙象属。其中，细平象和斑点象主要分布于云南省的景东、盈江、潞西、瑞丽、梁河、陇川、畹町、昌宁、景谷、镇沅、勐海等西南蔗区，特别多分布于沿江河坝地及一些低湿蔗田。细平象以幼虫及成虫在甘蔗地下蔗头内为害，4 月中旬初孵幼虫蛀入蔗苗嫩根，并沿髓部向上蛀食，最后进入蔗头内为害，为害期长，为 8～10 个月。斑点象主要以幼虫为害地下蔗头，为害期从当年 7 月起至翌年 2～4 月，整个幼虫期均在蔗头内为害。被害蔗株于 7 月始见下部叶片枯黄，蔗头内出现小隧道，10～12 月蔗头严重受损，有的蛀成粉碎状，一个蔗头内有虫 5～6 头，多的 20～30 头。受害后每公顷损失甘蔗 7.5～45 t，严重的绝收；甘蔗田间锤度降低 4%～6%，一般只能留养宿根 1 年。此外，受害蔗头易感染赤腐病，加速了腐烂，易倒伏，损失更重（彩图 20 - 52 - 1，彩图 20 - 52 - 2）。除为害甘蔗外，细平象和斑点象还为害玉米、割手密、斑茅、类芦及白茅等粮食作物及甘蔗属野生近缘植物。

赭色鸟喙象仅在云南省发现，分布于勐海、孟连、弥勒、景东、德宏、临沧、保山等蔗区。以成虫咬食甘蔗嫩茎或未展开的心叶，幼虫向下蛀食蔗茎，被害蔗株心叶发黄，茎节缩短变细，最后整株枯死（彩图 20 - 52 - 3）。一般 1 头幼虫为害 1 株甘蔗，有的可连续转株为害 2～3 株。受害株率一般为 26.2%～48.2%，重的达 61.5%，个别田块高达 90% 以上。宿根蔗因发苗不均、缺苗断垄，产量损失更严重。此虫除为害甘蔗外，还为害竹子、玉米、类芦等。

二、形态特征

（一）细平象

成虫：雌虫体长 6.0～9.5mm，宽 2.3～3.5mm；雄虫体长 4.5～8.5mm，宽 2.0～3.1mm。体近长椭圆形，黑色，少数褐黑色，略有光泽，体被稀疏灰白色扁平鳞毛。喙呈象鼻状，稍弯曲，基部膨大。触角着生于喙中部之后，共 8 节，棒 1 节呈莲蓬状。前胸背板长大于宽，中间可见 1 条纵纹。

卵：长椭圆形，长 1.0～1.2mm，宽 0.4～0.5mm，初产时乳白色。

幼虫：老熟幼虫长 7～10mm，宽 3.2～4.0mm，体略呈拱形弯曲，多皱折，乳白色。腹末端正面呈梅花状凹陷。

蛹：裸蛹，长 6.0～9.5mm，宽 2.5～4.0mm，头曲向腹面，贴置胸下。头部有 3 对长刚毛，腿节端部外侧各有 1 根，腹部背面各节有横列突起，其上有黑色刚毛（彩图 20 - 52 - 4）。

（二）斑点象

成虫：雌虫体长 5.0～6.5mm，宽 2.0～2.5mm；雄虫体长 4.5～5.0mm，宽 1.8～2.2mm。体近长椭圆形，黑色，少数褐黑色，偶有棕褐色，全身披灰白色鳞片。喙稍弯曲，背面圆筒形，腹面稍扁平。触角着生于喙中部之前，共 11 节，棒 3 节，呈纺锤形。每个鞘翅上各有 8 个灰白色鳞片组成的斑。

卵：长椭圆形，长 0.8～1.0mm，宽 0.45～0.5mm，初产时乳白色，近孵化时呈浅黄褐色。

幼虫：老熟幼虫长 6.0～10.0mm，宽 1.8～3.0mm，乳白色，头部黄褐色。体背着生棕色刚毛，头部具 4 对较长棕色刚毛，腹末端 4 对刚毛最长。

蛹：裸蛹，长 6.0～7.1mm，宽 2.5～3.2mm，头上有 2 对长刚毛，腿节端部外侧各有 1 根。触角伸达前足腿节基部，腹部背面各节有横列突起，其上长有棕色刚毛（彩图 20 - 52 - 5）。

（三）赭色鸟喙象

成虫：雄成虫体长 17.0～19.5mm，宽 8.0～9.1mm；雌成虫体长 18.0～21.5mm，宽 8.2～10.0mm。体略呈菱形，黄褐色至赤褐色，体背光滑无鳞，有黑色斑纹，腹面和足的腹缘有稀疏长毛。头小，半球形，两侧具黑色椭圆形复眼，眼大。触角着生于喙基部，索节 6 节，棒节愈合，呈靴形。前胸背板盾形，中间有 1 个梭形黑色纵斑纹。小盾片黑色，为长等腰三角形。鞘翅宽于前胸，肩部最宽，每个鞘翅各有黑斑 2 个。臀板外露，腹面可见 5 节，黑色，腹板第五节有赤褐色三角形斑。胫节端部有 1 锐刺，第三节跗节宽叶状，爪分离。

卵：长椭圆形，长径 3.5～4.0mm，短径 1.5～1.8mm。初产时玉白色，渐变成乳白色，表面光滑，无斑纹。

幼虫：老熟幼虫体长 20～26mm，宽 8～11mm。深黄色，头部黄褐色，口器黑色。体呈拱形弯曲，多皱折，可见浅黄褐色背线 1 条。腹末端呈六边形状凹陷，周边具 6 对较长棕色刚毛（彩图 20 - 52 - 6）。

蛹：长 20～22mm，宽 9～11mm，深黄色。头上有 6 对棕色长刚毛，腿节端部外侧各有 1 根棕色刚毛，腹部背面各节有横列突起。

茧：附有蔗残渣纤维与泥土，长椭圆形，长径 40～60mm，短径 20～40mm。

三、生活习性

（一）细平象

通过田间调查和室内饲养观察，细平象一年发生 1 代。在蔗头蛀道内越冬的成虫于翌年 1 月下旬，当气温上升到 13℃以上时开始活动。逐渐从蛀道内外出，栖息与活动在地下的蔗苑上或附近的土壤中，寻偶交尾。4～6 月为产卵盛期。4 月中旬至 7 月上旬为幼虫孵化盛期，初孵幼虫便蛀入蔗苗嫩根，沿髓部向上蛀食并进入蔗头为害。直到 9 月中旬至 11 月中旬，幼虫老熟在虫道内化蛹，化蛹盛期为 10 月下旬。10 月中旬至 12 月中旬成虫羽化，其羽化盛期在 11 月中旬，羽化后的成虫仍在蛀道内越冬。成虫一般在早上羽化，越冬成虫于 1 月下旬开始活动、交配，雌、雄都有多次交配现象。交配后 58～106d 开始产卵。卵产于土表下寄主嫩根上、幼芽、鳞片间或根际附近土壤中。每头雌虫一生产卵 1～70 粒，平均 20.2 粒。成虫寿命长，为 7～8 个月。成虫耐饥力较强，具有喜湿性、负趋光性、钻土性和假死性。

在饱和湿度条件下，4～6 月卵历期 10～15d，多数 12d。卵耐湿不耐干，在湿润条件下孵化率平均为 77.2%。初孵幼虫稍待休息，即可四处爬行，当找到寄主嫩根就蛀入髓部，边食边前进，进入蔗头后，则活动变慢。整个幼虫期都在距地表 3cm 以下的蔗头内取食，一般在同一蔗头内活动，很少转移为害。幼虫老熟后，经一段不食不动的前蛹期便化蛹在蔗头里的蛀道内。蛹期的长短随温度而异，气温 16.2℃，蛹历期 23d；气温 15℃，蛹历期 27d。

（二）斑点象

通过田间调查和室内饲养观察，斑点象一年发生 1 代，此虫无越冬现象。4 月中旬至 6 月下旬为成虫羽化期，其羽化盛期为 5 月。产卵盛期在 6 月中旬至 7 月底。6 月中旬至翌年 2 月为幼虫取食活动期，化蛹盛期在 4 月中、下旬。成虫于 4 月中旬开始羽化，羽化不久成虫便由蔗头内外出，在地下蔗苑上和附近土中活动，寻偶交配，一生交配多次。交配后 17～27d 开始产卵。卵产在土表下寄主嫩根上、幼芽、鳞片间或根际附近土壤中。每头雌虫一生产卵 3～19 粒。成虫寿命一般 3～4 个月。成虫无假死性，活动敏捷，具有喜湿性、负趋光性、钻土性。在饱和湿度条件下，卵历期 16～20d，多数 17d。初孵幼虫先取食嫩根和幼芽，蛀入髓部，边食边前进，整个幼虫期都在同一蔗头内为害，直到翌年 2 月成熟为止。幼虫老熟后，经一段不食不动的前蛹期便在蔗头里的蛀道内化蛹，蛹历期 10～17d，多数 16d。

（三）赭色鸟喙象

成虫于 9 月下旬开始羽化，初羽化成虫鲜黄色，后变为黄褐或赤褐色。成虫羽化后仍在土中蛹室内越冬，直到翌年 5 月底 6 月初开始出土。出土成虫于日出露干后方可活动，以晴天 8：00～11：00、15：00～18：00 活动最多，中午、夜间及雨天多停息于蔗叶背面或地面隐蔽处。成虫飞翔力强，以雄虫飞行为多，飞行时速度缓慢，嗡嗡作响。成虫有假死性，一遇惊扰，随即坠落地面、草丛，腹部向上，经片刻即翻身爬行飞去；亦有少数在坠落途中即展翅飞去。成虫出土后，即可咬食嫩茎或未展开的心叶，补充营养。成虫经补充营养后，即寻偶交尾。交尾时，雌虫多在蔗株上取食，雄虫飞来在雌虫体侧停息、挑斗，再行交尾。间有 2~3 头雄虫在雌虫体侧相争交尾，寻不到雌虫交尾的雄虫躁动不安，不停地爬行纷飞，常见生殖器伸出腹末端。雌虫边交尾边取食，若遇惊扰，慢慢拔出喙不动，惊扰稍大，即双双飞去或坠落地面躲藏。交尾方式为重叠式，观察 12 对交尾，每次需时 10~21min，交尾完毕雄虫会用足轻轻擦拭雌虫腹背。1d 可交尾多次，昼夜可行交尾，但以每天 8：00~11：00 交尾最多。一雄可与多雌交尾，一雌也可同多雄交尾。交尾后 2~3d 开始产卵。产卵前，雌虫先飞行寻觅未产过卵的蔗株，择其嫩茎部位啄 1 个较圆较光滑的产卵孔，然后产卵 1 粒，并分泌一褐色物覆盖孔口，保护卵粒。1 株蔗株只产卵 1 粒，成虫在产卵期间仍继续取食、交尾。1997 年室内饲养的产卵始期为 6 月 19 日，1998 年为 6 月 26 日。产卵前期为 260d 左右，如 1997 年 10 月 27 日羽化的成虫，到 1998 年 7 月 14 日产卵。雌虫分次产卵，大多 1d 1~3 粒，少数 4~7 粒，产卵多在夜间或早上。系统观察 30 对成虫，产卵历期 25~79d，其中产卵日 19~47d，一生产卵 28~86 粒，平均 46.3 粒。统计 22 对成虫，6 月下旬至 9 月中旬共产卵 1 180 粒，其中 92.71％的卵量在 8 月中旬以前产出。雌虫产卵大多在 9 月上旬结束，少数到 9 月中旬结束，一般产卵结束 2~12d 便死去。室内饲养羽化或田间采集的成虫，一般都是雄虫多于雌虫，据 747 头成虫统计，平均雌雄性比为 1：2.05。观察 30 对成虫，寿命一般为 10~11 个月，雄虫比雌虫多活 10~20d。成虫在土中时间长，为 7~8 个月，出土活动 3 个月左右。

卵通常单粒散产，初产时玉白色，1d 后两端清澈，中间浓白色；2~3d 卵的一端半透明，另一端出现乳白色丝状物；3~4d 可见褐色上颚及淡黄褐色幼虫头部，此时幼体不时在卵壳内上下蠕动，上颚刺破卵壳，经 4~6min 头部慢慢伸出并作左右摆动，历时 35~45min 的间隙性蠕动，幼虫完成脱壳而出。

在饱和湿度条件下，日平均温度 26.6~27.8℃，卵历期 3~5d，多数 4d。卵耐湿不耐干，在干燥条件下极易干瘪死亡，但在湿润条件下孵化率很高。观察 22 对成虫室内所产卵粒，孵化率 87.27％~100％，平均 93.87％。前期产的卵孵化率高，后期产的卵孵化率低。

初孵幼虫稍待休息，即从孵化孔处沿蔗茎中央向下蛀食。起初蛀道细，蛀移较快，每 5d 可蛀移 7~9cm；随虫体生长发育，食量渐增，蛀道渐宽；蛀入蔗头后，则活动变慢，一直蛀食蔗头直到成熟为止。幼虫昼夜取食，边取食边排泄出纤维状虫粪。蛀道通直，赤红色，有酸腐味。1 头幼虫蛀食 1 株甘蔗，蔗头蛀空未成熟，常转株为害，仍蛀食蔗头。初孵幼虫对湿度十分敏感，在干燥条件下 1~2h 便失水干瘪而死，但在湿润条件下 24h 不取食仍可存活。老熟幼虫在蔗头下入土化蛹，一般入土 8~15cm，深者达 25cm 以上。幼虫筑蛹室时，需数次回到入土口拉入一些蔗渣纤维，与土做成蛹室。观察 1998 年 7 月 20 日至 8 月 18 日室内孵化饲养的幼虫 40 头，历期 56~96d，多数 70d 左右。

幼虫老熟后身体缩短僵直，经 10~14d 的前蛹期化蛹。初化蛹体乳白色，后期蛹体浅黄褐色。蛹体平卧蛹室内，多静止不动，室内饲养时，移动频繁不能正常发育。查 50 头幼虫，化蛹率为 96％。蛹历期的长短随温度而异，在室内饲养，日平均温度 27.12℃，蛹历期 18~20d；日平均温度 24.3℃，蛹历期 24~28d。通过田间调查和室内饲养观察，赭色鸟喙象一年发生 1 代。在土中蛹室内越冬的成虫于翌年 5 月底6 月初春雨降后，土壤湿润，逐渐出土活动、取食、寻偶交尾。7 月中、下旬出土最盛，9 月下旬成虫终见。6 月中旬至 9 月中旬产卵，7 月中旬至 8 月上旬为产卵盛期。6 月下旬至 10 月上旬幼虫取食为害。9 月上旬至 11 月上旬幼虫老熟入土化蛹，化蛹盛期为 10 月上、中旬。9 月下旬至 11 月下旬成虫羽化，其羽化盛期在 10 月下旬至 11 月上旬，羽化后的成虫在土中蛹室内越冬。

四、发生规律

（一）细平象

细平象不能飞翔，其大面积远距离的扩散，据调查主要靠沟、河流水将有虫蔗菀冲到无虫蔗地扩散。因此，潞西县的芒市河、盈江县的大盈江、景东县的川河等两岸蔗区都是细平象发生为害严重的地方。细平象的发生与土质和土壤含水量关系密切。沙壤土上的细平象比胶泥土上发生重，如在潞西县芒市糖厂附近调查，沙壤土蔗地受害株率 15％~45％，胶泥土蔗地受害株率 0~7％。分析原因，沙壤土耐旱保湿，有利细平象成虫入土产卵和幼虫孵化；胶泥土早春干旱开裂，土块坚硬，保湿性差，不利于细平象活动。同样的土质条件下，土壤潮湿的蔗地比土壤干燥的蔗地为害严重。宿根蔗一般比新植蔗受害重，且宿根年限越长，虫口累积越多，甘蔗受害就越重。如在潞西县芒线村蔗地调查，新植蔗受害虫株率仅4%，一年宿根蔗升为38%，二年宿根蔗达100%，每公顷甘蔗产量分别为141t、108t和46.5t。田间调查发现，制约细平象的天敌有：白僵菌（*Beauveria* sp.）、绿僵菌（*Metarhizium* sp.）、黄足肥螋［*Euborellia plebeja* (Dohrn)］、青翅蚁形隐翅虫（*Paederus fuscipes* Curtis）、东方长颈步甲［*Ophionea indica* (Thunberg)］、红蚂蚁［*Tetramorium guineense* (Fabricius)］，其中白僵菌可侵染幼虫、蛹和成虫，发病率一般为8%～15%，有一定控制作用。

（二）斑点象

斑点象经室内饲养观察，不会飞翔，其大面积远距离的扩散，据调查主要靠沟、河流水将有虫蔗蔸冲到无虫蔗地扩散。因此，景东、景谷、镇沅、昌宁等县的江河两岸蔗区均是斑点象严重发生地。越近河边受害越重，远离河岸则受害轻，新植蔗地发生斑点象主要在入水口处。斑点象的发生与土质和地势关系密切。沙壤土上的斑点象比胶泥土上发生严重，如在景东县文井镇者后村调查，沙壤土蔗地受害株率85%～100%，受害株含虫量5～6头/株，胶泥土蔗地受害株率0～20%，受害株含虫量0～3头/株。究其原因，沙壤土物理性状好，有利斑点象正常发育，胶泥土土块坚硬，不利斑点象活动。山地甘蔗无虫，坝地甘蔗含虫多，受害株含虫量6～10头/株，缓坡蔗地，上坡段干燥，下坡段潮湿，受害株含虫量分别为1～2头/株和6～10头/株。潮湿有利斑点象生长发育。宿根蔗一般比新植蔗受害重，且宿根年限越长，虫口累积越多，甘蔗受害就越重。在景东调查，新植蔗受害虫株率10%左右，受害株含虫量0.1～2头/株；一年宿根蔗升为40%～50%、3～4头/株；二年宿根更高，为90%～100%、7～10头/株，每公顷甘蔗产量分别为90～105t、30～60t和15～30t。白僵菌（*Beauveria* sp.）、绿僵菌（*Metarhizium* sp.）是制约斑点象发生的有效天敌，其中白僵菌可侵染幼虫、蛹和成虫，其自然发病率一般在10%左右。

（三）赭色鸟喙象

春季降雨早、量多，土壤湿润，有利成虫出土，发生早，为害重；春季降雨迟、量少，土壤干旱，不利成虫出土，发生偏后，为害较轻。如云南省勐海县1996年、1997年2～5月均先后降雨，成虫5月底即开始出土，6月下旬开始出现受害枯死株，其中受害株约80%都属主茎株，损失重；而1998年2～5月未降雨，成虫6月中旬才开始出土，7月中旬开始出现受害枯死株，其中受害株约50%都属分蘖株，损失较轻。胶泥土上的赭色鸟喙象比沙壤土上的发生重，如在勐遮黎明农场调查，胶泥土蔗地受害株率25%～48%，沙壤土蔗地受害株率0～10%。究其原因，胶泥土黏性重，冬春土表层温湿度适中，有利老熟幼虫入土做茧、繁衍生存；沙壤土松散，冬春土表层易干旱、温度高，不利老熟幼虫入土做茧、繁衍生存；宿根蔗一般比新植蔗受害重。宿根年限越长，虫口累积越多，甘蔗受害越重。在勐海县调查，新植蔗受害株率10%～20%；一至二年宿根升为30%～48%；三至四年宿根更高，为50%～70%。每公顷甘蔗产量分别为96～108t、57～84t和30～52.5t；甘蔗长期连作、成片种植，或与玉米轮作的田块受害重；甘蔗与水稻轮作、零星种植的田块受害轻，受害株率低于10%；不同甘蔗品种赭色鸟喙象发生轻重不同。台糖172、元红76-14、垦堂80-27、桂糖12等受害株率高，为易感虫品种；而台糖160、福引79-8、桂糖11、选蔗3号等受害株率低，为抗虫品种。田间调查发现，白僵菌（*Beauveria* sp.）和曲霉菌（*Aspergillus* sp.）侵染赭色鸟喙象成虫、蛹，发病率2%～3%，红蚂蚁［*Tetramorium guineense* (Fabricius)］捕食赭色鸟喙象幼虫，捕食率1.5%。天敌对赭色鸟喙象的抑制作用极微。

赭色鸟喙象成虫对4种不同寄主植物的趋性及产卵选择性明显不同。其中在甘蔗上的取食孔数和产卵量分别为595.75个和60.25粒，显著高于类芦（205个，31.08粒）、玉米（186个，12.25粒）、竹子（89.5个，4.75粒）。室内饲养和田间发生情况基本一致，赭色鸟喙象成虫趋向甘蔗取食和产卵。取食不同寄主植物的赭色鸟喙象，其繁殖力和成虫寿命差别均很大。取食甘蔗的每雌产卵量和产卵历期分别为38.92粒和32～55d，均显著高于或长于取食其他3种寄主植物的上述2个指标，尤以取食竹子的2个指标最低、最短，仅为11.5粒和14～26d。取食甘蔗的赭色鸟喙象成虫寿命最长，80%的成虫到9月上旬才死亡，取食竹子的寿命最短，明显低于甘蔗，80%的成虫在8月上旬即死亡，取食玉米和类芦的差不多，80%的成虫在8月中旬死亡。上述结果表明，4种寄主植物中尤以甘蔗最有利于该虫的繁殖。取食4种不同寄主植物的赭色鸟喙象所产卵粒，饱满度差异不大，以取食甘蔗所产卵粒略好；卵期基本一致，均为3～4d；但孵化率差异很大，以取食甘蔗所产卵粒孵化率最高（96.39%），显著高于类芦（66.67%）、玉米（63.95%）和竹子（60.94%）。这说明，赭色鸟喙象取食甘蔗所产卵粒发育好，孵化率高，有利于其种群的增长。

五、防治技术

鉴于为害甘蔗茎的象甲一生都在地下钻蛀为害蔗头、发生期长、虫期重叠、为害严重，因此防治方法首选以农药防治为主，高效快速压低虫口数量；其次再辅以农业防治为基础，减少虫源，新植、宿根蔗联防统治，可达到高效、快速、持续、有效控制其发生为害。

（一）农业防治

（1）翻蔸烧蔸。不留宿根的严重发虫蔗地，1月中旬前及时收砍翻犁蔗蔸集中晒干烧毁，可杀死大量的越冬成虫或老熟幼虫，降低虫口数量，控制其大面积传播。

（2）缩短宿根年限。虫害严重蔗地，不留二年宿根，以减少象甲种群在田间积累，降低受害率。

（3）蔗稻轮作。甘蔗与水稻轮作，通过长期淹水可消灭土壤中残存象甲，能大大降低受害。

（4）清除灌溉沟内蔗蔸。翻挖出来的有虫蔗蔸不堆放在沟河埂上，发现灌溉沟内有蔗蔸应随时捡出，以免流水将有虫蔗蔸带入无虫蔗地。

（5）认真清除田边地埂上的割手密、斑茅、类芦、白茅等象甲的野生寄主植物，最好不要与玉米轮作。

（6）细平象不会飞行，从发生区引种，最好采用半茎作种，如采用全茎作种需注意不要接近土表砍，以免象甲随种苗远距离传播。

（二）生物防治

每公顷选用2%白僵菌粉粒剂、2%绿僵菌粉粒剂40～60kg，与600kg干细土或化肥混合均匀，春植蔗在下种，宿根蔗在3～4月松蔸或5～6月大培土时均匀撒施于蔗株基部并及时覆土。

（三）化学防治

象甲严重发生地块，每公顷选用3.6%杀虫双、8%毒死蜱·辛硫磷、5%丁硫克百威、5%杀虫单·毒死蜱等颗粒剂45～90kg或15%毒死蜱颗粒剂15～18kg，与600kg干细土或化肥混合均匀，春植蔗在下种，宿根蔗在3～4月松蔸或5～6月大培土时均匀撒施于蔗株基部并及时覆土；或选用95%杀虫单可溶粉剂、48%毒死蜱乳油等，以200～300倍液淋灌蔗株基部并及时覆土。防治效果可达80%以上，增产效果显著，同时还可延长宿根年限，降低成本。

黄应昆（云南省农业科学院甘蔗研究所）

第53节 白 蚁

一、分布与危害

白蚁在我国华南、华中和西南蔗区均有发生，在山区和丘陵旱地常严重为害甘蔗，特别是新垦地植蔗受害尤重。已知我国为害甘蔗的白蚁有10种以上，但常见的有7种，其中，发生普遍、为害严重的主要有黑翅土白蚁［*Odontotermes formosanus* (Shiraki)］，属等翅目白蚁科；黄翅大白蚁（*Macrotermes barneyi* Light），属等翅目白蚁科；家白蚁（*Coptotermes formosanus* Shiraki），属等翅目鼻白蚁科；海南土白蚁［*Odontotermes hainanensis* (Light)］，属等翅目白蚁科。是海南和广东雷州半岛地区为害甘蔗的重要种类。

甘蔗从种苗开始到整个生长期，都可以被白蚁为害。种苗下种后，白蚁从切口两端侵入，食去种苗茎内组织，形成孔洞或很多隧道，造成大面积缺苗。在萌芽期受害，蔗苗也会失水枯死。生长中后期，白蚁由地下蔗茎食入，使茎内中空，蔗茎被害，蔗叶枯黄或干梢，遇风容易折断或倒伏。甘蔗受害一般可减产3%～13%，严重时可达30%甚至失收。白蚁除为害甘蔗外，还为害木薯、甘薯、花生、芋头、果树、橡胶树、杉、松、桉树等多种农林作物以及危害水库堤坝（彩图20-53-1）。

二、形态特征

白蚁群体中通常可分为蚁王、蚁后、工蚁和兵蚁等品级，某些种类还有大兵蚁、小兵蚁、大工蚁、小工蚁之分。同一种群不同品级的白蚁不但在外部形态上不同，而且在生理机能上也有明显差别。区别种间白蚁，一般以兵蚁和有翅繁殖白蚁的外部形态为主，近似种还可结合分飞时间和蚁巢结构等特征予以区分。

（一）黑翅土白蚁

兵蚁：体长 5.4～6mm；头橙黄色，卵形，上颚镰形，左颚前端 1/3 处有尖齿 1 枚，红褐色；触角 15～17 节。胸部淡黄色；无翅鳞；前胸背板背面观元宝状，侧缘尖括号状，在角的前方各有一斜向后方的裂沟，前缘及后缘中央有凹刻。腹部黄褐色；各足均密生细毛。

有翅成蚁：体长 12～14mm，翅长 24～25mm，全体背面黑褐色，腹面棕黄色；头圆形，触角念珠状，19 节；前胸背板中央有淡色十字形纹；前后翅均黑褐色。前翅 M 脉由 Cu 分出，共 5 支，Cu 有 8～12 根明显的分支。后翅 M 脉由 Rs 分出，其余情况同前翅。整个翅面有微毛，翅中部有棒状突起，前后缘有尖头状乳突。

蚁后和蚁王：体长 70～80mm，无翅；头胸棕褐色；腹部特别膨大，较头胸长 4 倍多，乳黄色；气门环明显，黑褐色；腹背各节后缘均具 1 黑褐色横斑。蚁王无翅，全体为深棕褐色；头淡红色；胸部残留翅鳞。

工蚁：体长 4.6～4.9mm；头黄色，近圆形；胸腹部淡黄褐色；遍体密布细毛（彩图 20-53-2）。

卵：乳白色，椭圆形。长径 0.6～0.8mm，一边较平直。短径 0.4mm。

蚁巢：属土栖白蚁，筑巢于地下，深可达 1～2m，主巢直径可达 1m 以上，环绕着主巢也有许多卫星菌圃，群体甚大。

（二）黄翅大白蚁

兵蚁：分为大兵蚁、小兵蚁 2 种，大兵蚁体长 10.5～11mm，头大呈长方形，宽约 2.7mm；头深黄色，腹部色较淡；上颚黑色；头及胸有少许直立毛；腹背刚毛也少，腹面刚毛较多。小兵蚁体型类似于大兵蚁，但身体小得多。兵蚁遇敌时分泌黄棕色液体。

有翅成蚁：头暗红棕色，宽卵形，体棕褐色，翅淡黄棕色。

蚁巢：属土栖白蚁，筑巢于地下，深约 1m，大型巢，主巢内布满由黏土构成的骨架，骨架间有许多菌圃环绕，王室通常在主巢中央偏下方。

（三）家白蚁

兵蚁：体长 5.3～5.9mm，头椭圆形，黄色，最宽处在头的前端有明显的额腺，上颚发达如镰刀状，黑褐色。腹部淡黄色。遇敌时即分泌出乳状液体。

有翅成蚁：体长 7.5～8.0mm，翅展 11～12mm。体黄褐色，头褐色，翅透明、淡黄色。触角念珠状，20～21 节，全体密被灰白细毛。

蚁后：无翅，头、胸、腹部红褐色。腹部发达，筒形。

工蚁：头圆形，淡黄褐色。腹部乳白色（彩图 20-53-3）。

卵：卵乳白色，椭圆形。

蚁巢：属土木两栖，在室外或野外筑巢，巢居在地上或地下，有主、副巢之分，椭圆形，巢巨型，直径 50～100cm。

（四）海南土白蚁

兵蚁：体长 4.44～5.00mm，头部深黄色，腹部浅黄色或近灰白色而略微带红色。头部背面观椭圆形，头的最宽处在中部。上颚较细，曲度不大，仅前端弯向中线。在左上颚内面前部 1/3 处有 1 个尖锐的齿，齿尖斜向前。右上颚在相对部位的稍后方有 1 个很小而不显著的颗粒状齿。触角 15～16 节，第二节长于第三、四节。

长翅成蚁：与黑翅土白蚁相似，体长 25mm 左右，呈黑褐色。单眼与复眼之间的距离明显大于单眼的长度。

蚁后：成年群体中的蚁后体长 25～55mm，宽 4～9mm。蚁后的体长与体宽比平均为 6.8∶1。

工蚁：分大工蚁和小工蚁 2 种。大工蚁体长 4.3～4.7mm，头部深黄色，腹部灰白色；头背面观近于方形，侧缘平直，前端为头的最宽处，触角 17 节。小工蚁体长 3.9～4.0mm，头部浅黄色，腹部灰白色。

蚁巢：属土栖白蚁，蚁巢完全地下式，由许多菌圃和菌圃腔组成。

三、生活习性

（一）蚁群的组织与分工

白蚁是一种营群体生活的昆虫，在一个成长的群体中，包括为数众多的个体，分成数个品级，各级之间分工明确。蚁王和蚁后在群体里主要起交配产卵作用。工蚁在群体中为数最多，担任筑巢、筑路、运卵、吸水及喂饲蚁王、蚁后、兵蚁和幼蚁等事务，是直接参加破坏农作物的主体。兵蚁上颚发达，负责御敌和卫巢等工作。

（二）蚁群的发育与分飞

1. 蚁群的发育 白蚁属不完全变态。幼虫从卵孵化后，要经过多次蜕皮才变为成虫。各种白蚁发育期的长短，除存在着级的差异外，也随着群体的大小而改变。一般大群体的幼蚁龄期较长。成长的工蚁和兵蚁的体型较大，体色也较深。

2. 蚁群的分飞 成长的白蚁群体每年能产生相当数量的有翅成虫。有翅成虫的分飞是白蚁进行分群繁殖、扩散迁移、创造新群体的主要方法，分飞的时间和气候条件因种类而异。多数白蚁的有翅成虫于 3 月开始羽化，4～6 月在靠近蚁巢附近的地面上做成羽化孔，形如圆锥体，当气温达到 20℃以上，大气相对湿度达到 85％以上的雨天，有翅成虫往往在当日 19：00 前后爬出羽化孔进行群飞交尾，然后脱翅入地建新巢。

（三）蚁巢

白蚁营巢穴生活，营巢地点和结构形式因种而异。为害甘蔗的白蚁大体上可分土栖白蚁和土木两栖白蚁 2 类。

1. 土栖白蚁 这类白蚁的巢穴均筑于土中，如黑翅土白蚁、海南土白蚁、黄翅大白蚁和歪白蚁等。蚁巢在土下的深浅不一。黑翅土白蚁和家白蚁较深，歪白蚁较浅。同一种白蚁的蚁巢，一般随巢群年龄的增长而加大加深，巢形也起变化。如黑翅土白蚁，其蚁巢为地下分散型，有 1 个主巢，在主巢四周有10～100 多个菌圃（俗称卫星菌圃）。菌圃状如面包，体积一般为 8cm×8cm×5cm，大的达 25cm×25cm×20cm。成长蚁群的主巢直径可达 1m 以上，入土深 1～2m，有坚硬泥壳王室 1 个，位于王室菌圃的中央，主巢与菌圃之间、菌圃与菌圃之间都有蚁路相通。

2. 土木两栖白蚁 这类白蚁可以在干木或生活树木或埋在土中的木材内筑巢，也可在土中筑巢，如家白蚁和黄胸散白蚁。

（四）白蚁的抚育行为

白蚁对卵、幼蚁的抚育非常细致，常进行搬动、舔刷、清洗，工蚁对兵蚁和工蚁相互之间也常进行舔刷。上述习性对其整个群体的繁殖活动有利，也为防治上使用慢性胃毒剂使其传递而引起倾巢覆没提供了有利条件。

由于白蚁体壁极薄，活动于物体表面时，一般都隐身于一层泥质覆盖物下，即为泥被线（也称蚁路），这对白蚁巢群及其体内的水分都起了保护作用。

四、发生规律

（一）发生时期与为害状

南方甘蔗自下种至收获的整个生长期，都可遭受白蚁为害，但下种后的萌芽期受害最烈，幼苗期较轻，伸长期渐趋严重，生长中、后期又常出现第二个为害高峰。

在萌芽期，白蚁多数从蔗种两端切口侵入，也有从根带、生长带和蔗芽处侵入，蛀食茎内组织，造成与蔗种平行的多条隧道。土白蚁属的 2 种白蚁常随蛀随向洞内填以泥土，严重时只剩下一层极薄的外皮。如蛀食不深，蔗芽仍能萌芽生长，当蔗种的节被蛀通时，蔗芽就难以萌发，即使已经萌发出土的幼苗，如永久根尚未长出或长出不多时，也往往因种苗组织遭严重破坏而致全株枯死。

生长中、后期的蔗茎同样可遭受白蚁较重为害。蚁群常从土下的蔗茎基部食入，蛀食茎内组织，食害高度因种类而异。黑翅土白蚁一般为 20～100cm，家白蚁可达 100cm 以上，甚至可全株食通。受白蚁为害的蔗茎表面往往保持完整无缺，但叶色较黄，下部枯叶较多，敲击蔗茎发出空洞声，此可与健康蔗株区别。被害严重的蔗茎，遇风常从基部折断以致全株枯死。

（二）影响白蚁猖獗的因素

1. 土壤与植被 据调查，在 pH5～8 的山地和丘陵旱地的各种土壤类型都发生为害，但以红、黄壤土的桉树林、松林、茅草山、墓地等垦殖种蔗的发生最多，为害最重，房前屋后、竹园附近种蔗，也常遭白蚁为害。

2. 气候条件 白蚁活动隐蔽，一般喜阴暗温暖潮湿的气候。据观察，早春干旱温暖，土壤湿度低，萌芽期的蔗种常遭受白蚁严重为害；反之，春雨多，温度低，土壤长期保持潮湿状态，受害则轻，长期高温干旱对白蚁活动不利。气温在 25～30℃，长期干旱后降中小阵雨，使土壤有一定的湿度，白蚁活动往往暴增；长期高温干旱后连续降雨，使土壤湿度过高，对其为害活动不利。

3. 种植年限 新垦地种蔗一般比熟地发生量大，受害也较重。

4. 甘蔗品种 根系发达生长旺盛、分蘖力强、茎秆较硬的品种受害较轻；加强田间管理精细耕作，甘蔗生长旺盛，一般受害也较轻。

五、防治技术

（一）白蚁的预防

1. 冬耕 冬季深翻改土，挖毁蚁巢，把白蚁消灭在植蔗前。

2. 药剂浸种 甘蔗播种时，可选用 50％辛硫磷乳油 300～400 倍液、48％毒死蜱乳油 300 倍液或 10％氯菊酯乳油 400 倍液浸种 1～2min，保苗期可长达 2～3 个月，并可兼治其他地下害虫。

（二）化学防治

1. 土壤施药防治 播种和大培土时，可选用 1％联苯·噻虫胺颗粒剂 60～75kg/hm² 、5％杀单·毒死蜱颗粒剂 60～75kg/hm² 或 5％毒死蜱颗粒剂 45～60kg/hm² 施于植沟中或蔗苗基部，然后覆土。

2. 诱杀白蚁 在白蚁滋生地堆放废弃的蔗茎、蔗皮、桉树皮、艾、木薯茎及茅草堆，等白蚁大量聚集到诱杀点后，即可喷施 10％联苯菊酯乳油 1 000 倍液或 48％毒死蜱乳油 500 倍液，喷完药仍应小心恢复原状，避免惊动白蚁，使其在继续活动中将药剂互相传递而中毒死亡。此法在雨季宜做诱杀堆，旱季宜做诱杀坑。用此法如施药量、蚁量及诱杀点与蚁巢的距离配合恰当，可使整个蚁群全军覆灭。

3. 分飞孔直接投药 土栖白蚁筑分飞孔时，其工蚁、兵蚁活动最频繁，并毫无顾忌，此时应抓紧有利时机，将灭蚁灵（十二氯五环癸烷）粉剂或毒死蜱乳油直接喷在蚁体上，如方法得当，亦可达到消灭全巢的目的。

4. 使用 LD 林地白蚁诱杀包 在白蚁经常出没的场所，放置林地白蚁诱杀包 1～2 包，上盖草皮、树叶等杂物，任其取食传导。投诱杀包的数量视蚁群密度而定。通常每公顷投放 225～375 包，2～3 个月后即可彻底消灭全部巢群，达到根治的目的。此法对土栖白蚁特别有效。

（三）灯光诱杀

在有翅繁殖蚁分飞季节，架设黑光灯诱杀有翅繁殖蚁。

黄诚华　商显坤（广西壮族自治区农业科学院甘蔗研究所）

第 54 节　甘蔗蚜虫

一、分布与危害

为害甘蔗的蚜虫有甘蔗粉角蚜（甘蔗绵蚜）（*Ceratovacuna lanigera* Zehntner）、甘蔗黄蚜（高粱蚜）（*Melanaphis sacchari* Zehntner）和甘蔗刺根蚜（*Tetraneura hirsute* Baker）3 种，均属同翅目蚜虫科。

甘蔗粉角蚜国内分布于各植蔗区，以南方蔗区发生普遍而严重，华中蔗区北部为害较轻，国外广泛分布于东南亚各植蔗国，其寄主主要有甘蔗、茭白、柑橘、芦苇、大芒谷草等禾本科植物。甘蔗黄蚜仅在福建、江西、广东、广西、云南和台湾等省份偶有发生，寄主包括甘蔗、高粱、玉米等作物。甘蔗粉角蚜和甘蔗黄蚜均以成虫、若虫群集于甘蔗叶片背部中脉两旁，以刺吸式口器插入叶中吸食汁液，使蔗叶枯黄凋萎，同时分泌蜜露黏附于叶片上导致煤烟病发生，影响叶片光合作用（彩图 20 - 54 - 1）。受害重的甘蔗生长萎缩，产量降低，糖分下降，留做种苗萌芽率低，留作宿根发株差。据调查，被害蔗一般减产13.7%～24.6%，重的减产达50%以上，蔗糖分降低10%～40%；受害严重的田块留作宿根，萌芽率仅10%～25%，造成来年缺行断垄。甘蔗粉角蚜还是甘蔗黄叶病毒（*Sugarcane yellow leaf virus*，ScYLV）、甘蔗花叶病毒（*Sugarcane mosaic virus*，SCMV）的传播媒介，将病毒在甘蔗植株间和田块间传播，还能将病毒传至高粱、水稻和玉米等其他禾本科作物。

甘蔗刺根蚜分布于广东、广西、福建及云南等省份。甘蔗刺根蚜主要为害甘蔗的根部，以成蚜、若蚜群聚在蔗头附近，刺吸蔗根的汁液，受害蔗根暗褐色，须根萎缩卷曲，地上部蔗株表现为长势衰弱，下部叶片过早枯萎，中上部叶片黄萎，与受旱、缺水和缺肥症状相似。由于甘蔗根部被害，营养及水分吸收受阻，生长受到抑制，导致甘蔗减产。除为害甘蔗外，还为害野生甘蔗、陆稻、芒及其他禾本科杂草。

二、形态特征

（一）甘蔗粉角蚜

成虫：分有翅和无翅两型。有翅成虫体长 2.5mm，翅展 7mm，长椭圆形。头部和胸部黑褐色，腹部及足黄褐色至墨绿色。翅 2 对，静止时叠置于腹背，前翅前缘脉和亚前缘脉之间有 1 个灰黑色的翅痣。触角 5 节，第一至二节短而光滑，第三至五节有多数环状感觉孔；前胸背面中央有四角形大胸瘤；翅透明，前翅中脉分二叉；腹部蜡孔退化。无翅成虫体长 2.5mm，宽 1.8mm，体色黄绿、灰黄或黄褐。头、胸、腹紧连在一起，前头有 2 个小角状突。触角短，5 节。胸部及腹部背面覆盖着较厚的棉絮状白色蜡质物。腹部膨大，共 8 节，第三腹节宽度最大，第五腹节背面两侧各有 1 个明显的背孔；无环状感觉器；腹管退化成 1 对小圆孔。

若虫：分有翅和无翅两型（彩图 20 - 54 - 2）。有翅若虫体色灰绿或黄绿，胸部裸露，中间特别发达，两侧现有翅芽；一至三龄若虫触角 4 节，四龄若虫触角 5 节；腹背披纤维状白色蜡质物，到冬季蜡粉延长呈丝条状。无翅若虫体形似成虫，体色淡黄或灰绿；触角 4 节，第三节中央稍缢缩；腹背有棉絮状白色蜡粉。

（二）甘蔗黄蚜

成虫：分有翅和无翅两型。有翅成虫体长 1.1～1.5mm，翅长 2mm，触角长约 1.2mm；复眼深紫色，头部、胸部黑色，腹部黄绿色，翅透明，翅脉深褐色，沿翅脉有暗色斑。无翅成虫体长 1.5～2mm，卵形，淡黄色或淡绿色；复眼深红色；触角末端 2 节黑色，其他淡黄色；足跗节黑色，其他淡黄色。

若虫：分有翅和无翅两型。若虫体形似成虫，体较小，淡黄色；有翅若虫有翅芽，而无翅若虫无翅芽（彩图 20 - 54 - 3）。

（三）甘蔗刺根蚜

成虫：分有翅和无翅两型。有翅成蚜体长约 2.5mm，翅展 7.0～9.0mm，长椭圆形。头、胸、触角和足均为紫灰色或紫黑色；触角 5 节；腹部膨大，黄色或黄褐色；腹管退化仅留痕迹，腹部两侧有淡黄色毛。无翅成虫体长约 2.0mm，膨大几近球形，淡黄色或略带赤色；头胸短小，足及触角甚短，足跗节只有 1 节；复眼小，紫灰色；腹管退化只留痕迹，腹部两侧有淡黄色长刚毛，体被灰白色蜡粉。

若虫：分有翅和无翅两型。但初产下时两型一样，至老龄才分有翅与无翅两型。有翅若蚜体长约 2.0mm，长椭圆形，复眼暗红色，头、胸、腹为淡黄色；腹背有少量蜡粉；中胸两侧出现翅芽 1 对。无翅若蚜与有翅若蚜相似，中胸两侧无翅芽。

三、生活习性

（一）甘蔗粉角蚜

甘蔗粉角蚜世代重叠，在广东和广西一年约发生 20 个世代。粉角蚜有群集性。群集在蔗叶背面栖息、取食及繁殖活动。无翅型整年都有发生，有翅型则一般发生于 9 月底至翌年 6 月。由于粉角蚜的发育与繁殖受气候影响很大，各代的历期随季节的变更而长短不同。一般平均气温在 20～30℃，相对湿度在70%～90%，无翅若虫历期 13.5～18.0d。若平均气温连续超出 30℃，绝对高温达 40℃以上的环境下，粉角蚜会出现滞育现象，若虫历期延长数天。有翅若虫的历期比无翅若虫的历期长，主要是由于四龄期长 2～3 倍。

有翅成虫具飞翔能力，起着远距离迁飞扩散作用，寿命只有 7～10d，平均产仔 14～15 头，在迁飞落点的蔗叶背面连续产在一起或分成两点。这些若虫经发育后，肯定变为无翅成虫。一年中有 3 次迁飞扩散盛期：第一次在 6 月，这时主要由越冬虫源繁殖起来的有翅成虫向大田迁飞扩散，成为当年粉角蚜发生的基点，或称中心虫株；第二次 8～9 月在田间扩散，由虫口密度较大的植株转移扩散蔓延成整丘整片；第三次迁飞在 11 月，由成熟的蔗株迁飞到越冬场所或秋植蔗田。

无翅成虫极少移动，但寿命长，可达 32～92d，繁殖力强，一生能产仔 50～130 头，平均每天约产仔 2 头。蔗叶上虫数较少时，产下的若虫聚集在母体周围取食，有些发育至成虫仍在同一位置产仔，甚至混杂着第三、四代的虫体；当蔗叶上虫口密度过大时，一至二龄虫向外爬迁，先爬向同一蔗株上部嫩叶，继而爬向邻近蔗株，蔓延成群。无翅成虫产下的若虫经蜕皮 4 次，分别发育为无翅成虫或有翅成虫。

（二）甘蔗黄蚜

甘蔗黄蚜发生世代短，繁殖快，每年可繁殖 16～20 代，寄主有甘蔗、高粱、玉米、黍等。黄蚜常在老蔗叶或将干枯的蔗叶上群集吸食汁液为害，仅在广东、广西、云南、福建、台湾蔗区偶见发生，发生为害比甘蔗粉角蚜轻得多。

（三）甘蔗刺根蚜

甘蔗刺根蚜为害甘蔗及陆稻的根部，也寄生于芒和其他禾本科植物的根部。以成虫、若虫群集根部吸食汁液，引起受害的根卷缩，使甘蔗生育受到很大抑制，蔗叶变黄、蔗株变矮，一般多见于高旱地的宿根蔗。刺根蚜终年靠孤雌生殖，产生无翅胎生雌虫，极少产生有翅胎生雌虫。刺根蚜龄期短，成虫后即行胎生，故繁殖很快，世代也重叠难分。以有翅成虫的飞翔扩散传播，尚有一种小蚂蚁可用口器钳起小若虫搬于健苗上以助迁移。因蚜虫能分泌蜜露，为蚂蚁所喜食，故造成它们互相利用。

四、发生规律

（一）甘蔗粉角蚜

甘蔗粉角蚜在蔗田的发生与消长规律，在不同地区不同年份不同条件下有不同的反映。

在广东珠江三角洲蔗区，大致分为发生始期、发生盛期与发生末期三个阶段：①发生始期：一般指 3～5 月，这时气温逐渐上升，有利于在秋植蔗、宿根蔗及其他场所上越冬的蚜群进行繁殖，而且大量有翅成虫向大田迁飞扩散，建立新发生的基点。②发生盛期：6～11 月的条件适合甘蔗粉角蚜的发育与繁殖。各基点的蚜群迅速扩大，各蚜群连接成片，造成大发生，为害严重。③发生末期：11 月以后气温下降，甘蔗趋于成熟，甘蔗粉角蚜繁殖较慢，老熟的蚜群又出现大量有翅成虫，迁飞到秋植蔗田等越冬场所产仔，度过冬季而残存下来的甘蔗粉角蚜又成为第二年发生的虫源。

云南各蔗区都以 6 月上、中旬为甘蔗粉角蚜由越冬场所向蔗田迁飞时期，有翅蚜随风飘移，选择宿根蔗或出苗早生长旺盛的新植蔗降落定居成为中心虫株，逐步向周围植株扩散成为整丘整片。

甘蔗粉角蚜发生量的大小，为害程度的轻重，与大发生前的基数和当年气候密切相关。7～8 月出现间隙性干旱，气温保持在 20～22℃，相对湿度不超过 80%，持续 10d 至半月，9 月就会出现甘蔗粉角蚜大发生；当气温超过 23℃ 以上，相对湿度 85% 以上的高温高湿，有利于霉菌寄生，蚜群数量迅速下降。降雨多，分布均匀的蔗区或年份蚜害就轻。

（二）甘蔗黄蚜

甘蔗黄蚜的发生数量受多种环境因素影响，以气象和天敌最为密切。春夏干旱极易导致大发生。另外，甘蔗黄蚜的天敌种类较多，有瓢虫、草蛉、蜘蛛、蚜茧蜂等 10 余种。在甘蔗黄蚜的蚜群中常发现有受寄生的蚜虫，被寄生后的黄蚜体呈棕黑色，寄生蜂羽化后可见虫体背部有圆孔。黄蚜在广东、广西、云南、福建等蔗区发生较轻，可能是受天敌抑制。

（三）甘蔗刺根蚜

一年四季均可见其为害，而以夏季（5～6 月）及秋季（9～10 月）发生最多，为害最烈。在干旱季节发生最多，以疏松沙质土地、高旱地、宿根蔗地和连作地的甘蔗受害最重；雨水多，积水的低洼地、黏质土壤地的甘蔗受害较轻。一般是局部地块发生，严重时也可遍及全田。

五、防治技术

（一）农业防治

1. 加强栽培管理　若蚜虫严重为害时，有条件的蔗田可进行灌溉，增加土壤湿度，既有利于甘蔗生长，也可减轻蚜害。

2. 及时剥去枯老叶 及时剥去枯老叶，改善田间通风透光条件，也可减轻蚜害。

（二）保护利用天敌

天敌是影响甘蔗蚜虫发生消长的主要因素之一。目前，已有记载的甘蔗蚜虫天敌达 40 多种，包括 7 种寄生蜂、30 种捕食性天敌和 3 种病原真菌。蔗田常见的天敌有瓢虫、草蛉、食蚜蝇、绿线食蚜螟、蚜小蜂、蚜茧蜂和 1 种寄生菌，其中，多种瓢虫（如大突肩瓢虫、十斑大瓢虫、双带盘瓢虫等）捕食量相当大，当发生数量多时，对抑制蚜虫的发生起到很大的作用。因此，必须合理用药，避免大量杀伤天敌，充分发挥天敌对蚜虫的抑制作用。

（三）化学防治

1. 抓住两个关键防治时期 防治甘蔗蚜虫要抓住两个关键时期：第一是 3～5 月前消灭在秋植蔗、宿根蔗、屋边路零星蔗以及其他越冬场所上的越冬蚜群，以防止其迁飞扩散，减少虫源。第二是在 6 月底至 7 月初，有翅成虫迁飞结束和初生小蚜群刚建立时，对蔗田进行全面检查和喷药防治，把蚜虫控制在虫害初始时期。

2. 药剂喷雾防治 多种药剂对甘蔗粉角蚜和甘蔗黄蚜都有防治效果，但由于蔗叶茂密交错，喷洒不能彻底，使遗漏部分的蚜虫反复蔓延，贻误了防治上的关键时机，导致中后期大发生。因此，应该选择高效农药：50％抗蚜威可湿性粉剂 5g 对水 10～15L 喷雾，40％乐果乳油 10mL 对水 10L 喷雾，5％啶虫脒乳油 10mL 对水10～15L 喷雾，50％吡蚜酮可湿性粉剂 1～2g 对水 10～15L 喷雾。

3. 土壤施药防治 3～4 月甘蔗种植、宿根蔗破垄松蔸或甘蔗大培土时，每公顷选用 30％氯虫·噻虫嗪悬浮剂 600～750mL 与尿素 150kg 拌匀，或者每公顷施用 1％联苯·噻虫胺颗粒剂 60～75kg，撒施于种植沟内，并覆土。也可每公顷选用 25％噻虫嗪可湿性粉剂 600g，与普通过磷酸钙均匀混合后，施于蔗株基部，然后覆土。

4. 甘蔗刺根蚜的防治 严重发虫地块，每公顷选用 5％丁硫克百威、5％杀虫单·毒死蜱、8％毒死蜱·辛硫磷等颗粒剂 45～90kg 或 15％毒死蜱颗粒剂 15～18kg，与 600kg 干细土或化肥混合均匀，在 3～4 月春植蔗下种、宿根蔗松蔸或 5～6 月大培土时期均匀撒施于蔗株基部并及时覆土。

黄诚华　魏吉利（广西壮族自治区农业科学院甘蔗研究所）

第 55 节　蔗腹齿蓟马

一、分布与危害

已知为害甘蔗的蓟马有蔗腹齿蓟马 [*Fulmekiola serrata*（Kobus）]、稻蓟马 [*Stenchaetothrips biformis*（Bagnall）]、稻管蓟马 [*Haplothrips aculeatus*（Fabricius）]、花蓟马 [*Frankliniella intonsa*（Trybom）]、禾蓟马（玉米蓟马）[*Frankliniella tenuicornis*（Uzel）]、华简管蓟马（中华管蓟马）(*Haplothrips chinensis* Priesner) 等，均属缨翅目蓟马科，但普遍发生在各蔗区内为害甘蔗的是蔗腹齿蓟马。

蔗腹齿蓟马在广西、广东、云南、福建、海南、四川、江西、浙江、湖南、台湾等省份均有分布，尤以温带蔗区最重。寄主有甘蔗、斑茅、芦苇等。蔗腹齿蓟马成虫和若虫均为害甘蔗，主要栖息在甘蔗心叶内，锉吸叶片汁液，被害叶片未展开时略呈水渍状黄斑，因叶绿素破坏，故叶片展开后，呈黄色或淡黄色斑块。为害严重时使蔗叶卷缩萎黄，缠绕打结，甚至干枯死亡，影响叶片光合作用，妨碍甘蔗生长并造成减产（彩图 20-55-1）。

二、形态特征

成虫：雄成虫体长 1.1～1.2mm；雌成虫体长 1.2～1.3mm。暗褐色或褐色，触角 7 节，第三至四节上有叉状感觉锥，第三至五节色淡，中胸腹板胸内骨无小刺，腹部第二至七节后缘着生不整齐的栉小齿。前翅斜长，淡灰色，上脉基鬃 7 根，端鬃 3 根。产卵器锯齿状，向下弯曲。

卵：长 0.2～0.35mm，长椭圆形，稍弯曲，初产时为白色，后转灰白色。

若虫：似成虫，体型较小，黄白色，无翅。前蛹似若虫，有翅芽。复眼紫色（彩图 20-55-2）。

伪蛹：体似若虫，触角伸达头背面，翅芽伸达腹部第五至六节。体黄白色，接近羽化时为淡褐色，体长接近成虫。

三、生活习性

蔗腹齿蓟马的世代历期较短，一年可发生 10 余代，世代重叠，冬季无明显的休眠现象。雄成虫寿命 4～8d；雌成虫寿命一般 18～31d，秋季可达 48d；在日均温度 25℃ 左右，卵历期 4～6d，若虫历期 8～10d。蔗腹齿蓟马的繁殖可进行有性生殖和孤雌生殖两种，两种生殖方式的产卵量接近，一般在羽化后 3～5d 产卵最多，可连产 4～7d。每雌虫在 20～25℃ 适温内可产卵 80 粒左右，每昼夜能产卵 6～12 粒，孤雌生殖后代多为雄虫。

成虫具有趋嫩习性，多产卵于甘蔗心叶内侧组织内。卵、若虫和成虫的绝大部分时间都在尚未展开的心叶内，其中以心叶中部最多。成虫有翅可飞翔，可借风扩散传播，迁移扩散能力较强。

蔗腹齿蓟马在 3 月中、下旬开始活动繁殖，一般先在秋植蔗和秋笋上为害，3 月下旬宿根蔗出苗后，借风扩散到宿根蔗苗上为害，4 月中旬春植蔗出苗后，成虫迁移到春植蔗苗上为害。5 月中旬后，蔗田蓟马数量迅速增加，各种虫态在蔗田均可见到，6 月下旬种群数量达到最高峰，以后逐渐下降，12 月至翌年 2 月为害当年下种的秋植蔗。

四、发生规律

蔗腹齿蓟马的发生与气候条件关系很大。一般气温在 20～25℃ 时，适宜于蓟马繁殖。高于 28℃ 时，生长繁殖受到抑制。它在干旱的季节繁殖很快，加上干旱时甘蔗心叶展开缓慢，也为蓟马的栖息为害提供了有利条件，往往为害成灾。一般在 5～8 月是它的发生期，5 月中、下旬大气干旱炎热则盛发为害。但蓟马不耐高温高湿，因此当高温和雨季来临后，其发生就会受到抑制。

蔗腹齿蓟马的发生与甘蔗栽培管理密切相关。雨天积水，栽培管理不良，甘蔗生长缓慢，为害严重；反之，肥足，水分适宜，甘蔗生长旺盛，心叶展开快，不利于此虫的生存和取食，甘蔗受害便轻。因此，蓟马在保水保肥力差的坡地和沙土地，间套玉米、小麦的蔗地，生势差的蔗地，一般受害重，反之则受害轻。另外，不同的甘蔗品种，受害程度有所不同，通常前期生长慢的品种受害较重。

五、防治技术

（一）农业防治

1. 加强栽培管理　新植蔗或宿根蔗破垄松蔸时，施足基肥；干旱时适时灌溉，积水时及时排水，缺肥时赶施速效肥，促进甘蔗生势壮旺，使心叶快速展开，可有效减少蓟马为害。

2. 选用优良品种　选用前期生长快、丰产性能好的品种，能有效地减轻蓟马为害。

（二）药剂防治

1. 喷药防治　在蔗腹齿蓟马发生较多时，选用以下农药喷洒：50％ 杀螟腈乳油 1 000 倍液、50％ 杀螟硫磷乳油 1 500 倍液、40％ 乐果乳油加 50％ 敌敌畏乳油混合成 1 500 倍液、10％ 吡虫啉可湿性粉剂 2 000～3 000 倍液。在日出前或日落后喷在心叶上，同时可在每箱药液中加入 150 g 尿素，可起追肥和杀虫增效的作用。隔 5d 再喷 1 次。

2. 土壤施药防治　25％ 噻虫嗪水分散粒剂每公顷 600g，于 5 月上旬前后蔗腹齿蓟马为害盛期前，与普通过磷酸钙均匀混合后施于蔗株基部，盖土，可有效防治蓟马发生。

黄诚华　魏吉利（广西壮族自治区农业科学院甘蔗研究所）

第 56 节　甘蔗飞虱

一、分布与危害

在我国，为害甘蔗的飞虱种类有灰飞虱［*Laodelphax striatellus* (Fallén)］、甘蔗扁角飞虱（*Perkin-*

siella saccharicida Kirkaldy）和甘蔗扁飞虱（*Eoeurysa flavocapitata* Muir）等 10 多种，其中以甘蔗扁角飞虱和甘蔗扁飞虱 2 种最为重要。扁角飞虱和扁飞虱均属同翅目飞虱科。

甘蔗扁角飞虱广泛分布于华南蔗区，西南和华中蔗区亦有少量分布，是福建、广东、广西和台湾等蔗区的主要为害种。扁角飞虱除为害甘蔗外，还为害玉米等。

甘蔗扁飞虱分布于华南、西南等蔗区的局部地区，为害严重。

甘蔗飞虱为刺吸式口器，主要以成、若虫群集甘蔗叶片、嫩茎上刺吸汁液为害，成虫产卵于叶片中脉上，刮破叶片表皮组织形成伤口，从而致叶片生长不良，甚者蔗株矮小，蔗茎细小，糖分和产量下降。此外分泌的蜜露又可诱发煤烟病，虫伤口易诱发甘蔗赤腐病，更加重为害。在澳大利亚和菲律宾，甘蔗扁角飞虱也是当地甘蔗斐济病的传毒虫媒。据调查，受飞虱为害，蔗茎锤度下降 0.45～0.55（绝对值），严重的下降 1～1.75（绝对值），受害植株比健康植株矮 4.4～14.6cm，且蔗茎亦较细。

二、形态特征

（一）甘蔗扁角飞虱

成虫：有长翅型和短翅型 2 种。长翅型成虫体长 5.0～5.8mm，灰褐色或黑褐色，翅透明，翅脉上有纵列黑点，前翅末端中部有黑褐色长斑块。腹部背面褐色，腹部腹面浅黄色。足黄白色，有褐色环纹，后足胫节端距下缘弯月形，具许多小齿。无翅成虫体长 3.4mm，仅具翅芽，腹部较肥大（彩图 20-56-1，1）。

卵：卵粒呈香蕉形，常 3～6 粒并列。初产时呈乳白色，后变为淡黄色，孵化前具一小红点（彩图 20-56-1，2）。

若虫：体形与无翅成虫相似，但个体较小，体色比成虫稍浅，为乳白色至黄褐色（彩图 20-56-1，3）。

（二）甘蔗扁飞虱

成虫：体形窄长，长宽为 4mm×2mm，头顶、前胸背板和翅基片为黄色，其余地方为暗褐或黑褐色。小盾片及其余部分为黑褐色。头顶甚宽，与额间有一横脊分界。前翅 2/3 处为浅褐色，末端 1/3 处具 1 条黄白色横带。后足胫距有缘齿 17～19 个。臀刺 2 对（彩图 20-56-1，1）。

卵：乳白色，香蕉形，常单粒产于嫩叶组织内。初产时乳白色，7d 后变为褐色，10d 后变为黄褐色（彩图 20-56-1，2）。

若虫：末龄若虫体长 3.2mm，淡黄色，扁长椭圆形，腹部各节背板前缘褐色，最后 2 节背板深褐色。前、中足黑褐色，后足淡黄色（彩图 20-56-2，3）。

三、生活习性

（一）甘蔗扁角飞虱

一年发生 4～8 代，在广东、广西等地一年发生 4～5 代，在福建南部一年发生 7～8 代，世代重叠。以成、若虫和卵在夏、秋植蔗田以及残留田间的秋、冬苗上越冬。第一代发生于 4～5 月，第二代 6～7 月，第三代 7～8 月，第四代 9～10 月，第五代开始越冬。一般以第二至四代对甘蔗的影响最大，此时正是甘蔗封行期，蔗田密不通风，甘蔗嫩绿，最适宜飞虱的生长和繁殖，因而对甘蔗的为害最严重。全世代历期的长短明显受温度高低的影响。

成虫通常在夜间交配产卵。卵多产于叶中脉，也有产于嫩茎及幼嫩叶鞘组织内。产卵处外表稍隆起，周围组织呈梭形红斑，上覆有白色分泌物，形如钟罩。短翅型雌虫每雌产卵量 200～300 粒；长翅型雌虫的产卵量较短翅型的产卵量少得多，一生仅产数十粒。初孵若虫喜群集蔗株中、下部叶鞘内侧或叶部背面吸食活动，经蜕皮 4 次变为成虫。长、短翅型成虫的出现与季节、食料等因素有关。一般冬、春季以长翅型为多；夏、秋季节，由于温、湿度适宜、食料丰富，以短翅型成虫居多。短翅型比例增多是该虫猖獗为害的先兆。长翅型成虫具趋光性，平时只作短距离飞翔。各世代成虫寿命 6～29d，卵历期 7～14d，若虫历期 17～37d。成、若虫均在蔗叶或嫩茎上吸食汁液，分泌蜜露诱发煤烟病，并影响光合作用。在澳大利亚和菲律宾该虫是"斐济病"的传毒媒介。

通常蔗田偏施氮肥、过度密植、通风不良、叶片宽阔下垂或组织较松脆的甘蔗品种有利该虫繁殖而为害较重。

（二）甘蔗扁飞虱

一年发生6～8代，在台湾一年发生6～7代，世代重叠。在广西中部地区一年发生5代，无真正越冬期。冬季可见到第五代成虫、若虫及其成虫产下的卵各虫态，而成虫因受1月低温影响后停止产卵，并且成虫、若虫有少部分存活到次年2月中旬，只有卵到3月下旬后陆续孵化为第一代若虫。

甘蔗扁飞虱成虫多在17：00～22：00行动活泼，受惊动即躲避，运动和飞行方式多为横向，每次飞行距离一般0.3～1.0m。怕光而喜荫蔽，白天钻进喇叭口内吸食嫩叶的汁液。无趋光习性，交配时间在9：00为多，产卵时间多在下午至晚上。每头雌虫产卵数各代及同代间都有一定差别，通常7～12粒，最少3粒，最多40粒。产卵前期一般是2d，卵历期8～15d，平均11.4d。卵散产1～2粒，产在嫩叶中脉两侧的组织中，以蔗株心叶下第二至四叶为多，卵顺叶脉呈一字形排列，呈虚线痕迹。卵孵化时间多在下午和晚上。卵历期长短与温度有关，当年第五代成虫产下的越冬卵至次年3月下旬以后孵化，历期97d，其余各代卵的历期平均在14～17d，相差不大。若虫怕光，自孵化后即钻入心叶处吸食。若虫除第一和第五代有部分6龄，其余都为5龄。蜕皮时间多在晚上，少数在早晨。一至三龄食量少，四至五龄食量增加，活泼性大，能横行，善跳跃。若虫历期第二、三、四代平均24.7～26.5d，相差不大，年份间同代相差亦不大。但第一、五代处在冷空气不断入侵的气温不稳定条件下，其历期与第二、三、四代间相差较大，年份间相差亦较大。成、若虫通常喜聚集于心叶和幼嫩的叶鞘内侧刺吸甘蔗汁液，其排泄的蜜露累积于心叶内侧与水分混合形成浓胶状黏液，影响心叶的呼吸作用，诱发煤烟病。受害心叶轻者生长停滞，重者腐烂致生长点死亡。

甘蔗扁飞虱6～7月开始为害春植蔗；8～9月开始为害夏植蔗。在春、夏、秋植蔗混种区，8～11月夏植蔗受害重；冬、春季节秋植蔗受害较重。

甘蔗扁飞虱各世代各虫态历期见表20-56-1。

表 20-56-1 甘蔗扁飞虱各世代各虫态历期（引自邹贵才等，1994）
Table 20-56-1 The generations and instar duration of *Eoeurysa flavocapitata* (from Zou Guicai et al.，1994)

世代	卵	各龄若虫历期（d）						成虫历期（d）				全代历期（d）
		一	二	三	四	五	合计	雌	雄	平均	产卵前期	
一	97	8.3	6.2	5.0	5.8	6.7	32.0	10.0	6.0	8.5	4.2	137.5
二	15	5.5	4.5	5.0	5.3	6.2	26.5	8.0	5.5	7.5	3.7	49.0
三	14	4.0	4.8	5.0	5.2	5.7	24.7	8.2	5.1	7.0	5.5	45.7
四	16	4.1	4.5	5.2	5.7	6.3	25.8	8.0	5.0	7.5	3.0	49.7
五	17	5.5	5.5	6.8	7.1	8.2	32.8	29.0	11.0	18	4.5	67.8

四、发生规律

（一）虫源基数

甘蔗飞虱虫口密度多少直接关系到甘蔗受害程度。虫口密度特别是无翅雌成虫的密度越高，则甘蔗受害就重。如扁飞虱防治指标一般以百株虫量达3 000头时，应进行药剂防治。

（二）气候条件

甘蔗飞虱通常在房屋前后、避风向阳或通风不良的蔗地最先发生，其受害程度也较重。另外，多雨潮湿的年份，也易引起甘蔗飞虱的暴发为害。

（三）寄主植物

叶片宽阔下垂或组织较松脆的甘蔗品种通常比较感虫，而叶片窄长、挺直或组织坚硬的品种则较抗虫。春、夏、秋植蔗混种的蔗区，8～11月夏植蔗受害重，冬、春季节秋植蔗受害较重。蔗田偏施氮肥、过度密植、通风不良，也有利于该虫繁殖而为害较重。

（四）天敌昆虫

甘蔗飞虱天敌较多，有缨小蜂（*Anagrus* sp.）、黑双距螯蜂［*Gonatopus nigricans* （R. C. L. Perkins）］和黑肩绿盲蝽（*Cyrtorrhinus lividipennis* Reuter）等，常大量寄生或吸食甘蔗飞虱的卵。另有螳

蠼（*Forcipula* sp.）等捕食性昆虫。

蠼螋对甘蔗飞虱有一定的控制作用。蠼螋有个十分发达的尾钳，而且十分灵活，捕食甘蔗飞虱时，采用尾钳捕捉猎物，然后送到口器吃食，并将猎物全部吃干净，可以连续吃 10～15 头，因而蠼螋捕捉甘蔗飞虱效率很高。

五、防治技术

（一）农业防治

1. 种植抗（耐）虫品种 一般来说，叶狭、蔗组织坚硬的品种都较抗（耐）虫。

2. 消灭越冬虫源 甘蔗收获后，清洁蔗田，将枯叶残茎及秋笋清除并集中烧毁，可减少部分越冬虫源。并及早喷施 80％敌敌畏乳油 1 500 倍液或 25％噻嗪酮可湿性粉剂 1 000 倍液或 10％吡虫啉可湿性粉剂 2 000 倍液。秋植蔗也应及早喷施药剂，清除蔗株上越冬的虫源。

3. 加强田间管理 甘蔗生长季节，勤剥叶，既可减少田间虫卵，又可通风透光。改善田间的水肥条件，合理施用氮、磷、钾肥，及时排除田间积水，促使甘蔗早生快发，生长健壮，提高甘蔗的抗虫能力。

4. 加强检验检疫措施 对于扁飞虱发生严重的地区，应加强检验检疫措施，禁止到虫区采集、调动种苗。

（二）生物防治

6～8 月是飞虱天敌如大角啮小蜂、缨小蜂、黑双距螯蜂、黑肩绿盲蝽以及蠼螋等大量繁殖时期，此时应尽量避免使用化学农药，以保护天敌，促进其大量繁殖，充分发挥天敌自然控制害虫的能力。

（三）化学防治

1. 喷雾防治 于飞虱大发生时期即 6～8 月，根据测报或虫情，及时选用 25％噻嗪酮可湿性粉剂 1 000 倍液或 10％吡虫啉可湿性粉剂 1 500～2 000 倍液或 25％噻虫嗪可溶粒剂 4 000 倍液喷杀。

2. 烟剂防治法 9～12 月，如田间飞虱暴发而天敌无法控制时，可使用敌敌畏烟剂。在晴天日出 1h 前，每公顷施放 7.5kg 15％敌敌畏烟剂。此法以连片蔗田大面积防治为佳。无风或微风时，可采用流动放烟法，每隔 4～6 畦手提烟剂走 1 畦，功效甚高，并可兼治蚜虫和其他害虫。

安玉兴（广州甘蔗糖业研究所）

第 57 节　甘蔗沫蝉

一、分布与危害

目前已知为害甘蔗的沫蝉有赤斑黑沫蝉 [*Callitetix versicolor* (Fabricius)]，属同翅目沫蝉科，别名赤斑沫蝉、稻赤斑黑沫蝉，俗称雷火虫。赤斑黑沫蝉的食性杂，在多种作物上常见有为害。它常分泌一种泡沫状物，用来保护自己不至于干燥及免受天敌侵害，所以又称为吹泡虫。甘蔗沫蝉为害甘蔗，造成甘蔗叶片卷缩，叶片伸展不正常，这是沫蝉吸食蔗叶汁液造成的；剥开心叶，可见唾沫状液泡，沫蝉若虫在液泡中。成虫和若虫均吸食蔗叶汁液，喜栖于蔗叶背光处。分布北起浙江、河南、陕西，南至广东、广西、云南、四川、贵州、福建。该虫除为害甘蔗外，也为害水稻、高粱、玉米、粟、油菜等。

二、形态特征

成虫：体长 11.0～13.5mm，全体黑色有光泽。头冠不大突出，复眼黑褐色，单眼黄红色，前胸背板中后部隆起。足长，前足腿节特别长。小盾片三角形，中部有 1 个明显的梭形凹斑。前翅乌黑，较平展，近基部有 2 个大白斑，近端部雄性有 1 个肾状大红斑，雌性有 1 个一大一小红斑。

卵：初产淡黄色，后期变深。扁椭圆形，长 1.0～1.2mm。

若虫：共 5 龄，形状似成虫，初乳白色，后变浅黑色，体表四周具泡沫状液。一至二龄前，体色较浅，无翅芽，长 1.5～5.1mm，三龄体色淡褐色，有翅芽长 5.1～6.6mm，四至五龄黑褐色，中后胸两侧向后形成八字形翅芽，后翅芽超过前翅芽到达第一腹节，长 6.6～10.0mm。

三、生活习性与发生规律

四川、江西、贵州、云南等省份一年发生 1 代，以卵在田埂杂草根际或裂缝的 3～10cm 处越冬。翌年 5 月中旬至下旬孵化为若虫，在土中吸食草根汁液，二龄后渐向上移，若虫常从肛门处排出体液，放出或排出的空气吹成泡沫，遮住身体进行自我保护，羽化前爬至土表。6 月中旬羽化为成虫，羽化后 3～4h 即可为害甘蔗，7 月受害重，8 月以后成虫数量减少，11 月下旬终见。每雌产卵 164～228 粒。卵历期 10～11 个月，若虫历期 21～35d，成虫寿命 11～41d。一般分散活动，早、晚多在蔗田取食，遇有高温强光则藏在杂草丛中，大发生时傍晚在田间成群飞翔。一般田边受害较田中心重。

四、防治技术

（1）在甘蔗沫蝉为害重的地区，冬春结合铲草积肥或春耕沤田时，用泥封田埂，能杀灭部分越冬卵，同时可阻止若虫孵化。

（2）必要时在 6～7 月成虫发生盛期，每公顷选用 20％异丙威乳油 3 000mL 或 40％异丙威乳油 2 250～3 000mL，对水 1 125～1 500L 稀释后，均匀喷雾。

安玉兴（广州甘蔗糖业研究所）

第 58 节　甘蔗介壳虫

一、分布与危害

在我国，为害甘蔗的介壳虫有蔗粉蚧 [*Saccharicoccus saccharii* (Cockerell)]、甘蔗灰粉蚧 [*Dysmicoccus boninsis* (Kuwana)]、菠萝灰粉蚧 [*Dysmicoccus brevipes* (Cockerell)) 以及甘蔗复盾蚧 [*Duplachionaspis saccharifolii* (Zehntner)] 等 4 种，属同翅目粉蚧科。全国各蔗区均以蔗粉蚧和甘蔗灰粉蚧为主，尤以蔗粉蚧为害普遍而严重。

蔗粉蚧又名热带蔗粉蚧、粉红粉蚧、糖粉蚧、蔗茎红粉蚧。广泛分布于广东、广西、福建、海南、云南、四川、江西等蔗区。甘蔗灰粉蚧又名蔗节灰粉蚧、蔗茎粉蚧。介壳虫除为害甘蔗外，也为害芒草。成、若虫群集在蔗苗基部或青叶鞘包裹着的甘蔗茎节下部蜡粉带上吸食汁液，并排出蜜露，诱发煤烟病，致使甘蔗生长衰弱，产量和品质下降，蔗糖分下降（彩图 20-58-1）。虫口密度高，发生严重时，可导致甘蔗成片枯死，造成严重减产。受害甘蔗留宿根时，其发芽率低，生势弱，留作种苗时，萌芽率低。

二、形态特征

（一）蔗粉蚧

成虫：雌成虫体长 4～5mm，椭圆形，稍扁平，外观臃肿肥大，背部硕厚，高 2mm 左右，暗桃红色至棕红色，外披白色粉状蜡粉。触角 7 节，末节最长，等于前 3 节之和。口吻由 2 节组成。腹部暗斑哑铃状。肛门环圆形，周边有长刚毛 6 根。足退化，很少移动。主要营孤雌生殖。雄虫具 1 对前翅，体很小，长约 0.8mm，翅展 2mm，褐红色，足和触角较长，腹末具 2 根长长的白色尾毛，不过，雄虫很少产生（彩图 20-58-2，1）。

卵：卵圆形，长 0.5mm，浅桃红色（彩图 20-58-2，2）。

若虫：与成虫近似，体长椭圆形而扁平，全身浅桃红色，体表披白色粉状蜡质。初孵若虫触角和足发达。尾节有 2 对明显的长毛（彩图 20-58-2，3）。

蛹：仅雄虫有蛹这一虫态，长橄榄形，灰紫色，微被白粉。触角、翅芽和足均清晰可见，栖居于叶鞘内侧长条形的白茧内（彩图 20-58-2，4）。

（二）甘蔗灰粉蚧

成虫：与蔗粉蚧极为类似。唯体色灰紫，极易区分。雌成虫体长 4～5mm，椭圆形，稍扁平，外观臃肿肥大，背部硕厚，高 2mm 左右，紫灰色，外披白色粉状蜡粉。腹部暗斑哑铃状。肛门环圆形，周边有长刚毛 6 根。足退化，很少移动。主要营孤雌生殖。雄虫具 1 对前翅，体很小，长约 0.8mm，翅展 2mm，灰褐色，足和触角较长，腹末具2根长长的白色尾毛。有翅雌虫极少产生，只有在环境恶劣或突变时才产生少量的有卵雌成虫（彩图20-58-3，1）。

卵：卵圆形，长0.5mm，黄棕色，半透明，成鱼鳞状排列（彩图20-58-3，2）。

若虫：与成虫近似，长椭圆形，浅桃红色，足发达，行动迅速。尾端1对尾刺较短（彩图20-58-3，3）。

蛹：仅雄虫有蛹这一虫态，长橄榄形，灰紫色，微被白粉。触角、翅芽和足均清晰可见，栖居于叶鞘内侧长条形的白茧内（彩图20-58-3，4）。

三、生活习性

蔗粉蚧在我国一年发生3～10代。台湾一年发生10代，广西一年发生8代，亚热带蔗区一年发生5～6代，温带蔗区一年发生3～4代。主要以若虫在秋植蔗、宿根蔗、零星蔗根的叶鞘内以及蔗梢生长点或蔗根裂缝处越冬。也可以雌成虫或卵块越冬。世代重叠，极不整齐。成虫有雌雄之分，但有翅雌虫很少发生，只有在环境恶化或突变时才会产生少量有翅雌成虫。在正常情况下，蔗粉蚧为孤雌卵胎生殖，主要营孤雌生殖。雌虫以直接产幼行为主进行繁殖。每雌一生平均能产卵377粒，卵经1～2d便可孵化为若虫，有的甚至几小时即可孵化。雌成虫寿命1～2个月，雄虫寿命仅1～2d。雌成虫亦能直接产若虫，每雌虫一天最多能产80多头，一生能产若虫700～800头。若虫经5次蜕皮变为成虫，若虫历期20～30d。完成一个世代需20～30d，秋季60d以上。

甘蔗灰粉蚧在福建一年发生6～7代，其中第六、七代发生量最大。在四川、江西等亚热带蔗区一年发生4～5代，温带蔗区一年发生3代。主要以低龄若虫在蔗梢生长点、蔗根缝隙及枯叶鞘等处越冬。也可以卵、雌成虫在蔗种和蔗兜及残留田间的枯叶鞘和田埂杂草白茅中越冬。各世代重叠，极不整齐。成虫有雌雄之分，雌虫属不完全变态，雄虫属完全变态。翌年3月中旬前后开始转移到新蔗上为害。平时匿居在叶鞘包裹的蔗节四周取食或繁殖。灰粉蚧属卵生，卵产在绵囊中，每雌一生平均可产卵200～300粒。卵历期4～9d，夏天卵历期4～8d，早春卵历期10d；幼虫期雌虫历期21～37d，雄虫历期15～17d；蛹期15～17d；成虫历期27～36d。夏季完成一个世代约需30d，秋季则需50d。

介壳虫在甘蔗田终年发生。两种粉蚧的繁殖力很强。苗期常潜伏在蔗苗基部及蔗芽周围为害，伸长期后成、若虫喜欢阴暗湿润环境，匿居在甘蔗叶鞘下蔗节处，尤多聚居于蜡粉带、根带和生长带上，有时几十头至百余头成、若虫堆集在节处，吸食蔗汁，大大影响甘蔗生长和蔗糖分积累。根据孙玉萍等（1999）检测，甘蔗受甘蔗粉蚧为害后，蔗糖分从平均13%，下降到10%左右，最低降至5.53%，平均下降23%～57%，使甘蔗的品质严重下降。成、若虫排出的蜜露，除能诱发煤烟病外，还可招引来蚂蚁，蚂蚁在取食蜜露的同时还可将小若虫搬运至健康蔗株上，引起扩散为害。甘蔗粉蚧成虫不活跃，但初孵若虫行动灵活，能自行爬至蔗叶鞘或芽的四周，长大后的若虫，行动迟钝。灰粉蚧成虫可爬行，若虫行动迅速。两种粉蚧龄期越小的幼虫爬行越快，潜伏于幼嫩的叶鞘内侧蔗茎的蜡粉带或蔗芽周围群集为害。甘蔗砍收后则潜入土表下3.5～7cm处的蔗头芽部或根带上取食越冬。

每年的7～9月，由于蔗田密闭潮湿的环境，以及甘蔗生长旺盛、蔗茎中营养丰富，故是介壳虫发生最多的季节。

两种粉蚧传播和扩散：远距离传播和扩散主要借蔗种的调动或运输传播；近距离传播扩散主要靠若虫的爬行以及蚂蚁的搬运，幼龄若虫也可借水流和风力传播。

四、发生规律

（一）气候条件

冬春季暖温少雨，有利于甘蔗介壳虫的生长发育和繁殖；多雨年份或高温多雨季节，能显著抑制粉蚧的发生发展；温度适宜、雨量集中的年份，介壳虫常大发生。

（二）寄主植物

生长迅速，叶鞘早开早脱落或易脱落的品种受害较轻。多年宿根或多年连作的蔗田比新植蔗田发生为害严重。种植过密或偏施氮肥的蔗田，密闭、通风透气条件差，有利于介壳虫的滋生和繁殖。

（三）天敌

蔗田天敌对介壳虫的发生起制约作用。常见的天敌有蔗粉蚧长索跳小蜂（*Anagyrus sacchricola* Timberlake）、台湾小瓢虫、首垫蚰蝼（*Proreus simulans* Stål）及曲霉（*Aspergillus* sp.）等。曲霉在高温、高湿时，自然繁殖和传播的速度非常快，可在短期内控制介壳虫的为害。

五、防治技术

（一）农业防治

1. 种苗处理　甘蔗介壳虫一生群聚隐匿于叶鞘内生活，喷药不易触杀，必须抓好种苗传播这一关。①加强检疫，防止调种时介壳虫的远距离传播。②选用无虫健壮的蔗梢部分作种苗。③带虫种苗用 2％～3％石灰水浸种 12～24h，或用 80％敌敌畏乳油或 48％毒死蜱乳油 800 倍液浸种 2min，效果显著。

2. 加强田间管理　在介壳虫盛发阶段，将老叶连同叶鞘剥去，将粉蚧捏死。剥叶后及时灌溉，促进甘蔗健壮生长，可有效减轻为害。

3. 合理轮作　介壳虫发生重的蔗田应与其他作物实施轮作，特别是水旱轮作效果最好。

（二）保护和利用天敌

介壳虫的天敌有寄生性和捕食性天敌如跳小蜂、蚜小蜂、黑红瓢虫、大红瓢虫以及球蚰等，另有一种红曲霉，在 8～9 月高温、高湿的天气条件下，自然繁殖快，寄生率高，可在短期内降低虫口密度，减轻为害。因此，此时应避免用药，以保护蔗田中的天敌。

（三）化学防治

在粉蚧初发阶段喷施具有内吸作用的杀虫剂。药剂可选择 40％杀扑磷乳油 1 000～1 500 倍液或 1.8％阿维菌素乳油 3 000～4 000 倍液或 20％氰戊菊酯乳油 2 000 倍液或 40％毒死蜱乳油 1 500～2 000 倍液喷雾，并可兼治蚜虫。

安玉兴（广州甘蔗糖业研究所）

第 59 节　甘蔗椿象

一、分布与危害

为害我国甘蔗的椿象种类较多，达 38 种。主要有甘蔗异背长蝽 ［*Cavelerius saccharivorus*（Okajima），异名：*Ixchnodemus saecharivorus* Okajima］、二色突束蝽（*Phaenacantha bicolor* Distant）以及离斑棉红蝽 ［*Dysdercus cingulatus*（Fabricius）］ 等。

甘蔗异背长蝽又名甘蔗长蝽，属半翅目长蝽科，分布在浙江、江西、四川、台湾、福建、广东等省。主要为害甘蔗、黍，也为害芦苇等禾本科植物。该虫是甘蔗苗期和伸长期的重要害虫之一，成、若虫常 3～5 头或 20～30 头成群，隐匿在蔗苗心叶或叶鞘内，刺吸甘蔗叶鞘、叶片的汁液，受害叶片初显白斑，发生量大时，即每株着虫量达百余头时，可致叶片黄萎，蔗苗生长发育停滞，甚至黄枯而死。

二色突束蝽属半翅目束蝽科，主要分布于广东、广西等省份，尤以红壤土蔗区如湛江雷州半岛地区发生普遍，在为害高峰期每株蔗苗聚集几十头甚至百余头虫，致甘蔗苗似火烧般焦黄，生长停滞，尤其对宿根蔗为害很大。

离斑棉红蝽又名二点红蝽，属半翅目红蝽科。除为害甘蔗外，也为害玉米等禾本科植物，棉等锦葵科植物，以及灯笼果、土烟叶、柑橘等。主要分布于南方湖北、福建、广东、广西、云南、海南、台湾等省份。

二、形态特征

（一）甘蔗异背长蝽

成虫：雌体长 7.5～8.5mm，腹部宽约 2mm，比胸部宽；雄体长 6.5～7.5mm，腹部宽约 1.4mm，与胸部等宽。体黑色，扁长筒形，全身密被灰白色细毛。复眼棕黑色，单眼细小，位于后头。头尖突略呈菱形。触角 4 节，第一节淡白色，其余棕黑色。前胸背板宽 1.76mm，稍隆凸，中间有横陷分成前后部。小盾片巨大略呈三角形；前翅短小，仅盖至第四腹节，土黄色，具黑斑，膜片上有纵脉 4 条，脉上杂生黑点。足棕红色。雄虫腹面末端圆形，无纵脊，雌虫尖，有隆起的脊（彩图 20 - 59 - 1，1）。

卵：长椭圆形，长约 1.2mm，鲜红色，少数黄白色，棒状，排列成多行（彩图 20 - 59 - 1，2）。

若虫：5 个龄期，末龄若虫长约 6.4mm，前窄后宽呈长棒形，浅棕色。被有细绒毛。头、前胸背板、前翅芽黑色，复眼红色，触角 4 节。体背具大而明显的白斑 3 个，位于第三、四腹节中央有小黑斑 1 个（在翅芽后方）和后胸节中央及第三、四腹节交界处。第六腹节至腹末漆黑色。虫体腹面第五腹节中央具 1 个明显的三角形黑斑，第六腹节至腹末黑斑连在一起（彩图 20 - 59 - 1，3）。

（二）二色突束蝽

成虫：体长 8～9.5mm，体褐色，头部短而比体宽，复眼甚大，球形，红色，突出两侧。触角 4 节，长过身体，末节黑褐色。前胸背板特大，突起成盔状。前胸背板前叶及中、后胸黑色，有粗糙刻纹；前胸背板后叶暗褐色。胸腹部腹面和两侧暗黑色，密布褐斑。小盾片呈棘状向后方突起。前翅膜质透明而细长，翅长达腹末。第一、二腹节暗黑色，收缩狭窄呈束腰状，第二腹节腹部有 6 个淡褐色小圆点，第三腹节长。雌虫腹部呈梭状，淡黄色，末节腹板后缘向内弯曲，雄虫腹部呈棒状，红褐色。足细长（彩图 20 - 59 - 2，1）。

卵：呈长子弹头形，长 1.8mm，宽 0.6mm，黄褐色，有光泽，底部有盖，盖上有 9～11 个钉状物，孵化后盖即裂开。卵粒散产（彩图 20 - 59 - 2，2）。

若虫：5 个龄期。末龄若虫体长 7.5mm 左右，体暗黄绿色，胸、腹间有红、黄、蓝等色斑。若虫到四至五龄时翅芽清晰可见（彩图 20 - 59 - 2，3）。

（三）离斑棉红蝽

成虫：体长 12～18mm，宽 3.5～5.5mm。头、前胸背板、前翅赭红色；触角 4 节，黑色，第一节基部朱红色较第二节长，喙 4 节红色，第四节端半部黑色，伸达第二、三腹节。小盾片黑色，革片中央具 1 个椭圆形大黑斑，腹片黑色。胸部、腹部腹面红色。仅各节后缘具两端加粗的白横带，各足基节外侧有弧形白纹，各足节红间黑色（彩图 20 - 59 - 3，1）。

卵：长 1.1mm 左右，椭圆形，黄色，表面光滑（彩图 20 - 59 - 3，2）。

若虫：初孵若虫，黄色，12h 后变红色，喙达第一腹节；三龄后长出翅芽，背面生红褐斑 3 个，两侧有白斑 3 个；五龄体长 8～10mm，颈白色，翅芽长达第一腹节，腹面色似成虫（彩图 20 - 59 - 3，3）。

三、生活习性

（一）甘蔗异背长蝽

在福建、广东、广西、云南、江西、湖南、浙江、台湾等蔗区一年发生 3 代，无明显的越冬现象，严冬降临时，以成虫和零星末龄若虫隐蔽在靠近蔗茎基部的枯鞘或蔗茎中部半裂开的青叶鞘、心叶中越冬。因此，宿根蔗或丘陵山坡连作蔗地的虫口密度要比当年新植蔗地的密度大，为害也严重得多。每年 2 月下旬至 3 月初，越冬的成虫、若虫迁移至新植蔗地为害蔗苗；成虫开始在宿根蔗苗上产卵，越冬的若虫也于 3 月底以后开始羽化成成虫，此后田间虫口数量逐渐增多，至 5 月前后，达到最高峰，此后随着温度的升高，虫口密度开始下降，至 6 月后虫口密度降到最低。每年 2 月下旬至 3 月初成虫即开始产卵，产卵期 15～19d，卵块产在甘蔗绿色叶鞘边缘内侧，横排并列，少则 2～3 粒，多者 8～9 粒或 20 多粒成排，每雌虫可产卵 50～100 粒。成虫喜爬行，平时多隐匿于蔗苗的心叶、叶鞘中，有群聚性，一遇惊动，立即四散奔逃。若虫化为成虫后 2～4d 开始交配，交配 4～6d 雌虫开始产卵。成虫一生可多次交配，成虫寿命20～30d，雄虫寿命稍短。卵历期长短受气温的影响较大，日均温度 19.4℃时，卵历期约 45d，24.1℃时为 23d，28.3℃时为 18d，29.8℃时为 12.2d。若虫共 5 龄，当日均温度 24℃时，若虫历期长达 50d；日均气温为 29.9℃时，为 35d。

（二）二色突束蝽

在广东湛江蔗区一年发生 3～5 代，无越冬或冬蛰现象。世代重叠现象明显。甘蔗收获后，多转移到禾本科杂草上生活。开春后，重又迁移到蔗地为害蔗苗。每年的虫口高峰期在 4～5 月，遇台风暴水袭击后数量减少；有些地区或有些年份，田间虫口高峰期可能出现在 9～10 月。卵、若虫、成虫历期和全世代历期视季节不同而异，夏季依次为 11d、24d、40d 和 75d，春秋季分别为 14d、37d、74d 和 125d，而冬季则顺次为 14d、37d、145d 和 196d。雌雄虫一生中可交配多次，交配后翌日产卵，每雌虫产卵 20～152

粒，产卵期持续 30～60d。若虫共蜕皮 5～6 次。

（三）离斑棉红蜡

离斑棉红蜡一年发生 2～3 代。以卵及部分成虫和幼虫在土缝中或甘蔗的枯枝落叶下越冬。成虫羽化后 10d 开始交配，可交配 1～5 次，每次历时 60～100h，个别长达 12d。交配后 10 多 d 才产卵，分次产卵，1～3 次产完，每雌虫产卵 70～100 粒不等，一般 20～30 粒一堆，产在土缝或枯枝落叶下或根际土表下。卵历期 6～7d。幼虫共 5 龄，幼虫历期 15d 左右，喜群集。初孵幼虫先在蔗株或杂草根际群集，后转移到蔗叶上为害。有 2 次为害高峰，即 5～7 月和 9～11 月。成虫不善飞，但爬行迅速。活动适温 22～34℃，低于 17℃不活动，低于 0℃时 5h 内死亡，高于 37℃时 3～4h 内死亡。适宜相对湿度 40%～80%。高温低湿年份利于该虫发生。

四、发生规律

（一）气候条件

干旱、少雨，高温、低湿的气候条件有利于甘蔗椿象卵的孵化和若虫的成活，因此有利于椿象的发生和为害，特别是 4～5 月降水偏少，气温偏高的年份，椿象的为害偏重。

（二）寄主植物

秋、冬、春植蔗区或以宿根留种蔗地为成虫越冬提供了有利场所；大面积连片种植提供了丰富的食物来源；蔗地连作、宿根面积大、管理粗放使害虫基数增加，这些均有利于甘蔗椿象的发生和发展。

（三）天敌

甘蔗椿象的天敌有寄蝇、猎蝽、食虫红蜡等。

五、防治技术

（一）农业防治

（1）加强检验检疫，防止虫害扩散蔓延至无虫的蔗区。

（2）冬季清洁蔗园。采用"烧、清、引、杀"的方法，"烧"即在甘蔗收获后，立即清洁蔗园，留下 1/3 左右的蔗叶彻底烧蔗园 1 次；"清"即烧园后将蔗地中未烧尽的枯叶残株及地边零散蔗叶全部清理堆集；"引"即在清理时，有意在蔗地边缘留下一部分小堆蔗叶，引诱害虫集结于此；"杀"即在上午（低温时全天）用 80%敌敌畏乳油 800 倍液或 90%敌百虫晶体 600 倍液或 10%氯氰菊酯乳油 2 000 倍液喷杀蔗叶堆内的椿象。喷药时稍将蔗叶堆揭起随即喷药，喷药后即盖围。

（3）加强田间管理。甘蔗生长季节，应经常剥除枯鞘和败叶，增加田间的通风和透光，减轻椿象的为害。

（二）化学防治

甘蔗椿象主要以药剂防治为主。由于椿象平日里常藏匿于叶鞘内或心叶中，因此用药应掌握时机。在盛发期的 4～5 月，此时蔗苗高度约 1m，易于防治作业，选用 80%敌敌畏乳油 1 000 倍液或 40%乐果乳油 1 200 倍液或 50%辛硫磷乳油 1 500 倍液或 20%氰戊菊酯乳油 2 000 倍液或 5%高效氯氰菊酯乳油 2 000～3 000 倍液进行喷雾或浇灌蔗蔸。喷雾时要注意对着甘蔗心叶喷雾，使心叶多受到药液的覆盖，从而杀死心叶中的害虫；也可在大培土时期施用具有内吸作用的药剂。

安玉兴（广州甘蔗糖业研究所）

第 60 节　蝗　　虫

一、分布与危害

为害甘蔗的蝗虫种类多达 35 种，但常见的有异歧蔗蝗（*Hieroglyphus tonkinensis* I. Bolivar）、等歧蔗蝗［*Hirroglyphus banian*（Fabricius）］、斑角蔗蝗［*Hieroglyphus annulicornis*（Shiraki）］、中华稻蝗［*Oxya chinensis*（Thunberg）］、印度黄脊蝗［*Patanga succincta*（Johansson）］、东亚飞蝗（散居型）［*Locusta migratoria manilensis*（Meyen）］、日本黄脊蝗（*Patanga japonica* I. Bolivar）、短额负蝗（*At-*

ractomorpha sinensis I. Bolivar）等，均属直翅目蝗虫科。上述几种蝗虫中，广东、广西、福建、台湾等省份以异歧蔗蝗较为常见，而云南蔗区则以中华稻蝗、短额负蝗、印度黄脊蝗分布广、发生较普遍。此外，斑角蔗蝗在台湾也是一个主要为害种。

蝗虫食性杂，除为害甘蔗外，还为害水稻、玉米、小麦、旱谷、大豆、花生、甘薯等多种作物，尤其喜好甘蔗、玉米、芦苇、茅草等禾本科作物及野生杂草。

蝗虫的成虫和若虫有群集性，均取食甘蔗的叶片，其飞翔力大，迁徙力强，在发生多的年份或蔗区常酿成大灾，使大量的甘蔗叶片被啃食得只剩叶脉，抑制甘蔗生长，造成减产（彩图 20-60-1）。

二、形态特征

（一）异歧蔗蝗

成虫：雄虫体长 31～38mm，雌虫体长 45～48mm，黄绿色或淡青绿色，有光泽；前胸背板中隆线明显，无侧隆线，有明显的 3 条黑色横沟；后腿节末端侧面有黑斑；后胫节青蓝色，外侧有黑蓝色外端刺和内端刺；雌虫上产卵瓣的上外缘无凹口；雌虫尾须末端分叉，上肢短，下肢细长。这是与其他蝗虫区别的主要特征（彩图 20-60-2，彩图 20-60-3）。

卵：卵块淡紫色，卵粒黄色，长椭圆形，稍弯曲。

若虫：似成虫，翅芽黄绿色，伸达腹部第三节。腹背两侧各有 1 条黑色纵纹。

（二）斑角蔗蝗

成虫：体长 33～65mm，前翅长 24～40mm；雌大雄小，全体黄绿色或淡青蓝色，有光泽；头部宽圆，复眼卵圆，红褐色；触角丝状，达到后足基；翅发达，前翅超过后腿顶端；雄虫肛上板三角形，顶端长尖，中央有纵沟；雌虫下生殖板有平行纵隆脊，后缘中央呈三角形突出（彩图 20-60-4）。

卵：黄色，长椭圆形，微弯曲，约 5.5mm×1.4mm，卵块淡紫褐色。

若虫：似成虫，有 1 对翅芽。

（三）中华稻蝗

成虫：雄虫体长 18.3～27.0mm，前翅长 14.0～24.5mm；雌虫体长 24.5～39.5mm，前翅长 20.5～31.5mm。体黄绿色或绿色，复眼后具黑褐色带，前胸背板侧缘亦具黑褐色带。后足腿节、胫节均为黄绿色，基部略暗，胫节刺的顶端黑色。

卵：长约 3.5mm，直径约 1mm，深黄色。

若虫：一般 6 龄，三龄若虫翅芽明显，前翅芽略呈三角形，后翅芽圆形。

（四）短额负蝗

成虫：雄虫体长 19～23mm，前翅长 19～25mm；雌虫体长 28～35mm，前翅长 22～31mm。体淡绿色至灰褐色，有淡黄色瘤状突起。头尖、颜面斜度大，与头成锐角；颜面隆起狭长，中间有纵沟。触角剑状，雄成虫触角的长度等于头胸之和，雌成虫触角较短。前胸背板具少数瘤状突起，前缘平直，后缘钝圆形，中、侧隆线均明显，后横沟位于中后部；前翅狭长，超过后足股节，顶端的长度为翅长的 1/3，翅顶较尖。后翅略短于前翅。后足股节外侧下隆线向外突出。雌性产卵瓣粗短，上缘具细齿。

卵：长 2.9～3.8mm，长椭圆形，黄褐色至深黄色。

若虫：形似成虫，五龄若虫前胸背面向后方突出较大，翅芽增大到盖住腹部第三节或稍超过。

（五）印度黄脊蝗

成虫：体形大而狭长，雄虫体长 41～48mm，前翅长 46～52mm；雌虫体长 55～61mm，前翅长 63～70.5mm。体黄褐色至深褐色。体背自头顶至前翅有 1 条宽阔的淡黄纵条纹，延至翅端渐变尖细；头、胸两侧黄色，向后与翅前缘黄纹相连；复眼下侧、前胸黄纹上下缘与翅缘黄带上侧均有黑纹；触角丝状，前翅端有斜列黑褐色条斑，翅较长，翅端明显超过后胫的中部；后腿上方中隆线有稀疏的小齿刺。上侧隆线呈黑色纵纹；雌虫尾须短锥形，下生殖板后缘中央有长三角形突起，产卵瓣外缘光滑无齿。

三、生活习性与发生规律

成虫有趋光性，多在早晨羽化，在性成熟前活动频繁。有多次交尾习性，交尾后 20～30d 在土表产卵，产卵环境以土壤湿度适中、松软为宜。初孵若虫有群集于叶片为害的习性。

异歧蔗蝗、斑角蔗蝗、印度黄脊蝗一年发生 1 代，中华稻蝗、短额负蝗一年发生 2 代，均以卵在田埂、田边或荒地土中越冬。越冬卵于 4～5 月孵化为若虫，初孵若虫常群集于蔗叶上取食为害，蜕皮 5～6次，于 5～6 月变为成虫。成、若虫常在每天 8：00～9：00 及 16：00～19：00 大量取食蔗叶，其他时间多在作物或杂草丛中躲藏，很少取食。在低洼潮湿、杂草较多的蔗地发生量大。

四、防治技术

（一）清洁蔗园
冬、春两季清洁蔗园，铲除田边、地头和沟边杂草，坚持深耕细耙和冬季灌溉，可大量减少越冬卵量。

（二）保护天敌
蝗虫的主要天敌有鸟类、蜘蛛类、天敌昆虫和菌类。卵期天敌中缘腹卵蜂具有较高的寄生率，蝗蝻与成虫期捕食性天敌分布较广，许多鸟类均以蝗虫为食，蜘蛛种类多，数量大，控制作用比较明显，因此，在施用化学农药防治时，应选择对天敌安全的农药，避免杀伤天敌。

（三）化学防治
加强田间检查，在蝗蝻还未分散为害之前，可选用 90％敌百虫晶体、80％敌敌畏乳油 600～800 倍液；50％辛硫磷乳油、48％毒死蜱乳油 1 000～1 500 倍液；2.5％氯氟氰菊酯乳油、2.5％溴氰菊酯乳油或其他菊酯类农药 1 500～3 000 倍液均匀喷雾，可有效杀灭蝗蝻，减轻为害。蝗虫成、若虫均以上、下午（尤其是黄昏）活动多，于下午喷药，防治效果显著。鉴于蝗虫食性很杂，应采取各种作物统一防治，喷药时应注意蔗田周围的虫源滋生地，效果会更好。

黄诚华　魏吉利（广西壮族自治区农业科学院甘蔗研究所）

第 61 节　螨　　类

一、分布与危害

甘蔗害螨，包括为害叶片的真梶小爪螨（*Oligonychus shinkajii* Ehara）、甘蔗扁歧羽爪瘿螨（*Diptiloplatus sacchari* Xin et Dong）、甘蔗狭跗线螨 [*Steneotarsonemus bancrofti*（Michael）]、甘蔗下鼻瘿螨（*Catarhinus sacchari* Kuang）和为害叶鞘的甘蔗瘤瘿螨（*Aceria sacchari* Wang）等，其中以真梶小爪螨分布较广，我国的广东、广西、福建、湖南和台湾等省份均有分布，甘蔗扁歧羽爪瘿螨目前仅发现分布于广西蔗区。甘蔗害螨群聚于蔗叶背面为害，使叶片发红以致焦枯，对甘蔗的生长影响较大（彩图 20 -61 -1）。

二、形态特征

（一）真梶小爪螨
又称新开小爪螨、甘蔗黄蜘蛛，属蛛形纲蜱螨目叶螨科。

雌螨：体卵形，体长 0.41～0.45mm，宽 0.26～0.29mm，微红色或淡黄色。须肢、胫节、爪发达，跗节锤突端部钝圆，长约 6μm，宽约 5μm。轴突与锤突约等长。刺突明显长于轴突。口针鞘前缘尖滑，钝圆。气门沟端部呈小球状。背毛 13 对。

雄螨：体菱形，腹部末端略尖，体长约 0.37mm，宽约 0.2mm。阳茎钩部较短，突然向上弯曲，须部发达，球状，近侧突钝圆，外侧突略尖延伸。有足 4 对。

卵：球形，直径约 0.14mm，微红或淡黄白色。卵顶有一短刚毛（彩图 20 - 61 - 2）。

若螨：与成螨相似，唯身体稍圆。

（二）甘蔗扁歧羽爪瘿螨
雌螨：体蠕虫形，淡黄色。体长 266μm，宽 70μm，厚 56μm。喙长 44μm，弯成直角下伸。背盾板似三角形，前叶突明显盖于喙基部。有足 2 对。

卵：乳白色，半透明，长径约 $50\mu m$，短径为 $41\mu m$。

（三）甘蔗下鼻瘿螨

该螨属蛛形纲蜱螨目大嘴瘿螨科。

虫体很小，肉眼很难辨认，体长仅 $266\mu m$，呈胡萝卜形，扁平。体色淡黄至橙红。雌螨头胸板节纹简单，仅有 2 条侧中线，背毛较短；羽状爪放射 7 枝，其中轴分裂；背部有 1 条向后延伸较宽的背中槽；背环 74～76 片，腹环 92～94 叶；具有腹毛；生殖盖基部有短虚线状纹；胸节和腹部末端各着生刚毛 4 根（彩图 20 - 61 - 3）。

三、生活习性与发生规律

（一）真栀小爪螨

该螨在我国南方一年四季均有发生，以夏季 6～7 月发生最盛，尤以干旱年份发生为最烈。其成螨及幼螨多群集于蔗株中部叶片背面为害，吸取蔗叶汁液。被害部初呈淡黄色斑点，日久斑点多变为赤红色，受害严重时斑点合并呈暗赤色斑块，大大影响甘蔗植株的光合作用，使植株生长受阻。除为害甘蔗外，在野古草（*Arundinella anomala* Stend.）上也有发生。国外报道，在温室内发现为害玉米和水稻。

（二）甘蔗扁歧羽爪瘿螨

该螨喜栖息于甘蔗叶片背面，尤喜为害蔗株中部叶片。受害叶片初呈淡黄色细小斑点，后斑点渐变为赤红色，受害蔗株生长明显受阻，后期产量降低。该螨在我国广西终年可见，一年发生 2 个高峰期。第一次高峰期在 5～7 月，第二次高峰期在 9～10 月。在干旱年份发生最烈，多雨年份发生量少。

（三）甘蔗下鼻瘿螨

成螨产卵于蔗叶背面，孵出的幼螨即在叶背生活，用口器刺入叶面组织，吸取汁液，被害蔗叶初呈淡黄色小斑点，以后逐渐扩大，变成大片的暗红色，连成不定形的大块斑，由于蔗叶受害部叶绿素被破坏，导致光合作用大减，大大影响蔗株的生长发育，产量减少。该螨一年四季都有发生，但多猖獗于 6～9 月。如果此时期天气高温干旱，则发生为害较严重。

四、防治技术

（一）加强田间管理

在干旱季节，应多注意灌溉，保持蔗田湿度，避免甘蔗受旱，以减轻螨类为害。

（二）药剂防治

在螨发生初期，选用 1.8％阿维菌素乳油 2 000 倍液、73％炔螨特乳油 1 000 倍液、95％机油乳剂 300～500 倍液、20％甲氰菊酯乳油 2 000 倍液、5％噻螨酮乳油 1 500 倍液、50％苯丁锡可湿性粉剂 1 500～2 000倍液喷雾。

（三）保护利用天敌

合理用药，保护和利用食螨瓢虫、捕食螨、食螨蓟马、草蛉等天敌。

黄诚华　魏吉利（广西壮族自治区农业科学院甘蔗研究所）

第 62 节　甜菜象甲类

甜菜象甲类属于鞘翅目象甲科，甜菜上发生的象甲种类很多，初步鉴定超过 10 种，主要的有甜菜象（*Bothynoderes punctiventris* Germar）、蒙古土象（*Xulinophorus mongolicus*）、黑甜菜象（*Bothynoderes libitinarius* Faust）、云斑斜纹象（*Lepyrus nebulosus* Motschulsky）、黑斜纹象（*Chromoderus declivis* Olivier）、樟子松木蠹象（*Pissodes validirostris* Gyllenhyl）、多露象（*Polydrosus* spp.）、金绿树叶象（*Phyllobius virideaeris* Laichart）、白毛树皮象（*Hylobius albosparsus* Boheman）、鳞片遮眼象（*Callirhopalus squamosus* Marshall）、切叶象（*Deporaus* sp.）、分节大盾象（*Magdalis alini* Voss）、遮眼象（*Callirhopalus* sp.）等。在众多的象甲中，仍然以甜菜象为主要的优势种群。每年受不同种类象甲的为害，甜菜平均减产 5％～10％，为害严重地区减产 20％～50％，毁种现象也时有发生。2011 年新疆车排子垦区甜菜象甲发生早、发生量大，为害严重，个别地块为害率达 80％～90％，有近 67hm² 甜菜不得

改种其他作物。

一、甜菜象

（一）分布与危害

甜菜象（*Bothynoderes punctiventris* Germar）为我国北方甜菜产区象甲的优势种，种群发生量占70%～95%，是我国甜菜生产上毁灭性害虫。分布在黑龙江、吉林、辽宁、北京、山东、河北、山西、内蒙古、宁夏、陕西、甘肃、新疆等省份甜菜产区。国外分布于欧洲中东部、高加索、哈萨克斯坦、吉尔吉斯斯坦、乌兹别克斯坦、土库曼斯坦和土耳其等国家。成虫在甜菜幼苗出土后，咬食子叶和真叶成缺刻，严重时把叶片吃光或咬断幼茎，造成缺苗断垄。幼虫在地下咬食甜菜块根，影响块根生长，重则整株枯死（彩图 20-62-1，4）。近年来，该虫在我国华北、东北和新疆甜菜产区频频暴发，尤其在直播甜菜田，常常造成毁灭性危害，严重地影响了我国北方甜菜生产。

（二）形态特征

成虫：长椭圆形，体长 12～16 mm。体、翅基底黑色，密被分裂为 2～4 叉的灰色至褐色鳞片。喙长而直，端部略向下弯，中隆线细而隆，长达额，两侧有相当深的沟。额隆，中间有小窝。背面隆线明显，在中间以后分成两叉。触角索节第二节远长于第一节，粗得多，与棒节连成一体。眼半圆形，扁平。前胸宽大于长，基部最宽，两侧缢缩，背面后端中间洼，中隆线明显，散布小刻点，小刻点间散布大刻点。背面鳞片形成 5 个条纹，中纹最宽，较暗，其余 4 个条纹较淡。前胸和鞘翅两侧及足和身体腹面的鳞片之间散布灰白色毛。鞘翅上褐色鳞片形成斑点，在中部形成短斜带，行间 4 基部两侧和翅瘤外侧较暗。鞘翅上行纹细，不太明显，行间扁平，第三、五、七行较隆。足和腹部散布黑色雀斑。雌雄区别很明显，雄虫较瘦，腹部基部有一扁而宽的窝，前足跗节第三节长于第二节，跗节第一至二节腹面的一部分为海绵状，跗节第三节腹面全部为海绵状。雌虫较胖，腹部基部隆，前足跗节第三节长等于第二节，跗节第三节腹面的部分为海绵状，跗节第二节腹面仅有一很小的海绵体（彩图 20-62-1，1）。

卵：球形，大小为 1.5mm×1mm，初产乳白色，有光泽，后转米黄色，光泽减退。

幼虫：老熟幼虫体长 15mm，乳白色，肥胖弯曲，多皱折，头部褐色，无足（彩图 20-62-1，2）。

蛹：为离蛹，体长 11～14mm，米黄色，腹部数节和附肢均可活动（彩图 20-62-1，3）。

（三）生活习性

甜菜象一年发生 1 代，以成虫在土层内越冬，90% 以上成虫在 6～20cm 土层中越冬，而且靠近甜菜根际周围 15cm 内越冬量占 85% 以上。甜菜象成虫越冬时，多数头向上，而尾则向下。成虫有假死习性，具有较强的耐寒力。翌年春季 4～5 月即开始出土，先为害早春杂草，而后转移到甜菜地为害甜菜苗。成虫寿命长达 120d。通常成虫出土时期参差不齐，从 4 月下旬至 8 月下旬均可在田间看到。早期出土的成虫多潜伏在避风向阳的枯草根际及田埂等的土块处。成虫不善飞翔，主要靠爬行觅食，喜温暖，但畏强光，多在土块下或枯枝落叶下潜伏，耐饥力极强。迁移到甜菜地里的甜菜象都来自越冬虫源，急需补充营养，因而具有暴食特性。每对雌雄虫一生取食甜菜幼苗 40～60 株，雌虫取食量约是雄虫的 3 倍多。甜菜象成虫的为害盛期为 5 月上旬至 6 月中旬，越冬成虫取食 8～10d 后，便开始产卵，多产于寄主根际土表上、碎叶上或土表下，每雌虫产卵 80～200 粒。卵历期 10～12d。6 月下旬至 7 月上旬为幼虫孵化盛期，幼虫共 5 龄，幼虫历期在 50d 以上。一龄幼虫集中在甜菜周围 10～15cm 土层中，咬食甜菜幼根，并随甜菜根系生长和幼虫的发育，不断向土层深入。以后各龄幼虫主要集中在表土下 15～25cm 处活动，咬食作物主根和侧根，为害率可达 30% 以上，造成植株枯萎。甜菜块根膨大后，幼虫也为害块根，严重影响甜菜的产量和含糖量。幼虫耐寒力很弱，如遇低温，幼虫则会大部分死亡。老熟幼虫在土内结土茧化蛹。7 月下旬至 8 月下旬为化蛹盛期，平均蛹历期 20d 左右。9 月中旬为成虫羽化盛期，羽化成虫一般不再出土，直到秋末进入越冬期。

（四）发生规律

1. 虫源基数 甜菜象绝大多数在种植甜菜的地里越冬，非甜菜地很少发现越冬成虫。如果甜菜地四周有大量甜菜象寄主植物（藜科、蓼科植物等），则这些地里也有越冬成虫，也是第二年甜菜地的重要虫源。在华北甜菜产区，越冬的成虫在 4 月 20 日前后上升到 5cm 表土层潜伏，4 月末至 5 月初开始向甜菜地里迁移。而在东北甜菜产区北部，甜菜象向甜菜地里迁移时间会稍晚些。成虫的转移通常采用爬行和短距离飞翔，一昼夜能爬行 150～200m 以上。成虫具有一定的迁飞能力，在无风天气里能升高 10m 以上，每次飞行距离 200～500m。据山西甜菜产区研究，甜菜象从上年甜菜地迁移到下年甜菜地的时间为 4 月末至 5 月初开始，直到 6 月上旬止，其间约 40d。迁移高峰出现 3 次，第一次在 4 月末，第二次在 5 月中旬，第三次在 5 月下旬。5 月中旬为迁入虫量高峰，累积占总迁移虫量的 60% 以上。此时正值直播甜菜刚刚出苗，加之气温还较低，幼苗长势弱，因此，甜菜象甲对甜菜幼苗毁坏性特别大。

2. 气候和土壤条件 春季的气温是决定越冬甜菜象甲出土为害的关键因素。早春日平均气温 6～12℃、地表 5cm 土温 15～17℃ 时越冬成虫出土，气温 25℃ 左右时最活跃；地温 28～30℃ 时能展翅飞翔，无风晴朗天气飞行更高更远。当冬季气温降至 −10℃ 以下时，可引起少量成虫死亡。

土壤湿度对各虫态的生长发育都有影响，幼虫在 10%～15% 的土壤湿度中发育最好。当土壤湿度较大时，幼虫、蛹和初羽化的成虫皆易感染绿僵菌而死亡。一般春季成虫出土受 4 月气候影响较大，温度高、湿度低时有利成虫出土；如 8～9 月雨水多，田间长期积水，则翌年发生较轻。一般土质疏松、排水通气良好的沙壤土有利于象甲发育，而长期阴湿的黏土则不利于甜菜象甲发育。整地不平、耕耙不均匀、甜菜出土不齐的地块，常严重受害。

3. 寄主植物 寄主植物有甜菜、菠菜、白菜、甘蓝、瓜类等，以及藜科、蓼科和苋科杂草，如灰藜、地肤、猪毛菜、萹蓄、骆驼刺、苦兰子、碱蒿等，但最喜好甜菜。甜菜幼苗子叶受害程度与产量和质量有密切的关系。根据甜菜子叶期幼苗受害程度共分 5 级，即：0 级：幼苗未被咬食或仅咬食叶片边缘，形成 1～2 个小缺刻；1 级：象甲取食 1/4 左右叶片；2 级：象甲取食 1/2 左右叶片；3 级：象甲取食 3/4 左右叶片；4 级：象甲食完全部叶片，只剩生长点和叶柄；5 级：子叶和生长点全都被取食掉。如果甜菜象不食害甜菜苗的生长点，还可获得 60% 块根产量，但含糖量下降 2.5% 以上，不利于制糖生产。因此，在生产实践中，间苗或定苗时，应尽量选择未被害植株。

4. 天敌 在自然条件下，天敌对甜菜象的控制能力非常有限。但土壤含水量较高时，甜菜象在土中栖息的各个虫态均可以感染白僵菌和绿僵菌，从而在一定程度上降低了甜菜象的种群数量。另外，在一定土壤条件下，寄生性病原线虫也对甜菜象有一定控制能力。如芜菁夜蛾斯氏线虫（*Steinernema feltiae*）TUR - S3 品系、韦氏斯氏线虫（*Steinernema weiseri*）BEY 品系和嗜菌异小杆线虫（*Heterorhabditis bacteriophora*）TUR - H2 品系都是甜菜象的重要寄生性病原线虫。在土层为 15～20cm 时，土壤温度在 15℃ 的条件下，芜菁夜蛾斯氏线虫 TUR - S3 品系和韦氏斯氏线虫 BEY 品系可以引起甜菜象幼虫较高的死亡率；而在土温为 25℃ 时，嗜菌异小杆线虫 TUR - H2 品系则更有效地寄生甜菜象的幼虫。在土壤温湿度较高的情况下，丽金龟斯氏线虫（*Steinernema anomaly*）在 24h 内可以致死 66%～100% 的甜菜象成虫。而小卷蛾斯氏线虫（*Steinernema carpocapsae*）DD - 136 品系在 3～6d 内可使象甲幼虫达到 90% 的死亡率。

二、蒙古土象

（一）分布与危害

蒙古土象（*Xylinophorus mongolicus* Faust）别名蒙古象鼻虫、蒙古灰象，属鞘翅目象甲科。在我国黑龙江、吉林、辽宁、内蒙古、北京、河北、山东和四川等省份均有分布。该虫食性非常复杂，寄主达 57 科 173 种植物，喜食豆科、禾本科、菊科、十字花科、藜科、葫芦科、蔷薇科等植物。常见的寄主植物除甜菜外，还有棉、亚麻、玉米、谷子、豆、瓜等草本植物，桑树、苹果、槟榔、桃、樱桃、枣、栗、核桃等木本植物。以成虫取食甜菜幼苗子叶、嫩尖及生长点，严重为害时，常将刚出土的幼苗吃光或成秃桩，造成缺苗断垄。

（二）形态特征

成虫：体长 5.2～5.8mm，宽 2.7mm 左右。体被褐色和白色鳞片，头喙和前胸，尤其是头部发铜光。触角和足黑褐色，复眼上缘有 1 条白色鳞状毛。触角棒节长卵形、端部尖，触角第一索节长度几乎等于第二索节的 2 倍，第三索节长略等于宽，其他节宽大于长。喙扁平，基部较宽，中沟细，长达头顶。前胸宽/长为 1.3 左右，两侧凸圆，前端略缢缩，后缘有明显的边，背面中间覆有铜光的褐色鳞状毛，两侧覆有白色鳞状毛，形成 2 条白纵纹，从而形成 3 条深纵纹和 2 条浅纵纹。小盾片三角形，有时不明显。两鞘翅愈合，向下弯包住腹部，故翅不能张开。鞘翅各有纵行纹 10 条，细而凹陷，鞘翅愈合线下部为第一条。

鞘翅靠前胸处有 4 个白斑，其余部分被覆褐色鳞状毛，并掺杂少数白色鳞状毛和细毛。无后翅。足也被覆鳞状毛和细毛。跗节 5 节，第三节分成二叶状，第四节小，爪合生。腹部鞘翅夹角雌虫较尖，雄虫钝圆。腹板末节宽/长，雄虫为 2 左右，雌虫为 2.5 左右（彩图 20 - 62 - 2）。

卵：椭圆形，长 1.1mm，宽 0.5mm，初产为白色，后转为黑色，表面附着很多细土。

幼虫：乳白色，即将蜕皮时为污白色，无足。上颚褐色，并能向后活动。唇基上面有褐色山字形纹。

蛹：体长 5.8～6.2mm，乳白色，离蛹。上颚颚尖宽大，腹末有 1 对刺，长 0.33mm。腹部末端有 2 个乳状突起。

（三）生活习性

辽宁、河北、河南和山东桑区两年完成 1 代，以成虫及幼虫在土中越冬。辽宁和河北越冬成虫 4 月上旬出蛰为害，4 月下旬至 5 月中旬为出土盛期，在地面上或近地表的幼苗上取食，6 月上旬至 7 月因气温高，成虫隐蔽活动。一般成虫 5 月上旬在土中产卵，5 月下旬出现新孵化幼虫，在土中为害根部，9 月底做土室越冬。山东则于 3 月下旬至 4 月上旬出土，4 月中、下旬交尾产卵至 6 月下旬。5 月上旬新孵幼虫始见，10 月中、下旬越冬，下一年春季继续为害，6 月下旬化蛹，7 月上旬羽化为成虫，羽化的成虫不出土，在土室中越冬，直至第三年 3～4 月才出土为害。

成虫受惊扰时，有假死习性。成虫从 4 月上旬出土活动，雌成虫 7 月中、下旬陆续死亡，雄成虫 6 月上旬至 7 月中旬相继死亡。雄虫比雌虫寿命短 2～51d，加上成虫在土内蛰伏期，雄虫寿命最长达 355d，雌成虫寿命最长 390d。成虫不能飞翔，主要靠爬行扩散和转移。一般每分钟可爬行 0.4～0.8m，爬行速度随气温的升高而加快。

成虫出蛰后，当气温达 20℃时即开始交配和产卵，一生多次交配。通常 4 月下旬开始产卵，5 月中旬至 6 月中旬达到产卵盛期。产卵期 70d 左右。成虫日产卵量 1～53 粒不等，但以 1～17 粒为最多。通常白天产卵者居多。一般为散产，多数卵产在距土表 1cm 深的土中，如遇有土缝则产卵会较深。卵历期通常 10～19d，蒙古土象的卵具有较强的抗水浸能力。

幼虫共 17 龄。卵通常白天孵化，初孵幼虫随即钻入土壤中。与成虫和卵相比，幼虫抗水浸能力最弱，水浸达 72h 时，幼虫 100％死亡。老熟幼虫在土内做土室化蛹，土中化蛹深度在 1～40cm 不等。

（四）发生规律

1. 虫源基数　由于蒙古土象以成虫和幼虫在土壤中越冬，因此，虫源主要来自发生蒙古土象的农田土壤中。通常前一年发生重的农田，次年的种群数量就大，对春季作物为害也严重。此外，冬季作物常常会成为蒙古土象越冬的保护，不仅为越冬虫源提供了食物，而且降低了越冬虫源的死亡率。

2. 气候和土壤条件　气候，特别是气温对蒙古土象的活动与为害影响较大。通常成虫在 4～5 月气温升高时开始活动，随着气温升高活动越盛。阴雨天、风大及早晚温度低时，则很少活动。成虫产卵高峰随气温升高而出现，成虫产卵与温度较密切，在产卵期内，随温度升高产卵量增加。幼虫在土层中的深度与气候关系密切，一般夏季高温时，多数幼虫集中在土表下 30cm 的土层中越夏。随着冬季的到来，幼虫向土层深处迁移，最深可达 50cm，但多数幼虫集中在土表下 30cm 左右的土层中越冬。

降雨对土壤中成虫和幼虫存活均有重要的影响。成虫和幼虫均不耐水浸，当浸水 72h 时，可造成 100％死亡。因此，该虫多发生在排水良好的农田。

3. 天敌　蚂蚁、步甲、蝼蛄通常在 35～40cm 土层活动，都能取食幼虫和蛹。双斑黄虻（*Atylotus bivittateinus* Takahasi）以幼虫越冬，其幼虫取食蒙古土象幼虫。腐生螨能吸食蒙古土象卵液，在潮湿的土壤中密度很大，能有效地控制蒙古土象的卵在土壤中的数量。土壤中的白僵菌也是蒙古土象幼虫的重要寄生菌，寄生率可达 90％以上。此外，田间活动的蟾蜍也是蒙古土象成虫的重要捕食性天敌。

（五）甜菜象甲类防治技术

1. 农业防治

（1）作物轮作倒茬。推行倒茬作物或非寄主作物连片种植或间作套种，既有利于倒茬轮作和灌溉，又能有效地恶化象甲的生活环境，减轻虫害，保全幼苗，提高单产。

（2）清除田间杂草。象甲的寄主范围比较广泛，许多杂草寄主常常是早春象甲出土后的食物来源，也是随后迁移到甜菜田的重要虫源地，及时清除田间地头的杂草，将有利于延缓象甲的发生和转移到甜菜田的时间，降低对甜菜苗的为害。

（3）适时早播。种植甜菜的地块要在封冻前灌足底墒水，适时早播，这样既利于早发芽、出全苗，又能提高甜菜幼苗群体抗虫能力，有利于保全苗。

（4）纸筒育苗。为了降低甜菜象甲对甜菜幼苗的为害，提倡纸筒育苗，可以最大限度地降低象甲对甜菜苗的毁灭性为害。

（5）开沟穴播。采取开沟棱形穴播，沟宽 23～33cm，沟深 33～45cm，沟壁要光，沟中放药毒杀，防止外来象甲掉入后爬出。

（6）种保护行。在邻近荒地、留茬苜蓿地或上年种甜菜的地块一侧约 2m 宽的地边内，加大每穴播种量，也可在 1m 宽的地边内撒播，作为保护行，能有效地减轻地边缺苗程度，从而达到保护全田幼苗的目的。

（7）地膜覆盖。甜菜采用覆膜栽培，不仅可以阻碍象甲出土，而且可实现早发、壮苗，提高幼苗抗虫能力，是实现一次保苗和高产高糖的有效措施。

（8）适期间（定）苗。在甜菜象甲发生严重的年份，应适当推迟间（定）苗时间。一般以 2 对真叶时间苗，8～10 片叶时定苗为宜。

（9）加强中耕。通过早中耕、细中耕、勤中耕，促进甜菜幼苗生长，减轻象甲的为害程度。一般甜菜苗期最好中耕 2～3 次。

（10）秋翻冬灌。大多数象甲在土中栖息的土层深度一般为耕作层，适时采用秋翻冬灌的方法，破坏象甲栖息环境，也增强鸟类取食象甲的机会。还可以在象甲转入土层后，实施灌水淹杀，尤其对控制象甲幼虫比较有效。在劳动力富余的地区，在象甲出土为害期间，可以组织人工捉虫，然后集中处理，也是控制象甲危害的有效措施。

2. 生物防治　充分利用土壤中有益微生物控制象甲，在象甲发生期，保持田间土壤湿度，提高象甲寄生菌和病原线虫的感染。在缺乏有益微生物的甜菜产区，在土壤温湿度合适时，可以施用菌制剂和病原线虫制剂，控制进入土壤中栖息的象甲成虫和幼虫，有效地降低象甲的种群数量。

3. 化学防治

（1）药剂拌种。播前可按下列药剂用量进行药剂拌种：①35％丁硫克百威粉剂 12g、种子 1.0kg；②29％噻虫·咯·霜灵悬浮种衣剂 300～450mL、种子 100kg；③36％毒死蜱微囊悬浮剂按药种比 1：（30～60）拌种。

（2）毒沙防治。甜菜幼苗期若发生甜菜象为害，可用 20％氯·辛乳油按药土（沙）比 1：（150～200）充分混匀配制成毒土（沙），穴施 50g 左右于根部，既能有效地防治象甲，还能兼治地老虎等其他地下害虫。

（3）喷洒药剂。在幼苗期发现象甲（虫口密度每平方米在 60 头以上）或未作种子处理的地块，也可喷洒或浇灌 4.5％高效氯氰菊酯乳油或 50％辛·氰乳油 2 000 倍液、35％噻虫嗪水分散粒剂 3 000～4 000 倍液、48％毒死蜱乳油 1 500 倍液等，可有效地控制象甲对甜菜苗的为害，同时也起到杀灭产卵前成虫的作用。

蔡青年（中国农业大学）

第 63 节　黄条跳甲

黄条跳甲（*Phyllotreta* spp.）主要包括黄曲条跳甲（*Phyllotreta striolata* Fabricius）、黄直条跳甲（*P. rectilineata* Chen）、黄狭条跳甲［*P. vittula*（Redtenbacher）］和黄宽条跳甲（*P. humilis* Weise）4 种。分类上属鞘翅目叶甲科，俗称狗蚤虫、跳蚤虫、地蹦子等。黄曲条跳甲是最常见种。它们是甜菜及十字花科蔬菜（如白菜类、甘蓝类和萝卜等）作物的重要害虫，亦可为害茄果类、瓜类和豆类等蔬菜。在我国南北方，主要集中在十字花科蔬菜上为害，严重影响一些蔬菜的产量和品质。该虫的发生，南方重于北方，在北方发生期间，除为害十字花科蔬菜外，局部地区还严重为害甜菜苗，影响甜菜苗期生长和甜菜产量及含糖量。

一、分布与危害

4 种常见黄条跳甲分布于亚洲、欧洲和北美洲的 50 多个国家，我国除新疆、西藏和青海外，其他省份均有分布。以成虫和幼虫两个虫态直接为害作物。成虫常常聚集于叶片为害，尤其在叶背面较多，受害叶片常布满稠密的椭圆形小孔，影响光合作用。成虫尤其喜欢取食叶片幼嫩部位，通常苗期受害特别严重，造成毁苗现象。此外，还可为害结荚作物留种株的花蕾和嫩荚，影响留种。幼虫生活在土中，专门为害寄主植物的根皮，使其表面出现许多不规则的条状疤痕，同时还咬断须根，严重时引起植株地上部叶片萎蔫枯死。该类害虫除直接为害叶片和根部外，还可传播细菌性软腐病和黑腐病，造成更大的危害。

二、形态特征

成虫：体长 1.6～2.4mm。头部、前胸背板和触角基部均为黑色。触角丝状，第一至四节暗黄褐色，其余黑褐色，末端数节稍膨大。前胸布满刻点，鞘翅上各有 8 条纵行小刻点，中央有黄条纹，后足腿节膨大。不同种最明显的识别特征是鞘翅上黄色条斑大小和形状各异，并成为区分不同种的重要依据。黄曲条跳甲鞘翅上的黄色条斑似哑铃状，中部窄而弯曲（凹曲较深）；黄直条跳甲的黄色条斑较窄而直，中部不呈凹曲；黄狭条跳甲的黄色条斑亦窄而直，中部宽度仅为翅宽的 1/3；黄宽条跳甲的黄色条斑宽大，其最窄处超过 1/2 翅宽，中部无弓形弯曲（彩图 20 - 63 - 1）。

卵：椭圆形，长约 0.3mm，白色或淡黄色，半透明。

幼虫：老熟幼虫体近 4mm，长圆筒形，头、前胸背板淡褐色，胸、腹部白色或黄白色，各节有不显著肉瘤及刺毛。胸足 3 对，腹足退化。

蛹：体长约 2mm，椭圆形，乳白色，腹部有 1 对叉状突起。

三、生活习性

黄曲条跳甲一年发生世代各地有异，青海发生 1 代，黑龙江发生 2 代，华北地区发生 4～5 代，浙江发生 4～6 代，江西发生 5～7 代，华南地区发生 7～8 代，而且世代重叠现象严重。华南地区成虫无明显越冬期，一年中以 4～5 月（第一代）为害最烈。在我国北方，以成虫在茎叶、杂草中潜伏越冬，翌春气温 10℃以上开始取食，20℃时食量大增，32～34℃时食量最大，超过 34℃则食量大减。成虫寿命可长达 1 年，善跳跃，遇惊扰即跳到地面或田边沟内，随即又飞回叶上取食。晴天中午高温烈日时（尤其夏季）多隐藏在叶背或土缝处，早晚出来为害。成虫具趋光性，对黑光灯尤为敏感。同时，成虫对黄色也有一定的趋性。成虫产于植株周围湿润的土隙中或细根上或其附近土粒上，卵散产。每头雌虫平均产卵 200 粒左右。产卵期 30～45d，致使发生不整齐，世代重叠。卵孵化需要较高的湿度，卵历期 3～9d，孵出的幼虫生活于土中取食根表皮并蛀食根部。幼虫共 3 龄，幼虫历期 11～16d，老熟幼虫在土中 3～7cm 深处筑土室化蛹。

四、发生规律

（一）虫源基数

由于黄条跳甲成虫为害与越冬、幼虫为害均在为害的作物田中，寄主连作田通常虫口基数大，对作物的为害也严重。因此，该虫发生的轻重与茬口连作有关，连作地最重，十字花科作物连作地次之，与非十字花科蔬菜轮作或间作地较轻。作物之间的间种对黄条跳甲种群数量的影响较大。白菜与葱、菜薹与茄子间作能显著地减轻黄曲条跳甲对白菜或菜薹的为害。间作田黄曲条跳甲成虫的发生数量比单作田明显减少。白菜地上间作芥菜，白菜上成虫数量逐渐减少，芥菜上的成虫数量逐渐增加。在芥蓝地间作萝卜后，黄曲条跳甲成虫大都转移到萝卜上为害，萝卜上的成虫数量高出芥蓝的 10 倍甚至十几倍，且间作田芥蓝上的黄曲条跳甲种群数量明显少于芥蓝单种田。另外，旱地连作较重，水旱轮作较轻。

（二）气候和土壤条件

根据黄条跳甲的生活与为害特点，其生物学特性和迁移行为主要受风速、温度、湿度等因素的影响。一般成虫喜高温中湿，在气温 28～32℃、空气相对湿度 80% 左右时，最适宜其活动与为害。当温度超过 35℃或低于 10℃，成虫则静伏在荫蔽处。一般春秋季发生较重，并且秋季重于春季，湿度高的田块重于湿度低的田块。在适宜的温度下，一定的风速会影响黄条跳甲的扩散，其成虫主要沿逆风或与风向垂直的方向扩散，但风速太大则不利其扩散。

（三）寄主植物

黄曲条跳甲以甘蓝、芥菜、芥蓝、花椰菜、白菜、菜薹、萝卜、芜菁、油菜等十字花科蔬菜为主，但也为害甜菜、茄果类、瓜类、豆类蔬菜、枸杞及禾谷类。芥菜为跳甲的最嗜寄主，萝卜和大白菜为中嗜寄主，芥蓝为较不嗜寄主。其中，黄曲条跳甲在芥菜上的落虫量是芥蓝上的 4.4 倍，在芥菜上的取食面积是芥蓝上的 8.0 倍。跳甲成虫在不同寄主植物上的产卵量具有显著的选择性。其产卵的喜好为芥菜、萝卜、大白菜和芥蓝。黄曲条跳甲每年有春夏和冬季两个为害高峰期，常由于冬季蔬菜较多（特别是十字花科菜较多），食料丰富，温湿度非常适宜，为害猖獗。

（四）天敌

黄曲条跳甲幼虫的昆虫病原线虫主要有斯氏线虫属（*Steinernema*）和异小杆线虫属（*Heterorhabditis*）。芜菁夜蛾斯氏线虫（*S. feltiae*）和小卷蛾斯氏线虫（*S. carpocapsae*）Agriotis 品系是幼虫的重要寄生性线虫，对跳甲幼虫具有较好的控制作用。此外，坚强芽孢杆菌（*Bacillus firmus*）和球孢白僵菌（*Beauveria bassiana*）对跳甲也有较好的致病力。在北美洲调查发现，黄条跳甲的寄生蜂主要有两色汤氏茧蜂（*Townesilitus bicolor* Wesmael）和食甲茧蜂（*Microctonus vittatae* Fabricius），其中，两色汤氏茧蜂是黄曲条跳甲的专性寄生蜂，且数量最多。在加拿大，发现泡大眼长蝽［*Geocoris bullatus*（Say）］可捕食黄曲条跳甲成虫。国内也有报道，曾观察到步甲、蚂蚁等捕食跳甲幼虫和蛹的现象。

（五）化学农药

长期以来，黄条跳甲的控制主要依赖于化学农药，由于跳甲特殊的生物学习性，常规的施药浓度效果并不理想，不得不加大农药的使用量，致使其迅速产生抗药性。早在 20 世纪 50～60 年代，这些跳甲就对广泛使用的滴滴涕产生了很强的抗药性。随着大量新农药的应用，黄条跳甲对不断引入的新农药产生不同程度的抗药性。近几年来，这类害虫对生产上常用的有机磷和菊酯类的药剂均有不同的抗药性。

五、防治技术

（一）农业防治

1. 合理轮作　尽量避免与十字花科蔬菜连作，重视与水稻、葱、蒜、胡萝卜、菠菜等轮作，中断害虫的食物供给链，可大大减轻为害。

2. 清园晒土　彻底铲除甜菜地周边的杂草、残株落叶，保持田间清洁，减少食料来源和栖息场所；有条件的甜菜地，收获后，应该灌越冬水；准备种植甜菜前，应翻地晾晒，翻耕前每公顷施入生石灰 1 500～2 250kg 或适量的草木灰，然后深翻晒土，既可消灭幼虫和蛹，又可调节土壤 pH，改良土壤结构。

3. 加强田间管理　培育壮苗有利于移栽成活、健壮；合理肥水管理，可促进幼苗早生快发，不偏施氮肥，多施腐熟优质有机肥，减轻为害。

4. 有效利用抗虫品种　利用抗性品种来防治黄曲条跳甲是最经济有效的方法。植物的外部形态、植物的组织结构、植物的生理生化特性、植物的遗传性状都与其抗虫性有关。在对抗性品种的研究中，美国曾从甘蓝、羽衣甘蓝、芥菜、硬花球花椰菜、布鲁塞尔汤菜等蔬菜中筛选出 19 个对黄曲条跳甲有抗性的品种。作物表面的蜡质层和各种毛状体是影响跳甲对寄主选择与取食的重要因素，叶菜表面具茸毛的西兰花品种对跳甲具有显著抗性。

（二）生物防治

黄曲条跳甲幼虫的昆虫病原线虫主要有斯氏线虫属（*Steinernema*）和异小杆线虫属（*Heterorhabditis*）。在幼虫发生期还可以使用芜菁夜蛾斯氏线虫（*S. feltiae*）线虫悬浮液（135×10^9 条/hm^2）喷洒于田间土壤表层，5d 后寄生率达 94%，有效虫口密度下降 97%。用小卷蛾斯氏线虫（*S. carpocapsae*）Agriotis 品系线虫悬浮液 1×10^9 条/hm^2 的剂量均匀喷洒甜菜根际周围，在施药后 15d 内，黄曲条跳甲幼虫的寄生率为 40%～70%，有效虫口密度下降 38%～84%；以 5×10^{10} 条/hm^2 的线虫剂量与敌百虫（1∶1 000）混合施用可明显降低黄曲条跳甲的种群数量，其效果与单独施用高剂量（1×10^{11} 条/hm^2）斯氏线虫的效果接近。还可施用球孢白僵菌 1×10^8 孢子/mL，施后第 10 天和第 14 天跳甲的成虫和幼虫累计死亡率分别可达 60% 和 63%。

此外，国外报道，黄条跳甲的寄生蜂主要有两色汤氏茧蜂和食甲茧蜂，其中，两色汤氏茧蜂是黄曲条跳甲的专性寄生蜂，且数量最多。虽然这两种寄生蜂我国没有报道，但可以从国外原产地引入到我国，作为重要的生物防治措施。

在成虫高峰期 2.5％印楝素乳油 600 倍液，能有效地控制黄曲条跳甲成虫的种群数量。皂苷 0.05％浓度叶面喷施，对黄曲条跳甲成虫产生很强的拒食作用。

（三）物理防治

利用成虫具有趋光性及对黑光灯敏感的特点，使用黑光灯诱杀具有一定的防治效果。跳甲的成虫对黄板有较强的趋性，在成虫发生期，可使用黄板诱杀成虫，黄板高度设置在作物上方 12～28cm 处对成虫的诱杀效果好。同时，可以兼治蚜虫和潜叶蝇等对黄板具有趋性的其他害虫。

（四）化学防治

1. 土壤处理 在整地时，每公顷撒施 3％毒死蜱颗粒剂或 3％辛硫磷颗粒剂 15.0～22.5kg，可杀死幼虫和蛹，兼治其他地下害虫。

2. 药剂拌种 利用氟虫腈种衣剂具有触杀、胃毒和内吸作用，播种前用 5％氟虫腈种衣剂拌菜种，能杀灭土壤表层内黄曲条跳甲幼虫。

3. 幼虫防治 黄曲条跳甲是许多叶菜苗期的重要害虫，应以保苗为重点。在重为害区，播前或定植前后用撒毒土［药∶土＝1∶（50～100）］、淋施药液法处理土壤，毒杀土中虫蛹，可选用 48％毒死蜱乳油 1 000 倍液、50％辛硫磷乳油 2 000 倍液、50％马拉硫磷乳油 800 倍液、40％菊·马乳油 2 000～3 000 倍液，或 10％氯氰菊酯乳油 2 000～3 000 倍液等药液淋根 1～2 次，要淋透。

4. 成虫的防治 施药防治成虫时，尽可能做到大面积同一时间进行，由田块四周逐渐向内喷施，条件允许的，可先灌水至距畦面约 10cm 再喷药，以免成虫逃逸，翌日清晨把水排干。喷药要全方位喷，叶面、叶背、心叶、畦面、田埂都要喷到。喷药动作宜轻，勿惊扰成虫。为了使药剂发挥更好的药效，在配药时可加少许优质洗衣粉。

（1）适时喷药。根据成虫的活动规律，有针对性喷药。一般喷药可选择在 7∶00～8∶00 或 17∶00～18∶00，特别是下午喷药较好，因为没有露水。

（2）科学合理用药。黄曲条跳甲对药物的抵抗能力差，可考虑使用一些兼治其他食叶性害虫药物而合理选药。建议选用 20％辛·灭乳油 1 600 倍液，50％敌·马乳油 1 500 倍液，33％吡·毒可湿性粉剂 2 000 倍液；还可选用 48％毒死蜱乳油 1 000 倍液、80％敌敌畏乳油 1 000 倍液、10％氯氰菊酯乳油 2 000 倍液、2.5％溴氰菊酯乳油 3 000 倍液。还可用 6％乙基多杀菌素悬浮剂、20％丙溴磷乳油 50～250mg/L、1.8％阿维菌素乳油 5 000 倍液，也有较好的防治效果。并注意药剂的轮换使用。

附：

欧洲和地中海植物保护组织（European and Mediterranean Plant Protection Organization）评价黄条跳甲为害油菜程度的分级标准（OEPP/EPPO Bulletin，2002）［详见 EPPO Standard 1/152 (2)］：

1 级：没有为害；

2 级：取食叶面积达到 2％；

3 级：取食叶面积为 3％～10％；

4 级：取食叶面积为 10％～25％；

5 级：取食叶面积为 25％以上。

蔡青年（中国农业大学）

第 64 节 甜菜跳甲

一、分布与危害

甜菜跳甲（蓼凹胫跳甲）［*Chaetocnema concinna*（Marshall）］属鞘翅目叶甲科。分布在湖北、江西、浙江、福建、广东、四川、贵州、黑龙江等省。寄生于甜菜、藜、荞麦、大黄、酸模等。以成虫为害甜菜幼苗，在春夏之交，越冬成虫咬食甜菜子叶、第一对真叶及生长点，叶片出现许多孔洞，大发生时将幼苗全部食光，造成田间缺苗，或毁种。一般年份甜菜减产 10％～15％，严重可减产 30％～40％。东北甜菜栽培区的优势种为甜菜凹胫跳甲［*Chaetocnema discreta*（Baly）］。

二、形态特征

成虫：体长 1.5～2.0mm，全体黑色，有金属光泽。鞘翅上刻点纵列，形成若干纵沟，前胸背板近后缘两侧各具 1 个镰刀形浅凹陷，沿后缘有 1 列粗刻点，两触角基部间额上具 1 明显纵脊，复眼两侧附近具一群 5～6 个小突起，中后足胫节端部具 1 凹陷，其上着生短毛（彩图 20 - 64 - 1）。

卵：浅黄色，长椭圆形，壳面具五角形点和皱纹。

幼虫：体长 2.0mm，白色，头黄色，腹末节具 2 个上弯的小刺。

三、生活习性

甜菜跳甲 1 年发生 1 代，以成虫在沟边、田边杂草等覆盖物下越冬，翌年春季成虫先为害藜科杂草，后迁移到甜菜幼苗上为害。成虫在土内 3.3～6.6cm 处产卵，卵数粒集结，幼虫孵出后，先在土内活动，为害藜科植物根部，土内化蛹，秋季成虫羽化后取食甜菜及其他寄主植物，后聚集越冬。

四、发生规律

甜菜凹胫跳甲 1 年发生 1 代，以成虫在藜科或蓼科植物上越冬，翌年春天气温升高，成虫开始活动。在东北地区，一般 4 月下旬越冬成虫开始取食藜科杂草，5 月上旬甜菜幼苗出土后，大量成虫迁移到甜菜地里为害幼苗，5 月上、中旬为害盛期，大量成虫咬食甜菜子叶和幼嫩的真叶，使甜菜叶片出现圆形或不规则形的孔洞。5 月下旬逐渐减少，6 月基本不再为害。成虫喜在藜科和蓼科植物上产卵，一般成虫羽化后，在 8 月末取食藜科和蓼科植物，并准备越冬。

在南方的湖南、湖北、江西、浙江、福建、广东、广西、四川等省份发生较早，成虫喜在藜科和蓼科植物上产卵。

五、防治技术

甜菜跳甲的防治同黄条跳甲。

附：甜菜凹胫跳甲形态特征

成虫：体长 2.0～2.4mm，宽 1.0mm，体卵形，青铜色，具光泽；触角、足黄褐色，后足股节黑红色，具金属光泽，头顶拱凸，复眼内侧生深沟，表面细粒状，具少量点刻；触角约为体长 1/2，第二节粗，不比第三、四节短，余各节较第四节长。前胸背板约与鞘翅等宽，表面上具排列不规则细点；小盾片很小，半圆形，无点刻。鞘翅上的点刻较前胸背板上的粗，排列成纵行，行间有微细点刻，行距隆起，向端、向外侧隆起渐高，呈脊状。

卵：椭圆形，浅黄色，稍透明，长 0.4～0.5mm。

幼虫：体长 4～5mm，略呈筒状，尾端略细。

蛹：椭圆形，浅黄绿色，长 2～3mm。

蔡青年（中国农业大学）

第 65 节　甘蓝夜蛾

一、分布与危害

甘蓝夜蛾［*Mamestra brassicae*（L.）］属鳞翅目夜蛾科，别名地蚕、夜盗虫、菜夜蛾等。广泛分布于亚洲、非洲、欧洲、北美洲和南美洲各洲，在亚洲，几乎所有国家均有分布。该虫在我国各地广泛分布，是一种非常重要的害虫。甘蓝夜蛾为多食性害虫，除为害各种十字花科蔬菜及油菜外，还为害甜菜、马铃薯等块根类等作物。野生寄主中以藜科植物（如灰菜）最喜取食。寄主植物分属 40 余科，多达 100

余种。蔬菜寄主主要包括甘蓝、白菜、萝卜、油菜、菠菜、胡萝卜、瓜类、辣椒、番茄、马铃薯、烟草、啤酒花、甜菜及豆类等，春季寄主主要有菠菜、豌豆、蚕豆、甘蓝、油菜、甜菜等，秋季转入以为害十字花科蔬菜和胡萝卜等。甘蓝夜蛾以幼虫为害叶片，刚孵化时幼虫集中于卵块所在的叶背取食，残留表皮，呈现出密集的小天窗状，随着虫龄稍大后逐渐分散，将叶片吃成小孔，四龄后，夜间取食，吃成大孔，仅留叶脉（彩图 20 - 65 - 1，5）。在我国东北、华北和西北的甜菜产区，也是甘蓝夜蛾为害甜菜的重灾区。来自黑龙江的研究表明，甘蓝夜蛾为害甜菜叶片不仅可使甜菜块根减产 10％～20％，而且甜菜根的含糖量下降 1％～3％。在北方甜菜产区，第一代甘蓝夜蛾主要为害甜菜叶繁茂期前，造成的产量损失和含糖量损失较小。而第二代甘蓝夜蛾的为害正处于甜菜叶繁茂后期，为甜菜块根增长和糖分积累的高峰期，因而，造成的产量损失和含糖量损失都很大。

二、形态特征

成虫：体长 15～25mm，翅展 34～50mm。体、翅灰褐色，复眼黑紫色，前足胫节末端有巨爪。前翅从前缘向后缘有许多不规则的黑色曲纹，亚缘线白色，单条。内横线和亚基线黑色，双线，均为波状。前翅中央位于前缘附近内侧有 1 条环状纹，灰黑色，肾状纹外缘白色。前翅外缘有黑点 7 个，下方有白点 2 个，前缘近端部有等距离的白点 3 个。后翅灰色，无斑纹（彩图 20 - 65 - 1，1）。

卵：半球形，底径 0.6～0.7mm，上有放射状的三序纵棱，棱间有一系列下陷的横道，隔成方格。初产时黄白色，后中央和四周上部出现褐斑纹，孵化前变紫黑色（彩图 20 - 65 - 1，2）。

幼虫：老熟幼虫体长约 40mm，幼虫体色随龄期不同而异，一龄幼虫体长约 2mm，头壳宽 0.45mm，黑色，体生粗毛。二龄幼虫体长 8～9mm，头壳宽 0.90mm，绿色。一至二龄幼虫仅有 2 对腹足（不包括臀足）。三龄幼虫体长 12～13mm，头壳宽 1.30mm，体呈绿黑色，有明显的黑色气门线，此龄后开始具有 4 对腹足。四龄幼虫体长 20～23mm，头壳宽 1.78mm，体灰黑色，各体节线纹明显。五龄幼虫体长达 28mm，头壳宽 2.30mm。六龄（老熟）幼虫体长 40mm，头壳宽 3.40mm，头部黄褐色，胸、腹部背面黑褐色，散布灰黄色细点，腹面淡灰褐色，前胸背板黄褐色，近似梯形，背线和亚背线为白色点状细线，各节背面中央两侧沿亚背线内侧有黑色条纹，似倒"八"字形。气门线黑色，气门下线为 1 条白色宽带。臀板黄褐色，椭圆形，腹足趾钩单行单序中带（彩图 20 - 65 - 1，3）。

蛹：体长 20mm 左右，赤褐色至浓褐色，腹部背面自第一腹节起至末节中央有 1 条深褐色纵纹。第五至七节近前缘有宽而粗的刻点，每刻点的前半部凹陷较深，后半部较浅。腹部第四至六节的后缘及第五至七节的前缘颜色较深。臀棘较长，末端着生 2 根长刺，深褐色，末端膨大形似大头针（彩图 20 - 65 - 1，4）。

三、生活习性

甘蓝夜蛾在西藏一年发生 1 代。在黑龙江和辽宁一年发生 2 代。新疆、山西、四川和重庆等省份一年发生 2～3 代。陕西一年发生 4 代。在青海省一年发生数代，随地区有变化，东部农业区从南到北逐渐减少，最多达 4 代，一般发生 2 代。在各地，甘蓝夜蛾均以蛹在土中越冬，有明显的滞育现象，属短日照滞育型。越冬蛹多数分布于寄主作物田或田边杂草、土埂下，入土深度以 7～10cm 处最多。越冬代成虫出现的时间一般为 3～6 月越冬蛹开始羽化，成虫随即出土。由于各地气候条件的不同，成虫和幼虫的发生时间有较大的差异。在东北，当气温在 22℃ 以上时，总有一小部分蛹不羽化，直到温度降到 18℃ 时才羽化，滞育期 2～4 个月。在西藏，越冬蛹一般于翌年 5 月下旬开始羽化，6 月中旬至 7 月中旬为成虫盛期，7 月下旬为成虫盛末期。6 月下旬田间即可发现部分幼虫开始为害。7 月上、中旬为卵孵高峰期。8 月为幼虫暴食为害期。8 月中旬至 9 月上旬为化蛹高峰期。在内蒙古，一般 5 月初成虫始见，5 月中、下旬进入盛期。一代幼虫 6 月初始见，6 月中、下旬进入盛期。一代成虫 7 月上、中旬始见，8 月上旬进入盛期。第二代幼虫 8 月中旬始见，8 月下旬进入盛期。在山西，越冬蛹 4 月中旬开始羽化，第一代幼虫为害期在 5～6 月，第二代幼虫为害期在 7～8 月，第三代幼虫为害期在 9～10 月。在四川，越冬代成虫 3 月下旬至 4 月上旬；第一代幼虫 5 月下旬至 6 月中旬；第二代幼虫 9 月上旬至 10 月中旬。第一代幼虫在 5 月上、中旬先后化蛹，仅一部分早期化蛹的在 6 月羽化为成虫，这一部分可发生 3 代；化蛹迟的一部分，则以蛹态在土中越夏，到 9 月才羽化，这一部分只能发生 2 代。

甘蓝夜蛾成虫也表现出夜蛾类的习性。成虫对黑光灯及糖液的趋性强。雌雄蛾均具有较强的飞翔力，并进行频繁的飞翔活动。成虫从羽化出土到展翅飞翔大约耗时 2h。初羽化的成虫即有飞翔能力，补充营养后方能持续飞翔。成虫的飞翔活动从黄昏至 24：00 前形成第一个高峰。待取食后，开始寻找配偶。日出前形成第二个飞翔高峰，主要是觅食和寻找隐蔽场所，雌虫选择产卵寄主和场所。

成虫补充营养主要依赖各种蜜源植物。越冬代蛾通常吸食大葱、洋葱、白菜、萝卜、胡萝卜、各种果树的花蜜补充营养，有时也吸食蚜虫的蜜露为其补充营养。甘蓝夜蛾成虫通常昼夜均可补充营养，但以夜间为主，黄昏至晚上 20：00 和翌日 4：00 至日出前出现两个取食高峰。自成虫羽化开始直到死亡，均要补充营养。

甘蓝夜蛾成虫羽化当日即可交配。成虫交配从黄昏开始，午夜达到高峰，并可持续至次日午后。雌雄蛾能多次交配，最多达 7 次，最少 1 次，一般 2～3 次。成虫交配后，即可产卵。产卵高峰在 21：00～24：00。甘蓝夜蛾的卵为块产，在甜菜地呈聚集分布，卵粒排列成行，每块卵的卵粒数多少不等，从几十粒到数百粒均有，但以 100 粒者居多。虽然甘蓝夜蛾雌蛾的产卵量较大，一般集中在成虫产卵开始的 1～2d 内，以后逐日降低。每头雌蛾的产卵量也表现出较大的差异，单头雌蛾平均产卵量 800～1 500 粒。雌虫产卵时遇到低温或高温时，其产卵量都会急剧下降。成虫产卵对田间作物生长情况有一定的选择性，凡植株生长高而密的就成为集中产卵的场所。正常情况下，甘蓝夜蛾卵的孵化率高达 90％以上。孵化后的幼虫即可为害。

甘蓝夜蛾的幼虫在各地严重发生的时间有较大的差别。黑龙江及新疆在 8～9 月，山东在 6～7 月，湖南、四川以 4～5 月和 8～10 月发生严重。幼虫共 6 龄，一至三龄幼虫基本在同一植株叶背面集中取食，进入四至六龄后才在 2～3m 内附近植株为害。由于甘蓝夜蛾成虫卵为块产，所以其幼虫在田间表现出核心分布型。幼虫四龄以后，白天多隐伏在心叶、叶背或寄主根部附近表土中，夜间出来取食。此时食量最大，龄期最长，为害最严重，常常为害成灾。如果食物缺乏，则幼虫可成群迁移到邻近作物上继续为害。幼虫老熟后入土吐丝，筑成带土的粗茧，在茧内化蛹，一般入土深度 6～7cm。蛹多在较潮湿处，畦埂两侧居多。但在杂草（灰菜）丛生处常入土较浅，甚至直接化蛹于草堆下。蛹历期一般 10d 左右，越夏蛹历期一般为 2 个月，越冬蛹历期可达半年以上。

四、发生规律

(一) 虫源基数

越冬虫口密度，随冬季作物种类、植株密度及收获期早迟等而不同。凡冬季收获早，植株密度较小的，因营养条件不良，幼虫化蛹前的迁移量大，因而本田内虫口密度往往较田边土埂为小；反之，则虫口密度较大。早春作物对随后甜菜上发生的甘蓝夜蛾种群数量影响较大，冬季作物如菠菜、蚕豆、油菜等及早播的豌豆都是越冬成虫的重要产卵场所，在甜菜地周围的这些冬季或早春作物为甜菜提供了丰富的虫源。另外，成虫羽化后丰富的蜜源植物能显著影响甘蓝夜蛾的生殖力和寿命。补充含糖分营养的雌蛾产卵量可提高 3～5 倍，寿命可延长 2～3 倍。这无疑间接增加了甘蓝夜蛾为害甜菜的风险。

(二) 气候条件

甘蓝夜蛾对温湿度条件要求较严格，适应其生长发育的温度为 18～25℃，相对湿度 70％～80％。温度低于 15℃或高于 30℃、湿度低于 68％或高于 85％均不利生长发育。成虫开始羽化的温度应达到 15～16℃，成虫产卵要求的适宜温度在 21～25℃，如遇较低温度或较高温度均能显著降低雌虫的产卵量。卵发育的适宜温度为 11～30℃，最适温度为 23～26℃。幼虫发育温度为 16～30℃，最适温度为 20～24℃，当温度在 -10℃下，幼虫 48h 后会全部死亡。蛹发育温度为 14～31℃，最适温度为 20～24℃。据来自黑龙江的研究，甘蓝夜蛾数量变动关键世代是第二代，关键虫期为一至三龄幼虫，关键因素是风雨。甘蓝夜蛾化蛹到一至三龄幼虫正值 7 月中旬至 8 月中旬，其间旬降水量低于 10～40mm，8 月上旬诱蛾量超过 200 头，则其后第二代甘蓝夜蛾幼虫将大发生；反之，旬降水量超过 70mm，或其中一旬超过 120mm，旬蛾量低于 200 头，第二代幼虫发生轻或不发生。此外，甘蓝夜蛾成虫飞翔活动受夜间风力强弱和降水量大小的影响极为明显。4 级以上的风和小雨均能阻止成虫的飞翔活动。

(三) 寄主植物

甘蓝夜蛾在甜菜上发生时，成虫产卵对甜菜长势和植株部位有明显选择。生长旺盛的甜菜植株着卵量远较生长差的要高。从甜菜植株的着卵部位看，卵多产于中下层叶片，且多在叶背面。虽然均为甘蓝夜蛾的寄主，但成虫产卵对不同寄主具有明显的选择性。但白菜、番茄和菊花同时存在时，甘蓝夜蛾雌虫更愿意选择白菜和番茄植株产卵。白菜的不同品种之间也对雌蛾的产卵表现出不同的引诱作用。

（四）天敌

甘蓝夜蛾在自然界的天敌很多，病原微生物、天敌昆虫及一些脊椎动物均可以捕食和寄生。自然状态下，寄生甘蓝夜蛾卵的优势赤眼蜂为甘蓝夜蛾赤眼蜂（*Trichogramma brassicae* Bezdenko）。另外，广赤眼蜂（*T. evanescens*）和拟澳洲赤眼蜂（*T. confusum*）寄生率分别为 41% 和 10%；芜菁夜蛾斯氏线虫（*Steinernema feltiae*）DK1 品系、六索线虫（*Hexamermis sp.*）和螟蛉绒茧蜂（*Apanteles ruficrus*）可寄生幼虫，寄生率分别为 81%、48% 和 5%。甘蓝夜蛾拟瘦姬蜂（*Netelia ocellaris*）可寄生 8.1% 的蛹。黏虫白星姬蜂（*Vulgichneumon leucaniae* Uchidd）也寄生甘蓝夜蛾蛹，其寄生率为 16.7%。此外，许多鸟类和捕食性昆虫（如步甲、虎甲及蜘蛛类）均可以捕食甘蓝夜蛾的幼虫和蛹，对其种群数量具有较大的控制作用。

五、防治技术

（一）农业防治

甘蓝夜蛾的农业防治方法主要包括对甘蓝夜蛾发生田块的秋耕灭蛹处理。甜菜收获后，及时翻耕可使一部分越冬蛹翻出暴露地面，便于鸟类啄食或因严寒到来时冻死，减少来年虫口基数。在甘蓝夜蛾发生期间，对甜菜地周围的蔬菜田，每茬蔬菜收获后要及时清理田园，清除田间枯叶和残株烂叶，降低田间残存的幼虫和卵块，能有效降低下代的虫口基数。

（二）生物防治

释放赤眼蜂。当黑光灯下出现成虫时，甘蓝夜蛾田间产卵初期，第一次释放甘蓝夜蛾赤眼蜂或螟黄赤眼蜂。每公顷按 45～75 个放蜂点，每公顷放蜂量 22.5 万头的标准，将蜂卡放置在放蜂点的菜叶间即可。在田间甘蓝夜蛾卵量较大的情况下，在产卵初期一次释放即可。释放后，赤眼蜂立即在田间建立种群，有效地控制甘蓝夜蛾卵孵化，获得较为理想的防治效果。也可释放广赤眼蜂和玉米螟赤眼蜂防治甘蓝夜蛾。在幼虫发生期，用每毫升含 1.0×10^7 个孢子球孢白僵菌 ARSEF 5370 和 ARSEF 5510 菌株喷洒幼虫，可致死幼虫 55%～70%。

（三）物理防治

1. 诱杀成虫　甘蓝夜蛾成虫有较强的趋光性，可以利用黑光灯和频振诱虫灯等诱杀成虫。

2. 人工捕杀　甘蓝夜蛾成虫产卵块，初孵幼虫有集中取食的习性，结合田间管理，摘除卵块及初孵幼虫为害的叶片，集中处理，可消灭大量的卵和幼虫。

（四）化学防治

甘蓝夜蛾的化学防治首先要做好预测预报，可以通过黑光灯和糖浆诱蛾来预报成虫的发生时间。

1. 糖醋酒液诱杀成虫　利用成虫喜好糖醋液的习性诱杀成虫。即将糖、醋、酒和水按 6∶1∶3∶10 比例配制成混合液，再加入少量的敌百虫，用盆或钵盛装混合液，按适当密度放置于田间，定期更换混合液，并捞出死虫。

2. 药剂防治幼虫　要抓住早期防治，根据甘蓝夜蛾幼虫的为害习性，一至二龄幼虫集中取食为害，食量小，抗药力弱，是药剂防治的最佳时期。三龄以后开始分散，并常有钻入心叶的现象，给化学防治带来了一定的困难。一般当成虫盛发期开始 1 周后，即为药剂防治的适期。药剂可用 90% 敌百虫晶体 1 000～1 500 倍液、80% 敌敌畏乳油 1 500～2 000 倍液、20% 乐果乳油与 50% 敌敌畏乳油混合剂 1 000～1 500 倍液、50% 杀螟硫磷乳油 1 000～1 500 倍液、40% 乙酰甲胺磷乳油 1 000 倍液、10% 氯菊酯乳油 2 000～3 000 倍液。可在甘蓝夜蛾幼虫三龄前用 0.3% 印楝素乳油 1 000 倍液喷雾，每 10d 喷 1 次，连续 2～3 次，具有较好的防治效果。

蔡青年（中国农业大学）

第 66 节　旋幽夜蛾

一、分布与危害

旋幽夜蛾［*Discestra trifolii*（Hüfnagel），异名：*Scotogramma trifolii* Rottenberg］属鳞翅目夜蛾

科，又叫甜菜藜夜蛾、三叶草夜蛾或车轴草夜蛾。在我国辽宁、内蒙古、河北、北京、山东、陕西、甘肃、宁夏、青海、新疆、西藏等省份均有分布。该虫为我国一种间歇性局部发生的杂食性害虫，其主要寄主植物有甜菜、菠菜、甘蓝、豌豆、胡麻、蚕豆、油菜、白菜、葱及小麦、玉米、高粱、谷子、糜子、大豆、马铃薯、棉花、苹果等 8 科 20 多种作物及灰菜、田旋花、萹蓄、车前等 27 种杂草。自 20 世纪 60 年代初，新疆报道旋幽夜蛾为害甜菜以后，70～80 年代，该虫一直是新疆、甘肃甜菜产区的重要害虫。并相继在内蒙古甜菜产区发生并为害。70 年代初，旋幽夜蛾在内蒙古十几个甜菜生产旗县大发生，且具有数量多、为害期长的特点，未及时防治的甜菜苗招致大部分毁灭性危害，严重影响了甜菜的生产。20 世纪 90 年代，在我国新疆棉区首次发现该虫为害棉花，为害严重的棉田受害率达到 60％以上。2005 年，吉林省白城市旋幽夜蛾首次大面积暴发为害，发生面积达 1.1 万 hm^2，其中毁种面积 0.12 万 hm^2。田间幼虫密度大，龄期不整齐。受害严重的向日葵、蓖麻等农作物叶片全部被吃光，只剩下茎秆，造成了主要春季作物非常严重的损失。2008 年，旋幽夜蛾与棉铃虫在新疆博尔塔拉棉区混合发生，导致棉花受害严重。棉田幼虫数量百株最高达 11 头，棉叶平均受害率 51％，顶心平均蛀食率 23％，棉田多头棉现象严重，影响棉花生长发育。百株平均蛀蕾率 41％，造成幼蕾大量脱落，导致棉花减产 5％～15％。

二、形态特征

成虫：体长 12～18mm，翅展 30～40mm。身体和前翅淡赤褐色或黄褐色，略有光泽。前翅前缘有 3 对黑白相间的刻点，前缘顶角有 3 个等距离的小白点。外缘浅黄白色，亚缘浅白色，有明显的黄白色波形纹，外缘有 7 个近三角形的黑色斑点。前翅中部的环形纹为灰白色，肾形纹较大，蓝灰色，剑纹半圆形褐色。后翅灰白色，翅脉深褐色，外缘有 1 条灰褐色宽带，其下端处有 2 块灰白斑。中室端处有 1 个新月形灰褐色斑，翅外缘有 5 个弧形点，缘毛灰褐色。

雌雄区别主要有雌蛾触角呈线状，翅缰 3 根，蛾体和前翅淡赤褐色。雄蛾触角呈羽状，翅缰 1 根，蛾体和前翅黄褐色。

卵：呈半球形，直径长约 0.6mm，顶部有一个球状乳突。卵面具有放射状纵脊约 40 条，不分叉，两根长棱之间有长短不同的 1～3 条短棱，无横道。初产时乳白色，光亮。以后渐变黄褐色、深褐色，孵化前呈黑灰色。

幼虫：老熟幼虫体长 29～34mm，幼虫体色多变。三龄以前为黄绿色，有 4 对腹足，第一对腹足最短，第二、三对腹足次长，第四对腹足（臀足）最长，行走时似尺蠖。三至四龄为蓝绿色略带褐色，五至六龄为橙黄色，有的呈黄白色。幼虫体表刚毛稀疏，无肉瘤，有光泽。腹足为单序缺环。三龄后体节上出现倒"八"字形黑纹，排列较均匀，与八字地老虎幼虫相似，主要区别在幼虫头部正面冠缝两侧，八字地老虎有立眉状"］〔"形黑纹（彩图 20 - 66 - 1）。

蛹：红褐色，头部略带绿色。体长 13～15mm。初化蛹时胸足绿色，腹部各节黄褐色，以后胸部渐变红黄色，腹部各节渐变赤褐色。羽化前胸、腹部均为赤褐色，复眼紫黑色。腹部末端有臀棘 2 对，第五至七腹节背面前缘有密集的刻点，第七节以下分节不显著。

蛹的雌雄鉴别方法：雌蛹第八腹节腹面中央有 1 条纵裂缝，裂缝连接第七、第九腹节，裂缝两侧平坦，无突起，腹部末端分节不明显。雄蛹第八腹节无裂缝，在第九腹节腹面中央有 1 条纵裂缝，裂缝两边各有 1 个半圆瘤状突起，腹部末端分节较为明显。

三、生活习性

旋幽夜蛾在新疆一年发生 3 代。越冬代成虫出现在 4 月下旬，5 月上、中旬为越冬成虫高峰期，4 月底至 5 月初在甜菜上见卵，幼虫于 5 月上、中旬为害甜菜、蔬菜等，造成缺苗断垄，甚至吃光毁种。第一代成虫出现在 6 月初，6 月下旬至 7 月上旬为成虫高峰期，幼虫继续为害。第二代成虫出现在 7 月中旬，8 月上、中旬为第二代成虫高峰期。幼虫在 8 月底至 9 月初取食后，于 9 月下旬开始入土化蛹越冬。在甘肃武威地区，4 月下旬至 5 月上旬田间陆续出现成虫，5 月中、下旬为越冬代成虫发蛾高峰期。6 月上旬至中旬为第一代幼虫为害盛期。7 月上、中旬为第一代成虫发蛾高峰时期。7 月中、下旬为第二代幼虫为害盛期。8 月中、下旬为第二代成虫发蛾高峰期。8 月下旬至 9 月上、中旬为幼虫为害盛期。9 月下旬至 10 月上旬幼虫进入化蛹越冬期。旋幽夜蛾以蛹在甜菜、胡麻、豌豆、蔬菜及苜蓿地土壤中做土室越冬，多集中在 10~20cm 土层中，也有少量在田间杂草和田埂处越冬蛹。

成虫羽化多在 6：00~9：00，各代雌雄性比均为 1：1。羽化的成虫喜食花蜜和露水。一般白天隐藏在杂草丛、土缝、屋檐下等背光处。夜间才开始活动，以 22：00 左右活动最盛，主要是取食花蜜补充营养、交配和产卵。一般羽化后 1~3d 交尾产卵，交尾多在 3：00~5：00，最长交尾时间超过 3h，平均 1h 左右。补充营养对成虫的产卵量和寿命均有显著的影响。室内研究表明，成虫取食 5% 红糖水时产卵量大，每雌蛾平均产卵量 476 粒，寿命长，可达 14d，而取食清水的产卵量则小，每雌蛾平均产卵量 98 粒，寿命也短，仅有 6.7d。自然条件下，成虫寿命一般 12d 左右。旋幽夜蛾成虫具有强烈的趋光性，但趋化性不强。成虫产卵多为散产，但产卵时对寄主植物及植物组织具有较强的选择性。在甜菜产区，成虫在甜菜和灰菜（杂草）上产卵最多，其次是白菜、甘蓝等十字花科植物，卵产在叶片正面或背面。在棉田，旋幽夜蛾一般以灰菜上产的卵最多，其次是苘麻和棉花，卵多数产在寄主植物叶的背面，可占 65%~70%，其次是叶正面占 15%~20%，茎上卵略少，占 10%~15%。旋幽夜蛾在棉株上产卵分布大致为上部嫩叶正反面占 60%~65%，上部茎秆卵量占 15%~20%，还有 20%~25% 的卵分布于棉花苞叶及其他部位。

幼虫具有隐蔽性、暴发性、转移为害性等特点。幼虫为害时，在甜菜苗期，低龄幼虫先咬食心叶幼嫩部分，往往破坏甜菜苗的生长点，虫口密度大时，在几天之内就可将幼苗咬光，造成毁苗。甜菜生长的中后期，幼虫多在叶背取食；低龄幼虫常取食叶片背面的叶肉，仅留下上表皮呈窗膜状，二至三龄幼虫则可将叶片咬成缺刻。随着龄期增加，幼虫食量加大，高龄幼虫通常可把叶片吃光，只剩较粗的叶脉和叶柄。三龄前幼虫腹足发育不全，行走呈尺蠖状。低龄幼虫较活泼，受到惊扰时会假死或吐丝下垂逃逸。高龄幼虫受惊扰后将身体蜷缩呈 C 形。三龄后食量增大，五龄幼虫食量最大，并能迅速转移为害，一片田吃光，又转移到另一块田蚕食叶片，成片食光。田间调查发现，在甜菜产区，第一、二代幼虫主要为害豌豆、胡麻、蚕豆等作物，第三代幼虫主要为害甜菜，且对产量影响较大，是甜菜产区的重要害虫。在棉花产区，第一至三代幼虫均在棉田为害，但以第一代为害最严重，而第二、三代为害棉花时常与棉铃虫混合发生，其为害状通常容易混淆。在棉田幼虫常呈点片发生，群集为害的特点。以取食棉花嫩叶为主，其次蛀食棉蕾，造成脱落，有时还蛀食棉株的生长点，形成"死尖"棉株。通常旋幽夜蛾对棉花的为害和造成的产量损失均小于棉铃虫。

老熟幼虫入土做蛹室化蛹，非越冬蛹一般在 4~5cm 土层中化蛹，而越冬蛹在 0~20cm 深度土层中均有分布，但不同土层比例差别较大。土层深度为 0~5cm，占 7.1%，5~10cm，占 90.3%，10~15cm，占 1.7%，15~20cm，占 0.9%。由此可见，大部分的越冬蛹都集中 5~10cm 的土层中越冬。

四、发生规律

（一）虫源基数

关于旋幽夜蛾的虫源有两个方面。

（1）越冬虫源基数。在我国大多数旋幽夜蛾可越冬的地区，越冬虫源基数主要来自上一年为害作物的越冬蛹，在早春，这些越冬代成虫羽化后产卵，幼虫孵化后为害一些早春作物和杂草，这为该虫的继代发生提供了重要的虫源。目前的研究表明，旋幽夜蛾具有明显的迁飞现象，越冬虫源也可以通过迁飞而来。中国农业科学院植物保护研究所通过雷达监测和探照灯等设备监测发现，北京地区旋幽夜蛾的虫源主要从陕西、山西北部和内蒙古鄂尔多斯、呼和浩特、乌兰察布等中西部地区，随偏西气流向东北、东南方向迁飞扩散。该虫夜间迁飞主要集中在风向有利、风速较大的 300~500m 高度，持续飞行时间可达 8h 以上。另外，在一些冬季气温很低，难以越冬的地区如吉林省白城地区，现在研究证明了这些地区的虫源为外地迁飞虫源。

（2）作物生长期虫源基数。为害生长期作物的虫源基数主要来源于本地和外地迁入害虫。上代为害作物后，老熟幼虫在作物田和田边及田埂边杂草丛中化蛹，成为继续为害作物的重要虫源。

（二）气候和土壤条件

在自然条件下，温度、湿度及土壤状况对旋幽夜蛾种群的发生有重要影响。越冬成虫的发生受春季月平均气温的影响，当月平均气温在 5℃ 以上时，则越冬成虫会出现在 4 月上旬；若月平均气温低于 3℃ 时，越冬成虫则推迟到 4 月中旬出现，且成虫羽化不整齐。越冬成虫产卵后，如遇到低于 18℃ 气温时，则卵期可延长 8~13d。此外，旋幽夜蛾在干旱燥热的天气条件下会大量发生，为害严重，而湿润冷凉的气候条件则发生量小，为害较轻。

风力大小和风向对旋幽夜蛾成虫的转移与扩散影响较大。有研究表明，偏西气流有利于陕西、山西北部和内蒙古鄂尔多斯、呼和浩特、乌兰察布等中西部地区的成虫向东北、东南方向迁飞扩散，使旋幽夜蛾成为北京地区和吉林白城地区重要迁入虫源。另外，距地面 300～500m 的风速大小也是影响其远距离迁飞的重要因素。

土壤质地也影响旋幽夜蛾的发生与为害。通常在沙土地上的作物受害较轻，而黏壤土和黑土地上的作物则受害较重。

（三）寄主植物

旋幽夜蛾寄主植物的分布及作物田周边的环境对其发生和为害影响较大。如在甜菜作物周边有苜蓿地、管理粗放的果园等，都会导致越冬代成虫集中到甜菜作物上产卵，从而造成甜菜虫灾。虽然旋幽夜蛾的寄主植物很多，但其成虫产卵对寄主植物具有较强的选择性。黎科植物尤其灰菜（一种杂草）是旋幽夜蛾成虫较喜欢产卵的寄主植物，在甜菜作物田，灰菜上旋幽夜蛾的产卵量占总卵量的 88.9%；而在玉米田，灰菜上旋幽夜蛾的产卵量占总卵量则达到 95.3%。因此，凡是作物受害严重的田块都有茂密灰菜生长。

在作物田，旋幽夜蛾虫口密度大小和对作物的为害程度轻重与田间杂草多少有密切关系。凡田间管理差，杂草多的农田，虫害就多，作物受害就严重，特别是有较多灰菜、刺儿菜等杂草地块。

（四）天敌

自然条件下感染旋幽夜蛾幼虫的病毒应归类于杆状病毒 B 亚组（Baculovirus subgroup B）的一个种，定名为旋幽夜蛾颗粒体病毒（*Mamestra trifoli* GV，MtGV）。其他天敌见甘蓝夜蛾天敌。

五、防治技术

（一）农业防治

1. 重视田间管理 旋幽夜蛾在土中化蛹，在作物生长期，注重田间中耕和适时灌溉可以恶化化蛹环境而降低化蛹和羽化率，可明显降低田间虫口密度，减轻为害。针对土中的越冬蛹，在甜菜收获后，甜菜地要秋耕冬灌，可以将蛹暴露在地表冻杀或被天敌捕杀。据调查，秋耕冬灌措施可消灭 70%～80% 的越冬蛹，显著减少越冬虫口基数。同时，这样的农事操作也能改变蛹头尾的体位方向，可以降低来年蛹的正常羽化。在作物生长期，结合其他田间作业，人工摘除卵块和初孵幼虫的叶片，可降低田间幼虫密度和为害。

2. 轮作倒茬 在有条件的地区，可以通过轮作旋幽夜蛾的非寄主作物，恶化其生活环境，丰富农田天敌资源，维持生态平衡，可减轻其发生与为害。加强田间管理，及时清理田间杂草（如灰菜等），减少旋幽夜蛾的产卵寄主，也可以降低作物上的幼虫密度。注重作物田周边环境的选择，特别是邻作作物，应该尽量避免在作物田附近邻作寄主植物（如苜蓿等），加强周边荒地和果园内的杂草管理，以减少旋幽夜蛾对作物的为害。

3. 种植抗虫品种 特别在发生重的棉田可考虑种植转基因抗虫棉，能有效地减少旋幽夜蛾的发生与为害。

（二）生物防治

关于旋幽夜蛾的生物防治方法国内外研究和应用得很少，虽然如此，但在生产实际中可以参照其他夜蛾（如甜菜夜蛾、甘蓝夜蛾等）的生物防治措施，开展一些研究和试用。另外，在自然界，旋幽夜蛾的幼虫常可以被旋幽夜蛾颗粒体病毒感染，并致死部分幼虫，因此，可以在室内大量培养和繁殖这种病毒后，应用到田间以控制该虫的发生与为害。

（三）物理防治

旋幽夜蛾属于夜蛾科害虫，具有昼伏夜出、较强的趋光性、夜间活动和凌晨寻找藏身处的习性，因此，可以采用常规夜蛾类防治的一些物理措施。

灯光诱杀成虫：将高压汞灯架设在略高于作物的位置，灯下设置一捕虫水池，灯距水面 10～20cm，水中加入 0.2% 洗衣粉或 0.1% 柴油，以增加水的表面张力，避免成虫落水后再飞走，也能有效地捕杀成虫，降低作物的损失。但值得注意的是，在灯周围 20～30m 内，会出现诱集来的成虫在此产卵，要重点查卵并实施药剂防治。还可以使用悬挂式频振杀虫灯诱杀成虫。每 3～4hm² 设置 1 盏频振杀虫灯，在成虫羽化高峰期，每天傍晚开灯，清晨关灯，并及时收蛾灭蛾，也是非常有效的杀灭成虫的措施。

（四）化学防治

旋幽夜蛾具有局部暴发和为害严重的特点，必须加强虫情调查，做好虫情测报工作。当成虫发生和幼虫孵化时应该及时选择高效、低毒、低残留的化学药剂防治害虫。

1. 糖醋液诱杀成虫　按 6∶1∶3∶10 的比例配制糖、醋、酒和水的混合液，在混合液中加少许农药敌百虫，当旋幽夜蛾成虫发生时，在作物田中，每 200m² 放 1 盆带农药的混合液，每 5～7d 换 1 次混合液，并捞出死虫，遇到降雨后要及时添加或更换混合液，杀灭成虫的效果较好。

2. 药剂防治幼虫　旋幽夜蛾幼虫药剂防治适期应掌握在卵孵化盛期和一至二龄幼虫盛期叶面喷雾。药剂可选用 2.5%溴氰菊酯乳油 1 000～1 500 倍液、用 25%灭幼脲悬浮剂 120～150g/hm²、100 亿孢子/g Bt 菌粉 2 000 倍液、90%敌百虫晶体 1 000 倍液，以及其他一些高效、低毒和低残留的农药。施药时要做到均匀，每叶喷到。

蔡青年（中国农业大学）

第 67 节　甜菜青野螟

一、分布与危害

甜菜青野螟［*Spoladea recurvalis* (Fabricius)，异名：*Hymenia recurvalis* Fabricius］属鳞翅目草螟科，别名甜菜白带野螟。我国主要发生在广东、云南、贵州、台湾、江西、浙江、安徽、江苏、湖北、山东、河南、山西及陕西等省份。国外分布于日本、朝鲜、印度、斯里兰卡、印度尼西亚等国家，以及非洲和北美洲等地区均有发生。甜菜青野螟的寄主植物为甜菜、玉米、谷子、茶、甘蔗、苋菜等。

在我国，尤以陕西甜菜青野螟为害严重。陕西省 1958 年在西安市郊区和武功县首次试种甜菜时即有发生，1974 年渭南地区开始蔓延，1975—1977 年关中、陕北、陕南地区发生较为普遍，但仍以渭南地区严重。据调查发生严重地区，甜菜叶片全部被吃光，甜菜根产量损失 30%～40%，含糖量降低 2%～3%。张恒泰等于 1976—1982 年在陕西关中甜菜青野螟大发生地区对甜菜青野螟生活习性、田间消长及为害规律等问题作了进一步研究。

二、形态特征

成虫：体长 10mm 左右，翅展 23mm，头部黄褐色，着生有毛，复眼肥大，触角丝状黑色，胸背棕褐色，腹面黄色，前后翅不同环境条件颜色稍有差别，有时均为紫褐色，有时是黄褐色。静止合翅后呈三角形，前翅较长，中央有 1 条斜向呈波状纹的白带，静止时互相连接呈一字形，前翅外缘有较短的白带，邻近有 2 个小白点，后缘白色，缘毛稀疏细长。后翅色泽较前翅稍浓，中央从前缘至后缘亦有斜向白带 1 条。两翅展开时，前后两条白带相接，呈倒"八"字形，腹部背面各节后端白色，其第一与第三节特宽，末节不明显（彩图 20-67-1，1）。

卵：扁椭圆形，长 0.7mm，淡黄色，表面有不规则网纹，带有珍珠光泽，集聚成块状。

幼虫：头部稍平，口器绿褐色，朝向前方，胸部背面第一节，硬皮板黄褐色，第二节左右各有月牙形黑斑，背线、亚背线、气门均明显，各节着生数个瘤状突起，附生淡褐色毛 1～2 根。初孵化幼虫乳黄白色，二至五龄为淡绿色，体前后较细，老熟幼虫体呈浅红色（彩图 20-67-1，2）。

蛹：长 8～10mm，纺锤形，浅黄褐色，复眼凸出。翅端、腹足、触角伸至腹部第五节，蛹末端着生 2 根刺毛，在土窝内化蛹，表面有泥屑，不易发现。

三、生活习性

（一）生活史

在我国中部地区，甜菜青野螟一年发生 3 代以上，以蛹在土茧内越冬。第二年 7 月出现成虫，成虫一般寿命 5～10d，卵历期 2～10d，幼虫历期 9～16d，幼虫共有 4 个龄期，一龄 3d 左右，二龄 2～4d，三龄

3d 左右，四龄 3～4d（包括前蛹期 1d）。蛹历期 7～20d（非越冬蛹）。10 月下旬幼虫开始入土做土茧越冬。春播甜菜上一年发生 4 代（表 20 - 67 - 1）。

表 20 - 67 - 1　甜菜青野螟的年生活史（引自张恒泰等，1993）

Table 20 - 67 - 1　The life history of *Spoladea recurvalis*（from Zhang Hengtai et al.，1993）

世代	卵期		幼虫期		蛹期		成虫期	
	发生期（月/旬）	历期（d）	发生期（月/旬）	历期（d）	发生期（月/旬）	历期（d）	发生期（月/旬）	历期（d）
一	7/中～7/下	10～15	7/下～8/上	10～20	8/中～8/下	约 20	7/上～7/下	约 30
二	8/中～8/下	约 20	8/下～9/上	约 20	9/上～9/中	约 20	8/上～8/下	约 30
三	9/下	约 10	9/下～10/上	约 20	10/上	约 10	9/上～10/上	约 30
四	10/中～10/下	约 15	10/下～11/上	约 20	10/下～11/中	约 20	10/上～11/上	约 30

（二）习性

成虫一般在夜间羽化，翌日早晨散栖地面或叶丛中，飞翔能力弱，1d 后飞翔能力增强，便成群聚栖，喜栖于弱光或黑暗处，温度 20～25℃最活跃。30℃以上 20℃以下活动显著减弱，当日最高温度达 30℃以上，成虫白天躲在甜菜叶丛中很少活动。成虫有两个与为害关系密切的习性，一是群飞群栖，虽然一次飞行距离不远，但可间歇长距离迁飞，因此使用小型喷药工具防治成虫比较困难。二是选择叶片繁茂的植株产卵。成虫趋光性和趋化性很弱，用灯光或糖、醋、酒配制诱剂几乎诱不到成虫。羽化后成虫经过 4～5d 卵前期，在甜菜上交尾产卵，卵多散产在生长茂盛的叶背面的叶脉附近，一般 4～6 粒产在一起，排列整齐，由性附腺分泌物牢固粘在叶背。幼虫初孵化时聚集在叶背取食叶肉，留下表面表皮。以后随着幼虫龄期的增长和食量的增加，连同叶表皮也食光，只剩叶脉，进而可食掉整个叶片。一般蜕皮前食量减少，蜕皮 1 次食量增加 1 次。三龄后部分幼虫蜕皮时吐丝拉网把叶片折叠成虫室栖居其中，振动后有假死性。四龄幼虫如遇食料不足或低温等不利条件，便停止取食，体色变成橘红或灰白色提前化蛹。老熟幼虫有向地表爬行寻找缝隙化蛹的习性。化蛹场所主要在甜菜叶柄间和地表 2～3cm 深的土缝以及地面残叶的下面。在土表下 20cm 的干湿土层交界处，存活蛹最多。

四、发生规律

（一）田间消长及为害规律

甜菜青野螟在春播甜菜产区，一年发生 4 代，第一代 7 月上旬开始发生，第二代的发生高峰在 8 月上旬，第三代在 9 月上旬发生，第四代在 10 月上旬发生，直到 11 月上旬其成虫、幼虫田间仍有发生。甜菜青野螟的世代重叠严重，尤其在大发生年份更为突出，其各代发生时间，因不同年份和不同地块而稍有差异，一般相差 5～10d。甜菜青野螟田间为害与 4 个世代的虫期、消长时间和数量有关。该虫第二代和第三代虫口密度大，又正值甜菜糖分积累期，所以危害性很大。

（二）大发生与相关气候因素

甜菜青野螟的发生为害程度与历年 8～9 月的平均气温关系密切，在这个时期内如果平均气温达到 23℃以上，相对湿度为 70%～90%，甜菜青野螟即可能大发生。据室内饲养观察，在 15～30℃内温度越高发育速度越快，且食量越大，暴食期温度在 25℃时比 15℃时的食量大 2.8 倍。甜菜青野螟卵的适宜孵育温度和相对湿度分别为 30℃左右和 70%～90%，过干过湿都对卵孵化不利。

（三）其他因素

1. 甜菜种植年限　据在陕西华县等地调查，头一年种植甜菜区，甜菜青野螟仅有少量发生；第二年继续种植发生较普遍；连种 3 年即可普遍为害；连种 4 年后，便成为常年严重发生为害区。

2. 地势及邻田作物　一般岗地受害重于平地，平地重于洼地。但在大发生的年份和地区，这种差别在甜青野螟发生初期表现明显，后期则看不出差别。在甜菜青野螟第二、三代成虫期，如种植甜菜地块的邻田种有蜜源作物，会诱来大量甜菜青野螟成虫，使田中其产卵量大增。蜜源作物主要为棉花，也有苋菜和鸡冠花等。

五、防治技术

（一）农业防治

应及时清除田间杂草，可消灭部分虫源。甜菜收获后及时秋耕翻地，还可消灭部分在土壤中越冬的老熟幼虫，压低虫口基数。

（二）化学防治

防治甜菜青野螟幼虫，关键在于7月下旬至9月上旬深入田间调查虫情，甜菜青野螟发生世代不整齐，田间4种虫态可同时出现，主要调查卵孵化率，当卵孵化率到80%左右时为药剂防治适期。

化学防治使用的药剂有：2.5%溴氰菊酯乳油2 000倍液、20%氰戊菊酯乳油1 500倍液喷雾、2.5%高效氯氟氰菊酯水剂1 500倍液、50%辛硫磷乳油1 000倍液或32%甲维·毒死蜱微乳剂1 000~1 500倍液等喷雾。

韩英（中国农业科学院甜菜研究所）

第68节　甜菜潜叶蝇

一、分布与危害

甜菜潜叶蝇［*Pegomya betae*（Curtis）］属双翅目花蝇科，别名甜菜泉蝇。分布在东北、内蒙古河套、新疆及黄河中下游甜菜栽培区。主要为害甜菜、菠菜、萝卜等（彩图20-68-1，1）。

二、形态特征

成虫：体长5~8mm，黄灰色，头半圆形，额带黄褐色至暗褐色。雄蝇两复眼间额带较窄，体色较深。雌蝇额带及腹部比雄蝇宽。雌、雄蝇前翅暗黄色，翅脉黄色半透明。足的胫节、腿节黄色，跗节黑色，雌虫触角刺毛的基部显著增大（彩图20-68-1，2）。

卵：菱形，白色，表面具六角形不规则纹，长0.8mm，宽0.3mm，一端较平，有很小的黑斑（图20-68-1，1）。

幼虫：体长7.5~9.0mm，长圆筒形，13节，无足，头不明显，乳白色至黄白色。前端生有三角形黑色小钩2个，带有4~6个齿，腹部末节边缘有肉瘤状突起7对，节间也有突起（图20-68-1，2）。

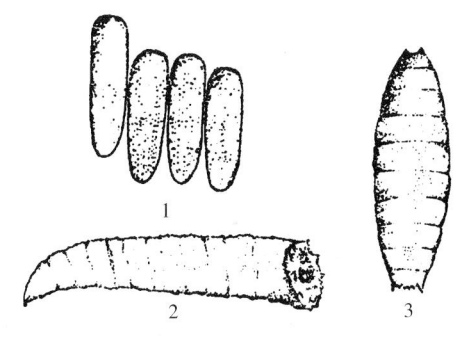

图20-68-1　甜菜潜叶蝇（引自
　　　　　孙昌学等，1991）
Figure 20-68-1　*Pegomya betae*（from Sun
　　　　　Changxue et al., 1991）
1. 卵块　2. 幼虫　3. 蛹

蛹：围蛹，长4.5~5.0mm，椭圆形，红褐色或黑色，头部较窄，尾部较平（图20-68-1，3）。

三、生活习性

甜菜潜叶蝇在黑龙江、辽宁、内蒙古一年发生2~3代，在新疆库尔勒一年发生3~5代，北疆玛纳斯、沙湾一年发生2~4代。以蛹在土壤中越冬，5cm深土层中数量最多。南疆于4月下旬，北疆于4月下旬至5月上旬羽化为成虫。越冬代成虫首选在灰藜上产卵，随即在甜菜、菠菜上产卵，将卵产在甜菜、菠菜或杂草叶背面，卵排列成堆，常有2~15粒，以3~8粒为多，极少单粒，第一代产卵期是在5月中旬。第二代主要产在甜菜上，产卵期在6月中旬。卵历期和幼虫历期的长短随温度而定，卵历期20~25℃时1~3d，16~20℃时3~4d，每头雌蝇产卵40~100粒。幼虫历期8~10℃时25~30d，10~15℃时16~25d，15~18℃时11~16d，18~24℃时7~10d。幼虫可耐比较低的气温。8℃时仍可发育，但超过25℃时死亡率高。为害特点是，幼虫孵化后立即潜入叶片组织内取食叶肉，被害处呈水泡状，隧道弯曲连片，使叶片仅剩下表皮，内常有虫粪，抑制幼苗生长，严重时全叶枯萎，甚至全株死亡。对产量有一定影响。留种甜菜也受害，降低种子产量和质量。

幼虫历期 11～21d，幼虫蜕皮 2 次，共 3 龄，老熟后于叶背或根周围的土中化蛹。蛹历期 12～19d。各代均有部分蛹滞育休眠，完成一个世代，历期 34～46d。于翌年才羽化。

甜菜潜叶蝇天敌很多，赤螨、绒螨的成虫可吸食卵粒，使卵粒干瘪。幼虫和蛹也有多种寄生蜂寄生。

四、发生规律

（1）甜菜潜叶蝇各代滞育的蛹于翌年春季集中在一起羽化，故成虫多，是一年中为害最重的阶段，因此，在 5 月为其主要发生高峰期。在东北及内蒙古，6 月上、中旬进入幼虫为害盛期。第一代为害重，第二、三代为害较轻。

（2）甜菜潜叶蝇喜温暖湿润的环境，温暖湿润的环境下发育好，发生量大。高温干燥的夏季，幼虫大量死亡，特别是大批虫蛹滞育，致使夏季世代发生量很少。秋季由于气温较低，又出现较多的成虫，其后幼虫主要为害甜菜。由于成虫在日平均气温低于 10℃时就停止产卵，因此幼虫数量有限。

（3）植株密度大，株行间郁闭，通风透光不好；地势低洼积水、排水不良、土壤潮湿；氮肥施用太多，易发生虫害。重茬地，杂草丛生的地块，肥料未充分腐熟的地块，易发生虫害。

（4）天敌对甜菜潜叶蝇有一定的控制作用，天敌有很多，赤螨、绒螨的成虫可吸食卵粒，使卵粒干瘪。幼虫和蛹也有多种寄生蜂寄生。

五、防治技术

（一）农业防治

适时灌溉，清除杂草，使用粪肥要充分腐熟，并埋入土下，以减少对成虫的诱导；甜菜收获后，进行秋耕地，可以破坏土壤中越冬蛹的生态环境从而达到杀灭虫蛹及减少田间虫源的效果。

（二）生物防治

利用寄生蜂，如姬小蜂等天敌防治甜菜潜叶蝇可取得良好的效果。

（三）物理防治

在成虫盛期，用糖醋液诱杀成虫或采用灭蝇纸或黄板诱杀成虫。

（四）化学防治

在成蝇发生盛期以及在幼虫孵化初期进行防治。

使用药剂有：1.8%阿维菌素乳油 2 000～3 000 倍液、48%毒死蜱乳油 1 000 倍液、20%氰戊菊酯乳油 2 000 倍液、2.5%高效氯氟氰菊酯乳油 2 000 倍液，一般需要连续防治 2～3 次。药剂应喷在叶背面以杀灭卵和幼虫。

韩英（中国农业科学院甜菜研究所）

第 69 节　肖藜泉蝇

一、分布与危害

肖藜泉蝇［*Pegomya cunicularia* (Rondani)，异名：*Pegomya mixta* Villeneuve］属双翅目花蝇科。分布于新疆、青海、辽宁、内蒙古、河北、北京、上海、山西、湖南、江苏等省份。寄主为甜菜、菠菜等藜科、茄科、石竹科植物。幼虫潜叶食叶肉，形成块状隧道，内留虫粪，破坏叶绿素，造成作物减产。

二、形态特征

成虫：体长 5～6mm，分浓色、淡色两型。全体背面灰黄色或灰褐色，有的具褐纵条。头部几乎全为棕黄色，胸部黑色，小盾片中央无毛（图 20 - 69 - 1，1）。

卵：长小于 1mm，长卵形，白色无光泽，表面具不规则的六角形刻纹（图 20 - 69 - 1，2）。

幼虫：末龄幼虫污黄色，长 7.5mm，前气门有分叉 7～11 个，多为 8 个，腹部末端具肉质突起 7 个（图 20 - 69 - 1，3）。

蛹：围蛹，长 4.5～5mm，黄褐色或黑褐色（图 20 - 69 - 1，4）。

藜泉蝇〔*Pegomya exilis*（Meigen）〕与肖藜泉蝇极相似，区别：前者雄蝇第五腹板侧叶内侧仅有细毛，基部无黑色短毛簇；肖藜泉蝇基部有极明显短毛簇，二者第五腹板形状略异。前者雄蝇侧尾叶侧面观前枝较直，末端不呈钩状，后枝末端极尖细，爪状；肖藜泉蝇前枝细狭，向前弯呈 S 形，末端钩状，后枝略宽且末端急剧变细。前者额较前单眼略宽；肖藜泉蝇两眼分离，间额与前单眼等宽。

三、生活习性

在北京一年发生 3～4 代，以蛹在土中滞育越冬，各代均有部分蛹进入滞育，造成越冬代成虫多及第一代为害重，卵多产在叶背，4～5 粒排列成扇状，幼虫孵出后即钻入叶肉，需 10h 完成。肖藜泉蝇一般不愿在已受害的植株上产卵，也不喜欢在已有隧道的叶表钻入，因受害寄主从受害隧道失水，叶内二酚和邻苯二酚浓度加大，因此，该虫另寻健叶钻入为害。

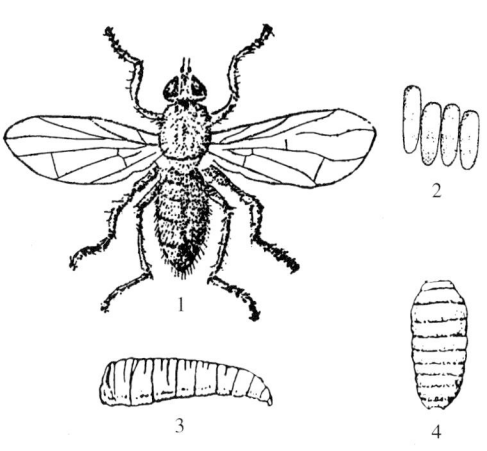

图 20 - 69 - 1　肖藜泉蝇（仿孙昌学等，1991）
Figure 20 - 69 - 1　*Pegomya cunicularia*（from Sun Changxue et al.，1991）

1. 成虫　2. 卵块　3. 幼虫　4. 蛹

四、发生规律

头年秋、冬温暖，雨雪少，虫害易发生；植株密度大，株行间郁闭，通风透光不好，地势低洼积水、排水不良、土壤潮湿，易发生虫害；重茬地，杂草丛生的地块，肥料未充分腐熟的地块，多易发生虫害。

五、防治技术

（一）农业防治

（1）播种或移栽前或收获后，清除田间杂草，集中烧毁或沤肥，促使病残体腐熟分解，减少虫卵寄生地；深翻地灭茬，可以破坏土壤中越冬蛹的生态环境从而杀灭虫蛹，减少田间虫源。

（2）选用排灌方便的田块，开好排水沟，达到雨停无积水，大雨过后及时清理沟系，防止湿气滞留，降低田间湿度。

（3）合理密植，增强田间通风透光度。

（4）科学施肥。提倡使用酵素菌沤制的或充分腐熟的农家肥。田间施入充分腐熟的粪肥并埋入土下，以减少对成虫的诱导。春播地应在上年秋季施肥，可减少受害，并在苗期追施速效化肥，加速生长，缩短受害时间，也可减少为害。

（二）诱杀防治

用糖醋液诱集成虫，也可用诱杀剂即甘薯或胡萝卜煮液为诱饵，加 0.5％敌百虫为毒剂制成。每 3～5d 喷 1 次，连喷 5～6 次。

（三）化学防治

在成虫产卵盛期至幼虫孵化初期还未钻入叶内时用药防治。

使用药剂有：喷洒 20％氰戊菊酯乳油 2 000 倍液、10％吡虫啉可湿性粉剂 1 500 倍液、2.5％高效氯氟氰菊酯乳油 2 000 倍液、48％毒死蜱乳油 800～1 000 倍液、1.8％阿维菌素乳油 2 000 倍液、20％虫螨腈悬浮剂 1 000～1 500 倍液。

韩英（中国农业科学院甜菜研究所）

第 70 节　甜菜大龟甲

一、分布与危害

甜菜大龟甲（*Cassida nebulosa* Linnaeus）属鞘翅目铁甲科，是甜菜栽培区的主要害虫之一。在我国主要分布于黑龙江、新疆、内蒙古等省份。甜菜大龟甲以成虫、幼虫聚集于叶片上取食,成虫咬食叶片,幼虫刮食叶肉,为害甜菜,影响甜菜生长(彩图20-70-1,1)。

二、形态特征

成虫:体长7~8mm,前胸背板和鞘翅较宽阔呈盾形,头部隐藏在胸背板下面。体呈扁平的椭圆形,形同龟壳。腹面黑色,体背黄褐色,上有很多不规则的小黑斑,鞘翅上有排列成纵行的粗刻点及沟9行(彩图20-70-1,2;图20-70-1,1)。

卵:椭圆形,卵块在叶片上排列整齐,每块有卵10~15粒并附有黏液,凝结成半透明的薄膜状物。

幼虫:末龄幼虫体长8mm左右,黄绿色,头部宽尾部细,体两侧周生小刺,一般有17对,后边接近尾部的1对最长(图20-70-1,2)。

蛹:体长6.5mm,黄绿色,头宽尾窄,体侧遍生小刺,有5个缺刻翼状突起(图20-70-1,3)。

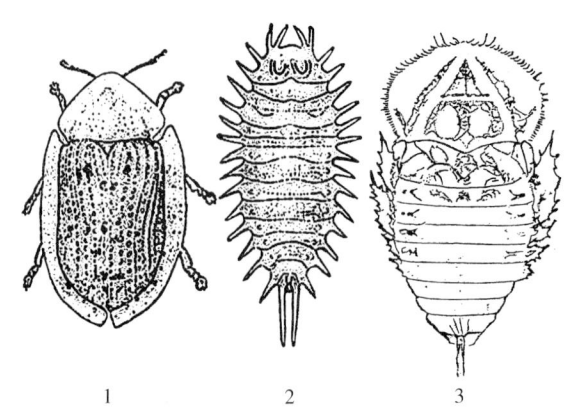

图20-70-1 甜菜大龟甲(仿孙昌学等,1991)

Figure 20-70-1 *Cassida nebulosa* (from Sun Changxue et al.,1991)

1. 成虫 2. 幼虫 3. 蛹

三、生活习性

甜菜大龟甲在东北地区一年发生2代,以成虫在植株残株落叶杂草下面越冬。成虫飞翔力较弱,多靠爬行迁移。成虫多于5月末至6月上、中旬出现,成虫出现不久即进行交尾,卵多产在藜科杂草上,卵粒堆积成块,每天产1~2块,每块10~15粒,每头雌虫产卵200多粒。成虫一般先侵害杂草然后转移到甜菜上。卵历期5~7d,温度低时,可以延续到10~15d。初孵化的幼虫以灰菜叶为食物,以后迁移到甜菜地为害甜菜。也可为害莴苣等作物,幼虫历期15~25d,共5个龄期,老熟幼虫在叶面上裸露化蛹,蛹历期5~12d。甜菜大龟甲主要为害甜菜叶片。成虫咬食叶片,形成孔洞,幼虫在叶背面的叶脉间刮食叶肉,仅留一层表皮,严重时叶面成筛网状。在田间大面积为害主要取决于幼虫的分布型。根据田间观察幼虫的分布型基本符合核心分布。甜菜大龟甲第一、二代成虫产卵在甜菜下部叶片背面,此时正值甜菜的叶丛繁茂期,叶片生长快,数量多,叶面积大,可将初孵的甜菜大龟甲幼虫全部遮盖在叶片下面,给防治造成很大困难。

四、发生规律

甜菜大龟甲在春播甜菜产区,一年发生2代,第一代在5月中、下旬出现,幼虫的为害高峰期在6月中、下旬。第一代成虫于7月上旬出现并取食为害,半月后开始产卵。第二代在8月上旬发生,成虫出现后为害不大,不再产卵即进行越冬。发生数量的多少与田间杂草及温、湿度有关。当田间滨藜、灰菜等藜科杂草多,高温、多雨季节可促使甜菜大龟甲大发生。

五、防治技术

(一)农业防治

及时铲除田间杂草,尤其是藜科杂草,可破坏成虫早春产卵基地,预防甜菜大龟甲为害。甜菜收获后进行秋耕,清除成虫越冬的隐蔽物,如茎叶和采种母根,能减轻第二年的为害。

(二)化学防治

可用5%氟虫腈悬浮剂0.3%拌种,或用48%毒死蜱乳油600倍液、40%乐果或50%敌敌畏乳油1 000倍液喷雾防治。每公顷用药液750kg左右,喷到叶背面,防治效果较好。

韩英(中国农业科学院甜菜研究所)

主 要 参 考 文 献

安丽芬，战继春.2005.旋幽夜蛾在白城市首次大面积暴发为害［J］.中国植保导刊，25（8）：38.

安玉兴，陈爱.2001.生物源农药在甘蔗线虫防治中的应用［J］.甘蔗糖业（6）：13-16.

安玉兴，管楚雄，等.2009.甘蔗病虫及防治图谱［M］.2版.广州：暨南大学出版社.

安玉兴，管楚雄.2010.甘蔗病虫防治图谱［M］.广州：暨南大学出版社.

白朕卿，张少英，石力伟，等.2012.茉莉酸与甜菜抗丛根病的关系［J］.作物杂志（4）：58-61.

蔡祝南，陈定虎，吴茂森，等.1993.甜菜黑色焦枯型病毒病原、cDNA合成、光生物素标记及探针制备［J］.北京农业大学学报，19（3）：112.

曹君迈，胡秀芝，陈彦云，等.1998.甜菜抗耐丛根病品种生理指标和形态指标初探［J］.中国糖料（2）：24-33.

曹慢，吕金海，1963.石河子地区甜菜的新害虫［J］.新疆农业科学（8）：324.

曹云鹤.2002.甜菜黑色焦枯病毒全长侵染性cDNA克隆的构建及外壳蛋白与致病性关系的初步研究［D］.北京：中国农业大学.

查红英，孙长民.1996.新疆伊犁地区发现甜菜霜霉病［J］.植物检疫（10）：41-42.

常成国，赵建花，何光军.2006.甜菜丛根病的发病症状与防治［J］.农村科技（5）：26.

常儒，尹亮，王玖新，等.2000.中国甜菜象虫种类及其分布［J］.中国甜菜糖业（4）：24-27.

陈爱，韩伟明，任大方.1984.两点褐鳃金龟发生及其防治的研究［J］.甘蔗糖业（9）：33-39.

陈爱，杨彩，邝乐生，等.1986.甲基异柳磷防治蔗田金龟子的研究［J］.甘蔗糖业（6）：27-32.

陈海柏.2009.甘蓝夜蛾的发生与生物防治［J］.现代农业科技（16）：131.

陈美阳.2011.车排子垦区甜菜主要害虫发生规律及防治［J］.农村科技（12）：18-19.

陈平华，许莉萍，陈如凯.2004.抗线虫基因表达载体构建与转化甘蔗研究初报［J］.中国生态农业学报，12（4）：57-59.

陈如凯，等.2003.现代甘蔗育种的理论与实践［M］.北京：中国农业出版社.

陈庭俊.1996.福建省甘蔗病害的发生及主要病害的防治［J］.甘蔗（6）：18-22.

陈小江，尹玉琦，崔星明，等.1986.新疆甜菜坏死黄脉病毒的鉴定［J］.植物保护学报，13（3）：65-68.

陈玉珍，李国龙，张少英，等.2012.甜菜坏死黄脉病毒感染甜菜细胞的超微病变比较研究［J］.内蒙古农业大学学报，33（4）：27-31.

陈宗懋.1982.甜菜褐斑病研究进展［J］.中国糖料（2）：39-49.

程相龙，刘华君.2005.T-3种衣剂在甜菜上的应用效果初报［J］.植物保护（1）：37.

崔金杰，马奇祥，马艳.2008.棉花病虫害诊断与防治丛书［M］.北京：金盾出版社.

崔星明，龚祖埙，喻宁江.1994.侵染甜菜的两种病毒分离物的研究［J］.中国病毒学（2）：62-66.

崔星明，刘仪，蔡祝南，等.1991.甜菜丛根病症状类型的研究［J］.植物保护（5）：5-7.

单红丽，李文凤，黄应昆，等.2012.甘蔗叶焦病发生危害特点及防控对策［J］.中国糖料（2）：52-54.

邓峰，苏廷荃.1980.甜菜黄化毒病的研究［J］.中国甜菜（3）：12-23.

邓峰，苏廷荃.1985.甜菜黑脚病病原、症状及药剂防治［J］.中国糖料（4）：48-51.

邓峰.2002.甜菜抗丛根病育种［J］.中国甜菜糖业（4）：12-15.

邓展云，方锋学，刘海斌，等.2010.古巴蝇和赤眼蜂防治甘蔗螟虫大田示范［J］.中国糖料（3）：9-11.

邓展云，王伯辉，刘海斌，等.2004.广西甘蔗宿根矮化病的发生及病原检测［J］.中国糖料（3）：35-38.

丁广洲，陈丽，陈连江，等.2012.甜菜花叶病及种质资源抗性的研究进展［J］.中国农学通报，28（31）：102-108.

董立，白晨，宫前恒，等.1997.甜菜耐丛根病杂交组合内C9203的选育［J］.内蒙古农业科技（1）：5-8.

杜云英.2009.甜菜立枯病防治研究进展［J］.中国糖料（2）：55-57.

范文锋，邓峰.1998.甜菜坏死黄脉病毒和介体甜菜多粘菌与生态因子的关系探讨［J］.中国糖料（2）：46-49.

冯荣扬，郭良珍.2000.甘蔗赤斑病的严重度与产量损失的关系［J］.西南农业大学学报，22（4）：323-326.

冯荣扬.1999.甘蔗赤斑病的发生与防治［J］.植物保护（3）：31-32.

冯奕玺.2001.甘蔗眼点病的发生及防治方法［J］.福建甘蔗（2）：29-30.

冯奕玺.1996.甘蔗黄斑病的发生与防治［J］.广西农业科学（1）：43-44.

冯志新.2001.植物线虫学［M］.北京：中国农业出版社.

傅建炜，林泽燕，李志胜，等.2004.黄板对蔬菜害虫的诱集作用及在黄曲条跳甲种群监测中的应用［J］.福建农林大学学报，33（4）：438-440.

甘国福，甘国禄，叶玉忠.1996.古浪县引黄灌区甜菜象发生为害及防治［J］.甘肃科技，12（4）：45.

高锦梁，邓峰，翟惠琴，等.1983.在我国发生的甜菜坏死黄脉病毒病［J］.植物病理学报，13（2）：1-4.

高三基，陈平华，洪健，等.2010.感染甘蔗黄叶病毒后甘蔗叶组织超微结构的病变［J］.福建农林大学学报：自然科学版，39（1）：6-9.

高三基，郭晋隆，陈如凯，等.2007.福州地区甘蔗黄叶病病原分子鉴定及电镜检测［J］.作物学报，33（7）：1210-1213.

高三基，郭晋隆，孟岩，等.2006.甘蔗黄叶病毒的 RT-PCR 检测技术［J］.福建农林大学学报：自然科学版，35（5）：466-470.

高三基，林彦铨，邓祖湖，等.2011.我国甘蔗主要杂交亲本黄叶病病原鉴定及田间发病率［J］.植物保护学报，38（3）：240-246.

高三基，潘永保，陈如凯.2010.抗原直接包被间接 ELISA 检测甘蔗黄叶病毒［J］.热带作物学报，31（8）：1356-1361.

高三基，杨帆，陈平华，等.2011.甘蔗黄叶病毒外壳蛋白基因克隆及其实时荧光 RT-PCR 检测［J］.植物病理学报，41（3）：262-269.

高学彪，廖金铃.1997.几种杀虫剂对甘蔗根结线虫病的防治作用［J］.甘蔗糖业（5）：25-29.

高谊，景生，艾尼瓦尔·吐尔逊，等.2006.新疆甜菜常见病害调查及防治对策［J］.中国糖料（3）：32-33.

高泽正，吴伟坚，崔志新.2000.关于黄曲条跳甲的寄主范围［J］.生态科学，19（2）：70-72.

高泽正，吴伟坚，崔志新.2004.间种对黄曲条跳甲种群数量的影响［J］.中国农学通报，20（5）：214-216.

龚得明，陈如凯，林彦铨.1993.甘蔗抗黑穗病育种研究的进展［J］.福建农学院学报，22（4）：404-409.

龚恒亮，安玉兴，等.2010.中国糖料作物地下害虫［M］.广州：暨南大学出版社.

龚恒亮，安玉兴，管楚雄，等.2008.我国蔗根锯天牛的为害及防治对策［J］.甘蔗糖业（5）：1-5，38.

龚恒亮，安玉兴，孙东磊，等.2010.化学防治在甘蔗地下害虫防治中的作用及前景［J］.甘蔗糖业（5）.

龚恒亮，管楚雄，安玉兴，等.2009.甘蔗地下害虫生物防治技术：上［J］.甘蔗糖业（5）：13-20.

龚恒亮，管楚雄，安玉兴，等.2009.甘蔗地下害虫生物防治技术：下［J］.甘蔗糖业（6）：11-18.

龚恒亮，李金玉.1992.甘蔗黑色蔗龟 Alissonotum impressicolle Arrow 抗药性研究初报［J］.甘蔗糖业（2）：7-13.

广东省市头甘蔗化工厂.1978.绿色木霉防治甘蔗凤梨病试验［J］.微生物学通报（6）：5-6.

郭承芸，张远福，幸新妹.2011.江西甘蔗病虫害的发生与防治对策［J］.甘蔗糖业（1）：38-39.

郭良珍，冯荣扬，梁恩义，等.2001.螟黄赤眼蜂对甘蔗螟虫的控制效果［J］.西南农业大学学报，23（5）：398-400.

郭社峰，郭党.2008.稻沫蝉的发生及防治技术探讨［J］.北京农业（12）：33-34.

郭志强，杨宪，黄立飞，等.2012.一种甘蔗新害虫——甘蔗瘤瘿螨［J］.中国糖料（4）：50-52.

韩成贵，李大伟，王东勇，等.2002.甜菜坏死黄脉病毒 RNA4 的菌传功能分析［J］.科学通报，47：772-774.

韩艳红，向海英，陶涛，等.2008.甜菜花叶病毒外壳蛋白基因的原核表达和特异性抗血清的制备［C］//中国植物病理学会 2008 年学术年会论文集.北京：中国农业科学技术出版社：418.

韩英.1993.大扶农处理种子防治甜菜跳甲试验简报［J］.中国糖料（4）：27-28.

郝琨，赵福，刘淑珍，等.1997.抗（耐）甜菜丛根病新品种中甜-双丰 317 号（张甜 301）的选育及应用研究［J］.中国甜菜糖业（6）：1-4.

何红，何春林，冯荣扬，等.1999.甘蔗黄点病发病规律调查［J］.湛江海洋大学学报，19（1）：69-71.

贺振，李文凤，黄应坤，等.2011.云南省甘蔗花叶病病原分子检测与鉴定［C］//中国植物病理学会.中国植物病理学会 2011 年学术年会论文集.北京：中国植物病理学会：342.

洪伟雄.2011.甘蔗梢腐病病原菌——串珠镰刀菌分子生物学研究初探［D］.福州：福建农林大学.

侯有明，尤民生，庞雄飞，等.2001.以斯氏线虫控制黄曲条跳甲幼虫的田间应用技术［J］.福建农业大学学报，30（1）：67-71.

胡爱芝，鲜君花.2003.喀什棉区三叶草夜蛾的危害及其防治方法［J］.新疆农业科技（2）：36.

胡白石，翟图娜，孙长明，等.1999.甜菜霜霉病研究初报［J］.植物保护（1）：17-19.

胡少波，周锡槐.1965.广西近年发现的两种蔗龟及其生物习性的初步调查研究［J］.昆虫学报（2）：146-155.

胡胜昌.1990.甘蓝夜蛾的生物学特性［J］.昆虫知识（3）：144-147.

黄诚华，王伯辉.2013.主要农作物病虫害简明识别手册［M］.南宁：广西科学技术出版社.

黄大昉，王侠，周淑芝.1982.甜菜褐斑病对苯并咪唑类等杀菌剂抗药性研究［J］.植物保护学报，9（2）：131-135.

黄鸿能.1990.东莞糖厂蔗区甘蔗梢腐病发生为害的调查［J］.甘蔗糖业（1）：20-23.

黄鸿能.1993.浅谈甘蔗病害在广东蔗区的为害及其主要防治对策［J］.甘蔗糖业（3）：13-16.

黄孟群，肖镇杰.1987.广东甘蔗宿根矮化病调查报告［J］.甘蔗糖业（2）：39-40.

黄森泰，吴银民，尹春兰.1990.戴云鳃金龟发生与防治研究［J］.昆虫知识，27（1）：18-20.

黄涛生.2003.甘蔗条螟预测方法和防治技术的改进［J］.植保技术与推广，23（7）：9-10.

黄应昆，李文凤，卢文洁，等．2007. 云南蔗区甘蔗花叶病流行原因及控制对策［J］．云南农业大学学报（6）：935 - 938.

黄应昆，李文凤，卢文洁．2010. 甘蔗引种检疫与抗病育种技术［M］．昆明：云南科技出版社.

黄应昆，李文凤，罗志明，等．2001. 甘蔗赭色鸟喙象危害成灾因素及综合防治［J］．植物保护，27（3）：23 - 25.

黄应昆，李文凤，杨琼英，等．1999. 甘蔗赭色鸟喙象药剂防治试验［J］．农药，38（9）：24.

黄应昆，李文凤，杨琼英，等．1999. 云南甘蔗产区赭色鸟喙象大发生原因探讨［J］．昆虫知识，36（4）：219 - 220.

黄应昆，李文凤，杨琼英，等．2000. 甘蔗赭色鸟喙象生物学及防治研究［J］．昆虫知识，37（6）：327 - 333.

黄应昆，李文凤，杨琼英．1998. 云南蔗区甘蔗蛀茎象近年发生趋重［J］．植保技术与推广，18（4）：39.

黄应昆，李文凤，赵俊，等．2007. 云南甘蔗宿根矮化病病原检测［J］．云南农业大学学报，22（5）：25 - 28.

黄应昆，李文凤．1995. 云南甘蔗害虫及其天敌资源［J］．甘蔗糖业（5）：15 - 17.

黄应昆，李文凤．1998. 云南蔗区甘蔗锈病流行原因及防治对策［J］．植保技术与推广，18（5）：22 - 23.

黄应昆，李文凤．1999. 云南省甘蔗常见病害及其防治［J］．云南农业科技（3）：32 - 36.

黄应昆，李文凤．2002. 甘蔗主要病虫草害原色图谱［M］．昆明：云南科技出版社.

黄应昆，李文凤．2006.5％丁硫克百威颗粒剂防治甘蔗害虫田间药效试验［J］．中国糖料（4）：34 - 35.

黄应昆，李文凤．2009. 甘蔗病虫害防治新技术［M］．昆明：云南科技出版社.

黄应昆，李文凤．2011. 现代甘蔗病虫草害原色图谱［M］．北京：中国农业出版社.

黄运霞，黄荣瑞，李焜华．1992. 坚强芽孢杆菌对黄条跳甲的毒效初步试验［J］．生物防治通报（4）：182.

贾菊生，胡守智．1994. 新疆经济植物真菌病害志［M］．乌鲁木齐：新疆科技卫生出版社.

贾永强．2007. 青海东部农业区甘蓝夜蛾的发生及防治技术［J］．北方园艺（11）：219.

姜培增，李宏园，陈铁保．2006. 淡紫拟青霉防治植物线虫研究进展［J］．中国农业科技导报，8（6）：38 - 41.

姜艳军，焉桂义，孙炀．2008. 甜菜甘蓝夜蛾的发生与防治技术［J］．现代农业（6）：19.

蒋军喜，谢艳，阙海勇．2009. 江西甘蔗花叶病病原的分子鉴定［J］．植物病理学报（2）：203 - 206.

蒋军喜，羊大进，张景凤，等．1999. 寄生甜菜根部油壶菌（Olpidium sp.）种的鉴定［J］．江西农业大学学报，21（4）：529 - 532.

蒋军喜，张景凤，车少臣，等．1999. 甜菜黑色焦枯病毒经甘蓝油壶菌传播的研究［J］．江西农业大学学报，21（4）：525 - 528.

蒋丽萍，井双泉，赵生普，等．2001. 焉耆垦区甜菜病虫害发生概况及综合防治技术［J］．中国甜菜糖业（1）：51 - 52.

蒋先兰，杨彩．1993. 粤西高旱地甘蔗线虫普查及田间消长规律研究初报［J］．甘蔗糖业（5）：19 - 24.

井双泉，蒋丽萍，赵生普，等．2001. 三叶草夜蛾的发生规律与防治［J］．中国甜菜糖业（2）：39 - 40.

邝乐生，蔡棉生，陈志强，等．1987. 黄褐色蔗龟生物学特性及防治的研究［J］．甘蔗糖业（2）：32 - 38.

邝灼彬，吕利华，冯夏，等．2005. 球孢白僵菌对四种十字花科蔬菜害虫的兼控潜力评价［J］．昆虫知识，42（6）：673 - 676.

赖传雅．2003. 农业植物病理学：华南本［M］．北京：科学出版社.

黎教良．1984. 条螟性诱剂应用于测报的诱蛾方法［J］．甘蔗糖业（9）.

黎少梅，冯志新．1995. 广东甘蔗主要线虫病发生及防治研究［J］．甘蔗糖业（4）：20 - 23.

黎少梅．1996. 广东和广西危害甘蔗及甘蔗根际线虫的种类调查和鉴定［J］．甘蔗糖业（2）：20 - 22.

李大伟，于嘉林，韩成贵，等．1998. 甜菜坏死黄脉病毒内蒙分离物 RNA3 序列分析及编码 25kD 蛋白基因在大肠杆菌中的表达［J］．病毒学报，14（2）：165 - 171.

李红萍．2009. 棉花三叶草夜蛾的发生与综合防治技术［J］．农村科技（2）：38.

李红霞，李国英，任毓忠，等．2001. 新疆甜菜苗期病害病原种群的鉴定［J］．中国糖料（2）：23 - 27.

李景科，1981. 黏虫白星姬蜂新寄主甘蓝夜蛾［J］．昆虫知识（6）：253.

李美清．2008. 甲基硫环磷闷种对甜菜种子发芽的影响［J］．中国甜菜糖业（9）：3.

李旻．2008. 甜菜坏死黄脉病毒 RNA4 的 5′端序列功能分析以及病毒载体的构建［D］．北京：中国农业大学.

李奇伟，安玉兴．2011. 绿色植保 和谐生态［M］//龚恒亮，安玉兴. 我国甘蔗地下害虫发生趋势与防治对策. 南京：江苏科学技术出版社：24 - 41.

李奇伟，安玉兴．2011. 绿色植保 和谐生态［M］//管楚雄，许汉亮，等. 我国甘蔗螟虫系统控制技术的原理与实践. 南京：江苏科学技术出版社.

李奇伟，陈子云，梁洪．2000. 现代甘蔗改良技术［M］．广州：华南理工大学出版社.

李仁绪，郑德林．1997. 土菌消防治甜菜根腐病试验简报［J］．中国糖业（3）：30 - 31.

李荣华，兰景华．1997. 玉蜀黍丝核菌的鉴定特征［J］．菌物系统，16（2）：134 - 138.

李荣华．1999. 丝核菌的菌丝融合群及其遗传多样性研究的新进展［J］．菌物系统，18（1）：100 - 107.

李瑞美．2011. 果蔗虎斑病的发生与防治［J］．福建热作科技，36（4）：55 - 56.

李蔚农 . 2005. 甜菜苗期病害、根腐病和丛根病的鉴别 [J] . 中国甜菜糖业 (3)：36 - 38.

李文凤，蔡青，黄应昆，等 . 2005. 甘蔗野生资源对蔗茅柄锈菌的抗性鉴定 [J] . 植物保护，31 (2)：31 - 53.

李文凤，蔡青，黄应昆，等 . 2008. 甘蔗栽培原种对蔗茅柄锈菌的抗性鉴定 [J] . 云南农业大学学报，23 (1)：25 - 28.

李文凤，黄应昆，卢文洁，等 . 2008. 云南甘蔗地下害虫猖獗原因及防治对策 [J] . 植物保护，34 (2)：110 - 113.

李文凤，黄应昆，罗志明，等 . 2009. 甘蔗宿根矮化病 (RSD) 温水脱菌研究 [J] . 西南农业学报，22 (2)：343 - 347.

李文凤，黄应昆，罗志明 . 2003. 5% 丁硫克百威•杀虫单颗粒剂防治甘蔗害虫田间药效试验 [J] . 甘蔗，10 (2)：11 - 13.

李文凤，黄应昆 . 2004. 云南甘蔗害虫天敌及其自然控制作用 [J] . 昆虫天敌，26 (4)：156 - 162.

李文凤，黄应昆 . 2006. 甘蔗害虫优势天敌及其保护利用 [J] . 昆虫天敌，28 (2)：85 - 92.

李文凤，黄应昆 . 2009. 种传甘蔗病害与甘蔗温水脱毒种苗生产技术 [M] . 昆明：云南科学技术出版社 .

李文凤 . 1995. 螟黄足绒茧蜂的初步观察 [J] . 昆虫天敌 (3)：7 - 8.

李小峰，王国汉 . 1990. 昆虫病原线虫对黄曲条跳甲幼虫防治的初步研究 [J] . 植物保护学报，17 (3)：229 - 231.

李彦丽，马亚怀 . 2007. 甜菜镰刀菌 (*Fusarium*) 和丝核菌 (*Rhizoctonia*) 根腐病的抗病育种研究进展 [J] . 中国糖料 (2)：51 - 54.

梁朝旭，李鸣，卢双楠，等 . 2010. 甘蔗梢腐病病原菌的分离与鉴定 [C] //2010 年中国作物学会学术年会论文集 . 北京：中国农业出版社 .

梁俊，等，译 . 2002. 新台糖 27 号——抗黑穗病新小种高产品种 [J] . 广西蔗糖 (2)：50 - 52.

梁乾修 . 1991. 甘蔗节粉蚧发生规律和防治初步研究 [J] . 江西植保，14 (2)：52 - 54.

梁涛，杜兰花 . 2011. 甘蓝夜蛾发生消长规律及防治技术 [J] . 农业技术与装备 (9)：59 - 60.

梁艳春 . 1991. 甘蓝夜蛾种群消亡因素与防治时期的研究 [J] . 病虫测报 (2)：37 - 39.

廖贻昌，杨雾，李文凤，等 . 1995. 甘蔗细平象的研究 [J] . 昆虫学报，38 (3)：317 - 323.

廖咏梅，王忠文 . 1999. 广西甘蔗病害的发生现状及其防治策略 [J] . 广西植保，12 (2)：23 - 24.

林杰，刘梅，吴学宏，等 . 2011. 我国甜菜褐斑病菌的 PCR 快速检测 [J] . 植物保护学报，38 (2)：185 - 186.

林杰，刘梅，吴学宏，等 . 2012. 甜菜褐斑病菌抗药性分子机理研究进展 [J] . 中国糖料 (4)：60 - 64.

林杰 . 2012. 我国甜菜褐斑病菌抗药性分子机制及分子检测初步研究 [D] . 北京：中国农业大学 .

林清山，王建南 . 1996. 甘蔗品种与黑穗病菌的互作分析 [J] . 甘蔗，3 (1)：5 - 9.

林淑洁，魏勇良 . 1986. 甜菜黑脚病研究初报 [J] . 甘肃农业大学学报 (1)：56 - 62.

林淑洁，杨发荣 . 1990. 甜菜黑脚病的发生和防治 [J] . 甘肃农业科技 (7)：36 - 37.

林彦铨，陈如凯，龚得明 . 1996. 甘蔗抗黑穗病的数量遗传分析 [J] . 福建农业大学学报，25 (3)：271 - 275.

刘长兵 . 2009. 甜菜黄化病的发生与防治 [J] . 新疆农垦科技 (5)：22 - 23.

刘传禄，容良瑞，陈健雄，等 . 1990. 突背蔗龟预测预报的研究 [J] . 病虫测报 (1)：27 - 31.

刘大丽，马龙彪，王皙玮，等 . 2008. 应用 RT - PCR 技术检测甜菜坏死黄脉病毒 [J] . 中国糖料 (2)：12 - 14.

刘宏杰，等 . 1997. 甜菜龟叶甲的生物学特性及防治 [J] . 中国甜菜糖业 (4)：46 - 47.

刘家勇，赵培方，赵俊，等 . 2011. 甘蔗花叶病对甘蔗叶片叶绿素含量的影响 [J] . 中国糖料 (4)：7 - 9.

刘杰贤，咸洪泉 . 1995. 黑龙江省甜菜丛根病研究初报 [J] . 中国甜菜 (1)：28 - 29.

刘杰贤，咸洪泉 . 1995. 甜菜黑色焦枯型病毒研究初报 [J] . 中国甜菜 (3)：30 - 31.

刘杰贤，咸洪全，刘贵丽 . 1997. 甜菜根腐病农业防治研究 [J] . 中国糖业 (1)：14 - 19.

刘杰贤 . 1995. 美国甜菜立枯病和根腐病发生及防治对策 [J] . 中国甜菜 (4)：56 - 59.

刘梦林，黄冬发，李德健 . 1991. 广西甘蔗梢腐病的发生和防治研究初报 [J] . 广西农业科学 (4)：175 - 178.

刘梦林，黄冬发，李德健 . 1993. 广西甘蔗线虫病及其防治研究 [J] . 甘蔗糖业 (3)：17 - 21.

刘梦明 . 2000. 甘蔗黄斑病发生为害初探 [J] . 广西蔗糖 (3)：3 - 4.

刘涛，韩成贵，李大伟，等 . 2003. 甜菜坏死黄脉病毒 RNA5 对病毒致病性的影响 [J] . 科学通报，48：464 - 467.

刘仪，梁训生，雷新云，等 . 1981. 菠菜花叶病毒病的诊断及其病细胞内含体的观察 [J] . 植物保护学报，8 (1)：73.

刘勇，叶钟音，刘经芬，等 . 1992. 甜菜褐斑病菌对苯并咪唑类等杀菌剂抗药性的研究 [J] . 中国甜菜 (1)：27 - 33.

刘芸，尤民生 . 2007. 黄曲条跳甲对十字花科蔬菜的选择性 [J] . 福建农林大学学报，36 (4)：365 - 368.

刘正简，王瑞英 . 1981. 甜菜镰刀菌根腐病的研究 [J] . 中国甜菜 (2)：32 - 36.

刘正简 . 1982. 甜菜黄化毒病病原体的研究 [J] . 甜菜糖业 (1)：27 - 30.

刘志诚 . 1983. 甘蔗病虫害及其防治 [M] . 北京：农业出版社 .

刘志明，黄金玲，陆秀红，等 . 2012. 广西甘蔗线虫病发生情况调查 [M] //中国线虫学研究 . 北京：中国农业科学技术出版社：180.

刘志昕，蔡祝南，崔星明，等 . 1990. 甜菜坏死黄脉病毒 (BNYVV) 单克隆抗体研制 [J] . 植物病理学报，20 (4)：292.

刘志新 . 1992. 再论甜菜立枯病防治 [J] . 甜菜糖业通报 (2)：10 - 15.

卢昌.2002.甘蔗梢腐病的发生为害与防治[J].广西植保,15(3):20.

卢文洁,李文凤,黄应昆.2006.甘蔗宿根矮化病研究进展[J].中国糖料(4):51-55.

卢文洁,李文凤,黄应昆.2008.甘蔗黑穗病发生及防治研究进展[J].中国糖料(3):64-66.

卢文洁.2007.甘蔗梢腐病的发生及综合防治措施[J].作物杂志(2):92.

卢学松,游泳,王长方.1999.几种药剂对黄曲条跳甲的防效[J].福建农业科技(6):20.

鲁国东,黎常窗,潘崇忠,等.1997.中国甘蔗病害名录[J].甘蔗,4(4):19-23.

陆家云.2011.植物病原真菌学[M].北京:中国农业出版社.

吕佩珂,苏慧兰,张建勋,等.1999.中国粮食作物、经济作物、药用植物病虫原色图鉴:下册[M].呼和浩特:远方出版社.

吕云海.2003.抗丛根病甜菜新品种宁甜双优2号的选育[J].中国糖料(4):9-11.

吕振远,刘杰贤.1981.交链孢属引致的几种甜菜叶部症状简介[J].中国甜菜(3):43-54.

罗进仓,陈海贵.1992.甘蓝夜蛾卵的空间分布型与抽样技术研究初报[J].中国甜菜(2):20-24.

骆成高.1999.第六讲:甜菜主要害虫及其防治[J].中国甜菜糖业(4):60-63.

马丁J P,阿伯特E V,休兹C G.1982.世界甘蔗病害[M].陈庆龙,译.北京:农业出版社.

马琳,陈庆峰,杜国力,等.2006.不同药剂对甜菜甘蓝夜蛾的防治效果[J].中国甜菜糖业(4):53-54.

马自昌,蒙延荣.1983.三叶草夜蛾研究初报[J].新疆农垦科技(6):35,38-39.

毛美珍,吴祖银.1984.三叶草夜蛾颗粒体病毒研究初报[J].微生物学通报(3):99-100.

苗玉新.1997.甜菜根腐病的综合防治[J].中国农学通报,13:61-62.

内蒙古自治区农业研究所经济作物系.1974.我区甜菜的害虫——三叶草夜蛾[J].内蒙古农业科技(4):35-36.

潘雪红,黄诚华,辛德育.2009.甘蔗螟虫主要优势天敌及其生物防治意义[J].广西农业科学,40(1):49-52.

庞统,顾茂彬.2000.痣鳞鳃金龟的生物学特性与防治[J].广东林业科技,16(1):45-47.

彭日荷,韩成贵,杨莉莉,等.1998.甜菜多粘菌传带甜菜坏死黄脉病毒的细胞定位研究[J].植物病理学报,28(3):257-261.

齐凤鸣,白全江,孙先荣,等.1993.内蒙古西部农区甜菜象虫的种类与分布[J].内蒙古农业科技(4):33-34.

齐孟文,崔秀兰.1986.甘蓝夜蛾成虫期生物学特性的研究[J].山东农业大学学报,17(3):67-73.

乔志文,柏章才.2009.70%噁霉灵可湿性粉剂防治甜菜立枯病药效评价[J].植物保护,35(5):158-161.

乔志文.2007.甜菜根腐病综合防治技术研究[D].北京:中国农业科学院.

青木淳一.1973.土壤动物学[M].东京:日本北隆馆.

轻工部甘蔗糖业科学研究所,广东省农业科学院.1985.中国甘蔗栽培学[M].北京:农业出版社.

邱荣芳,刘永江,陈新璐,等.1991.石河子甜菜苗期病害药剂防治研究[J].新疆农业科学(5):216-217.

邱水林,陆致平.2011.6%乙基多杀菌素悬浮剂防治甘蓝夜蛾类害虫田间药效试验[J].上海蔬菜(3):52-53.

裘维蕃,章一华,谢家驹,等.1959.内蒙古甜菜黄化毒病流行的研究[J].植物病理学报,5(2):53-61.

曲文章,等.2003.中国甜菜学[M].哈尔滨:黑龙江人民出版社.

全国甘蔗重要病害研究协作组.1991.我国大陆植蔗省(区)(部分)甘蔗病害种类调查初报[J].甘蔗糖业(1):1-8.

阚友雄,许莉萍,邹添堂,等.2004.甘蔗黑穗病菌(Ustilago scitaminea Syd.)分子多样性初步分析[J].农业生物技术学报,12(6):685-689.

任大方,李奇伟,李金玉,等.1994.CP品种病害研究近况[J].甘蔗(4):1-2.

沈金发.2007.黄曲条跳甲的发生与综合防治技术[J].福建农业科技(2):58-59.

沈万宽.2004.广东甘蔗区甘蔗病害现状与综合防治措施[J].甘蔗糖业(1):1-5.

师存恩,周景武,李春香,等.1993.河套地区甘蓝夜蛾越冬代成虫及一代幼虫始盛期预测方法研究[J].内蒙古农业科技(1):28-29.

宋志超,邓军,王筠,等.1995.焉耆垦区甜菜糖分下降原因及治理途径[J].中国甜菜(4):36-38.

孙昌学,周艳丽,张荣,等.1994.甜菜象虫生物学特性及防治研究[J].中国甜菜(3):29-32.

孙昌学,等.1991.中国甜菜病虫害[M].哈尔滨:黑龙江科学出版社.

孙晓陆,崔星明,王建梅,等.1995.石河子地区甜菜黑色焦枯病调查研究初报[J].中国甜菜(4):33-35.

孙晓陆,肖英,王建梅,等.1997.用免疫电镜技术检测和研究甜菜坏死黄脉病毒和黑色焦枯病毒[J].电子显微学报,16(5):588-590.

孙炀.2010.印楝素杀虫剂防治甜菜甘蓝夜蛾效果初探[J].中国糖料(1):48-49.

孙玉萍,周锋,陈仁穆.1999.甘蔗粉蚧的发生与防治[J].植保技术与推广,19(5):20.

谭志琼,张荣意.2009.热带植物细菌病害[M].海口:海南出版社.

陶家凤,冷怀琼,秦家忠,等.1964.叶用甜菜霜霉病菌及其侵染的初步研究[J].植物保护学报(3):193-194.

王斌 . 2008. 甜菜土传病毒中国分离物的检测和全基因组序列分析 [D] . 北京：中国农业大学 .

王伯辉 . 2007. 我国甘蔗病害的发生现状与研究进展 [J] . 中国糖料 (3)：48 - 51.

王大光，那玛加甫，刘淑红 . 2009. 棉田旋幽夜蛾的发生特点与防治技术 [J] . 中国植保导刊，29 (1)：33 - 34.

王果红，韩日畴 . 2008. 黄曲条跳甲的生物防治 [J] . 中国生物防治，24 (1)：91 - 93.

王洪凯，刘开启，吴洵耻 . 1997. 丝核菌分类研究进展 [J] . 山东农业大学学报，28 (3)：375 - 382.

王建梅，孙晓陆，王舫，等 . 1998. 甜菜黑色焦枯病毒 BBSV 的提纯与抗血清制备 [J] . 新疆农业科学 (3)：130 - 132.

王利鹤 . 2009. 博州甜菜主要有害生物灾害防治研究 [J] . 新疆农业科技 (6)：31.

王其浦，张保宁，王忠玉 . 2003. 玛克菌素防治甜菜甘蓝夜蛾的效果初报 [J] . 中国糖料 (2)：63 - 64.

王琦，王慧敏，于嘉林，等 . 2003. 甜菜多粘菌拮抗放线菌的筛选及其防治丛根病效果的检测 [J] . 中国农业大学学报，8 (3)：56 - 60.

王世喜 . 1997. 土菌消防治甜菜根腐病试验 [J] . 中国糖料 (3)：30 - 31.

王淑芳，纪有海，叶英娣，等 . 1984. 农用抗生素 660B 及其对甜菜立枯病的防治作用 [J] . 微生物学杂志，3 (1)：23 - 27.

王文君，林杰，韩成贵，等 . 2009. 甜菜根腐病病原的初步研究 [M] . 北京：中国农业科学技术出版社：63 - 64.

王文治，马滋蔓，张树珍，等 . 2009. 甘蔗花叶病的基因工程研究 [J] . 生物技术通报 (1)：22 - 26.

王晓燕，李文凤，黄应昆，等 . 2009. 甘蔗花叶病研究进展 [J] . 中国糖料 (4)：61 - 64.

王秀荣，董文刚，赵凤杰，等 . 2004. 甜菜抗丛根病杂交种内糖 (ND) 38 的选育 [J] . 中国糖料 (3)：5 - 9.

王颖 . 2012. 甜菜坏死黄脉病毒 RNA5 的复制和 RNA3 自然缺失体的致病性研究 [D] . 北京：中国农业大学 .

王昭伟，丁新明 . 1996. 甜菜黄化病田间调查与防治对策 [J] . 新疆农业科技 (4)：14 - 15.

魏洪义，王国汉 . 1993. 斯氏线虫对黄曲条跳甲田间种群的控制作用 [J] . 植物保护学报，20 (1)：61 - 64.

魏鸿钧，张治良，王荫长 . 1995. 中国地下害虫 [M] . 上海：上海科学技术出版社 .

魏吉利，李修炼，李建军，等 . 2008. 阿维菌素防治地黄跳甲试验研究 [J] . 西北农业学报，17 (4)：196 - 200.

魏吉利，黄诚华，黄冬发 . 2011. 甘蔗线虫病发生与防治研究进展 [J] . 中国糖料 (3)：71 - 72，76.

魏吉利，黄诚华，商显坤，等 . 2012. 广西甘蔗线虫种类及分布 [J] . 南方农业学报，43 (2)：184 - 186.

魏良民，刁清莲，赵清涓 . 2004. 焉耆糖区甜菜黄化病研究 [J] . 农村科技 (7)：16.

魏良民，陈生，胡善博，等 . 2004. 新疆伊犁地区甜菜蛇眼病病情调查 [J] . 中国糖料 (1)：30 - 31.

吴俊卿 . 1991. 甜菜立枯病的防治 [J] . 黑河科技 (1)：24 - 25.

吴伟怀，李锐，贺春萍，等 . 2007. 海南岛甘蔗病害种类初步调查 [J] . 热带作物学报，28 (4)：112 - 116.

吴伟怀，李锐 . 2006. 甘蔗梢腐病原菌的鉴定及其室内毒力测定 [J] . 甘蔗糖业 (2)：10 - 14.

吴杨，周会，黄诚华 . 2011. 植物抗线虫分子机制研究进展 [J] . 南方农业学报，42 (9)：1075 - 1080.

吴杨，周会，潘大仁 . 2006. 甘蔗线虫病抗基因的 PCR 检测研究 [J] . 作物学报，32 (6)：939 - 942.

吴耀声，张会江 . 1993. 甜菜缺苗原因及其对策 [J] . 中国糖料 (1)：20 - 24.

吴银民，黄森泰，陈道德 . 1989. 四川蔗田蛴螬主要种群的生活史及其发生规律 [J] . 甘蔗糖业 (5)：20 - 24.

吴则东，张文彬，王华忠 . 2012. 甜菜丛根病研究进展 [J] . 中国农学通报，28 (16)：131 - 137.

伍德明，阎云花，蔡连明，等 . 1992. 人工合成甘蔗红尾白螟性信息素田间诱蛾试验 [J] . 生物防治通报，8 (2)：58 - 61.

伍德明，阎云花，崔君荣，等 . 1989. 甘蔗白螟雌蛾的性外激素研究 [J] . 科学通讯 (24)：1895 - 1897.

席德慧，向本春，李晖 . 1999. 甜菜黑色焦枯病研究进展 [J] . 石河子大学学报，3 (2)：167 - 171.

夏红梅，杨宇博，韩新文，等 . 2003. 甜菜褐斑病的危害及防治 [J] . 中国甜菜 (1)：53 - 55.

夏红明，黄应昆，吴才文，等 . 2009. 澳大利亚甘蔗抗黑穗病鉴定体系在云南甘蔗抗病育种上的应用研究 [J] . 西南农业学报，22 (6)：1610 - 1615.

贤振华，齐秀玲，龙明华 . 2009. 黄板对菜地黄曲条跳甲的诱杀试验 [J] . 中国植保导刊，29 (1)：22 - 23.

贤振华，齐秀玲，孙晋，等 . 2010. 6 种药剂对黄曲条跳甲的活性及药效 [J] . 农药，49 (3)：223 - 224，227.

咸洪泉，刘杰贤，刘建华 . 1998. 甜菜根腐病综合防治技术探讨 [J] . 中国甜菜糖业 (2)：29 - 32.

咸洪泉 . 1999. 甜菜根腐病的生物和化学控制初步研究 [J] . 中国糖料 (1)：13 - 16.

咸洪泉 . 2000. 黑龙江省甜菜病害种类调查研究 [J] . 中国糖料 (3)：36 - 40.

向本春，刘升学，黄家风，等 . 2003. 新疆甜菜坏死黄脉病毒遗传分化的研究 [J] . 中国农业科学，36 (9)：1032 - 1037.

向本春，席德慧，刘升学，等 . 2000. 新疆甜菜花叶病发生和病原病毒的研究 [J] . 西北农业学报，9 (1)：49 - 53.

向海英，李菁博，王颖，等 . 2007. 甜菜花叶病毒新疆分离物基因组 3′末端序列分析 [J] . 植物病理学报，37 (2)：204 - 206.

向海英 . 2011. 马铃薯卷叶病毒属新病毒的分子鉴定及其 P0 蛋白功能分析 [D] . 北京：中国农业大学 .

谢辉，冯志新 . 2000. 植物线虫的分类现状 [J] . 植物病理学报，30 (1)：1 - 6.

谢辉.2005.植物线虫分类学 [M].北京：高等教育出版社.

谢惠琴，张素珍.1996.甜菜品种抗（耐）丛根病试验初报 [J].中国糖料（4）：26-27.

谢令德.1995.旋幽夜蛾卵期耐寒性研究 [J].青海大学学报，13（3）：32-36.

邢胜基.1990.河西地区甜菜丛根病 [J].甘肃农业科技（8）：32-33.

熊国如，李增平，赵婷婷，等.2010.海南岛甘蔗病害种类及发生情况 [J].热带作物学报，31（9）：1588-1594.

熊国如，张雨良，赵婷婷，等.2011.海南蔗区甘蔗黄叶病与花叶病发生情况的分子鉴定 [J].热带作物学报（12）：2307-2311.

徐德昌，刘巧红，江莉萍.2002.甜菜转基因植株抗性表现及种子获得 [J].中国甜菜糖业（4）：3-4.

徐进.2012.BBSV自发突变体致病、支持satRNA复制的关键位点及病毒siRNA分析 [D].北京：中国农业大学.

徐艳丽.2009.甜菜白粉病防治研究进展 [J].中国糖料（3）：60-62.

徐志德，黄河清，彭科林，等.2000.湖南省甘蔗病虫草害调查报告 [J].湖南农业科学（1）：26-27.

许东林，李俊光，周国辉.2006.广东甘蔗黄叶病田间调查及病原病毒的分子检测 [J].植物病理学报，36（5）：404-406.

许汉亮，管楚雄，林明江，等.2012.甘蔗金龟子可持续控制技术研究 [J].广东农业科学，39（2）：65-68.

许莉萍，陈如凯.2000.甘蔗黑穗病及其抗病育种的现状与展望 [J].福建农业学报，15（2）.

许志刚.2006.普通植物病理学 [M].北京：中国农业出版社.

许志刚.2007.拉汉-汉拉植物病原生物名称 [M].北京：中国农业出版社.

薛翠峰，白生海，张蓉，等.1993.宁夏甜菜丛根病的研究 [J].中国病毒学，8（2）：193-195.

严方明.2006.突背金龟的发生为害及防治方法 [J].广西植保，19（2）：26-27.

严进.1999.甜菜霜霉病 [J].植物检疫（2）：94-95.

颜梅新，黄伟华，邓展云，等.2012.广西甘蔗花叶病SCMV调查初报 [J].中国糖料（1）：50-51，57.

阳明剑，宋许英，周至宏，等.1999.甘蔗病虫鼠草防治彩色图志 [M].南宁：广西科学技术出版社.

杨雳，李文凤，黄应昆.1996.甘蔗斑点象生物学及防治研究 [J].昆虫知识，33（6）：332-335.

杨红芳，陈理.2003.药物防治红脚绿金龟初探 [J].广东园林（1）：46-47.

杨继春，秦树才，阎新元，等.2003.甜菜丛根病的发生与防治研究概述 [J].中国甜菜糖业（3）：24-31.

杨金红.2009.新疆11种豆科植物作物立枯丝核菌菌丝融合群及营养亲和群研究 [J].植物保护，35（6）：83-86.

杨丽员，陈萍.1993.云南德宏州甘蔗病害普查及发生流行规律初报 [J].甘蔗糖业（1）：21-23.

杨志伟，杨立群.2009.值得关注的甜菜病害——甜菜叶斑病 [J].中国甜菜糖业（4）：26-27.

姚华建，于嘉林，金元，等.1994.甜菜坏死黄脉病毒外壳蛋白基因的表达及其表达产物抗血清的制备 [J].病毒学报，10（1）：39-43.

姚元虎.1997.甜菜抗丛根病品系及杂交组合的选育初报 [J].中国糖料（2）：41-52.

尹玉琦，李国英.1995.新疆农作物病害 [M].乌鲁木齐：新疆科技卫生出版社.

于嘉林，韩成贵，杨莉莉，等.1997.甜菜坏死黄脉病毒RNA4 cDNA克隆、序列分析及其编码蛋白基因在大肠杆菌中的表达 [J].微生物学报，37（1）：7-14.

于江南，鲍玉琴.1996.旋幽夜蛾在新疆棉区发生 [J].新疆农业科学（1）：34.

于江南，周晓华，马野平，等.1997.旋幽夜蛾在棉田的发生与防治 [J].新疆农业大学学报，20（4）：70-72，81.

于学池，张中男，徐德昌，等.1996.甘蓝夜蛾对甜菜的危害及其防治指标的研究 [J].中国甜菜糖业（1）：39-41，47.

余永年，马国忠，刘晓娟.1990.腐霉属分类性状评价及其中国的种 [J].真菌学报，9（4）：249-262.

余永年，马国忠.1990.腐霉的生长温度与分类 [J].云南农业大学学报，5（2）：65-71.

余永年，庄文颖，刘晓娟，等.1998.中国真菌志霜霉目 [M].北京：科学出版社.

余永年.1988.中国真菌志：第六卷 [M].北京：科学出版社.

元平，裴维蕃.1991.甜菜花叶病毒病的研究Ⅰ.病毒的分离鉴定 [J].植物病理学报，21（4）：257-261.

元平，裴维蕃.1994.甜菜花叶病毒病研究之二——感病细胞超微结构观察 [J].植物病理学报，24（3）：223-227.

袁美丽，张佳怀，高洁，等.1991.甜菜四种细菌性病害的鉴定 [J].中国甜菜（3）：22-25.

云南农业信息网.2011.云南弥勒县发生甘蔗沫蝉危害及防治措施 [EB/OL].http://www.sugarinfo.net.

曾万秋.1979.甘蔗条螟各虫态发育特征观察 [J].甘蔗糖业（9）.

张春来，蔡惠珍，孙以楚.1997.应用ELISA检测甜菜品种抗BNYVV病毒差异 [J].中国糖料（3）：23-25.

张福顺，张文彬.2006.甜菜丛根病研究概况 [J].中国糖料（2）：45-49.

张恒泰，田涛.1993.甜菜白带螟的生物学特性及防治研究 [J].中国甜菜（3）：30-34.

张洪喜.1992.蒙古土象的形态和生物学特性研究 [J].沈阳农业大学学报，23（4）：292-297.

张洪喜.1992.蒙古土象生物学及防治研究 [J].植物保护学报，19（2）：175-178.

张靠稳，李刚，王素玲.1999. 甜菜坏死黄脉病毒危害菠菜的研究初报 [J]. 中国甜菜糖业 (1)：9-10.

张靠稳，王素玲，蔡祝南，等.1996. 宁夏甜菜焦枯病研究初报 [J]. 中国甜菜糖业 (2)：3-8.

张力，刘仪.1987. 甜菜多粘菌形态发育过程研究 [J]. 真菌学报，6 (3)：157-160.

张力军，张富荣，曹春梅，等.2001.60％敌磺钠・五氯硝基苯可湿性粉剂防治甜菜立枯病、根腐病药效试验 [J]. 内蒙古农业科技 (增刊)：125-126.

张茂新，凌冰.2000. 黄曲条跳甲防治技术研究新进展 [J]. 植物保护，26 (6)：30-33.

张明生.1996. 纸筒育苗移栽甜菜根腐病的发生及防治 [J]. 中国甜菜糖业 (5)：53-56.

张鹏远，闫新元，李瑞秀，等.2005. 内蒙古甜菜黄化毒病的调查 [J]. 中国糖料 (1)：41-45.

张绍升.1987. 福建甘蔗寄生线虫类群及其生态学初步调查 [J]. 甘蔗糖业 (8)：57-60.

张素珍.2005. 禾本卡克防治甜菜褐斑病实验 [J]. 农业与技术，25 (1)：152-154.

张素珍.2005. 甜菜丛根病的防治研究与实践 [J]. 中国糖料 (2)：47-48.

张小东.1996. 甜菜根腐病综合防治效果分析 [J]. 中国甜菜糖业 (3)：36-28.

张筱秀，连梅力，李唐，等.2007. 甘蓝夜蛾生物学特性观察 [J]. 山西农业科学，35 (6)：96-97.

张筱秀，连梅力，李唐，等.2008. 甘蓝夜蛾发生特点及赤眼蜂利用研究 [J]. 山西农业科学，36 (4)：25-26.

张学博，韦石泉.1998. 糖料作物病害 [M]. 北京：中国农业出版社.

张玉娟.2009. 甘蔗梢腐病病原分子检测及甘蔗组合、品种的抗性评价 [D]. 福州：福建农林大学.

张云慧，陈林，程登发，等.2007. 旋幽夜蛾迁飞的雷达观测和虫源分析 [J]. 昆虫学报，50 (5)：494-500.

张云慧，程登发，姜玉英，等.2010. 北京地区越冬代旋幽夜蛾迁飞的虫源分析 [J]. 中国农业科学，43 (9)：1815-1822.

张中联，林展明.1995. 坚持繁殖利用赤眼蜂防治甘蔗螟虫十八年的体会 [J]. 昆虫天敌，17 (3)：125-127.

张中义，等.1988. 植物病原真菌学 [M]. 成都：四川科技出版社.

赵洪有.1988. 通化地区甘蓝夜蛾寄生性天敌调查和应用 [J]. 中国生物防治 (2)：90.

赵琦，张云慧，刘怀，等.2011. 鉴别旋幽夜蛾雌雄蛹的方法 [J]. 应用昆虫学报，48 (6)：1879-1881.

赵尚敏，白晨，张惠忠，等.2008. 甜菜抗丛根病新品种内甜抗 202 的选育 [J]. 内蒙古农业科技 (2)：38-39.

赵思峰，李晖，李国英，等.2002. 甜菜根腐病菌接种方法研究 [J]. 中国甜菜糖业 (3)：10-11，21.

赵思峰.2000. 新疆甜菜根腐病病原种群的鉴定和发生规律的研究 [D]. 石河子：石河子大学.

赵思峰.2002. 甜菜根腐病及其防治措施 [J]. 石河子大学学报：自然科学版 (6)：289-291.

赵思峰.2002. 新疆甜菜根腐病病原种群鉴定 [J]. 中国糖料 (1)：3-8.

赵养昌，陈元清.1980. 鞘翅目，象虫科 (一) 甜菜筒喙象 [M] // 中国经济昆虫志：第二十册. 北京：科学出版社：86，116，122.

赵占江，陈恩样，张毅.1992. 旋幽夜蛾生物学特性与防治研究 [J]. 中国甜菜 (4)：25-28.

赵占江，张毅，陈恩样.1991. 旋幽夜蛾发育有效积温的研究 [J]. 昆虫知识，28 (2)：88-91.

赵震宇.1979. 新疆白粉菌志 [M]. 乌鲁木齐：新疆人民出版社.

浙江农业大学.1980. 农业植物病理学：下册 [M]. 上海：上海科学技术出版社.

郑加协，甘勇辉.1998. 福建甘蔗宿根矮化病的发生及其诊断 [J]. 甘蔗糖业 (5)：20-24.

郑毅，宁彦东，杨柳，等.2009. 不同杀菌剂对甜菜种子发芽率及幼苗立枯病的影响 [J]. 中国糖料 (4)：30-31.

中国农业科学院植物保护研究所.1995. 中国农作物病虫害：上册 [M].2 版. 北京：中国农业出版社.

中国农作物病虫图谱编绘组.1978. 中国农作物病虫图谱 [M]. 北京：农业出版社.

周凤英.1995. 甜菜镰刀菌根腐病病原鉴定及药效测定 [J]. 石河子农学院学报 (1)：17-20.

周国辉，李俊光，许东林，等.2006. 华南地区甘蔗黄叶病发生及甘蔗绵蚜传毒特性研究 [J]. 中国农业科学，39 (10)：2023-2027.

周至宏，王助引，陈可才.1999. 甘蔗病虫鼠草防治彩色图志 [M]. 南宁：广西科技出版社.

Chu T L.1983. 甘蔗对锈病的品种抗性和感病性的遗传动态 [J]. 国外农学：甘蔗 (3)：49-53.

Chu T L.1983. 抗黑顶柄锈菌甘蔗田间品种反应的鉴定 [J]. 国外农学：甘蔗 (2)：53-54.

Comstock J C，Shine J M.1993. 早期锈病感染对随后甘蔗生长的影响 [J]. 国外农学：甘蔗 (2)：54-57.

J.P. 马丁，E.V. 阿伯特，C.G. 休兹.1982. 世界甘蔗病害 [M]. 陈庆龙，译. 北京：农业出版社.

Abo-Elnaga H I G，El-Aref H M.2005. Protein patterns of certain isolates of *Fusarium solani* and *Fusarium sambucinum*，the causal pathogens of sugar beet damping off and their relation to virulence in sugar beet [J]. Assiut Journal of Agricultural Sciences，36 (2)：148-161.

Abo-Elnaga H I G.2006. *Bacillus subtilis* as a biocontrol agent for controlling sugar beet damping-off disease [J]. Egypt Journal of Phytopathology，34 (1)：51-59.

Abo - Elnaga H I G. 2012. Biological control of damping - off and root rot of wheat and sugar beet with *Trichoderma harzianum* [J] . Plant Pathology Journal，11 (1)：25 - 31.

Abu Ahmad Y，Costet L，Daugrois J H，et al. 2007. Variation in infection capacity and in virulence exists between genotypes of *Sugarcane yellow leaf virus* [J] . Plant Disease，91 (3)：253 - 259.

Abu Ahmad Y，Rassaby L，Royer M，et al. 2006. Yellow leaf of sugarcane is caused by at least three different genotypes of *Sugarcane yellow leaf virus*，one of which predominates on the Island of Reunion [J] . Archives of Virology，151 (7)：1355 - 1371.

Abu Ahmad Y，Royer M，Daugrois J H，et al. 2006. Geographical distribution of four *Sugarcane yellow leaf virus* genotypes [J] . Plant Disease，90 (9)：1156 - 1160.

Abyad M S，Afifi M A. 1989. Effect of some environmental factors on sugar beet *Fusarium* pathogen 1st communication Germination and survival of macroconidia [J] . Zentralblatt fur Mikrobiologie，144 (7)：489 - 496.

Acosta - Leal R，Bryan B K，Smith J T，et al. 2010. Breakdown of host resistance by independent evolutionary lineages of *Beet necrotic yellow vein virus* involves a parallel C/U mutation in its p25 gene [J] . Phytopathology，100 (2)：127 - 133.

Acosta - Leal R，Fawley M W，Rush C M. 2008. Changes in the intraisolate genetic structure of *Beet necrotic yellow vein virus* populations associated with plant resistance breakdown [J] . Virology，376 (1)：60 - 68.

Afanasiev M M，Morris H E，Carlson W E. 1942. The effect of preceding crops on the amount of seedling diseases of sugar beets [J] . Proceedings of the American Society of Sugar Beet Technologists，3：435 - 436.

Agnihotri V P. 1996. Current sugarcane disease scenario and management strategies [J] . Indian Phytopathol.，49：109 - 126.

Aljanabi S M，Parmessur Y，Moutia Y，et al. 2001，Further evidence of the association of a phytoplasma and a virus with yellow leaf syndrome in sugarcane [J] . Plant Pathology，50 (5)：628 - 636.

Amiri R，Mesbah M，Moghaddam M，et al. 2009. A new RAPD marker for *Beet necrotic yellow vein virus* resistance gene in Beta vulgaris [J] . Biologia Plantarum，53 (1)：112 - 119.

Amiri R，Moghaddam M，Mesbah M，et al. 2003. The inheritance of resistance to *Beet necrotic yellow vein virus* (BNYVV) in B - vulgaris subsp maritima，accession WB42：statistical comparisons with Holly - 1 - 4 [J] . Euphytica，132 (3)：363 - 373.

Armstrong G M，Armstrong J K. 1976. Common hosts for *Fusarium oxysporum* formae speciales *spinaciar* and *betae* [J] . Phytopathology，66 (5)：542 - 545.

Arocha Y，Gonzalez L，Peralta E L，et al. 1999. First report of virus and phytoplasma pathogens associated with yellow leaf syndrome of sugarcane in Cuba [J] . Plant Disease，83 (12)：1177.

Asghar H，Naraqi H. 2007. Investigation of the possibility of biological control of sugar beet seedling damping - off in the green house using bacterial antagonists [J] . Tehran (Iran)，Plant Protection Reseach Institute，47.

Ashena S，Zamanizadeh H R，Mahmoodi S B. 2008. Pathogenic variability and genetic diversity of *Fusarium solani* isolates and its association with sugarbeet root rot [J] . Journal of Sugar Beet，24 (1)：77 - 95.

Asher M J C，Grimmer M K，Mutasa - Goettgens E S. 2009. Selection and characterization of resistance to Polymyxa betae，vector of *Beet necrotic yellow vein virus*，derived from wild sea beet [J] . Plant Pathology，58 (2)：250 - 260.

Attyia S H，Youssry A A. 2001. Application of *Saccharomyces cerevisiae* as a biocontrol agent against some diseases of Solanaceae caused by *Macrophomina phaseolina* and *Fusarium solani* [J] . Egyptian Journal of Biology，3：79 - 87.

Attyia S H，Youssry A A. 2008. Application of *Saccharomyces cerevisiae* as a biocontrol agent against *Fusarium* infection of sugar beet plants [J] . Acta Biologica Szegediensis，52 (2)：271 - 275.

Babai - Ahary A，Abrinnia M，Heravan I M. 2004. Identification and pathogenicity of *Pythium* species causing damping - off in sugarbeet in northwest Iran [J] . Australasian Plant Pathology，33：343 - 347.

Barbarossa L，Vetten H J，Kaufmann A，et el. 1992. Monoclonal antibodies to *Beet soil - borne virus* [J] . Annals of Applied Biology，121：143 - 150.

Bardin S D，Huang H C，Liu L，et al. 2003. Control，by microbial seed treatment，of damping - off caused by *Pythium* spp. on canola，safflower，dry pea and sugar beet [J] . Canadian Journal of Plant Pathology，25：268 - 275.

Bardin S D，Huang H C，Moyer J R. 2004. Control of *Pythium* damping - off sugar beet by seed treatment with crop straw powders and a biocontrol agent [J] . Biological Control，29：453 - 460.

Bardin S D，Huang H C，Pinto，et al. 2004. Biological control of *Pythium* damping - off of pea and sugar beet by *Rhizobium leguminosarum* pv. *viceae* [J] . Canadian Journal of Botany，82 (3)：291 - 296.

Bardin S D，Huang H C. 2003. Efficacy of stickers for seed treatment with organic matter or microbial agents for the control of damping - off of sugar beet [J] . Plant Pathology Bulletin，12：19 - 26.

Barry J J. 2005. Root rot disease of sugar beet [R]. International Symposium on Sugar Beet，26 - 28.

Baruch Sneh，et al. 1995. *Rhizoctonia* species：taxonomy，molecular biology，ecology，pathology，and disease control [C]. Noordwijkerhout，Netherlands：The Second International Symposium on *Rhizoctonia*：27 - 30.

Barzen E，Stahl R，Fuchs E，et al. 1997. Development of coupling - repulsion - phase SCAR markers diagnostic for the sugar beet Rr1 I allele conferring resistance to rhizomania [J]. Molecular Breeding，3 (3)：231 - 238.

Beuve M，Stevens M，Liu H Y，et al. 2008. Biological and molecular characterization of an American sugar beet - infecting *Beet western yellows virus* isolate [J]. Plant Disease，92：51 - 60.

Bodnaryk R P. 1992. Leaf epicuticular wax，an antixenotic factor in Brassicaceae that afects the rate and patern of feeding of flea beetles *Phyllotreta cruciferae* (Goeze) [J]. Canadian Journal of Plant Science，72：1295 - 1303.

Borie B，Jacquiot L，Jamaux - Despreaux I，et al. 2002. Genetic diversity in populations of the fungi *Phaeomoniella Chlamydospora* and *Phaeoacremonium aleophilum* on grapevine in France [J]. Plant Pathol，51：85 - 96.

Bornemann K，Varrelmann M. 2011. Analysis of the resistance - breaking ability of different *Beet necrotic yellow vein virus* isolates loaded into a single *Polymyxa betae* population in soil [J]. Phytopathology，101 (6)：718 - 724.

Borodynko N，Hasiów - Jaroszewska B，Rymelska N，et al. 2009. Full length genome sequence of Polish isolate of *Beet soil - borne virus* confirms low level of genetic diversity [J]. Acta. Biochim. Pol.，56 (4)：729 - 731.

Brantner J R，Carol E W. 1998. Variability in sensitivity to Metalaxyl in vitro，pathogenicity，and control of *Pythium* spp. on sugar beet [J]. Phytopathology，82 (8)：896 - 899.

Brantner J R，Windels C E. 1999. Infurrow and postemergence application of Quadris for control of *Rhizoctonia* damping - off and root and crown rot [J]. Sugarbeet Reserch and Extension Reports，29：275 - 277.

Brantner J R，Windels C E. 2007. Distribution of *Rhizoctonia solani* AG - 2 - 2 intraspecific groups in the red river valley and southern Minnesota [J]. Sugarbeet Research and Extension Reports，38：242 - 246.

Broom's Barn Experimental Station. 1982. Pests，disease and disorders of sugar beet [M]. Sartrouvile，France：the B. M. Press.

Buchholtz W F，Meredith C H. 1944. Pathogenesis of *Aphanomyces cochlioides* on taproots of the sugar beet [J]. Phytopathology，34：485 - 489.

Buddemeyer J，Märländer B. 2004. Integrated control of sugarbeet root and crown rot (*Rhizoctonia solani* Kühn)：influence of cultivation measures，crop rotation，and choice of variety with particular regard to maize [J]. Zuckerindustrie，129 (11)：799 - 809.

Bugbee W. 1996. Cercospora beticola strains from sugar beet tolerant to triphenyltin hydroxide and resistant to thiophanate methyl [J]. Plant Disease，80 (1)：103.

Buhre C，Wagner G，Kluth S，et al. 2007. Resistance of sugarbeet varieties as basis for the integrated control of root and crown rot (*Rhizoctonia solani*) [J]. Zuckerindustrie，132 (1)：50 - 55.

Butorina A K，Kornienko A V. 2011. Molecular genetic investigation of sugar beet (*Beta vulgaris* L.) [J]. Genetika，47 (10)：1285 - 1296.

Buttner G M，Führer I，Buddemeyer J. 2002. Root and crown rot *Rhizoctonia solani*：distribution，economic importance and concepts of integrated control [J]. Zuckerindustrie，127：856 - 866.

Buttner G M，Pfahler B，Petersen J. 2003. *Rhizoctonia* root rot in Europe：incidence，economic importance and concept for integrated control [C] //Proceedings of the 66th IIRB - ASSBT Congress：897 - 901.

Byford W J，Stamps D J. 1975. *Aphanomyces cochlioides* in England [J]. Transactions of the British Mycological Society，65：157 - 158.

Byther R S，Steiner G W. 1976. Summer - induced resistance to eye spot disease of sugarcane [J]. Sugarcane Pathologists' Newsletter (15 - 16)：54 - 56.

Cai D. 1997. Position cloning of a gene for nematode resistance in sugar beet [J]. Science，275：832 - 834.

Campbell L G，Klotz K L，Smith L J. 2008. Postharvest storage losses associated with rhizomania in sugar beet [J]. Plant Disease，92 (4)：575 - 580.

Campbell L，Kahn M，Nelson R. 2006. Effect of *Fusarium* root rot on sugarbeet in Minnesota and North Dakota [C] //Proceedings 68th IIRB Congress MECC.

Cao Y H，Cai Z N，Ding Q，et el. 2002. The complete nucleotide sequence of *Beet black scorch virus* (BBSV)，a new member of the genus *Necrovirus* [J]. Arch. Virol.，147：2431 - 2435.

Carol E W，Donna J N. 1989. Characterization and pathogenicity of anastomosis group of *Rhizoctonia solani* isolated from *Beta vulgaris* [J]. Phytopathology，79 (1)：79 - 88.

Cartea M E, Francisco M, Lema M, et al. 2010. Resistance of cabbage (*Brassica oleracea capitata* Group) crops to *Mamestra brassicae* [J]. Journal of Economic Entomology, 103 (5): 1866 - 1874.

Chao C P, Hoy J W, Saxton A M, et al. 1990. Heritability of resistance and repeatahility of clone reactions to sugarcane smut in Louisiana [J]. Phytopath, 80 (7): 622 - 626.

Chatenet M, Delage C, Ripolles M. 2001. Detection of *Sugarcane yellow leaf virus* in quarantine and production of virus - free sugarcane by apical meristem culture [J]. Plant Disease, 85 (11): 1177 - 1180.

Chen C C, Ko W F. 1994. Studies on the physical control methods of the striped flea beetle [J]. Plant Protection Bulletin, 36 (3): 167 - 176.

Chiba S, Kondo H, Miyanishi M, et al. 2010. The evolutionary history of *Beet necrotic yellow vein virus* deduced from genetic variation, geographical origin and Spread, and the breaking of host resistance [J]. Molecular Plant - Microbe Interactions, 24 (2): 207 - 218.

Chiba S, Miyanishi M, Andika I B, et al. 2008. Identification of amino acids of the *Beet necrotic yellow vein virus* p25 protein required for induction of the resistance response in leaves of *Beta vulgaris* plants [J]. Journal of General Virology, 89 (5): 1314 - 1323.

Claude Morley F Z S, Rait - Smith W. 1933. The hymenopterous parasites of the British lepidoptera [J]. Ecological Entomology, 82 (2): 133 - 183.

Coe G E, Schneider C L. 1966. Selecting sugar beet seedlings for resistance to *Aphanomyces cochlioides* [J]. Journal of the American Society of Sugar Beet Technologists, 14: 164 - 167.

Collins D P, Jacobsen B J. 2003. Optimizing a *Bacillus subtilis* isolate for biological control of sugar beet cercospora leaf spot [J]. Biological Control, 26 (2): 153 - 161.

Comstock J C, Irey M S, Lockhart B E L, et al. 1998. Incidence of yellow leaf syndrome in CP cultivars based on polymerase chain reaction and serological techniques [J]. Sugar Cane, 4: 21 - 24.

Comstock J C, Miller J D, Schnell R J. 2001. Incidence of *Sugarcane yellow leaf virus* in clones maintained in the world collection of Sugarcane and related grasses at the United States National Repository in Miami, Florida [J]. Sugar Tech., 3 (4): 128 - 133.

Comstock J C, Miller J D. 2004. Yield comparisons: disease - free tissue - culture versus bud - propagated sugarcane plants and healthy versus yellow leaf infected plants [J]. Journal of the American Society of Sugar Cane Technologists, 24: 31 - 40.

Comstook J C, Shine J M, Raid R N. 1992. Effect of early rust infection on subsequent sugarcane growth [J]. Sugar Cane, 4: 7 - 9.

Comstook J C. 1992. Effect of rust on sugarcane growth and biomass [J]. Plant Disease, 76 (2): 172 - 177.

Cooke D A, Dewar A M, Asher M J C. 1989. Pests and diseases of sugar beet [M] //. Scopes N, Stables L. Pest and disease control handbook. Thornton Heath: British Crop Protection Council: 241 - 259.

Coons G H, Kotila J E, Bockstahler H W. 1946. Black root of sugar beets and possibilities for its control [J]. Proceedings of the American Society of Sugar Beet Technologists, 4: 364 - 380.

Coons G H, Kotila J E. 1935. Influence of preceding crops on damping - off of sugar beet [J]. Phytopathology, 25: 13.

Cronjé C P R, Tymon A M, Jones P, et al. 1998. Association of a phytoplasma with yellow leaf syndrome of sugarcane in Africa [J]. Annals of Applied Biology, 133 (2): 177 - 186.

Crutzen F, Mehrvar M, Gilmer D, et el. 2009. A full - length infectious clone of *Beet soil - borne virus* indicates the dispensability of the RNA - 2 for virus survival in planta and symptom expression on *Chenopodium quinoa* leaves [J]. J. Gen. Virol., 90 (12): 3051 - 3056.

Cuiliney T W, Pimentel D. 1986. Ecological effects of organic agricultural practices on insect populations [J]. Agriculture, Ecosystems and Environment, 15 (4): 253 - 266.

Dastjerdi R, Falahati R M, Jafarpoor B. 2003. Identification of *Fusarium* species associated with sugar beet root in Khorasan province and investigation of the pathogenicity of *Fusarium oxysporum* [J]. Journal of Sugar Beet, 18 (2): 143 - 154.

Daugrois J H, Edon - Jock C, Bonoto S, et al. 2011. Spread of *Sugarcane yellow leaf virus* in initially disease - free sugarcane is linked to rainfall and host resistance in the humid tropical environment of Guadeloupe [J]. European Journal of Plant Pathology, 129 (1): 71 - 80.

Davidson R, Hanson L, Franc G, et el. 2006. Analysis of β - tubulin Gene Fragments from Benzimidazole - sensitive and - tolerant *Cercospora beticola* [J]. Journal of Phytopathology, 154 (6): 321 - 328.

Davis M J, Gillaspie A G, et al. 1980. Ratoon stunting disease of sugarcane: isolation of the causal bacterium [J]. Sciece, 210 : 1365 - 1367.

De Temmerman N，Anfinrud M，Meulemans M，et al. 2009. Rhizomania resistance in the Tandem（R）sugar beet variety ［J］. International Sugar Journal，111（1325）：313 - 317.

Dean J L，Purdy L H. 1984. Races of sugarcane rust fungus，*Puccinia melanocephala* found in Florida［J］. Sugar Cane，1：15 - 16.

Dean J L，Miller J D. 1975. Field screening of sugarcane for eye spot resistance［J］. Phytopathology，65：955 - 958.

Derbalah A S，Dewir Y H，El - Sayed A E N B. 2011. Antifungal activity of some plant extracts against sugar beet damping - off caused by *Sclerotium rolfsii*［J］. Annals of Microbiology，62（3）：1021 - 1029.

Dignadice Orillo. 1953. Yellow leaf spot of sugar cane［J］. The Philippine Agriculturist，37（1 - 2）：36 - 49.

Dosdall L M，Stevenson F C. 2005. Managing flea beetles（*Phyllotreta* spp. ）（Coleoptera：Chrysomelidae）in Canola with seeding date，plant density，and seed treatment［J］. Agronomy Journal，97：1570 - 1578.

Doxtator C W，Finkner R E. 1954. A summary of results in the breeding for resistance to *Aphanomyces cochlioides*（Drecks）［sic］by the American Crystal Sugar Company since 1942. Proceedings of the American Society of Sugar Beet Technologists，8（part 2）：94 - 98.

Draycott A P. 2006. Sugar beet［M］. Blackwell Publishing.

Drechsler C. 1929. The beet water mold and several related root parasites［J］. Journal of Agricultural Research，38：309 - 361.

Dunne C，Moënne - Loccoz Y，McCarthy J，et al. 1998. Combining proteolytic and phloroglucinol - producing bacteria for improved biocontrol of *Pythium* - mediated damping - off of sugar beet［J］. Plant Pathology，47（3）：299 - 307.

Eigenbrode S D，Pimentel D. 1988. Effects of manure and chemical fertilizers on insect pest populations on collards［J］. Agriculture，Ecosystems and Environment，20（2）：109 - 125.

Elmer W H. 1997. Influence of chloride and nitrogen form on *Rhizoctonia* root and crown rot of table beet［J］. Plant Disease，81（6）：635 - 640.

ElSayed A I，Weig A R，Komor E. 2011. Molecular characterization of Hawaiian *Sugarcane yellow leaf virus* genotypes and their phylogenetic relationship to strains from other sugarcane - growing countries［J］. European Journal of Plant Pathology，129（3）：399 - 412.

Errakhi R，Bouteau F，Lebrihi A，et al. 2007. Evidences of biological control capacities of *Streptomyces* spp. against *Sclerotium rolfsii* responsible for damping - off disease in sugar beet（*Beta vulgaris* L. ）［J］. World Journal of Microbiology & Biotechnology，23（11）：1503 - 1509.

Farzadfar S，Pourrahim R，Golnaraghi AR，et el. 2002. First report of *Beet soil - borne virus* on sugar beet in Iran［J］. Plant Dis. ，86：187.

Fassihiani A. 1991. Sugar beet root rot in Fars province［C］. Proceedings of the 10th Plant Protection Congress of Iran：140.

Federici B A. 1982. A new type of insect pathogen in larvae of the clover cutworm，*Scotogramma trifolii*［J］. Journal of Invertebrate Pathology，40（1）：41 - 54.

Fink H C，Buchholtz W F. 1954. Correlation between sugar beet crop losses and greenhouse determinations of soil infestations by *Aphanomyces cochlioides*. Proceedings of the American Society of Sugar Beet Technologists，8（Part 1）：252 - 259.

Fisher G A，Gerik J S. 1994. Genetic diversity of *Fusarium oxysporum* isolates pathogenic to sugar beets［J］. Phytopathology，84：1098.

Fitch M M M，Lehrer A T，Komor E，et al. 2001. Elimination of *Sugarcane yellow leaf virus* from infected sugarcane plants by meristem tip culture visualized by tissue blot immunoassay［J］. Plant Pathology，50（6）：676 - 680.

Fontaniella B，Vicente C，Legaz M E，et al. 2003. Yellow leaf syndrome modifies the composition of sugarcane juices in polysaccharides，phenols and polyamines［J］. Plant Physiology and Biochemistry，41（11 - 12）：1027 - 1036.

Friedrich R，Kaemmerer D，Seigner L. 2010. Investigation of the persistence of *Beet necrotic yellow vein virus* in rootlets of sugar beet during biogas fermentation［J］. Journal of Plant Diseases and Protection，117（4）：150 - 155.

Gao S J，Lin Y H，Pan Y B，et al. 2012. Molecular characterization and phylogenetic analysis of *Sugarcane yellow leaf virus* isolates from China［J］. Virus Genes，45（2）：340 - 349.

Gary D F，Robert M，Eric D K，et al. 2008. Sugarbeet diseases management［M］. The Board of Regents of the University of Nebraska on Behalf of University of Nebraska - Lincoln Extension.

Gaur R K，Raizada R，Rao G P. 2008. Sugarcane yellow leaf phytoplasma associated for the first time with sugarcane yellow leaf syndrome in India［J］. Plant Pathology，57（4）：772.

Georgakopoulos D G，Fiddaman P，Leifert C，et al. 2002. Biological control of cucumber and sugar beet damping - off caused by *Pythium ultimum* with bacterial and fungal antagonists［J］. Journal of Appied Microbiology，92：1078 - 1086.

Gheysen G. 1996. The exploitation of nematode - responsive plant genes in novel nematode control methods [J] . Pestic. Sci. , 47: 95 - 101.

Gidner S, Lennefors B L, Nilsson N O, et al. 2005. QTL mapping of BNYVV resistance from the WB41 source in sugar beet [J] . Genome, 48 (2): 279 - 285.

Glasa M, Kudela O, Subr Z. 2003. Molecular analysis of the 3 - terminal region of the genome of *Beet mosaic virus* and its relation with other potyviruses [J] . Arch. Virol. , 148: 1863 - 1871.

Gonzalez - Vazquez M, Ayala J, Garcia - Arenal F, et el. 2009. Occurrence of *Beet black scorch virus* infecting sugar beet in Europe [J] . Plant Dis. , 93: 21 - 24.

Gonçalves M C, Vega J, Oliveira J G, et al. 2005. *Sugarcane yellow leaf virus* infection leads to alterations in photosynthetic efficiency and carbohydrate accumulation in sugarcane leaves [J] . Fitopatologia Brasileira, 30 (1): 10 - 16.

Grimmer M K, Kraft T, Francis S A, et al. 2008. QTL mapping of BNYVV resistance from the WB258 source in sugar beet [J] . Plant Breeding, 127 (6): 650 - 652.

Grimmer M K, Trybush S, Hanley S, et al. 2007. An anchored linkage map for sugar beet based on AFLP, SNP and RAPD markers and QTL mapping of a new source of resistance to *Beet necrotic yellow vein virus* [J] . Theoretical and Applied Genetics, 114 (7): 1151 - 1160.

Grisham M P, Eggleston G, Hoy J W, et al. 2009. The effect of *Sugarcane yellow leaf virus* infection on yield of sugarcane in Louisiana [J] . Sugar Cane International, 27 (3): 91 - 94.

Grondona I, Hermosa R, Tejada M, et al. 1997. Physiological and biochemical characterization of *Trichoderma harzianum*, a biological control agent against soilborne fungal plant pathogens [J] . Applied and Environmental Microbiology, 63: 3189 - 3198.

Guo L H, Cao Y H, Li D W, et el. 2005. Analysis of nucleotide sequences and multimeric forms of a novel satellite RNA associated with *Beet black scorch virus* [J] . J. Virol. , 79: 3664 - 3674.

Habibi B. 1975. Some observations on the ecology of *Phytophthora drechsleri*, a fungus causing sugarbeet root rot [J] . Iranian Journal of Plant Pathology, 11 (3 - 4): 85 - 94.

Haggag Wafaa M, Younis S, Mahmoud E, et al. 2010. Signaling necessities and function of polyamines/jasmonate - dependent induced resistance in sugar beet against *Beet mosaic virus* (BtMV) infection [J] . New York Science Journal, USA, 3 (8): 95 - 103.

Halloin J M, Johnson D J. 2000. Reduction of sugarbeet losses from *Rhizoctonia* crown and root rot by use of mixtures of resistant and susceptible varieties [J] . Phytopathology, 90: 33.

Hanson L E, Jacobsen B J. 2006. Beet root - rot inducing isolates of *Fusarium oxysporum* from Colorado and Montana [J] . Plant Disease, 90 (2): 247 - 255.

Hanson L E. 2010. Interaction of *Rhizoctonia solani* and *Rhizopus stolonifer* causing root rot of sugar beet [J] . Plant Disease, 94 (5): 504 - 509.

Harveson R M, Hanson L E, Hein G L. 2009. Compendium of beet diseases and insects [M] . St. Paul, MN. USA: APS Press.

Harveson R M, Rush C M. 1994. Evaluation of fumigation and rhizomania - tolerant cultivars for control of a disease complex of sugar beets [J] . Plant Disease, 78 (12): 1197 - 1202.

Harveson R M, Rush C M. 1995. Evaluation of cultivar blends and irrigation frequency for control of multiple root rot pathogens of sugar beet biology cultivar tests control [J] . Plant Disease, 10: 19.

Harveson R M, Rush C M. 1997. Genetic variation among *Fusarium oxysporum* isolates from sugar beet as determined by vegetative compatibility [J] . Plant Disease, 81 (1): 85 - 88.

Harveson R M, Rush C M. 1998. Characterization of *Fusarium* root rot isolates from sugar beet by growth and virulence at different temperatures and irrigation regimes [J] . Plant Disease, 82 (9): 1039 - 1042.

Harveson R M, Rush C M. 2002. The influence of irrigation frequency and cultivar blends on the severity of multiple root diseases in sugar beets [J] . Plant Disease, 86 (8): 901 - 908.

Hauser S, Stevens M, Mougel C, et al. 2000. Biological, serological, and molecular variability suggest three distinct polerovirus species infecting beet or rape [J] . Phytopathology, 90 (5): 460 - 466.

Hauser S, Weber C, Vetter G, et al. 2000. Improved detection and differentiation of poleroviruses infecting beet or rape by multiplex RT - PCR [J] . J. Virol. Methods, 89 (1 - 2): 11 - 21.

He M M, Tian G M, Semenov A M, et al. 2012. Short - term fluctuations of sugar beet damping - off by *Pythium ultimum* in relation to changes in bacterial communities after organic amendments to two soils [J] . Phytopathology, 102 (4): 413 -

420.

Hecker R J，Ruppel E G. 1988. Registration of *Rhizoctonia* root rot resistant sugarbeet germplasm [J] . Crop Science，28 (6)：1039 - 1040.

Heijbroek W，Musters P M S，Schoone A H L. 1999. Variation in pathogenicity and multiplication of Beet necrotic yellow vein virus (BNYVV) in relation to the resistance of sugar - beet cultivars [J] . European Journal of Plant Pathology，105 (4)：397 - 405.

Henry C M，Jones R A C. 1986. Occurrence of a soil - borne virus of sugar beet in England [J] . Plant Pathol.，35：585 -591.

Herr L J. 1977. Pectolytic activity of *Aphanomyces cochlioides* in culture and in diseased sugarbeets [J] . Journal of the American Society of Sugar Beet Technologists，19：219 - 232.

Herr L J. 1982. Characteristics of hymenial isolates of *Thanatephorus cucumeris* on sugar beets in Ohio [J] . Plant Disease，66 (3)：246 - 249.

Hillmann U，Schloesser E. 1987. Damping - off and hypocotyl rot of sugar beet caused by *Fusarium oxysporum* f. sp. *betae* [J] . Gesunde - Pflanzen (Germany，F. R.)，39 (3)：78 - 80，82 - 83.

Hine R B，Ruppel E G. 1969. Relationship of soil temperature and moisture to sugarbeet root rot caused by *Pythium aphanidermatum* in Arizona [J] . Plant Disease Reporter，53 (12)：989 - 991.

Holmes K A，Nayagam S D，Craig G D. 1998. Factors affecting the control of *Pythium ultimum* damping - off of sugar beet by *Pythium oligand* rum [J] . Plant Pathology，47 (4)：516 - 522.

Honma K，Akiyama Y. 1981. Observations on *Chaetocnema concinna* Marshall injurious to sugar beet and its related species *C. discreta* Baly (Coleoptera：Chrysomelidae) [J] . Japanese Journal of Applied Entomology and Zoology，25：123 - 125.

Hoy J W，Grisham M P，Damann K E. 1999. Spread and increase of ratoon stunting disease of sugarcane and comparison of disease detection methods [J] . Plant Disease，83 ：1170 - 1175.

Hyakumachi M，Nihon S，Byori G. 1982. Role of the overwintered plant debris and sclerotia as inoculum in the field occurred with sugarbeet root rot *Rhizoctonia solani*，*Beta vulgaris* [J] . Annals of the Phytopathological Society of Japan，48 (5)：628 - 633.

Hyakumachi M，Yamamoto. 1983. Survival and pathogenicity of sclerotia produced by sugarbeet root rot fungus (*Rhizoctonia solani* AG - 2 type - 2) in the areas with different degree of disease incidence in the Hombetsu and Kiyokawa areas of Japan [J] . Annals of the Phytopathological Society of Japan，49 (1)：18 - 21.

Hyakumachi M. 1979. Survival of sugarbeet root rot fungus (*Rhizoctonia solani* AG - 2 type 2) in soil [J] . Proceedings of the Sugar Beet Research Association，21：1 - 7.

Hyrene P M，Dean J L，James N I. 1977. Inheritance of resistance to Pokkah boeng in sugarcane crosses [J] . Phytopathology，67 ：689 - 692.

Irani H，Ershad D. 1995. Identification of fungi associated with sugar beet root rot in West Azarbaidjan Province [C] . Proceedings of the 12th Iranian Plant Protection Congress，27：126.

Islam M T，Toshiaki I，Tahara S. 2003. Host - specific plant signal and G - protein activator，mastoparan，trigger differentiation of zoospores of the phytopathogenic oomycete *Aphanomyces cochlioides* [J] . Plant and Soil，255：131 - 142.

Izaguirre - Mayoral M L，Carballo O，Aleste C，et al. 2002. Physiological performance of asymptomatic and yellow leaf syndrome - affected sugarcanes in Venezuela [J] . Journal of Phytopathology，150 (1)：13 - 19.

Jacobsen B J，Collins D，Zidack N，et al. 2000. Management of *Rhizoctonia* crown and root rot [J] . Sugarbeet Research and Extension Reports，30：271 - 272.

Jacobsen B J，Kephart K，Zidack N，et al. 2005. Effect of fungicide and fungicide application timing on reducing yield loss to *Rhizoctonia* crown and root rot [J] . Sugarbeet Research and Extension Reports，35：224 - 226.

Jacobsen B J，Zidack N，Kephart K，et al. 2002. Integrated management strategies for *Rhizoctonia* crown and root rot [J] . Sugarbeet Research and Extension Reports，32：258 - 259.

Jakubíková L，Šubíková V，Nemčovič M，et al. 2006. Selection of natural isolates of *Trichoderma* spp. for biocontrol of *Polymyxa betae* as a vector of virus causing rhizomania in sugar beet [J] . Biologia，61 (4)：347 - 351.

Jankowska B，Pobozniak M，Wiech K. 2011. A comparison of insect pest colonization on white cabbage cultivars [J] . Journal of Plant Protection Research，51 (2)：157 - 161.

Jatala P. 1991. Reniform and false root - knot nematodes，*Rotylenchulus* and *Nacobbus* spp [M] //Nickle W R (ed.) . Mannal of agricultural nematology. New York：Marcel Dekker，Inc. ：509 - 528.

John J W，Jamie L S. 2000. Differentiation and detection of sugar beet fungal pathogens using PCR amplification of Actin Coding sequences and the ITS region of the rRNA gene [J] . Plant Disease，84 (4)：475 - 482.

Joomun N，Dookun‐Saumtally A. 2010. Occurrence of three genotypes of *Sugarcane yellow leaf virus* in a variety collection in Mauritius [J]. Sugar Tech.，12 (3/4)：312‐316.

Jorgenson E C. 1970. Antagonistic interaction of *Heterodera schachtii* Schmidt and *Fusarium oxysporum*（Woll.）on sugarbeets [J]. Journal of Nematology，3 (4)：393‐399.

Jupin I，Guilley H，Richards K E，et al. 1992. Two proteins encoded by *Beet necrotic yellow vein virus* RNA 3 influence symptom phenotype on leaves [J]. The EMBO Journal，11 (2)：479‐488.

Kahn M F，Campbell L G，Nelson R. 2006. Effect of *Fusarium* root rot on sugarbeet in Minnesota and North Dakota [C]. USA Proceedings 68th IIRB Congress MECC.

Kaiser W J，Ndimande B N，Hawksworth D L. 1979. Leaf scorch disease of sugancane in Kenya caused by a new species of *Leptosphaeria* [J]. Mycologia，71：479‐492.

Karadimos D，Karaoglanidis G. 2006. Comparative efficacy，selection of effective partners，and application time of strobilurin fungicides for control of cercospora leaf spot of sugar beet [J]. Plant Disease，90 (6)：820‐825.

Karaoglanidis G S，Karadimos D A，Klonari K. 2000. First report of *Phytophthora* root rot of sugar beet，caused by *Phytophthora cryptogea* [J]. Plant Disease，84 (5)：593.

Karaoglanidis G，Bardas G. 2006. Control of benzimidazole‐and DMI‐resistant strains of *Cercospora beticola* with strobilurin fungicides [J]. Plant Disease，90 (4)：419‐424.

Kaufmann A，Koenig R，Rohloff H. 1993. Influence of *Beet soil‐borne virus* on mechanically inoculated sugar beet [J]. Plant Pathol.，42：413‐417.

Kazzaz M K，Badr M M，Zahaby H M，et al. 2002. Biological control of seedling damping‐off and root rot of sugar beet plants [J]. Plant Protection Science，38 (2)：645‐647.

Kennedy J S，Day M F，Eastop V F. 1962. A conspectus of aphids as vectors of plant viruses [R]. London：Commonwealth Institute of Entomology：114.

Khan J，Del Rio L E，Nelson R，et el. 2007. Improving the Cercospora leaf spot management model for sugar beet in Minnesota and North Dakota [J]. Plant Disease，91 (9)：1105‐1108.

Kiewnick S，Jacobsen B J，Braun‐Kiewnick A，et al. 2001. Integrated control of *Rhizoctonia* crown and root rot of sugar beet with fungicides and antagonistic bacteria [J]. Plant Disease，85 (7)：718‐722.

Kiguchi T，Saito M，Tamada T. 1996. Nucleotide sequence analysis of RNA‐5 of five isolates of *Beet necrotic yellow vein virus* and the identity of a deletion mutant [J]. Journal of General Virology，77 (4)：575‐580.

Kirk W W，Wharton P S，Schafer R L，et al. 2008. Optimizing fungicide timing for the control of *Rhizoctonia* crown and root rot of sugar beet using soil temperature and plant growth stages [J]. Plant Disease，92 (7)：1091‐1098.

Klingen I，Meadow R，Aandal T. 2002. Mortality of *Delia floralis*，*Galeria mellonella* and *Mamestra brassicae* treated with insect pathogenic hyphomycetous fungi [J]. Journal of Applied Entomology，126 (5)：231‐237.

Kluth C，Varrelmann M. 2010. Maize genotype susceptibility to *Rhizoctonia solani* and its effect on sugar beet crop rotations [J]. Crop Protection，29：230‐238.

Knudsen I M B，Larsen K M，Jensen D F，et al. 2002. Potential suppressiveness of different field soils to *Pythium* damping‐off of sugar beet [J]. Applied Soil Ecology，21：119‐129.

Kockova‐Kratochvilova A，Kutova M，Petrovs M. 1956. Druhy rodu *Fusarium*，ktore sposobile srdieckovu hnilobu cukrovy repy v r [J]. na Slovebsku. Ceska Mykol，12：83‐94.

Koenig R，Lennefors B L. 2000. Molecular analyses of European A，B and P type sources of *Beet necrotic yellow vein virus* and detection of the rare P type in Kazakhstan [J]. Archives of Virology，145 (8)：1561‐1570.

Koenig R，Loss S. 1997. *Beet soil‐borne virus* RNA1：genetic analysis enabled by a starting sequence generated with primers to highly conserved helicase‐encoding domains [J]. J. Gen. Virol.，78：3161‐3165.

Koenig R，Lüddecke P，Haeberlé A M. 1995. Detection of *Beet necrotic yellow vein virus* strains，variants and mixed infections by examining single‐strand conformation polymorphisms of immunocapture RT‐PCR products [J]. Journal of General Virology，76 (8)：2051‐2055.

Koenig R，Pleij C W A，Buttner G. 2000. Structure and variability of the 3′ end of RNA 3 of Beet soil‐borne pomovirus‐a virus with uncertain pathogenic effects [J]. Arch. Virol.，145：1173‐1181.

Koenig R，Valizadeh J. 2008. Molecular and serological characterization of an Iranian isolate of *Beet black scorch virus* [J]. Arch. Virol.，153 (7)：1397‐1400.

Koike H，Gillaspie A G，et al. 1989. Diseases of Mosaic [M] //Sugarcane-major diseases. Elsevier Science Publishers：301‐322.

Komor E. 2011. Susceptibility of sugarcane, plantation weeds and grain cereals to infection by *Sugarcane yellow leaf virus* and selection by sugarcane breeding in Hawaii [J]. European Journal of Plant Pathology, 129 (3): 379 - 388.

Kristek S, Kristek A, Pospisil M, et al. 2007. Influence of bacterium *Pseudomonas fluorescens* on the pathogen of root rot *Rhizoctonia solani*, storage period and elements of sugar beet yield and quality [J]. Zuckerindustrie, 132 (7): 568 - 575.

Kruse M, Koenig R, Hoffmann A, et al. 1994. Restriction fragment length polymorphism analysis of reverse transcription - PCR products reveals the existence of two major strain groups of *Beet necrotic yellow vein virus* [J]. Journal of General Virology, 75 (8): 1835 - 1842.

Larkin P J, Scowcroft W R. 1981. Eyespot disease of sugarcane [J]. Plant Physiology, 67 (3): 408 - 414.

Larson R L, Hill A L, Fenwick A, et al. 2006. Influence of glyphosate on *Rhizoctonia* and *Fusarium* root rot in sugar beet [J]. Pest Management Science, 62 (12): 1182 - 1192.

Lauber E, Guilley H, Tamada T, et al. 1998. Vascular movement of *Beet necrotic yellow vein virus* in *Beta macrocarpa* is probably dependent on an RNA 3 sequence domain rather than a gene product. [J]. Journal of General Virology, 79 (2): 385 - 393.

Lehrer A T, Komor E. 2008. Symptom expression of yellow leaf disease in sugarcane cultivars with different degrees of infection by *Sugarcane yellow leaf virus* [J]. Plant Pathology, 57 (1): 178 - 189.

Lehrer A T, Schenck S, Yan S L, et al. 2007. Movement of aphid - transmitted *Sugarcane yellow leaf virus* (ScYLV) within and between sugarcane plants [J]. Plant Pathology, 56 (4): 711 - 717.

Lehrer A T, Wu K K, Komor E. 2009. Impact of *Sugarcane yellow leaf virus* on growth and sugar yield of sugarcane [J]. Journal of General Plant Pathology, 75 (4): 288 - 296.

Lein J C, Asbach K, Tian Y, et al. 2007. Resistance gene analogues are clustered on chromosome 3 of sugar beet and cosegregate with QTL for rhizomania resistance [J]. Genome, 50 (1): 61 - 71.

Lesage L. 1990. *Chaetocnema concinna* (Marsham, 1802), a European flea beetle introduced in North America (Coleoptera: Chrysomelidae: Alticinae) [J]. The Canadian Entomologist, 122 (4): 647 - 650.

Lesemann D - E, Koenig R, Lindsten K, et el. 1989. Serotypes of beet soil - borne furovirus from FRG and Sweden [J]. EPPO Bulletin, 19: 539 - 540.

Leu L S, Teng W S. 1998. Culmicolous smut of sugarcane in Taiwan (V) Two pathogenic strains of *Ustilago scitaminea* Sydow [J]. Plant Pathol., 47: 275 - 279.

Li Min, Liu Tao, Wang Bin, et al. 2008. Phylogenetic analysis of *Beet necrotic yellow vein virus* isolates from China [J]. Virus Genes, 36 (2): 429 - 432.

Lievens B, Rep M, Thomma B P H J. 2008. Recent developments in the molecular discrimination of formae speciales of *Fusarium oxysporum* [J]. Pest Management Science, 64: 781 - 788.

Link D, Schmidlin L, Schirmer A, et al. 2005. Functional characterization of the *Beet necrotic yellow vein virus* RNA - 5 - encoded p26 protein: evidence for structural pathogenicity determinants [J]. Journal of General Virology, 86 (7): 2115 - 2125.

Liu H Y, Lewellen R T. 2007. Distribution and molecular characterization of resistance - breaking isolates of *Beet necrotic yellow vein virus* in the United States [J]. Plant Disease, 91 (7): 847 - 851.

Liu H, Reavy B, Swanson M, et el. 2002. Functional replacement of the *tobacco rattle virus* cysteine - rich protein by pathogenicity proteins from unrelated plant viruses [J]. Virology, 298: 232 - 239.

Lockhart B E L, Irey M S, Comstock J C. 1996. *Sugarcane bacilliform virus*, *Sugarcane mild mosaic virus*, and sugarcane yellow leaf syndrome [M] //Croft B J, Piggin C T, Wallis E S, et al (eds). Sugarcane germplasm conservation and exchange. Canberra: Australian Centre for International Agricultural Research (ACIAR): 108 - 112.

Loof P A A. 1991. The family Pratylenchidae Thorne, 1949 [M] //Nickle W R (ed.). Mannal of agricultural nematology. New York: Dekker, Inc.: 363 - 421.

Lopes S A, Damann K E. 1993. PCR amplification of DNA from bacterial pathogens of sugarcane [J]. Phytopathology, 83: 1398.

Lopez - Roblez J, Otto A A, Hague N G M. 1997. Evaluation of the *Steinernema feltiae/Xenorhabdus bovienii* complex against the fungus *Phoma betae* on sugar beet seedlings [J]. Tests of Agrochemicals and Cultivars, 18: 48 - 49.

MacDonald J D, Leach L D. 1976. Evidence for an expanded host range of *Fusarium oxysporum* f. sp. *betae* [J]. Phytopathology, 66 (7): 822 - 827.

Mahmoudi B, Mesbah M, Rahimian H, et al. 2005. Genetic diversity of sugar beet isolates of *Rhizoctonia solani* revealed by RAPD - PCR and ITS - rDNA analysis [J]. Iranian Journal of Plant Pathology, 41 (4): 523 - 542.

Maia I G, Goncalves M C, Arruda P, et al. 2000. Molecular evidence that *Sugarcane yellow leaf virus* (SCYLV) is a member of the Luteoviridae family [J]. Archives of Virology, 145 (5): 1009 - 1019.

Majka C G, LeSage L. 2010. *Cheatocnema* flea beetles (Coleoptera: Chrysomelidae, Alticini) of the maritime provinces of Canada [J]. Journal of the Acadian Entomological Society (6): 34 - 38.

Malandrakis A A, Markoglou A N, Nikou D C, et el. 2011. Molecular diagnostic for detecting the cytochrome b G143S - QoI resistance mutation in *Cercospora beticola* [J]. Pesticide Biochemistry and Physiology, 100: 87 - 92.

Mangwende T, Wang M L, Borth W, et al. 2009. The P0 gene of *Sugarcane yellow leaf virus* encodes an RNA silencing suppressor with unique activities [J]. Virology, 384 (1): 38 - 50.

Maria E, Führer I G, Büttner J. 2004. *Rhizoctonia* root rot in sugar beet (*Beta vulgaris* ssp. *altissima*) -Epidemiological aspects in relation to maize (*Zea mays*) as a host plant [J]. Journal of Plant Diseases and Protection, 3 (3): 302 - 312.

Mariann L, Berndt G. 1990. Isolates of *Phytophthora cryptogea* pathogenic to wheat and some other crop plants [J]. Journal of Phytopathology, 129 (4): 303 - 315.

Maric A, Maxon A C. 1974. Insects and diseases of the sugar beet [R]. Beet Sugar Development foundation Fort clollins Co. : 425.

Martin F N, Whitney E D. 1990. In - bed fumigation for control of rhizomania of sugar beet [J]. Plant Disease, 74 (1): 31 - 35.

Martin H L. 2003. Management of soil - borne diseases of beetroot in Australia [J]. Australian Journal of Experimental Agriculture, 43: 1281 - 1292.

Martyn R D, Rush C M, Biles C L, et al. 1989. Etiology of a root rot disease of sugar beet in Texas [J]. Plant Disease, 3: 879 - 884.

Mayo M A. 2005. Changes to virus taxonomy 2004 [J]. Archives of Virology, 150 (1): 189 - 198.

McGrann G R, Grimmer M K, Mutasa - Gottgens E S, et al. 2009. Progress towards the understanding and control of sugar beet rhizomania disease [J]. Molelular Plant Pathology, 10 (1): 129 - 141.

Meisner J, Mitchell B K. 1983. Phagodeterrency induced bytwo cruciferous plants in adults of the flea beetle *Phyllotreta striolata* (Col. : Chrysomelidae) [J]. Canadian Entomologist, 115: 1209 - 1214.

Meisner J, Nitchell B K. 1984, Phagodeterrency induced bysome secondary plant substances in adults of the fleabeetle *Phyllotreta striolata* [J]. Zeitschtrify Fur Pflanzenkrankheiten und Pflanzenschutz , 91: 301 - 304.

Meunier A, Schmit J F O, Stas A, et al. 2003. Multiplex reverse transcription - PCR for simultaneous detection of *Beet necrotic yellow vein virus*, *Beet soil-borne virus* and *Beet virus* Q and their vector polymyxa betae KESKIN on sugar beet [J]. Appl. Environ. Microbiol. , 69: 2356 - 2360.

Miller W A, Dinesh - Kumar S P, Paul C P. 1995. Luteovirus gene expression [J]. Critical Reviews in Plant Science, 14 (3): 179 - 211.

Moliszewska E B. 2008. Can selected soil features and soil fungal community influence the occurrence of sugar beet seedling damping - off? [J]. Phytopathologia Polonica, 50: 51 - 67.

Momeni H, Falahatirastegar M, Jafarpour, et al. 2006. Determination of anastomosis groups among pathogenic isolates of *Rhizoctonia solani* in sugarbeet fields of Khorasan Province [J]. Agricultural Sciences and Technology, 20 (1): 47 - 56.

Momeni H, Falahatirastegar M, Jafarpour, et al. 2008. Bacteria and yeast associated with sugar beet root rot at harvest in the intermountain west [J]. Plant Disease, 92 (3): 357 - 363.

Moonan F, Mirkov T E. 2002. Analyses of genotypic diversity of North, South and Central American isolates of *Sugarcane yellow leaf virus*: evidence for colombian origins and for intraspecific spatial phylogenetic variation [J]. Journal of Virology, 76 (3): 1339 - 1348.

Moonan F, Molina J, Mirkov T E. 2000. *Sugarcane yellow leaf virus*: an emerging virus that has evolved by recombination between luteoviral and poleroviral ancestors [J]. Virology, 269 (1): 156 - 171.

Moran J, van Rijswijk B, Traicevski V, et al. 2002. Potyviruses, novel and known, in cultivated and wild species of the family *Apiaceae* in Australia [J]. Arch. Virol. , 147: 1855 - 1867.

Moretti M, Saracchi M, Farina G. 2004. Morphological, physiological and genetic diversity within a small population of *Cercospora beticola* Sacc [J]. Annals of Microbiology, 54: 129 - 150.

Mouhanna A M, Langen G, Schloesser E. 2008. Weeds as alternative hosts for BSBV, BNYVV, and the vector *Polymyxa betae* (German isolate) [J]. Journal of Plant Diseases and Protection, 115 (5): 193 - 198.

Mouhanna A M, Langen G, Schloesser E. 2008. Weeds as alternative hosts for BSBV, BNYVV, and the vector *Polymyxa betae* (German isolate) [J]. Journal of Plant Diseases and Protection, 115 (5): 193 - 198.

Mouhanna A M, Nasrallah A, Langen G, et al. 2002. Surveys for *Beet necrotic yellow vein virus* (the cause of rhizomania), other viruses, and soilborne fungi infecting sugar beet in Syria [J] . J. Phytopathol. , 150 (11 - 12): 657 - 662.

Moustafa S S, Mohamed F N. 2008. Application of *Saccharomyces cerevisiae* as a biocontrol agent against *Fusarium* infection of sugar beet plants [J] . Acta Biologica Szegediensis, 52 (2): 271 - 275.

Nagendran S, Hammerschmidt R, McGrath J M. 2009. Identification of sugar beet germplasm EL51 as a source of resistance to post - emergence *Rhizoctonia* damping - off [J] . European Journal of Plant Pathology, 123 (4): 461 - 471.

Naito S, Makino S, Sugimoto T, et al. 1988. Hopkins feeding on sclerotia of *Rhizoctonia solani* Kuhn and its population changes in sugarbeet root rot field [J] . Annals of the Phytopathological Society of Japan, 54 (1): 52 - 59.

Naito S, Makino S. 1995. Control of sclerotia of *Rhizoctonia solani* by a sciarid fly *Pnyxia scabiei* in soil [J] . Japan Agricultural Research Quarterly, 29 (1): 31 - 37.

Nakayama T, Homma Y, Hashidoko Y, et al. 1999. Possible role of xanthobaccins produced by *Stenotrophomonas* sp. strain SB - K88 in suppression of sugar beet damping - off Disease [J] . Applied and Environmental Microbiology, 65 (10): 4334 - 4339.

Naraqi L, Hesan A R, Ravan Lu A A, et al. 2007. Investigation of the effect of different seed treatments contained *Talaromyces flavus* on sugar beet seedling damping - off disease [M] . Tehran (Iran): Plant Protection Reseach Institute: 23.

Neate S M, Cruikshank R H, Rovira A D. 1988. Pectic enzyme patterns of *Rhizoctonia solani* isolates from agricultural soils in South Australia [J] . Transctions of the Britishi Mycological Society, 90: 37 - 42.

Nemchinov L G, Hammond J, Jordan R, et al. 2004. The complete nucleotide sequence, genome organization, and specific detection of *Beet mosaic virus* [J] . Arch. Virol. , 149 (6): 1201 - 1214.

Nielsen O, Philipsen H. 2004. Recycling of entomopathogenic nematodes in *Delia radicum* and in other insects from cruciferous crops [J] . BioControl, 49 (3): 285 - 294.

Nikou D, Malandrakis A, Konstantakaki M, et el. 2009. Molecular characterization and detection of overexpressed C - 14 α - demethylase - based DMI resistance in *Cercospora beticola* field isolates [J] . Pesticide Biochemistry and Physiology, 95 (1): 18 - 27.

Nitschke E, Nihlgard M, Varrelmann M. 2009. Differentiation of eleven *Fusarium* spp. isolated from sugar beet, using restriction fragment analysis of a polymerase chain reaction - amplified translation elongation factor 1 alpha gene fragment [J] . Phytopathology, 99 (8): 921 - 929.

Nowakowska H. 2005. Antagonistic activity of some fungi and *Actinomycetes* against pathogens of damping - off of sugar beet seedlings [J] . Plant Breeding and Seed Science, 52: 69 - 78.

Obuya J, Hanson L, Stump W, et el. 2008. A rapid diagnostic tool for detecting benzimidazole resistance in *Cercospora beticola*, the causal agent of Cercospora leaf spot in sugarbeet [J] . Phytopathology, 98 (6): 115.

OEPP/EPPO. 2002. Guidelines for the efficacy evaluation of insecticides: *Phyllotreta* spp. on rape [J] . OEPP/EPPO Bulletin, 32: 361 - 365.

Okazaki K, Takahashi H, Taguchi K, et al. 2007. Assay of resistance to seedling damping - off disease caused by *Aphanomyces cochlioides* in sugar beet [*Beta vulgaris*] [J] . Japan: Proceedings of the Japanese Society of Sugar Beet Technologists, 5 (48): 25 - 27.

Oliver T N, John J G. 2011. *Rhizoctonia* on sugarbeet - importance, identification, and control in the Northwest [M] . University of Idaho: Pacific northwest Extension Publication: 11.

O'Nelu N R, Farr D R. 1996. Miscanthus blight, a new foliar disease of ornamental grass and sugarcane incited by *Leptosphaeria* sp. and its anamorphic state *Stagonospora* sp. [J] . Plant Disease, 80: 980 - 987.

O'Sullivan E, Kavanagh J A. 1990. Damping - off of sugar beet caused by *Rhizoctonia cerealis* [J] . Plant Pathology, 39 (1): 202 - 205.

O'Sullivan E, Kavanagh J A. 1991. Characteristics and pathogenicity of isolates of *Rhizoctonia* spp. associated with damping - off of sugar beet [J] . Plant Pathology, 40 (1): 128 - 135.

O'Sullivan E, Kavanagh J A. 1992. Characteristics and pathogenicity of *Pythium* spp. associated with damping - off of sugar beet in Ireland [J] . Plant Pathology, 41 (5): 582 - 590.

Pagán I, Holmes E C. 2010. Long - term evolution of the Luteoviridae: time scale and mode of virus speciation [J] . Journal of Virology, 84 (12): 6177 - 6187.

Palumbo, Yuen J D, Jochum G Y, et al. 2005. Mutagenesis of beta - 1, 3 - glucanase genes in *Lysobacter enzymogenes* strain C3 results in reduced biological control activity toward *Bipolaris* leaf spot of tall fescue and *Pythium* damping - off of sugar beet [J] . Phytopathology, 95 (6): 701 - 707.

Panella L W, Ruppel E G, Hecker R J. 1995. Registration of four multigerm sugarbeet germplasms resistant to Rhizoctonia root rot: FC716, FC717, FC718, and FC719 [J]. Crop Science, 35: 291 - 292.

Panella L W. 1998. Screening and utilizing Beta genetic resources with resistance to *Rhizoctonia* root rot and Cercospora leaf spot in a sugar beet breeding programme [J]. International Crop Network Series, 12: 62 - 72.

Panella L W. 1999. Registration of FC709 - 2 and FC727 sugarbeet germplasms resistant to Rhizoctonia root rot and Cercospora leaf spot [J]. Crop Science, 39: 298 - 299.

Pao Y B, Grisbam M P, Buroer D M, et al. 1998. A po lymerase chain reaction p ro toco l fo r the detection of *Clavibacter xyli* subsp. *xyli*, the causal bacterium of sugarcane ratoon stunting disease [J]. Plant Disease, 82 (3): 285 - 290.

Parmessur Y, Aljanabi S, Saumtally S, et al. 2002. *Sugarcane yellow leaf virus* and sugarcane yellows phytoplasma: elimination by tissue culture [J]. Plant Pathology, 51 (5): 561 - 566.

Pavli O I. 2010. Molecular characterization of *Beet necrotic yellow vein virus* in Greece and transgeneic approaches towards enhancing rhizomania disease resistance [D]. Athens, Greece: Wageningen University.

Payne D A, Williams G E. 1990. Hymexazol treatment of sugar - beet seed to control seedling disease caused by *Pythium* spp. and *Aphanomyces cochlioides* [J]. Crop Protection, 9: 371 - 377.

Payne P A, Asher M J C, Kershaw C D. 1994. The incidence of *Pythium* spp. and *Aphanomyces cochlioides* associated with the sugar - beet growing soils of Britain [J]. Plant Pathology, 43: 300 - 308.

Peairs F B, Capinera J L. 2012. Caterpillars on field crops: I. avaluable [OL]. http: //www. ext. colostate. edu/pubs/insect/05508. html.

Pferdmenges F, Varrelmann M. 2009. Breaking of *Beet necrotic yellow vein virus* resistance in sugar beet is independent of virus and vector inoculum densities [J]. European Journal of Plant Pathology, 124 (2): 231 - 245.

Philippe Rott, Roger A Bailey, Jack C Comstock, et al. 2000. A guide to sugarcane diseases [M]. CIRADand ISSCT.

Piszczek J. 2004. Occurrence of root rot of sugar beet cultivars [J]. Journal of Plant Protection Research, 44 (4): 341 - 345.

Popova T. 1993. A study of antibiotic effects on cabbage cultivars on the cabbage moth *Mamestra brassicae* L. (Lepidoptera: Noctuidae) [J]. Entomol. Rev. , 72: 125 - 132.

Prillwitz H, Schlosser E. 1992. *Beet soil - borne virus*: occurence, symptoms and effect on plant development [J]. Med Fac Landbouww Rijksuniv Gent, 57: 295 - 302.

Rago A M, Acreche M M, Sopena R A. 2004. A survey of ratoon stunting disease (*Leifsonia xyli* subsp. *xyli*) in commercial sugarcane fields at Tucuman (Argentina) [J]. Sugar Cane International, 22 (6): 12 - 14.

Rahim M D, Andika I B, Han C, et al. 2007. RNA4 - encoded p31 of *Beet necrotic yellow vein virus* is involved in efficient vector transmission, symptom severity and silencing suppression in roots [J]. Journal of General Virology, 88 (5): 1611 - 1619.

Rassaby L, Girard J C, Lemaire O, et al. 2004. Spread of *Sugarcane yellow leaf virus* in sugarcane plants and fields on the island of Réunion [J]. Plant Pathology, 53 (1): 117 - 125.

Rassaby L, Girard J C, Letourmy P, et al. 2003. Impact of *Sugarcane yellow leaf virus* on sugarcane yield and juice quality in Réunion Island [J]. European Journal of Plant Pathology, 109 (5): 459 - 466.

Ratti C, Clover G R G, Autonell C R, et al. 2005. A multiplex RT - PCR assay capable of distinguishing *Beet necrotic yellow vein virus* types A and B [J]. Journal of Virological Methods, 124 (1 - 2): 41 - 47.

Resca R, Basaglia M, Poggiolini S, et al. 2001. An integrated approach for the evaluation of biological control of the complex *Polymyxa betae*/*Beet necrotic yellow vein virus*, by means of seed inoculants [J]. Plant and Soil, 232 (1): 215 - 226.

Ricaud C, Autrey L J C. 1989. Diseases of sugar cane - major diseases [M]. Amsterdam: Elsevier Science Publishers.

Richards K E, Tamada T. 1992. Mapping functions on the multipartite genome of *Beet necrotic yellow vein virus* [J]. Annual Review of Phytopathology, 30 (1): 291 - 313.

Rojas J C, Wyatt T D, Birch M C. 2000. Flight and oviposition behavior toward different host plant species by the cabbage moth, *Mamestra brassicae* (L.) (Lepidoptera: Noctuidae) [J]. Journal of Insect Behavior, 13 (2): 247 - 254.

Rossi V. 2000. Cercospora leaf spot infection and resistance in sugar beet (*Beta vulgaris* L.) [J]. Advances in Sugar Beet Research, 2: 17 - 48.

Roth B M, Pruss G J, Vance V B. 2004. Plant viral suppressors of RNA silencing [J]. Virus Research, 102 (1): 97 - 108.

Rott P, Bailey R A, Comstock J C, et al. 2000. Eye spot: a guide to sugarcane disease [M]. La Librairie du Cirad, Montpellier, France.

Rott P, Bailey R A, Comstock J C, et al. 2000. Pokkah boeng: a guide to sugarcane disease [M]. La Librairie du Cirad, Montpellier, France.

Rott P，Comstock J C，Croft B J，et al. 2005. Advances and challenges in sugarcane pathology：a review of the 2003 pathology workshop［J］. Proceedings of the International Society of Sugarcane Technologists Congress，25（2）：607 - 614.

Ruppel E G，Baker R，Harman G E，et al. 1983. Field tests of *Trichoderma harzianum* Rifai aggr. as a biocontrol agent of seedling disease in several crops and *Rhizoctonia* root rot of sugar beet［J］. Crop Protection，2（4）：399 - 408.

Ruppel E G，Hecker R J. 1981. Effect of three systemic insecticides on severity of *Rhizoctoni*a root rot in sugarbeet［J］. Phytopathology，71（8）：902.

Ruppel E G，Hecker R J. 1994. *Rhizoctonia* root rot on sugarbeet cultivars having varied degrees of resistance［J］. Sugar Beet Research，31（3 - 4）：135 - 142.

Ruppel E G. 1973. Histopathology of resistant and susceptible sugar beet roots inoculated with *Rhizoctonia solani*［J］. Phytopathology，63：123 - 126.

Ruppel E G. 1991. Pathogenicity of *Fusarium* spp. from diseased sugar beets and variation among sugar beet isolates of *F. oxysporum*［J］. Plant Disease，75（5）：486 - 489.

Rush C M，Winter S R. 1990. Influence of previous crops on *Rhizoctonia* root and crown rot of sugar beet［J］. Plant Disease，74（6）：421 - 425.

Sadeghi A，Hesan A，Askari H，et al. 2009. Biocontrol of *Rhizoctonia solani* damping - off of sugar beet with native *Streptomyces* strains under field conditions［J］. Biocontrol Science and Technology，19（9 - 10）：985 - 991.

Sadeghi，Hessan A，Askari A R，et al. 2006. Biological control potential of two *Streptomyces* isolates on *Rhizoctonia solani*，the causal agent of damping - off of sugar beet［J］. Pakistan Journal of Biological Sciences，9（5）：904 - 910.

Safaee N，Minassian V. 1996. Anastomosis groupings of *Rhizoctonia* causing damping off in sugar beet seedlings in Khuzestan［J］. Iranian Journal of Plant Pathology，32（1 - 2）：28.

Scagliusi S M，Lockhart B E L. 2000. Transmission，characterization and serology of a luteovirus associated with yellow leaf syndrome of sugarcane［J］. Phytopathology，90（2）：120 - 124.

Schenck S，Hu J S，Lockhart B E. 1997. Use of a tissue blot immunoassay to determine the distribution of *Sugarcane yellow leaf virus* in Hawaii［J］. Sugar Cane，4：5 - 8.

Schenck S，Lehrer A T，Wu K K. 2001. Yellow leaf syndrome［J］. Hawaii Agriculture Research Center Pathology Report，68：1 - 6.

Schenck S，Lehrer A T. 2000. Factors affecting the transmission and spread of *Sugarcane yellow leaf virus*［J］. Plant Disease，84（10）：1085 - 1088.

Schenck S. 1990. Yellow leaf syndrome - a new sugarcane disease［M］. Hawaiian Sugar Planters Association：Annual Report，38.

Schirmer A，Link D，Cognat V，et al. 2005. Phylogenetic analysis of isolates of *Beet necrotic yellow vein virus* collected worldwide［J］. Journal of General Virology，86（10）：2897 - 2911.

Schmidt C S，Agostini F，Leifert，et al. 2004. Influence of inoculum density of the antagonistic bacteria *Pseudomonas fluorescens* and *Pseudomonas corrugata* on sugar beet seedling colonisation and suppression of *Pythium* damping off［J］. Plant and Soil，265（1 - 2）：111 - 122.

Schmidt C S，Agostini F，Leifert，et al. 2004. Influence of soil temperature and matric potential on sugar beet seedling colonization and suppression of *Pythium* damping - off by the antagonistic bacteria *Pseudomonas fluorescens* and *Bacillus subtilis*［J］. Phytopathology，94（4）：351 - 363.

Schmidt C S，Agostini F，Simon A M，et al. 2004. Influence of soil type and pH on the colonisation of sugar beet seedlings by antagnostic *Pseudomonas* and *Bacillus* strains，and on their control of *Pythium* damping - off［J］. European Journal of Plant Pathology，110（10）：1025 - 1046.

Schneider C L. 1954. Methods of inoculating sugar beets with *Aphanomyces cochlioides* Drechs［J］. Proceedings of the American Society of Sugar Beet Technologists，8：247 - 251.

Schneider C L. 1965. Additional hosts of the beet water mold，*Aphanomyces cochlioides* Drechs［J］. Journal of the American Society of Sugar Beet Technologists，13：469 - 477.

Scholten O E，De Bock T S M，Klein - Lankhorst R M，et al. 1999. Inheritance of resistance to *Beet necrotic yellow vein virus* in *Beta vulgaris* conferred by a second gene for resistance［J］. Theoretical and Applied Genetics，99（3 - 4）：740 - 746.

Scholten O E，Jansen R C，Keizer L C P，et al. 1996. Major genes for resistance to *Beet necrotic yellow vein virus*（BNYVV）in *Beta vulgaris*［J］. Euphytica，91（3）：331 - 339.

Secor G A，Rivera V V，Khan M，et el. 2010. Monitoring fungicide sensitivity of *Cercospora beticola* of sugar beet for disease management decisions［J］. Plant Disease，94（11）：1272 - 1282.

Seifers D L, Salom on R, Marie Jeanne V, et al. 2000. Characterization of a novel potyvirus isolated from maize in Israe l [J]. Phytopathology, 90 (5): 2.

Senoo Y, Itoh T, Shinsenji A. 2005. Controlling *Rhizoctonia* root rot of sugar beet [J]. Source Proceedings of the Japanese Society of Sugar Beet Technologists, 47: 41-44.

Shahina F. 1996. A diagnostic compendium of the genus *Aphelenchoides* Fischer, 1894 (Nematode: Aphelenchida) with some new records of the group from Pakistan [J]. Pak. J. Nematol., 14 (1): 1-32.

Shane W, Teng P. 1992. Impact of Cercospora leaf spot on root weight, sugar yield, and purity of *Beta vulgaris* [J]. Plant Disease, 76 (8): 812-820.

Sharma B S. 1987. *Fusarium* root rot of mature sugarbeet roots and varietal response [J]. Indian Journal of Mycology and Plant Pathology, 17 (1): 78.

Sheikholeslami M, Younesi H, Safaee D. 2005. Characterization of the fungi involved in sugar beet root rot and their distribution in Kermanshah Province [J]. Journal of Sugar Beet, 21 (1): 99-104.

Shendrik R Y, Zapolskaya N N. 1998. Soil microbiota and sugarbeet root rot [J]. Zashchitai Karantin Rastenii, 10: 25.

Shukla D D, Tosic M, et al. 1989. Taxonomy of potyviruses infecting maize, sorghum, and sugarcane in Australia and the United States as determined by reactivities of polyclonal antibodies directed towards virus 2 specific N 2 termini of coat proteins [J]. Phytopathology, 79: 223-229.

Siboe G M, Murray J, Kirk P M. 2000. Genetic similarity among *Cercospora apii* - group species and their detection in host plant tissue by PCR/RFLP analyses of the rDNA internal transcribed spacer (ITS) [J]. The Journal of General and Applied Microbiology, 46 (2): 69-78.

Singh D, Rao G P. 2011. Molecular detection of two strains of *Sugarcane yellow leaf virus* in India and their secondary spread in nature through aphids [J]. Acta Phytopathologica et Entomologica Hungarica, 46 (1): 17-26.

Smith G R, Borg Z, Lockhart B E L, et al. 2000. *Sugarcane yellow leaf virus*: a novel member of the Luteoviridae that probably arose by inter - species recombination [J]. Journal of General Virology, 81 (7): 1865-1869.

Snyder W C, Hansen H N. 1940. The species concept in *Fusarium* [J]. American Journal of Botany, 27: 64-67.

Stevens M, Freeman B, Liu HY, et al. 2005. Beet poleroviruses: close friends or distant relatives? Mol. Plant Pathol., 6 (1): 1-9.

Stewart D. 1931. Sugar - beet yellows caused by *Fusarium conglutinans* var. *betae* [J]. Phytopathology, 21: 59-70.

Stinner K A. 1992. Density of imported *Cabbage worms* (Lepidoptera: pieridae), *Cabbagea phids* (Homoptera: Aphididae) and flea beetles (Coleoptera: Chrysomelidae) on glossy and trichome - bearing lines of *Brasslca oleracea* [J]. Journal of Economic Entomology, 85 (3): 1023-1030.

Strausbaugh C A, Rearick E, Camp S, et al. 2008. Influence of *Beet necrotic yellow vein virus* on sugar beet storability [J]. Plant Disease, 92 (4): 581-587.

Subashini N. 2006. *Rhizoctonia* disease in sugar beet: disease screening and cyto - histo pathology of sugar beet - *Rhizoctonia solani* interaction [D]. Hyakumachi: Michigan State University.

Susurluk A. 2008. Potential of the entomopathogenic nematodes *Steinernema feltiae*, *S. weiseri* and *Heterorhabditis bacteriophora* for the biological control of the sugar beet weevil *Bothynoderes punctiventris* (Coleoptera: Curculionidae) [J]. Journal of Pest Science, 4: 221-225.

Tabarestani, Rastegar M S, Jafarpour M F, et al. 2005. Investigation on biological control of sugar beet damping - off disease by some isolates of *Trichoderma harizanum* Rifai [J]. Journal of Sugar Beet, 21 (1): 57-75.

Tahara S, Mizutani M, Takayama T, et al. 1999. Plant secondary metabolites regulating behaviour of the phytopathogenic fungus *Aphanomyces cochlioides* [J]. Pesticide Science, 55: 209-211.

Tahvanainen J. 1983. The relationship between flea beetles and their cruciferous host plants: role of plant and habitat characteristics [J]. Oikos, 40: 433-437.

Takahashi H, Okazaki K, Nakatsuka K. 2005. Development of sugar beet multigerm pollen parent with *Rhizoctonia* root rot resistance [J]. Proceedings of the Japanese Society of Sugar Beet Technologists, 47: 21-27.

Talekar N S, Lee S T. 1985. Seasonality of insect pests of Chinese cabbage and common cabbage in Taiwan [J]. Plant Protection Bulletin (Taiwan), 27 (1): 47-52.

Talosi B, Sekulic R, Keresi T. 1993. Investigations on entomopathogenic nematodes in Vojvodina and possibility of their use for some agricultural pest control [J]. Zastita Bilja, 44 (3): 213-219.

Tamada T, Abe H. 1989. Evidence that Beet necrotic yellow vein virus RNA - 4 is essential for efficient transmission by the fungus *Polymyxa betae* [J]. Journal of General Virology, 70 (12): 3391-3398.

Tamada T，Baba T. 1973. *Beet necrotic yellow vein virus* from rhizomania‐affected sugar beet in Japan［J］. Annals of the Phytopathologicial Society of Japan，39：325‐332.

Tanova K，Petrova R. 2008. Influence of extracts from essential oil plants on the growth of *Rhizoctonia solani* Kuhn agent of the sugar beet root rot［J］. Bulgarian Journal of Agricultural Science，14（3）：309‐312.

Thrane C，Nielsen M N，Sørensen J. 2001. *Pseudomonas fluorescens* DR54 reduces sclerotia formation，biomass development，and disease incidence of *Rhizoctonia solani* causing damping‐off in sugar beet［J］. Microbial Ecology，42：438‐445.

Vega J，Scagliusi S M M，Ulian E C. 1997. Sugarcane yellow leaf disease in Brazil：evidence of association with a luteovirus［J］. Plant Disease，81（1）：21‐26.

Vereijssen J. 2004. Cercospora leaf spot in sugar beet：epidemiology，life cycle components and disease management［D］. Wageningen：Wageningen University.

Vestberg M，Tahvonen R，Raininko K，et al. 1982. Damping‐off and sugar beet in Finland，1：causal agents and some factors affecting the disease，*Beta vulgaris*，*Pythium debaryanum*，*Fusarium*，*Phoma betae*，fungal diseases［J］. Journal of the Scientific Agricultural Society of Finland，54（4）：225‐244.

Vestberg M，Tahvonen R，Raininko K，et al. 1983. Damping‐off and sugar beet in Finland，2：disease control［J］. Journal of the Scientific Agricultural Society of Finland，55（5）：431‐450.

Vestberg M. 1984. Damping‐off and sugar beet in Finland，3：effect of temperature and disease forecasting［J］. Journal of the Scientific Agricultural Society of Finland，56（4）：283‐290.

Vincent C，Stewart R K. 1986. Influence of trap color on captures of adult crucifer‐feeding flea beetles［J］. Journal of Agricultural Entomology，3（2）：120‐124.

Viswanathan R，Balamuralikrishnan M，Karuppaiah R. 2008. Identification of three genotypes of *Sugarcane yellow leaf virus* causing yellow leaf disease from India and their molecular characterization［J］. Virus Genes，37（3）：368‐379.

Viswanathan R. 2002. Sugarcane yellow leaf syndrome in India：incidence and effect on yield parameters［J］. Sugar Cane International，20（5）：17‐23.

Viswanathan R. 2004. Ratoon stunting disease infection favours severity of yellow leaf syndrome caused by *Sugarcane yellow leaf virus* in sugarcane［J］. Sugar Cane International，22（2）：3‐7.

Voblova O A，Voblov A P，Sakharnaya S. 2004. Evaluation of the parameters of the damage caused by sugarbeet root rot in Kransodar region［J］. Vegetable Horticulture，Cultivation and Production，6：25‐27.

Walther D，Gindrat D. 1987. Biological control of *Phoma* and *Pythium* damping‐off of sugar‐beet with *Pythium oligandrum*［J］. Journal of Phytopathology，119（2）：167‐174.

Wang B，Li M，Han C，et el. 2008. Complete genome sequences of two Chinese *Beet soil‐borne virus* isolates provide evidence that its genome is highly conserved［J］. Journal of Phytopathology，156（7‐8）：487‐488.

Wang B，Li M，Zhang J J，et el. 2008. First report of *Beet soil‐borne virus* on sugar beet in China［J］. Plant Pathol.，57：389.

Wang H Y，Li X D，Liu Y Y，et al. 2007. First report of *Beet mosaic virus* infecting lettuce，in China［J］. New Disease Reports，16：2.

Wang M Q，Xu D L，Li R，et al. 2012. Genotype identification and genetic diversity of *Sugarcane yellow leaf virus* in China［J］. Plant Pathology，61（5）：986‐993.

Wang M Q，Zhou G H. 2010. A near‐complete genome sequence of a distinct isolate of *Sugarcane yellow leaf virus* from China，representing a sixth new genotype［J］. Virus Genes，41（2）：268‐272.

Wang X，Zhang Y，Xu J，et el. 2012. The R‐rich motif of *Beet black scorch virus* P7a movement protein is important for the nuclear localization，nucleolar targeting and viral infectivity［J］. Virus Res.，167（2）：207‐218.

Warren J R. 1948. A study of the sugar beet seedling disease in Ohio［J］. Phytopathology，38：883‐892.

Watanabe K，Matsui M，Honjo H，et al. 2011. Effects of soil pH on *Rhizoctonia* damping‐off of sugar beet and disease suppression induced by soil amendment with crop residues［J］. Plant Soil，347：255‐268.

Weiland J J，van Winkle D，Edwards M C，et al. 2007. Characterization of a U. S. isolate of *Beet black scorch virus*［J］. Phytopathology，97（10）：1245‐1254.

Weiland J，Koch G. 2004. Sugarbeet leaf spot disease（*Cercospora beticola* Sacc.）［J］. Molecular Plant Pathology，5（3）：157‐166.

Williams G E，Asher M J C. 1996. Selection of rhizobacteria for the control of *Pythium ultimum* and *Aphanomyces cochlioides* on sugar beet seedlings［J］. Crop Protection，15：479‐486.

Windels C E，Nabben D J. 1989. Characterization and pathogenicity of anastomosis groups of *Rhizoctonia solani* isolated from *Beta vulgaris* [J] . Phytopathology，79 (1)：83 - 88.

Wintermantel W M. 2005. Co - infection of *Beet mosaic virus* and *Beet yellowing viruses* leads to increased symptom expression on sugar beet [J] . Plant Disease，89 (3)：325 - 331.

Wolf P，Verreet J. 2002. An integrated pest management system in Germany for the control of fungal leaf diseases in sugar beet：the IPM sugar beet model [J] . Plant Disease，86 (4)：336 - 344.

Wylie H G. 1983. Oviposition and survival of the European parasite *Microctoms bicolor* (Hymenoptera：Braconidae) in crucifer -infesting flea beetle (Coleoptera：Chrysomelidae) in Manitoba [J] . The Canadian Entomologist，115：55 - 58.

Xiang H Y，Dong S W，Zhang H Z，et al. 2010. Molecular characterization of two Chinese isolates of *Beet western yellows virus* infecting sugar beet [J] . Virus Genes，41 (1)：105 - 110.

Xiang H Y，Han Y H，Han C G，et al. 2007. Molecular characterization of two Chinese isolates of *Beet mosaic virus* [J] . Virus Genes，35 (3)：795 - 799.

Xu J，Wang X，Shi L，et el. 2012. Two distinct sites are essential for virulent infection and support of variant satellite RNA replication in spontaneous *Beet black scorch virus* variants [J] . J. Gen. Virol. ，93 (12)：2718 - 2728.

Yan S L，Lehrer A T，Hajirezaei M R，et al. 2009. Modulation of carbohydrate metabolism and chloroplast structure in sugarcane leaves which were infected by *Sugarcane yellow leaf virus* (SCYLV) [J] . Physiological and Molecular Plant Pathology，73 (4 - 5)：78 - 87.

Yanar Y，Kutluk N D，Erkan S. 2010. Alternative weed hosts of *Beet necrotic yellow vein virus* and *Beet soil borne virus* in North East of Turkey [J] . International Journal of Virology，6 (1)：56 - 60.

Yilmaz N D K，Sokmen M，Gulser C，et al. 2010. Relationships between soil properties and soilborne viruses transmitted by *Polymyxa betae* Keskin in sugar beet fields [J] . Spanish Journal of Agricultural Research，8 (3)：766 - 769.

Yuan X，Cao Y，Xi D，et el. 2006. Analysis of the subgenomic RNAs and the small open reading frames of *Beet black scorch virus* [J] . J. Gen. Virol. ，87：3077.

Zhang Y，Zhang X，Niu S，et el. 2011. Nuclear localization of *Beet black scorch virus* capsid protein and its interaction with importin α [J] . Virus Res. ，155 (1)：307 - 315.

Zhou C J，Xiang H Y，Zhuo T，et al. 2011. A novel strain of *Beet western yellows virus* infecting sugar beet with two distinct genotypes differing in the $5'$- terminal half of genome [J] . Virus Genes，42 (1)：141 - 149.

第 20 单元　糖料作物病虫害

彩图 20-1-1　甘蔗凤梨病症状
（王伯辉提供）
Colour Figure 20-1-1
Symptoms of sugarcane pineapple
disease (by Wang Bohui)

彩图 20-2-1　甘蔗黑穗病症状（黄应昆摄）
Colour Figure 20-2-1　Symptoms of sugarcane smut (by Huang Yingkun)
1. 病株前期　2. 病株后期　3. 田间症状

彩图 20-3-1　甘蔗赤腐病症状（黄应昆摄）
Colour Figure 20-3-1　Symptoms of sugarcane red rot (by Huang Yingkun)
1. 病叶　2. 病株　3. 病茎

彩图20-4-1　甘蔗褐条病症状（黄应昆摄）

Colour Figure 20-4-1　Symptoms of sugarcane brown stripe (by Huang Yingkun)

1.病叶　2.病株　3.田间症状

彩图20-5-1　甘蔗梢腐病症状（沈万宽摄）

Colour Figure 20-5-1　Symptoms of sugarcane pokkahboeng(by Shen Wankuan)

1.早期症状　2.中期症状　3.后期症状

彩图20-6-1　甘蔗叶条枯病症状（沈万宽摄）

Colour Figure 20-6-1　Symptoms of sugarcane leaf blight (by Shen Wankuan)

1.前期症状　2.中期症状　3.后期症状　4.田间症状

彩图20-7-1 甘蔗黄点病症状
（王伯辉提供）
Colour Figure 20-7-1 Symptoms
of sugarcane yellow leaf spot
(by Wang Bohui)
1.初期症状 2.中后期症状

彩图20-8-1 甘蔗锈病症状（黄应昆摄）
Colour Figure 20-8-1 Symptoms of sugarcane rust (by Huang Yingkun)
1.病叶 2.病株 3.田间症状

彩图20-9-1 甘蔗轮斑病症状（王伯辉提供）
Colour Figure 20-9-1 Symptoms of sugarcane ring spot (by Wang Bohui)
1.病叶 2.病株

彩图20-10-1 甘蔗叶焦病症状
（王伯辉提供）
Colour Figure 20-10-1 Symptoms
of sugarcane leaf scorch
(by Wang Bohui)
1.病叶 2.田间症状

彩图 20-11-1　甘蔗白疹病症状
（王伯辉提供）
Colour Figure 20-11-1　Symptoms of
sugarcane white rash (by Wang Bohui)
1.初期症状　2.后期症状

彩图 20-12-1　甘蔗眼点病症
状（沈万宽摄）
Colour Figure 20-12-1
Symptoms of sugarcane eye
spot (by Shen Wankuan)
1.病叶　2.田间症状

彩图 20-13-1　甘蔗褐斑病症状（黄应昆摄）
Colour Figure 20-13-1　Symptoms of sugarcane brown spot
(by Huang Yingkun)
1.病叶　2.病株　3.田间症状

彩图 20-14-1　甘蔗虎斑病症状（王伯辉提供）
Colour Figure 20-14-1　Symptom of sugarcane
banded sclerotial disease (by Wang Bohui)

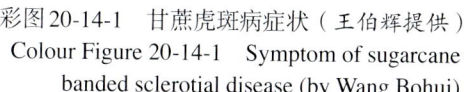

彩图 20-15-1 甘蔗赤条病症状（王伯辉提供）
Colour Figure 20-15-1 Symptoms of sugarcane bacterial red stripe (by Wang Bohui)
1.叶条斑型 2、3.顶腐型

彩图 20-16-1 甘蔗花叶病症状（李增平摄）
Colour Figure 20-16-1 Symptoms of sugarcane mosaic (by Li Zengping)
1.病叶上黄绿相间的不规则嵌纹或条斑 2.病叶变黄白色，出现少量红色点状坏死

彩图 20-17-1 甘蔗黄叶病症状（高三基摄）
Colour Figure 20-17-1
Symptoms of sugarcane yellow leaf
(by Gao Sanji)
1.严重、中度感病叶片下表皮症状及健康叶片（从左到右）
2.严重、中度感病叶片上表皮症状及健康叶片（从左到右）
3.整株甘蔗叶片黄叶病症状（寄主甘蔗品种为福农96-0907）

附彩图20-17-1　甘蔗黄叶病叶片严重度分级（引自 Lehrer 和 Komor，2008）
Supplementary Colour Figure 20-17-1　Scale of yellow leaf symptom expression in sugarcane (from Lehrer and Komor, 2008)
（0、1、2、3、4、5、6分别表示叶片严重度的不同等级）

彩图20-18-1　甘蔗宿根矮化病症状（黄应昆摄）
Colour Figure 20-18-1　Symptoms of sugarcane ratoon stunting (by Huang Yingkun)
1.病茎　2.病田前期　3.病田后期

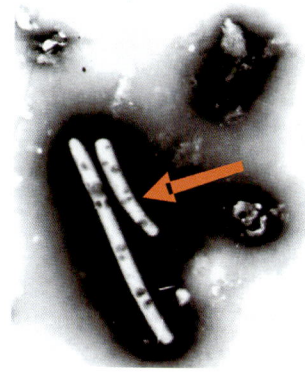

附彩图20-18-1
电镜下甘蔗宿根矮化病菌形态
（×10 000）（李文凤摄）
Supplementary Colour Figure
20-18-1　The morphological
characteristics of *Clavibacter*
xyli subsp. *xyli* under electron
microscopy (×10 000)
(by Li Wenfeng)

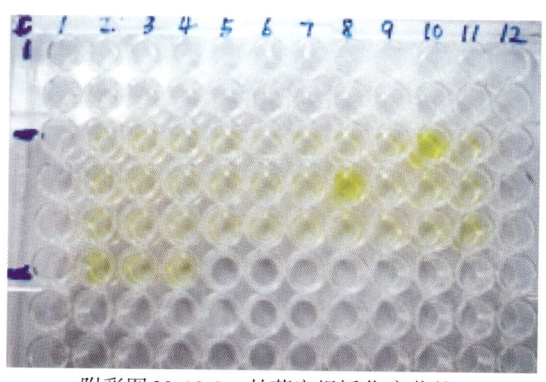

附彩图20-18-2　甘蔗宿根矮化病菌的
I-ELISA检测（李文凤摄）
Supplementary Colour Figure 20-18-2　I- ELISA detection
of *Clavibacter xyli* subsp. *xyli* (by Li Wenfeng)

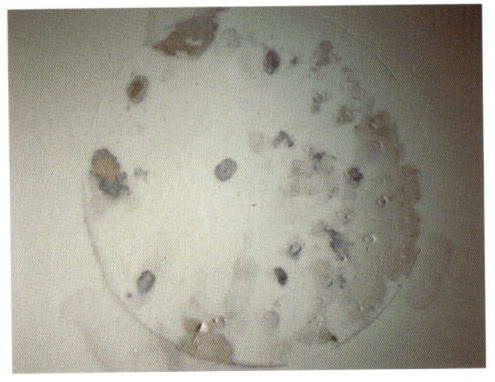

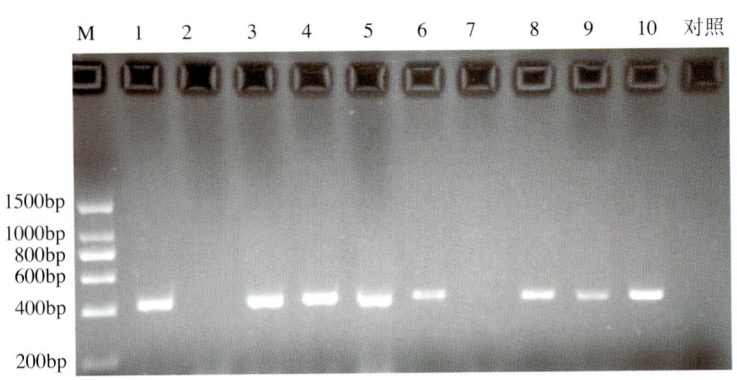

附彩图 20-18-3　甘蔗宿根矮化病菌的 TBIA 检测（李文凤摄）

Supplementary Colour Figure 20-18-3　TBIA detection of *Clavibacter xyli* subsp. *xyli* (by Li Wenfeng)

附彩图 20-18-4　甘蔗宿根矮化病菌的 PCR 检测（李文凤摄）

Supplementary Colour Figure 20-18-4　PCR detection of *Clavibacter xyli* subsp. *xyli* (by Li Wenfeng)

彩图 20-19-1　甘蔗受线虫为害叶片呈现的黄化症状（刘志明摄）

Colour Figure 20-19-1　Sugarcane etiolation caused by nematodes (by Liu Zhiming)

彩图 20-19-2　甘蔗根结线虫为害状（刘志明摄）

Colour Figure 20-19-2　Root-knot symptom caused by nematodes (by Liu Zhiming)

彩图 20-19-3　甘蔗根腐线虫为害状（刘志明摄）

Colour Figure 20-19-3　Rot-root symptom caused by nematodes (by Liu Zhiming)

彩图 20-20-1　甜菜立枯病症状（吴学宏摄）

Colour Figure 20-20-1　Symptoms of beet damping-off (by Wu Xuehong)

1.苗床症状　2.根部症状

彩图20-21-1　甜菜褐斑
病田间症状
（韩成贵摄）
Colour Figure 20-21-1
Symptoms of beet
Cercospora leaf spot
(by Han Chenggui)
1.叶部症状　2.茎秆部症状
3.大青头块根

彩图 20-21-2　甜菜尾孢分生孢子梗
和分生孢子形态
（引自 Weiland 和 Koch, 2004）
Colour Figure 20-21-2　Conidiophores
and conidia of *Cercospora beticola*
(from Weiland and Koch, 2004）
1、2.病斑部扫描电镜照片
3、4.光学显微镜照片

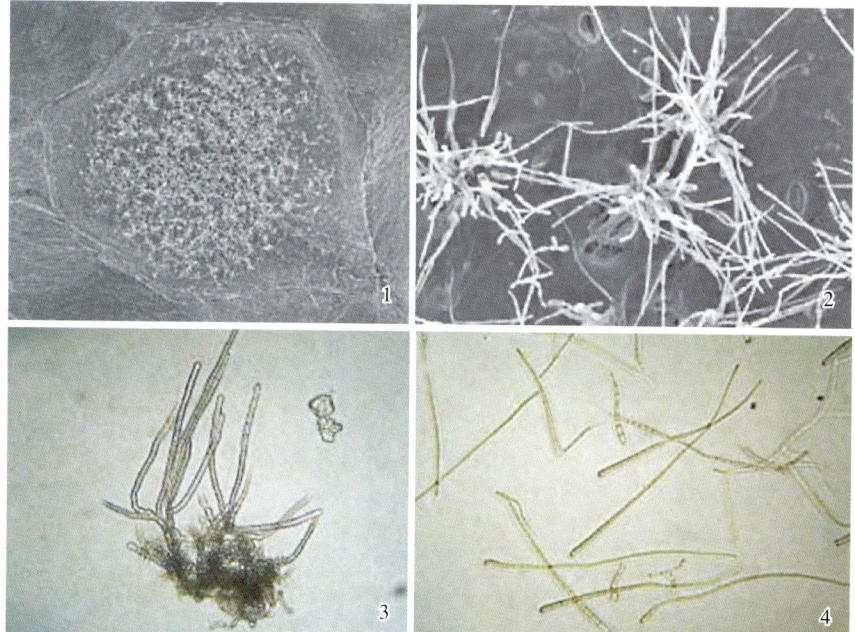

彩图20-21-3　甜菜褐斑病病害循环
（引自 Jones 和 Windels, 1991）
Colour Figure 20-21-3　Disease cycle
of beet Cercospora leaf spot
（from Jones and Windels, 1991）

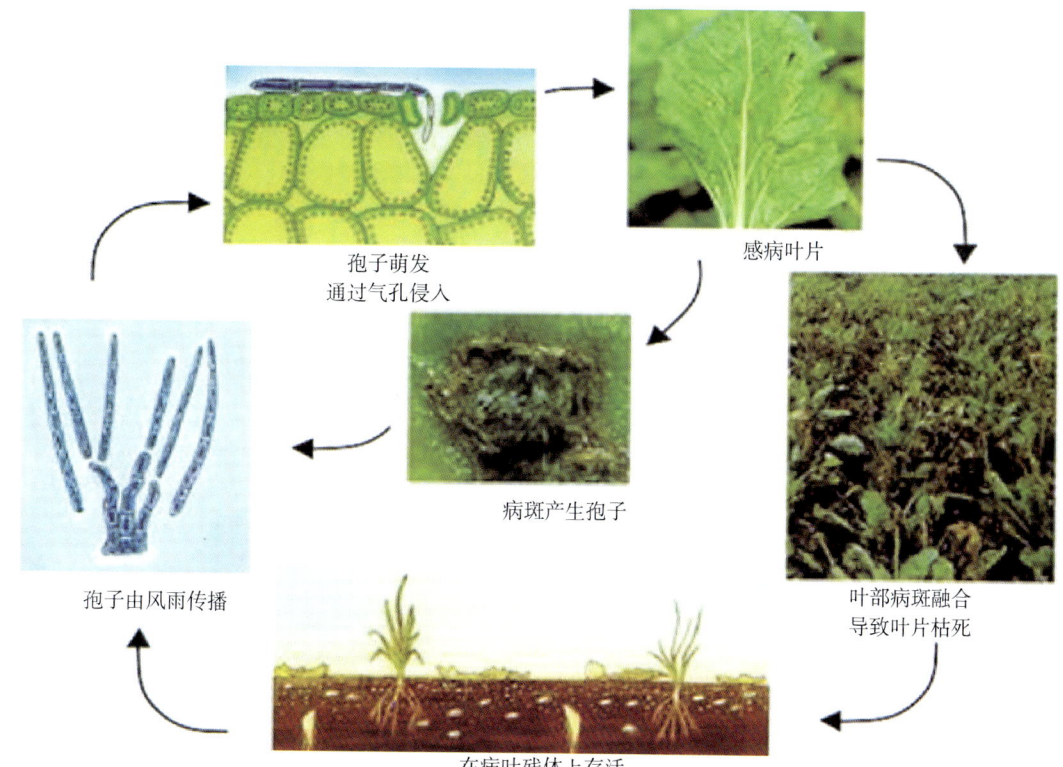

孢子萌发
通过气孔侵入

感病叶片

病斑产生孢子

叶部病斑融合
导致叶片枯死

孢子由风雨传播

在病叶残体上存活

彩图 20-22-1　甜菜白粉病症状（陈卫民摄）

Colour Figure 20-22-1　Symptoms of beet powdery mildew（by Chen Weimin）

1.大田症状　2.叶片症状　3.闭囊壳初期　4.闭囊壳后期

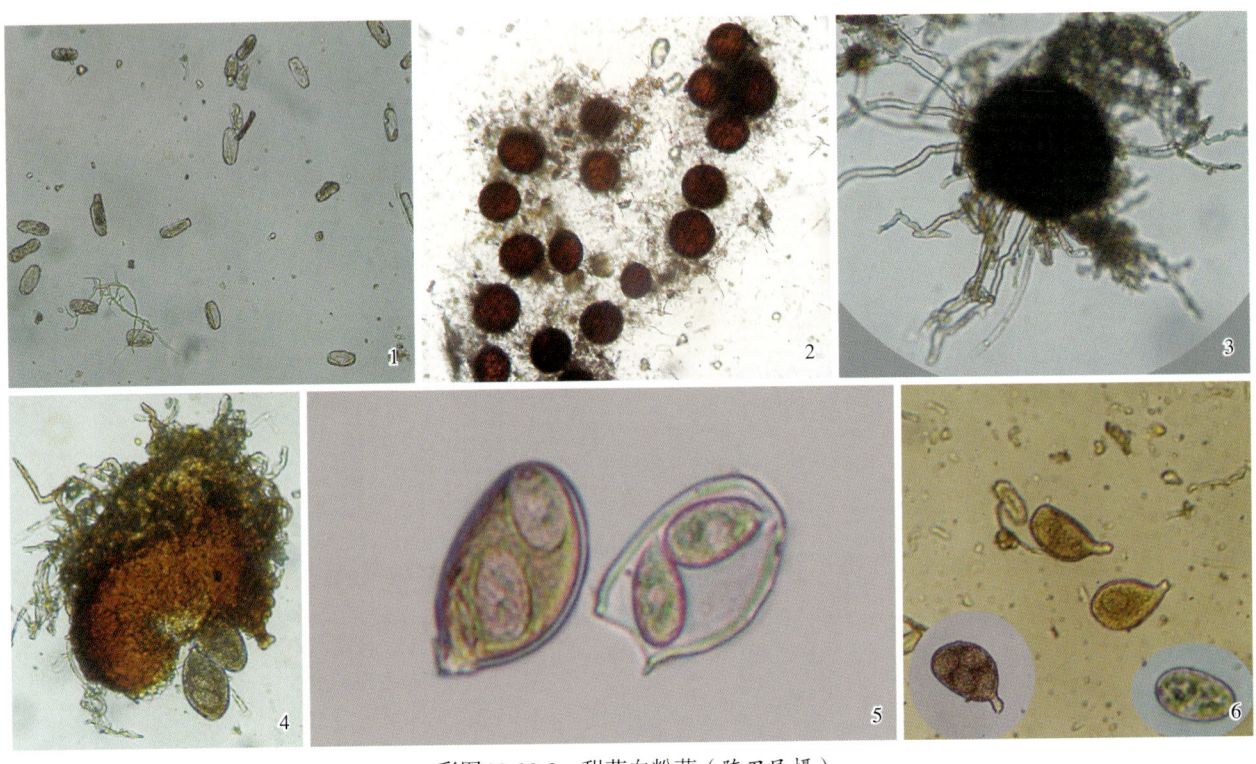

彩图 20-22-2　甜菜白粉菌（陈卫民摄）

Colour Figure 20-22-2　*Erysiphe betae*（by Chen Weimin）

1.分生孢子　2.闭囊壳　3.闭囊壳上的附属丝　4.释放子囊　5、6.子囊和子囊孢子

彩图20-23-1　甜菜蛇
　眼病症状（陈卫民摄）
　Colour Figure 20-23-1
　　Symptoms of beet
　　Phoma leaf spot
　　（by Chen Weimin)
　1.大田症状　2.初期症状
　3.中期症状　4.病斑上的
　　　　　　　子实体

彩图20-24-1　甜菜霜霉
　病症状和病原形态
　（引自J. Y. Kim, Y. J.
　Choi和H.D. Shin, 2009）
　Colour Figure 20-24-1
　　Symptoms of beet
　　downy mildew and
　　morphology of
　　Peronospora farinosa
　（from J. Y. Kim, Y. J.
　Choi and H. D. Shin,
　　　　　　　2009）
　1、2.感病甜菜植株和叶片
　　　　　3、4.孢囊梗
　　5.孢子囊　6.卵孢子

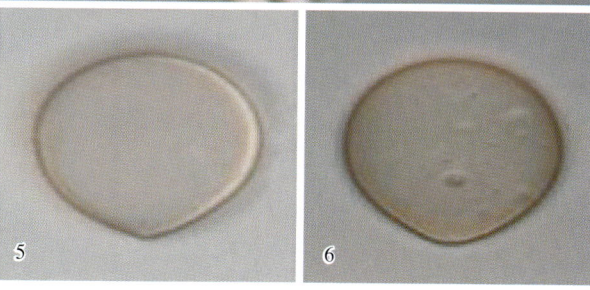

彩图20-25-1 甜菜根腐病症状（吴学宏摄）

Colour Figure 20-25-1 Symptoms of rotted beet roots（by Wu Xuehong）

1.从根冠开始坏死 2.全部坏死有裂口 3.从根尖坏死 4.块根内部坏死、空心、有菌丝

5、6.坏死块根纵切 7.块根外部、维管束都坏死 8、9.坏死块根横切图，维管束有坏死

彩图20-26-1 甜菜丛根病根部（1）和叶部（2）症状（韩成贵和刘涛摄）

Colour Figure 20-26-1 Symptoms of beet rhizomania on root（1）and leaf（2）（by Han Chenggui and Liu Tao）

彩图20-27-1　甜菜黑色焦枯病毒病症状（蔡祝南摄）
Colour Figure 20-27-1　Symptoms of beet black scorch
(by Cai Zhunan)

彩图20-28-1　甜菜黄化病毒病田间症状（韩成贵摄）
Colour Figure 20-28-1　Symptoms of sugar beet infected by BWYV
(by Han Chenggui)

彩图20-29-1　甜菜花叶病症状
（韩成贵摄）
Colour Figure 20-29-1
Symptoms of beet mosaic
(by Han Chenggui)

彩图20-31-1　甜菜黑斑病叶部症状
（引自 Broom's Barn Experimental Station，1982）
Colour Figure 20-31-1　Symptoms of beet Alternaria leaf spot
(from Broom's Barn Experimental Station, 1982)

彩图 20-32-1　甜菜叶斑病叶部症状（引自 Broom's Barn Experimental Station，1982）
Colour Figure 20-32-1　Symptoms of beet Ramularia leaf spot（from Broom's Barn Experimental Station, 1982）

彩图 20-33-1　甜菜细菌性斑枯病叶部症状（引自 Broom's Barn Experimental Station，1982）
Colour Figure 20-33-1　Symptoms of beet bacterial blight (from Broom's Barn Experimental Station, 1982)

彩图 20-34-1　甜菜根结线虫病症状（引自 Broom's Barn Experimental Station，1982）
Colour Figure 20-34-1　Symptoms of beet root-knot nematode (from Broom's Barn Experimental Station, 1982)

彩图20-35-1　甜菜窖腐病根部症状（引自 Broom's Barn Experimental Station，1982）
Colour Figure 20-35-1　Symptoms of beet clamp rot（from Broom's Barn Experimental Station, 1982）
1.镰孢菌窖腐病症状　2.灰霉菌窖腐病症状
3.根霉菌窖腐病症状　4.青霉菌窖腐病症状

彩图20-36-1　二点螟（王伯辉摄）
Colour Figure 20-36-1　*Chilo infuscatellus*（by Wang Bohui）
1.成虫　2.卵　3.幼虫　4.蛹

彩图20-37-1　条螟（许汉亮和林明江摄）
Colour Figure 20-37-1　*Chilo sacchariphagus* (by Xu Hanliang and Lin Mingjiang)
1.成虫　2.卵　3.幼虫　4.蛹

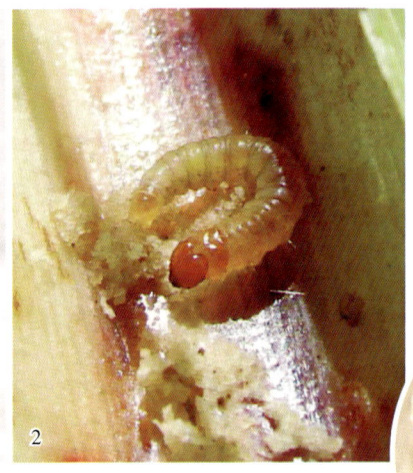

彩图 20-38-1　蔗小卷蛾（管楚雄摄）

Colour Figure 20-38-1　*Tetramoera schistaceana* (by Guan Chuxiong)

1. 成虫　2. 幼虫　3. 蛹　4. 为害部位及为害状

彩图 20-39-1　红尾白禾螟（许汉亮和林明江摄）

Colour Figure 20-39-1　*Scirpophaga intacta* (by Xu Hanliang and Lin Mingjiang)

1. 成虫　2. 卵　3. 幼虫　4. 蛹

彩图 20-40-1　大螟（黄诚华摄）

Colour Figure 20-40-1　*Sesamia inferens* (by Huang Chenghua)

1. 成虫　2. 幼虫　3. 蛹

彩图 20-41-1　台湾稻螟（王助引摄）
Coloure Figure 20-41-1　*Chilo auricilia* (by Wang Zhuyin)
　　1. 成虫　2. 幼虫　3. 蛹

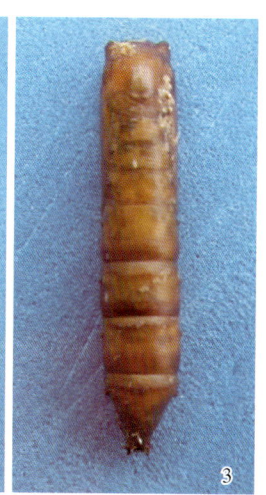

彩图 20-42-1　蔗黑苇蠹蛾
（安玉兴和李继虎摄）
Colour Figure 20-42-1
Phragmataecia sp.
（by An Yuxing and Li Jihu）
　1. 成虫　2. 卵　3. 蛹　4. 卵

彩图 20-43-1　突背蔗龟和光背蔗龟及为害状（龚恒亮摄）
Colour Figure 20-43-1　Adults and damage symptoms of *Alissonotum impressicolle* and *A. pauper* (by Gong Hengliang)
1. 突背蔗龟成虫　2. 光背蔗龟成虫　3. 突背蔗龟成虫及为害引起的枯心
4. 蛴螬为害蔗头后蔗株倒伏状

彩图 20-44-1 痣鳞鳃金龟成虫
（龚恒亮摄）

Colour Figure 20-44-1 Adult of *Lepidiota stigma* (by Gong Hengliang)

彩图 20-45-1 大等鳃金龟成虫
（仿安玉兴等，2009）

Colour Figure 20-45-1 Adult of *Exolontha serrulata* (from An Yuxing et al., 2009)

彩图 20-46-1 红脚异丽金龟成虫
（龚恒亮摄）

Colour Figure 20-46-1 Adult of *Anomala cupripes* （by Gong Hengliang）

彩图 20-47-1 戴云鳃金龟成虫
（仿龚恒亮和安玉兴，2010）

Colour Figure 20-47-1 Adult of *Polyphylla davidis* (from Gong Hengliang and An Yuxing, 2010)

彩图 20-48-1 大头霉鳃金龟成虫（引自周至宏等，1999）

Colour Figure 20-48-1 Adult of *Sophrops cephalotes* (from Zhou Zhihong et al., 1999)

彩图 20-49-1 暗黑鳃金龟成虫
（仿周至宏等，1999）

Colour Figure 20-49-1 Adult of *Holotrichia parallela* （ from Zhou Zhihong et al., 1999)

彩图 20-50-1 蔗根土天牛为害状（黄诚华摄）

Colour Figure 20-50-1 Damage symptom caused by *Dorysthenes granulosus* (by Huang Chenghua)

彩图 20-50-2 蔗根土天牛的幼虫及成虫（黄诚华摄）

Colour Figure 20-50-2 Larvae and adult of *Dorysthenes granulosus* (by Huang Chenghua)

彩图20-51-1 褐纹金针虫
（仿龚恒亮，2010）
Colour Figure 20-51-1 *Melanotus caudex*
(from Gong Hengliang et al., 2010)
1.成虫 2.卵 3.幼虫尾部特征
4.幼虫 5.蛹

彩图20-52-1 细平象为害蔗头和蔗株（黄应昆摄）
Colour Figure 20-52-1 Sugarcane stumps and plants infested by *Trochorhopalus humeralis* (by Huang Yingkun)

彩图20-52-2 斑点象为害蔗头和蔗株（黄应昆摄）
Colour Figure 20-52-2 Sugarcane stumps and plants infested by *Diocalandra* sp. (by Huang Yingkun)

彩图 20-52-3 赭色鸟喙象为害甘蔗心叶和蔗茎（黄应昆摄）
Colour Figure 20-52-3 Sugarcane heart leaves and cane stalk infested by *Otidognathus rubriceps* (by Huang Yingkun)

彩图 20-52-4 细平象成虫、幼虫和蛹（黄应昆摄）
Colour Figure 20-52-4 Adults, larvae and pupae of *Trochorhopalus humeralis* (by Huang Yingkun)

彩图 20-52-5 斑点象成虫、幼虫和蛹（黄应昆摄）
Colour Figure 20-52-5 Adults, larvae and pupae of *Diocalandra* sp. (by Huang Yingkun)

彩图20-52-6　赭色鸟嚎象成虫
和幼虫（黄应昆摄）
Colour Figure 20-52-6　Adult and
larva of *Otidognathus rubriceps*
(by Huang Yingkun)

彩图20-53-1　白蚁为害状（王伯辉摄）
Colour Figure 20-53-1　Termite damage symptoms (by Wang Bohui)

彩图20-53-2　黑翅土白
蚁的兵蚁和工蚁
（引自周至宏等，1999）
Colour Figure 20-53-2
Soldier and worker of
Odontotermes formosanus
(from Zhou Zhihong
et al., 1999)

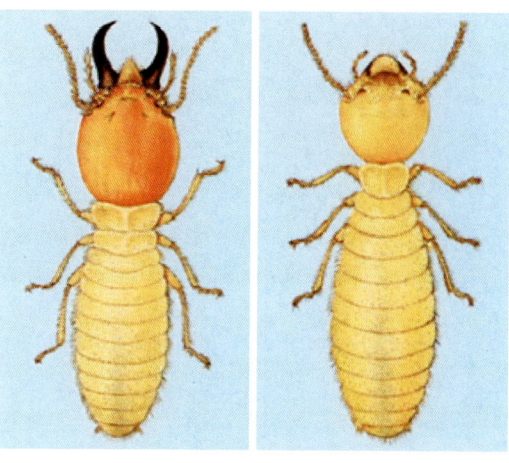

彩图20-53-3　家白蚁的兵蚁与工蚁
（引自周至宏等，1999）
Colour Figure 20-53-3　Soldier and worker of
Coptotermes formosanus
(from Zhou Zhihong et al., 1999)

彩图20-54-1　蚜虫为害引起煤烟病
（王伯辉摄）
Colour Figure 20-54-1　Dark mildew damage
symptom caused by aphid (by Wang Bohui)

彩图20-54-3 甘蔗黄蚜若虫（王伯辉摄）
Colour Figure 20-54-3 Nymph of *Melanaphis sacchari* (by Wang Bohui)

彩图20-54-2 甘蔗粉角蚜的无翅蚜和有翅蚜（王伯辉摄）
Colour Figure 20-54-2 Wingless and alatae *Ceratovacuna lanigera* (by Wang Bohui)

彩图20-55-2 蓟马成虫和若虫（王伯辉摄）
Colour Figure 20-55-2 Adult and nymph of thrips (by Wang Bohui)

彩图20-55-1 蓟马为害甘蔗状（黄诚华摄）
Colour Figure 20-55-1 Damage symptom caused by thrips (by Huang Chenghua)

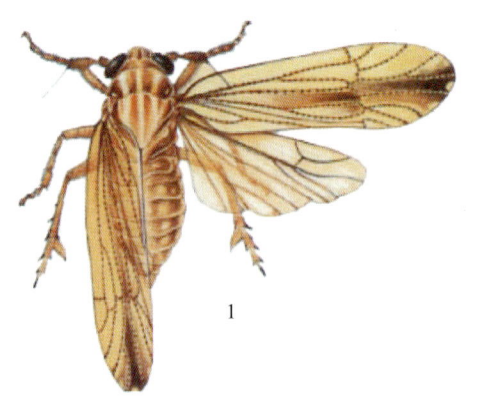

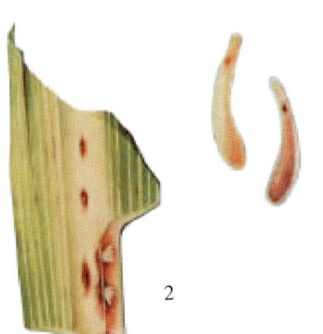

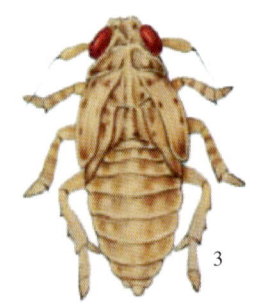

1   2   3

彩图20-56-1 甘蔗扁角飞虱（引自周至宏等，1999）
Colour Figure 20-56-1 *Perkinsiella saccharicida* (from Zhou Zhihong et al., 1999)
1. 成虫 2. 卵 3. 若虫

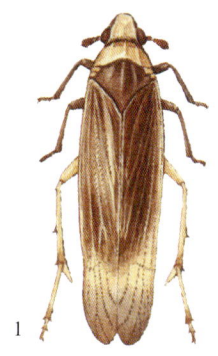
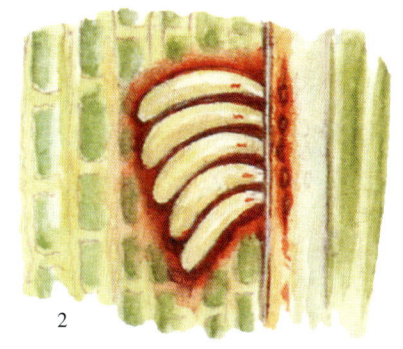
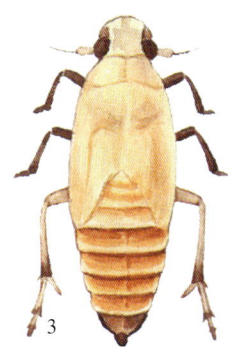

彩图20-56-2　甘蔗扁飞虱（引自周至宏等，1999）
Colour Figure 20-56-2　*Eoeurysa flavocapitata*
(from Zhou Zhihong et al., 1999)
1. 成虫　2. 卵　3. 若虫

彩图20-58-1　粉蚧吸食部位（龚恒亮摄）
Colour Figure 20-58-1　Mealybug taking
part (by Gong Hengliang)

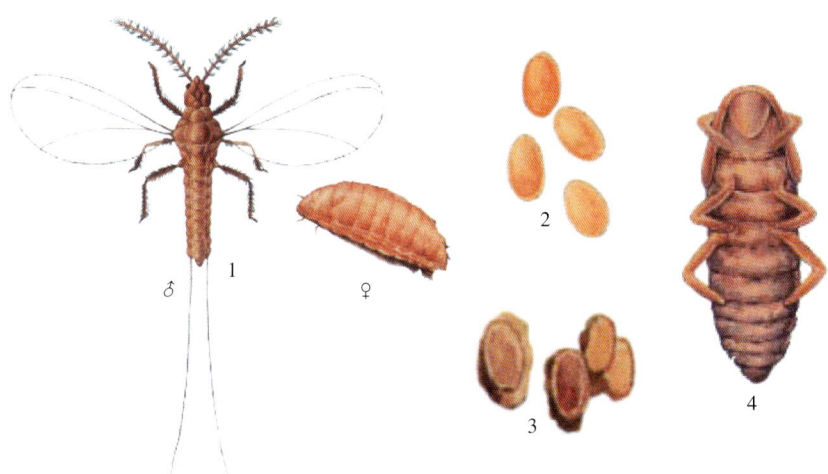

彩图20-58-2　蔗粉蚧（引自周至宏等，1999）
Colour Figure 20-58-2　*Saccharicoccus saccharii*
(from Zhou Zhihong et al., 1999)
1. 成虫　2. 卵　3. 若虫　4. 蛹

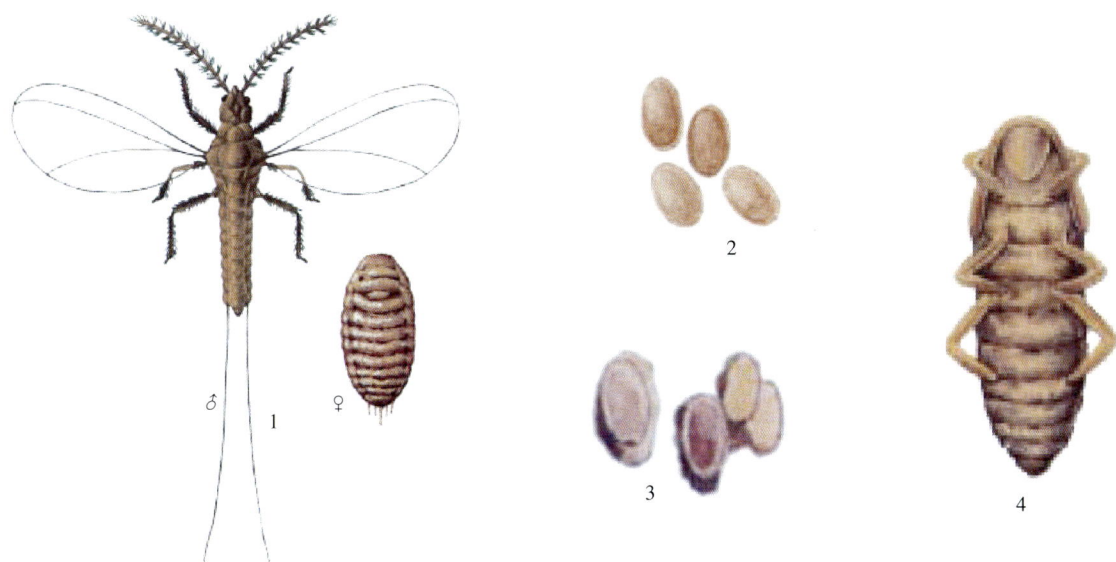

彩图20-58-3　甘蔗灰粉蚧（引自周至宏等，1999）
Colour Figure 20-58-3　*Dysmicoccus boninsis* (from Zhou Zhihong et al., 1999)
1. 成虫　2. 卵　3. 若虫　4. 蛹

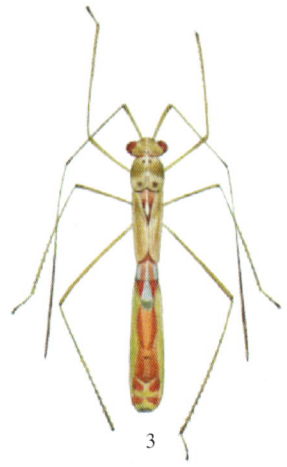

彩图 20-59-1　甘蔗异背长蝽（引自周至宏等，1999）

Colour Figure 20-59-1　*Cavelerius saccharivorus* (from Zhou Zhihong et al., 1999)

1. 成虫　2. 卵　3. 若虫

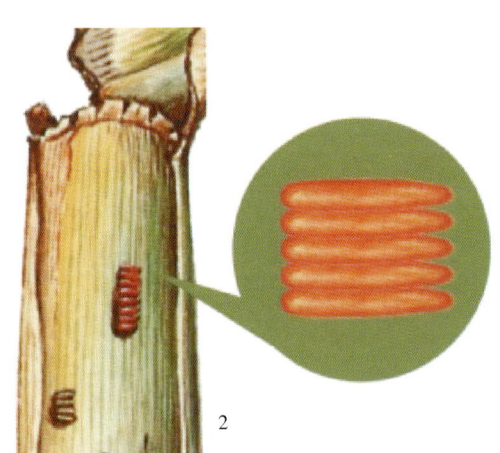

彩图 20-59-2　二色突束蝽（引自周至宏等，1999）

Colour Figure 20-59-2　*Phaenacantha bicolor* (from Zhou Zhihong et al., 1999)

1. 成虫　2. 卵　3. 若虫

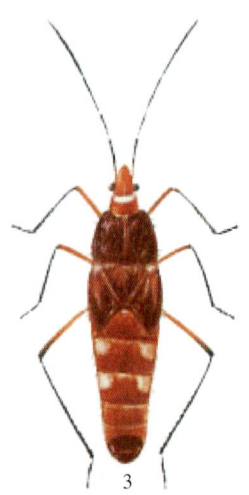

彩图 20-59-3　离斑棉红蝽（引自周至宏等，1999）

Colour Figure 20-59-3　*Dysdercus cingulatus* (from Zhou Zhihong et al., 1999)

1. 成虫　2. 卵　3. 若虫

彩图 20-60-1　斑角蔗蝗为害状（王伯辉摄）
Colour Figure 20-60-1　Damage symptoms caused by
Hieroglyphus annulicornis (by Wang Bohui)

彩图 20-60-2　异歧蔗蝗（引自尤其儆等，1990）
Colour Figure 20-60-2　*Hieroglyphus tonkinensis*
(from You Qijing et al., 1990)

彩图 20-60-4　斑角蔗蝗（引自周至宏等，1999）
Colour Figure 20-60-4　*Hieroglyphus annulicornis*
(from Zhou Zhihong et al., 1999)

彩图 20-60-3　异歧蔗蝗及为害状（王伯辉摄）
Colour Figure 20-60-3　*Hieroglyphus tonkinensis* and its damage
symptom (by Wang Bohui)

彩图 20-61-1　真梶小爪螨为害状（王伯辉摄）
Colour Figure 20-61-1　Damage symptom caused by
Oligonychus shinkajii（by Wang Bohui)

彩图 20-61-2　真梶小爪
螨及其卵粒（王伯辉摄）
Colour Figure 20-61-2
Oligonychus shinkajii and
its eggs
（by Wang Bohui)

彩图 20-61-3　甘蔗下鼻瘿螨（引自周至宏等，1999）
Colour Figure 20-61-3　*Catarhinus sacchari*
(from Zhou Zhihong et al., 1999)

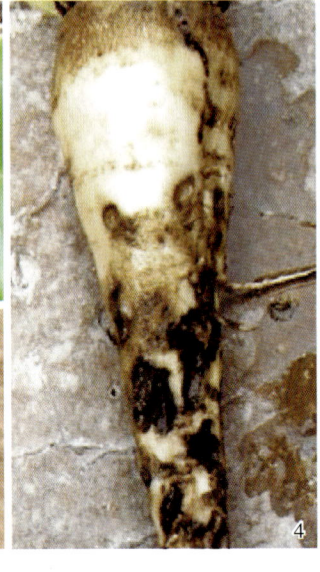

彩图20-62-1　甜菜象（蔡青年摄）
Colour Figure 20-62-1　*Bothynoderes
punctiventris* (by Cai Qingnian)
1. 成虫　2. 幼虫　3. 裸蛹　4. 幼虫为害状

彩图20-62-2　蒙古土象成虫（引自吕佩珂等，1999）
Colour Figure 20-62-2　Adult of *Xylinophorus
mongolicus* (from Lü Peike et al., 1999)

彩图20-63-1　黄条跳甲成虫
（1. 引自 Gerald M.Fauske，2003；
2. 引自 James Lindsey，2003；3. 引自吕佩珂等，1992）
Colour Figure 20-63-1　Adults of *Phyllotreta* spp.
（1. from Gerald M.Fauske, 2003;
2. from James Lindsey, 2003; 3. from Lü Peike et al., 1992）
1. 黄曲条跳甲　2. 黄狭条跳甲　3. 黄宽条跳甲

彩图20-64-1　甜菜跳甲成虫
（仿 Majka 和 LeSage，2010）
Colour Figure 20-64-1　Adult of *Chaetocnema
concinna* (from Majka and LeSage, 2010)

彩图20-65-1　甘蓝夜蛾
（1.引自吕佩珂等，1992；2、3、
5.蔡青年摄；4.引自Malcolm
Storey，2010）
Colour Figure 20-65-1
Mamestra brassicae
(1. from Lü Peike et al., 1992;
2,3,5. by Cai Qingnian;
4. from Malcolm Storey, 2010)
1.成虫　2.卵　3.幼虫
4.蛹　5.为害状

彩图20-66-1　旋幽夜蛾幼虫（引自 S. Jaffe, 2008）
Colour Figure 20-66-1　Larva of *Discestra trifolii*
(from S. Jaffe, 2008)

彩图20-67-1　甜菜青野螟（引自郭书普，2009）
Colour Figure 20-67-1　*Spoladea recurvalis*
(from Guo Shupu, 2009)
1.成虫　2.幼虫

彩图20-68-1　甜菜潜叶蝇（1.马俊义摄；2.韩英摄）
Colour Figure 20-68-1　*Pegomya betae*
(1.by Ma Junyi; 2.by Han Ying)
1.为害状　2.成虫

彩图20-70-1　甜菜大龟甲
（1.马俊义摄；2.韩英摄）
Colour Figure 20-70-1
Cassida nebulosa
(1.by Ma Junyi; 2.by Han Ying)
1.为害状　2.成虫

第 21 单元　烟草病虫害

第 1 节　烟草炭疽病

一、分布与危害

烟草炭疽病于 1922 年由 Averna Sacca 在巴西首次报道，之后在日本、美国、澳大利亚、印度、韩国及非洲各国也陆续被发现。目前，世界各烟草生产国均普遍发生。此病在烟草各生育期皆可发生，但以苗期发生普遍而严重，是烟草苗期的主要病害。露天育苗遇低温多雨，或塑料薄膜覆盖育苗管理不善，往往 3～4d 便使整个苗床的烟苗发病。一般发病率在 30%～40%。幼苗叶片病斑密布，严重发病时往往使整株烟苗毁掉，一般发病时虽不至于毁苗，但幼苗生长势差，而且移栽大田后仍可继续为害，导致较大损失。

二、症状

苗期症状：叶片染病初期烟苗叶片上出现暗绿色水渍状小斑点，逐渐扩大成边缘稍隆起，中间凹陷呈白、黄白或黄褐色的圆形病斑。叶片幼嫩或天气多雨时，病斑呈褐色或黄色，有时有轮纹；气候潮湿时，病斑上产生小黑点；病斑密集时，常愈合成大斑块或枯焦似火烧状；叶片老化或天气干燥时，病斑白或黄白色，无轮纹和小黑点。叶脉、叶柄和茎上的病斑呈条形或梭形，黑褐色，稍凹陷，易开裂。

成株期症状：成株期烟株脚叶先发病，逐渐向上方叶片蔓延，病斑同苗期发生的病斑基本相似（彩图 21-1-1），但主脉、叶柄和茎部的病斑一般比叶上的病斑大，呈纺锤形，黑褐色，中部下陷并龟裂。花及蒴果发病，产生褐色近圆形的小斑点，使种子带菌。

三、病原

烟草炭疽病病原为胶孢炭疽菌 [*Colletotrichum gloeosporioides* (Penz.) Penz. et Sacc.，异名：烟草炭疽菌 (*Colletotrichum nicotianae* Averna-Sacca)]，属子囊菌门无性型炭疽菌属真菌，病原菌的菌丝体有分枝和隔膜，初为无色，随着菌龄增长，菌丝渐粗，变暗，内含大量原生质体，并在寄主表皮上变态形成子座，子座上着生分生孢子盘。分生孢子盘上密生分生孢子梗，孢子梗无色、单胞、棍棒状，上着生分生孢子，分生孢子长筒形，两端钝圆，无色，单胞，两端各有一油球。在分生孢子中混生有刚毛，暗褐色，有隔膜，该菌在自然条件和人工培养条件下形态有差异（表 21-1-1）。

表 21-1-1　烟草炭疽病菌自然与人工培养条件下形态差异比较（引自谢成颂，1982）

Table 21-1-1　Comparison of morphological difference between nature and artificial incubation of *Colletotrichum gloeosporioides* (from Xie Chengsong，1982)

单位：μm

	分生孢子盘	分生孢子梗	刚　毛	分生孢子
自然状态	(16.9～54.1)×(9.5～23.7)	(6.8～20.1)×(2.4～5.1)	(30.4～90)×(2.7～3.7)	(10.1～19.6)×(2.4～4.06)
培养状态	20.1×141.9	(16.9～47.3)×(3.0～4.1)	(101.4～229.8)×(2.4～3.4)	(13.5～18.6)×(3.0～3.7)

在培养条件下，菌落圆形，初为污白色，后期颜色稍深，边缘整齐，菌丝匍匐状，3d 后菌落中心产生小黑点，有同心轮纹。分生孢子萌发时可以从一端或两端同时或先后长出芽管。附着胞梗无色，有分隔及分枝，每个分枝顶端产生一个附着胞，似姜块状，双层壁，褐色。

烟草炭疽病菌菌丝生长温度为 4～34℃，生长最适宜温度为 24～28℃；低于 4℃ 或高于 34℃，菌丝不能生长；致死温度为 55℃ 5min 或 50℃ 10min；在干热条件下致死温度为 110℃ 5min 或 100℃ 40min。分生孢子萌发最适宜温度为 20～25℃，25℃ 以上萌发率显著降低；致死温度为 66.7℃ 5min。

菌丝生长及分生孢子萌发的适宜相对湿度均为 70%～100%，当相对湿度低于 35% 时，菌丝不能生长，分生孢子不能萌发。

该菌生长的 pH 为 2～14，生长最适宜的 pH 为 5～8。当 pH 为 3～4 时，菌落出现畸形，pH 接近两极时，菌落生长缓慢，菌丝稀疏，对碱性环境忍耐力大于酸性。

烟草炭疽病菌最适宜生长的培养基为马铃薯葡萄琼脂培养基、Rechard 培养基、胡萝卜培养基。对氮源的利用以硝态氮为好，尤以 KNO_3、$NaNO_3$ 最好，对铵态氮的利用较差。对碳源的利用以木糖、甘露糖、果糖最好，麦芽糖、蔗糖、乳糖次之，半乳糖最差。谢成颂试验表明此菌对碳源的利用以淀粉和麦芽糖较好，乳糖较差，此结果与以前报道有所不同，可能与各地所采用菌源不同有关。以 40mg/kg 亮氨酸和 80mg/kg 嘌呤作氮源生长量最大。谷氨酸和 $(NH_4)_2CO_3$ 作氮源生长量最小。缺少 KH_2PO_4 生长不良，对其他微量元素的利用无明显差异。光照可刺激分生孢子萌发。

烟草炭疽病菌在自然条件下可侵染黄花烟草及红花烟草，人工接种还能侵染心叶烟、茄子、马铃薯、辣椒、龙葵、曼陀罗、莴苣、黄瓜、南瓜、红三叶草、苜蓿、美洲商陆、天竺葵、秋海棠、番茄、西瓜等植物。

四、病害循环

烟草炭疽病菌在侵染寄主时，由分生孢子萌发形成附着胞，从叶片的正面和背面直接侵入，未见从气孔和伤口侵入。侵入后形成初始菌丝，相邻的细胞从初始菌丝形成的纤细菌丝丝状体侵染。在侵染点附近产生并扩散出毒素可加快侵染过程。在最适温湿度条件下，4～5d 出现症状。被侵染组织过氧化物酶活性升高并产生荧光物质。在液体培养基中培养 2～5 周，可产生两种毒素，一种具致萎作用，另一种具坏死作用，两种毒素都具热稳定性，非蛋白性，溶于甲醇和醚。

五、流行规律

(一) 越冬

烟草炭疽病菌以菌丝、分生孢子盘在病株残体、带病残体的土壤肥料中及以菌丝在种子内外越冬，成为翌年的初侵染源。大田的感病野生寄主植物也是此病的初侵染来源。

(二) 初侵染与再侵染

病土、带菌的肥料和种子是主要初侵染来源，播种带菌的种子，种子萌发时，潜伏于种子内外的菌丝即萌发，侵染子叶引起子叶发病，并在上面产生分生孢子，借风雨传播进行再侵染。大田中的初侵染来源主要是病苗、土壤中的病残体及野生寄主。

分生孢子盘越冬后，在雨水的淋溶作用下释放出分生孢子并借雨水反溅传播到叶片上，分生孢子萌发，形成附着胞，并产生侵入丝，从叶片正面及反面侵入，引起发病，并在上面形成分生孢子，借风雨传播进行再侵染。

(三) 传播途径

种子传播：菌丝和分生孢子可以附着在种子内外进行传播。

雨水传播：雨水主要起两方面的作用，一方面是雨水的淋溶作用，分生孢子盘的胶质物遇雨水后溶解，释放出分生孢子；另一方面是雨水的反溅作用，雨水反溅过程中将分生孢子带到烟株叶片上。

(四) 温度和湿度

温度：烟草炭疽病菌对温度要求范围很广，以 20～30℃ 为发病适宜温度，超过 35℃ 很少发病。白天温度低于 30℃，夜晚温度低于 20℃，烟草炭疽病发生严重。温度可影响潜育期的长短，25～28℃ 时，潜育期为 2～4d，但当温度 12～14℃ 时，潜育期可延长到 10d 以上。温度主要影响菌丝的生长、分生孢子的萌发，进而影响烟草炭疽病的发生时期和程度。

湿度：水分对烟草炭疽病菌的传播、繁殖、分生孢子的萌发及侵染起着重要作用。分生孢子需要在有水膜存在的情况下才能萌发并侵入寄主组织。因此，在多雨、多雾、多露水的条件下，以及苗床排水不良、大水漫灌、烟苗过密时，均易诱发病害。白天相对湿度大于 50%，夜晚相对湿度大于 85%，烟草炭疽病发生严重。山东、河南、湖北等地，在烟草育苗期间，如不用塑料薄膜覆盖，日平均气温上升到 12℃ 以上时，两天就普遍发生炭疽病。雨量越大、次数越多，则发病越严重。阴雨连绵能使整畦烟苗发病，天气转晴，病情则停止发展。

(五) 其他因素

1. 育苗方式及管理 用菜地或烟地作苗床发病重，以水稻土或空白土作苗床发病轻；露地育苗发病重，保温育苗发病轻；苗床管理粗放、密度过大的高脚苗发病重，苗床管理精细、壮苗发病轻。

2. 品种 不同烟草品种对炭疽病的抗性有差异。McGrew 用烟草炭疽病菌接种 42 个烟草种和 14 个商品烟草栽培种，结果表明，14 个烟草栽培品种均感病，在供试的 42 个烟草种中，裸茎烟草（*Nicotiana nudicaulis*）、长花烟草（*N. longiflora*）、兰氏烟草（*N. langsdorffii*）、花烟草（*N. alata*）、沙漠烟草（*N. trigonophylla*）、野生烟草（*N. debneyi*）和林烟草（*N. sylvestris*）高抗炭疽病。在津巴布韦，报道了相似的结果，但在温室中，适宜于发病的条件下有些种则为感病类型。Sievert 测定了 60 个烟草种，14 个杂交种，结果表明，芳香烟草（*N. fragrans*）、裸茎烟草（*N. nudicaulis*）是免疫的，博纳烟草（*N. bonariensis*）、福格蒂烟草（*N. forgetiana*）、*N. hesparis*、*N. longiflolia* var. *grandifdi*、夜花烟草（*N. noctiflora*）、圆锥烟草（*N. paniculata*）、桑德拉烟草（*N. sanderae*）及杂交种 4n（*N. tabacum* × *N. longiflora*）和 4n（*N. tabacum* BM - 16 × *N. nudicaulis*）具有较高的抗病性。马拉维（1974）研究的烟草对炭疽病抗性测定结果表明，桑德拉烟草和野生烟草最抗病。中国云南（1993）对当地 45 个晾晒烟品种进行了炭疽病抗性鉴定，山峒烟、象耳朵烟、大附耳柳叶、扭心烟、泡杆兰花烟高抗炭疽病，马关辣烟、大黄掉把及旱烟抗病，小附耳、马烟、小牛耳为中抗类型，7N8、大毛耳、路南旱烟、草烟 2 号、麻栗坡晾烟为感病类型。

六、防治技术

烟草炭疽病的防治主要通过合理轮作、苗床消毒、选用无病烟种和加强管理等措施来实现。

(一) 合理轮作

防止重茬或迎茬，发病的田块收获后，要及时清除病株和烟草病叶，清除传染源。

(二) 苗床管理

苗床要平整，以利排水灌水。采用塑料薄膜覆盖育苗，塑料薄膜覆盖苗床能遮雨保温，对防病有明显的效果；合理密植，但要注意及时通风换气；注意排灌，防止苗床渍水，育苗期间遇连阴雨时，可撒干细营养土吸水，以降低苗床内的湿度，提高烟苗的抗病力；适时早播，早间苗，稀留苗在一定程度上能减轻烟草炭疽病害；烟苗出土后宜采用小水勤灌，不宜大水漫灌。

建立无病苗床地：选择地势高，排水方便、土壤肥沃，远离烟草种植地和晒场地的地块作苗床。苗床应用威百亩（32.7% 水剂）土壤消毒剂进行消毒。

(三) 选用无病种子

选用不带病的烟草留种，播种前种子要用 2% 福尔马林液消毒 10～15min，用清水洗净后再播种。

(四) 加强苗床管理

苗床育苗，要开好排水沟，采用小水勤浇，不积水，浇水宜在晴天 8：00～9：00，降雨时不能揭膜。如长期阴雨，床面湿度较大，可撒干细沙土或草木灰降低苗床湿度，晴天要注意通风降温，避免施用未经充分腐熟而混有病株残体的粪肥。

(五) 药剂防治

在烟苗长至 2～3 片真叶，日均温达 12℃ 以上时，喷施 1：1：160～200 波尔多液，每 7～10d 喷 1 次。发病后可选用 75% 百菌清可湿性粉剂 500～800 倍液、50% 代森锌可湿性粉剂 500 倍液、50% 多菌灵可湿性粉剂 500 倍液、50% 甲基硫菌灵可湿性粉剂 500～700 倍液喷施，每隔 7～10d 喷 1 次，连续 2～3 次，严重时可喷 4～5 次。王向东使用 50% 咪鲜胺锰盐可湿性粉剂 1 000 倍液、1 500 倍液、2 000 倍液、2 500 倍液和 70% 甲基硫菌灵可湿性粉剂 800 倍液防治烟草炭疽病，试验结果表明，使用 50% 咪鲜胺锰盐可湿性粉剂 1 000 倍液防治烟草炭疽病效果最好，防治率达到 90.8%，且在使用过程中没有出现药害及其他不良反应。朱有勇等系统全面地测定了 58% 甲霜灵•锰锌可湿性粉剂对烟草炭疽病菌的毒力及防治效果，结果表明，58％甲霜灵·锰锌可湿性粉剂 800 倍液对菌落生长和分生孢子萌发均有明显的抑制效果，温室人工接种的平均防效为 79.3％，田间平均防效为 74.6％，且能推迟发病时间，直观防治效果明显。另外，在烟草炭疽病的化学防治报道中，75％百菌清可湿性粉剂 500～800 倍液、50％代森锌可湿性粉剂 500 倍液、80％炭疽福美可湿性粉剂 500 倍液、50％福美双可湿性粉剂 500 倍液喷洒，也有很好的防治效果。

孔凡玉　冯超（中国农业科学院烟草研究所）

第 2 节　烟草猝倒病

一、分布与危害

烟草猝倒病是烟草苗床期的主要病害之一，因幼苗感病后很快倒折腐烂，俗称倒苗病、塌皮烂等；成株期发病也称茎黑腐病或茎烧伤病。该病于 1900 年由 Raciborski 在印度尼西亚爪哇首先发现。7 年后，Clinton 概述了美国康涅狄格州温室内烟草猝倒病的发生情况，之后 Johnson 在美国威斯康星州发现此病已流行。随后，世界上许多产烟国家相继报道猝倒病的发生，如加拿大、波多黎各、马拉维、津巴布韦、尼日利亚、加纳、法国、德国、希腊、罗马尼亚、土耳其、印度、菲律宾、日本、俄罗斯等。这些国家每年都因该病造成苗床期烟苗的损失或移栽后烟苗的死亡，尤其在热带或亚热带烟区的雨季，苗床发病更为严重，常造成毁灭性损失。

烟草猝倒病也是中国各烟区苗床期的主要病害，尤以应用塑料薄膜育苗之前为害甚重。随着托盘育苗、漂浮育苗等先进育苗技术的推广应用，为害有所减轻，但在一些老烟区或遇低温多雨、灌水不当、苗床湿度过大时，仍是常见的苗床期病害，其中，以湖北、湖南、云南、贵州、四川、广西等烟区发病较多。据朱有勇等（1992）报道，在云南省的部分老烟区，因苗床覆膜时间过久，苗床湿度过大，或育苗地重茬等而引发烟草猝倒病，造成大量死苗。1991 年据广西调查，在桂西、桂北的阴凉潮湿烟区该病发生较普遍，有 5％～20％的苗床上呈点片发病。在黄淮烟区、东北烟区，该病属常见病，一般为害不重，但某些年份受气候因素影响也会大范围发病，造成危害；1991 年因育苗期低温多雨，在山东临沂、潍坊烟区发病较普遍，重者整畦烟苗受害。浙江、湖北、陕西等晒烟区，常因品种抗性差而发病，造成危害。在河南、安徽、黑龙江及南方各烟区，大田期常零星发生。

二、症状

烟草猝倒病主要侵害烟草幼苗，尤以 3～5 片真叶期最易发病。被侵染的幼苗在接近土壤表面部分先发病。发病初期，茎基部呈褐色水渍状软腐，并环绕茎部，幼苗随即枯萎倒卧地面，叶子依靠水分保持几天绿色或很快腐烂，苗床上呈现一块块空斑，如苗床湿度大时，病苗周围可见密生一层白色絮状物。当 2 叶期幼苗根部染病，而茎上无病时，因根部腐烂，茎端上翘倒卧地上。镜检被害组织，易见到腐霉菌的卵孢子和无分隔的典型菌丝。幼苗 5～6 片真叶时被侵染，植株停止生长，叶片凋萎变黄，病苗根部水渍状腐烂，皮层极易从中柱上脱落。当病菌从地面以上侵染，茎基部常缢缩变细，地上部因缺乏支持而倒折，根部一般不变褐色而保持白色。

移栽大田后的幼苗，遇到环境条件不利于烟苗生长时，感染轻的病苗，会继续蔓延到叶部，茎秆全部软腐，病株很快死亡；幸存的植株可继续生长，当遇到潮湿天气，病菌继续侵染植物的细胞壁次生加厚层，接近土壤的茎基部出现褐色或黑色水渍状侵蚀斑块，茎基部下陷皱缩，干瘪弯曲。茎的木质部呈褐色，髓部呈褐色或黑色，常分裂呈碟片状。故大田期也称茎黑腐病。

该菌有时在种子发芽前或萌发初期侵染而引起烂种、烂芽。调制过的烟叶在储藏期受到腐霉菌的侵染会引起烂叶、烂筋。

苗期猝倒病易与立枯病混淆，主要区别：一是发病时期不同，猝倒病主要在大十字期之前发病，而立枯病主要在大十字期之后发生；二是发病快慢不同，猝倒病发病蔓延十分迅速，立枯病发病较慢；三是发病症状不同，猝倒病幼苗倒折腐烂。在潮湿条件下，感病部及周围土壤产生白色絮状物，而立枯病幼苗不倒折腐烂，仅茎基部呈现干枯收缩。在潮湿条件下，感病部及周围土壤产生灰褐色蜘蛛网状物，并有不规则状褐色菌核。

成株茎黑腐病，特别是髓部的碟片症状易与黑胫病混淆，其区别：一是猝倒病（茎黑腐病）的烟株根系一般保持白色，而黑胫病的烟株根部往往变黑；二是猝倒病在病组织内产生卵孢子，而黑胫病一般无卵孢子，这是两者的重要区别。

三、病原

烟草猝倒病病原主要是腐霉属（*Pythium*）真菌。据报道，主要有瓜果腐霉 ［*Pythium aphanider-matum*（Edson）Fitzp.］、德巴利腐霉（*P. debaryanum* R. Hesse）、终极腐霉（*P. ultimum* Trow），此外，还有畸雌腐霉（*P. irregulare* Buisman）、群结腐霉（*P. myriotylum* Dreschler）和德里腐霉（*P. deliense* Meurs）等。这类真菌属卵菌门腐霉属。

各地引起猝倒病的真菌种群是不同的，在美国最常见的是终极腐霉，也是世界上报道较多的猝倒病病原菌。McCarter 等报道，美国东南部土壤中主要是群结腐霉。Meurs 报道，在印度尼西亚苏门答腊烟区是由瓜果腐霉与群结腐霉、德里腐霉联合侵染引起茎烧伤病。在非洲，茎黑腐病主要由瓜果腐霉引起。在中国，引起烟草猝倒病的病原以瓜果腐霉为主，此外，还有德巴利腐霉，贵州还发现由小核菌属（*Scle-rotium* sp.）真菌在苗床期引起的猝倒病。由于各地真菌种群的不同，因此对烟草的致病力表现不同。

腐霉属真菌的共同特征是菌丝发达、无色、无隔膜（彩图 21-2-1）。无性繁殖产生不同形态的孢子囊和游动孢子。有性繁殖产生特殊形状的雄器和藏卵器，两者交配形成厚壁的卵孢子。

陈志敏等从我国福建烟区分离得到引起烟草猝倒病的瓜果腐霉（*P. aphanidermatum*）菌株，该菌株在玉米粉琼脂培养基（CMA）上呈棉絮状，气生菌丝发达、有分枝、无隔，直径 $5.3\sim7.8\mu m$，可在皿壁和盖上生长；孢子囊是由膨大不规则的分枝组成的复合体，顶生或间生，大小为 $(31.6\sim88.4)\mu m\times(12.7\sim14.6)\mu m$；泡囊球形，顶生或间生，直径 $14.6\sim18.5\mu m$；藏卵器球形，外壁平滑，多顶生，偶有间生，雄器棍棒状或袋状，与藏卵器同丝生或异丝生；卵孢子球形平滑，未满器，直径 $21.5\sim30.0\mu m$，壁厚 $1.6\sim3.1$ (2.4) μm。

（一）形态学

1. 瓜果腐霉 菌丝发达，直径 $2.5\sim9.8\mu m$。孢子囊是菌丝膨胀呈丝状的分枝或不分枝的复合体，顶生或间生。孢子囊以独特的方式发芽，每个孢子囊先形成 1 个逸出管，长短不一，管径 $2\sim5\mu m$，管末端生成 1 个球形泡囊，孢子囊的原生质流入不断发育的泡囊内，并分裂形成游动孢子。1 个泡囊可形成几十个或 100 多个游动孢子。游动孢子不在孢子囊内形成。游动孢子直径为 $7.5\sim12\mu m$，肾形，侧生两根长短不一的鞭毛，前面的鞭毛上有两列细毛，后面的一条则无毛。气温较高时，孢子囊直接萌发产生芽管。藏卵器呈球形，多顶生偶间生于菌丝间，其直径为 $22\sim27\mu m$。雄器呈圆顶形，与藏卵器同丝或异丝生、顶生或间生，可沿着藏卵器的柄处形成，其大小为 $(9\sim11)\mu m\times(10\sim15)\mu m$。1 个或 2 个雄器中的 1 个紧贴在球形藏卵器上，通过受精管进行性结合后发育成 1 个球形卵孢子，表面较光滑，壁厚，直径 $17\sim19\mu m$，卵孢子内有明显的中心液泡，液泡内储备营养物质。卵孢子萌发产生芽管或孢子囊及游动孢子。

2. 德巴利腐霉 菌丝较细，直径 $3.3\sim6.6\mu m$。孢子囊为球形或卵圆形，直径 $15\sim26\mu m$，顶生或菌丝间生，孢子囊发芽方式与瓜果腐霉相似，产生芽管或游动孢子。藏卵器呈球形，表面光滑，顶生或间生，直径 $15\sim28\mu m$。雄器于藏卵器柄上或在另外的菌丝上形成，每个藏卵器附有 $1\sim6$ 个雄器。卵孢子呈球形，表面光滑，直径 $12\sim21\mu m$。低温时，卵孢子发芽产生芽管，芽管上产生孢子囊，再产生游动孢子。

3. 终极腐霉 菌丝分枝发达，直径 $4.6\sim6.6\mu m$。孢子囊近球形，多间生，较少顶生和侧生，直径大小为 $(14\sim)19\sim24(\sim26)\mu m$。孢子囊发芽生成 $1\sim6$ 个芽管，很少产生游动孢子。藏卵器呈球形，表面平滑，多顶生而少间生，直径 $19\sim23\mu m$。雄器在紧靠藏卵器的同一菌丝上形成，呈囊状弯曲并向上急转，无柄附于藏卵器上，一般 1 个藏卵器只附着 1 个雄器，其大小平均为 $10.87\mu m\times6.79\mu m$。卵孢子呈球形，平滑，直径平均为 $17\mu m$。此菌很少产生游动孢子，但据 Drechsler 报道，这种真菌的卵孢子有时形成一短芽管，芽管上产生 1 个含有 $10\sim15$ 个游动孢子的孢子囊。

Hawber 等通过电子显微镜对腐霉属菌丝进行了细微结构研究，显微照片显示细胞壁由大量纤维素组成，质膜包围着内质，内质包含高尔基体和内质网上分布的卵圆形线粒体。细胞核的大小和形状都不规则，在核膜上有许多小孔，液泡仅在老菌丝上存在。据 Manocha 报道，德巴利腐霉的细胞壁由 2-型系统组成，该系统由 β-葡聚糖和微原纤维组成，该微原纤维由与蛋白质相联系的小孔构成无定形基质。菌丝的细胞质含有许多高尔基体和质膜外泡。Sansome 曾提出德巴利腐霉的雄器和藏卵器呈现减数分裂，并观察到这类菌的无性时期是双倍体世代，营养菌丝的核不出现典型的有丝分裂。

（二）生理生化特性

1. 温度要求 腐霉属真菌的不同种对温度要求有很大差异。引起烟草猝倒病的瓜果腐霉属高温型腐霉菌，其菌丝体生长和卵孢子萌发的最适温度为 28～36℃，最低和最高温度分别为 12℃ 和 45℃，有的菌株能在 46℃ 下生长，孢子囊萌发的最适温度为 24～26℃。德巴利腐霉的菌丝生长最适温度为 24～28℃，最低和最高温度分别为 1℃ 和 36℃。终极腐霉菌丝体生长的最适温度为 28～32℃，最低和最高温度分别为 4℃ 和 37～40℃，孢子囊发芽的低限为 2℃，某些分离菌 1℃ 也可发芽。因此，各分离菌的温度特性对种的鉴定是重要的。

2. pH 要求 腐霉属真菌的不同种或同种的不同菌株对氢离子浓度的反应不同。有些种能适应较大的 pH 范围。瓜果腐霉菌丝生长的最低、最高和最适 pH 分别为 2.5、10.7 和 6.1。Fothergill 发现有些腐霉属真菌在缓冲溶液低于 pH5.0 或高于 pH8.0 时就不能生长。

3. 营养特性要求 腐霉属真菌可以在多种自然培养基上良好生长，其中最适宜的有燕麦培养基、麦芽膏培养基等，但不适宜在马铃薯葡萄糖培养基上生长。菌丝体在适宜的培养基上，24h 内可生长 18～20mm。在土壤内，在 24℃ 时，孢子囊的芽管 24h 可生长 $300\mu m$。Stanghellini 等研究指出，卵孢子发芽存在两个特性：①孢子内壁的吸收作用依靠外源钙素，同时减小中心储备球的大小。②芽管的萌发依靠外源糖类物质。腐霉属真菌对碳源的利用以葡萄糖、纤维二糖、甘露糖、果糖、蔗糖和淀粉等较好，对五碳糖如木糖、阿拉伯糖等利用较差，不能利用纤维素。氮源可利用硝态氮、铵态氮、有机氮，不能利用亚硝态氮和游离氮。这类真菌还能利用无机盐，如硝酸钠、无机硫等作为氮源和硫源合成氨基酸，也能合成维生素 B_1、维生素 C、生物素、叶酸、泛酸、吡哆醇和核黄素等。此外，真菌的生长还需要钾、磷、钙、镁和硫以及微量元素铁、锌、铜、锰和钴等。

在腐霉属真菌的特性是不能合成甾醇，多数条件下菌丝体生长不需要甾醇，但有性繁殖和孢子囊形成时需要甾醇。甾醇对这些真菌产生的生理影响是：刺激生长，减小细胞渗透程度和增强抗高温的能力。这类真菌易产生果胶酶，包括多聚半乳糖醛酶（PG）和果胶解聚酶（DP），它们对植物组织腐烂有很大影响，果胶酶的产生能力取决于真菌的种类、培养基质的构成成分和其他环境因素。此外，该真菌也可产生某些纤维素酶。

（三）寄主范围

腐霉属真菌的寄主范围很广。据 Middleton 报道，终极腐霉可侵染 90 多个属，德巴利腐霉可侵染 131 个属，瓜果腐霉可侵染 50 个属。有些植物可被几种腐霉属真菌侵害，但同一种植物并不能被所有腐霉属真菌所侵害。许多栽培作物、蔬菜、观赏植物、林木的实生苗为常见寄主，如大豆、水稻、甘蔗、亚麻、玉米、大白菜、芹菜、黄瓜、甘蓝、番茄、茄子、菜豆、萝卜、草莓、马铃薯和瓜类等，腐霉菌还可侵染松树幼苗及芥菜、荠菜等植物。

（四）病菌的分离和检测技术

腐霉属真菌是土壤习居菌，感病的植株易于腐烂，故对病菌的分离检测有较大困难。为此，宜采用多种诱饵技术，即选用易于感病的植物组织作发病诱饵，在土壤中定性检测腐霉属真菌。20 世纪 50 年代以来，又通过选择性培养基，或诱饵技术与选择性培养基相结合，对腐霉属真菌进行分离、纯化和检测，选择性培养基常用营养不太丰富的玉米粉琼脂培养基或合成培养基等作基础培养基，添加对多数真菌有抑菌作用而对腐霉属真菌无害的多烯烃抗生素，如制霉菌素 Mycostatin（Nyastatin）、匹马霉素（Pimaricin），以及五氯硝基苯、苯菌灵和没食子酸等；并添加抑制细菌的抗生素，如青霉素、氯霉素、金霉素、链霉素和卡那霉素等。在应用选择性培养基的同时，分离技术应与样品的稀释比和温度、光照、通气性等培养条件相配合。此方法也可用于检测确定土壤中病害发生的最低接种水平，以预测病害发生的流行趋势。此外，利用荧光免疫技术检测腐霉属真菌的一些种也获得成功。随着分子生物学技术的发展，有关烟草猝倒病菌的分子检测已有报道，张丽芳等利用多重 PCR 检测技术能一次性快速、准确地检测出茄劳尔氏菌（*Ralstonia solanacearum*）、烟草疫霉（*P. nicotianae*）和瓜果腐霉（*P. aphanidermatum*）3 种病原物，为病害的早期诊断和有效防治提供了技术支持。

四、病害循环

腐霉属真菌主要生存于耕作土壤中，以腐生或在植物上和腐烂的有机物上兼寄生。它以卵孢子和厚垣孢子在土壤中或病残体上越冬，成为翌年的初侵染源，环境条件适宜时，萌发产生芽管，芽管顶端膨大形成孢子囊和游动孢子，游动孢子游动约 30min 后，鞭毛消失成为圆形休止孢子，在土壤界面上下萌发，侵染烟草的茎基部或根系。病菌侵入后，在皮层组织的薄壁细胞内或细胞间蔓延，引起幼苗腐烂，并在病部表面产生孢子囊和游动孢子，借助灌溉和雨水传播，进行再侵染。同时，寄主组织内产生大量卵孢子，组织腐烂后进入土壤中，成为再侵染源或休眠越冬。发芽种子的根部和旺盛生长植株的根部渗出液，可刺激卵孢子和孢子囊产生芽管，利于真菌侵染。

病原除通过土壤传播外，也可通过病残体、带菌的肥料、农具等传播。带病的烟苗移栽大田后，是大田的传播源。此外，土壤中的一些动物也起着传播媒体的作用，人们已从蜗牛的排泄物、蚯蚓的脱落物中分离出病原菌。上述因素增加了土壤中病菌的密度和侵染潜能。

五、流行规律

猝倒病的发生流行受诸多环境因素相互影响，包括土壤菌量、温度、水分、土壤酸碱度、根系渗出物的性质和数量、土壤微生物区系和土壤中存在的过量溶质等。诸因素都对烟草猝倒病的发生起促进或抑制作用。

(一) 土壤中病原物的消长动态

土壤中腐霉属真菌的卵孢子通常在植物生长旺盛的附近数量最大，随着根系在土层中的深度增加，卵孢子数量逐渐减少。Stanghellini 等报道，猝倒病刚出现时，土壤中卵孢子的最初数量，终极腐霉每克土壤为 64～3 800 个，瓜果腐霉每克土壤为 10～250 个。卵孢子在寄主组织内呈休眠状态，孢子进入土壤，但土壤中尚未发现休眠卵孢子的聚集。瓜果腐霉的卵孢子在根际影响下，可直接发芽成为初侵染源。在有外源营养如种子萌发的渗出液、天门冬酰胺、葡萄糖等存在时，卵孢子可直接发芽，芽管可伸长膨胀呈孢子囊或侵入寄主。在外源营养缺少时，土壤中发芽的卵孢子产生游动孢子，游动孢子集中在水饱和土壤的表面，发芽侵入寄主。瓜果腐霉的卵孢子在土壤中一旦被暂时存在的基质刺激发芽后，就很难再重新形成继续生存的结构形式。此特性为生物防治提供了可能性，可采用在未种植寄主的情况下，提前诱导卵孢子萌发，但此方法还受其他因素的影响，如卵孢子在土壤中的分布密度，土壤中诱导基质的数量和质量，土壤中卵孢子种群的生理特异性等。

(二) 腐霉属真菌的存活力

腐霉属真菌的厚壁卵孢子具有长时间在土壤中存活的能力，在干燥土壤中，一般卵孢子可存活 12 年以上。Stanghallini 等发现，在休闲地 5cm 深的土层中，1 月和 7 月气温分别为 -4℃ 和 34℃ 的情况下，瓜果腐霉的卵孢子可存活 16 个月。在不利的气候条件下，卵孢子寄生在受感染的寄主组织内，依靠吸收植物根部的营养存活，此时地上部位不出现病害症状，当环境条件适宜时，卵孢子即萌发侵染，表明该菌具有很强的生存机制。在耕作土壤中，终极腐霉的孢子囊可成为生存的主要繁殖体和接种体，孢子囊（厚垣孢子）在缺少寄主的干燥或潮湿土壤中能存活 11 个月，而不降低萌发率。土壤的干燥和潮湿交替循环，并不影响该菌的种群数量和夏季高温下的生存。当土壤条件适宜时，休眠的、次生的孢子囊都可以在 1.5h 内萌发，萌发后芽管迅速生长；在条件不利时，次生孢子囊或芽管中原生质体收缩，为真菌生存提供了两种有效机制。同时，芽管的快速生长能很快接触和侵入寄主，避免了自然界中拮抗作用的产生。腐霉属真菌的此种特性可在生态竞争中优先利用有效营养，优先占据土壤内的生态区。

(三) 温度和湿度

烟草猝倒病可发生于适合烟草生长的任何温度条件下，但病害严重发生的温度一般低于烟草生长的最适温度（26～30℃），如果几天内气温低于 24℃，猝倒病便会迅速发生、蔓延。

土壤湿度是影响猝倒病发生的最重要因素。苗床排水条件不良，土壤含水量高，易于病菌的传播和增殖，也有利于孢子囊和游动孢子的萌发。同时，高湿度造成土壤环境缺氧，影响幼苗根系生长发育，促使根系渗出液迅速扩散，给病菌生长、侵染和在寄主根部增殖提供了营养。此外，苗床覆膜时间过长，通风不良，植株过密，植株间湿度过大，导致株间相互传播，加剧了猝倒病的发生为害。

（四）土壤 pH

土壤的 pH 低于 5.0 时，腐霉属真菌不会引发猝倒病；土壤 pH 在 5.2～8.5 时，猝倒病易于发生。据 Beach 指出，土壤中过量的溶质，使植株生长严重受阻，利于腐霉属真菌的生长和侵入幼苗，增加了猝倒病的发病率。如苗床施用过量的鸡粪等有机肥或其他肥料时，猝倒病发生常较重。目前尚未发现不同的钙水平与其发病相关。

（五）耕作方式

苗床的前茬种过蔬菜或烟草，易发生猝倒病。朱有勇等（1992）研究报道，云南烟区采用烟草—小麦—烟草轮作方式，2 年轮作的 G28 和 K326 品种的发病率发别为 32.7％和 44.8％，3 年轮作的 G28 和 K326 的发病率分别为 35.2％和 49.1％。采用烟草—小麦—水稻—小麦—水稻—烟草 4 年轮作制，G28 和 K326 的发病率分别为 16.8％和 30.9％。因此，延长烟草轮作的年限，避免连作，可减轻猝倒病的为害。

（六）其他病虫害对病害流行的影响

除腐霉属真菌引起猝倒病外，有些病原菌如丝核菌属（*Rhizoctonia*）、镰孢属（*Fusarium*）、疫霉属（*Phytophthora*）、核盘菌属（*Sclerotinia*）真菌和线虫等，对幼苗的侵害也引发猝倒病症状。据 Nitzang 报道，在以色列，黄瓜花叶病毒和腐霉属真菌在低温时，复合侵染幼苗比单独侵染危害重。线虫的为害与猝倒病的发生密切相关，少量的根结线虫就会造成腐霉属真菌对烟草根部的侵染，其根部腐烂程度由病菌的侵染水平决定。Melendez 指出，接近成熟的烟草根系，如先被根结线虫侵害 3～4 周，腐霉属真菌随后侵害，会导致植株很快死亡；如无线虫侵害或烟草品种抗根结线虫，病菌虽附着于根上，但不会引起根部腐烂；如在该时期，病菌和线虫同时侵害植株，也很少引起伤害。受南方根结线虫侵染的根部区段，无论根区有无损伤均易被腐霉属真菌所侵染，腐霉属真菌能在巨细胞和组织中很快地生长；但在线虫侵染以外的附近根区，腐霉属真菌未显出侵染优势，表明线虫的侵染使烟草组织发生了化学变化，产生了更宜于腐霉属真菌生长的基质，如甾醇类。

有些植物害虫，如金针虫等在土壤表面侵害烟苗，或在植物组织上进食，造成烟苗髓部的孔洞和隧道，致使腐霉属真菌和齐整小核菌（*Sclerotium rolfsii*）更易侵入，增加猝倒病的发病率。此外，土壤中有些微生物产生某些抗生素对腐霉属真菌具有拮抗作用。如 Mukhopadhyay 等发现，哈茨木霉（*Trichoderma harzianum*）可直接侵入瓜果腐霉的菌丝，并引起菌丝溶解，用其麦秆粉培养物施入土壤，显著降低猝倒病的发病率。

六、防治技术

烟草猝倒病为苗床期的主要土传病害，加强苗床的防治和管理是防病的主要措施。

（一）选用无病土或苗床消毒

苗床土最好选用新土或火烧土，避免用菜园土和烟草重茬土。也可选用以下药剂进行苗床消毒处理：苗床于播种前 10d 左右，用 35％威百亩水剂熏蒸，用量为 50g/m²。我国台湾推广用棉隆可湿性粉剂，于播前 6d 进行苗床消毒，用量为 25g/m²。50％多菌灵，或 50％甲基硫菌灵，或 70％五氯硝基苯与 65％代森锌（1∶1）混合，用药都为 8～10g/m²，拌干细土 10～15kg，撒于苗床。

（二）加强苗床管理

苗床留苗密度要适宜，留苗不要过密，幼苗 3 叶期前少浇水，尤其在阴雨、低温情况下更需控制苗床湿度，注意排水，湿度过大可撒干细土吸湿。加强苗床的通风排湿。覆膜时间应根据当地气候条件，以培育壮苗为原则，不宜覆膜过久。

（三）药剂防治

不移植带病、带菌的烟苗于大田。在病区、烟苗移栽时用 50％福美双可湿性粉剂，按 1.5kg/hm² 拌干细土 30kg，施入穴中进行预防。发现田间开始发病，可用 58％甲霜灵·锰锌可湿性粉剂 400 倍液灌根，每株 30mL。

烟苗大十字期后，可用波尔多液（1∶1∶160～200），每隔 7～10d 喷施 1 次进行预防。发现苗床点片发病时，可选用以下药剂防治：72％甲霜灵·锰锌可湿性粉剂 800 倍液，或 64％噁霜·锰锌可湿性粉剂 500 倍液、75％百菌清可湿性粉剂 1 000 倍液。

(四) 生物防治

为了克服长期采用化学药剂带来的环境污染和病原菌产生的抗药性，研制高效且对环境安全的生物杀菌剂成为新一代农药的发展方向。目前已发现许多微生物对烟草猝倒病菌具有拮抗作用，以木霉菌研究应用较多。

同时，注意烟田轮作。及时防治线虫病和地下害虫，以减轻病害的发生。

张成省　王秀国（中国农业科学院烟草研究所）

第 3 节　烟草黑胫病

一、分布与危害

烟草黑胫病是一种分布广泛、发病率高、为害严重的世界性烟草病害，可以侵害烤烟、晾烟、晒烟、白肋烟、香料烟等所有的栽培烟草，现已遍布全世界温带、亚热带和热带地区烟田。据 1989—1991 年调查，除黑龙江尚未发现烟草黑胫病外，其他各产烟省份均有不同程度发生。发生较重的省份有山东、河南、安徽、云南、四川、重庆、湖南、湖北、福建、广西和贵州。近年来，由于我国连作烟田面积扩大，连作年限延长，再加上气候、土壤等原因，该病害发生呈上升趋势，特别是黄淮烟区。据《中国烟叶生产实用技术指南（2010）》统计，2009 年，全国烟草黑胫病发生面积为 5.45 万 hm^2，产值损失为 17 383.24 万元，居第三位。在长江以南各烟区又常与烟草青枯病、根黑腐病混合发生，更加重了对烟草的侵害。

20 世纪 70 年代末，开始从国外引进一批既优质又抗黑胫病的烤烟品种，经过试验示范在各烟区迅速推广，对控制黑胫病的蔓延为害发挥了关键性的作用，同时又在病区普遍推广施用一些有效杀菌剂等的综合防治措施，大大减轻了黑胫病的为害。但 20 世纪 90 年代以后，品种更新缓慢和黑胫病菌产生抗药性，烟草黑胫病发生程度又呈上升趋势。

二、症状

烟草黑胫病菌主要侵害成株的茎基部和根，病斑向上、下扩展，延至茎、叶及根部。苗期一般发病较少；感病幼苗首先在近土表的茎基部出现暗褐色至黑色的病斑或底叶受到侵染，再沿叶柄扩展到茎上，常引起猝倒病状。但与由腐霉属（*Pythium* sp.）真菌引起的猝倒病不同的是，在苗床期，病苗部分或全部根系受侵染腐烂变黑，天气干燥时，病苗干枯呈黑褐色；高温高湿时，病苗表面产生白色绵毛状霉，烟苗相继腐烂、死亡（彩图 21-3-1）。当气温较低时，幼苗虽可以受到黑胫病菌侵染，但往往不表现症状，这些受侵染而尚未表现症状的烟苗移栽到大田，不仅成活率很低，同时也是大田初侵染来源之一。

大田烟株是该病菌侵染的主要对象。主要症状如下：

1. 黑胫　茎基部出现凹陷黑斑，黑斑逐渐环绕全茎向上扩展，病株叶片自下而上依次变黄。

2. 穿大褂　茎基部受病菌侵害后，随着病菌向髓部扩展，叶片自下向上依次变黄，大雨后遇烈日、高温，全株叶片突然凋萎，悬挂在茎上，烟农形象地称为"穿大褂"。

3. 黑膏药　生长季节多雨，由于雨点飞溅，将土表或茎基病斑上的孢子传播到下部叶片上引起叶片侵染，形成圆形大病斑，俗称"猪屎斑"或"黑膏药"。病斑初为水渍状暗绿色，随后病斑迅速扩大，中心变淡黄褐色坏死，边缘有淡黄绿色带围绕，常有水渍状淡绿相间的轮纹。病斑直径可达 5cm 以上。

4. 碟片状　当病斑扩展到烟茎的 1/3 以上时，病株基本死亡。纵剖病茎，可以看到髓部干缩成黑褐色碟片状，碟片之间有稀疏的白色菌丝，这是烟草黑胫病区别于其他根茎病害的主要特征。

5. 腰烂　孢子由雨水飞溅落到抹杈或采收造成的伤口上，导致茎的中部受侵染；或叶斑沿主脉扩展到茎上引起茎部发病形成茎斑，严重时常引起腰折，故称为腰烂。

无论是茎斑还是叶斑，在高湿条件下，病斑表面均可产生一层稀疏的白色菌丝，镜检可发现孢子囊，这是区别于其他叶斑病和根茎病的主要特征之一。

三、病原

烟草黑胫病病原为烟草疫霉（*Phytophthora nicotianae* Breda de Haan，异名：*P. parasitica* Dastur），

属卵菌门疫霉属（Phytophthora）。

（一）形态学

气生菌丝较细，无色透明，无隔膜，菌丝直径 $3.14 \sim 10.5 \mu m$，内含泡沫状颗粒，其分枝多呈锐角。在燕麦琼脂培养基上生长最好，菌丝白色，质地紧密，呈不规则线条形，但随培养时间的增长，菌丝可变成浅黄色。孢子囊顶生或侧生在气生菌丝上，梨形或椭圆形，初生孢子囊白色，无明显乳状突起，成熟孢子囊多呈灰白色或淡褐色，顶端有一明显的乳状突起；也有双乳突现象。成熟孢子囊平均大小为（$14.5 \sim 55$）$\mu m \times$（$14.9 \sim 40$）μm，乳状突起的长为 $4.7 \sim 7.86 \mu m$，宽为 $6.5 \sim 10.5 \mu m$。适宜条件下，可产生 $3 \sim 30$ 个游动孢子（彩图 21-3-2）。游动孢子无色，侧生两根不等长鞭毛，在水中游动，遇寄主时失去鞭毛进入静止期，产生芽管侵入寄主植株，条件不适宜时，孢子囊直接萌发出芽管侵入。在病组织或 6 周以上培养物上菌丝的顶端和菌丝中间常形成大量的厚垣孢子，厚垣孢子球形或卵形，无乳状突起，单生或串生，初生时壁薄无色透明，后渐渐变成淡褐色，壁加厚，老熟时变为深黄或褐色，大小为（$16.2 \sim 18.3$）$\mu m \times$（$29.7 \sim 54$）μm。厚垣孢子是烟草黑胫病菌赖以度过不良环境的主要存在形态。

（二）生理特性

烟草黑胫病菌是半水生、喜高湿高温的兼性寄生真菌，因而该病常发生在热带、亚热带和暖温带地区。菌丝生长最适温度为 $28 \sim 32℃$，最低为 $10℃$，最高为 $36℃$。孢子囊形成的最适温度为 $24 \sim 28℃$，最高为 $33℃$，最低为 $13℃$，在 $16 \sim 30℃$ 其萌发率在 90% 以上。在 1% 葡萄糖溶液中游动孢子游动的时间长，发芽率高。在土壤中游动孢子对烟根有趋化性，且游动孢子浓度越大，活动能力越强，游动时间也越长。侵染力强的菌系不仅产生孢子囊数量多，释放出的游动孢子也较集中，而致病力较弱的菌系产生孢子囊数量少，游动孢子活动性较差，游动时间也较短。在最适宜条件下，游动孢子通过芽管萌发后的 72h 内可形成孢子囊和新一茬游动孢子。孢子囊和游动孢子寿命都很短，不耐干燥，它们对一些化学物质，如氯离子是敏感的。厚垣孢子萌发温度为 $10 \sim 32℃$，连续黑暗有利于菌丝生长，而光照有抑制孢子萌发的作用。烟草黑胫病菌在 pH4.4～9.6 时都能生长，以 pH5.5 时生长最好。该菌的致死温度为 $52℃$ 10min。

烟草黑胫病菌在燕麦、玉米和小麦琼脂培养基上都能正常生长；在燕麦培养基上，菌丝为灰白色，且优于 PDA 培养基。另外，在谷子培养基上也能旺盛生长，其上菌丝为白色，生长速度较快。

（三）寄主范围

过去一直认为烟草是黑胫病菌唯一的自然寄主。在人工接种条件下，只能侵染番茄、马铃薯、茄子、辣椒、蓖麻、苹果、棉花、西葫芦等少数植物。但 Song、Humphreys 和 Suyui 分别发现在自然条件下，可以侵染豆瓣绿（Peperomia magnoliaefolia）、茄子和草莓属（Fragaria）植物的根、根冠、叶柄，并可引起整株萎蔫。马国胜等研究发现，烟草黑胫病菌在人工接种条件下寄主范围较广，除已报道的烟草、草莓、茄子、番茄外，在非创伤条件下还能侵染 10 科 12 属 12 种植物，在创伤条件下可侵染 21 科 50 种植物。烟草黑胫病菌对多种杂草均表现出不同的侵染致病能力，及时防除烟田杂草对烟草黑胫病的综合治理具有重要意义。

（四）致病性与生理分化

烟草黑胫病菌的生理小种在人工培养、生物学、生物化学和致病性等方面均存在不同表现的群体。自 20 世纪 50 年代将野生种对烟草黑胫病的垂直抗性基因引入到烟草栽培品种或品系后，加速了病原菌的变异和选择。1962 年，Apple 在美国北卡罗来纳州发现了 0 号和 1 号生理小种；1973 年，Pringsloo 等在南非鉴定出烟草黑胫病菌 2 号生理小种；1978 年，Jpjm 等在美国康涅狄格州发现了 3 号生理小种；其中 0 号和 1 号生理小种广泛分布于世界各烟区，2 号生理小种仅发现于南非，3 号生理小种仅发现于美国康涅狄格州。近来，4 号生理小种又在美国北卡罗来纳州和弗吉尼亚州被发现，这个新的小种能够克服来自长花烟草（Nicotiana longiflora）的单基因（Phl）抗性，但不能克服来自白花丹叶烟草（N. plumbaginifolia）的 Php 基因抗性。我国烟区至少有 0 号和 1 号两个生理小种，以 0 号生理小种为优势小种。近年来，有研究显示，我国烟草黑胫病菌优势小种发生了变化，据李锡宏（1999）和李锡坤等（2009）研究报道，湖北省黑胫病菌优势生理小种已由 0 号生理小种变为 1 号生理小种。

作为研究鉴定黑胫病菌的致病性与生理分化的鉴别寄主，必须具备 3 个条件：①有鉴别能力；②反应灵敏，抗感分明；③反应稳定，重复性好。综合国内外研究者在生理小种鉴定研究工作中的经验得出（表 21-3-1，表 21-3-2），白肋烟品种 L8 的使用频率是最高的，其抗性来源于白花丹叶烟草，抗 0 号生理小种，感 1 号生理小种；其次是烤烟品种 NC1071 和野生种海岛烟草；NC1071 的抗性来源于一直被认为是抗 0 号生理小种感 1 号生理小种的品种，长花烟草与海岛烟草对 0 号和 1 号生理小种的反应是抗 1 号生理小种，感 0 号生理小种。Stokes、Wills 和 Kutova 等也相继发现某些长花烟草材料抗 1 号生理小种。斯氏烟草（*N. stocktonii*）是对黑胫病菌的 0 号和 1 号生理小种高抗的野生种，许多育种工作者正在通过各种途径，准备将其抗性基因转移到栽培品种中去。因此，采用斯氏烟草作为抗病的指示寄主，对检测病原菌的变异情况具有十分重要的意义。

自 20 世纪 60 年代至今，对我国主产烟区烟草黑胫病菌菌株采用不同的接种方法在不同烟草品种上研究其致病性分化，研究结果表明，不同地区来源的菌株对不同烟草品种的致病力有明显差异，而各菌株致病力强弱的表达则和菌株与寄主品种间的组合密切相关。梁元存等（2002）根据我国 9 个主产烟草省份的 117 株烟草黑胫病菌的病情指数将其划分为 3 个致病型：强致病型、中致病型、弱致病型。其中，以安徽菌系致病力最强，河南其次，山东较弱。王革等（1997）利用分离自云南省不同地区的 20 株烟草黑胫病菌及江苏、山东、安徽的 4 株烟草黑胫病菌，对烟草品种 K326、G28 和红大 3 个品种测定其致病力的差异，结果发现，来自云南的烟草黑胫病菌的致病力强于其他地区黑胫病菌的致病力，而云南省内不同地区菌株的致病力与品种有关，在 G28 品种上，致病力无差异，而在红大和 K326 品种上则差异显著。

表 21 - 3 - 1　烟草黑胫病菌生理小种的鉴别（引自朱贤朝等，2002）

Table 21 - 3 - 1　Race identification of *Phytophthora nicotianae* (from Zhu Xianchao et al. ，2002)

寄主名称	0 号小种	1 号小种	2 号小种	3 号小种
NC1071	R	S	R	MS
L8	R	S	R	S
Florida301	R	R	R	R
H21	S	S	R	—
小黄金 1025	S	S		

注　R 表示抗病，S 表示感病，MS 表示中感。

（五）寄主抗病性

迄今仍在烟草生产上广泛利用的烟草黑胫病的抗源大都来自 Florida301，对烟草黑胫病菌 0 号、1 号生理小种都是有效的。野生种长花烟草和白花丹叶烟草对黑胫病菌的 0 号小种高抗，近乎免疫的，且长花烟草的抗性是显性的简单遗传，白花丹叶烟草抗性是受部分显性单基因控制的。1960 年，Valleau 等把长花烟草的抗性转到普通烟草（*N. tabacum*）中，并培育出白肋烟品系 L8，它对黑胫病菌 0 号生理小种的侵染仅有轻微的症状，实际上是免疫的，现在白肋烟杂种一代利用中，L8 仍被作为抗黑胫病的亲本在许多国家被广泛利用。1965 年，Apple 从普通烟草与白花丹叶烟草杂交后代材料中选育出 NC2326，并在生产上推广应用，这是第一个带有 "0、1 型" 抗性的烤烟品种。

表 21 - 3 - 2　烟草黑胫病的抗源（引自朱贤朝等，2002）

Table 21 - 3 - 2　Resistance resource to *Phytophthora nicotianae* (from Zhu Xianchao et al. ，2002)

生理小种	抗　源	
	普通烟	野生种
0 号	Florida 301、Beinhart 1000 - 1、Beinhart1000、Amarillo parado、L8、NC1071、PD468	长花烟草、白花丹叶烟草、裸茎烟草、卷叶烟草、黄花烟草、矮烟草、斯氏烟草
1 号	Beinhart1000 - 1	长花烟草、海岛烟草、卷叶烟草、黄花烟草、Ky31、斯氏烟草
2 号	A22、A23、Delcrest202、Hicks21	
3 号	Beinhart1000 - 1、Consolidated I、Consalidated L、Amarillo parado、NC1071	海岛烟草

我国抗黑胫病育种工作自 20 世纪 50 年代开始，其所利用的抗性大都间接来自 Florida301。从 20 世纪 80 年代开始在黑胫病病圃中对中国 1 500 多份烟草资源材料反复进行了抗黑胫病性的鉴定筛选，其中

有许金三号、进屋黄、大青筋等 20 多份材料高抗黑胫病，在病圃中，它们的抗性水平高于 G80、G28、K326 和 NC89。大虎耳、歪把子、老来红等 49 份烤烟资源是抗病的，来凤大兰花烟、毛秆香等 6 份晒烟资源高抗黑胫病，什邡毛烟、黑蛮柳、大秋根等 70 多份晒烟资源抗黑胫病。在雪茄烟中只有铁秆青较抗黑胫病。在中国白肋烟和香料烟资源中无高抗黑胫病资源材料。

但对中国地方品种资源的抗性仅进行了 0 号生理小种的鉴定，对其他生理小种尚未进行，其遗传特性也有待进一步研究明确，以便更好地被利用。

（六）致病机制

烟草黑胫病病斑部位的导管内部因病菌分泌毒素后使寄生细胞分解而产生的胶块和木栓，阻塞了根部水分的上升，从而产生烟株凋萎现象。另外一个重要的原因是烟草黑胫病在培养过程中和在受侵染烟株的病组织中还可以产生有毒的代谢产物。如 Wolfk 和 Kutova 用除菌的黑胫病菌培养滤液诱发整株萎蔫，在短时间内即引起萎蔫症状。最近证明烟草黑胫病菌毒素的存在，该毒素为一种耐热的、非脂溶性的大分子糖蛋白质，其分子质量为 $7.6 \times 10^4 u$，等电点为 pI3.9，其中糖占 25%，蛋白质占 75%。烟草黑胫病菌在烟草体内外均可产生毒素，抗病品种的愈伤组织在含毒素的培养基中变为黄色，但仍能缓慢生长，而感病品种的愈伤组织在同样的培养基中变为暗褐色，停止生长。Powers 通过试验证明水分的运输被局部病斑所阻隔，是烟草黑胫病引起萎蔫的重要原因。病组织解剖学研究发现，在导管中有大量的胶质物和侵填体，在这些细胞中还有大量的菌丝，且维管束和导管的细胞也被侵入，而在健康组织中未观察到胶质物和侵填体，也有研究表明烟草黑胫病菌产生多聚糖酶，由于这些酶的作用产生果胶质的片段，从而形成胶质体，堵塞导管而阻止水分向上运送。

（七）病原的分子生物学研究

近年来，有学者应用分子生物学技术对烟草疫霉分类、发生动态、致病力分化、遗传多样性及快速检测等进行研究并取得了一定进展。首先，Ersek 等、罗文富等（2002）对烟草黑胫病菌全基因组 DNA 片段进行 PCR 特异性扩增后发现，烟草黑胫病菌可以扩增出约 1 000bp 的产物，说明不同菌株的烟草黑胫病菌有相同的 DNA 结构。Ersek 等根据寄生疫霉基因库中烟草疫霉 5-3A 的 1.3bpDNA 特异片段的碱基序列，设计了一对寡聚核苷酸特异性引物，用于疫霉种 DNA 的 PCR（聚合酶链式反应，polymerase chain reaction）扩增。Panabieres 等（2003）用限制性片段长度多态性（RFLP）技术研究了 12 个烟草疫霉种（寄生疫霉）的重复序列 DNA 多态性，结果表明，无论来自烟草寄主或非烟草寄主的任何地区的菌株均具有相同重复序列的 DNA。张修国等借助于 PCR 技术对不同年份同一烟草品种上分离获得的 30 个菌株（10 个/年）和 5 个不同烟草品种上分离获得的 15 个菌株（3 个/品种）进行全基因组 DNA 扩增片段指纹图谱及其遗传分化分析，利用 UPGMA 软件对受试两组菌株的遗传分化构建遗传进化树，结果表明，大多数不同年份烟草黑胫病菌菌株的遗传分化与黑胫病发生危害程度成正相关，不同烟草品种上的黑胫病菌菌株遗传分化与其寄主品种无相关性。

在致病力分化方面，Colas 用 RFLP 技术研究了烟草黑胫病菌的致病力分化，产生诱导素的菌株一般对烟草致病力弱，真正的烟草黑胫病菌是由那些有限的诱导素缺乏型菌株引起的，而这些菌株是通过无性繁殖进行传播的。钱旎等运用 RAPD 技术分析了分离自重庆烟区的 12 个供试黑胫病菌菌株（含诱抗菌株），其中，抗性最高的菌株 RSL1-7-1 在 0.74 水平上，就被分为单独一个遗传聚类组，与其原始菌株 SL1-7-1 差异性较大，表示该菌株与其他菌株遗传距离最大，该菌的抗性可能为遗传突变。其余抗性菌株不能被区分，包括抗性水平为原菌株 118 倍的突变体 RYBX2-1-3 也不能与原始菌株 YBX2-1 区分。且聚类组与菌株来源、生理小种、交配型无明显相关性。谢勇等根据从基因库中获得的疫霉属真菌区段序列合成了 1 对 17bp 的特异寡聚核苷酸引物，进行了不同病原菌、病组织及土壤中的烟草黑胫病菌的特异性扩增试验，提供并完善了一套快速检测烟草黑胫病菌的技术和方法。

四、病害循环

初侵染：烟草黑胫病菌主要以厚垣孢子和菌丝体在病株残体、土壤、土杂肥中越冬，成为翌年的初侵染源。尚未发现种子带菌现象。病原菌主要存在于 0~5cm 土层内，休眠厚壁孢子单独在土壤中至少可以存活 8 个月，菌丝体单独在土壤中只能存活 2 个月。在烟稻轮作的烟田中，因为病组织在淹水条件下迅速腐烂，菌丝体存活期一般不超过 1 年。

在适宜的条件下，越冬的厚垣孢子通过芽管萌发产生孢子囊，释放游动孢子，孢子通过流水或风雨吹溅传播到烟根、茎、叶片上，萌发并侵入寄主组织并以菌丝在寄主细胞间或细胞内生长蔓延。再侵染主要发生于近地表的茎基部伤口处，其次是抹杈或采收所造成的伤口及下部叶片的伤口部位。温暖潮湿条件下，土表或初侵染病株茎叶表面可以产生大量繁殖体，游动孢子在 72h 就可完成萌发，形成新的孢子囊、游动孢子，成为再侵染源。在温暖潮湿的条件下，约在 3d 内可以发育形成新的孢子囊或游动孢子。连续产生的孢子囊和游动孢子，很快在田间积累大量的接种体，并迅速传播蔓延，导致烟草黑胫病的流行。

在田间，烟草黑胫病菌一般是通过流水进行传播。水流经过被侵染的土壤、病烟田，孢子囊和游动孢子顺水传播到所流经的地方，使病害逐步蔓延扩大。被污染的池水、河水，若用来浇灌苗床、大田，也可形成新的病区并引起烟草黑胫病的暴发流行。风雨也可将病土、病株上的孢子囊、游动孢子传到邻近烟株，使叶片或茎被侵染；此外，人、畜、农具等也可将病菌较远距离传播。

五、流行规律

烟草黑胫病发生早晚、轻重，即其流行与否取决于病菌致病性强弱和数量、寄主抗病程度、连作状况和环境条件（主要是气象条件和土壤条件等）。

（一）寄主抗病性

烟草对黑胫病抗性分为垂直抗性和水平抗性；NC1071、L8 和鄂烟 2 号对该菌的 0 号生理小种，Hick21 和 A23 等对 2 号生理小种的抗性为垂直抗性，NC82、G28、中烟 90 等都属于水平抗性。根据 Jones 的研究，抗性主要表现在抗扩展而不是抗侵入。水平抗性的品种通过综合抗性机制降低病害再侵染数量和侵染速度来降低病害发生严重度。

试验表明，白花丹叶烟草、长花烟草和黄花烟草 3 个烟草野生种对烟草黑胫病具有高度抗性。烤烟对黑胫病的抗性基因均来源于雪茄烟 Florida 301，白肋烟的抗性基因一般来源于白花丹叶烟草和长花烟草。烟草属的不同种和品种的抗病性存在显著的差异。白肋烟对黑胫病的抗性较强，香料烟对黑胫病的抗性较差，以团棵期较易感病。白肋烟以 TN86、TN90 对黑胫病的抗性较强，L8 对 0 号生理小种近乎免疫。烤烟 K326 对黑胫病的抗性较强，红花大金元易感病。不同地区和寄主来源的黑胫病菌菌株对烟草的致病性也存在差异。据王革等对云南黑胫病菌的致病力分化研究结果表明，云南省的黑胫病菌比非云南省的致病力强；来源于烟草的黑胫病菌比来源于非烟草的致病性强。不同生育阶段抗性的差异也影响田间黑胫病消长，一般说，大多数具有水平抗性的品种的幼苗比成株更感病。同时还发现病株顶部产生孢子囊最多，中部次之，而茎基部和根病斑上最少，当组织木质化后孢子囊产生明显减少。在大多数抗病品种中，根的抗病性比地上部分更强，根、茎、叶抗性并不完全一致，如具有 Florida301 型抗性的品种，其叶片往往是高感黑胫病，受侵染后常形成直径 5cm 以上的大斑；NC1071 和 L8 的根茎对 0 号生理小种都是高度抗病的，但前者叶片是抗病的，后者叶片却是易感病的。

目前，国内外育成的抗烟草黑胫病品种主要有 K 系列、RG 系列、Speight G 系列、Coker 系列、VA 系列、NC 系列、Burley 系列、云烟系列、中烟系列等及其后代中的一些品种。

（二）环境条件

1. 温度　在环境条件中影响黑胫病流行与否的主要因素是降雨，其次是温度。温度在黄淮等中国大部分烟区只影响病害发生的早晚，在河南，黑胫病初发期与旬均温在 19～21℃相吻合，只有在 ≥19.7℃，才有可能发病；山东在 6 月下旬以前发病很轻，6 月下旬直到 8 月下旬是发病期，日均温在 24～27℃适于病害流行，当高于 25℃时病害发展最快，平均气温低于 20℃时，黑胫病很少发生，因此苗床期和大田初期，烟株虽处在较感病阶段，但由于气温偏低，潜育期较长，所以为害很轻。在福建等东南烟区，4 月中、下旬候均温 ≥22℃的条件出现的早晚，不仅影响发病始期的早晚，也影响发生危害程度，≥22℃候均温出现早（4 月中旬），发病一般较早，且为害一般也较重；在四川北部地区，烟草生长季节（5～7 月）的气候条件适宜黑胫病发生；贵州省余庆县对烟草黑胫病发生规律进行观测，烟草黑胫病始见期在 6 月下旬，病害发生高峰期在 7 月中旬，7 月下旬地上部开始死亡，8 月上旬地上部进入死亡高峰。

2. 湿度　烟草黑胫病菌属于半水生病原物，在适温条件下，多雨高湿有利病害发生，降水量波动较大，是影响病害年份之间流行程度的主要气象因子。在植株易感病阶段，23～25℃开始发病，在该温度段内，降水量大，田间水分饱和，黑胫病迅速蔓延；当土壤湿度大于 80%，并保持 3～5d，即可出现 1 个病情高峰。这种高温高湿的环境持续越久，病害发生就越严重。因此，每到大雨过后猛晴高温天气，黑胫病发生严重。降雨主要从以下几个方面影响黑胫病的发生流行：一是影响孢子囊和游动孢子的产生，游动孢子萌发产生的附着胞是烟草黑胫病菌的适宜侵染结构，田间湿度大，烟株根茎表面分泌的各种营养物质处于液化状态，易于附着胞的形成与萌发产生次生侵染丝而侵染致病；二是降雨后形成地表流水有利于黑胫病菌的传播；三是土壤中过高含水量不利根系生长发育，降低烟株抗病性。

近年推广的地膜栽培由于明显提高了土壤温度，致使黑胫病的始发期比不盖膜的烟田提早了 10～15d。昼夜温差大有利于游动孢子释放。生产上可以通过适时早栽的技术措施，避过高温多雨季节的感病阶段达到减少发病的目的。因此，在充分利用地膜覆盖栽培的同时，也必须探讨揭膜的最佳时机，做到既保证前期保温保墒又不造成后期黑胫病的发生。

（三）土壤类型及耕作栽培制度

除温度、湿度条件外，土壤类型、耕作制度等也对发病程度有一定的影响。我国烟田土壤微生态环境遭到破坏，长期连作和复种，导致土壤肥力下降、养分失调，形成不利于作物健康生长而有助于病原菌侵染的土壤微生态环境，致使病菌大量滋生。另外，地势低洼、排水不良、黏重的地块发病重，土壤有机质含量对发病率无明显影响。在土壤 pH 适宜于烟草生长的条件下，pH 对烟草黑胫病严重度无显著影响。由于烟草黑胫病是土传性真菌病害，主要是通过带菌土壤和病残体进行侵染和传播，烟田一年内，春烟—晚稻隔季轮作比隔年水旱轮作（即第一年春烟—晚稻，第二年两季水稻，第三年春烟）发病率高 10%～19%，病情指数增加 7.75～15.25。

（四）病原菌的影响

除上述因素外，病原菌的初始菌量及其致病性也是影响烟草黑胫病发生与流行的重要因素。烟草黑胫病是土传性单循环病害，病原菌初始带菌量大，品种感病，气候适宜，则发病严重。大量的试验调查已证明，接种游动孢子的数量直接影响病害发展速度和严重度。黑胫病菌的致病性主要表现在孢子囊产生的数量、释放的比例和游动孢子游动时间的长短。Dukes 和 Apple 对 15 个具有不同致病力的黑胫病菌菌系进行毒力与孢子产生能力的关系研究，发现所有高毒力菌系都能产生大量的孢子囊，且释放的游动孢子也多，其相关系数为 0.816，游动时间也明显比弱致病力菌系的游动孢子游动时间要长，其相关系数为0.864。一般而言，高致病力的病原物产生孢子囊较多，而且释放比例较高，游动孢子游动时间较长。孢子游动时间平均 12～15 h，高致病力的可达 30h，而低致病力的仅 5～8h。

表 21 - 3 - 3　接种量与发病率的关系（引自 Kannwischer 等，1978）

Table 21 - 3 - 3　Relationship between inocula and disease incidence（from Kannwischer et al.，1978）

游动孢子（株）	5	15	25	50	100	200	300	
发病率（%）	10	22	35	55	82	93	100	接种后28d调查
厚垣孢子（个/g）	0.05	0.075	0.1	0.25	0.5	1.0	5.0	
发病率（%）	23	27	50	81	92	98	100	接种4周苗龄50d调查

关于卵孢子在侵染中的作用尚不清楚，Kannwischer 等将烟草黑胫病菌卵孢子用酶处理，以每克土壤500 个卵孢子接种，经观察，直到 75d 仍未发生侵染。

六、黑胫病与其他病害的相互作用

线虫造成的伤口有利于真菌的侵入，被根结线虫感染的植物易受根部病原真菌的侵染为害。据河南、山东调查，在受到南方根结线虫（*Meloidogyne incognita*）侵染的烟田中，高抗黑胫病的烤烟品种 NC82，黑胫病的发病率明显高于中抗黑胫病、高抗南方根结线虫的中烟 14，但烟草黑胫病的发生不依赖于根结线虫的侵染，在消毒土壤中，单独接种黑胫病菌照样发病。黑胫病和根结线虫同时混合接种时，发病较重，表明根结线虫的存在会加重烟草黑胫病的发生。根结线虫侵染增加黑胫病的严重度不仅是由于伤口的原因，因为黑胫病菌的侵入并不是必须有伤口，而主要是伤口使细胞内物质大量泄漏增加了对游动孢子的吸引力，从而加速了侵染过程；线虫所形成的巨细胞更有利于黑胫病菌菌丝的生长，在这些细胞内菌丝较多且生长更旺盛。根结线虫和烟草黑胫病混合发生的地区，凡是前期烟草根结线虫发病率高的田块，后期黑胫病流行广且为害重。

在生产上，烟草黑胫病也常与其他真菌、细菌病害混合发生为害，近几年，江西赣中优质烟基地，重庆及云南部分新、老烟区烟草黑胫病和青枯病混合侵染在不断出现，为害逐年加重，严重影响了优质烟的生产。

七、抗药性

甲霜灵（metalaxyl，苯基酰胺类杀菌剂）在生产上使用广泛，是防治烟草黑胫病的主要药剂之一，但由于生产上该药剂的连续多年施用以及使用技术的不合理，病原菌已对其产生了抗药性，表现为防效降低，由于生产上缺乏对这些主要病害抗药性状况的了解，一味增加用药量及用药次数，造成更加有利于病原菌抗药性产生的现状，且环境污染加重，特别是烟叶农药残留偏高，对烟叶出口和卷烟安全性带来不利影响。连续使用甲霜灵后，可以增加烟草黑胫病菌对甲霜灵不敏感菌株的群体，导致抗性水平不断上升，而且一旦出现抗性菌株，其群体将迅速扩大，最终将影响甲霜灵的防治效果。分别测定来自安徽、山东、广西、云南分离的黑胫病菌菌株对甲霜灵的抗性，结果显示上述地区部分菌株对甲霜灵均产生了不同程度的抗性，其中，安徽省在多年使用甲霜灵的情况下，烟草黑胫病菌对甲霜灵的抗性水平依然很低，且尚未大面积产生抗性；毕节地区的烟草黑胫病菌已经对甲霜灵产生了抗性；来自广西主要烟区的 196 株烟草黑胫病菌菌株对甲霜灵的敏感性检测结果表明，敏感型菌株仅占测定菌株的 1.53%，绝大部分菌株为甲霜灵一般耐药型或耐药型菌株；云南省以文山、玉溪的菌株抗药性最强，昭通、曲靖的抗药性最低。

我国学者还通过烯酰吗啉（dimethomorph）对烟草黑胫病菌继代培养物毒力的比较，证明山东和云南的部分黑胫病菌菌株对烯酰吗啉存在抗药性风险。云南、贵州及山东的 38 个黑胫病菌菌株对霜霉威（propamocarb）的敏感性测定结果显示，霜霉威对 38 个菌株的 EC_{50} 值呈连续双峰（主峰明显）频次分布，分布在 $2\,493.3\sim19\,625\mu g/mL$，均值为 $(9\,688.7\pm1\,396.4)$ $\mu g/mL$；在离体条件下，烟草黑胫病菌对霜霉威的敏感性高，未出现敏感性下降的抗药性亚群体。频次分析表明，霜霉威对组成连续双峰频次分布主峰的 25 个菌株的 EC_{50} 均值为 $(7\,136.1\pm929.93)$ $\mu g/mL$，可作为烟草黑胫病菌对霜霉威的敏感性基线。许学明等测定了抗甲霜灵烟草黑胫病菌突变株对 5 种参试杀菌剂的交互抗性。结果表明，抗甲霜灵烟草黑胫病菌菌株对有机硫类保护性杀菌剂代森锰锌有负交互抗性现象，而对取代苯类保护性杀菌剂百菌清（chlorothalonil）、乙酰胺类内吸性杀菌剂霜脲氰（cymoxanil）和氨基甲酸酯类内吸性杀菌剂霜霉威无交互抗性。

抗药性产生的原因主要有以下几个方面：①药剂作用位点单一。甲霜灵对病菌的作用主要是抑制核糖体 RNA（rbosomal RNA）聚合酶活性，从而抑制 RNA 的合成。由于甲霜灵的作用位点单一，极易导致病原菌体细胞发生单基因或寡基因突变，降低受药位点与药剂的亲和性，表现出抗药性现象。②田间存在天然的抗性群体。田间存在的天然抗甲霜灵菌株群体是烟草黑胫病菌对甲霜灵产生抗性的主要原因之一。③与甲霜灵接触后发生抗性突变。Chang 等在实验室用甲霜灵处理烟草黑胫病菌，得到了抗甲霜灵的突变体。④药剂的选择压力。一些病菌群体中由于遗传物质的差异，存在着潜在的抗药性基因。在药剂的选择压力下，敏感性往往会发生一定质或量的变化，当病菌群体中存在少数抗药性个体时，长期使用同种或作用机制相同的杀菌剂时，会使病菌群体中敏感的部分被抑制或杀死而被淘汰，而抗药性的部分则能够生存和繁殖；Shew 对连续使用 3 年甲霜灵的烟田进行了连续性监测结果表明，抗性群体不断上升，敏感群体逐渐下降。⑤病原菌的生物学特性。微生物的抗药性突变总是以一定的突变率发生，而黑胫病菌具有世代短、产孢量大等特点，所以容易产生抗药性。Milgroom 等将影响病菌对甲霜灵产生抗药性群体的因素归为以下 8 个方面：①是否存在有利于发病的气候条件；②是否选用抗病品种；③是否混用保护性杀菌剂；④甲霜灵的使用频率；⑤药剂剂量；⑥抗药性菌株的抗性、稳定性及适合度；⑦抗药性菌株的抗性水平；⑧抗药性菌株的致病力强弱等。

八、防治技术

烟草黑胫病是一种土传病害，且其是烟叶生产上的主要病害，只有选用抗病品种、作物轮作、化学防治结合生物防治及生态调控措施等才能有效防控该病害。

（一）选用抗病品种

种植抗病品种是防治黑胫病最经济有效的措施。烟草对黑胫病有两个类型的抗病性。垂直抗性，因新生理小种的产生较快，除白肋烟的杂种一代应用外，尚未广泛利用，如鄂烟 2 号（ky14×L8）对 0 号生理小种高度抗病，已在湖北等地广泛推广。在烤烟上主要是利用水平抗性，引进的抗病品种有 NC82、

K326、G28、G140、NC89 和 K346 等，但这些品种除 K346 外，均较感赤星病、气候斑点病和病毒病（TMV、CMV）。中烟 90、中烟 9203、中烟 14、云烟 85 等也较抗黑胫病。目前，我国较抗黑胫病的烤烟品种有豫烟 2 号、中烟 9203、中烟 90、NC82、单育 3 号、革新 3 号等；中抗品种有国外引进的 K346、K326、G28、Coker371、NC37NF 等，国内育成的云烟 85、云烟 87 等。白肋 21 和白肋 37 等白肋烟品种以及五峰黄、什邡毛烟等晾晒烟品种，在对烟草黑胫病的控制上起到了较大作用。在利用抗病品种时必须了解现有品种对黑胫病都不是免疫的，在接种体数量大的时候，仍会严重发病，如 NC82、G28 等在连作病地块上发病率也可以超过 30%，故只有与栽培措施，尤其是与轮作等防治措施相结合，这些抗病品种才能更好发挥其防病保产作用。

（二）农业防治

1. 合理轮作与间作　通过合理轮作与间作防治烟草黑胫病是有效又易于实行的。对防治黑胫病而言，用任何作物作为轮栽作物都可有效地防治黑胫病。但在实践中，发现不同轮栽作物其防病效果有较大差异。如上所述，厚垣孢子在土壤中可存活很长时间，旱地 3～4 年轮作可减少病原菌的数量，能收到较好的防病效果。间隔 3～4 年的轮作制度可以有效控制烟草黑胫病的发生。轮栽作物以水稻、小麦、玉米、谷子、高粱、甘蔗、羊茅草等禾本科作物及甘薯、大豆、棉花等作物为宜。中国南方烟区烟—稻隔年水旱轮作，只要做好田间卫生和排灌设施，一般 1 年即可有效控制烟草黑胫病的为害。

2. 清理病株残体，保持田间清洁　不管是否有病害发生都必须及时清理发病烟田病残体，清除烟叶废屑及烟田杂草，集中处理、烧毁或深埋，以减少初侵染源，不施带菌肥料，田间农事操作尽量避免造成伤口。当田间发现病株，应及时拔除带出田外做适当处理，不得随手乱扔。减少烟株底部叶与地面的接触，从而减少与病原物的接触机会，控制土传病害的发生。

3. 其他栽培防治措施　适时早栽，使烟株易感病阶段与高温多雨的流行气候避开。高起垄高培土栽烟，有利于根系生长发育，有利于排水，并避免流水串灌减少病菌对根系接触侵染的机会。烟地平整，易于排灌，既防积水，又防干旱。生长前期减少中耕除草等易造成伤口的操作也很重要。平衡施肥，实践证明过量施用氮肥对黑胫病的侵染是有利的，在较酸性土壤中曾通过施用石灰来改善土壤 pH 条件，但过高的钙离子有加重黑胫病为害的趋势，应当慎重使用；施用净肥，保持灌溉水不被病菌污染。在重庆烟区，适量多施磷肥，适时早栽并进行覆膜栽培有利于改善烟株生物学特性，增加株高、单株留叶数和最大叶面积。

（三）化学防治

化学药剂防治可在短期内快速有效地防治该病。根据烟草黑胫病菌主要在茎基部和根系上发生侵染，及现蕾前为感病阶段等特点，结合国内具体情况，防治烟草黑胫病的主要施药时间是在移栽后 3～6 周，视天气情况，或在连作烟田中感病品种的发病初始期确定施药时间；施药方法采用向茎基部及其土表浇灌法，实施局部保护，此法同整株喷雾法相比，可减少用药量，降低防治成本，又能充分发挥药剂的防病保产作用，提高防治效果。

首先，栽烟前可使用土壤熏蒸剂，如威百亩（有效成分为甲基二硫代氨基甲酸钠），能够成功地降低土壤土传病原菌的数量，但这种方法成本高，长期反复使用会导致农药残留而污染土壤环境及病菌的抗药性等问题，且还会杀死促进植物生长的有益微生物，使灭菌后形成“生物真空”，一旦病原菌入侵会造成严重的后果。

目前，许多药剂对烟草黑胫病的田间防治效果都比较好，其中，甲霜灵系列杀菌剂是国内外防治该病常用的比较好的药剂。但由于长期大量使用该系列药剂，黑胫病菌对其产生了抗药性，近年在防治烟草黑胫病上已注册登记的杀菌剂有 58%、72%甲霜灵·锰锌可湿性粉剂，50%烯酰吗啉水分散粒剂及 40%三乙膦酸铝可湿性粉剂等，霜霉威对烟草黑胫病菌菌丝生长的抑制作用很低，但田间防治效果却较好，其原因与该药剂的作用机制有关。一方面霜霉威可抑制菌体细胞膜中磷脂和脂肪酸的合成；另一方面其对寄主植物具有刺激生长作用，提高了植株的抗病性。由噁霜灵和代森锰锌两种杀菌剂混配制成的高效杀菌剂杀毒矾，兼具内吸传导性和触杀性，具有预防、治疗和根治三重功效。

其他可以利用的防治黑胫病的杀菌剂：甲霜灵·锰锌混剂是一种低毒杀菌剂，具有保护和治疗双重作用；又如烯酰吗啉与代森锰锌混剂等均已广泛应用于防治烟草黑胫病；其他的混剂如由精甲霜灵和代森锰锌混配研制而成的金雷多米尔锰锌，表现出内部治疗、外部保护的双重防效。近年来，经过科技人员的不断努力，一些杀菌活性高、作用机制独特的杀菌剂相继问世，使烟草黑胫病的化学防治力量得到进一步增强。由沈阳化工研究院开发的我国第一个具有自主知识产权的肉桂酰胺类杀菌剂氟吗啉，因氟原子特有的性能如模拟效应、电子效应、阻碍效应、渗透效应，活性显著高于同类产品，对已产生甲霜灵抗性的菌株有很好的活性。

黑胫病菌侵染时间长，药剂防治难以长期奏效，近年来，由于长期连续使用和过量使用甲霜灵单一类药剂，已导致抗药菌系的产生且抗药性增加，因此，要周期性轮换使用具有不同作用机制的杀菌剂。

（四）其他防治方法

1. 生物防治 近 20 年来，人们越来越多探索烟草黑胫病的生物防治方法。生物防治是病原菌与拮抗微生物之间相互作用的结果。研究表明，对于抑制烟草疫霉的土壤来说，增加有益微生物数量有利于降低病害发生率或严重性，一些细菌、放线菌和真菌在培养条件下可以产生抗生素抑制疫霉菌的生长并使菌丝、孢子囊及游动孢子溶解。目前，植物病害的生防菌大部分是从土壤、根际或植物体表分离的，主要包括芽孢杆菌、假单胞杆菌、链霉菌和木霉等，通过分泌拮抗物质抑制菌丝生长和孢子萌发，分泌几丁质酶、纤维素酶等细胞壁降解酶和分泌抗生素等对烟草黑胫病有防治作用；但其往往在室内表现为抑制作用明显，室外施用时大多不能在寄主体表或体内正常定殖，此外，因环境条件变化和生态条件不同、植物根围微生物种群变化、土壤有机质含量下降和拮抗菌无法正常繁殖等的影响，生防效果不稳定有时甚至无效。

近年来，利用有机堆肥管理拮抗微生物体系来防治烟草黑胫病取得了一定的成功，在向土壤中施入大量的有机堆肥的同时，也应添加大量的拮抗微生物使其快速繁殖。如利用高纤维素的有机堆肥物质会促进能够溶解疫霉菌菌丝或孢子的产纤维素酶的微生物大量繁殖，从而能有效地、彻底地防治病害。

2. 诱导抗性 抗性诱导使植物潜在的病基因表达为抗病表型，将病害控制对策由病原—寄主互作的外系统转向互作的内系统，开发植物内在抗性机制来防治病害，增强可控性、预防性，是现代植病防治的一条重要途径。而且诱导抗性的非专化性、系统性和持久性以及无公害性等特征，其应用可达到多抗、高抗和环境保护等多种目标。而且诱导因子多种多样，便于生产和推广利用。植物诱导抗性的研究也取得了一些成果，如赵蕾等用壳聚糖诱导烟草抗黑胫病，内生细菌既能直接拮抗烟草黑胫病菌，而且还能诱导烟草对黑胫病产生抗性，用菌液处理植株后，抗性相关酶过氧化物酶（POD）、苯丙氨酸解氨酶（PAL）的活性上升变化明显。沈奕等在室内条件下，采用菌丝生长速率法测定了几丁寡糖对烟草黑胫病菌的抑制作用，继而在温室盆栽和人工接种条件下，分别测定几丁寡糖、木霉、几丁质、几丁寡糖＋木霉、几丁寡糖＋木霉＋几丁质 5 种处理对烟草黑胫病的防治效果，结果表明，几丁寡糖在离体条件下对烟草黑胫病菌菌丝生长无抑制作用，但在盆栽试验中对烟草黑胫病具有显著的防治效果，能显著提高烟草体内的超氧化物歧化酶（SOD）、POD、多酚氧化酶（PPO）和几丁质酶活性。

3. 生物多样性 国家《烟草行业中长期科技发展规划纲要》明确提出"无公害烟叶工程"，利用生物多样性控制作物病害是实现"绿色植保"极有希望的途径之一。陈国康等在四川西阳利用生物多样性防控烟草黑胫病试验研究表明，生物多样性处理田采取冬季种植绿肥黑麦草，大田生育期间作大豆、绿豆，并针对性地施用生防菌剂的生物多样性控病模式，能有效控制烟草黑胫病的发生与为害，经济效益明显，具有进一步研究示范和推广应用的价值，为利用生物多样性控制烟草其他土传病害提供了可能途径。

综上所述，烟草黑胫病菌蔓延快、破坏性强，存在明显的生理分化现象，只有在明确防治对象的生理小种的前提下，采取有针对性的综合防治措施。当前，在栽培措施方面进行了大量的研究，对控制黑胫病的发生起到了很好的效果。然而，单纯依改进栽培措施来控制该病害的发生还远远不够，在此基础上还要利用遗传转化技术，大力开展抗病品种的选育。药剂防治方面，对低毒、低残留、高效药剂的筛选和研制具有重要的实际意义。此外，生产上还应经常交替使用不同作用机制的杀菌剂，以延缓病菌的抗药性。而生物防治是一个综合性系统工程，它具有高效、无污染、无公害等特点。任何单一措施不可能获得充分的防治效果，因此必须将所有可能有用的措施有机组合起来进行综合防治。

王静（中国农业科学院烟草研究所）

第 4 节　烟草青枯病

一、分布与危害

烟草青枯病是威胁世界烟草生产的一大毁灭性病害。热带、亚热带烟区发病尤为严重。该病是一种典型的维管束病害，最显著的症状是枯萎，一旦发病即可造成全株死亡，对烟草产量和质量为害极大。在中国，据 1989—1991 年除台湾省外 16 个产烟省份的侵染性病害调查结果，仅吉林和黑龙江两省尚无此病分布，长江流域及以南烟区都普遍发生；其中，广东、广西、福建、四川、重庆、湖南、安徽等地发病较重；许多重病区的老病田或旱地烟田，全田发病和绝产无收的现象每年都有发生。以往青枯病的为害区域多局限于长江流域及以南烟区，但近年来，由于青枯菌的演变及适应，其发病范围和为害程度都有向北方烟区扩展的趋势。如山东、河南、陕西及辽宁等省都已有分布和为害的记载，局部烟区还相当严重。每年因青枯病为害导致烟叶产量、质量下降而造成的直接产值损失均可以千万元计算；据 2010 年《中国烟叶生产实用技术指南》统计，2009 年全国烟草青枯病发生面积为 3.27 万 hm²，产值损失为 10 552.21 万元，该病造成的损失已居各类侵染性病害第四位。近几年来烟草青枯病虽未大面积流行，但局部地区发病依然严重，达到 80%～100%。且其常与黑胫病、根结线虫病等根茎类病害混合发生，严重时可使全田烟草枯死。

二、症状

青枯病以侵害烟草根部为主，有时也侵害茎和叶，最典型的症状是枯萎。发病初期，病菌多从烟株一侧的根部侵入，当烟株叶片首次出现萎蔫时，拔根检查往往不易被人们所觉察，因为此时只有少数的根（有时仅 1 条）被害。由于植株感病枯萎很快，而叶片萎垂仍呈青绿色，故称青枯病（彩图 21-4-1）。这种青色萎蔫现象遇阴雨天或在傍晚后可以恢复，但通常仅能维持一两天。直至发病的中前期，烟株一直表现一侧叶片枯萎，另一侧叶片似乎生长正常，这种半边枯萎的症状可作为与其他根茎类病害的重要区别。若将茎部横切，可见发病一侧的维管束呈黄褐色至黑褐色；若纵剖病茎，则见维管束的黑色病斑为长条状，但外表仍为褐色。随着病情发展，病害从茎部维管束向外表的薄壁组织扩展，细菌大量增殖，褐色条斑逐渐变成黑色条斑，且一直伸展至烟株顶部，甚至到达叶柄或叶脉上。到发病后期，病株全部叶片萎蔫，根部全部变黑腐烂，茎下部黑色坏死，髓部呈蜂窝状或全部腐烂，而烟草空茎一般从烟株顶部向下发展，且后期病髓部全部中空。如切取小段病秆浸入清水中，顷刻可见切口处渗出乳白色菌脓。

茎上的黑色条斑和叶片上黑黄色网状病斑是烟草青枯病最重的症状特征。受青枯病感染的烟株一般仍保持直立，不倒折，未摘除的病叶紧贴在茎秆上。此外，青枯病在抗病的烟草品种上通常不形成典型的枯萎症状，茎上的条斑较短小，黑色程度也较浅，发展也较慢，或者到一定程度就停止发展，但植株生长仍有所受阻，表现轻度矮化。

三、病原

烟草青枯病的病原曾用名 *Pseudomonas solanacearum* Smith 或 *Burkholderia solanacearum*，1996 年由《国际细菌学杂志》（*International Journal of Systematic Bacteriology*，IJSB）正式更名为茄劳尔氏菌 [*Ralstonia solanacearum* E. F. Smith (1986)，Yabuuchi et al. (1993)]。

茄劳尔氏菌是一种好气性假单胞杆菌，革兰氏染色阴性。菌体短杆状，两端钝圆，无内生孢子及荚膜，大小为（0.9～2）μm×（0.5～0.8）μm，单极鞭毛 1～3 根，偶尔两极生，能在水中游动（彩图 21-4-2）。该菌生长温度为 18～37℃，最适温度为 30～35℃，致死温度为 52℃ 10min，生长需要的 pH 为 4～8，最适 pH 为 6.6。

茄劳尔氏菌在肉汁冻培养基上的菌落为小圆形或不规则形，稍隆起，表面光滑且有光泽，初为乳白色，后为褐色，这是因为此病菌分泌一种水溶性黑色素所致；在氯化三苯基四氮唑（TTC）培养基上致病菌株是可流动、平滑稍隆起、有粉红色中心的白色菌落，而无致病力的菌株则是奶油状、红色的菌落。

茄劳尔氏菌生理生化复杂，其菌株在不同寄主、不同地理条件下，致病型、流行学均有差异。每一个生理小种下面还可划分出若干致病型。另一类是根据青枯菌对 3 种双糖和 3 种己醇的氧化利用情况将其划分为 5 个生化变种（表 21-4-1）；研究者通过大量菌株的对比试验，提出了茄劳尔氏菌生理小种与生化变种的对应关系（表 21-4-2），侵染中国烟草的主要为 1 号生理小种和Ⅲ、Ⅳ生化变种的菌株，以Ⅲ为主，且是我国长江流域及其以南地区的优势菌系。

表 21-4-1 我国作物茄劳尔氏菌的生物型 （引自何礼远，1983）

Table 21-4-1 The biotype of *Ralstonia solanacearum* （from He Liyuan，1983）

生化变种	双糖			己醇		
	乳糖	麦芽糖	纤维二糖	甘露醇	山梨醇	甜醇
I	−	−	−	−	−	−
II	+	+	+	−	−	−
III	+	+	+	+	+	+
IV	−	−	−	+	+	+
V	+	+	+	+	−	−

表 21-4-2 茄劳尔氏菌生理小种与生化变种的对应关系 （引自何礼远，1995）

Table 21-4-2 The relation ship between race and biovar of *R. solanacearum* （from He Liyuan，1995）

生理小种	生化变种		
1	I	III	IV
2	I	III	
3	II		
4	IV		
5	V		

在茄劳尔氏菌的一个生理小种内，不同寄主来源及不同地区来源的菌株在致病型上存在较大差异。根据茄劳尔氏菌对寄主的致病性差异划分为不同的致病型，分为强、弱或强、中、弱或更多的致病型（Pathotype）。方树民等（1998）1996—1997 年把福建和贵州的 30 个烟草青枯菌株分为 4 个致病型，I 型菌株致病力最弱，II 型菌株中弱，III 型菌株中强，IV 型菌株致病力最强。向忠明等（2001）将南方 5 省份烟草茄劳尔氏菌菌株划分为 3 个株系群，I 型为弱毒株系，高度侵染感病品种（红花大金元）；II 型为中毒株系，分别侵染感病和中抗品种（红花大金元、K326）；III 型为强毒株系，除湖南和贵州省外，其余 3 省份均有一定比例的强毒株系。福建、贵州以 II 型（中毒）株系为主，江西、湖南以 I 型（弱毒）株系为主，广东以 I 型（弱毒）和 II 型（中毒）株系为主。据方树民等（2002）的研究报道，供试菌株明显区分为 3 个致病型，I 型菌株致病力弱，平均病情指数<65；II 型菌株致病力中，平均病情指数多为70~80；III 型菌株致病力强，平均病情指数>85。I 型菌株主要分布在江西、广东、湖南和福建等省的黏质水烟田。II 型菌株主要分布在贵州省低海拔的旱烟田，广东和湖南省旱烟田，以及福建省相当部分的沙质水烟田。III 型菌株主要分布在低海拔小盆地，两山相夹的走廊田，溪流沿岸的沙土，小气候闷热，阴、湿、沙的烟草连作地。

在自然或人工培养条件下，茄劳尔氏菌易产生无毒突变体，其生物型也发生变化，在同一个地区和同一寄主上可以分离生物型不同的菌株。此外，随着对烟草青枯病菌菌株研究数量的增多，还出现了越来越多的不能归入现有任何生物型的中间型菌株，故有学者又提出了生物亚型的概念。但对生物型与生物型之间的关系及其划分标准尚缺乏统一的认识。

茄劳尔氏菌寄主广泛，最近报道其可侵染 44 科 300 多种植物，以茄科中的寄主种类最多，除烟草外，对番茄、辣椒、茄子、花生、马铃薯、芝麻、甘薯、姜类作物侵害最重，另外，桑、桉树等木本植物及蚕豆、大白菜、萝卜、草莓等草本植物上也发生青枯病。青枯病不侵害禾本科植物。

四、病害循环

茄劳尔氏菌是一种土壤习居菌，主要在土壤中或随病残体遗落在土壤中越冬，也能在田间寄主体内及根际越冬。在病残体中可存活 7 个月，在湿润的土壤或堆肥中可存活两年以上，但在干燥的条件下很快死亡，在种子表面的病菌 2d 后即可全部死亡。茄劳尔氏菌可随病苗、病残体及土壤传播，形成初侵染，再随灌溉水、雨水、病苗、肥料、农具、病土及人畜活动而传播，从寄主根部伤口侵入致病，完成再侵染。农事操作如中耕培土、打顶抹芽、收摘烟叶等及昆虫为害，均能使该病菌传播和侵入同时完成。诸多因素中，带菌土壤是最重要的初侵染源。带菌肥料作为初侵染源在桂西和桂北烟区较为多见，因为这些地区厩肥施用多，也习惯将收获后的烟株残体沤肥。病田流水是病害再侵染和传播的最重要方式，插花性的水旱轮作往往不能收到预期的防病效果，这主要由流水串灌造成，许多新植烟田第一年就严重感染青枯病也是因此。

五、流行规律

（一）青枯菌的传播扩散及其侵染条件

1. 青枯菌的传播与扩散　茄劳尔氏菌主要通过水传播、植物的根际或尘土移动传播，也可以通过农具传播；土壤中的线虫也是一种重要的传播途径。

2. 青枯菌的侵染过程及侵染条件　病原菌通常从植物根部或茎部的伤口侵入，直接进入导管系统，也可以从没有受伤的次生根的根冠部侵入，侵入皮层后在细胞间隙生长，破坏细胞间的中胶层，使细胞质壁分离，变形，并形成空腔，继而侵染木质部薄壁组织，使导管附近的小细胞受刺激形成侵填体，并移入侵填体，侵填体破裂后病原菌即被释放进入导管，茄劳尔氏菌在导管内大量繁殖菌体及其代谢产生的大分子物质（主要是胞外多糖，EPS），EPS 堵塞导管，并在导管内大量增殖和快速传播扩张，影响和阻碍植物体内水分运输，同时茄劳尔氏菌还向胞外分泌多种细胞壁降解酶，破坏导管组织，从而引起植株萎蔫和死亡。

在病害始发后，湿度明显上升为控制病害流行速度和为害程度的主导因子。雨量多湿度大，病害发展快，为害重，相反雨量少，湿度低，病害发展受抑制，为害相对也较轻。暴风雨或久旱后遇暴风雨或时雨时晴的闷热天气更有利病害的发生和流行。实际生产中，高温多雨的季节，烟株也正处在旺长期和成熟期，此时植株迅速生长，抗病性降低，有利于病菌在烟株体内迅速传导扩展，造成染病植株快速死亡。

（二）影响病害流行的因子

青枯病发生与流行与否受气候、品种抗性、土壤类型及地势、栽培条件、其他病虫为害等诸多因素制约，其中以气候因素影响最大。

1. 气候　烟草青枯病是高温高湿型病害，发病最适宜温度为 30～35℃，主要发生在热带、亚热带和一些温暖的地区。湿度是影响该病发生流行的另一个重要因素。许多研究资料表明，当日均温稳定在 22℃以上，烟株根系层的土壤达充分湿润后，病菌即可侵入为害。中国南方许多烟区（如南宁、三明烟区）在每年的 4 月中、下旬，温度一般能满足青枯病菌侵害的需要，但此时病害能否发生，条件就取决于降雨或灌溉，雨量多湿度大，病害发生早、发展快，为害重；反之则迟。

2. 土壤类型、结构及 pH　不同土壤类型青枯病的发病程度差异较大。一般情况下，利用水田栽烟发病较轻，连片隔年水旱轮作基本可控制青枯病为害，旱地烟普遍发病较重，田间发病率在 50% 左右或以上的多是旱地烟。在某些丘陵烟区，也有水田烟比旱地烟发病严重的，主要原因是这些地方多是插花性轮作，又无良好的排灌设施，降雨或灌溉时，田块之间相互串流，病田流水给病菌传播蔓延、辗转侵染创造了极为有利的条件。

从土壤结构来看，土质黏重板结易发生烟草青枯病，沙壤土发病较轻，沙质土最轻。在广西玉林市沙塘乡调查发现红壤坡地发病最重，紫色页岩地发病最轻，甚至比水烟田还轻，而且发病始期也比红壤坡地迟 10～20d。烟草青枯病多发生在偏酸性或中性的土壤中，在碱性土壤上发病较轻。

3. 耕作方式　无论水田植烟或旱地植烟，凡是连作或前作为茄科或其他青枯病寄主植物的田块发病均较重，其中旱地植烟尤为突出。凡是与禾本科作物轮作发病均较轻。其中，以大面积隔年水旱轮作的防病效果最为显著，旱地轮作其收效一般不十分理想。此外，由于病原菌主要通过雨水传播，坡上和坎上发病的田块，在当年或翌年常常会造成下方田块发病。

4. 品种　品种间的抗病性存在着明显的差异，美国用抗青枯病抗源 Ti448A 育成 VA080、K358、K326 等一系列品种，但都很难被我国直接利用。国内品种区域试验及系统调查结果显示，目前推广的烤烟品种中尚无抗青枯病品种。广西近 10 年调查及四川筠连县的病圃种植结果表明，红花大金元、云烟 85、云烟 87、NC89、G28 等都属高感品种，仅有 K326 较为抗耐病，属中抗型，发病期也稍迟。G140、中烟 90 等介于 K326 与红花大金元等之间。Coker176 是抗青枯病很强的品种，可把病害控制在不足以造成危害的程度。四川、山东、福建等省发现 D101、G80 有较强的抗性和耐性，其中，G80 在山东和福建的病情指数为 6.5～24.0。湖南湘西烟科所对 48 个晒红烟品种（系）的抗性鉴定中，筛选出密叶子、大幅烟和小南花 3 个品种较抗青枯病，可在重病区试种或作为抗源品种加以利用。广东省南雄县在青枯病品种抗性筛选中，发现台烟、夏抗 1 号、夏抗 3 号、Coker176、VS770、NC2326 等材料的发病率≤1%；巫升鑫等（2004）对260份烟草品种做青枯病抗性筛选鉴定，得到对青枯病Ⅰ、Ⅱ、Ⅲ型株系反应R-LR的抗病品种有G3、G6和反帝3号3份，这是迄今所发现抗病谱广且能抗强株系的种质资源。

值得指出的是，品种的抗病性是受多方面因素制约的。一个抗病品种往往在刚推广的一年至数年内表现抗病，但随着种植年限增加，病菌致病力改变，其抗性就或快或慢地丧失。此外，有的抗病品种在甲地表现抗病，而在乙地则表现感病，如G28、NC89、NC82原报道都是抗青枯病的，但在我国大部分地区都表现高度感病。

5. 土壤肥料施用　土壤肥力、肥料种类、数量都对青枯病的发生有较大的影响。土壤肥力过大或氮肥施用过多，易造成烟株营养不协调，生长过于幼嫩，贪青晚熟，烟株自身的抗病性降低，往往导致该病的严重流行；而增施磷、钾肥不仅可提高烟株的抗病力，还可促使烟叶提早成熟，有利于避过病害的发生高峰期。硝态氮对烟草生长有利，铵态氮对烟草生长不利，所以，施用铵态氮的地块发病也较重。

6. 青枯病与其他病害的相互作用　田间调查发现，烟草在感染青枯病后，常常容易被其他入侵物侵染，这些入侵物主要包括烟草的其他侵染性病害，包括黑胫病、根结线虫病及低头黑病等根部病害，其中，以青枯病与黑胫病混合感染的频率最高。刘勇等（2007），2004—2006年调查了云南省烟草青枯病的发生情况，对田间采集的烟草茎下部黑色坏死症状样品进行了病原菌分离。在文山壮族苗族自治州文山县、砚山县、广南县、西畴县和麻栗坡县主要栽烟乡镇的重病田块，茎下部黑色坏死病株86.3%感染青枯病，27.7%感染黑胫病，其中，包括14%病株复合感染青枯病和黑胫病。两种或两种以上的病原物联合作用，都会加重病害发生程度。

7. 其他因素　适时合理的中耕培土，可促进烟株根系发达，生长健壮。而培土过迟，则会导致伤根太重，有利于病菌侵害。中耕次数过多，也会增加伤根机会。其他农事操作如过早或过迟打顶，在雨天或露水未干前进行中耕培土、打顶抹杈或收摘烟叶都有利于病害的传播与蔓延。线虫及地下害虫为害或各种不良条件引起的烟株根系腐烂也利于病害发生。

此外，采用营养杯育苗或地膜植烟都可促进烟草早发快长，提早收获期，利于降低病害的为害程度。但在老病区，采用地膜种烟会使发病期提前，加重为害程度，原因是覆盖地膜后可提高土壤的温度和湿度。

六、防治技术

（一）选用抗（耐）青枯病优良品种

选用抗（耐）病品种是控制青枯病发生与流行经济、有效的措施。目前在中国推广面积较大的烟草品种中，K326是比较抗耐病的，虽在推广年限较长的烟区其抗性有所减退，但对水田烟生产和新推广的烟区还具有较好的应用价值；其他推广品种如G140、Coker176、G80、K346、K394等都有一定的抗病性，其中K346抗性和品质均较好，适于病区种植。国内学者还筛选出育种潜力较大的青枯病抗源Oxford 207、Enshu FC、岩烟97和TI448A。但迄今为止，所选育出的抗青枯病品种大多数品质都不十分理想。所以，在选用和推广一个抗病品种前，必须经过严格的区域试验和示范试验。此外，一个抗病品种在一个地区的种植年限不宜太长，一般以3~5年为好，避免品种过于单一化。

（二）合理轮作

轮作是防治青枯病发生与流行的经济有效、方便可行的农业防治措施之一。根据该病菌为好气性细菌，而且不侵害禾本科植物的特点，水田栽烟可实行烟稻隔年轮作制。旱地烟实行3~5年与禾本科作物或非青枯病菌寄主大面积连片轮作，均可取得良好效果。

另外，还有很多杂草是茄劳尔氏菌的寄生植物，Moffett等报道茄劳尔氏菌可侵入许多杂草的根部，故不提倡采用休耕法。

（三）培育无病苗

选择地势高、土质疏松、排水方便、背风向阳、前作为水稻或其他禾本科等非寄主作物的地块作苗床，进行土壤消毒，用威百亩等熏蒸剂进行熏蒸消毒。有条件最好采用漂浮育苗或托盘育苗。适时早播早栽，可以起到避病作用，降低感病概率，提早成熟采收，将发病高峰期推迟到收烤中后期，减轻发病损失。播种后要加强苗床管理，及时除草、间苗和追肥，并适时假植，以促进烟苗生长健壮，提高抗病能力。

（四）加强栽培管理

与苗床一样，有条件的地方，最好选择排灌分开的沙壤土田块栽烟。地势较低、湿度大的地块应起高畦，以利于排水。广东南雄的经验，一般以垄高 50cm 以上为好。中耕培土、打顶抹芽、收摘烟叶应避免在雨天或露水未干前进行。收摘烟叶应先收摘无病田，再收摘有病田。完善排灌措施，防止田间积水，防止流水串灌。施足基肥，适当增施磷、钾肥，以提高烟株抗病性。氮、磷、钾的施用比例以 1∶2∶3（4）为好，氮肥尽量使用硝态氮。在土壤偏酸性地区，在栽烟前施用石灰 750～1 050kg/hm² 进行土壤改良，可减少病菌传播机会。防治好地下害虫和根结线虫，在栽烟前可施 98％必速灭（四氢化-3，5-二甲基-2H-1，3，5-噻二嗪-2-硫酮）微粒剂，3～3.7g/m² 穴施或沟施，可减少伤根，减轻发病。

（五）搞好田园卫生

烟苗移栽后的大田前期，尤其是南方烟区应经常进行田间检查，一旦发现病株应立即拔除，带出田外集中烧毁，并在病穴撒施少量石灰进行消毒，不要将病株随地乱扔，以减少病菌传播蔓延的机会。烟叶收摘完毕后，也应将病株连根拔起集中处理，切勿将病株还田作肥用，这一点对旱地种烟尤为重要，并对病田进行消毒，以防止病菌潜存，减少翌年病害的初侵染源。病田消毒通常可用石灰消毒法，即每公顷撒施石灰 750～1 050kg 后进行耙沤；也可用多用途的熏蒸剂减轻青枯病的为害。

（六）药剂防治

目前对该病害尚无防效理想的药剂，施用药剂进行辅助防治，以缓解和推迟青枯病发病高峰期，减轻病害发病程度。常规采用 200μg/mL 农用链霉素药液、50％琥胶肥酸铜可湿性粉剂 300～400 倍稀释液于团棵期到烟草旺长期灌根，每株 50～100mL，每隔 10～15d 处理 1 次，共 2～3 次，均有一定防效；35％甲霜·福美双可湿性粉剂（每百克制剂中含甲霜灵 11g、福美双 24g）600～800 倍液对烟草青枯病有较好防效。近年来，根据云南、福建的经验，于始病期施用石硫合剂能够有效地防治烟草青枯病，防效可达62.8％～85.0％。

药剂防治青枯病，适时施药对药效影响很大。每一次施药时间应根据当地历年该病发生情况掌握在始病前后 7d，如果是在始病后 10d 以上才第一次用药，防治效果明显降低。根据这一特点，两次用药应掌握在始病期及后 10～15d 各 1 次为好；3 次用药的，若土壤原先茄劳尔氏菌密度较高，即原先发病较重的田块可在移栽时结合淋定根水加施一次，若原先发病较轻的田块，可改在两次用药的第二次药后 10～15d 施用。此外，施药时土壤的湿度对药效的影响也很大，施药时若土壤湿润，就有利于药力的发挥，若土壤干燥，防效则较差。

然而，长期试验研究表明，药剂防治只能延迟发病时间，药效会随着时间的延长下降，且长期使用药剂还会给环境造成污染。

（七）生物防治

目前，烟草青枯病生物防治研究主要包括微生物源和植物源两种。

已有一些微生物制剂用于生产，如青枯散（荧光假单胞菌）600～800 倍液在移栽期、团棵期、旺长期或零星发病时各用 1 次可起到较好的药剂保护效果。利用抗生素、枯草杆菌、细菌素等浸根或浇灌对该菌都有一定的抑制作用。与生防细菌相比，目前用于防治烟草青枯病的生防真菌较少，主要为菌根菌。菌根菌除了参与植物的生理生化代谢过程外，还可以诱导植物的抗病性。Hayward 等在菲律宾的研究发现，菌根菌可以减轻茄劳尔氏菌引起的青枯病发生。印度 Suresh 和 Rai 发现泡囊丛枝菌根提取物对茄劳尔氏菌的生长繁殖有强烈的抑制作用。

近年来，利用植物萃取液防治植物病害在逐步展开并取得了一定成效。邓正平等通过田间药效试验证明，用山苍子和大蒜处理的平均防效分别为 70.54％和 63.80％，比农用链霉素处理的药效好，经济效益也有明显提高。

另外，运用转基因植株可以延缓烟草青枯病的发病，但利用转基因植物进行防病增产在安全性方面还存在许多争议，而且要想通过这种方法最终达到目的还需要经过长时间的努力。

孔凡玉　王静（中国农业科学院烟草研究所）

第 5 节　烟草根黑腐病

一、分布与危害

烟草根黑腐病是各国常见的一种土传真菌病害。1884 年 Killebrew 首次在美国报道了其发病症状，但未指出它由真菌引起。1887 年 Peglion 在意大利对此病做了详细描述。1904 年 Selby 在美国对其症状、病原等做过详细报道。后来，世界各产烟国家均有发病的报道，该病已成为世界性的主要烟草根茎病害之一。

在获得抗病品种以前，烟草根黑腐病给全世界烟草种植者造成的损失是巨大的。在美国，据 Johnson 估计，1916 年因此病损失达 1 000 万～2 000 万美元。1946 年 Kightlinger 指出，在过去的 15 年中，美国康涅狄格州的雪茄烟种植区为害最重的病害是根黑腐病。在加拿大的安大略省和魁北克省，根黑腐病也是烟草上最严重的病害。俄罗斯和乌克兰因该病为害，每年约损失 5% 的烟叶。南非在根黑腐病发病严重时，可毁掉 50% 的烟苗。日本各产烟区也发生根黑腐病，且尤以沿海烟区发病较重。欧洲的各产烟区及澳大利亚、新西兰、津巴布韦等，都曾因该病造成一定损失。

自 20 世纪 50 年代以来，由于选育成了抗根黑腐病的白肋烟品种，加拿大、美国白肋烟产区的病情得到很大控制，其后各类烟草的抗病品种不断育成和推广，根黑腐病的为害比以前大大减轻。但在遇到适宜于该病的发病条件，尤其是低温潮湿的气候条件或品种抗病性低时，该病仍是世界各产烟国家经常发生的主要根部病害，造成不同程度的危害和损失。

在中国，根黑腐病还俗称烂根、黑根、地症、发地火等。20 世纪 60 年代以前，主要发生在河南、山东、安徽、云南等烟区，以苗床发病为主，田间零星发病；70 年代以后，随着烟区的扩大，病情逐渐蔓延。1989—1991 年，16 个主产烟省份病害普查显示，该病在各烟区均有不同程度发生，且多见于苗床发病，轻者局部发病，严重的则整个苗床发病；大田期多为零星或局部发病。但在某些年份，有的烟田也出现严重发病情况，如山东、云南、河南、安徽等烟区，移栽后遇到气候阴冷多雨或烟田连作等适宜于发病时，部分烟田的病株率达 1%～5%，个别烟田超过 10%；湖北的偏碱性烟田，病株率高达 7% 左右；湖南西部的晒烟区，也经常发生根黑腐病侵害。同时，根黑腐病在田间常因与烟草黑胫病混合发生而加重其危害。近年来，该病害在我国局部地区已上升为主要病害之一。2001—2005 年的调查显示，该病在贵州省赫章县地膜烤烟种植区已成为主要病害。地膜的作用主要是增温保湿，但当烤烟进入团棵期，烟株需要大量的水肥，而因长期覆膜难于吸收养分，即便是雨季，地面依然干燥，田间持水量小，影响烟株正常生长，因此，地膜烟发病重于露地烟，并且发病有逐年加重的趋势，局部烟区由于该病的发生，导致烤烟绝收。近年来，由于我国烟草种植面积的调整，耕作制度以及烟草品种的变化，烟草根黑腐病有加重的趋势。

二、症状

烟草根黑腐病在烟草的整个生长期均可发病，尤以幼苗期至现蕾期发病较重，主要侵染烟草根系，呈特异的黑色。进入成熟期，田间气温升高，病情减轻，发病较轻的烟株可长出新根，恢复生长。

1. 苗期症状 幼苗很小时，病菌从土表部位侵入，病斑环绕茎部，向上侵入子叶，向下侵入根系，使整株腐烂呈猝倒症状，但由腐霉属真菌引起的猝倒病根系不变黑。较大的幼苗感病后，根尖和新生的小根系变黑腐烂，大根系上呈现黑斑，病部粗糙，严重时腐烂，拔出幼苗大部分根系断在土壤中，仅见到变黑的茎基部和少数短而粗的黑根与主干相连。感病后的幼苗长势不均，发病重的植株矮化，叶子变浅绿色至黄色，病株一般不死，有时在根系的侵染部位以上产生不定根，新根仍可被侵染；发病轻的地上部症状不明显。苗床肥力低时，病苗呈褪绿症状；肥力高时，病苗较健苗叶色稍深，因此发病苗床的烟苗，其长势和叶色都不均匀（彩图 21-5-1）。

2. 大田症状 病苗移栽到田间或大田被侵染的烟苗，生长缓慢，遇到低温、潮湿天气病情加重，重病株的大部分根系变黑腐烂，植株严重矮化，中下部叶片变黄、枯萎，易早花。轻病株生长高度正常，但中午气温高时，因根系被破坏而供水不足，植株呈萎蔫状，夜间和清晨可恢复正常。天气转暖植株抗病性增强，发病较轻的烟株长出新根恢复正常生长。此病在田间极少整田发病，多为局部或零星发病。

三、病原

（一）分类地位

烟草根黑腐病病原为基生根串珠霉 [*Thielaviopsis basicola* (Berk. et Broome) Ferraris]，属子囊菌门无性型根串珠霉属真菌。

此菌在 1850 年首次由 Berkley 和 Broome 描述命名为色串孢菌（*Torula basicola*）。1876 年，Zopt 认为根黑腐病菌因与千里光属 *Senecio elegans* 的内分生孢子和厚垣孢子及另外一些真菌的子囊孢子和子囊壳结构相似，应同属于一类真菌，命名为毛梭孢壳菌（*Thielavia basicola*）。之后 Ferraris 将子囊孢子时期称为根串珠霉（*Thielaviopsis basicola*），但未指出两者不同。直到 1925 年 McCormick 才明确证实 *Thielavia* 和 *Thielaviopsis* 不是同一种真菌，并把烟草根黑腐病菌更正为基生根串珠霉。

（二）形态特征

1. 菌丝 菌丝初生无色透明，后变褐色，直径 3～7μm，具分隔，双叉分枝。在马铃薯葡萄糖琼脂培养基（PDA）上培养的菌落有两种类型：一种黄棕色到浅褐色；另一种灰色到淡黑色。菌落平展，呈粉状。

在中国分离到的烟草根黑腐病菌，在 PDA 培养基上的菌落呈灰色到浅黑色，菌落平展，粉状。

2. 病菌孢子 病菌孢子有两种：一种为内生孢子，从孢子梗内产生，长杆状，无色，两端钝圆，大小为（8～30）μm×（3～5）μm，管口直径为 3～5μm，内生孢子梗末端细胞细长，梗内的分生孢子成熟后，在其后面继续形成新的分生孢子，从而可成串地推射出孢子梗；内生孢子主要在侵染早期大量产生。另一种为链状厚垣孢子，在菌丝顶部或侧枝上单生或簇生，1～9 个细胞呈链状，大小为（25～65）μm×（10～12）μm，最初透明，后成青黑至褐色；两端两个细胞常为半圆形、托盘状，中间细胞方形，成熟时分裂为单个细胞，可单独发芽；厚垣孢子产生迟于分生孢子，但在土壤中可存活数年；厚垣孢子的壁是由几丁质、葡聚糖和其他多糖类物质组成，较厚的电子密集外层含有类似黑色素的物质；呈白化状的厚垣孢子则不含黑色素。

（三）生理特性

1. 温度 烟草根黑腐病菌是易变菌，不同地区的病原菌对温度要求不同。Gilbert 和 Johnson 等曾报道最佳培养温度为 28～30℃；Lucas 从美国加利福尼亚、肯塔基、北卡罗来纳等地的分离物培养，其最佳生长温度为 22～28℃，最低 8℃，最高接近 35℃；日本的 Otari 也得到同样结果。刘延荣等从中国山东烟区分离的病原菌，测定其生长的适宜温度为 20～30℃，最佳生长温度 25℃，最低 8℃，最高接近 35℃；同时测定了内生分生孢子的适宜产孢温度为 22～30℃，其中 28～30℃产孢量高；内生分生孢子的萌发温度为 8～35℃，最佳萌发温度 25～30℃，低于 15℃孢子萌发率降低，发芽菌丝伸长缓慢或不伸长；高于 30℃孢子发芽后的菌丝细弱或不伸长。Mathre 等测定厚垣孢子和内生分生孢子的最佳萌发温度为 21～33℃。但高于 30℃芽管受抑制或被溶解。

在田间，烟草根黑腐病的适宜发病温度为 17～23℃，这是病菌适宜生长温度的低限，不是病菌生长的最佳温度，此温度也不利于烟草生长。可见，烟草根黑腐病是在温度不利于寄主生长时更易侵染发病，它是寄主主导影响病菌侵染的典型例子。

2. 氢离子浓度 在培养条件下，该菌生长的最适 pH 为 4.0～6.2。但培养基质不同会影响适宜生长的 pH。Lucas 报道在缓冲性肉汁马铃薯培养基上，其生长的 pH 为 3.3～7.2，在合成培养基上生长的 pH 是 3.0～8.0。经测定，中国山东分离菌在马铃薯葡萄糖琼脂培养基上生长的 pH 为 3.5～9，最适 pH 为 5.0～6.5，即更适于偏酸性条件。厚垣孢子和内生分生孢子在 pH 为 4～8.5 时发芽良好。一些研究表明钙离子有利于病菌的生长，当肉汁马铃薯葡萄糖培养基中加入约 300mg/kg 钙离子时，病菌在 pH 为 3.0 时就可生长。在适宜的 pH 下，加入适量钙离子，该菌生长更好。这可能是由于钙离子刺激了磷脂酶的活性，磷脂酶在分解脂类成为有效性能源中起了作用。

3. 光照 该菌是土壤习居菌，黑暗条件更有利于病菌生长。据山东农业大学对该菌的研究报道，黑暗条件下菌落的平均生长量比光照条件下增加 23.8%；培养 12d 测定，黑暗条件比光照条件下，产孢量增加 82.2%。

4. 营养特性 在人工培养条件下，该菌能在多种天然培养基上生长。如马铃薯葡萄糖、V8、藕-葡萄糖、燕麦、玉米粉、牛肉蛋白胨等培养基中良好生长，其中藕-葡萄糖、V8 培养基上不仅菌丝丰厚、长势快，且产孢子量高。碳源的利用，以可溶性淀粉、麦芽糖、蔗糖、果糖、葡萄糖为最好，菌丝生长量和产孢量高；对乳糖、甜醇、山梨醇、甘油、柠檬酸和 L-山梨糖利用很差；不能利用 D-木糖。氮源的利用，以蛋白胨、马铃薯浸出汁、L-谷氨酸、丙氨酸、天冬酰胺、L-天冬氨酸、酒石酸铵、氨基乙酸最好；其次为铵态氮；L-半胱氨酸、L-脯氨酸等利用差；不能利用硝酸盐、尿素和烟酸。含硫的氨基酸类可刺激厚垣孢子形成，精氨酸能抑制某些菌株的厚垣孢子形成，缺少维生素 B_1 也阻碍厚垣孢子形成。病菌良好生长还需要 K、P、Ca、Mg 和 S，以及 Fe、Zn、Cu、Mn 和 Mo 等微量元素。在合成培养基中增加钙素，可促进菌丝生长，且产孢量增加 1 倍。该菌在某些基质上培养，具有明显的水果香味特性，其主要成分是乙烷基醋酸盐、丙基醋酸盐和乙醇。

5. 土壤环境 土壤理化性质是土壤最基础的非生物因素，可直接影响基生根串珠霉菌孢子的萌发和菌丝的生长。Papavizas 和 Clough 等发现基生根串珠霉菌厚垣孢子在土壤持水量为 45% 或更高的土壤中存活率要低于持水量为 15% 或更低的土壤。Mayer 等则进一步提出，土壤抑菌效果是土壤碱性饱和度、铝离子浓度、土壤 pH 共同作用的结果，当土壤可交换铝离子浓度较高、碱性饱和度和 pH 较低时，土壤对烟草根黑腐病有抑制作用；反之，当土壤可交换铝离子浓度较低、碱性饱和度和 pH 较高时，土壤对烟草根黑腐病有促进作用。此外，黏壤土比沙壤土、干燥的土壤比相对湿度高的土壤更能抑制病原菌孢子的萌发和菌丝的生长。

6. 其他生理特性 此菌的厚垣孢子和内生分生孢子能耐热、耐干燥，可适应长期休眠。孢子的生存能力不完全取决于孢子壁的增厚，也与各种类型孢子的原生质内在特性有关。

Klotz 报道，氧水平低于 20% 时，内生分生孢子不易发芽，说明此菌在土壤中生存也需要部分氧。Papavizas 认为在风干的土壤中 CO_2 对厚垣孢子的发芽力影响不大，而在潮湿的土壤中 CO_2 可削弱其发芽力。

Hawthorne 等发现，通过几丁质酶的作用，将厚垣孢子链的单个细胞分开可强化发芽，认为是细胞壁中的黑色素抑制了厚垣孢子细胞内几丁质酶的活性。细胞侧壁和端壁的接合处除连接弱外，经几丁质酶的分解作用易断成单个细胞，单个细胞壁的囊盖在发芽过程中，由于受到内部压力呈现周裂状，易促进芽管发芽。成熟的厚垣孢子链上分开的单细胞（约培养 6 周），发芽时不需要外源营养，而幼小的细胞和厚垣孢子链中的细胞发芽时需要外源营养。幼孢子和成熟的厚垣孢子不同的发芽能力，表明它们细胞膜的渗透性不同，从细胞表面穿过细胞壁输送养分的速率不同或存在自我抑制因素等。

（四）遗传变异及生理分化

烟草根黑腐病菌具有多变性和不稳定性。Stover 发现，该病菌在自然界中存在灰色和棕色两种类型。灰色类型在美国东南部流行，而在加拿大和匈牙利多为棕色菌系。两种类型从培养特性上区分，灰色野生型致病力弱，生长缓慢，缺维生素 B_1 较多，存活的休眠期较短，厚垣孢子形成中不易受某些氨基氮源抑制；棕色野生型至少包括 2 个生理小种。野生型在人工培养条件下不稳定，易变化而降低致病性。Huang 进一步研究报道，灰色型的单细胞培养有时会产生棕色型。另外，一些变异型与亲代在培养的菌落外观、色泽、环带、生长率、厚垣孢子链上的细胞形状和数量以及致病力都有差异。Stover 还发现，灰色型和棕色型之间的突变型交替次数与培养基上营养生长量呈正相关。野生菌株在 PDA 培养基上，保持在室温下，几周内变异体会大量发生，保持在 10℃ 以下可抑制突变过程，但不影响变异的形成。如培养在灭菌沙中，室温下保存 3 年无变异情况，仍保持活性。同时发现，常温下，在某些培养基上灰色型可产生大量的扇形白化体，白化体的单孢菌落可回复灰色型。相比而言，褐棕色型很少产生扇形白化体，但一旦发生也不再回复原棕色型。他认为灰色菌系产生的白化体是由胞质酶控制色素沉着的表型改变而引起，但棕色菌系产生的白化体是基因突变引起的。

根据对中国山东菌株的观测，根黑腐病菌属灰色类型。在真菌合成培养基中分别加入蔗糖、葡萄糖、麦芽糖、纤维二糖或果糖作为碳源培养时，易产生扇形白化体。白化体移植后仍保持一定程度的白化现象，通过几代移植培养后，即回复原灰色型。经烟苗测定，白化菌的致病力低于原灰色型。中国是否存在其他野生型，还有待进一步研究。

1990 年 Miki 等报道，由日本烟田分离的 44 个菌株的致病力研究表明，对中抗品种 Mcl、Buley21 的致病力分为高、中、低 3 种类型，并具有明显的致病力分化现象。

2008 年彭雄等研究了我国主要烟区烟草根黑腐病菌的生理分化，并且分离得到的河南、云南、重庆、甘肃等地的根黑腐病菌菌株，对近年生产上的 8 个主栽烟草品种进行致病力测定，以便进一步探寻该病害在我国的发生发展规律。其研究结果表明，不同烟区分离的不同菌株在 V8 培养基上的培养特性、厚壁孢子显微形态、分生孢子和抛掷管大小等存在明显差异；有些菌株在转代培养或 pH 条件发生改变时易产生白色扇状变异。不同菌株对相同烟草品种的致病力也有差异，其中，来自河南洛宁县的菌株致病力最强，其抛掷管长度明显长于其他菌株，且分生孢子和厚垣孢子也较其他菌株大；另外，棕色野生型菌株致病力比灰色野生型菌株的致病力强。8 个供试烟草品种中对烟草根黑腐病抗病性最强的有 3 个，抗病性中等的有 2 个，还有 2 个与其他品种相比易感病。烟草根黑腐病菌不同来源菌株具有形态和致病力的多样性。

（五）病原菌的分离、检测技术

根黑腐病菌用一般方法分离较困难，后经试验证明，将受侵染的根系搓碎，撒在胡萝卜片或马铃薯片上则很容易分离。此菌的孢子在马铃薯汁中发芽比在 1‰葡萄糖溶液、土壤溶液和水中要快。Papavizas 研究出有效的选择性培养基，称 VDYA - PCNB 培养基，它由 V8 汁液、葡萄糖、酵母浸出物、微生物剂、五氯硝基苯、牛胆汁、制霉菌素、硫酸链霉素和金霉素组成，可以控制除根黑腐病菌以外的其他真菌和细菌的生长，用于从土壤中分离、计数和纯化菌株较好。同时他还发展了一种繁殖体的定量检测方法，将土壤悬浮液混匀，用等分试验将 1mL 悬浮液涂在特种琼脂上，经乳酸品红染色后，再用显微镜直接观察厚垣孢子数。此法在土壤内孢子密度大时较实用。

四、寄主与寄生物的相互关系

1. 寄主范围　根黑腐病菌是土壤习居菌，可以侵染多种植物。已报道有 33 科 137 种的植物可被侵染，主要是豆科、茄科、葫芦科植物及田间多种杂草，寄主范围广，易于传播。

2. 侵染及病症　在条件适宜时，分生孢子和厚垣孢子发芽产生菌丝，从烟株根系表面小伤口侵入，侵入后菌丝在表皮细胞间分枝蔓延，并形成大量的分生孢子和厚垣孢子，成为再侵染源。一旦被侵染，幼苗茎基部出现环状病斑，向上侵入子叶，引起腐烂，毁掉烟苗，严重受害的烟苗病根全部变黑腐烂。较大的烟苗遭受侵染后支根尖端变黑、腐烂，病苗虽不死，但生长停滞，叶片黄弱。大田期发病初期，地上部分表现为生长停滞，萎蔫，拔根可见根尖变褐、腐烂，严重时病根全部成特异的黑色，须根往往难以拔出，残留在土壤中。天气炎热时，白天病株萎蔫，夜间恢复正常，叶片变黄变薄。天气转暖后，症状可得到缓解，长出新根恢复生长，但高矮不一，抗逆性差，产生的不定根仍易受害，病株发黄矮小，病症的田间消长呈单峰曲线。

3. 根黑腐病菌的致病机制　在烟草根系受到病菌侵染时，果胶甲基脂酶（PME）、内多聚半乳糖醛酸酶（EPG）、内多聚半乳糖醛酸转换消解酶 3 种酶对根细胞起降解作用。PME 在 pH7 时活性最大；EPG 在 pH5 时活性最大；内多聚半乳糖醛酸转换消解酶经钙刺激后，在 pH9 时活性最大。前两种酶在病菌侵染穿入根组织的早期起重要作用，而内多聚半乳糖醛酸转换消解酶和 PME 在菌的定殖期间对根组织的广泛降解起作用。同时，磷酸酶在 pH8.5 时，其活性可被 Ca^{2+}、K^+ 和 Mg^{2+} 激活，通过磷脂酶引起细胞膜内脂类和亚细胞微粒的改变，直接损伤细胞膜的半透性，并影响细胞内线粒体的呼吸功能。

4. 病组织学　病菌在根组织上形成两种菌丝：一种是具有穿透力的胞间菌丝，呈细长状，端部逐渐变细，菌丝尖端发育成矛状，其后为镰刀形的节片链，节间有压缩状的隔；另一种是胞内菌丝，呈褐色，膨胀成瘤状，并填满整个根细胞，形成硬化块。真菌在根部定殖后，随即产生内生分生孢子，并从被感染的根组织排放出。厚垣孢子在根细胞内的菌丝短分枝上形成，其形成时间稍迟于内生分生孢子。在老病斑的皮层组织内或根系表面产生的大量厚垣孢子呈青黑色，加之老菌丝变为黑褐色，这是导致病斑呈特异黑色的主要原因。根系木质部和根毛组织受侵染后，组织机能被破坏，细胞死亡；木质部被菌丝体和厚垣孢子阻塞，影响根系对水分和养分的吸收，致使植株枯萎。

5. 寄主的抗性及抗病机制　烟草对根黑腐病的抗性是由野生烟草的一对显性单基因遗传所控制。它的一个四倍体具有对根黑腐病生物型的广谱完全抗性。1965 年 Clayton 等合作育成了第一个具有野生烟草免疫性基因的品种是 Burley49，它兼抗普遍花叶病、野火病、镰刀菌萎蔫病，且较抗黑胫病。现在美国新育成的白肋烟品种如 KY15、TN86、TN90 等都具有野生烟草抗性。据报道，圆锥烟草、阿伦特氏烟草、沙漠烟草、摩西氏烟草、高烟草、稀少烟草、凯维科拉烟草对根黑腐病是免疫的，其免疫性物质主要是绿原酸。

2011 年，西北农林科技大学的周文丽等以普通烟草品种 97204 叶片为受体，采用根癌农杆菌介导法，进行了农杆菌介导的芪合酶基因转化普通烟草，以及转基因烟草根黑腐病抗性的研究，旨在利用转基因技术提高普通烟草抗根黑腐病的特性。结果发现，转基因烟草接种根黑腐病菌后出现叶片发黄及萎蔫的现象明显降低，而根部变黑的症状也明显低于非转基因烟草，如彩图 21 - 5 - 2 和彩图 21 - 5 - 3。

普通烟草的抗病性受多种因素控制。寄主组织具有一定的抵抗性，当植株受到真菌侵染或机械损伤后，具有较强的再生能力，根部和茎秆内可形成愈伤组织。具有普通烟草抗性的有 Burley21、KY10、KY14 等，仅为中度抗病。

1996 年 Hood 等报道，通过对白肋烟的抗、感品种接种发现，根黑腐病菌在接种后 24h 内，菌丝侵入根毛和表皮细胞，受侵染的细胞常在侵染菌丝周围形成大量钟形菌环，随后在皮层细胞中也形成菌环；接种 72h 内，受侵染的细胞有明显的琥珀褪色，抗病品种的钟形细胞反应被限制在琥珀褪色区域，菌丝也被限制在褪色细胞内，而感病品种的菌丝能从坏死细胞扩散到无症状的细胞中。抗病品种根上的孢子量、病斑大小、病斑数量均少于感病品种，表现出寄主间不同的抗病反应。寄主其他器官受侵染后的过敏反应，同样表现出寄主的抗病程度。Gayed 在烟草叶片上接种根黑腐病菌，结果易感品种诱导产生的坏死斑明显多于免疫品种。

烟草对根黑腐病菌的抗性也受生化特性影响。真菌的渗出物中含有游离的氨基酸，会破坏寄主的抗病性。某些氨基酸对烟草细胞具有毒性，此毒性与烟草的易感性呈正相关。此外，真菌的某些代谢产物，也使寄主局部呈现类似毒素的作用。

寄主产生的植物保卫素在抗病机制中起重要作用。Pierre 报道，豆类植物对根黑腐病的抗性由两种植物保卫素起作用：一种是酚类；另一种是菜豆蛋白。烟草对根黑腐病菌产生的植物保卫素中含有酚类。植物保卫素的形成，能迅速地抑制侵染菌的生长，影响侵染斑的大小。

1993 年 Tahiri 等研究报道，受根黑腐病菌侵染的烟草可产生病程相关蛋白（PR 蛋白），该蛋白包括 PR-1 组蛋白、β-1，3 葡聚糖酶、内几丁质酶等。PR 蛋白在根的防卫机制中起一定作用，已发现受病菌侵染的烟草离体根上，其细胞间隙、细胞壁、木质部导管次级加厚处和皮层的薄壁细胞壁的沉积上，都有 PR-1 组蛋白富集；在健康根上只有低量积累，而在无菌培养根上或烟草根外菌丝中没有 PR-1 组蛋白存在。Maurhofer 还发现，生防菌荧光假单胞杆菌 CHAO 在抑制烟草根黑腐病菌时，也诱导植物细胞间隙内产生 PR 蛋白。

植物残体分解产生的植物毒素会降低烟草的抗病性。在阴凉、潮湿、黏重的土壤中更易产生植物毒素，这是烟草在此条件下更易感病的原因。植物毒素对寄主的影响大于对真菌的影响。该毒素的主要成分是苯甲酸、苯乙酸、3-苯丙酸和 4-苯丁酸。这些混合物通过两方面作用改变植物的抗病机制：一是改变根细胞的渗透性，增加细胞内刺激物的渗漏，刺激厚垣孢子的萌发；二是刺激物的渗透减弱了寄主的过敏反应，易于增加侵染点。

五、病害循环

烟草根黑腐病菌主要以厚垣孢子和内生分生孢子在土壤中、病残体及粪肥中越冬后成为初侵染源。越冬后的孢子萌发的侵入菌丝穿入表皮细胞，沿根表面形成侵入丝，然后在根表上下、根系内外生长，在短的侧根上形成大量的内生分生孢子和厚垣孢子。这些孢子落入土壤中或保留在病残体上，成为当年的再侵染源或翌年的初侵染源。具有抵抗力的厚垣孢子和内生分生孢子，可在土壤中长期存活并广泛传播。在田间不仅侵染烟草，也侵染豆科植物、田间杂草等，增加了病原在土壤中的循环和传播。此外，降雨或灌溉也会引起孢子随水传播，增加田间发病率。

六、流行规律

烟草根黑腐病的发生与烟草品种的抗病性、土壤含菌量、土壤的温湿度、土壤 pH 等环境条件和气候条件有关。

（一）寄主的抗病性

不同类型、不同的种或品种的烟草之间对根黑腐病的抗病性存在明显的差异。烟草对该病的抗病性首先是利用普通烟草遗传变异材料为抗源，育成一系列中抗品种推广，在美国大大减轻此病的为害后，通过种间杂交方法将抗病基因转移到栽培品种中，即用普通烟草×野生烟草获得的免疫性品种 Burley 49，其抗性为显性单基因遗传。它是烟草抗病育种中首例通过种间杂交获得抗病性的实例。此后白肋烟育出了较多抗根黑腐病的品种，如 TN90、建白 80、白肋 11A、白肋 11B、Ky14 等。在白肋烟品种中，现有两类抗性：一类具有多基因部分抗性，由普通烟草获得，约占 80%；另一类是从单基因抗性遗传中获得的高水平抗性，约占 20%。其他类型的烟草，品种间的抗病性差异也较大，如烤烟品种 G28、红花大金元、NC89 较抗病；NC82、G80、长脖黄、小黄金易感病。普通烟草的抗病性主要受多基因遗传控制，烤烟、香料烟、雪茄烟、晒烟等的抗病性常低于白肋烟，但黄花烟草的抗病性较好。此外，不同生育期的烟草其抗病性也不同，幼苗期易感病，随着植株的生长，抗病性将逐渐增强。

（二）土壤环境

土壤是各种大田作物生长的载体，为作物提供必要的空间、水分、热量、气体和养分。同时，土壤又是微生物、动物、植物活动的场所，存在着复杂的共生、竞争和信息交流。1919 年，Johnson 提出土壤环境会对烟草根黑腐病产生影响。到 20 世纪 80 年代，Gassor、Mayer 等分别于瑞士和美国北卡罗来纳州发现了具有显著抑制烟草根黑腐病发生的抑病土。此后数十年间，土壤因子抑制烟草根黑腐病发生的现象不断被报道。

1. 土壤菌量及其影响因素 根黑腐病是土传病害，土壤是病菌越冬和初侵染的场所，土壤中病原菌的存活量直接影响病害的流行。土壤病原菌量的多少常比病原菌的致病性强弱更重要。据 Smith 等报道，对黏烟草的根系，每克土接种 3 000～3 500 个厚垣孢子和内生分生孢子会严重发病。Specht 等通过接种试验证明，每克土接种 50～200 个孢子，即可引起严重发病。豆科植物如大豆、苜蓿等易感根黑腐病菌，豆类根系接种的临界约为每克土中 500 个孢子。烟草与豆类轮作，会增加土壤菌量，使烟草发病加重。

根黑腐病菌在土壤中可长期存活，一般厚垣孢子可存活 3 年以上，在土壤中的根组织内能存活 4～5 年；内生分生孢子在土壤中可存活 10 个月。虽然孢子在土壤中存活期较长，但影响孢子存活和发芽的因素很多，其中，影响孢子发芽的最重要因素是土壤的含水量。一般孢子在潮湿土壤中比干燥土壤中易于发芽。据 Papavizas 等报道，土壤含水量达 45%～50% 时，孢子发芽能力迅速下降。在干燥土壤中，温度对孢子发芽影响很小；但在潮湿土壤中，较高的温度会使孢子发芽力迅速下降，而 10℃ 对厚垣孢子发芽尚无影响。在干燥土壤中，CO_2 对孢子发芽力影响很小，但在湿土内，CO_2 含量高将影响孢子发芽。

土壤中抑菌因素的变化也影响病原菌的存活。一些复杂的有机物进入土壤中，如根部浸出液，植物浸出液和植物残体，以及天然卵磷脂、不饱和脂肪酸（亚油酸、油酸）与不饱和三酰甘油等都会使土壤中抑菌作用失效，并促进土壤中根黑腐病菌孢子发芽。植物根际土壤中，因微生物的作用，由根系分泌的代谢产物，或由微生物区系合成的一些化合物，或两者间相互作用后，均会刺激孢子的发芽活性，诱导孢子发芽，或改变根细胞壁的透性而利于病菌的侵染。

2. 土壤温度 土壤温度是影响根黑腐病发生的重要因素。田间发病的最适温度在 17～23℃。15℃ 以下很少发病；26℃ 以上，病害的严重程度逐渐减轻；30℃ 时，为害很小。但烟草生长的最适温度是 28～30℃，因此人们认为，烟草根黑腐病的发生是在不适宜寄主生长的温度时而严重发病的病害种类之一。病原菌迅速生长，并不是根黑腐致病发生的关键因素；温度不适于寄主生长，抗病能力降低，才是造成病害发生的首要因素。

3. 土壤 pH 土壤 pH 对病害的控制具有关键作用。田间调查表明，当土壤 pH 在 6.4 以上呈微酸性或碱性时，根黑腐病很容易发生蔓延，而土壤 pH 为 5.6 或更低时，则不发病或很少发病。这与根黑腐病菌生长的最适 pH4.0～6.4 不相一致，显然，土壤中尚有与 pH 相关的其他因素影响病原菌的存活和侵染。例如，在土壤中增加石灰类物质，会使土壤中的抑菌物质失去活性，而有利于真菌的生长；在碱性条件下，Ca^{2+} 能刺激酶系统的活性，为真菌生长提供能量，并刺激组织退化，因而病菌在 pH8.0 的土壤中尚可存活，而在 pH4.7 的土壤中不能存活；Doran 试验证实，用 H_3PO_4 将土壤的 pH 由 5.9 降到 5.0 时，土壤虽呈酸性，但根黑腐病发生仍很严重，他认为磷酸像石灰一样，使土壤中的抑菌物质失去活性而有助于真菌的生长。以上说明，不同的 pH 条件下，土壤具有不同的抑菌条件和抑菌物质的活性改变，从而影响病害的发生。1991 年 Meyer 等研究指出，土壤的抑菌条件主要是低碱饱和度、低钙、可交换铝含量达 1mol/L，或更高，以及土壤 pH 低于 5。Shew 等研究证明抑菌性土壤具有低的 pH，或中高水平的铝和低水平的钙，铝干扰钙的代谢，并抑制该菌生长和厚垣孢子产生，且证明这种抑制作用是非生物因素的，但当土壤中盐基饱和度大于 70% 时，即便土壤 pH 为 5.2 时，仍可发病。

在中国，北方烟区土壤常呈微碱性、中性或微酸性，故易于发病；南方烟区有部分偏碱性的烟田，或施入石灰的烟田也易于发生根黑腐病。

4. 土壤湿度 虽然土壤的温度和 pH 是发病的重要因素，但土壤湿度在病害发生中，也起一定作用。当土壤湿度大，尤其接近饱和点时，易于发病。低温多雨是该病严重发生的主要气候因素。但有时较干燥的土壤也能发病。因此，土壤含水量在 25%～90% 时都有可能发生严重病害。

5. 土壤矿质养分 烟草所需的矿质养分大部分来自于土壤，土壤有效养分的高低直接影响到烤烟的生长，以及植株的抗病性。多数研究发现，土壤过高的供氮能力或增施氮肥，会降低烟草的抗病性。土壤供钾不足，植株缺钾，光合产物无法及时运出叶片细胞，1, 5-二磷酸核酮糖（RuBP）加氧酶及羧化酶数量降低，影响碳氮代谢平衡，使可溶性单糖及氨基酸积累；土壤缺硼会影响烟株钾的积累，又影响细胞膜的通透性，硼和钙不足则使组织中质外体氨基酸和糖浓度增大，导致烟株易感病。有研究还发现，高含量钙可以抑制果胶酶的活性，而果胶酶作为病原菌菌丝释放以溶解胞间层从而侵染质外体的作用酶，因此侵染受抑制，发病较轻。此外，低锌和低硫也会降低烟草抗病性。土壤中的有机养分会影响到病菌孢子活力及萌发。如孢子在有机质含量较低的土壤中萌发率较低；有机质含量较高时，则因有机养分的种类而有所区别，其中宿主残体比重较大时，孢子能够存活较长时间。

6. 根黑腐病与其他病害的相互影响 在土壤中根黑腐病菌与其他病原菌会相互作用、互相影响，以致该病常与其他病害混合发生而加剧对烟草的为害。在中国的河南、山东、云南、贵州、广西等烟区，根黑腐病易与黑胫病或根结线虫病交互侵染、混合发生。据波兰报道，根黑腐病菌和线虫是其烟区土壤中的主要病原，且线虫为根黑腐病菌侵染烟草根部创造了条件。Olthof 发现根黑腐病菌能刺激穿刺褐腐线虫 [*P. penetrans* (Delhi)] 的生长，增加线虫的侵染力。Koch 在典型的根黑腐病株的根系中，分离出多种与烟草病害有关的病原菌，包括腐霉属（*Pythium*）、立枯丝核菌属（*Rhizoctonia*）、镰刀菌属（*Fusarium*）真菌和线虫等，它们以各种组合方式联合侵染，其中，更多的是与根黑腐病菌共同侵害烟草。根黑腐病菌在根部的侵染，还诱导了毛梭孢壳菌（*Thielavia basicola*）在烟草根上的定殖，通常毛梭孢壳菌极少单独出现，而是前者刺激了后者的子囊形成，使后者易于对烟草根侵染。因而在早期分类研究中，将根黑腐病的病原误认为是毛梭孢壳菌。

在土壤中有些微生物对根黑腐病菌是有拮抗作用的。荧光假单胞杆菌 CHAO 是近些年被发现对根黑腐病菌等土壤真菌具有较好抑制作用的生防菌，且对其抗病机制做了较多的报道。Maurhofer 等认为，CHAO 在烟苗根上定殖后，CHAO 的 *gacA* 基因对防止烟草根系被根黑腐病菌侵染起重要作用；也有人认为是，CHAO 中色氨酸支链氧化酶和色氨酸转移酶对吲哚乙酸的生物合成起关键作用。此外，土壤中的某些青霉属（*Penicillium*）和曲霉属（*Aspergillus*）真菌对根黑腐病菌也具有拮抗作用。

七、防治技术

防治烟草根黑腐病除选用抗病品种外，主要应控制土壤的发病条件，包括土壤温度、湿度、pH 以及土壤中存菌量等；再配合药剂防治、栽培防病等综合防治措施。

（一）选用抗病品种

目前各类型烟草都有一些抗病品种。如烤烟品种有美国的 NC82、NC89、NC60、G140 等，中国的红花大金元，波兰的 Polalta 等，还有以前推广的 400 号、特黄、Delcrest、Vamorr48、Vamorr50 等；白肋烟有 TN86、TN90、Ky14、白肋 11A、白肋 11B、白肋 49、Ky9、Ky10、鄂烟 2 号等；香料烟有 Trapezondl 36、Varatik26、Varatik295、墨洛委塔 2613、奥斯稠里斯 450 等；雪茄芯烟有比斯其门（Hibschman）、Hambu、渥太华 705，雪茄内包皮有哈瓦 24、211、307、142 等；黄花烟草等都对根黑腐病有较好的抗性。

（二）培育无病壮苗

烟草幼苗期是生育期中最易感病的阶段，许多抗病品种在幼苗期也易感病。易感病的幼苗移栽大田后，极易引起大田发病。控制苗床发病是防病的关键。其防治措施如下：①选择无病土、无病肥育苗，对育苗土进行药剂消毒。采用威百亩熏蒸效果较好，用量 $50g/m^2$；或用甲醛溶液稀释 $50\sim100$ 倍喷施苗床，密封 $4\sim5d$ 后，揭去薄膜，挥发掉甲醛后播种；也可用 75% 甲基硫菌灵可湿性粉剂 $1g/m^2$ 拌干细土，于苗床上分层撒施。②加强苗床管理，避免低温高湿，不宜在下午浇水，以防夜间苗床温度过低。③目前推广的塑料盘营养土育苗、漂浮育苗新技术，也是防止土传病害侵染的有效措施。

（三）加强田间科学管理

①合理施肥。长久以来，生产中普遍施用烟草专用肥，对于不同土壤环境没有科学区分，导致土壤养分不同程度的积聚或亏缺，土壤理化性状的改变，降低了烟株抗病性。左丽娟等发现，传统施肥中，红花大金元的施钾量不足，增施钾肥显著提高根黑腐病抗性。有机肥的加入也可提高植株抗病性，发现当有机氮占施氮量的 $20\%\sim30\%$ 时，烟草抗病性最强，施用不同酸碱性的肥料对于烟草抗病性也有影响。要避免施用石灰性肥料或碱性肥料，氮肥以硝态氮、尿素制作复合肥为好。另外，前茬作物的植物残体要及早耕翻，以免分解有机物产生有毒物质而诱发根黑腐病发生。②适时移栽。适当避开低温期移栽。地温达 22℃以上时，移栽最好。③提高栽培管理技术，提倡高垄栽培，避免低洼积水，造成低温高湿引起发病；如遇低温，应加强中耕，提温散湿，促进根系发育；及时清除田间杂草，减少土壤菌源。

（四）合理轮作

烟田重茬对病害的发生有重要影响。因此，有条件的应实行 3 年轮作，轮作植物以禾本科植物为好，避免与易感根黑腐病的豆科、茄科、葫芦科作物轮作。有研究显示，烟草与油菜、小麦、玉米轮作，3 种前作的根际物质和根际微生物可促进烟草的生长，可显著降低烟草根黑腐病的发生。

（五）田间药剂防治

2008 年，赵永强等进行了 7 种药剂防治烟草根黑腐病室内试验，确定各种药剂的作用效果。结果发现，除 50% 多菌灵可湿性粉剂外，其余 6 种药剂对孢子萌发的抑制作用都为 100%。另外，通过对 7 种药剂的室内筛选，发现甲基硫菌灵、多菌灵、代森锰锌、噁霜•锰锌 4 种药剂对烟草根黑腐病菌菌丝生长有明显抑制作用且效果稳定。综合试验认为 70% 甲基硫菌灵可湿性粉剂 1 000 倍液、50% 多菌灵可湿性粉剂 600 倍液、80% 代森锰锌可湿性粉剂 500 倍液和 64% 噁霜•锰锌可湿性粉剂 500 倍液可用于烟草根黑腐病的预防和发病初期的病害防治。

（六）生物防治

传统上对于烟草根黑腐病主要通过喷洒广谱杀菌剂加以防治。然而，农药残留、病原菌抗药性增强、土壤有益菌的减少严重影响着烟草业的可持续发展。目前，针对烟草土传真菌性病害，提出通过引入拮抗真菌、生防细菌，喷施植物源农药的方法加以控制。其中，一些丛枝真菌（如小果球囊霉）、荧光假单胞菌（如荧光假单胞菌 Q2-87、CHAO 和 FPT960）、链霉菌（如吸水链霉菌 TA21）在接种烟草后表现出对基生根串珠霉菌较强的拮抗作用。此外，木霉菌可有效防治烟草根黑腐病，并有较好的治疗作用和促生效应。另外，烟草喷施一些中草药叶片萃取液，也表现出明显的抑菌效果。

李义强　孙惠青（中国农业科学院烟草研究所）

第 6 节　烟草低头黑病

一、分布与危害

烟草低头黑病俗称勾头黑、半边烂、偏枯病等，是发生于中国山东潍坊一带烟区的一种重要病害，迄今世界上其他国家及中国其他省份的烟区，尚未有关于此病的正式报道。此病 20 世纪 50 年代曾造成严重损失，近年来当地烟区病情又有大幅度回升。80 年代中后期，在潍坊市 6 个县市烟区调查，其为害程度已超过黑胫病。如临朐县 1991 年有 8 个乡镇受害严重，全县发病面积达 3 067hm²，病株率 13%～35%，严重地块病株率达 80%，甚至绝产（据临朐县烟草公司资料）。1989—1991 年潍坊市发病面积达 3 400hm²，烟叶损失 27.69 万 kg，产值损失 189.4 万元。该病已成为制约烟草生产的主要障碍之一。20 世纪 50 年代曾试用抗病品种控制该病并获得较好的防效。但由于种植品种大幅度更换，目前生产上推广种植的烟草品种和品系的抗病性尚未做系统鉴定。该病一般不易发生，一旦遇到适宜条件即可暴发，近年来逐年呈现高发态势。

二、症状

低头黑病在烟草整个生长过程中，地上部均可受到侵染。幼苗在 2～3 片真叶以后即开始发病，一般多在茎或叶部发生病斑（彩图 21-6-1）。茎部发病，初为圆形或椭圆形小黑点，以后逐渐伸展，形成条斑，顶芽随之向有病一侧弯曲，最后烟苗变黑枯死。叶部发病，多在中脉或侧脉处形成，中脉呈现褐红色，逐渐腐烂，并很快通过中脉扩展到叶柄，然后蔓延到茎部，发病较重时病斑延续至顶芽，引起顶芽扭曲、变黑或坏死，同时有斑一侧叶片凋萎，最后全苗枯死。

大田发病与幼苗发病相似，在茎上先形成小黑斑，然后向上下扩展形成条斑，使烟株呈急性偏枯状死亡。纵剖病茎，从茎基部直达顶芽的维管束变黑，病侧叶片半边或全叶枯死，呈现偏枯状态，重则全株枯萎，病株顶部向偏枯一边弯曲，故称之为低头黑病。病株一旦受到侵染后传播速度极快，能够很快导致大面积染病，并造成大量毁株，甚至绝产。

烟草低头黑病的田间症状极易与烟草黑胫病、烟草青枯病等相混淆，田间诊断时可从下述症状特点加以区别，低头黑病的症状表现是以茎部一侧垂直扩展褐色条斑，顶芽部向病侧弯曲，发病叶片主脉两侧不对称半边叶枯死，半边叶正常生长，向枯死边弯曲，整株偏枯为明显特征，且病斑上密生小黑点；黑胫病的症状表现是沿茎基部纵横双向扩展黑色凹陷病斑，病部扩展部位为烟株中部以下，叶片自下而上发黄、凋萎，最后整株叶片凋萎，湿度大时茎基部表生稀疏白色霉层，根系变黑腐烂，髓部病变呈碟片状等特征；烟草青枯病在一定条件下虽茎部一侧成黑色条纹，但无顶芽弯曲低头现象，整株急性青枯死亡，根部腐烂，茎部横剖挤压切口有乳白色黏液溢出。

三、病原

(一) 病原菌

烟草低头黑病病原为辣椒炭疽菌烟草专化型 [*Colletotrichum capsici* (Syd.) E. J. Bulter et Bisby f. sp. *nicotianae* G. M. Zhang et G. Z. Jiang.]，属子囊菌门无性型炭疽菌属真菌。该病原菌主要以菌丝在土壤中及病残体上越冬，翌年条件适宜时，菌丝萌发产生分生孢子，分生孢子盘上密生棍棒状单细胞的分生孢子梗及顶生分生孢子。关于分生孢子形态，陈瑞泰等（1963）将该菌在马铃薯琼脂培养基和燕麦培养基上培养，或在两种培养基上轮换培养，发现该菌可同时产生曲梭形（新月形）和椭圆形两种孢子。曲梭形孢子，有时稍直，单胞、无色，大小为（3.6～12）μm×（2.6～5.5）μm；椭圆形孢子有长有短，无色、单胞，大小为（9.8～41.5）μm×（3.3～7.7）μm。两种类型的单孢子均能萌发产生芽管，且均能同时再产生两种不同形状的孢子，因此，认为该菌的分生孢子有曲梭形和椭圆形两种。张广民等（1990）采用单胞培养和载玻片悬滴法培养，系统观察了孢子形成发育过程及形态，证明该菌在生长发育过程中形成的椭圆形和新月形孢子属于同一种孢子的不同发育阶段，椭圆形孢子是新月形孢子的早期发育过渡形态，成熟的分生孢子为新月形。试验证明，两种形状的孢子分别单胞培养，最初都是先形成椭圆形孢子，3 d 左右逐渐发育形成新月形孢子。随着培养时间的延长，新月形孢子逐渐增多，生长 14～20 d 后新月形孢子比例达 87%，由于孢子发育成熟速度不同，因而在同一菌体上往往存在着两种不同形状的孢子。参照 Sutton（1980）对炭疽菌种的描述方法，采用马铃薯琼脂培养基，25 ℃恒温培养描述分生孢子形态。采用分生孢子载玻片悬滴法培养，25 ℃恒温 12 h 光照、12 h 黑暗条件诱发描述附着胞形态。低头黑病菌的分生孢子为新月形，单胞、无色，两端尖，大小为（16.2～24.3）μm×（3.5～6.2）μm；分生孢子萌发时中部产生隔膜，于一端或两端产生芽管，芽管顶端或分枝顶端产生附着胞。附着胞淡褐色至深褐色，卵圆形，或稍不规则，大小为（7.6～10.1）μm×（5.1～6.5）μm。菌丝上可形成圆形或椭圆形厚垣孢子。

分生孢子借风雨和流水传播，侵入烟株。病菌在自然条件下除侵害烟草外，人工接种还可以侵染番茄和茄子等。1995 年张广民首次证明烟草低头黑病菌能产生对烟草有致萎作用的毒素类物质。该毒素的产生在研究烟草低头黑病病程中起重要作用，其可使烟株在感病后 13 d 内产生萎蔫症状。病原生长的温度为 20～30 ℃，最适宜温度为 25～28 ℃，低于 15 ℃或者高于 35 ℃该病原都无法产生毒素；弱酸性环境有利于烟草低头黑病菌产生毒素，最适 pH 为 6。烟草低头黑病菌在土壤中至少可存活 3 年，是每年初侵染的主要来源。刺伤接种形成的坏死条斑不能分离到致病菌。

1. 病原菌的生长温度　烟草低头黑病菌培养温度为 3～38 ℃，生长适宜温度为 25～30 ℃，最适温度为 28 ℃，与辣椒炭疽病菌相同。

2. 寄主范围　烟草低头黑病菌在供试的 12 科 33 种植物中，能侵染茄科、豆科、葫芦科、十字花科、菊科、旋花科、桑科、藜科和番杏科 9 科 19 种植物，不侵染小麦、大麦、玉米、水稻、高粱、谷子、棉花、花生、绿豆、葱、芦笋、胡萝卜、曼陀罗和苋色藜。在发病的植物中，辣椒、番茄等 17 种植物多表现为叶片局部伤痕或萎蔫症状，普通烟、心叶烟经伤口接种均能重复与田间相同的症状。

3. 病原菌培养性状与形态　在 PDA 培养基上，菌落圆形，边缘整齐，培养 10 d 菌落直径 81mm（25 ℃）。气生菌丝生长较密实，初呈白色，后变灰白色，少数菌株呈深灰色，菌落背面不变色。菌丝发达，多分枝，分隔，老熟菌丝形成厚垣孢子；载孢体为分生孢子盘，寄

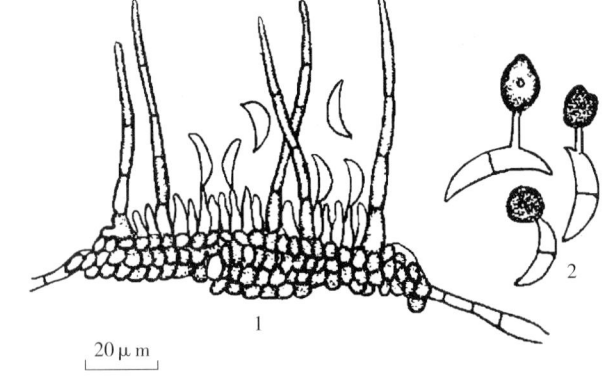

图 21-6-1　辣椒炭疽菌烟草专化型（引自张广民，2001）

Figure 21-6-1　*Colletotrichum capsici* f. sp. *nicotianae*

(from Zhang Guangmin, 2001)

1. 分生孢子盘　2. 分生孢子和附着胞

主表皮层下发育，密生，直径为37.8～146.1 μm（图21-6-1）；刚毛散生，深褐色，直立，端渐尖，有3～5个分隔，大小为（66.5～181.4）$\mu m \times$（3.2～6.1）μm；分生孢子梗圆柱状或棒状，密集栅栏状排列，无色，生于培养菌丝上或自分生孢子盘底层细胞上生出（自然基质上），产孢细胞瓶梗状；分生孢子新月形，单胞，无色，两端尖，大小为（6.2～24.3）$\mu m \times$（3.5～6.2）μm（图21-6-2）；分生孢子萌发时中部产生一隔膜，于一端或两端产生芽管，芽管顶端或分枝顶端产生附着胞。附着胞淡褐色至深褐色，卵圆形，全缘或稍不规则，大小为（7.6～10.1）$\mu m \times$（5.1～6.5）μm。

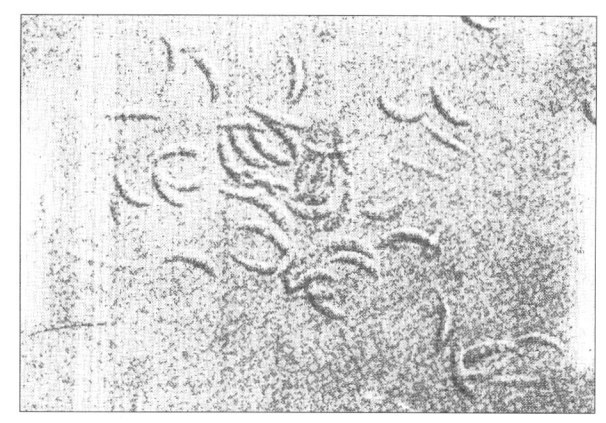

图21-6-2　培养的分生孢子（引自张广民，2001）
Figure 21-6-2　Conidia produced in culture (from Zhang Guangmin，2001)

（二）致病力研究

发生于山东潍坊一带烟区的烟草低头黑病由炭疽菌引起。张广民等报道 V. Arx 首先提出将分生孢子萌发后形成的附着胞形态作为炭疽菌种级鉴别主要依据之一，Skaropad 和 Ishida 报道了温度对禾生炭疽菌 [$C. graminicola$ (Cas.) G. W. Wilson] 和瓜类炭疽菌 [$C. lagenarium$ (Pass.) Ellis et Halst.] 分生孢子萌发和附着胞形成的影响。Anisworth 认为分生孢子萌发后产生的附着胞是炭疽菌侵入寄主之前的一种结构。张广民等研究温度对病原菌形成附着胞及该菌对烟草的侵染能力，结果表明形成附着胞的适宜温度为25～28℃，形成时间为24～72h。表皮毛上形成附着胞后，表皮毛逐渐枯萎，同时表皮毛基部组织细胞呈褐色坏死点刻，逐渐呈黑褐色坏死病斑。在正常状态下，由于植物体内防御酶（如SOD、POD和CAT等）等活性氧清除系统的存在，使活性氧代谢处于低水平动态平衡之中，但病原菌侵染后使被侵染组织活性氧（如 O_2^-、H_2O_2、·OH 等）猝发。在这些防御酶系中，SOD 的重要功能是清除 O_2，而 POD 和 CAT 则主要是清除经 SOD 歧化（$2O_2^- + 2H^+ \rightarrow H_2O_2 + O_2$）和 Haber-Weiss 反应（$O_2^- + H_2O_2 \rightarrow 2 \cdot OH + O_2$）而产生的 H_2O_2 和 ·OH，以避免对细胞的伤害。植物真菌毒素在病菌的致病过程中可以攻击寄主的细胞膜，引起细胞膜透性增大，电解质渗漏，并加剧膜脂过氧化作用，从而破坏细胞膜的完整性，造成寄主细胞的崩溃死亡。真菌毒素的作用位点有细胞膜、线粒体、叶绿体和酶等。张广民试验结果表明，一旦病原毒素侵染烟株细胞后，该菌毒素滤液可以改变细胞膜透性，认为该毒素对烟草的最初作用位点很可能是细胞膜，但是否有其他作用位点，在细胞膜上的受体是什么以及识别信号的传导等还未明确。张广民等对烟草低头黑病菌致病机制研究认为，该病原菌所产生的毒素对烟草有致萎作用，烟草低头黑病菌可以产生毒素改变烟草细胞的透性，造成电解质外渗，且随着处理时间的延长和毒素浓度的提高，这种作用尤为明显。

（三）寄主与病原物的相互关系

陈瑞泰等（1963）采用分生孢子悬浮液喷射接种、移栽前土壤接种、移栽后土壤接种、病残组织插埋接种、切块贴接及伤口接种6种接种法，获得了75%～100%的发病率。伤口接种，经24h茎部接种点上、下部位即出现组织下陷，顶芽向接种一侧弯曲，32h病变处呈褐色，形成长形条纹，72h呈黑色条纹，第六天形成典型偏枯症，接种点附近出现孢子堆与田间自然发病表现相同，证明了病原对寄主的致病性。张广民等（1992）用分生孢子悬浮液以载玻片悬滴法和烟株幼茎喷雾接种法，研究了温度对低头黑病菌形成附着胞和侵染能力的影响。悬滴方式培养，分生孢子萌发表现有3种萌发型，即附着胞型、附着胞芽管型和芽管菌丝型，在15℃和35℃条件下主要形成菌丝芽管型，在20～32℃时则形成附着胞芽管型和附着胞型，其中25～28℃的附着胞型比例最高。烟株幼茎喷雾接种，低头黑病菌的分生孢子首先附着在茎部表皮毛上，附着率达70.3%～100%。附着在表皮毛上的分生孢子萌发良好，绝大多数的孢子从端部萌发，萌发的芽管顶端很快形成附着胞，固着在表皮毛上，形成附着胞的最适宜温度为25～28℃。当表皮毛上形成附着胞后48～72h，表皮毛逐渐枯萎，同时表皮毛基部组织细胞呈褐色坏死点刻，逐渐呈黑褐色坏死病斑。证明温度对低头黑病菌形成附着胞以及附着胞在侵染过程中的影响是一致的。同时表明附着胞在侵染过程中具有吸附、固着及侵入的作用。

关于低头黑病发展过程中在烟株茎部垂直扩展形成褐色条纹并引起植株急性偏枯萎蔫的原因，张广民等（1995）做了进一步研究，用烟草低头黑病菌培养滤液的 50％稀释液浸蘸烟苗，在 12～50 h 可出现不能恢复的病理性萎蔫。生物测定表明，这种毒性物质对烟草有快速致萎能力，并引起烟草组织细胞变褐坏死。试验证明，该毒素具有较稳定的耐热、耐稀释、耐储藏等特性。毒素滤液经水浴煮沸 10min 及高温（121℃）高压（66.64Pa）处理 20min，其致萎指数分别为 59.3 和 32.3。其有效稀释浓度范围为 6.25％～50％。室温下常规保存的毒素滤液经 30 个月，50％稀释液的致萎指数仍达 60.0。不同菌株产生的毒素的致萎力有一定差异，菌体的致病力与毒素致萎力呈正相关。该毒素对烟草种及其品种的选择性差异明显，对野生烟 [斯氏烟草（Nicotiana stocktonii）、海岛烟草（N. nesophila）] 和心叶烟草（N. glutinosa）的致萎力相对较弱，而对普通烟草（Nicotiana tabacum）的致萎力较强，烟草品种对该毒素的抗萎力虽未表现出免疫反应，但品种间抗萎力有明显差异。例如，白肋 21 表现高度抗病，G28、G80、中烟 14 等表现抗病，NC2326、云烟 2 号等表现高度感病。

四、病害循环

低头黑病菌主要以分生孢子盘和菌丝体在病株残体上以及分生孢子盘和厚壁孢子在土壤中越冬。因此，病株残体及有病的土壤是该病的主要侵染来源。据中国农业科学院烟草研究所和山东省农业科学院植物保护研究所试验，低头黑病菌在土壤中至少存活 3 年以上。在发生过低头黑病的烟田，播下无病的种子，发病率达 34.7％，1955 年曾将无病烟苗栽到连作的重病地中，一场暴雨后，烟株全部死亡。田间病原菌主要通过气流、雨水和灌溉水传播，其次可由混有病株残体的肥料以及病苗传播。据调查，苗床上施用含有病株残体的肥料，其发病率达 80％，大田施用病肥同样会引起病害的发生。田间病株上产生的分生孢子借气流、雨水和灌溉水传播，引起再侵染。带病烟苗是远距离传播的主要途径。

条件适宜时，土壤中及病残体上的菌丝体和分生孢子盘上产生的分生孢子，借气流或雨水的反溅传到烟株茎基部，附着在表皮毛上，萌发后形成附着胞，固着后使表皮毛坏死，从表皮毛基部侵入，引起茎基部局部组织坏死，并产生毒素使组织细胞腐烂，病斑急剧扩展。湿度大时，病组织上产生大量分生孢子，引起多次重复侵染，使烟株群体大量发病，造成病害流行。

五、流行规律

烟草低头黑病的发生与流行受烟草生育期及品种抗性、气候、栽培等因素的影响。

（一）烟株及品种抗性

不同品种抗病性有明显差异，20 世纪 60 年代和 90 年代初的人工接种测定及田间品种抗病性鉴定均证明了烟草品种间抗病性有差异。张广民等（1995）鉴定结果表明，中烟 14、G80 等品种表现为高度抗病，NC82、G140 和中烟 90 等品种表现为感病或高度感病。同一品种不同生育阶段抗病性也有较明显差异。室内人工分期接种试验表明，烟草从 3～4 片真叶至现蕾开花期间，病株率无明显差异，但病情指数差异明显，以 3～4 片真叶期和现蕾开花期抗病性最弱。春烟田间定点系统调查表明，低头黑病的始发期为 6 月上旬，此后病情持续上升，7 月中旬进入发病高峰，8 月初后抗性逐渐增强，病情趋于稳定。

（二）气候条件

高温高湿，尤其降雨是低头黑病流行的决定因素。据 1990—1991 年在潍坊临朐县的调查表明，当 5 月下旬至 6 月上旬平均降水量 40mm 以上，平均温度 21.7～23.2℃，相对湿度 62.8％时低头黑病开始发生。进入发病阶段后，降雨即成为病害流行的主要因素。如 1957 年的田间人工接种试验中，两次发病高峰都是在大雨之后。第一次在 7 月 11 日大雨（84.3mm）之后的 7 月 16 日，第二次在 7 月 17～18 日大雨（136.4mm）之后，但因雨后气温有所降低，发病高峰拖至 8 月 1 日。山东潍坊一带每年雨量多分布在 6～8 月 3 个月，降水量占全年的 50％～62％，7～8 月平均温度在 23.4～28.1℃，只要是多雨高湿常常都会引起病害的猖獗流行。

（三）栽培条件

烟田连作土壤中病残体及菌源逐年积累，发病逐年加重。例如，20 世纪 50 年代潍坊一带，用病地育苗的烟苗发病率可高达 35％。

地势低洼、排水不良、黏重土壤发病重，地势高燥、排水良好的土壤发病轻。苗床管理不善，如浇水漫灌，留苗过密等都有利于病害发生。山东农业大学烟草研究室（1991）研究表明，病地适当增施有机肥或复合化肥，在钾肥不足的土壤中适当增施钾肥，具有增强烟株抗性和防病的显著效果。

六、防治技术

防治烟草低头黑病应在加强栽培管理增强烟株抗病性基础上，采用农业防治和药剂防治相结合的综合防治策略。

（一）农业防治

1. 选用抗病品种 据中国农业科学院烟草研究所试验，除个别品种外，凡抗黑胫病的品种或耐黑胫病品种，如 K 系列的 K326 和 K346 等，G 系列的 G140 和 G28 等均能兼抗低头黑病。试验证明，烟草品种对两病的抗病力具有正相关性。因此，只要选育出这两种病中抗任何一种病的品种，一般均可防治该病害。

2. 合理轮作 低头黑病菌在土壤中至少可存活 3 年，有病地块隔 2 年栽烟，发病仍相当严重。因此，烟田至少应实行 3 年以上轮作，水旱轮作效果更佳。前作以小麦、玉米、谷子、高粱和水稻为宜，避免与马铃薯等茄科作物及其他蔬菜轮作。

3. 培育无病壮苗 苗床地宜选在背风向阳、土层深厚且灌溉方便的生荒地上，切不可在重茬地、病地和菜园地育苗。播种前必须进行种子消毒，播种后要采用小水勤浇，防止大水漫灌。定期喷药，可有效控制此病的发生。移栽时严格剔除病苗，高起垄，一旦发现病株及时拔除，可减轻大田期病害的蔓延。

4. 精心耕作和注意田间卫生 选择地势较高、排水良好、土壤不过于黏重的地块规划种烟。在雨季到来之前及早追肥、起垄高培土和开沟排水，使烟田在雨季能迅速排除积水，以降低土壤湿度，同时防止流水传播。

（二）药剂防治

1. 苗期防治 ①苗床期从小十字期开始，每隔 7～10d 喷洒 1 次 50%退菌特可湿性粉剂 500 倍液，或 50%代森锌可湿性粉剂 500 倍液，或 1∶1∶160 波尔多液，对预防低头黑病有良好效果；②大田期当田间发现少量病株时，立即拔除病株并施用石灰消毒，再喷上述药液进行保护。

2. 移栽期防治 移栽期穴施甲基硫菌灵药土，用药 50%可湿性粉剂 7.5 kg/hm² 拌少量细干土均匀施于移栽穴内。

3. 团棵期防治 团棵期连续喷洒 50%甲基硫菌灵可湿性粉剂 500 倍液或 50%多菌灵可湿性粉剂 600 倍液、50%苯菌灵可湿性粉剂 1 500 倍液防治。

孙惠青（中国农业科学院烟草研究所）

第 7 节　烟草空茎病

一、分布与危害

烟草空茎病又名烟草空胴病、空腔病、空胫病。此病害最早由美国（Johnson）在 1914 年记载。由于引起该病害的病原细菌分布极为广泛，寄主植物多样，因此，在加拿大、日本、马拉维等许多国家的烟草产区均有发生。根据中国 1989—1991 年全国烟草侵染性病害调查研究的结果，除黑龙江、吉林、辽宁 3 省未发现外，其他各省份均有烟草空茎病发生。中国台湾省也有该病的记录。

烟草空茎病虽然分布广泛，但一般仅在局部地区为害严重。其为害主要发生于大田生育后期，即成熟期，出现于打顶抹杈的前后。根据浙江省产烟区的调查，发病在部分晒红烟产区较为严重。发病高峰期一般田块发病株率可达 3%～6%，严重田块达 10%以上。在香料烟产区空茎病为害较轻，发病盛期的田间病株率一般不超过 1%～3%。因此，烟草空茎病在部分烟区可以成为影响烟叶生产的一个重要病害。此外，据国外报道，如果收获季节遇十分潮湿的天气，该病害还会造成仓库的烟叶腐烂。

二、症状

烟草空茎病在苗床期遇高湿条件即可发生，表现黑脚症状。一般先在接触地面的叶片发病，通过叶片传到茎。叶柄和烟苗茎基部先为水渍状，而后茎基部腐烂开裂，腐烂部位变黑。在苗床上常常成片发生。

空茎病在大田期一般发生于成熟期，盛发于打顶和抹杈前后。发病早的烟株在打顶前即可发现。通常在大雨后积水的烟田可见个别烟株茎基部先变黑腐烂，然后沿茎髓部向上蔓延。在此之后，空茎病可以从茎上的任何伤口部位开始发生，但最常见的发病过程是从打顶造成的伤口侵染髓部，由髓部向下蔓延，使整个髓部迅速变褐色，而后呈水渍状软腐，髓部组织完全崩解成黏滑状物，并很快失水而干枯消失，使茎内部中空而呈空茎症状（彩图 21-7-1）。茎外部的一段或大部分变黑褐色。与此同时，中上部叶片凋萎，叶肉部分失绿而后迅速出现大片褐色斑。进而叶肉部腐烂仅残留叶脉。病株叶片陆续脱落，常常只留下烟株光秆。病株髓部腐烂后常伴有臭味。

据日本文献记述，病株叶片也有主脉与支脉呈黑褐色软腐而仅留叶肉部为绿色的症状。

田间有时可见烟草空茎病与烟草青枯病并发的植株。一般是青枯病发生在先，空茎病发生在后。

国外报道，在潮湿季节由病株采收的烟叶在烤房内会发生"吊腐"。病叶叶柄在进行烤烟时用线缠绕的部分腐烂，叶片落地。可闻到烂菜的气味。

三、病原

烟草空茎病病原为欧文氏菌属胡萝卜欧文氏菌胡萝卜亚种 ［*Erwinia carotovora* subsp. *carotovora* (Jones) Bergey et al.］。文献中曾用名 *E. aroideae* (Townsend) Holland。

菌体直杆状，大小为 (0.5～1.0) μm×(1.0～3.0) μm，不形成芽孢，革兰氏染色阴性。多根周生鞭毛，兼性厌气性。菌落为灰白到乳白色，圆形光滑略隆起。在金氏 B 培养基（KB）、酵母汁葡萄糖碳酸钙琼脂培养基（YDCA）和蔗糖蛋白胨琼脂培养基（SPA）上生长良好。能利用葡萄糖、果糖、蔗糖、半乳糖、麦芽糖、乳糖、海藻糖、α-甲基葡糖苷产酸，不产生吲哚，不水解淀粉。过氧化氢酶阳性，氧化酶、卵磷脂酶和磷酸酶阴性，对红霉素不敏感，在培养基上不产生色素。DNA 中的 G＋C 摩尔百分比（mol%）为 50～58。最适宜生长温度为 27～30℃，最高温度为 37℃，39℃ 以上生长受抑制。因此，该菌在温带和热带广为分布。

空茎病菌的寄主范围包括 61 科 140 种植物。可引起许多种蔬菜、观赏植物及肉质水果的软腐病，表现软腐和湿腐症状。其中，最为常见的是十字花科蔬菜软腐病。空茎病菌无寄主专化性。只不过分离自某一寄主的菌株对该寄主表现的致病力比来自其他寄主的菌株更强。

四、病害循环

烟草空茎病菌在病残体组织和病株及其他寄主植物（包括杂草）的根围土壤中腐生越冬。

病菌是否可在休闲土壤中长期存活有不同看法。有学者认为该菌是一种土传细菌，可以在没有寄主植物存在的情况下在土壤中存活很长时间。不过美国加利福尼亚州的研究资料表明，烟草空茎病菌在烟草收获后的 11 月可以从烟田土壤中检测到，但在休闲田的土壤中第二年 5 月则检测不到，只有在腐烂的根茎部才可分离到。说明该病菌不能在土壤中越冬。还有研究也证明在休闲 6 个月的土壤中检测不出引起软腐的欧文氏菌。另有学者认为，病菌在土壤中存活时间受土壤类型、降雨次数与降水量，以及田间植被类群的影响。

在烟草生长季节，空茎病菌在烟草根表面聚集增殖。据日本资料，土壤中病菌群体在种烟后逐步上升，到 7～8 月达高峰，收获后迅速下降。土壤中的病菌可因风雨传到地上部叶面。在湿润的叶片表面，该病菌可在叶面存活并增殖。但在干燥时，叶面病菌很快死亡。在烟株生长旺期下部叶片因不见光，通风差，高湿条件下叶面附生病原菌菌量很大，上部叶菌量则少。

烟草空茎病菌主要通过雨水和灌溉水扩散。溅起的雨滴可将土壤中的病原传到植株的地上部。此外，根据对软腐欧文氏菌的研究，降雨造成的带菌雾滴（直径 4～8μm）可在空中保持 60～90min，这可能是此类软腐病细菌能从比较远的距离传播到植株表面的原因。同时还有研究证明，在灌溉水中经常可以检测到病菌。当水温在 20℃ 以上时，其细菌量可达 100 个/mL。除此之外，打顶、抹杈和打老叶等农事操作也是空茎病细菌田间传播的重要途径。昆虫传播的可能性同样存在，特别是双翅目昆虫由于烟株伤口渗出物的吸引而将病原细菌从病株带到健株伤口。国外文献还有关于苗床期种蝇传病的报道。

烟草空茎病菌由伤口侵入寄主。田间发病过程的观察表明，初侵染可能有两种途径：一种是由根部侵入，通过茎向上蔓延；另一种是通过地上部伤口侵入，沿茎部向下或上下蔓延。植株发病后通过病原细菌的传播可发生再侵染。

五、流行规律

烟草空茎病主要发生于烟草大田生育期的成熟阶段。如果降雨多，在打顶之前开始发病。一般在打顶后进入发病高峰。

影响烟草空茎病流行的主要因子是降水量及连续降雨的时间。

温度对该菌所致病害的影响已有不少研究。一般认为土壤温度在21～35℃最适于该菌引起的软腐病发病。

烟草空茎病的发生与土壤质地有一定关系。一般以丘陵红壤土（重壤土）种烟，空茎病发生最重；轻壤土次之；河谷平原中壤土发病最轻。原因可能与不同质地土壤中烟株的根系发育有关。

土壤含水量对烟草空茎病的发生有明显的影响。据观察，凡是地下水位高，排水不良而容易积水的烟田，空茎病发生早，发生重。原因是土壤高湿时植物根际菌量大，而且植物组织抗病力降低。

烟田前茬作物的种类也影响空茎病的发生。凡前茬作物是萝卜、白菜等十字花科蔬菜的烟田，空茎病发生严重；前茬连作晚稻的烟田发病轻。十字花科蔬菜软腐病的病残体成为烟草空茎病的初侵染源之一。

烟田使用未充分腐熟的粪肥也会加重烟草空茎病的发生。

打顶、抹杈和采收等农事操作因造成烟株大量的伤口是烟草空茎病发生的重要诱因。特别是雨天进行打顶、抹杈的烟田发病严重。

不同类型的烟草其空茎病的发病程度显然有很大的差异。根据浙江省1989—1991年的调查，晒红烟的发病株率一般在6%以上，而香料烟的发病株率仅1%～3%。据日本资料，白肋烟和一些含糖量低的日本浅色烟品种发病重于绿色烟，在多雨年份白肋烟发病面积达10%以上，不同烟草品种对空茎病抗病性的差异还很少见报道。看来，由于空茎病菌无寄主专化性，烟草对空茎病菌的抗性在不同烟草类型间比较，因烟株形态特点和柔嫩多汁程度不同而表现差异。但在同一烟草类型的不同品种之间，抗病性差异不大。

六、防治技术

烟草空茎病的治理一般以加强栽培管理为主，发病严重地块可进行药剂防治。

（一）加强苗床管理

在苗床后期，应控制湿度，及时揭膜炼苗。培育壮苗，提高抗病力。

应避免在十字花科蔬菜为前茬的田块种烟。其前茬最好为禾本科作物。

（二）田间卫生与管理

施用充分腐熟的肥料。发病初期应拔除病株带出田外或烧掉，并在拔除病株的位置撒施石灰。南方多雨的烟区应避免田间积水。

打顶、抹杈和采收应在晴天露水干后进行，以加快伤口愈合，减少侵染机会。现推广使用抑芽敏等抑芽。方法是人工打顶，随即施药。用25%抑芽敏乳油加水稀释300～400倍液，采用喷雾、杯淋或涂抹法均可。每株用10～15mL稀释药液顺主茎淋下。抑芽剂的使用有增产、提高均价与上等烟比例的效果，由于化学抑芽后减少了抹芽的次数，减少了造成烟株损伤的机会，从而减轻空茎病的发生。

（三）药剂防治

目前比较有效的药剂为农用链霉素。用200μg/g农用链霉素可湿性粉剂200倍液，每公顷每次用药量1 100～1 500kg。可在田间初见病株时浇根1次，在烟株成熟采收期视病情发生程度喷施2次。1991年浙江省病区大田示范结果表明，防治区发病株率比非防治区减少近50%，虽不能完全控制空茎病的发生，但防治田块的烟叶质量明显提高，上中等烟比例增加，产值增幅达13%。

Kin等报道，在白肋烟打顶后立即喷400μg/g硫酸链霉素药液，发病株率几乎降到零。

张成省　冯超（中国农业科学院烟草研究所）

第8节　烟草赤星病

一、分布与危害

烟草赤星病是烟草生长中、后期发生的一种叶部真菌性病害，是威胁世界烟草生产主要的病害之一。

烟草赤星病在世界各国均有发生，津巴布韦、日本曾严重发生，南斯拉夫 1994 年报道在塞尔维亚地区的香料烟上是新病害，此外，其发生及为害在哥伦比亚、阿根廷、委内瑞拉、澳大利亚、加拿大等烟草种植国均有报道。赤星病在我国各烟区普遍发生，20 世纪 60 年代以前一直是次要病害，60 年代在河南和山东烟区大流行；80 年代以后，由于生产上推广的品种中多数为中感或高感赤星病，重茬普遍，栽培上增施氮肥和提高采收成熟度，致使该病再度在各烟区日趋加重，以黑龙江和吉林两省的为害最为严重，进入 90 年代后，病害传遍山东、河南、安徽、四川、云南、贵州、辽宁、陕西等各烟区；由于其流行具有间歇性和暴发性的特点，一般年份发病率为 20%～30%，病害严重的发病率达 90%，减少产值达 50% 以上，对产量、质量影响较大。经 2009 年全国 13 个省份烟草侵染性病害调查，赤星病严重为害的省份有云南、贵州、广东、四川、江西、黑龙江、吉林、福建，其次为陕西、山东、广西、安徽等省份，据估测因赤星病引起的病害损失达 19 507.65 万元。赤星病不仅使烟叶残缺不全，等级下降，而且由于内在品质不协调，如总氮、蛋白质含量升高，总糖、还原糖含量降低，糖碱比值下降，使吃味变差，降低了工业使用价值。

二、症状

烟草赤星病俗称红斑、斑病，又称恨虎眼、火炮斑，是烟叶成熟期的真菌性病害，主要侵染叶片，严重时还会侵染茎秆、花梗、蒴果等。病害多在烟株打顶后，下部叶片进入成熟阶段开始发病，条件适宜病情会逐渐加重。赤星病先从烟株底脚叶片开始发生，随着叶片的成熟，病斑自下而上逐步发展。病斑初为圆形、黄褐色小斑点，以后变成圆形或不规则形病斑，呈褐色，病斑边缘明显，外围有淡黄色晕圈，在感病品种上黄晕明显，致使叶片提前"成熟"和枯死（彩图 21-8-1）。病斑的大小与湿度有关，湿度大时，病斑可扩展 1～2cm，每扩大 1 次，病斑上留下 1 圈痕迹，形成多重同心轮纹；病斑中心有深褐色或黑色霉状物，为病菌分生孢子和分生孢子梗。天气干旱时，病斑质脆，有可能在病斑中部产生破裂，病害严重时，多个病斑会相互连接合并成片，致使病斑枯焦脱落，进而造成整个叶片破碎而无使用价值。茎秆、蒴果上等侵染部位形成椭圆形深褐色或黑色凹陷病斑。

在赤星病发病时期，田间常伴有野火病和蛙眼病同时发生。这 3 种病害往往易混淆，应主要从以下几点加以区别：烟草蛙眼病也是烟叶成熟期的病害，但蛙眼病病斑小，单个叶片上病斑数较多，而赤星病病斑大，单片叶上病斑数量较少；赤星病病斑周围黄色晕圈较宽，而蛙眼病病斑周围晕圈不明显；蛙眼病有羊皮纸状的中心，病斑中央霉状物呈灰色，而赤星病病斑呈褐色或深褐色，有同心轮纹；野火病是细菌性的病害，病斑周围有很宽的黄色晕圈，但病斑中央没有黑色霉状物，而是在天气潮湿时病斑表面有很薄的一层菌脓；野火病病斑轮纹不规则，赤星病病斑的轮纹是规则的。

三、病原

（一）分类

烟草赤星病病原为链格孢 [*Alternaria alternata* (Fr. ; Fr.) Keissler]，属子囊菌门无性型链格孢属真菌。已有的研究对烟草赤星病病原菌种的分类看法不一，1928 年由 E. W. Mason 定为长柄链格孢 [*Alternaria longipes* (Ellis et Everh.) E. W. Mason]；Lucas（1971）认为长柄链格孢与链格孢在形态上相同。此后出现了长柄链格孢与链格孢并用的局面。陈伟群等（1997）对来自中国、希腊、英国等 5 个国家 10 个长柄链格孢与 5 个链格孢菌株进行 RAPD 分析，结果表明所有参试菌株之间相似程度很高（90.3%～94.7%），证明这两种菌在形态学上亲缘关系很近，形态特征与 Simmos 的论述基本一致。由于该病原物对烟草有明确的致病性，张天宇等建议定名为链格孢烟草专化型（*A. alternata* f. sp. *nicotianae*）。国内学者大多趋向于链格孢菌和长柄链格孢菌。

（二）形态

菌丝无色透明，有分隔，直径为 3～6μm。分生孢子梗浅褐色，单生或丛生，聚集成堆，形状多为直立，部分为屈膝状，合轴式延伸，上面有多个明显的孢痕，有 1～3 个横隔膜。分生孢子萌发初期的颜色较浅，成熟后变成浅褐色，呈卵圆形、椭圆形、倒棒槌状等，有 1～7 个横隔膜，1～3 个纵隔，有时微弯曲，喙长短不等（彩图 21-8-2），在孢子链末端的分生孢子较小，椭圆形或豆形，只有 1 个分隔。分生孢子的形状大小因其菌龄和产生孢子时间长短不同有很大差异，许多学者列出的长度为 66～100μm，宽度为 3~20μm。一般大小为（35~50）μm×（8~15）μm，分生孢子梗大小为（25~65）μm×（5~6）μm，喙长度为 6~46μm。

（三）生理生化特性

烟草赤星病菌生长的适宜温度为 25~30℃，最低 4℃，最高 38℃。在 4~30℃时，萌发率随温度的提高而增加，在 24~27℃下，孢子在液滴中 5 h 的萌发率达 90％以上。分生孢子致死温度为 50℃ 5min 或 53℃ 5min，菌丝致死温度 50℃ 10min。

链格孢菌对酸碱度适应范围广，最适 pH 为 6~8，孢子萌发的最适 pH 为 6~7，生长和萌发的最低 pH 均为 3。

该菌对多种单糖、双糖和多糖等碳源及有机氮和无机氮均能够利用。其中，葡萄糖、麦芽糖、乳糖为最佳碳源，产孢量以麦芽糖最高。液体培养结果显示也是蛋白胨为氮源的培养基更适合该菌生长。

（四）病原菌生理分化

赤星病菌种群中对不同品种的致病性因具有明显的专化性差异而区分为不同的生理小种，目前发现烟草赤星病菌有两种（或至少两种）致病型，一种为柑橘致病型；另一种为柠檬致病型。这两种致病型可导致成熟叶片或柑橘类果实产生赤星病。

烟草赤星病菌寄主范围广、毒力差异大，有生理分化现象，既存在着形态相同而毒力不同的生理小种，生理小种内部也会出现毒力不同的菌株。方敦煌等（2000）证明云南烟草赤星病菌株存在毒力差异。其中，大理、楚雄、昆明、玉溪、红河、曲靖等地区分离的菌株毒力有很大差异。甚至同一地块、同一烟株上也存在着毒力不同的菌株。关博元等（2005）对重庆市各烟区采集分离的烟草赤星病 24 个代表菌株进行了致病力测定，结果显示所有测试菌株均具有致病力，但存在明显的致病力差异，对来源性不同的菌株的致病力进行分析比较，发现重庆各烟区菌株的致病力有所不同，而且同一烟区的菌株致病力也存在一定的差异。赤星病菌的分化不仅在致病力上有表现，同样在生长量上也有区别。致病力强的菌株具有菌落扩展慢，气生菌丝生长量高和产孢量低，菌丝穿透生长能力强的特点，弱毒株则相反。

（五）致病机制

赤星病菌在寄主体内和培养过程中可以产生几种不同类型的毒素，其中，主要是 AT 毒素和 TA 毒素，这两种毒素在致病过程中起重要作用。AT 毒素在寄主病原物互作中是识别因子，是病斑能致病的决定因子，且是一种寄主专化型毒素。烟草对赤星病的抗病程度首先取决于对 AT 毒素的敏感程度。Kodama、郭永峰等对具有寄主专化性的 AT 毒素做了一系列的研究，指出 AT 毒素是"烟属植物—赤星病菌"互作体系中的识别因子，只在病菌侵入、建立侵染关系的初期具有决定性作用。AT 毒素与叶片产生的病斑数量和品种抗病菌侵入能力呈正相关，但较少参与病斑的扩展过程。TA 毒素主要在病斑的扩展过程中起主要作用，与病斑大小呈正相关。这些毒素只有病菌侵入、建立侵染关系的初期有决定性作用。

（六）寄主范围

烟草赤星病菌只能侵染烟属植物，其中，普通烟草亚属（*Tahacum*）和黄花烟亚属（*Rustica*）比碧冬烟亚属更易感病。但接种试验证明，赤星病菌寄主范围较广，除烟草外，还可侵染棉花、花生、大豆、番茄、桃、李、小麦等多种植物，引起斑点、根腐病等症状。烟田的一些杂草也可被侵染。

四、病害循环

赤星病菌是弱寄生菌，以菌丝在田间病株残体或杂草上越冬，在不易腐烂的烟秸和叶片主脉上病菌可存活 2 年。叶片上的病菌当叶片腐烂时随即死亡，因此，它们不能成为病害的初侵染源。种子和移栽的病烟苗可能是初侵染的次要来源。华致甫等研究表明，种子带菌率可达 18％，种子表面、种子内部及胚乳中病菌均可能存活越冬。越冬病菌在翌年春季平均气温 8℃，相对湿度 50％条件下，菌丝重新长出新的分生孢子，以后随气温上升，产生的孢子量逐渐增多，经气流传播侵染烟株形成初侵染菌源中心，病菌又在这些发病烟株上生长再产生分生孢子，当温度适宜、叶片等部位有水膜时，孢子产生芽管，形成二次或多次侵染，病菌就可以侵染花梗、蒴果、侧枝和茎等任何部位，造成大面积发病。在烟株打顶后，叶片进入成熟阶段开始发病，到烟叶收完后，病菌又随病残体越冬，翌年再次引起病害。在适宜温度条件下，潮湿、多雨，该病发生尤为严重，连续多雨，该病发生早且重。

烟草赤星病是烟草生长中后期侵害叶部的主要病害，烟株对赤星病有明显的阶段抗病性。幼苗期抗病，以后抗病力逐渐减弱，烟叶成熟后开始进入感病阶段，并按烟叶成熟的先后顺序，病害逐渐由底脚叶向上部蔓延。

五、流行规律

（一）赤星病菌的传播、扩散与侵入

烟草赤星病是一种气流传播病害，病原菌的长距离传播主要靠风，雨水只能作短距离传播。各地赤星病发病趋势基本相同，在进入盛发期之前，病情缓慢上升，主要在下部叶片上零星发病，水平扩散，零星多中心同时出现后，病情迅速向四面扩散，遍及全田，连片成方。越大的烟田，水平扩散越快。进入盛发期时，下部叶片已积累了大量菌源，这时病菌随着烟叶的成熟，自下而上垂直扩散。垂直扩散速度慢，在下部叶片上繁殖积累了大量的病菌，进入 8 月上旬（立秋后），自烟株下部病叶向上部垂直扩散迅速，8月下旬到 9 月上旬达高峰期，不少病叶失去采收价值，成为暴发性流行。

病菌的分生孢子最适宜在烟叶表面萌发。将赤星病菌的分生孢子置于烟叶表面水膜中，在温度适宜的条件下不足 1h，即可萌发产生 1 条至数条芽管，可以从底叶正反面侵入，最易于从叶毛基部细胞、叶缘和虫咬伤口处侵入，有时也可从气孔侵入。在烟草生长后期，约在现蕾期叶片趋于成熟，分生孢子产生具有吸器的短芽管，直接侵入叶片或植株的任何部分。致病力强的菌系不用吸器可直接侵入寄主组织，也可通过气孔侵入寄主。

受赤星病侵害后，烟叶化学成分发生很大变化。烟草赤星病发病侵害的叶位主要是烟株下部，随发病严重度提高，使其烟碱与还原糖含量降低，蛋白质及总氮含量提高。国内刘孟君等以单株烟为单位人工接种赤星病菌形成不同危害梯度定叶研究了赤星病对烟叶化学成分的影响，病情严重度与化学成分的相关分析表明，造成主要烟叶化学成分发生显著变化的临界病情严重度为 11.3％，因此提出烤烟叶片若有 10％以下赤星病斑存在，不显著影响烟叶质量。高家合（2005）研究了赤星病田间自然发病侵害烤烟后对不同部位烟叶化学成分的影响，其中对烟碱的影响最大，其次是总氮、蛋白质，对钾的影响最小。对腰叶的化学成分影响最大，对上二棚叶的化学成分影响最小。下二棚叶、腰叶的烟碱含量随着病害级别的增加而增加，且增幅较大，下二棚叶、腰叶、上二棚叶及顶叶总糖、还原糖与同部位对照相比，含量有减少趋势。总氮、蛋白质、烟碱与同部位对照相比，含量增加。这是一种积极应对外界逆势的机制。

（二）发病条件

赤星病的发生及流行与栽培品种、烟株生育期、气象因子、自然条件、施肥、耕作制度及田间管理等有着密切的关系。在烟草进入感病期的前提下，各种流行因素（温度、湿度、降水等）若有利于病害发展，就会造成流行。

1. 品种　赤星病的发生与严重程度与种植的品种有密切关系。如中国从 20 世纪 50 年代以来，赤星病两次暴发流行，都与大面积种植感病品种有关，60 年代大面积种植金星 6007 等感赤星病品种，导致赤星病大发生，80 年代中期，大面积种植 G140、NC89、NC82 和 K326 等感赤星病品种，再一次导致赤星病的流行。烟草品种之间抗病性存在着一定的差异，目前生产上推广的 NC89、NC82、K326、G140、云烟 85 等主栽品种都感赤星病，中烟 90 和中烟 100 表现出很高的抗病性。

2. 烟株生育阶段　赤星病发生的先决条件是烟株叶片是否进入感病生育阶段。烟草对赤星病有明显的阶段抗性，幼苗期、移栽至团棵期较抗病；旺长期以后随着底脚叶片成熟，抗病性降低，开始进入感病阶段，并按叶片成熟的先后发病。张明厚等通过对各种抗性的品种盆栽，田间植株以及离体叶片的人工接种，均证明叶片的成熟衰老程度与感病性高度相关。成熟期易感病可能是由于叶片成熟时，叶片中积累了充足的可溶性糖分和氨基酸，细胞壁的许多结构物质被分解，细胞膜结构功能下降，透性增加，致使叶片浸出液还原糖含量增高，因而有利于孢子的萌发和侵入。同时，因为组织老化，细胞疏松，空隙率增大，有利于病菌的侵入与扩展。

3. 气象因子　赤星病的流行与温湿度有关。赤星病是中温型病害，日平均温度 25℃以上有利于该病流行，20℃以下和太高的温度反而不易发病。温度主要影响赤星病发生的早晚和潜育期时间的长短，如黄淮烟区较东北烟区发病早，黄淮烟区一般 6 月下旬即可满足赤星病发病的基本温度（适宜温度 23.7～28.5℃，温度大于 20℃），而同期东北烟区日均温度较低，发病则较晚。不同地区、不同年份间降水量、光照等均不相同，病害的发生程度也不同。在陕西，发病期为 7～9 月，进入 7 月以后，降水量和雨日与

赤星病的发生和流行呈正相关关系。大部分雨水都集中在7～9月3个月。因此，这一阶段属赤星病的易发和流行期。

气象因子与烤烟赤星病相关分析指出，气温、湿度、日照时数、降水量以及蒸发量与赤星病的关系可分为两个阶段，第一阶段以气温偏高、湿度较小、日照偏多、降水量偏少和蒸发量较大对赤星病的发生有利；第二阶段以气温偏低、湿度较大、日照偏少、降水量偏多以及蒸发量较小对赤星病的发生有利。

在烟草赤星病发生流行季节内，当温度条件可以满足该病害的发生发展时，露时长短也是重要影响因素之一；降雨可延长叶面保湿时间，对病害的发生流行也是有利的。在吉林省的气候条件下，烟草赤星病发生流行季节，其潜育期一般为3～4d，由此可以说明，潜育期短是烟草赤星病流行速度快的一个主要因素。

4. 生理生化指标 对于同一种病害，不同作物品种会因为自身的形态差异和体内代谢的差异，表现出抗病或感病。已有研究认为，烟叶体内的总氮、可溶性糖、总酚、类黄酮和游离氨基酸的含量与烟株抗病性有密切关系。赤星病的研究表明，烟叶内含氮量越高，赤星病发病也就越严重；打顶时烟叶中的类黄酮、总酚和可溶性糖含量与赤星病发病率和病情指数呈显著负相关，而游离氨基酸含量则与赤星病发病率和病情指数呈显著正相关。在对不同抗性的烟草品种接种赤星病菌后，发现抗病品种的总酚、类黄酮含量和过氧化物酶活性峰值高于感病品种。晾晒烟感赤星病后游离氨基酸总量也随品种抗性增强而增大。

5. 耕作制度和栽培措施与赤星病发生的关系

（1）与田间小气候的关系。赤星病发生的早晚、严重度受田间小气候的直接影响。单位面积种植密度过大，叶片过多，致使田间通风、透光较差，排湿困难，不利于烟草生长发育而利于赤星病菌的繁殖，赤星病常严重发生。适宜的种植密度应根据品种不同而异，同一品种不同密度赤星病发生的严重度也不同。

（2）与移栽期的关系。当烟叶成熟期与有利于病害发生的气候条件相错开，赤星病则轻。经多年调查发现，采取合理的早育苗、早移栽措施，能使烟叶提早成熟、提早采收、提早烘烤，当雨季来临之前烟叶基本烤完，发病则轻，否则当烟叶成熟期与病害盛发期相吻合时，病害则重。

（3）与施肥的关系。合理使用肥料是控制赤星病的有效措施。过多、过晚施用氮肥，而磷、钾肥匮乏，致使烟叶成熟过晚，烟株生长过于高大，病害加重。综合分析认为，中等肥力的地块，氮：磷：钾应是1：2：（3～4）为好。因为钾素营养能改变烟株的生理机能，氮素营养过多使烟株营养不协调，生长过于幼嫩，贪青晚熟，降低了烟株的抗病性，也往往导致病害严重流行。即氮、磷、钾配比适当，增加磷、钾肥，控制氮肥用量，可使病害减轻。

（4）轮作。烟稻轮作能有效地控制烟草青枯病等土传病害，并能减轻烟草赤星病和烟草野火病等叶斑类病害的侵害。以稻田首次种烟的病情最轻，春烟—晚稻隔季轮作的次之，而旱地烟及旱地烟连作上述病害发生均重。研究结果认为，从防病的角度看，春烟—晚稻隔季轮作不宜超过3年。

（5）打顶期早晚。早打顶促发赤星病；首先，早打顶的烟株中，上部叶片养分集中，发育快，在发育过程中也促使病原菌迅速发展；其次，早打顶的烟株生理抗性减弱，叶片中有机氮化合物增多，为病菌孢子的繁殖萌发提供了有利的环境。

六、防治技术

烟草赤星病的防治，必须贯彻"预防为主，综合防治"的植保方针，以种植抗病品种、实施合理栽培措施为主，辅以药剂防治。

（一）选育、种植抗病或耐病品种

选用优质适产的抗病品种，是最经济有效的措施。国内较抗赤星病的品种有中烟90、中烟9203、许金四号、单育二号、净叶黄、辽烟10、春雷三号；美国新引进的K730、VA116和国内的吉烟7号、4029、9111-21、丹东G8663等几个品系对赤星病表现出较强的抗性，红花大金元、G80和K326表现较耐病，中度抗赤星病的品种有G28和K346，近年来也借助分子标记方法进行抗性遗传分析，但目前可供生产上应用的优良抗性品种较少，为此，应当加强选育抗赤星病品种工作的力度，同时应积极进行预测预报性的研究，结合分子生物学技术筛选出对烟草赤星病具有较强抗病作用的品种，以便对赤星病进行有效的防治。

（二）栽培防治

1. 适时早栽与壮苗　培育健壮烟苗，增强烟株的抗病性，是抵抗赤星病发生的基础。赤星病主要发生在烟草生长后期，春烟可以适时早栽，促进烟叶早生快发、提早成熟采收，使叶片成熟期避开赤星病盛发期，这是控制赤星病发生的有效措施。采用塑料薄膜和大棚等方式育苗，可实现早移栽、早成熟、早烘烤，使烟草感病阶段避开温暖雨季，躲过病害流行期。

2. 合理密植　种植密度过大光照不足，叶片互相遮蔽，有利于病原菌的繁殖，导致病害严重发生。因此，要根据品种特性、土壤肥力条件，做到合理密植，密度以成株期叶片不封垄为宜，一般在每 667m² 1 200 株左右，连片种植控制在 10hm² 以下。

3. 合理施肥　通过合理施肥，可促使烟株健壮发育，提高烟叶的成熟度及其内在的抗病能力。一般认为，烟田使用氮肥不可过多、过晚，以免造成贪青晚熟，要适当增施磷、钾肥。氮、磷、钾比例以 1∶1～2∶3 为宜，烟株生育期中缺钾时，应立即用 1% 硫酸钾或磷酸二氢钾溶液喷施烟株和烟叶，以叶片正反面喷施为宜。合理留叶，避免烟株出现叶片上大下小的长相。

4. 搞好田间卫生，控制菌源　赤星病菌大多在烟秆、残叶、烟根以及附近枯死的杂草上越冬，翌年气温回升，湿度大时即产生大量分生孢子，成为初侵染菌源，进而繁殖蔓延。因此要搞好田间卫生，及时采收底脚叶并带出田外；从烟叶收割后到翌年烟育苗前，对病田的残枝老叶及附近的杂草进行全面清理和烧毁，尽可能控制病原菌广泛传播。

5. 加强种子消毒　赤星病菌可能混在烟草种子中，播种前必须进行细致筛选或风筛，对裸种要进行清洗，然后用 1% 硫酸铜溶液浸种 10～15min，再用清水漂洗干净后催芽。

6. 合理耕作　不同的栽培制度也会对烟草赤星病的发生流行产生一定的影响。赤星病菌可随烟株残体在土壤中存活 2 年以上，连作会增加土壤含菌量，与其他作物轮作可有效减少土壤中病原菌量，减轻赤星病为害。还有报道，烟草与甘薯、花生等作物间作，扩大烟株的行距，改善通风透光条件，降低田间小气候湿度，可有效预防赤星病的发生。

7. 起垄移栽与打顶采收　起垄移栽，改善透光和烟草赤星病通风条件，降低田间湿度，可抑制赤星病的发生。采用高垄单行的栽培方式，赤星病的发生相对较轻；烟叶成熟后，及时采收或摘除底脚叶，避免赤星病菌侵入，改善烟株下部通风透光条件，延缓初侵染期的到来，能及时防治或延缓赤星病的发生。

（三）化学防治

由于赤星病菌分化速度较快，而且目前尚无优良的抗病品种及其他有效防治方法，药剂防治仍是控制烟草赤星病发生流行的主要方法。药剂防治存在着农药质量、品种效果、施药最佳时期和施药方法等问题。施药时期应该根据该地具体情况，当底脚叶开始成熟时结合采收底脚叶进行喷药，间隔 7～10d 喷 1 次，2～3 次即可。应充分考虑药剂残留和卷烟卫生等安全问题，根据病情适时喷施，以控制突发性的病害。施药方法为：应着重中、下部叶，自下而上喷施。防治烟草赤星病的农药品种及用法用量如下：40% 菌核净可湿性粉剂 500 倍液，根据烟株大小喷施药液，一般每公顷用药液 750～900kg，喷施药液要均匀周到，如遇雨要补喷；10% 多抗霉素可湿性粉剂，一般用 600～800 倍液，每公顷用药液 900kg，其防治效果与菌核净效果相似，也可达 70% 以上，多抗霉素对人畜安全，有刺激植物生长的作用，而且是生物制剂，具有使用安全、不污染环境等优点，更值得推广；50% 异菌脲可湿性粉剂 1 500 倍液、50% 腐霉利可湿性粉剂 1 000 倍液，对烟草赤星病有抑制孢子萌发和抑制菌丝生长的作用，田间每公顷用药液 750～900kg，且二者的防治效果为 60% 以上；0.3% 科生霉素水剂 150～200 倍液，每公顷用药液 750～900kg，对防治烟草赤星病也有一定作用，科生霉素是生物农药，同样具有安全、可靠、不污染环境等优点，同时还可兼治野火病和角斑病，在烟草赤星病、野火病、角斑病混合发生地区使用效果较好，也可与菌核净交替使用效果会更好；70% 代森锰锌可湿性粉剂 500 倍液与 40% 百菌清悬浮剂 500 倍液等药效较好，每公顷用药液 900kg。长期单一使用同一种农药，会导致病菌产生抗药性，使药效降低，因此使用时须引起注意。

（四）生物防治

1. 诱导抗病性　植物的诱导抗病性是寄主植物抵抗病原物侵染的一种主动反应，涉及多种抗病防卫反应物质的诱导产生。植物诱导抗性在烟草赤星病生物防治中的研究比较深入。董汉松等研究结果表明，用赤星病菌弱毒株 TBA16 孢子喷洒烟叶或悬滴诱导处理，均可明显地诱导烟草对赤星病的抗性，用强毒株 TBA28 和 TBA19 挑战接种，抗性诱导效果分别为 50%～61% 和 60%～71.4%；病菌毒素诱导比孢子

诱导效果提高 $35\%\sim77\%$，毒素的诱导抗性最高可达 100%。重复诱导可使抗性持续期延长和抗性程度提高。诱导抗性表现程度还与挑战接种的温湿度有关。文景芝等研究了从马铃薯中分离的马铃薯早疫链格孢菌对烟草赤星病的诱导抗性，结果表明，马铃薯早疫链格孢菌在一定条件下可诱导烟株对赤星病产生系统抗性，抗性诱导效果达 86%。

在诱导抗性的生理生化及组织病理学方面，杨献营等研究表明，经链格孢菌弱毒株 TBA16 诱导处理后，烟叶还原糖浓度下降，挑战接种后迅速上升；酚类物质的含量随抗性诱导效果的提高而增加；可溶性蛋白质除诱导后第三天增加外，其余时间均下降，同时烟叶的全氮增加。刘爱新等利用 TBA16 制备激发子（elicitor，也称抗病诱导剂）诱导处理烟草，结果表明，烟草体内几丁质酶和 $\beta-1,3-$葡聚糖酶对赤星病菌的菌落生长有抑制作用，并可抑制孢子萌发，对赤星病菌孢子有明显的攻击作用，酶对寄主生活叶面上的赤星病菌有同样的攻击作用。

2. 拮抗菌的应用　利用拮抗作用进行赤星病的控制应用研究也有很多报道，主要包括细菌、真菌（木霉菌）和放线菌，并选取拮抗性较强的拮抗菌，在温室条件下处理（喷洒）烟苗，结果表明对烟草赤星病具有较强的抑制作用。王革等用 TV-1 制成的菌剂进行离体叶片、烟草苗期、大田期防效测定，结果表明，该菌剂为 10^5 个/mL 时，具有抑制离体叶片病斑扩展的作用，浓度达 10^7 个/mL 时，可明显防止病斑出现，同时它还能促进烟苗生长。储慧清等在自然发病条件下进行了球孢链霉菌 AM6 代谢拮抗物质不同施用浓度、不同施用次数防治烟草赤星病田间小区防效试验，结果表明，含有 AM6 拮抗物质的制剂喷雾烟草叶片对烟草赤星病有较好防治效果，其防效随制剂中拮抗物质含量的增加而提高，以 100 倍液施用 2 次防效较好，田间防效为 80.3%，含有 AM6 拮抗物质的制剂对烟草无明显药害。

王静（中国农业科学院烟草研究所）

第 9 节　烟草白粉病

一、分布与危害

早在 1878 年，Comes 报道在意大利首次发现烟草白粉病，1879 年 von Thumen 报道在葡萄牙也发现了烟草白粉病。此后相继报道发现该病的国家有澳大利亚、保加利亚、巴西、中国、希腊、危地马拉、印度、伊拉克、日本、马其顿、马达加斯加、毛里求斯、莫桑比克、葡萄牙、罗马尼亚、俄罗斯、南非、津巴布韦、土耳其、前南斯拉夫、波兰、牙买加、尼加拉瓜等以及印度尼西亚的爪哇岛和苏门答腊岛。烟草白粉病 1947 年曾在意大利流行，给意大利烟叶生产造成了严重的经济损失；在巴尔干半岛国家常年为害严重，通常发病率为 $50\%\sim100\%$；在津巴布韦是烟草最严重的真菌病害，尤其在海拔 500 m 以上的烟区十分流行；在南非年平均损失为 $20\%\sim30\%$；在奥地利、马其顿、印度尼西亚爪哇岛和苏门答腊岛常年发生严重。

我国台湾省 1919 年报道发现烟草白粉病。余茂勋 1939 年报道在四川成都平原发现烟草白粉病，随后贵州、云南、山西、陕西、山东、广东、福建、安徽等省相继发现烟草白粉病，局部为害严重。进入 21 世纪以来烟草白粉病在华中、华南和西南烟区呈为害加重的趋势。

烟草白粉病在广东烟区俗称"上硝""发白"，在云南、贵州等烟区俗称"上灰""冬瓜灰"等，该病曾在四川黔江和湖北恩施地区几度流行为害。

二、症状

烟草白粉病在苗床期和大田期都可以发病。大田移栽后至少 6 周才能见到明显的症状。最明显的症状是致病菌本身，白色的粉状物（粉孢子和粉孢子梗以及菌丝）覆盖在叶片的正面与背面，以及茎秆上，最初症状是粉斑（彩图 21-9-1），很快扩展到整个叶片，严重时叶片枯死。染病叶片变薄，烘烤后利用价值很小，为害严重时可造成烟株死亡。有时致病菌在叶片表面形成黑色球形的子囊壳，用肉眼就能看到。

三、病原

烟草白粉病病原为菊科高氏白粉菌［*Golovinomyces cichoracearum*（DC.）V. P. Gelyuta，异名：二

孢白粉菌（*Erysiphe cichoracearum* DC.）]，属子囊菌门高氏白粉菌属真菌。菊科高氏白粉菌形成椭圆、透明、单细胞粉孢子，粉孢子串生，着生在不分叉的粉孢子梗上（彩图 21-9-2），粉孢子大小为（20～50）μm×（12～24）μm，平均为 31 μm×16 μm（彩图 21-9-3）。黑色圆形的子囊壳，无孔，但有弯曲的、不确定的附属丝，长度为 80～140 μm，内含 4～25 个（通常 10～15 个）卵形的、微小短柄的子囊，大小为（58～90）μm×（30～35）μm，多数子囊中含有 2 个透明、单细胞的子囊孢子，大小为（20～28）μm×（12～20）μm，个别子囊含有 3 个子囊孢子。尽管不同的研究报道存在不同的适宜温度，但是孢子萌发的最低温度为 7℃，最适为 23～25℃，最高温度为 32℃。Minev 报道，粉孢子可抵抗 -3℃ 的低温。很明显粉孢子在相对湿度 100% 和水中不能萌发，尽管 Rossouw 报道粉孢子在相对湿度 0～100% 和 15～32℃ 的条件下可以萌发。最适萌发相对湿度 60%～80%，有些可在相对湿度 20% 的条件下萌发，很明显粉孢子在萌发过程中利用了自身的水分。Somers 和 Horsfall 报道，粉孢子的含水量随其形成时间的空气湿度变化而变化。这些研究者认为粉孢子的储水能力不是绝对含水量，而是干旱条件下粉孢子萌发的重要条件。Levykh 发现在相对湿度 80%～89% 条件下，短命的粉孢子能够存活 12d，但在相对湿度 40%～58% 和 19～21℃ 的条件下粉孢子几天就死亡。Tsumagari 发现粉孢子的寿命为 28～73d，夏季比冬季的生命力强。粉孢子在黑暗和有光照的条件下都能形成，但在有光照的条件下比在黑暗中成熟得快，并且在光照条件下释放粉孢子。Pady 认为，粉孢子的释放是由需光的内源节律控制的。而 Cole 和 Fernandes 认为，温度、湿度和风速对产孢、孢子成熟、扩散和萌发都产生影响。当太阳升起时温度开始上升，湿度开始下降，空气流动加快，在 13：00～15：00 粉孢子释放达到峰值。

通常子囊壳在生长季节的后期形成，子囊壳成熟之后将子囊壳放入水中或者放到饱和的空气中，可以诱发子囊孢子的产生。Tsumagari 报道，在 4～22℃ 的条件下子囊壳裂开，最适温度为 14℃，在 4～34℃ 的条件下子囊孢子萌发，最适温度为 10～18℃。白粉菌的一些子囊壳在相当广泛的环境条件下能够存活几年。

已经证明烟草白粉病菌的不同菌株对不同的寄主具有不同的致病力。Deckenbach 成功地用来自烟草的白粉病菌接种葫芦，但用葫芦上的白粉病菌分离物接种烟草没有成功。据 Hopkins 报道，从马铃薯上获得的白粉病菌能够成功地入侵烟草，但比烟草上获得的分离物的致病力弱。意大利的学者发现，用烟草白粉病菌人工接种烟草，能够产生严重的为害症状，并且还能形成子囊壳，而人工接种菠菜及其他葫芦科植物，所产生的菌丝层和粉孢子层都很稀疏。对 11 科多个属的植物都不形成侵染，尽管据报道这些植物都是二孢白粉菌的寄主植物。

烟草白粉病菌是异宗配合的，Morrison 用多个混合菌株接种，5 周后获得成熟的子囊壳。资料表明，有 2 个交配型，2 个等位基因控制配合力，来自不同寄主的分离物构成了特异生理小种，说明存在其他的遗传配合组合，这说明新的生理小种会连续地形成。

四、病害循环

生长季节染病烟株上产生大量粉孢子，借助风媒这些粉孢子得到快速传播，并大量繁殖。有时在生长季节的末期才形成子囊壳，很可能白粉病菌靠子囊壳在烟草病残组织上越冬，或者在烟田的病残烟株上以菌丝越冬。同时烟草白粉病菌也可以在多年生寄主上越冬。Tsumagari 报道，子囊壳通常在魁蒿（*Artemsia princeps* Pamp）和车前（*Plantago asiatica* L.）上形成，子囊壳成熟后掉落到土壤中，直到春天子囊壳破裂，散发和释放子囊孢子，子囊孢子成为初侵染来源。同时在烟株上越冬的菌丝垫也可作为翌年的初侵染源。

五、流行规律

（一）寄主与病原的相互关系

烟草白粉病菌是专性寄生菌，菌丝体生长在叶片表面，通过吸器从叶片组织中吸取营养，吸器可以穿透叶片表面进入叶片组织中。在有光照的条件下，适宜的温湿度有利于粉孢子与子囊孢子的萌发。在适宜的条件下，2 h 内粉孢子萌发并产生芽管。Tsumagari 报道，用流水冲洗叶片后粉孢子的萌发率提高，他认为叶片中或者叶表面形成的化学物质对粉孢子的萌发有抑制作用，而对子囊孢子的抑制作用差一些。粉孢子萌发后在芽管的末端形成附着胞或者附着丝，它们与寄主的表皮紧密吸附，在附着胞上形成穿透叶片表皮的菌丝栓。当细胞壁的纤维素被酶完全改变之后，针状菌丝栓穿过细胞壁，菌丝栓已经通过局部的纤维素加厚形成乳状突起，最终穿过细胞壁，陷入细胞膜进入细胞，在细胞内芽管膨大为球状的吸器。随后真菌快速生长，1 周内在叶片表面就可见到白色的粉斑，同时 4 d 内就能生成粉孢子。

（二）寄主范围

侵染烟草的白粉病菌同时也侵染多种其他植物，主要是葫芦科和菊科植物，Salmon 列出了 115 属的寄主植物，并对烟属植物的抗病性进行了认真的研究。Ternovsky 在第二次世界大战之前就开始研究烟草对白粉病的抗性，他报道了一种日本晾烟品种有很好的抗性。Raeber 等发现 19 种植物对白粉病菌免疫。而 Cole 报道了 23 个种对白粉病菌或者高抗或者免疫。一些品种在某一国家是高抗的，而在其他国家是高感的。这表明或者种子搞错了，或者是存在不同致病力的菌株。

许多国家开展了抗病育种研究。Ternovsky 利用 *Nicotiana digluta* 作为抗花叶病和白粉病的种质资源培育了抗 2 种病害的烟草品种，其品质与其回交亲本 Dubec44 的相当。Raeber 等对 *N. digluta* 所做的研究表明，其抗性由多遗传因子控制。这些工作人员难以获得具有抗性的纯合品系，他们推测在育种过程中丢失了控制免疫的主效基因，而筛选了具有高抗能力的多基因。Cole 也利用 *N. digluta* 作为抗源，将杂交后代与 Yellow Mammoth 回交 7 次，最终获得了高抗品系，这些品系表现出过敏性反应。Cole 的研究资料表明，这些烟草品系对白粉病的抗性是显性的，很可能由单基因控制。日本的晾烟品种 Kuofam 对白粉病高抗。

（三）温度、湿度和光照

Levykh 发现，侵染最适湿度 60%～80%，温度 16～23.6 ℃，最低温度 7℃，最高温度 32 ℃。如果夜间温度长时间维持在 18～19℃，在相对湿度 100% 的条件下接种，6d 后不发病；然而，当相对湿度降到 70%～76%，症状出现，并出现粉孢子。Cole 认为，对于大多数成功的侵染发生在先高湿度，然后湿度下降的条件下。如下午晚些时候孢子落在叶片表面，夜晚来临湿度提高，有利于孢子萌发与侵入，第二天上午湿度降低有利于菌丝的快速生长。Stoimenov 支持这一观点，他指出，保加利亚白粉病发病是在昼夜温差比较大（大于 10℃）的时候发生的，在保加利亚 7 月和 8 月白天温暖，而空气湿度低，夜间温度低，并且叶面有露水。很明显白粉病菌可以忍耐宽广范围的温湿度条件，与这些条件相配合的是光照不足，有利于病害的发生。

（四）海拔

通常白粉病在高海拔地区发生严重，这主要是由于在一定的温度条件下低湿度导致的。在伊拉克观察到，在烟草生长的早期发现烟草白粉病，但随着干热天气的开始病害消失，在生长后期雨水到来，温度下降，白粉病再次出现。如果雨水来得早，烟草生产将受到白粉病的严重危害，以致烟叶失去烘烤价值。如果雨水来得迟，烟叶将不会受到白粉病的侵害，烟叶产量增加。在印度尼西亚爪哇岛烟株成熟前不会发生白粉病，首先表现症状的是位于低洼、潮湿和背阴地方的烟株。

（五）烟株营养

Cole 报道，在田间 Hicks 品种只有在叶片停止伸长的时候才表现感病。最初从下部叶片发病，逐渐向上蔓延。新生叶片抗病性好，而成熟衰老的叶片变得感病。总之，烟草生长后期高发病率是因为接种体积累、叶片衰老失去抗性和环境条件适宜。打顶减缓了上部叶片的发病。缺钾烟草叶片发病轻，尽管叶片含有充足的糖类和氮素营养。缺钾可能阻碍了蛋白质的合成，并且降低了必需营养的获得。激动素提高了烟草叶片的抗性，可能阻止了叶片的衰老与叶绿素的降解。氯霉素能够限制白粉菌的生长很可能是阻碍了病菌生长所必需的蛋白质和维生素的合成。有证据表明，当有其他侵染病斑存在时，病菌生长快，尤其是单位叶面积内有几个病斑存在的条件下。Cole 认为，当发生了初始侵染之后叶片变得感病，因此，允许多侵染的协和效应发生。灌溉有利于侵染，这主要是影响了烟株的生长。

（六）白粉病菌与其他病菌的相互作用

Cole 认为，当烟株受到丛顶病毒侵害后对白粉病菌具有抗性。在潮湿的条件下，葡萄白粉病菌寄生菌（*Cicinnobolus cesati*）能够侵染和消灭白粉病菌。但是这种重寄生菌的应用显示出的结果不好。Yamaguchi 等发现，在温室中一种弹尾虫（*Lepidocyrtinus* sp.）取食白粉菌的孢子和菌丝。

六、防治技术

抓好以下 3 项工作烟草白粉病就能够得到控制。首先采用抗病品种，其次加强田间管理，最后适时进行药剂防治。

首先，选用优质抗病品种。各类烟草中都有抗白粉病的品种。抗白粉病的烤烟品种有台烟 5 号、F110、DC202、F112、F223、F224、TL33、Kutsaga51E、KutsagaE1、Kutsaga110 等，研究发现中烟103、中烟 102、K346、龙江 911 等高抗白粉病；抗白粉病的白肋烟品种有 Banket102、PMR Burley21 和 Burley21、Burley 52 等；晒烟品种塘蓬对全国采集的 95％以上的白粉菌分离物免疫，广红 12 和广红 13 高抗白粉病；抗白粉病的香料烟品种有 Dubek44、7566、American287、Talass3036、Frapezond161 和 Plovdivl 等，雪茄包皮烟有 TV。

其次，加强农业防治。实践证明早栽早收都可避开白粉病的流行期，雨季到来之前就将易感病的下部叶片采收，既可减少田间白粉菌的再侵染菌源数量，又可以改善通风透光条件，不利于白粉病发生。

不在低洼地种烟，密度要合理；实行轮作；起垄培土，及时排除田间积水；搞好田间卫生，发病后及时摘除下部病叶并进行妥善处理；合理施肥，增强烟株营养抗性，适当控制氮肥、钾肥用量，增施磷肥。

最后，药剂防治。在白粉病始发期开始用药效果较好，用药时间不适宜往往降低药剂的防效，另外视病害发展趋势和药剂情况确定用药的次数，严重时 2～3 次即可。

近年来使用 20％三唑酮乳油 1 000～1 500 倍液，防治效果可达 80％以上。另外，50％硫菌灵可湿性粉剂、70％甲基硫菌灵可湿性粉剂或 50％苯菌灵可湿性粉剂 500～800 倍液，其防治效果也可达到 80％左右，但注意苯菌灵会产生抗药性的菌株。

Mickovski 发现，敌螨普（karathane）防效能达到 86％～90％，对品质无影响，意大利的研究人员得到了同样的结果。硫悬浮剂的防效也很好。

时焦（中国农业科学院烟草研究所）

第 10 节　烟草角斑病

一、分布与危害

烟草角斑病是烟草上普遍存在的一种细菌病害，又名黑火病。1917 年美国北卡罗来纳州首次报道烟草角斑病。目前烟草角斑病已遍布亚洲、非洲、欧洲及美洲各地的主产烟区。我国最早由余茂勋于 1950 年报道。1989—1991 年我国烟草病害普查证实，河南、浙江、陕西、广西、山东、四川、安徽、辽宁、吉林、黑龙江等省份的部分烟区均发生烟草角斑病，其中，以陕西、山东、四川、吉林发生较普遍，常与野火病同时发生。2003—2007 年，我国烟草角斑病年发病面积 3.33 万 hm²，每年造成的产值损失 2 643 万～5 782 万元。河南、黑龙江、四川、云南等省个别年份发病较为普遍。近年，北方烟区角斑病再度流行，并成为烟草的主要病害之一。

二、症状

角斑病在烟草各生育期均可发生，以大田生育中后期发生较多。烟株的叶、茎、花、蒴果等部位均可感病，以叶部为主。首先在苗床开始发病，常在苗床低湿和幼苗生长旺盛处先出现病斑，此时幼苗已接近移栽期，病斑非常小，暗褐色，在大叶脉两侧较多，受小叶脉限制，病斑呈不规则形或多角形。苗期有时病斑也在叶缘发生，由于病斑很小，必须仔细观察才能确认。以后病斑渐扩大，角斑症状明显，将叶片置光亮处，可见暗褐色病斑周围有一窄的黄边，但与野火病的宽晕圈有明显差别。湿度大时，病斑迅速扩大，数斑联合，叶片腐烂，严重时幼苗倒伏，与猝倒病相似。

大田期发病时，病斑呈多角形或不规则形，受叶脉限制，边缘明显，深褐色至黑褐色。有时病斑中间颜色不均匀，常呈灰褐色云状纹。病斑直径 1～8mm，有时可扩大至 1cm 以上。病斑可互相联合，特别是几个原始侵染点位于同一叶脉的两侧，离得很近时常融合成一大片，在这种情况下，叶脉也可受侵染变褐色，形成一个大的角斑区（彩图 21-10-1）。空气湿度大时，病斑背面有菌脓溢出，呈细小的雾滴状，随即连成一片呈水膜状，干后形成一层薄膜，在阳光下发亮。后期病斑干燥后可开裂或脱落，叶片破碎。据 Hopkin's 报道，烟草角斑病除典型角斑症状外，尚有 3 种不典型的症状。在严重侵染的叶片上病斑不典型。薄叶上病斑很小，多角形，中间白色，与蛙眼病相似，但蛙眼病发生在生长后期的基部黄叶上，而角斑病则在绿叶上。在厚叶上，特别是烤烟品种的厚叶上，如天气干旱或打顶前使用氮肥则可形成圆形暗褐色病斑，中心有一个环，直径为 3~6mm，几个斑可联合成一个大的多角形暗褐色斑块，这些叶片的顶部常有大量的小角斑，与正常的角斑症状相似。上述薄叶与厚叶的症状差别很大，当时曾误认为是两种病害，分别称为角斑病和黑火病，现已明确是一种病害，是由于环境条件和品种不同所致的症状差别。另外一种症状是在持续潮湿天气，夹杂暴风雨，特别是在排水不良的地块上，出现灰黄色的扩散性病斑，直径为 1.3~2.5cm，受大叶脉限制，以后黄色病斑上出现许多小黑点似黑胡椒粉，很快融合成一不规则形的黑色斑块，病组织软腐，由于大雨，全叶腐烂。这种症状是由于叶片组织过度充水引起的。这种症状比野火病更具毁灭性。

病株上的花可以结果实，在成熟过程中也可以感染；花萼和花冠变黑畸形，果实和茎上则形成黑褐色凹陷斑，病斑周围无黄色晕圈。

三、病原

烟草角斑病病原目前普遍认为是假单胞菌属丁香假单胞菌烟草致病变种 [*Pseudomonas syringae* pv. *tabaci* (Wolf et Foster) Young et Dye Wikie]，曾用名 *P. tabaci* (Wolf et Foster) Stevens。对于角斑病菌的命名一直是有争论的，由于角斑病和野火病同时发生，在细菌学上有许多相似之处，有些学者认为是两种截然不同的病菌，但更多的学者则认为是同一种病菌。Brawn 用 6 个角斑病菌和 4 个野火病菌的各单胞菌系做了形态、生理生化和血清学的比较试验，结果是这两种细菌不能区分，有些差异不仅在两种细菌之间存在，在同一种细菌的各菌系之间也存在。比如血清学试验，在角斑病菌的各菌系之间的差异和角斑病菌与野火病菌之间的差异无大区别。这两种细菌的主要区别在于野火病菌能产生野火毒素，导致病斑周围的褪绿晕圈，而角斑病菌则不产生野火毒素，病斑周围无晕圈。其他所有的细菌学性状都相同。1974 年 Doudoroff 和 Polleroni 将 *Pseudomonas* 中植物病原细菌的种减少到 7 个种，新成立的种包括许多植物病害的病原菌。1978 年根据 Young 等的建议，在种以下根据病原菌的致病性区分各种不同的致病型。在他们提出的致病型名录中，Dye 等（1980）将 *Pseudomonas tabaci* 归入到 *Pseudomonas syringae* pv. *tabaci* 中，将角斑病菌作为 *P. syringae* pv. *tabaci* 的一个不产生毒素的变异菌系。1986 年津巴布韦的Deall 等比较了这两种细菌的致病性和流行规律，认为这两种细菌在烟叶中的生长速度和生长量不同，植株年龄和叶位的致病性也有不同反应，幼株（42d）的较下位叶对野火病最敏感，而老株（84d）的顶叶对角斑病最感病；野火病菌与气候变化关系很大而角斑病菌则关系不大，因而提出这两种细菌应分开，角斑病菌应命名为 *P. syringae* pv. *angulata*，此学名目前尚未得到普遍承认。

角斑病菌属假单胞杆菌属中的荧光类群，菌体杆状，大小为（0.5~0.6）μm×（1.5~2.2）μm，极生鞭毛 3~6 根，革兰氏染色阴性，不产生芽孢，无荚膜，好气性，无聚 β-羟基丁酸盐积累在肉汁冻琼脂培养基平面上的菌落最初半透明，渐变为灰白色，中间不透明，边缘透明，圆形，稍突起，表面光滑，有光泽，边缘波状。在肉汁冻液中浓云雾状，无菌膜。在 KB 培养基上产生绿色荧光。有果聚糖产生，明胶稍液化，石蕊牛乳缓慢澄清，但不凝固。硝酸盐不还原，产生氨和吲哚，不生成硫化氢。淀粉不水解。接触酶阳性。精氨酸双水解酶、酯酶和氧化酶均为阴性。能利用葡萄糖、蔗糖、半乳糖、果糖、甘露糖、阿拉伯糖、木糖、甘露醇和山梨醇产酸不产气。不能利用鼠李糖、麦芽糖、乳糖、棉籽糖、甘油、水杨苷、酒石酸铵和肌醇。

角斑病菌生长适温为 24~28℃，最低 4℃，最高 38℃，致死温度 52℃/6min，45~51℃/10min。病菌在马铃薯葡萄糖琼脂培养基上只能存活 12d，在肉汁冻培养液中室温下可存活 300d，在 5℃ 下能存活 3.5年。在蒸馏水和琼脂平面上也能存活 3.5 年。Valleau 等认为该病菌在马铃薯葡萄糖琼脂培养基上容易死亡是由于培养基的酸度迅速增加引起的。

角斑病菌有不同菌系的报道，Valleau 等报道了不同菌系的角斑细菌菌落形态有差异，由软到硬，由粗糙到平滑的不同类型，但致病性无差别。而在相对稳定的菌系中致病性的强弱则有差异。

角斑病菌的寄主范围曾认为是很广的，包括 23 属的植物。后来 Clayton 的试验认为只有烟草属的种是自然寄主。Valleau 等则认为除烟草中的植物外还有豇豆、大豆、番茄、辣椒、蓼、荠菜、龙葵、稗和药用蒲公英等植物。袁美丽等也证实了角斑病菌可侵染番茄、辣椒、茄子等植物，但不能侵染大豆，这与国外报道不同，可能是不同菌系所致。至于某些植物根部存在活的病菌可能与病菌越冬有关，但不是寄主。

四、病害循环

烟草角斑病菌的主要越冬场所是散落在田间的病残体。土壤表面或5～10 cm土层中或干燥的烟叶中的病原菌，都可以越冬成为翌年的初侵染源。但15 cm以下土层中病残体内的细菌不能越冬。在病残体中的病菌可存活9～10个月。另外，病菌可在许多作物和杂草根系附近存活越冬，也能成为初侵染源，但不引起这些作物发病。病种子可以带菌越冬。据华致甫等报道，不只是种子表面，种皮内和胚乳内也可带菌。种子带菌率因品种而异，感病品种可高达16％。有人用病种子播在消毒土中，然后移栽到远离大田的果园等处，烟草还有23.81％发病率。因此，在新开辟的烟田或轮作烟田中病种子是初侵染源。病菌主要借风、雨、灌溉水或昆虫传播。水从带有病残体的土壤流入烟田时，将细菌带入，经风、雨或流水反溅到烟叶上，病菌从气孔侵入，以伤口侵入为主。若从气孔侵入，必须叶片湿润，气孔中有水。侵入后3～5 d即表现症状。任何能促使叶片大量充水的条件都有利于田间病害的迅速发展。所以在暴风雨后，叶片伤口多，且充水，常出现病害暴发流行。

五、流行规律

在苗期，苗床发病与育苗期的管理有关，苗床湿度大易发病，特别是北方都用大棚育苗，早春气温低，大棚通风差，棚内湿度大常造成苗期发病，防治不及时，就造成重大损失。一些轻病苗栽到大田，就会增加病害发生和流行的机会。即使苗期控制了病害，大田期间病害也会流行，这主要与土壤中病残体的多少与气候条件有关。如果连作，土中积累的病残体中的病菌就多，只要条件合适就发病。角斑病在气温24～28℃下适于发病，也即在6月中、下旬，遇到雨天就开始侵染，雨天多，雨量大，特别是经常发生暴风雨的年份病害就重。条件合适，潜育期3～4d，流行年份病害蔓延迅速。如果天气干燥则潜育期延长，病害的传播蔓延受到抑制，病情就轻。例如，吉林省在1993年和1994年的研究中看到，降雨和发病呈正相关，尤其是雨日多少对发病轻重有很大关系；1993年6月18～25日连续有几次降雨，从6月23日至7月2日病情指数迅速上升。6月26日至7月4日无雨；从7月2日至8日病情停止增长。7月7日一场大雨后又连续3d小雨，病情又迅速上升，到7月23日达到高峰。1994年在长春和德惠的试验结果也相似，都是每次雨后出现一个发病高峰。相对湿度随雨量和雨日而有变化，湿度大的天气，虽无雨也促进发病。雨多湿度大之所以病重主要是由于在这种天气条件下，烟叶容易充水。特别是在暴风雨后，叶片湿润，充水严重，伤口多，因而病菌容易侵入，并且在土壤中的细菌也易反溅到叶背，从气孔或伤口侵入，病斑中的细菌也因叶片湿润而容易溢出，被风雨传播到其他叶片上去。但仅仅是湿度大的天气不足以造成流行，因为细菌在叶面必须有水分，保证其能游动到气孔或伤口中去，并且叶片充水的时间要比较长，且充水的面积也要足以使细菌得以繁殖，故充水时间必须在24h以上才行。

除了菌源和气候条件外，角斑病的发生还和寄主的抗病性及栽培条件有很大关系。烟草品种间对角斑病的抗病性是有差异的；国外培育的Burley和Havana类型的抗野火病品种均不抗角斑病。目前国内栽培的品种也都不抗病，感病稍轻的有NC89、K326等。最感病的是晒烟品种自来红，白肋烟品种Ky10和Ky14，烤烟品种CV87、9205、红花大金元等。栽培方面则使用氮肥过多，钾肥不足，使烟叶生长过旺，易感病，特别是在施肥较多的地块，如打顶过早或过低均会促使发病加重。

在田间，角斑病常和野火病同时发生，野火病受温度限制，在温度达到30℃以上时就停止发展。一般在吉林省雨量较多的年份，一年有两次发病高峰，一次在6月中旬至7月中旬，一次在8月中、下旬左右。7月中旬至8月中旬这段时间由于温度过高，即使雨多，病害也很少发生。而角斑病则不受此温度限制，常年发生，但一般发病期较短，病情发展较缓慢，损失也较轻。

其次，烟株本身的感病性还与叶龄和烟叶的部位有关，一般嫩叶比老叶感病，Deall等认为角斑病和野火病在这方面有所不同，幼株下部的叶片对野火病最感病，而老株的顶叶则对角斑病最感病。白天和晚上植株的感病性也有区别，白天叶片气孔张开，叶片较易充水；晚上气孔关闭，叶片较难充水。因而在接种时宜在雨后刚晴的白天进行容易成功；如在晚上进行，虽湿度大也不易成功。植株营养也可影响叶片充水程度，高氮低钾都可增加充水性，因而易感病。

总之，田间有较多菌源，夏季雨量大，雨日多，湿度大，常有暴风雨；再加上施肥不当，偏施氮肥，少施钾肥或施肥太晚均促使植株生长过旺，叶片易充水感病，这样的年份易造成病害流行。

六、防治技术

(一) 种子消毒

该病原细菌能附着在种皮和混杂于种子中的碎片上越冬。为了防止种子带菌，在收种脱粒时，除认真清除秕籽及碎屑外，育苗前还应将种子放入 1% 硫酸铜溶液中浸泡消毒处理 10min 以上，或用 $200\mu g/mL$ 农用链霉素液浸种 30min 以杀灭病菌，然后洗净晾干。

(二) 注意苗床卫生

为了避免病菌侵染，应选择未种过茄科植物的田块育苗。威百亩等土壤消毒剂对土壤进行熏蒸，可杀灭土壤中的病菌、虫卵及杂草等。育苗时所用肥料要保证不带病菌，特别是不能将上年得病田烟秆沤肥作肥料用在病害严重的地区，为了防止粪水传播病菌，可用复合肥和硝酸铵、尿素、硫酸钾等肥液代替粪水追苗。

(三) 加强苗床管理

苗床水分过多、烟苗缺肥、生长势弱、苗密拥挤等有利于病害发生。因此，浇水量以保持床土湿润为好；苗床要注意通风，降低湿度，苗床温度不能过高。

(四) 加强栽培管理

1. 实行轮作 以水稻、玉米等禾谷类作物为前茬最好，特别注意不宜以辣椒、马铃薯等茄科作物为前茬，最好实行 2～3 年轮作。

2. 控制密度 大田烟株适当稀植，以改变病害发生的条件。为此，大田烟株栽植应独垄，单株，行株距为（90～110）cm × （50～60）cm，栽烟密度 15 000～19 500 株/hm^2 为好。

3. 合理施肥 若烟草施用氮肥过量，烟叶中含总氮和蛋白质增高，含总糖和还原糖降低，则易诱发野火病、角斑病。所以，应增施磷、钾肥，氮、磷、钾比例要协调。

4. 科学打顶 根据烟株生长情况，适时适度打顶，以免植株贪青晚熟，而降低抗病能力。

5. 摘除病叶 零星发生病害时，应及时摘除病叶；病叶要销毁，不能散扔于烟田内；及时喷施 $200\mu g/mL$ 的农用链霉素以封锁发病中心。

(五) 药剂防治

6 月上旬开始密切注意角斑病的发生情况，特别是氮肥施用多的地块、连作地、低洼地及种植高感品种的地块。根据测报情况，田间出现零星病叶时，要及时进行药剂防治，并做到药剂交替轮换使用，可选波尔多液或 30% 琥胶肥酸铜可湿性粉剂预防。在雨后 4～5d 要仔细观察是否出现中心病株，一旦发现应立即全田喷药，可使用 $200\mu g/mL$ 农用链霉素药液或 90% 新植霉素可溶粉剂 2 000～4 000 倍液喷雾防治，隔 7d 喷 1 次，连喷 3 次效果较好。

张成省　冯超（中国农业科学院烟草研究所）

第 11 节　烟草野火病

一、分布与危害

烟草野火病是世界烟草产区普遍发生的病害之一。20 世纪 20 年代以后，澳大利亚、哥伦比亚、法国、加拿大、意大利、日本、朝鲜、新西兰、菲律宾、波兰、苏联等相继报道发生该病。现在，所有主要产烟国均有发生。20 世纪 40 年代末期野火病在中国云南烟区零星发生，以后随着烟草栽培面积逐渐扩大，野火病渐趋严重。1989—1991 年中国烟草侵染性病害调查中已发现野火病的省份有广西、福建、湖南、云南、贵州、四川、浙江、安徽、陕西、山东、河南、辽宁、吉林、黑龙江等，其中，东北三省、山东、云南、贵州及四川等地野火病分布广、为害重。黑龙江 1990 年与 1991 年曾大面积流行，发病率达 100%。1989—1991 年全国 16 个省份野火病平均每年发病 18.8 万 hm^2，损失产值达 529 万元。

二、症状

野火病主要侵害叶片，也能侵害花、蒴果和种子。叶上症状初为水渍状圆形褪色的小斑点，后来斑点扩大，中心变为褐色，周围有一圈很宽的褪绿晕圈，于幼苗期或气候潮湿时最为明显，直径可达 1～2cm，病斑合并后呈不规则的大斑，上有轮纹。气候潮湿时病部表面有薄层溢脓，干燥后病斑褐色部分枯焦破碎，穿孔脱落。在多雨潮湿、幼苗密集的情况下，病害蔓延迅速，往往引起幼苗成片腐烂，倒伏死亡，如被野火焚烧状（彩图 21 - 11 - 1）。

三、病原

烟草野火病的病原目前普遍认为是丁香假单胞菌烟草致病变种（*Pseudomonas syringae* pv. *tabaci*），与角斑病菌的差异仍在研究中。野火病菌为短杆状，无荚膜，不产生芽孢，革兰氏染色阴性，大小为（0.5～0.75）μm×（1.5～2.5）μm，单极鞭毛 1～6 根，长 4～5μm；在培养基上产生的灰白色圆形菌落具有荧光物质；在牛肉汁培养基上的典型菌落初呈透明，后混白色，微突起，边缘透明，中心不透明。病菌好气性，最适发育温度为 29～30℃，最高为 32～34℃，最低 0～2℃，致死温度为 49～50℃ 10min。在马铃薯琼脂培养基上只能存活 12d，而在牛肉汁培养基上可存活 300d（室温），在 5℃ 的温度下可存活 0.5～3 年，在灭菌水及纯琼脂上，也可存活 0.5～3 年。野火病菌培养短期后常失去侵染力，能产生毒素（野火毒素，一种特殊的氨基酸）。

用人工接种方法证明野火病菌除侵染烟草外，还能侵染豇豆、大豆、番茄、辣椒、曼陀罗、心叶烟、菜豆、马铃薯、黄瓜、白菜、荠菜和龙葵等，但不能侵染小麦、大麦、甘蓝、蚕豆和高粱等。

四、病害循环

病原细菌主要随病残体在土壤中越冬，也可随种子储藏越冬，作为翌年的初侵染源。此外，在病株残体的根际或其他作物和杂草的根部越冬存活的病菌也是重要的传染源之一。病菌越冬后借雨水及流水飞溅传播至下部叶片，经伤口或自然孔口侵入。初侵染发病后产生的菌脓，再通过雨水冲溅扩散引起多次再侵染。研究发现，病菌必须在叶片湿润，气孔中有水时才能侵入。除雨水传播外，昆虫也可传带病菌。

野火病的发生与环境条件及栽培管理关系密切，在气候条件中，暴风雨天气对该病的影响尤为突出。每年夏季暴风雨过后，该病害常常大发生，在暴雨后的数日内叶片破烂焦枯。暴风雨不仅利于病害传播，而且在叶片上造成很多伤口，并常常利于气孔开张等，为病菌侵入提供门户。此外，阴雨连绵，土壤和空气湿度大的条件下，该病害发生较重，而在气候干燥的年份发生很轻。

五、流行规律

野火病菌借风雨传播，主要从伤口侵入，其次是从自然孔口侵入。在适宜的气温下，空气相对湿度在 86% 以上，潜育期只有 4d，空气相对湿度在 81%～84% 时，潜育期为 5～6d，空气相对湿度在 80% 时，潜育期延长到 8d。在高温、干旱（空气相对湿度在 73% 以下）、烟株叶片呈现缺水的情况下，接种后往往不表现症状。品种抗病性也影响潜育期长短，如感病品种 H8101 等潜育期为 4d，而抗病品种白肋 21 的潜育期为 6d。任何能使叶片大面积充水的条件，都有利于田间病害的迅速发展，而在暴雨过后或雨量大、雨日多的情况下，烟草叶片细胞充水，降低了烟株的抗病性，有利于病菌扩展蔓延，30h 扩展 75mm，48h 便出现症状。在 26～32℃ 的适温下，潜育期 4d 左右。

病害的发生流行与烟草的抗病性及栽培条件有关。烟草品种抗野火病的能力与其抗水渍的能力呈密切正相关。一般情况下氮肥过多，钾肥不足，大田后期烟株生长过旺，则易感病。栽植过密，植株郁闭，湿气滞留易发病，长期连作地块发病重。

六、防治技术

（一）选用抗病品种

国内外生产实践证明，培育和利用抗病品种是防治野火病害最经济有效的途径。20 世纪 50 年代以来，对烟草栽培品种（系）群体感病性差异的利用，育成了许多抗野火病的品种。而我国推广的烤烟品种长脖黄、NC82、G140、G28 以及红花大金元等均不抗野火病。今后应进一步加强品种抗性鉴定、筛选优良抗源、选育优质抗病品种的工作。由于抗野火病的基因大多来自残波烟草（*Nicotiana repanda*）和长花烟草（*N. longiflora*），且抗病性是由单个显性基因控制的，这就要求在抗病育种中考虑到抗性丧失的可能。

（二）农业措施

农业措施主要包括与非寄主作物实行 3 年以上轮作；收集和销毁烟秆、烟杈、烟根、病叶及烟田已死亡的杂草，减少侵染源；选无病田或无病株留种，播种前进行种子消毒；培育无病壮苗；适期早栽，适当稀植；改善田间通风透光条件，降低田间小气候湿度；加强管理，N∶P∶K 以 1∶2∶3 配比施用，及时摘除易感病底脚叶，适时适度打顶，并做到按部位适时提早采烤。

（三）化学防治

此病点片发生阶段可喷施药剂，一般用 160 倍波尔多液，或用 200μg/mL 农用链霉素药液，每 100m² 喷药 8L 左右，每周喷施 1 次，连续喷 3~5 次。

张成省　冯超（中国农业科学院烟草研究所）

第 12 节　烟草靶斑病

一、分布与危害

烟草靶斑病首先由 Costa 于 1948 年在巴西发现，1973 年 Vargas 描述了哥斯达黎加烟草上的靶斑病。Shew 等报道 1984 年在美国北卡罗来纳州大面积发生这种病害。1984—1988 年美国北卡罗来纳州许多烟区及弗吉尼亚州均发生此病害，仅 1989 年此病害在北卡罗来纳州即造成 2 000 万美元的损失，至 1990 年此病害已经覆盖美国大部分烟草产区。除美国外，此病害在南非、津巴布韦也有报道，中国以前无此病害记载。吴元华等在 2005—2006 年对辽宁省烟草病害调查中发现，靶斑病在辽宁丹东和铁岭地区大面积发生，一般地块减产 15%~20%，严重地块产量损失高达 90% 以上，此乃该病害在我国首次报道，近年烟草有害生物调查发现，广西、湖北、贵州等地也有靶斑病的发生，应引起高度重视。

二、症状

烟草靶斑病在烟草苗期和成株期都可以发生，以成株期受害严重。

病苗幼叶上开始时形成小而圆的水渍状小点，1~2d 可扩展成直径 2~3mm 的圆斑，迎光观察呈现网纹状；幼茎也可受害，病斑椭圆形，稍凹陷，易腐烂和溃疡。

大田整个生育期都可发病，根据侵入时气候条件及烟草品种抗性情况，可将靶斑病的症状区分为以下 3 种类型：①靶斑型（彩图 21-12-1，1），即典型症状，病斑初为小的圆形水渍状斑点，直径 2~3mm，如温湿度适宜，病斑扩展为不规则形，直径可达 2~12cm，病斑内的组织浅褐色，常有同心轮纹，病斑的坏死部分易碎裂脱落成穿孔，形似枪弹射击后留在靶子上的空洞，故称靶斑病；病斑周围有褪绿晕圈，病斑正反面周围绿色组织和病斑坏死部位偶见白色的霉状物，为该菌菌丝体及其有性世代的子实层；发病后期常常多个病斑愈合成片，使整个叶片丧失烘烤价值。②云纹型（彩图 21-12-1，2），该类型病斑初为水渍状后变为灰褐色，病斑上常可见 1 个至多个侵染点，病斑不产生穿孔症状，边缘明显呈不规则状，无黄色晕圈。③似野火型（彩图 21-12-1，3），叶片受害时，首先产生褐色水渍状小圆点，周围被病菌分泌的毒素毒害而产生很宽的黄色晕圈，病斑通常开裂、脱落形成穿孔。

引起叶部靶斑病的分离物也引起苗期立枯病，以及在某些条件下于成株期侵染烟株近土表的茎基部引起椭圆形凹陷斑，又称之茎基腐病。

三、病原

（一）形态及分类

烟草靶斑病病原为立枯丝核菌（*Rhizoctonia solani* Kühn），属担子菌门无性型丝核菌属真菌。菌丝粗壮，有隔膜，多核，直径为 7~12μm，幼嫩菌丝无色，老熟菌丝呈浅褐色至黄褐色。菌丝有分枝，分枝处往往呈直角，并在其基部有缢缩，菌丝时常有锁状联合。有性型为瓜亡革菌［*Thanatephorus cucumeris*（A. B. Frank）Donk］，属担子菌门亡革菌属真菌。担子为 14μm×9μm，担子梗平均长 13.5μm（5~25μm），基部宽仅 3μm，担孢子透明光滑，球形到椭圆形（平均为 9~5.5μm），脊部扁平，有突起而平截的顶端（图 21-12-1）。

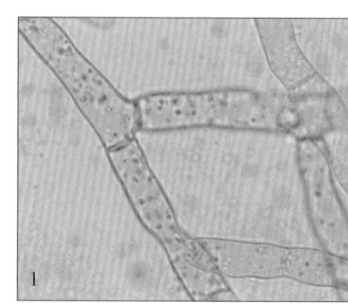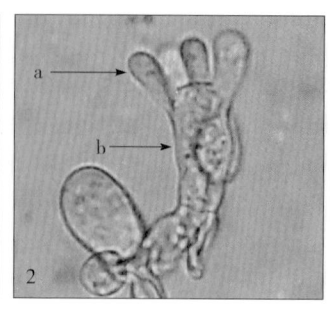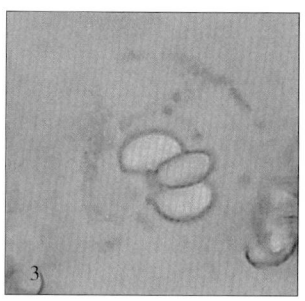

图 21-12-1　烟草靶斑病菌形态（吴元华提供）

Figure 21-12-1　Morphology of tobacco target spot pathogen（by Wu Yuanhua）

1. 多核菌丝　2. 担子梗（a）及担子（b）　3. 担孢子

（二）生物学特性

该菌菌丝生长的适宜温度为 20～30℃，最适温度为 25℃，低于 5℃或高于 35℃菌丝很少生长，也难形成菌核；菌丝生长的最适 pH 为 4.5～7.0，而有的菌系在广泛的 pH（2.4～9.1）条件下也均能生长；在所测试的碳、氮源中，菌丝对麦芽糖和硝酸钾利用最好；菌丝在玉米、烟草和茄子煎汁培养基上生长速率最快；湿度测试表明高湿对菌丝生长有利；黑暗条件有利于菌丝生长，光照可抑制菌丝生长，但促进菌核形成。该菌形成菌核的适宜碳源为麦芽糖和甜菜糖，适宜氮源为硫酸铵和亚硝酸钠，适宜 pH 为 5～7，最适菌核萌发的相对湿度为 90%，连续黑暗有利于菌核产生，玉米叶煎汁培养基最适于产生菌核。子实体形成的温度是 20～30℃，最适温度为 24～28℃。担子的形成、担孢子的产生和释放在夜间最多，且可在 2h 内发芽，并在 3h 内侵入寄主组织，在田间一般是在下部叶片上出现，旺盛生长的叶片也可受侵染。子实体和担孢子均可产生在病斑周围绿色组织、坏死斑上以及土表或土表几厘米以下土壤中的一些有机物上。

（三）菌丝融合群

烟草靶斑病菌是一类复杂的土壤习居菌，存在菌丝融合现象，根据其菌丝融合能力可划分为若干菌丝融合群（anastomosis group，AG），不同的菌丝融合群对寄主的选择有一定的倾向性，迄今，侵害烟草的至少有 5 个菌丝融合群，即 AG-1 至 AG-5，但不同的融合群侵染的部位和症状有一定差异。AG-1、AG-4 和 AG-5 主要引起烟草立枯病和茎基腐病，而 AG-2 和 AG-3 以引起烟草叶斑病为主。Sumner 等研究认为 AG-2 在美国南部是玉米纹枯病的主要类群，且玉米与烟草轮作，推断玉米是靶斑病菌的自然寄主，在其侵染循环中起重要的作用。

从辽宁省烟草靶斑病病斑上分离获得 58 株立枯丝核菌菌株，用载玻片定位融合法对其进行菌丝融合群判定结果表明，58 个菌株全部属于菌丝融合群 AG-3。利用通用引物 ITS1、ITS4 对烟草靶斑病菌的多个菌株的核糖体 DNA 内转录间隔区（ITS）序列进行 PCR 扩增和序列分析，并与 GenBank 数据库中核酸序列进行同源性比对，表明病菌的 rDNA ITS 序列长度为 650bp 左右，与引起番茄叶枯病的立枯丝核菌（AG-3 融合群）的 ITS 序列的同源性达到 100%。因此，进一步证实该病菌为立枯丝核菌 AG-3 融合群。

（四）致病性分化

以平均病斑直径（AD）为抗性评价标准，利用抗感不同的烟草品种 K326、NC89、VGR2、红花大金元和 G80 作为鉴别寄主，将辽宁省的 18 个烟草靶斑病菌代表株划分为 3 个致病类型：致病型 I，属于强致病类型，占供试菌株的 11.1%；致病型 II 属于中等致病类型，占供试菌株的 72.2%；致病型 III，属于弱致病类型，占供试菌株的 16.7%。辽宁省烟草靶斑病菌以致病型 II 为优势种群；致病类型分布与地区来源无明显相关性。

（五）寄主范围

该病菌寄主范围较窄，可侵害烟草、番茄、茄子及马铃薯等。辽宁发现的烟草靶斑病菌人工接种可侵染烟草、茄子、番茄、辣椒、黄瓜、冬瓜、苋色藜、白菜、葫芦，不侵染玉米、水稻、小麦、高粱、大豆、南瓜和洋酸浆。Shew 和 Melton 报道烟草靶斑病菌可以在很多植物表面产生菌丝，但不产生病害症状。

四、病害循环

（一）越冬与传播

该病菌以菌丝、菌核在土壤和病株残体上越冬，越冬病菌可产生担孢子，靠空气流通而传播扩散到健康的烟株上，侵染为害。

（二）初侵染与再侵染

该病菌的侵染受到许多环境因素的影响，其中最重要的是温度和湿度。15～35℃时，均可侵染，以25～30℃最适宜。越冬病菌在24℃左右的温度和适宜的湿度条件下产生担孢子，担孢子萌发直接侵入烟草叶片，完成初侵染；菌丝和菌核萌发，也可直接侵染幼苗，而引起烟苗茎溃疡和立枯症状。这两种不同生育阶段的病害，在病部产生再侵染的接种体，引起再侵染；由于幼苗期时间短，再侵染的次数不是很多，但田间叶部病害再侵染的频率很多，经常引起病害的大流行。

研究表明，接种体保湿时间的长短直接影响烟草靶斑病的发生，在适宜的温度下，保湿 24 h 以上该病的发病率较高，保湿时间越长，病情发展越快；此外，接种时间对病菌的侵入也有较大影响，接种 6h 即可发病，随着接种时间延长对病菌的侵入越有利，接种 48 h，侵染率高达 82.5%，连续光照有利于病菌的侵入，而 12h 光照 12h 黑暗和连续黑暗处理，其发病率和病情指数均较高，差异不显著。

五、流行规律

烟草靶斑病发生的早晚、轻重，取决于寄主抗病性、病菌和环境条件三者的相互作用。

（一）寄主抗病性

研究表明，G80 仅对致病型Ⅰ病菌表现感病和高度感病，对致病型Ⅱ和致病型Ⅲ表现为中等抗病及抗病，属于中抗品种；而 K326、云烟 85 仅对致病型Ⅲ表现中等抗性，对致病型Ⅰ和致病型Ⅱ表现高度感病或感病，属于感病品种，NC89 对各致病类型病菌均表现感病。

（二）病菌数量及其致病性

连作烟田因含有大量病菌而发病严重。实行间隔 2 年以上的合理轮作，可以显著减少田间病菌的数量。

中国目前的菌系间致病力虽有差异，但在病害流行中似乎没有明显的表现，只要环境条件合适，病菌大量存在，不管是强致病力菌系或弱致病力菌系，同样在感病品种上引起大流行。

（三）环境条件

环境条件是决定靶斑病发生早晚轻重的关键因素之一，主要指温度、湿度或降水量，尤以湿度和降水量对病情的发生发展影响最大。

温度主要影响发病早晚。苗床期和大田初期，烟株虽处在较感病阶段，但由于气温偏低，病害潜育期较长，所以为害轻；移栽后团棵期气温达到 20～30℃，为侵染适温，有利病情扩展和病症表现，自初发期直至采烤结束，气温均能满足发病要求，因此，病情轻重取决于湿度或降雨。

湿度或降雨是流行的关键因素。在适温下，空气湿度或降雨可以影响担孢子的产生、病菌在土壤中的分布和烟株的抗病性。只要空气湿度达 85%以上，并保持 3～5d，病情即可出现一个高峰。这种环境事件持续得越久，病害发展越严重。因此，每次中、大雨后不久，病情均显著增加；降雨以 6～8 月为主，若 8 月的降水量大或集中降雨，则病情发展迅速，常常造成大流行。

六、防治技术

目前，对烟草靶斑病的防治应采取选用抗病品种为主，栽培管理、合理轮作和化学防治为辅的综合防治措施。

（一）选育、推广抗病品种

目前没发现对烟草靶斑病免疫的品种，但一些中抗和高抗品种还是存在的，应根据当地病菌致病性分化情况选育或推广抗病品种。

（二）栽培防病

1. 苗床土壤消毒及卫生移栽 烟草靶斑病菌是一种土壤习居菌，苗期即可引起叶部和茎部发病，对其防治首先应从苗床做起。苗床应选远离村寨、烤房和储烟仓库，以新茬地育苗。育苗土可用药剂消毒处理，不施用病菌污染的肥料，保证烟苗健壮抗病。移栽前应选择根系丰富的壮苗，并在移栽前喷施杀菌剂，以保证幼苗无病和带药移栽。

2. 减少越冬菌源 彻底销毁烟秆、烟杈、烟根及烟田已死亡的杂草，以减少越冬菌源。

3. 实行合理轮作 轮作应与禾本科作物进行，要防止与茄科作物、甜菜等轮作、间作。

4. 及时中耕除草 大田中后期应浅中耕，有助于烟叶抗性提高和成熟落黄；除草可降低田间相对湿度及减少病菌的杂草寄主。

（三）加强预测预报，及时用药防治

靶斑病是一暴发流行病害，在很短的时间内就可造成大面积毁灭性损失。在目前缺乏抗病品种和特效药物的情况下，只有加强预测预报工作，严密注意病情的发展动态，才能主动及时地开展药剂防治，最大限度地减少病害损失。

此病在团棵期烟株下部叶即出现零星病斑，此时应及时用药剂防治，一旦病菌大量繁殖蔓延再施药，很可能事倍功半，收效甚微。一般每隔7~10d喷药1次，共2~3次即可。但在大流行的年份，要3~5d喷药1次，共喷3~5次才行。

立枯丝核菌引起的叶斑病是一类难以用药防治的病害，试验表明，可选用以下药剂：80%碱式硫酸铜可湿性粉剂、10%井冈霉素水剂、20%井冈霉素粉剂、70%甲基硫菌灵可湿性粉剂、40%菌核净可湿性粉剂等。

吴元华（沈阳农业大学）

第13节　烟草气候斑点病

一、分布与危害

烟草气候斑点病是烟草大田生长期发生的主要叶部病害之一，为非侵染性病害。该病在国内外烟区普遍发生，有时为害严重，影响烟草产量和品质，损失很大。此病美国安德森（Anderson P. J.）1920年首先报道，而后，随着一些国家工业化的发展，在大气中诱发病害的废气浓度增加，病害日益加重，并上升为当地烟草的主要病害，发生于各种类型的烟草上。在美国康涅狄格州1959年、佛罗里达州1965—1966年、北卡罗来纳州1972年相继大发生，其中仅康涅狄格州当年便损失100多万美元。在加拿大1955年以来此病已成为经济失调因素之一，其中仅安大略省1975年损失即达500万美元。在日本1965年仅有秦野等地少量发生，1968—1970年便一跃成为主要病害，受害烟田达17.5%~18.5%。在中国台湾于1970年前后即有发生，但其他省份直至外引烟种70年代试种80年代推广后，气候斑点病才逐渐严重起来。1989—1991年全国展开烟草侵染性病害调查，查明了除云南、河南外，吉林、陕西、山东、安徽、浙江、湖南、江西、贵州、福建、广东、广西等各产烟省份都有发生。1975—1976年云南省普遍发生为害，尤以江川、通海烟区较多，Speight G28、NC2326、Coker347等品种受害较重。1987年河南和广西两省份普遍发生。河南受害烟田面积占全省种植面积的50%以上，受害烟草品种以Speight G140为主。富川、钟山县系广西烟草最主要种植区，绝大多数烟草都受害，受害烟草品种以Speight G28为主。1989年福建省龙岩烟区大面积发生，有的K326白斑累累。1990年广东省南雄县占全县烟草种植面积80%的K326几乎全部发病，每株病叶可达6~8片，严重影响产量和质量。1991年福建省永定县主栽品种K326中病叶率53%以上的面积达14.7%。1992年云南省的病情又重于往年。烟草发病后，生长减退，产量和品质明显下降。据魏宁生等测定，烟叶产量损失10.5%~53.5%，尼古丁含量下降36.7%，总糖含量下降17.26%，还原糖含量下降18.32%，总氮和蛋白质含量也有下降趋势。

烟草气候斑点病自安德森报道后，直至1943年洛杉矶烟雾事件才引起人们普遍的关注，开始研究植物对这种烟雾的反应。在人们揭示洛杉矶烟雾之谜中，1959年Heggestad等便证实了烟草气候斑点病是由烟雾中光化学氧化剂O_3所致，并曾建议命名此病为"臭氧斑点病"。20世纪60~70年代，随着大气污染生物学、大气污染气象学等环境科学的崛起和植物病理学的进一步发展，以及实验技术的新突破，国外学者对此病的症状、病原、O_3和烟草的关系、烟草抗性、病害流行、O_3和其他病原物的关系、病害防治等都进行了研究。近年随着分子生物学及生物工程的进展，又开始培育转基因的抗性烟草品系。

在中国，烟草气候斑点病的发现较晚。20 世纪 70 年代台湾学者首先报道，1982 年魏崇荣、1987 年王学德等又分别报道了云南、河南省的病害发生情况以及各自对病害发生原因的初步见解。随后黄丽华、陈锦云、孙恢鸿等又分别在广东、福建和广西 3 省份对此病的发生原因、发生条件及防治方法进行了专题系统研究。此外，魏宁生等在陕西测定此病对烟叶产量和品质的影响，胡才人、李志涛、吴顺炎和王绍坤等分别在江西、贵州、福建和云南对病害的发生及其防治与烟草品种的抗性遗传做了一些初步调查与研究。

二、症状

烟草气候斑点病一般发生于烟草团棵期至旺长期的中下部已全部伸展的叶片上，但早花烟株的脚叶和在适宜病害发生条件下旺长后期至成熟采收中后期的中上部叶片也时有发生。病害常仅发生于某一部位叶片上。因病害的发生时期和发生条件的不同，病害的症状有如下类型。

（一）白斑型

病害发生于团棵期后中下部叶片上。病斑一般圆形、近圆形或不规则形，大小 1～3mm。初水渍状，后变褐色，在 1～2d 再变为灰白色甚至白色，病斑外缘组织稍褪绿变黄，斑点常集中在主脉和侧脉两侧和叶尖部位。最后，病斑中心坏死、下陷，严重时穿孔、脱落，特别严重时因许多病斑联合穿孔，可使叶片破烂不堪。但病斑中央不透明，也无黑点或黑色霉状物（彩图 21-13-1，1）。

（二）褐斑型

此型也发生于团棵期后中下部叶片上。症状及其演变与白斑型类似，但病斑变褐色后，不再变为灰白色，仍长期保持褐色。病斑内缘色更深，病健交界更明显（彩图 21-13-1，2）。

（三）环斑型

病斑常在白斑和褐斑的周围具 1 个甚至两三个由多点间断组成的轮环，极似烟草环斑病毒病症状。但它不能经汁液摩擦等接种传病。这种环斑在同一叶片上，可以与上述两斑型同时发生，但所出现的数量及其与两斑型的比例则有多有少，斑点色泽也有白色与褐色两种。环斑直径约 1 cm。它与安德森 1935 年描述美国宽叶烟的气候斑由 2～3 个坏死圈构成极其相似（彩图 21-13-1，3）。

（四）尘灰型

病斑极小，且互相紧靠，似尘灰或一般植物叶片受红蜘蛛为害状。初灰白色，后变褐色，多发生于嫩叶叶尖、叶缘和生长稍差较薄的叶片上，受害处也很少穿孔（彩图 21-13-1，4）。

（五）坏死褐点型

即原日本症状类型 II。此型多发生于始花期后下中叶至上中叶上。病斑初位于叶片表皮下，大小针头状，暗紫色至黑色，水渍状，后变褐色或黑褐色。病斑常聚集成片，叶片迅速黄化早衰甚至坏死。多发生于烟株根部发育不良的水田和排水不良的旱地上。

（六）非坏死褐点型

即原日本症状类型 III。此型发生叶位与坏死褐点型相同。病斑大小、色泽及演变也与坏死褐点型相似。病斑较少、分散、大多互相不连接，组织不坏死，叶片除斑点外仍保持绿色。多发生于氮肥不足的烟株叶片上。

（七）成熟叶褐斑型

即原日本症状类型 IV。此型发生于烟株成熟阶段已充分生长的叶片上。病斑发生于叶片转黄处，初褐色，较小，后扩大合并为不规则形的褐色大斑。多发生于荫蔽烟株叶片上。

（八）雨后黑褐斑型

即原日本症状类型 V。此型发生于成熟阶段中上部叶片上。病斑初位于叶缘或叶脉旁，水渍状，后迅速扩大，变黑褐色，不规则形，组织坏死。多发生于排水不良、荫蔽或生长差的烟株上。

此外，美国康涅狄格州还记述有星月斑型等。

在上述这些类型中，白斑型乃是最常见类型，褐斑和环斑型在广东、广西、山东和福建等地也较多，尘灰型是广西在多次 O_3 人工模拟中发现，1993 年又在武鸣合美烟田中见到。坏死和非坏死褐点型等虽为日本所提出，但在我国烟田中有些症状也与之相类似。

三、影响因素

烟草气候斑点病是我国 20 世纪 80 年代末出现的新病害。国外研究比较多，Heggestad 于 1959 年证实烟草气候斑点病是以 O_3 为主的大气污染所致。陈锦云等模拟人工酸雨、活性氧、SO_2 和 N_2O_3 4 种大气因素，结果全部叶片出现病斑。1999 年黄丽华等研究证实，烟草气候斑点病是由 O_3 伤害所致，与土壤锰肥供应状况、酸雨、SO_2 等因素无关，这与 Mukammal 研究结果是一致的。汪开始研究表明，大气中臭氧浓度超过 0.05mL/L，就会对很多草本和木本植物产生毒害作用。影响烟草气候斑点病发生的因素有多种，并且非常复杂。其中与烟草品种抗性、气孔密度和气孔导度、抗氧化酶活性、低温以及施肥等因素关系最为密切。

（一）烟草品种抗性

目前，选育抗性品种是防治气候斑点病的有效途径。不同基因型对烟草气候斑点病抗性差异不同。据报道，对该病害，国外已测定了许多抗性品种与敏感指示品种供生产科研使用，如 F200、Burley49、GH-4、Bel-W3、Bel-C、Bel-B，并认为其抗性呈显性遗传。陈锦云等通过对 105 个烟草品种田间发病情况调查，得出抗性最好的是黄花种新疆莫合烟，K 系、G 系相对更为感病。程崖芝等对 59 个烟草品种田间自然发病情况调查表明，国内烤烟品种对烟草气候斑点病抗性明显好于国外引进的烤烟品种，晒烟品种对气候斑点病的抗性好于烤烟品种，花叶病的发生加重了烟草气候斑点病的为害。其结论与前人的结论是一致的。

（二）烟草气孔密度和气孔导度

气候斑点病是与烟草品种的气孔密度和气孔导度密切相关的。杨铁钊等对 12 个烤烟基因型叶片下表皮气孔密度和气孔导度进行调查分析表明，烟草气候斑点病病情指数和上、中、下部叶下表皮气孔密度呈正相关关系。其中，下部叶气孔密度与烟草气候斑点病病情指数呈显著正相关关系，下部叶气孔密度越大的基因型发病越重，这说明烟草气候斑点病与叶片气孔导度和气孔密度有显著的相关性。Pleijel 等研究发现，低温下的 O_3 伤害可以诱使烟草叶片发生气候斑，且伤害程度与叶片气孔密度和气孔导度呈正相关，但低温和 O_3 作用也会使气孔导度降低。

（三）烟草抗氧化酶活性

Lee 等报道，烟草的内源超氧化物歧化酶（SOD）活性对臭氧伤害有一定的防御作用。杨铁钊等研究表明，烟草叶片低温下遭遇臭氧伤害后，SOD 活性升高，升幅与气候斑点病病情指数呈负相关，过氧化氢酶（CAT）活性略有升高，过氧化物酶（POD）活性急剧下降。抗性较差的烟草基因型抗氧化酶反应不敏感，臭氧伤害症状严重，抗性较强的烟草基因型抗氧化酶反应敏感，O_3 伤害症状较轻。低温和臭氧同时作用明显影响了活性氧清除系统，致使系统中酶活性比例失调，POD 活性急剧下降，可能是烟草叶片产生臭氧伤害的原因之一，SOD 和 CAT 活性升高对消除臭氧伤害具有一定的防御作用。安黎哲等研究表明，较高的 SOD 活性对臭氧引起的伤害起到一定的防御作用。Tsanko 等研究结果与杨铁钊的研究是一致的。

（四）烟草气候斑点病与低温的关系

陈锦云等研究发现，温度骤降是发生烟草气候斑点病的主要诱因。黄丽华等研究表明，单独 O_3 处理不能诱导烟草产生气候斑点病，只有低温和 O_3 同时处理才能诱导烟草产生气候斑点病，同时有资料显示低温是该病的诱发因素，殷全玉的研究再次证实了这个结论，同时得出，低温处理后烟叶质膜透性显著增大，且不同品种低温处理后烟叶质膜透性增大幅度不相同。K326 和 K346 低温处理后烟叶质膜透性较大，云烟 85 和云烟 87 两个品种低温处理后烟叶质膜透性较小。

（五）烟草气候斑点病与施肥的关系

许广恺等认为，烟草缺氮、发育不良，或施氮量偏大，易发生气候斑点病，土壤在缺磷的条件下，气候斑点病发生严重。如果施肥不合理，尤其对于新开垦烟田或土质黏重的烟田，在烟株营养供应不平衡时，植株抗性减弱，易发生气候斑点病。邹志云等研究表明，高 K_2O/N 有利于抑制烟草气候斑点病的发生。孙恢鸿等研究表明，钾肥的用量与气候斑点病的严重度呈负相关。Trevathan 研究表明，叶片中钙的含量、叶位与气候斑点病严重度有直接关系，下部叶片中钙的含量最高，气候斑点病的数量也最多。黄丽华等研究表明，增施农家肥、钾肥发病极轻，施氮多则发病重。

四、病害流行与环境条件

烟草气候斑点病的发生，除烟草品种感病性外，还受 O_3 浓度和持续时间、烟株生育期和叶片的叶龄及其成熟度、病害发生前后的气象条件、烟株的水分、肥料营养供应状况以及其他污染物与病原物存在状况的综合影响。各地一致认为，气候斑点病均发生于感病品种叶片快速生长至刚成熟阶段。当这个阶段低温、多雨、灌水、土壤水分含量高，叶片细胞间隙内充满水分，日照少，持续雨天骤晴，氮、磷、钾肥供应不足或比例失调，病害便会大发生。若烟田位置低洼，或周围有屏障，或烟株又已感染某些病毒病，病害便有轻有重。

（一）烟株的生育状况

烟草移植后烟株从进入团棵期时起直至旺长中后期止，病害最容易发生。受害叶片多位于自下而上的第四至八叶片上，但若烟株早花和生育后期出现特别适合病害发生的气象条件和栽培条件，脚叶和上二棚叶也会发生。广东测定，壮苗在 O_3 处理下，要 18～21h 才显症，嫩苗 2～3h 即可显症。营养钵苗抗性强发病轻，病叶率 27.20%，病情指数 8.29；非营养钵常规苗发病则较重，病叶率为 43.75%，病情指数 21.88。广西罗城县 1996 年春，因气温较低，烟苗期较长，移植大田后烟株普遍出现早花现象。5 月上旬病害发生，大多数脚叶都受害。早花烟株病叶率 21.67%，病情指数 7.19；未早花烟株则分别为 14.41% 和 4.05。

（二）气象条件

广西烟草气候斑点病 1987 年大发生。据富川、钟山、玉林等县一致反映，均与 4 月下旬寒潮有关。寒潮时期温度低、降水多、雷电交加，寒潮后天气晴朗，病害便普遍出现并发生严重。广东南雄县 1991 年发病较重，与 4 月出现两次低温有关。第一次是 4 月初，最低温为 6.6℃，是当地 20 年来最低的一次。在修仁和湖口两观察点，4 月 1 日前未见病叶，但 4 月 1 日气温大幅度下降后，4 月 3 日即出现病叶，11 日调查两观察点病叶率分别为 23.67% 和 14.6%。第二次低温是 4 月 19～20 日，日平均温度由 23℃ 下降至 14℃，最低温度由 22.2℃ 下降至 11.4℃，到 4 月底，几乎全县烟田发病，严重田块病株率达 100%。1992 年 3 月下旬至 4 月上旬气温比较平衡，4 月 7 日后气温由 21.45℃ 下降至 16℃，虽出现少量病叶，但以后气温基本平稳上升，故 1992 年发病很轻。1993 年从 3 月中旬至 4 月上旬，气温升降三起三落，3 月 18 日、28 日和 4 月 6 日分别下降至 7.95℃、7.8℃、10.75℃，4 月降水量也比 1992 年多，故 1993 年发病比 1992 年早而重。福建、云南、江西等地也有类似情况。这就说明了寒潮是对中国烟草气候斑点病影响最大的气象因子。寒潮来临，低温多雨，雷暴闪电可形成 O_3，地面逆温层又有利于对流层的 O_3，以及地面汽车和工厂废气等初级污染物在日光下所产生的 O_3 在地面聚集，地面 O_3 浓度较高；加上寒潮使原在较高温度下生长的烟株生理失调，又有利于 O_3 的侵袭。且低温有利于 O_3 伤害也为广东模拟试验所证实。故 O_3 是引起烟草气候斑点病的直接因素，突然低温降雨则是诱导病害发生的一个重要因素。

（三）水田与旱地

烟草气候斑点病最易发生于膨胀多汁的烟叶上。水田种烟，水分多，湿度大，烟叶膨胀多汁，叶片气孔张开，病害常较重；反之，旱地种烟则较轻。如在广西玉林、罗城、钟山、南雄的试验显示，旱地比水田减轻率分别为 84.21%、98.62%、84.85%、98.38%。

（四）土壤

土壤不同，肥料和水分含量及供应状况不同，烟株生长状况不一，受 O_3 的伤害也存在一定的差异。云南调查，黏性红壤、新垦红壤病最重，病叶率达 32.6%～40.5%，病情指数达 7.2～9.14；稻田土次之，病叶率为 18.3%～20.2%，病情指数为 3.61～4.52；沙壤土紫色土最轻，病叶率为 6.31%～8.23%，病情指数仅 0.83～1.06。广东调查，质地较轻、偏酸性的白沙泥田的发病率比质地较黏、微碱性的紫泥田高，并认为与土壤养分含量有关。酸性白沙泥田速效钾含量仅 33～44mg/kg，有效氮为 66～114mg/kg，钾属极缺范围；碱性紫泥田速效钾为 130mg/kg，有效氮为 173mg/kg。

（五）肥料

施肥量直接影响烟株对养分的吸收，适量施肥，烟株才能生长发育健壮，抗性提高，减轻或抑制病害发生。但因肥料种类、数量及各要素间配比，往往与土壤类型、地力、前作施肥状况及所种植品种的实际需要等密切相关，情况复杂，合理施肥应因地而异。有报道称氮少磷少病害重，调查发现，在施氮量相同的条件下，磷、钾配比量较小则病害重，反之磷、钾配比量高则病害轻。在云南曲靖和广东南雄的大田调查均表明这一点，如在广东南雄的湖田镇氮、磷、钾配比由 1:0.37:0.62 改为 1:0.63:1.42 时，病株率由原来的 90% 降到了 20% 以下；在氮、磷、钾配比相同的条件下，不同的施氮量与病害的关系则不明显。

（六）排灌

国外除过去报道外，20 世纪 70 年代 Dean、Taylor 又相继报道，在同样气象条件下，不同烟田的排灌状况对烟草气候斑点病的发生程度影响很大，土壤湿度大病害发生较重。土壤湿度过大，即使是抗病品种病害也会骤增。20 世纪 90 年代，中国江西也发现，在同一田块，地势高管理好的一端病叶率为20.46%，地势低管理差、杂草丛生、沟中积水的另一端病叶率则为 40.14%。

（七）与病毒病及其他病原物的关系

据报道，烟株受病毒病的感染状况在一定程度上也影响着 O_3 对烟株的伤害。但不同的病毒病对 O_3 伤害的影响不同。已感染烟草脉带花叶病毒（TVBMV）病、烟草马铃薯 Y 病毒（PVY）病、烟草矮化病毒（TSV）病和烟草条纹病毒（TSV）病比未受感染的烟草气候斑点病重。其中 Reonert 等还认为，烟草条纹病毒病与 O_3 对烟株生长抑制效应是累加的。但烟草脉斑驳病毒病与 O_3 关系则依烟草品种而异。近年，广西调查还发现受黄瓜花叶病毒（CMV）病侵染的烟株与气候斑点病的关系属于后者，在 3 个示范区的试验表明，不受花叶病毒侵染的烟株比受花叶病毒侵染的烟株病情指数分别由原来的 0.12、7.62、3.70 变为 1.49、30.15 和 10.65。此外，还有学者报道，接种根结线虫的烟株比不接种的对 O_3 更敏感。

五、流行规律

本病为大气中以 O_3 为主的污染物所致，O_3 是引起烟草气候斑点病的直接因素，突然低温降雨则是诱导病害发生的一个重要因素。

烟草在团棵期至旺长中后期，病害最易发生。若此时期冷空气来袭，引起连续低温、多雨、日照少，土壤水分含量高，烟草叶片细胞间隙充满水分，气孔开张，雨后骤晴，特别是雷电交加天气，病害便有可能普遍出现而发生严重。

大气中的 O_3 浓度在 $0.06\sim0.08\mu g/g$ 时，与烟株接触 24h 以上即可发病。当 O_3 浓度增大时，会缩短发病时间。若大气中有 SO_2 等污染物时，较低的臭氧浓度即可造成发病。一般情况下，低温、多雨、日照少、持续阴雨骤然转晴的天气发病重。持续晴天突降暴雨，天晴后发病尤其严重，雷阵雨天发病也严重。磷、钾肥施用量少，氮肥施用量过多，叶片疯长，肥厚的发病重。连作田重于轮作田，平地重于山区，近公路的烟田、砖窑附近的烟田，以及种植过密，感染病毒类病害的烟田发病也较重。

六、防治技术

自 20 世纪 80 年代以来，国内外学者对烟草气候斑点病的防治进行了大量的研究，并制定了相应的综合防治措施，取得了一定的研究成果。根据影响烟草气候斑点病发生的相关因素，防治烟草气候斑点病应从选育抗（耐）病烟草品种、加强大田栽培管理、促进烟株健壮生长以及使用化学药剂防治等方面入手。

（一）选育抗（耐）气候斑点病品种

选育抗（耐）气候斑点病品种是国内外生产实践已普遍证明的经济有效的防治手段之一。国外研究表明，烟草对气候斑点病的抗性呈显性遗传，并已成功选育出一批抗病品种。国内关于烟草品种资源气候斑点病抗性鉴定和抗病品种选育的报道较少。杨铁钊等指出，不同基因型烤烟对气候斑点病的抗性不同，国内自育烤烟品种对烟草气候斑点病抗性整体上明显强于外引基因型。程崖芝等从调查的 60 个烟草种质资源中初步筛选出 13 个高抗种质，包括鹤峰晒烟等 8 个晒烟种质和永定 401、NC89 等 5 个烤烟种质，抗病种质 5 个，包括岩烟 97、红花大金元等；此外，还有翠碧 1 号等 10 个中抗种质。杨铁钊等研究发现，烟草叶片下表皮气孔密度和气孔导度与气候斑点病发生具有一定的相关关系，在下部叶中分别达到显著和极显著水平，下部叶气孔密度和气孔导度可以作为抗病育种的选择指标。殷全玉等选用 6 个不同抗性的材料，采用 $P\times(P-1)/2$ 双列杂交遗传交配设计方法，分析了烟草对气候斑点病的抗性和气孔导度的遗传方式，研究表明，烟草对气候斑点病的抗性和气孔导度大小均符合加性-显性遗传模型，抗病性表现为隐性，基因作用方式为显性或部分显性，而且具有较高的狭义遗传力，因此可以通过种间杂交选育高抗品种；但因为平均显性度接近 1，所以杂交后代不宜在早代选择，然而，尽管气孔导度可以作为选育抗病品种的一个鉴定指标，但由于气孔导度与叶片光合作用密切相关，降低气孔导度势必降低烟叶光合能力，因此，在选育新品种时应兼顾二者，不能顾此失彼。

（二）加强大田栽培管理

已有研究指出，烟草气候斑点病发生的主要诱因是低温和 O_3，而且易发生在烟叶生长发育的旺盛阶段。因而在确定烟叶生产技术方案时，需要结合当地的气候条件，合理安排播种育苗和移栽期，使烟叶旺长期正处于良好的外界环境中，从而减轻外界不利气候因素对气候斑点病的诱导作用。在河南烟区，K326 和 RG17 在移栽后 40d 以前长势明显强于 NC89，对气候斑点病相对较敏感，因而应适当推迟育苗、移栽时间，以保证烟株旺长期处于适宜生长的环境条件。由于土壤湿度与气候斑点病的发生有直接关系，因而，在烟田土壤干旱时必须科学、合理灌水，防止烟田土壤湿度过大诱导气候斑点病发生。在烟株团棵期及旺长前期，如果遭遇大风、寒流等不利气候条件时，应减少灌水。若烟田必须灌溉时，应依据天气预报，结合天气实况，确定相应的灌溉方案。一般情况下，在烟草移栽后 30d 以前，应避免大水漫灌。魏崇荣等报道，土壤中氮、磷不足容易导致烟草气候斑点病的发生。不同磷、钾肥配比试验和不同病情烟田的氮、磷、钾含量分析一致表明，钾肥用量大有利于烟株的健壮生长，提高抗病能力，因而田间病害较轻。在提高氮肥用量情况下，磷、钾肥尤其是钾肥用量也必须相应增大，使氮、磷、钾比例达 1：1.5：2 以上，若达到 1：2：3 则更好。气候斑点病发生后，若气候因素仍不稳定，可打掉气候斑点病发生严重的叶片，并及时采收成熟叶片，促进田间通风透光，减轻气候斑点病的发生。

（三）化学防治

关于烟草气候斑点病的防治，Lucas 称之为植病研究的新难题。随着对该病发病原因研究的深入，人们开始探索筛选有效的化学防治药剂。自 20 世纪 60 年代以来，国外广泛试用抗坏血酸喷剂、抗氧化剂、抗蒸腾剂、气孔调节剂、生长调节剂、农药、化学试剂及各种叶面覆盖物进行防治。在加拿大，曾经有报道指出，乙撑双脲（EDU）可以提高烟草体内 SOD 的活性，3 次叶面喷施（共 3.36kg/hm^2）效果显著，并已商品化生产。20 世纪 90 年代以来，国内也开始进行此项工作，并初见成效，筛选出了一批防治效果较好的化学药剂，大致可划分为以下几类：①抗 O_3 剂，三甲基喹啉和 N，N -二苯基对苯基乙基二胺；②诱导叶片气孔关闭的药剂，硫菌灵、多菌灵等除草剂或杀真菌剂，不仅可以诱导气孔关闭，而且具有一定的抗氧化特性，因而具有一定的防护效果；③抗氧化剂，乙撑双脲、SOD 和抗坏血酸等药剂；④其他防护药剂，波尔多液、代森锌、蔗糖酯、甲基硫菌灵、高脂膜、三乙膦酸铝、链霉素、植病灵和百菌清等。上述 4 类防治药剂中，防治效果较好的有乙撑双脲、SOD、代森锌、烟草专用增效波尔多液。采用化学药剂防治气候斑点病虽然有一定的效果，但防效达 80% 以上的药剂较少，而且有些药剂的防治效果年际间差异很大。SOD 防效较高，为 74.5%，但存在成本过高的问题，在生产上难以大面积推广应用。丁吉林将杀菌剂与植物生长调节剂进行混合使用，选择合适的剂量，最终防效达到 63.24%，具有较好的防治效果，这可能是通过调控烟株体内的营养生长而达到控制气候斑点病的目的。烟草气候斑点病发生特别是 1959 年被证实为 O_3 伤害以来，人们对于病害防治已进行了大量的研究与实践。近年，中国病害发生省份结合各地实际也进行了多项试验与研究，广东、广西还组装了一套综合防治技术措施，在较大面积上开展了试验与示范。

目前，烟草气候斑点病已经成为影响世界烟叶生产的主要病害之一，国内外对气候斑点病的发病症状、病因以及防治进行了大量的研究，提出了以农业防治为主、化学防治为辅的有效防治措施，并取得了较大的进展。笔者认为，对烟草气候斑点病的防治，首先应从选育优质、抗病品种出发。中国现有烟草种质资源达到 4 042 份，居世界首位。可以充分利用我国烟草种质资源丰富的优势，筛选出高抗气候斑点病的材料，进而利用筛选出的高抗种质材料与优质、高产种质进行杂交，后代通过严格的抗性鉴定及综合性状评价，有可能得到抗气候斑点病、综合性状较好的品种（系）。同时，应加强对气候斑点病抗性遗传规律的研究与探索，分析其遗传发育特点，阐明抗病性状的分子机制。随着生物技术的发展，分子标记辅助选择成为现代作物育种的一个重要发展方向和研究热点。在今后的研究中，首先，要积极开展分子标记辅助选择育种研究，鉴定出与抗气候斑点病基因紧密连锁的分子标记，在杂交或回交育种中通过分子标记辅助选择与抗性鉴定相结合，减少抗性基因与不利性状之间的连锁，选育出高抗气候斑点病、综合性状优良的品种。其次，通过大田科学、规范的栽培管理，使烟株生长发育良好，营养均衡，从而提高烟草自身的抗逆性及耐 O_3 伤害能力。此外，研制开发防治气候斑点病的化学药剂，并科学地施用，是一条控制该病害发生、减轻为害的重要措施。另外，空气污染是烟草气候斑点病发生的根本前提，应采取多种措施保护大气以避免污染，从根本上减少气候斑点病的发生。

孙惠青（中国农业科学院烟草研究所）

第14节 烟草灰霉病

一、分布与危害

烟草灰霉病是中国也是世界上许多国家烟草上常发病害之一，分布范围较广，在美国、日本、波兰等国家均有发生，我国广东、湖南、云南、四川、贵州、重庆、陕西、山东、吉林及黑龙江等省份烟区也都有少量发生，对烟株生长的各阶段均可为害，但为害程度较轻，近几年有加重趋势，特别在苗床期严重时发病率高达30%。

二、症状

烟草灰霉病在烟草整个生长期都有可能发生，以侵害烟株茎基部及叶片为主，有时也侵害烟株的花和果实。在苗床期，该病多发生在假植期后，接近成苗期，病害从茎基部开始发生，茎基部受害处初成水渍状斑痕（彩图21-14-1，1），在高湿条件下，水渍状斑很快发展呈圆形病斑，病斑中央黑褐色，稍凹陷，表面密生灰色霉层（分生孢子梗及分生孢子），烟茎病部缢缩变细，叶柄折倒，叶片变黄，凋零。该病也可侵染底部生长势较弱的叶片，形成具有少许轮纹、圆形或不规则的病斑。烟苗移栽后，病斑出现在近地面的茎基部，病斑长圆形，灰黑色，稍凹陷，病部表面有浓密的灰色霉层（彩图21-14-1，2），随着病斑的扩展，影响烟茎韧皮部、木质部的水分和养分运输，使有病斑的一侧底部叶尖开始变黄，接着叶片萎缩，另一侧叶片生长正常，烟株向有病斑一侧倾倒，当病斑环绕颈部一圈时，整株叶片凋零，枯死。

烟株旺长期以后也可被灰霉病菌侵染，病斑多发生在烟株的中下部，在叶片上出现1～2cm的水渍状暗褐色病斑，继而扩展到5cm以上，大型病斑可沿主脉和侧脉发展。病斑细长而不规则，内侧有隐约的轮纹，中央长有暗褐色菌丝，晴天病斑坏死部干枯而转为黑褐色薄膜状，易破碎，仅剩叶脉部分，进而病斑相连，扩及叶尖部分。采收病叶能够污染健叶而造成病菌蔓延以致发生溃烂。在潮湿的条件下，受害部位产生浓密灰色霉状物（分生孢子梗和分生孢子）。在茎上的病斑一般大小为（2.5～3.5）cm×（1.0～2.0）cm，此时病斑表面无或很少出现灰色霉层（彩图21-14-2），剖开烟茎病部观察，菌丝可侵入烟茎木质部，在髓部产生黑色、形状不规则的菌核，该菌核比烟草菌核病产生的菌核略小。

在留种烟田，当烟株开花时，成熟的花冠脱落，有的落在叶片上或叶腋处，在潮湿条件下，这些花冠腐烂，为灰霉病菌提供了营养，使其迅速繁殖并侵入叶片形成的叶斑称枯花叶斑病（彩图21-14-3）。开始病斑出现在花冠的下面，为小的黑色坏死区，随后迅速扩大，呈褐色干枯或灰白色；在高湿条件下，病斑可以扩大到半个叶片以上，严重时叶脉及中脉都可腐烂，叶片变软悬挂在茎上且变黄，最终从茎上脱落；病斑还可以从主脉扩展到茎上形成茎斑，茎斑还可以由落到叶腋的花冠引起，茎斑往往长达数厘米，甚至可以环绕全茎，此时茎斑上部叶片变黄干枯。

三、病原

（一）形态与分类

烟草灰霉病是由灰葡萄孢（*Botrytis cinerea* Pers.：Fr.）侵染所致，该菌属子囊菌门无性型葡萄孢属真菌。

分生孢子梗丛生，细长，大小为（1 429.3～3 207.8）μm×（12.4～24.8）μm，有隔膜，顶部有分枝，分枝末端膨大，从膨大体或分枝上生小柄，其上着生分生孢子，外观呈葡萄穗状；分生孢子椭圆形或卵圆形，单胞，无色，大小为（9～15）μm×（6.5～10）μm；有时形成小分生孢子，无色，球形，直径约3μm。有性型为富克葡萄孢盘菌［*Botryotinia fuckliana*（de Bary）Whetzel］。菌核初成白色，后变黑色，椭圆形或不规则形，大小不等。

（二）生物学特性

该菌不耐高温，35℃时菌丝体死亡；分生孢子形成的适宜温度为 15℃，低于 5℃ 或高于 26℃ 较少形成孢子。分生孢子在 13.7～29.5℃ 时均能萌芽，发育适温为 17～22℃，发育最高温度 30～32℃，最低温度 4℃，菌核在 12～14℃ 时形成。萌芽时需较高湿度，相对湿度在 94％ 以上对其萌芽有利。

Masuta 将含有麦芽糖、酵母提取液、蔗糖和葡萄糖的孢子悬浮液分别滴到烟草叶片上并保湿，麦芽糖孢子悬浮液的接种体产生严重症状，而其他几种孢子悬浮液症状较轻，说明麦芽糖有利于孢子萌发。进一步证明，在含有 1.5％ 的麦芽糖培养基上所产生的孢子数量比含 0.5％ 的麦芽糖培养基上多且较大；当碳氮比为 10 时，孢子形成数最多。Masuta 在接种试验中观察到菌丝侵入之前薄壁细胞就开始崩溃，其又用该菌的培养滤液处理烟株，产生与用孢子接种类似的症状，由此说明该菌可以产生某些有毒物质。

（三）寄主范围

该菌寄主范围很广，除侵害烟草外，还能侵染小麦、豌豆、葡萄、向日葵、番茄、草莓、莴苣、菜豆、葱、韭菜、芹菜、茄子、辣椒、瓜类和苹果类等，并引起灰霉病。

四、病害循环

病原菌主要以在病残体上的菌丝或菌核在土壤中越冬或越夏，第二年早春，在适宜的温湿度条件下，病残体上的菌丝体或菌核萌发产生分生孢子梗和分生孢子。田间其他寄主，尤其保护地多种蔬菜作物被灰葡萄孢菌侵染产生的灰霉菌分生孢子，也是烟草生长前期灰霉病的重要初侵染源。调查表明，东北烟区烟草灰霉病的侵染源主要是空气传播的病菌分生孢子。在适宜的环境条件下，分生孢子侵染烟株茎部或生长势较弱的叶片。分生孢子抗旱力强，在自然环境下 138d 仍具萌发能力，因而在温暖环境下分生孢子也是越冬器官之一。分生孢子借气流和雨水传播，到达寄主表面后，萌发产生芽管直接侵入，在组织中扩散蔓延。随后又在发病部位产生分生孢子（灰色霉状物），再通过气流传播，进行再侵染。当环境条件不适宜时，即产生菌核进行越冬、越夏。

五、流行规律

灰葡萄孢属弱寄生菌，凡生长旺期，叶色浓绿的苗床或田块不发病或发病较轻，而烟苗浓度过大，烟株生长衰弱则发病较重。苗床期患病的烟苗移栽后，如遇连阴雨天，病斑将急速发展使烟苗死亡，如遇较干旱天气，病情发展缓慢或不发展，病情较轻的烟苗可恢复正常生长。凡生长季节，特别是 5 月和 6 月低温、多雨、光照不足的年份，易发生烟草灰霉病。田间种植密度过大的烟田和旺长期至采收期田间郁闭，通风透光条件差的烟田发病较重。病害的发生发展对湿度也非常敏感，一般在相对湿度低于 90％ 时几乎无病斑形成，只有空气相对湿度高于 95％ 时，病斑才能快速扩展，并在其表面产生霉层。多雨高湿促进灰霉病的发生发展，天气干燥时，病情发展缓慢或停止扩展蔓延。温度对病斑影响也较大，郭兆奎等报道灰霉病菌在中国东北侵染烟株的最适宜温度在 18℃ 左右，9℃ 以下或 27℃ 以上很少发生侵染。该菌发生侵染还必须满足 9h 以上的湿润时间，12～24h 持续湿润利于侵染，光照对病菌侵染有抑制作用。

在中国东北烟区，烟草灰霉病有两个侵染高峰，一个是在 6 月中、下旬，烟苗处于团棵期前后，这段时期发生烟草灰霉病造成的经济损失最大，病株轻者部分叶片凋萎，影响烟叶的质量和产量，重者整株枯死。另一个侵染高峰是在 8 月中、下旬，由于烟株器官已衰老，生长势弱，结露时间长，温度较低，适宜灰霉病的侵染，这一时期烟株茎部也大量出现灰霉病的病斑，但对烟叶生产基本不造成直接经济损失，只是增加翌年的病菌越冬数量。在留种烟田造成的枯花叶斑病的严重程度除了受温湿度影响外，还与落在叶片上的烟花密度呈正相关。

六、防治技术

（一）培育和选用抗（耐）病良种

烟草品种间对灰霉病的抗病性存在着一定的差异，利用抗病良种是防治烟草灰霉病最经济、有效的措施。Masuta 接种观察 8 个品种，其中 Matsukana 和 Bright Yellow4 的病斑最小，病害较轻，而 MC 和 Tsykubal 上的病斑最大，发病也最重，其余 4 个供试品种介于两者之间。同时，还观察到菌丝侵入之前，叶片的薄壁细胞开始出现崩溃的现象，据此，又用该菌的培养滤液处理烟叶产生与孢子接种类似的病害反应，他认为烟草品种对灰霉病菌所产生的某些物质的耐性与烟草品种间抗病性有一定关系。Roman 也在温室条件下，用致病力较强和较弱的菌丝接种鉴定烟草品种对灰霉病菌的抗性，结果没有一个品种是抗病的，只有 Virginia 等 5 个品种的潜育期稍长一点，病害也相对轻，同时发现 5～6 周苗龄的烟株最感病，烟株越老感病性越低，病害也越轻。1986—1988 年，Roman 还鉴定了 50 个野生种的抗病性，无免疫的材料，只有圆锥烟草、残波烟草、林烟草、奈特氏烟草和圆叶烟草是抗病的，36 个种高度感病，9 个种为中度感病。

（二）农业防治

1. 选好苗床地，加强苗床管理 烟草苗床地应选择地势较高、背风向阳、排水方便的地块以减少荫蔽，控制湿度。不宜设在烟茬地、菜园或烤房、烟棚附近，避免蔬菜灰霉病菌传入苗床。烟苗假植后苗床烟苗不宜过密，应加强通风，尽量保持棚内温度，降低湿度，增加光照，促进烟苗健壮生长。发现病苗及时喷药防治，确保健苗移栽，对灰霉病常发烟区可在移栽前对苗床进行喷药预防，使烟苗带药下田，可有效控制烟草灰霉病的发生，特别对地膜覆盖烟田有更好的控制作用。

2. 合理轮作，减少菌源 落实轮作制度，及时处理上年的病残体，搞好秋翻，减少灰霉病菌的越冬来源。

3. 卫生栽培 移栽时要剔除病苗，不施用带有病残体的未腐熟的有机肥，及时中耕除草，摘除并销毁田间病叶，烧掉上年带有病斑的烟株茎秆，留种田要及时疏花疏果，减少翌年的侵染来源。

（三）化学防治

栽入大田后，注意调查灰霉病的发生状况，及时喷药防治，控制灰霉病在田间的蔓延，常用药剂有 50% 异菌脲可湿性粉剂 1 000 倍液、0.3% 科生霉素可湿性粉剂 200 倍液、40% 菌核净可湿性粉剂 500 倍液、50% 腐霉利可湿性粉剂 1 500 倍液、50% 甲基硫菌灵可湿性粉剂 500 倍液，施药方法可用喷雾器向患病烟株茎基部浇灌或喷雾，使烟株茎基部连同其周围土壤被喷湿，达到控制病菌生长繁殖的目的。

郭兆奎 孙剑萍（中国烟草总公司黑龙江省公司牡丹江烟草科学研究所）

第 15 节 烟草黄瓜花叶病毒病

一、分布与危害

黄瓜花叶病毒（*Cucumber mosaic virus*，CMV）由 Doolittle 于 1916 年首次发现，是寄主范围大（约 1 000 种）、分布广，具经济重要性的植物病毒之一。20 世纪 80 年代以来，黄瓜花叶病毒在一些国家和地区的许多作物上造成严重危害，如引起烟草的花叶、番茄的坏死、香蕉的心腐、豆科植物的花叶、瓜类的花叶等。此外，许多在过去几十年里被认为是新病毒的病原，现已被证实为 CMV 的株系。目前，各国学者已从几百种植物上分离到 100 多个黄瓜花叶病毒株系或分离物。过去一般认为黄瓜花叶病毒是温带作物的主要病原，但在热带、亚热带作物上也造成严重的危害。

烟草是最易被感染的作物之一，全世界所有烟草种植区均有黄瓜花叶病毒的分布和为害。20 世纪 80 年代后期以来，黄瓜花叶病毒一直是中国黄淮烟区、华南烟区及西北一些省份的烟草花叶型病毒病流行的主要毒源。该病毒可由 70 多种蚜虫传播，烟田主要靠桃蚜及其他几种蚜虫传播，此病毒随着蚜虫的迁飞而流行。因此，发病流行速度极快，来势迅猛，常在移栽后团棵期发生，造成烟株早期发病，生长发育停滞，严重减产。

二、症状

烟草整个生育期均可发生黄瓜花叶病毒病，苗床期即可感染，移栽后开始发病，旺长期为发病高峰。发病初期表现明脉症状，后逐渐在新叶上表现花叶，病叶变窄，伸直呈拉紧状，叶表面茸毛稀少，失去光泽。有的病叶粗糙、发脆，如革质，叶基部常伸长，两侧叶肉组织变窄变薄，甚至完全消失。叶尖细长，有些病叶边缘向上翻卷。黄瓜花叶病毒也能引起叶面形成黄绿相间的斑驳或深黄色斑点，但不如烟草普通花叶病毒多而典型。在中下部叶上常出现沿主侧脉的褐色坏死斑，或沿叶脉出现对称的深褐色的闪电状坏死斑纹。植株随发病早晚也有不同程度矮化，根系发育不良，遇干旱或阳光曝晒，极易引起花叶灼斑的症状。症状与烟草普通花叶病毒显著不同的特点是病叶基部伸长，茸毛脱落成革质状，病叶边缘向上翻卷，对根系的影响很大（彩图 21-15-1）。

三、病原

（一）形态与分类

黄瓜花叶病毒是雀麦花叶病毒科（*Bromoviridae*）黄瓜花叶病毒属（*Cucumovirus*）的典型成员。Scott（1963）第一次从烟草组织中将CMV-Y株系纯化结晶出来，观察到其病毒粒体为近球形的 20 面体，直径 28～30nm。黄瓜花叶病毒粒体相对分子质量为 $5.8 \times 10^6 \sim 6.7 \times 10^6$，其中 RNA 为单链，相对分子质量约为 1.2×10^6；其蛋白亚基相对分子质量为 3.2×10^4，含有 287 个氨基酸残基，黄瓜花叶病毒基因组为三分体，包括 3 个 RNA 片段，即 RNA1、RNA2 和 RNA3。RNA1 和 RNA2 含有复制酶基因，分别编码 111ku 和 97ku 两个蛋白质，并界定侵染寄主植物的症状表现、种传、对温度的敏感性和卫星 RNA 的相互作用；RNA3 含 3a 基因和外壳蛋白基因（coat protein），编码一定蛋白质和外壳蛋白，与病毒的虫传特性、寄主范围、症状表现及血清型有关。病毒分类编码为：R/1：1/18：S/S：S/Ap（图 21-15-1）。

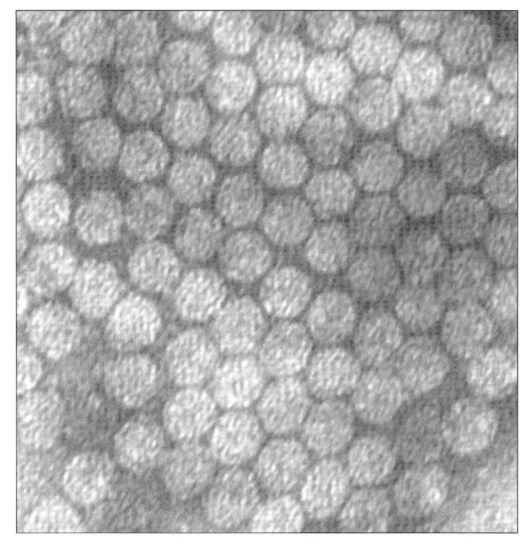

图 21-15-1 黄瓜花叶病毒粒体（申莉莉提供）
Figure 21-15-1 Virions of *Cucumber mosaic virus* (by Shen Lili)

（二）物理特性

黄瓜花叶病毒在体外的抗逆性较烟草普通花叶病毒差。在 60～75℃条件下 10min 即丧失侵染力，室温下病汁液内的病毒只能存活 3～4d，即使在干病叶中的病毒也不能长期存活，但真空冷冻干燥病叶中的黄瓜花叶病毒保存 9 年仍有侵染力，若黄瓜花叶病毒部分提纯制剂 0～4℃条件下存于 pH9.0 的磷酸缓冲液中可存活几个月。其稀释限点为 1×10^{-5}。

Lucas 报道，牛奶是黄瓜花叶病毒的有效钝化剂，牛奶和黄瓜花叶病毒的病汁液混合后完全阻止黄瓜花叶病毒的侵染。另外，一些植物压出液也可钝化病毒，如黄瓜、心叶烟、甜菜、菠菜、商陆的汁液在体外可与黄瓜花叶病毒暂时结合，从而抑制病毒的侵染。

（三）寄主范围

黄瓜花叶病毒的寄主范围十分广泛，能侵入 1 000 多种单、双子叶植物。据不完全统计，到目前我国已从 38 科的 120 多种植物上分离到黄瓜花叶病毒，包括常见的葫芦科、茄科、十字花科作物，以及泡桐、香蕉、玉米等农林作物，还有繁缕、老鹳草、竹叶草、小酸浆等农田常见杂草。其常用鉴别寄主：系统花叶症状寄主有烟草、黄瓜，局部枯斑症状寄主为豇豆、昆诺藜、蚕豆和苋色藜等。

（四）株系分化

随着黄瓜花叶病毒分离物的不断增加，许多学者进行了株系及亚组研究。陈保善等将广东烟草分离的 88 个黄瓜花叶病毒分离物分为普通株系（CMV-C）、烟草坏死株系（CMV-TN）和烟草黄色坏死株系（CMV-TYN）3 个株系。谢联辉等将福建采得的 465 个烟草样品中分离的黄瓜花叶病毒分为普通株系（CMV-C）、黄化株系（CMV-YEL）和烟草坏死株系（CMV-TN）。丁辛顺等将上海郊区番茄上分离的黄瓜花叶病毒分为番茄轻花叶株系（CMV-TM）、番茄黄色花叶株系（CMV-TY）和番茄重花叶株系（CMV-TS）。冯兰香等将北京地区番茄上的 17 个黄瓜花叶病毒分离物，共分为轻花叶株系、重花叶株系、坏死株系及黄花株系 4 个株系群。刘焕庭等将山东番茄分离的 111 个黄瓜花叶病毒分离物，区分为番茄蕨叶株系（CMV-TOF）、番茄花叶株系（CMV-TOM）和番茄轻花叶株系（CMV-TOL）3 个株系群。杨永林等对吉林省的 59 个辣椒、黄瓜花叶病毒分离物，采用 7 种鉴定寄主将它们区分为 5 个致病型株系群，即十字花科株系群、藜科株系群、茄科—葫芦科株系群、豆科株系群、普通黄色花叶株系群。同时，还从 373 个甜椒、辣椒品种（系）中，筛选出一套抗性不同的品种，将上述 59 个黄瓜花叶病毒分离物，划分为 5 个基因型株系群，即 CMV - P0、CMV - P1、CMV - P2、CMV - P3、CMV - P4。周雪平等对豆科植物分离的 5 个黄瓜花叶病毒分离物，根据在豇豆、蚕豆、菜豆和豌豆上的症状区分为 2 个型。魏梅生等从国内外收集的 40 个 CMV 分离物中，选国内主要作物（包括黄瓜、番茄、辣椒、烟草、菠菜、白菜、葵花、一串红、唐菖蒲、香蕉、花生、大豆、豌豆）13 个分离物，采用 17 种鉴别寄主，将我国黄瓜花叶病毒分成豆科植物 CMV 株系组群和非豆科 CMV 植物株系组群（普通株系组群）。但是，上述学者的研究基本限于某一种作物（如烟草、番茄或辣椒等）或几种作物（如几种豆科作物、蔬菜作物），且主要根据这些黄瓜花叶病毒分离物在不同寄主植物上的症状反应来区分株系或亚组。由于不同学者所用的鉴别寄主不同，测定的环境条件也不同，因此株系划分标准不统一，这一问题亟待解决。

（五）卫星 RNA 的研究

黄瓜花叶病毒卫星 RNA 是寄生于黄瓜花叶病毒粒体内的小分子核酸，卫星 RNA 必须依赖辅助病毒的复制而复制并反过来干扰黄瓜花叶病毒的复制，从而影响寄主的病状表现。1977 年 Kaper 和 Tousighant 首先发现黄瓜花叶病毒存在卫星 RNA（satellite RNA，Sat - RNA），目前我国在黄瓜花叶病毒卫星 RNA 方面研究颇具特色。张春霞等测定了黄瓜花叶病毒卫星 RNA - 1 的序列；叶寅等测定了黄瓜花叶病毒香蕉分离物卫星 RNA（BA - SAT）的序列，该卫星 RNA 由 390 个核苷酸组成，并分析了它的二级结构；程宁辉等测定了引起番茄坏死的 CMV - TN 分离物的卫星 RNA 序列，该卫星 RNA 由 390 个核苷酸组成；周雪平等对黄瓜花叶病毒弱毒株系 CMV - P1 卫星 RNA 的序列进行了分析，该卫星 RNA 由 335 个核苷酸组成。Sayama 等用含有一组 368bp 卫星 RNA 的黄瓜花叶病毒弱毒株（KO - 02）预处理番茄进行田间试验，番茄增产幅度为 20%～200%，但与健康植株比较，弱毒株使植物矮化 5%～60%，每株结果数下降 10%～20%。

（六）分子生物学研究

国内学者应用 cDNA 合成、PCR 方法等分子生物学新技术对黄瓜花叶病毒的分子生物学进行了深入研究。胡天华等测定了黄瓜花叶病毒烟草分离物（CMV - BD）的 654 个核苷酸 CP 基因序列；叶寅等测定了 CMV - JV 的 657 个核苷酸外壳蛋白（CP）基因；郭东川等测定了 CMV - SD 的 654 个核苷酸外壳蛋白基因，CMV - SD 与 CMV - BD，CMV - JV 的 CP 基因核苷酸序列同源率为 95.9% 和 93.2%。李华平等测定了 CMV 3 个香蕉分离物 CP 基因，均由 657 个核苷酸组成，其核苷酸序列同源率为 96.65%～97.11%。上述已测定基因序列的 5 个黄瓜花叶病毒分离物，均属亚组 I，到目前为止尚未见我国有报道对亚组 II 株系的 CP 基因序列测定。此外，吕玉平等报道了黄瓜花叶病毒中国株系复制酶基因的核苷酸序列。

田波等对黄瓜花叶病毒的致病分子机制进行了研究，结果发现黄瓜花叶病毒侵染的烟草花叶症状的产生与病毒 CP 进入叶绿体有直接相关性，可能是 CP 进入叶绿体抑制了光系统 II 的活性。

四、病害循环

黄瓜花叶病毒可侵染烟草种子、杂草种子，并随种子越冬，也能在其众多的中间寄主（如十字花科蔬菜及杂草）上越冬，翌年春天，由蚜虫（如烟蚜）传染到新植的烟苗上，在田间再通过蚜虫和机械接触反复传染开来。黄瓜花叶病毒在烟草内增殖和移动较快，黄瓜花叶病毒通过机械或蚜虫造成的微伤口侵入烟叶，叶片中脉和网状脉黄瓜花叶病毒含量最高，接种后 2h 即可在原生质中检测到病毒的存在，接种后 24h 子代病毒也可被检测到。病毒主要聚集在质膜、液泡膜或核及胞质体内，但叶绿体、线粒体及液泡内未有病毒粒体存在。Honda 等（1974）认为，黄瓜花叶病毒从表皮细胞到叶肉细胞在 24℃ 条件下经过 6h 即可完成，小枯斑症状在 48h 即可出现，72h 内可以进行二次侵染，一周内能表现系统症状。Chin（1967）研究了黄瓜花叶病毒的 4 个株系在烟株上部 3 片叶中的积累情况表明，接种后第四天所有株系均迅速增殖，第八天黄瓜花叶病毒浓度达到最高峰，但第 20 天却减少到最低值，第 26 天黄瓜花叶病毒浓度又开始再次增加。

五、流行规律

（一）越冬场所

黄瓜花叶病毒和烟草普通花叶病毒的越冬场所不同，由于黄瓜花叶病毒的抗逆性较差，不能在病株残体中越冬，而主要在蔬菜、多年生树木及农田杂草中越冬。据报道，黄瓜花叶病毒还可以在葫芦科的黄瓜、甜瓜、西葫芦，豆科植物的大豆、菜豆、豇豆及茄科植物如辣椒、番茄的种子内越冬。

（二）传播方式

黄瓜花叶病毒可以通过蚜虫和机械接触传播。蚜虫传播在病害流行中起决定性作用，据报道有 70 多种蚜虫可以传播这种病毒，而以桃蚜传毒为主。蚜虫传播黄瓜花叶病毒的效率极高，当烟株中病毒粒体浓度达 10^3 个/mL 时就可以吸食传毒成功，而通过汁液机械传毒病毒粒体的浓度则需达到 10^7 个/mL。

蚜虫传播黄瓜花叶病毒为非持久性传毒，蚜虫只需在病株上吸食 1min 就可以获毒，在健株上吸食 15～120s，就可以完成传毒过程。

在病害流行过程中，除蚜虫传毒起主要作用外，病害在烟田中的扩散和加重也与机械传染如农事操作等有重要关系。

（三）流行条件分析

黄瓜花叶病毒的发生流行与寄主、环境和有翅蚜数量关系密切。据东北烟区的调查结果表明，黄瓜花叶病毒的初发期在 5 月 20～30 日，即移栽后 10～20d，在以后的 20～30d 内发病率和病情指数迅速发展到高峰，而后随烟株现蕾、打顶后病情开始稳定，病情指数还呈下降趋势，这说明在烟株团棵期和旺长期为易感病期，现蕾后抗病性增强。黄瓜花叶病毒的流行与蚜虫的数量及活动关系密切，在与辣椒、黄瓜、番茄等蔬菜地相邻的烟田，蚜虫较多时，发病较重，据黄淮烟区调查，在烟草生长过程中，蚜虫有两次迁飞高峰期，第一次是在 3 月下旬至 4 月上旬，首先在幼苗上引起发病，移栽后，常在 5 月 10～25 日发生第二次迁飞高峰，这一次迁飞高峰，有翅蚜数量越大，发生时间越早，则侵染次数越多，流行越广。据观察，在大田蚜虫进入迁飞高峰期后 10d 左右病害发生开始出现高峰。

气象因素方面，气象因素的变化也常影响蚜虫的活动。在黄淮烟区，前一年冬季至翌年 3 月的气温、降水量以及 4～5 月的气温与此病发生轻重有很大关系，当冬季及早春气温低，降水量大，越冬蚜虫数量少，早春活动晚，黄瓜花叶病毒发生就轻；反之，就较重。4～6 月比较干旱，旺长期前后出现温度的较大波动、冷雨降温以及干热风，常导致黄瓜花叶病毒病的暴发流行。同烟草普通花叶病毒病的发生流行条件相似，作物间作特别是烟麦套种，苗床及大田管理水平也会对黄瓜花叶病毒病的流行及病情严重程度有影响。

六、防治技术

（一）选用抗（耐）病品种

烟草中对黄瓜花叶病毒的抗病品种很少，辽烟 15、中烟 14、辽烟 3 号、中烟 90、KY14、TN90 等具有一定的抗病性。

（二）避蚜防病

桃蚜传毒是通过有翅蚜的迁飞过程来完成的，而无翅蚜的传毒作用很有限，因此，利用常规方法在烟田防治蚜虫不能起到很好的防病效果，目前的避蚜防病方法主要从以下几方面着手：①利用银灰地膜覆盖，可以有效地驱避蚜虫向烟田内迁飞。据山东、安徽的研究，采用银灰地膜为中心的综合治理效果达 80％以上。②用铝箔纸避蚜，在栽烟后把 50cm 宽的铝箔纸平铺在垄沟内，栽烟 40d 后撤去。③悬挂铝膜带，方法是在烟田烟垄台张挂井字形条带，高度超过烟苗 20～50cm，其避蚜防病效果比上种方法稍好。④苗床全程覆盖防虫网，对于避蚜防病具有很好的效果。

（三）化学防治

1. 药剂治蚜　当蚜虫多的时候，用对蚜茧蜂伤害比较小的、高效、低毒、低残留的药剂进行重点挑治，如 200g/L 吡虫啉可溶液剂于烟叶正反两面进行喷雾。在桃蚜向烟田迁飞高峰时，应用击倒性强的农药。如用 50％抗蚜威可湿性粉剂或 150g/L 丁硫·吡虫啉悬浮剂进行防治，均可取得较好的防治效果。值得注意的是：防治蚜虫时，要大面积连片统防统治，统一进行，否则起不到理想的防治效果。

2. 抗病毒药剂的应用推广 早在 20 世纪 30 年代就有学者研究过抗植物病毒剂，而这类研究的真正起步是从 50 年代开始的。许多有一定抗病毒活性的物质都被研究过（主要是一些无机盐类物质和小分子有机酸类）。但到目前为止，只有很少一部分物质得到实际应用。成为商品的抗病毒制剂就更是有限。美国的脱脂牛奶、印度的苦楝树提取物和日本的 Lentemin（其主要成分是从香菇中提取的）是为数不多的几种天然抗病毒制剂。日本 1975 年登记生产的 Mosano，在防治烟草花叶病毒方面表现出了相当的效力。DHT 及 DADHT 作为完全的合成药剂，最先在德国被开发出来。DHT（2，4 - dioxohexahydro - 1，3，5 - triazine）和 DADHT（1，3 - diacetyl - 2，4 - dioxohexahydro - 1，3，5 - triazine）作为治疗剂，对马铃薯 X 病毒（PVX）有特殊功效，同时对马铃薯 Y 病毒、烟草普通花叶病毒、黄瓜花叶病毒等许多植物病毒也都有程度不同的治疗效果，经德国、美国和日本等地的多年试验表明，这两种药剂不仅可以有效地抑制 PVX 的增殖，而且还有一定的增产作用。如再与病毒唑（virazole）按一定比例混合使用，可明显提高其防治效果，大大降低单位面积用药量（每公顷施药量仅在 15g 左右）。目前，中国已有 83 - 增抗剂、植病灵、宁南霉素和氨基寡糖等多种植物病毒抑制剂问世。防治中要掌握从苗床期开始喷施预防才可能收到一定效果。

（四）农业防治

根据桃蚜趋黄性的原理，在黄瓜花叶病毒等蚜传病毒病严重的烟区实行烟草与小麦套种，吸引蚜虫先飞在小麦上，吸食后脱去口腔中的病毒，从而减少向烟株上传毒，还可以在小麦上喷施杀蚜药剂，效果更好。据河南许昌研究，实行一行麦一垄烟，或二行麦一垄烟的套种模式，防病效果达 70%～75%，而且能够生产出同纯作烟一样的优质烟叶。通过卫生栽培、清除田间杂草、加强水肥管理、合理布局等措施来减少病害田间的蔓延，提高作物的营养抗性水平等一系列措施，也同样适用于烟草黄瓜花叶病毒的防治。

（五）坚持卫生栽培

在进行苗床和大田操作时，切实做到手和工具用肥皂水消毒。在间苗及大田管理中，应先处理健株，后处理病株。在操作过程中不能吸烟或吃茄科蔬菜等，在病害初发期，及时拔除田间病株，注意集约管理，不要过多地在烟田反复走动和触摸。

（六）致弱卫星 RNA 的应用

1991 年田波等在世界上首先应用黄瓜花叶病毒致弱卫星 RNA 来防治黄瓜花叶病毒引起的辣椒和烟草花叶病毒病获得成功。周雪平等也成功地从豇豆分离到黄瓜花叶病毒致弱卫星 RNA，并用于防治番茄和烟草上的黄瓜花叶病毒病，温室效果明显，并开始进行田间试验。

钱玉梅　战徊旭（中国农业科学院烟草研究所）

第 16 节　烟草普通花叶病毒病

一、分布与危害

烟草普通花叶病毒病，在山东俗称"青花"，河南称"聋烟"，安徽称"莴笋"，贵州称"油头""莴苣叶"，云南称"癫烟""花烟"。

烟草普通花叶病毒的发现可以说是病毒研究的开始。病毒学的研究和发展是与烟草普通花叶病毒的研究紧密联系在一起的。

一致公认动物病毒学的进展比植物病毒学快，但是确认病毒是一种病原物，则以植物病毒比动物病毒稍早。1576 年在荷兰就注意到郁金香的碎色病，1775 年欧洲马铃薯的"退化"病更引起了人们的极大注意。1886 年 Mayer 在荷兰第一次用"花叶"一词描述了烟草上的病毒病症状，他证明用机械接触的方法可以使这种病害传染，他还发现，如果将病汁液煮沸，会使传染因子失活。1892 年俄国的 D. Ivanowski 证实烟草病汁液经细菌滤器过滤后仍有侵染力。1898 年 Beijerinck 第一次使用了来自拉丁语的意为毒物的"病毒"一词。正是 Beijerinck 通过一系列试验证明了病毒有别于细菌，将病毒和细菌区分开来，由此认为 Beijerinck 是真正的病毒学之父。1935 年美国的诺贝尔奖获得者 Wendell M. Stanley 利用当时最新的蛋白质分离技术，成功地从烟草花叶病毒植物中分离到蛋白质结晶物质。这种蛋白质结晶具有很高的侵染性，并且可以再结晶。1 年以后，英国的 Bawden 和 Pirie 通过化学分析将这种结晶物质定名为核蛋白。

1939年，德国科学家Kausche、Dfankuch和Ruska利用最新装置的电子显微镜第一次观察到烟草花叶病毒的长形病毒粒体。从此真正的植物病毒学研究历史才算拉开了序幕。

烟草普通花叶病毒病，在世界各烟区都普遍发生，以西欧发病较为普遍，但极少形成流行。中国各产烟区都有该病发生，以黑龙江、辽宁、吉林、山东、河南、安徽、四川、广东等省受害较重。此病田间发病率一般在5%～20%，而其邻近田块的烟株却往往保持健壮。幼苗期感染或大田初期感染，损失可达30%～50%；现蕾以后感染对产量影响不显著。病叶经调制后颜色不均匀，吃味较差，品质下降。

二、症状

此病自苗床至大田整个生育期均可发生。烟株感病后，在气候温暖、光照充足的条件下，一般在5～7d内就表现症状。幼苗感病后，先在新叶上发生"脉明"，即沿叶脉组织变浅绿色，对光看呈半透明状。以后蔓延至整个叶片，形成黄绿相间的斑驳。几天后就形成花叶，即叶片局部组织叶绿素褪色，形成浓绿和浅绿相间的症状。病叶边缘有时向背面卷曲，叶基松散。由于病叶只一部分细胞加多或增大，致使叶片厚薄不均，甚至叶片皱缩扭曲呈畸形，有缺刻，严重时叶尖呈鼠尾状或带状。早期发病烟株节间缩短、植株矮化、生长缓慢。重病株的花器变形、果实小而皱缩，种子大半不能发芽。接近成熟的植株感病后，只在顶叶及杈叶上表现花叶，有时有1～3个顶部叶片不表现花叶，但出现大块坏死斑，被称为花叶灼斑。在表现花叶的植株中下部叶片常有1～2片叶沿叶脉产生闪电状坏死纹。该坏死纹与由黄瓜花叶病毒所引起的闪电状坏死纹相似，而与由烟草马铃薯Y病毒引起的坏死纹比较，该坏死纹离叶脉稍远且稍窄，有2～3mm的间隔，而由马铃薯Y病毒引起的坏死纹离叶脉很近，且往往很宽（彩图21-16-1）。

烟草普通花叶病毒病和烟草黄瓜花叶病毒病，在田间无论是分别侵染或混合侵染，所引起的症状从外表上很难区分。生产中烟草普通花叶病毒病和烟草黄瓜花叶病毒病如果都为单独侵染时，往往前者表现症状稍轻，仅表现花叶，后者表现症状稍重，病叶边缘有时向叶片正面卷曲，叶基部伸长拉紧，且多导致叶片扭曲畸形，叶面革质化（彩图21-16-1）。

三、病原

烟草普通花叶病毒病是由烟草普通花叶病毒（*Tobacco mosaic virus*，TMV）引起的，烟草普通花叶病毒更贴切的英译名应为"烟草花叶病毒"，为与在烟草上发生的黄瓜花叶病毒（引起烟草、黄瓜花叶病毒病）区别才称为烟草普通花叶病毒。烟草普通花叶病毒是帚状病毒科（*Virgaviridae*）烟草花叶病毒属（*Tobamovirus*）的代表成员。粒体呈直杆状，长约300nm，最大半径约9nm；粒体由2 130个相同的蛋白亚单位的蛋白外壳和内部为一个链状RNA核酸分子组成，它们装配成一个螺旋棒状粒体。每个亚单位由158个氨基酸组成。粒体能离解成核酸和蛋白质；核酸和蛋白质能重组成稳定的侵染性病毒粒体。蛋白质外壳不能单独侵染，其作用是保护内部的核糖核酸。病毒粒体相对分子质量3.9×10^7；沉降系数185～186S，等电点pH3.4；核酸含量5%，沉降系数30S（图21-16-1）。

烟草普通花叶病毒增殖的最适温度是28～30℃，37℃以上停止增殖。它的毒力和抗逆性都很强，含病毒的新鲜汁液稀释到100万倍时仍有致病力，在汁液中病毒的钝化温度为93℃（10min），或82℃（24h），或75℃（40d）才失去致病力；干病叶在120℃下处理30min仍不失其侵染活力，要在140℃下30min才失去活力。

烟草普通花叶病毒在自然界存在着很多

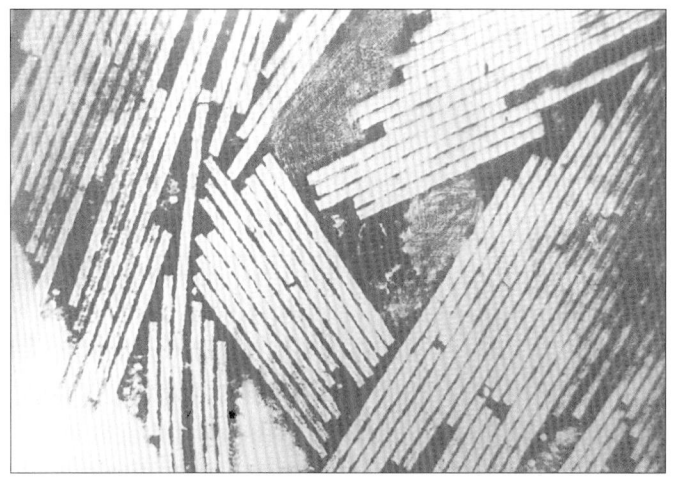

图21-16-1　烟草普通花叶病毒粒体（引自朱贤朝，2001）
Figure 21-16-1　Virions of *Tobacco mosaic virus*
(from Zhu Xianchao，2001)

株系，且目前仍没有统一的划分标准。都丸根据在烟草上的症状分为普通系、黄斑系、潜伏系、坏死系4个株系；Feloiman 根据 TMV 寄主范围的差异分为烟草、葫芦科、豆科、兰科、车前等10个系群；我国番茄抗病育种协作组将我国番茄上的 TMV 分为0、1、1.2 和2等4个株系。Regenmortl（1981）列出了普通株系、番茄株系、车前草株系、豆类株系、葫芦科株系、兰花株系、U₂株系等；最主要的有普通株系、黄斑株系、番茄株系、十字花科株系、菜豆株系和车前草株系等（季良，1991）。陈棣华（1986）认为太子参花叶病毒是 TMV 群中的一个毒株。近些年还报道了许多新的株系。

在福建烟草上，林奇英等调查鉴定，TMV 有4个株系，普通株系（TMV-C）、番茄株系（TMV-Tom）、黄色花叶株系（TMV-YM）及环斑株系（TMV-RS）。其在鉴别寄主上的症状表现如表21-16-1。

表21-16-1 福建 TMV 4个株系在鉴别寄主上的症状表现（引自林奇英，1991）

Table 21-16-1 The symptoms of four strains of TMV on differential host in Fujian（from Lin Qiying，1991）

株系	TMV-C	TMV-Tom	TMV-YM	TMV-RS
三生烟	花叶、畸形	脉明、轻微斑驳	黄色花叶	褪绿环斑
白肋烟	花叶	脉明、斑驳	局部斑、花叶	环斑
番茄	花叶、蕨叶	斑驳	黄色花叶	环斑
辣椒	花叶	花叶	黄色花叶	环斑
洋酸浆	花叶	黄色花叶	黄色花叶	局部斑

王劲波 1998 年将山东烟草上的烟草普通花叶病毒划分为普通株系（TMV-C）、坏死株系（TMV-N）、黄化株系（TMV-Y）及环斑株系（TMV-RS）4个株系。且以普通株系（TMV-C）为优势株系。各株系在鉴别寄主上的症状如表21-16-2。

表21-16-2 山东 TMV 4个株系在鉴别寄主上的症状表现（引自王劲波，1998）

Table 21-16-2 The symptoms of four strains of TMV on differential host in Shandong（from Wang Jinbo，1998）

鉴别寄主	TMV-C	TMV-N	TMV-Y	TMV-RS
普通烟 NC89（N. tabacum cv. NC89）	M、Vb、Dis	M、Dis、Olp、Vb、St	YM、Olp、Dis	CRS、SP
白肋烟（N. tabacum cv. White Burley）	M	L、M	L、YM	RS
心叶烟（N. glutinosa）	L	L	L	L
枯斑三生烟（N. tabacum cv. Samsun NN）	L、VN、N	L、VN、N	L、VN、V-Y	L、VN、N
洋酸浆（Physalis floridana）	M	YM、Dis	YM、Dis	L、M
苋色藜（Chenopodium amaranticolor）	L	L	L	L
曼陀罗（Datura stramonium）	L	L	L	L
千日红（Gomphrena globosa）	L、M	L、M	L、M	L、M
番茄（Lycopersicon esculentum）	M、Dis	M、Dis	YM、Dis	M、Dis、RS
豇豆（Vigna sinensis）	O	O	O	O
蚕豆（Vicia faba）	O	O	O	O
茄子（Solanm melongena）	O	DRN、VN	DRN、VN	O

注 M：花叶，VN：脉坏死，Dis：畸形，Olp：橡叶纹，YM：黄色花叶，L：局部坏死斑，Vb：脉带，St：矮化，CRS：褪绿环斑，SP：波状纹，RS：环斑，V-Y：脉间黄化，N：全株坏死，DRN：双层坏死环，O：不侵染。

付鸣佳等（1997）从广东梅州和南雄烟草上采集的138个 TMV 标样中选取了6个不同症状的分离物进行了株系鉴定，结果认为，该6个分离物均属于 TMV 普通株系。

TMV 的不同株系在混合侵入烟株时往往存在着相互作用。相互作用又包括基因水平的相互作用和非基因水平的相互作用。对于 TMV 在基因水平的相互作用主要表现有复侵染复活作用和交叉复活作用。在非基因水平的相互作用主要表现有表型混合和交互保护作用，表型混合是指在 TMV 两株系混合侵染后子代 TMV 粒体上混生着两个株系的外壳蛋白或一个株系的 RNA 被另一个株系的外壳蛋白所包被，而TMV 的不同株系在先后侵入烟株时往往存在交互保护作用。

TMV 在烟草植株体内的转移主要有细胞间转移和远距离转移。烟草幼叶中的胞间连丝长度在 0.5μm 左右，当 TMV 粒体通过时，其转移速度为 0.01～0.02mm/d，TMV - RNA 就更容易通过。曾利用局部枯斑法测得 TMV U$_1$、U$_2$ 及 U$_3$ 3 个株系在心叶烟叶片细胞间转移的速度，病毒平行转移 6～13nm/h。当利用叶正面接种、叶背面测定病毒活性时，得知病毒垂直转移速度为 8nm/h。在筛管中 TMV 的转移速度为 0.1～0.5cm/h，但有的报道则认为病毒的转移速度与植物营养主流的转移速度近似，即 50cm/h。

TMV 的抗原性较强，可以制备高效价的抗血清，它具有血清反应的特性，因此在田间调查时，可用烟草普通花叶病毒抗血清对本病做快速诊断。

用鉴别寄主进行鉴别也很方便。把 TMV 接种到心叶烟上，它的症状是中心灰白、周边赤褐色的局部坏死斑；而黄瓜花叶病毒在心叶烟（Nicotiana glutinosa）上形成系统性的轻型到重型花叶，有些株系则出现叶脉黄化和花叶。同样的鉴别寄主还有克散锡-nc（Xanthi-nc）、普通烟草栽培品种沙姆逊（Samsun NN）、菜豆栽培品种品托（Phaseolus vulgaris cv. Pinto）、曼陀罗（Datura stramonium）和苋色藜（Chenopodium amaranticolor）等。在这些鉴别寄主上，在低于 28℃下，形成坏死的局部斑；在较高温度下，在烟属（Nicotiana spp.）物种上呈系统侵染。适用于增殖病毒的物种有普通烟草品种沙姆逊或克散锡。

烟草普通花叶病毒，除烟草外，在自然条件下经常侵害的还有番茄、马铃薯、茄子、辣椒、龙葵等茄科作物。经接种鉴定其寄主范围很广，1966 年 Thornberry 列出了 TMV 的 350 多种寄主植物。辛相启等（1997）报道 TMV 能侵染甘薯。

四、寄主与寄生物之间的相互关系

烟草普通花叶病毒主要通过汁液摩擦传播。据报道 TMV 也可通过瓜毛跳甲（Epitrix bucumeris）、异黑蝗（Melanoplus differenfialis）、烟草天蛾（Manduca sexta）和甘蓝夜蛾（Mamestra brassicae）的幼虫、豌豆潜叶蝇等昆虫传毒。Erasmus（1983）曾发现禾白粉菌传染 TMV，但认为是菌体表面带毒传播。

TMV 在辣椒种子中的带毒率可达 60%～80%，且刚采收的种子带毒率高，经过储存后逐渐降低（梁训生，1994）。TMV 在茄科植物种子（辣椒和番茄）内，主要是表皮上有病毒。当 TMV 侵染菜豆或豇豆后，其花粉中有 40% 带病毒，但是这些植株所结的种子不一定带病毒（梁训生，1994）。未见有烟草种子内带病毒的报道，所谓烟草种子带病毒的解释应是烟草种子表面附着有稳定性强的带有病毒的病株残余，待种子发芽时接触传染造成发病，应属于病残传毒。

TMV 必须在烟叶有微伤时才能侵染，气孔侵入极少。通过汁液摩擦叶片上的茸毛使稍受损伤，TMV 就能传染。在自然情况下，TMV 可通过病叶与健叶间，或是病根与健根间接触摩擦所造成的微伤达到传毒的目的。在田间的农事操作中，人为的汁液摩擦传毒现象是普遍存在的，如打顶、抹杈、除草、施药等均可通过人手和工具等将病毒从病株传到健株上。一般以生长前期，特别是苗期最易感病，而且为害重，损失大。生长后期再侵染作用不大。

汁液摩擦接种传毒的作用机制：烟草叶片表皮覆盖有角质层，其上有叶毛和气孔，表皮细胞又有外壁胞质连丝。当病毒汁液达到叶片表面时，遇到机械擦伤，使角质层出现的微伤就足以使病毒粒体接触外壁胞质这个侵染点，病毒粒体通过外壁胞质连丝转移到细胞内的细胞器受体上，病毒就可以复制增殖以至发病显症。当机械擦伤较重致使表皮细胞无法存活时，病毒即使直接与细胞接触，由于伤残细胞很快死亡，病毒也无法达到侵染的目的。当叶片表皮的细胞膜仅受微伤时，寄主细胞易于恢复，因此适当微伤引致细胞直接受侵。通过原生质体培养，了解到 TMV 粒体的一端吸附在寄主细胞的原生质膜上，病毒粒体就随着质膜内陷进入到原生质内，这一过程称为内吞作用，病毒就如此达到了侵染目的。植物病毒在侵染过程中首先是建立侵染点。据研究，心叶烟的成熟叶片表面约有 400 万个细胞，1 000 个受体部位，用 TMV 汁液擦伤接种后的受侵细胞不足 1%，即使一个细胞受侵也需要 1 个至 10 万个 TMV 粒体；也有报道认为在 2.5μL TMV 悬液中有 450 个粒体接种液也能完成侵染。

影响汁液摩擦接种成功的因素很多。包括病毒的活性与浓度、病毒与微伤接触的概率、微伤的多少与轻重、烟草体内物质转换及其生长发育状态，以及外界气候环境条件等。李怀方等（1994）用珊西烟半叶法接种，测定了钙离子、镁离子对 TMV 侵染的抑制作用，结果高浓度的钙离子或镁离子溶液与等体积的 TMV 稀释液混合接种，显著地抑制病毒的侵染（抑制率高达 $80\% \sim 90\%$）；而且处理半叶的枯斑直径小于对照，用 ELISA 方法检测病毒明显减少，接种前、后间隔一定时间使用钙离子、镁离子，抑制率仍在 $50\% \sim 90\%$。

TMV 还可通过土壤传毒，所谓土壤传毒主要指病残传毒。TMV 在室内干烟叶中可存活 52 年（陈瑞泰，1987）。在田间条件下，TMV 可在病根部大量存活，直至种下季作物。但大片碎残叶及根茎内的 TMV 在不结冰、不干燥、不完全腐烂的状态下可在土中存活 2 年以上。据研究番茄通过根系感染 TMV 后，受侵番茄根中的病毒往往需要 $3 \sim 4$ 个月才有 52% 的植株可以转移到地上部叶片上。目前未见有烟草上的有关报道。

植物病毒到达寄主细胞内建立侵染点后，病毒粒体的一部分外壳蛋白降解裸露出粒体内部的核酸。将 TMV 接种烟原生质体后仅需 30min 就开始脱蛋白外壳，随后病毒通过 mRNA 表达基因在复制的同时合成蛋白并形成子代病毒粒体。陈海如等（1990）在研究了 TMV 在去掉细胞核的原生质体（胞质体）上能否增殖后，认为细胞核的存在是病毒得以侵染与增殖的重要因素之一。TMV - RNA 只能在具有细胞核的烟草原生质体中增殖，若在去掉细胞核的原生质体中就很难增殖。

TMV 属于 RNA 病毒，其合成途径为 Ⅰ 型，其增殖过程如下。TMV 粒体进入细胞质中，首先从 RNA 的 $5'$-末端依次脱掉外壳蛋白。这时 TMV - RNA 是按半保留复制形式经过双链复制型和中间体完成（＋）ssRNA 的复制。然后 RNA 的 $5'$-末端基因组结合鸟苷酸后与亚基组 $5'$-末端进行 $5' - 5'$-端结合形成帽式结构。另一方面从 TMV - RNA 基因组还可以转录出 RNA 亚基因组的 30ku 蛋白 mRNA 和外壳蛋白 mRNA，这两种 mRMA 在寄主细胞质内核糖体合成帽式结构蛋白和病毒专化性外壳蛋白。最后 RNA 和蛋白质结合构建成子代 TMV 粒体。TMV 合成蛋白亚基时需要寄主植物的多种相对分子质量在 $1.5 \times 10^6 \sim 2.4 \times 10^6$ 的核蛋白体，其中包括 70S 型叶绿体核糖核蛋白和 80S 型细胞质核糖核蛋白等。TMV 粒体一般集积在细胞质中，RNA 却是在细胞核内合成，待其移至细胞质后，再与外壳蛋白形成粒体。

TMV 侵染烟草后除引起一系列诸如花叶、坏死、畸形、矮化、变色等可见的组织病变外，还出现内含体等内部症状（internal symptom）。TMV 的内含体（inclusion body）是分布在花、叶、茎及根部的细胞中，尤以烟草叶毛中容易见到六角晶状内含体。TMV 的颗粒状内含体是核糖体、内质网、微管及病毒粒体的集结物，而 TMV 的晶状内含体却是排列得非常有规则的病毒粒体。胡向武（1996）发现伴随着病毒的侵染，叶片细胞发生片层松散、空胞化、结构肿胀甚至瓦解，还出现有胞核不正常、染色质块呈网络状等超微结构的变化。

TMV 侵染烟草后，引起烟草植株的一系列生理变化。Reinero 等（1989）和 Hodgson 等（1989）指出，TMV 侵染后其外壳蛋白与光合系统 Ⅱ（PSⅡ）结合，并对 PSⅡ 的功能产生明显影响，而对 PSⅠ 无直接影响。王继伟等（1995）通过测试 TMV 侵染叶片的叶绿素含量与荧光光谱特征的动态变化，分析了影响荧光光谱的因素，表明在以 480nm 作为激发波长时，叶片 685nm 与 740nm 荧光强度之比（F_{685} / F_{740}）随着病毒侵染时间的延长而增加，叶绿素含量则随着病毒侵染时间的延长而降低，并提出可用 F_{685} / F_{740} 与叶绿素含量之比作为 TMV 早期诊断的指标。王继伟等（1995）的进一步研究认为，TMV 侵染叶片后，首先是对 PSⅡ 的功能产生影响，使 685nm 的荧光增强。李广敏等（1987）的试验表明，在 24℃ 下 TMV 处理的烟草叶片比健康叶片精胺含量高，而亚精胺含量较低。并初步揭示了感病品种 Samsun 和抗病品种 Samsun NN 对 TMV 侵染表现的不同反应类型与亚精胺、精胺相对含量的关系，抗病反应者亚精胺与精胺之比高于感病反应者。江玉平（1997）发现烟草受 TMV 侵染后，病株根际土的脲酶、磷酸酶活性比健株根际土低，分别低 39.1% 和 16.4%，病株根际土的过氧化物酶活性高于健株根际土的活性，高 9.4%。通过该类研究有可能获得品种抗性鉴定中所需的生理指标。

烟草种间对 TMV 的抗性有明显的差别。1920 年发现用 TMV 接种心叶烟（*N. glutinosa*）可产生过敏性坏死斑。它有一对显性抗病基因，即 N 基因。后将此基因转移到普通烟草上，用这种方法育成的品种有 VA080、VA528、VA 770、Coker86、Reams158、万国士（Vam - Hicks）、万国芬（Vam - fen - Hicks）、台烟 5 号、辽烟 8 号、辽烟 10 号和辽烟 12 等，这种抗病品种对控制 TMV 的侵害起了重大作用。在南美洲哥伦比亚的地方品种中，收集到另一个抗 TMV 的烟草品种 Ambalema，其隐性等位基因不但耐烟草花叶病毒，而且能抑制该病毒症状，且烟株组织中烟草花叶病毒浓度也较低，但目前应用到白肋烟和烤烟育种上较少。主要是抗病基因与不良的农艺性状产生连锁反应，而传递到后代，所以，当前生产上应用的抗 TMV 的品种，其抗性均来自心叶烟系统。Shenoi M. M. 等于 1992 年曾报道筛选出了耐 TMV 的 FCH 6248，该品系被 TMV 侵染后症状会很快恢复，经测定被侵染烟株的农艺性状与健康烟株没有差异，表明是一很好的耐病种质。Palakartcheva M. 和 Krusteva D.（1991）研究表明 Harmanliska Basma 163 的等位基因系中含有可持续抗 TMV 番茄株系的 Nt 基因。所筛选出的 BC6 除抗 TMV 外，产量和品质均优于 Harmanliska Basma 163。

陈海如等（1989，1990）研究了 TMV 在烟草品种 Ambalema 接种叶上的增殖，结果表明病毒侵染该品种后，增殖缓慢。后来（1991）又进一步研究了 Ambalema 同一植株、不同叶龄叶片上的病毒分布，表明 Ambalema 品种尽管对 TMV 抗病，并且不表现症状，但实际上，被 TMV 侵染的植株各个不同叶龄的叶片均带有病毒，只是病毒含量甚微。说明 TMV 在耐病品种 Ambalema 上的扩展仍然和在一般烟草品种中一样，是系统性的扩展，证明 Ambalema 品种的抗病性不属于抗扩展的抗性，而是抑制病毒增殖的抗性。

一种寄主植物当受到某种病毒的某一株系侵染后，能对同种病毒的另一株系（或其他株系）的侵染起排斥作用，这种株系之间，主要是相关株系之间的相互排斥、相互保护的作用，即为交互保护作用（cross protection）。这种交互保护作用是 1929 年 Mekinney 在 TMV 上发现的，并在近 20 年的时间内开展了应用研究。在我国，田波等（1978 和 1979）最早开展了利用弱毒株系进行交互保护的应用研究，他们从番茄花叶病毒的诱变中，获得了 N_{11} 和 N_{14} 两个弱毒株系，这两个株系在普通烟上不表现症状，夏绍华等（1992）将 N_{14} 应用于烟草病毒病的防治，大田防效达 47.27%。

近年来，交互保护作用的概念又得到了发展，这就是基因工程抗病毒育种的出现。基因工程抗病毒育种最早为 1986 年 Powell Abel 等利用 TMV-CP 基因（TMV 外壳蛋白基因）成功培育抗 TMV 的转基因烟草。国内田颖川等（1990）最早开展了这方面的工作，他们利用体外重组 DNA 技术构建了携带 TMV 普通株系外壳蛋白基因的中间表达载体，通过土壤农杆菌（Agrobacterium tumefaciens）Ti 质粒，重组 TMV-CP 基因被转移至烟草细胞，获得了大量再生烟草。工程烟草的基因组经 Southern 印迹法分析证明，CP 基因在再生工程株中获得正确表达，其 mRNA 和蛋白产物的丰度分别达 0.005%～0.01% 及 0.005%～0.2%。攻毒试验表明 90% 以上的能表达 TMV-CP 基因的工程烟草能不同程度地抑制病毒的复制、扩散，并显著延缓、减轻系统症状的发生。这一抗性作用机制在于转化细胞中的外壳蛋白在病毒侵染早期有效地抑制了入侵病毒颗粒的脱壳，从而阻断了病毒的复制。随后方荣祥等（1990）将能同时表达 TMV 和 CMV 的外壳蛋白基因转入 NC89 和 SD8703 中，并获得了转基因烟草纯合系，该纯合系对 TMV 和 CMV 具有良好的抗耐性且能稳定遗传给后代。吕华飞等（1995）获得了转 TMV 54ku 蛋白基因烟草。孙凤成（1997）获得了转 TMV 和 CMV 的抗病毒烟草。国外有利用 TMV 编码的复制酶基因转化烟草的报道。转基因生物工程技术为抗病毒育种提供了又一可能的方法。

在局部枯斑寄主上接种 TMV 后，会诱导植物产生对 TMV 的抗性。安德荣等（1993）用 TMV 诱发接种 4 种枯斑寄主：心叶烟（Nicotiana glutinosa L.）、三生 NN 烟（N. tabacum cv. Samsun NN）、珊西烟（N. tabacum cv. Xanthi Nc）、普通烟（N. tabacum）和曼陀罗（Datura stramonium L.），试验表明，可使接种植物对 TMV 的侵染表现很强的诱发抗性。这种抗性主要表现为处理的枯斑直径及枯斑数目比对照减少 50%～75%。抗性在诱发接种后 2～4d 开始出现，7～8d 达到最高抗性水平，且至少保持 25d 以上。这也可认为是一种更为广泛的交互抗性。

Van Loon 等（1970）比较了 Samsun 和 Samsun NN 烟接种 TMV 后叶片可溶性蛋白质组成的变化，从 Samsun NN 烟中发现 4 种新生蛋白质，后来称为烟草 PR 蛋白（pathogenesis related proteins），又称病程相关蛋白。但是没有肯定这 4 种蛋白质就是获得诱导抗病性的抑制物质。江山（1995）用 7 种抗植物病毒剂在烟草（Samsun NN）和甜菜（Beta vulgaris L.）上进行了病程相关蛋白的诱导试验，结果表明，所有参试的抗植物病毒剂都可以在烟草和甜菜上诱导产生一些 PR 蛋白，抗病毒剂在烟草和甜菜上分别最多可以诱导产生 7 种 PR 蛋白。但在产生的 PR 蛋白的种类和含量上有一定的差别，同一种药剂在不同植物上诱导产生 PR 蛋白的能力也有所不同。多种成分的药剂与单一成分的药剂相比，前者可诱导产生的 PR 蛋白种类和含量较多。孙凤成（1995）在进行耐病诱导剂 88-D 的诱导抗性研究中发现，耐病诱导剂

88 - D 可系统地诱导珊西烟产生 9 种健康植株所没有的 PR 蛋白。并认为 PR 蛋白的诱导与抗病性、耐病性的诱导相一致。另有报道认为，TMV 侵染了含有坏死斑基因的烟草后，可诱发烟草产生出一种病毒抑制物质（AVF），是一种分子质量为 22ku 的磷酸糖蛋白。这种蛋白质的主要作用是阻止 TMV - RNA 复制酶的合成，从而抑制后接病毒的增殖。尽管健株中也含有少量的 AVF，但是感染了 TMV 的病株却能诱发出大量的 AVF。Yalpani 等（1993）研究认为水杨酸似乎是植物抗病的内源物质之一，他们用 TMV 接种珊西烟时检测到，在烟株产生过敏反应的过程中水杨酸含量会急剧升高。

可诱导烟草对 TMV 产生抗性的因素很多，包括物理因素、化学物质和活性物质。Weintraub 等（1966）曾经对热诱导抗病性进行过研究，确认热处理对番茄抗病品种有很强的诱导抗性作用。在低分子物质中有荧光素、抗生素、植物激素及具有寡聚亚氨酰胺等类活性物质。吖啶橙荧光素是挤入 dsDNA 分子结构的碱基之间引致寄主基因发生变化，同时还发现抗病品种比感病品种 DNA 上结合的吖啶橙多，从而产生出对 TMV 的诱导抗病性。1983 年我国首先研制的 83 - 增抗剂属于一种耐病毒诱导剂（裘维蕃，1983），可以诱导烟草和番茄等产生耐病性，从而抑制 TMV 的增殖和转移，同时此药剂还刺激植物生长发育、早熟优质和增产，因此，具有诱导抗病性和刺激生长发育等双重作用。黄遵锡等（1997）报道利用百合科和忍冬科的一些植物配制的植毒灵对防治 TMV 引起的烟草花叶病有明显的效果。超微病理学实验结果表明植毒灵防治烟草花叶病是由于喷施植毒灵后的叶片内病毒数量减少，细胞结构特别是叶绿体结构破坏减轻所致。生化测定结果表明喷施植毒灵后叶片无机氮的同化能力加强，糖类及蛋白质合成能力得以恢复。酶学实验结果表明植毒灵防治花叶病机制可能与植毒灵增强与植物抗性有关的酶活性有关。刘学端等（1997）报道，天然植物性农药 MH11 - 4 对 TMV 和 CMV 有强烈的体外钝化作用，并能明显地抑制烟株体内 TMV 和 CMV 的增殖；同时，该药剂还能显著提高烟草植株体内过氧化物酶的活性，对烟草有诱导抗病性的作用。李全义（1989）研究表明，人 α - 干扰素对 TMV 的抑制效果在处理后 72h 可达 37%。烟草对 TMV 诱导抗性的研究和抗病毒剂的作用机制研究为研究高效抗病毒剂提供了良好的理论和实践基础。

五、病害循环

苗床期的初侵染源有以下几方面：①肥料带毒，施用的肥料中混有病株残体。②播种用的种子中混有病株残体，种子内部虽不带毒，但混在其中的病株残体则能将病毒带入苗床。③风、人及其他媒介带入病株残体。④带病的其他寄主作物及野生寄主植物。⑤土壤传毒，TMV 可在土壤中的病株根茎残体存活 2 年左右。病株根下 105cm 深处周围的土壤中尚可检验出 TMV，它可被土壤颗粒吸附。它在干土中存活力很强，土壤田间最大持水量超过 60% 时其活力降低。将土壤浸出液离心后再接种到心叶烟叶片上，出现典型枯斑。用此法可粗略测出土壤中 TMV 的相对含量。

TMV 从侵入寄主细胞开始，至蔓延到全株各器官为止的全部过程，在夏天（25～30℃）下只需 7～10d。在此时期内，病毒从侵入时的微量可增殖到每 1 000mL 的烟草汁液中含有 2g 之多，可见其增殖率之高。

大田烟株发病的侵染源是病苗、土壤中残存的病毒及其他带病毒的寄主。同时大田发病株又成为新的侵染来源，在田间病毒主要靠植株之间的接触及人在田间操作时手、衣服、工具等与烟株的接触传毒。收获后，除病株残余外，烤后的烟叶、烟末等，都可重新成为下季烟草的侵染源。卷烟中能分离到有活性的 TMV（周家炽，1958），说明吸烟的人手指和衣服上不可避免带有大量病毒。

六、流行规律

由 TMV 引起的花叶病的流行，主要是通过农事操作中借人手和工具的机械接触传染发生的。在通常情况下，刺吸式口器的昆虫（如蚜虫）不传染 TMV。

环境条件的变化可影响烟株对 TMV 的侵染性和潜育期。烟株生育期、接种量及生长条件，会影响症状呈隐性症状或常态症状。此外，温度及光照能够在很高程度上影响病势的发展速度。提高温度和光照度可以缩短潜育期，但是没有一个温度能在一个固定阶段内持续地促成最高量的病毒浓度。在接种后的叶片中，病毒的合成一般随温度而变化，并与寄主的生长呈平行关系。即温度高寄主生长速度快，病毒合成量大。但在系统感染的叶片中，还涉及病毒的移动与运转，病毒的积累速度与寄主的生长速度呈负相关（寄主生长速度越快病毒积累越慢）。当达到最高点后，温度就通过寄主生长决定 TMV 在植株中积累的速度和浓度。可以说在任何温度的 TMV 浓度遵循着低—高—低—高的过程。很明显，病毒的合成与钝化可以同时发生，最适 TMV 发生发展的温度一般为 $25\sim27℃$，气温在 $28\sim30℃$ 时发病最盛，在高温情况下，由 TMV 引起的花叶病会出现坏死斑点和斑块。如温度在 37℃ 以上或 10℃ 以下，或在光照太弱时，则症状隐蔽和不显著。长日照及较高的光照度既有利于寄主生长又有利于初期的病毒合成。

植株生长受土壤条件的影响，从而影响到病情发展。土壤板结通透性差，植株生长缓慢有利于病毒在烟株体内积累，病毒浓度高症状表现明显，发病程度高。植株幼小易感病，发病时期越早为害程度越高。已证明病地为感染来源，是造成 TMV 流行的先决条件，病毒还可在多年生寄主体内长期存活及越冬，给病害流行起到辅助作用。

在大田，病土对传染 TMV 很重要。病地连作移栽后 25d 发病很轻，培土后 20d 病情明显上升，说明第一个主要发病期为培土以前，第二个发病期为培土后 $2\sim3$ 周。栽前 20d 病土中 TMV 的浓度为 $10^{-4}\sim10^{-2}$ mg/g。根据以碎屑混入消毒土的室内、室外接种试验，对照自然发病田，最早发病的病株主要是由于接触病土后传染的。

据另一试验证明，苗床期采用发病后烟花、烟杈及同科作物茎秆沤制的粪肥作追肥，放入苗床内，移栽前发病率达 50% 以上，移栽后浇同类粪水，到旺长期田间发病率已达 100%。在花叶病株的根及周围土壤中，线虫的数量高，TMV 与爪哇根结线虫（*Meloidogyne javanica*）有明显的协生作用，感染线虫时病也加重。

栽烟早晚与发病程度有密切关系。山东、辽宁等地实践证明，适期早栽病害显著减轻。据辽宁在同一品种、同一地块调查，早栽烟田发病率为 54.4%，晚栽烟田则达 93%。尤其是移栽晚、田间管理又不及时的田块，烟株根系不发达，生长矮小，叶不开片，发病严重。河南等地培植的二茬春烟，花叶病一般较重而且普遍也说明了这一点。

凡前茬或本茬套种油菜、萝卜或马铃薯的烟田，花叶病发生均较重。如辽宁调查同一品种，同一地块，烟草与马铃薯套栽的，花叶病发病率达 99%；单种烟草的发病率为 49.2%。

构成 TMV 流行的因素：种植感病品种，土壤结构差，苗期及大田期管理水平低，连作持续时间长，施用被 TMV 污染过的粪肥，天气干旱烟株得不到正常生长发育，感病时期早等。

七、防治技术

当前对烟草花叶病的防治，主要是种植抗病品种，其次是通过田间卫生，培育无病壮苗，适时早栽早发，根除杂草及轮作等综合防治措施。

（一）抗病品种

这是防治 TMV 经济有效的根本途径。在中国抗 TMV 烟草育种工作开展的较早也较成功，较早的抗病品种有辽宁培育的辽烟 8 号、辽烟 10 号和辽烟 12；台湾的台烟 5 号、台烟 6 号，还有引进的白肋 21、柯克 86；最近育成的抗 TMV 品种（系）有丹东的辽烟 15、延边的 9205、中国农业科学院烟草研究所的 CV09-2、中烟 100 等。

（二）农业防治

1. 选用无病株上的种子　病株种子内部虽不带此病毒，但混入种子中的病株残屑可以传毒，故应从无病株上采种，单收、单藏，并须进行汰选，进一步防止混入病株残屑。

2. 加强苗床管理，培育无病壮苗　注意苗床选地，苗床要尽可能远离菜地、烤房、晾棚等场所。床土及肥料不可混入病株残屑，注意清除苗床附近杂草。培育无病壮苗是防治花叶病的重要环节，烟苗生长健壮，移栽后还苗快，烟株根系发达，可提高抗病力。

因 TMV 是一种土壤传染性很强的病害，条件许可时尽量对苗床土或托盘育苗等的营养土进行高温消毒，杀死土壤中的病毒以免造成初侵染。

3. 合理轮作或间作　烟田要进行深翻晒土，以减少 TMV 的初侵染毒源。重病地至少要两年内不栽烟，注意不与茄科和十字花科作物间作或轮作。

4. 早播种、早移栽　适当提早播种、提早移栽。移栽时要剔除病苗。

5. 加强田间管理　及时追肥、培土、浇水，促使烟株生长健壮，提高抗病力，使烟株尽快通过团棵、旺长这两个最易感病的阶段。在团棵和旺长期，如田间普遍出现花叶病，应立即追施速效肥料，抓紧培土后浇水，以促使烟株及早开稔开片。在苗床和大田操作时，应禁止吸烟，手和工具要消毒（用肥皂水洗手即可）；大田发病严重时，田间操作应自无病区开始，打顶抹杈要在雨露干后进行，并注意病株须最后打顶抹杈。目前生产上普遍采用工厂化育苗，要特别注意剪叶过程的消毒。

（三）化学防治

1. 施用抗病毒药剂　药剂防治应是最快速简便的防治方法，但到目前为止，尚没有特效抗病毒剂，目前抗病毒剂的使用只能作为各种防治措施的辅助措施。国内的抗病毒剂有 83 -增抗剂、植病灵、病毒灵、菌毒清、吗胍·乙酸铜、宁南霉素、嘧肽霉素等，根据中国农业科学院烟草研究所测定的结果，这些药剂的抗病毒效果在 20%～60%。虽然目前这些抗病毒剂的防治效果不甚理想，但作为一种防病辅助措施仍应积极提倡。

抗病毒剂的施用应体现一个早字，从苗期开始施用，苗期用药 1～2 次，大田期用药 2～3 次，每隔 7～10d 用药 1 次，特别注意在移栽前用药 1 次，以防止移栽时的摩擦传染。

2. 弱毒株系的应用　利用 TMV 的弱毒株系可以保护植株不受强毒株系的严重危害。夏绍华等报道喷施弱毒株系 N14 有一定防效，防治效果为 42.27%。

王凤龙　申莉莉（中国农业科学院烟草研究所）

第 17 节　烟草马铃薯 Y 病毒病

一、分布与危害

马铃薯 Y 病毒（*Potato virus Y*，PVY）最早由 K. M. Smith 于 1931 年在马铃薯上首次发现，目前世界各地均有报道，此病毒引起烟草、马铃薯、辣椒等多种作物病害。PVY 在烟草上引起的病害又称作脉坏死病、褐脉病、黄斑坏死病等。从 1953 年起 PVY 在欧洲尤其在马铃薯广泛种植的地区流行，20 世纪 70 年代在美洲扩展，我国东北烟区、黄淮烟区和西南烟区都有不同程度的发生，尤其是在烟草与马铃薯、蔬菜混种的地区为害更严重。此病引起的损失因烟草侵染时期和病毒株系不同而异，如果在栽烟后 4 周内 PVY 感染的脉坏死株系，可导致绝产绝收，若近收获期感染或感染弱株系，则减产相对较轻，一般损失 25%～45%。PVY 除引起产量损失外，更为严重的是病叶烤晒后色泽和烟味较差，其品质大为降低。

二、症状

此病自幼苗到成株期都可发病，但以大田成株期发病较多。此病为系统侵染，整株发病。烟草感染 PVY 后，因品种和病毒株系的不同所表现的症状特点也有明显差异，宏观症状大致分为 4 种类型（彩图 21 - 17 - 1）。

花叶症：叶片在发病初期出现明脉，而后网脉脉间颜色变浅，形成系统斑驳，PVY 的普通株系常引起此类症状。

脉坏死症：由 PVY 的脉坏死株系所致，病株叶脉变暗褐色到黑色坏死，有时坏死延伸至主脉和茎的韧皮部，病株叶片呈污黄褐色，根部发育不良，须根变褐，数量减少。在某些品种上表现病叶皱缩，向内弯曲，重病株枯死而失去烘烤价值。

点刻条斑症：发病初期病叶先形成褪绿斑点，之后叶肉变成红褐色的坏死斑或条纹斑，叶片呈青铜色，多发生在植株上部 2～3 片叶，但有时整株发病，此症状由 PVY 的点刻条斑株系所致。

茎坏死症：病株茎部维管束组织和髓部呈褐色坏死，病株根系发育不良，变褐腐烂，由 PVY 茎坏死株系所引起。

三、病原

（一）形态与结构

马铃薯 Y 病毒是马铃薯 Y 病毒科（*Potyviridae*）马铃薯 Y 病毒属（*Potyvirus*）的典型成员，其粒体为微弯曲线状，长 680～900nm，宽 11～12nm（图 21-17-1）。

几十年来的广泛研究，对于马铃薯 Y 病毒属的病毒粒体结构有了深刻的认识。线形颗粒内有一单链正义 RNA，外面包被病毒唯一的结构蛋白即外壳蛋白（coat protein，CP），其相对分子质量为 $3.0×10^4～3.7×10^4$。CP 由单一多肽链构成，其氨基酸数为 263～330。CP 的长度差别主要是由于其 N 端的长度不同造成的，不同病毒 CP 氨基酸序列差别也主要表现在 N 端，它构成了 CP 的主要特异性抗原决定簇，而 CP 全长 3/4 的 C 端具有较强的同源性。从空间结构上看，CP 的单一肽链折叠成 3 个球状的结构域：N 端、C 端和抗胰蛋白酶的核心区。马铃薯 Y 病毒属的病毒颗粒核衣壳螺旋的螺距为 3.3～3.5nm，每圈 7～8 个 CP 亚基，由约 2 000 个 CP 亚基包裹基因组 RNA，装配成一个病毒颗粒，病毒分类编码为 R/1：3.5/5：E/E：S/AP。

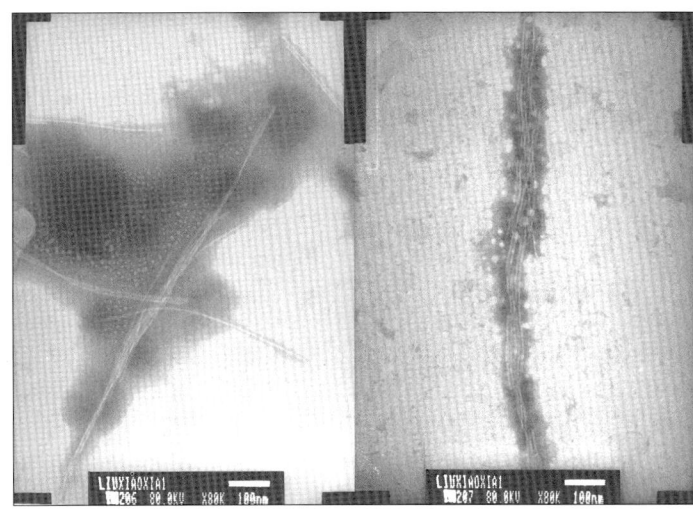

图 21-17-1　马铃薯 Y 病毒粒体（引自杨金广，2012）

Figure 21-17-1　The virions of *Potato virus Y*
(from Yang Jinguang，2012)

（二）物理特性

PVY 增殖的最适温度为 25～28℃，温度在 35℃以上即停止增殖。致死温度为 55～65℃ 10min，稀释限点为 $10^{-4}～10^{-6}$，病毒汁液体外保毒期在 20～22℃条件下为 2～6d。PVY 在干燥病叶中存活力也较强，低温（4℃）干燥保存 16 个月病毒仍有侵染力。

（三）寄主范围

PVY 寄主范围很广，能侵染 34 属 170 余种植物，以茄科植物为主，其次是藜科和豆科植物，在中国严重侵害马铃薯、番茄、辣椒等作物。

（四）病毒提纯

PVY 的提纯有多种程序，克服病毒凝集是提纯过程中首先要解决的问题，一般加入高浓度的抽提缓冲液，及采用去污剂 TritonX-100 等均有较好效果。下面介绍一种常用的提纯程序：冷冻病叶加 2 倍体积的 0.5mol/L 磷酸缓冲液 pH7.2（含 0.1％巯基乙醇）和 0.1mol/L EDTA 组织捣碎机匀浆，双层纱布过滤得滤液，5 000r/min 离心 15min 留上清液，加入 4％聚乙二醇（相对分子质量 6 000）、0.1mol/L NaCl 和 1％TritonX-100，充分溶解，置 4℃下过夜，10 000r/min 离心 20min 收取沉淀，悬浮于 0.01mol/L PB 中，pH7.2（含 0.01mol/L $MgCl_2$），8 000r/min 离心 15min 取上清液，再 40 000r/min 离心 90min 收取沉淀，悬浮同前，8 000r/min 离心 20min 留上清液，这是病毒的粗提纯液。

（五）株系分化

PVY 存在着明显的株系分化现象。根据在烟草不同品种和其他寄主上的症状反应可分为多个株系。据不完全统计，各国已报道的株系有 P.US、MM、MN、NN、VAM-B、Europe-WG、Chile、SA、ARG；PVY^N、PVY^{N-3}、PVY^C、PVY^{O-CHL}；PVY^{NS}、PVY^{CHL} 等 17 个株系。美国 Gooding 和 Tolin（1973）将 PVY 分为 3 个株系：MM 株系，无论是在抗根结线虫品种（NC95）还是感根结线虫品种（McNair12）上均产生斑驳和褪绿症；MN 株系，在抗根结线虫品种上产生坏死症，但在感根结线虫品种上表现斑驳症；NN 株系，在抗、感根结线虫品种上均产生坏死症状。之后美国又报道了一个 VAM-B 株系，此株系与 NN 株系相似，但能克服 VAM 品种的抗性，表现坏死症状，而 NN 株系不侵染 VAM 品种。

DeBoke 和 Hutting（1981）依据在白肋烟、三生 NN 烟、洋酸浆、马铃薯 Dake 和 York 品种上的系统和局部症状，将 PVY 分为若干株系组，最主要的是普通株系（PVY^O），烟草坏死株系（PVY^N）和点刻条斑株系（PVY^C）。

Gooding 于 1985 年根据不同来源的分离物在不同品种上的表现划分为 9 个株系，它们分别是 P‑US、MM、MN、NN、VAM‑B、Europe‑WG、Chile、SA、ARG。其中 VAM‑B 引起 PVY 抗性品种 VAM 坏死。VAM‑B 株系打破了 VAM 的抗性，需引起人们的高度重视。

南非 Voster 等（1990）报道了 4 个株系即 PVY^{NS}、PVY^{N}、PVY^{C} 和 $PVY^{O‑CHL}$。PVY^{NS} 和 PVY^{N} 分别引起茎秆坏死和脉坏死，PVY^{C} 引起轻斑驳，不能经桃蚜传播，$PVY^{O‑CHL}$ 在中部叶引起黄斑或环斑，在下部叶引起褪绿和轻斑驳，区分依据见表 21‑17‑1。

表 21‑17‑1 马铃薯 Y 病毒株系划分（引自 Voster 等，1990）

Table 21‑17‑1 Differentiation of PVY strains（from Voster et al.，1990）

病毒株系	烟 草 品 种			
	Butlry21 （白肋烟）	TL33 （烤烟型）	Barracao （深色晾烟）	GS46 （浅色晾烟）
PVY^{NS}	花叶	茎坏死	茎坏死	花叶
PVY^{N}	脉坏死	脉坏死	脉坏死	脉坏死
PVY^{C}	轻斑驳	轻斑驳	轻斑驳	轻斑驳
$PVY^{O‑CHL}$	花叶	轻斑驳	轻斑驳	轻斑驳

世界烟草科研合作中心（CORESTA）1995 年针对日益严重的 PVY 为害，开展了 PVY 合作研究。Verrier（1997）根据在 7 个烟草品种上的症状反应将 PVY 分为 5 种类型（表 21‑17‑2）。

表 21‑17‑2 CORESTA 合作研究结果（引自 Verrier，1997）

Table 21‑17‑2 The results of cooperative research by CORESTA（from Verrier，1997）

烟草品种	PVY 株系				
	美 国		欧 洲		
	MSNR	VAM‑B	2 型	3 型和 2 号分离物	3 型
VAM（烤烟型）	M	N	O/m	M	N
TN86（白肋烟）		N		N	N
Virginia SCR（烤烟）	M	N	O/M	N	N
Burley21（白肋烟）	M	M	N	N	N
NCTG52（烤烟）	M	M	N	N	N
MN944（烤烟）	M	N	N	N	N
NC95（烤烟）	N	N	N	N	N

注 O：无症状，m：轻花叶，M：仅表现花叶，N：坏死症；2 型，3 型：引自 Blancard 等，1995；3 型和 2 号分离物：引自 Ano 等，1995。

日本学者研究表明，PVY 在日本主要有 2 个株系，即普通株系（PVY^{O}）和坏死株系（PVY^{N}），其中坏死株系又被分为 3 个株系，即 PVY‑YSS、PVY‑A1 和 PVY‑T，以 PVY‑T 为害最重。PVY‑T 在烤烟、晾晒烟和白肋烟上均呈显著坏死，因此对其研究也最多。

在中国吴元华等依据在黄苗榆烟、白肋烟、三生烟、珊西烟、TL33、哈瓦那烟、VAM 等鉴别寄主上的症状反应，已鉴定有 4 个株系，即普通株系（PVY^{O}）、脉坏死株系（PVY^{NS}）、点刻条斑株系（PVY^{C}）和茎坏死株系（PVY^{NS}）。中国农业科学院烟草研究所 1996 年鉴定山东烟区主要有 2 个株系，即 PVY^{O} 和 PVY^{N}。山东农业大学于 1986 年在山东滕州等地发现的烟草黄色斑驳坏死病是 PVY‑T 株系所引起的。发病初期，上部叶片布满黄色圆形褪绿斑，直径 1～4mm，后发展成坏死斑，坏死斑在白肋烟上呈圆形，在普通烟上呈不规则形，主、侧脉均发生坏死条纹，叶脉坏死不凹陷，呈黑褐色，底部叶片布满坏死斑，叶尖先枯死，延至叶缘，直至整个叶片全部枯死，无系统花叶症状。在 1986 年该病仅在滕州、莒县、沂水等局部烟区有发生，在 1996 年的调查中该病害在山东烟区已为普遍发生。

（六）马铃薯 Y 病毒的分子生物学

PVY 的基因组是单一 RNA 正链，相对分子质量是 $3.1×10^{6}～3.5×10^{6}$，约有 10 000 个核苷酸，在基因组 5′‑端是以共价键结合的基因组结合蛋白（VPg），和一段非编码区，约 180 个碱基，3′‑端有 Poly（A）尾巴，整个基因只有一个阅读框架，翻译产生一个大的多聚蛋白，通过自身编码的蛋白酶加工成熟的外壳蛋白和至少 7 种非结构蛋白。从 N 端到 C 端，依次为 P1、HC-P$_{ro}$、P3、CI、6kD、NIa、NIb 和 CP 蛋白。

目前已知全序列的 PVY 株系有 PVY^N 和 PVY-H。关于 PVY 基因组各个组分的分子生物学功能多是从马铃薯 Y 病毒属的其他成员，特别是烟草蚀纹病毒、烟草脉斑驳病毒得到的，尚未有太多的直接的实验证据。下面就其基因组所编码的功能蛋白的可能作用加以概述。

P1 蛋白：具有蛋白酶和运动蛋白的功能。其作用是自我切割 P1 蛋白 C 端与 P3 蛋白和 HC-P$_{ro}$ 蛋白 N 端的剪切点。另外，一般认为 P1 蛋白还涉及病毒从细胞到细胞之间的运动。

HC-P$_{ro}$ 蛋白：同样具有蛋白酶的功能，它主要负责加工自身蛋白的 C 端与 P3 蛋白 N 端之间的连接点。另外，HC-P$_{ro}$ 蛋白还与蚜虫的传播有关，故 HC-P$_{ro}$ 称为蚜传辅助因子，HC-P$_{ro}$ 蛋白主要介导了病毒在蚜虫口器内的选择性定位。一般认为 HC-P$_{ro}$ 蛋白近 N 端的 2/3 部分是蚜传辅助因子，而近 C 端的 1/3 部分行使蛋白酶的功能。

P3 蛋白：功能不详，可能是多聚蛋白加工的辅助因子。

CI 蛋白：CI 蛋白形成细胞质内风轮状或涡形内含体，同时推测 CI 蛋白与病毒从细胞到细胞之间的运输有关。从 CI 蛋白的氨基酸序列分析，CI 蛋白内有核苷酸结合区域，与解螺旋酶很相似，因此认为 CI 蛋白可能是 RNA 解螺旋酶。

6kD 蛋白：过去认为 6kD 蛋白就是 VPg，现在认为这不大可能，推测 6kD 蛋白与病毒的复制有关。最近，认为 6kD 蛋白有阻止 NIa 蛋白核定位的功能。

NIa 蛋白：是病毒编码的蛋白酶，它主要负责加工包括它自己在内的 5～6 个保守切割点，涉及整个多聚蛋白近 C 端 2/3 的区域。NIa 蛋白的加工切割只同剪切点周围的七肽保守序列有关，而与剪切点周围的其他氨基酸无关，现在认为，只有 NIa 蛋白的近 C 端部分属于蛋白酶区域，而近 N 端部分是 VPg 蛋白。目前推测 VPg 是 RNA 合成起始或 RNA 中间体加工所必需的。

NIb 蛋白：一般认为 NIb 蛋白依赖于 RNA 聚合酶。通过 NIb 基因的结构分析，发现 NIb 含有动物、植物、细菌及病毒依赖于 RNA 的 RNA 聚合酶的多个保守序列。其中，有两个特征性的保守序列 GDD 和 NTP 结合位点，在其他病毒中已经证明是 RNA 复制酶的活性中心和维持核酶结构不可缺少的区域。

CP 蛋白：外壳蛋白主要与 RNA 的包装和蚜虫传播有关。病毒 RNA 的包装主要与 CP 蛋白近 C 端区域及高度保守的中间区域有关。而近 N 端区域变异很大，主要涉及寄主-介体-病毒的相互作用，特别是与蚜虫传播的专化性有关。

四、寄主与寄生物之间的相互关系

（一）侵入

PVY 室内易经汁液机械传染，自然条件下主要靠蚜虫介体传毒。蚜虫吻针在刺入表皮细胞的试吸过程中即可获毒或传毒。烟叶中含有的尼古丁足以杀死蚜虫，但为什么蚜虫能在烟叶上生活和繁殖呢？这是因为尼古丁在根部合成再通过木质部到达叶片的薄壁组织，而蚜虫吻针只能刺探到韧皮部，避开富含尼古丁的木质部，从而免遭毒杀。Weintraub 等（1974）观察到，叶内细胞间、筛管间及维管束薄壁组织间的胞间连丝中有大量 PVY 病毒粒体，并证实病毒通过胞间连丝在细胞间运动。

寄主的生理变化：病毒株系不同对烟草的影响差异很大，弱株系影响较小，其他株系尤其是强株系对光合作用、呼吸作用、酚类物质的代谢及水分吸收等影响明显，甚至致使叶片或整株死亡。Martin（1959）证实在病毒增殖过程中，通过嘌呤和嘧啶干扰烟株花色素苷的合成。Roggero 等（1988）研究认为白肋烟接种 6d 后病毒积累，PVY 的系统运转先于乙烯的积累，病毒的积累伴随着乙烯的增加，症状充分表现后，即可检测到病程相关蛋白，乙烯增加先于病程相关蛋白的积累，但无论是乙烯增加还是病程相关蛋白增加都不能引起 PVY 的减少。Montalbini（1993）研究表明，PVY 侵染后黄嘌呤氧化酶和尿氧化酶明显升高，但应用两种酶的抑制剂却不能减轻坏死的症状。

（二）PVY 侵染对烟叶品质的影响

PVY 在其复制过程中，以其嘌呤和嘧啶碱基的基本活性干扰花色素苷的合成。Latorre 等（1984）研究，不同品种、不同叶位、尼古丁和还原糖含量变化也有不同，但普遍较正常烟叶尼古丁含量增加，还原糖减少，全氮含量增高，糖碱比降低。

寄主自然抗病性：烟草抗 PVY 是单基因隐性，染色体 E 携有抗 PVY 基因。目前已证实含有 *va* 基因的品种抗 PVY 感染，几乎不表现坏死症状。VAM 品种含有一个隐性基因（*va* 基因），抗多个 PVY 株系，另外几个抗病品种如 Virginia SCR、NC744 和 TN86 也携带 *va* 基因，但抗病品种 PBD6 的遗传背景不清。Havana307 对美国的 PVY 主要株系及智利、南非、匈牙利株系和 PVY^N 株系均表现耐病。波兰的两个品种 Wanda 和 Wisana 也表现对 PVY^N 的耐病。NCTG（NC602 回交选育而成）对 PVY 的 VAM-B 株系、NN 株系和西班牙株系表现耐病，但对 PVY^N 株系不抗病。

烟草种间抗性也有一定差异，卡瓦卡米氏烟（*Nicotiana kawakamii*）表现稍矮化，病毒积累较少。黄花烟 NRT（*N. rustica* var. NRT）对 PVY^N 耐病，无明显症状出现，其他种如迪勃纳氏烟（*N. debneyi*）、黏烟草（*N. glutinosa*）、*N. negalosiphhon* Heurch & Muell 和林烟草（*N. sylvestris*）则表现感病，植株矮化、花叶、斑驳和脉坏死等症状。目前试图通过体细胞杂交发现抗病材料，新的抗性种质资源正在产生。

然而，烟草品种或品系对某个株系抗病而对另一个株系或病害则可能感病。试验证实，对 PVY 坏死株系感病的烟草则抗根结线虫病，育种学家已利用这一特点进行抗根结线虫病的育种工作。

内含体：PVY 侵染烟草后，在寄主细胞内形成风轮状、柱状、片层状的内含体，这是马铃薯 Y 病毒属成员的典型特征。

五、流行规律

（一）越冬

PVY 一般在马铃薯块茎及周年栽植的茄科作物（番茄、辣椒等）上越冬，温暖地区多年生杂草也是 PVY 的重要宿主，这些是病害初侵染的主要毒源，田间感病的烟株是大田再侵染的毒源。

（二）传播

PVY 可经多个属的蚜虫传播，如瘤额蚜属、蚜属和无网长管蚜属，其中桃蚜（*Myzus persicae*）是 PVY 的重要介体，棉蚜（*Aphis gossypii*）也能有效传播，另外，许多过路蚜虫如马铃薯长管蚜、豌豆蚜（*Acyrthosiphon pisum*）、鼠李马铃薯蚜（*Aphis nasturtii*）、粟缢管蚜（*Rhopalosiphum padi*）、桃短尾蚜（*Brachycaudus helichrysi*）等也能传播 PVY。蚜虫传毒效率与蚜虫种类、病毒株系、寄主状况和环境因素有关。

蚜虫传播 PVY 为非持久性传播。桃蚜取食 5s 即可获毒，传毒饲育 10s 就能将病毒传播到健康植物上，病毒在未取食的蚜虫体内可存活 8h，在取食的蚜虫或舐吸的蚜虫体内最多存活 2h，但传播率与温度和蚜虫行为有关。

PVY 易通过汁液摩擦传染，是传染力较强的病毒之一，病叶和健叶只摩擦几下，叶片上的茸毛稍有损伤，就有可能传染病毒，同 TMV 和 CMV 一样，农事操作也可传播病毒。目前尚未证实 PVY 可经种子传播。

（三）发病条件

PVY 的发生不仅受病毒株系的影响，同时也受介体活动、品种、耕作制度及其他病毒间相互作用的影响。

1. 环境对介体活动的影响 温暖的冬季使蚜虫存活数量大，早春温度高，桃蚜活动早，比晚活动的桃蚜更可能携带病毒，而增加传播的概率。有翅蚜在烟株整个生长季节都可活动在烟田的上空。有研究表明，大部分蚜虫只能在有光的条件下飞行，蚜虫在温暖、有风、低温的天气愿意飞行，大风可能使蚜虫飞行数千米，因而将病毒传播更远距离。另外，随着温度的降低，蚜虫活动减弱，尤其低于 5℃，蚜虫基本不活动，最高温度达到 32℃时减少或死亡。

2. 环境对寄主的影响 温度、湿度和光照对此病有很大影响，如持续一段时间的高温（25～28℃）后，再突然降温下雨，寄主抵抗力降低，往往使病害症状加重，种植在低洼或遮阴的地块，症状也往往加重。

3. 病毒间的相互作用 田间常发生两种或多种病毒的复合侵染，一般讲，这些复合侵染使烟株症状表现更加严重。如 TMV 和 PVY 混合侵入，表现严重的花叶疱斑及叶片畸形，尤其是新生叶，几乎停止生长；PVY 和 CMV 复合侵入，在表现花叶的同时，脉坏死症状也十分明显；PVY 和 PVX 混合侵入也能起协生作用，症状加强。

4. PVY 株系间的交互保护作用 Gooding（1985）利用 3 个 PVY 弱株系（P‑us，MM 和 Hun‑M）和 5 个强株系（智利株系、欧洲 H 株系、欧洲 WG 株系、南非株系和韩国株系）进行试验，证实弱株系对强株系有一定或较强的保护作用，如 P‑us 株在白肋 21、NC95 和 NC2326 3 个品种上可完全阻止欧洲 WG 株系的感染。试验还证实，弱株系的保护作用受强株系（挑战株系）的接种浓度影响，如 P‑us 与 NN 株系接种浓度为病汁液稀释 10 倍时，无保护作用，稀释 100 倍时有部分保护作用，当稀释 1 000 倍时则能完全保护。

5. 品种抗病性 烟草品种对 PVY 存在着抗性差异。Brandle（1995）对 54 个栽培品种、7 个烟草种及 4 个体细胞杂交系进行了 PVY^N（脉坏死株系）的抗病性测定，在 54 个栽培品种中发现 4 个品种高抗 PVY^N 或免疫。Virginia A Mutant（VAM）、NC744、TN86、PBD6 接种后既无症状表现，ELISA 和电镜检查也未发现病毒存在，而其他品种均感病，表现矮化、花叶、斑驳和脉坏死。ELISA 检测接种植株呈阳性反应，这些品种有 Belgique、Burley21、Candel、Coker371、Gold、Danva3、Delfield、Delgold、Delhi76、Delliot、Speight G28、Speight G102、Speight G108、Speight128、Gold Start6007、Grande Rouge、Islandgold、K149、K326、K340、K394、K399、KY14、KY171、Kutsaga E1、Kutsaga110、Little Crittendon、McNair944、NC37NF、NC60、NC82、NCTG51、NK5168、Newdel、Nordel、Q269‑5、RG22、RG8、Reamsl58、S110、TB5‑2、VS16、VS3、Va.116 等，加拿大 1995 年测定，所有的栽培品种也均感病，中国主栽品种中也尚未发现有高抗的品种。

六、防治技术

（一）培育和利用抗病品种

通过常规手段、单倍体育种培育抗 PVY 各株系的烟草品种是行之有效的措施。目前北美、欧洲各国和日本已育成抗 PVY 的烟草品种若干个，如 NC744、NCTG52、Virginia SCR、VAM、TN86、PBD6、筑波 1 号、筑波 2 号等。

（二）铲除野生寄主

在栽烟前铲除烟田周围的杂草，以减少初侵染源。

（三）注意邻近作物

应避免将烟田安排在茄科作物附近，尤其是不能与马铃薯田邻作，在烟田与毒源植物之间种植隔离作物如向日葵、玉米等，以阻碍蚜虫向烟田传毒。

（四）加强田间管理

及时追肥、培土、浇水，促使烟株生长健壮，提高抗病力，氮、磷、钾肥合理配比，避免氮肥过多，不选遮阴和低洼地栽烟，在苗床和大田操作时，应做到手和工具用肥皂水消毒。

（五）避蚜防病

在育苗床和烟田用银色反光膜驱蚜防病有良好效果，具体方法有：

用铝箔纸避蚜，方法是在栽烟后将 50cm 宽的铝箔纸平铺在垄沟内，栽烟 40d 后撤去。

悬挂铝膜带，方法是栽烟田沿垄台张挂井字形条带，高度超过烟苗 20～50cm，其避蚜防病效果比上种方法稍好。

（六）药剂治蚜

栽烟前应把附近茄科作物及杂草上的蚜虫喷杀一次，避免有翅蚜迁飞传毒。栽烟后 40d 内要采用黄皿诱蚜预测，在皿中发现有翅蚜时，田间可立即喷药防治。另外，栽烟时配合使用内吸性杀虫剂如涕灭威颗粒剂，可有效控制烟田蚜虫数量，从而防止田间病毒的进一步蔓延。

（七）病毒钝化剂的应用

Ismail（1994）报道，香叶天竺葵（*Pelargonium graveolens*）、香茅（*Cymbopogon citratus*）、辣薄荷（*Mentha piperita*）和留兰香（*M. spicata*）的提纯油分，$500\mu g/g$、$1\,000\mu g/g$ 和 $2\,000\mu g/g$ 都对 PVY 均能钝化，效果最好的是香茅，其次是留兰香和辣薄荷。

Duarte 等（1990）研究认为，一些植物汁液如叶子花（*Bougainvillea spevtabilis*）、紫茉莉（*Mira-*

$bilis jalapa$）、商陆（$Phtolacca thirsiflora$）和血苋（$Iresine herbstii$）的抽提液对 PVY 和 PVX 都有较好的钝化作用。但实际应用未见报道。

王凤龙　杨金广（中国农业科学院烟草研究所）

第18节　烟草马铃薯 X 病毒病

一、分布

烟草马铃薯 X 病毒病由马铃薯 X 病毒（$Potato virus X$，PVX）引起，该病毒 1931 年由 Smith 发现，曾定名为马铃薯潜隐病毒（Potato latent virus）（Miller & Polard，1977）、马铃薯斑驳病毒（Potato mottle virus）、马铃薯轻型花叶病毒（Potato mild mosaic virus）等。

该病害分布于种植马铃薯的世界各大烟区，冷凉地区发生较其他烟区普遍，我国东北、西北、河南、山东及云南等烟区都有烟草马铃薯 X 病毒病发生的报道。

二、症状

该病毒侵染烟草所表现的症状，依品种、病毒株系以及环境条件的不同，有很大差异，有些株系虽能侵染烟草，但烟株不表现任何症状；还有些株系在冷凉、多云的条件下，叶片出现明脉、轻微花叶，继续发展为褪绿斑驳、环斑、坏死性条斑等症状，晴朗天气可减轻明脉、轻微花叶等症状，甚至完全消失；有些株系在高温条件下不表现症状，出现隐症，如彩图 21-18-1 所示。

三、病原

（一）分类地位

马铃薯 X 病毒（$Potato virus X$，PVX）属 x 线形病毒科（$Alphaflexiviridae$）马铃薯 X 病毒属（$Potexvirus$），是单链病毒。

（二）粒体形态

RNA 病毒，RNA 占粒体重 6%，病毒粒体线状，稍弯曲，一般长度约 515nm，直径约 13nm；张满良在陕西渭北测定为（500～550）nm×13nm；王劲波等在山东测定粒体为（480～580）nm×（10～12）nm。无包膜，有横纹结构和直径约 3.4nm 的空心。病毒编码为 R/1：2.1/6：E/E：/（Fu）。

（三）生物学特性

病毒粒体相对分子质量为 $3.5×10^6$，等电点为 pI4.4，核酸为单链 RNA，相对分子质量为 $2.1×10^6$，蛋白质为一种多肽，纯化病毒亚基的相对分子质量为 $3.0×10^4$。侵染初期病毒主要在栅状组织细胞中，粒体扩散或聚集或呈 X 体，占据细胞大部分，X 体主要靠近细胞核，含有粒状核糖体，游离或直线排列，长度 500～1 600nm。

（四）病毒基因组的结构及功能

PVX 基因组由一条单组分正单链 RNA 分子组成，长约 6 435bp，$3'$-末端有一个 Poly（A）结构，$5'$-末端有 m^7GpppA 帽，由亚基因组编码 RNA，有 5 个开放式阅读框（ORFs）。ORF1 编码 166 ku 的 RNA 依赖的 RNA 聚合酶（RNA-dependent RNA polymerase，RdRp）；中间的 ORF2、ORF3、ORF4 相互重叠称为三基因块（Triple-gene block，TGB），分别编码 25ku 的 TGBp1、12ku 的 TGBp2、8ku 的 TGBp3；$3'$-末端 ORF5 编码 25ku 的病毒外壳蛋白。CP 除了包装核酸外，还是病毒细胞间移动所必需的，并且在复制调节上也起重要作用。另外，PVX 基因组还包括 $5'$-端非翻译区域（$5'$-None translation region，$5'$-NTR）和 $3'$-端非翻译区域（$3'$-None translation region，$3'$-NTR），如图 21-18-1 所示。

PVX $5'$-末端非翻译区（untranslational region，$5'$-UTR）有 84 个核苷酸，1～46 位核苷酸富含 AC，38～47 位核苷酸是病毒粒体组装所必需的，整个 $5'$-UTR 属于茎环结构 1（stem-loop1，SL1）的一部分，SL1 的另一部分延伸至 RdRp，全长 107 个核苷酸。近几年的研究表明，$5'$-UTR 对于病毒的复制、细胞与细胞间的移动以及病毒的组装等有重要作用。体外和体内试验表明，PVX $5'$-UTR 的 a 区域（1～

41 位）和 b 区域（42～84 位）能增强报告
基因的翻译效率。PVX 正单链 RNA 5′-
UTR 能和寄主蛋白结合形成复合物，寄主
蛋白在病毒脱衣壳后，能识别 5′- SL1，从
而促进基因组 RNA 的复制或翻译。PVX
5′- UTR 可能含有多个顺式作用调控信号。

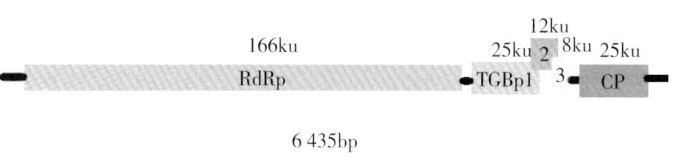

图 21 - 18 - 1　PVX 基因组结构

Figure 21 - 18 - 1　*The genomic structure of Potato virus X*

　　PVX 的 RNA 依赖的 RNA 聚合酶
（RdRp）与动物、植物、噬菌体的 RdRp 一样，含有几个保守的基序。其中一个就是 RdRp 的活性位点
GDD 基序，研究表明，GDD 是病毒复制所必需的；另一个保守基序是 GKS，许多 RNA 病毒的复制酶都
含有这个基序，其功能可能与核苷酸 NTP 的结合有关。Davenport 和 Baulcombe 等通过单个氨基酸的替
换证明 GKS 基序也是 PVX 复制所必需的。三基因块（triple - gene block，TGB）在 *Potexvirus*、*Carla-*
virus、*Hordeivirus* 和 *Benyvirus* 等植物病毒属病毒中高度保守，其编码的 3 个蛋白 TGBp1、TGBp2、
TGBp3 均是病毒移动所必需的。

　　研究表明，PVX 的衣壳蛋白在 PVX 整个侵染循环中并不仅仅局限于组装病毒粒体，它还与基因组
RNA 的积累、病毒的移动及病毒—植物的互作有关。体外试验表明，PVX CP 与 PVX RNA、TGBp1 三
者可以组装形成非病毒粒体的 RNP（ribonucleoprotein）复合体，通过微注射该复合体可以在植物体内从
一个细胞到达另一个细胞。PVX CP 的磷酸化可能使病毒亚基之间的互作趋于不稳定而有利于病毒解体，
从而促进 RNA 的翻译。PVX 3′-末端非翻译区（3′- UTR）有 72 个核苷酸，含有多种重叠的作用元件，
有一个富含 U 的八核苷酸序列（5′- UAUUUUCU - 3′），对病毒 RNA—寄主蛋白互作及病毒的增殖有着
重要作用。

（五）病毒的复制、表达及其调控

　　PVX 同许多正链 ssRNA 病毒一样，基因组的复制首先产生负链 RNA，这些负链 RNA 再成为基
因组和亚基因组正链 RNA 的模板。由于真核生物体内的蛋白质合成机器仅仅识别病毒正链 RNA 上
第一个 ORF，同一核酸链上其他基因的表达则要借助于特殊的翻译策略。PVX 采用的是亚基因组
RNA（subgenomic RNAs，sgRNAs）策略，病毒的 165ku 复制酶由 ORFI 编码，是唯一的一个直接
从基因组 RNA 中翻译的蛋白，而共同 sgRNAs 是其他蛋白的模板：3 个 MP 中 25ku 由 2.1kb
sgRNA 单顺反子翻译，12ku、8ku 由 1.4kb sgRNA 双顺反子翻译；外壳蛋白 CP 由 0.9kb sgRNA 单
顺反子翻译。

　　PVX 的 CP 不仅可以通过 0.9kb sgRNA 翻译，
也可以通过基因组 RNA 进行翻译。研究认为，PVX
CP 基因具有内部核糖体进入位点（intenal ribosome
entry site，IRES），这是一种顺式作用元件，使得
核糖体在内部直接起始翻译，而不需要帽子结构。
IRES 可能替代了依赖帽子起始翻译所必需的一种
（elF4E）或多种（elF4E、elF3 和 elF2）起始因子，
因而在生理应激反应状态下也能保证蛋白质的正常
合成。另外，自 1.4kb sgRNA 双顺反子中翻译
12ku、8ku 蛋白的策略是：ORF4 的翻译是核糖体遗
漏扫描通过 ORF3 的结果。此策略在一些正链 RNA
病毒和逆转录病毒中翻译起始密码子时起作用，它
要求第一个 ORF 的翻译起始密码子在一个不合适翻
译的背景下，这样核糖体就会越过第一个 ORF 而去
翻译第二个。另外，大麦病毒属（*Hordeivirus*）、
真菌传棒状病毒属（*Furovirus*）的 TGB 有相似的
表达策略，保证了 TGB 蛋白的相对产量，以便最有
效地完成其功能。

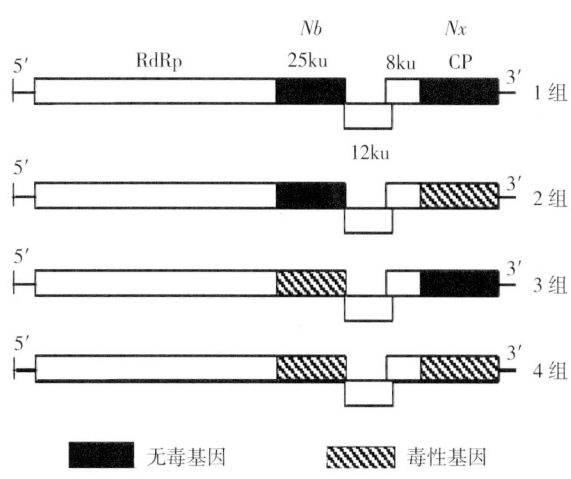

图 21 - 18 - 2　4 个 PVX 株系组的致病-无毒决定因子特
点（引自 Malcuit 等，2000）

Figure 21 - 18 - 2　Characteristics of pathogenic and non-
pathogenic determining factor of four
PVX strains（from Malcuit et al.，
2000）

同许多植物病毒与动物病毒一样，PVX复制、表达的调控信号位于RNA基因组的5'-端、3'-端和sgRNA起始位点的邻近区域。5'-NTR富含AC，有几个ACCA重复，还有一个茎环结构，可能包含多重顺式作用调控信号，影响正链RNA和sgRNA的合成，却不影响负链RNA的合成。5'-NTR分为两个区域：α序列区（除帽子结构1～4个核苷酸，富含AC）和β序列区（42～83个核苷酸），这两个区域能够提高异源基因在体内的表达（Hefferon等，2000）。PVX 3'-NTR有六核苷酸序列（5'-ACUUAA-3'）。对病毒的复制起重要作用，它的下游有一个富含U的八核苷酸序列（5'-UAUUUUCU-3'），对结合寄主蛋白及病毒的增殖有着重要作用。

（六）株系划分情况

马铃薯中已鉴定的有两种抗PVX反应类型：过敏性坏死反应（hypersensitive resistance，HR）和极限抗性（extreme resistance，ER），其中HR反应是由N基因（Nx、Nb）控制的，ER反应是由R基因（$Rx1$、$Rx2$）控制的。Cockerham（1955）根据PVX与Nx、Nb基因互作的类型，将PVX株系划分为4个组（图21-18-2），分别为1组（group 1）、2组（group 2）、3组（group 3）、4组（group 4）。PVX株系与寄主Nx、Nb、Rx基因的抗病互作反应表现为典型的"基因对基因假说"，即对于寄主的每一个抗病基因，病毒都有一个决定致病或无毒的基因与之相对应。PVX中决定Nx和Rx介导抗病反应的是CP蛋白，而决定Nb介导抗病反应的是25ku的移动蛋白TGBp1。11Nb抗性基因的无毒基因，即2组株系仅在Nb马铃薯上产生HR反应；3组中PVX株系仅含有对应于Nx抗性基因的无毒基因，即3组株系仅在Nx马铃薯上产生HR反应；而4组中PVX株系都含有对应于Nx、Nb的致病基因，即4组能全部克服Nx、Nb抗性。另外，含有Rx基因的马铃薯能有效地抵抗除4组中PVX-HB株系以外的所有PVX株系。根据在烟草上引起的症状分成许多变异株，侵染烟草的主要有3个株系，分别是PVX-B、PVX-O和PVX-P。

四、病害循环

PVX寄主范围较广，可侵染16科240种植物，寄主范围主要限于茄科、苋科和藜科，如红花烟草（*Nicotiana tabacum*）、黏烟草（*N. glutinosa*）、马铃薯（*Solanum tuberosum*）、曼陀罗（*Datura stramonium*）、矮牵牛（*Petunia* sp.）、绛三叶草（*Trifolium incarnatum*）、番茄（*Lycopersicon esculentum*）、龙葵（*S. nigrum*）、天仙子（*Hyoscyamus niger*）和菠菜（*Spinacia oleracea*）等。

已经诊断的寄主有白肋烟及其他烟草品种，初侵染的叶片通常表现为坏死斑，之后发展为坏死斑驳、褪绿、花叶或脉褪绿。在曼陀罗上继斑驳之后产生褪绿环，脉褪绿或脉坏死。烟草栽培品种适于作繁殖寄主。千日红是较好的指示植物，除HB株系外都产生局部斑。

PVX在寄主体内的成功侵染依赖于病毒在寄主体内的扩散。病毒通过机械摩擦进入植物细胞，在寄主体内的移动可分为两个阶段，即细胞与细胞之间的短距离移动和组织之间的长距离移动，前者是通过胞间连丝实现的，而后者是通过维管束组织进行的，目前对PVX如何进行和运出韧皮部的了解不多，仅知除需要MP外，还需要CP的参与。

人们已经认识到，病毒在细胞间的运转是由病毒编码的MP和寄主因子介导的主动过程，主要有3种不同的机制：一种以烟草花叶病毒30ku MP为代表，它与病毒的核酸结合，以核蛋白的形式通过胞间连丝，不需要CP参与；另一种代表是豇豆花叶病毒属，MP形成一种管状结构，病毒以粒体的形式通过，需要CP的参与；而PVX则代表了第三种机制，以完整的病毒粒体通过胞间连丝，需要CP的参与，但胞间连丝不形成管状结构，3个MP中任何一个受到破坏都会使病毒丧失胞间连丝移动的能力。

五、流行规律

（一）传播方式

烟草马铃薯X病毒主要靠汁液接触传播，也可以由某些昆虫如异黑蝗（*Melanoplus differentialis*）和绿丛螽斯（*Tettigonia viridissima*）的咀嚼式口器的机械作用传播，菟丝子（*Cuscuta campestris*）和集合油壶菌（*Synchytium endobiotcum*）能够传毒，种子不能传毒。

（二）汁液侵染力

烟草汁液中病毒的致死温度为 68～76℃ 10min，稀释限点为 10^{-5}～10^{-6}，20℃下体外保毒期为几周到一年，加甘油可保持一年以上。PVX 汁液在未油过的木材、铁器、橡胶和人的皮肤上，可保持其侵染力 3h，在油漆过的木材、棉花上可维持 6h，在油中可维持侵染能力 12h，原来由马铃薯上分离出的毒株接到烟草上以后就失去再侵染马铃薯的能力。

（三）复合侵染

PVX 可与其他病毒发生复合侵染，CMV 和 TMV 对 PVX 有抑制作用，相对 PVX 单独侵染表现较轻的症状，而 PVY、TRSV 与 PVX 有协生作用，发生复合侵染的烟株表现更严重的症状，使烟株体内的病毒含量有所增加。植物病毒协生现象在自然界广泛存在。多数协生作用是由两个不相关的植物病毒导致的，研究最多的是马铃薯 Y 病毒属（*Potyvirus*）病毒与其他属病毒间的协生现象。例如，马铃薯 Y 病毒（*Potato virus Y*，PVY）、烟草脉斑驳病毒（*Tobacco vein mottle virus*，TVMV）或烟草蚀纹病毒（*Tobacco etch virus*，TEV）与 PVX 在烟草上的协生作用，两种病毒互作的结果是，马铃薯 Y 病毒属病毒的积累量不增加，而另一种病毒的积累量却增加了。

（四）环境对病害的影响

低温冷凉、光照不足条件下，病害加重，天气晴朗、温度升高病害症状减轻。

六、防治技术

（一）加强预测预报

研究病毒病害的发生流行规律，同时进一步研究病毒病预测预报技术，完善烟草病虫害预测预报网络建设工作。通过合理准确的病情预报，可以准确判断病毒病的发生动态和流行趋势，从而有针对性地采取预防和综合防治措施。

（二）控制机械传毒

机械传播是烟草病毒病的重要传播途径。可以使用除草剂、抑芽剂，以避免频繁进入烟田。烟草常用除草剂有：40％烟舒乳油 2.625kg/hm²，对水 750kg（制剂量）；72％异丙甲草胺乳油 1.875L/hm²（制剂量），对水 525kg，均匀喷雾于土表。常用的抑芽剂有：25％氟节胺乳油 900～1 050mL/hm²（制剂量），稀释 300～400 倍液后，每株 15mL 进行杯淋或涂淋；12.5％氟节胺乳油 1.8～2.1 L/hm²（制剂量），稀释 300～400 倍液后，每株 10mL 进行杯淋或涂抹。这样可以降低病毒传播的可能性，从而减轻病毒病的发生。

（三）农业防治

1. 选育抗病品种　控制有害生物最经济有效的手段是采用抗性品种，这也是烟草育种的中心内容。故应加强烟草种质资源的抗性筛选研究，避免不良品质性状与抗病性状的连锁，利用转基因技术，尽快选育出一批转基因抗病品种。

2. 搞好种子处理　烟草环斑病毒、花叶病毒可在土壤的病残体或种子中越冬，可以远距离进行传播，或于翌年继续侵染健株。应在播种前对种子进行消毒处理。采用无病烟株上的种子，通过水选、筛选、风选等方法汰选出合格纯净的种子。汰选出的种子应先在 50～52℃水中浸泡 5～10min；也可用 2％硫酸铜、10％磷酸三钠或 0.1％硝酸银等浸泡 5～15min，随后洗净，晾干包衣。

3. 合理布局烟田　应因地制宜地对烟田进行合理布局，选择在背风向阳、地势高、不易积水的田块，适时早播早栽。移栽时尽量剔除病弱苗，减少大田初侵染源和再侵染源，有效降低发病率。苗床应远离烤房、村庄、菜地（特别是马铃薯和油菜田）、果园等。不连作，不重茬，合理轮作。轮作时应选用非寄主作物，如棉花、禾本科作物、甘薯等，避免与桃、李等果树间作，避免与十字花科、茄科、葫芦科作物轮作、连作、邻作和间作。

4. 加强田间消毒　农事操作时剪刀、育苗盘和人手等要严格消毒；农家肥要充分腐熟，营养土、苗床等要用土壤消毒剂熏蒸消毒。并且烟农在大田和苗床进行农事活动时，要洗手、更衣，以防交叉感染。要做到不伸手乱摸、不吸烟，减少不必要的田间活动。打顶、抹杈应做到先健株后病株，且宜于雨露干后进行。收获后应及时清除病残株、打顶的枝叶、拔除的病株等，最好带离烟田后集中深埋或烧毁。

5. 加强栽培管理 及时追肥、培土、浇水、中耕，促进烟株生长健壮，提高植株抗病力，使烟株尽快通过团棵、旺长这2个最易感病的阶段。烟田一旦发生病毒病，应及时追施钾肥、微肥，中耕除草、施药，以实现有效控制病情的目的。

（四）化学防治

对患病烟株喷施激动素抑制PVX病毒外壳蛋白的合成，从而控制病害的发展。此外，喷施以脂肪酸钾盐为助剂的杀虫剂，可以在防治烟草害虫的同时诱导烟株产生对PVX、TMV的抗性，从而减轻PVX的为害。

陈德鑫　战徊旭（中国农业科学院烟草研究所）

第19节　烟草蚀纹病毒病

一、分布与危害

烟草蚀纹病毒（*Tobacco etch virus*，TEV）是Valleau和Johnson于1928年首次在美国肯塔基从感病的烟草上发现的。以后，加拿大、德国、墨西哥、印度、尼加拉瓜、阿根廷、俄罗斯、委内瑞拉及中国也有发生。该病害在加拿大安大略省的白肋烟上是为害最严重的一种病害。

在我国，1985—1986年，谢联辉等先后在福建、陕西的烟草和辣椒上发现了烟草蚀纹病。根据全国烟草侵染性病害调查结果（1989—1991），烟草蚀纹病在广东、广西、福建、湖南、贵州、四川、甘肃、陕西、河南、安徽、山东、辽宁等省份都有分布与发生，且已成为一些烟区的主要病害之一。烟草蚀纹病可使感病白肋烟减产68%，使其完全丧失经济价值；该病在辣椒上发生极为普遍，且严重影响其商品价值，是辣椒生产上一个重要的限制因素；TEV侵染番茄后，产量损失一般可达25%以上，严重时造成不结果实。在中国，1990年该病曾在陕西烟区发生流行，发病面积达1.28万hm^2，平均发病率17.5%，病情指数10.5，使产量、产值损失严重。尽管如此，目前国内外对烟草蚀纹病的研究在许多方面尚不清楚，特别是流行学、生态学及株系分化等方面都有待进一步研究。

二、症状

烟草蚀纹病主要发生在大田期，据在陕西观察有两个高峰。第一峰期的始发期为5月底至6月初，6月下旬至7月上旬是该病普遍发生的高峰期，此时正值烟株团棵后期至旺长期；第二峰期为8月上、中旬，为烟株采收烘烤后期。第一发病峰期从下二棚叶开始，自下而上蔓延，重病叶多出现于感病植株的7~10叶位。后期为顶叶和权烟叶片发生典型症状。此外，根部也可受害。

田间可出现两种症状类型。一种是感病叶片初出现1~2mm大小的褪绿小黄点，严重时布满叶面，进而沿细脉扩展呈褐白色线状蚀刻症。另一种是初为脉明，进而扩展呈蚀刻坏死条纹。两种症状后期叶肉均坏死脱落，仅留主、侧脉骨架。烟株的茎和根也可出现干枯条纹或坏死。轻度发病的叶片有隐症或轻微褪绿脉明。重病株除叶面典型蚀纹症状外，整个株形和叶形也发生病变，使叶柄拉长，叶片变窄，整株发育迟缓，与健株差异明显（彩图21-19-1）。

烟草蚀纹病的症状随病毒株系、烟草品种类型及烟株生长的环境不同而异，Stover对即将开花的病株进行观察，初期为脉明，继之出现线形坏死，叶片破碎。被蚀纹病侵染的烟株3~4周后其根部产生坏死现象。同时Stover指出，根据对蚀纹病毒的严重反应可将烟草分为两类：一类为包括白肋烟在内的严重褪绿、坏死、矮小的蚀纹症状，叶片枯焦并破碎；另一类是包括烤烟、深色晾烟和雪茄烟感染发展为中等症状，即中等褪绿和小的蚀纹或影响烟株生长的轻微症状。

另外，Stover还指出由蚀纹病毒产生的斑驳症状与烟草普通花叶病类似，然而被普通花叶病传染的植株顶叶有斑驳或坏死，而由蚀纹病毒侵染的没有斑驳和坏死。

TEV与同属内几个病毒侵染症状的区别：TEV与同属于马铃薯Y病毒属的烟草脉斑驳病毒（TVMV）、马铃薯Y病毒（PVY）感染后的症状非常相似，血清学反应也有某些亲缘关系。TEV在田间的症状一般出现于团棵后期至旺长期，最初出现褪绿小黄点或表现脉明，以后变为坏死蚀刻症状，且主要表现在叶面细脉间的坏死。引起的蚀刻症状主要在叶面细脉的底部叶片上。而PVY的轻微株系是在未成熟的叶面沿叶脉两侧形成暗绿色的规则脉带，且脉带是连续的，脉带之间叶肉表现黄化；其坏死株系的叶脉呈暗褐色至黑色，并延伸到中脉，使叶片变黄早熟，最终扩展到茎的维管束和髓部使烟株死亡，或仅叶脉坏死，叶片皱缩向里卷，有些品种的顶叶呈青铜色。TVMV 同 PVY 所产生的症状非常相似，不同之处是在系统侵染的叶片上所产生的不规则的脉带是不连续的，也无叶片卷缩现象。另外陕西的生物学鉴定结果是，在普通烟上只有 TEV 在脉间可形成蚀刻症状，且在曼陀罗上产生系统性斑驳，叶片扭曲畸形，而 PVY 和 TVMV 的所有株系在曼陀罗上表现免疫。PVY 可在苋色藜和昆诺藜上产生枯斑，而 TVMV 则不产生枯斑。从以上方面可将这 3 种症状病毒引起的病害进行区分。

三、病原

（一）形态与分类

烟草蚀纹病毒（*Tobacco etch virus*，TEV）是马铃薯 Y 病毒科（*Potyviridae*）马铃薯 Y 病毒属 *Potyvirus* 中的一个重要成员。陕西在电镜下观察到病毒粒体呈稍曲的线状，其大小为 726 nm×12.25nm（图 21 - 19 - 1），这与 Damirdagh 等报道的近似。将提纯的病毒稀释 30 倍后进行紫外吸收光谱扫描，其紫外吸收值波长最高为 262.3nm，最低为 241.9nm，$A_{260/280}$ 为 1.27。用提纯病毒制备的抗血清沉淀法测得抗血清效价为 1/1024，对流免疫电泳所得效价为 1/32。采用琼脂双扩散证明只与分离的 TEV 起沉淀反应，而与 CMV、TMV、TRSV、PVY、TNV 则无反应。

图 21 - 19 - 1　烟草蚀纹病毒粒体（引自朱贤朝等，2002）
Figure 21 - 19 - 1　The virions of *Tobacco etch virus*（from Zhu Xianchao et al.，2002）

TEV 是由 4 个蛋白质亚单位螺旋状围绕而形成的一个柱体，螺旋体的空心中填埋有核酸，有接近 194 个氨基酸片段，核酸（RNA）含量约为 5%，粒体沉降系数在 pH8.2 的 0.05mol/L 硼酸盐溶液中为 154S。在室温下 TEV 很快失去活性，但病叶在 1℃下迅速干燥，其侵染活性可保持 1 年之久。在 1% 叠氮钠溶液中 TEV 侵染性可保存 4 周之多。

（二）细胞病理学

TEV 侵染寄主后，引起寄主细胞结构的一系列变化，即线粒体的聚集和核的增大，而主要的变化是诱导寄主细胞产生两种内含体，一种是在细胞质中产生典型的片层集结体状和风轮状内含体；另一种是在烟草细胞核内产生蛋白质晶体状内含体，通常为三角形，以此也可区分 PVY 和 TVMV，虽然这两种都是在细胞核内产生风轮状内含体，但 PVY 的内含体多呈矩形或四角形或多面体。关于核内含体的形状因株系而异。

（三）生物学特性

病毒粒体经 5%～40% 蔗糖密度梯度离心，显示出单一主峰，其紫外吸收最高峰波长为 258.5nm，最低峰波长为 241.7nm。每 100g 病叶含病毒粒体 27mg。降解病毒所得核酸和蛋白质的紫外吸收值最大为 258nm 和 273.9nm，最小为 233nm 和 250nm，经 PAGE 测定其相对分子质量为 $2.98×10^4～3.16×10^6$。经测定其致死温度为 51～53℃ 10min，稀释限点 $10^{-2}～10^{-3}$，体外保毒期为 20℃下 3～7d。

（四）株系分化

不同的 TEV 分离物在烟草上产生的症状不同，根据症状的轻重及在其他茄科寄主上的反应差异将其划为 2 个株系。即重蚀纹（severe etch，TEV - S）和轻微蚀纹（mild etch，TEV - M），依所供试的陕西渭北烟草蚀纹病原，在鉴别寄主上的症状反应、蚜传特性、粒体形态大小及理化性质等方面及从白肋烟上的症状反应看类似于 Bawden 所报道的重蚀纹株系。重蚀纹株系，表现褪绿、矮化和坏死，轻微蚀纹株系表现很轻微的褪绿斑驳、蚀刻和轻度矮化，二者在细胞核内含体形态上有差异。轻微蚀纹株系不能由蚜虫传播。王劲波等（1998）根据 TEV 在各鉴别寄主上的反应划分为轻症株系（TEVM）和重症株系（TEVS），这两个株系在各鉴别寄主上的反应见表 21 - 19 - 1。根据蚜传能力有的将 TEV 划分为高蚜传

（HAT，传毒效率 90% 以上）、弱蚜传（PAT，传毒效率 20%）和非蚜传株系（NAT，non‑aphid‑transmissible）3 个株系，但通过系统生物学研究发现，HAT 和 NAT 类似于典型严重蚀纹病毒株系（TEV‑S）的症状，而 PAT 则类似于轻微蚀纹株系（TEV‑M）。有的学者还将 TEV 的 4 个不同表现型株系的病毒外壳蛋白及内含体蛋白进行了血清学研究和部分水解产物的 SDS‑PAG 分析，未发现有任何差异。

表 21‑19‑1　不同 TEV 株系在鉴别寄主上的反应（引自王劲波等，1998）

Table 21‑19‑1　The symptoms of different strains of TEV on differential host

(from Wang Jinbo et al. ，1998)

鉴别寄主	TEVM	TEVS
普通烟 NC89（*N. tabacum* cv. NC89）	M，E，CMt	E，NS，VN，Olp，Dis
白肋烟（*N. tabacum* cv. White Burley）	Cs，E	Cs，E，NS，Df，N
枯斑三生烟（*N. tabacum* cv. Samsun NN）	Cs，E	Cs，E，VN，Olp，NS，N
番茄（*Lycopersicon esculentum*）	CMt	CMt
辣椒（*Capsicum annuum*）	CMt	CMt，Wi，N
苋色藜（*Chenopodium amaranticolor*）	L	L
昆诺藜（*Chenopodium quinoa*）	L	L
曼陀罗（*Datura stramonium*）	Mt，Dis	Mt，Dis
千日红（*Gomphrena globosa*）	O	O
菜豆（*Phaseolus vulgaris*）	O	O
豇豆（*Vigna sinensis*）	O	O

注　M：花叶，E：坏死弧线或弧斑，Mt：斑驳，CMt：褪绿斑驳，VN：脉坏死，Dis：畸形，Olp：橡叶纹，L：局部坏死斑，Cs：局部褪绿斑，N：全株坏死，NS：坏死斑，Df：矮缩，Wi：萎蔫，O：不侵染。

由以上看出，关于 TEV 的株系划分标准尚无定论，所采用的性状特点之间往往无可比性，尚需对这些株系进行深入系统的研究以探求一个既可符合实际、又方便统一的划分标准。

（五）寄主范围

TEV 的寄主范围十分广泛，远远超出茄科范围，人工接种可侵染 19 科的 120 多种双子叶植物，由此说明 TEV 具有潜在的广泛的寄主范围，有的可能为无症带毒者。TEV 在自然界的寄主范围较窄，目前主要限于茄科植物，包括烟草、番茄、辣椒、菠菜等重要经济作物及广泛存在于自然界的许多杂草——曼陀罗、野苋藜、酸浆、刺儿菜、龙葵等。经主要鉴别寄主接种，在白肋烟和三生烟上反应为坏死蚀纹，心叶烟为花叶，苋色藜上为局部坏死斑，曼陀罗上为系统花叶并畸形。

（六）病原检测

采用 ELISA 检测技术能准确地检测出寄主组织中的 TEV，并且灵敏度高。对田间表现典型蚀纹症及沿细脉、侧脉脉明失绿类型症状及接种提纯 TEV 发病的白肋烟、曼陀罗等寄主利用此法能快速检测，表现为阳性反应。

四、寄主与病原物的相互关系

（一）病毒的传播方式

烟草蚀纹病毒可通过汁液、菟丝子、蚜虫进行传播，其中蚜虫传毒是最主要的媒体。以非持久性方式进行口针传毒，通过电镜观察，在取食了病叶汁液桃蚜的口针下颚食道末端 20nm 处发现线状病毒粒体存在就是直接证据。根据在陕西的测定，桃蚜传播 TEV 其传毒率为 26.2%，最短获毒时间 1min，最短接毒时间也为 1min，而持毒的最长时间为 100～200min，除桃蚜（*Myzus persicae*）能传播 TEV 外，棉蚜（*Aphis gossypii*）、萝卜蚜（*Lipaphis erysimi*）、禾谷缢管蚜（*Rhopalosiphum padi*）在试验条件下也能传毒。国外记载的传毒蚜虫还有鼠李蚜（*Aphis rhamni*）、甜菜蚜（*Aphis fabae*）、马铃薯长管蚜（*Macrosiphum salanifolii*）、百合新瘤蚜（*Macrosiphum cirumflerus*）及豌豆蚜（*Macrosiphum pisi*）。

烟草蚀纹病毒极易经汁液进行机械摩擦传毒，田间农事操作造成微伤进行扩大侵染。此外，菟丝子也能传播此病。关于 TEV 的种子及其他介体真菌、粉虱、螨类等传毒尚未见报道。

（二）不同寄主对病毒的反应

在人工接种条件下，不同寄主对 TEV 的反应有差异。经汁液摩擦接种的白肋烟，潜育期平均 5d，接种叶为褪绿黄斑，上部叶为蚀刻；但接种到曼陀罗上，潜育期达 7～10d，症状表现为系统褪绿斑驳到畸形。通过转接枯斑寄主苋色藜测定病毒浓度证明，不同烟草品种对 TEV 的反应也表现明显差异。如接种的红花大金元发病率达 50%，潜育期 5～6d，转接苋色藜上枯斑数为 6 个，而接种的 NC89 发病率 33%，潜育期 6～7d，转接苋色藜上枯斑数仅为 4 个。

烟草蚀纹病毒侵染寄主后，植物叶绿体数量和组织内整体叶绿素含量下降，随着糖合成的减少，植株呼吸率提高 40%，呼吸作用加强。但光合作用中二氧化碳的固定率却大大下降，病毒合成对碳素需求的结果，造成 TEV 侵染后阻碍烟草生长。

（三）不同病毒间的抑制和协生

通过对烟草蚀纹病毒（TEV）与黄瓜花叶病毒（CMV）、烟草普通花叶病毒（TMV）、烟草环斑病毒（TRSV）侵染相关性的生物测定及血清学测定，发现病汁液混合接种与单独同时半叶接种症状表现基本一致，这就排除了病毒间在入侵上存在干扰现象。从症状结果看，接种 9d 的均表现为混合症状。接种18d 后，在 TEV＋TMV 两组合中，TEV 症状变轻。接种 30d 以后，TEV＋TRSV 组合，仍表现为混合症状且症状加重，而 TEV＋CMV、TEV＋TMV 组合中的烟草蚀纹病似乎完全不表现症状。在这 3 个变化阶段血清学测定其相对浓度，结果与症状表现是一致的。这就表明，在混合接种情况下，黄瓜花叶病毒（CMV）和烟草普通花叶病毒（TMV）对烟草蚀纹病毒（TEV）具有明显的抑制作用，而烟草环斑病毒（TRSV）与烟草蚀纹病毒（TEV）有协生作用。

五、病害循环

（一）病原的越冬越夏场所

陕西通过各种接种试验、ELISA 检测及田间调查证实，TEV 的越冬寄主是渭北烟区广泛分布的一种多年生刺儿菜（*Cephalanoplos segetum*），4 月下旬即萌发生长，5 月上、中旬就看到病株，发病率一般为 1%～3%。ELISA 检测结果，秋季刺儿菜标样中 TEV 阳性率 23.07%，春季阳性率 12.5%。另外，越冬菠菜也是 TEV 的越冬寄主，ELISA 检测，其阳性率为 9.6%。在生长季节，TEV 的自然寄主有辣椒、烟草、番茄、龙葵、曼陀罗、菠菜以及刺儿菜等。主要传毒介体桃蚜以成、若蚜在油菜或以卵在桃树上越冬，春季产生的有翅蚜将刺儿菜等越冬寄主上的 TEV 传播到烟草、蔬菜以及酸浆、龙葵等杂草上。秋后，桃蚜、萝卜蚜等又将烟草、辣椒等作物及杂草上的 TEV 传到刺儿菜等寄主上进行越冬，使 TEV 在陕西形成周年循环。

（二）烟田内的病原传播

烟草在苗床揭膜阶段有翅蚜即可迁飞传毒而感染烟草蚀纹病，这是烟田最早的初侵染源，而烟苗移栽到大田最初阶段，是 TEV 初侵染的重要时节，有翅蚜取食传毒，被感染的烟苗形成烟田内初侵染源。田内病原的再侵染则靠蚜虫繁殖所形成的孤雌蚜和有翅蚜的扩散来完成。烟株在团棵至旺长期，人为农事操作所造成的汁液机械摩擦传播也是田间再侵染的传病途径。

六、流行规律

（一）TEV 发生的生态特点

经过陕西 45 个烤烟种植县调查结果，其中 40 个县均有不同程度的发生为害（表 21-19-2）。烟草蚀纹病在陕西的分布有一明显的发生带，包括关中北部旱塬和渭北旱塬烟区，流行年发病率平均在 30% 左右。TEV 的发生、分布与为害情况与地理差异、生态环境、传毒介体生境及作物有关。陕西渭北烟区属暖温带半湿润半干旱旱作农业区，海拔 600～1 300m，大部分地区年降水量为 550～650mm，年平均气温7～13.3℃，昼夜温差大，6 月平均气温 22～24℃，这种生境极适宜 TEV 显症发病。从传毒介体与作物相互间的关系看，关中北部旱塬和渭北旱塬是陕西省油菜、果树、烟草的集中分布区，这些作物的大面积种植以及该区土地面积大，耕作不够精细，及杂草林木等为传毒蚜虫的繁衍提供了有利的生态环境；而且地理环境的差异造成引进品种感病性的差异，使 K326 品种在渭北严重感病，平均发病率在 30%～50%，而在陕南发病则极轻。

表 21 - 19 - 2　陕西省烟区烟草蚀纹病的分布与为害（引自李惠琴等，1995）

Table 21 - 19 - 2　**The distribution and threat of TEV in Shaanxi**（from Li Huiqin et al.，1995）

地名	为害程度	地名	为害程度	地名	为害程度	地名	为害程度	地名	为害程度
泾阳	+++	陇县	+++	延安	+	黄龙	+	吴堡	0
三原	++++	千阳	++	延川	+	宜川	+++	米脂	
淳化	++++	麟游	++	延长	+	洛川	+++	横山	++
旬邑	+++	宝鸡	+	志丹	+	富县	+	榆林	0
彬县	+++	合阳	++++	安塞	0	甘泉	+	旬阳	+
长武	+++	澄城	+++	子长	+	绥德	++	洛南	+
武功	+	蒲城	++++	吴起	+	佳县	++	洋县	+
永寿	++++	富平	++++	黄陵	++	子洲	++	城固	+
乾县	++	白水	++	宜君	0	清涧	++	南郑	+

注　发病率在 10% 以下为+，10%～20% 为++，21%～30% 为+++，30% 以上者为++++，0 为未发现。

从烟草病害的发生特点看，在陕西渭北烟区，流行年份田间病株最早出现在 5 月底，病害盛发期为 6 月中旬，到 6 月下旬则进入发病高峰。这个阶段正值烟株团棵后期到旺长期，造成第 7～10 叶位受损，是 TEV 在烟田发生流行的第一高峰期，也是主要为害时期。在烟株采收烘烤后期的 8 月上、中旬，感病烟株的顶叶及杈叶发病，形成烟田病害发生流行第二高峰期，此阶段造成损失较小。

（二）TEV 的发生与介体蚜虫的关系

病害的发生流行与介体蚜虫数量呈正相关。传毒介体蚜虫的发生期、发生量随年际间变化，造成病害的年际间波动。陕西渭北烟区的介体桃蚜初迁于 4 月下旬至 5 月上旬，有蚜株率 2%～4.6%。5 月中、下旬为盛发，流行的 1990 年 5 月 20 日单株蚜 1 620 头，发病率达 54%；非流行的 1991 年迁飞盛期于 5 月 25～30 日，单株蚜 53 头，发病率为 16%。流行年有翅蚜的迁飞盛期提早 7～10d，病害发生也比常年早。黄板田间诱蚜结果表明，迁飞的有翅蚜中，72.3%～81.4% 为桃蚜。说明有翅桃蚜发生越早，发生量越大，烟草蚀纹病的发病率就越高。

（三）品种抗性与病害发生的关系

不同品种对 TEV 的抗性有明显的差异，而各地的抗性反应不完全相同。陕西渭北烟区曾推广的 K326，在该烟区是一个严重感病的品种，发病率达 63.5%，病情指数 33.49，1989 年、1990 年连续两年在生产上造成流行发生。除此以外，红花大金元、K394、NC60 等也属高感 TEV 品种。G80、G140、中烟 90、8186、NC89 等属中抗品种，白肋烟中 TN86 表现为高抗，KY14、BY21 和 KY10 均具有好的耐病性。

（四）农耕与病害发生的关系

烟田靠近村庄或与油菜田、蔬菜邻作，烟草蚀纹病发生则重；远离村庄，采取麦烟间套的种植形式，病害发生显然少而轻。烟田采用地膜覆盖，特别是银灰膜覆盖有明显的避蚜作用，烟草蚀纹病发生轻；而露地栽植的烟田病害发生重。烟苗移栽期的迟早与病害发生也密切相关，陕西渭北烟区 4 月 23～25 日移栽的烟田普遍比 5 月 10 日移栽的发病重。所有这些农耕条件都是影响和制约传毒介体蚜虫在烟田的种群数量，从而导致烟草蚀纹病发生的差异。

（五）气象条件与病害的预测预报

在黄淮烟区，前一年冬季至翌年 3 月的气温、降水量以及 4～5 月的气温与当年烟草蚀纹病的发生轻重有很大关系。当冬季及早春气温低，雨雪量大，越冬蚜虫少，早春活动晚，TEV 发生轻；反之则重。

在陕西渭北烟区，影响烟草蚀纹病发生的诸多因素中，品种、移栽期、施氮水平以及各种农耕和管理条件等已基本相对稳定的状况下，带毒有翅蚜及其数量是流行的关键因素之一。而影响蚜量的气候条件，每年有明显的差异，可以此来表达对蚜虫数量的影响及病害可能发生的轻重。以陕西洛川为例，TEV 发生流行程度与 5 月下旬和 6 月上旬降水量之和呈显著相关，以此两因素之和作自变量（X），以实际调查病害发生率的估计值（Y）作因变量，自 1986—1993 年，进行回归分析，组建如下方程：

$$Y = 25.356 1 - 0.121 8X$$

统计分析结果显示，二者达极显著相关。经过 1994 年的预测，符合实际。此预测式可用于陕西延安以南烟区。

七、防治技术

烟草蚀纹病因其寄主范围的广泛及非持久性蚜传特点，所以对该病害的防治采取以农业防治为基础，结合化学防治的综合治理措施，以达到平衡生态，控制病害的目的。

（一）品种合理布局，选用抗耐病品种

利用品种间抗病性的差异，合理布局，也是控制 TEV 的有效措施。陕西将重感 TEV 的 K326 品种改为中抗品种 NC89，明显减轻了渭北烟区 TEV 的为害。

（二）合理轮作，科学选择烟田

在稳定面积集约化生产的前提下，做好与其他作物的轮作倒茬，避免与茄科、十字花科作物邻作，选择远离村庄的地块集中连片种植。这些生态农业措施旨在避免 TEV 的毒源植物和传毒蚜虫。

（三）推行规范化农业耕作和栽培措施

在一年两熟制烟区，可进行麦烟套种，这是针对蚜虫试探取食习性防治非持久性病毒病行之有效的措施。在麦烟套种耕作中，小麦或大麦种多少行，烟苗与麦子共生时间长短，都应根据各地实际确定。但不管采取何种类型和共生期，都需以充分利用太阳光能，使烟苗能够正常生长为原则。在二年三熟烟区，应根据本地农业生态条件和传毒的迁飞动态，合理确定移栽期，尽量做到烟株易感病期和蚜虫迁飞盛期错开，以减少烟田初侵染。推广地膜烟，增加银灰色地膜覆盖，这也是成功的农业物理措施。结果表明，露地烟有蚜株率达 84%～98%，而地膜覆盖有蚜株率为 17%～30%，其地膜的反光效应造成的避蚜作用，使烟株发病推迟，病害减轻。

（四）清除杂草，合理施肥

及时清除田间地头渠边的杂草，因这些杂草有的既是病毒越冬寄主，又是蚜虫越冬寄主，尤其是铲除烟田及周围的刺儿菜等，可起到控病的积极作用。合理施用配方肥料，积极推广烟草专用肥，可使烟株协调发育，增强抗病性。

（五）施用抗病毒药剂

在苗期和大田前期施用抗病毒药剂，可起到一定的预防作用。目前烟草上防治病毒病效果较好的药剂有 2% 宁南霉素水剂 250 倍液，间隔 7～10d，连续喷雾 3～4 次。

申莉莉　钱玉梅（中国农业科学院烟草研究所）

第 20 节　烟草环斑病毒病

一、分布与危害

烟草环斑病毒病是 Fromme F. D. 于 1917 年首次在美国弗吉尼亚州发现的。随后，加拿大、英国、俄罗斯、南非、日本、澳大利亚、新西兰等国陆续报道了该病。烟草环斑病毒病是分布于世界各烟草区的一种病毒病，特别在北美所有烟草种植区都有烟草环斑病毒病发生，其流行程度仅次于烟草青通花叶病毒病。烟草环斑病毒病曾在奥地利、比利时、保加利亚、丹麦、法国、德国、希腊、意大利、荷兰、西班牙、瑞士、以色列发生过。而目前烟草环斑病毒病主要分布于捷克、匈牙利、立陶宛、波兰、罗马尼亚、俄罗斯、塞尔维亚和黑山、乌克兰、英国、格鲁吉亚、印度、印度尼西亚、伊朗、日本、朝鲜、吉尔吉斯斯坦、阿曼、沙特阿拉伯、斯里兰卡、土耳其、刚果民主共和国、埃及、马拉维、摩洛哥、尼日利亚、古巴、多米尼加、加拿大、墨西哥、美国、阿根廷、巴西、秘鲁、乌拉圭、澳大利亚、新西兰、巴布亚新几内亚。在中国，烟草环斑病毒病分布较普遍，山东、河南、台湾、四川、云南、贵州、福建、陕西及东北烟区均有发生，但多局部小面积烟田造成危害，很少发生流行。

由 TRSV 侵染造成的损失非常严重，大豆产量损失 50% 以上，菜豆减产 30%～50%，茄子可达 55%～70%。TRSV 引起的最重要的病害是大豆芽枯病。该病害曾在美国中西部和加拿大安大略省大流行。据记载，1943—1947 年，在美国中西部造成 25%～100% 的损失。1953—1957 年，TRSV 微量存在，

而田间的数量较小。在较现代的温室和田间试验中，大豆花叶病毒（*Soybean mosaic virus*，SMV）和 TRSV 联合侵染大豆所带来的损失起点为大于 20% 而小于 40%，但其造成的损失严重程度是菜豆荚斑驳病毒（*Bean pod mottle virus*，BPMV）的 2 倍。在印度，TRSV 引起接种大豆植株 66% 的种子损失。其他被 TRSV 侵染，出现重要病害的有豆科的其他作物和茄科的作物如烟草和茄子。在印度提鲁帕提和班加罗尔附近，由 TRSV 引起的环斑症状很普遍，且导致 55%～70% 的产量损失。TRSV 也会引起美国得克萨斯州和威斯康星州的葫芦科作物以及美国东北部地区的越橘的严重病害。在葡萄藤和果树上，虽然 TRSV 引起的病害会偶尔严重暴发，但病毒的经济重要性比其他作物上小得多。

二、症状

烟草环斑病毒病在黄淮烟区田间一般 6 月上旬开始发病，6 月中、下旬为发病高峰期；陕西渭北烟区发病盛期在 6 月下旬至 7 月上旬。该病多在烟株叶片上发生，叶脉、叶柄、茎上也可发病。感病烟株在叶片上最初出现褪绿斑，继而形成直径 4～6mm 的 2～3 层同心坏死环斑或弧形波浪线条斑，周围有失绿晕圈（彩图 21-20-1）。大叶脉上发生的病斑是不规则的，并沿叶脉和分枝发展呈条纹状，破坏输导组织，造成叶片断裂枯死。叶柄和茎上产生褐色条斑，下陷溃烂。生长后期新生叶及腋芽上面也可出现同心坏死环斑。早期感染的重病株矮化，叶片变小变轻，引起小花不育，结实极少或完全不结实。

TRSV 的诊断寄主有苋色藜、昆诺藜、黄瓜、烟草、菜豆、豇豆等，其中，在苋色藜和昆诺藜上的症状为局部坏死斑，通常不系统侵染；在黄瓜上产生褪绿或局部坏死斑，系统斑驳、矮化及顶部畸形；在烟草的叶片和茎秆上易产生局部坏死斑，后发展为环斑、环纹或线条纹，新生叶片往往为无症带毒。该病毒较为适于在烟草上保存，而克氏烟和黄瓜是病毒提纯的良好繁殖寄主。普通烟、克氏烟、苋色藜和豇豆等植物可用于病毒枯斑测定。黄瓜则适合线虫传毒试验。

三、病原

（一）分类与形态

烟草环斑病毒病由烟草环斑病毒（*Tobacco ringspot virus*，TRSV）引起，病毒粒体为球形，直径为 25～29nm，有明显的角形轮廓（通常为六角形），如图 21-20-1 所示。病毒基因组为单链 RNA，由两个分子组成，相对分子质量分别为 2.73×10^6（RNA1）和 1.34×10^6（RNA2），RNA1 编码复制酶，RNA2 编码运动蛋白和外壳蛋白。RNA 的碱基组成比为 $G:A:C:U = 24.7:23.1:22.4:29.8$。RNA5′-端共价结合有 Vpg 蛋白，分子质量为 4 000u，当用蛋白酶消化该蛋白后，RNA 丧失侵染性。RNA3′-端为 Poly（A）结构。该病毒属豇豆花叶病毒科（*Comoviridae*）线虫传多面体病毒属（*Nepovirus*）。在基因组和病毒蛋白的表达策略上线虫传多面体病毒属于病毒的微小 RNA（microRNA，miRNA）总类。基于最小的 RNA（RNA2）的大小，线虫传多面体病毒属分为 3 个亚组。烟草环斑病毒是亚组 a 的 1 个成员，其 RNA2 小于 5.4 kb。

提纯病毒的紫外线吸收高峰为 258nm，低峰为 240.2nm，$A_{260/280}$ 的比值是 1.45。提纯的病毒粒体在电镜下为二十面对称体，直径 26～29nm（图 21-20-1）。经纯化处理后有 3 种类型的颗粒：无 RNA 的空蛋白壳、非侵染的核蛋白和侵染核蛋白。3 个组分的粒体沉降系数分别为 53S、91S、126S。病毒降解所得外壳蛋白，其紫外吸收光谱的最大吸收值为 278nm，最小吸收值为 250nm，仅有一种蛋白组分，其相对分子质量为 5.70×10^4。病毒分类编码为：R/1：2.2/42：5/5：5/Ne。

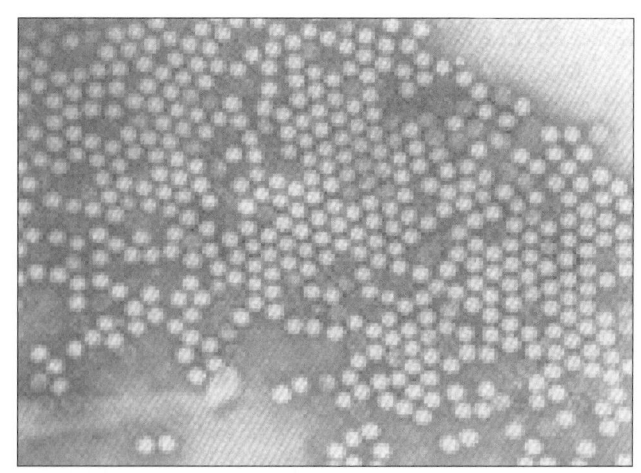

图 21-20-1　烟草环斑病毒粒体形态电镜图（陈德鑫摄）

Figure 21-20-1　The virions of *Tobacco ringspot virus* (by Chen Dexin)

（二）寄主范围与生物学特性

烟草环斑病毒寄主范围很广，可侵染 15 科 321 种植物。TRSV 在木本植物和草本植物上普遍发生，大豆、烟草、越橘、葫芦科植物为害最为严重。它可以自然侵染分属于双子叶和单子叶的 17 科植物，包括海葵、苹果、茄子、悬钩子、辣椒属植物、樱桃、白蜡、唐菖蒲、葡萄、羽扇豆属植物、薄荷、木瓜、天竺葵属植物、矮牵牛、接骨木等，有些寄主植物为无症带毒。在普通烟、心叶烟、白肋烟、苋色藜等鉴别寄主上，接种叶表现局部枯斑，非接种叶上出现环斑。在西葫芦接种叶上表现褪绿斑，非接种叶上呈斑驳花叶。在大豆、蚕豆、豌豆接种叶上表现局部坏死斑，非接种叶上呈环斑、萎蔫。在番茄上偶尔发病，接种叶表现局部坏死斑，非接种叶呈脉坏死症。对茄科植物大多表现有恢复现象，在葫芦科、菊科植物上症状也有恢复现象发生，但没有茄科植物显著。豆科植物和藜科植物没有恢复现象发生，豆科植物甚至发展到死亡。

烟草环斑病毒的致死温度为 65～70℃，稀释限点 $10^{-3}～10^{-4}$。烟草环斑病毒从受侵染植株上取下后，在室温下 6～10d，在 18℃下 3 周，在 2℃下几个月或在冰冻干燥下 5 年都具有侵染能力。低压冻干病汁液在密封的安瓿瓶中储存 10 年仍有活性。用氯化钙吸干的叶片，10℃下存放 17 年以上仍具有侵染性。该病毒在烟草调制过程中会丧失侵染力，干燥后迅速失去活性。

（三）烟草环斑病毒抗血清专化性

提纯烟草环斑病毒制备的抗血清具有高度的专化性，只对同源的烟草环斑病毒抗原起沉淀反应而与 CMV、TMV、TEV、TNV 以及 TBRV 之间不存在血清学关系。经测定烟草环斑病毒抗血清效应为 1：516。试验表明，在酶联免疫吸附测定检测中使用稀释 200 倍的包被抗体和 250 倍的酶标抗体较为适宜。在烟草环斑病毒侵染植株后的恢复特性以及种子带毒的幼苗检测方面，酶联免疫技术都表现了较高的灵敏度，能得到较准确的结果。

采用 10%～40% 蔗糖密度梯度离心，将烟草环斑病毒无侵染性的病毒组分分开，获得了具抗原性但无侵染性的病毒外壳，可作为酶联免疫吸附试验中的阳性对照，避免了检疫危险性的病毒扩散到环境中。这种方法所得到的病毒空的外壳，也同样适用于线虫传多面体病毒属的其他成员，如番茄环斑病毒和南芥菜花叶病毒。但用蔗糖密度梯度离心法时，超速离心的速度和时间，则要根据无侵染性病毒组分的沉降系数的大小来确定，以保证将非侵染性和侵染性组分分开。

（四）株系分化

TRSV 具有良好的免疫原性，与同属其他病毒之间有远缘的血清学关系，而与南芥菜花叶病毒无血清学关系。TRSV 与其他很多线虫传多面体病毒特别是该属中亚组的病毒相似：包括南芥菜花叶病毒、伞形科 A 病毒、爱琴海朝鲜蓟环斑病毒、美洲木薯潜隐病毒、葡萄藤扇叶病毒、悬钩子环斑病毒和马铃薯黑环斑病毒，且它与马铃薯黑环斑病毒血清学相关。烟草环斑病毒按其致病的症状特点、寄主的敏感性和血清学关系，目前至少有 6 个主要株系，分布最普遍的为 NC38，其他为 NC39、NC72、NC82、Texas 株系及 Eucharis 株系。有的学者认为，寄主的选择压力是形成烟草环斑病毒血清学株系存在的一个因素。其分离物形成新类型的变异株的能力及在混合侵染中发生的能力，对病毒的适应及存活相当重要。自 1932 年对 TRSV 划分为绿色环斑株系和黄色环斑株系至今，尚无统一的划分株系的标准。

四、病害循环

烟草环斑病毒可在二年生或多年生杂草寄主以及烟草和大豆种子上越冬，其带毒的越冬寄主和带毒种子都可成为初侵染源。病害在烟田可通过汁液摩擦、烟蚜、线虫及烟蓟马等传染，造成再侵染和田间传播。

TRSV 可通过汁液摩擦接种传毒，也可通过线虫及种子传毒。传毒介体主要是土壤中的美洲剑线虫（*Xiphinema americanum*），其成虫和第三龄幼虫均能传毒，单头线虫也能传毒，可在 24h 内获毒。感染的线虫储藏在 10℃下 49 周后仍可传毒。而且种子一旦带毒，即使储存 7 个月或者以 TRSV 的致死温度进行热处理也不能使该病毒失活。另外甜瓜、千日红、莴苣、豇豆、蒲公英、烟草、欧洲千里光、马铃薯、百日菊、天竺葵等均经种子传毒。TRSV 可通过带毒种子进行远距离传播。

种子传毒是 TRSV 扩散的主要途径之一，种传率从甜瓜的 3% 至大豆的 100% 不等；胚组织带病毒，种皮不带病毒，花粉可以传毒，至少有 16 种植物种子可带毒传播 TRSV。大豆配子的感染是种传的基本因素，植物感染时的生育期是决定种传程度的最重要因素。

传毒介体是土壤中的美洲剑线虫，线虫24h内可以获得病毒，成虫和幼虫均可传毒，随线虫数量增加感染频率也增加；带毒线虫储存在10℃下49周仍可传毒。带毒线虫食道腔内有病毒粒体，自食道向外缓慢释放。线虫保存在非寄主植物8℃条件下9个月仍可传毒；线虫在非TRSV寄主欧洲草莓（*Fragaria vesca*）上生活10周后仍能传毒。线虫在16℃、22℃、28℃、34℃均可获毒，除16℃以外其他温度都可传毒，以28℃最适宜。单头介体线虫可以同时传播3个毒株的TRSV；还可以同时传播TRSV和番茄环斑病毒（ToRSV）；10头带毒线虫接种植物3周传毒成功率可达100%。

烟蓟马（*Thrisps tabaci*）的若虫可以传毒，但成虫不能传；叶螨（*Tetranychus* sp.）、桃蚜（*Myzus persicae*）等也可以传毒。病毒在昆虫体内不繁殖，也不可以将病毒传给后代。菟丝子不传毒。

五、流行规律

在陕西渭北烟区，烟草环斑病毒病一般在6月上旬开始发病，6月下旬达到发病高峰，这段时间的旬平均气温在18~21℃。该病的发生与烟田茬口有关，在河南洛阳，豆茬烟田的病情指数20.1，重茬烟病情指数达28.9，而甘薯茬烟仅8.7。病害的发生还与烟苗移栽期有关，4月上、中旬移栽比5月上旬移栽发病都重。病害发生轻重与施肥关系密切，在高氮水平下病害发生较重，在低氮水平下病害发生较轻。

病害发生轻重与施肥关系密切，在高氮水平下病害发生较重，在低氮水平下病害发生较轻。与茬口有关，豆茬、重茬发病重。病害的发生还与烟苗移栽期有关，4月上、中旬移栽比5月上旬移栽发病重。

六、防治技术

中国地域辽阔，烟草种植在各种不同农业生态区内，造成各地烟草环斑病毒病的发生也不相同。烟草环斑病毒病的控制应遵循综合治理的原则，以期达到控制病害的目的。

（一）加强检疫

在世界很多地方，许多发生率非常低且不显症的TRSV侵染是由于进口感染种子（如观赏植物的）导致的，因此加强检疫意义重大。应该推行种苗检疫证书制度，防止病苗扩散。我国已公布其为二类进境检疫有害生物，对其实施严格检疫。控制带线虫苗及其繁殖材料等传入无病区，杜绝引进带线虫植株作繁殖材料，以防止病害蔓延。

（二）选用无病种子，培育无病壮苗

在干旱半干旱农耕烟区，烟草环斑病毒的种子传播是重要的初侵染源。为此，在种子繁殖田中，剔除病株，严把种子关，无疑是防治烟草环斑病简单易行的重要措施。选用无病种子，通过规范化育苗，培育无病壮苗，可大大减少田间初侵染源。

（三）农业防治

合理轮作倒茬，以小麦、玉米为主的三年轮作制为佳，避免重茬烟，并注意避免与豆科、茄科作物邻作。在复种指数高的地区和病毒严重烟区，宜提倡麦烟套种，这是控制病毒病发生简单易行的有效办法。清除烟田周边杂草，注意烟田卫生，可直接减少杂草寄主的越冬毒源。

（四）化学防治

虽然TRSV主要传播媒介是线虫，但也有其他昆虫媒介，因此对其进行化学防治时，应该综合考虑各方面因素，采用合理有效的措施。应结合对其他烟草病毒如黄瓜花叶病毒马铃薯Y病毒和烟草蚀纹病毒的防治进行治蚜防病，包括杀蚜剂治蚜、覆盖银灰地膜以及喷增抗剂等各种阻止蚜虫迁入烟田及传播的措施。1，3-二氯丙烯熏蒸土壤能降低被烟草环斑病毒侵染根部的数量，但不能降低系统侵染的发生率。

施用抑制物质：叠氮钠可以抑制病斑的形成。还有2，4-滴、脱脂奶粉、清洁剂、激素、黄曲霉素、橘霉素、酵母、放线菌D、菠菜汁液等都有一定的防病效果。

七、检测技术

（一）生物学技术

国内最早对TRSV检测主要通过生物学接种，用指示植物来观察症状，1985年韦石泉通过接种不同

指示植物，总结出不同的症状表现：克氏烟（*Nicotiana clevelandii*）叶片上生同心环斑，后逐渐转为轻花叶症或隐症；珊西烟（*Nicotiana tabacum* cv. Xanthi）叶片上先表现较大同心纹环斑，后渐消失，转为轻微花叶症或隐症；毛叶烟（*N. sylverstris*）叶片上产生黄色的花叶症；心叶烟（*N. glutinosa*）叶片上表现明脉，后个别叶片局部表现环斑，并很快转变为系统花叶症。

另外，电镜的出现使得人们可以从粒体形态和结构上来鉴定病毒。受 TRSV 侵染的分生组织顶端细胞内可产生管状结构，管状结构中含有病毒粒体。管状结构直径 40～50nm，有 5～6nm 厚的壁，长度可达 4μm。有时幼嫩叶片中也可产生管状结构。李学湛（1988）通过对叶片细胞超微结构的连续观察，TRSV 粒体呈多球形面体，直径约 27nm。

（二）血清学技术

血清学检测方法主要包括琼脂双扩散试验、ELISA 以及胶体金免疫层系检测等方法，琼脂双扩散试验能简便、快速（通常 6～24h 内产生沉淀线）地检测 TRSV。该方法常用于测定 TRSV 与其他线虫传多面体病毒间的血清学关系，还可区分不同株系之间的血清学关系。ELISA 则用于 TRSV 的大规模检测，Castello 等（1985）利用 ELISA 在桉树根部组织检测到 TRSV。郑燕棠等（1988）通过 ELISA，在国内种植的番茄上首次检测出 TRSV。

魏梅生等（2002）采用柠檬酸三钠还原法制备胶体金颗粒，标记 TRSV 的抗体，制成免疫层析检测试纸条，对于制好的试纸条，样品抽提缓冲液是影响检测结果的关键。抽提缓冲液的选择又受到植物种类和植物不同生理阶段的影响。样品抽提缓冲液的离子强度以及 pH 和显色判断的时间也会影响到检测的结果。酶标稀释缓冲液，PBST 缓冲液和 Tris-HCl 缓冲液可用于样品的抽提制备。其中酶标稀释缓冲液抽提样品测试效果最佳，而碳酸盐缓冲液不适合用作试纸条检测样品的抽提。因为用它制备出的样品，在同等条件下测试，显色偏弱，对低浓度的病样，可能会出现假阴性的检测结果。这和碳酸盐缓冲液的 pH 偏高有关。高 pH 影响胶体金—抗体复合物的稳定性，使得能用于和抗原结合上的胶体金—抗体复合物减少，颜色难以显现。

免疫层析检测试纸法最大限度地缩短了检测时间，特别适用于田间及口岸现场检测，检测粗提纯病毒的灵敏度为 1 000ng/mL，病汁液稀释 1 000 倍后仍可快速检出。对大豆病种子、烟草冻干病叶等不同材料进行检测也有良好的效果，1～2min 即可出现结果。

但是，由于每种检测方法都有其局限性，因此，无论是通过症状观察、电镜观察，或者是血清学检测方法都不能通过一种方法判断 TRSV，而需要多种方法结合判定。魏宁生（1988）经过几年时间系统普查花卉病毒病，对其中 9 种花卉毒原进行了寄主范围、症状反应、蚜虫传播、种子传播、血清学及电镜观察等试验，证实其中的金盏花花叶及皱缩病由烟草环斑病毒所致。王劲波等（1999）在对山东烟区各主要产烟县进行烟叶田间标样的烟草病毒毒原鉴定时通过接种、电镜观察和血清学 3 种方法认定 TRSV 的发生。

（三）分子生物学技术

分子生物学、PCR 及相关技术的发展，使 TRSV 的检测更为准确、灵敏。孔宝华（2001）利用 RT-PCR 检测了 TRSV。杨翠云等（2007）将血清学与 PCR 结合起来建立了 TRSV 的 IC-RT-PCR 检测方法。张永江等（2006）开发了一步法 RT-PCR 检测烟草环斑病毒试剂盒，成为国内首个 TRSV 分子检测试剂盒。杨伟东等（2007）根据 TRSV 外壳蛋白基因序列设计合成了一对引物及一条 MGB 探针，优化了反应条件，建立了 TRSV IC-RT-real time PCR 检测方法。该方法与常规的 DAS-ELISA 和 RT-PCR 相比，灵敏度分别提高了 200 倍和 4 倍。1995 年 Rowhani 利用 PCR 管具有吸附病毒外壳蛋白的性质，首次建立了直接结合 PCR（direct binding PCR，DB-PCR）方法，检测出木本植物中的多种病毒。2007 年，郑耕等首次应用直接结合反转录实时荧光 PCR 技术（direct binding reverse transcriptionrealtime PCR，DB-RT-Re-altime PCR）检测烟草环斑病毒，由于综合运用了 PCR 管吸附病毒外壳蛋白、病毒核酸分子杂交、高灵敏度实时荧光 PCR 技术的优点，病毒的检测在特异性、灵敏度、稳定性等技术指标上比传统的 DAS-ELISA 都有所提高，解决了烟草环斑病毒检测工作中由于隐症、干扰物质存在而影响检测结果的问题，为病毒检测提供了一个快速、简便有效的检测方法。

战徊旭　陈德鑫（中国农业科学院烟草研究所）

第 21 节 烟草甜菜曲顶病毒病

一、分布与危害

甜菜曲顶病毒（*Beet curly top virus*，BCTV）可侵染烟草。1888 年在美国内布拉斯加州，首次报道甜菜曲顶病毒病造成了严重危害。以后该病经常发生，并由该地区传入东部地区及洛基山脉以西地区，并时常导致毁灭性危害。

现认为，甜菜曲顶病毒（BCTV）起源于地中海东部地区，此后传到美洲（Bennett Tanrisever，1957）。分布于印度、伊朗、土耳其、加拿大、墨西哥、美国、哥斯达黎加、秘鲁、阿根廷、玻利维亚、巴西、乌拉圭；在中国山东、安徽、陕西和黑龙江等省有分布。

近 20 年来，甜菜曲顶病毒（BCTV）的致病性有所增强，但由于广泛使用了抗病品种，该病的为害程度有所下降。而在欧洲一些地区，近年来甜菜曲顶病毒病逐年加重。

甜菜曲顶病毒（BCTV）是一种主要由叶蝉传播的重要的双联体病毒。绝大多数叶蝉传播的植物病毒为增殖性的循回性病毒，而甜菜曲顶病毒是比较少见的由叶蝉传播的非增殖性的循回性病毒。甜菜曲顶病毒病在美国、巴西已成为较重要的病害。

二、症状

曲顶症状首先见于美国的 brasiliensis 株系侵染烟草所引起的症状报道。在生长早期受侵染的植株簇生、矮小、皱叶、叶肿、叶卷曲。

甜菜曲顶病毒侵害烟草产生的主要症状是，在发病初期，新生叶表现明脉，之后叶尖、叶缘向外反卷，叶间缩短，大量增生侧芽，叶片浓绿，质地变脆，中上部叶片皱褶，下部叶片往往正常。叶脉生长受阻，叶肉突起呈泡状，整个叶片反卷呈钩状。发病植株严重矮化，比健株矮 $1/2 \sim 2/3$，重者顶芽呈僵顶，后逐渐枯死。烟草生长后期发病，仅顶叶卷曲形成菊花顶，下部叶仍可采收（彩图 21-21-1）。

三、病原

分类地位：甜菜曲顶病毒（BCTV）属双生病毒科（*Geminiviridae*）曲顶病毒属（*Curtovirus*）。甜菜曲顶病毒是该属的代表成员，该属已发现 3 种病毒，即甜菜曲顶病毒（BCTV）、番茄卷叶病毒（TLRV）、番茄假曲顶病毒（TPCTV）。

1956 年 Thornberry 和 Hickmann 报道，病毒粒体是短棒状，然而在 1974 年，Mumford 和 Mink 及 Thomas 用差速及密度梯度离心分离病毒获得等面体病毒粒体，直径分别是 20 nm 和 28 nm。Esau 和 Hoefert 在受侵染的甜菜叶中检测到直径 16nm 的球状病毒粒体。

病毒粒体特性：病毒粒体为双球体，18 nm×30 nm；含一条环状单链 DNA 分子，相对分子质量 8×10^5；一条多肽外壳，相对分子质量 30×10^3。

甜菜曲顶病毒（BCTV）、番茄卷叶病毒（TLRV）、番茄假曲顶病毒（TPCTV）之间有密切的血清学关系。而该病毒属与联体病毒属Ⅲ间有远的血清学关系。甜菜曲顶病毒的基因组为单组分，大小为 $2.7 \sim 3.0$ kb。甜菜曲顶病毒基因组的核酸序列已被确定，基因组全序列为 2 993 个核苷酸（Stanley et al.，1986）。甜菜曲顶病毒基因组编码 7 个基因，3 个在病毒链上（$V_1 \sim V_3$），4 个在互补链（$C_1 \sim C_4$）上（图 21-21-1）。病毒的单一外壳蛋白（30 ku）由基因 V_1 编码（Briddon et al.，1995）。用重组 DNA 法经土壤农杆菌介导可成功地传播甜菜曲顶病毒。

甜菜曲顶病毒（BCTV）体外存活期是 7d，致死温度是 $75 \sim 80$℃，pH2.9～9.1，稀释限点 10^{-4}，该病毒高抗乙醇、甲醛和碳酸，其活性在韧皮部浸出液中可保持 10 个月，在干燥的叶蝉体内保持 6 个月，在干燥的甜菜幼嫩植株中保持活性可达 8 年。通过加热或经过不同寄主繁殖获得的弱株系仅产生轻微的症状。相反，通过寄主繁殖的病毒致病性也可得以恢复，而 Gidding 认为这本身可能就是 2 个株系。叶蝉可通过口针刺吸获得病毒，并可保持活性 1 个月以上（Duffus，1986）。

甜菜曲顶病毒寄主范围相当广泛，具有经济重要性的寄主主要有甜菜、菜豆、番茄、马铃薯及烟草，其他许多作物及杂草也会感病。该病毒侵染约 44 科 145 属 300 多种植物，包括烟属的 27 种。主要的寄主有藜科、茄科、十字花科、堇菜科、牻牛儿苗科、葫芦科、石竹科、豆科、菊科、亚麻科和伞形科的植物。已报道的杂草寄主有：滨藜属、苋菜属、藜属、曼陀罗属、蓼属、酸模属和繁缕属的植物。

甜菜曲顶病毒不同的株系寄主范围有所变化，根据寄主范围、致病力和症状至少可将 BCTV 分为 10～14 个株系。阿根廷发生的病毒株系不侵染烟草。Costa 报道在巴西 solanacearum 株系不侵染烟草，其寄主范围比侵染烟草的 brasiliensis 株系更窄。

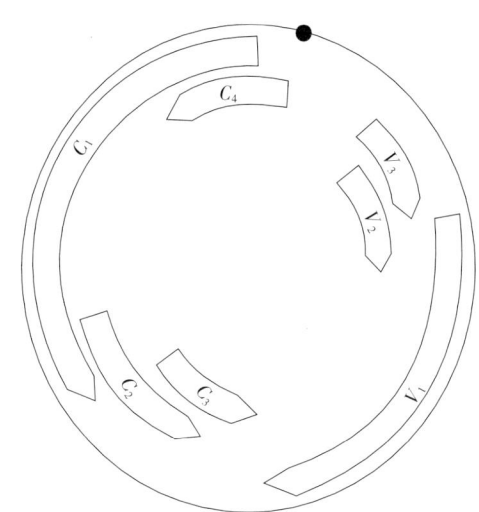

图 21 - 21 - 1　甜菜曲顶病毒的基因组结构
（引自 Briddon 等，1995）

Figure 21 - 21 - 1　Genomic structure of BCTV（from Briddon et al.，1995）

根据其编码链（病毒基因组链 V 或互补链 C）来表示基因。外壳蛋白由基因 V_1 编码。保守的九核苷酸序列（TAATATAC）位置由圆点（·）表示。

四、病害循环

（一）寄主与病原物的相互关系

通过饲喂介体叶蝉由其口针直接将病毒传入植株韧皮部，接种后 6～14d 出现症状。Bennett 证实病毒在烟草植株组织中以 1.27cm/h 的速度移动，而在甜菜组织中则以比其快 60 倍的速度移动，他也证实甜菜曲顶病毒体（BCTV）在烟草植株中向下移动的速度快于向上移动，推测移动方向与主要养料运输的方向相反。在阳光下病毒在叶中移动要快于在黑暗中，这一事实及其他证据也证实病毒在韧皮部中的转移与有机质的正常转移相联系。也许病毒转移的主要通道是韧皮部的筛管。

尽管甜菜曲顶病毒（BCTV）的不同株系造成的症状严重程度有所不同，但是植株解剖显示，所有的株系都侵害烟草维管束的韧皮部。在维管束的韧皮部病毒增殖达到最高浓度并且转移，在后期，由于韧皮部外部及内部的细胞萎缩造成了韧皮组织区域形成空洞，人们发现在薄壁组织内病毒浓度低，而在分生组织内病毒浓度高。已观察到韧皮部坏死，而被甜菜曲顶病毒（BCTV）侵染的烟草植株根尖和未分化的形成层没有任何伤害，已在种子、种皮、胚及整个花器发现甜菜曲顶病毒，而在花粉和其他无维管束的部位未发现甜菜曲顶病毒。

目前烟草抗该病毒的机制不明，但随着烟草的生长抗性逐渐增强。种苗在 2～4 叶时易感病，而移栽后则较难受到侵害。老的植株发病期长且症状不重，如幼苗感病后后期症状典型。事实上受害组织外观看受损害不大，也说明抗性是一种生化反应。Bend 和 Bennett 指出受害组织幼嫩期受到侵染易受到伤害。发病速度和程度依赖于寄主、病毒株系的致病力、寄主与病毒相互作用的速度。

（二）传播方式

甜菜曲顶病毒（BCTV）可通过嫁接、菟丝子传毒。摩擦接种难以传染甜菜曲顶病毒，自然传毒主要是通过叶蝉。甜菜曲顶病毒有高度的介体专化性。在北美，甜菜叶蝉（*Circulifer tenellus* Baker）（图 21 - 21 - 2）是最重要的传播媒介，在地中海地区是靠暗翅环茎叶蝉（*C. opacipennis* Lethierry）传播，而在南美 brasiliensis 株系靠浅白圆痕叶蝉（*Agallia albidula* Uhl）传播，而 solanacearum 株系由刀类圆痕叶蝉（*Agalliana ensigera* Oman）传播。后两种主要分

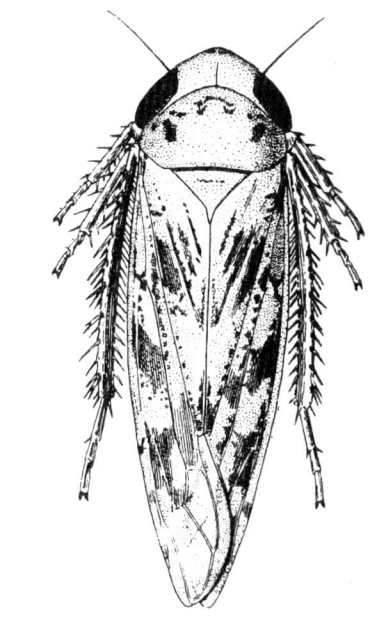

图 21 - 21 - 2　甜菜叶蝉成虫（引自 Lucas，1975）
Figure 21 - 21 - 2　Adult of *Circulifer tenellus*（from Lucas，1975）

布在西半球，中国均未发现，这两种形态相似，在混合种群中难以区别，它们的地理分布也有交叉。再者，Thomas 证实甜菜叶蝉同时能传带该病毒的 3 个株系，并可将其传到同一植株上。因此，单一植株受到同一病毒的多次感染是可能的。介体的专化性、单个昆虫传毒能力受遗传所控制，病毒在多年生的寄主植物体上越冬，并可在单个媒介叶蝉体内存活 85d 以上。

叶蝉传播病毒有两种方式：① 刺吸饲喂过程中，甜菜曲顶病毒粒体黏附于叶蝉口针而传毒；② 刺吸病叶获毒，当再次刺吸健康植株时，回吐病毒而传毒。病毒在虫体内可保持活性 1 个月以上。

植物种子、块茎的传毒问题尚未证实。

五、流行规律

(一) 环境对介体昆虫的影响

虽然甜菜曲顶病毒对某些种的叶蝉来说不是最适合的寄主，而 Bennett 和 Costa 也没能在烟草上成功饲养叶蝉，但是在刺果、甜菜和其他几种杂草及作物上可定殖和繁殖。事实上对这些作物包括对烟草的侵害主要依赖于叶蝉为害的时间和春季迁飞到烟草苗床及田间的大量叶蝉。病毒的侵害程度与秋季迁入量、冬季越冬量及春季再生繁殖量有关。植株受害程度受到寄主的种类、数量、汁液含量的影响。叶蝉春季迁飞受到风的影响。Heggestad 和 Moore 断定 1958 年在美国东部烟区烟株受害可能与几百千米外的风将病毒介体吹来有关。

虽然甜菜曲顶病毒的获毒时间仅需 1min，但单个叶蝉获得最大的传毒能力需要饲喂 2d。甜菜曲顶病毒某些株系也许可通过饲喂后口针黏附的病毒而机械传播，但一般来说最可靠的传毒需要 4～24h 的预备期。有证据表明甜菜曲顶病毒在昆虫体内不能增殖，在媒介昆虫的体液、消化道、唾液腺及粪便中已发现甜菜曲顶病毒。在 8～10 周间昆虫介体内病毒含量和传染性逐渐降低。体液中有大量的病毒，唾液腺中病毒量则很少，在卵中也尚未发现病毒。

(二) 寄主对病毒的影响

尽管没有详细的研究报道，但对病毒来说烟草是一个非常适合生存的环境。就病毒本身来看，虽然在韧皮部内随着有机物的转运，光合作用及糖的运输有利于病毒系统侵染，但低温、弱光及干燥条件将推迟病害症状的出现。

甜菜曲顶病毒的不同株系间未发现有交互保护作用。试验证明该病毒的防除将依赖于寄主对病毒的抗性，现在看来栽培品种的感病性或抗病性，影响着 BCTV 致病的严重度 (Duffus et al.，1977)。Wallace 证实甜菜曲顶病毒一个株系的病毒不能阻止其他株系病毒的传病，但目前尚没有 2 个或多个株系同时侵害引起病害加重的报道。

六、防治技术

基于北美发生情况的报道，甜菜曲顶病毒过去被列为欧洲及地中海植物保护组织 (EPPO) A2 类检疫性有害生物 (OEPP/EPPO，1982)。然而，由于近来研究认为甜菜曲顶病毒起源于地中海东部地区，现已存在于地中海地区的几个国家，并且在 EPPO 地区未有扩散，传毒介体自然分布局限及在欧洲对该病毒的长期监测结果，使得 1984 年甜菜曲顶病毒从 EPPO 检疫性有害生物名单中被取消。近年来，由于甜菜曲顶病毒出现了几个严重致病的株系再一次引起 EPPO 的重视，1992 年重又列入 EPPO 检疫性有害生物名单。

泛非植物检疫理事会 (IAPSC) 和加勒比植保委员会 (CPPC) 将甜菜曲顶病毒列为检疫性有害生物。

有效而成功地防治甜菜曲顶病毒要使用全面而综合的防治措施。由于幼苗最易感甜菜曲顶病毒，因此要通过防治叶蝉来控制病害的发生。

具体防治措施：①用百菌清消毒苗床；②铲除苗床附近杂草；③及时拔除病株；④用防虫网膜驱避媒介昆虫，使用杀虫剂防治叶蝉；⑤移栽后立即翻耕苗床；⑥使用抗病品种 (Martin Thomas，1986，Lewellen，1989)；⑦喷洒抗病毒剂 3～4 次，每次间隔 7～10d。

申莉莉 王凤龙 (中国农业科学院烟草研究所)

第 22 节　烟草斑萎病

一、分布与危害

烟草斑萎病由番茄斑萎病毒属（*Tospovirus*）病毒侵染烟草引起，因此也称烟草番茄斑萎病毒病，在美国佐治亚州、南卡罗来纳州、北卡罗来纳州烤烟上发生为害严重，是当地烟草的主要病害。我国四川曾报道由番茄斑萎病毒侵染引起的烤烟病害。20 世纪 90 年代初期在云南烤烟上零星发生斑萎病，近年来在烟草产区发生普遍，云南红河、昆明等烟区为害严重，局部田块发病率达到 30％以上，已上升为主要病害。在广西烟草上也发现由番茄环纹斑点病毒（*Tomato zonate spot virus*，TZSV）引起的烟草斑萎病。烟草斑萎病引起烂叶，病害发生后引起产量、质量损失严重，在高发病田块导致绝产。近年在广东、贵州、北京等地陆续发现番茄斑萎病毒属病毒侵害番茄、辣椒、茄子等茄科作物，表明该类病害在国内有蔓延趋势。

二、症状

烟草苗期至采烤成熟期均可发生斑萎病，不同时期发病的症状差异较大，同时不同烟草品种、不同病毒侵染引起的症状也有差异。其共同特征是侵染早期为褪绿斑点或斑块，中期为黄化斑点或斑块，后期为坏死斑点或斑块，叶部和茎部出现褪绿或坏死环纹。该病通常与烟草花叶病毒（TMV）引起的花叶病或烟草脉带花叶病毒（TVBMV）引起的叶脉坏死病混合发生，使病害严重度加剧。烟草生长早期被感染后，叶片上形成坏死环斑，叶片一半坏死，很快发展到 2/3 以上坏死。烟草早期感染显症后 10～15d，大部分感病烟株会死亡，造成绝产，中后期感染，烟叶脱落，造成产量下降，还会引起烟叶蛋白质、糖含量等的不良变化，从而严重影响烟叶的产量与质量（彩图 21-22-1）。

三、病原

番茄斑萎病毒（*Tomato spotted wilt virus*，TSWV）属布尼亚病毒科（*Bunyaviridae*）番茄斑萎病毒属（*Tospovirus*），番茄斑萎病毒属是该科 5 个属中唯一能侵染植物的病毒属。根据病毒基因组结构、蓟马传播特性、寄主范围、核壳体蛋白基因血清学和序列特征，迄今已发现 26 种番茄斑萎病毒属病毒。该属病毒粒体为脂膜包被的球形，直径 80～110 nm。基因组为三分体 RNA，根据其分子质量大小，分别命名为 L RNA、M RNA 和 S RNA，3 个片段 5′-端和 3′-端有 8 个互补并高度保守的碱基，5′-端为 UCUCGUUA……3′-端为 AGAGCAAU……形成假环状结构。L RNA 互补链编码复制酶 RdRp。M RNA 病毒链编码运动蛋白 NSm，互补链编码膜蛋白 G_N/G_C。S RNA 病毒链编码与致病性相关的 NSs，互补链编码核壳体蛋白 N，N 基因也是用于病毒分类的主要基因片段。病毒的标准沉降系数 $S_{20w}=$ 530S、583S。核酸含量 1％～2％，脂类含量 20％～30％，糖类含量 7％。

Tospovirus 病毒之间有着复杂的血清学关系。20 世纪 80 年代，根据番茄斑萎病毒属病毒 N 蛋白单克隆、多克隆抗血清及 G_N/G_C 蛋白单克隆抗体关系将番茄斑萎病毒属病毒分为 Ⅰ～Ⅴ 5 个血清组。

烟草斑萎病的病原主要为番茄斑萎病毒属的代表种 TSWV，是世界许多烟区优势病原。在云南、广西烟草上还发现番茄环纹斑点病毒（*Tomato zonate spot virus*，TZSV）是烟草斑萎病的优势种。在云南昆明的烟草上也发现凤仙花坏死斑点病毒（*Impations necrotic spot virus*，INSV）零星侵害。

TSWV 引起的病害的报道最早见于 1915 年；1927 年 Pittaman 证明该病害由蓟马传播。1930 年，Samuel 等证明该病害的病原为一种病毒，并命名为番茄斑萎病毒（TSWV）。1990 年，鉴于 TSWV 与布尼亚病毒科成员的相似性，建议先建立一个病毒属即 *Tospovirus*，并归于布尼亚病毒科。TSWV 是该属中分布最广、寄主范围最大、侵害最为严重的成员，被列为世界上为害最大的十大植物病毒之一。

番茄环纹斑点病毒（TZSV）是从云南番茄上分离到的番茄斑萎病毒属（*Tospovirus*）的一个新种，属于西瓜银色斑驳病毒（WSMoV）血清组成员，在形态学、细胞病理学及基因组结构方面具有该属病毒的典型特征。TZSV 侵染在番茄叶片上形成坏死斑点和环斑，果实上形成同心圆环纹斑，果实内病毒粒体聚集成块。病毒粒体为球形，直径 95nm，表面包裹一层脂质包膜。病毒基因组为三分体 RNA，番茄分离物 L RNA 有 8 919 个核苷酸，互补链编码 RdRp；M RNA 有 4 945 个核苷酸，病毒链编码运动蛋白（NSm），互补链编码糖蛋白（G_N/G_c）前体蛋白；S RNA 有 3 279 个核苷酸，病毒链编码一个非结构蛋白（NSs），互补链编码核壳体蛋白（N 蛋白）（彩图 21-22-2）。

四、寄主与寄生物之间的相互关系

TSWV 能侵染 90 多科 1 000 余种双子叶和单子叶植物。TSWV 能侵染 79 科 1 090 种以上的植物，是目前已知寄主范围最广的植物病毒，在云南发现的新种 TZSV 自然感染的寄主植物种类也非常广泛，目前已鉴定的能侵染茄科、菊科、蓼科、藜科、豆科、葱科、鸢尾科等 13 科 40 多种。在烟草、番茄、辣椒及花卉上造成严重的经济损失。

病毒属于专性寄生生物，病毒基因组小，编码的蛋白少，番茄斑萎病毒属病毒也不例外，编码的 5 个蛋白的一些功能已经明确，但完成病毒整个生活活动周期以及在植物体内的运动是一个复杂的过程，不仅需要病毒的核酸及其编码的蛋白互相协作，还需要寄主因子的参与。在植物病毒诱导病害过程中，涉及病毒从起始侵染的细胞向植物其他细胞、组织转运，包括细胞内的运动，即从复制位点运

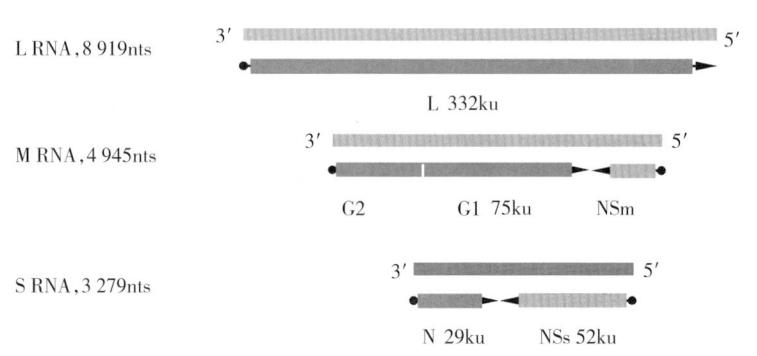

图 21-22-1 番茄环纹斑点病毒的基因组结构
Figure 21-22-1 Genomic structure of *Tomato zonate spot virus*

动到胞间连丝；胞间运动，通过胞间连丝运动到附近细胞；长距离运动，通过韧皮部筛管运动到植物其他部位。近年来，番茄斑萎病毒（TSWV）的胞内、胞间、长距离转运机制成为植物病毒学的重要研究内容，对其在植物及传播介体体内的转运机制有了更多认识。

Tospoviruses 编码 5 个蛋白。L 蛋白具有 RdRp 酶活性，是病毒复制酶，与具有 TSWV RNA 结合活性的寄主转录因子结合，增强病毒的复制。因属于负义 RNA 病毒，病毒粒体内有少量 RdRp 分子，以便起始病毒 RNA 最初几轮的复制。番茄斑萎病毒属病毒不像其他正义链 RNA 病毒或 DNA 病毒可以构建侵染性克隆，通过反向遗传学的方法来直接研究病毒基因及其编码蛋白的功能，而是通过间接的方法研究。在侵染动物的布尼亚病毒科病毒中没有 NSm 蛋白，为适应植物寄主，番茄斑萎病毒属病毒编码运动蛋白 NSm，NSm 是番茄斑萎病毒属病毒侵染植物所必需的蛋白，有植物病毒运动蛋白的典型特征，免疫金标记发现在病毒侵染早期，NSm 蛋白定位在细胞质内形成的 NCAs（nucleocapsid aggregates）中，并且较接近胞间连丝；NSm 还参与原生质体内的小管形成，扩大胞间连丝 SEL，能补救运动缺陷性 TMV 的胞间运动和长距离运动，体外表达的 NSm 以非序列特异性的方式结合 RNA，能与 N 蛋白互作。C 端缺失的 NSm 不能弥补运动缺陷型 TMV 运动，但并不影响症状表现。烟草原生质体表达的 TSWV 运动蛋白 NSm，在原生质体表面诱导形成向外延伸的小管，然而却不知道病毒粒体或核壳体蛋白如何从细胞质内的装配或聚集位点运动到形成小管的质膜。酵母双杂交分析发现 NSm 与 2 个不同的寄主蛋白互作，一个是类 DnaJ 分子伴侣（Soellick et al.，2000；von Bargen et al.，2001），另一个是 At-4/1，发现于拟南芥的位于细胞周围点状斑点的蛋白（von Bargen，2001；Paape et al.，2006）。具有 DnaJ 域的蛋白具有在细胞器内转运蛋白以及调节分子伴侣热休克蛋白 Hsp70 的功能，Hsp70 参与甜菜黄化病毒（*Beet yellows closterovirus*，BYV）运动（Alzhanova et al.，2001）。TSWV 的 NSm 与 DnaJ 互作导致了 NSm 和核壳体蛋白转移到小管（Soellic et al.，2000；von Bargen et al.，2001），然而这种互作并没有在体内被证实，也没有证明 DnaJ 在 TSWV 的运动中具有功能性作用。At-4/1 是定位于内质网和 PD 附近的细胞壁，同样也没有实验证明该蛋白在 TSWV 的运动中具有功能性作用的 TSWV 运动蛋白 NSm 能结合到与肌球蛋白和驱动蛋白同源的蛋白上，表明 TSWV 核壳体在分子伴侣的参与下附着到细胞骨架上以便进行胞间运输 TSW（von Bargen et al.，2001）。

糖蛋白 Gn 和 Gc 与蓟马传播有关，缺外膜的 TSWV 突变子不能通过蓟马传播，与病毒粒体的形成有

关。N 蛋白，作为结构蛋白与 RNA 结合形成核糖核蛋白，参与调节病毒转录和复制，在病毒粒体装配时与 Gc 蛋白互作，然后与糖蛋白形成复合体定位在高尔基体内，还参与病毒的长距离运动。病毒编码的非结构蛋白 NSs 蛋白是病毒 RNA 沉默抑制子，在病毒侵染初期表达达到高峰。作为病毒的 RNA 沉默抑制子可能间接地辅助病毒完成侵染。

TSWV 的 N 蛋白是病毒的结构蛋白，在病毒侵染循环过程中，发挥多方面的功能。与病毒 RNA 结合形成核壳体，能与糖蛋白 Gn/Gc 结合，促进病毒粒体的成熟，N 蛋白与 NSm 蛋白互作表明其可能参与了病毒的运动。李卫民研究组在转 TMV MP 基因的本生烟内用运动缺陷型 TMV 载体瞬时表达 TSWV 的 N 基因，发现该 TMV 突变体恢复了长距离运动，对 N 基因进行突变后，该 TMV 突变体不能长距离运动。

番茄斑萎病毒属病毒在自然条件下，以蓟马传播为主，也可通过机械摩擦传播，尚未有种子带毒传播的证据。在自然条件下番茄斑萎病毒属病毒由蓟马传播，但在全世界已知的约 7 400 种中，目前报道的能传播番茄斑萎病毒属病毒的约有 13 种，主要分属于缨翅目蓟马科的花蓟马属（Frankliniella）和蓟马属（Thrips）。其中，烟蓟马（Thrips tabaci）和西花蓟马（F. occidentalis）传毒效率最高，西花蓟马和棕榈蓟马传播的番茄斑萎病毒属病毒种类最多。该属病毒也能机械传毒。传播 TSWV 的最多，有西花蓟马（F. occidentalis）、首花蓟马（F. cephalica）、梳缺花蓟马（F. schultzei）、花蓟马（F. bispinosa）、烟草褐蓟马（Frankliniella fusca）、棕榈蓟马（Thrips palmi）、烟蓟马、日本烟草蓟马（T. setosus）9 种。一种番茄斑萎病毒属病毒可由多种蓟马传播，一种蓟马可传多种番茄斑萎病毒属病毒。西花蓟马、梳缺花蓟马、花蓟马传播 TSWV 血清组的病毒、凤仙花坏死斑点病毒（INSV）、番茄褪绿斑点病毒（Tomato chlorotic spot virus）、棕榈蓟马主要传播西瓜银色斑驳病毒（Watermelon sliver mottle virus）血清组病毒及甜瓜黄化斑病毒（Melon yellow spot virus），烟蓟马主要传播鸢尾黄斑病毒（Iris yellow spot virus）和番茄黄化环纹病毒（Tomato yellow ring virus）。

研究发现 TSWV 在蓟马体内也进行复制增殖，因此蓟马是其昆虫寄主。并且，蓟马只有在若虫阶段获毒，成虫才能传播 TSWV。成虫取食带有病毒的植物后，也能在中肠和马氏管上皮细胞中检测到病毒，但也仅限于此，这可能是由于中肠产生了一种现在还不明确的屏障。番茄斑萎病毒属病毒在蓟马体内的侵染路径是：病毒进入中肠上皮细胞，通过中肠相连的韧带结构进入唾液腺，分泌至口腔，取食新的寄主植物。

TSWV 入侵蓟马上皮细胞后 24 h 即开始复制，并且需要一种蓟马转录因子的参与，这个转录因子可能通过 C 端结构域和 TSWV 的聚合酶（RdRp）结合而起作用，在蓟马体内也表达运动蛋白（NSm），在培养的蓟马细胞中也可诱导管状结构，但功能未知。TSWV 入侵蓟马细胞的过程可分为以下几个步骤：糖蛋白 GN 和西花蓟马上皮细胞膜的一种或几种受体蛋白结合；病毒被蓟马细胞吞噬，并以内含体的形式进入细胞内；GC 蛋白在内含体的酸性条件下，改变构象使病毒膜和内含体膜融合；病毒 RNPs 进入蓟马细胞质中，完成侵染过程。

在我国报道的能传播番茄斑萎病毒属病毒的有西花蓟马、棕榈蓟马、烟蓟马、首花蓟马、花蓟马、茶黄硬蓟马（Scirtothrips dorsalis）、番茄角蓟马（Ceratothripoides claratris Shumsher）等，在云南番茄斑萎病毒属病毒发生地区检测到的蓟马有西花蓟马、棕榈蓟马、烟蓟马、花蓟马、番茄角蓟马。

蓟马主要以直接取食和传播病毒为害农作物，其传播病毒的为害远远大于取食为害。病毒经由成虫的取食传至健康植株，使得病毒病迅速扩散蔓延而造成危害，一般可导致作物损失 30%～50%，严重时可达到 70%，甚至有可能导致绝收。

作为害虫和病毒媒介的蓟马，由于个体微小、生活周期短，繁殖能力强，繁殖速度快，食性杂，寄主植物广泛，常隐藏于植物的各部位中，卵产于植物组织内，在土壤内化蛹，经常在花内活动，喷洒在植物表面上的化学农药对西花蓟马的卵、预蛹和蛹基本上不能起到控制效果，农药大量施用，蓟马抗药性越来越强，而敏感的天敌种群数量不高，这特有的生活习性给防控该病害加大了难度，增加了传播病毒病的危害性。当前在田间防治蓟马和其传播的病毒病害较难，主要通过培育抗病品种来防治番茄斑萎病毒属病毒病害，甚至改种其他经济效益低的作物。

五、病害循环

烟草斑萎病在云南烟草上发生高峰期一般在 5～9 月，在此期间，白天室外温度为 30℃，夜间温度为

15℃，且为雨季，降雨丰富，空气湿度较大，因此气候条件较利于病害的发生和流行。在实验室条件下，机械接种普通烟、辣椒、番茄、黄烟和苋色藜，将温度控制在 30℃/15℃（白天/夜间），湿度 40%，发现有利于接种植株发病。

对于 TSWV 和 TZSV 的发生情况，不同时期和不同寄主，发病率存在很大差异。从调查数据可看出，每年 5~9 月，烟草、番茄、辣椒主要寄主植物大量种植，并在花上发现大量的传毒介体蓟马，此时田间作物发病率最高，田间杂草也能检测到病毒。1~4 月，田间杂草牛繁缕、苦苣菜、鬼针草、辣子草以及棚栽辣椒、生菜、马铃薯带毒率高，传毒蓟马也在这些杂草和作物上越冬。而 10~12 月无辣椒、番茄和蚕豆等作物种植时期，在原来种植烟草、番茄、辣椒、生菜的田块周边采集到的鬼针草、小白酒草、牛繁缕、牵牛花、车前草、月见草、蒲公英、油麦菜、辣子草等杂草上检测出病毒，是病毒的越冬寄主。以 TZSV 为例，番茄斑萎病毒属病毒在云南烟草、番茄上的循环途径：2~4 月育苗期，蓟马最初从田间带毒杂草或作物上获毒，由于人为因素或气流进入苗床取食，感染苗期，此时蓟马种群数量较大，且外界条件较利于病害的发生和流行，病害发生程度严重。5 月以后，因雨季来临，蓟马种群减少，病害传播也减少。当烟草、番茄和辣椒采收后，田间带毒蓟马在取食过程中将 TZSV 传播到农田杂草上，同时由于寄主植物数量的减少，蓟马种群数量也随之减少，杂草上带毒率也较低，病害发生程度也降低。当烟草、番茄和辣椒大面积种植时，蓟马在取食过程中再次将病毒传到烟草、番茄和辣椒上，完成了病毒的整个侵染循环过程。

六、流行规律

烟草斑萎病的流行与蓟马种群动态、田间杂草和作物的带毒率、气候等因素有关。由蓟马从田间带毒的杂草和作物上获毒，传播至附近的栽培作物上。若冬春季节温暖干旱，蓟马种群大，造成病害流行潜力也就大。田间杂草和作物的带毒率高低也是病害发生的关键因素之一，通常田间杂草和作物的带毒率低于 2% 时，病害不易发生，带毒率 2%~8% 时，病害能发生，但不会暴发流行，若带毒率高于 8%，蓟马种群大的情况下，病害将会暴发流行。根据近年的调查结果，苗期是蓟马在烟苗上的繁殖高峰期，云南主要在 3 月中、下旬移栽，也是病毒第一次感染的高峰期，另外移栽期、还苗期、团棵期的烤烟是最易感染烟草斑萎病的时期。因获毒时间不同，显症时期有差异，但显症高峰期主要集中在团棵末期和旺长初期，在采烤期也能观察到斑萎病，但发病率低。

七、防治技术

番茄斑萎病毒属病毒引起的病毒病害防控极为困难。适当的选择栽培物种、化学控制和一定的栽培措施对病害流行有一定的控制作用。因此，综合防治对于病害的管理是一个有效的方法。

蓟马是传播斑萎病的介体，有效防治蓟马，才能有效控制番茄斑萎病毒属病毒的传播。根据"预防为主，综合防治"的植保方针，目前可采取的主要方法包括：①抗虫品种的培育。宜从当前主栽品种中选择具有抗性的品种进行推广应用。②生物防治。采取多种措施保护蓟马天敌，提高天敌多样性。蓟马的捕食性天敌主要有捕食螨类、捕食性蝽类，寄生性天敌有寄生蜂，病原微生物主要包括病原真菌和线虫，其中捕食螨类中的胡瓜钝绥螨（*Amblyseius cucumeris*）对蓟马有明显的控制作用，在欧美等地，胡瓜钝绥螨已商品化生产并广泛应用于防治多种植物上的蓟马，产生了明显的经济和生态效益；在我国，福建省农业科学院植物保护研究所于 1997 年从英国引入该螨到我国后，成功地研制了该螨的人工饲料配方，并实现了工厂化生产，年生产能力达 110 亿~120 亿头，可以探索利用胡瓜钝绥螨防治蓟马。应对本地天敌如蓟马的主要天敌小花蝽类、蜘蛛等进行有效保护利用和深入研究，达到更好地控制蓟马为害的目的。③物理防治。研究表明，蓝色、黄色和白色对西花蓟马、棕榈蓟马有明显的诱杀作用，可推迟蓟马种群发生高峰期。当田间有蚜虫、白粉虱、斑潜蝇等害虫混合发生时，可以用黄板诱杀。④农业防治。待作物收获后及时清除田间残株及杂草，并烧毁以减少翌年虫源，增强农田的生物多样性，提高生态系统对蓟马的控制能力。露地和大棚栽培时可以用地膜覆盖，国外学者报道西花蓟马有 98% 的若虫入土化蛹，将黄瓜大棚裸露地全部用地膜覆盖后，与不覆盖的处理相比，西花蓟马若虫在黄瓜叶面上出现的时间晚 40d。⑤化学防治。化学防治是防治蓟马的主要方法，但有文献报道了西花蓟马对氨基甲酸酯和拟除虫菊酯类杀虫剂及环保类型的杀虫剂产生了不同程度的抗药性。

结合近年来实践经验，对烟草斑萎病提出了如下防控策略。

（一）预防为主

苗床、烟田环境带毒率调查，评估烟草斑萎病流行指数：通过随机 5 点取样法，对苗床、烟田环境杂草、作物进行检测，若病毒检出率大于 2％小于 8％，斑萎病将发生；若病毒检出率大于 8％，斑萎病将暴发流行。

若环境杂草、作物病毒检出率大于 2％，建议该地点不能用作苗床和烟田。

若不能满足上述的条件，即环境内杂草、作物病毒检出率大于 2％，但必须使用作为苗床和烟田的，建议：

（1）清园。需要在育苗前清除苗床周围的牛繁缕、繁缕、苦苣菜、苦荬菜以及田内残留烟根上自生的烟叶及其他茄科和菊科作物，减少病毒初侵染源，以降低环境中杂草、作物带毒率。

（2）防虫。在育苗前 15～20d，开始跟踪调查苗床周边环境蓟马种群动态，以便适时施药杀虫，可于移栽前 1～2d 喷施吡虫啉。以减少虫源，防止从带毒杂草、作物传播病毒到烟苗。防治适期一般应掌握在蓟马一龄至二龄若虫发生期或点片发生阶段。

（3）移栽前烟苗诊断。依次对苗棚巡查，及时汰除发病苗，对未发病的应该进行病毒检测，检出率高于 8％的苗，不能再移栽大田。

（4）移栽前清园。需要在移栽前清除烟田周围的牛繁缕、繁缕、苦苣菜、苦荬菜以及田内残留烟根上自生的烟叶及其他茄科和菊科作物，减少病毒初侵染源，以降低环境中杂草、作物带毒率。

（5）移栽后，按时巡查，及时清除病株。

（二）控制措施

1. 物理防控　可采用黄色或蓝色黏虫板诱杀蓟马。苗床宜全部覆盖 60 目防虫网。

2. 杀蓟马农药的推荐

（1）吡虫啉防虫。定期施用吡虫啉，除直接杀死部分蓟马外，内吸性的吡虫啉可在植物体内残留最长达 25d，蓟马不喜取食残留有吡虫啉的植物，也在一定程度上阻止病毒的传播。但应注意施用次数和浓度，避免产生抗药性。然后每月喷施一次高效氯氟氰菊酯和乙酰甲胺磷。

（2）2.5％多杀菌素悬浮剂。本品为一种从放线菌代谢物中提纯出来的生物源杀虫物，毒性极低，可防治小菜蛾、甜菜夜蛾及蓟马等害虫。喷药后当天即见效果，杀虫速度可与化学农药相似。

（3）其他农药。10％虫螨腈悬浮剂、1.8％阿维菌素乳油、70％吡虫啉可湿性粉剂、20％啶虫脒乳油在田间对蓟马也有防治效果。

3. 施药植物诱导剂（也称激活剂）　推荐使用活化酯或苯并噻二唑、3 - 丙酮基 - 3 - 羟基羟吲哚（AHO），诱发植物抗性，蓟马不喜取食。

4. 保护和释放蓟马天敌　保护蓟马天敌小花蝽，释放蓟马天敌捕食螨。

5. 建立植物隔离带　烟田周边种植蓟马喜食和栖息的而不是病毒寄主的植物，可防治蓟马迁飞至烟草上取食。

6. 栽培管理　合理增施氮肥，适时除去烟田杂草，合理进行水肥管理，使植株生长旺盛，可减轻蓟马及传播病毒的为害。

7. 抗性品种　烟草目前没有抗斑萎病的品种。NC71 相对于 K326，不易感染 TSWV。

张仲凯　董家红（云南省农业科学院生物技术与种质资源研究所）

第 23 节　烟草丛顶病

一、分布与危害

烟草丛顶病 1958—1959 年在津巴布韦北部发生，以后在赞比西河峡谷地区发病较重，流行年份造成很大损失，津巴布韦部分烟区因烟草丛顶病造成香料烟停种。据文献记载该病在津巴布韦、南非、马拉维、赞比亚等非洲南部国家，以及亚洲的巴基斯坦、泰国和中国的云南省发生。

烟草丛顶病在云南省早有发现，在田间表现为典型的丛枝症状，俗称为"扫把烟""莴苣烟"，20

世纪 50 年代烟草丛顶病曾在建水县羊街一带发生较多，其他烟区也有零星分布，一直被当成次要病害而未引起重视。1983 年的云南省烟草病害普查和 1989 年的全国烟草侵染性病害普查均有此病的记载。1993 年，烟草丛顶病在云南保山暴发流行，当年发病面积达 7 300 hm²，重病田块病株率高达 60%～100%。1996 年和 1998 年烟草丛顶病在云南省金沙江、澜沧江、怒江三江流域河谷烟区再度大规模流行，发病面积达 51 300 hm²，其中 8 700hm² 绝收，1 400hm² 改种，直接经济损失高达 2.1 亿元。云南省的保山市，大理白族自治州的永平县、巍山县，楚雄彝族自治州的永仁县为重病区，昆明市、玉溪市、红河哈尼族彝族自治州、普洱市、文山壮族苗族自治州、曲靖市、临沧市、西双版纳傣族自治州及怒江傈僳族自治州等地也有烟草丛顶病零星发生。烟草丛顶病不仅侵害烤烟，还侵害香料烟、白肋烟和地方晾晒烟，1998 年云南省怒江两岸近 166hm² 香料烟因该病大发生而绝收。近年调查在四川南部也有发生。

二、症状

烟草丛顶病为系统性侵染病害，烟草整个生育期均可感染。烟草丛顶病田间典型症状为植株严重矮化，侧枝丛生，叶片变小、变脆、黄化，茎秆变细，根系发育差。发病症状因感病时间不同而有一定的差异，在团棵以前发病的烟株全无采收价值；旺长后发病的烟株能开花结籽，可采收部分定型的中下部叶片。

烟草丛顶病的病程如下：带毒蚜虫接种约 1 周后，在接种叶片上开始出现褪绿斑，继而产生强烈的过敏反应，形成局部坏死蚀点斑（彩图 21-23-1，1）；在随后的 2 周左右时间，烟株生长缓慢，节间明显缩短，叶片褪绿黄化，植株顶部几乎成为一个平面（彩图 21-23-1，2）；接毒后 3～4 周，植株顶端优势丧失，腋芽提前萌发，植株矮缩，成为密生小叶、小枝的丛枝状塔形。苗期感病的烟株严重矮缩且不会开花，团棵期后发病的烟株表现为典型的黄化丛枝症状，能够开花结籽（彩图 21-23-1，3、4）。

三、病原

Gates（1962）对津巴布韦烟草丛顶病的症状、寄主范围、传毒途径进行了深入的研究，认为烟草丛顶病毒（*Tobacco bushy top virus*，TBTV）是引起该病的病毒之一，并推测引起叶脉扭曲的病毒是烟草脉扭病毒（*Tobacco vein distorting virus*，TVDV）。Cole（1962）通过传毒试验证实了 Gates 的推测。蚜虫可传播的烟草丛顶病是由烟草丛顶病毒和烟草脉扭病毒复合侵染植物引起的。病株粗汁液的钝化温度为60～65℃，稀释限点为 10^{-4}～10^{-5}，体外保毒期为 6～7d。

我国云南的烟草丛顶病是由烟草丛顶病病原病毒复合体引起的，在烟草丛顶病植株中提纯了直径为 20 nm 的二十面体病毒粒体（图 21-23-1），并通过人工饲喂蚜虫回接烟草寄主成功（Mo et al.，2010）。烟草丛顶病病原病毒复合体粒体的外壳蛋白由 TVDV 编码，病毒粒体中包含 5 种病毒 RNA 组分，这 5 种 RNA 的估算长度分别为约 6.0 kb（vRNA1）、4.2 kb（vRNA2）、3.0 kb（vRNA3）、0.9 kb（vRNA4）和 0.5 kb（vRNA5）。vRNA1 为 TVDV 的基因组 RNA、vRNA2 为 TBTV 的基因组 RNA、vRNA3 为烟草丛顶病伴随 RNA（tobacco bushy top disease - associated RNA，TBTDaRNA）、vRNA4 为尚未完全定性的 TBTV 似卫星 RNA、vRNA5 尚未鉴定（Mo et

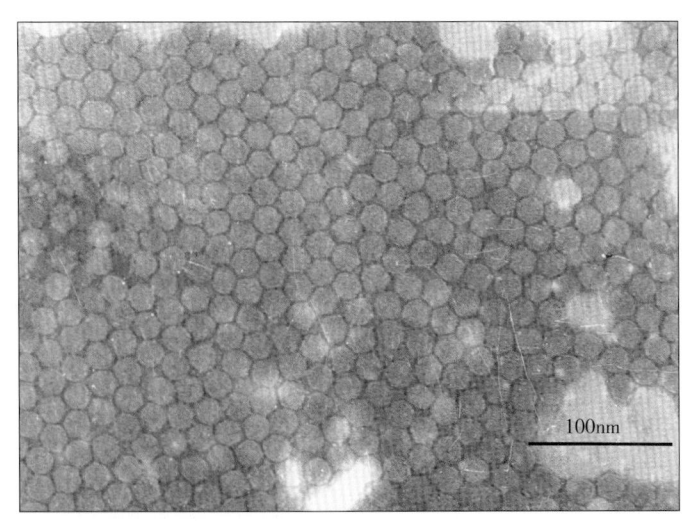

图 21-23-1　提纯的烟草丛顶病病原病毒复合体粒体
（引自 Mo 等，2010）

Figure 21-23-1　Purified virions of tobacco bushy top pathogen complex (from Mo et al.，2010)

al.，2011)。

四、病害循环

蚜虫传毒是烟草丛顶病的主要传播途径，是造成该病大规模流行的主要因素，蚜虫传播烟草丛顶病的方式为持久型，病毒不能够在蚜虫体内增殖。TBTV 及其似卫星 RNA 可以通过汁液摩擦接种。TVDV 只能通过蚜虫传播而不能通过摩擦接种传播。烟草丛顶病的寄主范围较窄，仅侵染曼陀罗、茄子、辣椒、假酸浆等茄科植物和所有测试的烟属植物，未发现枯斑寄主。烟草丛顶病还可以通过植物介体（菟丝子）或嫁接传播。土壤、病残体、种子不传毒。

目前在中国审定推广的烟草种植品种全为感病品种，测定 62 个烤烟和 199 个晾晒烟品种未发现抗病品种，在病区从田间发病情况看，红花大金元、云烟 85 相对于其他品种抗性较好。

五、流行规律

1994—1998 年，秦西云等（2000，2001）在重病区对烟草丛顶病发病情况与传毒媒介迁飞的相关性进行了系统观察研究，并在云南省烟草科学研究所基地进行了病害造成的田间损失率测定，明确了病害的发生流行与为害的基本规律。

烟草丛顶病在田间发生情况：在苗期约 4 月中旬，烟苗长到 3～4 片真叶的苗床上就可见零星病株；大田移栽 1 周后逐渐出现病株，不同年份田间发病消长速率有明显的差异。

蚜虫迁飞高峰期与病害发生的关系：蚜虫田间迁飞高峰期年度间差异较大。在保山市 3 月下旬和 4 月下旬有两个蚜虫迁飞高峰期，在假植期烟苗和大田移栽初期出现两次发病高峰，蚜虫迁飞高峰期是造成烟草丛枝症病害是否流行的重要时期。田间烟蚜在 6 月下旬和 7 月中旬也有两个高峰期，在生产上对烟叶的为害不大。

烟草丛顶病发病时间与产量损失相关性：采用带毒蚜虫对不同生育期烤烟进行人工接种测定结果表明，烤烟在不同生育期接种与发病率相关不显著，苗龄与病害发病的潜伏期的相关性达极显著水平。从假植开始，每推迟 1d 感病烟叶产量损失减少 1.717%，每推迟 1d 感病烟叶产值损失下降 1.816%。

不同生育期接种与发病率的相关方程为：Y（发病率）$=101.193-0.086X$（$R=0.771$）

苗龄与发病潜伏期长短的相关方程为：Y（潜伏期）$=3.318+0.206X$（$R=0.9829**$）

不同生育期接种与烟叶产量的相关方程为：Y（烟叶产量）$=129.419-1.171X$（$R=0.9509**$）

不同生育期接种与烟叶产值的相关方程为：Y（烟叶产值）$=1310.42-1.816X$（$R=9534**$）

其中，X 为假植至接种时间的天数，$**$ 表示相关极显著。

将保山市烟草丛顶病研究点观测的 1992—1998 年的病害发病数据，结合气象数据，以上年 11 月到翌年 5 月的月均温、月降水量、月均湿度和月日照时数为预报因子，以 6 月上旬烟草丛顶病田间发病株率为预报量，建立了保山市烟草丛顶病的发生流行预测模型：

$$Y=-96.5787717+5.30256950X_{12}+10.76809280X_{14}-0.1328198707X_{16}$$

其中，Y 为烟草丛顶病发病率的预报量，X_{12} 为 3 月的湿度，X_{14} 为 5 月的湿度，X_{16} 为上年 12 月的日照时数。

对以上模型在 1998 年进行验证，预报值 $Y=74.0923\%$，实测值为 77.6%，基本准确。可用于滇西烟区进行烟草丛顶病的测报。

六、防治技术

烟草丛顶病在田间是以蚜虫为介体传播的病毒病，防治烟草丛顶病，必须采取"以治（避）蚜防病为主，综合防治"的技术体系，综合防治重点是苗期，关键是培育无毒烟苗，同时防治传媒蚜虫、清除田间病株、加强田间水肥调控管理。

（一）农业防治

加强保健栽培，适时移栽。要求结合当地的气象条件和农作物结构，确定适宜的播种移栽期，避开蚜虫迁飞的高峰期，减少传毒的机会。移栽后 1 月以内（团棵以前），将病苗拔除，用预备苗替换。后期施用抑芽剂抑芽，采后清除烟秆，减少翌年初侵染源。

（二）物理防治

漂浮育苗小棚膜内覆盖一层防虫网，大棚所有蚜虫可能进入的地方如通风口、门等均设置防虫网隔离。漂浮育苗剪苗期是有翅蚜迁飞的高峰期，大棚群剪苗应设置剪苗区域，小棚群剪苗应搭建防虫网棚，以便在网棚内避蚜剪叶。并在棚内不定期喷施防蚜农药，防止蚜虫对网棚内烟苗可能的为害。

（三）药剂防治

烟草丛顶病在田间主要通过蚜虫传播，移栽后每隔 7~10d，喷施 3~4 次杀虫剂可以有效地控制蚜虫传播烟草丛顶病。用 70% 吡虫啉可湿性粉剂 12 000~13 000 倍液、3% 啶虫脒乳油 1 500~2 500 倍液等防治蚜虫，减少病害的传播。

秦西云　莫笑晗（云南省烟草农业科学研究院）

第 24 节　烟草根结线虫病

一、分布与危害

烟草根结线虫病又称根瘤线虫病，中国部分烟区还有鸡爪根、马鹿根等俗称。烟草根结线虫病是一种世界性病害，1892 年 Janse 首先报道发现于爪哇，此后在世界各主产烟的国家相继发生，目前已成为世界烟草种植区普遍发生的重要病害之一。中国早在 1939 年余茂勋《成都平原烟草病害调查》一文中即有记载，20 世纪 50 年代初又相继在河南、贵州、山东、福建、安徽等省发现，但直到 70 年代末以前也仅在部分烟区轻度发生，为中国烟草的次要病害。20 世纪 80 年代初以来，此病在中国主产烟区扩展迅速，为害加重，80 年代末期是中国根结线虫病扩展最快，为害最重的时期，因此成为中国烟草的重要病害。据统计，目前此病在广西、广东、福建、湖南、湖北、云南、贵州、浙江、四川、安徽、陕西、河南、山东等 13 个主产烟省份均有发生，以四川、河南、安徽、云南、贵州、广西、山东等省份发生普遍，受害较为严重。田间发病率一般为 30%，重者达 50%~70%，少数地块甚至绝产失收。联合国粮农组织统计，全世界因线虫所致的烟草产值直接损失平均每年约 4 亿美元，其中绝大部分是由根结线虫病所造成的。

根结线虫病除直接为害外，还会因线虫在烟株根部造成伤口而诱发其他根茎部病害，如烟草黑胫病、根黑腐病、青枯病等，使为害加重。

二、症状

烟草根结线虫病从苗床期至大田生长期均可发生，受害烟株症状持续发展，为害程度逐渐加重。苗床期发病一般地上无明显症状，至移栽前，受害重的烟苗生长缓慢，基部叶片呈黄白色，幼苗根部有少量米粒大小的根结，须根稀少；大田生长期，幼苗带病或返苗期大田直接感病的植株病情将持续发展，初从下部叶片的叶尖、叶缘开始褪绿变黄，整株叶片由下而上逐渐变黄色，植株萎黄、生长缓慢，高矮不齐，呈点片缺肥状。后期中下部叶片的叶尖、叶缘出现不规则褐色坏死斑并逐渐枯焦内卷。拔起病根可见根系上生有大小不等的瘤状根结，须根稀少（彩图 21-24-1）。根系受害初在主根及侧根上产生白色米粒状的瘤状物即根结。随病情发展，根结渐次增多增大，单条根上有数个至几十个根结不等，根结串生或多个根结连接愈合，使整个根系粗细不匀呈鸡爪状畸形根。剖视根结，内有许多乳白色或黄白色粒状物，为病原线虫的雌成虫。后期土壤湿度大时，根系腐烂，仅残留根皮和木质部，植株提早枯死。发病轻的植株，地上部症状不明显，但根系上有少量根结，后期叶片薄，呈假熟状。

三、病原

病原为根结线虫，属线虫门侧尾腺口纲垫刃目异皮线虫科根结线虫属（*Meloidogyne*）。系内寄生线虫，两性虫体异形。

（一）一般形态

虫体发育分卵、幼虫、成虫 3 个阶段。

卵：肾脏形至椭圆形，黄褐色，两端圆。藏于黄褐色胶质卵囊内。每个卵囊内有卵 300～500 粒。初产卵的一侧向内略凹，长 79～91μm，宽 26～37.5μm。

幼虫：一龄幼虫呈 "8" 形卷曲在卵壳内，孵化不久即通过口针不断穿刺柔软卵壳末端，穿刺成孔洞而逸出。二龄幼虫线形、圆筒状，具有发育良好的唇区，其前端稍平，有 1～3 条环纹，略呈杯状结构，由 6 个唇片组成，侧唇大于亚中唇。侧器为裂口状，口针纤细，有发育良好的基部球。蜕皮后成为三龄幼虫，雌雄虫体开始分化，再经两次蜕皮后成为成虫。

成虫：雌成虫因发育成熟度不同其形态变化较大。依次有豆荚形、辣椒形，成熟成虫柠檬形或鸭梨形。头部尖、后端圆，平均长度为 0.44～1.30mm，平均宽度为 0.33～0.70mm，多数种的雌虫有一对称的体形，即从口针到阴门画一条正好通过体中央的线。排泄孔位于中食道球前方，阴门位于虫体末端或亚末端，肛门位于阴门区稍下凹的地方。会阴区的角质膜形成一种特异的会阴花纹，会阴花纹构型是鉴别种的重要特征之一。雄成虫体细长，圆筒状，头部收缩为锥形，尾部钝。交合刺成对，针状弓形，末端彼此相连，无抱片。平均体长 1.15～1.90mm，平均体宽为 0.30～0.36mm。

（二）种群及分布

据报道根结线虫的种类庞杂，具有种群混生多样性现象。国际上对根结线虫的种类鉴定是以国际根结线虫规划（International Meloidogyne Projest，IMP）制定的形态学、鉴别寄主反应、症状、细胞遗传学、生物化学和生态学等性状为分类标准。中国有关单位对烟草根结线虫的种群鉴定，参照 IMP 的标准，主要采用了形态学和鉴别寄主反应等标准，形态学鉴别侧重于雌成虫解剖和电子显微镜观察的会阴花纹构型、二龄幼虫及雄虫等形态特征。IMP 的鉴别寄主试验中的成套鉴别寄主品种为烟草（NC95）、棉花（Deltapine 16）、辣椒（California Wonder）、西瓜（Charleston Grey）、花生（Florrunner）、番茄（Rutgers）。4 种常见的根结线虫的鉴别寄主反应如表 21 - 24 - 1。

表 21 - 24 - 1　鉴别寄主反应特征（引自朱贤朝等，2002）
Table 21 - 24 - 1　Reaction type of differential host（from Zhu Xianchao et al.，2002）

根结线虫种和小种	烟草(NC95)	棉花(Deltapine16)	辣椒(California Wonder)	西瓜(Charleston Grey)	花生(Florrunner)	番茄(Rutgers)
南方根结线虫						
1 号小种	[−]	[−]	+	+	−	+
2 号小种	[+]	[−]	+	+	−	+
3 号小种	[−]	[+]	+	+	−	+
4 号小种	[+]	[+]	+	+	−	+
花生根结线虫						
1 号小种	+	−	+	+	[+]	+
2 号小种	+	−	+	+	−	+
爪哇根结线虫			[−]			
北方根结线虫	+		+	+	[+]	+

注　框表示鉴别的关键寄主；−表示不侵染，＋表示侵染。

据四川、河南、云南、福建、陕西、山东等省研究表明，中国主产烟区根结线虫共有 5 个种，分别为南方根结线虫（*Meloidogyne incognita*）、花生根结线虫（*M. arenaria* Neal）、爪哇根结线虫（*M. javanica* Treub）、北方根结线虫（*M. hapla*）和短小根结线虫（*M. exigua*）。田间普遍存在着种群混生的多样性现象，以南方根结线虫为优势种。

表 21 - 24 - 2　中国部分烟区根结线虫的种、生理小种（引自朱贤朝等，2002）

Table 21 - 24 - 2　Physiological races of tobacco root-knot nematodes in China（from Zhu Xianchao et al.，2002）

烟区	种及生理小种					
	南方根结线虫	花生根结线虫	爪哇根结线虫	北方根结线虫	短小根结线虫	优势种
四川	＋（1，2，3）	＋（1，2）	＋	＋	＋	南方根结线虫
河南	＋（1）	＋（2）	＋	＋	＋	南方根结线虫
云南	＋	＋	＋	＋	＋	南方根结线虫
山东	＋	＋	＋	－	＋	南方根结线虫
福建	＋	＋	＋	－	＋	南方根结线虫

注　＋表示有分布，－表示无分布；括号内数字表示小种类别。

据在四川、河南、山东等省的鉴定，南方根结线虫在鉴定标样中出现频率分别为 78.2％、83.3％、73.5％，南方根结线虫和花生根结线虫存在明显的生理分化现象。四川省农业科学院植物保护研究所鉴定，南方根结线虫在该省有 1、2、3 号 3 个生理小种，发生频率分别为 58.65％、6.76％、2.79％。花生根结线虫有 1、2 号两个生理小种，发生频率分别为 0.36％和 11.72％。河南省农业科学院和山东农业大学分别鉴定河南和山东烟区的南方根结线虫为 1 号生理小种，花生根结线虫为 2 号生理小种。各地鉴定结果一致表明，烟草根结线虫的种、生理小种的类群具有明显的地理分布差异。在云南省，随着抗南方根结线虫 1 号生理小种的烟草品种栽培面积的增加，其种群优势逐渐下降，花生根结线虫和爪哇根结线虫的种群数量逐渐上升，且在有些地区已成为优势种群。可见，这种动态变化，主要取决于烟草品种对常见根结线虫种和小种的抗感性。

（三）鉴别特征

南方根结线虫：形态学特征为雌成虫会阴花纹有明显高的背弓，无明显侧线，一些线纹在侧面分叉。排泄孔位于口针基部球对应处。口针锥部向背面弯曲，背食道腺开口距口针基部球部 2～3μm。鉴别寄主反应，在辣椒和西瓜上能繁殖，但不侵染花生。1 号生理小种在棉花和烟草 NC95 上不能繁殖。2 号生理小种在烟草上能繁殖，但不侵染棉花。3 号生理小种在棉花上可以繁殖，但不侵染烟草。

花生根结线虫：形态学特征为雌成虫会阴花纹背弓扁平至圆形，背弓线纹平滑至波浪状，线纹在侧线处稍有分叉，弓上线纹成肩状突起，背面与腹面的线纹在侧线处相交成角度。口针粗壮、锥部与杆部均宽大，杆部末端稍加粗，基部球末端宽圆。雄虫头冠低，后部倾斜，有 2～3 个环纹。鉴别寄主反应，可侵染辣椒、西瓜和烟草并能繁殖，但不侵染棉花。1 号生理小种能在花生上繁殖，2 号生理小种不能在花生上繁殖。

爪哇根结线虫：形态学特征为雌成虫会阴花纹背弓圆，有明显的双侧线，排泄孔位于头端 2 个口针长处。雄虫口针基部球宽而短。幼虫尾部较细。鉴别寄主反应，在西瓜上能繁殖，但不侵染辣椒、棉花和花生。

北方根结线虫：形态学特征为雌成虫会阴花纹呈近圆形的六边形到扁平的卵圆形，尾端区有刻点。雄虫头区与体环有明显的界线，头冠窄于头区。口针细、短，基部球圆并与杆部有明显界限。背食道腺开口到口针基部球底部距离长 4～6μm。鉴别寄主反应为，在辣椒、花生和烟草上能繁殖，但不能侵染西瓜和棉花。

短小根结线虫：该种曾作为南方根结线虫的一个变种 *M. incognita* var. *acrita*。其形态特征与南方根结线虫的区别是雌成虫会阴花纹平滑至波浪形，弓形完好。

（四）寄主范围

根结线虫属的寄主范围很广，Goodey 等（1966）报道该线虫属的寄主植物有 114 科 3 000 多种，但不同种的线虫其寄主植物种类有很大差异。国内据河南在田间调查及室内盆栽接种测定表明，有 45 种作物及杂草等不同程度地感染根结线虫。山东农业大学烟草研究室（1995）通过田间调查与室内盆栽接种测定证明烟草根结线虫（南方根结线虫为主）可侵染 30 科 111 种植物。其中，粮食作物有 10 种，油料及经济作物 9 种，蔬菜作物 33 种，果树类 3 种，花卉树木类 8 种，杂草类 47 种（表 21 - 24 - 3）。

表 21 - 24 - 3　烟草根结线虫寄主植物归类（引自朱贤朝等，2002）

Table 21 - 24 - 3　Host plants classification of tobacco root-knot nematodes

(from Zhu Xianchao et al.，2002)

植物类别	植 物 名 称
粮食作物	玉米、谷子、小麦、水稻、高粱、甘薯、绿豆、赤小豆、大麦、豌豆
油料及经济作物	花生、大豆、向日葵、芝麻、烟草、甜菜、葫芦、小葫芦、苘麻
蔬菜类	西瓜、南瓜、冬瓜、黄瓜、胡萝卜、丝瓜、西葫芦、瓠瓜、苦瓜、豇豆、蚕豆、甜瓜、菠菜、扁豆、饭豇豆、菊芋、洋葱、大葱、大蒜、韭菜、萝卜、白菜、茄子、番茄、香菜、甘蓝、菜豆、菜瓜、小白菜、芥菜、辣椒、姜、芹菜
果树类	桃、葡萄、猕猴桃
花卉树木类	泡桐、合欢、杨树、洋槐、苦楝、菊花、凤仙花、锦葵
杂草类	天蓝苜蓿、紫花苜蓿、紫花地丁、婆婆纳、鸡眼草、歪头菜、曼陀罗、洋酸浆、打碗花、裂叶牵牛、圆叶牵牛、委陵菜、马唐、狗尾草、芦苇、稗、牛筋草、画眉草、旋覆花、条叶旋覆花、泥胡菜、刺儿菜、苦菜、紫菀、菊芋、大蓟、野菊花、抱茎苦荬菜、苍耳、碎米荠、荠菜、播娘蒿、山麻、荨麻、萝藦、徐长卿、皱果苋、石竹、马齿苋、车前、灰菜、扫帚菜、鸭趾草、红磷扁莎、扁蓄、山绿豆、狼尾草

（五）线虫的侵入

据试验证明，寄主植物根系分生组织细胞的分泌物能诱引根结线虫的幼虫从距根系 1～10cm 处向根系定向迁移。当二龄幼虫到达根系后，绕根系集结或运动到根冠的伸长区，通过触及或具有某种结构的趋向意识移至适宜的取食位点，直到发现适宜口针刺入的细胞。经多次穿刺，使细胞壁破裂，形成孔洞而侵入。侵入根系组织后，线虫在细胞间活动对细胞的损害是轻微的。当在侵染点定居后，幼虫的头部插入中柱鞘，其体干侧斜处于内皮层中。当卵在根内孵化时可形成另一种侵染方式，幼虫迁移至邻近的组织，在皮层内形成侵染中心，从而形成大的根结。

线虫分泌物的作用及对寄主的生理影响：线虫的食道腺能产生分解细胞壁及影响寄主细胞代谢活动的水解酶及生长素类物质。目前已发现 13 种水解酶，最普遍的是纤维素酶、果胶酶、蛋白酶和淀粉酶等。其作用和对寄主的生理影响为：①线虫产生的水解酶能消解和消化细胞中胶层和细胞壁，有助于线虫侵入；②线虫产生的水解酶可激活植株体内的水解酶，以此增加取食位点上总的水解活性，有利于线虫获得营养物质。③线虫产生的水解酶可刺激组织细胞分裂。④线虫产生的水解酶可引起细胞膨大。⑤线虫产生的水解酶可在根部尖端分生组织抑制细胞分裂。⑥线虫产生的水解酶可刺激酶的活化和诱发蛋白质、激素和巨型细胞的形成。

研究证明，膨大细胞的细胞质含有糖类、脂肪、RNA、蛋白质、游离氨基酸、磷及氮。正常的根系生长决定于植物生长素、激动素以及赤霉素的平衡，如果破坏了这种平衡就会引起根系发育不正常。有一个间接证据证明了上述论点，即根结线虫的侵染降低了缩苹果酰联氨（MH -植物生长抑制剂）抑制烟株生长的作用。反之，用 MH 处理过的植株根结缩小，巨型细胞发育差，雌虫也有退化现象，并减轻了寄主组织对侵染的敏感反应。

（六）寄主的抗病性

某些植物高度适应根结线虫的一个特定的种，而某些植物则很不适应，但大部分植物介于这两个极端之间，并具有不同等级的适应程度。

所谓"耐病或适宜的寄主"，是指线虫能在这种植物上较好地繁殖，但不造成大的伤害。"耐病"也有许多等级，并决定于湿度、温度及土壤中的矿物质含量。在某些情况下，耐病植株在生长速度及产量方面的降低并不明显，甚至因受刺激根系反而生长较好。另一极端为"感病或不耐线虫的寄主"，线虫在这种植物上迅速繁殖，根部根结很多，植株矮化，产量和质量显著降低。

"抗病"的植株虽可吸引线虫，但线虫进入后不能很好繁殖，即不适合线虫生长。Miline（1972）发现卷叶烟草（*Nicotianae repanda*）可由二龄幼虫侵染，但由于根系产生过敏性反应而使线虫不能进一步发育。这种反应与绿原酸和它的氧化酶与非活性醌的含量高有关。Sosa - Moss（1983）发现 4 种常见根结线虫的幼虫对高抗南方根结线虫的烟草品种的根尖侵入均比感病品种的轻，检测到的幼虫数量少，侵染部位出现一些小孔和较大范围的坏死组织。Shukla（1988）研究证明，烟草感染根结线虫后，抗病品种根系组织的过氧化物酶、酚和多元酚均比感病品种高。

"免疫"的植物是指：①不吸引线虫；②线虫侵入后不能繁殖。免疫的原因有多种，较一致的解释是当线虫侵入时可形成过敏性坏死反应或特殊病理反应，如线虫侵入的细胞溶解等，因而阻止线虫继续发展。

（七）线虫的生活史

烟草根结线虫病的发生程度与线虫的发育生活史及发生世代呈正相关，而线虫的生活史及发生世代又因土壤温湿度、烟草的生育期长短等因素而有不同。云南烟草研究所（1995）连续两年采用盆栽试验，定期观察根结和雌成虫出现的时间，同时取土分离二龄幼虫，证明在烤烟整个生育期，病原线虫共发生 3 代。第一代侵害烟苗，历期自 3 月 24 日至 5 月 25 日共 62d；第二代和第三代侵害大田烟株，第二代历期自 5 月 27 日至 7 月 20 日共 54d，第三代历期自 7 月 21 日至 9 月 15 日共 56d。此后以带卵雌虫潜伏在病株根结内和以卵、幼虫在土壤中越冬。河南省农业科学院（1978）观察，烟草根结线虫一年可发生 4 代，完成一代生活史所需要的天数因温度不同而有差异。第一代于 3 月上旬至 5 月中旬完成，历时 60～70d。第二代于 5 月下旬至 7 月中旬完成，历时 40～55d。第三代于 7 月中旬至 8 月中旬完成，历时 30～40d。第四代于 10 月下旬完成，历时 50～80d。据研究，在四川年旬平均气温 16.5℃，最低月平均气温 5.5℃，最高月平均气温 26.5℃的地区，土壤中卵囊和二龄幼虫可出现 6 次高峰，连同越冬后在烟草苗床上繁殖的一代，整个烟草生长期可发生 7 代，每代历期 30d 左右。不同海拔高度的烟区年发生代数稍有差异。如川东烤烟区海拔 800m 的地带年发生 7 代，海拔 1 000m 的地带年发生 6 代，海拔 1 200m 的地带年发生 5 代。各地调查研究表明，田间根结线虫的世代发育很不整齐，存在着明显的世代交替现象。

（八）线虫在土壤中的垂直分布

据测定，在河南 35cm 以下土层内仍有一定数量的线虫，但大量线虫主要集中在 10～25cm 表土层内。另有研究表明，在云南 0～50cm 的土壤内都有线虫的分布，以 10～20cm 土层内线虫数量大，此后随土壤层次的加深而递减。

四、病害循环

（一）侵染来源及传播

烟草根结线虫以卵、卵囊、幼虫在土壤中，以及以幼虫、成虫在土壤、粪肥中的病根残体和田间其他寄主植物根系上越冬，成为翌年发病的主要侵染源。据试验证明，在病田播种或移栽前撒施病土，会使发病加重。田间调查表明，病情往往是顺行向发展，主要是通过耕作、灌溉等人为农事操作方式或雨水等传播引起的。田间一旦发病，由于线虫的寄主范围广，即使短期内不种烟草，也会因种植其他寄主作物或田间有大量杂草寄主，而使土壤中线虫逐渐积累，病情加重。施用混有病土、病残根的粪肥，会使无病田发病或加重原有病田的发病程度。此外，带病烟苗的调运，可使线虫随病苗、病土远距离传播。

（二）发病过程

在病田中或用病田土、病肥育苗，条件适宜时，病土病肥中的线虫侵入幼苗根部进行初侵染，在幼苗根系上形成少量根结，移栽时幼苗带病直接传入大田，病情持续发展。移栽后田间土壤中及土壤病根茬上的线虫可直接从烟株根部侵染发病。侵染过程中，卵孵化的幼虫在土壤水中作短距离游动，然后从幼根尖端的伸长区侵入。在河南进行的试验证明，线虫在土壤中靠自身的移动能力，其侵染距离至少在 20cm 以上。侵染过程中，幼虫先以口针穿刺寄主根尖细胞壁，以口针插入细胞内取食，同时口腔内的食道球内分泌酶或毒素类物质破坏表层组织细胞，虫体逐渐向内转移，直到口针插入中柱鞘细胞后即在皮层组织内定居下来生长繁殖。由于线虫的刺吸，雌虫体的膨大及线虫分泌物的影响，根系中柱鞘细胞大量繁殖，但不能形成细胞壁，多个细胞融合后形成多核的巨型细胞，周围的细胞则以此为中心肥大生长形成肿瘤——根结。随着线虫的发育、产卵，大量的卵被排出体外进入土壤，卵孵化后的幼虫进行再侵染。整个烟草生长期，线虫可有多次反复再侵染，使根系布满根结，烟株受害越来越重。烟草收获后，线虫的卵、幼虫、成虫又随病根残体或在田间其他寄主植物根部越冬，成为翌年的发病来源。

五、流行规律

烟草根结线虫病在田间的发生发展与土壤温湿度、土壤质地、栽培条件及品种抗病性等因素有较密切的关系。

（一）土壤温、湿度

温度对病害的发生与流行起着主导作用。长期处于 0℃ 条件下的线虫仍能存活，但在 −20℃ 条件下经 2h，各虫态的线虫全部死亡。据在河南调查，10～12℃ 以下的低温和 36℃ 以上的高温线虫很少侵染，22～32℃ 最适于侵染。当春季日平均地温达 10℃ 以上时，卵陆续孵化为第一代幼虫；当日平均地温达 12℃ 时，蜕皮成一龄幼虫；当平均地温达 13～15℃ 时，二龄幼虫开始侵染，苗床上病苗形成根结。在 4 月下旬至 5 月上旬移栽后 15～20d，大田病株出现根结，5 月下旬根结增多，根系的半数被害，中下部叶片变为黄褐色，6 月下旬根系大部受侵染，地上部生长缓慢甚至停止生长。因此，6 月中旬至 7 月上旬（平均地温 22～30℃）是线虫侵害高峰，病情发展迅速。低于 8℃，高于 32℃ 时，雌成虫不能成熟产卵。土壤相对湿度在 40%～80% 时，适于线虫的发育和侵染。一般土壤湿度过高，发病轻，土壤长时间干燥则发病重。据在四川进行的病田淹水试验证明，淹水 170d 和 96d 的地块，发病率分别为 6.06% 和 16.67%，而未淹水的对照区发病率分别为 73.09% 和 100%。连续水淹 4 个月后，幼虫死亡，卵仍存活，但水淹 22.5 个月后，幼虫、成虫和卵全部死亡。

（二）土壤质地

一般土质疏松通气性好的沙壤土发病重，黏重土壤发病轻。土壤 pH4～8 对根结线虫病的发生无明显影响。

（三）烟草种及品种

烟草的种和品种对根结线虫的抗性差异显著。Schweppenhauser 等（1968）筛选了烟草种及杂交种对北方根结线虫（M. hapla）的抗性，发现奈氏烟草（Nicotiana knightiana）、长花烟草（N. longiflora）、大管烟草（N. megalosiphon）、裸茎烟草（N. nudicaulis）、带耳烟草（N. otophora）和卷叶烟草（N. repanda）是免疫的。其中长花烟草和带耳烟草的抗性最有希望转移至栽培种［普通烟草（N. tabacum）］中。Ramjilal 等（1988）在室内接种测定了 42 个烟草种和 200 个烟草品种对爪哇根结线虫（Meloidoglne javanica）的抗性，证明种及品种均未表现免疫反应，但种及品种的抗病反应有明显差异。42 个烟草种只有皱茎烟草（N. amiplexicaulis）、裸茎烟草（N. nudicaulis）、白花丹叶烟草（N. plumbaginifolia）和卷叶烟草（N. repanda）是抗病的，本氏烟草（N. benthamiana）、光烟草（N. glauca）和海岛烟草（N. nesophyla）是中抗的，其余 36 个是感病的。在 200 个烟草品种中仅 G28 和 GT4 是中抗的，其余品种表现出不同程度的感病性。据中国农业科学院烟草研究所和山东农业大学烟草研究室等在室内及田间病区进行的品种抗病性鉴定试验，国内主产烟区［线虫优势种为南方根结线虫（Meloidogyne incognita）1 号小种］推广种植的品种均未表现出免疫反应，但品种间抗病性差异明显。表现高度抗病且抗性较稳定的品种是 NC89、G80 等，中抗品种有 K326 等，NC82 等表现感病和高度感病，其他品种如中烟 14、云烟 2 号、G28 等表现高度抗病。

种植不同抗性的品种对根结线虫消长与流行的影响十分明显。四川省黔江县 1986 年全县发病面积达 426.7hm²，占种烟面积的 74.43%，其中感病品种红花大金元占总面积的 65.71%，到 1988 年全部改种抗病品种，基本控制了该病害的流行。

在生长季节开始时，土壤中线虫的密度对当年发病为害轻重有直接关系。Arens 等研究发现，在 100cm³ 土壤中接种 4 个卵或幼虫，降低产量可达 7%，且随接种量增加，产量损失越大，同时发现爪哇根结线虫比南方根结线虫有更高的侵袭性。同等接种量下，前者造成的产量损失更大。在同样接种量下，不同根结线虫种造成的损失有一定差异，Barker 等报道，在感病品种上，爪哇根结线虫和花生根结线虫减产 13%～19%，南方根结线虫减产 5%～10%，而北方根结线虫减产 3.4%～5%。

（四）根结线虫病与其他病害的关系

烟株受根结线虫侵染后，由线虫造成的根部伤口不仅为真菌、细菌等病原物的侵入提供了侵染途径，而且能引起寄主本身的生理变化，削弱对黑胫病、青枯病、立枯病等其他根茎部病害的抗性，使发病程度增加。Sasser 等（1955）证明，在烟草上同时接种根结线虫和黑胫病菌（Phytophthora parasitica var. nicotianae）时，其发病程度超过单独接种两种病原物的发病程度。在单独接种黑胫病菌的条件下，两周后病株率很低，同时接种黑胫病菌和根结线虫，一周内黑胫病症状明显并表现萎蔫，两周内病株根系变黑色的概率很高。进一步的试验表明，根结线虫侵染之后到接种黑胫病菌的间隔时间越长，黑胫病的症状就越严重。显然在这种关系中，线虫不仅造成根部的创伤，还改变了根部的生理状况，使之更有利于黑胫病菌的侵入和发育。Powell 等（1972）证明，黑胫病菌侵入由线虫所引起的根结组织的速度比侵入邻近的正常组织的速度快得多，而且发病的严重程度有所增加。Lucas 等（1955）和 Johnson 等（1969）分别证明，将青枯病菌（*Pseudomonas solanacearum*）和根结线虫单独或混合接种烟草，线虫的侵染不但会使烟株根系受到伤害，而且会使青枯病发生更早，病情更严重。Powell 等（1967）试验证明，如果根结线虫侵染后 3 周再接种立枯丝核菌（*Rhizoctonia solani*），那么，烟株就会受到立枯病的严重侵害。因此，断定南方根结线虫对立枯病的严重发生有重要的促进作用。Powell 等还发现，南方根结线虫、爪哇根结线虫、花生根结线虫使烟草根系容易遭受萎蔫病菌（*Fusariun oxysporum* var.*nicotianae*）的侵害。他们在试验中发现，当线虫侵染之后，隔 3~4 周再接种萎蔫病菌，不论是对线虫病抗病的品种还是感病的品种，萎蔫病的发病率都平均提高 50%。康业斌等（1989）在河南观察，烟田前期根结线虫病发病率高的地块，黑胫病的发病率也高，两种病害常相继发生。吴青等（1987）研究证明，在烟草根结线虫病与黑胫病并发的地块，根结线虫能削弱烟草对黑胫病的抗病性，两种病害的病情严重程度呈极显著正相关关系。即根结线虫病发生严重，烟草黑胫病的为害程度也随之加重。云南烟草科学研究所（1995）调查，凡是根结线虫病发生危害的烟田，烟草普通花叶病的发病率比一般烟田高 8%~13.5%，烟草黑胫病的发病率比一般烟田高 5%~8.5%，根黑腐病的发病率比一般烟田高 2%~3.5%，烟草青枯病和空茎病的发病率比一般烟田高 2%~3%。有的研究还发现，某些抗南方根结线虫的种质，当受到 PVY 侵染时易产生叶脉坏死现象。

六、防治技术

中国主产烟区烟田集中，对根结线虫病的防治，采取大面积轮作制度较难实行，目前应采用选种抗病品种和药剂防治相结合，辅以农业控病技术的综合措施。从长远看，应以选育抗线虫品种为主要措施。

（一）选种抗病品种

病区选种抗病品种是一项经济有效的措施。据有关报道，NC95、G80 等品种高抗南方根结线虫 1 号小种，NC95 还兼抗黑胫病、青枯病和镰刀菌萎蔫病。在中国以南方根结线虫为优势种群的生产烟区，目前生产上推广种植的品种中，NC89、G80 等是抗病性较为稳定的品种，K326、G28 等表现中抗或抗病，中烟 14、云烟 2 号等在不同地区抗性表现有一定差异。由于中国各烟区根结线虫种群较为复杂，选用抗病品种时，应在监测线虫种群动态基础上，因地制宜有针对性地选择使用。目前爪哇根结线虫和花生根结线虫的种群数量有上升趋势，但又无抗病品种可用，应加强对这两种线虫的抗病育种研究工作。

（二）改善和加强栽培管理措施

合理轮作，病田应实行 3 年轮作制，一般以禾本科作物轮作为宜，并及时清除田间杂草寄主，有条件的地区可实行水旱轮作；培育无病壮苗，应选无病地、无病土育苗，避免在蔬菜地或用菜田土育苗。用药剂处理苗床土；清除病残体，烟草收获后，应及时挖除病根和杂草集中晒干烧掉，并多次喷洒土壤，使土壤中病根残体干燥，促使线虫死亡，可大大压低土壤中的虫源基数，减轻为害；增施肥料，病地增施肥料，尤其增施有机肥，有利于烟株根系发达，增强植株抗性。

（三）药剂防治

已有的药剂防治研究表明，施用 0.5% 阿维菌素颗粒剂 3g/株可有效防治烟草根结线虫。目前研究较理想的施药方法是移栽时穴施药土法。若沟施时，则需相应增加用药量。

孔凡玉　冯超（中国农业科学院烟草研究所）

第 25 节　烟　　蚜

一、分布与危害

烟蚜 [*Myzus persicae*（Sulzer）] 属半翅目蚜科，又名桃蚜。烟蚜是世界上分布较广的蚜虫之一，亚洲、北美洲、欧洲和非洲均有分布。中国各省份均有分布。烟蚜除为害烟草外，还取食十字花科、蔷薇科、豆科、茄科、锦葵科、菊科、旋花科、伞形科、葫芦科等 50 科 400 余种植物，是典型的多食性害虫。

以成蚜、若蚜刺吸为害烟株叶片（彩图 21 - 25 - 1）、嫩茎、花等，现蕾前受害最重，严重受害的烟株，顶叶卷曲，不仅降低产量，且易诱发煤污病（彩图 21 - 25 - 2），导致调制后的烟叶品质下降。烟蚜还可传播多种病毒病，如黄瓜花叶病毒病、马铃薯 Y 病毒病等，造成的损失往往大于直接为害。

二、形态特征

无翅孤雌蚜：体长约 2.2mm，宽约 1.1mm。体色多变，黄绿色，绿色，红褐色等。体表粗糙，有粒状结构，但背中部光滑。额瘤显著，内缘向内倾斜。触角黑色，6 节，长约 2.1mm；第三节长约 0.5mm，第三节有毛 16～22 根；第五节端部、第六节基部各有一圆形感觉圈。喙部颜色较深，长度可达中足基节；腹管长筒形，向端部渐细，其上有瓦状纹，端部黑色并有缘突。尾片黑褐色，圆锥形，近端部 2/3 处收缩，有曲毛 6 根或 7 根（彩图 21 - 25 - 3，1）。

有翅孤雌蚜：体长约 2.2mm。头、胸部黑色，腹部淡绿色或绿色。额瘤显著，内缘向内倾。触角 6 节，黑色，为体长的 78%～95%，第三节有 9～11 个圆形感觉圈，沿外缘排成一行。腹部第一至第八节腹节背面各具宽窄不一的横带，其中第三至第六节各横带相融合成近似方形的大斑。腹管圆筒形，向端部渐细，有瓦状纹，端部有缘突。尾片圆锥形，有曲毛 6 根（彩图 21 - 25 - 3，2）。

有翅雄蚜：体长约 1.5mm。体型较小，腹背黑斑较大。触角第三至第五节感觉圈数量较多。足跗节黑色，后足胫节较宽大。腹管端部略收缢。

无翅有性雌蚜：体长 1.5～2.0mm。赤褐色、灰褐色、暗绿色或橘红色。触角 6 节，较短，末端色暗，第五、第六节各有一个感觉圈。腹部背面黑斑较小。后足胫节较宽大。腹管圆筒形，稍弯曲。

卵：长椭圆形，长径约 0.44mm，短径约 0.33mm。初产时黄绿色至绿色，后变黑色，有光泽。

干母：体色多为红色、粉红色或绿色。触角 5 节，为体长的一半。无翅。

三、生活习性

烟蚜一年发生的世代数因地区而异，在我国自北向南逐渐增多。黄淮烟区年发生 24～30 代，西南烟区年发生 30～40 代，南方烟区及北方温室、塑料大棚可终年繁殖。其生活史具全周期及不全周期两种类型。在自然条件下，北方烟区烟蚜生活周期主要为全周期型，南方烟区则主要为不全周期型。全周期（一般一年内有孤雌生殖及两性生殖世代交替）：以卵在桃树上越冬，卵多产在桃枝嫩芽眼处或树干裂缝中。桃树上的卵最早于 2 月下旬开始孵化，出现干母，3 月上、中旬为孵化盛期，在桃树上繁殖多代。4 月下旬至 5 月上旬开始向烟草等寄主上迁飞。不全周期（全年孤雌生殖，不发生性蚜世代）：生活在秋菜等寄主上的一部分无翅孤雌蚜，继续在越冬蔬菜（油菜、白菜等）及杂草上越冬，其中有些寄主是蚜传病毒病的寄主。翌年春天，在这些寄主上产生的有翅蚜，飞向苗床、烟田，即成为烟草最早的传毒介体。

在我国烟田内，烟蚜的种群数量消长规律基本上可概括为单峰型（烤烟大田生长期仅出现一次蚜量高峰）和双峰型（烤烟大田生长期有规律地出现两次蚜量高峰）两大类型。黄淮烟区，如山东、河南、安徽、陕西及贵州的福泉和湖南的长沙一带一般为双峰型。东北烟区及云南、广东和湖南的宁远一带一般为单峰型。双峰型烟区，第一个蚜量高峰由有翅蚜及无翅蚜构成，是有翅蚜传播多种烟草病毒病的关键时期；第二个蚜量高峰，几乎全由无翅蚜构成，是烟蚜刺吸烟株、分泌蜜露等直接为害的关键时期。单峰型烟区，以前期有翅蚜迁入阶段为传播烟草病毒病的关键时期；以后无翅蚜大量滋生，是对烟草形成直接为害的关键时期。从防治的角度看，双峰型的第一蚜峰及单峰型的前期，以防蚜传病为主，双峰型的第二蚜峰及单峰型的后期，则以防治烟蚜的直接为害为主。

烟蚜在豫西烟区一年发生 24～26 代。越冬卵在 2 月底或 3 月初孵化，在桃树上孤雌胎生，繁殖 3 代。在春烟移栽后迁飞到烟草上为害，在烟草上繁殖 15～17 代。秋季烟草收获后又转移到十字花科蔬菜上，孤雌胎生繁殖为害。在 9～10 月中旬，胎生有翅性母和雄蚜，性母迁飞到桃树上，有性雌蚜与直接迁来的雄蚜交配产卵过冬。在豫西烟区，烟蚜在烟田里的种群数量变化规律一般呈马鞍形。烟草移栽后烟蚜从越冬寄主迁飞到烟田，烟田烟蚜数量不断增加，直到 5 月中旬，此时烟蚜种群数量出现第一个高峰。5 月下旬开始，烟蚜种群数量减退。到 6 月中旬，烟蚜种群数量重新开始上升，7 月中旬达到第二个高峰，之后，烟株打顶抹杈，烟蚜数量再次下降。在第一个高峰期中，大多数烟蚜是由越冬寄主迁飞来的有翅蚜，此时烟田中的烟蚜茧蜂对烟蚜有明显的抑制作用，这个烟蚜高峰对烟草的直接为害不明显。烟蚜的第二个高峰期对烟草为害严重，应注意合理用药，及时防治。

在湖南，根据 10 多年的系统调查研究发现，烟蚜的发生为兼性周期区，即全周期型和不全周期型两者并存，但以不全周期型为主，即全年在第二寄主上进行孤雌生殖，冬季各虫态并存，越冬寄主为十字花科的甘蓝、萝卜、油菜、白菜、茎用芥菜等，暖冬时仍可缓慢繁殖。湖南烟草一般在上年 12 月播种，翌年 3 月（湘南）至 4 月（湘北）移栽，6 月（湘南）至 8 月（湘西）采收，烟草苗床期和大田期均有烟蚜发生，往往在移栽当日便有烟蚜迁入大田，但迁入高峰各地不同。据观察，湘南（如江华、宁远、郴州）在 4 月第四候，湘东（如浏阳）在 4 月第六候，湘西（如凤凰、慈利）在 5 月第六候出现迁入高峰。迁入后随即产仔，大田出现第一个蚜量小高峰，此后蚜量不断增加，但中期增长稍慢，到现蕾期出现最高峰，随后因打顶抹杈消灭了部分蚜虫，加上叶片成熟不适宜取食等原因，蚜量迅速下降，故蚜量的季节消长略呈马鞍形。

东北烟区和云南烟区，烟蚜种群动态均为单峰型。东北烟区 5 月下旬烟苗移栽后，有翅蚜陆续迁入烟田，并产生无翅蚜，7 月下旬形成无翅蚜高峰，是防治的关键时期。云南烟区与东北烟区的发生规律基本相同，只是田间的蚜源不同，东北烟区的蚜虫是从烟田以外迁入的，而云南烟区的蚜源主要来自移栽时已在烟苗上为害的无翅蚜。

根据在山东进行的多年系统调查结果分析表明，近年来烟蚜在山东烟田的消长发生了变化，表现为不能形成 7 月的第二个蚜量高峰，一般只在 5 月形成一个蚜量高峰（图 21 - 25 - 1）。烟苗在 5 月上旬移栽后，有翅蚜迁飞到烟田，繁殖胎生无翅蚜，随着烟株生长增强，营养条件改善且气候适宜，烟蚜繁殖迅速，蚜量随之上升，在 5 月底或 6 月初形成第一个蚜量高峰，且以无翅蚜为主。通过分析多年的气象资料可知，7 月不适宜的温湿度条件可能是造成第二个蚜量高峰消失的主要原因。

李月秋等 1997—1998 年对云南烟区烟蚜种群动态消长研究表明，云南大理烟区烟蚜种群消长呈单峰型曲线，烟蚜种群在时间序列变化趋势上表现为扩散→聚集→再扩散→再聚集，并有一定的周期性。

烟蚜越冬卵多产于桃树等果树枝条的顶端、花芽和叶芽处。烟蚜具有趋嫩性，在烟草上无论有翅蚜还是无翅蚜大多聚集在植株幼嫩的心叶和顶部叶片的背面，吸食植株汁液。烟蚜对黄色有强烈的趋性，而对银灰色有负趋性。烟蚜在烟株上的垂直分布也有明显的规律性，烟株打顶前烟蚜大部分集中在顶部 1～5 叶和 6～8 叶上，顶部 1～5 叶占烟蚜总量的 46.5%，6～8 叶占 32.6%。烟蚜可远距离迁飞，多是随风和气流飘飞。不同生物型的烟蚜生殖率不同，一般无翅蚜的繁殖力大于有翅蚜。

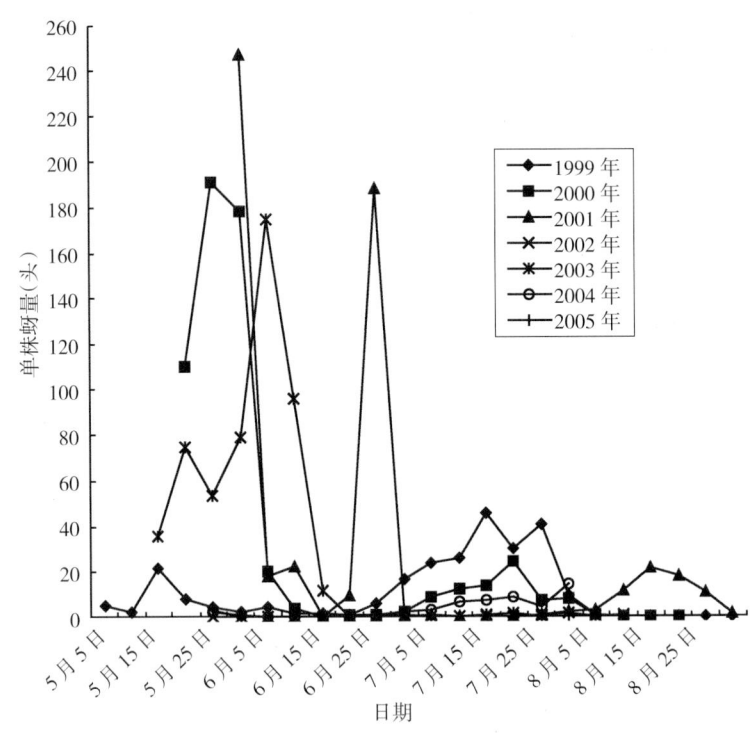

图 21 - 25 - 1　1999—2005 年山东烟蚜种群数量的发生动态（引自王秀芳等，2008）

Figure 21 - 25 - 1　Population dynamics of *Myzus persicae* in 1999－2005 in Shandong (from Wang Xiufang et al.，2008)

烟蚜对气候条件的适应性强，繁殖量大，一头孤雌胎生雌蚜最多可产小蚜虫 150 头，平均 51 头。夏季温湿度适宜时，若蚜只需 2～4d 即可成熟繁殖，绝大多数成蚜当日或翌日可产若蚜，1～2d 后便进入繁殖高峰期，并可维持 12d 左右。烟蚜寿命最短 11d，最长可达 99d。

根据烟蚜体色差异，将烟蚜划分为黄色型、红色型和绿色型。研究表明，烟蚜体色由 1 对等位基因控制，红色由显性基因控制，绿色由隐性基因控制；各体色型烟蚜不仅体色有差别，而且形态上也有一定的区别，同时 3 种体色型烟蚜对温度的适应性不同。对红、绿两种体色型烟蚜各龄发育历期、产仔量、生殖期及寿命的研究结果表明，两种体色型烟蚜的各龄龄期无显著性差异，红色型烟蚜的平均产仔量显著高于绿色型烟蚜，且红色型的寿命及生殖期都极显著高于绿色型。红、绿两种体色型烟蚜的生物学特性见表 21 - 25 - 1。

表 21 - 25 - 1　红绿两种体色型烟蚜的生物学特性（引自吴兴富等，2005）

Table 21 - 25 - 1　Biological characteristics of red and green biotypes of *Myzus persicae*

（from Wu Xingfu et al. , 2005）

体色类型	各龄发育历期 (d)				产仔量 (头)	生殖期 (d)	寿命 (d)
	一龄	二龄	三龄	四龄			
红色型	2.0±0.9a	1.6±0.8a	2.1±0.8a	2.8±0.6a	35.1±12.0a	8.2±1.8A	16.8±2.6A
绿色型	1.9±0.7a	1.6±0.7a	1.8±0.6a	2.4±0.8a	26.9±8.5b	6.3±1.3B	14.1±1.3B

注　表中不同字母表示差异显著性。

红、绿两种体色型烟蚜种群数量动态研究表明，在前期，绿色型的种群增长速率较红色型快，后期则相反，其种群数量红色型烟蚜多于绿色型烟蚜。

四、发生规律

（一）虫源基数

20 世纪 60 年代初期，在山东、河南的研究结果表明，烟蚜除以卵在桃、李、杏等果树上越冬外，尚有部分孤雌胎生蚜在蔬菜上越冬，但翌年春天大都不能转移至烟草上成活。据 1975 年赵万源对云南烟蚜的研究报道，烟蚜全年均以有翅和无翅孤雌胎生蚜在烟草、油菜或十字花科蔬菜上交替为害。自 20 世纪 70 年代以来，山东烟区种植越冬的菠菜、蕹菜、油菜等也越来越多，发现在这些越冬蔬菜和油菜上有大量孤雌胎生烟蚜于其上越冬；另外，北方烟区冬季温室大棚中种植的蔬菜也为烟蚜提供了较好的越冬场所。越冬范围的扩大，增大了烟蚜的虫口基数，增加了烟蚜大发生、为害的可能性。

（二）气候条件

田间烟蚜的发生、为害受多种环境因素的影响，其中起主导作用的有温度、湿度、天敌、寄主及农业管理措施等。温度对烟蚜的存活、生长发育及繁殖影响显著，温度过高或过低均抑制其生长发育及产仔。在适温范围内，随着温度的上升，发育历期和世代历期缩短，存活率和繁殖力增大。烟蚜的发育起点温度为 4.3℃，有效积温为 137℃。在 9.9℃ 下发育历期为 24.5d，25℃ 为 8d；发育最适温度为 25℃，高于 28℃ 则不利其发育。越冬卵孵化期的早晚，也主要受早春温度的影响，孵化率的高低则与相对湿度关系密切。早春温度高，孵化期早，湿度大，孵化率低。据在河南许昌进行的试验，当 5d 平均温度高于 30℃ 或低于 6℃，相对湿度小于 40% 时，烟田蚜量迅速下降；5d 平均相对湿度高于 80%、温度超过 26℃，蚜量也表现下降，如果温度不超过 26℃，相对湿度达 90%，蚜量仍继续上升。由此说明，低温低湿对烟蚜的生长繁殖不利，高温高湿对烟蚜的消长也影响很大。

（三）寄主植物

寄主植物释放的气味物质、植物的表面形状或植株内含的物质可调节烟蚜的行为，间接影响烟蚜的生长发育、个体大小、生殖情况等。如某些寄主植物的挥发性物质可吸引烟蚜在寄主植物上着落，使烟蚜选择适宜的产卵场所。寄主植物对烟蚜生长发育和繁殖的影响不仅存在于不同寄主间，还存在于同一寄主的不同品种间。烟蚜在不同的烟草品种上生殖力存在差异。烟蚜长期取食不同植物会引起种群分化，产生不同的生物型。

（四）天敌

1. 捕食性天敌　瓢虫是烟蚜的主要捕食性天敌，常见种类有异色瓢虫 [*Harmonia axyridis* (Pallas)]、龟纹瓢虫 [*Propylea japonica* (Thunberg)]、七星瓢虫 (*Coccinella septempunctata* Linnaeus)、六斑月瓢虫 [*Menochilus sexmaculatus* (Fabricius)] 等。异色瓢虫是烟田烟蚜的优势天敌种类之一，在烟草整个生长期对烟蚜均有显著的抑制作用。七星瓢虫在烟草生长前期发生量较大，对烟蚜有一定的控制作用。龟纹瓢虫则对烟田中后期烟蚜的种群有良好的自然控制作用。黑带食蚜蝇［*Episyrphus balteatus* (De Geer)］和大灰食蚜蝇［*Metasyrphus corollae* (Fabricius)］是烟田常见的食蚜蝇，在一定烟蚜密度范围内，其幼虫的捕食量随烟蚜密度的增加而增加。

捕食烟蚜的蝽类主要有烟盲蝽［*Nesidiocoris tenuis* (Reuter)］、南方小花蝽［*Orius strigicollis* (Poppius)］等。烟盲蝽成虫对烟蚜的低龄若蚜有一定的控制作用。南方小花蝽是南方烟田烟蚜的一种重要捕食性天敌，对烟蚜种群有显著的抑制作用，在一定猎物密度范围内，南方小花蝽成虫或若虫的捕食量随猎物密度的增加而增加，但当猎物密度增加到一定限度后，其捕食量在一定范围内波动。

2. 寄生性天敌 烟蚜茧蜂（*Aphidius gifuensis* Ashmead），属膜翅目蚜茧蜂科，是烟蚜的主要寄生性天敌，主要分布在亚洲东部及美国夏威夷州，我国南北均有分布，是专门寄生蚜虫的一种内寄生蜂，对寄主蚜虫的自然控制力较强。在烟田，烟蚜茧蜂对烟蚜的寄生率通常为20%～60%，高的可达89.16%。在山东、河南烟区，烟蚜茧蜂对烟草生长前期的烟蚜种群有较强的控制作用。

3. 真菌和细菌 对烟蚜起控制作用的真菌有球孢白僵菌（*Beauveria bassiana*）、玫烟色拟青霉［*Paecilomyces fumosoroseus* (Wize)］、粉拟青霉（*Paecilomyces farinosus*）和新蚜虫疬霉（*Pandora neoaphidis*）等。白僵菌现已能工厂化生产，试验表明白僵菌制剂对烟蚜5d后的防治效果达92.2%，接近化学杀虫剂2.5%功夫防治效果（97.4%）。玫烟色拟青霉和粉拟青霉的代谢产物对烟蚜乙酰胆碱酯酶有强烈抑制作用，其中，玫烟色拟青霉代谢产物对烟蚜有高的活性，从而能很好地控制烟蚜的发生，两种拟青霉本身也对烟蚜有很强的侵染力。李正跃等（2005）在云南发现一种新蚜虫疬霉菌株，对烟蚜进行生物测定后认为其对不同地区的烟蚜均有较强的侵染力。

五、防治技术

（一）农业防治

在烟草育苗阶段，苗床选址应远离村庄、蔬菜大棚、果园，以减少迁入烟田的烟蚜种群数量。育苗棚的门窗和周围通风口用40目尼龙网覆盖，这样不仅防止苗期蚜虫为害，而且大大降低烟苗感染蚜传病毒的概率。烟田铺设银灰色地膜对蚜虫有驱避作用，设置黄板可诱捕迁入烟田的有翅蚜。

麦烟套种可以丰富烟蚜天敌资源，有效控制烟蚜对烟株的为害，而且小麦与烟草共同性病害较少，能从土壤吸收较多的氮肥，对提高烟草品质有利。

在烟株现蕾开花期，及时打顶以促进上部叶片成熟，恶化烟蚜的取食条件，促进蚜群产生更多的有翅蚜外迁。打顶后，不断地抹杈可以连续地减少烟蚜数量，使烟蚜数量在较低水平上波动。

另外选用优质抗蚜品种也是主要的农业防治措施。

（二）生物防治

利用有利于天敌繁衍的耕作栽培措施，选择对天敌安全的选择性农药。保护利用捕食性天敌和寄生性天敌昆虫来控制烟蚜种群。

我国烟草行业已形成一套较为完善的烟蚜茧蜂大量繁殖、释放工艺，并已在云南等烟区有较大推广面积。

（三）化学防治

烟蚜的繁殖力强，因此药剂应掌握在蚜虫初发期及时使用。目前防治效果较好的药剂有：5%吡虫啉乳油27～37.5g/hm^2（有效成分），每公顷对水750kg；25%吡虫啉可湿性粉剂18～37.5 g/hm^2（有效成分），每公顷对水750kg；3%啶虫脒乳油1 200～1 800倍液；3%啶虫脒微乳剂45～75g/hm^2（有效成分），每公顷对水750kg。以上药剂对烟蚜具有良好的防治效果，均可在烟蚜发生期根据需要使用。

在烟草的病虫害防治过程中，化学防治迄今仍是最有效的防治方法。随着农药的广泛使用，烟蚜的抗药性已成为当前烟蚜防治中所面临的一场严峻挑战。不同地方的烟蚜种群对有机磷、氨基甲酸酯、拟除虫菊酯三大类农药均产生了不同程度的抗性。在山东主要烟区，昌乐县的烟蚜种群对氰戊菊酯的抗性高达23.85倍，对氧乐果、灭多威、吡虫啉的抗性分别为敏感种群的16.35倍、2.91倍和2.17倍。诸城市、沂南县和莒县3地的烟蚜种群对氰戊菊酯的抗性分别达16.59倍、15.18倍和12.27倍，抗性水平也较高，但对氧乐果、灭多威和吡虫啉仍较为敏感。云南楚雄彝族自治州的烟蚜种群对氰戊菊酯的抗性高达26.87倍，对氧乐果、灭多威、吡虫啉的抗性分别为敏感种群的10.02倍、6.00倍和5.83倍。云南大理白族自治州、丽江市、石林彝族自治县和曲靖市 4 地的烟蚜种群对氰戊菊酯的抗性分别达 24.98 倍、14.94 倍、11.11 倍和 10.33 倍，抗性水平也较高，但对氧乐果、灭多威和吡虫啉仍较为敏感。河南禹州市的烟蚜种群对氰戊菊酯抗性为敏感种群的 14.68 倍，对氧乐果、灭多威和吡虫啉的抗性分别为敏感种群的 5.50 倍、2.18 倍和 2.20 倍。河南襄县、河南泌阳县、湖北秭归、湖北宣恩、湖北长阳土家族自治县的烟蚜种群对氰戊菊酯的抗性分别达 12.75 倍、12.04 倍、11.24 倍、9.36 倍和 7.93 倍。

附：烟蚜测报调查技术

烟田蚜虫测报调查技术详见 YC/T 340.1—2010《烟草害虫预测预报调查规程　第 1 部分：蚜虫》。

1. **越冬虫源基数调查**　烟蚜以木本植物为主要越冬寄主的地区，选择桃树等主要寄主植物进行调查。在烟蚜越冬卵孵化之前调查一次越冬卵数量，5 点取样，每点 5 株，共选择桃树（或其他主要寄主植物）25 株，在每株桃树的东、西、南、北、中 5 个方向各选择 15 cm 长枝条 2 枝，记载有卵枝数和每枝卵量，并计算有卵枝率，共调查 1 次。在越冬卵孵化后、蚜虫迁飞之前调查虫源基数，取样方法同上，记载有蚜枝数和有翅蚜、无翅蚜数量，共调查 2 次，两次相隔 7 d 左右。

以草本植物为主要越冬寄主的地区，选择油菜、菠菜、薹菜以及主要杂草寄主等进行调查。在有翅蚜迁飞前，采用 5 点取样，每点调查 10 株，调查有翅蚜、无翅蚜数量，计算有蚜株率，共调查 2 次，两次相隔 7 d 左右。

两种越冬方式兼有的地区，同时进行以上两种调查。

2. **有翅蚜迁飞调查**　采用黄皿诱集法。黄皿为圆盘形，用铁皮制作，直径 35cm，高 5cm。在皿高 2/3 处打若干溢水孔，并用 60 目纱网封住，防止蚜虫随雨水流出。皿内底部及内壁涂黄色油漆（黄色光波长以 538.9～549.9nm 最佳），外壁涂黑色油漆。当皿内黄颜色减弱时，重新涂漆或更换黄皿。

黄皿设在便于调查的田间，调查区大田生产面积不少于 1hm²，调查地点周边应避免有干扰蚜虫活动的色谱源。在育苗中期于苗床周围设置黄皿诱蚜，移栽后将黄皿移入大田系统调查观测圃中。每测报点设置 2 个黄皿，两皿相距 50m。皿距地面高度为 1m，当烟株生长至与黄皿底部等高时，调整黄皿高度使之高于烟株 10～15cm。

育苗中期开始调查，烟株打顶后结束。每天 8：00～9：00 收集皿内全部蚜虫，保存于盛有 75% 乙醇的小瓶内并带回室内观察，区分有翅烟蚜与其他种类的有翅蚜，计数并注明日期，同时记录每天天气情况。每次调查时检查皿内水量，保持皿内水深接近溢水孔。

3. **系统调查**　烟草移栽后开始调查，烟株打顶后结束。选择有代表性的烟田 2～3 块作为观测圃，每块田面积不少于 667m²，调查期间不施用杀虫剂，其他管理同常规大田。观测圃内种植感虫品种，且品种和系统调查田块均应相对固定。

采用对角线 5 点取样方法，定点定株，每点顺行连续调查 10 株。每 5 d 调查 1 次，当蚜虫数量剧增时改为每 3 d 调查 1 次，记载有蚜株数及每株烟草上的有翅蚜、无翅蚜数量，计算有蚜株率及平均单株蚜量。在每次进行烟蚜系统调查的同时，调查烟株和地面上的烟蚜天敌种类、虫态及数量。

4. **大田普查**　在烟草移栽后 10 d、团棵期、旺长期分别进行 3 次较大面积普查，均应在大面积防治前进行，同一地区每年调查时间应大致相同。

综合考虑当地品种、种植区域、生态条件等因素，选择有代表性的田块，调查田块数量应不少于 10 块，每块烟田面积不少于 667m²，普查面积占当地植烟面积的比例应不小于 1%。采用对角线 5 点取样方法，每点不少于 10 株，调查整株烟蚜数量，记载有蚜株数、有翅蚜和无翅蚜数量。若在烟草团棵期或旺长期进行普查，也可采用蚜量指数来表示烟蚜的为害程度，选取 10 块以上有代表性的烟田，采用对角线 5 点取样方法，每点不少于 20 株，参照以下蚜量分级标准，调查烟株顶部已展开的 5 片叶，记载每片叶的蚜量级别，计算蚜量指数。

蚜量分级标准如下：

0 级：0 头/叶。

1 级：1～5 头/叶。

3 级：6～20 头/叶。

5 级：21～100 头/叶。

7级：101～500 头/叶。

9级：大于 500 头/叶。

$$蚜量指数 = \frac{\sum(各级叶 \times 该级别值)}{调查总株数或叶数 \times 最高级值} \times 100$$

5. 发生程度划分标准 烟蚜发生程度分为 6 级，主要以当地烟蚜发生盛期的平均单株蚜量（X）来确定，分级指标如下：

0级（无发生）：0。

1级（轻发生）：0＜X≤10。

2级（中等偏轻发生）：10＜X≤50。

3级（中等发生）：50＜X≤100。

4级（中等偏重发生）：100＜X≤200。

5级（大发生）：X＞200。

王秀芳　任广伟（中国农业科学院烟草研究所）

第 26 节　烟 青 虫

一、分布与危害

烟青虫 [*Helicoverpa assulta* (Guenée)] 又名烟夜蛾，属鳞翅目夜蛾科。在我国烟田，与烟青虫混合发生的还有其近缘种棉铃虫 [*H. armigera* (Hübner)]。这两种夜蛾原都归实夜蛾属（*Heliothis*）。1965 年，Hardwick 根据其对组成实夜蛾属种类的形态比较研究，将它们划归为其所建立的新属铃夜蛾属（*Helicoverpa*）。

中国见于各省份，国外见于朝鲜、日本、菲律宾、越南、老挝、泰国、缅甸、印度、不丹、巴基斯坦、斯里兰卡、马来西亚、新加坡、印度尼西亚、乌干达、肯尼亚、马里、塞内加尔、利比亚、澳大利亚、斐济、巴布亚新几内亚等。文献记载的寄主植物有 70 余种之多，其中，主要的是烟草、辣椒、玉米、高粱、亚麻、豌豆、苋菜、向日葵、甘蓝、甘蔗、南瓜、洋葱、曼陀罗、龙葵、扁豆、颠茄等。

早前的文献记载棉花和番茄均是烟青虫的寄主。后来研究发现，棉花不是烟青虫的适宜寄主，取食棉花的幼虫可以发育，但死亡率高达 87.5%。番茄也不是适宜寄主，在我国及澳大利亚，番茄上很少见有烟青虫为害。但在菲律宾，番茄是烟青虫的重要转移寄主。

我国有关烟青虫和棉铃虫为害烟草的早期记录见于 1915 年，当时的农商部中央农事试验场病虫害科就调查、记述了北京数种烟草害虫及其防除方法，其中有关烟草螟蛉（后人疑为棉铃虫）的形态、生活史、防除方法等的记述较为详细。1934 年，浙江昆虫局发现棉铃虫为害烟草。1935 年，山东省烟草改良场病虫害组的马世骏等开展烟草害虫种类调查、主要种类生活习性观察及药剂防治试验等工作，发现烟田有夜蛾类（*Heliothis/Helicoverpa* spp.）害虫为害。1940 年王启虞等在浙江松阳县调查发现烟草生长期害虫有 10 种，1941 年何均等在川西调查发现当地烟草害虫有 19 种，其中烟青虫均是主要害虫。此后的调查研究和文献记载中也均发现烟青虫是为害生长期烟草的重要害虫。

在烟田，烟青虫幼虫取食烟草心芽、嫩叶、蕾、花和果实，偶尔蛀食烟茎。黄淮、华中和西南烟区每年因烟青虫为害造成的烟草产量损失 5%～10%，大发生年份超过 15%，有些地方高达 25% 以上。发生为害程度年度间变化很大，且与栽培制度关系密切。如湖南郴州 1998—2008 年烟青虫为害株率一般在 10.0%～33.6%，为害株率低的年份只有 1%～4%，2004 年则高达 100%；1973—1982 年在山东、云南等地烟田，套种辣椒的烟田烟草受害株率高达 100%，而单作烟草仅有 10%。

二、形态特征

成虫：体长约 15mm，翅展 24～33mm。雌蛾体背及前翅棕黄色，雄蛾灰黄绿色。前翅内横线、中横线和外横线波浪状，其中外横线为双线，亚外缘线为宽带状，内横线与中横线之间有一褐色环形纹，中横线上端分二叉，叉间有一灰褐色肾形纹。后翅近外缘有一黑色宽带，宽带内侧中部有 1 条与其平行的黄褐色至黑褐色短细线。

卵：扁圆形，底部平，高 0.4~0.55mm，卵壳表面有长短相间排列的纵棱，纵棱在卵壳中部有 23~26 条，近顶部边缘处有 8~11 条，纵棱不分叉，不伸达底部。卵顶花冠有菊花瓣形纹 11~15 个。初产出时乳白色，数小时后变为灰黄色，孵化前为紫褐色或黑色。

幼虫：初孵幼虫体长 2mm 左右，多为铁锈色。末龄幼虫体长 31~41mm，体色有青绿色、黄绿色、黄褐色、绿褐色、红褐色、暗褐色等，变化大。头部黄色，有深黄色而不规则的网纹。前胸气门前下方 2 毛基部连线的延长线远离气门下缘。体表密生短而粗的小刺，体背常散生白色小点，背中线较明显。

蛹：纺锤形，长 17~21mm。化蛹初期深绿色，以后渐变为红褐色或黄褐色。腹部第五至七节前缘密生小刻点，第四节背面刻点较稀。末端有臀刺 1 对，基部靠近。

烟青虫各虫态见彩图 21‐26‐1。

三、生活习性

（一）生活史

烟青虫在各地的年发生代数因纬度、海拔等不同而异。东北地区年发生 2 代，河北年发生 2~3 代，黄淮地区年发生 3~4 代，湖北、安徽、浙江、上海、四川、云南、贵州等地年发生 4~6 代。在这些地区均以蛹在距土表 10cm 左右的土中越冬。

山东省年发生 4 代，越冬代成虫见于 6 月上、中旬，第一、二和三代成虫分别见于 7 月中下旬、8 月上中旬和 9 月上中旬，第一至四代幼虫分别见于 6 月下旬至 7 月上旬、7 月下旬至 8 月中旬、8 月下旬至 9 月上旬、9 月中旬至 10 月中旬。山东沂水县第一、二和三代幼虫分别发生于 6 月、7 月和 8 月，这 3 个月上、中旬的种群数量分别占各世代种群数量的 78%、88.3%和 78%，下旬分别占 22%、11.7%和 22%。第四代幼虫发生于 8 月下旬至 9 月中旬，其中 8 月下旬至 9 月上旬的数量占 81%。

湖南常德市年发生 5 代，发生于 5 月下旬至 6 月下旬的第一代幼虫取食、为害烟草最严重。各世代的发生期见表 21‐26‐1。四川郫县第一至四代取食烟草，5~6 月烟草受害重。

表 21‐26‐1　烟青虫在湖南常德的年生活史（引自刘见平等，1994）

Table 21‐26‐1　The annual life history of *Helicoverpa assulta* in Changde, Hunan

(from Liu Jianping et al., 1994)

代别	各月、旬出现的虫态															10月至翌年4月
	5月上	5月中	5月下	6月上	6月中	6月下	7月上	7月中	7月下	8月上	8月中	8月下	9月上	9月中	9月下	
越冬	⊕	+	+	+	+	+										
一		●	●	●	●											
				—	—	—										
二				⊕	⊕	⊕	⊕									
					+	+	+	+								
						●	●	●								
						—	—	—								
三							⊕	⊕	⊕							
								+	+	+						
								●	●	●						
四											⊕	⊕				
												+	+	+		
												●	●	●		

（续）

代别	各月、旬出现的虫态															
	5月			6月			7月			8月			9月			10月至翌年4月
	上	中	下	上	中	下	上	中	下	上	中	下	上	中	下	
四													—	—		
													⊕	⊕	⊕	⊕ ⊕ ⊕
													+	+	+	
五（越冬）													●	●	●	
																⊕ ⊕ ⊕

注 ●：卵，—：幼虫，⊕：蛹，+：成虫。

在河南许昌市，年发生4代，第一代幼虫盛发于6月上、中旬，第二代幼虫盛发于7月上、中旬。这两代是烟田的主要为害世代，其中，第一代所造成的经济损失尤重。第三代幼虫发生于7月下旬至8月上、中旬，主要在留种烟田为害，第四代主要取食辣椒。

湖北襄阳市烟田第一代卵见于4月底至5月，第一代幼虫盛发期为5月下旬至6月上旬，第二、三代幼虫盛发期分别在7月中、下旬和8月中、下旬，第四代以后基本不再取食烟草。在湖北五峰土家族自治县海拔400～800m的低山烟田，越冬蛹5月中、下旬羽化，第一代幼虫取食盛期在6月中旬，第二代幼虫取食盛期在7月中旬。8月发生的第三代幼虫为害烟草较轻，第四代不再取食烟草。

安徽凤阳县年发生4～5代，第二代以后世代重叠。越冬代成虫羽化期为5月中旬至6月上旬，第一代幼虫发生期在5月下旬至6月下旬，第二代为6月下旬至7月中旬，第三代为7月中旬至8月上旬，第四代为8月中旬至9月上旬，第五代为9月下旬至10月下旬。第四代部分幼虫于9月中旬入土化蛹越冬，也有以第五代幼虫于10月中旬化蛹越冬的。

各虫态发育历期随温度高低或世代不同而变化。在山东烟区，卵期、幼虫期均以第二代最短，平均分别为3.0d和11.1d，第四代最长，分别为4.0d和25.3d。在温度为（26±1）℃，相对湿度为75%±5%，光周期为16L：8D条件下，卵期3.57d，一龄至六龄幼虫期分别为3.77d、2.58d、2.15d、1.95d、2.14d和2.54d，全幼虫期14.13d。湖南常德市和四川成都市各世代及虫态的发育历期见表21-26-2。

表21-26-2　烟青虫不同地理种群不同世代各虫态的发育历期（引自何隆甲，1982；刘见平等，1994）

Table 21-26-2　Development duration of each stage of *H. assulta* of different geographical populations

(from He Longjia et al., 1982; Liu Jianping et al., 1994)

世代	地理种群名称	发育历期（d）			
		卵	幼虫	蛹	全世代
一	湖南常德	5.3±0.5	15.6±1.5	13.3±2.1	37.5±3.0
	四川成都	5.9±0.1	17.9±0.4	11.6±0.1	45.1±1.0
二	湖南常德	5.0±0.0	12.5±1.3	10.0±1.0	29.5±3.0
	四川成都	3.0±0.01	16.1±0.5	11.2±0.3	38.2±0.9
三	湖南常德	3.1±0.3	14.4±1.3	11.8±0.7	31.4±1.5
	四川成都	2.6±0.3	17.8±0.5	13.7±0.7	38.4±0.5
四	湖南常德	3.1±0.3	14.1±1.5	16.8±1.2	35.9±2.3
	四川成都	3.0±0.4	—		

（二）主要习性和行为

1. 成虫　成虫具趋光性和趋化性。对一般黑光灯的趋性不强，但对波长405nm的灯光趋性明显。对萎蔫的黑杨枝叶具有很强的趋向反应。

羽化多在夜间，羽化后30min左右开始飞翔，经过2～3d的补充营养后开始求偶和交尾。雌蛾求偶时释放的性信息素组分在不同地理种群间差异较大，但主要成分为顺-11-十六碳烯醛（Z11-16：Ald）、顺-9-十六碳烯醛（Z9-16：Ald）、顺-9-十六碳烯醇（Z9-16：OH）和顺-9-十六碳烯醇乙酸酯（Z9-

16：AC）等。信息素释放高峰各组分也存在差异，如 Z9 - 16：Ald 在暗期开始后 4h 达到高峰，Z9 - 16：AC 在暗期开始后 7h 才达到高峰。求偶多在 20：00～23：00，以暗期开始后第二至六小时最为活跃。求偶持续时间个体间差异很大，短的 85min，长的可达 472.5min，平均 243min。交配高峰在暗期的第三至五小时，交配持续时间平均 70min，短的 30min，长的可达 120min，2 日龄雌蛾交配率最高。

性信息素合成激活肽（PBAN）控制性信息素的合成。雌蛾的 PBAN 由 33 个氨基酸组成，在食道下神经节中表达。雌蛾交配后 1h，性信息素滴度显著降低。雌、雄蛾一生可多次交配，雌蛾平均交配 1.1次，雄蛾 2.5 次。交配后 3.6～4.6d 开始产卵。

成虫喜在植株高大茂盛的烟田产卵。产卵活动于 21：00 至翌日 10：00 进行，22：00～24：00 产卵量最多，该期所产的卵占全天产卵量的 42% 左右。田间第二代雌蛾产卵量最大，平均为 739.5 粒/头（表 21 - 26 - 3）。产卵量与补充营养有关，如室内种群饲喂多维葡萄糖时，平均产卵量为 526.2 粒/头，最高 916 粒/头，而饲以清水时分别只有 223.7 粒/头和 332 粒/头。成虫期一般 9～12d，产卵期 3～5d。

表 21 - 26 - 3　四川成都烟青虫不同世代成虫的寿命、产卵量和产卵历期（引自何隆甲等，1982）

Table 21 - 26 - 3　The longevity, fecundity and oviposition period of *H. assulta* in different generations in Chengdu, Sichuan（from He Longjia et al.，1982）

世代	寿命 (d)						产卵量 (粒/头)			产卵历期 (d)		
	雌蛾			雄蛾			最多	最少	平均	最短	最长	平均
	最短	最长	平均	最短	最长	平均						
一	4	14	10.8	3	13	8.5	1 154	21	307.2	4	13	10.0
二	7	13	10.0	4	9	5.7	1 105	272	739.5	6	12	9.0
三	5	7	5.5	3	5	3.6	715	29	348.8	4	6	4.8
四	7	13	10.1	4	11	7.3	941	135	503.2	4	9	6.9

2. 卵　卵多产于烟株中上部嫩叶正、反面，烟草现蕾后多产于花瓣、萼片和蒴果上。卵散产，一般一处 1 粒，偶见 3～4 粒在一起的。烟田第一、二和三代烟青虫和棉铃虫混合种群的卵（在田间肉眼不易辨识两者的卵）呈聚集分布。各代卵在烟株上均为上部明显多于下部，打顶前 59.52% 的卵分布于蕾（尖）上，35.54% 见于顶部 1～8 片叶上。打顶后 95% 的卵分布于中上部 8 片叶上，98% 在中上部 10 片叶上。在留种烟田，6 月、7 月分别有 88.71% 和 94.44% 的卵分布于花蕾上。

卵初产出时乳白色，后依次陆续变为米黄色或灰黄色，卵壳出现晕圈，卵壳顶端出现灰褐色点，孵化前 6h 变为黑色或紫黑色。日均温 29℃ 变温下历经 3d 孵化。

3. 幼虫　幼虫孵化后先取食卵壳。初龄幼虫可昼夜取食，并有吐丝下垂习性，取食叶肉仅留表皮或蛀食成小孔。三龄后幼虫食量大增，能转株为害，白天潜伏于烟叶下，夜晚活动、为害。幼虫喜取食心叶和嫩叶，钻蛀嫩茎，受害叶片出现孔洞或缺刻，重者仅留叶脉。烟草现蕾后主要取食嫩蕾，开花后取食花、钻蛀花茎及蒴果。为害蒴果时，幼虫钻蛀取食种子，仅留蒴果空壳。

幼虫龄数随世代、寄主植物的不同而有所不同，一般 5 龄，少数 6 龄，偶见 7 龄的。山东田间的幼虫一般是五龄化蛹。在云南昆明饲以烟叶时，第一、二、三和四代五龄化蛹的幼虫个体比例分别占各代幼虫总量的 94.4%、81.2%、90.8% 和 88.9%，六龄化蛹的分别占 5.6%、18.8%、9.2% 和 11.1%，未见有七龄幼虫出现。

幼虫有假死性和自相残杀习性，在烟田呈随机分布，二龄幼虫盛期时密度越高，分布越均匀。幼虫体色和体线因环境、龄次、食物等的不同而多变。同一龄虫可有不同的体色，同一头幼虫不同龄期体色也有变化。

4. 蛹　老熟幼虫入土做土室化蛹。将要化蛹时，幼虫停止取食，身体明显缩短，无论何种体色的个体此时均变为土红色。幼虫入土化蛹深度与土壤温湿度有关，非越冬蛹一般入土 3～5cm 深。越冬蛹入土较深，一般 7～10cm。越冬场所主要为留种烟地和辣椒地。

以滞育蛹在土壤中越冬。滞育蛹和非滞育蛹的过冷却点差异较大。如河南郑州种群，5 日龄滞育蛹的过冷却点和结冰点分别为（-15.7±1.8）℃ 和（-12.7±2.7）℃，非滞育蛹分别为（-13.5±1.2）℃ 和（-9.5±1.3）℃。滞育蛹的耐寒能力大于非滞育蛹。春季越冬蛹眼点移动后的发育起点温度为 15.24℃，有效积温为 152.03℃。

蛹是否滞育，可以通过复眼眼点的变化来判别。如将烟青虫蛹置于 28℃、一昼夜光照时数 16h 的环境中，经历 7d 后，若后颊区眼点仍处于化蛹初始时的位置（几近直线排列），则为滞育个体，若眼点向后下方移动或消失则为非滞育个体。

四、发生规律

（一）虫源基数

越冬基数影响翌年第一代幼虫发生量，而冬季低温及年发生代数又影响越冬基数。如湖南省 2005 年与 2008 年冬季（月）温度比多年同期低，烟青虫越冬代发蛾量也较历年同期为少。但在发生代数少的地区，如位于湘西北高寒山区的龙山，每年发生 4 代，因为 1 年内发生世代相对较少，积累的虫口基数少，因此为偏轻发生区。

各代幼虫残虫量影响下一代蛾量。据湖南省测报资料，烟田越冬代诱蛾量往往高于第二、三代诱蛾量。其原因可能是各地大田通过 5 月、6 月防治，残存活虫少，因此羽化蛾量少；而且第二代处于 6 月中、下旬，烟株衰老，羽化蛾转移到烟田外的其他寄主作物上，因此烟田蛾量减少。

（二）气候条件

1. 温度 温度影响烟青虫各虫态的发育历期。在 20～36℃时，卵、幼虫和蛹的发育历期随温度升高而缩短。如 20℃时卵和六龄幼虫的发育历期均为 6d 左右，36℃时分别只有 2d 和 3d（表 21-26-4）。

表 21-26-4 不同温度下，烟青虫各虫态的发育历期（引自谢立群等，1996）

Table 21-26-4 Developmental duration of each stage of *H. assulta* at different temperatures

(from Xie Liqun et al., 1998)

虫态和龄次		不同温度下的发育历期（d）				
		20℃	24℃	28℃	32℃	36℃
卵		6.12±0.21	3.85±0.14	2.66±0.10	2.32±0.16	2.27±0.12
各龄幼虫	一	5.91±0.35	4.20±0.19	3.03±0.24	2.55±0.23	2.34±0.48
	二	3.82±0.25	3.01±0.36	2.44±0.28	1.61±0.41	1.87±0.60
	三	3.62±0.62	2.71±0.69	2.23±0.45	1.65±0.38	1.54±0.51
	四	2.95±0.53	1.88±0.35	1.54±0.72	1.18±0.32	1.13±0.69
	五	3.85±0.42	2.63±0.43	1.98±0.57	1.40±0.33	1.62±0.45
	六	5.78±0.93	4.56±0.54	3.42±0.63	2.55±0.36	2.61±0.91
预蛹		3.71±0.67	2.96±0.55	2.20±0.41	1.45±0.37	1.50±0.69
蛹		21.75±1.47	15.5±0.92	10.74±0.64	8.83±0.67	9.07±1.03

温度也影响成虫的寿命和产卵量。如在 20～36℃下，雌蛾寿命随温度升高而缩短，20℃时达 17.05d，36℃时仅 4.36d。24～28℃时产卵量较高，36℃时则不产卵。

各虫态的发育起点温度和有效积温因地理种群而略有不同。卵、幼虫和世代发育起点温度分别为 13℃、15℃和 16℃左右，有效积温分别为 50℃、150℃和 300℃。

2. 湿度和降水 湿度和降水是影响烟青虫发生量的重要因素。如在山东沂水县，第二代幼虫盛发期及第三代发蛾高峰期，平均温度 26℃、相对湿度 80% 左右时幼虫为害重，蛾量大，卵量多，孵化率高，而 27.8℃、相对湿度 70% 以下不利于成虫和幼虫的发生。在长江中游的武汉郊区，日均温 25～28℃、相对湿度 80% 时种群数量多，日均温高于 30℃、相对湿度低于 80% 时种群数量少。

湿度也影响卵和幼虫的存活率。高湿与高温（如相对湿度 94%、32℃）组合下卵的存活率较低，而高温与低湿组合下末龄幼虫的存活率低。

3. 光照 光照诱导烟青虫的滞育，但温度对烟青虫的滞育起着明显的调节作用。如 22℃下一昼夜光照 9～13h 时，可诱导安徽凤阳种群 90% 以上的个体进入滞育；光照时间延长至 13h 以上时滞育率明显下降。24℃下光照 9～12h 的不同组合，所诱导的滞育率与 22℃下相比略有降低，光照延长至 13h 时，所诱导的滞育率明显下降；26℃时各光照条件下，所诱导的滞育率均大幅下降。一般 22～24℃较利于滞育的产生，六龄幼虫为主要敏感虫期。24℃和26℃下，烟青虫凤阳种群滞育的临界光周期分别为13h 11min和12h 4min。自然条件下，安徽凤阳9月20日前，蛹的滞育率低于40%，9月21～25日所化蛹的滞育率增至80%左右。10月中旬所化的蛹，所有个体均进入滞育状态。滞育的解除与温度有关，以7℃和16℃下处理60d以上为滞育解除的适宜条件。

光质影响成虫的趋光性。对单色光，在光波波长333～656nm时，趋光反应曲线的最高峰值在333nm处。用350nm分别与405nm、436nm组合，诱蛾量分别比单色光提高1.4倍和1.2倍，而350nm与578nm、625nm、656nm的不同组合，诱蛾量较单色光显著减少。

（三）寄主植物

1. 寄主植物种类　寄主植物种类影响烟青虫的产卵选择性及幼虫生长发育和死亡率。在可选择的寄主植物种类不同时，成虫产卵的偏好性差异很大。当烟草与其他寄主植物共存时，成虫一般偏爱在烟草上产卵。在28℃条件下，取食辣椒时世代发育历期为25.9d，幼虫及其所化蛹的死亡率分别为2.8%～11.3%和1.4%～15.3%，而取食烟草时世代发育历期为31.3d，幼虫及蛹的死亡率分别为21.4%～35.2%和4.5%～11.1%。

烟草品种也影响烟青虫的生长发育和死亡率。根据烟草对烟青虫的自然抗虫性，可将抗性级别划分为高抗、抗、不抗、感虫和高感5类，对一些品种所进行的试验结果表明，高抗的品种有大黄金、亮黄、息烽大柳叶等，高感的有佛光、Coker347、塘蓬烟等。此外，同一品种在不同年份的抗虫性也有差异，说明烟草的抗虫性不仅与品种有关，而且与烟草生长期的田间气候和栽培措施等因素有关。白肋烟一般较烤烟受害重，百株卵量为烤烟的1.9～10.4倍。北方夏烟比春烟受害重。如山东春烟4月中下旬移栽、8月中旬收烤结束，第二、三代烟青虫发生时，烟株已大，叶片老硬，不适宜产卵，因而受害轻，一般7月间虫株率不超过5%，而同时期夏烟则高达40%～50%。

一些植物的提取物影响幼虫的发育和成虫产卵。室内试验结果表明，喷洒鼠李（*Rhamnus davurica*）、白车轴草（*Trifolium repens*）、安息香（*Styrax japonicus*）、银杏（*Ginkgo biloba*）、山葡萄（*Vitis amurensis*）、朝鲜连翘（*Forsythia koreana*）等的提取物时，幼虫的取食性有所变化，一、二龄幼虫的死亡率极高，而少数存活幼虫的蜕皮次数也增加，发育历期延长。鼠李和安息香的提取物可使产卵量减少50%。

2. 栽培制度与栽培方式　一般烟草与辣椒、小麦、花生等间作或套作时，种群数量都比单作烟田重。例如，1973—1982年在山东、云南等地，套种辣椒的烟田，烟草受害株率高达100%，而单作烟草仅10%。红花烟（即普通烟草）（*Nicotiana tabacum*）与黄花烟（*N. rustica*）混栽时，黄花烟上烟青虫卵量比红花烟多。例如，红花烟单作田与每隔15行红花烟栽植1行黄花烟的烟田，后者红花烟上的卵量比其单作田少一半还多。这或许是两种烟草的生育期不同所致。因此，烟草生产中，栽植一些黄花烟以作为烟青虫产卵的诱集带，实为一项重要防治措施。

在我国中北部烟区，覆盖地膜的烟田烟青虫发生较早，种群数量也大，烟草受害常较重。例如，在豫西烟田，地膜田第二代卵始见期比露地烟田早4～7d，百株累计卵量比露地烟田高1.29倍，第三代高1.13倍；地膜田第二代百株幼虫量比露地烟田高1.08倍，第三代高0.87倍。

3. 与近缘种的竞争　在我国许多烟区的烟田，烟青虫与棉铃虫常混合发生。例如，在河南郑州市6～8月烟草生长季节，烟青虫、棉铃虫幼虫的种群数量分别占两种群总量的59.95%和40.05%，其中6月上、中旬烟青虫略多于棉铃虫，6月下旬至7月中旬棉铃虫多于烟青虫，但到7月下旬烟青虫种群数量开始增多，7月底时超过棉铃虫，且这种态势一直保持到8月中旬烟叶采收。两者的幼虫约60%分布于心叶上，心叶下的第一叶次之，其余叶上很少。

两者混合发生势必会发生竞争。但研究发现，由于两者的生态位分离造成其种间竞争强度不高。如烟青虫独栖株数占总株数的32.93%左右，棉铃虫占47.74%，两者共存的株数仅为19.33%；在叶位（空间生态位）上，两者也多分离，共存于同一叶位的概率最高也仅有9.27%；从时间生态位宽度看，棉铃虫大于烟青虫，表明棉铃虫对时间资源的利用程度较强；同时，两者的种内竞争强度都比种间竞争强度大，因而两种幼虫在烟草上能稳定共存。

此外，在华南烟区烟田，取食行为与烟青虫相同的斜纹夜蛾也常与烟青虫同期发生，但斜纹夜蛾幼虫多在烟株中下部，其与烟青虫在烟株上、中、下部叶片共存的比例分别仅为6.11%、3.23%和0.51%。

由于对空间垂直资源的不同选择，它们能同时在同株烟草上取食而互不干扰。

（四）天敌

天敌是制约烟青虫种群数量的重要生态因子。烟青虫的捕食性天敌种类很多，包括草蛉、猎蝽、姬蝽、花蝽、隐翅虫、瓢虫、蜘蛛等类群，寄生性天敌主要有棉铃虫齿唇姬蜂（*Campoletis chlorideae* Uchida）和螟蛉悬茧姬蜂 [*Charops bicolor*（Szepligeti）]，另外还有球孢白僵菌 [*Beauveria bassiana*（Balsamo）Vuillemin]、苏云金杆菌（*Bacillus thuringiensis* Berliner）、烟青虫核多角体病毒、烟青虫质多角体病毒、棉铃虫核多角体病毒等病原微生物以及地老虎六索线虫（*Hexamermis agrotis* Wang et al.）等。

在烟区，棉铃虫齿唇姬蜂是烟青虫的优势种天敌，其对烟田各代烟青虫的寄生率以第一代为最高，第二、三代次之，第四代最低。如在河南许昌市的烟田，第一代烟青虫幼虫的被寄生率平均达 70%，第二代达 58.22%。在河南驻马店市的烟田，六索线虫是分布普遍、对烟青虫的抑制作用仅次于棉铃虫齿唇姬蜂的重要寄生性天敌，寄生率一般在 30%左右，高者可达 50%～70%。

在湖南永州市，蜘蛛、隐翅虫、烟盲蝽、蚂蚁等天敌的取食是控制烟青虫第二、三代（当地的主害代）卵和一、二龄幼虫数量的主要因素，泽蛙、蜘蛛、隐翅虫等取食是控制三、四龄数量的主要因素，而由于棉铃虫齿唇姬蜂寄生及泽蛙等取食，使得五龄幼虫存活率仅有 20.97%（第二代）或 14.02%（第三代）。

（五）化学杀虫剂

长期以来，烟田烟青虫的防治主要依靠化学杀虫剂，但由于我国各烟区用药种类和次数不同，造成各地烟青虫的抗性水平差异很大。据测定，2004—2005 年我国山东、湖北、河南、云南、安徽、福建和贵州等烟区，烟青虫田间种群对氰戊菊酯就已经产生了严重抗性，抗性倍数为 5.83～17622，在监测的 25 个种群中，抗性倍数大于 1 000 的就有 12 个；对辛硫磷和灭多威具有中度抗性，抗性倍数分别为 3.49～50.8 倍和 2.93～37.1 倍。由于在烟田辛硫磷和灭多威常用于防治烟蚜，因此烟青虫对这两种农药的抗性发展比较缓慢。

五、防治技术

根据烟青虫生活习性和在烟田的发生规律，对其防治可采取"以农业防治为基础，采用各种诱杀技术，适时开展化学防治"的对策。

（一）农业防治

农业防治可与常规栽培管理措施结合进行。例如，在烟草收获后及时深翻烟田，可杀灭越冬蛹，减少翌年虫源；又如有条件的烟区可改变耕作制度，采取轮作、变夏烟为春烟等，这是简易有效的防治措施。在烤烟田，每 15 行烤烟种 1 行黄花烟，以诱集成虫在黄花烟上产卵，便于集中施药；再如在烟草现蕾后及时打顶、抹杈，恶化烟青虫的取食条件，常可使其为害大为减轻。

（二）生物防治

生物防治包括保护、利用自然天敌，施用生物杀虫剂，性诱剂诱杀等。在幼虫孵化盛期，可采用苏云金杆菌 16 000IU/mg 可湿性粉剂 750～1 500g/hm²（制剂），或苏云金杆菌 8 000IU/mg 可湿性粉剂 1 500～3 000g/hm²（制剂），对水叶面喷雾。或者在卵盛期施用棉铃虫核多角体病毒 50 亿 PIB/mL 悬浮剂，每 10mL 对水 15kg 喷雾。

采用性诱剂诱杀，在各代烟青虫成虫发生初期，烟田每隔 50m 左右放置 1 个性诱剂水盆诱捕器，诱芯一般情况下每 20d 更换 1 次，高温干旱时每 10d 更换 1 次。每隔 1～2d 清理诱捕器 1 次，并及时补足诱捕器中的水量。

（三）物理防治

烟青虫成虫具有趋光性，因此可用黑光灯诱杀成虫。一般每公顷烟田装 1 盏黑光灯，于成虫发生期每天傍晚开灯诱杀。

需要注意的是，利用灯光诱杀及性诱剂诱杀时，并不是所有的成虫都能被捕获到，而且雄蛾具有多次交配习性，因此诱杀防治必须大面积统一进行。在每一代成虫发生初期时开始灯光诱杀或设置性诱剂诱捕器诱杀，直至该代成虫末期。在诱捕田仍要及时监测卵量动态和幼虫发生情况，一旦达到防治指标要立即进行化学防治。

此外，结合农事活动开展人工捕捉幼虫，也切实可行。

（四）化学防治

化学防治适期在卵孵化盛期，最晚不超过二龄幼虫期。施药时间以 10：00 前和 16：00 以后为好。常用杀虫剂有 10%烟碱乳油 75～112.5 g/hm²、0.5%苦参碱水剂 4.5～6 g/hm²、0.5%甲氨基阿维菌素苯甲酸盐微乳剂 1.5～2.25 g/hm²、4.5%高效氯氰菊酯乳油 15～25.5g/hm²、25g/L 高效氯氟氰菊酯乳油 7.5～9.375g/hm²、50g/L S-氰戊菊酯水乳剂 9～18g/hm² 等。以上药剂均应对水叶面均匀喷雾。

郭线茹（河南农业大学植物保护学院）

第 27 节　烟　粉　虱

一、分布与危害

烟粉虱（*Bemisia tabaci* Gennadius），又名银叶粉虱、甘薯粉虱、棉粉虱，属半翅目粉虱科小粉虱属。烟粉虱最早报道于 1889 年，在希腊的烟草上发现，目前是世界上为害最大的入侵物种之一，在入侵过程中对我国以及其他多个国家和地区的许多农作物造成毁灭性危害。20 世纪 80 年代以前，烟粉虱主要在美国、苏联、埃及、印度、巴西、伊朗和土耳其等国的棉花上为害；80 年代以后，又发现此虫对也门的西瓜、墨西哥的番茄、印度的豆类、日本的花卉为害严重。在我国南方，如台湾、云南一带也有在棉花上为害的记录。20 世纪 90 年代初，烟粉虱仅分布在全世界的 30 个国家和地区，后来迅速蔓延开来。目前，世界各国都先后报道了烟粉虱的为害。

烟粉虱在中国的记载最早开始于 1949 年，在随后的很长时间内，烟粉虱并不是中国主要的经济害虫，仅在南方一些省份为害少量的棉田，虽个别年份为害较为严重，但种群数量比较低，基本不需要防治，因此没有引起人们足够的重视。

20 世纪 90 年代以来，烟粉虱在中国的分布范围逐步扩大，各地对该虫的报道迅速增加。据广东省植保植检站记载，1997 年烟粉虱开始在广东东莞发生为害；2000 年，烟粉虱在河北、北京、广东、天津等多个地区大发生；2000—2003 年，烟粉虱在山东、河南等烟区发生，为害严重，对烟叶生产造成较大损失。据初步统计，目前烟粉虱在我国的广东、广西、福建、云南、贵州、湖南、江西、浙江、上海、江苏、安徽、湖北、重庆、四川、山东、河南、山西、陕西、甘肃、新疆、河北、内蒙古、吉林、黑龙江、海南、台湾等地区都有分布。

通过研究表明，烟粉虱是一个隐种复合体，目前已知包含 31 个形态上无法区分、但遗传结构有显著差异的隐种，其中少数隐种是世界性入侵害虫。目前，在我国境内分布有 15 个烟粉虱隐种，分别为中东—小亚细亚 1 隐种（Middle East‐Asia Minor 1 隐种）（原称为 B 型）和地中海隐种（Mediterranean 隐种）（原称为 Q 型）两个全球入侵隐种和 13 个土著隐种。2003 年，烟粉虱几乎遍布全国，主要为入侵种中东—小亚细亚 1 隐种，当年在我国的河南、北京和云南等地区又相继发现了另一种为害十分严重的烟粉虱隐种——地中海隐种，该隐种为我国长江流域及东部沿海地区的优势种，并在许多地区迅速取代了本地种而占据优势地位。两个全球入侵隐种在烟草上均有为害。目前在全世界有地中海隐种逐渐取代中东—小亚细亚 1 隐种的趋势。土著隐种主要分布在我国南部及包括海南和台湾的东南沿海地区，隐种的多样性由南向北逐渐降低。

烟粉虱是一种多食性害虫，其寄主植物多达 600 余种，其中烟草是其嗜食寄主植物之一。烟粉虱成虫和若虫均可为害，在烟株叶片（彩图 21‐27‐1）和嫩茎上刺吸汁液，造成植株生长发育受阻，并可分泌蜜露污染叶片，诱发煤污病，影响叶片光合作用。烟粉虱在刺吸为害的同时还可传播多种病毒病，如中东—小亚细亚 1 隐种可传播烟草曲叶病毒（*Tobacco leaf curl virus*，TLCV）等，是为害烟草的重要病害，引起植株矮化，叶片和茎秆顶部扭曲等症状，影响烟叶的品质。

二、形态特征

成虫：雌虫体长约 0.91mm，雄虫稍小，体长约 0.85mm。体黄色，翅白色，无斑点，体及翅覆有白色粉状物。触角 7 节。前翅翅脉不分叉，左右翅合拢时呈屋脊状。跗节 2 节，约等长，端部具 2 爪，并有爪间鬃。雌虫尾端尖形，雄虫呈钳状（彩图 21‐27‐2，1）。

卵：长约 0.2mm，长椭圆形，有光泽，基部以短柄黏附于叶片背面，柄与叶面垂直。卵初产时淡黄绿色，孵化前颜色加深，变为深褐色（彩图 21-27-2，2）。

若虫（一龄至三龄）：初孵若虫椭圆形，扁平，灰白色，稍透明。二龄以后触角与足等附肢消失，仅有口器，固定在叶片背面取食，体色灰黄色。

伪蛹：为四龄若虫末期。体长 0.6～0.9mm。椭圆形，后方稍收缩，淡黄色，稍透明，背面显著隆起，并可见红褐色复眼。蛹壳卵圆形，黄色，中胸部分最宽，有 2 根尾刚毛，背面有 1～7 对粗壮的刚毛或无毛。蛹壳边缘扁薄或自然下陷，无周缘蜡丝。胸气门和尾气门外常有蜡缘饰，在胸气门处呈左右对称。管状孔三角形，长大于宽，孔后端有小瘤状突起，孔内缘具不规则齿，盖瓣半圆形可覆盖孔约 1/2，舌状器呈长匙形，伸出盖瓣之外（彩图 21-27-2，3）。

三、生活习性

烟粉虱的发生代数，因各地气候条件不同而有差异，在热带和亚热带等气候适宜的地区每年发生 11～15 代，在温带地区露地每年可发生 4～6 代。在我国的北方露地不能越冬，保护地可常年发生，每年 10 代以上，田间世代重叠极为严重。

在温室或保护地，烟粉虱各虫态都可以安全越冬。在自然条件下一般以卵或成虫在杂草上越冬，有的以卵或四龄若虫越冬。春季烟粉虱在烟田周围的十字花科蔬菜及一些杂草上为害，5 月上旬成虫迁入烟田，或由保护地迁入烟田。随着温度的升高，烟粉虱虫口数量迅速增加，常常暴发成灾，秋季又迁飞回蔬菜及杂草上为害。靠近种植辣椒、番茄等蔬菜大棚的烟田，烟粉虱通常发生较重。

成虫多在温暖无风的天气活动，有趋嫩、趋黄色的习性，还有强烈的集聚性。常常雌雄成虫成对停落于叶片背面。温度较高阳光明媚时活跃，白天比晚上活跃，晴天比阴天活跃。烟粉虱成虫一般羽化后 24h 即可产卵，卵散产或排列成环状，多产于植株上中部叶片背面，卵以细小的卵柄插入叶肉组织内，刚产下的卵是乳白色，随发育而逐渐变成黑褐色。刚孵化的一龄若虫可四处爬动，但多在孵化处取食，寻找到适宜取食位点后就固定不动，喜欢在靠近叶脉处固定，吸食叶片组织的汁液。若虫一生蜕皮 3 次，其中第四龄若虫通常被称为伪蛹。烟粉虱以两性生殖为主，两性生殖时产生雌虫和雄虫，也可孤雌生殖，孤雌生殖时只产生雄虫，两性生殖的产卵量高于孤雌生殖的产卵量，且孵化率也大于孤雌生殖的卵。

烟粉虱在不同的寄主植物上发育时间各不相同，在 25℃ 条件下，从卵发育到成虫需要 18～30d。成虫的寿命为 10～22d。每头雌虫可产卵 30～300 粒，在适合的植物上平均产卵 200 粒以上。也有报道烟粉虱以 26～28℃ 为最佳发育温度。在此温度下，卵期约 5d，若虫期约 15d，成虫期寿命可达 1～2 个月，完成一个世代仅需 19～27d。

四、发生规律

（一）气候条件

在 21～28℃ 时，烟粉虱产卵量随温度的升高而增多。在 25℃ 条件下，从卵发育到成虫需 18～30d，其成虫寿命一般为 10～22d，成虫在适合的寄主上平均产卵 200 粒/头以上，最高产卵量超过 600 粒/头。有研究报道，烟粉虱在 32.2℃ 时，其单雌产卵量仍可达 72 粒/头，到 14.9℃ 时停止产卵。另有研究表明，烟粉虱的发育历期随温度升高而降低，在 15～30℃ 条件下，卵在茄子上的历期从 25.8d 降至 4.2d，若虫期从 79.1d 降至 9.4d。高温适于烟粉虱的发生和繁殖，大雨或暴雨对烟粉虱成虫有较大的杀伤力，往往大雨后数天成虫数量明显减少。

（二）耕作条件

不同种植方式影响烟粉虱种群数量、为害程度。套种甘薯或大豆的烟田烟粉虱发生量均明显高于纯种烟田。甘薯、大豆为烟粉虱较喜食的寄主，种植甘薯、大豆起到了吸引烟粉虱的作用，同时与烟草套种形成了寄主之间的重叠，扩大了烟粉虱的取食范围，为烟粉虱的生存及繁殖创造了有利条件。

五、防治技术

（一）农业防治

1. 烟田周围避免种植烟粉虱越冬寄主 针对烟粉虱在我国北方保护地越冬的特点，在保护地秋冬茬栽培烟粉虱不喜好的半耐寒性叶菜如芹菜、生菜、韭菜等，从越冬环节切断烟粉虱的自然生活史。蔬菜大棚揭膜前最好能统一对棚内作物进行施药处理，并在蔬菜大棚揭膜后覆盖 60 目*防虫网，防止烟粉虱迁出棚外。

烟草育苗棚及烟草大田要远离蔬菜大棚，特别是辣椒、番茄大棚。烟草育苗棚通风口应全程设置 60 目防虫网。

2. 清洁田园　烟粉虱寄主植物多，多种烟田杂草都是其喜食的寄主植物，如苘麻等。应及时清理烟粉虱的越冬场所，压低越冬虫口基数，减少翌年虫源。烟株大田期应及时清除田间杂草。

另外，烟粉虱发生严重的烟区应避免烟草与甘薯间作。

（二）物理防治

1. 高温闷棚　在我国北方由于烟粉虱多为从保护地迁入烟田为害，因此，可通过高温闷杀法防治棚内烟粉虱。切断烟粉虱的自然生活史，使尽量少的烟粉虱迁入烟田。该方法可减少用药次数，延缓害虫抗药性的产生，降低农药污染。具体处理方法是：棚内温度 45～48℃，相对湿度为 90％以上，闷棚时间保持 2h。

2. 利用黄板诱杀　烟粉虱对黄色有强烈趋性，可在大田内设置黄板诱杀成虫。将黄板均匀悬挂于植株上方，黄板底部与植株顶端相平，或略高于植株顶端。当烟粉虱粘满板面时，需及时更换黄板。每 667m² 设置黄板 30 块左右，于田间烟粉虱成虫初发期设置。

（三）生物防治

在烟粉虱的可持续治理中，生物防治占有重要地位。据有关资料统计，烟粉虱的天敌资源非常丰富，世界范围内目前已报道的烟粉虱寄生性天敌有 55 种，主要是恩蚜小蜂属和浆角蚜小蜂属；捕食性天敌有 128 种，主要是瓢虫、草蛉、花蝽和一些捕食螨等。可采用规模化繁殖释放天敌等方法防治烟粉虱。

（四）药剂防治

基于烟粉虱对不同类型杀虫剂的抗药性，以及不同药剂对烟粉虱不同虫态防治效果的差异，在田间防治烟粉虱需狠抓前期防治工作，田间种群数量较低时及低龄若虫期是生产上防治的关键时期。

其次应合理选择农药，避免大量使用拟除虫菊酯类农药，并注意适当轮换使用不同类型的药剂。要尽量根据推荐浓度，不可随意加大浓度，以免烟粉虱抗药性过快增长。可选用如下药剂进行防治：25％噻嗪酮可湿性粉剂 2 000 倍液、1％阿维菌素乳油 2 000～3 000 倍液、25％噻虫嗪水分散粒剂 2 000～3 000 倍液、10％吡虫啉可湿性粉剂 1 500 倍液。每隔 5～7d 防治 1 次，连防 3 次可有效控制其为害。

施药时最好选择早晨或傍晚施药，喷雾器内适当加少量洗衣粉有利于提高防治效果。

陈丹　任广伟（中国农业科学院烟草研究所）

第 28 节　烟蛀茎蛾

一、分布与危害

烟蛀茎蛾 [*Scrobipalpa heliopa*（Lower）] 属鳞翅目麦蛾科，又名烟草茎蛾、烟草麦蛾、烟草瘦蛾等，俗称大脖子虫。

烟蛀茎蛾在我国主要分布在湖北、湖南、江西、广东、广西、台湾、四川、云南、贵州等长江以南地区。

研究发现，普通烟草（*Nicotiana tabacum* L.）和茄子为主要寄主，嗜食烟草，在烟草苗床及大田均能发生为害。在苗期为害一般会形成虫瘿，俗称"大脖子"（彩图 21-28-1），造成植株矮小，生长停滞，顶端叶片细小呈簇状，叶片不能伸展，且易分杈和发生侧芽，严重影响烟叶的产量及质量。在大田生育期，幼虫多在烟草主茎髓部蛀食，茎部不表现明显症状，但会使植株显著矮小，茎围加大，叶片变小。叶脉被害后叶片肥厚、皱缩或扭曲。

---

　*　目为非法定计量单位，60 目孔径约为 0.3mm。

二、形态特征

成虫：体长 7.0～8.0mm，翅展 13.0～15.0mm。体灰褐色或黄褐色。触角丝状灰色，约为体长的 2/3。复眼黑褐色，圆形。头顶有毛簇。前翅狭长，呈褐色或棕褐色，无斑，翅上有黑褐色鳞片，翅外缘和后缘均着生长缘毛。后翅菜刀状，灰褐色，较前翅宽大，顶角突出，翅缘也有长毛。足的胫节以下黑白相间，较明显，跗节 5 节，具 2 爪。雌成虫腹部末端丛毛排列整齐，两侧有黄白色长毛丛，雄成虫无毛丛。雌成虫具翅缰 3 根，较细；雄成虫仅为一根，较粗。

卵：长椭圆形，长约 0.5mm，宽 0.3mm，表面粗糙。初产时乳白色并微带青色，后渐变为浅黄色，孵化前卵内可见一黑点。

幼虫：老熟幼虫体长 10～13mm，多皱褶。体色依虫龄不同而异，初孵幼虫多为灰绿色，后变为黄白或乳白色。头部棕褐色。胸部稍肥大，前胸背板及胸足黑褐色。臀板褐色或黄褐色。腹足趾钩单序环形，臀足趾钩单序横带（彩图 21 - 28 - 2，1）。

蛹：略呈纺锤形，棕色，长 5～8mm，宽约 2mm。臀棘小，钩齿状，两侧生有尖端弯曲的刚毛。雄蛹尾端尖锐（彩图 21 - 28 - 2，2）。

三、生活习性

成虫全天均能羽化，但 8：00～12：00 羽化最多。具有弱趋光性，多栖息于烟叶背面或杂草丛等隐蔽处，夜晚活动，受惊时可做短距离飞行。羽化后当日即可交尾，多数在羽化后第二至三天交尾，交尾时间一般 2：00～7：00，可进行多次。交尾前，雌、雄蛾相互追逐数分钟，交尾时雌、雄蛾呈一字形静止不动。产卵前期一般为 1～3d，产卵期 5～7d，产卵量一般为 30～80 粒/头，最多可达 198 粒/头，产卵时间多在 18：00 至翌日 8：00，卵多数产于叶背、叶面、嫩茎及叶耳处。有趋向低矮烟株及烟株下部叶片产卵的习性。成虫寿命 4～16 d。

幼虫全天均可孵化，以 10：00 前孵化最多。初孵幼虫经短暂爬行后一般由烟叶表皮蛀入，蛀食烟叶叶肉，留下叶片上、下表皮形成潜痕，然后可沿支脉、主脉、叶基，最后蛀入烟茎。也可直接从叶基或茎端直接蛀入烟茎。幼虫活动能力较弱，不转株取食，即使烟株死亡也仍在烟株残体内继续蛀食。幼虫老熟后在取食处结白色薄茧化蛹。成虫羽化后，由羽化孔钻出。

四、发生规律

（一）越冬场所及发生世代

多以幼虫或蛹在烟茬、烟秆和烟草残株内越冬，成虫和卵也可越冬。无滞育现象，冬季天气温暖时，幼虫仍会在未腐烂的烟秆髓部及皮层处活动、取食。冬季也有一些老熟幼虫化蛹并羽化，但有霜冻时，羽化的成虫会死亡。

烟草蛀茎蛾在我国一般年发生 3～5 代，其中贵州一般年发生 3～4 代，湖南、江西、云南、广西等地区一般年发生 4～5 代。具有世代重叠现象。以第一、二代对烟草为害较重。

贵州烟区越冬幼虫于 3 月上旬开始化蛹，4 月上旬开始羽化，羽化盛期在 4 月下旬至 5 月上旬。第一代幼虫孵化盛期发生在 5 月中旬，为害春烟旺长始期，受害烟株自然补偿能力弱，恢复能力差，是造成烟草损失的主要为害世代，也是防治的关键时期。第二代幼虫孵化盛期在 6 月下旬至 8 月上旬，此时春烟已处于旺长至成熟采收期，对烟草影响较小，仅对晚栽烟有一定的影响。第三代幼虫孵化盛期发生于 9 月上旬至 10 月下旬。第四代幼虫孵化盛期发生于 9 月中旬，10 月中、下旬幼虫和蛹进入越冬状态。大田中第三、四代世代重叠，不易区分。由于第三、四代幼虫期烟叶大部采收完毕，基本不造成经济损失。

（二）发生与环境条件的关系

1. 与温、湿度等生态气候的关系　温度对烟蛀茎蛾的发生影响较大。一般冬季气温高，早春气温回升快，则越冬幼虫及蛹死亡率低，成虫羽化也早。若 1 月均温低于 (0.4 ± 0.9)℃时，越冬虫态会全部死亡。连续晴天、高温低湿能抑制成虫羽化。当日均温大于 27℃，相对湿度 51% 时，蛹难以羽化为成虫，死亡率高达 86.4%。卵、幼虫、蛹发育历期的长短也与温度的关系密切，不同世代不同温度下烟蛀茎蛾各虫态发育历期见表 21 - 28 - 1，烟蛀茎蛾各发育阶段发育起点温度和有效积温见表 21 - 28 - 2。

表 21-28-1　不同世代不同温度下烟蚀茎蛾各虫态发育历期（引自黎玉兰，1981）

Table 21-28-1　The development duration of *Scrobipalpa heliopa* at different generations and

temperatures（from Li Yulan，1981）

世　代	平均发育历期（d）			
	卵	幼虫	蛹	成虫
一	12.0（17.9℃）	48.8（20.2℃）	10.1（24.8℃）	5.2（24.3℃）
二	5.8（24.7℃）	27.3（25.3℃）	9.1（25.6℃）	5.9（25.8℃）
三	5.5（25.1℃）	36.1（20.7℃）	24.5（14.0℃）	26.1（11.1℃）
四	12.5（34.1℃）	—	—	—

表 21-28-2　烟蚀茎蛾发育起点温度和有效积温（引自黎玉兰，1981）

Table 21-28-2　Developmental threshold and effective accumulative temperatures of

Scrobipalpa heliopa（from Li Yulan，1981）

虫　态	卵	幼　虫	预　蛹	蛹	全世代
发育起点温度（℃）	12.2±0.53	9.7±1.3	15.6±0.67	13.9±0.86	11.4
有效积温（℃）	61.1	308.0	22.0	108.1	198.2

2. 与降雨、环境的关系　土壤干燥的半山坡烟田或水分缺乏的苗床发生较重。土壤墒情较好、水分充足的苗床发生较轻，反之则重。因此，适时灌溉苗床和烟田可抑制烟蚀茎蛾的发生。

3. 与海拔高度的关系　在海拔 520～1 880 m 时，800～1 400 m 发生程度较重，高海拔区的越冬死亡率高，因而发生程度相对较轻。

4. 与天敌的关系　主要的寄生性天敌有弯尾姬蜂、马铃薯块茎蛾赤腹姬蜂等，均寄生烟蚀茎蛾的蛹。寄生率较低，为 5%～10%。

5. 与农事操作的关系　烟蚀茎蛾的主要越冬场所为烟秆。如烟秆堆放于田间或烟草残株留存于烟田，则发生较重。在耕作制度上，轮作烟田发生轻，连作烟田发生重。在移栽日期上，一般早播早栽的发生重，晚移栽的发生偏轻，可通过适时推迟移栽期来避过越冬代成虫产卵高峰期。

五、防治技术

（一）加强管理，做好田间卫生

做好烟秆的冬季处理。烟秆是幼虫和蛹的越冬场所，是田间发生为害的主要来源，因此，在烟苗出土前彻底处理烟秆是防治烟蚀茎蛾的关键时期。

预防人为传播。带虫烟苗也是田间发生为害的来源之一，因此，移栽时选取无虫健苗和不从有烟蚀茎蛾发生的烟区调运烟苗也是预防烟蚀茎蛾的关键措施。

移栽后应及早检查，摘除被害苗、茎、叶，捕杀幼虫。如果幼虫已经蛀入苗茎，可用铁针或竹签刺入肿大部分的茎内，刺死幼虫。及时培土，促生大量不定根，使烟株正常生长。

（二）化学防治

越冬代成虫产卵高峰期至卵孵化期用 2.5% 高效氯氟氰菊酯乳油 2 000 倍液喷雾；移栽时用上述药液浸苗 1～2min，对已蛀食的幼虫也有一定的防治效果。

王新伟　任广伟（中国农业科学院烟草研究所）

第 29 节　斑 须 蝽

一、分布与危害

斑须蝽 ［*Dolycoris baccarum*（Linnaeus）］又名细毛蝽，属半翅目蝽科。

斑须蝽在我国分布广泛，北起黑龙江，南到海南，西抵新疆、西藏，东至沿海各省均有发生。国外见于日本、朝鲜、越南、印度、蒙古、土耳其、巴基斯坦、叙利亚、阿拉伯地区以及欧洲、非洲和北美洲等地。寄主植物种类繁多，其中，作物类主要是麦类、玉米、烟草、棉花、水稻、豆类、花生、黄麻、芝麻、向日葵、马铃薯、胡萝卜等，果木类有桃、梨、苹果、柑橘、榆、杨、泡桐、臭椿等，其他还有禾本科杂草和草本花卉等。

该虫的分布与寄主虽有较详细记载，但将其作为具有经济意义的烟草害虫而进行的研究却较少。20世纪 70～90 年代，斑须蝽在河南烟区发生，为害较重，因此，当时河南曾将其与烟蚜、烟青虫并列为烟草的三大害虫。迄今国内各烟区均有发生，但对烟草的为害常不严重。

二、形态特征

成虫：雄成虫体长 8～9.5mm，宽 5.3～6mm。雌成虫体长 9～11.5mm，宽 5.3～7.5mm。体灰黄色或黄褐色、赤褐色略带紫色，体色变异大。体背面密被黑色刻点及白色绒毛（故也称细毛蝽），前胸背板、小盾片和头部的绒毛尤多。触角 5 节，黑色，第一节粗短，第二节最长，第一至四节基部及末端和第五节基部为黄色，形成明显的黄黑相间的花斑（故称斑须蝽）。喙 4 节，端部一节黑色，其余 3 节前面中央黑色，余为淡黄色，常紧贴胸前。前胸背板侧缘稍向上卷，浅黄色，后部常略带暗红色。小盾片长三角形，赤褐色，末端钝而光滑，呈鲜明的淡黄色。前翅革质部淡红褐色，膜质部透明稍带褐色。胸部腹面及足淡褐色，散布零星小黑点。足黄褐色，散生黑点，胫节末端与跗节黑褐色。腹部背板黑色，侧缘外露，黑色黄色相间。

卵：圆筒形，高 1.0～1.1mm，直径 0.7～0.8mm。卵粒排列整齐成块，每块有卵 17～28 粒，多的达 42 粒。初产时浅黄色，后变为肉红色，孵化前呈橘红色。卵壳有网状纹，密被白色短绒毛，卵盖突出。

若虫：共 5 龄。初孵化时头、胸部黑色，节间淡黄色。五龄体长 6.0～9.0mm，宽 5.1～6.3mm，体近椭圆形，黄褐色至黑褐色，全身密布刻点和长绒毛。触角 4 节，黑色，每节基部淡黄色。翅芽达第三腹节后缘。腹背有 3 对黄色周围黑色的臭腺孔。腹背中央有一纵列黑斑，各节侧缘黄、黑色方斑相间。

斑须蝽各虫态见彩图 21-29-1。

三、生活习性

（一）年生活史

斑须蝽在各地年发生世代数因纬度不同而异。黑龙江年发生 1 代，吉林年发生 1～2 代，内蒙古、宁夏年发生 2 代，河南、陕西、山东、安徽及江苏北部年发生 3 代，江苏南京市、江西、湖南、福建年发生 3～4 代。各地均以成虫在农田、林木的树皮裂缝、农田房舍墙缝内和房檐下、麦苗上、油菜和杂草根际以及枯枝落叶下、土块下、土缝等隐蔽处越冬。

在吉林长春市，越冬成虫多于 4 月末、5 月初开始活动，少数个体至 5 月末或 6 月初才复苏。4 月末、5 月初开始活动的个体，5 月下旬产卵于麦田、菜田等。第一代成虫 6 月下旬至 7 月上旬羽化，其中麦田的大部分成虫迁入烟田取食烟草。第二代卵见于 7 月中、下旬，8 月下旬至 9 月上旬出现第二代成虫，此后陆续进入越冬状态。5 月末或 6 月初才开始活动的越冬成虫，6 月下旬至 7 月上旬开始产卵，8 月中、下旬成虫羽化，取食一段时间后便陆续进入越冬状态。

在鲁西南烟区，3 月下旬当日均气温 8℃左右时越冬成虫开始活动，4 月中旬开始产卵，5 月下旬出现第一代成虫。麦收后成虫多集中于烟草、玉米、高粱、大豆、棉花等作物和泡桐苗上为害。7 月中旬出现第二代成虫。8 月下旬出现第三代成虫，10 月上、中旬秋作物收获后，成虫陆续转移到大白菜等蔬菜及小麦田活动，11 月进入越冬状态。

在河南许昌市，越冬成虫 4 月初开始活动，主要在小麦上取食。4 月下旬开始产卵，5 月上、中旬为第一代卵盛期，卵主要产于麦田，烟苗上也可见到卵块。第一代成虫出现于 6 月上旬，小麦收割后，成虫迁入烟田开始产第二代卵，迁入高峰在 6 月中旬，6 月中、下旬为产卵盛期，对烟草的为害也达高峰。第二代成虫 7 月初始见，盛发于 7 月中旬，此时烟草已打顶，营养条件恶化，成虫遂迁到玉米、棉花、大豆田等为害、产卵，而在烟草留种田仍可继续取食为害，直至烟种收获后才迁出。第三代卵盛期出现于 7 月下旬，以后卵块连绵不断持续到 9 月上旬。第三代成虫出现于 8 月中旬至 10 月上旬，随着秋作物收获而迁到蔬菜、果树及林木上为害，以后陆续至越冬场所越冬。因此取食为害烟草的主要是第一代成虫和第二代若虫。

陕西渭北地区，取食为害烟草的是第二、三代成虫。在安徽凤阳县的烟田，成虫数量高峰在 7 月中旬，7 月末数量显著下降。在江苏南京市，第一至四代成虫分别见于 5 月下旬至 6 月中、下旬，7 月上旬至 8 月上旬，8 月上旬至 10 月初，10 月上旬。取食为害烟草的主要是第一、二代成虫。

江西南昌市越冬成虫 3 月中旬开始活动，3 月末、4 月初交尾、产卵。第一代成虫见于 5 月下旬至 6 月下旬，第二代成虫见于 7 月上旬至 8 月中旬，第三、四代成虫分别见于 8 月下旬至 9 月上旬和 10 月上、中旬，10 月下旬第四代成虫陆续进入越冬状态。

在河南许昌市，斑须蝽完成 1 代需要 32～46d，其中卵期 4～5d。若虫期 20～30d，其中一龄 2.5～3d，二龄 3～6d，三龄 4～6d，四龄 4～8d，五龄 6～8d。成虫产卵前期 8～12d，产卵期 12～16d。成虫寿命非越冬代一般 30d 左右，越冬代则可长达 9 个月。

江西南昌市第一代卵历期 8～14d，若虫期 39～45d，成虫寿命 45～63d。第二代分别为 3～4d，18～23d 和 38～51d。第三代卵期 3～4d，若虫期 21～27d。第四代卵期 5～7d，若虫期 31～42d。

在黄淮地区，小麦等作物种植面积相当大，尽管斑须蝽发生数量较多，也不会造成明显的经济损失。小麦、油菜等收割后，由于田间作物覆盖度骤降，大批一代成虫迁入烟田，致使烟田密度增高，烟草受害常较严重。

河南许昌市的烟田，第一代成虫存活率 6 月底以前较高且稳定。第二代卵到成虫的世代存活率为 2.35%，其中若虫二龄前的死亡率达 91.4%，三龄前高达 94.25%，若虫阶段死亡率 97.65%。

（二）习性和行为

成虫行动敏捷，有假死性。能飞善爬，但一般不飞翔，气温较高时受到惊扰常行短距离飞翔活动，飞翔距离一般在 10m 以内，高度不超过植株顶部 2～3m。趋光性弱，越冬代成虫当日均气温上升到 18.5℃ 左右时开始上灯，比田间活动日期偏晚。雄虫对黑光灯的趋性略大于雌虫。早春，成虫仅在晴天无风的中午前后活动，早晨或傍晚潜藏在麦株下部，中午光强时多在背阴处栖息、刺吸取食。在烟田，成虫多聚集在烟株顶尖、嫩茎、叶片主脉、嫩果等处刺吸汁液。羽化后至交尾、产卵前取食最烈。晴天交尾多在 5：00～9：00 和 17：00～21：00 进行，阴天白天全天可见交尾活动，每次交尾时间 30～160min，平均 80min 左右。成虫可边取食边交尾，并有多次交尾多次产卵习性。

成虫交尾后 2～4d 开始产卵。在烟田，卵多产于叶片正面、背面、叶片基部、叶脉、嫩茎、花序枝梗、花萼、花冠、蒴果表面等处，尤以叶片正面、嫩茎和嫩果上为多。产卵多在白天，产卵时间在 8：00～10：00 和 15：00～17：00，上午居多。一般 1d 产 1 块卵，1 头雌成虫一生产卵 68～130 粒。产出的卵聚集成块，平均每块有卵 17～28 粒。

孵化前 2d，卵壳边缘出现红色眼点。白天和晚上均可孵化，一块卵的卵粒常在 1～2h 内孵化完毕。初孵若虫常群集在卵壳附近或卵壳上，基本上不食不动，偶有吸食未孵化卵粒的现象。蜕皮一次后才开始分散到植株的幼嫩部位取食。三龄后能分泌臭液。若虫共 5 龄，各龄均具有一定的假死性。

斑须蝽成、若虫均可为害。烟草受害的主要症状是萎蔫。刺吸主茎后，顶尖和受害一侧的嫩叶萎蔫；刺吸叶脉后，受害叶片萎蔫；刺吸中、下部叶片时，叶片一般不萎蔫。土壤墒情好时，这种萎蔫可在晚间恢复。但当土壤干旱或 1 株上虫口数量较多且为害严重时，萎蔫很难恢复。在虫口密度较大、烟株受害时间长的地块，烟株生长迟缓，植株低矮，叶片数减少，叶面积减小。烟草受害还表现为生理生化指标的变化，如受害叶片净光合强度和烟碱、钾、总氮、蛋白质等含量下降，还原糖、脯氨酸含量上升，水势降低。如为害后及时防治和浇水施肥，受害烟株有恢复正常的趋势。

四、发生规律

（一）气候条件

斑须蝽发生与温度、湿度关系密切。冬季气温偏高，雨雪较多时，利于成虫越冬。冬季极端低温对越冬成活率有明显影响。在越冬成虫出蛰期，旬平均温度达 10℃ 以上时可见成虫复苏活动，此期如有适量降雨，特别是小雨至中雨，越冬代成虫出蛰活动数量骤然增加，而在干旱少雨年份，成虫复苏时期则明显延后。早春气温回升快，特别是 4 月中旬与 5 月上、中旬气温偏高时，越冬代产卵量多。烟草团棵期至旺长期天气干旱、降雨少、气温高的年份，发生为害较重，但该期雨量多或降雨强度较大时也会使虫量锐减而为害减轻。

室内恒温下，斑须蝽卵、若虫、成虫和全世代的发育起点温度分别为 16.3℃、15.8℃、7.7℃ 和 14.2℃，有效积温分别为 47.6℃、392.9℃、91.2℃ 和 598.6℃。变温条件下卵的发育起点温度为 (12.1±0.4)℃，有效积温为 (72.1±4.0)℃。越冬成虫结冰点和过冷却点分别为 -5.2℃ 和 -8.5℃。

湿度是制约斑须蝽成虫和若虫存活率的重要生态因子。成虫较喜干燥，相对湿度 (74.5±10.1)% 时，1 日龄成虫存活率为 (92.6±6.2)%，而相对湿度 100% 时存活率仅有 (64.8±11.7)%。雄虫对湿度的反应比雌虫更敏感，如相对湿度饱和时雄虫的存活率仅 (32.7±9.8)%。但若虫尤其是初孵若虫喜欢较高的湿度。如相对湿度 (88.8±6.9)% 时，初孵若虫存活率为 (23.6±11.8)%，相对湿度 (74.5±10.1)% 时仅有 (5.6±2.9)%。室内饲养的成虫或若虫，在培养皿内湿度达到饱和状态时，一天后几乎全部死亡。

降雨对若虫有冲刷作用，是一至三龄若虫的主要致死因子，中等强度的降雨可使 (93.6±5.2)% 的一龄若虫死亡，(78.2±8.1)% 的三龄若虫死亡。

光周期影响成虫滞育及虫体大小。16h 光周期下饲养五龄若虫可诱导其发育的成虫滞育，成虫羽化后第一天在 8h 光周期下也可诱导其滞育。每日光照 16h 时，在温度 25℃ 和 27.5℃ 下饲养的若虫，所长成的成虫前胸背板宽度变大。每日光照 12h 时，成虫体积随温度升高而增加。

（二）寄主植物

寄主植物、同种寄主植物的不同器官影响斑须蝽存活率、产卵量、产卵前期等。例如取食烟草花、果时，若虫存活率为 21.6%，而取食茎、叶时仅 6.4%。雌虫取食烟草花、果时，产卵前期 11.4d，产卵量 116.6 粒/头，而取食茎、叶时产卵前期长达 23.6d，产卵量仅 5.6 粒/头。

烟田布局影响烟田斑须蝽发生量。集中连片烟田斑须蝽发生较轻，零星分散烟田发生较重。凡靠近麦田、果园和荒地的烟田斑须蝽发生早，数量较多，为害较重。在黄淮烟区，春季斑须蝽主要在小麦、油菜等作物田活动、繁衍，至麦收前后才大量迁入烟田，因此，斑须蝽在烟田的发生数量和发生时间与烟田的邻作作物种类、邻作作物的边界长度等密切相关。一般麦烟套作的烟田斑须蝽不仅发生早，而且发生量大，与小麦、油菜、春玉米等邻作的烟田发生量次之，大面积单作的烟田斑须蝽发生较晚，种群数量也少。

烟草长势和土壤肥力与斑须蝽发生量关系密切。一般中上等肥力地块烟株长势旺盛，斑须蝽发生较重；烟株生长不整齐的烟田，斑须蝽多聚集于高大植株上为害。

（三）天敌

斑须蝽天敌种类较多。寄生性天敌中，稻蝽小黑卵蜂（*Telenomus gifuensis* Ashmead）在我国烟田最常见。此外，河南烟田还可见黑足蝽沟卵蜂 [*Trissolcus nigripedius*（Nakagawa）] 和稻蝽沟卵蜂 [*Trissolcus mitsukurii*（Ashmead）]。在河南许昌市的烟区，斑须蝽第一、二代卵多被稻蝽小黑卵蜂寄生，第三代卵多被黑足蝽沟卵蜂寄生，稻蝽沟卵蜂的数量很少，且多发生于斑须蝽第三代卵期。这 3 种寄生蜂对斑须蝽第一、二代卵的寄生率的高低制约斑须蝽种群数量，其中，稻蝽小黑卵蜂的抑制效能较强，其对斑须蝽第一、二代卵的总寄生率可达 76.5%，黑足蝽沟卵蜂只有 5.5% 左右。

在烟田，捕食斑须蝽成虫和若虫的常见天敌有八斑鞘腹蛛 [*Coleosoma octomaculatum*（Boes. et Str.）]、星豹蛛 [*Pardosa astrigera*（L. Koch）]、三突花蛛 [*Misumenops tricuspidatus*（Fabricius）]、草间钻头蛛 [*Hylyphantes graminicola*（Sundevall）]、广腹螳螂 [*Hierodula patellifera*（Serville）]、中华食虫虻（*Ommatius chinensis* Fabricius）、青翅蚁形隐翅虫（*Paederus fuscipes* Curtis）。捕食若虫和卵的天敌有白头小食虫虻（*Philonicus albiceps* Meigen）、泛希姬蝽 [*Himacerus apterus*（Fabricius）]、约马蜂（*Polistes jokahamae* Radoszkowski）等。

五、防治技术

根据斑须蝽的寄主植物广泛，成虫和若虫活动性较强，黄淮烟区麦收前后大批迁入烟田等特点，重点防治第一代成虫和第二代若虫。防治应以农业防治为基础，结合烟田管理人工抹杀卵块，必要时喷施化学杀虫剂。

（一）农业防治

1. 栽培管理 烟田应远离麦田、油菜田等。春秋季节清除烟田杂草，消灭越冬虫源。在烟草现蕾至初花期及时打顶抹杈，以恶化其生存和营养条件。

2. 人工捕捉　黄淮烟区 6 月中旬至 7 月上旬为发生为害盛期，结合烟田管理，人工摘除卵块，捕捉成虫和若虫。

（二）生物防治

斑须蝽天敌种类多，因此在防治烟蚜、烟青虫等主要害虫时，应选择对它们的天敌较安全的农药，并尽量减少化学杀虫剂使用次数，以保护自然天敌。

（三）物理防治

斑须蝽有一定的趋光性，生产上可结合烟青虫等的防治而利用黑光灯或频振式杀虫灯诱杀，控制成虫种群密度，减少后代发生量。

（四）化学防治

对斑须蝽一般不须单独施用杀虫剂。必要时可结合烟蚜和烟粉虱等的防治而施药，所用药剂及用量为 10%吡虫啉可湿性粉剂 15～30g/hm²、25%噻虫嗪水分散粒剂 15～30g/hm²、40%氯噻啉水分散粒剂24～30g/hm² 等。

郭线茹（河南农业大学植物保护学院）

第 30 节　烟草潜叶蛾

一、分布与危害

烟草潜叶蛾 ［*Phthorimaea operculella* (Zeller)］，又名马铃薯块茎蛾、马铃薯麦蛾，属鳞翅目麦蛾科，原产于中美洲和南美洲地区，曾被包括我国在内的许多国家列为重要的植物检疫对象，现在已经发展成为一种世界性害虫。我国对烟草潜叶蛾的记载最早始于 1937 年，陈金璧报道该害虫在广西柳州市为害烟草，初时主要在云南、贵州和广西局部地区发生，现已扩展到西南、西北、中南、华东，包括四川、贵州、云南、广东、广西、湖北、湖南、江西、河南、陕西、山西、山东、甘肃、安徽、台湾等省份。

烟草潜叶蛾为植食性害虫，最嗜寄主为烟草，其次为马铃薯和茄子，也为害番茄、辣椒、曼陀罗、枸杞、龙葵、酸浆等植物。该虫以幼虫潜食于叶片之内蛀食叶肉，仅剩上下表皮，形成弯曲的隧道，随着叶片的生长，隧道逐渐扩大而连成一片，形成透亮的大斑，严重时嫩茎、叶芽也被害枯死，幼苗受害可致全株死亡（彩图 21-30-1）。被害烟叶烘烤后，极易破碎，降低烟叶商品等级。

二、形态特征

成虫：雄蛾体长 5.0～5.6mm，雌蛾体长 5.0～6.2mm，翅展 14.2～15.8mm。体灰褐色，微带银灰色光泽。触角丝状黄褐色。头顶有发达的毛簇，复眼黑褐色。前翅狭长，黄褐色或灰褐色，杂有黑色；翅尖略向下弯，臀角钝圆；翅前缘及翅尖颜色较深，翅中部有 3～4 个黑褐色斑点。雌蛾臀区具黑褐色大条斑，停息时两翅上的条斑合并成长斑纹；雄蛾臀区无黑条斑，仅有 4 个不明显的黑褐色斑点，两翅合并时未形成长斑纹。前翅缘毛长短不等，但排列整齐。后翅灰褐色，翅尖突出，前缘基部具有长毛 1 束（彩图 21-30-2，1）。

卵：椭圆形，长约 0.5mm，宽 0.4mm，光滑。初产时乳白色，略透明，有白色光泽，中期淡黄色，孵化前为黑褐色，有紫色光泽。

幼虫：体色多黄白色或灰绿色，老熟时体背淡红色或暗绿色。老熟幼虫体长 10～13mm。头部棕褐色，每侧有单眼 6 个。前胸背板及胸足黑褐色，臀板淡黄色。腹足趾钩双序环形，臀足趾钩双序横带微弧形。老熟幼虫腹部背面可透视一对睾丸，则为雄虫（彩图 21-30-2，2）。

蛹：近似圆锥形，体长 5～7mm，宽 1.2～2mm。初期淡绿色，中期棕黄色，后期复眼、翅芽、跗节均为黑褐色。臀棘短而尖，向上弯曲，周围有刚毛 8 根。茧灰白色，长约 10mm（彩图 21-30-2，3）。

三、生活习性

烟草潜叶蛾的发生期及年发生代数因地区、海拔高度及气候条件不同而有明显的差异。一般在高温潮湿条件下对其发生不利，在干旱少雨多风的地区往往发生较重。烟草潜叶蛾在重庆北碚区年发生 6～9 代，在四川年发生 6～9 代，在湖南长沙市年发生 6～7 代，在云南昆明市年发生 5 代，在河南、山西年发生 4 代或不完全的 5 代，有世代重叠现象。

烟草潜叶蛾无严格的滞育现象，只要有适宜的食料，适宜的温湿度条件，冬季仍能正常生长发育。该虫各虫态在我国南方均能越冬，主要以幼虫在冬藏薯块、田间残留薯块、烟残株、枯枝落叶、茄茬和烟秆堆内等越冬。冬季在室内马铃薯种薯上越冬的幼虫仍可继续为害，但发育较慢。在河南、陕西等发生地，幼虫在田间或窖藏薯块上均不能越冬，只有少量蛹可以越冬。在晒烟调制的过程中，烟叶内的幼虫可钻出隧道，爬入烤房墙缝内结茧。

烟草潜叶蛾在我国各烟区的种群数量变化很大，北方是前期轻，后期（7～8 月）重，南部早，北部迟。据云南、贵州烟区报道，越冬代成虫于 1 月中旬至 2 月中旬出现。第一代幼虫主要在越冬烟茬新萌发的权芽叶上生活，同时也为害烟苗，第二至第四代为害大田生长期烟株，9 月以后的第四至第五代幼虫在烟草残株上生活。据河南烟区报道，第一代幼虫 3 月下旬即开始为害自生烟苗，第二代开始在烟草、茄子上繁殖为害。据陕西烟区报道，第一代幼虫在 4 月中旬才开始为害马铃薯，第二代幼虫 6 月上旬至 7 月上旬开始转移到烟草和茄子上取食。

成虫白天潜伏于植株叶下、地面或杂草丛内，夜晚活动，有一定的趋光性。雄蛾比雌蛾趋光性强。成虫飞翔力不强。羽化当天或翌日成虫开始交配，交配高峰出现在黑暗后 1～3h，交配活动以羽化后 2～4d 表现强烈，雌雄蛾有多次交配习性，冬季温度低时需经 2～3d 后才开始交配。交配后第二天即产卵。

卵多集中在产卵期的前 4～5 d 产出，产卵均在夜晚。在烟草上，卵多散产于基部第一至四片叶的反面或正面中脉附近，有时也产于烟茎基部。幼苗期则多产于心叶的背面。

幼虫孵化后，分散爬行到叶缘，吐丝下坠，借助外力飘落到附近烟株上，一般经 30min 左右开始蛀食。幼虫有极强的耐饥力，初孵幼虫耐饥力在 8 d 以上，三龄幼虫耐饥力长达 46d 以上。在烟草苗床期和移栽初期，幼虫孵化后自生长点蛀入茎部，顶芽受害严重，严重时可造成全株枯死。烟苗定植后，产在底部叶片及茎基部的卵孵化后，幼虫即钻入烟叶的上、下表皮间，蛀食叶肉，仅剩上、下两层表皮，形成白色的呈丝状弯曲的隧道，隧道随着烟草的生长而逐渐扩大，最后连成一片，形成透亮的大斑，称为"亮泡"。被害叶初烤后及分级时极易破碎。

在脚叶上的幼虫，老熟后先咬破潜道的下表皮，以少量的丝缀土做薄而软的过道，通过过道而下达土面，然后在土面或土表下做土茧化蛹。顶叶、腰叶上的幼虫老熟后，钻出隧道向下爬行，然后钻入土内化蛹。

四、发生规律

（一）气候条件

烟草潜叶蛾的发育速度与温度有密切关系。均温 27.2℃时卵发育历期为 2d，12.4℃时为 25d。均温为 27.5～27.7℃时，幼虫发育历期 7～11d。蛹发育历期在均温 26.9～27.6℃时为 4～9d，16.8℃时为 14～21d。成虫发育历期在 30.3℃时为 4～8d，25℃时为 17d，1.5℃时为 41d。卵的发育起点温度和有效积温分别为 13℃和 58.8℃，幼虫分别为 13.4℃和 162.4℃，蛹分别为 16℃和 83.7℃。整个世代的发育起点温度为 14.4℃，有效积温为 305.8℃。

（二）耕作条件

前茬作物、土质等影响烟草潜叶蛾种群数量、为害程度。山坡地沙壤土、红壤土烟田受害严重，黏土地烟田受害较轻。据在湖南和云南的调查，前茬为水稻的烟田潜叶蛾为害相对较轻，前茬为马铃薯、烟草或附近有马铃薯、茄子、曼陀罗等寄主植物的烟田发生严重。此外，烟田距离烟叶仓库和马铃薯仓库越近，烟田受害越重。

（三）寄主植物

烟草潜叶蛾可为害番茄、辣椒、曼陀罗、枸杞等植物，最嗜寄主为烟草，尤其喜食黄花烟草，其次为马铃薯和茄子。因此这三种寄主植物的种植情况，直接影响烟草潜叶蛾的分布与为害。种植马铃薯或茄子等茄科作物面积较大的烟区，由于寄主植物较多，烟草潜叶蛾的种群易于建立，烟草潜叶蛾的发生比较普遍。而种植马铃薯或茄子等茄科作物较少的烟区，其发生程度较轻。

五、防治技术

（一）严格执行检疫制度

该虫主要通过马铃薯的调运传播，在调运马铃薯的过程中，必须进行抽样检验。若发现薯块中有幼虫、蛹、卵时，必须进行熏蒸杀虫处理或停止调运。

（二）农业防治

1. 消灭越冬虫源 烟草残株是烟草潜叶蛾的主要越冬寄主和早春食料来源。因此秋末冬初时，应彻底清除烟草残株落叶及烟田附近的茄科植物残体，集中烧毁，以减少越冬虫源，降低翌年虫害发生程度。

2. 田间人工防治 由于烟草潜叶蛾的主要寄主是烟草和马铃薯，在以烟草种植为主的地区，应不种或少种马铃薯。烟草移栽时，发现幼虫，立即防治，并结合烟田的中耕、培土措施摘除脚叶，集中处理，以减少成虫产卵及幼虫为害的集中场所。

（三）生物防治

在综合治理中，生物防治是十分重要的手段。近年来，国内外对烟草潜叶蛾天敌的研究正由过去的以生物学和生态学为主逐渐转入实际应用。通过选择对天敌较安全的农药，并合理减少施用化学农药，保护利用天敌昆虫来控制烟草潜叶蛾种群。

（四）药剂防治

选择高效、低毒、低残留的农药，在幼虫盛发期，及时进行防治。可选用90％灭多威可溶粉剂3 000倍液、2.5％溴氰菊酯乳油1 000倍液喷雾防治。

陈丹　任广伟（中国农业科学院烟草研究所）

主 要 参 考 文 献

安黎哲，王勋陵，李岚．1994.臭氧熏气下春小麦叶片脂质过氧化作用的研究［J］.植物生态学报，18：171-176.

白建明，陈晓玲，卢新雄，等.2010.超低温保存法去除马铃薯X病毒和马铃薯纺锤块茎类病毒［J］.分子植物育种（3）：605-611.

白建明，杨琼芬，李先平，等.2009.利用RT-PCR快速检测马铃薯X病毒（PVX）［J］.西南农业学报（6）：1596-1598.

白金铠.1993.烟草病害防治图册［M］.沈阳：辽宁科学技术出版社.

白云凤，白冬梅，张维锋，等.2008.马铃薯X病毒山西分离物外壳蛋白基因的克隆和核苷酸序列分析［J］.应用与环境生物学报（5）：599-603.

鲍登.1964.植物病毒和病毒病害［M］.俞大绂，译.北京：科学出版社.

北京农业大学.1991.农业植物病理学［M］.北京：农业出版社.

北京农业科学院植物保护研究所.1996.中国农作物病虫害：下册［M］.北京：中国农业出版社.

陈保善，高乔婉，骆学海，等.1996.广东省烟草花叶病病原病毒的鉴定［J］.病毒学报，2（2）：166-174.

陈碧珍.烤烟不同品种叶片结构和解剖分析［J］.福建农学院学报：自然科学版，22（2）：241-246.

陈海如，细川大二郎，渡辺实.1990.烟草普通花叶病毒在烟草胞质体中的增殖［J］.云南农业大学学报，5（2）：86-88.

陈惠明，黄学跃，刘敬业，等.1998.烟草罹赤星病后苯丙烷类代谢途径有关酶及物质的动态研究［J］.云南农业大学学报，13（1）：63-66.

陈惠明，刘敬业，冉邦定.1994.烟草感染赤星病后有关酶动态的研究［J］.中国烟草学报，2（2）：21-27.

陈惠明，张仲凯，方琦.1995.烟草赤星病菌超微结构研究初报［J］.云南农业大学学报，10（2）：130-131.

陈家骅，张玉珍，张章华，等.1990.烟草病虫害及其天敌［M］.福州：福建科学技术出版社.

陈锦云，兰志斌，林祥永.1996.超氧化物歧化酶防治烟草气候斑点病效果初报［J］.福建农业科技（5）：37-38.

陈锦云，苏珍山，曾军，等.1994.烟草气候斑点病病因静态正交模拟［J］.中国烟草（4）：9-11.

陈锦云，曾军，童玉焕，等.1996.烟草资源品种气候斑点病的抗性鉴定［J］.烟草科技（5）：45-46.

陈丽琼，张无敌，尹芳，等.2005.烟草赤星病的发生及综合防治技术［J］.农业与技术（1）：117.

陈瑞泰，朱贤朝，王智发，等.1997.全国16个主产烟省（区）烟草侵染性病害调研报告［J］.中国烟草科学（4）：1-7.

陈瑞泰.1989.烟草病虫害防治［M］.济南：山东科学技术出版社.

陈瑞泰.1997.台湾省烟草病毒病害简要综述［J］.中国烟草科学（1）：29-33.

陈小均，喻会平，顾怀胜，等.2007.木霉菌防治烟草根腐病及其土壤优势微生物的相互作用［J］.贵州农业科学，35

（5）：57-59.

陈新，贺钟麟，张运慈.1990.细毛蝽 *Dolycoris baccarum* 在烟田的发生与为害特点的初步研究［J］.河南农业大学学报，24（4）：464-471.

程建勇，吴建宇，秦西云，等.1999.云南烟草丛枝症病害研究Ⅶ激素的变化［J］.云南农业大学学报（2）：176-179.

程晓东，贾月丽，蔡永萍，等.2011.棉铃虫和烟夜蛾生殖行为比较研究［J］.河南农业大学学报，45（3）：333-338.

程崖芝，巫升鑫，顾刚，等.2005.烟草种质对气候斑点病抗性的初步鉴定［J］.福建农业科技（3）：33-34.

储慧清，方敦煌，孔光辉，等.2004.拮抗菌 AM6 代谢产物防治烟草赤星病试验［J］.烟草科技（4）：42-44.

褚栋，张友军，丛斌，等.2005.烟粉虱不同地理种群的 mtDNA COI 基因序列分析及其系统发育［J］.中国农业科学，38（1）：76-85.

褚栋，刘国霞，范仲学，等.2006.烟粉虱复合种不同地理种群的遗传分化［J］.中国农业科学，39（8）：1571-1580.

崔新倩.2011.烟蚜的抗药性现状及其综合治理［J］.农药研究与应用，15（4）：1-4.

戴冕，崔植林.1993.烟草耐黄瓜花叶病（CMV）育种研究［J］.中国烟草学报，1（3）：12-18.

邓峰.1989.甜菜病毒病害的生态控制［J］.中国糖料（3）：35-40.

邓正平，匡传富，周志成，等.2004.湖南烟草青枯病菌生理小种测定［J］.湖南农业大学学报：自然科学版，30（1）：47-49.

邓正平，罗宽，匡传富，等.2003.植物性药剂防治烟草青枯病的田间试验［J］.作物研究，17（3）：142-145.

刁朝强，王用鏖.1996.烟田烟青虫幼虫 2 龄盛期时的分布型及抽样技术研究［M］//中国烟草昆虫研究：理论与实践（一）.北京：中国农业出版社.

丁爱云，郑继法，时呈奎，等.1999.烟草几种重要病害拮抗菌的筛选［J］.中国烟草科学（1）：10-11.

丁吉林，丁伟，胡细佳，等.2008.几种药剂防治烟草气候斑点病田间试验［J］.农药研究与应用，12（1）：23-25.

董春，董成刚，赵青峰，等.1996.利用拮抗细菌防治烟草青枯病初步研究［J］.广西农业科学（5）：28-30.

董慈祥，房巨才，王秀刚，等.2000.斑须蝽生物学特性及成虫耐寒性的研究［J］.植物保护，26（6）：22-23.

董慈祥，房巨才，杨青蕊，等.2003.斑须蝽生活习性及防治技术［J］.华东昆虫学报，12（2）：110-112.

董汉松，王智发.1992.烟草赤星病菌致病力分化与弱毒株抗性诱导作用的研究［J］.植物保护学报，19（1）：87-90.

董汉松.1993.赤星病弱毒株 TBA16 对烟草赤星病诱导条件的研究［J］.植物保护学报（2）：129-134.

董志坚，郑新章，刘立全.2002.烟草病虫无公害防治技术研究进展［J］.烟草科技（12）：38-45.

窦逢春，张景略.1992.烟草品质与土壤肥料［M］.郑州：河南科学技术出版社.

杜连涛.2006.不同种类农药对马铃薯块茎蛾的毒力测定［J］.长江蔬菜（7）：53.

杜予州，陈凤玉，杨绪纲.1991.贵州烟草蛀茎蛾的发生与分布调查初报［J］.植物保护（2）：51-52.

杜予州.1993.烟草潜叶蛾幼虫空间分布型及其应用研究［J］.动物学研究，14（1）：42-48.

段燕平，梁梅，秦西云.2008.云南保山烟草青枯病的病原鉴定及发生规律［J］.中国烟草科学，29（5）：48-51.

段玉琪，秦西云，杨铭，等.1999.云南烟草丛枝症病害研究 XV 白肋烟品种的抗性测定［J］.云南农业大学学报（3）：314-317.

方敦煌，马永凯，孔光辉，等.2000.云南烟草赤星病菌致病力分化研究［J］.西南农业大学学报，22（1）：24-25.

方敦煌，王革，马永凯，等.2002.烟草赤星病菌拮抗微生物的筛选及其对病原的抑制作用［J］.西南农业大学学报，15（2）：59-61.

方树民，陈顺辉，顾钢，等.2006.烟草青枯病菌浸注烟苗的显症反应与对杂草根部带菌检测［J］.中国烟草学报，12（3）：31-34.

方树民，顾钢，纪成灿，等.2002.烟草青枯菌致病型及分布的研究［J］.中国烟草科学，8（3）：40-43.

方树民，唐莉娜，陈顺辉，等.2011.作物轮作对土壤中烟草青枯菌数量及发病的影响［J］.中国生态农业学报，19（2）：377-382.

方中达，陆家云，叶钟音，等.1996.中国农业百科全书：植物病理学卷［M］.北京：中国农业出版社.

方中达.1979.植病研究方法［M］.北京：农业出版社.

方中达.1998.植病研究方法［M］.3 版.北京：中国农业出版社.

伏颖，吴元华，穆凌霄，等.2011.烟草靶斑病菌基因组 DNA 提取及 RAPD 反应体系的优化［J］.烟草科技（11）：71-75.

伏颖，吴元华，穆凌霄，等.2011.烟草靶斑病室内药剂筛选［J］.江苏农业科学，39（3）：153-155.

伏颖.2012.烟草靶斑病菌遗传分化、侵染特性及致病机理研究［D］.沈阳：沈阳农业大学.

高念昭.1990.烟草蛀茎蛾的危害发生与防治［J］.烟草科技（3）：45-46.

高正良，钱玉梅.1989.斑须蝽在烟田的空间分布及田间抽样技术的探讨［J］.昆虫知识，26（4）：215-217.

耿济国，张孝羲，张家林，等.1992.烟草斑须蝽 *Dolycoris baccarum*（L.）的研究［J］.华东昆虫学报，1（1）：46-49.

龚龙英，郑小波，陆家云，等．1993．烟草疫霉对烟草的致病性及生理生化分化研究［J］．南京农业大学学报（4）：68－72．

顾钢，方树民．2002．烟草主栽品种对青枯病抗性反应［J］．云南农业大学学报，17（2）：130－133，136．

顾江涛，许大凤，李英，等．2008．安徽皖南烟区青枯病病原菌生化型研究［J］．中国烟草科学，29（3）：60－61．

郭线茹，高玉红，罗梅浩，等．2006．烟夜蛾滞育蛹和非滞育蛹的耐寒性［J］．昆虫知识，43（2）：189－191．

郭线茹，罗梅浩，马继盛．1995．烟青虫／棉铃虫混合种群卵在烟田的空间分布特征研究Ⅰ［J］．中国烟草学报，2（3）：23－29．

郭线茹，罗梅浩，彭国防，等．1995．烟夜蛾／棉铃虫混合种群卵在烟田的空间分布特征研究Ⅱ［J］．中国烟草学报，2（4）：1－7．

郭永峰，付宪奎，哈君利．1998．抗赤星病烟草及其研究利用［J］．中国烟草科学（1）：30－33．

郭兆奎，辛钢，孙剑萍，等．1997．烟草灰霉病侵染条件的研究［J］．中国烟草科学（3）：15－18．

韩晓东，李林森，周嘉平，等．1980．山东烟草病毒病鉴定与防治的初步研究［J］．中国烟草（3）：14－18．

何可佳，罗宽，任新国，等．1997．湖南烟草青枯病初侵染来源研究［J］．湖南农业大学学报，23（3）：260－263．

何礼远，华静月，张长龄，等．1983．我国细菌性青枯病的发生及防治［J］．植物保护（3）：8－10．

何礼远，康耀卫．1995．植物青枯菌（*Pseudomonas solanacearum*）致病机理［J］．自然科学进展：国家重点实验室通讯，5（1）：7－16．

何隆甲，石万成．1982．烟青虫生活史及其发育与温度的关系［J］．四川农业科技（4）：20－22．

何万泽．2001．烟草不同氮源水平对赤星病的抗性研究［J］．烟草科技（3）：45－46．

河南农学院植保系细毛螨研究小组．1982．细毛螨卵的发育起点温度、有效积温及其成虫在烟田分布型的研究［J］．河南农学院学报（4）：23－31．

河南农业大学，云南农业大学．1995．烟草病理学教程［M］．北京：科学技术出版社．

河南农业大学农业昆虫研究室．1987．烟田细毛螨种群聚集强度的测定和种群密度估计［J］．河南农业大学学报，21（2）：160－169．

河南农业大学农业昆虫研究室．1993．烟草昆虫学［M］．北京：中国科学技术出版社．

洪键，李德葆，周雪平．2001．植物病毒分类图谱［M］．北京：科学出版社．

胡燕，王开运，许学明，等．2006．烯酰吗啉对我国烟草黑胫病菌的毒力研究［J］．农药学学报，8（4）：339－343．

华静月，何礼远．1984．我国植物青枯菌的生化型和其他生理差异［J］．植物保护，11（1）：43－50．

华南农业大学，河北农业大学．2000．植物病理学．［M］．2版．北京：中国农业出版社．

黄成江，李天福，卢向阳．2006．抗黑胫病烤烟品种资源的筛选［J］．烟草农业科学，2（3）：255－259．

黄福新，陈永惠，华静月，等．1998．广西烟草青枯菌菌系及其主要生理特性研究［J］．植物保护学报，25（3）：240－244．

黄福新，陈永惠，周兴华，等．1997．烟草青枯病综合防治研究［J］．广西农业科学（1）：32－35．

黄江华，陈秀菊，彭仁，等．2008．烟草环斑病毒研究进展［J］．现代农业科学，15（1）：24－27．

黄丽华，丁才夫，陈廷俊．1999．影响臭氧危害烟苗的几个因素分析［J］．植物保护（2）：27－29．

黄丽华，刘铎，邹志云，等．1999．烟草气候斑病防护剂的筛选［J］．仲恺农业科技学院学报，7（2）：33－38．

黄丽华，刘铎，邹志云，等．1995．烟草气候斑病病因探讨［J］．植物病理学报，25（3）：285－288．

黄丽华，邹志云，曾永三，等．1995．烟草气候斑点病的发生规律及防治［J］．植物保护学报，22（4）：319－323．

黄永会，陶刚，朱英，等．2011．马铃薯Ｘ病毒外壳蛋白基因片段的瞬时表达诱导对PVX的高抗性［J］．贵州农业科学（2）：117－121．

黄遵锡，陈文久，程隆藻，等．1997．"植毒灵"防治烟草花叶病研究初报［J］．西南农业学报，10（2）：94－99．

江山．1995．抗植物病毒剂对烟草和甜菜病程相关蛋白的诱导作用［J］．植物学报（3）：243－246．

蒋彩虹，罗成刚，任民，等．2012．一个与净叶黄抗赤星病基因紧密连锁的SSR标记［J］．中国烟草科学，33（1）：19－22．

金思明，王培琳，程增林，等．1987．烟草黄瓜花叶病测报方法初探［J］．中国烟草（2）：1－3．

金霞，赵正雄，李忠环，等．2008．不同施氮量烤烟赤星病发生与发病初期氮营养、生理状况关系研究［J］．植物营养与肥料学报，14（5）：940－946．

久保进，钱浚．1983．日本烟草病毒病研究新进展［J］．中国烟草（1）：41－45．

阚光锋，张广民，房保海．2001．防御酶系与植物抗病性［J］．山东农业科学（S）：102－105．

康业兵，毛军雷．1990．豫西烟草根结线虫与黑胫病相继发生的原因及防治措施［J］．烟草科技（2）：47－48．

孔凡玉，卢平，许永峰，等．2004．20％青枯灵可湿性粉剂防治烟草青枯病药效试验初报［J］．中国烟草科学（1）：36－37．

孔凡玉．2002．烟草赤星病的综合防治技术［J］．烟草科技（6）：40－42．

匡传富，何志明，汤若云，等 . 2003. 烟草青枯病土壤微生物数量及生物群的测定 [J]. 中国烟草科学 (1)：43 - 45.

赖荣泉，尤民生 . 2010. 大蒜乙醇抽提物对烟蚜的拒食与毒杀作用 [J]. 福建农林大学学报：自然科学版，39 (1)：15 - 18.

雷永和，许美玲，黄学跃 . 1997. 云南烟草品种志 [M]. 昆明：云南科学技术出版社 .

黎玉兰 . 1983. 烟蛀茎蛾生物学特性研究初报 [J]. 中国烟草科学 (3)：13 - 18.

李保聚，李凤云 . 1998. 黄瓜不同抗性品种感染黑星病菌后过氧化物酶和多酚氧化酶的变化 [J]. 中国农业科学，31 (1)：86 - 88.

李斌 . 2008. 四川烟草黑胫病菌生理小种鉴定及放线菌对黑胫病的生防研究 [D]. 雅安：四川农业大学 .

李春俭，马玮，张福锁 . 2008. 根际对话及其对植物生长的影响 [J]. 植物营养与肥料学报，14 (1)：178 - 183.

李定旭，陈根强，康业斌 . 1996. 豫西烟区地膜覆盖烟田害虫调查分析 [J]. 河南农业科学 (2)：17 - 19.

李合生，孟庆伟，夏凯，等 . 2002. 现代植物生理学 [M]. 北京：高等教育出版社 .

李红丽，郭夏丽，李清飞，等 . 2010. 抑制烟草青枯病生物有机肥的研制及其生防效果研究 [J]. 土壤学报，47 (4)：798 - 780.

李惠琴，金学谦，文安才 . 1996. 几种药剂对烟草病毒病的防治效果 [J]. 陕西农业科学 (6)：7 - 8.

李金柱，吴礼树，杨玉华 . 2004. 硼在植物细胞壁上营养机理的研究进展 [J]. 中国油料作物学报，26 (4)：96 - 99.

李立军，伊春生，王国良，等 . 2004. 温度和保湿时间对烟草赤星病叶斑扩展的影响 [J]. Journal of Northeast Agricultural University，35 (3)：293 - 296.

李梅云，王革，李天飞，等 . 2001. 烟草主要真菌病害生防木霉的筛选 [J]. 西南农业大学学报，23 (1)：10 - 12.

李锡宏，李方祥，孟贵星，等 . 1999. 湖北省恩施州烟草黑胫病菌生理小种研究 [J]. 中国烟草科学 (4)：23 - 25.

李晓婷，罗华元，陈月舞，等 . 2011. 不同生物防治技术对烟草烟蚜和烟青虫及斜纹夜蛾的防治效果 [J]. 作物研究，25 (4)：361 - 365.

李学湛 . 1988. SMV 与 TRSV 混合感染大豆叶片细胞的超微结构研究 [J]. 大豆科学 (1).

李学湛 . 1990. 烟草环斑病毒粒体细胞间传播过程的电镜观察 [J]. 植物病理学报，20 (2)：127 - 129.

李应金，秦西云，杨铭，等 . 2001. 烟草丛枝症病害的综防技术 [J]. 植物保护 (6).

李永和，李天飞 . 1998. 烟用化肥与农药 [M]. 昆明：云南科学技术出版社 .

李月秋，彭宏梅，梁仙 . 2003. 云南大理烟区烟蚜种群在时间序列上的变化趋势 [J]. 云南农业大学学报，18 (4)：350 - 353.

李云梅，卢秀萍，李永平 . 2006. 烟草黑胫病菌培养特性的研究 [J]. 植物保护，32 (6)：81 - 84.

李照会 . 2002. 农业昆虫鉴定 [M]. 北京：中国农业出版社 .

李正跃，张青文 . 2005. 球孢白僵菌对马铃薯块茎蛾的毒力及其与常用农药的生物相容性测定 [J]. 植物保护，31 (3)：57 - 61.

李正跃，孙跃先，严乃胜，等 . 2000. 烟蚜传播云南烟草丛枝病研究 [J]. 中国烟草学报 (2).

梁秀环，王容艳 . 1993. 河北省烤烟病毒病病源鉴定 [J]. 中国烟草 (2)：34 - 35.

梁训生，谢联辉 . 1994. 植物病毒学 [M]. 北京：中国农业出版社 .

梁元存，刘延荣，王玉军，等 . 2003. 烟草黑胫病菌致病性分化和烟草品种的抗病性差异 [J]. 植物保护学报，30 (2)：143 - 147.

梁元存，商明清，刘爱新，等 . 2000. 病菌激发子诱导烟草抗赤星病的研究 [J]. 山东农业大学学报：自然科学版，31 (1)：8 - 10.

梁元存 . 1998. 烟草抗赤星诱导剂 SRS2 的田间应用 [J]. 植物保护学报，25 (3)：235 - 239.

林代福，孙光军，夏永坤，等 . 1998. 根结线虫与黑胫病发生关系的研究 [J]. 云南农业大学学报，13 (1)：15 - 19.

刘爱新，董汉松，梁元存，等 . 1999. 烟草几丁酶 β - 1，3 - 葡聚糖酶的抑菌作用 [J]. 微生物学通报，26 (1)：15 - 17.

刘伯新 . 1995. 抗病诱导剂 SRS2 对烟草赤星病等的控制作用 [J]. 中国烟草 (2)：25 - 29.

刘长令 . 2005. 卵菌纲病害防治剂——氟吗啉 (flumorph) [J]. 世界农药，27 (6)：48 - 50.

刘焕利，何礼远，毛国璋，等 . 2000. 植物青枯细菌胞外蛋白在致病中作用的研究 [J]. 中国农业科学，33 (1)：57 - 58.

刘见平，汪明达，张仕来，等 . 1993. 湘北烟区烟青虫危害损失及防治指标研究 [J]. 中国烟草学报，1 (3)：19 - 25.

刘见平，朱发仁 . 1994. 湘北烟区烟青虫发生情况研究 [J]. 昆虫知识，31 (3)：153 - 154.

刘琼光，陈泽鹏，董青，等 . 1999. 广东烟草青枯病菌菌系研究 [J]. 中国烟草学报，5 (4)：25 - 28.

刘琼光，李忠，唐孜，等 . 1999. 拮抗细菌和土壤添加剂防治烟草青枯病 [J]. 中国生物防治，15 (2)：94 - 95.

刘润进，裘维蕃 . 1994. 内生菌根菌 (VAM) 诱导植物抗病性研究的新进展 [J]. 植物病理学报，24 (1)：1 - 4.

刘绍友 . 1990. 农业昆虫学 [M]. 杨凌：天则出版社 .

刘树生 . 2012. 烟粉虱是一个物种复合体 [J]. 中国生物防治学报，28 (4)：466.

刘学端，张碧峰．1994．抗植物病毒剂的研究和应用［J］．国外农学·植物保护（Z1）：8-11．

刘雅婷，张世光．2001．烟草青枯病的研究进展［J］．云南农业大学学报，16（1）：72-76．

刘延荣，张修国，王智发．1993．烟草根黑腐病菌生物学特性的研究［J］．中国烟草学报，1（4）：1-7．

刘银泉，刘树生．2012．烟粉虱的分类地位及在中国的分布［J］．生物安全学报，21（4）：247-255．

刘勇，秦西云，李文正，等．2010．抗烟草青枯病种质资源在云南省的评价［J］．植物遗传资源学报，11（1）：10-16．

刘勇，秦西云，王敏，等．2007．云南省烟草青枯病危害调查与病原菌分离［J］．中国农学通报，23（4）：311-314．

隆晓，曾爱平，周志成，等．2012．湖南烟青虫发生规律及其测报技术［J］．烟草科技（2）：75-79．

卢同．1998．我国作物细菌性青枯菌的研究进展［J］．福建农业学报，13（2）：33-40．

吕佩珂．1999．中国粮食作物、经济作物、药用植物病虫原色图鉴［M］．呼和浩特：远方出版社．

吕新．福建省致病疫霉群体遗传结构研究［D］．石家庄：河北师范大学．

罗晨，张芝利．2000．烟粉虱研究概述［J］．北京农业科学（增刊）：4-13．

罗宽，何昆，匡传富，等．2002．三株拮抗细菌对烟草青枯病的抑制效果［J］．中国生物防治，18（4）：185-186．

罗梅浩，郭线茹，郑晓军，等．2002．烟草虫和棉铃虫在烟草上的生态位及种间竞争［J］．中国烟草学报，8（4）：34-37．

罗梅浩，薛伟伟，刘晓光，等．2006．不同烟草品种对烟实夜蛾和棉铃虫产卵引诱作用的研究［J］．河南农业大学学报，40（2）：198-200．

罗梅浩，张宏亮．1999．烟田烟青虫和棉铃虫幼虫体色变化及遗传规律初步研究［J］．河南农业大学学报，33（3）：263-266．

罗文富，魏林，杨艳丽．1998．烟草寄生疫霉DNA的PCR特异性扩增［M］//植物病害研究与防治．北京：中国农业出版社．

罗战勇，陈元生，周会光，等．2000．防治烟草青枯病的药剂筛选试验［J］．广东农业科学（1）：42-43．

马国胜，高智谋，陈娟．2003．烟草黑胫病菌研究进展（Ⅰ）［J］．烟草科技（4）：35-42．

马国胜，高智谋，陈娟．2001．烟草黑胫病研究进展［J］．烟草科技（9）：44-48．

马国胜，高智谋．2007．烟草黑胫病菌培养性状的研究［J］．中国农业科学，40（3）：512-517．

马国胜，高智谋．2011．烟草黑胫病菌对农田草本植物的寄主范围［J］．植物保护学报，38（5）：477-478．

马国胜．2002．烟草黑胫病菌生理生态及对甲霜灵抗性监测与遗传研究［D］．合肥：安徽农业大学．

马继盛，罗梅浩，郭线茹．等．2007．中国烟草昆虫［M］．北京：科学出版社．

马艳粉，李正跃，任明佳，等．2010．马铃薯块茎蛾对不同寄主植物的产卵选择性比较［J］．农药，49（5）：380-382．

马艳粉，李正跃，肖春，等．2011．马铃薯块茎蛾的交配行为［J］．应用昆虫学报，48（2）：355-358．

马艳粉，胥勇，李娜，等．2010．幼虫密度对马铃薯块茎蛾生长发育及繁殖的影响［J］．昆虫知识，47（4）：694-699．

毛倪寿，杨宇虹，等．2002．前作的根际物质及根际微生物对烤烟生长的影响研究［J］．烟草科技（5）：38-39．

能乃扎布．1985．中国经济昆虫志（第31册）半翅目（一）［M］．北京：科学出版社．

彭雄，窦彦霞，李兰，等．2010．不同烟区烟草根黑腐病菌株形态和致病力差异比较［C］//公共植保与绿色防控．北京：中国农业科学技术出版社．

秦西云，钏相俊，杨程，等．1999．云南烟草丛枝症病害研究Ⅵ综合防治技术的研究与示范推广［J］．云南农业大学学报（1）．

秦西云，段玉琪，李应金，等．1999．云南烟草丛枝症病害研究ⅩⅣ感染时期与病害发生及经济性状的相关性［J］．云南农业大学学报（3）：310-313．

秦西云，段玉琪．2001．云南烟草丛枝症病原及传媒研究初报［J］．西南农业学报（4）：67-70．

秦西云，李应金，段玉琪，等．1999．云南烟草丛枝症病害研究ⅩⅥ网罩隔离培育无毒烟苗防治病害［J］．云南农业大学学报（3）：318-322．

秦西云．2005．烟草丛顶病在中国的发现及研究进展［J］．中国烟草科学（3）：45-48．

裘维蕃．1985．植物病毒学［M］．北京：科学出版社．

屈霞，李爱国，颜合洪．2007．烟草黑胫病研究进展［J］．作物研究，21（5）：725-727．

饶应勇，桑维钧，姜超英，等．2006．贵州赫章地膜烟根黑腐病的发生特点与防治技术［J］．山地农业生物学报，25（4）：370-372．

任广伟，王新伟，王秀芳，等．2011．烟草对烟粉虱的抗性与烟草化学成分的相关性［J］．应用昆虫学报，48（4）：948-955．

任静涛，胡纯华，王旭，等．2007．幼虫粪便提取物对马铃薯块茎蛾雌虫产卵的抑制作用［J］．江西农业学报，19（2）：77-78．

尚志强．2007．烟草黑胫病病原、发生规律及综合防治研究进展［J］．中国农业科技导报，9（2）：73-76．

申效诚.1981.许昌烟田昆虫群落及种间关系的研究［J］.河南农学院学报（4）：85-104.

申效诚.1981.烟田细毛螨的初步研究［J］.河南农学院学报（3）：94-97.

沈奕，李萍，高智谋，等.2010.几丁寡糖对烟草黑胫病的控制效应及其机制［J］.植物保护学报，37（1）：25-27.

沈志浩，程玉文，田祥贵.1991.烟蛀茎蛾发生规律及防治技术研究［J］.贵州农业科学（3）：13-19.

石磊，杨玉华，徐芳森.2002.硼对作物细胞膜功能影响的研究进展［J］.华中农业大学学报，21（4）：395-400.

宋凤鸣，郑重，葛秀春.1996.活性氧及膜脂过氧化在植物—病原物互作中的作用［J］.植物生理学通讯，32（5）：377-385.

苏畅涛，姜于兰，罗斐，等.2010.烟草黑胫病防治方法的探索［J］.耕作与栽培（6）：12-14.

孙光军，林代福，刘呈义，等.1999.烟草根结线虫病与黑胫病、青枯病的发生关系及品种抗性研究初报［J］.烟草科技（5）：48.

孙红艳，NARAYAN S TALEKAR，李正跃.2009.马铃薯块茎蛾的产卵特性［J］.云南农业大学学报，24（3）：354-360.

孙恢鸿，李清标，朱桂宁，等.1998.烟草气候斑病的发生及防治研究简报［J］.广西植保（1）：24-25.

孙恢鸿，李清标，朱桂宁，等.1999.烟草气候斑病的发生及防治研究［J］.中国烟草科学，20（4）：37-41.

孙记平，李雪君，吴照辉，等.2011.烟草黑胫病的研究进展［J］.湖北农业科学，50（16）：3253-3256.

孙跃先，李正跃，桂富荣，等.2004.白僵菌对马铃薯块茎蛾致病力的测定［J］.西南农业学报，17（5）：627-629.

谈文，吴元华.1995.烟草病理学教程［M］.北京：中国科学技术出版社.

谈文.1993.烟草赤星病的发病规律及综合治理［J］.烟草科技（2）：45-48.

覃玥.2004.黄瓜花叶病毒卫星RNA的研究进展［J］.河池学院学报，24（4）：27-31.

谭仲夏，秦西云，杨龙祥.2003.烟草丛顶病中间寄主测定［J］.云南农业大学学报（1）：39-41.

唐莉娜，熊德中.1999.有机无机肥配施对烤烟氮磷钾营养分配及产量和质量的影响［J］.福建农业学报，14（2）：50-55.

唐文颖，张燕，郑方强，等.2011.变温对烟蚜茧蜂低温贮藏存活特性的影响［J］.中国农业科学，44（3）：493-499.

田波，裴美云.1987.植物病毒研究方法［M］.北京：科学出版社.

佟道儒.1997.烟草育种学［M］.北京：中国农业出版社.

万佐玺，朱晶，强胜.2001.链格孢毒素对紫茎泽兰的致病机理［J］.植物资源与环境学报，10（3）：47-50.

汪开始.1993.环境大气臭氧污染对植物的影响［J］.生物学通报，28（4）：1-2，11.

王革，郑小波，陆家云，等.1997.云南省烟草黑胫病的交配型及分布［J］.南京农业大学学报，20（1）：31-34.

王革，郑小波，陆家云，等.1997.云南省烟草黑胫病菌致病力分化的研究［J］.南京农业大学学报，20（4）：30-35.

王革，郑小波，陆家云，等.1998.烟草黑胫病菌厚垣孢子和菌丝体在土壤中的存活状态［J］.南京农业大学学报，21（1）：41-45.

王国平，周志成.1996.湖南烟草青枯病菌的致病性和生物型研究［J］.湖南农业大学学报，22（4）：371-374.

王劲波，王凤龙，时焦，等.1998.山东烟草病毒病毒原鉴定［J］.中国烟草科学（1）：26-29.

王劲波，王凤龙，钱玉梅，等.1998.山东烟区主要病毒的株系鉴定［J］.中国烟草学报，4（1）：24-32.

王劲波，王凤龙，钱玉梅.1999.山东烟区烟草环斑病毒病（TRSV）发生和病原鉴定［J］.中国烟草科学（1）：34-35.

王绍坤，毛建书.1996.曲靖烟区气候性斑点病的发生规律与防治研究［J］.烟草科技（3）：47-48.

王万能，全学军，肖崇刚.2005.烟草疫霉的产孢和接种方法研究［J］.植物保护学报，32（1）：18-22.

王文桥，刘国容.1996.卵菌对内吸性杀菌剂的抗药性及对策［J］.植物病理学报，26（4）：294-296.

王秀芳，任广伟，王新伟，等.2010.烟粉虱在山东烟区的发生动态及为害调查［J］.植物保护，36（3）：145-147.

王学东.1992.细毛螨为害对烟草生长、化学成分及叶组织影响的初步研究［D］.郑州：河南农业大学.

王智发，刘延荣，谢成颂，等.1987.我国烟草黑胫病菌生理小种鉴定［J］.山东农业大学学报，18（1）：1-8.

王左斌，吴元华，赵秀香，等.2009."嘧肽菌净"对烟草靶斑病的抑菌作用及田间药效试验［J］.烟草科技（9）：61-64.

韦石泉.1985.大豆的烟草环斑病毒（TRSV）生物学性状的鉴定［J］.沈阳农学院学报，16（2）：38-44.

魏崇荣.1982.气候型斑点病的发生与防治［J］.中国烟草（3）：20.

魏代福，沈静，刘忠智，等.2009.防治烟蚜的新烟碱类药剂筛选［J］.山东农业科学（6）：68-71.

魏梅生，刘洪义，李桂芬，陈燕芳.2006.马铃薯X病毒和马铃薯Y病毒胶体金免疫层析试纸条的研制［J］.植物保护（6）：139-141.

魏宁生，吴云峰.1988.花卉病毒病害的鉴定（Ⅰ）［J］.云南农业大学学报（1）26-32.

魏宁生，安调过.1990.陕西渭北地区烟草环斑病毒（TRSV）的研究Ⅱ.病毒的传播、种苗带毒检测及防治［J］.中国烟草（4）：1-5.

文景芝，单宝柱，杨建华.1996.马铃薯早疫链格孢菌（*Alternalia solani*）可诱导烟草对赤星病产生系统抗性［J］.马铃薯杂志，10（2）：93-95.

巫升鑫，方树民，潘建著，等.2004.烟草种质资源抗青枯病筛选鉴定［J］.中国烟草学报，10（1）：22-40.

吴建祥，周雪平.2005.马铃薯X病毒云南分离物单克隆抗体的制备及其检测应用［J］.浙江大学学报：农业与生命科学版（5）：608-612.

吴建宇，程建勇，杨根华，等.1999.云南烟草丛枝症病害研究Ⅷ验证与烟草丛枝症病害相关的稳定RNA［J］.云南农业大学学报（2）.

吴坤君，龚佩瑜，阮永明.2006.番茄是烟青虫的寄主植物吗？［J］.昆虫学报，49（3）：421-427.

吴坤君.1996.关于棉铃虫的几个问题（一）［J］.昆虫知识，33（4）：238-240，243.

吴元华，刘永中，文才艺，等.2000.过氧化物酶活性与烟草对马铃薯Y病毒抗性关系的研究［J］.中国烟草学报，6（3）：23-26.

吴元华，王左斌，刘志恒，等.2006.我国烟草新病害——靶斑病［J］.中国烟草学报，12（6）：22.

武祖荣.1987.贵州福泉烟草上的棉铃虫和烟青虫［J］.中国烟草（3）：27-28.

向忠明，叶建如，顾钢.2001.南方五省烟草青枯病菌系组成与分布［J］.延边大学农学学报，23（3）：170-173.

谢成颂，王智发，刘延荣，1989.烟草黑胫病菌（*Phytophthora nieotianae* var. *nicotianae*）生理小种鉴定技术研究［J］.山东农业大学学报：自然科学版（1）：20-25.

谢成颂，王智发，刘延荣.1987.国内外烟草黑胫病菌生理小种鉴定评价［J］.中国烟草（1）：12-17.

谢立群，蒋明星.1997.烟青虫滞育特性的研究［J］.植物保护学报，24（3）：199-203.

谢立群，蒋明星，张孝羲.1998.温湿度对烟青虫实验种群的影响［J］.昆虫学报，41（1）：61-69.

谢联辉，林奇英，曾鸿棋，等.1985.福建烟草病毒病原鉴定初报［J］.福建农学院学报，4（2）：28-29.

谢联辉，林奇英，谢莉妍，等.1994.福建烟草病毒种群及其发生频率的研究［J］.中国烟草学报，2（1）：25-32.

谢勇，王云月，陈建兵，等.2000.烟草黑胫病菌分子检测［J］.云南农业大学学报，15（2）：38.

辛海军，张勇，王开运，等.2005.我国中东部烟区烟青虫抗药性检测［J］.山东农业大学学报：自然科学版，36（2）：205-208.

徐辉，熊霞.2009.烟草青枯病防治技术研究进展［J］.湖南农业科学（4）：91-94.

徐平东.1997.我国黄瓜花叶病毒及其病害研究进展［M］//植物病毒与病毒病防治研究.北京：中国农业科学技术出版社.

许广恺，程仲记，李海江，等.2001.烟叶气候斑的发生及其原因分析［J］.烟草科技（6）：41-43.

许连生，周本国.2005.20%移栽乳油防治烟草黑胫病的研究［J］.安徽农业科学，33（1）：54.

许志刚.2000.普通植物病理学［M］.2版.北京：中国农业出版社.

烟草种植编写组.1992.烟草病虫害［M］.北京：中国财政经济出版社.

杨程，秦西云，吴建宇，等.2000.云南省烟草丛枝症病害的发生与防治［J］.植物保护（6）：48-49.

杨程，张建斌，程义，等.1999.云南烟草丛枝症病害研究ⅩⅢ大理州烤烟丛枝症病害的发生与防治［J］.云南农业大学学报（3）：305-309.

杨程，张建斌，郭元丽，等.2004.烟草丛顶病防治研究与应用［J］.中国烟草学报（4）：27-30.

杨程.2003.津巴布韦烟草丛顶病调查［J］.烟草科技（2）：43-45.

杨根华，蔡红，张修国，等.2000.云南烟草丛枝症病害的超微细胞病变研究［J］.山东农业大学学报：自然科学版（3）269-272.

杨根华，吴建宇，程建勇，等.1999.云南烟草丛枝症病害研究Ⅸ追踪致病因子［J］.云南农业大学学报（2）：185-187.

杨建卿，江彤，承河元.2003.烟草病理学［M］.合肥：中国科学技术大学出版社.

杨铁钊，殷全玉，丁永乐，等.2004.烟草气孔特性、抗氧化酶活性与臭氧伤害的关系［J］.植物生态学报，28（5）：672-679.

杨铁钊，殷全玉，王树文，等.2002.不同烤烟基因型对烟草气候斑点病的抗性生理研究［J］.中国烟草科学（3）：8-10.

杨铁钊.2003.烟草育种学［M］.北京：中国农业出版社.

杨献营.1996.烟草抗赤星病诱导的生理生化学及组织病理学研究［J］.中国烟草（1）：1-5.

杨献营.2000.非病原细菌对烟草赤星病菌的生物抑制作用研究［J］.中国烟草科学（3）：47-48.

杨效文，马淑健，彭国防，等.1996.烟草不同品种对烟青虫自然感虫性研究［M］//中国烟草昆虫研究：理论与实践（一）.北京：中国农业出版社.

杨效文，秦留拽，苏永士，等.1994.烟草潜叶蛾的药剂防治［J］.烟草科技（2）：44-45.

姚革，彭化贤.1990.四川省细菌性青枯病病原菌菌系及分布研究［J］.西南农业大学学报，12（5）：536-540.

姚玉霞，于莉，程淑云，等.1995.烟草赤星病发病程度与烟叶内总氮含量的关系初报［J］.吉林农业大学学报，17（3）：

99 - 101.

伊伯仁，路红，康芝仙，等 . 1997. 吉林省烟田斑须蝽的发生与为害的初步研究 [J]. 吉林农业大学学报，19（2）：19 - 23.

易龙，肖崇刚，马冠华，等 . 2010. 拮抗放线菌 TA21 对烟草根黑腐病菌的抑制及控制作用 [J]. 中国生物防治，26（2）：186 - 192.

殷全玉，杨铁钊，邵慧芳，等 . 2006. 烟草对气候斑点病的抗性遗传研究 [J]. 中国烟草科学，27（1）：16 - 19.

殷全玉 . 2003. 烤烟对气候斑病的抗性生理与抗性遗传 [D]. 郑州：河南农业大学 .

尹华群，易有金，罗宽，等 . 2004. 烟草青枯病内生拮抗细菌的鉴定及小区防效的初步测定 [J]. 中国生物防治（3）：219 - 220.

于海芹，焦芳婵，肖炳光，等 . 2008. 烟草种质资源苗期黑胫病抗性鉴定研究 [J]. 中国农业科技导报，10（4）：70 - 75.

于莉 . 1994. 烟草赤星病菌生物学特性的研究 [J]. 吉林农业大学学报，16（2）：31 - 35.

俞大绂 . 1977. 植物病理学和真菌学技术汇编 [M]. 北京：人民教育出版社 .

袁锋，冯纪年，贾传宝，等 . 1994. 斑须蝽三代卵块的空间分布和田间抽样技术研究 [J]. 昆虫知识，31（2）：88 - 91.

张成良 . 1996. 植物病毒分类 [M]. 北京：中国农业出版社 .

张广民，王智发，陈瑞泰，等 . 1994. 烟草低头黑病病原菌的研究 [J]. 植物病理学报（4）：367 - 371.

张广民，王智发，刘延荣，等 . 1995. 烟草低头黑病菌培养滤液对烟草毒性及作用特性的研究 [J]. 山东农业大学学报，26（2）：131 - 136.

张广民，王智发，谢成颂 . 1990. 烟草低头黑病菌分生孢子形态研究 [J]. 山东农业大学学报（3）：1 - 5.

张广民，王智发，张修国，等 . 1995. 烟草品种对低头黑病的抗病性鉴定 [J]. 中国烟草，16（2）：22 - 25.

张广民，王智发，张修国，等 . 1992. 温度对烟草低头黑病菌形成附着胞和侵染力的影响研究 [J]. 中国烟草（3）：6 - 9.

张慧丽 . 2005. 烟草黑胫病拮抗细菌的分离与特性研究 [D]. 杭州：浙江大学 .

张金林，常志卷，李维宽 . 1998. 植物性杀菌剂研究进展 [J]. 河北农业大学学报，21（3）：112 - 114.

张满良，魏宁生 . 1992. 渭北烟区烟草蚀纹病毒和黄瓜花叶病毒侵染循环的研究 [J]. 中国烟草学报，1（1）：54 - 60.

张满良，魏宁生 . 1991. 陕西渭北地区烟草病毒病的毒原鉴定 [J]. 中国烟草科学（1）：26 - 29.

张明厚，张敬荣，贾文香，等 . 1998. 烟叶成熟衰老程度与对赤星病感病性的关系 [J]. 植物病理学报，28（1）：49 - 54.

张清霞，吴小刚，张立群，等 . 2008. 荧光假单胞菌 2P24 调控基因突变体定植能力和生防效果分析 [J]. 中国生物防治，24（1）：40 - 45.

张世泽，万方浩，花保桢，等 . 2004. 烟粉虱的生物防治 [J]. 中国生物防治，20（1）：57 - 60.

张威，白艳菊，申宇，等 . 2010. 马铃薯 X 病毒黑龙江分离物外壳蛋白基因克隆与序列分析 [J]. 黑龙江农业科学（8）：1 - 5.

张修国，罗文富，苏宁，等 . 2001. 烟草黑胫病发生动态与黑胫病菌全基因组（DNA）遗传分化关系的研究 [J]. 中国农业科学，34（4）：379 - 384.

张亚，何可佳，罗坤，等 . 2007. 烟草赤星病研究进展及对策 [J]. 陕西农业科学（2）：82 - 84.

张艳萍，厚毅清，裴怀弟，等 . 2011. 马铃薯 X 病毒的分子生物学方法检测探究 [J]. 种子（12）：75 - 77.

张原 . 1989. 武汉地区烟青虫发生规律及防治措施的研究 [J]. 病虫测报（3）：13 - 18.

张芝利 . 2000. 关于烟粉虱大发生的思考 [J]. 北京农业科学，18（增刊）：1 - 3.

张中义 . 1988. 植物病原真菌学 [M]. 成都：四川科学技术出版社 .

张仲凯 . 2005. 云南烟草病毒病及其病原研究进展 [J]. 烟草农业科学（1）：95 - 101.

赵兵，陈发伟 . 1995. 烟青虫发生规律及测报因子研究 [J]. 中国烟草，16（4）：34 - 36.

赵蕾，梁元存，刘延荣 . 2000. 壳聚糖对烟草抗黑胫病的作用 [J]. 应用与环境生物学报（5）：436 - 439.

赵莉，张荣，肖艳，等 . 2000. 危害棉花的重要害虫烟粉虱在新疆发现 [J]. 新疆农业科学（1）：27 - 28.

赵新成，阎云花，王琛柱 . 2003. 雄性棉铃虫和烟青虫对雌性信息素的触角电生理反应 [J]. 动物学报，49（6）：795 - 799.

赵永强，张薇，张广民 . 2008. 防治烟草根黑腐病的药剂筛选 [J]. 山东农业科学（2）：81 - 82.

浙江农业大学 . 1978. 农业植物病理学 [M]. 上海：上海科学技术出版社 .

郑继法，丁爱云，张建华，等 . 1998. 烟草青枯病研究进展 [J]. 山东农业大学学报：自然科学版（4）：527 - 527.

郑继法，张建华，李连臣，等 . 1995. 烟草不同品种对青枯菌的抗性分析 [J]. 山东农业大学学报，26（1）：23 - 29.

郑小波 . 1997. 疫霉菌及其研究技术 [M]. 北京：中国农业出版社 .

郑燕棠，曹为玉，赵万英，等 . 1987. 利用酶联免疫吸附法（ELISA）检测天津近郊番茄病毒类型的研究 [J]. 天津农业科学（2）.

郑耘，杨伟东，陈枝楠 . 2007. 烟草环斑病毒 DB - RT - Realtime PCR 检测方法研究 [J]. 植物保护，33（7）117 - 120.

治愚 . 2006. 新型杀菌剂——艾霜 [J]. 当代蔬菜（3）.

中国农业科学院烟草研究所 . 2005. 中国烟草栽培学 [M] . 上海：上海科学技术出版社 .

中国农业科学院植物保护研究所 . 1996. 中国农作物病虫害：下册 [M] . 北京：中国农业出版社 .

中国烟叶公司 . 2010. 中国烟叶生产实用技术指南 [M] . 北京：中国烟叶公司 .

周岗泉，张建华，陈泽鹏，等 . 2008. 烟草内生细菌及其对烟草青枯病的生物防治研究 [J] . 中国烟草学报，14（2）：31 -
34.

周明国 . 1996. 病原物抗药性 [M] //中国农业百科全书：植物病理学卷 . 北京：中国农业出版社 .

周明国 . 1996. 浅谈杀菌剂抗性治理策略 [J] . 南京农业大学学报，19（增刊）：155 - 159.

周文丽，唐永红，陈耀锋，等 . 2012. 芪合酶基因的遗传转化及其转基因烟草抗根黑腐病的研究 [J] . 西北农林科技大学
学报，40（2）：35 - 41.

周尧 . 1949. 中国粉虱名录 [J] . 中国昆虫学，3（4）：1 - 18.

周忠实，陈泽鹏，许再福 . 2006. 斜纹夜蛾和烟青虫在烟草上的生态位 [J] . 生态学报，26（10）：3245 - 3249.

朱贤朝，郭振业，刘保安，等 . 1987. 山东省烟草黑胫病菌生理小种研究 [J] . 植物病理学报，17（2）：90 - 95.

朱贤朝，王风龙，孔凡玉 . 2005. 中国农作物抗病性及其利用 [M] . 北京：中国农业出版社 .

朱贤朝，王彦亭，王智发，等 . 2001. 中国烟草病害 [M] . 北京：中国农业出版社 .

朱贤朝，王彦亭，王智发 . 2001. 中国烟草病害防治手册 [M] . 北京：中国农业出版社 .

朱云芬，程群，沈艳芬，等 . 2012. 马铃薯 X 病毒的 RT - PCR 和 IC - RT - PCR 检测 [J] . 中国马铃薯（6）：370 - 373.

朱振元，张勇民，徐同 . 2004. 化学合成寡糖诱导烟草抗黑胫病的初步研究 [J] . 植物病理学报（3）：231 - 236.

竺晓平，刘金亮，田延平，等 . 2007. 瞬时表达比较马铃薯 X 病毒 CP 基因 3 种结构对 RNA 沉默的诱导效果 [J] . 应用与
环境生物学报（1）：1 - 4.

祝长清 . 1983. 烟草害虫天敌及其保护利用 [J] . 河南农业科学（1）：13 - 16.

邹阳 . 2007. 重庆烟草青枯菌生理生化及致病型测定研究 [D] . 重庆：西南大学 .

邹志云，黄丽华，刘铎，等 . 1994. 不同氮磷钾用量与配比对南雄县烟草产量、质量及气候斑病的影响 [J] . 仲恺农业科
技学院学报，7（2）：40 - 46.

左丽娟，赵正雄，杨焕文，等 . 2010. 增加施钾量对红花大金元烤烟部分生理生化参数及"两黑病"发生的影响 [J] . 作
物学报，36（5）：856 - 862.

Dropkin V H. 1992. 植物线虫学导论 [M] . 潘沧桑，译 . 厦门：厦门大学出版社 .

Taylor AL. 1981. 植物线虫学研究入门 [M] . 陈品三，郝近大，译 . 北京：农业出版社 .

Ahmed M Z，Shen Y，Jin G H，et al. 2009. Population and host plant differentiation of the sweetpotato whitefly，*Bemisia
tabaci*（Homoptera：Aleyrodidae），in East，South and Southwest China [J] . Acta Entomologica Sinica，52（10）：1132 -
1138.

Almeidaamr，Listerrm. 1991. Bud blight symptomatology and virus titer in soybeans singly and doubly infected with soybean
mosaic and tobacco rings pot virus [J] . Fito patologia-Brasiliera（Brazil），16（1）：98 - 103.

Angell S M，Baulcombe D C. 1997. Consistent gene silencing in transgenic plants expressing a replicating potato virus X RNA
[J] . The EMBO Journal，16（12）：3675 - 3684.

Anisworth C S，Gnanamanickam. 1990. Biological control of bacterial wilt caused by *Pseudomonas solanacearum* in India with
antagonistic bacteria [J] . Plant and Soil，124（1）：109 - 116.

Anisworth G C. 1971. A dictionary of the fungi [M] 6th ed. Com-mon Wealth Mycol. Inst. Kew surrey.

Apple J L. 1962. Physiological specialization within *Phytophthora parasitica* var. *nicotiana* [J] . Phytopathology，52（4）：
351 - 354.

Aziza Sharaby，Abdel-Rahman H，Mdawad S. 2009. Biological effects of some natural and chemical compounds on the potato
tuber moth，*Phthorimaea operculella* Zell.（Lepidoptera：Gelechiidae） [J] . Saudi Journal of Biological Sciences，16：
1 - 9.

Batten J，Yoshinari S，Hemenway C L. 2003. Potato virus X：Amodel system for virus replication，movement and gene ex-
pression [J] . Mol Plant Pathol（4）：125 - 131.

Betheke J A，Byrne F J，Hodges G S，et al. 2009. First record of the Q biotype of the sweetpotato whitefly，*Bemisia tabaci*，
in Guatemala [J] . Phytoparasitica，37：61 - 64.

Braun C J，Hemenway C L. 1992. Expression of amino-terminal portions or full - length viral replicase genes in transgenic
plants confers resistance topotato virus X infection [J] . The Plant Cell（4）：735 - 744.

Brian D A，Baric R S. 2005. Coronavirus genome structure and replication [J] . Curr Top Microbiol Immunol，287：1 -
30.

Bristow P R，Lockwood J L. 1975. Soil fungistasis：Role of microbial nutrient sink and of fungistatic substances in tow soils

[J] . J of General Microbiology，90：147 - 156.

Buddenhagen I W，Sequeira L，Kelman A. 1962. Designation of races in *Pseudomonas solanacearum* [J] . Phytopathology（Abstr.），52：726.

Buonaurio R，et al. 1995. Induction of lipoxygenase activity is associated with systemic acquired resistance of tobacco to *Erysiphe cichoracearum* [D] . Physiological responses of plants to pathogens，11 - 13 September，University of Dundee，UK. Aspects of Applied Biology，42：327 - 330.

Butler E J，Bisby G R. 1931. Imp. Coun. agric. Res. Ind ia. Sci. Mono. 1. 152.

Chang T T，Ko W H. 1990. Resistance to fungicides and antibiotics in *Phytophthora parasitica*：genetic nature and use in hybrid determination [J] . Phytopathology，80：1414 - 1421.

Chang V M. 1983. Efficacy of systemic insecticides for the control of *Bemisia tabaci* Genn，a vector of the leaf curl of cigar-wrapper tobacco [J] . Indian Journal of Agric Sciences，53（7）：585 - 589.

Clough K S，Patrick Z A. 1976. Biotic factors affedting the variability of chlamydospores on *Thielaviopsis basicola*（Berk &. Br.）Ferraris，in soil [J] . Soil Biol. Biochem（8）：465 - 472.

Colas V L，Ricci P，Vanlerberghe M F，et al. 1998. Diversity of virulence in *Phytophthora parasiticaon* tobacco，as reflected by nuclear RFLP [J] . Phytopathology，88：205 - 212.

Culbreath A K，Todd J W，BROWN S L. 2003. Epidemiology and management of tomato spotted wilt in peanut [J] . Annu Rev Phytopathol，41：53 - 75.

Das P D，Raina R，Prasad A R. 2007. Electroantennogram responses of the potato tuber moth，*Phthorimaea operculella*（Lepidoptera：Gelichiidae）to plant volatiles [J] . Journal of Bioscience，32（2）：339 - 349.

Davides L C，van de Berg Velthusi G C M，Mantel B C，et al. 1991. Phenylamides and Phytophthora [M] //Lucas J A，et al. Phytophthora. Cambridge：Cambridge University Press，349 - 360.

Davidson M M，Butler R D，Wratten S D. 2006. Field evaluation of potato plants transgenic for a cry1Ac gene conferring resistance to potato tuber moth，*Phthorimaea operculella*（Zeller）（Lepidoptera：Gelechiidae）[J] . Crop Protection，25：216 - 224.

Debarro P J，Driver F，Trueman J W H，et al. 2000. Phylogenetic relationships of world populations of *Bemisia tabaci*（Gennadius）using ribosomal ITS1 [J] . Molecular Phylogenetics and Evolution，16：29 - 36.

Duniway J M. 1983. Role of physical factors in the development of *Phytophthora* diseases [M] . Phytophthora：175 - 188.

Elisabeth Mueller. 1995. Homology-dependent resistance：transgenic virus resistance in plants related to homology—dependent gene silencing [J] . The Plant Journal，7（6）：1001 - 1013.

Ersek T，Schoelz J E，English J T. 1994. PCR amplification of species-specific DNA sequences can distinguish among Phytophthora species [J] . Application and Environmental Microbiology，29：215 - 229，274 - 280.

Ferrin D M，Kabashima J N. 1991. In vitro insensitivity tometalaxyl of isolates of *Phytophthora citricola* and *P. parasitica* from ornamental hosts in Southern California [J] . Plant Disease，75：1041 - 1044.

Gasse R，Défago G. 1981. Mise en évidence de la résistancede certaines terres a la pourriture noirc des racines du tabac causéepar le Thielaviopsis basicola [J] . Bol Helv（91）：75 - 80.

Gisi U，Cohen Y. 1996. Resistance to phenyl amide fungicides：a casestudy with *Phytophthora infestans* involving mating type and racestructure [J] . Annual Review Phytopathology，34：549 - 572.

Gooding G V. 1970. Natural serological strains of tobacco ringspot virus [J] . Phytopaghology（60）：708.

Gopalk. 1996. Effect of budb light（TRSV）on yield of soybean [J] . Plant Disease Research，11（1）：105 - 107.

GuoX J，Rao Q，Luo C，et al. 2012. Diversity and genetic differentiation of the whitefly *Bemisiatabaci* species complex in China based on mtCOI and cDNA-AFLP analysis [J] . Journal of Integrative Agriculture，11（2）：206 - 214.

Hhayward A C. 1991. Biology and Epidemiology of bacterial wilt caused by *Pseudomonas solanacearm* [J] . Annu Rev Phytopathol，29：65 - 87.

Heatt R L. 1994. Alterations of plant metabolism by ozone exposure. In：R G Alseher and A R Wellburn Editors，plant responses to the gaseous environment [M] . London：Edinburgh University Publishing House：121 - 147.

Heggestad H E，Middeton J T. 1959. Ozone in high coneentrations as cause of tobacco leaf injury [J] . Science，129：208 - 210.

Heggestad H E. 1991. Origin of Bel-W3，Bel-C and Bel-B tobacco varieties and rheir use as indicators of ozone [J] . Environmental Pollution，74（4）：264 - 291.

Hollings M. 1965. Anemone necrosis，a disease caused by a strain of tobacco ringspot virus [J] . Annals of Applied Biology，55：447 - 457.

Horowitz A R, Denholm L, Gorman K, et al. 2003. Biotype Q of *Bemisia tabaci* identified in Israel [J]. Phytoparasitica, 31: 94 - 98.

Hossain M S, Banik B R. 1999. Physiological studies on the pathogen *Phytophthora nicotianae* var. *nicotianae-causing* fruit rot of brinjal [J]. Indian Journal of Agricultural Research, 33 (4):

Howard Zehr. 1969. Contemplative Photography [M]. New York: Good Books.

Hu B, Pillai-Nari N, Hemenway C. 2007. Long-distance RNA-RNA in-teractions between terminal elements and the same sub-set of internal elements on the potato virus X genome mediate minus-and plus-strand RNA synthesis [J]. RNA, 13: 267 - 280.

Hu J, de Barro P J, Zhao H, et al. 2011. An extensive field survey combined with a phylogenetic analysis reveals rapid and widespread invasion of two alien whiteflies in China [J]. PLoS ONE, 6 (1): e16061.

Huber D M, Watson R D. 1970. Effect of organic amendment on siol-borne plant pathogens [J]. Phytopathology, 60: 22 -26.

Hunter P P, Jones P. 1981. Occurrence and distribution of races of *Phytophthora parasitica* var. *nicotianain* dark tobacco [J]. Tobacco Abstracts (5): 463.

Ishida N Akais. 1969. Relation of temperature to germ ination of conidia and appressorium formation in *Colletotrichum lagerarium* [J]. Mycologia (6): 1382 - 1386.

Johnson E M. 1930. Virus diseases of tobacco in Kentucky [J]. Agric. Exp. Stn. Bull, 306: 285.

Johnson J, Hartman R E. 1919. Influence of the soil environment on root rot of tobacco [J]. J Agric Res (17): 41 -86.

Justin L, Daniel F K, Thorsten N. 2001. A Harpin Binding Sitein Tobaeeo Plasma Membranes Mediates Aetivation of the Pathogenesis - Related Gene HINI Independent of Extracellular Caleium but DePendenton Mitogen Aetivated Protein Kinase Aetivity [J]. The Plant Cell, (13): 1079 - 1090.

Kamimura M, Tatsuki S. 1993. Diel rhythms of calling behavior and pheromone production of oriental tobacco budworm moth, *Helicoverpa assulta* (Lepidoptera: Noctuidae) [J]. Journal of Chemical Ecology, 19 (12): 2953 - 2963.

Kay I R. 1989. Seasonal incidence of *Heliothis* spp. (Lepidoptera: Noctuidae) on tomatoes in North Queensland [J]. Journal of the Australian Entomological Society, 28 (3): 193 - 194.

Kodama M, Sazuki T, Otani H, et al. 1990. Purification and bioassay of host-selected AT-toxin from *Alternaria alternata-causing* brown spot of tobacco [J]. Annals of the Phytopathological Society of Japan, 56: 628 - 636.

Kohmoto K. 1991. Correlation of resistance and susceptibility of *citris* to *Alternaria alternate* with sensitivity to host-specific toxins [J]. Phytopathology (81): 719 - 722.

Kohmoto K. 1993. Isolation and biological activities of *Alternaria alternata* [J]. Phytopathology (83): 495 - 502.

Lamondia J A. 2001. Outbreak of browns Pot of tobacco caused by *Alternaria alternate* in Conneeticut and Massachusetts [J]. Plant Disease, 85 (2): 230.

Lee E H, Hennett J H. 1982. Superoxide dismutase: A possible protective enzyme against ozone injury in snap beans (*Phaseolus vulgaris* L.) [J]. Plant Physiology, 69: 1444 - 1449.

Liste R M, Murant A F. 1967. Murant Seed-transmission of nematode-borne viruses [J]. Ann appl Biol (59): 49.

Liu M Y, Cai J P, Titan Y. 1994. Sex pheromone components of the oriental tobacco budworm, *Helicoverpa assulta* Guenee: identification and field trials [J]. Insect Science, 1 (1): 77 - 85.

Liu Z D, Scheirs J, Heckel D G. 2012. Trade-offs of host use between generalist and specialist *Helicoverpa* sibling species: adult oviposition and larval performance [J]. Oecologia, 168: 459 - 469.

Longstaff M, Brigneti G, Boccard F, et al. 1993. Extreme resistance topotato virus X infection in plants expressing modified components of the putative viral replicase [J]. The EMBO J, 12 (2): 379 - 386.

Lucas G B. 1975. Diseases of Tobacco [M]. 3rd ed. Fuquay Varina: Harold E. Parker & Sons Printer.

Macovei A, et al. 1994. Investigations on the identification and study of some antiviral factors [J]. Buletinul de Protectia Plantelor (1): 9 - 13.

Malcuit I, Jong W. Baulcombe D C, et al. 2000. Acquisition of multiple virulence/avirulence determinants by *Potato virus X* (PVX) has occurred through convergent evolution rather than through recombination [J]. Virus Genes, 20: 165 - 172.

Marc Sporleder, Octavio Zegarra. 2008. Effects of temperature on the activity and kinetics of the granulovirus infecting the potato tuber moth *Phthorimaea operculella* Zeller (Lepidoptera: Gelechiidae) [J]. Biological Control, 44: 286 - 295.

Martinez-Carrillo J L, Brown J K. 2007. First report of the Q biotype of *Bemisia tabaci* in southern Sonora, Mexico [J]. Phytoparasitica, 35: 282 - 284.

Melton T A, Powell N T. 1991. Effects of two-year crop rotations and cultivar resistance on bacterial wilt in flue-cured tobacco [J]. Plant Disease, 75: 695 - 698.

Meyer J R，Sher H D. 1991. Soil suppressive to black root rot of burley tobacco，caused by Thielaviopsis basicola [J] . Phytopathology（81）：946 - 954.

Milgroom M G，Fry W E. 1988. Asimulation analysis of the epidemio-logical principles for fungicides resistance management in pathogenpopulation [J] . Phytopathology，78：565 - 570.

Miller W A，Koev G. 2000. Synthesis of Subgenomic RNAs by Positive-Strand RNA Viruses [J] . Virology，273：1 - 8.

Mo X H，Chen Z B，Chen J P . 2010. Complete nucleotide sequence and genome organization of a Chinese isolate of Tobacco vein distorting virus [J] . Virus genes，41：425 - 431.

Mo X H，Chen Z B，Chen J P . 2011. Molecular identification and phylogenetic analysis of a viral RNA associated with the Chinese tobacco bushy top disease complex [J] . Annals of Applied Biology，158：188 - 193.

Mo X H，Qin X Y，Tan Z X，et al. 2002. First report of tobacco bushy top disease in China [J] . Plant Disease，86：74.

Mo X H，Qin X Y，Wu J，et al. 2003. Complete nucleotide sequence and genome organization of a Chinese isolate of Tobacco bushy top virus [J] . Archives of Virology，148：389 - 397.

Mukammal E I. 1965. Ozone as a cause of tobacco injury [J] . Agricultural Meteorology，2（3）：145 - 165.

Muniyappa V. 1980. Whiteflies in vector of plant pathogen [M] . New York：Academic Press.

Panabieres F，Marais A，Trentin F，et al. 1989. Repetitive DNA polymorphism analysis as a tool for identifying phytophthora parasitica [J] . Phytopathology，79：716 - 721.

Papavizas G C，Davey C B. 1962. Isolation of *Thielaviopsis basicola* from bean rhizosphere [J] . Phytopathology，51：92 - 96.

Papavizas G C，Lewis J A. 1971. Survival of endoconidia and chlamydospores of *Thielaviopsis basicola* as affected by soil environmental factors [J] . Phytopathology，61：108 - 113.

Pappu H R，Jones R A，Jain R K. 2009. Global status of tospovirus epidemics in diverse cropping systems：successes achieved and challenges ahead [J] . Virus Res，141：219 - 236.

Pegg K G. 1966. Studies of a strain of *Alternaria citri* Dierce. The causal organism of brown spot of emperor mandarin [J] . Queenal J Agri Anim，25：15 - 28.

Petersen B O，Albrechtsen M. 2005. Evidence implying only unprimed RdRP activity during transitive genesilencing in plants [J] . Plant Molecular Biology，58：575 - 583.

Pirone T P. 1981. Efficiency and selectivity of the helper compo-neat-mediated aphid transmission of purified poty viruses [J] . Phytopathology，71：922 - 924.

Pleijel H H，Danielsson K，Vandermeiren. 2002. Stomatal conductance and ozone exposure in relation to potato tuber yield-results from the European CHIP programme [J] . European Journal of Agronomy，17：303 - 317.

Powellca，Longeneckerjl，Forerlb. 1990. Incidence f tomato ring spot virus and tobacco ring spot virus in grapevines in Pennsylvania [J] . Plant Disease，74（9）：702 - 704.

Robaglia C，et al. 1989. Nucleotide soguence of Potato virus Y（N strain）genomic RNA [J] . J Gen Virol，70：935 - 947.

Rothrock C S. 1992. Influence of soil temperature，water，and texture on Thielaviopsis basicola and black root rot of cotton [J] . Phytopathology，82：1202 - 1206.

Samad A，Raj S K，Srivastava A，et al. 2000. Characterization of an Indian isolate of cucumber mosaic virus infecting Egyptian henbane（*Hyoseyamus muticus* L. ）[J] . Acta Virol，44（3）：131 - 136.

Sanfacon H. 1995. Nepovirus//. Singh R P，Singhu S，Kohmoto K. Pathogenesis and host specificity of plant diseases hislopathological biochemical genetic and molecular bases，Vol Ⅲ virus and viroids [C] . Oxford UK. Pergamon/Elseviers Science Ltd.

Saour G. 2004. Efficacy assessment of some *Trichogramma* species（Hymenoptera：Trichogrammatidae）in controlling the potato tuber moth *Phthorimaea operculella* Zell.（Lepidoptera：Gelechiidae）[J] . Pest Science，77：229 - 234.

Saour G. 2008. Effect of thiacloprid against the potato tuber moth *Phthorimaea operculella* Zeller（Lepidoptera：Gelechiidae）[J] . Pest Science，81：3 - 8.

Saour G，Makee H. 1997. Radiation induced sterility in male potato tuber moth phthorimaea *operculella* Zeller（Lep.，Gelechiidae）[J] . Journal of Applied Entomology，121：411 - 415.

Saure N I. 1966. Simultaneous association of strains of tobacco ringspot virus within *Xiphinema americanum* [J] . Phytopathology，56：862.

Severin H H P. 1929. Additional host-plants of curlytop [J] . Hilgardia（3）：595 - 636.

Shew H D，Lucas G B. 1990. Compendium of tobacco disease [M] . APS：10 - 12.

Shew H D，Lucus G B. 1905. Compendium of Tobacco Diseases. APS PRESS，The American Phytopathological Society.

Shew H D，Main C E. 1990. Infection and development of target spot of flue-cured tobacco caused by *Thanatephorus cucumeris* [J]．Plant Disease，74：1009－1013.

Shew H D，Melton T A. 1995. Target spot of tobacco [J]．Plant Disease，79：6－11.

Silvia I Rondon. 2010. The Potato Tuberworm：A Literature Review of Its Biology，Ecology，and Control [J]．American Journal of Potato Research，87：149－166.

Sinclair J B，Walker J C. 1956. A survey of ringspot on cucumber in Wisconsin [J]．Plant Disea Reporter，40：19－20.

Skoropad W P. 1967. Effect of temperature on the ability of Colle－tatrichum graminicola to form appressoria and penetrate barleyleaves [J]．Can J Plant Sci，47：431－434.

Slavov S，Mayama S，Atanassov A. 2004. Some aspects of epidemiology of *Alternaria alterana* tatobacco pathotype [N]．Biotechnology&-Biotechnological Equipment，18：85－89.

Song J H，Roh S H，Park H，et al. 1998. Mycological characteristics of Phytophthora nicotianae var. nicotianae causing Phytophthora rot of strawberry and resistance of strawberry cultivars to the pathogen [J]．Korean Journal of Plant Pathology，14（6）：646－650.

Stamps D J，Watrhouse G M，Newhook F J. 1990. Revised tabular key to the species of Phytophthora [J]．Mycological Papers（162）：10－28.

Stanleg W M. 1939. The isolation and properties of tobacco ringspot virus [J]．Jour Biol Chem，129：405.

Stevens J J，Jones R K，Shew H D，et al. 1993. Characterization of populations of *Rhizoctonia solani* AG－3 from potato and tobacco [J]．Phytopathology，83：854－858.

Sumner D R，Melton N A. 1989. Crop losses in corn induced by *Rhizoctonia solani* AG－2－2 and nematodes [J]．Phytopathology，79（9）：934－941.

Susannah G. Coope，David S Douches，Kelly Zarka. 2009. Enhanced Resistance to Control Potato Tuberworm by Combining Engineered Resistance，Avidin，and Natural Resistance Derived from，*Solanum Chacoense* [J]．Potato Research，86：24－30.

Takahashi W N. 1982. Effect of viral infection on the nucleiof the host [J]．Phytopathology，52：29.

Taylor G S. 1976. Gold tolerance of phytohthora parasiticavar. nicotianae isolated from tobacco in Connecticut [J]．P. l dis Rep，59（3）：249－252.

Tosi L，Gimnnetti M，Zazzerini A，et al. 1988. Influence ofmycorrhizal tobacco roots incorporatedin to the soil on the development of thielaviopsis basicola [J]．Phytopathol，122（2）：186－189.

Tsako G，Hilde W，Mark V M，et al. 2003. Different responses of tobacco antioxidant enzymes to light and chilling stress [J]．Journal of Plant Physiology，160：509－515.

Tuite J. 1960. The natural occurrence of tobacco ring spot Virus [J]．Phytopathology，50：296.

Vargas G E. 1973. Infection by basidiospores of *Thanatophorus cucumeris*，causing a leaf disease in tobacco [J]．Turrialba，23（3）：357－359.

Waigmann E，et al. 1995. Tobacco mosaic virus movement protein-mediated protein transport between trichome cells [J]．Plant-Cell，7（12）：2069－2079.

Washington W S，Mcgee P. 2000. Dimethomorph soil and seed treat-ment of potted tomatoes for control of damping off and root rotcaused by Phytophthora nicotianae var. nicotianae [J]．Australasian Plant Pathology，29（1）：46－51.

Wellnk J，Le G，Sanfacon H，et al. 2000. Family Comoviridae [C] //van Regenmortelm H V，Fauquer C M，Bishopdhl，et al. Virus Taxonomy：Seventh Report of the international committee on taxonomy of virus San Diego，USA ：Academic Press.

Whiteside T O. 1976. A newly recorded altetnarla induced brown sopt disease on Dancy range rines in Florida [J]．Plant Dis. Rep.（60）：326－329.

Whitfield A E，Ullman D E，German T L. 2005. Tospovirus-thrips interactions [J]．Annu Rev Phytopathol，43：459－489.

Wills W H，Moore L D. 1977. Response of some cultivars and lines of tobacco to stem inoculation with *Phytophthora parasitica* var. nicotianae [J]．Tobacco Science，21：51－53.

Wu D M，Yan Y H，Cui J R. 1997. Sex pheromone components of *Helicoverpa armigera*：chemical analysis and field tests [J]．Insect Science，4（4）：350－356.

Wu Y H，Zhao Y Q，Fu Ying，et al. 2012. First Report of Target Spot Disease of Flue-cured Tobacco Caused by *Rhizoctonia solani* AG－3 in China [J]．Plant Disease，96（12）：1824.

Xia X M，Wang K Y，Wang H Y. 2009. Resistance of *Helicoverpa assulta*（Guene'e）（Lepidoptera：Noctuidae）to fenvalerate，phoxim and methomyl in China [J]．Crop Protection，28：162－167.

Zalloua P A，Buzayan J M，Bruening G. 1996. Chemical Cleavage of 5′- Linked Protein from Tobacco Ringspot Virus Genomic RNAs and Characterization of the Protein-RNALinkage［J］. Virology，219（1）：1 - 8.

Zanic K，Cenis J L，Kacic S，et al. 2005. Current status of *Bemisia tabaci* in coastal Croatia［J］. Phytoparasitica，33：60 - 64.

Zalloua P A，Buzayan J M，Bruening G. 1996. Chemical Cleavage of 5′- Linked Protein from Tobacco Ringspot Virus Genomic RNAs and Characterization of the Protein-RNALinkage［J］. Virology，219（1）：1 - 8.

第21单元　烟草病虫害

彩图21-1-1　烟草炭疽病叶片症状
（王静提供）
Colour Figure 21-1-1　Symptoms of
tobacco anthracnose on leaves
(by Wang Jing)

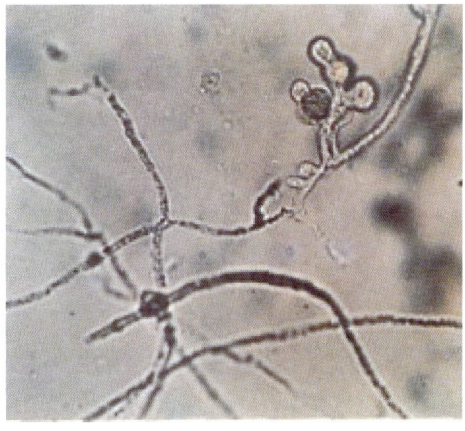

彩图21-2-1　烟草猝倒病病原孢子囊及菌丝
（引自朱贤朝等，2002）
Colour Figure 21-2-1　Pathogen of tobacco
damping off (sporangium and hyphae)
(from Zhu Xianchao et al., 2002)

彩图21-3-1　烟草黑胫病田间
症状（王静提供）
Colour Figure 21-3-1
Symptom of tobacco black shank
(by Wang Jing)

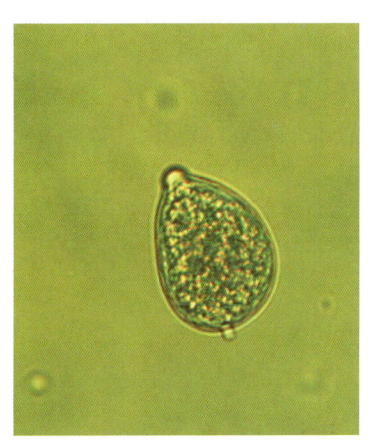

彩图21-3-2　烟草疫霉孢子囊
（单乳突）（张成省提供）
Colour Figure 21-3-2　Zoosporangium
of *Phytophthora nicotianae* (with single
papilla) (by Zhang Chengsheng)

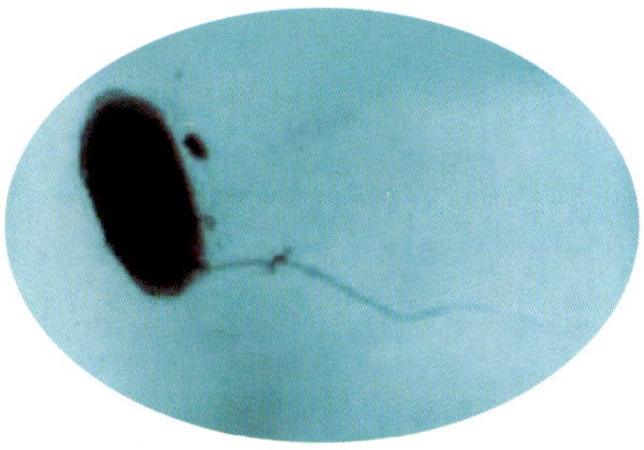

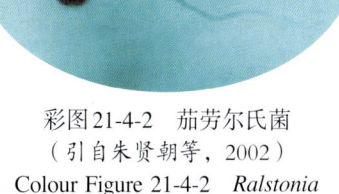

彩图21-4-2　茄劳尔氏菌
（引自朱贤朝等，2002）
Colour Figure 21-4-2　*Ralstonia
solanacearum* (from Zhu Xianchao
et al., 2002)

彩图21-4-1　烟草青枯病症状
（王静提供）
Colour Figure 21-4-1
Symptom of tobacco bacterial wilt
(by Wang Jing)

彩图21-5-1　烟草根黑腐病症状（1和2.王静摄；3和4.胡彦霞摄）
Colour Figure 21-5-1　Symptoms of tobacco black root rot (1 and 2. by Wang Jing; 3 and 4. Hu Yanxia)

彩图21-5-2 转基因烟草（1）及非转基因烟草（2）接种根黑腐病菌第七天时叶片的症状（周文丽提供）
Colour Figure 21-5-2 Symptoms of leaves between transgenic tobacco (1) and non-transgenic tobacco (2) inoculated with *Thielaviopsis basicola* in seventh day (by Zhou Wenli)

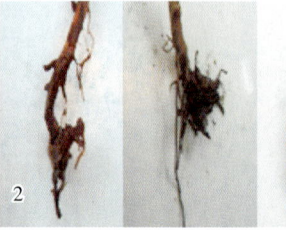

彩图21-5-3 转基因烟草（1）及非转基因烟草（2）接种根黑腐病菌第16天时根部的症状（周文丽提供）
Colour Figure 21-5-3 Symptoms of roots between transgenic tobacco (1) and non-transgenic tobacco (2) inoculated with *Thielaviopsis basicola* in sixteenth day (by Zhou Wenli)

彩图21-6-1 烟草低头黑病症状（引自张广民，2001）
Colour Figure 21-6-1 Symptom of tobacco bow black (from Zhang Guangmin, 2001)

彩图21-7-1 烟草空茎病症状（秦西云提供）
Colour Figure 21-7-1 Symptom of tobacco hollow stalk (by Qin Xiyun)

彩图21-8-1 烟草赤星病症状（王静提供）
Colour Figure 21-8-1 Symptoms of tobacco brown spot (by Wang Jing)
1.症状 2.典型病斑

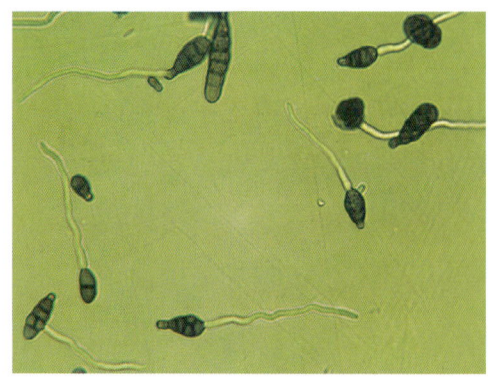

彩图21-8-2 链格孢分生孢子及其萌发（王静提供）
Colour Figure 21-8-2 Conidia germination of *Alternaria alternata* (by Wang Jing)

彩图21-9-1　烟草白粉病症状（时焦摄）
Colour Figure 21-9-1　Symptom of tobacco powdery mildew
(by Shi Jiao)

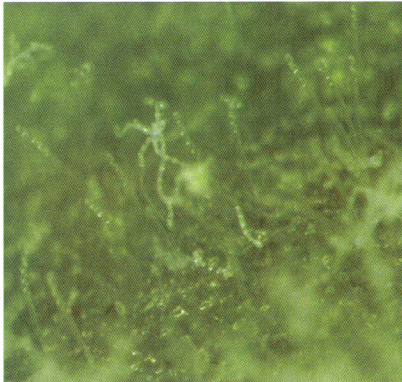

彩图21-9-2　烟草白粉病病原菌串生粉孢子和粉孢子梗（时焦摄）
Colour Figure 21-9-2　The conidiophore and conidia of *Golovinomyces cichoracearum* (by Shi Jiao)

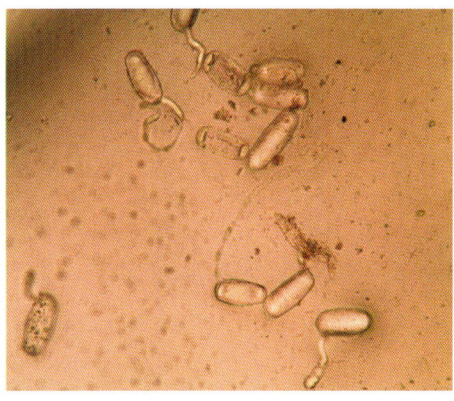

彩图21-9-3　萌发的粉孢子（物镜40×，目镜16×）（时焦摄）
Colour Figure 21-9-3　Germinating conidia（16×40）(by Shi Jiao)

彩图21-10-1　烟草角斑病症状
（王静提供）
Colour Figure 21-10-1　Symptom of tobacco angular leaf spot（by Wang Jing）

彩图21-11-1　烟草野火病叶片症状
（张成省摄）
Colour Figure 21-11-1　Symptom of tobacco wild tire (by Zhang Chengsheng)

彩图21-12-1　烟草靶斑病症状（吴元华提供）
Colour Figure 21-12-1　Symptoms of tobacco target spot (by Wu Yuanhua)
1.靶斑型　2.云纹型　3.似野火型

彩图21-13-1　烟草气候斑点病的常见症状（引自朱贤朝等，2002）

Colour Figure 21-13-1　Common symptoms of tobacco climate spot disease
(from Zhu Xianchao et al., 2002)

1. 白斑型　2. 褐斑型　3. 环斑型　4. 尘灰型

彩图21-14-1　烟草灰霉病症状（1. 孙剑萍提供；2. 时焦提供）

Colour Figure 21-14-1　Symptoms of tobacco grey mold (1. by Sun Jianping; 2. by Shi Jiao)

1. 成苗期症状　2. 团棵期症状

彩图21-14-2　烟草灰霉病苗期茎部症状（孙剑萍提供）

Colour Figure 21-14-2　Symptom of tobacco grey mold
on the stem (by Sun Jianping)

彩图21-14-3　烟草枯花叶斑病症状（孙剑萍提供）

Colour Figure 21-14-3　Symptom of tobacco withered flower and
leaf spot (by Sun Jianping)

彩图21-15-1　黄瓜花叶病毒侵害烟草叶片（钱玉梅和王凤龙提供）
Colour Figure 21-15-1　Tobacco leaf infected by CMV (by Qian Yumei and Wang Fenglong)

彩图21-16-1　烟草普通花叶病毒病症状
（王凤龙提供）
Colour Figure 21-16-1　Symptoms of tobacco mosaic
(by Wang Fenglong)

彩图21-17-1　烟草马铃薯Y病毒病症状
（杨金广提供）
Colour Figure 21-17-1　Symptoms of tobacco vein
banding caused by PVY
(by Yang Jinguang)

彩图21-18-1　马铃薯X病毒侵害烟草叶片
（陈德鑫摄）
Colour Figure 21-18-1　Tobacco leaf infected by PVX
(by Chen Dexin)

彩图21-19-1　烟草蚀纹病毒病症状
（引自朱贤朝等，2002）
Colour Figure 21-19-1　Symptoms of tobacco etch
(from Zhu Xianchao et al., 2002)

彩图21-20-1 烟草环斑病毒病症状
（王凤龙提供）
Colour Figure 21-20-1 Symptom of tobacco
ring spot (by Wang Fenglong)

彩图21-21-1 烟草甜菜曲顶病毒病症状（钱玉梅和杨金广提供）
Colour Figure 21-21-1 Symptoms of beet curly top virus disease on tobacco
(by Qian Yumei and Yang Jinguang)

彩图21-22-1 烟草斑萎病症状（董家红摄）
Colour Figure 21-22-1 Symptoms of tobacco
spotted wilt (by Dong Jiahong)
1.苗期症状 2.团棵期症状 3.旺长期症状

彩图21-23-1 烟草丛顶病症状（莫笑晗提供）
Colour Figure 21-23-1 Symptoms of tobacco
bushy top (by Mo Xiaohan)
1.叶片上的坏死斑 2.早期症状
3.黄化、矮缩 4.后期症状

彩图21-24-1 烟草根结线虫病
根部症状（王静提供）
Colour Figure 21-24-1 Symptom
of tobacco root-knot nematode
(by Wang Jing)

彩图21-25-1 烟蚜为害叶片（任广伟摄）
Colour Figure 21-25-1 Young leaves infested
by *Myzus persicae* (by Ren Guangwei)

彩图21-25-2 烟蚜蜜露诱发煤污病（任广伟摄）
Colour Figure 21-25-2 Sooty mold induced by aphid honeydew
(by Ren Guangwei)

彩图21-25-3 烟蚜（任广伟摄）
Colour Figure 21-25-3 *Myzus persicae* (by Ren Guangwei)
1.无翅孤雌蚜 2.有翅孤雌蚜

彩图21-26-1 烟青虫（郭线茹提供）
Colour Figure 21-26-1 *Helicoverpa
assulta* (by Guo Xianru)
1.卵 2.幼虫 3.蛹 4.成虫

彩图21-27-1 烟粉虱为害叶片（任广伟摄）
Colour Figure 21-27-1 Leaf symptom caused by *Bemisia tabaci* (by Ren Guangwei)

彩图21-27-2 烟粉虱（任广伟摄）
Colour Figure 21-27-2 *Bemisia tabaci* (by Ren Guangwei)
1.成虫 2.卵 3.伪蛹

彩图21-28-1 烟蛀茎蛾为害造成的
"大脖子"症状（秦西云提供）
Colour Figure 21-28-1 Stem symptom
caused by *Scrobipalpa heliopa*
(by Qin Xiyun)

彩图21-28-2 烟蛀茎蛾（秦西云提供）
Colour Figure 21-28-2 *Scrobipalpa heliopa* (by Qin Xiyun)
1.幼虫 2.蛹

彩图21-29-1　斑须蝽（郭线茹提供）
Colour Figure 21-29-1　*Dolycoris baccarum* (by Guo Xianru)
1. 叶片主脉（左）和茎秆（右）上的卵块　2. 正在产卵的成虫　3. 初孵化若虫　4. 不同色型的成虫

彩图21-30-1　烟草潜叶蛾为害叶片（任广伟摄）
Colour Figure 21-30-1　Leaf symptoms caused by *Phthorimaea operculella* (by Ren Guangwei)

彩图21-30-2　烟草潜叶蛾
（任广伟摄）
Colour Figure 21-30-2　*Phthorimaea operculella* (by Ren Guangwei)
1. 成虫　2. 幼虫　3. 蛹

第 22 单元　牧草病虫害

第 1 节　苜蓿根腐病

一、分布与危害

苜蓿根腐病是指可引致苜蓿属牧草植株根系腐烂的一类病害的总称，也是苜蓿上最复杂的一类病害，又称为根腐病和根颈腐烂病，部分根腐病也称为萎蔫病。根据病原不同，苜蓿根腐病可分为镰孢菌根腐病（*Fusarium* spp.）、疫霉根腐病（*Phytophthora* spp.）、腐霉根腐病（*Pythium* spp.）、丝核菌根腐病（*Rhizoctonia solani*）、紫根腐病（*R. crocorum*）、壳多孢叶斑和根腐病（*Stagonospora meliloti*）、炭腐病（*Sclerotium bataticola*）、白绢病（南方萎蔫病）（*Sclerotium rolfsii*）、根褐腐病（*Plenodomus meliloti*）、柱孢根腐病（*Cylindrocarpon ehrenbergi*）、丝囊霉根腐病（*Aphamomyces euteiches*）、柱枝孢双胞霉根冠腐病（*Cylindrocladium crotalariae*）等。

苜蓿根腐病在世界各地栽培苜蓿的国家均有发生，但不同国家发生的种类不同，其中在美国发生的种类最多，各州发生的主要根腐病各异，在明尼苏达州发生的主要为镰孢菌根腐病、疫霉根腐病（*Phytophthora megasperma*）和丝囊霉根腐病，在新墨西哥州发生的主要为细菌性凋萎病（*Clavibacter michiganensis* subsp. *insidiosum*），在加利福尼亚北部主要为黄萎病（*Verticillium albo-atrum*）。在我国发生的主要为镰孢菌根腐病，疫霉根腐病、丝囊霉根腐病等大部分苜蓿根腐病在我国尚无报道。镰孢菌根腐病在甘肃、新疆、内蒙古、黑龙江等省份均有报道，已成为苜蓿生产最主要的限制因素。在甘肃定西地区，苜蓿镰孢菌根腐病的发病率高达 43%，在黑龙江的哈尔滨、佳木斯、大庆等地的发病率为 75%~92%。

苜蓿的苗期和成株期均可被根腐病菌侵染，一旦被侵染则终生受害直至死亡。根腐病在苗期发生易导致植株死亡，其中由立枯丝核菌引致的称为立枯病，由腐霉引致的称为猝倒病。根腐病在成株期发生多不会导致植株立即死亡，受害植株可存活多年，为慢性病。

苜蓿的根和根颈是苜蓿从土壤中吸收水分和矿物质的器官，是地上组织水分和矿物质的来源，是越冬期养分的储藏器官和植株越冬的主要器官，茎基部和根颈部是苜蓿越冬后新芽发出的部位，三龄以上的苜蓿植株主要从茎基部萌发出新芽，极少从根颈部萌发新芽，如果茎基部和根颈部腐烂无法萌发出新芽则植株死亡。当苜蓿根部受到根腐病的侵害时，受害组织的生理机能下降，物理结构受损或腐烂崩解，根部对矿物质和水分的吸收能力下降，对地上部分的供给减少，因而地上部分表现出生长不良的现象，同时也限制了地上组织光合作用的产物向根部的运输，致使根部营养状况恶化，新芽分化减少，已萌发新芽的生活力下降，抗病性、抗虫性、抗旱性、抗寒性等抗逆性下降。

苜蓿根腐病对苜蓿草地的影响体现在如下几个方面：①影响草地建植。草地建植期幼苗发病多死亡，田间出现缺苗断垄，草地稀疏，建植不良。②降低草产量和种子产量。在草地建植期已发病的部分幼苗虽能度过苗期，但由于病灶的存在和持续侵害，根瘤菌数下降，固氮能力降低，在成株后均表现为返青时间推迟，枝少且细，植株变矮，叶色淡，花少或大量落花、落荚，籽粒瘦瘪等生长不良现象，严重者不能返青或生长季节突然死亡。一般牧草产量损失为 20%，严重者高达 40%。③降低草和种子品质。受根腐病侵害的植株因生长衰弱而营养价值下降，某些根腐病菌还产生真菌毒素影响家畜健康，如镰孢菌毒素中的单端孢霉烯族化合物、玉米赤霉烯酮、伏马菌素等，部分病菌还可扩展到种子中或黏附于种子表面，不仅降低产品价值，影响贸易出口创汇，而且增大了该病菌随种子远距离传播的风险。④缩短草地利用年限。根腐病的发生导致植株密度下降，病株生长逐年衰弱，草地在利用数年后即失去价值，不得不放弃利用，或翻耕再种。⑤降低经济收益。以上影响使在有效利用年限内单位面积的草产量和种子产量的总和减少，再加上品质下降造成价格的降低，致使种植苜蓿的收入减少，同时草地衰退后翻耕再种增加了种植成本，因此，经济收益受到较大影响。

二、症状

苜蓿根腐病最典型的症状为根系各组织的变色和腐烂，包括主根、侧根、根毛、根颈、茎基部等。发生根腐病的植株可能伴随着分蘖减少、叶色变浅、植株矮小、萎蔫、死亡等地上症状，但症状不典型，此类症状也可能出现在受到地下害虫为害或发生生理性病害的植株上。

植株在死亡前的一段时间内通常出现萎蔫症状。根腐病造成萎蔫的原因主要是根部严重腐烂，丧失水分供给能力，导致生理缺水而萎蔫。与此不同的另一种萎蔫则是病菌直接侵染维管束，大量病菌及其产生的物质堵塞维管束，导致水分运输不畅而萎蔫，如镰孢菌腐烂病中的尖镰孢（*Fusarium oxysporum*）所致的根腐和萎蔫病。其他一些病害也可侵害苜蓿的根部，引致根腐和萎蔫症状，如黄萎病、细菌性萎蔫病（凋萎病），这些病害又称为维管束病。根腐病导致的苜蓿死亡多发生在冬季，其表现为苜蓿植株返青时不再发出新枝；也可发生于返青后，表现为返青后新芽死亡，或生长过程中突然萎蔫死亡。

苜蓿根腐病的病原较多，苜蓿生长数年时根周皮加厚、组织老化、髓部变空，即使发生根腐病，其根上的症状并不明显，相比之下，苗期和低龄植株根上的症状则较为明显。不同病原菌侵害苜蓿根组织的部分及所致的症状存在一定差异，但差异并不大，因此依据症状很难判断病原类别。对受害的苜蓿根组织保湿培养也可初步确定病原类别，但根部存在的微生物并不一定为病原物，特别是变色、腐烂的根组织，故进行根部微生物的分离、培养和人工接种是诊断苜蓿根腐病最可靠的方法。

我国发生的苜蓿根腐病主要为苜蓿镰孢菌根腐病和苜蓿丝核菌腐烂病。

（一）苜蓿镰孢菌根腐病

苜蓿种子播种后受到镰孢菌侵染可造成胚芽和胚根腐烂，不能出苗或弱苗，发芽期至苗期受侵染造成幼根腐烂，幼苗枯死或生长不良，在成株期侵染引起根及根颈腐烂，植株萎蔫、死亡等，但不同镰孢菌引致根腐的症状不同。其中尖镰孢主要侵染主根维管束系统，通常不侵染皮层，导致维管束颜色变深，导管呈红褐色至暗褐色条状变色，横切面上出现部分或完整的变色环。一般先发生在个别枝条或植株一侧的数个枝条，叶片变黄枯萎，枝梢萎蔫下垂，枝条表面常有红紫色变色。由于寄主维管束受害，病害发生迅速，数周至数月后全株死亡，故尖镰孢引致的病害也称为枯萎腐烂病。腐皮镰孢主要侵染根皮层，导致根部腐烂，出现植株矮化、枝叶细弱等生长不良现象，主根腐烂一侧的枝条死亡，导致植株不对称生长，病斑扩展部位的芽或枝条死亡（彩图 22-1-1）。发病后期，主根完全腐烂，但根颈部位新发出的侧根还能维持生长一段时间至数年，最后不能返青或返青数周后突然死亡。

（二）苜蓿丝核菌腐烂病

苜蓿幼苗发生丝核菌腐烂常引起猝倒症，在成株期引致根溃疡、芽腐、根颈腐烂、茎基腐以及茎和叶的枯萎等症状。猝倒症状在幼苗出土前后均可发生，但以出土后多见，茎基部和根变为褐色，严重时折倒死亡。根部的溃疡斑往往发生在侧根生出之处，根部被侵染后，形成椭圆形、凹陷、黄褐色至褐色溃疡斑，病斑边缘色较深；若病斑环绕根 1 周，植株将枯死，若未环绕根 1 周，新根将在秋季长出，并维持植株生长直到翌年；冬季病原菌不再活跃生长时，愈合的病斑变黑。根颈染病，褐色病斑首先出现在颈芽和新抽生的幼枝的地下部，造成芽和新枝死亡，并阻碍新芽再生，根颈本身也可腐烂。叶和茎受到侵染后，出现灰色并带暗红色和褐色边缘的病斑，形状不规则，病组织很快呈水渍状崩解，数日内蔓延到许多植株上。病叶死后常因菌丝体黏结而贴附在附近的枝茎和叶子上，这是本病的一个特征，死组织呈深褐色至黑色。茎被病斑环绕而死亡，表现与炭疽病相似，但丝核菌病斑没有蓝黑色及由分生孢子盘生出的刚毛。与仅在小苗阶段发生的由腐霉菌（*Pythium* spp.）引起的猝倒不同，丝核菌猝倒病只要遇高温、高湿条件，在苗期的任何阶段都会发生。

三、病原

全球已报道可引致苜蓿根腐病的病原生物有 28 属百余种，包括菌物界中的真菌、假菌界中的卵菌、原核生物界中的细菌和动物界中的线虫 4 大类，其中菌物界有 23 个属，包括腐霉属（*Pythium*）、疫霉属

（Phytophthora）、丝囊霉属（Aphanomyces）、丝核菌属（Rhizoctonia）、根串珠霉属（Thielaviopsis）、壳色单隔孢属（Diplodia）、柱枝孢属（Cylindrocladium）、镰孢属（Fusarium）、壳多孢属（Stagonospora）、核盘菌属（Sclerotinia）等，原核生物界有 2 个属，包括棒状杆菌属（Corynebacterium）和假单胞菌属（Pseudomonas），动物界有 3 个属，包括根结线虫属（Meloidogyne）、螺旋线虫属（Helicotylenchus）和短体线虫属（Pratylenchus）。每个属包括 1 个或 1 个以上的物种，如镰孢属真菌就有 13 种之多。我国发现的苜蓿根腐病的病原主要为菌物界中的镰孢属、丝核菌属等少数几个属中的真菌以及动物界中 2 个属的线虫，在黑龙江还发现假菌界中的腐霉。

（一）镰孢菌

在不同研究在苜蓿上发现的镰孢菌的种类不同，其中甘肃定西地区发现的为尖镰孢（Fusarium oxysporum Schltdl. ex Snyder et Hansen）、锐顶镰孢（F. acuminatum Ellis et Everh.）、半裸镰孢（F. semitectum Berk. et Ravenel）、腐皮镰孢［F. solani（Martius）Appel et Wollenw. ex Snyder et Hansen］、拟轮枝镰孢［F. verticillioides（Sacc.）Nirenberg］、接骨木镰孢（F. sambucinum Fiickel）、潮湿镰孢（F. udum E. J. Butler）、三线镰孢［F. tricinctum（Corda）Sacc.］、燕麦镰孢［F. avenaceum（Fries）Sacc.］、木贼镰孢［F. equiseti（Corda）Sacc.］等镰孢菌，其中最主要的病原菌为前 3 种，而在甘肃河西地区，主要为腐皮镰孢（接种发病率为 60%），其次为尖镰孢和拟轮枝镰孢（接种发病率为 16.7%～23.3%）；在黑龙江等地主要为尖镰孢和腐皮镰孢；在内蒙古主要为腐皮镰孢（人工接种的发病率达 90%），其次为尖镰孢和黄色镰孢（F. culmorum）（接种发病率为 61.7%～81.7%）。

1. 尖镰孢（F. oxysporum） 在大多数培养基上能迅速生长，培养物毡状到絮状，菌丝无色，菌落从无色到淡橙红色至蓝紫色或灰蓝色，依培养基和温度而异，生长适温 25℃ 左右。小分生孢子无色，一般无隔，卵形至椭圆形或柱形，大小为（5.0～12）$\mu m \times$（2.2～2.5）μm；大分生孢子生于侧生的瓶梗上或分生孢子座中，无色，镰刀形，两端稍尖，一般有 3 隔，大小为（25～50）$\mu m \times$（4.0～5.5）μm；厚垣孢子间生或端生，一般单生或双生，圆球形，直径为 7.0～11μm。主要侵染紫花苜蓿，人工接种时可侵染冬箭筈豌豆、春箭筈豌豆和豌豆。在马铃薯蔗糖（PSA）培养基上气生菌丝茂密，菌落初白色，后为玫瑰红色，在皮拉衣（Bilai's）培养基和水琼脂（WA）培养基上菌丝少，菌落白色，在米饭培养基上菌落为典型的玫瑰红色。小型分生孢子数量多，杆状，大型分生孢子少见，产孢细胞短，单瓶梗，在菌丝上分散生长，厚垣孢子多，间生或顶生，多串生，球形。

2. 腐皮镰孢（F. solani） 分生孢子着生于子座上，近纺锤形，稍弯曲，两端圆形或钝锥形，足细胞不明显，有 3～5 个隔膜，3 隔的分生孢子大小为（19～50）$\mu m \times$（3.5～7）μm；5 隔的分生孢子大小为（32～68）$\mu m \times$（4～7）μm，分生孢子大量存在时呈淡褐色至土黄色；厚垣孢子顶生或间生，褐色，单生，球形或洋梨形，单胞者直径 8μm，双胞者大小为（9.0～16）$\mu m \times$（6.0～10）μm，平滑或有小瘤。可侵染苜蓿、三叶草属、羽扇豆、草木樨、菜豆，人工接种也侵染豌豆。菌丝生长最适温度为 20～28℃，最适 pH 为 5～9，产生分生孢子的最适温度为 25℃，最适 pH 为 6～7，分生孢子萌发的最适温度为 25～32℃，相对湿度大于 85%，菌丝体的致死温度为 60℃ 下 30min 或 65℃ 下 5min。

3. 锐顶镰孢（F. acuminatum） 在 PSA 培养基上气生菌丝茂密，绒状，在 Bilai's 和 WA 培养基上菌丝少，菌落白色，在米饭培养基上产生枣红色色素。无小型分生孢子，大型分生孢子的形态较为一致，镰刀形，弯曲，中间细胞明显膨大，顶细胞延长呈锥形，腹背双曲线弯曲不明显，3～6 隔，多为 4～5 隔，产孢细胞单瓶梗，厚垣孢子多串生，也有单生、顶生。

4. 半裸镰孢（F. semitectum） 在 PSA 培养基上气生菌丝茂密，初为白色，后浅驼色，在 Bilai's 和 WA 培养基上菌丝稀疏，白色，在米饭培养基上为浅驼色。小型分生孢子少见，大型分生孢子有 2 种形态：一为纺锤形，两端楔形，多为 3～5 隔，大小为（16.0～64.5）$\mu m \times$（3.2～5.7）μm；二为镰刀形，顶端楔形，基胞有明显足跟，3～8 隔。产孢细胞有 2 种，即多芽生和复瓶梗。厚垣孢子球形，多串生，间生或顶生。

5. 燕麦镰孢（F. avenaceum） 菌丝体白色，带洋红色，棉絮状，基质红色至深琥珀色；分生孢子着生于子座和孢子梗束上，孢子细长，镰形至近线状，弯曲较大，顶细胞窄，稍尖，足细胞明显，0～7 个隔膜，多数为 3～5 个，尤以 5 隔者更为多见，大小为（22～74）$\mu m \times$（2.3～4.4）μm，孢子大量存在时呈橙黄色，干后暗红色。燕麦镰孢寄生于麦类、玉米、高粱、谷子等禾本科作物，也寄生于蚕豆、苜蓿、三叶草等豆科植物。人工接种豌豆、羽扇豆、菜豆、紫云英等均能引起基腐或根腐。

其他镰孢菌还有粉红镰孢（*F. roseum*）和拟轮枝镰孢（*F. verticillioides*）。

（二）立枯丝核菌

立枯丝核菌（*Rhizoctonia solani* Kühn），菌丝初为白色，后变为褐色，直径 $7\sim10\mu m$，典型特征是在菌丝分枝处的上方形成隔膜，分枝菌丝的基部略缢缩。菌丝纠结形成不规则形的菌核，直径 0.5mm 左右（前苏联资料为 $1\sim3mm$），褐色至黑色，偶尔在感病植株上看到，但这不是病原的鉴别特征。病菌生长的温度为 $6\sim30℃$，最适温度 $24\sim26℃$（美国资料为 $25\sim30℃$），$35℃$停止生长。有性阶段为瓜亡革菌〔*Thanatephorus cucumeris*（Frank）Donk〕，担子倒卵形或棍棒状，大小为 $(12\sim18)\ \mu m\times(8\sim11)\ \mu m$，上生 $4\sim6$ 个担孢子梗，长 $6\sim10\mu m$，担孢子单胞，椭圆形至长椭圆形，基部稍细，无色，大小为 $(7\sim12.5)\ \mu m\times(4\sim7)\ \mu m$。担子阶段可在装有土壤的培养皿中培养产生，在自然条件下对病害发生并不重要。

四、病害循环

苜蓿的各类根腐病均为土传病害。苜蓿根腐病菌中的镰孢菌和丝核菌均为土壤习居性菌，即可长期存活于土壤中；分布广泛，在各种气候条件下的各类土壤中均有；寄主范围广，可侵染大多数植物；可黏附在种子上随种子传播，属种带真菌。镰孢菌以菌丝或厚垣孢子在病株残体上或土壤中越冬，可随种子和粪肥传播，厚垣孢子在土壤中可存活 $5\sim10$ 年。寄主根的含氮渗出物刺激厚垣孢子萌发和菌丝生长，病菌可以直接侵入或通过伤口侵入寄主根部，并在根组织内定殖，缓慢发展，侵害数月至几年后导致植株死亡。丝核菌以菌核或菌丝在土壤或病株残体内存活越冬，当没有寄主存在时，能以腐生状态在土壤中存活。菌核萌发产生菌丝，常通过寄主生出侧根时造成的自然伤口侵入主根，在寄主表面形成 1 个侵染垫，通过菌丝钉直接侵入植物，在寄主细胞内和细胞间生长蔓延，产生果胶溶解酶分解寄主组织。

五、流行规律

各种不利于植株生长的因素，均可加速苜蓿根腐病的发展，加重病情，造成更大的危害，如地上病害、虫害、频繁刈割、干旱、早霜、严冬、缺肥、缺光照、土壤 pH 偏低等。土壤温度为 $5\sim30℃$时均适于苜蓿镰孢菌根腐病的发生，一些学者认为，干旱情况下此病的发病率高。苜蓿丝核菌根腐病多发生于春季和夏末冬初，土壤含水量在 $70\%\sim80\%$ 时易发生，在降雨多、空气湿度大而又炎热的条件下主要出现茎枯和叶枯症状，高温季节易出现根溃疡症状。

六、防治技术

（一）药剂拌种

利用杀菌剂拌种可减轻根腐病对寄主苗期的侵害，起到保苗作用，提高草地建植的成功率，杀菌剂以 50% 甲基硫菌灵可湿性粉剂 1 000 倍液浸种 $4\sim5h$，或利用福美双、多菌灵、氯化苦等。利用甲基硫菌灵和福美双拌种可提高发芽率最高达 14.8%，降低死苗率 60%。

（二）加强管理

根据气候条件和土壤特征选择合适的苜蓿品种；刈割次数以 $2\sim3$ 次为宜，避免频繁刈割，最后一次刈割在霜降前 1 个月左右，刈割茬不能过高，以 5cm 为宜，保证刈割后能生长出一定量的茎叶；保持适当的土壤肥力，特别注意保证钾肥的水平；防治害虫等。

（三）选用抗病品种

研究发现不同苜蓿品种对镰孢菌根腐病菌的抗性存在一定差异，其中抗性较强的品种为维拉（Verpa）、德福（Derful）、巨人 201（Ameristand 201）、草原 2 号、赛特（Sitel）、阿尔冈金（Algongum）、图牧 2 号、甘农 2 号等。防治丝核菌根腐病目前尚无有效的防治措施，也无抗病品种可以利用，但有些苜蓿品种因根强壮而表现比较耐病。如果出现叶枯症状，应及时刈割，减少为害。

（四）药剂防治

可用以下杀菌剂灌根：75% 百菌清可湿性粉剂 $500\sim600$ 倍液、70% 代森锰锌可湿性粉剂 500 倍液、10% 噁霉灵水剂 300 倍液、50% 甲基硫菌灵可湿性粉剂 $800\sim1\ 000$ 倍液、70% 敌磺钠可溶粉剂 $700\sim1\ 000$ 倍液。

南志标　李彦忠（兰州大学）

第 2 节 苜蓿褐斑病

一、分布与危害

苜蓿褐斑病是苜蓿最重要的病害之一，其发生历史悠久、分布范围广、为害损失大，长期以来受到国内外许多研究者的关注。我国苜蓿褐斑病的发生和为害较为严重，在我国新疆、青海、甘肃、内蒙古、陕西、宁夏、山西、山东、江苏、湖北、云南、贵州、河北、北京、天津、吉林、黑龙江等省份均有发生。近年来随着苜蓿种植面积的不断扩大，苜蓿褐斑病造成的危害也在逐年增加。目前，人们普遍认为苜蓿褐斑病对苜蓿的影响主要体现在以下 4 个方面：①降低光合面积，从而降低了整株个体内蛋白质和矿物质的比例，使得植株活力下降。②导致未成熟个体老化、落叶，甚至死亡。③感病苜蓿体内香豆醇类物质含量剧增，导致家畜不孕或流产。④牧草产量和适口性等品质均明显降低，国内外许多研究者发现，苜蓿褐斑病对紫花苜蓿生长和产量的影响极大，重病区苜蓿干物质产量可下降 40％以上，叶片的发病率可高达 60％以上，并且有 35％的叶片提早脱落，导致枝茎下部叶片完全脱落。受苜蓿褐斑病危害的苜蓿种植区，可导致苜蓿生长年限降低，感病的苜蓿要比未感病苜蓿的生长年限缩短 1～2 年。南志标等（2001）发现苜蓿受到假盘菌侵染后，落叶率达 50％以上，病重时牧草减少 15％～40％，种子减产 25％～57％，粗蛋白质含量下降 16％，可消化率下降 14％左右。据苏生昌等（1997）报道，苜蓿褐斑病在发病严重时，叶片褪绿、黄化并提前脱落，提高了茎叶比，亦即提高了植物中的纤维比例，造成营养成分下降。袁庆华等（2001）1999 年对吉林省农业科学院牧草实验地调查时发现，公农 2 号苜蓿褐斑病发病率在 30％以上，落叶率达 10.5％～25％；对北京及周边地区进行田间调查时发现，重病地苜蓿褐斑病发病率可达 80％以上，落叶率达 60％以上，减产 40％～60％。南志标等（2001）研究表明：褐斑病使苜蓿病叶中粗蛋白含量显著下降，与健叶相比，其含量可减少 25％，减少的幅度与病害严重度呈极显著负相关。叶片光合速率随病害严重度的增加而降低，当病斑平均面积为叶面积的 13％时，光合速率仅为健叶的 52％，而当病斑平均面积为叶面积的 85％时，其光合速率仅为健叶的 15.9％。在参试的 94 个品种或群体中，83 个品种均表现出较高的感病性。另外，还有研究报道苜蓿被假盘菌侵染后，会刺激植株内雌激素的活性，家畜采食这种苜蓿后，对雌畜的排卵、怀孕等生殖过程产生很大影响，能够显著降低母畜的繁殖力。

二、症状

苜蓿褐斑病以为害叶片为主，也可以为害茎。当紫花苜蓿被苜蓿假盘菌侵染后，多半先在下部的叶片和茎秆上出现病斑。初期，在叶片的上表面会出现小点状浅色褪绿斑，边缘细齿状，直径 0.5～3mm，互相间多不会合；后期，病斑逐渐扩大，多呈圆形，大小一般为 0.5～4mm，后期病斑上有褐色的盘状增厚物，此为该病菌的子囊盘（彩图 22-2-1，1～3），当病斑上出现一层白色蜡质时，说明子囊盘已成熟。在感病严重的植株上病斑常能密布整个叶片，导致叶片变黄，提前脱落。茎部病斑为长形，黑褐色，边缘完整。

三、病原

苜蓿褐斑病病原为苜蓿假盘菌 ［*Pseudopeziza medicaginis*（Lib.）de Bary］，属子囊菌门假盘菌属。该属全部为寄生菌，产生或不产生无性世代。Schmiedeknecht（1958）认为此病菌至少应划分为两个专化型，即天蓝苜蓿假盘菌（*P. medicaginis* var. *lupulinae* Schmied.）和紫花苜蓿假盘菌（*P. medicaginis* var. *sativae* Schmied.），两者不仅寄主范围有异，某些形态特征也不同。苜蓿假盘菌的寄主范围有小苜蓿（*Medicago minima*）、南苜蓿（*M. hispida*）、镰荚苜蓿（*M. falcata*）、细齿苜蓿（*M. coerulea*）等苜蓿属植物以及白花草木樨（*Melilotus alba*）、红豆草（*Onobrychis sativa*）、香胡卢巴（*Trigonella foenumgraecum*）、蓝花胡卢巴（*T. coerulea*）、冬箭筈豌豆（*Vicia villosa*）、红三叶草（*Trifolium pratense*）、白三叶草（*Trifolium repens*）等。

苜蓿假盘菌的子座和子囊盘生于叶片上表面，散生或聚生，初期子座和子囊盘埋生于叶表皮下，成熟后突破表皮裸露。子囊盘碟状，浅黄褐色，无柄，着生于子座上，子囊盘直径为 370～640 µm。子囊棒状或披针状，无色透明，大小为（86～130）$\mu m \times$（10～20）μm。子囊内有 8 个无色透明的子囊孢子，排成 1～2 列，子囊孢子为单胞，椭圆形，内含 1～2 个油球，大小为（15～20）$\mu m \times 10\ \mu m$，子囊之间有多条无色侧丝，线状，不分隔，稍长于子囊，顶端略膨大，大小为（84～106）$\mu m \times$（2～4）μm（彩图 22 - 2 - 1，4，5）。

四、病害循环

（一）越冬

苜蓿假盘菌主要在我国新疆、甘肃、宁夏、内蒙古、东北及华北等苜蓿种植区以菌丝体或子囊盘在病株残体上越冬，也可以收种后在种子间夹杂的残体上越冬，成为田间的初侵染源，翌年侵入新生枝叶。另外，病株的残体和病株上的假盘菌很容易落到土表或埋入土中，因此，土壤也就成为该病原菌越冬或越夏的另一个场所。当条件适宜时，病菌及休眠的菌丝体萌发后也可成为田间的初侵染源。若土壤的温度和湿度较低，病菌可在土壤中存活较长时间，高温高湿的土壤往往使之很快死亡。

（二）传播

许多研究表明，苜蓿假盘菌必须在液态水中维持 16～20 h，或是在 97%～99% 的相对湿度下维持 24 h 以上，其子囊孢子才可以连续放射，每一个成熟的子囊盘在条件适宜时，在 10 min 内可以释放 1 000 个子囊孢子。苜蓿假盘菌的子囊孢子小而轻，数量大，成熟后大多以孢子弹射的方式释放到 15mm 的空中，而后通过气流、雨水及人为因素传播。其中，气流传播是最主要的传播方式，气流传播的距离除受风力强弱的影响外，还与孢子本身的生活力和寿命有密切关系。生命力强的孢子，可进行远距离传播，孢子生活力弱的，则无法进行远距离传播。存活下来的子囊孢子在适宜的寄主和环境下，才能再次进行有效侵染。

（三）初侵染和再侵染

苜蓿假盘菌在生长季中能够多次发生再侵染，子囊孢子的萌发和侵入需要持续高湿3～4d 才能完成，而孢子的发育和成熟则需要温度为 16～17℃ 和相对湿度为 79%～97% 的条件。

当苜蓿假盘菌的子囊孢子落到易感病的苜蓿叶片上，遇到合适的温度和湿度条件后，子囊孢子萌发出芽管，侵入寄主体内。环境条件愈接近假盘菌生长发育的最适状态，其生长发育速度就愈快，潜育期愈短，发病后的传播速度也就越快。环境因素主要包括温度和湿度。温度和湿度对假盘菌子囊孢子的萌发和生长及以后的侵入虽然都有影响，但影响的程度并不完全相同。在一定范围内，湿度决定子囊孢子能否萌发和侵入，温度则影响萌发和侵入的速度。通过近几年对苜蓿假盘菌的研究后发现，子囊孢子在 6～25℃ 下都可以萌发，但最适的萌发温度为 15～20℃，2℃ 以下和 30 ℃ 以上的温度不适宜孢子萌发，当温度高达 35℃ 时子囊孢子不能萌发。温暖潮湿的气候有利于此病的流行。一般情况下，当相对湿度达 58%～75%、日均温为 14～30℃、旬均温为 10.2～15.2℃，褐斑病开始流行；当温度为 16～17℃、空气相对湿度为 5%～75% 的情况下，此病可以在几天之内暴发成灾。

苜蓿假盘菌侵入寄主以后，首先需要获得必要的营养物质和突破寄主的防御，才能很快地生长进而建立寄生关系。一般来说，病原物的侵入量大，繁殖较快，才更容易突破寄主的防御。笔者经研究发现将子囊孢子稀释成浓度为 1.9×10^{5}～1.0×10^{6} 个/mL 的悬浮液，然后将离体叶片完全浸入此悬浮液达 5s 后取出培养，就可以获得较好的接种效果。

国外研究者发现当苜蓿植株被假盘菌侵染后，如果环境温度维持在 15～25℃，那么 6d 后侵入的假盘菌就能发展为肉眼可见的病斑，如果温度仅为 2.5℃，25d 后才能出现较小的肉眼可见的病斑（Bogij et al.，1996）。温度不适宜时，病原物可以潜伏在寄主体内，待有适宜条件时才发病。若寄主不同，其潜育期长短也有差异。例如，在 20℃ 左右的条件下，假盘菌寄生在苜蓿和三叶草上的潜育期是不一样的。此外，同一种寄主植物处于不同的生育期或生理状态下，也会影响潜育期的长短。例如，叶片越老感病性越高，病菌潜育期越短；幼叶上病菌潜育期长。潜育期短，说明寄主体内的小生境有利于病原菌的生存和生长发育，也标志着寄主的感病性高。所以，潜育期的长短可以作为寄主抗病性的一个指标。

当病原物侵入寄主，在寄主体内扩展时，会受到寄主结构上和生理上的限制。植物的厚壁细胞组织、木栓化组织、胶质层等往往会限制病原物的扩展。例如，机械组织发达的紫花苜蓿就可以限制病菌在体内蔓延。而有些寄主的细胞和组织对病原物的侵染特别敏感，以致局部细胞和组织在假盘菌侵入后很快死亡，这种反应被称作过敏反应。寄主发生过敏反应后，侵入的假盘菌或是死亡，或是潜伏在侵染点附近，不能进一步扩展。某些苜蓿品种被苜蓿假盘菌侵入后也会发生这种过敏反应。

五、流行规律

（一）年度变化

病害流行的年度变化是非常重要的问题之一。在不同年份中，苜蓿褐斑病发病的迟早、轻重并不完全一样，常常会有显著的变化。这种变化与苜蓿、假盘菌和环境条件 3 个因素间有密切的关系。其中，环境条件的影响要大于其他两个因素。而湿度不仅是环境中最多变的条件之一，就病原菌而言，水分条件也是最敏感的环境条件，不同年份降水量的多少、降雨日数的多少、降雨的分布等对病害流行起着重要的作用。澳大利亚的 Morgan 等（1977）发现由于当年没有降水，气候非常干燥，在这样一个极度干旱的年份里，试验小区没有新的侵染发生，植株仅受到老叶及上一个生长季存留的假盘菌的影响；但是到了翌年，由于不同试验区间的气候条件都非常接近多年的平均值，苜蓿假盘菌的侵染导致苜蓿产量下降了 35%。因此，尽管温度也很重要，但由于不同年份间的温度变化要比水分条件稳定得多，故而他们认为湿度是环境条件中最重要的因素。国内外的研究人员普遍认为降水结露可促进苜蓿褐斑病的发生，潮湿温暖的气候有利于此病流行，大量灌水则会促使病情严重发生，而在干旱且无灌溉条件的地方，此病的发生就较轻。

（二）季节变化

许多研究者发现苜蓿褐斑病呈现随季节发生的现象。在我国许多地区，苜蓿褐斑病往往在春季和秋季发生，特别是秋季，发生尤为严重，而夏季因为温度过高很少发生。有研究表明，在内蒙古扎兰屯市，当 7 月和 8 月两个月的降水量为 266.6 mm，相对湿度为 72.0% 左右时，有利于褐斑病流行；而在内蒙古锡林浩特的观察表明，苜蓿植株在 6 月上、中旬就开始出现少量病斑，但常因湿度偏低而发展缓慢，到 7 月中、下旬至 8 月上旬雨水较多时，病情常迅速上升。实际上，在一个特定地域内每一种病害都有其独特的流行季节和流行曲线，各种病害的流行情况随季节而变化。了解病害流行的季节特点，对于提前做好防治准备和进行研究工作很有必要。

（三）其他因素

过多的刈割及放牧都会造成大量的伤口，为假盘菌的侵入创造条件。

六、防治技术

（一）选育抗病品种

不同苜蓿品种对褐斑病的抗性存在明显的差异，因此，利用抗病品种是最经济、有效的防治措施。苜蓿抗病育种可以通过引种、杂交育种、人工诱变等途径获得。目前，国外已经发现和育成了不少抗褐斑病的苜蓿品种和品系。其中，有比利时 Flemish 来源的多个类型，如 Teton、Ladak（拉达克）、Travois、Sonora、Vernal（费纳尔）、Dupuits（杜普梯）、Flamande、Emeraude 等品种均对褐斑病有抗性；Thyr B. D. 等（1984）在加利福尼亚的 Salinas 筛选出 4 个对假盘菌有抗性的苜蓿种质，分别是 BIC‐6 CLS5、MSE6 CLS6、MSF6 CLS6 和 Washington SNI CLS4，上述种质以及栽培品种中抗病植株的百分率分别为 71%、65%、92% 和 83%；日本则培育出 Makiwakaba 和 Hisawakaba 这两个对普通叶斑病有较强抗性的苜蓿品种。通过近几年的研究，我们已从 250 份苜蓿种质材料中筛选出了 10 份抗褐斑病的苜蓿材料，同时通过离体叶接种筛选、田间抗病性评价及分子标记已筛选出 5 个抗病株系（袁庆华等，2000，2001，2003）。利用抗病品种防治苜蓿褐斑病是最经济、有效的防治方法，但在实际应用中也还存在许多困难，主要是寄主品种的抗病性不容易稳定和持久；另外是抗病性基因有时与控制不良农艺性状的基因连锁，或是一种病害的抗病基因与另一病害的感病基因连锁，往往无法获得令人满意的品种；还有是选育抗病品种需要较长时间。

（二）农业防治

1. 合理的排灌技术 频繁和大量的降水或灌溉，经常使草层结露、吐水，这有利于病原生物的萌发、侵入和生长发育。同时，生长在潮湿生境下的植物，其机械组织、角质层、愈伤木栓层等保护结构不发达，气孔数目多且开放时间长，为病原菌的侵染提供了便利条件。尼格玛诺娃在 1962 年报道，苏联乌兹别克的苜蓿草地，当春季进行灌溉时，苜蓿褐斑病菌子囊盘的形成数量显著提高。特别是在适宜的温度条件下，对苜蓿地进行漫灌，子囊盘很快吸水膨胀，子囊孢子会大量向外弹射，加重了此病的流行。在特别潮湿的地方，褐斑病的发病率甚至高达 90％以上。由于假盘菌喜欢潮湿而紫花苜蓿喜欢干旱的气候条件，所以，田间保持干旱是控制褐斑病发生的重要措施之一。

2. 科学施肥技术　当土壤中氮、磷、钾、硫、硼和各种微量营养元素的含量过高、过低或比例失调时，都会降低苜蓿的抗病性。由于苜蓿体内 40％～80％的氮素来自于自身的共生固氮作用，所以偏施过量氮肥后，将减少或抑制根瘤的生长，反而会降低苜蓿的抗病性。增施钾肥不仅可以提高苜蓿的抗病和抗寒能力，还可以提高苜蓿根瘤的数量和质量以及氮的固定率。因此，均衡增施磷肥和钾肥可以提高苜蓿对褐斑病的抗病性，显著降低病害的发病率，并使种子增产 62％。在苜蓿中，磷的含量比钾少，但却是制约苜蓿生产的重要养分因素，在苜蓿幼苗发育期增施磷肥是非常重要的。通常的做法是在播种时将磷肥作为底肥条施于种子下。还有研究证明增施有机肥料，可以改进土壤的理化状况，促进土壤中有益微生物的活动，增加土壤肥力，并对有害微生物有拮抗作用。如放线菌产生多种抗生物质，可以抑制病原物的生长发育，所以，增施有机肥可以达到减轻病害发生的目的。许多中、微量元素，如硼、钼、锰、锌、铜、镁等可以改变植物的抗病性，特别是在缺少这些中、微量元素的地区适当施用，对牧草的长势和抗病力有良好作用。比如，硼肥可以增加豆科牧草的根瘤数，增强其固氮作用，提高牧草的鲜草产量和种子产量。而在我国各地广泛开展的钼肥试验都证实了钼肥对豆科作物和豆科绿肥作物有显著的增产作用。

3. 合理的种植技术　由于苜蓿具有枝叶繁茂的特点，种植密度过大会使草层通风透光不良，近地表的湿度很大，气温相对稳定。这些小生境的特点会使植物的机械组织发育不良，叶片大，角质层薄，气孔开放时间长，因而有利于病原物的侵入、滋生和传播。所以，苜蓿种植不宜过密，应宽行条播，适当加宽行距和株距，可以减轻病害发生，保证种子的优良品质。

用苜蓿和禾本科的材料进行混播，不仅可以提高土壤肥力、增加产量，而且由于阻隔了病原物在不同牧草间的相互传播，可以显著降低病害的发病率。相反，单播的草地，病害流行会加剧。苜蓿单播时褐斑病的发病率为 78％，苜蓿与雀麦混播时褐斑病的发病率为 64％，苜蓿与梯牧草混播时发病率为 58％，苜蓿与三叶草或其他禾本科牧草混播时褐斑病的发病率仅为 28％。这充分说明混播后的阻隔作用在病害防治上的效用非常显著。

此外，不能长期在同一块地上种植同一种苜蓿品种，这样就会导致田间菌源量逐年增加，更容易造成褐斑病的流行。如果采用轮作方式播种不同的牧草品种，可以增加土壤中拮抗微生物的数量，减少病原菌的累积，能够有效控制该病的发生和流行。

4. 合理利用草地技术　可以将苜蓿地交替用于刈草和采种，不宜连续多年采种。刈割时，应先刈健康草地和新播草地，再刈年久病多的草地，以减少病害传播的机会。刈割后，应注意对割草机具进行消毒处理，不要将病株残体留在机具上，以致其成为翌年的侵染来源。刈下的牧草不宜长时间堆放在草地中间或地边，要尽可能堆藏在远离草地的地方。重病草地则不宜再收种，以免种子中混杂的病原物成为翌年的田间初侵染源。

5. 清除田间病株残体　苜蓿田中的病残体是下一生长季重要的初侵染源，所以，消灭草地和田间的病残体在防治该病上具有重要意义。为了清除田间的病株残体，切断初侵染源，达到防治病害的效果，可以采取刈割后耙地的方式，也可以在苜蓿越冬前或返青后清除枯枝落叶。

（三）化学防治

在防治苜蓿假盘菌病害时，首先应选择合适的药剂种类，然后再确定药剂的用量。75％百菌清可湿性粉剂、50％多菌灵可湿性粉剂、70％代森锰锌可湿性粉剂、70％甲基硫菌灵可湿性粉剂、50％异菌脲可湿性粉剂以及 20％三唑酮乳油等 6 种低毒杀菌剂，对苜蓿褐斑病均有一定的防效，其平均防治效果达87.5％，病害损失率减少 25％。其中，75％百菌清可湿性粉剂（每 667m² 用量 110g）的防治效果最好，其次是 20％三唑酮乳油（每 667m² 用量 40g）和 50％多菌灵可湿性粉剂（每 667m² 用量 100g），3 种药剂的防治效果分别为 95％、90％和 89％。国外研究表明，杀菌剂防治后可大幅度提高牧草产量和种子产量。

用化学药剂防治苜蓿褐斑病时多采用喷雾的方法。一般在病害发生严重的季节需多次喷洒，每次喷药需间隔 7～10 d。刮风下雨时不宜喷药。若喷药后下雨，雨后应当补喷。试验证明两周喷施 1 次百菌清，能够非常有效地控制该病害。施用化学药剂时应选择合适的浓度，以防药害产生。为了防止发生药害，应当注意了解植物对所用农药的敏感性。使用杀菌剂前必须先在小面积上试用，再在大块草地上应用，以免因药害而造成损失。另外，还要注意不可在同一地区长期使用同一种杀菌剂，以防植物产生抗药性，降低病害的防治效果。

袁庆华（中国农业科学院北京畜牧兽医研究所）

第3节 苜蓿霜霉病

一、分布与危害

苜蓿霜霉病广泛发生于我国不同海拔区的苜蓿种植区，在甘肃、宁夏、内蒙古、新疆、江苏、吉林、山西、河北、广东、陕西、青海、四川、浙江、云南、辽宁和黑龙江等地均有发生。新疆阿勒泰地区，头茬苜蓿发病率近乎 100%，福海县二龄苜蓿地病害平均病情指数为 39.82；与健株相比，每株鲜重降低 48.3%，生殖枝数降低 57.8%（表 22 - 3 - 1）。叶片鲜重随病害严重程度的增加而降低，两者存在极显著（$P<0.01$）的负相关（$r=-0.87$），并可用 Y（鲜重）$=7.65-0.0391X$（严重度）表示。甘肃庆阳苜蓿的平均发病率为 $57.0\%\sim88.8\%$，病情指数为 $19.1\sim44.3$；武威的苜蓿发病率达 48.5%，产草量减少 $35.5\%\sim57.5\%$，病株的生殖枝数及其花数分别为健株的 42.2% 和 59.3%。与健株相比，感病株幼苗高度降低 $42.6\%\sim52.2\%$，鲜根重减少 75%，根瘤数量减少 54%。甘肃临夏的苜蓿发病率为 $80\%\sim100\%$。即使在海拔 3 000m 的祁连山和夏河桑科等高山草原条件下，霜霉病为害也相当严重，表现出了霜霉菌对不同海拔地区的适应性。

表 22 - 3 - 1 霜霉病对苜蓿生长的影响（引自南志标等，1994）

Table 22 - 3 - 1 Effect of downy mildew on alfalfa growth（from Nan Zhibiao et al.，1994）

测定项目	健株	病株	病/健（%）
鲜重（g）	47.72	24.66	51.68
枝条数（株）	7.09	5.76	81.24
每枝条鲜重（g）	6.49	4.01	61.79
每株生殖枝数（枝）	4.83	2.04	42.24
每生殖枝花数（朵）	3.54	2.10	59.32

严重感病植株的粗蛋白和粗脂肪含量分别降低 8.6% 和 5.3%，而粗纤维含量增加 4.7%（表 22 - 3 - 2）。

表 22 - 3 - 2 霜霉病对苜蓿营养成分含量的影响（引自邹胜文等，1989）

Table 22 - 3 - 2 Effect of downy mildew on alfalfa nutrition content（from Zou Shengwen et al.，1989）

营养成分	健株（%）	严重感病株（%）	增（+）减（-）比例（%）
粗蛋白	32.84	30.02	−8.6
粗纤维	6.95	7.28	+4.7
粗脂肪	3.94	3.73	−5.3
钙	2.85	2.94	+3.2
磷	0.25	0.27	+8.0

二、症状

苜蓿霜霉病多表现局部症状，叶片正面出现不规则的褪绿斑，形状不规则，无明显边缘，病斑扩大融合，以至整个小叶呈黄绿色，叶缘向下方卷曲。此病也可发生系统侵染，导致全株褪绿矮化、扭曲畸形、节间缩短，重病株不能形成花序或发育不良。潮湿时叶片背面出现灰白色、灰色至淡紫色霉层，即病原菌的孢囊梗和孢子囊（彩图 22 - 3 - 1，1、2）。重病株大量落花、落荚；严重时整个枝条枯死。薛福祥等

（2003）根据症状分为 4 种类型：褪绿斑型、霉叶型、叶片畸变型和系统性症状型。苜蓿霜霉病按发生程度可分 4 级，具体见表 22 - 3 - 3。

表 22 - 3 - 3　苜蓿霜霉病的分级标准（引自南志标，1998）
Table 22 - 3 - 3　Scale of alfalfa downy mildew（from Nan Zhibiao，1998）

级别	症状描述
0	无症状
1	仅在 1～2 片叶片上出现小型无孢子囊的病斑
2	10%～25% 的叶片产生具孢子囊的病斑
3	整个植株普遍染病

三、病原

苜蓿霜霉病的病原有苜蓿霜霉 [*Peronospora aestivalis* Syd.；异名：三叶草霜霉（*P. trifoliorum* de Bary），三叶草霜霉苜蓿专化型（*P. trifoliorum* de Bary f. sp. *medicaginis*）] 和罗马尼亚霜霉（*P. romanica* A. Săvul. et Rayss）两种。

苜蓿霜霉可侵染紫花苜蓿（*Medicago sativa* L.）、黄花苜蓿（*M. falcata* L.）、杂花苜蓿（*M. varia* Martyn.）和南苜蓿（*M. hispida* Gaertn.）等。李春杰（1993）对新疆乌鲁木齐南山苜蓿霜霉病菌的研究表明：孢子囊单生或丛生，淡褐色，自气孔伸出，大小为（128～424）$\mu m \times$（6～12）μm，平均 238$\mu m \times$8.4μm；主干直立，基部膨大，72～288μm，平均 149μm；上部二叉状分枝 4～8 次，呈锐角或直角，末枝直，呈圆锥状，稍弯曲，渐尖，长 3～20μm；孢子囊淡褐色、褐色，长椭圆形、长卵形、球形，大小为（16～30）$\mu m \times$（16～22）μm，平均 24.4$\mu m \times$19.3μm。藏卵器壁厚、光滑、近球形，黄褐色，直径为 36～44μm；卵孢子壁厚、多光滑，球形，黄褐色，直径为 24～34μm；多发现于枯死后的叶片组织内（彩图 22 - 3 - 1，3）。杨庆森等（2010）研究发现，苜蓿霜霉孢子囊萌发的适宜温度为 15～21℃，最适温度为 18℃；孢子囊在相对湿度 100% 时的萌发率为 51.6%，相对湿度低于 95% 时不能萌发；孢子囊萌发的适宜 pH 为 6.15～7.69，最适 pH 为 6.91。苜蓿叶片汁液对孢子囊的萌发有较强的促进作用。24 h 后蒸馏水中的孢子囊萌发率为 25.5%，稀释 5 倍的苜蓿叶片汁液中的孢子囊萌发率高达 39.3%。蔗糖液和土壤浸渍液对孢子囊的萌发无明显的刺激作用。

罗马尼亚霜霉可侵染天蓝苜蓿（*M. lupulina* L.）。李春杰（1993）对新疆伊犁巩留林场天蓝苜蓿霜霉病菌的研究表明：孢子囊单生或丛生，无色，自气孔伸出，大小为（256～520）$\mu m \times$（4～12）μm，平均 373.3$\mu m \times$6.8μm；主干直立，基部膨大或不膨大，长为 144～320μm，平均 214.7μm；上部二叉状分枝 4～7 次，呈锐角、钝角或直角，次分枝常弯曲，末枝直或弯，渐尖，长为 4～18μm；孢子囊淡褐色或褐色，阔椭圆形或近球形，大小为（18～22）$\mu m \times$（16～20）μm，平均 20.2$\mu m \times$17.8μm（彩图 22 - 3 - 1，4），未见有性态。

四、病害循环

病菌以菌丝体在系统侵染的病株的地下器官或以卵孢子在病株体内越冬，翌年春天产生孢子囊对萌生的新株进行侵染。卵孢子混入种子，可远距离传播。田间孢子囊随风雨传播，条件有利时，5d 可形成 1 个侵染循环。

周丽霞等（1998）进行了霜霉病菌人工接种苜蓿的研究，发现室内平均接种感染率为 7.16%，田间平均接种感染率 9.67%；其中，国外品种平均室内接种感染率和田间接种感染率分别为 1.93% 和 2.60%，而国内品种的接种感染率则分别为 10.48% 和 21.42%。苜蓿霜霉病的人工接种方法如下：在人工生长箱内进行，将清洗过的细河沙装入小塑料盆内，以每种 50 粒种子点种于其中，在温度 18～20℃、相对湿度 60%～80%、光照强度 1 500 lx、日光照 8～10 h 培养至两片子叶充分展开后，向子叶喷洒霜霉病菌孢子悬浮液，孢子浓度以在低倍显微镜下检查平均每视野内有 3～10 个孢子为宜，先黑暗保湿 24 h，继续接种 1 周后即可发病。

五、流行规律

苜蓿霜霉病属低温、高湿性病害，在 1 年中一般有 2 个发病高峰期，分别在春、秋的冷凉季节，而在夏季炎热条件下，发病有减轻的趋势。

该病多发生于温凉潮湿、雨、雾、结露的气候条件下。在甘肃夏河桑科草原苜蓿品种适应性评价试验中，尽管海拔为 3 000m 的高寒条件，但是发病率仍然很高，容易造成病害大发生。在新疆阿勒泰的荒漠、半荒漠地区，尽管极端干旱，也存在病害大流行的潜在条件。在草层过密或阴凉潮湿的草地上发生苜蓿霜霉病可产生较大损失。

六、防治技术

（一）选用抗病品种

中国农业科学院兰州畜牧与兽药研究所马振宇等以抗霜霉病和丰产性为主要育种目标，抗病性状的选择采用了简单轮回选择的方法，产量性状的选择采用了多亲本改良混合选择法和集团选择法，已育成我国唯一的苜蓿抗病品种——中兰 1 号，病枝率不超过 5%。该品种高抗霜霉病，中抗褐斑病和锈病，耐寒性较强，抗旱性中等，再生性好，耐刈割。因我国气候地理区域之复杂，霜霉病很可能存在生理小种。所以，进一步研究鉴定我国苜蓿霜霉病生理小种，选育广谱抗性品种非常必要。

李春杰等（2000）对国内外的 94 个苜蓿品种进行霜霉病菌抗性评价时发现，其中的 14 个国外品种表现为免疫，国内品种均不同程度地感病。其中，阿尔古奎斯（Algonquis）、巴瑞尔（Baron）、阿毕卡（Apex）、安古斯（Angus）、日本 1 品种、伊鲁瑰斯（Iroqudis）、布来兹（Blager）、托尔（Thor）、81-69 美国（81-69 America）、CP4350 萨蓝纳斯（Saranac）、贝维（Beaver）、润布勒（Rambler）、兰热来恩德（Range lander）和威斯康星（Wisconson）等 14 个国外品种表现为免疫；普劳勒（Prowler）、班纳（Banner）、L2-1079 匈牙利（Hungaria）和兴平 4 个品种为高抗类群；肇东、陇中和陇东 3 个品种属高感类群；78-27 捷克、阿波罗、准格尔、陕北和河西 5 个品种属极感类群（图 22-3-1）。荷兰百绿的 Fundulea I 表现抗病（李科等，2003）。

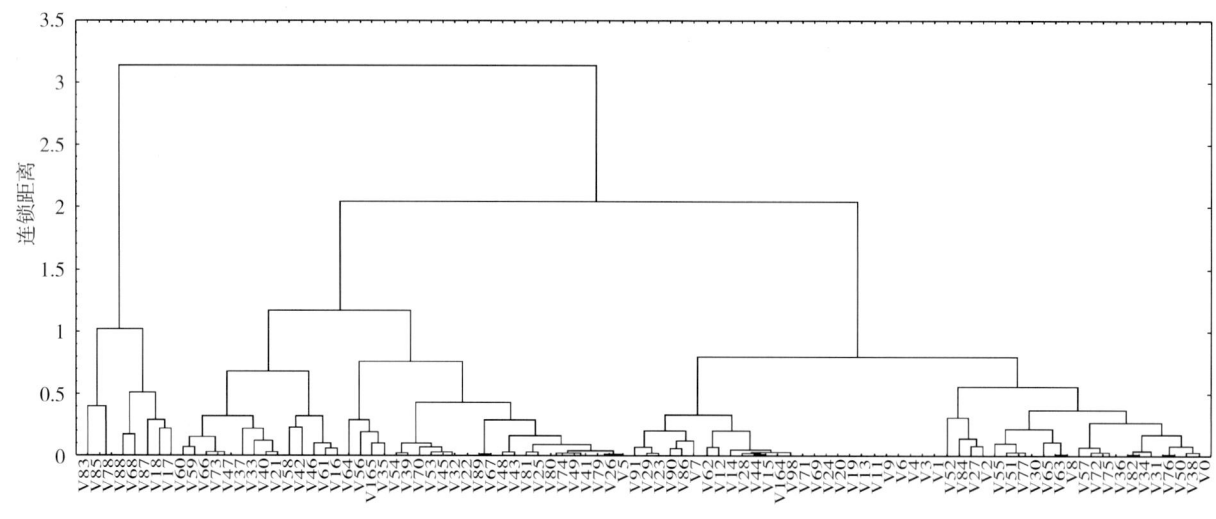

图 22-3-1　94 个苜蓿品种对霜霉病抗性的聚类分析图（引自李春杰等，2000）

Figure 22-3-1　Cluster analysis of resistance of 94 alfalfa varieties to downy mildew（from Li Chunjie et al.，2000）

南志标等（1994）在新疆的调查发现，中叶型北疆苜蓿的霜霉病发病率和严重度均低于新牧 1 号和新疆大叶苜蓿。同时，应注重培育兼抗和多抗品种，如图 22-3-2 左下角椭圆中的品种将是很有前途的兼抗霜霉病和褐斑病的育种材料（图 22-3-2）。

李锦华等（2003）连续 4 年对 93 个苜蓿种质分春、秋两季对苜蓿霜霉病田间接种发病和自然发病鉴定，发现生产力和感病性之间呈极显著负相关。产量（Y）与发病率（X_1）和病情指数（X_2）之间的回归方程式分别为 $Y=2.4615-0.0105X_1$ 和 $Y=2.6465-0.0165X_2$。如果苜蓿霜霉病感病率达 100%，估计生产力下降 21.98%～58.78%；如果病情指数达 100，苜蓿产量估计下降 34.32%～92.38%。

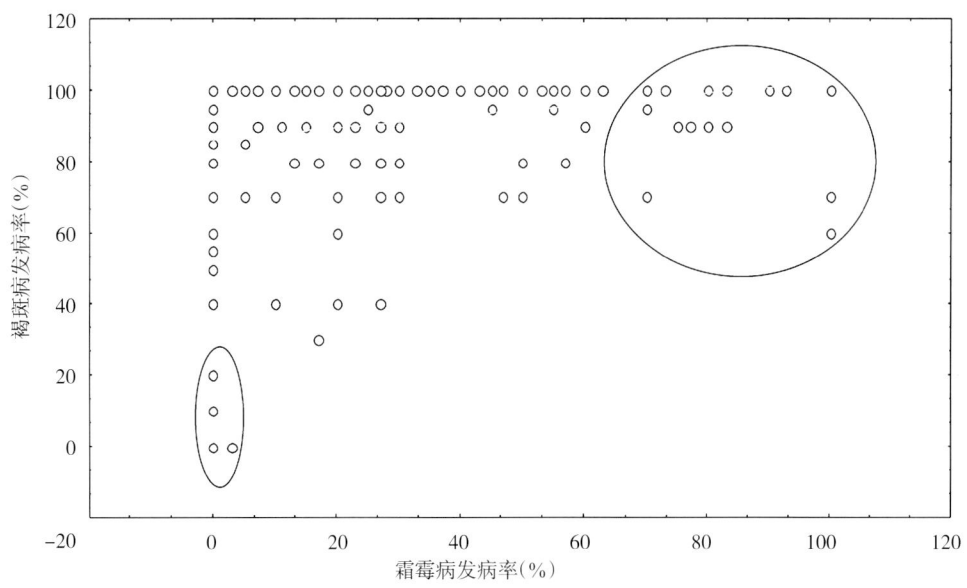

图 22 - 3 - 2　94 个苜蓿品种霜霉病发病率与褐斑病发病率的关系（引自南志标等，2001）

Figure 22 - 3 - 2　The relationship between the incidence of downy mildew and common leaf spot of 94 alfalfa varieties（from Nan Zhibiao et al.，2001）

（二）草地管理

头茬草应尽早刈割利用，南志标等（1994）调查发现霜霉病对二茬苜蓿的为害远不及头茬苜蓿严重。春季苜蓿返青后应及时拔除系统发病的病株。合理排灌，防止田间湿度过高。薛福祥等（2003）发现施用根瘤菌接菌处理苜蓿霜霉病的发病率和病情指数也较低。

（三）化学防治

用甲基硫菌灵、福美双等杀菌剂处理种子，可使部分参试的种子死亡率降低 40％～65％，从而显著提高其室内发芽率。用 25％甲霜灵可湿性粉剂按照种子重量的 0.2％～0.3％、50％多菌灵可湿性粉剂按照种子重量的 0.4％～0.5％拌种防效较好。发病初期或发病中心用 25％甲霜灵可湿性粉剂、40％三乙膦酸铝可湿性粉剂也有较好的防治效果；田间试验表明，90％三乙膦酸铝可湿性粉剂防效达 90.9％，15％三唑酮可湿性粉剂防效达 62.4％。

李春杰（兰州大学）

第 4 节　苜蓿白粉病

一、分布与危害

苜蓿白粉病在我国的甘肃、吉林、山西、安徽、四川、新疆、北京、河北、西藏、贵州、云南等地均有发生，在有些地区为害严重，且有逐年加重的趋势，给苜蓿生产尤其是苜蓿种子生产带来严重威胁。由鞑靼内丝白粉菌引致的苜蓿白粉病在新疆的北疆大部分地区发病率达 5％～15％，重者达到 100％，在南疆发病率较低，通常在 1％以下。而由豌豆白粉菌引起的白粉病发病率低，为害不大。感病后的苜蓿与健康植株比较，其消化率下降 14％，粗蛋白含量减少 16％，草产量降低 30％～40％，种子产量降低 41％～50％，牧草品质低劣，适口性下降，种子活力降低，家畜采食后，能引起不同程度的毒性危害。

二、症状

苜蓿白粉病主要发生在苜蓿叶片正反面，也可侵染茎、叶柄及荚果。发病初期叶片上为小圆形病斑，病斑上有一层丝状白色霉层，后病斑逐渐扩大，相互汇合，最后覆盖全部叶片。鞑靼内丝白粉菌的霉层主要在叶片背面，当病斑覆盖大部分至整叶时，霉层呈增厚的绒毡状。豌豆白粉菌主要在叶片正面，霉层较稀疏。两种白粉菌后期在霉层中出现淡黄、橙色至黑色的小点，即病原菌的初生至成熟的闭囊壳。鞑靼内丝白粉菌的闭囊壳埋生于毡状霉层内，而豌豆白粉菌的闭囊壳表生于展布的菌丝体上。这两种菌有时混生于同一病株上。刘若（1998）认为苜蓿白粉病的病原之一——豌豆白粉菌的异名为蓼白粉菌，而李敏权等（2002）认为苜蓿白粉病的病原为蓼白粉菌，症状描述与此前略有不同：被害叶片初期无明显变化，随病情的加重，叶片出现褪绿症状，直至发黄甚至枯死，发病植株下部叶片症状一般重于上部叶片，严重时整个植株均被灰白色的霉层覆盖（彩图 22 - 4 - 1，1~4）。

三、病原

（一）鞑靼内丝白粉菌

鞑靼内丝白粉菌（又称托罗斯内丝白粉菌）[*Leveillula taurica* (Lév) G. Arnaud，异名：豆科内丝白粉菌（*L. leguminosarum* Golovin）] 的菌丝体初寄生于寄主组织内，形成子实体时产生大量气生菌丝。分生孢子单胞、椭圆形，大多单个着生于分生孢子梗上，极少串生，大小为（40~80）μm×（12~16）μm。闭囊壳埋生于菌丝体中，扁球形、褐色、壳壁不光滑，附属丝丝状、较短、放射状，与菌丝交织在一起，直径为 130~240μm，壳壁细胞较大、多角形，直径为 13~17μm。闭囊壳内有多个至几十个孢子，多为两个（彩图 22 - 4 - 1，5、6）。

（二）豌豆白粉菌

豌豆白粉菌（*Erysiphe pisi* DC.）的菌丝体生于叶两面，分生孢子单胞、长椭圆形，呈链生，大小为（29~41.3）μm×（12.4~19.8）μm。闭囊壳散生，球形或扁球形，黑褐色，直径为 91~114.6μm，壳壁细胞小、多角形，直径为 4~8.3μm，附属丝丝状，闭囊壳内有子囊 3~11 个，子囊具短柄，子囊内含子囊孢子 3~6 个。

（三）蓼白粉菌

蓼白粉菌（*Erysiphe polygoni* DC.）的闭囊壳直径 85.5~128.3μm，平均直径 95.7μm，每个子囊壳附属丝平均数量为 27 条，多数为 20~30 条，每个子囊壳含子囊 6~8 个，多数为 6 个，子囊大小为 85.5μm×32.1μm，子囊内有子囊孢子 2~4 个，绝大多数为 2 个，大小为（21.4~32.1）μm×（10.7~21.4）μm。附属丝褐色，多数基生，少数侧生，菌丝状，长度为子囊壳直径的 0.6~1.6 倍。

四、病害循环

苜蓿白粉病菌以闭囊壳在病株残体上越冬，以子囊孢子进行初侵染。或以休眠菌丝越冬，翌年春于苜蓿返青生长后，在返青幼苗上继续生长蔓延。气温 20~25℃，相对湿度 50%~70% 时开始发病。生长季内以分生孢子随气流传播进行多次再侵染。分生孢子数量大，在适宜条件下，很快造成病害流行。

在新疆，对鞑靼内丝白粉菌闭囊壳经过越冬处理后进行染色测定其越冬存活情况。结果表明：越冬的子囊数目较多，但其中大部分死亡，失去侵染能力。埋于 5 cm、10 cm 的病残体上有部分子囊存活，具有侵染能力；而埋于 15 cm、20 cm、25 cm 的病残体在土壤中已基本腐烂，子囊已完全失去活性，没有侵染能力，其空壳率也相对较高；在室温、冰箱（4℃）保存及田间自然越冬情况下病残体的闭囊壳内子囊成活率均较高，最高达到 38%，而在甘肃等地以成熟的闭囊壳在病叶上越冬、室外条件下越冬的子囊孢子存活率达 80%。

五、流行规律

日照充足、多风、土壤和空气湿度适中、海拔较高等环境有利于此病发生。草层稠密、遮阴、刈割利用不及时、草地年代较长或卫生措施缺乏，都会使此病发生严重。过量施用氮肥可使病情加重，磷、钾肥比例合理施用，有助于提高植株抗病性。土壤含水量在 40% 以下时发病轻。接种白粉病菌后感病与中感及抗病品种间叶绿素含量差异显著，叶绿素含量随接种时间的延长和发病程度的增加而显著降低。

在新疆，苜蓿白粉病的发生自 6 月初开始出现零星病株，后随气温上升和苜蓿生育期的推进呈现缓慢上升趋势，8 月下旬达到发病高峰期，且逐年加重。白粉病的发生主要影响到收种田苜蓿的后期生长，若为收草田，则对二茬苜蓿后期和三茬苜蓿有影响。

在甘肃，苜蓿白粉病一般在 7 月下旬至 8 月上旬苜蓿发育的中后期开始发生，8 月下旬至 9 月上旬为发病高峰期，同时也是病原物开始出现黑色成熟闭囊壳的时期，此时有成熟闭囊壳的病叶占总病叶数的20％～30％。对于收种田，品种间对白粉病抗性差异显著，而作为牧草田，相同或不同品种白粉病的发生不因种植年限增加而明显加重。

在宁夏，苜蓿白粉病由鞑靼内丝白粉菌和豌豆白粉菌混合侵染发生，多发生于南部山区，干旱区重于阴湿区，病害发生较晚，条件适合时病害发展非常迅速，可在几天内暴发成灾。苜蓿白粉病9月初开始发病，9月上旬迅速进入高峰期，发病面积占总面积的10％～15％；有些年份8月中旬即开始发病，9月上旬达到高峰期，发病面积增加到30％左右。

王飒等2002—2005年对宁夏旱地苜蓿白粉病进行了系统调查，在掌握白粉病流行规律的基础上，分析病害发生与当地降水量、相对湿度和日均温等因素之间的关系，对预报因子进行初选。初步建立了苜蓿白粉病的预测模型：$y=131.358-1.663x^3$（$P<0.01$），历史拟合率均为100％，说明建立预测预报的方法是准确的，精度高且简便易行，可在实际生产中应用，但该研究仅利用4年的数据建立的苜蓿白粉病预测模型在实际应用中尚欠准确性。苜蓿白粉病的预测预报是一项长期的研究工作，需要多年的资料不断进行完善和提高，才能得到最优化的数学模型。

六、防治技术

（一）培育和使用抗病品种

选育和利用抗病品种是我国目前防治白粉病最有效和最主要的措施。选用抗病品种可减少化学防治农药的使用，从而降低对空气、水和土壤环境的污染，减少农药在家畜体内的残留。

李敏权等（2002）对国内外9个紫花苜蓿品种在甘肃定西市九华沟进行了半干旱地区条件下的白粉病抗性评价发现，苜蓿品种对白粉病的抗性存在着显著差异，其中，庆阳苜蓿、阿尔冈金、巨人201、金皇后等品种具有较强的抗病性，德宝、德福、赛特、牧歌401、三德利等品种田间抗病性较差。另有报道，新牧1号、苜蓿王、公农1号、天水苜蓿等对苜蓿白粉病也具有较强抗病性。积极开展抗病苜蓿品种的选育，大面积推广优良抗病品种，省时省力，廉价有效。

（二）适时刈割

在病原菌的闭囊壳未形成或开始形成，但还未大量成熟时，将田间的牧草刈割干净，不留残株，以减少越冬菌源。由于白粉菌为气传病害，所以，刈割草地宜大面积连片进行，减少刈割与非刈割的草相互传染。秋草收获后，在入冬前应清除田间枯枝落叶，以减少翌年的初侵染源。发病普遍的草地应提前刈割，以减少菌源，减轻下茬草的发病。

（三）合理施肥

科学合理的施肥可提高苜蓿对白粉病的抗性。在大田条件下邢会琴等（2006）研究了9个紫花苜蓿品种施用复合肥、过磷酸钙和根瘤菌对白粉病抗病性的影响，以病情指数和发病率为指标统计发病情况，结果表明，施用复合肥的处理，苜蓿白粉病的发病最轻，各品种的病情指数和发病率均比施用过磷酸钙和根瘤菌的低；复合肥不同用量处理下，按75kg/hm²量施用各品种的病情指数和发病率显著低于45kg/hm²和105kg/hm²施用量的病情指数和发病率，因此，按75kg/hm²量施用复合肥可以减轻苜蓿白粉病的发生。

（四）牧草混播

选择适宜的牧草品种按合理比例进行混播，可显著提高土壤肥力，增加牧草产草量，改善群落稳定性，是草地生产中常用措施，也是防治牧草病害的有效措施。混播种群中个体的抗病基因有差异，感病个体数在减少，相应的病原菌数量也在减少。混播群落中抗、感群体镶嵌分布，抗病个体对感病个体的侵染具有干扰和阻碍作用。感病个体间的距离增大，减少了病菌成功侵染的机会。

（五）化学防治

对于苜蓿制种田或实验用地可利用以下药剂进行防治：70％甲基硫菌灵可湿性粉剂1 500倍液、15％三唑酮可湿性粉剂800倍液、40％灭菌丹可湿性粉剂700～1 000倍液、50％硫悬浮剂每667m² 使用37.5～45kg、高脂膜200倍液。施用方法为：一般每10d喷雾1次，连续3次。发病初期或前期采用药剂防治比后期防效好。

段廷玉 李彦忠（兰州大学）

第 5 节 苜蓿锈病

一、分布与危害

苜蓿锈病广泛分布于世界各苜蓿种植区，是苜蓿重要的茎叶病害之一，为害较重的地区和国家有以色列、埃及、苏丹、南非和前苏联的南部，在美国以中南部遭受为害较重，如佛罗里达州、亚拉巴马州、堪萨斯州等地区，而北部主产区发生却较轻。在我国甘肃、新疆、陕西、宁夏、山西、内蒙古、河北、河南、北京、辽宁、吉林、江苏、贵州、台湾、湖北、四川、山东、云南、西藏等 19 个省（自治区、直辖市）均有发生，但以甘肃陇东、宁夏盐池、内蒙古呼和浩特和赤峰一线及以南地区如陕西关中、山西晋南、江苏南京等地区病害发生严重。同一省份内苜蓿锈病的发生与为害仍有一定地理局限。如甘肃省陇东地区发生较重，而河西走廊的黄羊镇地区、天祝藏族自治县及甘南藏族自治州的高山草原地区锈病少见或不见发生，内蒙古锡林浩特地区和扎兰屯地区也极少或不见发生。

苜蓿感染锈病后，光合作用下降，呼吸强度上升，蒸腾强度显著增强，干热时植株容易萎蔫，叶片皱缩并提前干枯脱落。据报道，该病害严重时，苜蓿干草减产 60%，种子减产 50%，瘪籽率高达 50%～70%，病株可溶性糖类含量下降，总含氮量减少 30%，粗蛋白质和粗灰分含量分别减少 18.2% 和 9.26%，粗纤维含量增加 14.6%，病草适口性下降。此外，病草含有毒素，家畜取食会导致慢性中毒。

二、症状

叶片、叶柄、茎秆及荚果均可被侵染，以叶片受害最重，叶片两面（主要在叶下面）以及叶柄、茎等部位受病菌侵染后，开始出现小的褪绿斑，随后隆起呈疱状、圆形、灰绿色，最后表皮破裂露出棕红色或铁锈色粉末（夏孢子堆和冬孢子堆），叶片皱缩并提前脱落（彩图 22-5-1，1、2）。夏孢子堆肉桂色，冬孢子堆黑褐色。孢子堆的直径多数小于 1mm。此菌除侵染紫花苜蓿（*Medicago sativa*）外，还侵染镰荚苜蓿（*M. falcata*）、南苜蓿（*M. hispida*）、天蓝苜蓿（*M. lupulina*）、小苜蓿（*M. minima*）、杂花苜蓿（*M. media*）、蓝花苜蓿（*M. coerulea*）、胶质苜蓿（*M. glutinosa*）、平卧苜蓿（*M. prostrata*）、蒺藜状苜蓿（*M. tribuloides*）、皱纹苜蓿（*M. rugosa*）、皿形苜蓿（*M. scutellata*）、布朗其苜蓿（*M. blancheana*）等苜蓿属植物。该锈菌是转主寄生菌，转主寄主在欧洲及我国北方地区为乳浆大戟（*Euphorbia esula*），在北美为柏大戟（*E. cyparissias*）、杰氏大戟（*E. gerardiana*）和多枝大戟（*E. virgata*）。当苜蓿锈病菌的冬孢子萌发时，产生担孢子侵染乳浆大戟或柏大戟等，使之产生系统性症状，植株变黄，矮化，叶形变短、宽，有时枝条畸形或偶见徒长，病株呈帚状。叶片上初生蜜黄色小点，随后叶片下面密布杯状突起的锈子器，由此散出的黄色粉末即是将侵染苜蓿的锈孢子。

三、病原

紫花苜蓿锈病病原是条纹单胞锈菌（*Uromyces striatus* J. Schroet.），条纹单胞锈菌苜蓿变种 [*U. striatus* var. *medicaginis* (Pass.) Arth.]。属担子菌门单胞锈菌属。夏孢子单胞，球形至宽椭圆形，表面有小刺，黄褐色，大小为（17～27）μm×（16～23）μm，壁厚 1～2μm，芽孔 2～5 个。冬孢子单胞，球形、卵形、宽椭圆形，浅褐色至褐色，大小为（17～29）μm×（13～24）μm，壁厚 1.5～2.0μm，壁表面有长短不一的纵向条纹，吸湿涨后条纹不明显。芽孔顶生，上有无色乳头状突起，柄短，无色，易脱落（彩图 22-5-1，2、3）。在大戟上，性子器生于叶背，性孢子单胞，无色，椭圆形，大小为（2～3）μm×（1～2）μm；锈子器也生于叶背，球形至宽椭圆形，大小为（14～28）μm×（11～21）μm。

四、病害循环

苜蓿锈病菌以菌丝体在大戟属植物地下部分越冬，也可以冬孢子或休眠菌丝在感病的苜蓿残体上越冬，冬季比较温暖的地区或年份甚至可以夏孢子越冬。苜蓿上的冬孢子越冬后萌发产生担孢子，侵染大戟属植物，在大戟属植物上产生性子器和锈子器，散出黄色粉末（锈孢子），锈孢子侵染紫花苜蓿，继而产生夏孢子（性子器阶段对此病流行并不是必要的）。苜蓿上产生的夏孢子借助风力传播，在田间进行多次再侵染。

五、流行规律

该病多于春末夏初发生，仲夏之后进入盛期。在灌溉频繁或降水多、结雾、有露，植物表面经常有液态水膜，气温在15～25℃（低于2℃或高于35℃夏孢子不能萌发）条件时，发病较重。另外，草层稠密、倒伏、刈割过迟及施肥过量等均可使此病加重为害。

在美国，苜蓿锈病菌是以夏孢子在温暖的南部地区越冬，春暖之后孢子随风向北方传播，因此，美国中部地区7月中旬以前，很少看到苜蓿锈病。在我国北方地区，苜蓿锈病发生的菌源除来自南方温暖地区的夏孢子外，当地的越冬菌源也不容忽视。如内蒙古呼和浩特地区，在苜蓿田内及附近常可见到许多遭受侵染的乳浆大戟，于5月中、下旬产生锈子器和锈孢子，传到附近苜蓿植株上，6月上旬苜蓿锈病开始发生。我国北方广大地区7月以前多为干旱天气，不利于锈病的流行，所以，病害流行期也多在7月中、下旬之后。在苜蓿生长季节，以夏孢子进行多次再侵染，造成田间病害流行。夏孢子发芽和侵入的适温为15～25℃，最低温度2℃，超过30℃虽能萌发，但出现芽管畸形，到35℃夏孢子便不能发芽。夏孢子发芽要求相对湿度不低于98％，以在水膜内的发芽率最高。在北方较干旱的地区，只有在雨季来临的7～8月，才能满足夏孢子发芽侵入的湿度条件。在灌水频繁或灌水量过大的地区，也可造成有利锈菌夏孢子发芽的田间湿度条件，苜蓿锈病也会严重发生。

六、防治技术

（一）选育和使用抗病品种

锈菌是严格寄生菌，对寄主有高度专化性，故利用抗病品种防治此病是最有效的方法。据报道，勘利浦、莫伯、切罗克、阳高、咸阳、富平、武功、石家庄、草原2号、兰花、爬蔓等品种具有较强的抗锈病性；银川苜蓿、临洮苜蓿、和田苜蓿等品种易感锈病，其中和田苜蓿感病最严重。国外有切罗克和蒂坦等品种对此病高抗。在内蒙古呼和浩特地区，初步从国内地方品种中筛选出鄂旗苜蓿、长武苜蓿和阳高苜蓿等品种具较高抗性。国外研究推测，紫花苜蓿有3～4个基因对抗锈病起决定作用，另有1～2个微效基因起少量作用。轮回表型选择对提高抗病性有显著作用。抗病性鉴定：可在实验室内以离体叶片为材料进行接种（叶片漂浮培养在灭菌蔗糖溶液中，如室温保持在20℃左右，也可用洁净的自来水代替蔗糖溶液）；也可在田间或温室内的植株上进行。接种时将夏孢子混合在滑石粉中，接种后至少需保湿24 h，以使叶面形成一定时间的水膜，保证孢子萌发和侵入。以夏孢子堆的数目和大小作为抗病性的评定指标。

（二）栽培管理措施

1. 适时早刈割或放牧　在苜蓿普遍发生锈病或发病之前，应提早刈割或放牧，减少田间病原物数量及增强植株自身的活力，降低再生牧草的发病率。适时刈割既可保障牧草的高产优质，又可控制病害流行。严重发生锈病的留种草地，不宜再留种，应及时刈割。同一草地不能连续几年用于采种，以减少菌源在田间的积累。

2. 铲除转主寄主　铲除苜蓿附近的大戟属植物，以切断该病的侵染循环。

3. 合理排灌　合理排灌可改善苜蓿通风透光条件，降低田间湿度，以减轻病害发生。合理灌水、排水，勿使田间积水或过湿，预防锈病流行。一旦锈病发生较重，应考虑适当增加灌溉，防止牧草萎蔫和减产。

4. 科学施肥　增施磷、钾肥可以提高苜蓿抗病性。

（三）化学防治

试验地或种子田可选用以下杀菌剂进行喷雾防治：代森锰锌、萎锈灵、氧化萎锈灵、三唑酮、福美双、戊唑醇、氟硅唑、代森锌、百菌清、甲基硫菌灵、烯唑醇等。喷施浓度及间隔期根据药剂种类和病情而定。

李彦忠（兰州大学）

第6节　沙打旺黄矮根腐病

一、分布与危害

沙打旺黄矮根腐病是2007年在我国发现的新病害，仅在我国发生，分布于甘肃、陕西、宁夏、内蒙古等沙打旺各产区，是沙打旺上最严重的病害之一。各地同龄沙打旺草地上的发病率不同，2009年，在甘肃环县、宁夏盐池、陕西横山、内蒙古敖汉的六龄沙打旺草地上的发病率分别为82.6%、38.1%、48.7%和17.5%，病情指数（根据单株上发病枝条占总枝条的比例分级）分别为53.7、22.2、24.9和6.1。在同一地点，如甘肃环县，发病率随草地年龄的增加而升高，六龄时达到高峰，近100%，七龄后随草地衰退而降低。

沙打旺黄矮根腐病严重影响草地建植、植株生长、草地持久性、草产量、种子产量和家畜健康。室内萌发2d的幼苗接种4周后，植株死亡率高达49.37%，田间人工接种第三年时植株死亡率增加89.2%。与健康植株比较，田间发病的病株枝条数增加66.6%～138.3%，单株干重下降17.0%～51.5%，株高下降34.3%～47.2%。植株密度显著降低，二至八龄草地的植株死亡率为26.0%～99.6%。通过室内测定和田间调查发现该病严重影响草地持久性和生产力，是我国北方沙打旺草地衰退的主要原因。草产量随草地年龄的增加而显著降低，甘肃环县田间发病时，三龄草地开花初期的草产量为6 500kg/hm²，而四龄、六龄和八龄草地产草量分别为3 890kg/hm²、1 764kg/hm²和50kg/hm²，分别相当于三龄草地的59.8%、27.1%和0.08%。由于发病重的枝条在拔节后矮缩，不能抽穗，发病轻的枝条虽然能抽穗，但大部分花器死亡，结籽率降低，种子带菌率可达46%。用染病的沙打旺草粉饲喂小鼠后发现，小鼠的体重显著低于对照，脏器出现病变，谷丙苷转氨酶活性显著升高，故家畜食用染病植株可能造成中毒。染病植株中含有5种黄酮等化合物，其中1种为新化合物——沙打旺碱，2种化合物对大肠埃希氏杆菌（*Escherichia coli*）、蜡质芽孢杆菌（*Bacillus cereus*）、金黄色葡萄球菌（*Staphylococcus aureus*）、胡萝卜软腐欧文氏菌（*Erwinia carotovora*）、枯草杆菌（*Bacillus subtilis*）和另2种化合物对人的癌细胞（白血病和肝癌）具有明显抑制作用，因此，此病原菌又具有药用开发价值（Chen et al.，2012）。

二、症状

沙打旺黄矮根腐病是系统性病害，既可种子带菌造成幼苗发病，也可在沙打旺的整个生长期间侵染地上各组织器官，带菌种子出苗和田间植株被侵染后，病菌寄生于植株体内，在刈割留茬的茎基部内越冬，翌年植株返青后在新枝内继续扩展发病，故一旦被侵染，一般植株将终生带菌，症状因组织部位及植株生长阶段不同而呈现多样性，主要有：叶片黄化、枝条矮化和根颈腐烂。

（一）种子带菌在幼苗上的症状

带此病菌的种子播种后，能正常出苗，出苗2周时开始表现症状，自叶柄向子叶方向逐渐褪绿变黄，直至干枯；早生长出的真叶无症状，而后期生长出的真叶自基部褪绿、心叶皱缩、黄化，无法正常展开，病苗多于播种当年死亡，表面产生黑色的霉层（病菌的分生孢子梗和分生孢子）。

（二）田间侵染在成株期的症状

室内接种试验结果表明，病菌侵染成株期植株的叶柄，则在叶柄上出现褐色病斑，病斑不规则，边缘不清，并同时向上、向下扩展，向上导致小叶褪绿、干枯，向下可扩展到茎秆；侵染小叶，则出现褐色带黄色晕圈的小点，小点逐渐扩大，直至整叶干枯，症状扩展至相邻叶片、叶柄和茎秆；侵染茎，则茎变褐色，病斑持续扩大并延及相邻枝条，病斑在叶腋处促进枝条过度生长而出现丛枝症状，其上叶片黄化、细小、早期干枯。病株从茎基部增生出大量病枝，病枝叶片细小、卷曲、干枯，至后期枯死。病株主根表面褐色至黑色，皮层和中柱均变黄、腐烂（彩图22-6-1）。在所有发病组织均可检查出菌丝。喷雾接种、蘸根接种、剪根接种、土壤表面浇孢子悬浮液接种等接种试验表明，该病菌可侵染植株的任何部位，而且侵染的病菌可扩展到其他所有组织部位（包括果穗、种子、主根和根毛）。

在建植多年的沙打旺草地上，返青1个月后（甘肃环县为4月下旬）在上年已发病植株上即可表现症状，在整个生长期，症状分以下 3 个阶段，以此为田间确诊该病的主要依据。

第一个阶段为返青期产生叶斑。返青后，植株基部复叶上的小叶首先出现黄化，后中部小叶出现褪绿病斑，病斑受叶脉限制呈多边形，病斑内可见叶脉呈红褐色、血丝状，病斑扩展至全叶及邻近小叶，导致此复叶上小叶全部脱落，叶柄上出现褐色病斑，但不脱落。复叶上症状扩展的过程为自复叶基部小叶向顶端小叶扩展，一般成对小叶受害，但有时个别小叶开始免于受害，呈不对称出现。此时茎上无症状。一般在 6 月中旬，早期生长发病的小叶全部脱落，很难根据发病叶片诊断此病。

第二个阶段为拔节期枝条黄化、矮化、丛枝。在拔节期，有的植株上枝条全部发病，而有的植株仅有部分枝条发病。在发病枝条上，顶端生长出的小叶黄化、细小、卷曲，但无明显病斑，新枝节间缩短，侧枝增多，枝条顶端矮缩，生长缓慢。此时，植株上发病枝条黄化、矮化、丛枝的症状，明显与健康枝条的嫩绿、舒展、无（少）侧枝的特点不同。全部枝条发病的植株呈扫帚状，枝条僵直、增粗、合拢于植株中心，与健康植株不同。

第三个阶段为开花前后茎秆变色。此阶段的病枝可分为 3 类：第一类为矮化枝条，在矮化枝条上，早期生长出的病叶已干枯、苍白或变黑（气候潮湿条件下产生了由病原物分生孢子梗和分生孢子组成的霉层），枝条顶端新生叶片继续黄化、皱缩，茎秆均匀变褐或红褐色，这类枝条不能生长出果穗。第二类病枝为未矮化枝条，虽无矮化、黄化症状，但茎秆均匀或不均匀变褐色，或从茎的下半段变色，与健康植株明显不同。这类病株可开花，开花的多早期干枯、不结实，结实的多为秕瘦籽粒，且带菌率极高。田间调查发现，最早开花的枝条中有 88.5%～98.7% 为病枝，开花时间显著早于健康枝条。第三类为死亡病枝，在降水量较多的年份，死亡枝条变黑，表面产生大量霉层，为病菌的分生孢子梗和分生孢子（彩图 22 - 6 - 2）。

该病害在田间生长多年的植株上的症状为根腐和茎基部腐烂，即二龄以上田间病株的主根皮层和根中柱变红褐色，主根中心出现空腔。病株在生长季节内死亡较少，但病株返青后大量死亡。

三、病原

沙打旺黄矮根腐病病原为黄芪埃里格孢（*Embellisia astragali* T. Y. Zhand. T. J. Hou et G. Z. Zhao），属子囊菌无性型埃里格孢属真菌。在纯培养条件下，初级分生孢子梗有 1～2 个细胞的短柱，或长达 71μm×8 μm 的由多个细胞组成的长柱，由气生菌丝顶端或内菌丝伸出基质表面形成，不分枝或分枝，屈膝状，2～5 个产孢位点，淡橄榄色至中等黄褐色，初级产孢和次级产孢均较贫乏。次级分生孢子梗从初级分生孢子的顶端和基部长出，有时从侧面长出，1～2 个细胞，淡色，顶端膨大，或较长，产孢位点上有 2～3 个屈膝状弯曲，极少分枝。分生孢子长倒棍棒状，直或 Y 形，稍微不对称或明显弯曲，甚至呈 S 形，基部细胞近圆球形，新生分生孢子淡橄榄色，半透明，成熟的分生孢子黄褐色，3～8 个横隔膜，无或极少有 1 个纵隔膜或斜隔膜，隔膜黑色，加厚，表面光滑，分生孢子在分隔处明显缢缩，孢子中每个细胞两侧边的距离不同，每个细胞的上下宽度也常不相等。分生孢子大小为 （24～66） μm× （8～13） μm（平均 45μm×11 μm）（彩图 22 - 6 - 3）。在死亡枝条上孢子梗均匀地从寄主组织（茎秆、叶柄和叶片）的皮层上生长出来，基部粗大（埋在寄主皮层下的部分），顶端渐细，淡黄色，孢梗稍呈屈膝状。孢痕孔状，中心白色，周围黄褐色，微凹陷，简单，不分枝或分枝，3～5 个细胞，淡黄褐色，2～3 个屈膝状弯曲，2～4 个产孢孔，大小为 （29～129） μm× （5～8） μm（平均 66μm×6μm）。分生孢子 3～10 个横隔膜，无纵隔膜和斜隔膜，或极少 1 个纵隔膜和斜隔膜，大小为 （32～71） μm× （8～13） μm（平均 57μm×11 μm）（Li et al.，2007）（彩图 22 - 6 - 3）。在腐烂病残体上还可产生厚壁、深褐色的厚垣孢子。

此病菌 25℃ 下在马铃薯葡萄糖琼脂（PDA）培养基、马铃薯胡萝卜琼脂（PCA）培养基、V - 8 和麦秆煎液（WHDA）培养基等 4 种常用培养基上均生长极其缓慢，菌落生长速率分别为 0.27～0.68 mm/d。在相同温度下的葡萄糖、蔗糖、甘露糖、果糖等 10 种碳源、硝酸钾、蛋白胨、硝酸钠、甘氨酸和色氨酸等 5 种氮源，以及在黑暗、光照和 12h 光照 12h 黑暗、20～120min 紫外光、pH4.32～11.29 下均可生长，生长速率均较缓慢，但在尿素、硫酸铵、氯化铵和硝酸铵 4 种氮源上不能生长，温度超过 30℃（包括 30℃）不能生长。菌落生长和产孢的最佳培养条件为 25℃、WHDA 培养基、光暗交替。

四、病害循环

（一）越冬

该病菌以不同菌态在3种场所越冬。①田间病株中的菌丝。菌丝可在病株的茎基部、根颈和主根中越冬，翌年植株返青后随着新枝从刈割残留的茎基部上生长，病菌扩展到新枝中，并随着枝条的伸长而扩展到其他组织。②田间病残组织上的分生孢子。田间病残体上的分生孢子可存活10个月以上，成为田间病菌在植株之间扩展的主要途径，但随着时间的推移，分生孢子的死亡率显著增加。③种子内的菌丝。虽然绝大部分病枝不能抽穗，不能开花结实，但发病轻的部分枝条也可开花结实，使种子携带病菌。但大部分籽粒秕瘦，在种子收获处理中被淘汰，故饱满种子上的带菌率较低。由于带菌种子是远距离传播的主要途径，在新建植的草地上，若使用带菌的种子，则会生长出带菌的幼苗，这些幼苗在生长后期死亡，病菌在死亡的幼苗上产生大量分生孢子，传播到临近植株上，形成明显的发病中心，故虽然商品沙打旺种子的带菌率较低，但在一个地区首次种植沙打旺，少量的带菌种子也会造成当地沙打旺黄矮根腐病的迁入和持续为害。该菌的分生孢子在土壤中存活时间少于10个月。黄芪埃里格孢的分生孢子梗也可萌发出菌丝，因此，分生孢子梗在侵染循环中可能亦有一定作用。

（二）传播

该病为种传病害、气传病害，随种子传播是新建草地发病的主要原因，而在已发病的草地上，田间病残组织上的分生孢子随气流、雨水传播则是导致发病率增加的主要原因。在植株返青后，茎基部、根部和根颈部的菌丝扩展到新长出的枝叶、花和种子上，是一种特殊的传播方式。

（三）初侵染和再侵染

田间死亡病株上产生的分生孢子是主要初侵染来源，在沙打旺生长季节均可造成侵染，尤以沙打旺生长中后期部分病株（枝）死亡后遇到连日阴雨，空气湿度较大的条件下，有利于菌丝产孢、分生孢子萌发与侵染，故侵染时间主要在秋季刈割前后（刈割后的再生枝叶受侵染后病菌扩展到茎基部越冬）和春季返青后，可侵染茎、叶、叶柄等，潜育期约为22 d（室内喷雾接种）。由于该病菌只有在死亡病株（枝）组织上产生分生孢子，而在发病存活植株组织上不会产生分生孢子，故同一植株受侵染，如果侵染叶片，导致叶片干枯、脱落并产生病菌的分生孢子，可造成当年再侵染，如果侵染叶柄和茎，则受侵染的叶柄和茎秆在当年不会死亡，也不产生分生孢子，故无再侵染。在降水量少、空气干燥的地区，如甘肃环县，死亡病株在有的年份产生分生孢子而在有的年份不能产生分生孢子，故田间侵染在降水量极少的年份发生的概率较低，大部分年份田间植株的发病主要依赖于田间病株茎基部和根颈内存留的菌丝，而非死亡病株上的分生孢子。由于三龄以上植株返青时只能从茎基部萌发出芽和新枝，而极少从根颈部萌发新枝，故茎基部对于植株存活至关重要。对于黄芪埃里格孢病菌来说，地上部分受到侵染后病菌可从上扩展到茎基部，刈割后病菌留存于茎基部，而茎基部内的病菌又可通过翌年植株返青扩展到新的枝叶中，故茎基部在该病的发生中起到桥梁和纽带的作用（图22-6-1）。

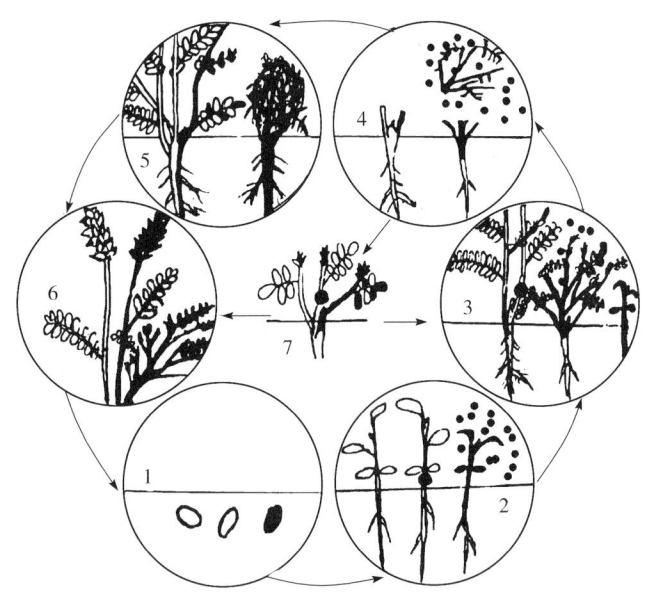

图22-6-1 沙打旺黄矮根腐病病害循环（李彦忠提供）

Figure 22-6-1 Disease cycle of yellow stunt and root rot of standing milkvetch（by Li Yanzhong）

1. 播种的种子中混有携带黄芪埃里格孢的种子（白色的为健康种子，黑色的带菌） 2. 带菌种子萌发并发病（右），当年死亡后在发病幼苗上产生分生孢子并侵染邻近植株（中）（黑色小点示病菌的分生孢子） 3. 被侵染植株在翌年返青后发病，再产生分生孢子侵染邻近植株（左） 4. 病菌以菌丝在茎基部、根颈部和主根中，以及以分生孢子在病残体上越冬 5. 植株的根颈和主根带菌则返青后全部枝条发病，而茎基部带菌则返青后仅部分枝条发病，其余枝条正常 6. 发病严重的枝条早期枯死，不能开花结实，而发病较轻的枝条则正常开花，但所结籽粒携带黄芪埃里格孢病菌该病的侵染循环可总结为两种循环：①从种子到种子的循环。带菌种子播种后，幼苗死亡，病菌在死亡幼苗上产生分生孢子，传播到邻近的植株上引起发病，病枝开花结实并在种子内带菌，带菌种子随种子调运进行远距离传播。②从病株到病株的循环。病菌的菌丝在病株的茎基部、根颈部和根部越冬，返青后植株发病，或病菌的分生孢子在死亡病株上越冬，春秋两季侵染叶片、叶柄和茎秆（图22-6-1）。

厚垣孢子室内多次接种均未引致植株发病，故其在侵染循环中意义不大。

五、流行规律

（一）产孢条件

该病菌在 5～25℃ 下在保湿的新鲜病叶表面均可产生分生孢子，而最适宜温度为 15℃（保湿第一天就可产孢）。病菌在枯死病枝上也可产孢，但需要高湿条件，在 23℃ 下需要大于 85％ 的空气相对湿度。

（二）孢子萌发条件

孢子萌发需要高湿或水滴、水膜等有水的条件，在水中最适宜温度是 20～30℃，完成萌发需要 8～24h，在无水条件下，在 85％ 以上的空气湿度下 1 周时，仅有 5％～8％ 的孢子萌发。

因为空气湿度是决定该病菌产孢和孢子萌发的主要条件，因此，凡是可形成高湿环境的因素均有利于病害的发生与为害，加快草地的衰退速度，如，栽培于降水频繁且年降水量大的地区，经常灌溉、密植的田块等，从这一点来说，沙打旺草地的寿命南方的短于北方、阴湿地区短于干旱地区、水浇地短于旱地、平地短于山坡地。另外，刈割收获时田间留存的死亡病株在适宜条件下可产生大量的分生孢子，增加田间菌源数量，增加侵染概率。

六、防治技术

（一）建植草地时选用健康无病的种子

通常商品沙打旺种子中此病菌的带菌率仅为 1％～2％，但由于幼苗死亡后可产生大量分生孢子，进而传播到周围植株，故建植草地 3 年后发病率可达 50％ 以上。因此，在建植沙打旺草地时选用无病种子，可防止发病。

（二）沙打旺适宜于山地种植

从沙打旺栽培地区此病的发生情况来看，山地发病率较低，草地利用寿命较长，特别是沙壤地，而平地发病率较高，草地利用年限较短，故沙打旺宜播种于北方地区的山坡地，而不适宜播种于南方地区及北方的阴湿地区及水浇地。

（三）选育抗病品种

国内已育成的中沙 1 号、内蒙古早熟、彭阳早熟等 3 个沙打旺品种均可感病，无一免疫品种，陕西、河南、宁夏等地栽培的地方品种也可感病。选育抗病性较强的品种是生产上亟待解决的问题。

（四）其他管理措施

由于病菌的分生孢子只能从死亡的枝叶上产生，孢子萌发与侵染均需要高湿条件，故除在建植时合理密植之外，在病枝大量枯死前刈割，减少田间病株产生分生孢子的可能。另外，在秋季清除枯枝落叶，减少田间残留的病原菌丝和孢子，降低再侵染的机会。

李彦忠（兰州大学）

第 7 节　柱花草炭疽病

一、分布与危害

在热带及亚热带地区，炭疽病是柱花草上最重要的病害，分布于中南美洲、亚洲、非洲和大洋洲等国家和地区。在我国，随着牧草种子引种试种，1962 年首次发现柱花草炭疽病，现遍及广东、广西、云南、贵州、福建、四川等省份，成为限制其推广种植的主要因素，导致牧草产量降低 21％～40％，种子减产28％～70％。

炭疽病在美国佛罗里达州使有钩柱花草（*Stylosanthes hamata*）减少 58% 的干草，在哥伦比亚使圭亚那柱花草（*S. guianensis*）干草减产 64%～100%，在澳大利亚使西卡柱花草（*S. scabra*）的干草和种子分别减产 22% 和 16%，使有钩柱花草的干草和种子减产 67% 和 49%，使圭亚那柱花草的干草和种子分别减产 53% 和 42%。1970 年，在美洲推广澳大利亚抗病品种矮柱花草（*S. humilis*）和圭亚那柱花草，但因炭疽病流行而毁灭。我国自 1960 年开始引种柱花草以来，随着种植面积的增加，该病害发生逐渐加重。1979 年首次在海南省澄迈县大面积发生，20 多 hm² 柱花草属的一个栽培种——巴西苜蓿颗粒未收，1981 年后该病又逐渐蔓延到海南和广东等其他热带地区，特别是 1986 年在广东省惠来县大流行，导致 40 多 hm² 库克品种损失严重。

二、症状

炭疽病在不同的柱花草生态类型上产生不同的症状。在头状柱花草（*S. capitata*）、西卡柱花草、有钩柱花草、矮柱花草、*S. mcrocephala* 和 *S. viscosa* 等生态类型的叶和茎上形成病斑。叶和叶柄上的病斑直径 1～3mm，中间有灰白色和暗黑色边界，茎病斑椭圆形，长 2～6mm，在颜色上与叶病斑相似，通常分生孢子盘在病斑上是可见的。在湿润温暖的条件下，叶和叶柄病斑合生引起落叶，茎上病斑引起溃疡和环带。在圭亚那柱花草、大叶柱花草（*S. grandifolia*）、*S. ereota*、蒙得维的亚柱花草（*S. montevidensis*）和头状柱花草等生态类型上的症状以坏死和枯萎为主，在叶、叶柄和茎上的病斑形状不规则，暗褐色到黑色，叶片褪绿、凋落、顶端枝条坏死、枯萎，致使植株死亡。在潮湿条件下，病斑上覆盖一层橙红色分生孢子。在澳大利亚，上述两种症状分别称为 A 型和 B 型。

引起 A 型炭疽病的病原菌寄主范围广，在柱花草属中，能感染当前商业生产上所有的种如有钩柱花草、西卡柱花草、圭亚那柱花草、黏柱花草、灌木柱花草（*S. fruticasa*）和矮柱花草。1976 年，A 型炭疽病毁灭了矮柱花草 50 万 hm² 的热带牧场。A 型炭疽病产生不连续病斑，大多数发展成中间透明、边缘黑色的病斑。炭疽病严重时，病斑数量增加并合并，导致脱叶和茎的死亡。尽管 *S. hamata* cv. *verano* 因抗 A 型炭疽病而普遍种植，但它的叶柄易感病，在早期，大量叶片因叶柄病斑而脱落。A 型炭疽菌还能侵染其他热带豆科牧草（如 *Aeschynome neamericana*，*A. falcata*，*Desmodium barbartum*，*Psorolea australasica*）。

B 型症状发生在圭亚那柱花草和蒙得维的亚柱花草上，植株枯萎不同于不连续的 A 型的病斑。B 型炭疽病主要发生在开花期和结籽期，导致大量的茎秆坏死，并影响到相邻花序。B 型炭疽病发生常伴随着特别的气味，而 A 型的则没有。与 A 型不同，B 型病原菌寄主范围狭窄，为胶孢炭疽菌柱花草专化型（*C. gloeosporioedes* f. sp. *guianensis*）。

三、病原

柱花草炭疽病菌的有性型为围小丛壳 [*Glomerella cingulata*（Stoneman）Sqauld. et H. Schrenk]，无性型为胶孢炭疽菌 [*Colletotrichum gloeosporioides*（Penz.）Penz. et Sacc.] 和平截炭疽菌 [*C. truncatum*（Schwein.）Andrus et W. D. Meore]。平截炭疽菌引起的病害症状在形态上与胶孢炭疽菌引起的相似，但是危害性要小得多。

胶孢炭疽菌和平截炭疽菌的菌丝体埋生，有分枝、分隔，无色或褐色，形成分生孢子盘，并伴有褐色、光滑、有隔、锥形的刚毛。胶孢炭疽菌产生白色至淡灰色或暗灰色的菌落，并具有不定量的菌丝体，菌丝体有刚毛或无刚毛，分生孢子堆淡粉红色至橙红色，而平截炭疽菌产生白色至灰色菌落，通常有大量的刚毛和灰色至淡红色的分生孢子堆。分生孢子无色，无隔膜、易萌发，细胞壁薄、光滑，其中胶孢炭疽菌的分生孢子呈圆柱状，大小为（9～24）μm×（4～12）μm，平截炭疽菌的分生孢子镰刀状、两端尖，大小为（19～24）μm×（2～4）μm；分生孢子梗无色或褐色，有隔、光滑，产孢瓶梗内生，透明产孢细胞明显。孢子一旦萌发，就产生褐色的完整的分裂附着胞。

在澳大利亚，A 型和 B 型病菌胶孢炭疽菌中至少有 7 个致病专化型，在美洲热带，至少有 8 个不同致病类型，而以巴西头状柱花草上的病原致病类型最复杂。在 A 型和 B 型分离菌之间没有被发现限制性片段带模式媒介，表明这两个类型之间缺乏基因流动规律。A 型病菌有 5 条大染色体（2～6Mb）和 8～10 条小染色体（270～600kb），而 B 型病菌只有 3 条大染色体（4.7～6Mb）和 3～5 条小染色体（330～

1 200kb)。通过小染色体杂交分析揭示其与大染色体有共同序列，末端序列杂交，没有染色体 DNA 和 dsRNA。两类型病菌在小染色体上存在多态性，但除了 B 型 1.2Mb 小染色体多态性与生理小种有明显的差异外，多态性与生理小种之间没有相关性。对 1.2Mb 小染色体分析证明，变异是在于 DNA 的增加或减少而不是亲本基因重组。

四、病害循环和流行规律

柱花草炭疽病菌以菌丝体或分生孢子在田间病残体上越冬，通过雨滴飞溅和风吹进行传播，也可随种子传播，其中，种子传播是全球柱花草炭疽病蔓延的主要原因。

湿度是其流行程度的决定因素。据初步观察，分生孢子在相对湿度 98％ 以上时才能萌发，病菌生长繁殖也要求高湿度。当田间湿度增大时，便会出现很多急性扩展型墨绿色水渍状病斑，而且发展很快，几天后叶片即可染病脱落。当天气干燥时病斑发展便会受到抑制，呈褐色，边缘呈紫褐色，病健交界明显，病情趋于稳定，病情也停止发展。1987 年 7 月开始在对染病品系库克柱花草进行观察发现，8 月 15 日以前由于天气干燥，植株叶片嫩绿，基本无病害发生。此后由于台风影响，田间湿度增大，很多病叶出现了急性扩展型病斑，病情指数为 60 以上，这是田间发病的第一个高峰。9 月以后由于天气干旱，病情趋于缓和，11 月初遇到连续 8d 低温阴雨，田间病害发展又达到了第二个高峰。至 12 月病害停止扩展。

不同柱花草栽培种的抗病性不同，据调查，感病较轻的柱花草的种及其品种有：圭亚那柱花草（*Stylosanthe guianensis*）的格拉姆（或称格雷厄姆，Graham）、国际热带农业中心 184 号（CIAT 184）、加勒比柱花草或称有钩柱花草（*S. hamata*）的国际热带农业中心 147 号（CIAT 147）粗糙柱花草（*S. scabra*）的西卡（Seca）等；未发现炭疽病为害的种有头状柱花草（*S. capitata*）、大头柱花草（*S. macrocephela*）等。

五、防治技术

（一）选育抗病品种

据调查，圭亚那柱花草中的格雷厄姆、CIAT184，有钩柱花草中的 CIAT 147 和西卡柱花草中的 Seca 等品种感病较轻，病斑大多表现为不规则的褐色斑点，极少引起落叶。头状柱花草、大头柱花草、Tardio 柱花草、CIAT 136 等尚未发现有炭疽病侵害。利用高度抗病材料培育出抗病、高产品种，是防治柱花草炭疽病比较理想的途径。

（二）种子处理

柱花草炭疽病菌可随种子传播，带菌率可达 90％。试验表明，用 0.1％ 的多菌灵、福美双、百菌清等药液浸种，可以杀死或抑制种子外部附着的病菌或潜伏于种子内部的炭疽病菌。盆钵苗栽培试验还表明，经药剂处理的种子比不处理的种子发芽率高，分枝多，长势旺，可提高干物质产量 2～4 倍。因为在大面积草地上施用化学药剂，既不经济，也不环保，且难以实现，建议采用种子处理等农业措施防治炭疽病。

（三）适宜的管理措施

对炭疽病侵害严重的草地，可采用过牧措施来造成不利于病菌生长的条件，减少病菌数量，达到防治炭疽病的目的。对耐焚烧的柱花草，建议在雨季来临前 1 个月刈割（留茬 10～15cm），然后放火焚烧。

刘国道　覃新导（中国热带农业科学院）

第 8 节　禾草平脐蠕孢病

一、分布与危害

侵染禾草的平脐蠕孢种类很多，主要引起叶斑和根腐症状。这类病害可以按照主要症状而分别命名，称为叶斑病或根腐病，也可以统称为平脐蠕孢综合征或麦根腐平脐蠕孢病。平脐蠕孢病害可以侵染各种禾草，产生叶斑、叶枯、根腐、颈腐等一系列症状，导致病株枯死，草地稀疏、早衰。该病分布很广泛，从西北干旱、半干旱草原到南方亚热带草地都有发生。在黄河中下游和长江中下游各省份的人工草地上，发生根腐较严重，出现较多的枯草斑，结缕草和狗牙根的发病严重度多达 Ⅳ 级以上（最高为 Ⅵ 级）。

二、症状

被侵染的叶片和叶鞘上生成病斑，导致叶枯。草地早熟禾和羊茅叶片初生暗紫色至黑色小斑点，后变成长圆形、卵圆形病斑，中部枯黄色，边缘暗褐色至暗紫色，外缘有黄色晕。充分扩展后长度可达 0.5～1.2cm，宽度 0.1～0.2cm。几个病斑可相互汇合，病叶变黄或变褐，由叶尖向基部枯死。高湿时病斑表面有黑色霉状物。天气条件适宜时病情发展很快，病叶枯死。发病草坪稀薄，出现形状不规则的黄褐色枯草斑（彩图 22-8-1，1）。

剪股颖叶片初生黄色小斑，后扩展成为卵圆形或不规则形水渍状斑块。有的病株叶片黄化，很快枯死。草地趋于稀薄，枯草斑边缘明显，暗黑色，病斑内叶片水渍状。

狗牙根病叶生不规则形状的病斑，深褐色至黑色，严重时病叶大量枯死，呈枯黄色。草坪上出现形状不规则的枯草斑，长径 5cm～1m。

平脐蠕孢还引起苗病和根病。罹病幼芽、幼苗的下胚轴、种子根变褐腐烂。严重时幼芽溃烂死亡，不能出土。出土的幼苗也因根部腐烂而陆续死亡。成株受害后根部、根颈部和茎基部变黑褐色腐烂，多引起分蘖死亡，严重时整株枯死（彩图 22-8-1，2）。

三、病原

平脐蠕孢属在真菌分类上属于子囊菌无性型平脐蠕孢属真菌。该属真菌分生孢子梗分化明显，单生或簇生，直或弯，不分枝，有隔膜，褐色。梗的上部屈膝状，有的圆筒状，结节状，有明显孢痕。产孢细胞圆柱形，合轴式延伸，内壁芽生孔生式产孢。分生孢子单生，纺锤形、舟形、椭圆形，由中部向两端或一端变窄，褐色至暗褐色，有 2 至多个假隔膜，有的隔膜厚而色深，脐平截，有的略突出。分生孢子由两端细胞萌发。有性型为旋孢腔菌属（Cochliobolus）。常见无性型种类有麦根腐平脐蠕孢、狗牙根平脐蠕孢、穗状平脐蠕孢等。

（一）麦根腐平脐蠕孢

麦根腐平脐蠕孢［Bipolaris sorokiniana（Sacc.）Shoemaker］的分生孢子梗单生，少数集生，圆筒状或屈膝状，褐色，长可达 220μm，宽 6～10μm。分生孢子弯曲，纺锤形、宽椭圆形，暗褐色，具 3～12 个假隔膜，多数 6～10 个，大小为（40～120）μm×（17～28）μm（图 22-8-1）。寄主种类多，主要侵染冰草、剪股颖、雀麦、羊茅、黑麦草、猫尾草、早熟禾、野牛草、狗牙根、马唐等各种禾草，引起芽腐、苗腐、根腐、茎基腐、鞘腐、叶斑、叶枯等症状。

（二）狗牙根平脐蠕孢

狗牙根平脐蠕孢［B. cynodontis（Marignoni）Shoemaker］的分生孢子梗筒状，梗长为 170μm，宽 5～7μm。分生孢子略弯曲，有的圆筒形，通常中部最宽，向两端渐狭，两端圆，褐色，具 3～9 个（多数 7～8 个）假隔膜，大小为（30～75）μm×（10～16）μm。孢子由两端细胞萌发，萌发时该细胞膨大成圆球形，壁变薄。主要侵染狗牙根。

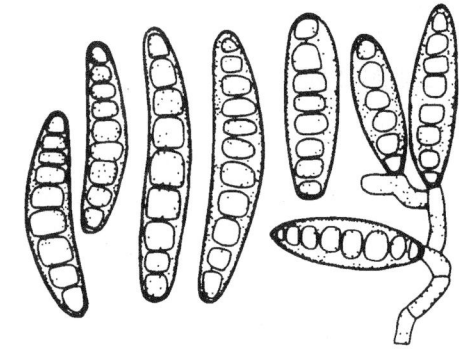

图 22-8-1 麦根腐平脐蠕孢分生孢子
（引自 Ellis，1971）

Figure 22-8-1 Conidia of *Bipolaris sorokiniana*（from Ellis，1971）

（三）穗状平脐蠕孢

穗状平脐蠕孢［B. spicifera（Bainier）Subram.，异名：B. tetramera（McKinney）Shoemaker］的分生孢子梗屈膝状，着生孢子处疤痕明显，长可达 300μm，宽 4～9μm。分生孢子直，长方形、圆筒形，两端圆，黄褐色，成熟孢子基细胞有明显淡色或无色区域，具 3 个假隔膜，大小为（20～40）μm×（9～14）μm，脐宽 2～3μm。寄主广泛。

四、病害循环

初侵染菌源来自带菌种子、土壤中病残体和发病的无性繁殖材料。随种子或土壤中病残体越冬的菌丝体，先引起幼苗地下部分发病，进而侵染茎叶。茎叶发病主要是由气流和雨水传播的分生孢子再侵染而引起的。在温暖地区已建成的草地，病原菌以持续侵染的方式多年流行。

五、流行规律

麦根腐平脐蠕孢多在夏季湿热条件下侵染冷季型禾草，在 $20\sim35℃$ 条件下，随气温升高发病加重，$20℃$ 左右时只发生叶斑，$23℃$ 以上有轻度叶枯，$29℃$ 以上发生严重的叶枯。其他平脐蠕孢病原菌侵染引起的茎叶部发病，适温为 $15\sim18℃$，$27℃$ 以上受抑制，因而在春季和秋季发病较重。狗牙根、结缕草、雀稗等暖季型禾草茎叶部病害多在冷凉多湿的秋、春季流行，根部和根颈部则以较干旱高温的夏季发病较重。

草地管理不良、病残体和杂草多、枯草层厚、高湿郁闭、偏施氮肥或缺肥，都有利于发病。

播种建植草地时，种子带菌率高；播期选择不当；气温低，萌发和出苗缓慢；因覆土过厚，出苗期延迟以及播种密度过大等因素都可能导致烂种、烂芽和苗枯等症状发生。在冬季和早春禾草根部若受冻，常诱发根腐。禾草根部被地下害虫咬食，伤口多，根腐发生也重。发生根与根颈腐烂的植株，易遭受高温和干旱胁迫而死亡。在长期干旱后，遭受大雨或大水漫灌，以及久雨后突然转晴，温度升高等都使根腐严重发生。

六、防治技术

防治应以种子田和各类人工草地、草坪为重点，以栽培抗病品种和改进草地管护为主，药剂防治为辅的综合措施。

要尽量种植抗病、轻病和耐病的草种或品种，使用无病种子或无病的无性繁殖材料。提倡不同草种或品种混合种植。由国外引进的种子，应行检验，以确保不传入新的危险性病原菌种类。

要适时播种，适度覆土，加强苗期管理以减少幼芽和幼苗发病。要加强草地水肥管理，配合使用氮、磷、钾肥，避免植株旺而不壮。合理灌溉，一次灌深、灌透，减少灌水次数，避免频繁的浅灌；雨后及时排水，避免草地积水，尽量避免在傍晚灌水。要及时修剪，保持植株适宜高度。要及时清除病残体和清理枯草层。

高价值草地要在发病前或发病初期喷施杀菌剂，防止发病或控制病情发展。喷药量和喷药次数可根据药剂特点、草种、草高、密度、天气和发病情况不同，参考农药说明书由试验或试用确定。可供选用的药剂有百菌清、代森锰锌、甲基硫菌灵、异菌脲、丙环唑等。

商鸿生（西北农林科技大学）

第 9 节　禾草全蚀病

一、分布与危害

全蚀病是禾草的重要根部病害，病株根系腐烂，矮小黄弱，甚至干枯死亡。一旦发病，菌量将逐年积累，病情不断发展，直至大片草地被破坏殆尽。全蚀病一向是剪股颖、黑麦草、早熟禾等冷季型草坪的重要病害，分布于世界各地。20 世纪后期，美国南部结缕草、狗牙根、钝叶草等暖季型草坪也发生了严重的根腐病，称为暖季草根系衰退病，主要由全蚀病菌禾谷专化型侵染所致。我国天然草地和人工草坪已有全蚀病发生，但分布尚不广泛。严重发病禾草根系死亡，叶片发黄，甚至大量枯死，导致草地衰退。全蚀病是一种危险性病害，需加强监测和防治。

二、症状

病株的根、根状茎、匍匐茎和根颈由皮层向内部腐烂，变成暗褐色至黑色。病根表面可见黑色匍匐菌丝束。根颈和茎基部叶鞘内侧与茎表面形成一层黑色物，由病原菌菌丝体构成，称为菌丝层。用手持放大镜观察，可见该处密生粗壮的黑色匍匐菌丝束和成串连生的菌丝节，秋季还可见到黑色点状突起物，为病原菌的子囊壳。茎基部表面有黑褐色长条状病斑。在干旱条件下，茎基部叶鞘内病斑上不形成子囊壳，甚至也不形成黑色菌丝层，病株仅根变黑腐烂。病株地上部分生长衰弱，矮小，分蘖明显减少，叶片变黄色至红褐色。

草坪发病后，首先出现小型圆形枯草斑，略凹陷，草黄色至褐色，冬季可变灰色。以后草坪斑扩展增大并相互连接，汇合成为大型、形状不规则的草坪斑。剪股颖草坪上的枯草斑每年可扩大 15cm，直径可达 1m 以上。但也有些枯草斑仅短暂出现，不扩展。在剪股颖混播草坪上，枯草斑中剪股颖病株枯死，中部残留较抗病草种，呈蛙眼状（彩图 22 - 9 - 1）。

狗牙根、结缕草等暖季型草坪，在春季恢复生长后，草地上出现不规则形的黄色至褐色枯草斑，斑内病株矮小，根、根状茎、匍匐茎变褐腐烂，叶片黄化，生长衰弱，渐至枯死。枯草斑直径为数厘米至 1m 左右，有的更达 5m 以上。发病后 3～4 年枯草斑往往在同一位置出现。

全蚀病病株矮小变黄，构成圆形至不规则形枯草斑，有时枯草斑蛙眼形。典型病株地下部腐烂变黑，茎基部叶鞘内生黑色菌丝层和黑点状子囊壳，较易识别。但在干旱时不产生典型症状，难以识别。此时若发现叶茎枯黄的植株，应仔细挖出根系，检查根部腐烂发黑情况，有时仅根尖变黑，需特别注意。

三、病原

禾草全蚀病病原为禾顶囊壳 [*Gaeumannomyces graminis* (Sacc.) Arx et D. L. Olivier]，属子囊菌门顶囊壳属。

（一）形态特征

在 PDA 培养基平板上菌落黑褐色至黑色，产生黑色菌丝束，向四周放射生长，菌落边缘的菌丝向中心反卷。气生菌丝稀少，灰色。

匍匐菌丝褐色至深褐色，有隔膜，粗壮，宽度为 2～4 μm，多 3～4 根聚生成束。老化菌丝多呈锐角分枝，分枝处主枝与侧枝各形成 1 横隔膜，呈 Λ 形。匍匐菌丝在寄主根、茎表面和叶鞘内表面形成网络，在根部多与根轴平行生长。附着枝生于匍匐菌丝上。简单型附着枝，圆筒状，不分裂或分裂很浅，浅褐色，端生或间生；裂瓣状附着枝有深裂，花瓣状，深褐色，生于侧生菌丝顶端。多数附着枝聚生，形成菌丝垫。附着枝端部产生侵染菌丝，侵染菌丝壁薄、无色透明、较细。

无性繁殖产生分生孢子。分生孢子梗短，产孢细胞瓶梗状。分生孢子单胞，无色，有两种，一种镰刀形或新月形，不能萌发，另一种为圆柱状或卵圆形，可以萌发。

有性繁殖产生子囊壳和子囊孢子。子囊壳单生，埋生或半埋生，壳体球形、卵圆形、梨形，黑色，外被茸状菌丝，大小为（180～400）μm×（160～220）μm。颈筒形，具缘丝，居中或稍斜。子囊生于侧丝中间，单囊膜，成熟后棍棒状，上部钝圆较宽，下部窄，具柄，大小为（90～113）μm×（8～12）μm，内含 8 个子囊孢子。子囊顶端有两个折光小亮点，为其顶环。子囊孢子线形，稍弯曲，无色，大小为

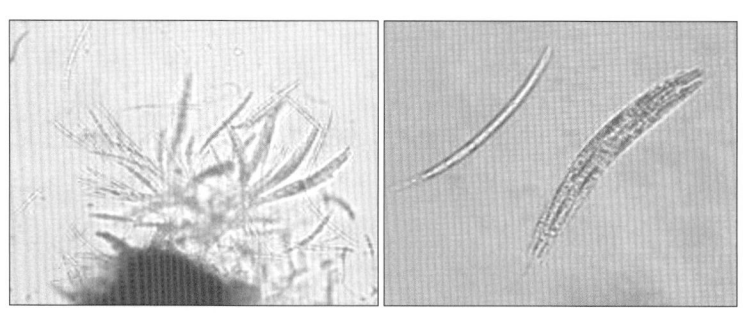

图 22 - 9 - 1 禾顶囊壳子囊壳、子囊和子囊孢子（商鸿生提供）

Figure 22 - 9 - 1 Perithecium, asci and ascospores of *Gaeumannomyces graminis* (by Shang Hongsheng)

（90～100）μm×（3～5）μm，成熟孢子有 4～7 个隔膜，1～2 周后隔膜分解，内含多数油珠（图 22 - 9 - 1）。

（二）变种划分

迄今已知禾顶囊壳有 4 个变种，即燕麦变种、禾谷变种、小麦变种和玉米变种。燕麦变种子囊孢子较

长，产生简单型附着枝。禾谷变种与小麦变种子囊孢子大小相近，禾谷变种具有褐色裂状附着枝，小麦变种只有简单型附着枝。玉米变种子囊孢子最短，附着枝为褐色扁球形，不同于其他3个变种。

各个变种都能侵染禾本科作物和禾草，但主要寄主不同。燕麦变种主要侵染燕麦以及剪股颖等冷季型禾草，是引起草坪全蚀病的主要病原菌。禾谷变种对水稻致病性较强，可严重侵害狗牙根、结缕草、钝叶草、狼尾草、地毯草、雀稗等暖季型草坪禾草。小麦变种主要侵害小麦、大麦，玉米变种主要侵害玉米。

禾谷变种在我国已有发生，可引起严重的草坪全蚀病。我国发生的禾谷变种菌系对各种禾草都能致病，对狗牙根属、剪股颖属禾草和多年生黑麦草的某些品种致病性很强，对硬羊茅和中华结缕草的致病性次之。在粮食作物中，该变种对水稻的致病性最强，对小麦有中度致病性，对玉米和燕麦的致病性低。

小麦变种引起小麦全蚀病，在我国分布广泛。玉米变种是我国学者发现的新变种。接菌测定结果表明，小麦变种中国菌系可正常侵染草地早熟禾、剪股颖、黑麦草、高羊茅、硬羊茅、狗牙根等草坪禾草，对黑麦草和草地早熟禾的致病性较强。玉米变种对禾草的致病性很弱，但对饲料作物苏丹草的致病性强。

四、病害循环

全蚀病菌以菌丝体在病草根部、根状茎、匍匐茎等部位越冬，也可随病株残体在枯草层和土壤中越冬或越夏。在禾草整个生育期都可侵染。全蚀病菌可以从植株地下部分，包括种子根、次生根、根状茎、根颈等部位侵入，也可由胚芽鞘、茎基部叶鞘侵入。全蚀病菌的菌丝沿根和根状茎扩展，并接触健株根系，实现植株间的传播，使病株不断增多，枯草斑扩大。病原菌也可随带菌土壤或病残体的农机具，以及带病无性繁殖材料传播扩散。

在全蚀病发生规律的研究中，有两个还没有完全解决的问题。一个是种子传病问题，另一个是子囊孢子的作用问题。

许多事实表明，全蚀病可以通过引种而传播到无病地区或无病地块，但是全蚀病菌并不侵染种子，种子本身也不带菌，很可能是全蚀病通过混杂在种子间的带菌植物残片或土壤而远距离传播的。

全蚀病病株上在秋季产生病原菌的子囊壳和子囊孢子。子囊壳为子囊菌的有性繁殖器官，子囊壳内生成多个子囊，每个子囊内形成8个子囊孢子，子囊孢子成熟后脱离子囊壳，分散传播。但子囊孢子的侵染作用尚待证实。有人认为病株上的子囊孢子被雨水冲刷，进入土壤，在有利的条件下可以侵染根系，形成许多分散的小型枯草斑，每个枯草斑是1个传病中心。

五、流行规律

影响全蚀病发生的环境因素很多。土壤营养要素缺乏或不平衡有利于全蚀病发生。有机质含量低，保水保肥能力差的沙土发病重。缺氮的草地，施用适量氮肥后病情减轻。氮肥种类对全蚀病的影响也不一致，施用硝态氮可能加重发病，铵态氮可能减轻发病。重施氮肥，严重缺磷、缺钾，或氮、磷、钾比例失调将加重全蚀病发生。施用过量石灰，使根围土壤 pH 大幅升高后，全蚀病也显著加重，酸性土壤则发病较轻。

较为冷凉湿润的气象条件有利于冷季草全蚀病发生。病原菌侵染的最适地温为 12～18℃，但低至 6～8℃仍能侵染。一旦侵染成功，即使温度升高，受害也很重。多雨、频繁灌溉，使土壤表层有充足的水分也是病原菌侵染和发病的必要条件。冬季温暖，春季多雨发病重；冬季寒冷，春季干旱发病轻。禾顶囊壳禾谷变种能耐受较高的温度，在温度较高的多雨季节，暖季草全蚀病可严重发生。

不同草种对禾顶囊壳各变种的抗病性明显不同，同一草种的不同品种的抗病性也有一定差异。了解草种或品种的抗病性不能完全依据自然发病，因为病草地往往有不同病原菌复合侵染，最好用已知变种接菌鉴定。

土壤中拮抗微生物增多，可抑制全蚀病菌生长、繁殖，甚至使全蚀病自然消退。为防治病虫害或杂草而进行熏蒸处理后重新补播的草坪全蚀病发生重。

六、防治技术

全蚀病是一种难以防治的病害，现在还缺乏特效防治方法。无病地区应严防传入，已发病地区需做好草地管护的基础工作，使草坪生长苗壮，提高抗病、耐病能力，创造不利于病原菌、有利于拮抗微生物生长的环境，减轻发病。

不从发病地区引种，播种清洁种子，使用无病无性繁殖材料。草地初次发现全蚀病后，应彻底清除病株和周围土壤。病穴施用杀菌剂消毒灭菌。严重发病草地需改种非禾本科地被植物，或与非禾本科作物轮作。鉴于剪股颖草坪发病最重，可用较抗病的紫羊茅与剪股颖混播建坪，以减轻发病。要尽量种植适生的抗病、耐病品种。

要加强栽培管理，控制氮肥用量，施用铵态氮，不施用硝态氮，增施磷、钾肥和有机肥。合理灌溉，降低土壤湿度。沙性瘠薄土壤，保水保肥力差，需增加水肥，使禾草生长健壮。要调节根围土壤 pH 为 5.5～6.0，病草地不可施用石灰。底层坚实的草坪应打眼透气。发病草坪要适当灌水施肥，以促进病株恢复。发病狗牙根等暖季草草坪，在适于病害流行的雨季，应提高留草高度，缓解症状。

在发病初期可用甲基硫菌灵、三唑酮（或其他三唑类杀菌剂）等杀菌剂药液喷布茎基部，也可施用荧光假单胞杆菌生防制剂，均有一定防治效果。

商鸿生（西北农林科技大学）

第10节 禾草白粉病

一、分布与危害

白粉病是禾本科作物和禾草最常见的病害之一，可侵害玉蜀黍族（Maydeae）、高粱族（Andropogonaceae）、黍族（Paniceae）、稻族（Oryzeae）等几十个属的禾本科植物，分布遍及各大洲。此病虽不使寄主急性死亡，但严重影响寄主生长发育，抗逆性降低，是多年生草地和草坪利用年限缩短的一个诱因，也是许多禾谷类作物（如小麦）和一年生禾草减产的原因之一。早熟禾属、羊茅属、狗牙根、结缕草、小糠草受害尤重。

二、症状

禾草地上器官均可受侵害，但叶和叶鞘受害最重。病部出现蛛网状、白粉状霉层，初为点状，后汇合成片，甚至覆盖全叶。霉层下的叶组织褪绿变黄，后期可呈黄褐色。霉层中出现黄色、橙色、褐黑色小点，即病菌不同成熟程度的闭囊壳（彩图 22-10-1，1、2、4）。发病严重时，草层似喷撒了白粉，影响植株光合作用，提高了呼吸强度，可使禾草减产 1/3～1/2，导致草地早衰。

三、病原

禾草白粉病病原为布氏白粉菌［*Blumeria graminis*（DC.）Speer，异名：禾白粉菌（*Erysiphe graminis* DC.）］，属子囊菌门布氏白粉菌属。菌丝体存在于寄主体外，只以吸器伸入寄主表皮细胞吸收养分。菌丝体无色，产生直立的分生孢子梗，上串生分生孢子。分生孢子无色，单胞，卵圆形、椭圆形，大小为（25～30）μm×（8～10）μm（彩图 22-10-1，3），分生孢子寿命短暂，只 3～4 d 有侵染力。闭囊壳球形、扁球形，成熟后壁黑褐色，无孔口，直径为 135～180μm。壳外有线状附属丝，不分枝，无色，无隔膜，长度为 11～192μm。闭囊壳内有子囊 8～30 个。子囊长卵圆形，无色，内有 4～8 个子囊孢子。子囊孢子椭圆形，单胞，无色，大小为（20～33）μm×（10～13）μm。

四、病害循环

闭囊壳产生于生长季后期，但许多禾本科植物上的白粉菌不产生闭囊壳。病菌以闭囊壳在残体上越冬，也可以休眠菌丝体在活寄主上越冬，春季释放出子囊孢子和分生孢子在田间开始侵染。白粉菌借分生孢子在田间传播，孢子随气流落到侵染部位，在潮湿、凉爽（13～22℃，最适 18.3℃）和多云的条件下，

2 h 内就可以萌发并侵入。病部的菌丝体在适宜条件下，可以连续 7～14 d 不断产生分生孢子，直至此处寄主组织死亡。侵染部位 1 周后开始产生分生孢子。

五、流行规律

白粉菌在饱和空气湿度下产孢和孢子萌发最好，但在水膜中孢子不能萌发。散射光有利于分生孢子存活和萌发，故在荫蔽之处常发生较重。此病在 5℃ 以下和 25℃ 以上停止发展。持续降雨不利于此病发生。冬季温暖，生长季湿润而雨量不太大的年份，此病容易流行。干旱可使禾草抗病力下降也有助于发病。草层稠密使病情加重。

六、防治技术

（一）使用抗病品种

不同属、种和品种的禾草对白粉病常表现显著的抗病性差异。选择在本地表现抗病的品种种植，是防治此病最经济的途径。

（二）混播

与豆科牧草混播建立的草地，禾草的发病率可大幅度下降。将不同种类的禾草混播建成的草坪，对白粉病的发生也有一定的抑制作用。

（三）搞好草地卫生

耙除枯草可有效控制此病翌年流行。此措施不适用于草坪，仅用于收种草地。当草地已发生白粉病时，可适当提前刈牧，以减少田间病源，使下茬草发病较轻。

（四）减少荫蔽

草坪周围的灌丛及树木，在不影响观赏价值的前提下，应适当进行透光剪修，以保证草坪有良好的通风透光。

（五）合理施肥

勿过施速效氮肥，保证足够的磷、钾肥。

（六）药物防治

草坪绿地发生白粉病时，可用以下药物定期喷施，每 7～10d 喷施 1 次：放线菌酮、放线菌酮＋五氯硝基苯、放线菌酮＋福美双、三唑酮、甲基硫菌灵、多菌灵、多抗霉素、啶氧菌酯。

段廷玉　南志标　李彦忠（兰州大学）

第 11 节　禾草锈病

几乎每一种禾草或作物都受一种或几种锈菌侵染，主要有柄锈菌属（*Puccinia*）和单胞锈菌属（*Uromyces*）。锈菌是严格寄生物，不引致寄主植物急性死亡，但却使之衰弱减产，抗逆性降低，病草的适口性差，利用率低。草地提前失去利用价值。国外曾有报道，认为锈病发生严重的禾本科牧草，牲畜食入一定量后会产生呕吐等中毒现象。

一、秆锈病

（一）分布与危害

秆锈病是禾草常见病，广泛分布于国内外。侵害几十个属禾本科作物和禾草。受害较重的有冰草（*Agropyron* spp.）、早熟禾（*Poa* spp.）、多年生黑麦草（*Lolium perenne*）、猫尾草（*Phleum pratense*）和狗牙根（*Cynodon dactylon*）等。

（二）症状

植株地上部分均可受侵害，以茎秆和叶鞘发生最重。病部出现较大的长圆形疱斑，以后此处的寄主表皮破裂，露出粉末状孢子堆，初为黄褐色，即夏孢子堆。后期出现黑褐色或近黑色的粉末状冬孢子堆。

（三）病原

病原为禾柄锈菌（*Puccinia graminis* Pers.：Pers.），属担子菌门柄锈菌属。夏孢子单胞，长圆形，黄褐色，表面有小刺，大小为（21～43）μm×（13～24）μm，有4个芽孔排列在赤道上，有柄但易脱落。冬孢子棒状，双胞，分隔处缢缩，棕褐色，下部较淡，壁光滑，顶壁厚，5～11μm，侧壁薄，约1.5μm，顶端圆锥形或圆形，大小为（35～65）μm×（13～25）μm，柄与冬孢子长度相近或更长。禾柄锈菌因其寄主范围的差异而划分为若干个变种，国内对禾草的禾柄锈菌变种还有待研究。

（四）病害循环

禾柄锈菌是转主寄生真菌。夏孢子和冬孢子阶段寄生在禾本科植物上。生长季内，夏孢子堆不断产生夏孢子，随气流传播到其他植株上发生侵染。生长季后期产生冬孢子越冬。翌年萌发产生担孢子侵染转主寄主小檗属（*Berberis*）和十大功劳属（*Mahonia*）植物，在转主寄主上产生性孢子和锈孢子。锈孢子返回侵染禾本科植物而完成整个生活史。但对禾本科秆锈病流行来说，不一定要有转主寄主的存在与参与。春季，由季风从冬季温暖的地区传来夏孢子，就可以发生侵染，并造成流行。

（五）流行规律

秆锈病的流行需要较高的温度和湿度。发病适温为19～25℃。夜间气温15.6～21.1℃，植株表面有液态水膜时，最适宜夏孢子萌发和侵染。秆锈菌在潜育期内最适日间温度为23.9～29.4℃。故在气温较高的地区和季节流行。降雨、结露频繁时，或灌溉的草地上，秆锈病发生较重。在转主寄主上发生的有性过程，会产生许多新的病原菌变种或小种，使抗病的寄主类型丧失抗性，从而增加了抗病育种和防治工作的难度。

二、冠锈病

（一）分布与危害

冠锈病也是禾本科最重要的锈病之一。以不同生理专化型侵害23属禾本科作物或牧草。对黑麦草、早熟禾、羊茅、碱茅、狗牙根等属种侵害尤为严重，使产量和品质下降。

（二）症状

病菌主要侵染叶片，也侵染其他地上器官。夏孢子堆叶两面生，初为黄色至橙褐色疱斑，而后寄主表皮破裂露出橘黄色粉末状夏孢子。严重时，病斑汇合致病叶枯死。生长后期，衰老叶片背面出现黑褐色稍隆起的丘斑，即病菌的冬孢子堆。

在黑麦草上，病菌主要侵害叶片，可使叶片褪绿、发黄，光合作用减弱；发病严重时病斑汇合，使叶片逐渐失去光合作用，直至病叶干枯死亡。该病还侵害其他地上器官，症状与叶片上的相同。发病初期，草坪上散生单片病叶，或出现黄色或黄褐色小型病草斑，即发病中心，不易发现。冠锈病菌繁殖能力强，病势发展很快，迅速扩展蔓延，造成整片草坪发病。夏孢子堆散生于叶正反两面，以叶片正面为主，排列不规则，椭圆形或长条形，长1.2～2.0 mm，宽0.8～1.2 mm，初为黄色至橙褐色疱斑，而后寄主表皮破裂，露出橘黄色粉末状夏孢子，病叶失水干枯死亡。

在早熟禾上主要侵害植物叶片。感病叶片上形成中等大小、橘红色、圆形至长椭圆形夏孢子堆。叶表皮由孢子堆中裂开，唇状。冬孢子堆为中型，圆形至长椭圆形，黑色，散生，生于叶背面和叶鞘上，在叶鞘上略成行，不开裂。被锈菌侵染的草坪远看呈黄色。

（三）病原

病原为担子菌门柄锈菌属冠柄锈菌（*Puccinia coronata* Corda），国外文献报道，此菌至少有12个不同的生理专化型，侵害不同种属的禾本科植物，分布遍及各大洲。夏孢子堆叶两面生，椭圆形至长条形，大小为（1.2～2.0）mm×（0.8～1.2）mm。夏孢子球形、宽椭圆形、卵圆形，淡黄色，大小为（16～21.3）μm×（18～25）μm，壁厚1～1.5 μm，有细刺，有芽孔6～8个，散生。冬孢子堆多生于叶背，寄主表皮不破裂。冬孢子棒形，双胞，栗褐色，顶端有3～10个指状突起，上宽，下较细，分隔处缢缩不明显，大小为（13～24）μm×（30～67）μm，柄短而色淡。

病菌的转主寄主为鼠李属（*Rhamnus*）植物，冠锈病的发生和流行不必有转主寄主存在。

（四）病害循环和流行规律

病菌以夏孢子在病残组织上越冬，或在温暖地区以菌丝体和夏孢子在生长中的植株上越冬。翌年夏孢子重复发生和侵染新株。冬孢子不易萌发，在侵染循环中作用不大。各种逆境条件利于此病发生。

三、条锈病

（一）分布与危害

条锈病为一种分布广泛的锈病，我国南北许多省份均有报道，严重侵害多种禾本科植物。

（二）症状

寄主地上部分均可受害，但主要发生于叶片。夏孢子堆小型，鲜黄色，不穿透叶片，沿叶脉排列成虚线状（针脚状），初为小丘斑状，后寄主表皮破裂露出粉末状夏孢子堆。冬孢子堆主要生于叶背面，近黑色，表皮不破裂，形状与排列形式类似夏孢子堆。

（三）病原

病菌为担子菌门柄锈菌属条形柄锈菌（*Puccinia striiformis* Westend.）。夏孢子单胞，球形、卵形，淡黄色，壁有细刺，有芽孔 3～5 个，散生，直径为 18～30 μm，随寄主而略有不同。冬孢子双胞，棒状，深褐色，下部较淡，分隔处稍缢缩，顶壁平截、斜切或钝圆形，大小为（30～57）$\mu m \times$（15～25）μm。未发现有锈子器阶段。

（四）发生规律

病菌主要以夏孢子对寄主反复侵染。小麦上的条锈菌侵入适温为 9～13℃，潜育适温为 13～16℃。此病由于发生适温较低，故多于寄主生长中前期就开始流行。在高寒地区及我国北方分布较广。夏孢子在 50°N 以南均可越冬。

四、叶锈病

（一）分布与危害

叶锈病分布遍及各国，侵害多种禾本科草种属，而尤在剪股颖、早熟禾、羊茅、多年生黑麦草、冰草和披碱草上最为常见。

（二）症状

主要侵害寄主叶部，其他部分受害较少。夏孢子堆较小，近圆形，赤褐色，粉末状，排列不整齐，通常不穿透叶背。冬孢子堆多生于叶背或叶鞘上，黑色，近圆形，不突破表皮，扁平。

（三）病原

病原为担子菌门柄锈菌属隐匿柄锈菌（*Puccinia recondita* Roberge et Desm.）。夏孢子单胞，球形、宽椭圆形，淡黄色，壁有细刺，有 4～8 个分散的芽孔，大小为（13～34）$\mu m \times$（16～32）μm。冬孢子棒状，顶部圆形或平截，隔处稍缢缩，孢壁栗褐色，下部色较淡，大小为（10～24）$\mu m \times$（26～65）μm，柄短，无色。

转主寄主为唐松草属（*Thalictrum*）植物、蓝堇草（*Leptopyrum fumarioides*）。国外报道，飞燕草属（*Delphinium*）、银莲花属（*Anemone*）、类叶升麻属（*Actaea*）和毒毛茛（*Ranunculus virosa*）植物也是其转主寄主。

（四）发生规律

夏孢子萌发和侵入适温为 15～25℃。萌发相对湿度为 100% 且需有液态水膜。同时也必须有充足的光照，才能正常生长和发育。

五、其他锈菌

（一）短柄草柄锈菌

短柄草柄锈菌林地早熟禾变种（*Puccinia brachypodii* G. H. Otth var. *poae-nemoralis*（G. H. Otth）Cummins et H. C. Greene，异名：草地早熟禾柄锈菌［*Puccinia poae-sudeticae*（Westend.）Jφrst.］，此病菌广泛分布于国内外，不仅侵染早熟禾属，还可侵染其他多属禾草。

夏孢子堆主要生于叶正面，橙黄色，有多数侧丝。侧丝柄弯曲，下为细丝状，顶部膨大。夏孢子单胞，球形至椭圆形，近于无色，壁有细刺，有 8 个不清楚的芽孔。冬孢子堆主要生于叶背面，黑褐色，表皮不破裂，扁平。冬孢子棒状，上粗下细，双棒，栗褐色，顶部钝形或圆形，隔膜处稍缢缩，顶壁厚 3～

6μm，侧壁厚 1.5μm，柄短，近无色。未发现性子器和锈子器阶段。

此菌侵染看麦娘属、发草属、猫尾草属、早熟禾属、三毛草属、剪股颖属、黄花茅属（*Anthoxanthum*）、沿沟草属（*Catabrosa*）、画眉草属、羊茅属等中的一些种。

（二）狗牙根柄锈菌

狗牙根柄锈菌（*Puccinia cynodontis* Lacroix）在我国陕西、山西、浙江、安徽、台湾、江苏、福建、河南等省已有报道。

夏孢子堆主要生于叶背面，肉桂色至褐色。夏孢子单胞，球形，肉桂色至淡褐色，壁有细刺，有 2～3 个芽孔，分布于赤道，大小为（19～23）μm×（20～26）μm。冬孢子堆主要生于叶背，黑褐色。冬孢子双胞，椭圆形，两端钝或略尖，隔膜处稍缢缩，深栗褐色，下端色淡，大小为（16～22）μm×（28～42）μm，柄短，近于无色。

国外报道其转主寄主为车前属（*Plantago* spp.）植物，此病菌还侵染蟋蟀草（*Eleusine indica*）。

（三）隐匿柄锈菌雀麦专化型

隐匿柄锈菌雀麦专化型（*Puccinia recondita* Roberye et Desm. f. sp. *bromina* Erikss.）是雀麦属植物较重要的病害——锈病的病原菌，其发病症状与叶锈病类似。夏孢子淡黄色，单胞，球形至椭圆形，壁有细刺，大小为（17.5～26）μm×（15～25）μm。冬孢子双胞，棒形，偶见单胞者，壁呈褐色，顶部色深，下部较淡，顶壁厚，呈锥形或平截，大小为（37.5～60）μm×（12.5～20）μm。此菌亦可侵染牛鞭草。

（四）秦岭柄锈菌

秦岭柄锈菌（*Puccinia tsinlingensis* Y. C. Wang）是我国首先报道的雀麦属的锈菌。夏孢子堆主要生于叶正面，椭圆形，散生，长 0.5～1.0mm，粉末状，黄色至褐色。夏孢子球形或近球形，橙黄色，单胞，壁有细刺，大小为（21～25）μm×（20～23）μm，壁有 6～7 个散生的芽孔，芽孔上有明显的无色乳突。冬孢子堆大多生于叶正面，有时茎生，点状，椭圆形，长 0.2～0.5mm，淡黑色，被寄主表皮覆盖。冬孢子棒状，矩圆形，双胞，顶部锥形或平截，基部渐细，隔膜处缢缩或不缢缩，上部褐色，下部淡褐色，大小为（41～58）μm×（17～23）μm。

（五）狐茅柄锈菌

狐茅柄锈菌（*Puccinia festucae* Plowr.）的夏孢子堆主要生于叶背面，黄色。夏孢子宽椭圆形，浅黄色，单胞，有细刺，有 5～7 个散生的芽孔，大小为（19～23）μm×（20～26）μm。冬孢子堆主要生于叶背面，栗褐色，粉末状。冬孢子棒形，双胞，顶部有 2～5 个直形突起，长 10～25μm，大小为（13～19）μm×（45～58）μm，上部栗褐色，下部淡褐色，柄短略带褐色。此菌只寄生羊茅（*Festuca ovina*），转主寄主为忍冬（*Lonicera* spp.）。

（六）蒙大拿柄锈菌

蒙大拿柄锈菌（*Puccinia montanensis* Ellis.）的夏孢子堆主要生于叶正面，椭圆形．排成线状，淡褐色，有侧丝。夏孢子椭圆形，单胞，淡褐色，有细刺，有 8～10 个分散的芽孔，大小为（19～26）μm×（21～32）μm。冬孢子堆主要生于叶背面，长条形，排成长线状，不突破表皮，有深色侧丝。冬孢子长棒形，双胞，上端截形或锥形，下部较细，栗褐色，大小为（18～34）μm×（35～64）μm，柄短，有色。此菌侵染冰草属、披碱草属、大麦属（*Hordeum*）、臭草属（*Mellca*）、猥草属（*Hystrix*）、黑麦草属（*Lolium*）、细坦麦属（*Sitanion*），转主寄主为小檗（*Berberis fendeleri* Gray）。

（七）结缕草柄锈菌

结缕草柄锈菌（*Puccinia zoysiae* Dietel）的夏孢子堆无侧丝。夏孢子有小疣，透明至淡黄色，赤道处有 5～7 个芽孔，直径为 15～17μm。冬孢子堆裸露。冬孢子棒形至椭圆形，双胞，栗褐色，大小为（16～21）μm×（28～42）μm，柄长达 100μm。

结缕草成株锈病发生初期，叶片上病症不明显，随后迅速出现黄色或鲜黄色的夏孢子堆。夏孢子堆散生，点状，长条形或椭圆形，长 0.1～3.5 mm，突起，被叶表皮覆盖，成熟后表皮破裂而外露并散发出黄色粉末。发病严重时，叶面布满夏孢子堆，叶片黄化枯死。冬孢子堆主要着生于叶背面，少数生于叶正面，黑褐色或棕褐色，散生，椭圆垫状，长 0.3～2.1 mm。

自 5 月下旬开始，个别结缕草植株叶片正面出现非常小的点状橙黄色夏孢子堆，多数位于叶缘部位，孢子堆周围无明显病斑。经过 4～7 d，发病部位逐渐隆起，而后表皮破裂产生大量成熟的黄色粉末状夏孢子。大部分植株在 6～7 月陆续发病。夏孢子通过风力传播，不断进行再侵染，导致田间锈病大规模流行。

随着 8 月降雨增多，空气湿度变大，成熟夏孢子不断再侵染，病情发展迅速，至 9 月中旬开始病情进入高峰期，尤其是单株周围匍匐茎上新长出的叶片感病严重，部分严重感病的植株叶片上锈孢子堆甚至层层叠起，全株呈现枯黄色。全年病情指数高峰发生在 9 月中旬至 10 月上旬。10 月下旬气温骤降，植株逐渐进入枯黄期，病情指数显著降低，至 11 月下旬锈病基本停止发展。

（八）梯牧草单胞锈菌

梯牧草单胞锈菌（*Uromyces phleimichelii* Cruchet）的性子器无描述，锈子器生于多种毛茛（*Ranunculus* spp.）上，生于叶背面，聚生。锈孢子球形或半球形，壁有疣，褐色，大小为（17～24）μm×（15～20）μm。夏孢子堆叶两面生，多在叶脉之间，小型，大小为（0.2～1）mm×（0.2～0.4）mm，长期被表皮所覆盖，黄褐色。夏孢子球形或椭圆形，大小为（20～30）μm×（18～23）μm，有小刺，2～4 个芽孔。冬孢子卵形至梨形，单胞，顶部平切或圆形，褐色，壁光滑，顶部色较深，大小为（20～31）μm×（14～24）μm。

此菌寄生在多种梯牧草上，是单主寄生锈菌。

（九）鸭茅单胞锈菌

鸭茅单胞锈菌（*Uromyces dactylidis* G. H. Otth）的性子器生于叶正面，有时叶两面生，散生于锈子器间，直径为 115～130μm，有侧丝，黄色。锈子器生于叶背或叶柄上，圆形或形状不规则，聚生，杯状。锈孢子串生，球形或带棱角，大小为（17～25）μm×（16～20）μm，壁有小疣，淡黄色。夏孢子堆在叶两面生，散生或排成行，小型，椭圆形或卵形，长期覆盖于表皮下，后突破表皮呈粉末状，黄褐色，偶见侧丝。夏孢子球形、卵形或椭圆形，大小为（20～32）μm×（18～25）μm，壁有细刺，有芽孔 3～9 个。冬孢子堆主要生于叶背面，散生或排成行，卵形或长条形，覆盖于表皮下，垫状，深褐色至黑色。冬孢子卵形、椭圆形或梨形，单胞，大小为（18～30）μm×（14～20）μm，平扁，顶部圆形或成尖，基部渐细，壁平滑，黄褐色，柄无色或淡褐色，短，有大量褐色线状的侧丝。此菌的主要寄主为鸭茅（*Dactylis glomerata*），转主寄主为匍枝毛茛（*Ranunculus repens*）。

六、防治技术

（一）使用抗病品种

根据本地情况，选育或引入抗病的种属、品种等。此法是最可行和经济的防治方法。不同基因型的禾草，往往对某些锈病的抗性有显著差异。由外地或国外引入的抗病材料，应先试种，视其在当地表现，再决定是否大面积种植。目前，我国禾草抗锈育种工作尚待开展。

（二）科学施肥

根据当地土壤分析结果，进行配方施肥。务求土壤中磷、钾元素有足够水平，不宜过施速效氮肥。

（三）合理排灌

播前细致平整土地；不在低洼易涝处建立草地和草坪；及时排涝，防止植株表面经常存在液态水；不在傍晚灌溉，尽可能在清早及上午灌水，以便入夜时禾草地上部分已干燥。这些措施目的是降低孢子在液态水膜中萌发和侵染的概率。

（四）保持草地卫生

发病较重的草地应适当提早刈割，以减少菌源，并且不宜留种。刈草时尽可能降低刈茬高度，减少病原菌残留量。

（五）药物防治

对草坪及科研等地块，可适时喷药防治。发病期内每 7～10d 施药 1 次。可选用以下药物：萎锈灵、氧化萎锈灵、放线菌酮、三唑酮、福美双、代森锌、百菌清、麦锈灵、甲基硫菌灵等。刈草后喷药效果可显著提高。用药量及浓度应认真参照所购药品的说明书进行。

段廷玉　南志标　李彦忠（兰州大学）

第 12 节　禾草黑粉病

禾草黑粉病是禾本科草的第二大类病害，仅次于锈病，我国有 237 种，占禾草病害总数的 18.4%。大多数黑粉病仅侵害禾草的穗、秆或叶等特定器官，有叶黑粉病、秆黑粉病、穗黑粉病等，受害器官被毁，碎裂后散出黑粉孢子。一种禾草上有一种至多种黑粉病。黑粉病不仅引起禾草减产，而且人畜吸入呼吸道后可引起哮喘、呕吐、呼吸道发炎等神经系统症状。

一、条黑粉病

（一）分布与危害

分布广泛，在甘肃、新疆、河北、吉林等省份均有发生。

（二）症状

植株被侵害后生长缓慢，矮小，不形成花序或花序短小，叶片和叶鞘上产生长短不一的黄绿色条斑，条斑以后变为暗灰色或银灰色，表皮破裂后释放出黑褐色粉末状冬孢子，而后病叶丝状破裂、卷曲并死亡，呈浅褐色或褐色，病株始终直立。病株分蘖很少，根系也不发达。症状在春末和秋季较易发现。夏季干热条件下病株多半枯死而不易看到。

（三）病原

病原为条形黑粉菌 [*Ustilago striiformis* (Westend.) Niessl]。冬孢子球形或近球形、偶有形状不规则的，暗榄褐色，壁有细刺，直径 9~11μm。此菌在燕麦粉琼脂培养基上，室温下生长良好，并可产生大量有生活力的孢子。

（四）病害循环和流行规律

病原菌冬季以休眠菌丝体在多年生寄主的分生组织内越冬，或以冬孢子在种子间、残体上和土壤中越冬。冬孢子随种子、风雨、刈割、践踏、耕耙等过程而传播。灌水也可以传送孢子及病残组织。冬孢子可以长期休眠（265 d）而仍有生活力。春季或秋季，条件适宜时冬孢子萌发产生担子，担子可以产生担孢子，担孢子萌发出单核菌丝，遇性别相反的芽管可发生融合，产生有侵染力的双核菌丝。有时担子也直接萌发成芽管，与性别相反的芽管融合产生侵染菌丝。侵染菌丝侵入幼苗的胚芽鞘，或侵入成株的侧芽或腋芽处的分生组织。一旦侵入植株后，菌丝体就系统地生长到所有分蘖、根茎、新叶中去，并随器官和组织的生长而蔓延。发育到一定阶段后，菌丝体就产生大量冬孢子，并随寄主组织碎裂而散出黑粉状的冬孢子。

新建草地的发病率较低，随草地年限而逐年加重。降水或灌溉频繁的草地或地势低洼的草地黑粉病发生较重。

（五）防治技术

1. 选育和使用抗病品种　不同种属和品种对条黑粉病的敏感性亦显著不同。如草地早熟禾已有约 40 个品种较抗此病，而匍匐剪股颖的若干个品种却是感病的。使用抗病品种是最经济的防治方法。

2. 使用无病播种材料　选用无病草种或草皮、植生带等。种子播种前应用福美双、克菌丹等杀菌剂处理。

3. 药物防治　对草坪或种子地可定期喷施三唑酮、甲基硫菌灵、氯苯嘧啶醇、五氯硝基苯等。

二、秆黑粉病

（一）分布与危害

分布于甘肃、新疆、宁夏、陕西、青海、河北、山西、河南、黑龙江、湖北、河南、安徽、山东、江苏、浙江、四川、云南、西藏、内蒙古等省份。

（二）症状

此病也是禾本科最常见的黑粉病。常与条黑粉病同时发生于同一株植物上。为害大于条黑粉病。其症状与条黑粉病相似（彩图 22-12-1，1，2）。

（三）病原

病原为担子菌门的冰草条黑粉菌 [*Urocystis agropyri*（Preuss）A. A. Fisch.]、羊茅条黑粉菌（*U. ulei* P. Magnus，异名：*U. festucae* Ule）、早熟禾条黑粉菌 [*U. poae*（Liro）Padwick et A. Khan]、小麦条黑粉菌（*U. tritici* Körn.）。冬孢子团球形或椭圆形，多由 1~3 个冬孢子组成，偶见 4 个，外由 1 层无色的不孕细胞包被，大小为（18~35）μm×（35~40）μm。冬孢子单胞，圆形，光滑，直径 10~18μm，榄褐色（彩图 22-12-1，3）。

（四）病害循环和流行规律

参见条黑粉病。

（五）防治技术

参见条黑粉病。

三、雀麦黑粉（穗）病

（一）分布与危害

此病分布广泛，是雀麦属穗部重要病害。我国报道此病侵害扁穗雀麦（*Bromus catharticus*）（吉林）、日本雀麦（*B. japonica*）（内蒙古），发病率达 30%~50%，可使大家畜（如马）流产，羊食入一定量后可中毒死亡。

（二）症状

主要侵害花器，子房被破坏变为疱状孢子堆。孢子堆外覆盖着寄主组织产生的膜，灰色，其多少受颖片所包被。后期，膜破裂，冬孢子堆裸露，黑粉状，有时黏结成团块。在同一花序上可同时存在有病小穗和健康小穗，病小穗较短且宽。

（三）病原

病原为泡状黑粉菌 [*Ustilago bullata* Berk.，异名：*U. bromivora*（Tul.）A. Fisch. V. Waldh.]。属担子菌门黑粉菌属。冬孢子单胞，球形或卵形，直径 6.8~10.2μm，壁有小疣，榄褐色，孢子大小因寄主而异，差异约 2μm。病菌有生理专化性，已报道至少有 13 个生理小种。

（四）流行规律

病菌的冬孢子在土壤中或黏附于种子表面越冬。翌春萌发后侵入幼苗胚芽鞘，随植株生长而达到花序，产生孢子堆。在室温和干燥条件下，冬孢子寿命可长达 10 年之久。

（五）防治技术

1. 种子处理

（1）温水浸种。种子浸于 53~54℃温水中 5 min，水量为种子量的 20 倍，浸后捞出，摊开，晾干。

（2）药物拌种。萎锈灵（每千克种子有效成分 3g）、福美双（每千克种子有效成分 12g）拌种可有效地防治此病。克菌丹、杀菌灵、氧化萎锈灵也很有效。

2. 减少传染源　消灭田间、地边的野生寄主，如毛雀麦（*Bromus mollis*），可以减少田间种植的雀麦发病。

3. 选育及使用抗病品种　国外已有抗此病的冰草、雀麦和加拿大披碱草的品种。国内尚待开展此类工作。

四、剪股颖坚黑穗病

（一）分布与危害

该病是建坪用剪股颖种子生产的重要病害，在美国等国家发生较普遍，在我国发生较少。

（二）症状

病株地上及地下部分生长停滞，只有穗部产生黑粉（冬孢子），子房完全变为孢子，故黑粉不散出。

（三）病原

1. 苍白腥黑粉菌（*Tilletia pallida* G. Fisch.），属担子菌门腥黑粉菌属。孢子淡黄褐色至无色，球形，单胞，直径 18~25μm，壁有疣刺，外由透明的不孕细胞包被。

2. 球果腥黑粉菌（*Tilletia sphaerococca*（Wallr.）A. Fisch.，异名：迷惑腥黑粉菌 [*T. decipiens*

(Pers.) Körn.]），该菌的孢子球形、近球形或卵形，单胞，紫褐色，直径 23～29μm，胞壁有网纹，埋生于透明胶质鞘内，鞘厚 2.5μm，不孕细胞少，透明。

（四）病害循环

以上两种腥黑粉病菌均以冬孢子在种子间越冬，翌春与种子同时萌发。冬孢子萌发产生担子，其上端产生丝状担孢子，担孢子成对融合形成有特点的 H 形结构，由之产生双核的侵染菌丝，侵入寄主幼苗。菌丝体在寄主组织内生长蔓延，长入花序，最终破坏子房产生冬孢子。

（五）防治方法

主要是播种前药物处理种子。所用药物参见雀麦黑粉病。国外认为，福美双拌种可以有效控制此病发生。

五、苏丹草丝黑穗病

（一）分布与危害

苏丹草丝黑穗病菌除侵染苏丹草外还侵染假高粱、高粱，所引起的病害也是这两种作物的主要病害。寄主被侵害，使籽粒减产。该病害分布广泛。

（二）症状

整个或部分花序变为黑粉（冬孢子）。病株比健株略矮小，色较浓。穗的中下部膨大，有时歪扭。包膜破裂后散出黑褐色粉末，即病菌冬孢子，同时露出成束的黑色丝状物，即寄主残存的维管束组织，故称丝黑穗病。偶见侵染叶片，产生稍隆起的灰色小瘤，后散出黑粉。

（三）病原

苏丹草丝黑穗病病原为丝孢堆黑粉菌（*Sporisorium reilianum* (Kühn) Langdon et Full.；异名：丝轴黑粉菌（高粱丝黑穗菌）[*Sphacelotheca reiliana* (J. G. Kühn) G. P. Clinton]，高粱丝团黑粉菌 [*Sorosporium relilianum* (J. G. Kühn) McAlpine]）。冬孢子球形或近球形，暗褐色，直径为 9～15μm，表面有细刺，未成熟的冬孢子多数 10 个聚集成团，不紧密，成熟时散开。

（四）病害循环和流行规律

此菌以冬孢子在土壤和病残组织内越冬，成为翌年主要侵染来源，也可以种子带菌进行传播。冬孢子可在土壤中存活 3 年以上。冬孢子与种子同时萌发，产生担孢子并产生双核的侵染菌丝，之后侵入幼苗的芽鞘、胚轴或幼根，随寄主生长发育，最终进入穗部产生冬孢子。

病菌萌发温度为 15～36℃，适温 28～36℃，土壤水分充足时发病轻。土壤含水量为 18%～20%，5cm 深处土温 15℃左右时，最有利于病菌侵染。若播种过早、覆土过厚、出苗缓慢则发病重。连作田块发病重。不同品种的敏感性不一。

（五）防治技术

1. 农业措施

（1）选用抗病品种。

（2）实行 3 年轮作，秋季深耕，不用带病残组织的粪肥作基肥，以减少土壤中侵染来源。

（3）精细整地，保持墒情良好，适期播种，避免深播，播后及时镇压，力求出苗迅速。

（4）及时剪除病穗，带出田间深埋。必须在未散出黑粉时进行，并从病株基部刈割。

2. 药剂防治　常用种子处理，即用 20% 萎锈灵乳油 0.5kg 加入 2.5kg 水，拌种子 35～40kg，覆以塑料薄膜或装入塑料袋内，闷种 4 h，稍晾晒，即可播种。也可用 50% 多菌灵可湿性粉剂或 50% 萎锈灵可湿性粉剂拌种（药量为种子重的 0.7%）。用克菌丹拌种，可兼治其他黑粉病。

段廷玉　南志标　李彦忠（兰州大学）

第 13 节　黑条小车蝗

一、分布与危害

黑条小车蝗 [*Oedaleus decorus decorus* (Germar)] 属直翅目斑翅蝗科小车蝗属。

黑条小车蝗是喜温昆虫，国外主要分布在欧洲、亚洲及非洲等地区。国内主要分布在新疆、甘肃，是牧区及农牧交错区土蝗的优势种类，主要为害禾本科牧草。

二、形态特征

成虫：雄虫体长为 18.0～26.0 mm，雌虫为 25.0～38.0 mm；雄虫前翅长 16.0～28.5 mm，雌虫为 22.0～32.0 mm。头顶宽短，顶端圆形。颜面垂直或略微倾斜。触角细长，丝状。头侧窝不明显，呈三角形。前胸背板较短，中部明显缩狭，沟后区的两侧各呈圆形隆起，形成肩状；在背面有不完整的、不隆起的 X 形淡色龟斑纹，X 斑纹在沟前区和沟后区几乎等宽，在沟前区颇向下倾斜（侧面）；中隆线较高，全长完整，由侧面看，呈弧形隆起；侧片较高，明显高于其长度，后缘直角或近乎直角形。中胸腹板侧叶间的中隔，相等于或较狭于侧叶的宽度。后足股节上侧的上隆线无细齿。后足胫节黄褐色或红色；若是红色，则基部的淡色部分不混杂红色。前后翅均发达。前翅远远超过后足股节的顶端；后翅宽大，略短于前翅，在中部有暗色斑纹带，但不到达后翅的后缘，基部黄色（彩图 22 - 13 - 1）。

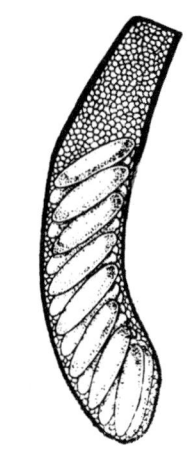

图 22 - 13 - 1　黑条小车蝗卵囊（仿刘举鹏，1990）

Figure 22 - 13 - 1　Egg-pod of *Oedaleus decorus decorus* in China（from Liu Jupeng，1990）

卵囊和卵：卵囊呈明显屈膝状，其外壁为 1 薄的土层。卵囊内泡沫状胶质白色或玫瑰色，微透明，泡沫状物质部分与卵室部分相连处微细并形成钝角。卵囊长 28.0～40.0 mm，直径为 4.0～6.0 mm，含卵 9～25 粒，不整齐地排列成 3～4 行。卵粒橙黄色或黄色并具玫瑰色泽，卵粒外壳有六角形的纹脊和突起（图 22 - 13 - 1）。

蝗蝻：雌雄两性的蝻期皆为 5 龄。

一龄头部的后头两侧及复眼自背面观有明显的淡黄色条纹。触角 13 节。前胸背板前缘微向前突出，后缘中央部分向前凹陷，呈缺刻状，前胸背板背中隆线明显并有 X 状淡色花纹。翅芽很小，外缘钝圆并指向下方。

二龄头部的后头两侧及复眼背面的淡黄色条纹更为明显。触角 18 节。前胸背板前缘明显向前突出，后缘中央部分微向前凹入但较平缓。翅芽翅脉略可见，其外缘略指向后下方。

三龄头部同前。触角 21 节。前胸背板前缘及后缘皆明显突出且形成钝角。翅芽外缘明显指向后下方，前翅芽及后翅芽翅脉明显，后翅芽明显宽于前翅芽。

四龄触角 22 节。前胸背板背面 X 形淡色纹更为明显，前胸背板前缘中央向前突出，后缘向后突出更为明显，中隆线明显隆起。前、后翅芽皆翻向腹部背面，前翅芽被后翅芽所覆盖并超过第一腹节，后翅芽略超过第二腹节。

五龄触角 23 节。前胸背板明显长于前翅芽，前翅芽达第三与第四腹节之间，几乎全被后翅芽所覆盖。

三、生活习性

黑条小车蝗在新疆牧区 1 年发生 1 代，以卵在土中越冬。一般年份，最早孵化在 5 月中、下旬，6 月下旬至 7 月上旬可在不同地点及海拔高度见到初羽化的成虫，7～8 月可在不同环境、地点见到黑条小车蝗成虫交配和产卵，成虫在自然界可生活到 9 月。成虫在羽化 7～13d 后交配，个别成虫在羽化 30d 后才开始交配；雌虫交配 6～9d 后产卵，个别在交配 35d 后才开始产卵；产卵多在 10：00～16：00。雌虫产卵时，常有许多雄虫停在雌虫的周围，有的雄虫竟趴在正在产卵的雌虫体上。当雌虫产卵后，雄虫立即与雌虫进行交配。雌虫产完卵后，并不立即离去，而用其后足跗节拨动产卵孔周围的土粒，将孔口封好后才离开产卵地点。黑条小车蝗多选择土质比较坚硬的场所产卵，其产卵场所常有较多的小碎石，有时也在草根旁边甚至在矮草丛中产卵。每雌可产 3 个左右卵囊，每个卵囊含卵 9～25 粒。凡地表所见到无卵的空洞口，常是由于该处底部有坚硬的石块而不适于产卵的缘故。

蝗蝻有趋温、趋光和聚集习性，但在地面上却很少聚集，较多数量的聚集常出现在植株上。成虫及蝗蝻主要取食禾本科植物，如紫花芨芨草 [*Achnatherum regelianum*（Hack.）Keng]、针茅（*Stipa capillata* Linn.）、细柄茅 [*Ptilagrostis mongholica*（Turcz.）Griseb.]、天山赖草 [*Aneurolepidium* tians chanicum（Drob.）Nevski]、新麦草 [Psathyrostachys juncea（Fisch.）Nevski]、三棱草 [Eleacharis multicucles Svenson]、驼绒藜 [Ceratoides latens（J. F. Gmel.）Reveal et Holmgren]、银灰旋花（Convolvulus ammannii Desr.）等。

赵莉（新疆农业大学农学院）
肖宏伟（新疆玛纳斯县蝗虫鼠害预测预报防治站）
倪亦非（新疆维吾尔自治区蝗虫鼠害预测预报防治中心站）

第 14 节　黄胫小车蝗

一、分布与危害

黄胫小车蝗 [Oedaleus infernalis（de Saussure）] 属直翅目斑翅蝗科小车蝗属。在我国东至渤海沿岸，西至青藏高原，北至内蒙古自治区、黑龙江省，南至河南省、江苏省均有分布与为害，其中又以渤海沿岸、洼淀、水库、沿河流域及低洼易涝和杂草较多的地区种群密度较高，为害较重。国外分布于朝鲜、俄罗斯、蒙古、日本。主要取食禾本科牧草。

二、形态特征

成虫：体中型，绿褐色、黄褐色或深褐色。雌成虫体长 29～39 mm，前翅长 26.5～34 mm；雄成虫体长 23～27.5 mm，前翅长 22～26 mm。头顶略圆，与前胸背板平行。颜面垂直或稍向后倾斜，颜面隆起明显，在中单眼之下不紧缩，顶端具细小刻点。头侧窝不明显。复眼卵形。触角丝状，超过前胸背板的后缘。前胸背板 X 形浅黄色图纹在沟后区的斑纹比前区的斑纹宽，前胸背板中隆线略高，侧面观略呈弧形，背板中部明显缩窄，沟后区两侧不呈肩状隆起。中胸腹板侧叶间中隔左右宽于前后，约等于侧叶之宽。前翅长超过后足股节顶端，翅面有大褐色斑，翅端透明部分有四角形网孔。后翅车轮形，黑褐色带纹较狭，常伸达到翅后缘。雌虫后足股节底侧黄色，基部黄色，其余部黄褐色。雄虫后足股节底侧红色，端部有黄环；胫节红色，基部也有黄环，胫节刺端部黑色。雄虫下生殖板短锥形，顶端较钝。雌虫下生殖板长方形，产卵瓣短粗，顶端沟状，上产卵瓣的上外缘无细齿（彩图 22-14-1、1、2）。

卵囊和卵：卵囊长 27.9～56.9 mm，宽 5.5～8.0 mm，囊细长弯曲，无卵囊盖，囊壁泡沫状，囊内有卵 28～95 粒，平均 65 粒，与囊纵轴呈倾斜状整齐地排列成 4 行。卵囊通常分布在含水量稍低、植被覆盖度较低的草原及农田周围的土壤中。卵粒长 4.6～6.0 mm，宽 1.3～1.7 mm，卵粒较直或略弯曲，中间较粗，肉黄色。卵壳表面具有雕刻样花纹，初产卵表面通常有 6 个隆起细脊所围成的网状小室，脊的交接处有瘤状突起。

蝗蝻：前胸背板向上隆起，略呈屋脊状，体多为灰褐色，有 5 个龄期，从二龄开始出现绿色个体，且体色的深浅及花纹的变化颇不一致（彩图 22-14-1，3）。一龄蝗蝻前胸背板上无 X 形花纹，自三龄蝗蝻开始出现 X 形花纹。

一龄蝗蝻体色较深，由复眼前后至前胸背板后缘中央两侧，各有 1 条较粗的黑褐色带纹；由上唇基部至前胸背板侧缘也各有 1 条较细的褐色条纹；后足股节有 3 个完整的褐色环带，体上有各种明显花纹；体长 5～7 mm，翅芽很小，不明显，呈半圆形，其长度几乎与中胸和后胸背板相平。

二龄蝗蝻体色较浅，仍保留一龄蝗蝻时的各种花纹，但花纹的深浅不明显；体长 6～9 mm，翅芽较明显，呈半椭圆形，略突出于中胸和后胸背板的后缘。

三龄蝗蝻体色稍深，头部及前胸背板上的花纹大部消失，仅保留部分残余痕迹，后足股节上的环带也不完整，在前胸背板上开始出现 X 形花纹，但不甚明显；体长 8～13 mm，翅芽远远超过中胸和后胸背板的后缘，前翅芽狭长，后翅芽略呈长三角形。

四龄蝗蝻体色、花纹等与三龄蝗蝻相似，但前胸背板上 X 形花纹较显著；体长 12～19 mm，翅芽向背后方翻折，其长度可伸达第四腹节背板的后缘，并将听器掩盖。

五龄蝗蝻头及前胸背板上的花纹又较四龄蝗蝻明显，后足股节的黑色环带不完整。

三、生活习性

黄胫小车蝗在河北北部和山西中北部 1 年发生 1 代；河北南部、山东、河南、晋南、陕西关中地区及汉水流域 1 年发生 2 代，均以卵越冬。1 代区越冬卵 6 月上、中旬孵化，蝗蝻盛发期在 5 月下旬至 7 月上旬，成虫盛发在 8 月中旬，9 月上、中旬为产卵盛期，10 月中、下旬陆续死亡。2 代区越冬卵 5 月中旬孵化，7 月上、中旬羽化出第一代成虫，7 月中、下旬产卵，7 月下旬至 8 月上旬陆续孵化出第二代蝗蝻，9 月中、下旬羽化出第二代成虫，产卵后 10 月下旬至 11 月上旬死亡。

（一）孵化

蝗卵的孵化，因环境不同，孵化期的早晚和长短亦不相同，其中与温度、湿度、地形、地势和天气变化情况较为密切。地形较高、排水良好、地温变化幅度大和背风向阳的地方蝗卵发育快，出土早；反之蝗卵发育慢、出土晚。蝗卵多在每日 8：00～16：00 孵化，其中以 10：00 孵化最盛。阴雨或低温天气不孵化，阴雨转晴或晴朗无风天气有集中孵化的现象，并常出现孵化高峰。

（二）取食

初孵化、蜕皮的蝗蝻及初羽化的成虫均有一段停食现象，一般停食 4h 左右。蜕皮、羽化及交配前，即生长盛期有一段暴食期。黄胫小车蝗夏季日出 30 min 后开始取食，中午高温时停止取食，在 1d 中有两个取食高峰，分别在每日 10：00 和 18：00。一般在 16～37℃ 范围内，温度愈高，取食愈多；当温度低于 15℃ 或高于 38℃，取食量显著下降或停止取食，故阴雨或天气闷热时取食甚少，甚至不取食。蝗蝻四龄后取食量显著增加，1 头成虫每日可取食 0.8～1.3g，仅次于东亚飞蝗。在一般情况下，成虫期的食量为蝗蝻的 3～7 倍。黄胫小车蝗为杂食性害虫，主要喜食玉米、小麦、谷子及其他禾本科作物，在同样条件下，取食谷子的量占其他作物的 80％ 以上。秋季随着作物的成熟，田间杂草的干枯，成虫脱离原来的栖息场所，开始向麦田迁移，并由麦田周围向内渗透，为害严重时可将麦苗吃光，造成缺苗断垄，甚至毁种重播。

（三）羽化

蝗蝻有 5 个龄期。蜕皮历时 40～50min，蝗蝻在无风、潮湿闷热或阴雨转晴时蜕皮、羽化较多。同一卵块，同日孵化，饲养条件相同，蝗蝻历期却不同，有的相差几天，有的差十几天，甚至 20d 以上。

（四）交配

第一代成虫羽化后，经过 6～16 d，生殖器官开始成熟，开始进行交配；第二代成虫羽化后，经过 7～11d 交配。成虫有多次交配产卵的习性，一般交配 16～20 次，最多交配 25 次。成虫多在 8：00～10：00 和 14：00～16：00 交配，阴雨和低温天气很少交配，每次交配持续 1～4 h。

（五）产卵

黄胫小车蝗产卵数量常因季节、食料而异，对地形、方位、植被及土壤理化性状有明显的选择性。一般在土质比较坚实、微有碱性、地势向阳、植被稀疏、覆盖度 5％～10％、土壤含水量 8％～22％ 等环境条件下产卵。成虫产卵时用力将腹部钻入土层，使腹部渐伸长 3 倍，把卵产在土中，用副腺液将卵粒粘连在一起，形成卵块。每次产卵完毕，用后足在产卵孔边不停地踩踏，并拨动产卵孔附近的土粒，待填平产卵孔并踏实后才离开。产卵前，雌虫有试产现象，试产不覆盖产卵孔。黄胫小车蝗第一代成虫产卵 2～6 块，每块卵块含卵 28～95 粒，1 头雌虫一生可产卵 100～355 粒，平均 217.5 粒；第二代成虫一般产卵 1～3 块，每卵块含卵 27～66 粒，1 头雌虫一生产卵 57～172 粒，平均 108 粒。

四、发生规律

（一）虫源基数

春季蝗蝻先在杂草上取食，然后迁到附近农田为害，夏季小麦或早春作物收获后，迁到谷田或其他禾本科作物田继续为害，到秋季，田间食料大减，待冬小麦出苗后，白天迁到麦田为害，晚上迁回杂草地栖息，直至霜降前后死亡。

（二）气候条件

黄胫小车蝗以卵在土中越冬，越冬后，蝗卵开始发育时间在南部较早，北部较迟；平原较早，山区较迟。黄胫小车蝗发生代数的多少取决于卵、蝻及成虫的生长发育速度，而影响黄胫小车蝗发育、生长速度的环境条件，在食料不缺乏的情况下，主要是气候条件，特别是温度和湿度的作用最为显著。因此，在发生数量上，常随气候的变化而有所不同，即使在同一地区，又受海拔、早春气温高低的影响。据试验，黄胫小车蝗发育温度范围为 22～42℃，适宜发育温度为 25～40℃，最适温度为 28～34℃，高于 42℃ 时，即呈呆滞状态。

（三）寄主植物

黄胫小车蝗在农牧区以为害羊草、碱蓬等牧草为主，也为害禾本科类农作物。

（四）自然天敌

黄胫小车蝗的天敌很多，包括青蛙、蜥蜴、鸟类、真菌、病毒、线虫、捕食性的甲虫、寄生性的蜂类、寄生蝇类等。其中，蚂蚁、步甲、芫菁、雏蜂虻、食虫虻等都是黄胫小车蝗的重要捕食性天敌昆虫。因此，保护和利用好当地的黄胫小车蝗天敌，对于控制其为害有重要作用。

（五）化学农药

化学农药防治方法单一，使用高毒农药防治黄胫小车蝗的现象比较普遍，但长期使用使其产生抗药性、防治效果降低。单户分散、小范围防治，不能形成合力。因此，化学防治无法阻挡周边蝗虫继续入侵为害，即使频繁施药防治，仍防不胜防。

丛斌　董辉（沈阳农业大学植物保护学院）

第 15 节　大垫尖翅蝗

一、分布与危害

大垫尖翅蝗（*Epacromius coerulipes* Ivanov）属直翅目斑翅蝗科尖翅蝗属。在我国分布很广，主要分布于东北、河北、河南、内蒙古、新疆、宁夏、青海、陕西、山东、山西、安徽、甘肃、江苏等地区。

大垫尖翅蝗喜食禾本科、豆科、菊科、藜科、蓼科等牧草及玉米、高粱、谷子、小麦等作物。它能取食 10 科 29 种植物，其中最喜食禾本科、莎草科、藜科、马齿苋科、十字花科、菊科植物，而不取食车前科、锦葵科、伞形科及豆科中的绿豆、扁豆等植物。

二、形态特征

成虫：体型较小，雄性 14.5～18.5 mm，雌性 23～29 mm，体黄褐色、褐色或暗褐色，有时呈绿色。雄性前翅长 13～16 mm，雌性 17～27 mm。头短，侧面看略高于前胸背板。前胸背板的背面中央具红褐色或暗褐色纵条纹，向前可达头部；在背面有时具有不明显的 X 形淡色花纹，有时消失；后横沟较近前端，沟后区的长度等于沟前区长度的 1.25～1.5 倍。前翅发达，常超过后足股节的顶端，有时到达或超过胫节的中部；中脉域的中间脉明显。后翅略短于前翅。后足股节上侧有 3 条暗色横纹，其顶端暗色。有时体呈绿色时，3 个横纹完全消失；股节内侧的 3 个横斑明显，股节底侧玫瑰色；后足股节淡黄色，有 3 个不完整的淡色环；股节刺的顶端黑色；跗节爪间的中垫较长，顶端超过爪的中部。

卵囊和卵：卵囊略呈圆柱形，上部略细于下部，卵囊长 31～37 mm，平均 34 mm。胶质部分中部直径 2.6～3.8 mm，平均 3.4 mm；卵囊最宽处直径 3.6～4.8 mm，平均 4.1 mm。胶质呈海绵状，淡褐色，无胶壁。卵粒呈有规则形排列，斜排成 3～4 行。卵粒平均长 4.1 mm，宽 0.9 mm，每一卵囊含卵 20～38 粒，平均 29 粒。

蝗蝻：雄性有 5 龄，雌性有 6 龄。

一龄体黄褐色，中线淡黄色，细而明显。触角短，顶端略粗，黑褐色，黑褐节间白色。复眼青褐色。前胸背板中隆线稍隆起，无侧隆线，中后胸及腹部各节背面两侧近后缘处有整齐的茶褐色小斑点，腹部两侧有斜行的黑褐色斑，排列整齐。翅芽很小，很不明显，呈半圆形。

二龄前胸背板出现黄褐色的 X 形纹。翅芽比较明显，呈半椭圆形，略突出于中胸和后胸背板的后缘。

三龄前胸背板背面 X 形纹明显。翅芽明显超过中胸和后胸背板的后缘，前翅芽较长，后翅芽略呈长三角形。

四龄头侧窝长三角形。前胸背板 X 形纹加深。翅芽翻向背方合拢，翅尖长达第一腹节的后缘。后足股节外缘具 3 个黑斑。

五龄头侧窝长三角形更明显。翅芽翻向背方，翅芽尖端延伸达第四腹节背板后缘，并将听器掩盖。

三、生活习性

大垫尖翅蝗善跳跃和近距离迁飞。在无风晴朗天气，多趴在禾本科牧草、花苜蓿植株上栖息，在天气炎热的中午或低温时，多栖息在禾本科牧草、莎草科、花苜蓿、杂草根部和杂草丛中。

成虫在 1 天当中均能取食，采食牧草的频率逐渐增加，在 13：30～14：00，达到交配产卵高峰，交配场地多选择在植物覆盖度较低的地段。雌成虫飞翔力不强，除觅食及寻找配偶进行短距离飞行外，经常在植物的中上部叶片或枝茎上静伏。成虫的产卵和交配都在白天进行，成虫在交尾后、产卵前食量较大。在产卵期只在早晨补充少部分食料，以后在 1 天当中基本不取食。在阴雨天很少发现成虫交配和取食，其整天躲在草丛中，但产卵照常进行，当然在晴天产卵更多。

蝗蝻期的日食量随着龄期的增大而增加。成虫期日食量的最大值为交配产卵前的补充营养阶段。雌雄成虫的食量差异很大，雌虫的日食量约为雄虫的 3.3 倍。

成虫交尾后 5d 左右开始产卵，雌性蝗虫产卵时，多选择在地势较高、避风向阳的凹地、沟边、阳坡渠边等处取食产卵（植被覆盖度为 20%～50% 的地方，土壤为 5cm 深，土壤含水量 15%～25% 最适）。

成虫喜产卵于高岗、河堤、田埂、路旁和湖区等荒地、杂草稀矮、阳光充足的地方。大垫尖翅蝗分布在土壤潮湿、地面反碱、植被稀疏的环境中，高燥地区、山坡地带则无分布。因此，凡是湖滨、沿海、河流两岸低洼地及低温草地等处常为大垫尖翅蝗的重要发生地区。据观察，在表土含盐量 0.75%～1.32% 的地区仍有大垫尖翅蝗的分布，而其他种类蝗虫则极少见。

大垫尖翅蝗成虫体型小，善飞能跳，1 次能飞翔 5～8m，跳跃 0.5～1m，可连续跳 7～8 次，利于迁徙、觅食和逃避天敌。越冬卵无滞育，死亡率低，同时，同一种群内蝗蝻龄期不一，对环境抗逆力较强。夏季主要为害玉米、大豆，秋季主要取食禾本科杂草，也可取食阔叶杂草及大白菜等，深秋嗜食麦苗。

四、发生规律

（一）虫源基数

大垫尖翅蝗在山东滨州市农田、夹荒地、荒洼地、特殊环境（沟、坝、台田）4 个代表性生态环境中均有分布，其中 5 月的种群数占蝗虫总数的 53.2%，7 月占蝗虫总数的 36.1%，9 月占蝗虫总数的 29.0%，是滨州市的优势种。该虫在鲁北地区 1 年发生 2 代，蝗蝻 5 龄，以卵在土中越冬，第一代大垫尖翅蝗在夹荒地中产卵最多，第二代则在特殊环境中产卵最多。大垫尖翅蝗产卵对植被覆盖度有明显的选择性，以覆盖度 10% 产卵最多，占产总卵块数量的 47.78%，覆盖度 50% 以下产卵块数量占 93% 以上，覆盖度 70% 以上产卵块数量显著减少，极少在覆盖度 80% 以上的环境产卵。植物的株高与虫口密度呈显著负相关，在 2～3 头/m² 时株高与对照相近，而 4 头/m² 开始较对照矮 7.05%，10 头/m² 较对照矮 15.08%。

（二）气候条件

大垫尖翅蝗卵和蝻的发育起点温度和有效积温依次分别是（15.2±0.78）℃、275.6℃ 和 17.79℃、202.5℃。在适温范围内，温度高，蝗卵和蝻发育速度快，生殖力强。干旱年份，尤其是 7 月的降水量对第一代成虫产卵和第二代幼蝻的孵化影响最大，若 7 月干旱，第二代发生面积则大；反之，由于洼地积水，成虫被迫退至小面积高地产卵，发生面积则小。因此，温度偏高干旱年份，种群数量大，发生严重。

大垫尖翅蝗对各类生态环境适应性强，在农田、夹荒地、荒洼地、特殊环境（沟、坝、台田）均有发生。以特殊环境发生量最大，农田发生较少。第一代大垫尖翅蝗在夹荒地中产卵最多，其次为荒洼地，再次为特殊环境，农田中未见产卵；第二代大垫尖翅蝗在特殊环境中产卵最多，其次为荒洼地，再次为夹荒地，在农田中产卵量最少。据测定，土壤含盐量 0.5% 以下适宜大垫尖翅蝗产卵；含盐量 0.8%～1.2% 的土壤中有部分产卵；含盐量达 1.5%～2.0% 的光板地仍有少量产卵。可见，大垫尖翅蝗产卵对含盐量的选择性不大，但土壤含盐量影响植物群丛的组成，因而通过食料间接影响大垫尖翅蝗的发生。

（三）寄主植物

大垫尖翅蝗喜食禾本科植物，主要为害小麦、玉米、高粱、谷子、豆类（但不食绿豆和扁豆）和苜蓿等。春季蝗卵孵化后，蝗蝻多在麦田及特殊环境的道边、田埂、堤坝、沟坡等处活动。麦收后，逐渐向玉米、谷子等秋收作物田迁移。秋季作物陆续成熟，田间杂草也随着干枯，这时大垫尖翅蝗又转向麦田，为害秋麦苗。其先将麦田边沿的麦草吃光，然后向中间渗透。发生严重时造成小麦缺苗断垄，甚至将麦苗全部吃光。

（四）天敌

大垫尖翅蝗的天敌有鸟类、蛙类、蜘蛛类、蚂蚁等。卵期天敌主要有中国雏蜂虻、卵寄生蜂和豆芫菁幼虫，其中以寄生蜂为主，在各类生态环境中均有发现，干旱年份寄生率较大，寄生率可达 5%～10%，高者达 30%；中国雏蜂虻和豆芫菁幼虫多在卵块附近取食蝗卵，尤其在盐分较高的低温地，中国雏蜂虻食卵量较大；另外，沿海地带鸟类数量较多，在土质松、植被稀的地带亦能取食部分蝗卵。蝗蝻期和成虫期的天敌有蜘蛛类、蚂蚁类、螳螂类、螽斯类、蛙类和鸟类，蜘蛛多分布在地势较高的堤坝、台田等地，一般 3～5 头/m²，最多可达 10 头/m²，对一至三龄蝗蝻具有一定的控制作用。据调查，蜘蛛的优势种——星豹蛛 [Pardosa astrigera (L. Koch)]，1 头成蛛日最多捕食东亚飞蝗一至三龄蝗蝻 1.6 头，大垫尖翅蝗蝗蝻同龄期体型小于东亚飞蝗，可推测 1 日最多捕食大垫尖翅蝗一至三龄蝗蝻 2 头，是大垫尖翅蝗的主要天敌。蛙类主要分布在低洼荒地附近，可捕捉一至五龄蝗蝻，对第二代大垫尖翅蝗蝗蝻的控制作用较大。成虫期的天敌主要是鸟类，对大垫尖翅蝗的控制作用也非常明显。

王小奇 张娜（沈阳农业大学植物保护学院）

第 16 节 朱腿痂蝗

一、分布与危害

朱腿痂蝗 [Bryodema gebleri gebleri (F.‐W.)] 属直翅目斑翅蝗科痂蝗属，主要分布在新疆。是冬季牧场及部分春秋牧场的优势种类，主要取食芨芨草、蒿草等。由于其食量较大，有时可造成牧草的严重损失。

二、形态特征

成虫：雄性体长 25～32 mm，雌性 32～42 mm；雄性前翅长 32～36.5 mm，雌性 20～24 mm。雄体细长，雌体粗短，体躯常具有较密的粗大刻点和短的隆线，或小的颗粒。头顶较宽，顶端钝圆。前缘无隆线，顶端和颜面隆起的上端相连接。颜面垂直或略微倾斜，颜面隆起宽平，下端近上唇基部几乎消失。触角细长，丝状。头侧窝呈不规则圆形。前胸背板的前端较狭，后端宽平，隆起的颗粒和短隆线很多。中隆线较低，被 2 条横沟割断，侧隆线在沟后区略可见。前胸背板的后缘为直角形或钝角形。中胸腹板侧叶间的中隔甚宽。后足股节粗短，上隆线完整无细齿。后足股节内侧和底侧及后足胫节均为红色；后足胫节内侧有刺 9～13 个。雄性前后翅均很发达，可达到后足胫节的顶端；雌性前后翅较不发达，仅到达后足股节顶端。雌性前翅中脉域的中闰脉明显，后翅基部玫瑰色，其余部分暗色（彩图 22‐16‐1）。

卵囊和卵：卵囊褐色，常弯曲呈靴状，上端泡沫状物质部分直径较细，与卵室部分相连接处弯曲，其直径明显增大。卵室内含卵 8～29 粒，一般常含卵 20～26 粒，卵粒呈褐色（图 22‐16‐1）。

蝗蝻：雌雄两性皆有 4 个龄期。

一龄前胸背板前缘及后缘皆较平直。雌性前、后翅芽不明显，末端钝圆；雄性翅芽则较为明显，且末端微指向下方。触角 14～15 节。

二龄前胸背板前缘略向前隆起，呈弧形，后缘呈钝圆形。前、后翅皆可见翅脉，并微指向后下方，雄性尤为明显。触角 19～20 节。

三龄前胸背板后缘中隆线处明显向后伸长，后缘形成钝角。雌雄两性翅芽皆翻向腹部背面，雄性后翅芽将前翅芽大部遮盖，几乎不见前翅，雌性后翅不完全覆盖前翅。雄性后翅芽不到达腹部第二节末缘，雌性后翅芽不超过腹部第一节。触角 22 节。

四龄前胸背板明显增大，后缘几乎成直角形。雄性后翅芽未完全将前翅芽遮盖，翅芽超过腹部第五节，雌性翅芽仅超过腹部第一节。触角 24 节。

三、生活习性

朱腿痂蝗在新疆地区 1 年发生 1 代，以卵在土中越冬。一般年份，最早孵化在 5 月上旬，孵化可一直延续到 6 月下旬；成虫始见于 6 月中旬，7 月上旬开始产卵，7 月中、下旬为产卵盛期。不同地点其孵化期也有所不同，在巴里坤西部的沙尔乔克于 6 月下旬即见到成虫产卵，7 月上旬为产卵盛期，8 月中旬成虫已开始死亡，但在 9 月仍可见到成虫。

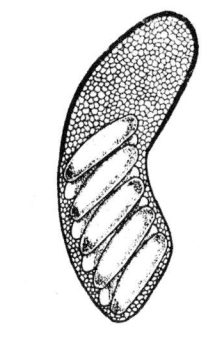

图 22 - 16 - 1　朱腿痂蝗卵囊（仿刘举鹏，1990）

Figure 22 - 16 - 1　Egg-pod of *Bryodema gebleri gebleri* in China（from Liu Jupeng, 1990）

朱腿痂蝗喜在裸露的土表和石表栖息，其栖息地点常随阳光照射的部位而转移。在养虫笼内，晴天上午多集中于笼内东侧地表，而下午则多在笼内西侧地表。在一般情况下，它总是在地表栖息活动，除取食植物时以外，很少在植物上栖息。朱腿痂蝗的取食与光线和温度有密切的关系，其在雨天不取食，阴天也很少取食，只在太阳出来后，当地表温度升到 17℃ 时，才普遍取食。它的食量很大，据观察，363 头成虫在不到 3d 的时间内就将一丛高约 35cm、直径 30cm 的紫花苜蓿草全部食光；350 头成虫在 1 d 内能将 26 株平均为 35cm 高的牛尾蒿的叶片吃光，当日又放入 40 株牛尾蒿，翌日则有 16 株牛尾蒿的叶片被食光，而其他的叶片也已开始被食。朱腿痂蝗主要取食紫花苜蓿草、猪毛菜、萝卜叶（*Raphanus sativus* L.）、臭蒿（*Artemisia hedinii* Ostenf.）、香蒿（*Artemisia apiacea* Hance）、刺儿菜（*Cephalanoplos segetum* Kitam.）、荠菜［*Capsella bursa-pastoris* (L.) Medic.］、藜（*Chenopodium album* L.）、小麦、新麦草、三棱草以及沙葱等。

成虫交配活动多在晴朗天气进行，阴雨天则停止交配，雨后转晴、土表温度到达 18℃ 时，又进行交配。

成虫产卵与光和温度有着密切的关系，多在晴天进行。从饲养朱腿痂蝗笼内挖卵检查，在笼内向阳侧所产的卵块明显比背阳侧为多；在野外也没有观察到朱腿痂蝗在草根附近即使是土质较疏松的遮阴处产卵。这说明朱腿痂蝗产卵时对光的要求比对土壤硬度的要求更为严格。一般来说，朱腿痂蝗喜产卵在土质较为疏松并混有小碎石子的地方。在野外，它产卵比较分散，不易挖到朱腿痂蝗的卵块。

赵莉（新疆农业大学农学院）
肖宏伟（新疆玛纳斯县蝗虫鼠害预测预报防治站）
倪亦非（新疆维吾尔自治区蝗虫鼠害预测预报防治中心站）

第 17 节　花胫绿纹蝗

一、分布与危害

花胫绿纹蝗［*Aiolopus tamulus* (Fabricius)］属直翅目斑翅蝗科。在我国分布于辽宁、吉林、河北、北京、天津、山东、河南、山西、陕西、甘肃、宁夏、江苏、安徽、浙江、江西、广东、广西、海南、福建、台湾、云南等省（自治区、直辖市）。国外分布于印度、日本、澳大利亚及东南亚等地区。

花胫绿纹蝗适应性较强，分布广，常与大垫尖翅蝗混生。在山丘地区、平原地区均有发生。地势高燥的山区发生数量较少，而地势低洼和内涝洼地、海滩、沿河、沿湖、水库区发生密度较大，特别是海滩、湖区马绊草、獐毛、狗尾草、蓼、芦苇等混生地，是花胫绿纹蝗的高密度区。

二、形态特征

成虫：体中小型，褐色。雌成虫体长 25～29 mm，前翅长 22.5～29 mm；雄成虫体长 16～21.5 mm，前翅长 16～21 mm。头大，略高于前胸背板；头顶三角形，微凹，侧隆线达复眼前缘；颜面向后倾斜，颜面隆起，上端狭，下端宽，中单眼处微凹陷；头侧窝狭长。触角丝状，略超过前胸背板的后缘。前胸背板两侧常具黑色条纹，侧片的底缘常成绿色；沟前区窄，沟后区较宽；中隆线低，仅被后横沟隔断，沟后区侧隆线较明显，沟前区的长度短于沟后区。中胸腹板侧叶间中隔的长度和宽度近等长。后胸腹板侧叶分开距离较小。前、后翅发达，长度超过后足胫节的中部；前翅狭条形，亚前缘脉域的基部有明显的绿色纵条纹，绿色纵条纹的顶端截形；中闰脉的顶端部分接近于中脉；后翅基部浅黄绿色，其余部分烟色。后足股节内侧具 2 个黑色斑；股节上侧的上隆线无细齿；膝侧片顶端圆形，黑色。后足胫节近基部浅黄色，中部蓝黑色，端部红色；胫节刺端黑色。跗节爪间中垫较长，超过爪的中部。雄虫下生殖板短圆锥形，顶端钝圆。雌虫产卵瓣短粗，顶端呈钩状，上产卵瓣的上外缘无细齿（彩图 22-17-1）。

卵囊和卵：卵囊长 13～15 mm，直径 3 mm 左右；多呈长柱状，较直或略弯曲；上端部平坦或钝圆，下端部多呈钝圆形。卵囊壁泡沫状，外表面有时沾有少量沙土，但不牢固，易脱落。卵室之上的泡沫状物质透明，呈黄白色或黄褐色，形成长的泡沫状物质柱，其长度约为卵囊全长的 1/2；卵室内的泡沫状物质通常呈黄褐色或淡栗棕色，较少，从所有方面包围着卵粒，与卵粒粘连较紧密，不易分开。卵室内有卵粒 10～30 粒，与卵囊纵轴呈倾斜状排列，侧观为 1 排，背腹观为 4 纵行。

卵粒较直或略弯曲，中部较粗，向两端渐细，上端部钝圆，下端部稍呈狭圆状。卵粒长 3.4～4.5mm，宽 0.9～1.2 mm；长宽比值约为 4。卵粒橙黄色或黄褐色。卵壳较薄，表面的形态结构不易看到，经处理后可见到小瘤状突起。卵孔可见，呈漏斗状，开口于平坦的卵壳表面。

蝗蝻：一般有 5 个龄期，头顶平直，颜面倾斜，头顶与颜面组成锐角。由头顶到腹部末端的背面中央，有 1 条淡黄色带纹，在此带纹的两侧有黑褐色小斑点密集成两条深色带纹。体色不一，多为淡褐色。自二龄蝗蝻开始出现绿色和紫红色的个体。一至三龄前后翅芽与中后胸背板相连，向后下方伸展，四至五龄翅芽向背后方翻折，后翅在外，前翅在内（彩图 22-17-2）。

一龄体长 5～6.5 mm，体黄褐色，翅芽很小，很不明显，呈半圆形，其长度几乎与中胸和后胸的背板相平。

二龄体长 6.5～8 mm，体黄褐色，翅芽比较明显，呈半椭圆形，略突出于中胸和后胸背板的后缘，前胸背板出现 X 形纹，可与一龄相区别。

三龄体长 7～11 mm，翅芽远远超过中胸和后胸背板的后缘，前翅芽狭长，后翅芽略呈长三角形，前胸背板上的 X 形纹明显。

四龄体长 10～14 mm，翅芽向背后方翻折，其长度可伸达第一腹节背板的后缘，体两侧色泽加深，呈黑褐色。前胸背板上的 X 形纹明显。

五龄体长 14～24 mm，翅芽也向背后方翻折，其长度伸达第四腹节背板的后缘，并将听器掩盖。

三、生活习性

花胫绿纹蝗在河北省北部及西部山区和坝上高原 1 年发生 1 代，在河北省中南部和山东地区 1 年发生 2 代，以卵越冬。一般年份 4 月下旬至 5 月上旬卵孵化。蝗蝻各龄的发育历期分别为一龄 7d，二龄 9d，三龄 8d，四龄 8d，五龄 10d。蝗蝻经 40d，6 月上旬成虫羽化，6 月下旬成虫开始交配产卵。第二代蝗蝻 7 月上、中旬开始孵化，蝗蝻经 30d，8 月上、中旬成虫羽化，9 月上旬成虫开始交配产卵，产卵期可延续到 11 月初。成虫 10 月中旬至 11 月上旬死亡。

（一）孵化

蝗卵的孵化期和孵化整齐度与环境尤其是与土温变化幅度的大小密切相关。地形较高的河堤、渠埂和高岗、山坡等处，土温较高，蝗卵发育快，卵孵化早；相反，地势低洼的湖、河滩及内涝洼地，蝗卵则发育慢，卵孵化迟。

（二）交配与产卵

花胫绿纹蝗有多次交配的习性。雌虫产卵以前，交配时间很短，只有 1min 左右，当产卵后再交配时，则常常长达数小时至 10h 以上。雌虫对产卵场所有一定选择性，多选择植被覆盖度为 60%～70% 的地方，喜产卵于植物附近、背风向阳、土质疏松潮湿处，特别喜产在含水量较高的沼泽地四周和农田附近的路边、沟旁的土壤中。每雌一般产卵 2～4 块，每块卵量 10～30 粒。

（三）食性

花胫绿纹蝗喜食多种禾本科植物，对小麦、谷子、高粱、玉米等作物常造成严重危害。早春和晚秋对田头、地边的麦苗为害更为严重，常造成缺苗断垄（彩图 22 - 17 - 3）。初孵化、初蜕皮的蝗蝻和初羽化的成虫均有一段停食阶段，而蜕皮前、羽化前和交配前的一段时间，取食较多，有一段暴食期。中午高温时停止取食，阴雨天取食甚少，甚至不取食。每天有两个取食高峰在 8：00～11：00 和 17：00～20：00。蝗蝻四龄后食量明显增加。

（四）活动与栖息

初孵幼蝻多喜欢栖息于植物茎叶上，活动能力较弱，一般跳跃 20cm 左右，2h 以后即能取食，随着龄期的增大，跳跃能力增强。成虫羽化后，多在植物低矮稀少处活动，并进行交尾和产卵。成虫飞翔力较强，当受到惊吓时，便进行短距离曲折飞翔，但不进行远距离迁移。成虫有较强的趋光性。

四、发生规律

（一）虫源基数

花胫绿纹蝗在农田、夹荒地、荒洼地、特殊环境（沟、坝、台田）均有发生。地势较高、干燥的地方发生轻；地势低洼、潮湿的地方发生重。特别是獐毛、小芦苇、稗子草、狗尾草混生的地方，种群密度高。

（二）气候条件

降水量是影响花胫绿纹蝗发生的重要气候因素之一。降水量的大小直接影响其发生面积，特别是 7 月的降水量，对当年第二代发生程度的影响很大。由于 7 月正值第一代成虫产卵盛期，7 月干旱，则第二代发生面积大，若 7 月降水多，洼地积水，则一代成虫被迫迁到小面积高地产卵，发生面积小。

花胫绿纹蝗卵囊多分布在环境湿度较大的田埂、路旁附近的土壤中，此处土壤的含盐量较高。花胫绿纹蝗蜕皮 4 次，蜕皮以晴天最多，1d 内以 10：00～11：00 蜕皮最多。阴天很少蜕皮，雨天一般不蜕皮。羽化以每天的 10：00～16：00 最多。

（三）寄主植物

花胫绿纹蝗喜食多种禾本科杂草及小麦、谷子、高粱、玉米等作物。雌虫产卵时多选择植被覆盖度为 60%～70% 的地方，卵多产在植株附近、背风向阳、土质较潮湿处。早春和晚秋发生严重时，常与大垫尖翅蝗等土蝗混合发生，将地头、地边的植物吃光，造成缺苗断垄。

（四）自然天敌

花胫绿纹蝗天敌种类较多，主要有蜘蛛类、蚂蚁类、蛙类和鸟类。其中，星豹蛛对三龄以前的蝗蝻、蛙类对一至五龄蝗蝻、鸟类对成虫均有极强的控制作用。

寄生蝗虫卵、蝗蝻和成虫的天敌主要有飞蝗黑卵蜂、中国雏蜂虻、豆芫菁、苹斑芫菁、大斑芫菁、线纹折麻蝇（拟麻蝇）、虫霉、侧孢霉及飞蝗微孢子虫、亚蝗微粒子虫等昆虫和病原微生物，以及某些寄生性线虫和寄生螨类等。其中，虫霉在高温高湿条件下若菌源充足，可造成大流行，能有效控制花胫绿纹蝗种群数量。

（五）化学农药

杀虫双、杀虫单等农药虽对害虫高效低毒、低残留、效果好，但持效期不长，是花胫绿纹蝗逐年回升的原因之一。

丛斌　董辉（沈阳农业大学植物保护学院）

第 18 节 意大利蝗

一、分布与危害

意大利蝗［*Calliptamus italicus*（L.）］属直翅目斑腿蝗科星翅蝗属，是荒漠、半荒漠草原的重要害虫。意大利蝗具有很强的适应能力，广泛分布于欧洲大陆及中亚、东亚的一些国家。在我国主要分布在新疆、甘肃等地，青海和陕西的部分地区也有分布。由于意大利蝗分布广、数量大，严重影响农牧业生产的稳定发展。意大利蝗在严重为害时可使牧草不能进入开花结种阶段，抑制草地更新复壮，使草地长期难以恢复，在荒漠、半荒漠草原尤为明显。荒漠、半荒漠草原由于地理生态气候环境条件较为恶劣，牧草单产低、载畜量大，因此意大利蝗造成的危害更为严重。

二、形态特征

成虫：体型粗短。雄性体长 14.5～23.4 mm，雌性 24.5～41.1 mm；雄性前翅长 11.3～18.3 mm，雌性 22.3～31.6 mm。前胸背板中隆线较低，侧隆线明显，几乎平行，3 条横沟均明显。前胸腹板在两前足基部之间具有近乎圆柱状的前胸腹板突。后足股节粗短，上隆线具有细齿，后足股节内侧玫瑰色或红色，常有 2 条不完全的黑色横纹，此横纹不到达后足股节内侧的底缘。后足胫节上侧和内侧红色。前、后翅均发达，前翅明显超过后足股节的顶端，后翅基部玫瑰色。雄性尾须狭长，略向内弯曲，顶端分成上下两枝，上枝长于下枝，下枝顶端有明显尖锐的下小齿（彩图 22-18-1，彩图 22-18-2）。

卵囊和卵：卵囊常呈屈膝状，即泡沫部分与卵室部分相连接处微细并成钝角。卵囊长 22～41 mm，直径为 4.5～7 mm。卵囊上部泡沫物质呈较长的柱状，为淡黄色、黄褐色或土红色，半透明状，其外包被有较软的卵囊外壁，长度约为卵囊全长的 1/2。卵囊壁通常由两部分组成，在卵室部分为土质壁，由雌性产卵时的分泌物沾上沙土而成，24h 后变硬；在泡沫状物质柱处通常为泡沫状壁，有的卵囊外表面也有沾少量沙土组成的较薄的土质壁。卵囊的外表面常随卵囊所处的环境而变化，在沙土环境中卵囊壁的外表面较粗糙，常沾有小碎石，而在壤土的环境中卵囊的外表面则较为光滑。在卵室内，泡沫状物质较少，卵粒被其包围，并与卵粒粘连较紧密，但待卵吸水发育后，则分离。

卵室内有卵 20～53 粒，与卵囊纵轴呈倾斜状，侧观为 1 排，背腹观为 4 纵行规则地呈多层次排列。卵粒较直或略弯曲，中部较粗，向两端渐细，两端部均呈钝圆形。卵粒黄褐色或土红色，长 5～6 mm，直径约 1.2 mm。卵粒表面具五或六边形的网状花纹，花纹隆起在彼此交接处具圆形瘤状小突起。

蝗蝻：雄性 5 个龄期，雌性 6 个龄期。

一龄头部及体躯呈黑褐色或黑色，后足股节、胫节也呈褐色或黑色；但下唇须、前胸侧板后下角及后缘、体躯下部以及前足和中足皆呈白色或浅肉色，后足股节基部也呈淡白色，并在其外侧有 2 条白色或淡色带斑。后足胫节近基部有 1 白色环纹。翅芽尚不明显。触角 13 节，端部灰色。体长 5～6 mm，后足腿节长 2.5～3 mm。

二龄体色如一龄或增加灰褐色。前胸背板侧隆线明显。前胸侧板常有 1 被灰色包围的暗斑。前胸腹板具圆锥形突起。前后翅芽可见，翅尖指向下方，并有翅脉痕迹。雄性触角 16 节、雌性 17 节。体长 6～7 mm。后足股节长 3.8～5.5 mm。

三龄体色呈灰褐色或黄褐色。前胸侧板被灰色包围的暗斑明显。前胸腹板具有明显的锥形突起。前翅芽较小，后翅芽较大，呈半圆形，其翅尖指向后下方。雄性触角 18～20 节，雌性 20～22 节。雄性体长 11～13 mm，雌性 12～16 mm。雄性后足股节长 5～6.5 mm，雌性 6～8 mm（彩图 22-18-3）。

四龄前翅芽基部被前胸背板后缘所掩盖，后翅芽增大，前、后翅芽皆翻上，且后翅芽将前翅芽掩盖。雄性触角 21～22 节，雌性 22～23 节。雄性体长 10～14 mm，雌性 19～22 mm。雄性后足股节长 7～9mm，雌性 8～12 mm。

五龄翅芽暗色或黑色，且到达或超过第三或第四腹节。前胸腹板突起与成虫相似。雄性触角 23～24 节，雌性 25～26 节。雄性体长 12～23 mm，雌性 21～28 mm。雄性后足股节长 9～12 mm，雌性 9～15mm（彩图 22-18-4）。

仅雌性具六龄，其翅芽及体长皆较五龄增大。

群居型意大利蝗的体长、前翅长度、头高、头宽、前胸背板长度、前胸背板宽度、前胸背板高度、后足股节长度等显著大于散居型。最为明显的是与蝗虫飞行和跳跃有关的两个形态指标：前翅长度、后足股节长度。前翅长度/后足股节长度（E/F）比值在区分两型意大利蝗中效果显著，群居型意大利蝗 E/F 比值为 1.42~1.94，而散居型意大利蝗 E/F 比值为 0.90~1.39。

三、生活习性

意大利蝗 1 年发生 1 代，以卵在土中越冬。一般年份，卵孵化最早为 5 月上旬，5 月中、下旬为孵化盛期，个别年份孵化末期可延迟至 6 月上、中旬。最早羽化期约在 6 月上旬，羽化盛期通常在 6 月中旬，产卵初期在 6 月下旬，盛期在 7 月上、中旬，产卵末期可延迟到 8 月。1989—1990 年对蝗蝻各龄历期和成虫寿命进行笼养观察发现，蝗蝻一龄期为 8~12d，二龄期为 6~15d，三龄期为 5~16d，四龄期 5~19d，五龄期为 15.47d，六龄期为 6.57d，成虫寿命雌性 20~51d，平均 35.5d，雄性 33~54d，平均 43.5d。成虫经多次交配后，雄虫常先于雌虫死去，雌虫可活到 9 月中旬（彩图 22-18-5）。每年 5 月初，孵化出土的蝗蝻群聚在一起，形成一个数千米长、200~300m 宽的黑色条带，并有规律地朝着生长茂盛的农田或打草场推土式啃食、迁移。为害之处一片枯黄，成为不毛之地（彩图 22-18-6）。

成虫在羽化后 4~7d 开始交配产卵。产卵多在 10：00~16：00，多选择在不十分坚硬，但碎石较多的裸露地段。产卵时把产卵器靠近并顺着小石块向地下钻洞。约经 1h 产卵完毕，卵产完后，猛然跳走，产卵洞口即被周围的土粒封闭。意大利蝗喜集中产卵，据观察，在不到 1m² 的地方就有 30 多头雌虫同时产卵，在新疆巴里坤地区 0.5m² 面积内，挖出蝗卵 140 块。雌虫一般可产卵 3~5 块，每块含卵 20~50 粒。

对意大利蝗蝗卵研究的目的一是查明上年秋季蝗虫所产的卵经过冬、春两季气候条件（如低温、干旱、积雪高低等）和天敌寄生影响后，有多少卵能够孵化，以及越冬死亡率的大小，并进一步验证秋季趋势预测翌年意大利蝗发生的准确性。二是查明蝗卵的发育进展情况，以便更准确地掌握蝗卵的孵化期，有助于确定防治适宜期。

越冬蝗卵死亡率的计算：在 4~5 月进行蝗卵的采集，首先将当年的新鲜蝗卵与往年已孵化的陈旧卵块分开，新鲜卵粒饱满，死卵粒出现卵粒缩小、霉烂或僵硬以及虫蛀的情况。若蝗虫产卵区为沙粒土，渗透性较好，越冬蝗卵的卵囊不易被水浸泡，则越冬蝗卵死亡率增高。

$$蝗卵越冬死亡率 = \frac{死亡卵粒数}{死亡卵粒数 + 新鲜卵粒数 + 已孵化的卵粒数} \times 100\%$$

意大利蝗卵的孵化与天气状况以及土壤的温湿度关系密切。在孵化期间，如遇天气变阴或云层增厚而温度下降时，孵化率明显降低，阴雨或降雪天则不孵化。在天气转晴升温后，孵化率则明显增高。每天孵化盛时为 8：00~10：00，而以 10：00 前孵化最多，一般晴天在 16：00 以前皆有孵化。据在新疆巴里坤地区 5 月 14 日至 6 月 10 日期间的观察，8：00 以前孵化的仅占 4.2%，55.6% 的卵是在 8：00~10：00 孵化的，10：00~12：00、12：00~14：00 孵化率分别是 16.6% 及 16.1%。当距地面 5cm 深处的土壤温度为 12~22℃时，卵的孵化率较高；土温在 15~22℃ 时孵化最盛，此时距地表 35cm 处的气温为 17.0~28.5℃。

蝗蝻有聚集、趋光、晒体的习性，常随太阳光线照射的角度而改变聚集的位置。成虫在地面温度 20~30℃ 时活动最为活跃，40℃ 以上及阴雨条件下则栖息于草丛根部静止不动。在阴雨或大风天，蝗蝻和成虫则分散栖息于草丛中，无群集现象。初孵的蝗蝻，2d 以后开始取食为害。

蝗蝻善于跳跃，雄性跳跃能力更强。幼龄蝻 1 次可跳 1m 左右，老龄蝻 1 次可跳 2m 以上。成虫善于飞翔，特别是羽化后产卵前进行短距离飞翔。在晴朗的天气羽化成虫常出现迁飞现象，一般在长距离迁飞前先低飞或短距离迁飞，往往是为了选择取食或产卵的场所。高飞远迁时，高度可达 50~200 m，多在晴天 11：00 开始，12：00~17：00 为迁飞盛期，18：00~20：00 则停止迁飞。飞翔有助于卵巢的发育。对迁飞前或降落后的雌虫解剖表明，迁飞前的蝗虫含虫卵少而小（仅 2~3 mm 长），飞翔降落的蝗虫，特别是在降落 2d 以后，蝗卵明显增大（卵粒长达 4 mm 以上），且在输卵管内发现完全成熟的卵。

意大利蝗体型较大、食量大、繁殖力强，在海拔 500~2 000 m 的各类草原都有发生。意大利蝗在高密度时具有明显的群居性和迁飞性。害虫成虫的迁飞距离可达 200～300km。田间罩笼试验结果表明：意大利蝗由散居型转变为群居型的临界虫口密度为 12 头/m²，此密度下有群居型个体的出现；不同密度下意大利蝗由散居型转变为群居型的速度不同，密度越大转变的速度越快；当密度达到 30 头/m² 时，群居型的个体比例超过 50%。

意大利蝗蝗蝻一龄、二龄、三龄个体很小，食量也很少，对草场为害不大。四至五龄蝗蝻平均日食量雌雄性基本相同，平均日食量随虫龄增大而增加，成虫期雌虫取食量高于雄虫。

四、发生规律

（一）虫源基数

灌木林和一些荒地为意大利蝗的繁殖和产卵提供了场所，有助于增大其虫源基数。通过遥感确定灌木林、草原和荒地的区域，可以预测意大利蝗潜在发生数量和分布。意大利蝗成虫可多次交配，以 3～5 次居多。雌虫喜集中产卵，产卵数量受环境食物的影响很大，通常为 2～5 块，食物丰富的条件下产卵更多，每块卵平均有卵 60 粒。按成活率 80% 计算，种群数量可增加 200～250 倍。在环境一致的情况下蝗虫生殖力大小主要取决于种群密度。通过在发生区罩笼饲养观察，单对饲养条件下，1 头雌虫可产卵 1.5 块，卵粒数 42.8 粒。2 对饲养，平均产卵块 1.3 块。卵期越冬死亡率为 34.6%。

（二）气候条件

意大利蝗的发育有效积温是 124.6℃，发育起点温度是 15.52℃。意大利蝗产卵受地温影响，它们多集中在地温 25～30℃产卵，其高峰期也多在 27℃。日光强度也会影响意大利蝗的产卵，日光强度为 11 万 lx 时为产卵高峰。意大利蝗产卵集中时间在 14：00～16：00，其高峰期在 15：00。

（三）天敌

珍珠鸡灭蝗效果显著，是生物治蝗的有效途径。珍珠鸡在蝗虫密度为 20.8 头/m² 的草场上放牧 60 d，周围 200hm² 的草场蝗虫密度能降至 0.84 头/m²，防治效果达 96.0%，日平均防治面积为 66.7m²/头。

（四）化学农药

化学药剂毒杀力强，见效快，能在短期内将害虫数量迅速压下去，制止大发生，而且使用起来比较方便，可以机械作业，是防治意大利蝗的重要手段和救急措施，适用于暴发性、大面积发生年份，能及时有效控制蝗害。

（五）寄主植物

意大利蝗成虫取食植物顺序：冷蒿＞新疆鼠尾草＞黄花苜蓿＞针叶薹草＞丝叶蓍＞阿尔泰狗娃花＞紫花芨芨草＞针茅＞羊茅＝冰草＝0。蝗蝻取食顺序：冷蒿＞针叶薹草＞新疆鼠尾草＞丝叶蓍＞黄花苜蓿＞针茅＞紫花芨芨草＞阿尔泰狗娃花。意大利蝗三龄、四龄、五龄、六龄蝗蝻和成虫日平均食量分别为 14.27mg、18.77mg、20.80mg、27.65mg 和 29.26mg。意大利蝗蝗蝻各龄期平均食量（干重）与体重（干重）高度相关，相关系数 $R=0.912318$。意大利蝗三龄、四龄、五龄、六龄蝗蝻和成虫食物近似消化率分别为 95%、58%、56%、24% 和 3%，随龄期增大而降低。鼠尾草生境不适合意大利蝗产卵，高龄期异地迁入比例大于 50%。冷蒿生境属意大利蝗虫源地，也是高龄意大利蝗聚集地。针叶薹草生境是意大利蝗的另一虫源地，低龄期虫口密度大于 30 头/m²，五龄时开始向异地迁移，迁移率约 40%。意大利蝗发生初期为害针叶薹草生境，后期为害鼠尾草生境和冷蒿生境。

张泽华　王广君　刘朝阳（中国农业科学院植物保护研究所）

第 19 节　短星翅蝗

一、分布与危害

短星翅蝗（*Calliptamus abbreviatus* Ikonnikov）属直翅目斑腿蝗科星翅蝗亚科星翅蝗属。在我国分布于内蒙古、黑龙江、吉林、辽宁、河北、北京、山西、陕西、宁夏、甘肃、青海、新疆、山东、江苏、安徽、浙江、湖北、湖南、江西、贵州、广东、广西；国外分布于前苏联、蒙古、朝鲜。以变蒿、冷蒿、委陵菜等杂草为食，也少量取食双齿葱、糙隐子草、大针茅、羊草和小叶锦鸡儿等，为害豆类、马铃薯、蔬菜、甜菜、瓜类、甘薯、小麦、莜麦、亚麻、玉米、谷子、高粱等农作物。一般与其他草原蝗虫混合发生造成危害。

二、形态特征

成虫：体中型，雌雄差异较大，雌性体长 25.0～42.5 mm，前翅长 14～20 mm；雄性体长 12.5～21.0 mm，前翅长 8.0～12.5 mm；体褐色或暗褐色，有的个体在前胸背板侧隆线及前翅臀域具黄褐色纵条纹。头大，略短于前胸背板。颜面近垂直，隆起宽平，具刻点，无纵沟，侧缘近平行。头顶圆，凹陷，无中隆线，后头具中隆线，无头侧窝。触角刚到达前胸背板后缘。复眼卵形，较大。前胸背板宽短，中、侧隆线均明显，前胸腹板突圆柱形，顶端钝圆，中胸腹板侧叶间中隔较宽。前翅较短，顶端较狭，后翅略短于前翅。后足股节短粗，股节上隆线具明显的细齿，膝侧片顶端圆形。后足胫节红色。

卵囊和卵：整个卵块长 25～41 mm，直径 4.5～7 mm，卵囊红色或姜黄色，表面与泥土黏着。卵粒 4 个 1 排，呈放射形排列。卵壳表面粗糙，有六角形网状花纹，卵粒长 5.6 mm，直径 1.25 mm 左右，中部略弯曲，卵孔附近略缢缩，每个卵块含卵 35～56 粒。

蝗蝻：共有 6 个龄期。一龄触角、头部及腹部均为黑色，前胸背板、前足及中足均为白色，后足股节为黑色，并有 3 个白斑，胫节为黑褐色，基部有 1 个白色环纹，前胸背板呈筒形，侧隆起不明显。体长 5～6.5 mm，平均 5.75 mm。二龄全身为灰褐色，前胸背板白色，宽平，侧隆起出现但不甚明显，头部及腹部颜色稍深。体长 6～9 mm，平均 7.5 mm。三龄全身均呈灰褐色，前胸背板有时白色，侧隆起明显，后足股节黑白花纹更为明显，以后各龄体色变化不大。体长 7～10 mm，平均 8.5 mm。翅芽在一龄时尚未显现，中胸、后胸背板后缘平直。二龄翅芽虽已出现但不明显，前翅芽略突出于中胸背板，向后下方伸展。三龄翅芽较明显，突出于中胸及后胸背板，前翅芽较小，后翅芽较大，均呈半圆形，向后下方伸展。四龄前翅芽狭长，基部为前胸背板所覆盖，顶端仍为圆形，翅脉明显。体长 10～13 mm，平均 11.5 mm。五、六龄翅芽均向后方翻折，但翅芽的大小差异很大。五龄翅芽不超过第一腹节，体长 11～18 mm，平均 14.5 mm。六龄翅芽则可超过第二腹节的一半，体长 16～25 mm，平均 20.5 mm。

三、生活习性

短星翅蝗 1 年发生 1 代，以卵在土中越冬，翌年 5 月中旬至 6 月中旬开始孵化，孵化期可延至 7 月上旬。成虫 7 月中、下旬羽化，8 月下旬进行交尾产卵，产卵末期延至 10 月底。短星翅蝗在山坡丘陵草地种群数量最大，在平坦的高草草原数量很低。属地栖性蝗虫，善跳跃，不善飞，平时以爬行活动为主，尤其喜欢在有植物的地面活动，常与小车蝗等在山区混生。短星翅蝗对产卵地有一定的选择性。研究表明，产卵数量随土壤硬度的增加而明显增多，在土壤硬度为 2.6～11.5 kg/cm² 的范围内，以 11.5 kg/cm² 的试验地产卵量最高，土壤含水量在 4％时产卵量最高。

四、发生规律

（一）温、湿度

一至三龄蝗蝻体质较弱，气象条件对其取食、成长都有影响。蝗蝻对雨水的要求比较间接，对温度变化很敏感，大部分一至三龄蝗蝻生长所需温度为 2～19℃，最适温度为 10～15℃，低于 0℃，体液开始冻凝死亡。内蒙古草原一至三龄蝗蝻基本集中在 4 月下旬至 6 月上旬，此期间的气温尤其是最低气温的高低对蝗蝻成长影响最大。秋季适量的降水使地表松软，雌蝗能够将蝗卵产入足够深的土层，保证安全过冬。如果过于干燥、地表坚硬，蝗虫虫卵只能产于地表附近，大多数会在严冬冻死，影响翌年的虫口数。4 月下旬，有些早发种（如蚁蝗、毛足棒角蝗、白边痂蝗等）开始孵化，适量的降水使地表松软，有利于蝗蝻破土而出。5 月下旬至 7 月中旬各种蝗虫陆续孵化完毕，这一时期蝗虫很脆弱，阴雨、低温会延缓蝗虫的发育，使蝗虫食量减小，易于生病，甚至死亡。胚胎期的蝗卵对 0～20cm 土壤层的温湿度变化尤为敏感。若出现一次性≥20 mm 的降雨，0～20cm 土壤层相对湿度可达到 75％以上，胚胎连续 1 周浸泡在这种高湿度的土壤层中，又缺乏必要的阳光照射，可发生霉烂死亡，若出现强降温，对虫体更是致命的。相反，若连续 1 个月无有效降雨，干土层增厚，蝗卵又会因无法从土壤中汲取足够的水分而难以破土出壳，且牧草也因旱无法返青，在这样的情况下，即使出土的蝗蝻也由于得不到充足的食物而发育不良或夭折。若平均温度在 5~10℃范围内，每旬有 3~10 mm 的降水，则蝗卵发育最快，出土成虫率最高。因此，春季土壤温度和湿度是相互影响、综合作用于草地蝗虫的。

（二）光照

从光照条件来看，蝗虫害怕阴暗潮湿的环境，喜欢生活在植被覆盖率在 25%~50% 的地区，在有丰富的食物，又有充足阳光环境里生活的蝗虫，生长发育快。蝗虫产卵地也一般选择在植被覆盖率不高、地势向阳的地区，由于日照充足．昼夜温差变化较大，有利于虫卵的孵化。因此，蝗灾发生区一般都是光照时间比较长的地区。

张卓然（内蒙古草原工作站）

刘朝阳（中国农业科学院植物保护研究所）

第 20 节 长翅素木蝗

一、分布与危害

长翅素木蝗［*Shirakiacris shirakii*（I. Bolivar）］属直翅目斑腿蝗科素木蝗属。在我国主要分布于河北、北京、天津、辽宁、吉林、黑龙江、山东、河南、山西、甘肃、陕西、江苏、安徽、浙江、江西、福建、广东、广西、四川等省（自治区、直辖市）。国外分布于印度、前苏联、朝鲜、日本等地区。主要为害禾本科、豆科等多种植物。

二、形态特征

成虫：体中型，褐色、暗褐色或黑褐色。雌成虫体长 32.5~41.5mm，前翅长 27.5~36.5mm；雄成虫体长 22.5~29mm，前翅长 19.5~25.5mm。自头顶向后至前胸背板后缘具宽黑褐色纵纹。头顶短宽，无中隆线。颜面向后倾斜，颜面隆起较宽，密生小刻点，无纵沟，侧隆线明显隆起，头侧窝不显。触角丝状。前胸背板宽平，中隆线低，被 3 条横沟隔断；侧隆线稍弯曲，黄褐色。前胸腹板突圆柱形，顶端粗圆。中胸腹板侧叶之中隔较窄，雄性其长度为宽最窄处的 2.5~3.75 倍，雌性为 2~2.5 倍；后胸腹板侧叶相毗连。前翅狭长，顶圆，长度超过后足股节顶端较远，翅面具许多不规则形的黑褐色小斑点。后翅三角形，本色透明。后足股节较粗，上侧的上隆线具细齿，股节外侧具黑褐色纵纹，膝片顶端圆形。后足胫节端半部红色，基半部浅黄褐色并有黑色环斑，胫节刺基部白色，端部黑色。雄虫肛上板宽三角形，顶端具有突尖；尾须侧扁向内弯曲，中部狭窄，两端宽，端部宽圆；下生殖板短锥形，顶端略尖。雌虫产卵瓣短粗，顶端钩状，上产卵瓣的上外缘具粗糙突起，下生殖板的后缘具 3 个突起。

卵囊和卵：卵囊较直或略弯曲，细长，长 19.8~56.0mm，宽 4.0~8.5mm，无卵囊盖，囊壁泡沫状，有时沾有少量沙土，易脱落。泡沫状物质呈黄褐色或淡黄色，有时呈红褐色，在卵粒上较厚，而其余地方较薄；泡沫状物质与卵粒粘连不甚紧密，易分开。卵囊内有卵 43~67 粒，与囊纵轴近平行状，排列杂乱。卵粒长 4.6~5.5mm，宽 1.0~1.4mm，呈黄褐色或淡红色。卵粒较直略弯曲，中间较粗，向两端渐细，上端钝圆。卵壳表面粗糙，具有 5~8 个隆起的脊围成网状小室；脊的交界处有较大的瘤状突起；瘤状突起不甚牢固，易脱落。卵孔可见，卵孔带附近具有 1 缢缩圈。

蝗蝻：有 6 个龄期。前胸背板略平，中、后胸发达，后足强壮有力，善跳跃，后足股节外侧中央有黑色纵带纹。体色及花纹随龄期的不同而变化。一龄胸部背面两侧均有黑斑，中央部分颜色较淡，可区别于其他各龄。二龄全身为深灰色，由头顶到前胸背板的背面为黑色或灰黑色。三龄全身为灰褐色，前胸背板背面的黑色部分愈加明显。以后各龄体色变化不大，但四龄的前翅芽向下，五至六龄翅芽向上，这与其他蝗虫略有不同（彩图 22-20-1）。

三、生活习性

长翅素木蝗在河北、山东 1 年发生 1 代，以卵在土中越冬。越冬卵翌年 5 月中旬开始孵化，孵化期可延至 7 月上旬，孵化较早的蝗蝻可于 7 月中旬羽化为成虫，7 月底至 8 月上旬开始交配、产卵，产卵期至 10 月底。成虫寿命可延至 11 月上旬。

成虫具有一定的飞翔能力，秋季常因环境条件不适宜而较远距离迁移。成虫交配时间长，一般达 4～5h，最长达 24h 以上（彩图 22-20-2）。雌虫喜在河堤、渠埂和高岗等处产卵。每头雌虫产卵 2～3 块，每块卵 43～67 粒，1 头雌虫一生产卵 108～223 粒。蝗卵的孵化期较长，一般地势较高的河堤、高岗等处，土温变化幅度大，蝗卵发育快，孵化早；相反，地势低洼、潮湿及湖、河沿岸土温变化小，蝗卵发育慢，孵化晚。

蝗蝻和成虫均善于跳跃，喜栖息在地势较低、植被较高密的地区，很少到地面活动，受惊后即迅速跳跃，或转移到植物叶片背面。每天有两个取食高峰，即 10：00～11：00 和 16：00～20：00。中午高温及低温阴雨天气很少取食。四龄后的蝗蝻食量增大，成虫的食量较大，日食叶量 17.6g，是大垫尖翅蝗的 6.2 倍。秋季转移到麦田，为害小麦幼苗。有时还为害甘薯、马铃薯和白菜、甘蓝、萝卜等。

长翅素木蝗常与中华稻蝗和大垫尖翅蝗混生，多发生在地势低洼的海滩、湖滩、沿河、内涝洼地。在同一地区，因环境条件不同发生密度有显著差异，一般荒芜地和狗尾草、蒿草等丛生地带密度大，而地势稍高燥的地区则发生密度小。

四、发生规律

（一）虫源基数

春季蝗蝻先在牧草上取食，然后迁到附近农田为害；夏季高温干旱，蝗蝻逐渐羽化为成虫，小麦或早春作物收获后，迁到谷田或其他禾本科作物田继续为害；到秋季，田间食料大减，田间虫口密度锐减；待冬小麦出苗后，白天迁到麦田为害，晚上迁回杂草地栖息，直至霜降前后死亡。且随着目前的农业生产方式，田埂、沟边、荒草地等公共场所防治缺失，有利于虫源积累。

（二）气候条件

气候条件对长翅素木蝗的发生时期和世代有很大影响。长翅素木蝗以卵在土中越冬，越冬后，蝗卵开始发育时间南部较早，北部较迟，平原较早，山区较迟。

当年 5 月为长翅素木蝗孵化出土期，温度偏高能够使土温快速回升，有利于蝗虫的孵化。6～7 月的气温偏高可能利于晚发种（6～7 月孵化出土的蝗虫）的孵化和早发种（5 月及以前出土的蝗虫）的取食。8 月为长翅素木蝗产卵期，如果气候温暖可以使蝗虫成虫顺利产卵。11～12 月气温偏低较利于翌年蝗虫灾害的发生。若当年有降雪会在地面形成雪盖，对地面形成一个保护层，使冬季地温较高，蝗卵死亡率低，也利于翌年蝗虫灾害的发生。

（三）寄主植物

长翅素木蝗主要为害芦苇、白茅、狗尾草、营草等禾本科牧草及水稻、玉米、高粱、谷子等禾本科作物和大豆、绿豆、红小豆等豆科作物，有时也为害蔬菜、甘薯、马铃薯等。

（四）自然天敌

长翅素木蝗的天敌很多，包括青蛙、蜥蜴、鸟类、真菌、病毒、线虫、捕食性的甲虫、寄生性的蜂类、寄生蝇类等。蚂蚁、步甲、芫菁、雏蜂虻、食虫虻等都是蝗虫的重要捕食性天敌昆虫。因此保护和利用好当地的自然天敌，对于控制长翅素木蝗有重要作用。

丛斌　董辉（沈阳农业大学植物保护学院）

第 21 节　日本黄脊蝗

一、分布与危害

日本黄脊蝗〔*Patanga japonica*（I. Bolivar）〕属直翅目斑腿蝗科黄脊蝗属。在我国分布于河北、陕西、甘肃、山东、江苏、安徽、浙江、江西、福建、广东、广西、台湾、四川、贵州、云南、西藏等省（自治区）。国外分布于印度、朝鲜、日本等地区。

日本黄脊蝗在我国北方 20 世纪 80 年代之前从未造成过危害。进入 80 年代以后，由于农田生态系统的变化和气候条件的改变，日本黄脊蝗发生面积和为害程度日趋加重。

二、形态特征

成虫：体大型，黄褐色，被有细长绒毛，刻点粗而密，背面有 1 条明显的黄色纵条纹。雌成虫体长 42～52.3 mm，前翅长 41.5～54 mm；雄成虫体长 33.3～40 mm，前翅长 33～38 mm。头大，短于前胸背板。头顶宽，与颜面隆起形成圆形，后头部具中隆线。颜面稍向后倾斜，颜面隆起宽，具纵沟，侧缘近平行。头侧窝三角形。复眼长卵形，纵径约为横径的 1.6 倍，复眼下方具 1 条黑色条纹。触角细长，常到达或刚超过前胸背板的后缘。前胸背板中隆线处常有明显的黄色纵条纹，向后延伸至前翅的臀脉域；中隆线低，被 3 条横沟所隔断；无侧隆线；背板侧片具 2 个明显的黄色斑，底缘黄色。前胸腹板突圆柱状，顶端钝圆。中胸腹板侧叶间中隔呈长方形，中隔的长度为其宽的 1.3 倍。前翅发达，到达后足胫节的中部，前翅缘前脉域基部淡黄色。后翅略短于前翅。后足股节沿外侧上隆线和外侧下隆线各具 1 条黑色纵条纹。后足胫节无外端刺。跗节爪间中垫大，近方形，超过爪的顶端。雄虫肛上板长盾形，顶端呈三角形突出，基半中央具纵沟；尾须扁圆向内弯曲，超过肛上板；下生殖板圆锥状，顶尖。雌虫肛上板三角形，具中纵沟；尾须短锥形；下生殖板狭长，后缘中央具长三角形突出；上、下产卵瓣边缘光滑，末端钩状（彩图 22-21-1）。

卵囊和卵：卵略有棱，稍弯，卵囊长椭圆形，卵在囊中排列不整齐。

蝗蝻：末龄蝗蝻体色较淡，翅芽可达第三腹节。

三、生活习性

成虫多在晴天 8：00～11：00 和 16：00 羽化，羽化 4～5 d 后开始交配。交配多在晴朗天气的 9：00～11：00，阴天则停止交配。交配历时 3～4 h。交配 9～13 d 后开始产卵，产卵多在白天。雌虫一生产卵 2～4 块，平均 3.3 块。每产 1 块卵持续 2～4 h，卵多产在 4.5～6 cm 土壤深处。成虫在性成熟前有迁飞行为。它的迁飞距离不远，多在视野内降落。迁飞多出现在晴天 3 级以下风力的午前时刻。其飞行方式大体可分 3 种类型：①低空短暂飞行，一般飞行高度在 2 m 左右，只飞数米远即落下来；②中空较远飞行，一般迎风斜飞，高度距地面 3～5 m，飞行距离可达数十米；③盘旋远距离飞行，起飞时头部迎风，前进方向与风向成锐角，盘旋而上，飞至 10 m 高时，飞行方向偏离风向成钝角，飞行 300～500 m 远处降落。迁飞降落地点，大多数为环境条件优适、食料质量较佳之处。

成虫产卵期为 4 月下旬至 6 月下旬，卵孵化盛期在 5 月下旬至 6 月上旬。蝗蝻期在 5 月中旬至 9 月中旬。成虫于 7 月下旬始见，8 月中旬最多，10 月上旬后在适宜场所越冬，至翌年 6 月下旬，田间仍可见到少数越冬成虫。

卵大多数产在路旁、沟埂等比较坚硬的土壤中，少数产在作物田内。每个卵块有卵 21～134 粒不等，平均为（57±19）粒。卵历期一般 30 d 左右，最短 21 d，最长 41 d。卵块对水有较强的耐浸泡力。

蝗蝻一般为 5 龄，少数为 6 龄。幼蝻孵出 1～2 h 后便开始活动并在附近寄主上取食，三龄后开始扩散。蝗蝻有一定的耐饥力，三龄蝗蝻平均饥饿 2～5d 死亡，四至五龄蝗蝻平均饥饿 3.7 d 死亡。将饥饿 2.5d 的五龄蝗蝻重新喂食，有 78.2% 可恢复正常。

四、发生规律

（一）活动栖息

蝗蝻三龄前一般仅在孵化地附近寄主（多为禾本科牧草）上取食活动，三龄后除为害牧草外，开始扩散为害玉米、谷子、糜、大豆、甘薯等作物。10 月下旬成虫开始由山上向山下，由阴坡向阳坡，由裸地向草丛迁移，寻觅越冬场所。成虫多聚集在阳坡地边、草丛和堆放玉米秸秆处。翌年 3 月下旬越冬成虫开始活动交配，4 月中旬进入交配产卵期，其活动场所多在麦田及地边、堰埂杂草中。在寒冷的冬季，雌成虫耐寒力低于雄虫。

（二）气候条件

气温是影响日本黄脊蝗发生程度的重要因素。如果冬季气温偏高，则有利于蝗卵越冬；春季回温快，蝗卵孵化出土早。如 1999 年 8 月下旬至 9 月下旬，陕西省商洛市各地为日本黄脊蝗成虫羽化盛期，牧草地和坡源地玉米严重受害。而 2000 年和 2001 年 9 月中旬才始见成虫，羽化盛期在 9 月下旬末至 10 月上旬，较 1999 年推迟 1 个月左右。此时玉米已近成熟，受害轻，损失小。2000 年和 2001 年成虫盛发期与

1999 年相差甚大的主要原因是 8～9 月气温差异悬殊。陕西商洛市商州区 1999 年 8～9 月平均气温比 2000 年同期分别高 1.3℃、2.8℃，比 2001 年同期分别高 1.6℃、2.7℃，导致 1999 年成虫盛发期较 2000 年和 2001 年提前 30 d。

（三）寄主植物

日本黄脊蝗食性杂，是一种食性广泛的杂食性害虫。寄主植物包括画眉草、牛筋草、狗尾草、胡枝子、稗、马唐、披碱草等野生植物和谷、黍、玉米、小麦、绿豆、大豆、花生、白菜、胡萝卜等种植作物。

（四）天敌

日本黄脊蝗天敌种类较多，其中中华大蟾蜍、泽蛙、黑斑蛙等捕食幼蝻能力较强。此外，日本黄脊蝗的寄生蜂、真菌和线虫种类也十分丰富。

丛斌　董辉（沈阳农业大学植物保护学院）

第 22 节　西伯利亚蝗

一、分布与危害

西伯利亚蝗〔*Gomphocerus sibiricus* (Linnaeus)〕属直翅目槌角蝗科大足蝗属。国外主要分布于俄罗斯西伯利亚和蒙古，国内主要分布于新疆、内蒙古、黑龙江、吉林等省份的夏秋牧场上，在甘肃的部分地区亦有分布。

西伯利亚蝗以禾本科、莎草科牧草和农作物为主要食料，喜食的植物有羊茅、针茅、针叶薹草、草地早熟禾、冰草、天山赖草、狐茅、牛毛草、紫花苜蓿草、细柄茅、三棱草、野葱、蒲公英、马蔺、小麦等，常对牧草造成严重损失（彩图 22 - 22 - 1）。西伯利亚蝗在新疆的天山北坡、阿尔泰山南坡、准噶尔西部山地、天山中部等海拔 1 000～3 200 m 的草原区广泛分布，平均每年为害面积达 66.67 万 hm² 以上，严重为害面积 13 万 hm²。

二、形态特征

成虫：体型中等偏小，暗褐色。雄性体长 17.1～23.4 mm，雌性体长 19～25 mm。雄性前翅长 11.6～16.5 mm，雌性前翅长 12～14.7 mm。体形匀称，头顶端较钝，颜面倾斜，头侧窝明显，呈狭长四方形。雌雄两性触角顶端明显膨大，尤以雄性更为明显，膨大呈槌状，触角中段一节的长度为其宽度的 2.5～3 倍（雄性），或 2～2.25 倍（雌性）。雄性前胸背板明显地呈圆形隆起，中隆线呈弧形；雌性前胸背板较平坦。前胸背板侧隆线明显，在沟前区呈弧形弯曲。侧隆线间的最宽处等于最狭处的 2～3 倍。后横沟较近后端，沟前区的长度等于沟后区长度的 1.5～2 倍。前翅到达或略超过后足股节的顶端，缘前脉域基部明显膨大，雄性前翅的前、后肘脉部分或全部彼此相结合，中脉域很宽，有整齐的横脉。雄性前足胫节特别膨大，近乎梨形，易区别（彩图 22 - 22 - 2）。

卵囊和卵：卵囊直或略弯曲，形状多种多样，通常呈不规则长椭圆形；中部较粗，向两端渐细。卵囊长 8.0～16.0 mm，平均 12.9 mm；宽 3.5～6.1 mm，平均 5.2 mm。卵囊壁土质，由雌性产卵的分泌物黏上沙土而成，呈褐色或黑褐色。卵室较大，有卵 3～18 粒，与卵囊纵轴呈倾斜状、侧观为 1 排而背腹观为 3 纵行规则地呈多层次排列。卵粒匀称，直或略弯曲；中部较粗，向两端渐细；上端部钝圆，下端部呈狭圆状。卵粒长 4.1～6.5 mm，平均 5.0 mm；宽 1.2～1.6 mm，平均 1.4 mm；长宽比值约为 3.6。卵粒灰白色或浅黄色，有时略带紫色色彩，具光泽。

蝗蝻：雌雄两性皆 4 龄。

蝗蝻体色常可分为 3 种类型：①暗灰色或黑褐色，其身体背面色浅并在整个体躯具有暗色细点或斑。②除头顶及后头外，在头部及体躯背面皆呈绿色或橄榄绿色，前胸背板侧板和后足股节外上缘间也常为绿色。③体躯背面为暗褐色或几乎呈黑色，不具淡色或几乎不具淡色纵带，头及前胸背板侧板有时呈绿色。最后一类型蝗蝻较少见。

一龄蝗蝻体长 4.2～9.0 mm。触角长 1.5～2.0 mm，为 13～14 节。后足股节长 3.4～4.0 mm。头顶三角形，常有明显的小凹陷。颜面隆起具有明显的纵沟。头侧窝下缘明显且较缓平。前胸背板侧隆线微弯曲，中隆线不被横沟切断。翅芽很小，位于中胸及后胸侧板两侧，具不明显的皱纹（纵脉），下端呈弧形弯曲。雄性生殖板中央具有明显下陷，雌性生殖板的第八、九节呈圆三角形。

二龄蝗蝻体长 7.0～11.2 mm。触角长 2.5～3.0 mm，为 16～17 节。后足股节长 4.5～5.0 mm。头顶直角形，无凹陷。头侧窝具有明显的下缘。前胸背板后缘平直。翅芽顶端微尖，呈钝三角形并具有明显的纵脉，其顶端到达后胸的后缘。雄性生殖板中央微下陷，微向后伸，雌性生殖板的第八、九节呈三角形。

三龄蝗蝻体长 10～15 mm。触角长 3.5～4.0 mm，为 18～20 节。后足股节长 6.5～7.0 mm。颜面隆起不明显，较平滑，仅在中单眼处微下陷。雄性触角端部加粗。前胸背板侧隆线明显弯曲，横沟切断中隆线并延伸至侧板。前翅芽刚到达第一腹节，后翅芽到达第一腹节的 3/4 处，前、后翅芽皆向背面合拢并覆盖在中胸及后胸上。雄性生殖板明显突出，呈圆锥形，雌性下产卵瓣紧靠上产卵瓣。

四龄蝗蝻体长 14.3～20.5 mm。触角长 4.5～5.0 mm，为 22～23 节。后足股节长 9.5～10.0 mm。颜面隆起无纵沟，仅在中单眼处微凹陷。雄性触角明显呈棒状，雌性则不明显。前翅芽刚到达第三腹节，后翅芽到达第四腹节，前后翅芽明显合拢，后翅包在前翅的外面，前、后翅翅脉明显。雄性生殖板很突出，呈圆锥形并向上弯曲；雌性产卵瓣较长，上产卵瓣末端在腹部末端突出。

三、生活习性

1 年发生 1 代，以卵在土中越冬。新疆一般年份最早孵化在 4 月下旬或 5 月上旬，盛期在 5 月上、中旬。最早羽化期在 5 月中旬，6 月上旬为羽化盛期，5 月下旬可见到个别成虫交配，6 月中旬为交配盛期。个别成虫产卵见于 6 月中旬，6 月下旬为产卵盛期，产卵可延迟到 7～8 月。西伯利亚蝗成虫的寿命雌雄有明显的差异，在交配后，雄性常先于雌性死亡，雌性成虫在 9 月间仍可见到。

蝗蝻各龄历期一般为：一龄 13d，二龄 9～10d，三龄 7～8d，四龄 13d。各龄期的长短同海拔高度和气候条件有关，一般海拔高，历期较长，气温高，则历期短。

西伯利亚蝗成虫从交配至产卵需 6～14d，产卵深度为 0.5～10cm。喜欢集中产卵，在新疆巴里坤林带以上草地，每平方米有卵块 168 个，有时高达 486 个卵块，特别喜在草地"冬窝子"的羊粪层中产卵，产卵场所选在土质疏松、避风向阳、温度偏高而植被覆盖度较小的地方。

四、发生规律

春季气温回暖早，夏季炎热，冬季暖冬，持续干旱，致使蝗卵越冬死亡率低，蝗蝻发生期提早，有利于蝗虫的猖獗。一般西伯利亚蝗在湖滨、沼泽附近和沟谷内虫口密度明显大于其他生境。西伯利亚蝗蝻的活动主要与光照、温度、湿度等环境条件密切相关，其特别喜欢晒太阳和聚集在温度较高的场所。晴天日出后，气温和地温升高，蝗蝻才从草丛基部爬向植株叶茎晒太阳，待气温进一步增高，蝗蝻才开始取食。日落后或遇到阴雨天，气温较低，蝗蝻则在草丛根部静止不动。

蝗蝻初孵化时常呈小群的点状分布，二龄以后开始扩散。三至四龄则扩散面积较大，但并不一定具有定向的扩散现象，在羽化后，成虫常有较长距离的迁飞行为。据 1955 年在新疆巴里坤地区监测表明：成虫 1 d 内 13：00～15：00 活动量最大，阴雨天多栖息于草丛根部静止不动，飞翔能力较强。成虫期，特别在性成熟前常有结群较长距离的迁飞行为，其飞行高度同气温高低成正相关，中午前后，为飞行高峰，飞行高度为 40～50 m，有时高达 100 m 以上，1 次迁飞距离为数百米，1 群蝗虫的数量为数百头或千头以上，此种迁飞现象与风力、风向和蝗虫的盘旋式飞行密切相关。

林峻（新疆维吾尔自治区灭蝗灭鼠指挥部办公室）

曹广春 刘朝阳（中国农业科学院植物保护研究所）

第 23 节 狭翅雏蝗

一、分布与危害

狭翅雏蝗 [*Chorthippus dubius* (Zubovsky)] 属直翅目网翅蝗科雏蝗属。分布在我国的青海、甘肃、内蒙古、河北、东北、山西、陕西、四川等地区。主要为害禾本科、莎草科牧草。狭翅雏蝗对牧草的为害主要在高龄蝻及成虫期。

二、形态特征

成虫：体黑褐色或黄褐色。前胸背板侧隆线全长明显，呈角状弯曲，不具黄白色 X 形纹。前胸背板后横沟位于中部之后。前翅前缘脉域缺黄白色纵条纹，中脉域无 1 列黑斑。鼓膜孔呈狭缝状。后足股节内侧基部具黑色斜纹。后足胫节黄色或褐色。

雄性体长 10.7～11.9 mm，前翅长 6.8～8.0 mm，后足股节长 7～7.9 mm，前翅较短，远不到达后足股节的顶端，中部较宽，近顶端较狭尖，中脉域较宽，其宽度为肘脉域宽度的 1.5～2 倍，中胸腹板侧叶间中隔最狭处略小于侧叶最狭处，后足股节内侧下隆线具音齿（105±3）个（彩图 22 - 23 - 1，1、3、4）。

雌性体长 11.7～15.0 mm，前翅长 5.7～7.1 mm，后足股节长 7.5～9.8 mm，前翅较短，刚到达后足股节之中部，中脉域较狭，其最宽处相等于或略大于肘脉域最宽处，产卵瓣粗短，端部略呈钩状（彩图 22 - 23 - 1，2、5）。

卵囊和卵：卵囊呈圆柱形，顶端略凹，中部较细，略有弯曲，其长为 14.6～21.5 mm，卵囊内泡沫状胶质部分为灰色，其长度较卵粒部分稍短。每一雌虫平均产卵囊 12.6 块，每一卵囊内有卵 8～14 粒，平均 10.4 粒，有规则排列。卵粒大小为 4 mm×0.9 mm。

蝗蝻：多为 4 龄，少数为 5 龄。一龄蝗蝻身体匀称，体长 5 mm 左右，头顶不向下方侧斜，前胸背板侧隆线后段不甚扩大，翅芽不明显。二龄蝗蝻前后翅芽可辨。三龄蝗蝻翅芽向背部靠拢。四龄蝗蝻雄性体长为 10 mm，雌性为 12 mm；头侧窝长方形，前胸背板中隆线平直，侧隆线明显向内弯曲；后足股节膝部颜色不加深，身体腹面具稀疏的褐色斑纹。

三、生活习性

（一）生活史

1 年发生 1 代，以卵在 1～3 cm 土中越冬。最早卵在 5 月上旬开始孵化出土，一般孵化盛期在 6 月中、下旬。二龄蝗蝻从 6 月上旬开始出现到 8 月中旬结束，盛期在 7 月上、中旬，6 月下旬到 9 月下旬是三至五龄蝗蝻发生时期，7 月下旬始见成虫，8 月上、中旬为成虫羽化盛期，9 月上、中旬为成虫产卵期。10 月中旬以后成虫大量死亡，至 11 月上旬已基本无成虫活动。

（二）发育历期

狭翅雏蝗蝗蝻多数为 4 龄，少数为 5 龄。一龄蝗蝻发育历期为（18.09±5.43）d，二龄（15.86±5.39）d，三龄（14.59±4.92）d，四龄（17.18±5.80）d，五龄（18.62±6.42）d。整个蝗蝻期（70.45±15.76）d，成虫寿命（42.36±13.46）d，从孵化出土到成虫死亡平均经历 113d。

四、发生规律

（一）气候条件

全蝗蝻期发育起点温度为 9.41℃，有效积温为 175.44℃。狭翅雏蝗只有在 21～35℃下才能发育为成虫，当温度低于 21℃或高于 35℃时，蝗蝻在一龄时死亡。

当温度为 25℃，土壤含水率为 10.0% 时，卵孵化率最高，达 62.5%。在适温范围内（25～30℃），土壤含水率较低（10.0%）时卵的孵化率较高。当温度低于 18℃和高于 35℃时，蝗卵孵化率为零。

（二）寄主植物

狭翅雏蝗主要发生在植被稀疏的禾本科草地上，覆盖度低于 85% 的莎草草场也有少量分布。喜食植物有禾本科的碱茅、针茅、早熟禾、扁穗冰草、垂穗披碱草、赖草、狐茅、莎草科的薹草、蒿草，豆科的黄芪、苜蓿、三叶草、草木樨，菊科的蒲公英、紫菀、光沙蒿等。不喜食小麦苗，对玉米幼苗基本不取食。

（三）天敌

天敌种类很多，捕食性天敌有鸟禽类、蜘蛛、蜥蜴、蛙类等，鸟禽类的捕食量最大。寄生性天敌有飞蝗黑卵蜂和蝗虫微孢子虫等病原微生物，以及寄生螨类等。

班丽萍（中国农业大学）
王伟共（内蒙古自治区呼伦贝尔市草原工作站）

第 24 节　小翅雏蝗

一、分布与危害

小翅雏蝗［*Chorthippus fallax*（Zubovsky）］属直翅目网翅蝗科雏蝗属。我国主要分布在青海、甘肃、新疆、内蒙古、吉林、山西、河北等地区，是高山草原发生的优势种类，主要为害禾本科、莎草科牧草及苜蓿、谷子、麦类等作物。以成虫、蝗蝻咬食叶片，咬断植物茎秆和幼芽。被害叶片成缺刻，严重时被吃光。

二、形态特征

成虫：体色黄褐色或绿褐色。头部较短，短于前胸背板，头顶前缘几乎呈直角形，头侧窝明显狭长方形，长为宽的 3 倍，颜面向后倾斜，颜面隆起全长具纵沟。复眼后具黑褐色眼后带。前胸背板前缘平直，后缘钝角形突出；中、侧隆线均明显，侧隆线在中部略向内弯曲，后横沟位于背板近中部，沟前区几乎与沟后区等长。后足股节黄褐色，上侧常绿色，内侧基部无黑色斜纹，后足胫节黄色。腹部黄绿色（彩图 22 - 24 - 1，彩图 22 - 24 - 2）。

雄性成虫体长 9.8～15.1 mm，前翅长 5.7～13.1 mm。前翅顶端宽阔，不到达足股节的顶端，其前缘脉域近基部明显扩大，顶端不超过前翅的中部，中脉域的宽度为肘脉域宽的 2.5～3 倍，后翅很短，不到达前翅的 1/2，呈鳞片状。雄虫后足股节内侧下隆线具音齿（105±8）个，膝侧片顶圆形，尾须长柱形，端部略细。雄虫下生殖板短锥状，顶端钝。

雌性成虫体长 14.7～21.7 mm，前翅长 3.4～6.6 mm。前翅鳞片状，侧置，在背部分开，端部狭，翅顶较尖锐，其长仅达到第二腹节背板。雌虫产卵瓣粗短，上背产卵瓣的上外缘无细齿。

卵囊和卵：卵囊圆柱状，甚弯曲，其上部略细于下部，长 11.4～18.3 mm，胶质部分短于卵粒部分，约占卵囊全长的 1/3，卵囊壁外层胶质较坚硬。卵粒部分最粗处直径为 3.3～3.8 mm，卵粒有规则排列，斜排成 3 行，卵粒大小为 4.5 mm×1 mm。每一卵囊含卵粒 11～16 粒。

三、生活习性

（一）生活史

小翅雏蝗属晚期发生的蝗虫种类，1 年发生 1 代，以卵集中在 1.5～3cm 的土层中越冬，翌年 6 月上、中旬，当 5 cm 土层平均土温达 14.3℃左右时，越冬卵开始孵化出土，6 月下旬至 7 月上旬为孵化出土盛期。二龄蝗蝻从 6 月下旬初始见到 8 月中旬结束，6 月下旬末至 9 月上旬为三至四龄蝗蝻发生时期。7 月下旬始见成虫，8 月中旬至 9 月上旬为成虫羽化盛期。8 月中、下旬成虫开始产卵，9 月上、中旬末为产卵盛期。在自然条件下，成虫期较长，11 月上旬地面仍可见到成虫活动。但 9 月下旬以后，当牧草枯黄时，蝗虫活动减弱，对牧草为害较小。

（二）发育历期

小翅雏蝗蝻期共 4 龄。各龄历期平均为 13～15d，其中，一龄蝗蝻发育历期差异较大，在日平均气温 13.3℃时发育仅 7d，而在 9.92℃时长达 29d。整个蝗蝻期为（55.28±9.86）d，成虫寿命为（43.90±12.16）d。从孵化出土到成虫死亡平均经历 100d。

四、发生规律

（一）气候条件

在自然条件下蝗蝻期的发育起点温度为（8.264 1±0.394 8）℃，有效积温为（230.279 0±20.819 3）℃。

（二）寄主植物

小翅雏蝗喜栖息于较潮湿环境中，主要发生在牧草较茂密的草场上，在河岸的马蔺、禾草滩及农田路边的水草丛中常有大量发生。小翅雏蝗除食禾本科牧草外，对苜蓿、草木樨、灰绿藜、马蔺也常喜食。

（三）天敌

天敌种类很多，捕食性天敌有鸟禽类、步甲、虎甲、蜘蛛、蜥蜴、蛙类等，鸟禽类的捕食量最大。寄生性天敌有中国雏蜂虻、飞蝗黑卵蜂和蝗虫微孢子虫等病原微生物，以及寄生螨类等。

班丽萍（中国农业大学）

王伟共（内蒙古自治区呼伦贝尔市草原工作站）

第 25 节　邱氏异爪蝗

一、分布

邱氏异爪蝗［*Euchorthippus cheui* Hsia］属直翅目网翅蝗科异爪蝗属。我国主要分布在甘肃（永登、肃南、古浪、榆中、临夏、临潭、卓尼、迭部、碌曲、宕昌、岷县、张川）、陕西（定边、太白）、宁夏（银川）、内蒙古（海拉尔）等地区。

二、形态特征

雄成虫：体长 13.5～15 mm，前翅长 12.0～13.5 mm，后足股节长 9～11 mm。体中小型。头部短于前胸背板。头顶三角形；头侧窝较大，窝长为宽的 3.2～3.75 倍；颜面极倾斜，颜面隆起纵沟浅，中眼以上略具稀疏刻点。触角细长，向后可达后足股节基部的 1/3 处，基部数节较扁，其余柱状，中段一节的长度为宽度的 3～3.2 倍。复眼卵形，其纵径为眼下沟长度的 1.9～2 倍。前胸背板前缘较平直，后缘弧形；中、侧隆线均明显，侧隆线在沟前区平行，后横沟在背板中部穿过，沟前区的长度与沟后区相等。中胸腹板侧叶间中隔较宽，其最狭处小于其最宽处的 1.81～2 倍；后胸背板侧叶分开。前翅狭长，超过后足股节的顶端，翅顶尖圆形，各个脉域均不具闰脉；中脉域狭于前缘脉域及肘脉域。后翅与前翅等长。后足股节匀称，其长度为宽度的 5.6～5.8 倍。后足胫节外侧具刺 11～12 个，缺外端刺。后足第一跗节长于第三跗节。肛上板三角形，基部两侧具膨大的隆起，基半中央具深纵沟，端半略隆起，两侧较凹陷。下生殖板粗短锥状，阳具基背片冠突分前后二叶。

体灰褐色、暗褐色。眼后带宽、黑褐色。前胸背板侧隆线浅褐色。前翅灰褐色、暗褐色或绿色。后足股节灰褐色或黄褐色，内侧基部具 1 黑色斜纹。后足胫节黄褐色（彩图 22 - 25 - 1）。

雌成虫：体长 19.5～23.0 mm，前翅长 15.5～16.5 mm，后足股节长 13～15 mm。体较雄性为大。触角较短，超过前胸背板后缘，中段 1 节的长度为宽度的 2 倍；复眼纵径为眼下沟长度的 1.33～1.57 倍。前翅缘前脉域及肘脉域具闰脉，中脉域略狭于前缘脉域及肘脉域。后足股节长度为宽度的 5.18～5.6 倍。后足胫节外侧具刺 12～13 个。下生殖板狭长，后缘中央具三角形突出；上下产卵瓣之外缘光滑无细齿，末端钩状。腹部末端具粗大刻点。

体灰褐色，少数背部绿色。前翅缘前脉域直到中脉域黑褐色。前缘脉域具 1 白色纵纹；绿色个体除缘前脉域及前缘脉域为黑褐色外，其余部分均为绿色，在前缘脉域亦具 1 白色纵纹（彩图 22 - 25 - 1）。

卵囊和卵：卵囊呈口袋状，无盖，平均长 11.34 mm，上部细于下部，部分上部弯曲，壁厚而较硬。泡沫体长约 4.19 mm，致密，呈棕黄色。卵粒部长 7.0～8.0 mm，每一卵囊内含卵 6～10 粒。卵粒规则地排列成 3 排，每排 2～3 粒。卵粒平均长 4.12 mm，宽为 1 mm。

蝗蝻：前足前跗节内侧的爪明显小于外侧爪，中、后足前跗节的内侧爪均长于外侧爪。雌雄两性蝗蝻均为 5 龄，各龄特征见表 22 - 25 - 1。

表 22 - 25 - 1　邱式异爪蝗各龄蝗蝻的形态特征（引自刘长仲，1998）
Table 22 - 25 - 1　The characteristics of nymphs of *Euchorthippus cheui*（from Liu Changzhong，1998）

项目	一龄	二龄	三龄	四龄		五龄	
				雌	雄	雌	雄
触角节数	9～13	12～17	17～20	21～22	20～21	23～25	22～23
体长（mm）	4.62±0.41	6.89±0.41	8.24±0.34	11.26±0.82	9.98±0.93	14.31±0.80	12.31±0.42

（续）

项目	一龄	二龄	三龄	四龄		五龄	
				雌	雄	雌	雄
后足股节长（mm）	3.00±0.12	4.02±0.42	5.34±0.37	6.81±0.43	6.04±0.32	8.87±0.59	7.29±0.41
体重（mg）	4.83±0.58	10.25±0.4	15.59±0.9	50.65±6.2	38.85±7.0	76.03±2.86	68.69±5.05
翅芽变化	不见翅芽	翅芽明显，翅脉不显	翅脉出现分支	翅芽向背部靠拢，其长度短于前胸背板		翅芽的长度等于或大于前胸背板	

三、生活史和习性

（一）生活史

野外系统调查结果表明，邱氏异爪蝗在甘肃夏河县 1 年发生 1 代，以卵集中在土表 3～4cm 深处越冬。翌年 5 月中旬越冬卵开始孵化出土，6 月上旬为孵化出土盛期。二龄蝗蝻从 5 月下旬始见到 6 月下旬结束，盛期在 6 月上、中旬。6 月中旬到 8 月上旬是四至五龄蝗蝻发生时期。7 月上旬始见成虫，7 月下旬进入羽化盛期。8 月上旬成虫开始产卵，8 月下旬达到产卵盛期（表 22 - 25 - 2）。每头雌虫一生可产卵囊 2～10 个，平均为 6 个，每一卵囊含卵 6～10 粒，平均为 8 粒。

表 22 - 25 - 2 邱氏异爪蝗年生活史（引自刘长仲，1998）
Table 22 - 25 - 2 The life history of *Euchorthippus cheui*（from Liu Changzhong，1998）

月	5			6			7			8			9			10
旬	上	中	下	上	中	下	上	中	下	上	中	下	上	中	下	上
		○	○	○	○											
			①	①	①	①										
				②	②	②	②									
					③	③	③	③								
						④	④	④	④							
							⑤	⑤	⑤	⑤	⑤					
								＋	＋	＋	＋	＋	＋			
											○	○	○	○	○	○

注 ○：卵，①～⑤：一至五龄蝗蝻，＋：成虫。

野外单体饲养结果表明，邱氏异爪蝗的蝗蝻期共 5 龄。各龄间发育历期差异较大，其中二龄历期最短，平均仅有 9.54 d，五龄历期最长，平均为 18.35 d。全蝗蝻期为（69.40±13.26）d。成虫寿命平均为 60.42 d，从卵孵化出土到成虫死亡平均经历约 130 d。

（二）采食习性

邱氏异爪蝗在雨雪和刮风天气几乎不取食。由于高山草原气候多变，蝗虫的日食量变化较大。蝗蝻期的日食量随着龄期的增大而增加。成虫期日食量的最大值为交配产卵前的补充营养阶段。雌雄成虫的食量差异很大，雌虫的日食量约为雄虫的 3.3 倍。按蝗蝻各龄历期和成虫的寿命计算，蝗蝻期采食鲜草量平均 458.69 mg，成虫期平均 1 565.80 mg，成虫期的食量约为蝗蝻期的 3.4 倍。每头蝗虫一生总食量平均 2 024.49mg。

四、发生规律

（一）寄主植物

主要取食禾本科，如无芒雀麦，并部分取食莎草科的牧草植物。

（二）天敌

捕食性天敌主要有鸟禽、狐狸、蛙、蟾蜍、蛇、蜥蜴、蜘蛛、步甲、虎甲、螳螂、蚂蚁等类群。寄生性天敌主要有中国雏蜂虻、蝗虫微孢子虫、线纹折麻蝇（拟麻蝇）及某些寄生性线虫和寄生螨类等。

班丽萍（中国农业大学）

王伟共（内蒙古自治区呼伦贝尔市草原工作站）

第 26 节　宽翅曲背蝗

一、分布与危害

宽翅曲背蝗〔*Pararcyptera microptera meridionalis*（Ikonnikov）〕属直翅目网翅蝗科网翅蝗亚科曲背蝗属。宽翅曲背蝗雌性为地栖型蝗虫，而雄性属于地栖偏植栖型蝗虫。主要分布于中国的黑龙江、吉林、辽宁、内蒙古、甘肃、青海、河北、山西、陕西、山东等省份，国外在蒙古和俄罗斯也有一定的分布。其喜欢的生境为岗地、草原中突起的山地和丘陵、矮草碱草多的草地，以及灌丛林地等。食性较杂，以为害禾本科牧草为主，同时也为害莎草科、豆科、十字花科等牧草，有时也侵入农田，喜食小麦、荞麦、莜麦等。宽翅曲背蝗的取食为害造成植物断茎、秃尖、落叶、穿孔、缺刻等现象，严重影响牧草的生长及产量。

二、形态特征

雄成虫：体长 23～28 mm，前翅长 16～21 mm。体中型。头部较大，头顶宽短，三角形，中央略凹，侧缘和前缘的隆线明显。头侧窝长方形，较凹，在顶端相隔较近。颜面侧观明显向后倾斜。颜面隆起宽平，无纵沟，略低凹，侧缘较钝。复眼卵圆形，其垂直直径为其水平直径的 1.33 倍。触角丝状，超过前胸背板的后缘。前胸背板宽平，前缘较平直，后缘圆弧形；中隆线明显隆起；侧隆线明显，其中部在沟前区颇向内弯曲呈 X 形，侧隆线间的最宽处等于最狭处的 1.5～2 倍；后横沟切断侧隆线和中隆线；沟前区与沟后区的长度几乎相等。前胸腹板前缘在两前足基部之间呈较低的三角形隆起。中胸腹板侧叶间中隔较狭，其最狭处几乎相等于其长度。后胸膜板侧叶间中隔全长彼此分开。前翅发达，略不到达或刚到达后足股节末端；前翅肘脉域较宽，其最宽处约为中脉域近顶端狭处的 2 倍；前缘脉域较宽，最宽处约等于亚前缘脉域最宽处的 2.5～3 倍；中脉域通常无中闰脉。后翅略短于前翅。后足股节粗短，股节的长度为其宽度的 3.9～4.1 倍；上侧中隆线无细齿；外侧下膝侧片顶端圆形。后足胫节缺外端刺，沿外缘具刺 12～13 个。跗节爪间中垫较短，刚到达爪的中部。后足股节黄褐色，具 3 个暗色横斑，雄性后足股节底侧橙红色，雄性内、外膝侧片黑色，雌性尾须圆锥形，到达或略超过肛上板的顶端。下生殖板短锥形，顶端略尖（彩图 22 - 26 - 1，1、4）。

雌成虫：体长 35～39 mm，前翅长 17～22 mm。较雄性大，且粗壮。触角较短，刚到达前胸背板后缘。中胸腹板侧叶间中隔最狭处较宽于其长度。前翅较短，通常超过后足股节的中部。前翅肘脉域较狭，肘脉域的最宽处几乎相等于中脉域的最宽处。产卵瓣粗短，上产卵瓣的外缘无细齿。体黄褐色、褐色或黑褐色，头部背面有黑色"八"字形纹。前胸背板侧隆线呈黄白色 X 形纹，侧片中部具淡色斑。前翅具有细碎黑色斑点；前缘脉域具较宽的黄白色纵纹。后足股节橙红色，近基部具淡色环，内、外下膝侧片黄白色（彩图 22 - 26 - 1，2、3）。

三、生活习性

（一）生活史

宽翅曲背蝗，一般 1 年发生 1 代，以卵在土壤中越冬。在黑龙江省，越冬卵于翌年 5 月中旬开始孵化，5 月下旬为孵化盛期，6 月下旬至 7 月上旬羽化为成虫，并开始交配产卵。在内蒙古自治区西部，5 月上旬开始孵化出土，5 月中、下旬为盛期；6 月中旬始见成虫，羽化盛期在 6 月下旬至 7 月上旬。6 月下旬开始产卵，7 月上、中旬为盛期。成虫活动可到 8～9 月。山西省北部地区，宽翅曲背蝗各发育阶段与内蒙古大致相同，而比黑龙江早 1 旬左右。

越冬卵较耐干旱，当年 4～5 月降水及气温上升到 10 ℃以上时利于蝗卵孵化；蝗蝻及成虫均喜温喜光喜干燥的环境条件，并常随阳光照射部位的转移而改变栖息场所；各龄蝗蝻的历期，养虫笼饲育观察的结果为：一龄历期 6 d，二龄为 7 d，三龄为 7 d，四龄为 7 d，五龄为 7 d。

（二）活动与扩散

宽翅曲背蝗以荒田、草地为经常的栖息场所，在草丛间跳跃、爬行、飞翔。早晚温度较低或有露水时，停止取食，静止时抱握在植株上，或集中潜伏在背风的干燥土坡、土缝里，日出时则聚集于向阳坡面，气温升高，便四散活动，聚集在稀疏植被的草滩上。成虫于中午时常进行短距离飞翔，蝗蝻能短距离跳跃，每次能跳高 40 cm，距离 0.5～1 m，最远 3m，最高可连续跳跃 15 次，三龄以后跳跃能力增强。

宽翅曲背蝗对植物不同高度表现为选择在植物中下部分，在 0～10 cm 范围选择值为 56.70%，10～20 cm 范围为 40.70%，而 20～30 cm 范围仅占 2.6%，宽翅曲背蝗的发生时期，虽然植物生长较高，但由于其本身体重大，植物对宽翅曲背蝗的支撑能力受到限制，因而也在长期进化过程中形成了对植物中下部位的选择适应。

（三）交配与产卵

经观察，宽翅曲背蝗求偶时，一般雄虫擦翅清脆有声。成虫期能多次交尾，雌虫能多次产卵。在自然条件下，产卵和交尾的高峰期多数都在晴天中午和下午，阴天则较少。雌虫腹内卵粒成熟时，第二至五腹节明显膨大延长。雌虫四处爬行，用触角选择适宜产卵的场所，往往在地面钻孔 3 次以上，使地面布满空洞。产卵时，两生殖瓣在地面上钻孔，待整个腹部插进土内为止，深约 2.4 cm。产完后用后足蹬踩产卵孔，用土填平孔穴。卵块长茄形，长约 2 cm，外径 0.8～1 cm，卵块内卵粒数 11～20 粒，排列成 4～5 行，横列 3～4 排，横径 1.8 mm。草地、山麓、道旁、田埂、墙脚、土沟等处都是产卵场所，但喜欢选择土层下无草根紧密盘结的沙质土壤内，尤以背风向阳地产卵较多。

四、防治指标

（一）农田防治指标

宽翅曲背蝗孵化期在 5 月上旬至 6 月上旬，正值作物苗期，也是宽翅曲背蝗（三、四龄蝗蝻期）食量很大的时期，对作物威胁较大。依据宽翅曲背蝗若虫期和成虫期个体大小，经过田间观察和取食与产量损失试验调查及人工饲养取食量测试，确定农田防治指标应在产量损失低于 5%，宽翅曲背蝗密度为 8 头/m²。

（二）草场和农牧交错区土蝗防治指标

根据多年来 4 月下旬至 5 月上旬降水量与蝗虫发生的密切关系，4 月下旬至 5 月上旬降水充足且集中，有利于蝗卵的孵化，如此时因草场长势不好，食料不足，土蝗即可迅速迁入农田为害。根据以上特点和规律确定，在这样的气象条件下，5 月中旬至 6 月上旬草场土蝗密度达 15 头/m²（混合种）时进行防治。

吴惠惠（天津农学院农业分析测试中心）

第 27 节 红胫戟纹蝗

一、分布与危害

红胫戟纹蝗［*Dociostaurus kraussi*（Ingen.）］属直翅目网翅蝗科戟纹蝗属。在我国主要分布在新疆地区，是牧区及半农半牧区的主要有害种类，主要为害禾本科及莎草科牧草，也可侵入农田为害麦类。

二、形态特征

成虫：雄性体长 16.0～20 mm；雌性 23.0～26.0 mm；雄性前翅长 11.0～15.0 mm，雌性 13.0～16.0 mm。体较粗短。颜顶角宽短，头的背面光滑，无侧隆线，头顶在复眼之间的宽度等于颜面隆起在触角之间宽度的 2～3 倍，颜面倾斜。触角丝状，细长。头侧窝宽短，梯形。前胸背板 3 条横沟均明显，都割断侧隆线，但仅后横沟隔断中隆线，侧隆线在沟前区消失；前胸背板具有较宽的 X 状淡色条纹，在沟后区侧条纹的宽度等于沟前区侧条纹宽度的 2～4 倍；雌性前胸背板的沟后区较宽，沟后区侧隆线间的宽度比其长度明显长。后足股节较粗短，股节的长度为其宽度的 3.3～3.6 倍，沿外侧下隆线处常有 5～7 个黑色小斑点；后足股节外侧的下膝片淡色，有时基部颜色略暗。后足胫节红色。雄性前翅到达后足胫节的顶端，雌性前翅顶端离后足股节顶端较远。雄性腹部末节背板后缘的尾片较宽（彩

图 22 - 27 - 1）。

卵囊和卵：卵囊呈长筒形，中间略弯，一般长 11.0~19.0 mm，直径（内径）3.2~4.0 mm。外壁由很细的泥土、沙粒组成，厚 0.5~1.0 mm，其内壁则有较厚的褐色膜。卵囊盖的两面呈内凹形，似小帽状，其内表面褐色平滑。卵囊内没有泡沫物质，含卵 5~15 粒，一般 10~15 粒。卵粒长 4.0~5.0 mm，呈土黄色，卵粒斜面排成不规则的 3 行，全部卵粒占卵囊的 1/3~3/4（图22 -27 - 1）。

蝗蝻：雄性 4 龄，雌性 5 龄。

一龄头顶及前胸背板背中央线处有 1 条明显的白色或黄白色条纹并向下延伸到腹部，前胸背板后缘平直或向前微凹陷，前胸背板有较显著的 X 状黄色花纹，但在中部被前胸背板横沟所隔断，横沟 3 条均可见，后横沟约在前胸背板的中部。前、后翅芽很小，外缘皆指向下方。触角 13 节左右，长约 2.0 mm。体长 5.0~8.0 mm，后足股节长 3.0~4.0 mm。

二龄前胸背板的 X 状花纹显著，后缘仍微向前凹陷。前、后翅芽较明显，外缘略指向后下方。触角 15~17 节，长 2.2~2.6 mm。体长 6.5~11.0 mm，后足股节长 4.0~5.0 mm。

三龄前胸背板后缘平直或微向后突出形成钝角。翅芽上可见翅脉，雄性翅芽皆翻向腹部背面，但后翅芽仍未完全合拢，前翅芽明显可见；雌性前翅芽小于后翅芽，皆明显指向后下方。翅芽长 0.9~1.3 mm。触角约 20 节，长 3.2~3.6 mm。体长 8.0~14.0 mm；后足股节长 6.0~7.0 mm。

四龄前胸背板后缘呈钝角。雄性翅芽上翅脉显著，色泽暗褐或黑褐色，翅芽在腹部背面完全合拢，并超过第二腹节；雌性翅芽也翻向腹部背面合拢，但不超过第二腹节。触角 21~22 节，长 4.5~5.0 mm。后足股节长 8.2~9.0 mm。

五龄雌性翅芽已在腹部背面完全合拢并超过第二腹节，色泽加深，呈暗褐或黑褐色。触角 23~24 节，长 6.0~7.0 mm。体长 17.0~22.0 mm，后足股节长 10.0~11.5 mm。

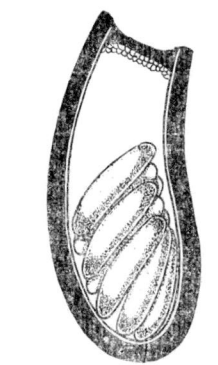

图 22 - 27 - 1　红胫戟纹蝗卵囊（仿刘举鹏，1990）

Figure 22 - 27 - 1　Egg-pod of *Dociostaurus kraussi* in China（from Liu Jupeng，1990）

三、生活习性

红胫戟纹蝗在新疆地区 1 年发生 1 代，以卵在土中越冬。其孵化及产卵随地点、环境及年份的不同有着较大的差异。如天山山系的准噶尔盆地南缘的新疆吉木萨尔县较奇台县幼虫早孵化 4~7d（1955）；而天山山系东端的巴里坤盆地东部伊吾军马场山麓（海拔 2 100 m）荒漠戈壁及休闲地于 4 月 27 日初见孵化，5 月上旬进入孵化盛期，其西部的林家台子（海拔 1 665 m）则提前 4 d 以上，伊吾前山牧场（海拔 2 300 m）则迟孵化 5 d 左右。这说明由于地理位置、海拔高度的不同，卵发育孵化进度就不同，这是掌握防治有利时机所必须参考的。据在巴里坤盆地的观察，一般年份幼虫最早孵化出现在 4 月下旬或 5 月初，孵化盛期在 5 月上、中旬，孵化末期可到 5 月下旬，羽化最早出现在 5 月下旬，盛期出现在 6 月上旬；产卵初期在 6 月上、中旬，盛期在 6 月中、下旬，产卵末期一直可延迟到 7 月底。成虫寿命雄性最短 9 d，最长 59 d，一般皆在 19 d 以上；雌性最短 27 d，最长 59d，一般皆在 27 d 以上。在自然界 9 月尚能见到成虫。

在 1 天中，卵的孵化以 10：00~12：00 最多，8：00~10：00 次之，然后是 12：00~14：00，而其余时间则很少孵化。卵的孵化率和死亡率不同年份有所不同。

蝗蝻性喜跳跃，老龄蝗蝻 1 次可跳跃 80~100 cm，无聚集习性。在一般晴天情况下，清晨与傍晚多栖息于植被草根附近；1 天中以 10：00~12：00 及 15：00~17：00 比较活跃；中午日照强，虽无风也多栖息于草丛等荫蔽处。在 7：00 后，当距地表 10 cm 的气温增高到 18℃时，蝗蝻开始取食。当地面温度达到 25~30℃时，蝗蝻普遍取食，当地面温度达到 34℃时，则多数蝗蝻在草间爬行取食或静止，或连续跳跃。

红胫戟纹蝗的食性较杂，可取食外伊犁蒿（*Artemisia transiliensis*）、薹草（*Carex liparocarpos*）、

针茅（*Stipa capillata*）、羊茅（*Festuca ovina*）、小麦（*Triticum aestivum* L.）、紫花荩荩草（*Achnatherum regelianum* Keng）、角果藜（*Ceratocarpus arenarius*）、三棱草（又名半夏，*Pinellia ternata*）、猪毛菜（*Salsola* sp.）等。经研究，红胫戟纹蝗个体一生对牧草造成损失量为 1.4039 g/头。

成虫在一般情况下羽化 5～7d 后，即可进入交配盛期。交配期间，成虫甚为活跃，多在晴天上午进行交配，阴雨低温天气，交配甚少。交配时间一般需 1h 左右，可进行多次交配，交配后 5～14 d 进行产卵。据观察，产 1 块卵需 1 h 以上，产卵后可当时或翌日又与雄性成虫进行交配。雌性产卵期最长可达 27 d，一般 15 d 左右。雌虫一般产 1～4 个卵囊，每个卵囊含卵 5～15 粒。

红胫戟纹蝗产卵多选择在土质较为坚实，植被略为稀疏的沙质土壤地段，如河渠两岸，休闲麦地的田垄、田埂以及路边等地方，在长有蒿草（*Artemisia* sp.）或天山赖草 [*Aneurolepidium tianschanicum* (Drob.) Nevski] 等向阳坡地产卵更多。但在野外挖卵时，没有发现产卵十分集中的地段，一般 1m² 最多可达 10 块。

红胫戟纹蝗的天敌主要有寄蝇、食虫虻、步甲、虎甲、黑蚁、蜘蛛、粉红椋鸟、螨、线虫、红胫戟纹蝗痘病毒（*Dociostaurus kraussi entomopox virus*，DkEPV）等。红胫戟纹蝗痘病毒自然流行率可达 23.3%。

赵莉（新疆农业大学农学院）

肖宏伟（新疆玛纳斯县蝗虫鼠害预测预报防治站）

倪亦非（新疆维吾尔自治区蝗虫鼠害预测预报防治中心站）

第 28 节　鼓翅皱膝蝗

一、分布与危害

鼓翅皱膝蝗 [*Angaracris barabensis* (Pallas)] 属直翅目斑翅蝗科痂蝗亚科皱膝蝗属。国内分布在甘肃、青海、黑龙江、内蒙古、河北、陕西、宁夏等地区。国外分布在前苏联和蒙古。主要生活在典型草原和荒漠草原，为害菊科和百合科植物，如冷蒿、艾蒿、双齿葱、多根葱及委陵菜等。

二、形态特征

成虫：雄性体长 23.5～26 mm，雌性 27～33 mm；雄性前翅长 26～28 mm，雌性 25～28 mm；雄性后足股节长 12～14 mm，雌性 14～16 mm。颜面垂直，头顶宽短，头侧窝稍圆形或近三角形。触角丝状，超过前胸背板后缘，中段 1 节的长为宽的 1.5～2 倍；复眼卵圆形。前胸背板沟前区狭而短，沟后区宽大；中隆线明显，为横沟所深切，侧隆线在沟后区明显；前胸背板后缘直角形。前翅发达，超过后足股节顶端；后翅前缘呈 S 形弯曲。后足股节短粗，上侧的上隆线平滑；后足股节基部膨大具有横细皱纹。雄性下生殖板短锥形。体黄褐色、暗褐色、暗绿色或浅绿色（彩图 22 - 28 - 1）。

三、生活习性

鼓翅皱膝蝗属蝗虫发生的中期种类，1 年发生 1 代，以卵在土中越冬。在甘肃省夏河县甘加草原地区，每年 5 月中旬蝗蝻开始孵化出土，6 月上旬达到出土高峰，此期的一龄蝗蝻数占整个发生期一龄蝗蝻总量的 34.2%。二龄蝗蝻的盛发期在 6 月中旬至 7 月上旬，此期的发生量占整个发生期二龄蝗蝻总量的 80.0%，6 月中旬至 9 月上旬是三至四龄蝗蝻发生时期。成虫于 7 月上旬开始羽化，8 月上旬达到羽化高峰，此期的成虫数量达 61.3%，而蝗蝻仅占 38.7%。9 月上旬以后全部羽化为成虫，到 11 月上旬已基本无成虫活动。雌虫产卵囊数及卵囊内的卵粒数个体间变化较大，每雌产卵囊 1～3 个，平均为 1.53 个，每一卵囊含卵 16～32 粒，平均为 21.3 粒，一生平均产卵 32.6 粒。由于鼓翅皱膝蝗是以卵囊在土中越冬，刚孵化出土的蝗蝻均在一起，所以表现出聚集趋势。6 月下旬以后随着虫龄的增长，蝗蝻逐渐扩散。7 月下旬以后，大量的蝗蝻羽化为成虫，开始寻偶交尾，表现出聚集趋势。

用珠芽蓼（*Polygonum viviparum* Linn.）饲养刚孵化出的蝗蝻至成虫，蝗蝻期的日食牧草量随虫龄的增大而加大，每增大 1 龄其日食量约增加 2 倍。每头鼓翅皱膝蝗一生取食新鲜珠芽蓼约 7.3g，其中，蝗蝻平均食量约为 1.5g，成虫期约为 5.8g。一龄蝗蝻发育历期（20.4±4.5）d，日食量 0.56mg，总食量 11.59mg；二龄蝗蝻发育历期（15.9±2.2）d，日食量 1.66mg，总食量 26.35mg；三龄蝗蝻发育历期（18.2±5.5）d，日食量 5.00mg，总食量 90.74mg；四龄蝗蝻发育历期（17.9±2.3）d，日食量 14.28mg，总食量 255.18mg。雌雄两性的日食量在成虫期差别较大，雌性的日食量约为雄性的 2.5 倍。雄性成虫发育历期（60.3±16.3）d，日食量 31.49mg，总食量 1 897.28mg；雌性成虫发育历期（49.3±11.3）d，日食量 78.95mg，总食量 3 888.29mg，雄性的日食量最高值出现在羽化初期，雌性的高峰值出现在羽化初期和产卵期。

四、发生规律

（一）气候条件

气候因子与鼓翅皱膝蝗的发生期有密切的关系。在甘肃省夏河县，每年 5 月中旬前后的平均气温达 6.5℃左右时，越冬卵开始孵化出土，6 月上旬进入孵化盛期，这一阶段温度的高低对种群数量高峰出现的早晚有直接影响。

（二）物候条件

在甘肃省夏河县甘加草原经过对鼓翅皱膝蝗各发育阶段的物候观测表明，马蔺初花、针茅二叶时，卵开始孵化出土；马蔺盛花、针茅孕穗时，为孵化始盛期；车前初花时，为一龄蝗蝻盛发期；马蔺花谢时，为三龄蝗蝻盛期；披碱草、针茅开花时，为成虫羽化始盛期；当老芒麦抽穗至开花，披碱草乳熟至蜡熟时，正是成虫交配、产卵期。

五、防治指标

根据甘肃省夏河县高山草原的经济损失水平和牧草产量损失测定，防治指标为 5.2 头/m²。

刘长仲　张廷伟（甘肃农业大学草业学院）

第 29 节　红翅皱膝蝗

一、分布与危害

红翅皱膝蝗 [*Angaracris rhodopa* (Fischer-Waldheim)] 属斑翅蝗科痂蝗亚科皱膝蝗属。分布在我国黑龙江、内蒙古、河北、甘肃、青海、宁夏等地区，多分布在高山草原、山地草原和荒漠草原地区，与其他种类混合发生，在前苏联和蒙古也有分布。喜食纤维素含量低的菊科、百合科、蔷薇科、蓼科等阔叶草及禾本科牧草。

二、形态特征

成虫：雄性体长 23～29mm，雌性 28～32mm。雄性前翅长 23～31mm，雌性 23～32mm。雄性后足股节长 12～14mm，雌性 14～17mm。颜面垂直。头顶宽平，与颜面隆起形成圆形。头侧窝明显，三角形。前后翅发达，超过后足胫节中部，后足胫节基部膨大部分具平行的细隆线。体浅绿色或黄褐色，上具细碎褐色斑点。后足股节外侧黄绿色，具不太明显的 3 个暗色横斑，内侧橙红色，具黑斑 2 个，近端部具 1 黄色膝前环。后足胫节橙红色或黄色。后翅透明，基部玫瑰红色（彩图 22-29-1）。

卵囊和卵：卵囊圆柱状，无盖、壁薄，略弯曲，长 22mm，泡沫状物为棕色，呈蜂窝状不规则的多角体。卵粒部约占卵囊长的 1/3，直径 3.5～5.5mm，卵粒斜排或直立，4 粒一排，4～6 排，每一卵囊含卵粒 16～27 粒，平均 17 粒。卵粒棕褐色，表面具鱼网纹，网眼有针状突起，卵粒大小为 6.1mm×1.6mm。

蝗蝻：共 4 龄。一龄蝗蝻触角 9～13 节，体长 4.26～6.22mm，后股节长 3.14～3.90mm。二龄蝗蝻触角 12～17 节，体长 6.2～9.5mm，后股节长 3.5～4.9mm。三龄蝗蝻触角 17～20 节，体长 8.2～13.6mm，后股节长 5.8～7.0mm。四龄蝗蝻触角 20～24 节，体长 12.8～23.6mm，后股节长 8.6～

12.9mm（彩图 22 - 29 - 2）。

三、生活习性

红翅皱膝蝗属蝗虫发生的中期种类，1 年发生 1 代，以卵在土中越冬。在甘肃省夏河县甘加草原地区，每年 5 月中旬当平均气温达 6.5℃、5cm 平均地温 10.5℃左右时，越冬卵开始孵化出土，6 月上旬进入孵化盛期。6 月下旬进入二龄蝗蝻盛发期，6 月中旬至 9 月上旬是三至四龄蝗蝻发生期。羽化最早在 7 月上旬，7 月下旬进入羽化盛期，7 月下旬至 8 月上旬开始产卵，每雌产卵囊平均 1.29 个，每一卵囊含卵粒 14～27 个，平均为 19.9 个。

红翅皱膝蝗蝗蝻期 4 龄，蝗蝻期平均为 68d 左右。一龄蝗蝻平均发育历期为 (18.61±4.40) d，体重约为 9mg。二龄蝗蝻平均发育历期为 (15.57±2.10) d，体重约为 26mg。三龄蝗蝻平均发育历期为 (16.06±3.82) d，体重约为 71mg。四龄蝗蝻平均发育历期为 (20.00±3.16) d，体重约为 175mg。雌性成虫平均寿命为 (46.39±8.43) d，雄性成虫平均寿命为 (48.00±10.02) d。

用珠芽蓼（*Polygonum viviparum* Linn.）饲养，一龄蝗蝻日取食叶面积 6.05m²，日食量 2.29mg；二龄蝗蝻日取食叶面积 18.83m²，日食量 6.60mg；三龄蝗蝻日取食叶面积 68.48m²，日食量 20.05mg；四龄蝗蝻日取食叶面积 193.85m²，日食量 57.54mg；雌性成虫日取食叶面积 553.80m²，日食量 158.45mg；雄性成虫日取食叶面积 227.97m²，日食量 63.45mg。一生总食量达 6 814.82mg。

四、发生规律

（一）气候条件

红翅皱膝蝗在甘肃省夏河县每年 5 月中旬前后，当平均气温达 6.5℃左右时开始孵化出土，6 月上旬进入孵化盛期。这一阶段温度的高低对种群数量高峰出现的早晚有直接影响，6 月上旬距地表 5cm 处日平均土温（x）与发生高峰期（y）的线性回归模型为：$y=62.2392-2.9717x±3.4$。

（二）物候条件

在甘肃省夏河县甘加草原红翅皱膝蝗各发育阶段的物候观测表明，马蔺初花、针茅二叶期时，越冬卵开始孵化出土；马蔺盛花、针茅孕穗时，为卵孵化始盛期；车前初花时，为一龄蝗蝻盛发期；马蔺花谢时，为三龄蝗蝻盛期；披碱草、针茅开花时，为成虫羽化始盛期；当老芒麦抽穗至开花、披碱草乳熟至蜡熟时，正是成虫交配、产卵期。

（三）天敌

蝗虫类的天敌有蛙类、蜥蜴、壁虎、鸟类、禽类、昆虫、螨类、真菌、微孢子虫等。膜翅目的黑卵蜂和蜂虻类寄生、捕食蝗卵，蚁类、马蜂可捕食蝗卵；双翅目的折麻蝇、盗蝇、污蝇类幼虫寄生蝗蝻及成虫，网翅虻幼虫寄生蝗蝻；鞘翅目芫菁类的幼虫捕食蝗虫卵，虎甲、步甲捕食蝗蝻或成虫，皮金龟可捕食蝗卵，直翅目的针蟋捕食蝗卵，螳螂目昆虫捕食蝗蝻及成虫，革翅目的蠼螋类捕食蝗蝻。鸟类中，单只粉红椋鸟每天可取食蝗虫 120～180 头。禽类中，一只经过训练过的牧鸡每天可以啄食中等蝗虫成虫 300 头左右。

刘长仲　张廷伟（甘肃农业大学草业学院）

第 30 节　白边痂蝗

一、分布与危害

白边痂蝗（*Bryodema luctuosum luctuosum* Stoll）属直翅目蝗总科斑翅蝗科痂蝗亚科痂蝗属。白边痂蝗分布于我国内蒙古、黑龙江、河北、青海、甘肃、吉林、辽宁、山西和西藏等省份，国外分布于印度、巴基斯坦等国；是典型草原退化地带及荒漠草原的重要害虫；主要为害冷蒿、羊草、针茅、赖草和小旋花等。

二、形态特征

白边痂蝗的雄性身体较长，翅膀发达，其长度大大超过了自己的身体。雌性身体又短又粗，翅膀退化得很小，覆盖在身体背面。后翅基部黑色，外部边缘白色。胸部背面、侧面长有疮痂状的东西而得名叫痂蝗。

成虫：体暗灰色、灰褐色或黄褐色，具许多小的暗色斑点。雄虫体长 26～32mm，前翅长 35～42mm；雌虫体长 25～38mm，前翅长 15～20mm。前、后翅发达，雄性前翅常超过后足胫节的顶端，雌性前翅较短，未到达后足股节的顶端；雌雄两性中脉域的中闰脉较明显，雄性后翅第二臀叶的 $2A_1$ 脉全长都较粗。前翅具明显的暗色斑点，后翅基部暗色，沿外缘具较宽的淡色边缘。颜面隆起宽，两侧缘在中眼之下稍向内缩狭。头顶宽短，顶端宽圆，隆线明显。头侧窝呈不规则圆形。触角丝状，未到达或到达前胸背板的后缘（雄性）或远未到达前胸背板的后缘（雌性）。复眼卵形。前胸背板在沟前区较窄，沟后区较宽平，具明显的颗粒状隆起和短隆线；中隆线甚低，仅被后横沟隔断；后横沟位于中部之前。中胸腹板侧叶间的中隔较宽，中隔的宽度为其长度的 1.25～2.6 倍。后足股节较粗短，长为其最宽处的 3.2～3.6 倍，上侧的上隆线无细齿；内侧和底侧蓝黑色，顶端具明显的淡色环纹。胫节暗蓝或紫蓝色，胫节基部的膨大部分无细隆线，内、外缘刺 8～13 枚。雄性下生殖板短锥形。雌性产卵瓣粗短，顶端钩状，上产卵瓣的上外缘无细齿。

三、生活习性

1 年发生 1 代，以卵在土中越冬。在华北地区，越冬卵一般 5 月上旬开始孵化，6 月中旬始见成虫，6 月下旬进入羽化盛期，7 月上旬开始交配，7 月中旬进入交配盛期并开始选择植被稀疏、地表光硬的场所大量产卵。每头雌虫可产卵囊 2～3 块，每一卵囊平均含卵粒 27 粒。白边痂蝗不同龄期的发现时间见表 22‑30‑1。白边痂蝗对不同的植物取食喜好不同，选食顺序为多枝黄芪＞紫花针茅＞小蒿草＞异穗薹草＞披针叶黄花＞兔耳草＞康滇火绒草＞阿尔泰紫菀＞波伐早熟禾＞二裂委陵菜＞戟片蒲公英＞垂穗披碱草＞扁穗冰草＞阿拉善马先蒿＞达乌里龙胆＞艾菊＞异叶青兰＞藜＞莺尾。

表 22‑30‑1　白边痂蝗不同龄期的发生时间（引自王世贵，1997）
Table 22‑30‑1　The occurrence time of different instars of *Bryodema luctuosum luctuosum*（from Wang Shigui，1997）

月	4			5			6			7			8		
旬	上	中	下	上	中	下	上	中	下	上	中	下	上	中	下
一龄			+	+	+	+	+								
二龄				+	+	+	+	+							
三龄						+	+	+	+						
四龄							+	+	+		+				
五龄								+	+	+	+	+			
成虫									+	+	+	+	+	+	

白边痂蝗的一龄蝗蝻历期 10～14d，平均为（11.35±0.49）d；二龄历期为 8～13d，平均为（9.83±0.57）d；三龄历期 7～12d，平均（9.5±0.66）d；四龄历期 9～14d，平均为（12.72±0.37）d；五龄历期 8～15d，平均为（13.43±0.69）d；雄性成虫 10～51d，平均为（33.3±4.3）d；雌性成虫为 14～54d，平均为（36.1±5.3）d。在其各个历期中，日食物消耗量都有显著差异。除四龄外，表现出随龄期增加而日食量也相应增加。相邻龄期间比值可排序为二至三龄＞一至二龄＞五龄至成虫＞四至五龄＞三至四龄，各龄累积食量也表现出相似的规律。

白边痂蝗主要栖居在植被稀疏、土壤沙质的干旱草原上。雄虫的翅膀特别发达，善于在空中飞翔，它的飞翔能力比皱膝蝗还要强。雄虫飞翔时发出"加、加、加"而不同于皱膝蝗的声音。它发声的目的也是为了召唤、吸引异性。雌虫由于翅膀的退化，不能像雄性那样在空中飞翔，只能在地面上跳跃、爬行。由于雌虫的身体结实粗壮、食量很大，且生殖能力强，产卵量非常高，因而白边痂蝗是为害严重的种群之一，特别在荒漠草原常常猖獗发生。

四、发生规律

白边痂蝗在草原土蝗类群中属于早期种，在内蒙古 5 月初开始有蝗蝻出现，6 月中旬至 7 月上旬为成虫期，与亚洲小车蝗等混合发生。退化干草原适宜白边痂蝗的生长，相反植被高度、覆盖度超过一定界限，白边痂蝗就极少发生，如繁密的打草场很少有白边痂蝗灾害的发生。而且白边痂蝗具有迁移扩散习性，当某一片草场无法满足其食物需求后，它们便开始向着一个既定的方向进行地面迁移，吞食另一片草场，因此白边痂蝗的为害程度是相当大的。白边痂蝗为害盛期为 6 月中旬至 7 月中旬，产卵前后会大量进食以补充营养。

张卓然（内蒙古自治区草原工作站）

王广君　刘朝阳（中国农业科学院植物保护研究所）

第 31 节　短额负蝗

一、分布与危害

短额负蝗（*Atractomorpha sinensis* Bolivar）属直翅目锥头蝗科负蝗属又称尖头蚱蜢、中华负蝗。短额负蝗在我国分布很广，国内除西藏未见报道外，其余各地皆有分布。

短额负蝗的寄主植物种类繁多，主要包括禾本科牧草、苜蓿、豆类、小蓟、苍耳、小麦、玉米、水稻、棉花、马铃薯、甘薯、白菜、萝卜、甜菜、麻类、芝麻、向日葵、甘蔗等。

短额负蝗成虫和若虫均可为害，主要取食植物叶片，造成叶片缺刻和孔洞现象，严重时在短时间内将叶片食光，仅留枝干和叶柄，影响植株生长发育。

二、形态特征

成虫：体中小型，雌虫体长 28～35mm，雄虫体长 19～23mm。体色一般呈绿色或枯草色，并杂有黑色小斑。后翅基部呈玫瑰红色或红色。头部锥形，向前突出，侧观颜面向后倾斜，与头顶组成锐角。复眼长卵形，其后方具有 1 列小而突起的颗粒，排列稀疏整齐。触角剑状，较短，其基部接近复眼。前胸背板宽平，具少数颗粒，前缘平直，后缘呈钝圆形。中隆线低，侧隆线不明显。前胸腹板突呈小片状，向后倾斜。中胸腹板侧叶间的中隔为前宽后狭的四边形，雄虫中略呈方形，雌虫中宽度大于长度。后足发达，股节细长，其基部外侧的上基片长于下基片，外侧上下隆线间具颗粒状和短棒状隆起。后足胫节近端部侧缘扩大，呈狭片状，顶端具外端刺。前、后翅发达，其顶端一般均超过后足股节的端部；前翅狭长，长度超过后足股节端部的长度约为全翅长的 1/3，顶端狭锐，后翅略短于前翅。肛上板三角形。尾须短锥形，其顶端不到达肛上板的端部。雌性产卵瓣短粗，其顶端较弯，呈钩状；产卵瓣外缘具钝齿（彩图 22 - 31 - 1）。

卵囊和卵：卵长椭圆形，上端部狭圆，下端部较钝圆，长 4.2～4.6mm，宽 1.0～1.3mm，长宽比一般为 4∶1。卵粒呈淡黄色、黄褐色至深黄色。卵壳表面粗糙，呈鱼鳞状花纹。卵孔可见，呈漏斗状，开口于平坦的卵壳表面。卵囊呈长圆柱状，一般长 14.3～25.3mm，宽 5.5～7.6mm。卵囊壁泡沫状，有时沾有沙土，但不牢固，卵囊壁极易破裂。卵室之上海绵状物质较多，约占卵囊全长的 2/5。卵粒在卵囊内略倾斜排列，卵室内通常有卵 30～60 粒。

蝗蝻：体似成虫，俗称跳蝻。一龄蝗蝻体长 3～5mm，草绿稍带黄色，前、中足褐色，全身布满颗粒状突起；二龄蝗蝻体色逐渐变绿，前、后翅芽可辨；三龄蝗蝻前胸背板稍凹或平直，翅芽肉眼可见，前、后翅芽未合拢，盖住后胸一半至全部；四龄蝗蝻前胸背板后缘中央稍向后突出，后翅翅芽在外侧盖住前翅芽，开始合拢于背上；五龄蝗蝻前胸背面向后方突出较大，形似成虫，翅芽增大到盖住或稍超过腹部第三节。

三、生活习性

（一）生活史

在长江流域 1 年发生 2 代，东北、华北地区 1 年发生 1 代，均以卵在土中卵囊内越冬。

1 年发生 2 代的地区，翌年 5 月上旬，越冬卵开始孵化，初孵蝗蝻群集在叶片上，先食叶肉，使叶片呈网状。5 月中旬到 6 月上旬为孵化盛期。6 月下旬成虫开始羽化，7 月上旬第一代成虫开始产卵，7 月中、下旬为产卵盛期。第二代蝗蝻 7 月下旬开始孵化，8 月上、中旬为孵化盛期，9 月中、下旬至 10 月上句第二代成虫开始产卵，产卵盛期在 10 月下旬到 11 月下旬，以卵越冬。具体生活史见表 22 - 31 - 1。

1 年发生 1 代的地区，越冬卵一般在翌年 6 月上旬开始孵化，6 月下旬为孵化盛期。成虫在 8 月中旬开始羽化，8 月下旬为羽化盛期，9 月上、中旬为产卵盛期，以卵越冬。

表 22 - 31 - 1　短额负蝗的年生活史（1 年发生 2 代地区）（引自田方文，2005）
Table 22 - 31 - 1　Life history of *Atractomorpha sinensis*（Two generations per year）（from Tian Fangwen，2005）

月	5			6			7			8			9			10			11			
旬	上	中	下	上	中	下	上	中	下	上	中	下	上	中	下	上	中	下	上	中	下	12月至翌年4月
第一代	⊙	⊙	⊙	⊙	⊙																	
					—	—	—															
						+	+	+	+	+	+	+	+	+	+	+	+	+	+	+	
第二代									●	●	●											
										—	—	—									
												+	+	+	+	+	+				
												⊙	⊙	⊙	⊙	⊙	⊙	⊙			⊙

注　●：卵，⊙：越冬卵，—：蝗蝻，＋：成虫。

（二）习性

1. 交配　第一代成虫羽化后 6～12d 开始交尾，第二代成虫羽化后 5～9d 开始交尾。成虫有多次交尾习性，可交尾 15～20 次。温度愈高，交尾次数愈多，阴雨天交尾次数减少或不交尾，交尾最适温度为 25℃。交尾高峰一般在 10：00～15：00，每次交尾历期 4～6h。交配时，雄虫在雌虫背上交尾与爬行，数日不分离，故称之为"负蝗"（彩图 22 - 31 - 2）。交尾后即产卵于土中。

2. 产卵　第一代成虫交尾后 7d 左右开始产卵，第二代成虫交尾后 5d 左右开始产卵。产卵喜欢选择土地平整、向阳的较硬的土层中，卵呈块状，为卵囊包被，产卵深度 2～5cm。

3. 活动规律　成虫和蝗蝻均善跳跃。11：00 前和 15：00～17：00 为两个活动和取食高峰期，其他时间多在作物或杂草下躲藏。喜栖息在双子叶植物较多的湿润环境中。沟渠地边，低洼内涝地，河岸两边杂草丛生的地方发生较多。蝗蝻初孵时有群集性，三龄以后分散为害。

四、发生规律

（一）气候条件

短额负蝗的卵发育起点温度为 4.47℃，有效发育积温为 641.1℃。在 1 年发生 1 代的地区，6 月上旬当气温稳定在 15.5℃以上，5cm 土温达 19℃时，短额负蝗越冬卵的胚开始发育。随着积温的增加和温度的升高，于 6 月下旬进入蝗蝻孵化出土盛期。经观察，在晴天气温较高时孵化率最高，而且集中在 11：00～14：00，此时孵化率可占到 44.11%，阴雨天和气温低于 15℃时，孵化率仅占 5%左右。卵在发育过程中，与土壤湿度有密切的关系。在土壤含水量为 15%～20%时，卵的成活率在 78%以上，孵化率也较高。相反，土壤含水量低于 2.5%时，卵的孵化率低于 15%。

短额负蝗活动能力较弱，喜潮湿、空旷的环境条件。初孵的蝗蝻主要集中在田埂、地边、渠堰和滩地的高燥处活动，为害苍耳等双子叶杂草。蝗蝻三龄以后开始向附近的农田转移，主要为害甜菜、向日葵、豆类等双子叶植物的叶片。当气温高于 28℃或低温阴雨天气，成虫则躲在叶背面栖息，取食也相对减少。

成虫羽化与气温有密切的关系，在晴朗天气，气温在 20～25℃时，羽化率最高，1d 内 8：00～10：00，15：00～18：00 是两个羽化高峰期，羽化头数要占到总头数的 82.3%。夜间、阴雨低温天气不羽化。

交尾多集中在晴朗天气和气温较高的中午，适宜气温 25～31℃，其中，11：00～14：00 的交尾次数占 54.8%。

（二）寄主植物

初孵蝗蝻喜群集在附近的幼嫩双子叶杂草和作物上取食。三龄蝗蝻除为害杂草外，开始迁移扩散到作物田取食为害。6～7 月，第一代蝗蝻主要为害大豆、山芋、芝麻，稻田也有一定数量的蝗蝻。8 月中旬至 9 月下旬，二代蝗蝻主要为害大豆、山芋和蔬菜。以大豆叶片测定短额负蝗蝗蝻各龄期单虫的平均摄食量，分别为：一龄蝗蝻食叶 4.11cm²，占蝗蝻期摄食量的 6.99％；二龄蝗蝻食叶 9.74cm²，占蝗蝻期摄食量的 16.56％；三龄蝗蝻食叶 12.58cm²，占蝗蝻期摄食量的 21.39％；四龄蝗蝻食叶 32.38cm²，占蝗蝻期摄食量的 55.06％。

（三）天敌昆虫

短额负蝗的捕食性天敌有鸟类、蜘蛛、蚂蚁、蛙类、麻雀、寄蝇等。在湖北荆州观察发现，三突花蛛 [*Misumenops tricuspidatus* (Fabricius)] 和星豹蛛 [*Pardosa astrigera* (L. Koch)] 是十字花科菜田中短额负蝗的重要捕食性天敌，在荆州涝渍菜田具有一定优势。室内研究发现，星豹蛛对短额负蝗的捕食能力比三突花蛛较强。与其他蜘蛛类似，随着短额负蝗密度的增大，三突花蛛和星豹蛛的寻找效应下降，其相应的捕食量增加，但捕食率却未表现出相应增加。

班丽萍（中国农业大学）

第 32 节　中华剑角蝗

一、分布与危害

中华剑角蝗 [*Acrida cinerea* (Thunberg)] 属直翅目剑角蝗科，又称异色剑角蝗、中华蚱蜢、尖头蚱蜢。全国各地均有分布。为杂食性害虫，寄主植物广泛，可为害牧草、高粱、小麦、水稻、棉花、甘薯、甘蔗、白菜、甘蓝、萝卜、豆类、茄子、马铃薯及花卉等植物。常将叶片咬成缺刻或孔洞，严重时将叶片吃光。

二、形态特征（彩图 22 - 32 - 1）

成虫：体大中型，体绿色或枯草色。雄虫体长 30～47mm，雌虫 58～81mm；雄虫前翅长 25～36mm，雌虫 47～65mm。头圆锥形。颜面隆起极狭，全长具浅纵沟；头顶突出，顶端圆。复眼长卵形。前胸背板宽平，具细小颗粒，侧隆线近直，在沟后区较分开，后横沟在侧隆线之间平直，不向前弧形突出，侧片后缘较凹入，下部有几个尖锐的结节，侧片的后下角锐角形，向后突出。鼓膜器内缘直，角圆形。雄性下生殖板上缘直。雌性下生殖板后缘中突与侧突等长。

卵囊和卵：卵囊较长，弯曲，长 43.4～67.0mm，宽 8.0～10.5mm。卵囊外表面胶质部与泥沙相混，构成 1 硬壳，顶端有 1 黑色坚硬的胶囊，内部胶质为白色。卵囊外表面不与泥沙相混，单独形成 1 层黑色薄壁，内部卵胶为绛黄色。卵粒为 4 行，呈多层次排列。每卵块含卵 77～125 粒，平均 90.3 粒。卵粒呈淡黄色，长 5.7～6.5mm，宽 1.0～1.3mm，表面有 1 纵行淡黄色条纹。

蝗蝻：有 6 个龄期。体绿色或灰色，头部圆锥形，触角剑状，肛上板较长，到成虫时退化。前胸背板有侧隆线。从三龄蝗蝻起，雌、雄体长差异较大。一至四龄蝗蝻翅芽向后方斜伸，倾斜度较小，几乎与身体平行。五、六龄蝗蝻翅芽向背后方翻折。

一龄体长 9～14mm，翅芽不明显，在中胸背板后缘两侧稍向外扩展，后胸背板的后缘平直。二龄体长 14～19mm，前翅芽突出，呈三角形，后翅芽明显向后下方伸展，故后胸背板的后缘略呈弧形。三龄体长 17～25mm，前、后翅芽突出，均呈三角形，后胸背板后缘呈内凹的半圆形。四龄体长 19～35mm，前翅芽呈犬齿状，后翅芽呈长三角形，均向后方平伸，中、后胸背板的后缘呈平底槽形。五龄体长 29～52mm，翅芽向背后方翻折，长度超过第一腹节。六龄体长 35～62mm。雌虫翅芽长度超过第二腹节，雄虫的可达第三腹节。

三、生活习性

在河北、山东等地 1 年发生 1 代，以卵越冬。在山东北部 5 月下旬越冬卵开始孵化，6 月上旬为孵化盛期，蝗蝻期一直持续到 8 月中旬。成虫 7 月中旬开始羽化，8 月下旬开始产卵，最晚在 11 月上旬仍可见到成虫。

中华剑角蝗卵期较长。在山东无棣县饲养观察发现，卵历期一般 270d 左右；蝗蝻一至五龄各历期差异较小，均为 13～15d，六龄历期较长，为 18～19d，整个蝗蝻历期 85～90d；成虫羽化至交尾 13～14d，交尾后 15d 左右产卵，产卵期一般约为 30d，成虫历期一般约为 60d。

当 5 月下旬至 6 月上旬，平均气温稳定在 21～25℃时，卵开始孵化，孵化期较长，一直延续至 7 月中旬。出土极不整齐，可出现一龄蝗蝻与成虫同时出现的情况。1d 中出土以 8：00～10：00 最多，下午孵化较少，阴雨天或低温天不孵化。地势较高的渠埂、堤坝等背风向阳处，蝗卵发育快，孵化早。反之，地势低洼的洼地，蝗卵发育慢，孵化晚。

蝗蝻经过 6 次蜕皮羽化为成虫。同一天出土的蝗蝻，各龄历期不相同，有的差异较大，但其羽化时间基本相同。蜕皮及羽化时间一般在 8：00～18：00，9：00～11：00 羽化最多。夜间、阴雨或低温天气几乎不蜕皮、不羽化。雄虫羽化偏早，雌虫偏晚。

成虫羽化后 9～16d 开始交尾。成虫 1d 中可交尾 7～12 次。每次交尾历时最短几分钟，最长近 2h。交尾后 6～33d 产卵。产卵地点常选择道边、堤岸、沟渠、地埂等处及植被覆盖度为 5%～33% 的土壤中，卵囊距地面 4～11mm。每头雌虫可产卵块 1～4 块，每块卵有 60～120 粒卵，平均每头雌虫产卵 226 粒。

三龄前蝗蝻取食量较小，四龄后显著增加。蜕皮和羽化后约 2h 开始取食，蜕皮和羽化前后有暴食现象。成虫在 8：00～10：00 和 16：00～18：00 取食较多，中午一般不取食。天气闷热时只在早晨或晚上取食，在阴雨天不取食。主要为害禾本科作物及杂草，尤其喜食谷子、水稻、小麦，其次是玉米、高粱及稗草、马唐等。

一至二龄蝗蝻有群居现象。二龄蝗蝻 2h 可迁移 6m，三龄蝗蝻 2h 可迁移 24m。在食料充足的情况下多不迁移。当寄主植物被吃光后，便向他处迁移为害。成虫不进行远距离迁移活动。

四、发生规律

（一）气候条件

冬季干燥、气温偏高，有利于蝗卵安全越冬。春季气温偏高，有利于越冬卵的孵化。土壤湿度与卵的孵化和成活关系密切。一般土壤含水量在 10%～20% 最适其发育。5、6 月降雨偏多，土壤湿度较大，有利于蝗卵的孵化、幼蝻的取食和生长发育。秋季少雨、干旱，有利于成虫产卵。

（二）生境条件

中华剑角蝗适应性较强，在农田、夹荒地、特殊环境（沟、坝、台田）、洼荒地均有分布。地势高燥的地方发生轻，地势低洼的地方发生重。特别是沟埂、河坝附近密度最大，植被为狗牙根、獐毛与小芦苇混生的地方最多。

（三）天敌

中华剑角蝗天敌种类较多。卵期主要有中国雏蜂虻、卵寄生蜂和豆芫菁幼虫，其中以中国雏蜂虻为主，有些年份寄食率可达 50%；蝗蝻期与成虫期的天敌有蜘蛛类、蚂蚁类、螳螂类、蛙类和鸟类，其中蜘蛛优势种星豹蛛对三龄前的蝗蝻有极强的控制作用，成虫期主要天敌是鸟类，作用也非常显著。

庞保平（内蒙古农业大学农学院）

第 33 节　草原蝗虫防治技术

我国有 4 亿 hm² 草原，约占国土面积的 41.7%，是我国北方天然绿色生态屏障，是农牧民生产与生活的重要生产资料，具有重要的生态、经济、社会功能。而草原蝗虫灾害导致严重的经济损失、生态损失，年均成灾面积 0.12 亿 hm²，直接经济损失约 11 亿元人民币，经常性侵入农田为害，对国家粮食安全构成严重威胁。

世界上有蝗虫 1 万多种，我国记录蝗虫种类 780 种，形成为害的有 50 多种，其中 20 多种形成严重为害。我国草原蝗虫发生区依据地理特征、草地类型、蝗虫种类可分为蒙古高原草原蝗虫发生区、新疆山地草原蝗虫发生区、青藏高寒草原蝗虫发生区、北方农牧交错区草原蝗虫发生区。主要优势种有亚洲小车蝗（*Oedaleus decorus asiaticus* Bei-Bienko）、白边痂蝗（*Bryodema luctuosum luctuosum* Stoll）、红翅皱膝蝗 [*Angaracris rhodopa*（Fischer-Waldheim）]、鼓翅皱膝蝗 [*Angaracris barabensis*（Pallas）]、毛足棒角蝗 [*Dasyhippus barbipes*（Fischer-Waldheim）]、宽须蚁蝗 [*Myrmeleotettix palpalis*（Zubovsky）]、意大利蝗 [*Calliptamus italicus*（Linnaeus）]、西伯利亚大足蝗 [*Aeropus sibiricus*（Linnaeus）]、黑条小车

蝗 [*Oedaleus decorus decorus*（Germar）]、红胫戟纹蝗 [*Dociostaurus kraussi*（Ingen.）]、青海痂蝗（*Bryodema miramae miramae* B.-Bienko）、轮纹异痂蝗 [*Bryodemella tuberculatum dilutum*（Stoll）]、小翅雏蝗 [*Chorthippus fallax*（Zubovsky）]、赫迈突鼻蝗（*Rhinotmethis hummeli* Sjost）、贺兰疙蝗（*Pseudotmethis alashanicus* B.-Bienko）、宽翅曲背蝗 [*Pararcyptera microptera meridionalis*（Ikonnikov）]、黄胫异痂蝗 [*Bryodemella holdereri holdereri*（Krauss）]、短星翅蝗（*Calliptamus abbreviatus* Ikonnikov）、大胫刺蝗 [*Compsorhipis davidiana*（Saussure）]、大垫尖翅蝗（*Epacromius coerulipes* Ivanov）等。发生草原蝗虫灾害的地区有河北、山西、内蒙古、辽宁、吉林、黑龙江、四川、西藏、陕西、甘肃、青海、宁夏、新疆等省份及新疆建设兵团。草原是我国陆地生态系统的主体，具有防风固沙、涵养水源、增加碳汇、维护生物多样性等重要生态功能，高密度草原蝗灾的大面积发生，加重了草原的退化、沙化和荒漠化，严重干扰了草原的生态系统平衡，破坏国家生态建设成果。1997 年草原蝗灾面积超过 400 万 hm²，1998 年上升到 800 万 hm²，2004 年达到 0.21 亿 hm²。经过连续多年不断治理，自 2009 年以来蝗虫灾害发生面积维持在 0.13 亿 hm² 左右。蝗虫的突发性、暴发性、迁飞性特点，给地方农牧业生产造成巨大损失。同时，草原蝗虫灾害威胁我国粮食生产安全，2003 年亚洲小车蝗迁入内蒙古二连浩特、锡林浩特等 8 个城市，干扰了居民生活，迁入农牧交错区农田为害对该区域粮食生产造成重大损失。2006 年哈萨克斯坦亚洲飞蝗（*Locusta migratoria migratoria* Linnaeus）迁入新疆农区为害，导致农作物产量损失严重。2006 年、2007 年西藏飞蝗（*L. migratoria tibetensis* Chen）迁入我国西藏阿里地区，对边境地区农牧业生产和人民生活稳定造成严重影响。因此，加强草原蝗虫灾害可持续治理，对于保障我国畜牧业生产安全、粮食生产安全、生态安全具有重要的意义。

一、防控策略

在草原防控中，要着眼于生态建设，实行害虫控制、资源保护和环境保护相结合。突出害虫种群管理，在生态学的基础上兼顾经济学上的合理性，在进行经济学精确核算时要考虑生态学因素。充分考虑蝗虫为害牧草补偿易害规律及草场恢复能力，降水、覆盖度与牧草生产力的关系，昆虫占有的牧草资源的合理比例，建立草原蝗虫防治的生态经济阈值。逐步建立完善的监测预警技术体系，充分发挥高校、科研院所的人才、技术优势，尽快完善全国性的灾情测报、预警网络体系，实现蝗灾的实时、动态预警。在草原蝗虫防治过程中，因地制宜采取多种措施，互相配合、相互补充。充分考虑自然天敌和生态治理措施对蝗虫种群的影响，逐步建立以生物防治和生态治理为主、化学防治为辅的草原蝗虫可持续治理体系。

二、预测预报

加强对蝗虫的预测预报是作好治蝗工作的重要环节。在蝗虫重点发生区域设立蝗情监测点，特别是稳定基层蝗情监测人员，逐步探索蝗虫发生为害与气候因子的相关关系，制定蝗虫监测调查标准，做好越冬基数、出土孵化时期和数量、残蝗数量等调查，实行大田调查和人工饲养观察相结合，做到定点定时系统调查，才能结合各项生态因素准确地进行综合分析。草原蝗虫的发生和为害与气候条件、生态环境的关系十分密切。根据当年虫情的发生情况，做好查卵、残蝗及翌年查蛹工作，提高草原蝗虫预测预报水平。

三、生态治理

草原生态系统中，蝗虫是初级消费者之一，对维护草原生态系统的平衡和草原生态的可持续发展起着一定的作用。草原蝗虫的发生与猖獗，是在一定的草原气候、土壤、植被等条件下形成的。通过恢复草原植被，增加植被覆盖度，提高植物多样性和丰富度，减少蝗虫产卵的裸地，创造一个良好的生态环境，就能够有效抑制蝗虫的产卵和繁殖，从而抑制蝗灾的发生。草原蝗虫空间模式和发生数量都受到其生物学特性和植物群落组成影响，反映了草原害虫与植物之间复杂的耦合关系。研究表明生物多样性越高，在系统中生物之间相互制约关系就越明显，有助于保持生态系统的稳定性。豆科牧草与禾本科牧草混播不利于蝗虫的发生（Badenhausser，2012）。美国怀俄明州牧场试验提出了害虫管理策略（reduce agent-area treat，RAAT），建立了在发生地与避难所交替用药控制害虫的方法，以减少杀虫剂使用（Lockwood，2000）。此外，放牧管理也可以用来减少蝗虫密度。通过生态治理可使天敌种群增殖，建立天敌控制的食物链关系，可在平衡的生态系统中实现蝗虫的自然生态控制。生态治理技术开发和应用已经成为草原蝗虫防控研究的热点。

具体措施有：对草地实行科学管理、合理利用、严格保护。严格控制牲畜头数，解决草场过度放牧问题。通过草场禁牧或季节性休牧、划区轮牧、草地改良、退耕还林还草、绿化荒山荒坡、饲草料基地建设等手段，增加、恢复植被覆盖度和高度，扩大植物多样性，创造不利于蝗虫栖息繁殖的生境。

四、生物防治

（一）保护、利用天敌

保护天敌资源，严禁滥捕乱猎天敌；避免大量使用化学农药，为天敌创造安全的生存环境，可以有效控制蝗灾的暴发。国内已报道的各类蝗虫天敌昆虫种类超过 70 种，包括寄生蝗卵的蜂类，寄生蝗蛹或成虫的蝇类；捕食蝗卵的芫菁类、蜂虻类；捕食蝗蛹或成虫的步甲、虎甲、螳螂、蝼蛄等。此外，人为开发、利用蝗虫天敌资源，也可有效降低蝗虫种群数量。目前常用的措施有牧鸡牧鸭治蝗、人工筑巢招引粉红椋鸟防治蝗虫等。

1. 牧鸡、鸭治蝗　牧鸡、鸭治蝗是从 20 世纪 80 年代开始发展起来的一项草原蝗虫治理措施，在内蒙古、新疆等地得到大面积推广应用。牧鸡、牧鸭灭蝗与传统的化学药物灭蝗相比，具有灭效高、见效快、成本低、无公害等优点，是控制草原沙化、退化，保护草地资源，维护生态平衡，发展畜牧业的一项有战略意义的生物措施之一。近年来，牧鸡治蝗面积逐渐扩大。2012 年，农业部组织开展了"百万牧鸡治蝗增收行动"，全年共投入牧鸡 289 万只，牧鸡治蝗面积达到 94.4 万 hm^2，减少牧草直接经济损失达到 1.27 亿元，实现牧鸡增收 8 065 万元。

牧鸡治蝗是指将经过孵化、育雏、防疫和调驯的 60～70 日龄的鸡，在草原蝗害发生季节有计划地适时运至蝗害区牧放，引导鸡群捕食蝗虫，达到降低草原蝗虫密度、防治蝗灾的目的。此法在我国东北草原区、蒙宁甘草原区、新疆草原区、青藏草原区广为应用。其特点为：牧鸡捕食蝗虫能力强，见效快；牧鸡治蝗是人为有计划地向蝗害区适时运送鸡群捕食蝗虫，可充分发挥人的主观能动性；牧鸡治蝗伤害天敌少，对维护草原生态平衡有着独特的作用，既减轻草场受害程度，又减少饲料使用量，且能生产绿色鸡肉，是变害为宝的典型。

一般情况下，1 个牧养单元（如 1 家牧户）牧鸡的数量应控制在 300～500 只，最好不要超过 1 000 只。牧鸡每天清晨出牧，中午天气炎热时返回鸡棚饮水休息，下午牧鸡出牧，傍晚时牧鸡返回鸡棚。其间，放牧员要及时检查虫口密度，当放牧区域虫口密度降至 2 头/m^2 以下时，要按照规划的转场路线及时转场。

鸡群在野外蝗区捕食蝗虫的能力很强。据测定，1 只鸡 1d 可捕食中等体型的蝗虫 1 030 头，最多 1 655 头，日食蝗虫重量达 66.6 g。剖检观察，牧后 2 h 的鸡嗉囊重 32～39 g，嗉囊内有蝗虫最多达 419 头。平均 1 只鸡 1d 捕蝗面积 80～86.67 m^2，一个治蝗季可治蝗 0.53～0.6 hm^2，灭蝗效果在 90% 以上。一般 1 000～1 500 只牧鸡为 1 个防治群，1 人牧放管理，1 d 可防治草原蝗虫 10～13.33hm^2，相当于 1 台 18 型背负式喷雾机 1 d 的防治面积。牧鸡治蝗对蝗虫的天敌影响较小，防治效果明显，生态效益显著，有利于保护草原环境和生态平衡。

牧鸭治蝗是在牧鸡治蝗成功的基础上，研究开展的生物治蝗的又一新途径。麻鸭捕食蝗虫的能力强，其中每只雏鸭平均捕虫量为 786～919 头，每只中鸭的平均捕虫量为 942～1 108 头。在 20 头/m^2 以上的蝗虫密度区域进行牧鸭控制，2 200 只麻鸭放牧 7 d，调查牧鸭防治的 2.5 km^2 区域蝗虫密度降至 1 头/m^2 以下。每只牧鸭平均防治蝗虫面积为 160 m^2/d，以此推算牧鸭防治期按 60 d 计算，每个防治季节 1 只鸭子可控制蝗灾面积近 1 hm^2。

2. 人工筑巢招引益鸟治蝗　我国鸟类资源丰富，多属益鸟，充分研究招引益鸟灭蝗，潜力很大。新疆治蝗科技人员，在充分掌握粉红椋鸟（*Sturnus roseus* Linnaeus）生态学的基础上，在蝗区人工修筑鸟巢和乱石堆，创造其栖息产卵的场所，招引椋鸟栖息育雏，捕食蝗虫，控制蝗害十分明显，且一次性投资，多年受益。在部分地区，粉红椋鸟对草原蝗虫捕食率可达 90% 以上，捕食鞘翅目昆虫 3%、捕食鳞翅目昆虫 2%。1981—1986 年，新疆玛纳斯县先后在蝗区人工营巢 26 处，营巢面积 3 000m^2，招引点覆盖面积达 1.3 万 hm^2，建巢区蝗虫密度明显低于未建巢区的密度。在哈萨克斯坦，粉红椋鸟是意大利蝗的主要天敌，成年的粉红椋鸟每天取食 200 g 蝗虫。一只成年的椋鸟 1 d 可取食 16 700 头蝗虫。在营巢期间（50 d）每只成年椋鸟要取食 10 kg 蝗虫，连同雏鸟在 19 d 内消耗的 3.4 kg，总共取食 13.4 kg，即能消灭 1 200 m^2 林间草地上的蝗虫。目前，新疆在积极推广人工招引粉红椋鸟＋牧鸡、鸭的蝗害天敌控制技术。

（二）绿僵菌灭蝗

绿僵菌是最早用于防治农业害虫的真菌，能寄生30多个科的200多种昆虫，在害虫生物防治中起着非常重要的作用。作为一种应用广泛的杀虫真菌，绿僵菌在侵染过程中会抑制寄主昆虫免疫反应，破坏宿主生理平衡，从而达到杀灭害虫的目的。绿僵菌具有一定的专一性，对人畜无害，同时还具有不污染环境、无残留、害虫不会产生抗药性等优点。绿僵菌对草原蝗虫具有很好的防治效果，一般可达到80%以上。1999年在内蒙古草原进行了绿僵菌油剂超低量喷雾防治蝗虫的试验。喷药后8 d，对亚洲小车蝗的防效达48.0%，12 d后增至88.1%。蝗虫死亡后2~3 d，失水形成僵虫；7~10 d虫尸出现绿色粉状的绿僵菌孢子，孢子的扩散可继续起控制蝗虫的作用。在草原蝗虫发生区可以采用100亿孢子/mL绿僵菌油悬浮剂进行喷雾，施用剂量为1 200 mL/hm²左右，也可采用10亿孢子/g绿僵菌饵剂机械喷洒，用量在1 500g/hm²左右。

低浓度联苯菊酯与金龟子绿僵菌混合施用时，对亚洲小车蝗表现明显的协同作用。混合施用对亚洲小车蝗的半致死温度（LT_{50}）值均比单独施用要短。混合施用质量浓度为联苯菊酯有效成分5 mg/L与金龟子绿僵菌1×10^7孢子/mL防效比较理想。

（三）微孢子虫灭蝗

蝗虫微孢子虫是一种专寄生于蝗虫等直翅目昆虫体内的单细胞真核原生动物，可感染20种左右的蝗虫。蝗虫感染微孢子虫后，表现为发育迟缓、体形瘦小、腹节拉长、后期腹部松软且多呈粉红色、行动不活跃、懒于采食或少食，严重者死亡。蝗虫微孢子虫灭蝗的成本仅为化学防治的1/3~1/2，且对人畜安全，不污染环境。将微孢子虫与麦麸配制的饵料被蝗虫取食后，可引起蝗虫感病死亡，存活在残虫的体内可产生大量孢子，健康蝗虫取食残虫后，微孢子虫又可在蝗虫种群中传播，也可通过病虫产的卵传给下一代。

（四）植物源农药

目前草原蝗虫的防治主要采用植物源农药，用量已经超过化学农药。可以采用0.3%印楝素乳油、1.2%烟碱·苦参碱乳油、1%苦参碱可溶液剂等进行地面大型机械喷雾，施用剂量均为1 200 mL/hm²左右。在蝗虫暴发区也可进行飞机超低量喷雾。

五、化学防治

近年来，随着生态保护意识的增强，生物防治比例不断增加，化学防治比例相对减少。但是当蝗虫发生密度特别高，造成危害比较严重时，仍然依赖化学防治。化学农药防治具有经济、快速、高效等优点，特别是结合飞机和大型机械喷洒农药，速度快、效率高，是治理大面积、高密度猖獗发生的蝗灾必不可少的手段。

防治药剂可以选用2.5%高效氯氰菊酯水乳剂、5%阿维·高氯乳油等进行地面大型机械喷雾，施用剂量500 mL/hm²左右，也可进行飞机超低量喷雾，施用剂量1 800~2 500 mL/hm²；也可2.5%高效氯氟氰菊酯水乳剂，施用剂量525 mL/hm²，用于地面低量喷雾。

在蝗灾局部发生时，也可喷洒毒饵。当植被稀疏时，用毒饵防治效果好。将麦麸（米糠、玉米糁、高粱糁或鲜马粪等）100份、清水100份、90%敌百虫晶体1.5份混合拌匀，使用量为23~30 kg/hm²（以干料计）。也可用蝗虫喜食的鲜草100份，切碎，加水30份，拌入90%敌百虫晶体1.5份，100~150 kg/hm²；根据蝗虫取食习性，在取食前夕均匀撒布。随配随用，不宜过夜。阴雨、大风和气温过高或过低时不宜使用。

六、物理防治

利用部分草原蝗虫有较强趋光性的特点，在电力设施便利的农牧交错区设置高效节能型灯具，在缺少电源的牧区草原设置太阳能灯具或以小型风力发电机为电源的灯具，于夜间开灯诱集，翌日6：00~7：00，在灯下蝗虫聚集处喷洒超低容量高效、低毒杀虫剂，然后收集死虫深埋。也可根据此时段蝗虫行动迟缓的特点，用扫帚、拉网等工具捕捉成虫，直接饲喂家禽，或烘干后粉碎，作为高蛋白质饲料。开展灯具诱虫工作，要以预测预报为依据。一是设灯地点应选在成虫虫口密度大的区域，二是诱集时间应选在成虫羽化高峰期、成虫未产卵之前或成虫迁出之前。利用灯具诱灭亚洲小车蝗成虫具有环保、高效、低成本和节省劳力等优点。

七、施药技术

施药方法有背负式喷雾器喷雾、大型机械喷药和飞机超低量喷药 3 种。应当根据当地实际情况选择施药方法。

1. 飞机治蝗　一般在蝗虫发生密度较高、面积较大的情况下采用飞机治蝗，或者在蝗虫突发、暴发的情况下，作为应急措施采用。凡是地势比较平坦、适宜飞机作业的地方均可以采用飞机防治。

2. 地面大型机械防治　是目前草原蝗虫防治采取的最主要措施。主要采用大型拖拉机悬挂喷雾器械、喷粉器械或饵剂撒播机，每台机械每天防治面积为 $533 \sim 666.67 \ hm^2$。

3. 人工小型机械防治　主要在部分不适宜开展大型机械防治且蝗虫发生密度较高的区域使用。采用的器械有手持超低容量电动喷雾机或背负式电动喷雾机及其他电动、手动、汽油喷雾或喷粉机械。应避免在高温条件下施药，气温在 $5 \sim 30℃$ 或阴天可全天喷洒。风速大于 $8 \ m/s$ 及雨天不宜施药。

目前我国草原蝗虫防治已经初步建立了以生物防治为主、生态治理和化学防治为辅的防控技术体系（图 22-33-1），生物防治比例超过 50%。但是，草原蝗虫缺乏长期系统监测数据，中长期预测还存在不确定性，短期预测准确性有待提高，地理信息系统、全球定位系统等信息技术在害虫种群监测和预测中的

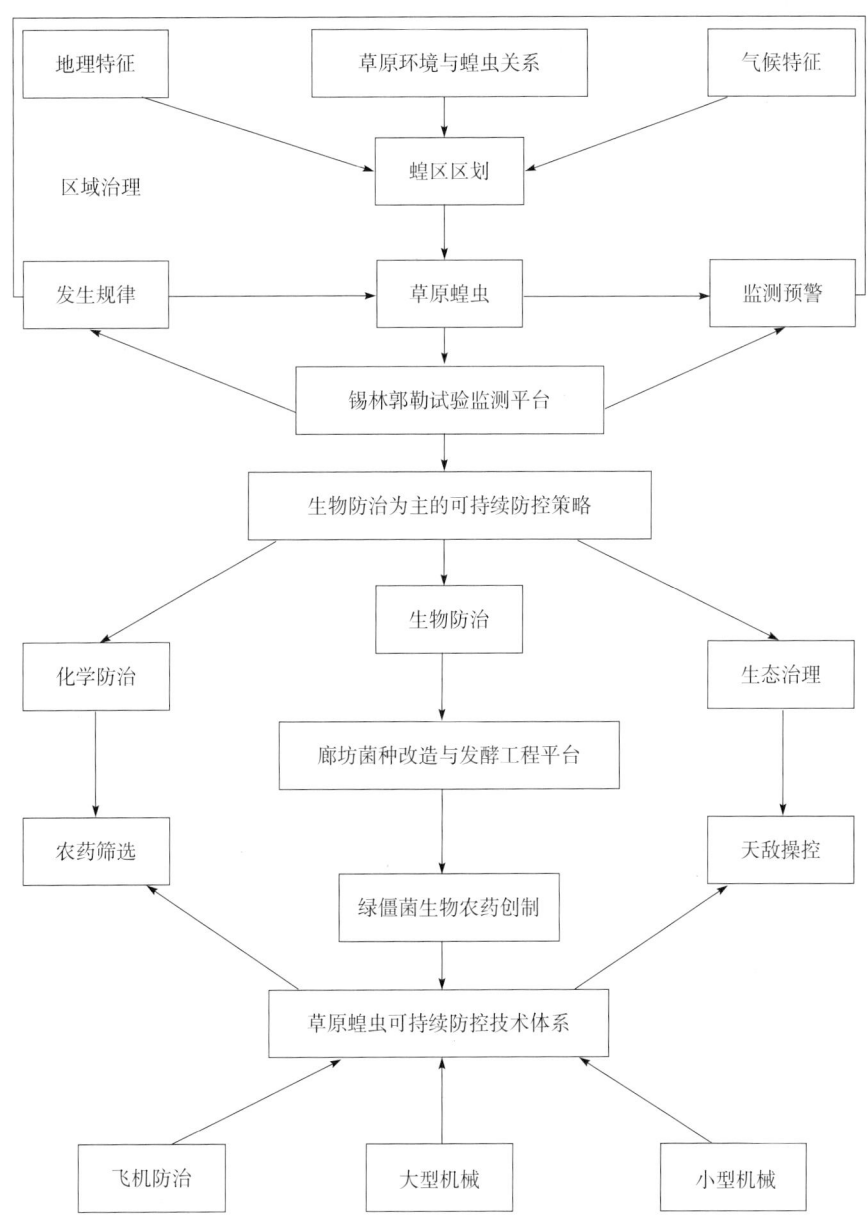

图 22-33-1　草原蝗虫可持续防控技术

Figure 22-33-1　Sustainable management of locust and grasshopper

应用有待加强，环境友好型药剂的防治效果有待提高，特异性及专一性药剂缺乏，生物防治技术、生态调控技术还有很大的发展空间。对于我国草原发生的虫害问题，从生态系统出发，应用生物防治技术和生态调控技术，实现可持续控制仍是非常重要的命题，对于保护我国草原生态系统稳定健康发展具有重要的意义。

张泽华　王广君　涂雄兵（中国农业科学院植物保护研究所）

第 34 节　草原毛虫

一、分布与危害

草原毛虫（*Gynaephora* spp.）是青藏高原牧区的重要害虫，别名红头黑毛虫、草原毒蛾，属鳞翅目毒蛾科灯蛾属。其在西藏草原发生的主要种类是青海草原毛虫（青海草毒蛾）[*Gynaephora qinghaiensis* (Chou et Yin)]。主要为害藏北蒿草（*Kobresia schoenoides*）草地，造成牧草生长低矮，产草量降低（彩图 22 - 34 - 1）。

草原毛虫发生在西藏的那曲地区中部（聂荣、那曲、安多、比如），这一地带属高寒亚寒缺氧季风气候区，虫灾较为多见。这一地带主要是高寒草甸和垫状植被草地，植被的建群种为高蒿草、矮蒿草，伴生种有委陵菜（*Potentilla chinensis* Ser.）、珠芽蓼（*Polygonum viviparum* L.）、风毛菊（*Saussurea amurensis* Turcz. ex DC.）等，这一特殊的生态环境最有利于草原毛虫的栖息，且面积辽阔。环境中的气象因子、土壤因子、生物因子等与草原毛虫生活生育规律及新陈代谢相适应，也是高原草原毛虫在长期的演化过程中逐渐建立起来的遗传性，是种的保守性。草原毛虫适应环境条件的变化幅度狭窄，若环境因子波动幅度大，则不利于其生长发育和繁殖，也不易造成草原虫灾。因此，一旦气温、湿度偏低，少雨少雪干旱时就可自然有效控制草原毛虫的灾情发生。

据历史资料记载，20 世纪 60 年代在西藏聂荣县，曾发生过草原毛虫为害，当时仅夏曲卡一带有小面积的发生，自 1998 年开始聂荣县的下曲乡、沙色乡发生草原毛虫面积达 0.53 万 hm²。由于气候异常，草原毛虫连年发生，其活动区域、面积和密度在逐年增加，1999 年就有 6 个乡的 31 个行政村及 1 个牧场发生了草原毛虫灾害，分别是下曲乡、沙色乡、白雄乡、索雄乡、尼玛乡、果雄乡、县牧场，虫灾面积达 4 万 hm²，2000 年除永曲、当木江乡外，其他 11 个乡不同程度地发生了草原毛虫灾害，面积达 24 万 hm²，2001 年已遍布全县 13 个乡的各村，面积达 59 万 hm²，实属历史罕见。从 2000 年开始聂荣县草原毛虫向邻近的那曲县、比如县、安多县辐射性地蔓延扩散，情况令人十分担忧（彩图 22 - 34 - 1）。

二、形态特征

成虫：雌成虫与雄成虫在形态特征上完全不同，雄成虫体长 6.7～9.2 mm，体黑色，背部有黄色短毛，翅两对，被黑褐色鳞片，复眼圆形、黑褐色，触角羽毛状，有足 3 对，被黄褐色长毛，跗节 5 节，跗节端部黄色。雌蛾体长圆形，较扁，体长 8～14 mm，宽 5～9 mm，头部甚小，黑色；复眼、口器退化，触角短小，棍棒状；3 对足较短小，黑色，不能行走，仅能用身体蠕动；前后翅均退化，仅留痕迹，呈肉瘤状小突起，不能飞行；腹部肥大，全身被黄色绒毛；翅、足等均看不到；腹部末端黑色；由于雌蛾不能行走和飞行，在茧中不外出，一般在地面上见不到（彩图 22 - 34 - 2）。

卵：散生，藏于雌虫茧内，呈扁球形，卵孔端稍平或微凹入。初产的卵乳白色，近孵化的卵颜色逐渐变暗。卵直径 1.12～1.47 mm。

幼虫：雄性 6 龄，雌性 7 龄。初龄幼虫体长 2.5 mm 左右，体乳黄色，12 h 后变成灰黑色，48h 后为黑色，背中线两侧，明显可见毛瘤 8 排，毛瘤上丛生黄褐色长毛。老熟幼虫体长 22 mm 左右，体黑色，密生黑色长毛，头部红色，腹部第六、七节的中背腺突起，呈鲜黄色或火红色（彩图 22 - 34 - 3）。

蛹：雄蛹椭圆形，长 6.8～9.8 mm，宽 3.5～4.9 mm，腹部末端尖细；蛹外具茧，茧长 11.3～16.1 mm，宽 7.2～10.3 mm，椭圆形，灰黑色，周围有一层薄细灰白色丝状物包裹；虫茧周围密生灰黑色细长毛，根据观察茧由老熟幼虫吐丝和脱落的毛组成；外观初看像羊粪，初羽化的蛹带嫩绿色，经 1 d 后变为黄褐色，2 d 后呈黑色。雌蛹纺锤形，较雄蛹肥大，长 9.6～12.5 mm，宽 4.3～6.9 mm；全身比较光滑，深黑色，泛光泽；翅芽很小，仅见痕迹；大多裸露，部分被虫茧包裹（彩图 22 - 34 - 4）。

三、生活习性

草原毛虫幼虫是其生长发育的主要时期，也是为害草原牧草的重要阶段。草原毛虫有 7 个龄期，但雄虫提前 1 个龄期结束幼虫发育，随后结茧化蛹，辨别龄期的标准为头壳宽和发现的蜕皮现象。

一龄幼虫在 9～10 月孵化，但当时草原牧草已枯黄，一龄幼虫取食茧毛，并在虫茧或枯草中聚集越冬，越冬幼虫在翌年 4～5 月牧草返青时随气温逐日上升开始活动，并少量取食返青嫩叶。对牧草为害是从二龄幼虫开始，并随虫龄的增大取食量也增大，取食活动范围逐渐扩大，对草场为害也逐渐加重。但调查中发现各个龄期的幼虫均有群聚现象，为害范围较集中，点片状发生。五龄以后食量剧增，6～7 月为害最为严重。每日取食活动时间与当日气温和日照有极为显著的正相关，当 6～7 月气温高于 20℃ 并且天气晴朗时，其取食活动十分活跃，当阴天或气温较低时，取食活动缓慢或停止。草原毛虫在那曲草原主要取食高原蒿草、西藏蒿草、小蒿草、矮嵩等高营养牧草，对草原牧业发展危害很大，严重时虫口密度可达 600 头／m² 以上，大片草场枯黄。加之草原毛虫全身被毒毛，不仅对牲畜和人有害，对天敌昆虫也有害。幼虫蜕皮历时一般为 15～90 min，刚蜕皮的幼虫头为白色（末龄时为红色），经 1～2d 后头变黑色（部分三龄和四龄幼虫），可外出活动取食。老熟幼虫蜕皮时，常吐丝或联结草叶等构成薄茧将自身包围。

四、发生规律

（一）气候条件

青藏高原昼夜温差大，无霜期短，气候变化异常，冬季寒冷，草原毛虫适应这样严酷的条件，1 年仅发生 1 代，而且一龄幼虫有滞育特性，必需越冬阶段的冷冻刺激到翌年 4～5 月才开始生长发育。温度影响卵期的长短，卵期温度高，有利于卵的孵化。4～5 月温度高，幼虫出土早，温度低则出土晚。羽化期温度低于 15℃ 时，雄蛾不能起飞，雌蛾不能适时交配，产的卵未受精，不能孵化，影响第二年发生数量。草原毛虫喜湿，充沛的降水，有利于发生。草原毛虫发生地区年降水量为 400 mm 左右，植被生长较好，可为其生长发育提供有利条件。若 4～5 月降水多，幼虫出土整齐，且牧草返青早，有利于毛虫生长发育，其数量也多。

（二）寄主植物

西藏草原毛虫分布区域在海拔 4 500 m 以上的亚高山草甸草地、垫状植被草地上。一龄幼虫出土时不取食，集中活动，到二龄期时牧草返青，草原毛虫开始取食。主要取食高山蒿草等嫩枝叶。寄主植物返青较早有利于草原毛虫出土后取食。草原毛虫进入三龄期开始扩散，由坡地向平坝、低湿草地扩散，到四至五龄期时分布较均匀，这个时期食性比较杂，主要以莎草科、禾本科牧草为主。

（三）天敌

寄生于草原毛虫的幼虫或蛹体内的天敌有：寄蝇科（Tachinidae）、黑瘤姬蜂 [Coccygomimus luctuosus (Smith)]、格姬蜂亚科（Gravenhorstiinae）、金小蜂科（Pteromalidae）等。取食幼虫的鸟类有：角百灵（Eremophila alpestris）、长嘴百灵（Melanocorypha maxima）、小云雀（Alauda gulgula）、棕颈雪雀（Rufous - necked Snowfinch）、白腰雪雀（Montifringilla taczanowskii）、树麻雀（Passer montanus）、大杜鹃（Cuculus canorus）、红嘴乌鸦（Pyrrhocorax pyrrhocorax）等。尚有一种未鉴定的红色蜘蛛捕食初龄幼虫。寄蝇是主要天敌，寄生率最高可达 44.6%，被寄生的幼虫一般不能化蛹，或化蛹后也不能羽化，个别即使羽化也不能产卵。两种姬蜂对毛虫寄生率低，作用没有寄生蝇显著。金小蜂寄生于蛹体内，寄生率最高达 20%。鸟类中以角百灵的作用最显著，一是其数量多，二是在 6 月至 7 月中旬恰是角百灵哺育雏鸟及幼鸟群飞觅食时期，往往可见上百头鸟群捕食幼虫。饲养观察，1 头幼鸟每天可吃 100 多头幼虫，对毛虫有一定的抑制作用。

五、防治技术

当虫口密度达到经济允许范围内时开始防治，大力提倡生物防治，避免对生态环境的破坏，影响人和牲畜安全。

（一）生物防治

1. 天敌 草原毛虫的天敌是其数量变动的因素之一。草原毛虫的天敌主要有鸟类、寄生蝇、寄生蜂等。寄生蝇和寄生蜂均寄生于毛虫的幼虫体内，被寄生的幼虫不能化蛹或羽化。但寄生蜂的数量较少，作用没有寄生蝇显著。捕食毛虫的鸟类有角百灵、长嘴百灵、小云雀、棕颈雪雀和大杜鹃等。鸟类个体数量多，在育雏及雏鸟群飞觅食时期，大量捕食毛虫，对毛虫有一定的抑制作用。

2. V. B 草原毛虫防治剂 利用草原毛虫核型多角体病毒和苏云金杆菌复合制成的 V. B 草原毛虫防治剂，具有防治效果好、污染环境小、对人畜安全、无生态毒性、无残留等优点。温度 20℃ 时，对三龄草原毛虫的防治效果达 80%，能有效防治草原毛虫。

（二）化学防治

药物防治时期以三龄幼虫盛期最为适宜。因各地发生情况不同，一般在 5 月中旬、6 月至 7 月上旬进行。

1. 喷雾防治 可选用 90% 敌百虫原药 300～1 000 倍液，进行人工喷雾（水温 40～50℃ 为宜）。地面超低容量喷雾，可选用 90% 敌百虫原药每 667m² 100 g，每 667m² 液量 250 mL（约为 40% 的浓度），防治效果为 85%～93%。

2. 喷粉防治 用 6% 敌百虫粉剂，每 667m² 1.5 kg 喷粉，效果在 90% 以上。

王文峰（西藏自治区农牧科学院）

第 35 节 眩 灯 蛾

一、分布与危害

眩灯蛾〔*Lacydes spectabilis*（Tauscher）〕属鳞翅目灯蛾科眩灯蛾属。主要分布于乌克兰东南部、俄罗斯（欧洲部分）东部和西伯利亚西部、哈萨克斯坦、土库曼斯坦、阿富汗、蒙古南部和中国新疆。在中国新疆主要分布在新疆天山中段北麓山前草原地带至古尔班通古特沙漠腹地的草原、荒漠地带等海拔为 700～1 200 m 的草场和农田。

1991 年，眩灯蛾在新疆大发生，沙湾和乌苏两县农田被害面积 4 000 多 hm²，毁种 600 多 hm²，占山区春播面积的 20%。2005 年，新疆石河子莫索湾灯诱到大量眩灯蛾成虫，2006—2007 年，眩灯蛾在新疆石河子莫索湾和下野地地区部分靠近沙漠团场的棉田发生为害。2009 年 5 月初，眩灯蛾在新疆乌苏的草场大发生，极高的虫口密度使其所到之处的绿色植物被啃食殆尽，为害极为严重（彩图 22 - 35 - 1）。

二、形态特征

眩灯蛾一生经历卵、幼虫、蛹和成虫 4 个虫态，并经历越冬和越夏两个滞育阶段，并且都是以幼虫的形态进行越冬和越夏。

成虫：雄虫翅展 24～30 mm，体长 12～14 mm；雌虫翅展 29～35 mm，体长 13～16 mm。头胸浅黄褐色。雄虫触角栉齿状，其干白色，分支褐色；雌虫触角丝状，其背面白色，腹面褐色。下唇须白色，顶尖褐色，翅基片及胸部具褐色纵纹，腹部背面橙色，具黑褐色带，腹面白色，雌虫黑褐带较雄虫浓密。前翅乳白色，前缘基部具浅黄色褐纹，内线浅黄褐色，在中室下方为三角形斑，前缘中部至中室下角有 1 浅黄褐色 V 形纹，然后从此处向后具 1 斜带，从翅顶向后缘中部外有 1 浅黄褐色斜带，斜带内边在 5 脉处有 1 短带与前缘相接，翅顶至臀角有 1 污黄褐色带与端线的点相接。后翅乳白色，横脉纹暗褐色，亚端线与端线各有 1 列浅黄褐色点，在 5 脉上的亚端点较大。雌蛾斑纹暗褐色，后翅翅脉间或多或少充满暗褐色（彩图 22 - 35 - 2，1）。

卵：馒头形，直径 1 mm，高 0.7～0.8 mm。初产乳白色，有光泽，后为米黄色，表面较平滑（彩图 22 - 35 - 2，2）。

幼虫：毛虫型，体紫褐色，节间具浅黄带。头黑色，体毛灰白色，较整齐，呈丛状，着生于毛瘤上。每节具 12 个毛瘤，体侧毛瘤黄褐色，上生白色丛毛，体背毛瘤浅黄色，上生间杂少量黑褐色丛毛的白色丛毛，部分个体若干体节背生丛毛为黄色。老熟幼虫体长 23 mm 左右，腹部第三至六节各有 1 对腹足，第十节有 1

对臀足，趾钩16～17个，棕黑色，单序中列式。一至六龄幼虫的头壳宽度和体长见表22-35-1。

表 22-35-1　眩灯蛾一至六龄幼虫的平均头壳宽度和体长（引自杨涛，2010）
Table 22-35-1　The head width and body length values of 1st to 6th instar larvae of *Lacydes spectabilis* (from Yang Tao，2010)

虫龄	平均头壳宽度（mm）	体长（mm）
一龄	0.5	3.4～3.9
二龄	0.7	5.0～5.7
三龄	1.1	7.1～11.5
四龄	1.5	13.0～15.0
五龄	2.1	14.0～19.0
六龄	2.9	20.0～23.0

蛹：棕褐色，体长10～16 mm，宽2.4～5.0 mm，腹部正面观末端有7～14个褐色臀棘（彩图22-35-2，3）。

三、生活习性

该虫在天山北麓地区1年发生1代，以二龄幼虫钻入杂草根部表土层中越冬。4月中旬越冬代幼虫大量出现，并为害荒漠植被。4月下旬部分幼虫开始陆续进入农田，为害持续到5月上旬。5月中、下旬以老熟幼虫在驼绒藜、柽柳等基部的表土层下越夏，而发生在春季牧场的幼虫也选择在其他昆虫所挖洞穴内、牛等大型牲畜踩踏形成的浅坑下或所产粪便下蛰伏越夏。7月下旬至8月上旬在越夏处化蛹，8月下旬到9月上旬成虫羽化，9月上旬见卵，9月中旬幼虫孵化，冬前入土越冬。

卵聚产，多排列整齐（彩图22-35-2，2），以近根茎部较多。

幼虫食性杂，食量较大，行动快速，爬行速度为1.5～2 m/min。幼虫期6龄，第四龄以后分散取食为害，有假死性，遇震动即卷曲落地，多在白天温度高时活动取食，傍晚气温低时田间少见。5月中、下旬，第六龄幼虫吐丝用落叶和沙土将自己包裹起来，主要在寄主背阴面越夏。野外调查其滞育越夏成活率约为40.5%。

经采集饲喂和野外观察其野生寄主包括齿稃草、条叶庭荠、卷果涩荠、北艾蒿、短穗柽柳、驼绒藜、沙拐枣、苜蓿、茵陈蒿、异翅独尾草、梭梭、苦豆子、白蒿、黄花蒿、琵琶柴、稗、车前、小蓟、群心菜、白花三叶草、苦马豆、千叶蓍等。

人工栽培寄主有棉花、小麦、玉米、向日葵、大豆、油菜、甜菜、黄花草木樨、紫花苜蓿、榆树等。

蛹期30℃恒温下24 d左右。

成虫寿命一般2～5 d，有一定趋光性，成虫活动时间为天黑后0.5～2 h，雄虫较雌虫活跃。交配后雌虫即可产卵，单雌产卵13～217粒，个体间差异较大。

四、发生规律

每年4月中、下旬，越冬代幼虫开始出蛰为害，前期主要为害梭梭、红柳、沙拐枣、枇杷柴的幼嫩枝条以及茵陈蒿等杂草的嫩叶，食性很杂；5月上、中旬，各类农作物发芽出土后，幼虫开始从荒漠区域逐渐迁入附近农田，为害黄豆、油葵、棉花等作物的嫩叶，尤其对棉花的为害最为严重。棉花发芽出土后，害虫开始大量迁入棉田，取食棉苗的幼嫩组织，轻则取食1/3～1/2的子叶和真叶，形成缺叶和半叶，重则将子叶、真叶以及生长点全部吃光，导致形成无头棉、多头棉，对棉田造成毁灭性的危害（彩图22-35-3）。5月下旬，老熟幼虫开始迁出农田，在荒漠地段草丛根际的地表隐蔽处越夏。

五、防治技术

对于眩灯蛾的治理要监测与防治相结合。①可根据成虫的趋光性对眩灯蛾进行监测，9～10月定期调查靠近戈壁沙漠棉田附近的诱虫灯内成虫的数量。②划分重点，一般靠近沙漠和荒滩边缘的区域为重点防区。③在调查的基础上，选用高效氯氰菊酯等菊酯类农药进行防治。对于个别区域若虫口较大，可选用颗粒体病毒等药剂对沙漠和荒滩上的杂草进行飞机药物封锁，防止害虫进一步向棉田扩散蔓延。

（一）物理防治

利用眩灯蛾的趋光性，用诱虫灯捕杀。结合农业生产上的其他害虫防治，在靠近荒漠农田周边设置频振灯，于 8 月下旬至 9 月上旬成虫羽化时诱杀成虫，减少产卵量，降低害虫越冬基数。

（二）生物防治

在二至三龄越冬代幼虫大量出蛰，未迁入农田为害农作物前，利用生物制剂苏云金杆菌（Bt）和印楝素进行防治，药剂配比按 16 000 单位 Bt 可湿性粉剂 300 倍液＋0.005％印楝素水剂 4 000 倍液，防治后，幼虫逐渐出现活动量和取食量减少等现象，药后 4 d，幼虫虫体开始变软或变空扁状，体色发黑，逐渐死亡。2008 年，新疆莫索湾垦区团场利用飞机对眩灯蛾等食叶害虫进行了以纯生物制剂 Bt 为主的生物防治，调查表明，眩灯蛾幼虫虫口减退率达到 97％以上，防治效果达到 98％。

（三）化学防治

在四至五龄幼虫迁入农田开始为害农作物时，可利用菊酯类农药进行防治，药剂配比为：每 667m² 用 4.5％氯氰菊酯乳油 30～50 mL，加水 40～55 kg。根据防治效果调查，药后 1d 幼虫食量明显减少，开始逐渐死亡，5 d 后虫口减退率达 92.3％以上。35％辛·氰乳油和 20％菊·马乳油超低量喷雾，防效可达 92％以上。

林俊（新疆维吾尔自治区治蝗灭鼠指挥部办公室）

曹广春（中国农业科学院植物保护研究所）

第 36 节 白刺夜蛾

一、分布与危害

白刺夜蛾 [*Leiometopon simyrides*（Staudinger）] 属鳞翅目夜蛾科僧夜蛾属，又名僧夜蛾、白刺毛虫。分布于内蒙古、宁夏、甘肃、新疆等省（自治区）半荒漠地带，主要为害藜科白刺属（*Nitraria*）植物。1996 年在甘肃民勤县和金川区、内蒙古阿拉善右旗和阿拉善左旗的荒漠草原上大面积发生，仅民勤、金川两地发生面积就达 33 万 hm²，平均虫口密度 189 头/m²，最高达 2 516 头/m²，吃光白刺（*Nitraria tangutorum* Bobr.）的叶片和嫩芽，使白刺枯萎死亡，使固定、半固定沙丘变为流动沙丘，加剧沙化，生态环境更趋恶化，对工农业生产和人民生活构成严重威胁。

二、形态特征

成虫：体长 12～14 mm，展翅约 34 mm，为淡黄褐色的中型蛾。触角丝状，略扁，基部和下面黄白色。头部前桃形，前端尖，土黄色，头顶白色，上生端部黑色、基部白色的长鳞片和毛，下唇须灰褐色，端部伸向前方。胸部背面白色，散布灰色鳞片。前翅淡黄色，中室端纹黑褐色，其下方有 1 个狭长的白色纵斑，纵斑下方有 1 个黑褐色纵斑。内横线中部向外弯曲，外横线波浪锯齿状，后半段为 2 个白色月纹，缘线在脉间呈黑褐色长斑。缘毛白色，杂以暗灰色鳞片。后翅淡灰褐色，边缘为黑色长斑相连，缘毛白色，前、后翅反面灰褐色（彩图 22 - 36 - 1）。

卵：呈斗笠形，高（0.62±0.12）mm，直径（0.85±0.05）mm，表面有 8 条放射状纵棱。卵产为卵块，初产时淡绿色，以后逐渐变暗，临近孵化时变为灰黑，未受精卵乳白色，内空（彩图 22 - 36 - 2）。

幼虫：体淡草绿色，着生许多不规则的黑紫色斑点。头部淡黄色，具很多黑色斑点和稀疏长毛，额上方两侧各有 1 根黑色长毛，其他为较密的白色短毛。额部黑色，唇基上唇淡黄色。前胸背板中央有 2 条黑色纵线，纵线两侧各有 1 个黑斑。从中胸至腹部背面，每节有 4 个黑紫色斑，背中 2 个黑斑毛瘤上多生 3 根黑色长毛，两侧各 1 个黄色毛瘤。毛瘤中央具 1 根黑色长毛，周围有 5～6 根白毛，身体背面有 6 条黄色纵纹。腹面绿黄色，散布紫黑色小斑。胸足黑色，第三节色淡。腹足外侧 1 个黑斑，趾钩褐色，双序中带，后盾板上有 1 条黑色锚形纹（彩图 22 - 36 - 3）。各龄幼虫身体量度见表 22 - 36 - 1。

表 22 - 36 - 1　白刺夜蛾幼虫各龄身体量度（引自吴栋国，2002）
Table 22 - 36 - 1　**Body measurement of *Leiometopon simyrides* larvae at different stages**（from Wu Dongguo，2002）

项目	一龄	二龄	三龄	四龄	五龄
头宽（mm）	0.40±0.06	0.82±0.15	1.10±0.16	1.57±0.12	2.25±0.16
体长（mm）	2.31±0.48	5.77±0.64	8.75±1.06	17.46±3.51	26.33±3.89
体重（mg）	0.21±0.06	1.47±0.45	7.69±4.15	75.88±12.07	320.36±85.62

蛹：体长 10～14 mm，褐色或棕红色，裸蛹，体表有细小刻点，气门突出，环绕 1 圈小刺突。腹部末端较粗糙，中央凹陷，着生刺毛约 20 根。雄蛹腹面第九节生殖孔呈圆形，中央具略凹陷的纵沟，节间线呈直线。雌蛹生殖孔位于第八节腹面，呈狭缝状，节间线呈"∧"形。蛹外有茧，茧由幼虫分泌的黏液和沙土粒组成，茧长约 49 mm，直径 8 mm。

三、生活习性

（一）生活史

白刺夜蛾 1 年发生 3 代，以蛹在土中越冬。越冬蛹 4 月中旬开始羽化，5 月中、下旬为越冬代成虫羽化盛期。田间 4 月下旬出现第一代卵，第一代幼虫最早 5 月上旬出现，5 月下旬至 6 月上旬为三龄幼虫盛期，7 月上旬为第二代卵的产卵盛期，第二代幼虫盛期在 7 月中、下旬，8 月上旬第三代幼虫孵出，10 月上旬地面还有幼虫活动，但绝大多数幼虫在 9 月中、下旬入土化蛹越冬。白刺夜蛾由于成虫产卵期拉得很长，世代发生颇不整齐，有世代重叠现象。

白刺夜蛾卵期（11.74±2.6）d，一龄幼虫历期（3.85±0.54）d，二龄历期（3.36±0.75）d，三龄（3.03±0.83）d，四龄（2.80±0.61）d，五龄（3.96±0.75）d，前蛹期（2.62±1.03）d，蛹期（13.05±1.84）d，成虫寿命（4.0±1.2）d，发生 1 代约 48d。

（二）生活习性

成虫昼伏夜出，白天潜藏在草丛中或静伏在白刺枝条上，傍晚开始活动，活动最盛在 23：00 至翌日凌晨 1：00。其具有强的趋光性，飞翔力强。成虫羽化后随即进行交配，产卵前期 1～2 d，平均 1.5 d。雌虫产卵粒约 120 粒/头，最多可达 257 粒/头，产卵一般在夜间，卵均产在白刺叶片的背面。产卵成块状，每雌多产 1 块。

越冬代成虫在平均气温 15℃ 左右开始产卵，5 月中旬平均气温 20℃ 左右开始孵化。温度高卵期短，温度低卵期长，7 月平均温度 30℃，卵期 7.7 d；5 月平均温度 22℃，卵期为 16 d。卵的发育起点温度（13.2±1.6）℃，有效积温（115.4±16.7）℃，孵化率平均为 85%。卵块的孵化较为整齐，幼虫顶破卵孔，从卵顶爬出，1 块卵全部孵出幼虫，一般需 12～48 h。

初孵化的一龄幼虫，常数十头至上百头群聚在 1 处，5～6 h 后逐渐分散，12 h 后爬行分散在周围的各叶片上，24 h 可向邻近白刺枝条上迁移。大龄幼虫吃光白刺叶子后，转向周围植株（彩图 22 - 46 - 4）。一至二龄幼虫身体纤弱，由于受各类天敌及不正常的气候（大风沙、阵雨）或食物短缺等影响，死亡率很高。野外观测表明，从一龄幼虫发育到五龄老熟幼虫，存活率约 30%。幼虫专食白刺，一龄幼虫日食量很小，仅为 4.8 mg/头，二龄日食量为 12.39 mg/头，三龄以后逐渐增大，五龄进入暴食期，三至五龄日食鲜草量依次为 73.56 mg/头、130.68 mg/头、483.25mg/头。幼虫历期约 17 d，幼虫期的总食鲜草量为 2.45 g/头。幼虫期发育起点温度（17.5±1.5）℃，有效积温（161.1±28.3）℃。老熟幼虫化蛹前食量大减，身体缩短，体重减轻，最后完全停食，进入前蛹期。

在室内饲养条件下，进入前蛹期的幼虫，吐一层薄的丝质茧，把自身包起来然后化蛹。在野外，第一、二代五龄老熟幼虫从白刺枝叶上移落到就近地面，钻入疏松的沙土中进入前蛹期。第三代老熟幼虫停食前，迁移到距白刺植株 3～10 m 处，寻找土质较坚硬的砾质土壤地段上垂直打洞，洞深 3.5～6.5 cm，平均 5 cm，然后进入前蛹期做茧化蛹。茧距地表 3～5 cm，茧内蛹体头部向上。茧内若有被寄蝇寄生的蛹，则体表无光泽，蛹体略膨大，有时头部破裂。前蛹期（2.62±1.03）d，发育起点温度（17.5±2.3）℃，有效积温（111.7±27.79）℃。室内饲养观测发现，有约 2% 越冬蛹有滞育现象，滞育蛹经 40 d 羽化为成虫。

四、发生规律

（一）气候条件

在荒漠草原上，降水稀少，风沙大，气候严酷。在气象因子中，气温变化幅度不大，制约白刺夜蛾幼虫数量变动的主要因子是降水。当4～5月降水很少，约0.5 mm，影响白刺夜蛾幼虫发生数量的主要是6～8月的降水量。如1996年白刺夜蛾幼虫大发生，6～8月3个月虫口密度分别为45.3头/m^2、86.5头/m^2、189头/m^2，3个月的降水量分别为19.4 mm、48.7 mm、46.7 mm；1997年6～8月的虫口密度分别为44.1头/m^2、10.08头/m^2、4.4头/m^2，降水量分别为6.3 mm、10.9 mm、11.4 mm。说明6～8月平均降水量超过38 mm，害虫密度增加，月平均降水量约9.5 mm时，虫口密度急剧降低。这是因为4～5月降水量虽少，但气温较低，对越冬蛹的羽化、成虫产卵及第一代幼虫的发育影响不大。6月以后的持续干旱，严重影响白刺的生长发育，使其植株多数叶子枯萎，甚至整株成片死亡，造成成虫食物短缺，第一代幼虫大量死亡。另外，降水少也影响老熟幼虫的做茧化蛹、成虫的羽化和产卵等生命活动，即使第二代卵孵出幼虫，因缺少食物，存活数量也甚少。相反，在干旱的荒漠草原，6～8月多雨，不但有利于白刺夜蛾幼虫的生长发育，而且白刺生长茂盛，食物丰富，使害虫数量大暴发。根据对1991—1997年6～8月的降水量和白刺夜蛾发生情况的调查结果表明（表22-36-2），凡6～8月总降水量在100 mm以上的年份，白刺夜蛾大发生；降水量30～50 mm的年份，不造成明显危害。

表 22 - 36 - 2　白刺夜蛾大发生与降水量的关系（mm）（引自吴栋国，2002）

Table 22 - 36 - 2　**Relationship between outbreak of *Leiometopon simyrides* and precipitation（mm）**（from Wu Dongguo，2002）

年份	6月	7月	8月	合计	发生情况
1991	10.9	7.3	12.3	30.5	
1992	38.6	28.2	107.2	174.0	大发生
1993	5.1	43.9	5.4	54.4	
1994	37.3	48.1	18.8	104.2	大发生
1995	8.0	8.9	33.5	50.4	
1996	19.4	48.7	46.7	114.8	大发生
1997	6.3	10.9	11.4	28.6	
1998	12.3	16.9	14.7	43.9	

（二）天敌

寄生性天敌有寄生蜂和寄生蝇。缨小蜂（*Stethynium* sp.）寄生于白刺夜蛾卵内，寄生率约11.24%。拍寄蝇（*Peteina* sp.）寄生于白刺夜蛾蛹体内，寄蝇产卵于老熟幼虫体上，从卵中孵出的幼虫进入寄主体内发育，后随寄主的化蛹而转入蛹体内。越冬蛹寄生率最高为28.41%，其他世代蛹的寄生率为14.2%。

捕食性天敌有蜘蛛类、蜥蜴类、捕食性昆虫和鸟类。蜘蛛类主要是狼蛛科、平腹蛛科、微蛛科和蟹蛛科的种类。在白刺丛中，各类蜘蛛平均密度3.5头/m^2。据饲养观测，1头平腹蛛平均吃白刺夜蛾二龄幼虫6.5头/d。蜥蜴类是沙质荒漠草地上害虫的主要天敌之一，约0.2头/m^2，解剖蜥蜴胃观察，鳞翅目幼虫占50%。蜥蜴类在草地上捕食活动范围大，主要捕食白刺夜蛾的大龄幼虫和蛹。捕食性昆虫主要有瓢虫、姬蜂、蚁蛉、猎蝽等类群，各类捕食性昆虫在白刺植株上2～5头/m^2。鸟类主要有沙百灵（*Calandrella* sp.）、云雀（*Alauda* sp.）等，多在育雏期间捕食白刺夜蛾幼虫。

五、防治技术

白刺夜蛾的防治策略为着力防除第一代幼虫。

（一）化学防治

白刺夜蛾的经济允许损失水平为12.5%，防治指标为39.7头/m^2。防治适期为第一代幼虫三龄前。

白刺夜蛾对化学农药的抗药性处于较低水平，适宜防治白刺夜蛾的药剂种类较多，如菊酯类农药（溴氰菊酯、高效氯氰菊酯、高效氯氟氰菊酯、氰戊菊酯等）、有机磷类（辛硫磷、马拉硫磷等）、氨基甲酸酯类（灭多威等）。因此，白刺夜蛾化学防治的关键在于确切掌握第一代幼虫的发生时期。

（二）物理防治

白刺夜蛾成虫有着明显的趋光性，生产上可以利用频振式杀虫灯进行诱杀，从而有效降低成虫种群密度及后代发生数量。

常明（甘肃省草原技术推广总站）

第 37 节　沙打旺小食心虫

一、分布与危害

沙打旺小食心虫（*Grapholitha shadawana* Liu et Chen）属鳞翅目卷蛾科小食心虫亚族小食心虫属。国内主要分布于内蒙古、吉林、辽宁、河北、山东、山西、宁夏等沙打旺栽培面积较大的地区。该虫以幼虫蛀茎取食为害，幼虫期长达 300d，对沙打旺的生长发育造成了严重的影响。20 世纪 90 年代初在内蒙古赤峰地区蔓延成灾，多数情况下与沙打旺根腐病腐皮镰孢黄芪专化型（*Fusarium solani* f. sp. *astragali* Tang et Yang）和尖镰孢黄芪专化型（*Fusarium oxysporum* f. sp. *astragali* Tang et Yang）同株发生，造成大面积沙打旺减产乃至死亡，损失十分严重。

二、形态特征

成虫：体长 5 mm 左右；翅展 13～14 mm。雌蛾和雄蛾大小差不多。

头部黄白色、棕黄色或灰褐色，密生竖鳞。触角褐色、丝状，略长过翅长的 1/2。下唇须淡黄色，紧贴头部，向上举，第二节略膨大，末节细小而尖，但不超过头顶。

翅肩片及胸部背面灰色，鳞毛长。前翅灰褐色，有银色、金褐色金属闪光。前翅呈狭长三角形，前缘、外缘和后缘直，只是外缘略有倾斜，顶角和臀角呈弧形。外缘毛长，前缘白色，有 10 条深黑褐色斜条纹，从顶角向基部第一、二条短，其下方有 1 圆形银斑；第三至十条纹都明显向外缘延长，第三条下方有 1 长条银斑；第四、五条先分离后合并，近外缘又向臀角弯曲；第六条略短，第七条长，第六、七条之间有 1 长条银斑，中间被分隔成两段，第七条在两段间形成折角通向后缘；第八、九、十条相对都比较短。后缘近中央有 2 支宽白条，被 3 支细深黑褐色条纹分开，先与外缘垂直，然后斜向顶角，止于翅的中部，其长度大于宽度。与前缘 10 条斜纹之间有 1 条宽、2 条细的深黑褐色直条纹位于中室上。后翅棕灰褐色，无任何斑纹。

腹部灰黑色。雄蛾腹部末端尖细，多白色毛丛。雌蛾腹部粗，末端膨大，密布黑色鳞毛，是本种明显特征之一。雄性外生殖器中，背兜发达，上面具有 1 个不大的突起，两侧各有 1 刚毛群。爪形突、尾突和颚形突均退化。抱器瓣腹面有深凹陷，形成明显的长卵圆形抱器端，里面沿腹缘和端部密生数列刚毛。阳茎与抱器端长短差不多，基部占 2/3 粗，端部占 1/3 细。阳茎针多枚，排列呈两行。雌性外生殖器中，产卵瓣大，延长，前表皮突长过后表皮突，交配孔周围骨化呈漏斗形，其深度小于宽度，囊导管短，交配囊呈梨形，囊突无（图 22 - 37 - 1）。

本种若从前翅外形斑纹看，和其近缘种黑纹小食心虫（*G. nigrostriana*）、内地小食心虫（*G. internana*）和黄芪小食心虫（*G. pallifrontana*）十分近似。但黑纹小食心虫抱器端呈长椭圆形，漏斗状交配孔深度超过其直径，内地小食心虫和黄芪小食心虫都有 2 枚囊突，而本种无囊突。本种若从雌、雄外生殖器形状来看，又和其近缘种盲小食心虫（*G. caecana*）、金黄小食心虫（*G. aureolana*）和科氏小食心虫（*G. coronilana*）十分近似，但盲小食心虫前翅后缘无白色双条纹，金黄小食心虫和科氏小食心虫在前翅前缘 10 条黑褐色斜条纹与后缘白色双条纹之间的中室上并无深黑褐色直条纹。

卵：直径 0.7 mm，圆形，淡黄白色。卵表面被雌蛾腹部末端黑色鳞片所遮盖，这在卷蛾科种类中是罕见的。

幼虫：体长 20 mm。头部、前胸背板淡褐色。腹足有趾钩 30～35 枚，排列呈单序环形。臀足有趾钩 15 枚左右，排列呈横带状。前胸和中胸毛序，腹部第一节，腹部第六至九节毛序见图 22 - 37 - 1。

蛹：长9mm，初化蛹时为淡黄褐色，羽化前呈黑褐色。腹部背面除第一节只有后排齿状刺外，其余各节均生有两排齿状刺，前排大，后排小。腹部末端有8根短强齿刺和一些钩状刚毛。雌、雄腹部末端区别见图22-37-1。

三、生活习性

卵多产于高壮沙打旺植株的叶片表面。6月末7月初，当平均气温达到22.6～22.8℃、相对湿度达59%～76%时进入孵化高峰，历期50～70 d。幼虫孵化后就近在叶腋处或枝条上蛀茎，在茎秆髓部生长并上下活动取食为害，7月下旬前90%的幼虫在距根颈10～15 cm的茎秆内活动，到8月下旬陆续向根茎处活动准备越冬。越冬前在距地面10 cm的茎秆上蛀1个小孔作为羽化时成虫的出茎孔，蛀孔后分泌1种物质在孔下缘形成1膜，将髓孔堵住开始越冬。翌年4月中旬平均气温为10℃、相对湿度为38%时开始化蛹，5月上旬为化蛹盛期。幼虫历期300～320d。蛹一般在5月中旬开始羽化，羽化后蛹壳留于孔膜外，此时的平均气温为15～16℃、相对湿度为40%～45%，羽化高峰期为6月上、中旬，蛹期65～75 d。成虫活动高峰为每天9:00～10:00、16:00～18:00，无风天气活动明显。下午活动主要是交尾和产卵。5月下旬，平均气温达17～18℃、相对湿度54%～60%时为产卵高峰期。成虫历期55～65 d。

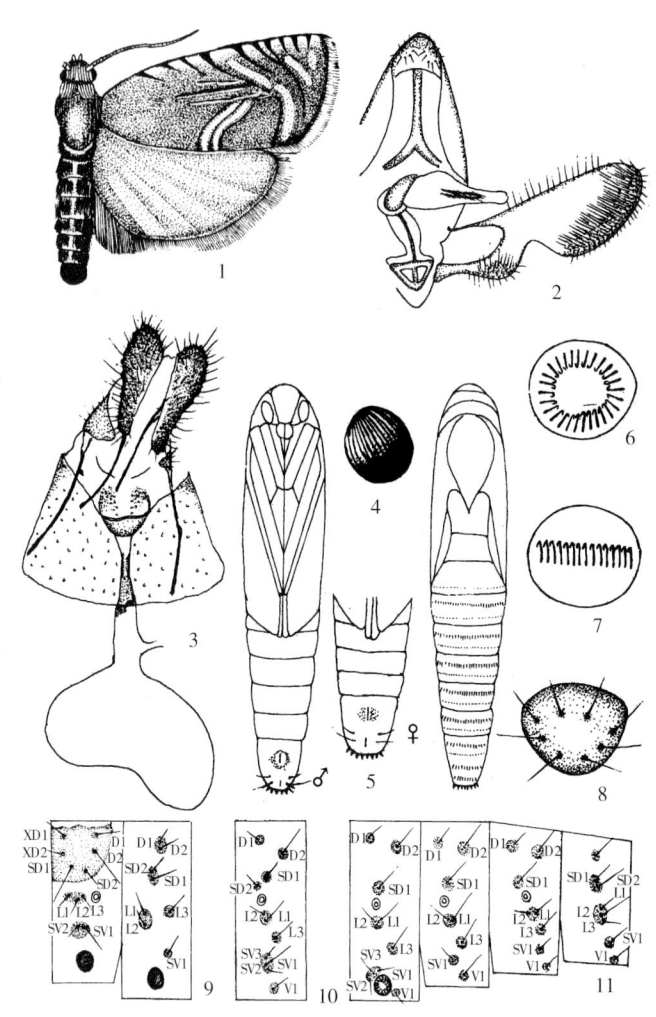

图22-37-1　沙打旺小食心虫（仿刘友樵，2000）
Figure 22-37-1　*Grapholitha shadawana*（from Liu Youqiao，2000）
1. 成虫　2. 雄性外生殖器　3. 雌性外生殖器　4. 卵　5. 蛹的背面和腹面　6. 幼虫腹足趾钩
7. 幼虫臀足趾钩　8. 幼虫肛上板毛序　9. 幼虫胸部第一、二节毛序　10. 幼虫腹部第一节毛序
11. 幼虫腹部第六至九节毛序

四、发生规律

沙打旺小食心虫寄主与为害具专一性，1年发生1代，其幼虫在茎秆内以蛀食其髓为害，在根颈内越冬。总体上，虫口数量随着草地年龄的增加而增加，在七龄时达到高峰，此后随着草地的衰退而急剧下降。在甘肃地区同一年份的不同生长季节，6月开始为害。在各龄草地上8月的百枝虫量显著高于6月。它的发生和为害与一个地区多年大面积种植单一牧草品种有直接关系。

五、防治技术

（一）农业防治

沙打旺属多年生牧草，刈割青贮和调制青干草是其主要利用方式。研究表明，根据沙打旺小食心虫幼虫在茎秆髓部生长并上下活动取食为害，7月下旬前90%的幼虫在距根茎10～15 cm的茎秆内活动的生活习性，每年的7月末、8月初沙打旺始花期适时刈割是防治沙打旺小食心虫安全、简便易行、经济有效的最佳技术措施。

（二）生物防治

利用有利于天敌繁衍的耕作栽培措施，保护利用天敌昆虫来控制小食心虫幼虫种群。

（三）物理防治

沙打旺小食心虫成虫有着明显的趋光性，生产上可以利用频振式杀虫灯进行诱杀，从而有效降低成虫种群密度及后代发生数量。

（四）化学防治

沙打旺小食心虫羽化期较长，一次性施药达不到防治效果，重复施药会导致牧草污染和提高防治成本，可操作性也差，因此，不主张使用化学防治措施。

谢秉仁（内蒙古自治区草原工作站）

第 38 节　柽柳条叶甲

一、分布与危害

柽柳条叶甲［*Diorhabda elongata deserticola*（Chen）］属鞘翅目叶甲科粗角萤叶甲属，又名柽柳粗角萤叶甲。广泛分布于中国的内蒙古、新疆、甘肃、宁夏及西亚和北非，是荒漠盐碱地绿化先锋树、庭院绿化观赏树柽柳的主要害虫。其专性取食，仅为害柽柳属植物（*Tamarix* spp.），取食量大，以成、幼虫取食柽柳的鳞状叶片，枝梢被害后很快弯曲枯黄，1 年内可为害 3 次，造成 96% 以上的枝条干枯死亡。2003—2004 年甘肃省河西走廊西端柽柳条叶甲发生严重，发生面积 57 667hm^2，其中成灾面积 6 667hm^2，重灾区 50cm 标准枝虫口平均达 198 头，使得河西走廊极具生态价值的天然柽柳林面临灭顶之灾。内蒙古额济纳旗天然柽柳林连年遭受柽柳条叶甲的为害，每年发生面积在 6.67 万 hm^2 以上，重灾面积达 4 万 hm^2。

二、形态特征

成虫：雌虫体长 5.8～7mm，雄虫体长 4.8～6mm。体深黄色，密被黄白色绒毛。头顶中央有圆形黑斑，触角丝状，第一节两侧黑色，其余各节黄褐色。前胸背板宽大于长，有 3 个黑斑，呈"小"字形。鞘翅黄色，质地柔软，每侧鞘翅上有 2 条黑色条纹。足黄色，股节和胫节端部、跗节和爪均黑色。

卵：椭圆形，长 0.5mm，初产为粉黄色，后变为橙黄色，孵化前为灰白色。卵壳表面有刻点。

幼虫：长 4～8mm，污黄色，头、口器黑褐色，胸足黑色。前胸背板黑褐色，中央有 1 条黄色纵纹。从胸部第二节到腹部第八节背板，每节被 3 条黑色横线分开，线间有 2 排褐色瘤突。腹部末端及肛上片黑色。

蛹：长 5～6mm，宽 2.8～3mm，初化蛹为乳黄色，附器透明，后变为黑褐色。蛹外具茧，茧白色，与土混合后呈土灰色。

三、生活习性

在甘肃瓜州 1 年发生 2 代，内蒙古额济纳旗及新疆克拉玛依 1 年发生 2～3 代，新疆吐鲁番、阜康地区 1 年发生 3 代，以成虫和蛹越冬，越冬成虫多分布在柽柳枯枝落叶层或树隙中，越冬蛹分布在地下 20～30cm 的土层中，94.6% 以上的蛹能成功越冬。4 月下旬柽柳萌发时越冬成虫出蛰活动、取食和交尾。越冬代成虫 5 月上旬开始产卵，一直延续到 6 月底。5 月下旬，第一代幼虫老熟，6 月上旬化蛹，6 月中旬第一代成虫羽化，6 月下旬产卵，孵出第二代幼虫，7 月中旬幼虫老熟，下旬羽化为第二代成虫。8 月上旬第三代幼虫孵出，9 月上旬羽化为成虫，后相继入土越冬。成虫寿命较长，具世代重叠。成虫和幼虫为害叶片，以 7 月中旬至 8 月上旬最烈。成虫出蛰后 2～3d 取食、交配，雌虫交配后第二天开始产卵。雌虫可经 4～10 次交配，气温 25℃时最盛，30℃以上停止交配。成虫产卵量因代数而不同，越冬代的产卵量最多，历时最长，平均 51.7d，每雌平均产卵 493.8 粒。第一代平均产卵 311.5 粒（9～877 粒），第二代平均产卵 187.2 粒，第三代不产卵而越冬。成虫一般在 7：00～20：00 活动，具有假死性。幼虫共 3 龄，二龄后分散取食，食嫩枝叶和嫩茎表皮，被害状呈马蹄形凹陷。老熟幼虫在植株根际土表下吐丝做茧化蛹。预蛹期 4.7～6.6d，蛹期 8～10d。

越冬代出蛰成虫、第一代和第二代成虫有迁移现象，第三代成虫不迁移，直接就地越冬。成虫迁移主要是为了自身补充营养和产卵，使后代有充足的食物来源，在食物充足的情况下，仅在 1km² 范围内迁移，从东北向西南方向迁移，迁移方向主要与风向有关，1 次最大迁移直线距离为 3km。

四、发生规律

（一）气温
冬季气温偏高，有利于提高越冬害虫的存活率，从而使其发生基数逐年提高。

（二）降水
降水与柽柳条叶甲蛹的存活率有一定的关系，蛹期降水量大，蛹的死亡率就高。

（三）地下水位
地下水位高，柽柳生长旺盛，虫害过后的再生长能力强。同时，不利于越冬成虫和夏秋季蛹的存活。

五、防治技术

以保护生态环境为宗旨，坚持预防为主、综合治理的植保方针，选用生物药剂，采用飞机低容量或超低容量喷雾技术，选择最佳防治时期，全面、快速、有效地控制柽柳条叶甲的为害。

（一）植物检疫
加强对运输苗木、种苗的检验检疫，防止柽柳条叶甲的传播蔓延。

（二）农业防治
进行冬灌和清除落叶，破坏成虫越冬场所，减少翌年虫源。利用夏洪灌淤覆盖化蛹场所，致使成虫羽化不出来，减小虫口密度，减轻为害。

（三）生物防治
保护柽柳条叶甲天敌，在虫害发生时，柽柳条叶甲的天敌很多，如麻雀、凤头百灵、野鸡都取食成虫。1 只野鸡每天可食成虫 200 多头。在其卵期，蚂蚁是最好的天敌，它可以爬到各处搬食其卵。此外，瓢虫、寄生蝇亦是柽柳条叶甲的天敌。

（四）化学防治
以在越冬代成虫全部出蛰和第一代幼虫三龄前喷药防治为宜。在严重大面积暴发期，利用飞机低容量和超低容量喷雾；对离居民区较近、水源充足、零星分布的虫灾区和飞机漏喷区，应用机动喷雾器进行常规防治，达到全面消除隐患的目的。可选用的药剂有 1.8％阿维菌素乳油、5％阿维·除虫脲乳油、7％高氯·除虫脲乳油和 20％氰戊菊酯乳油等。

庞保平（内蒙古农业大学农学院）

第 39 节 沙蒿金叶甲

一、分布与危害

沙蒿金叶甲 [*Chrysolina aeruginosa* (Faldermann)] 属鞘翅目叶甲科金叶甲属，别名漠金叶甲、蒿金花虫。国内分布于北京、内蒙古、西藏、甘肃、宁夏、青海、河北、吉林、黑龙江、四川，国外分布于朝鲜、俄罗斯（西伯利亚）等地。

该虫食性单一，取食蒿属植物（*Artemisia* spp.），成虫取食沙蒿生长点使植株不能正常生长，形成鸟巢状丛生点。幼虫啃食新生和再生叶片，造成断叶、缺刻或整株枯干，使沙蒿枯萎至死，严重影响沙蒿生长。据在内蒙古阿拉善左旗调查，黑沙蒿被害率高达 94.3％，单株最高成虫量为 472 头，幼虫 767 头；白沙蒿被害率 78％，单株最高成虫量 237 头，幼虫 348 头。2000—2003 年在宁夏盐池县高沙窝调查时发现，沙蒿金叶甲为害沙蒿面积占沙蒿总面积的 40％～70％，局部达到 80％以上；2004 年以来，该地连年干旱少雨，草场植被单一，沙蒿也成片枯死，沙蒿金叶甲集中在幸存的沙蒿上为害，使草场沙化加剧，原有的固定和半固定沙地也向着流动化发展。1983 年内蒙古阿拉善左旗发生面积达 13 万 hm²；内蒙古、宁夏、甘肃 3 省份受害计 53 余万 hm²，严重地区沙蒿的叶片全被吃光，成为草原畜牧业发展的一大威胁。

二、形态特征

成虫：体卵圆形，背面隆起，长 5～8mm。体翠绿色至紫黑色，具有金属光泽。触角黑褐色，线状，共 11 节，着生白色微毛，端半部各节较膨大，触角全长不及体半。前胸背板横宽，前缘边有深内凹，密列短白毛，背部密列细刻点，两侧近缘处刻点粗大，纵列而不规则。鞘翅刻点有大小两种，大的纵列成行，小的散布其间，后缘内侧密生 1 列细白毛。后胸腹板突有边缘，缘内有刻点，腹部腹面有细刻点和白毛。足同体色而较暗，散生刻点和白毛，胫节端部及第一至三跗节下面，密生黄褐色细毛（彩图 22 - 39 - 1，1）。

卵：椭圆形，灰白色至深灰色，长轴长（1.86±0.13）mm，短轴长（0.85±0.05）mm，卵壳上有横纵脊纹（彩图 22 - 39 - 1，2）。

幼虫：共 4 龄。一、二龄体均为黑褐色，头部黑色，足黑褐色，3 对，足趾钩为红色，体表散布黑点状毛疣，每疣生 1 白色短毛。三龄体褐色，毛疣和白色短毛退化，5 条黑灰色背线，体型逐渐变胖。四龄老熟幼虫土黄色，体型肥短。头部黑褐色，口器黄褐色，前胸背板灰褐色，中线淡色，较细，两侧有 1 月形纹，中后胸两侧各有 1 弯形黑斑。腹部各节背中央有 1 横皱，将各节分为前后两半，端部两节背板黑褐色，下生 1 吸盘。胸足黑褐色，气孔黑色。腹部腹面淡黄色，两侧和中部各有 1 群黑点。整个幼虫期头前部左右各有 1 突起，腹部成环纹状（彩图 22 - 39 - 1，3～6）。

蛹：裸蛹，长 6.0～8.5mm，蛹壳金黄色，透明（彩图 22 - 39 - 1，7）。

三、生活习性

（一）成虫

沙蒿金叶甲 1 年发生 1 代，主要以老熟幼虫在深层沙土中越冬，个别也以蛹或成虫越冬。越冬幼虫翌年 4 月化蛹，5 月上旬羽化为成虫。5 月中旬平均气温达 16.7℃时成虫大量出土，并爬到植株上为害。8 月上旬开始交配产卵，交配多在早、晚进行，多次交配多次产卵，每次长达 15～40min，雌虫交配结束后即可产卵，卵散产于沙蒿附近的画眉草、蒙古冰草、沙米草等植物近地面的叶片或叶鞘上，平均产卵量 180 粒，画眉草上单株卵量最高达 137 粒，沙蒿上产卵量较少。初产时卵壳表面有一层无色黏液，以便卵黏附在产卵寄主上。直到 10 月下旬，平均气温下降到 7℃时产卵结束，8 月上旬幼虫开始孵化，11 月中旬老熟幼虫陆续入土越冬。成虫耐饥饿，为害期内 23d 不取食，死亡率仅 50%。喜高攀，不善飞翔，迁移主要靠爬行，爬速 30～50cm/min，偶尔飞行，飞翔距离在 100m 左右，高度约 1m。有假死性。

（二）产卵特性

2013 年魏淑花等通过室内饲养观察发现，在不同产卵场所成虫的产卵量差异较大，平均产卵量为 135.33 头，但在棉球上的产卵量为 55.00 头，占总产卵量的 40.64%。在其他产卵场所上的产卵量分别为：沙蒿上 42.00 头，占总产卵量的 31.04%；禾草上 29.33 头，占总产卵量的 21.68%；培养皿壁上 7.33 头，占总产卵量的 5.42%；滤纸上 1.67 头，占总产卵量的 1.23%。

（三）卵

卵昼夜孵化，以下午和晚上居多。卵期因温度而不同，据室内观察，在 13℃、18℃、23℃、28℃、33℃等 5 个温度下，卵期分别为 23.58d、19.35d、9.77d、5.55d、4.64d，孵化率分别为 67.92%、80.56%、89.90%、90.00%、70.83%；在田间一般为 12～15d，卵孵化率 96.8%。卵的发育起点温度和有效积温分别是 9.72℃和 115.36℃。

（四）幼虫

幼虫共分 4 龄，具有趋高性和趋湿性。三龄前幼虫休息时经常爬上枝梢顶端，人为震动落地的幼虫均向沙蒿植株爬去，室内饲养幼虫取食后钻入湿棉球底下。一至二龄幼虫取食叶片的半边，三至四龄幼虫取食全叶，严重时可吃光植株叶片，造成整株枯死（彩图22-39-1）。有自相残杀现象，四龄幼虫取食卵壳和一至二龄幼虫，在土中有咬伤蛹的现象。幼虫老熟后停止取食，钻入8～20cm的湿土层中筑室化蛹或越冬。实验室内变温条件下饲养三龄幼虫蜕皮发育成四龄老熟幼虫，移入装土的养虫瓶中后在1d内全部入土化蛹。其中，一龄、二龄、三龄幼虫的发育历期分别为（7.07±0.78）d，（6.86±0.57）d，（7.89±1.01）d；成活率分别为84.33%，90.92%，92.28%。

（五）蛹

幼虫老熟后停止取食，钻入8～20cm的湿土层中筑室化蛹或越冬。个别老熟幼虫9～10月化蛹，大部分在翌年4～5月化蛹，当5cm土层的旬平均温度18.6℃时化蛹结束。

沙蒿金叶甲喜在寄主下疏松的沙土中越冬，主要集中在15～25cm深、含水量30%左右的土层中，以积雪较多的沙丘阴面深土中为多。

沙蒿金叶甲在沙蒿上空间分布为聚集分布，沙蒿上部的数量极显著高于中部和下部，而中部和下部间差异不显著。这是由于近年来极度干旱，沙蒿严重缺水，上部发出较多嫩枝叶，中部稀疏，下部几乎没有。因此，沙蒿金叶甲多位于上部叶片。

四、发生规律

（一）寄主植物

沙蒿金叶甲食性狭窄，为寡食性。其分布、发生量与寄主的多寡有直接关系。在寄主单一、分布面积广而密集的情况下为害重，植被复杂、寄主稀疏、通风透光、植株健壮的情况下发生量较少，为害也轻。

（二）气候条件

荒漠草原昼夜温差较大，春秋两季昼夜温差达20℃以上。沙蒿金叶甲喜高温耐低温，在夏季42℃下，11月气温下降至-5℃时，仍能正常取食，部分成虫可在1月-20℃的低温下越冬。成虫喜干燥，不耐潮湿。在25℃下，用氢氧化钾把相对湿度控制在30%、50%和70%下，4d后沙蒿金叶甲在前两处理中活动正常，而在70%的处理中死亡率达50%。温度对沙蒿金叶甲各虫态的发育历期、存活率以及种群繁殖力有显著影响。在13～28℃范围内，各虫态的发育历期均随温度的升高而缩短，发育速率与温度呈显著正相关。但是，当温度上升至33℃时，幼虫和蛹生长发育受到抑制，其幼虫发育历期与18℃、23℃和28℃下相比延长并达到了显著差异水平（$P<0.05$），成虫不能羽化出土。低温影响沙蒿金叶甲卵的存活率，高温影响其蛹的存活率。成虫产卵量随环境温度变化的大小顺序为28℃＞23℃＞18℃＞13℃，并存在极显著差异（$P<0.01$）。沙蒿金叶甲幼虫期和蛹的发育起点温度分别为7.11℃和8.77℃，有效积温分别为441.91℃和448.40℃。

（三）天敌

沙蒿金叶甲的天敌主要是蜥蜴和刺猬，可在地面和植株上捕食成、幼虫，每头每次可食沙蒿金叶甲3～5头，每只刺猬1次可食沙蒿金叶甲50头。沙蒿金叶甲的寄生性天敌是一种线虫（学名待定），寄生于成虫腹腔内，寄生率为22.5%。还有一种寄生蝇（学名待定），秋天寄生在幼虫体内，春季羽化为成虫。

五、防治技术

（一）物理防治

清除寄主沙蒿周边的画眉草、蒙古冰草、沙米草、沙蒿干枯枝等。

（二）天敌控制

保护蜥蜴等天敌，发挥自然控制作用。

（三）药剂治理

为更好地防治沙蒿金叶甲，应做好预测预报工作。一般当沙蒿进入8叶期，5月上、中旬平均温度约16℃时，沙蒿金叶甲成虫进入出蛰始期，可做出预报。当沙蒿13～15片叶时为成虫出蛰盛期，是防治成虫的适期；8月中、下旬左右旬平均气温18.4℃，幼虫为三龄初期，是防治幼虫的适期。可使用超低容量喷雾或飞机超低容量喷雾等进行防治。防治沙蒿金叶甲推荐用药及使用方法见表22-39-1。

表 22 - 39 - 1　防治沙蒿金叶甲推荐药剂及使用方法（引自魏淑花等，2014）

Table 22 - 39 - 1　Recommendation medicament and usage for *Chrysolina aeruginosa*（from Wei Shuhua et al.，2014）

药剂类别	通用名	剂型和含量	有效成分使用量	使用方法	使用适期	安全间隔期
生物源药剂	斑蝥素	0.01%水剂	2.25g/hm²	超低量喷雾	成虫：5月中旬至6月中旬 幼虫：8月中、下旬	—
	苦参碱	0.6%水剂	6.75g/hm²			—
	印楝素	0.5%乳油	11.25g/hm²			—
化学农药	毒死蜱	48%乳油	450g/hm²			15d
	高效氯氰菊酯	4.5%乳油	20.25g/hm²			15d

张蓉　魏淑花（宁夏农林科学院）

庞保平（内蒙古农业大学农学院）

第40节　突颊侧琵甲

一、分布与危害

突颊侧琵甲（*Prosodes dilaticollis* Motschulsky，异名：*Prosodes lucida* Ballion，*Platyscelis sulcata* Ballion）属鞘翅目拟步甲科侧琵甲属，别名亮柔伪步甲、草原拟步甲、膨隆侧琵甲。

突颊侧琵甲在国内仅分布于新疆的伊宁市、伊犁县、霍城县、察布查尔县、巩留县、特克斯县、尼勒克县、新源县、玛纳斯县、呼图壁县等。国外分布于哈萨克斯坦东南部、乌兹别克斯坦东部和吉尔吉斯斯坦东部。突颊侧琵甲的寄主植物种类繁多，可取食18科53种植物，最嗜食的是优质牧草蒿属（*Artemisia*）、木地肤（*Kochia prostrata*）、蝎尾菊（*Koelpinia linearis*）、旱麦草属（*Eremopyrum*）、雀麦属（*Bromus*）、节节麦（*Aegilops tauschii*）等，除取食青草外，也食枯草，牧草苗期是受害致死的危险期。

在我国，突颊侧琵甲的报道始见于20世纪80年代，在新疆著名的巩乃斯草原、喀什河下游和特克斯河流域暴发成灾，发生面积达数万公顷，重灾区虫口密度最高达到500多头/m²，一般在100头/m²；2009年在玛纳斯县和呼图壁县南部山区又暴发成灾（5.867万hm²），大片草场沦为裸地，严重破坏了荒漠草场的植被，影响畜牧业的发展。

二、形态特征

成虫：长椭圆形，雄虫体长16~20mm，雌虫20~24mm，背面极度隆起，亮漆黑色，仅跗节和胫节端部棕色。唇基前缘稍弯，两侧在与颊的交界处变宽，但较眼窄；后颊突出，向颈部斜直地收缩；背面稀布圆形深刻点，唇基沟细线状弯曲，中间间断。触角向后长达前胸背板中部，第二至六节圆柱形，第七节较粗，圆三角形，第八至十节球形，末节尖心形；第三至七节多毛，第三节长于第四节1.5倍。前胸背板近于正方形，宽略大于长；前缘略直，仅两侧有细饰边；侧缘基半部直，饰边翘起，端半部收缩较明显，平展而无饰边；基部中间宽直，侧角向后突出，无饰边；背面中央宽平，四周浅凹并具细刻点。前胸侧板密布皱纹，局部有横皱纹。前足基节间腹突中央有纵沟，下折部分的中间收缩，端部扩大。鞘翅强烈拱起，向侧缘急剧地降低，不比前胸背板宽；小盾片后方的鞘翅凹陷，端部1/3陡峭地弯降；翅面无刻点，仅有不明显细皱纹。前足胫节内缘直，近端部有突垫，前、中足跗节第一至三节下侧有突垫；后足股节长于腹部末端。腹部圆拱，中间及两侧有木锉状具毛小刻点；肛节的刻点略深，但无毛。雌性鞘翅末端略尖，刻点较密，有2条背沟。阳茎端部锥形，两侧由底部向端部逐渐地收缩并变尖，背面有疏点；阳茎基部长卵形，长是端部的2.7倍（彩图22 - 40 - 1）。

卵：长圆形，长2mm，宽2mm，乳白色。

幼虫：体长32~36mm，淡黄色，扁圆形。头部和胸部背面明显色深，有侧单眼1对；头顶后缘有刚毛，与头侧区的刚毛相连；上唇前缘宽凹，背面中间有3对刚毛大致排成1横列；内唇前缘及两侧前半部具毛，中间有2纵列刺状毛；上颚背外侧基部有1根毛；前胸节宽大于长，较中、后胸节长。第九腹节圆锥形，有尾突1枚，基部略收缩，每侧有刺3~4枚，背面有弱皱纹；侧观尾突向上显著地翘起，腹突尖圆。前足胫节内缘有 1 枚刺和 9～11 根毛，股节内缘 3～4 枚刺和 15～21 根毛；转节内侧分别有 3 枚刺和刚毛。中、后足胫节内缘有 3～4 根毛，股节内缘有 6～7 根毛；转节内缘有 3 根毛（彩图 22-40-2）。

蛹：裸蛹，白色，长 15～23mm。

三、生活习性

突颊侧琵甲在新疆伊犁巩乃斯天然草场 3 年完成 1 代，以成虫和幼虫在土中越冬。越冬成虫于翌春 3 月下旬出土取食、交尾，4 月初开始产卵，4 月下旬至 5 月中旬为产卵盛期，6 月底产卵结束，成虫群体自然死亡。

当年幼虫发育至秋末进入十龄以上越冬；第二年幼虫继续为害至秋末再度越冬；第三年，牧草萌动时，越冬幼虫出土开始为害，为害期 3 个月，6 月中旬开始化蛹，7 月为化蛹盛期。7 月上旬开始羽化，羽化盛期在 7 月下旬至 8 月上旬，8 月下旬羽化完毕。羽化后的成虫停留在蛹室内越夏越冬，至翌年 3 月下旬才出蛰活动。

成虫在土中休眠 8 个月之后，于春季牧草萌发之时出土活动，大量咬食嫩芽、幼茎，以满足繁衍后代所必需的营养物质。成虫白天潜伏在表土层中或覆盖物下，日落后陆续开始活动，迅速爬行，四处寻找配偶，前半夜是交尾高峰期；后半夜则各自寻食，此时行动缓慢，黎明时大多数迁入表土层。成虫后翅退化，靠爬行转移扩散，行动十分敏捷。

据室内观察，成虫交尾后潜入土中筑土室，在土室壁上再筑卵室，一土室壁上可做若干个卵室。卵产于卵室中，每卵室中产卵 1 粒，偶有 2 粒者。雌虫产卵量与补充营养质量有关，每头雌虫产卵量，少则 50 余粒，多则 200 粒。成虫寿命为 10～11 个月，包括休眠期 7～8 个月（从羽化至翌年 3 月），活动期 3 个月（3 月下旬至 6 月下旬）。

幼虫的整个生长发育均在土中进行，幼虫期的长短与取食食物营养有关，为 700～845d。一至二龄幼虫死亡率高，大龄幼虫抗逆力较强。

幼虫主要在春、秋两季为害。春季，自 3 月中、下旬牧草萌发返青时起开始为害，4～5 月危害性最大，主要咬食草根，并为害新萌发的嫩芽，咬断幼茎，形成灾害。秋季，是幼虫大量取食的生长发育时期，虽然为害很严重，但由于牧草生长高大，一般地面上反映不出灾情。

幼虫在草场上有打土洞的习性，打一洞需 20～30min。遇风吹草动，或人、畜干扰，虫体立即落于洞中。约有 10% 的幼虫在下半夜至日出前 2～3h 出土取食，取食时虫体半截露在洞外，用足抱住草株，咬食其幼嫩部分，或取食枯草。幼虫有将咬断的草拖入洞或离洞爬行寻食的习性。虫口密度大的地方，一年生牧草幼苗被吃光后，幼虫集中围歼宿根性多年生牧草。单株蒿草或木地肤下，常聚集数十头乃至百余头幼虫，其为害的结果是造成大片不毛之地，或残留一些分散的零星的小片绿色孤岛，这些孤岛仍处在幼虫的包歼之中。幼虫贪食，性凶暴，可相互残杀。

幼虫在土中的垂直分布有明显的季节规律，春季大多数生活在 30cm 以上的土层中，夏季大多数在 30～40cm 的土层中生活，秋季又复上升，冬季潜入深土层越冬。

幼虫的食量和危害性随龄期的增加而成倍的增长。第二年幼虫可以成灾，第三年幼虫可造成毁灭性灾害。灾情一般出现在 4～5 月，在高密度虫口区，植被层可被剃光。

老熟幼虫多在 30～40cm 土层，最深在 60cm 处筑土室化蛹，蛹期 12～18d，在同一生境内，发育基本一致，羽化相当整齐。

四、发生规律

（一）海拔、土壤、植被

突颊侧琵甲分布在海拔 800～1 760m，土质为疏松的灰钙土、浅栗钙土和栗钙土的地区。植被以蒿属、木地肤为主，夹杂旱生杂草。

（二）温、湿度

成虫适宜生活在相对含水量为 10%～40% 的土壤中。卵发育的最适相对湿度为 75%～90%，适宜温度为 20～24℃，卵期 8～16d。根据测定，卵的发育起点温度为 9.55℃，有效积温 162.83℃。经室内测定，在温度 20～24℃，相对湿度 25%～40% 条件下，为幼虫生长发育最适范围，在高温 32℃ 条件下，幼虫最多发育到五龄；在相对含水量达60％时，幼虫不能生存。在24℃恒温下，蛹期最短为11d，最长为21d，平均17.53d。

（三）天敌

1. 步甲　在野外夜间观察，拟步甲幼虫出土离洞后常在几分钟之内被步甲成虫所捕食。室内观察，1头大型步甲成虫，半小时能捕食拟步甲幼虫7～8头。

2. 蜈蚣　是捕食突颊侧琵甲幼虫的能手。蜈蚣夜间活动频繁，四处寻食，一旦遇上出洞幼虫，立即将其咬住，使幼虫瘫痪，约经半小时，1头与蜈蚣几乎等长的拟步甲幼虫被咬食成一空躯。

3. 蜥蜴　剖腹检查，每头蜥蜴消化道内有甲虫7～8头，多有10余头。

4. 避日蛛　室内观察避日蛛捕食拟步甲成虫，几分钟即可吃1头，1次可食3～4头。

5. 其他天敌　蚂蚁、蟾蜍、寄生性真菌等。

五、防治技术

（一）加强草原建设

（1）在为害严重、已退化的草场上飞播、补播牧草，恢复草地植被。

（2）围栏封育、划区轮牧，合理利用草场。

（3）山前、山麓发展节节麦、雀麦等打草草场。

（二）生物防治

拟步甲的天敌种类很多，对拟步甲有很强的控制作用，应加以保护利用。据在新疆巩乃斯草原调查，在突颊侧琵甲幼虫发生地区，从5月初至8月上旬，幼虫密度可减少80％左右。从幼虫期、蛹期至成虫期，虫口逐渐下降，到秋末，几乎维持在原有水平上，这与众多天敌的控制作用有密切关系。

（三）化学防治

1. 毒饵法　90％敌百虫晶体、麸皮或青草以1：（100～200）比例配比，或每公顷用3％印楝素乳油10mL＋水60mL＋白砂糖2g拌300g麸皮配制成毒饵，防治突颊侧琵甲成虫效果良好。

2. 喷药法　根据突颊侧琵甲夜出活动取食为害特性，在傍晚用4.5％高效氯氰菊酯乳油750mL/hm²或40％乐果乳油1.5～2.1L/hm²进行地面喷雾，防治效果好。

赵莉（新疆农业大学农学院）

肖宏伟（新疆玛纳斯县蝗虫鼠害预测预报防治站）

倪亦非（新疆维吾尔自治区蝗虫鼠害预测预报防治中心站）

第41节　明亮单爪鳃金龟

一、分布与危害

明亮单爪鳃金龟［*Hoplia spectabilis*（Medvedev）］定名于1952年，属鞘翅目金龟总科鳃金龟科单爪鳃金龟属。在我国分布于青藏高原的川西北、青海、甘肃的高原草地和灌木林，在四川的炉霍、甘孜、道孚、康定、九龙、稻城，青海的天峻、刚察、共和、海晏，甘肃的祁连山有分布记录。国外未见分布报道。

明亮单爪鳃金龟取食草本和木本植物，记载的寄主植物主要有沙棘（*Hippophae rhamnoides*）、水柏枝（*Myricaria germanica*）、金露梅（*Potentilla fruticosa*）、柽柳（*Tamarix chinensis*）、狼毒（*Stellera chamaejasme*）、委陵菜（*Potentilla chinensis*）、牡丹（*Paeonia suffruticosa*）等。

在20世纪80～90年代，中国科学院动物研究所和四川甘孜藏族自治州、阿坝藏族羌族自治州的农业及科研机构多次考察了川西北昆虫区系，于1997年汇编了《川西北高原金龟甲》，首次明确记录了明亮单爪鳃金龟。长期以来，该昆虫自然种群一直处于低水平平稳状态，对环境植物的正常生长无明显影响，没有造成经济或生态危害。然而，2003年以来该种群上升较快，连年重度发生，成为高原牧草、林木的一类重要害虫。2005年在青海省天峻、刚察、共和、海晏等县境内布哈河流域暴发，其中天峻县发生面积达8 000hm²，成灾面积5 130hm²，为害树种主要为沙棘、水柏枝、柽柳和金露梅，严重区域中虫口密度最高达 100 头/株，最低也有 65 头/株，树龄 15～20 年的天然沙棘整株叶片被取食殆尽，致使植株生长势衰弱，有的甚至枯死。2006 年为害面积达到 31 000hm²。2007 年再度重发成灾，天峻县江河镇水柏枝样地虫口密度达每簇 70～100 头，虫害重度发生面积 160～200hm²。2008 年在天峻县为害盛期平均虫口密度达 104 头/株，最高达 326 头/株。至今每年仍有 5 000～10 000hm² 发生为害，对河流两岸天然草地和灌木林构成严重威胁（彩图 22-41-1）。

二、形态特征

成虫：明亮单爪鳃金龟属小型金龟子，成虫体长 5.6～7.2mm，体宽 3～4mm。正背面观呈头窄胸腹渐宽的卵圆形，背面、腹面均较隆拱。多数雄虫个体略小于雌虫。体表呈棕褐色至黑褐色，雄虫较雌虫偏暗；背腹两面均被有银灰色鳞状毛，具金属光泽，腹部鳞状毛更致密些。足基节、股节颜色接近体表，胫节及以下颜色比体表浅，呈褐色至古铜色。背面观前胸背板横阔，两侧由下向上稍收缢，呈前狭后阔，上角近方直略呈钝角，下角圆钝；下边由中点向两端上台呈宽 V 形。小盾片呈倒三角形，下角略锐圆。鞘翅侧缘向外略突出呈弧形，宽于胸径。臀板外露。腹面观可见腹部有 5 节腹板，末节具横列细毛（彩图 22-41-2）。

下颚须末节小，细长卵形。

触角呈古铜色，短小，长仅 1mm 左右，可收于复眼前或向两侧伸展。由柄节、梗节和鞭节组成，其中鞭节有 8 个亚节，因此可观察到 10 小节。柄节粗短，较小。梗节较长，基部收缩，端部膨大，呈棒槌状。鞭节第一亚节呈短椭圆形，横径小于梗节端部，但大于第二至五亚节；第二亚节较细长，第三、四亚节近球形，第五亚节端部内凹成碗状，第六亚节基部坐入碗中；第六至八亚节为鳃片，即向一侧扩展呈薄片状，可开合如鳃，且第六、八亚节外侧面呈弧形，使 3 亚节鳃片收合时成橄榄球状。各节或亚节上可见生有毛状或刺状感受器，数量不一，其中鞭节第二亚节上很少或没有（彩图 22-41-2，4，5）。

3 对足均发达且较长，伸展时前、中足长度有 1/2 或略大于体长，后足长度约同体长。3 足的基节至股节均密被银灰色鳞状毛，基部最密，向外渐稀疏；基节短小，股节较粗大，其中后足股节最为粗壮。胫节也被有鳞状毛，稀疏；前足胫节特化成扁斧状，外侧形成 3 齿；中、后足胫节为棒状，雄虫后足胫节较雌虫的粗大，侧缘生有很多刺毛，远端两侧向前伸出呈瓣状或刺状，形成中间凹陷，与跗节连接。3 足跗节均 5 亚节，第一至四亚节呈杯状套叠，内侧前缘生有 2～3 根刺毛；第五亚节长且稍向内侧弯曲，坚硬。前跗节为镰刀状或弯钩状尖爪，可活动与跗节第五亚节抱握；前足的前跗节分裂成两只等长尖爪；中足前跗节也分裂成两等长或不等长尖爪；后足的前跗节为单爪，长而坚硬（彩图 22-41-2，6～14）。

雌、雄成虫的区别是：①雄虫体色较暗，为暗褐色；②雌虫后足胫节端部马蹄形，边缘向内侧形成的 2 个齿状突较钝而小，周缘有 1 列黄褐色粗短刺毛；雄虫后足胫节端部向内侧形成的 2 个齿状突尖而大，边缘刚毛稀疏而短小；③雌虫腹部腹板与胸部腹板较平；雄虫胸部腹板较腹部腹板突出；④雌虫臀板向外倾斜，从背面易看到；雄虫腹板向内倾斜，从背面不易看到。雄性外生殖器，阳茎基突长 1.1～1.3mm；阳茎侧突长 1.5～1.6mm，分成两叉（彩图 22-41-3）。

卵：成熟雌虫腹腔内有卵团，10 粒左右的卵紧密排列，卵粒乳白色，长圆形，略扁，大小约 0.7mm×1.0mm。产于土壤中的卵为单卵，短椭圆形，比腹中卵略大，横径 0.9～1.0mm（彩图 22-41-4）。

幼虫：体型较小，初龄体长约 2mm，三龄后期约 12mm。无单眼，额前缘刚毛 2 根。触角细长，第二节最长，第三节稍短于第四节，第四节长于第一节。胸足 3 对。肛腹片复毛区无刺毛列，仅具排列不规则的钩状刚毛及散生周围的长针状毛，位于肛复片尾端的钩状刚毛明显粗大。肛门孔三射裂缝状，纵裂微长于一侧横裂的 1/2。复毛区占据肛复片后部稍超过一半（彩图 22-41-5，彩图 22-41-6）。

蛹：离蛹，长约 8mm，宽 3～5mm，初乳白色，渐变淡黄色至褐色（彩图 22-41-6，彩图 22-41-7）。

三、生活习性

1 年完成 1 个世代。成虫于夏季初出现，白昼活动，取食草本和木本植物的芽、叶、枝及花（彩图 22-41-8），交配后产卵于土壤中。幼虫生活在土中取食各种植物的根系和根颈，入秋后开始越冬，翌年春季化蛹，羽化后出土。在青海天峻县，成虫 6 月中旬开始羽化，有 2 个羽化高峰期，分别在 6 月下旬和

7月上旬，产卵盛期在7月，寿命约30d，成虫发生期可持续2个多月；卵期10d左右，一般7月中、下旬可见初孵幼虫；幼虫分3个龄期，9月底至10月初以第二龄末或第三龄幼虫下潜越冬，翌年春季上移到10～20cm表土层活动，发育不整齐，5月下旬到6月上旬老熟幼虫筑蛹室化蛹；蛹期10d左右，羽化后出土。

根据2003—2008年在青海天峻县布哈河流域的调查，明亮单爪鳃金龟越冬幼虫于4月下旬至5月初从15～40cm土壤中上移至5～10cm处，化蛹前取食植物根系和根茎。当年初龄幼虫主要出现在7月下旬至8月上旬，发育期间取食草本及木本植物根部，至9月下旬开始逐渐下潜越冬，平均越冬时间长达248d。成虫于6月初出现，有2个发生为害高峰，分别在6月9日左右和6月13日至7月20日，出现持续时间38d左右。在此期间，成虫夜晚栖息在植物的枝干上、草丛中或地上，白天取食植物的芽、叶、花、果等部分，时常成群聚集于树木的伤口处。其为害盛末期在7月20日至8月12日，为害高峰期至为害盛末期持续时间约2个月，且为害密度较大。

成虫羽化出土后，迅速爬至附近的牧草或灌木上，体色由暗色变为亮色，具有金属光泽。随后就地取食补充营养或展翅飞离或寻偶交尾，在交尾过程中和交尾后不断取食。飞翔能力较强，可飞翔扩散到1km以外，但通常只进行数米到数百米不等的近距离飞行。交尾方式为背负式，交配时间1～8min。交配后雄虫可长时间趴在雌虫背上，后足伸展做保护状（彩图22-41-9）。每个雌虫均可与多个雄虫交配，同一雄虫也会和不同雌虫交配，但不重复交配。每雌孕卵6～12粒，产卵于5～15cm深的土中，卵散产或10余粒集于一处。

成虫具假死性，当树枝受到震动时会落地假死。成虫喜食沙棘和多种植物的花蕊、花瓣。有喜光喜热性和群集性，在晴朗无风天气，9：00～18：00活动，12：00～14：00数量最多、活动性最强，聚集在单株或相邻多株寄主植物枝干、枝头和花瓣、花蕊上，或频繁短距离飞动，群聚的成虫散发出难闻的腥味，这种气味可能具有驱避和防御天敌作用；在刮风或阴雨天气，多数潜伏于土壤中，少数在枝条上静止不动。成虫有趋化性，对异味、颜色较敏感。对被损金露梅枝叶散发的气味［(Z)-3-己烯基乙酸酯］有趋性，对黄色有趋性，对黑光灯无趋性。

幼虫分3龄，各龄期均在地下生活，发育不整齐，夏、秋季于地表下8～20cm处，取食植物幼嫩的根系；秋后下潜越冬，春季复苏上移并取食。老熟幼虫筑土室化蛹。

四、发生规律

（一）气候条件

明亮单爪鳃金龟主要发生区为布哈河流域两岸。布哈河是"高原明珠"青海湖的主要补给水源，发源于疏勒南山，源头海拔4 600m，全长超过300km。在青海天峻县内流经县南半部，全长218km，流域面积13 523.43km²，有希格尔曲、夏格曲、夏日哈河和峻河支流，占天峻县面积的52.59%。平均海拔3 400～3 500m，年均气温−1.5℃，年降水量327mm，年日照3 001.9h。河岸主要为天然草场和灌木丛，灌木丛面积1.53万hm²，种类主要为多枝柽柳、沙棘和金露梅等。

温湿度影响明亮单爪鳃金龟的行为活动。当初夏气温达7～10℃、相对湿度48%时，成虫开始出土。6月下旬至7月上旬，5cm地温在15℃以上、平均气温11.4～11.8℃、平均相对湿度在64%时，为成虫出土盛期。低温、强降水不利于幼虫发育和成虫活动，高温天气害虫活动频繁、为害猖獗。

土壤特性与成虫羽化、产卵和幼虫数量有关。植被覆盖度为20%～30%的地表面成虫羽化孔较多，植被覆盖度达50%以上的地方，羽化孔较少，林木密集的地方极少有羽化孔。卵和幼虫多在草地、林中空地和植株根基周围土质疏松的沙壤或黄壤土内，土壤黏重、石砾多的土中幼虫极少。土壤湿度过大或过于干燥都不利于幼虫发生。

2003—2008年，明亮单爪鳃金龟在青海天峻县布哈河流域成虫发生为害时间为6～8月，此间当地平均气温9.6℃，≥0℃的积温871.60℃，占全年≥0℃积温的71%，土壤10cm平均温度12.9℃。虫体越冬期间土壤10cm地温为−0.4℃，平均气温为−4.7℃。在6～8月虫害发生期间的温度保持在9℃以上，为害盛末期间气温达到10℃以上，最高气温保持在17.6℃；日照在219.5h。在产卵孵化期间的气温基本保持在8.7℃，最高气温平均达到17.4℃，最低平均气温维持在1.1℃。从连续几年气温的变化总趋势来看，气温逐步上升，环境条件有利于明亮单爪鳃金龟的出土、产卵、越冬等生长发育，同时也容易造成大面积的虫害发生。

虫害重灾发生与气温有关。为害高峰期及重灾面积与虫口盛末期的平均气温和最高气温有较好的对应关系，气温偏高，重灾面积增大，气温偏低，重灾面积减小。气温影响虫体发育期，当幼虫越冬期气温较高，则成虫为害高峰期、产卵至卵孵化期、为害盛末期气温也较高；反之亦然。在高原虫害发生区，每年降水时间分布不均，冬春季节降水比较少，有利于幼虫安全越冬。日照不是虫害发生的主要环境影响因子。

（二）寄主植物

明亮单爪鳃金龟大面积发生区域的植被除草本外，多以沙棘为主，混有少量水柏枝、金露梅的灌木林。幼虫取食为害寄主植物根系和根茎，成虫主要为害灌木幼芽、枝叶和花，其中沙棘受害最为严重（彩图 22 - 41 - 1，彩图 22 - 41 - 8，彩图 22 - 41 - 10）。

幼虫取食寄主植物根须和幼根，成虫取食幼芽、枝叶、花芽、花蕊、花瓣。叶肉被取食后，寄主植物的光合作用受到抑制，整体机能减弱、衰竭，最终死亡。成虫有聚集性和暴食性，调查发现，成虫大暴发时，单株寄主植物虫口数量达到 200 头以上，3～5d 就可以将整株灌木的叶片、嫩枝取食殆尽。

虫害与林分因子相关。2008—2010 年在青海天峻县的调查表明，以沙棘为主，混有少量水柏枝和金露梅的林分地中，以沙棘受害最重，金露梅次之，水柏枝较轻。以树冠叶片受害率为标准划分，沙棘为重度，达到 30%～50%；金露梅为中度，达到 15%～30%；水柏枝为轻度，达到 8%。林龄较大（10 年以上）的沙棘，受害最重；幼林（3 年以下）和成熟林（3～10 年）次之。经统计，它们的成虫虫口密度分别为 104 头/株、33 头/株、17 头/株。在同一林分内，郁闭度越小，受害越重，郁闭度达到 0.6 以上时，基本不受为害；郁闭度为 0.2、0.3、0.4、0.5、0.6 的同一林分，其平均虫口密度分别为 76 头/株、51 头/株、30 头/株、19 头/株、5 头/株。生长于边缘位置的林木受害程度明显要严重于处于林内的林木，受害程度呈向心递减趋势，对不同林分和同一林分皆是如此。其平均虫口密度分别为：林缘林木为 68 头/株、林内林木为 24 头/株。林地与草地交界处虫口密度大于林内。长势衰弱、稀疏的林木受害程度明显大于长势旺盛、稠密的林木，其平均虫口密度分别为 78 头/株、34 头/株。林分不健康，林木长势衰弱，更易受到林业有害生物的侵害。

（三）天敌

除了鸟类，明亮单爪鳃金龟的天敌还有捕食性昆虫如蚂蚁、虎甲、步甲等以及寄生蝇、寄生蜂等寄生性昆虫，均对明亮单爪鳃金龟的发生有一定影响。天敌昆虫数量多，害虫数量就少。

五、防治技术

明亮单爪鳃金龟的大面积为害主要发生在青海高原的布哈河流域。两岸的天然草场和灌木林不仅具有保持和涵养水土、防风固沙、维护生态平衡等重要的生态功能，而且是该区域湿地、水域及青藏铁路和城镇居民生态环境的重要屏障。害虫的严重发生以及采用的防治方法，都会影响其生态功能的正常发挥、流域内外生态系统的健康和安全。因此，应当制定长远的、可持续的治理策略，尽量采用对生态安全且高效的防治措施和方法。

近年对于连续发生的大面积虫害，主要在暴发区采取了化学药剂及时扑灭，在一般发生区采取人工、物理、生物、化学相结合的技术策略，并已经部署和开展了害虫生物学和发生规律研究，逐步建立监测预警机制。

（一）人工及物理防治

为了尽量避免引入药剂对环境的污染，利用明亮单爪鳃金龟成虫假死习性，采用人工震动灌木树枝，震落和捡拾成虫。利用成虫对黄白颜色的趋向性进行诱捕防治。2010 年青海海晏县在明亮单爪鳃金龟发生区域，采用阻隔式黄色十字板诱捕器进行防治，共设置诱捕器 500 套，从 6 月 10 日至 7 月 31 日，共诱捕到明亮单爪鳃金龟成虫 12.47 万头。采用此项防治技术，节约、环保、经济等方面得到了充分的体现，是一项无公害环保的防治技术，值得推广应用。

（二）生物防治

已发现明亮单爪鳃金龟的天敌有蚂蚁、虎甲、步甲等捕食性天敌和寄生蝇、寄生蜂等寄生性天敌，但目前尚未见有利用天敌的技术措施。还发现并分离得到了明亮单爪鳃金龟的病原真菌——绿僵菌

（*Metarhizium anisopliae*），进行了初步的防治试验，但高原低温、强日照对绿僵菌侵染和生存的影响等问题尚未解决。还可研究寄主植物挥发性物质，利用对明亮单爪鳃金龟成虫具有引诱性的信息素来诱捕成虫。另外，研究利用明亮单爪鳃金龟的性外激素进行诱捕或迷向，可达到降低雌雄成虫交配概率，减少其繁殖数量的目的。

（三）化学防治

对于害虫严重发生和暴发的区域，要及时选用高效低毒的化学药剂进行控制。用 8％氯氰菊酯微囊悬浮剂 300 倍液、4.5％高效氯氰菊酯乳油 1 500 倍液进行喷雾防治，效果分别达到 88％和 86％。

（四）监测预警

针对害虫呈上升的趋势，县级草原工作站应充分发挥技术优势，坚持进行实际的系统调查，积极掌握害虫发生规律，及时向上报告，为及时调动、配备防治人员和药械提供依据。

针对害虫突发性强、高原地广人稀的特点，除了管理部门和科技人员加强虫情监控外，更要积极扩大宣传范围，加大宣传力度，增加牧民群众防治意识，使广大牧民群众充分认识到害虫的危害性，一旦发现害虫就自觉向上反映情况，以便及时采取措施防治和控制。

（五）规划管理

指导牧民合理利用自然资源，限制采掘虫草和开矿，重要生态区域加强限牧养草和退牧还林。在实行退牧还林和人工造林时，要因地制宜，不仅要考虑林木气候适应性，还要考虑潜在的有害生物因素，做到合理密植，加强抚育管理，适度提高郁闭度，多种植混合林，减少单一林种，适时、适度采伐老、弱、病、残（株）林；加强管护，防止人畜践踏毁坏林木，促进林分健康，充分利用林分因子达到控制有害生物的效果。

由于对明亮单爪鳃金龟生物学和发生规律研究还较少，需要进一步调查研究明亮单爪鳃金龟的发生规律，明确种群消长动态和暴发因素，掌握虫口基数和天敌基数，建立预测预警机制。制定指导害虫防治的虫口密度指标，筛选高效低毒化学药剂，在低密度时采用根据物理防治和生物防治措施，并监控虫口动态，较高密度或局部暴发时及时采用高效药剂予以控制，严防种群猛长和扩散。

农向群（中国农业科学院植物保护研究所）
郭建蒲（青海省海西自治州种子站）

第 42 节　　紫苜蓿叶象

一、分布与危害

紫苜蓿叶象〔*Hypera postica*（Gyllenhal）；异名：*Phytonomus variabilis*（Herbst），*Phitonomus variabilis*（Herbst），*Hypera variabilis*（Herbst）〕属鞘翅目象甲科，别名苜蓿叶象虫、苜蓿叶象甲、苜蓿象、苜蓿叶象。

在我国分布于新疆、内蒙古和甘肃等地区；新疆主要分布于伊犁、阿勒泰、博乐、呼图壁、乌鲁木齐及奇台等地。国外主要分布于欧洲地区的阿尔巴尼亚、奥地利、比利时、保加利亚、克罗地亚、捷克、爱沙尼亚、法国、德国、希腊、直布罗陀、匈牙利、爱尔兰、意大利、立陶宛、马耳他、挪威、波兰、葡萄牙、罗马尼亚、西班牙、加那利群岛、瑞典、瑞士、乌克兰、英国、俄罗斯；亚洲地区的阿富汗、亚美尼亚、阿塞拜疆、塞浦路斯、印度、伊朗、伊拉克、以色列、日本、黎巴嫩、土耳其、土库曼斯坦、乌兹别克斯坦；非洲地区的阿尔及利亚、埃及、利比亚、突尼斯及美洲地区的加拿大、美国、墨西哥。

紫苜蓿叶象主要为害苜蓿，也取食大巢菜、漆姑草、中型三叶草、红三叶草、齿状三叶草、绛三叶草、白三叶草、黄花草木樨等植物。此外，紫苜蓿叶象也为害豆科的丁香属、山藜豆属、菽草属、紫云英属、野豌豆属、草木樨属、蚕豆、红豆、羽扇豆、四季豆，十字花科的山芥菜，菊科的莴苣，禾本科的玉米、燕麦，藜科的滨藜属，车前科的车前属，茄科的马铃薯，蔷薇科的草莓及核果类等植物。

紫苜蓿叶象的成虫和幼虫均能为害苜蓿的顶端、叶和新生嫩芽。成虫能取食叶片及茎秆，将茎秆咬成圆孔或缺刻，并将卵产在茎秆内。卵在茎秆内孵化后，初孵幼虫在茎秆内蛀食，形成黑色的隧道；大部分初龄幼虫潜入叶芽和花芽中为害，能使花蕾脱落、子房干枯，破坏苜蓿上部的生长点，影响苜蓿的生长。三、四龄幼虫为害最严重，暴食叶肉，叶片只残留枯焦的网络叶脉，发生严重时会影响苜蓿的产量。当 1 株苜蓿上有 4～5 头幼虫时，可减产 29％～35％。在我国，紫苜蓿叶象的报道始见于 20 世纪 50 年代，曾给新疆的苜蓿带来了毁灭性的危害。1958 年 5 月下旬至 6 月上旬新疆乌苏县黄宫乡几十公顷的苜蓿全部被毁，1960 年莫索湾垦区农场因紫苜蓿叶象使约有 333hm² 苜蓿的干草、种子均无收获。

二、形态特征

成虫：体长 4.5～6.5mm。全身覆黄褐色鳞片，头部黑色，喙细长且甚弯曲。触角膝状，鞭节 7 节，触角沟直。前胸背板有 2 条较宽的褐色条纹，中间夹有 1 条细的灰线。鞘翅上有 3 段等长的深褐色纵行条纹，中间的 1 段最长，达鞘翅的 3/5（彩图 22 - 42 - 1，1）。

卵：长 0.5～0.6mm，宽 0.25mm，椭圆形，黄色有光泽。近孵化时变为褐色，卵顶发黑（彩图 22 - 42 - 1，2）。

幼虫：头部黑色，初孵幼虫体乳白色，取食后，变为草绿色，最后变为绿色。老熟幼虫体长 8～9mm，背线和侧线为白色，背线两侧各有 1 条深绿色的纵纹。幼虫无足，利用腹面有刚毛的瘤状突行动迅速（彩图 22 - 42 - 1，3）。

蛹：为裸蛹，初为黄色，后变为绿色。蛹具茧，茧近乎椭球形，长 5.5～8mm，宽约 5.5mm，白色具有丝质光泽，编织疏松，呈网状，富有弹性（彩图 22 - 42 - 1，4）。

三、生活习性

紫苜蓿叶象在新疆 1 年发生 2～3 代，以成虫在苜蓿地残株落叶下或裂缝中滞育越冬。在新疆呼图壁地区，早春 4 月上旬，苜蓿开始萌发，越冬代成虫开始出蛰活动、取食，4 月下旬为出蛰为害盛期。成虫补充营养 2～3d，进行交尾，交尾后 3～5d 开始产卵。产卵盛期在 5 月上、中旬。由于越冬代成虫经过严酷的冬季，其存活下来的均为体能较好的个体，致使其雌虫产卵历期、产卵总量及产卵高峰持续期均明显较长。第一代幼虫孵化盛期在 5 月下旬至 6 月上旬，此代幼虫对第一茬苜蓿为害严重，是防治的主要时期。早期的成熟幼虫于 5 月底做茧化蛹，化蛹盛期为 6 月上、中旬。第一代成虫羽化盛期在 6 月中、下旬，羽化的第一代成虫有 10％进入滞育。第二代卵于 7 月上旬产出，幼虫于 7 月中旬出现，7 月下旬幼虫化蛹，8 月上旬出现第二代成虫。第二代成虫同样受到高温的影响而有 65％左右的个体进入滞育。第三代幼虫孵化盛期在 8 月中、下旬，化蛹盛期为 9 月中旬，9 月下旬至 10 月上旬为成虫羽化盛期，由于秋季气温逐渐下降，羽化的成虫进行短暂的取食活动后全部滞育，进入越冬阶段。

雌虫产卵于茎秆中，用喙在茎上咬出 1 个小洞，产卵其中，一洞少时仅产 1 粒，多时 30～40 粒，平均为 8.4 粒。产卵完毕后用排泄物封闭洞口，在茎上留一小黑疤。成虫在苜蓿茎秆上的产卵部位随着苜蓿生育期的变化而变化，在分枝期，主要集中在 0～20cm 处产卵；在开花期，主要在 0～60cm 处产卵。每雌可产 400～1 000 粒卵，有的多达 3 600 粒卵。

从茎秆中孵出的幼虫部分在茎内蛀食 2～3d，使茎内形成黑色隧道，影响苜蓿的生长；大部分则潜入叶芽和花芽中为害，破坏苜蓿上部的生长点。苜蓿生长点丧失，在其下方又长出新的叶芽和花芽，而这些新生组织又相继被幼虫食去。三龄以上幼虫依靠它的绿色保护色，在叶上暴露取食，食去叶肉，仅剩叶脉，造成子房干枯，花蕾脱落，严重影响苜蓿干草和种子的产量。在苜蓿孕蕾期与幼虫二龄、三龄出现高峰期相一致的地区，苜蓿受害最为严重（彩图 22 - 42 - 2）。

幼虫老熟后多在苜蓿中上部，但有时也在接近地面的植株上吐丝连缀 2～3 个叶片做疏松的白丝茧，幼虫在茧内不停转动身体，进入蛹期后也常在茧内转动。由于茧在叶片上固定并不牢靠，容易掉落于地。

四、发生规律

（一）气候条件

越冬代成虫对春季气温的变化极为敏锐，当气温上升到 11～12℃时，便出土活动。成虫活动的最适温度为 20℃左右，24～25℃时，便潜藏于阴凉之处，有时离开苜蓿地，进行长距离的迁飞。夏季温度高于 24～25℃时，成虫便进入夏眠状态。各虫态发育速率均与温度呈正相关，卵、幼虫、前蛹、蛹和成虫产卵前期的发育起点温度分别为 8.82℃、10.47℃、8.60℃、11.91℃ 和 9.53℃，有效积温分别为 99.38℃、143.80℃、48.63℃、55.71℃ 和 140.15℃。完成 1 个世代的发育起点温度为 10.14℃，所需的有效积温为 480.96℃。试验温度条件下其生存曲线呈 Price A 型，26℃时世代存活率及单雌产卵量最高，分别为 47.6%、847.7 粒。紫苜蓿叶象世代存活率、种群趋势指数与温度间均呈抛物线关系，其生长发育繁殖的最适温区为 25～27℃。田间自然条件下，第一代紫苜蓿叶象存活曲线属 Price A 型，种群数量减少最大阶段是卵至二龄幼虫期，影响种群数量变动的关键因子因虫态不同而不同，分别为三龄幼虫期的大风、四龄幼虫期被寄生、蛹期和二龄幼虫期的感病。

紫苜蓿叶象各虫态的耐寒性也各不相同。通过测定，成虫、长翅型蛹、短翅型蛹、四龄幼虫以及三龄幼虫的过冷却点依次为 -20.46℃、-10.34℃、-9.55℃、-10.0℃ 和 -9.75℃；冰点依次为 -18.24℃、-6.68℃、-6.52℃、-7.52℃ 和 -7.86℃。在各虫态中以成虫的耐寒能力最强，能耐受 -20℃左右的低温，幼虫和蛹的耐寒能力相同，仅能耐受 -10.0℃左右的低温。

（二）天敌

紫苜蓿叶象的捕食性天敌有步甲、金小蜂、花蓟马、瓢虫等。在新疆苜蓿田调查发现，七星瓢虫（*Coccinella septempunctata* Linnaeus）、多异瓢虫 [*Hippodamia variegata* (Goeze)]、方斑瓢虫 [*Propylea quatuordecimpunctata* (Linnaeus)]、蜘蛛类有捕食紫苜蓿叶象幼虫习性。通过室内测定，1 头七星瓢虫成虫可捕食三龄、四龄幼虫的数量分别是 6.2 头和 4.8 头；1 头蜘蛛可捕食三龄、四龄幼虫的数量分别是 6.2 头和 5.2 头；1 头多异瓢虫成虫可捕食 15.4 头二龄幼虫，而 1 头方斑瓢虫成虫最大捕食量是 5.2 头。多异瓢虫成虫对紫苜蓿叶象二龄幼虫的捕食量高于方斑瓢虫。

寄生紫苜蓿叶象的天敌种类较多，寄生成虫的有茧蜂和寄蝇；寄生卵的有缨小蜂和广腹细蜂；寄生幼虫的有姬蜂、啮小蜂和茧蜂；寄生幼虫和蛹的有姬小蜂和金小蜂。在新疆调查发现有 6 种紫苜蓿叶象寄生蜂，其中苜蓿叶象啮小蜂 [*Tetrastichus incertus* (Ratzeburg)]、苜蓿叶象姬蜂 [*Bathyplectes curculionis* (Thomson)] 和短窄象甲姬蜂 [*Bathyplectes anurus* (Thomson)] 是控制紫苜蓿叶象幼虫的主要寄生蜂，其寄生率为 5.10%～78.95%，年平均寄生率为 30.55%。其中苜蓿叶象啮小蜂为紫苜蓿叶象幼虫的优势寄生蜂。苜蓿叶象啮小蜂的寄生率 1.87%～66.10%，平均为 22.70%，占紫苜蓿叶象幼虫被寄生的 74.63%，并且该寄生蜂有较高的产卵量和寄生能力。在不喂食的条件下，单头雌蜂的产卵量为 45～209 粒，平均 117 粒，最高日产卵量为 31 粒；产卵期可达 17d，平均寄生 21.33 头紫苜蓿叶象幼虫。苜蓿叶象啮小蜂以老熟幼虫在寄主体内滞育越冬，其在田间越冬死亡率较低，为 10.32%～14.72%。温度对越冬代苜蓿叶象啮小蜂的发育和羽化有显著影响，在室温 18～23℃的条件下，苜蓿叶象啮小蜂成蜂的羽化率为 83.9%；田间气温为 11～26℃条件下，成蜂的羽化率为 40.4%。

紫苜蓿叶象的病原微生物有耳霉、虫疫霉和白僵菌，其中疫霉菌（*Erynia phytonomi*）是紫苜蓿叶象的主要致病菌。当田间紫苜蓿叶象幼虫密度高时，降水有利于此菌的发生。在平均降水量为 3.6～7.0mm 时，有 50%～90% 的紫苜蓿叶象幼虫及 52% 的蛹易受感染，幼虫种群可下降 15%～61%。在新疆从田间得病的紫苜蓿叶象僵虫上分离并经对幼虫的致病力测定，筛选出致病性强的球孢白僵菌 Bb-10-1 菌株，在每毫升含 1.65×10^9 个孢子的浓度下处理二龄、四龄幼虫和成虫，其累计校正死亡率分别为 100%、89.3% 和 61.1%。

五、防治技术

（一）农业防治

1. 加强田间管理　早春苜蓿再生萌发前耙地，可疏松土壤，减少水分蒸发，加速苜蓿的生长。秋季及时进行秋耕冬灌，降低越冬成虫基数。

2. 适时轮作　适时与小麦、玉米等单子叶作物轮作，一方面有利于提高苜蓿产草量，另一方面有利于降低田间虫口基数。

3. 提前刈割　紫苜蓿叶象成、幼虫均可为害苜蓿，其中越冬代紫苜蓿叶象的产卵量最高，产卵历期最长，从而致使第一代三龄、四龄幼虫对第一茬苜蓿的为害最为严重。因此适当提前对第一茬苜蓿的刈割，留茬不超过 4～5cm，割下的苜蓿尽快运出田外，以消灭幼虫和卵，有利于减少当年的虫口数量。

（二）生物防治

以保护紫苜蓿叶象自然天敌为主。紫苜蓿叶象的天敌很多，捕食性天敌有瓢虫、蜘蛛类等；寄生性天敌有苜蓿啮小蜂、短窄象甲姬蜂、苜蓿叶象姬蜂等，其中苜蓿啮小蜂对 3 个世代的紫苜蓿叶象幼虫均可寄生，是苜蓿田间的主要寄生性天敌。因此结合天敌发生发展规律，适时进行防治保护，有利于保证整个苜蓿田间的生物防控效果。

（三）化学防治

可在早春成虫蛰尚未产卵、天敌还未活动之前施药，或秋后最后一茬苜蓿收割后，在茬地上施药，以降低越冬成虫虫口基数。5 月中、下旬，在紫苜蓿叶象第一代幼虫发生高峰期喷药时应选择在早上或傍晚传粉昆虫不活动的时间施药。紫苜蓿叶象的防治指标据国外资料研究表明，幼虫每昆虫网 8～10 头，或植株的芽和叶受害率达 25％～30％时，应采取防治措施。可选用 25％噻虫嗪水分散粒剂 6 000～8 000 倍液、4.5％高效氯氰菊酯乳油 2 000 倍液、90％敌百虫晶体 1 000～1 500 倍液、50％甲萘威可湿性粉剂 400 倍液或 2.5％溴氰菊酯乳油 1 500～2 000 倍液。

赵莉（新疆农业大学农学院）
倪亦非（新疆维吾尔自治区蝗虫鼠害预测预报防治中心站）

第 43 节　苜蓿籽象

一、分布与危害

苜蓿籽象（*Tychius medicaginis* Briss.）属鞘翅目象甲科。苜蓿籽象在国内分布于新疆（北疆）和甘肃。国外分布于欧洲的中部和南部、前苏联欧洲部分及向北到波罗的海地区、高加索、中亚、哈萨克斯坦等。

在我国，苜蓿籽象为害苜蓿的报道始见于 20 世纪 60 年代。1962 年在新疆下野地四场调查发现，苜蓿种子被害率高达 50％；1963 年在石河子地区调查发现，苜蓿种子被害率高达 30％，一般为 10％；2002 年在呼图壁种牛场调查发现，被害严重的苜蓿种子田，豆荚被害率最高可达 70％，种子被害率可达 34.3％，造成了当年种子产量大幅度降低，严重影响了苜蓿种子的生产和发展。苜蓿籽象成虫和幼虫均可为害，特嗜苜蓿，其次为三叶草、草木樨。成虫啃食叶肉，为害花蕾和花器，幼虫蛀食种子。

二、形态特征

成虫：体长 2.3～2.8mm（不包括喙），体暗棕色。头部着生较小的黄白色鳞片，自触角着生处至喙末端为棕黄色，无鳞片。前胸背板密布由两侧斜向背中央的黄白色鳞片，并相遇成背中线。鞘翅鳞片黄白色，合缝处有 4 列淡色鳞片组成的条纹。纵行条纹之间，有不整齐的刻点。胸足基节和转节黑色，其他各节棕黄色。爪为双栉式，内侧 1 对较外侧的小。第二腹片两侧向后延伸成三角形，完全盖住第三腹片的两侧（彩图 22-43-1，1）。

卵：长椭圆形，长 0.5～0.6mm。初产卵乳白色，随发育而渐变黄色，具光泽。

幼虫：老熟幼虫体长 4.0～4.5mm，乳白色、弯曲，头部棕褐色（彩图 22-43-1，2）。

蛹：裸蛹，初为白色，后渐由黄转褐。蛹室长 3～4mm，宽为 1.5～2.0mm。

三、生活习性

苜蓿籽象在新疆 1 年发生 1 代，以成虫在苜蓿种子田地下土室中滞育越夏、越冬。翌年早春 3 月底，苜蓿刚萌发，越冬成虫脱离蛹室上升到离地面 1～2cm 硬土层下或苜蓿根丛中，很少出土活动，在日平均气温为 12℃时出土活动。随着气温的逐渐升高，虫量也逐渐上升，其活动为害加剧，每年在 4 月下旬到 5 月上旬为害最烈。当苜蓿生长至现蕾期，成虫转向花蕾取食，此时雌虫的卵巢发育逐渐成熟。6 月上旬，田间出现嫩荚，成虫开始产卵，6 月中、下旬幼虫大量出现，6 月下旬至 7 月上旬初老熟幼虫脱荚入土做土室，7 月上、中旬化蛹，7 月下旬成虫羽化，新羽化的成虫不出土，仍留在土室内，直至越冬。

越冬成虫出土取食叶片，尤其喜食心叶、嫩叶，在叶背啃食下表皮和叶肉，留存上表皮，形成许多长形透明的条斑，为害严重时，整株叶片只留下枯黄的网状上表皮，严重影响苜蓿的生长。随苜蓿的生长，在孕蕾时，成虫便转到花蕾上取食，在花蕾基部钻食，部分成虫在花蕾顶部咬食花萼冠，导致花蕾不能正常开放。偶有在茎秆表面取食，形成深浅不一的缺刻（彩图 22-43-1、3、4）。

在苜蓿结荚时，成虫自植株下部转至上部，且常向苜蓿种子地迁飞。成虫活动、取食与环境温度有密切关系。每日 12：00～16：00 为取食、活动高峰期，夜晚也可取食，只是取食量相对日间少。当天气阴沉时，成虫取食、活动则明显减弱。成虫耐饥力强，最长者可达 40d。

在田间 5 月下旬平均气温达 21.3℃时，即可见到成虫交尾，一般在苜蓿株上部进行，下部也能见到交尾，以 12：00～17：00 为盛。接触交尾时间短则 1h，长则可达 3h。交尾时，雌虫仍可取食。成虫一生可进行多次交尾，交尾的相隔时间有长有短，短的 1d，长的 4d 左右，有时还有假交尾的现象。交尾后的雌虫，在田间出现嫩荚时即开始产卵，一般自下而上散产于苜蓿幼嫩种荚内的种皮上，多数产在外缝上，1 荚上产卵 1～4 粒，以 1～2 粒为多。

初孵幼虫咬破苜蓿种子的种皮，并向内蛀食，将种子蛀食一空，残留种皮，并且排有黑色粪便在内。1 个种荚内一般有幼虫 1～2 头，最多可达 4 头。幼虫无转移为害种荚的习性，仅串联着为害 1 个种荚内的种子。幼虫老熟后，将豆荚壳咬破一孔径为 0.5～0.6mm 的孔脱出，落到地面便向四周缓慢移动较短距离，然后钻入土中，做土室准备化蛹。化蛹深度为 0～8cm，其中在 2～6cm 土层中最多。蛹室长 4.2～5.2mm，直径 2.6～3.1mm，在土壤中直立或倾斜。老熟幼虫在土室中，身体逐渐缩短，颜色变淡，在平均室内温度为 24.1℃ 条件下，老熟幼虫经过 6d 进入蛹期。在土壤湿度为 10%～40% 条件下，适宜苜蓿籽象幼虫化蛹及成虫羽化。

苜蓿籽象老熟幼虫脱荚入土后，从预蛹发育至成虫，适应的湿度范围较广，在湿度为 4.7% 和 70% 条件下，其存活率分别为 51% 和 45%。适宜的土壤相对湿度范围为 10%～40%，其中在相对湿度 30% 条件下，存活率最高可达 95%。

据报道，苜蓿籽象幼虫可被一种金小蜂（*Habrocytus* sp.）寄生，其寄生率可达 22%。

四、防治技术

（一）农业防治

1. 加强田间管理　早春苜蓿再生萌发前耙地，可疏松土壤，减少水分蒸发，加速苜蓿的生长。秋季及时进行秋耕冬灌，降低越冬成虫基数。

2. 轮作　作干草用与留种用苜蓿田应交替进行。或在条件许可下，将第二茬苜蓿留作种用，可减少苜蓿籽象的为害。

3. 适时灌水　根据苜蓿籽象以成虫在苜蓿种子田地下土室中滞育越夏、越冬特点，在 8 月上、中旬，苜蓿种子收获后及时灌水，提高土壤湿度，可降低成虫在土壤中的存活率。

（二）化学防治

重点防治成虫。在日平均气温 18～19℃时，越冬成虫出土数量达到高峰期时，进行田间喷药，可选用 25% 噻虫嗪水分散粒剂 4 000～6 000 倍液，或 4.5% 高效氯氰菊酯乳油 1 500 倍液进行常规喷雾，或选用 20% 氯氰菊酯乳油 833.4mL/hm²，对水 49.65L/hm² 进行超低量喷雾。

赵莉（新疆农业大学农学院）
倪亦非（新疆维吾尔自治区蝗虫鼠害预测预报防治中心站）

第 44 节　芫　菁　类

一、分布与危害

为害牧草的芫菁类害虫主要有中华豆芫菁 [*Epicauta chinensis* (Laporte)]、绿芫菁 [*Lytta caraganae* (Pallas)]、苹斑芫菁 [*Mylabris calida* (Pallas)] 和蒙古斑芫菁 [*Mylabris mongolica* (Dokhturoff)] 4 种。

中华豆芫菁属鞘翅目芫菁科豆芫菁属，又名中国黑芫菁、中国豆芫菁。已知国内分布在河北、北京、黑龙江、吉林、天津、内蒙古、新疆、宁夏、甘肃、陕西、四川、山西、山东、河南、安徽、江苏、湖北、湖南、台湾，国外分布在朝鲜、韩国、日本。成虫发生期常常群集取食紫穗槐、槐、豆类、甜菜、苜蓿、玉米、马铃薯等植物的茎叶，近年来已演变成马铃薯上的主要害虫；幼虫可食蝗虫卵。

绿芫菁属鞘翅目芫菁科绿芫菁属，异名：*Lytta pallasi*。已知国内分布在宁夏、北京、河北、山西、内蒙古、辽宁、吉林、黑龙江、上海、江苏、浙江、安徽、江西、山东、河南、湖北、湖南、陕西、甘肃、青海、新疆，国外分布在朝鲜、俄罗斯（远东）、蒙古、日本。成虫为害豆类、苜蓿、黄芪、柠条、槐属、水曲柳、花生等植物，主要为害叶片成缺刻或孔洞；幼虫取食蝗虫卵。

苹斑芫菁属鞘翅目芫菁科斑芫菁属，异名：*Zonabris baicalica*，*Zonabris bijuncta*，*Mylabris bimaculata*，*Zonabris bimaculaticeps*，*Zonabris latifasciata*，*Mylabris maculata*，*Zonabris maroccana*，*Mylabris niligena*，*Zonabris tlemceni*，*Zonabris transcaspica* 等。已知国内分布在宁夏、北京、河北、山西、内蒙古、辽宁、吉林、黑龙江、江苏、山东、河南、湖北、陕西、甘肃、新疆，国外分布在俄罗斯、朝鲜、韩国、蒙古以及亚洲中西部、欧洲东南部、北非等地区。成虫为害豆科作物的花及苹果、苜蓿、瓜类、胡枝子、桔梗等植物；幼虫食蝗虫卵。

蒙古斑芫菁属鞘翅目芫菁科斑芫菁属，异名：*Mylabris alpha* Sumakov，*Zonabris aurora* Escherich，*Mylabris beta* Sumakov，*Zonabris chinensis* Frivaldszky。已知国内分布在河北、内蒙古、河南、陕西、甘肃、宁夏、新疆，国外分布在蒙古。成虫为害菊科植物的花。

二、形态特征

（一）中华豆芫菁

成虫：体长 10.0～23.0mm，宽 3.0～5.0mm，头横阔，两侧向后变宽，后角圆，后缘直，额中央具 1 长圆形小红斑，两侧后头、唇基前缘和上唇端部中央、下颚须各节基部和触角基节一侧均为红色，其余部位为黑色。触角 11 节，雄性触角栉齿状，中间节强烈变宽并明显向外斜伸，无纵沟，第三节最长，长三角形，第四节宽约为长的 4 倍，第四至八节倒梯形，第九、十节倒三角形，末节不尖；雌性触角丝状。前胸背板约与头同宽，鞘翅基部宽于前胸 1/3，两侧平行，肩圆，背板两侧和中央具纵沟。鞘翅侧缘、端缘和中缝，以及体腹面除后胸和腹部中央外均被灰白毛（彩图 22-44-1）。

卵：圆筒形，上粗下细，长 2.4～2.8mm，宽 1mm 左右，初产时乳黄白色，后变为黄褐色，表面光滑。卵块状，彼此以黏液相连（彩图 22-44-2）。

幼虫：共 6 龄，大小为（3～7）mm×1mm，复变态。一龄幼虫似步甲幼虫，又称"三爪蚴""双尾虫"，初孵幼虫头部淡红褐色，第一至三腹节、第六至七腹节腹背黑褐色，其余淡褐色，3d 后均转为灰褐色；二、三、四、六龄蛴螬形，头部淡褐色，胸、腹部乳黄白色，各龄体长分别为 4～5mm、6～8mm、10～13mm、12～14mm；五龄幼虫（又称假蛹）为象甲幼虫形，大小为 13mm×3mm，乳黄色，全体被膜，光滑无毛，胸足不发达，呈乳突体，体微弯（彩图 22-44-3）。

蛹：大小为 14mm×3.2mm，黄白色，复眼黑色，前胸背板两侧具长刺 9 根，后足即达腹部末端，翅芽达第二腹节，触角沿背部达第二腹节，胫端刺和足末端刺红褐色。

（二）绿芫菁

成虫：体长 11.5～17mm，宽 3～5.5mm，体金属绿或蓝绿色，鞘翅具铜色或铜红色光泽。体背光亮无毛，腹面胸部和足毛十分细短。头部刻点稀疏，额中央有 1 个橙红色小斑。触角约为体长的 1/3，第五至十节念珠状。前胸宽短，前角隆起突出；背板光滑，刻点很细小、稀疏，在前端 1/3 处中间有 1 个圆凹洼，后缘中间的前面有 1 个横凹洼，后缘稍呈波浪形弯曲。鞘翅具细小刻点和细皱纹。雄虫前、中足第一跗节基部细，腹面凹入，端部膨大，呈马蹄形；中足腿节基部腹面有 1 根尖齿（彩图 22-44-4）。雌虫无上述特征。

（三）苹斑芫菁

成虫：体长 11～23mm。头、前胸和足黑色。鞘翅淡棕色，具黑斑。头密布刻点，中央有 2 个红色小圆斑。触角短棒状。前胸长稍大于宽，两侧平行，前端 1/3 向前收狭，背板密布小刻点。盘区中央和后缘之前各有 1 个圆凹。鞘翅具细皱纹，基部疏布有黑长毛，在基部约 1/4 处有 1 对黑圆斑，中部和端部 1/4

处各有 1 个横斑，有时端部横斑分裂为 2 个斑（彩图 22 - 44 - 5，1）。

（四）蒙古斑芫菁

成虫：体黑色，头胸部密布黑色长毛，触角端部膨大近棒状。中胸前侧片前缘无沟，偶具窄槽，前胸背板无完整中线。身体及鞘翅黑色部分显具金属光泽。鞘翅底色通常两端红棕，中央黄白，黑缘斑方形且细窄。前足腿节腹面端部无横软毛，跗爪背叶下侧光滑无齿（彩图 22 - 44 - 5，2）。

三、生活习性

（一）中华豆芫菁

中华豆芫菁在河北省北部及华北地区 1 年发生 1～2 代，幼虫 6 龄，一至四龄为蛴螬形幼虫，以五龄幼虫（象甲形、假蛹）越冬，翌年春天发育为六龄（蛴螬形），继而化蛹。5 月下旬成虫开始羽化，6 月为羽化盛期。成虫期止于 8 月上旬，生活期 60～80d；7 月为产卵盛期，8 月为卵孵化盛期，在室温条件下，卵的孵化期为 18～20d；8 月下旬至翌年 5 月下旬为幼虫期，幼虫期 280～300d。1 代区于 6 月中旬化蛹，6 月下旬至 8 月中旬为成虫发生与为害期；2 代区成虫于 5～6 月出现，集中为害早播大豆，而后转害茄子、番茄等蔬菜，第一代成虫首先为害大豆，于 9 月下旬至 10 月上旬转移至蔬菜上为害，发生数量逐渐减少。

在甘肃中部地区 1 年发生 1 代，以五龄幼虫越冬。翌年春季越冬幼虫继续发育至六龄，然后化蛹。6 月上旬至 9 月中旬为成虫发生为害期，6 月中、下旬为成虫羽化盛期。成虫寿命 40～45d。6 月下旬至 8 月中旬为成虫产卵期，7 月中、下旬为产卵盛期。卵期随气温升高而缩短，历期 23～36d，一般 28d。7 月下旬至翌年 6 月上旬为幼虫期，8 月上、中旬为孵化盛期。幼虫全历期 270～290d。一龄幼虫 6～8d，一般 7d；二龄幼虫 5～7d，一般 6d；三龄幼虫 5～7d，一般 6d；四龄幼虫 7～11d，一般 10d；五龄幼虫 240～250d，一般 245d；六龄幼虫 6～10d，一般 8d。5 月中旬至 8 月上旬为蛹期。蛹历期 12～20d，一般 16d。

1. 群集与迁徙 中华豆芫菁一般成群活动，少则几十头，多则上百头，很少有单独个体活动（除非在产卵之前各自寻找产卵场所）。在采集过程中，只要发现 1 头中华豆芫菁那么附近肯定有其他成群个体存在，在黄豆地块，有时可以采到几百头，有时却 1 头也见不到。中华豆芫菁有点片为害特性，在同一块马铃薯地中，有的地方叶片被吃得干干净净，但在相距不到 2m 的地方，叶片毫发无损。据追踪观察，前一天中华豆芫菁聚集的地方，第二天已所剩不多，而在相距不远的另一处却发现了大量个体，说明中华豆芫菁吃完一处，再群迁到另一处，具有群集和迁徙性。

2. 自卫 当中华豆芫菁受到惊扰或侵袭时，其会从口中或腿节末端释放黄色黏液或排泄粪便，内含斑蝥素，人体皮肤接触后会引起灼痛，并引发水泡，所以英文称芫菁科昆虫为 "Blister Beetle"（发泡虫）。

3. 假死性 芫菁科昆虫有不同程度的假死性，当其受到外界惊扰或侵袭时，四肢马上蜷缩，抱于腹下，并从叶片上掉下。与另外几种芫菁比较发现，绿芫菁和苹斑芫菁假死比较明显，落地后，等四周平静很长时间后，才伸展四肢，爬走或飞走。而中华豆芫菁落地后假死时间稍短，很快就会伺机逃走或在叶片上不落地直接飞走。中华豆芫菁落地后一般只有几秒钟假死时间，随后迅速爬走，速度很快，很少在叶片上直接飞走。

4. 趋性 中华豆芫菁喜欢弱光环境，同一个地点清晨和傍晚的数量要比中午多，阳光强烈的中午前后，趴在地上一动不动，如有叶片之类遮盖物，则将头部遮住，有的将全身遮住。其幼虫怕光，因此应在黑暗环境下饲养。

5. 食性 中华豆芫菁主要以豆科植物的叶片或花为食（大豆、马铃薯和紫花苜蓿），此外，也觅食藜科植物，在没有找到上述植物的情况下，也吃一些其他植物（苋菜和刺儿菜）；其最喜吃大豆叶和马铃薯叶。

6. 性行为 中华豆芫菁的性行为分为求偶（爬背）和交配 2 个过程。中华豆芫菁的求偶行为又可分为初始期、背上期和外生殖期 3 个阶段。求偶行为一律由雄虫发起，雄虫先用触角敲打雌虫身体各处，用下颚须敲打雌虫腹部，然后试图从雌虫后方爬上其背，若雌虫不愿意，则拼命逃走或用后足将雄虫踢开。有时雄虫常趁雌虫不注意，在雌虫后面，高高抬起前足，猛地抱住雌虫胸部，后足抱住其腹部（但有时也会被雌虫甩开），然后用触角紧紧缠绕住雌虫触角，触角缠绕时，一般雌虫触角伸直不弯曲，而雄虫触角缠绕在雌虫触角之上，之后雄虫用力使缠绕在一起的触角垂直于地面，不久又放平，松开，不断重复这个过程，以激发雌虫性欲。同时雄虫用腹部末端摩擦雌虫鞘翅，伸长其腹部并弯曲伸出其外生殖器，探寻雌虫生殖孔插入。中华豆芫菁的爬背行为有间歇性，往往不是爬背 1 次就能交配成功，而是要经过数次爬背之后，才有可能顺利交配，每次爬背持续时间也不相同。一般情况下，中华豆芫菁在 2～4 次爬背后才能交配成功，每次爬背持续时间一般在 5～15min，平均 9.6min，之后就能顺利交配，但也有 1 次爬背就能交配成功的情况，爬背时间只需几秒钟。爬背时有时受到外界干扰，可能 1～2min 就要中止，也有个别情况持续时间超过 30min。先后两次爬背的间隔时间一般为 2～15min，平均 6.5min。交配时，雄虫的外生殖器插入雌虫的生殖孔后，雄虫前中足撑直，头胸部抬离雌虫背部，从雌虫背部旋转 180°，与雌虫成一字式尾对尾的交尾状态。旋转时无固定方向，或向左或向右。交配时，双方都可以进食，表现安静，时而用前足清理触角和口器。尾部结合牢固，当受到惊吓时，一般是雌虫倒拖着雄虫迅速爬走，有时甚至将雄虫垂直悬于半空。中华豆芫菁的交配持续时间一般为 100～200min，平均 165min，即 2.5h 左右。

7. 产卵行为　中华豆芫菁的产卵行为分为挖洞和产卵两个过程。即将产卵的中华豆芫菁行动迟缓，腹部变大，腹部背板和腹板之间胀裂明显，一般不再成群活动，而是单独寻找产卵地点。产卵之前要先挖洞，再将卵产于其中，洞口直径 0.5～0.8cm，平均 0.65cm，深 3～5cm，平均 4cm，斜向下，上小下大。在选择挖洞地点时，因受外界惊扰或土质太硬等原因影响，往往要经过 2～4 次的挑选，直到适合在此挖洞为止。一旦开始挖洞，一般中间不会停顿，一气呵成，时间最短的 55min 就能挖成，时间最长的需 122min，一般时间控制在 2h 之内挖成。挖洞时，先用口器和前足刨土，等挖到半个身长后，头部和前足向下进入洞中，中足支撑在洞口，头部和前足不断将洞中刨下的土带出，当挖到 1 个身长或 1 个身长以上时，整个身体头部向下进入洞中，然后整个身体再退出洞口以带出洞中的土，然后用后足将洞口的土推至身后，如此反复。当挖好洞后，雌虫马上调转身体，头部向上，进入洞中产卵，在洞中产卵时间最短 37min，最长可达数小时，一般 2h 左右即可。中华豆芫菁的产卵数量平均在 100 粒左右，最多 150 粒，最少 80 粒，一般为 80～120 粒。但并非所有的中华豆芫菁产卵时都要挖洞，有时挖洞条件不成熟，它可将卵直接产于地上或叶片上面，这种情况产卵时间最短只需 10min，如受外界打扰，可延长至 30min 左右，有的受惊扰过度，可能会暂时中止产卵，等恢复平静后再继续产卵，间歇时间长短不一，短的几分钟，长达几天。所以，中华豆芫菁有间歇性产卵现象。这种情况下，第一次产卵数量就不是其总的产卵量，多少不定。产卵量是根据检查实际产卵数量和解剖雌性成虫的怀卵数量而定的。产完卵之后，雌虫用口器和足将洞口封好，然后离去。

8. 卵孵化　中华豆芫菁的卵在温度 27～33.5℃，空气相对湿度为 70%～74% 时，其卵期为 18～20d，平均 19.4d，孵化率为 74%～80%，平均 78.4%。

9. 捕食蝗卵　中华豆芫菁幼虫喜食东亚飞蝗蝗卵。将蝗虫卵块埋于直径 12.5cm，高 6.5cm 的塑料小盒中，土层深 4cm 左右，将芫菁幼虫置于其中，观察发现，中华豆芫菁的幼虫钻入卵块当中取食蝗卵，幼虫不取食风干的蝗卵和单个裸露的蝗卵。由于幼虫具有自相残杀的习性，饲养时应注意分开喂养。一龄幼虫不取食任何食物可存活 15d 左右。

10. 斑蝥素的致毒作用　芫菁的间接为害是由其体内含有的一种叫"斑蝥素"的化学物质引起的。斑蝥素是一种起泡剂，化学性质高度稳定，即使在干死的芫菁体内仍保持活性。由于机械收割及打捆过程中，将田间的芫菁碾死，其尸体被打在草捆中，以含有此虫尸的草捆或其草捆的加工品饲喂家畜，会引起家畜中毒或死亡。据报道，斑蝥素可使奶牛、肉牛、马、山羊、绵羊、兔子、豪猪、鼠、狗产生中毒现象，但马比其他家畜反应更为敏感。利用斑蝥素纯品和芫菁虫粉对马试验研究表明，斑蝥素会严重破坏马的消化道和尿道，如果食入大量的斑蝥素，6h 内就会死亡；若食入少量，马会表现出绞痛（用蹄扒地和蹬腿），降低血液中钙离子和镁离子水平，可能表现僵硬或夸张的"正步"，少量的黑尿（血尿）等。斑蝥素中毒也可导致敏感皮肤（嘴唇、鼻子和口）和黏膜（食道和胃）溃烂。美国部分大学兽医系已经证实了所有因斑蝥素中毒而导致马死亡的病例中都和条斑芫菁（*Epicauta occidentalis*）有关。

通常只有芫菁雄虫产生斑蝥素并一直储存到交尾。这样，交配期就决定了雌虫是否也含有斑蝥素。国内外报道表明，斑蝥素在不同虫种中，其含量占干重的比例为 0.60%～11.30%。国内常见的中华豆芫菁其斑蝥素的含量为 0.04%～3.60%，平均为 1%；绿芫菁的含量为 0.08%～1.30%，平均为 0.60%。试验表明纯斑蝥素对马的致死剂量每千克体重为 0.45～1.00mg。由于斑蝥素在不同种的芫菁及同种不同个体中含量差异，以虫体而言，报道的致死剂量范围很大，少则 1 头，多则达 150～200 头。

（二）绿芫菁

绿芫菁 1 年发生 1 代，以假蛹在土中越冬。翌年蜕皮化蛹，5～9 月为成虫为害期。成虫早晨群集在枝梢上食叶为害，严重时把叶片吃光，有假死性，受惊时足部分泌对人体有毒的黄色液体，内含斑蝥素。产卵于土中，幼虫生活于土中，以蝗虫卵等为食物。

（三）苹斑芫菁

在河南、江苏、湖北等省 1 年发生 1 代，以卵越冬。翌年 4 月下旬至 5 月下旬幼虫陆续孵化，为害大豆叶片。幼虫期 29～58d，共 5 龄；一龄行动敏捷，爬行力强，觅到蝗虫卵块后就不再爬行，发育到五龄虫才掘穴入土定居，一直到羽化。该虫是复变态昆虫，成虫取食后多群集在禾本科植物或杂草顶端或叶背面，该虫多分布在海拔 600～700m 丘陵及平原地区。卵需经 263～275d 才孵化，幼虫多潜入田边、地角荒埂的薄土层里取食。成虫主要食害叶片和花瓣，将叶片吃成缺刻，仅剩叶脉，亦咬食豆荚，使豆荚残缺不全，影响产量和质量。

2001 年 7 月上旬，吉林省松原市乾安县安字镇魏字村大约 100hm² 的人工羊草草场，突然遭受了苹斑芫菁的严重为害，大量苹斑芫菁成虫群集在羊草植株的中上部，咬食嫩茎和叶片，使穗折断掉落。尤其是 7 月 5～6 日两天为害严重，一夜之间将约 40hm² 已接近成熟羊草穗吃光或咬掉，其他邻近草地的草穗和叶片也受到严重危害，致使草穗掉落，叶片残缺或光秆，使即将收获的草籽几乎损失殆尽。该虫发生与为害具有来势猛、面积大、发展快、为害重的特点，且有明显的突发性和暴食性。又因为苹斑芫菁为害时间多在 15：00 以后和夜间，虫口密度突增突减，当地群众形容该虫"神出鬼没，来去无踪"，是值得农牧区生产上高度重视的一个突发性害虫。

（四）蒙古斑芫菁

1 年发生 1 代，以幼虫越冬，幼虫期为 187～231d，化蛹后于 7 月末 8 月初进入羽化阶段。成虫羽化后 10d 交配，多在 14：00 至夜晚进行，一般交配 1～4 次，每次 2～7h，交配后 5～10d 产卵，每雌产卵 40～240 粒。成虫喜白天活动，喜欢掘穴，并把卵产在微酸性湿润的土壤里，卵经 21～28d 孵化，8 月下旬至 9 月下旬进入孵化盛期。幼虫喜食蝗卵，经 4 次蜕皮发育成五龄，幼虫多在田边、地角、荒埂薄土里取食和越冬。9～10 月中旬成虫陆续死去。该虫繁衍力较低，孵化率 57％左右，仅有 12％～34％的幼虫能发育为成虫，因此种群数量有下降的趋势。

成虫主要食害叶片和花瓣，将叶片吃成缺刻，仅剩叶脉，亦咬食豆荚，使豆荚残缺不全，影响产量和质量。

四、发生规律

（一）虫源基数

连作地、田间及四周杂草多；地势低洼、排水不良、土壤潮湿；氮肥使用过多或过迟；栽培过密、株行间通风透光差；施用的农家肥未充分腐熟；上年秋、冬温暖，干旱，少雨雪，翌年高温气候，虫源基数高，有利于该虫害的发生与发展。

（二）气候条件

在温度为 16～32℃范围内，中华豆芫菁成虫存活期随温度升高先增大后减小，20～30℃的温度比较适合成虫存活，在该温度条件下中华豆芫菁的存活时间较长（14.9～20.3d）；同一温度下，土壤含水量为 10％时，中华豆芫菁成虫存活时间最长，土壤含水量 15％条件次之，土壤含水量为 5％和未放土壤的对照条件下，其存活时间均较前两者短。当温度低于 20℃时，试虫活动明显减弱，吃的食物减少；当温度高于 30℃时，试虫烦躁不安，每天不停地在塑料网及笼子边缘爬动，亦很少取食，死亡前没有征兆；当温度在 20～30℃时，试虫取食、交尾以及产卵等活动正常，存活时间较长。由此可知，温度对成虫的生命活动影响显著，过高或过低都不利于其生长发育。

20～35℃范围内，中华豆芫菁卵的发育速率和孵化率随温度升高呈偏锋曲线变化，26～32℃比较适合卵的发育，此温度范围内卵发育速率随土壤含水量增加呈抛物线变化，而孵化率则随土壤含水量增加呈直线上升（7％～15％土壤含水量），说明在温度适宜情况下，适当增加土壤含水量有利于提高卵的孵化率。而在低温、土壤含水量多（20℃、11％～15％）和高温、土壤含水量少（35℃、7％）的条件下，其卵完全不能发育。在 18 个不同温度、土壤含水量组合处理中，温度为 32℃、土壤含水量为 11％的处理最利于卵的生长发育，在该条件下，卵的发育速率为0.045 455，孵化率达到99.0%。利用"最小二乘方"计算出卵的发育起点温度为19.3℃，卵期有效积温为108.1℃。

中华豆芫菁幼虫及蛹的发育速率随温度升高而加快，且在同一温度、土壤含水量为11%条件下，中华豆芫菁幼虫及蛹的发育速率均高于芫菁类害虫。温度为29～35℃、土壤含水量11%的条件比较适合幼虫及蛹的发育。温度为32℃、土壤含水量11%的处理，最利于幼虫及蛹的生长发育，在该条件下各龄期幼虫及蛹的发育速率明显高于其他处理。低温、土壤含水量少（20～23℃、7%），低温、土壤含水量多（20～23℃、15%）和高温、土壤含水量少（35℃、7%）的条件下，幼虫及蛹的发育速率受到明显影响。证明适宜的温度及土壤含水量有利于其各龄期幼虫及蛹的生长发育。

温度20～30℃及土壤含水量为10%～11%的条件，比较适宜成虫的存活；温度为29.5～35℃，土壤含水量10%～12%的环境条件下，卵、各龄幼虫及蛹发育速率最快。

（三）寄主植物

芫菁对苜蓿的为害表现在两个方面。一是直接取食引起产量损失，二是虫体遗留在干草捆内引起以苜蓿为食的家畜中毒造成的间接危害。当直接为害苜蓿时，芫菁喜欢取食花器，将花器吃光或残留部分花瓣，使种子产量降低。如果没有花时也食害叶片，将叶片吃光或形成缺刻。除苜蓿外，芫菁还以小冠花等其他植物为寄主。当芫菁种群数量较大时，对花或叶的为害较大，特别是种子田，必须防治。

五、防治技术

（一）农业防治

1. 合理安排茬口 避免在蝗虫常栖居活动区域种植马铃薯、甜菜等中华豆芫菁的喜食作物。

2. 深翻灭虫 秋季深翻被害作物附近的弃耕地、休闲地等，清除杂草，可消灭越冬幼虫。同时消灭蝗虫，减少卵量，使芫菁无法完成生活史，从而减少芫菁数量。破坏蝗虫和中华豆芫菁产卵场所，机械杀伤、风干或饿死幼虫，也可降低芫菁数量。

3. 捕杀成虫 成虫有群聚为害和喜欢弱光环境特性，同一个地点清晨和傍晚的数量要比中午多，阳光强烈的中午前后，趴在地上一动不动，如有叶片之类遮盖物，则将头部遮住，有的将全身遮住。因此，可用网捕集中消灭，或人工平垄面、垄坡，灭除田间杂草，减少成虫产卵场所。

4. 当每平方米有苹斑芫菁或蒙古斑芫菁0.5头以上时，可用网捕成虫，并售给药材商店增加收入；发生严重地区，收获后应及时耕翻灭虫。

（二）生物防治

利用有利于天敌繁衍的耕作栽培措施，选择对天敌较安全的选择性农药，并合理减少施用化学农药，保护利用天敌昆虫来控制芫菁种群。

（三）化学防治

虫口密度较大时，可采用40%辛硫磷乳油、20%氰戊菊酯乳油、25%杀虫双水剂等进行叶面喷雾防治，连续喷2次，每次间隔7d，防效可达80%以上。每667m²用40%辛硫磷乳油50mL，对水40～50kg，防效达94%以上。每667m²施20%氰戊菊酯乳油、25%杀虫双水剂等100mL对水40～45kg，防效更好。用甲萘威有效成分40～80g/hm²喷雾，安全间隔期为7d。此外，马拉硫磷、敌百虫也被用于芫菁的控制，可用90%敌百虫晶体1 000倍液或50%马拉硫磷乳油1 000倍液喷雾防治，也可用2.5%敌百虫粉剂22.5～37.5kg/hm²，在清晨喷粉可杀死成虫。

张蓉 魏淑花（宁夏农林科学院）

第45节 牧草盲蝽

一、分布与危害

牧草盲蝽［*Lygus pratensis*（L.）］属半翅目异翅亚目盲蝽科盲蝽亚科。在我国，主要分布在西北内陆地区的新疆等地，在河北、河南、陕西亦有分布。国外在日本、蒙古、前苏联（西伯利亚、东部沿海地区）、伊朗、土耳其、中亚细亚、高加索、加拿大、美国、墨西哥等地也多有分布。

牧草盲蝽寄主植物范围达到 18 科 52 种，其中对其世代发生与种群消长有重要影响的种类有棉花、苜蓿、甘香草、苦豆子、地肤、碱草、尖叶落藜、独行菜、黄蒿、青蒿、艾蒿、膜果多子草等。

二、形态特征

成虫：体长 5.5～6.0mm，宽 2.2～2.5mm，体长椭圆形。体绿色或黄绿色，越冬前为黄褐色。头宽而短，呈短三角形。复眼呈椭圆形，褐色，位于头后两侧，较突出，无单眼。触角丝状，长 3.6mm 左右，可达到后足基节部分，其第一、第二、第三和第四节比例为 1∶3.2∶1.88∶1.36；各节均被细毛，其两侧具断续的黑边，肷的后方有 2 个或 4 个黑色的纵纹，纵纹的后面即前胸背板的后缘，尚有两条黑色的横纹，这些斑纹个体间变化较大。前胸背板前端有 1 环状领片，后缘和侧缘均呈弧形，前缘有黑点，有橘皮状刻点；后缘有 2 个黑斑纹。中胸小盾片黄色，较小，为倒三角形，基部、中央色深，有中央凹陷，呈心脏形，外缘黄白色，呈 V 形。前翅具刻点及细绒毛，爪片中央、楔片末端和革片靠爪片、翅结、楔片的地方有黄褐色的斑纹，翅膜区透明，微带灰褐色。足黄褐色，股节末端有 2～3 条深褐色环状斑纹，胫节具黑刺，跗节、爪及胫节末端颜色较深。爪 2 个（彩图 22‐45‐1）。

卵：长约 0.9mm，宽约 0.22mm，浅白色或淡黄色。卵盖很短，仅高 0.03mm 左右，口长椭圆形，大小为 0.24mm×0.09mm。卵中部弯曲，端部钝圆。卵壳边缘有 1 内向弯曲的柄状物，卵壳中央稍下陷。

若虫：共 5 龄。一龄若虫体长 0.72～1.2mm，淡黄绿色。头淡黄色，较大，呈三角形；复眼红色或红褐色；触角第四节鲜红色或赤褐色，较第二、第三节粗。胸部 2 对黑点不明显，腹部第三节腺囊开口处的黑点很小，不清晰，紧靠其上有 1 个较大的橙黄色圆斑。足淡黄褐色。二龄若虫体长 1.27～1.39mm，淡绿色。头淡黄色，复眼红褐色，触角第四节淡红色，比第三节稍粗。翅芽不明显。前胸和中胸 2 对黑点不明显，腹部第三节腺囊开口处的黑点和其上的橙黄色圆斑均明显。三龄若虫体长 1.94～2.11mm，绿色。触角第四节紫红色。翅芽稍稍突出。体背 5 个黑点已经明显，但腹部黑点上面的黄斑已不显著。四龄若虫体长 2.6～3.0mm，绿色。头三角形，翅芽达腹部第二节。五龄若虫体长 3～4.1mm，绿色或黄绿色，被黑色的短绒毛。头微向前突，复眼褐色。前胸背板和小盾片有淡灰色的斑块。翅芽黄褐色，上有褐色的云状花纹，即将羽化时末端变为黑褐色。前胸背板和小盾片的中线两侧各有 2 个黑点，加上腹部第三节后缘的黑色腺囊，共有 5 个黑点。足淡褐色，股节末端有 2～3 条褐色环纹。胫节密生绒毛，短而刚，基部亦有褐色的环纹，爪及跗节两端黑色。

三、生活习性

牧草盲蝽在我国北方 1 年发生 3～4 代。年发生世代数，在不同地区有很大区别。新疆一年发生 1 代，山西 2～3 代，陕西关中 3～4 代。寄主植物种类较多，常见的种类有白菜、萝卜、油菜、菠菜、甜菜、瓜类、豆类、马铃薯等作物。各地均以成虫在田边杂草、麦田、苜蓿田、树皮缝或枯枝落叶下越冬。第二年 3 月至 5 月中旬先从越冬场所迁入麦田，后转移至十字花科蔬菜及冬菠菜上取食并产卵，5 月中旬以后逐渐分散到开花植物上，或在其他作物上为害。成虫喜食嫩叶、嫩茎、花蕾汁液，取食一段时间后开始交尾、产卵，卵多产于嫩茎、叶柄、叶脉或芽内。卵期约 10d。若虫共 5 龄，经 30d 羽化为成虫。牧草盲蝽发育最适温度为 20～30℃，相对湿度为 80%～90%，在适宜温度、湿度条件下，卵期 8～14d，若虫期 12～20d。成、若虫喜白天活动，早、晚取食最盛，活动迅速，善于隐蔽，6 月常迁入棉田，秋季又迁回到木本植物或秋季蔬菜上。

牧草盲蝽具有群集迁飞习性，从苜蓿地、田边杂草等植物的原生虫源处每天以 80～150m 的速度向棉田迁飞；夜间具有趋光性，喜欢在阴暗潮湿的环境中取食，早晚在寄主顶部活动，强光照射下多在寄主下部或叶片背面活动；易为害嫩绿、含氮量高的寄主组织。牧草盲蝽喜温喜湿，其生存繁殖最适温度为 22～28℃，田间相对湿度 60%～80%。温度低于 20℃或高于 30℃，田间相对湿度低于 50%时，其生长繁殖受到限制。

近年来，牧草盲蝽成为新疆南疆棉区的棉花蕾铃期主要害虫之一，普遍发生，种群数量大。牧草盲蝽在南疆 1 年发生 4 代。3 月中、下旬温度 9℃以上时，在冬麦、冬菠菜、十字花科蔬菜采种植株上出蛰活动；5 月中、下旬出现第一代成虫和若虫，主要为害苜蓿和杂草，并开始少量向生长旺盛的棉田转移。第二代发生高峰期在 6 月中、下旬至 7 月上旬，此时棉花进入现蕾盛期至开花期，此时为害是造成棉花产量损失最大时期，陆地棉前期虫口多，受害较重。第三代发生在 8 月上、中旬，主要为害棉株中上部幼蕾，8 月中、下旬迁飞到棉田外。第四代若虫和成虫发生在 9 月中、下旬，在苜蓿、油菜、杂草、枯枝落叶及土缝内越冬，对棉田不为害。

山东省冬枣受其为害严重。牧草盲蝽以若虫和成虫刺吸枣树的幼芽、嫩叶、花蕾及幼果，被害叶芽先呈现失绿斑点，随着叶片的伸展，小点逐渐变为不规则的孔洞，俗称"破叶疯""破天窗"；花蕾受害后，停止发育，枯死脱落，重者其花几乎全部脱落；幼果受害后，有的出现黑色坏死斑，有的出现隆起的小疱，其果肉组织坏死，大部分受害果脱落，严重影响产量。

四、发生规律

（一）虫源基数

越冬虫态为成虫。越冬虫源地为田边杂草、麦田、苜蓿地、越冬菠菜地、树皮缝或枯枝落叶下面。越冬基数需要经过冬前及早春进行实地调查，分析确定。

（二）气候条件

牧草盲蝽是一种喜湿昆虫，田间调查发现，田间湿度大、黏性田块为害重，沙性地为害极轻。生存繁殖最适温度为 22～28℃，田间相对湿度 60%～80%。温度低于 20℃或高于 30℃，田间相对湿度低于 50%时，其生长繁殖受到限制。

据室内饲养试验得知，在温度 17～19℃时，卵期为 17～23d；24～26℃时，为 8～9d。各代若虫期12～16d。春季温度达 9℃以上时，越冬成虫开始活动，12℃以上开始产卵。

（三）天敌

捕食性天敌有草蛉、小花蝽、姬猎蝽、蜘蛛等，卵寄生天敌有缨小蜂和黑卵蜂等。

五、防治技术

根据气候和牧草长势情况，加强牧草盲蝽的调查与防治。防治策略为：掌握虫情，合理用药，科学施药，将牧草盲蝽消灭在保护带以外。打好保护带是防治牧草盲蝽的关键技术环节，根据牧草盲蝽的群集迁飞习性，在其迁飞前打好牧草田四周保护带，保护带宽 50～80m，可有效防治牧草盲蝽进入牧草田。

根据调查确定牧草盲蝽的发生为害高峰期，一般第二代成虫发生高峰在 6 月上、中旬，第三代发生高峰期为 8 月上、中旬，根据牧草盲蝽的迁飞习性，防治应采用"围攻战术"，选用机动喷雾器从牧草田四周向牧草田中心喷药，防止施药后牧草盲蝽在不同牧草田块进行迁移的现象发生，防治时间宜选择11：00前和 17：00 后。

（一）农业防治

清洁田园，破坏越冬场所，及时清除田边杂草和林带的枯枝落叶，特别是牧草地中的残留干草，以减少越冬虫源。实施秋耕冬灌，降低虫口基数。牧草周围可种植牧草盲蝽寄主植物，形成诱集植物带，对诱集带进行控制，以减少牧草盲蝽对牧草的为害。

（二）生物防治

1. 保护利用天敌 牧草盲蝽天敌主要有卵寄生蜂、捕食性蜘蛛、姬猎蝽、花蝽等。可在牧草田块四周或田间适当位置，留出 2m×3m 的空地，堆放干燥杂草，作为捕食性蜘蛛的自然繁殖场所。在秋季至早春可人工投放三至五龄的黄粉虫作为补充饵料，促进蜘蛛群体的扩繁。

2. 喷洒生物农药 使用 Bt 乳剂、杀螟杆菌或青虫菌粉剂 1 000 倍液，喷洒时注意集中于寄主植物幼嫩部位。

（三）物理防治

1. 网捕 6 月中、下旬和 8 月上、中旬正值牧草盲蝽第二代、第三代成虫为害高峰期，可采用网捕捕杀成虫，此方法也是田间调查的最佳方法。捕虫网规格为：网口直径 45～55cm，网长 100～120cm，网把长 120～150cm，网捕的时间最好在 11：00 前和 17：00 以后，这样效果更佳。

2. 灯诱 牧草盲蝽有趋光性，利用高压汞灯或频振式杀虫灯诱杀牧草盲蝽，也可兼治其他害虫，同时作为测报的技术。

(四) 化学防治

牧草盲蝽有迁飞习性，大田调查百株虫量难以实施，主要以网捕作为防治依据。平均 10 网有虫 5～10 头或为害株率达到 5％时，即可用药防治。防治时间和方法根据网捕、灯诱、调查等方法，确定牧草盲蝽的发生为害高峰期，一般第二代成虫发生高峰在 6 月上、中旬，第三代发生高峰期为 8 月上、中旬。牧草盲蝽喜潮湿，连续降雨后田间常出现牧草盲蝽种群数量剧增、为害加重的现象。为此，在雨水多的季节，应及时抢晴防治，以免延误最佳防治时机。

药剂防治可选用 10％吡虫啉可湿性粉剂 225～300g/hm²，防治 1 次防效可达 85％，持效期 10d 以上，在牧草盲蝽一至二龄若虫高峰期喷药防治效果很好。

刘玉升（山东农业大学植物保护学院）

刘朝阳（中国农业科学院植物保护研究所）

第 46 节　苜蓿盲蝽

一、分布与危害

苜蓿盲蝽 [*Adelphocoris lineolatus* (Goeze)] 属半翅目异翅亚目盲蝽科盲蝽亚科盲蝽族苜蓿盲蝽属。主要为害苜蓿、草木樨、马铃薯、棉花等农作物。

苜蓿盲蝽在我国分布于北京、天津、河北、山西、内蒙古、辽宁、吉林、黑龙江、浙江、江西、山东、河南、湖北、广西、四川、云南、西藏、陕西、甘肃、青海、宁夏、新疆，是偏古北界的广布种。

苜蓿盲蝽寄主植物达到 29 科 125 种，其中对世代发生与种群消长有重要影响的种类有苜蓿、棉花、粟、马铃薯、豌豆、扁豆、枸杞、藜、芝麻、草木樨、地肤、向日葵等。苜蓿盲蝽的早春寄主植物近 20种，尤其是对棉花和苜蓿为害大。近年来，随着种植业结构的调整，尤其是 Bt 棉推广种植以来，以棉铃虫为代表的主要鳞翅目害虫得到有效控制，但是盲椿象的种群数量剧增，苜蓿盲蝽近几年普遍发生，已成为黄河流域地区的一个优势种群，在牧棉混作区发生为害尤其严重，严重影响牧草以及其他作物的正常生长。

二、形态特征

成虫：体长 8.0～8.5 mm，宽 2.3～2.6 mm，黄褐色，被细毛。头小，三角形，端部略突出，褐色，光滑。复眼扁圆形，黑色。喙 4 节，端部黑色，后伸达中足基节。触角丝状，比体长，第一节较粗壮，第二节最长，第四节最短。前胸背板绿色，胝区隆突，黑褐色，其后有黑色圆斑 2 个。小盾片突出，三角形，黄色，中线两侧各有纵行的黑色纵带 1 条，基前端并向左右延伸。半翅鞘革片前缘、后缘黄褐色，中央三角区褐色；爪片褐色；膜区暗褐色，半透明；楔片黄色；翅室脉纹深褐色。足基节长，斜生。股节略膨大，端部约 2/3 的部分具有黑褐色斑点。胫节具刺，基部有小黑点。跗节 3 节，第一节短，第三节最长，黑褐色。

卵：长 1.2～1.5 mm，宽 0.38 mm，长条形，呈乳白色，颈部略弯曲。卵盖倾斜，棕色，较厚，比颈部宽，在卵盖的一侧边有 1 突起，卵盖椭圆形，周缘隆起而中央凹入。卵产于植物组织中，卵盖外露。

若虫：全体深绿色，遍布黑色刚毛，刚毛着生于黑色毛基片上，故本种若虫特点为绿色而杂有明显的黑点。头三角形。眼小，紫色，位于头侧。触角 4 节，褐色，比身体长，第一节粗短，第二节最长，第四节长而膨大。喙有横缝状臭腺开口，周围黑色。足绿色。股节上杂以黑色斑点，胫节灰绿色，上有黑刺；跗节 2 节，端节长。爪 2 枚，黑色。翅芽超过腹部第三节，腺囊口 "八" 字形。

一龄若虫体长 1.28 mm，宽 0.38 mm。头大，突出。眼小，黑色。触角浅褐色，比体长。胸部前胸最长，后胸最短，宽度几乎一致。中央有明显的背中线。足灰色。股节端部有 1 白环，胫节端部色较深。

二龄若虫体长 1.87 mm，宽 0.82 mm。体上黑色刚毛比三龄显著。头三角形，唇基显著。前胸长而窄，后胸宽而短；胸部背板缘中线两侧有方形的骨化区域，呈深绿色；边缘浅绿色。从头到胸的中线呈浅绿色，中胸后缘凹入，中后胸有翅芽痕迹，臭腺开口较为明显。

三龄若虫体长 2.98 mm，宽 1.17 mm，全身的黑色点比四龄突出明显。胸部三节的颜色更深，背中线呈浅绿色；中后胸开始露出明显的三角形翅芽，前胸翅芽达后胸翅芽中部，后胸翅芽达第一腹节中部。足股节深绿色，密布较大黑点，胫节灰绿色，上具小刺。

四龄若虫体长 3.66～4.07 mm，宽 1.49～1.8 mm。头部有浅绿色叉状纹，体表黑点比以前更为显著。胸部深绿色，中线浅绿色，翅芽深绿色，基部与胸部有明显分界，翅芽末端可达第三腹节。足绿色，密布黑点，端部黑色。跗节黑色。

五龄若虫体长 6.3 mm，宽 2.13 mm。头绿色。眼红褐色。触角第一节绿色，粗短，上有黑点及黑色刚毛；第二节最长，呈绿色，端部褐色；第三、四节为褐色，第四节膨大且扁平。前胸背板梯形，中胸小盾片钝三角形；背中线浅绿色。翅芽的爪片、革片和膜区已可分辨，近羽化时膜区变为黑色，末端可至腹部第五节或第六节。

三、生活习性

不同地区的年发生世代数不同。北京和新疆 1 年 3 代，山西、陕西、河南 3～4 代，江苏南京 4～5代。苜蓿盲蝽以卵在各种杂草枯茎组织内越冬。成虫寿命为 30～50 d。其飞翔能力强、白天潜伏，稍受惊动便迅速爬迁，不易发现。成虫在清晨和夜晚爬到芽上取食为害。

苜蓿盲蝽的发生和气候条件有密切的关系。卵在相对湿度 65% 以上时，才能大量孵化。气温为 20～30℃，相对湿度为 80%～90% 的高湿气候，最适宜其发生为害。在高温低湿的气候下，该虫为害较轻。

苜蓿盲蝽的食性很杂，可取食多种植物。特别喜食藜科、豆科、葫芦科、亚麻科等作物和牧草，如甜菜、豆类、瓜类、胡麻和苜蓿等，不取食禾本科植物。若虫或成虫喜聚集活动，一般十几头甚至几十头聚在一株植物上取食，喜食植物幼嫩组织，如刚出土幼苗的子叶、心叶及花蕾、花器。取食时，将刺吸式口器插入植物组织内吮吸汁液，同时注入唾液使植物细胞坏死，受害作物生长点分枝丛生，叶片呈现白斑，并且卷曲、皱缩，重者枯死绝产。若虫爬行能力和成虫飞翔能力较强，扩散、迁移速度快。活动高峰在每天的早晨和傍晚，中午气温高时多在植物叶片背面、土块或枯枝落叶下潜伏。

四、发生规律

（一）虫源基数

越冬虫态为成虫。越冬虫源地为田边杂草、麦田、苜蓿地、树皮缝或枯枝落叶下面。越冬基数需要经过冬前及早春进行实地调查、分析确定。越冬卵在 4 月上旬，平均温度达 10℃ 以上，相对湿度在 70% 左右时，孵出第一代若虫，成虫于 5 月上旬开始羽化。第一代若虫 6 月上旬出现，成虫 6 月下旬开始羽化，第二代若虫 7 月下旬孵出，若虫于 10 月中旬全部结束，第二代成虫 8 月中、下旬羽化，9 月中旬成虫在越冬寄主上产卵越冬。成虫多在夜间产卵，用喙选择适当部位后，每刺 1 小孔，产 1 粒卵于其中，卵垂直或略斜插入组织内，卵盖微露，似一小钉，产卵处组织以后逐渐裂开，多排卵略显露出来，越冬代、第一代成虫产卵，多在植株上部，秋季（第二代）成虫则常产在茎秆下部近根的地方。3 代雌虫产卵量，以越冬代最多，每雌虫产卵 78.5～199.8 粒，第二代产卵量最小，每雌虫仅产 20.2～43.7 粒。

（二）气候条件

盲蝽属喜湿昆虫，在相对湿度为 70%～80% 的高湿条件下，卵孵化率与若虫存活率高、成虫寿命长、单次产卵量高，整个种群净增值率和内禀增长率也明显高。而在相对湿度为 40%～50% 的低湿条件下，盲蝽种群适合度明显减弱。

（三）寄主植物

苜蓿盲蝽寄主植物有 29 科 125 种，其中对世代发生与种群消长有重要影响的种类有苜蓿、棉花、粟、马铃薯、豌豆、扁豆、枸杞、藜、芝麻、草木樨、地肤、向日葵等。苜蓿盲蝽的早春寄主植物近 20 种。

苜蓿盲蝽喜好寄主植物的幼嫩部分及花朵，具有明显的趋化性，尤其对紫花苜蓿及花期的棉花具有明显的趋性，能够有效地选择食物源。

（四）天敌

天敌主要有卵寄生蜂、捕食性蜘蛛、姬猎蝽、花蝽、瓢虫、草蛉、螳螂等。此外，白僵菌在 20～30℃，相对湿度高达 90% 时，对苜蓿盲蝽具有较好的控制效果。

苜蓿盲蝽的捕食性天敌有近 20 种，主要包括瓢虫类、草蛉类、蜘蛛类和捕食蝽类。瓢虫类、草蛉类、蜘蛛类中除了三突花蛛［*Misumenops tricuspidatus*（Fabricius）］，其他种类对苜蓿盲蝽均无明显的控制作用，而捕食蝽类中的大眼蝉长蝽［*Geocoris pallidipennis*（Costa）］表现出了一定的利用潜力。大眼长蝽是我国棉田内的优势捕食蝽类，在全国大部分地区有发生分布，其种群发生量仅次于瓢虫、草蛉、蜘蛛，是发生数量最多的捕食蝽类。

五、防治技术

防治策略主要包括及早灭卵，防止越冬卵的孵化；集中用药，大面积统一防治；最好在傍晚喷药，以取得较好的效果。要做到树上、地上同时喷；科学使用农药，注意农药的交替使用，以防止苜蓿盲蝽产生抗药性。

（一）农业防治

处理越冬寄主，秋季及时清除田内及附近的杂草、落叶等杂物，集中烧毁或深埋，消灭越冬卵，减少翌年虫源。早春结合沤肥除去田埂、路边和坟地的杂草，消灭越冬卵，减少早春虫口基数。收割绿肥不留残茬，翻耕绿肥时全部埋入地下，减少向其他作物转移的虫量。

苜蓿田周围可种植苜蓿盲蝽的其他寄主植物，形成诱集植物带，并对诱集带进行控制，以减轻苜蓿盲蝽对苜蓿的为害。

（二）生物防治

主要天敌有寄生蜂、草蛉、捕食性蜘蛛等。可在牧草田块四周或田间的适当位置，留出 2m×3m 的空地，堆放干燥杂草，作为天敌的自然繁殖场所。在秋季至早春可人工投放三至五龄的黄粉虫作为补充饵料，促进捕食性蜘蛛群体的扩繁。

三突花蛛捕食行为始于二龄幼蛛，可捕食苜蓿盲蝽的各龄若虫及成虫，其每头成蛛日捕食苜蓿盲蝽二龄、四龄若虫分别可达 30.4 头、9.3 头。选择试验表明，三突花蛛捕食不同龄期的盲蝽趋于选择体型较大个体。环境温度对三突花蛛的捕食量有明显影响，以 20～35℃ 为适宜的捕食温度；低于 10℃ 其日捕食量显著降低。

（三）物理防治

利用苜蓿盲蝽成虫的趋光性，可在成虫发生期统一采用黑光灯诱杀成虫，以减少卵的基数。

6 月中、下旬和 8 月上、中旬正值苜蓿盲蝽二代、三代成虫为害高峰期，采用网捕捕杀成虫，此方法也是田间调查的最佳方法。捕虫网规格为：网口直径 45～55cm，网长 100～120cm，网把长 120～150cm，网捕的时间最好在 11：00 前和 17：00 以后，效果更佳。

（四）化学防治

苜蓿田以药剂防治苜蓿盲蝽为主。在播种前半月（之前 3～4 周用根瘤菌拌种）采用 80% 福美双可湿性粉剂拌种。发生初期喷洒 50% 马拉硫磷乳油或 50% 辛硫磷乳油、4.5% 高效氯氰菊酯乳油 1 500～2 000 倍液等有机磷药剂；也可使用 2.5% 溴氰菊酯乳油、2.5% 高效氯氟氰菊酯乳油等菊酯类药剂，以及 50% 辛硫磷•溴氰菊酯乳油等有机磷和菊酯类复配药剂均可收到较好防效。采收前 7d 停止用药。苜蓿盲蝽喜潮湿，连续降雨后田间常出现苜蓿盲蝽种群数量剧增、为害加重的现象。为此，在雨水多的季节，应及时抢晴防治，以免延误最佳防治时机。

刘玉升（山东农业大学植物保护学院）
刘朝阳（中国农业科学院植物保护研究所）

第 47 节　条赤须盲蝽

一、分布与危害

条赤须盲蝽［*Trigonotylus coelestialium*（Kirkaldy）］属半翅目盲蝽科赤须盲蝽属。国外在朝鲜、俄罗斯（西伯利亚、远东）、英国、法国、芬兰、德国及北美有分布。国内主要分布在北京、河北、内蒙古、黑龙江、吉林、辽宁、山东、河南、江苏、江西、安徽、陕西、甘肃、青海、宁夏、新疆等省份。

条赤须盲蝽主要为害小麦、谷子、糜子、高粱、燕麦、雀麦、玉米、黑麦、水稻等禾本科作物以及甜菜、芝麻、大豆、苜蓿、棉花等作物。条赤须盲蝽也是重要的草原害虫，为害多种禾本科牧草和饲料作物，如赖草、羊草、披碱草、芨芨草、拂子茅、野青茅、沙鞭等。

条赤须盲蝽以成虫、若虫为害，常在叶背刺吸植物叶片的汁液，也刺吸植物茎和穗部的汁液。被刺伤的叶片，初现黄色、淡黄色小斑点，随后呈白色斑点并布满叶片，严重时整个田块植株的叶片上就像落了一层雪花。随后叶片呈现失水状，并开始从顶端逐渐向内纵向卷曲。心叶受害后，生长受阻，叶片展开后出现孔洞或破叶。植株受害后，生长缓慢，矮小，甚至枯死。在玉米穗期，该虫还为害雄穗和花丝等。

我国在 1980—1981 年中朝边境病虫害调查中，在辽宁丹东地区水稻、杂草上采集到该虫的标本，在铁岭、锦州地区发现该虫为害谷子、油菜和甜菜。1997 年该虫在北京地区为害小麦，发生面积约占播种面积的 1/4，尤以密云县发生较重，面积约 200hm²，其中有 20hm² 麦田受害严重，百网虫量一般在 100 头以上，高者达 1 330 头，致使受害重的田块千粒重降低 2g 左右。1998 年，条赤须盲蝽在北京地区又大面积严重为害玉米。1999 年 5 月中旬，条赤须盲蝽在辽宁铁岭县铁西堡镇李家屯村冬麦田发生为害，成、若虫密度在 200 头/m² 以上，被害株率达 100%，叶片几乎全部被害。2004 年河北任丘市、2006 年河北高碑店发现条赤须盲蝽为害小麦和春玉米，严重田块有虫 10~20 头/m²。2010 年 6 月下旬在内蒙古鄂尔多斯市杭锦旗玉米田调查，首次发现条赤须盲蝽，并在全旗普遍发生，其中以吉日格朗图镇、呼和木独镇两地为害较重，此时玉米正值大喇叭口期，玉米被害株率 100%，虫口密度 5~30 头/株，重发生田约为 400hm²；玉米灌浆期的 8 月上、中旬，该虫再次暴发，虫口密度为 5~20 头/株，低于 6 月，叶片受害形成雪花状斑，部分受害叶片和叶鞘枯死、霉变。

二、形态特征

成虫：身体细长，雄性 5~5.5mm，雌性 5.5~6.0mm，全身绿色或黄绿色。头部略呈三角形，顶端向前突出，头顶中央有 1 纵沟，前伸不达顶端。复眼黑色、半球形，紧接前胸背板前角。触角细长，红色或橘红色，4 节，等于或略短于体长，第一节短而粗，具 3 条界限明显的红色纵纹，第二、三节细长，第四节最短。喙 4 节，黄绿色，向后伸达后足基节处，第四节端部黑色。前胸背板梯形，前缘低平，两侧向下弯曲，后缘两侧较薄；近前端两侧有两个黄色或黄褐色较低平的胝。小盾片三角形，基部不被前胸背板后缘覆盖，中部有横沟将小盾板分为前后两部分，基半部隆起，端半部中央有浅色纵脊。前翅革质部与体色相同，膜质部白色透明，长度超过腹端。后翅白色透明。体腹面淡绿或黄绿色，腹部腹面有疏生浅色细毛，阳茎端具较大而弯曲的刺。足黄绿色，胫节末端及跗节黑色，生有稀疏黄色细毛；跗节 3 节，第一跗节长于第二、第三跗节之和，覆瓦状排列；爪黑色，中垫片状。

卵：口袋状，长约 1mm，宽 0.4mm，白色透明，卵盖上有不规则突起。初为白色，后变黄褐色。

若虫：共有 5 龄。一龄体长约 1mm，绿色，足黄绿色。二龄体长 1.7mm 左右，绿色，足黄褐色。三龄体长约 2.5mm，触角长 2.5mm，体黄绿色或绿色，翅芽长 0.4mm，不达腹部第一节。四龄体长约 3.5mm，足胫节末端及跗节和喙末端均黑色，翅芽 1.2mm，不超过腹部第二节。五龄体长约 5mm，全身黄绿色，触角红色，足胫节末端、跗节及喙末端均黑色，翅芽长 1.8mm，超过腹部第二节。

三、生活习性

在北方 1 年发生 3 代，以卵在杂草茎、叶上越冬。4 月下旬当平均气温≥12℃时，多年生禾本科牧草返青以后，越冬卵开始孵化，5 月初为孵化盛期。越冬代成虫于 5 月中旬开始羽化，下旬达羽化盛期。5 月中、下旬成虫开始交配产卵。雌虫在叶鞘上端产卵成排，一般一排，有时两排。每头雌虫每次产卵 5~10 粒，最少 2 粒，最多 20 粒。第一代卵从 6 月上旬开始孵化，到 6 月中旬气温 20~25℃、相对湿度 45%~50% 时，达孵化盛期。从卵孵化到第一代成虫的出现，约需 15d，羽化后的成虫于 6 月中、下旬又开始交配产卵，7 月上旬卵开始孵化，7 月下旬第二代成虫出现。8 月下旬至 9 月上旬，雌虫多在禾本科杂草的茎叶组织内产卵越冬。由于成虫产卵期长，故有世代重叠现象。

气温 20℃左右，相对湿度 45% 时，最适宜卵孵化。卵 5~7d 孵化，初孵化的若虫身体瘦小，停留片刻后即开始活动并取食。若虫行动活跃，常群集在叶背面取食为害。在谷子、糜子乳熟期，成虫和若虫群集在穗上，刺吸汁液。各龄若虫发育的天数为：一龄 3d、二龄 2d、三龄 1~2d、四龄 2d、五龄 4d。当气温和相对湿度增高时，发育天数相应缩短。

初羽化的成虫体柔软，色浅，约半小时后开始活动取食。成虫白天活跃，一般在 9：00~17：00 活动取食，傍晚和清晨气温较低，不太活动，阴雨天常隐蔽在植物中、下部叶子背面。成虫羽化后经 7~10d 开始交配，雌虫多在夜间产卵，卵多产于叶鞘上部。

四、发生规律

（一）虫源基数

施用的有机肥未充分腐熟；施用的氮肥过多或过迟；栽培过密，株、行间郁闭；长期温暖、连阴雨的气候，虫源基数高，有利于该虫害的发生与发展。

（二）气候条件

温暖湿润、降水量大、田间湿度高有利于条赤须盲蝽发生。气温在 20~30℃、相对湿度 80％时，最适宜其发生、繁殖与为害。特别是降雨多、湿度高的年份更为明显。6~7 月降水量大的年份条赤须盲蝽为害重，干旱年份则发生量低，为害轻。初冬气候偏暖，会延长条赤须盲蝽的发生时期。

（三）寄主植物

寄主植物连作可加重该虫的发生为害。建议采用轮作倒茬的耕作制度，切断条赤须盲蝽生活周期的连续性，能有效控制条赤须盲蝽的种群发生。

（四）天敌

天敌是保持生态平衡稳定的有效防治方法，条赤须盲蝽的田间天敌主要有瓢虫、小花蝽及蜘蛛目的部分种类。

（五）化学农药

化学防治是目前我国防治条赤须盲蝽的主要措施，施用时选择高效、低毒、选择性强的化学农药。

五、防治技术

根据气候条件和植物长势情况，加强条赤须盲蝽的调查工作，掌握虫情，抓住条赤须盲蝽二至三龄幼虫防治的关键时期。采用以农业技术措施和生物防治措施为主，以高效、低毒、低残留的农药防治措施为辅的综合防治措施。

（一）农业防治

搞好田间卫生，秋冬及时清除田边四周的枯茬杂草和落叶，集中深埋或烧毁，以毁减该虫的越冬场所，减少越冬卵基数；早春时分，清除田边及四周杂草，以铲除早春虫源。

（二）生物防治

选择有利于天敌繁衍的耕作栽培措施，使用对天敌较安全的高效、低毒、低残留的选择性农药，做到合理用药，科学用药并减少施用化学农药，以保护天敌，利用天敌来控制条赤须盲蝽的种群。

（三）物理防治

利用条赤须盲蝽成虫对黑光灯具有趋性的习性，在黑光灯下放置盛有水的水盆，盆中放一层青油，天黑前放置在草坪园林或农田中，第二天早晨收回，收集的虫子应深埋处理。

（四）化学防治

应选择条赤须盲蝽二至三龄幼虫期进行防治。注意调查早播麦田，靠近沟渠、道边的麦田及靠近棉田的麦田，用药时将这些地方也喷上药。防治效果比较好的药剂种类为：

（1）16％氯·灭乳油 2 000~3 000 倍液。

（2）2.5％联苯菊酯乳油 1 000 倍液或 4.5％高效氯氰菊酯乳油 1 000 倍液加 10％吡虫啉可湿性粉剂 1 000 倍液、3％啶虫脒 1 500 倍液。

（3）40％乐果乳油或 50％马拉硫磷乳油 1 000~1 500 倍液。

张李香　王贵强（黑龙江大学农业资源与环境学院）

第48节 巨膜长蝽

一、分布与危害

巨膜长蝽 [*Jakowleffia setulosa* (Jakovlev)] 属半翅目尖长蝽科巨膜长蝽属。主要分布于宁夏、甘肃、内蒙古、新疆等地的荒漠草原区，其寄主植物有白茎盐生草（*Halogeton arachnoideus*）、猪毛蒿（*Artemisia scoparia*）、猪毛菜（*Salsola collina*）、骆驼蓬（*Peganum harmala*）、红砂（*Reaumuria songarica*）、珍珠猪毛菜（*Salsola passerina*）等杂草。

1997年在内蒙古阿拉善右旗和额济纳旗的红砂、珍珠猪毛菜、猪毛菜、白刺草场上巨膜长蝽大面积暴发，受灾草场面积达234.4万 hm²，占草场总面积的53.4%，平均虫口密度2200头/m²，牧草连片枯萎变黄死亡，牧草损失率达80%以上。该虫不仅为害多种牧草，还侵入到农田和饲草料基地，仅1997年饲草料基地受灾面积达466.7hm²，平均减产30%，其中26.6hm²达到绝收程度。2007年在宁夏中部和内蒙古阿拉善盟暴发，宁夏中部干旱带（年均降水量150mm）中卫、中宁、兴仁等新垦压沙地西瓜种植区大面积发生巨膜长蝽为害，主要吸食瓜苗汁液，致使瓜苗枯萎死亡，造成瓜田缺苗断垄，为害面积25%，为害率达15.6%，成为压沙地西瓜苗期的首要害虫（彩图22-48-1）。2008年该虫发生范围较广，在内蒙古巴彦淖尔市发生程度严重，宁夏中部干旱带和内蒙古阿拉善盟发生程度中等。2009年该虫在各区域的种群数量大幅度下降，2010年仅在宁夏中部干旱带零星发现，呈现出周期性暴发特点。2011年6月上旬仅在宁夏中部中宁县鸣沙二道沟和中卫市香山镇李家水发现，发生区域较小，种群数量少，每丛白茎盐生草干草下虫口数量在20~100头。

二、形态特征

成虫：体长2.7~3.0mm（至翅端），雌虫较大，长圆形，黄褐色，前翅革质。触角4节，第一节较粗，长微超头端，第二节最长，约等于第三节和第四节之和，末端黑褐色，基部淡色。复眼黑色，两眼距宽于前胸前缘，头胸小盾片背面及腹面密附白色鳞毛。前胸背板侧缘中略缢缩，胝区暗褐色，前区革质而隆起，淡黄褐色，4条纵脉呈棱状突起，各脉上有黑色条点，脉间散布淡灰褐色斑纹；内侧2脉于近末端处汇合。前翅爪片狭尖，几乎与末端平齐，革片形状与爪片相似，表面及后缘均列有白色鳞毛。雌虫腹面淡黄色，雄虫为黑褐色（彩图22-48-2，1）。

卵：初产乳白色，椭圆形，长约0.3mm，卵面有微细网纹，产后3d呈淡黄色至红色，近孵化时，在卵的一端出现两个深红色眼点（彩图22-48-2，2）。

若虫：共3龄。一龄若虫红色，体长约1.2mm，头呈尖形，胸部较细，腹部宽圆，无翅芽。二龄若虫红色，体长约2mm，中后胸背板两侧后角白色，后突、翅芽明显。三龄若虫体淡红色，体长约2.5mm，足和翅芽呈灰黑色，翅芽长达腹部第三节和第四节后缘（彩图22-48-2，3~5）。

三、生活习性

巨膜长蝽在宁夏中部干旱带1年发生2代，以成虫在土缝中、石块下越冬，翌年4月初随着气温的升高越冬成虫开始活动，交尾产卵（彩图22-48-3），越冬成虫存活到5月下旬；越冬成虫产卵期从4月上旬持续到5月下旬，第一代若虫持续到6月上旬，第一代成虫开始于5月上旬，5月中旬达到虫口发生的高峰期，卵、若虫、越冬成虫和第一代成虫，世代重叠。6月中旬至8月中旬第一代成虫进入滞育状态，8月下旬至9月上旬成虫开始交尾产卵，10月中、下旬达到第二个发生高峰期，卵、若虫和成虫，各虫态重叠，到10月下旬第一代成虫结束，11月下旬以第二代成虫越冬。在田间自然条件下，巨膜长蝽的产卵期10~30d，卵孵化期2~7d，若虫期4~11d，完成1个世代需26~36d。

巨膜长蝽雌成虫的平均寿命为（32.14±2.34）d，雄成虫的平均寿命为（28±3.13）d，经方差检验分析差异显著（$P<0.05$）。巨膜长蝽具有滞育现象，以成虫于6月中、下旬至8月下旬进入滞育状态。巨膜长蝽有多次交尾多次产卵的习性，卵常为散产，常数小粒在一起，排列无序，产在寄主种子颖壳内、枝梗上或土缝中、石块下。每头雌虫抱卵量10粒左右，平均产卵量10~15粒。

巨膜长蝽在 11 月下旬以成虫进入越冬状态，大量的成虫聚集在石头下的小土坑中、土表皮下的洞穴中或土缝中，大多位于阳坡且较隐蔽的地方，阳光充足，保暖性强且不易被破坏，每个越冬的洞穴有 500 头以上的成虫，当天气晴好，地表温度达到 8℃ 以上，在越冬点周围可见少量的成虫活动，巨膜长蝽越冬成活率为 10%～15%。

巨膜长蝽具刺吸式口器，食性杂，群居为害。在自然条件下，喜食白茎盐生草、刺蓬、沙蒿等沙生草本植物种子，也为害白茨、梭梭、锁阳等沙生植物。当生存环境受到破坏，食物缺乏情况下，迁移至周边农田作物上为害，如西瓜、玉米、枸杞等，尤其是在干旱条件下，通常以群集方式吸食作物茎秆，致使作物短期内（48h）失水枯萎死亡，迁移性较强，分布不均匀。

巨膜长蝽栖居于荒漠草丛下和土缝中，最适宜活动的地面温度范围是 10～25℃，活动时间一般在 10：00～16：00。雨后 2～3d，地表湿度增加，天气晴好，虫口活动数量增加，在 4 月下旬至 5 月上旬产卵盛期成虫有短距离迁飞的习性。

四、发生规律

（一）虫源基数

早春荒漠草原寄主下的巨膜长蝽虫量大小与第二代发生量大小有密切关系，一般情况下巨膜长蝽第一代若虫和成虫种群趋势指数为 0.19，在环境和食物等因素的影响下，种群数量会急剧增加，迁飞至荒漠草原周边的农田为害。2007 年 5 月，在宁夏中部干旱带的中卫、中宁、兴仁等新垦压沙地西瓜种植区，突然暴发，死苗率 10%～60%，平均虫口密度在每株 10～20 头，严重者可达每株 100～200 头，极短时间内造成瓜苗死亡，为害面积达到 2 万 hm²，其扩散速度快、密度大、为害重，引起了瓜农的极大恐慌。2009—2012 年在内蒙古阿拉善盟该虫种群有较大规模的发生并迁移至农区为害作物。

（二）气候条件

通过不同温度条件下（13℃、18℃、23℃、28℃、33℃、35℃ 和 37℃）饲养观察，巨膜长蝽同一虫态的发育历期随温度的升高而缩短。在 13℃ 条件下，巨膜长蝽完成 1 个世代发育需要 82.63d，而在 37℃ 条件下只需要 14.61d，巨膜长蝽在 28℃ 各虫态的发育历期分别是卵 2.89d、一龄若虫 6.29d、二龄若虫 6.86d、三龄若虫 6.9d、产卵前期 8.6d、成虫期 28.28d、全世代 31.54d。通过采用直线回归法和直接最优法计算巨膜长蝽各虫态的发育起点温度和有效积温，根据变异系判定采用直接最优法算出的发育起点温度和有效积温值更准确。各虫态发育起点温度为卵 10.91℃，一龄若虫 11.91℃，二龄若虫 11.56℃，三龄若虫 8.89℃，产卵前期 7.42℃，成虫 9.03℃，全世代 8.3℃；各虫态有效积温为卵 60.08℃，一龄若虫 64.03℃，二龄若虫 85.47℃，三龄若虫 98.28℃，产卵前期 170.53℃，成虫 366.98℃，全世代 555.77℃。温度对巨膜长蝽各虫态存活率影响显著，13℃ 时存活率最低，卵的存活率为 11.2%，世代存活率仅为 0.4%。卵、一龄若虫、二龄若虫、三龄若虫和世代的存活率均在 33℃ 时最高，分别为 82.41%、35.5%、50%、95.2%、35.44%；13℃ 时几乎不产卵、18～28℃ 时产卵量较低，28～37℃ 时产卵量增加到 10 粒以上，35℃ 产卵量最大，33℃ 与 35℃ 没有显著差异，均显著高于其他温度，其他温度间产卵量差异极显著，37℃ 产卵量有所下降。温度（T）与巨膜长蝽单雌平均产卵量（Y）的关系式为：$Y=-0.0038T^3+0.2776T^2-5.5627T+34.2679$（$r=0.9858$，$P=0.008$），雌虫产卵量最适温度为 34.59℃，每雌虫产卵量最高可达到 16.87 粒。种群趋势指数在 28～37℃ 时大于 1，33℃ 时最高，为 2.77，与温度呈对数关系；净增殖率、内禀增长率及周限增长率均在 28℃ 时最高；28～35℃ 下巨膜长蝽种群增长指数和繁殖力较高，说明该温度范围是巨膜长蝽生长的适宜温度。

（三）寄主植物

巨膜长蝽主要寄主植物是白茎盐生草，主要取食白茎盐生草的种子。其种群发生动态与环境中食物量关系密切，食物量大，巨膜长蝽发生量就大，反之则小。发生量（Y）与食物量（X）的关系模拟二项式函数：$Y=0.2540+1.5410X-0.0487X^2+0.0006X^3$（$r=0.7694$，$P=0.0032$）。6～8 月白茎盐生草处于营养生长期，田间的种子量很少，也是导致巨膜长蝽夏季滞育的关键因子之一。

（四）天敌

巨膜长蝽的捕食性天敌有拟步甲科小胸鳖甲属的土小胸鳖甲 [*Microdera turkestanica* Schuster]、蒙古小胸鳖甲 [*Microdera mongolica* (Reitter)]、哈小胸鳖甲 (*Microdera habahensis* Ren)、七星瓢虫

（*Coccinella septempunctata* Linnaeus）以及蜘蛛、蚂蚁等，拟步甲科天敌对巨膜长蝽不同虫态的捕食率为：卵 15%～20%，一龄若虫 7%～16%，二龄若虫 1%～7%，三龄若虫 1%。

五、防治技术

（一）保护草原生态平衡

巨膜长蝽属荒漠草原自然昆虫，在原有生态环境中昆虫种群数量小，非常稳定。据在宁夏中卫香山、三眼井和海原兴仁荒漠草原区的白茎盐生草、沙蒿、骆驼蓬、油蒿植物上调查，尖长蝽科占半翅目群落种数的 27.3%，巨膜长蝽占尖长蝽科群落个体的 8%，昆虫种群结构处在相对稳定的状态，一般对寄主不构成危害。但对新开垦压沙地田边和周边同样的植被调查，尖长蝽科占半翅目群落种数的 28.6%，巨膜长蝽占尖长蝽科群落个体的 75.1%，比自然条件下增加了 8 倍，巨膜长蝽成为绝对的优势种群，致使此虫逐步向农田转移，为害农作物，自然生态的改变使荒漠昆虫成为农田害虫。因此，要做到既开垦农田又不利于害虫暴发，保护草原生态平衡是预防巨膜长蝽的根本途径。

（二）农业防治

不同种植方式对压砂西瓜地巨膜长蝽的为害影响较大，研究发现采用覆膜、扣碗（在瓜苗上扣透明塑料碗）方式的田地，巨膜长蝽为害率很低，分别为 1.1% 和 1.8%；而不覆膜种植和直播种植的，巨膜长蝽的为害率达到 6.5% 和 15.5%，说明覆膜和扣碗这两种方式不仅对压砂西瓜起到了很好的抗旱保墒作用，还阻隔了害虫的为害。

（三）化学防治

巨膜长蝽属荒漠昆虫，对杀虫剂比较敏感，用一般广谱杀虫剂都能达到显著的防治效果。压沙地西瓜选用 3%啶虫脒乳油 2 500 倍液、48%毒死蜱乳油 2 000 倍液、3%阿维菌素乳油 2 500 倍液，药后 7d 防效达到 85%以上；草原防治用 5%氯氰菊酯乳油 800～1 500 倍液或 45%马拉硫磷乳油 800～2 000 倍液喷雾均有良好的防治效果。

张蓉　魏淑花（宁夏农林科学院）

第 49 节　苜蓿蚜虫类

一、分布与危害

为害苜蓿较为严重的蚜虫有苜蓿斑蚜〔*Therioaphis trifolii*（Monell）〕、豌豆蚜〔*Acyrthosiphon pisum*（Harris）〕、苜蓿无网蚜（*Acyrthosiphon kondoi* Shinji）、豆蚜（*Aphis craccivora* Koch）4 种。

苜蓿斑蚜属同翅目斑蚜科彩斑蚜属，别名三叶草彩斑蚜、苜蓿斑翅蚜，异名：*Callipterus trifolii* Monell，*Therioaphis collina* Börner，*Pterocallidium lydiae* Börner，*Pterocallidium propinquum* Börner。我国分布于宁夏、新疆、甘肃、青海、北京、吉林、辽宁、山西、山东、河北、云南、福建、广东、广西、湖南、湖北等地区。国外已知分布于北美（美国与加拿大）、南美、澳大利亚以及中东等地区。为害苜蓿，群集叶背及嫩梢吸食汁液，并排泄大量黏液，使植株油亮、叶小、梢枯，严重抑制苜蓿的生长和开花结实。

豌豆蚜属同翅目蚜科无网长管蚜属，别名豌豆无网长管蚜、豌蚜、豆无网长管蚜，异名：*Aphis pisum* Harris，*Aphis pisi* Kaltenbachi，*Macrosiphum trifolii* Pergande，*Acyrthosiphon pisi*（Kaltenbach），*Acyrthosiphon pisumdestrustor*（Johnson）。是许多豆科作物和牧草的主要害虫之一，寄主范围十分广泛，为害香豌豆、豌豆、蚕豆、苜蓿、草木樨、红豆草、大豆等草本豆科植物，以若虫和成虫聚集在植物幼嫩部分以刺吸式口器吸取汁液。被害植株叶子卷缩，蕾和花变黄脱落，影响生长发育、开花结实和产量，大发生时田间植株大量枯死。豌豆蚜分布范围很广，全国及世界各地均有分布。主要有绿色和红色两种色型。

苜蓿无网蚜属同翅目蚜科无网长管蚜属。我国分布于宁夏、新疆、北京、河北、内蒙古、山西、河南、浙江、西藏、甘肃。国外已知分布于日本、朝鲜、印度、巴基斯坦、以色列、澳大利亚、北美洲、非洲等地区。为害苜蓿，以若虫和成虫聚集在植物幼嫩部分取食为害，以刺吸式口器吸取汁液，被害植株叶卷缩，蕾和花变黄脱落，影响生长发育、开花结实和产量，大发生时田间植株大量枯死。

豆蚜属同翅目蚜科蚜属，别名黑豆蚜、苜蓿蚜、花生蚜、菜黑豆蚜、槐蚜，异名：*Aphis laburni* Kaltenbach，*Aphis medicaginis* Koch。豆蚜分布范围很广，全国及世界各地均有分布。为害豇豆、扁豆、菜豆、花生、蚕豆、豌豆、大豆、苜蓿、甘蔗等，有成百上千头在寄主枝条上部聚集为害的特性。豆蚜能传播 40 余种植物病毒病，是许多国家豆科作物的重要害虫。

二、形态特征

4 种蚜虫均分有翅蚜和无翅蚜，具体形态特征如下。

（一）苜蓿斑蚜

有翅蚜：体长卵形，长 1.8mm，淡黄白色，体毛粗长，有褐色毛基斑。背部有 6 排或多于 6 排的黑色斑。翅脉有晕，各脉顶端晕加宽。腹管短筒形，尾片瘤状，顶端钝，具毛 8～12 根。头、胸黑色，腹部淡色，有黑色毛基斑，触角细长，与体长相等，第三节有长圆形次生感觉圈 6～12 个（彩图 22 - 49 - 1，1）。

无翅蚜：体长 2.1mm，宽 1.1mm，有明显褐色毛基斑，至少成 6 列。头、胸、腹、体长、黑褐色毛基斑与有翅蚜相同，胸部各节均有中、侧、缘斑，触角细长，与体长相等，第三节有长圆形次生感觉圈 6～12 个，翅脉正常，尾片瘤状，有长毛 9～11 根，尾板分裂 2 片，有长毛 14～16 根（彩图 22 - 49 - 1，2）。

（二）豌豆蚜

有翅蚜：体长 3mm，黄绿色，体细长，属较大型的蚜类。额瘤颇大、外突；触角淡黄色，各节端和第六节深色，全长超过体长；第三节细长，达胸部后缘，上生感觉孔 8～19 个，排成 1 行；腹管淡黄色，端部深色，细长略弯，约与触角第三节等长或略超过；尾片淡黄色，瘦而尖长，约与触角第五节相等，上生刚毛 10 根左右。各足细长，淡黄色，胫节端及跗节黑褐色。前翅淡黄色，翅痣绿色。有翅孤雌蚜头、胸稍有骨化，腹部淡色，触角细长，第三节有感觉圈 14～22 个，分为红色型和绿色型。

无翅蚜：体长 4.9mm，宽 1.8mm。体淡色，无斑纹，体表光滑，微有曲纹。头背部有 1 对稍骨化背瘤，中额平。额瘤显著外倾，额槽窄，呈 U 形。背毛粗短钝顶，头部有毛 14～16 根，第一至八腹节各有整齐排列毛 10 根、14 根、14 根、16 根、12 根、10 根、8 根、8 根。触角第三节有短毛 38～40 根，有小圆形次生感觉圈 3～5 个，基部常有感觉孔 3 个，排成 1 行。喙达中足基节，第四、五节短小，有次生刚毛 3 对。第一跗节毛序为 3，3，3。腹管细长筒形，为尾片的 1.6 倍。尾片长锥形尖顶，有短毛 7～13 根，尾板半圆形，有短毛 19～20 根。其余同有翅蚜。

性蚜：雌雄蚜均无翅，体色较淡，雌蚜后胫节较粗，雄蚜有单眼 3 个。分为红色型和绿色型（彩图 22 - 49 - 2）。

（三）苜蓿无网蚜

有翅蚜：体长 2.6～3.0mm，头、胸黑褐色，腹部淡黄色，无斑纹，表皮有微瓦纹，前胸有 1 对淡色节间斑，触角第三节有次生感觉圈 6～11 个。

无翅孤雌蚜：体长 3.7mm，宽 1.7mm，体淡色，无斑纹，表皮粗糙，有明显双环形网纹。触角长 3.5mm，第三节长 0.92mm，有短毛 22～26 根，小圆形次生感觉圈 3～12 个。腹管长管状，端部深色，长为尾片的 2.1 倍。尾片长锥形，有毛 6～9 根，尾板半圆形，有毛 13～21 根（彩图 22 - 49 - 3，1）。

（四）豆蚜

有翅蚜：体长 1.5～2.0mm，全身紫黑色。触角基部 2 节及端节黑色，余为黄色，第三节生感觉孔 6 个，排成 1 行。复眼紫褐色。前胸两侧有乳突，中胸背板黑色，后端有 2 个突起，小盾片及后胸背板黑色。腹部紫黑色，两侧各有黑斑 4 个。腹管黑色，比触角第三节约长 1/3；尾片乳突状，上有刚毛 6～7 根。各足股节端部及跗节黑色，余为黄白色。翅痣黄色，翅腹淡灰色。有翅孤雌蚜头、胸黑色，腹部淡色，有黑色大斑，各节中侧斑呈带状。触角第三节有圆形次生感觉圈 5～7 个。

无翅蚜：成虫体长 1.8～2.0mm，黑色或紫黑色，有光泽，体被蜡粉。触角 6 节，第一至二节、第五至六节黑色，其余部分黄白色。腹部体节分解不明显，背面有 1 块大型灰色骨化斑。若虫体小，灰紫色或灰褐色。无翅孤雌蚜体长 2mm，宽 1.1mm。头、胸黑色。后胸侧斑呈带状，缘斑小；第一至六腹节斑愈合为 1 块大黑斑，第一节侧斑分离，第二节侧斑、缘斑呈带相接，第七、八节各横带独立横贯全节。体表有明显六边形网纹。前胸，第一、七腹节各有1对缘瘤。体背毛短尖顶，第一至七节各有中毛1对。触角淡色，各节有短毛4～5根。喙可达中足基节，有次生刚毛1对。第一跗节毛序为3，3，2。腹管黑色，圆筒状，长为尾片的1.6倍。尾片长圆锥形，有毛6根，尾板有毛9～12根（彩图22-49-3，2）。

卵：长椭圆形，初产为淡黄色，后变为草绿色，最后呈黑色。

三、生活习性

蚜虫的生活周期非常复杂，可以分为不完全周期和完全周期。不完全周期是指全年孤雌生殖，不发生性蚜世代。完全周期是在1～2年内，发生孤雌生殖和两性生殖世代。将蚜虫的生活史进一步分为4种类型：①周期性孤雌生殖：在秋天发生1次有性生殖，其他时间营孤雌生殖；②专性孤雌生殖：由遗传上决定其不能产生任何有性世代，常年营孤雌生殖；③中间类型：全年营孤雌生殖，但是在秋季后代中有部分产生雌性蚜虫和雄性蚜虫，在有性蚜虫之间可以交配产卵；④产生雄专性孤雌生殖：全年营孤雌生殖，但是在秋季后代产生一部分雄性蚜虫（雄性蚜虫可以与第一类型和第三类型的雌性蚜虫交配）。蚜虫的繁殖力非常强，1年时间能够繁殖10～30个世代，世代重叠现象非常突出。当连续5d的平均气温持续上升到12℃以上时，便可以开始繁殖。在气温较低的早春和晚秋时节，10d可以完成1个世代，在夏季温度较高时，只需4～5d。它以卵的形式在花椒树、石榴树等枝条上越冬，而且可以在保护地内以成虫越冬。蚜虫繁育的最适宜气温为16～22℃，在干旱条件下或植株密度过大时有利于蚜虫为害植株。

（一）苜蓿斑蚜

苜蓿斑蚜在北方1年发生数代，以卵越冬。据甘肃调查，在4月上旬气温10℃左右苜蓿返青时，苜蓿斑蚜卵孵化，若虫开始活动，5月上旬苜蓿分枝期蚜量增加，6月上旬为害最盛，一般集中在下部叶片，上部叶片较少，7月上旬苜蓿进入结荚期，叶渐枯老，田间出现大量有翅蚜向外迁飞，苜蓿地蚜虫数量逐渐减少。苜蓿斑蚜喜在叶片背面取食，一般在植株下部的种群数量最大，其也喜欢在茎上取食，特别在苜蓿种子田，在甘肃兰州7月中、下旬集中在种子田茎秆上取食。

苜蓿斑蚜在宁夏苜蓿上普遍发生，在干旱和半干旱平原地区旱地苜蓿上苜蓿斑蚜为优势种，发生面积占种植总面积的90%左右，通常在6月中、下旬为为害高峰期，重者百枝条蚜量可达10 000头以上，造成植株萎蔫、矮缩和煤污，严重影响苜蓿草的品质。近年来在引黄灌区发生量增加，有上升为优势种群的趋势。

（二）豌豆蚜

豌豆蚜1年发生10多代，特别在温室栽培的情况下，全年均可为害。北方以卵在多年生豆科牧草和作物根茎部越冬，通常4月产生大量无翅胎生雌蚜进行繁殖和为害，虫口密度大时可产生有翅胎生雌虫，迁飞到豆科植物上胎生繁殖。温暖地区或温室内通年不产生两性蚜，北方则可于11月间产生两性蚜，交尾后产卵于多年生豆科植物上越冬。2007年张新瑞等对苜蓿田节肢动物主要种类数量动态进行了系统研究，结果表明豌豆蚜在苜蓿上的消长动态呈单峰型，高峰期出现在7月上旬，此后开始逐渐降低，到8月上旬苜蓿进入成熟期，田间尚有少量豌豆蚜活动。

（三）苜蓿无网蚜

参考豌豆蚜。

（四）豆蚜

豆蚜在长江流域1年发生20代以上，冬季以成、若蚜在蚕豆、苜蓿等豆科植物心叶或叶背处越冬。当月平均温度8～10℃时，豆蚜在越冬寄主上开始繁殖。4月下旬至5月上旬，成、若蚜群集于苜蓿和蚕豆嫩梢、花序、叶柄、荚果等处繁殖为害；5月中、下旬，随着植株的衰老，产生有翅蚜迁向夏、秋刀豆、豇豆、扁豆、花生等豆科植物上寄生繁殖；10月下旬至11月间，随着气温下降和寄主植物的衰老，又产生有翅蚜迁向紫云英、蚕豆等冬寄主上繁殖并在其上越冬。

华东地区1年发生10多代，以若蚜在寄主叶片背面越冬，在翌年4月温度回升时开始繁殖。4月下旬至5月上旬，气温达到18℃时，为繁殖为害盛期，世代重叠，在8～10月各种虫态均可见到，11月随气温下降，进入越冬。

在湖南长沙地区，豆蚜孤雌胎生蚜全世代发育起点温度和有效积温分别为（2.6±0.81）℃和（175.3±15.7）℃。相对湿度在50%以下对豆蚜发育有抑制作用，而在50%～90%对发育影响不大。

自然光周期对豆蚜发育几乎无影响（冬季滞育型个体除外）。豆蚜在湖南每年发生的理论代数为（29～32）±4.3 代。

豆蚜对黄色有较强的趋性，对银灰色有驱避习性，且具较强的迁飞和扩散能力，在适宜的环境条件下，每头雌蚜寿命可长达 10d 以上，平均胎生若蚜 100 多头。全年有 2 个发生高峰期，为 5～6 月、10～11 月。

适宜豆蚜生长、发育、繁殖温度范围为 8～35℃，最适环境温度为 22～26℃，相对湿度 60%～70%；在 12～18℃下若虫历期 10～14d；在 22～26℃下，若虫历期仅 4～6d。

豆蚜为害寄主常群集于嫩茎、幼芽、顶端嫩叶、心叶、花器及荚果处吸取汁液，受害严重时，植株生长不良，叶片卷缩，影响开花结实，又因该虫大量排泄蜜露，而引起煤污病，使叶片表面铺满一层黑色霉菌，影响光合作用，结荚减少，千粒重下降。

四、发生规律

在田间通常 4 种苜蓿蚜虫混合发生，对苜蓿造成严重危害，而且其比例在不同的时空条件下变异极大。

（一）气候条件

温度和降水量是影响蚜虫繁殖和活动的重要因素，但苜蓿蚜虫生态学研究还非常不完善，相对以豌豆蚜研究较多。研究发现寄主植物和温度是影响豌豆蚜生长发育及繁殖的重要因素。1997 年萧宁年等在不同的蚕豆品种上饲养豌豆蚜，发现豌豆蚜在不同蚕豆品种上的发育历期、存活率以及生殖力之间均有差异。2008 年高有华和刘长仲在室内测定了豌豆蚜各个发育阶段的发育起点温度和有效积温并且研究了不同温度下豌豆蚜的实验种群生命表，结果表明，豌豆蚜各个发育阶段的发育速率和温度呈正相关，在 24℃下豌豆蚜的内禀增长率最大，种群净增殖率以 18℃ 为最高，其繁殖力在 27℃时显著下降。宫亚军等将黑豆蚜、豌豆蚜和豌豆修尾蚜在不同温度下的发育历期、产仔量、寿命进行了比较，发现豌豆蚜发育起点温度和有效积温分别为 (5.69±1.72)℃ 和 (113.01±2.98)℃，豌豆蚜耐高温能力较差，在 31℃下若虫虫体很小，能蜕皮但不能正常发育为成蚜，在 15～27℃范围内发育历期与温度呈负相关。

（二）多型现象

同种昆虫在同一性别的个体中出现不同类型分化的现象，被称为多型现象，主要包括遗传多型性和非遗传多型性。遗传多型性主要表现为个体之间基因型的差异，非遗传多型性是相同的基因由于外在因素诱导而产生的差异。多数社会性昆虫都表现出多型现象，例如蚜虫、蜜蜂、蚂蚁及白蚁等。每种蚜虫至少有两种型即有翅孤雌型和无翅孤雌型，除这两种之外，有的蚜虫可能还有干母、干雌、性母、性蚜及卵。有些种类的一个或多个型本身又具有多态现象，如寄主专化型、体色生物型等，目前发现苜蓿上的豌豆蚜有红色型和绿色型两种形态。

（三）天敌

自然界中苜蓿蚜虫的天敌种类很多，一般分为寄生性天敌和捕食性天敌。张蓉等对苜蓿田中害虫天敌种类及其发生规律进行研究，发现天敌昆虫 40 余种，捕食性天敌主要为瓢虫类、草蛉类、捕食蝽类和食蚜蝇等，寄生性天敌主要是蚜茧蜂，其中以多异瓢虫、七星瓢虫、龟纹瓢虫、日本通草蛉和黑点食虫盲蝽为宁夏苜蓿害虫天敌的优势种群。2007 年李金枝和田方文对山东滨州紫花苜蓿田蚜虫天敌种类调查表明，滨州苜蓿蚜虫的天敌主要有蚜茧蜂、瓢虫、食蚜蝇、食蚜盲蝽、草蛉和蜘蛛等，与张蓉（2003）所做的调查基本一致，其中以烟蚜茧蜂、燕麦蚜茧蜂、大灰食蚜蝇、黑带食蚜蝇、龟纹瓢虫等为优势种。

国内外研究人员在实验室环境下进行了天敌对豌豆蚜捕食功能反应的试验，在一定程度上掌握了不同条件下不同天敌以及不同虫态对豌豆蚜的最大取食量、搜寻效率等，在此基础上为保护和利用天敌提供理论依据。

甘肃省苜蓿田中多异瓢虫对豌豆蚜的发生具有一定的控制作用。2006 年高有华和刘长仲研究报道了多异瓢虫成虫和各龄幼虫对豌豆蚜都有捕食作用，成虫和四龄幼虫捕食作用较强。2008 年周玉峰等在室内对未饥饿和饥饿 24h 的龟纹瓢虫成虫对豌豆蚜的捕食作用进行了测定，发现两种状态下龟纹瓢虫成虫对豌豆蚜都有较大的捕食作用，并且饥饿状态下成虫捕食作用较强。2001 年李学燕和罗佑珍研究了大灰食蚜蝇对甘蓝蚜、豌豆蚜和桃蚜的捕食作用，表明大蚜蝇对豌豆蚜的捕食作用最强。2007 年张蓉等研究报道了七星瓢虫和小十三星瓢虫对苜蓿斑蚜的控制能力很强，通过对天敌捕食功能反应的研究，保护和利用自然天敌对控制苜蓿蚜虫发生为害具有重要意义。

五、防治技术

（一）监测预报

2007 年和 2009 年张蓉等通过 2002—2008 年宁夏固原市苜蓿上苜蓿斑蚜发生的系统调查数据，进行了相关因子及多元逐步回归分析，确定了影响苜蓿斑蚜发生的关键因子为 6 月降水量（mm）x_1、6 月上旬瓢虫密度（十复网）x_3、6 月上旬苜蓿斑蚜基数（百枝条虫量）x_4，因变量 y 为苜蓿斑蚜发生量（百枝条虫量），建立了苜蓿斑蚜预测模型 $y=2295.317-21.732x_1-47.059x_3+1.474x_4$。同时利用宁夏固原市行政区划（乡村级）、土地利用、气候、地貌、数字高程等空间地理数据库，应用 Arc GIS 对苜蓿斑蚜及天敌多异瓢虫空间结构进行了地统计学分析，建立了苜蓿斑蚜基于指数模型（Exponential）的 Ordinary Kriging 普通空间插值方法，分别进行了不同时期大尺度苜蓿斑蚜及多异瓢虫空间分布模拟。朱猛蒙等基于 Arc GIS 将不同时期固原市耕地苜蓿斑蚜种群分布插值图与生态气候图、数字高程图叠加处理，建立了苜蓿斑蚜密度与生境的相关数据，苜蓿害虫的发生分布和发生程度与不同的气候、地貌和海拔间高度相关，分析得出苜蓿斑蚜在固原市的适宜生境是海拔为 1 501～2 100m 的半干旱和干旱川道区，最易暴发成灾的区域为海拔 1 700～2 100m 的半干旱丘陵区。根据苜蓿斑蚜区域化预测预报技术和种群发生适宜生境评估结果进行了苜蓿斑蚜的预测，预测区域基本涵盖了宁夏南部山区（固原市和中卫市海原县）苜蓿主要种植区域，基于 GIS 对苜蓿斑蚜的发生进行了空间格局分析和分布模拟，结合苜蓿斑蚜预测模型，预测出宁夏南部山区苜蓿斑蚜发生程度和分布范围，重发区域位于何地，定量分析了不同发生程度的面积和比例，并对预测结果进行了田间取样实际验证，预警准确率达到 96.6%。

（二）防治指标

2005 年杨芳等通过人工接虫，采取盆栽试验的方法，经过各种因素综合分析，确定了灌溉地和旱地苜蓿斑蚜经济允许损失水平（EIL），分别制定了灌溉地和旱地苜蓿斑蚜的防治指标，其 EIL 分别为 14.81% 和 20.92% 时，防治指标分别为每百枝条 1 680 头和 2 080 头。

（三）农业防治

张蓉等通过不同刈割期对苜蓿害虫的防治作用及对苜蓿生长性状的影响试验研究，表明提前或及时刈割可有效压低苜蓿斑蚜虫口数量，避开和阻止了其高峰期的出现，对苜蓿斑蚜具有明显的防治作用，而且有利于第二茬天敌瓢虫、捕食性蜡种群数量的增加，同时提前和及时刈割有利于提高苜蓿植株的再生能力和再生速度的提高，对牧草产量没有影响。

（四）药剂防治

苜蓿蚜虫防治目前仍然以化学农药为主。马建华等通过药剂室内毒力测定、田间筛选试验及对天敌安全性评价、生物多样性影响的研究，得出天敌数量较少时，选用 1% 苦参碱可溶液剂 1 500 倍液、5% 吡虫啉乳油 2 000 倍液，防治效果较好。

（五）抗蚜品种

2009 年程璐鉴定了 9 个苜蓿品种（品系）对以苜蓿斑蚜为主的复合蚜虫种群的抗性，筛选出一个高抗新品系 HA-3（甘农 5 号）。2010 年马建华等建立了宁夏 5 个苜蓿主栽品种苜蓿斑蚜实验种群繁殖特征生命表，通过定量分析和比较其种群增长趋势指数、净生殖率、种群平均世代周期、内禀增长率等生命表参数，发现金皇后抗蚜性最低，德国大叶抗性最强，5 个品种的抗性由高至低依次为：德国大叶＞阿尔冈金＞中苜 1 号＞固原紫花＞金皇后；田间抗性监测试验结果表明 5 个品种的抗性与生命表分析结果一致，说明实验种群生命表方法能够作为鉴定苜蓿品种抗蚜性方法，同时该结果为品种抗性应用提供依据。

（六）天敌控制作用

苜蓿蚜虫的天敌主要有瓢虫、食蚜蝇、草蛉、捕食蜡、蚜茧蜂等，在自然条件下，天敌发生通常晚于蚜虫，但中后期数量大幅度增多，对蚜虫发生有明显的控制作用。1983 年何琬等对豌豆蚜的天敌——阿尔蚜茧蜂繁殖与利用进行了研究，结果表明阿尔蚜茧蜂在滇中、滇南地区均有分布，是控制豌豆蚜的一种有利用前途的优势种。2006年高有华和刘长仲研究了多异瓢虫对豌豆蚜的捕食作用，研究表明多异瓢虫成虫及各龄幼虫对豌豆蚜均有捕食作用，而多异瓢虫的分布较广，是苜蓿田中的优势天敌种群之一。张蓉等人研究了多异瓢虫、七星瓢虫成虫对苜蓿斑蚜的捕食作用，结果表明两种瓢虫对苜蓿斑蚜的控制能力强，是很有利用价值的一种重要的天敌资源，在苜蓿斑蚜的综合防治中应注意充分保护和利用。2008年周玉峰等人研究了龟纹瓢虫成虫对苜蓿上的豌豆蚜的捕食作用，结果表明，龟纹瓢虫成虫对豌豆蚜的捕食作用较大，对其发生具有一定的控制作用。

张蓉　魏淑花（宁夏农林科学院）

刘朝阳（中国农业科学院植物保护研究所）

第50节　苜蓿蓟马类

一、分布与危害

为害苜蓿较为严重的蓟马有牛角花齿蓟马 [*Odontothrips loti*（Haliday）]、花蓟马（*Frankliniella intonsa* Trybom）、烟蓟马（*Thrips tabaci* Lindeman）3种。

牛角花齿蓟马属于缨翅目蓟马科齿蓟马属。国外主要分布于日本、蒙古、美国、欧洲等地。国内主要在华北、西北等地区发生。牛角花齿蓟马主要为害苜蓿、黄花草木樨及三叶草属的植物，对花器和叶片都可造成严重危害，特别是对北方苜蓿第二、第三茬草构成较严重的威胁（彩图22-50-1，4）。

花蓟马属缨翅目蓟马科花蓟马属。国外分布于日本、朝鲜。国内分布于黑龙江、吉林、辽宁、内蒙古、宁夏、甘肃、新疆、陕西、河北、山西、山东、河南、湖北、湖南、安徽、浙江、上海、江西、福建、台湾、海南、广东、广西、四川、贵州、云南、西藏。成虫有很强的趋花性，各种植物花部均被为害。在花内为害花冠、花蕊、子房，损害繁殖器官；花冠受害后出现横条或点状斑纹，最严重的可使花冠变形、萎蔫以致干枯，对观赏价值有很大影响。叶部受害，在嫩茎新叶上常出现银灰色的条斑，严重的枯焦萎缩，或叶基部均呈银灰色，以致引起落叶，影响长势（彩图22-50-2）。

烟蓟马属缨翅目蓟马科蓟马属，别名葱蓟马。国外分布于日本、欧洲和美洲。在国内分布于河北、山西、内蒙古、辽宁、吉林、江苏、台湾、山东、河南、湖北、湖南、广东、海南、广西、四川、贵州、云南、西藏、陕西、甘肃、宁夏、新疆。烟蓟马的寄主植物除了棉花、烟草、葱、甜菜等外，广泛分布于种植苜蓿的地区。成虫多在寄主上部嫩叶反面活动、取食和产卵。若虫多在叶脉两侧取食，造成银灰色斑纹。

二、形态特征

（一）牛角花齿蓟马

成虫：体长1.3~1.6mm，触角8节，前足粗，前胫内缘端部有1个或2个爪状突起，偶有缺，但有时退化。跗节2节，前跗节端节内缘有1个或2个小钩齿或结节。雌虫体长约1.5mm。体暗棕色，包括足和触角，但前、中、后足胫节最基部暗黄色；各跗节和第三节触角黄色，第四节有时淡棕色。前翅灰暗，包括最基部及翅瓣，但基部约1/7无色透明。主要鬃暗。雄虫相似于雌虫但较小，第九腹节背片鬃5对，大致成弧形排列（彩图22-50-1，1、2）。

卵：长约0.2mm，宽0.1mm，肾形，半透明，微黄色。

若虫：4龄，体长0.5~1.2mm，随着虫龄增大，体色变为淡黄色，三龄、四龄若虫不取食，但能活动，因而称为前蛹和蛹（彩图22-50-1，3）。

（二）花蓟马

成虫：体长13~15mm，雌虫褐色，头、前胸常黄褐色，雄虫全体黄色。触角8节，第三至五节黄褐色，但第五节端部及其余各节暗褐色。前胸背板前角外侧各有长鬃1根，后角有2根。前翅上脉鬃19~22根，下脉鬃14~16根（彩图22-50-2，1）。

卵：初产时乳白色，背面观呈鸡蛋形，头的一端有卵帽。

若虫：共有4龄，橘黄到淡橘红色，四龄若虫又称伪蛹，体长1.2~1.4mm，褐色。

（三）烟蓟马

成虫：体长 1.0～1.3mm，淡黄色，复眼紫红色。触角 7 节，第一节色淡，第二节及第六、七节灰褐色，第三至五节淡黄褐色，但第四、五节末端色较淡。前胸背板两后角各有 1 对长鬃。翅淡黄色，上脉鬃 4～6 根，下脉鬃 14～17 根（彩图 22-50-3）。

卵：肾形，乳白色，长 0.3mm。

若虫：体淡黄色，触角 6 节，淡灰色，第四节有微毛 3 排。复眼暗红色。

三、生活习性

在苜蓿生长季节，蓟马的活动规律与温湿度的关系较为密切，可分为 3 个阶段：5 月下旬到 6 月下旬为第一阶段，7 月为第二阶段，8 月上旬到 9 月中旬为第三阶段。其中，第一、第三阶段蓟马活动规律呈单峰型，第二阶段为双峰型；同一阶段各天的活动规律非常吻合。在第一、第三阶段，12：00～16：00 成、若虫迁移活动规律最为频繁，其他时间由于温度较低、湿度较大，蓟马的活动受到一定的抑制。而在第二阶段，当日平均温度高达 24℃、月最高气温达 32℃时，蓟马以 10：00～12：00 及 16：00 左右活动最盛，12：00～16：00 则由于温度过高、大气相对湿度太低，成虫、若虫同时受强烈光照，活动受到抑制。从蓟马随温湿度变化的活动规律，蓟马迁移活动的最适温度是 20～30℃，大气相对湿度是60%～70%。

（一）牛角花齿蓟马

在内蒙古 1 年发生 5 代，以伪蛹在 5～10cm 土层中越冬。4 月中旬气温在 8℃以上羽化成虫，开始活动，6 月初为第二代卵孵化盛期，7 月上旬为第二代成虫盛发期，10 月中旬气温 7℃以下开始化伪蛹越冬。室内饲养观察，成虫寿命 6.3～12.2d，卵期 7～8d，若虫期 10.3～29.8d。雌虫在花穗轴、花蕾及叶片组织内产卵，若虫在嫩叶及花内生活。在内蒙古观察发现，其发育繁殖的最适气温为 20～25℃，相对湿度60%～70%。

4 月中旬平均气温在 8℃以上时，成虫羽化向返青植株迁移，4 月底迁移完毕。10 月中旬平均气温降至 7℃以下时，伪蛹进入土层中越冬。内蒙古呼和浩特地区牛角花齿蓟马 1 年发生 5 代，由于繁殖快且繁殖力强，世代重叠严重。6 月上旬前及 8 月下旬后，当室外试验田平均气温为 14.1～20.1℃，室温为15.0～21.0℃，相对湿度在 50%～70%时，繁殖 1 代需 30～37d。6 月中旬到 8 月中旬，当平均室温在23.0～25.0℃，空气相对湿度绝大部分在 60%～70%时，蓟马发育繁殖较快，各虫态历期都很短，繁殖 1代只需 25d 左右。7 月中、下旬室温持续在 25～26℃，此时第四代若虫向成虫转化所需的时间明显延长，成虫羽化到产卵最短时间也延长至 4d。由此可见，25℃以上的气温限制了蓟马的生长发育。温暖干旱季节有利于牛角花齿蓟马大发生，高温多雨不利其发生。雨水的机械冲刷和浸泡对蓟马有较大的杀伤作用。

（二）花蓟马

在我国南方，1 年发生 11～14 代，在华北、西北地区 1 年发生 6～8 代。以成虫在枯枝落叶层、土壤表皮层中越冬，在条件较好的高温温室内冬季可继续为害。在贵州 3 月中旬出现成虫，3 月下旬至 4 月上旬可见一龄、二龄若虫。在甘肃 4 月中旬，旬平均气温 10.2℃时，可见成虫活动，7 月上旬成虫盛发。成虫在清晨和傍晚取食最烈，白天隐藏在叶背面。成虫行动活泼，怕阳光，产卵于花梗、花瓣等组织中，在棉花上产卵于棉叶表皮内，每雌可产 80 粒左右。雨水的机械冲刷和浸泡对蓟马有较大的杀伤作用。

在自然条件下，以夏季为害严重，10 月下旬、11 月上旬进入越冬代。10 月中旬成虫数量明显减少。该蓟马世代重叠严重。在 20℃恒温条件下完成 1 代需 20～25d。成虫寿命春季为 35d 左右，夏季为 20～28d，秋季为 40～73d。雄成虫寿命较雌成虫短。雌雄比为 1：（0.3～0.5）。成虫羽化后 2～3d 开始交配产卵，全天均进行。卵单产于花组织表皮下，每雌可产卵 77～248 粒，产卵历期长达 20～50d。每年 6～7月、8 月至 9 月下旬是该蓟马的为害高峰期。

（三）烟蓟马

东北 1 年发生 3～4 代，山东 6～10 代。越冬虫态各地不同，河北、湖北、江西主要以成虫在枯枝落叶及葱、蒜叶鞘内越冬，少数以伪蛹在土表层内越冬；新疆以伪蛹越冬为主；东北以成虫越冬。北方 5～6 月卵期 6～7d，在温室，温度 19℃、相对湿度 84.5%条件下，卵期 8d，一龄、二龄若虫共需 10～14d，前蛹期 4～7d，完成 1 代约 20d。越冬虫态翌年春季开始活动，在越冬寄主上繁殖一段时间后，迁移到旱春作物及豆科牧草上，一般为害盛期在 6～7 月。成虫飞翔力强，怕阳光，白天潜伏在叶背面，产卵多在花器中、叶表皮下或叶脉内。每雌产 20～100 粒。

四、发生规律

（一）虫源基数

由于第一代成虫及若虫数量较少，5 月苜蓿受害很轻，6 月初蓟马发生量迅速增大，7 月中旬（若虫高峰期）至下旬（成虫高峰期）为害达到高峰。在甘肃兰州田间调查发现，7 月下旬蓟马平均虫口密度达到 7 头/枝以上，8 月中旬虫口密度达 5～6 头/枝。牛角花齿蓟马在苜蓿结荚中、后期至成熟，发生数量锐减。在甘肃 2003 年 7～8 月，田间有不同生长期的苜蓿，数量最大的是开花期或接近开花期的田间，结荚期的田间数量最少，刈割后再生的（株高 10cm 左右）数量亦较少。

（二）气候条件

25℃以上的气温限制蓟马的生长发育。温暖干旱季节有利于牛角花齿蓟马大发生，高温多雨对其发生不利。雨水的机械冲刷和浸泡对蓟马有较大的杀伤作用。

（三）寄主植物

苜蓿为多年生牧草作物，其形成的多年不变的小生境为蓟马生长生活以及种群数量的积累提供了稳定的条件，随着苜蓿生长年份的增加，蓟马的为害日趋加重。牛角花齿蓟马取食有趋嫩习性，产卵主要在未展开的心叶中，其为害习性与其锉吸式口器的构造有关，取食时先以上颚针刺植物表皮，并将其锉破，然后以下颚针靠类似唧筒的抽吸作用把流出的汁液吸入体内。从苜蓿返青期开始的整个生育期内蓟马均可持续为害，轻者造成上部叶片扭曲，重者造成苜蓿成片枯萎，叶片和花干枯、早落，成为目前苜蓿最具危害性的害虫。

（四）天敌

蓟马的捕食性天敌种类较多，主要有暗色小花蝽（*Orius tristicolor*）、灰姬蝽（*Nabis palliferus*）、多异瓢虫（*Hippodamia variegata*）、七星瓢虫（*Coccinella septempunctata*）、龟纹瓢虫（*Propylea japonica*）、小姬蝽（*Nabis mimoferus*）、黑点齿爪盲蝽（*Deraeocoris punctulatus*）、日本通草蛉（*Chrysoperla nipponensis*）和蜘蛛等。

（五）化学农药

苜蓿田有饲草田和种子田之分，饲草田有时作放牧之用，不同类型的苜蓿田，其应用农药的策略应有所不同。饲草田只能应用残效期短的农药，种子田则可以使用残效期较长的农药。对蓟马的防治，目前仍以化学药剂为主。但大量施用化学药剂，必然会造成环境污染和农药残留，危害人畜健康，而且杀伤天敌，并导致蓟马产生抗药性。

五、防治技术

蓟马类在苜蓿草田和种子田的防治时期有所不同。在饲草田，一般第一茬草受害不重，从第二茬草开始受害严重，刈后再生植株高 10cm 左右时调查，虫口密度达防治指标时应进行喷雾防治。在种子田，花期蓟马集中到留种田产卵为害，应在蕾期防治，但要注意喷药时间，以防伤害蜜蜂等传粉昆虫及天敌昆虫和蜘蛛。牛角花齿蓟马应抓住春季第一茬苜蓿及第二、第三茬刈割后的主要防治时期；在宁夏地区旱地苜蓿蓟马第一茬的防治指标为每百枝条 560 头，水地苜蓿蓟马第二茬的防治指标为每百枝条 390 头，第三茬的防治指标为每百枝条 580 头。

（一）农业防治

1. 培育和选用抗虫品种　苜蓿抗虫育种是防治苜蓿害虫最经济、最安全的措施。因此，应积极开展抗虫苜蓿品种的引进和选育工作。同时，由于害虫种类和生物型的地区差异，引进的品种一定要经过抗虫试验后，确定推广的战略及品种。

2. 加强田间管理　牛角花齿蓟马在干旱少雨的条件下发生重。有喷灌条件的地方，可以通过喷水击落蓟马，从而降低种群密度及后代发生数量。

（二）生物防治

1. 天敌防治　利用有利于天敌繁衍的耕作栽培措施，使用对天敌较安全的选择性农药，并合理减少化学农药的使用，保护利用天敌昆虫来控制蓟马种群。苜蓿蓟马的天敌种类很多，其中以捕食性的横纹蓟马和各种蜘蛛数量为最多，一头勒平腹蜘蛛日食蓟马 16.4 头。横纹蓟马主要捕食蓟马的卵和若虫，当其与蓟马的数量比为 1∶8 时，几乎植食性蓟马的卵和若虫都被消灭。捕食性蓟马的个体较大，每只个体体表携带的花粉可达 340 粒，对苜蓿的传粉也起到很大作用。在北京地区捕食螨是蓟马的主要天敌，当捕食螨种群数量达到高峰时，蓟马种群数量明显减少，蜘蛛的种群数量对蓟马也有一定的影响，而瓢虫相对影响较小。

2. 生物制剂防治

（1）0.3％印楝素乳油、2.5％烟碱·楝素乳油、10％柠檬草乳油防效较好，与 2.5％溴氰菊酯乳油相比无显著差异，药后 3d 的防效分别达到 76.18％、63.42％和 90.59％。此外，0.3％印楝素乳油的药效持续时间较 10％柠檬草乳油长，1.8％阿维菌素乳油 1 000 倍液对蓟马的防效较好。

（2）11％苏·灭可湿性粉剂、0.1％斑蝥素水剂对苜蓿蓟马有明显的防治效果。生物药剂苦参碱也具有较好的防治效果，可迅速控制蓟马的为害，但持效性相对较差。

（3）生物农药的混用也有很好的效果。如 10％柠檬草乳油 250 倍液与 0.3％印楝素乳油 800 倍液混用以及 0.3％印楝素乳油 800 倍液与 2.5％鱼藤酮乳油 800 倍液混用，具有显著的防治效果，防效分别为 76.5％～92.5％和 79.9％～88.7％，具有见效快、持效期长的特点。

（三）物理防治

牛角花齿蓟马对颜色有选择性，黄色对成虫的诱集能力为最强，因此可以用黄色的诱虫板对其进行诱杀。

（四）化学防治

苜蓿蓟马的防治指标为：植株高度在 20cm 以下时，1～2 头/株；在 20cm 以上到结荚期，单茎（枝）的虫口数量 5～10 头。防治蓟马的药剂种类较多，防治效果比较好的化学药剂有：25％吡虫啉可湿性粉剂 1 500 倍液、50％马拉硫磷乳油 1 000～1 500 倍液、4.5％高效氯氰菊酯乳油 3 000 倍液、48％毒死蜱乳油 2 000 倍液。4.5％高效氯氰菊酯乳油和 15％多杀霉素乳油对苜蓿蓟马具有显著的控制作用，其速效且持效期长，1 次施药就可控制 1 茬苜蓿上的蓟马为害，用药少，成本低。建议在生产中交替使用 4.5％高效氯氰菊酯乳油、15％多杀霉素乳油和 0.1％斑蝥素水剂这 3 种药剂防治苜蓿蓟马，防止长期单一使用同一种药剂，以免害虫产生抗药性；在花期和天敌种群数量大时，应用生物药剂斑蝥素生物碱或苦参碱对蓟马进行防治，以保护传粉昆虫和天敌。

胡桂馨　刘长仲（甘肃农业大学草业学院）
刘朝阳（中国农业科学院植物保护研究所）

第 51 节　苜蓿种子广肩小蜂

一、分布与危害

苜蓿种子广肩小蜂（*Bruchophagus roddi* Gussakovky）属膜翅目广肩小蜂科种子广肩小蜂属，又名苜蓿籽蜂、苜蓿实蜂、三叶草实蜂，是苜蓿种子的重要害虫。在美国，苜蓿种子受该虫的为害率达2％～85％，通常种子损失率为10％～15％。据调查，在新疆苜蓿种子受害率为57％，甘肃河西为27％，内蒙古为26％～30％，豆荚被害率为40％左右。

苜蓿种子广肩小蜂在国内各省份均有分布，主要分布在陕西、内蒙古、甘肃、新疆、宁夏、山西、河南、河北、山东等地区。国外分布在美国、前苏联、德国、土耳其、智利、罗马尼亚、法国、匈牙利、前捷克斯洛伐克、伊拉克、加拿大、以色列、中亚细亚、新西兰、澳大利亚、印度等。

二、形态特征

成虫：雌蜂体黑色，长约 2mm，有两对膜质透明的翅，头大，有粗刻点，复眼酱褐色，触角较短，柄节最长，足部黄褐色。雌蜂比雄蜂体稍大，但雌蜂触角比雄蜂短，触角 10 节，连接紧密；雌蜂腹部比雄蜂尖。雄蜂体长 1.4～2mm，触角较长，由 9 节组成，柄节基部淡棕色，端部膨大黑色，第三节上有

3~4 圈较长的细毛，第四至八节每节各有 2 圈，最后 1 节不成圈（彩图 22-51-1，1、2）。

卵：长 0.04mm，宽 0.02mm，白色，有光泽，半透明，椭圆形，一端稍尖，另一端具有细长丝状柄，为卵长的 3~4 倍。

幼虫：初孵化时绿色，长大后呈白色，无足，头不明显，头部有棕黄色上颚 1 对，其内缘有三角形的齿，大颚几丁质化，幼虫体披长毛，长 2mm，宽 1.1mm。

蛹：初期白色，后变成乳黄色，羽化时变为黑色，复眼红色。

三、生活习性

国内关于苜蓿种子广肩小蜂研究较少。苜蓿种子广肩小蜂在我国北方 1 年发生 3 代，以幼虫为害种子，在寄主植物的田间残株、路旁田边植株的种荚、种子内，或在散落种子、入仓种子内越冬。成虫产卵于种皮下。幼虫孵化后蛀食种子，将种肉吃光，反留种皮，幼虫在其中化蛹，成虫羽化后咬破种皮和种荚后脱出，并留有直径 1.5mm 左右的羽化孔（彩图 22-51-1）。幼虫至蛹的全部发育过程在 1 粒种子内完成，在干燥条件下幼虫在种子内可存活 1~2 年。1 粒种子里只有 1 头幼虫。1 头幼虫只为害 1 粒种子，未发现转移至其他种子为害的情况。成虫羽化后立即交尾，如有适宜的寄主，几小时就可以开始产卵，在田间访花吸蜜作为补充营养。雌蜂在数量上超过雄蜂。在交尾之前，雄蜂与雌蜂均极为活跃，雄蜂爬至雌蜂的背部，伏在雌蜂的背上并梳理其触角，该过程将持续几秒钟至半分钟，当受到刺激后，雄蜂迅速与雌蜂接合，后者在交尾中取较低的体位，1 头雌蜂仅与 1 头雄蜂交尾 1 次，每天 9：00~15：00 的交尾率最高。成虫在早晚不大活动，在中午前后温度高、湿度小时最活跃。雌蜂选择乳熟或幼嫩的种荚产卵，将卵产于种子胚胎子叶中，1 粒种子中只产 1 粒卵。每头雌蜂产卵 15~65 粒。

成虫寿命较长，可达 1~2 个月。幼虫在种子里有滞育越冬的特性。诱导滞育的条件主要取决于种子湿度大小。幼虫成熟期，如被害种子湿度较大，未老熟干硬，则可诱导幼虫滞育，如种子较干，则幼虫在其中化蛹，羽化出成虫。因此，各代小蜂均可能有滞育越冬的幼虫。

四、发生规律

苜蓿种子广肩小蜂在我国北方 1 年发生 3 代，以老熟幼虫在种子内越冬。越冬幼虫 4 月下旬开始化蛹，盛期在 5 月下旬，末期在 6 月中旬；5 月上旬越冬代成虫开始羽化，5 月下旬为羽化盛期，末期在 6 月中、下旬。第一代幼虫在 5 月中旬至 7 月中旬孵化，盛期在 6 月下旬；成虫羽化初期在 7 月上旬，盛期在 7 月中旬。第二代幼虫的发生期在 7 月中旬至 9 月底，盛期在 7 月下旬至 8 月上旬，成虫发生在 7 月底至 9 月下旬，盛期在 8 月中旬。第三代幼虫从 8 月上旬起，在种子内发育后越冬。苜蓿种子广肩小蜂有世代重叠现象，在自然条件下，第一代发生历期为 49d，第二代为 43d。在室内饲养观察，卵期 5d，幼虫期 17d，蛹期 9d，越冬代和第一代成虫羽化有明显的自然历期和物候期。

在苜蓿地周围的自生植株、残株碎屑，或从植株上碰落着地上的种子，或在收割时联合收割机吹出的种荚，都可找到被苜蓿种子广肩小蜂为害的种子，其大小和重量与正常种子相差不多，很容易把两者都一起装入袋中。

在美国西部有些研究指出，春季雄蜂出现在雌蜂之前，在整个生长季节，雄蜂比雌蜂数量多。苜蓿种子广肩小蜂成虫羽化后几乎立即可进行交配，种子内的物质呈半流体或胶质状时最适于产卵，如果能够找到种子，雌蜂在交配后几小时就可产卵，如果找不到适宜产卵的种子，雌蜂便飞到几千米外去寻找可产卵的种子，雌蜂通常在每粒种子中仅产 1 粒卵。根据温度的不同，卵 3~12d 孵化，幼虫在种子内取食，直至化蛹。如果温湿度条件适宜，幼虫可直接化蛹，5~40d 出现成虫；如果温度低，幼虫可在种子内维持到对发育较适宜的条件；在过分干燥的条件下，幼虫进入休眠阶段，并在干种子内维持 1~2 年。该虫每年连续发生的世代数不同，在美国一些寒冷的适宜发生的地区，1 年仅发生两代。在美国犹他州东北部的条件下，幼虫平均取食期为 10~15d。

苜蓿种子广肩小蜂的寄主较多，主要是豆科牧草，以紫花苜蓿、沙打旺、草木樨、鹰嘴豆、紫云英、骆驼蓬以及黄花苜蓿受害严重，对红三叶、白三叶有不同程度为害，在杨柴与醉马草上也有发生。

我国对苜蓿种子广肩小蜂天敌昆虫的研究极少，据报道刻腹小蜂科与金小蜂科昆虫可寄生苜蓿种子广肩小蜂。在美国发现寄生苜蓿种子广肩小蜂幼虫和蛹的小蜂总科寄生蜂有 10 种，通常苜蓿种子广肩小蜂被寄生率达 90％以上。

五、防治技术

药剂防治苜蓿种子广肩小蜂很少成功，采用足够经济有效的化学防治包括使用内吸性药剂都不能有效减轻苜蓿种子广肩小蜂的为害。因苜蓿种子广肩小蜂的卵产在种子内，感染源恒定，世代重叠，而且在田间苜蓿种子广肩小蜂成虫被杀死的同时，其他蜂类尤其是寄生蜂也被化学药剂杀死。美国学者通过对苜蓿种子广肩小蜂生活史和习性的研究，取得了一些可以减轻苜蓿种子广肩小蜂为害的方法：①在一个地区仅种植苜蓿种子广肩小蜂的 1 种寄主植物，消灭或阻止自生寄主植物的发展。②做好产籽苜蓿田间管理，使种子成熟均匀一致。③严重被害的产籽苜蓿用作饲草，尽可能地立即把被害植株从田间运走。④如果种子是存放在 1 个固定的地方，可在春季苜蓿种子广肩小蜂出现之前，把种子反复打动，清除并销毁含有被感染种子的糠壳碎屑。⑤反复清理收获的种子，销毁被感染的种子。⑥翻耕土地，把人工收割或联合收割机收割期间散落在地面上的被感染的种子埋入土下。这些被感染的种子被埋于 5～6m 深的土下，可消灭大量苜蓿种子广肩小蜂，减少虫源。原因是土壤下湿度大，对苜蓿种子广肩小蜂幼虫发育和成虫羽化不利而使其死亡。⑦解决苜蓿种子广肩小蜂问题的重要方面应是筛选抗苜蓿种子广肩小蜂的苜蓿品种，要求研究出一些品种完全不受苜蓿种子广肩小蜂为害难度较大，但从苜蓿种子广肩小蜂感染程度不同的情况表明，寻找一些抗虫性强的品种是有可能的。

（一）加强检验检疫工作

苜蓿种子广肩小蜂目前在我国陕西、内蒙古部分地区发生较重，我国种植苜蓿的地区很广，生产苜蓿种子的面积日益增大，如果其他地区开始普遍发生，对整个苜蓿产业的威胁非常大。由于苜蓿种子广肩小蜂是以幼虫在被感染的种子内越冬，而被感染种子又很容易混在健康种子内，易随种子调运而传播。所以应加强检验检疫工作，向外调运的种子，要进行严格的检查和处理，防止苜蓿种子广肩小蜂扩大为害。

（二）农业防治

（1）老苜蓿地应及时翻耕，同一块苜蓿地不宜连续 2 年留种。

（2）当苜蓿豆荚 75％呈棕褐色时收割，收割时防止掉粒，尽快脱粒，并将所有残屑、秸秆及时利用。

（3）调整播期，使苜蓿种子广肩小蜂的为害期与苜蓿的受害期错开，适时早播或播种早熟品种，以提早刈割，减轻为害。

（4）培育和种植抗虫品种，尤其是对苜蓿种子广肩小蜂有较高抗性和耐性的品种。

（三）物理防治

（1）把种子浸泡在 15％～20％的食盐水中，将上浮的种子清除销毁，选好的种子用清水冲洗后备用。

（2）用 50℃的热水烫种 30s 效果较好，且有利于种子发芽。

（3）种子入库时，一层种子放置一层萘，萘的用量为种子重的 1％～3％；如有必要，采用种子熏蒸处理，100kg 种子用二硫化碳 100～300g，或溴甲烷 6～7g/m³，可取得良好效果。

（四）药剂防治

苜蓿种子广肩小蜂世代重叠，幼虫在种子内蛀食，给化学防治造成极大困难，化学防治还会降低传粉昆虫及天敌数量，影响苜蓿授粉结实。因此，要慎用药剂防治，一般在苜蓿结荚成虫大量出现时，用 80％敌敌畏乳油 2 000 倍液或 90％敌百虫原药 1 000 倍液喷雾防治。

张蓉 魏淑花（宁夏农林科学院）

刘朝阳（中国农业科学院植物保护研究所）

亚洲飞蝗、西藏飞蝗、亚洲小车蝗、毛足棒角蝗、宽须蚁蝗和疣蝗、越北腹露蝗、笨蝗及黄曲条跳甲见中册第 13 单元杂食性害虫和 10 单元蔬菜病虫害；中华稻蝗见上册第 1 单元。

主 要 参 考 文 献

阿不都瓦里·伊玛木，肖宏伟 . 2012. 几种新农药防治草原伪步甲的药效试验［J］. 新疆畜牧业（9）：38.

阿里甫，比拉力，艾然提江 . 2002a. 高效菊酯防除草原优势种蝗虫的效果［J］. 植物保护，2：41.

阿里甫，比拉力，艾然提江 . 2002b. 辛氰乳油对草原优势种蝗虫的防治效果试验［J］. 新疆畜牧业，2：20.

阿依加马力 . 2004. 新疆草原蝗虫的治理 [J]. 植物保护, 4: 9.

艾素珍, 朱兆雄 . 1989. 大眼蝉长蝽生物学的初步观察 [J]. 昆虫天敌, 11 (1): 36-38.

安瑞军, 梁怀宇 . 2010. 扎鲁特旗蝗虫种类及发生规律研究 [J]. 内蒙古民族大学学报, 25 (1): 66-67.

巴合提亚尔, 阿不都外力, 阿依加马力, 等 . 2007. 几种杀虫剂农药防治草原害虫的效果 [J]. 新疆畜牧业, 3: 45.

巴合提亚尔·达吾提, 阿依加玛力·克孜尔, 古丽曼·海如拉 . 2003. 几种杀虫剂农药防治草原优势种蝗虫的田间效果 [J]. 新疆农业科学, 40 (3): 190-191.

巴合提娅尔·达吾提, 阿不都外力·依玛木, 阿依努尔·达吾提 . 1999. 意大利蝗痘病毒田间杀虫效果初报 [J]. 新疆农业科学, 5: 226-227.

白凤红 . 2008. 赤须盲蝽的发生与防治 [J]. 河北农业科技 (5): 22.

白全红, 赵存虎, 刘茂荣, 等 . 2010. 内蒙古鄂尔多斯市赤须盲蝽为害玉米及其防治措施初报 [J]. 内蒙古农业科技 (6): 102.

白儒, 侯天爵 . 1990. 沙打旺和紫花苜蓿种带真菌检验初报 [J]. 草业科学, 7 (1): 46-48.

保平 . 1989. 额济纳旗怪柳条叶甲的发生规律及防治研究 [J]. 草业科学, 6 (5): 45-47.

保平 . 1996. 草地害虫僧夜蛾生物学特性的观察初报 (简报) [J]. 草地学报, 4 (1): 84-86.

贝纳新, 王小奇, 方红, 等 . 2002. 辽宁蝗虫 [M]. 北京: 中国农业科学技术出版社 .

彩万志 . 2001. 昆虫生活史的科学记述方法 [J]. 昆虫知识, 38 (1): 229-233.

蔡邦华 . 1973. 昆虫分类学: 中册 [M]. 北京: 科学出版社 .

蔡平, 祝树德 . 2003. 园林植物昆虫学 [M]. 北京: 中国农业出版社 .

曹成全, 叶保华, 张阳, 等 . 2008. 蝗虫综合治理及研究进展 [J]. 山东农业大学学报: 自然科学版, 39 (4): 657-660.

曹赤阳, 万长寿 . 1983. 棉盲蝽的防治 [M]. 上海: 上海科学技术出版社 .

曹丽霞, 赵存虎, 白全江, 等 . 2008. 内蒙古中部地区苜蓿根腐病病原研究 [J]. 华北农学报, 23 (5): 105-107.

曹丽霞, 赵存虎, 孔庆全, 等 . 2006. 紫花苜蓿根腐病病原及防治研究进展 [J]. 内蒙古农业科技 (3): 36-37.

车晋滇, 杨建国 . 2005. 北方习见蝗虫彩色图谱 [M]. 北京: 中国农业出版社 .

陈光华, 文家富, 董照锋, 等 . 2002. 日本黄脊蝗发生规律调查 [J]. 植物保护, 28 (6): 38-39.

陈广平, 郝树广, 庞保平, 等 . 2009. 光周期对内蒙古三种草原蝗虫高龄若虫发育、存活、羽化、生殖的影响 [J]. 昆虫知识, 46 (1): 51-56.

陈宏, 李冠雄, 古锦煌 . 1996. 苜蓿象 [J]. 植物检疫, 10 (5): 285-287.

陈景莲, 徐利敏 . 2007. 5%氟虫腈SC防治草原蝗虫药效试验 [J]. 内蒙古农业科技 (6): 67-68.

陈君来, 李德平 . 1991. 怪柳条叶甲生活史及其防治的观察研究 [J]. 内蒙古林业科技 (4): 34-36.

陈阔 . 2011. 大同市土蝗发生特点 [J]. 农业技术与设备, 222 (9B): 62-63.

陈俐 . 2007. 西藏飞蝗的发生规律及防治对策 [J]. 西藏农业科技, 3: 9-11.

陈强, 张振飞, 吴伟坚, 等 . 2009. 桑田越北腹露蝗若虫空间格局研究 [J]. 华南农业大学学报, 30 (2): 30-32.

陈善科, 保平, 杨惠民, 等 . 2000. 阿拉善荒漠几种主要害虫对草地的危害及其防治 [J]. 草业科学, 17 (3): 44-50.

陈申宽, 姚国君 . 1993. 紫花苜蓿褐斑病药剂防治试验 [J]. 草业科学, 10 (6): 27-29.

陈申宽 . 1989. 扎兰屯市紫花苜蓿褐斑病大流行 [J]. 内蒙古草业 (2): 43.

陈素华, 乌兰巴特尔, 曹艳芳 . 2006. 气候变化对内蒙古草原蝗虫消长的影响 [J]. 草业科学, 23 (8): 78-82.

陈伟, 符悦冠, 吴伟坚 . 2008. 成虫取食不同植物对越北腹露蝗卵巢发育和生殖力的影响 [J]. 热带作物学报, 29 (1): 89-92.

陈秀霞, 陈冲 . 2004. 辽宁省草地蝗虫发生、危害及防治 [J]. 饲料与草业, 9: 18-19.

陈雅君, 崔国文 . 2001. 黑龙江省紫花苜蓿根腐病调查及病原分离 [J]. 中国草地, 23 (3): 78-79.

陈雅君, 刘学敏, 崔国文, 等 . 2000. 紫花苜蓿根腐病研究进展 [J]. 中国草地 (1): 51-56.

陈阳 . 1996. 土蝗的综合防治 [J]. 致富之友, 7: 112-116.

陈耀, 闵继淳, 肖凤, 等 . 1989. 新疆苜蓿根腐病研究初报 [J]. 中国草地 (2): 71-73.

陈志群 . 2004. 水稻病虫防治 [M]. 北京: 中国农业出版社 .

程璐 . 2009. 苜蓿生理生化抗蚜机制初步研究 [D]. 兰州: 甘肃农业大学 .

程茂高, 乔卿梅, 原国辉 . 2005. 昆虫体色分化研究进展 [J]. 昆虫知识, 42 (5): 502-505.

仇元 . 1959. 牧草及绿肥作物病害 [M]. 北京: 高等教育出版社 .

邓自旺, 周晓兰, 倪绍祥, 等 . 2005. 环青海湖地区草地蝗虫发生测报的气候指标研究 [J]. 植物保护, 31 (2): 29-33.

丁乾平 . 2004. 安西县怪柳条叶甲综合防治对策 [J]. 甘肃林业科技, 29 (3): 57-58.

丁晓宇, 张龙 . 2009. 蝗虫微孢子虫与绿僵菌协调使用对东亚飞蝗的毒力测定 [J]. 北京农学院学报, 24 (1): 9-14.

丁岩钦 . 1963. 棉盲蝽生态学特性的研究 II: 棉株营养成分含量与盲蝽为害的关系 [J]. 植物保护学报, 2 (4): 365-370.

丁岩钦．1964．陕西关中棉区棉盲蝽种群数量变动的研究[J]．昆虫学报，13（3）：297-308.

杜晓云．2013．改造蝗虫的适生环境长远与现时结合治蝗[J]．现代农业，12：94.

樊光秀，罗显发，汪青春．2010．天峻县森林害虫——明亮长脚金龟子发生规律及其与气象因子的关系[J]．青海科技，7（4）：38-40.

方毅才，李建廷，史青茂，等．2000．白刺夜蛾空间分布型的研究及其应用[J]．草业科学，17（1）：35-39.

费用向，刑会琴，张建朝，等．2010．豆芫菁对马铃薯的危害与防治技术[J]．中国蔬菜，30（5）：24-25.

封传红，王思忠，江凡，等．2008．温度对四川省甘孜州西藏飞蝗分布的影响[J]．植物保护，34（1）：67-71.

冯光翰，樊树喜，刘秋芳，等．1995．室外罩笼条件下几种草原蝗虫的食量测定[J]．草地学报，3（3）：230-235.

冯光翰，王国胜，鲁建中，等．1995．草原蝗虫防治指标的研究[J]．植物保护学报，22（1）：33-37.

冯光翰，李新文．1984．肃南县大河地区草原蝗虫调查[J]．甘肃农业大学学报（2）：112-117.

冯光翰，李镇清，杜国祯，等．1994．草地蝗虫种群数量消长数学模型研究[J]．兰州大学学报：自然科学版，30（1）：100-103.

冯光翰．1991．甘肃草地害虫区系名录Ⅲ[J]．甘肃农业大学学报，26（4）：388-393.

付雪姣，Kim Hoelmer，石旺鹏．2011．盲蝽寄生蜂在美国的利用现状[J]．应用昆虫学报，48（1）：178-182.

傅建炜．2004．黄曲条跳甲田间种群药剂敏感性的研究[D]．福州：福建农林大学．

高杰．2001．介绍两种刺吸式害虫及其防治[J]．青海草业（1）：53.

高立原，张蓉，张怡，等．2010．压砂地西瓜巨膜长蝽发生规律及防控技术研究[J]．宁夏农林科技（5）：7-8.

高明文，张彩枝，乌日吉木斯，等．2007．阿鲁科尔沁旗草地蝗虫发生动态的初研究[J]．内蒙古草业，19（3）：15-18.

高书晶，刘爱萍，徐林波，等．2009．金龟子绿僵菌与联苯菊酯对亚洲小车蝗协同作用的生物测定[J]．农药，48（11）：836-837，845.

高书晶，刘爱萍，徐林波，等．2010．杀蝗绿僵菌与植物源农药混用对亚洲小车蝗的杀虫效果[J]．农药，49（10）：757-759.

高有华，刘长仲．2006．多异瓢虫对豆无网长管蚜捕食作用研究[J]．植物保护，32（10）：51-53.

高泽正，吴伟坚，崔志新．1999．关于黄曲条跳甲的寄主范围[J]．生态科学，19（2）：70-72.

高兆宁．1993．宁夏农业昆虫实录[M]．西安：天则出版社．

高兆宁．1999．宁夏农业昆虫图志：第三集[M]．北京：中国农业出版社．

高宗仁，李巧丝．1998．苜蓿盲蝽在豫东棉区的寄主选择及其转移规律[J]．植物保护学报，25（4）：330-336.

顾启明，等．1990．上海地区蔬菜害虫研究Ⅴ．黄曲条跳甲生物学特性、预测预报和防治的研究[J]．上海农学院学报，8（4）：297-302.

关永强．1990．柽柳条叶甲的特性及其防治[J]．内蒙古林业（4）：21.

桂枝，高建明，袁庆华．2002．我国苜蓿褐斑病研究进展[J]．天津农学院学报，9（4）：37-41.

郭元朝．2007．内蒙古锡林郭勒盟草原蝗虫发生危害及其防治对策[J]．内蒙古草业，19（3）：30-33.

哈玛尔，殷桂涛，古丽美娜，等．2008．菊酯类杀虫剂防治苜蓿籽象甲成虫的药效试验[J]．草食家畜，140（3）：52-53.

哈斯巴特尔，高娃，斯琴，等．2007．内蒙古草原蝗虫成灾原因与防治对策[J]．内蒙古草业，19（4）：52-55.

哈文光，余晓光，赵晓红．1986．新疆草原拟步甲的发生与防治[J]．昆虫知识，23（2）：71-73.

韩凤英．1999．短额负蝗卵发育起点温度和有效积温的研究[J]．山西大学学报：自然科学版，22（4）：380-382.

韩金声．1988．牧草病害[M]．北京：北京农业大学出版社．

韩路，贾志宽．2003．旱作条件下紫花苜蓿主要性状对产草量的影响[J]．干旱地区农业研究，21（3）：61-64.

韩秀楠．2011．不同豆科植物对豌豆无网长管蚜生长发育和繁殖的影响[D]．兰州：甘肃农业大学．

韩运发．1997．中国经济昆虫志　第五十五册　缨翅目[M]．北京：科学出版社：242-250.

何惠琴，干友民，吴勇刚．2002．四川盆地常见草坪病害与防治[J]．四川草原（4）：48-52.

何康来，文丽萍，周大荣，等．1998．赤须盲蝽严重危害玉米及其有效杀虫剂筛选[J]．植物保护，24（4）：31-32.

何铿．2006．中国南方黄曲条跳甲不同地理种群的遗传多样性研究[D]．福州：福建农林大学．

何潭，王保海．1990．西藏蝗虫的发生与防治[J]．西南农业学报，3（3）：72-81.

何琬，李学芬．1983．豌豆无网长管蚜天敌——阿尔蚜茧蜂繁殖与利用[J]．植物保护学报，3：25-28.

何雪青．2008．植物次生代谢产物对意大利蝗择食影响的研究[D]．乌鲁木齐：新疆师范大学．

何振昌，张治良，黄峰，等．1997．中国北方农业害虫原色图鉴[M]．沈阳：辽宁科学技术出版社．

贺春贵，王森山，曹致中，等．2007．40个苜蓿品种（系）对蓟马田间抗性评价[J]．草业学报，16（5）：79-83.

贺春贵，姚拓，刘长仲，等．2004．苜蓿病虫草鼠害防治[M]．北京：中国农业出版社．

贺华良，宾淑英，吴仲真．2012．基于Solexa高通量测序的黄曲条跳甲转录组学研究[J]．昆虫学报，55（1）：1-11.

贺万伟．2007-07-11．青海省天峻县布哈河流域天然灌木林遭虫害[EB/OL]．青海新闻网，http://www.qhnews.com

贺维琴.2011.原州区苜蓿病虫害发生发展动态及防治对策[J].宁夏师范学院学报，32（3）：60-64.

侯天爵，白儒，李守海，等.1994.中国北方苜蓿锈病发生与乳浆大戟的关系[J].中国草地，4：47-50.

侯天爵，白儒，周淑清，等.1995.苜蓿锈病的地理分布及其影响因素[J].内蒙古草业，增刊：46-48，58.

侯天爵，刘一凌，周淑清，等.1997.内蒙古中部地区苜蓿锈病发生规律的初步研究[J].草业学报，3：52-55.

侯天爵，周淑清，刘一凌，等.1996A.苜蓿锈病的发生、危害与防治[J].内蒙古草业，增刊：41-44.

侯天爵，周淑清，刘一凌，等.1996B.苜蓿锈病菌冬孢子萌发研究[J].植物病理学报，4：71.

侯天爵，周淑清，马振宇，等.1989.苜蓿霜霉病的室内接种鉴定[J].草与畜杂志，增刊：269-272.

侯天爵，周淑清.1997.霜霉病对苜蓿幼苗生长和结瘤的影响[J].中国草地，2：52-54.

侯天爵.1994.我国苜蓿病害发生现状及防治对策[J].内蒙古草业（3）：4-8.

侯天爵.1995.我国北方苜蓿锈病病原生物学及综合防治研究[J].中国农业科学，6：91-92.

胡发成，白晶晶.2011.河西走廊荒漠草原白刺夜蛾生活习性及防治研究[J].畜牧兽医杂志（6）：40-42.

胡桂馨，贺春贵，王森山，等.2007.不同苜蓿品种对牛角花齿蓟马的抗性机制初步研究[J].草业科学，24（9）：86-89.

胡桂馨，师尚礼，王森山，等.2009.不同苜蓿品种对牛角花齿蓟马的耐害性研究[J].草地学报，17（4）：505-509.

胡奇，程鹏，姜媛，等.2008.几种草坪蝗虫若虫的识别[J].天津农业科学，14（6）：70-72.

胡奇，张龙.2007.蝗虫天敌昆虫研究概述[J].中国植保导刊，27（4）：14-17.

胡奇，田小卫，常钰.2010.天津常见20种蝗虫的识别[J].天津农业科学，16（4）：40-43.

胡清泉，玉永雄.2005.转基因苜蓿研究进展[J].中国草地，27（5）：58-62.

黄红宙，贺义敏，梁丽珍，等.2010.大同市土蝗的发生为害及防治对策[J].中国植保导刊，30（3）：29-31.

黄辉，朱恩林.2001.哈萨克斯坦蝗灾严重发生[J].世界农业，6：46-47.

黄人鑫，等.2004.新疆荒漠昆虫区系及其起源与演化[M].乌鲁木齐：新疆科学技术出版社.

黄伟.2007.不同紫花苜蓿品种抗蚜性鉴定及抗性机理初步研究[D].杨凌：西北农林科技大学.

黄慰军，黄镇，李聪，等.2005.新疆博斯腾湖亚洲飞蝗大暴发气候成因分析[J].灾害学，20（3）：84-87.

黄燕，吴平.2006.SAS统计分析及其应用[M].北京：北京机械工业出版社.

黄祖红，张涵辉，赵立仙，等.2005.2004年义乌市局部地区中华稻蝗大发生原因分析及防治对策[J].浙江农业科学（2）：147-148.

惠大丰，姜长鉴.1996.统计分析系统SAS软件实用教程[M].北京：北京航空航天大学出版社.

及尚文，朱红，朱玉山，等.1995.短额负蝗发生规律及防治研究[J].山西农业科学，23（2）：49-52.

加玛.2007.阿里地区蝗虫生活习性、种类、生物学特牲方面的报告[J].西藏农业科技，2：11-16.

贾红茹.2005.紫花苜蓿的病虫害防治[J].河南林业科技，25（1）：3-8.

贾淑英，智晓青，贾虹燕，等.1994.苜蓿盲蝽的发生危害与防治[J].内蒙古农业科技（2）：32.

姜衍春.1994.青海草原蝗虫与环境温度[J].青海草业，3（1）：1-3.

蒋国芳，郑哲民.1998.广西蝗虫[M].桂林：广西师范大学出版社.

焦懿.2000.植物次生物质对十字花科蔬菜害虫的控制作用[D].广州：华南农业大学.

康乐，陈永林.2004.草原蝗虫营养生态位的研究[J].昆虫学报，47（2）：178-189.

康乐，李鸿昌，马耀，等.1990.内蒙古草地害虫的发生与防治[J].中国草地（5）：49-57.

黎怀鸿.1995.影响草原毛虫活动的主要因素[J].四川草原（4）：35-37.

李白光.1986.乌鲁木齐南郊红胫戟纹蝗、意大利蝗混生区防治适期的探讨[J].新疆畜牧业，2：30-34.

李保平，孔宪辉，孟玲.2000.怪柳的重要天敌——怪柳条叶甲生活周期的观察[J].中国生物防治，16（1）：48-491.

李保平，罗伊·贝特曼，李国有，等.2000.绿僵菌油剂防治草原蝗虫的田间试验[J].新疆农业科学，增刊：153.

李常元，王惠萍.2006.怪柳条叶甲生物防治技术研究[J].林业实用技术（4）：27-28.

李春杰，刘长仲，南志标，等.2009.苜蓿病虫害及其防治[M]//洪绂曾.苜蓿科学.北京：中国农业出版社：342-370.

李春杰，南志标.2000a.高山草原条件下苜蓿种质抗霜霉性评价[J].草业学报，9（4）：44-51.

李春杰，南志标.2000b.苜蓿种带真菌及其致病性测定[J].草业学报，9（1）：27-36.

李春杰，赵震宇.1995.新疆草地饲用植物霜霉菌的研究[J].草业学报，4（4）：29-33.

李春杰，赵震宇，袁自清.1993.新疆霜霉菌科（Peronosporaceae）的分类研究[J].八一农学院学报（3）：20-27.

李国庆，王道本，姜道宏，等.2000.不同核盘菌菌株及其近缘种的RAPD分析[J].植物病理学报，30（2）：166-170.

李国庆，王道本，邹松柏，等.1996.核盘菌和三叶草核盘菌的生态特性与致病性比较[J].华中农业大学学报，15（1）：24-29.

李国庆，杨龙，姜道宏，等.2009.重寄生菌盾壳霉及其防治核盘菌菌核病的研究进展[J].湖北植保（S1）：54-58.

李号宾，吴孔明，徐遥，等.2007.南疆棉田盲蝽类害虫种群数量动态[J].昆虫知识，44（2）：219-222.

李宏 . 2000. 伊犁河谷意大利蝗群集危害的特点及综合防治[J] . 草食家畜，2：46.

李鸿昌，郝树广，康乐，等 . 2007. 内蒙古地区不同景观植被地带蝗总科生态区系的区域性分异[J] . 昆虫学报，50 (4)：361-375.

李鸿昌，王征，陈永林，等 . 1987. 典型草原三种蝗虫成虫期的食物消耗量及其利用的初步研究[J] . 生态学报，7 (4)：331-338.

李鸿昌，席瑞华，陈永林，等 . 1983. 内蒙古典型草原蝗虫食性的研究 1. 罩笼供食下的取食特性[J] . 生态学报，3 (3)：214-228.

李鸿昌，夏凯龄 . 2006. 中国动物志　昆虫纲　第四十三卷 [M] . 北京：科学出版社 .

李鸿昌 . 1981. 皱膝蝗属 (*Angaracris*) 区系的研究 (直翅目：蝗科)[J] . 动物分类学报，6 (2)：167-172.

李虎群，张艳刚，张书敏，等 . 2008. 白洋淀地区长翅素木蝗、短额负蝗生物学特性初步饲养观察[J] . 中国植保导刊，28 (12)：10-14.

李金枝，田方文 . 2007. 滨州紫花苜蓿田蚜虫天敌种类调查与分析[J] . 安徽农业科学 (23)：7211-7212.

李锦华，马振宇，易克贤 . 2003. 栽培苜蓿霜霉病感病性和生产力相关性分析[J] . 中兽医医药杂志，54-58 (专辑) .

李锦华，田福平，马振宇 . 2007. 苜蓿新品种"中兰 1 号"的选育及其栽培要点[J] . 草原与饲料，28 (1)：43-45.

李科，亚录昆，刘萍，等 . 2003. 苜蓿品比试验研究[J] . 草业科学，20 (9)：32-34.

李克夫，马耀，杜文亮，等 . 1992. 草原蝗虫机械防治及其综合利用的研究[J] . 中国草地，1：50-52.

李连树，于海良，李佳祥，等 . 2005. 草地牧鸡灭蝗的关键技术[J] . 草业科学，22 (2)：84-86.

李敏权，柴兆祥，李金花，等 . 2003. 定西地区苜蓿根和根颈腐烂病病原研究[J] . 草地学报，11 (1)：83-86.

李敏权，张自和，柴兆祥，等 . 2002. 紫花苜蓿白粉病病原鉴定[J] . 甘肃农业大学学报，37 (3)：303-306.

李敏权 . 2002. 苜蓿根腐和根颈腐烂病的病原及种质抗病研究 [D] . 兰州：甘肃农业大学 .

李敏权 . 2003. 苜蓿根和根颈腐烂病病原致病性及品种抗病性研究[J] . 中国草地，25 (1)：39-43.

李明，郭孝 . 2011. 硒钴肥基施对增强苜蓿防病能力的影响[J] . 家畜生态学报，2：36-40.

李巧丝，刘芹轩，邓望喜，等 . 1994. 温湿度对苜蓿盲蝽实验种群的影响[J] . 生态学报，14 (3)：312-317.

李庆，封传红，张敏，等 . 2007. 西藏飞蝗的生物学特性[J] . 昆虫知识，44 (2)：210-213.

李秋荣，张雅林，刘林丽，等 . 2008. 中华豆芫菁的室内人工养殖研究[J] . 环境昆虫学报，30 (2)：159-166.

李世纯，刘喜悦，谭耀匡，等 . 1975. 粉红椋鸟的食性及其对蝗虫种群密度的影响[J] . 动物学报，21 (1))：71-77.

李万苍，李文明，孟有儒 . 2005. 苜蓿根腐病菌 (*Fusarium solani*) 生物学特性研究[J] . 草业学报，14 (4)：106-110.

李万春，张连庆，张永胜 . 2004. 锡林郭勒草原蝗虫的防治对策[J] . 内蒙古农业科技 (6)：43-44.

李文龙，郭述茂，王晶，等 . 2009. 基于集合种群模型的小麦和苜蓿锈病发生动态模拟研究[J] . 草业学报，18 (2)：46-51.

李小峰，王国汉 . 1990. 昆虫病原线虫对黄曲条跳甲幼虫防治的初步研究[J] . 植物保护学报，17 (8)：229-231.

李学燕，罗佑珍 . 2001. 大灰食蚜蝇对 3 种蚜虫的捕食作用研究[J] . 云南农业大学学报 (2)：102-104.

李亚君，杜勇军，高鹏，等 . 2012. 黑麦草冠锈病的发生规律和防治技术[J] . 现代园艺，8：147.

李亚林 . 2010. 河北的芫菁资源及中华豆芫菁的生物学特性与虫体利用 [D] . 保定：河北大学 .

李彦忠，高峰 . 2012. 甘肃环县两种沙打旺蛀秆害虫数量随季节、年份和草地年龄的变化动态[J] . 草业科学，29 (11)：1778-1784.

李彦忠，南志标，张志新，等 . 2011. 沙打旺黄矮根腐病在我国北方 5 省区的分布与危害[J] . 草业学报，20 (2)：39-45.

李彦忠，南志标 . 2009. 埃里砖格孢属的研究进展及展望[J] . 草业学报，18 (2)：171-178.

李彦忠 . 2007. 沙打旺黄矮根腐病 (*Embellisia astragali* nov. sp. Li and Nan) 研究 [D] . 兰州：兰州大学 .

李永丹，王丽英，阿不都·外力，等 . 1998. 意大利蝗痘病毒一些特性研究[J] . 昆虫学报，41：105-110.

李玉芬 . 2006. 青海湖母亲河——布哈河伤痕累累 [N] . 青海法制报，08-21.

李占武，努尔兰，努尔别克，等 . 2009. 蝗虫天敌——粉红椋鸟的招引技术及保护措施[J] . 新疆农业科技 (1)：69.

李占武 . 2003. 紫花苜蓿草地病虫害防治技术[J] . 当代畜牧 (2)：43-44.

李照会 . 2004. 园林植物昆虫学 [M] . 北京：中国农业出版社 .

李治强 . 2009. 紫花苜蓿与垂穗披碱草混播防治褐斑病试验 [J] . 草业科学，26 (10)：177-180.

廉振民，苏晓红 . 1995. 牧场蝗虫复合防治指标的研究[J] . 植物保护学报，22 (2)：171-175.

梁广文 . 1990. 黄曲条跳甲成虫空间分布图式研究[J] . 华南农业大学学报，11 (1)：15-32.

梁振英，赵伟，陶毅 . 2007. 农牧交错区内蒙古多伦县土蝗的发生调查与防治指标的确立[J] . 内蒙古农业科技 (7)：79-80.

林晓萍 . 2005. 白粉病侵染对苜蓿叶片叶绿素含量的影响[J] . 甘肃农业科技，7：63-64.

林志伟，南山，孙庆德，等 . 2000. 寒地水稻中华稻蝗发生规律及为害损失的研究[J] . 黑龙江农业科学，20 (4)：12-13.

刘爱萍，侯天爵．1999．苜蓿锈病寄主范围研究[J]．中国草地，1：50-51，68．

刘爱萍，侯天爵．2005．草地病虫害及防治[M]．北京：中国农业科学技术出版社．

刘爱萍．2005．沙打旺草地病虫害综合防治技术[J]．内蒙古科技与经济（24）：126-127．

刘长月，赵莉，薛鹏，等．2011．苜蓿籽蜂幼虫龄期的初步研究[J]．植物检疫，25（6）：16-18．

刘长月，赵莉，张良，等．2010．苜蓿叶象甲的防治药剂筛选及毒力测定[J]．新疆农业大学学报，33（1）：31-35．

刘长仲，冯光翰，王俊梅，等．1998．皱膝蝗发生规律及预测预报的研究[J]．草业学报，7（3）：46-50．

刘长仲，冯光翰，吴栋国，等．1997．狭翅雏蝗发育起点温度和有效积温的研究[J]．四川草原，4：49-51．

刘长仲，冯光翰，杨延彪，等．1998．邱氏异爪蝗生物学特性的研究[J]．草地学报，6（3）：221-225．

刘长仲，冯光翰．1996．宽须蚁蝗生态学特性研究[J]．植物保护学报，26（2）：153-156．

刘长仲，冯光翰．2000．高山草原主要蝗虫的生物学特性[J]．植物保护学报，27（1）：42-46．

刘长仲，王保梅，吴栋国，等．1997．小翅雏蝗生物学和生态学的研究[J]．草地学报，4（5）：269-273．

刘长仲，王刚，王万雄，等．2002．小翅雏蝗种群动态的研究[J]．兰州大学学报：自然科学版，38（4）：105-108．

刘长仲，王刚．2002．鼓翅皱膝蝗生态学特性研究[J]．应用与环境生物学报，8（6）：632-635．

刘长仲，王刚．2003．高山草原狭翅雏蝗的生物学特性及种群空间分布[J]．应用生态学报，14（10）：1729-1731．

刘长仲，杨延彪，马隆喜，等．1999．甘加高山草原蝗虫预测模型的研制[J]．四川草原（3）：36-39．

刘长仲，张芳，冯光翰，等．1999．宽须蚁蝗蝗蝻空间分布型的研究及其应用[J]．四川草原，4：61-62．

刘长仲．2009．草地保护学：第二分册——草地昆虫学[M]．3版．北京：中国农业出版社．

刘长仲．2008．草地保护学[M]．北京：中国农业大学出版社．

刘朝阳．2013．草原蝗虫生态经济阈值参数拟合及模型构建[D]．北京：中国农业科学院．

刘春和．1992．多年生人工栽培豆科牧草种子害虫及其防治[J]．内蒙古草业（12）：39-40．

刘春雨．2008．东北地区斑翅蝗科13种蝗虫触角显微结构研究[D]．长春：东北师范大学．

刘芳政，哈文光，薛光华，等．1982．巩乃斯草原伪步甲初步观察[J]．新疆八一农学院学报，5（1）：1-7．

刘海波，玉永雄．2006．紫花苜蓿根腐病研究进展[J]．草原与草坪（3）：3-7．

刘剑．2009．棉花盲椿象的发生规律与防治办法[J]．湖南农业科学（11）：66-67．

刘金平，张新全，刘瑾，等．2005．苜蓿产业化生产中蚜虫危害及防治方法研究[J]．草业科学，22（10）：74-77．

刘金平，张新全，游明鸿，等．2006．西南地区扁穗牛鞭草种质资源抗锈病能力初步研究[J]．草业学报，15（4）：1-3．

刘经芬，方中达．1956．南京牧草试栽中病害的观察[J]．南京农学院学报（1）：9-15．

刘举鹏，等．1995．海南岛的蝗虫研究[M]．西安：天则出版社．

刘举鹏，席瑞华，陈永林，等．1984．蝗虫产卵选择的初步研究[J]．昆虫知识（5）：204-207．

刘举鹏．1990．中国蝗虫鉴定手册[M]．西安：天则出版社．

刘立宏．2008．赤须盲蝽在春玉米上的发生与防治[J]．河北农业（8）：15．

刘强，王萍萍，解新明，等．1997．内蒙古半翅目昆虫与禾本科植物关系的研究[J]．干旱区资源与环境，11（1）：97-108．

刘若，马振宇．1989．自然流行条件下苜蓿种质材料对霜霉病的反应[J]．草与畜杂志，增刊：261-264．

刘若，宋东宏，薛福祥，等．1991．甘肃中部干旱半干旱地区苜蓿的病害[M]//王素香．甘肃中部种草养畜农牧结合研究．北京：气象出版社：182-185．

刘若．1984．草原保护学：第三分册 牧草病理学[M]．北京：农业出版社．

刘若．1998．草地保护学：第三分册 牧草病理学[M]．2版．北京：中国农业出版社．

刘淑艳，徐兵，孙艳会，等．2003．吉林省的一种新病害——由冠柄锈菌引起的早熟禾锈病[J]．吉林农业大学学报，25（4）：365-366．

刘婷，张振飞，吴伟坚，等．2009．水浸对越北腹露蝗卵的影响[J]．昆虫知识，46（6）：895-897．

刘文旭，严毓骅．2000．以生物防治为主持续治理中华稻蝗的初步研究[J]．昆虫学报，43（增刊）：186-190．

刘新民，乌宁，陈海燕，等．2003．沙坡头地区不同植被条件下半翅目昆虫群落特征研究[J]．内蒙古师范大学学报：自然科学版，32（6）：149-152．

刘友樵，陈义晶．2000．内蒙古牧草上一新害虫——沙打旺小食心虫[J]．昆虫分类学报，22（4）：275-277．

刘珍，高山松，张连金，等．1997．中华稻蝗生物学特性及防治研究[J]．昆虫知识，34（4）：195-197．

刘振魁，严林，梅洁人，霍科科，等．1994．青海草原毛虫种类的调查研究[J]．青海畜牧兽医学院学报（1）：26-28．

龙丘陵，叶正襄，彭志平，等．1992．苜蓿优势种害虫种群数量动态初步研究[J]．江西畜牧兽医杂志（3）：16-18．

卢辉，韩建国，张承达，等．2009．高光谱遥感模型对亚洲小车蝗危害程度研究[J]．光谱学与光谱分析，29（3）：745-748．

卢辉，韩建国．2008．典型草原三种蝗虫种群死亡率和竞争的研究[J]．草地学报，16（5）：480-484．

鲁鸿佩，孙爱华，马绍慧．1999．临夏州人工草地牧草病害调查及苜蓿霜霉病防治[J]．草业科学，16（6）：43-45，49．

鲁挺，曹致中 . 1986. 干热处理豆科牧草种子防治苜蓿籽蜂的初步研究[J] . 草业科学 (1)：26 - 28.

陆宴辉，梁革梅，吴孔明，等 . 2007. 棉盲蝽综合治理的研究进展[J] . 植物保护，33 (6)：10 - 15.

陆宴辉，吴孔明，姜玉英，等 . 2010. 棉花盲蝽的发生趋势与防控对策[J] . 植物保护，36 (2)：150 - 153.

陆宴辉，吴孔明 . 2008. 棉花盲椿象及其防治 [M] . 北京：金盾出版社 .

吕佩珂，等 . 1999. 中国粮食作物、经济作物、药用植物病虫原色图鉴：上册 [M] . 2 版 . 呼和浩特：远方出版社 .

吕文宪，刘云生 . 1987. 沙蒿金叶甲的发生与防治[J] . 中国草地，8 (3)：31 - 33.

吕燕青，何余容，陈建军，等 . 2006. 草地害虫生物防治研究进展[J] . 中国生物防治，22 (增刊)：147 - 152.

罗都强，刘芳政，杨海峰 . 1996. 苜蓿叶象甲卵块在植株上垂直分布的研究[J] . 昆虫知识，3 (1)：35 - 38.

马建华，高丽，张蓉，等 . 2010. 五种不同苜蓿品种对苜蓿斑蚜实验种群存活率及生殖力的影响及抗性分析[J] . 昆虫知识，
　　47 (6)：1161 - 1164.

马建华，王芳，王金福，等 . 2005. 宁夏南部山区苜蓿斑蚜预测预报技术的初步研究[J] . 宁夏农林科技 (4)：7 - 8.

马建华，张蓉，吴晓燕，等 . 2003. 苜蓿蚜虫田间药剂防治效果[J] . 甘肃农业科技 (9)：44 - 45.

马建华，朱猛蒙，张蓉，等 . 2008. 苜蓿斑蚜的生物药剂筛选试验及对其天敌的安全性[J] . 农药，47 (8)：614 - 616.

马建华，朱猛蒙，张蓉，等 . 2009. 药剂处理对苜蓿地害虫-天敌群落的影响[J] . 宁夏大学学报，30 (3)：282 - 284.

马世骏 . 1981. 生态规律在环境管理中的作用——略论现代环境管理的发展趋势[J] . 环境科学学报，1 (1)：95 - 100.

马耀，李鸿昌，康乐，等 . 1991. 内蒙古草地昆虫 [M] . 西安：天则出版社 .

马野平，刘彦，王淑娟，等 . 2007. 新疆苜蓿田中病虫害发生与防治[J] . 湖北畜牧兽医 (2)：32 - 33.

马振宇，侯天爵，邹胜文 . 1989. 苜蓿霜霉病的研究[J] . 草与畜杂志，增刊：265 - 268.

孟嫣，李敏权 . 2009. 甘肃省半干旱灌区苜蓿地土壤镰刀菌群落结构研究[J] . 安徽农业科学，37 (23)：11119 -
　　11120，11123.

孟嫣，李敏权 . 2005. 苜蓿根和根颈腐烂病病原及防治研究进展[J] . 草业科学，25 (5)：89 - 92.

南志标，李春杰，王赟文，等 . 2001. 苜蓿褐斑病对牧草质量光合速率的影响及田间抗病性[J] . 草业学报，10 (3)：26 -
　　34.

南志标，李春杰 . 1994. 中国牧草真菌病害名录[J] . 草业科学 (增刊)：611.

南志标，热孜别克 . 1995. 杀菌剂拌种对苜蓿萌发与出苗的影响[J] . 甘肃畜牧兽医，25 (3)：10 - 12.

南志标，员宝华 . 1994. 新疆阿勒泰地区苜蓿病害[J] . 草业科学，11 (4)：14 - 18.

南志标 . 1985. 锈病对紫花苜蓿营养成分的影响[J] . 中国草原与牧草，3：33 - 36.

南志标 . 1991. 豆科牧草根腐病[J] . 国外畜牧学-草原与牧草 (2)：5 - 11.

南志标 . 1998. 牧草病害的调查与评定 [M] //任继周 . 草业科学研究方法 . 北京：中国农业出版社：214 - 236.

南志标 . 2000. 建立中国的牧草病害可持续管理体系[J] . 草业科学，9 (2)：1 - 9.

南志标 . 2001. 我国的苜蓿病害及其综合防治体系[J] . 动物科学与动物医学，18 (4)：1 - 4.

能乃扎布 . 1980. 危害禾本科牧草的害虫——赤须盲蝽[J] . 中国草原 (3)：52 - 53.

倪郁，尹亚丽，郭彦军，等 . 2010. 紫花苜蓿对三叶草核盘菌敏感性差异的生理生化特性研究[J] . 西南大学学报：自然科
　　学版，32 (12)：19 - 24.

宁淑红，胡文清，白光玉，等 . 2008. 鄂托克旗草地牧养火鸡灭蝗试验[J] . 内蒙古农业科技，3：68 - 70.

宁淑红 . 2008. 草地牧养火鸡灭蝗试验[J] . 中国牧业通讯，18：39 - 40.

农牧渔业部畜牧局草原所编 . 1988. 苜蓿的科学与技术 [M] . 北京：农业出版社 .

农向群，张泽华，苏宇，等 . 2009. 明亮长脚金龟成虫及卵的形态特征[J] . 中国森林病虫，28 (5)：17 - 18，5.

农业部畜牧业司，全国畜牧总站 . 2010. 草地植保实用技术手册 [M] . 北京：中国农业出版社 .

帕提古力，沙代提古丽，衣玛尔，等 . 2009. 亚洲飞蝗的发生与防治[J] . 植物保护，4：50.

潘建梅 . 2002. 内蒙古草原蝗虫发生原因及防治对策[J] . 中国草地，24 (6)：66 - 69.

潘昭，任国栋，李亚林，等 . 2011. 河北省芫菁种类记述 (鞘翅目：芫菁科)[J] . 四川动物，30 (5)：728 - 733.

庞保平 . 1996. 草地害虫僧夜蛾生物学特性的观察初报[J] . 草地学报，4 (1)：82 - 86.

彭爱加，任廷贵，张平峰，等 . 2005. 几种无公害农药防治柽柳条叶甲试验[J] . 甘肃林业科技，31 (3)：63 - 65.

齐宝瑛，金洪，能乃扎布，等 . 1991. 内蒙古草原盲椿象类昆虫资源的调查[J] . 干旱区资源与环境，5 (4)：89 - 93.

齐巧丽，李贺年，李德新，等 . 2009. 河北保定郊区秋末土壤优势种的初步调查[J] . 安徽农业科学，37 (9)：4080 - 4081.

乔建江，王堃，杨青川，等 . 2006. 苜蓿转基因的研究现状和前景[J] . 中国草地学报，28 (5)：98 - 103.

乔世春，彭爱加，李岩峰，等 . 2008. 柽柳条叶甲生物学特性研究[J] . 林业实用技术 (12)：27 - 28.

乔璋，乌麻尔别克·纳斯尔吾拉 . 1995. 小翅曲背蝗和西伯利亚蝗生物学特性研究[J] . 新疆农业科学，4：176 - 177.

青海省森防站 . 2005 - 12 - 01. 青海省主要林业有害生物 2005 年发生情况与 2006 年趋势预测 [EB/OL] . http：//
　　www. forestpest. org/sfzz/notice/index. jsp？ type＝4&class _ name＝jsp _ new&class _ Cname.

青海省森防站 . 2006 - 11 - 02. 青海省主要林业有害生物 2006 年发生情况与 2007 年趋势预测［EB/OL］. http：//www. forestpest. org/sfzz/notic/index. jsp? type＝4&class_name＝jsp_new&class_Cname.

青海省森防站 . 2007 - 11 - 19. 青海省主要林业有害生物 2007 年发生情况与 2008 年趋势预测［EB/OL］. http：//www. forestpest. org/sfzz/notice/index. jsp? type＝4&class_name＝jsp_new&class_Cname.

青海省森防站 . 2008 - 11 - 24. 青海省主要林业有害生物 2008 年发生情况与 2009 年趋势预测［EB/OL］. http：//www. forestpest. org/sfzz/notice/index. jsp? type＝4&class_name＝jsp_new&class_Cname.

青海省森防站 . 2009 - 12 - 05. 青海省主要林业有害生物 2009 年发生情况与 2010 年趋势预测［EB/OL］. http：//www. forestpest. org/sfzz/notice/index. jsp? type＝4&class_name＝jsp_new&class_Cname.

青海省森防站 . 2010 - 12 - 18. 青海省主要林业有害生物 2010 年发生情况与 2011 年趋势预测［EB/OL］. http：//www. forestpest. org/sfzz/notice/index. jsp? type＝4&class_name＝jsp_new&class_Cname.

青海省森防站 . 2011 - 12 - 10. 青海省主要林业有害生物 2011 年发生情况与 2012 年趋势预测［EB/OL］. http：//www. forestpest. org/sfzz/notice/index. jsp? type＝4&class_name＝jsp_new&class_Cname.

青海省森防站 . 2012 - 12. 青海省主要林业有害生物 2012 年发生情况与 2013 年趋势预测［EB/OL］. http：//www. forestpest. org/sfzz/notice/index. jsp? type＝4&class_name＝jsp_new&class_Cname.

青海省森防站 . 2011 - 06 - 29. 共和县石乃亥乡明亮长脚金龟子防治工作取得显著成效［EB/OL］. http：//www. forestpest. org/sfzz/notice/index. jsp? type＝4&class_name＝jsp_new&class_Cname.

青海省森防站 . 2011 - 06 - 29. 青海省刚察县明亮长脚金龟子防治工作全面开展［EB/OL］. http：//www. forestpest. org/sfzz/notice/index. jsp? type＝4&class_name＝jsp_new&class_Cnam.

青海省森防站 . 2011 - 08 - 02. 青海省海晏县森防站开展明亮长脚金龟子防治工作［EB/OL］. http：//www. forestpest. org/sfzz/notice/index. jsp? type＝4&class_name＝jsp_new&class_Cname.

青海省森防站 . 2011 - 06 - 29. 青海省明亮长脚金电子发生规律及综合防治技术项目通过成果评审［EB/OL］. http：//www. forestpest. org/sfzz/notice/index. jsp? type＝4&class_name＝jsp_new&class_Cname.

青海省森防站 . 2011 - 06 - 29. 青海省森防总站编制印发明亮长脚金龟子综合防控技术规程［EB/OL］. http：//www. forestpest. org/sfzz/notice/index. jsp? type＝4&class_name＝jsp_new&class_Cname.

丘思娟，陈伟洲，吴伟坚，等 . 桑田新害虫——越北腹露蝗的发生情况及防治方法［J］. 中国植保导刊，24 (9)：23.

邱星辉，康乐，李鸿昌，等 . 2004. 内蒙古草原主要蝗虫的防治经济阈值［J］. 昆虫学报，47 (5)：595 - 598.

邱星辉，李鸿昌 . 1997. 围栏禁牧对羊草草原和大针茅草原蝗虫丰富度的影响［J］. 应用生态学报，8 (4)：403 - 406.

邱星辉，李鸿昌，范伟民，等 . 1996. 三种不同植物群落中狭翅雏蝗的种群数量特征分析［M］//中国科学院内蒙古草原生态系统定位研究站 . 草原生态系统研究第 5 集 . 北京：科学出版社 .

全国农业技术推广服务中心 . 2011. 中国蝗虫预测预报与综合防治［M］. 北京：中国农业出版社 .

热夏提·乌孜别克，阿布都赛买提 . 2011. 伊犁地区牧草主要病虫害及防治［J］. 新疆畜牧业，12：56 - 59.

任炳忠，王哲玮，等 . 2012. 东北草地的蝗虫［M］. 哈尔滨：黑龙江大学出版社 .

任春光，李虎群，唐铁朝，等 . 2004. 白洋淀蝗虫分布调查及其防治［J］. 昆虫知识，41 (5)：468 - 471.

任春光，王振庄，李炳文，等 . 1990. 河北蝗虫的垂直分布［J］. 昆虫知识，27 (2)：85 - 87.

任春光 . 2009. 白洋淀的蝗虫与治理［M］. 北京：中国农业科学技术出版社 .

任国栋，李哲 . 2000. 草原拟步甲的种名修订和特征鉴别（鞘翅目：拟步甲科）［J］. 河北大学学报：自然科学版，20 (增刊)：34 - 36.

任国栋，于有志 . 1999. 拟步甲科昆虫［M］. 保定：河北大学出版社 .

沙鹏，外力·依不拉音 . 1993. 柽柳条叶甲生物学特性与防治研究［J］. 新疆林业科技 (1)：7 - 11.

商鸿生，吕学农 . 1996. 草坪早熟禾叶枯病病原真菌鉴定［J］. 中国草地 (4)：36 - 39.

商鸿生，王凤葵，沈瑞清，等 . 2005. 玉米高粱谷子病虫害诊断与防治原色图谱［M］. 北京：金盾出版社 .

商鸿生，王凤葵 . 1996. 草坪病虫害及其防治［M］. 北京：中国农业出版社 .

商鸿生，王美南 . 2004. 禾顶囊壳小麦变种对草坪禾草的致病性［J］. 草业学报，9 (4)：40 - 43.

沈彩云，卢兆成，沈北芳，等 . 1988. 中华稻蝗的发生规律及防治研究［J］. 昆虫知识，25 (3)：134 - 137.

石明杰 . 2004. 黑龙江松嫩草场蝗虫种类、发生时期和防治［J］. 饲草饲料，6：17.

石仁才，商鸿生，王美南 . 2002. 禾顶囊壳两个变种对草坪禾草的致病性研究［J］. 草业学报，11 (4)：52 - 56.

石仁才，商鸿生 . 2006. 禾草对禾顶囊壳玉米变种抗病性研究［J］. 草业学报，15 (5)：89 - 93.

石仁才 . 2007. 我国过渡带草坪禾草的根病研究［D］. 杨凌：西北农林科技大学 .

石岩生，李福生，包祥，等 . 2006. 典型草原蝗虫预测预报与综合防治技术规程探讨［J］. 内蒙古草业，18 (4)：50 - 55.

时永杰，孙晓萍，马振宇，等 . 1998. 甘肃省苜蓿病害及其分布［J］. 青海草业，7 (3)：17 - 18.

时永杰 . 1999. 苜蓿白粉病的研究［J］. 青海草业，8 (1)：7 - 11.

史娟，贺达汉，王蓟华.2007.不同培养条件下苜蓿假盘菌培养特性及分离方法的研究[J].西北农业学报，16（3）：260-263.

史娟，贺达汉，洗晨钟，等.2006.宁夏南部山区苜蓿褐斑病田间发生及流行动态[J].草业科学，23（12）：93-97.

宋东宏.1990.甘肃省红三叶草的病害及其种传真菌[D].武威：甘肃农业大学.

苏红田，白松，姚勇，等.2007.近几年西藏飞蝗的发生与分布[J].草业科学，27（1）：78-80.

苏生昌，王雪薇，王纯利，等.1997.苜蓿褐斑病在新疆的发生[J].草业科学，14（5）：31-33.

孙本春.1993.大眼蝉长蝽生物学特性的初步研究[J].昆虫天敌，15（4）：157-159.

孙立德，刘雅君，高成山，等.1990.喀左县笨蝗生长与温湿度关系及长期预测的研究[J].生态学杂志，9（2）：56-58.

孙涛，龙瑞军，刘志云，等.2010.祁连山高山草地蝗虫群落组成、发生时间动态及生物学特性[J].应用与环境生物学报，16（4）：550-554.

孙元，王世喜，郑树峰，等.中国东北地区亚洲飞蝗绿色防控研究进展[J].中国农学通报，27（18）：246-249.

孙源正，原永兰.1999.山东蝗虫[M].北京：中国农业科学技术出版社.

陶士成，张余鹏.2009.荒漠与绿洲交错带眩灯蛾的发生与防治[J].植物保护，4：54.

陶志杰，花蕾，贾志宽，等.2005.苜蓿蓟马的发生规律和药剂防治试验[J].干旱地区农业研究，23（4）：212-214.

特木尔布和，乌日图，金小龙，等.2005.蚜虫对苜蓿危害的初步研究[J].内蒙古草业，19（4）：56-59.

田畴，贺答汉，李进跃，等.1987.荒漠草原害虫沙蒿金叶甲的发生与防治[J].植物保护，13（5）：25-26.

田畴，金贵兰.1987.沙蒿金叶甲发育起点温度和有效积温常数的研究[J].宁夏农学院学报，8（1）：34-40.

田畴，赵立群，贺答汉，等.1988.荒漠草原三种叶甲的生物学及其防治[J].中国草地，9（5）：24-27.

田方文，李金枝，门淑华，等.2009.鲁北花胫绿纹蝗发生规律的初步研究[J].中国植保导刊，29（5）：38-39.

田方文，孙福来.2003.滨州市蝗虫种类调查与防治[J].农药，42（7）：39-41.

田方文，谭有彦.2008.非稻区中华稻蝗生物学特性初步观察[J].中国植保导刊，28（3）：35-37.

田方文，王本琢，王者勇，等.2003.山东滨州市紫花苜蓿田蝗虫种类调查与分析[J].草业科学，20（7）：63-64.

田方文，王学君，孟维敏.2005.紫花苜蓿田长翅素木蝗发生规律初探[J].中国植保导刊，25（11）：28-29.

田方文，蔡建仪，赵春秀，等.2004.紫花苜蓿田大垫尖翅蝗发生规律的研究[J].草业科学，135（10）：51-53.

田方文，李金枝，吴忠辉，等.2009.鲁北大垫尖翅蝗的发生与环境因素关系的初步探讨[J].安徽农业科学，37（32）：15895-15896.

田方文，李金枝.2010.滨州市蝗虫发生规律研究初报[J].昆虫知识，47（5）：1006-1010.

田方文，张秀安，王其武，等.2010.大垫尖翅蝗危害损失及预防指标的初步研究[J].农技服务，27（9）：1161-1162.

田方文.2001.蝗虫天敌星豹蛛生物学特性及捕食功能的研究[J].植保技术与推广，21（7）：3-4.

田方文.2003.紫花苜蓿田短星翅蝗发生规律及防治对策[J].草业科学，20（12）：80-81.

田方文.2005.紫花苜蓿田短额负蝗发生规律与防治[J].草业科学，22（3）：79-80.

田方文.2006.紫花苜蓿田蝗虫发生规律初步研究[J].中国植保导刊，12：30-32.

田文方.2009.鲁北中华剑角蝗生物学特性初步观察[J].植物保护，35（4）：147-148.

仝亚娟，吴孔明，高希武，等.2009.三突花蛛对绿盲蝽和苜蓿盲蝽的捕食作用[J].中国生物防治，25（2）：97-101.

仝亚娟，陆宴辉，吴孔明，等.2011.大眼长蝽对苜蓿盲蝽的捕食作用[J].应用昆虫学报，48（1）：136-140.

仝亚娟.2008.棉田盲椿象捕食性天敌种群动态及几种天敌控制作用评价[D].北京：中国农业大学.

万秀莲，张卫国.2006.草原毛虫幼虫的食性及其空间格局[J].草地学报（1）：84-88.

王保海，袁维红，王成明，等.1992.西藏昆虫区系及其演化[M].郑州：河南科学技术出版社.

王传乐，玉永雄.2007.紫花苜蓿菌核病研究进展[J].畜牧与饲料科学（2）：41-43.

王春华，赵莉，王万林，等.2005.苜蓿叶象甲自然种群生命表的初步研究[J].新疆农业大学学报，29（1）：24-27.

王翠玲，姚小波，覃荣，等.2008.西藏飞蝗的发生规律与综合防治技术探讨[J].西藏农业科技，30（2）：34-40.

王多成，孟有儒，李文明，等.2005.苜蓿根腐病病原菌的分离及鉴定[J].草业科学，22（10）：78-81.

王峰.2011.天峻县明亮长脚金龟子成虫发生规律及其与林分因子的关系[J].农林科技，27（增刊）：397.

王福莲，侯茂林，王香萍，等.2007.三突花蛛和星豹蛛对涝渍田短额负蝗的捕食作用[J].湖北农业科学，46（4）：573-575.

王国利，刘长仲.2001.苦豆子和铁棒锤提取物对苜蓿蚜和二斑叶螨的毒力测定[J].甘肃科技（4）：32.

王果红，韩日畴.2008.黄曲条跳甲的生物防治[J].中国生物防治，24（1）：91-93.

王晗，李占武，于非，等.2010.新疆哈密地区粉红椋鸟繁殖行为及招引对策的初步研究[J].动物学杂志，45（4）：139-143.

王华弟.2005.粮食作物病虫害测报与防治[M].北京：中国科学技术出版社.

王华弟，徐志宏，冯志全，等.2007a.稻田中华稻蝗发生动态、危害损失及防治指标[J].植物保护学报，34（3）：235-

240.

王华弟，徐志宏，冯志全，等.2007b.中华稻蝗发生规律与防治技术研究[J].植物保护科学，23（8）：387-391.

王蓟花，史娟，于有志.2007.不同培养基上苜蓿假盘菌生长状况及形态学研究[J].农业科学研究，28（1）：15-17.

王建华，黄立军，郑炯，等.1998.人工招引粉红椋鸟控制蝗害技术推广[J].新疆农业科学（5）：234-236.

王杰臣，倪绍祥.2003.环青海湖地区草地蝗虫空间分布研究[J].环境科学与技术，26（2）：36-45.

王珏，王俊梅，梁廷久，等.1999.白刺夜蛾发育起点温度与有效积温的研究[J].草业科学，16（4）：62-65.

王俊彪，汪志智，央德扎西，等.2002.西藏聂荣县草原毛虫分布危害综合调查研究[J].西藏科技（4）：29-35.

王俊梅，史青茂，李建廷，等.2000.白刺夜蛾防治指标的研究[J].草地学报，8（1）：46-48.

王兰英.2012.草原毛虫的发生及其防治[J].草业与畜牧（11）：31-34.

王立霞，康乐.2005.草原蝗灾的"元凶"[J].人与生物圈，3：34-37.

王丽英，杨红珍，余晓光，等.1998.红胫戟纹蝗痘病毒形态及理化性质研究[J].昆虫学报，41（增刊）：98-104.

王丽英.1994.我国草原蝗虫痘病毒资源调查[J].中国农业科学，27（4）：60-63.

王琳，李有林.2004.中华豆芫菁发生规律观察[J].中国植保导刊，24（6）：13-14.

王梦龙，等.2001.沙打旺小食心虫防治的研究[J].中国草地，23（3）：38-44.

王飒，田建成，朱猛蒙，等.2006.宁夏苜蓿白粉病预测预报技术的初步研究[J].草业与畜牧，12（133）：15-16.

王世贵，苏晓红.1997.白边痂蝗在不同发育历期中对食物的消耗量及其利用能力的研究[J].杭州师范学院学报，3：69-72.

王维，魏朝明.2005.中华稻蝗生物学特性及综合防治的研究[J].安徽农业科学，33（5）：785-786.

王新谱，杨贵军.2010.宁夏贺兰山昆虫[M].银川：宁夏人民出版社.

王鑫.2004.苜蓿主要害虫发生规律及防治对策[J].四川草原（4）：57-58.

王雪薇，喻宁莉，马德成，等.1998.新疆苜蓿病害种类和分布的初步研究[J].草业学报，7（2）：48-52.

王延铨.1964.石河子地区苜蓿籽象甲的初步观察[J].新疆农业科学（4）：138-140.

王岩春，刘国荣，刘建宇，等.2011.内蒙古赤峰市"十一五"草原鼠虫害防治工作及存在问题和建议[J].草业与畜牧，191（10）：22-26.

王艳，陈秀蓉，南志标，等.2004.甘肃环县草地白粉病害的调查[J].云南农业大学学报，19（6）：643-647.

王云龙，刘慧，廉振民，等.2008.陕西吴起县生态恢复区直翅目昆虫的多样性[J].昆虫知识，45（4）：629-634.

王振庄，丁晓东.1990.日本黄脊蝗在河北平山县危害成灾[J].植物保护，16（4）：23.

王振庄.1991.冀东稻区稻蝗综合防治初见成效[J].植物保护，17（1）：47-48.

王正军，秦启联，郝树广，等.2002.我国蝗虫暴发成灾的现状及其持续控制对策[J].昆虫知识，39（3）：172-175.

王智翔，陈永林，马世骏，等.1988.温、湿度对狭翅雏蝗 Chorthippus dubius（Zub.）实验种群的影响[J].生态学报，2（8）：125-132.

韦东胜，桂枝，郑久明，等.2004.我国苜蓿抗霜霉病的研究进展[J].天津农学院学报，11（1）：32-36.

伟军，冠军，贾淑杰，等.2012.呼伦贝尔市不同草地类型中蝗虫分布特点初步研究[J].内蒙古草业，24（2）：47-49.

卫润屋，郑哲民，王金川，等.1985.甘肃蝗虫图志[M].兰州：甘肃人民出版社.

魏春光.2009.亚洲小车蝗聚集暴发的化学信息学研究[D].呼和浩特：内蒙古农业大学.

魏红.2010.呼伦贝尔草地生态环境与有害生物发生的关系[J].内蒙古草业，22（1）：19-22.

魏洪义.1990.斯氏线虫对黄曲条跳甲控制作用的研究[D].广州：华南农业大学.

魏学红，减建成，马少军，等.2009.西藏那曲地区草原毛虫发生为害情况调查及药剂防治试验[J].中国植保导刊（11）：27-28.

乌麻尔别克，熊玲.2007.黑条小车蝗、意大利蝗和西伯利亚蝗发育起点温度及有效积温测定[J].新疆畜牧业，S1：30-31.

乌麻尔别克，张泉，乔璋，等.2000.红胫戟纹蝗损害牧草及其防治指标的评定[J].草地学报，8（2）：120-125.

吴栋国，王俊梅，李温，等.2002.草地白刺夜蛾生物学及发生规律的研究[J].草业科学，19（6）：39-42.

吴端芬，霍治国，卢志光，等.2005.蝗虫发生的气象环境成因研究概述[J].自然灾害学报，14（3）：66-73.

吴福桢，高兆宁，郭予元，等.1982.宁夏农业昆虫图志：第二集[M].银川：宁夏人民出版社.

吴虎山，能乃扎布.2009.呼伦贝尔市草地蝗虫[M].北京：中国农业出版社.

吴慧慧.2012.内蒙古典型草原优势种蝗虫食物适应性研究[D].北京：中国农业科学院.

吴坤君，盛承发，龚佩瑜，等.2004.捕食性昆虫的功能反应方程及其参数的估算[J].昆虫知识，41（3）：267-269.

吴明庆，张建平.1997.稻蝗卵巢发育级别和体重关系及其应用的研究[J].昆虫知识，34（5）：257-258.

吴千红，邵则信，苏德明，等.1991.昆虫生态学实验[M].上海：复旦大学出版社.

吴团荣，保平，陈善科，等.2006.阿拉善荒漠草原几种主要害虫对草地的危害及其防治对策[J].内蒙古草业，18（2）：

45 - 47.

吴效东 . 2007. 乌兰察布市蝗虫发生规律及危害特点[J] . 内蒙古农业科技（6）：69 - 70.

吴永敫，李秀娴 . 1990. 危害苜蓿的蓟马生活史及活动规律的初步研究[J] . 中国草地（4）：38 - 41.

吴永敫，赵秀华，特木尔布和，等 . 1990. 蓟马是我国苜蓿生产的主要害虫[J] . 中国草地，3：65 - 66.

吴永敫，赵秀娴 . 1988. 蓟马对苜蓿的危害[J] . 中国草地，2：25 - 27.

吴云锋 . 1998. 蚜虫与病毒间的分子识别及传毒专化性[J] . 世界农业（3）：39 - 40.

吴云锋 . 2000. 植物病毒学原理与方法 [M] . 西安：西安地图出版社 .

吴志刚，曲伟伟，张泽华，等 . 2012. 基于 CLIMEX 的苜蓿籽象甲在中国的适生区分析[J] . 植物保护，38（3）：63 - 66.

吴祖银，黄传贤，刘湘生，等 . 1984. 蝗霉病自然流行的观察[J] . 植物保护，1：19.

仵均祥 . 2009. 农业昆虫学 [M] . 北京：中国农业出版社 .

武德功 . 2011. 豌豆无网长管蚜地理种群遗传多样性及其种群调控机制研究 [D] . 兰州：甘肃农业大学 .

希斯，巴恩斯，梅特卡夫 . 1992. 牧草草地农业科学 [M] . 黄文惠，苏加楷，张玉发，等，译 . 北京：农业出版社；68 - 86.

奚耕思，郑哲民 . 1996. 两种网翅蝗精子的比较研究[J] . 昆虫分类学报，18（3）：170 - 174.

席瑞华，刘举鹏，张权，等 . 1991. 蝗虫产卵与气候因子关系的研究[J] . 昆虫知识，28（2）：76 - 78.

萧采瑜，郑乐怡，等 . 1981. 中国蝽类昆虫鉴定手册（半翅目异翅亚目）第二册 [M] . 北京：科学出版社 .

肖宏伟，刘新运，马卫平，等 . 2004. 珍珠鸡防治草原蝗虫的试验[J] . 新疆畜牧业，6：61 - 62.

谢继石 . 1989. 贵州牧草种子繁殖场牧草的病虫害及其防治措施[J] . 中国草地（1）：35 - 37.

邢会琴，李敏权，徐秉良，等 . 2003. 气孔与苜蓿品种对白粉病抗性的关系[J] . 草原与草坪，102（3）：42 - 45.

邢会琴，李敏权，徐秉良，等 . 2007. 过氧化物酶和苯丙氨酸解氨酶与苜蓿白粉病抗性的关系[J] . 草地学报，15（4）：376 - 380.

熊玲，徐光清 . 2002. 新疆越冬的意大利蝗卵形态发生变化[J] . 新疆畜牧业，2：21.

熊玲 . 2011. 新疆草原以生物防治为主的蝗虫综合防治技术应用[J] . 新疆畜牧业，3：59 - 63.

徐秉良，李敏权，郁继华，等 . 2005. 苜蓿对白粉病的抗性与叶绿素含量的关系[J] . 草业科学，22（4）：72 - 74.

徐光青 . 2010. 意大利蝗蝗卵研究[J] . 新疆畜牧业，10 - 11.

许富祯，孟正平，郭永华，等 . 2006. 乌兰察布市农牧交错区亚洲小车蝗生物学特性观察及猖獗因素分析[J] . 中国植保导刊，26（5）：35 - 38.

许浩然，徐其江，马勤，等 . 1994. 眩灯蛾的生物学特性及其防治[J] . 植物保护，3：15 - 16.

许永霞 . 2008. 苜蓿品种（系）对苜蓿斑蚜的抗性机制 [D] . 兰州：甘肃农业大学 .

薛福祥，李敏权，李金花，等 . 2003. 不同施肥水平对紫花苜蓿霜霉病抗病性的研究[J] . 草业科学，20（4）：34 - 36.

薛福祥 . 2009. 草地保护学：第三分册 牧草病理学 [M] . 3 版 . 北京：中国农业出版社 .

薛智平 . 2009. 意大利蝗为害草场损失估计研究 [D] . 北京：中国农业科学院 .

牙森·沙力 . 2011. 西藏飞蝗发生规律的分析[J] . 草地学报，2：347 - 350.

严林 . 1996. 青海三种土蝗的食性研究[J] . 青海草业，1（5）：36 - 39.

严林 . 2006. 草原毛虫属的分类、地理分布及门源草原毛虫生活史对策的研究 [D] . 兰州：兰州大学 .

颜忠诚，陈永林 . 1997a . 内蒙古草原蝗虫个体大小及生活型划分的探讨[J] . 生态学报，17（6）：666 - 670.

颜忠诚，陈永林 . 1997b . 内蒙古锡林河流域不同生境中蝗虫种类组成的分析[J] . 昆虫学报，40（3）：271 - 275.

颜忠诚，陈永林 . 1997c . 内蒙古锡林河流域三种草原蝗虫对植物高度选择的观察[J] . 昆虫学报，34（4）：228 - 230.

颜忠诚，陈永林 . 1998. 草原蝗虫形态特征与扩散能力之间关系的探讨[J] . 生态学报，18（2）：171 - 175.

杨宝东，王进忠，孙淑玲，等 . 2002. 我国蝗虫生物防治的研究进展[J] . 北京农学院学报，17（2）：60 - 63.

杨彩霞，高立原，张蓉，等 . 2005. 宁夏苜蓿蚜虫的发生和综合防治[J] . 宁夏农林科技（2）：4 - 7.

杨帆 . 2005. 9 种杀虫剂对草原毛虫的室内效果比较研究[J] . 青海畜牧兽医杂志（4）：5 - 7.

杨芳，张蓉，贺答汉，等 . 2005. 苜蓿斑蚜危害苜蓿的产量损失及防治指标的研究[J] . 四川草原（1）：23 - 24.

杨光安 . 2002. 短星翅蝗的发生与防治[J] . 植物医生，2：29.

杨贵军，王新谱，仇智虎，等 . 2011. 宁夏罗山昆虫 [M] . 宁夏：阳光出版社 .

杨洪升，王婷 . 2006. 新疆草原蝗害与治理[J] . 新疆师范大学学报：自然科学版，25（3）：93 - 96.

杨建国，王连英 . 1997. 赤须盲蝽在北京地区小麦上发生为害[J] . 植保技术与推广，17（5）：41.

杨明超，杨涛 . 2001. 牧草盲蝽在南疆的发生危害及其防治[J] . 植物保护，27（5）：31 - 32.

杨启青，赵丰钰，马建海，等 . 2009. 明亮长脚金龟生物学特性初步观察[J] . 中国森林病虫，28（6）：12 - 13，8.

杨庆森，汤春梅，蔡继增 . 2010. 苜蓿霜霉病病原及其生物学特性研究[J] . 安徽农业科学，38（1）：207 - 208.

杨涛，王佩玲，熊建喜，等 . 2010. 一种新入侵棉花害虫——眩灯蛾生物学特性研究[J] . 棉花学报，22（2）：189 - 192.

杨忠武，涂克林，杨春生，等．2007．越北腹露蝗生物学特性及防治技术的研究[J]．中国森林病虫，26（4）：5-6，44．

姚海英．2010．阻隔式色诱技术防治明亮长脚金龟子效果研究[J]．现代农业科技（21）：185-186．

姚士桐，姚德宏，郑永利，等．2008．温度对黄曲条跳甲成虫田间自然种群消长影响研究[J]．中国植保导刊，28（1）：10-12．

叶炳元．1986．苜蓿籽蜂[J]．植物检疫（3）：55-58．

阴琨，马恩波，薛春荣，等．2008．5-氨基乙酰丙酸对中华稻蝗（Oxya chinensis）的杀虫活性及对3种酶活性的影响[J]．中国农业科学，41（7）：2003-2007．

银代贵，刘刚，陈学，等．2008．杀蝗绿僵菌粉剂防治黄脊竹蝗试验[J]．四川林勘设计（2）：61-63．

尹亚丽，李世雄，刘明秀，等．2012．紫花苜蓿伴生菌对菌核病菌的抑制作用[J]．植物保护学报，39（5）：456-460．

印象初．1965．西藏飞蝗在青海省初步发现[J]．昆虫学报，14（3）：318．

印象初．1984．青藏高原的蝗虫[M]．北京：科学出版社．

印展．2010．山东蝗虫分类研究[D]．泰安：山东农业大学．

于非，季荣．2007．人工招引粉红椋鸟控制新疆草原蝗虫灾害的作用及其存在问题分析[J]．中国生物防治，23（增刊）：93-96．

于健龙，石红霄．2010．草原毛虫对高寒嵩草草甸植物群落结构及土壤特性的影响[J]．安徽农业科学（9）：4662-4664．

余虹丽，侯洪．亚洲飞蝗在新疆农田的发生情况与防治对策[J]．中国植保导刊，9：25-26．

俞斌华，南志标，李彦忠．2011．沙打旺苗期对黄矮根腐病菌的抗性评价[J]．草业科学，28（7）：1301-1306．

虞佩玉，王书永，杨星科，等．1996．中国经济昆虫志　第五十四册　鞘翅目　叶甲总科（二）[M]．北京：科学出版社．

喻璋，马奇祥，王成俊，等．2002．小麦病虫害及其防治[M]．成都：四川大学出版社．

负旭疆，高松，董永平，等．2011．草原蝗虫宜生区划分与监测技术导则[M]．北京：中国标准出版社．

负旭疆，张泽华，高松，等．2007．草原蝗虫调查规范[M]．北京：中国农业出版社．

袁庆华，李向林，张文淑．2001a．苜蓿假盘菌及其生物学特性研究[J]．植物保护，27（1）：8-11．

袁庆华，张文淑，李敏．2001b．苜蓿褐斑病的离体叶接种研究[J]．草地学报，9（1）：21-24．

袁庆华，张文淑，周卫星，等．2003a．苜蓿菌核病的初步研究[J]．植物保护，29（4）：22-24．

袁庆华，张文淑．2000．苜蓿对褐斑病抗性筛选研究[J]．草业学报，9（4）：52-58．

袁庆华，张文淑．2003b．苜蓿抗褐斑病遗传资源离体叶筛选及田间评价[J]．草地学报，11（3）：205-209．

岳朝阳，阿里木，克热曼，等．2010．柽柳条叶甲的生物学特性[J]．干旱区研究，27（4）：636-641．

载贤才，高明文，李国钰，等．2002．川西北高原金龟子名录[J]．甘孜科技，23（2）：1-34．

曾新平．2007．巴里坤县草地蝗虫的防治对策[J]．新疆畜牧业，S1：54-55．

曾艳君．2009．中华稻蝗在沈阳地区发生规律及防治技术研究[J]．现代农业科技，114-115．

张二娜，黄斌，侯有明，等．2011．虫害诱导的植株对小菜蛾取食和生长发育的影响[J]．应用昆虫学报，48（2）：267-272．

张桂华．1996．资阳市蝗虫发生动态及防治对策[J]．四川农业科技（1）：34-35．

张洪亮，王涛，任兰花，等．2001．鲁西南蝗虫分布与防治[N]．农民日报，6-15（7）．

张家侠，韦秉兴，韦绥概，等．2009．^{60}Co-γ射线辐照对黄曲条跳甲成虫取食能力及死亡率的影响[J]．河北农业科学，13（7）：24-26．

张建珍，马恩波，郭亚平，等．2004．网翅蝗科四种蝗虫的RAPD多态性研究[J]．动物分类学报，29（2）：212-217．

张金林，陈爱萍．1993．牧草盲蝽空间分布型及其应用技术研究[J]．昆虫知识，2：85-87．

张莉莉，李保平．2006．柽柳粗角萤叶甲交配和产卵行为的研究[J]．中国生物防治，22（2）：109-113．

张露明，方程，张学勇，等．2011．北京地区结缕草锈病流行规律及种质抗病性鉴定[J]．草业科学，28（2）：279-285．

张路生，刘俊展，刘庆年，等．2005．闽南菜田黄曲条跳甲发生与防治[J]．中国植保导刊25（11）：21-22．

张茂新，凌冰．2000．黄曲条跳甲的防治技术研究新进展[J]．植物保护，26（6）：31-33．

张茂新．梁广文．2000．斯氏线虫对黄曲条跳甲种群系统控制研究[J]．植物保护学报，27（4）：333-337．

张娜，刘长月，武云霞，等．2011．苜蓿叶象甲的耐寒性研究[J]．草业科学，28（3）：459-463．

张娜，赵莉，柴颜军，等．2010．不同温度下苜蓿叶象甲实验种群生命表研究[J]．草地学报，18（5）：726-730．

张泉，乔璋，熊玲，等．1995．意大利蝗生物学特性研究[J]．新疆农业科学，6：256-257．

张泉，乌麻尔别克，乔璋，等．2001．意大利蝗造成牧草损失研究及防治指标的评定[J]．新疆农业科学，38（6）：328-331．

张蓉，冷允法，朱猛蒙，等．2007．基于地统计学和GIS的苜蓿斑蚜空间结构分析和分布模拟[J]．应用生态学报，18（11）：2580-2585．

张蓉，马建华，王进华，等．2003．宁夏苜蓿病虫害发生现状及防治对策[J]．草业科学，20（6）：40-45．

张蓉，马建华，杨芳，等．2003．宁夏苜蓿害虫天敌种类及其田间发生规律的初步研究[J]．草业科学，20（7）：60-62．

张蓉，马建华，杨芳，等.2004.多种药剂防治苜蓿蓟马的田间药效试验[J].草业科学，20（1）：20-21.

张蓉，杨芳，马建华，等.2007a.七星瓢虫对苜蓿斑蚜捕食作用的研究[J].植物保护，33（4）：42-45.

张蓉，杨芳，马建华，等.2007b.小十三星瓢虫对苜蓿斑蚜的捕食功能反应[J].昆虫知识，44（2）：280-282.

张蓉，朱猛蒙，王芳，等.2009.基于地理信息系统的耕地苜蓿斑蚜种群发生的适宜生境[J].应用生态学报，20（8）：1998-2004.

张淑英.2003.亚洲小车蝗发生规律初报[J].现代农业，11：24.

张陶，张中义，刘云龙，等.1998.云南省国外引种牧草、草坪病害研究Ⅱ.禾本科牧草、草坪真菌病害[J].云南农业大学学报，13（1）：78-83.

张薇，魏海雷，张力群，等.2005a.苜蓿菌核病生防菌及化学药剂的筛选[J].草地学报，13（2）：162-165.

张薇，魏海雷，张力群，等.2005b.紫花苜蓿菌核病病原鉴定及其主要生物学特性[J].草业学报，14（2）：69-75.

张文忠，闻秀清，赵秀珍，等.2004.苜蓿盲蝽的生活习性及防治[J].内蒙古农业科技（s2）：82.

张新瑞，刘长仲，严林，等.2007.苜蓿田主要节肢动物种群数量研究[J].草地学报（6）：556-559.

张学祖.1961.苜蓿籽蜂的初步研究[J].新疆农业科学（9）：346-347.

张燕慧.2004.紫花苜蓿（Medicago sativa）新种衣剂的研制[D].兰州：兰州大学.

张洋.2011.意大利蝗生态型及生物学特性研究[D].北京：中国农业科学院.

张永孝.1986.棉花不同生育期棉盲蝽的为害损失及防治指标研究[J].植物保护学报，13（2）：73-77.

张云.2010.牧草盲蝽的发生危害与综合防治技术[J].安徽农学通报，16（2）：95-123.

张泽华，高松，张刚应，等.2000.应用绿僵菌油剂防治内蒙古草原蝗虫的效果[J].中国生物防治，16（2）：49-52.

张泽华.2006.绿僵菌治蝗操作技术[J].中国牧业通讯（6）：63.

张振飞，吴伟坚，梁广文，等.2008.越北腹露蝗（Fruhstorferiola tonkinensis Will）发生与粤北河滩植物群落的关系[J].生态学报，28（6）：2263-2273.

张治科，杨彩霞，高立原，等.2007.沙蒿金叶甲空间分布型及抽样技术研究[J].西北农林科技大学学报，35（4）：99-104.

章士美，赵泳祥.1996.中国农林昆虫地理分布[M].北京：中国农业出版社.

昭那斯图，石岩生.1995.内蒙古锡林郭勒草原上的蝗虫[J].内蒙古草业，1（2）：43-46.

赵桂琴，慕平，张勃，等.2006.紫花苜蓿基因工程研究进展[J].草业学报，15（6）：9-18.

赵莉，刘芳政，程帅莲，等.1994.光照周期和温度对苜蓿叶象甲发育及滞育的影响[J].八一农学院学报，17（4）：32-37.

赵莉，刘芳政，张茂新，等.1986.亮柔伪步甲实验生态学的研究[J].八一农学院学报，9（2）：34-38.

赵莉，刘芳政.1989.亮柔伪步甲室内饲养方法[J].新疆八一农学院学报，12（2）：76-78.

赵莉，任海波.2005.苜蓿籽象甲生物学特性的观察[C]//农业生物灾害预防与控制研究.北京：中国农业科学技术出版社.

赵书文，杨权命.2002.土蝗的发生与综合治理[N].山西经济日报，6-20（A03）.

赵伟，杜文亮，石岩，等.2008.蝗虫的物理防治现状与展望[J].农机化研究（4）：212-214.

赵秀梅.2010.2009年黑龙江省亚洲飞蝗发生情况及原因初步分析[J].黑龙江农业科学，12：70-71.

赵寅，宫香余，马金友，等.2003.中华稻蝗在东北裕县的发生与防治[J].植物保护，29（6）：57

赵卓，张明.2003.花胫绿纹蝗在吉林省分布的初次报道[J].吉林师范大学学报（自然科学版），24（4）：58-59.

赵宗峰，郭庆元，赵莉，等.2011.苜蓿锈病与白粉病发生动态及两病复合产量损失估计初步研究[J].新疆农业科学，4：668-671.

郑光宇.2006.基因工程防治蚜虫研究进展[J].喀什师范学院学报，27（3）：54-60.

郑乐怡.1985.中国赤须盲蝽属初志（半翅目：盲蝽科）[J].昆虫分类学报（4）：281-285.

郑丽祯，傅建炜，陈小龙，等.2009.黄曲条跳甲对毒死蜱敏感性差异的生化机制[J].昆虫知识，46（2）：256-259.

郑树峰，孙元，孙阎，等.2011.松嫩平原亚洲飞蝗发生的成因[J].东北林业大学学报，39（10）：98-100.

郑云开，尤民生.2009.农业景观生物多样性与害虫生态控制[J].生态学报，29（3）：1508-1518.

郑哲民，梁铬球.1963.陕西省蝗虫的初步调查报告[J].动物学报，15（3）：461-470.

郑哲民，夏凯龄，等.1998.中国动物志 昆虫纲 第十卷 直翅目蝗总科斑翅蝗科网翅蝗科[M].北京：科学出版社.

郑哲民.1984.云贵川陕甘宁地区的蝗虫[M].北京：科学出版社.

郑哲民.1985.云贵川陕宁地区蝗虫志[M].西安：陕西师范大学出版社.

郑哲民.1993.蝗虫分类学[M].西安：陕西师范大学出版社.

中国科学院动物研究所.1983.中国蛾类图鉴Ⅲ[M].北京：科学出版社.

中国科学院动物研究所.1987.中国农业昆虫（上册）[M].北京：中国农业出版社.

中国科学院动物研究所业务处.1983. 拉英汉昆虫名称 [M]. 北京：科学出版社.

中国农业科学院植物保护研究所.1995. 中国农作物病虫害：上册 [M]. 2版. 北京：中国农业出版社.

周丽霞，易克贤，马振宇.1998. 苜蓿霜霉病的接种鉴定[J]. 甘肃畜牧兽医，3：44.

周佩璋，李安国，李国刚，等.2011. 小白菜黄曲条跳甲的发生及防治对策[J]. 南方园艺，22（3）：58-59.

周淑清，侯天爵，白儒，等.1996. 影响苜蓿锈病夏孢子萌发因素的研究[J]. 中国草地，6：49-51.

周淑清，侯天爵，白儒.1995. 苜蓿锈病危害损失的相关分析及其经济阈值模型初探[J]. 中国草地，4：38-39.

周伟.2011. 黑河上游草地蝗虫与植被群落关系研究 [D]. 兰州：西北师范大学.

周艳丽，王贵强，李广忠，等.2011. 黑龙江省西部草地蝗虫主要种类及综合治理研究[J]. 中国农学通报，27（9）：382-386.

周玉峰，杨茂发，等.2008. 龟纹瓢虫成虫对苜蓿豌豆无网长管蚜的捕食功能反应[J]. 安徽农业科学，36（8）：3264-3265.

朱恩林，李玉川.1993. 北方农区土蝗化学防治技术[J]. 植保技术与推广，2：13-14.

朱弘复，孟祥玲.1958. 三种棉盲蝽的研究[J]. 昆虫学报，8（2）：97-117.

朱弘复.1957. 蚜虫概论 [M]. 北京：科学出版社.

朱继德，田方文，孙福来.2006. 大垫尖翅蝗产卵习性研究[J]. 植物保护，32（4）：116-117.

朱猛蒙，蔡凤环，张蓉，等.2011a. 宁夏固原苜蓿斑蚜种群发生适宜生境[J]. 植物保护学报，38（1）：25-30.

朱猛蒙，孙玉荣，张蓉，等.2011b. 基于GIS的苜蓿斑蚜区域化预测预报技术初步研究[J]. 草业学报，20（2）：163-169.

朱圣波.2001. 黄曲条跳甲的寄主选择性及其机理的研究 [D]. 福州：福建农林大学.

朱伟，武迎红，陈申宽.1998. 紫苜蓿褐斑病发生危害的调查研究[J]. 哲里木畜牧学院学报，8（1）：59-60.

朱晓锋，赵莉，刘倩.2008a. 苜蓿叶象啮小蜂寿命及产卵量的研究[J]. 环境昆虫学报，30（1）：83-85.

朱晓锋，赵莉.2008b. 紫苜蓿叶象甲寄生蜂种群数量消长初步研究[J]. 植物保护，34（4）：50-53.

朱晓锋，赵莉，美丽开，等.2006. 苜蓿叶象啮小蜂生物学特性的初步研究[J]. 新疆农业大学学报，29（1）：19-23.

朱占祥，马寿，祁宝，等.2006. 天峻县布哈河两岸灌木丛虫害调查[J]. 青海草业，15（4）：54-55.

邹胜文，马振宇，侯天爵.1989. 霜霉病对苜蓿地上部分发育及营养成分含量的影响[J]. 草与畜杂志（增刊）：45-48.

邹胜文，马振宇，侯天爵.1989. 田间综合抗病性的初步研究[J]. 草与畜杂志，增刊：27-32.

Arianne J C, James J E, Colleen F F, et al. 2012. Heavy livestock grazing promotes locust outbreaks by lowering plant nitrogen content [J]. Science, 335 (6067): 467-469.

Arnoldi D, Stewart R K, Boivin G. 1991. Field survey and laboratory evaluation of the predator complex of *Lygus lineolaris* and *Lygocoris communis* (Hemiptera: Miridae) in apple orchards [J]. Journal of Economic Entomology, 84: 830-836.

Badenhausser I, Cordeau S. 2012. Sown grass strip—A stable habitat for grasshoppers (Orthoptera: Acrididae) in dynamic agricultural landscapes [J]. Agriculture, Ecosystems & Environment, 159: 105-111.

Berberet R C, Mcnew R W. 1986. Reduction in yield and quality of leaf and stem components of alfalfa forage due todamage by larvae of (Coleoptera: Curculionidae) *Hypera postica* [J]. Journal of Economic Entomology, 79: 212-218.

Bickoff E M, Loper G D, Hanson C H, et al. 1967. Effect of common leaf spot on coum-estans and flavones in alfalfa [J]. Crop Science, 7: 259-261.

Block W, Li H C, Worland R. 1995. Parameters of cold resistance in eggs of three species of grasshoppers from Inner Mongolia [J]. Cryoletters, 16 (2): 73-78.

Bogij V I, Wittenberg K M, Smith S R. 1996. Post-harvest fungal resistance in Alfalfa: cultivar response and mechanisms [J]. NAAIC (1): 55.

Boivin G, LeBlanc J P R, Adams J A. 1991. Spatial dispersion and sequential sampling plan for the tarnished plant bug (Hemiptera: Miridae) on celery [J]. Journal of Economic Entomology, 84: 158-164.

Chen F, Ou X H, Mao B Y. 2000. The optimum division for the vertical distribution of Acridoidea insects of the Cangshan moutain in west Yunnan, China [J]. Entomologia Sinica, 7 (3): 227-234.

Chen H H, Zhao Y X, Kang L. 2004. Comparison of the olfactory sensitivity of two sympatric steppe grasshopper species (Orthoptera: Acrididae) to plant volatile compounds [J]. Science in China Series C: Life Sciences, 47 (2): 115-123.

Chen H H, Kang L. 2000. Olfactory responses of two species of grasshoppers to plant odours [J]. Entomologia Experimentalis et Applicata, 95 (2): 129-134.

Chen J, Li J, Yang L Q, et al. 2012. Biological activities of flavonoids from pathogenic-infected *Astragalus adsurgens* [J]. Food Chemistry, 131: 546-551.

Chen Y L, Zhang D E. 1999. Historical evidence for population dynamics of Tibetan migratory Locust and the forcast of its outbreak［J］. Entomologia Sinica，6（2）：135 - 145.

Chen Y L. 1999. The locust and grasshopper pests of China［M］. Beijing：China Forestry Publishing House：48 - 50.

Chen Y L. 2000. The control and ecological management of locusts and grasshoppers recurrence［J］. Bulletin of the Chinese Academyof Sciences，5：341 - 345.

Cheng T M，Liang L C. 1963. A preliminary survey of grasshoppers of Shensi provience［J］. Acta Zoologica Sinica，3（14）：23.

Cherry A J，Jenkins N E，Heviefo G，et al. 1999. Operational and economic analysis of a West African pilotscale production plant for aerial conidia of *Metarhizium* spp. for use as a Mycoinsecticide against locusts and grasshoppers［J］. Biocontrol Science and Technology，9（1）：36 - 51.

Cherry A J，Jenkins N E，Heviefo G，et al. 1999. Operational and economic analysis of a West African pilot - scale production plant for aerial conidia of *Metarhizium* spp. For use as a Mycoinsecticide against locusts and grasshoppers［J］. Biocontrol Science and Technology，9：36 - 51.

Coles L W，Day W H. 1977. The fecundity of *Hypera postica* from three locations in the eastern United States［J］. Environmental Entomology（6）：211 - 212.

Day W H. 1987. Biological control efforts against Lygus and Adelphocoris spp. infesting alfalfa in the United States with notes on other associated mirid species［J］. United States Department of Agriculture—Agricultural Research Service—ARS，64：20 - 39.

Day W H. 1996. Evaluation of biological control of the tarnished plant bug（Hemiptera：Miridae）in alfalfa by the introduced parasite *Peristenus digoneutis*（Hymenoptera：Braconidae）［J］. Environmental Entomology，25：512 - 518.

DeLoach C J，Lewis F A，Her John C，et al. 2003. Host specificity of a leaf beetle，*Diorhabda elongata deserticola*（Coleoptera：Chrysomelidae）from Asia，for biological control of Saltcedar（Tamarix，Tamaricacacea）in the western United States［J］. Biological Control，27：117 - 147.

Dokhtouroff W. 1887. Description de deux coléoptères nouveaux de la faune aralo - caspienne［J］. Horae Societatis Entomologicae Rossicae，21：344 - 345.

Dysart R J. 1988. Establishment in the United States of *Peridesmia discus*（Hymenoptera：Pteromalidae），egg predator of the alfalfa weevil（Coleoptera：Curculionidae）［J］. Environmental Entomology，17：409 - 411.

Edward B R，Kathy L F. 1998. Biological control of alfalfa weevil in North America［J］. Integrated Pest management Review（3）：225 - 242.

Escherich K L. 1889a. Beschreibung einer neuen deutschen Meloë - Art und mehrerer Varietäten［J］. Wiener Entomologische Zeitung，8：105 - 106.

Escherich K L. 1889b. Meloë Reitteri，eine neue russische Meloë - Art［J］. Wiener Entomologische Zeitung，8：112.

Escherich K L. 1904. Neue paläarktische Meloiden aus der F. Hauser'schen Sammlung［J］. Münchener Entomologische Zeitschrift，2：30 - 36.

Feng H T，Huang Y J，Hsu J C，2000. Insecticide susceptibility of cabbage flea beetle *Phyllotreta striolata*（Fabricius）in Taiwan［J］. Plant Protection Bulletin（Taipei），42（1）：67 - 72.

Frivaldszky J. 1892. Coleoptera in expeditione D. Comitis Bolae Széchenyi in China，praecipuae boreali，a Dominus Gustavo Kreitner et Ludovico Loczy，anno 1879 collecta. Pars seconda［J］. Természetrajzi Füzetek，15：114 - 125.

Geottel M S，Jaronski S T. 1997. Safety and registration of microbial agents for control of grasshoppers and locusts［J］. Memoirs of the Entomological Society of Canada，129：83 - 99.

Geottel M S，Johnson D L. 1997. Microbial Control of Grasshoppers and Locusts［J］. Memoirs of the Entomological Society of Canada，1 - 400.

Gray S M，Banerjee N. 1999. Mechanisms of arthropod transmission of plant and animal viruses［J］. Microbiology and Molecular Biology Reviews，63：128 - 148.

Gunn D L. 1960. The biological background of locust control［J］. Annual Review of Entomology，5：279 - 300.

Hao S G，Kang L. 2004. Postdiapause development and hatching rate of three grasshopper species（Orthoptera：Acrididae）in Inner Mongolia［J］. Environmental Entomology，33（6）：1528 - 1534.

Hao S G，Kang L. 2004. Supercooling capacity and cold hardiness of the eggs of the grasshopper *Chorthippus fallax*（Orthoptera：Acrididae）［J］. European Journal of Entomology，101（2）：231 - 236.

Holling C S. 1959. Some characteristics of simple types of predation and parasitism［J］. Canadian Entomologist，91：385 - 395.

Hsiao T H. 1986. Alfalfa weevil biotype problem in relation to biological control［C］//Report 30th North American Alfalfa Improvement Conference：34.

Inch M J, Irwin J A G, Bray R A. 1993. Season variation in Lucerne foliar diseases and cultivar reaction to leaf spot pathogens in the field in southern Queensland [J]. Australian Journal of Experimental Agriculture, 33 (3): 343 - 348.

Irshad M. 1997. *Shirakiacris shirakii*, a new pest of paddy in Pakistan [J]. International Rice Research Newsletter, 2 (5): 18.

Kamali K, Soleiman Nejadian E, Bishop G W. 1978. Biology of the Egyptian alfalfa weevil in Khuzestan, southwestern province of Iran [J]. Annals of the Entomological Society of America, 71 (2): 196 - 198.

Kang L, Chen Y L. 2008. Dynamics of grasshopper communities under different grazing intensities in Inner Mongolian steppes [J]. Insect Science, 2 (3): 265 - 281.

Kekarainen T, Savilahti H, Valkonen J. 2002. Functional genomics on potato virus avirus genome - wide map of sites essential for virus propagation [J]. Genome Research, 12: 584 - 594.

Key K H L. 1967. The type material of *Aiolopus tamulus* (F.) (Orthoptera: acrididae) [J]. Australian Journal of Entomology, 6 (1): 69 - 70.

Kim T W, Kim J I. 2005. Taxonomic study of Korean Oedipodinae (Orthoptera: Caelifera: Acrididae) [J]. Entomological Research, 35 (2): 85 - 93.

Kurtesh P, Manfred R. 1988. Light and electron microscope studies on two new diseases in natural populations of the desert locust, *Schistocerca gregaria*, and the grassland locust, *Chortipes* sp., caused by two entomopoxviruses [J]. Journal of Invertebrate Pathology, 51 (3): 281 - 283.

Lanjar A G, Talpur M A, Khuhro R D, et al. 2002. Occurrence and abundance of grass hopper species on rice [J]. Pakistan Journal of Applied Sciences, 2 (7): 763 - 767.

Lewis P A, DeLoach C J, Knutson A E, et al. 2003. Biology of *Diorhabda elongata deserticola* (Coleoptera: Chrysomelidae), an Asian leaf beetle for biological control of saltcedar (Tamarix spp.) in the United States [J]. Biological Control, 27: 101 - 116.

Li Y Z, Nan Z B, Hou F J. 2007. The roles of an *Embellisia* sp. causing yellow stunt and root rot of *Astragalus adsurgens* and other fungi in the decline of legume pastures in northern China [J]. Australasian Plant Pathology (36): 397 - 402.

Li Y Z, Nan Z B. 2007a. A new species, *Embellisia astragali* sp. nov., causing standing milk - vetch disease in China [J]. Mycologia, 99 (3): 406 - 411.

Li Y Z, Nan Z B. 2007b. Symptomology and etiology of a new disease, yellow stunt, and root rot of standing milkvetch caused by *Embellisia* sp. in Northern China [J]. Mycopathologia, 163 (6): 327 - 334.

Li Y Z, Nan Z B. 2008. First report of yellow stunt and root rot of standing milkvetch caused by *Embellisia* sp. from China [J]. Plant Pathology, 57 (4): 780.

Li Y Z, Nan Z B. 2009. Nutritional study on *Embellisia astragali*, a fungal pathogen of milk vetch (*Astragalus adsurgens*) [J]. Antonie Van Leeuwenhoek, 95 (3): 275 - 284.

Liang Y, Li C J, Nan Z B, et al. 2012. Neotyphodium gansuense symbiotic within Achna - therum inebrians produces clinical symptoms and physiological effects on small - tailed Han sheep (*Ovis aries*) [R]. Proceedings of 8th International Symposium on Fungal Endophyte of Grasses.

Liu C Z, Zhou S R, Yan L, et al. 2007. Competition among the adults of three grasshoppers on an alpine grassland [J]. Journal of Applied Entomology, 131 (3): 153 - 159.

Liu J, Zhu X W, Wang R Q, et al. 2005. Effects of grasshoppers on the dominant plants naturally growing in degraded grassland ecosystem in Northern China [J]. Ekológia, 24 (2): 117 - 124.

Lockwood J A, 1993. Environmental issues involved in biological control of grassland grasshoppers (Orthoptera: Acrididae) with exotic agent [J]. Environmental Entomology, 22: 503 - 518.

Lockwood J A, Latchininsky A V, Sergeev M G. 2000. Grasshoppers and grassland health. Managing Grasshopper Outbreaks without Rrisking Environmental Disaster [M]. Netherlands: Kluver Academic Publishers.

Lockwood J A, Li H C, Dodd J L, et al. 1994. Comparison of grasshopper ecology on the grassland of the Asian steppe in Inner Mongolia and the Great plains of North America [J]. Journal of Orthoptera Research, 3 (2): 4 - 14.

Lockwood J A. 1993. Environmental issues involved in biological control of grassland grasshoppers (Orthoptera: acrididae) with exotic agent [J]. Environmental Entomology, 22 (3): 503 - 518.

Loper G M, Hanson C H, Graham J H. 1967. Coumestrol content of alfalfa as affected by selection for resistance to foliar diseases [J]. Crop Science, 7: 189 - 192.

Lu Y H, Qiu F, Feng H Q, et al. 2008. Species composition and seasonal abundance of pestiferous plant bugs (Hemiptera: Miridae) on Bt cotton in China [J]. Crop Protection, 27 (3 - 5): 465 - 472.

Lu Y H，Wu K M，Guo Y Y. 2007. Flight potential of *Lygus lucorum*（Meyer‐Dür）（Heteroptera：Miridae）［J］. Environmental Entomology，36（5）：1007‐1013.

Lu Y H，Wu K M，Jiang Y Y，et al. 2010. Mirid bug outbreaks in multiple crops correlated with wide‐scale adoption of Bt cotton in China［J］. Science，328（5982）：1151‐1154.

Lu Y H，Wu K M，Wyckhuys K A G，et al. 2009. Potential of mungbean，Vigna radiatus as a trap crop for managing *Apolygus lucorum*（Hemiptera：Miridae）on Bt cotton［J］. Crop Protection，28（1）：77‐81.

Lu Y H，Wu K M，Wyckhuys K A G，et al. 2010a. Overwintering hosts of *Apolygus lucorum*（Hemiptera：Miridae）in northern China［J］. Crop Protection，29（9）：1026‐1033.

Lu Y H，Wu K M，Wyckhuys K A G，et al. 2010b. Temperature‐dependent life history of the green plant bug，*Apolygus lucorum*（Meyer‐Dür）（Hemiptera：Miridae）［J］. Applied Entomology and Zoology，45（3）：387‐393.

Lu Y H，Wu K M. 2011. Effect of relative humidity on population growth of *Apolygus lucorum*（Heteroptera：Miridae）［J］. Applied Entomology and Zoology，46（3）：421‐427.

Mark A O，Anthony J. 1998. Stage‐based mortality of grassland grasshoppers（Acrididae）from wandering spider（Lycosidae）predation［J］. Acta Oecologica，19（6）：507‐515.

Megumi S，Masami O，Akinor S，et al. 2005. Establishiment of Bathplectes anurus（Hymenoptera：Ichneumonidae），a larvae parasitoid of the alfalfa weevil，Hypera postica（Coleoptera：Curculionidae）in Japan［J］. Biological Contral，34：144‐151.

Mehdi M A，Fahimeh H P. 2010. A contribution to the snout beetles fauna of Khorasan province in Iran（Coleoptera：Curculionoidea）［J］. Munis Entomology & Zoology Journal，5（2）：623‐626.

Men X Y，Ge F，Edwards C A，et al. 2005. The influence of pesticide applications on Helicoverpa arm igera Hubner and sucking pests in transgenic Bt cotton and non‐transgenic cotton in China［J］. Crop Protection，24（4）：319‐324.

Michaud O D，Boivin G，Stewart R K. 1989. Economic threshold for tarnished plant bug（Hemiptera：Miridae）in apple orchards［J］. Journal of Economal Entomology，82：1722‐1728.

Morgan W C，Parbery D G. 1977. Effects of *Pseudopeziza* leaf spot disease on growth and yield in lucerne［J］. Australian Journal of Agricultural Research，28（6）：1029‐1040.

Mousseau T A，Dingle H. 1991. Maternal effects in insect life histories［J］. Annual Review of Entomology，36：511‐534.

Narvaez‐Vasguez J，Lorozco‐Cardenas M L，Ryan C A. 1992. Differential expression of chime rice CaMV‐tomato proteinase inhibitor Ⅰ gene in leaves of transformed nightshade，tobacco and alfalfa plants［J］. Plant Molecular Biology，20：1149‐1157.

Nielson M W. 1976. Dispause in the alfalfa seed chalcid，Bruchophagus roddi（Gussakovsky）in relation to natural photoperiod［J］. Environmental Entomology，5（1）：1，123‐127.

Olivier A G. 1811. Encyclopédie méthodique，ou par ordre de matières；par une société de gens de lettres，de savans et d'artistes；précédée d'un vocubulaire universel，servant de table pour tout l'ouvrage；ornée des portraits de Mm. Diderot & d'Alember，premiers éditeurs de l'Encyclopédie［M］. Histoire naturelle. Insectes. Tome huitième. Paris：H. Agasse.

Pallas P S. 1782. Icones insectorum praesertim Rossiae Sibiriaeque peculiarum quae collegit et descritionibus illustravit. Fasciculus secundus［M］. Erlangae：W. Waltheri，57‐96；pls A‐F.

Pic M. 1896. Descriptions et notes diverses. L'Échange［J］. Revue Linnéenne，12：61‐62.

Pic M. 1897. Excursion entomologique dans le sud de l'Algérie［J］. Miscellanea Entomologica，5：2‐3，35‐38.

Pic M. 1919. Notes diverses，descriptions et diagnoses（Suite）［J］. L'Échange，Revue Linnéenne，35：17‐20，21‐22.

Pic M. 1920. Notes diverses，descriptions et diagnoses（Suite）［J］. L'Échange，Revue Linnéenne，36：13.

Pic M. 1930. Notes diverses，nouveautes［J］. L'Échange；Revue Linnéenne，46：1‐3.

Prashar H K，Dhaliwal J S. 1984. Biology of lucerne seed chalcid，*Bruchophagus roddi* Gussakovsky（Hymenoptera：Euryomidae）［J］. Indian Journal of Agricultural Sciences，54（10）：10，935‐940.

Pree D J. 1985. Control of tarnished plant bug *Lygus lineolaris* Palisot de Beauvois on peaches［J］. Canadian Entomologist，117：327‐331.

Quinn N A，Johnson P S，Butterfield C H，et al. 1993. Effect of grasshopper（Orthoptera：Acrididae）density and plant composition on growth and destruction of grasses［J］. Environmental entomology，22：993‐1002.

Reiche L J. 1866. Étude sur les epèces de mylabrides de la collection de L. Reiche；suivie d'une note sur le genre Trigonurus Mulsant et description d'une espèce nouvelle［J］. Annales de la Société Entomologique de France（4）：627‐642.

Reimer G，Pallas P S. 1781. Icones Insectorum praesertim Rossiae Sibiriaeque peculiarum quae collegit et descritionibus illustravit. Fasciculus primus［J］. Erlangae：W. Walther；1‐56.

Rhainds M, Taft T, English‐Loeb G, et al. 2002. Ecology and economic impact of two plant bugs (Hemiptera: Miridae) in commercial vineyards [J]. Journal of Econonmic Entomology, 95: 354‐359.

Schmiedekneck M. 1958. *Pseudopeziza medicaginis* (Lib.) Sacc., ein xerophiler pfanzenpathogener Ascomycet [J]. Naturwissenschaften, 45: 525.

Seiji T, Zhu D H. 2005. Outbreaks of the migratory locust *Locusta migratoria* (Orthoptera: Acrididae) and control in China [J]. Applied Entomology and Zoology, 40 (2): 257‐263.

Shi W P, Wang Y Y, Lv F, et al. 2009. Persistence of Paranosema (Nosema) locustae (Microsporidia: Nosematidae) among grasshopper (Orthoptera: Acrididae) populations in the Inner Mongolia Rangeland, China [J]. BioControl, 54 (1): 77‐84.

Skinner D Z, Stutevilla D L. 1995. Host range expansion of the alfalfa rust pathogen [J]. Plant Disease, 79: 456‐460.

Smiley R W, Dernoeden P H, Clarke B B. 2005. Compendium of turfgrass diseases [R]. St. Paul: APS Press.

Sneh B, Koncz C, Zilberstein A A. 1996. Synthetic Cry I gene, encoding a *Bacillus thuringiensis* delta‐endotoxin, confers Spodoptera resistance in alfalfa and tobacco [J]. Proceedings of the National Academy of Sciences of USA, 93: 15012‐15022.

Stream F A, Ahjahan M, Masurier H G. 1968. Influence of plants on the parasitization of the tarnished plant bug by Leiophron pallipes [J]. Journal of Economic Entomology, 61 (4): 996‐999.

Sumakov G G. 1915. Les espéces paléarctiques du genre Mylabris Fabr. (Coleoptera: Meloidae) [J]. Horae Societatis Entomologicae Rossicae, 42: 1‐71.

Thomas J C, Wasmanm C C, Echt C, et al. 1994. Introduction and expression of insect proteinase inhibitor in alfalfa (Medicago sativa L.) [J]. Plant Cell Reports, 14: 31‐36.

Thomas P K. 2000. Population dynamics, mortality factors and pest status of alfalfa weevil in Virginia [D]. Virginia: Virginia University.

Thyr B D, Leath K T, Hill R R, et al. 1984. Registration of common leaf spot‐resistant winter hardy alfalfa germplasms BIC‐6 CLS‐5, MSE6 CLS6, MSF6 CLS6 and Washington SNI CLS4 [J]. Crop Science, 24 (2): 388.

Tim G, Mark H. 2009. Does microclimate affect grasshopper populations after cutting of hay in improved grassland [J]. Journal of Insect Conservation, 13 (1): 97‐102.

Tristão B. 2007. Scarabaeoidea (Coleoptera) of Portugal: genus‐group names and their type species [J]. Zootaxa, 1453: 1‐31.

Von Gebler F A. 1829a. Bemerkungen über die Insekten Sibiriens, vorzüglich des Altai. [Part 3] [M] //Reise durch das Altai‐Gebirge und die soongorische Kirgisen‐Steppe. Auf Kosten der Kaiserlichen Universität Dorpat unternommen im Jahre 1826 in Begleitung der Herren D. Carl Anton.

Whisler H C, Zebold S L, Shemanchuk J A. 1975. Life history of *Coelomomyces psorophorae* [J]. Proceeding of the National Academy of Sciences of the United States of America, 72 (2): 693‐696.

Wu H H, Liu J Y, Zhang R, et al. 2001. Biochemical effects of acute phoxim administration on antioxidant system and acetylcholinesterase in *Oxya chinensis* (Thunberg) (Orthoptera: Acrididae) [J]. Pesticide Biochemistry and Physiology, 100 (1): 23‐26.

Wu H H, Zhang R, Liu J Y, et al. 2011. Effects of malathion and chlorpyrifos on acetylcholinesterase and antioxidant defense system in Oxya chinensis (Thunberg) (Orthoptera: Acrididae) [J]. Chemosphere, 83 (4): 599‐604.

Wu K, Li W, Feng H, et al. 2002. Seasonal abundance of the mireds, *Lygus lucorum* and *Adelphocoris* spp. (Hemiptera: Miridae) on Bt cotton in northern China [J]. Crop Protection, 21: 997‐1002.

Young O P. 1986. Host plants of the tarnished plant bug, *Lygus lineolaris* (Heteroptera: Miridae) [J]. Annals of the Entomological Society of America, 79: 747‐762.

Zhang Q H, Ma J H, Yang Q Q, et al. 2011. Olfactory and visual responses of the longlegged chafer Hoplia spectabilis Medvedev (Coleoptera: Scarabaeidae) in Qinghai Province, China [J]. Pest Management Science, 67 (2): 162‐169.

Zhang X X, Li C J, Nan Z B. 2011. Effects of salt and drought stress on alkaloid production in endophyte‐infected drunken horse grass (*Achnatherum inebrians*) [J]. Biochemical Systematics and Ecology, 39 (4‐6): 471‐476.

Zhao Y X, Hao S G, Kang L. 2005. Variations in the embryonic stages of overwintering eggs of eight grasshopper species (Orthoptera: Acrididae) in Inner Mongolian grasslands [J]. Zoological Studies, 44 (4): 536‐542.

Иоаннисани Т Г. 1972. Жуки‐долгоносики (Coleoptera, Curculionoidea) [J]. Белоруссии. Мн. Наука и техника. 231.

第22单元 牧草病虫害

彩图22-1-1 苜蓿镰孢菌根腐病症状
（李彦忠提供，2013）

Colour Figure 22-1-1 Symptoms of alfalfa root rot
caused by *Fusarium* spp.
(by Li Yanzhong，2013)

1. 根皮层腐烂（箭头示处）
2. 根中柱腐烂（箭头示处）
3. 根髓部腐烂空腔
4. 根颈腐烂部位产生霉层（镰孢菌的菌丝及分生孢子）
5. 健康植株（二龄春季返青期）
6. 健康植株与死亡植株对照（四龄开花结荚期，中间为
死亡植株，主根完好而根颈腐烂，
两旁两株为健康植株）

彩图22-2-1 苜蓿褐斑病症状与病原
（袁庆华提供）

Colour Figure 22-2-1 Symptoms
of alfalfa common leaf spot and
Pseudopeziza medicaginis
(by Yuan Qinghua)

1. 田间苗期症状 2. 叶片上的病斑
3. 子囊盘、子囊和子囊孢子
4. 子囊 5. 子囊孢子

彩图22-3-1 苜蓿霜霉病症状及病原（1和2.李彦忠提供；3和4.李春杰提供，1993）
Colour Figure 22-3-1 Symptoms of alfalfa downy mildew and *Peronospora* spp. (1 and 2. by Li Yanzhong; 3 and 4. by Li Chunjie，1993)
1. 植株上部叶片褪绿黄化及边缘病斑 2. 叶柄及叶片基部受害状 3. 苜蓿霜霉形态 4. 罗马尼亚霜霉形态

1. 叶片正面褐色病斑　2. 叶片正面病斑放大
3. 叶片背面霉层　4. 霉层放大　5. 粉孢子及分生孢子梗
6. 闭囊壳、子囊和子囊孢子

彩图22-5-1　苜蓿锈病症状及病原（李彦忠提供）
Colour Figure 22-5-1　Symptoms of alfalfa rust and *Uromyces striatus* (by Li Yanzhong)
1. 植株发病（箭头示锈病侵染叶片）
2. 叶背的夏孢子堆　3. 夏孢子和冬孢子

彩图22-6-1　沙打旺黄矮根腐病室
内接种症状（李彦忠提供）
Colour Figure 22-6-1　Symptoms of yellow stunt and root rot of *Astragalus adsurgens* caused by *Embellisia astragali* with artificial inoculation (by Li Yanzhong)
1. 复叶上的症状　2. 小叶上的症状
3. 新枝上的症状
4. 植株基部增生枝条及其叶片上的症状
5. 增生侧枝死亡
6. 发病小叶干枯症状
7. 主枝上增生侧枝　8. 茎基部增生芽
9. 主根　10. 主根皮层和中柱
11. 主根中柱症状　12. 主根皮层症状

彩图 22-6-2 沙打旺黄矮根腐病田间症状
（李彦忠提供）
Colour Figure 22-6-2
Symptoms of yellow stunt and root rot of standing milk-vetch caused by *Embellisia astragali* in natural condition (fields) (by Li Yanzhong)

1. 6 龄田间发病症状
2. 左：全部枝条矮化病株，右：健康植株
3. 部分枝条发病而其他枝条健康
4. 健康茎秆
5. 病枝茎秆变褐色或紫红色
6. 病株矮化，增生大量侧枝

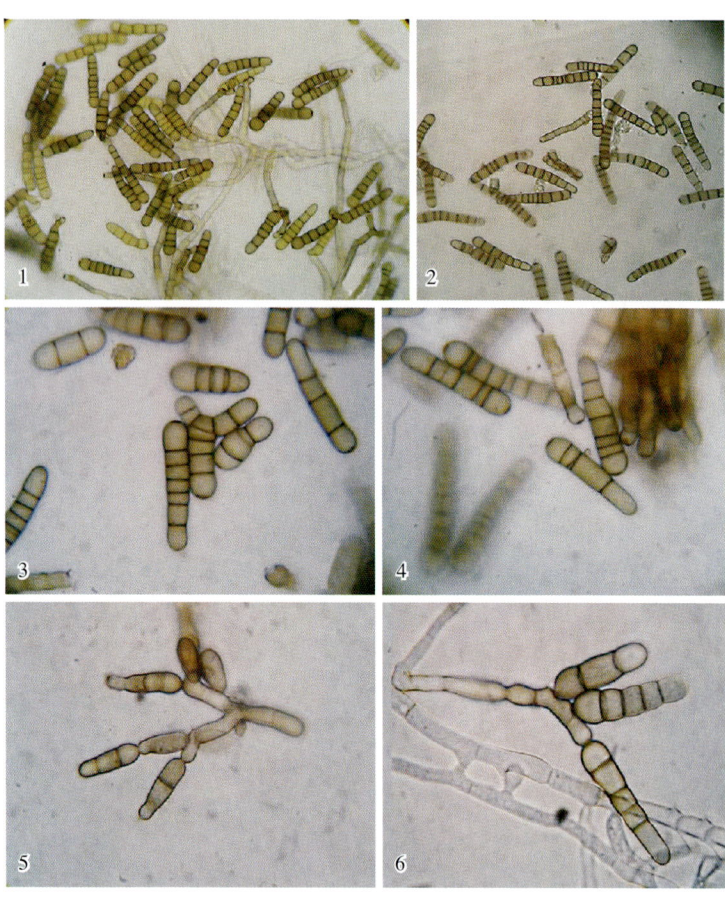

彩图 22-6-3 黄芪埃里格孢分生孢子梗和分生孢子形态特征
（李彦忠提供）

Colour Figure 22-6-3 Morphology of conidia and conidiphore of *Embellisia astragali* (by Li Yanzhong)

1. 胡萝卜琼脂（PCA）培养基上 1 周时的初生产孢 2. 死亡植株上产生的分生孢子和分生孢子梗 3. 死亡植株上产生的 Y 形孢子 4. 死亡植株上产生的斜隔孢子和两边不对称孢子 5. 马铃薯葡萄糖琼脂（PDA）培养基上培养的菌落初生产孢和次生产孢（链生）（示次生孢子与初生孢子之间的结构，即次生分生孢子梗）
6. 分生孢子的合轴式延伸

彩图 22-8-1 平脐蠕孢侵染引起的早熟禾叶枯（1）和根腐（2）症状（商鸿生提供）

Colour Figure 22-8-1 Symptoms of *Poa annua* leaf blight (1), root rot and crown rot (2) caused by *Bipolaris sorokiniana* (by Shang Hongsheng)

彩图22-9-1　禾草全蚀病症状
（商鸿生提供）
Colour Figure 22-9-1　Take-all symptom
of *Cynodon dactylon* and take-all patch of
Agrostis matsumurae
(by Shang Hongsheng)
1. 狗牙根全蚀病症状
2. 全蚀病引起的剪股颖草地衰退

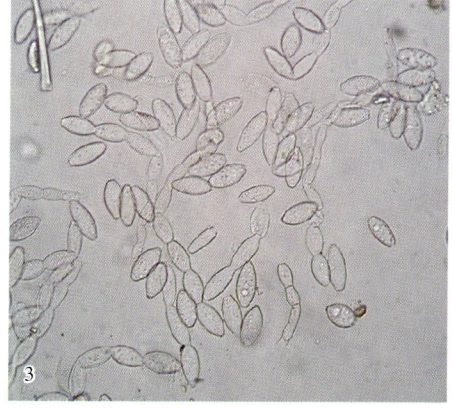

彩图22-10-1　披碱草白粉病症状及其病原的
分生孢子（李彦忠提供）
Colour Figure 22-10-1　Symptoms and conidia
of powdery mildew of *Elymus dahuricus*
(by Li Yanzhong)
1. 植株上发病症状　2. 叶片正面霉层
3. 分生孢子　4. 叶片背面霉层

彩图22-12-1　冰草条黑粉菌（*Urocystis
agropyri*）侵染症状及病原（李彦忠提供）
Colour Figure 22-12-1　Symptoms of
Agropyron cristatum stripe smut and *Urocystis
agropyri* (by Li Yanzhong)
1. 发病初期症状　2. 发病后期症状　3. 冬孢子

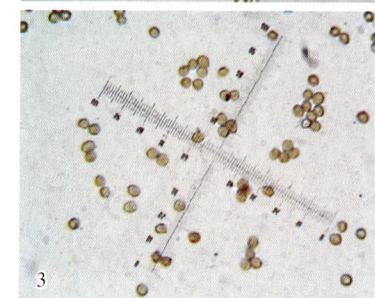

彩图22-13-1　黑条小车蝗成虫（赵莉摄）
Colour Figure 22-13-1　*Oedaleus decorus decorus* adult
(by Zhao Li)

1287 >>

彩图22-14-1 黄胫小车蝗（董辉提供）
Colour Figure 22-14-1 *Oedaleus infernalis*（by Dong Hui）
1. 雄成虫 2. 雌成虫 3. 蝗蝻

彩图22-16-1 朱腿痂蝗雄成虫
（仿陈永林，1979）
Colour Figure 22-16-1
Bryodema gebleri gebleri adult-male
(from Chen Yonglin,1979)

彩图22-17-1 花胫绿纹蝗成虫
（仿车晋滇，2005）
Colour Figure 22-17-1 The adult of
Aiolopus tamulus
(from Che Jindian, 2005)

彩图22-17-2 花胫绿纹蝗蝗蝻
（仿车晋滇，2005）
Colour Figure 22-17-2 The nymph of
Aiolopus tamulus
(from Che Jindian, 2005)

彩图22-17-3 花胫绿纹蝗取食
（仿车晋滇，2005）
Colour Figure 22-17-3 *Aiolopus
tamulus* feeding
(from Che Jindian, 2005)

彩图22-18-1 意大利蝗侧面观
（高松提供）
Colour Figure 22-18-1 The side view of
Calliptamus italicus
（by Gao Song）

彩图22-18-2 意大利蝗背面观
（高松提供）
Colour Figure 22-18-2 The dorsal view
of *Calliptamus italicus*
（by Gao Song）

彩图22-18-3　意大利蝗三龄蝗蛹
（高松提供）
Colour Figure 22-18-3　The 3rd instar
nymph of *Calliptamus italicus*
（by Gao Song）

彩图22-18-4　意大利蝗五龄蝗蛹
（高松提供）
Colour Figure 22-18-4　The 5th instar
nymph of *Calliptamus italicus*
（by Gao Song）

彩图22-18-5　意大利蝗交尾
（高松提供）
Colour Figure 22-18-5　The mating of
Calliptamus italicus
（by Gao Song）

彩图22-18-6　意大利蝗发生状况（高松提供）
Colour Figure 22-18-6　The occurrence of *Calliptamus italicus*
（by Gao Song）

彩图22-20-1　长翅素木蝗蝗蛹
（仿车晋滇，2005）
Colour Figure 22-20-1　The nymph of
Shirakiacris shirakii
(from Che Jindian, 2005)

彩图22-20-2　长翅素木蝗交配状
（仿车晋滇，2005）
Colour Figure 22-20-2　The mating of
Shirakiacris shirakii
(from Che Jindian, 2005)

彩图22-21-1　日本黄脊蝗成虫（仿车晋滇，2005）
Colour Figure 22-21-1　Adult of *Patanga japonica*
(from Che Jindian, 2005)

彩图22-22-1 西伯利亚蝗田间为害状（吴建国提供）
Colour Figure 22-22-1
The damage symptoms of
Gomphocerus sibiricus in field
（by Wu Jianguo）

彩图22-22-2 西伯利亚蝗成虫（仿农业部畜牧业司等，2010）
Colour Figure 22-22-2 Adult of *Gomphocerus sibiricus*
（from Animal Husbandry Department of the Ministry of
Agriculture et al., 2010）
1.展翅（雄性） 2.背面观（雄性）
3.背面观（雌性） 4.侧面观（雄性） 5.侧面观（雌性）

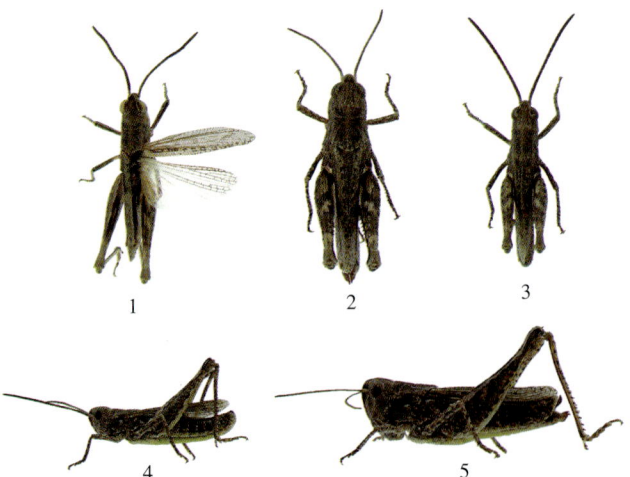

彩图22-23-1 狭翅雏蝗成虫（仿农业部畜牧业司等，2010）
Colour Figure 22-23-1 Adult of *Chorthippus dubius*
（from Animal Husbandry Department of the Ministry of
Agriculture et al., 2010）
1.展翅（雄性） 2.背面观（雌性） 3.背面观（雄性）
4.侧面观（雄性） 5.侧面观（雌性）

彩图22-24-1 小翅雏蝗成虫（仿车晋滇，2005）
Colour Figure 22-24-1 Adult of *Chorthippus fallax*
（from Che Jindian, 2005）
1.雄成虫 2.雌成虫

彩图22-24-2 小翅雏蝗成虫（仿农业部畜牧业司等，2010）
Colour Figure 22-24-2 Adult of *Chorthippus fallax*
（from Animal Husbandry Department of the Ministry of Agriculture et al., 2010）
1.展翅（雄性） 2.背面观（雌性） 3.背面观（雄性）
4.侧面观（雄性） 5.侧面观（雌性）

彩图22-25-1　邱氏异爪蝗（仿吴虎山等，2009）

Colour Figure 22-25-1　*Euchorthippus cheui* (from Wu Hushan et al., 2009)

1.展翅（雄性）　2.雌虫背面观　3.雄虫背面观　4.雄虫侧面观　5.雌虫侧面观

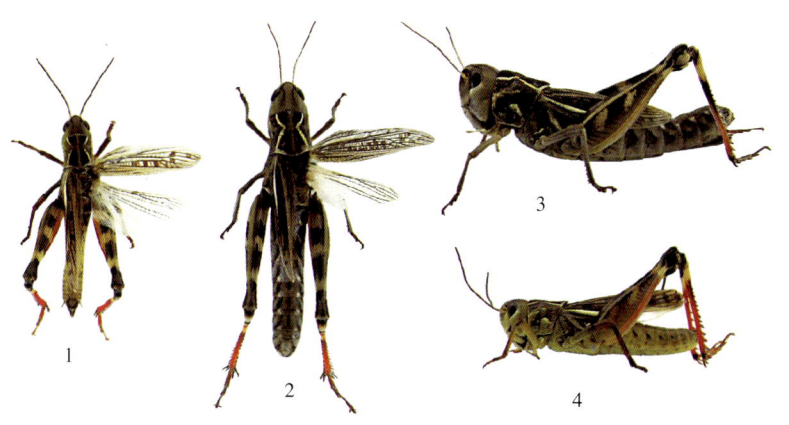

彩图22-26-1　宽翅曲背蝗成虫（引自农业部畜牧业司等，2010）

Colour Figure 22-26-1　Adult of *Pararcyptera microptera meridionalis*
(from Animal Husbandry Department of the Ministry of Agriculture et al., 2010）

1.雄虫背面观　2.雌虫背面观　3.雌虫侧面观　4.雄虫侧面观

彩图22-27-1　红胫戟纹蝗成虫（雌性）
（赵莉摄）

Colour Figure 22-27-1　Female adult of
Dociostaurus kraussi
(by Zhao Li)

彩图22-28-1　鼓翅皱膝蝗成虫（刘长仲摄）

Colour Figure 22-28-1　Adult of *Angaracris barabensis*（by Liu Changzhong）

1.雌成虫　2.雄成虫

彩图22-29-1　红翅皱膝蝗成虫（刘长仲摄）

Colour Figure 22-29-1　The adult of *Angaracris rhodopa*（by Liu Changzhong）

1.雌成虫　2.雄成虫

彩图 22-29-2 红翅皱膝蝗蝗蛹
（刘长仲摄）
Colour Figure 22-29-2
Nymph of *Angaracris rhodopa*
（by Liu Changzhong）

彩图 22-31-1 短额负蝗成虫（仿车晋滇，2005）
Colour Figure 22-31-1 The adult of *Atractomorpha sinensis*
（from Che Jindian, 2005）

彩图 22-31-2 短额负蝗成虫交配（仿车晋滇，2005）
Colour Figure 22-31-2 The mating of *Atractomorpha sinensis*（from Che Jindian, 2005）

彩图 22-32-1 中华剑角蝗（仿吴虎山等，2009）
Colour Figure 22-32-1 *Acrida cinerea* (from Wu Hushan et al., 2009)
1.展翅（雌性） 2.雄虫侧面观 3.雌虫背面观 4、5.雄虫背面观 6.雌性蝗蛹背面观 7.雌虫侧面观

彩图 22-34-1　草原毛虫为害状（王文峰摄）
Colour Figure 22-34-1　The damage symptoms of *Gynaephora* spp.
（by Wang Wenfeng）

彩图 22-34-2　草原毛虫雌成虫（王文峰摄）
Colour Figure 22-34-2　The female adult of
Gynaephora spp.（by Wang Wenfeng）

彩图 22-34-3　草原毛虫三龄幼虫
（王文峰摄）
Colour Figure 22-34-3　The 3rd instar
larva of *Gynaephora* spp.
（by Wang Wenfeng）

彩图 22-34-4　草原毛虫虫茧
（王文峰摄）
Colour Figure 22-34-4　Cocoom of
Gynaephora spp.
（by Wang Wenfeng）

彩图 22-35-1　新疆乌苏草原眩灯蛾暴发
（仿杨涛，2010）
Colour Figure 22-35-1　The scenes of
outbreak of *Lacydes spectabilis* in Wusu
Xinjiang（from Yang Tao, 2010）

彩图 22-35-3　眩灯蛾幼虫为
害棉苗状
（仿杨涛，2010）
Colour Figure 22-35-3
Larva of *Lacydes
spectabilis* damaging cotton
（from Yang Tao, 2010）

彩图 22-35-2　眩灯蛾（仿杨涛，2010）
Colour Figure 22-35-2　*Lacydes
spectabilis*（from Yang Tao, 2010）
1.成虫（上雌、下雄）　2.卵　3.蛹

彩图 22-36-1　白刺夜蛾成虫
（常明摄）
Colour Figure 22-36-1　The adult of
Leiometopon simyrides
（by Chang Ming）

彩图 22-36-2　白刺夜蛾卵块
（常明摄）
Colour Figure 22-36-2　The eggs of
Leiometopon simyrides
（by Chang Ming)

彩图 22-36-3　白刺夜蛾幼虫
（常明摄）
Colour Figure 22-36-3　The larvae of
Leiometopon simyrides
（by Chang Ming）

彩图 22-36-4　白刺夜蛾为害状
（常明摄）
Colour Figure 22-36-4　The damage
symptoms of *Leiometopon simyrides*
（by Chang Ming）

彩图 22-39-1　沙蒿金叶甲各虫态形态特征（1~7.高立原提供；8.仿农业部畜牧业司等，2010）
Colour Figure 22-39-1　Morphological characteristic of *Chrysolina aeruginosa*
（1~7. by Gao Liyuan; 8. from Animal Husbandry Department of the Ministry of Agriculture et al., 2010）
1.成虫　2.卵　3.一龄幼虫　4.二龄幼虫　5.三龄幼虫　6.四龄幼虫　7.蛹　8.田间为害状

彩图22-40-1 突颊侧琵甲成虫（赵莉摄）
Colour Figure 22-40-1 Adult of *Prosodes dilaticollis* (by Zhao Li)

彩图22-41-1 被明亮单爪鳃金龟为害的沙棘林（郭建蒲摄）
Colour Figure 22-41-1 Seabuckthorn forest damaged by *Hoplia spectabilis* (by Guo Jianpu)

彩图22-40-2 突颊侧琵甲幼虫（赵莉摄）
Colour Figure 22-40-2 Larva of *Prosodes dilaticollis* (by Zhao Li)

彩图22-41-2 明亮单爪
鳃金龟成虫形态
（农向群摄）
Colour Figure 22-41-2
Adult morphology of
Hoplia spectabilis
(by Nong Xiangqun)
1～3.虫体 4、5.触角
6～14.足

彩图 22-41-3 明亮单爪鳃金龟雄虫外生殖器形态
（郭建蒲摄）

Colour Figure 22-41-3 Male genitalia morphology of
Hoplia spectabilis (by Guo Jianpu)

彩图 22-41-4 明亮单爪鳃金龟卵的形态（农向群摄）
Colour Figure 22-41-4 Egg morphology of *Hoplia spectabilis*
（by Nong Xiangqun）

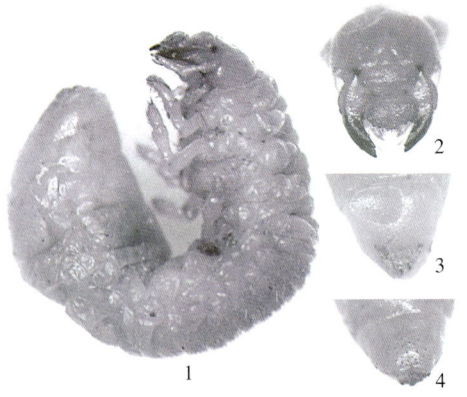

彩图 22-41-5 明亮单爪鳃金龟幼虫及其头部
和臀板形态 （郭建蒲摄）
Colour Figure 22-41-5 Larvae, head and hip
plates of *Hopia spectabilis* (by Guo Jianpu)
1.幼虫 2.头部 3、4.臀板

彩图 22-41-6 田间明亮单爪鳃金龟的卵、幼虫和蛹
（郭建蒲摄）
Colour Figure 22-41-6 Eggs, larvae and pupae of
Hoplia spectabilis in field
（by Guo Jianpu）
1.卵 2.一龄幼虫 3.二龄幼虫 4.三龄幼虫
5.初蛹 6.蛹

彩图 22-41-7 明亮单爪鳃金龟蛹形态
（郭建蒲摄）
Colour Figure 22-41-7 Pupa morphology of
Hoplia spectabilis (by Guo Jianpu)
1.背面观 2.侧面观 3.腹面观

彩图22-41-8　明亮单爪鳃金龟成虫取食（郭建蒲摄）
Colour Figure 22-41-8　Adult feeding of *Hoplia spectabilis* (by Guo Jianpu)

彩图22-41-9　明亮单爪鳃金龟成虫交配
（郭建蒲摄）
Colour Figure 22-41-9　Adult mating of *Hoplia spectabilis* (by Guo Jianpu)

彩图22-41-10　明亮单爪鳃金龟高密度发
生为害状（郭建蒲摄）
Colour Figure 22-41-10　Occurrence of
Hoplia spectabilis with high density
(by Guo Jianpu)

彩图22-42-1　紫苜蓿叶象的形态特征（赵莉摄）
Colour Figure 22-42-1　Morphology of *Hypera postica*
(by Zhao Li)
1.成虫　2.卵　3.幼虫　4.蛹和茧

彩图 22-42-2　紫苜蓿叶象为害苜蓿（赵莉摄）
Colour Figure 22-42-2　*Hypera postica* damaging alfalfa
(by Zhao Li)

彩图 22-43-1　苜蓿籽象幼虫、成虫及其为害状
（赵莉摄）
Colour Figure 22-43-1　The larvae，adult and damage
symptoms of *Tychius medicaginis*
(by Zhao Li)
1. 成虫　2. 幼虫　3、4. 为害状

彩图 22-44-1　中华豆芫菁雄成虫、雄虫
触角、雌虫触角
（1. 高立原提供；2 和 3. 仿李亚林，2010）
Colour Figure 22-44-1　Male adult，male
antenna，female antenna of *Epicauta chinensis*
(1. by Gao Liyuan; 2 and 3. from Li Yalin, 2010)
1. 成虫　2. 雄虫触角　3. 雌虫触角

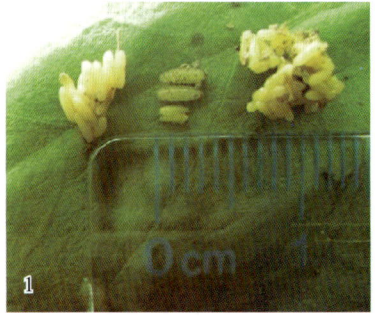

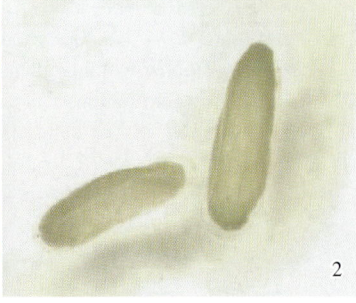

彩图 22-44-2　中华豆芫菁卵块、卵（仿李亚林，2010）
Colour Figure 22-44-2　Egg masses and single egg of *Epicauta chinensis*
（from Li Yalin, 2010）
1. 卵块　2. 卵

彩图22-44-3　中华豆芫菁一
　　　　　龄、五龄幼虫
（仿李亚林，2010）
Colour Figure 22-44-3
1st and 5th instar larvaes of
Epicauta chinensis
(from Li Yalin, 2010)
　1.一龄幼虫　2.五龄幼虫

彩图22-44-4　绿芫菁成虫
（高立原提供）
Colour Figure 22-44-4
The adult mating and damaging
caragana of *Lytta caraganae*
（by Gao Liyuan）

彩图22-44-5　苹斑芫菁和蒙古斑芫菁成虫（高立原提供）
Colour Figure 22-44-5　The adult of *Mylabris calida* and *Mylabris*
mongolica（by Gao Liyuan）
　1.苹斑芫菁　2.蒙古斑芫菁

彩图22-45-1　牧草盲蝽成虫（赵莉提供）
Colour Figure 22-45-1　Adult of *Lygus pratensis*
（by Zhao Li）

彩图22-48-1　巨膜长蝽为害西瓜苗（高立原摄）
Colour Figure 22-48-1 *Jakowleffia setulosa* damaging watermelon（by Gao Liyuan）

彩图22-48-3　巨膜长蝽交尾（高立原提供）
Colour Figure 22-48-3　Mating of *Jakowleffia setulosa*（by Gao Liyuan）

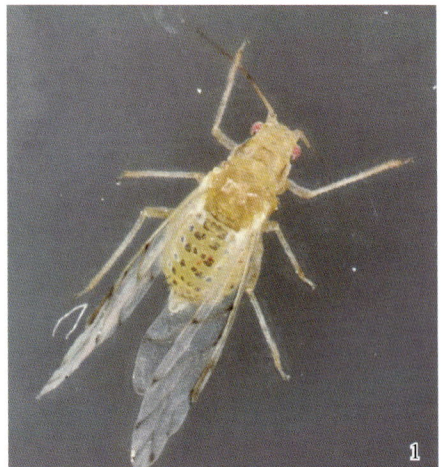

彩图22-48-2　巨膜长蝽各虫态形态特征（高立原摄）
Colour Figure 22-48-2　Morphology of *Jakowleffia setulosa*（by Gao Liyuan）
1.成虫　2.卵　3.一龄若虫　4.二龄若虫　5.三龄若虫

彩图22-49-1　苜蓿斑蚜有翅蚜和无翅蚜（高立原提供）
Colour Figure 22-49-1　The winged aphids and wingless aphids of *Therioaphis trifolii*（by Gao Liyuan）
1.有翅蚜　2.无翅蚜

彩图22-49-2 豌豆蚜红色型和绿色型（高立原提供）
Colour Figure 22-49-2 The red biotype and green biotype of *Acyrthosiphon pisum*（by Gao Liyuan）
1. 红色型 2. 绿色型

彩图22-49-3 苜蓿无网蚜和豆蚜（高立原提供）
Colour Figure 22-49-3 *Acyrthosiphon kondoi* and *Aphis craccivora*（by Gao Liyuan）
1. 苜蓿无网蚜 2. 豆蚜

彩图22-50-1 牛角花齿蓟马若虫、雌成虫、雄成虫及为害状（1～3. 引自陶志杰，2005；4和5. 贺春贵提供）
Colour Figure 22-50-1 The nymph，female adult，male adult and damage symptoms of *Odontothrips loti*
（1~3. from Tao Zhijie, 2005; 4 and 5. by He Chungui）
1. 雌成虫 2. 雄成虫 3. 若虫 4. 大田为害苜蓿叶片 5. 室内若虫及为害状

彩图22-50-2　花蓟马成虫及田间为害状（1. 仿贺春贵，2004；2. 胡桂馨提供）
Colour Figure 22-50-2　The adult and damage symptoms in the field of *Frankliniella intonsa*
(1. from He Chungui, 2004; 2. by Hu Guixin)
1. 成虫　2. 田间为害状

彩图22-50-3　烟蓟马成虫（胡桂馨提供）
Colour Figure 22-50-3　The adult of *Thrips tabaci*
（by Hu Guixin）
1. 背面观　2. 侧面观

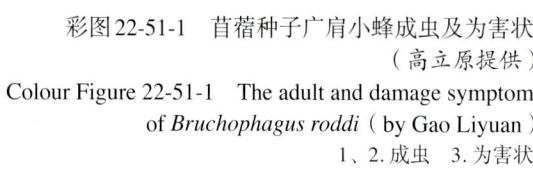

彩图22-51-1　苜蓿种子广肩小蜂成虫及为害状
（高立原提供）
Colour Figure 22-51-1　The adult and damage symptom
of *Bruchophagus roddi*（by Gao Liyuan）
1、2. 成虫　3. 为害状

第 23 单元　农田杂草

第 1 节　夏熟作物田杂草

一、野燕麦

学名：*Avena fatua* L.（禾本科）。别名燕麦草、乌麦。

1. 形态特征　一年生或越年生草本，株高 30～150cm。茎直立，具 2～4 节。叶鞘松弛，光滑或基部被柔毛；叶舌透明膜质，长 1～5mm。叶片条形，长 10～30cm，宽 4～12mm。圆锥花序开展呈塔形，长 10～25cm，分枝轮生，具棱，粗糙，小穗长 18～25mm，含 2～3 小花，小穗柄弯曲下垂，顶端膨胀；小穗轴节间密生淡棕色或白色硬毛，具关节，易断落；颖具 9 脉；外稃质地硬，下半部被淡棕色或白色硬毛，第一外稃长 15～20mm，基盘密生短鬃毛；芒自外稃中部稍下处伸出，长 2～4cm，膝曲，下部扭转，芒柱棕色。第二外稃与第一外稃相等，具芒。颖果纺锤形，被淡棕色柔毛，腹面具纵沟，长 6～8mm，宽 2～3mm。

幼苗第一叶宽条形，初时卷成筒状，展开后细长，扁平，两面被柔毛，第二至三叶宽条形。叶舌膜质，齿裂，较短。叶鞘被毛（彩图 23-1-1）。

2. 生物学特性　种子繁殖。种子发芽与本身的休眠特性、外界温度、土壤湿度及其在土壤中分布的深浅有关。由于种子具有"再休眠"的特性，故第一年在田间的发芽率一般不超过 50%，其余在以后的 3～4 年中陆续出土。种子发芽的适宜温度为 15～20℃，低于 10℃ 或高于 25℃ 都不利于萌发，气温达 35℃ 时萌发率很低，到 40℃ 时基本不萌发；适宜的土壤含水量为 17%～20%，种子需从土壤中吸收水分达到种子重量的 70% 才能发芽，若土壤含水量在 15% 以下或 50% 以上均较不利；适宜土层深度为 1.5～12cm，在深 20cm 以上土层中的种子出苗甚少。

野燕麦的发生期，在我国各地因气候差异而极不整齐，但可基本分为春麦区发生型和冬麦区发生型。春麦区发生型，野燕麦的生育期为 80～100d。一年有春、秋两个出苗季节，春季出苗多在 4～5 月，比小麦晚 4～8d，秋季出苗高峰在 9 月下旬前后。冬麦区发生型，野燕麦主要集中在 10～11 月萌发出苗，部分地区在翌春麦苗返青后的 3 月还能形成一次野燕麦出苗的小高峰。

野燕麦的繁殖力很强，结籽多，分蘖亦多。一般每株能结籽 410～530 粒，最多达 1 250～2 600 粒；每株可分蘖 15～25 个，最多达 64 个。籽粒可随麦种调运而扩散，通常每千克麦种含野燕麦籽粒 10～146 粒，在收获的小麦中野燕麦混杂率达 14% 以上；种子可随水流入田间，是灌区野燕麦向下游传播的重要途径；种子可混杂在未腐熟的农家肥中直接还田；小麦脱粒及扬、晒场地清捡出来的野燕麦籽粒，可随风雨再度进入路旁的农田。野燕麦种子还可借助长芒吸水与脱水而形成的伸屈作用移动到土壤缝隙中。

3. 分布与危害　在我国广泛分布于东北、华北、西北及河南、安徽、江苏、湖北、福建、西藏等地。野燕麦的适应性比较强，不论在山地或谷地，平原或绿洲；不论农田或荒野，田埂或沟边；不论在肥沃的壤土或瘠薄的沙土都能生长。所以在旱地发生面积较大。野燕麦生长在麦田，与麦类强烈争夺水、肥和阳光，是导致麦类生长不良、减产显著的一种恶性杂草。据统计，野燕麦在全国麦田发生的面积达 500 万 hm²，其中受害比较严重的面积为 160 万 hm²，每年因此损失粮食 17 亿 kg。野燕麦除了为害麦类还为害大豆、甜菜、亚麻、马铃薯、豌豆、蚕豆和油菜等作物。

二、看麦娘

学名：*Alopecurus aequalis* Sobol.（禾本科）。别名麦娘娘、棒槌草。

1. 形态特征 越年生或一年生草本，高 15～40cm。秆疏丛生。光滑，基部常膝曲。叶鞘短于节间；叶舌膜质，长 2～5mm；叶片扁平，长 3～10cm，宽 2～6mm。圆锥花序圆柱状，灰绿色，长 2～7cm，宽 3～6mm；小穗椭圆形或卵状长圆形，长 2～3mm；颖和外稃膜质，芒长 1.5～3.5mm；花药橙黄色。颖果长约 1mm，长椭圆形，淡棕色（彩图 23 - 1 - 2）。

幼苗第一片真叶呈带状披针形，长 1.5cm，具直出平行脉 3 条，叶鞘亦具 3 条脉，叶及叶鞘均光滑无毛，叶舌膜质，2～3 深裂，叶耳缺。

2. 生物学特性 种子繁殖。种子发芽的最低温度为 5℃，最适 15～20℃，高于 25℃多数不能萌发；适宜土壤含水量为 40%～45%，在此条件下不仅发芽率高，而且出苗多、长势好，低于 30%时发芽率低。种子较喜湿，埋在水田内的寿命比埋在旱田内长；适宜的土层深度为 0～5cm，尤以 0～2cm 发芽率最高。

看麦娘以幼苗或种子越冬，种子休眠期为 3～4 个月。在华北地区，2 月中、下旬即可发芽出土，5 月初开始抽穗、开花，5～6 月颖果成熟；在长江中下游地区，8 月底 9 月初开始出苗，10～11 月形成出苗高峰（翌年早春也有少量种子发芽出土），翌年 4 月底至 5 月初抽穗、开花（部分出苗早的植株冬前也可抽穗、开花），5 月中、下旬颖果成熟，全生育期 120～200d。

看麦娘繁殖力较强，一般春天出苗的植株，平均每穗结籽 38.5 粒；冬前出苗的植株，平均每穗结籽 197.1 粒。看麦娘种子主要通过水流传播，在下茬灌溉整田时，带稃种子漂浮在水面上随水流大量传播。种子也可混杂在麦种中、附着在农具或其他货物上，随交通工具远距离扩散。

3. 分布与危害 主要发生于我国长江流域、华东、西南、华南及陕西、山西、河北等地区，喜生于潮湿地及路边、沟旁，是麦田恶性杂草。麦收时看麦娘种子脱落田间，在土壤中越夏，种子量高达 3 万～5 万粒/m²。秋冬季节，种子随小麦播种陆续出苗，看麦娘密度可达 500～1 000 株/m²，与小麦争夺水、肥、光和生长空间，密度达 360 株/m²时，大约可使小麦减产 10%，草害严重的田块减产可达 50%以上。长江以南地区，大面积稻茬麦田看麦娘为害严重；华北地区，稻麦两熟的麦田近年亦遭其害。看麦娘还是稻叶蝉、稻蓟马等害虫的中间寄主。

三、日本看麦娘

学名：*Alopecurus japonicus* Steud.（禾本科）。

1. 形态特征 形态上与看麦娘的主要区别在于日本看麦娘圆锥花序较粗壮，小穗较大，长 5～6mm，芒较长，长 8～12mm，伸出颖外，中部稍膝曲。幼苗第一片真叶长 7～11cm，叶缘两侧有倒向刺状毛，叶舌膜质，三角状，顶端呈齿裂。在后期开花时，看麦娘花药呈橙黄色，日本看麦娘花药呈白色（彩图 23 - 1 - 3）。

2. 生物学特性 日本看麦娘的生物学特性基本上与看麦娘相同。以幼苗或种子越冬。在长江中下游地区，10 月下旬出苗，冬前可长出 5～6 叶，越冬后于 2 月中、下旬返青，3 月上、中旬拔节，4 月下旬至 5 月上旬抽穗开花（部分出苗早的植株冬前也可抽穗开花），5 月下旬颖果开始成熟，生育期 130～230d，比看麦娘长十多天。

日本看麦娘分蘖节多，分蘖期长。其分蘖位最低为主茎第一节，最高为第六节。冬前一次分蘖通常可达 2～3 个，并有二次分蘖出现。生育期单株分蘖约 7.7 个（其中冬前蘖占 45.5%），只有冬后三次分蘖难以成穗，总分蘖成穗率高达 80%～90%。单株连同分蘖平均结籽 759.81 粒，高于小麦 8～9 倍。

3. 分布与危害 在我国主要分布于长江中下游的湖北、安徽、江苏、上海、浙江及广东、河南及西北的陕西等地。多生长在稻区中性至微酸性黏土、壤土的低、湿麦田和荒地上。常和看麦娘混生，有时也成纯种群，局部地区发生数量大，常与牛繁缕、猪殃殃、大巢菜等构成群落，出现频率达 40%～100%，为害率达 25%～55%。据测定，在大麦单产 4 875kg/hm² 的条件下，每平方米有日本看麦娘 90～225 株，可使大麦减产 9.2%；在小麦单产 4 125kg/hm² 的条件下，每平方米有日本看麦娘 360 株以下，每增加 10 株减产 5.3kg。日本看麦娘除了为害麦类，也为害油菜、绿肥和蔬菜等作物。

四、萌草

学名：*Beckmannia syzigachne* (Steud.) Fern.（禾本科）。别名水稗子、大头稗草。

1. 形态特征 一年生或越年生草本，须根细软；叶鞘无毛，多长于节间，具较宽白色膜质边缘；叶片阔条形，长 5～20cm，宽 3～10cm；叶舌透明膜质，长 3～10mm；圆锥花序由贴生或斜的穗状花序组成，长 10～30cm；小穗近圆形，两侧压扁，或双行覆瓦状排列于穗轴一侧；颖半圆形，两颖对合，等长，背部灰绿色，草质或近革质，边缘质薄，白色，有 3 脉，顶端钝或锐尖，有淡绿色横纹；外稃披针形，有 5 脉，其短尖头伸出颖外；成熟时颖包裹颖果；花药黄色，长约 1mm；雄蕊 3 枚，花柱 2 枚；颖果极小，黄褐色，长圆形，长约 1.5mm，先端具丛生短毛（彩图 23 - 1 - 4）。

2. 生物学特性　种子繁殖。种子在 5～25℃内均可萌发，最适温度为 10～15℃。适宜土层深度 0～2cm，深度大于 3cm 时萌发率迅速降低。干旱显著降低种子萌发率，浸水和湿生环境能大大提高种子萌发数量。种子对土壤酸碱度和盐胁迫有一定的耐受能力，在 pH 4～10 或氯化钠浓度小于 40mmol/L 时，其萌发率可达 80% 以上。菵草种子成熟后有 4～5 个月或更长时间的越夏休眠期。夏季高温、秋冬季节土壤干燥均能诱导种子进入休眠。

菵草为一年生或越年生草本，全生育期 215～240d。种子在 10 月初至翌年 2 月间均可出苗，其中 11 月初为出苗高峰。开花期在 4～5 月，种子通常在 5～6 月成熟，种子从穗的顶部向下依次成熟，边熟边落。

菵草种子主要依靠水流传播。种子千粒重仅 0.83g，并且有气囊包裹，使菵草种子能长时间漂浮于水面，随水流四处传播。在稻麦轮作区，菵草种子通过稻田自流灌溉、沟渠串灌或大水漫灌，可迅速扩散蔓延。此外，菵草种子常常会黏附在鞋底、衣服和收获机械上传播，还可以随鸟、畜及交通工具传播。

3. 分布与危害　菵草广布于我国各省（自治区、直辖市），在长江流域发生较严重，喜生于地势低洼、土壤黏重的田块。菵草是稻茬麦田恶性杂草，每年使小麦减产达 10%～20%，严重时可达 50% 以上甚至颗粒无收。此外，菵草还可对油菜、蔬菜、绿肥等作物造成危害。

五、棒头草

学名：*Polypogon fugax* Nees ex Steud.（禾本科）。

1. 形态特征　越年生或一年生草本，高 15～75cm。秆丛生，披散或基部膝曲上升，有时近直立，具 4～5 节。叶鞘光滑无毛，下部长于节间，中上部渐短于节间；叶舌膜质，常 2 裂或先端呈不整齐齿裂；叶片条形。花序圆锥状直立，分枝稠密或疏松；小穗含 1 小花，长约 2mm，灰绿色或部分带紫色；两颖近等长，先端裂口处有 1～3mm 长的直芒；外稃中脉延伸成约 2mm 的细芒。颖果椭圆形（彩图 23 - 1 - 5）。

幼苗第一叶条形，长约 3cm，有裂齿状叶舌，无叶耳，全体光滑无毛。

2. 生物学特性　种子繁殖，以幼苗或种子越冬。在长江中下游地区，10 月中旬至 12 月上、中旬出苗，在越冬过程中有部分幼苗被冻死，翌年 2 月下旬至 3 月下旬返青，同时越冬种子亦萌发出苗，4 月上旬抽穗、开花，5 月下旬至 6 月上旬颖果成熟，盛夏全株枯死。

种子受水沤泡，则有利于解除休眠。因而在稻茬麦田，棒头草的发生量远比大豆等旱茬地多。冬前出苗量与麦播期有密切关系，早播则多，晚播则少。种子成熟后，自然脱落入土，或随流水和风力传播，或通过作物种子调运夹带，分别向当地和远距离扩散。

3. 分布与危害　除东北和西北一些省（自治区）外，其他各地都有分布。适生于低、湿地或水边，在果园、苗圃及稻田地边亦常见。主要为害麦类、油菜、绿肥和蔬菜等作物。春季出土的棒头草受麦苗荫蔽抑制，生长矮小，对麦苗为害较轻。

六、长芒棒头草

学名：*Polypogon monspeliensis*（Linn.）Desf.（禾本科）。

1. 形态特征　秆高 20～60cm，叶鞘疏松抱秆；叶舌长 4～8mm，两深裂或不规则破裂；表面及边缘粗糙，背面光滑；穗形圆锥花序呈棒状，长 2～10cm，宽 5～20mm；小穗的基盘长约 0.3mm；颖倒卵状长圆形，粗糙，脊与边缘有细纤毛，顶端两浅裂，裂口伸出细长芒；芒微粗糙，长 3～7mm，为小穗的 2～4 倍，有时第一颖的芒稍短；外稃光滑，长 1～1.2mm，顶端有微齿，主脉延伸成约与稃体等长的细芒；雄蕊 3 枚，花药长 0.5mm。颖果倒卵状椭圆形，米黄色，长约 1mm，宽约 0.5mm，脐不明显，腹面具沟。

幼苗第一片真叶带状，长约 26mm，宽约 0.8mm，先端急尖，有 3 条直出平行脉，叶舌三角形，顶端齿裂，叶舌的边缘与叶鞘相连（彩图 23 - 1 - 6）。

2. 生物学特性 一或二年生草本，苗期秋冬季或迟至翌年春季；花果期 4～6 月。

3. 分布与危害 为夏熟作物田杂草，低洼田块发生数量常大，有时形成纯种群，危害性较大。以西南及长江流域的局部地区为害较重。分布几遍布全国；世界其他温暖地带也有分布。

七、节节麦

学名：*Aegilops tauschii* Coss.，异名：*Aegilops squarrosa* auct.（禾本科）。别名山羊草、粗山羊草。

1. 形态特征 一年生或越年生草本。秆高 20～40cm，丛生，基部弯曲，叶鞘紧抱秆，平滑无毛而边缘有纤毛，叶舌膜质，长 0.5～1mm；叶片微粗糙，腹面疏生柔毛。穗状花序圆柱形，含小穗（5）7～10（13）枚，长约 10cm；小穗圆柱形，长约 9mm，含 3～4（5）小花，紧贴穗轴的节间，成熟时逐节断落；颖革质，长 4～6mm，通常具 7～9 脉，先端截平而有 1 或 2 齿；外稃先端截平而具长芒，芒长 0.5～4cm；颖果暗黄褐色，表面乌暗无光泽，椭圆形至长椭圆形，长 4.5～6mm，宽 2.5～3mm，先端具密毛，近两侧缘各有 1 细沟，背面圆形隆起，腹面较平或凹入，中央有 1 细沟，颖果背腹压扁，为内外稃紧贴而黏着部易分离（彩图 23 - 1 - 7）。

2. 生物学特性 种子繁殖。节节麦种子在 5～25℃ 均可发芽，最适温度是 20～25℃，适宜土层 0～10cm，深度超过 15cm 时几乎不出苗。在田间，节节麦种子主要集中在 3～8cm 的土层中萌发出苗。

节节麦为一年生或越年生杂草，在小麦田出苗有 2 个主要时期，一是秋季出苗期，于 10 月上、中旬至 11 月初；二是翌年 2 月下旬至 3 月，仍有部分出苗。花果期 5～6 月。种子成熟期较小麦略早，成熟时逐节断落。

种子可随小麦引种传播，小麦引种、调种过程中种子夹杂，农户之间相互串种等会造成节节麦远距离扩散为害。机械跨区作业也是导致节节麦暴发的重要因素。1998 年以来，随着大型联合收割机跨区作业的快速发展，节节麦等麦田恶性禾本科杂草也从南到北迅速传播。节节麦可随施用未腐熟的农家肥再入农田，这也是节节麦的传播途径之一。另外，只除大田杂草，不除田边、渠边、地头杂草，还有许多农户在后期拔除杂草时，把节节麦随意堆积在田边、地头、道边，草籽成熟后仍可继续流入大田。

3. 分布与危害 节节麦是小麦田的一种恶性杂草，也是我国进境危险性杂草之一。在我国主要分布在河北、山东、山西、河南、重庆、陕西等省（直辖市），麦田发生为害面积已达 33 万 hm²，目前有蔓延的趋势，对我国小麦安全生产和粮食安全造成严重威胁。一般点片发生地块导致小麦减产 5%～10%，普遍发生地块减产 50%～80%，甚至绝收。

八、雀麦

学名：*Bromus japonicus* Thunb.（禾本科）。

1. 形态特征 叶鞘紧贴生于秆，外被长柔毛；叶舌长约 2mm，顶端有不规则的裂齿；叶片两面被毛或背面无毛。圆锥花序开展，下垂，小穗幼时圆筒形，边缘膜质，顶端微 2 裂，其下约 2mm 处生芒（彩图 23 - 1 - 8）。

2. 生物学特性 种子萌发的最低温度 3℃；适宜土层深度 3cm 左右。

3. 分布与危害 广布于黄河和长江流域各省（自治区、直辖市）。发生于旱性麦地，果、桑、茶园也常见。

九、毒麦

学名：*Lolium temulentum* L.（禾本科）。别名黑麦子、小尾巴麦、闹心麦。

1. 形态特征 一年生或越年生草本，高 30～60cm。秆疏丛生，直立。叶鞘较松弛，长于节间；叶舌膜质，长约 1mm；叶片无毛或微粗糙。花序穗状；小穗含 4～7 小花，单生而无柄，侧扁；第一颖退化，第二颖与小穗等长或略过之，具 5～9 脉；外稃具 5 脉，顶端稍下方有芒，芒长 1～2cm，内稃几与外稃等长。颖果矩圆形，腹面凹陷成一宽沟，并与内稃嵌合。

幼苗鲜绿色，基部紫红色，后变为绿色；胚芽鞘长 1.5～1.8cm，先端渐尖，光滑无毛；自第二叶渐长。4 叶期开始分蘖，分蘖力较强（彩图 23-1-9）。

2. 生物学特性　种子繁殖，幼苗或种子越冬。在我国中北部地区，10 月中、下旬出苗，翌年 5 月底至 6 月初成熟。种子经 3～4 个月的休眠期后发芽。混生在麦田里的毒麦，易随麦收而再混入收获物中，通过调种扩散传播。

3. 分布与危害　原生欧洲，在我国东北、西北及河南、江苏、安徽、湖北、云南等地曾有发现。毒麦主要混于麦类作物田中生长。它是一种在种子中含有毒麦碱的有毒杂草，人、畜食后都能中毒，尤其未成熟的毒麦或在多雨季节收获时混入收获物中的毒麦毒性最大。因此毒麦不仅会直接造成麦类减产，而且威胁人、畜安全。

十、早熟禾

学名：*Poa annua* L.（禾本科）。

1. 形态特征　秆柔软。叶鞘光滑无毛，自中部以下闭合，长于节间，或在上部可短于节间；叶舌圆头形；叶片柔软，顶端船形。圆锥花序开展，每节有 1～3 分枝；小穗有 3～5 小花；颖有宽膜质边缘；外稃卵圆形，有宽膜质边缘至顶端，脊及边脉中部以下有长柔毛，间脉的基部也常有柔毛；内稃与外稃等长或稍短于外稃，2 脊有长柔毛。颖果纺锤形（彩图 23-1-10）。

幼苗：第一片真叶带状披针形，先端锐尖，有 3 条直出平行脉，叶片与叶鞘间有 1 片三角形膜质叶舌，叶鞘亦有 3 条脉。

2. 生物学特性　种子繁殖。长江中下游地区，10 月中旬至 12 月上、中旬出苗，6 月初抽穗开花；7～9 月颖果陆续成熟。

3. 分布与危害　夏熟作物田重要杂草之一，也发生于草坪，湿润土壤更普遍。分布几遍及全国。

十一、硬草

学名：*Sclerochloa kengiana*（Ohwi）Tzvel.（禾本科）。别名耿氏碱茅。

1. 形态特征　一年生或越年生草本，高 15～40cm。秆直立或基部伏卧，具 3 节，节较肿胀。叶鞘平滑，有脊，长于节间，下部闭合；叶舌干膜质，长 2～3.5mm，顶端截平或有裂齿；叶片宽条形，扁平或略对折。花序圆锥状，较密集而紧缩，坚硬直立，分枝双生，常一长一短，长者 3cm，短者仅具 1～2 枚小穗、粗壮而平滑；小穗含 2～7 小花，穗轴节间粗壮；颖长卵形；外稃宽卵形，顶端尖或钝，主脉较粗壮而隆起成脊，边缘干膜质；内稃顶端有缺口；颖果纺锤形（彩图 23-1-11）。

2. 生物学特性　种子繁殖。种子发芽最低温度为 1.8℃，所需积温比小麦高，因此其出苗高峰出现在小麦苗后至 1 叶期；在土壤中的适宜出苗深度为 0.12～2.4cm，超过这一深度难以出苗。

硬草在秋季麦播后 3～5d 开始出苗，日平均温度 16～18℃时（稻茬麦播后 20～25d）形成出苗高峰，至 12 月中旬停止，翌春 3 月再出现一个出苗小高峰。苗后 1 个月长到 3～4 叶时出现分蘖，于翌年 2 月下旬至 3 月上旬形成分蘖高峰，4 月上旬抽穗开花，5 月下旬颖果成熟，全生育期为 200～210d。

硬草的分蘖力较强，单株可分蘖 1～11 个，平均 6 个。种子成熟后的发芽率为 65%；在稻麦两熟地区，种子寿命为 2 年。当年所产的种子有 90% 通过自然落粒进入土壤，成为田间的主要传染源；其次是通过施用厩肥和灌溉进行传播与扩散。

3. 分布与危害　在我国主要分布于江苏、上海、安徽、江西等省份，为华东地区盐碱性稻茬麦田主要杂草之一，有时会成为优势种。适生于 pH 为 7.0～8.5 的沙壤土上。稻茬麦受害较重，油菜、绿肥及蔬菜等作物也受其害。

十二、牛繁缕

学名：*Malachium aquaticum*（L.）Fries（石竹科）。别名鹅儿肠。

1. 形态特征　多年生草本，高 50～80cm。茎自基部分枝，先端渐向上，下部伏地生根。叶对生，下部叶有柄，上部叶近无柄；叶片卵形或宽卵形，先端锐尖，基部近心形，全缘。花顶生枝端或单生于叶腋；萼片 5 枚，基部稍连合；花瓣白色，5 枚，与萼片互生。蒴果卵形或长圆形，5 瓣裂，裂片先端 2 齿；

种子近圆形，略扁，深褐色，有显著的散星状突起（彩图 23-1-12）。

幼苗子叶椭圆形；初生叶 2 片，卵状心形。

2. 生物学特性 种子和匍匐茎繁殖。种子发芽的最低温度 5℃，最适 15～20℃，最高限于 25℃；土层深度限于 3cm 以内，适宜范围为 0～1.5cm；适宜土壤含水量为 20%～30%，但浸入水中也能发芽。

在长江中下游地区，多在 9～11 月出苗，也有少量在早春发生；10 月以前出苗，当年深秋则可开花结实，在其以后出苗，翌年春季开花结实，5 月种子渐次成熟落地或借外力传播扩散，经 2～3 个月休眠后萌发。牛繁缕的繁殖力也比较强，平均单株结籽 1 370 粒左右。

3. 分布与危害 分布几遍全国，以江苏、河南、湖南、贵州、云南、四川、黑龙江、河北、山西、陕西、甘肃等省较多。生于低洼湿润农田、路旁、山野等处，常成单一群落或混生。在稻麦轮作田发生较重。主要为害小麦、油菜、蔬菜和绿肥等作物，棉花、豆类、薯类、甜菜田及果园亦有发生。

十三、繁缕

学名：*Stellaria media*（L.）Cyr.（石竹科）。别名鹅肠草。

1. 形态特征 越年生或一年生草本，高 10～30cm。茎自基部分枝，平卧或近直立，单侧有 1 列短柔毛。叶对生，下部叶有柄，上部叶无柄；叶片卵形，先端尖，全缘。花序聚伞形，花单生于叶腋或疏散排列于茎顶；萼片 5 枚，披针形，边缘膜质，有柔毛；花瓣白色，5 枚，短于萼片，先端 2 深裂几达基部。蒴果卵形或长圆形；种子肾状卵圆形，略扁，褐色，密生同心排列的小瘤状突起（彩图 23-1-13）。

幼苗淡绿色，子叶卵状披针形，有柄；初生叶 2 片，三角状卵形，有柄，有毛。

2. 生物学特性 种子繁殖，幼苗或种子越冬。种子发芽的最低温度为 2℃，最适 12～20℃，超过 30℃不发；最适土层深度为 1cm，最深限于 2cm。

繁缕为一年生或越年生草本。秋季小麦播种后，繁缕随小麦陆续出苗，随之越冬。苗期 11 月到翌年 2 月，花期 3～5 月，果期 4～6 月。果实成熟后即开裂，种子散落土壤，植株常比作物早枯。

繁缕较耐低温，可在 2℃的条件下生长，在 −10℃时存活，并具有"垫状生长"的特性。种子繁殖量大、生活力强，单株可结籽 500～2 500 粒；浅埋的种子可存活 10 年以上，深埋的可存活 60 年以上。

3. 分布与危害 广布我国中南部地区，黑龙江、河北、山西、陕西、甘肃等北部地区亦有分布。生于较湿润的农田、路旁或溪边草地。主要为害小麦、油菜、绿肥及蔬菜，其次对豆类、棉花、甜菜、薯类、果树等也有为害。此外，还是蚜虫、红蜘蛛的越冬寄主。

十四、雀舌草

学名：*Stellaria alsine* Grimm.（石竹科）。

1. 形态特征 茎纤细，丛生，光滑无毛。叶长卵形至卵状披针形，长 5～20mm，宽 2～5mm，形似鸟雀的舌而得名，无柄或近无柄。花白色，雄蕊 5 枚。蒴果 6 瓣裂。种子肾形，有皱纹突起。

幼苗子叶卵状披针形，先端急尖，上、下胚轴均发达。初生叶 2 片，对生，主脉明显，具长柄，两柄基部相抱轴。后生叶与初生叶相似，全株光滑无毛（彩图 23-1-14）。

2. 生物学特性 越年生或一年生草本，种子繁殖。在长江中下游冬小麦产区一般随小麦播种陆续出苗，随之越冬。苗期 10 月下旬到翌年 3 月初，花期 3～5 月，果期 4～6 月。

3. 分布与危害 分布于除西北地区外的大部分省（自治区、直辖市），是长江中下游地区稻茬麦田或油菜田的一种主要杂草，尤以沙壤土发生严重，常和看麦娘混生为害。

十五、卷耳

学名：*Cerastium arvense* L.（石竹科）。别名婆婆指甲菜。

1. 形态特征 株高 10～35cm。茎基部匍匐，上部直立，下部有向下的柔毛，上部混生腺毛。叶线状披针形或长圆状披针形，长 1～2.5cm，宽 3～5mm，顶端尖，基部抱茎，疏生长柔毛，中部叶腋常有狭叶。二歧聚伞花序顶生，有 3～7 花；花梗细长，6～10mm，密被白色腺毛；苞片叶状，亦生腺毛；萼片 5 枚，披针形，长 5～6mm，有宽膜质边缘，密生长柔毛及腺毛；花瓣 5 枚，白色，倒卵形，长为萼片的 2 倍或更长，先端二裂，裂至全长 1/3 处；雄蕊 10 枚，比花瓣短；子房宽卵形，花柱 5 枚（彩图 23-1-15）。

蒴果长圆筒形，先端倾斜，有 10 齿，长约 1cm。种子多数，肾形，略扁，褐色，表面有疣状突起。

2. 生物学特性 越年生或多年生草本。苗期 11 月至翌年 3 月，花期 6～7 月，果期 7～8 月。以种子及根茎繁殖。

3. 分布与危害 常生长在沙地（沙丘灌丛间及沙质草原）、砾石地、山地草原、休闲地及牧场上，尤喜生长在含钙和含镁的土壤上。常为害夏收作物（麦类、油菜）和蔬菜，也为害果园，但发生量小，为害轻，属一般性杂草。分布于黑龙江、吉林、内蒙古、陕西、甘肃、青海和西藏以及华北等地。

十六、麦瓶草

学名：*Silene conoidea* L.（石竹科）。别名米瓦罐、麦瓶子、麦黄菜。

1. 形态特征 全株有腺毛。茎直立，高 15～80cm，单生或叉状分枝，节部略膨大。叶对生，无柄，基部连合，基生叶匙形，茎生叶长圆形或披针形，长 5～8cm，宽 5～10mm，全缘，先端尖锐。聚伞花序顶生或腋生，花少数，有梗；萼筒长 2～3cm，开花时呈筒状；果实下部膨大呈卵形，有 30 条显著的脉棱，密生腺毛，裂片 5 枚，钻状披针形；花瓣 5，倒卵形，紫红或粉红色，喉部有 2 鳞片；雄蕊 10 枚，花柱 3 枚。蒴果卵圆形或圆锥形，有光泽，包于宿存的萼筒内，中部以上变细，先端 6 齿裂；种子肾形，螺卷状，长约 1.5mm，红褐色，有成行的疣状突起（彩图 23-1-16）。

幼苗上胚轴不发达；子叶长椭圆形，长 6～8mm，宽 2～3mm，先端尖锐，基部渐狭延伸至子叶柄，子叶柄极短，略抱茎。初生叶 2 片，匙形，全缘，有长睫毛，具叶柄。后生叶与初生叶相似而稍大。

2. 生物学特性 越年生或一年生草本。种子繁殖，以幼苗或种子越冬。黄河中下游 9～10 月出苗，早春出苗数量较少；花期翌年 4～6 月，种子于 5 月即渐次成熟，多混杂于作物种子中传播，经 3～4 个月的休眠后萌发。

3. 分布与危害 生长于低山平原、旷野、荒地、路旁和农田中，是华北和西北地区夏熟作物田的主要杂草，尤对华北地区（黄土高原及黄、淮、海地区）的麦类和油菜等夏熟作物为害严重，不仅直接阻碍作物的中、后期生长，导致减产，而且种子常混杂于收获物中，影响面粉和油的品质。此外，湖北、云南和西藏等部分地区亦有分布和为害。

十七、播娘蒿

学名：*Descurainia sophia*（L.）Webb. ex Prantl.（十字花科）。别名米蒿。

1. 形态特征 越年生或一年生草本，高 30～120cm。全体有分叉毛。茎直立，圆柱形，上部多分枝。叶互生，下部叶有柄，上部叶无柄；叶片窄条形或条状长圆形，2～3 回羽状深裂，叶背多毛而灰绿。花序总状顶生，花多数；萼片 4 枚，直立；花瓣淡黄色，4 枚，花梗细长。长角果窄条形，斜展，成熟后开裂；种子长圆形至近卵形，黄褐至红褐色（彩图 23-1-17）。

幼苗子叶椭圆形；初生叶 2 片，3～5 裂；后生叶为 2 回羽状分裂。

2. 生物学特性 种子繁殖，幼苗或种子越冬。种子发芽的最低温为 3℃，最适 8～15℃，最高 20℃；适宜土层深度为 1～3cm，超过 5cm 不能出苗。出苗早晚和多少，与播期及播后降水量有密切关系；出苗速度与气温有密切关系。

在华北地区，分别于 10 月和翌年 3 月出苗；冬前苗 3 月返青抽薹，4 月上旬见花，5～6 月果实成熟。种子落地或借助外力传播扩散，经 3～4 个月休眠后萌发。

播娘蒿较耐盐碱，可生长在 pH 较高的土地上，而且有较强的自身繁殖调节平衡的能力和再生自我补偿的能力。繁殖力极强，单株可结籽 5 万～9.5 万粒。

3. 分布与危害 华北、西北、华东、华中和西南地区都有分布。多生于农田、渠边、路旁及荒野等处。对麦类、油菜、绿肥、蔬菜、果树为害较重，是华北地区小麦田的恶性杂草。

十八、荠

学名：*Capsella bursa-pastoris*（L.）Medic.（十字花科）。别名荠荠菜、三角草、地菜。

1. 形态特征 越年生或一年生草本，株高 20～50cm。茎直立，有分枝，被分枝毛、星状毛及单毛。基生叶莲座状，大头羽状分裂，偶有全缘，长 10～12cm，宽约 2.5cm，顶生裂片较大，侧生裂片较小，狭长，先端渐尖，浅裂或有不规则锯齿或近全缘，具长叶柄；茎生叶狭披针形，基部抱茎，边缘有缺刻或锯齿。总状花序顶生及腋生，果期伸长，花白色；萼片长圆形，花瓣卵形，有短爪。籽实短角果，倒三角形或心形，扁平，先端微凹，有极短的宿存花柱；种子 2 行，长椭圆形，长约 1mm，淡棕褐色（彩图23-1-18）。

幼苗子叶椭圆形；初生叶 2 片，卵圆形；后生叶形状多变。

2. 生物学特性 种子繁殖，幼苗或种子越冬。在华北地区，10 月（或早春）出苗，翌年 4 月开花，5 月果实成熟。种子经短期休眠后萌发。

3. 分布与危害 分布遍及全国各地，生于农田、菜园或路旁等处。在华北地区主要为害冬春作物，如小麦、油菜、蔬菜等，果园也能生长；在长江流域及西南地区主要为害稻茬小麦和油菜。荠菜发生严重时常连片生长，形成优势种群，密被地面，强烈抑制作物生长。此外，还是棉蚜、麦蚜、棉盲蝽和甘蓝霜霉病、白菜病毒病的寄主。

十九、碎米荠

学名：*Cardamine hirsuta* L.（十字花科）。

1. 形态特征 株高 15～25cm。全株被疏柔毛，茎直立，上部有分枝。叶羽状分裂，卵形或斜卵形，叶缘有圆锯齿。总状花序，花柄直立，花瓣白色，单生。长角果线形，斜上开展（彩图23-1-19）。

2. 生物学特性 越年生或一年生杂草。一般 9～10 月开始发生，11～12 月达发生高峰，翌年 2～3 月生长迅速，开始开花，4～5 月植株死亡。

3. 分布与危害 分布于长江流域和南方稻区，为害小麦、油菜、绿肥等。

二十、小花糖芥

学名：*Erysimum cheiranthoides* L.（十字花科）。

1. 形态特征 高 15～100cm。茎直立，分枝或不分枝，具伏贴二叉状毛。基生叶早枯，茎下部叶有短柄，上部叶无柄或近无柄，长圆状披针形或披针形，长 3～8mm，宽 4～12mm，基部楔形，先端渐尖，通常全缘，很少有不明显且远离的齿，密生 2～4 叉状毛，主要为三叉状毛。总状花序不分枝或分枝，花梗比萼片长 1～3 倍，花小，直径约 5mm，黄色，萼片长圆状披针形，长约 2mm，内侧萼片较宽，基部稍呈囊状，外侧萼片较狭，先端兜状；花瓣倒卵形，长 3～5mm，基部渐细有长爪；雄蕊 6 枚，在短雄蕊基部有环状蜜腺，外侧开口，在长雄蕊外侧有 1 长形或小球形蜜腺；子房无柄，花柱甚短，柱头头状，二浅裂。长角果线形，四棱状，长 1.2～1.5cm，宽约 1mm，果梗开展，果瓣具明显中肋，被星状毛；种子卵形，淡褐色，长约 1mm（彩图23-1-20）。

2. 生物学特性 一年生草本。花期 4～5 月，果期 5～6 月。种子繁殖。

3. 分布与危害 生于山坡、林缘草地或河岸沙地。分布于中国及亚洲北部一些地区，欧洲和北美洲，在我国华北地区主要在麦田发生为害。

二十一、猪殃殃

学名：*Galium aparine* var. *tenerum*（Gren. et Godr.）Rchb.（茜草科）。别名拉拉藤、粘粘草。

1. 形态特征 越年生或一年生草本。茎多自基部分枝，四棱形，棱上、叶缘及叶背面中脉上均有倒生小刺毛，攀附于他物向上生长或伏地蔓生。叶 4～8 片轮生，近无柄；叶片条状倒披针形，1 脉。花序聚伞形腋生或顶生，小序单生或 2～3 个簇生，有花数朵；花小，黄绿色，花萼被钩毛，花冠辐状，裂片矩圆形，长不及 1mm。小坚果球形，密被钩状刺毛（彩图23-1-21）。

幼苗子叶长圆形，平展，叶腋无芽，初生叶 4 片轮生，倒卵状椭圆形。

2. 生物学特性 种子繁殖，以幼苗或种子越冬。植株繁殖力较强，单株最少结籽 70 粒，最多达 1 185粒。种子发芽的最低温度为 3℃，最适 11～16℃，最高为 25℃；适宜土层深度为 0～6cm；适宜土壤含水量为 15%～30%，小于 10%或淹水都不发芽。

在长江流域冬麦区，9～10 月出苗，11 月中、下旬和翌年 3 月各有 1 个出苗高峰；越冬苗 2 月下旬返青，4～5 月现蕾开花；5 月以后种子渐次成熟落地或混杂于麦种中传播，约休眠 3 个月后萌发。全生育期

120~180d。一般冬前出苗数量多，而且冬前苗比春后苗生长高、分蘖多、为害重。在北方春麦区，5月中旬出苗，7月上旬现蕾、开花，8月种子渐次成熟。

3. 分布与危害　多分布在长江流域和黄河中下游各省（自治区、直辖市），东北、西北也有。适生于湿润而肥沃的农田，尤以稻麦轮作田发生严重。猪殃殃攀缘作物，不仅和作物争阳光、争空间，且可引起作物的倒伏，造成较大减产，并影响作物收割。主要为害小麦、油菜、绿肥，棉花等作物田亦有发生。猪殃殃对冬小麦的为害作用主要在小麦拔节之后。

二十二、麦仁珠

学名：*Galium tricorne* Stokes（茜草科）。

1. 形态特征　蔓生或攀缘状草本，茎四棱形，棱和叶背中脉及叶缘具倒生的细刺。叶6~8片轮生，花常3朵成腋生聚伞花序，花冠白色，花柄花后下垂。果实球形，具短毛，下垂（彩图23-1-22）。

幼苗子叶阔卵形，先端微凹。上胚轴四棱形，并有刺状毛。初生叶亦阔卵形，4片轮生，后生叶与前叶相似。幼根呈橘黄色。

2. 生物学特性　越年生或一年生草本。花期4~6月，果期5月至翌年3月。

3. 分布与危害　多分布于淮河沿岸及以北的旱性麦田，不耐渍。稻麦轮作田无此种。

二十三、刺儿菜

学名：*Cephalanoplos segetum*（Bge.）Kitam.（菊科）。别名小蓟、刺菜。

1. 形态特征　多年生草本，具地下横走根状茎，株高20~50cm。茎直立，无毛或有蛛丝状毛。叶互生，无柄，基生叶较大，茎生叶较小；叶片椭圆形或长圆状披针形，全缘或有齿裂，有刺，两面被蛛丝状毛。花序头状，单生于茎顶，花单性，雌雄异株；雄花序较小，总苞长约18mm，花冠长17~20mm；雌花序较大，总苞长约23mm，花冠长约26mm；总苞钟形，苞片多层，先端均有刺；花冠淡红色或紫红色，全为筒状。瘦果长椭圆形或长卵形，具污白色羽状冠毛（彩图23-1-23）。

2. 生物学特性　以根芽繁殖为主，种子繁殖为辅。在我国中北部，最早于3~4月前后出苗，5~9月开花、结果，6~10月果实渐次成熟。种子借助风力飞散。实生苗当年只进行营养生长，第二年才能抽茎开花。刺儿菜根芽在生长季节内随时都可萌发，在地上部分被除掉或根茎被切断后，能再生新株。

3. 分布与危害　广布全国各地，北方发生更为普遍。常成优势种群单生或混生于农田、荒地和路旁。部分小麦、棉花、大豆、玉米等多种旱田作物受害较重。刺儿菜也是棉蚜、地老虎、麦圆蜘蛛和烟草线虫、根瘤病、向日葵菌核病的寄主。

二十四、苣荬菜

学名：*Sonchus brachyotus* DC.（菊科）。别名曲荬菜、甜苣荬、长裂苦苣菜。

1. 形态特征　多年生草本，具地下横走根状茎，株高30~80cm，全体含乳汁。茎直立，上部分枝或不分枝。基生叶丛生，有柄；茎生叶互生，无柄，基部抱茎；叶片长圆状披针形或宽披针形，有稀疏缺刻或羽状浅裂，边缘有尖齿，两面无毛，幼时常带紫红色、中脉白色、宽而明显。花序头状，顶生；总苞钟形，苞片多层，密生绵毛；花鲜黄色，全为舌状。瘦果长椭圆形，有数纵肋，顶端具白色冠毛（彩图23-1-24）。

幼苗子叶椭圆形或阔椭圆形，绿色，先端微凹，上、下胚轴均较发达，光滑无毛，并带紫红色。初生叶1片，阔卵形，先端钝圆，叶缘有疏细齿，无毛。第二、三后生叶为倒卵形，缘具刺状齿，叶两面密布串珠毛，具长柄。

2. 生物学特性　以根茎繁殖为主，种子也能繁殖。根茎多分布在5~20cm的土层中，最深可达80cm，质脆易断，每个有根芽的断体都可发出新植株。在我国中北部地区，4~5月出苗，6~10月开花结果，7月以后果实渐次成熟。种子随风飞散，经越冬休眠后萌发。实生苗当年只进行营养生长，第二年以后抽茎开花。

3. 分布与危害　广布全国，为沿海及北方地区旱性麦田、油菜地危害性杂草。常以优势种群单生或混生于农田和荒野，对蔬菜、果树也有为害。据黑龙江农场调查，因为苣荬菜为害，可使小麦平均减产430.5kg/hm²，大豆平均减产约637.5kg/hm²。由于其发达的地下根茎，防除较为困难。此外，苣荬菜也是蚜虫的越冬寄主。

二十五、稻槎菜

学名：*Lapsana apogonoides* Maxim.（菊科）。

1. 形态特征 茎柔软纤细，株高 10～15cm。叶多基生，长倒卵形，羽状分裂，顶端裂片最大，两侧裂片向下逐渐变小；茎生叶较小，互生，近于无柄。头状花序小，通常再排成稀疏的伞房状，花黄色舌状；总苞绿色，椭圆形，外层总苞片长约 1mm，内层总苞长 4～5mm。瘦果倒披针形或长椭圆形，稍扁，有棱多条，无冠毛，顶端两侧各有 1 钩刺，等长或长于总苞片（彩图 23-1-25）。

幼苗子叶卵形，先端微凹，上胚轴不发育；初生叶阔卵形，先端急尖，叶缘有疏细齿。

2. 生物学特性 一年生或越年生草本。9～11 月发生；10～11 月达发生高峰；翌年 2～3 月尚有少量出苗，3～4 月开花，5～6 月结实死亡。

3. 分布与危害 分布于淮河流域及其以南地区，以长江流域各省份的低湿地发生普遍。主要为害小麦、油菜等作物，在作物生长的前中期为害为主。

二十六、泥胡菜

学名：*Hemistepta lyrata* Bge.（菊科）。

1. 形态特征 茎直立，茎及叶背常被白色蛛丝状毛，因而叶腹面绿色，叶背灰白色，叶大头羽状分裂。头状花序总苞 5～8 层，背面顶端有小鸡冠状突起，绿色或紫褐色；花冠管状，紫红色；冠毛 2 层，羽状，白色。瘦果圆柱形，有 15 条纵棱（彩图 23-1-26）。

幼苗子叶阔卵形，先端钝圆，全缘，具短柄；下胚轴明显，上胚轴不发育；初生叶 1 片，阔卵形，先端急尖，叶缘具尖齿，叶背密被白色蛛丝状毛，具长柄。

2. 生物学特性 一年生或越年生草本，种子繁殖。在我国北方地区 3 月中旬出苗，4 月上旬发育成莲座叶，4 月下旬抽花茎，5～6 月开花，花期 50 余 d；果期 6～7 月。

3. 分布与危害 夏熟小麦田最常见杂草，分布几遍及全国各地，生于路旁、荒草丛中或水沟边。

二十七、大巢菜

学名：*Vicia sativa* L.（豆科）。别名救荒野豌豆。

1. 形态特征 越年生或一年生草本，高 25～70cm。茎软，具叶生卷须，自基部分枝，有棱，疏生短柔毛。叶互生，羽状复叶，顶端具卷须；小叶椭圆形或倒卵形，两面疏生黄色柔毛；托叶戟形。花 1～2 朵腋生，花梗短，具黄色疏短毛；花萼钟状，萼齿 5 枚，有白色疏短毛；花冠紫红色或红色，蝶形。荚果条形，扁平；种子近球形（彩图 23-1-27）。

幼苗子叶留土；第一、二羽状复叶有小叶 1～2 对，长圆形。

2. 生物学特性 种子繁殖，以幼苗或种子越冬。种子发芽的最低温度为 5℃左右，一般出苗较小麦晚，最适 20℃，最高 30℃；土层深度限于 0.5～15cm，最适为 2～4cm。在我国中北部冬麦区，分别于 10 月和翌年 3 月出苗，4～6 月现蕾开花，5 月以后荚果渐次成熟，种子落地或混杂于收获物中传播，经 3～4 个月休眠期后萌发。

3. 分布与危害 分布几遍全国，主要在陕西、山西、河北、河南、江苏、湖北、湖南等地较多。生于山脚草地、路旁或农田中。部分麦类、豌豆等作物遭受其害。此外，还是豌豆黑斑病、褐斑病、霜霉病及锈病病菌的寄主。

二十八、广布野豌豆

学名：*Vicia cracca* L.（豆科）。

1. 形态特征 一年生或多年生蔓性草本，有微毛。羽状复叶有卷须，小叶 4～12 对，狭椭圆形或狭披针形，长 1.5～2.7cm，宽 0.5～0.7cm，顶端突尖，基部圆形，表面无毛，背面有短柔毛；托叶披针形；总状花序腋生，有花 7～15 朵；花萼斜钟形，有 5 裂齿，上面 2 齿较长；花冠紫色或蓝色；子房无毛，有长柄，花柱顶端周围有黄色腺毛。荚果长椭圆形，宽扁，褐色，长 1.5～2.5cm，肿胀，两端急尖，有柄，具种子 3～5 颗，黑色（彩图 23-1-28）。

幼苗上胚轴发达，带紫红色。托叶披针形。全株光滑无毛。

2. 生物学特性　多年生草本，种子繁殖。花果期 5～9 月。成熟种子抗冷能力强。

3. 分布与危害　广布南北各省（自治区、直辖市），北方地区发生尤为普遍。

二十九、阿拉伯婆婆纳

学名：*Veronica persica* Poir.（玄参科）。别名波斯婆婆纳。

1. 形态特征　越年生草本。有柔毛，下部伏生地面，斜上。基部叶对生，上部叶互生。花单生于苞腋，苞片叶状，花萼 4 裂，花冠淡蓝色，4 裂，不对称，花柄长于苞片。蒴果 2 深裂，两裂片叉开 90°以上，花柱显著长于凹口。种子长圆形或舟形，腹面凹入，表面有皱纹（彩图 23-1-29）。

幼苗子叶阔卵形。上胚轴被横出直生毛。初生叶卵状三角形，叶缘有粗锯齿和短睫毛，叶片和柄密生柔毛。

2. 生物学特性　种子繁殖。种子萌发的适温 8～15℃；适宜土层深度 1～3cm。籽实具 3 个月左右的原生休眠期。9～10 月出苗，翌年 4～5 月开花，5 月下旬种子渐次成熟。

3. 分布与危害　分布于长江流域各省（直辖市），为冲积土地区旱地的恶性杂草。节处常生根，人工防除较困难。

三十、大婆婆纳

学名：*Veronica didyma* Tenore（玄参科）。

1. 形态特征　越年生或一年生草本，高 10～25cm。茎自基部分枝，匍匐或上升，被柔毛；基部叶对生，具短柄，叶片三角状圆形，边缘有疏钝锯齿；花柄与苞片等长或稍短；花生于苞腋，花后向下反折；花萼 4 深裂，裂片卵形；花冠淡红紫色，辐状，有深红色脉纹，4 裂，管部极短。蒴果近肾形，稍扁，浅裂为 2 部，宽大于长，凹口成直角；种子腹部舟状深凹，背面有波状纵皱纹（彩图 23-1-30）。

2. 生物学特性　种子繁殖，种子或幼苗越冬。种子发芽的适宜温度为 8～15℃；适宜土壤含水量 20%～60%，低于 10% 和高于 90% 都不萌发；适宜土层深度为 1～3cm，超过 6cm 则不出苗。在我国中北部，9～10 月出苗，11 月和翌年 3 月各有 1 个出苗高峰；4～5 月开花，5 月下旬种子渐次成熟，6 月植株枯死。种子成熟后约有 3 个月休眠期。婆婆纳种子较小，可随麦种、风力和水流传播。

3. 分布与危害　分布于华东、华中、西北、西南及河北等地。常成小片单生或混生于较湿润的农田或路旁。一般为害小麦、油菜、蔬菜等作物。在江苏单产 3 517.5kg/hm² 水平的麦田，每平方米有 73～84.6 株婆婆纳，每公顷减产 358.5kg，减产达 10% 左右。此外，还是棉蚜、烟蚜的越冬寄主。

三十一、萹蓄

学名：*Polygonum aviculare* L.（蓼科）。别名鸟蓼、地蓼。

1. 形态特征　一年生草本，高 10～40cm。茎平卧或上升，有时直立，自基部分枝。叶互生，具短柄；叶片狭椭圆形或披针形，全缘；托叶鞘膜质。花 1～5 朵簇生于叶腋，全露或半露于托叶鞘外；花被淡绿色，边缘白色或红色，5 深裂。瘦果卵状三棱形，深褐色，有不明显小点（彩图 23-1-31）。

幼苗下胚轴发达，紫红色；子叶条形，基部合生；初生叶 1 片，宽披针形，全缘，无托叶鞘；后生叶具透明膜质托叶鞘。

2. 生物学特性　种子繁殖。种子发芽的适宜温度为 10～20℃；适宜土层深度 1～4cm。在我国中北部地区，集中于 3～4 月出苗，5～9 月开花、结果，6 月以后果实渐次成熟。种子落地，经越冬休眠后萌发。

3. 分布与危害　全国各地均有分布，北方尤为普遍。广泛生于农田、渠边、路旁和荒野。主要为害麦类、油菜与蔬菜；棉花、豆类、薯类、果树及苗木等作物亦常受其害。

三十二、打碗花

学名：*Calystegia hederacea* Wall.（旋花科）。别名小旋花。

1. 形态特征 多年生草本，具地下横走根状茎。茎蔓状，多自基部分枝，缠绕或平卧，长 30～100cm，有细棱，无毛。叶互生，具长柄；基部叶片长圆状心形，全缘，上部叶片三角状戟形，侧裂片开展，通常 2 裂，中裂片卵状三角形或披针形，基部心形，两面无毛；花单生于叶腋；苞片 2 枚，宽卵形，包住花萼，宿存；萼片 5 枚，长圆形；花冠粉红色，漏斗状；蒴果卵圆形，种子倒卵形，黑褐色（彩图 23-1-32）。

实生苗子叶方形，先端微凹，有柄；初生叶 1 片，宽卵形，亦有柄。

2. 生物学特性 根芽和种子繁殖。根状茎多集中于耕作层中。在我国中北部，根芽 3 月开始出土，春苗与秋苗分别于 4～5 月和 9～10 月生长繁殖最快，6 月开花结实，春苗茎叶盛夏干枯，秋苗茎叶入冬枯死。

3. 分布与危害 广布全国各地，生于湿润的农田、荒地或田边、路旁。部分小麦、豆类、薯类、棉花、甜菜、蔬菜等作物受害。

三十三、田旋花

学名：*Convolvulus arvensis* L.（旋花科）。别名箭叶旋花、中国旋花。

1. 形态特征 多年生草本，具直根和根状茎。直根入土较深，根状茎横走。茎蔓状，缠绕或匍匐生长，上部有疏柔毛。叶互生，有柄；叶片形态多变，但基部为戟形或箭形，全缘或 3 裂，中裂片大，侧裂片开展；花 1～3 朵腋生，花梗细长；苞片 2 枚，狭小，远离花萼；萼片 5 枚，倒卵圆形，边缘膜质；花冠粉红色，漏斗状，顶端 5 浅裂。蒴果球形或圆锥形，种子三棱状卵圆形（彩图 23-1-33）。

实生苗子叶近方形，主脉明显，先端微凹，有柄；初生叶 1 片，长圆形，先端钝，基部两侧稍向外突出成矩形，亦有柄。

2. 生物学特性 根芽和种子繁殖。在我国中北部地区，根芽 3～4 月出苗，种子 4～5 月出苗；5～8 月陆续现蕾开花，6 月以后果实渐次成熟，9～10 月地上茎叶枯死。种子多混杂于收获物中传播。

3. 分布与危害 分布在东北、华北、西北及河南、山东、江苏、四川、西藏等地。常生于农田和荒地。部分小麦、棉花、豆类、玉米、蔬菜、果树受其为害。此外，还是小地老虎和盲椿象的寄主。

三十四、香薷

学名：*Elsholtzia ciliata*（Thunb.）Hyland.（唇形科）。别名野苏子、臭荆芥。

1. 形态特征 一年生草本，高 30～50cm。具特殊香味。茎直立，四棱形，上部分枝，有倒向疏柔毛；叶对生，具柄；叶片椭圆状披针形或卵形，边缘具钝齿，两面均有毛，背面密生橙色腺点；花序轮伞形，由多花偏向一侧组成顶生假穗状；苞片宽卵圆形，先端针芒状，具睫毛；花萼钟状，具 5 齿；花冠淡紫色，略有唇形，上唇直立，先端微凹，下唇 3 裂，中裂片半圆形。小坚果长圆形或倒卵形，黄褐色（彩图 23-1-34）。

幼苗子叶近圆形；上、下胚轴发达；初生叶 2 片，卵形，边缘有齿。

2. 生物学特性 种子繁殖。在我国北方地区 5～6 月出苗，7～8 月现蕾开花，8～9 月果实成熟。

3. 分布与危害 分布几遍全国，在黑龙江省北部地区发生偏重。香薷喜湿耐阴，生于山坡、河谷等处和农田中。为害小麦、大麦、豆类、薯类、甜菜、蔬菜等作物。

三十五、麦家公

学名：*Lithospermum arvense* L.（紫草科）。别名田紫草、毛妮菜。

1. 形态特征 越年生或一年生草本，高 20～35cm。茎直立或斜升，自基部分枝，有糙伏毛。叶互生，无柄或近无柄；叶片倒披针形、条状倒披针形或条状披针形，全缘，两面均有短糙伏毛。苞片条状披针形；花生于苞腋或外侧，有短梗；花萼 5 深裂，裂片披针状条形；花冠白色，筒状，5 裂。小坚果略呈三棱状卵形，密生瘤状突起（彩图 23-1-35）。

幼苗子叶长椭圆形，具短柄；初生叶 1 片，条状披针形，具柄。

2. 生物学特性 种子繁殖，幼苗或种子越冬。种子发芽的最低温度为 5℃左右，最适 10～15℃，最高限于 25℃，大于 30℃不能发芽；适宜土层深度为 2cm 左右。最深限于 6cm，超过 8cm 不能出苗。

在我国中北部冬麦区，9～10 月大量萌发冬前苗，温度适宜时 6～9d 形成高峰；而翌年 2 月末 3 月初出土的春后苗，发生数量不多；3～4 月现蕾开花；5～6 月种子渐次成熟落地，经 2～3 个月休眠后萌发。麦家公的繁殖力比较强，一般每株能结籽 76～548 粒，并有落粒习性。种子主要通过风力、流水及农事活动等途径传播扩散。

3. 分布与危害 分布在浙江、江苏、安徽、湖北、甘肃、陕西、山西、河南、山东、河北和东北等地。生于土壤 pH 为中性或微酸、微碱性的丘陵或低山荒坡、农田、果园或地边草丛中。以麦豆连作的旱茬麦田发生较多，主要为害小麦、豌豆等作物，油菜、棉花田间及果园等处也常有发生。

三十六、小藜

学名：*Chenopodium serotinum* L.（藜科）。别名灰菜、盐钱菜。

1. 形态特征 一年生草本。茎直立，高 15～60cm，有分枝、有棱，常有绿色或带紫色的条纹。叶互生，具柄，叶片长卵形或长圆形，边缘具不规则的波状齿或深割裂，近基部有 2 个较大的裂片，表面淡绿色或有时带紫色，背面淡绿并被白粉粒；花序穗状，腋生或顶生；花小，淡绿色。果扁球形；种子黑色，有光泽（彩图 23-1-36）。

2. 生物学特性 种子繁殖。10 月至翌年 3 月出苗，1～4 月生长最盛，入夏枯死。

3. 分布与危害 除西藏外，在我国其他地区均有分布，尤其新疆、黑龙江发生较重。适生于湿润环境，常见于菜地、冬种作物地和旱作地上，常严重为害小麦、甘蔗、豆类等。

三十七、泽漆

学名：*Euphorbia helioscopia* L.（大戟科）。别名猫儿眼。

1. 形态特征 越年生或一年生草本，具白色乳汁。茎基紫红色，上部淡绿，分枝斜上；叶互生，倒卵或匙形，先端钝圆或微凹缺，基部楔形，叶缘中部以上有细锯齿；茎顶具 5 片轮生叶状苞，与下部叶相似，但较大；多歧聚伞花序顶生，有 5 伞梗，每梗又生出 3 小伞梗，每小梗又分为 2 叉；杯状花序钟形，总苞顶端浅裂；裂间腺体 4 肾形，子房 3 室；蒴果光滑，种子卵形，长约 2mm，表面有凸起的网纹（彩图 23-1-37）。

2. 生物学特性 种子繁殖。冬前 10 月左右出苗，花期 4～5 月，果期 6～7 月。

3. 分布与危害 广泛分布于除新疆、西藏以外的全国各省（自治区、直辖市），以江苏、浙江分布较多。生于沟边、路旁、田野，主要为害小麦、油菜、豌豆等作物。

三十八、鼬瓣花

学名：*Galeopsis bifida* Boenn.（唇形科）。别名野芝麻、野苏子。

1. 形态特征 株高 20～100cm，多少分枝，茎上密被具节长刚毛及贴生短柔毛，或上部常杂有腺毛；叶卵圆状披针形或披针形，长 3～8.5cm，先端急尖或渐尖，基部渐狭至宽楔形，边缘有圆齿状锯齿，上面有具节刚毛，下面疏生微柔毛及腺点，叶柄长 1～2.5cm；轮伞花序腋生，多花，密集；小苞片线形至披针形，先端刺尖，边缘有刚毛；花萼筒状钟形，连萼长约 1cm，外被长硬毛，齿 5 枚，三角形、等长，先端长刺状；花白色、黄色或粉红色，长约 1.4cm，冠筒漏斗状，喉部增大，长约 8mm，上唇卵圆形，先端钝，具不等的数齿，外被刚毛，下唇 3 裂，中裂片长圆形，先端明显微凹，侧裂片长圆形，全缘，在裂片相交处有齿状突起。雄蕊 4 枚，花药 2 室，二瓣横裂，内瓣较小，有 1 丛纤毛；花盘前方指状增大，子房无毛，褐色。小坚果倒卵状三角形，褐色，有秕鳞（彩图 23-1-38）。

2. 生物学特性 一年生草本，种子繁殖。花期 7～9 月，果期 9～10 月。

3. 分布与危害 分布于我国西南、西北、华北、东北及湖北西部，为东北及华北北部地区农田的主要杂草之一。对多种夏收作物小麦、油菜及秋收作物均有较重为害。也常见于林缘、路旁、灌丛草地等空旷处，为欧亚广布杂草。

三十九、遏蓝菜

学名：*Thlaspi arvense* L.（十字花科）。别名菥蓂。

1. 形态特征 越年生或一年生草本，高 10～60cm。全体无毛，茎直立，有棱；基生叶丛生，有柄，叶片倒卵状长圆形，全缘；茎生叶互生，无柄，叶片长圆状披针形或倒披针形，基部两侧箭形抱茎，边缘具疏齿；花序总状顶生；花瓣白色，4 枚；短角果倒卵形或近圆形，扁平，先端凹陷，边缘有狭翅；种子近倒卵形，褐色，粗糙，有近 V 形的棱和瘤状小突起（彩图 23-1-39）。

幼苗子叶阔椭圆形，一侧常有凹缺，叶脉不显，具长柄；下胚轴发达，上胚轴不育；初生叶 2 片，对生，近圆形，先端微凹，叶脉明显，全株光滑无毛。

2. 生物学特性 越年生或一年生草本，种子繁殖。种子萌发的温度范围 1～32℃，冬前 10 月左右出苗，花期 4～5 月，果期 5～6 月。种子具 3～4 个月的原生休眠期。

3. 分布与危害 分布几遍全国，但主要以长江流域以北地区发生为害普遍。生于农田、路边、宅旁或荒地，主要为害小麦、蔬菜、果树与苗木等。嫩株可作饲料和野菜。

四十、地肤

学名：*Kochia scoparia* （L.）Schrad.（藜科）。别名扫帚菜。

1. 形态特征 茎直立，高 50～120cm；多分枝，枝斜上，淡绿色或带紫红色，晚秋常变为红色，幼枝有白色柔毛；叶近于无柄；叶片披针形至线状披针形，长 2～5cm，宽 3～7mm，全缘，先端短渐尖，基部渐狭，近基三出脉；叶上面无毛或具细软毛，边缘疏生缘毛；上部的叶较小，具 1 脉；花两性或雌性，无梗，通常 1～3 朵生于枝条上部的叶腋中，构成疏穗状圆锥花序，花下有时有锈色长柔毛；花被片基部合生，黄绿色，果期自背部生出三角状横突起或翅；雄蕊 5 枚，花柱极短，柱头 2 枚，线形；胞果扁球形，包于宿存的花被内；种子扁平，倒卵形，长 1.5～1.8mm，宽 1.1～1.2mm，表面暗褐色至淡褐色，有小颗粒，无光泽（彩图 23-1-40）。

幼苗除子叶外，全体密生长柔毛；子叶线形，长 5～7mm，宽 1.5～2mm，叶背紫红色，无柄；初生叶 1 片，椭圆形，全缘，有睫毛，先端急尖，无柄；下胚轴发达，上胚轴较短。

2. 生物学特性 一年生草本，种子繁殖。春季出苗，花期 6～9 月，种子于 8～10 月成熟。

3. 分布与危害 分布遍及全国，尤以我国北方各省（自治区、直辖市）发生最普遍。生于农田、路旁或荒地，各种土壤均能生长，以轻度盐碱地较多。适生于湿地，亦较耐旱，为麦田常见杂草，发生量较大，为害较重。此外，也常见于为害秋收作物田和果园。

魏守辉　张朝贤（中国农业科学院植物保护研究所）

第 2 节　秋熟旱作物田杂草

一、马唐

学名：*Digitaria sanguinalis*（L.）Scop.（禾本科）。

1. 形态特征 高 30～60cm。秆基部卧地面，多分枝，节着土后生根。叶舌膜质，先端钝圆，长 1～3mm；叶鞘口或下部疏生疣基柔毛；叶片条状披针形，长 4～12cm；宽 5～10mm。总状花序 3～8（10）枚，呈指状排列于茎顶；小穗背腹呈压扁状，披针形，成对着生于穗轴之一侧，一个有柄，一个几乎无柄，第一颖小，无脉，第二颖长为小穗的 1/2～3/4，有 3 脉，边缘具纤毛。第一外颖与小穗等长，有 5（7）脉，脉间距离较均等，有贴生柔毛，边缘有长睫毛（彩图 23-2-1）。

谷粒灰白色，几乎与第一外稃等长，顶端尖，背部隆起，边缘膜质，包卷内稃。

幼苗胚芽鞘呈阔披针形，较短，膜质。第一片叶短而阔，先端钝，叶鞘疏松裹茎，叶片及叶鞘密被长纤毛。

2. 生物学特性 为一年生草本，具匍匐茎，蔓延甚快。春、夏、秋季均有萌发，花果期 6～10 月。

3. 分布与危害 适生湿润环境，广布全国。严重为害玉米田，造成减产。

二、毛马唐（升马唐）

学名：*Digitaria ciliaris*（Retz.）Koeler，异名：*Digitaria adscendens*（H.B.K.）Henr.（禾本

科）。

1. 形态特征 成株秆基部横卧地面，节处生根和分枝，高 30～90cm。叶鞘常短于其节间，多少被柔毛；叶舌长约 2mm；叶片线形或披针形，长 5～20cm，宽 3～10mm，上面散生柔毛，边缘稍厚，微粗糙；小穗披针形，长 3～3.5mm，孪生于穗轴之一侧；小穗柄微粗糙，顶端截平；第一颖小，三角形；第二颖披针形，长约为小穗的 2/3，具 3 脉，脉间及边缘生柔毛；第一外稃等长于小穗，具 7 脉，脉平滑，中脉两侧的脉间较宽而无毛，其他脉间贴生柔毛，边缘具长柔毛；第二外稃椭圆状披针形，革质，黄绿色或带铅色，顶端渐尖，等长于小穗；花药长 0.5～1mm。

颖果长约 2.1mm，约为其宽的 2 倍。

幼苗淡绿色，疏被柔毛；第一叶长约 1.5cm，宽 2.5～3.5mm；第二叶长约 3cm；叶舌膜质，顶端具微细刺；叶鞘稍压扁，色较浓。

2. 生物学特性 一年生草本；花果期 5～10 月；种子繁殖。

3. 分布与危害 多生于路旁、荒野、荒坡，也是果园和旱作物地的主要恶性杂草；分布于我国南北各省（自治区、直辖市）；广布于世界的热带、亚热带地区。

三、光头稗

学名：*Echinochloa colonum*（L.）Link（禾本科）。

1. 形态特征 茎高 15～60cm，秆较细弱，茎部各节可具分枝。叶鞘压扁，背部具脊，无毛；叶片线形或披针形，长 5～20cm，宽 3～8cm，无毛，边缘稍粗糙。圆锥花序狭窄，主轴较细弱，三棱形，通常无毛，长 5～10cm，分枝数个，为穗形总状花序，稀疏排列于主轴之一侧，上举或贴向主轴，长 1～2cm；小穗卵圆形，长 2～20.5mm，被小硬毛，顶端急尖而无芒，紧贴较规则地成四行排列于分枝轴的一侧；第一颖三角形，长约为小穗的 1/2，具 3 脉，第二颖与第一小花的外稃具 7 脉，顶端钝，第二小花的外稃平凸状，椭圆形，长约 2mm，边缘窄内卷，包卷内稃。

谷粒椭圆形，长约 2mm，具小尖头，平滑光亮，其内稃顶端露出。

幼苗第一片真叶带状披针形，长 18mm，宽 2.5mm，先端锐尖，有 11 条直出平行脉；叶鞘长 8mm，亦有 11 条脉；叶舌、叶耳缺。

2. 生物学特性 一年生草本，苗期 4～5 月，花果期 7～9 月。籽实随熟随落。

3. 分布与危害 有时在土壤疏松、肥沃、湿润旱地，发生数量很大，成优势种群，使作物产量大幅度降低，甚至形成草荒而无收。分布于华东、华中、华南、西南各省（自治区、直辖市）。全世界的温暖地区也有分布。

四、牛筋草

学名：*Eleusine indica*（L.）Gaertn.（禾本科）。

1. 形态特征 高 15～90cm，秆呈压扁状。叶舌长约 1mm，叶片条形，长达 15cm，宽 3～5（7）mm；叶鞘呈压扁状，具脊。穗状花序 2～7 枚生于秆顶，呈指状排列，有时其中 1 或 2 枚生于花序的下方。穗轴顶端生有小穗；小穗密集于宽扁穗轴的一侧，成两行排列，含 3～6 小花。第一颖具 1 脉，第二颖与外稃都具有 3 脉（彩图 23-2-2）。

颖果，卵形，有明显的波状皱纹。

2. 生物学特性 本种为一年生丛生草本，4～9 月均可出苗，须状根极发达，花果期 6～10 月。

3. 分布与危害 适应性极广，为旱作物常见杂草，对玉米为害严重。

五、狗尾草

学名：*Setaria viridis*（L.）Beauv.（禾本科）。

1. 形态特征 秆高 30～100cm。叶舌毛状，长 1～2mm；叶片条状披针形，长 5～30cm，宽 2～15（20）mm。圆锥花序紧密呈柱状；小穗椭圆形，3 至数枚成簇生于缩短的分枝上，基部有刚毛状小枝 1～6 条，成熟后小穗脱落，刚毛宿存；第一颖长为小穗的 1/3，第二颖与小穗等长或稍短；第一外稃和小穗等长，具 5～7 脉，内稃窄狭（彩图 23-2-3）。

谷粒长圆形，顶端钝，具细点状皱纹，成熟时少有肿胀。

幼苗胚芽鞘阔披针形，呈紫红色，除叶鞘边缘具有长柔毛外其余均无毛。第二叶较第一叶长，叶鞘疏松裹茎，边缘具长柔毛。

2. 生物学特性 一年生草本。4～9 月均可出苗。花果期夏、秋季。

3. 分布与危害 耐旱，耐瘠薄，为旱地常见之杂草，全国各玉米种植区均有轻度为害。

六、大狗尾草

学名：*Setaria faberii* Herrm.（禾本科）。

1. 形态特征 秆直立或基部膝曲并具支柱根，较坚硬而高大，高 20～60cm，径达 6mm；叶鞘松弛，无毛，边缘具细纤毛；叶片长 10～40cm，宽 5～15mm，无毛或腹面具疣毛，先端渐尖细，基部钝圆或渐狭窄；圆锥花序紧密呈圆柱状，长 2～10cm，宽 6～10mm（刚毛除外），通常稍弯垂，主轴具柔毛；小穗椭圆形，长约 3mm，先端尖，具 3 脉；第二颖长约为小穗的 3/4，具 5 脉；第一小花外稃与小穗等长，具 5 脉；内稃极退化，膜质；第二小花椭圆形，先端尖，与小穗等长，具横皱纹，成熟后背部极膨胀隆起（彩图 23-2-4）。

颖果椭圆形，顶端尖。

幼苗子叶留土。第一真叶线状披针形，长 2～3cm，宽 3～4mm，无毛；叶舌退化为一圈短纤毛；叶鞘边缘有长柔毛。以后出现的真叶为线形，其他与第一真叶相似。

2. 生物学特性 一年生草本。夏秋抽穗结实。种子繁殖。

3. 分布与危害 荒野及山坡上，较耐干旱。田间尚少见，对作物为害小。分布于我国东北、江苏、浙江、湖北、四川等地以及日本、印度。

七、香附子

学名：*Cyperus rotundus* L.（莎草科）。

1. 形态特征 高 15～95cm。秆直立，散生，锐三棱形，平滑。叶较多，短于秆，宽 2～5mm；鞘棕色，常裂成纤维状。叶状苞片 2～3（5）枚，长于花序；长侧枝聚伞花序，单出或复出，有 3～6（10）个辐射枝；小穗条形，排列在辐射枝所延长的花序轴上，小穗轴有白色透明的翅，鳞片紧密，2 裂，膜质，卵形或矩圆状卵形，中间绿色，具 5～7 脉，雄蕊 3 个，花药暗血红色，药隔突出于花药顶端；柱头 3 个（彩图 23-2-5）。

小坚果，矩圆状倒卵形，有三棱，长约为鳞片的 1/3，表面有细点。

幼苗子叶留土。第一片真叶线状披针形，有 5 条明显的平行脉，叶片横剖面呈 V 形。第三片真叶有 10 条明显平行脉。

2. 生物学特性 多年生草本，有匍匐根状茎和椭圆形块茎。花果期夏秋季。

3. 分布与危害 适生于湿润环境，常生于旱作物地及稻田边，生活力强，繁殖快，生长迅速，严重为害夏播作物，较难除治，是恶性杂草之一。除了东北地区发生较少以外，其他玉米种植区均有不同程度为害。

八、碎米莎草

学名：*Cyperus iria* L.（莎草科）。

1. 形态特征 成株秆丛生，扁三棱形，高可达 25cm。叶基生，短于秆，宽 2～5mm；鞘棕红色。叶状苞片 3～5，下部的较花序长；长侧枝聚伞花序复出，辐射枝 4～9 个，每枝具有 5～10 个穗状花序，穗状花序松散，长圆状卵形；小穗直立，压扁，含 6～22 朵小花，小穗轴近无翅；鳞片宽倒卵形，顶端有干膜质边缘，黄色，背面有龙骨状突起；雄蕊 3 枚，花丝着生于环形的胼胝体上；柱头 3 枚（彩图 23-2-6）。

小坚果倒卵形，具 3 锐棱，与鳞片等长，褐色，密生突起细点。花柱残留物短柱状，色深。果脐圆形或方形，边缘稍隆起，色较深。

幼苗子叶留土。第一片真叶带状披针形，横剖面呈 U 形，有 3 条较粗的平行脉及其间的 2 条细脉，纵脉间具横脉，构成方格状网脉，叶片和叶鞘间界限不显；叶鞘膜质半透明状，有脉 10 条，其中 5 条连向叶片。

2. 生物学特性　一年生草本。春夏季出苗；花果期夏、秋季。籽实成熟即落入土壤。

3. 分布与危害　为秋熟旱作物地主要杂草。干燥、湿润旱地均有发生和为害，长江流域及华南为害较重。

九、小碎米莎草

学名：*Cyperus microiria* Steud.（莎草科）。

1. 形态特征　成株秆丛生，高 20～50cm，锐三棱形，平滑，基部具叶。叶短于秆，宽 2.5～5mm；叶鞘红棕色。苞片叶状，3～4 枚，长于花序。长侧枝聚散花序复出，稍密或疏展，具 5～7 个辐射枝；顶端着生 3～6 个穗状花序，穗状花序卵形或宽卵形或近于三角状卵形；小穗排列稍稀疏，斜展，线形或线状披针形，长 6～15mm，宽约 1.5mm；小穗轴具白色透明的狭边；鳞片膜质，宽倒卵形，顶端圆，背面具龙骨状突起，具 3～5 脉，中脉延伸于顶端成一尖头；雄蕊 3 枚，花药长圆形；花柱短，柱头 3 枚。

小坚果倒卵状三棱形，和鳞片近等长，深褐色，表面具密的微突起细点。

幼苗子叶留土。第一片真叶线状披针形，横剖面呈 U 形，于平行中脉间有横脉，构成方格状；叶片与叶鞘间界限不显，叶鞘膜质。

2. 生物学特性　一年生草本。5～6 月出苗；花果期 7～9 月。以种子繁殖。

3. 分布与危害　喜潮湿环境，适生于水稻田边、河岸、溪边、路旁或草地湿处。为水稻田边及水浇旱作物地、菜园常见杂草，有时可见到成小片单优势种群，也常与碎米莎草、扁穗莎草等生长在一起。在华南地区主要为害水稻、花生、甘蔗等作物。分布几遍全国各地。

十、苍耳

学名：*Xanthium sibiricum* Patrin.（菊科）。

1. 形态特征　株高（30）50～100（150）cm，茎直立。叶互生，具长柄；叶片三角状卵形或心形，长 4～10cm，宽 5～12cm，先端钝尖或稍钝，基部近心形或截形，叶缘有缺刻及不规则的粗锯齿，两面被贴生的糙伏毛，基 3 出脉。头状花序腋生或顶生，花单性，雌雄同株；雄花序球形，黄绿色，近无梗，密生柔毛，集生于花轴顶端；雌头状花序生于叶腋，椭圆形，外层总苞片小，分离，披针形；内层总苞片结合成囊状外生钩状刺，先端具二喙，内含 2 花，无花瓣，花柱分枝丝状（彩图 23-2-7）。

聚合果卵形或椭圆形，外具钩刺，淡黄色或浅褐色，坚硬，顶端有 2 喙；聚合果内有 2 个瘦果，倒卵形，灰黑色。

幼苗子叶 2 片，匙形或长圆状披针形，肉质，光滑无毛。初生叶 2 片，卵形，先端钝，基部楔形，叶缘有钝锯齿，具柄，叶片及叶柄均密被茸毛，主脉明显。下胚轴发达，紫红色。

2. 生物学特性　一年生草本，粗壮，生活力强，4～5 月萌发，7～8 月开花，8～9 月为结果期。

3. 分布与危害　适生稍潮湿的环境，为广布的旱地杂草，多生于旱作物田间、果园、路旁、荒地、低丘等地，在北方春播玉米田有轻度为害。

十一、胜红蓟

学名：*Ageratum conyzoides* L.（菊科）。

1. 形态特征　茎直立，高 30～60cm，有分枝，稍有香味，被粗毛。单叶对生或顶端互生，叶片卵形或近三角形，具纤细长柄，长 5～13cm，宽 3～6cm，顶端钝，基部渐狭或楔形，边缘有钝齿，两面被稀柔毛，具 3 出脉。头状花序小，排成稠密、顶生的伞房花序；总苞片 2～3 层，几等长，长圆形，急尖，具刺状尖头，背部被疏柔毛或无毛，边缘栉齿状或燧状。管状花花冠檐部淡紫色，顶端 5 裂（彩图 23-2-8）。

瘦果稍呈楔形，黑色，具 5 棱，顶端有 5 枚芒状的鳞片，鳞片中部以下稍宽，边缘有小锯齿。

幼苗子叶 2 片，椭圆形；第一、二真叶卵圆形，腹面被白色小柔毛。

2. 生物学特性　一年生草本。花果期几全年。种子繁殖。

3. 分布与危害　常生于山谷、林缘、河边、林下、草地、田边河荒地上，亦侵入秋收作物，在华南有一定为害。

十二、空心莲子草

学名：*Alternanthera philoxeroides*（Mart.）Griseb.（苋科）。

1. 形态特征　成株茎基部匍匐，长 50～150cm，常呈粉红色，上部斜升或全株平卧，着地生根，茎中空，髓腔大，节膨大。叶对生，具短柄；叶片长圆形、长圆状倒卵形或倒卵状披针形，长 3～6cm，宽 1.5～2cm，先端急尖或圆钝，基部渐狭，全缘。头状花序单生于叶腋，由 10～20 多朵无柄的白色小花集生组成，具总花梗；苞片和小苞片干膜质，宿存；花被 5 片，披针形，背部两侧压扁，膜质，白色有光泽；雄蕊 5 枚，退化雄蕊与之相间而生，先端分裂如丝，花丝基部和退化雄蕊之基部连成短管；子房球形，花柱粗短，柱头头状（彩图 23-2-9）。

胞果扁平，边缘具翅，透镜状；种子透镜状，种皮革质，胚环形。

幼苗下胚轴显著，无毛；子叶长椭圆形，无毛，具短柄；上胚轴和茎均被两行柔毛，初生叶和成长叶相似而较小，几无毛。

2. 生物学特性　多年生草本。以根茎进行营养繁殖，3～4 月根茎开始萌芽出土；匍匐茎发达，并于节处生根，茎的节段可随水流及人畜的活动传播，可萌发成植株。花期 5～10 月，通常开花而不实。

3. 分布与危害　喜生于池沼、沟渠、河滩湿地或浅水中，是水田、旱田均能生长的杂草，在长江流域玉米种植区有轻度为害。

十三、反枝苋

学名：*Amaranthus retroflexus* L.（苋科）。

1. 形态特征　成株株高 20～80cm。茎粗壮，稍具钝棱，密生短柔毛。叶椭圆状或棱状卵形，长 5～12cm，宽 2～5cm，顶端锐尖或尖凹，具凸尖，两面有柔毛，具长柄。花单性或杂性；穗状花序集成圆锥花序，顶生或腋生；苞片和小苞片钻形，干膜质，透明，花被片白色，具一淡绿色中脉；雄花的雄蕊长于花被片；雌花柱头 3（2）个，内侧有小齿（彩图 23-2-10）。

胞果，扁球形，盖裂，包在宿存的花被内。种子直立，倒卵圆形或近球形，棕黑色。

幼苗子叶长椭圆形，先端钝，基部楔形，具有柄。叶下面紫红色。初生叶 1 片，卵形，全缘，先端微凹，下胚轴发达，紫红色。

2. 生物学特性　一年生草本，5 月初出苗，花期 7～8 月，果期 8～9 月。

3. 分布与危害　适生于潮湿沃土，为蔬菜地、果园及一般旱田的杂草，主要为害北方地区及黄淮海地区秋作物田。

十四、野苋（凹头苋）

学名：*Amaranthus lividus* L.（苋科）。

1. 形态特征　成株高 10～30cm，全体无毛；茎伏卧而上升，由基部分枝，绿色或紫红色。叶片卵形或菱状卵形，长 1.5～4.5cm，宽 1～3cm，先端钝圆而有凹缺，基部宽楔形，全缘或稍呈波状。花簇大部生于叶腋，生在茎端或分枝端的花簇集成直立穗状或圆锥状花序；苞片及小苞片长圆形，花被片 3 个，长圆形或披针形，干膜质，淡绿色，先端钝有微尖头，边缘内曲；雄蕊 3 枚，稍短于花被片；柱头 3 或 2 枚，果熟时脱落（彩图 23-2-11）。

胞果扁卵形，不裂，微皱缩而近平滑，超出宿存花被片；种子扁球形，黑色至黑褐色，具环状边缘。

幼苗子叶椭圆形，先端钝尖，叶基楔形，具短柄；下胚轴发达，无毛，上胚轴极短；初生叶阔卵形，先端平截，具凹缺，叶基阔楔形，具长柄；后生叶除叶缘略呈波状外，与初生叶相似。

2. 生物学特性　一年生草本。5～6 月为苗期，花期 7～8 月，果期 8～10 月。种子繁殖。

3. 分布与危害　喜湿润环境，亦耐旱；为害长江流域及华南地区秋作物田。

十五、铁苋菜

学名：*Acalypha australis* L.（大戟科）。

1. 形态特征 株高 20～50cm。茎有棱，具毛。叶互生，卵状菱形或卵状披针形，长 2.5～8cm，宽 1.5～3.5cm，先端尖，基部楔形，缘有钝齿，两面叶脉上具短毛；叶柄有毛；托叶披针形。花单性，雌雄同序，无花瓣，穗状花序腋生；雄花多数生于花序上部，带紫红色，苞片小，缘具睫毛；花萼 4 裂，裂片卵形，膜质雄蕊 8 个；雌花通常 3 朵，生于花序基部的叶状苞内，苞片开展时呈三角状卵形或肾形，合时如蚌，边缘有锯齿，萼片 3 片，子房 3 室，被疏毛；花柱 3 个，分枝，红紫色，通常每苞片只 1 果成熟（彩图 23 - 2 - 12）。

蒴果小，钝三棱形，表面有毛，毛基部有瘤状突起。种子卵形。

幼苗除子叶外全株被毛。下胚轴发达，子叶近圆形，先端截形，全缘，有柄。初生叶 2 片，卵形。先端圆钝，叶缘有钝齿，叶背面和下胚轴均呈淡紫红色。

2. 生物学特性 一年生草本。花期 5～7 月，果期 7～8 月。

3. 分布与危害 旱作物地常见的杂草，常成优势杂草种群。山坡荒地、河岸沙地、沟谷草地均有生长，广布全国各地，为害较轻。

十六、地锦

学名：*Euphorbia humifusa* Willd.（大戟科）。

1. 形态特征 茎匍匐，纤细，常红紫色，长 10～30cm，近基部多分枝，无毛。叶对生，长圆形，长 5～10mm，宽 4～7mm，先端钝圆，基部偏斜，边缘有细锯齿，绿色或带淡红色。杯状花序单生于叶腋；总苞倒圆锥形，长约 1mm，浅红色，顶端 4 裂，裂片长三角形，膜质，裂片间有腺体，扁椭圆形，具白色花瓣状附属物。子房 3 室，花柱 3 枚，顶端 2 裂（彩图 23 - 2 - 13）。

蒴果三棱状球形，直径约 2mm，无毛，种子卵形，长约 1.2mm，宽约 0.7mm，黑褐色，外被白色蜡粉。

幼苗平卧地面，茎红色，折断有白色乳汁。子叶长圆形，长约 3mm，宽约 1.5mm，先端钝圆，基部楔形，具短柄，无毛。初生叶 2 片，与子叶交互对生，倒卵状椭圆形，无毛，叶缘先端具细锯齿，具柄。上胚轴不发达，下胚轴较发达，光滑，通常暗紫红色。

2. 生物学特性 一年生草本。华北地区 4～5 月出苗，6～7 月为花期，7～10 月为果期。种子繁殖。

3. 分布与危害 适生于较湿润而肥沃的土壤，亦耐干旱，主要为害旱作物地，如棉花、豆类、薯类、蔬菜等，其他旱作物地、水稻田边、果园、路边、河滩常见，为常见杂草。局部地区有为害。除广东、广西外，几遍全国各地；日本也有。

十七、酸模叶蓼

学名：*Polygonum lapathifolium* L.（蓼科）。

1. 形态特征 茎直立，高 30～120cm，有分枝，无毛。叶互生，具柄，柄上有短刺毛；叶片披针形或宽披针形，长 5～12cm，宽 1.5～3cm，叶面绿色，全缘，叶缘及主脉覆粗硬毛；托叶鞘筒状，膜质，脉纹明显，无毛。茎和叶上常有新月形黑褐色斑点。花序为整个花穗构成的圆锥状花序；苞片膜质，边缘生稀疏短睫毛；花被 4 深裂，裂片椭圆形，淡绿色或粉红色；雄蕊 6 枚，花柱 2 枚，向外弯曲（彩图 23 - 2 - 14）。

瘦果圆卵形，扁平；两面微凹，红褐色至黑褐色，有光泽，包于宿存的花被内。

幼苗下胚轴发达，深红色。子叶长卵形，叶背紫红色，初生叶 1 片，长椭圆形，无托叶鞘；后生叶具托叶鞘。叶上面具黑斑，叶背被绵毛。

2. 生物学特性 一年生草本。多次开花结实，东北及黄河流域 4～5 月出苗，花果期 7～9 月。在长江流域及以南地区的夏收作物田，9 月至翌年春出苗，4～5 月花果期，先于作物果实成熟。种子繁殖。

3. 分布与危害 生长在路旁湿地、沟渠水边及豆类田、水稻田、麦田、油菜田等生境。为一种适应性较强的农田及非农田杂草。喜水湿环境。东北地区玉米、大豆田轻度为害。

十八、水蓼

学名：*Polygonum hydropiper* L.（蓼科）。

1. 形态特征 茎高 20～60（80）cm，直立或倾斜，不分枝，或基部分枝，无毛，下部节上常生不定根。叶片披针形，长 4～8cm，宽（5）8～20mm，两端较尖，两面均有透明腺点，无毛或有时沿主脉被稀疏硬伏毛，叶缘具缘毛；叶柄短；托叶鞘筒形，长约 1cm，疏生短伏毛，先端截形，有短睫毛。总状花序顶生或腋生，长 4～15cm，顶生时常为圆锥状，常下垂，下部间断；苞片斜漏斗状，有腺点，先端斜形，具短睫毛或近无毛；花被常 5 深裂，裂片倒卵形或长圆形，密被腺点；雄蕊 6 枚，稀 8 枚，比花被短；花柱 2～3 枚，基部合生，柱头头状。

瘦果卵三棱形，顶端尖，暗褐色，有小点，稍有光泽。全部为宿存花被所包。

幼苗子叶出土。上、下胚轴均发达，红色。子叶阔卵形，长 6mm，宽 4.5mm，先端钝圆，具短柄。初生叶 1 片，倒卵形，叶基楔形，有 1 条红色中脉，具叶柄，托叶鞘筒状，鞘口截形，有短睫毛。后生叶披针形，其他与初生叶相似。幼苗全株光滑无毛。

2. 生物学特性 叶及嫩茎均具辣味的一年生草本。花果期 8～11 月。种子繁殖。

3. 分布与危害 常生水边或路旁湿地，为常见的夏收作物田、水稻田及路埂杂草，对麦类、油菜等轻度为害。分布于我国南北各省（自治区、直辖市）。广布于北半球的温带及亚热带；朝鲜、日本、印度尼西亚、印度及欧洲、北美各国也有。

十九、马齿苋

学名：*Portulaca oleracea* L.（马齿苋科）。

1. 形态特征 茎匍匐，多分枝，肉质，无毛，茎带紫色。叶倒卵形，长 10～25mm，宽 5～15mm，全缘，肉质。花 3～5（8）朵生于枝顶端，无梗；苞片 4～5 片，膜质，萼片 2 片，花瓣 5 瓣，黄色，卵状长圆形，雄蕊 8～12 枚，基部合生；子房半下位，1 室，柱头 4～6 裂（彩图 23-2-15）。

蒴果，圆锥形，盖裂。种子多粒，肾状卵形，黑色，有小疣状突起。

幼苗光滑，肉质。下胚轴发达，上胚轴不发达，子叶长圆形，肥厚，具短柄。初生叶 2 片，倒卵形，先端钝圆，基部楔形。

2. 生物学特性 本种为一年生草本。4 月下旬出苗，花期 5～8 月，果期 7～9 月。

3. 分布与危害 喜生于湿润而肥沃土壤中，为夏季田间常见杂草，以菜园最多，其他旱作物地亦常见。黄淮海夏玉米田及长江流域玉米田为害较重。

二十、藜

学名：*Chenopodium album* L.（藜科）。

1. 形态特征 株高 60～120cm。茎粗壮，有棱及条纹，多分枝。叶有长柄，叶片近三角形、菱状卵形至披针形，长 3～6cm，宽 2.5～5cm，基部宽楔形，边缘具不整齐锯齿，叶背面被粉粒。花两性，数朵花集成一团伞花簇，多数花簇排成圆锥状花序；花被片 5 片，宽卵形，雄蕊 5 个；柱头 2 个（彩图 23-2-16）。

胞果，完全包于花被内，或顶端稍露，果皮薄，和种子紧贴。种子横生，双凸状，黑色具光泽，表面具浅沟纹及点洼；胚环形。

幼苗子叶近条形，长约 8mm，肉质肥厚略带紫色，叶背面有白粉，具叶柄。初生叶 2 片，长卵形，先端钝，边缘略呈波状，主脉明显，背面呈紫红色，有白粉粒，上下胚轴均较发达。

2. 生物学特性 一年生草本。3 月中旬出苗，花果期 6～10 月。

3. 分布与危害 田间、路边、荒地、宅旁均有生长。为麦田及玉米等其他旱地常见杂草，在黄淮海地区及西北地区玉米田为害较重。

二十一、中国菟丝子

学名：*Cuscuta chinensis* Lam.（旋花科）。

1. 形态特征 成株茎缠绕，淡黄色，纤细，直径约 1mm，多分枝无叶，花多数簇生成团伞花序；花萼杯状，中部以下连合，裂片三角形，长约 1.5mm，背面具脊；花冠白色或略带黄色，长 2～3.5mm，钟形，4～5 裂，裂片三角状卵形，先端锐尖或稍钝；常内折；鳞片较大，长卵形与冠筒等长，边缘具长流苏；雄蕊着生于花冠裂片弯缺处稍下方，较裂片短；柱头球形，花柱 2 枚，等长，子房近球形。

蒴果球形，直径约 3mm，几乎全为宿存花冠所包，成熟时周裂；种子卵圆形，有喙，明显，长约 1.5mm，宽约 1.1mm，种皮赤褐色或淡褐色，种脐线形，隆起。

幼苗与南方菟丝子相似，两者难以区分。

2. 生物学特性 一年生茎寄生杂草。种子萌发所需的条件和萌发情况基本上与南方菟丝子相同，因此两者很易混淆。花果期 6～9 月。以种子繁殖为主，也能以断茎进行营养繁殖。

3. 分布与危害 为秋收作物和大豆田恶性寄生杂草。其为害与分布均与南方菟丝子相似。

二十二、南方菟丝子

学名：*Cuscuta australis* R. Br.（旋花科）。

1. 形态特征 茎缠绕，纤细，直径 1mm 左右，金黄色，无叶。花簇生成球状团伞花序；花萼杯状，3～5 裂，裂片近圆形，先端钝，背面无脊；花冠杯状，白色或淡黄色，长约 2mm，裂片卵形，先端稍钝，直立至展开；鳞片小，短于冠筒，上端 2 裂，边缘无流苏；雄蕊着生于花冠裂片相邻处，稍短于花冠裂片，花丝较长，花药卵形；柱头球形，花柱 2 枚，等长或稍不等长。

蒴果扁球形，直径 3～4mm，下半部为宿存花冠所包，成熟时不规则开裂；种子卵圆形（有喙，不明显），长约 1.5mm，种皮淡褐色至赤褐色，稍有光泽，表面较粗糙。种脐线形。

幼苗淡黄色，早期具极短的初生根，在土壤中起短期吸水作用，当固着于寄主茎后即停止生长，逐渐萎缩死亡。胚轴与幼茎纤细，与寄主接触后，茎上产生吸器（寄生根），侵入寄主体内吸收水分和养料。

2. 生物学特性 一年生茎寄生杂草。种子在 10℃ 以上即可萌芽，在 20～30℃ 内温度愈高，发芽愈快，萌芽率也愈高，萌芽不整齐，以 5～8d 内萌芽最多，也可历经数月仍有继续萌芽的情况。土壤绝对含水量以 20%～25% 最适宜。多雨或积水对萌芽不利。花果期 6～9 月。以种子繁殖为主。断茎再生能力很强，能进行营养繁殖。

3. 分布与危害 为秋收作物和大豆田的恶性寄生杂草。

二十三、鸭跖草

学名：*Commelina communis* L.（鸭跖草科）。

1. 形态特征 高 15～50cm，茎基部匍匐分枝，向上斜生，茎上部被短毛。叶披针形或卵状披针形，长 3～8cm，宽 1～2.5cm，先端锐尖，基部圆形或楔形，基部有膜质的叶鞘，白色，有绿脉，鞘口疏生短柔毛。总苞佛焰苞状，生于叶腋，有 1.5～4cm 长的叶柄；与叶对生，宽心形，稍弯曲，顶端急尖，长约 2cm，边缘具毛。聚伞花序，有花数朵，略伸出佛焰苞；萼片 3 片，膜质，内侧 2 片基部常合生；花瓣 3 片，蓝色，分离，侧生 2 片较大，基部常有爪；雌蕊 6 枚，3 枚能育而长，3 枚退化，顶端成蝴蝶状，花丝无毛（彩图 23 - 2 - 17）。

蒴果椭圆形，2 室，2 瓣裂。每室有 2 粒种子。种子暗褐色，具不规则窝孔。

2. 生物学特性 一年生披散草本。茎下部匍匐生根，长可达 1m。花期 6～9 月。

3. 分布与危害 常生于湿地。田边、菜园常有生长。为黄淮海地区北部春玉米田、春大豆田主要杂草之一，为害较严重。

二十四、问荆

学名：*Equisetum arvense* L.（木贼科）。

1. 形态特征 根状茎长而横走；地上茎直立，二型；孢子茎早春先发，高 5～20cm，常呈紫褐色，肉质、粗壮、单一，叶鞘较孢子叶的长而大；孢子囊顶生，椭圆形，钝头；孢子叶盾状，下面生 6～8 个孢子囊；孢子一型，孢子成熟后孢子茎即枯萎；营养茎在孢子茎枯萎后生出，高 15～60cm，具 6～12 条纵棱，分枝轮生，中实，鲜绿色，表面粗糙，叶退化成鞘，鞘齿披针形，黑褐色，边缘灰白色，不脱落（彩图 23 - 2 - 18）。

2. 生物学特性 多年生草本；以根状茎繁殖为主，也可进行孢子繁殖。

3. 分布与危害 陆生，喜潮湿多肥的黑土，微酸性至中性土壤地带普遍生长。生于田间、果园、沟旁、荒地、路边，在北方秋作物种植区及云贵高原秋作物种植区局部农田轻度为害。

二十五、青葙

学名：*Celosia argentea* L.（苋科）。

1. 形态特征　成株高 60～100cm，全株无毛；茎直立，有分枝，绿色或红色，具明显条纹。叶互生，叶片披针形或椭圆状披针形，长 5～8cm，宽 1～8cm，先端急尖或渐尖，基部渐狭成柄，全缘。穗状花序顶生；花多数，密生，初开时淡红色，后变白色；每花有苞片 1 片和小苞片 2 片，白色，披针形，先端渐尖，延长成细芒；花被片 5 片，披针形，干膜质，透明，有光泽；雄蕊 5 枚，花丝下部合生成环状，花药紫红色；子房长圆形，花柱细长，紫红色，柱头 2～3 裂（彩图 23 - 2 - 19）。

胞果卵形或近球形，包于宿存的花被内；种子倒卵形至肾状圆形，黑色，有光泽，种脐明显，位于缺刻内。

幼苗子叶出土，椭圆形，具短柄；下胚轴发达，紫红色，上胚轴亦较发达，圆柱状，绿色；初生叶 1 片，互生，近菱形，先端锐尖，全缘，叶基渐窄，有明显的羽状脉，具柄。

2. 生物学特性　一年生草本。苗期 5～7 月，花期 7～8 月，果期 8～10 月。通常在碰触植株时，胞果开裂，种子散落于土壤中。

3. 分布与危害　为玉米、大豆、棉花及甘薯等秋熟旱作物田的主要杂草。在华南玉米种植区发生普遍，为害较重。

二十六、苦蘵

学名：*Physalis angulata* L.（茄科）。

1. 形态特征　茎直立，高 30～50cm，成株全体近无毛或仅生稀疏短柔毛。无根状茎，多分枝，分枝纤细。叶片卵形至卵状椭圆形，长 3～6cm，宽 2～4cm，先端渐尖或急尖，基部阔楔形，全缘或有不等大的齿，两面近无毛。花较小；花梗被短柔毛；花萼长，具短柔毛，5 裂，裂片披针形；花冠淡黄色，喉部常有紫色斑纹；花药蓝紫色（彩图 23 - 2 - 20）。

浆果球形，外包以膨大的草绿色宿存花萼；种子肾形或近卵圆形，两侧扁平，淡棕褐色，表面具细网状纹，网孔密而深。

幼苗子叶阔卵形，先端急尖，边缘具睫毛，叶基圆形，具长柄。下胚轴极发达，上胚轴较明显，均被柔毛及少数腺毛。初生叶 1 片，阔卵形，先端急尖，叶基圆形，全缘，有长叶柄。后生叶的叶缘呈波状，有不规则粗锯齿，其他与初生叶基本相似。

2. 生物学特性　一年生草本。花果期 5～12 月，种子繁殖。

3. 分布与危害　常生于山坡林下或田边路旁，为秋收作物田常见杂草，黄淮海地区发生量较大，但为害较轻。

二十七、龙葵

学名：*Solanum nigrum* L.（茄科）。

1. 形态特征　株高 30～60（160）cm。茎上部多分枝。叶互生，卵圆形，长 2.5～10cm，宽 1.5～5.5cm，全缘或有不规则波状粗齿。花簇生呈短蝎尾状花序，腋外生，有 4～10 朵花；花柄下垂，花萼杯状，5 裂，裂片卵状三角形；花冠白色，辐状，裂片亦呈卵状三角形。雄蕊 5 个，着生于花冠管口，花丝分离，花药靠合；子房卵形，2 室，生花柱中部以下，有白色茸毛，柱头圆形（彩图 23 - 2 - 21）。

浆果球形，熟时黑色。种子扁卵圆形。

幼苗子叶卵形或广披针形，先端锐尖，基部渐狭至柄，柄有毛，叶缘有睫毛。初生叶 1 片，广卵形，全缘，先端尖，基部圆，叶面有毛，胚轴一般紫红色或绿色。

2. 生物学特性　一年生草本。苗期 4～9 月，花期 6～9 月，果期 9～10 月。

3. 分布与危害　为田间、路旁、旷野常见杂草。北方秋作物种植区有一定为害。

二十八、苘麻

学名：*Abutilon theophrasti* Medik.（锦葵科）。

1. 形态特征　高 1～2m，上部有分枝，具柔毛。叶互生，圆心形，长 5～10cm，先端尖，两面密生星状柔毛。花单生叶腋，花梗长 1～3cm，近端处有节，花萼杯状，5 裂，花瓣 5 片，倒卵形，黄色，心皮 15～20 片轮生（彩图 23-2-22）。

蒴果半球形，分果瓣 15～20 瓣，有粗毛，顶端有长约 5mm 的 2 根长芒，熟时自中轴脱落，含 2 粒至 2 粒以上种子。种子肾形，具星状毛。

幼苗全体被毛，子叶心形，先端钝，具长叶柄。初生叶 1 片，卵圆形，先端钝，基部心形，叶缘有钝齿，叶脉明显。下胚轴发达，基部带暗紫色。

2. 生物学特性　一年生草本。花期 6～8 月，果期 8～9 月。

3. 分布与危害　有栽培，常散落为野生。为东北及黄淮海秋作物种植区常见杂草，轻度为害。

二十九、裂叶牵牛

学名：*Pharbitis nil*（L.）Choisy（旋花科）。别名牵牛。

1. 形态特征　全株被粗硬毛；茎缠绕，多分枝；叶互生，叶具柄，长 5～7（15）cm，被毛；叶片宽卵形或卵圆形，侧裂片较短，三角形；裂口宽而圆，不向内凹陷，裂片先端渐尖，基部心形。花序有花 1～3 朵，总花梗略短于叶柄；萼片 5 片，披针形，长 2～2.5cm，先端尾长尖，基部密被开展的粗硬毛，不向外反曲。花冠漏斗状，白色、蓝紫色或紫红色，花冠管色淡，花冠长 5～8cm，顶端 5 浅裂；雄蕊 5 枚；子房 3 室，柱头头状（彩图 23-2-23）。

蒴果近球形；种子 5～6 个，卵圆形或卵状三棱形，黑褐色或米黄色二种颜色。

幼苗粗壮。子叶近方形，长约 2cm，先端深凹缺刻几达叶片中部，基部心形；叶脉明显，具柄，柄被短硬毛。初生叶 1 片，3 裂，中裂片大，先端渐尖，基部心形；叶片及叶柄均密被长茸毛。上胚轴不发达，下胚轴发达，靠近子叶部分有短毛。

2. 生物学特性　一年生缠绕草本。4～5 月萌发，花期 6～9 月，果期 7～10 月。种子繁殖。

3. 分布与危害　生于田边、路旁、河谷、宅园、果园、山坡，适应性很广；部分果园、苗圃受害较重；除东北、西北一些省（自治区）外，其他各地均有分布；原产于美洲热带。有些地方栽培供观赏。

三十、圆叶牵牛

学名：*Pharbitis purpurea*（L.）Voigt.（旋花科）。

1. 形态特征　全株被粗硬毛。茎缠绕，多分枝。叶互生，卵圆形，先端尖，基部心形，全缘，叶柄长 4～9cm。花序有花 1～5 朵，总花梗与叶柄近等长，长 4～12cm，小花梗伞形，结果时上部膨大；苞片 2，条形；萼片 5 片，卵状披针形，长 1.0～1.5cm，先端锐尖，基部有粗硬毛；花冠漏斗状，直径 4～5cm，紫色、淡红色或白色，先端 5 浅裂；雄蕊 5 枚，不等长，花丝基部被毛；子房 3 室，每室 2 胚珠，柱头头状，3 裂（彩图 23-2-24）。

蒴果近球形，无毛；种子卵圆形或三棱状卵形，长约 5mm，黑色或暗褐色，表面粗糙。

幼苗与裂叶牵牛的幼苗雷同，唯初生叶叶片为卵圆状心形。

2. 生物学特性　一年生草本。华北地区 4～5 月出苗，6～9 月开花，9～10 月为结果期。种子繁殖。

3. 分布与危害　适应性很广，多生于田边、路旁、平原、山谷和林内；我国各地均有栽培，作庭园观赏或作绿篱。有时侵入农田（旱作物地）或果园缠绕栽培植物造成危害。广布于我国各地。原产于南美洲。

三十一、野黍

学名：*Eriochloa villosa*（Thunb.）Kunth，异名：*Poa villosum* Thunb.（禾本科）。

1. 形态特征　秆直立，基部分枝，稍倾斜，高 30～100cm。叶鞘无毛或被微毛，松弛包秆，节具髭毛；叶舌短小，有长约 1mm 纤毛；叶片扁平，长 5～25cm，表面具微毛，背面光滑，边缘粗糙。圆锥花序长 7～15cm，4～8 枚总状花序长 1.5～4cm，密生柔毛，排列于主轴之一侧；小穗卵状椭圆形，长 4.5～5（～6）mm；基盘长约 0.6mm；小穗柄极短，密生长柔毛；第一颖微小；第二颖与第一外稃均被细毛，前者具 5～7 脉，后者具 5 脉；第二稃革质，先端钝，具细点状皱纹；鳞被 2 片，长约 0.8mm，具

7脉；雄蕊3枚；花柱分离。

颖果卵圆形，长约3mm，宽约2mm，淡黄褐色，胚大而显著，约占颖果全长4/5。

幼苗子叶留土。幼苗全株密被白色柔毛。第一片真叶长椭圆形，长1.7cm，宽0.5cm，先端急尖，叶缘具睫毛，直出平行脉较多，约25条；叶鞘淡红色，无叶耳、叶舌；以后出现的真叶为线状披针形，其他与前者相似。

2. 生物学特性 一年生草本。花果期7～10月。种子繁殖。

3. 分布与危害 生于山坡和潮湿地区，为果园、茶园和路埂常见杂草，发生量小。分布于华北、东北、华中、西南、华南等省（自治区、直辖市）；日本、印度也有分布。

三十二、雀稗

学名：*Paspalum thunbergii* Kunth ex Steud.（禾本科）。

1. 形态特征 秆通常丛生，稀为单生，直立或倾斜，高25～50cm；具2～3节，节具柔毛；叶鞘松弛，具脊，多聚集于秆基作跨生状，被柔毛；叶舌褐色，长0.5～1mm；叶片长5～20cm，宽4～8mm，两面皆密被柔毛，边缘粗糙；总状花序3～5个，长5～10cm；穗轴宽1～1.5mm，边缘粗糙；小穗倒卵状圆形，先端微凸，长约2.5mm，边缘被散生微柔毛，呈2～4行排列，同行的小穗彼此常多少分离，绿色或带紫色；第二小花倒卵状圆形，与小穗等长，细点状粗糙，灰白色。颖果。

幼苗子叶留土。第一真叶线状披针形，长1.1～1.5cm，宽2～3mm，叶缘生睫毛，有27条直出平行脉；叶舌膜质，顶端呈不规则缺刻；叶鞘紫红色，有13条脉；叶片与叶鞘均被长柔毛。第二片真叶与前者相似。

2. 生物学特性 多年生草本；夏秋季抽穗，种子繁殖。

3. 分布与危害 生长于荒野、道旁和潮湿之处，田间少见，为害轻。分布于华东、华中、西南、华南各省（自治区、直辖市）；日本也有分布。

三十三、卷茎蓼

学名：*Polygonum convolvulus* L.（蓼科）。

1. 形态特征 茎缠绕，细弱，有不明显的条棱，粗糙或疏生柔毛。叶有柄，叶片卵形，长3～6cm，宽2～5cm，先端渐尖，基部宽心形，无毛或沿脉和边缘疏生短毛；托叶鞘短，斜截形，先端尖或圆钝。花序穗状，腋生；苞片卵形，花排列稀疏，淡绿色；花被5深裂，裂片在果时稍增大，有时有凸起的肋或狭翅；雄蕊8枚，短于花被；花柱极短，柱头头状（彩图23-2-25）。

瘦果卵形，有三棱，黑色，密生小点，无光泽。

幼苗子叶出土，椭圆形，先端急尖，基部楔形，具短柄。上胚轴发达，表面密生极细的刺状毛，下胚轴亦发达，下段被子叶柄相连合成的"子叶管"所包裹，呈六棱形，棱角上密生极细的刺状毛。初生叶1片，互生，卵形，缘微波状，基部略戟形，具长柄，基部有一白色膜质的托叶鞘。

2. 生物学特性 一年生缠绕草本。种子春季萌发，长出幼苗。花期6～7月，果期8～9月。种子繁殖。

3. 分布与危害 为东北、西北、华北北部地区农田主要杂草之一，为害麦类、大豆、玉米等作物。缠绕作物，影响光照，也易使作物倒伏，造成减产。发生量大，为害严重。秦岭、淮河以北地区都有分布。朝鲜、日本、菲律宾、印度以及欧洲和北美各国也有分布。

李香菊（中国农业科学院植物保护研究所）

王贵启（河北省农业科学院粮油作物研究所）

第3节 水稻田杂草

一、杂草稻

学名：*Oryza sativa* L. *spontanea* Roschevicz（禾本科）。别名鬼稻、落粒稻、红稻。

1. 形态特征　一年生草本，秆直立或斜展致植株松散，高 50～150cm。叶二列互生，线状披针形，常披散下垂，叶舌膜质，2 裂，和叶耳均呈紫红色。圆锥花序疏松；小穗长圆形，两侧压扁，含 3 朵小花，颖极退化，仅留痕迹，顶端小花两性，外稃舟形，有芒，芒长 0.1～5cm；雄蕊 6 枚；退化 2 花仅留外稃位于两性花之下，常误认作颖片；雌蕊 2 心皮构成，1 室，柱头羽毛状（彩图 23 - 3 - 1）。

籽实为颖果，长 4～10mm，宽 2～7mm，成熟时被稃片紧包，成熟稃片呈暗草色至褐色，果皮色深，多呈紫红色。籼型杂草稻颖果长宽比大于 3，而粳型杂草稻在 2.8 以下。

幼苗叶鞘厚膜质，乳白色，基部呈紫红色；第一片针叶带状披针形或倒披针形，具 7 条直出平行叶脉，中脉明显，背折，叶舌白色膜质，长 1mm，叶耳白色膜质或带紫色；第二片叶带状披针形，略下垂。

2. 生物学特性　杂草稻是一种在水稻田中自生具有杂草性的水稻。其与水稻形态和生长发育时期相似，但早熟、落粒，籽实具有休眠性，早期竞争性强，与栽培稻竞争光、水分和营养。杂草稻最重要的杂草性生物学特征表现为不同程度的落粒性。这是杂草稻重新获得性状，其与水稻相比的强落粒性，极大地增加其进入土壤种子库的机会，逃脱人类的收获控制，使杂草稻可以成功地在田间延续。杂草稻的颖果红色果皮，也是其重新获得的一个偏野生型的性状。控制红色果皮的等位基因 RC 相对于白色果皮等位基因 rc 是一个显性性状，目前白色果皮水稻的基因型是 rc 纯合型，白色果皮带型均为缺失带型，红色果皮均为非缺失带型，而红色果皮的杂草稻无一例外含有 14bp 的这一导致红皮的关键序列。由于红色果皮性状影响稻米品质，在栽培稻驯化过程中已被人类舍弃（Ferrero et al.，1999），因此，水稻基因组中已经完全失去了这一序列。对于杂草稻的退化起源假说提出者如何解释已经在白色果皮的栽培水稻中失去的 14bp（ACGCGAAAAGTCGG）序列重新获得是个难点。杂草稻适应不良生境另一特征是休眠性，即落入土壤中的杂草稻种子库可自我控制非连续萌发。休眠期时间长短各不相同，从几乎无休眠到数个月，这会严重影响到双季稻种植区的第二茬稻；也有休眠期更长的，可以在野外环境下度过漫长寒冷的冬季，翌年发芽的杂草稻通常具有抗寒性，对北方稻作区的危害更大（Gu et al.，2005）。

表 23 - 3 - 1　杂草稻与栽培稻和野生稻的主要特征比较
Table 23 - 3 - 1　The comparison of main characters among weedy, cultivated and wild rice

特征	栽培稻	杂草稻	野生稻
授粉方式	自花授粉	自花授粉	常异花授粉
繁殖方式	种子	种子	种子和营养繁殖
土壤种子库	少量	有	有
种子萌发	同步性强	参差不齐	参差不齐
出苗	同步性强	参差不齐	参差不齐
花期	同步性强	总体参差不齐，多数在伴生栽培稻之前开花	参差不齐
种子成熟	同步性强	总体参差不齐，多数在伴生栽培稻之前成熟	参差不齐
种子落粒性	多不落粒	变异大	强
种子休眠性	无	变异大	强
成熟颖壳色	多浅黄色，少黑色	黄褐色到深褐色	褐色
果皮色	多白色少红色和紫色	多红色，少白色	多红色
芒长	多无芒，少有芒	无芒到长芒	长芒
株高	整齐	有一定变异，常比伴生栽培稻高	变异较大

杂草稻类型多样，但是，我国发生的杂草稻大致地可以分为粳型和籼型杂草稻两种主要类型，其间有偏粳型和偏籼型的中间变异类型。杂草稻与栽培稻一样，属于 AA 基因组型，与亚洲栽培稻在形态学上几乎一致。所以将杂草稻和亚洲栽培稻归属于同一个拉丁名下 *Oryza sativa* L.。杂草稻起源有以下几种假说：①与现代野生稻和栽培稻独立平行进化的稻类品系；②野生稻与栽培稻自然杂交的产物；③籼粳水稻杂交后代；④栽培稻的遗弃或逃逸品系；⑤栽培稻在较短时间内经退化（dedomestication）回复某些野生性状。Suh 等（1997）收集了 100 份韩国以及 52 份来自其他 9 个不同国家和地区的杂草稻材料，检测了 6 个形态—生理学特征、Est - 10 位点的同工酶标记、6 个核基因组位点、1 个叶绿体基因组位点的 RAPD

标记比较分析，从形态、生理以及同工酶得到的结果将杂草稻分为籼型和粳型两大类，每一大类又进一步分为2组，Ⅰ组拟栽培籼型，来源于粳籼亚种的杂交，主要分布于温带国家；Ⅱ组拟野生籼型，野生稻与栽培籼稻间基因漂流而来，主要分布于热带地区；Ⅲ组拟栽培粳型，古代栽培稻进化的杂草型，主要分布在韩国和不丹；Ⅳ组拟野生粳型，野生稻与粳稻间基因漂流的结果，主要分布在中国和韩国。通过形态学、分子标记等技术研究中国东北、华南以及江苏等地发生的杂草稻均显示与栽培稻关系密切，而与野生稻没有相关性。

3. 分布与危害 杂草稻在形态和生理特性上与栽培水稻十分相似，因而没有特效安全的化学除草剂等防除技术，更由于耕作栽培方式的改变，杂草稻已经成为世界水稻田三大恶性杂草之一。杂草稻已在世界所有水稻主产区均有发生，尤其是热带、亚热带地区。东亚地区的中国、韩国，东南亚地区的越南、泰国、老挝、马来西亚、菲律宾等，南亚的斯里兰卡、印度、不丹，拉丁美洲地区的巴西、委内瑞拉、哥斯达黎加等，以及欧洲的意大利、西班牙等均报道有杂草稻的发生，而且在某些地区杂草稻的发生已经到了相当严重的程度。

自2005年至今在对全国主要水稻产区大范围的广泛调查后发现，杂草稻已经在黑龙江、吉林、辽宁、内蒙古、河北、山东、河南、宁夏、陕西、山西、甘肃、新疆、江苏、安徽、浙江、湖北、湖南、江西、广东、广西、云南、四川、海南和上海、重庆等25个省（自治区、直辖市）均有不同程度的发生。其中有东北、西北、华东和华南4个杂草稻发生为害中心。杂草稻在各种栽培稻田均有发生，但以套播、直播、免耕连作稻田发生最严重。10株/m²杂草稻就可以造成水稻20%以上的产量损失，100株/m²就致绝收。每年有1万hm²农田被迫抛荒。全国年发生面积600万hm²，每年杂草稻造成27亿kg水稻产量的损失，经济损失60亿元以上。防除杂草稻全国年投入劳力6 000万个工日，防除和损失费用相加超过100亿元。杂草稻混杂后的稻米品质降低，影响市场价格。杂草稻已经成为我国水稻生产上的主要限制性因子之一，直接威胁着我国水稻安全生产和粮食安全。

造成杂草稻发生为害的主要原因是：①近年来麦套稻、直播稻，及免耕或少耕等水稻轻型栽培措施的广泛推广应用，水分、温度、氧气等条件利于存留土壤表面的杂草稻种子萌发生长所致。不过，东北地区尽管以移栽为主，但是，杂草稻也很严重。②收割机械的连片和跨区作业加速杂草稻不断扩散蔓延。③稻种中混有杂草稻种子，随着种子的调运而传播。④由于杂草稻与栽培水稻的相似程度高，除草剂在其间的选择性程度很低。目前，有效的除草剂种类少，防效不稳定或会导致药害。⑤最有效的方法是在分蘖期间进行人工拔除，但是，平均每667m²耗费3～5个工日，劳力缺乏也是导致杂草稻为害的一个因素。⑥农民和基层技术人员对杂草稻的认识存在误区，普遍认为杂草稻是稻种不纯或混杂引起的，加之没有掌握早期识别鉴定方法，不能在杂草稻生长的前、中期进行主动而有效的防除，直至延误时机，导致为害，甚至绝产。⑦对杂草稻的发生分布、发生规律、生物多样性、种群动态、与水稻的相互竞争等方面均缺乏深入研究，防除技术不成熟，农民缺乏技术指导。

强胜 戴伟民（南京农业大学杂草研究室）

二、稗

（一）稗

学名：*Echinochloa crusgalli* (L.) Beauv. var. *crusgalli* Beauv.（禾本科）。别名稗草、芒早稗、水田草、水稗草等。

1. 形态特征 一年生，秆高50～180cm，光滑无毛，基部倾斜或膝曲。叶鞘疏松裹秆，平滑无毛；叶舌缺；叶片扁平，线形，长10～40cm，宽5～20mm，无毛，边缘粗糙。圆锥花序直立或顶端略弯，近尖塔形，长6～20cm；主轴具棱，粗糙或具疣基长刺毛；分枝斜上举或贴向主轴，有时再分小枝；穗轴粗糙或生疣基长刺毛；小穗卵形，长3～4mm，脉上密被疣基刺毛，具短柄或近无柄，密集在穗轴一侧；第一颖三角形，长为小穗的1/3～1/2，具3～5脉，脉上具疣基毛，基部包卷小穗，先端尖；第二颖与小穗等长，先端渐尖或具小尖头，具5脉，脉上具疣基毛；第一小花通常中性，其外稃草质，上部具7脉，脉上具疣基刺毛，顶端延伸成一粗壮的芒，芒长0.5～1.5（～3）cm，内稃薄膜质，狭窄，具2脊；第二外稃椭圆形，平滑，光亮，成熟后变硬，顶端具小尖头，尖头上有一圈细毛（彩图23-3-2）。

籽实成熟时小穗自颖之下脱落，第一小花仅存内、外稃，外稃草质，顶端具 5～30mm 芒，具 7 脉；第二小花外稃革质，具 5 脉，表面光滑，有光泽，顶端成小尖头，边缘卷曲，紧包同质的内稃，具 2 脊。颖果椭圆形，长 1.5～2.5mm，宽约 1mm，凸面有纵脊，黄褐色。

幼苗叶色淡，第一片真叶带状披针形，具 15 条直出平行叶脉，无叶耳、叶舌，第二片叶类同，柔软下垂。

2. 生物学特性　一年生草本。一般 4 月下旬开始出苗，稗草种子发芽起点温度为（15.019±3.290）℃，有效积温为 85.253℃。种子萌发的速度和发芽率随温度升高而提高。稗草种子在 10℃ 以下不能发芽，15℃ 和 35℃ 的发芽率分别为 3.5% 和 63.5%。稗草种子萌发受土壤深度的影响，土壤表层稗草最容易发芽，5cm 以下发芽变得困难并且长势较差，10cm 以下则很难发芽。水分也会影响稗草种子的萌发，湿润的土壤环境有助于稗草种子萌发，干燥或者水层较深的土壤抑制种子萌发，水层深度超过 5cm，稗草种子就停止出苗。稗草在 7 月开始抽穗，花期 20～25d，开花时间集中在 5:00～8:30，10:30 之后未见开花。稗草生育期 76～130d。稗的种子在成熟后就进入休眠阶段，大部分种子解除休眠需要长达 6 个月的时间，85% 以上的种子需要在翌年 5 月才能彻底结束休眠，而且要打破种子的深度休眠还需要光照和温度的影响。此外，种子还存在二次休眠现象。稗草种子到了翌年 7、8 月后，萌发率会逐渐降低，可能是进入了二次休眠。稗草种子休眠受温度控制，低温和变温都有助于打破休眠，但是不能打破稗草的深度休眠。此外，一些人工的方法也能打破休眠，如破坏种子种皮结构，以及用赤霉素或硫酸浸泡等方法。

稗草是 C4 植物，C4 植物能利用强日光下产生的 ATP 推动 PEP 与 CO_2 的结合，提高强光、高温下的光合速率，在干旱时可以部分地收缩气孔孔径，减少蒸腾失水，而光合速率降低的程度就相对较小，从而提高了水分在 C4 植物中的利用率，提升了稗草的竞争能力。

3. 分布与危害　稗草为一年生禾本科植物，是世界十大恶性杂草之一，广泛发生于水稻、大豆、棉花、玉米、小麦等农作物田中，为害农作物，造成作物减产，而且对水稻影响尤为严重。分布几遍及全国。从东北的黑龙江、吉林、辽宁，到华北的内蒙古、北京、河北、河南、山东、山西，西北的陕西、宁夏、甘肃、青海、新疆、西藏以及广大的长江流域及其以南地区的江苏、上海、浙江、安徽、江西、福建、湖北、湖南、重庆、四川、广东、广西、海南、贵州、云南等省（自治区、直辖市）。

稻田中禾本科杂草出土较早而且萌发快，最先形成危害，尤其是稗草等禾本科杂草为高层杂草与水稻形成直接竞争，稗草可以与农作物产生种间竞争，和农作物剧烈地争夺养分、水分、温度和阳光，使水稻的分蘖、株数、穗数、籽粒数受到严重影响，进而影响产量。在稗草与农作物的竞争中，空间和光照上的争夺显得最为尖锐。稗草发生危害主要有两种类型，一种是移栽田中水稻秧苗在秧田中夹带的夹棵稗，另一种为大田生长的散生稗。稗草发生的密度在秧田达到 276.75 万株/hm²，大田中可达 56.70 万株/hm²。研究表明，夹棵稗主要引起穗数的减少和空瘪粒的增多，可使该穴减产 42.64%～93.59%。散生稗主要导致穗粒数减少和千粒重下降，导致严重产量损失。除此之外，水稻田中的稗草也是稻飞虱、稻椿象、稻夜蛾、黏虫等的寄主，使水稻受草害的同时还为病虫害的发生提供可能。

（二）小旱稗

学名：*E. crusgalli*（L.）Beauv. var. *austro-japonensis* Ohwi（禾本科）。别名稗草、芒旱稗、水田草、水稗草等。

1. 形态特征　与稗的区别为植株高 20～40cm，叶片宽 2～5mm。圆锥花序较狭窄或细弱；小穗长 2.5～3mm，常带紫色，脉上无疣基毛，但疏被硬刺毛，无芒或具短芒。

2. 生物学特性和发生规律同稗。

（三）无芒稗

学名：*E. crusgalli*（L.）Beauv. var. *mitis*（Pursh）Peterm（禾本科）。别名稗草、芒旱稗、水田草、水稗草等。

1. 形态特征　秆高 50～120cm，直立，粗壮；叶片长 20～30cm，宽 6～12mm。圆锥花序直立，长 10～20cm，分枝斜上举而开展，常再分小枝；小穗卵状椭圆形，长约 3mm，无芒或具极短芒，芒长不超过 0.5mm，脉上被疣基硬毛。

2. 生物学特性和发生规律同稗。

(四) 西来稗

学名: *E. crusgalli*（L.）Beauv. var. *zelayensis*（H. B. K.）Hitchc（禾本科）。别名稗草、芒早稗、水田草、水稗草等。

1. 形态特征 秆高 50～75cm；叶片长 5～20mm，宽 4～12mm，圆锥花序直立，长 11～19cm，分枝上不再分枝；小穗卵圆形，长 3～4mm，端具小尖头或无芒，脉上无疣基毛，但疏生硬刺毛。

2. 生物学特性和发生规律同稗。

(五) 旱稗

学名: *E. hispidula*（Retz.）Nees（禾本科）。别名稗草、芒早稗、水田草、水稗草等。

1. 形态特征 秆高 40～90cm。叶鞘平滑无毛；叶舌缺；叶片扁平，线形，长 10～30cm，宽 6～12mm。圆锥花序狭窄，长 5～15cm，宽 1～1.5cm，分枝上不具小枝，有时中部轮生；小穗卵状椭圆形，长 4～6mm；第一颖三角形，长为小穗的 1/2～2/3，基部包卷小穗；第二颖与小穗等长，具小尖头，有 5 脉，脉上具刚毛或有时具疣基毛，芒长 0.5～1.5cm；第一小花通常中性，外稃草质，具 7 脉，内稃膜质，第二外稃革质，坚硬，边缘包卷同质内稃。花果期 7～10 月。

2. 生物学特性和发生规律同稗。

强胜 姜梦柔（南京农业大学杂草研究室）

三、千金子

学名: *Leptochloa chinensis*（L.）Nees（禾本科）。别名雀儿舌头、畔茅、绣花草、油草、油麻。

1. 形态特征 一年生、秆直立，基部屈膝或倾斜，高 30～90cm，平滑无毛。节处着地生根，呈匍匐状。叶鞘无毛，大多短于节间；叶舌膜质，长 1～2mm，常撕裂具小纤毛；叶片扁平或多少卷折，先端渐尖，两面微粗糙或下面平滑，长 5～25cm，宽 2～6mm。圆锥花序长 10～30cm，分枝及主轴均微粗糙；小穗多带紫色，长 2～4mm，含 3～7 小花；颖具 1 脉，脊上粗糙，第一颖较短而狭窄，长 1～1.5mm；花药长 0.5mm（彩图 23-3-3）。

颖果长圆形，长约 1mm。

第一片真叶长椭圆形，具 7 条直出平行脉；叶舌白色，膜质，环状，顶端齿裂。叶鞘短，缘薄膜质，脉 7 条；叶片、叶鞘均被极细短毛。

2. 生物学特性 千金子在水稻田中前期生长较慢，植株较小，在水稻田杂草管理中容易被忽视而漏防，当到达水稻抽穗期时，逐渐显示其与水稻的竞争优势，成为水稻田中主要的恶性杂草种类。根据中国植物主题库记载千金子平均株高为 30～90cm，然而董立尧等报道，千金子在直播稻田中平均株高达到 116.02cm，在移栽与抛秧田平均株高分别可达 104.27cm 和 102.34cm，说明千金子在水稻耕作环境中已明显演化，直播田中尤为明显。千金子能够进行营养繁殖，但主要以有性繁殖为主。千金子的圆锥花序长 10～30cm，一般有 22～82 个分枝，平均可达 50 个以上，且分枝上有 3～7 朵花的小穗，其每穗平均结籽量可达 1 888 粒，每株平均结籽为 4.5 万粒，最多每株可达 25.5 万粒，如此庞大的结实量，使其具有一个强大的种子库，是其下次在水稻田中大量发生的保障。千金子有较强的分蘖力，一般每株基部分蘖有 10 个左右，拔节后茎秆匍匐，节间生根、分蘖形成"节间株"，或高节位分蘖、再分蘖，并且均能够抽穗、开花、结籽。其茎秆柔弱，在水稻生育后期植株高于水稻，稍遇风雨便倒伏于水稻植株之上，造成部分或全部地块失收。

千金子的种子通过休眠越冬，在次年出芽条件满足时即可发生，其在早稻直播田、单季晚稻直播田与连作晚稻直播田均能发生为害。在水直播稻播种后 3～4d 千金子开始陆续出苗，6～7d 后进入出苗的高峰期，其出苗期总共持续 20d 左右。早稻直播田的千金子主要在播后 1～3 周内发生，于第二周达到出苗高峰；在单季晚稻和连作晚稻直播田中千金子主要在播后 1～2 周发生，播后 1 周达到出苗高峰。千金子为旱地喜湿性杂草，低湿（偏干）或无水湿润土壤有利于千金子的发生，直播稻田常因整田质量粗放造成高低不平，裸露土面的千金子密度明显高于积水处。在正常水管理情况下，直播稻田千金子发生密度是移栽稻田的 10 倍以上。千金子是光敏性种子，种子出土深度一般在 0～2cm 的土层，4cm 土层几乎不能出苗，免耕或浅耕直播，致使大量千金子草籽留在土壤表层，从而使得千金子大量暴发。

3. 分布与危害 千金子为害水稻、豆类、棉花等多种作物，在水稻田中发生最为严重，千金子在世界水稻种植区具有广泛的分布，主要集中于中国、印度、巴基斯坦、马来西亚、泰国、日本、印度尼西亚、菲律宾、越南、斐济、孟加拉国、斯里兰卡、意大利、美国、哥伦比亚、澳大利亚、朝鲜半岛等国家和地区，造成农业经济的巨大损失，严重阻碍着当地农业生产。在我国千金子主要分布于华东、华中、华南等地区。根据 2010—2011 年全国植保站在水稻田中测报的数据显示，千金子主要分布于安徽、重庆、福建、广东、广西、贵州、海南、河北、河南、黑龙江、湖北、湖南、吉林、江苏、江西、辽宁、内蒙古、宁夏、山东、陕西、上海、四川、云南、浙江等地。据浙江海宁地区 2002—2007 年的草情监测，2002 年直播稻田千金子萌发量为 46 株/m²，2005 年萌发量为 124 株/m²，2007 年萌发量达到 152 株/m²，千金子在水稻直播田中的发生大有逐年增长的趋势。

目前，千金子在直播稻田发生量大、为害重、防除困难的现状，已成为阻碍世界水稻轻型栽培技术推广和水稻高产、优质、高效生产的主要因子之一，也是造成直播水稻产量和经济效益难以提高的重要原因。

千金子对很多水稻田常用的除草剂不敏感或具有抗性，也是其在水稻田中难以控制而造成危害的原因。常用的杀稗剂二氯喹啉酸、双草醚、五氯磺草胺、氟吡磺隆等，几乎对千金子无效。

强胜　高平磊（南京农业大学杂草研究室）

四、双穗雀稗

学名：*Paspalum distichum* L.（禾本科）。别名红拌根草、过江龙、游水筋。

1. 形态特征 多年生杂草。匍匐茎横走、粗壮，长达 1m，向上直立部分高 20～40cm，节生柔毛。叶鞘短于节间，背部具脊，边缘或上部被柔毛；叶舌长 2～3mm，无毛；叶片披针形，长 5～15cm，宽 3～7mm，无毛。总状花序 2 枚对连，长 2～6cm；穗轴宽 1.5～2mm；小穗倒卵状长圆形，长约 3mm，顶端尖，疏生微柔毛；第一颖退化或微小；第二颖贴生柔毛，具明显的中脉；第一外稃具 3～5 脉，通常无毛，顶端尖；第二外稃草质，等长于小穗，黄绿色，顶端尖，被毛（彩图 23-3-4）。

颖果圆形，紫褐色。花果期 5～8 月。

胚芽鞘棕色。第一片真叶线状披针形，有 12 条直出平行脉；叶舌三角状，顶端齿裂，叶耳处有茸毛；叶鞘边缘一侧有长柔毛。

2. 生物学特性 双穗雀稗可通过种子和根茎进行繁殖。在最适宜的生长条件下，双穗雀稗每平方米可产生 10 万粒种子，但只有 5%～10% 的花产生可育种子，且在最适温度下，种子萌发率不超过 40%。但是，用 H₂SO₄ 处理双穗雀稗的种子，可使萌发率提高 60%～95%，可见谷壳和种皮膜是调节双穗雀稗种子萌发的关键因素。双穗雀稗地上地下均有节，节上均可产生芽，发育成新株。出芽后茎在地表及浅土中匍匐生长，由节生根，分枝繁殖，再生力极强。双穗雀稗侵入稻田后，可依附水稻生长，直立茎长可达 1m 以上，超过水稻高度。其喜湿润，耐干旱，耐遮阴，在沟边、田边及低湿旱田均可生长。

3. 分布与危害 双穗雀稗是一种广泛分布的多年生杂草。双穗雀稗原产南美，现已广泛分布于世界热带和亚热带地区。在全世界范围内，双穗雀稗是水稻田及秋熟旱作物田的主要杂草，而且常通过灌溉沟渠和沟堤入侵农田。双穗雀稗普遍分布于如日本、英国、美国等温带气候地区。在美国加利福尼亚州，双穗雀稗大量发生于低海拔的潮湿牧场以及灌溉沟渠，已被美国列为草坪的入侵性杂草。在我国，根据 2010—2011 年全国植保站在水稻田中测报的数据显示，双穗雀稗主要分布于福建、广东、广西、贵州、海南、河南、湖南、江苏、上海、云南、浙江、重庆等省（自治区、直辖市）。双穗雀稗在我国为害农田类型较多，在水稻田、旱作物田（棉花田、玉米田、大豆田等）、茶园、柑橘园等均有不同程度发生，其中在水稻田中为害情况较为严重。

双穗雀稗的茎、秆匍匐地面，节节生根，种子和根茎都可繁殖而以根茎繁殖为主。根茎来源于上年田间遗留及田边、田埂经机械耕耙切割侵入稻田。以地下茎上的芽越冬。开春温度适宜时开始出芽，发生深度较浅，湿度高时，发芽深度在 1cm 左右；湿度较低时，出芽深度可达 2～3cm。在水直播田排水落谷后 1 周左右，土表及浅水层的根茎茎节即开始生根发芽，之后根状茎和匍匐茎同时迅速蔓延繁殖，在水直播稻的秧苗期、分蘖期、拔节初期，该草在田间生物群落的生存竞争中占绝对优势，生长速度快，生长量大，匍匐茎长达 1m 以上，高 60～70cm。6～8 月是该草的生长高峰期，结籽期长达 3 个月。据发生田块田间多点调查，每平方米杂草鲜重 300～3 150g 不等。每 667m² 鲜草重最高达 2.1t，数量惊人。该草侵占地下地上大部空间，与稻株争夺光、温、水、肥、气，从而干扰和抑制水稻生长，严重影响水稻产量和品质。

强胜 高平磊（南京农业大学杂草研究室）

五、芦苇

学名：*Phragmites australis* (Cav.) Trin. ex Steud.（禾本科）。别名芦、芦草、芦柴、芦头、芦芽、苇、苇葭、苇子。

1. 形态特征 多年生，具粗壮匍匐的根茎。秆高可达 3m，径可达 10mm，节下通常具白粉。叶鞘圆筒形，无毛或具细毛，叶舌极短，截平，有短毛；叶片扁平，宽 1～3.5cm，质较厚，具横脉，边缘常较粗糙。圆锥花序可长达 40cm，分枝密而开展，微垂头，下部枝腋间具白柔毛；小穗通常 4～7 花，长 12～17mm；颖具 3 脉，第一颖较短；第一花通常为雄性，外稃长 8～15mm，为第一颖长度的 2 倍或更多，内稃长 3～4mm；基盘具长 6～12mm 的白色柔毛（彩图 23-3-5）。

颖果长圆形。花果期 7～9 月。

2. 生物学特性 芦苇能够进行有性繁殖，产生大量的可随风传播的种子，然而其种子可育性不高，可育能力呈现年际性的变化，因此主要通过根茎进行无性繁殖。芦苇的根茎蔓延于下方的土壤中，形成了一个厚实垫状的缠结结构，其上能够产生芽，形成新枝，缠结的根茎抑制其他物种在它们之中生长。芦苇对环境的适应能力极强，其生态幅极广，可在湖滨、池沼、河流沿岸、滨海滩涂、河口等浅水湿地形成密集的单优群落，甚至在荒漠、盐碱地区，芦苇亦能广泛分布。同时，芦苇对土壤和水的 pH 适应幅度较大，即 pH 6.5～9 都能正常生长，形成群落。芦苇根茎可长达数米，扎根很深，其根茎芽大多分布在 20～30cm 的耕作层中，如被耕作切断，仍可继续发芽生长。芦苇的匍匐状根状茎在土壤中越冬，在春季温度适宜时，根状茎上的潜伏芽开始萌发，形成新茎。芦苇一般在 6 月下旬开花，形成浓密的花序，种子成熟于 8 月至初秋，在这期间，植物产生的营养物质由叶片和茎运输至根状茎中进行储藏，用以根茎过冬和下一年新芽的产生。

3. 分布与危害 芦苇是一种广泛分布的无性繁殖杂草种类，其分布范围遍布欧洲、亚洲、非洲、美洲及澳大利亚等地区。芦苇能够同时生存于水生及陆生环境中，常见于沿海湿地，同时在干燥的草地和农田中也均有发生。国外对于芦苇为害的报道大多集中在其侵入对湿地生态环境的影响，在过去几个世纪中芦苇已经对北美湿地生态系统的完整性、功能和生物多样性等产生了重大影响。芦苇的侵入通过对资源的利用、生境结构的改变，对北美的沼泽湿地生态系统造成了严重后果。

芦苇在我国全国范围内广泛分布，在水稻田、小麦田、棉花田、玉米田、大豆田、果园等均有不同程度发生，其在盐化、潮湿（河滩尾区）的农田中发生最为严重。据王善璞等 1998 年 5 月调查，江苏省睢宁县 6 万 hm² 小麦，芦苇发生面积 0.28 万 hm²，占总面积的 4.4%。芦苇发生密度为 1～45 株/m²，平均为 4.3 株/m²，5 株/m² 以上的面积达 0.08 万 hm²，占发生面积的 28.6%。芦苇以匍匐状的根状茎在土壤中越冬；3 月中旬，气温达 7℃ 左右时，根状茎上的潜伏芽开始萌发，此时小麦正处拔节期；3 月下旬至 4 月上旬，芦苇生长缓慢，株高为 10～30cm，一般不超过麦苗；小麦孕穗前后，芦苇株高增长迅速，通常在小麦抽穗期，株高超过小麦；到小麦成熟期，芦苇株高一般比小麦高 30cm 左右，上部 6～8 张叶片遮挡着小麦。麦收割时，芦苇的地上部分也被割掉，后茬如果是大豆、玉米等旱田作物，则由于土壤处于持续干旱状态，芦苇极少萌发；而后茬如果是水稻，土壤中的根茎仍能再度萌发生长，密度一般为 1～8 株/m²，低于小麦田；芦苇在 9 月 10 日前后抽穗，随着水稻的收割，芦苇再次被割掉，而根茎仍存在土中，如果根茎未受严重的破坏，翌年春季芦苇仍能萌发。

强胜 高平磊（南京农业大学杂草研究室）

六、水莎草

学名：*Juncellus serotinus* (Rottb.) C. B. Clarke（莎草科）。

1. 形态特征 匍匐根状茎细长，秆散生，高 35～100cm，粗壮，三棱状，略扁。叶基生，线形，宽

3～10cm。苞片 3 片，叶状，长于花序 1 倍；长侧枝聚伞花序复出，4～7 个辐射枝，每枝有 1～4 个穗状花序，小穗平展，有小花 10～34 朵，小穗轴有透明翅，鳞片 2 列，舟状，中肋绿色，两侧红褐色；雄蕊 3 枚，柱头 2 枚，具暗红色斑（彩图 23 - 3 - 6）。

小坚果倒卵形或椭圆形，平凸状，腹背压扁，面向小穗轴，长 1.5～2.0mm，棕色，表面具细小突起。

子叶留土，第一片真叶线状披针形，横剖面呈近三角形，有 5 条明显的平行脉，叶片与叶鞘分界不明显；叶鞘膜质透明，有 5 条淡褐色的脉；第二片真叶的横剖面三角形，腹面凹下；第三片真叶横剖面是 V 形。

2. 生物学特性　水莎草是多年生草本。苗期一般在 5～6 月，花果期一般在 9～11 月。小坚果边成熟边脱落。水莎草繁殖力强，兼行有性繁殖和营养繁殖，但主要以藕状茎行营养繁殖，田间调查，以种子发芽仅占 5% 以下。植株当年结实的很少，结出的种子有休眠期，种皮坚硬，不易发芽。而根状茎在土壤 3～4cm 时，寿命可长达 1 年，并且无休眠性就成为主要的繁殖体。根状茎 9 月开始形成，一般长 50～80cm，每个根状茎可以长出 6～8 个营养繁殖体。上面长有潜伏芽，可长出幼苗。根状茎在平均气温 15.6℃时出土，6d 可长出一张叶片。初生苗经 20d，在 4 月份出现第一株次生苗，次生苗不断繁殖，至 7 月下旬平均气温 28.1℃，是水莎草的旺盛期，出苗数占总株数 80% 左右；在平均气温 22.8℃时开花，9 月份为结实成熟期，全生育期为 180d。一个根状茎出苗总数为 151～214 株，平均为 160.8 株。每 667m² 稻田只要有 100 个藕状茎，来年即可出 4 万～50 万株水莎草，足以造成草荒。根状茎不但可以繁殖出苗，最关键的是水莎草的越冬器官。

3. 分布与危害　水莎草是水稻田的恶性杂草之一，发生量大，根状茎繁殖速度快，种子的抗逆性强，对水直播的为害尤为严重，轻则减产，重则绝收，已经成为推广轻型栽培水稻技术的一大障碍。在世界水稻种植区域具有广泛的分布，主要集中于中国、朝鲜、日本、印度以及欧洲等国家和地区，造成了水稻生产的巨大经济损失。特别是在我国，东北、华北、西北、华东、华中以及广东、广西、贵州、云南的水稻产区均有分布，以长江流域地区发生和为害重。在 1980 年，王兆唐在江苏建湖调查，水莎草出现的频率 5.3%～54%；1990 年，在扬州地区的稻田中水莎草达 81.9 株/m²；1998 年，强胜对安徽沿江圩丘农区水稻田杂草调查，发现水莎草出现的频率高达 78.19%；在 2000 年，任永发调查发现水莎草在杭州地区水稻田杂草中也属于优势种，频率达到 40%；2001 年管丽琴等调查得出，在上海嘉定区水莎草的出现频率 58%，并且每增加 1 株会造成减产 5.286kg/hm²。目前水莎草的发生量每年都在逐步增加，造成这种原因：一是水莎草具有庞大的根状茎存在于地下，为水莎草的发生提供了良好的储备库，并且现在的机械旋耕对原本 2～3m 的根状茎具有扩散作用，使其蔓延至整个田块，甚至传播到其他的田块中。二是由于长期使用同一种除草剂，导致了水莎草有了耐药性，对除草剂不敏感。需要加大药剂的使用量，才能达到防除的效果，但是却污染了农田环境，导致"癌症田块"的出现。

强胜　张峥（南京农业大学杂草研究室）

七、萤蔺

学名：*Scirpus juncoides* Roxb.（莎草科）。别名灯心藨草。

1. 形态特征　秆丛生，粗壮，圆柱形平滑，直立，高 15～70cm，秆基部有 2～3 个叶鞘，开口处为斜截形，无叶片，苞片 1 枚，圆柱形，为秆的延长，长 5～15cm；小穗 2～5 个聚成头状，假侧生，卵形或长圆状卵形，棕色或淡棕色，多花；鳞片宽卵形或卵形，顶端钝圆具短尖，背面中央绿色，有 1 中肋，两侧浅棕色或有深棕色条纹；下位刚毛 5～6 条，与小坚果等长或较短，有倒刺；雄蕊 3，药隔突出；柱头 2 个，稀少 3 个（彩图 23 - 3 - 7）。

小坚果宽倒卵形或倒卵形，或卵形；两侧扁而一面微凸，具不明显的横皱纹；横长网状纹饰，熟时黑色或黑褐色，有光泽。

初生叶肥厚，线状锥形，绿色，叶背稍隆起，腹面稍凹，向基部变宽为鞘状。第一片真叶横剖面近圆形，第二片真叶横剖面呈椭圆形，均具有两个气孔。第二片真叶有明显的纵脉和横脉，构成方格状。

2. 生物学特性　多年生草本。根状茎短，有多数须根。生育期 5～11 月，花期 7～11 月，以种子和再生茎繁殖。萤蔺单个小穗平均结种子 30 粒，每株能产生几十到几百粒种子不等。种子从小穗基部向上逐步成熟并脱落，成熟种子的千粒重为 1.95g 左右。种子的发芽深度 0～3cm，主要出苗深度小于 1cm。深埋的种子能保持几年不丧失其发芽力。种子成熟脱落后，可借助刚毛漂浮水面，借水流以传播。

稻田中萤蔺主要靠种子繁殖，也有部分茎基芽，因而田间有实生苗和再生茎两种。但在免耕或浅耕田中，根茎生萤蔺较多。再生茎出土时间较早，一般 3 月上旬，日平均气温 10℃ 以上就可抽出地面。实生苗的出苗时间晚于再生茎。根茎生萤蔺的生长速度比实生苗快，且根系更为发达，植株也比实生苗高壮。萤蔺的茎丛生，实生苗丛生茎数量少于根茎生萤蔺。

早稻移栽后，部分未翻入深土层的再生茎很快又抽出新茎，5 月下旬至 6 月上旬，花茎开始抽穗，6 月中旬开花，7 月下旬种子陆续成熟。而实生苗出苗较晚，一般于 5 月上旬出苗，5 月中、下旬抽出花茎，6 月中、下旬开始抽穗，7 月上、中旬开花，7 月下旬至 8 月上旬种子逐渐成熟。

在晚稻田，再生茎、实生苗的抽穗、开花、结实、种子成熟均较早稻田晚两个月左右。晚稻本田中实生苗的种子成熟可在 10 月中、下旬。

3. 分布与危害 生长在池边、溪边、沼泽及荒地潮湿处，以种子和根茎繁殖。在水稻田常造成危害，亦生长于水田边排、灌渠两侧，尤在耕作粗放、排水不良的老稻田中，常形成大片优势的群丛，发生量极大，为害较重，是水田常见杂草。

除内蒙古、甘肃及西藏外，全国都有分布；日本、朝鲜、菲律宾、印度尼西亚、澳大利亚、印度次大陆、俄罗斯、伊比利亚半岛、南非、美国北部直至加拿大也有。

南京农业大学杂草研究室在 20 世纪 90 年代初对江苏省稻麦连作稻田常见杂草的调查就显示萤蔺为其中主要 10 种恶性杂草之一，在沿江、太湖地区的发生量有上升的趋势。近来有研究发现，在辽东水稻种植区（吉林省、辽宁省），萤蔺和稗草、鸭舌草、雨久花、扁秆藨草等为稻田的主要杂草。

长期不同施肥方式可以影响农田生态系统中杂草群落的组成。萤蔺和球穗扁莎可以在稻田生境中很好地适应长期低养分（低氮、磷、钾素）的土壤条件，经过长期自然选择可能演化出对这些养分进行高效吸收利用的机制，从而在低养分的稻田中造成危害。

萤蔺为赤条纤盲蝽的寄主。

强胜 张峥（南京农业大学杂草研究室）

八、牛毛毡

学名：*Eleocharis acicularis*（L.）Roem. et Schult.（莎草科）。异名：*Heleocharis yokoscensis*，*Eleocharis yokoscensis*（Franch. et Savat.）Tang et Wang。别名松毛蔺、牛毛草、绒毛头。

1. 形态特征 多年生小草本植物。具极纤细匍匐地下根状茎，白色，节上生须根和枝。地上茎秆纤细丛生，密集如毡，高 2～12cm，绿色。叶子退化成鳞片状，膜质叶鞘截形略呈淡红色。穗状花序单一顶生，狭卵形至线形或椭圆形略扁，全部鳞片内都有花，鳞片卵形或卵状披针形，膜质，有一叶脉，两侧紫色，下位刚毛 1～4 条，长为小坚果的 2 倍，有倒刺；花柱头 3 裂，雄蕊 3 个，雌蕊 1 个，花柱基稍膨大，呈短尖状（彩图 23-3-8）。

小坚果长圆状倒卵形，顶端缢缩，无棱，长 1.5～2mm，淡黄色或苍白色，有细密整齐横向长圆形的网纹。

子叶留土，第一片真叶针状，长仅 1cm，茎约 0.2mm，横切面圆形，其中有 2 个大气腔，叶鞘薄而透明，第二片真叶与前者相似。

2. 生物学特性 多年生湿生草本植物。花果期 5～10 月，11 月下旬地上部枯死。依靠地下根茎和冬芽越冬。牛毛毡每穗可产生种子 2～5 粒。7 月上旬至 8 月中旬结籽。营养繁殖（通过地下茎）极为迅速，也可以种子繁殖。

在稻田土壤中牛毛毡可以种子及匍匐根状茎越冬，但匍匐根状茎受人为耕翻以及灌水和放干田的影响较大，未耕翻浅水田中的匍匐根状茎才能越冬，因此稻田中的牛毛毡以种子越冬为主。丝状匍匐根茎在 0℃ 以上可安全越冬。

牛毛毡种子发芽的最低温度与稻种基本一致，为 10～12℃，以饱和湿度、湿润无淹水条件下最为有利。幼苗长出后由丝状匍匐根茎迅速繁殖蔓延。在 15～35℃ 时牛毛毡可大量繁殖，在此范围内温度越高繁殖越快。10℃ 以下及 40℃ 以上，生长受到抑制。水过多（淹过茎顶）或过分缺水（地表干裂），均不利牛毛毡生长。在光照充足条件下生长良好。文献报道牛毛毡在浙江、安徽以及辽宁沈阳等地区成为恶性或区域性恶性稻田杂草，严重影响水稻的生产。在辽中平原，由于近 10 年来紧凑型株型的水稻主栽品种辽粳 454、辽粳 294 的大范围使用，在田间加大了水稻株穴间的空隙，使得水稻生长后期田间郁闭程度不高，为伏地类杂草（如牛毛毡）的繁衍提供了有利的空间，使其成为优势种杂草。

3. 分布与危害 全国各地均有分布；朝鲜、俄罗斯远东地区、日本、印度、缅甸、越南也有。生长于海拔 3 000m 以下的地区，多生于池塘边、河滩地、渠岸等湿地，有充足阳光时也能生长在 80～100cm 的深水中。为水稻田恶性杂草，高发于 6～7 月，7 月至 8 月成熟，其种子边熟边落，种子残留田中，条件适合时又可继续萌发。水稻郁闭后逐渐发黄衰老，停止开花结实；当温度低于 5℃时，地上直立茎亦逐渐发黄、枯死。可单独造成严重危害，尤以长江流域低湿的冷水水稻秧田、瘦田及栽秧稻田，覆盖度高，大大降低水温，影响水稻生长，并且吸肥力强，防除不易，为害较大。

在翻耕的浅水稻田中，葡匐根状茎因翻压难以存活，仅极个别在 1cm 表层内的才能继续萌发，田间 95％以上是种子发芽出土，故初次草源以种子为主。种子借水流传播，但以在产生种子的田块内发芽危害为主，出苗后以匍匐根状茎向四周蔓延繁殖。

稻田杂草发生为害与水稻栽培方式密切相关，随着水稻轻型栽培技术（直播、抛秧、旱育秧等）的推广，稻田杂草为害不断加剧。牛毛毡就是在这种条件下的莎草类杂草代表。

强胜 张峥（南京农业大学杂草研究室）

九、水虱草

学名：*Fimbristylis miliacea* (L.) Vahl（莎草科）。别名芝麻关草、笔帚草、鹅草、飘拂草、日照飘拂草、虱篦草。

1. 形态特征 秆丛生，高 10～60cm，扁四棱形，具纵槽。叶基生，基部的叶鞘有 1～3 枚无叶片，叶鞘褶叠，扁平，相互套褶，背面呈锐龙骨状；叶片狭线形，也褶叠而相套褶，边缘有稀疏细齿，顶端渐狭成刚毛状；苞片 2～4 枚，刚毛状。长侧枝聚伞花序复出或多次复出，辐射枝 3～6 枝，长 0.8～5cm，小穗单生于末级辐射枝顶端。近球形或卵形，长 1.5～5mm，宽 1.5～2mm，鳞片卵形，长 1～1.3mm，背面有龙骨状突起，3 脉，中央绿色，两侧深褐色，有白色狭边，雄蕊 1～2 枚；花柱三棱形，基部稍膨大，无缘毛，柱头 3 枚（彩图 23-3-9）。

小坚果三棱状倒卵形或三棱状宽倒卵形，长 0.5～1mm，麦秆黄色，具疏生瘤状突起和横向长圆的网纹。

子叶留土。第一片真叶线形，长 6mm，宽 0.3mm，有 3 条明显的平行脉，叶片横剖面呈波浪形；叶鞘有脉 9 条，第二及第三片叶横剖面呈三角形，其他与第一叶相似。

2. 生物学特性 水虱草是一年生草本植物，和其他莎草科植物有区别，茎一般为扁四棱形，叶鞘侧扁，背面呈锐龙骨状，前面具膜质、锈色的边。雄蕊 1～2 枚，花柱三棱形，柱头 3 枚。小坚果三棱状倒卵形，黄色，具疏生瘤状突起和横向长圆形网纹。水虱草是稻田为害较为严重的杂草。除了冬天之外，全年都可以在潮湿的田地中找到，种子通常无休眠期，条件适宜即可萌发，整个生长季节均可出苗。种子萌发温度较宽，平均气温 20℃（15～30℃）均可萌发，发芽以土壤含水量 20％～30％出芽最为旺盛，但超饱和水分，发芽显著减少，淹水条件下发生量减少。移栽稻田前期保水有利于抑制水虱草的发生，稻田田间最早 5 月份出苗，6～8 月为发生高峰。水虱草是喜光植物，在阳光充足的月份生长迅速，特别是其根系，生长速度比水稻的要快，同水稻竞争阳光、水分、养分以及生存空间。水虱草在使用过除草剂进行封闭后，由于其发达的根系，成为防除比较困难的杂草，为害较严重。

水虱草开花对光照周期不敏感，一般 7～8 月开花，8～9 月成熟。在南方花期更长，种子数量多，单株结实可达几千粒以上。种子的生命力极强，牲畜食用后，粪便中的种子仍具发芽力。每年 10 月中、下旬至 11 月中旬以后，水稻黄熟，气温降低，褐稻虱雌虫寻觅田边杂草的嫩茎秆、中空或内部组织疏松的部位产越冬卵，水虱草的特征最为符合，而褐稻虱是齿叶矮缩病的传毒媒介，所以水虱草成为褐稻虱的寄主，同时也成为齿叶矮缩病的温床。

3. 分布与危害 水虱草为害水稻、豆类、玉米等多种秋收作物，在水稻田中发生最为严重，也可为害草坪、草原。水虱草在世界水稻种植区具有广泛的分布，在中国台湾、孟加拉国、斯里兰卡、圭亚那、印度、印度尼西亚、马来西亚、苏里南的水稻种植区域的杂草种类中是优势种；在中国大陆、日本、韩国、菲律宾、柬埔寨、泰国、美国（包括夏威夷）、特立尼达和多巴哥、巴西等国家和部分地区是稻田杂草主要种，造成农业经济的巨大损失。特别是在中国分布广、发生量较大，除辽宁、黑龙江、山东、山西、甘肃、内蒙古及西藏无分布外，全国各省（自治区、直辖市）都有分布。

在 20 世纪 80 年代期间，水虱草只是常常生长于田边较湿润的地方或管理不善的稻田，主要是作为稗草、千金子的伴生种存在。进入 20 世纪 90 年代，随着水稻旱直播等轻型栽培措施的推广，水虱草发生量逐年增加。其中，在江汉平原北部调查发现在中稻田块中水虱草发生的频度高达 95%，田间密度约 15 株/m²，而晚稻田中出现的频度为 100%，密度高达 48 株/m²。2009 年南京农业大学杂草研究室对水稻轻型栽培推广比较成功的江苏中部的里下河稻作区，沿江、沿海稻作区，对稻田杂草群落进行了定量分析，发现水虱草在抛秧、水直播、旱直播稻田中发生的频度分别达到 76.67%、85% 和 64.29%，综合为害指数均大于 3，为害比较严重。2012 年南京农业大学杂草研究室对江苏省农田杂草调查发现水虱草的种子在田块土壤中出现的频率为 47%。

强胜　张峥（南京农业大学杂草研究室）

十、扁秆藨草

学名：*Scirpus planiculmis* Fr. Schmidt（莎草科）。异名：*Schoenoplectus planiculmis*（F. Schmidt）Egorova。别名紧穗三棱草、野荆三棱。

1. 形态特征　多年生草本。根状茎具地下匍匐枝，其顶端变粗成块茎状，块茎倒卵形或球形，长 1～2cm，径 1～1.5cm。秆单一，高 30～80cm，较细，三棱形，平滑，具多数秆生叶。叶片长线形，扁平，宽 2～5mm。苞片叶状，1～3 枚，比花序长；长侧枝聚伞花序缩短成头状或有时具 1～2 个短的辐射枝，通常具 1～6 个小穗；小穗卵形，长 1～1.5cm，宽 6～7mm，锈褐色或黄褐色，具多数花；鳞片椭圆形或椭圆状披针形，长 6～7mm，顶端凹头，微缺刻状撕裂，膜质，无侧脉，背部疏生糙硬毛，具 1 条中肋，顶端延伸成芒，芒长约 1mm，稍反曲；下位刚毛 2～4 条，为小坚果的 1/2，具倒生刺；雄蕊 3 枚，花药黄色。花柱丝状，长 7～8mm，于上部 1/3～1/2 处分裂，柱头 2 枚（彩图 23-3-10）。

小坚果倒卵圆形，长 3～3.5mm，两侧压扁，微凹，稍呈白色或褐色，有光泽，表面细胞稍大，稍呈六角形，似蜂窝状。

幼苗第一片真叶针状，横剖面呈圆形，无脉，无气腔，早枯。叶鞘边缘有膜质的翅。第二片真叶有 3 条脉和两个大气腔。第三片真叶横剖面呈三角形，也有 2 个大气腔。

2. 生物学特性　扁秆藨草属多年生草本植物，具有耐低温、耐盐碱、喜潮湿温暖等生物学特性，具有地下匍匐根状茎，顶端变粗形成块茎，最深分布范围可达 15cm 以下的土层。扁秆藨草的块茎、种子等都能进行繁殖，适生能力极强，当土温降至零下 36℃ 时，扁秆藨草的根茎、球茎和种子仍具有生命力。球茎在干燥条件下，暴晒 45d 后，在适宜的条件下仍可长出新的植株。扁秆藨草的块茎还具有休眠性，在秋冬寒冷季节不萌发出苗，以规避不良环境。其种子的种皮外面被覆有蜡质层，不易丧失发芽力，被家畜吞食后随粪便排出的种子仍普遍具有萌发能力。扁秆藨草的繁衍速度极快，在其整个生长季节，扁秆藨草均可萌发、开花、结实，无性繁殖速度很快，平均每 10d 即产生一代，无性繁殖的一部分子代植株在当年就能产生种子，进行有性繁殖。各代植株所形成的种子，一律在秋季成熟，在当年不萌发成实生苗。李国凤等研究表明，在扁秆藨草生长季节中，即 4 月上旬至 9 月上旬，一个块茎繁殖的植株竟达 5 363 株，一粒种子繁殖的植株可达 3 014 株。因此扁秆藨草一旦发生，便可迅速蔓延。

3. 分布与危害　扁秆藨草在欧洲、中亚细亚、高加索和西伯利亚地区、蒙古、朝鲜半岛及日本均有分布，在我国广泛分布在东北、华北以及江苏、浙江、云南、青海、内蒙古及新疆的南北疆平原绿洲上。因扁秆藨草的喜湿性，其主要为害水稻田，在部分棉花、玉米、油菜、小麦等作物田中也有发生。扁秆藨草在黑龙江省发生面积约 50 万 hm²，严重为害面积 30 万 hm² 以上。辽宁省全省稻区由于扁秆藨草的为害常年造成 7%～9% 的产量损失，严重地块产量损失达到 20%，甚至绝收。孙福华的研究表明，扁秆藨草同水稻的伴生期长短及发生密度直接影响到稻谷产量的高低，全生育期伴生减产 59.5%，发生密度 300 株/m² 以上，减产 83.5%。而导致减产的主要因子是水稻分蘖及成穗率下降。王奎萍等采用人工接草的方法研究稗草与扁秆藨草互作对水稻产量的影响，结果表明，稗草与扁秆藨草组合对水稻产量损失作用达显著水平，杂草的密度与为害程度呈正相关。稗草与扁秆藨草组合在整个生育期中与水稻争光、争水、争肥、争空间，一直处于优势地位，致使水稻分蘖能力减弱，同化能力下降，分蘖成穗减少，幼穗退化，造成穗少粒小，千粒重降低，从而导致严重减产。

强胜　高平磊（南京农业大学杂草研究室）

十一、野荸荠

学名：*Eleocharis plantagineiformis* T. Tang et F. T. Wang（莎草科）。异名：*Heleocharis plantagineiformis* Tang et Wang。别名荸荠、马薯、马蹄、地栗等，俗称光棍草。

1. 形态特征　具长的匍匐根状茎，茎端生球茎。秆多数，丛生，直立，圆柱状，高 30～100cm，直径 4～7mm，灰绿色，中有横隔膜，干后秆的表面现有节。叶缺如，只在秆的基部有 2～3 个叶鞘；鞘膜质，紫红色、微红色，深、淡褐色或麦秆黄色，光滑，无毛，鞘口斜，顶端急尖，高 7～26cm。小穗圆柱状，长 1.5～4.5cm，直径 4～5mm，微绿色，顶端钝，有多数花；在小穗基部多半有两片、少有一片不育鳞片，各抱小穗基部一周，其余鳞片全有花，紧密的覆瓦状排列，宽长圆形，长 5mm，宽大致相同，苍白微绿色，有稠密的红棕色细点，中脉一条，里面比外面明显；下位刚毛 7～8 条，较小坚果长，有倒刺；柱头 3 枚，花柱基从宽的基部向上渐狭而呈二等边三角形，扁，不为海绵质（彩图 23-3-11）。

小坚果宽倒卵形，扁双凸状，长 2～2.5mm，宽约 1.7mm，黄色，平滑，表面细胞呈四至六角形，顶端不卷缩。

2. 生物学特性　野荸荠属多年生，阳生杂草，生长期内需较强的光照，对水分的要求亦较高。其叶退化，仅于茎基部留有少数叶鞘。对光周期不敏感，初秋抽出花茎，于先端着生淡绿色圆柱状的花穗。种子大多不饱满，休眠期长，发芽率低。由于种子发芽率低，在繁殖上并不重要，田间很少见实生苗。球茎具休眠期，因成熟期不一，休眠期的解除亦有早有迟，使得萌发很不一致。出芽起点温度为 12℃，最适为 30℃，最高为 40℃。出芽需较高的湿度，土壤水分饱和至薄有水层对萌发最有利，土壤湿度较低亦可出苗，但出苗慢，发生期长，长势差。野荸荠地下根茎范围较小，球茎向下深扎，呈垂直分布，可深层发芽。球茎上生有复数芽，当最初的芽发生的植株被切断或被除草剂杀死后，球茎上残存的芽能很快萌发，发生新的植株，给防除带来困难。

野荸荠出芽后 15d 左右，地下茎开始分化，地下茎伸展的位置为地表下溶存氧浓度较高的 3～5cm 处，即芽的生长点达到这一位置时，就开始茎的分化与发根。地下茎有 3～5 个节，膨大以后生成为地上茎，亦即分株。第一次发生分株的时间是在出芽后的 25～30d，其后再经 5～7 次分株。野荸荠发生分株高峰期是在出芽后 50d 左右，直到水稻齐穗，此时野荸荠地上鲜重增加最快，株高也迅速增高超过农作物。野荸荠地下球茎形成时间较短，8 月下旬至 9 月上旬气温下降时，球茎开始形成，一直持续到 10 月中、下旬地上部分枯死。地下球茎在土层中呈垂直分布，从土下 3～4cm 直至犁底层，60% 的球茎分布于土下 10～20cm。球茎在土层中形成的位置越深，其体积越大，顶部的芽数越多。深埋在土中的球茎寿命可达 5～6 年。由于土下球茎寿命较长，且其在土中的分布深浅不一，故稻田中一旦发生野荸荠侵入，则很难彻底清除。

3. 分布与危害　野荸荠广泛分布于热带和亚热带非洲、亚洲及太平洋诸岛，在我国安徽、福建、广东、广西、贵州、海南、河北、河南、湖北、湖南、江苏、江西、辽宁、内蒙古、山东、山西、陕西、上海、四川、云南、浙江、重庆等地均有不同程度的发生，因其生长在湿地、泥沼或浅溪中等较湿润环境，主要对水稻田产生为害。野荸荠在田间自然生长情况下，茎秆发生量较大，0.544 5m² 内茎秆发生量高达 726 株，即每平方米内茎秆数可达 1 333.3 株，同时茎秆生长量较大，每茎秆鲜重达 1.253 4g。野荸荠球茎的再生能力强，即使连续 11 次人工割除地上部分也不能消除其发生，1 个球茎在生长季节中可生产超过 100 个新球茎，当田间发生密度达到 151 株/m² 时，可引起水稻减产近 40%。据贵州省农业厅普查，野荸荠已成为贵州省稻田内的主要杂草，其分布广，为害面积大，并呈逐年上升趋势。何永福与何占祥在贵州省境内 22 个县（市）水稻田的调查发现，贵阳、凤冈、湄潭、桐梓、镇宁、关岭、贞丰、兴仁等 8 个县（市）的稻田均有野荸荠为害，其中以贵阳、湄潭、桐梓等县（市）稻田野荸荠发生频率较大，分别为 88%、80% 和 44%，特别以贵阳地区发生为害最重。

强胜　高平磊（南京农业大学杂草研究室）

十二、鸭舌草

学名：*Monochoria vaginalis*（Burm.）Presl ex Kunth（雨久花科）。别名蘩草、水玉簪、接水葱、鸭儿嘴等。

1. 形态特征　一年生水生草本。全株光滑无毛。根状茎极短，具柔软须根。茎直立或斜上，高 12～35cm。茎圆柱形，少数弯曲，直径可达 3cm 或更粗。叶革质而脆。叶基生或茎生，叶片形状和大小变化较大，由心状宽卵形、长卵形至披针形，长 2～7cm，宽 0.8～5cm，顶端短突尖或渐尖，基部圆形或浅心形、全缘、具弧状脉。叶柄长 10～20cm，基部扩大成开裂的鞘。鞘长 2～4cm，顶端有舌状体，长 0.7～1cm。总状花序从叶鞘中部抽出。花序梗短，长 1～1.5cm，基部有 1 披针形苞片。整个花序不超过叶的高度。花序在花期直立，果期下弯，花通常 3～5 朵（稀有 10 余朵），或有 1～3 朵，蓝色或带点红色。花被片 6 枚，卵状披针形或长圆形，长 1～1.5cm，花梗长到 1cm，雄蕊 6 枚，其中 1 枚较大，花药长圆形，其余 5 枚较小；花丝丝状（彩图 23-3-12）。

蒴果卵形至长圆形，长约 1cm。种子多数，椭圆形，长约 1mm，灰褐色，表面具 8～12 纵条纹。

子叶留土，由于子叶伸长而将胚推出种壳，其顶部膨大成为吸器，吸收胚乳的营养；下胚轴发达，其下端与初生根之间有明显的节，表面密生根毛，上胚轴不发育。初生叶 1 片，互生，披针形，基部两侧有膜质的鞘边，具 3 条直出平行脉。第一片后生叶与初生叶相似。

2. 生物学特性　鸭舌草是一年生水生草本。苗期 5～6 月，花期 7～9 月，果期 8～10 月。鸭舌草种子小，数量多，千粒重 0.10～0.15g。种子有较长的休眠期，早春休眠解除。种子萌发的起点温度为 13～15℃，变温有利于萌发，最适温度为 20～25℃，30℃ 以上萌发受到抑制。鸭舌草是典型的水生杂草，可缺氧萌发，萌发需较高的水分，在淹水或土壤水分超饱和的条件下萌发较好，湿润条件下发芽较慢，但水层超过 1cm 以上，发芽又转慢。鸭舌草种子较小，下胚轴伸长受到限制，只能浅层萌发，以土层 0～1cm 萌发最好，1～2cm 较差，2cm 以下不能萌发。

鸭舌草在生长最适温度下，水分也适宜，每 3～4d 即生长 1 片叶，以 6 月下旬至 7 月上旬生长最为迅速。鸭舌草在土壤水分超饱和或略有薄水的条件下生长最好。鸭舌草叶片较大，在稻田中，漫射光照条件下亦能正常生长，但过于荫蔽生长较差。在同一块稻田中，稻株间的鸭舌草与中心沟、田边鸭舌草生物量相差 1 倍以上，但由于鸭舌草叶片大而薄，直射光照过强，亦不利于生长。鸭舌草根系较浅，植株较大，生长迅速，需肥量特别是氮肥较多，如过多地使用速效氮肥作追肥更有利于鸭舌草根系的吸收。鸭舌草叶片肥嫩，易受多种害虫侵袭。稻田治虫频繁及使用广谱性杀虫剂过多、过滥亦有利于鸭舌草的生长。

鸭舌草于 7 月以后陆续开花结实，开花结实后植株不立即枯萎仍能继续生长。开花结实与光照关系密切，以中心沟、田边结实率较高。在水分饱和状态下，种子寿命可达 2 年以上；在干燥土壤中寿命 1～2 年；土层 2～3cm 以下寿命较长，土表寿命较短。

3. 分布与危害　鸭舌草是水稻田主要杂草，分布全国，主要分布于华东、华中、华南及河北、陕西、甘肃、四川、贵州、云南等地，尤以长江流域及其以南地区为害严重。其中又以稻麦连作田，灌排条件好、有稳定灌水水源及施肥水平高特别是速效氮肥施用量大的田块为害较重；早、中稻田为害严重；一般情况下植株矮小，处于水稻的中下层，但是当田间条件适宜时（水稻缺穴，干湿交替）也可长至水稻中上层；适宜于散射光线，稻棵封行后，仍能茂盛生长，对水稻的中期生长影响较大。鸭舌草与矮慈姑生态条件相似，喜水、喜肥、耐阴，往往构成群落，成为稻田中后期为害的重要杂草组合。

鸭舌草属于多年生杂草，生长快，藤茎节间易生长须根，故吸收养分量大，直接危害水稻的生长。严重时，鸭舌草须根盘踞在水稻秧苗的根系上，可使秧苗缺少养分而枯死，严重影响水稻的正常生长。研究表明，稻田鸭舌草密度达 60 株/m² 时，水稻减产 10% 以上。鸭舌草密度从 0 株/m² 增加至 80 株/m² 时，水稻空粒率增加了 3.5 倍。当鸭舌草密度 >20 株/m²，在距离地面 30cm 和 15cm 处，水稻田间光照强度随鸭舌草密度增加而显著下降。其中，与对照相比，在 30cm 处，鸭舌草密度 20～80 株/m²，稻田光照强度下降 28%～39%；在 15cm 处，鸭舌草密度 5～80 株/m²，光照强度下降 55%～85%，均达到显著水平。鸭舌草密度增加严重影响水稻穗部发育和产量。鸭舌草密度增加至 80 株/m² 时，水稻有效穗数下降达 46%，穗长下降达 11%，其中，鸭舌草密度 >20 株/m² 时，有效穗和穗长下降达到显著水平。稻田鸭舌草的发生直接导致水稻产量的显著降低。随着鸭舌草密度增加，水稻产量不断下降，从无杂草时的 6 700kg/hm² 下降到 3 000kg/hm²。当鸭舌草密度为 1 株/m² 时，产量降幅在 15% 左右；当密度为 80 株/m² 时，达到最大降幅 55%。

吴海荣（广东检验检疫技术中心）

十三、雨久花

学名：*Monochoria korsakowii* Regel et Maack（雨久花科）。别名浮蔷、蓝花菜。

1. 形态特征　根状茎粗壮，下生纤维根。植株高 30～80cm，全株光滑无毛。茎直立或稍倾斜。叶全缘，绿色，草质，具弧状脉。叶多型：挺水叶互生，具短柄，阔卵状心形，长 6～20cm，宽 4～18cm，先端急尖或渐尖，基部心形；沉水叶具长柄，叶柄长达 30cm，狭带形，基部膨大成鞘，抱茎；浮水叶披针形。花两性；花序梗长 5～10cm；总状花序顶生，有时排成总状圆锥花序；花被片 6，蓝紫色，长约 1cm，顶端圆钝；雄蕊 6 枚，花药长圆形，其中一个较大，浅蓝色，其余的均为黄色；子房上位（彩图 23-3-13）。

蒴果卵状三角形，长 10～12mm。种子短圆柱形，深棕黄色，长约 1.5mm，具纵棱，纵棱间具细小横纹。

子叶留土，其顶端留于种壳内，吸收营养。下胚轴较明显，其下端与初生根之间有明显界限，上胚轴不发育。初生叶 1 片，互生，条状披针形，具 3 对明显的直出平行脉及其之间的横脉，构成方格状网脉。露出水面的后生叶逐渐转变成披针形至卵形。

2. 生物学特性　雨久花为一年生沼生草本。春季苗期，花期 7～8 月，果期 9～10 月。雨久花种子能自播，且种子数量大，发芽率高。

雨久花性强健，耐寒，喜欢略微湿润的气候环境，要求生长环境的空气相对湿度在 50%～70%。夏季高温、闷热（35℃ 以上，空气相对湿度在 80% 以上）的环境不利于它的生长；对冬季温度要求很严，当环境温度在 10℃ 以下停止生长，在霜冻出现时不能安全越冬。雨久花喜光照充足，稍耐荫蔽。

在长期使用磺酰脲类除草剂的田块，雨久花会产生抗药性。抗药性雨久花的报道最早见于日本和韩国。在我国的吉林、黑龙江等东北稻区也陆续发现了抗磺酰脲类除草剂的雨久花种群。

3. 分布与危害　雨久花是我国北方各省稻田主要恶性杂草。该杂草能在较短时间内对水稻造成郁闭、遮光和降低水温，导致水稻严重减产。近年来，雨久花在吉林省水稻田内发生和为害日趋严重，为害严重的田块杂草群落的种群组成减少，甚至成为群落的唯一优势种，尤为严重的是在延边和柳河已发现抗苄嘧磺隆的雨久花生物型。

雨久花在我国东北、华北、华中、华东和华南都有生长，生于池塘、湖沼靠岸的浅水处和稻田中。朝鲜、日本、东南亚地区和俄罗斯西伯利亚地区也有分布。适生水田或湿地上，为稻田为害较为严重的杂草。尤其在东北稻区发生数量大，为害严重。也发生于水沟和浅水滩。华东地区稻田发生较少。

1994 年在吉林省水稻田研究了不同人工除草措施对水稻籽实产量的影响结果表明，各种水田杂草对水稻的生育和单位面积籽实产量影响很大。因此，拔除水田所有杂草可成倍地提高籽实产量，人工拔除稗草、雨久花和扁秆藨草也可大幅度地提高水稻产量，其效果与拔除所有杂草相同；人工拔除稗草、雨久花和扁秆藨草中的任意两种，其增产效果要优于只拔除其中任意一种；仅拔除雨久花或扁秆藨草可明显提高籽实产量，但仅拔除稗草与不除草的籽实产量差异不显著。

吴海荣（广东检验检疫技术中心）

十四、矮慈姑

学名：*Sagittaria pygmaea* Miq.（泽泻科）。

1. 形态特征　一年生草本。叶基生，线状披针形，先端钝，基部渐狭。花茎直立，高 10～15cm；花轮生，单性；雌花 1 朵，无梗，生于下轮，雄花 2～5 朵，具 1～3cm 的梗；萼片 3 枚，草质，倒卵形；花瓣 3 枚，白色，较花萼略长；雄蕊约 12 枚，花药长卵形，花丝扁而阔；雌蕊多数，扁平，密集于花托上，集成圆球形（彩图 23-3-14）。

瘦果阔卵形，长约 3mm，顶端圆形，基部狭窄，边缘具狭翅，翅有不规则锯齿。

　　子叶出土，针状，长约 8mm，下胚轴明显，基部与初生根交界处有一膨大呈球状的颈环，周缘伸出细长的根毛，刚萌发的幼苗借此固定于泥土中；上胚轴不发育。初生叶 1 片，互生，带状披针形，先端锐尖，有 3 条纵脉及其之间的横脉，构成网状脉。后生叶与初生叶相似，第二后生叶呈线状倒披针形，纵脉较多。

　　2. 生物学特性　多年生沼生草本。苗期春夏季，花期 6～7 月，果期 8～9 月。种子或球茎繁殖。带翅的瘦果可漂浮水面，随水流传播。

　　汪小凡和陈家宽（1999）对矮慈姑的传粉过程与花粉流作了观察，用同工酶遗传标记法对其一个自然居群的异交率作出定量估计。在自然及人工居群中均观察到虫媒传粉，其中有较大比例的近距离传粉。未检出风媒花粉流。自交可育，同时存在雌雄同株和花序内雌雄花异熟等异交机制。异交率 49.19％，表明其交配系统为异交/自交兼性系统。

　　3. 分布与危害　矮慈姑是稻田中常见的杂草之一，主要与水稻争夺水分和养分，对水稻的全生育期可产生影响。分布于陕西、山东、江苏、安徽、浙江、江西、福建、台湾、河南、湖北、湖南、广东、海南、广西、四川、贵州、云南等省（自治区）。越南、泰国、朝鲜、日本等地也有分布。

　　由于矮慈姑具有较强的耐阴性，在水稻封行后仍能大量发生、正常生长，从而破坏稻株之间的微生态环境，有利于稻株中下部病虫害的发生。刘桂英等（2005）根据对比测产发现，在矮慈姑严重发生的稻田中（50 株/m² 以上），可造成水稻减产 7.3％～22.5％。

戴伟民　强胜（南京农业大学杂草研究室）

十五、野慈姑

　　学名：*Sagittaria trifolia* Linn. var. *trifolia*（泽泻科）。

　　1. 形态特征　多年生水生草本或沼生草本，地下根状茎横走，先端膨大成球状的球茎或否。茎极短，生有多数互生叶，叶柄长 20～50cm，基部扩大。叶形变化很大，通常为箭形，长达 20cm，先端钝或急尖，主脉 5～7 条，自近中部外延长为两片披针形长裂片，外展呈燕尾，裂片先端细长尾尖。花葶高 15～70cm 或更高；花序总状或圆锥状，3～5 朵轮生轴上，单性，下部为雌花，具短梗；苞片 3 枚；外轮花被片，萼片状，卵形，顶端钝；内轮花被片 3 枚，花瓣状，白色，基部常有紫斑，早落；雄蕊多枚；心皮多数，密集成球状。本种植株高矮、叶片大小及其形状等变化异常复杂（彩图 23-3-15）。

　　籽实：聚合果圆头状，直径约 1cm。瘦果斜倒卵形，长 3～5mm，扁平，不对称，背、腹面均有翅。种子褐色。

　　子叶出土，针状。下胚轴发达，其下端与初生根相接处有一膨大球形的颈环，表面上密生细长根毛，上胚轴不发育。初生叶 1 片，互生，线状披针形，具方格状网脉。露出水面之叶箭形。

　　2. 生物学特性　多年生沼生草本。苗期 4～6 月，花期 6～7 月，果期 8～9 月。球茎和种子繁殖。常生在湖泊、河湾、溪流、水塘的浅水带，沼泽、沟渠、浅水池沼或稻田。

　　汪小凡和陈家宽（2000）用自然群体取样和同工酶遗传标记的方法对野慈姑及其变型长瓣慈姑的异交率做了定量研究，3 个自然群体的异交率估计值为 91.0％～98.0％，表明该种为异交占绝对优势的交配系统，同时在野慈姑各群体间未发现异交率的显著差异。

　　3. 分布与危害　产东北、华北、西北、华东、华南及四川、贵州等地，除西藏等少数地区未见到标本外，几乎全国各地均有分布。

戴伟民　强胜（南京农业大学杂草研究室）

十六、眼子菜

　　学名：*Potamogeton distinctus* A. Bennett（眼子菜科）。别名鸭子草、水上漂、竹叶草、水案板。

　　1. 形态特征　眼子菜是浮水多年生草本植物。根状茎匍匐，白色，埋于泥中，节上生有鳞片及不定根。8 月中、下旬开花结果后，随着气温逐渐下降，根状茎先端部分的顶芽及侧芽开始变肥厚，侧芽并向一侧弯曲。由于根状茎前端的节间十分短，故常有 2～5 个芽聚集一起形成鸡爪状越冬芽，俗称"鸡爪芽"。直立茎节间较短，细弱多分枝，圆柱形，长约 50cm。叶两型，沉水叶互生，膜质，褐色，披针形或线状披针形，边缘波状，长约 13cm，宽约 1.5cm，叶柄长 3～6cm。托叶细嫩，膜质，早落；浮水叶互生，花序下的叶对生，黄绿色，略带革质，叶表具蜡质，光滑；叶柄长 6～15cm，叶片宽披针形或长圆状披针形，长 4～13cm，宽 2～4cm，具 13～21 对侧脉，先端渐尖或钝圆，基部近圆形。穗状花序生于浮水叶叶腋，总花梗长 4～7cm，花序长 4～5cm；密生黄绿色小花。幼小花序由一层膜质的托叶所包裹。将开花时伸出水面，在空气中开花传粉（彩图 23-3-16）。

小核果斜倒阔卵形，长约 3.5mm，宽约 2.5mm，背面拱形，具 3 条纵脊棱，中脊棱明显突起成窄翅状，2 条侧棱稍钝，棱上有 3～4 个突尖，果实顶端具尖头状喙。外果皮褐色，微皱，并稍有光泽。果脐三角形，位于果实基部，内果皮骨质，坚硬，内含 1 粒种子，种子近肾形，种皮膜质，无胚乳，胚上端弯曲呈钩状。

种子出土萌发。子叶针状，长 6mm。上胚轴不发育，下胚轴不甚发达。初生叶 1 片，互生，单叶，带形或带状披针形，先端急尖或锐尖，全缘，叶基两侧有顶端不伸长的膜质叶鞘。后生叶亦为单叶，互生，叶片呈带状披针形，先端锐尖，全缘，叶基两侧亦有膜质叶鞘。叶片有 3 条明显叶脉，中脉较粗。第二、三片后生叶均与前者相似。

2. 生物学特性 眼子菜为多年生水生漂浮杂草。以种子、根状茎和根状茎上的鸡爪芽繁殖。

（1）鸡爪芽及根状茎繁殖方式。眼子菜主要通过鸡爪芽及根状茎等无性繁殖方式进行繁殖。

鸡爪芽在外界条件不利时，侧枝顶端节间缩短，不长出土面，养分向节上的膜状鳞片输送，致使鳞片长大变厚，成为贮存养料、保护顶端幼芽适应不良环境的结构，同时地下茎节间也缩短，依次形成新的鸡爪芽。如此反复进行，使在稻田地表下 5～10cm 的耕作层中联结成为纵横交错的地下茎、芽系，以越冬或抵御不良的外界条件。鸡爪芽繁殖力很强，即使来年在春季翻田时为犁头切断，也能照常发芽生长。耕翻时受伤的鸡爪芽不易致死，如纵向切破，发芽后仅叶片破裂，而且由于切破鳞片，吸水加快，还能提前萌发；如尖端切除，节间伸长后侧芽仍可萌发。由于眼子菜的这种强大的繁殖力和分布方式，使它在与水稻争水争肥方面占明显的优势。

鸡爪芽萌发的起点温度为 10℃，最适温度为 20～25℃。以水层 5cm 萌发最快，10cm 稍次，20cm 显著减慢，水深 1m 虽能萌发，但生长慢。一般于插秧后半月左右其幼苗就可伸出水面，出苗后 1 个月左右，叶片相继迅速展开并铺满水面。鸡爪芽萌发后，长出 4～5 片叶时，开始长出第一侧枝，当第一侧枝长至 4～5 片叶时，如水分适宜，即生长第二侧枝。第二侧枝长出后，鸡爪芽养分大体耗尽，此时叶片由红转绿，是眼子菜一生中的薄弱环节，叶片指标为 5～8 叶，是化除及人工拔除的最好时机。眼子菜约在出苗后 30～45d 开花，6～9 月为盛花期，10 月基本结束。一般田间开花较少，且结实率低。在沟渠中大量开花结实，种子流入田内，成为田间种子的主要来源。

（2）种子繁殖。眼子菜籽实在低温（1～3℃）水中保存 1 年后仍有高的萌发力，而在干燥条件只能保持 2～3 个月。经低温后的种子，在 10～20℃ 下 30d 萌发，这类种子进入沼泽稻田泥层中，休眠期长达 3～5 年，而不丧失活力。

籽实成熟后散落水中，由于籽实的外壳较厚，吸水很慢，外果皮疏松储有空气，成熟后在水面漂浮可达 5～6d 之久，借水田排灌时传播果实。种子在积水的沟渠中休眠期较短，在湿润的土层中，休眠期较长，在研究中可用划破种皮的方法促使休眠解除。

种子萌发起点温度为 20℃，25℃ 出现高峰。据田间观察，种子萌发的时间较鸡爪芽萌发迟 10d 左右。种子萌发均在表土层，每翻动一次土层，均有一次萌发高峰。

3. 分布与危害 眼子菜是稻田的恶性杂草之一，生长迅速，盘根错节难以清除。特别是连作稻田、土壤黏重的稻田发生较重，与水稻争夺营养，使水稻生长不良，严重减产，是稻田较难防除的杂草之一，北方稻田为害尤重。在我国长江流域、黄河中下游及东北等地的广大稻田均有分布。

眼子菜对水稻产量影响十分明显。眼子菜密度由 0 株/m² 增至 20 株/m²，小区水稻产量由 1.289kg 降至 0.985kg。当眼子菜覆盖度达 30% 以上时，水稻减产即达 10%～20% 甚至 20% 以上。

郝建华（常熟理工学院生物与食品工程学院）

十七、节节菜

学名：*Rotala indica*（Willd.）Koehne（千屈菜科）。别名节节草、水马齿苋。

1. 形态特征 节节菜为一年湿生或沼生草本，高6～35cm，茎披散或近直立，呈不明显的四棱形，光滑，略带紫红色，下部伏地生不定根，可以进行营养繁殖。叶对生，无柄或近无柄；叶片倒卵形、椭圆形或近匙状长圆形，长0.6～1.2cm，宽0.3～0.6cm，叶先端圆钝，全缘，背脉凸起，边缘有一圈软骨质狭边。花小，排成腋生的穗状花序，有花数朵；包片叶状，倒卵状长椭圆形，长4～5mm，小苞片2枚，狭披针形；花萼钟状，膜质、透明；花瓣4枚，极小，淡红色，短于萼齿；雄蕊4枚，与萼管等长；花柱线形，长为子房之半或相等（彩图23-3-17）。

蒴果椭圆形，长约1.5mm，具横条纹，常2裂。种子极细小，种子狭长卵形或呈棒状，褐色。

子叶匙状椭圆形，先端钝圆，全缘，下胚轴粗短，带紫红色，上胚轴不发达，胚轴横切面呈圆形。初生叶对生，匙状长椭圆形，无柄；第一对后生叶与初生叶相似，第二对后生叶阔椭圆形。

2. 生物学特性 节节菜为一年生矮小草本。适生水田或湿地上。为稻田为害较为严重的杂草。双季稻区，以晚稻田为害最为严重。发生重的田块，密生呈毡状。苗期5～8月，花果期8～11月。以种子越冬繁殖为主，兼有以匍匐茎的营养繁殖，特别是在进行人工防除或机械损伤的情况，迅速通过茎上产生不定根而再生。

在长期使用磺酰脲类除草剂的田块，节节菜会产生抗药性。最早报道节节菜产生抗药性的是日本，之后，韩国也发现了抗药性种群演化。在我国的浙江、江苏和安徽也陆续发现了抗磺酰脲类除草剂的节节菜种群。其抗性是由于乙酰乳酸合成酶突变引起的。

节节菜醇提物在4g/L对水稻种子萌发率、发芽势产生显著抑制作用。节节菜0.5～4g/L的水提物对水稻幼苗根长和醇提物对苗高，1～4g/L的醇提物对水稻幼苗根长，2～4g/L的醇提物对水稻幼苗鲜质量，4g/L的水提物对水稻幼苗苗高和鲜质量均产生显著抑制作用，相对应的最大抑制率分别为27.12%、25.56%、87.13%、37.23%、11.55%和11.51%。

3. 分布与危害 节节菜是水稻田最主要的杂草之一，也经常发生于湿润的玉米、大豆、棉花、甘蔗等秋熟旱作物田地。在我国主要水稻产区农田几乎均有发生。从东北的黑龙江、吉林、辽宁，到华北的内蒙古、北京、河北、河南、山东、山西，西北的陕西、宁夏、甘肃、新疆、西藏以及广大的长江流域及其以南地区的江苏、上海、浙江、安徽、江西、福建、湖北、湖南、重庆、四川、广东、广西、海南、贵州、云南等省（自治区、直辖市）。

20世纪80年代期间，由于化学除草剂还没有普遍使用，节节菜一度是水稻田四大主要恶性杂草之一，特别是在单双季晚稻田中。据80年代调查，安徽沿江圩丘农区的双季晚稻田的节节菜发生为害率最高达100%，表示优势指数的综合值达20.46，为优势杂草。即使在早、中或单季晚稻田中，发生频率也达90.65%，综合值16.24，也是主要杂草。那时在江苏省太湖地区化学除草剂已开始大面积推广应用，对该地区稻田调查的结果表明节节菜虽也是该地区水稻田10大恶性杂草之一，但位次仅处于第10位，其发生频率在64.58%，优势指数的综合值达17.52。进入90年代，由于大量化学除草剂的应用，特别是磺酰脲类除草剂苄嘧磺隆和吡嘧磺隆等的应用，曾有效遏制了节节菜的为害，危害性的位次明显下降。例如，浙江省稻田调查结果表明，节节菜为该省主要杂草的第8位。但是，进入21世纪以来，由于节节菜对磺酰脲类除草剂抗性的演化，在部分地区其为害有再次加重的趋势。节节菜为主，杂草密度为183.6茎/m²，水稻产量损失为31.84%。混合杂草区杂草群落以稗草＋异型莎草＋节节菜为主，总密度为253.2茎/m²，产量损失达70.51%。虽然较之在复杂杂草群落中节节菜单独存在的危害性略嫌小，但是，其在杂草群落中的存在，共同为害水稻的影响不可小视。

强胜（南京农业大学杂草研究室）

十八、耳叶水苋

学名：*Ammannia arenaria* H. B. K.（千屈菜科）。别名眼眼红、耳基水苋、水金铃、节节花等。

1. 形态特征 草本，株高15～60cm；茎直立，常多分枝，无毛，4棱或略具狭翅。叶对生，无柄，膜质，狭披针形或矩圆状披针形，长1.5～7.5cm，宽3～15mm，顶端渐尖或稍急尖，基部扩大，呈戟状耳形，半抱茎；聚伞花序腋生，通常有花3朵，多可至15朵；总花梗长约5mm，花梗极短，长1～2mm；小苞片2枚，钻形；萼筒钟形，长1.5～2mm，最初基部狭，结实时近半球形，有略明显的棱4～8条，裂片4枚，阔三角形；花瓣4枚，淡紫色或白色，近圆形，早落，有时无花瓣；雄蕊4～8枚，约一半突出萼裂片之上；子房球形，长约 1mm，花柱与子房等长或更长，稍伸出于萼外。花期 8～12 月（彩图 23 - 3 - 18）。

蒴果球形，成熟时约 1/3 突出于萼之外，紫红色，直径 2～3.5mm，呈不规则周裂，种子散落，借水流传播。种子极小而多，三角形，淡棕色或褐色，无胚乳。子叶 1 对，三角形或菱形，长 1～1.5cm，最宽处 5～6mm，淡绿色。

种子出土萌发。子叶梨形，长 5.5mm，宽 1.5mm，叶尖圆形，全缘，叶基近圆形，有 1 条明显主脉，具叶柄。上胚轴呈四棱形、带淡红色，下胚轴亦带红色。初生叶 2 枚，对生，单叶，卵状椭圆形，先端钝尖，全缘，叶基圆形，具叶柄。后生叶与初生叶相似。成株的后生叶叶基才呈现耳郭形。幼苗全株光滑无毛。

2. 生物学特性　一年生湿生草本，以种子繁殖。6～9 月屡见幼苗，花期 7～9 月，果实 8 月逐渐成熟。耳叶水苋田间发生密度大，植株高，分枝多。田间定点观察结果表明，耳叶水苋发生期长，水稻播种后 60d 内均可发生，并具有两个明显的发生高峰，分别为水稻播种后第一周和第三周。水稻播种后 45d，耳叶水苋种群数量达到最大，随后，种群数量逐渐下降。

耳叶水苋的种子在 23～27℃ 条件下发芽最好。作为一种水生杂草，其种子在土壤含水量 40%～60% 的湿润或饱和状态下，发芽率较高，且耳叶水苋的种子对水层具有较好的适应能力，在 1～10cm 水层条件下均有较高的发芽率，约 30%；即使连续保持水层 15～20d，已经发芽的耳叶水苋种子虽然无法顶出水面，但也不会腐烂死亡，一旦将水撤去，耳叶水苋马上又可以正常生长。这也是直播和移栽稻田均有耳叶水苋发生的重要原因。耳叶水苋种子预先进行黑暗变温 30℃（12h）/15℃（12h）处理 15d 可显著提高种子发芽率。

最新研究发现，浙江省宁波、嘉兴、绍兴等地稻田耳叶水苋对苄嘧磺隆已产生了高水平抗性。抗性生物型与敏感生物型出苗规律相似，在播种后 4～6d 和 12d 左右有两个出苗高峰，出苗期都长达 40d。抗性型成株的株高、分枝数和叶片数、蒴果数少于敏感型，叶片更小，每个蒴果的种子数差别不大，敏感型地上部、地下部和整株干重分别为 68.3g、7.0g 和 75.3g，抗性型分别比其减少了 54.4%、55.1% 和 54.5%。抗性型生长前期的叶片数多于敏感型，始花期和盛花期分别比敏感型提前 16d。抗性型具有更强的环境适应能力。与水稻竞争前期，抗性型对水稻分蘖的影响更大，但竞争后期抗性型对水稻产量的影响小于敏感型。

3. 分布与危害　分布于浙江、江苏、河南、河北南部、陕西、甘肃南部等地。喜生于水田、菜地、沼泽、浅湿地或稻田中。近年来，成为水稻田及其他浅水田的杂草，常成片生长。在上海等地，由于耳叶水苋繁殖系数高、发生期长、个体生长旺、群体为害重，逐渐成为稻田继稗草、千金子之后的第三大优势杂草，并呈逐年上升的趋势，对水稻高产、优产、稳产构成严重威胁。为害较重的田块常见成片的耳叶水苋覆盖在水稻上面，严重影响水稻的生长。据报道，耳叶水苋种群密度达到 5 株/m²，就可导致水稻分蘖数、穗数与产量分别比对照减少 13.2%、18.7% 与 22.2%；密度 10 株/m²、20 株/m²、30 株/m²、40 株/m²、50 株/m²，分别导致水稻减产 30.8%、41.2%、53.3%、61.2%、70.3%；密度达到 463 株/m²，水稻有效穗减少 46.2% 以上，空秕率增加 14.8%，理论产量减少 58.3%。说明耳叶水苋种群密度达到 5 株/m² 就可导致水稻分蘖、穗数与产量大幅度降低；密度加大，对水稻为害也随之增大。

郝建华（常熟理工学院生物与食品工程学院）

十九、水苋菜

学名：*Ammannia baccifera* L.（千屈菜科）。别名细叶水苋、浆果水苋、眼眼红、水瓜子菜。

1. 形态特征　水苋为一年湿生或沼生杂草。株高 10～50cm，茎淡紫色，直立，上部方形，下部茎近圆形，分枝多成对而生。叶对生，叶片披针形、倒披针形或长椭圆形，生于茎上的较大，长可达 5～7cm，宽 1.2cm，生于侧枝上的较小，长 0.6～3cm，宽 0.2～0.6cm，先端急尖或钝形，全缘，叶基渐窄成短柄，侧脉不明显。到深秋茎叶全变成紫红色。花数朵组成腋生的聚伞花序，通常较密集。总花梗短，长约 0.1cm 或近于无。花极小，长 0.1～0.2cm，紫红色。苞片线状钻形。萼管钟形，4 齿裂，裂片三角形，短于萼管。无花瓣；雄蕊 4 枚，贴生于萼管中部，与萼裂片等长或稍短。子房球形，2 室，花柱极短或无

（彩图 23 - 3 - 19）。

　　籽实蒴果球形，紫红色，直径 0.1～0.2cm，成熟时中部以上不规则盖裂。种子多数，极小，椭圆形、半圆球形、多棱状圆锥形或近三角形，淡棕色，直径 0.2～0.3mm。

　　种子出土萌发。子叶梨形，长 6mm，宽 2.5mm，叶尖圆形，全缘，叶基楔形，具叶柄。下胚轴较发达，上胚轴很发达，并呈四棱形。初生叶 2 片，对生，卵形披针形，先端渐尖，全缘，叶基阔楔形，具叶柄。后生叶与初生叶相似。幼苗全株光滑无毛。

　　2. 生物学特性　水苋菜为夏季一年生水生杂草。上海地区从 5 月上旬早稻秧田开始发生，至 7 月上旬都能发生，6～10 月迅速生长，10 月下旬开花，至 11 月下旬结果死亡。

　　种子具休眠期。冬季虽已解除休眠，但水苋菜属为水生杂草，种子萌发需较高的水分，在土壤水分超饱和或有薄水时萌发较好，湿润状态下萌发较少，干旱条件下不萌发，因此发生期较迟。由于种子较小，只能浅层萌发，萌发的起点温度为 16℃，但低温时萌发较慢，平均气温 20℃ 以上萌发较好。发生期长，水稻整个生育期均可发生。

　　水苋菜在浅水中生长较好，湿润状态下生长较差，在长期湿润条件下，植株生长矮小，不分枝。水苋菜耐阴，不耐强光照射，喜生稻田中。但仍要求较为充足的光照，在水稻封行前发生的水苋菜生长较好，水稻生长中后期发生的水苋菜，因过于荫蔽，生长较细弱、矮小。

　　水苋菜属短日照植物。稻田中，花期 8～10 月，果期 9～10 月，在水稻中后期发生的水苋菜，荫蔽在稻行中仍能开花结实，但结实量较少。

　　3. 分布与危害　主要分布于我国亚热带地区的水稻田及部分低湿地，黄河流域河北、陕西、甘肃也有分布，主要为害水稻。在灌水条件较好、田间常有浅水的稻田发生较多，常常与耳叶水苋和多花水苋等水苋混生于稻田中，并与节节菜、陌上菜等构成群落，成为水稻生长后期的重要杂草。

郝建华（常熟理工学院生物与食品工程学院）

二十、苹

　　学名：*Marsilea quadrifolia* L.（苹科）。别名田字萍、田字苹、四叶苹、四叶菜、破铜钱。

　　1. 形态特征　多年生草本。植株高 5～20cm。根状茎细长横走，分枝，顶端被有淡棕色毛，茎节远离。叶发自茎节，不育的营养叶，挺水或浮水，叶柄长 5～20cm，叶片由 4 片倒三角形的小叶组成，呈十字形，长宽各 1～2.5cm，外缘半圆形，基部楔形，全缘，幼时被毛，草质，叶脉从小叶基部向上呈放射状分叉，组成狭长网眼，伸向叶边，无内藏小脉。孢子囊果斜卵形或椭圆状肾形，长 2～4mm，被毛，褐色，于叶柄基部侧出，通常 2、3 个丛集，柄长 1cm 以下，基部多少毗连；每个孢子囊果内含约 15 个大、小孢子囊，同生于孢子囊托上，其中有少数大孢子囊，其周围有数个小孢子囊，每个大孢子囊内仅有 1 个大孢子，而小孢子囊内存多数小孢子（彩图 23 - 3 - 20）。

　　幼苗，幼叶初生从根状茎萌出，叶片拳卷成球形，被茸毛。

　　2. 生物学特性　以根状茎和孢子繁殖；多年生；冬季叶枯死，根状茎宿存，翌春分枝出叶，自春至秋不断生叶和孢子囊果；喜生于静止浅水里。长江流域 3 月下旬至 4 月上旬从根茎处长出新叶，5～9 月继续扩展或形成新的根芽和根茎，9～10 月产生孢子囊，10～12 月孢子成熟。

　　研究发现大豆、玉米和苹的叶片可见近红外反射光谱特性不同，采用 ASD Fieldspec 便携式光谱仪进行光谱采集，可以用于分析和检测苹为害程度。

　　3. 分布与危害　苹常见于水湿处或稻田中，为稻田较难防除的恶性杂草；也在湿润的小麦、油菜田晚期以及玉米、大豆、甘蔗、烟草等田地发生和为害。主要分布于广大的长江流域及其以南的江苏、上海、浙江、安徽、江西、福建、湖北、湖南、重庆、四川、广东、广西、海南、贵州、云南等省（自治区、直辖市）；东北的黑龙江、吉林、辽宁以及华北的河北、河南、山东及其陕西、宁夏、新疆、西藏等地也有。

　　苹的繁殖能力强，竞争试验对水稻损失率在 50% 左右，当杂草密度 10 株/m² 时水稻产量损失率在 20% 以上。

　　为水稻白叶枯和斜纹夜蛾等重要农作物病虫害的越冬宿主或取食寄主。

强胜（南京农业大学杂草研究室）

二十一、泽泻

学名：*Alisma plantago-aquatica* Linn.（泽泻科）。

1. 形态特征 多年生草本，具地下球茎，直径可达4.5cm，外皮褐色。叶基生，叶柄长5～50cm，基部鞘状，叶片长椭圆形或宽卵形，长2.5～18cm，宽1～9cm，先端渐尖，基部楔形或微呈心形，全缘，光滑无毛，基出脉3或5条，横脉明显。花茎直立，长10～100cm，花序通常有3～5轮生分枝，分枝下有披针形或线形苞片，轮生的分枝常再分枝，组成圆锥状复伞形花序；花两性，萼片3枚，广卵形，绿色或稍带紫色，宿存；花瓣3枚，倒卵形，较萼片小，白色或淡红色，膜质，脱落；雄蕊6，心皮多数，轮生于扁平凸花托上（彩图23-3-21）。

瘦果小，两侧扁，倒卵形，花柱宿存，长0.7～1.5mm。

子叶针状，先端呈钩状，上下胚轴不发达。初生叶单叶互生，带状披针形，叶片上有数条平行脉及其之间的许多横脉；后生叶带状披针形，露出水面后逐渐变为椭圆形。

2. 生物学特性 泽泻既能种子繁殖也可宿生根繁殖，5月中、下旬宿生根先开始出苗，6月上、中旬种子开始萌发。喜温暖气候，耐寒，但不耐干旱。幼苗喜荫蔽，成株喜阳光。常生在湖泊、河湾、溪流、水塘的浅水带、沼泽、沟渠、浅水池沼或稻田。

泽泻块茎中含挥发油（内含糖醛）、小量生物碱、天门冬素、一种植物甾醇苷、脂肪酸（棕榈酸、硬脂酸、油酸、亚油酸）、树脂、蛋白质、淀粉和5种三萜类化合物（泽泻醇A、泽泻醇B、乙酸泽泻醇A酯、乙酸泽泻醇B酯、表泽泻醇A）；4种倍半萜A～D、尿苷、1-硬脂酸甘油酯、大黄素、泽泻醇C单醋酸酯和环氧泽泻烯等。

3. 分布与危害 分布于黑龙江、吉林、辽宁、内蒙古、河北、山西、陕西、新疆、云南等省（自治区）。前苏联、日本以及欧洲、北美洲、大洋洲等均有分布。

何占祥等（1993）采用盆栽法，待秧苗移栽期，每盆移栽水稻秧苗4株（黔育413），并保持秧苗健壮一致。稻苗移栽后，立即分别移栽生长势一致的泽泻幼苗。表明当密度为10株/m²时，水稻减产30%～40%，当密度为35株/m²时，水稻减产50%～70%。

戴伟民　强胜（南京农业大学杂草研究室）

二十二、鳢肠

学名：*Eclipta prostrata*（L.）L.（菊科）。异名：*Eclipta alba*（L.）Hassk.。别名旱莲草、墨草、墨旱莲。

1. 形态特征 一年生草本，高可达60cm，全株被短糙伏毛。植株干后或折断面变黑褐色。茎直立、上升或匍匐，具多数须根，通常自基部分枝。叶对生，叶片长圆状披针形或披针形，长1.5～6cm，宽0.5～2cm，基部狭楔形，下延成短柄或无柄，先端钝，具小突尖，全缘、有细锯齿或仅波状，两面被糙伏毛。头状花序1～3枝，径4～8mm；花序梗细弱，长0.5～4.5cm；总苞球状钟形，长约5mm，宽约1cm，总苞片2层，绿色，外层长圆状披针形，被白色短糙伏毛，草质，内层较狭，且短；边花2层，雌性，舌状，长3mm，宽0.5mm，先端2浅裂或不分裂，白色；中央花两性，管状钟形，先端4裂；花药基部耳状，花丝无毛；花柱分枝先端钝，具小疣；花托凸起，托片丝形，被短伏毛（彩图23-3-22）。

籽实：边花瘦果长圆形，三棱状，长3mm，宽1.5mm，褐色或灰褐色，具淡黄色木栓质边缘，沿中肋具淡黄色小疣状突起，先端截形，无冠毛；盘花瘦果扁平，四棱形，有狭边，冠毛睫毛状，结合成副冠状，具1～2齿。

幼苗：子叶卵形，具主脉1条和边脉2条，光滑无毛。下、上胚轴均发达，密被向上伏生毛。初生叶对生，全缘或具稀细齿，三出脉。

2. 生物学特性 一年生草本。苗期5～6月，花期7～8月，果期8～11月。自然状态下，鳢肠7～8月开花，开花20～30d后种子成熟，全株成熟后干枯或腐烂。鳢肠籽实可以漂浮于水面，随灌溉水流传播。种子萌发的适宜温度20～40℃，需光，近土表层的籽实萌发，当埋土深度大于1cm时不能出苗。籽实具原生休眠期。鳢肠出草高峰期为大豆播后第12～18天；鳢肠在大豆播后第40天进入株高和鲜重的快速增长期，比大豆推迟20d。鳢肠喜生于湿润之处，见于路边、田边、塘边及河岸，亦生于潮湿荒地或丢荒的水田中，耐阴性强，能在阴湿地上良好生长。不耐干旱，在稍干旱之地，植株矮小，生长不良。

鳢肠全草含皂苷1.32%、烟碱约0.08%、鞣质、维生素A、鳢肠素、多种噻吩化合物如α-三联噻吩基甲醇及其乙酸酯、2-（丁二炔基）-5-（乙烯乙炔基）噻吩、2-（丁二炔基）-5-（4-氯-3-羟丁炔-1-基）噻吩、2-（4-氯-3-羟丁炔-1-基）-5-（戊二炔-1，3-基）噻吩、乙酸（丁烯-3-炔-1-基）二联噻吩基甲醇酯、3-酮-16α-羟基-12-烯-28-齐墩果酸、刺囊酸等。叶含蟛蜞菊内酯、去甲基蟛蜞菊内酯、去甲基蟛蜞菊内酯-7-葡萄糖苷，含烟碱约0.08%，另含三噻嗯甲醇、三噻嗯甲醛，此外，尚含皂苷约1.3%，鞣质、苦味质及异黄酮苷类。地上部分石油醚提取物含豆甾醇、植物甾醇A及β-香树脂；乙醇提取物中尚含木樨草素-7-O-葡萄糖苷，植物甾醇A葡萄糖苷和一种三萜酸葡萄糖苷。

3. 分布与危害　鳢肠是水稻田最主要的杂草之一。也普遍为害玉米、棉花、大豆、花生、甘蔗、甘薯、烟草等秋熟旱作物以及草坪。多在湿润农田，特别干旱田地常不会成为主要杂草。分布几遍及全国，从东北的黑龙江、吉林、辽宁，到华北的内蒙古、北京、河北、河南、山东、山西，西北的陕西、宁夏、甘肃、青海、新疆、西藏以及广大的长江流域及其以南地区的江苏、上海、浙江、安徽、江西、福建、湖北、湖南、重庆、四川、广东、广西、海南、贵州、云南等省（自治区、直辖市）。

在江苏和湖北水稻田鳢肠的优势度值7~8，处于所有杂草的前列，被定义为恶性杂草。轻型栽培如旱直播等加重了鳢肠的危害性。鳢肠是江苏省棉田最主要的杂草之一，发生频率达100%，综合值达12.23，位列优势度第四位。在水旱轮作棉田其表示优势指数的综合值达15.55，为最高，而旱连作棉田则轻一个数量级。连续2年由稻—麦连作改变为大豆—小麦连作，土壤种子库中的鳢肠等杂草的相对优势度显著上升。稻—棉轮作促使鳢肠在棉田发生。

当鳢肠从低密度（5株/m²）增加至高密度（50株/m²）时，大豆产量损失率从16.99%显著增加至73.01%。鳢肠对大豆的竞争主要是通过影响大豆的有效株数和单株有效荚数进而影响大豆产量。

强胜（南京农业大学杂草研究室）

第4节　果、桑、茶园杂草

一、白茅

学名：Imperata cylindrica（L.）Beauv. var. *major*（Nees）C. E. Hubb.（禾本科）。

1. 形态特征　多年生草本，根茎长，密生鳞片。秆丛生，直立，高25~80cm，节有长4~10mm的柔毛。叶鞘老时在基部常破碎成纤维状，无毛，或上部及边缘和鞘口有纤毛；叶舌干膜质，长约1mm；叶片线形或线状披针形，长5~60cm，宽2~8mm，背面及边缘粗糙，主脉在背面明显突出，并向基部渐粗大而质硬。圆锥花序顶生，圆柱状而有茸毛，紧缩成穗状，长5~20cm，宽1.5~3cm，总状花序短而密，穗轴不断落。小穗披针形或长圆形，小穗成对生于各节，一柄长，一柄短，均结实且同形，长3~4mm，含2小花，仅第二小花结实，基部密生长10~15mm丝状柔毛。第一颖较狭，有3~4脉，第二颖较宽，有4~6脉；第一外稃卵状长圆形，长约1.5mm，顶端无芒；第一内稃缺；第二外稃披针形，长约1.2mm，先端尖，第二内稃长约1.2mm，先端截平，具大小不同的数齿，透明膜质；无鳞被，柱头2枚，雄蕊2枚，花药黄色（彩图23-4-1）。

籽实为带稃颖果，基部密生长7.8~12mm的白色丝状柔毛，第二颖边缘也具纤毛，具宿存柱头2枚，黑紫色。

子叶留土；第一片真叶线状披针形，边缘略粗糙，中脉显著，略带紫色；叶舌干膜质，叶鞘和叶片有不明显交界区。

2. 生物学特性　多年生草本。花果期为春、夏两季。4月地下根状茎发芽，5~6月抽穗开花，7~10月结实。苗期3~4月，花果期4~6月，果实成熟后自柄上脱落，随风雨传播。根深，多以根状茎繁殖，繁殖蔓延和生长能力极强，对地力的破坏和对农作物的为害极大。生性顽固，不易彻底防除。常布满荒地及火烧后的林地。

3. 分布与危害　白茅多生于路旁、山坡、草地，为果园、桑园及茶园的恶性杂草，也发生在耕作粗放的秋熟旱地，尤以亚热带及热带地区果园、茶园、橡胶园为害严重。发生严重的不仅引起减产，而且使整个果园、茶园退化，丧失生产能力。分布于辽宁、河北、山西、山东、陕西、新疆等北方地区；生于低山带平原河岸草地、沙质草甸、荒漠与海滨。也分布于非洲北部、土耳其、伊拉克、伊朗、中亚、高加索及地中海区域。

白茅适应生境较宽，喜光，稍耐阴，喜肥又极耐贫瘠，适宜疏松湿润的土壤，相当耐水淹，也能较长时间生长在干旱的环境中，适应各种土壤，黏土、壤土、沙土均可较好地生长。以疏松沙质土地生长最多，为害也最为严重。常生于山坡、草原、河边等地带，也极易在农田、苗圃、果园等地蔓延扩散。生命力极强，地下茎横走，蔓延很广，相互纠缠成网成片，主要以根状茎进行营养繁殖，同时也可以利用种子随风扩散进行传播繁殖。目前已经对 73 个国家的 35 种粮食作物造成减产，现今白茅被认为是世界上十大恶性杂草之一。

戴伟民　强胜（南京农业大学杂草研究室）

二、狗牙根

学名：*Cynodon dactylon* (L.) Pers.（禾本科）。

1. 形态特征　多年生匍匐草本，具根茎。秆细而坚韧，匍匐地面部分长达 1m，并在节上生根及分枝，直立部分高 10～30cm。秆光滑无毛。叶鞘有脊，鞘口常有柔毛，叶舌短，有纤毛，宽 1～3mm；叶片线形，互生，下部者因节间缩短似对生。穗状花序，3～6 枚呈指状簇生于秆顶，长 1.5～5cm；小穗灰绿色或带紫色，排列于穗轴一侧，长 2～2.5mm，通常有 1 小花，无芒；颖在中脉处形成背脊，有膜质边缘，长 1.5～2mm，和第二颖等长或稍长；外稃草质，与小穗等长，具 3 脉，脊上有毛，内稃与外稃几等长，有 2 脊；花药淡紫色；子房无毛，柱头紫红色（彩图 23-4-2）。

颖果长圆柱形，长约 1mm，淡棕色或褐色，顶端具宿存花柱，无茸毛；脐圆形，紫黑色；胚矩圆形，凸起。

子叶留土；第一片真叶带状，先端急尖，缘具极细的刺状齿，叶片有 5 条直出平行脉；叶舌膜质环状，顶端细齿裂，鞘紫红色；第二片真叶线状披针形，有 9 条直出平行脉。

2. 生物学特性　多年生草本，萌发出苗期为 3～5 月，花果期 6～10 月。多以根茎或匍匐茎繁殖，种子也可繁殖。多生长于村庄附近、道路两旁、荒地山坡，为良好的固堤保土植物。

狗牙根属植物广泛分布于热带、亚热带地区，用于草坪的主要有 4 种，即普通狗牙根、印度狗牙根、非洲狗牙根及杂交狗牙根，其中普通狗牙根是世界广布种。从水平分布上看，在 45°N 至 45°S 范围内，狗牙根几乎遍布所有大陆、岛屿。事实上向北可一直分布到 53°N。从垂直分布上看，在尼泊尔、克什米尔及喜马拉雅山海拔 4 000m 高度也有分布。也可以分布于海平面以下，如约旦、美国加利福尼亚及我国新疆南部。而印度狗牙根、非洲狗牙根和杂交狗牙根仅局限于南部非洲地区。

郭海林等（2002）通过国内 30 份狗牙根种源染色体数目的观测分析表明：①我国狗牙根种质资源染色体数目呈现非常高的异质性，不同种源具有不同染色体数，同一种源不同根尖存在不同染色体数，同一根尖不同细胞亦具备不同染色体数，不同倍数平均出现的频率依次为：4n（32.26%）>5n（18.98%）>3n（10.57%）>6n（2.13%）>2n（0.41%）。此外，非整倍体平均比率高达 32.1%。②染色体数目与纬度、经度、海拔间均无显著回归关系。

郑玉红等（2002）将 49 份具有代表性的我国狗牙根种源的离体叶片进行模拟低温处理，用电导法测其电导率，将电导率拟合 Logistic 方程，计算出狗牙根各种源叶片的半致死温度（LT_{50}）。回归分析的结果表明各种源的 LT_{50} 与其所在的经纬度呈显著的线性关系。

3. 分布与危害　狗牙根为果、桑、茶、橡胶园主要杂草之一。也生于路边、宅旁。分布黄河流域及以南各地。广布于世界暖温带及亚热带。

据沈健英（1995）连续 2 年的试验观察，狗牙根为夏季发生型杂草，在 4 月上旬气温稳定在 10℃左右，狗牙根开始出苗，4 月中旬至 5 月萌发生长，大量繁殖，4 月下旬，从节上分枝，6 月上旬再分枝，6 月上旬至 10 月开花结果，11 月后地上匍匐茎陆续死去。狗牙根主要以地下根茎和地上匍匐茎进行无性繁殖，只有极少部分能产生种子，种子具休眠期。

戴伟民　强胜（南京农业大学杂草研究室）

三、一年蓬

学名：*Erigeron annuus* (L.) Pers.（菊科）。别名千层塔（江西）、治疟草、野蒿（江苏）。

1. 形态特征　一至二年生直立草本，高 30～100cm。茎叶都有刚伏毛，疏密不等。基生叶卵形或卵状披针形，长 4～15cm，宽 1.5～3cm，顶端尖或钝，基部狭窄成翼柄，边缘有粗齿；茎生叶披针形或线状披针形，长 1～9cm，宽 0.5～2cm，顶端尖，边缘齿裂，规则或不规则，有短柄或无柄；上部叶多为线形，全缘；叶缘有缘毛。头状花序直径约 1.5cm，排成伞房状或圆锥状；总苞半球形，总苞片 3 层；缘花舌状，明显，2 至数层，雌性，舌片线形，白色或略带紫晕，中央花管状，两性，黄色（彩图 23-4-3）。

瘦果倒窄卵形至长圆形；压扁；具浅色翅状边缘，长 1～1.4mm，宽 0.4～0.5mm。表面浅黄色或褐色，有光泽。顶端收缩、有花柱残留物。果脐周围有污白色小圆筒。

子叶阔卵形，无毛，具短柄。下胚轴明显，上胚轴不育。初生叶 1 片，倒卵形，全缘，有睫毛，腹面密被短柔毛。后生叶叶缘疏微波状。

2. 生物学特性　一年蓬在北方为一年生，在南方为二年生，个别还有三年生。种子在春、夏、秋均可出苗，5～11 月都可开花、结果。春季出苗的植株在 2 月底至 3 月初出苗，5 月上旬至中旬现蕾，5 月下旬至 6 月中旬开花，6 月下旬至 7 月中旬结实，7 月下旬至 8 月上旬果熟，生育期 180d 左右。秋季出苗的植株，带绿叶越冬，翌年 2 月底返青，从颈部分生数个或数十个茎枝、丛生，生育期达 320d 左右，个别植株越冬，生活到第三年。种子小而轻，具冠毛，能借助风力或流水传播。实生苗分枝少，且再生力弱，二年生植株分枝多，再生力强。一年蓬适应性比较强，喜生于海拔 1 000m 以下人工干扰强烈的干旱生境。耐旱、耐贫瘠。幼苗能耐−9℃的低温。喜阳光，但也能在疏林下生长。

一年蓬具有较高的光合效率。有研究表明，其最大净光合速率［24μmol/（m² · s）］在所测试的 17 种伴生杂草中是最高的，高于小飞蓬（*Conyza canadensis*）、野塘蒿（*Conyza bonariensis*）、加拿大一枝黄花（*Solidago canadensis*）、羊蹄（*Rumex japonicus*）等。

一年蓬以种子繁殖，其自交亲和，并能通过杂交产生种子。此外，一年蓬兼具无融合生殖的现象，这可以固定杂种优势和稳定优良基因，同时也是对在不利条件下花粉发育异常，或雄性不育的一种生态适应机制。一年蓬遗传多样性较高而遗传分化较低，这些可能是其广泛入侵的重要原因。

一年蓬全草含焦袂康酸（pyromeconic acid）；花含槲皮素（quercetin）、芹菜素-7-葡萄糖醛酸（apigenin-7-glucuronide）、芹菜素（apigenin）等药用成分。其水浸提液在高浓度下对作物种子萌发、根长和苗高均有明显的抑制作用，而在低浓度下则对长梗白菜、番茄的苗高具有促进生长的作用，叶浸提液的化感作用要显著强于根和茎的浸提液。此外该种对根际土壤微生物群落具有显著影响，即能显著增加根际土壤细菌的数量和多样性而显著抑制真菌与放线菌的数量。并且一年蓬能显著增加转化酶、脲酶及酸性磷酸酶的活性，而显著抑制其根际土壤中纤维素酶的活性。

一年蓬在植物竞争激烈并频繁割草的生境下仍然具有良好的适应力。在一些地区一年蓬种群的耐药性不断增强，以至于百草枯对其基本无效。

3. 分布与危害　一年蓬原产北美洲，1886 年传入上海，经过大约 50 年的停滞期，逐步由东部沿海向内陆扩散蔓延，目前在吉林、辽宁、内蒙古、河北、山西、陕西、河南、山东、安徽、江苏、浙江、江西、湖北、湖南、福建、贵州、西藏均有分布。当前一年蓬是我国中亚热带和北亚热带区域出现频率最高的入侵种之一。适生区预测显示，除广东和广西南部、青藏高原、新疆中南部、内蒙古大部和黑龙江中北部外的地区均是一年蓬在我国的最适适生区。该草在中国主要经历了缓慢扩散和快速扩散 2 个阶段。1930 年以前一年蓬处于缓慢扩散阶段，其分布仅局限于上海、江苏和浙江三地的交界处；1930 年以后一年蓬在我国进入了快速扩散阶段，一年蓬开始由华东地区向华中、中南、华北、西北和西南地区扩散，如 1930—1950 年一年蓬开始入侵到新的省份如安徽、湖北和江西；1950—1965 年是一年蓬的一个快速扩散阶段；20 世纪 60 年代中期以后其入侵扩散速度相对较慢，但其分布区仍在不断扩张，如在西藏、广西、云南、福建这一阶段都有新的入侵种群被发现。

该种蔓延迅速，发生量大，常为害麦类、果树、桑和茶等，同时侵入牧场、苗圃造成危害。此外，一年蓬入侵对物种多样性具有显著的负面影响。

强胜　陈国奇（南京农业大学杂草研究室）

四、小飞蓬

学名：*Conyza canadensis* （L.）Cronq.（菊科）。别名小白酒草、小蓬草、加拿大蓬。

1. 形态特征　茎直立，高 50～100cm 或更高，圆柱状，多少具棱，有条纹，被疏长硬毛，上部多分枝。叶密集，基部叶花期常枯萎，下部叶倒披针形，长 6～10cm，宽 1～1.5cm，顶端尖或渐尖，基部渐狭成柄，边缘具疏锯齿或全缘，中部和上部叶较小，线状披针形或线形，近无柄或无柄，全缘或少有具 1～2 个齿，两面或仅上面被疏短毛，边缘常被上弯的硬缘毛。头状花序多数，小，径 3～4mm，排列成顶生多分枝的大圆锥花序；花序梗细，长 5～10mm，总苞近圆柱状，长 2.5～4mm；总苞片 2～3 层，淡绿色，线状披针形或线形，顶端渐尖，外层约短于内层之半，背面被疏毛，内层长 3～3.5mm，宽约 0.3mm，边缘干膜质，无毛；花托平，径 2～2.5mm，具不明显的突起；雌花多数，舌状，白色，长 2.5～3.5mm，舌片小，稍超出花盘，线形，顶端具 2 个钝小齿；两性花淡黄色，花冠管状，长 2.5～3mm，上端具 4 或 5 个齿裂，管部上部被疏微毛（彩图 23-4-4）。

瘦果线状披针形，长 1.2～1.5mm，稍扁压，被贴微毛；冠毛污白色，1 层，糙毛状，长 2.5～3mm。

主根发达，下胚轴不发达；子叶对生，阔椭圆形或卵圆形，长 3～4mm，宽 1.5～2mm；初生叶 1 片，椭圆形，长 5～7mm，宽 4～5mm，先端有小尖头，两面疏生伏毛，边缘有纤毛，基部有细柄；第二叶、第三叶与初生叶相似但毛更密，两侧边缘有单个的小齿。

2. 生物学特性　小飞蓬为一年生或二年生草本杂草。我国小飞蓬入侵种群染色体兼具 2x 和 6x 两种细胞型。小飞蓬喜生干燥、向阳的开阔壤土生境，易形成大片单优势群落，小飞蓬在干旱胁迫下体内各生理指标均发生不同程度的变化，表明其体内抗旱机制多种多样，能够适应不同水分条件的生境。种子繁殖，以幼苗或种子越冬，10 月中旬出苗，除冬季严寒期间极少出苗外，直至次年的 5 月均有出苗，但 10 月和 4 月为出苗高峰，花期 6～9 月，种子于 7 月开始渐次成熟。小飞蓬能通过杂交产生正常种子，并且该种自交亲和。小飞蓬种子较小（千粒重为 0.02～0.03g），产量极大（单株产量可高达百万枚），蔓延极快。有研究表明，在距离地面 41～140m 的高空中均能收集到小飞蓬种子，这说明小飞蓬种子可以随风进入大气近地层，进而随风轻易传播 500km 以上，小飞蓬花粉也可随风传播 20km。在适宜条件下有 90% 的成熟种子能萌发。一般 2d 后出苗，2～8d 种子萌发进入高峰期。小飞蓬种子萌发最佳温度条件为 20～25℃，偏适生于中性环境，但是也能够较好地适应于 pH 4～10 的环境，还有较好的耐盐性。

小飞蓬具有较高的光合速率和物质积累能力，较高的生产力是其成功入侵的重要因素之一。小飞蓬的光饱和点和光补偿点分别为 1 634.00μmol/（m^2·s）和 23.84μmol/（m^2·s）；光饱和点下的最大净光合速率为 28.12μmol/（m^2·s），CO_2 饱和点和 CO_2 补偿点分别为 834.00μmol/mol 和 23.69μmol/mol；CO_2 饱和点下的最大净光合速率为 31.97μmol/（m^2·s），羧化效率为 0.078。

小飞蓬具有明显的化感作用，而不同器官提取液的化感效应强度不一致，叶的提取液化感效应最为明显。小飞蓬叶的水提液对部分作物的种子萌发、幼苗伸长表现出低促高抑的"激素"样作用特点。小飞蓬地上部分和地下部分粗提物经 GC-MS 分析共鉴定出包括酸、酚、醇、醛、酮、酯、萜等在内的 44 种化合物，其中酸、酚、酮、萜类是主要的成分。小飞蓬全草含挥发油，其中含柠檬烯、芳樟醇、乙酸亚油醇酯及醛类，母菊酯，去氢母菊酯和矢车菊属烃 X。地上部分含 β-檀香萜烯、花侧柏烯、β-雪松烯、α-姜黄烯、γ-荜澄茄烯、柠檬烯、醛类、松油醇、双戊烯、枯牧烯、邻苄基苯甲酸、皂苷、高山黄芩苷、γ-内酯类、苦味质、树脂、胆碱、维生素 C 等。

小飞蓬蔓延早期，用草甘膦或百草枯等除草剂可有效控制其扩散趋势，每公顷用药 300～600g 即可除掉大部分杂草，但经常会重新暴发。1999 年，首次发现了抗草甘膦型小飞蓬，7 年之后，美国 12 个州已发现抗除草剂型小飞蓬种群达到 44 万 hm^2，一些小飞蓬种群已经形成抗多种除草剂的机制，如同时抗莠去津和氯磺隆以及同时抗草甘膦和乙酰乳酸合成酶（ALS）阻断型除草剂的小飞蓬种群等。有研究收集了小飞蓬抗除草剂型和敏感型种群进行试验，结果表明，用大剂量草甘膦处理后，敏感型小飞蓬首先在分生组织出现药害反应，而抗药型药害反应则首先发生在叶子，2～4 周后，抗药型种群又重新长出新叶和新枝，因此抗药型与敏感型小飞蓬在抗草甘膦生理机制的不同之处在于草甘膦在整个植株体内不同的转运方式；抗药型为从茎干到叶的上行方式，而敏感型则是从叶到根的下行方式；另外从分子水平还发现抗药型小飞蓬含有较高的 EPSP 合成酶转录水平，EPSP mRNA 相对水平是敏感型的 1.83 倍。

3. 分布与危害　小飞蓬原产于北美，是一种世界性杂草，在全球大部分地区均有分布，但主要在北温带比较常见，几乎遍布整个美国、西欧以及地中海沿岸，并且在澳大利亚和日本也有分布。在我国，小飞蓬于 1860 年在山东烟台被发现，目前在我国大部分地区均有分布，包括黑龙江、吉林、辽宁、内蒙古、河北、山西、陕西、河南、山东、安徽、江苏、浙江、江西、湖北、台湾、四川、贵州、云南等。小飞蓬在夏秋季常形成单优势群落，对秋收作物田、果园和茶园为害重，影响农田作物生长，降低入侵地植物群落的生物多样性，通过分泌化感物质抑制邻近植物的生长。有调查结果显示，小飞蓬在 100～200 株/m² 时可使大豆减产 90%；而在德国，大面积的小飞蓬引发蝗灾，造成严重的作物减产；在收割季节小飞蓬粗壮的茎干常常会堵塞收割机；2003 年的一项调查显示，印度农民已将小飞蓬列为农田五大恶性杂草之一。在浙江衢州和金华等地野外调查显示，小飞蓬是垂直生态位和时间生态位宽度值最高的杂草，在所调查样地中发生频度最高的杂草种类之一。并且在东北和云贵地区果园杂草调查结果也显示小飞蓬是发生频率最高的杂草之一。

小飞蓬还是多种农田害虫的中间寄主，如苜蓿盲蝽（*Adelphocoris lineolatus*）、棉铃虫（*Helicoverpa armigera*）和棉椿象（*Hippotiscus dorsalis*）等。

强胜　陈国奇（南京农业大学杂草研究室）

五、野塘蒿

学名：*Conyza bonariensis*（L.）Cronq.（菊科）。别名香丝草。

1. 形态特征　茎直立或斜升，高 20～80cm，稀更高，中部以上常分枝，常有斜上不育的侧枝。植株灰白色。叶密集，基部叶花期常枯萎；下部叶倒披针形或长圆状披针形，长 3～5cm，宽 0.3～1cm，顶端尖或稍钝，基部渐狭成长柄，通常具粗齿或羽状浅裂；中部和上部叶具短柄或无柄，狭披针形或线形，长 3～7cm，宽 0.3～0.5cm，中部叶具齿，上部叶全缘，两面均密被贴糙毛。头状花序多数，径 8～10mm，在茎端排列成总状或总状圆锥花序，花序梗长 10～15mm；总苞椭圆状卵形，长约 5mm，宽约 8mm，总苞片 2～3 层，线形，顶端尖，背面密被灰白色短糙毛，外层稍短或短于内层之半，内层长约 4mm，宽 0.7mm，具干膜质边缘。花托稍平，有明显的蜂窝孔，径 3～4mm；雌花多层，白色，花冠细管状，长 3～3.5mm，无舌片或顶端仅有 3～4 个细齿；两性花淡黄色，花冠管状，长约 3mm，管部上部被疏微毛，上端具 5 齿裂；瘦果线状披针形，长 1.5mm，扁压，被疏短毛；冠毛 1 层，淡红褐色，长约 4mm（彩图 23-4-5）。

瘦果长圆形，略有毛，冠毛污白色，刚毛状。

子叶出土，卵形，先端钝圆，全缘，基部宽楔形，具柄，无毛。下胚轴不发达，上胚轴不发育。初生叶 1 片，卵圆形，先端急尖，有睫毛，基部圆形，腹面密布短柔毛，具柄。第一片后生叶呈宽卵形，第二片后生叶呈宽椭圆形，边缘均具疏微波和尖齿。

2. 生物学特性　野塘蒿为一年生或二年生草本杂草，喜生干燥、向阳的开阔生境，有时也能侵入潮湿的林地。野塘蒿秋、冬季或在第二年春季出苗，花果期 5～10 月。种子繁殖。我国的野塘蒿染色体为六倍体，能通过杂交产生正常种子，并且该种自交亲和。野塘蒿种子较小（千粒重为 0.02～0.03g），单株种子产量可达 40 万枚。野塘蒿种子萌发最佳温度条件为 15～20℃ 以及 15～30℃ 的变温条件，偏适生于中性环境，但是也能够较好地适应于 pH 4～10 的环境，野塘蒿种子在 0.5cm 土层以下的出苗率极低，在 1cm 以下土层中没有出苗。野塘蒿具有较高的光合效率，其光饱和点和光补偿点分别为 1 606μmol/（m²·s）和 21.66μmol/（m²·s），其最大净光合速率达 22.58μmol/（m²·s）。

野塘蒿地上部分含咖啡酸、芹菜素、金圣草素、木樨草素、刺槐素、绿原酸、新绿原酸、洋蓟素、3，5-二咖啡酰奎宁酸、4，5-二咖啡酰奎宁酸、3，4-二咖啡酰奎宁酸、东莨菪苷、槲皮素-3-葡萄糖苷、二氢芥子醇、黄决明素、白术内酯Ⅰ、大牻牛儿素、反式毛叶醇内酯、顺式毛叶醇甲酯等具药用价值的成分。该种具有化感作用，其水浸提液在高浓度（＞0.20g/mL）下对小麦（*Triticum aestivum*）、绿豆（*Vigna radiata*）和胡萝卜（*Daucus carota* var. *sativa*）种子活力、根长和苗高均有明显的抑制作用，而在低浓度（0.05g/mL）下则对小麦苗高、绿豆和胡萝卜的根长具有促进生长的作用。

在长期施用化学除草剂之后，有大量的调查研究发现野塘蒿对多种除草剂包括草甘膦和百草枯的抗性。

3. 分布与危害　野塘蒿确切的原产地不明确，可能原产于南美洲和中美洲，但在美国也被认为是本地种。该种广泛分布于热带和亚热带地区。在我国，该种最早于 1857 年在香港采到标本，不久扩散到广东、上海，1887 年在重庆采到标本。当前河北、陕西、安徽、江苏、浙江、江西、湖北、湖南、台湾、云南均有分布。野塘蒿生长于荒地、田边及路旁，常于桑、茶及果园中，影响农田作物生长，发生量大，为害重，是区域性恶性杂草。在北美、南美、澳大利亚、欧洲和亚洲一些国家和地区野塘蒿成为当地抗除草剂恶性杂草而难以防控，严重威胁作物尤其是转基因抗除草剂作物的种植。在澳大利亚的一份研究表明，野塘蒿能导致高粱减产 65%～98%。

强胜　陈国奇（南京农业大学杂草研究室）

六、苏门白酒草

学名：*Conyza sumatrensis*（Retz.）Walker（菊科）。异名：*Erigeron sumatrensis* Retz.。

1. 形态特征　茎粗壮，直立，高 80～150cm，基部径 4～6mm，具条棱，绿色或下部红紫色，中部或中部以上有长分枝，被较密灰白色上弯糙短毛，杂有开展的疏柔毛。叶密集，基部叶花期凋落，下部叶倒披针形或披针形，长 6～10cm，宽 1～3cm，顶端尖或渐尖，基部渐狭成柄，边缘上部每边常有 4～8 个粗齿，基部全缘，中部和上部叶渐小，狭披针形或近线形，具齿或全缘，两面特别下面被密糙短毛。头状花序多数，径 5～8mm，在茎枝端排列成大而长的圆锥花序；花序梗长 3～5mm；总苞卵状短圆柱状，长 4mm，宽 3～4mm，总苞片 3 层，灰绿色，线状披针形或线形，顶端渐尖，背面被糙短毛，外层稍短或短于内层之半，内层长约 4mm，边缘干膜质；花托稍平，具明显小窝孔，径 2～2.5mm；雌花多层，长 4～4.5mm，管部细长，舌片淡黄色或淡紫色，极短细，丝状，顶端具 2 细裂；两性花 6～11 个，花冠淡黄色，长约 4mm，檐部狭漏斗形，上端具 5 齿裂，管部上部被疏微毛（彩图 23-4-6）。

瘦果线状披针形，长 1.2～1.5mm，扁压，被贴微毛；冠毛 1 层，初时白色，后变黄褐色。

子叶阔卵形，光滑，具柄。初生叶 1 片，宽椭圆形，先端圆钝，全缘，具睫毛，密被短柔毛。第二后生叶矩圆形，叶缘出现 2 个微齿。

2. 生物学特性　苏门白酒草为一年生或二年生草本杂草，我国入侵种群染色体为 6x 细胞型。常生于海拔 300～2 450m 的山坡草地、旷野、路旁，对土壤干旱具有较高的耐性，在沙壤土中生长最为适宜。苏门白酒草秋、冬季或在第二年春季出苗，花果期 7～10 月，种子繁殖。该种能通过杂交产生正常种子，并且自交亲和。种子较小（千粒重为 0.02～0.03g），种子产量和传播能力与小飞蓬相当。并且有研究表明，苏门白酒草比小飞蓬具有更高的适应力和竞争性，并且在植物竞争条件下更能占据水分和养分资源。

苏门白酒草具有明显的化感作用，在小白菜（*Brassica chinensis*）幼苗萌发生长试验中，苏门白酒草地下和地上部分水浸提液对供试种子的萌发以及幼苗的生长主要表现出抑制作用，并随着浸提液浓度的增加，抑制作用增强，并且地上部分的化感作用比地下部分更为明显。不同生境下的苏门白酒草化感作用力不同，生于公路边和开旷荒地生境的苏门白酒草地上部分和地下部分的化感作用能力最强，而生于林缘的苏门白酒草地上部分和地下部分的化感作用能力弱，生于开阔荒地的苏门白酒草种群化感作用介于前两者之间。此外，不同生境条件下的苏门白酒草化感作用力与本地植物的相对多度显著正相关。

有研究从苏门白酒草中分离鉴定了 12 个化合物：芹菜素-7-O-β-D-葡萄糖醛酸苷-6″-甲酯（Ⅰ）、芹菜素-7-O-β-D-葡萄糖醛酸苷（Ⅱ）、金圣草黄素-7-O-β-D-葡萄糖醛酸苷-6″-甲酯（Ⅲ）、金圣草黄素-7-O-β-D 葡萄糖苷（Ⅳ）、4′-羟基黄芩素（Ⅴ）、金合欢素-7-O-芸香糖苷（Ⅵ）、金圣草黄素（Ⅶ）、菠甾醇-3-O-β-D-葡萄糖苷（Ⅷ）、菠甾醇-3-O-β-D-葡萄糖苷-6′-O-棕榈酸酯（Ⅸ）、（2S，3S，4R，8E）-8，9-二脱氢植物鞘氨醇（2′R）-2′-羟基二十二、二十三、二十四、二十五烷酰胺（Ⅹ）、天师酸（Ⅺ）、菠甾醇（Ⅻ）。苏门白酒草提取物具有明显的抑制细菌和真菌生长的作用，并且该种入侵后显著地改变了入侵地土壤理化特性，加速了土壤碳氮转化过程。

在长期施用化学除草剂后，苏门白酒草抗除草剂种群也被陆续发现，如台湾省在 1980 年就报道了抗百草枯苏门白酒草种群，抗百草枯苏门白酒草谷胱甘肽还原酶活性较高。此外也有调查研究报道了抗草甘膦的苏门白酒草种群。

3. 分布与危害　苏门白酒草原产于北美洲，现已在世界各地广泛入侵。该种大约在 19 世纪中期引入中国，目前在河南、山东、江苏、安徽、浙江、江西、湖北、湖南、广西、广东、海南、福建、台湾、云南、四川、贵州、西藏等地均有分布。苏门白酒草入侵作物田和果园导致农作物和果树减产；所到之处排斥其他草本植物，形成单优群落，减少生物多样性。在北美、南美、澳大利亚、欧洲和亚洲一些国家和地区苏门白酒草成为当地抗除草剂恶性杂草而难以防控，严重威胁作物生产。

强胜　陈国奇（南京农业大学杂草研究室）

七、葎草

学名：*Humulus scandens*（Lour.）Merr.（桑科）。别名拉拉秧、拉拉藤、五爪龙。

1. 形态特征　一年生或多年生草质藤本，匍匐或缠绕。茎粗糙，长可达 5m，茎枝和叶柄上密生倒刺；有分枝，具纵棱。单叶对生，具有长柄 5～20cm，掌状 3～7 裂，直径 7～10cm，裂片卵形或卵状披针形，基部心形，两面生粗糙刚毛，下面有黄色小油点，叶缘有粗锯齿。花腋生，雌雄异株，雄花成圆锥状柔荑花序，花黄绿色单一朵十分细小，花被 5 裂，雄蕊 5 枚，直立；雌花为球状的穗状花序，雌花少数，常 2 朵聚生，由紫褐色且带点绿色的苞片所包被，苞片的背面有刺，子房 1 室，花柱 2 枚（彩图 23-4-7）。

聚花果绿色，近松球状；单个果为扁球状的瘦果。直径约 3mm，淡黄色或褐红色，被黄褐色腺点。

幼苗下胚轴发达，微带红色，上胚轴不发达。子叶线形，长 2～3cm，叶上面有短毛，无柄。初生叶 2 片，卵形，三裂，每裂片边缘有钝齿，有柄，叶片和叶柄都有毛。

2. 生物学特性　葎草为一年生蔓性杂草。花期 7～8 月，果期 9～10 月，种子繁殖。黄河中、下游地区，于 3 月中旬左右出苗，6～10 月为花期，果实 7～11 月成熟。南方地区一般 2 月下旬，在温度 6℃左右即可发芽出苗，3 月下旬至 4 月下旬，温度为 10～20℃，为出苗盛期，5 月下旬后，超过 30℃发芽受抑，超过 35℃基本不再发芽。7～10 月为花果期。葎草适生幅度很宽，年均气温 5.7～22℃，年降水 350～1 400mm，土壤 pH4.0～8.5 均能生长；耐寒性也很强。它喜光照，稍耐阴，喜肥，嗜水，但也耐旱、耐瘠薄。葎草在贫瘠沙地能大量生长，肥沃土地上生长更加旺盛。只在极干旱酷热时，叶片才萎蔫下垂。

根系发达，主根长 1.5m 以上。茎蔓多分枝，蔓长可达 10m 以上，茎节处腋芽活跃，可不断分枝扩展，也可产生不定根，可增加水分、养分吸收范围，促进更好地生长。

葎草是雌雄异株植物，攀附与蔓延能力极强，有性生殖投入量大，单株结种子数千粒至数万粒，成熟种子的千粒重 11g 左右，传播能力较差，种子成熟期不一致，落粒强。葎草种子离开母体就具有发芽力，没有休眠现象，即种子成熟后可自播，合适环境条件就能出苗，但深土层种子不能萌发。葎草种子发芽势随储藏时间规律性较差，说明种子活力差异大，发芽整齐度低。发芽率随储藏时间的延长逐渐下降，说明葎草种子成熟时活力水平最高。在储藏过程中，种子快速劣变，属于淀粉含量高的短寿命种子，储藏 1 年后发芽力降低为成熟初期的 1/3。

葎草生存竞争能力极强，能适应多种土壤质地和气候条件的生态环境，主要生长在海拔 500～1 500m 的荒山荒坡及沟边、渠岸、路旁、宅旁等难以利用的荒废地，往往在庭院附近及田间，石砾质沙地、村庄篱笆上、林缘灌丛间的绿篱树球与杂草混生。葎草生命力较强，极易生存，性喜半阴环境、耐寒、抗旱、耐瘠薄，喜水喜肥，生长速度快，往往形成单一群落。

葎草鲜草中含有粗蛋白 3.7%，粗脂肪 0.6%，粗纤维 2.1%，无氮浸出物 7.1%，灰分 3.6% 及多种微量元素及维生素；干物质中含有粗蛋白 12.8%～19.1%，粗纤维 15.4%～23.2%，无氮浸出物 33.4%～41.8%，灰分 7.1%～9.8%，钙 0.84%～1.46%，磷 0.26%～0.32%，以及多种微量元素及维生素，如铁 939（mg/kg，下同），锰 5.16，铜 2.76，锌 2.19，硫 1.73，维生素 B_1 0.96，维生素 B_2 2.7，维生素 C 135，维生素 E 678，叶绿素 1 990，胡萝卜素 5.69。此外，葎草还含有木樨草素、葡萄糖苷、胆碱、挥发油、树脂等物质及草酮、蛇麻酮、牡荆素、葎草烯、石竹烯等多种化学活性物质。

3. 分布与危害　葎草在我国分布范围很广，大江南北，黄河上下，除青海省及新疆维吾尔自治区外，各省（自治区、直辖市）及日本和越南均有分布，为常见杂草，可为害小麦、果树等，在田埂、水渠、山坡、荒地等广泛分布。由于葎草生有特殊的缠绕茎，以钩附缠绕在其他植物体上迅速攀升，并逐渐将其他果树等作物全部或部分遮盖，致使作物地上部分见不到阳光；葎草地下部分与农作物争水争肥而使其生长受阻，直至部分枝叶枯萎或死亡。另因其倒刺对人皮肤易造成伤害，也会妨碍人类生产活动。葎草是我国秋季花粉症的致敏植物之一，有花粉过敏史的人一定要远离盛花期的葎草！

葎草在果桑园周围、次生林地时有发生，形成地毯式地面覆盖群落或攀缘缠绕搭棚状混生群落。葎草密度对其伴生种的数量和长势影响显著，在葎草密度较小的样方，其伴生种长势良好，随着样方内葎草分布数量的增加，其伴生种的生长状况迅速恶化。葎草密度对其伴生种的数量和长势也具有显著影响，在葎草密度为每 25m² 2 株的样方内，伴生种密度高达每 25m² 73 株，且长势良好；在葎草密度为每 25m² 17 株并呈成群分布的样方中，其伴生种的密度仅为每 25m² 28 株，且多表现出营养不良。

吴海荣（广东检验检疫技术中心）

八、蒿属

学名：*Artemisia* L.（菊科）。蒿属植物主产亚洲、欧洲及北美洲的温带、寒温带及亚热带地区，少数种分布到亚洲南部热带地区及非洲北部、东部、南部及中美洲和大洋洲地区。本属约 300 多种。我国有 186 种，44 变种，其中杂草有 22 种，而在我国果园中发生较为严重的杂草主要为艾蒿（*A. argyi* H. Lév. & Vaniot）、野艾蒿（*A. lavandulaefolia* DC.）和蒙古蒿 [*A. mongolica*（Fisch. ex Bess.）Nakai]。此处，仅以艾蒿为例。

1. 形态特征 主根明显，侧根多；常有横卧地下根状茎及营养枝。茎高 80~150（~250）cm，有明显纵棱，褐色或灰黄褐色，基部稍木质化，上部草质，并有少数短的分枝；茎、枝均被灰色蛛丝状柔毛。叶厚纸质，上面被灰白色短柔毛，并有白色腺点与小凹点，背面密被灰白色蛛丝状密茸毛；基生叶具长柄，花期萎谢；茎下部叶近圆形或宽卵形，羽状深裂，每侧具裂片 2~3 枚，裂片椭圆形或倒卵状长椭圆形；中部叶卵形、三角状卵形或近菱形，长 5~8cm，宽 4~7cm，一（至二）回羽状深裂至半裂，每侧裂片 2~3 枚，裂片卵形、卵状披针形或披针形；上部叶与苞片叶羽状半裂、浅裂或 3 深裂或 3 浅裂，或不分裂，而为椭圆形、长椭圆状披针形、披针形或线状披针形。头状花序椭圆形，直径 2.5~3（~3.5）mm，无梗或近无梗，数枚至 10 余枚在分枝上排成小型的穗状花序或复穗状花序，并在茎上通常再组成狭窄、尖塔形的圆锥花序，花后头状花序下倾；总苞片 3~4 层，覆瓦状排列，外层总苞片小，草质，卵形或狭卵形，背面密被灰白色蛛丝状绵毛，边缘膜质，中层总苞片较外层长，长卵形，背面被蛛丝状绵毛，内层总苞片质薄，背面近无毛；花序托小；雌花 6~10 朵，花冠狭管状，檐部具 2 裂齿，紫色，花柱细长，伸出花冠外甚长，先端 2 叉；两性花 8~12 朵，花冠管状或高脚杯状，外面有腺点，檐部紫色，花药狭线形，先端附属物尖，长三角形，基部有不明显的小尖头，花柱与花冠近等长或略长于花冠，先端 2 叉，花后向外弯曲，叉端截形，并有睫毛。花果期 7~10 月（彩图 23-4-8）。

瘦果长卵形或长圆形，长 0.7~1mm，宽 0.5mm，无毛。

幼苗灰绿色，下胚轴发达，上胚轴不发达。子叶圆形，无柄，长 3mm。初生叶 2 片，卵圆形，先端具小凸尖，边缘有疏锯齿，叶片及叶柄均有毛。

2. 生物学特性 多年生草本或略成半灌木状，植株有浓烈香气，花期 8~10 月，果期 9~11 月，以根茎和种子繁殖。生于低海拔至中海拔地区的荒地、路旁河边及山坡等地，也见于森林草原及草原地区，局部地区为植物群落的优势种。

在室内用离体生物测定方法测定了艾蒿水浸提物对黄瓜的影响，并同时测定了黄瓜和萝卜幼苗丙二醛（MDA）含量的变化。结果表明，0.025g/mL 浓度的艾蒿水提液即对黄瓜、油菜、高粱、萝卜和小麦种子萌发和幼苗生长均有较强的抑制作用，以油菜最为敏感。

艾蒿的地上部分含一系列的倍半萜类衍生物，例如艾草素；4-羟基-8-乙酰氧基-1（2）；9（10）-愈创木二烯-6；12-内酯；洋艾内酯；洋艾素；艾草宁；11-表洋艾素；11，10，11-表洋艾素；10，11-表洋艾素；大籽蒿素；11α-二氢墨西哥蒿素 B；11α，13-二氢汉菲林；异戊酸；（8-异戊酰氧基）橙花酯；2α，3α-环氧-11α，13-二氢去氢木香内酯；大牻牛儿烯 D；右旋姜黄烯；异戊酸橙花酯；4-去羟亚菊素；安洋艾素；球花母菊素；兰香油奥；兰香油精和蒿萜内酯等。还含木脂体类化合物：芝麻素；e，a-阿斯汉亭；e，e-蒿脂麻木质体；鹅掌楸树脂醇 B 二甲醚；表鹅掌楸树脂醇 A 二甲醚。又含黄酮类化合物：艾黄素、猫眼草黄素、芸香苷、异槲皮苷以及马栗树皮素、咖啡酸和具有抗炎作用的精油等。

艾蒿生物量大，生长迅速，其根、茎、叶对 Cu、Zn、Mn、Pb 和 Cr 富集系数为：Cr＞Cu＞Pb＞Zn＞Mn，在根、茎、叶富集情况为：茎＞叶＞根。对重金属转运能力为茎大于叶，其中对 Mn 的转运能力最强，因而艾蒿可用于对矿区重金属污染土壤的修复。

3. 分布与危害　艾蒿在我国分布极广，除极干旱与高寒地区外，几遍及全国，日本、朝鲜、俄罗斯远东地区和蒙古也有。该种桑、茶、果园有时发生较为严重，亦广泛发生于路旁和荒野。

强胜　陈国奇（南京农业大学杂草研究室）

九、乌蔹莓

学名：*Cayratia japonica*（Thunb.）Gagnep（葡萄科）。别名母猪藤、五爪龙、五叶藤、五龙草、红母猪藤、五叶莓、地五加、五将草、过江龙、止血藤、乌蔹草、五月莓、五月藤等。

1. 形态特征　多年生草质藤本，老茎紫绿色，有纵棱，有时有柔毛；幼茎被柔毛，后变无毛；茎节处有明显紫红色；茎卷须与叶对生，通常有分枝。叶鸟足状掌状复叶，中间小叶椭圆状卵形，长 2.5～8cm，宽 1.5～3.5cm，叶近于无毛，两面中脉具毛，有时幼叶背面中脉紫红色，复叶总柄长 3～5cm，中间小叶柄长 2～3cm，两侧小叶渐小，成对着生于同一叶柄上，各小叶有小叶柄；叶柄皆有纵棱；叶边缘疏生 8～12 齿牙；叶上面深绿，下面色浅，幼叶下面带有少许紫红色。花两性，聚伞花序，腋生或假顶生，具长柄，无毛；花 4 基数；花萼浅杯状；花冠黄绿色，花瓣 4 枚，黄绿色，三角状卵形；雄蕊 4 枚，与花瓣对生；子房陷于花盘内，花盘肉质，红色，浅杯状，4 裂（彩图 23-4-9）。

果实为浆果，卵形或倒卵形，熟时黑色，长 6～8mm；种子 2～4 粒，三角状倒卵形，顶端微凹，基部有短喙，上部种脊突出，背面有 2 条深沟。

子叶阔卵形，有 5 条主脉，具叶柄。下胚轴发达，上胚轴不发达。初生叶 1 片，3 小叶掌状复叶，叶缘具不等的锯齿。第二后生叶始变成为 5 小叶的掌状复叶，排成鸡爪状。

2. 生物学特性　多年生草质藤本，以根茎和种子繁殖。乌蔹莓在各种不同类型地段均有分布，但以沿江堤坡、湿度较大的沙土、沙壤土地段分布较多。乌蔹莓为蔓生杂草，极易形成单种群生长优势，一般不与其他杂草构成群落。乌蔹莓喜光照，分布以田边较多，并向田中蔓延，在田间为不均匀分布。防除时，重点应在田块四周，并考虑与其他杂草兼治。

近年来，随着草甘膦长期、大量地使用，果园优势杂草种类发生了变化，以乌蔹莓为代表的阔叶杂草和藤类缠绕性杂草发展迅速，越来越成为果园生产中的防除难题，果农普遍反映草甘膦在常规剂量下使用对这些杂草效果很差或基本无效。

乌蔹莓在气温 15℃ 以上始苗，20℃ 为出苗适宜温度，即 3 月底始苗，4 月为出苗高峰期，5 月上旬基本停止出苗。乌蔹莓在 20℃ 以下生长较慢，20℃ 以上生长较快，25℃ 以上生长最快，温度再高生长又转慢。4 月生长量较小，5 月生长较快，6 月生长最快，7 月营养生长减慢，进入生殖生长期。乌蔹莓的分枝状况与光照有关，光照强，主茎生长较慢，侧枝较多；光照弱，主茎生长较快，侧枝较少。攀缘物体以后，分枝增加。匍匐于地面，分枝少，主茎相对较长。

乌蔹莓的生长与湿度关系较大，喜湿润、排水良好的沙壤土。在黏重土壤中生长较差，分枝较少。干旱地带发生迟、生长慢、分枝少。

据定点观察，4 月为出苗期，4～6 月初为营养生长期，6 月上、中旬进入始花期，7 月至 8 月为盛花期，9 月中、下旬开花结束。始花后约 10d 开始结实，15d 后果实变紫，并逐渐成熟。由于定点观察有一定局限性，在点外尚有 10 月初期仍然开花的植株。

有研究者从乌蔹莓全草中分离鉴定了 7 种化合物。它们分别为三十一烷、棕榈酸、硬脂酸、无羁萜、无羁萜-3-β 醇、β-谷甾醇和胡萝卜苷。乌蔹莓还含硝酸钾及黏液质（可水解生成阿拉伯糖）、甾醇类、黄酮类、氨基酸及酚性物质；根含生物碱和鞣质；果皮中含乌蔹莓苷。其挥发油成分分析鉴定挥发油收率为 0.005％，常温下为黄棕色透明油状液体。解析鉴定出 30 种成分，其中单萜、倍半萜及其含氧化合物占 60％。

3. 分布与危害　乌蔹莓是果桑茶园普遍发生的恶性杂草，单株生物量大，蔓延快，如不及时防除，为害极其严重。乌蔹莓分布于北京、河北、山东、陕西、甘肃、安徽、江苏、浙江、江西、湖北、湖南、广西、海南、福建、广东、重庆、四川、贵州、云南等地。越南、日本、印度、菲律宾、印度尼西亚也有。乌蔹莓常生于山谷、山坡、旷野、路边、堤岸、沟旁的林中或灌丛中，常攀附于其他植物上。

乌蔹莓单株藤蔓年平均生长量达 788cm，分枝 84 个。7～10 月主蔓平均每天延伸 28.2cm。8～10 月生长最快，平均每天延伸 46.5cm。单株鲜重 2 700g，平均结浆果 2 688 个，种子 9 462.76 粒，千粒重 26.99g。

乌蔹莓在果、桑园内呈松散性分布，较喜阴，多雨年份为害严重。果桑树遮阴的树冠下为密集性生长，每平方米多者可达 100～160 株。5 月中、下旬多株相互缠绕，将整个地表覆盖。果、桑树植株间和暴露的空间，分布数量明显减少。

4 月中旬幼苗出土后人工拔除地上部分，地下茎会重新发出新芽，形成新的单株。如在果、桑园内进行土壤耕翻，切断地下大量根茎，新生植株将成倍增长。5 月中旬以后植株开始分枝，生长加剧，植株卷须借助果、桑树下垂枝条攀缘而上，光合作用增强，吸收能力加大，1 个月之内，可将三十年生大树或多株桑树全部覆盖，致使果树大量落叶、烂果，影响果树花芽的形成，桑树叶片减产，给果、桑生产带来巨大损失。深秋气温下降后乌蔹莓藤蔓随果、桑树落叶而枯死，种子成熟，散落到地上，翌年繁殖新的单株。

强胜　毛婵娟（南京农业大学杂草研究室）

十、野胡萝卜

学名：*Daucus carota* L.（伞形科）。别名鹤虱风。

1. 形态特征　茎有倒生糙硬毛。基生叶薄膜质，长圆形，2～3 回羽状分裂，叶柄基部扁化为鞘状；茎生叶近无柄，有鞘。疏松复伞形花序，总苞有多数叶状苞片，羽状分裂，边缘膜质，有茸毛，裂片细长，线形，反折；小总苞由线形、不裂或羽状分裂的小总苞片构成；伞幅多数，结果时外缘伞幅向内弯折；花白色、黄色或淡红色（彩图 23-4-10）。

果实卵圆形，背部扁平，5 主棱线状，有刚毛，4 次棱有翅，分生果的横剖面背部扁平，每次棱的下方有油管 1 条，合生面 2 条，胚乳的腹面略凹陷或近平直。

子叶披针形，具柄。下胚轴发育，紫红色，上胚轴不发育。初生叶 1 片，为二回掌状分裂，第一回 3 全裂，第二回 3 深裂或浅裂，裂片边缘及叶柄均有刺状毛。后生叶为三回掌状分裂。

2. 生物学特性　野胡萝卜为二年生草本杂草，生长于海拔 400～2 100m 的旷野、山坡路旁或田间，秋冬出苗，花果期 5～6 月，以种子繁殖。平均每株野胡萝卜有 6～8 个花序，繁殖器官与营养器官的比值为 2.34～3.00；自然条件下，野胡萝卜种子（瘦果）千粒重为 1.045g，显著比胡萝卜（1.644g）轻；野外采集的野胡萝卜成熟种子萌发率可达 83%，综合萌发和幼苗生长 20℃ 可视为野胡萝卜的最适宜温度。野胡萝卜对盐胁迫较为敏感，0.05mol/L 的氯化钠浓度即能显著抑制其种子萌发和幼苗生长。此外，野胡萝卜种子萌发和早期幼苗生长能够较好地适应 10%～50% 土壤湿度条件。

野胡萝卜根富含胡萝卜素，并含挥发油。挥发油中主成分为蒎烯、柠檬烯、胡萝卜脑、胡萝卜醇、细辛脑、细辛醛等。此外，根中还含胡萝卜酸，并且富含微量元素，因而具有较高营养和药用价值。野胡萝卜果实中含挥发油约 2%。有研究从野胡萝卜果实（即南鹤虱）的挥发油中分离并鉴定出了 26 个成分，其中单萜和倍半萜成分较高，相对含量在 60% 以上。已鉴定的化合物相对含量最高的是 β-红没药烯，为 34.73%。相对含量在 1%～7.5% 的组分还有：罗汉柏二烯（7.5%）、香柠檬醇乙酸酯（7%）、乙酸柏木酯（4.38%）、α-芹子烯（3.10%）、α-蒎烯（3.98%）、β-蒎烯（2.44%）、细辛脑（3.65%）、γ-榄香烯（5.27%）等 10 种化合物。除鉴定出以上组分之外，还鉴定出了如石竹烯、α-古芸烯、香柠檬醇、乙酸柏木酯、罗汉柏二烯、莰烯、β-月桂烯、苎烯、4-萜品醇、反式香芹酚、α-香柠檬烯、β-姜黄烯等 20 种化合物。

在长期施用化学除草剂之后，有调查研究发现野胡萝卜抗除草剂种群。1957 年在加拿大安大略省首次发现了抗 2,4-滴野胡萝卜种群，此后在美国和加拿大多地发现大量抗 2,4-滴野胡萝卜种群。此外，有研究发现野胡萝卜能通过与胡萝卜自然杂交产生可育植株，进而导致作物基因向杂草漂移。

3. 分布与危害　野胡萝卜原产于欧洲，该种可能是元朝引种胡萝卜时带入，明初《救荒本草》（1406）首次记载。当前该种几乎遍布我国各个省（自治区、直辖市），成为果、桑、茶园主要杂草之一，亦广泛发生于路旁和荒野，密度很大，为害作物生产。当前野胡萝卜在北美免耕作物田中的为害越来越严重，已成为其间的主要恶性杂草。

强胜 陈国奇（南京农业大学杂草研究室）

第 5 节 稻田杂草及其防除技术

中国是世界水稻生产大国，种植面积超过 3 000 万 hm²，年产 2 亿 t 稻谷，占世界总产量的 29.19％。水稻是我国最重要的粮食作物。主要的种植区域位于长江流域及其以南各省（自治区、直辖市），占全国水稻种植面积的 83.52％。北方种植区主要在东北以及黄河沿岸，少量在新疆及甘肃河西地区。南方有双季稻和单季稻，而长江沿岸及其以北地区主要种单季稻。近些年来，由于劳动力的转移，双季稻种植面积持续减少，改为单季稻。除了种植制度的改变外，水稻种植方式也发生了深刻的变化，以直播、抛秧等轻型栽培水稻一度盛行。在政府倡导下，机插秧也逐渐在推行。无论是哪种种植方式，水稻生产过程中一直受到杂草的为害。据统计，全国稻田杂草为害面积为 1 500 万 hm²，每年损失稻谷 1 000 万 t，损失率 15％以上。除草是水稻栽培过程不可或缺的基本农艺要素。传统的移栽，可以通过人工解决除草问题，而轻型栽培，则主要依赖于化学除草。不过，由于农村劳动力向城市转移导致劳动力成本的提高，化学除草已经成为稻田杂草防除最主导的技术措施。但是，随着大量除草剂的应用也带来了诸如杂草抗药性、环境污染等问题。因此，生态、生物等综合措施也积极实施。以化学除草为主导，多种防除措施相配合的综合防除体系基本形成。

一、稻田杂草的发生与分布

全国有水田杂草 196 种，隶属于 43 科，其中，单子叶 15 科、双子叶 20 科，其余为藻类、苔藓和蕨类。稻田恶性杂草有稗、旱稗、无芒稗、鸭舌草、千金子、矮慈姑、异型莎草、节节菜、空心莲子草、鳢肠、牛毛毡、水莎草、扁秆藨草和眼子菜等。由于稻田水环境的因素，各地杂草群落的种类变化不如其他作物那么大。但是，受各地区气候、土壤间特性差异，选用的品种、种植制度和栽培方式有别，为害水稻的杂草群落结构也有一定的差异。根据杂草种类和区域差异，把我国稻田杂草的分布为害划分为 3 个区：①华南热带和南亚热带稻田草害区：包括海南、台湾和广东、广西、云南、福建南部等。以稗草为优势种，稻田主要杂草还有鸭舌草、异型莎草、圆叶节节菜、水龙、尖瓣花、千金子、虹眼、萤蔺、苹、水虱草、草龙等。②长江流域亚热带稻田草害区：主要指长江流域各省（直辖市）。除了以稗草为优势种外，稻田主要杂草有鸭舌草、节节菜、牛毛毡、水苋菜、千金子、矮慈姑、水莎草、异型莎草、眼子菜、苹等。③北方暖温带、温带稻田草害区：主要指黄淮海流域及其以北地区。稻田以稗和扁秆藨草为优势种，主要杂草有异型莎草、水莎草、野慈姑、眼子菜、雨久花、泽泻、芦苇、轮藻、狼把草等。早、中、晚稻的种植制度不同，其杂草发生和为害也各具特点，稗草（稗、无芒稗、硬稃稗、旱稗）是早稻和中或单季晚稻田杂草群落的优势种，它们占据群落的上层空间；鸭舌草、节节菜、牛毛毡和矮慈姑占据群落的下层空间。而且，在双季晚稻田，节节菜、牛毛毡、矮慈姑和鸭舌草是优势种。随着近年水稻栽培方式的轻型化，直播稻田特别是旱直播稻田千金子成为优势种，秋熟旱作物田杂草马唐、牛筋草、水虱草、双穗雀稗、丁香蓼和碎米莎草成为主要杂草。此外，在水直播稻田中另有陌上菜、水苋菜等成为主要杂草。特别要提出的另一种稻田恶性杂草——杂草稻危害性加重，并随着跨区作业农业机械的普及得以蔓延。目前，几乎已遍及全国主要水稻产区，尤以东北、江苏、广东和海南等地最为严重（彩图 23-5-1，彩图 23-5-2）。

稻田杂草的发生一般是在播、栽、抛后 10d（秧田一般 5～7d）左右出现第一杂草出草高峰，此批杂草主要以禾本科的稗草、千金子和莎草科的异型莎草等一年生杂草为主，且发生早、数量大、为害重。播、栽、抛后 20d 左右出现第二出草高峰，此批杂草主要是莎草科杂草和阔叶类杂草。由于我国种植水稻的范围较广，耕作、栽培制度不完全相同，各地区稻田杂草的发生规律不尽一致。水直播稻田杂草在水稻播种后 3～7d 便开始陆续出苗，初期发生的杂草中以稗草和千金子为主，大约在水稻播种后 10～20d 出现第一次杂草出草高峰，在播种后 35d 左右出现第二次出草高峰，优势杂草为禾本科杂草，其中尤以千金子为甚，占杂草总发生量的 51.7％～53.1％，阔叶杂草如鳢肠、鸭舌草、异型莎草和水花生等，发生数量较少，仅占总量的 17.8％～30.8％。旱直播稻田在播种洇水后 5d 开始出草，洇水后 8d 禾本科杂草及阔叶杂草开始进入第一出草高峰，泗水后 20d 左右禾本科杂草和阔叶杂草出草量开始下降。第一出草高峰出草量达 570～971 株/m²，第一出草高峰期禾本科杂草（稗草和千金子）出草数量占禾本科杂草总出草数量的 84.8%，阔叶杂草（陌上菜和耳叶水苋）出草数量占阔叶杂草总出草数量的 83.3%，莎草（异型莎草）出草数量占莎草科杂草总出草数量的 12.5%。泗水 20d 左右进入第二出草高峰，稗草、千金子进入分蘖高峰，异型莎草、野荸荠等莎草进入第二出草高峰，数量最多。在麦田套种水稻第一次泗水后 3～5d 杂草开始萌发，出草时间长，部分田块由于稻苗长势差、分蘖少，田间光照强，8 月中、下旬仍有杂草萌发；麦套稻田出草峰次多，一般田块有 2 个出草主高峰，第一峰于套播后 7～14d，主要草相为禾本科杂草和多年生莎草及部分阔叶杂草；第二峰于小麦收割后，麦套稻 21～42d，主要草相为一年生莎草、大部分阔叶类杂草及少部分禾本科杂草。

二、化学防除技术

水稻栽培方式较之其他作物更为复杂多样，因此稻田杂草的化学防治防除措施因草相、药剂、气候、土壤等条件制宜外，尚须根据稻田杂草的发生规律、栽培品种以及耕作栽培管理的特点，兼顾考虑以下几个方面原则：①作物品种、发育阶段、栽培方式与药剂类型统一。②杂草的种类、群落的动态与药剂的种类和特性相一致。③环境条件、作物生长与施药种类、施药方法、施药剂量相吻合。④多用混剂、增强选择性，提高防效，扩大杀草谱。⑤正确用药，保护环境。⑥密切注视抗药性杂草种群的形成和发展，力求在杂草发生高峰期用药，可取得理想的杂草防除效果。由于各地稻田杂草群落结构比较相似，使用的除草剂也大致相同，只是因气候、土壤特征、种植方式和地区习惯不同而略有差异。同一种除草剂的使用剂量，随种植的品种、温度、土壤有机质含量及水层管理情况等的不同而有一定的差异。一般来说，北方和高寒地区的用量大于中部和南部稻区，约分别递增 1/3 左右；同一地区、同等条件下露地栽培比塑料薄膜栽培施药量大；粳稻比籼稻用药量大。

（一）秧田杂草的化学防除

水稻秧田可分为旱育秧田和水育秧田。其主要危害性杂草是稗草，以防除夹棵稗为主兼除其他杂草，培育壮秧。在我国早稻秧田通常采用塑料薄膜育秧或温室育秧、与之相配套则形成湿润育秧或旱育秧。薄膜育秧因膜内温度高，杂草的发生和除草剂的使用技术与露地秧田相比有一定的差异。在水育秧田方能保证药效的那些除草剂如禾草敌等应避免在旱育秧田使用，而丁草胺在旱育秧田使用，其安全性比水育秧田好。

我国中部和南部中、晚稻秧田大部分为露地湿润育苗和水育苗秧田。在播种前后这类秧田田面通常保持浅水层或平沟水，畦面湿润，施用除草剂比较方便，施药方式也很灵活，可用撒施法、喷雾法、滴灌法和甩施法等。由于土壤湿度大，十分有利于杂草接触和吸收除草剂，故药效易于发挥，效果也很稳定。不过，对于乙氧氟草醚、丁草胺、西草净、扑草净等安全性较差的除草剂，应慎用或避免使用，以防水稻幼芽、根部过多地接触药剂（如扑草净等）而产生药害。

1. 旱育秧田　旱育秧田除稗草外，还有旱生或其他湿生型杂草如马唐、牛筋草、鳢肠、藜、异型莎草和碎米莎草等。旱育秧田的杂草种类、草相及群落构成，地区之间甚至田块之间差异均较大。可选择 36% 丁（丁草胺）·噁（噁草酮）乳油 1 500～1 800mL/hm² 或用 35% 丁·苄可湿性粉剂 1 500～1 800g/hm²，苗床浇足水后落谷盖土（不露籽），喷药盖膜。也可播后 3d 施用 60% 丁草胺乳油 900～1 500mL/hm²，保持田面湿润。或揭膜后炼苗 2d，用 17.2% 幼禾保（哌草丹＋苄嘧磺隆）可湿性粉剂 3 000g/hm² 均匀喷雾茎叶；或者 50% 二氯喹啉酸可湿性粉剂 300～450g/hm²、10% 氰氟草酯乳油 750～1 500mL/hm²，于水稻 3 叶期炼苗后喷施。

2. 水育秧田　控制水育秧田杂草以防除稗和千金子为主，兼除其他杂草。可选用复配剂用 20% 丙（丙草胺）·吡（吡嘧磺隆）可湿性粉剂 750～1 500g/hm² 于秧苗 1 叶 1 心至 3 叶期前保水用药，以拌毒土撒施；或排水保持湿润对水 450～600kg 喷雾。类似的除草剂还有丁·苄，丁·吡等。此外，二氯喹啉酸·苄嘧磺隆有效成分 225～350g/hm²、氰氟草酯乳油有效成分 750～1 500mL/hm² 可以迟至秧苗 3～5 叶期，排水喷雾处理等。

稗草等禾本科杂草为主的田块，于秧苗 1 叶 1 心至 3 叶期前保水用药，但水勿淹过秧苗心叶，可选用 50% 禾草丹乳油 3 000～3 750mL/hm²、90.9% 禾草敌乳油 1 500～2 250mL/hm² 拌细土 300～450kg/hm²

撒施；50％哌草丹乳油 2 250～3 300mL/hm² 对水 300～450kg/hm² 喷雾；10％氰氟草酯乳油 600～900mL/hm² 于稗草 1.5～2 叶期作茎叶处理，土表水层小于 1cm 或排干；用 50％二氯喹啉酸可湿性粉剂 300～450g/hm² 于稗草 3 叶期，排水喷雾，药后 2～3d，上水。

防除阔叶杂草与莎草，在秧苗 4 叶期选用 10％苄嘧磺隆可湿性粉剂 150～300g/hm² 喷雾，药后 1d 再保水，或 48％灭草松水剂 2 250mL/hm²，20％氯氟吡氧乙酸乳油 600～900mL/hm²，20％2 甲 4 氯钠盐水剂 3 000～3 750mL/hm² 可任选 1 种。

（二）移、抛栽稻田杂草的化学防除

1. 移栽稻田杂草的化学防除　移栽稻与杂草生育期差距较大，稻田除草剂在具有生理生化选择性的同时还具有时差选择性，利用这种生育期差距可以取得较好的除草效果。因此，移栽稻田为安全、高效、简便地应用除草剂提供了良好的条件。酰胺类与磺酰脲类除草剂的复配剂开发应用，使移栽稻田的化学除草成为一次性除草技术的典范。其主要品种有乙（乙草胺）·苄、乙·吡、丁（丁草胺）·苄、丁·吡、异丙（异丙草胺）·苄和丙·苄、苯噻（苯噻酰草胺）·苄、苯噻·吡等。其生产厂家和相应的制剂产品有数十个，除了在配比和含量上略有差异外，均大同小异。乙·苄·甲及其类似产品由于价格低、防效高曾经盛行，但是由于该剂对水稻有暗伤，甲磺隆对下茬的残留毒害等，而逐渐淡出市场。

移栽稻田的化除方法多是以移栽后土壤封闭处理为主。通常在水稻移栽后 3～7d，拌土或拌返青肥撒施，药后保持浅水层 3～5d，以治理稗草、一年生阔叶杂草和莎草科杂草。但是，二氯·苄可于移栽后 2～3 周，排干田水，对水喷雾处理。

小苗移栽稻田多属早稻，气温较低、水层较浅，杂草出苗期较长、发生不整齐、数量较大，而水稻不易发棵，秧苗较弱。因此，小苗移栽田，要选用安全性较高的丁·苄、丁·吡等复配剂。

此外，防除稻田多年生杂草眼子菜，每公顷用 50％扑草净可湿性粉剂 450g 或 50％扑草净可湿性粉剂 300～375g/hm² 加 25％敌草隆可湿性粉剂 300～375g/hm²，拌细土 300kg 另加拌化肥适量，于水稻栽后 22d 左右或在眼子菜叶片从茶红色转绿时施药。浅水撒药，保水 7～10d，可取得较好的防除效果。

2. 抛栽稻田杂草的化学防除　因为水稻抛栽后需落干田水 4～7d 使水稻扎根，极利于稗草及其他湿生杂草的萌发。据定点观察，抛栽的同时杂草即已大量发生，抛栽后 9d 出草量占总量的 70％以上，高出移栽稻田同期出草量的 10 倍，连续多年抛栽后，田间杂草群落也有变化，前期的湿生杂草如稗草、异型莎草、千金子、水莎草等高秆杂草形成竞争优势种。其化除配方有：60％丁草胺乳油 1 125mL＋10％吡嘧磺隆可湿性粉剂 150g/hm²，30％丙草胺乳油 1 500mL＋10％苄嘧磺隆可湿性粉剂 150g/hm²＋30％丁·苄可湿性粉剂 1 800～2 250g/hm²，可拌细润土 300kg 或返青肥，在抛秧后 1 周左右，稻苗扎根活棵时撒施；还可选用苯噻酰草胺和苄嘧磺隆的复配剂。36％二氯·苄可湿性粉剂 525～600g/hm² 可迟至 10～15d，无水层喷药，药后 1～2d 上水、保持浅水层 3～5d；另外，用 20％2 甲 4 氯钠盐水剂 1 650mL＋25％灭草松水剂 1 500mL/hm² 对水 450kg 喷施，防除阔叶杂草和莎草科杂草效果好。

（三）直播稻田杂草的化学防除

全国直播稻面积大约在 200 万 hm²。直播稻根据水分管理方式的不同可分为水直播稻和旱直播稻两类。其中旱直播稻又可分为旱播水管稻和旱（陆）稻两种。依耕作方式的不同直播稻又可分为全耕直播稻和少、免耕直播稻。由于耕作栽培方式的不同，直播稻的生态环境差别很大。杂草种类组合、发生消长动态取决于土壤中杂草种子库（种子数量、分布深度、休眠特性等）、土壤水分（层）、温度、水稻与杂草生态竞争能力，以及化除效果与农业措施控草效果等因素。总体说来，由于将稻种直播于大田，水稻与杂草同生期长，杂草发生量大，为害严重。旱播稻田土壤湿润无积水、透气性良好，以旱生和湿生杂草为主；水直播稻田则湿生、沼生、浅水生和水生杂草均有发生；旱播水管稻前期杂草发生兼有旱稻田和水直播稻田的特点，而建立水层后杂草发生则基本同于水直播稻田。直播稻栽培成功主要关键是取决于化除措施的成功实施，已经形成了直播稻田主导的"一封、二杀、三补"杂草防除技术体系。

1. 水直播稻田杂草的化学防除　水直播稻田杂草发生主高峰期通常为播后 1 周至 25d 左右，长达 20d 左右。在药剂选用上要力求广谱、高效、长效、安全。

化学防除可以在稻苗 1 叶 1 心至 4 叶期，选用 50％禾草丹乳油 1 500～2 250mL（或加 10％苄嘧磺隆 150～300g）/hm²、35％丁·苄可湿性粉剂 2 100～2 400g/hm²、30％丙草胺·苄嘧磺隆可湿性粉剂 1 200～1 500g/hm²、90.9％禾草敌乳油 1 500mL＋10％苄嘧磺隆可湿性粉剂 300g、50％二氯喹啉酸可湿

性粉剂 450g+10%苄嘧磺隆可湿性粉剂 225g/hm² 对水 450～600kg，排水用药，药后 1～2d 复水。一次用药解决杂草为害。

如果杂草基数较大，田面平整性不够，也可以采取旱直播的"一封、二杀、三补"的模式。丁·苄或丙草胺和苄嘧磺隆，于播前或播后苗前进行土壤表面封闭灭草；杂草 2～3 叶期利用禾草丹、禾草敌、丙草胺、二氯喹啉酸或配以苄嘧磺隆、吡嘧磺隆等进行茎叶处理，杀除第二批杂草和第一批残余杂草。此后，根据田间草情，选用二氯喹啉酸、灭草松、麦草畏、氰氟草酯、噁唑酰草胺、氟吡磺隆、五氟磺草胺、2 甲 4 氯等进行补杀，以防除残余禾草或阔叶杂草，氰氟草酯、噁唑酰草胺、氟吡磺隆、五氟磺草胺可有效杀死 3～6 叶期高龄稗草，可选择使用。

2. 旱直播稻田杂草的化学防除　旱直播稻田杂草种类一般比水稻田多，除了主要的湿生杂草外，还有旱田杂草。从旱直播稻田杂草发生规律看旱直播稻生长前期（播后 25d 之内）发生的杂草（约占全生育期杂草总数的 85%～95%）是防除的重点。

免耕旱直播可在播前 7～10d 进行草甘膦灭杀已出杂草。后用 36%丁·噁乳油 1 500～2 000mL/hm²或 12%噁草酮乳油 1 000mL+60%丁草胺乳油 1 200mL/hm² 喷雾，3d 后落谷，或播后起沟覆土，喷雾。谓之"一封"。杂草 1 叶 1 心至 3 叶期，用 30%丙草胺乳油 1 650～2 100mL/hm²、50%二氯喹啉酸可湿性粉剂 450g+10%苄嘧磺隆可湿性粉剂 225g/hm²、10%氟吡磺隆可湿性粉剂 200～400g/hm²、2.5%五氟磺草胺可分散油悬浮剂 600～1 200mL/hm² 其一，排干积水，对水 40kg 喷雾。药后 1～2d 复水。称为"二杀"。如果水稻分蘖期（水稻 5～7 叶）仍有残存的稗草、阔叶草和莎草，可以选用 10%氰氟草酯乳油 1 500～2 500mL/hm²、10%噁唑酰草胺 2 500～3 500mL/hm²、50%二氯喹啉酸可湿性粉剂 525g+48%灭草松水剂 2 400mL 或 20%2 甲 4 氯水剂 3 000mL/hm² 其一，排干积水，对水 600 kg/hm² 喷雾处理。这为"三补"。如果杂草基数不是过高，田面平整，有时一次土壤封闭或"一封、二杀"即可以奏效。

（四）麦套稻田杂草的防除

麦田套播稻是在未收割麦田零耕土壤上进行的一种超轻型、简化高效的特殊栽培体系。它不仅省工节本、操作简便、减小劳动强度、有效地淡化农时、充分开发利用光温等自然资源，而且能获得较高的产量，因而正日益受到人们的重视。

据调查，麦套稻田，主要杂草与旱直播稻田杂草种类相似，例如稗草、鳢肠、异型莎草等。但杂草的发生比旱直播稻田杂草的发生期早，稻草同生期长，种类更丰富，且草相更复杂，为害更为严重。由于播种后种子裸露，气温高，土壤保湿性能差，加之鼠害严重，使本已瘦弱的稻苗更加难以竞争生长。因此，生产上应立足于早防，加大鼠害防除力度、加强田间管理、重施基肥、促使壮苗早发、健壮生长，尽早实现以苗控草。同时仍应以化学防除为主，选择广谱、高效、长效的除草剂进行复配，达到一次用药有效控制水稻前中期杂草为害的目的。

三、人工防除技术

水稻秧苗期，在化除的基础上，可在起秧前手工拔除残存的稗草等杂草，可以进一步降低夹棵稗的发生。大田可在水稻分蘖中后期（封行前）浅水层中行间耘稻中耕，或手扒松土匀浆 1 次，不仅能疏松土壤促其发新根，还能有效去除稗草、眼子菜、鸭舌草、牛毛毡等重要杂草，可谓一举多得。水稻生长后期（扬花至灌浆），可人工拔除"漏网"杂草如稗草等，以避免新一代杂草种子侵染田间，为害下茬作物，或有效减少土壤杂草种子库容量。

四、农业防除技术

农业防除主要宗旨：合理轮作和耕作，改麦茬稻为油菜茬稻、瓜后稻或豆后稻，草害一般可减少 50%左右。施用经腐熟后的秸秆肥与厩肥。

利用水层管理，可以有效控制杂草的出苗，适当保水避开出苗高峰，减少杂草基数，达到控草目的。清理水源，避免杂草繁殖体再度入侵田间地头；育秧田尤其是肥床旱育更应彻底清除田埂、沟渠圩边杂草，培育壮秧，加强田管促早发，实现以苗抑草等。

直播稻田杂草与水稻同生期长（比移栽稻长 1 月余），受水稻和水层的控制作用弱，生长旺盛，为害严重。因此，直播稻田采用如下农业及生态措施，适期播种、催芽播种，提高播种质量，提倡使用含过氧化钙的包衣种子，改善水稻发芽出苗条件，重施基肥，合理密植；湿润立苗，促早生快发壮苗，使其提早封行，以苗控草；早建水层，以水控草等，在生育后期配合人工拔草等，多种措施齐抓共用，将杂草的为害控制在较低的水平上。

五、生物防除技术

通过稻田养鸭、鱼和蟹，利用鸭、鱼或蟹啄食种子或幼苗以及浑水抑制萌发等可以有效控制稻田杂草为害。据对江苏丹阳稻鸭共作体系9年的连续调查发现，不仅可以有效控制杂草的发生，更主要的是降低了土壤种子库规模95%以上，抑制了杂草发生为害的势头。目前，已经在全国多地有机稻米生产中采用，形成了规模。

利用杂草的自然微生物天敌，研究、开发生物除草剂，防除稻田杂草。利用齐整小核菌（*Sclerotium rolfsii* Sacc.）发展的新型生物除草剂撒入田间，可以迅速侵染节节菜、水苋菜、鳢肠、鸭舌草等阔叶杂草和异型莎草等莎草的茎基部，使之腐烂，导致其地上部猝倒死亡，室内试验的防除效果可以达到80%以上，在田间应用的效果也可以达到75%以上。例如，利用稗草叶枯菌（*Helminthosporium monoceras* Drechsler）等使稗叶致病枯黄，可以达到85%以上的控制效果；用旋孢腔菌属的 *Cochliobolus lunatus* Nelson & Haasis 防除苗期稗草；用罗得曼尼尾孢（*Cercospora rodmanii* Conway）防除稻田凤眼莲等均已获得成功。

利用杂草的昆虫天敌防除稻田杂草也取得了可喜的成绩。例如，用水葫芦象甲（*Neochetina eichhorniae* Warner）防除水葫芦，以及用槐叶萍弯水象（*Cyrtobagous salviniae* Calder et Sands）防除稻田杂草槐叶萍等。

此外，利用水稻品种的自身化感作用可以控制稻田稗草等的为害，也可以通过水稻育种培育具有更强化感抑草潜力的品种。

六、其他防除技术

1. 杂草检疫与种子精选 通过对稻种调进、调出的检疫，查出稻种中是否夹带了稗草等杂草的种子，经过筛、风扬、水选等措施，汰除杂草籽实，控制杂草的远距离传播与为害。杂草稻的控制需要建立完善的检疫鉴定技术。

2. 稻糠抑草 用稻糠撒施 600～1 000kg/hm² 可以达到抑制杂草萌发，减轻杂草为害的目的，还有增加了土壤有机质的作用。

3. 杂草抗药性及其治理 由于大量化学除草剂已经持续使用超过20年，许多杂草产生严重的抗药性，已经报道的有稗草对二氯喹啉酸产生了高达700倍的抗性；东北的雨久花、野慈姑和华东地区的节节菜产生了对磺酰脲类除草剂的抗药性，雨久花抗药性的产生是 ALS 酶的 proline（Pro）197 被 histidine（His）取代、methionine（Met）200 被 valine（Val）取代、arginine（Arg）388 被 histidine（His）取代的结果。因此，需要轮用不同作用靶标的除草剂种类，杀稗剂应考虑将氟吡磺隆、五氟磺草胺、氰氟草酯和噁唑酰草胺等与二氯喹啉酸一同作为选择对象。急需能够替代磺酰脲类的新型除草剂。

强胜（南京农业大学杂草研究室）

第6节 麦田杂草及其防除技术

一、小麦田杂草分布与危害

（一）小麦田杂草的危害

我国冬小麦历年种植面积 2 300 万 hm² 左右，春小麦 150 万 hm² 左右，占全国耕地总面积的 22%～30%，分布遍及全国各省（自治区、直辖市），从广东南部到黑龙江北部，由江苏、浙江、山东至青藏高原和新疆，都有种植。杂草为害一直是影响小麦产量的重要因素之一。据统计，麦田草害发生面积占小麦播种面积的 80%～90%，为害较重的达 1 000 多万 hm²，占小麦播种面积的 30%～40%。麦田杂草对冬小麦正常生长发育有严重影响，且杂草发生密度越大，对小麦的生长发育为害越严重。杂草对小麦的为害，主要是恶化了冬小麦的生态环境。一方面它们与小麦争夺水分、养分，由于杂草适应性强、生长迅速、根系发达、枝叶繁茂，因而对土壤水、肥的吸收争夺能力特别强，从而导致小麦苗小、苗弱、苗黄，甚至形成畸形苗；另一方面杂草与小麦生长在一起，侵占小麦生长所需的空间，使田间郁闭，小麦生长空间变得拥挤，茎叶不能舒展，发育受到抑制；遮挡阳光，使得小麦光合作用受到影响，并妨碍小麦通风、透光、散热等，对小麦产量和品质都造成很大影响。

麦类作物自出苗至收获，始终与杂草互相竞争。麦田杂草多达 300 余种，其中为害较重的有 40 余种，如一年生杂草播娘蒿、荠菜、猪殃殃、藜、野燕麦、看麦娘、日本看麦娘、菵草、硬草、雀麦、棒头草、小藜、打碗花、麦家公、鸭跖草、香薷、繁缕、酸模叶蓼、反枝苋、牛繁缕、大巢菜、萹蓄、遏蓝菜和卷茎蓼等，多年生杂草田旋花、刺儿菜、芦苇、苣荬菜、白茅等。一些杂草植株高大，茎秆粗壮，枝繁叶茂，遮光力强，对麦类作物产量造成极大威胁，如野燕麦、狗牙根、香蒲、苍耳、播娘蒿和芦苇等；一些杂草植株虽比麦类作物的植株矮小，但数量多，同样能对麦类作物造成危害，影响产量，如看麦娘、离子草和繁缕等；某些杂草还攀缘缠绕麦类作物，生长后期覆盖于麦类植株之上，造成减产，如猪殃殃、打碗花和卷茎蓼等。

据统计，在正常防除年份，全国每年因杂草为害损失小麦约 40 亿 kg，损失率达 15% 左右，草害严重的地块可导致小麦减产 50% 以上。北方麦类作物受杂草为害比南方重，受害面积也大于南方。车晋滇报道菵草密度为 18 株/m²、36 株/m²、54 株/m² 和 72 株/m²，小麦分别减产 8.9%、10.7%、17.1% 和 22.4%；打碗花密度为 18 株/m²、36 株/m²、54 株/m² 和 135 株/m²，小麦分别减产 6.6%、13.9%、16.6% 和 22.5%；播娘蒿密度为 9 株/m²、18 株/m²、27 株/m² 和 36 株/m²，小麦分别减产 10.6%、16.5%、22.3% 和 23%；藜 2、3、4、5 级为害，小麦分别减产 11.1%、17.9%、26.4% 和 36.1%；菵草、藜、萹蓄、打碗花、荠菜、播娘蒿等混合发生，2、3、4、5 级为害，小麦分别减产 2.8%、6.1%～15.9%、22.6%～34.9%、40.3%～41%；碱茅密度为 240～300 株/m²、750～1035 株/m²、2 100～2 400株/m²，小麦分别减产 8.8%～17%、37.9%～45.5%、50.2%～71.3%。看麦娘密度为 936 株/m²，小麦减产 38.7%。1984 年北京市通县次渠乡和南郊农场碱茅为害严重，发生面积约 1 300hm² 以上，造成减产 30% 以上。1990 年北京市顺义县城关乡望泉寺村和板桥乡板桥村菵草为害严重，发生面积约 13hm²，造成绝产。1991 年通县张辛庄芦苇为害严重，发生面积约 10hm²，几乎造成绝产。1997 年北京市密云县穆家峪乡达岩村和冯家峪乡看麦娘为害严重，发生面积约 660hm²，平均减产 38.7%，其中 167hm² 绝产。近年来，雀麦、菵草在北京市局部地区为害严重，发生面积约 660hm²，并有迅速扩散蔓延的趋势，发生严重地块造成减产约 50%。

（二）小麦种植区域分布和杂草群落组成

赵广才（2010）在综合分析中国小麦种植区划应用情况下，根据地理环境、自然条件、气候因素、耕作制度、品种类型、生产水平、栽培特点以及病虫害情况等对小麦生产发展的影响，在 2010 年重新对小麦种植区域分布进行了划分。将全国小麦自然区域划分为 4 个主区，即：北方冬（秋播）麦区、南方冬（秋播）麦区、春（播）麦区和冬春兼播麦区。进一步划分为 10 个亚区，即：北部冬（秋播）麦区、黄淮冬（秋播）麦区、长江中下游冬（秋播）麦区、西南冬（秋播）麦区、华南冬（晚秋播）麦区、东北春（播）麦区、北部春（播）麦区、西北春（播）麦区、新疆冬春兼播麦区和青藏春冬兼播麦区。杂草全生育期一直伴随小麦生长，其发生分布特点亦与地理环境、自然条件、气候因素、小麦的耕作制度等密不可分，因此杂草的区域分布应与小麦的种植区域分布一致。各亚区划分、环境特点、耕作特点及杂草群落组成概述如下。

1. 黄淮冬（秋播）麦区　黄淮冬麦区位于黄河中下游，北部和西北部与北部冬麦区相连，南部以淮河、秦岭为界，西沿渭河河谷直抵西北春麦区边界，东临海滨。包括山东全省、河南除信阳地区以外全部，河北中南部、江苏和安徽两省的淮河以北地区，陕西关中平原，山西西南以及甘肃天水地区。全区除山东省中部及胶东半岛、河南省西部有局部丘陵山地，山西渭河下游有晋南盆地外，大部地区属黄淮平原，地势低平，坦荡辽阔。本区气候适宜，是我国生态条件最适宜于小麦生长的地区。本区种植制度是以冬小麦为中心的轮作方式，以一年二熟为主，即冬小麦—夏作物。丘陵、旱地以及水肥条件较差的地区，多实行二年三熟，即春作物—冬小麦—夏作物的轮换方式，间有少数地块实行一年一熟，与小麦倒茬的作物主要有玉米、谷子、豆类、花生、棉花等。本区地域辽阔，小麦播期参差不齐，西部丘陵、旱源地区多在 9 月中、下旬播种，华北平原地区则以 9 月下旬至 10 月上、中旬播种。淮北平原一般在 10 月上、中旬播种。成熟期由南向北逐渐推迟，淮北平原 5 月底至 6 月初成熟，其他地区多在 6 月上旬成熟。黄淮冬麦区为小麦主产区，小麦面积及总产分别占全国 45％及 51％以上。面积和总产量在各麦区中均居第一，冬小麦在该区各省所占耕地面积的比例在 49％～60％，为全区的主要作物（之一）。

该区麦田杂草种类繁多，不同地区杂草群落组成复杂多变，为害程度也不尽相同。据调查，草害面积达 74％～90％，其中，中等以上为害面积达 50％～80％。该区麦田主要杂草种类有播娘蒿、荠菜、猪殃殃、泽漆、牛繁缕、婆婆纳、大巢菜、佛座、离子草、萹蓄、繁缕、狼紫草、野豌豆、王不留行、刺儿菜、打碗花、麦瓶草、田旋花、问荆、小花糖芥、麦家公、通泉草、鳍蓟、离蕊芥、雀麦、野燕麦、节节麦、日本看麦娘、看麦娘、菵草、硬草、多花黑麦草、早熟禾、蜡烛草、碱茅、芦苇、鹅冠草、白茅等。该区除草剂大面积推广以前，以阔叶杂草为主，随着 2，4 - 滴和磺酰脲类除草剂苯磺隆的长时间应用，该区杂草群落发生了较大的变化，很多地方已变为阔叶杂草与禾本科杂草混合发生，部分恶性杂草如猪殃殃、泽漆、佛座和禾本科杂草节节麦、雀麦、多花黑麦草等呈快速扩散蔓延的严峻态势。在山东西南部猪殃殃、泽漆发生严重；伊洛河流域猪殃殃、佛座发生严重；河南至关中平原，野燕麦、猪殃殃发生严重；在陕西关中，河北，山东西部、北部和中部部分地区雀麦、节节麦发生严重；在该区中北部泽漆发生日趋严重。主要麦田杂草群落有：播娘蒿+荠菜；雀麦+播娘蒿+荠菜；雀麦+节节麦+播娘蒿；猪殃殃+泽漆；播娘蒿+藜+打碗花；播娘蒿+藜+萹蓄；田旋花+荠菜+萹蓄；播娘蒿+野燕麦+小藜；猪殃殃+野燕麦；播娘蒿+田旋花+菵草；野燕麦+大巢菜；看麦娘+菵草+通泉草；看麦娘+硬草+碎米荠；猪殃殃+繁缕+看麦娘+藜+大巢菜；播娘蒿+节节麦+荠菜；播娘蒿+蜡烛草+婆婆纳；播娘蒿+藜+刺儿菜；播娘蒿+荠菜+麦瓶草+麦家公；猪殃殃+佛座；野燕麦+猪殃殃；播娘蒿+刺儿菜+棒头草+泽漆；播娘蒿+荠菜+野燕麦；播娘蒿+麦家公等。很多地块由于喷施除草剂防除了部分敏感杂草，难防、恶性杂草如猪殃殃、雀麦、节节麦、硬草等形成单一群落。

由于麦田轮作习惯、种植制度及土壤、水肥情况各不相同，本生态区内不同行政区域间小麦田杂草群落差异非常大，杂草发生的具体情况分别为：

山东省农业科学院植物保护研究所 2008—2009 年调查资料表明，山东省冬小麦种植面积约 400 万 hm²，杂草为害面积约 300 万 hm²。山东省冬小麦田杂草有约 68 种，隶属于 21 科，54 属，其中禾本科、菊科和十字花科种类较多，禾本科杂草 14 种，菊科杂草 11 种，十字花科杂草 8 种，三者占整个杂草种类的 51.6％，其次是石竹科和旋花科。前 10 种优势杂草按出现频率由高到低依次为：播娘蒿（94.90％）、荠菜（92.17％）、麦瓶草（50.42％）、小花糖芥（45.31％）、猪殃殃（44.01％）、打碗花（42.59％）、麦家公（41.04％）、雀麦（36.77％）、刺儿菜（31.44％）、节节麦（16.69％）。另外，看麦娘、泽漆、繁缕、牛繁缕、菵草、硬草、野燕麦、日本看麦娘、宝盖草、多花黑麦草、藜、泥胡菜、阿拉伯婆婆纳、蚤缀、碎米荠等 15 种杂草在山东省局部地区普遍发生，这些杂草适应能力强，繁殖速度快，在发生区域对小麦造成危害较大，属区域性优势杂草。3 月后藜、小藜、萹蓄、打碗花、刺儿菜等杂草发生为害较重。鲁南、鲁西南主要杂草有猪殃殃、荠菜、播娘蒿、泽漆、硬草等；鲁西鲁西北地区主要杂草有播娘蒿、荠菜、节节麦、雀麦、猪殃殃、藜等；鲁中地区主要杂草有播娘蒿、荠菜、雀麦、猪殃殃、麦瓶草等；胶东半岛杂草为害比其他地区略轻，主要杂草有播娘蒿、荠菜、看麦娘、雀麦等。济宁、临沂部分地区和沿黄河两岸稻麦轮作区主要杂草有看麦娘、硬草、菵草、泥胡菜、通泉草、碎米荠、野老鹳草、荔枝草、大巢菜、风花菜等。

陕西省姚万生等 2008 年报道，关中一年两熟地区，包括 4 市 25 个县（区），麦田杂草分为 14 科 42 种，在关中东部，对小麦为害比较严重的杂草主要有播娘蒿、节节麦、荠菜、蜡烛草、婆婆纳、刺儿菜等，其次有猪殃殃、田紫草、田旋花、泽漆、离子草等。在关中西部，对小麦为害比较严重的杂草主要有猪殃殃、播娘蒿、荠菜、节节麦、婆婆纳、田紫草等，其次有蜡烛草、离子草、野燕麦、泽漆、刺儿菜等。陕南稻麦轮作区有猪殃殃、繁缕、看麦娘、藜、大巢菜等。关中西部杂草群落组成，不同县（区）、不同田块也有较大差别。而大部分田块也多为单种优势杂草群落，主要有猪殃殃群落、播娘蒿群落、节节麦群落、荠菜群落和田紫草群落等；其次是双种优势杂草群落，主要有猪殃殃+婆婆纳群落、播娘蒿+荠菜群落和猪殃殃+荠菜群落等；多种优势杂草群落，主要有田紫草+荠菜+猪殃殃群落等。

河北省农林科学院粮油作物研究所报道，河北省小麦田杂草约有 16 科 58 种，主要有播娘蒿、荠菜、麦瓶草、麦家公、泽漆、猪殃殃、繁缕、雀麦、节节麦、野燕麦、硬草、菵草、看麦娘、藜、葎草、鸭跖草、萹蓄、打碗花、刺儿菜等；冀中南地区禾本科杂草发生严重，主要有：节节麦、雀麦、日本看麦娘、看麦娘、野燕麦等，且发生为害范围在逐年扩大。

河南省农业科学院植物保护研究所报道，在土壤肥力较低的豫西麦田，以耐瘠薄的杂草为主，如播娘蒿、刺儿菜、棒头草、泽漆；在含盐碱高、沙性土质重的豫东、豫北麦田以播娘蒿、荠菜、野燕麦等杂草为主；在麦棉套种的旱地播娘蒿、荠菜等杂草发生较多；在水稻小麦连作的田块看麦娘、硬草等禾本科杂草发生较多。

江苏省苏北内陆旱茬麦田的主要杂草是播娘蒿和麦家公。

2. 北部冬（秋播）麦区 本区东起辽东半岛南部的旅大地区，沿燕山南麓进入河北省长城以南的冀东平原，包括河北省保定和沧州地区，向西跨越太行山经黄土高原的山西省中部与东南部及陕西省北部的渭北高原和延安地区，进入甘肃省陇东地区，以及京、津两直辖市。包括河北长城以南的平原地区，山西中部及东南部，陕西北部，辽宁及宁夏南部，甘肃陇东和京、津两市。全境地势复杂，东部为沿海低丘，中部是华北平原，西部为沟壑纵横、峁梁交错的黄土高原。其中陕西和山西部分有山区、塬地，还有晋中、上党和陕北盆地。全区海拔通常 500m 左右。本区位于我国冬（秋播）小麦北界，两年三熟面积比较大，主要方式是冬小麦—夏玉米、夏谷、糜子、黍、豆类；荞麦—春玉米、高粱、谷子、豆类、糜子、荞麦、薯类等，春播作物收获后，秋播小麦，小麦收获之后夏种早熟作物或早熟品种。也有一些地区实行小麦与其他作物套种。一年两熟则主要在肥水条件较好地区，麦收之后复种夏玉米、豆类、谷子、糜子、荞麦等，以夏玉米为主。小麦播期一般在 9 月中旬至 10 月上旬，从北向南逐渐推迟，但多数集中在 9 月下旬至 10 月上旬，也有延迟到 10 月中旬的，近年来由于气候变暖，播期较传统普遍推迟。其中京津一带及河北省中北部水浇地区，为了增加全年粮食总产，推广夏玉米晚收、小麦晚播技术，扩种生育期较长的夏玉米品种，小麦播期相应延迟到 10 月上旬至中旬。旱薄地则播种较早。成熟期多为 6 月中、下旬，少数地区晚至 7 月上旬。从南向北逐渐推迟。该区麦田面积占全国的 8% 左右。

该区麦田杂草种类繁多，不同地区杂草群落组成复杂多变，麦田草害较严重。该区麦田主要杂草种类有播娘蒿、荠菜、藜、萹蓄、麦家公、麦瓶草、刺儿菜、节节麦、雀麦、野燕麦、圆叶牵牛、裂叶牵牛、打碗花、离子草、灰绿藜、卷茎蓼、旱蓼、本氏蓼、刺儿菜、大刺儿菜、苍耳、田旋花、独行菜、葎草、碱茅、看麦娘等。主要麦田杂草群落有：播娘蒿＋荠菜；播娘蒿＋藜＋萹蓄；播娘蒿＋藜＋打碗花；雀麦＋播娘蒿＋独行菜；雀麦＋节节麦＋播娘蒿；田旋花＋荠菜＋萹蓄；播娘蒿＋野燕麦＋小藜；播娘蒿＋田旋花＋牵牛；播娘蒿＋葎草＋打碗花；野燕麦＋卷茎蓼；播娘蒿＋节节麦＋荠菜；播娘蒿＋藜＋刺儿菜；播娘蒿＋荠菜＋麦瓶草＋麦家公；播娘蒿＋荠菜＋野燕麦；播娘蒿＋麦家公等。

本生态区内不同行政区划内杂草群落情况分别为：

北京地区：中国农业科学院植物保护研究所报道目前麦田主要杂草有菵草、早熟禾、播娘蒿、荠菜、藜、萹蓄、麦家公、刺儿菜、圆叶牵牛、裂叶牵牛、打碗花等。北京市植物保护站 2012 年报道北京地区麦田杂草有 78 种，以播娘蒿为害为主，局部地区雀麦、葎草、打碗花、卷茎蓼等为害较重。

山西省：山西省植保植检总站调查麦田杂草有 40 种，为害较重的主要杂草有：播娘蒿、荠菜、藜、打碗花、田旋花、小藜、麦瓶草、刺儿菜、卷茎蓼、萹蓄、节节麦、雀麦、野燕麦等。近年来，节节麦、雀麦、野燕麦等禾本科恶性杂草在山西省南部麦田发生面积逐年加大，并呈迅速蔓延之势，主要发生在临汾的尧都区、襄汾县、翼城县、洪洞县、霍州市，运城的临猗县、盐湖区、万荣县、芮城县等地。

天津市：毕俊昌等 2011 年报道麦田常见杂草共 18 科 43 种，对全市小麦生产造成危害的杂草共 8 科 23 种，主要以多种阔叶杂草或禾本科杂草与阔叶杂草混生为主。优势种类主要包括播娘蒿、荠菜、打碗花、葎草、小藜、萹蓄、灰绿碱蓬、牛繁缕等，出现频率分别为 100%、64.8%、20.4%、16.9%、20.6%、33.6%、16.4%、12.3%。常见的群落有播娘蒿＋荠菜＋打碗花、播娘蒿＋荠菜＋牛繁缕、荠菜＋葎草＋灰绿碱蓬等。局部地区以播娘蒿、雀麦、菵草等少元杂草群落组合为主。

3. 长江中下游冬（秋播）麦区 本区地处长江中下游，北抵淮河，西至鄂西、湘西丘陵地区，东至滨海，南至南岭，包括上海、浙江、江西 3 省（直辖市）全部，江苏、安徽、湖北、湖南 4 省部分，以及河南省信阳地区。本区水资源丰富，自然降水充沛。由于本区热量资源丰富，种植制度多为一年二熟以至三熟。二熟制以稻—麦或麦—棉为主，间有小麦—杂粮的种植方式；三熟制主要为稻—稻—麦（油菜）或稻—稻—绿肥。丘陵旱地区以一年二熟为主，麦收之后复种玉米、花生、芝麻、甘薯、豆类、杂粮、麻类、油菜等。全区小麦适播期为 10 月下旬至 11 月中旬，小麦播种方式多样，旱茬麦多为播种机器条播，播种期偏早，稻茬麦播种方式根据水稻收获期不同而异，水稻收获早的有板茬机器撒播或机器条播，水稻收获偏晚的则在水稻收获前人工撒种套播，但目前建议推广机条播。成熟期北部 5 月底前后，南部地区略早。麦田面积占全国的 12% 左右。

麦田主要杂草有看麦娘、日本看麦娘、牛繁缕、繁缕、硬草、菵草、大巢菜、猪殃殃、藜、蓼、春蓼、雀舌草、狗尾草、碎米荠、早熟禾、长芒棒头草、稻槎菜、黏毛卷耳、婆婆纳、刺儿菜、荠菜、萹蓄、苣荬菜、泥胡菜、野老鹳草、野豌豆、酸模叶蓼、通泉草、繁缕菜、毛茛、羊蹄、泽漆、蛇床、一年蓬、小飞蓬等。看麦娘为害面积约 333 万 hm^2，严重为害面积 67 万 hm^2，牛繁缕为害面积在 67 万 hm^2 以上。

该生态区麦田杂草在秋、冬、春季均能萌发生长，但萌发高峰期在秋末冬初。各行政区划杂草发生情况：

江苏省植物保护站 2012 年调查，小麦田杂草有 46 种。娄元来、王开金等报道苏南丘陵地区和太湖地区以日本看麦娘、看麦娘、稻槎菜、牛繁缕和棒头草等为主，沿海旱茬麦田以黏毛卷耳、婆婆纳、刺儿菜、猪殃殃等为优势杂草，苏北稻茬麦田的杂草优势种为硬草和棒头草，旱茬麦田的主要杂草是播娘蒿和麦家公。扬州大学园艺与植物保护学院报道，扬州市麦田杂草主要有：硬草、菵草、猪殃殃、大巢菜、荠菜、牛繁缕。其中多数地区硬草在稻茬麦田中占绝对优势，部分田块可形成单一优势种杂草群落。

上海农业技术推广服务中心 2012 年报道上海市麦田杂草有 53 种，主要有看麦娘、日本看麦娘、野燕麦、藜、蓼、菵草、硬草、棒头草、狗尾草、早熟禾、雀麦、荠菜、大巢菜、猪殃殃、婆婆纳、刺儿菜、萹蓄、苣荬菜、苋、羊蹄、泽漆、蛇床、一年蓬、小飞蓬、通泉草、繁缕菜、毛茛。

浙江省冬小麦作物田主要杂草是看麦娘、菵草、早熟禾、繁缕、棒头草、野燕麦、牛繁缕、雀舌草、碎米荠、猪殃殃、大巢菜、一年蓬、婆婆纳、卷耳、蚤缀、水蓼、稻槎菜、石龙芮、羊蹄。

湖北省植物保护总站 2012 年报道麦田杂草共有 20 科 90 种，为害较重的杂草主要有：野燕麦、猪殃殃、婆婆纳、野芥菜、牛繁缕、棒头草、菵草、硬草、稻槎菜、大巢菜、看麦娘、荠菜、通泉草、刺儿菜、野老鹳草等。鄂北岗地的优势种类依次为：野燕麦、猪殃殃、日本看麦娘、大巢菜、野老鹳草、婆婆纳、牛繁缕、广布野豌豆；江汉平原的优势种类依次为：棒头草、猪殃殃、野燕麦、牛繁缕、早熟禾、菵草、婆婆纳、野芥菜；鄂东地区的优势种类依次为：猪殃殃、野燕麦、稻槎菜、早熟禾、菵草、看麦娘、通泉草。另外，小麦田栽培、轮作方式也直接影响麦田杂草的种类，旱田麦的优势杂草种类主要有：猪殃殃、婆婆纳、野芥菜、牛繁缕、荠菜、大巢菜、早熟禾、广布野豌豆、野老鹳草等；水田麦的优势杂草种类主要有：猪殃殃、野燕麦、棒头草、牛繁缕、菵草、硬草、看麦娘、日本看麦娘、早熟禾、稻槎菜、通泉草、婆婆纳、野老鹳草等。

安徽省植保总站 2011 年调查结果表明小麦田杂草主要有 35 种，看麦娘、日本看麦娘、野燕麦、猪殃殃、大巢菜、荠菜、野老鹳草、刺儿菜、田旋花、播娘蒿、牛繁缕、节节麦、早熟禾、菵草、婆婆纳、稻槎菜、碎米荠、棒头草、雀麦、卷耳、宝盖草、糖芥、遏蓝菜、麦家公、泽漆、麦瓶草、王不留行、蚤缀等。

河南省南部土壤黏重、有机质含量较高、保水力强、土壤湿度较大，以看麦娘、野豌豆、猪殃殃等杂草发生较重。

4. 西南冬（秋播）小麦区 本区位于长江上游，在我国西南部，地处秦岭以南，川西高原以东，南以贵州省界以及云南南盘江和景东、保山、腾冲一线与华南冬麦区为界，东抵湖南、湖北省界。包括贵州、重庆全部，四川、云南大部（四川省除阿坝、甘孜州南部部分县以外；云南省泸西、新平至保山以北，迪庆、怒江州以东）、陕西南部（商洛、安康、汉中）和甘肃陇南地区。全区地形、地势复杂。本区作物以水稻为主，其次是小麦、玉米、甘薯、棉花、油菜、蚕豆以及豌豆等。农业区域内海拔差异较大，热量分布不均，种植制度多样，有一年一熟、一年二熟、一年三熟等多种方式。如在云贵高原，海拔 2 400m 以上的高寒地区，以一年一熟为主，主要作物有小麦、马铃薯、玉米、荞麦等，小麦与其他作物轮作，小麦既可秋种，也可春播，但产量均低而不稳；海拔 1 400～2 400m 的中暖层地带，熟制为一年二熟或二年三熟，主要作物有水稻、小麦、油菜、玉米、蚕豆等，轮作方式以小麦—水稻或小麦—玉米一年二熟制为主；海拔在 1 400m 以下的低热地区，主要作物有水稻、小麦、玉米、甘薯、油菜、烟草等。熟制可为一年三熟，轮作方式以稻—稻—麦为主。在四川盆地西部平原地区，以水稻—小麦或油菜一年二熟为主。在四川盆地浅丘陵地区，以小麦、玉米、甘薯三熟套作最为普遍。陕南地区以一年二熟为主，主要种植方式有小麦（油菜）—水稻，或小麦（油菜）—玉米（豆类）。甘肃陇南地区多为一年二熟，间有二年三熟，极少一年三熟。其中一年二熟主要为小麦—玉米，或小麦—马铃薯，主要作物小麦、玉米、马铃薯、豆类、油菜、胡麻、中药材等。适播期因地势复杂而很不一致。高寒山区为 8 月下旬至 9 月上旬；浅山区为 9 月下旬至 10 月上旬，略有提早；丘陵区多为 10 月中旬至 10 月下旬，有些在 10 月下旬至 11 月上旬，如四川盆地丘陵旱地小麦，春性品种最佳播期为 10 月底至 11 月上旬，弱春性或海拔较高的地区提前 3～5d；平川地区一般 10 月下旬至 11 月上旬，最晚不过 11 月 20 日前后，全区播期前后延伸近 3 个月。成熟期在平原、丘陵区分别为 5 月上、中、下旬；山区较晚，在 6 月下旬至 7 月上、中旬。麦田面积和总产均为全国的 12% 左右。

麦田主要杂草种类有繁缕、猪殃殃、看麦娘、菵草、播娘蒿、荠菜、野油菜、藜、小藜、雀麦、婆婆纳、牛繁缕、早熟禾、雀舌草、大巢菜、泥胡菜、小飞蓬、野燕麦、酸模叶蓼、棒头草、萹蓄、田旋花、通泉草等。

本生态区内各行政区划杂草发生情况：

贵州省植保植检站 2012 年报道贵州省优势杂草为猪殃殃、雀舌草、大巢菜、小巢菜、繁缕、牛繁缕、早熟禾、看麦娘等。

四川省植保站 2012 年报道，小麦田主要杂草有 30 多种。其优势种有繁缕、猪殃殃、看麦娘、菵草、播娘蒿、荠菜、野油菜、藜、小藜、雀麦、婆婆纳、大巢菜、泥胡菜等，占麦田杂草总量的 90% 以上。麦田杂草密度一般每平方米为 300～500 株，多的达 1 000 株以上。稻茬麦田以看麦娘为主，一般占杂草总量的 80% 以上。

重庆市种子植保总站 2012 年报道小麦田杂草有 52 种，主要杂草种类有看麦娘、藜、繁缕、猪殃殃、空心莲子草、黄鹌菜、荠菜、毛茛、雀舌草、婆婆纳、小飞蓬、早熟禾、野燕麦、酸模叶蓼、牛繁缕、小藜、棒头草、萹蓄、田旋花、通泉草、泥胡菜等。

云南省麦田常见杂草有看麦娘、日本看麦娘、棒头草、早熟禾、野燕麦、牛繁缕、小藜、菵草、猪殃殃、繁缕、播娘蒿、大巢菜、藜、田旋花等。

5. 华南冬（晚秋播）小麦区　本区位于我国南部，西与缅甸接壤，东抵东海之滨和台湾省，南至海南省并与越南和老挝交界，北以武夷山、南岭为界横跨闽、粤、桂以及云南省南盘江、新平、景东、保山、腾冲一线。包括福建、广东、广西、台湾、海南五省（自治区）全部及云南省南部的德宏、西双版纳、红河等州部分县。本区地形复杂，有山地、丘陵、平原、盆地，而以山地和丘陵为主，种植制度以一年三熟为主，多数为稻—稻—麦（油菜），部分地区有水稻—小麦或玉米—小麦一年二熟，少有二年三熟。小麦播期通常在 11 月上、中旬，少数在 10 月下旬。成熟期一般在 3 月初至 4 月中旬，从南向北逐渐推迟。该区耕地面积占总土地面积的 10% 左右，水稻是本区的主要作物，小麦所占比重较小，麦田面积只占全国的 1.6% 左右。

该区麦田的主要杂草种类有看麦娘、日本看麦娘、雀麦、早熟禾、野燕麦、棒头草、黑麦草、雀舌草、猪殃殃、牛繁缕、婆婆纳、碎米荠、酸模叶蓼、大巢菜、荠菜、山苦荬、泥胡菜、酢浆草、泽漆、田旋花、麦瓶草、藜、小藜、萹蓄、齿果酸模、打碗花、遏蓝菜、稻槎菜、宝盖草、节节菜等。

福建省植保植检站 2012 年报道福建省麦田主要杂草有 26 种：看麦娘、日本看麦娘、雀麦、早熟禾、野燕麦、雀舌草、猪殃殃、牛繁缕、婆婆纳、碎米荠、酸模叶蓼、大巢菜、荠菜、山苦荬、泥胡菜、酢浆草、泽漆、田旋花、麦瓶草、藜、小藜、萹蓄、稻槎菜等。

云南省麦田主要杂草有野燕麦、看麦娘、日本看麦娘、藜、齿果酸模、蓼、牛繁缕、繁缕、播娘蒿、猪殃殃、大巢菜、小藜、棒头草、田旋花、苣荬菜、打碗花、遏蓝菜、泥胡菜、菵草、黑麦草、早熟禾、红花月见草、酢浆草、南苜蓿、草木樨、荠菜、碎米荠、宝盖草、节节菜等。

6. 东北春（播）麦区　本区位于我国东北部，北部和东部与俄罗斯交界，东南部和朝鲜接壤，西部与内蒙古自治区毗邻，包括黑龙江、吉林两省全部，辽宁除南部沿海地区以外的大部分及内蒙古东北部。本区地形地势复杂，境内东、西、北部地势较高，中南部属东北平原，地势平缓。海拔一般为 50～400m，山地最高的 1 000m 左右。土地资源丰富，土层深厚，适于大型机具作业，尤以黑龙江省为最。全区为中温带向寒温带过渡的大陆性季风气候，冬季漫长而寒冷，夏季短促而温暖。本区大体呈现北部高寒、东部湿润、西部干旱的气候特征。本区主要作物有玉米、春小麦、大豆、水稻、马铃薯、高粱、谷子等。种植制度主要为一年一熟，春小麦多与大豆、玉米、谷子、高粱倒茬。小麦播种期为 3 月中旬至 4 月下旬，拔节期为 4 月下旬至 6 月初，抽穗期为 6 月初至 7 月中旬，成熟期从 7 月初至 8 月中旬，表现为从南向北，从东向西逐渐推迟。全区麦田面积占全国的 8% 左右。

该生态区麦田主要杂草有野燕麦、藜、灰绿藜、滨藜、萹蓄、鸭跖草、鼬瓣花、柳叶刺蓼、狼把草、苣荬菜、田旋花、稗草、大刺儿菜、卷茎蓼、香薷、铁苋菜、离蕊芥、芦苇、反枝苋、刺儿菜、苍耳、苘麻、问荆、野薄荷、龙葵、垂梗繁缕、麦家公、猪殃殃、猪毛菜等。田间杂草 4～5 月出苗，7～9 月开花结实，多数种子在土壤中越冬。

该区耕作粗放、麦田草害严重，各行政区划杂草发生情况分别是：

黑龙江省麦类作物田杂草有 33 科 197 种。黑龙江农垦总局植保站报道黑龙江垦区小麦田主要杂草有：稗草、卷茎蓼、藜、鸭跖草、鼬瓣花、柳叶刺蓼、狼把草、苣荬菜、酸模叶蓼、香薷、反枝苋、刺儿菜、苍耳、苘麻、问荆、野燕麦、大刺儿菜等。王宇等 2000 年报道黑龙江北部主要杂草有鸭跖草、香薷、卷茎蓼、问荆、野燕麦、铁苋菜、野薄荷、刺儿菜、鼬瓣花、藜、稗草、苣荬菜、垂梗繁缕等。

内蒙古主要杂草种类为野燕麦、鼬瓣花、卷茎蓼、苣荬菜、萹蓄、猪毛菜、酸模叶蓼、迷果芹、芦苇、刺儿菜、田旋花、打碗花、苍耳等。内蒙古呼伦贝尔麦田杂草有 41 科 166 属 322 种。常见的一年生阔叶杂草有：灰绿藜、西伯利亚滨藜、中亚滨藜、野滨藜、灰绿碱蓬、猪毛菜、小藜、荠菜、裂边鼬瓣花、猪殃殃、麦家公、酸模叶蓼、柳叶刺蓼、卷茎蓼、苋菜、苍耳、天蓝苜蓿、薄蒴草、密花香薷；多年生阔叶杂草主要有苣荬菜、刺儿菜、田旋花和大刺儿菜等；禾本科杂草主要有：野燕麦、匍匐冰草、狗尾草、茅香、稗和芦苇等。

7. 北部春（播）麦区 全区地处大兴安岭以西，长城以北，西至内蒙古鄂尔多斯及巴彦淖尔，北临蒙古共和国。本区大体位于我国大兴安岭以西，长城以北，西至内蒙古巴彦淖尔市、鄂尔多斯市和乌海市。全区以内蒙古自治区为主，包括内蒙古的锡林郭勒、乌兰察布、呼和浩特、包头、巴彦淖尔、鄂尔多斯以及乌海等一盟六市，河北省张家口、承德市全部，山西省大同市、朔州市、忻州市全部，陕西省榆林长城以北部分县。本区地处内陆，东南季风影响微弱，为典型的大陆性气候，冬寒夏暑，春季多风，气候干燥，日照充足。地形地势复杂，由海拔 300～2 100m 的平原、盆地、丘陵、高原、山地组成。主要作物有小麦、玉米、马铃薯、糜子、谷子、燕麦、甜菜等。种植制度为一年一熟为主，间有两年三熟。小麦在旱地则主要与豌豆、燕麦、谷子、马铃薯轮作。在灌溉地区则多与玉米、蚕豆、马铃薯等轮作，小麦播种期自 3 月中旬始至 4 月中旬，拔节期在 5 月下旬至 6 月初，抽穗在 6 月中旬至 7 月初，成熟期在 7 月下旬至 8 月下旬，为从南向北逐渐推迟。小麦种植面积占全国的 2.7%，7 月上旬成熟，最晚可至 8 月底。

内蒙古自治区植保植检站 2012 年报道内蒙古自治区小麦田杂草有 43 种，小麦田杂草主要有反枝苋、藜、酸模叶蓼、苍耳、田旋花、车前、马齿苋、刺儿菜、猪殃殃、苣荬菜、萹蓄、繁缕、稗草、马唐、狗尾草、芦苇、野燕麦等。

8. 西北春（播）麦区 本区位于黄河上游三大高原（黄土高原、内蒙古高原和青藏高原）的交汇地带，北接蒙古，西邻新疆，西南以青海省西宁和海东地区为界，东部则与内蒙古巴彦淖尔市、鄂尔多斯市和乌海市相邻，南至甘肃南部。包括内蒙古的阿拉善盟；宁夏全部；甘肃的兰州、临夏、张掖、武威、酒泉区全部以及定西、天水和甘南自治州部分县；青海省西宁市和海东地区全部，以及黄南、海南藏族自治州的个别县。本区处于中温带内陆地区，属大陆性气候。冬季寒冷，夏季炎热，春季多风，气候干燥，日照充足，昼夜温差大。本区主要由黄土高原和内蒙古高原组成，海拔 1 000～2 500m，多数为 1 500m 左右。本区土壤类型主要为棕钙土及灰钙土，结构疏松，易风蚀沙化，土地贫瘠，水土流失严重。本区主要作物为春小麦，其次为玉米、高粱、糜子、谷子、大麦、豆类、马铃薯、油菜、青稞、燕麦、荞麦等，经济作物有甜菜、胡麻、棉花等，宁夏灌区还有水稻种植。种植制度为一年一熟，轮作方式主要是豌豆、菜豆、糜子、谷子等和小麦轮作。低海拔灌溉地区间有其他作物与小麦间、套、复种的种植方式。春小麦通常在 3 月中旬至 4 月上旬播种，5 月中旬至 6 月初拔节，6 月中旬至 6 月下旬抽穗，7 月下旬至 8 月中旬成熟。该区小麦面积占全国的 4.1％左右。

本生态区内各行政区划杂草发生情况为：

甘肃小麦田主要杂草包括野燕麦、田旋花、藜、苣荬菜、猪殃殃、细穗密花香薷、离子草、雀麦、荞麦蔓、播娘蒿、遏蓝菜等。小麦田杂草发生面积每年达 50 多万 hm²。

宁夏农林科学院植物保护研究所报道宁夏引黄灌区小麦田主要杂草有：野燕麦、小藜、萹蓄、苣荬菜、田旋花、狗尾草、卷茎蓼、反枝苋；中部干旱区小麦田主要杂草有：灰绿藜、苦荬菜、赖草、打碗花、银灰旋花、虎尾草、狗尾草；南部山区小麦田主要杂草有：野燕麦、灰绿藜、田旋花、苦荬菜、打碗花、猪殃殃、独行菜、虎尾草、狗尾草等。宁夏农机推广中心 2012 年报道宁夏小麦田杂草有 82 种，其中优势杂草为藜、灰绿藜、萹蓄、刺儿菜、猪殃殃、野燕麦、苣荬菜、荠菜、田旋花、独行菜、卷茎蓼、细穗密花香薷、麦瓶草、打碗花、问荆等。

青海省农林科学院植物保护研究所魏有海等报道青海省西宁、海东地区主要杂草种类有 67 种，隶属于 25 科，其中优势杂草有密花香薷、猪殃殃、野燕麦、藜、苣荬菜、大刺儿菜 6 种。区域性优势杂草有 5 种，常见杂草有 17 种，一般杂草有 39 种。不同地理环境优势杂草略有区别。湟中地区优势杂草种类有：猪殃殃、密花香薷、藜、野燕麦、大刺儿菜、芦苇、尼泊尔蓼；民和地区优势杂草种类有：狗尾草、藜、萹蓄、野燕麦、田旋花、荞麦蔓、大刺儿菜；平安地区优势杂草种类有：野燕麦、猪殃殃、苣荬菜、大刺儿菜、赖草、荞麦蔓、密花香薷、萹蓄、泽漆；化隆地区优势杂草种类有：薄蒴草、猪殃殃、野燕麦、荞麦蔓、苣荬菜、密花香薷；大通地区优势杂草种类有：野燕麦、猪殃殃、藜、大刺儿菜、问荆、密花香薷；刚察地区优势杂草种类有：密花香薷、西伯利亚蓼、薄蒴草、藜、微孔草、旱雀麦、苣荬菜、野胡萝卜。

9. 新疆冬春兼播麦区　本区位于我国西北边疆，处于亚欧大陆中心。全区只有新疆维吾尔自治区，是全国唯一的以单个省（自治区）划为小麦亚区的区域。本区四周高山环绕，海洋湿气受到阻隔，属典型的温带大陆性气候。冬季严寒、夏季酷热，降水量少，阳光充足。全区由于南北自然条件差异大，小麦品种类型多，包括春性、弱冬性、冬性和强冬性的品种，故有北疆和南疆之分。春小麦播种期在 4 月上旬至中旬，拔节期为 5 月中旬初至下旬初，抽穗期为 6 月中旬初至下旬初，成熟期为 7 月下旬至 8 月中旬初，表现由南向北逐渐推迟。北疆以一年一熟为主，主要作物有小麦、玉米、棉花、甜菜、油菜等，以小麦与其他作物轮作。个别冷凉山区种植作物单一，小麦连年重茬种植。南疆阿克苏、喀什、和田地区主要种植春小麦。冬小麦播种期一般在 9 月下旬至 10 月上旬，拔节期在 3 月底至 4 月初，抽穗期在 4 月底至 5 月初，成熟期在 6 月中旬至下旬。春小麦播种期一般为 3 月初至 4 月初，但开春早的吐鲁番地区 2 月底即可播种；冷凉山区可能延迟到 4 月中旬。拔节期一般在 5 月上旬，最晚至 5 月中旬初，抽穗在 6 月初至中旬，成熟一般在 7 月上旬至下旬，个别地区（伊犁地区的昭苏等地）在 8 月下旬成熟。南疆热量条件好，种植制度虽以一年二熟为主，以小麦套种玉米或复种玉米为主，或冬小麦之后复种豆类、糜子、水稻及蔬菜作物。也有两年三熟制，冬小麦后复种夏玉米，翌春再种棉花。新疆小麦播种面积在 100 万 hm² 左右，小麦种植面积为全国的 4.5％左右。

该区杂草为害面积 33 万 hm² 以上。郭文超等对新疆的调查表明，麦田杂草分属于 24 科的 107 种，常见杂草有 46 种，为害较重的有播娘蒿、藜、野燕麦、田旋花、萹蓄、芦苇、麦瓶草等。

新疆南部和田、喀什地区以及北部的伊犁河谷区域、昌吉回族自治州等地的大部分区域处于海拔相对较低的盆地边缘绿洲平原和河谷地区，此区域麦田杂草群落基本以双子叶杂草为主，单子叶禾本科杂草为辅。如喀什绿洲平原区域双子叶杂草占杂草总量的 84.9％，其中，优势杂草为播娘蒿、灰藜、田旋花、萹蓄；单子叶禾本科杂草占杂草总量的 15.1％，优势种群为野燕麦、稗草、狗尾草、芦苇等。新疆南部喀什地区的塔什库尔干县以及新疆北部伊犁河谷的昭苏县春麦区为代表的高海拔、无霜期短的地区，麦田杂草则以单子叶杂草为主，如伊犁河谷地区昭苏县春麦区麦田杂草以野燕麦、狗尾草为优势种群，占总量 70％以上。高海拔的山地与海拔相对低的绿洲平原之间的过渡区域麦田单、双子叶杂草所占的比例基本相同，如新疆北部伊犁河谷的尼勒克县春小麦田以块茎香豌豆、野燕麦、苦苣菜 3 种杂草为优势种群，香豌豆、野燕麦和苦苣菜相对多度分别为 54.9％、52.3％和 46％；新疆南部喀什疏附县的部分麦田主要杂草以播娘蒿、野燕麦为主。另外，同一区域春麦田与冬麦田、旱作与水浇麦田之间杂草群落结构均存在差异。例如，新疆昌吉回族自治州奇台县旱作麦田杂草主要种类有：小蓟、苦蒿、田旋花、灰藜等，相同区域的水浇地麦田杂草主要有：播娘蒿、野荞麦、灰藜、小蓟、田紫草、田旋花、萹蓄、猪殃殃等；伊犁河谷冬小麦主要杂草有：灰藜、萹蓄等，占杂草总量 69%，而相同区域的春麦田主要以块茎香豌豆、野燕麦、苦苣菜等杂草为优势种群，春麦田杂草为害重于冬麦田。新疆建设兵团报道兵团小麦田主要杂草有播娘蒿、芦苇、灰藜、稗草、猪殃殃、荠菜、田旋花、野燕麦、硬草、看麦娘、野豌豆等。

10. 青藏春冬兼播麦区 本区位于我国西南部，包括西藏自治区全部，青海省除西宁市及海东地区以外的大部，甘肃省西南部的甘南藏族自治州大部，四川省西部的阿坝藏族羌族自治州、甘孜藏族自治州以及云南省西北的迪庆藏族自治州和怒江傈僳族自治州部分县。青藏麦区小麦面积常年在 14.7 万 hm^2 左右，是全国小麦面积最小的麦区，其中春小麦面积占本区小麦面积的 66% 以上。除青海省全部种植春小麦外，四川省阿坝藏族羌族自治州、甘孜藏族自治州及甘肃省甘南藏族自治州也均以春小麦为主，而西藏自治区则冬小麦面积大于春小麦面积。全区属青藏高原，是全国面积最大和海拔最高的高原，高海拔、强日照、气温日差较大是本区的主要特点。小麦主要分布的地区，青海省一般在海拔 2 600～3 200m，而西藏则大部分在海拔 2 600～3 200m 的河谷地。本区种植的作物有春小麦、冬小麦、青稞、豌豆、蚕豆、荞麦、水稻、玉米、油菜、马铃薯等，以春、冬小麦为主。主要为一年一熟，小麦多与青稞、豆类、荞麦换茬。西藏高原南部的峡谷低地可实行一年两熟或两年三熟。一般春小麦播期在 3 月下旬至 4 月中旬，拔节期在 6 月上旬至中旬，抽穗期在 7 月上旬至中旬，成熟期在 9 月初至 9 月底。冬小麦一般 9 月下旬至 10 月上旬播种，翌年 5 月上旬至中旬拔节，5 月下旬至 6 月中旬抽穗，8 月中旬至 9 月上旬成熟，为全国冬小麦生育期最长的地区。该区小麦种植面积占全国的 0.5% 左右。

该区主要常见杂草有：薄蒴草、野燕麦、卷茎蓼、田旋花、藜、密花香薷、野荞麦、刻叶刺儿菜、猪殃殃、苣荬菜、野芥菜、萹蓄、大巢菜、遏蓝菜等。

魏有海等报道青海省环湖农业区麦田优势杂草有西伯利亚蓼、野燕麦、苣荬菜、刻叶刺儿菜、薄蒴草、苦荬菜、旱雀麦、野胡萝卜等；柴达木盆地农业区麦田优势杂草有旱雀麦、野燕麦、芦苇、刻叶刺儿菜、苣荬菜、苦荬菜等。

（三）麦田杂草的发生规律

麦田杂草的共同特点是种子成熟后有 90% 左右能自然落地，随着耕地播入土壤。杂草发生量的多少和发生期的迟早与小麦的播种期、土壤状况关系较大，还因杂草的种类、气候条件、耕作措施、栽培管理等因素而有差异，一般随小麦出苗而相继发生。

1. 冬麦田杂草发生规律 黄淮冬麦区和北部冬麦区，麦田杂草在田间萌芽出土的高峰期一般均以冬前为多，只有个别种类在次年返青期还可以出现一次小高峰。大多数杂草出苗高峰期在小麦播种后 15d 左右开始出土，至播种后 25～35d，即 10 月下旬到 11 月中旬是麦田杂草出苗的高峰期，此期间出苗数的杂草占杂草总数的 95%～98%。翌年 3 月中、下旬到 4 月中旬，还有少量杂草出苗。冬麦区杂草一般有 4～5 个月的越夏休眠期，其间即便给以适当的温、湿度也不萌发，到秋季小麦播种时，随着麦苗逐渐萌发出苗。

河南省农业科学院植物保护研究所对华北麦区的主要杂草野燕麦、猪殃殃、播娘蒿、大巢菜和荠菜进行了发生规律研究，结果表明：

杂草种子萌发与温度的关系：猪殃殃和播娘蒿的发育起点温度为 3℃，最适温度 8～15℃，到 20℃ 发芽明显减少，25℃ 则不能发芽。野燕麦的发育起点温度为 8℃，15～20℃ 为最适温度，25℃ 发芽明显减少，40℃ 则不能发芽。随着全球变暖，暖冬天气十分有利于杂草的萌发，这也是近年来杂草发生趋重的原因。

种子萌发与湿度的关系：土壤含水量 15%～30% 为发芽适宜湿度，低于 10% 则不利于发芽。小麦播种期的墒情或播种前后的降水量是决定杂草发生量的主要因素。

种子出苗与土壤覆盖深度的关系：杂草种子大小各异，顶土能力和出苗深度不同。猪殃殃在 1～5cm 深处出苗最多；大巢菜在 3～7cm 处出苗最多，8cm 处出苗明显减少；野燕麦在 3～7cm 处出苗最多，3～10cm 能顺利出苗，超过 11cm 出苗受抑制；播娘蒿种子较小，在 1～3cm 内出苗最多，超过 5cm 一般就不能出苗。旋耕、免耕技术的应用，有利于杂草的萌发。

小麦播种期与杂草出苗的关系：杂草种子是随农田耕翻犁耙，在土壤疏松通气良好的条件下才能萌发出苗的。麦田杂草一般比小麦晚出苗 10～18d。其中猪殃殃比小麦晚出苗 15d，出苗高峰期在小麦播种后 20d 左右；播娘蒿比小麦晚出苗 9d，出苗高峰期不明显，但与土壤表土墒情有关；大巢菜出苗期在麦播后 12d 左右，15～20d 为出苗盛期；荠菜在麦播后 11d 进入出苗盛期；野燕麦比小麦晚出苗 5～15d。麦田杂草的发生量与小麦的播种期密切相关，一般情况下，小麦播种早，杂草发生量大，反之则少。

杂草出苗规律：猪殃殃和大巢菜在年前（10 月中旬到 11 月下旬）有一出苗高峰期，年前出苗数占总数的 95%～98%，年后 3 月下旬到 4 月上旬还有少量出苗；野燕麦、播娘蒿和宝盖草等几乎全在年前出苗，呈现"一炮轰"现象，年后一般不再萌发出土。

黄淮海冬麦区主要杂草生物学特点见表 23-6-1。

表 23-6-1　黄淮海冬麦区主要杂草生物学特点

Table 23-6-1　The biological characteristics of main weeds in winter wheat in Huanghe, Huaihe and Haihe river region

杂草名称	繁殖方式	种子出苗深度（最适度）(cm)	冬前出苗期（第一出苗高峰）(月)	春天出苗期（第一出苗高峰）(月)	开花成熟期（月）
看麦娘	种子	0～3 (0.6～2)	10～11	3～4 少量	4～5
硬草	种子	0.1～2.4	10		4 中～5 下
野燕麦	种子	1～20 (3～7)	9～10		4～5
播娘蒿	种子	1～7 (1～3)	9～10 (10 中下最多)	3～4 少量	4～5
荠菜	种子	1～5	10～11 (10 中最多)	3～4 少量	3～5
萹蓄	种子	0～4		3～4	5～10
猪殃殃	种子	0～3	9～11 (11 中最多)	3～4 少量	4～5
牛繁缕	种子	0～3 (0～1)	9～10 (10 下～11 上最多)	3～4 少量	4～5
婆婆纳	种子	0～3	10～11	3～4 少量	3～5
小蓟	种子、根茎	0～5	7～10 少量发生	3～4 大量发生	5～6
打碗花	根茎、种子			3～4	6～8
泽漆	种子	0～3	10～11	3～4 少量	4～5
佛座	种子	1～3	9～11 (10 下最多)	2～3	5～6
大巢菜	种子	0～3	10～11	3～4 少量	4～5
日本看麦娘	种子	0～3	10～11	3～4 少量	4～5

注　本表引自张玉聚等，2010。

江苏省冬小麦田杂草发生消长规律（饶娜等，2007）大体上可分为："两高两低"，尤以禾本科杂草在田间发生密度较高时更为明显。所谓两高，即冬前和冬后各有一个出草高峰期；两低即越冬期和 4 月以后各有一个茎蘖下降期。冬前出土杂草主要有猪殃殃、播娘蒿、荠菜、野燕麦、狗尾草、刺儿菜、婆婆纳、泽漆、藜、蓼、马齿苋等。春季（3 月上、中旬），播娘蒿、荠菜、野燕麦、泽漆、婆婆纳、棒头草、繁缕等发生严重。

湖北省麦田中猪殃殃常与大巢菜、播娘蒿、独行菜、婆婆纳、卷耳、荠菜、牛繁缕、看麦娘等构成混生群落。猪殃殃为二年生杂草，当年 10 月下旬播种小麦，播后 7d 左右猪殃殃开始出苗，11 月中旬为出苗高峰期。翌年 3 月底、4 月初为始花期，4 月上旬盛花期，5 月上旬种子基本成熟，全生育期为 180～200d。出苗至分枝出现 15～50d。12 月上旬猪殃殃在麦田中占杂草总数的 47.8%～65.5%，至 12 月底可达 80%。前期生长缓慢，越冬植株不超过 5cm，子叶期长达 50d，翌年 2 月底前高不超过 10cm，仅占全生育期高度的 14.5%～11.5%。3 月上旬至 4 月初生长最快，占全生育期高度的 54.3%～65%，4 月下旬停止生长。

2. 春麦田杂草发生规律　春小麦田杂草的发生与早春气温和降水量密切相关，早春气温高，降雨多，化雪解冻早，杂草发生早而重，反之则晚而轻。不同地区小麦田播种期不同，相应的麦田杂草的发生也略有不同。魏有海等 2013 年报道，青海省春小麦田的主要杂草藜、猪殃殃、萹蓄、荞麦蔓出苗规律等，结果显示：青海川水地区春麦田杂草 4 月中旬出苗，6 月中、下旬结束，出苗历期 50d 左右，出苗高峰期在 5 月中、下旬；脑山地区春麦田杂草 4 月下旬出苗，6 月上、中旬结束，出苗历期 40d 左右，高峰期在 5

月上、中旬。薄蒴草在青海省环湖农业区出苗始期为 4 月下旬，7 月初结束出苗，出苗持续期 60～90d。4 月下旬至 5 月上旬为出苗高峰期，出苗率达 86.2%，5 月 5 日为出苗最高期。小麦田杂草出苗最适深度 1～2cm，出苗最深 5.0cm，最浅 0.3cm。由此 1～2cm 的深度是杂草出苗的最适深度。

朱玉斌等 2008 年报道宁夏固原麦田主要杂草自 4 月 20 日开始出苗，至 6 月 30 日出苗结束，出苗时期延续春夏两季长达 70d。出苗后生长缓慢，5 月中旬生长速度加快，遇降雨其株高、鲜重呈快速增长，6 月 20 日进入高峰期，至 7 月初生长速度逐渐减慢，达到一恒定状态，其株高株数不再增加，鲜重下降，此时，小麦进入蜡熟期。

马丽荣（2006）报道小麦低、中、高密度处理田间杂草动态变化较为相似，第一次出苗高峰在 4 月下旬至 5 月上、中旬，第二次出苗高峰在 6 月上、中旬，第二次主要是出苗较晚的狗尾草和反枝苋的集中出苗期。

（四）麦田杂草发生新特点

1. 麦田杂草发生呈越来越重的趋势 由于耕作制度的调整、气候变暖、高肥水等高产栽培条件以及除草剂使用不当等诸多因素的影响，近年来麦田杂草的为害呈越来越重的趋势。

姚万生等报道与 20 世纪 80 年代相比呈现越来越重的发展趋势。例如在陕西省麦田主要杂草，例如播娘蒿、猪殃殃和荠菜，20 世纪 80 年代每平方米分布是 2.37 株、5.36 株和 2.37 株，最多样方分别是 62 株、400 株和 55 株，而现在每平方米分别是 93 株、84 株和 21 株，最多样方分别是 1 042 株、1 246 株和 352 株；再比如节节麦、婆婆纳和田紫草，20 世纪 80 年代平均每平方米分别是 0.04 株、1.11 株和 0.1 株，最多样方分别是 174 株、41 株和 27 株，而现在平均每平方米分别是 19.5 株、20 株和 16 株，最多样方分别是 256 株、328 株和 339 株。

其主要原因，一是小麦高产栽培水肥条件的改善，促进了小麦生长的同时，也有利于杂草的蔓延；二是气候变暖，特别是秋冬变暖，麦田杂草出土早、数量大、长势旺，与小麦竞争力强，为害大；三是与种小麦时普遍采用旋耕处理土地或免耕播种以及中耕、化学除草不及时也有关系。调查中发现，凡是采用翻耕技术，及时使用除草剂和早春及早进行中耕除草的田块，麦田杂草就少，否则就特别严重。例如冬小麦播种时，采用旋耕或免耕技术的，每平方米内有杂草一般达 500 多株，有的甚至多达 1 000 株以上，而采用翻耕技术的，每平方米内仅有杂草 20 多株，最多不超过 100 株。在化学除草剂使用上，普遍存在使用不适时的问题，有的使用得很晚，甚至到小麦拔节以后小麦已经长得很高了才使用，这样杂草不仅已经给小麦生长造成了影响，而且除草剂还会对小麦的正常生育造成严重威胁。

新疆维吾尔自治区植保站亦报道麦田杂草为害越来越重，以喀什地区近 20 年麦田杂草长期定位观察结果为例，1995 年、2005 年调查区域麦田杂草平均密度比 1985 年分别增长了 213.0% 和 517.6%。2000 年喀什小麦生态区麦田杂草发生面积仅 2.3 万 hm² 左右，2006 年达到 10.7 多万 hm²，六年间草害发生面积增长了 3.7 倍。

2. 麦田杂草群落和优势种发生明显变化，禾本科杂草在部分地区发生越来越重 由于生产方式的改变、耕作制度的调整以及除草剂选择压等诸多因素的影响，麦田杂草草相和优势草种的群落组成也在不断地发生演变。自 20 世纪 80 年代以来，麦田杂草群落的演化和种群变化日益受到我国杂草科学工作者的关注。

何翠娟等报道，上海麦田杂草群落近 20 年时间发生了较大变化，由 20 世纪 80 年代初的禾本科和阔叶类杂草混生的格局演变成以禾本科杂草为主的格局。与 20 世纪 80 年代初相比，目前麦田草相趋于简单化，主要由日本看麦娘、硬草、菵草、棒头草、大巢菜、猪殃殃、牛繁缕 7 种杂草构成，日本看麦娘、硬草、大巢菜从 80 年代初的次要杂草上升为主要杂草。盐城沿海麦区的主要杂草 20 世纪 80 年代以前为盐蒿、看麦娘、小蓟、波斯婆婆纳，近几年，麦田优势种杂草则演替为硬草、猪殃殃、荠菜和波斯婆婆纳，日本看麦娘和野燕麦的发生为害程度已显著下降。姜堰市经过近十年的变化，麦田优势种已由 1990 年的看麦娘、野燕麦、大巢菜、繁缕演替为硬草、早熟禾、野老鹳草等，20 世纪 90 年代初仅在田边、沟边发生的泽漆、菵草、棒头草等也已向田内扩散。硬草成为姜堰市麦田密度最高、发生面积最大的恶性杂草。

山东、河南等地由于连续多年使用苯磺隆、2，4-滴等防除播娘蒿、荠菜、藜等阔叶杂草的除草剂，使大多数阔叶杂草得到控制，而难以防除的阔叶杂草泽漆、打碗花、田旋花和刺儿菜以及禾本科杂草节节麦和雀麦等成为当前麦田的恶性杂草，发生、为害呈越来越重的趋势。

上海郊区从 1985 年以来减少了棉花、玉米等旱作面积，改种水稻，由于连年稻麦的连作，土壤水分高，杂草种群发生了一定的变化，喜湿、喜温杂草为害较重。目前上海地区麦田主要杂草为看麦娘、菵草、日本看麦娘、棒头草、硬草、早熟禾、牛繁缕、猪殃殃、大巢菜、荠菜等。

车晋滇报道，20 世纪 80～90 年代中期，北京市麦田杂草群落组合主要以藜＋小藜＋荠菜＋附地菜、藜＋葎草＋荠菜、打碗花＋葎草＋播娘蒿＋小花糖芥、葎草＋播娘蒿＋离子草、葎草＋播娘蒿＋麦瓶草等多元杂草群落组合为主。局部地区以碱茅、芦苇、看麦娘、看麦娘＋荠菜等单元或少元杂草群落组合为主。2007 年调查，北京市麦田杂草群落组合发生了变化，主要以播娘蒿＋打碗花＋荠菜＋葎草、播娘蒿＋打碗花＋荠菜＋麦家公、播娘蒿＋荠菜＋麦家公等多元杂草群落组合为主。局部地区以菵草、雀麦、播娘蒿＋雀麦、播娘蒿＋菵草、播娘蒿＋荠菜等单元或少元杂草群落组合为主。

张朝贤等 2007 年报道，以节节麦为代表的恶性禾本科杂草传播迅速，已入侵河北省 19 万 hm² 麦田，成为河北省小麦高产、稳产的最大隐患。另外，节节麦等禾本科杂草在山东部分地区也逐渐上升为麦田主要杂草。

李贵等 2006 年对比分析 20 世纪 80 年代以前及目前江苏省杂草群落看出，稻茬麦田的硬草、棒头草和苏南稻茬麦田的菵草、日本看麦娘等杂草的发生量有较大上升。

山西省植保植检总站报道近年来该省农田杂草优势种类发生了较大变化。主要表现在节节麦、野燕麦等禾本科恶性杂草逐渐上升为优势种。2003 年以前，麦田杂草以播娘蒿、婆婆纳、荠菜等阔叶杂草为优势种；2003 年以后，由于防除阔叶类杂草除草剂的多年连续使用，使南部麦区杂草种类开始发生变化，节节麦、野燕麦、早熟禾等禾本科杂草逐渐成为优势种。由于麦种的调运，联合收割机的南征北战，使禾本科杂草的发生面积迅速扩大。2006 年，节节麦等禾本科杂草的发生面积为 2.7 万 hm²，2008 年扩大到 13.3 万 hm²，2010 年为 16 万 hm²，2012 年扩大为 23.3 万 hm²，已成为影响小麦生产的主要杂草种类，部分田块禾本科杂草数量已占杂草总量的 50％以上。此外，由于苯磺隆的长期使用，婆婆纳和麦家公的数量也急剧上升，个别麦田内婆婆纳和麦家公已成为最主要的杂草种类，它们的数量可以占到杂草总数量的 60％以上。

王亚红 2004 年报道关中灌区麦田杂草的演变由 20 世纪 70 年代以猪殃殃、荠菜、播娘蒿、王不留行等阔叶种群为害为主，转化为以阔叶和禾本科杂草混生的种群，禾本科杂草中蜡烛草、节节麦、多花黑麦草等成为优势种群，为害明显加重。导致杂草优势种群演变的原因主要有引种频繁、单一除草剂的长期使用、单一的耕作制度和粗放栽培措施的影响、除草剂使用技术方面存在的问题和农业综合措施的放松等 5 方面。

3. 麦田杂草抗药性呈快速发展态势　随着麦田苯磺隆、2，4-滴、精噁唑禾草灵等的长时间应用，麦田多种杂草相继出现了不同程度的抗药性。崔海兰 2009 年通过整株测定法比较了采自 11 省（直辖市）播娘蒿种群对苯磺隆的敏感（抗）性，结果表明，有 42 个种群对苯磺隆表现敏感；有 19 个种群具有低水平抗药性，抗性指数在 1～10 倍；有 19 个种群具有中等水平的抗药性，抗性指数在 10～100 倍；有 11 个种群具有较高水平的抗药性，其抗药性指数在 100 倍以上。其中采自河北和陕西省的部分种群抗药性水平最高，抗药性指数达到 1 000 倍以上。

李美等于 2009 年 5 月下旬，在山东省选择代表性的 50 个小麦种植区，采集播娘蒿、荠菜种子，采用整株盆栽测定法，测定了其对苯磺隆的抗药性，结果表明山东省不同区域荠菜、播娘蒿对苯磺隆已产生了抗药性，不同地区抗药性差异很大，随用药历史延长抗性增高。以播娘蒿为例，11.1％的地区为高抗种群，抗药性指数在 100 倍以上；55.6％的地区为中抗种群，抗性指数在 10～100 倍；33.3％的地区为较敏感种群，抗性指数在 1～10 倍。部分地区抗性水平较高，如滨州地区邹平、菏泽地区巨野、泰安地区夏张，荠菜对苯磺隆已分别产生了 750 倍、452 倍、256 倍的抗药性。

彭学刚等 2008 年采用温室盆栽法分别测定 7 省 14 个县市 14 块麦田的猪殃殃潜在抗药性生物型和临近非耕地敏感生物型对苯磺隆的抗性水平。结果表明，除河北省石家庄、山西省太原、陕西省周至、山东省泰安采集点麦田猪殃殃生物型对苯磺隆仍处于敏感状态外，其他地区麦田猪殃殃均产生了不同程度的抗药性，抗性倍数在 1.6～4.3，其中河南省许昌采集点抗药性最高，达 4.3 倍；安徽省太和、陕西省华县采集点抗药性最低，抗性倍数均为 1.6。

吴小虎等 2011 年报道冬小麦田杂草麦家公对苯磺隆产生了不同程度的抗药性，其中胶州麦家公生物型抗性水平最高，抗性倍数为 12.8 倍。交互抗性测定结果表明，胶州抗性麦家公生物型对其他 ALS 抑制剂噻吩磺隆和苄嘧磺隆已产生不同程度的交互抗性，其中对噻吩磺隆的抗性倍数达到 3.11 倍。

刘宝祥等 2008 年报道不同年限连续施用精噁唑禾草灵的麦田茵草对精噁唑禾草灵均产生一定的抗药性。连续施药 3 年、5 年的麦田茵草抗药性指数 (R.I.) 分别为 5.27、8.01，处于低水平抗性；连续施药 9 年的麦田茵草抗药性指数为 21.59，处于中等水平抗性；连续施用精噁唑禾草灵 8 年的麦田茵草抗药性指数在 3 叶 1 心期为 6.49，抗性较低，1 叶 1 心期为 12.24，抗性其次，5 叶 1 心期为 27.12，抗性较高。

艾萍 2011 年报道江苏、上海等地区的小麦田茵草采集于 2009 年的 17 个不同种群中，有 14 个茵草种群对精噁唑禾草灵产生了不同程度的抗药性，其中江苏句容小麦田茵草种群具有极高的抗性水平，相对抗性倍数为 174.42。交互抗性及多抗性的研究表明：句容小麦田茵草种群对芳氧基苯氧基丙酸酯类（简称AOPP）和环己烯酮类（简称 CHD）等药剂已产生了不同程度的交互抗药性。

郭峰 2011 年报道，河南、湖北、江苏等地日本看麦娘已经对精噁唑禾草灵产生不同程度的抗药性，并对从未使用过的炔草酯产生了交互抗性。练湖、宜兴种群抗性最高，对精噁唑禾草灵的抗性指数分别为35.64、14.58，对炔草酯的抗性指数分别为 16.03、10.18。黄集、化河种群的抗性略低于宜兴种群，对精噁唑禾草灵的抗性指数为 8.38、4.03，对炔草酯的抗性指数为 6.17、5.81。大庙、咸阳、济南种群对精噁唑禾草灵的抗性指数分别为 2.74、2.52、2.11，抗性水平较低。金水闸、杨林尾、大刘对精噁唑禾草灵的抗性指数均低于 2.00，为敏感材料。试验结果还表明，没有野燕麦种群对精噁唑禾草灵及炔草酯产生抗性，但野燕麦不同种群对两种除草剂的敏感性存在显著差异。

炔草酯（麦极）为最近几年小麦田新登记推广的除草剂品种。陈保桦为探讨中国野燕麦群体是否已对除草剂炔草酯产生抗药性，于 2008—2010 年连续 3 年在河南、安徽、江苏省的部分麦区进行野燕麦群体的采集，选用瑞士先正达公司生产的麦极 15％可湿性粉剂，采用温室整株植物测定法检测野燕麦群体对炔草酯抗药性的发生情况。试验结果表明，在 2008 年的抗性检测中，河南、安徽、江苏 3 省的抗性植株比例分别为：6.94％、8％、11.22％；2009 年的抗性检测结果是：7.14％、7.06％、12.37％；而 2010年试验所得出的抗性植株所占各群体比例分别为：7.44％、7.62％、11.5％。结果表明野燕麦群体对炔草酯已产生不同程度低水平抗药性。其中，江苏采样群体的抗药性比率最高，不同年度群体均超过 10％。

杂草对除草剂产生抗药性以后会造成以下几个严重问题：①抗性优势杂草无法控制，对小麦造成产量损失；②农民盲目加大使用剂量，对小麦及后茬作物如花生等产生药害，并造成农产品和环境污染；③在高选择压下，诱发杂草抗性水平急剧增加；④不合理的使用技术严重影响除草剂的使用寿命；⑤交互抗性造成尚未推广或新推广的除草剂退出市场。杂草抗性也逐渐成为我国杂草防除中须重点解决的问题。

4. 耕作措施对麦田杂草发生的影响　免耕、旋耕、耙耕、深松等保护性耕作措施在我国已得到大面积推广应用，其控制土壤风蚀、水蚀和沙尘污染、提高土壤肥力和抗旱节水能力以及节能降耗和节本增效的功效已被认可。不同耕作方式不仅对杂草多样性、杂草群落组成有显著影响而且影响作物的生长发育（陈欣，2000）。

田欣欣等 2011 年报道在连续 5 年秸秆全量还田的免耕、旋耕、耙耕、深松和常规耕作试验地中，在未除草条件下，免耕、深松的杂草总密度显著提高；而在除草条件下，杂草密度显著下降。免耕、深松、常规耕作在未除草条件下，优势杂草种类为麦蒿、荠菜，旋耕、耙耕条件下的优势杂草为麦蒿；而除草后各处理的优势杂草均只有麦蒿。耙耕、常规耕作措施在未除草条件下杂草群落具有较高的物种丰富度和均匀度。无论哪种耕作措施，除草均能提高冬小麦产量，其中以深松耕作结合除草处理的小麦产量最高。

戴晓琴等 2011 年报道华北地区小麦生长早期，免耕有降低麦田杂草总密度和优势种播娘蒿密度趋势，但差异并不显著；相对于传统耕作，免耕秸秆覆盖和不覆盖处理总杂草生物量显著降低，其中播娘蒿生物量分别降低了 57％和 73％；免耕也使播娘蒿单株质量降低了 27％～53％；免耕秸秆覆盖和不覆盖处理播娘蒿的株高分别比传统耕作降低了 25％和 19％；但一般情况耕作方式并没有显著影响离子草和麦家公生长；相对于分次施肥，集中施肥杂草生物量降低了 21％～68％，播娘蒿生物量降低了 58％～65％，麦家公降低 91％；免耕在一定程度上抑制了某些杂草的生长，但追肥促进了杂草的快速生长。

高宗军等 2011 年报道与旋耕相比，小麦收获后，免耕及覆盖秸秆可显著降低麦家公、播娘蒿的发生密度、株高及鲜重，显著增加荠菜的发生密度、株高及鲜重，旋耕秸秆还田对荠菜的影响不显著，可降低麦家公、播娘蒿的发生密度，但有使其单株平均株高、鲜重增加的趋势。

小麦播种前浅旋耕代替了传统的深耕方式，致使大量落地的杂草种子集中在浅土层，有利于杂草的萌发为害。姚万生等报道冬小麦播种时，采用旋耕或免耕技术的，每平方米内有杂草一般达 500 多株，有的甚至多达 1 000 株以上，而采用翻耕技术的，每平方米内仅有杂草 20 多株，最多不超过 100 株。

二、麦田杂草防除技术

麦田杂草防除应树立多样性治理理念。无论是制订杂草防控方案，还是实施杂草防控技术，均应充分运用可能的农艺、机械、物理和生物控草措施，有机协调化学控草措施。

（一）发挥农艺、耕作措施的控草作用

1. 精选种子　严把麦种产地（本地和调种地）留种田杂草防控关，最大限度降低杂草种子混杂率，播前对麦种进行精选，去除麦种内混杂的杂草种子。

2. 选种竞争力强的品种　利用小麦品种自身早发、快长、分蘖壮的生长优势，抑制杂草生长，减轻杂草为害。

3. 播前耙地　小麦播种前进行耙地，铲除已萌芽和出土的杂草，降低田间杂草基数。

4. 苗期中耕　小麦拔节前或拔节初期，进行中耕铲除已萌芽和出土的杂草，降低杂草基数。

5. 清除逃逸杂草　在杂草花期，清除杂草防控后逃逸杂草，并尽可能清除田边地头、垄沟、相邻沟渠、路边的杂草。

6. 移出麦秸麦糠　收获时及时将麦秸麦糠集中粉碎，破碎其中存留的杂草种子，降低土壤中杂草种子基数。

7. 清洁农机具　将农机具从作业农田移至另一农田，或另一区域前，充分清洁农机具，以阻滞杂草种子和无性繁殖体的传播扩散。

8. 轮作倒茬　尽可能实施水旱轮作，禾阔轮作，为相应控草措施提供便利，减轻杂草为害。

（二）安全合理实施化学防治

1. 提倡麦田杂草秋治　常年杂草冬前出苗率达 85％以上，杂草植株矮小，组织幼嫩，根系纤弱，对除草剂敏感，基本尚未对小麦形成肥、水、光、空间的竞争，小麦和杂草植株间也基本未相互遮蔽，此时施药，不仅用药少、除草效果好，而且对小麦及下茬作物更为安全。小麦返青后，可依田间草情，实施补治。

2. 强化除草剂交替轮换使用观念　麦田杂草化学防除，不仅要针对小麦品种、田间实际草相有的放矢地选择使用相应的除草剂，更需根据除草剂作用机制、杀草谱、前茬及当茬用药情况，在同一生长季节或不同生长季节，交替轮换使用杀草谱相似、作用机制不同的除草剂类型和品种，以确保安全、高效地防控杂草，延缓杂草抗药性的发展。

（三）麦田杂草常用除草剂

1. 禾本科杂草除草剂

（1）30g/L 甲基二磺隆可分散油悬浮剂。用于防除节节麦、看麦娘、日本看麦娘、野燕麦、棒头草、早熟禾、硬草、碱茅、多花黑麦草、毒麦、雀麦、蜡烛草、菵草等禾本科杂草。在小麦 3～6 叶期，禾本科杂草基本出齐、处于 3～5 叶期时及早施药，每公顷用 30g/L 甲基二磺隆可分散油悬浮剂 300～450mL，对水 300～450L，均匀喷雾。

（2）70％氟唑磺隆水分散粒剂。对野燕麦、雀麦、看麦娘、日本看麦娘、菵草等禾本科杂草和多种双子叶杂草有明显防效。每公顷用 45g 加专用助剂 150g，对水 300～450L，均匀喷雾。

（3）15％炔草酯可湿性粉剂。用于防除看麦娘、日本看麦娘、菵草、硬草、稗草、狗尾草、野燕麦、棒头草等禾本科杂草，具有杀草谱广、防效稳定、安全性高等特点。当杂草生长至 2～4 叶期施药，每公顷用药 40～45g，对水 300～450L，均匀喷雾。

（4）6.9％精噁唑禾草灵水乳剂。用于防除野燕麦、看麦娘、日本看麦娘、菵草等禾本科杂草。冬前施药，每公顷用 1 350～1 500mL；早春施药，每公顷用 1 800mL，对水 300～450L，均匀喷雾。防除菵草，草龄较大时施药防效差。土壤墒情好，防效高；较干旱时，加大用药用水量；干旱严重时，防效差。一般气温高于 28℃、相对湿度小于 65％、风速 4m/s 以上时停止施药。小麦拔节期禁用。

（5）5％唑啉草酯乳油。用于防除黑麦草、野燕麦、看麦娘、日本看麦娘、硬草、菵草、棒头草等禾本科杂草。冬前施药，每公顷用 900～1 200mL；早春施药，每公顷用 1 200～1 500mL，对水 300～450L，均匀喷雾。杂草草龄较大或发生密度较大时，宜使用高剂量或适当增加用药量。

2. 阔叶杂草除草剂

(1) 75％苯磺隆水分散粒剂。用于防除播娘蒿、荠菜、麦瓶草、繁缕、猪殃殃、泽漆、婆婆纳等麦田阔叶杂草，猪殃殃发生严重的地区，尽量在一轮叶期用药。每公顷用20～30g，对水300～450L，均匀喷雾。

(2) 75％噻吩磺隆水分散粒剂。用于防除播娘蒿、荠菜、麦瓶草、地肤、藜、萹蓄、猪殃殃、婆婆纳、繁缕等麦田阔叶杂草。小麦苗期至孕穗前均可用药。在杂草2～4叶期每公顷用30～45g，对水300～450L，均匀喷雾。

(3) 50％酰嘧磺隆水分散粒剂。能防除播娘蒿、荠菜、麦瓶草、地肤、藜、萹蓄、猪殃殃、婆婆纳等麦田多种一年生阔叶杂草，每公顷用45～60mL为宜，在春小麦3～5叶期、双子叶杂草2～6叶期，对水300～450L，均匀喷雾。

(4) 20％氯氟吡氧乙酸乳油。对低龄播娘蒿、荠菜、藜、卷茎蓼、遏蓝菜、地肤、繁缕、猪殃殃、大巢菜、打碗花等有较好的效果。在冬前杂草生长旺盛期或春季小麦返青期，每公顷用750～900mL，对水300～450L，均匀喷雾。

(5) 40％唑草酮水分散粒剂。用于防除播娘蒿、荠菜、藜、卷茎蓼、萹蓄、地肤、婆婆纳、麦家公、打碗花、苣荬菜等阔叶杂草。每公顷用60～75g，对水300～450L，小麦3叶1心至拔节前均匀喷雾。杂草2～4叶期为最佳用药时期，草龄越低效果越理想。

(6) 5％双氟磺草胺悬浮剂。用于防除荠菜、猪殃殃、野油菜、繁缕、牛繁缕、大巢菜、稻槎菜、播娘蒿、黄鹌菜等麦田阔叶杂草，对泽漆有较好的抑制作用。在杂草2～5叶期，每公顷用60～200mL，对水300～450L，均匀喷雾。

(7) 80％唑嘧磺草胺水分散粒剂。用于防除荠菜、小花糖芥、独行菜、播娘蒿、蓼、婆婆纳、反枝苋、藜、猪殃殃等麦田阔叶杂草。小麦3叶期至分蘖末期茎叶喷雾，冬前每公顷用28～56g，春后每公顷用37.5～75g，对水300～450L，均匀喷雾。

(8) 20％2甲4氯钠盐水剂。用于防除播娘蒿、荠菜、藜、大巢菜、猪殃殃、刺儿菜等阔叶杂草和莎草科杂草。在小麦分蘖盛期，每公顷用3 750～4 500mL，对水300～450L进行茎叶均匀喷雾。

3. 禾本科杂草和阔叶杂草兼治除草剂

(1) 7.5％啶磺草胺水分散粒剂。用于防除麦田雀麦、野燕麦、看麦娘、日本看麦娘、硬草、婆婆纳、播娘蒿、荠菜、繁缕、麦瓶草、稻槎菜，并可有效抑制猪殃殃、泽漆、早熟禾等杂草，对菵草没有效果。在冬前小麦3～6叶期，一年生禾本科杂草2叶1心期至5叶期，每公顷用139.5～187.5g，对水300～450L，均匀喷雾。杂草出齐后用药越早越好，小麦起身拔节后不得施用。

(2) 20％甲基碘磺隆水分散粒剂。用于防除播娘蒿、荠菜、麦瓶草、猪殃殃等麦田阔叶杂草及野燕麦、早熟禾等禾本科杂草。每公顷用50g，对水300～450L，均匀喷雾。

(3) 75％异丙隆可湿性粉剂。防除看麦娘、日本看麦娘、野燕麦、早熟禾、菵草、硬草、牛繁缕、麦家公、稻槎菜、播娘蒿、藜等一年生禾本科杂草及阔叶杂草。最适宜的用药时间为杂草出苗前至3叶期以前，每公顷用1 500g，对水600～900L，均匀喷雾。

4. 混剂 为应对复杂的田间草相，扩大杀草谱，减少用药次数，降低劳动力强度，同时丰富企业产品多样性，在除草剂研发和应用中，形成并登记了多种二元混剂。

(1) 3.6％甲基二磺隆·甲基碘磺隆水分散粒剂。不仅能有效防治麦田恶性禾本科杂草节节麦、常见禾本科杂草看麦娘、日本看麦娘、硬草、菵草、棒头草、碱茅、野燕麦等，还对麦田常见阔叶杂草播娘蒿、荠菜、猪殃殃、大巢菜、牛繁缕等有良好防除效果。冬前及冬后杂草3～6叶期，每公顷用300～375g＋助剂1 200～1 500mL，对水300～450L，均匀喷施。

(2) 20％氟氯吡啶酯·双氟磺草胺水分散粒剂。防除猪殃殃、播娘蒿、荠菜、宝盖草、藜、大巢菜等，小麦3叶期至拔节期，每公顷用75～97.5g，对水300～450L，均匀喷施。

(3) 6.25％甲基碘磺隆·酰嘧磺隆水分散粒剂。对猪殃殃、荠菜、繁缕、雀舌草、老鹳草、婆婆纳、大巢菜等绝大多数麦田阔叶杂草均有较好防除效果。每公顷用150～300g，对水300～450L，均匀喷施。以稻槎菜为主要防除杂草时，用量需不少于300g。

(4) 36％唑草酮·苯磺隆可湿性粉剂。对麦田多数阔叶杂草，如猪殃殃、播娘蒿、荠菜、婆婆纳、麦家公、麦瓶草等有较好防效，且在低温期施药也有良好防效，并对后茬作物安全。于杂草齐苗后，每公顷用 60～75g（冬前）或 75～112.5g（早春），对水 300～450L，均匀喷雾。

（5）5％唑啉草酯·炔草酯乳油。对看麦娘、菵草、硬草、棒头草、黑麦草等有较好防效，对早熟禾有一定抑制作用。每公顷用 900～1 500mL，对水 300～450L，均匀喷施。

（6）58g/L 双氟磺草胺·唑嘧磺草胺悬浮剂。能有效防除荠菜、猪殃殃、繁缕、播娘蒿等麦田阔叶杂草，对泽漆有非常好的抑制作用，且在 0℃ 低温条件下施药，药效也较稳定。每公顷用 150～300mL，对水 300～450L，均匀喷施。

（7）459g/L 双氟磺草胺·2，4 -滴异辛酯悬浮剂。用于防除猪殃殃、繁缕、播娘蒿、大巢菜、麦家公、麦瓶草、荠菜、苋、豚草、芥、藜、蓟、蓼、泽漆、苣荬菜等杂草。每公顷用 450～600mL，对水 300～450L，均匀喷施。

（8）34％氯氟吡氧乙酸·唑草酮可湿性粉剂。对猪殃殃、泽漆、宝盖草、田旋花、大龄荠菜有效，且对小麦安全。每公顷用 450g（冬前）或 600～750g（春季），对水 300～450L，均匀喷雾。

（四）麦田禾本科杂草化学防除技术

1. 以看麦娘、日本看麦娘、野燕麦等禾本科杂草为主的麦田　每公顷可用 50g/L 炔草酸·唑啉草酯乳油 900～1 200mL（冬前）或 1 200～1 500mL（春季）；15％炔草酯可湿性粉剂 300～450g（冬前）或 450～600g（春季）；6.9％精噁唑禾草灵乳油 1 200～1 500mL（冬前）或 1 500～1 800mL（春季）；50％高渗异丙隆可湿性粉剂 2 250g，对水 450～600L，均匀喷雾。

50g/L 炔草酸·唑啉草酯乳油、15％炔草酯可湿性粉剂对多种禾本科杂草高效，对小麦安全，药效受低温干旱等环境影响小。野燕麦发生数量较大的麦田，精噁唑禾草灵冬前用药为宜。

冬前在杂草齐苗后、麦苗 2 叶期以前防除，早春防除应在小麦拔节前，并适当加大用量。

2. 以硬草、菵草等禾本科杂草为主的麦田　每公顷可用 50％高渗异丙隆可湿性粉剂 2 250g，于播后苗前至麦苗 3 叶期施药，对水 600～900L，均匀喷雾；50g/L 炔草酸·唑啉草酯乳油 1 050～1 350mL，或 6.9％精噁唑禾草灵水乳剂 1 350～1 650mL，或 15％炔草酯可湿性粉剂 450～600g，对水 300～450L，均匀喷雾。冬前杂草齐苗后用药为宜。

3. 以雀麦等禾本科杂草为主的麦田　每公顷可用 7.5％啶磺草胺水分散粒剂 139.5～187.5g，或 3％甲基二磺隆可分散油悬浮剂 375～450mL，或 70％氟唑磺隆水分散粒剂 45～52.5g，对水 300～450L，均匀喷雾。

4. 以节节麦、早熟禾等禾本科杂草为主的麦田　在小麦越冬期或早春，每公顷可用 3％甲基二磺隆可分散油悬浮剂 375～450mL＋安全剂（伴宝）1 125～1 425mL，或 3.6％甲基碘磺隆钠盐·甲基二磺隆水分散粒剂 300～375mL＋安全剂（伴宝）1 200～1 500mL，对水 300～450L，均匀喷雾。

一般要求冬前气温较高时按规定用量和用药方法施药，在干旱、病害、田间积水、冻害等可能致小麦生长不良的条件下，易出现药害，严禁重喷、漏喷或超范围使用。

5. 抗精噁唑禾草灵等除草剂的禾本科杂草化学防除　唑啉草酯、啶磺草胺可用于防除抗精噁唑禾草灵等除草剂的日本看麦娘、看麦娘、野燕麦等。

（五）麦田阔叶杂草化学防除技术

1. 以猪殃殃、婆婆纳、大巢菜、繁缕等阔叶杂草为主的麦田　每公顷可用 20％氯氟吡氧乙酸乳油 600～750mL 或 20％氯氟吡氧乙酸乳油 300～375mL＋20％2 甲 4 氯水剂 2 250mL 混用，于麦苗 4 叶期均匀喷雾；36％唑嘧磺草胺·双氟磺草胺可湿性粉剂 75～112.5g（冬前）或 112.5～150g（早春）、58g/L 双氟磺草胺·唑嘧磺草胺悬浮剂 150～202.5mL，36％唑草酮·苯磺隆可湿性粉剂 60～75g（冬前）或 75～112.5g（早春）、34％氯氟吡氧乙酸·唑草酮可湿性粉剂 450g（冬前）或 600～750g（春季），对水 450～600L，于杂草齐苗后均匀喷雾。

2. 以播娘蒿、荠菜、麦瓶草等阔叶杂草为主的麦田　每公顷可用 75％苯磺隆干悬浮剂 15g、10％苯磺隆可湿性粉剂 150g、36％唑草酮·苯磺隆可湿性粉剂 75g、70.5％二甲·唑草酮 450～600g、34％氯氟吡氧乙酸·唑草酮可湿性粉剂 450g（冬前）或 600～750g（春季），对水 450L，均匀喷雾。

3. 以麦家公、泽漆、繁缕、宝盖草、豚草、田旋花、苣荬菜为主的麦田　每公顷可用 40％唑草酮水分散粒剂 60～75g、36％唑草酮·苯磺隆可湿性粉剂 60～75g（冬前）或 75～112.5g（早春）、75％苯磺隆干悬浮剂 20～25g、75％苯磺隆干悬浮剂 7.5～15g 与 20％2 甲 4 氯水剂 2 250mL 复配、459g/L 双氟磺草胺·2，4-滴异辛酯悬浮剂 450～600mL、34％氯氟吡氧乙酸·唑草酮可湿性粉剂 450g（冬前）或 600～750g（春季），对水 450～600L，均匀喷雾。

4. 抗苯磺隆等除草剂的阔叶杂草化学防除　唑草酮、氟氯吡啶酯·双氟磺草胺、双氟磺草胺·2，4-滴异辛酯可用于防除对苯磺隆产生抗药性的播娘蒿、猪殃殃、荠菜等。

（六）麦田禾本科与阔叶混生杂草化学防除技术

禾本科杂草与阔叶杂草混生的麦田，每公顷可用 3.6％甲基碘磺隆钠盐·甲基二磺隆水分散粒剂 300～375g＋安全剂（伴宝）1 200～1 500mL；或 7.5％啶磺草胺水分散粒剂 139.5～187.5g，对水 300～450L，均匀喷雾；或 50％高渗异丙隆可湿性粉剂 2 250g，对水 600～900L，均匀喷雾。

李美（山东省农业科学院植物保护研究所）

张朝贤（中国农业科学院植物保护研究所）

第7节　玉米田杂草及其防除技术

一、中国玉米田杂草群落结构及分布

玉米（*Zea mays*）又名玉蜀黍，是古老的栽培作物之一。它起源于墨西哥，1496 年由哥伦布带到西班牙，后传入世界各地。玉米传入中国的时间是在 16 世纪上叶，至今已有 470 多年的历史。最初种植的玉米是作为珍奇的辅助食品，清初以后的 200 多年里，在我国迅速传播，成为重要的粮食作物。

2013 年，我国玉米种植面积 3 632 万 hm²，超过水稻、小麦居作物播种面积首位，总产达 21 848.9 万 t。从海南岛至新疆北部，从台湾及沿海各省到甘肃、新疆以及青藏高原均有玉米种植。

玉米种植形式多种多样。套种玉米约占总种植面积的 1/3，是玉米的主要种植形式，玉米（包括春玉米及夏玉米）与豆类作物（大豆、绿豆、红小豆等）间作也占相当大的面积，此外，尚有一定面积的春播清种和夏播复种玉米。

依据生长季节、自然条件、栽培制度等，我国玉米生产分为北方春播玉米区、黄淮海夏播玉米区、西南山地玉米区、南方丘陵玉米区、西北灌溉玉米区和青藏高原玉米区 6 个玉米种植区。但是，玉米主要集中分布在从东北走向西南狭长的半山丘陵地带，包括黑龙江、吉林、内蒙古、辽宁、河北、山西、山东、河南、陕西、四川、云南、贵州、广西 13 个省份。其玉米种植总面积和总产量均占全国的 85％以上。玉米种植面积最大的为山东省，其次为黑龙江省、吉林省、河北省等。

唐洪元先生根据玉米种植区划和玉米田草害调查资料，将玉米田草害划分成如下 6 个区域。

（一）北方春播玉米田草害区

此区包括黑龙江、吉林、辽宁、内蒙古中北部及河北、山西、陕西北部地区，属寒温带湿润、半湿润气候，夏季温暖湿润，冬季严寒漫长，≥10℃的积温 1 300～3 700℃，无霜期 100～200d，年平均气温 −4～10℃，玉米生长季节平均气温 20～25℃，年降水量 500～800mm，从西向东递减，其中 60％集中在 7～9 月。本区是我国第二大玉米种植区，玉米主要种植在旱地，灌溉玉米仅占 1/5。玉米一年一熟，一般和小麦、大豆和高粱轮作。主要农田杂草有马唐、稗、龙葵、稀莶、铁苋菜、狗尾草、葎草、苍耳、叉分蓼等，其为害率依次递减。主要杂草群落有马唐＋稗＋反枝苋，稗＋马唐＋反枝苋，龙葵＋稗＋马唐，铁苋菜＋马唐＋稗，稀莶＋马唐＋稗等。另外，问荆、水棘针、香薷、鼬瓣花在局部地区发生，黑龙江和吉林两省还有一些早春性杂草，如野燕麦、卷茎蓼、本氏蓼、大马蓼、鸭跖草、风花菜等，由于出苗较早只为害苗期玉米。

（二）黄淮海夏播玉米田草害区

此区包括山东、河南、河北以及京津和苏北、皖北地区，属暖温带半湿润季风气候区，温度适宜，热量丰富，≥10℃的积温 3 400～4 700℃，无霜期 110～220d，年平均气温 10～14℃，玉米生长季节平均气温 24～26℃，年降水量 500～1 100mm，其中 70％集中在 6～8 月。本区有较丰富的地下水和地表水，灌溉玉米面积占 50％以上。该区是我国玉米种植面积最大的地区，栽培方式多为小麦—玉米一年两熟，下茬玉米或套种或平播（清种）或与豆类间作。部分地区为小麦—玉米—棉花两年三熟。主要农田杂草有马唐、牛筋草、稗、马齿苋、反枝苋、田旋花、藜、画眉草、狗尾草、香附子，其为害率依次递减。主要杂草群落有马唐＋马齿苋＋藜，马齿苋＋牛筋草＋马唐＋藜，牛筋草＋马唐＋马齿苋，田旋花＋马唐＋马齿苋，藜＋马唐＋马齿苋＋反枝苋，绿狗尾＋马唐＋反枝苋＋藜，反枝苋＋香附子＋马唐＋藜，香附子＋马唐＋绿狗尾＋马齿苋。其中，一些温带、热带杂草如马唐、马齿苋在该区南部危害较北部为重，温带-亚热带杂草如藜、蓼草、反枝苋、铁苋菜、龙葵主要为害该区北部的玉米田，南部仅有出现，为害较轻，而香附子在该区南部为害较重。

（三）长江流域玉米田草害区

此区包括江苏南通、上海崇明以及浙江东阳、义乌等地。≥10℃的积温 4 500～5 100℃，无霜期 200～230d，年平均气温 14～16℃，年降水量 1 000～1 500mm，多集中在 4～10 月。该区玉米为一年两熟或两年三熟。主要杂草有马唐、牛筋草、千金子、凹头苋、马齿苋、臭矢菜、碎米莎草、粟米草、鳢肠、稗、双穗雀稗、空心莲子草等。主要杂草群落有马唐＋牛筋草＋马齿苋＋千金子，千金子＋马唐＋牛筋草，牛筋草＋马唐＋千金子＋画眉草等。

（四）华南玉米田草害区

此区包括广东、福建、江西、湖北、湖南等省。属亚热带和热带湿润气候，高温多雨，终年温暖，适合农作物生长。无霜期 220～360d，年平均气温 15～24℃，年降水量 1 000～2 500mm，降水分布均匀、雨热同期。该区是我国水稻产区，玉米种植面积较少，玉米可以种春、秋两季。主要杂草有马唐、牛筋草、稗、青葙、胜红蓟、狗尾草、香附子、碎米莎草、臭矢菜、野花生等。主要杂草群落有马唐＋稗＋青葙，牛筋草＋稗＋马唐，稗＋马唐＋青葙，青葙＋马唐＋稗，胜红蓟＋青葙＋马唐，香附子＋马唐＋青葙，碎米莎草＋牛筋草＋马唐等。其中胜红蓟、野花生、青葙、粟米草、臭矢菜是热带-南亚热带杂草，主要分布在广西、广东、福建。

（五）云贵川玉米田草害区

此区包括四川、云南、贵州和广西 4 省份，属温带、亚热带和热带湿润、半湿润气候，境内 90％的耕地为丘陵山地和高原，海拔从几十米到 3 000m。各地因海拔不同气候变化较大。≥10℃的积温 3 500～6 500℃，无霜期 240～360d，年平均气温 12～18℃。光热条件较差，水资源较丰富，年降水量 800～1 600mm，多集中在 4～10 月。该区玉米为一年两熟或两年三熟。主要杂草有马唐、辣子草、毛臂形草、狗尾草、荠菜、尼泊尔蓼、苦蘵、刺儿菜、野苋、金狗尾草、风轮菜等。主要杂草群落有马唐＋辣子草＋凹头苋，辣子草＋马唐＋凹头苋，碎米莎草＋马唐＋辣子草，刺儿菜＋马唐＋辣子草。该区大部分杂草属热带-温带杂草，杂草种类及类型繁多，既有南亚热带杂草如铺地黍、叶下珠分布，也有喜凉的杂草铁苋菜、豨莶为害，该区特有的喜湿杂草辣子草为害十分严重。

（六）西北玉米田草害区

此区包括新疆、甘肃、宁夏、陕西以及青海、西藏等省份，地势差异悬殊、气候垂直变化明显，形成了作物组合多样的立体种植生态类型。玉米从一年两熟、两年三熟至一年一熟。≥10℃的积温 2 200～4 500℃，无霜期 140～170d，年平均气温 0～12℃。光热充足，昼夜温差大，对玉米生长发育有利。但气候干燥，年降水量多在 100～250mm，干旱少雨，不能满足玉米生长发育最低限度的水分需要。主要杂草有藜、稗、田旋花、大刺儿菜、冬寒菜、萹蓄、苣荬菜、狗尾草、灰绿藜、芦苇、酸模叶蓼、问荆等，为害率依次递减。主要杂草群落有藜＋稗＋凹头苋，田旋花＋大刺儿菜＋藜，稗＋藜＋田旋花，萹蓄＋藜＋稗，反枝苋＋香附子＋马唐＋藜，香附子＋马唐＋狗尾草＋马齿苋。该区大部分杂草与北方玉米田杂草区的黑龙江玉米田杂草相似，冬寒菜、大刺儿菜为该区特有杂草。

我国玉米田各生态类型区主要杂草的出现频率见表 23 - 7 - 1。

表 23 - 7 - 1　中国玉米田杂草的出现频率（％）（引自唐洪元，1988）

Table 23 - 7 - 1　Occurrence frequency of major weeds in maize fields in China（％）（from Tang Hongyuan，1988）

中文名	拉丁名	玉米草害区					
		北方	黄淮海	长江流域	华南	云贵高原	西北
狗尾草	*Setaria viridis*	31.0	66.0	10.0	16.0	44.0	46.3
稗	*Echinochloa crusgalli*	98.0	19.0	93.3	64.0	1.9	80.1
马唐	*Digitaria sanguinalis*	100.0	99.0	82.0	92.0	98.0	

（续）

中文名	拉丁名	玉米草害区					
		北方	黄淮海	长江流域	华南	云贵高原	西北
铁苋菜	*Acalypha australis*	56.0	76.0	4.0	13.7	26.9	
马齿苋	*Portularca oleracea*	27.0	77.0	96.6	6.0	12.5	
牛筋草	*Eleusine indica*	3.0	81.0	62.0	46.0	2.5	
苍耳	*Xanthium sibiricum*	54.0	9.0	2.0	10.0	3.7	1.3
龙葵	*Solanum nigrum*	66.0	21.0	2.0		16.5	
藜	*Chenopodium album*	56.0	49.0	4.0		3.5	96.4
小飞蓬	*Conyza canadensis*	8.0	8.0	22.0		28.0	
刺儿菜	*Cephalanoplos segeton*	22.0	1.0			1.0	
苣荬菜	*Sonchus brachyotus*	8.0	2.0				51.4
大马蓼	*Polygonum lapathifolium*	6.0	13.0				
苘麻	*Abutilon theophrasti*	31.0	4.0				
葎草	*Humulus scadens*	8.0	17.0				
金狗尾草	*Setaria glaucum*	10.0		4.0	14.0	28.0	3.8
小藜	*Chenopodium serotinum*	2.0		43.0		19.4	
苦蘵	*Physalis angulata*	1.0	25.0			15.0	
豨莶	*Siegesbeckia orientalis*	27.0				17.9	
问荆	*Equisetum arvense*	8.0				6.0	
叉分蓼	*Polygonum divaricatum*	34.0					
水棘针	*Amethystea caerulea*	41.0					
香附子	*Cyperus rotundus*		25.0	8.0	32.0	5.5	56.0
凹头苋	*Amaranthus lividus*		3.0	72.0	22.0	39.2	
绿苋	*Amaranthus viridis*		10.0	8.0	14.0		
画眉草	*Eragrostis pilosa*		50.0	24.0	4.0		
鳢肠	*Eclipta prostrata*		23.0	44.0	46.0		
旱稗	*Echinochloa hispidula*		6.0	44.0			
田旋花	*Convolvulus arvensis*		55.0			3.8	30.0
萹蓄	*Polygonum aviculare*		4.0				
碎米莎草	*Cyperus iria*			76.0	36.0	14.2	
双穗雀稗	*Paspalum paspaloides*			8.0	12.0	5.7	
铺地黍	*Panicum repens*			6.0	2.0	12.5	
叶下珠	*Phyllanthus urinaria*			8.0	30.0	10.0	
狗牙根	*Cynodon dactylon*			20.0	8.0	6.0	
刺苋	*Amarabthus spinosa*			14.0	32.0		
粟米草	*Mollugo stricta*			26.0	14.0		
黄花稔	*Sida acuta*			4.0	46.0		
臭矢菜	*Cleome viscosa*			36.0	36.0		
千金子	*Leptochloa chinensis*			52.0			
空心莲子草	*Alternathera philoxeroides*			8.0			
草龙	*Jussiaea linifolia*				4.0		
圆果雀稗	*Paspalum orbicularea*				4.0		
飞机草	*Eupatorium odoratum*				12.0		
罗氏草	*Rottboellia exaltata*				2.0		

（续）

中文名	拉丁名	玉米草害区					
		北方	黄淮海	长江流域	华南	云贵高原	西北
胜红蓟	*Ageratum conyzoides*				64.0		
青葙	*Celosia argentea*				76.0		
野花生	*Crotalaria ferruginea*				24.0		
飞扬草	*Euphorbia hirta*				18.0		
夜香牛	*Vernonia cineria*				4.0		
莲子草	*Alternanthera sessile*				12.0		
宝盖草	*Lamium amplexicaule*						
辣子草	*Galisoga parviflora*					80.7	
荠菜	*Capsella bursa-pastoris*					34.2	
欧洲千里光	*Senecio vulgaris*					1.7	
土荆芥	*Chenopodium chinense*					1.2	
尼泊尔蓼	*Polygonum nepalense*					18.5	
风轮菜	*Clinopodium chinense*					34.0	
毛臂形草	*Brachiaria villosa*					42.0	
酢浆草	*Oxalis corniculata*					17.0	
大刺儿菜	*Cephalanoplos setosum*						42.6
芦苇	*Phragmitis australis*						38.8
灰绿藜	*Chenopodium glaucum*						21.3
冬寒菜	*Malva verticillata*						10.1
甘草	*Glycyrrhiza uralensis*						3.8

二、玉米田杂草发生规律

了解杂草的发生规律对确定杂草的防除时机有重要意义。尤其是化学除草剂的施用时间与杂草发生规律密切相关，施用时间不当，会使药剂达不到应有的防除效果。

不同生态类型区的玉米田杂草发生规律及发生动态有一定差异，每个地区杂草的发生程度和消长与温度、降雨及农事活动有一定关系。

北方春播玉米田草害区，以黑龙江省南部地区为例。该区玉米一年一熟，玉米在 4 月末 5 月初播种，玉米出苗的同时本氏蓼、藜等杂草开始出土，而后随着气温升高，杂草出土量增加，至 5 月下旬，气温升高，稗、反枝苋大量出土，杂草发生量达第一个高峰；7 月上、中旬，由于降雨等原因，杂草出土出现第二个高峰（表 23-7-2）。此后再出土的杂草，对玉米产量为害减小。

表 23-7-2 黑龙江南部地区玉米田杂草发生量（株/m²）（引自陈铁保，1990）
Table 23-7-2 Weed density in maize fields in Southern Heilongjiang（from Chen Tiebao，1990）

调查日期	稗	本氏蓼	藜	反枝苋
4 月 30 日	0	22	11	0
5 月 10 日	1	23	11	0
5 月 20 日	7	29	7	7
5 月 30 日	27	20	47	17
6 月 10 日	11	2	3	13
6 月 20 日	22	1	6	23
6 月 30 日	19	0	4	19
7 月 10 日	7	3	11	16
7 月 20 日	6	0	0	5

由于该区大部分玉米田播前经过整地，玉米播种前少有杂草出土，因此只要土壤墒情适宜，土壤处理剂即可以有效控制杂草的为害。同时，由于该区玉米生育期较长，需在其生育中后期补施一些茎叶处理剂或用灭生性除草剂定向喷雾。另外，该区阔叶杂草为害严重，需要理想的阔叶杂草除草剂。

黄淮海夏播玉米田草害区，以河北省中南部为例。该区种植制度以一年两熟（即上茬种植冬小麦，下茬种植夏玉米）为主，夏玉米田杂草以晚春性杂草为主，如马唐、反枝苋等，它们一般在日平均气温 15℃ 左右（冀中南地区 4 月 25 日左右）开始出土；至日平均气温 25℃ 以上（7 月初）达出苗高峰，以后随着气温升高及降水量加大，杂草出苗数增加；至日平均气温 30℃（7 月 20 日左右）达最高值

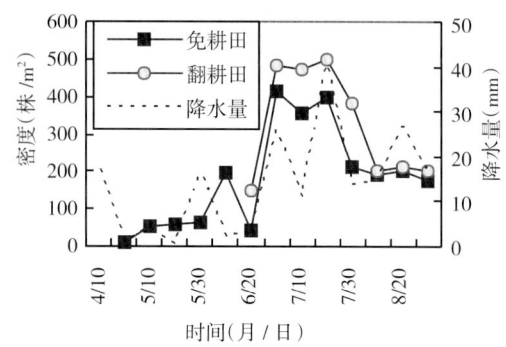

图 23 - 7 - 1　玉米田杂草出苗密度、时间与降雨的关系
Figure 23 - 7 - 1　Weed density related with growth stage and rainfall

（图 23 - 7 - 1）。以后由于杂草之间的竞争产生群体调节作用，个体较小的杂草因对水、肥、光竞争能力差而死亡，从而使杂草群体株数减少。由此也看出，7 月中、下旬以后再出土的杂草，竞争能力减弱，基本上对玉米产量不构成危害。所以，在杂草第一次出苗高峰到来之前应采取化学除草措施。

由于该区较干旱，杂草出土高峰与降雨时间及降水量密切相关，一般来说，在 7 月下旬以前，有一次 10mm 以上的降雨就有一次出土高峰。

夏玉米按种植方式的不同可分为翻耕和免耕两种种植方式。该区目前意义上的翻耕种植是指上茬小麦收获后用旋耕犁等旋耕灭茬，然后平整土地、播种玉米。从发展趋势看翻耕玉米田占的比重逐步减少。这类农田，由于小麦收获后翻动土层，除去了收麦前出土的杂草，玉米播种后杂草与玉米几乎同时出苗。只要土壤湿度适宜，用一般的土壤处理剂进行播后苗前土壤处理即可以起到理想的除草效果。

为了充分利用光热及土地资源，延长下茬玉米的生长期，增加玉米产量，该区大部分玉米田采用免耕种植。免耕玉米有两种种植方式：一是在小麦收获前一周左右于麦垄间套种玉米；二是小麦收获后，保留田间麦茬直接播种玉米（又称"贴茬"或"铁茬"玉米田）。免耕玉米不论哪种种植方式，玉米播种前及生育期内都不进行整地。因此与翻耕播种的玉米相比，免耕玉米田杂草与作物的矛盾更加突出。大部分农田，小麦收获前就已经有一部分杂草出土，这部分杂草在麦收后不整地的情况下"转嫁"到玉米田。而夏玉米播种前后正值高温多雨的季节，由于杂草在出苗上的时间优势及与玉米竞争的空间优势，生长迅速。这部分杂草及玉米播种后与玉米同时出土的杂草形成庞大的杂草群落，在玉米出苗前就对其生长构成了威胁（图 23 - 7 - 1）。而土壤处理剂对这些已出苗的杂草防效较差，只有在玉米播后苗前喷施触杀型茎叶处理剂（如百草枯）进行时差选择除草，或苗后喷施选择性茎叶处理剂（如烟嘧磺隆），才能起到理想除草效果。

长江流域玉米田草害区，以江苏农垦调查结果为例。该区夏玉米播种时正值高温、高湿的初夏季节，温湿度均能满足杂草的萌发，杂草的出土高峰期较黄淮海夏播玉米种植区来得早并且集中。夏玉米播种后杂草即开始出土，播后 10d 达到出土高峰，播后 15d 出土杂草数量占总出土数量的 90%，播后 30d 出土数量占杂草出土总数的 97.5%。以后杂草出土数量减少。杂草发生量大小及发生高峰是否明显，取决于土壤是否湿润（来源于灌溉和降雨）。如果播种后土壤湿润，会较早地出现杂草出土高峰，出土杂草数量较多，反之则推迟。轮作方式不同杂草的发生量也有差别，连年种植玉米的农田，比玉米、大豆轮作的农田禾本科杂草发生数量大。由于该区大部分农田土壤墒情较好，一般的土壤处理剂即可达到理想的除草效果。如果玉米播后苗前杂草出土数量较多时，可在喷施土壤处理剂时桶混百草枯等触杀型灭生性茎叶处理剂。

云贵川玉米田草害区，以云南昆明为例。玉米在立夏至芒种播种，播种后杂草陆续出土，至播后 50～60d 达出苗高峰，覆膜的玉米比露地栽培的玉米出苗高峰来得早，在盖膜后 0～20d 即达到出苗高峰（图 23 - 7 - 2）。

土壤处理剂对该地区的大部分杂草均可以起到较理想的防除效果，但蓼科杂草、菊科杂草及多年生杂草的防除难度较大。

西北玉米田草害区，以甘肃省中南部为例。玉米播种时间为 4 月末至 5 月初。播种前后杂草陆续出土，第一次高峰出现在 5 月中旬，主要为藜科杂草及蓼科杂草，5 月下旬至 7 月上旬是第二次出土高峰，出土杂草主要为稗等，出土高峰到来的早晚与当年温度及降雨关系密切，7 月底后，出土杂草逐渐减少。该区玉米普遍采取中耕管理，中耕后，又会使一部分杂草处于表土层，遇雨或灌溉后杂草出现另一次出土高峰。该区玉米播种前一般经过平整土地，只要土壤墒情适宜，土壤处理剂可取得理想的除草效果，但由于该区降雨少、水浇条件差，土壤处理剂效果较差。

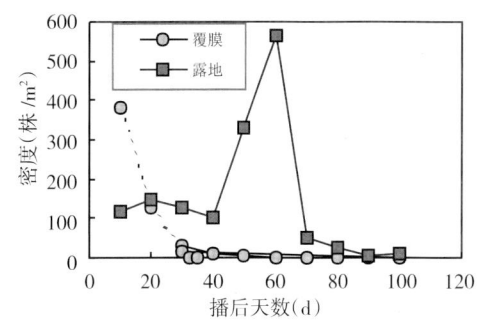

图 23 - 7 - 2　覆膜与露地栽培玉米田杂草消长动态
Figure 23 - 7 - 2　Weed occurrence dynamics in
different cultivation system

三、玉米田杂草的主要特性

玉米田杂草既具备野生植物的特性，又因长期与玉米伴生而有栽培作物的特性。了解杂草的这些特性是防除工作的基础。

（一）种子的独特性

杂草种子有极旺盛的生命力和很多独特的性状。

1. 休眠性　休眠是指刚刚成熟的杂草种子，即使给予合适的生态条件也不能发芽的特性。杂草的休眠是在长期自然选择中形成的对不良环境的适应性。由于杂草休眠期长短不同，在田间形成了发芽出土的不整齐性，也给防除工作带来很大困难。例如，玉米田杂草优势种马唐在采集后 150d 做发芽试验，通过休眠的杂草种子仅 1% 左右，采集后 180d，才有 60% 的种子通过休眠。正是由于马唐从植株落粒后不立即发芽这一特性，避开了寒冷的冬季对植株的为害，以种子形式在土壤中安全度过冬天，翌年 4 月马唐种子基本通过休眠，如果温度、水分等条件合适即可萌发。

2. 种子寿命长　多数杂草种子的寿命都比栽培作物种子的寿命长。据测定，107 种杂草种子经 20 年的埋土处理，仍有 57 种能发芽，其中有莎草属、蓼属、藜属、马齿苋属、旋花属、车前属等的杂草。石茅高粱种子在地下埋藏 38 年后仍有 91% 的发芽率（表 23 - 7 - 3）。种子寿命长短首先取决于本身的遗传性，另外，环境条件不同也会有很大变化。一般在低温、干燥、密闭条件下杂草种子寿命会更长。

表 23 - 7 - 3　几种杂草种子在地下埋藏 38 年后的发芽率（引自 R. L. Zimdahl，1980）
Table 23 - 7 - 3　**Germination rates of some weed seeds buried for 38 years**（from R. L. Zimdahl，1980）

种类	发芽率（%）
石茅高粱	91
苘麻	38
藜	7
狗尾草	1

3. 成熟早，易落粒，果熟期长　大部分杂草种子的成熟期都比作物早，如反枝苋、马齿苋、马唐等杂草出苗及生长速度几乎与玉米无差别，但在玉米成熟时，杂草的大部分种子早已落地。杂草种子有随熟随落的特性，因此，增加了潜入土壤的能力，也造成了杂草出苗不整齐的现象。

作物种子的成熟期较整齐，而杂草种子的成熟期则不整齐，且果熟期长，大多数是一边分蘖（或分枝）一边开花结籽。如画眉草的种子成熟期可由 5 月延到 9 月。大部分杂草种子还有后熟的特性，如正在开花的蒲公英、刺儿菜等植株拔除后，其中只要有已受精的胚，都可以发育成种子。

4. 分批出苗和危害　即便是同一种杂草，由于种子生理和环境的异质性，以及中耕措施的翻动和干扰，其出苗时期很不整齐。随着环境条件的变化，杂草在田间的出土期可以从作物播种一直持续到作物收获，分批出土为害。在华北地区免耕玉米田，上茬小麦行间即可看到杂草出土，小麦收获后，随着温度升高及降水量增加，出土杂草数量增多，一直到 8 月中旬田间仍有杂草出土，杂草的为害从玉米出苗开始，一直持续到作物收获。

另外，杂草种子发芽率的高低还存在一定的可塑性，当土壤中种子储存量大时，发芽率即自然降低，以防止因杂草群体过大而引起死亡，待环境条件适宜时，杂草种子又可发芽。

（二）有趣的"死而又生"

很多杂草，尤其是多年生杂草，在它们的根、茎等营养器官被切断后，还能重新发根成活，生长成新的植株，这也称杂草植株的再生力。例如，马齿苋在人工除草后晾晒3d遇雨仍可恢复生长。刺儿菜、打碗花在机械翻耕后的地下芽均有长成植株的能力。

但也不是杂草植株的所有部分都有再生力。例如，马唐的植株被铲除后，只有带须根的茎节和分蘖节部分被埋于土壤中时才能复活生长成新的植株，其余部位如叶片、节间、根等都没有再生力（表23-7-4）。杂草在不同生育时期的再生能力不一样，萌芽期最强，开花期最弱。

表23-7-4 马唐植株各部位的再生能力（引自吕德滋等，1995）

Table 23-7-4 Reproductivity of different organs of *Digitaria sanguinalis*（from Lü Dezi et al.，1995）

营养器官	埋于土层不同深度的再生力（%）				
	土表	1cm	2cm	3cm	4cm
带有须根的茎节	0	100	90	100	100
分蘖节	0	100	100	100	100
根	0	0	0	0	0
叶片	0	0	0	0	0
带根残株	100	100	100	80	90

（三）惊人的繁殖力

绝大多数杂草的结实数是作物的几十倍、几百倍甚至上万倍。并且种子体积小，种皮薄，粒重也大大低于作物种子。在河北南部地区玉米田采集到一株牛筋草，共有分蘖147个，占地直径1.7m，成穗147个，每穗平均1 195粒种子，其繁殖种子17万粒左右；同时测定的一株马唐的匍匐茎长95cm，占地直径1.9m，共有444个穗，每穗有种子525粒，共计有种子22万粒左右。表23-7-5给出了玉米田几种杂草的繁殖量及每克种子重量的粒数。

表23-7-5 杂草产生的种子量和每克重量的种子数（引自R.L. Zimdahl，1980）

Table 23-7-5 Seed production and weight of some weed species（from R.L. Zimdahl，1980）

种类	每株种子量（粒）	每克种子数（粒）
稗	7 160	715
蓼	11 900	143
萹蓄	14 600	1 177
反枝苋	117 400	2 634
马齿苋	52 300	7 699
藜	72 450	1 430

由于杂草的多实性，在除草时即使留下很少草株，落入土中的种子数量也可达每平方米几百粒、几千粒。在连续种植玉米的农田，如果连续6年在玉米播后苗前喷施莠去津，25cm表土层反枝苋的种子量会由每公顷1.07亿粒降至300万粒，藜的种子量由每公顷153.6亿粒降至8.6万粒。同一块农田，如果前3年施用莠去津而后3年不用药，25cm表土层反枝苋的种子量会迅速增加到每公顷6.1亿粒，藜的种子量增加到每公顷22.8万粒。

大量种子落入土壤，成为"种子雨"，加上过去遗留下来处于休眠状态的种子，在土壤中形成"种子库"，成为杂草严重泛滥的基础。农民常说的"草荒"主要是由这些杂草种子"底荒"造成的。

多种多样的繁殖方式齐驱并进，是杂草繁殖力强的另一主要表现。绝大部分多年生杂草，不仅具备有性繁殖的能力，同时还具有营养繁殖的能力。营养繁殖的方式也是多种多样的，如不定根、根芽、根茎、球茎、鳞茎等都有营养繁殖能力。我国南方玉米田中的狗牙根，在每667m²地内根茎总长度可达50km。

（四）巧妙的传播方式

杂草的传播是使杂草广泛分布、蔓延和定居的条件。绝大多数杂草的种子和果实都有很巧妙、很强大的传播能力和多样的传播途径和方式。如蒲公英、刺儿菜等菊科杂草的果实上有冠毛，萝摩科杂草的种子上有种毛，鬼针草、苍耳等杂草果实上有钩刺，都可以借助风力、水流、动物等传播到很远的地方。还有些杂草，如犁头草、牻牛儿苗、猫眼草等，果实成熟时果荚开裂或果皮收缩，将种子弹出；青葙通常在碰触植株时，胞果开裂，散落种子于土壤中，也随收获作物散落于粮食或秸秆、打谷场垃圾中，再随有机肥回到田地。

（五）顽强的生命力

很多杂草具有抗严寒、耐低温、抗干旱、耐贫瘠的能力。在逆境条件下，玉米会逐步死亡或大大减产，而杂草却生长旺盛。

还有一种特殊类型的杂草，例如两栖蓼，其生长随着环境水分条件而变化，可以生长于水中，也可以生长于湿地，甚至干旱的沙丘地都能生长得很好。

此外，很多杂草种子经过牲畜肠胃后仍然保持生命力，种子可以通过撒施粪便传播。表 23-7-6 是玉米田几种优势杂草的种子经牛消化后的发芽率及牛粪堆积 3 个月后发芽率降低百分数。由此看出用发芽率 98％的反枝苋种子喂牛，经牛的消化后 47h，杂草种子在牛粪中仍有 36％的发芽率，虽然牛粪堆积腐熟 3 个月后杂草种子发芽率比原来降低 88％，但仍有少量草籽发芽。

表 23-7-6　几种杂草种子经过牛消化后的发芽情况（引自 R. L. Zimdahl，1980）

Table 23-7-6　Germination ability of different weed seeds digested by cattle

(from R. L. Zimdahl，1980)

种类	发芽率（%）		堆积后 3 个月发芽率降低（%）
	饲喂前	饲喂后 47h	
反枝苋	98	36.0	88
藜	70	22.0	69
狗尾草	21	0.0	100
野燕麦	74	0.0	100

四、玉米田杂草的危害

杂草最大的危害就是干扰作物生育，造成农业减产。大量研究表明，杂草的需水量及水分利用率明显高于玉米，玉米每生产 1kg 干物质的需水量为 350kg，而藜每生产 1kg 干物质的需水量为 660kg。杂草吸收养分的能力也明显强于玉米。如苋菜、藜、蓼、马齿苋、马唐等体内的氮、磷、钾等主要营养元素含量均明显高于玉米（表 23-7-7）。

表 23-7-7　玉米及杂草体内主要矿物质的含量（引自 R. L. Zimdahl，1980）

Table 23-7-7　Major mineral substance content in maize and weeds（from R. L. Zimdahl，1980）

种类	N（%）	P（%）	K（%）	Ca（%）	Mg（%）
玉米	1.2	0.2	1.2	0.2	0.2
苋菜	2.6	0.4	3.9	1.6	0.4
藜	2.6	0.4	4.3	1.5	0.5
蓼	1.8	0.3	2.8	0.9	0.6
马齿苋	2.4	0.3	7.3	1.5	0.6
马唐	2.0	0.4	3.5	0.3	0.5

玉米田优势杂草对玉米生育及产量的影响主要源于其对水、肥的争夺。据江苏省滨淮农场调查，每平方米稗增加 10 株，玉米产量减少 3.06kg。河北省中南部地区的试验表明，当马唐密度为 6～9 株/m² 时，玉米产量降低 5％～10％。

杂草使其籽粒中淀粉、蛋白质含量降低，种皮增厚，影响其品质。某些杂草有毒或有异味，混入粮食及饲料中会对人畜健康造成危害。

杂草为害作物生长的另一种作用是异株克生作用（异株克生作用也称为他感作用或植化作用，是指一种植物通过向环境中释放某种或某些物质而影响同一生活环境中其他植物生长，包括抑制或促进生长的现象）。如蓼、断节莎、大狗尾草等对玉米生长均有异株克生作用。

很多杂草是玉米病虫的中间寄主和传播媒介。石茅高粱是玉米丛矮病菌及玉米矮花叶病毒的寄主。玉米田常见的旱稗，可吸引叶蝉、黏虫、蝗虫及传染褐斑病等。

草害还会使农业生产耗费大量工时，使农民增加劳动强度。"手足朝地背朝天，辛勤锄草几千年"，这是劳动人民多年与杂草斗争的切身体验和真实写照。就现在我国农业管理水平而言，农村每年用于除草的工时占总用工量的 1/3～1/2。

杂草的大量发生还会给机械化作业带来麻烦，既增加油耗，又影响作业质量和进度。

五、玉米田杂草防除技术

（一）杂草种子检疫

种子是杂草传播、蔓延和发生的主要原因。如原产于欧洲和印度的稗和原产于地中海地区的石茅高粱，现在已扩散到 60 多个国家。新的杂草种子传入某一地区，对该地区杂草群落的演替及防除都有很大影响。在华北地区夏玉米田出现频度较高、为害较重且不易防除的两种杂草野黍及落粒高粱就是通过玉米或其他作物的种子包装带入传播蔓延的。因此，为防止危险性杂草种子从国外传入和在国内各种植区之间扩散，对杂草种子的识别及检疫研究日渐受到重视，这在杂草的综合治理中起到了预防为主的重要作用。

（二）农作措施除草

耕作措施影响杂草种子在土壤中的分布、籽实寿命及出苗，从而影响着杂草的发生。耕作制度与杂草发生关系的研究结果证明，连续免耕，又没有好的控草措施，会加重杂草发生。但免耕使杂草种子集中在表土层，促进了表土层草籽出土和深层草籽休眠，再配合有效的杂草控制措施如合理施用除草剂等，可以使土壤种子库的杂草种子量减少，数年后，杂草为害降低。

图 23-7-3 是在美国免耕玉米田连续 6 年施用莠去津后反枝苋、藜和其他杂草的数量变化，在第七年调查，杂草数量与第一年相比降低 95% 以上。

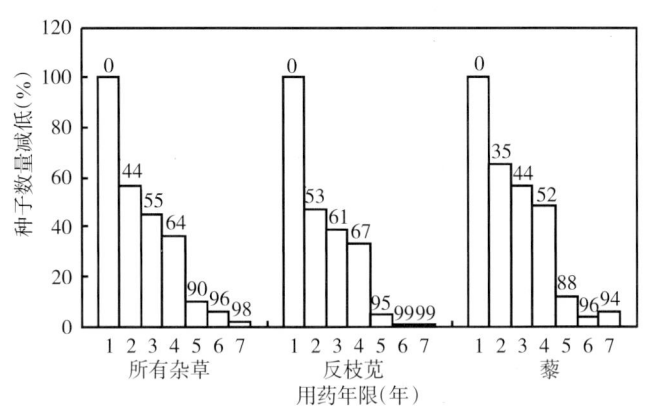

图 23-7-3 用药年限与杂草种子数量关系
Figure 23-7-3 Changes of weed seed amount with herbicide use for years

轮作能降低作物伴生杂草的发生，是一项有效的除草措施。有研究报道，一年一季玉米连作，大狗尾草（Setaria faberi）发生严重，玉米—大豆—小麦轮作时，因小麦秸秆能分泌抑制大狗尾草出苗的异株克生物质，比连年种植玉米时大狗尾草密度降低 30%～50%。轮作还可以使不同杀草谱的除草剂交替使用，在一定程度上减缓了玉米田杂草群落演替和抗性杂草出现。

种植覆盖植物或用作物秸秆覆盖均可在一定程度上控制杂草。美国一年一季单作农田，玉米播种前播种覆盖作物控制裸地杂草，然后用除草剂或机械把覆盖作物杀死，或切成碎段覆盖于土壤表面再播种玉米，可控制玉米苗前杂草。在秋季播种长柔毛野豌豆（Vicia villosa）作为覆盖作物，第二年 5 月播种玉米，杂草密度可比上茬土壤裸露时降低 78%。李香菊等研究表明，玉米采用免耕种植，在玉米播种后每 667m² 用上茬小麦残体 400kg 左右覆盖土壤表面，可以使杂草的密度降低 30%～50%，依据杂草的发生情况结合点片定向喷施苗后除草剂可很好地控制杂草，并使除草剂用量降低。

（三）杂草的生态经济防除

消灭杂草无疑会增加作物产量，但是增产并不等于增收，如果杂草造成的损失低于除草成本时，除草就得不偿失。在这一理论基础上，对杂草与作物竞争造成作物损失模型及经济除草阈值的研究逐渐增加。

Jason C. Fausey 等发现，大狗尾草密度与玉米产量损失率之间呈双曲线模型。每平方米大狗尾草 10 株，使玉米产量降低 13%～14%。同时，大狗尾草花序长度（X）与其种子生产量（Y）呈直线正相关（Y=6.68X）。但是玉米田杂草种类不同，杂草防除的阈值有差异，同一种杂草出苗时间不同对作物产量损失也会出现不同的结果。Bosnic 等通过对稗出苗时间及密度与玉米产量损失率关系的研究发现，当稗密度为 200 株/m² 时，在玉米播种时出苗的稗对玉米产量的损失率为 26%～35%，而在玉米 4 叶期以后出土的稗对玉米产量损失率低于 6%。玉米 3 叶期时出土的稗，密度为 10 株/m² 时可以产生 1.44 万～3.46 万粒种子，玉米 4 叶期以后出土的稗，只产生 0.12 万～0.28 万粒种子。另外，农田杂草多是以群落形式出现而不是以种群方式发生，这就更增加了利用杂草防除阈值预测杂草防除时机以达到及时有效控制杂草的难度。

（四）生物除草

很多学者对异株克生作用在农田杂草防除中的应用进行了研究，并有应用成功的实例。尤其是用作物的残体进行土壤覆盖，可在某种程度上降低杂草为害，特别是在控制田间早期杂草发生时非常有效。小麦、大麦、黑麦等收获后将秸秆覆盖在土壤表面，可以通过秸秆残体释放的异株克生物质或秸秆分泌物在土壤微生物作用下产生克生物质来抑制下茬玉米田杂草的发生；同时作物残体覆盖于土表对玉米田杂草出苗及早期生长也有物理屏障作用。植物之间的异株克生作用存在着很大差别，可以通过育种手段选育农艺性状好兼有对杂草有克生作用的作物。过去，有人曾试图用杂交的办法将冰草的克生基因转移到小麦体内，但发现杂种后代的克生作用不能稳定遗传。随着生物技术研究的深入，利用基因工程将具有强克生作用的基因从某些种质资源中转移到栽培作物体内，从而培育抗草的作物品种已成为作物育种及杂草防除工作者的重要研究课题。

（五）化学除草

20 世纪 80 年代末至 90 年代进入中国的玉米田茎叶处理剂，如噻吩磺隆、唑草酮、烟嘧磺隆等对玉米田杂草防除起到了推动作用。下面简单介绍几种玉米田常用除草剂。

1. 2，4-滴丁酯 2，4-滴丁酯乳油用于玉米田，防除藜、蓼、反枝苋、葎草、问荆、苦荬菜、刺儿菜、苍耳、田旋花、马齿苋等阔叶杂草，对禾本科杂草无效。适宜施药时期为玉米 3～4 叶期，每 667m² 用 72%2，4-滴丁酯乳油 30～50mL（有效成分 21.6～36g），对水 20～30L 茎叶喷雾。也可以在播后苗前处理土壤，每 667m² 用药量为 50～70mL，对水 40～50L，进行土表均匀喷雾。目前有 40%溴·滴乳油（2，4-滴丁酯与溴苯腈的混剂）制剂。2，4-滴丁酯乳油也可与烟嘧磺隆等苗后杀除禾本科杂草的除草剂混用扩大杀草谱。

2. 麦草畏 在玉米 3～4 叶期，每 667m² 用 48%麦草畏水剂 25～40mL（有效成分 12～19.2g），对水 20～30L 进行茎叶处理，防除反枝苋、马齿苋、卷茎蓼、藜、苍耳、田旋花、刺儿菜、问荆、鳢肠等，对禾本科杂草无防效。为扩大杀草谱，麦草畏可与莠去津、异丙甲草胺、甲草胺混用或搭配使用。混用剂量为：每 667m² 用 48%麦草畏水剂 20～30mL，与 38%莠去津悬浮剂 150mL，或 72%异丙甲草胺乳油 100mL，或 48%甲草胺乳油 200mL 混用。

3. 乙氧氟草醚 玉米播后苗前每 667m² 用 24%乙氧氟草醚乳油 40～50mL（有效成分 9.4～11.75g），对水 40～50L 进行土表均匀喷雾，对马齿苋、反枝苋、藜、酸模叶蓼、龙葵、苍耳、轮生粟米草、辣子草等阔叶杂草、莎草及稗等部分禾本科杂草具有理想防效，对马唐、牛筋草等禾本科杂草也有一定效果。该药对阔叶杂草防效好于对禾本科杂草的防效。为扩大杀草谱，乙氧氟草醚可与甲草胺、乙草胺等混用，提高对禾本科杂草的防效。混用剂量为每 667m² 施用 24%乙氧氟草醚乳油 20～25mL 加 50%乙草胺乳油 100mL 或 48%甲草胺乳油 150～180mL。在免耕夏玉米田，每 667m² 施用 24%乙氧氟草醚乳油 40～50mL 加 20%百草枯水剂 100～200mL，在玉米播种后出苗前喷施，以提高对已出土杂草的效果。

4. 二甲戊灵 在玉米播种前、播后苗前和苗后早期均可使用。东北地区可采用秋施药的办法，在秋季气温降到 10℃ 以下至封冻前进行，第二年播种玉米前用双列圆盘耙浅混土，耙深 6～8cm。若为播后苗前施药，必须在玉米播种后出苗前 5d 内用药。若玉米苗后施药，应在玉米苗后早期阔叶杂草长出 2 片真叶、禾本科杂草 1.5 叶期之前进行。能够防除玉米田稗、马唐、狗尾草、牛筋草、早熟禾等禾本科杂草及藜、反枝苋等阔叶杂草，对野黍、落粒高粱、小麦自生苗、铁苋菜、苘麻及蓼科杂草等防效较差。二甲戊灵可与莠去津、氰草津、麦草畏等混用，以提高对鸭跖草、龙葵、苘麻、豚草、苍耳、苣荬菜等阔叶杂草的效果。

5. 氟乐灵 该药主要用作玉米播前土壤处理。每 667m² 用 48%氟乐灵乳油 150～200mL（有效成分 72～96g），对水 40～50L 进行土壤均匀喷雾，喷雾后立即混土。防除稗、野燕麦、狗尾草、马唐、牛筋草、千金子、碱茅及部分小粒种子的阔叶杂草如马齿苋、反枝苋等，对铁苋菜、苘麻、苍耳、鸭跖草及多年生杂草防效差。为扩大杀草谱，防除难除杂草，可与其他除草剂混用。如春玉米种植区的壤质土，每667m²用48%氟乐灵乳油80mL加70%嗪草酮可湿性粉剂40g搭配使用作播后苗前土壤处理。

6. 甲草胺 玉米播种前或播后苗前进行土壤处理，每667m²用43%甲草胺乳油150～300mL（有效成分65～130g），对水40～50L均匀喷雾，有效防除马唐、千金子、稗、蟋蟀草、藜、反枝苋等杂草，对铁苋菜、苘麻、蓼科杂草及多年生杂草防效差。该药可与莠去津等三氮苯类除草剂混用进行土壤处理，混用比例为1∶1，用药量较两药剂单用各减半。在有机质含量高的玉米田，该药也可与利谷隆等除草剂混用。

7. 乙草胺 乙草胺主要用于玉米播前或播后苗前进行土壤处理，每667m²用50%乙草胺乳油120～300mL（有效成分60～150g），对水40～50L均匀喷雾，防除稗、狗尾草、马唐、牛筋草、稷、看麦娘、早熟禾、千金子、硬草、野燕麦、毛臂形草、金狗尾草、棒头草等一年生禾本科杂草和一些小粒种子的阔叶杂草，如藜、反枝苋等，对铁苋菜、苘麻等防效差。

东北地区可以在冬前气温降至5℃以下到封冻前喷药，第二年春天播种玉米。也可以在玉米播种后杂草出土前用药。该药施用量应根据土壤有机质含量进行调节。50%乙草胺乳油每667m²用药量为：有机质含量3%以下，100～150mL；有机质含量3%～6%，150～230mL；有机质含量6%以上，230～300mL。沙质土、低洼地水分条件好用低剂量，岗地水分条件差用高剂量。

在黄淮海及长江流域夏播玉米区，种植制度多为小麦—玉米一年两熟。麦收前套种玉米的田块，如果小麦较密、穗数多，麦收后基本无杂草的情况下，可以在小麦收获后直接喷施乙草胺，每667m²用药量为50%乙草胺乳油150mL，但喷药时应避开中午或高温天气，以免出苗后的玉米受药害。麦收后免耕播种玉米的田块，由于从收麦到玉米出苗前有一些杂草出土，这些杂草叶龄较大时单用乙草胺防效不佳，每667m²可用50%乙草胺乳油150mL桶混20%百草枯水剂或41%草甘膦水剂150mL，在玉米播种后出苗前用药。田间麦秸较多应适当增加对水量或用药后喷灌。

在南方气温高、湿度大及有机质含量较低的玉米田，每667m²施用50%乙草胺乳油120～150mL作播后苗前土壤处理，即可取得理想除草效果。

由于杂草主要在土壤耕层0～5cm萌发，因此保持该层土壤湿润是乙草胺发挥药效的必备条件。用药前灌水、平整土地，或用药后少量水灌溉（有喷灌条件的地方最好喷灌），促进杂草种子萌发，均会提高该药的防效。东北地区干旱、无灌水的条件下，可采用播前混土法施药，施药后用机械耙地，耙深4～6cm，然后播种，或播后苗前施药，随后用旋转锄浅混土，可获得相对稳定的药效。

乙草胺对某些阔叶杂草如苘麻、铁苋菜、鸭跖草等防效不理想，可与莠去津等三氮苯类除草剂混用扩大杀草谱，也可与噻吩磺隆、2,4-滴丁酯、嗪草酮、麦草畏等混用进行土壤处理。混用剂量为每667m²50%乙草胺乳油100～150mL加38%莠去津悬浮剂100～150mL或加75%噻吩磺隆干悬浮剂1～1.3g或72%2,4-滴丁酯乳油50～75mL或70%嗪草酮可湿性粉剂50g。

目前市场销售的40%乙·莠悬浮剂即为乙草胺与莠去津的混合制剂，两者混用扩大了杀草谱，对大部分禾本科杂草及阔叶杂草均有理想防效。该药是苗前选择性除草剂，所以玉米播后苗前施药为最佳时期，若苗后用药应在杂草1～2叶期以前施用，禾本科杂草分蘖后施用乙·莠悬浮剂除草效果差。

8. 异丙甲草胺 与乙草胺相同，异丙甲草胺主要用于玉米播前或播后苗前进行土壤处理，该药较乙草胺活性低，用药量较乙草胺要高。每667m²用72%异丙甲草胺乳油150～330mL（有效成分108～237.6g），对水40～50L均匀喷雾，防除马唐、牛筋草、稗、狗尾草、看麦娘、早熟禾、千金子、硬草等一年生禾本科杂草和某些阔叶杂草如藜、酸模叶蓼、反枝苋、马齿苋、辣子草等，对铁苋菜、苘麻、打碗花、酸浆属等阔叶杂草防效差。

东北地区采用药前灌水—平整土地—播种—施药，或先喷药后播种，或玉米播后苗前通过少量水灌溉，促进杂草种子萌发，然后施药，有利于该药药效的发挥。在干旱无灌水条件下，施药后用机械耙地，然后播种，或播后苗前施药后用旋转锄进行浅混土，药效较好。黄淮海及长江流域小麦—夏玉米一年两熟种植区，麦收前套种玉米的田块，收麦后玉米大部分已经出土，如果麦收后田间无杂草，可以在小麦收获后每667m²直接喷施72%异丙甲草胺乳油150～200mL，麦收后田间杂草较多，可在喷施异丙甲草胺时每667m²桶混4%烟嘧磺隆悬浮剂50mL；麦收后免耕播种玉米的田块，每667m²可桶混20%百草枯水剂或41%草甘膦水剂150mL，在玉米播种后出苗前用药，田间麦秸较多应适当增加对水量或用药后喷灌。

9. 异丙草胺 异丙草胺主要用于玉米播后苗前进行土壤处理，每667m²施用72%异丙草胺乳油100～330mL（有效成分72～237.6g），对水40～50L进行土壤均匀喷雾。防除稗、狗尾草、牛筋草、马唐、画眉草、早熟禾等禾本科杂草和藜、反枝苋、马齿苋、龙葵、鬼针草、猪毛菜、香薷、水棘针等阔叶杂草，对鸭跖草、苘麻、铁苋菜、卷茎蓼等防效较差。

东北、西北干旱地区可采用秋施药，如黑龙江省可从9月中旬至10月末封冻之前施药，第二年播种玉米。秋施药之前将地整平耙碎，施药后用双圆盘耙交叉耙地，耙深10～15cm。播前施药后无水浇条件时，应用圆盘耙混土2～3cm，播后苗前施药后可用旋转锄浅混土，用药量同前。有灌溉条件的地区播种后或用药后浅浇水，可充分发挥药效。黄淮海小麦—夏玉米一年两熟种植区，麦收前套种玉米的田块，如果麦收后无杂草，可以在小麦收获后直接喷施异丙草胺，用药量同前。麦收后免耕播种玉米的田块，田间杂草较多的情况下，每667m²可桶混20%百草枯水剂或41%草甘膦水剂150mL，在玉米播种后出苗前用药，用药前土壤干旱，可于播种后浅浇水，然后用药。田间麦秸较多应适当增加对水量或用药后喷灌。南方雨水充沛的地区，可在玉米播后苗前立即施药。

异丙草胺对禾本科杂草防效好于阔叶杂草，因此提倡与防除阔叶杂草的除草剂混用，扩大杀草谱。混用剂量为每667m² 72%异丙草胺乳油100～250mL（因种植区不同而异，南方低、北方高）加38%莠去津悬浮剂100～150mL或加75%噻吩磺隆干悬浮剂1～1.3g或72%2,4-滴丁酯乳油50～75mL或70%嗪草酮可湿性粉剂50g或80%唑嘧磺草胺水分散粒剂4g，对水40～50L进行土壤处理。

10. 绿麦隆 该药用于玉米播后苗前土壤处理，每667m²用25%绿麦隆可湿性粉剂200～300g（有效成分50～75g），对水40～50L均匀喷雾。防除马唐、牛筋草、稗、野燕麦、藜、反枝苋等多种禾本科及阔叶杂草，但对田施花、问荆、锦葵科杂草等无效。绿麦隆可与酰胺类及三氮苯类除草剂混用，扩大杀草谱，混用剂量各减半。

11. 莠去津 该药主要用于播后苗前土壤处理，也可用于苗后早期茎叶处理，但茎叶处理对已出土的马唐、铁苋菜等防效差。38%莠去津悬浮剂每667m²用药量为：黏壤土150～200mL（有效成分60～80g），沙质土壤125～150mL，对水40～50L喷雾，防除稗、狗尾草、牛筋草、马齿苋、反枝苋、苘麻、龙葵、酸浆属杂草、酸模叶蓼、柳叶刺蓼、猪毛菜等，对小麦—玉米一年两熟夏玉米田的小麦自生苗有很好的防效，对马唐、铁苋菜等防效稍差。

由于莠去津的土壤残效期长，因此，该药提倡与其他药剂混用。东北地区，受土壤有机质的影响，单用莠去津不但增加用药量，对后茬大豆等作物也不安全，莠去津一般不单独使用。应将其与乙草胺等酰胺类药剂混用，混用比例1:1，混用药量为各单剂的常规用药量减半，或与2,4-滴丁酯、溴苯腈、绿麦隆等除草剂混用，提高除草效果。黄淮海小麦—夏玉米一年两熟连作区，为减轻或消除莠去津对下茬小麦的药害，可用莠去津与乙草胺等酰胺类除草剂混用扩大杀草谱，降低莠去津的残留危害，混用药量为各单剂的常规用药量减半。莠去津茎叶处理时为提高对禾本科杂草的防效，可与烟嘧磺隆等苗后茎叶处理剂混用，每667m²用药量为38%莠去津悬浮剂100mL加4%烟嘧磺隆悬浮剂50mL，加水25～30L进行茎叶喷雾。

12. 氰草津 防除牛筋草、稗、狗尾草、马齿苋、反枝苋、苘麻、龙葵、酸浆属杂草、酸模叶蓼、柳叶刺蓼、猪毛菜等，对小麦自生苗有很好的防效，对马唐、铁苋菜等防效稍差。

氰草津主要用于播后苗前土壤处理。每667m²用药量为80%氰草津可湿性粉剂150～200g（有效成分120～160g），对水30～50L进行土壤处理。该药也可在玉米2～3叶期、杂草1～3叶期作茎叶处理，每667m²用药量为80%氰草津可湿性粉剂100～167g，对水20～30L喷雾。在土壤有机质较高、干旱条件下用高剂量，反之用低剂量。

在禾本科杂草较多的玉米田，氰草津需混用其他防除禾本科杂草的除草剂如甲草胺、乙草胺、异丙甲草胺、异丙草胺等。

13. 嗪草酮 嗪草酮用于玉米田可有效防除早熟禾、看麦娘、反枝苋、鬼针草、狼把草、藜、小藜、锦葵、萹蓄、酸模叶蓼、马齿苋等；提高施用剂量对马唐、铁苋菜、刺苋、绿苋、水棘针、香薷、曼陀罗、鼬瓣花、柳叶刺蓼、苣荬菜等也有较好防效；对鸭跖草、狗尾草、稗、苘麻、卷茎蓼、苍耳等有一定控制作用。嗪草酮主要用于播后苗前土壤处理。其用药量与土壤质地、酸碱度及土壤有机质含量关系密切。土壤有机质含量3%以上的黏土，每667m²施用70%嗪草酮可湿性粉剂50～76g（有效成分35～

53.3g）；土壤有机质含量 1.5％～3％的中壤土，每 667m² 施用 70％嗪草酮可湿性粉剂 35～50g；有机质含量 1％～2％的沙壤土，每 667m² 施用 70％嗪草酮可湿性粉剂 23～35g，对水 40～50L，可以取得理想除草效果。在禾本科杂草较多的玉米田，嗪草酮需混用其他防除禾本科杂草的除草剂如甲草胺、乙草胺、异丙甲草胺、异丙草胺等。

14. 氯氟吡氧乙酸 适用于玉米田防除阔叶杂草，如卷茎蓼、鼬瓣花、酸模叶蓼、柳叶刺蓼、马齿苋、反枝苋、龙葵、田旋花、鸭跖草等，对禾本科及莎草科杂草无效。玉米苗后，杂草 2～4 叶期作茎叶喷雾处理。每 667m² 用药量为 20％氯氟吡氧乙酸乳油 66.5～100mL（有效成分 13.3～20g），对水 30L。

15. 溴苯腈 溴苯腈适用于玉米田防除阔叶杂草蓼、藜、苋、龙葵、苍耳、猪毛菜、田旋花、卷茎蓼等。对禾本科杂草无防效。玉米 3～8 叶期，每 667m² 用药量为 22.5％溴苯腈乳油 83～133mL（有效成分 18.7～30g），对水 30L 均匀喷雾。可与 2，4-滴丁酯、莠去津等混用，每 667m² 混用剂量为 22.5％溴苯腈乳油 83～133mL 加 72％2，4-滴丁酯乳油 25～30mL 或 38％莠去津悬浮剂 100～150g，在玉米 4～5 叶期施药。

16. 噻吩磺隆 噻吩磺隆对玉米田大部分阔叶杂草如反枝苋、马齿苋、猪毛菜、地肤、藜、野西瓜苗、鼬瓣花、蓼、萹蓄等有理想防效，对铁苋菜、苘麻、刺儿菜、苣荬菜、打碗花防效较差，对禾本科杂草无效。

在玉米播后苗前，也可作苗后茎叶处理。播后苗前用药，施药量为每 667m² 75％噻吩磺隆干悬浮剂 2～3g（有效成分 1.5～2.25g），对水 40～50L 进行土壤均匀喷雾。北方玉米种植区，低温、干旱少雨、土壤有机质含量高的黏质土使用高剂量；黄淮海地区夏玉米田，土壤有机质含量 3％以下的沙壤土使用中剂量；长江流域夏玉米田，土壤湿润、土壤有机质含量较低，使用低剂量。噻吩磺隆作苗后茎叶喷雾时，每 667m² 用药量为 75％噻吩磺隆干悬浮剂 1～2g，对水 25～30L，在玉米 2～4 叶期进行茎叶均匀喷雾。

噻吩磺隆与乙草胺混用，可扩大杀草谱，提高对禾本科杂草防效。混用剂量为每 667m² 75％噻吩磺隆干悬浮剂 1～3g 加 50％乙草胺乳油 100～200mL。

17. 砜嘧磺隆 在春玉米出苗后 2～4 叶期或杂草 2～4 叶期即可施药，每 667m² 用药量为 25％砜嘧磺隆干悬浮剂 6～9g（有效成分 1.5～2.25g），对水 30L 进行茎叶喷雾处理。在华北及长江流域夏玉米田施药易发生药害，因此，该药只推荐东北地区使用。在玉米田用药可有效防除大多数一年生和多年生禾本科杂草及阔叶杂草，如稗、马唐、狗尾草、金狗尾草、野燕麦、野高粱、牛筋草、野黍、藜、风花菜、鸭跖草、荠菜、马齿苋、猪毛菜、狼把草、反枝苋、野西瓜苗、豚草、苣荬菜、酸模叶蓼、铁苋菜、苘麻、鼬瓣花、刺儿菜、鳢肠、莎草等。东北地区，为提高对阔叶杂草的防效，砜嘧磺隆宜加表面活性剂与莠去津混合使用。每 667m² 用 25％砜嘧磺隆干悬浮剂 5g 加 38％莠去津悬浮剂 120mL 加表面活性剂（药笑宝等）0.5％～1％；或每 667m² 用 25％砜嘧磺隆干悬浮剂 5g 加 75％噻吩磺隆干悬浮剂 0.7g 加表面活性剂（药笑宝等）0.5％～1％，对水 30L 进行茎叶喷雾处理。配药时，应先将砜嘧磺隆制剂在小杯内用少量水配成母液，倒入已盛一半对水量的喷雾器中，搅拌，然后再将适量的莠去津制剂等加入喷雾器中，搅拌，最后加入表面活性剂，补足水量，搅拌均匀。配药次序不可颠倒，以免影响药效。

18. 烟嘧磺隆 应用于玉米田可有效防除马唐、稗、狗尾草、牛筋草、野黍、野燕麦、柳叶刺蓼、酸模叶蓼、卷茎蓼、反枝苋、龙葵、香薷、水棘针、荠菜、苍耳、鸭跖草、狼把草、风花菜、遏蓝菜、问荆、蒿属杂草、刺儿菜、大蓟、苣荬菜等一年生禾本科杂草和阔叶杂草，对小麦自生苗、落粒高粱也有理想防效，对藜、小藜、地肤、铁苋菜、苘麻、鼬瓣花、芦苇等有一定的防效。

在玉米苗后 3～4 叶期、一年生杂草 2～4 叶期，多年生杂草 6 叶期以前，每 667m² 用药量为 4％烟嘧磺隆悬浮剂 75～100mL（有效成分 3～4g），对水 20～30L 进行茎叶处理。依杂草密度和叶龄增减用药量。烟嘧磺隆可与 2，4-滴丁酯、莠去津等混用。在黄淮海及长江流域夏玉米田，混用剂量为每 667m² 4％烟嘧磺隆悬浮剂 50mL 加 72％2，4-滴丁酯乳油 20mL，或加 38％莠去津悬浮剂 100mL 在玉米及杂草 2～4 叶期进行茎叶处理。禾本科杂草叶龄高于 6 叶期时，4％烟嘧磺隆悬浮剂用药量需增加至每 667m² 75mL 以上。

19. 异噁唑草酮 对藜、地肤、猪毛菜、反枝苋、柳叶刺蓼、鬼针草、马齿苋、香薷、苍耳、苘麻、铁苋菜、水棘针、酸模叶蓼、龙葵等多种一年生阔叶杂草防效理想，对马唐、稗、牛筋草、千金子、大狗尾草和狗尾草等一年生禾本科杂草也有较好的防效。该药的适宜用药时期是播后苗前，每 $667m^2$ 施用 75％异噁唑草酮水分散粒剂 5～10g（有效成分 3.75～7.5g），对水 40～50L 进行土壤均匀喷雾。

异噁唑草酮可与乙草胺、异丙甲草胺、异丙草胺等酰胺类除草剂混用。混用剂量为：春玉米种植区，每 $667m^2$ 用 75％异噁唑草酮水分散粒剂 8～10g 加 50％乙草胺乳油 130～160mL；夏玉米种植区，每 $667m^2$ 用 75％异噁唑草酮水分散粒剂 5～6g 加 50％乙草胺乳油或 72％异丙甲草胺乳油或 72％异丙草胺乳油 100～150mL；在免耕夏玉米种植区，玉米播种后田间出土杂草较多的情况下，该药可桶混 20％百草枯水剂或 41％草甘膦水剂每 $667m^2$ 150mL，在玉米播种后出苗前用药。

20. 磺草酮 可以处理土壤也可处理茎叶。但适宜用药时期是玉米 2～3 叶期、杂草 1～3 叶期，每 $667m^2$ 用药量为 15％磺草酮水剂 250～400mL（有效成分 45～60g），对水 25～30L 进行茎叶喷雾处理。杂草叶龄小、密度低选用低剂量，杂草叶龄较大、密度高、禾本科杂草较多时，用高剂量。对藜、蓼、反枝苋、苘麻、龙葵、曼陀罗、打碗花、鸭跖草、鬼针草、鳢肠、青葙、苦荬、马唐、牛筋草、狗尾草、稗等一年生阔叶杂草及禾本科杂草均有理想防效。对铁苋菜、马齿苋、谷莠等防效较差。磺草酮可与莠去津、烟嘧磺隆等混用，扩大杀草谱。混用剂量因杂草种类及施药时期而异。田间阔叶杂草马齿苋、铁苋菜等较多，可在磺草酮上述单用剂量的基础上，每 $667m^2$ 桶混 38％莠去津悬浮剂 80～100mL；田间禾本科杂草较多且密度大时，每 $667m^2$ 可桶混 4％烟嘧磺隆悬浮剂 30～50mL。

21. 唑草酮 唑草酮在玉米 3～5 叶期、杂草 4～6 叶期作茎叶处理，每 $667m^2$ 适宜用药量为 40％唑草酮干悬浮剂 2～4g（有效成分 0.8～1.6g），对水 25～30L，对大部分阔叶杂草如藜科杂草、卷茎蓼、萹蓄、反枝苋、马齿苋、铁苋菜、苘麻、龙葵、地肤、打碗花、苣荬菜等均有理想防效，对莎草及稗也有一定效果。唑草酮可与烟嘧磺隆等玉米田苗后茎叶处理除草剂混用以扩大杀草谱，提高对禾本科杂草及烟嘧磺隆防效较差的阔叶杂草如苘麻、铁苋菜等的防效，混用剂量为各药剂单用的药量，在玉米 3～5 叶期喷雾。

22. 唑嘧磺草胺 可用于播前土壤处理、播后苗前土壤处理或苗后茎叶处理。作土壤处理时，适宜施药剂量为 80％唑嘧磺草胺水分散粒剂每 $667m^2$ 3.2～4.0g（有效成分 2.56～3.2g），对水 40～50L 进行均匀喷雾。可有效防除多种阔叶杂草，如藜、反枝苋、凹头苋、铁苋菜、苘麻、酸模叶蓼、卷茎蓼、苍耳、柳叶刺蓼、龙葵、苣荬菜、野西瓜苗、香薷、水棘针、繁缕、猪殃殃、大巢菜、毛茛、问荆、地肤、鸭跖草等。尤其是对其他阔叶杂草除草剂如莠去津等防效较差的苘麻、鸭跖草等杂草防效理想。唑嘧磺草胺可与其他防除禾本科杂草的除草剂如甲草胺、乙草胺、异丙甲草胺、异丙草胺等混用进行土壤处理。混用剂量为：80％唑嘧磺草胺水分散粒剂每 $667m^2$ 3.2～4.0g，土壤有机质含量 3％以下时加 72％异丙甲草胺乳油或 72％异丙草胺乳油 100～133mL 或 50％乙草胺乳油 150mL；土壤有机质 3％～5％时加 72％异丙甲草胺乳油或 72％异丙草胺乳油 133～167mL 或 50％乙草胺乳油 167～200mL。在黄淮海小麦—夏玉米一年两熟种植区，小麦收获后贴茬播种的玉米田，如果田间杂草较多，可用上述混用药剂加 20％百草枯水剂或 41％草甘膦水剂 150mL，作播后苗前土壤处理，可提高对已出土杂草的防除效果。

23. 敌草快 主要用于玉米播种前或播后苗前除草，每 $667m^2$ 用 20％敌草快水剂 150～200mL（有效成分 30～40g），对水 25L 对已出土杂草进行定向茎叶喷雾处理。对多种一年生禾本科杂草和阔叶杂草如马唐、牛筋草、稗、狗尾草、千金子、毛臂形草、反枝苋、藜、苘麻、铁苋菜、萹蓄、苦荬等均有理想除草效果，对阔叶杂草效果好于禾本科杂草防效。该药也可以在玉米 7～8 片叶以后作行间定向喷雾，用药量与对水量同前。

24. 百草枯 主要用作免耕玉米田除草，在黄淮海玉米种植区使用较多，在玉米出苗前，用百草枯对地面已经出土的杂草进行叶面处理，可有效地防除马唐、稗、狗尾草、牛筋草、反枝苋、铁苋菜、藜、萹蓄、猪毛菜等杂草，对车前、蓼、毛地黄等效果差，对多年生杂草仅能杀除地上部。该药也可在玉米 7～8 片叶以后进行行间定向喷雾。进行苗前喷雾和行间定向喷雾时每 $667m^2$ 用药量为 20％百草枯水剂 100～200mL，对水 25～30L 对杂草进行茎叶均匀喷雾。田间杂草密度大时可以适当增加用药量和对水量，以使每株杂草都均匀着药。百草枯可与乙·莠悬浮剂、乙草胺、莠去津等土壤处理剂混合使用，在玉米播种前或播后苗前喷雾，杀除小麦田已经出土和未出土的杂草。混用剂量同各药剂单用。如果麦收后田间无杂草或杂草 2 叶期以下，不必喷施百草枯，只喷施土壤处理剂如乙·莠悬浮剂等即可起到理想除草效果。

25. 草甘膦 应用于免耕玉米播前或播后苗前防除一年生、多年生禾本科杂草、莎草科杂草及阔叶杂草，如马唐、牛筋草、狗尾草、稗、野燕麦、画眉草、毛臂形草、铺地黍、双穗雀稗、空心莲子草、反枝苋、凹头苋、青葙、马齿苋、藜、萹蓄、叉分蓼、大马蓼、鸭跖草、香附子等，常规用药量下对百合科、旋花科和豆科的一些杂草防效较差。每667m²用药量为41%草甘膦水剂100~300mL（有效成分41~123g），对水25~30L均匀喷雾。

26. 硝磺草酮 能够防除玉米田一年生阔叶杂草和一些禾本科杂草，如苘麻、苍耳、刺苋、藜、地肤、马唐、狗尾草等。在玉米3~5叶期，禾本科杂草1~3叶期，每667m²用9%硝磺草酮悬浮剂78~111mL（有效成分7~10g），对水茎叶喷雾。

27. 苯唑草酮 防除马唐、稗、牛筋草、野黍、狗尾草、藜、蓼、苘麻、马齿苋、苍耳、龙葵等。苯唑草酮加入莠去津后有显著的增效作用，除了对上述杂草具有优异的防效外，还可以对恶性阔叶杂草如刺儿菜、苣荬菜、铁苋菜、鸭跖草具有良好的防除效果。

苯唑草酮在玉米2~4叶期、杂草2~4叶期用药，每667m²用1.68~2.01g有效剂量，对水15~20kg茎叶喷雾处理。苯唑草酮与莠去津混用，在玉米2~5叶期用药，每667m² 5mL 30%苯唑草酮悬浮剂＋90mL助剂＋70g 90%莠去津水分散粒剂，对水15~20kg，有封杀兼备的功能，控草期可达35d以上。

28. 嗪草酸甲酯 在玉米2~4叶期，春玉米每667m²用5%嗪草酸甲酯乳油10~15mL（有效成分0.5~0.75g），夏玉米田每667m²用5%嗪草酸甲酯乳油8~12mL（有效成分0.4~0.6g），对水茎叶喷雾施药。可有效防除一年生阔叶杂草，尤其对苘麻有效。

（六）抗除草剂育种

选育抗除草剂作物品种可以降低除草剂研制的成本，扩大对人畜低毒除草剂的施用范围，对提高除草效果及解决作物田杂草为害都有很大作用。目前已有多个抗不同除草剂的基因被成功地转移到了敏感作物体内。最值得一提的是，1985年Comai等首次通过基因工程手段将来自沙门氏杆菌（*Salmonella typhimurium*）能够使莽草酸顺利向苯丙氨酸、酪氨酸、色氨酸转化而又不易被草甘膦致钝的5-烯丙酮基莽草酸-3-磷酸变异酶的*aroA*基因成功地转移到棉花、玉米、油菜等一些作物上，使灭生性药剂草甘膦在不加保护的情况下可直接喷施到农田，杀除作物以外的所有杂草。目前，抗草甘膦作物在北美广为种植。草甘膦与百草枯等除草剂相比，对人畜毒害小、对环境友好。接着，抗烯禾啶玉米品种也进入商品化。烯禾啶是用于阔叶作物田的选择性茎叶处理剂，对禾本科杂草有很好的杀除效果，但同时可伤害禾本科作物。抗烯禾啶玉米品种的成功选育，在很大程度上解决了玉米苗后防除禾本科杂草的问题。

李香菊　崔海兰（中国农业科学院植物保护研究所）

第8节　大豆田杂草及其防除技术

我国大豆栽培已有数千年的历史。大豆起源于我国黄河流域，从秦朝开始传播至世界，目前已在52个国家和地区种植。大豆是植物蛋白食品及饲料的主要来源，也是榨油的原料之一。中国目前每年种植面积达750多万hm²，占粮食作物总面积的6.7%，总产量的2.5%。东北的春大豆区和黄淮海流域苏、鲁、豫、皖夏大豆区种植面积和产量最大，各约占全国大豆面积和总产量的80%，长江流域和华南多作大豆区面积和产量各占15%~20%。

一、大豆田杂草群落结构，发生、分布特点及危害

（一）大豆田杂草的种类与危害

杂草是长期适应当地的作物、栽培、耕作、气候、土壤等生态条件和生产条件生存下来的植物，它从不同的方面侵害农作物，与作物竞争养分、水分和光照；传播植物的病虫害，降低作物的产量和品质，增加农业的生产成本，特别是有些植物的花粉和果实具毒性，影响人畜的健康。据统计，每年因杂草为害造成的农作物减产9.7%，全世界达2亿t。杂草根系与大豆争夺水肥，茎叶遮光挡风，造成大豆植株瘦弱、徒长，有机物积累少、鲜重下降；同时也使一些病虫为害加重，如田间蒲公英、苣荬菜发生较多时金龟子为害加重，刺儿菜、车前、蒲公英发生较多时红蜘蛛为害加重。杂草还能导致大豆灰斑病、霜霉病等病害加重。

中国的大豆栽培按耕作制度可分为三大区域：北方春作大豆区（北方区）；黄淮海流域夏作大豆区（黄淮海区）；南方多作大豆区（南方区）。不同生态区杂草的发生各有不同。

据调查，有 23 科 68 属 90 种杂草可以侵入大豆田，严重影响大豆的生长发育。大豆田杂草发生的原因有很多，因此为害也较重。农田杂草所产生的种子数量通常是作物的几十到几百倍，甚至更多，繁殖系数很大，有的杂草种子在田间留存几年甚至十几年都有发芽能力，而且杂草也具有较强的生命力和竞争力，对环境条件有较强的适应性。近几年，随着农业机械化的实施，田间整地质量粗放，田面平整度差，土块多，直接影响前期除草的效果。土壤深翻减少，耕层土壤中杂草种子多。杂草的种子随着风力、水流或机械等方式传入农田，成为杂草种子的主要来源之一。大豆生育期短，人工中耕除草时间紧，劳动力少，部分大豆田没有普及化学除草，因此部分杂草种子落入田间。夏大豆的生长季节，也是杂草萌发生长的高峰期，如果遇到阴雨连绵的年份，田间耕作困难。杂草的生命力很强，部分杂草被中耕除掉后，遇到雨水又能复活，为杂草滋生蔓延创造了有利条件，也是形成草荒的主要原因。

北方春大豆田常见的一年生禾本科杂草有稗、狗尾草、马唐、野燕麦、看麦娘、金狗尾草、野黍、牛筋草等；一年生阔叶杂草有鸭跖草、柳叶刺蓼、酸模叶蓼、卷茎蓼、香薷、藜、小藜、反枝苋、水棘针、狼把草、龙葵、苘麻、铁苋菜、苍耳、猪毛菜、猪殃殃、繁缕、菟丝子、野西瓜苗等；多年生禾本科杂草有芦苇等；多年生阔叶杂草有刺儿菜、大蓟、问荆、苣荬菜、蒿属杂草等。

北方地区大豆的种植常常实行垄作，行距较宽，封垄之前大豆对地面的覆盖率很小。自播种开始至 8 月末不间断有杂草发生。前期，一年生早春杂草占优势，过去往往采取播前除草及杂草芽期作物苗前耙地除草。6 月上旬，则以一年生晚春杂草占优势，对这类杂草多借中耕管理进行防除。由于中耕的局限性，往往只能除掉行间杂草，遗漏在大豆苗带的杂草，进入雨季生长旺盛，后期株高可超过大豆，为害严重。

杂草是造成大豆减产的重要原因之一。据统计，黑龙江省一般草荒地块杂草数量 $400\sim500$ 株/m^2，多者可达 1 000 株/m^2。据调查，稗密度达 $14\sim62$ 株/m^2，使大豆减产 $20.6\%\sim72.3\%$。苍耳 9 株/m^2 以上，与大豆共生 4 周、8 周、16 周，大豆分别减产 10%、40%、80%。在黑龙江、吉林、辽宁、山东、河南、江苏、湖南、湖北等春、夏大豆产区，被菟丝子寄生的大豆田，一般减产 $10\%\sim20\%$，重者达 $40\%\sim50\%$ 或 $70\%\sim80\%$，甚至颗粒无收。

在黄淮流域地区，夏大豆田杂草有分散发生型和集中发生型 2 种。前者多发生于失时播种的大豆田，杂草在大豆播后 10d 左右出现萌芽高峰，直到播后 40d 才大部分出土，其中禾本科杂草出土稍快，整个杂草出土期可持续 70d 左右，相对密度大、为害重。后者发生于适期播种的大豆田，在大豆播种后 5d 出现萌芽高峰，25d 杂草出苗率达 90% 以上，整个杂草出土期早而集中，到大豆封垄后杂草基本不再出土，相对密度小，为害轻，整个出草期持续 40d 左右。

黄淮区夏大豆通常在 6 月播种，9 月中、下旬至 10 月初收获，夏大豆生长季节正处于高温多雨的夏季，田间杂草发生来势猛，发生期较短，没有明显的杂草季节性更替，一般在大豆播种后 1 周左右田间出现杂草萌发高峰，播种后 30d 杂草萌发结束；杂草发生密度大，生长势强易形成草荒，产量损失率较高；杂草种类多，单双子叶杂草混合为害，但一年生杂草占绝大多数；杂草营养繁殖能力强，多年生杂草除种子繁殖外，还能以芽、根芽和根茎进行无性繁殖；杂草适应性强，多数大豆田杂草具有耐旱、耐涝、耐瘠薄、耐盐碱等特性，有很强的适应性和抗逆性；杂草发生期，阴雨天气多，田间土壤含水量大，有利于杂草发生而不利于防除，往往错过防除适期，造成危害。

南方地区，大豆春、夏、秋季都有播种，少部分地区还有冬播大豆。该区域雨水充沛，气温较高，无霜期长。在大豆整个生长期都有杂草发生，发生密度较大，为害严重。

（二）大豆田杂草的发生及分布特点

在北方春大豆区，$4\sim8$ 月经春、夏、秋三季，杂草的发生随季节性变化表现出明显的季相。春季发生型杂草，第一批在 4 月上、中旬萌发。地温（地下 5cm 土层，下同）在 $0.5\sim6℃$ 时，土壤解冻 10cm 左右，这时多年生和越年生杂草萌芽出土，如荠菜、问荆、大蓟、蒿属杂草等。至 4 月下旬、5 月上旬，地温 $0\sim10℃$ 时，一年生杂草如野燕麦、藜、卷茎蓼、本氏蓼、猪毛菜、酸模叶蓼、萹蓄和多年生的苣荬菜等大量发生，且来势猛，杂草基数大，出土集中。在 5 月中、下旬至 6 月中旬，地温稳定在 $10\sim16℃$ 时，多数晚春性杂草如稗、狗尾草、菟丝子、鸭跖草、马齿苋、反枝苋、苍耳、龙葵和多年生的刺儿菜、芦苇等大量出土。在 6 月下旬至 7 月上旬，地温稳定在 $16\sim20℃$ 时，喜温杂草如香薷、野苋、马唐、铁苋菜、狼把草和猪毛菜等纷纷出土。同时，由于土层翻动，伏雨来临，可从土壤深层出土的野燕麦、苍耳和鸭跖草等仍在出土，与作物或其他杂草竞争生长，因而形成农田第二个杂草高峰。

黄淮地区夏大豆田耕作方式多为一年二熟，前茬多为小麦，与玉米间作栽培。夏大豆通常在 6 月播种，9～10 月收获，生长于高温多雨的夏季，杂草发生期较短，发生势头迅猛，杂草种类繁多，主要有一年生禾本科杂草、一年生阔叶杂草、多年生杂草等，没有明显的杂草季节性更替。一般在大豆播种后 1 周左右，田间出现杂草萌发高峰，播种后 30d，杂草萌发结束。杂草发生密度大，生长势强，易形成草荒。

黑土地区有野燕麦、鼬瓣花和卷茎蓼；沙土和盐渍土地区有金狗尾草、打碗花、刺藜和绿珠藜；白浆土、草甸土地区有风花菜、苘麻、龙葵等。半山区有鸭跖草、藜、蓼、反枝苋、苍耳、马唐、龙葵、苘麻、铁苋菜、稗、苣荬菜、田旋花、狗尾草等；平原半湿润区有稗、狗尾草、蓼、藜、反枝苋、苘麻、铁苋菜、龙葵等。半干旱区有芦苇、看麦娘、藜、蓼、稗、反枝苋、狗尾草、马唐、苣荬菜、苦荬菜、刺儿菜、野燕麦、问荆、繁缕、苍耳等。

（三）大豆田杂草的群落结构及变化

1. 大豆田杂草群落结构特点　杂草种群以越冬型、早春型和春夏发生型混生杂草为主，杂草种群在不断演变，由于近年轮作制度的改变，栽培措施和防除措施的影响，大豆田杂草种群变化明显。大豆重迎茬种植比例加大，在迎茬和正茬的大豆田内，其杂草主要是禾本科和阔叶杂草构成的群落，重茬大豆田内，阔叶杂草较禾本科发生严重，并随着连作年限的延长，恶性杂草鸭跖草、苣荬菜和刺儿菜等为害加重，形成以阔叶杂草占优势的杂草种群；同时大豆田杂草种群与耕作措施有关，深松耙地的深浅、整地质量的好坏，及起垄时间的早晚等也影响杂草种群的变化，由于连年耙茬，苣荬菜、刺儿菜地下茎生长旺盛；杂草的群落与土地开垦的年限和植被有关，持续种植，其杂草群落也将发生变化，杂草发生的种类多、数量大、为害重。人均耕地多，管理较粗放，若上一年管理不善，下一年杂草发生量则加倍；大豆播后，降水量大，杂草萌发整齐，此时杂草对大豆为害严重。

目前生产上使用的除草剂作用单一，除草剂使用技术水平偏低，使用除草剂的时期不佳，除草剂的浓度配比不合理，及盲目加大用药量，同一地块多年使用同一种类除草剂，且喷施的工具落后等原因，致使杂草产生耐药性或抗药性，一些劣势杂草种变为优势种，导致杂草种群演变，如鸭跖草、苣荬菜、刺儿菜等恶性杂草严重发生；东北春大豆田出现频率较高的群落类型为稗、苣荬菜、藜、反枝苋、本氏蓼、苍耳、狗尾草、鸭跖草、酸模叶蓼、问荆和大蓟等 11 种。

2. 大豆田杂草群落变化　杂草作为农业生态系统的组成之一，其种群动态除了受本身的一些特征（如生长、传播、繁殖特性、种子寿命、最大种群密度等）的影响外，从萌发、出土、成熟结实，到土壤杂草种子库的整个生命史中每一环节都受到气候、人类的农事活动（包括除草措施）及其他生物因素的影响。由于人类的农事活动，使得农田生境处于一种不稳定的状态，导致杂草种群也随时变化。

（1）农业措施导致的杂草群落变化。杂草的发生和为害是以群落的形式出现，并且杂草群落随着农业的生产活动而发生变化，这种杂草群落的变化是适应某种农业措施作用总和的动态平衡状态。农田杂草群落演替的动力即是农业耕作活动及农业生产措施的应用。通常其演替的趋势总是与农作物生长周期相一致的。

作物的生长季节不同，造成了只要求与之相似生态条件的杂草生长。夏熟作物田中，主要以野燕麦、藜等为主要群落。秋熟旱作物田中，主要夏秋发生型杂草有马唐、狗尾草、鳢肠、铁苋菜、牛筋草、马齿苋等。但由于生长条件、管理方式和生长季节的生态条件趋于相似，故发生的杂草种类基本相似或相同。夏熟和秋熟两类作物田共有的杂草种类较少，如香附子、刺儿菜和苣荬菜等。不过，在北方一季作物区，这种交替和混合发生可能是普遍的。

一年一熟或一年多熟的农田，其杂草群落的演替总是趋向于以一年生杂草为主的方向，反之亦然。如黑龙江省垦区农田杂草群落的演替情况是这样的：开垦初期以小叶樟、芦苇及蒿属杂草等多年生植物为主；经 7～8 年耕作，则演变为以苣荬菜、鸭跖草为主的杂草群落；又经 5～6 年后，则变为以稗为优势种的杂草群落等。

旱茬夏熟作物田的杂草，在北方地区和南方山坡地以野燕麦为优势种的杂草群落，其亚优势种或伴生杂草多为阔叶杂草。作物相互竞争，随着杂草群落的发展，则作物生长量减少。不同的作物有伴生杂草，这是因为某些杂草与某类作物的形态、生长习性和对环境的需求都十分相似。轮作制度会对土壤的性质、水分含量等生态因子产生较大影响，间接影响到杂草群落结构。同时，也会直接作用于土壤杂草种子，决定不同的杂草群落类型。

大豆菟丝子的发生与大豆重茬密切相关，重茬两年菟丝子感染率达 7%，间隔 4 年种大豆则感染率为零。不同作物要求不同的播种期、群体密度、施肥、耕作方式、植物保护措施、收获期等，由于不同的轮作，这些因素通过改变农田生境而影响杂草群落的结构，轮作方式的改变，对土壤种子库中的杂草繁殖体保存十分不利，从而导致杂草群落的改变。

不同杂草对土壤耕作的反应和忍耐力不同。深耕可使问荆、刺儿菜和苣荬菜等多年生杂草成倍减少。频繁地耕作，在降低多年生杂草的同时，一年生或越年生杂草会增加。深耕可以从底部切断多年生杂草地下根茎，截断营养来源，把根茎深埋入耕层底部，强制消耗根茎营养，降低拱土能力，使其延缓出土或减弱生长势，甚至窒息。此外，深耕还会使地下根茎翻露于土表，经曝晒或霜冻而死。

（2）环境条件导致的杂草群落变化。杂草群落的形成、结构、组成、分布直接受农田生态环境因子的制约，不同环境条件影响杂草群落的变化。

不同的土壤类型杂草群落不同，亚热带地区的水稻土，常是看麦娘发生的主要土壤。旱地土壤如黄泥土则以野燕麦为优势种，灰潮土以卷耳和波斯婆婆纳为优势种。土壤肥力决定杂草的种类，土壤氮含量高时，马齿苋、刺苋和藜等喜氮杂草生长茂盛；土壤缺磷时，反枝苋则从群落中消失。土壤水分是影响杂草群落结构的基本要素之一，土壤水分含量不同影响杂草种群的变化。土壤水分含量过高，会使杂草的籽实萌发能力降低或丧失。土壤水分饱和，马唐、牛筋草等则生长不良。土壤酸碱度明显影响杂草的发生，在 pH 高的盐碱土，多会有藜、小藜、眼子菜发生和为害。蓼等需要 pH 较低的土壤。盐碱较重地区，开垦初期以藻类、芦苇等为主。

季节不同，气候条件如气温、降雨、光照都不同，因而显著影响着杂草群落的发生。播娘蒿喜温凉性气候条件，在秦岭和淮河一线以北地区的夏熟作物田发生和为害；西南高海拔地区，气候条件类似于北方，也有相似的发生规律。

（3）除草剂的应用导致的杂草群落变化。除草剂的使用使杂草群落发生激烈的变化，改变杂草群落原始演替的进程。不同杂草将根据对除草剂不同的敏感性，在数量上和抗性方面发生变化。随着除草剂连续单一应用，对除草剂敏感的杂草种类下降，不敏感杂草的数量增加，同时在除草剂的选择压力下，杂草本身的抗性增强，导致除草剂除草效果下降，恶性杂草的为害增加。

大豆田长期应用防除禾本科杂草的除草剂，使鸭跖草、反枝苋、藜、香薷、狼把草、龙葵、刺儿菜、鼬瓣花、问荆、苣荬菜等阔叶杂草增加变为优势种，大豆田除草剂异噁草松、灭草松、氟磺胺草醚等苗后施药传导性差，用量又低，使刺儿菜、问荆、苣荬菜等多年生杂草变为主要杂草群落。黑龙江省西北部地区大豆多年连种，多年连续使用氯嘧磺隆、咪唑乙烟酸，致使大豆田杂草种类减少，难除杂草种类增加，如鸭跖草、龙葵、刺儿菜、大刺儿菜、问荆、苣荬菜、苘麻、苍耳、芦苇、野黍等，特别是俗称"三菜"的鸭跖草、刺儿菜（大蓟、小蓟）、苣荬菜等成为大豆主产区优势种群，占杂草发生总量的 90% 以上，为害严重，防除困难。

二、大豆田杂草防除技术

大豆田杂草的防除应考虑到各方面的影响因素，如耕作制度、栽培模式、农艺措施等。机械除草、人工除草、化学除草、生物除草等，对大豆田杂草的防除均有相应的贡献。因此，大豆田杂草的防除应该是各种措施的综合防除体系。

（一）大豆田杂草的农业防除

1. 耕作措施防除杂草 耕作制度对杂草的发生、为害和防除有一定的影响。深翻地是防除多年生杂草的有效措施，多年生杂草一般都具有强大的根系或地下根茎，深翻可以将根或地下根茎切断并将其翻到地表或土壤表层，使其处于阳光曝晒或北方冬季寒冷等不利环境下而死亡。机械中耕，可以通过覆土将作物生长期间萌发出土的杂草覆盖到土层下，使其窒息而死。利用旋转锄或耘锄等除草机械，能铲除一部分田间杂草。

2. 栽培措施控制杂草 我国幅员辽阔，不同生态区大豆的栽培方式有所不同，在一年多熟制种植地区有夏大豆、秋大豆，在东北一年一熟种植区只有春大豆。通过不同的栽培方式或栽培模式可以有效地控制杂草的发生和生长发育。如大豆的窄行密植栽培方式，就是通过增加作物的种植密度，提高作物与杂草的空间竞争力，从而达到控制杂草的目的。通过不同作物的轮作可以有效地防除一些难除杂草。例如，通过大豆与小麦或玉米轮作，可以在小麦或玉米田利用除草剂来防除大豆田难以防除的阔叶杂草，如苣荬菜、刺儿菜、卷茎蓼等。

3. 农艺措施抑制杂草 秸秆覆盖等农艺措施对大豆田杂草有明显的抑制作用。用收获后的小麦秸秆4 500kg/hm²覆盖夏大豆田，对田间杂草有48.67%～79.90%的抑制效果，同时可减轻大豆播种后因干旱对出苗的影响。秸秆覆盖后还可以减少33%的除草剂精喹禾灵用量。

4. 人工辅助防除杂草 农田杂草防除最传统的方式就是人工锄草，但在除草剂应用技术日臻成熟的今天，虽然人工锄草已不再是主要的和唯一的杂草防除手段，但人工辅助防除杂草仍是不可或缺的技术措施。大豆田难防的恶性杂草的防除，化学除草效果差时田间残存杂草的防除，施药不均匀时田间剩余杂草的防除，大豆生长后期田间大草的清除等，均离不开人工辅助除草。

5. 清除农田周边杂草 某些农田周边生长的杂草会逐渐向农田蔓延而成为农田杂草，田边的草荒也可侵入到田间造成田间草荒，田边的杂草种子也会传播蔓延到农田中。清除田边杂草，就相当于截断一部分杂草的种子来源，可以大大减少田间杂草种子库的基数，控制杂草种群的发展。

(二)大豆田杂草的生物防除

1. 微生物除草剂 利用微生物除草剂防除杂草，在国内外有许多成功的先例。

①鲁保一号是山东省农业科学院植物保护研究所于1963年在济南从罹病的大豆菟丝子（*Cuscuta australis*）上分离到的一种真菌，定名为胶孢炭疽菌菟丝子专化型［*Colletotrichum gloeosporioides*（Penz.）Sacc. f. sp. *cuscutae* Chang］，对大豆田的中国菟丝子、南方菟丝子等均可侵染致死。20世纪60年代中后期，在江苏、山东、陕西、安徽、宁夏等20多个省份推广面积达60万hm²，防效稳定在85%以上，取得了巨大的经济效益。以后又筛选出了遗传性稳定、产孢量大、致病力强的S22单孢变异株系。

②草茎点霉（*Phoma herbarum* Westend）是一种分布广泛的植物病原真菌，具有降解植物的特性，国外报道从加拿大安大略湖蒲公英上分离到的菌株对蒲公英具有生防潜力。草茎点霉SYAU - 06菌株是沈阳农业大学植物保护学院从辽宁本溪自然发病的鸭跖草叶片上分离得到的，对鸭跖草有较强的致病力。活体菌株田间侵染鸭跖草对湿度的高要求使其难以商品化，课题组研究了草茎点霉SYAU - 06菌株毒素的除草活性以及大田主要作物和杂草对毒素的敏感性，结果显示，粗毒素对大豆、花生等作物安全，对鸭跖草、藜、反枝苋等杂草有致病性，表明该粗毒素具有应用在大豆田、花生田防除鸭跖草、藜、反枝苋等杂草的潜力。

③从马唐罹病植株上分离到6种病原真菌：中隔弯孢、新月弯孢、多节长蠕孢、灰梨孢、链格孢和粉红镰孢。其中新月弯孢和多节长蠕孢对玉米有致病作用，灰梨孢对水稻有轻微的致病作用；另3种病原真菌中，链格孢和粉红镰孢对马唐致病性弱，而中隔弯孢菌株对4叶期以下的马唐有极强的致病作用，室内控制效果可达100%，田间控制达75%以上。对中隔弯孢菌株QZ - 200寄主范围测定结果表明，该菌对水稻、玉米、大豆、棉花、小麦、向日葵、花生等作物及黑麦草、高羊茅和狗牙根等草坪草十分安全，具有开发为作物田和草坪真菌除草剂的潜力。

④生防菌画眉草弯孢霉（*Curvularia eragrostidis*）菌株QZ - 2000的生物活性物质为长蠕孢素（helmin thosporin）。在500g/mL浓度下，毒素对供试的23种杂草产生的毒害程度不同，其中小藜对毒素最为敏感，其次为马唐、萹蓄、茵草、藜和日本看麦娘等恶性杂草。在供试的5种作物中大豆、棉花和番茄对毒素不敏感，但玉米和小麦则较为敏感。上述结果表明，长蠕孢素作为大豆和棉花田苗后生物源除草剂有一定的开发潜力。

⑤Collego是由美国阿肯色州立大学和Upjohn公司联合开发的一种胶孢炭疽菌合萌专化型（*Colletotrichum gloeosporioides* f. sp. *aeschynomene*，Cga）制剂，1982年获准在美国登记上市，对水稻及大豆田中的弗吉尼亚合萌（*Aeschynomene virginica*）幼苗的防效达100%；商品制剂在大田常规使用，防效在90%以上。1982—1991年，该菌剂每年在美国稻田的使用面积达5 000～10 000hm²。

2. 植食性昆虫 利用天敌昆虫防除杂草是杂草生物防除的重要组成部分，天敌昆虫防除杂草有不污染环境、不破坏生态平衡、选择性强、效力持久、经济效益高等优点。但也有其局限性，如除草效果易受气候和环境条件等因素的影响，除草谱窄、见效慢、不适宜防除农田中杂草等。天敌昆虫多数用于防除外来入侵杂草，已有许多成功的实例。但到目前为止，尚未见到利用天敌昆虫防除农田杂草的报道。马淑英等观察到盾负泥虫 [*Lema scutellaris* (Kraatz)] 可以取食农田中的鸭跖草，有控制鸭跖草生长繁殖的作用；对盾负泥虫的食性进行了测定，共测定了 10 科 23 种植物，包括农作物、经济作物和农田杂草。结果表明，盾负泥虫成虫只取食鸭跖草，对其他 10 科 22 种植物，包括小麦、玉米、菊花、4 种豆类、3 种蔬菜和 12 种杂草均不取食。

（三）大豆田杂草的化学防除

1. 大豆田杂草化学防除的发展概况　我国大豆田的化学除草试验开始于 1960 年。最早开始化学除草试验的是东北农业大学（原东北农学院）的苏少泉先生，他在 1957 年用从国外引进的 2，4 -滴在水稻田进行了化学除草试验。自此经过 50 多年，在黑龙江省及全国大豆种植区先后试验、示范及推广应用的除草剂品种（有效成分）有 40 余种。在此期间，除草剂的施药方法和施药器械也在不断地发展变化。

（1）除草剂品种的发展变化。

①早期的除草剂品种现在已经基本上不再使用的有敌草胺、毒草胺、野麦畏、利谷隆、异丙隆、灭草敌、克草胺等；早期的品种现在还在某些地区使用的有甲草胺、异丙草胺、仲丁灵、氟乐灵、二甲戊灵、扑草净等；试验过但没有得到大面积推广应用或使用较少的品种有喹禾糠酯、甲氧咪草烟、咪唑喹啉酸、氟烯草酸、嗪草酸甲酯、氯氟草醚乙酯、乳氟禾草灵、2，4 -滴异辛酯等。

②黑龙江省大豆田常用除草剂骨干品种。目前生产上使用的骨干品种有 21 个。苗前土壤处理剂有乙草胺、异丙甲草胺、精异丙甲草胺、氯嘧磺隆、噻吩磺隆、唑嘧磺草胺、嗪草酮、丙炔氟草胺、2，4 -滴丁酯、异噁草松；苗后茎叶处理剂有烯禾啶、烯草酮、精喹禾灵、精噁唑禾草灵、精吡氟禾草灵、高效氟吡甲禾灵、灭草松、氟磺胺草醚、三氟羧草醚、乙羧氟草醚、氯酯磺草胺。

③全国大豆田常用除草剂品种。全国范围内大豆田最常使用的除草剂品种有 17 个，苗前土壤处理剂有乙草胺、异丙甲草胺、精异丙甲草胺、噻吩磺隆、嗪草酮、丙炔氟草胺、2，4 -滴丁酯、异噁草松；苗后茎叶处理剂有烯禾啶、烯草酮、精喹禾灵、精吡氟禾草灵、高效氟吡甲禾灵、灭草松、氟磺胺草醚、三氟羧草醚、乙羧氟草醚。

④禁限用的除草剂品种。氯嘧磺隆和咪唑乙烟酸是开发比较晚的两种新高活性除草剂，自 20 世纪 80 年代引进后，在黑龙江省大豆田除草剂的历史上曾经备受欢迎，因其具有除草活性高、用量少、成本低、对大豆安全等特点，在大豆田除草剂中占领着重要位置，使用面积很大。但因其另外一个特点，即在土壤中残留时间长，对后茬作物不安全，对敏感作物有残留药害，一度造成后茬作物大面积药害，给农业生产造成了巨大损失。因此，目前黑龙江省大豆田已经逐步减少或者不使用这两种除草剂，尤其是在作物轮作种植地区，已经禁止使用，在大豆主产区、不进行作物轮作的地区还在使用，但面积逐渐在缩小。

（2）施药方法和技术的发展变化。

①最初的除草剂施药方法是全面喷雾，无论田间杂草的发生情况如何均进行施药处理，这也是生产中一直在普遍使用的方法。

②带苗施药技术是在全面喷雾的基础上发展起来的，使用扇形喷头，可以节省除草剂用药量的 1/3～1/2，结合机械中耕覆土作业，可以达到较理想的除草效果。

③定向喷雾法，在喷雾器的喷嘴上加一个防护罩，将除草剂药液喷洒到大豆的行间，避开苗带，同时防止药液飘移到大豆生长点或叶片上，避免对大豆产生药害。该施药方法适于施用对大豆会有一定药害的除草剂。

④点片（局部）施药，与全田施药方法不同，只在田间需要施药的地方喷施除草剂。如某些杂草在田间呈点片分布，就可以采用这种施药方法。

⑤涂抹施药法，适用于防除局部发生的难防的恶性杂草。将配制成一定浓度的除草剂药液通过人工或机械，涂抹于杂草的叶片或茎秆上，大多用于涂抹灭生性除草剂。

⑥除草剂秋施，绝大多数的除草剂都是在作物播种时或出苗后施药，而有些土壤处理除草剂可以在前一年的秋天施药，这种施药方法适用于黑龙江省等较寒冷的地区，可以缓解春季播种施药的压力，减少春季干旱对除草剂药效的影响等。

⑦使用除草剂助剂。随着除草剂助剂的研究和开发，已经有一些成熟的除草剂助剂在生产中得到推广和应用，在除草剂药液中加入一定量的助剂，可以大大提高除草效果，同时可显著降低除草剂的用药量。

（3）施药器械的发展变化。

①传统的施药器械是人工背负式喷雾器，圆锥喷头。以后发展到装配扇形喷头，可以使喷雾更均匀。由于是人工喷雾，不仅工作效率低，而且不易做到喷雾均匀。再者，这类喷雾器的质量都比较差，"跑、冒、滴、漏"现象十分普遍，对使用者的身体健康和环境存在安全隐患。只适合农村小面积耕地使用，已逐渐淘汰。

②小型拖拉机机载喷雾机，是目前广大农村普遍使用的喷雾器械，喷雾质量和工作效率都有普遍提高，但也有些质量较差的产品，或农民自制的"喷药罐"，其喷头流量等指标难以保证均匀一致，也达不到标准化作业要求。这类喷雾机的质量和作业水平有待提高。

③大型喷杆喷雾机，其药液容量 400～3 000L，喷幅达 18～34m，作业速度达 8～10km/h，配套拖拉机功率在 58.8～73.5kW（80～100 马力）以上。在黑龙江省的一些大型国营农场已经装备了大型悬挂式、牵引式或自走式喷杆喷雾机，这类喷雾机的质量好、喷幅宽、喷雾均匀，作业速度快，工作效率高，喷雾质量能达到标准化要求。

④人工智能化喷雾机，可以与个人计算机相连，配备有 GPS 系统，在喷雾器上安装电脑芯片、红外线光谱探测器、光学传感器或超声波传感器、图像识别系统（由摄像头、图像采集卡和计算机组成），能自动辨别作物、杂草（能精确到杂草的种），针对目标杂草自动对靶施药，实现精确、精量、精准施药，可节约用药量 60%～80%。

2. 大豆田杂草的化学防除技术　不同生态区大豆田杂草的种类和群落组成不同，对不同的杂草和不同的杂草群落，应采用不同的防除技术。在作物轮作制度比较复杂的地区，应选用对后茬作物无残留药害的除草剂；在某些大豆连作地区，可以选择除草剂活性高、除草效果好、杀草谱广，但会对后茬作物造成残留药害的除草剂。土壤处理除草剂在大豆播种后出苗前进行土壤喷雾，一般应在播种后 3d 之内施药，大豆拱土期不要施药，易产生药害。茎叶处理除草剂在大豆苗后 1～2 片复叶期、禾本科杂草 2～4 叶期、阔叶杂草株高 3～5cm 时，进行茎叶喷雾。

（1）禾本科杂草的化学防除。大豆田禾本科杂草的化学防除可分为土壤处理和茎叶处理两种方式。土壤处理选用以防除禾本科杂草为主兼防小粒种子的阔叶杂草的除草剂，如甲草胺、乙草胺、异丙草胺、异丙甲草胺和精异丙甲草胺等；在大豆连作区还可选用广谱除草剂异噁草松、咪唑乙烟酸等。茎叶处理可选用只防除禾本科杂草的除草剂，如烯禾啶、烯草酮、高效氟吡甲禾灵、精吡氟禾草灵、精噁唑禾草灵、精喹禾灵等。

（2）阔叶杂草的化学防除。防除阔叶杂草的土壤处理除草剂首选噻吩磺隆、丙炔氟草胺、唑嘧磺草胺。一般不建议选用 2，4 - 滴丁酯、嗪草酮，因为 2，4 - 滴丁酯存在产生二次挥发药害的风险，嗪草酮施用在有机质含量较低的土壤上时，遇长时间降雨易产生淋溶药害。在大豆连作区可选用氯嘧磺隆，或广谱除草剂异噁草松、咪唑乙烟酸等。茎叶处理可选用的只防除阔叶杂草的除草剂有氟磺胺草醚、灭草松、三氟羧草醚、氯酯磺草胺、乙羧氟草醚等。在大豆连作区也可选用广谱除草剂异噁草松、咪唑乙烟酸等。

（3）混生杂草的化学防除。在禾本科杂草、阔叶杂草、莎草科杂草及多年生杂草等混合发生的大豆田，应尽量选择一次性施药可以防除田间发生的各种杂草的除草剂。首先选择广谱除草剂，但要注意对后茬作物是否有残留药害；其次应选择混配制剂；最后选择除草剂单剂现混现用。大豆连作地区可以选择广谱除草剂咪唑乙烟酸、异噁草松等，在作物轮作地区不推荐这两种药剂。根据田间杂草种群类型，如禾本科杂草占优势，应选择以防除禾本科杂草为主的除草剂、混配制剂或选择单剂现混现用，后者的选择性更灵活。

（4）恶性杂草的化学防除。东北春大豆田恶性杂草最突出的是"三菜"，即鸭跖草、苣荬菜、刺儿菜（大蓟、小蓟），此外还有问荆、芦苇等，在局部地区发生为害严重。南方夏大豆田香附子为害较重，大豆菟丝子在春大豆和夏大豆均有发生。通过合理轮作、适时耕作、适时播种、加强检疫等综合配套技术措施，结合除草剂的合理使用，可以有效地防除大豆田的恶性杂草。在大豆与禾本科作物的轮作体系中，可以在禾本科作物田使用防除阔叶杂草的除草剂来防除鸭跖草、苣荬菜、刺儿菜等阔叶杂草。通过伏、秋深翻深耕，播前整地等措施，恶性杂草发生数量可减少 70%，并可切断某些多年生宿根性杂草的地下根茎，同时能诱导杂草出苗均匀，为化学除草创造条件。大豆田化学除草结合 2～3 次机械中耕，可大大提高除草效果。在有条件的地区可以适当调整播种时间，待一部分恶性杂草已经出苗后，先施用灭生性除草剂进行防除，然后进行播种。种子调运检疫措施可以阻止和减少恶性杂草的种子长距离传播。

①鸭跖草。大豆播种前或播种后出苗前可使用的除草剂有（精）异丙甲草胺、乙草胺、异噁草松、噻吩磺隆、唑嘧磺草胺、丙炔氟草胺。除草剂混用有乙草胺＋异噁草松＋噻吩磺隆；精异丙甲草胺＋异噁草松＋丙炔氟草胺；异丙甲草胺＋异噁草松＋唑嘧磺草胺。乙草胺＋异噁草松＋丙炔氟草胺（或唑嘧磺草胺，或噻吩磺隆）＋2，4-滴丁酯（或草甘膦），此混用组合对鸭跖草、苣荬菜、刺儿菜（大蓟、小蓟）的防效好，且大豆产量高，配方中如不加入2，4-滴丁酯或草甘膦，则降低对已萌发的早春性杂草刺儿菜、苣荬菜的防除效果。大豆苗后可选用的除草剂有灭草松、异噁草松、氟磺胺草醚。大豆苗后早期（大豆真叶期至2片复叶期、鸭跖草3叶期前），可混用的除草剂有氟磺胺草醚＋异噁草松，灭草松＋异噁草松。防除4～5叶期的大龄鸭跖草选用84％氯酯磺草胺水分散粒剂37.8～50.9g/hm²，或采用两次施药法，两次喷施间隔10d左右，间隔时间过短易产生较重药害。

②苣荬菜，刺儿菜（大蓟、小蓟）。防除苣荬菜、刺儿菜（大蓟、小蓟）可采用喷施或茎叶涂抹除草剂的方法。大豆播种前或播种后出苗前可使用的除草剂有异噁草松、唑嘧磺草胺、2，4-滴异辛酯、2，4-滴丁酯；可混用的除草剂有异噁草松＋唑嘧磺草胺。在苣荬菜、刺儿菜发生密度较大的地块可混加2，4-滴异辛酯（或2，4-滴丁酯）。大豆苗后选用异噁草松、氟磺胺草醚、灭草松。大豆苗后可混用的除草剂：大豆苗后早期（大豆真叶期至2片复叶期，苣荬菜、刺儿菜8叶期前）施药用异噁草松＋氟磺胺草醚；晚播地块，大部分杂草出齐，杂草发生集中时施药用异噁草松＋灭草松。大豆前茬作物收获后，秋季10月上旬用2，4-滴丁酯茎叶处理，第二年对苣荬菜的防除效果可达90％左右。茎叶涂抹草甘膦，可采用人工涂抹或机械涂抹法，在大豆3～5片复叶期，苣荬菜、刺儿菜等杂草大部分6片叶左右时用药效果最好，最晚用药时间应在大豆初花期以前进行。41％草甘膦异丙胺盐水剂按1：10配成母液，250mL加水配制成2 500mL，可涂抹0.2～0.7hm²，10d左右苣荬菜、刺儿菜（大蓟、小蓟）整株死亡，防除效果可达100％。

③问荆。在黑龙江省东部地区的一些国营农场问荆的发生为害比较严重，防除问荆需要采取综合措施。机械深翻：切割问荆的地下根茎并将其翻至土壤表层，晾晒或冻死。机械断根：春季播种后用改装后带钢丝的深松机，结合深松作业勒断问荆的根茎。改变耕作措施：在问荆发生严重的地块，改伏整地（小麦收获后翻、耙地）为秋整地，或伏整地时间尽量延后。问荆为多年生杂草，根系非常发达，伏整地后遇合适条件还能生长，秋整地可以损害其根系，遇冻则不再生长；增加中耕次数（最好2遍以上）或大铧犁深蹚也可达到防除目的。化学防除：在大豆播后苗前用2，4-滴丁酯进行土壤处理，有较好防除效果；二苯醚类、磺酰脲类除草剂可有效防除问荆的地上部分，但对地下根茎防效较差。人工除草：在问荆发生高峰期，结合田间松土将问荆全部铲除。

④芦苇。防除芦苇可与防除问荆结合进行，防除方法是伏、秋深翻地，大豆苗后、芦苇株高20～60cm时，选用15％精吡氟禾草灵乳油300g/hm²、10.8％高效氟吡甲禾灵乳油97.2g/hm²喷雾。在田间少量发生、呈点片分布时，可采取茎叶涂抹的方法，用15％精吡氟禾草灵乳油，或41％草甘膦异丙胺盐水剂配制成1：10药液涂抹芦苇茎叶。如果田间杂草生长不一致，杂草大片密生的地块，要及时进行第二三遍作业，防止出现漏抹，发生草荒。

⑤菟丝子。生物制剂鲁保一号是专门防除大豆菟丝子的生物除草剂，但成本较高。化学防除：选用仲丁灵拌种、播前或播后苗前土壤处理、大豆苗后茎叶喷雾处理，或采取苗前土壤处理和苗后茎叶处理2次施药，可提高防除效果。

⑥香附子。在大豆3～5叶期、香附子2～5叶期，进行茎叶处理，用48％灭草松水剂1 440～1 800g/hm²、10％乙羧氟草醚乳油30～60g/hm²，或24％三氟羧草醚水剂216g/hm²，均匀喷施。香附子发生密度较大，且前期又未及时防除的田块，可在大豆成熟前7～10d，用41％草甘膦异丙胺盐水剂1 537.5～1 845.0g/hm²，均匀喷施于杂草茎叶和大豆中上部叶片上，既能有效防除香附子，又能促使大豆叶片脱落，有利于大豆早熟，方便机械收割。

（四）大豆田常用除草剂

1. 酰胺类除草剂　选择性芽前内吸传导型除草剂。

（1）代表品种。甲草胺（43％乳油、480g/L乳油），乙草胺（25％微囊悬浮剂、40％水乳剂、50％乳油、81.5％乳油、880g/L乳油、89％乳油、900 g/L乳油、990g/L乳油），异丙草胺（50％乳油、70％乳油、72％乳油），异丙甲草胺（72％乳油、720g/L乳油），精异丙甲草胺（960g/L乳油）。

（2）杀草谱。一年生禾本科杂草及部分阔叶杂草。禾本科杂草如稗、金狗尾草、狗尾草、马唐、牛筋草、看麦娘、早熟禾、千金子、野黍、画眉草；阔叶杂草如藜、本氏蓼、反枝苋、龙葵、酸模叶蓼、马齿苋、荠菜、辣子草、繁缕等；莎草科杂草如碎米莎草、异型莎草；其他杂草有鸭跖草、菟丝子。

（3）使用技术。大豆播种前或播种后出苗前土壤喷雾处理，播后苗前施药应尽可能缩短播种与施药的间隔时间，最好在播种后 3d 之内、杂草萌发前施药。施药后如遇干旱应浅混土 2～3cm，并及时镇压。有灌溉条件的，施药后可灌水，如果施药后 15d 内降水量 15～20mm，保持土壤湿润条件，有利于药效发挥。用药量列于表 23-8-1。

（4）注意事项。①北方春季干旱时药效较差，低温多雨地区及低洼地、土壤积水易出现药害。②杂草对酰胺类除草剂的主要吸收部位是芽鞘，因此必须在杂草出土前施药，所以只能进行土壤处理，不能作茎叶处理。③使用剂量取决于土壤湿度和土壤有机质含量，应根据不同地区、不同季节确定使用剂量。④露地栽培作物在干旱条件下施药，应迅速进行浅混土，覆膜作物田施药不用混土，施药后必须立即覆膜。

（5）土壤残留。酰胺类除草剂无土壤残留，对后茬作物安全。

表 23-8-1　大豆田酰胺类除草剂品种及用药量
Table 23-8-1　The dosage of amide herbicides in soybean field

除草剂名称	春大豆		夏大豆	
	有效成分量 （g/hm²）	每 667m² 制剂量 （mL）	有效成分量 （g/hm²）	每 667m² 制剂量 （mL）
甲草胺 43％乳油	—	—	1 290～1 935	200～300
甲草胺 480g/L 乳油	2 520～2 880	350～400	1 800～2 160	250～300
乙草胺 25％微囊悬浮剂	1 125～1 500	300～400	—	—
乙草胺 40％水乳剂	900～1 200	150～200	900～1 200	150～200
乙草胺 50％乳油	1 200～1 875	160～250	750～1 050	100～140
乙草胺 81.5％乳油	1 350～2 025	110～166	—	—
乙草胺 880g/L 乳油	924～1 320	70～100	924～1 320	70～100
乙草胺 89％乳油	1 648～1 948	110～130	—	—
乙草胺 900g/L 乳油	1 620～1 890	120～140	—	—
乙草胺 990g/L 乳油	1 485～1 930.5	100～130	—	—
异丙草胺 50％乳油	1 493～2 073	200～276	1 125～1 575	150～210
异丙草胺 70％乳油	1 575～2 100	150～200	1 260～1 575	120～150
异丙草胺 72％乳油	1 620～2 160	150～200	1 080～1 620	100～150
异丙甲草胺 72％乳油	1 620～2 160	150～200	1 296～1 620	120～150
异丙甲草胺 720g/L 乳油	1 620～2 160	150～200	1 080～1 620	100～150
精异丙甲草胺 960g/L 乳油	864～1 224	60～85	720～1 224	50～85

2. 二硝基苯胺类除草剂　选择性芽前触杀型除草剂。

（1）代表品种。氟乐灵（480g/L 乳油），二甲戊灵（450g/L 微囊悬浮剂），仲丁灵（48％乳油）。

（2）杀草谱。一年生禾本科杂草及部分阔叶杂草。一年生禾本科杂草如稗、金狗尾草、狗尾草、马唐、牛筋草、千金子、早熟禾、野黍、大画眉草、雀麦等；阔叶杂草如藜、反枝苋、龙葵、马齿苋、繁缕、猪毛菜等。

（3）使用技术。氟乐灵常用于播种前土壤处理，也可以用于秋施药。秋施药最好在气温降至 10℃以下到封冻前进行，黑龙江省进入 10 月上旬即可以进行秋施药，第二年春天播种大豆。平播栽培大豆地块施药后用圆盘耙浅混土 6～8cm，垄作栽培大豆，秋施药、秋起垄，第二年春季种植大豆，施药后应深混土，用双列圆盘耙，耙深 10～15cm。春季播前施药也应混土处理。播种前土壤处理施药后应间隔 5～7d 再播种大豆，间隔时间过短或随施药随播种，对大豆出苗有影响。如有特殊需要也可以施药后缩短间隔时间或随施药随播种，但需要适当增加播种量，且施药后要深混土、浅播种。氟乐灵易挥发和光解，必须在施药后 2h 以内将药剂混入 5～7cm 土层中，干旱条件下还应及时镇压保墒。使用氟乐灵的地块，下茬不宜种谷子、高粱等敏感作物。二甲戊灵在大豆播前或播后苗前土壤处理，最适施药时期是在杂草萌发前。播后苗前施药，最好随播种随施药，施药与播种时间不要间隔太长，最迟应在播种 3d 以后施药，施药后应浅混土，可避免风蚀，以保证在干旱条件下获得稳定的药效。垄作大豆也可以采用苗带施药，还可以用作秋施药。用药量列于表 23-8-2。

（4）注意事项。①在播种前 5~7d 施药，并且施药后需在 2h 内混土，最长不能超过 8h，否则将影响药效。②土壤有机质含量达 10% 以上时，不要使用氟乐灵，因不能保证药效。③氟乐灵在低温干旱地区持效期较长，下茬不宜种高粱、谷子等敏感作物。④氟乐灵对大豆根及根瘤生长有抑制作用，并且能使根部病害加重，因此，在大豆根部病害较重地区及低洼地不推荐使用氟乐灵。⑤氟乐灵对野燕麦效果较好，可以用于干旱地区防除野燕麦，且要用上限药量，但后茬不宜种小麦。

（5）土壤残留。氟乐灵在土壤中残留时间较长，在北方低温干旱地区可长达 10~12 个月，对下茬谷子、高粱有一定的药害，氟乐灵 480g/L 乳油用量超过 2 600mL/hm²，对后茬小麦有药害。因此后茬不宜种植谷子、高粱和小麦；有机质含量低的沙质土壤，不宜使用二甲戊灵进行苗前处理。使用仲丁灵一般要混土，混土深度 3~5cm 可以提高药效。在低温季节或用药后浇水，不混土也有较好的效果；仲丁灵茎叶处理防除菟丝子时，喷雾力求细微均匀，使菟丝子缠绕的茎尖均能接受到药剂。

表 23-8-2 大豆田二硝基苯胺类除草剂品种及用药量

Table 23-8-2 The dosage of dinitroaniline herbicides in soybean field

除草剂名称	春大豆		夏大豆	
	有效成分量 (g/hm²)	每667m²制剂量 (mL)	有效成分量 (g/hm²)	每667m²制剂量 (mL)
氟乐灵 480g/L 乳油	1 080~1 440	150~200	900~1 080	125~150
二甲戊灵 450g/L 微囊悬浮剂	1 012.5~1 350	150~200	742.5~1 012.5	110~150
仲丁灵 48% 乳油	1 800~2 160	250~300	1 620~1 800	225~250

3. 噻吩磺隆 选择性内吸传导型磺酰脲类除草剂。

（1）代表品种。噻吩磺隆（20%、25%、70% 可湿性粉剂，75% 干悬浮剂，75% 水分散粒剂）。

（2）杀草谱。一年生阔叶杂草，如藜、本氏蓼、反枝苋、龙葵、酸模叶蓼、卷茎蓼、铁苋菜、马齿苋、繁缕、野西瓜苗、香薷、水棘针、狼把草、鬼针草、鼬瓣花、鳢肠、猪毛菜、猪殃殃、地肤、苍耳、苘麻、皱叶酸模、播娘蒿、婆婆纳等；其他杂草如鸭跖草。对多年生杂草，如苣荬菜、刺儿菜、田旋花等药效差。

（3）使用技术。噻吩磺隆用于大豆田播前或播后苗前土壤处理，可以全田施药或苗带施药。播后苗前施药最好播种后随即施药，平作大豆要浅混土，垄作大豆应培土 2cm。土壤湿润条件有利于药效发挥。噻吩磺隆主要防除阔叶杂草，需要与禾本科除草剂混用，或使用混配制剂。需要强调的是，因为噻吩磺隆活性高、用量低，单位面积用量以克计，所以施药时药剂称量要准确，以防止超量使用造成药害。苗带施药时，由于实际喷药的面积减少，应按喷药面积计算用药量。土壤处理后如果不混土，土壤表面的药土可能会在降水量大或下急雨时飞溅到刚出苗的大豆幼苗上，使大豆苗受害，严重时可能使大豆苗生长点枯死，影响正常生长。用药量列于表 23-8-3。

表 23-8-3 大豆田噻吩磺隆制剂及用药量

Table 23-8-3 The dosage of thifensulfuron-methyl preparations in soybean field

除草剂名称	春大豆		夏大豆	
	有效成分量 (g/hm²)	每667m²制剂量 (g)	有效成分量 (g/hm²)	每667m²制剂量 (g)
噻吩磺隆 15% 可湿性粉剂	22.5~33.8	10~15	18~27	8~12
噻吩磺隆 20% 可湿性粉剂	—	—	22.5~30	7.5~10
噻吩磺隆 25% 可湿性粉剂	30~37.5	8~10	22.5~30	6~8
噻吩磺隆 70% 可湿性粉剂	31.5~42	3~4	—	—
噻吩磺隆 75% 干悬浮剂	20~25	1.8~2.2	15~20	1.3~1.8
噻吩磺隆 75% 水分散粒剂	25.9~33.8	2.3~3	22.5~25.9	2~2.3

（4）注意事项。①用药量不得超过有效成分量 32.5g/hm²。②当作物处于不良环境时（如干旱、严

寒、土壤水分过饱和及病虫为害等），不宜施药。③剩余的药液和洗刷施药用具的水，不要倒入田间沟渠。

（5）土壤残留。噻吩磺隆无残留，对后茬作物安全。

4. 磺酰胺类除草剂 内吸传导型磺酰胺类除草剂。

（1）代表品种。唑嘧磺草胺（80％水分散粒剂），氯酯磺草胺（84％水分散粒剂）。

（2）杀草谱。一年生阔叶杂草，如藜、反枝苋、凹头苋、马齿苋、铁苋菜、本氏蓼、酸模叶蓼、卷茎蓼、龙葵、苍耳、苘麻、繁缕、野西瓜苗、香薷、水棘针、猪殃殃、地肤、风花菜、苣荬菜、大巢菜、毛茛等。唑嘧磺草胺土壤处理时对龙葵防效差，对鸭跖草、刺儿菜、苣荬菜、问荆等难防杂草有一定抑制作用。氯酯磺草胺是茎叶处理除草剂，对鸭跖草、刺儿菜、苣荬菜等的防效较好。

（3）使用技术。唑嘧磺草胺茎叶处理时会对大豆产生药害，因此生产上推荐用于大豆播前或播后苗前土壤处理，可以全田施药或苗带施药。播后苗前施药最好播种后随即施药，平作大豆要浅混土，垄作大豆应培土2cm。土壤湿润条件，有利于药效发挥。需要强调的是，因为唑嘧磺草胺活性高、用量低、单位面积用量以克计，所以施药时药剂称量要准确，以防止超量使用造成药害。苗带施药时，由于实际喷药的面积减少，应按喷药面积计算用药量。由于唑嘧磺草胺只对阔叶杂草有效，若想兼除禾本科杂草必须与禾本科除草剂混用，或使用混配制剂。用药量列于表23-8-4。

表23-8-4 大豆田磺酰胺类除草剂品种及用药量（春大豆）
Table 23-8-4 The dosage of sulfonamide herbicides in soybean field（spring soybean）

除草剂名称	有效成分量（g/hm²）	每667m²制剂量（g）
唑嘧磺草胺80％水分散粒剂	45～60	3.75～5
氯酯磺草胺84％水分散粒剂	25.2～31.5	2～2.5

（4）注意事项。唑嘧磺草胺：①用于播后苗前土壤处理或播前土壤处理，能防除大豆田多种阔叶杂草，对禾本科杂草和莎草科杂草效果较差。②因为有土壤残留，后茬不宜种植敏感作物。③施药前后土壤墒情对药效影响较大，土壤干旱情况下药效明显下降。④施药时地表不宜太干燥或下雨，避免药液飘移到邻近作物上。⑤唑嘧磺草胺只防除阔叶杂草，使用时一定要与禾本科除草剂混用。⑥唑嘧磺草胺对鱼类有毒害，应避免药液流入湖泊、河流或鱼塘中。

（5）土壤残留。唑嘧磺草胺和氯酯磺草胺在土壤中残留期均较长，对后茬作物有药害。唑嘧磺草胺施用量有效成分48～60g/hm²，种植敏感作物参考间隔时间如下。

施药后不需要间隔期可种植：大豆、玉米、小麦、大麦、苜蓿。

施药后4个月可种植：菜豆、花生、甘薯。

施药后6个月可种植：水稻。

施药后12个月可种植：高粱、豌豆、马铃薯。

施药后18个月可种植：烟草、向日葵、棉花。

施药后26个月可种植：蔬菜类的番茄、洋葱、辣椒、茄子、白菜、萝卜、胡萝卜、甘蓝、黄瓜、南瓜、西瓜，以及甜菜和油菜。

5. 丙炔氟草胺 属环状亚胺类，为杀草谱很广的接触褐变型土壤处理除草剂。

（1）代表品种。50％丙炔氟草胺可湿性粉剂。

（2）杀草谱。阔叶杂草如藜、本氏蓼、酸模叶蓼、鼬瓣花、龙葵、铁苋菜、反枝苋、苘麻、香薷、水棘针、苍耳、荠菜等，其他杂草如鸭跖草。对苍耳防效稍差，对禾本科杂草及多年生的苣荬菜、刺儿菜等有一定的抑制作用。

（3）使用技术。丙炔氟草胺用于大豆播前或播后苗前土壤处理，也可以在前一年秋季施药。播后苗前施药，最好在播种后随即施药，施药过晚会影响药效。在低温条件下，大豆拱土期施药对大豆幼苗生长有抑制作用。播前或播后苗前施药时，平作大豆要浅混土，垄作大豆应培土2cm，不仅可以防止药剂被风蚀，而且能防止大豆苗期降大雨造成药土随雨滴溅到大豆叶片和生长点上，对大豆产生药害。土壤湿润条件，有利于药效发挥。丙炔氟草胺主要防除阔叶杂草，需要与禾本科除草剂混用，目前还没有混配制剂。需要强调的是，因为丙炔氟草胺活性高、用量低，所以施药时药剂称量要准确，以防止超量使用造成药害。

丙炔氟草胺可以用于秋施药，秋施药应掌握以下施药技术。①丙炔氟草胺是土壤处理除草剂，其持效期受药剂挥发、光解、化学和微生物降解、淋溶以及土壤吸附等因素的影响。丙炔氟草胺在土壤中主要靠微生物降解。黑龙江省为寒温带大陆性气候区，冬季冰雪严寒，微生物基本不能活动，所以丙炔氟草胺秋施，实际上等于在室外储藏，其降解是微小的。②丙炔氟草胺秋施以后，第二年春季杂草萌发就能接触到药剂，因此能提高对难防杂草鸭跖草等的防效。③秋施药可以避开春季施药时的大风天气。黑龙江省十年九春旱，春天大风日数多，空气相对湿度低，药剂飘移损失大，所以春季施用土壤处理剂往往不能保证药效。④秋施药可以很好利用农时，缓解春季播种施药抢农时的压力。⑤秋施药增加丙炔氟草胺对大豆的安全性，试验表明，丙炔氟草胺秋施，大豆产量和安全性均高于春施。⑥黑龙江省秋施药时间为气温降到10℃以下，10月上旬到封冻之前。⑦秋施药前要使土壤达到播种状态，地表无大土块和植物残株，切不可将施药后的混土耙地代替施药前的整地。⑧施药混土要彻底，除草剂易挥发、光解，施药后应及时混土，混土耙地要交叉耙两遍。起垄播种大豆的可深混土，起小垄，注意不要把无药土层翻上来。用药量列于表23-8-5。

表 23-8-5　大豆田丙炔氟草胺制剂及用药量
Table 23-8-5　The dosage of flumioxazin preparations in soybean field

除草剂名称	春大豆		夏大豆		施药时期
	有效成分量 (g/hm²)	每667m²制剂量 (g)	有效成分量 (g/hm²)	每667m²制剂量 (g)	
丙炔氟草胺50%可湿性粉剂	60～90	8～12	60～90	8～12	播后苗前土壤喷雾
丙炔氟草胺50%可湿性粉剂	22.5～30	3～4	22.5～26.25	3～3.5	苗后早期茎叶喷雾

（4）注意事项。①正常气候条件下丙炔氟草胺对大豆安全，如果大豆出苗期遇强降水量，土表药土溅到叶片及生长点上可造成药害，若未造成整株枯死，还可以从子叶叶腋处生出新枝，继续生长。②施药前后土壤墒情对药效影响较大，土壤干旱情况下药效明显下降。可以施药前或施后灌水，以保证药效发挥。

（5）土壤残留。无土壤残留，对后茬作物安全。

6. 异噁草松　属异噁唑二酮类，为选择性芽前处理除草剂。

（1）代表品种。异噁草松（360g/L乳油、360g/L微囊悬浮剂、40%乳油、48%乳油、480g/L乳油）。

（2）杀草谱。一年生禾本科杂草如稗、金狗尾草、狗尾草、马唐、牛筋草；阔叶杂草反枝苋、鬼针草、狼把草、藜、小藜、本氏蓼、酸模叶蓼、铁苋菜、马齿苋、遏蓝菜、水棘针、香薷、龙葵、苘麻、野西瓜苗、苍耳、风花菜、鼬瓣花；其他杂草如鸭跖草；对苣荬菜、刺儿菜、问荆等多年生杂草有较强的抑制作用。

（3）使用技术。异噁草松在播种前或播后苗前进行土壤处理，或苗后早期茎叶处理。土壤处理施药应尽量缩短播种与施药时间的间隔。施药后应浅混土，以减少药剂因挥发造成的损失。土壤有机质含量3%以下时，异噁草松可以单独使用，用量为有效成分360～510g/hm²；土壤有机质含量3%以上，上述用量需与乙草胺、嗪草酮等除草剂混用，以提高对杂草的防效。异噁草松持效期长，用量提高到有效成分800g/hm²以上时，不但除草效果提高，而且对大豆有明显的促进生长和增产作用，但第二年需要继续种植大豆，种植其他作物会有残留药害。据试验，大豆苗后早期施药，对大豆安全，对杂草有较好的触杀作用。为提高对禾本科杂草的防效，异噁草松可与高效氟吡甲禾灵、精吡氟禾草灵、精噁唑禾草灵、精喹禾灵、烯禾啶、烯草酮等防除禾本科杂草的除草剂混用，田间施药时进行药箱混用。用药量列于表23-8-6。

表 23-8-6　大豆田异噁草松制剂及用药量
Table 23-8-6　The dosage of clomazone preparations in soybean field

除草剂名称	春大豆		夏大豆		施药时期
	有效成分量 (g/hm²)	每667m²制剂量 (mL)	有效成分量 (g/hm²)	每667m²制剂量 (mL)	
异噁草松360g/L乳油	864～972	160～180	—	—	播前或播后苗前土壤处理
异噁草松360g/L微囊悬浮剂	—	—	378～540	70～100	喷雾
异噁草松40%水乳剂	720～900	120～150	—	—	苗后茎叶处理

（续）

除草剂名称	春大豆		夏大豆		施药时期
	有效成分量 (g/hm²)	每 667m² 制剂量 (mL)	有效成分量 (g/hm²)	每 667m² 制剂量 (mL)	
异噁草松 48％乳油	1 008～1 152	140～160	—	—	播后苗前土壤处理
异噁草松 480g/L 乳油	528～576	73.3～80	—	—	苗后茎叶处理
异噁草松 480g/L 乳油	1 000.5～1 200	140～167	1 000.5～1 200	140～167	播后苗前土壤处理

（4）注意事项。①异噁草松可与乙草胺、异丙甲草胺、丙炔氟草胺、嗪草酮、氟乐灵等药剂混用，异噁草松用药量同单用，其他混用除草剂可用 1/3～1/2 的量。易淋洗的沙壤土、有机质含量低于 2％ 的瘠薄土壤或土壤偏碱性（pH 高于 7.5 以上）时，异噁草松不宜与嗪草酮混用，否则会使大豆产生药害。②异噁草松在剂量较高（有效成分 960～1 440g/hm²）或施药不均匀时，可使后茬小麦严重受害，植株矮化、变白，产量降低，甚至个别植株死亡。其他作物也可能出现白化叶片。③药剂储存应注意，若有包装渗漏的，要立即更换新的密闭容器盛装，并将原包装冲洗干净，以免药剂挥发造成周围植物药害。

（5）土壤残留。异噁草松属于长残留除草剂，高用量下对后茬作物有药害。

异噁草松在土壤中的生物活性可持续 6 个月以上，种植后茬作物安全间隔期与用药量有关，参考如下。

用药量有效成分小于 700g/hm²，第二年可以种植玉米、小麦、大麦、水稻、高粱、谷子、大豆、花生、豌豆、菜豆、亚麻、烟草、向日葵、马铃薯、棉花、甜菜、油菜、苜蓿、甘薯，以及番茄、洋葱、辣椒、茄子、白菜、萝卜、胡萝卜、甘蓝、黄瓜、南瓜、西瓜。

用药量有效成分大于 700g/hm²，第二年可以种植玉米、水稻、高粱、大豆、豌豆、菜豆、烟草、马铃薯、棉花、甜菜、油菜、甘薯，以及辣椒、黄瓜、南瓜、西瓜。需 16 个月以后才能种植的作物有小麦、大麦、谷子、花生、亚麻、向日葵、苜蓿，以及番茄、洋葱、茄子、白菜、萝卜、胡萝卜、甘蓝。

7. 咪唑乙烟酸　选择性苗前及苗后早期使用的咪唑啉酮类除草剂。

（1）代表品种。咪唑乙烟酸（50g/L 水剂、5％水剂、5％微乳剂、100g/L 水剂、10％水剂、160g/L 水剂、16％水剂、16％颗粒剂、20％水剂、70％可溶粉剂、70％可湿性粉剂）。

（2）杀草谱。一年生禾本科杂草如稗、金狗尾草、狗尾草、马唐、野燕麦；阔叶杂草如本氏蓼、酸模叶蓼、苍耳、香薷、水棘针、苘麻、龙葵、野西瓜苗、藜、荠菜、反枝苋、马齿苋、狼把草、豚草、曼陀罗、地肤。其他杂草如鸭跖草（3 叶以前）；对苣荬菜、刺儿菜、大蓟等多年生杂草有一定的抑制作用。

（3）使用技术。①咪唑乙烟酸可在大豆播前、播后苗前进行土壤处理，或苗后早期（大豆 1 片复叶以前）茎叶处理以及前一年秋季施药。药效最好的时期为杂草萌发将近出土时，大豆苗后施药应不晚于 2 片复叶期，在大豆 3 片复叶期施药，药剂对大豆生长抑制作用增强，需要 20d 以后才能恢复正常生长，最终会影响大豆产量。如在低温多雨、低洼地、长期积水地块或大豆病虫害重的地块，大豆本身生长发育不良，大豆苗后过晚施药会加重药害。咪唑乙烟酸可以用作全田施药或苗带施药，苗带施药时，用药量应根据实际喷雾的土壤面积来计算，不要加大用药量，以免局部用药量过高而发生药害。②咪唑乙烟酸药效主要受水分影响。播后苗前或播前土壤处理，受风和土壤干旱影响而降低药效，对禾本科杂草的药效影响大于阔叶杂草。在干旱条件下，咪唑乙烟酸土壤处理，对禾本科杂草药效差。咪唑乙烟酸秋施药或播前、播后苗前施药后，应用旋转锄混土；起垄播种大豆，施药后应培 2cm 蒙头土，在干旱条件下可获得较稳定的药效。苗后施药受降水量和温度的影响较大，在土壤水分和空气相对湿度适宜时，有利于咪唑乙烟酸药效的发挥。由于咪唑乙烟酸加工剂型的缺陷，在长期干旱、高温、空气相对湿度低于 65％ 时，影响杂草对药剂的吸收和传导，还会增加其飘移和挥发损失。因此，苗后茎叶处理最好选择早晚气温低、湿度大时施药，夜间施药效果更好，当空气相对湿度小于 65％ 时应该停止施药。如果能在药液中加入助剂，可以提高药效，并且能节省用药量 10％～20％。③咪唑乙烟酸可以与苗前、苗后的许多除草剂混用，扩大杀草谱。为提高对多年生禾本科杂草的防效，推荐咪唑乙烟酸苗后施药时，可与高效氟吡甲禾灵、精吡氟禾草灵、精喹禾灵、烯草酮等防除禾本科杂草的除草剂在田间施药时进行现混现用，但不能与精噁唑禾草灵和烯禾啶混用。用药量列于表 23-8-7。

表 23 - 8 - 7　大豆田咪唑乙烟酸制剂及用药量（春大豆）

Table 23 - 8 - 7　The dosage of imazethapyr preparations in soybean field（spring soybean）

除草剂名称	有效成分量 （g/hm²）	每 667m² 制剂量	施药时期
咪唑乙烟酸 50g/L 水剂	75～100.5	100～134mL	土壤喷雾处理
咪唑乙烟酸 50g/L 水剂	100～150	133.3～300mL	喷雾
咪唑乙烟酸 5％水剂	75～100.5	100～134mL	播后苗前或苗后早期喷雾
咪唑乙烟酸 5％微乳剂	75～105	100～140mL	土壤或茎叶喷雾
咪唑乙烟酸 100g/L 水剂	90～105	60～70mL	茎叶喷雾
咪唑乙烟酸 10％水剂	90～105	60～70mL	喷雾
咪唑乙烟酸 15％水剂	90～112.5（东北）	40～50mL	茎叶喷雾
咪唑乙烟酸 160g/L 水剂	72～96（东北）	30～40mL	土壤喷雾
咪唑乙烟酸 16％水剂	96～120	40～50mL	茎叶喷雾
咪唑乙烟酸 16％颗粒剂	96～120	40～50g	土壤或茎叶喷雾
咪唑乙烟酸 20％水剂	75～105	25～35mL	茎叶喷雾
咪唑乙烟酸 70％可溶粉剂	90～120	8.6～11.4g	茎叶喷雾
咪唑乙烟酸 70％可湿性粉剂	84～105（东北）	8～10g	茎叶喷雾

（4）注意事项。①咪唑乙烟酸最值得重视的是土壤残留药害问题，正是因为残留药害问题难以解决，使得咪唑乙烟酸在黑龙江省的使用受到了限制，在一些大豆轮作地区，已经减少了咪唑乙烟酸的使用量，或者已经不再使用；目前在黑龙江省的大豆主栽区，不进行作物轮作的地区还在使用咪唑乙烟酸，但用量也在减少。②咪唑乙烟酸正常用量下，施药初期对大豆生长有明显抑制作用，但能很快恢复。③咪唑乙烟酸在酸性土壤和低洼地块中的残留期较长，这种土壤条件最好不使用。④咪唑乙烟酸土壤残留对后茬敏感作物会造成伤害，应注意安排后茬作物的种植。

（5）土壤残留。咪唑乙烟酸属长残留除草剂，其土壤残留对后茬作物有药害。施用咪唑乙烟酸有效成分量 75g/hm² 以上，后茬种植作物的安全间隔期参考如下。

施药后不需要间隔期可种植：大豆、花生、豌豆、菜豆、甘薯。

施药后 12 个月可种植：玉米、小麦、大麦、烟草。

施药后 18 个月可种植：向日葵、棉花。

施药后 24 个月可种植：水稻、高粱、谷子。

施药后 36 个月可种植：马铃薯。

施药后 40 个月可种植：番茄、洋葱、辣椒、茄子、白菜、萝卜、胡萝卜、甘蓝、黄瓜、南瓜、西瓜，以及油菜和苜蓿。

施药后 48 个月可种植：甜菜、亚麻。

8. 芳氧基苯氧基丙酸类除草剂　选择性苗后茎叶处理剂。

（1）代表品种。精喹禾灵（5％乳油、5％水乳剂、8.8％乳油、10％乳油、10.8％乳油、15％悬浮剂、20％乳油、20.8％悬浮剂、60％水分散粒剂），精吡氟禾草灵（150g/L 乳油、15％乳油），精噁唑禾草灵（69g/L 水乳剂、80.5g/L 乳油），高效氟吡甲禾灵（108g/L 乳油、158g/L 乳油）。

（2）杀草谱。一年生禾本科杂草如稗、金狗尾草、狗尾草、马唐、野燕麦、野黍、牛筋草、看麦娘、画眉草、千金子、雀麦、大麦属杂草、多花黑麦草、毒麦、早熟禾等；多年生禾本科杂草如芦苇、双穗雀稗、白茅、狗牙根、匍匐冰草等。

（3）使用技术。①芳氧基苯氧基丙酸类除草剂均用于大豆出苗后茎叶处理，适宜施药时期为禾本科杂草 3～5 叶期。防除芦苇等多年生禾本科杂草时，用药量要高于防除一年生禾本科杂草的用量。可以用作全田施药或苗带施药，苗带施药相应减少药量，按施药苗带面积计算用药量。杂草叶龄小、生长茂盛、水分充足时用低剂量，杂草较大及在干旱条件下用高剂量。土壤水分充足、空气相对湿度较高的气候条件有利于杂草对药剂的吸收与传导，此时施药除草效果好；长期干旱少雨、低温、空气相对湿度低于 65％时不宜施药，因为这样的气象条件不利于药剂的吸收和传导，除草效果受影响。一般应选择早晚施药，即 10:00 以前、15:00 以后。施药前最好先收听一下天气预报，保证施药后 2h 之内无降水。如果施药后不足 2h 下雨，所施用的药剂被雨水冲刷掉一部分，会降低除草效果。如果遇到长期干旱，而近期有降水，应等待降水后田间湿度和土壤水分条件改善以后再施药，如果能灌水，应在灌水后再施药，虽然施药时间稍有拖后，杂草可能稍大一点，但药效会比干旱条件下施药要好得多。②芳氧基苯氧基丙酸类除草剂只能防除禾本科杂草，必须与阔叶杂草除草剂等混用。精喹禾灵可混用的除草剂有乙羧氟草醚、异噁草松等，为提高防除多年生禾本科杂草的效果，可与咪唑乙烟酸混用；防除稗、金狗尾草、马唐等不能与灭草松、乳氟禾草灵混用，因为混用后会产生拮抗作用，降低对禾本科杂草的防效；精喹禾灵不宜与氟磺胺草醚、三氟羧草醚混用，会产生拮抗作用，使药效降低。③精吡氟禾草灵可混用的除草剂有氟磺胺草醚、三氟羧草醚、灭草松、乳氟禾草灵、氟烯草酸、异噁草松；为提高防除多年生禾本科杂草的效果，可与咪唑乙烟酸混用。④精噁唑禾草灵可混用的除草剂有氟磺胺草醚、三氟羧草醚、灭草松、乳氟禾草灵、氟烯草酸、异噁草松；精噁唑禾草灵不能与咪唑乙烟酸混用，会产生拮抗作用，使药效降低。⑤高效氟吡甲禾灵可混用的除草剂有氟磺胺草醚、三氟羧草醚、灭草松、乳氟禾草灵、氟烯草酸、异噁草松；为提高防除多年生禾本科杂草的效果，可与咪唑乙烟酸混用。⑥在作物轮作种植区，不提倡与咪唑乙烟酸混用。用药量列于表 23-8-8。

表 23-8-8　大豆田芳氧基苯氧基丙酸类除草剂品种及用药量

Table 23-8-8　The dosage of aryloxy phenoxy propionic acid herbicides in soybean field

除草剂名称	春大豆		夏大豆	
	有效成分量 （g/hm²）	每667m²制剂量 （mL）	有效成分量 （g/hm²）	每667m²制剂量 （mL）
精喹禾灵 5%乳油（日产）	37.5～60	50～80	37.5～60	50～80
精喹禾灵 5%乳油	52.5～75	70～100	45～52.5	60～70
精喹禾灵 5%水乳剂	45～50	60～66.7	45～50	60～66.7
精喹禾灵 8.8%乳油	66～79.2	50～60	52.8～66	40～50
精喹禾灵 10%乳油	52.5～60	35～40	37.5～52.5	25～30
精喹禾灵 10.8%乳油	72.9～81	45～50	48.6～72.9	30～45
精喹禾灵 15%悬浮剂	67.5～90	30～40	45～67.5	20～30
精喹禾灵 20%乳油	—	—	37.5～52.5	12.5～17.5
精喹禾灵 20.8%悬浮剂	—	—	46.8～68.64	15～22
精喹禾灵 60%水分散粒剂	54～75	6～8.3g	45～54	5～6g
精吡氟禾草灵 150g/L乳油（石原）	112.5～150	50～66.7	—	—
精吡氟禾草灵 150g/L乳油*	135～180	60～80	135～157.5	60～70
精吡氟禾草灵 15%乳油*	112.5～180	50～80	112.5～146.25	50～65
精噁唑禾草灵 69g/L水乳剂	62.1～72.5	60～70		
精噁唑禾草灵 80.5g/L乳油	48.3～60.4	40～50	48.3～60.4	40～50
高效氟吡甲禾灵 108g/L乳油	48.6～72.9	30～45	40.5～48.6	25～30
高效氟吡甲禾灵 158g/L乳油	50～55	21～23	45～50	19～21

*　综合多个厂家登记剂量范围。

　　（4）注意事项。①精喹禾灵、精吡氟禾草灵、精噁唑禾草灵、高效氟吡甲禾灵对大多数禾本科作物有药害，施药时避免药剂飘移到禾本科作物上，如玉米、水稻、小麦、高粱、谷子等。②在精喹禾灵、精吡氟禾草灵药液中加入表面活性剂可以提高药效。二者均不能与激素类除草剂混用，因产生明显的拮抗作用而降低防除禾本科杂草的效果。在土壤湿度较高时，除草效果较好，在高温干旱条件下施药，杂草茎叶不能充分吸收药剂，此时要用推荐剂量的高限。③精噁唑禾草灵不含安全剂，不能用于麦田；精噁唑禾草灵（骠马）不能用于大麦，或其他禾本科作物田。④在禾本科杂草和阔叶杂草混生地块，应与相应的阔叶杂草除草剂混用或先后使用。⑤施药时应注意安全防护，以避免药液污染皮肤和眼睛，工作完毕后应洗澡和洗净污染的衣服。

（5）土壤残留。芳氧基苯氧基丙酸类除草剂无土壤残留，对后茬作物安全。

9. 环己烯酮类除草剂 选择性强的内吸传导型茎叶处理剂。

（1）代表品种。烯禾啶（12.5%乳油、12.5%机油乳油、20%乳油、25%乳油），烯草酮（120g/L乳油、240g/L乳油）。

（2）杀草谱。一年生禾本科杂草如稗、金狗尾草、狗尾草、马唐、野燕麦、野黍、黑麦草、臂形草、虎尾草、牛筋草、看麦娘、画眉草、千金子、旱雀麦、早熟禾等；多年生禾本科杂草如芦苇、白茅、狗牙根、匍匐冰草、假高粱等。早熟禾、紫羊茅等抗药性较强。

（3）使用技术。①环己烯酮类除草剂用于大豆出苗后茎叶处理，适宜施药时期为大豆1~2片复叶期、禾本科杂草2~4叶期。防除一年生禾本科杂草用低剂量，防除多年生禾本科杂草用高剂量，杂草叶龄小、生长茂盛、水分充足时用低剂量，杂草较大及在干旱条件下用高剂量。在干旱条件下，烯禾啶机油乳油的药效好于烯禾啶乳油。②环己烯酮类除草剂只能防除禾本科杂草，必须与阔叶杂草除草剂等混用。烯禾啶可混用的除草剂有氟磺胺草醚、异噁草松；防除多年生禾本科杂草不能与灭草松混用，不但降低药效，而且易产生药害；烯禾啶不能与三氟羧草醚、乳氟禾草灵、氟烯草酸、咪唑乙烟酸混用，会产生拮抗作用，药效都会降低。烯禾啶机油乳油与氟磺胺草醚混用时对大豆药害加重，最好间隔1d分期施药。烯草酮可混用的除草剂有氟烯草酸、氟磺胺草醚、异噁草松；为提高对多年生禾本科杂草的防效，可与咪唑乙烟酸混用；烯草酮不能与三氟羧草醚、乳氟禾草灵、灭草松混用，会产生拮抗作用，药效会降低。用药量列于表23-8-9。

表 23-8-9　大豆田环己烯酮类除草剂品种及用药量
Table 23-8-9　The dosage of cyclohexene ketone herbicides in soybean field

除草剂名称	春大豆		夏大豆	
	有效成分量 （g/hm^2）	每667m^{2}制剂量 （mL）	有效成分量 （g/hm^2）	每667m^{2}制剂量 （mL）
烯禾啶 12.5%乳油	187.5~225	100~120	150~187.5	80~100
烯禾啶 12.5%机油乳油	187.5~281.3	100~150	—	—
烯禾啶 20%乳油	300~600	100~200	300~600	100~200
烯禾啶 25%乳油	131.3~225	35~60	—	—
烯草酮 120g/L乳油	72~108	40~60	63~72	35~40
烯草酮 240g/L乳油	72~108	20~30	72~90	20~25

（4）注意事项。①环己烯酮类除草剂对大多数禾本科作物有药害，施药时避免药剂飘移到临近禾本科作物上，如玉米、水稻、小麦、高粱、谷子等，也不能用于上述禾本科作物田。②在禾本科杂草和阔叶杂草混生地块，应与相应的阔叶杂草除草剂混用。③对一年生禾本科杂草施药适期为3~5叶期，杂草分蘖后药效下降。对多年生杂草于分蘖后施药最为有效。④施药时高温会增加药剂的挥发，应避开中午高温时段，选在早晚气温较低时施药。⑤环己烯酮类除草剂是内吸传导型除草剂，其症状表现需要一定的时间，施药后不能马上见到症状，但5~7d后会表现出症状，杂草的心叶极易被拔出，不要急于再次喷药。⑥烯草酮极易被禾本科植物吸收，施药1h后降水不会影响药效，不用重新喷药。⑦干旱或杂草较大时或防除芦苇等多年生禾本科杂草，应适当增加用药量。加入表面活性剂有利于提高药效。

（5）土壤残留。环己烯酮类除草剂无土壤残留，对后茬作物安全。

10. 二苯醚类除草剂 多为选择性触杀型药剂。

（1）代表品种。氟磺胺草醚（250g/L水剂、10%乳油、12.8%乳油、12.8%微乳剂、16.8%水剂、18%水剂、20%乳油、20%微乳剂、280g/L水剂、48%水剂、73%可溶粉剂），三氟羧草醚（214g/L水剂），乙羧氟草醚（10%乳油、10%微乳剂、10%水乳剂、15%乳油、20%乳油）。

（2）杀草谱。一年生阔叶杂草如藜、小藜、本氏蓼、酸模叶蓼、卷茎蓼、萹蓄、反枝苋、马齿苋、凹头苋、铁苋菜、苍耳、龙葵、苘麻、水棘针、豚草、曼陀罗、狼把草、香薷、鬼针草、鳢肠等；多年生杂草如刺儿菜、问荆、苣荬菜等；其他杂草如鸭跖草。

（3）使用技术。①二苯醚类除草剂用于大豆苗后茎叶处理，施药适宜时期为大豆 1~2 片复叶期、阔叶杂草株高 3~5cm、大多数杂草已出土时。确定施药时期的关键要看杂草大小，过早施药时，杂草植株小，耐药能力差，除草效果好，但可能有些杂草还没有出土，该类除草剂对施药以后再出土的杂草防除效果较差，还需要再采取防除措施，或再次施药或人工除草。最恰当的施药时期就是大部分杂草已经出土，阔叶杂草幼苗株高 3~5cm 时，当然可能有比较小的或者稍大些的，此时施药会取得较理想的防效。如果施药过晚，大多数阔叶杂草株高已超过 10cm，甚至更高时，杂草已经开始分枝，耐药性大大增强，即使用药量增加，也不能取得良好的防效。这种情况生产中经常会出现，应当尽量避免。施药时应视杂草植株大小和气象条件适当增减用药量，杂草小、田间湿度较大时，可采用低剂量；当杂草较大、田间比较干旱时，应选用高剂量。②氟磺胺草醚有一定的土壤活性，因此施用过氟磺胺草醚的土壤中会有一部分残留，用药量越高残留量会越高。对氟磺胺草醚敏感的作物有玉米、高粱、谷子、向日葵、马铃薯、亚麻、甜菜、油菜、苜蓿和各种蔬菜等。氟磺胺草醚有效成分用量超过 375g/hm² （氟磺胺草醚 25% 水剂每 667m² 100mL），对以上作物都会有不同程度的药害，用量越高药害越重。③二苯醚类除草剂只能防除阔叶杂草，必须与禾本科杂草除草剂混用。氟磺胺草醚可混用的除草剂有精喹禾灵、精吡氟禾草灵、精噁唑禾草灵、高效氟吡甲禾灵、烯禾啶、烯草酮等。三氟羧草醚可混用的除草剂有精吡氟禾草灵、精噁唑禾草灵、高效氟吡甲禾灵；与烯草酮混用后，会降低对禾本科杂草的药效；三氟羧草醚不能与精喹禾灵、烯禾啶混用，会产生拮抗作用，药效会下降。乙羧氟草醚可混用的禾本科杂草除草剂有精喹禾灵、精吡氟禾草灵、高效氟吡甲禾灵、烯禾啶等。已经有许多混配制剂可以选用。用药量列于表 23-8-10。

表 23-8-10 大豆田二苯醚类除草剂品种及用药量

Table 23-8-10 The dosage of diphenylethers herbicides in soybean field

除草剂名称	春大豆		夏大豆	
	有效成分量 （g/hm²）	每 667m² 制剂量 （mL）	有效成分量 （g/hm²）	每 667m² 制剂量 （mL）
氟磺胺草醚 250g/L 水剂（英国先正达公司，建议使用此量）	225~375	60~100	187.5~225	50~60
氟磺胺草醚 10% 乳油	—	—	150~225	100~150
氟磺胺草醚 12.8% 微乳剂	153.6~384	800~200	153.6~384	80~200
氟磺胺草醚 12.8% 乳油	192~288	100~150	—	—
氟磺胺草醚 16.8% 水剂	252~302.4（华北）	100~120	—	—
氟磺胺草醚 18% 水剂	270~337.5	100~125	—	—
氟磺胺草醚 20% 微乳剂	180~240	60~80	150~180	50~60
氟磺胺草醚 20% 乳油	210~270	70~90	210~270	70~90
氟磺胺草醚 250g/L 水剂（建议参考英国先正达公司的推荐用量）	225~562.5（东北）	60~150	187.5~500	50~133
氟磺胺草醚 280g/L 水剂	336~420	80~100	—	—
氟磺胺草醚 48% 水剂	360~432	50~60	—	—
氟磺胺草醚 73% 可溶性粉剂	328.5~438	30~40g	—	—
三氟羧草醚 214g/L 水剂	360~480	112~150	—	—
乙羧氟草醚 10% 乳油	90~105	60~70	60~90	40~60
乙羧氟草醚 10% 微乳剂	60~90	40~60	45~60	30~40
乙羧氟草醚 10% 水乳剂	60~90	40~60	60~90	40~60
乙羧氟草醚 15% 乳油	82.1~90	36~40	74.3~82.1	33~36
乙羧氟草醚 20% 乳油	60~75	20~25	30~45	10~15

（4）注意事项。①二苯醚类除草剂是防除阔叶杂草的除草剂，应与防除禾本科杂草的茎叶处理除草剂混用才能同时防除阔叶杂草和禾本科杂草。杂草生长旺盛时施药除草效果好。对阔叶杂草的使用时期不能超过株高 10cm，否则防效下降，且对大豆的药害加重。由于触杀型除草剂本身的特性，施药后可使大豆叶片产生接触性灼烧状药害斑，严重的叶片皱缩、脱落，1~2 周后新长出的叶片会是正常的，不影响大豆产量。大豆田中套种敏感作物的不能使用二苯醚类除草剂。施药时应注意风向，防止飘移到邻近的棉

花、甜菜、向日葵、观赏植物及敏感作物上造成药害。②氟磺胺草醚施药后需间隔 4h 无雨才能保证药效，如果 4h 之内下雨，需要重新补施药剂。在药液中加入非离子表面活性剂，能提高氟磺胺草醚的药效。氟磺胺草醚在土壤中的残留期较长，用药量过大会对后茬敏感作物造成药害，要特别注意。③三氟羧草醚施药后短时间内降水量会影响药效，施药后 6h 内不下雨，才能发挥药效。④天气恶劣时或大豆受其他除草剂伤害时不要使用乙羧氟草醚，以免加重大豆的药害。

（5）土壤残留。三氟羧草醚、乙羧氟草醚均无土壤残留，对后茬作物安全。氟磺胺草醚有土壤残留，超量使用对后茬敏感作物有药害。

①施用氟磺胺草醚有效成分用量在 250g/hm² 以下，后茬种植作物的安全间隔期参考如下。

施药后不需要间隔期可种植：大豆。

施药后 4 个月可种植：小麦、大麦。

施药后 12 个月可种植：玉米、水稻、花生、豌豆、菜豆、亚麻、烟草、棉花、番茄、洋葱、辣椒、茄子、白菜、萝卜、胡萝卜、甘蓝、黄瓜、南瓜、西瓜，以及油菜、甜菜、甘薯。

施药后 18 个月可种植：高粱、谷子、向日葵、马铃薯、苜蓿。

②施用氟磺胺草醚有效成分用量超过 375g/hm²，后茬种植作物的安全间隔期参考如下。

施药后不需要间隔期可种植：大豆。

施药后 4 个月可种植：小麦、大麦。

施药后 12 个月可种植：水稻、花生、豌豆、菜豆、烟草、棉花、甘薯。

施药后 18 个月可种植：番茄、洋葱、辣椒、茄子、白菜、萝卜、胡萝卜、甘蓝、黄瓜、南瓜、西瓜，以及亚麻、苜蓿。

施药后 24 个月可种植：玉米、高粱、谷子、向日葵、马铃薯、油菜、甜菜。

11. 灭草松　属苯并噻二嗪酮类（有的资料上划分为有机杂环类）化合物，是触杀型、选择性苗后茎叶处理除草剂。

（1）代表品种。灭草松（25％水剂、40％水剂、480g/L 水剂、560g/L 水剂）。

（2）杀草谱。一年生阔叶杂草如藜、本氏蓼、反枝苋、苘麻、龙葵、苍耳、卷茎蓼、马齿苋、铁苋菜、水棘针、香薷、繁缕、猪殃殃、鬼针草、狼把草、鳢肠、地肤、野西瓜苗、辣子草等；多年生杂草如刺儿菜、苣荬菜；其他杂草如鸭跖草（1～2 叶期效果好，超过 3 叶期以后药效明显下降）。灭草松对菊科杂草苍耳有特效。

（3）使用技术。灭草松用于大豆苗后茎叶喷雾，适宜用药时期为大豆 1～2 片复叶期、阔叶杂草株高 3～5cm、大部分阔叶杂草都已经出土时。全田施药或苗带施药均可，苗带施药应相应减少用药量，按实际施药面积重新计算药量。施药前要做好天气准备，保证在施药后 8h 之内无降水量，否则会影响药效。灭草松是防除阔叶杂草的茎叶处理剂，必须与禾本科杂草除草剂混用，可混用的除草剂有精吡氟禾草灵、精噁唑禾草灵、高效氟吡甲禾灵；防除稗、金狗尾草、马唐时，灭草松不能与精喹禾灵混用；防除多年生禾本科杂草时，灭草松不能与烯禾啶混用；与烯草酮混用后，会降低禾本科杂草的药效。灭草松与氟磺胺草醚等防除阔叶杂草的除草剂混用，可以扩大杀草谱。目前已经有许多混配制剂可以选用。用药量列于表23 - 8 - 11。

表 23 - 8 - 11　大豆田灭草松制剂及用药量
Table 23 - 8 - 11　The dosage of bentazone preparations in soybean field

除草剂名称	春大豆		夏大豆	
	有效成分量（g/hm²）	每 667m² 制剂量（mL）	有效成分量（g/hm²）	每 667m² 制剂量（mL）
灭草松 25％水剂	750～1 500	200～400	750～1 500	200～400
灭草松 40％水剂	1 152～1 440	192～240	1 152～1 440	192～240
灭草松 480g/L 水剂（巴斯夫公司）	750～1 500	104～208	750～1 500	104～208
灭草松 480g/L 水剂	1 440～1 800	200～250	1 080～1 440	150～200
灭草松 560g/L 水剂	1 176～1 512	140～180	—	—

（4）注意事项。①大豆田使用灭草松应在阔叶杂草出齐时施药，喷洒均匀，使杂草茎叶充分接触药

剂。②在禾本科杂草和阔叶杂草混生的地块一定要混加防除禾本科杂草的除草剂。③灭草松在高温晴天活性高，除草效果好。④施药后 8h 内无雨才能保证药效。⑤在极其干旱或水涝的田间不宜使用，以防发生药害。

（5）土壤残留。无土壤残留，对后茬作物安全。

（五）大豆田杂草防除存在的问题

1. 除草效果　大豆生产中的各个环节都可能影响到杂草的防除效果。提高耕作、栽培质量，选择优质除草剂，采用标准化施药技术，对提高除草效果都会有所帮助。

2. 安全性　除草剂都是具有选择性的，但也不是绝对的。在一定范围内对作物是安全的，超过安全剂量或在特殊条件下就会伤害到作物，即除草剂药害。

（1）大豆田除草剂对当茬大豆的药害。

①触杀型除草剂对大豆的药害。以二苯醚类除草剂为代表的触杀型除草剂，在正常用量下施药后都会对大豆产生触杀型药害，接受到药液的叶片上产生枯斑，类似于大豆叶部枯斑病。但触杀型除草剂的传导性很差，枯斑不会继续扩大，仅限于接触药液的点，受害较重的叶片会枯死并脱落，但新生叶片可以正常生长，对大豆生长发育和产量基本上无影响。但用量过高时也会产生较重的药害，如果用药过晚，大豆叶片已长出较多时（3 片复叶以上），所有接受到药液的叶片均会受害，这样就会影响到大豆的正常生长，会造成一定的产量损失。

②挥发和飘移性除草剂对大豆的药害。以苯氧羧酸类和异噁唑二酮类除草剂为代表的易挥发和飘移性除草剂，在正常用量下，如遇不良的气候条件也会对大豆产生药害。2，4-滴丁酯或 2，4-滴异辛酯在大豆田只允许进行播后苗前土壤处理，绝对不能进行苗后茎叶处理，如果在大豆相邻的玉米田苗后施用 2，4-滴丁酯（2，4-滴异辛酯），其飘移的雾滴就会使大豆受害。2，4-滴丁酯（2，4-滴异辛酯）土壤处理，若在大豆出苗后遇到特殊条件，如连续降雨或降水量较大，晴天以后 2，4-滴丁酯（2，4-滴异辛酯）会产生二次挥发，会对大豆造成挥发性药害。异噁唑二酮类除草剂异噁草松在大豆田可以播前、播后苗前土壤处理，也可以苗后茎叶处理，在正常用量下对大豆很安全。只有在田间施药不均匀，个别地方药量过大时会产生点片的药害，典型症状是叶片白化，呈黄白色。药害轻的只有叶片边缘白化，药害重的会使整片叶白化。异噁草松很容易挥发和飘移，而且还有二次挥发现象，会对周围敏感作物或树木造成药害，产生白化现象。

③生长抑制型除草剂对大豆的药害。生长抑制型除草剂包括酰胺类、咪唑啉酮类、磺酰脲类和磺酰胺类。在正常用药量和正常的环境条件下对大豆安全，不会产生药害。但是在遇到异常的环境条件时，就会引起药害。

④易淋溶性除草剂对大豆的药害。淋溶性除草剂的典型代表是三氮苯类的嗪草酮，在正常的土壤环境和气候条件下，嗪草酮用于苗前土壤处理，对大豆安全。但用药量过高或施药不均匀，就容易产生药害。嗪草酮用在沙壤土、盐碱土、白浆土上，由于土壤保水性差，易产生淋溶性药害。在大豆苗期遇较大降雨，将药剂淋洗至耕层土壤中，大豆根部吸收药剂后会产生药害。

⑤易被雨水反溅的除草剂对大豆的药害。丙炔氟草胺是一种优良的环状亚胺类土壤处理除草剂，用于大豆田播前或播后苗前土壤处理。在正常用量范围内、正常的环境条件下，对大豆很安全。但如果在大豆拱土期至大豆幼苗 1 片复叶期以前，幼苗较小时遇到较强的降雨，会将药土反溅到大豆苗的叶片和生长点上造成药害，有时会是较严重的药害。轻者叶片产生接触型药害斑，严重的生长点死亡，但可以在子叶的叶腋再长出新的分枝，如果气候条件很快好转，大豆会很快恢复生长，或许生育期会稍有延迟，造成一定的减产。噻吩磺隆、乙草胺也容易被雨水反溅，对大豆造成药害，若没有造成生长点死亡，受害植株可以恢复正常生长。

（2）大豆田除草剂对后茬作物的残留药害。

①氟磺胺草醚对后茬作物玉米的残留药害。氟磺胺草醚是在咪唑乙烟酸和氯嘧磺隆限制使用之后发展起来的，是用于大豆田苗后茎叶处理的主打品种，也属于长残留除草剂。由于生产上用量越来越大，对后茬作物的残留药害问题日渐突出。主要为害作物是玉米，症状表现为玉米叶片呈条纹状褪绿、

黄化，类似玉米缺锌的症状，轻度药害叶脉褪绿、黄白色，叶肉为绿色，进一步发展为以主脉为中心枯萎，向叶边缘发展，最终整个叶片逐渐枯死，外部枯死的叶片包裹住心叶，使其不能正常抽出，形成畸形苗，严重时全株枯死。药害轻的可以逐渐恢复正常，不影响后期生长，对产量影响不大；药害中等的，生长有一定程度的抑制，一部分受害叶片枯死，不能恢复到正常生长状态，虽然能结穗，但产量受影响；药害严重的，大部分叶片枯死，玉米生长受到严重抑制，植株矮小，不能结穗，或穗很小粒也少，近乎绝产。

②异噁草松对后茬作物小麦的残留药害。异噁草松在黑龙江省大豆田用量也是比较大的除草剂之一，苗前、苗后都可以使用。异噁草松的残留药害主要为害作物是小麦，而黑龙江省小麦面积相对较小。异噁草松不影响小麦正常出苗，当小麦生长到 2～3 片叶时出现叶片变白或略带粉色，由叶基部向叶尖发展。小麦受害程度随用药量增加而加重，到小麦 4 叶期，前期白化的叶片干枯，新生出的叶片仍有白化现象，受害较重的白化叶片可以一直持续到成株期，特别严重的在苗期枯死，会影响到整体产量。

③唑嘧磺草胺对后茬作物的残留药害。唑嘧磺草胺属另一类新高活性除草剂，也是一种长残留除草剂，只是在生产中用量比较少，所以没有造成太多的残留药害。唑嘧磺草胺对后茬作物的药害症状描述如下。马铃薯、西瓜、高粱、番茄、葱对唑嘧磺草胺均不敏感，在田间都能正常出苗，药害症状均为叶片有些发黄，生长受抑制，可以恢复正常生长。亚麻、向日葵、甜菜、油菜、甘蓝对唑嘧磺草胺均敏感，但也不影响出苗。出苗后的幼苗生长受抑制，植株矮小，叶片褪绿变黄，有部分死苗，不能正常开花结实。唑嘧磺草胺种植后茬作物的安全间隔期见表 23 - 8 - 12。

表 23 - 8 - 12　唑嘧磺草胺种植后茬作物的安全间隔期
Table 23 - 8 - 12　The safe interval period of flumetsulam for planting following crop

唑嘧磺草胺有效成分用量 (g/hm²)	马铃薯	西瓜	高粱	番茄	葱	亚麻	向日葵	甜菜	油菜	甘蓝
48	12	12	12	12	12	24	24	24	36	36
96	12	12	12	12	12	24	24	36	36	36─
144	12	12	24	24	24	24	36	36─	36─	36─

注　表中数字 12、24、36 分别代表施药后 12 个月、24 个月、36 个月可以种植，36─代表施药后 36 个月仍不能种植该种作物。

④咪唑乙烟酸对后茬作物的残留药害。咪唑乙烟酸曾经是黑龙江省大豆田用量最大的除草剂之一，相应地对后茬作物造成的药害也最重。咪唑乙烟酸对后茬作物的药害症状描述如下。小麦、玉米对咪唑乙烟酸不敏感，均能正常出苗，苗后生长正常，整个生育季节未见明显药害症状。生产中咪唑乙烟酸用量过大时，对玉米有药害，表现为叶片褪绿变黄或呈紫红色，生长受抑制。油菜对咪唑乙烟酸敏感，虽能正常出苗，但出苗后子叶发黄或呈紫色变硬，植株矮小，生长受到严重抑制，受害严重的幼苗死亡。甜菜对咪唑乙烟酸敏感，能正常出苗，甜菜出苗后苗期生长受到严重抑制，植株矮小、变黄，生长近于停滞并大量死苗。白菜对咪唑乙烟酸敏感，能正常出苗，出苗后生长明显受抑制，植株矮小，叶色发黄，有死苗现象，残存植株矮小。南瓜（白瓜籽）是比较不敏感的作物，出苗后叶片有皱缩现象，没有明显的生长抑制。亚麻是比较敏感的作物，出苗后生长受抑制，植株矮小，叶色发黄，生物产量降低。马铃薯也是比较敏感的作物，能正常出苗，苗后生长受到严重抑制，植株生长缓慢，薯块产量明显下降。

对后茬作物安全性试验结果表明，在黑龙江省哈尔滨地区，咪唑乙烟酸用量为有效成分 75g/hm²，施药后 12 个月可以安全种植小麦和玉米；施药后 24 个月可以安全种植南瓜（白瓜籽）；施药后 36 个月可以安全种植油菜、白菜和亚麻。施药后 36 个月仍不能安全种植的作物有西瓜、甜菜和马铃薯。咪唑乙烟酸种植后茬作物的安全间隔期见表 23 - 8 - 13。

表 23 - 8 - 13　咪唑乙烟酸种植后茬作物的安全间隔期
Table 23 - 8 - 13　The safe interval period of imazethapyr for planting following crop

作物	12 个月	24 个月	36 个月	说　明
小麦	＋	＋	＋	咪唑乙烟酸用量：
玉米	＋	＋	＋	有效成分 75g/hm² ＋：可以种植
南瓜	－	＋	＋	－：不可以种植

（续）

作物	12 个月	24 个月	36 个月	说　　明
油菜	−	−	＋	
白菜	−	−	＋	
亚麻	−	−	＋	
西瓜	−	−	−	
甜菜	−	−	−	
马铃薯	−	−	−	

附：除草剂安全使用注意事项

1. 虽然一般除草剂的毒性都较杀虫剂和杀菌剂低，但使用时也应注意安全。在配制药液和施药过程中要注意劳动保护，应穿上防护衣（至少应穿长袖衣裤），戴上帽子、口罩、胶手套。

2. 喷药结束后，要用肥皂水充分清洗手、脸和暴露的皮肤，用清水漱口，脱掉工作服，并用肥皂清洗。

3. 施药结束后要立即清洗施药用具，以免再次使用时，残留药液对其他作物造成药害。

4. 应选择无风晴天时施药，不要在大风天和雨天喷药，以避免药剂被风吹散飘移或被雨水冲刷影响药剂在植物或土壤表面附着，从而影响药效或造成飘移药害。

5. 邻近地块种植敏感作物的，不要选择使用容易飘移的和挥发性的除草剂，以避免药剂飘移到敏感作物上造成药害。

6. 人工喷药时，应顺垄逐垄施药，一次喷一垄，喷头高度要一致，不能左右摇摆，忽高忽低，行走速度要均匀，不能忽快忽慢，尽量做到施药均匀，以保证除草效果，避免造成作物药害。

7. 机械喷药时，要注意各喷幅的连接，做到不重喷、不漏喷。重喷的地方造成局部药量加大，相当于使用了加倍剂量，易造成作物药害；漏喷的地方因为没有喷上药而达不到除草效果，造成草荒。

8. 飞机喷药时更要注意药液的飘移问题。一般都是国营大农场采用飞机喷药，比如黑龙江省的一些大型国营农场，因为土地面积太大，使用拖拉机牵引喷雾器进行喷药作业时间来不及。

9. 不要用超低容量喷雾机和背负式机动喷雾机喷施除草剂，以免因施药不均匀造成作物药害。

10. 不要将剩余的药液倒入水源地，也不要将施药剩余的药剂都施到田间，这样会造成用药量过大，造成作物药害。

11. 药剂要存放在荫蔽、通风良好、儿童够不着的地方，不要靠近粮食、饲料和住宅区，以免误食、误用造成人员中毒。

12. 建立一个简单的除草剂使用土地档案，逐年记录每一块地的种植作物、使用的除草剂品种名称（重要的是记录有效成分的名称）、使用剂量等尽可能详细的信息，为翌年安排作物提供参考，从而可以防止和避免除草剂残留药害的发生。

陶波（东北农业大学）

黄春艳（黑龙江省农业科学院植物保护研究所）

第 9 节　棉田杂草及其防除技术

一、我国棉花种植及棉田杂草发生与危害概况

棉花是重要的经济作物，我国棉花种植面积广阔，面积超过 500 万 hm^2。我国棉花种植区按照地理位置可分为：长江流域、黄河流域及西北内陆地区。棉田杂草的分布和群落组成因地理位置、生态环境、栽培制度、气候条件的不同而有所差异。其发生一般呈现 2～3 次高峰，主要集中在苗期和蕾铃期，不同棉区不尽相同。

(一) 我国棉花的主要种植方式

我国各棉区的耕作制度方式存在明显的差异。主要的种植方式为露地直播、地膜覆盖种植、棉苗移栽种植，西北内陆部分棉田为了避免风沙影响、保水保肥，采取免耕的种植方式。棉区也存在棉花与其他作物轮作、间作等种植方式。不同的耕作方式导致棉田杂草群落结构也不相同。

(二) 棉区杂草的发生动态

1. 长江流域　棉花种植面积广，湖北、安徽、江西、江苏等省是重要的棉花种植区。长江流域气候湿润多雨，喜湿杂草分布较多。

位于湖北省中南部的江汉平原是国家重要的商品粮生产基地。江汉平原棉田的主要单子叶杂草有马唐、牛筋草、狗尾草、狗牙根、千金子、香附子、稗等；主要双子叶杂草有野油菜、铁苋菜、马齿苋、鳢肠、繁缕、小蓟、半夏、小藜、蓼、水花生、蒲公英等。

安徽省安庆沿江棉区移栽棉田以牛筋草和马唐为优势杂草，以狗牙根、异型莎草、铁苋菜、马齿苋、通泉草、反枝苋为主要杂草。另外，早熟禾、千金子等也有零星发生。其中，以棉花蕾期杂草种类最多，密度最大。不同耕作方式棉田杂草的种类有较大差异，安徽沿江地区，油菜棉花轮作的棉田优势杂草有早熟禾、通泉草、马齿苋、千金子、婆婆纳。由于草甘膦等除草剂的使用使双子叶杂草在种类与数量上都高于单子叶杂草。

江苏省主棉区中沿江旱作棉田的杂草优势种是马唐、狗尾草和铁苋菜。江西省九江市平原地区各生态类型棉田杂草群落中牛筋草、马唐、小飞蓬、千金子、碎米莎草和稗为恶性杂草。

杂草发生有 3 个高峰期，第一个高峰期在 5 月中旬，第二个高峰期在 6 月中、下旬，第三个高峰期在 7 月下旬至 8 月初。

2. 黄河流域　黄河流域气温稍低，降雨较少，适合耐旱的杂草生长，马唐、牛筋草、旱稗、马齿苋、藜、田旋花、反枝苋等杂草组成不同的杂草群落。黄河流域棉田杂草的发生因耕作方式的不同而有差异。

河南北部地区露地直播棉田的优势杂草为牛筋草、马齿苋、藜和鳢肠，杂草出土高峰期集中在棉花苗期和花蕾期，有 3 个出土高峰，分别在 5 月中旬、6 月上中旬和 7 月中下旬。

在棉花的整个生长季节棉田自然混生杂草群落的杂草数量呈现单峰变化趋势。从 5 月中旬至 6 月初田间杂草不断出土，所有杂草植株均较矮小，占据的空间少。但从 6 月中旬至 8 月初，杂草数量逐渐减少，群落趋于稳定。

河北棉区地膜覆盖棉田与露地棉田发生杂草的种类基本相同，优势杂草有牛筋草、反枝苋、铁苋菜、马齿苋、鳢肠和藜。地膜覆盖耕作方式杂草的发生与露地直播差异较大。膜下温度较高，一些杂草的发生要早于露地直播棉田，杂草出苗高峰期在 5 月初至 5 月上、中旬，而露地棉田杂草的出苗高峰在 5 月下旬，6 月中旬与 7 月中旬又会出现两个杂草的发生高峰。由于地膜覆盖棉田的物理作用，会抑制部分杂草的发生，尤其是反枝苋等阔叶类的杂草。

3. 西北内陆　气候属于大陆性气候，昼夜温差大，降水量少，杂草群落主要有反枝苋、马齿苋、野燕麦，耐旱耐盐的杂草如扁秆藨草、芦苇、田旋花等分布也较多。

新疆南部棉区是我国重要的优质棉生产基地，也是我国唯一的长绒棉生产基地。受气候影响该区域棉田的杂草种类以阔叶类杂草为主，如田旋花、灰绿藜、刺儿菜、苣荬菜、马齿苋等，但是稗、芦苇等杂草所占的比例高，分布广泛。田旋花、扁秆藨草、芦苇为多年生杂草，地下根茎十分发达，对西北地区的气候适应性强，已成为南疆棉田中难以清除的恶性杂草。

该棉区杂草有 2 个发生高峰，第一个高峰在棉花播种后到 5 月下旬，第二个高峰在 7 月上旬至 8 月上旬。不同耕作方式下杂草的发生不同，地膜覆盖的棉田田间生态条件既利于棉苗生长，也利于杂草发生。棉花覆膜播种后，杂草伴随棉籽一起发芽出土，比露地栽培作物早 30～40d。与露地作物相比，其特点是出草早而集中。此后由于土表干燥，加上中耕作业，杂草出土受到一定的抑制。到 7 月上旬至 8 月上旬形成第二次出草高峰。这些杂草生长较快，特别是一些封行迟、密度稀的棉田，杂草生长迅速。

(三) 棉田杂草的危害

我国棉田遭受杂草为害十分严重，其为害主要表现在以下 3 个方面。

1. 阻碍作物生长，降低产量　杂草的为害主要表现在与作物竞争水分、养分与阳光。棉田杂草大都为 C4 植物，光合效率高于 C3 植物棉花，杂草大都根系发达，夺取水分、养分和光照的能力比棉花强，在棉田生态竞争中,处于优势地位,严重影响棉花正常生长。杂草还抢夺生存空间,阻碍棉花生长。棉田杂草一般在苗期和蕾铃期发生严重。苗期田间气候适宜,杂草生长十分迅猛,极易占据棉田生存空间,而在蕾铃期间,杂草植株生长阻碍田间通风透光使湿度过高,导致蕾铃大量脱落,最终降低棉花的产量。

2. 成为病虫寄主,传播病虫害 棉田许多杂草是其主要病虫害的传播介体和中间寄主,能为病虫提供栖息环境,滋生多种病虫害,诱发棉花病虫为害。如小蓟、田旋花是棉花疫病、灰霉病等主要寄主;小地老虎早春迁飞后先在田旋花、野油菜、刺儿菜和野豌豆等杂草上产卵孵化,幼虫取食到二龄至三龄时转而为害小麦和棉花;棉蚜先在多年生的刺儿菜、苦苣菜及越年生的荠菜、夏至草等杂草上寄生越冬,当棉花出苗后再迁移到棉苗上为害。

3. 妨碍农田操作,增加成本 棉田除草耗费大量人力物力,大幅增加植棉成本。芦苇、稗、田旋花等杂草或生长高大或缠绕棉花植株,常常会给收花和机械耕作带来困难。

二、棉田杂草防除技术

(一)农业防除技术

1. 轮作灭草 不同作物常有自己的伴生杂草或寄生杂草,这些杂草所需的生境与作物极相似,因此科学地轮作倒茬,改变其生境,便可明显减轻杂草的为害。如新疆生产建设兵团二十九团,采用稻棉轮作,水稻改种棉花,田间优势种杂草扁秆藨草的发生大大减少。

2. 合理密植,以密控草 农田杂草以其旺盛的长势与作物争水、争肥、争光。因此,科学的合理密植,能加速作物的封行进程,利用作物自身的群体优势抑制杂草的生长,即以密控草,可以收到较好的防除效果。如近年来不少地区推广的棉花高密度栽培,可以控制棉田中后期杂草的生长。

3. 施用腐熟的厩肥 厩肥是农家的主要有机肥料。这些肥料有牲畜过腹的圈粪肥,有杂草、秸秆沤制的堆肥,也有饲料残渣、粮油加工的下脚料等,它们都不同程度地带有一定量的杂草种子。如果这些肥料不经过腐熟而施入田间,所带的杂草种子也带到田间萌发生长,继续造成危害。因此,堆肥或厩肥必须经过50~70℃高温堆沤处理,闷死或烧死混在肥料中的杂草种子,然后才可施入田中。

4. 清除田边、路边、沟渠边杂草 田边、路边、沟边、渠埂杂草也是田间杂草的来源之一,如农田四周杂草不清除,杂草种子、地下根茎等能以每年1~3m的速度向田间扩散,几年内就会遍布全田。路边、沟边的杂草种子也可通过人为活动或牲畜、风力带入田间;灌溉渠内杂草种子还可通过流水带入田间。为防止田外杂草向田内扩散蔓延,必须认真地清除田边、路边、沟渠边的杂草,特别是在杂草种子未成熟之前,采取防除措施,予以清除,防止扩散。

(二)机械防除技术

采用各种农业机械、手工工具和机力工具,在不同季节采用不同方法消灭田间不同时期的杂草。特别是机械防除农田杂草是田间管理的一项重要措施。我国幅员辽阔,各地的农副业生境,包括光、热、水、土等生态因素差异较大;作物种类和耕作制度也不相同,如东北和西北的旱田耕作制度以垄作为主,伏耕和秋耕是主要措施,而南方一年两熟、一年三熟或两年三熟的地区各有自己的耕作体系。虽然耕作制度不同,但消灭杂草的目的一致。其方法如下。

1. 深耕 深耕是防除多年生杂草如苣荬菜、刺儿菜、田旋花、芦苇等杂草的有效措施之一。土壤经多次耕翻后,多年生杂草的数量逐渐减少或长势衰退。深翻对防除一年生杂草效果更快更好。同时通过深耕晒田、促进微生物活性,可以固定空气中的氮素,增加土壤营养。按深耕的季节可分为春耕、伏耕和秋耕。

2. 耕茬、少耕和免耕 农作物收获后先深耕20cm,经1~2周后再进行8~10cm深高质量耙茬,能收到灭草增产的效果。进行少耕或免耕必须与耕作和化学除草密切配合,否则会造成严重的草害。从长远看,浅耕或免耕既可减少土壤中杂草种子的感染程度,又可使土壤深层的杂草种子不能出土,同时减少土壤流失,起到保持水土和灭草的双重效果。

3. 苗前耙地和苗期中耕灭草 播前耙地或播后苗前耙地,苗期中耕是疏松土壤、提高地温、防止土壤水分蒸发、促进作物生长发育和消灭杂草的重要方法之一。在棉花苗期进行人工或机械中耕,一则灭草,二则松土保墒。中耕灭草的适期是草龄越小越好,中耕次数一般2~3次为宜,将一年生杂草消灭在结实之前,减少输入土壤种子库的杂草种子。

（三）物理防除技术

热力除草可选用火焰除草和蒸汽灭草。由于棉花幼株对火焰的抵抗性比大多数杂草幼苗强，在棉花封行前，使用专用火焰发射器或蒸汽喷射器可选择性或非选择性消灭棉行间的大多数杂草。热力除草防除一年生杂草的效果优于多年生杂草。热力除草往往导致土壤中腐殖质含量下降以及作物生育期土壤中养分含量下降。为尽可能规避其"副作用"，有必要进一步研究热力除草的最佳温度和作用时长。

目前覆盖物防除杂草主要是通过覆盖防止光的透入，抑制光合作用，造成杂草幼苗残废并防止其再生和喜光性杂草种子的萌发，一般用于作物行间及果树树干周围。所用材料有秸秆、青草与干草、有机肥料、稻草等，覆盖厚度以不透光为宜，防除多年生杂草比防除一年生杂草覆盖度厚。观赏植物栽植后用树皮、刨花或炭覆盖，能有效防除一年生杂草，防除效果达 95％～97％，对土壤水分无不良影响。

近年来北方地区广泛应用塑料薄膜进行覆盖，不仅增温保水，而且借助于膜内的高温可以发挥除草作用，既用于水稻育秧，又用于棉花、蔬菜、玉米、甜菜、烟草等多种作物，是一项重要的增产措施。

（四）化学防除原则与技术

1. 棉田杂草化学防除原则　我国棉田分布广泛，不同的气候影响了棉田杂草的种类与发生动态。加上栽培制度与耕作方式的不同，增加了棉田杂草防除的复杂性。

同时，在棉田化学除草的推广和应用工作中，必须强化"安全、经济、高效"意识，必须树立多样性理念，必须强调安全、科学使用化学除草剂，以确保我国棉花安全生产，农民持续增收。

（1）强化意识，把好安全用药意识关。在病虫草鼠害治理工作中，我国农民用药随他性、随意性、保守性较强，安全意识不够高。使用除草剂用量不准、漏喷、重喷现象普遍，致使药效不佳，甚至作物受害。农民接受一种除草剂之后，往往年复一年地使用它，没有认识到连年使用同一种或同一类除草剂可能导致这种药剂在土壤中的残留量增加，致使后茬作物受害，同时可能筛选出更难防除的耐药或抗药性杂草。在化学除草剂新品种、新剂型不断涌向市场，农田化学除草迅速发展的今天，为能安全、经济、高效、持续地发挥化学除草剂的作用，避免药害，增强安全用药意识，提高用药水平显得十分必要和迫切。

（2）精确用量，把好安全用药剂量关。在长期的病虫草鼠害治理工作中，我国农民养成了用瓶盖量药的习惯，"乱用、滥用"农药现象严重。与杀虫剂、杀菌剂的使用相比，除草剂的使用受更多因素的制约，其使用要求更高、更严，稍有不慎或疏忽，不仅起不到保护作物的作用，还会给农业生产酿成巨大的经济损失和难以挽回的社会影响。如磺酰脲类除草剂甲磺隆每公顷的推荐用量仅为 10～15g 有效成分，随意加大一点用量，尤其是在我国农村农户种植面积较小的情况下，就可能成倍地提高用药量，即便不给当茬作物造成药害，其残留量也可能给后茬敏感作物造成严重药害。因此必须强调严格精确用药，切忌随意加大用量，严格禁止"乱用、滥用"，以免既造成农药浪费、环境污染，又给农业生产造成经济损失。

（3）均匀施药，把好安全用药喷洒关。我国农田化学除草步入了快速发展的阶段，但喷施除草剂的器械相对滞后。切向离心式涡流芯喷头是我国长期以来喷施杀虫、杀菌、除草剂的单一类型喷头，在发达国家，这种喷头已很大程度地被各种类型的系列化扇形喷头所取代。而且，广大农民朋友普遍用同一喷雾器喷施各类农药，养成了边走边左右摇摆喷杆的用药习惯。事实上，左右摆动喷杆的施药方式很难保证喷施均匀，这一点又恰恰是使用除草剂，尤其是高活性除草剂时必须予以避免的。我国虽已开发出扇形喷头，但是由于受施药器械不配套和长期以来农民所采用的左右摆动喷杆的喷施方式的制约，其使用范围还很小。在当今广泛使用高活性除草剂情况下，必须强调改变用药习惯，改进施药技术，提高用药水平，严格避免漏喷、重喷，确保均匀施药。

（4）科学混用、轮用除草剂。无论是为了防止某种除草剂在土壤中的积累，或是为了防止农田杂草群落演替加速，还是为了防止长残效除草剂对后茬敏感作物直接造成药害，都有必要搭配使用类型不同、作用方式不同、杀草谱不同、残效期不同的除草剂品种。

将作用方式不同、防除对象不同的除草剂混合使用，既可明显地扩大杀草谱，达到一次用药控制作物生育期内多种杂草为害的目的，还能由于科学合理混配剂的增效作用，降低单位面积除草剂的总用量，进一步降低生产成本，预防药害。

将持效期短的品种和持效期长的除草剂混合使用是减轻或避免长残效除草剂对后茬敏感作物的残留药害的一个有效途径。例如，在麦田使用异丙隆＋氯磺隆或甲磺隆混剂，就有可能降低氯磺隆、甲磺隆单位面积用药量，减少其在土壤中的残留基数，缩短其残效期，增加对后茬油菜或水稻的安全性。

此外利用除草剂在混配时的拮抗作用，也能明显减轻一些除草剂对作物的药害。例如将噁唑禾草灵与 2，4-滴异辛酯或 2 甲 4 氯异辛酯或胺苯磺隆混用，即可消除噁唑禾草灵本身对小麦的药害。

正是由于除草剂混配制剂的这些优点，其开发和应用都备受各大公司的青睐。国内外农药企业在推出新品种时常常有其新品种的混剂品种随之推出。

然而，无论是混合使用还是搭配使用，都还需建立合理的轮换、交替使用制度才能延长除草剂的使用寿命。

（5）树立多样性理念，延缓杂草抗药性。事实上，在发展中国家抗药性杂草已经出现，例如在肯尼亚发现了抗百草枯的狼毒，在中美洲发现了抗敌稗的稗，在印度发现了抗异丙隆的小藜草（*Phalaris minor*），在哥斯达黎加发现了抗咪唑乙烟酸的牛筋草。Moss 等在研究了许多关于抗药性杂草的观点后认为，杂草抗药性的发展和形成是因为人们在防除杂草时过于依赖同样作用方式的除草剂。化学除草失去作用的后果是由于杂草的竞争致使作物产量降低，更常见的后果是增加杂草防除费用。

从一定程度上讲，选择强度就像一个过滤器，滤去敏感杂草生物型，留下抗性生物型。除草剂在杂草上有发挥选择压的潜力，对一种除草剂越敏感的杂草种类上所具有的选择压就越高。具有相同作用部位的除草剂用得越频繁，杂草对这种或这类除草剂的选择频率也越高。

通常，只有当抗性生物型占群体的 30％左右时才能被监测到。在使用一种除草剂防治杂草的前期，抗性生物型的比例是很低的，只要继续使用这种除草剂，杂草种群中抗性生物型的比例就会上升。在同一个生长季节，一种除草剂从能非常好地防治一种杂草变得对这种杂草几乎失去防治作用的现象也是很普遍的。

轮换使用作用部位不同的除草剂，不要在同一地块连续两次使用作用部位相同的除草剂，除非在治理技术体系中包含其他有效的措施。连续两次使用包括两年内每年使用一次，或在同一生长季节使用两次。

使用作用部位不同的除草剂混剂，然而混剂中的各个除草剂必须对次要杂草有持续活性。已具有抗药性的杂草往往过去都不是主要防治对象。或许使用明显扩大杀草谱的混剂会比较昂贵，但是许多价廉的混剂可能已不能发挥所期望的效果。

2. 棉田杂草化学防除技术

（1）土壤处理。

①棉花育苗苗床杂草的化学防除。苗床土壤多采用肥沃的地表土，具有草种多、为害早、发生齐的特点。播后 1 周左右随着棉苗萌发出土开始出草，2～3 周逐渐达到出草高峰，杂草出土集中，生长快，苗床杂草一般出土量比直播田高 5～10 倍，形成与棉苗争水争肥的草荒。苗床杂草的防除，对棉苗生长至关重要。

对苗床进行封闭喷雾能有效防除各种杂草，每公顷可选用 90％乙草胺乳油 600～750mL，或 50％乙草胺乳油 1 125～1 350mL，或 48％甲草胺乳油 2 250～3 000mL，或 72％异丙甲草胺乳油 1 500～3 000mL，或 24％乙氧氟草醚乳油 180～270mL，对水喷雾。

苗床杂草也可在其出土后防除，可用 15％精吡氟禾草灵乳油、5％精喹禾灵乳油等，于棉花出苗后 2～5 叶期处理。用量照常规减半，可防除以禾本科杂草为主的杂草。

苗床化学除草，一定要以苗床实际面积计算用药量，力求分床配药，分床使用；切忌一次配药多床使用，防止造成苗床药量不均而引起药害。在苗床施药后，一定要加强苗床管理，及时揭膜通风，使床内温度保持在 25～30℃，防止高温烧苗和药害发生。

②地膜棉田杂草的化学防除。棉田地膜覆盖具有增加温度、保持湿度、抑制杂草、抑制盐分的作用。随着地膜覆盖栽培技术的应用，棉花地膜覆盖面积不断扩大。但膜下杂草丛生，与棉花争水、争肥的现象依然存在，有些杂草刺破薄膜，削弱了覆盖效应，又造成杂草生长成灾，影响了棉花的产量。

地膜覆盖，膜内温湿度环境较适宜杂草生长，杂草生长快，密度高，与棉花竞争养分与水分；膜外杂草由于气温较低、湿度小，杂草生长量相对偏低，营养竞争相对较弱。气温较高地区膜下高温对双子叶杂草有较强的灼杀力，棉田膜内外杂草生长差异较大，膜内一般禾本科杂草居多。

除草剂播种前土壤处理是有效控制地膜内杂草的优良措施。由于膜下的高温、高湿条件有利于除草剂药效的发挥，可将除草剂的用量适当降低。

土壤处理可选用的除草剂如下。

48%氟乐灵乳油：棉田常用土壤处理药剂。每公顷使用药剂 1 100～1 500 mL，对水 375～450 kg 喷雾土表，施药后耙地混土 2～3 cm，混土后再播种盖膜。

由于 48%氟乐灵乳油高剂量处理对棉花前期生长有一定的抑制作用，在实际使用时，应结合当地栽培模式、气候及土壤特点，确定安全有效的使用剂量。

50%乙草胺乳油：棉田地块整平后播种，每公顷用药 1 600 mL，然后覆膜，可以有效防除马唐、牛筋草、狗尾草等禾本科杂草，对反枝苋、藜等阔叶杂草也有较好的防除效果。

50%仲灵·乙草胺乳油：可在棉田播种并铺上地膜后再直接往膜上喷施 50%仲灵·乙草胺乳油，此种除草剂渗透性强，喷药后很快透过薄膜，在土壤表面形成药层，在杂草萌发时发挥药效，将其封杀在出土前。此除草剂在土壤中持效期为 70～80d，对后茬作物小麦安全。

在播种覆膜后 48h 内，每公顷用 50%仲灵·乙草胺乳油 2 250～3 000mL 对水喷施。膜下地块要整平整细，干旱时应先浇水再播种。有机质含量高的地块可稍微加大药量。

24%乙氧氟草醚乳油：乙氧氟草醚乳油对棉田阔叶杂草具有良好的效果，可有效防除反枝苋、藜、铁苋菜、马齿苋等，对马唐、牛筋草、狗尾草等禾本科杂草也有较好的防除效果。平整棉田土壤，播种过后，每公顷喷施 24%乙氧氟草醚乳油 700～800mL，可有效防除阔叶杂草。

③露地直播、移栽棉田杂草的化学防除。在长江及黄河流域棉区，从 4 月下旬播种开始到 7 月中、下旬棉花封行前，杂草出土不断。因此需在播种当时使用除草剂控制第一次出草高峰和 6 月上、中旬以前发生的杂草，而后适时结合中耕除草或实施第二次化除，控制 6 月中旬到 7 月初第二个出草高峰发生的杂草。

禾本科杂草为主的棉田播前、播后苗前或移栽前可选用的土壤处理剂如下。

48%氟乐灵乳油：氟乐灵通过杂草种子发芽穿过土层的过程中被吸收，对一年生禾本科杂草如稗、马唐、牛筋草、狗尾草、千金子等防效好，对马齿苋、小藜、野苋菜、猪毛菜、婆婆纳等小粒种子的阔叶杂草也有较好的防效，氟乐灵在土壤中分解慢，局部易积累，持效期长。

常规熟地每公顷用药 720～1 080g，对水 375～450kg 喷于土表，根据土壤类型的不同可调整用药量，沙土地、盐碱偏重地用下限，其他用上限。播前或移栽前先开沟整地，施药后及时用圆盘耙耙地混土，耙地深度为 8～10cm，可有效防除禾本科杂草。药效稳定，成本较低，使用方便。

氟乐灵易光解失效，施药后要马上混入 3～5cm 土层中，且宜在傍晚喷药。氟乐灵在常用剂量下，对棉花出苗或地上部分生长没有影响，但用量过高、喷药不匀、重喷或滴漏，可对棉花产生药害，出现畸形芽、大耳朵、独根苗、3～5 叶期生长点细黄等现象，导致减产。

33%二甲戊灵乳油：对大多数一年生禾本科杂草及部分阔叶杂草有效。一般在播前或播后苗前用 33%二甲戊灵乳油 3～4.5L/hm²。该药在土壤中易分解，不积累，连续施用对作物较安全。但在长期干旱地区则应混土 3～5cm 深，以求提高防效。

88%乙草胺乳油：能有效防除一年生禾本科杂草和某些阔叶杂草，其杀草活性超过甲草胺和异丙甲草胺发挥。在棉花播后苗前或移栽前使用 88%乙草胺乳油 0.5～0.8L/hm²，对水 375～450L 配成适量药液喷洒，对棉花安全，正常用量对棉苗生长无抑制作用。

50%敌草胺可湿性粉剂：主要用于防除稗、马唐、牛筋草、千金子、狗尾草、早熟禾等一年生禾本科杂草，对马齿苋、猪殃殃、野苋菜、苣荬菜、藜、牛繁缕、水苦荬、雀舌草、碎米荠等阔叶杂草也有一定的效果。

敌草胺一般在播后苗前或移栽前加水配成药液喷洒。用药量为 50%敌草胺可湿性粉剂 1 500～2 250g/hm²。

48%仲丁灵乳油：该药为选择性萌前除草剂，主要抑制分生组织的细胞分裂，从而抑制杂草幼芽及幼根的生长，导致杂草死亡。可用于防除稗、牛筋草、马唐、狗尾草等一年生单子叶杂草及部分双子叶杂草。

在播后苗前施药，每公顷用 48%仲丁灵乳油 2 250～3 000mL（有效成分 1 080～1 440g）进行土壤封闭，裸地栽培播前或播后苗前施药，用药量稍高于覆膜栽培。仲丁灵用药后一般要混土，混土深度为 3～5cm，如果在冷凉季节，或作物遮阴好，或用药后浇水的情况下，不混土也有较好的除草效果。

48％甲草胺乳油：主要是通过杂草的芽鞘吸收，根部和种子也可有少量吸收。能杀死出苗前土壤中萌发的杂草，对已出土杂草无效。可防除稗、马唐、牛筋草、狗尾草等一年生禾本科杂草，以及马齿苋、藜等部分阔叶杂草。对菟丝子也有一定防效。

棉花播种后，每公顷用 48％甲草胺乳油 3 000～3 525mL，对水 375～450L，均匀喷雾土表。甲草胺能被土壤团粒吸附不易淋失，也不易挥发，但可被土壤微生物分解。有效期为 35d 左右。

精异丙甲草胺：用于防除一年生禾本科杂草和小粒种子的阔叶杂草。用药量为 72％异丙甲草胺乳油 1.5～3.45L/hm^2，或 960g/L 精异丙甲草胺乳油 864～1 440g/hm^2。土壤有机质含量低及沙质土用低剂量；反之用高剂量。在播前或播后苗前以药液喷雾法喷施。土壤干燥时，施药后需浅混土。

阔叶杂草为主的棉田播后苗前或移栽前可选用的土壤处理剂如下。

50％扑草净可湿性粉剂：防除多种禾本科杂草和阔叶杂草，常用在播后苗前或移栽前喷施。用药量为 50％扑草净可湿性粉剂 2.25～3kg/hm^2，或 50％扑草净悬浮剂 750～1 125g/hm^2。扑草净在土壤中易移动，故沙土地不宜使用。扑草净对棉叶有触杀作用，棉苗出土后不可用。

禾本科杂草与阔叶杂草混生棉田可选用的土壤处理剂如下。

50％仲灵·乙草胺乳油：可在棉田播种并铺上地膜后再直接往膜上喷施 50％仲灵·乙草胺乳油，此种除草剂渗透性强，喷药后很快透过薄膜，在土壤表面形成药层，在杂草萌发时发挥药效，将其封杀在出土前。此除草剂在土壤中持效期为 70～80d，对后茬作物小麦安全。

用 50％仲灵·乙草胺乳油 1 125～1 500mL/hm^2，对水土壤喷雾。膜下地块要整平整细，干旱时应先浇水再播种。有机质含量高的地块可稍微加大药量。

40％扑·乙乳油：一种较好的棉花苗前土壤处理除草剂，具有杀草谱广，防除效果好，在土壤中残效期长的特点，可以防除稗、马唐、牛筋草、鳢肠、反枝苋、铁苋菜等单双子叶杂草，以及香附子等莎草科杂草。40％扑·乙乳油每公顷的用量应控制在 2 250～3 000g 为宜。处理浓度过高会对出苗有影响，因此，应该注意不可盲目增加用药剂量。

（2）茎叶处理。

①以禾本科杂草为主的棉田可选用的除草剂。

150g/L 精吡氟禾草灵乳油：防除稗、马唐、狗尾草、千金子等一年生杂草。由于该药剂的内吸传导性强，茎叶吸收后可传导至地下茎，因此对多年生禾本科杂草也有较好的防除作用。防除一年生禾本科杂草用 150g/L 精吡氟禾草灵乳油 0.75～1L/hm^2。喷药时期以棉苗 4 叶期、禾本科杂草 3～5 叶期为宜。喷洒后 6h 降雨对药效影响不大。天气干旱、气温较高时施药，杂草生长状况不良，对药剂吸收差，因而防效也较差，需增加用量。防除芦苇、狗牙根等多年生杂草用量为 2～2.5L/hm^2。

50g/L 精喹禾灵乳油：防除一年生禾本科杂草。用药量为 5％乳油 0.75～1L/hm^2。加大用量，可防除多年生禾本科杂草，如双穗雀稗、芦苇、狗牙根等。在天气干旱、杂草生长情况不良时防效较差。药后 6h 降雨对药效影响不大。

10％喹禾灵乳油：可以有效防除马唐、牛筋草、狗尾草等禾本科杂草，对阔叶杂草无效，对棉花安全，可在禾本科杂草为主的棉田使用，当杂草生长至 2～4 叶期施药，每公顷有效成分剂量 90g 左右。

108g/L 高效氟吡甲禾灵乳油：对禾本科杂草稗、牛筋草、马唐、狗尾草有很高的防效。棉田杂草 2～4 叶期时茎叶喷施 108g/L 高效氟吡甲禾灵乳油 32.4～48.6g/hm^2，药后 30d，对禾本科杂草的防效可达到 99.9％，对阔叶杂草无效，对棉花安全。

15％精噁唑禾草灵乳油：可以有效防除马唐、牛筋草、狗尾草等禾本科杂草，对阔叶杂草无效，对棉花安全，可在禾本科杂草为主的棉田使用，当杂草生长至 2～4 叶期施药，每公顷用药为标准含量 40g 左右。

12.5％烯禾啶乳油：可以有效防除马唐、牛筋草、狗尾草等禾本科杂草，对棉花安全，可在禾本科杂草为主的棉田使用，当杂草生长至 2～4 叶期施药，每公顷用药 400mL 左右。

②以阔叶杂草为主的棉田可选用的除草剂。

75％三氟啶磺隆钠盐可湿性粉剂：对棉田常见的阔叶杂草反枝苋、马齿苋、藜、苘麻等具有良好的防效，可以达到 70％，当杂草生长至 2～4 叶期时，每公顷有效成分使用 11.25g 左右。75％三氟啶磺隆钠盐可湿性粉剂对棉田阔叶杂草防除效果较好，在棉花苗期 2～3 片真叶期之前使用相对安全，但对 3～4 叶期之后的棉花易产生药害。

10％乙羧氟草醚乳油：棉花田芽后，每公顷用 10％乙羧氟草醚乳油 45～60g，定向保护性喷雾，防除阔叶杂草，对棉田苍耳、铁苋菜等阔叶杂草效果较好。使用时应注意运用正确的施药技术，以免造成药害；在光照条件下才能发挥效力，所以应在晴天施药。

在禾本科杂草、阔叶杂草和莎草科杂草混生的棉田可选用的除草剂如下。

41％草甘膦异丙胺盐水剂：行间定向保护性喷雾，对棉田禾本科杂草、阔叶杂草及莎草科杂草均有防效，对多年生杂草具有良好的防效。施用时期应在棉花现蕾以后、株高 30cm 以上时进行，棉苗过小喷药易沾染药液而产生药害。用药量随杂草大小而不同，如阔叶杂草 4 叶期，用 41％草甘膦异丙胺盐水剂 2～2.5L/hm²；在阔叶杂草 6 叶以上时，用量为 1.5～2.2L/hm²。施用时加水 600～750L/hm² 配成药液，定向喷于棉株行间，可有效防除禾本科杂草、阔叶杂草及莎草科杂草。

草甘膦对金属有腐蚀性，在储存与使用时尽量用塑料容器盛装。使用金属喷雾器械喷洒，喷完后要及时洗净。

75.7％草甘膦铵盐可溶粒剂：使用剂量为 750～1 650g/hm²，对水定向茎叶喷雾防除行间杂草。操作时喷头上必须增设保护罩，并压低喷嘴，防止药液沾染棉花幼蕾或叶片。用扇形喷头比圆锥形喷头安全。

20％百草枯水剂：行间定向保护性喷雾，20％百草枯有效成分剂量为 300～600g/hm²，对棉田禾本科杂草、阔叶杂草及莎草科杂草均有防效。施后几小时即可见效，阳光越强作用越快。除草效果不受湿度影响。但百草枯是灭生性除草剂，如果喷洒在作物上，就会产生药害。因此必须装置喷雾罩进行定向喷雾。百草枯无传导作用，只能使着药部位受害。药液一经与土壤接触即被吸附钝化，不影响杂草根部和土内的种子，所以施药后杂草有再生现象。用药量为 20％百草枯水剂 3～4.5L/hm²，对水 375～450kg/hm² 喷雾。施药时必须在喷头上加防护罩，压低喷嘴，在棉行间进行定向喷雾，以免棉花产生药害。

（3）免耕棉田杂草的化学防除。免耕是在前作收获后不耕翻土壤，直接开沟播种的轻型保护性耕作技术。免耕棉播后苗前，为防除前茬作物田仍在生长的残存杂草，减轻其对栽培作物的竞争，为栽培作物创造良好的生长环境，可进行化学除草。以一年生杂草为主的田块，可用百草枯；一年生杂草和多年生杂草混生的农田，可用草甘膦处理。由于百草枯和草甘膦均是灭生性除草剂，施药时必须注意风向风速，压低喷嘴喷雾，以免对作物造成药害。

（4）麦棉套作移栽或直播棉田杂草的化学防除。麦棉套作直播田，棉花在 4 月下旬至 5 月初播种；麦棉套作移栽田，于 5 月中旬至 5 月底前移栽。麦棉套作田，棉垄的出草规律同露地棉田；5 月底小麦收割后，随着雨季的来临，麦垄上杂草大量萌发。因此麦棉套作的棉田，一般应进行两次化学除草，第一次是在棉花播种或移栽前后，第二次是在麦收灭茬整地后进行全田施药，时间应赶在雨季之前，如果棉花播种或移栽时杂草较少，也可只在灭过茬的麦垄上施药。

第一次施药主要用土壤处理剂，如氟乐灵、仲丁灵、敌草胺、异丙甲草胺、丁草胺等。用量和用法参照露地直播和移栽棉田。

第二次施药用茎叶处理剂，如精吡氟禾草灵、精喹禾草灵、草甘膦、百草枯等。用量和用法参照露地直播和移栽棉田。

（5）麦后移栽或直播棉田杂草的化学防除。麦后移栽或直播棉田由于播种或移栽时期较晚（江苏沿江、沿海地区在 5 月下旬至 6 月初进行），气温较高，再加上此时栽植的棉花密度大、行距小、生长快、封行早，促使杂草出土时间比较短而集中。因此在这类棉田进行化除，一般只需用药一次即可控制棉田杂草的为害。

通常是在麦收灭茬整地播种后出苗前或移栽前用氟乐灵、敌草隆、敌草胺、仲丁灵等进行土壤处理；或在移栽棉花现蕾后、棉株封行前，用草甘膦、百草枯进行行间定向喷洒处理茎叶。

（6）几种棉田恶性杂草的化学防除方法。由于各棉区生态环境、栽培制度、耕作方式都不同，使得不同棉区会出现为害严重的恶性杂草。恶性杂草对一些除草剂具有一定的抵抗力，如不及时防除，会在棉田逐渐发展成为优势杂草，对棉田长期造成危害。另外大面积使用除草剂之前须先进行小规模试验，以免造成除草剂药害。

田旋花：在新疆棉区为害最为严重，是该棉区第一大草害。以根茎繁殖为主，叶期以后开始爬蔓，逐渐缠绕，与棉花争夺水分养料空间，抑制其生长，还导致部分棉桃腐烂，并影响采摘。

防除方法：①三氟啶磺隆可以较好地防除田旋花，其次还有高效吡氟甲禾灵。其中三氟啶磺隆每公顷有效成分用药为15～22.5g。在新疆棉区可以适当加大用药量。②直播棉田，可以用灭生性除草剂草甘膦在棉花田出现田旋花后进行定向喷雾。其用量参照41%草甘膦异丙胺盐水剂的使用方法。③20%2甲4氯水剂防除，在9月中、下旬用于茎叶处理，每公顷用量2 250～3 000mL，对水450kg喷雾，效果好。5d后叶片失绿发黄生长点变褐，15d后茎叶开始干枯腐烂。

刺儿菜：①棉田改水田两年以上，实行水旱轮作。②将棉田表土整细，直播露地棉，每公顷用25%噁草酮乳油1 500～2 250 mL，对水600 kg，在棉花播种后出苗前，喷雾于土表。地膜棉，每公顷用25%噁草酮乳油1 500～1 950 mL，在地面上喷雾，施药后覆盖地膜。

苣荬菜：①棉田改水稻田，实行水旱轮作。②直播棉田，在棉花播后苗前，每公顷用20%敌草胺乳油2 250～3 000 mL，对水750 kg，喷雾于土表。③棉花苗床，在播种后，覆盖地膜前，每公顷用20%敌草胺乳油1 500～2 250 mL，对水600 kg，喷雾于土表。④移栽棉田，在棉花移栽活棵后，每公顷用20%敌草胺乳油2 250～3 000 mL，对水600 kg，喷雾于土表。

芦苇：在江苏、山东、河北、新疆等省份的偏碱性棉田严重为害。以根茎繁殖为主，春季出土时间略早于棉苗，生长点坚硬，穿透力强，常刺破塑料薄膜，破坏对棉田的保温、保湿功能。

防除方法：①挖除地上、地下的匍匐茎，晒干烧毁。②在芦苇开始形成新的个体时，每公顷使用35%吡氟禾草灵乳油或15%精吡氟禾草灵乳油1 500～1 950 mL，对水450～600 kg喷雾。③在棉田中，芦苇的新个体2～6叶期，每公顷使用20%烯禾啶乳油3 000～4 500 mL，对水450～600 kg进行茎叶喷雾。

香附子：以地下深根和球茎繁殖为主，再生力强，5月发芽出土，生长旺盛，生长速度明显快于棉苗，导致棉苗生长势弱，最终导致大幅度减产。

防除方法：①棉田改水稻田，实行水旱轮作。②耕耙整地时，捡拾地下茎。③棉花播后苗前，每公顷用75%三氟啶磺隆钠盐可湿性粉剂（有效成分）1～1.5 g，对水600 kg，进行定向喷雾，可有效防除香附子。④在棉苗株高30 cm以上，香附子生长旺盛期，每公顷用41%草甘膦异丙胺盐水剂2～2.5 L，对水525 kg，采取走向喷雾，喷头上安装防护罩，并压低喷头，防止雾滴飘到棉叶上。

黄红娟　张朝贤（中国农业科学院植物保护研究所）

第10节　杂粮田杂草及其防除技术

一、谷子田杂草及其防除技术

（一）谷子种植及杂草发生情况

1. 谷子种植及分区　谷子（*Setaria italica*）起源于我国黄河流域，是禾本科狗尾草属的一个栽培种。中国谷子总产约占世界的80%，主要分布在北方干旱半干旱地区，河北、山西、内蒙古、陕西、辽宁、河南、山东、黑龙江、甘肃和吉林10省份谷子种植面积占全国谷子总面积的97%，其中华北干旱最严重的河北、山西、内蒙古3省份谷子面积占全国的2/3。王殿瀛等将中国谷子分为五大区，即春谷特早熟区、春谷早熟区、春谷中熟区、春谷晚熟区及夏谷区。我国谷子多在旱地种植，种植制度大部分为一年一熟，只有一些水浇条件较好的地块实行一年两熟。

由于我国谷子产区自然条件和耕作制度差别很大，加上品种类型繁多，因而播种期差别很大。但总体上说，春谷一般在5月上、中旬（立夏前后）播种，夏谷一般在夏收后或6月上、中旬，个别地区也可在7月上旬播种，另有少量立秋前播种的秋谷。不论何时播种的谷田，其播种时间均与降雨时间及能灌溉的时间有关，谷子大多是降雨后立即播种，创造良好的土壤墒情，保证谷子发芽、出苗，而谷子生育期内需水很少。

2. 谷子田的主要杂草种类及发生　谷子田主要杂草种类有谷莠、马唐、看麦娘、繁缕、稗、牛筋草、画眉草、狗尾草、千金子、早熟禾、萹蓄、藜、反枝苋、马齿苋、荠菜、苘麻、野西瓜苗、龙葵、婆婆纳、车前、豚草、问荆、刺儿菜、苣荬菜、苍耳、酸模叶蓼、猪毛菜等。

不论春谷还是夏谷，播种前均经过了土地翻耕及整地，田间无杂草。谷子基本上是等雨播种，因此谷子播种后杂草与谷子同时出土。在谷子出苗后至封垄前的这段时间是谷田杂草的发生高峰，谷子封垄后少有杂草出土，由于谷子茎叶的遮阴，封垄后出土的杂草生长势差，对谷子生长及产量不构成威胁。春谷区藜、蓼、苋科阔叶杂草较多，夏谷田禾本科杂草如谷莠、马唐、牛筋草等占的比例较大，秋谷田看麦娘、荠菜、猪殃殃等越年生杂草发生较严重。

（二）谷子田杂草化学防除

药剂 1：50％扑灭津可湿性粉剂 1 500～ 3 000g/hm²。

药剂 2：40％扑草净可湿性粉剂 600～750g/hm²。

药剂 3：72％ 2，4-滴丁酯乳油 450～750mL/hm²。

药剂 4：48％麦草畏水剂 375～600mL/hm²。

药剂 5：15％噻吩磺隆可湿性粉剂 120～150g/hm²。

药剂 1 和药剂 2 每公顷对水 600～750L，播后苗前土壤处理。谷子多种植在干旱地块等雨播种，因此在播种后应立即施药。如果干旱条件下施药又无水浇条件，应迅速进行浅混土。药剂 3 至药剂 5 在谷子 3～4 叶期（定苗前），每公顷对水 300～450L，茎叶喷雾处理。2，4-滴丁酯有很强的挥发性，药剂雾滴的飘移易使敏感植物如豆类、棉花、油菜、向日葵等双子叶作物受害。因此该药施用时应选择无风或风小的天气进行，喷雾器的喷头最好设置保护罩。不同谷子品种对噻吩磺隆敏感性不同，推广前应先做品种试验。

二、高粱田杂草及其防除技术

（一）高粱种植及杂草发生情况

1. 高粱种植及分区　高粱（*Sorghum bicolor*）是我国最早栽培的禾谷类作物之一。随着人们生活水平的提高，它食用的重要性有所下降，但仍是部分地区人们不可缺少的调剂食品，也是优良的饲料作物及淀粉、酿酒、酒精生产的主要原料。它具有抗旱、耐涝、耐盐碱等抗逆性及适应性，种植区域较广。辽宁、山西、河北、黑龙江、内蒙古、吉林等省份均有较大面积种植。随着我国国民经济的发展，高粱已经由生产条件较好的地区向干旱、半干旱、瘠薄、涝洼、盐碱等生产条件较差的地区发展，由直接食用型向饲用、酿造、加工等综合利用方向发展。中国高粱分为四大区，即高粱早熟区、高粱晚熟区、春夏高粱区和南方高粱区。

春播高粱多种植在低洼、宜涝、土壤贫瘠和沙碱地，一般在 4 月下旬至 5 月上旬播种，9 月下旬收获；夏播高粱主要与小麦轮作一年两熟，高粱在 6 月初麦收后平播，10 月初收获；我国南方有部分秋播高粱。

2. 高粱田杂草的种类及发生　高粱田的主要杂草有稗、狗尾草、马唐、虎尾草、剪股颖、看麦娘、牛筋草、早熟禾、鸭跖草、藜、铁苋菜、反枝苋、苍耳、柳叶刺蓼、酸模叶蓼、荠菜、龙葵、猪毛菜、苘麻、鬼针草、狼把草、马齿苋、豚草属杂草、曼陀罗、酸浆属杂草、繁缕、猪殃殃等。

春播高粱播种后，藜、蓼科杂草开始出土，而后随着气温提高，杂草出土量增加，至 5 月下旬，稗、反枝苋等大量出土，杂草发生量达第一个高峰；7 月上、中旬，由于降雨等原因，杂草出土出现第二个高峰。此后再出土的杂草，对高粱产量为害减小。与夏播高粱相比，春播田阔叶杂草密度较大、发生时期较长。夏播高粱播种时处于高温多雨的季节，杂草出土快、发生量大，往往先于高粱出土，在高粱 5 叶期前达到出土高峰，以后每一次降雨或灌溉会有一批杂草出土，8 月中旬以后，杂草出土量不大。夏播高粱田以禾本科杂草如马唐、牛筋草、稗为主。

（二）高粱田杂草化学防除

药剂 1：72％ 2，4-滴丁酯乳油 450～750mL/hm²。

药剂 2：48％麦草畏水剂 375～600mL/hm²。

药剂 3：22.5％溴苯腈乳油 1 245～1 995mL/hm²。

药剂 4：72％异丙甲草胺乳油 1 875～2 250mL/hm²。

药剂 5：38％莠去津悬浮剂 2 250～3 750mL/hm²。

药剂 6：25％绿麦隆可湿性粉剂 3 000～4 500g/hm²。

药剂 1 至药剂 3 在高粱 4～6 叶期、杂草 2～4 叶期、每公顷对水 300～450L，茎叶喷雾处理。药剂 4

至药剂6每公顷对水600~750L，在高粱播后苗前土壤处理。莠去津用于播后苗前土壤处理时，干旱条件下适量灌溉或药后混土对提高莠去津的防效有很大作用。同时要求施药前整平土地整细土块。

三、小豆田杂草及其防除技术

（一）小豆种植及杂草发生情况

1. 小豆种植及分区 小豆（*Vigna angularis*）又称红豆、红小豆、赤豆等，起源于中国，是我国古老的栽培作物之一。小豆生育期短，耐瘠薄、耐阴，适应性广，并具有固氮养地能力。小豆在中国除个别高寒山区外，各地均有种植，其中黑龙江、吉林、辽宁、河北、内蒙古、山东、山西和天津种植面积和产量约占全国的70％。中国小豆分为三大区，即北方春小豆区、北方夏小豆区和南方小豆区。

北方春小豆区小豆一般在5~6月播种，9月中旬成熟；北方夏小豆区小豆多与小麦轮作一年两熟，小豆在6月上、中旬麦收后平播，9月中、下旬收获；南方小豆区耕作制度及地势比较复杂，有春、夏、秋播3种类型。

2. 小豆田杂草的种类和发生 小豆田的主要杂草种类有稗、野燕麦、马唐、狗尾草、金狗尾草、牛筋草、看麦娘、千金子、画眉草、雀麦、大麦属杂草、黑麦属杂草、稷属杂草、早熟禾、狗牙根、双穗雀稗、假高粱、芦苇、野黍、白茅、匍匐冰草、龙葵、酸模叶蓼、柳叶刺蓼、节蓼、萹蓄、铁苋菜、马齿苋、反枝苋、凹头苋、刺苋、鸭跖草、水棘针、香薷、苘麻、豚草、鬼针草、藜、苍耳、曼陀罗、粟米草、裂叶牵牛、圆叶牵牛、卷茎蓼、狼把草等。

小豆播种期不同，杂草发生程度及种类有差异。在春播田阔叶杂草密度较大，杂草与作物同时出土，但发生时期较长，作物封垄后由于叶片遮阴，杂草发生量减少；夏播小豆以禾本科杂草为主，由于作物播种时高温、多雨，杂草出土快，往往先于小豆出土，生长迅速，在作物播种后至封垄前发生量较大，小豆封垄后由于作物叶片遮阴，杂草发生量减少。小豆株高较低，与杂草竞争力差，如果杂草控制不及时，生育前期非常容易发生草荒，因此小豆苗期是控制杂草的关键时期。

（二）小豆田杂草化学防除

药剂1：33％二甲戊灵乳油2 250~4 500mL/hm²。
药剂2：48％氟乐灵乳油1 500~2 250mL/hm²。
药剂3：48％仲丁灵乳油2 250~3 750mL/hm²。
药剂4：72％异丙甲草胺乳油2 250~3 000mL/hm²。
药剂5：50％敌草胺可湿性粉剂1 500~2 250g/hm²。
药剂6：75％异丙隆可湿性粉剂1 200~1 500g/hm²。
药剂7：70％嗪草酮可湿性粉剂375~750g/hm²。
药剂8：15％精吡氟禾草灵乳油750~1 500mL/hm²。
药剂9：5％精喹禾灵乳油750~1 500mL/hm²。
药剂10：20％烯禾啶乳油1 000~2 000mL/hm²。
药剂11：10.8％高效氟吡甲禾灵乳油375~600mL/hm²。
药剂12：12％烯草酮乳油450~600mL/hm²。

药剂1至药剂7每公顷对水600~750L，在小豆播后苗前进行土壤处理。药剂8至药剂12每公顷对水300~450L，在小豆苗后封垄前，杂草基本出全苗后作茎叶处理。氟乐灵喷雾后需立即混土。嗪草酮在小豆田施药量不能超过每公顷750g，以免造成作物药害。土壤有机质含量低于2％、土壤pH7.5以上的碱性土壤和降雨多、气温高的地区嗪草酮应慎用。茎叶处理药剂用药量应根据杂草生长情况和土壤墒情而定。水分适宜、杂草小，用低剂量；反之，土壤干旱、杂草生长缓慢、杂草叶龄大用高剂量。

四、绿豆田杂草及其防除技术

（一）绿豆种植及杂草发生

1. 绿豆种植及分区 绿豆（*Vigna radiata*）起源于亚洲东南部，中国也是起源中心之一。它生育期短，耐瘠薄、耐阴，适应性广，并具有固氮养地能力。绿豆是喜温作物，在中国除个别高寒山区外，各地均有种植，但主要集中在黄淮流域及华北平原。以河南、山东、山西、河北、安徽、四川、陕西、湖北、吉林、辽宁等省种植较多。中国绿豆分为四大区，即北方春绿豆区、北方夏绿豆区、南方夏绿豆区和南方夏秋绿豆区。

北方春绿豆区绿豆一般在 4 月下旬至 5 月上旬播种，8 月下旬至 9 月上旬收获；北方夏绿豆区绿豆多与小麦轮作一年两熟，绿豆在 6 月上、中旬麦收后平播，9 月上、中旬收获；南方夏绿豆区多在 5 月末至 6 月初油菜、麦类收获后播种，8 月中、下旬收获；南方夏秋绿豆区高温、多雨，绿豆在春、夏、秋 3 季均可播种。

2. 绿豆田杂草的种类和发生 绿豆田的主要杂草种类有稗、野燕麦、马唐、狗尾草、金狗尾草、牛筋草、看麦娘、千金子、画眉草、雀麦、大麦属杂草、黑麦属杂草、稷属杂草、早熟禾、狗牙根、双穗雀稗、假高粱、芦苇、野黍、白茅、匍匐冰草、龙葵、酸模叶蓼、柳叶刺蓼、节蓼、萹蓄、铁苋菜、马齿苋、反枝苋、凹头苋、刺苋、鸭跖草、水棘针、香薷、苘麻、豚草、鬼针草、藜、苍耳、曼陀罗、粟米草、裂叶牵牛、圆叶牵牛、卷茎蓼、狼把草等。

与小豆田杂草发生情况类似，由于作物的播种时间不同，绿豆田杂草发生程度及种类有一些差异。表现为春播田杂草发生程度较轻，杂草与作物同时出土，但发生时期较长，至绿豆封垄前杂草达到出苗高峰，绿豆封垄后发生量减少。春播绿豆田阔叶杂草密度相对较大，以藜、蓼、苋科杂草较多。夏播绿豆由于播种时高温、多雨，杂草发生及生长迅速，往往先于绿豆出土，在作物播种后至封垄前大量发生，绿豆封垄后由于作物叶片遮阴，杂草发生量减少。夏播绿豆田以禾本科杂草为主。绿豆植株较矮，与杂草竞争力差，尤其是出苗后的一个月内，如果杂草控制不及时，容易发生草荒。因此绿豆苗期是控制杂草的关键时期。

（二）绿豆田杂草化学防除

药剂 1：33％二甲戊灵乳油 2 250～4 500mL/hm²。

药剂 2：48％氟乐灵乳油 1 500～2 250mL/hm²。

药剂 3：48％仲丁灵乳油 2 250～3 750mL/hm²。

药剂 4：43％甲草胺乳油 2 250～4 500mL/hm²。

药剂 5：50％乙草胺乳油 1 800～3 000mL/hm²。

药剂 6：72％异丙甲草胺乳油 2 250～3 000mL/hm²。

药剂 7：72％异丙草胺乳油 2 250～4 500mL/hm²。

药剂 8：50％敌草胺可湿性粉剂 1 500～2 250g/hm²。

药剂 9：80％氰草津可湿性粉剂 1 500～1 875g/hm²。

药剂 10：70％嗪草酮可湿性粉剂 375～750g/hm²。

药剂 11：75％异丙隆可湿性粉剂 1 200～1 500g/hm²。

药剂 12：15％精吡氟禾草灵乳油 750～1 500mL/hm²。

药剂 13：5％精喹禾灵乳油 750～1 500mL/hm²。

药剂 14：20％烯禾啶乳油 1 000～2 000mL/hm²。

药剂 15：10.8％高效氟吡甲禾灵乳油 375～600mL/hm²。

药剂 16：12％烯草酮乳油 450～600mL/hm²。

药剂 1 至药剂 11 每公顷对水 600～750L，在绿豆播后苗前进行土壤处理。药剂 12 至药剂 16 每公顷对水 300～450L，在绿豆苗后封垄前，杂草基本出全苗后进行茎叶处理。

五、豇豆田杂草及其防除技术

（一）豇豆种植及杂草发生

1. 豇豆种植及分区 豇豆（*Vigna unguiculata*）是古老的栽培作物之一，具有较高的经济价值。中国除个别省份外，各地均有豇豆种植，分蔓生型、半蔓生型、缠绕型与直立型。以河南、陕西、山西、广西、山东、河北、湖南、安徽、四川、江苏、江西、云南、贵州、广东及海南为主要产区。中国豇豆分为三大区，即北方春豇豆区、北方夏豇豆区和南方秋冬豇豆区。

北方春豇豆区豇豆一般在 5 月上、中旬播种，8 月下旬至 9 月上旬收获；北方夏豇豆区豇豆多与小麦轮作一年两熟，豇豆在 6 月上、中旬麦收后平播，9 月上、中旬收获；南方秋冬豇豆区秋、冬均可播种豇豆，属零星种植。

2. 豇豆田杂草的种类和发生 豇豆田的主要杂草种类有稗、野燕麦、马唐、狗尾草、金狗尾草、牛筋草、看麦娘、千金子、画眉草、雀麦、大麦属杂草、黑麦属杂草、稷属杂草、早熟禾、狗牙根、双穗雀稗、假高粱、芦苇、野黍、白茅、匍匐冰草、龙葵、酸模叶蓼、柳叶刺蓼、萹蓄、铁苋菜、马齿苋、反枝苋、刺苋、鸭跖草、水棘针、苘麻、豚草、鬼针草、藜、苍耳、曼陀罗等。

豇豆田与小豆田杂草发生情况类似，由于作物的播种时间不同，杂草发生程度及种类有一些差异，这里不再赘述。

（二）豇豆田杂草化学防除

参见绿豆田杂草化学防除。

六、豌豆、蚕豆田杂草及其防除技术

（一）豌豆、蚕豆种植及杂草发生

1. 豌豆、蚕豆种植及分区 豌豆（*Pisum sativum*）和蚕豆（*Vicia faba*）均是古老的栽培作物。豌豆主要集中分布在四川、河南、云南、湖北、甘肃、陕西、青海、西藏、新疆等省份，蚕豆集中分布在四川、云南、湖北和江苏省。它们均分为两个种植区，即春播区和秋播区。春播区在 3 月下旬至 5 月上旬播种，7～9 月收获，秋播区在 9 月下旬至 11 月上旬播种，翌年 4～5 月收获。

2. 杂草的种类和发生 春播豌豆及蚕豆种植区以阔叶杂草为主，如酸模叶蓼、柳叶刺蓼、萹蓄、藜、反枝苋、刺苋、鸭跖草、水棘针、苘麻、铁苋菜、马齿苋、豚草、鬼针草、苍耳、曼陀罗等。禾本科杂草如野燕麦、稗、马唐、狗尾草、金狗尾草、牛筋草、看麦娘、千金子、画眉草、雀麦、大麦属杂草、黑麦属杂草、稷属杂草、早熟禾、狗牙根、双穗雀稗、假高粱、芦苇、野黍、白茅、匍匐冰草等也有发生。秋播豌豆及蚕豆种植区主要杂草为越年生杂草。

春播区由于作物播种较早（平均气温稳定在 0～5℃豌豆即可播种，平均气温稳定在 3℃蚕豆即可播种），作物苗期杂草发生量小，作物生育期内灌水及降雨后虽然有部分杂草出土，但由于作物茎叶的遮阴，出土的杂草生长也受到一定控制。另外，由于两种作物生育期均较短，一般土壤处理剂进行播后苗前土壤处理即可起到理想除草效果，也可在作物生育中后期依据杂草生长情况补施茎叶处理剂。秋播区尤其是华南地区，作物苗期杂草发生量较大，至越冬后仍有杂草出土。

（二）豌豆、蚕豆田杂草化学防除

药剂 1：33％二甲戊灵乳油 2 250～4 500mL/hm²。

药剂 2：48％氟乐灵乳油 1 500～2 250mL/hm²。

药剂 3：48％仲丁灵乳油 2 250～3 750mL/hm²。

药剂 4：43％甲草胺乳油 2 250～4 500mL/hm²。

药剂 5：50％乙草胺乳油 1 800～3 000mL/hm²。

药剂 6：72％异丙甲草胺乳油 2 250～3 000mL/hm²。

药剂 7：72％异丙草胺乳油 2 250～4 500mL/hm²。

药剂 8：50％敌草胺可湿性粉剂 1 500～2 250g/hm²。

药剂 9：80％氰草津可湿性粉剂 1 500～1 875g/hm²。

药剂 10：40％扑草净可湿性粉剂 750～1 500g/hm²。

药剂 11：75％异丙隆可湿性粉剂 1 200～1 500g/hm²。

药剂 12：15％精吡氟禾草灵乳油 750～1 500mL/hm²。

药剂 13：5％精喹禾灵乳油 750～1 500mL/hm²。

药剂 14：20％烯禾啶乳油 1 000～2 000mL/hm²。

药剂 15：10.8％高效氟吡甲禾灵乳油 375～600mL/hm²。

药剂 16：12％烯草酮乳油 450～600mL/hm²。

药剂 1 至药剂 11 每公顷对水 600～750L，在豌豆、蚕豆播后苗前进行土壤处理。药剂 12 至药剂 16 每公顷对水 300～450L，在豌豆、蚕豆苗后封垄前，杂草基本出全苗后进行茎叶处理。

七、荞麦田杂草及其防除技术

（一）荞麦种植及杂草发生

1. 荞麦种植及分区　荞麦分甜荞（*Fagopyrum esculentum*）和苦荞（*Fagopyrum tataricum*）两个栽培种，生育期短、抗旱、耐瘠薄，是不可缺少的工业及医药原料，也是重要的蜜源作物及救灾作物，更是人们的调剂食品。甜荞比苦荞分布广泛，主要分布在内蒙古、陕西、宁夏、甘肃和云南的部分地区；苦荞性喜冷凉潮湿的气候，集中种植在云、贵、川、藏及甘肃、陕西、山西等高寒山区及高原地区。荞麦种植分为四大区，即北方春荞麦区、北方夏荞麦区、南方秋冬荞麦区和西南高原春、秋荞麦区。

北方春荞麦区荞麦为一年一熟，一般 5 月下旬至 6 月上旬播种，9 月上旬收获；北方夏荞麦区荞麦多在小麦收获后平播，播种期为 6～7 月，9 月上、中旬收获；南方秋冬荞麦区一般在 8～9 月或 11 月播种。

2. 荞麦田杂草的种类和发生　荞麦田的主要杂草有稗、野燕麦、马唐、狗尾草、金狗尾草、牛筋草、看麦娘、千金子、画眉草、雀麦、大麦属杂草、黑麦属杂草、䅟属杂草、早熟禾、狗牙根、双穗雀稗、假高粱、芦苇、野黍、白茅、匍匐冰草等禾本科杂草及龙葵、酸模叶蓼、柳叶刺蓼、节蓼、萹蓄、马齿苋、铁苋菜、反枝苋、凹头苋、刺苋、鸭跖草、水棘针、香薷、苘麻、豚草、鬼针草、藜、苍耳、曼陀罗、粟米草、裂叶牵牛、圆叶牵牛、卷茎蓼、狼把草等阔叶杂草。但荞麦茎秆细弱、植株较矮，与杂草竞争力差，如果苗期杂草控制不及时，容易发生草荒，影响作物产量。

（二）荞麦田杂草化学防除

药剂 1：33％二甲戊灵乳油 2 250～4 500mL/hm²。

药剂 2：48％氟乐灵乳油 1 500～2 250mL/hm²。

药剂 3：43％甲草胺乳油 2 250～4 500mL/hm²。

药剂 4：50％乙草胺乳油 1 800～3 000mL/hm²。

药剂 5：72％异丙甲草胺乳油 2 250～3 000mL/hm²。

药剂 6：72％异丙草胺乳油 2 250～4 500mL/hm²。

药剂 7：15％精吡氟禾草灵乳油 750～1 500mL/hm²。

药剂 8：5％精喹禾灵乳油 750～1 500mL/hm²。

药剂 9：20％烯禾啶乳油 1 000～2 000mL/hm²。

药剂 10：10.8％高效氟吡甲禾灵乳油 375～600mL/hm²。

药剂 11：12％烯草酮乳油 450～600mL/hm²。

药剂 1 至药剂 6 每公顷对水 600～750L，在荞麦播后苗前进行土壤处理。药剂 7 至药剂 11 每公顷对水 300～450L，在荞麦苗后封垄前，杂草基本出全苗后进行茎叶处理。

八、甘薯田杂草及其防除技术

（一）甘薯种植及杂草发生

1. 甘薯种植及分区　甘薯（*Ipomoea batatas*）原产于美洲的中部或南美洲的西北部热带地区，在我国大部分省份均有种植，淮河以北地区甘薯栽培面积占全国甘薯总栽培面积的 1/2。因扦插时期不同，甘薯分为春薯、夏薯、秋薯和越冬薯 4 种类型。甘薯种植分为 4 大区，即东北春薯区、北方春夏薯区、南方夏薯区和华南秋冬薯区。

东北春薯区为一年一熟，一般 5 月中、下旬扦插甘薯，北方春夏薯区春薯谷雨后至 5 月初扦插，夏薯小麦收获后扦插，秋薯一般在 8～9 月扦插。地温在 15℃左右，薯块停止生长，10℃以下会发生冷害。因此，甘薯在 10℃以上时要收获完毕。

2. 甘薯田杂草的种类和发生　甘薯田的主要杂草有稗、野燕麦、马唐、狗尾草、金狗尾草、牛筋草、看麦娘、千金子、画眉草、雀麦、大麦属杂草、黑麦属杂草、䅟属杂草、早熟禾、狗牙根、双穗雀稗、假高粱、芦苇、野黍、白茅、匍匐冰草等禾本科杂草及龙葵、酸模叶蓼、柳叶刺蓼、节蓼、萹蓄、铁苋菜、马齿苋、反枝苋、凹头苋、刺苋、鸭跖草、水棘针、香薷、苘麻、豚草、鬼针草、藜、苍耳、曼陀罗、粟米草、裂叶牵牛、圆叶牵牛、卷茎蓼、狼把草等阔叶杂草。

甘薯大部分采用起垄栽培，即扦插前起垄，在垄上扦插薯苗。甘薯扦插时，如果缺少水浇条件，则采用穴栽，在穴内浇水、扦插，这种栽培方式的甘薯田至降雨或灌溉前很少有杂草出土。在水浇条件良好的地块，甘薯扦插后立即在垄间灌水，以便缓苗，这种栽培方式，由于土壤墒情好，杂草发生数量较大。春薯在雨季来临前，出土杂草很少，阔叶杂草数量多于禾本科杂草；夏薯由于扦插时正值雨季，杂草发生量相对较大，甘薯封垄后杂草基本不再出土。

（二）甘薯田杂草化学防除

药剂 1：33%二甲戊灵乳油 2 250～4 500mL/hm²。

药剂 2：48%氟乐灵乳油 1 500～2 250mL/hm²。

药剂 3：48%仲丁灵乳油 2 250～3 750mL/hm²。

药剂 4：50%乙草胺乳油 2 250～3 750mL/hm²。

药剂 5：72%异丙甲草胺乳油 2 250～4 500mL/hm²。

药剂 6：72%异丙草胺乳油 1 500～4 500mL/hm²。

药剂 7：50%敌草胺可湿性粉剂 1 500～2 250g/hm²。

药剂 8：15%精吡氟禾草灵乳油 750～1 500mL/hm²。

药剂 9：5%精喹禾灵乳油 750～1 500mL/hm²。

药剂 10：20%烯禾啶乳油 1 000～2 000mL/hm²。

药剂 11：10.8%高效氟吡甲禾灵乳油 375～600mL/hm²。

药剂 12：12%烯草酮乳油 450～600mL/hm²。

药剂 1 至药剂 7 每公顷对水 600～750L，起垄后甘薯扦插前或扦插后杂草出土前进行土壤处理。药剂 8 至药剂 12 每公顷对水 300～450L，在甘薯封垄前，杂草基本出全苗后进行茎叶处理。

我国杂粮生产条件普遍较差，作物大多种植在闲散地、旱薄地、低洼地等，土壤、气候条件差异很大，因此，在选择及使用上述除草剂时，应做到因地制宜，本着"看天、看地、看庄稼"的原则，根据不同除草剂的特性来选择适宜的药剂、用药时期及用药量，保证在取得理想除草效果的同时，提高作物产量。将上述化学除草措施与其他除草措施结合应用可以起到事半功倍的效果。

轮作倒茬：如谷子、高粱可以与阔叶作物豆类等合理轮作倒茬，在豆田使用防除禾本科杂草的苗后除草剂如精喹禾灵，谷子田使用阔叶杂草除草剂，以改变田间禾本科杂草较多的草相，从而达到控制杂草的目的。同时作物的合理轮作还会改善耕层养分状况及减少土传病害的发生。

播种前翻耕或喷施灭生性除草剂：大部分杂粮播种前均需精细整地，翻耕可除去作物播种前的杂草。如果作物采用免耕种植，可在播后苗前每公顷喷施 41%草甘膦异丙胺盐水剂或 20%百草枯水剂 1 500～2 250mL，对田间已经出土的杂草有理想防效。

合理密植控制杂草：密植作物如亚麻等可以适当增加播种量，使作物在苗期同杂草的竞争中占据空间优势，在一定程度上能够减轻杂草发生。

除草剂与栽培、耕作相结合：杂粮大多种植在旱地，土壤墒情差，苗期可实行人工除草，然后结合灌溉、降雨等，创造良好的土壤墒情，再喷施土壤处理剂或茎叶处理剂。除草剂的喷施还要结合作物的栽培习惯，如甘薯一般在扦插后培垄，因此，土壤处理剂应在培土后喷施，喷药后不能翻动土层。间苗作物定苗时结合中耕或人工拔除作物株间杂草，行间喷施除草剂，既节约药剂，又保护环境。

王贵启（河北省农林科学院粮油作物研究所）

第 11 节　油菜田杂草及其防除技术

一、我国油菜及油菜区划简介

油菜是白菜型油菜（*Brassica campestris* L.，$n=10$）、芥菜型油菜（*B . juncea*，$n=18$，bc）和甘蓝型油菜（*B. napus*，$n=19$）的总称。白菜型油菜以其耐贫瘠、耐旱、抗寒力强，尤其是有迟播、早收、生育期短的突出优点，为生产上所不可缺少。我国是世界上公认的白菜型油菜起源中心，原产的白菜型油菜资源有 2 006 份，从青藏高原亚区、蒙新内陆亚区、东北平原亚区等春油菜区，到华北关中亚区、云贵高原亚区、四川盆地亚区、长江中游亚区、长江下游亚区、华南沿海亚区等冬油菜区均有不同程度的分布。芥菜型油菜主要分布在中国西部高原和北方干燥气候区，其集中分布区主要有两个：一是地处欧亚大陆干旱地带的新疆和内蒙古春播产区，二是西南高原的云、贵秋播产区。按播种面积大小顺序排列，中国种植芥菜型油菜的省份有新疆、内蒙古、云南、贵州、西藏、甘肃、四川、青海、山西、陕西等。芥菜型油菜以其抗旱性强、耐瘠薄土壤和生育后期能耐高温等特性成为这类产区的优势作物。甘蓝型油菜则是20 世纪 30 年代从日本和欧洲传入我国，主要集中在黄淮地区和长江流域。由于白菜型油菜和芥菜型油菜抗逆性差或产量低等缺点，以及甘蓝型油菜在丰产性、抗病性和含油量方面的优势，因此目前种植面积最大的是甘蓝型油菜。

油菜是产油效率较高的油料作物之一，油用比例为 100％，菜籽油是世界上第三大植物油，和豆油、葵花籽油、棕榈油并列为世界四大油脂，除直接食用外，在机械、橡胶、化工、塑料、油漆、纺织、制皂和医药等方面也有广泛的用途。近几年兴起的生物柴油工程使菜油转化为生物柴油的比例逐年增加，成为柴油理想替代品。菜粕蛋白质含量高达 36％～38％，其营养价值与豆粕相近，是良好的精饲料，广泛运用于养殖业。

在我国，油菜是继水稻、玉米、小麦、大豆之后的第五大作物，也是第一大油料作物，常年种植面积约 670 万 hm^2，总产超过 1 100 万 t。我国是世界菜籽、菜籽油第一大生产国和消费国，菜籽油产量占世界产量的 21％以上，菜籽油消费量维持在 410 万～480 万 t，占世界菜籽油消费总量的 1/4。菜籽油是我国传统的食用油，中国人民素来有食用菜籽油的偏好。2009 年菜籽油已占国产油料作物产油的 57％以上，是国产食用植物油的第一大来源，在我国食用油市场中具有举足轻重的地位。近年来，我国食用植物油消费持续增长，自给率逐年下降，缺口年年扩大，导致大量进口油料和油品，并呈进一步增长势头。据海关统计数据显示，2009 年我国油菜籽进口量达到 328.6 万 t，连续第四年增加，并且打破了 2000 年创下的296.9 万 t 的油菜籽进口历史最高纪录。我国进口的油菜籽主要来自加拿大，大多是抗除草剂转基因油菜籽，大量抗除草剂转基因油菜籽的进口还可能造成抗性基因逃逸，导致生态风险。因此，油菜生产不仅关系到种植业结构的调整优化和农民的增收，也关系着人民生活水平的提高、膳食结构的改善，同时在能源和环境问题日益突出的形势下，还关系着我国的能源和环境安全，确保油菜丰产和稳产具有非常重要的战略意义。

我国油菜传统产区主要划分为春油菜区和冬油菜区两个大区，两个大区下又划分为若干个亚区。根据农业部《油菜优势区域布局规划（2008—2015 年)》和我国油菜生产现状，我国油菜产区主要有长江流域冬油菜区、北方春油菜区、黄淮流域冬油菜区。长江流域冬油菜区包括上海、浙江、江苏、安徽、湖北、江西、湖南、四川、贵州、云南、重庆、河南信阳、陕西汉中 13 个省份或地区。油菜是长江流域主要的冬季作物，长江流域冬油菜区历来是我国油菜生产的主要区域，在我国油菜生产中处于主导地位。目前，长江流域冬油菜区既是我国最大的油菜产区，也是世界上规模最大的油菜生产带，种植面积占世界 1/4 以上。北方春油菜区包括青海、甘肃、内蒙古、新疆。北方春油菜区的油菜种植面积占全国的比例有一定的增长，种植面积 2007 年占区域耕地面积的 3.1％。黄淮流域冬油菜区主要包括陕西、河南（不包括汉中和信阳）。黄淮流域油菜的种植面积和总产占全国的比例均下降，且不大。

二、我国油菜田杂草的群落结构和发生特点

杂草是制约油菜生产的关键因素之一，杂草与油菜竞争养料、水分和生长空间，大大阻碍了油菜的正常生长，对油菜的生长发育、产量及品质都有很大的影响。我国油菜田杂草为害（彩图 23-11-1）较为严重，通常可以造成油菜减产 10％～20％，草害严重时减产达 50％以上，甚至颗粒无收。近年来随着直播和免耕面积的不断扩大，油菜田的草害发生更为迅速。据调查，我国冬油菜田草害面积占种植面积的60％，而春油菜田草害更为严重，占种植面积的 70％以上。杂草不仅与油菜的生长产生恶性竞争，同时还是多种病虫害的宿主，使油菜病虫害发生率增大。因此油菜田的杂草防除对我国油菜的生产具有十分重要的意义。

（一）冬油菜区

冬油菜田的杂草种类很多，由于土壤类型、耕作方式不同等原因主要优势种杂草有所变化，但冬油菜区发生的主要杂草可根据农田类型的不同大致分为稻茬和旱茬油菜田两种杂草群落。长江流域冬油菜区稻茬油菜田发生的杂草种类近百种，由于土壤湿度大，因而以喜湿性杂草看麦娘（属）为优势种，有时兼有

菵草共优，局部地区有硬草、早熟禾以及棒头草和长芒棒头草等，阔叶杂草主要有牛繁缕、野老鹳草、雀舌草、稻槎菜、碎米荠等杂草，此外，水花生、通泉草、北水苦荬、多头苦荬、早熟禾、印度蓼菜、泥胡菜、萹蓄、小飞蓬、马兰、海滨酸模、齿果酸模、绵毛酸模叶蓼、荔枝草、附地菜、细茎斑种草、鼠麴草等也有发生。占优势的杂草群落，长江流域以南是看麦娘＋牛繁缕＋稻槎菜＋雀舌草或日本看麦娘＋菵草＋牛繁缕＋稻槎菜，长江以北是日本看麦娘（或看麦娘）＋大巢菜＋猪殃殃＋菵草杂草群落。但长江下游地区临近沿海，偏碱性土壤为主，硬草和棒头草常成为优势种，取代看麦娘或日本看麦娘。其他局部地区，则有早熟禾＋看麦娘＋菵草＋牛繁缕的杂草群落。

旱茬油菜田杂草分为两类，一类是丘陵地区，该地区是由猪殃殃、野燕麦、大巢菜、黏毛卷耳、波斯婆婆纳等组成的杂草群落，此外还有看麦娘、刺儿菜、繁缕、荠菜、打碗花、雀舌草、广布野豌豆、萹蓄、野老鹳草、野塘蒿、泽漆、通泉草、棒头草、小根蒜、半夏等。常见的杂草群落是猪殃殃＋野燕麦＋黏毛卷耳＋波斯婆婆纳。另一类是沿江沙地旱连作油菜田，该地区是由猪殃殃、黏毛卷耳、波斯婆婆纳、荠菜等组成的杂草群落。此外还有蚤缀、小巢菜、看麦娘、小根蒜和卷耳等。

但由于作物种类、耕作制度及土壤性质、自然环境因素的不同，以及人为因素的干扰特别是除草剂的使用，可能导致油菜田杂草发生及群落组成产生差异。

冬油菜田杂草的出土时间、数量与油菜种植时间、气温、降雨、土壤水分密切相关。一般杂草的发生高峰主要在冬前，通常杂草一般在油菜播种后 1 周开始出土；在移栽大田，第一峰（秋冬季）为主峰，10月初至 11 月为冬天杂草暴发期，其出土量占油菜全生育期杂草总量的 70%～80%，此时油菜植株较小、竞争能力较弱，油菜在苗期遭受杂草为害，常导致成苗株数少和形成瘦苗、弱苗、高脚苗，抽薹后分枝结角少，故此时杂草的暴发对油菜生长和产量影响较大。第二峰（春季）出草量占全季出草总量的 20%～30%。但此时油菜已封行，并由于此时油菜生长迅速，田间郁闭，这些杂草往往因光照不足而逐渐死亡，通常构不成危害，影响较小。若遇秋冬干旱，则第一峰推迟，出草量相对较小，而春季出现草量相对较大的第二个出草峰。

栽培方式对杂草的发生规律存在影响。一般直播油菜在播后 7～20d 达到第一个出草高峰，而移栽油菜在栽后 10～25d 达到第一个出草高峰。免耕直播油菜田杂草发生具有出草早、密度高、群体大、竞争力强、为害重的特点，在与油菜竞争水、肥及生长空间中处于优势地位，对油菜产量的影响尤为严重。免耕移栽油菜田也具有类似的特点。根据江苏太湖地区农业科学研究所的调查，稻茬免耕移栽油菜田中的禾本科杂草一般自水稻收割前 7d 左右开始萌发，并很快形成第一出草高峰，时间持续长达 30d 左右，到 11 月20 日左右达到盛末期，此时禾本科杂草约占禾本科杂草总出草量的 84%，阔叶杂草约占阔叶杂草总出草量的 76%。根据扬州市植保植检站对油菜田杂草出土情况调查，从移栽至翌年 4 月均有出草，出草期长达 150d 左右。但出草相对集中，呈双峰型。一般在油菜移栽后 3～5d 开始出草，栽后 20～30d 出现第一高峰，为主峰，占总草量的 80% 以上。春季气温回升后，在 2 月下旬至 3 月初可出现第二出草高峰，占总出草量的 10% 左右。

由于菵草的干扰作用，油菜的根颈粗、株高、分枝数、每株角果数、每角粒数等性状均会发生一定程度的变化，但千粒重不受影响。油菜因草生长而导致的产量损失，是直接通过每株角果数的大幅度下降而造成的。菵草生长对油菜的竞争临界期为油菜移栽后 30～80d。

（二）春油菜区

春油菜大多分布于西北和东北等地。主要发生的杂草有野燕麦、藜、小藜、薄蒴草、密花香薷、刺儿菜和萹蓄等。杂草发生的高峰期在 4 月中旬，出草量可占全生育期的 1/2 左右。除上述冬春型杂草外，还有夏秋型杂草如稗、反枝苋等，在随后的时间里出土。但由于自然发生区域不同，杂草种类不同，杂草出苗动态差异很大。

春油菜田发生的杂草种类达近 200 种。严重为害的杂草有遏蓝菜、密花香薷、鼬瓣花、薄蒴草、田旋花、早熟禾、藜、猪殃殃、苣荬菜、野胡萝卜、旱雀麦等。春油菜田杂草群落组成特点是杂草群落组成种类多，结构多元化，且不同生态区域杂草群落组成变化较大。据调查，青海省油菜田主要杂草群落有藜＋密花香薷＋猪殃殃＋尼泊尔蓼，猪殃殃＋萹蓄＋遏蓝菜＋苣荬菜，密花香薷＋野燕麦＋大刺儿菜＋蕨麻，薄蒴草＋鼬瓣花＋酸模叶蓼＋早熟禾，苣荬菜＋田旋花＋大刺儿菜＋问荆等。

研究春油菜田杂草的发生特点，尤其是种子的出土动态，是进行化学防除的科学依据。青海省春油菜田主要杂草野燕麦、密花香薷、鼬瓣花、遏蓝菜、萹蓄、酸模叶蓼、苣荬菜等发生全生育期 100～150d，出苗期 53～90d，果期 35～56d，田间最适萌发深度为 1.0～7.5cm。自然发生区域不同，杂草种类不同，杂草出苗动态差异很大。如青海省西宁川水地区，猪殃殃、藜、酸模叶蓼、萹蓄、鼬瓣花等杂草约 4 月上旬出苗，4 月中旬至 5 月上旬为出苗盛期；旱稗、苣荬菜、灰绿藜、菊叶香藜出苗较晚，约于 4 月中旬出苗。青海省湟中县大源乡脑山地区，杂草出苗一般为 5 月上旬，5 月下旬为出苗盛期。苣荬菜（西宁）出苗期约 114d，出苗盛期在 5 月上旬，占出苗总数的 25.3％。萹蓄（西宁）出苗期约 53d，出苗第一高峰期约在 4 月中旬，占出苗总数的 20.3％，第二高峰期在 5 月上旬，占出苗总数的 20.3％。野燕麦（青海乐都区大峡村）出苗历时约 100d，田间野燕麦出苗呈现两个峰期，野燕麦随油菜出苗开始出苗，至浇苗水时形成主峰，占总苗数的 65％～70％，这部分杂草为害最严重，是主要防除对象；第二高峰期出现在头水后二水前，占总苗数的 20％～25％，其为害程度与作物密度、生长情况有关；在二水后还陆续出苗，但生长细弱，为害无足轻重。

青海保护性耕作的免耕沟播春油菜田杂草萌发出苗的速率和数量较免耕平播少，但高于传统耕作，且越年生、多年生杂草数量呈明显增加，主要杂草有苣荬菜、大刺儿菜、自生油菜、猪殃殃、密花香薷、苦苣菜、泽漆、萹蓄、节裂角茴香、田旋花、藜、野燕麦。其中，猪殃殃、苦苣菜等出苗量是传统耕作的 2～4 倍。杂草通常于 4 月中旬开始出苗，5 月上旬和下旬有两个出苗高峰，6 月下旬出苗基本结束。

（三）黄淮流域冬油菜区

黄淮流域冬油菜区都是旱茬油菜田，以阔叶杂草为主，偶有野燕麦发生并成为优势，优势杂草为猪殃殃、麦仁珠、播娘蒿、麦家公，其他杂草还有遏蓝菜、麦蓝菜、打碗花、麦瓶草、泽漆、萹蓄、小花糖芥、婆婆纳等，这些杂草的普遍特点是耐干旱和盐碱。常见的杂草群落是猪殃殃＋麦仁珠＋播娘蒿＋麦家公杂草群落或野燕麦＋播娘蒿＋猪殃殃＋麦家公杂草群落。

（四）油菜田杂草群落的演替

由于油菜田单一种类除草剂的大量使用，增加了杂草对环境的选择压力，使敏感杂草的发生量下降，而不敏感的次要杂草上升为优势种群；同时也产生了抗药性杂草。

20 世纪 80 年代后，在冬油菜田大面积推广和多年连续使用氟吡甲禾灵、精喹禾灵等芳氧基苯氧基丙酸类除草剂，由于该类除草剂选择性防除禾本科杂草，对阔叶杂草无效，使得油菜田草相发生了明显变化。安徽省油菜田杂草群落主要表现在以下方面：①看麦娘虽仍为主要优势种，但其发生频度、多度都有所下降。②牛繁缕、猪殃殃等阔叶杂草种群上升迅速，在田间大多与看麦娘形成双优势种群或多优势种群。③早熟禾、茵草、硬草等具有耐性的禾本科杂草种群数量不断上升。④日本看麦娘、茵草、看麦娘等抗药性杂草种群不断演化，在一些较长使用除草剂的地区成为优势种群。⑤外来入侵杂草野老鹳草、泽漆等为害加重。

乙酰辅酶 A 羧化酶（ACCase）抑制剂类除草剂的芳氧基苯氧基丙酸酯类和环己烯酮类除草剂防除油菜田禾本科杂草，许多禾本科杂草不仅产生抗药性，有的还产生了交互抗药性，如安徽合肥市稻茬油菜田的看麦娘对高效氟吡甲禾灵产生了抗性，同时对同类的精喹禾灵存在交互抗性，以及对精喹禾灵和环己烯酮类除草剂烯禾啶产生交互抗性。江苏句容市日本看麦娘对精吡氟禾草灵、精喹禾灵、精噁唑禾草灵产生交互抗性。这些抗性机制是编码 ACCase 基因的核苷酸发生了突变。

三、油菜田杂草防除技术

（一）杂草检疫和种子精选

通过对种子调入和调出，查出种子中是否夹带杂草籽实，并对进行播种前的种子筛选或处理，可以清除杂草种子，有效控制杂草的远距离传播，从而减少杂草的发生。

（二）农业防除

1. 人工防除　人工除草虽然费时费力，但在必要的时候，适时开展人工除草对油菜田的杂草防除能起到一定作用。人工除草不仅对行间，而且对株间的夹棵草也要除去。同时人工除草特别适合采用在机械化宽行距栽培、杂草基数大的春油菜田，或机械难以作业的情况下进行。人工除草灵活、细致，较少受外界环境条件影响，伤苗少，除草彻底。

2. 机械除草　机械除草是春油菜田综合灭草的重要内容，效率高、灭草快，对环境没有污染，但容易受气候条件的影响。作业不当会造成伤苗。机械除草要抓住晴好天气以提高杀草率，实现标准作业，提高作业质量，保苗灭草。可在播种前机械封闭灭草，即在春油菜播种之前，杂草萌动出土时，用机械进行全田的封闭除草，能有效地消灭早春性杂草。还可进行机械中耕除草，宽行距种植的春油菜从真叶展开到现蕾抽薹期间都可以进行机械中耕，具有除草、松土、防旱等作用。但由于油菜与其他作物的生长特点不同，在抽薹之前其植株矮，叶片大而鲜嫩，且呈匍匐状，所以很容易造成伤苗或毁叶而影响到植株的生育，所以，春油菜机械中耕作业的质量要求高，作业的难度也大。

3. 轮作措施　由于不同的杂草所需的生境不同，当改变耕作方式后，杂草群落也发生相应的变化，如双子叶杂草猪殃殃、牛繁缕、老鹳草、稻槎菜等是油菜田较难防除的双子叶杂草，可采取油菜、绿肥作物或麦类轮作方式来防除，通过麦油轮作，在麦田选择防治双子叶杂草的除草剂，有效控制阔叶杂草的种群数量和籽实产生，减少土壤中种子库数量，降低翌年油菜田阔叶杂草的发生基数。另外可进行旱改水轮作措施，使旱作双子叶杂草在土壤种子库中因生境不适而减少，从而减少杂草的为害。同样，水改旱也会使得看麦娘属杂草、牛繁缕等喜湿杂草减少。结合农业措施来防除，如连续种植几年油菜后，改种一年紫云英等。

4. 栽培措施　科学合理的密植，培育壮苗，加速作物的封行进程。增加冬前绿叶数，施足基肥，及早追肥，使油菜生长健壮，叶面积指数大，减少田间杂草的危害性。增加田间郁闭度，发挥油菜群体的竞争优势，压制杂草。

5. 耕作措施　提前翻耕使土壤通气良好，水分适中，引起杂草早生、快发，然后在直播或移栽油菜前，再进行一次耕耙，或使用灭生性除草剂能消灭大量早生、快发的杂草。

经过几年的免耕后，杂草种子主要集中于表土层中，10cm 以下的土层中种子数量很少。这时可进行一次深翻耕，将土表的种子翻入下层土壤，减少杂草的出苗基数。

6. 合理施肥　使用堆沤后的农家肥料：农家肥料如牛厩肥、堆肥、灰粪等，如果没有充分堆制、腐熟，有许多杂草种子被送还田间，造成杂草再生，形成恶性循环。农家肥一般要堆制 1 个月以上，使其充分腐熟，杂草种子丧失生命力，然后才可施用。

施肥直接或通过改变作物与杂草的竞争关系对农田杂草生物多样性产生影响。通过对稻油轮作油菜田长期不同施肥措施的研究发现，单施化肥、化肥配施猪粪和化肥配施秸秆处理显著降低了油菜田杂草群落的多样性，并降低了优势杂草的优势地位。因此，平衡施用氮、磷、钾肥，并配合施用有机肥（猪粪和秸秆），不仅有利于促进作物的生长，保持农田生态系统中一定水平的杂草生物多样性，也有利于降低某些优势杂草在群落中的优势地位。

（三）化学防除

1. 冬油菜

（1）土壤处理。可选用的除草剂及剂量为 90％乙草胺乳油 900～1 200mL/hm²，48％甲草胺乳油 2 250～3 000mL/hm²，96％精异丙甲草胺乳油 1 050～1 200mL/hm²，50％敌草胺可湿性粉剂 1 500～3 000g 或 20％敌草胺乳油 3 000～3 750mL/hm²，90％禾草丹乳油 1 650～2 100mL。

这些除草剂均可用于冬油菜的直播田和移栽田。直播油菜田于播后苗前用药，要求土壤湿润，均对水 600kg/hm² 喷雾。移栽油菜田一般宜在整地后，移栽前用药。

免耕油菜田每公顷可用 10％草甘膦水剂 2 250～4 500mL＋86％乙草胺乳油 1 500mL，直播油菜于播后苗前用药，移栽油菜则在移栽前用药。

免耕油菜田每公顷还可用 20％百草枯水剂 1 500～3 000mL 于油菜播后苗前进行施药。使用百草枯灭茬后对牛繁缕控草效果较好，但对通泉草的控制效果较差。

使用灭生性除草剂能有效控制免耕油菜田杂草的发生为害，减少杂草与作物光能及生长空间的竞争，提高油菜植株的光照条件，促进光合作用的进行，也可促进油菜增产。

（2）茎叶处理防除禾本科杂草。可选用的除草剂及剂量为 20％烯禾啶乳油 997.5～1 800mL/hm²，15％精吡氟禾草灵乳油 600～750mL/hm²，5％精喹禾灵乳油 600～750mL/hm²，10.8％高效氟吡甲禾灵乳油 300～600mL/hm²，24％烯草酮乳油 300～450mL。

这些除草剂在杂草 2～3 叶期均匀喷雾。对油菜田禾本科杂草有较好的防除效果，对油菜生长安全。

（3）茎叶处理防除阔叶杂草。

①50%草除灵悬浮剂 450～600g/hm²，在冬油菜直播田油菜苗 6～8 叶期或移栽油菜冬后返青期、阔叶杂草 2～4 叶期前施药。耐药性弱的白菜型油菜应在越冬后期或返青期（6～8 叶期）施药。耐药性较强的甘蓝型油菜在冬前杂草基本出齐，或在冬后杂草出苗高峰后施药，但芥菜型油菜对该药剂高度敏感，禁用。当油菜田杂草以牛繁缕、雀舌草为主时，用药量可为 400～450g/hm²；以猪殃殃为主时用药量可为 450～600g/hm²。

②75%二氯吡啶酸可溶粒剂在冬油菜区应在杂草 2～5 叶期施药，施用量 140～280g/hm²，对油菜田间的杂草大巢菜和稻槎菜的防效较好，且持效期较长，可以获得比较理想的除草效果，并且对油菜安全。但二氯吡啶酸对牛繁缕的防效较差。

该药剂对甘蓝型油菜和白菜型油菜在推荐剂量下安全，但芥菜型油菜对该药剂非常敏感，要慎用。

③25%胺苯磺隆可湿性粉剂对冬油菜田看麦娘、牛繁缕、碎米荠均有良好的效果，推荐剂量有效成分 60～80g/hm² 为宜，用水 750kg/hm² 配制药液，均匀喷施于杂草叶面上。因胺苯磺隆是长残效除草剂，如油菜后茬是旱作物，则油菜田严禁使用；油菜后茬是水稻，冬前使用在推荐剂量下对后茬水稻安全。

（4）兼除单、双子叶杂草的除草剂（包括混配制剂）。

①10%丙酯草醚乳油和 10%异丙酯草醚乳油能有效防除冬油菜田中主要的单、双子叶杂草，在以看麦娘、日本看麦娘、繁缕、牛繁缕、雀舌草等杂草为主的油菜区，一次性施药可解决油菜田的杂草为害，但对大巢菜、野老鹳草、稻槎菜、泥胡菜、猪殃殃、波斯婆婆纳等防效差。对当季油菜和后茬作物水稻等安全。不同地区田间使用丙酯草醚防除油菜田杂草应在杂草 1～3 叶期施药，推荐剂量为 375～750mL/hm²。施药后土壤需保持较高的湿度才能取得较好的防效。丙酯草醚活性发挥相对较慢，药后 10d 杂草开始表现受害症状，药后 20d 杂草出现明显药害症状。该药对甘蓝型油菜较安全，在制剂用量 900mL/hm² 以上时，对油菜生长前期有一定的抑制作用，但很快能恢复正常，对产量无明显不良影响。在阔叶杂草较多的田块，该药需与防阔叶杂草的除草剂混用或搭配使用，才能取得好的防效。

②17.5%草除·精喹禾乳油（油草双克乳油）600～900mL/hm²，在杂草 2～3 叶期用药，对田间主要杂草看麦娘、牛繁缕及茼草的防除效果都较好。

③21%胺苯·喹禾·乙胶悬浮剂 1 125～1 875mL/hm²，在杂草 2～3 叶期用药，对稻茬油菜田禾本科杂草和阔叶杂草防效均较高，对后茬水稻的安全性提高。

④21.2%草除灵·喹禾灵·胺苯磺隆可湿性粉剂 750～900g/hm²，在油菜 5～7 叶期、油菜田杂草 2～3 叶期喷施，能有效控制油菜田杂草的为害。应避免田间积水及超剂量使用。

⑤16%草除灵·二氯吡啶酸·烯草酮悬浮剂 1 500～3 000g/hm²，在移栽油菜田油菜 3～5 叶期、杂草 3～4 叶期，使用方法为叶面均匀喷雾。对移栽油菜田一年生禾本科杂草及阔叶杂草的防效良好，对移栽田油菜安全，不影响油菜的生长和发育。

2. 春油菜

（1）播前土壤处理。

①48%氟乐灵乳油 1 500～2 250mL/hm²，于播前 3～7d 施药，对水均匀喷布土表，立即混土。

②96%精异丙甲草胺乳油 750～900mL/hm²，于播前 3～7d 施药，对水均匀喷布土表，立即混土，埋药深度 5～7cm。

③40%野麦畏乳油 2 490～3 000mL/hm²，主要防除野燕麦、毒麦等杂草。喷药后立即轻耙混土。

（2）播后苗前土壤处理。

①90%乙草胺乳油 1 500～1 800mL/hm²，播种后出苗前表土喷雾。乙草胺杀草范围较广，对春油菜田的野燕麦、薄蒴草、遏蓝菜、猪殃殃、节裂角茴香、藜、宝盖草、苣荬菜、微孔草等多种杂草具有较强的毒杀效果，而对密花香薷等的防除效果相对较差。

②50%乙草胺乳油＋25%胺苯磺隆可湿性粉剂混用，其中 50%乙草胺乳油 2 490～3 000mL/hm²，25%胺苯磺隆可湿性粉剂 100g/hm²。由于胺苯磺隆对阔叶杂草有较好的防除效果，因此该配方对狼把草、苣荬菜、大蓟等阔叶类杂草有 90%的防效，而且对油菜安全。

免耕油菜田灭茬处理同冬油菜。

（3）茎叶处理防除禾本科杂草。

①20%烯禾啶乳油防除一年生禾本科杂草，2～3 叶期用量 990～1 500mL/hm²，4～5 叶期用量

1 500～2 000mL/hm²，6～7 叶期用量 2 000～2 490mL/hm²。防除 3～5 叶期的多年生禾本科杂草用量 3 000～4 500mL/hm²。

②15％精吡氟禾草灵乳油 600～750mL/hm²。

③5％精喹禾灵乳油 600～750mL/hm² 能有效防除野燕麦等禾本科杂草。

④10.8％高效氟吡甲禾灵乳油 375～420mL/hm²，在野燕麦、旱雀麦等禾本科杂草 3～4 叶期均匀喷施，防除效果达 95％以上。

⑤24％烯草酮乳油 225～300mL/hm²，对春油菜田野燕麦、旱雀麦等防除效果优良。

以上除草剂在杂草 2～3 叶期均匀喷雾，对水 225～300L/hm²。对油菜田禾本科杂草有较好的防除效果，对油菜生长安全。

（4）茎叶处理防除阔叶杂草。

①50％草除灵悬浮剂在春油菜田一般不宜单用，可与胺苯磺隆混用。在油菜 6 叶期，用 50％草除灵悬浮剂 225～300mL/hm² 加 15％胺苯磺隆可湿性粉剂 675g/hm²，对水常规喷雾。

②75％二氯吡啶酸可溶粒剂 150～225g/hm²，于油菜 3 叶期茎叶喷雾，高剂量防除刺儿菜、苣荬菜效果优良，大刺儿菜、苣荬菜集中发生，成点成片，且密度较大，可选择性喷雾，以节约成本。在两种杂草发生密度不大的田块施药量可降低至 150g/hm²。

③25％胺苯磺隆可湿性粉剂 60～120g/hm²，可防除大多数阔叶杂草。油菜 3 叶期前使用，在 5～7d 内对油菜生长有抑制作用，4～6 叶期使用，对油菜生长无影响。

（5）兼除单、双子叶杂草的除草剂（包括混配制剂）。

①10％丙酯草醚乳油 300～900mL/hm²，在油菜 4～8 叶、杂草 3～4 叶时进行茎叶处理，对油菜田主要杂草野燕麦、狗尾草、马唐、苣荬菜、薄蒴草、刺儿菜和荠菜具有较好的防除效果，并且对油菜安全。

②17.5％草除·精喹禾乳油（油草双克乳油）600～900mL/hm²，在杂草 2～3 叶期用药。

③21％胺苯·喹禾·乙悬浮剂 1 125～1 875mL/hm²，在杂草 2～3 叶期用药。

④21.2％草除灵·喹禾灵·胺苯磺隆可湿性粉剂 750～900g/hm²，在油菜 5～7 叶期、油菜田杂草 2～3 叶期喷施，能有效控制油菜田杂草的为害。

不同商品中有效成分的含量可能不同，剂型也有差别，使用时要仔细阅读使用方法和注意事项，以防效果不佳或产生药害。

（四）引入抗除草剂转基因油菜品种

在我国可用于防除油菜田禾本科杂草的除草剂种类主要是芳氧基苯氧基丙酸酯类除草剂，由于长时间使用，禾本科杂草已经产生了抗药性。不过，最大的问题是由于油菜对多数除草剂普遍敏感，可用于防除油菜田阔叶杂草的除草剂品种少，而且价格高、安全性也较差。而且胺苯磺隆残效期长，极易对后茬水稻等作物造成药害。显然，防除油菜田阔叶杂草的除草剂品种十分缺乏。因此适当引入抗除草剂的转基因油菜对控制油菜田杂草，确保油菜高产和稳产有重要意义。

从 1996 年首例转基因作物商品化以来，转基因作物以惊人的速度飞速发展，其中抗除草剂转基因作物的发展速度最快，2012 年全球抗除草剂转基因作物的种植面积达到了总转基因作物面积的 60％，其中油菜是种植面积较大的 4 种作物之一，多年来抗除草剂转基因油菜占全球转基因作物面积的 5％。抗（耐）除草剂转基因油菜首选了草甘膦和草铵膦两大灭生广谱除草剂为对象，从而降低了除草成本，提高了除草效果，减少了药害，使除草操作可以在见草后简便、灵活地进行，延长了除草的适期。转基因抗（耐）除草剂作物有助于采用保护性耕作。保护性耕作技术的推广降低了油耗和农机投资，减少了表面土壤流失，提高了水的使用率并且提高了土壤中有机质的含量。除上述优点外，草甘膦和草铵膦对环境的影响相对较小，它们在土壤中能够迅速降解，从而降低了除草剂流入地表水中的危险，几乎无水污染的潜在危险。

但同时我国也是许多十字花科植物的多样性起源中心，不但近缘种种类多，而且生态类型多样，分布非常广泛，其中白菜和芥菜种类尤其丰富，绝大多数是育种的重要资源，也有一些是为害较为严重的杂草，所以一旦转基因油菜的抗性基因漂移到这些近缘种中，存在破坏野生资源的遗传多样性以及杂草化的双重生态风险。现有研究表明甘蓝型油菜可以和许多近缘种发生基因交流，包括白菜型油菜（*B. campestris*）、芥菜型油菜（*B. juncea*）、芜菁（*B. rapa*）。我国现有研究表明白菜型油菜和野芥菜的基因漂移可能性最小，甘蓝型油菜居中，而芥菜型油菜极易和野芥菜发生基因漂移。抗除草剂油菜的抗性基因能向野芥菜发生漂移，显示出较高的风险。因此在引入时应注意防范抗除草剂基因的漂移问题。

宋小玲　强胜（南京农业大学植物保护学院）

第 12 节　蔬菜田杂草及其防除技术

　　蔬菜是城乡居民日常生活中必不可少的重要食用农产品之一，2012 年全国播种面积总计 2 033.3 万 hm²，总产量 7.02 亿 t。近年来，随着人民生活水平的不断提高，对蔬菜的品质和安全提出了更高的要求，因而能否确保蔬菜有一个良好的生长环境成为蔬菜栽培的重要环节之一。当前，随着城镇化进程的推进，从事蔬菜生产的一线劳动力正在减少，昔日主要依靠人工除草的传统方法已经不能适应蔬菜现代化生产发展的需求，所以研究、推广和普及蔬菜田化学除草势在必行。

　　蔬菜种类繁多、栽培方式复杂、轮作倒茬频繁、间作套种普遍，给蔬菜田应用除草剂带来了诸多不便和困难。加之我国幅员辽阔，各地气候、土壤质地、栽培方式和技术水平等不尽相同，因此在应用所推荐的除草剂品种和剂量时，必须根据当地的实际情况，遵循先试验、示范，取得经验后再推广应用的原则。

一、杂草群落结构

　　不同气候带的大中城市，杂草群落的结构是不一样的。唐洪元等通过研究把我国蔬菜田杂草划成东北温带单作菜田杂草区、华北暖温带双作菜田杂草区、长江流域亚热带三作菜田杂草区、华南热带和南亚热带多作菜田杂草区、云贵高原立体农业菜田杂草区、高寒单作菜田杂草区、黄土高原单作菜田杂草区、西北内陆单作菜田杂草区 8 个类型。

　　根据对东北温带单作菜田杂草区的哈尔滨市郊菜田调查，主要杂草群落有：甘蓝——马唐＋灰绿藜＋野苋（凹头苋）；白菜——稗＋马唐＋反枝苋；甘蓝——马齿苋＋灰绿藜＋野苋（凹头苋）；甘蓝——灰绿藜＋马齿苋＋野苋（凹头苋）。另据杨威等调查，辽宁省蔬菜田常见杂草有 33 种，分属于 17 科；其中阔叶杂草 28 种，占 84.88%；其他杂草占 15.12%。出现频率较高的杂草有马齿苋、藜、马唐、反枝苋、铁苋菜、稗。密度较大的杂草有马齿苋、马唐、辣子草、野苋（凹头苋）、反枝苋、稗、藜、铁苋菜、香附子、鸭跖草。前 10 位相对多度由高到低依次为马齿苋、马唐、野苋（凹头苋）、反枝苋、辣子草、稗、藜、铁苋菜、香附子、鸭跖草。

　　卢盛林等对属于华北暖温带双作菜田杂草区的北京郊区菜田的调查结果表明，为害菜田的杂草有 30 科 98 种，其中以藜、小藜、灰绿藜、反枝苋、马齿苋、荠菜、稗、狗尾草、牛筋草、碎米莎草、早熟禾、马唐、打碗花等最为常见。主要杂草群落有：甘蓝——灰绿藜＋小藜＋旱稗；番茄——藜＋灰绿藜＋旱稗；甘蓝——旱稗＋野苋（凹头苋）＋狗尾草等；7 种杂草马齿苋、藜、稗、野苋（凹头苋）、牛筋草、狗尾草、碎米莎草的数量，在各类菜田中均占优势。在不同菜田中，7 种杂草数量之和占全部杂草总数的百分率分别为：韭菜地 91.1%、洋葱地 93.3%、根茬小葱地 100%、芫荽地 87.7%、茴香地 100%、菠菜地 99.3%。

　　石鑫等对属于长江流域亚热带三作菜田杂草区的上海郊区菜田调查，共有杂草 118 种，分属 31 科 83 属，其中 81.6% 为旱田杂草，18.4% 为水田杂草。菜田杂草的发生，在 1 年内主要有两个高峰，即春夏发生高峰和秋冬发生高峰。其中春夏发生的杂草种类占全年菜田杂草总数的 64.2%，主要杂草有野苋（凹头苋）、小藜、马唐、稗、牛筋草和千金子；秋冬发生的杂草种类占杂草总数的 35.8%，主要杂草有牛繁缕、繁缕、早熟禾、小藜、看麦娘、卷耳等。主要杂草群落有：番茄——千金子＋稗＋马唐＋野苋（凹头苋），豇豆——马唐＋牛筋草＋千金子＋稗，青菜——野苋（凹头苋）＋千金子＋稗＋小藜，马铃薯——小藜＋牛繁缕＋看麦娘，大蒜——牛繁缕＋看麦娘＋早熟禾等。浙江省"菜田草害消长规律及综合治理研究"课题协作组调查，全省菜区主要杂草发生种类有 30 科 126 种。为害春季菜园的主要杂草有 10 种，其中，看麦娘、繁缕、早熟禾、雀舌草等构成该季的主要草害群落；为害夏季菜园的主要杂草有 24 种，马唐和稗构成该季的主要草害群落；为害秋季菜园的主要杂草有 14 种，其中马唐、千金子和马齿苋构成该季的主要草害群落；为害冬季菜园的主要杂草有 18 种，其中看麦娘、繁缕、卷耳、雀舌草构成该季的主要草害群落。江苏省无锡市郊区菜田常年发生的杂草种类有 41 科 139 种。在菜田上发生为害的种类有 50 种之多，其中为害较重的种类有 11 科 21 种，而严重为害蔬菜生长的有 4 科 8 种。以严重程度大小排列依次为马唐、反枝苋、看麦娘、酸模叶蓼、小藜、千金子、稗和空心莲子草。

水生蔬菜田杂草主要以水生和湿生杂草为主。陈建国等研究结果表明，水生蔬菜田杂草发生数量较多、为害较重的有稗、千金子、异型莎草、扁秆藨草、水莎草、水苋菜、鸭舌草、矮慈姑、空心莲子草等杂草。水生蔬菜田从栽种到封行生长中后期（8 月下旬至 9 月底）杂草萌发总量为 9 375～10 800 株/hm²，其中稗、千金子等禾本科杂草 1 228.5 株/hm²，占 12.18%（其中千金子的比例占 43.35%），异型莎草、扁秆藨草、水莎草等莎草科 3 397.5 株/hm²，占 31.08%，水苋菜、鸭舌草等阔叶类杂草 5 461.5 株/hm²，占 59.46%（其中水苋菜占 47.73%，鸭舌草占 52.27%）。

二、发生特点

我国幅员辽阔，因而菜田杂草的发生随不同的自然条件和栽培特点有所不同。然而就同一地区来说，杂草的发生仅存在很小的差异，其主要表现为以下 5 个方面。

（一）新、老菜田

近年来，随着城市近郊土地的开发和利用，很大一部分菜田已向远郊菜区发展。对新老菜田的调查结果表明，老菜田土壤有效氮含量高，杂草生长茂盛，杂草为害基数较高，因此总的为害较新菜田重，尤其是喜氮杂草如马唐、小藜、野苋（凹头苋）、牛繁缕等杂草明显多于新菜田。

（二）茬口

菜田杂草的发生与茬口有比较密切的关系。近郊老菜田前茬几乎全为蔬菜，又大多为旱作；而远郊新菜田除部分由旱地作物改种蔬菜外，有的前茬为水稻。前茬为水稻的菜田除有旱田杂草外，尚有部分水田杂草。以春夏菜田为例，对前茬为水稻的菜田调查，水莎草、空心莲子草、双穗雀稗的发生明显高于前茬为旱作的菜田；相反，前茬为旱作的菜田，小藜、牛繁缕、早熟禾等旱地杂草多于前茬为水稻的菜田。

（三）生育期

蔬菜生育期的长短与杂草的发生有一定的关系。生育期短、生长快的蔬菜作物田，旱稗、千金子、马唐等长生育期杂草易被淘汰，杂草为害较轻；而小藜、野苋（凹头苋）、马齿苋等生育期短、生长快的杂草却能适应，为害严重。相反，茄子、辣椒由于生育期长，田内千金子、马唐、旱稗等杂草为害严重，而小藜、野苋（凹头苋）生长反被抑制。

（四）生长条件及种类

生长条件相同、生育期相似的不同菜田，其杂草发生基本相同。如上海地区，大蒜和马铃薯均为长生育期蔬菜，田内野苋（凹头苋）、马齿苋、旱稗、牛繁缕、看麦娘、小飞蓬、小藜等杂草不仅种类相似，并且为害程度一致。但生长条件不同的蔬菜，杂草发生均不同。如芋头喜湿，田内经常灌水，土壤水分含量高，湿生杂草为害严重，如千金子、空心莲子草、稗二级以上为害占 20%～80%，甚至还有异型莎草、碎米莎草、鳢肠等水生或湿生杂草为害，而马唐、牛筋草等旱生杂草为害相对较轻；相反，在长期旱生的韭菜田内，香附子、田旋花、马唐等旱生杂草为害严重，却不见千金子、稗、异型莎草等杂草的为害。不同的栽培方式也影响田间杂草的发生与分布，彭友林等研究结果表明，未盖地膜的茄果类蔬菜杂草量远远高于盖地膜的，未盖地膜的茄果类蔬菜田中，马唐的田间密度平均高达 787 株/m²，盖地膜的茄果类蔬菜田中，马唐的田间密度平均为 56.7 株/m²，此外马齿苋未盖地膜的茄果类蔬菜样地中田间密度为 42 株/m²，而在盖地膜的茄果类蔬菜样地中田间密度为 5 株/m²。

（五）除草剂使用

除草剂的使用状况与菜田杂草的发生有一定的关系。经常使用除草剂的田块其杂草的发生和为害相对于不用药的田块轻得多。但除草剂品种的不同常会造成杂草种类的交替变化，如经常使用氟乐灵的田块，马唐、千金子、牛筋草等禾本科杂草的为害较轻，但一些耐药的阔叶杂草如小藜、野苋（凹头苋）、马齿苋等为害较重。相反，使用嗪草酮的田块，上述阔叶杂草的发生和为害较轻，而禾本科杂草的为害就较重。

三、分布特点

我国大多数蔬菜种植于城市郊区，由于菜田土壤肥沃、肥水充沛，宜于杂草生长，所以杂草为害十分严重。据 1984 年调查，我国菜田草害面积约 333 万 hm²，占蔬菜种植面积的 89.3%，其中，中等以上的为害面积达 67.8%。全国性为害的菜田杂草有马唐、野苋（凹头苋）、稗、马齿苋等，为害面积均在 66 万 hm² 以上。除此之外，暖温带以南的牛筋草，亚热带以南的千金子、香附子、双穗雀稗、空心莲子草，以及地区性杂草如南亚热带的胜红蓟，北方的藜、小藜、反枝苋、田旋花，温凉地区的辣子草等均有较大的为害面积。

（一）东北温带单作菜田杂草区

该区夏季短，冬季长，每年无霜期 140d 左右，冬季绝对低温在 −30℃ 以下。蔬菜一年一熟，主要种植大白菜、甘蓝、马铃薯以及早春温室育苗后夏天移栽到大田的番茄、黄瓜等。主要杂草有马唐、马齿苋、稗、藜、灰绿藜、反枝苋、龙葵、野苋（凹头苋）等。

（二）华北暖温带双作菜田杂草区

该区四季分明，冬季气温低，最低温度在 −20～−15℃，无霜期大于 200 d。一年内能种植春夏和早秋两熟蔬菜。主要蔬菜有早春的茄果类和秋天的白菜、甘蓝及萝卜等。主要杂草有马齿苋、野苋（凹头苋）、灰绿藜、绿穗苋（*Amaranthus hybridus* L.）、牛筋草、早稗、狗尾草、马唐、藜等。

（三）长江中下游亚热带三作菜田杂草区

该区四季分明，各季长短相近，春夏季气温高、光照足、雨水多，冬季气温不低。有春夏、秋冬和冬春三季蔬菜。蔬菜种类有茄果类、瓜菜类、大白菜、甘蓝及叶菜类等。前两季主要有马唐、千金子、稗、野苋（凹头苋）等夏季杂草，为害严重；冬春菜田主要有牛繁缕、繁缕、看麦娘、早熟禾等冬季杂草和早春小藜等，总的为害比前两季轻。

（四）华南多作菜田杂草区

该区又分为两个亚区。

1. 热带多作菜田杂草亚区　该亚区全年无冬季，仅有较短的春、秋季节和漫长的夏季，平均气温达 23～25℃，全年可种植番茄、茄子、黄瓜以及青菜、甘蓝、菜豆等。由于雨量集中在春夏之间，加之气温较高，因此杂草集中在春夏季为害。主要杂草有牛筋草、稗、马齿苋、白花蛇舌草（*Hedyotis diffusa* Willd.）、习见蓼（*Polygonum plebeium* R. Br.）、千金子、刺苋（*Amaranthus spinosus* L.）、碎米莎草、香附子、黄穗臭草（*Melica subflava* Z. L. Wu）、草龙［*Ludwigia hyssopifolia* (G. Don) Exell］、龙爪茅［*Dactyloctenium aegyptium* (L.) Beauv.］等。

2. 南亚热带菜田杂草亚区　该亚区冬季短暂，全年基本无霜，平均气温达 21℃ 以上。夏季杂草主要有千金子、马唐、野苋（凹头苋）、碎米莎草、胜红蓟、牛筋草、马齿苋等。冬春季菜田主要杂草有牛繁缕、看麦娘、裸柱菊（*Soliva anthemifolia* R. Br.）等。

（五）云贵高原立体农业菜田杂草区

该区菜地大多数位于海拔 1 000～2 000 m，属北亚热带气候，一年三作。主要杂草有马唐、野苋（凹头苋）、牛繁缕、小藜、田旋花、马齿苋、辣子草。在云贵川高原的低海拔地区属热带或南亚热带气候，是我国天然温室，12 月至翌年 1～2 月可露地种植番茄、茄子、黄瓜等喜温蔬菜。主要杂草有属热带的龙爪茅、两耳草（*Paspalum conjugatum* Bergius）和南亚热带的胜红蓟，高海拔处有尼泊尔蓼（*Polygonum nepalense* Meisn.）、欧洲千里光（*Senecio vulgaris* L.）等。

（六）黄土高原单作菜田杂草区

该区海拔较高，年平均气温在 6～7℃。年降水量低于 400 mm，属单作蔬菜区。主要种植的蔬菜有大白菜、萝卜以及早春温室育苗初夏移栽的番茄、茄子、黄瓜等。主要杂草有藜、驴耳风毛菊［*Saussurea amara* (L.) DC.］、西伯利亚蓼（*Polygonum sibiricum* Laxm.）、灰绿藜、马齿苋、反枝苋等。

（七）高寒单作菜田杂草区

该区地处海拔 2 000 m 以上的高寒地带，生长季节仅 130 d 左右。主要蔬菜有白菜、甘蓝、萝卜、马铃薯及温室育苗后翌年夏季移栽的番茄、茄子、黄瓜等。主要杂草有灰绿藜、藜、荠菜、繁缕、宝盖草（*Lamium amplexicaule* L.）、田旋花等。

（八）西北内陆单作菜田杂草区

该区海拔在 1 000 m 以上，日夜温差大，冬季绝对低温在 −40～−30℃，年降水量在 400mm 以下，属典型内陆气候。主要栽培的蔬菜有大白菜、甘蓝、葱、蒜、马铃薯及温室育苗后翌年夏季移栽的番茄、茄子、黄瓜等。主要杂草有稗、冬葵（*Malva verticillata* L.）、反枝苋、野苋（凹头苋）、马齿苋、狗尾草、藜等。

四、危害

菜田土壤肥沃，肥水供给充沛，因此为各种杂草的生长创造了有利的条件。由于菜田除草剂的研究起步较晚，加之蔬菜品种繁多，目前对菜田杂草的防除技术还不十分完善，因此，菜田除草多年来一直沿用人工除草的方法。特别是直播菜田，草和苗同时生长，人工或机械除草难以进行。近年来大面积推广蔬菜地膜覆盖栽培技术，人工或机械除草根本无法下手，任杂草在更适宜的环境中自然生长。据调查，目前菜田每年的除草用工已占种植管理总用工的 40%～50%。足见菜田杂草为害猖獗。

菜田杂草伴生在蔬菜作物中，与蔬菜争夺水、肥和光，其生长速度惊人。据笔者 1987 年对马铃薯田小藜生育的观察，4 月 23 日调查，平均每株小藜叶片数 18.7 片，至 5 月 3 日达 43 片，平均每天长叶片 2.43 片，开花后叶片增长更快，至 5 月 16 日调查，平均每株小藜叶片数已达 92.5 片，平均每天长叶 3.81 片。番茄田刺苋株高 6 月 25 日为 18.30 cm，12 d 后增加了 35.80 cm，日增 2.98 cm；而鲜重由 7 月 7 日的 25.45 g，14 d 后增加到 74.78 g，日增 3.52 g。

大量的菜田杂草与蔬菜争夺养分的最终结果，必将导致蔬菜产量与品质的下降。试验资料显示，每 3m 行长番茄田中如有一株反枝苋，将使番茄减产 30%；每米行长番茄田中有一株稗，可使番茄减产 35%。移栽甘蓝在整个生长季节如受杂草为害，则产量下降 35%；胡萝卜播种后 40 d 内不除草则可使胡萝卜减产 90%。

1985—1987 年，笔者就不同杂草和不同杂草密度对马铃薯产量的影响进行了测定，结果表明，由于杂草的株高、覆盖度存在着很大的差异，所以即使在相同的密度下不同杂草对马铃薯产量的影响也是不一样的。以节蓼［*Polygonum nodosum*（L.）Pers.］与牛繁缕比较，由于节蓼株高叶茂，遮阴面大，在同样密度下，对马铃薯产量的影响远比牛繁缕大（表 23 - 12 - 1，表 23 - 12 - 2）。

表 23 - 12 - 1　马铃薯田主要杂草的不同密度对马铃薯产量的影响

Table 23 - 12 - 1　The effect of different weed density on potato yield

杂草	密度（株/m²）	马铃薯产量（kg/hm²）	比对照减产（%）
节蓼	1～10	5 799.75	30.60
	11～20	3 922.5	53.06
	21～30	1 590.75	80.96
	CK	8 356.5	
牛繁缕	1～10	11 615.25	23.22
	11～20	13 064.25	13.64
	21～30	13 236.75	12.50
	CK	15 127.5	
小藜	1～2	14 850	51.65
	5～10	14 962.5	51.28
	11～20	10 912.5	64.46
	40～50	9 000	70.70
	CK	30 712.5	

表 23 - 12 - 2　不同草害程度对马铃薯产量及生长的影响

Table 23 - 12 - 2　The effect of different weed damage on potato growth and yield

杂草		马铃薯				
		产量		生长情况		
危害级别（级）	地上部分鲜重（g/m²）	g/m²	kg/hm²	株高（cm）	茎粗（cm）	鲜重（g/m²）
五	1 010.10	830	8 304.15	28.40	1.01	378.54
四	495.31	1 575	15 757.95	32.83	1.03	771.12

（续）

杂草		马铃薯				
危害级别（级）	地上部分鲜重（g/m²）	产量		生长情况		
		g/m²	kg/hm²	株高（cm）	茎粗（cm）	鲜重（g/m²）
三	285.72	1 845	18 434.25	37.07	1.01	1 218.64
二	160.21	2 140	21 410.7	40.81	1.14	1 944.44
一	85.47	2 315	23 311.65	45.89	1.12	2 051.00
无草	0	2 735	27 349.05	55.15	1.25	2 807.07

1990 年对移栽冬瓜的损失率进行了测定，在田间各种杂草混生的情况下，与一级危害进行了比较（符合防除情况下的大田情况），二级至五级危害分别比一级危害减少产量 30.00%、33.33%、46.67%、53.33%。

1991 年对移栽豇豆的损失率测定结果表明，杂草对豇豆这样的高秆作物为害也是十分严重的，杂草为害程度越高，豇豆产量的损失越严重，而且禾本科杂草造成对豇豆产量的损失明显高于阔叶杂草。

那么，杂草与蔬菜作物一起生长多长时间对作物产量的影响最大？有这样一个试验可以回答这个问题。在胡萝卜田，生长初期有意让 15% 的杂草群丛维持 5.5 周，然后再除掉，结果胡萝卜根减产 78%；如果保留 50% 的杂草群丛，则减产 91%。在洋葱田中，生长初期保留 15% 杂草群丛达 6 周，然后再除掉杂草，结果葱头减产 90%。由此可见，作物生长的最初 4 周是杂草影响作物产量的关键时期。

五、蔬菜田杂草防除技术

（一）菜田化学除草的特点

在水稻、小麦、玉米、大豆和棉花等大宗作物化学除草已全面开展并开始形成体系的今天，菜田化学除草却显得起步较迟，进展较慢。就全国而言，化学除草的试验以及应用还局限于大城市郊区的局部菜区及部分大宗蔬菜。这一现状除了因为菜田面积相对较小，没有引起应有的重视外，还与蔬菜栽培的复杂性有密切关系，主要表现为以下 4 个方面。

1. 品种繁多　我国蔬菜栽培历史悠久，种类繁多。以上海为例，蔬菜种类就有近 400 个品种。由于蔬菜种类多，各种品种的耐药性有一定的差异，所以菜田化学除草较为复杂。例如，氟乐灵在直播蔬菜或苗床上应用，对胡萝卜、芹菜等伞形科蔬菜基本安全，对豇豆、大豆等作物较安全，对小白菜、大白菜等十字花科蔬菜有轻微药害，对番茄、茄子和辣椒等茄科蔬菜有一定的药害，对韭菜、分葱、菠菜和黄瓜有严重的药害。

2. 栽培方式复杂　目前全国蔬菜主要有以下 3 种栽培方式。

（1）露地栽培。包括直播露地蔬菜，如小青菜、胡萝卜等；育苗移栽蔬菜如黄瓜、番茄、茄子、辣椒、甘蓝等。

（2）地膜覆盖栽培。在长江中下游地区地膜覆盖栽培普遍用于早春栽培蔬菜，如马铃薯、辣椒、番茄等蔬菜。

（3）保护地栽培。包括大棚蔬菜栽培和温室蔬菜栽培，主要种植黄瓜、番茄等经济收益较高的蔬菜以及进行育苗制种等。

由于栽培方式的多样化，在不同的温湿度条件下，不仅杂草的发生时间与生长速度有明显差异，除草剂药效的发挥以及药害的产生也各不相同。例如，在温室或大棚中杂草发生早，除草剂用量通常较露地栽培低，除草效果比露地好。有时在相同的剂量下，露地应用不产生药害，而在温室或大棚应用就容易产生药害。

3. 轮作倒茬频繁　为了提高单位面积蔬菜的产量，菜农在长期的生产实践中积累了许多提高复种指数的经验。复种指数的提高增加了除草剂使用的难度，在除草剂的选择上除了要考虑当茬的除草效果外，还要考虑除草剂的残留可能对下茬蔬菜作物的药害。如利谷隆对芫荽安全，但由于残效期长，下茬种白菜等十字花科蔬菜就容易产生药害，所以轮作倒茬频繁对除草剂的应用带来了难度。

4. 间作套种普遍　蔬菜间作、套种能充分利用地力，提高单位面积产量，增加上市品种，因此间作套种已被菜农普遍采用。例如菜、粮、苹果间作，生长期长的蔬菜和生长期短的速生菜之间进行间作、套种，高矮蔬菜间作和套种等。应用除草剂时要考虑对所有间作或套种作物的安全性。

（二）茄果类蔬菜田杂草防除

茄果类蔬菜通常指茄子、辣椒和番茄三大品种，它们是蔬菜家族中种植面积较大的品种之一。当前，茄果类蔬菜栽培有露地栽培、地膜覆盖栽培和保护地栽培等几种，一般采用先育苗后移栽定植的方法。由于该类蔬菜生育期一般较长，所以田间杂草为害也较严重。

1. 育苗苗床化学除草技术 由于茄果类蔬菜种子均为小粒种子，加之大棚地膜育苗，膜内温度、湿度高，所以大部分除草剂都会对出苗产生影响。试验证明，茄果类蔬菜种子播种后，盖上适当的营养土（0.8～1.0 cm），随后用50%敌草胺可湿性粉剂1 225～1 500 g/hm²或20%敌草胺乳油1 500～2 250 mL/hm²加水600～750 kg/hm²均匀喷洒床面，对茄果类蔬菜种子出苗和生长较为安全。需要注意的是不要随意超过推荐用量，施药时避免重复喷雾，否则易造成药害。

2. 移栽田化学除草技术 茄果类蔬菜大田生长期间恰逢杂草为害发生高峰期，而茄果类蔬菜多为地膜覆盖栽培，人工除草或补施除草剂都难以进行，所以做好定植前的除草剂喷施显得尤为重要。

茄果类蔬菜定植大田时，由于秧苗已长大，对除草剂的耐受能力开始增强。应用除草剂时除要考虑对植株的安全性外，还要考虑对杂草的总体防效。

此期间防除以禾本科杂草为主兼除部分阔叶杂草的除草剂品种有480 g/L氟乐灵乳油1 500～2 250 mL/hm²、50%乙草胺乳油1 125～1 500 mL/hm²、60%丁草胺乳油1 500～2 250 mL/hm²、720g/L异丙甲草胺乳油1 500～1 875 mL/hm²、50%敌草胺可湿性粉剂1 500～1 875 g/hm²或20%敌草胺乳油3 000～3 750 mL/hm²，加水600～750 kg/hm²，在整地后均匀喷洒于畦面，再盖地膜定植。地膜栽培田使用氟乐灵时可以不混土，但用药后必须尽早盖膜；露地栽培使用氟乐灵必须及时混土。使用土壤处理除草剂时土壤湿度大有利于提高除草效果。

对阔叶杂草有较好防除效果的除草剂品种有50%嗪草酮可湿性粉剂750～1 125 g/hm²，加水600～750 kg/hm²，在整地后均匀喷洒于畦面，再盖地膜定植。嗪草酮除草剂只能用在番茄田，不宜用于茄子和辣椒，同时土壤有机质含量低的沙土应慎用。

对单、双子叶杂草都有较好防除效果的除草剂品种有330 g/L二甲戊灵乳油2 250～3 000 mL/hm²、23.5%乙氧氟草醚乳油750～1 125 mL/hm²、25%噁草酮乳油1 500～2 250 mL/hm²，使用二甲戊灵时土壤湿度大有利于提高除草效果，使用时还应注意沙土用低剂量。使用乙氧氟草醚定植时尽量少动土层，以免破坏药层、降低除草效果。另外，喷施时要压低喷头，避免药液飘移到邻近作物上引起药害。

（三）十字花科蔬菜田杂草防除

十字花科蔬菜一年四季均有种植，种植面积最大，种类也最多。其栽培方式主要有两种，一种为直播，主要有小白菜、萝卜等；另一种为移栽，主要有甘蓝、花椰菜、青菜、大白菜等。十字花科蔬菜田杂草为害，在一年四季中以夏、秋季节为最严重，其中，直播或苗床田又比移栽田重，地膜栽培田则又重于露地栽培。所以，在进行菜田除草时，除草剂的使用应依据不同的栽培形式区别对待。

1. 直播田化学除草技术 播后苗前可选择的土壤处理除草剂品种有50%敌草胺可湿性粉剂1 125～1 500g/hm²或20%敌草胺乳油2 250～3 000 mL/hm²、330 g/L二甲戊灵乳油1 500～2 250 mL/hm²、480 g/L氟乐灵乳油1 500～1 875 mL/hm²、720 g/L异丙甲草胺乳油1 200～1 500 mL/hm²，加水600～750 kg/hm²，在十字花科蔬菜播种后出苗前均匀地喷雾土壤。施药前田块浇足底水或土壤湿度大能提高防除效果。氟乐灵施药后必须及时浅混土，以免降低除草效果。另外，氟乐灵对鸡毛菜和萝卜的出苗率有轻微的影响，播种时可适当增加播种量，一般为种子量的5%。

茎叶处理可选择的除草剂品种有12.5%烯禾啶机油乳油600～720 mL/hm²、108 g/L高效氟吡甲禾灵乳油375～525 mL/hm²、5%精喹禾灵乳油750～1 125 mL/hm²、15%精吡氟禾草灵乳油525～1 125 mL/hm²、12%烯草酮乳油375～600 mL/hm²、6.9%精噁唑禾草灵悬浮剂750～900 mL/hm²，加水450～600kg/hm²，在十字花科蔬菜生长期、禾本科杂草2～4叶期均匀地喷雾杂草。当杂草小或施药时田间水分好、杂草生长旺盛、空气相对湿度大时用低剂量；杂草叶龄大、田间干旱、空气相对湿度小时用高剂量。另外，使用时应注意避开中午或高温时施药。施药后2 h内应保证无雨，并避免药液飘移到邻近的水稻、玉米、小麦等禾本科作物上。

2. 移栽田化学除草技术 甘蓝、花椰菜移栽到大田定植时，通常植株已长大，对除草剂的耐药性进一步提高，所以除草剂的选择范围也随之扩大。在移栽定植前可使用的除草剂品种有 480 g/L 氟乐灵乳油 1 500~2 250 mL/hm²、50％敌草胺可湿性粉剂 1 500~1 875 g/hm²，或 20％敌草胺乳油 3 000~3 750 mL/hm²、50％乙草胺乳油 1 125~1 500 mL/hm²、720 g/L 异丙甲草胺乳油 1 500~1 875 mL/hm²、330g/L二甲戊灵乳油 2 250~3 000 mL/hm²、60％丁草胺乳油 1 500~2 250 mL/hm²、25％噁草酮乳油 1 500~2 250 mL/hm²、23.5％乙氧氟草醚乳油 750~1 125 mL/hm²，加水 600~750 kg/hm²，在蔬菜移栽前均匀地喷雾于土壤。氟乐灵用药后及时混土，然后移栽蔬菜。使用敌草胺、乙草胺、异丙甲草胺、二甲戊灵、丁草胺时，土壤湿润有利于提高除草效果，但应避免积水。栽菜时尽量不要翻动土层，整地后尽早使用，沙土用低剂量。

（四）百合科蔬菜田杂草防除

百合科蔬菜主要指大蒜、洋葱、韭菜、葱和芦笋等。

1. 大蒜田化学除草技术 大蒜是我国主要的出口创汇蔬菜之一，在全国各地均有分布。大蒜生育期长，从播种到收获为 240d，杂草为害十分严重，已成为影响大蒜产量、质量以及出口率的主要障碍。

大蒜的种植方式通常以蒜瓣排种，由于其对除草剂的耐药性较强，所以可选用的除草剂品种较多。可选用的土壤处理除草剂品种有 50％敌草胺可湿性粉剂 1 500~2 250g/hm² 或 20％敌草胺乳油 3 000~3 750 g/hm²、50％乙草胺乳油 1 125~1 500 mL/hm²、330 g/L 二甲戊灵乳油 2 250~3 000 g/hm²、25％绿麦隆可湿性粉剂 4 500~6 000 g/hm²，加水 600~750 kg/hm²，于大蒜播后苗前均匀地喷雾于土壤表面。排种后应尽早用药，使用敌草胺、乙草胺、二甲戊灵时，土壤表面湿润有利于提高防除效果。在土壤比较湿润的情况下，绿麦隆可用毒土（与泥土拌和）或毒肥（与肥料拌和）的方法撒施，同样能起到与喷雾相同的防除效果。也可选用 23.5％乙氧氟草醚乳油 750~900 mL/hm² 于大蒜播后芽前到立针期或大蒜 2 叶 1 心至 4 叶期、杂草 4 期以下时均匀地喷雾。乙氧氟草醚的最佳用药时间在大蒜立针期，大蒜 1 叶 1 心至 2 叶期不可施药；苗后施药大蒜叶片会出现褐色或白色斑点，但不影响产量。地膜大蒜用下限药剂量。牛繁缕、卷耳多的田块不宜用此药。25％噁草酮乳油 1 500~2 250 mL/hm² 可于大蒜播后苗前至立针期均匀地喷雾，地膜大蒜要降低用量，使用 1 050~1 350 mL/hm²，此药剂对猪殃殃有特效。还可选用 200 g/L 氯氟吡氧乙酸乳油 750~1 500 mL/hm²，在大蒜生长期、阔叶杂草 2~5 叶期茎叶喷雾。施药时应选择晴好天气，注意风向，避免飘移到邻近阔叶作物上。禾本科杂草 2~3 叶期可选用 5％精喹禾灵乳油 750~1 050mL/hm²，加水 450~600 kg/hm²，在大蒜生长期喷雾，但低温时用药防效差。

2. 洋葱田化学除草技术 直播或育苗洋葱可选择的除草剂品种有 50％扑草净可湿性粉剂 1 125 g/hm²、330 g/L 二甲戊灵乳油 2 250~3 000 mL/hm²、48％仲丁灵乳油 3 000 mL/hm²，加水 600~750 kg/hm²，在洋葱播后苗前均匀喷雾于土壤。使用时土壤不可积水，沙土应适当减少用药量。23.5％乙氧氟草醚乳油 600~750 mL/hm²，加水 600~750 kg/hm²，于洋葱 3 叶期后均匀喷雾土壤；洋葱 3 叶期前施药，叶片上可能会出现斑点，但不影响最终产量。480 g/L 灭草松水剂 1 500 mL/hm²，加水 450~600 kg/hm²，于洋葱 3 叶期以后均匀喷雾于杂草茎叶。洋葱 2 叶期前用药，会产生药害，造成洋葱叶尖干枯，应予避免。在禾本科杂草 2~3 叶期，可选用 5％精喹禾灵乳油 450~750 mL/hm²，加水 450~600 kg/hm² 茎叶喷雾，温度低于 8℃时停用。

移栽洋葱可选择的除草剂品种有 50％扑草净可湿性粉剂 1 125~1 500 g/hm²、48％仲丁灵乳油 3 000 mL/hm²、330 g/L 二甲戊灵乳油 3 000~3 750 mL/hm²、25％噁草酮乳油 1 500~2 250 mL/hm²，加水 600~750 kg/hm²，在洋葱移栽前均匀喷雾于土壤。整地后应及早施药，移栽时尽量不要翻动土层。沙土用低剂量，且不可积水。23.5％乙氧氟草醚乳油 750~1 125 mL/hm²，加水 600~750 kg/hm²，在移栽洋葱后 6~10 d 喷雾。洋葱田禾本科杂草严重时可将乙氧氟草醚与二甲戊灵混用。480 g/L 灭草松水剂 1 500~2 250 mL/hm²，加水 450~600 kg/hm²，于洋葱 3 叶期以后均匀喷雾于杂草茎叶，洋葱 2 叶期前用药，会产生药害，造成洋葱叶尖干枯，应予避免。在禾本科杂草 2~5 叶期，可选用 5％精喹禾灵乳油 750~1 050mL/hm²，加水 450~600 kg/hm²，进行茎叶喷雾，但低温时不宜使用该剂。

3. 韭菜田化学除草技术 韭菜栽培有育苗韭菜和老根韭菜之分，使用除草剂时必须特别注意这一区别。

育苗韭菜田禾本科杂草的防除可选用的茎叶处理剂品种有 12.5％烯禾啶机油乳油 750~1 125mL/hm²、

5%精喹禾灵乳油 750～1 125 mL/hm²，加水 450～600 kg/hm²，于禾本科杂草 2～3 叶期时均匀喷雾于杂草茎叶。施药时应选择晴好天气，并注意风向，避免药液飘移到邻近作物。沙土宜用中低剂量，避开高温用药。

育苗韭菜田阔叶杂草和禾本科杂草混生的田块可选用 330 g/L 二甲戊灵乳油 1 500～3 000 mL/hm²，加水 600～750 kg/hm²，于韭菜种子播后苗前均匀地喷雾在土壤表面。沙性土壤用低剂量。播种时避免露籽。

老根韭菜田防除禾本科杂草的茎叶处理剂品种同育苗韭菜田；土壤处理施药前须清除已出土的大草，可选用的除草剂品种有 480 g/L 氟乐灵乳油 1 500～2 250 mL/hm²、330 g/L 二甲戊灵乳油 1 500～3 000 mL/hm²、23.5%乙氧氟草醚乳油 750～1 125 mL/hm²，加水 600～750 kg/hm²，于老根韭菜贴地收割并伤口愈合后进行土壤喷雾。氟乐灵应定向喷雾，尽量减少药剂与韭菜的接触；新植韭菜慎用。低温时停止使用乙氧氟草醚。

4. 分葱田化学除草技术 分葱有直播分葱、移栽沟葱、根茬葱。可选用的土壤处理除草剂品种有 330 g/L 二甲戊灵乳油 1 500～2 250 mL/hm²、50%敌草胺可湿性粉剂 1 500～2 250g/hm² 或 20%敌草胺乳油 3 000～3 750 mL/hm²，加水 600～750 kg/hm²，于分葱播后苗前、移栽前或根茬葱返青前均匀喷雾在土壤表面。使用时，湿度大有利于提高防除效果。

对于禾本科杂草的为害，可在分葱生长期内，当禾本科杂草 2～4 叶期时选用烯禾啶、精喹禾灵、精吡氟禾草灵等药剂，使用方法同上。

5. 芦笋田化学除草技术 芦笋为多年生宿根性草本植物，取食嫩芽。芦笋田的化学除草可兼用土壤处理与茎叶喷雾。早春或芦笋收割后杂草出苗前可选用的除草剂品种有 50%嗪草酮可湿性粉剂 750～1 125g/hm²、50%敌草胺可湿性粉剂 1 500～2 250g/hm² 或 20%敌草胺乳油 3 750～4 500 mL/hm²，加水 600～750 kg/hm²，均匀喷雾于土壤。嗪草酮的用量视土壤有机质含量而增减，在有机质低于 2%的沙质土上不宜使用。敌草胺施药后如干旱可灌水。在芦笋嫩茎出土前，杂草出苗期可选用 38%莠去津悬浮剂 3 000～3 750 mL/hm²，加水 600～750 kg/hm²，进行土壤兼茎叶喷雾。芦笋嫩茎出土期间不能使用。在阔叶杂草长至 2～4 cm 时，可选用 48%麦草畏水剂 300～600 mL/hm²，加水 300～450 kg/hm²，对准杂草均匀喷雾。施药时应降低喷头高度，进行行间定向喷雾，避免药液直接接触芦笋。

（五）豆类蔬菜田杂草防除

豆类蔬菜有菜豆、豇豆、豌豆、蚕豆等，大多为直播栽培。豆类蔬菜大多为大粒种子，所以，对除草剂的耐药性较强，适用的除草剂品种也较多。以禾本科杂草为主的豆类菜田可选精喹禾灵、烯禾啶、精吡氟禾草灵等茎叶处理剂防除，也可选用乙草胺、异丙甲草胺、敌草胺、氟乐灵等土壤处理剂防除。防除阔叶杂草可选用氟磺胺草醚和灭草松等药剂。在三类杂草混生的豆类菜田中可用二甲戊灵、噁草酮、乙氧氟草醚进行防除。

1. 播前化学除草技术 播前处理一般在豆类蔬菜播种前 1 周左右将药剂喷于土壤表面，并进行浅混土。可选用的除草剂品种有 480 g/L 氟乐灵乳油 1 500～2 250 mL/hm²、720 g/L 异丙甲草胺乳油 1 500～2 250 mL/hm²、50%敌草胺可湿性粉剂 1 500～2 250g/hm² 或 20%敌草胺乳油 3 000～3 750 mL/hm²、48%仲丁灵乳油 2 250～3 000 mL/hm²，加水 600～750 kg/hm²，于豆类蔬菜播种前均匀喷于土表。氟乐灵施药后应尽早混土，避免光解和挥发。土壤湿润有利于提高除草效果。

2. 播后苗前或移栽前化学除草技术 播后苗前或移栽前可选用的除草剂品种有 50%乙草胺乳油 1 125～1 500 mL/hm²、720 g/L 异丙甲草胺乳油 1 500～2 250 mL/hm²、50%敌草胺可湿性粉剂 1 500～2 250g/hm²，或 20%敌草胺乳油 3 000～3 750 mL/hm²、330 g/L 二甲戊灵乳油 2 250～3 000 mL/hm²、25%噁草酮乳油 1 875～3 000 mL/hm²、23.5%乙氧氟草醚乳油 600～900 mL/hm²，加水 600～750 kg/hm²，于豆类蔬菜播后苗前或移栽前均匀地喷雾于土壤表面。使用乙草胺、异丙甲草胺、敌草胺时，土壤湿度大有利于提高除草效果。二甲戊灵沙质土用低剂量。噁草酮、乙氧氟草醚在蔬菜有零星出苗后禁用。乙氧氟草醚施药后，如遇雨后天气突然转晴，乙氧氟草醚毒气会随地气上升，毒害豆类叶片，但只要心叶不死，7 d 后即可恢复，不影响最终产量。

3. 苗后化学除草技术 苗后化学除草防除禾本科杂草可选用的除草剂品种有 5%精喹禾灵乳油 600～900 mL/hm²、12.5%烯禾啶机油乳油 1 125～1 500 mL/hm²、15%精吡氟禾草灵乳油 600～1 125 mL/hm²、

108 g/L 高效氟吡甲禾灵乳油 375～600 mL/hm²、12％烯草酮乳油 525～600 mL/hm²、6.9％精噁唑禾草灵悬浮剂 750～900 mL/hm²，加水 450～600 kg/hm²，于豆类蔬菜生长期，禾本科杂草 2～5 叶期时茎叶喷雾。使用烯禾啶时应避开中午或高温时施药，以免降低防除效果。使用吡氟禾草灵时，空气湿度大、杂草幼嫩，则有利于药效的发挥。烯草酮施药后杂草死亡时间较长。精噁唑禾草灵施药时杂草小、土壤水分好、空气相对湿度大时用低剂量；杂草大、土壤水分少、干旱条件下用高剂量。

苗后化学除草防除阔叶杂草可选用的除草剂品种有 25％氟磺胺草醚水剂 1 125～1 500 mL/hm²、480 g/L 灭草松水剂 1 500～3 000 mL/hm²，加水 450～600 kg/hm²，于豆类蔬菜 3～4 片复叶、阔叶杂草 3～5 叶期时茎叶喷雾。氟磺胺草醚施药后豆类叶片会出现枯斑，但 5～7 d 后便可恢复，不影响产量。

（六）伞形科蔬菜田杂草防除

伞形科蔬菜主栽品种有芹菜、胡萝卜、芫荽和茴香等。这类蔬菜秧苗生长期长，田间杂草发生多、生长快、为害严重。幼苗期人工拔草不仅费工，还会损伤秧苗根系而影响成活率。

1. 芹菜田化学除草技术

（1）育苗芹菜化学除草技术。育苗芹菜耐药性强，可适用的除草剂较多。经试验，可选用 480 g/L 氟乐灵乳油 1 500～2 250 mL/hm²、330 g/L 二甲戊灵乳油 1 500～2 250 mL/hm²、25％噁草酮乳油 1 500～1 875 mL/hm²、50％扑草净可湿性粉剂 1 500～2 250 g/hm²、720 g/L 异丙甲草胺乳油 1 500 mL/hm²，加水 600～750 kg/hm²，在芹菜播后苗前均匀喷雾在土壤表面。如芹菜育苗采用覆盖草帘或遮阳网，应在使用盖帘或遮阳网前用药。注意：使用氟乐灵时需浅混土，使用二甲戊灵、扑草净时沙质土壤应选用低剂量。另外，土壤表面湿润有利于提高防除效果。

值得一提的是，在其他蔬菜上使用较为安全的敌草胺可湿性粉剂或敌草胺乳油，对芹菜却有较明显的抑制作用，因此，在芹菜育苗地不能随意使用。

（2）移栽芹菜化学除草技术。移栽芹菜田化学除草，可在整地后芹菜移栽前用药，可选用的除草剂品种有 330 g/L 二甲戊灵乳油 1 500～2 250 mL/hm²、480 g/L 氟乐灵乳油 1 500～2 250 mL/hm²、25％噁草酮乳油 1 875～2 250 mL/hm²、720 g/L 异丙甲草胺乳油 1 500 mL/hm²，加水 600～750 kg/hm²，在芹菜移栽前 1～3 d 均匀喷雾在土壤表面。使用二甲戊灵时沙质土必须使用低剂量，使用氟乐灵宜在混土后再定植。

经处理后的芹菜田如仍有禾本科杂草发生，则不管是育苗苗床还是定植田，均可在杂草 2～4 叶期，根据当地药源供应情况，选用防除禾本科杂草的专用除草剂高效氟吡甲禾灵、烯禾啶、精喹禾灵、精吡氟禾草灵、烯草酮、精噁唑禾草灵、喹禾糠酯等进行叶面喷雾。

2. 胡萝卜田化学除草技术　胡萝卜通常用撒播方式种植，其生长期正值高温、多雨季节，杂草发生严重，人工除草也非常困难，往往会导致出现草荒。据试验，在胡萝卜田块里，生长初期有意让 15％的杂草群丛维持 5.5 周，然后再除掉，结果测得胡萝卜减产 78％；如果保留 50％的杂草群丛，则减产率可高达 91％。所以化学除草十分必要。

胡萝卜田化学除草可选用的除草剂品种有 480 g/L 氟乐灵乳油 1 500～2 250 mL/hm²、330 g/L 二甲戊灵乳油 1 500～2 250 mL/hm²、25％噁草酮乳油 1 500～2 250 mL/hm²、720 g/L 异丙甲草胺乳油 1 500～2 250 mL/hm²、50％扑草净可湿性粉剂 1 500 g/hm²，加水 600～750 kg/hm²，在胡萝卜播后苗前均匀地喷雾在土壤表面。注意：使用氟乐灵时用药后及时浅混土或覆盖遮阳网，使用二甲戊灵、扑草净时沙质土壤应选用低剂量。若播种后遇干旱天气，应及时沟灌抗旱，以湿润畦面为宜，不可积水，既有利于出苗，又能提高除草效果。

与芹菜田禾本科杂草防除一样，如胡萝卜田用上述药剂处理后，仍有禾本科杂草发生，也可选用高效氟吡甲禾灵等茎叶处理剂在杂草 2～4 叶期喷雾于杂草茎叶，以进行补救处理。

3. 芫荽田化学除草技术　芫荽也为密植蔬菜，所以人工除草难以进行，而化学除草易见功效，药剂可选用 480 g/L 氟乐灵乳油 1 500～2 250 mL/hm²、48％仲丁灵乳油 3 000～3 750 mL/hm²，加水 600～750 kg/hm²，于芫荽播种前均匀喷雾在土表。使用氟乐灵时施药后随即进行 2～3 cm 浅混土。

4. 茴香田化学除草技术　茴香常在春、秋两季播种。春茴香播种时气温低，除草剂用量应适当提高，秋茴香播种时气候高温多湿，除草剂可用低剂量。药剂可选用 480 g/L 氟乐灵乳油 1 500～2 250 mL/hm²、720 g/L 异丙甲草胺乳油 1 500 mL/hm²、330 g/L 二甲戊灵乳油 1 500～2 250 mL/hm²、25％噁草酮乳油

1 500 mL/hm²、50％扑草净可湿性粉剂 1 500 g/hm²，加水 600～750 kg/hm²，在茴香播后苗前均匀喷雾在土壤表面。氟乐灵也可以在茴香播种前使用，用药后应及时混入浅土层。二甲戊灵沙质土宜选用低剂量。

（七）葫芦科蔬菜田杂草防除

葫芦科蔬菜主要有黄瓜、冬瓜、丝瓜、南瓜、苦瓜、蛇瓜和葫芦等，以黄瓜和冬瓜种植面积最大。由于葫芦科蔬菜对除草剂较敏感，人们常用人工除草的方法来控制杂草，有时也会因劳动力不济造成草害。

1. 黄瓜田化学除草技术 黄瓜种植既有移栽，也有直播。栽培方式既有大棚或地膜覆盖栽培，又有露地栽培。由于栽培形式多样，加之黄瓜是蔬菜作物中对除草剂较为敏感的品种之一，所以使用除草剂时必须十分谨慎。

（1）直播或苗床黄瓜。许多除草剂对黄瓜都易造成药害，尤其是直播黄瓜在萌发和苗期对除草剂更为敏感。经试验，330 g/L 二甲戊灵乳油 1 125～1 500 mL/hm² 和 480 g/L 仲丁灵乳油 1 500 mL/hm²，加水 600～750 kg/hm²，在黄瓜播后苗前均匀喷雾在土壤表面，对黄瓜的出苗和生长比较安全。使用药剂时，黄瓜播种不能露籽，也不能随意加大剂量，沙质土壤不宜使用。

（2）移栽黄瓜。黄瓜在 5 片真叶期后对除草剂的敏感度下降，一般可在移栽缓苗后、苗高 15 cm 左右时定向喷雾于土表或杂草茎叶。此阶段可选用的除草剂品种有 330 g/L 二甲戊灵乳油 1 500～2 250 mL/hm²、480 g/L 氟乐灵乳油 1 500 mL/hm²、50％敌草胺可湿性粉剂 1 500 g/hm² 或 20％敌草胺乳油 2 250～3 000 mL/hm²，加水 600～750 kg/hm²，于黄瓜定植前或移栽缓苗后均匀喷雾在土壤上。二甲戊灵在黄瓜移栽缓苗后用药应采用定向喷雾，避免药剂与瓜秧接触；黄瓜定植前用药时应使用上述药剂的低剂量。氟乐灵施药时应避免药剂与瓜秧接触，药后应立即混土。

必须提醒的是，黄瓜小苗对氟乐灵和敌草胺较敏感，所以，黄瓜 5 片真叶以下不能使用上述药剂。

2. 冬瓜田化学除草技术 冬瓜是蔬菜保淡的重要品种之一，与黄瓜相比，冬瓜的耐药性较强，所以对除草剂的要求并非像黄瓜那样严格，可供选择的除草剂品种也较多，主要有 330 g/L 二甲戊灵乳油 1 500～2 250 mL/hm²、50％敌草胺可湿性粉剂 1 500～2 250 g/hm² 或 20％敌草胺乳油 2 250～3 000 mL/hm²、480 g/L 氟乐灵乳油 1 500 mL/hm²、25％噁草酮乳油 1 500～2 250 mL/hm²，加水 600～750 kg/hm²，于冬瓜移栽定植前均匀喷雾在土壤表面。二甲戊灵和敌草胺也可在冬瓜播后苗前使用，用于沙土田和苗床时需使用上述药剂的低剂量。氟乐灵用药后及时混土。噁草酮在冬瓜苗床上不能使用。

（八）水生蔬菜田杂草防除

水生蔬菜主要有茭白、莲藕、慈姑和芋头等。水生蔬菜田与旱地菜田环境不同，田里一般有水层，为害的杂草也多为水生和湿生杂草，所以除草剂也要适于有水条件。

1. 茭白田化学除草技术 茭白是我国广泛栽培的一种水生蔬菜，依品种不同分为春、夏季种植，并在田间以地下休眠根茎越冬至初夏采收结束。主栽茭白品种春季定植后于当年秋季至翌年各收获 1 次，生长期长达 1 年以上。茭白在定植后及越冬期均有大量杂草发生，人工除草用工量较大。茭白春、夏季定植后发生的杂草基本上与水稻田相似，越冬期杂草则与麦田、油菜田杂草相似。

（1）春、夏定植茭白田。茭白与水稻一样同属禾本科作物，春、夏定植时其生长环境和杂草发生为害与水稻极为相似。所以，适用于水稻田的某些除草剂，能用到茭白田中进行杂草防除。可选用的除草剂品种有 60％丁草胺乳油 1 500～2 250 mL/hm²、10％苄嘧磺隆可湿性粉剂 225～375 g/hm²、25％噁草酮乳油 1 500～2 250 mL/hm²、20％丁•噁乳油 2 250～3 000 mL/hm²、60％丁草胺乳油 1 500 mL/hm²＋10％苄嘧磺隆可湿性粉剂 150 g/hm²，拌成毒土或毒肥，在茭白移栽活棵后或宿生茭白杂草芽前均匀地撒入田中。施药时田间应保持 3～5 cm 水层，用药后保水 5～7 d，并注意水层不能超过茭白心叶。噁草酮、丁•噁混剂不能用瓶抛法施药。

由于茭白生长后期除草难度较大，费工又费力，所以在春、夏季定植茭白时尽量使用好除草剂，并建议选择一些杀草谱广的复配剂或单剂，如丁•噁混剂、丁•苄混剂等，达到 1 次使用即能控制茭白春、夏季所有杂草的为害。

（2）茭白越冬期。茭白越冬期是茭白一生中杂草发生最严重的时期，由于此时茭白地上部分枯死，地下根茎处于休眠状态，故采用茎叶处理剂或灭生性除草剂不会对茭白产生药害，而且除草效果好。可选用的除草剂品种有 20％百草枯水剂 1 500～2 250 mL/hm²、10％草甘膦水剂 7 500～7 750 mL/hm² 或 41％草甘膦水剂 2 250～3 750 mL/hm²，加水 450～600 kg/hm²，在冬季杂草均已萌发后的 3 叶期前用药。茭白萌芽前 10 d 应停止使用，以免产生药害。也可选用 108 g/L 高效氟吡甲禾灵乳油 450～600 mL/hm²，加水 450～600 kg/hm²，在禾本科杂草 2～4 叶期时茎叶喷雾。茭白越冬期使用除草剂，应在用药前排干田间积水，清除田间茭白枯叶，使杂草能均匀受药，药后 3～5 d 可恢复正常管理。

2. 莲藕田化学除草技术　莲藕田化学除草，一般要在莲藕栽后 7～10 d，气温升至 25℃ 以上，水温稳定在 20℃ 时，以药土法将药剂均匀撒于田中，可选用的药剂品种有 50％扑草净可湿性粉剂 600～750g/hm²、60％丁草胺乳油 1 500 mL/hm²，与 300 kg/hm² 潮湿土拌成毒土，于栽藕后 7～10 d 撒入田中。撒药时田间应保持 3～5 cm 水层，用药后保水 5～7 d；藕芽不可浸在水中。

3. 慈姑、芋头田化学除草技术　这两种水生蔬菜田化学除草，也可以药土法撒施药剂，一般使用 60％丁草胺乳油 1 500 mL/hm²，与 300 kg/hm² 潮湿土拌成毒土，于移栽后 7～10 d 撒入田中。撒药时田间应保持 2～3 cm 水层，用药后保水 5～7 d。

（九）其他蔬菜田杂草防除

1. 马铃薯田化学除草技术　马铃薯是重要的蔬菜品种之一，它的栽培方式既有露地栽培又有地膜覆盖栽培。由于它从种植到收获生长期长达 100 d 以上，故杂草的为害十分严重。马铃薯田杂草防除可选用的除草剂品种有 480 mL/hm² 氟乐灵乳油 1 500～2 250 mL/hm²、50％乙草胺乳油 750～1 125 mL/hm²、50％敌草胺可湿性粉剂 1 500～2 250g/hm² 或 20％敌草胺乳油 3 000～3 750 mL/hm²、50％嗪草酮可湿性粉剂 600～900 g/hm²、330g/L 二甲戊灵乳油 1 875～2 250 mL/hm²、23.5％乙氧氟草醚乳油 750～900mL/hm²、50％乙草胺乳油 900mL/hm²＋50％嗪草酮可湿性粉剂 450 g/hm² 混用，加水 600～750 kg/hm²，在马铃薯种植覆土后均匀地喷雾在土壤表面，然后覆盖地膜。用药量应根据种植马铃薯田块的土质和有机质含量决定，黏土、有机质含量高的田块用高剂量，低的田块要用低剂量。露地马铃薯使用氟乐灵时要注意混土。使用乙草胺、敌草胺、二甲戊灵时，土壤湿度大有利于提高防除效果，露地用药剂量可适当提高。使用嗪草酮时有机质含量小于 4％ 的土壤要减量，小于 2％ 的沙土不宜使用，马铃薯出苗后也不可使用嗪草酮。马铃薯有零星出苗时不能使用乙氧氟草醚。

2. 茼蒿田化学除草技术　茼蒿田化学除草可选用的除草剂品种有 330 g/L 二甲戊灵乳油 1 125～1 875 mL/hm²、50％扑草净可湿性粉剂 1 200～1 600g/hm²，加水 600～750 kg/hm²，于茼蒿播后苗前均匀喷雾于土表。注意播后应立即施药，以免种子出苗后引起药害。使用扑草净时沙土用低剂量，田间不可积水。

3. 莴苣田化学除草技术　莴苣田化学除草可选用的除草剂品种有 90％禾草丹乳油 1 500～2 250 mL/hm²，加水 600～750 kg/hm²，在莴苣播后苗前或移栽莴苣整地后移栽前均匀喷雾于土表。也可选用 23.5％乙氧氟草醚乳油 750～1 125 g/hm²，加水 600～750 kg/hm²，在整地后莴苣移栽前均匀喷雾于土表。地膜育苗莴苣苗床不能使用乙氧氟草醚，禾草丹可用低剂量。

4. 蕹菜田化学除草技术　蕹菜田化学除草可选用的除草剂品种有 330 g/L 二甲戊灵乳油 1 500～2 250mL/hm²，加水 600～750 kg/hm²，于蕹菜播后苗前均匀喷雾于土表，沙土应降低用量。也可选用 23.5％乙氧氟草醚乳油 450～900 mL/hm²，加水 600～750 kg/hm²，于蕹菜播后苗前均匀喷雾于土表，但蕹菜出苗后严禁使用。

5. 菠菜田化学除草技术　菠菜田化学除草可选用的除草剂品种有 90％禾草丹乳油 1 500 mL/hm²，加水 600～750 kg/hm²，在菠菜播种前或播后苗前均匀喷雾于土表，药后及时混土。330 g/L 二甲戊灵乳油 1 350～1 875 mL/hm²，加水 600～750 kg/hm²，在菠菜播后苗前均匀喷雾于土表，播种时避免露籽。也可选用 23.5％乙氧氟草醚乳油 450～600 mL/hm²，加水 600～750 kg/hm²，于菠菜播后苗前均匀喷雾于土表，但菠菜出苗后严禁使用。

（十）行间、田埂和沟渠杂草防除

菜田沟坡、田埂杂草，既影响排灌畅通，又与蔬菜争水、争肥、争光，有的根茎和匍匐茎还向田间蔓延伸入，增加草害侵染，传播病虫害。因此，菜田沟、埂杂草的防除也显得十分重要。

菜田沟、埂杂草的发生不仅种类多、发生量大，而且恶性杂草占有不少的比例，如空心莲子草、双穗雀稗等。菜田沟、埂除草，一般选择灭生性或广谱性除草剂，在杂草发生比较单一的情况下，也可针对性地选用某些专一性除草剂。

1. 行间、田沟化学除草技术　行间、田沟化学除草一般适用于豆类、茄果类、瓜类等具有较宽行距和有一定株高的各种菜田。可选用的除草剂品种有 20％百草枯水剂 1 200～1 300 mL/hm²，加水 450～600 kg/hm²，在杂草高度不超过 10 cm 时进行茎叶喷雾。施药时应选择无风或微风天气，采用保护罩，压低喷头或安装定向扇形喷嘴，确保药剂准确地喷洒在行间的杂草上。使用该剂进行田间除草时，切不要在大风天气进行，以免发生药液飘移，造成药害。由于百草枯为触杀性除草剂，万一不慎造成作物药害时，不会扩展，不会内吸，因而不会影响整株作物的生长。也可选用 108 g/L 高效氟吡甲禾灵乳油 450～600 mL/hm²，加水 450～600 kg/hm²，对行间、田沟杂草进行定向喷雾。用药后 2 h 内遇大雨需补喷。该剂的适用对象为以单子叶杂草发生为害为主的甘蓝、花椰菜、茄果类等大田蔬菜。

2. 道路、田埂和免耕田化学除草技术　道路、田埂和免耕田的杂草一般可选用灭生性除草剂来防除，主要选用 10％草甘膦水剂 7 500～15 000 mL/hm²，或 41％草甘膦水剂 3 000～4 500 mL/hm²，加水 600～750 kg/hm²，在杂草生长旺盛期，高度为 10～15 cm 时进行茎叶喷雾。施药时应选择晴好天气。如用于沟渠除草，应将沟渠内的水先排尽，然后再施药，使杂草充分受药，药后还需断水 4 d 以上。还可用 20％百草枯水剂 1 300～2 250 mL/hm²，加水 450～600 kg/hm²，在杂草生长旺盛期，高度为 10～15 cm 时进行茎叶喷雾。用药后 1h 遇大雨，不会影响药效，所以无需补喷。用于沟渠除草仅需在当天排干水即可。

附：

菜田除草剂使用简表
The herbicide usage in vegetable fields

科名	蔬菜种类	栽培方式	可选用药剂及剂量	用药时期和方法	注意事项
茄科蔬菜	番茄辣椒茄子	育苗苗床（大棚）	20％敌草胺乳油 1 500～2 250 mL/hm² 50％敌草胺可湿性粉剂 1 125～1 500 g/hm²	蔬菜种子播后苗前，加水 600 kg/hm² 喷雾土壤表面	避免露籽
		搭秧期（大棚）	20％敌草胺乳油 2 250～3 000 mL/hm² 50％敌草胺可湿性粉剂 1 500 g/hm²	营养钵放入土后，浇足底水，第二天施药、搭秧	搭秧时尽量少动表土层
		移栽大田	50％敌草胺可湿性粉剂 1 500～1 875 g/hm² 20％敌草胺乳油 3 000～3 750 mL/hm² 480g/L 氟乐灵乳油 1 500～2 250 mL/hm² 50％乙草胺乳油 1 125～1 500 mL/hm² 720g/L 异丙甲草胺乳油 1 500～1 875 mL/hm² 60％丁草胺乳油 1 500～2 250 mL/hm² 330g/L 二甲戊灵乳油 2 250～3 000 mL/hm² 24％乙氧氟草醚乳油 750～1 125 mL/hm² 25％噁草酮乳油 1 500～2 250 mL/hm²	整地后，加水 600～750 kg/hm²，均匀喷雾于土壤表面，先盖膜，后移栽蔬菜；露地栽培可在蔬菜移栽前处理土壤	露地使用氟乐灵需混土，地膜栽培田可不混土，但用药后应及时盖膜；土壤湿度大有利于提高除草效果；番茄田还可选用 50％嗪草酮可湿性粉剂 750～1 125g/hm² 处理土壤，防除阔叶杂草
	马铃薯	排种（直播）	480g/L 氟乐灵乳油 1 500～2 250 mL/hm² 50％乙草胺乳油 750～1 125 mL/hm² 50％敌草胺可湿性粉剂 1 500～2 250 g/hm² 20％敌草胺乳油 3 000～3 750 mL/hm² 50％嗪草酮可湿性粉剂 600～900 g/hm² 330g/L 二甲戊灵乳油 2 250～3 000 mL/hm² 24％乙氧氟草醚乳油 750～900 mL/hm²	马铃薯种植覆土后，加水 600～750 kg/hm² 均匀喷雾于土壤表面，然后覆盖地膜	马铃薯出苗后不宜使用；有机质含量低于 2％的沙土不宜使用嗪草酮
十字花科蔬菜	鸡毛菜小白菜萝卜	直播	50％敌草胺可湿性粉剂 1 125～1 500 g/hm² 20％敌草胺乳油 2 250～3 000 mL/hm² 480g/L 氟乐灵乳油 1 500～1 875 mL/hm² 330g/L 二甲戊灵乳油 1 500～2 250 mL/hm² 720g/L 异丙甲草胺乳油 1 200～1 500 mL/hm²	蔬菜种子播后苗前，加水 600～750 kg/hm² 均匀处理土壤	氟乐灵对种子出苗率有轻微的影响，播种时可适当增加播种量
	甘蓝花椰菜大白菜	搭秧期（大棚）	20％敌草胺乳油 3 000 mL/hm² 50％敌草胺可湿性粉剂 1 500 g/hm² 330g/L 二甲戊灵乳油 1 500～2 250 mL/hm² 480g/L 氟乐灵乳油 1 500 mL/hm²	苗床整地后，趁土壤湿润状态或营养钵放入土后，隔夜浇足底水，第二天施药，再进行搭秧	搭秧时尽量避免翻动土层，以防破坏表土药层而降低除草效果

（续）

科名	蔬菜种类	栽培方式	可选用药剂及剂量	用药时期和方法	注意事项
十字花科蔬菜	甘蓝 花椰菜 大白菜	移栽大田	50%敌草胺可湿性粉剂 1 500～1 875 g/hm² 20%敌草胺乳油 3 000～3 750 mL/hm² 330g/L 二甲戊灵乳油 2 250～3 000 mL/hm² 480g/L 氟乐灵乳油 1 500～2 250 mL/hm² 50%乙草胺乳油 1 125～1 500 mL/hm² 720g/L 异丙甲草胺乳油 1 500～1 875 mL/hm² 60%丁草胺乳油 1 500～2 250 mL/hm² 25%噁草酮乳油 1 500～2 250 mL/hm² 24%乙氧氟草醚乳油 750～1 125 mL/hm²	整地后蔬菜移栽前加水 600～750 kg/hm²均匀喷洒于土表	氟乐灵用药后需及时混土。土壤湿度大有利于提高除草效果
百合科蔬菜	大蒜	排种（直播）	50%敌草胺可湿性粉剂 1 500～2 250 g/hm² 20%敌草胺乳油 3 000～3 750 mL/hm² 50%乙草胺乳油 1 125～1 500 mL/hm² 330g/L 二甲戊灵乳油 2 250～3 000 mL/hm² 24%乙氧氟草醚乳油 750～900 mL/hm² 25%噁草酮乳油 1 500～2 250 mL/hm² 25%绿麦隆可湿性粉剂 4 500～6 000 g/hm² 20%氯氟吡氧乙酸乳油 750～1 500 mL/hm²	氯氟吡氧乙酸于阔叶杂草 2～5 叶期茎叶喷雾，其他药剂在大蒜播后苗前，加水 600～750 kg/hm²均匀地喷于土壤表面	乙氧氟草醚的最佳用药时间在大蒜立针期，大蒜 2 叶 1 心至 4 叶期也可使用乙氧氟草醚，但大蒜 1 叶 1 心至 2 叶期禁止使用
	洋葱	直播	50%扑草净可湿性粉剂 1 125 g/hm² 330g/L 二甲戊灵乳油 2 250 mL/hm² 24%乙氧氟草醚乳油 600～750 mL/hm² 48%仲丁灵乳油 3 000 mL/hm² 480g/L 灭草松水剂 1 500～2 250 mL/hm²	扑草净、二甲戊灵、仲丁灵在播后苗前使用，乙氧氟草醚和灭草松在洋葱 3 叶期以后使用，加水 600～750 kg/hm²均匀地喷于土壤表面或杂草上	使用扑草净和二甲戊灵时沙土用低剂量；3 叶期前使用乙氧氟草醚和灭草松会产生药害，但乙氧氟草醚不影响最终产量
		移栽	50%扑草净可湿性粉剂 1 125～1 500 g/hm² 48%仲丁灵乳油 3 000 mL/hm² 330g/L 二甲戊灵乳油 3 000～3 750 mL/hm² 24%乙氧氟草醚乳油 750～1 125 mL/hm² 25%噁草酮乳油 1 500～2 250 mL/hm² 48%灭草松水剂 1 500～2 250 mL/hm²	扑草净、二甲戊灵和噁草酮在移栽前用药，乙氧氟草醚在移栽洋葱后 6～10 d 喷雾，灭草松在洋葱 3 叶期后使用	使用扑草净和二甲戊灵时沙土用低剂量；3 叶期前使用乙氧氟草醚和灭草松会产生药害，但乙氧氟草醚不影响最终产量
	韭菜	育苗韭菜	330g/L 二甲戊灵乳油 1 500～3 000 mL/hm² 12.5%烯唑啶乳油 750～1 125 mL/hm² 5%精喹禾灵乳油 750～1 125 mL/hm²	二甲戊灵于韭菜播后苗前处理；烯禾啶、精喹禾灵在韭菜生长期禾本科杂草 2～4 叶期茎叶喷雾	沙土使用二甲戊灵宜用中低剂量
		老根韭菜	330g/L 二甲戊灵乳油 1 500～3 000 mL/hm² 24%乙氧氟草醚乳油 750～1 125 mL/hm²	老根韭菜收割，伤口愈合后定向喷雾	使用乙氧氟草醚时，老根韭菜必须贴地收割，定向喷雾的目的是为了尽量减少药剂与韭菜接触
	香葱	直播、移栽或根茬葱	330g/L 二甲戊灵乳油 1 500～2 250 mL/hm² 50%敌草胺可湿性粉剂 1 500～1 875 g/hm² 20%敌草胺乳油 3 000～3 750 mL/hm² 5%精喹禾灵乳油 750～1 125 mL/hm² 15%精吡氟禾草灵乳油 750～1 125 mL/hm²	于分葱播后苗前、移栽前或分葱返青前均匀喷雾土壤表面；精喹禾灵、精吡氟禾草灵在禾本科杂草 2～4 叶期茎叶处理	土壤湿度大有利于药效发挥；茎叶处理剂应选择晴好天气早晚使用
	芦笋	多年生	50%嗪草酮可湿性粉剂 750～1 125g/hm² 50%敌草胺可湿性粉剂 1 500～2 250 g/hm² 20%敌草胺乳油 3 750～4 500 mL/hm² 38%莠去津乳油 3 000～3 750 mL/hm² 48%麦草畏水剂 300～600 mL/hm²	于早春或芦笋收割后杂草出苗前均匀喷雾于土壤，麦草畏茎叶喷雾	嗪草酮有机质含量低于 2%或沙质土不宜使用，莠去津芦笋出土期间不能使用
伞形科蔬菜	芹菜	育苗苗床	480g/L 氟乐灵乳油 1 500～2 250 mL/hm² 330g/L 二甲戊灵乳油 1 500～2 250 mL/hm² 25%噁草酮乳油 1 500～1 875 mL/hm² 50%扑草净可湿性粉剂 1 500～2 250 g/hm²	于芹菜播后苗前，加水 600～750 kg/hm²均匀地喷于土壤表面	在使用草帘或遮阳网的情况下，氟乐灵可不混土，沙质土二甲戊灵和扑草净宜用低剂量
		移栽大田	48%氟乐灵乳油 1 500～2 250 mL/hm² 330g/L 二甲戊灵乳油 1 500～2 250 mL/hm² 25%噁草酮乳油 1 500～2 250 mL/hm² 50%扑草净可湿性粉剂 1 500～2 250 g/hm²	于芹菜移栽前，加水 600～750 kg/hm²均匀地喷于土壤表面	沙质土使用二甲戊灵和扑草净应降低剂量；氟乐灵用药后要及时混土

（续）

科名	蔬菜种类	栽培方式	可选用药剂及剂量	用药时期和方法	注意事项
伞形科蔬菜	胡萝卜	直播	480g/L 氟乐灵乳油 1 500～2 250 mL/hm² 330g/L 二甲戊灵乳油 1 500～2 250 mL/hm² 25％噁草酮乳油 1 500～1 875 mL/hm² 50％扑草净可湿性粉剂 1 500～2 250 g/hm²	于胡萝卜播后苗前，加水 600～750 kg/hm² 均匀地喷于土壤表面	在使用草帘或遮阳网的情况下，氟乐灵可不混土，沙质土二甲戊灵和扑草净宜用低剂量
豆科蔬菜	大豆 豇豆 菜豆 豌豆 蚕豆	直播或移栽	50％乙草胺乳油 1 125～1 500 mL/hm² 720g/L 异丙甲草胺乳油 1 500～2 250 mL/hm² 50％敌草胺可湿性粉剂 1 500～2 250 g/hm² 20％敌草胺乳油 3 000～3 750 mL/hm² 480g/L 氟乐灵乳油 1 500～2 250 mL/hm² 50％嗪草酮可湿性粉剂 750～900 g/hm² 330g/L 二甲戊灵乳油 1 500～2 250 mL/hm² 25％噁草酮乳油 1 875～2 625 mL/hm² 24％乙氧氟草醚乳油 600～900 mL/hm²	豆类蔬菜播后苗前或移栽前，加水 600～750 kg/hm² 均匀地喷于土壤表面	土壤湿度大有利于药效发挥；沙质土应降低用量；零星出苗时禁用
			5％精喹禾灵乳油 600～900 mL/hm² 15％精吡氟禾草灵乳油 600～1 125 mL/hm² 12.5％烯禾啶乳油 1 125～1 500 mL/hm² 108g/L 高效氟吡甲禾灵乳油 375～600 mL/hm² 12％烯草酮乳油 525～600 mL/hm² 6.9％精噁唑禾草灵水乳剂 750～900 mL/hm²	豆类蔬菜 2～4 叶期，禾本科杂草 2～5 叶期进行茎叶处理	杂草幼小，用低剂量，反之用高剂量；施药时应选择晴好天气
			25％氟磺胺草醚水剂 1 125～1 500 mL/hm² 480g/L 灭草松水剂 1 500～3 000 mL/hm²	豆类蔬菜 2～4 叶期，阔叶杂草 3～5 叶期进行茎叶处理	施药后叶片会出现枯斑，5～7 d 后便可恢复，不影响产量
葫芦科蔬菜	黄瓜	直播	330g/L 二甲戊灵乳油 1 500 mL/hm² 48％仲丁灵乳油 1 500 mL/hm²	黄瓜播后苗前均匀喷于土壤表面	播种时避免露籽，施药时不能随意加大剂量或重复喷雾；沙质土应减量
		移栽	330g/L 二甲戊灵乳油 1 500 mL/hm² 50％敌草胺可湿性粉剂 1 125～1 500 g/hm² 20％敌草胺乳油 2 250～3 000 mL/hm² 480g/L 氟乐灵乳油 1 500 mL/hm²	黄瓜定植前或移栽缓苗后定向喷雾	黄瓜 5 片真叶以下时不能使用；移栽缓苗后定向喷雾，尽量减少药剂与秧苗的直接接触
	冬瓜	苗床	330g/L 二甲戊灵乳油 1 500～2 250 mL/hm² 50％敌草胺可湿性粉剂 1 500 g/hm² 20％敌草胺乳油 2 250～3 000 mL/hm²	冬瓜播后苗前，加水 600～750 kg/hm² 均匀喷于土壤表面	沙质土应减量
		移栽	除上述苗床除草剂外，还可用： 48％氟乐灵乳油 1 500 mL/hm² 25％噁草酮乳油 1 500～2 250 mL/hm² 24％乙氧氟草醚乳油 750～1 125 mL/hm²	冬瓜移栽前，加水 600～750 kg/hm² 均匀喷于土壤表面	土壤湿度大有利于提高防除效果
藜科蔬菜	菠菜	直播	90％禾草丹乳油 1 500～1 875 mL/hm² 330g/L 二甲戊灵乳油 1 350～1 875 mL/hm² 24％乙氧氟草醚乳油 450～600 mL/hm²	禾草丹播种前进行土壤处理，然后混土，其他药剂于菠菜播后苗前处理	禾草丹药后及时混土
菊科蔬菜	莴苣	直播	90％禾草丹乳油 1 500～2 250 mL/hm²	莴苣播后苗前，加水 750 kg/hm² 土壤喷雾	地膜育苗莴苣苗床用 1 125mL/hm²
		移栽	90％禾草丹乳油 1 500～2 250 mL/hm² 24％乙氧氟草醚乳油 750～1 125 mL/hm²	莴苣移栽前用药，加水 750 kg/hm² 土壤喷雾	移栽莴苣时尽量不要翻动土层
	茼蒿	直播	330g/L 二甲戊灵乳油 1 125～1 875 mL/hm² 50％扑草净可湿性粉剂 1 125～1 500 g/hm²	茼蒿播后苗前，加水 600～750 kg/hm² 均匀喷于土壤	播后立即施药，以免种子出苗后引起药害；沙土减量；田间不可积水
旋花科蔬菜	蕹菜	直播	330g/L 二甲戊灵乳油 1 500～2 250 mL/hm² 24％乙氧氟草醚乳油 450～600 mL/hm²	蕹菜播后苗前进行土壤处理	沙土用低剂量，移栽田使用乙氧氟草醚，剂量可提高到 750 mL/hm²

（续）

科名	蔬菜种类	栽培方式	可选用药剂及剂量	用药时期和方法	注意事项
禾本科蔬菜	茭白	春夏定植茭白	60%丁草胺乳油 1 500～2 250 mL/hm² 10%苄嘧磺隆可湿性粉剂 225～375 g/hm² 25%噁草酮乳油 1 500～2 250 mL/hm² 20%丁·噁乳油 2 250～3 000 mL/hm²	茭白移栽活棵后或宿生茭白杂草芽期，拌土或毒肥撒施；施药时田间保持浅水层；用药后保水 5～7 d	水层不能超过茭白心叶
		茭白越冬期	20%百草枯水剂 1 500～2 250 mL/hm² 10%草甘膦水剂 500～750 mL/hm² 108g/L 高效氟吡甲禾灵乳油 450～600mL/hm²	在冬季杂草萌发后的 3 叶期前用药	茭白萌芽前 10 d 停止使用
睡莲科	莲藕	移栽	50%扑草净可湿性粉剂 600～750 g/hm² 60%丁草胺乳油 1 500 mL/hm²	与 300 kg/hm² 细潮土混匀后撒入田中	用药后保水 5～7 d，藕芽不可浸在水中
泽泻科	慈姑	排种	60%丁草胺乳油 1 500 mL/hm²	与 300 kg/hm² 细潮土混匀后撒入田中	用药后保水 5～7 d，芽不能浸在水中
天南星科	芋头	排种	60%丁草胺乳油 1 500 mL/hm²	与 300 kg/hm² 细潮土混匀后撒入田中	用药后保水 5～7 d，芽不能浸在水中

沈国辉（上海市农业科学院生态环境保护研究所）

第 13 节　甘蔗田杂草及其防除技术

一、甘蔗田杂草发生、分布与危害

甘蔗是禾本科甘蔗属（Saccharum）植物的总称，原产于印度或新几内亚，分糖蔗和果蔗，是重要的经济作物，广泛种植于热带、亚热带地区，供制糖、能源、轻化工和鲜食等用。全世界有 100 多个国家生产甘蔗，最大的甘蔗生产国是巴西、印度、中国。我国甘蔗产区主要分布在长江以南的广西、云南、广东、海南、福建、四川、江西、贵州、湖南、浙江、湖北和台湾等省份。

甘蔗田杂草有 200 种以上，主要的禾本科杂草有马唐属杂草、牛筋草、龙爪茅、稗、光头稗、双穗雀稗、狗尾草、千金子、罗氏草、狗牙根、白茅、铺地黍等；主要的阔叶杂草有菊科的假臭草、胜红蓟、小飞蓬、鬼针草、辣子草、银胶菊、飞机草、薇甘菊等，苋科的空心莲子草、刺苋、皱果苋、野苋（凹头苋）等，茜草科的阔叶丰花草、耳草属杂草等，含羞草科的含羞草、有刺含羞草等，藜科的藜、小藜等，鸭跖草科的竹节草等，马齿苋科的马齿苋等；主要的莎草科杂草有香附子、碎米莎草和水蜈蚣等。

海南蔗田的主要杂草还有龙爪茅、四生臂形草、升马唐、假败酱、黄花草、肖梵天花、赛葵、巴西含羞草等；主要的杂草群落有 8 种：四生臂形草＋阔叶丰花草，龙爪茅＋狗牙根＋皱叶耳草，升马唐＋龙爪茅＋阔叶丰花草，四生臂形草＋赛葵＋假败酱，升马唐＋香附子＋龙爪茅，龙爪茅＋升马唐＋黄花草，香附子＋龙爪茅＋升马唐，牛筋草＋龙爪茅＋白花蛇舌草。

广东蔗田的主要杂草还有升马唐、圆果雀稗、莲子草、石胡荽、篱栏网、无瓣蒌菜、繁缕、皱果苋、饭包草、水蓼等；主要杂草群落有阔叶丰花草＋耳草群落、香附子群落等。

广西甘蔗田的主要杂草还有雀稗、矶子草、铁苋菜、鼠曲草、铜锤草、酢浆草、茅、凹头苋、裂叶牵牛、鳢肠、白鳞莎草、异型莎草等。

云南蔗田的主要杂草还有尾稃草、腺梗豨莶、马齿苋、野茼蒿等；主要的杂草群落有 5 种：竹节草＋胜红蓟＋马唐，小藜＋旱稗＋反枝苋，胜红蓟＋牛筋草＋马齿苋，野茼蒿＋三叶鬼针草＋腺梗豨莶＋马唐，马唐＋铁线草＋牛筋草＋小藜。

福建蔗田的主要杂草还有看麦娘、蓼、空心莲子草、莲子草、繁缕、鼠曲草、白花蛇舌草等。

湖南蔗田的主要杂草还有田旋花、葎草、反枝苋、邹果苋、马齿苋、苍耳等。

甘蔗前期生长缓慢，行距宽，所以杂草发生为害普遍而严重。杂草与甘蔗竞争光、水、肥，传播病虫害和妨碍生产活动。杂草发生具有种类多、密度大、繁殖快、适应性强和为害重等特点。杂草的发生与土壤持水量密切相关，当土壤持水量达 10% 后 3～5 d，杂草种子萌发，当土壤持水量持续达 20%～30% 时，杂草大量发生，达到高峰，发生总量达 65%～80%，时间持续 20～30 d。在灌溉蔗田，杂草有两次发生高峰：第一次在灌溉期间（3～5 月），发生量占 42%～80%；第二次在雨季（6～7 月）。在旱地蔗田，杂草发生高峰期在雨季后 20～50 d（一般在 6～7 月），发生量占 61%～85%。全国蔗田草害面积占 60% 左右，严重为害的占 30% 左右。甘蔗因杂草为害一般减产 20%～30%，严重时达 50% 以上或完全失收。

据报道，云南甘蔗田杂草的生态经济防除阈期处在甘蔗苗后总生育期的 10.3%～40%；杂草与甘蔗同时出苗，在苗后 30 d 内对甘蔗产量无显著影响。

二、甘蔗田杂草防除技术

（一）农耕除草技术

1. 合理轮作 轮作可以改变杂草赖以生存的生态环境，从而中断某些杂草种子的传播或抑制某些杂草为害。

2. 施用腐熟有机肥 由于堆肥或厩肥必须经过 50～70℃高温堆沤处理，可杀死混在肥料中的杂草种子。

3. 清除甘蔗田周围的杂草 清除田边、路边、沟渠边杂草，防止扩散。

（二）机械除草技术

根据草情、苗情、气候和土地条件，抓住杂草萌芽、出土和生长脆弱的幼芽阶段，运用机械力量歼灭杂草，同时进行松土、培土、追肥等田间作业。

1. 深耕 是防除多年生杂草的有效措施，一般由大中型拖拉机牵引深耕犁完成。

2. 中耕 中耕除草可使用牵引式中耕机配合中耕齿锄来进行操作。

（三）物理除草技术

如地膜覆盖和其他覆盖除草、火焰除草、电力除草等。

（四）生物除草技术

利用动物、昆虫、真菌、细菌、病毒等来防除农田杂草。如利用微生物、食草昆虫、食草畜禽等除草。

（五）化学除草技术

甘蔗田化学除草就是利用除草剂安全有效防除杂草，包括植前化学整地、植后苗前（作物）或芽前（杂草）土壤处理、苗后（作物）或芽后（杂草）早期土壤处理和杂草芽后茎叶处理等。

甘蔗田常用登记的除草剂品种及其用量（有效成分）和使用方法如下：

1. 2 甲 4 氯 选择性激素型萌后除草剂，用于甘蔗田防除阔叶杂草和莎草。在甘蔗苗后至拔节前，杂草萌后早期（2～6 叶期），用 2 甲 4 氯 450～1 365 g/hm²，对水 450 L，茎叶处理，持效期 60 d。

2. 麦草畏 选择性内吸传导型萌后除草剂，用于甘蔗田防除一年生和多年生阔叶杂草。在甘蔗苗后至拔节前，阔叶杂草萌后早期（2～6 叶期），用麦草畏 144～468g/hm²，对水 450L，茎叶处理，持效期 60 d。

3. 乙草胺 乙草胺为选择性萌前除草剂，用于甘蔗田防除一年生禾本科杂草和某些阔叶杂草。在甘蔗苗前至拔节前，杂草萌芽前，用乙草胺 750～1 250 g/hm²，对水 450～750 L，土壤处理，持效期 60 d。

4. 异丙甲草胺 异丙甲草胺为选择性萌前除草剂，用于甘蔗田防除一年生禾本科杂草和某些阔叶杂草与莎草。在甘蔗植后或培土后，杂草萌前或芽期，用异丙甲草胺 1 620 g/hm²，对水 450～750L，均匀喷雾进行土壤处理，持效期 60 d。

5. 敌草隆 选择性萌前除草剂，杂草根部吸收，茎叶吸收很少。用于甘蔗田防除一年生禾本科和阔叶杂草。在甘蔗植后或培土后，杂草萌前或萌后 1～2 叶期，用敌草隆 750～1 250 g/hm²，对水 450～750L，均匀喷雾进行土壤处理，持效期 60 d。

6. 莠灭净 选择性内吸传导型除草剂，用于甘蔗田防除一年生禾本科、莎草科和阔叶杂草，对多年生杂草节节草（*Commelina diffusa*）也有很好的控制作用。在甘蔗苗前或苗后，杂草充分萌发后至 3 叶期前，用莠灭净 1 560～2 400 g/hm²，对水 600～750 L，均匀喷雾于杂草茎叶上，持效期 70 d 以上。

7. 嗪草酮 选择性除草剂，用于甘蔗植后土壤处理防除多种一年生阔叶杂草和某些禾本科杂草，对稗的防效一般，对牛筋草芽后处理才有效果，对多年生杂草防效差。在杂草萌前或萌后早期，用嗪草酮 300～600 g/hm²，对水 450 L 喷雾。嗪草酮的用量视土壤类型、有机质含量和天气条件而定。若土壤为轻质土，有机质含量低，温度高，则用低剂量；反之加大用量。若土壤干燥应于施药后浅混土。

8. 莠去津 选择性内吸传导型萌前萌后除草剂，用于甘蔗田防除一年生禾本科和阔叶杂草，对某些多年生杂草也有一定的抑制作用。在甘蔗植后 5~7 d，禾本科杂草萌发出土、阔叶杂草萌前，用莠去津 1 200~1 500g/hm²，对水 450 L，均匀喷雾进行土壤处理，持效期 60~70 d。莠去津由于长期单一使用，导致耐/抗药性杂草增多，除草效果逐年下降。因此，建议莠去津只用于没有用过或少用的地区或田块。另外，莠去津对水源有污染，应慎用。德国已于 1991 年禁止使用此药。

9. 异噁草松 选择性萌前除草剂，通过根、幼芽吸收，用于甘蔗田防除一年生禾本科杂草和阔叶杂草。在甘蔗植后或培土后，杂草萌前或萌芽期，用异噁草松 795~1 200 g/hm²（有机质含量大于 3% 的黏壤土用高剂量，小于 3% 的沙质土用低剂量），对水 450~750L，喷雾进行土壤处理，持效期 60 d 以上。

10. 磺草灵 内吸传导型除草剂，杂草茎叶和根部均可吸收，用于甘蔗田防除禾本科杂草。在甘蔗植后，杂草萌前或萌后，用磺草灵 2 000~4 000 g/hm²，对水 450 L，喷雾处理。

11. 百草枯 百草枯为速效触杀型灭生性茎叶处理除草剂，用于甘蔗田防除一年生和多年生非根茎类杂草。在甘蔗拔节后，杂草生长早期，用百草枯 300~900g/hm²，对水 300~450L，在喷头加防护罩，对杂草茎叶进行定向喷雾，避免药液飘到甘蔗叶片或绿色部分上。

百草枯杀草快，耐雨性强，喷药后 30 min 遇雨时基本能保证药效。但施药后 20 d，杂草可能会开始再生或种子再萌发，持效期短（30 d）。施药时混用或在杂草枯死后喷施土壤处理除草剂，可以延长控草期。

12. 草甘膦 内吸传导型灭生性茎叶处理除草剂，用于甘蔗田防除一年生和多年生根茎类杂草。在甘蔗植前，杂草生长旺盛期（开花前），用草甘膦 750~2 250 g/hm²，对水 300~450 L，对杂草茎叶喷雾处理，待杂草干枯后种植甘蔗。

草甘膦宜用在甘蔗植前或植后苗前除草，在甘蔗苗后，除非有严格的防护装置（如防护罩或防护车），否则不能使用。草甘膦也可以用作甘蔗催熟剂。

在甘蔗田登记的除草剂还有西玛津、扑草净、乙氧氟草醚、甲咪唑烟酸等。

在甘蔗田试验或登记试验的除草剂有甲磺隆、氯磺隆、环嗪酮、氰草津、咪唑烟酸、二甲戊乐灵、异噁唑草松、三氟啶磺隆、乙氧磺隆、氯氟吡氧乙酸等。

甘蔗田除草混剂很多，主要是酰胺类与三氮苯类或取代脲类混用，如莠灭净 ＋ 乙草胺、乙草胺 ＋ 莠去津、异丙甲草胺 ＋ 莠去津、2 甲 4 氯 ＋ 莠灭净 ＋ 敌草隆等，这对扩大除草谱、延长持效期和提高安全性有着重要作用。

范志伟（中国热带农业科学院环境与植物保护研究所）

第 14 节　烟田杂草及其防除技术

虽然世界烟草的发展不断受到控烟运动的制约，但全球吸烟人口却一直在增加，因此拉动烟草种植面积和产量继续保持增长。烟叶是卷烟工业的主要原料，中国主要种植烤烟，种植面积和产量世界第一。中国现有基本烟田约 233 万 hm²，常年种植烟草 98 万（2000 年）～141 万 hm²（2012 年），烟叶年产量达 160 万（2000 年）～272 万 t（2012 年），分布在 22 个省份的 580 多个县，其中约 1/3（185 个）的贫困县种植烟叶，烟草与 1 000 万人口的就业和 1 亿多人口的经济生活密切相关。烟叶和烟制品是国家重要税利来源，也是中国烟农的主要收入来源，烟草产量和品质决定了中国烟农收入的幅度。

杂草是烟田的主要有害生物之一，杂草光合效率高、生长势强、繁殖力强、适应性广，与烟草竞争光合空间和土壤肥水，影响烟草正常生长。科学有效地防控烟田杂草，避免或降低杂草对烟草的为害导致的损失，是保证烟叶丰产、丰收的重要措施之一。

一、烟田杂草区系及群落结构

（一）烟田杂草区系的划分

2003—2008 年，由国家烟草专卖局组织，郑州烟草研究院和中国农业科学院农业资源与农业区划研究所技术负责，全国 21 个烟叶产区烟草机构配合参与，按照生态类型区划一般原则，将我国按烤烟生态适宜性划分为烤烟种植最适宜区、适宜区、次适宜区和不适宜区（表 23-14-1）；区域区划采用二级分区制，将我国烟草种植划分为 5 个一级烟草种植区和 26 个二级烟草种植区。

全国烤烟适生类型划分指标系统主要包括无霜期、≥10℃的积温、日均温≥20℃持续日数、0～60 cm 土层土壤含氯量、土壤 pH、地貌类型等。这些指标系统也是决定杂草分布、生长、群体结构形成的环境因素，因此可以针对烤烟适生类型，结合烟田杂草调查资料，划分烟田杂草区系。

表 23‐14‐1　中国烟草种植区划及烟田草害区系

Table 23‐14‐1　Tobacco and its weed regionalization in China

生态类型区划	主要划分指标		主要烟区	烟田杂草区系
不适宜区	无霜期 0～60 cm 土层土壤含氯量	120 d 45mg/kg		
次适宜区	无霜期 ≥10℃的积温 日均温≥20℃持续日数 0～60 cm 土层土壤含氯量	≥120 d <2600℃ >50 d <45mg/kg	北方烟草种植区	北方烟田草害区
适宜区	无霜期 ≥10℃的积温 日均温≥20℃持续日数 0～60 cm 土层土壤含氯量 土壤 pH 地貌类型	≥120 d ≥2 600℃ ≥70 d <30mg/kg 5.0～7.0 中低山、低山、丘陵、高原	东南烟草种植区 长江中上游烟草种植区 黄淮烟草种植区	东南烟田草害区 长江中上游烟田草害区 黄淮烟田草害区
最适宜区	无霜期 ≥10℃的积温 日均温≥20℃持续日数 0～60 cm 土层土壤含氯量 土壤 pH 地貌类型	>120 d >2 600℃ ≥70 d < 30 mg/kg 5.5～6.5 中低山、低山、丘陵、高原	西南烟草种植区	西南烟田草害区

（二）烟田杂草区系分布范围及烟田杂草群落结构

我国烟草种植区分布在 22 个省份的 580 多个县，主要植烟省份最适宜植烟面积约为 1 623.4 万 hm²，适宜植烟面积约为 2 668.7 万 hm²，次适宜植烟面积约为 2 440.4 万 hm²。烤烟种植最适宜区主要分布在云南省中部、中南部和东部，贵州省西南部、南部和东北部，湖南省西部，湖北省西南部，重庆市东部和北部，福建省西部，江西省东部，以及山东省东南部，河南省南部和广西壮族自治区西部一小部分地区；种植适宜区主要分布在云南省北部和西南部，贵州省中部和西北部，四川省南部和东部，重庆市西部，广西壮族自治区西部和西北部，广东省北部和东部，福建省中部，湖南省、湖北省、安徽省、河南省、山东省等的大部分地区，以及陕西省南部、辽宁省东部和北部小部分区域；次适宜区主要为黑龙江省南部和东部，吉林省、辽宁省、河北省的大部分地区，山西省中南部，内蒙古自治区东部，陕西省中部，甘肃省陇南和陇东地区。

烟田杂草区系分布见表 23‐14‐2。

表 23‐14‐2　烟田杂草区系分布

Table 23‐14‐2　Distribution range of weed flora in tobacco fields

代号	烟区	烟田杂草区系	种植面积比例（%）	分布范围
Ⅰ	西南烟草种植区	西南烟田草害区	53.57	云南省、贵州省全部，四川省西南部和南部，广西壮族自治区西北部
Ⅱ	东南烟草种植区	东南烟田草害区	16.07	海南、广东、广西、福建、浙江、江西等省份全部，江苏、安徽省南部，湖南省东南部，湖北省东部
Ⅲ	长江中上游烟草种植区	长江中上游烟田草害区	14.29	重庆市全部，四川省东部和北部，湖北省西部，湖南省西部，陕西省南部
Ⅳ	黄淮烟草种植区	黄淮烟田草害区	11.61	山东省、河南省全部，河北省、北京市和天津市的大部分，江苏省、安徽省北部的徐淮地区，陕西省中北部，湖北省北部部分地区

（续）

代号	烟区	烟田杂草区系	种植面积比例（%）	分布范围
V	北方烟草种植区	北方烟田草害区	4.46	吉林省、辽宁省、黑龙江省、内蒙古自治区全部，山西省、河北省、陕西省、甘肃省和新疆维吾尔自治区等省份的一部分

1. 西南烟田草害区 该区包括云南省、贵州省全部，四川省西南部和南部以及广西壮族自治区西北部，是我国烤烟主产区之一。该区地域辽阔，90%以上的土地为丘陵、山地和高原。境内地形复杂，地貌多样，地势西北高东南低，大部分地区位居低纬度高海拔，气候类型多样，大部为亚热带湿润季风气候，全年雨热同季，冬暖春旱，夏温不高，秋季多阴雨，冬干夏雨特点显著。热量资源较为丰富，但地区之间差异大，年平均气温为 10~24℃，年降水量 600~1 200 mm，夏秋雨季和冬春旱季分明，雨季集中在 5~9 月，一年一季烟草种植期在 4~9 月。良好的气候条件不仅有利于烟草的生长，也利于杂草的繁殖。据调查研究，云南省、贵州省的烟田杂草发生种类共有 41 科 123 属 172 种，分布地区最广的杂草为马唐、旱稗、狗尾草、早熟禾、狗牙根、牛筋草、碎米莎草、香附子、尼泊尔蓼、繁缕、天蓝苜蓿、天胡荽、猪殃殃、铁苋菜、鸭跖草、马齿苋、龙葵、小藜、荠、凹头苋、苦苣菜、风轮菜、车前、稀莶、辣子草、马兰。其中单子叶杂草 6~11 种，占 40%~56%；双子叶杂草 9~26 种，占 44%~60%。

2. 东南烟田草害区 东南烟草种植区位于我国东南部，南至热带，北达北亚热带，海拔高度 0~3 105m，除安徽省、江西省、湖北省和湖南省外，其余均为沿海省份，地势总体上是西北高东南低，区内河流、湖泊众多，有高山、丘陵、平原，又有海洋、岛屿，区内陆地以山地、丘陵为主，占该区陆地的 70%以上。由于气候温暖，雨水充足，区内植被丰富，该区地处热带、亚热带，所在的省份大部分濒临南海和东海，属湿润气候，受海洋季风影响较大，气温较高，降水量充沛，年均气温为 17~20℃，大部分地区年降水量 1 000~1 700 mm。海南、广东、广西、福建烟区主要杂草分属 36 科，一年一季烟草种植期 4~10 月；主要有 145 种，有稗、无芒稗、牛筋草、竹节草、狗尾草、荩草、马唐、香附子、异型莎草、苍耳、胜红蓟、鳢肠、小藜、丛枝蓼、牛繁缕、雀舌草、弯曲碎米荠、碎米荠、铁苋菜、畚缀、节节菜、萹蓄、水蓼、酸模叶蓼、扛板归、酢浆草等；烟田杂草种类最多的科是菊科和禾本科。

3. 长江中上游烟田草害区 亚热带、热带气候，主要烟草种植区海拔 1 000~1 800 m，年平均气温 16~25℃，年降水量 900~1 300 mm，烟草种植期在 4~10 月，夏秋雨季湿热。杂草主要有狗尾草、千金子、旱稗、牛筋草、看麦娘、苍耳、莎草、猪殃殃、繁缕、车前草、蒲公英、凹叶景天、小白酒草、酢浆草、碎米荠等。

4. 黄淮烟田草害区 属暖温带半湿润季风气候区，温度适宜，热量丰富。气温较高，年平均温度 10~14℃，年降水量 500~1 100 mm，主要禾本科杂草有马唐、牛筋草、狗尾草、稗、谷莠、芦苇等；阔叶杂草有铁苋菜、反枝苋、凹头苋、皱果苋、马齿苋、苘麻、鳢肠、半夏、田旋花、打碗花、鸭跖草、饭包草、藜、青葙、跑马秧、小藜、牵牛花、刺儿菜等；莎草科杂草有香附子、黄颖莎草等。

5. 北方烟田草害区 属温寒带湿润、半湿润气候，夏季暖湿，冬季寒长，平均气温 −4~10℃，年降水量 500~800 mm。烟田常见杂草有 51 种，分属 20 科，主要杂草有马唐、莎草、铁苋菜、鹅不食、灰藜、反枝苋、马齿苋、列当、鸭跖草。相对密度较大的依次为马唐、列当、铁苋菜、灰藜、反枝苋、头状蓼。相对频率较高的杂草依次为马唐、铁苋菜、灰藜、反枝苋、鸭跖草。综合以上分析，相对多度较大的杂草依次为马唐、铁苋菜、灰藜、反枝苋、莎草、列当、鸭跖草和稗。

二、烟田杂草发生规律和危害

（一）烟田杂草发生规律

烟苗期杂草数量逐渐增加，至团棵期杂草为害程度最大，杂草平均数量为 210~1 208 株/m²。田间杂草数量变化为典型的单峰曲线，杂草从烟草移栽后开始增长，在团棵期至旺长期达到最大值，随后数量开始下降。未盖膜烟田杂草数量明显高于地膜烟田，这与盖膜前期膜内温度较高有利于杂草萌芽和生长，而后期膜内缺氧、高温、光照不足有关，地膜覆盖对烟田杂草有一定抑制作用。同时地膜烟田杂草发生期比未盖膜烟田早，发生高峰期也相应提早，地膜烟田的杂草高峰期约在团棵期，而未盖膜烟田的高峰期在旺长期。烟田主要杂草发生两批，第一批为马唐、看麦娘等禾本科杂草，于 4 月下旬至 5 月上旬发生，第二批为稗及阔叶杂草，于 5 月上旬至 6 月中旬发生，两批杂草于 6 月下旬至 7 月上、中旬结籽成熟，不同年度间杂草消长规律相似。烟叶生长期间（4～9 月），正是降雨集中时期，即使及时中耕，也极易发生草害。烟田前期杂草发生早且数量大，烟苗返青至团棵期，根系不发达，受害严重；烟田后期杂草种类多、数量大且生长旺盛，此时虽然烟株进入旺长期，但杂草与烟齐长，使田间荫蔽、湿度增大，影响烟叶生长。

（二）烟田杂草危害

1. 与烟草争夺水分、养分、光照和空间，降低烟叶产量和质量　许多杂草根系发达，吸收能力强，苗期生长速度快，光合效率高，夺取水分、养分和光照的能力比烟草大得多，从而影响烟草的生长发育，降低烟叶产量和质量。烟田杂草生长量与烟株农艺性状、烟叶产质量的关系经相关性分析得出，杂草为害程度与烟株叶片数呈负相关，杂草为害程度直接影响烟株的叶片数，杂草鲜重与上等烟比例、产量、产值均呈负相关，与单位面积产值的相关系数达极显著水平。杂草鲜重提高 2～7 倍，上等烟比例下降 10%～60%，产量分别下降 12%～43.9%，产值下降 26.2%～68.9%。

2. 传播病虫害，直接或间接危害烟草　许多杂草都是烟草病菌、病毒或害虫的中间寄主，可传播病虫害。如茄科、十字花科的一些杂草是烟蚜的中间寄主，有的也是烟草病毒病的中间寄主，可经烟蚜等昆虫传播。有研究表明，在炭疽病发生高峰期，自烟移栽采收结束，不除草的烟株比完全人工除草的烟株病情指数高 0.14；在赤星病发生高峰期，不除草的烟株比完全人工除草的烟株病情指数高 3.39；在烤烟成熟期，不除草的烟田比完全人工除草的烟田斜纹夜蛾虫株率高 10%。杂草密集，烟田湿度大，通风透光不足，烟株长势差，有利于病害的发生。

3. 增加管理用工和生产成本　除草管理花费大量的劳力，增加生产成本，尤其是生产大忙季节，时间紧、任务重、劳动强度大，若雨季到来，中耕除草难于进行，易形成草荒，造成更大的损失。

三、烟田杂草防除技术

根据杂草发生规律，必须对杂草"压前控后"，利用耕作、栽培技术和烟田管理手段，结合化学防除技术降低杂草为害。

（一）加强植物检疫

植物检疫是烟田杂草防除最基本的措施之一。应杜绝外来恶性杂草随种子或苗木的调运传入烟田。

（二）农业防除

1. 作物轮作　轮作是综合除草体系中的重要环节之一。如水旱轮作就是防除水田和旱地杂草的重要措施。因水田杂草如鸭舌草、眼子菜等一般喜欢在土壤湿润或有固定的水层生长；而马唐、香附子等，则只能在旱地上生存。实行水旱轮作对水田、烟地的杂草都有较好的防除作用。

2. 施用腐熟的有机肥　当前，烟农主要施用的有机肥基本以自产的农家肥料为有机肥源，一般都混杂有大量的杂草种子，且保持着相当高的发芽力。如不经高温腐熟而施入田间，就会增加田间杂草的为害程度。因此，堆肥和圈肥必须进行高温腐熟后才能施入烟田。经腐熟的有机肥料，不仅绝大多数杂草种子丧失发芽能力，而且有效肥力也大大提高。

3. 精耕细作，勤中耕　在烟草栽培管理等生产活动中，通过犁地、耕地、培土等农事操作，不仅能消灭不同时期出苗的杂草地下繁殖器官，减弱杂草再生能力，减轻草害，同时又可疏松土壤，改善烟株根系发育环境，促进烟株生长发育，增强抗病性。中耕是烟草生长期间重要的除草措施，必须强调早中耕、勤中耕。在烟草旺长期之前和雨季到来之前，连续进行 2～3 次中耕除草是防除杂草的关键措施。

（三）物理防除

物理防除方法主要是通过在烟田上覆盖有色薄膜和除草膜，控制杂草生长，以达到防治目的。地膜覆盖的烟田（地）杂草为害明显轻于未盖膜烟田（地）。

1. 覆盖有色薄膜　常规无色地膜覆盖，有利于保湿增温，还能部分抑制烟田杂草的生长发育，无色膜对双子叶杂草防效较好，对单子叶杂草防效较差。研究表明，地膜覆盖以黑色膜为最好，杂草植株和重量减少明显，而且能提高土壤温度。

2. 覆盖除草膜　除草膜主要是在生产制作地膜时就将一些除草剂如异丙甲草胺等加入到地膜中，如精异丙甲草胺地膜等，使地膜除了具备物理防除作用以外，还能通过除草剂杀灭生长较弱的烟田杂草，对控制烟田多种杂草具有良好效果。

（四）化学除草

化学除草是根据农作物和杂草的生长特点与规律，化学除草剂的类型和对植物的作用原理防除杂草的方法，具有减轻劳动强度、降低生产成本、简便易行、收效突出等特点。

目前用于防除烟田杂草的除草剂主要有敌草胺、异噁松·仲灵、异丙甲草胺、双苯酰草胺、甲草胺、精异丙甲草胺、氟吡甲禾灵、吡氟禾草灵等，主要用于防除一年生杂草，尤其是对一年生禾本科杂草防除效果最好。砜嘧磺隆、异噁松·仲灵、异丙甲草胺对烟田单子叶和双子叶杂草防除效果明显。

1. 土壤处理

（1）50％敌草胺可湿性粉剂。烟草移栽前 5 d 内或移栽后当日，用 50％敌草胺可湿性粉剂有效成分 975～1 950 g/hm²，对水 750L 稀释药液，均匀喷于土表，或者混于 2～5 cm 的浅土层中，也可在移栽后结合培土，进行墒面施药，防除多数单子叶和双子叶杂草。

（2）40％异噁松·仲灵乳油。移栽前 5 d 内或移栽后当日，用 40％异噁松·仲灵乳油有效成分 1 050 g/hm²，对水 750L 稀释配成药液，均匀喷于土表，可有效防除多数单子叶和双子叶杂草。

（3）72％异丙甲草胺乳油。移栽前 5 d 内或移栽后当日，用 72％异丙甲草胺乳油有效成分 1 296 g/hm²，对水 750L 稀释配成药液，均匀喷于土表，可有效防除多数单子叶和双子叶杂草。

（4）90％双苯酰草胺可湿性粉剂。移栽前 5 d 内或移栽后当日，用 90％双苯酰草胺可湿性粉剂有效成分 4 050～5 400 g/hm²，对水 750L 稀释配成药液，均匀喷于土表，也可在移栽后结合培土施药。

（5）96％精异丙甲草胺乳油。移栽前 1～2 d，在杂草种子萌发前，用 96％精异丙甲草胺乳油有效成分 216～864 g/hm²，对水 750L 稀释配成药液，均匀喷于土表，或者混于 2～5 cm 的浅土层中，也可在移栽后结合培土，进行墒面施药。

（6）48％甲草胺乳油。移栽前 1～2 d，在杂草种子萌发前，用 48％甲草胺乳油有效成分 3 600 g/hm²，对水 750L 稀释配成药液均匀喷于土表，或者混于 2～5 cm 的浅土层中，也可在移栽后结合培土，进行墒面施药，可有效防除多数单子叶和部分双子叶杂草。

施药后有雨或者灌水湿润土壤，以利于杂草萌发，提高防效。若土壤过于干旱或预报短期内不会降雨，则施药于浅层混土 2～3cm；盖膜烟草田可在施药后盖膜，移栽时打孔移栽。在烟—麦轮作田中，从使用双苯酰草胺到小麦播种至少要隔 120 d。在烟叶收获后进行灌溉或深耕，避免药害发生。

2. 茎叶喷雾处理

（1）25％砜嘧磺隆干悬浮剂。烟株生长期，烟田杂草基本出齐后，当杂草 3～5 叶时，用 25％砜嘧磺隆干悬浮剂有效成分 18.75 g/hm²，对水 450～600 L 稀释配成药液，均匀喷于烟株行间杂草茎叶上，防除单子叶和双子叶杂草。配药时，先将 25％砜嘧磺隆干悬浮剂配成母液，再对水充分混匀均匀喷施于烟沟杂草茎叶上。

（2）10.8％高效氟吡甲禾灵乳油。烟苗移栽后，烟株生长期和烟田禾本科杂草 3～6 叶期，用 10.8％高效氟吡甲禾灵乳油 81 g/hm²，对水 450～600L 稀释配成药液，均匀喷于烟株行间杂草茎叶上，防除禾本科杂草。

（3）15％吡氟禾草灵乳油。烟苗移栽后，烟株生长期和烟田禾本科杂草 3～6 叶期，用 15％吡氟禾草灵乳油 168.75 g/hm²，对水 450～600L 稀释配成药液，均匀喷于烟株行间杂草茎叶上，防除禾本科杂草。

（4）6.9％精噁唑禾草灵水乳剂。烟苗移栽后，烟株生长期和烟田禾本科杂草 3～6 叶期，用 6.9％精噁唑禾草灵水乳剂 51.75～62.1 g/hm²，对水 450～600L 稀释配成药液，均匀喷于烟株行间杂草茎叶上，防除禾本科杂草。配药时，先将 6.9％精噁唑禾草灵水乳剂配成母液，再对水充分混匀均匀喷施于烟沟杂草茎叶上。田间施药时注意不要使药液飘移到周围作物田，以免造成药害。

傅杨（云南农业大学植物保护学院）

主 要 参 考 文 献

艾萍 . 2011. 小麦田菵草对精噁唑禾草灵抗药性的初步研究 ［D］. 南京：南京农业大学 .

巴图尔·贾帕 . 2005. 国家检疫性杂草菟丝子种子的检验及其防治技术 ［J］. 新疆畜牧业（5）：62.

毕俊昌，冯学良，孙彦辉，等 . 2011. 天津市麦田杂草群落构成调查及化学防除技术 ［J］. 天津农业科学，17（4）：71 - 73.

毕妍 . 2012. 75％吡嘧-苯噻酰可湿性粉剂防除水稻移栽田杂草药效研究 ［J］. 现代农业科技，24：140.

蔡建华，焦骏森，戴思金，等．2007.旱直播稻田杂草发生特点及化除技术［J］.杂草科学（1）：41-42.

曹端荣，廖冬如，王修慧，等．2011.鄱阳湖区稻田杂草演替及防控中存在问题与防范对策［J］.江西农业学报，23（4）：81-82.

曹慧，钟永玲．2011.当前小麦市场形势分析及后期展望［J］.农业展望（5）：7-11.

曹晓利．2008.双穗雀稗的综合防治［J］.现代农业科技（18）：145.

常向前，李儒海，褚世海，等．2009.湖北省水稻主产区稻田杂草种类及群落特点.中国生态农业学报，17（3）：533-536.

常向前，张舒，吕亮，等．2012.1%禾长蠕孢稗草专化型孢子粉剂对稻田稗草防治效果［J］.安徽农学通报，18（12）：114，140.

常向前，张舒，余柳青，等．2011.湖北省稻田稗草对二氯喹啉酸的抗性及生物学特性观察［J］.湖北农业科学，50（24）：5116-5118.

车晋滇．2008.北京市麦田杂草群落演替与防除技术［J］.杂草科学（2）：26-30.

陈保桦，张娟，伊布，等．2011.野燕麦群体对麦极抗药性的研究［J］.中国农学通报（18）：255-259.

陈国奇，郭水良，印丽萍．2008.外来入侵种植物学性状和环境因子间关系的典范对应分析［J］.浙江大学学报：农业与生命科学版，34：571-577.

陈鹤生，茅富亭，任建华．1986.水稻白叶枯病越冬菌源的研究［J］.浙江农业大学学报（1）：79-84.

陈建国，张夕林．2005.水生蔬菜田杂草发生规律及其控制技术［J］.安徽农学通报，11（7）：96-108.

陈锦华，戴余军，姜益泉．2008.矮慈姑的研究进展［J］.氨基酸和生物资源，30（4）：13-16.

陈静福，章新民，朱树清，等．1998.秋豌豆杂草种类及其防除技术［J］.浙江农业科学（5）：239-240.

陈娟，马国胜，高智谋．2002.大豆田主要杂草的综合防除及除草剂安全合理施用技术［J］.安徽农业科学，30（2）：254-256.

陈亮编译，吴霞校．2003.四唑酰草胺——一种新颖的稻田除草剂［J］.农药，25（1）：46-47.

陈明如，尹灵艳，王云，等．2007.常德市油菜田杂草种类、分布及危害［J］.杂草科学（1）：37-40.

陈前武，郭镁，淦城，等．2010.赣北棉田杂草调查［J］.中国棉花（11）：23-25.

陈守良．1979.中国植物志：第九卷［M］.北京：科学出版社.

陈树文，苏少范．2007.农田杂草识别与防除新技术［M］.北京：中国农业出版社.

陈庭俊，李海明．2002.蔗田杂草的发生与防除［J］.甘蔗糖业（2）：19-22.

陈先茂，秦厚国，彭春瑞，等．2010.稻糠替代化学除草剂控制早稻田杂草的试验初报［J］.品种与技术，16（3）：39-40.

陈欣，唐建军，王兆骞．2002.农业生态系统中生物多样性的功能——兼论其保护途径与今后研究方向［J］.农村生态环境，18（1）：38-41.

陈欣，王兆骞，唐建军．2000.农业生态系统杂草多样性保持的生态学功能［J］.生态学杂志，19（4）：50-52.

陈勇，倪汉文．1999.中国稗草病原真菌对稗草及水稻的致病性［J］.中国生物防治，15（2）：73-76.

陈章发，杨玉萍，魏昌贵．2004.21.2%草除灵·喹禾灵·胺苯磺隆 WP 防除油菜田杂草药效试验［J］.湖南农业科学（4）：47-48.

陈志石，吴竞仑，周恒昌．2006.乌蔹莓在果桑茶园的发生规律及化学防除［J］.杂草科学（3）：25-26.

陈仲球，赵雅琴．2009.莠灭净悬浮剂防治甘蔗田杂草的效果［J］.浙江农业科学（2）：396-397.

陈庄，李康平．1998.雷州半岛旱地蔗田杂草调查及化学除草技术研究［J］.湛江海洋大学学报，6（2）：66-68.

程斐，孙朝晖，赵玉国，等．2001.芦苇末有机栽培基质的基本理化性能分析［J］.南京农业大学学报，24（3）：19-22.

程勤海，丰青，陆志杰，等．2011.浙江省海宁市直播稻田千金子大发生原因及治理对策［J］.杂草科学，29（2）：60-62.

储全元，余龙生，肖满开，等．2006.油菜田杂草发生规律与化学防除技术［J］.安徽农业科学，34（16）：4025，4076.

褚建君，李扬汉．2002.茵草生物学特性及其可利用性探讨［J］.杂草科学（1）：1-4.

褚建君，王庆亚，李扬汉．2001.茵草对油菜的竞争临界期［J］.江苏农业科学（6）：36-38.

崔必波，吉荣龙，李俊．2008.40%扑乙 EC 防除直播棉田杂草效果［J］.中国棉花（1）：10-12.

崔海兰．2009.播娘蒿对苯磺隆的抗药性研究［D］.北京：中国农业科学院.

崔萍．2010.果园杂草防治技术［J］.宁夏农林科技（6）：160.

代明江．2003.蔗田杂草发生特点及综合防除技术［J］.西昌农业科技（1）：3.

戴晓琴，欧阳竹，李运生．2011.耕作措施和施肥方式对麦田杂草密度和生物量的影响［J］.生态学杂志（2）：234-240.

邓翠娥，林建荣，朱杰稳，等．2007.乌蔹莓对外科化脓性感染治疗作用的研究［J］.时珍国医国药，18（4）：865.

邓祖喜，王德好，洪茂兴，等．1997.水直播稻田杂草综合治理关键性技术的研究［J］.安徽农业科学，25（2）：165-168.

丁锦华，徐雍皋，李希平．1995．植物保护辞典［M］．南京：江苏科学技术出版社．

丁新天．1995．新型超高效广谱稻田除草剂"杀草神"［J］．江西农业科技（4）：31．

丁旭锋．2010．磺草灵钠盐水剂防治甘蔗田一年生杂草试验［J］．浙江农业科学（2）：382-383．

董海，蒋爱丽，杨皓，等．2007．辽宁省水稻田扁秆藨草危害状况［J］．杂草科学（4）：24-25．

董海，王疏，邹小瑾，等．2005．辽宁省水稻田杂草种类及群落分布规律研究［J］．杂草科学（1）：8-13．

董海，蒋爱丽，纪明山，等．2005．辽宁省长芒稗对二氯喹啉酸的抗药性研究［J］．辽宁农业科学（5）：6-8．

董立尧，武淑文，高同春，等．2003．千金子发生特点与危害及其防除研究进展［J］．中国农学通报，19（1）：55-61．

董立尧，王鸣华，武淑文，等．2005．小麦对直播稻田千金子的化感作用及化感物质分离鉴定［J］．中国水稻科学，19（6）：551-555．

董立尧，武淑文，沈晋良．2005．千金子种子的休眠解除方法与萌发条件研究［J］．江苏农业科学（5）：48-51．

董立尧，武淑文，徐衡，等．2003．不同栽培方式下稻田千金子的成株与结实特性研究［J］．中国农学通报，4（19）：123-125．

董林林，赵先贵，巢世军，等．2008．镉污染土壤的植物吸收与修复研究［J］．农业系统科学与综合研究，24（3）：292-295．

董兴国，范志伟，周裕方．1990．草甘膦应用于蔗田除草的技术研究［J］．甘蔗糖业（5）：20-26．

杜可红，王必达．2001．池州市油菜田杂草调查及防除技术［J］．安徽农业科学，29（3）：358-359．

樊翠芹，王贵启，李秉华，等．2009．河北省棉田杂草发生规律及化学防除［J］．河北农业科学，13（10）：23-25．

樊晓中，高文川，刘明慧，等．2012．北方薯区甘薯三大病害和杂草的综合防治［J］．农业科技通讯（1）：92-95．

范立志．1998．稻田野荸荠上升原因及化除技术探索［J］．杂草科学（3）：34，39．

范志伟，董兴国．1992．海南省蔗田杂草调查［J］．海南岛农业科技（1）：7-10．

范志伟，沈奕德．1999．绿黄隆等除草剂对甘蔗田杂草的防效和安全性［J］．热带农业科学（1）：23-26．

范志伟，周裕芳，董兴国，等．1990．草甘膦防护施药灭除甘蔗园杂草的研究［J］．热带作物科技（5）：54-57．

方芳，茅玮，郭水良．2006．入侵杂草一年蓬的化感作用研究［J］．植物研究，25：449-452．

方改霞，单林娜，谭洪志，等．2009．矿区与非矿区土壤重金属在艾蒿中的富集研究［J］．安徽农业科学，37：2157-2158．

方建增，朱永芳，胡舜尧．1993．不同除草剂防除稻田多种杂草效果试验［J］．浙江农业科学（1）：32-33．

冯宏祖，王兰．2008．新疆南部棉区棉田杂草调查［J］．安徽农业科学院，36（7）：2819-2820．

冯维卓，吴建良．2001．除草剂的使用现状和存在问题［C］//江苏省杂草研究会成立20周年暨第十次学术年会论文集：2-15．

付凯廉，苏毅．1989．小麦玉米两熟制农田杂草化学防除技术［J］．杂草学报（4）：38-41．

付永能，郭辉军，陈爱国，等．2001．热带地区水田耕作多样性——以西双版纳大卡老寨为例［J］．云南植物研究（S1）：69-74．

傅得月．1993．双穗雀稗的栽培与利用［J］．中国食草动物（4）：20-21．

傅杨．2005．云南省甘蔗田杂草发生危害状况及化学防除技术［D］．北京：中国农业大学．

傅杨．2008．甘蔗田杂草的生态经济防治阈值［J］．云南大学学报，30（S1）：160-165．

高同军，强胜，朱云枝，等．2006．甜菜白带野螟对空心莲子草的生物防治潜力的研究［J］．安徽农业科学，34（13）：3023-3024．

高兴祥，李美，高宗军，等．2010．外来入侵植物小飞蓬化感物质的释放途径［J］．生态学报，30：1966-1971．

高永良．1990．利用大麻防除眼子菜［J］．植物保护（增刊）：73．

高志亮，过燕琴，邹建文．2011．外来植物水花生和苏门白酒草入侵对土壤碳氮过程的影响［J］．农业环境科学学报，30：797-805．

高宗军，李美，高兴祥，等．2011．不同耕作方式对农田环境及冬小麦生产的影响［J］．中国农学通报，27（1）：36-41．

葛传吉，万鹏．1990．鳢肠的细胞学研究［J］．中国中药杂志，15（11）：16-18．

耿爱军，李法德，李陆星．2007．国内外植保机械及植保技术研究现状［J］．农机化研究（4）：189-191．

耿锐梅，傅杨，张文明，等．2008．麦根腐平脐蠕孢和薏苡平脐蠕孢防治稻田稗草的生物活性和安全性［J］．中国水稻科学，22（3）：307-312．

耿锐梅，余柳青，罗成刚．2012．禾长蠕孢菌孢子及粗毒素对稗草防御酶系活性的影响［J］．安徽农业科学，40（35）：17117-17120．

龚庆维，李璞．1991．免耕农作制对杂草发生的影响［J］．杂草学报，5（4）：7-14．

巩江，张晶，倪士峰，等．2009．国产乌蔹莓属植物药学研究［J］．安徽农业科学，37（7）：3031-3032．

谷祖敏，纪明山，张杨，等．2009．草茎点霉粗毒素的除草活性和杀草谱研究［J］．沈阳农业大学学报，40（4）：431-

434.

顾伯良，周子骥，周丽花，等.2002.30％直播宁 WP 对水稻秧田杂草的防治效果及安全性［J］.杂草科学（4）：35－36.

顾立元，薛良鹏，赵成美，等.1992.绿豆田杂草的发生特点与防除研究［J］.杂草科学（1）：20－22.

顾文，陆云梅，傅华欣，等.2005.稻田千金子发生危害及防除对策［J］.上海农业科技（5）：26－27.

关成宏，马红，董爱书，等.2010.大豆田难治杂草防除技术进展［J］.现代化农业（5）：5－6.

官宝斌，林海，白万明，等.1999.东南烟区大田杂草种类及分布［J］.福建农业科技（4）：8－9.

管康林.2009.种子生理生态学［M］.北京：中国农业出版社.

管丽琴，陈建生，陈根兴，等.2001.水直播稻田稗、水莎草的危害损失与复合防除指标［J］.上海农业学报，17（2）：79－81.

广西壮族自治区革命委员会卫生管理服务站.1970.广西中草药：第 2 册［M］.南宁：广西人民出版社.

桂耀林，杨宝珍，杨肇驯.1974.稻田杂草眼子菜的形态特征及化学防除［J］.植物学杂志（2）：14－15.

郭峰.2011.日本看麦娘、野燕麦对精噁唑禾草灵及炔草酸的抗药性研究［D］.北京：中国农业科学院.

郭凤根，李扬汉.2000.检疫杂草菟丝子生物防治研究的进展［J］.植物检疫，14（1）：29－31.

郭海林，刘建秀，郭爱桂，等.2002.中国狗牙根染色体数变异研究初报［J］.草地学报，10（1）：69－73.

郭建军，王凤池，朱仲学.2009.9 种除草剂在覆膜棉田田间药效试验［J］.山东农业科学（2）：87－89.

郭良芝，郭青云，辛存岳，等.2006.24％烯草酮 EC 防除春油菜田野燕麦药效试验［J］.现代农药，5（3）：47－48.

郭良芝.2010.龙拳除草剂在青海春油菜田防除效果初报［J］.青海大学学报：自然科学版，28（1）：80－82.

郭青云.2002.青海省春油菜田杂草发生危害与防除技术研究［J］.杂草科学（3）：27－30.

郭水良，方芳，黄华，等.2004.外来入侵植物北美车前繁殖及光合生理生态研究［J］.植物生态学报，28：787－793.

郭文超，张淳，李新唐，等.2008.新疆麦田杂草种类、分布危害及其综合防治技术［J］.新疆农业科学，45（4）：676－681.

韩云，殷艳华，王丽晶，等.2011.广东烟田主要杂草类型与不同轮作方式杂草种类调查［J］.广东农业科学（21）：76－81.

韩锋利，王险峰.2007.常见旱田难治杂草防治方法［J］.现代化农业（8）：29－30.

郝建华，强胜，杜康宁，等.2010.十种菊科外来入侵种连萼瘦果风力传播的特性［J］.植物生态学报，34：957－965.

何翠娟，周伟军，金燕.2004.上海市麦田杂草的发生、危害现状和防除对策［J］.上海交通大学学报：农业科学版，（22）4：393－399.

何锦豪，王美玲.1989.稻田杂草萤蔺的生物学特性及其防除［J］.杂草科学，4（4）：4－5，41.

何其禹，于谅文.1991.夏玉米田的杂草发生及其防除技术［J］.杂草科学（1）：30－31.

何永福，何占祥，聂莉，等.2003.甲克粉剂防除野荸荠、眼子菜试验［J］.贵州农业科学，31（6）：38－40.

何永福，何占祥.2002.稻田恶性杂草野荸荠的生长发育及其在贵州的分布［J］.贵州农业科学，30（1）：37－38.

何永福，聂莉.1999.野荸荠生物学特性研究［J］.贵州农业科学，27（2）：20－23.

何永梅.2008.鸭舌草药用良方［J］.南方农业，2（1）：38.

何余堂，陈宝元，傅廷栋，等.2003.白菜型油菜在中国的起源与进化［J］.遗传学报，30（11）：1003－1012.

何玉涛，张凡江，许洪伟，等.2005.大豆田难治杂草应用草甘膦防除技术［J］.现代化农业（7）：8.

何占祥，李照荣，秦立新.1993.泽泻等稻田常见杂草对水稻产量的影响［J］.贵州农业科学（5）：27－31.

何占祥，何永福.2000.贵州稻田主要杂草发生情况调查报告［J］.贵州农业科学（1）：21－24.

胡萃，刘强，龙婉婉，等.2011.水生植物对不同富营养化程度水体净化能力研究［J］.环境科学与技术（10）：6－9.

胡林峰，崔乘幸，吴玉博，等.2010.艾蒿化学成分及其生物活性研究进展［J］.河南科技学院学报：自然科学版，4（38）：75－78.

胡天印，方芳，郭水良，等.2007.外来入侵种加拿大一枝黄花及其伴生植物光合特性研究［J］.浙江大学学报：农业与生命科学版，33：379－386.

胡玉珍.2000.沿江圩区水稻直播田杂草的发生特点及综合防除措施［J］.安徽农业（5）：20－21.

华南农业大学.1994.植物化学保护［M］.北京：中国农业出版社.

黄爱军，赵锋，陈雪凤，等.2009.施肥与秸秆还田对太湖稻—油复种系统春季杂草群落特征的影响［J］.长江流域资源与环境，18（6）：515－521.

黄炳球，王小艺.2000.我国稻区稗草的抗药性值得重视［J］.植物保护，26（1）：36－38.

黄春艳，陈铁保，王宇，等.1998.黑龙江省大豆田杂草及其化学防除［C］//植物保护 21 世纪展望暨第三届全国青年植物保护科技工作者学术研讨会文集.北京：中国农业科学技术出版社：622－624.

黄春艳，陈铁保，王宇.1999.东部地区大豆田杂草种群演变趋势及其化学防除［J］.大豆科学，18（3）：255－259.

黄春艳.2010.大豆除草剂使用技术［M］.北京：金盾出版社.

黄衡宇，龙华，李鹂．2011．一年蓬的胚胎学研究［J］．西北植物学报，31：1132-1141．

黄继，唐明，牛振川，等．2007．四川遂宁地区石油污染土壤中丛枝菌根真菌［J］．生态学杂志（9）：14．

黄建中，等．1996．杂草学［M］．北京：中国农业科学技术出版社．

黄柯程．2006．油菜田除草剂胺苯磺隆·草除灵·精喹禾灵水分散粒剂的研制［D］．长沙：湖南农业大学．

黄凌洪，潘华，柳岸峰，等．2005．多效唑与二氯喹啉酸对水稻生理效应的初步研究［J］．江西农业学报，17（1）：21-24．

黄世文，余柳青，段桂芳，等．2003．稻糠与浮萍控制稻田杂草和稻纹枯病初步研究［J］．植物保护，29（6）：22-26．

黄世文，余柳青，罗宽．2004．稻田杂草生物防治研究现状、问题及展望［J］．植物保护，30（5）：5-11．

黄世文，卢继英，赵航，等．2005．稗草病原菌防御性接种防治稻瘟病研究初报［J］．中国水稻科学，19（4）：384-386．

黄世文，余柳青，段桂芳，等．2005．禾长蠕孢菌和尖角突脐孢菌防治稗草的研究［J］．植物病理学报，35（1）：66-72．

黄世霞，何金铃，王庆亚，等．2010．看麦娘对烯禾啶和高效氟吡甲禾灵产生抗药性分子基础［J］．激光生物学报，19（6）：832-837．

黄世霞，王庆亚，张守栋．2008．油菜田看麦娘对精喹禾灵和烯禾啶交互抗性［J］．农药，47（9）：679-681，688．

黄世霞，王在贵，开薇．2007．合肥地区油菜田杂草种群分布及生态位特征的初步研究［J］．安徽农学通报，13（16）：76-78．

黄应昆，李文凤，罗志明，等．2002．40％氰草津胶悬剂防除蔗田杂草田间药效试验［J］．甘蔗，9（4）：23-25．

黄正芳，李健，李品刚，等．2012．10％噁唑酰草胺乳油等对水稻直播田杂草的防效［J］．杂草科学，30（2）：49-50．

纪邵军．2011．黄淮地区夏大豆田杂草的发生规律及化学防治技术［J］．现代农业科技（16）：171．

季兴祥，陈龙，徐进，等．2000．水稻抛秧田化学除草技术［J］．杂草科学（2）：32-36．

贾增坡，黄亮，李峰雪，等．2007．20％烯草酮·草除灵悬浮剂防除免耕移栽油菜田间药效试验［J］．农药科学与管理，28（9）：28-30，54．

江鸿辉．1991．夏玉米田杂草发生规律及防除［J］．杂草科学（2）：32-33．

江金源，单祥忠，陈占荣，等．2000．千金混用对稻田稗草及扁秆藨草防除技术研究［J］．农药，39（9）：36-38．

江荣昌，姚秉琦．1989．化学除草技术手册［M］．上海：上海科学技术出版社．

江荣昌．1991．稗草主要生物学特性及其防除［J］．植物生态学与地植物学学报，15（4）：366-373．

江苏省植物研究所．1977．江苏植物志：上册［M］．南京：江苏人民出版社．

姜述君，范文艳，鞠世杰．2007．狭卵链格孢菌株AAEC05-3及其毒素对稗草的致病性［J］．植物保护学报，34（3）：287-283．

姜述君，强胜，朱云枝．2006．画眉草弯孢霉菌除草活性化合物的分离鉴定及其生物活性测定［J］．植物保护学报，33（3）：313-318．

蒋爱丽，纪明山，董海．2005．三种稗草对二氯喹啉酸的敏感性研究［J］．杂草科学（1）：6-7．

蒋仁棠，谈文瑾，唐吉燕，等．1992．直播芹菜田杂草发生规律及化学防治研究［J］．杂草学报，6（4）：33-34．

解笑瑜，苏艳芳，柴欣，等．2009．苏门白酒草的化学成分研究［J］．中草药，11（40）：1715-1719．

巨云为，辛红，武斌，等．2012．除草剂对徐州山地林下主要杂草的防除［J］．林业科技开发，26：119-121．

康岭生，王广祥，张伟，等．2004．吉林省玉米、大豆田化学除草的现状与发展对策［J］．吉林农业大学学报，26（4）：455-457，461．

康昕东，刘占山，柏连阳，等．2011．野荸荠的生物学特性及防除策略［J］．湖南农业科学（13）：102-104．

康学耕，富力，唐恩全，等．1993．松辽生态区扁秆藨草无性繁殖规律的数量研究［J］．植物学报，35（6）：466-471．

康学耕，图力古尔，董金荣，等．1994．松辽生态区稻田雨久花的初步研究［J］．吉林农业大学学报，16（2）：50-53

康学耕，禹航，杨利民，等．1994．吉林省几种主要稻田杂草对水稻子实产量的影响［J］．吉林农业科学（3）：47-49．

李涛，沈国辉，钱振官，等．2009．耐草甘膦杂草控制技术研究［J］．上海农业学报，25（3）：54-58．

李秉华，王贵启，樊翠芹，等．2010．夏播大豆田秸秆覆盖对杂草发生的影响与减量用药研究［J］．杂草科学（2）：10-14．

李伯航，魏义章．1994．河北玉米栽培［M］．石家庄：河北科学技术出版社．

李慈厚，李红阳，李洪山．2003．盐城沿海农业区麦田杂草群落演替及控治对策［J］．杂草科学（1）：28-30．

李聪，周鑫．2010．楚州区油菜田杂草发生规律及防除技术［J］．现代农业科技（20）：206，208．

李丹．1987．福建省稻田杂草的调查研究［J］．福建农学院学报（4）：267-277．

李粉华，蒋林忠，孙国俊，等．2003．水直播稻田杂草发生与防除技术探讨［J］．杂草科学（2）：20-21．

李根有，金水虎，哀建国．2006．浙江省有害植物种类、特点及防治［J］．浙江林学院学报，23：614-624．

李贵，吴竞仓，王一专，等．2010．不同水稻品种抑制杂草潜力的田间评价［J］．中国农业科学，43（5）：965-971．

李贵，王一专，吴竞仓．2010．甘薯田杂草的防除策略［J］．杂草科学（4）：15-18．

李贵，吴竞仑．2006．江苏省小麦田禾本科杂草发生趋势及防除策略思考［J］．杂草科学（4）：9‐10．

李国凤，盛其潮，杨宝珍，等．1985．扁秆藨草繁殖特性的初步观察及化学防除［J］．植物学通报，3（3）：58‐60．

李洪林，吴亚晶，宋伟，等．2009．10%稻笑乳油对苗床稗草的防效［J］．现代农业科技，19：157‐158．

李华英，贾雄兵，劳恒，等．2009．75%三氟啶磺隆钠盐水分散粒剂防除甘蔗田杂草的效果［J］．杂草科学（3）：42‐44．

李建军，胡冠芳．2007．10%丙酯草醚乳油对油菜田杂草防效及油菜农艺性状影响［J］．甘肃农业科技（6）：25‐27．

李京民，毛整生，袁立朋．1995．乌蔹莓化学成分的研究［J］．中医药学报（2）：52‐53．

李军红，田胜尼，杜伟伟．2007．外来种一年蓬化感作用的初步研究［J］．安徽农学通报，13：23‐26．

李俊，张春雷，马霓，等．2009．不同除草剂对冬油菜田间杂草控制和产量的影响［J］．湖北农业科学，48（7）：1585‐1588．

李莲媛，田奉俊，朴燕，等．2009．吉林省磐石市水田恶性杂草综合防除技术［J］．农业与技术，29（6）：97‐98．

李美，高兴祥，高宗军，等．2010．艾蒿对不同植物幼苗的化感作用初探［J］．草业学报，19：114‐119．

李美，邵邻相，徐玲玲，等．2012．野胡萝卜花挥发油成分分析及生物活性研究［J］．中国粮油学报，27：112‐115．

李萍萍，胡永光，李式军，等．2000．芦苇末有机基质在蔬菜栽培上应用效果的研究［J］．沈阳农业大学学报，31（1）：93‐95．

李萍萍，朱忠贵，胡永光．2000．芦苇末在食用菌和蔬菜栽培中的利用技术［J］．南京林业大学学报：自然科学版，24（6）：24‐26．

李茹，熊战之，陈香华，等．2006．丁噁乳油防除茄科蔬菜田杂草的效果［J］．杂草科学（4）：41‐42．

李茹，赵桂东，周玉梅，等．2004．豇豆田杂草的危害损失及其防除技术［J］．杂草科学（2）：25‐26．

李儒海，强胜，邱多生，等．2008．长期不同施肥方式对稻油轮作制水稻田杂草群落的影响［J］．生态学报，28（7）：3236‐3243．

李儒海，强胜，邱多生，等．2008．长期不同施肥方式对稻油两熟制油菜田杂草群落多样性的影响［J］．生物多样性，16（2）：118‐125．

李善林，倪汉文，张丽．1999．稗草出土对温度、水分及土壤深度的反应［J］．中国草地（4）：45‐47．

李淑顺，张连举，强胜．2009．江苏中部轻型栽培稻田杂草群落特征及草害综合评价［J］．中国水稻科学，23（2）：207‐214．

李淑顺，强胜，焦骏森．2009．轻型栽培技术对稻田杂草群落多样性的影响［J］．应用生态学报，20（10）：2437‐2445．

李淑顺，张连举，强胜．2009．江苏中部轻型栽培稻田杂草群落特征及草害综合评价［J］．中国水稻科学，23（2）：207‐214．

李淑英，朱加保，马艳，等．2012．安徽省沿江植棉区油棉连作棉田杂草多样性调查［J］．中国棉花（6）：11‐14．

李水清，赵春．2003．我国生物除草剂的研究进展［J］．湖北农学院学报，23（2）：135‐139．

李松，廖江雄，谢廷林，等．2010．糖料甘蔗生产田杂草防除技术概括［J］．中国种业（6）：17‐19．

李遂琴．2009．果园杂草的发生及其综合防治措施［J］．河南农业（10）：16‐16．

李孙荣．1991．杂草及其防治［M］．北京：北京农业大学出版社．

李涛，沈国辉，平立锋，等．2010．耳叶水苋田间发生消长规律及化学防除技术研究［J］．杂草科学（4）：23‐25．

李涛，沈国辉，平立锋，等．2011．稻田耳叶水苋发生规律及生物学特性研究［J］．植物保护，37（5）：172‐175．

李伟．2005．呼伦贝尔市岭西春油菜田阔叶杂草化学防除技术研究［J］．内蒙古农业科技（3）：21‐22．

李先信，张秋胜，张孝岳，等．2007．湖南柑橘园杂草种类及优势种群调查研究［J］．中国南方果树，36：1‐6．

李香菊．1996．免耕夏玉米田大龄杂草的发生危害与防除［J］．河北农业科学（1）：22‐24．

李香菊．1998．谈农作措施与杂草防除［J］．河北农业大学学报（4）：88‐92．

李香菊，王贵启，许网保．2003．玉米及杂粮田杂草化学防除［M］．北京：化学工业出版社．

李香菊，褚建君，李扬汉．2000．农达与乙阿合剂桶混防除免耕夏玉米田杂草研究［J］．江苏农业科学（2）：46‐49．

李晓辰，杨祎，陈可儿．2010．绞股蓝与其混淆品乌蔹莓的鉴别［J］．浙江中西医结合杂志，20（11）：712‐713．

李扬汉．1995．植物学［M］．上海：上海科学技术出版社．

李扬汉．1998．中国杂草志［M］．北京：中国农业出版社．

李扬汉，张宗俭，王建书，等．1994．有关真菌除草剂研究的进展［J］．生物防治通报，10（1）：35‐39．

李扬汉．1991．检疫及外来杂草与杂草检疫资料汇编［M］．南京：南京农业大学．

李拥兵，黄华枝，黄炳球，等．2002．我国中部和南方稻区稗草对二氯喹啉酸的抗药性研究［J］．华南农业大学学报：自然科学版，23（2）：33‐36．

李拥兵，王小玲．2004．湖南稻区稗草对二氯喹啉酸的抗药性研究［J］．植物保护，30（3）：48‐52．

李宗宝．2000．果园杂草种群变化及防除对策［J］．福建农业（2）：13．

梁帝允，强胜，张绍明，等．2009．稻田杂草稻发生趋重水稻生产受到威胁［J］．中国植保导刊，29（2）：38‐39．

梁森苗，王勤红，倪国富，等.2012.杨梅园自然生草对土壤肥力及果实品质的影响［J］.浙江农业学报，24：821-825.

梁晓娣，管红良，何柏银，等.2007.几种除草剂不同时期用药防除机插稻田鸭舌草试验简报［J］.上海农业科技（4）：134.

林冠伦.1991.80年代我国杂草生防的主要成就［J］.植物保护（1）：27-29.

林菁华.2012.我国油菜种质资源的搜集和研究［J］.河南农业（11）：63-64.

林汝法，柴岩，等.2002.中国小杂粮［M］.北京：中国农业科学技术出版社.

林贻鼎.1996.稻田稗草发生生态研究［J］.福建稻麦科技，14（2）：1-5.

林正眉，陈俊莹，林妙云，等.2004.广州市草坪杂草发生情况新报及防除措施研究［J］.草业科学，21（6）：68-72.

刘爱秀，杨明方，莫南.2008.甘蔗地薇甘菊药剂防除试验［J］.云南农业科技（2）：57.

刘宝祥，张锁荣.2008.麦田茵草对精噁唑禾草灵的抗药性研究［J］.江苏农业科学（4）：124-126.

刘长令，史庆领，李继德，等.2002.世界农药大全：除草剂卷［M］.北京：化学工业出版社.

刘丰乐，张晓辉，马伟伟，等.2020.国外大型植保机械及施药技术发展现状［J］.农机化研究（3）：246-248.

刘桂英，金晨钟，王义成，等.2005.浅议矮慈姑发生危害原因与防除技术［J］.湖南农业科学（1）：58-59.

刘剑秋，黄进华.1992.飘拂草属（Fimbristylis Vahl）果皮微形态特征的比较研究［J］.福建师范大学学报：自然科学版，8（1）：75-82.

刘剑秋.2001.中国飘拂草属植物果皮微形态特征及其系统学评价［J］.西北植物学报，21（2）：351-359.

刘静，董振生.2006.白菜型油菜杂种优势利用进展［J］.西北农业学报，15（5）：261-265.

刘利利，彭秋.2012.不同除草剂对高粱田苗后杂草的药效试验［J］.江苏农业科学，40（6）：112-113.

刘亮.2007.延边地区雨久花抗磺酰脲类除草剂机理的初步研究［D］.延边：延边大学.

刘乃炽，张子明，卢建玲.1998.新编农药手册（续编）［M］.北京：中国农业出版社.

刘蕊.2012.耳叶水苋对苄嘧磺隆的抗药性及生物学特性研究［D］.哈尔滨：东北农业大学.

刘生荣，张俊杰，李葆来，等.2003.我国棉田化学除草应用研究现状及展望［J］.西北农业学报，12（3）：106-110.

刘天学，李俐俐，纪秀娥.2004.绞股蓝和乌蔹莓的性状辨析与药用［J］.周口师范学院学报，21（2）：76-77.

刘婷婷，张洪军，王晓磊，等.2010.外来植物一年蓬对雾灵山生物多样性的影响［J］.北京大学学报：自然科学版，46（3）：365-370.

刘小林，胡红云，许家春，等.2007.烟嘧磺隆·莠去津防除玉米田杂草的效果［J］.安徽农学通报，13（15）：145.

刘于成，朱福官，滕金洪，等.2005.直播宁等在水稻秧田的除草效果及安全性［J］.杂草科学（2）：36，60.

龙世其，张峰，郭元宵，等.2008.除草剂对蔬菜地杂草防治效果的研究［J］.湖南农业科学（4）：115-116.

娄群峰，黄建中，张敦阳，等.1999.南京地区油菜田杂草群落特点及分布规律的研究［J］.江西农业大学学报，21（3）：370-375.

娄远来，薛光，邓渊钰.1998.江苏省稻茬麦田杂草分布与危害［J］.江苏农业科学（2）：36-37.

娄远来，杜金歧，邓渊钰.2005.21%乙精喹胺苯胶悬剂移栽油菜田除草效果及其安全性［J］.江苏农业科学（6）：68-70.

卢盛林，周于知，李勇.1991.除草通在韭菜和土壤中的残留动态及其对韭菜品质影响研究［J］.杂草科学，5（4）：29-33.

卢盛林，周于知.1991.除草通对育苗韭菜的安全性及除草效果的评价［J］.杂草科学，5（2）：33-35.

卢盛林.1987.菜田化学除草［M］.北京：知识出版社.

卢文洁，李文风，徐宏，等.2011.云南蔗园杂草发生与化学防除［J］.江苏农业科学，39（6）：228-229.

卢宗志，傅俊范，李茂海，等.2008.抗苄嘧磺隆雨久花的田间鉴定与替代药剂的筛选［J］.杂草科学（2）：31-32.

卢宗志，张朝贤，李贵军.2009.雨久花对磺酰脲类除草剂的抗药性机理［C］//第九届全国杂草科学大会论文集：116-117.

卢宗志，张朝贤，傅俊范，等.2009.稻田雨久花对苄嘧磺隆的抗药性［J］.植物保护学报，36（4）：354-358.

卢宗志，张朝贤，傅俊范，等.2009.抗苄嘧磺隆雨久花ALS基因突变研究［J］.中国农业科学，42（10）：3516-3521.

鲁娟，刘增洪，司永兵，等.2007.芦苇的特性、开发利用及其防除方法［J］.杂草科学（7）：7，8，24.

陆保理，张建新，王云香，等.2008.耳叶水苋药剂防除试验初报［J］.上海农业科技（4）：127-128.

陆保理，张建新，王玉香，等.2008.直播稻稗草对二氯喹啉酸抗性研究［J］.杂草科学（4）：31-32.

陆桂英.2012.10%韩秋好EC对直播稻田杂草防除效果探讨［J］.上海农业科技（3）：156-157.

陆强，冯克强，叶海英，等.2006.24%烯草酮EC防除油菜田禾本科杂草试验简报［J］.上海农业科技（4）：122-123.

陆善庆，王金其，任建国，等.1990.水莎草与直播水稻竞争关系研究初报［J］.杂草学报，4（4）：1-6.

陆善庆，管丽琴，杨益，等.1998.轻型农艺杂草发生与防除［M］.上海：上海科学技术文献出版社.

陆云梅，傅华欣，顾文，等.2001.水稻田千金子发生危害与防除对策［J］.杂草科学（1）：9-10.

罗莉，廖时萱，梁华清 . 1992. 乌蔹莓挥发油成分及其抗病毒活性 [J]. 第二军医大学学报，13 (2)：169 - 173.

罗明永 . 2008. 福建主要外来入侵植物的初步调查研究 [J]. 福建林业科技，35：167 - 170.

罗沙，余柳青，刘都才，等 . 2011. 稻田稗草对二氯喹啉酸的抗药性研究进展 [J]. 植物保护，37 (1)：7 - 10.

罗小娟，李俊，董立尧 . 2012. 大豆田鳢肠发生动态及其对大豆生长和产量的影响 [J]. 大豆科学，31 (5)：789 - 792.

罗战勇，李淑玲，谭铭喜 . 2007. 广东省烟田杂草的发生与分布现状调查 [J]. 广东农业科学 (5)：59 - 63.

吕德滋 . 1995. 农田杂草及防除 [M]. 北京：高等教育出版社 .

吕德滋，白素娥，李香菊 . 1996. 升马唐种群生态及其田间密度调控指标的研究 [J]. 植物生态学报，19 (1)：56 - 62.

吕东锋，王武，马旭洲，等 . 2010. 生态渔业中稻田养鱼（蟹）的生态学效应研究进展 [J]. 贵州农业科学，38 (3)：51 - 55.

吕庆革，王道革，吴桂 . 2001. 大豆田问荆的综合防治 [J]. 现代化农业 (11)：18.

马成亮 . 2006. 绞股蓝与乌蔹莓的比较形态学研究 [J]. 潍坊学院学报，2 (6)：18 - 19.

马丰蕾，贾克功 . 2007. 果园杂草的栽培学分类研究 [J]. 中国农业科技导报，9：134 - 138.

马红娟，林长福，高爽 . 2007. 5 种水田除草剂对稻稗和稗草的生物活性研究 [J]. 现代农药，6 (5)：42 - 46.

马辉刚，刘清华，胡水秀，等 . 2003. 22％胺苯·草除·精喹禾 WP 防除油菜田杂草药效试验 [J]. 江西农业科技 (6)：4 - 6.

马丽荣 . 2006. 兰州引黄灌区小麦和玉米田杂草群落及生态位研究 [D]. 兰州：甘肃农业大学 .

马淑英，张秀荣，张让堂，等 . 1996. 盾负泥虫控制鸭跖草效果及其取食行为的初步探讨 [J]. 中国生物防治，12 (4)：174 - 177.

马水花，何可锦 . 1990. 丁西颗粒剂的应用与推广 [J]. 植物保护 (6)：40.

马小艳，马艳，彭军，等 . 2010. 我国棉田杂草研究现状与发展趋势 [J]. 棉花学报，2 (4)：372 - 380.

马小艳，马艳，彭军 . 2011. 8 种茎叶处理除草剂对棉田杂草的防除效果 [J]. 农药，50 (1)：70 - 72.

马小艳，马艳，奚建平，等 . 2012. 豫北露地直播棉田杂草的发生及其与棉花的竞争作用 [J]. 棉花学报，24 (1)：91 - 96.

马跃峰，杜晓莉，覃建林 . 2005. 75％磺酰唑草酮干悬浮剂芽前防除蔗田杂草研究 [J]. 植物保护 (1)：84 - 87.

貌盼勇，罗莉，白雁平 . 1992. 乌蔹莓体外抗单纯疱疹病毒作用研究 [J]. 中华实验和临床病毒学杂志，3 (6)：300 - 303.

梅诗海 . 1994. 稻田稗草种子的发芽条件及休眠习性的调查研究 [C] // 第五次中国杂草科学学术会议论文集：192.

聂莉，何永福 . 1999. 野荸荠对水稻产量的影响 [J]. 贵州农业科学，27 (1)：32 - 34.

聂小琴，丁德馨，李广悦，等 . 2010. 某铀尾矿库土壤核素污染与优势植物累积特征 [J]. 环境科学研究，23 (6)：719 - 725.

宁洁珍，吴万春，暨淑仪，等 . 1992. 广东省农田杂草种类和群落学特征 [J]. 杂草学报，6 (4)：1 - 6.

农牧渔业部农垦局农业处 . 1987. 中国农垦农田杂草及防除 [M]. 北京：农业出版社 .

欧克芳 . 2012. 斜纹夜蛾危害水生植物 [J]. 园林 (8)：66.

彭军，马艳 . 2008. 棉田杂草发生危害及防除技术概述 [J]. 中国棉花，35 (10)：7 - 9.

彭超美，孙光忠，刘传清 . 2000. 43％去草灵一次性防除抛秧稻田杂草 [J]. 农药，39 (11)：45 - 46.

彭学岗，王金信，段敏，等 . 2008. 中国北方部分冬麦区猪殃殃对苯磺隆的抗性水平 [J]. 植物保护学报 (5)：458 - 462.

彭友林，刘光明，王云 . 2012. 常德地区茄果类蔬菜田间杂草种类、分布及危害 [J]. 草业科学，29 (5)：824 - 828.

彭兆普，马明勇，易光辉，等 . 2010. 稻—鸭—豆种养模式对稻田主要病虫草害的影响 [J]. 湖南农业科学 (21)：65 - 68.

朴仁哲，金玉姬，蔡春鹏，等 . 2004. 耐水星、农得时雨久花生物型杂草的发生及防治 [J]. 延边大学农学学报，26 (4)：248 - 252.

浦惠明，戚存扣，张洁夫，等 . 2005. 转基因抗除草剂油菜对十字花科杂草的基因漂移 [J]. 生态学报，25 (4)：910 - 916.

祁力钧，傅泽田 . 1998. 影响农药施药效果的因素分析 [J]. 中国农业大学学报，3 (2)：80 - 84.

钱希 . 1990. 苏北农垦稻区稗属杂草的发生以及对生态环境的反应 [J]. 杂草学报，4 (2)：29 - 34.

钱希 . 1996. 苏北垦区大豆田中国菟丝子生物学特性及防除 [J]. 大豆科学，15 (1)：62 - 68.

羌松，魏建华，贾玉华 . 2006. 48％氟乐灵 EC 防除新疆地膜棉田杂草效果研究 [J]. 新疆农业科学，43 (S1)：194 - 198.

强胜，李扬汉 . 1990. 安徽沿江圩丘农区夏收作物田杂草群落分布规律的研究 [J]. 植物生态学与地植物学学报，14 (3)：212 - 219.

强胜，李扬汉 . 1994. 安徽沿江圩丘农区水稻田杂草区系及草害的研究 [J]. 安徽农业科学，22 (2)：135 - 138.

强胜，刘家旺 . 1996. 皖南皖北夏收作物田间杂草植被特点及生态分析 [J]. 南京农业大学学报，19 (2)：17 - 21.

强胜，胡金良 . 1999. 江苏省棉区棉田杂草群落发生分布规律的数量分析 [J]. 生态学报，19 (5)：705 - 709.

强胜，魏守辉，胡金良 . 2000. 江苏省主棉区棉田草害发生规律的研究 [J]. 南京农业大学学报，23 (2)：18 - 22.

强胜，曹学章 . 2000. 中国异域杂草的考察与分析［J］. 植物资源与环境学报（9）：34－38.
强胜，曹学章 . 2001. 外来杂草在我国的危害性及其管理对策［J］. 生物多样性（9）：188－195.
强胜 . 2001. 杂草学［M］. 北京：中国农业出版社 .
强胜，沈俊明，张成群，等 . 2003. 种植制度对江苏省棉田杂草群落影响的研究［J］. 植物生态学报，27（2）：278－282.
强胜，马波 . 2004. 综观以化学除草剂为主体的稻田杂草防治技术体系［J］. 杂草科学，79（2）：1－4.
强胜，倪汉文，金银根，等 . 2009. 杂草学［M］. 2 版 . 北京：中国农业出版社 .
强胜，陈国奇，李保平，等 . 2010. 中国农业生态系统外来种入侵及其管理现状［J］. 生物多样性，18：647－659.
强胜，宋小玲，戴伟民 . 2012. 抗除草剂转基因作物面临的机遇与挑战及其发展策略［J］. 农业生物技术学报，18（1）：114－125.
乔丽雅，王庆亚，张守栋，等 . 2002. 稗属（*Echinochloa* Beauv.）杂草的生物学特性研究进展［J］. 杂草科学（3）：8－12.
秦厚国，叶正襄，黄水金，等 . 2004. 不同寄主植物与斜纹夜蛾喜食程度、生长发育及存活率的关系研究［J］. 中国生态农业学报（2）：45－47.
秦巧慧，彭映辉，何建国，等 . 2011. 野胡萝卜果实精油对蚊幼虫的毒杀活性［J］. 中国生物防治学报，27：418－422.
曲仲湘 . 1983. 植物生态学［M］. 北京：高等教育出版社 .
饶娜，董立尧，李俊，等 . 2007. 江苏省麦田杂草的发生、危害及防除研究进展［J］. 杂草科学（1）：13－15，48.
任永发，童贤明 . 2002. 杭州市郊直播稻田杂草种类及优势种调查［J］. 浙江农业科学（5）：241－243.
桑芝萍，马爱东，丁兰兰，等 . 2003. 江苏省如东县油菜田杂草的发生与防除研究［J］. 杂草科学（4）：15－18.
沙家骏，张敏恒，姜雅君 . 1992. 国外新农药品种手册［M］. 北京：化学工业出版社 .
邵菁，戴伟民，张连举，等 . 2011. 江苏省中部地区杂草稻遗传多样性及其起源分析［J］. 作物学报，37（8）：1324－1332.
沈旦军，周建平，周益民 . 2004. 宜兴市夏熟作物杂草发生情况及治理技术［J］. 中国植保导刊（4）：18－19.
沈国辉，石鑫，王学鹗，等 . 1990. 乙草胺防除油菜和几种蔬菜田杂草的应用技术研究［J］. 杂草学报，4（2）：23－27.
沈国辉，高文琦 . 1997. 蔬菜田杂草防除实用手册［M］. 上海：上海科学技术文献出版社 .
沈国辉，杨烈，高文琦 . 2003. 菜田、果园和茶园杂草化学防除［M］. 北京：化学工业出版社 .
沈国辉，邹珏，石鑫 . 1989. 上海郊区春番茄田杂草的发生与防除［J］. 杂草学报，3（4）：27－35.
沈建凯，黄璜，傅志强，等 . 2010，规模化稻鸭生态种养对稻田杂草群落组成及物种多样性的影响［J］. 中国生态农业学报，18（1）：123－128.
沈健英 . 1995. 狗牙根的生物学特性及其防治研究［J］. 上海农学院学报，13（3）：187－192.
沈金雄，傅廷栋 . 2011. 我国油菜生产、改良与食用油供给安全［J］. 中国农业科技导报，13（1）：1－8.
沈俊明，陈长军，冒宇翔，等 . 2001. 鳢肠马唐竞争作用研究［J］. 南京农专学报，17（3）：35－38.
沈奕德，范志伟，陈幸华 . 2003. RPA201772 防除甘蔗田杂草和安全性试验［J］. 华南热带农业大学学报（2）：5－8.
施卫省，刘基林，蕾茜，等 . 2005. 水冬瓜果渣对鸭舌草的防除效果研究［J］. 西北林学院学报，20（4）：119－121.
石鑫，陆善庆，邹珏，等 . 1989. 大蒜田杂草及其化学防除［J］. 杂草学报，3（1）：20－32.
石鑫，沈国辉，唐洪元 . 1990. 几个除草剂在蔬菜田的应用技术［J］. 杂草学报，4（1）：16－21.
石鑫，沈国辉 . 1990. 果尔（Goal）在移栽蔬菜上的应用技术研究［J］. 杂草学报，4（4）：21－25.
石鑫，沈国辉 . 1992. 夏淡季节蔬菜田杂草及其化学防除［J］. 杂草学报，6（1）：28－35.
石鑫，邹珏，王爱兴 . 1988. 马铃薯田杂草的发生与防除［J］. 杂草学报，2（2）：29－38.
时丹，郑承志，柳洪良，等 . 2009. 几种除草剂及不同处理对抗磺酰脲类除草剂杂草的防除效果［J］. 河南农业科学（4）：91－93.
袁树忠，王连荣，吕贞龙，等 . 1998. 稻田鸭舌草的空间分布型与抽样技术［J］. 杂草科学（3）：37－39.
宋稳成，杨仁斌，郭正元，等 . 2005. 二氯喹啉酸除草剂残留与降解研究进展［J］. 农药，27（3）：42－44.
宋小玲，皇甫超河，强胜 . 2007. 抗草丁膦和抗草甘膦转基因油菜的抗性基因向野芥菜的流动［J］. 植物生态学报，31（4）：729－737.
宋小玲，强胜 . 2003. 三种类型油菜（*Brassica* spp.）和野芥菜（*B. juncea* var. *gracilis* Tsen et Lee）杂交亲和性及 F_1 的适合度——潜在基因转移的研究［J］. 应用与环境生物学报，9（4）：357－361.
宋之琛，王开发 . 1961. 江苏南通滨海相第四系的孢粉组合［J］. 古生物学报（3）：234－265.
苏德辉，蒋兆春 . 1993. 一年蓬添加剂提高母猪生产性能的研究［J］. 中兽医学杂志，71：4－7.
苏瑞芳，阮海根 . 1991. 快杀稗防除直播稻田稗草的研究［J］. 杂草学报，5（3）：32－38.
苏少泉，宋顺祖 . 1996. 中国农田杂草化学防治［M］. 北京：中国农业出版社 .
隋少洵，许晓明，董元香，等 . 2000. 10%千金乳油防除秧田稗草效果试验［J］. 现代化农业（3）：20.
孙福华 . 2004. 扁秆藨草的生物学特性、危害及化学防除技术［C］//第七届全国杂草科学会议论文集 .

孙洪喜，颜桂英 .1992. 乌蔹莓生物学特性观察 [J]. 杂草科学 (2)：12.

孙萧昌 .1999. 面向 21 世纪中国农田杂草可持续治理 [M]. 南宁：广西民族出版社.

覃建林，龙丽萍，梁卫忠，等 .2005.13 种除草剂对甘蔗田恶性杂草香附子的防除效果试验及评价 [J]. 广西农业科学，36 (4)：359 - 362.

唐洪元 .1986. 水稻田化学除草技术 [M]. 北京：农业出版社.

唐洪元，王学鹗，沈国辉 .1989. 中国果园杂草的分布与危害 [J]. 杂草学报，3 (1)：33 - 41.

唐洪元，王学鹗，沈国辉 .1988. 中国玉米田杂草的分布和危害 [J]. 杂草学报，2 (4)：33 - 39.

唐洪元，王学鹗 .1988. 中国蔬菜田主要杂草的分布和危害 [J]. 杂草学报，2 (3)：1 - 12.

唐洪元 .1991. 中国农田杂草 [M]. 上海：上海科技教育出版社.

唐立丰 .1993. 水稻与扁秆藨草竞争关系的初步研究 [J]. 杂草科学 (4)：5 - 8.

唐庆红，陈杰，沈国辉，等 .2006. 新型油菜田除草剂丙酯草醚的应用技术 [J]. 植物保护学报，33 (3)：328 - 332.

唐伟，朱云枝，强胜 .2012. 室内模拟旱直播稻田环境下齐整小核菌 *Sclerotium rolfsii* 菌株 SC64 致病力的影响因子及除草效果的研究 [J]. 中国生物防治学报，28 (1)：109 - 115.

陶波，胡凡 .2009. 杂草化学防除实用技术 [M]. 北京：化学工业出版社.

田胜尼，王峥峰，高三红，等 .2006. 用 ISSR 分子标记检测不同尾矿废弃地白茅居群的遗传多样性 [J]. 中山大学学报，45 (4)：87 - 92.

田欣欣，薄存瑶，李丽等 .2011. 耕作措施对冬小麦田杂草生物多样性及产量的影响 [J]. 生态学报，31 (10)：2768 - 2775.

田永富，王茂光，宁岩 .2009. 不同药剂防除雨久花效果试验 [J]. 北方水稻，39 (3)：55 - 56.

田正科，王兆木 .1900. 中国的芥菜型油菜 [J]. 青海农林科技 (1)：5 - 7.

佟亚屏 .1992. 中国玉米种植区划 [M]. 北京：中国农业科学技术出版社.

童贤明，王国迪，滕铃 .1999. 苄·乙除草剂防除移栽稻田杂草效果及对水稻产量的影响 [J]. 浙江农业科学 (3)：46 - 47.

涂鹤龄 .2003. 麦田杂草化学防除 [M]. 北京：化学工业出版社.

汪小凡，陈家宽 .2000. 野慈姑自然群体异交率的定量估测 [J]. 遗传，22 (5)：316 - 318.

汪小凡，陈家宽 .1999. 矮慈姑的传粉机制与交配系统 [J]. 云南植物研究，21 (2)：225 - 231.

王伯辉 .2001. 广西南部蔗区杂草名录 [J]. 杂草科学 (2)：12 - 14.

王岑，党海山，谭淑端，张全发 .2010. 三峡库区苏门白酒草 (*Conyza sumatrensis*) 化感作用与入侵性研究 [J]. 植物科学学报，28：90 - 98.

王大力，马瑞霞，刘秀芬 .2000. 水稻化感抗草种质资源的初步研究 [J]. 中国农业科学，33 (3)：94 - 96.

王海斌，俞振明，何海斌，等 .2012. 不同化感潜力水稻化感效应与产量的关系 [J]. 中国生态农业学报，20 (1)：75 - 79.

王汉中 .2010. 我国油菜产业发展的历史回顾与展望 [J]. 中国油料作物学报，32 (2)：300 - 302.

王焕民，张子明 .1997. 新编农药手册 [M]. 北京：中国农业出版社.

王金其，陆善庆 .1992. 水莎草对水直播稻产量的影响及其防除技术 [J]. 上海农业学报，8 (3)：67 - 71.

王开金，强胜 .2002. 江苏省长江以北地区麦田杂草群落的定量分析 [J]. 江苏农业学报，18 (3)：147 - 153.

王开金，强胜 .2005. 江苏南部麦田杂草群落发生分布规律的数量分析 [J]. 生物数学学报，20 (1)：107 - 114.

王奎萍，刘苏闽，徐小南，等 .2010. 稗草与扁秆藨草互作对水稻产量影响的研究 [J]. 江苏农业科学 (3)：160 - 161.

王丽英，郑晓东 .2011. 山西省麦田化学除草现状及综合防治对策 [J]. 农业技术与装备 (22)：14 - 15.

王明东，王芳，何军艇，等 .2009. 稻田杂草野慈姑雨久花的发生及防除技术研究 [J]. 现代化农业 (6)：7 - 8.

王藕芳，包生土，贾华凑 .2001. 春季豌豆田杂草发生调查 [J]. 上海农业科技 (6)：79.

王强，何锦豪，李妙寿，等 .2000. 浙江省水稻田杂草发生种类及危害 [J]. 浙江农业学报，12 (6)：317 - 324.

王青松，翁启勇，何玉仙，等 .1997. 福州登云高尔夫球场草坪杂草种类及分布 [J]. 草业科学，14 (2)：48 - 50，54.

王清，张金慧，付智林 .2012. 春油菜田杂草防除技术研究 [J]. 内蒙古农业科技 (5)：79.

王瑞，王印政，万方浩 .2010. 外来入侵植物一年蓬在中国的时空扩散动态及其潜在分布区预测 [J]. 生态学杂志，29 (6)：1068 - 1074.

王善璞，程荣玖，吴春景，等 .2001. 小麦田芦苇发生规律及草甘膦防除技术研究 [J]. 农药 (3)：25 - 26.

王思华 .1990. 江汉平原稻田杂草种类及化学除草 [J]. 湖北农学院学报 (1)：67 - 69.

王天荣，严凤根，何学文 .2006. 芦苇化学防除技术探讨 [J]. 上海农业科技 (3)：128.

王万霞 .1999. 大豆田杂草的发生及化学防除 [J]. 作物杂志 (4)：21 - 22.

王险峰，辛明远 .2013. 除草剂安全应用手册 [M]. 北京：中国农业出版社.

王险峰.2000.除草剂使用手册［M］.北京：中国农业出版社.

王险峰,关成宏.2001.除草剂使用问题及对策［J］.农药科学与管理（增刊）：42-43.

王晓红.2013.入侵植物小飞蓬及其伴生植物的光合特性［J］.应用生态学报,24：71-77.

王晓鹏.2001.绞股蓝与乌蔹莓植物鉴别［J］.安徽农业技术师范学院学报,15（2）：29-30.

王新华.1999.泽泻研究进展［J］.中草药,30（7）：557-559.

王鑫,原向阳,郭平毅,等.2006.除草剂对红小豆田杂草防效的研究［J］.山西农业大学学报,26（3）：267-269.

王修慧,陆永良,廖冬如,等.2011.稻田双穗雀稗生物学特性、发生危害及防控［J］.江西农业,23（10）：121-124.

王秀琴,李玉民,燕桂英,等.2002.绿豆田杂草群落划分确定及化学防除［J］.内蒙古农业科技（6）：44.

王学鹗,徐晓玉,沈国辉,等.1990.水莎草的田间发生及其生物学特性研究［J］.杂草学报,4（3）：25-31.

王亚红.2004.陕西关中灌区麦田杂草发生现状及防除技术研究［D］.杨凌：西北农林科技大学.

王彦亭,谢建平.李志宏.2009.中国烟草种植区划［M］.北京：科学出版社.

王英姿,纪明山,祁之秋.2008.辽宁省大豆田杂草群落分析及防除策略［J］.杂草科学（1）：33-34.

王永卫.1989.洋葱田杂草及其大面积化学防治［J］.杂草学报,3（1）：42-44.

王宇,黄春艳,朱玉芹,等.2000.黑龙江省北部小麦田杂草调查［J］.黑龙江农业科学（2）：12-13.

王赞.2001.狗牙根研究进展［J］.草业科学,18（5）：37-41.

王兆龙,马式廉,黄奔立,等.1993.硬草主要生物学特性及防除途径的研究［J］.植物保护学报,20（4）：363-368.

王兆唐.1988.稻田水莎草的发生与生物学特性观察［J］.杂草科学（4）：1-2.

王振兰.2009.哈利防除稻田杂草效果及安全性试验报告［J］.北方水稻,39（4）：60-61.

王振庆,王丽娜,吴大千,等.2006.中国芦苇研究现状与趋势［J］.山东林业科技（6）：85-88.

王忠武.2006.我国稻田稗草抗药性研究进展［J］.辽宁农业科学（5）：45-47.

韦永保.1996.稻田恶性杂草眼子菜的发生、危害及防除［J］.植物保护（1）：47-48.

韦永保.2011.单季籼型杂交稻与小麦轮作区麦田禾本科杂草出土规律调查［J］.杂草科学,29（4）：40-41.

魏福香.1992.除草剂药害试验方法［J］.杂草科学（3）：18-20.

魏开炬,王永明,杨林.2009.九阜山食用蕨类植物资源［J］.中国林副特产（4）：71-73.

魏强,张国宽,颜国强,等.2000.10%农得利一号防除移栽稻田耳叶水苋试验［J］.农药（7）：38-39.

魏守辉,强胜,马波,等.2005.稻鸭共作及其他控草措施对稻田杂草群落的影响［J］.应用生态学报,16（6）：1067-1071.

魏守辉,强胜,马波,等.2005.不同作物轮作制度对土壤杂草种子库特征的影响［J］.生态学杂志,24（4）：385-389.

魏守辉,强胜,马波,等.2006.长期稻鸭共作对稻田杂草群落组成及物种多样性的影响［J］.植物生态学报,30（1）：9-16.

魏守辉,朱文达,杨小红,等.2013.湖北省水稻田杂草的种类组成及其群落特征［J］.华中农业大学学报,32（2）：44-49.

魏树和,周启星,王新,等.2003.杂草中具重金属超积累特征植物的筛选［J］.自然科学进展,13：1259-1265.

魏屹,魏金良.2002.民间巧用乌蔹莓［J］.植物杂志,6（20）：17.

魏有海,郭青云,冯俊涛.2010.免耕沟播春油菜田杂草发生规律及化学防除研究［J］.西北农林科技大学学报：自然科学版,38（2）：184-190.

魏有海,郭青云,郭良芝,等.2013.青海保护性耕作农田杂草群落组成及生物多样性［J］.干旱地区农业研究,31：219-225.

魏有海.2006.74.7%农民乐防除休闲耕地杂草试验研究［J］.青海农林科技（3）：4-6.

吴长兴,王强,赵学平,等.2000.直播稻田千金子发生规律及防除技术研究［J］.浙江农业学报,12（6）：335-337.

吴川,戴伟民,宋小玲,等.2010.辽宁和江苏两省杂草稻植物性状多样性［J］.生物多样性,18（1）：29-36.

吴迪,黄凌霞,何勇,等.2008.作物和杂草叶片的可见-近红外反射光谱特性［J］.光学学报（8）：1618-1622.

吴国芳.1997.中国植物志：13卷 第1分册［M］.北京：科学出版社.

吴海荣,强胜.2003.南京市秋季外来杂草定量调查研究［J］.生物多样性（11）：432-438.

吴海荣,强胜,林金成.2004.南京市春季外来杂草调查及生态位研究［J］.西北植物学报,24：2061-2068.

吴洪凯.1994.普定县农田草害种群组成、危害程度及防除策略［J］.贵州农业科学（5）：30-33.

吴加军,宋小玲,强胜,等.2006.抗草甘膦小飞蓬检测方法的建立［J］.江苏农业科学（6）：187-189.

吴竞仑,周恒昌.2002.鸭舌草生物学特性及治理对策［J］.江苏农业学报,18（2）：94-98.

吴竞仑,李永丰,张志勇,等.2003.土层深度对稻田杂草种子出苗及生长的影响［J］.江苏农业学报,19（3）：170-173.

吴竞仑,周恒昌.2003.稻田杂草化学防除［M］.北京：化学工业出版社.

吴竞仑，李永丰．2004．水层深度对稻田杂草化除效果及水稻生长的影响［J］．江苏农业学报，20（3）：173-179．

吴竞仑，李永丰，陈志石，等．2006．不同生态条件下华抗草78水稻对杂草的干扰控制作用［J］．应用生态学报，17（9）：1645-1648．

吴竞仑．2008．稻田杂草防除技术问答［M］．北京：中国农业出版社．

吴俊生．2010．直播稻田杂草发生特点及化除技术［J］．现代农业科技（3）：212，214．

吴明根，曹凤秋，刘亮．2007．磺酰脲类除草剂对抗感性雨久花乙酰乳酸合成酶活性的影响［J］．植物保护学报，34（5）：545-548．

吴明根，刘亮，时丹，等．2007．延边地区稻田抗药性杂草的研究［J］．延边大学农学学报，29（1）：5-9，23．

吴明根，金万赫，许勇男．2011．采用ASPCR技术检测抗药性雨久花ALS突变基因碱基种类的探讨［J］．安徽农业大学学报，38（2）：296-298．

吴明辉，李云飞．2012．北方寒地水稻田病虫草害综合防治技术［J］．吉林农业（11）：71．

吴明荣，唐伟，陈杰．2013．我国小麦田除草剂应用及杂草抗药性现状［J］．农药，52（6）：457-460．

吴声敢，赵学平．2007．我国长江中下游稻区稗草对二氯喹啉酸的抗药性研究［J］．杂草科学（3）：25-26．

吴庭友，殷德林，张桥，等．2003．野荸荠生物学特性研究初报［J］．杂草科学（1）：15-17．

吴万昌，施永军，朱白平．2005．蚕豆田杂草发生特点及综合治理技术［J］．杂草科学（1）：29-30．

吴小虎，王金信，刘伟堂，等．2011．山东省部分市县麦田杂草麦家公对苯磺隆的抗药性［J］．农药学学报（6）：597-602．

吴永方，赵正全，王湘云，等．1993．阔叶散防除大豆田阔叶杂草的效果［J］．杂草科学（1）：22-24．

吴卓晶，周天雄．2003．异型莎草和鸭舌草种子萌发条件研究［J］．杂草科学（2）：18-20．

伍彩云，李美蓉．2010．甘蔗不同种植方式杂草发生特点及防治［J］．云南农业科技（1）：44-46．

夏禹．2005．耐草甘膦作物的历史、现状和未来［J］．世界农药，27（5）：14-18．

肖红，周启星，曹莹，等．2003．沈阳地区水田主要杂草种群的消长动态及生态位分析［J］．农村生态环境，19（3）：9-13．

熊金龙．1990．水直播三系制种稻田草害及化除配套技术［J］．植物保护（S1）：72-73．

徐成东，陆树刚．2006．云南的外来入侵植物［J］．广西植物，26：227-234．

徐海根，强胜．2011．中国外来入侵生物［M］．北京：科学出版社．

徐加健，王兆唐，杨根．2007．稻田杂草千金子发生及其防除对策［J］．上海农业科技（5）：139-140．

徐立荣．2008．草坪杂草—白茅防治技术［J］．南方农业：园林花卉版，2（5）：76-78．

徐爽，崔丽，晏升禄，等．2012．贵州省烟田杂草的发生与分布现状调查［J］．江西农业学报，24（2）：67-70．

徐优良，刘国华，王中信，等．2000．53%苯噻·苄防除抛秧稻田杂草试验报告［J］．杂草科学（1）：15-16．

徐正浩，余柳青，赵明．2003．水稻对稗草的化感作用研究［J］．应用生态学报，14（5）：737-740．

许耀辉．1993．中国蔗园化学除草体系［J］．甘蔗糖业（3）：22-25．

薛达元，李扬汉．1988．太湖农业区稻田杂草区系研究［J］．江苏农业科学（5）：20-22．

薛光，易扬名．1996．除草剂果尔应用概论［M］．北京：科学出版社．

薛光．2008．草坪杂草原色图鉴及防除指南［M］．北京：中国农业出版社．

薛晶，杨洪昌，张会华，等．2010．甘蔗除草膜防除蔗地杂草试验［J］．广西蔗糖（2）：3-6．

颜素珠，陈秀夫，范允平，等．1988．广东河网地带的水生植被［J］．暨南理医学报：理科专版（3）：73-79．

颜玉树．1989．杂草幼苗识别图谱［M］．南京：江苏科学技术出版社．

杨爱国，张银贵，尹祝生．2004．姜堰市麦田杂草发生特点与防除对策［J］．杂草科学（4）：31．

杨彩宏，冯莉，杨红梅，等．2011．稻田稗草对丁草胺和二氯喹啉酸抗药性的测定［J］．农药，50（8）：606-610．

杨洪昌．2012．不同地膜全覆盖处理对甘蔗及蔗田杂草的影响［D］．北京：中国农业科学院．

杨杰，王军，曹卿，等．2009．杂草稻红色果皮基因的遗传分析［J］．西北植物学报，29（6）：1084-1090．

杨蕾，吴元华，贝纳新，等．2011．辽宁省烟田杂草种类、分布与危害程度调查［J］．烟草科技（5）：80-84．

杨玲，李建君，单提波，等．2011．水稻田扁秆藨草发生与防治对策［J］．现代农业（10）：4-5．

杨庆，马殿荣，宋冬明，等．2008．不同密度杂草稻对栽培稻群体形态特征及产量的影响［J］．北方水稻，38（5）：28-31．

杨威，纪明山，吴家川．2009．辽宁省蔬菜田杂草发生与危害［J］．杂草科学（1）：36-38．

杨小育．1992．世界性恶性杂草的分布与危害［J］．世界农业（4）：40-42．

杨贞．2012．恶性杂草香附子的防治技术［J］．农家参谋：种业大观（5）：41．

姚成芸，赵华荣，夏北成．2004．我国外来生物入侵现状与生态安全［J］．中山大学学报：自然科学版，43（S1）：221-224．

姚和金.2007.浙西南丘陵地柑橘园杂草种群消长动态及化学防治技术研究［D］.杭州：浙江大学.

姚和金，金宗来，杨伟斌，等.2008.浙西南红黄壤果园杂草种群消长动态及生态位的研究［J］.江苏农业学报，24：649-655.

姚万生，雷树武，薛少平.2008.关中地区麦田杂草危害状况及防除对策［J］.干旱地区农业研究（4）：121-124.

叶显华.2009.10%吡嘧磺隆可湿性粉剂防除移栽稻田杂草初探［J］.现代农业科技（12）：95，97.

弋晓康.2007.我国植保机械的现状及发展趋势探讨［J］.农机化研究（3）：218-220.

殷艳，廖星，余波，等.2010.我国油菜生产区域布局演变和成因分析［J］.中国油料作物学报，32（1）：147-151.

印丽萍，颜玉树.1997.杂草种子图鉴［M］.北京：中国农业科技出版社.

于丹.2009.防除直播稻田耳叶水苋适用药［J］.农药市场信息（18）：41.

于改莲.2001.稻田除草剂的正确使用方法［J］.农药，40（12）：43-45.

于明，郑龙植，孙桂梅，等.1995.二氯喹啉酸防除稻田杂草试验示范总结［J］.农药，34（1）：44-46.

于文，孙涛.2006.大豆田防除"三菜"技术［J］.现代化农业（9）：11-12.

余柳青，江荣昌，高子瑜，等.1993.浙江省稻田杂草群落及其演替［J］.杂草科学（4）：21-23，48.

余柳青，吴林福，朱碧英，等.1994.丁草胺对无芒稗种子诱杀作用的研究［J］.中国水稻科学，8（1）：32-36.

余柳青，陆永良.1998.稻田环境植物多样性研究［J］.中国水稻科学，12（3）：149-154.

余柳青，徐正浩，郭怡卿，等.2002.野生稻和非洲栽培稻抗稗草作用研究初报［J］.中国水稻科学，16（3）：288-290.

余柳青，韩逢春，玄松南，等.2009.东北水稻生产与杂草防除［J］.杂草科学（4）：7-10.

余柳青，郭怡卿，殷富有，等.2009.云南省水稻生产与杂草防治［J］.中国稻米（6）：70-73.

余柳青，沈国辉，陆永良，等.2010.长江下游水稻生产与杂草防控技术［J］.杂草科学（1）：8-11.

余柳青，陆永良，玄松南.2010.稻田杂草防控技术规程［M］.北京：中国农业出版社.

余清.2008.云南烟地杂草调查及防除技术研究［D］.长沙：湖南农业大学.

原红霞，赵云丽，闫艳，等.2011.墨旱莲的化学成分合计［J］.中国实验方剂学杂志，17（16）：103-105.

袁海龙，刘海林，种传立，等.2000.大豆地间荆机械断根防除技术［J］.大豆通报（3）：17.

袁会珠，李秉礼，吴罗罗，等.1995.夏玉米免耕覆盖对阿特拉津土壤处理效果的影响［J］.杂草学报，9（2）：1-4.

岳茂峰，冯莉，田兴山，等.2012.不同种类杂草危害对水稻产量影响［J］.广东农业科学（13）：98-109.

詹晖华.2006.烟草田杂草群落结构及其防治技术研究［D］.杭州：浙江大学.

张朝贤，张跃进，倪汉文.2000.农田杂草防除手册［M］.北京：中国农业出版社.

张朝贤，朱文达，曲哲，等.2004.棉田和油菜田杂草化学防除［M］.北京：化学工业出版社.

张朝贤，李香菊，黄红娟，等.2007.警惕麦田恶性杂草节节麦蔓延危害［J］.植物保护学报，34（1）：103-106.

张朝贤，倪汉文，魏守辉，等.2009.杂草抗药性研究进展［J］.中国农业科学，42（4）：1274-1289.

张从宇，程家连.1998.大豆田菟丝子的危害特点及控制技术［J］.杂草科学（3）：35-36.

张丹，闵庆文，成升魁，等.2010.不同稻作方式对稻田杂草群落的影响［J］.应用生态学报，21（6）：1603-1608.

张殿京，程慕如.1987.化学除草应用指南［M］.北京：农村读物出版社.

张殿京，陈仁霖.1992.农田杂草化学防除大全［M］.上海：科学技术文献出版社.

张凤海，胡兰英.1998.麦田硬草的发生特点及防除途径探讨［J］.杂草科学（1）：42-43.

张付斗，刘礼莉，郭怡卿.2003.云南烟区杂草化学防除技术［J］.农药，42（5）：33-35.

张红玉.2009.植物病原真菌毒素除草活性研究现状［J］.草业科学，26（10）：160-164.

张宏军，刘学，张佳.2004.多年生恶性杂草问荆的防治［J］.农药科学与管理，26（7）：25-29.

张宏军，郭嗣斌，朱文达，等.2009.75%二氯吡啶酸对油菜田阔叶杂草的防除效果［J］.华中农业大学学报，28（1）：27-30.

张洪进，王东华，朱明华.2005.通州市油菜田杂草发生特点与分布规律初步研究［J］.杂草科学（1）：23-26.

张建，王朝晖.2009.外来有害植物一年蓬生物学特性及危害的调查研究［J］.农业科技通讯（6）：105-106.

张金生，郭倩明.2001.旱莲草化学成分的研究［J］.药学学报，36（1）：34-37.

张军芳，冉永正，李秀深.2001.济南地区大豆田常见杂草种类及优势种群调查［J］.中国农学通报，17（2）：72-76.

张立中，王若军，王可山.2010.中国菜籽市场需求的实证分析［J］.农业经济问题（1）：46-53.

张玫，关赤波，安玉兴.1998.甘蔗田除草剂的更新［M］//孙萧昌.面向21世纪中国农田杂草可持续治理.南宁：广西民族出版社.

张敏恒.1999.农药商品手册［M］.沈阳：沈阳出版社.

张平，彭琴，姜丽红，等.2006.豇豆田间杂草不同调控方式对产量的影响［J］.长江蔬菜（3）：47-48.

张群，耿牧帆.2012.水生植物牛毛毡［J］.园林（9）：76-77.

张人君，何锦豪，郑晋元，等.2000.浙江省麦田和油菜田杂草发生种类及危害［J］.浙江农业学报，12（6）：308-316.

张帅，郭水良，管铭，等 .2010. 我国入侵植物多样性的区域分异及其影响因素 [J] . 生态学报，30：4241.

张帅 .2010. 外来植物小飞蓬入侵生物学研究 [D] . 上海：上海师范大学 .

张顺元，孙永军 .2000. 稻田恶性杂草——野荸荠的化学防除 [J] . 植物医生，13 (2)：11.

张颂函，管丽琴 .1996. 直播稻田千金子的危害损失及生态经济阈值的初步研究 [J] . 上海农业学报，12 (3)：57 - 59.

张夕林，杨慕林 .2007. 水生蔬菜田杂草发生特点及控制技术 [J] . 杂草科学 (3)：35 - 36.

张秀荣，潘洪玉，王浩，等 .1994. 一种可防治鸭跖草的昆虫 [J] . 植物保护，20 (3)：50.

张学友，陈小波，沈俊，等 .1999. 千金子对水稻产量损失率研究初报 [C] //第六次全国杂草科学学术研讨会 . 南宁：广
　　西民族出版社：129 - 131.

张玉聚，孙化田，王春生 .2000. 除草剂及其混用与农田杂草化学防治 [M] . 北京：中国农业科学技术出版社 .

张玉聚，李洪连，等 .2010. 农业病虫草害防治新技术精解之中国农田杂草防治原色图解 [M] . 北京：中国农业科学技术
　　出版社 .

张玉涛，谭龙波，黄荣茂，等 .2006.10％草威片剂对稻田眼子菜等主要杂草的防除效果 [J] . 贵州农业科学，34 (2)：
　　94 -95.

张珍，周小军，马赵江 .2012.33％施田补乳油土壤处理对扦插月季小苗的安全性及除草效果 [J] . 林业实用技术
　　(12)：30.

张峥，戴伟民，章超斌，等 .2012. 江苏沿江地区杂草稻的生物学特性及危害调查 [J] . 中国农业科学，45 (14)：2856 -
　　2866.

张正波 .2007. 除草微生物禾长蠕孢的菌种改良与制剂的研究 [D] . 北京：中国农业科学院 .

张子丰，韩逢春，王义明，等 .2000. 采用两次施药技术防除稻田蔗草 [J] . 植物保护，26 (4)：46 - 48.

章超斌，马波，强胜 .2012. 江苏省主要农田杂草种子库物种组成和多样性及其与环境因子的相关性分析 [J] . 植物资源
　　与环境学报，21 (1)：1 - 13.

赵长山，张运权，许群洲，等 .1996. 大豆间苣荬菜综合防除技术研究 [J] . 东北农业大学学报，27 (1)：15 - 19.

赵常青，司海燕，曹芹 .2010. 夏大豆田间杂草发生情况及防除措施 [J] . 中国种业 (1)：77 - 78.

赵春 .2013. 水稻本田鸭舌草逐年加重发生的原因及防治策略 [J] . 现代农业科技 (4)：167 - 168.

赵春英，赵德岩 .2005. 春油菜田杂草的防除技术 [J] . 农业与技术，25 (1)：148 - 149.

赵存虎，孔庆全，贺小勇，等 .2011.96％异丙甲草胺乳油防除蚕豆田和豌豆田一年生杂草田间试验 [J] . 内蒙古农业科技
　　(2)：64 - 65.

赵广才 .2010. 中国小麦种植区划研究 (一) [J] . 麦类作物学报，30 (5)：886 - 895.

赵广才 .2010. 中国小麦种植区域的生态特点 [J] . 麦类作物学报，30 (4)：684 - 686.

赵国晶，李向东，邹炳礼 .2006. 甘蔗杂草化学防除技术 [J] . 农村实用技术 (2)：48.

赵曼莉 .1995. 乌蔹莓抑菌作用的实验观察 [J] . 中国冶金工业医学杂志，12 (2)：75 - 77.

赵学平，王强，吴长兴，等 .2004. 浙江省水稻直播田杂草发生规律与防除策略 [J] . 杂草科学 (3)：18 - 20.

赵延存，娄远来 .2004. 长江下游地区油菜田杂草发生规律和综合防治 [J] . 杂草科学 (3)：15 - 17.

赵阳，吴庭友，王玉红，等 .2007. 麦套稻田杂草发生特点及防治对策 [J] . 中国稻米 (1)：63 - 65.

赵颖，张秋云，郑平 .1995. 大豆田杂草发生调查及化学防除 [J] . 植保技术与推广 (2)：17.

赵永根，卞觉时，蔡良华 .2008. 海门市油菜田杂草发生特点与防除技术 [J] . 杂草科学 (2)：42 - 43.

郑宏海，罗浚清，范谷鸣，等 .1991. 丁西混剂防除稻田眼子菜和四叶萍试验 [J] . 农药 (6)：61.

郑宏海，范谷明，韩如阳，等 .1997. 稻田千金子发生与防除 [J] . 植物保护 (3)：49 - 50.

郑晋元，孙百炎 .2001. 稻田野荸荠的化学防除 [J] . 上海农业科技 (1)：74，86.

郑龙植，夏克祥，尹斌，等 .2004.26％灭松·二甲 (莎阔净) 水剂水稻田间药效试验研究 [J] . 吉林农业科学，29 (4)：
　　40 - 42，47.

郑玉红，刘建秀，陈树元 .2002. 中国狗牙根 [*Cynodon dactylon* (L.) Pers.] 耐寒性及其变化规律 [J] . 植物资源与环
　　境学报，11 (2)：48 - 52.

郑智龙，高明山，魏凯旋，等 .2004. 果园杂草化学防治技术 [J] . 河南林业科技，24 (1)：54 - 55.

支金虎，郑德明，莫志新 .2005. 不同耕作制度下棉田杂草滋生情况调查研究 [J] . 塔里木大学学报，17 (3)：35 - 43.

中国科学院北京植物研究所 .1976. 中国高等植物图鉴：第五册 [M] . 北京：科学出版社 .

中国科学院《中国植物志》编辑委员会 .1992. 中国植物志：第八卷 [M] . 北京：科学出版社 .

中国科学院《中国植物志》编辑委员会 .1997. 中国植物志：第十卷 [M] . 北京：科学出版社 .

《中国农田杂草原色图谱》编委会 .1990. 中国农田杂草原色图谱 [M] . 北京：农业出版社 .

中国农业科学院植物保护研究所 .1996. 中国农作物病虫害：下册 [M] .2 版 . 北京：中国农业出版社 .

中华人民共和国农业部 .2011. 中国农业统计资料 2010 [M] . 北京：中国农业出版社 .

周兵 . 2011. 3 种克隆型伴生杂草提取物对水稻种子萌发和幼苗生长的影响 [J] . 西北农业学报，20（8）：71 - 76.

周传金 . 1994. 影响棉田鳢肠化除效果的因素初探 [J] . 杂草科学（2）：41 - 43.

周汉章，刘环，周新建，等 . 2011. 河北省谷子田常见杂草种类及发生规律与化学防除 [J] . 中国植保导刊（12）：23 - 25.

周恒昌，吴竞仑 . 1998. 水莎草生物学特性研究 [J] . 杂草科学（1）：9 - 17.

周景恺，苏少泉 . 1994. 胺苯磺隆防治春油菜田杂草的效果 [J] . 中国油料，16（4）：70 - 71.

周培建，钟玲，廖月华，等 . 2003. 菟丝子属杂草普查及防治试验简报 [J] . 江西植保，26（4）：149 - 151.

周小军，戴为光，马赵江 . 2008. 磺草酮防除夏玉米地杂草的效果 [J] . 杂草科学（2）：41 - 43.

朱国泉 . 1995. 稻田水莎草的发生与生物学特性研究 [J] . 杂草科学（1）：11 - 13.

朱克洋 . 1993. 除草剂使用技术问答 [M] . 北京：中国农业出版社 .

朱文达 . 2003. 25％胺苯磺隆 WP 防除油菜田杂草的效果 [J] . 湖北植保（4）：22 - 24.

朱文达，魏守辉，张朝贤 . 2005. 百草枯的控草效果及对光照和油菜产量的影响 [J] . 中国油料作物学报，27（4）：76 - 79.

朱文达，魏守辉，张朝贤 . 2007. 稻油轮作田杂草种子库组成及其垂直分布特征 [J] . 中国油料作物学报，29（3）：313 - 317.

朱文达，魏守辉，张朝贤 . 2008. 湖北省油菜田杂草种类组成及群落特征 [J] . 中国油料作物学报，30（1）：100 - 105.

朱文达，陈耕，李林，等 . 2011. 10％环庚草醚·苄嘧磺隆可湿性粉剂防除水稻抛秧田杂草效果 [J] . 湖北农业科学，50（15）：3074 - 3077.

朱文达，张宏军，涂书新，等 . 2012. 鸭舌草对水稻生长和产量性状的影响及其防治经济阈值的研究 [J] . 中国生态农业学报，20（9）：1204 - 1209.

朱文达，李玮，吴红渠，等 . 2012. 乙氧磺隆防除水稻直播田鸭舌草和莎草的效果 [J] . 湖北农业科学，51（8）：1577 - 1579.

朱玉斌，何建国，王玲等 . 2008. 麦田杂草消长危害调查与防治技术研究 [J] . 甘肃科技，24（22）：183 - 184.

朱玉洁，高琼，刘峻杉，等 . 2007. 基于气孔导度和光合模型的植物功能类群合并问题 [J] . 植物生态学报，31：873 - 882.

朱云枝，强胜 . 2004. 马唐病原真菌的分离筛选及其致病力测定 [J] . 中国生物防治，20（3）：206 - 210.

诸葛晓龙，朱敏，季璐，等 . 2011. 入侵杂草小飞蓬和钻形紫菀种子风传扩散生物学特性研究 [J] . 农业环境科学学报，30：1978 - 1984.

祝东立，贺学礼，石硕 . 2007. 小五台山 15 种蒿属植物种子形态及萌发特性研究 [J] . 西北植物学报，27：2328 - 2333.

邹珏 . 1992. 直播稻田杂草消长及其对产量损失研究 [J] . 杂草科学（4）：1 - 3.

左洪亮，曾勇，高璐，等 . 2010. 二甲四氯钠与莠灭净混用防除甘蔗田杂草的田间效果 [J] . 湖北农业科学，49（11）：2798 - 2801.

左然玲，强胜 . 2008. 稻田水面漂浮的杂草种子种类及动态 [J] . 生物多样性，16（1）：8 - 14.

Alcorta M，Fidelibus M W，Steenwerth K L，et al. 2011. Effect of vineyard row orientation on growth and phenology of glyphosate-resistant and glyphosate-susceptible horseweed (*Conyza canadensis*) [J] . Weed Science，59：55 - 60.

Allard J L，Kon K F，Morishima Y，et al. 2004. The crop protection industry's view on trends in rice crop establishment in Asia and their impact on weed management techniques [C] //Paper presented at the Proceedings of the World Rice Research Conference，Tsukuba，Japan：205 - 208.

Ammitzboll H，Mikkelsen T N，Jorgensen R B，2005. Transgene expression and fitness of hybrids between GM oilseed rape and *Brassica rapa* [J] . Environmental Biosafety Research，(4)：3 - 12.

Anastasiu P，Memedemin D. 2012. *Conyza sumatrensis*：a new alien plant in Romania [J] . Botanica Serbica，36：37 - 40.

Anuruddhka S K，Abeysekera，Wickrama U B. 2004. Control of *Leptochloa chinensis* (L.) Nees in wet-seeded rice fields in Sri Lanka [C] // Paper presented at the Proceedings of the World Rice Research Conference，Tsukuba，Japan：215 - 217.

Asaeda T，Nam L H，Hietz P. 2002. Seasonal fluctuations in live and dead biomass of *Phragmites australis* as described by a growth and decomposition model：implications of duration of aerobic conditions for littermineralization and sedimentation [J] . Aquatic Botany，73：223 - 239.

Back C L，Holomuzki J R. 2008. Long-term spread and control of invasive，common reed (*Phragmites australis*) in Sheldon Marsh，Lake Erie [J] . Ohio Journal of Science，108（5）：108 - 112.

Begum M，Juraimi A S，Amartalingam R，et al. 2006. The effects of sowing depth and flooding on the emergence，survival，and growth of *Fimbristylis miliacea* (L.) Vahl. [J] . Weed Biology and Management，6（3）：157 - 164.

Benvenuti S，Dinelli G，Bonetti A. 2004. Germination ecology of *Leptochloa chinensis*：a new weed in the Italian rice agro-environment [J] . Weed Research，44：87 - 96.

Bing D J, Downey R K, Rakow G F W. 1996. Hybridisations among *Brassica napus*, *B. rapa* and *B. juncea* and their two weedy relatives *B. nigra* and *Sinapis arvensis* under open pollination conditions in the field [J]. Plant Breeding, 115: 470-473.

Blancaver M A E A, Itoh K, Usui K. 2002. Response of the sulfonylurea herbicide-resistant *Rotala indica* Koehne var. *uliginosa* Koehne to bispyribac sodium and imazamox [J]. Weed Biology and Management (2): 60-63.

Boniface P K, Pal A. 2013. Substantiation of the ethnopharmacological use of *Conyza sumatrensis* (Retz.) E. H. Walker in the treatment of malaria through in-vivo evaluation in Plasmodium berghei infected mice [J]. Journal of Ethnopharmacology, 145: 373-377.

Bostock S J, Benton R A. 1979. The reproductive strategies of five perennial Compositae [J]. Journal of Ecology, 67: 91-107.

Bowers R C. 1986. Commercialization of Collego: an industrialist's view [J]. Weed Science, 34: 24-25.

Bradley K W, Hagood E S, LOVE K P, et al. 2004. Response of biennial and perennial weeds to selected herbicides and pre-packaged herbicide combinations in grass pastures and hay fields [J]. Weed Technology, 18: 795-800.

Burgos N R, Norsworthy J K, Scott R C, et al. 2008. Red rice (*Oryza sativa*) status after 5 years of imidazolinone-resistant rice technology in Arkansas [J]. Weed Technology, 22: 200-208.

Cao Q J, Lu B R, Xia H, et al. 2006. Genetic diversity and origin of weedy rice (*Oryza sativa* f. *spontanca*) populations found in northern-eastern China revealed by simple sequence repeat (SSR) markers [J]. Annals of Botany, 98 (6): 1241-1252.

Case C M, Crawley M J. 2000. Effect of interspecific competition and herbivory on the recruitment of an invasive alien plant: *Conyza sumatrensis* [J]. Biological Invasions, 2: 103-110.

Chai X, Su Y F, Guo L P, et al. 2008. Phenolic constituents from *Conyza sumatrensis* [J]. Biochemical Systematics and Ecology, 36: 216-218.

Chambers R M, Saltonstall K. 1999. Expansion of *Phragmites australis* into tidal wetlands of North America [J]. Aquatic Botany, 64: 261-273.

Chauhan B S, Johnson D E. 2008. Germination ecology of Chinese sprangletop (*Leptochloa chinensis*) in the Philippines [J]. Weed Science, 56: 820-825.

Chauhan B S, Johnson D E. 2009. Ecological studies on *Cyperus difformis*, *Cyperus iria* and *Fimbristylis miliacea*: three troublesome annual sedge weeds of rice [J]. Annals of Applied Biology, 155 (1): 103-112.

Chauhan B S, Johnson D E. 2011. Phenotypic plasticity of Chinese sprangletop (*Leptochloa chinensis*) in competition with seeded rice [J]. Weed Technology, 25: 652-658.

Chen X, Tang J, Fang Z, et al. 2004. Effects of weed communities with various species numbers on soil features in a subtropical orchard ecosystem [J]. Agriculture, Ecosystems & Environment, 102: 377-388.

Chiang Y J, Wu Y X, Chiang M Y, et al. 2008. Role of antioxidative system in paraquat resistance of tall fleabane (*Conyza sumatrensis*) [J]. Weed Science, 56: 350-355.

Chin D V. 2001. Biology and management of barnyardgrass, red sprangletop and weedy rice [J]. Weed Biology and Management (1): 37-41.

Chin D V, Thi H L, Hetherington S D, et al. 2003. Setoshaeria rostrata-a promising fungus for controlling *Leptochloa chinensis* (L.) Nees in rice [C] //Proceedings of the 19th Asian-Pacific Weed Science Society Conference, Manila: 444-449.

Chuah T S, Hartini M, Adzemi M A, et al. 2006. Propanil resistance in red sprangletop (*Leptochloa chinensis* L. Nees) in the rice fields of Kelantan, Malaysia [J]. Malaysian Society of Applied Biology, 35: 1-5.

Chuah T S, Maziah B M, Nuraziah B M Y. 2006. Reduced rates of tank mixtures for red sprangletop [*Leptochloa chinensis* (L.) Nees] and greater club-rush [*Scirpus grossus* (L.) F.] control in rice [J]. Weed Biology and Management, 6 (4): 245-249.

Chung I M, Ahn J K, Yun S J. 2001. Assessment of allelopathic potential of barnyard grass (*Echinochloa crus-galli*) on rice (*Oryza sativa* L.) cultivars [J]. Crop Protection, 2001, 20 (10): 921-928.

Delouche J C, Burgos N R, Gealy D R, et al. 2007. Weedy rice-origin, biology, ecology and control [M]. Food and Agriculture Organization of the Unite Nations. Rome: FAO Plant Production and Protection Paper.

Derr J F. 2008. Common reed (*Phragmites australis*) response to mowing and herbicide application [J]. Invasive Plant Science and Management, 1 (1): 12-16.

Djurdjevic L, Mitrovic M, Gajic G, et al. 2011. An allelopathic investigation of the domination of the introduced invasive *Conyza canadensis* L. [J]. Flora, 206: 921-927.

Dozier H, Gaffney J F, Mcdonald S K, et al. 1998. Cogongrass in the United States: history, ecology, impacts, and management [J]. Weed Technology, 12: 737 - 743.

Duncan R R, Carrow R N. 2000. Seashore paspalum the environmental turfgrass [M]. Chelsea, Michigan: Ann Arbor Press.

Edwards P J, Frey D, Bailer H, et al. 2006. Genetic variation in native and invasive populations of *Erigeron annuus* as assessed by RAPD markers [J]. International Journal of Plant Sciences, 167: 93 - 101.

Frello S K, Hansen R, Jensen J, et al. 1995. Inheritance of rapeseed (*Brassica napus*) -specific RAPD markers and a transgene in the cross *B. juncea*× (*B. juncea*×*B. napus*) [J]. Theoretical and Applied Genetics, 91: 236 - 241.

Galinato M I, Moody K, Piggin C M. 1999. Upland rice weeds of South and Southeast Asia [M]. Makati City (Philippines): International Rice Research Institute.

Gonzalez-Torralva F, Rojano-Delgado A M, Luque de Castro M D, et al. 2012. Two non-target mechanisms are involved in glyphosate-resistant horseweed (*Conyza canadensis* L. Cronq.) biotypes [J]. Journal of Plant Physiology, 169: 1673 - 1679.

Grossmann K. 1998. Quinclorac belongs toanewclass of highly selective auxin herbicides [J]. Weed Science, 46: 707 - 716.

Hamamura K, Muraoka T, Hashmoto J, et al. 2003. Identification of sulfonylurea-resistant biotypes of paddy field weeds using a novel method based on theirrooting responses [J]. Weed Biology and Management (3): 242 - 246.

Hansen L B, Siegismund H R, Jrgensen R B. 2001. Introgression between oilseed rape (*Brassica napus* L.) and its weedy relative *B. rapa* L. in a natural population [J]. Genetic Resource and Crop Evolution, 48: 621 - 627.

Hansen L B, Siegismund H R, Jrgensen R B. 2003. Progressive introgression between *Brassica napus* (oilseed rape) and *B. rapa* [J]. Heredity, 91: 276 - 283.

Hansson P A, Fredriksson H. 2004. Use of summer harvested common reed (*Phragmites australis*) as nutrient source for organic crop production in Sweden [J]. Agriculture, Ecosystems and Environment, 102: 365 - 375.

Hao J H, Qiang S, Chrobock T, et al. 2011. A test of baker's law: Breeding systems of invasive species of asteraceae in china [J]. Biological Invasions, 13: 571 - 580.

Hao J H, Qiang S, Liu Q Q, et al. 2009. Reproductive traits associated with invasiveness in *Conyza sumatrensis* [J]. Journal of Systematics and Evolution, 47: 245 - 254.

Hauser T P, Bjørn G K. 2001. Hybrids between wild and cultivated carrots in danish carrotfields [J]. Genetic Resources and Crop Evolution, 48: 499 - 506.

Hirase K, Nishida M, Yamaguchi K, et al. 2003. Effect of water depth, application timing and other environmental factors on herbicidal efficacy of MTB-951, a mycoherbicide for barnyard grass control [C] //Proceedings of the 19th Asian-Pacific Weed Science Society Conference, Manila: 426 - 432.

Ho N K, Zakaria Z. 1995. Integrated weed management (IWM) on dry-seeded rice in the Muda Area, Malaysia [C] // Paper presentation at the Agricultural Extension Meeting, 14 March, 1995. Muda agricultural Development Authority (MADA). Alor Setar. P. 18.

Ho N K, Zuki M D I, Asna B O. 1990. The implementation of strategic extension campaign on the integrated weed management in the Muda area, Malaysia [C] // Paper presented at the 3rd International Conference on Crop Protection in the Tropics, Genting Highlands, Malaysia.

Hoang H N T, Sakakibara M, Sano S, et al. 2009. The potential of *Eleocharis acicularis* for phytoremediation: case study at an abandoned mine site [J]. Clean-Soil, Air, Water, 37 (3): 203 - 208.

Hoang H N T, Sakakibaraa M, Sanob S. 2011. Accumulation of Indium and other heavy metals by *Eleocharis acicularis*: An option for phytoremediation and phytomining [J]. Bioresource Technology, 102 (3): 2228 - 2234.

Holm L G, Plucknett D L, Pancho J V, et al. 1977. The World's Worst Weeds: Distribution and Biology [M]. The University Press of Hawaii, Honolulu, Hawaii, USA.

Holm L, Doll J, Holm E, et al. 1997. World weeds-natural histories and distribution [M]. New York: J. Wiley.

Huang W Z, Hsiao A I, Jordan L. 1987. Effects of temperature, light and certain growth regulating substances on sprouting, rooting and growth of single-node rhizome and shoot segments of *Paspalum distichum* L. [J]. Weed Research, 27: 57 - 67.

Huelmaa C C, Moodya K, Mewa T W. 1996. Weed seeds in rice seed shipments: a case study [J]. International Journal of Pest Management, 42 (3): 147 - 150.

Hui S R, Liu Q, Song Z, et al. 2011. Study on the relationship between *Scirpus planiculmis* grow and soil water content

［C］. Paper presented at 3rd International Conference on Environmental Science and Information Application Technology Esiat，10：2022 - 2028.

Ikeda K，Goto T，Tobisa M，et al. 2003. Studies on dormancy awakening and germination of *Echinochloa crus-galli*（L.）Beauv. and *Digitaria adscendens*（H. B. K.）Henr. buried seeds in the Central Highland Area of Kyushu. ［J］. Grassland Science，49（3）：238 - 242.

Ikeguchi M，Sawaki M，Nakayama H，et al. 2004. Synthesis and herbicidal activity of new oxazinone herbicides with a long-lasting herbicidal activity against *Echinochloa oryzicola* ［J］. Pest Management Science，60（10）：981 - 991.

Jang D S，Yoo N H，Kim N H，et al. 2010. 3，5-Di-*O*-caffeoyl-epi-quinic acid from the leaves and stems of *Erigeron annuus* inhibits protein glycation，aldose reductase，and cataractogenesis ［J］. Biological & Pharmaceutical Bulletin，33：329 - 333.

Jeong C H，Jeong H R，Choi G N，et al. 2011. Neuroprotective and anti-oxidant effects of caffeic acid isolated from *Erigeron annuus* leaf ［J］. Chinese medicine（6）：25 - 25.

Jongduk J，Choi H K. 2011. Taxonomic study of Korean *Scirpus* L. s. l.（*Cyperaceae*）Ⅱ：pattern of phenotypic evolution inferred from molecular phylogeny ［J］. Journal of Plant Biology，54：409 - 424.

Jorgensen R B，Andersen B，Hauser T P，et al. 1998. Introgression of crop genes from oilseed rape（*Brassica napus*）to related wild species-an avenue for the escape of engineered genes ［J］. Acta Horticulturae，459：211 - 217.

Jorgensen R B，Anderson B，Landbo L，et al. 1996. Spontaneous hybridization between oilseed rape（*Brassica napus*）and weedy relatives ［J］. Acta Horticulturae，407：193 - 200.

Karim R S M，Man A B，Sahid I B. 2004. Weed problems and their management in rice fields of Malaysia：an overview ［J］. Weed Biology and Management，4（4）：177 - 186.

Karnok K J. 2000. Turfgrass Management Information Directory ［M］. Chelsea，Michigan：Ann Arbor Press.

Kashin J，Hatanaka N，Ono T，et al. 2009. Effect of *Scirpus juncoides* Roxb. var. *ohwianus* on occurrence of sorghum plant bug，*Stenotus rubrovittatus*（Matsumura）（Hemiptera：Miridae）and pecky rice ［J］. Japanese Journal of Applied Entomology and Zoology，53（1）：7 - 12.

Keddy P，Gaudet C，Fraser L H. 2000. Effects of low and high nutrients on the competitive hierarchy of 26 shoreline plants ［J］. Journal of Ecology，88（3）：413 - 423.

Keller B E M. 2000. Plant diversity in *Lythrum*，*Phragmites* and *Typha* marshes，Massachusetts，USA ［J］. Wetlands Ecology and Managemen（8）：391 - 401.

Kim S，Qiang S. 2013. The occurrence and distribution pattern of sulfonylurea-resistant *Rotala indica* in paddy fields in eastern China ［C］// Proc. of Global Herbicide Resistance Challenge Conference. Esplanade Hotel，Fremantle，Western Australia：54.

Kim T J，Kim J S，Hong K S，et al. 2004. EK-2612 a new cyclohexane-1，3-dione possessing selectivity between in rice（*Oryza sativa*）and barnyard grass（*Echinochloa crus-galli*）［J］. Pest Management Science，60（9）：909 - 913.

Koger C H，Reddy K N. 2005. Role of absorption and translocation in the mechanism of glyphosate resistance in horseweed（*Conyza canadensis*）［J］. Weed Science，53：84 - 89.

Kuk Y I，Jung H I，Kwon O D，et al. 2003. Rapid diagnosis of resistance to sulfonylureaa herbicides in monochoria（*Monochoria vaginalis*）［J］. Weed Science，51（3）：305 - 311.

Kuk Y I，Kwon O D，Jung H I，et al. 2002. Cross-resistance pattern and alternative herbicides for *Rotala indica* resistant to imazosulfuron in Korea ［J］. Pesticide Biochemistry and Physiology，74：129 - 138.

Kumar A，Yadav D S. 1995. Use of organic manure and fertilizer in rice（*Oryza sativa*）wheat（*Triticum aestivum*）cropping system for sustainability ［J］. The Indian Journal of Agricultural Sciences，65（10）：703 - 707.

Latimer A M，Jacobs B S. 2012. Quantifying how fine-grained environmental heterogeneity and genetic variation affect demography in an annual plant population ［J］. Oecologia，170：659 - 667.

Lazarides M. 1980. The genus *Leptochloa* Beauv.（Poaceae，Eragrostideae）in Australia and Papua New Guinea ［J］. Brunonia，3：247 - 269.

Lee H J，Seo Y. 2006. Antioxidant properties of *Erigeron annuus* extract and its three phenolic constituents ［J］. Biotechnology and Bioprocess Engineering，11：13 - 18.

Li G Y，Hu N，Ding D X，et al. 2011. Screening of plant species for phytoremediation of uranium，thorium，barium，nickel，strontium and lead contaminated soils from a uranium mill tailings repository in south China ［J］. Bulletin of Environmental Contamination and Toxicology，86（6）：646 - 652.

Li H，Ye Z H，Wei Z J，et al. 2011. Root porosity and radial oxygen loss related to arsenic tolerance and uptake in wetland plants ［J］. Environmental Pollution，159：30 - 37.

Li J, Han Q, Chen W, et al. 2012. Antimicrobial activity of Chinese bayberry extract for the preservation of surimi [J]. Journal of the Science of Food and Agriculture, 92: 2358-2365.

Li J, Jin Z, Gu Q. 2011. Effect of plant species on the function and structure of the bacterial community in the rhizosphere of lead-zinc mine tailings in Zhejiang, China [J]. Canadian Journal of Microbiology, 57: 569-577.

Li S S, Wei S H, Zuo R L, et al. 2012. Changes in the weed seed bank over 9 consecutive years of rice-duck cropping system [J]. Crop Protection, 37: 42-50.

Lin Z, Griffith M E, Li X, et al. 2007. Origin of seed shattering in rice (*Oryza sativa* L.) [J]. Planta, 226: 11-20.

Lis A, Nazaruk J, Mielezarek J, et al. 2008. Comparative study of chemical composition of essential oils from different organs of *Erigeron annuus* (L.) Pers. [J]. Journal of Essential Oil Bearing Plants, 11: 17-21.

Liu G H, Zhou J, Li W, et al. 2005. The seed bank in a subtropical freshwater marsh: implications for wetland restoration [J]. Aquatic Botany, 81: 1-11.

Liu J, Luo H D, Tan W Z, et al. 2012. First report of a leaf spot on *Conyza sumatrensis* caused by *Phoma macrostoma* in China [J]. Plant Disease, 96: 148-148.

Liu J, Peng S, Faivre-Vuillin B, et al. 2008. *Erigeron annuus* (L.) Pers., as a green manure for ameliorating soil exposed to acid rain in Southern China [J]. Journal of Soils and Sediments (8): 452-460.

Liu Q, Song Z. 2011. Study on the relationship between *Scirpus planiculmis* grow and Soil salinity [C] // Paper presented at 3rd International Conference on Environmental Science and Information Application Technology Esiat., 10: 2016-2021.

Liu S S, Wang H Y, Liu Z M. 2010. Bioassay of allelopathy of essential oil from *Conyza canadensis* [J]. Journal of Plant Resources and Environment, 19: 56-62.

Liu W Z, Zhang Q, Liu G H. 2009. Seed banks of a river-reservoir wetland system and their implications for vegetation development [J]. Aquatic Botany, 9: 7-12.

Lopez-Martinez N, Prado R D E, Rademacher W, et al. 1997. Differential response of echinochloa species and biotypes to quinclorac resistance [C] // Abstract of the International Conference at IACR Rothamsted 1997. Harpenden, Herts, UK.

Mabrouk S, Salah K B H, Elaissi A, et al. 2013. Chemical composition and antimicrobial and allelopathic activity of tunisian *Conyza sumatrensis* (Retz.) E. Walker Essential Oils [J]. Chemistry & Biodiversity (10): 209-223.

Magnussen L S, Hauser T P. 2007. Hybrids between cultivated and wild carrots in natural populations in Denmark [J]. Heredity, 99: 185-192.

Mamolos A P, Nikolaidou A E, Pavlatou-Ve A K, et al. 2011. Ecological threats and agricultural opportunities of the aquatic cane-like grass *Phragmites australis* in wetlands [J]. Sustainable Agriculture Reviews (7): 251-275.

Manuel J S, Mercado B L. 1977. Biology of *Paspalum distichum*. I. Pattern of growth and asexual reproduction [J]. Philippine Agriculturist, 61: 192-198.

Marks M, Lapin B, Randall J. 1994. *Phragmites australis* (*P. communis*): threats, management and monitoring [J]. Natural Areas Journal, 14: 285-294.

Mccarty L B, Everest J W, Hall D W, et al. 2001. Color atlas of turfgrass weeds [M]. Ann Arbor: Ann Arbor Press.

Meenakanit L, Vongsaroj P. 1998. Integrating science and people in rice pest management [C] // Proceedings of the Rice Integrated Pest Managem (IPM) Conference, Kuala Lumpar, Malaysia: 127-137, 23.

Menezes V G, Ramirez H V, Oliveira J C. 2000. Resistance *Echinochloa crusgalli* (L.) Beauv. to quinclorac in flooded rice in southern Brazil [C] // Proceedings 2000 International Weed Science Congress.

Meyerson L A, Saltonstall K, Windham L, et al. 2000. A comparison of *Phragmites australis* in freshwater and brackish marsh environments in North America [J]. Wetlands Ecology and Management (8): 89-103.

Mitich L W. 1996. Wild carrot (*Daucus carota* L.) [J]. Weed Technology (10): 455-457.

Moody K. 1990. Pest interaction in rice in the Philippines [M] // Grayson B T, Green M B, Copping L G. Pest Management in Rice. Elsevier Sci. U K: 269-299.

Moreira I, Monteiro A, Sousa E. 1999. Chemical control of common reed (*Phragmites australis*) by foliar herbicides under different spray conditions [J]. Hydrobiologia, 415: 299-304.

Moreira M S, Nicolai M, Carvalho S J P, et al. 2007. Glyphosate-resistance in *Conyza canadensis* and *C. bonariensis* [J]. Planta Daninha, 25: 157-164.

Mortimer A M, Namuco O, Johnson D E. 2004. Seedling recruitment in direct-seeded rice: weed biology and water management [C] // Paper presented at the Proceedings of the World Rice Research Conference, Tsukuba, Japan: 202-205.

Nasim G, Shabbir A. 2012. Invasive weed species-a threat to sustainable agriculture [M] // Muhammad A. Crop production for agricultural improvement. Springer. Dordrecht, Netherlands: 523-556.

Nazaruk J, Kalemba D. 2009. Chemical composition of the essential oils from the roots of *Erigeron acris* L. and *Erigeron annuus* (L.) Pers [J] . Molecules, 14: 2458 - 2465.

Nishihiro J, Nishihiro M A, Washitani I. 2006. Assessing the potential for recovery of lakeshore vegetation: species richness of sediment propagule banks [J] . Ecological Research, 21 (3): 436 - 445.

Norsworthy J K, Mcclelland M, Griffith G M. 2009. *Conyza canadensis* (L.) Cronquist response to pre-plant application of residual herbicides in cotton (*Gossypium hirsutum* L.) [J] . Crop Protection, 28: 62 - 67.

Nuria Lopez-Martinez, Marshall G, Prado R D E. 1997. Resistanceof barnyardgrass (*Echinochloa crus-galli*) to atrazine and quinclorac [J] . Pesticide Science, 51: 171 - 175.

Okuma M, Chikura S, Moriyama Y. 1983. Ecology and control of a subspecies of *Paspalum distichum* L. growing in creeks in the paddy area on the lower reaches of Chikugo River in Kyushu [J] . Weed Research, Japan, 28: 31 - 34.

Okuma M, Chikura S. 1984. Ecology and control of a subspecies of *Paspalum distichum* L. growing in creeks in the paddy area on the lower reaches of Chikugo River in Kyushu [J] . Weed Research, Japan, 29: 45 - 50.

Pan X H, Wang J M, Wu T C, et al. 2012. Compound extraction and component analysis on volatile oil of *Artemisia argyi* [M] //Cong H L. Advanced in Nanoscience and Technology: 255 - 261.

Park J H, Chung B K, Park J E, et al. 1995. Identification and cultural characteristics of *Nimbya scirpicola* isolated from river Bulrush (*Scirpus planiculmis*) [J] . RDA Journal of Agricultural Science Crop Protection, 37 (2): 330 - 335.

Park J H, Chung B K, Ryu G H, et al. 1995. Biological control of River Bulrush (*Scirpus planiculmis*) by *Nimbya scirpicola* [J] . RDA Journal of Agricultural Science Crop Protection, 37 (2): 336 - 342.

Park T S, Kim C S, Park J P, et al. 1999. Resistance biotype of *Monochoria korsakowii* against sulfonylurea herbicides in the reclaimed paddy field in Korea [C] // The 17th Asian - Pacific Weed Science Society Conference: 252 - 254.

Patterson D T. 1987. Comperative ecophysiology of weeds and crops [M] // Duke S O. Weed Physiology vol. 1. Reproduction and Ecophysiology. Florida: CRC Press. Inc : 101 - 129.

Peng L, Yang S Z, Li Q, et al. 2008. Hydrogen peroxide treatments inhibit the browning of fresh-cut Chinese water chestnut [J] . Postharvest Biology and Technology, 47 (2): 260 - 266.

Pons T L, SchrÖder H. 1986. Significance of temperature fluctuation and oxygen concentration for germination of the rice field weeds *Fimbristylis littoralis* and *Scirpus juncoides* [J] . Oecologia, 68: 315 - 319.

Pornprom T, Mahatamnuchoke P, Usui K. 2006. The role of altered acetyl-CoA carboxylase in conferring resistance to fenoxaprop-P-ethyl in Chinese sprangletop [*Leptochloa chinensis* (L.) Nees] [J] . Pest Management Science, 62 (11): 1109 - 1115.

Qiang S. 2002. Weed diversity of arable land in China [J] . Korean Journal of Weed Science, 22: 187 - 198.

Qiang S. 2005. Multivariate analysis, description, and ecological interpretation of weed vegetation in the summer crop fields of Anhui Province, China [J] . Journal of Integrative Plant Biology, 47 (9): 1193 - 1210.

Queiroz S C N, Cantrell C L, Duke S O, et al. 2012. Bioassay - directed isolation and identification of phytotoxic and fungitoxic acetylenes from *Conyza Canadensis* [J] . Journal of Agricultural and Food Chemistry, 60: 5893 - 5898.

Rahman M M, Ismail S, Sofian-Azirun M. 2011. Identification of resistant biotypes of *Leptochloa chinensis* in rice field and their control with herbicides [J] . African Journal of Biotechnology, 10 (15): 2904 - 2914.

Rao A N, Johnson D E, Sivaprasad B, et al. 2007. Weed management in direct-seeded rice [J] . Advances in Agronomy, 93: 153 - 255.

Rapp R E, Datta A, Irmak S, et al. 2012. Integrated management of common reed (*Phragmites australis*) along the Platte River in Nebraska [J] . Weed Technology, 26 (2): 326 - 333.

Rashid I, Reshi Z A. 2012. Allelopathic interaction of an alien invasive specie Anthemis cotula on its neighbours *Conyza canadensis* and *Galinsoga parviflora* [J] . Allelopathy Journal, 29: 77 - 91.

Rosamond. 1996. Naylor Herbicides in Asian rice [M] . Philippines: transitions in weed management.

Sahid I B, Karso J, Chuah T S. 2011. Resistance mechanism of *Leptochloa chinensis* Nees to propanil [J] . Weed Biology and Management, 11 (2): 57 - 63.

Sakakibara1 M, Ohmori Y, Hoang H A N T H, et al. 2011. Phytoremediation of heavy metal-contaminated water and sediment by *Eleocharis acicularis* [J] . Clean-Soil, Air, Water, 39 (8): 735 - 741.

Schafer J R, Hallett S G, Johnson W G. 2012. Response of giant ragweed (*Ambrosia trifida*), horseweed (*Conyza canadensis*), and common lambsquarters (*Chenopodium album*) biotypes to glyphosate in the presence and absence of soil microorganisms [J] . Weed Science, 60: 641 - 649.

Scott B A, Vangessel M J, White-Hansen S. 2009. Herbicide-resistant weeds in the United States and their impact on extension [J] . Weed Technology, 23: 599 - 603.

Shibayama H. 2001. Weeds and weed management in rice production in Japan [J] . Weed Biology and Management, 1 (1): 53 - 60.

Silliman B R, Bertness M D. 2004. Shoreline development drives invasion of *Phragmites australis* and the loss of plant diversity on New England salt marshes [J] . Conservation Biology, 18: 1424 - 1434.

Smith R J Jr. 1986. Biological control of northern jiontvetch in rice (*Oryza sativa*) and soybeans (*Glycine max*): a researchers view [J] . Weed Science, 34 (Suppl. 1) : 17 - 23.

Snow A A, Anderson B, Jrgensen R B. 1999. Costs of transgenic herbicide resistance introgressed from *Brassica napus* into weedy *B. rapa* [J] . Molecular Ecology, 8: 605 - 615.

Song X L, Wang Z, Qiang S. 2011. Agronomic performance of F1, F2 and F3 hybrids between weedy rice and transgenic glufosinate-resistant rice [J] . Pest Management Science, 67 (8): 921 - 931.

Song X L, Wu J J, Zhang H J, et al. 2011. Occurrence of glyphosate-resistant horseweed (*Conyza canadensis*) population in China [J] . Agricultural Sciences in China, 10: 1049 - 1055.

Song X L, Liu L L, Wang Z, et al. 2009. Potential gene flow from transgenic rice (*Oryza sativa* L.) to different weedy rice (*Oryza sativa* f. *spontanea*) accessions based on reproductive compatibility [J] . Pest Management Science, 65: 862 -869.

Stachler J M, Kells J J, Penner D. 2000. Resistance of wild carrot (*Daucus carota*) to 2, 4-D in Michigan [J] . Weed Technology, 14: 734 - 739.

Stachler J M, Kells J J. 1997. Wild carrot (*Daucus carota*) control in no-tillage cropping systems [J] . Weed Technology, 11: 444 - 452.

Suh H S, Sato Y I, Morishima H. 1997. Genetic characterization of weedy rice (*Oryza sativa* L.) based on morpho-physiology, isozymes and RAPD markers [J] . Theoretical and Applied Genetics, 94: 316 - 321.

Sung S J S, Leather G R, Hale M G. 1987. Induction of germination in dormant barnyard grass (*Echinochloa crusgalli*) seeds by wounding [J] . Weed Science, 35: 753 - 757.

Suriyagoda L, Arima S, Suzuki A, et al. 2007. Variation in growth and yield performance of seventeen water chestnut accessions (*Trapa* spp.) collected from Asia and Europe [J] . Plant Production Science, 10 (3): 372 - 379.

Tanaka S, Miura R, Tominaga T. 2012. Effects of the planting substratum on the growth of horseweed [*Conyza sumatrensis* (Retz.) Walker] in *Zoysia japonica* Steud. Turf [J] . Grassland Science, 58: 117 - 119.

Tang H W, Li J, Dong L Y, et al. 2012. Molecular bases for resistance to acetyl-coenzyme A carboxylase inhibitor in Japanese foxtail (*Alopecurus japonicus*) [J] . Pest Management Science, 68: 1241 - 1247.

Tang W, Zhu Y Z, He H Q, et al. 2011. Field evaluation of *Sclerotium rolfsii*, a biological control agent for broadleaf weeds in dry, direct-seeded rice [J] . Crop Protection, 30: 1315 - 1320

Tewksbury L, Casagrande R, Blossey B, et al. 2002. Potential for biological control of *Phragmites australis* in North America [J] . Biology Control, 23 (2): 191 - 212.

Thébaud C, Finzi A C, Affre L, et al. 1996. Assessing why two introduced *Conyza* differ in their ability to invade Mediterranean old fields [J] . Ecology, 77 (3): 791 - 804.

Tran D X, Tsuneaki T, Masakazu R, et al. 2009. Chemical interaction in the invasiveness of cogongrass [*Imperata cylindrica* (L.) Beauv.] [J] . Journal Agricultural and Food Chemistry, 57: 9448 - 9453.

Trtikova M, Edwards P J, Guesewell S. 2010. No adaptation to altitude in the invasive plant *Erigeron annuus* in the Swiss Alps [J] . Ecography, 33: 556 - 564.

Tsukamoto H, Gohbara M, Tsuda M, et al. 1997. Evaluation of fungal pathogens as biological control agents for the paddy weed, *Echinochloa* species by drop inoculation [J] . Annals of the Phytopathological Society of Japan, 63: 366 - 372.

Udensi E A, Akobundu I O, Ayeni A O, et al. 1999. Management of cogongrass (*Imperata cylindrica*) with velvet-bean (*Mucuna prurientsvar utilis*) and herbicides [J] . Weed Technology, 13: 201 - 208.

Valverde B E, Itoh K. 2001. World riceand herbicide resistance [M] //Powles S R, Shaner D L. Herbicide resistance and world grains. Boca Raton, FL: CRC. Press, 195 - 249.

Vencill W K. 2002. Herbicide handbook [M] . 8th ed. Lawrence, KS, USA: Weed Science Society of America.

Vongsaroj P. 1994. Weed control in wet-seeded rice inThailand [C] // Paper presented at an international workshop on constraints, opportunities, and innovations for wet-seeded rice, Bangkok, Thailand.

Wang Q, Yu D, Xiong W, et al. 2010. Do freshwater plants have adaptive responses to typhoon-impacted regimes? [J] . Aquatic Botny, 92 (4): 285 - 288 .

Wang S, Li J, Sun J, et al. 2013. NO inhibitory guaianolide-derived terpenoids from *Artemisia argyi* [J] . Fitoterapia, 85:

169 - 175.

Webster T M, Cardina J, White A D. 2009. Weed seed rain, soil seedbanks, and seedling recruitment in no-tillage crop rotations [J] . Weed Science, 51: 569 - 575.

Wei S, Zhou Q, Saha U K, et al. 2009. Identification of a Cd accumulator *Conyza canadensis* [J] . Journal of Hazardous Materials, 163: 32 - 35.

Wei S, Zhou Q, Xiao H, et al. 2009. Hyperaccumulative property comparison of 24 weed species to heavy metals using a pot culture experiment [J] . Environmental Monitoring and Assessment, 152: 299 - 307.

Whitehead C, Switzer C. 1963. The differential response of strains of wild carrot to 2, 4-d and related herbicides [J] . Canadian Journal of Plant Science, 43: 255 - 262.

Wijnheijmer E, Brandenburg W, Ter Borg S. 1989. Interactions between wild and cultivated carrots (*Daucus carota* L.) in the Netherlands [J] . Euphytica, 40: 147 - 154.

Wilcox K L, Petrie S A, Maynard L A, et al. 2003. Historical distribution and abundance of *Phragmites australis* at Long Point, Lake Erie, Ontario [J] . Journal of Great Lakes Research, 29: 664 - 680.

Xuan T D, Yuichi O, Junko C, et al. 2003. Kava root (*Piper methysticum* L.) as a potential natural herbicide and fungicide [J] . Crop Protection, 22 (6): 873 - 881.

Yamaguchi K, Hirose M, Mutsunobu M. 2011. Evaluation of indigenous fungi in Kyushu as biocontrol agents against red sprangletop (*Leptochloa chinensis*) [J] . Bull. Minamikyushu Univ. 41: 31 - 35.

Yamashita O M, Guimaraes S C. 2010. Germination of *Conyza canadensis* and *Conyza bonariensis* seeds in function of water availability in the substrate [J] . Planta Daninha, 28: 309 - 317.

Yamauti M S, Martins B A A, de Souza M C, et al. 2010. Chemical control of glyphosate-resistant horseweed (*Conyza Canadensis*) and hairy fleabane (*Conyza bonariensis*) biotypes [J] . Revista Ciencia Agronomica, 41: 495 - 500.

Yang C H, Dong L Y, Li J, et al. 2007. Identification of Japanese foxtail (*Alopecurus japonicus*) resistant to haloxyfop using three different assay techniques [J] . Weed Science , 55: 537 - 540.

Yu G Q, Bao Y, Ge S. 2005. Genetic diversity and population differentiation of Liaoning weedy rice detected by RAPD and SSR markers [J] . Biochemical Genetics , 43: 261 - 270.

Yuan C I, Hsieh Y C, Lin L C, et al. 2006. Glyphosate-resistant broadleaf fleabane (*Conyza sumatrensis*): dose response and variation associated with target enzyme (EPSPS) [M] . Plant Protection Bulletin (Taichung), 48: 229 - 241.

Zhang L J, Dai W M, Wu C, et al. 2012. Genetic diversity and origin of Japonica-and Indica-like rice biotypes of weedy rice in the Guangdong and Liaoning provinces of China [J] . Genetic Resource and Crop Evolution, 59 (3): 399 - 410.

Zhang Y H, Xue M Q, Bai Y C, et al. 2012. 3, 5-Dicaffeoylquinic acid isolated from *Artemisia argyi* and its ester derivatives exert anti-Leucyl-tRNA synthetase of *Giardia lamblia* (GlLeuRS) and potential anti-giardial effects [J] . Fitoterapia, 83: 1281 - 1285.

Zhang Z P. 2003. Development of chemical weed control and integrated weed management in China [J] . Weed Biology and Management, 3 (4): 197 - 203.

Zheng D, Kruger G R, Singh S, et al. 2011. Cross-resistance of horseweed (*Conyza canadensis*) populations with three different ALS mutations [J] . Pest Management Science, 67: 1486 - 1492.

Zheng X H, Deng C H, Song G X, et al. 2004. Comparison of essential oil composition of *Artemisia argyi* leaves at different collection times by headspace solid-phase microextraction and gas chromatography-mass spectrometry [J] . Chromatographia, 59: 729 - 732.

Zhu X Q, Wang H X, Qin L, et al. Preliminary studies on pathogenic fungi of chestnut fruit rot and its control [C] . Paper present in the 4 th International Chestnut Symposium, 844: 83 - 88.

Zou W X, Meng J C, Lu H, et al. 2000. Metabolites of *Colletotrichum gloesporioides*, an endophytic fungus in *Artemisia mongolica* [J] . Journal of Natural Products, 63: 1529 - 1530.

Zuo J, Zhang L J, Song X L, et al. 2011. Innate factors causing differences in gene flow frequency from transgenic rice to different weedy rice biotypes [J] . Pest Management Science, 67: 677 - 690.

Zuo S, Ma Y, Shinobu I. 2008. Ecological adaptation of weed biodiversity to the allelopathic rank of the stubble of different wheat genotypes in a maize field [J] . Weed Biology and Management, 8: 161 - 171.

第23单元 农田杂草

彩图 23-1-1 野燕麦（张朝贤摄）
Colour Figure 23-1-1 *Avena fatua*
(by Zhang Chaoxian)

彩图 23-1-2 看麦娘（魏守辉摄）
Colour Figure 23-1-2 *Alopecurus aequalis* (by Wei Shouhui)

彩图 23-1-3 日本看麦娘（魏守辉摄）
Colour Figure23-1-3 *Alopecurus japonicus*（by Wei Shouhui）

彩图 23-1-4 菵草（魏守辉摄）
Colour Figure 23-1-4 *Beckmannia syzigachne*（by Wei Shouhui）

彩图 23-1-5 棒头草（周小刚提供）
Colour Figure 23-1-5 *Polypogon fugax*（by Zhou Xiaogang）

彩图 23-1-6 长芒棒头草（魏守辉摄）
Colour Figure 23-1-6 *Polypogon monspeliensis*（by Wei Shouhui）

彩图 23-1-7 节节麦（张朝贤摄）
Colour Figure 23-1-7 *Aegilops tauschii*
（by Zhang Chaoxian）

彩图 23-1-8 雀麦（张朝贤摄）
Colour Figure 23-1-8 *Bromus japonicus*
（by Zhang Chaoxian）

彩图 23-1-9 毒麦（张朝贤摄）
Colour Figure 23-1-9 *Lolium temulentum*（by Zhang Chaoxian）

彩图 23-1-10 早熟禾（张朝贤摄）
Colour Figure 23-1-10 *Poa annua*
（by Zhang Chaoxian）

彩图 23-1-11 硬草（魏守辉摄）
Colour Figure 23-1-11 *Sclerochloa kengiana*（by Wei Shouhui）

彩图 23-1-12 牛繁缕（张朝贤摄）
Colour Figure 23-1-12 *Malachium aquaticum*（by Zhang Chaoxian）

彩图 23-1-13 繁缕（魏守辉摄）
Colour Figure 23-1-13 *Stellaria media*
（by Wei Shouhui）

彩图 23-1-14 雀舌草（魏守辉摄）
Colour Figure 23-1-14 *Stellaria alsine*
（by Wei Shouhui）

彩图 23-1-15 卷耳
（魏守辉摄）
Colour Figure 23-1-15
Cerastium arvense
（by Wei Shouhui）

彩图 23-1-16　麦瓶草（张朝贤摄）
Colour Figure 23-1-16　*Silene conoidea*
（by Zhang Chaoxian）

彩图 23-1-17　播娘蒿（张朝贤摄）
Colour Figure 23-1-17　*Descurainia sophia*
（by Zhang Chaoxian）

彩图 23-1-18　荠（张朝贤摄）
Colour Figure 23-1-18　*Capsella bursa-pastoris*
（by Zhang Chaoxian）

彩图 23-1-20　小花糖芥（张朝贤摄）
Colour Figure 23-1-20　*Erysimum cheiranthoides*
（by Zhang Chaoxian）

彩图 23-1-19　碎米荠（张朝贤摄）
Colour Figure 23-1-19　*Cardamine hirsuta*（by Zhang Chaoxian）

彩图 23-1-21 猪殃殃（张朝贤摄）
Colour Figure 23-1-21 *Galium aparine*
var. *tenerum*（by Zhang Chaoxian）

彩图 23-1-22 麦仁珠（李香菊摄）
Colour Figure 23-1-22 *Galium tricorne*
（by Li Xiangju）

彩图 23-1-24 苣荬菜（张朝贤摄）
Colour Figure 23-1-24 *Sonchus
brachyotus*（by Zhang Chaoxian）

彩图 23-1-23 刺儿菜（张朝贤摄）
Colour Figure 23-1-23
Cephalanoplos segetum
（by Zhang Chaoxian）

彩图 23-1-25 稻槎菜（魏守辉摄）
Colour Figure 23-1-25 *Lapsana
apogonoides*（by Wei Shouhui）

彩图 23-1-26 泥胡菜（魏守辉摄）
Colour Figure 23-1-26 *Hemistepta
lyrata*（by Wei Shouhui）

彩图 23-1-27 大巢菜（魏守辉摄）
Colour Figure 23-1-27 *Vicia sativa*
（by Wei Shouhui）

彩图 23-1-28 广布野豌豆
（魏守辉摄）
Colour Figure 23-1-28 *Vicia cracca*
（by Wei Shouhui）

彩图 23-1-29　阿拉伯婆婆纳
（张朝贤摄）
Colour Figure 23-1-29　*Veronica persica*
（by Zhang Chaoxian）

彩图 23-1-30　大婆婆纳（魏守辉摄）
Colour Figure 23-1-30　*Veronica didyma*
（by Wei Shouhui）

彩图 23-1-31　萹蓄（张朝贤摄）
Colour Figure 23-1-31　*Polygonum
aviculare*（by Zhang Chaoxian）

彩图 23-1-32　打碗花（张朝贤摄）
Colour Figure 23-1-32　*Calystegia hederacea*
（by Zhang Chaoxian）

彩图 23-1-33　田旋花（张朝贤摄）
Colour Figure 23-1-33　*Convolvulus arvensis*
（by Zhang Chaoxian）

彩图 23-1-34　香薷（张朝贤摄）
Colour Figure 23-1-34　*Elsholtzia ciliata*
（by Zhang Chaoxian）

彩图 23-1-35　麦家公（张朝贤摄）
Colour Figure 23-1-35　*Lithospermum
arvense*（by Zhang Chaoxian）

彩图 23-1-36　小藜（张朝贤摄）
Colour Figure 23-1-36　*Chenopodium
serotinum*（by Zhang Chaoxian）

彩图 23-1-37 泽漆（张朝贤摄）
Colour Figure 23-1-37 *Euphorbia helioscopia*（by Zhang Chaoxian）

彩图 23-1-39 遏蓝菜（张朝贤摄）
Colour Figure23-1-39 *Thlaspi arvense*（by Zhang Chaoxian）

彩图 23-1-40 地肤（张朝贤摄）
Colour Figure 23-1-40
Kochia scoparia
（by Zhang Chaoxian）

彩图 23-1-38 鼬瓣花（魏守辉摄）
Colour Figure 23-1-38 *Galeopsis bifida*
（by Wei Shouhui）

彩图 23-2-1 马唐幼苗（1）、
穗部（2）（李香菊摄）
Colour Figure 23-2-1 *Digitaria
sanguinalis* seedling (1), inflorescence (2)
（by Li Xiangju）

彩图 23-2-2 牛筋草幼苗（1）、
穗部（2）（李香菊摄）
Colour Figure 23-2-2
Eleusine indica seedling (1),
inflorescence (2)
（by Li Xiangju）

彩图23-2-4 大狗尾草（李香菊摄）
Colour Figure 23-2-4 *Setaria faberii* (by Li Xiangju)

彩图23-2-5 香附子成株（1）、穗部（2）（李香菊摄）
Colour Figure 23-2-5 *Cyperus rotundus* plant (1), inflorescence (2) (by Li Xiangju)

彩图23-2-6 碎米莎草（李香菊摄）
Colour Figure 23-2-6 *Cyperus iria* (by Li Xiangju)

彩图23-2-7 苍耳幼苗（1）、成株（2）
（李香菊摄）
Colour Figure 23-2-7 *Xanthium sibiricum* seedling (1), plant (2)
(by Li Xiangju)

彩图23-2-8 胜红蓟幼苗（1）、
成株（2）
（周小刚摄）
Colour Figure 23-2-8
Ageratum conyzoides seedling
(1), plant (2)
(by Zhou Xiaogang)

彩图23-2-9 空心莲子草
幼苗（1）、花（2）
（李香菊摄）
Colour Figure 23-2-9
Alternanthera philoxeroides
seedling (1), flower (2)
(by Li Xiangju)

彩图23-2-10 反枝苋幼苗（1）、花序（2）（李香菊摄）
Colour Figure 23-2-10 *Amaranthus retroflexus* seedling (1),
flowering stem (2) (by Li Xiangju)

彩图23-2-12 铁苋菜幼苗（1）、花序（2）
（李香菊摄）
Colour Figure 23-2-12 *Acalypha australis*
seedling (1), flowering stem (2)
(by Li Xiangju)

彩图23-2-11 野苋（凹头苋）幼苗（1）、花序（2）（周小刚摄）
Colour Figure 23-2-11 *Amaranthus lividus* seedling (1),
flower with immature fruit (2) (by Zhou Xiaogang)

彩图23-2-13　地锦成株
（1）、花序（2）
（李香菊摄）
Colour Figure 23-2-13
Euphorbia humifusa plant
(1), flower with immature
fruit (2)
(by Li Xiangju)

彩图23-2-14　酸模叶蓼幼苗
（1）、花序（2）
（李香菊摄）
Colour Figure 23-2-14
Polygonum lapathifolium
seedling (1), flower with
immature fruit (2)
(by Li Xiangju)

彩图23-2-15　马齿苋幼苗（1）、
成株（2）
（1.李香菊摄；2.王贵启摄）
Colour Figure 23-2-15　*Portulaca*
oleracea seedling (1), plant (2)
(1. by Li Xiangju; 2. by Wang Guiqi)

彩图23-2-16　藜幼苗
（1）、花序（2）
（李香菊摄）
Colour Figure 23-2-16
Chenopodium album
seedling (1), flowering
stem (2)
(by Li Xiangju)

彩图23-2-17 鸭跖草幼苗（1）、花（2）
（李香菊摄）
Colour Figure 23-2-17 *Commelina communis* seedling (1), flower (2)
(by Li Xiangju)

彩图23-2-18 问荆孢子茎（1）、营养茎（2）（李香菊摄）
Colour Figure 23-2-18 *Equisetum arvense* fertile stem (1), stem (2)
(by Li Xiangju)

彩图23-2-19 青葙幼苗（1）、花（2）
（李香菊摄）
Colour Figure 23-2-19 *Celosia argentea* seedling (1), flower (2) (by Li Xiangju)

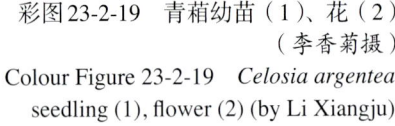  

彩图23-2-20 苦蘵幼苗（1）、成株（2）
（李香菊摄）
Colour Figure 23-2-20 *Physalis angulata* seedling (1), plant (2) (by Li Xiangju)

彩图23-2-21 龙葵幼苗（1）、成株（2）
（李香菊摄）
Colour Figure 23-2-21 *Solanum nigrum* seedling (1), plant (2) (by Li Xiangju)

彩图23-2-22　苘麻幼苗
（1）、成株（2）
（李香菊摄）
Colour Figure 23-2-22
Abutilon theophrasti
seedling (1), plant (2)
(by Li Xiangju)

彩图23-2-23　裂叶牵
牛幼苗（1）、成株（2）
（李香菊摄）
Colour Figure 23-2-23
Pharbitis nil seedling (1),
plant (2)
(by Li Xiangju)

彩图23-2-24　圆叶牵牛幼苗
（1）、花（2）（李香菊摄）
Colour Figure 23-2-24
Pharbitis purpurea seedling
(1), flower (2)
(by Li Xiangju)

彩图23-2-25　卷茎蓼幼苗
（1）、成株（2）
（李香菊摄）
Colour Figure 23-2-25
Polygonum convolvulus
seedling (1), plant (2)
(by Li Xiangju)

彩图 23-3-1　杂草稻
（1和2.张峥摄；3.纪明山摄；4、5、7.强胜摄；6和8.戴伟民摄；9.梁帝允提供）
Colour Figure 23-3-1 *Oryza sativa spontanea* (1 and 2. by Zhang Zheng; 3. by Ji Mingshan; 4, 5, 7. by Qiang Sheng; 6 and 8. by Dai Weimin; 9. by Liang Diyun)

1. 杂草稻的形态特征比较（左为栽培稻；右为杂草稻）
2. 杂草稻抽穗情况及稃片特征
3. 东北杂草稻为害情况
4. 江苏杂草稻为害情况
5. 宁夏杂草稻发生情况（40％以上田块发生，最高为害程度20％）
6. 新疆杂草稻为害情况
7. 广东杂草稻为害情况
8. 江苏苏中农民拔除杂草稻
9. 广东雷州农民拔除杂草稻

彩图 23-3-2　稗（强胜摄）
Colour Figure 23-3-2　*Echinochloa crusgalli*
var. *crusgalli* (by Qiang Sheng)

彩图 23-3-3　千金子（强胜摄）
Colour Figure 23-3-3　*Leptochloa chinensis*
(by Qiang Sheng)

彩图 23-3-4　双穗雀稗（强胜摄）
Colour Figure 23-3-4　*Paspalum distichum*
(by Qiang Sheng)

彩图 23-3-5　芦苇（强胜摄）
Colour Figure 23-3-5　*Phragmites australis*
(by Qiang Sheng)

彩图 23-3-6　水莎草（强胜摄）
Colour Figure 23-3-6　*Juncellus serotinus*
(by Qiang Sheng)

彩图 23-3-7　萤蔺（强胜和戴伟民摄）
Colour Figure 23-3-7　*Scirpus juncoides*
(by Qiang Sheng and Dai Weimin)

彩图 23-3-8　牛毛毡（李淑顺摄）
Colour Figure 23-3-8　*Eleocharis acicularis*
(by Li Shushun)

彩图 23-3-9　水虱草（强胜摄）
Colour Figure 23-3-9　*Fimbristylis miliacea*
(by Qiang Sheng)

彩图 23-3-10　扁秆藨草（强胜摄）
Colour Figure 23-3-10　*Scirpus planiculmis*
(by Qiang Sheng)

彩图 23-3-11　野荸荠（强胜摄）
Colour Figure 23-3-11　*Eleochasis plantaginei-
formis* (by Qiang Sheng)

彩图 23-3-12　鸭舌草（强胜摄）
Colour Figure 23-3-12　*Monochoria vaginalis*
(by Qiang Sheng)

彩图 23-3-13　雨久花（强胜摄）
Colour Figure 23-3-13　*Monochoria korsakowii*
(by Qiang Sheng)

彩图 23-3-14　矮慈姑（戴伟民摄）
Colour Figure 23-3-14　*Sagittaria pygmaea*
(by Dai Weimin)

彩图 23-3-15　野慈姑（强胜摄）
Colour Figure 23-3-15　*Sagittaria trifolia* var.
trifolia (by Qiang Sheng)

彩图 23-3-16　眼子菜（强胜摄）
Colour Figure 23-3-16　*Potamogeton distinctus*
(by Qiang Sheng)

彩图 23-3-17　节节菜（强胜摄）
Colour Figure 23-3-17　*Rotala indica*
(by Qiang Sheng)

彩图23-3-18　耳叶水苋（强胜摄）
Colour Figure 23-3-18　*Ammannia arenaria*
(by Qiang Sheng)

彩图23-3-19　水苋菜（强胜摄）
Colour Figure 23-3-19　*Ammannia baccifera*
(by Qiang Sheng)

彩图23-3-20　苹（强胜摄）
Colour Figure 23-3-20　*Marsilea quadrifolia*
(by Qiang Sheng)

彩图23-3-21　泽泻（强胜摄）
Colour Figure 23-3-21　*Alisma plantago-aquatica*
(by Qiang Sheng)

彩图23-3-22　鳢肠（强胜摄）
Colour Figure 23-3-22　*Eclipta prostrata*
(by Qiang Sheng)

彩图23-4-1　白茅（强胜摄）
Colour Figure 23-4-1　*Imperata cylindrica* var.
major (by Qiang Sheng)

彩图23-4-2　狗牙根（戴伟民摄）
Colour Figure 23-4-2　*Cynodon dactylon*
(by Dai Weimin)

彩图23-4-3　一年蓬（强胜摄）
Colour Figure 23-4-3　*Erigeron annuus*
(by Qiang Sheng)

彩图 23-4-4 小飞蓬（强胜摄）
Colour Figure 23-4-4 *Conyza canadensis* (by Qiang Sheng)

彩图 23-4-5 野塘蒿（强胜摄）
Colour Figure 23-4-5 *Conyza bonariensis* (by Qiang Sheng)

彩图 23-4-6 苏门白酒草（强胜摄）
Colour Figure 23-4-6 *Conyza sumatrensis* (by Qiang Sheng)

彩图 23-4-7 葎草（强胜摄）
Colour Figure 23-4-7 *Humulus scandens* (by Qiang Sheng)

彩图 23-4-8 艾蒿（强胜摄）
Colour Figure 23-4-8 *Artemisia argyi* (by Qiang Sheng)

彩图 23-4-10 野胡萝卜（强胜摄）
Colour Figure 23-4-10 *Daucus carota* (by Qiang Sheng)

彩图 23-4-9 乌蔹莓（强胜摄）
Colour Figure 23-4-9 *Cayratia japonica* (by Qiang Sheng)

彩图 23-5-1 稻田杂草发生
与为害情况（Ⅰ）
（强胜摄）
Colour Figure 23-5-1
Infestation of the worst weeds
in the paddy field（Ⅰ）
(by Qiang Sheng)
1. 广东稗草为害情况
2. 江苏稗草为害情况
3. 安徽千金子与长芒稗为害情况

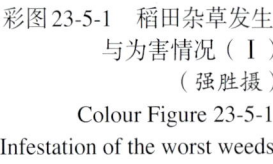

彩图 23-5-2 稻田杂草发生与为害情况（Ⅱ）
（1和2.强胜摄；3.戴伟民摄）
Colour Figure 23-5-2 Infestation of the worst weeds in the paddy field（Ⅱ）
(1 and 2. by Qiang Sheng; 3. by Dai Weimin)
1.安徽千金子为害情况
2.江苏杂草稻为害情况   3.新疆杂草稻为害情况

彩图 23-11-1 各地油菜田草害（强胜摄）
Colour Figure 23-11-1 Weed infestation in oilseed rape fields in different regions (by Qiang Sheng)
1.江苏句容 2.江苏宜兴 3.云南罗平 4.云南昆明 5.青海 6.西藏

第 24 单元　农牧区鼠害

第 1 节　褐　家　鼠

一、分布与危害

（一）鼠名

褐家鼠（*Rattus norvegicus* Berkenhout），隶属啮齿目鼠科大鼠属，别名大家鼠、沟鼠、挪威鼠、白尾吊、家耗子。

（二）分布

褐家鼠是人类伴生种，广布全世界。18 世纪通过俄罗斯到达欧洲，同时期到达不列颠群岛。1745 年，褐家鼠到达美洲，在美洲的大规模入侵主要发生在 18 世纪 60 年代和 70 年代。褐家鼠在我国分布于除西藏以外的所有省份。目前西藏地区已经有褐家鼠的零星捕获记录，但还没有形成种群的报道。新疆地区褐家鼠是 1963 年后随兰新铁路的建成，随客、货车进入新疆并在新疆各地扩散形成种群。在东北地区，褐家鼠广泛分布于农田、山林及居民区，其他省份以居民区为主，在居民区和农田之间随季节迁移。

（三）危害

褐家鼠家野两栖，是全球数量最多，为害最大的鼠种。来自农业部监测网点的数据表明，褐家鼠为我国农区鼠害中平均捕获率第二高的种类，仅仅排在黑线姬鼠之后。然而，褐家鼠平均体重为黑线姬鼠的 2～3 倍，为害远远超过黑线姬鼠。褐家鼠为杂食动物，食性极广，但最喜食肉类与瓜果等含脂肪高或含水分多的食物。家栖褐家鼠几乎取食所有的食物：粮食、蔬菜、鱼、肉、蛋和人们的剩饭。在冷库中以肉食为主；在粮库中以粮食为主；在养鸡场则取食鸡饲料和鸡蛋，甚至咬死小鸡；栖居在厕所中的以粪便为食；在河边湖畔的喜食鱼类、软体动物和两栖类。曾经有报道，褐家鼠偷食养殖场中的海参。褐家鼠也取食小型啮齿动物、昆虫、鸟类及其卵。我国主要粮食作物水稻、玉米、小麦、大豆都是褐家鼠的喜食作物。在作物播种期，褐家鼠主要盗食刚入播的种子，造成缺苗断垄；在灌浆期和收获期，褐家鼠盗食灌浆或成熟的种子；入库储藏期，褐家鼠是为害最重的仓储害鼠之一。褐家鼠的野栖种群还有储粮习性，一个洞内可存粮 5kg，多的可达 25kg。

20 世纪 80～90 年代，我国长江中下游地区褐家鼠大暴发，湖北、湖南、江西、安徽、四川、山东等 16 个省份农作物和家禽家畜遭受严重为害。"十一五"期间，褐家鼠在我国吉林、辽宁、黑龙江三省大规模成灾。玉米田中，褐家鼠主要在灌浆期为害。褐家鼠具有一定的攀爬能力，随着玉米灌浆成熟，褐家鼠大量迁入农田，爬上玉米穗为害（彩图 24-1-1）。以嫩玉米产出为主的甜玉米、水果玉米等品种，由于口感香甜，尤其容易吸引褐家鼠为害。稻田中，褐家鼠主要在水稻灌浆成熟后大量侵入稻田为害。褐家鼠能够采取跳跃的方式，直接将稻穗从顶端咬断，取食稻谷；东北地区有在田间晾晒稻谷的习惯，在此期间，也会导致褐家鼠的盗食（彩图 24-1-2 至彩图 24-1-4）。褐家鼠还以类似的方式为害小麦、大豆等粮食作物。褐家鼠还喜食甜瓜等果蔬产品。在粮食作物中套种少量瓜果、蔬菜，或者瓜果蔬菜中套种少量粮食作物，尤其容易遭褐家鼠为害。新疆维吾尔自治区还有褐家鼠为害棉花的报道。褐家鼠是最主要的仓储害鼠。以稻谷为标准，褐家鼠平均每天取食稻谷 15～20g，一只褐家鼠每年吃 5～7kg 粮食，而由于啮齿类磨牙习惯导致损耗的粮食更多。

另外，由于褐家鼠为家栖鼠，在室内除盗食粮食以及各种食物外，还损毁家具、衣服等各种器物，咬断电线引起设备故障甚至火灾。在家畜家禽饲养场，褐家鼠除盗食饲料等，甚至咬伤牲畜、家禽。此外，褐家鼠还是疾病的宿主与传播者，文献报道褐家鼠传播的疾病包括鼠疫、流行性出血热、狂犬病等 22 种。

二、形态特征

(一) 外形

褐家鼠分布范围广泛，总体上形态特征极其相近（彩图 24 - 1 - 5）。然而，不同地区不同亚种褐家鼠个体大小差异较大，在某些形态指标上还存在一定的差异。吴德林（1982）认为我国大陆褐家鼠有 4 个亚种。指名亚种（*R. n. norvegicus* Berkenhout）体形最大，后足长平均 40mm 以上；华北亚种（*R. n. humiliates* Milne-Edwards）体形最小，平均后足长 30mm 左右；东北亚种（*R. n. caraco* Pallas）和甘肃亚种（*R. n. socer* Miller）体形中等，后足长平均大于 34mm，小于 40mm，前者体色较暗，后者色淡。也有学者认为，褐家鼠的分类要更为复杂，仅我国褐家鼠的形态要远远比吴德林的描述多样化。

褐家鼠为中等体形鼠类，粗壮。尾短而粗，明显短于体长，但超过体长 2/3。尾毛稀少，表面环状鳞清晰可见。头小，吻短，耳短而厚，前折不能遮住眼部。在广西桂平采集的褐家鼠样本，耳朵相对薄而长，体态也相对修长。后足粗大。雌鼠乳头 6 对，其中胸部 2 对，腹部 1 对，鼠蹊部 3 对。

从笔者的资料及历史资料分析，我国北方（如东北地区）褐家鼠体形较小，成体体重在 90～300g；南方地区（如海南、广东地区）褐家鼠体形较大，成体体重在 180～500g（表 24 - 1 - 1）。

表 24 - 1 - 1　我国 4 个省褐家鼠形态特征比较

Table 24 - 1 - 1　The measurements of *Rattus norvegicus* from 4 different provinces

省份	性别	体重 (g)	体长 (cm)	尾长 (cm)	耳长 (cm)	后足长 (cm)	纬度	样本数
黑龙江	♀	42～287	11.8～21.1	6.4～17.9	1.5～2.1	2.5～3.9	44°～46°N	43
	♂	42～324	11.6～21.2	8.0～17.3	1.6～1.9	2.4～4.0		43
湖南	♀	88～340	14.8～22.5	14.0～19.0	1.4～2.0	3.3～3.9	28°～30°N	15
	♂	115～367	12.1～24.6	14.0～20.0	1.4～2.0	3.4～4.1		16
广东	♀	86～474	13.5～26.1	14.0～20.6	1.8～2.2	3.1～4.1	20°～22°N	14
	♂	83～486	13.9～26.0	14.2～21.3	1.6～2.3	3.7～4.6		26
海南	♀	110～518	15.3～24.2	14.4～21.2	1.6～2.4	3.9～4.5	18°～20°N	13
	♂	103～562	15.3～26.4	13.7～22.1	1.9～2.2	3.5～4.5		16

注：湖南省数据引自张知彬和王祖望（1988），其他三省数据由中国农业科学院植物保护研究所杂草害鼠生物学与治理重点开放实验室在 2006—2008 年采集。

(二) 毛色

褐家鼠毛色因年龄和栖息环境不同而异，一般体背毛色为棕褐色或灰褐色，毛基深灰色，毛尖棕色或褐色，头部和背中部毛色较深，腹毛灰白色，足背毛白色（彩图 24 - 1 - 5）。此外，也有全黑或全白色的个体。尾双色，上面黑褐色，下面灰白色，是区别于黄胸鼠、大足鼠的重要毛色特征。

(三) 头骨

头骨是啮齿类最主要的鉴别特征。褐家鼠头骨粗壮，成体颅骨的顶骨两侧颞嵴平行，是区别于其他啮齿类动物的主要特征。亚成体及幼体颞嵴呈弧形。颧宽为颅长的 47.7%～49.7%，鼻骨长，后端约与前颌骨后端在同一水平线或稍超出或不及。门齿孔达第一上臼齿基部前缘水平。上臼齿具 3 纵列齿突，横嵴外齿突趋向退化，第一上臼齿的第一横嵴外齿突不明显，齿前缘无外侧沟。听泡长为颅长的 17%～17.2%。

(四) 主要鉴别特征

褐家鼠是最常见的鼠种之一。其外形的典型特征是体形粗壮，尾短粗，尾长明显短于体长。最主要的解剖学鉴别特征是成体头骨颞嵴平行。

三、生活习性

(一) 栖息地

褐家鼠以家栖为主，在我国仅在东北地区大量分布于田间、山林。褐家鼠最喜欢阴暗潮湿、杂乱肮脏的场所，管理不善的仓库、厨房、畜圈、垃圾堆和阴沟等是最宜滋生褐家鼠的场所。在田间喜欢栖息于临近水源的堤坡、杂草丛生的田埂。褐家鼠有群居习性，族群成员尤其雄性个体间存在等级现象。

（二）洞穴

洞穴构造比较复杂。在居民区一般有2～4个洞口，大都在墙角下或阴沟中，通常一个进口，洞口处有颗粒状松土堆，内口光滑；洞道长50～210cm，分支多，地下洞深达150cm，有时能到室外或另一室；一般只有1个窝巢，呈碗状，多利用破布、烂棉絮、兽毛、废纸等物筑巢。在野外一般2个洞口，少数3～4个；常用稻草、杂草、粟、黍茎叶等筑巢。

（三）食物

褐家鼠为杂食性动物，食性与栖居环境有关，以其食物条件不同各有所好。褐家鼠取食所有的粮食、蔬菜及瓜果类作物，如稻谷、玉米、小麦、小米、葵花子、南瓜子、花生米、豆类、马铃薯、苹果、梨等。家栖褐家鼠还取食鱼、肉、蛋和人们的剩饭等。在粮库中以粮食为主；在冷库中以肉食为主；在养殖场的取食饲料，甚至咬死小鸡偷食鸡蛋。栖居在农田中的以盗食粮食为主。在河边湖畔的则喜食鱼类、软体动物和两栖类。褐家鼠也取食小型啮齿动物、昆虫、鸟类及其卵。可见，褐家鼠在食性方面适应能力极强。

（四）活动规律

以夜间活动为主，但不是典型的夜行鼠类，日间各个时段也有活动。活动强度日落后显著升高，以日落后2h左右和黎明前活动频率最高（图24-1-1）。大部分在以居民点为中心的0.5km范围活动，有记录报道其活动范围能够超过2km。具有较强的新物回避习性，对新放置的食饵不立即取食，也不随便进入诱捕器，通常需要1～2d的观察、试探。

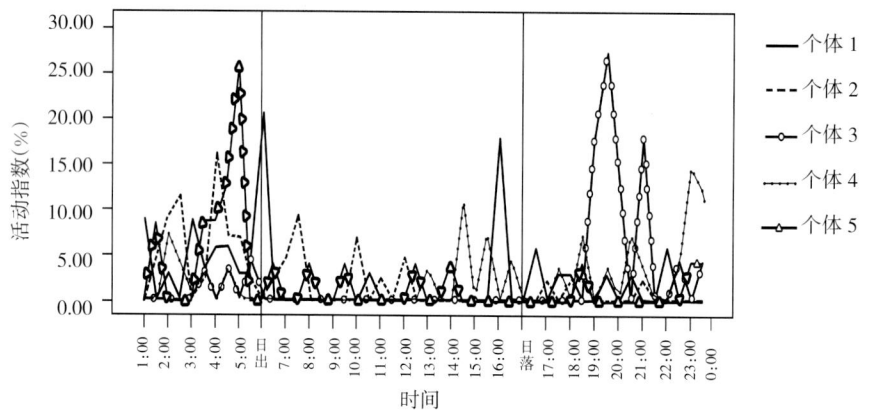

图24-1-1　褐家鼠昼夜活动规律（引自丛林等，2008）

Figure 24-1-1　Daily activity rhythm of *Rattus norvegicus*（from Cong Lin et al.，2008）

褐家鼠活动随季节变化，在居民区和田间迁移为害。在南方双季稻区，每年4月大量迁入田间，11月晚稻收割后迁到住宅区。但由于南方气候适宜，田间能全年为害。我国北方地区，在每年6月开始大量迁入田间，10月随庄稼成熟，田间数量达到高峰，10月底至11月初迁入农舍。在农区形成以村屯为核心栖息地，随季节而迁移的栖息习性。然而，迁移并不是全部的，夏、秋室内和冬季田野都会留存一部分褐家鼠。

（五）繁殖特征

褐家鼠生殖力极强，雌鼠产后一两天又能交配受孕。胎仔数8～14只，孕期21d，约3月龄性成熟。我国不同农业生态系统环境气候差异显著，不同生态区褐家鼠繁殖也存在较大差异。

广东地区褐家鼠全年都能繁殖，种群性成熟体重180～200g，这一发育阶段雌性开始受孕，雄性附睾能够检测到成熟精子的存在。广东地区褐家鼠繁殖的季节性差异不大，每年3～4月和9～10月呈现两个妊娠高峰，雄性睾丸平均重量也以这两个时期最大；每年最炎热潮湿的6～8月，是相对的繁殖低谷。在这一地区，褐家鼠种群数量季节性波动较小，以两个妊娠高峰后期及其后1～2个月为相对数量高峰期。

长江流域褐家鼠全年都能繁殖，种群性成熟体重100～130g，这一发育阶段雌性开始大量受孕，雄性附睾中多能见成熟精子。这一地区褐家鼠种群在每年 4～5 月和 9～10 月呈现两个妊娠高峰，种群数量每年 6～8 月形成第一个高峰，11 月形成第二个高峰。

黑龙江省地处寒温带，是我国最北端的省份。这一地区褐家鼠种群呈现明显的季节性繁殖特征。种群性成熟体重 80～100g，这一发育阶段雌性开始大量受孕，雄性附睾中多能见成熟精子。这一地区褐家鼠种群在每年 5～6 月开始进入妊娠高峰，9 月开始妊娠率急剧下降。农田中种群数量每年 6 月以后开始进入高峰期，整个春、夏季维持较高的水平，10 月底至 11 月开始急剧下降。尽管这一地区褐家鼠在冬季也能繁殖，但繁殖率降低到一个很低的水平，如雌性妊娠率从 6 月的 30.8% 降低至 11 月的 2.9%，睾丸平均重量从 6 月的（1.120±0.034）g 降低至 11 月的（0.316±0.045）g。

褐家鼠对环境适应力极强，因此也是世界上分布最广泛的鼠种。在我国南方地区，包括长江流域，气候温热，褐家鼠能够全年繁殖，种群数量的季节性波动相对较小。而北方地区的褐家鼠种群具有明显的季节性繁殖特征，种群数量随季节变化呈现较大波动。与南方地区褐家鼠种群不同，北方地区褐家鼠采取以季节信号调控的机会主义繁殖策略，表现为进入秋、冬季以后，亚成体繁殖器官发育受到抑制，成体繁殖器官则保持较高的活力，在条件适合的情况下，个别亚成体能够打破抑制正常发育，个别成体能够交配、妊娠、产仔。

（六）社群结构与婚配行为

研究表明褐家鼠社群存在一种稳定的、近乎线性的社群等级，尤其是雄性，其社群等级与年龄相关。在不熟悉的个体相遇时，一般较大的个体在竞争中获胜。然而一旦一个群体中个体的社会地位稳定之后，优势个体将能够长期维持这种优势地位。在一个稳定群体内，年龄（而不是个体大小）是个体社会地位更好的预测因素。经常，优势个体的体形比从属个体体形还要小，这种社群等级现象称为"固定优势"。在这种情况下，优势雄鼠有优先获得食物的机会。尽管社群内雄鼠存在明显争抢食物及配偶的现象，但处于低等级的从属个体能够通过调整取食方式接近食物。同时，不存在优势雄鼠独享与发情雌性交配权的可能，很多从属鼠也能够获得交配的机会，甚至比社群地位更高的个体获得更多的交配机会。之所以出现这种与社群地位不相关的交配机会的现象，与褐家鼠的交配行为有关。褐家鼠雌性动情期一般为 1d，发情期的雌鼠被多只雄鼠尾随，雄鼠通过爬跨竞争获得与雌性的交配机会。在这种情况下，雄性为避免追逐雌性时失去交配的机会，个体之间很少有机会相互影响或相互竞争，因此优势雄鼠不可能独享与发情雌性的交配权。在这期间，雌性与不同的雄性频繁地发生交配，但雌性的交配是有选择的，在与单一的雄性建立较弱关系的同时，也与其他雄性存在一定程度的混交现象。

四、种群数量动态

（一）季节动态

在北方褐家鼠具有明显的季节性繁殖特征，黑龙江农区褐家鼠种群数量从 5 月底、6 月初开始上升，8～9 月达到高峰，10 月开始迅速下降，10 月底至 11 月降低到年度最低水平。一般情况下，每年 12 月直至翌年 4 月，田间褐家鼠夹捕率为 0。

在南方褐家鼠能够全年繁殖，在每年妊娠高峰期后 1～2 月，相应也出现种群数量高峰。如湖南地区褐家鼠种群在每年 4～5 月和 9～10 月呈现两个妊娠高峰，种群数量每年 6～8 月形成第一个高峰，11 月形成第二个高峰。广东地区春季妊娠高峰期比湖南地区略早，每年 3～4 月形成第一个妊娠高峰，第二个高峰则和湖南地区基本相同，其种群数量每年 6～7 月形成第一个高峰，11～12 月形成第二个高峰。

村屯等居民区褐家鼠种群数量的季节性特征不明显，这与村屯中褐家鼠栖息环境、食物来源等相对稳定有关。褐家鼠为家野两栖鼠，有随田间作物成熟在村屯及田间迁移的习性，对褐家鼠种群数量有一定的影响。

（二）年间动态

从现有文献看，不同地区褐家鼠种群的年间动态尽管存在一定差异，但不同地区褐家鼠的年间动态呈现类似的波动。王勇等报道，洞庭湖区褐家鼠在 1982—1984 年暴发性增长，最高夹捕率几乎达 50%；20 世纪 80 年代中期开始下降，到 1990 年一直保持在较低的水平（夹捕率低于 4%）；1997 年出现一个小高峰，夹捕率接近 8%；随后至 2001 年一直处于下降趋势，尤其是 2000 年和 2001 年，夹捕率接近 0。同处于长江流域的江苏省，江宁区的调查结果表明，这一地区褐家鼠种群数量变化与湖南地区类似。1985—1987年处于相对高峰（夹捕率大于1%）；1988—1993年处于低谷期（夹捕率最低至0.17%）；1994年开始回升，1996年夹捕率达3.9%；1997年有所回落，与王勇报道结果相似。贵州省三都县1990—2008年调查数据表明，1990—1993年褐家鼠种群维持在一个较高水平（夹捕率大于8%）；1994年略为回落；1995年夹捕率低至5.75%后又开始回升；1997年形成一个高峰（夹捕率为9.43%）；从1998年开始回落，2004年夹捕率降至最低谷（夹捕率0.82%）后开始回升；至2008年一直处于上升阶段，2008年夹捕率达到3.5%。贵州省息烽县1986—2009年数据显示，1986—1987年为高峰年，夹捕率平均高达9.26%；1988年快速回落（平均夹捕率为2.16%），之后一直处于上升期，至1993年达到高峰（平均夹捕率8.65%）；1994—1995年维持相对较高水平（夹捕率5%～6%）；从1996年开始下降，至2004年回落至低谷（平均夹捕率1.09%）后开始缓慢上升，至2009年平均夹捕率为2.38%。这4个地区，尽管年份有所不同，夹捕率绝对值不同，但年间褐家鼠种群数量波动十分相似。目前由于缺乏其他更多地区的资料，尚无法确定这种趋势是否代表了我国农区褐家鼠种群数量波动的总体规律。进一步调查对于褐家鼠的监测预警以至于综合治理将是十分必要的。

（三）预测预报

洞庭湖地区春季预测秋季密度的回归方程如下：

$$Y_1=0.4590X_1+0.6523X_2-0.4194X_3-7.4563$$
$$Y_2=0.2773X_1+0.3978X_2-0.2459X_3-4.5693$$

式中 X_1 为开春基数，即3月房舍区夹捕率；X_2 为3月平均气温；X_3 为3月种群成幼比（Ⅲ＋Ⅳ＋Ⅴ）/（Ⅰ＋Ⅱ），即（成年Ⅰ组＋成年Ⅱ组＋老年组）/（幼年组＋亚成年组）；Y_1 为7月农田鼠密度；Y_2 为9月农田鼠密度。

依据这个模型，可以利用3月鼠密度数据预测当年7月、9月鼠密度，对早稻和晚稻成熟期鼠害等级进行预测。

五、防治技术

（一）农业防治

农业防治措施主要是指与农田耕作相结合，通过改变和恶化鼠类栖息及生存环境以抑制鼠类种群数量，控制鼠类为害的方法。褐家鼠为家野两栖鼠类，在农区以村屯为中心，随作物成熟以及季节变化，在房舍区及农区之间迁移为害。除村屯外，缺乏管理、植被茂密的田埂、地头、防风林带等是褐家鼠主要隐蔽场所。结合褐家鼠的生物习性，主要农业防治措施如下：

（1）统筹安排农田布局，减少田埂、田间草地、荒地面积，以减少褐家鼠栖息地及避难所。

（2）在有条件的情况下，尽可能同一种作物大面积连片种植，可以有效减少鼠类的为害。

（3）轮作、倒茬，加强田间管理，对闲置地进行伏翻、冬翻，破坏鼠类的栖息环境和食物条件，可有效降低鼠类的数量。

（4）及时秋收，减少成熟作物在田间留存的时间，减少秋收期褐家鼠的盗食。

（5）提高储藏条件，减少农作物在场院晾晒时间，加强储藏场所防鼠设施，降低褐家鼠在作物储藏期为害及越冬。

（二）生物防治

褐家鼠的天敌主要包括食肉类小型哺乳动物如猫、黄鼠狼，以及经过训练的狗。猛禽类如猫头鹰，爬行动物如蛇类也捕食褐家鼠。猫作为大众化饲养的宠物，对居民区褐家鼠具有非常好的控制作用。猫的存在，除了对褐家鼠的捕食作用，猫及其活动留下的气味还对褐家鼠具有很强的威慑作用，可以有效减轻褐家鼠的为害。但生物防治主要对低密度种群有较强的控制作用，一般无法控制暴发式褐家鼠为害。因此生物防治主要作为一种辅助措施，与其他措施相结合，才能有效控制鼠类的为害。

（三）物理防治

器械灭鼠是使用比较悠久的物理防治方法。器械灭鼠不适于在农田等较大范围控制鼠类为害，但可以用于较小范围鼠害的控制、鼠密度调查等。鼠夹是最常用的器械，北方褐家鼠防治可以选择使用中号鼠夹，南方褐家鼠防治可以考虑选用大号鼠夹。TBS（trapping barrier system）（彩图24-1-6）技术是近年来农业部门大力推广的一项技术，非常适宜于农牧交错带鼠类的控制。其原理是通过在用铁丝网围起来的小面积农田中种植早熟或鼠类喜欢的作物，引诱农田中的鼠类取食，在铁丝网的底部开口，为鼠类的通行留下通道，但在入口处设置捕鼠装置，从而达到长期控制鼠类数量的目的。目前已有商业化生产的 TBS。对于褐家鼠的治理，TBS 中可以种植早熟玉米、甜玉米、甜瓜、花生等作物作为诱饵。

（四）化学防治

化学防治对于控制大规模暴发性鼠害仍是目前最为有效的措施。在目前以生态学理念为基础的鼠害综合治理策略框架中，要求谨慎使用化学防治技术。这项技术，目前主要用于暴发性鼠害的应急治理。

褐家鼠家野两栖，食性杂，并且具有新物回避的习性，即对环境中出现的新物品（如鼠夹、鼠笼、毒饵等）保持很高的警觉，直到熟悉后才接触。这些习性对褐家鼠化学防治中诱饵的选择、布放提出了很高的要求。

1. 诱饵　褐家鼠食性杂，不同环境可以选择不同毒饵。如村屯、房舍区褐家鼠的防治，在仓房等食物充足的场所，可以选择褐家鼠爱吃的花生、油条等作为饵料，缺失水源、比较干燥的场所，可以直接用甘薯等含水分较多的饵料，甚至直接用毒水。农田等大范围灭鼠，从成本考虑，目前还是以小麦或大米为主要饵料。为提高农田防鼠效果，防鼠时期选择在作物播种期或出苗期比较好，这一时期，田间食物相对稀少，放置的毒饵对褐家鼠具有更好的吸引力。而从拟合褐家鼠的取食行为来讲，无论是村屯、房舍区还是农田环境，毒饵站的使用可以使毒饵的使用效率最大化。毒饵站可以防止猪、狗、鸡、鸭等其他动物的误食，并且拟合褐家鼠钻洞、溜墙根、喜欢阴暗遮蔽环境等习性，能够极大提高毒饵的吸引力。目前已经有商品化的毒饵站出售，如农田中可以选择常见的PVC 管毒饵站。

2. 杀鼠剂　按照农业部相关规定，鼠类防治必须选择已经注册登记的各类杀鼠剂及相关制剂、毒饵。目前我国主要化学杀鼠剂为抗凝血类杀鼠剂，如敌鼠钠盐、溴敌隆等，可以有效防治鼠类的为害。毒饵中杀鼠剂含量可以按以下公式推算：

$$毒饵浓度 = LD_{50} \times 0.20\%$$

式中　LD_{50} 为杀鼠剂致死中量。常见抗凝血剂类杀鼠剂对鼠类的致死中量或者使用浓度如下。

第一代抗凝血杀鼠剂：

①杀鼠灵（warfarin），推荐使用浓度为 $0.005\% \sim 0.025\%$。

②敌鼠（diphacinone）和敌鼠钠（sodium diphacinone），推荐使用浓度为 $0.02\% \sim 0.03\%$，用 0.03% 敌鼠钠大米毒饵在农田连续投饵 3 次，投饵量每 $667 m^2$ $150g$，灭鼠效果可达 90% 以上。

③氯敌鼠（chlorophacinone），对褐家鼠 LD_{50} 为 $9.60 \sim 13.00 mg/kg$，使用浓度为 $0.012\,5\% \sim 0.025\%$。

④杀鼠醚（coumatetralyl），对褐家鼠一次服药 LD_{50} 为 $16.5 \sim 20 mg/kg$，5 次服药 LD_{50} 为 $0.3 mg/kg$。

第二代抗凝血杀鼠剂：

①溴敌隆（bromadiolone），对褐家鼠 LD_{50} 为 $1.12 mg/kg$，常用毒饵浓度为 0.005%。

②溴鼠灵（brodifacoum），对褐家鼠 LD_{50} 为 $0.27 mg/kg$，使用浓度为 $0.001\% \sim 0.005\%$。

③氟鼠灵（flocoumafen），对褐家鼠 LD_{50} 为 $0.40 mg/kg$，使用浓度为 0.025%。

刘晓辉（中国农业科学院植物保护研究所）

第 2 节　黄　胸　鼠

一、分布与危害

（一）鼠名

黄胸鼠 [*Rattus tanezumi* Temmink，异名：*Rattus flavipectus*（Milne-Edwards，1872）]，隶属啮齿目鼠科大鼠属，别名黄腹鼠、长尾吊、长尾鼠。染色体数 $2n = 42$。

在亚洲人类伴生的大鼠中，黄胸鼠与屋顶鼠在形态上变异较大，较难区分，但根据染色体特征可以区别。Wilson 等（2005）报道，屋顶鼠的染色体为 $2n=38/40$，而黄胸鼠的染色体为 $2n=42$。黄胸鼠的学名较多，经查证，在已知 $2n=42$ 的大鼠属有效学名中，实际发表时间最早的是 *Rattus tanezumi*，为 1844年（常被错误引用为 1845），而 *Rattus flavipectus* 为 1872 年，因此目前黄胸鼠的学名一律使用 *Rattus tanezumi* Temminck，1844（马勇等，2008）。但是，王应祥等（2003）不同意 Wilson 等（2005）将云南前胸部有明显黄褐色斑块的斑胸鼠（*R. yunnanensi*）归为其同物异名，马勇等（2008）支持将斑胸鼠 [*Rattus yunnanensis*（Anderson，1879）] 视为独立种。

自 Milne-Edwards（1871）依据四川宝兴的标本命名后，对黄胸鼠的分类地位一直存在着意见分歧。Allen（1940）认为它是独立的种，并有 2 个亚种，即云南亚种（*R. t. yunnauensis*）与指名亚种（*R. t. flavipectus*），Ellerman 等（1951）将它们均归入黑家鼠（*R. rattus*）下的 2 亚种：*R. r. flavipectus* 和 *R. r. yunnauensis*；Corbet（1978）则认为它是黑家鼠日本亚种（*R. r. tanszumi*）的异名。在我国黄胸鼠与黑家鼠有同域分布现象，两者在形态上也有明显的区别，在自然条件和人工饲养下，均无杂种后代。因此，我国学者已基本认定黄胸鼠为独立的种。

（二）分布

黄胸鼠的分布区属东南亚热带—亚热带型，居东洋界。在我国先前主要分布于长江以南地区，是南海诸岛的优势鼠种，在香港、台湾有较多黄胸鼠分布，在西藏也有分布。近几十年该鼠表现出更明显的向北扩展的趋势，在陕西、山西已形成稳定的种群。在山西，自 1991 年入侵临汾市后，黄胸鼠的分布区域现已扩展到运城市、长治市、晋中市、太原市等地区；甘肃、宁夏亦有黄胸鼠的报道。赵桂芝等将新疆也列为黄胸鼠的分布区，可见黄胸鼠在我国除了东北外的大部分地区皆有分布，其栖息地已延伸至古北界。在国外，除东南亚的部分地区有栖息外，尚未见分布。

（三）危害

黄胸鼠在北方部分地区种群在不断上升。而在南方部分地区黄胸鼠有逐渐减少的趋势或已降为一般常见种。

许多分析认为，房屋结构的改变使黄胸鼠适生环境减少，是黄胸鼠在福建等地的优势地位被取代的重要原因。洪朝长等（1992）则进一步提出，气温的升高是否也对其有一定的影响，尚有待探讨。而黄胸鼠种群的北扩现象则很可能与全球气候变暖的趋势有关。动物分布区的地理位置、范围和大小，是长期自然选择及该动物分布历史变迁至现阶段的结果，反映了该动物对现代自然条件的适应性。黄文几（1966）认为较低的温度对黄胸鼠分布区的扩大有一定的障碍。韦正道等（1983）报道黄胸鼠的热中性带为 25～30℃，理论下临界温度为 23.82℃，35℃ 已进入过热区。祝龙彪等（1985）的研究表明黄胸鼠对低温和高温的忍受能力及化学热体温调节能力皆低于褐家鼠，热中性温度区为 25～30℃，这限制了黄胸鼠的广泛分布，是其以前主要分布在长江以南地区的原因。同样，目前全球的温室效应使黄胸鼠适应的气候区北移，则是其能在华北地区形成种群并不断发展的最主要原因。此外，交通运输的飞速发展对黄胸鼠快速北扩也起到了推动作用。黄文几等（1995）基于曾在上海至乌鲁木齐的火车上捕到黄胸鼠，分析新疆的黄胸鼠很可能是随火车输入的。甘肃的黄胸鼠也在火车站附近出现，也可能是通过运输带入的。

在国外，黄胸鼠仅在东南亚有分布。有趣的是，在越南主要分布在北方，在南方的密度较低。似乎是较高的温度对黄胸鼠的分布也不利。

黄胸鼠主要还是分布在长江流域及其以南地区，但该鼠的北扩将会形成新的为害，势必增加其为害区域。黄胸鼠是长江以南地区房舍区为害较重的鼠类。室内除盗食粮库、食品厂、养殖场、饲料厂、居民户的粮食、饲料外，还咬坏衣物、家具和器具，咬坏电线，甚至引发火灾。野外对农业生产也形成危害，可以为害水稻、香蕉、甘蔗、豌豆等各种农作物。20 世纪 80～90 年代，华南一些省区暴发农业及养殖业（盗食饲料、咬伤仔鸡等）重大鼠害，主要是黄胸鼠所致。它的活动范围较广，可以在室内外来回迁移，到处都有它们活动的踪迹，还可引起肠胃病的传播。其体外寄生虫有蚤、螨、蜱、虱等，体内寄生虫有原生动物、吸虫、绦虫、线虫等。黄胸鼠是许多细菌、立克次氏体、滤过性病毒的储藏宿主，能传播鼠疫、钩端螺旋体病、恙虫病、地方性斑疹伤寒、假结核、肾综合征出血热等传染病。

二、形态特征

（一）外形

黄胸鼠体形中等，较苗条，体躯不像褐家鼠那样肥胖，尾和脚也较之纤细。体重一般 60～180g，体长 130～210mm，尾长 140～195mm，大部分的尾长超过体长，偶见稍短于或等于体长，平均约为体长的 105%；耳长 18～24mm，耳大而薄，几近裸露，向前折可遮住眼部；后足短于 35mm（彩图 24-2-1）。

在鉴别黄胸鼠时，尾长可作为一个粗略识别指标，但不可作为唯一依据。不同地区的黄胸鼠的体长可能存在一定差异，不论是雌雄还是不同年龄组，总有部分个体尾长会等于或短于体长，甚至贵州榕江与陕西的雄性鼠尾长的平均值都短于体长（表 24-2-1），长江流域的黄胸鼠尾长短于体长出现的比例（12.5%）要低于云南（33.5%）。

表 24-2-1 各地黄胸鼠体形特征比较
Table 24-2-1 The measurements of *Rattus tanezumi* in different regions

地点	性别	样本数	体重（g）	体长（mm）	尾长（mm）	后足长（mm）	耳长（mm）	资料来源
福建	♂	6	90.0 (70～115)	159.3 (132～181)	173.8 (162～200)	30.3 (26～33)	20.7 (18～23)	寿振黄 (1962)
	♀	10	114.9 (96～147)	167.8 (145～181)	185.4 (157～202)	31.3 (29～34)	21.6 (20～25)	
贵州榕江	♂	30	88.1 (66～110)	—	151 (137～165)	140 (130～154)	27.6 (26～30)	松会武 (1981)
	♀	30	97.4 (77～102)	149 (134～169)	147 (139～159)	27.3 (26～29)	18.8 (17～20)	
洞庭湖区	♂	14	142.4 (100～221)	178.9 (158～210)	183.6 (150～207)	31.0 (23～35)	21.4 (19～24)	张美文等 (2000)
	♀	12	124.6 (80～170)	172.4 (155～213)	187.4 (176～210)	30.5 (26～35)	21.7 (21～23)	
浙江	♂	5	98 (76～116)	158 (143～171)	179 (167～200)	30 (27～33)	21.5 (19～23)	朱家贤 (1989)
	♀	5	107 (98～133)	159 (145～178)	182 (166～199)	31 (29～33)	20.5 (19.5～22)	
陕西	♂	19	92.5 (77.0～156.3)	140 (120～176)	132.7 (123～180)	26.8 (24～30)	20.3 (17～23)	王廷正等 (1993)
	♀	21	151.8 (92～230)	162.0 (130～180)	168.2 (150～193)	29.4 (27～32)	20.0 (17～24)	

注　表内各栏上行为平均数 $\bar{x}$±标准差 SD，下行括号内为最小值至最大值。

（二）毛色

背毛棕褐色或黄褐色，毛基深灰色，毛尖棕黄色；体背面棕褐色或黄褐色，并杂有黑色长毛，尤以背后部为多；背中部颜色较体侧深；体腹面淡土黄色到褐黄色；喉和胸部中间呈棕黄色，有时稍带褐色，比体腹部分略深，这是黄胸鼠的主要特征。胸部有时出现一块白斑，颏和肛门附近的毛污白色，面有时稍带浅黄色。体腹面与体侧面之间毛色无明显界线，有些地区如云南西部和南部，常有体腹面毛尖呈浅黄白色乃至灰白色的个体，但喉部和胸部中间仍显现棕黄色或褐黄色。个别地区有时也发现体腹呈灰白色或浅黄色，有时中央部分为浅褐色或整个背面全为暗色。另一重要的识别特征是前足背面中央有 1 棕褐色斑，周围灰白色。尾几乎裸露，尾的上部呈棕褐色，鳞片发达，构成环状，鳞片基部生有浅灰色或褐色短毛。幼鼠毛色较成年鼠深。黄胸鼠与褐家鼠、小家鼠一样，毛色也有黑化和白化现象，其中黑化个体往往被误认为黑家鼠。

（三）头骨

颅全长 33～43.7mm，腭长 15～21.3mm，颧宽 16.1～21.9mm，眶间宽 4.6～6.5mm，乳突宽 13.2～17.1mm，鼻骨长 11～17.6mm，门齿孔长 5.6～8.9mm，虚齿位长 8～12.7mm，上颊齿列长 4.8～7.6mm，听泡长 5.8～8.5mm。齿式为 $2\left(I\frac{1}{1}C\frac{0}{0}P\frac{0}{0}M\frac{3}{3}\right)=16$。

头骨比褐家鼠小，吻较长，脑颅呈椭圆形；眶上嵴很发达，向眶后延伸甚为均匀。鼻骨长，为颅长的

33.3%～35.5%，其前端略超过前颌骨和上门齿。颧宽一般不达颅长的1/2，为后者的46%～48.5%；脑颅宽为颅全长的40.5%～40.7%。门齿孔后端明显越过第一上臼齿基部前缘水平线。口盖后缘中间无突起。上颌第一上臼齿最长，其最前面的横嵴具有3个齿突，外齿突和中央齿突之间前缘有1明显的外侧沟。

（四）年龄分组

对不同地区黄胸鼠的年龄结构，有以经典的臼齿磨损度为主要指标来划分年龄组；也有采用眼球晶体干重进行年龄分析，并与臼齿磨损法、体重法、体长法相比较，认为在实际工作中可用体重法和体长法划分年龄。因黄胸鼠臼齿磨损程度较轻，而不主张使用臼齿磨损法。采用晶体干重法、体重法和胴体重法在实际操作上更简便而准确。现将各地根据胴体重（或体重）的频次分布和对应的发育与繁殖状况划分的年龄组列于表24-2-2，供实际工作中参考。

表 24-2-2　各地依据黄胸鼠胴体重划分的年龄组

Table 24-2-2　The age classes of *Rattus tanezumi* aging by carcass weight in different regions

地点	胴体重（g）					资料来源
	Ⅰ．幼年组	Ⅱ．亚成年组	Ⅲ．成年Ⅰ组	Ⅳ．成年Ⅱ组	Ⅴ．老年组	
云南	≤36.0	36.1～92.0	92.1～144.0		≥144.1	熊孟韬等（1999）
贵州	≤30.0	30.1～60.0	60.1～90.0	90.1～120.0	>120.0	杨再学等（2010）
贵州（体重）	≤40.0	40.1～75.0	75.1～115.0	115.1～150.0	>150.0	杨再学等（2006）
洞庭湖区	≤35	36～65	66～100	101～135	>135	张美文等（1998）

为了对各年龄组的繁殖特征有所了解，列出洞庭平原黄胸鼠各年龄组的繁殖状况：

Ⅰ．幼年组：雌鼠子宫大多呈线状，无生殖活动迹象（怀孕率和繁殖指数为0），雄性睾丸小（平均为6.9mm×3.9mm），下位率低（9.26%）。

Ⅱ．亚成年组：开始进入性成熟，有6.56%雌鼠怀孕，孕鼠平均胎仔数为5.25个，繁殖指数（胎仔总数/各组雌鼠总数）为0.34；睾丸大小平均为10.8mm×6.2mm，下位率为55.88%。

Ⅲ．成年Ⅰ组：有50%的雌鼠参与繁殖（以肉眼可见怀有胚胎或有子宫斑为准，下同），怀孕率为27.42%，平均胎仔数为5.05个，繁殖指数为1.39；雄性睾丸平均为15.6mm×9.1mm，下位率为85.42%。

Ⅳ．成年Ⅱ组：参与繁殖的雌鼠占82.22%，雌鼠怀孕率为最高达44.44%，平均胎仔数为6.30个，繁殖指数为2.80；雄性睾丸大小为18.6mm×10.7mm，下位率为97.14%。

Ⅴ．老年组：所有雌鼠都已参与繁殖，但怀孕率仅为14.29%，雄性睾丸大小为19.1mm×12.4mm，下位率为100%。

三、生活习性

（一）栖息地

黄胸鼠是我国的主要家栖鼠种之一，长江流域及以南地区野外也有栖居。华南和西南各省，黄胸鼠栖息在野外的数量和比例较大。广东雷北农作区的组成中黄胸鼠占6.78%，其中在村边杂木林中黄胸鼠占27.71%，仅次于黄毛鼠；福建省漳州县程溪的农田黄胸鼠占12.5%；黄胸鼠也为广西农田主要害鼠之一；特别是在云南、贵州部分地区，黄胸鼠是农田的优势鼠种。云南省耿马县1992—2008年的监测数据表明，17年来黄胸鼠一直是农田生境的绝对优势种群，所占鼠种组成比例平均达83.0%。贵州农田黄胸鼠的分布较为广泛，以南部地区为多，是兴义县等6县农耕区的优势鼠种，在榕江县车江的旱地和稻田中的黄胸鼠超过50%。在长江流域，黄胸鼠虽在个别地区的家栖鼠中占较高比例，但普遍而言，在野外所占比例要比华南区要低。而在长江以北少有黄胸鼠大量栖息在野外的报道，在西安野外极少捕获到黄胸鼠。除西南及华南的部分地区外，野外数量一般较少。

黄胸鼠行动敏捷，攀缘能力极强，建筑物的上层、屋顶、瓦楞、墙头夹缝及天花板上面常是其隐蔽和活动的场所。夜晚黄胸鼠会爬到地面取食和寻找水源，在黄胸鼠密度较高的地方，能在建筑物上看到其上下爬行留下的痕迹。多在夜晚活动，以黄昏和清晨最活跃。有季节性迁移习性，每年春、秋两季作物成熟时，迁至田间活动。大型交通工具如火车、轮船上常可发现其踪迹，为害严重。

（二）洞穴

黄胸鼠洞穴结构简单，洞口直径4～5cm，窝巢内垫有草叶、果壳、棉絮、破布、碎纸等。在房舍内，洞口多上通天花板，下到地板，前后左右连贯各室。在山坡旱地里多筑在坟墓、岩缝等不能开垦的荆棘灌木丛下。在田坎多见于田埂、水渠边。在河滩多筑于灌丛砂石堆下。在贵州榕江，松会武（1981）将黄胸鼠洞穴分为复杂洞和简单洞两种结构类型。复杂洞为越冬洞，入土深，洞口、巢室数量多；简单洞为季节性临时洞，作物成熟时迁入挖掘，收割后转移废弃。在发现的两个育仔洞中，洞口入土40cm，巢室直径80cm，洞口浮土湿润新鲜。黄胸鼠洞穴有一个圆形前洞口，直径4～5cm，1～3个后洞口，位置比前洞口高，群众称为"天窗"，口径比前洞口小，约4cm，洞外无浮土，有外出的路径，但不及前洞光滑。前洞道直径4～5cm，因鼠常出入十分光滑，垂直入土30～40cm。简易洞只有一个巢室，复杂洞有2～3个，只有一个巢室垫物是新鲜的，巢室离地面20～50cm，椭圆形，直径8～20cm，内垫物有干枯植物茎叶，如稻草、豆叶、杂草等。

（三）食性

黄胸鼠食性杂，但以植物性食物为主，偏好于含水分较多的食物，有时也吃动物性食物，甚至咬伤家禽。南京的黄胸鼠以植物性食物为主，有时也吃动物性食物；还观察到南京黄胸鼠更喜吃熟食，这可能与鼠的来源及其被捕获前的生活环境有关。南宁郊区的黄胸鼠分别以植物性单种饵料、动物性单种饵料、复合及混合饵料在实验室进行食物选择试验结果表明，黄胸鼠喜食植物性饵料，其中谷物类饵料比其他作物饵料好。黄胸鼠在完全饥渴时，仅能生存3～6d；在仅食足量的大米时，10只中仅死亡1只。说明该鼠在自然状态的耐饥渴能力可能较强。

黄胸鼠体形虽较褐家鼠小，但其摄食量也很大，黄胸鼠和褐家鼠对小麦的日食量分别为15.0g和14.8g；也有结果显示黄胸鼠的平均日食量少于褐家鼠，但按每克体重消耗的食物计算，黄胸鼠要高于褐家鼠，黄胸鼠每日的能量摄入也明显高于褐家鼠。黄胸鼠的日摄食量与其体重有关，黄胸鼠的摄食量与体重呈正相关（每昼夜取食大米平均为8.86g±1.96g），梁杰荣等实验使用的黄胸鼠体重明显低于李新民等试验的黄胸鼠，可能是其结果偏低的原因之一。不同季节的日食量和饮水量也有差异。从摄食量看，黄胸鼠对农业、畜牧饲料业、食品等行业可能会造成较大的损失。

（四）活动规律

黄胸鼠善攀缘，以夜间活动为主，黄胸鼠呈双峰型的活动节律，在不同的季节，出现的两个高峰期有差异；河南洛阳黄胸鼠在24h内均有活动，整个夜晚都较活跃；云南亚种在黄昏前后有一次活动高潮。

黄胸鼠性情狡猾，具有较强的新物回避行为反应。对捕鼠器械具有很高的警惕性，在一个地点连续布放鼠夹，至第六天后捕获率下降为零。

（五）繁殖特性

各地黄胸鼠的繁殖特征见表24 - 2 - 3。

表 24 - 2 - 3　各地黄胸鼠的繁殖特征

Table 24 - 2 - 3　**Reproductive characteristics of *Rattus tanezumi* in different regions**

地区	调查时间	性比 （♂∶♀）	繁殖期	繁殖高峰	睾丸下位率 （%）	怀孕率 （%）	平均胎仔数	繁殖指数	资料来源
广东湛江	1951—1974	—	全年	7～8月 和11月	—	13.9	5.4（1～17）		湛江卫生防疫站 （1978）
闽南 闽北	1983—1989	1.07∶1	全年	3～4月 和8～10月	35.88 20.00	5.75 6.35	1.01 0.60	詹绍琛（1990）
福建 尤溪县	1984—1985	1∶1.09	全年	4月和8月	18.21	6.57 （2～11）	—	吴锡进 （1986）
福建莆田	1987—1989	0.85∶1	全年		73.58	22.58	6.18 （4～11）	0.75	洪朝长等 （1992）
云南耿马	1992—2008	1.8∶1	全年	4～5月 和8～11月		27	8.7（4～16）		李秋阳 （2010）

（续）

地区	调查时间	性比 (♂∶♀)	繁殖期	繁殖高峰	睾丸下位率 (%)	怀孕率 (%)	平均胎仔数	繁殖指数	资料来源
贵州岑巩	1985—1986	0.9∶1	全年	5月和9月	—	9.09～42.31	7.2 (1～12)	—	雷帮海等 (1987)
贵州榕江	1980—1981	1.01∶1	—	3～4月 和7～8月	—	—	6	—	松会武 (1981)
洞庭湖区	1982—1998	0.98∶1	全年	4～5月	62.0	20.8	6.37 (1～17)	0.68	张美文等 (2000)
安徽	—	—	淮北 冬季不孕	3月 和8～9月	—	—	8.5 (4～13)	—	葛钟麟 (1996)
湖北宜昌	1980—1989	—	12月至翌年1月 停止繁殖	—	—	18.18	7.56	—	潘会明等 (1991)
河南洛阳	1986—1988	0.92∶1	—	6月或9月	54.85	21.54	6.60	0.74	李克伟等 (1991)
河南南阳	1987—1989	—	—	7月和8月	—	—	—	—	张振峰等 (1991)
陕西西安	1959—1960	—	冬季 停止繁殖	—	—	—	—	—	王廷正等 (1963)

注　繁殖指数以所有鼠计算。

　　雄鼠的睾丸下位率与雌鼠的怀孕率与繁殖指数南方普遍要高于北方，仅广东湛江例外，而平均胎仔数南方要稍低。在长江以南地区，黄胸鼠终年繁殖。贵州、福建与云南的黄胸鼠上下半年各形成一个繁殖高峰；洞庭湖区的黄胸鼠在上半年形成一个繁殖高峰后，下半年仅形成一个次高峰，而冬季处于繁殖低谷；河南黄胸鼠一年仅有一个繁殖高峰，在6～9月；西安地区的黄胸鼠在冬季停止繁殖；湖北宜昌黄胸鼠在12月至翌年1月也停止繁殖；在安徽合肥冬季可见到孕鼠，而在淮北未见。可明显地看出，随着纬度的增高，黄胸鼠的繁殖高峰由双峰逐渐变为单峰，繁殖期也变短。南方全年均可繁殖，年繁殖3～4窝，在北方冬天停止繁殖，平均胎仔数4～9只，最多可达17只。据在洞庭平原做的调查，全年各月皆有孕鼠，12个月的平均怀孕率为25.5%±12.3%（SD）；其中，4～5月最高（43.8%），2～3月最低（13.3%）；月平均胎仔数为4.00～7.75个，按全部74只孕鼠各自的胎仔数直接计算的"总平均胎仔数"则为（6.46±2.30）（SD）个。以该2项指标与褐家鼠相比，生殖力稍低些。

　　黄胸鼠喜热，气温低于12℃对黄胸鼠的繁殖不利，在福建尤溪县，气温先后达到18.30℃（4月）与25.9℃（8月）时，分别出现全年的2个繁殖高峰。

四、种群数量动态

　　因随着纬度的增高，黄胸鼠的繁殖高峰由双峰逐渐变为单峰的趋势，决定了其种群波动也有相似的规律。在福建黄胸鼠的数量变动呈双峰型，秋、冬季略高于春、夏季；在贵州一年也有两个高峰；在长江流域，每年的变化有很大差异，但全年的最高峰基本出现在秋季；在西安则为明显的单峰型，出现在9月。

五、防治技术

　　可采用防鼠与化学防治相结合的措施。

（一）环境治理

　　对于栖息于房舍的黄胸鼠可通过住房环境治理来防鼠，即加强住宅及周围环境的整治，搞好村庄的环境卫生，破坏害鼠滋生源。如堵塞鼠洞，使其无藏身之所；妥善保存粮食，断绝鼠粮，可抑制鼠类的生存繁殖；整理阴暗角落特别是杂物堆、畜舍和阴沟；改变房屋的结构或修建防鼠设施，阻止其进入房屋的上层等，可降低其种群数量。

（二）农业防治

　　在野外，可通过农业措施等来压低鼠密度。如深翻改土，特别是旱地，能有效破坏黄胸鼠的洞穴；兴修水利，改善农田灌溉条件，清除田埂、沟边及塘边杂草，不在田边地脚堆放农作物秸秆等杂物，减少不必要的田埂，以免营巢定居。田间沟渠应修成三面光，水流畅通，有条件的区域可以硬化田埂，恶化其生存空间。

（三）化学防治

化学防治以抗凝血灭鼠剂为主，但黄胸鼠的耐药性比褐家鼠高，容易漏灭，因此在黄胸鼠密度比较高的地区，应相对提高药量。同时，黄胸鼠的新物回避反应及其栖息特性，决定在使用毒饵灭鼠时，应延长投饵时间和高层投饵。在长江以南黄胸鼠具家野两栖特征，可在居民区和农田之间来回迁移，因此灭鼠活动应村内、村外、农田和山地等统一大面积地进行。在火车、轮船上可用熏蒸灭鼠。

黄胸鼠对急性灭鼠剂有明显的再遇拒食反应，灭效较低，安全性也较差。如黄胸鼠对灭鼠优有明显的再遇拒食现象，灭鼠特成品毒饵对黄胸鼠的适口性甚差。而对敌鼠钠盐、溴鼠灵与鼠得克、杀鼠醚、双甲苯敌鼠铵盐、杀鼠灵、溴敌隆等的试验和应用，证明使用抗凝血灭鼠剂可取得满意的灭鼠效果，黄胸鼠对其适口性较好，没有明显的再遇拒食作用，而且对人、畜安全性较好。使用急性剂灭鼠的地区害鼠的回升速度要明显地快于使用慢性剂的地区。用抗凝血类的复方灭鼠剂连续 3 年在以黄胸鼠为绝对优势种的景谷、普洱及思茅地区 7 县推广"全栖息地毒鼠法"，开展群众性大面积灭鼠，取得了良好的效果。因此杀灭黄胸鼠应首选慢性抗凝血灭鼠剂，但应注意以下问题：

1. 应多次投饵 抗凝血灭鼠剂对黄胸鼠一次性投饵急、慢性毒力差，在应用敌鼠钠盐杀灭黄胸鼠时应多次投饵，更好地发挥慢性毒力的作用。在现场试验中也证明多次投饵可收到更理想的灭鼠效果。同时，多次投饵可克服黄胸鼠的新物回避反应。

2. 投饵量要够 这是在使用慢性药灭鼠时，保障药效的基本要求。抗凝血灭鼠剂敌鼠钠盐对黄胸鼠毒力的个体差异大，且一次剂量的个体差异更大，因此保证投饵量显得更加重要，要让所有害鼠，包括耐药力强的个体也能取食足够的毒饵。

3. 在应用抗凝血灭鼠剂消灭黄胸鼠时，应适当提高杀鼠剂的应用浓度 相对褐家鼠，黄胸鼠对抗凝血灭鼠剂的耐受力要强得多，如敌鼠钠盐对黄胸鼠与褐家鼠的一次性 LD_{50} 分别为 18.4mg/kg 和 0.25mg/kg；双甲苯敌鼠铵盐对黄胸鼠和褐家鼠的急性口服 LD_{50} 分别为 104.69mg/kg、15.80mg/kg，慢性口服 LD_{50} 分别为 3.64mg/kg、0.73mg/kg，差异显著。但第二代抗凝血灭鼠剂溴鼠灵和鼠得克对黄胸鼠、褐家鼠的毒力无大的差异。

4. 采取"高层投饵"法 黄胸鼠在室内主要栖息在房屋的上层，因此，在有黄胸鼠分布的地区在灭鼠投饵时应顾及上层，采取"高层投饵"法。如果灭鼠不彻底或投饵不到位，黄胸鼠往往在残留的鼠中占较大比例。

5. 黄胸鼠的抗药性问题 由于敌鼠钠盐对黄胸鼠毒力的个体差异大，耐药性强的个体不易毒死。在实际中是否会产生耐药性，不同地区情况不同。雷州半岛自 20 世纪 70 年代初使用第一代抗凝血灭鼠剂后，在 80 年代末已有抗药的黄胸鼠出现。由于抗性的产生，广东省雷州市改用第二代抗凝血灭鼠剂杀灭黄胸鼠，在应用数年后对第一代药物抗性发生水平进行测定发现，黄胸鼠对杀鼠灵的抗性发生率为 11.11%，接近抗性种群形成临界水平。其实，雷州半岛是我国较早使用抗凝血类灭鼠剂的地区之一，自 20 世纪 90 年代初发现鼠类对第一代抗凝血灭鼠剂的大面积抗性后，2000 年起除遂溪县外全面改用第二代抗凝血灭鼠剂控鼠，各县（市、区）也一直坚持抗药性监测。历年调查结果显示，湛江市不同区域的黄胸鼠对第一代抗凝血灭鼠剂的抗性水平是不平衡的。使用第二代抗凝血灭鼠剂后，害鼠对第一代抗凝血灭鼠剂的敏感性恢复也表现出地区性差异：湛江市、安铺县已经消灭了抗性种群，但是害鼠抗性水平仍处在临界状态；而徐闻县的抗性率则仍在提高，从 2002 年的 5.0% 升至 2003 年的 9.5%；雷州市区黄胸鼠抗性水平在 2001—2011 年间也升高了 1%。虽然各地均未形成抗性种群，但抗性水平仍在继续提高，黄胸鼠对抗凝血灭鼠剂有交叉抗药性，第一代产品与第二代产品之间、第一代产品之间甚至第二代产品之间有不同程度的交叉抗药性。与此对应的是，广东省遂溪县一直使用第一代药物控鼠，黄胸鼠抗性水平从 1988 年的 2.41% 升至 2004 年的 8.16%，远未达到抗性种群形成标准，仍可继续使用第一代抗凝血灭鼠剂控制害鼠。经常发现一些反映敌鼠钠盐灭效降低的地区，其真正原因是使用方法的问题，只要按慢性药的特点、按要求使用，同样可取得满意的灭鼠效果。当年在云南思茅地区推广抗凝血灭鼠剂类的复方灭鼠剂时，有部分地区提出以前应用敌鼠钠盐多年后效果较差，但实际上应用复方灭鼠剂仍取得了良好的灭鼠效果。

张美文（中国科学院亚热带农业生态研究所）

第 3 节 黄 毛 鼠

一、分布与危害

(一) 鼠名

黄毛鼠 (*Rattus losea* Swinhoe),隶属啮齿目鼠科大鼠属,别名罗赛鼠、田鼠。

(二) 分布

黄毛鼠为中型野栖鼠种,室内极少捕获到。在平原、丘陵和山区农田该鼠的数量较多,海滨及海岛上也有分布。主要分布在我国长江以南的省份,如广东、海南、广西、福建、江西、湖南、湖北、浙江和台湾等。云南、安徽、四川、贵州和西藏的部分地区也有分布。

(三) 危害

在珠江三角洲稻作区,黄毛鼠发生的总面积为 153.3 万 hm²,其中捕获率 1.1%～4% 的区域占 51.18 万 hm²,捕获率 4.1%～8% 的区域占 71.56 万 hm²。黄毛鼠对水稻、柑橘、香蕉、蔬菜、花生和甘薯等作物的为害很大。它可为害芽期至成熟期水稻,水稻的受害高峰期在幼穗形成至抽穗灌浆期,当水稻成熟期不同时,早熟水稻受害早、损失严重(彩图 24 - 3 - 1)。在农田同时调查的结果表明,早熟水稻的平均受害率为 5.27%,中熟水稻为 1.54%,而迟熟的仅为 0.63%。据测算,在没有其他食物来源的情况下,水稻分蘖至收获的 74d 内,平均 1 只黄毛鼠可造成 3 150g 稻谷损失。而黄毛鼠对柑橘、香蕉等果树的为害主要在水稻收获后的冬、春季,啃咬树皮,咬断树干,甚至爬上果树盗吃果实。

二、形态特征

黄毛鼠体形中等(彩图 24 - 3 - 2),成年鼠体长 140～165mm,体重 100～200g;尾细长,略大于或等于体长;耳小而薄,向前折不到眼部;后足短,小于 33mm,是黄毛鼠的重要特征之一。背毛呈黄褐色或棕褐色,腹部灰白色,毛基灰色,毛梢呈白色,背部和腹部毛色无明显分界;尾环的基部生有浓密的黑褐色短毛,因而尾环不甚明显;前、后脚的背面均为白色。

黄毛鼠的脑颅较窄,吻粗短,鼻骨不超过门齿。臼齿的咀嚼面外齿突极为明显,上颌第一臼齿每个横嵴的前突向后凹入,把外侧齿突分开;上颌第二臼齿的第一横嵴仅存内侧齿突,第二横嵴的外侧齿突很明显,中间和内侧齿突正常,第三横嵴外齿突向上翘起;第三臼齿的第一横嵴只留内侧齿突,第二横嵴 3 个齿突均很发达,内、外两齿突向下弯曲,因而第二横嵴呈新月状,第三横嵴的中间齿突发达,内外侧齿突较退化,与第二横嵴内、外侧齿突相连,使二、三横嵴呈环状。这些外部形态和解剖学特征是对黄毛鼠进行种类鉴定的主要依据。

三、生活习性

(一) 栖息地

黄毛鼠是喜湿性鼠类,多在近水、凉爽的地方活动和做窝,喜栖居在稻田、果园、甘蔗地、菜田、灌木丛、塘边、河堤、沟渠和路旁等。栖居数量与植被的高度和覆盖度有密切关系,在田埂高大、植被覆盖度大的地方鼠密度特别高,尤其是荒地、弃耕地。无草或矮草覆盖(草高 5cm 以下)的生境,由于隐蔽条件差,且炎夏时该生境的地表温度很高,不适宜害鼠栖息。草高 30cm、覆盖度 70% 以上的生境为害鼠提供了良好的隐蔽条件和食物来源,鼠密度比无草或矮生草覆盖的生境平均高 6.4 倍,差异极显著。黄毛鼠的发生程度还与作物的布局有关,作物布局越复杂,鼠密度越高。在水稻、果树、蔬菜等作物插花种植的地区,黄毛鼠的捕获率和生物量要明显高于其他作物类型区。

(二) 洞穴

黄毛鼠是地下栖息的鼠种,其洞穴较为简单,挖得也较浅。洞口一般有 2～5 个,洞口直径 3～5cm,洞道直径 4～6cm,洞道弯曲多分支。洞内通常只有一个巢室,巢室直径 14.6cm±0.43cm,巢室顶部离地面 16.0cm±2.17cm。适宜黄毛鼠栖息的田埂高度和宽度必须在 30cm 和 40cm 以上。水稻田的低矮田埂不适宜黄毛鼠栖居，虽然在水稻成熟期一些低矮田埂上也可观察到一些黄毛鼠的临时洞穴或洞道，但并非栖息洞穴。而生活在海边红树林的黄毛鼠，则在红树上营巢栖息，鼠巢建在涨潮时海水不能淹没的树枝上。巢呈椭圆形，用树枝、树叶造成。巢大，平均达 1.2m²，有出入口 1～3 个。

（三）食物

黄毛鼠的食性较杂，其食物来源主要以农作物的茎、叶和种子以及草根、草籽等为主，包括水稻、花生、豆类、蔬菜、小麦、柑橘和甘薯等。剖胃检查时经常检出动物性食物，如昆虫、田螺、虾和小鱼等，有时也可检出少量的鼠肉。其中纤维类食物占 63.77%±7.42%，淀粉类食物占 26.27%±7.42%，动物性食物占 9.86%±2.79%。黄毛鼠对新鲜稻谷的取食率高，比储藏数年的陈谷高 2.55 倍，且喜食正在田间成熟的稻谷。日食稻谷量占其体重的 10% 左右。黄毛鼠没有储粮越冬的习性，秋收以后，黄毛鼠常向其他作物地作短暂迁移寻找食物。

黄毛鼠觅食时有 2 个高峰期：一是 18：00～22：00，二是 4：00～6：00，其他时间取食频度较低。通常一次进食量并不大。取食人工饲料的日食量与其日龄和季节有关：绝对食量随日龄的增大而增大，而食量指数（单位体重的日食量，即每日鼠个体平均取食量/鼠个体平均体重×100%）随日龄的增大而减少；在冬季，各个年龄组黄毛鼠的取食量及取食指数均大于夏季。

（四）活动规律

黄毛鼠夜间活动最多，而白昼亦常离洞外出活动。深夜（00：00～2：00）是黄毛鼠出入洞口活动的高峰，黄昏（18：00 前后）和清晨（6：00 前后）活动亦较频繁。黄毛鼠的活动范围视鼠洞周围的食物丰盛程度而定，并有就近取食的习性。当巢室附近的食物条件好时，其活动范围可能就小。相反，若食物来源少，黄毛鼠可长距离觅食。黄毛鼠一般在距巢室 100m 范围内活动，尤其在 25m 内活动最为频繁。而在水稻排水露田后，黄毛鼠在稻田内活动和觅食，其活动和取食范围绝大多数在距巢室 50m 内，特别是 10m 内。

（五）繁殖规律

黄毛鼠繁殖力很强，一年四季均可繁殖。春季出生的个体最早 66～69 日龄达到性成熟，90 日龄可产仔；秋季出生的雌鼠最早性成熟约 180 日龄，最早产仔需 202 日龄。通常一年可繁殖 4～6 胎，每胎产仔 2～14 只，平均 6.78 只。

据调查，1987—1991 年黄毛鼠的性比为 1.27，雌性略多于雄性。按年份统计的怀孕率依次为 35.36%、39.85%、38.17%、44.90% 和 54.55%。黄毛鼠在 1 月和 12 月极少繁殖，而 3～10 月的怀孕率 31.1%～89.5%，平均 63.0%±2.75%，这一时期是黄毛鼠的繁殖盛期。繁殖高峰期分别出现在 5～6 月和 9～10 月，怀孕率高达 81.0%～89.5%，胎仔数也较多（平均 7.2～7.9 只），这可能与该时期正值水稻生长中后期，鼠类的食物条件优越有关。

黄毛鼠的繁殖强度平均为 2.23±0.13，年际间并无显著差异，但季节变动大。其中 10 月的繁殖强度最大，为 5.052±1.432，6 月次之，为 3.486±0.296。这一研究结果从另一侧面印证了 6 月和 10 月是黄毛鼠的繁殖高峰期。

黄毛鼠的繁殖是以成体为主体的，雌性成体的怀孕率 45.65%，胎仔数 6.63～7.54 只。但雌性亚成体也具有一定的繁殖能力，亚成体怀孕率 26.34%，产仔数 5.51～6.00 只，亚成年组的怀孕率和胎仔数均明显低于成年组。

四、种群数量动态

（一）种群季节动态

由于黄毛鼠在各种作物地上有季节性转移和聚集的趋向，因此在不同作物地上黄毛鼠数量高峰和低谷期可能交错出现。在每年灭鼠两次的情况下，柑橘园黄毛鼠数量的季节变动大，数量消长曲线呈 W 型。其中灭鼠后的 4～6 月和 9～10 月鼠密度低，全年的数量高峰期在 12 月至翌年 1 月，次高峰在 8 月，2 月黄毛鼠的密度也较高。而稻田区黄毛鼠种群数量一年中只有一个密度高峰期，即 7～9 月，有时可延伸到 11 月。在香蕉园，4～11 月黄毛鼠密度一直保持很低的水平，此后数量逐步增长，数量高峰期出现在 12 月至翌年 3 月，最高峰为 2 月。

（二）种群年间动态

研究表明，在灭鼠因素影响甚小的情况下，珠江三角洲农业生态区黄毛鼠数量的年间变动不大，季节变动较大。其中年内的季节变动为单峰型：4 月为低谷，以后数量逐月上升，12 月为高峰期，接着数量下降。

（三）预测预报

根据 1986—1989 年在东莞市虎门镇调查的黄毛鼠种群动态资料及当地气候资料，分析了影响黄毛鼠数量变动的主、次要生态因子，认为繁殖指数、农时变化和季节变化为主要影响因子，相对湿度、气温是次要因子，降水量则在月计大于 350mm 或小于 50mm 时可对种群数量产生一定影响。同时采用双因素方差分析了 1987—1989 年降水量、温度和相对湿度的变化，判定它们的年间差异均不明显，月间则差异明显，据此建立预测模型。在该模型中，考虑了七类与黄毛鼠生存有关的生态因子，即繁殖指数、降水量、相对湿度、平均温度、农时变化、作物换茬和季节变化。随后，常弘和张国萍加入 1992—1993 年的新资料对该模型做了改进，形成新的预测模型，即：

$$Y=2.10x_1-4.07x_{(2,1)}-2.98x_{(2,2)}-1.6x_{(2,3)}-4.36x_{(2,4)}+1.77x_{(3,2)}+2.21x_{(3,3)}-1.64x_{(4,2)}$$
$$-0.89x_{(4,3)}-0.19x_{(4,4)}+1.65x_{(5,2)}+2.87x_{(5,3)}-0.48x_{(5,4)}+0.57x_{(5,5)}+0.79x_{(6,2)}$$
$$+1.99x_{(6,3)}-0.55x_{(6,4)}+2.48x_{(7,2)}+1.76x_{(7,3)}-4.09x_{(7,4)}+6.38x_{(7,5)}$$

模型的复相关系数（$R=0.89$，$t=10.7>t_{0.05}=2.7$），表明复相关显著。用 1987—1989 年以及 1991—1993 年各 10 个月（3~12 月）的数据进行回测，结果除对 4 月和 12 月不适用外，各预测值与实测值吻合良好。经 χ^2 检验，证明两值的差异并不显著，精度在 95% 以上，预测值的准确率达 75%。

五、防治技术

栖息地是鼠类赖以生存和繁衍的重要制约因素，化学灭鼠方法虽能使鼠密度迅速下降到低水平，但害鼠能够通过超补偿繁殖使其种群数量在短期内又恢复到原来的高密度水平，人们不得不大量、反复地使用灭鼠剂，导致害鼠逐渐出现抗药性和拒食现象，鼠害的持续控制工作面临严重挑战，对非靶标动物和生态环境的损害也进一步加大。

因此，应从防控鼠害的整体性、综合性、持效性、安全性和实用性出发，首先通过环境改造和环境修复措施把害鼠最适栖息地逐步转化成不适宜栖息地，并加强保护现有的天敌资源，从而降低害鼠的生态容纳量，为开展鼠害的可持续治理奠定良好基础。在这一基础上，因地制宜地利用高效、经济的其他控鼠措施控制鼠密度，才能达到可持续控制鼠害的目的，并提高鼠害治理的综合效益。

（一）农业防治

农区要及时清除田间杂物，适时防除农田杂草，减少作物小面积插花种植，精耕细作和整治排灌系统，有条件的地区也可构建硬底化排灌设施。实行栖息地生态控制后，可显著减少鼠类的滋生环境和食物源，鼠类的生态容纳量降低，害鼠数量下降 34.2%~96.9%，为可持续控制鼠害奠定良好基础。

1. 定期清除排灌渠的杂草，构建硬底化排灌系统 杂草茂密的排灌渠是害鼠的主要栖息地，每年要定期清除杂草 3~4 次，在有条件的地方，可构建硬底化排灌系统，对控制鼠密度有重要作用。据在有关地区调查，硬底化排灌农田的百米有效鼠洞口数、捕获率和水稻鼠害率分别比非硬底化排灌的农田减少 60.6%、50.0%~65.0% 和 62.1%，控害效果显著。

2. 矮生草护堤 鼠类喜欢在河堤上栖息与觅食，在雨季严重威胁河围堤的安全。过去为保河堤的安全，灭鼠用灌浆技术堵塞洞道，花工费钱。而在堤上种矮生草护堤，隐蔽环境差，不利害鼠栖息与生存，有效鼠洞口数比对照下降 88.8%~96.9%，控害效果极显著，达到控制鼠害、护堤又美化环境的目的。

3. 鱼塘基上种植农作物，降低杂草覆盖度 高大、宽阔、草多的塘基是害鼠的主要栖息地，鼠密度很高。鱼塘基上种植农作物后，害鼠原来的栖息地受到彻底破坏，密度大幅度降低，鼠密度下降 79.6%，对持续控制鼠害非常有利。小河堤和山坡地上合理密植常绿多年生果树，果树成年后树冠覆盖地面，抑制杂草生长，这些害鼠主要栖息地就变成害鼠的不适宜栖息地，从而降低了害鼠的密度。

4. 挖低田埂和防除杂草 调查表明，害鼠挖洞做巢不仅与田埂高度和宽度有关，还与杂草生长状况有关。杂草高的大田埂是害鼠最适宜栖息地之一。在不影响旱地作物排灌的前提下，挖低田埂，使之不适宜害鼠挖洞做巢，害鼠数量下降 74.7%～88.5%，甜玉米鼠害率下降 98.5%。但稻田排灌渠基、鱼塘基和机耕路都不能挖低，害鼠依然可以挖洞做巢。通过控制害鼠居住地杂草高度和覆盖度，使害鼠失去隐蔽条件不利栖息、夏天巢室温度过高不能栖居，达到控制鼠密度的目的，效果可达 34.2%～62.8%。

5. 同种作物大面积连片种植减轻鼠害 水稻、果树、蔬菜各自大面积连片种植，平均鼠密度和害鼠生物量分别比混合种植低 14.0%～67.4% 和 10.1%～68.7%。纯稻区鼠害率比水稻柑橘混合种植区下降 64.3%。表明同种作物大面积连片种植，可显著减少供给害鼠良好食物的时间，避免了害鼠在作物间辗转为害，降低害鼠生态容纳量和作物受害程度。

（二）生物防治

生物防治是鼠害可持续治理的一个重要环节。广东省的野生鼠类天敌有 20 余种，包括兽类、鸟类和蛇类等，如黄鼬（*Mustela sibirica*）、草鸮（*Tyto capensis chinensis*）、领角鸮（*Otus bakkamoena*）、燕隼（*Falco subbuteo streichi*）和滑鼠蛇（*Ptyas mucosus*）等。在这些天敌中，除黄鼬和鸮类主食鼠类外，其余大多数为兼食鼠类，对鼠类数量有一定的控制作用。5 种猛禽——领角鸮、燕隼、雀鹰、松雀鹰和草鸮具有较强的捕食害鼠的能力，但每种天敌对不同鼠类的嗜食程度不同。因此，应保护好鼠类天敌的栖息环境，禁止滥杀滥捕鼠类天敌和滥用剧毒杀鼠剂的行为。

由于目前广东省鼠类的自然天敌如鹰类、蛇类和鼬类的数量较少，天敌对农业鼠类的自然控制作用尚未体现出来，因此，可采用家猫野化控鼠技术，通过人工补充天敌的方法来控制农业鼠害。家猫资源丰富、生存能力强，在南方农田也不存在越冬问题，对农田害鼠的控制效果显著。研究结果表明，野放在农田的家猫的排泄物中，鼠类残余物的检出率 23.81%～38.77%，放猫区的平均鼠密度比放猫前降低 69.22%。具体的家猫野化控鼠措施为：

1. 搭建猫舍 根据猫喜暖忌冷的特点，创造适宜猫生存的环境，可将耕作区工具房作为猫舍，选择一高处铺垫稻秆或旧衣物（保暖）供猫休息。没有工具房的耕作区可在背风、向阳、无积水处搭建 1m× 1m×1m 简易小木房作为猫舍，分为上、下两层，上层做好保暖措施，下层供猫活动。猫舍按 1.3 座/hm² 设置。

2. 选择猫只 选择放养无病无残疾、体格健壮、体重 1kg 左右的猫只。

3. 适时放猫 猫喜暖忌冷，避免在冬季放猫以提高存活率。

4. 圈养猫只 初时，猫对环境不熟悉，容易走失，按 1 对/座圈养于猫舍，每天提供充足猫食，使其尽快适应耕作区环境。

5. 野化训练猫只 猫只圈养 30d 后，让其自由活动，逐步减少猫食，让其处于半饥饿状态，驯化其主动捕鼠能力。

6. 放养管理 制定村规民约，做好护猫措施，禁止偷猎猫只。当猫只减少时，适当补充猫只。首先必须在野外建立猫舍，并使之适宜野外定居，以达到无公害、持续控制鼠害的目的。

7. 放猫密度 放猫半年后，应减少田间猫的数量，按每 3.33hm² 1 对左右的密度配置。

（三）物理防治

利用各种捕鼠工具或其他机械方法灭鼠称为物理防治。主要有捕鼠、挖鼠洞、烟熏、灌水等。

1. 捕鼠 捕鼠工具如竹弓、鼠夹、鼠笼、压板（有砖压或石板压）等，民间都有采用，但是根据调查和实践，首推竹弓为最佳。其材料来源广，制造简单，使用轻便，灵敏性强，效果良好。

2. 挖鼠洞 掌握田鼠的栖息地点，季节性迁徙的习性，善于辨别新旧鼠洞，能收到较好效果。如能训练追寻老鼠的猎犬，协助挖鼠，效果更佳。

3. 烟熏 把燃烧发烟物放在洞口，用扇或竹筒把烟送入鼠洞，鼠被烟熏逃出，立即打死。为了增强烟的刺激性，收到更大效果，可在燃烧物中加入少许烟骨、硫黄、辣椒等物。

4. 灌水 对于靠近水源，较为简单的鼠洞可放水灌洞，将鼠驱出来捕杀。

（四）化学防治

化学灭鼠措施是害鼠综合治理的一个重要手段，并且它是今后相当长的一段时间内控制鼠害的主要方法，具有见效快、经济、有效的特点，但灭鼠后鼠密度恢复很快，4～5 个月内就回升到原来的密度水平。因此，广东省每年需全面灭鼠 2～3 次，每次灭鼠的效果要达到 80% 以上，才能保护农作物的正常生长。

1. 灭鼠剂的选择 选用灭鼠剂时，应以高效、安全、经济为原则。抗凝血灭鼠剂是灭鼠的首选药物，具有鼠喜欢取食、灭效高、安全的优点。抗凝血灭鼠剂的作用机制主要是损害老鼠的毛细血管，同时抑制其凝血功能，导致体内血流不止而死亡，因而死亡速度慢，死亡高峰期为药后 7d 左右。由于慢性杀鼠剂毒杀的害鼠多数死于鼠洞内，且死于鼠洞外的少数害鼠也因植被的覆盖而不易见到。因此，所见死鼠的多少并非评价灭效高低的确切标准。

目前，国内外研制的抗凝血灭鼠剂只有两代近 10 个品种，包括以敌鼠钠盐、杀鼠醚为代表的第一代抗凝血剂和以溴敌隆、氟鼠灵、溴鼠灵为代表的第二代抗凝血剂。由于害鼠对抗凝血剂具有交叉抗性，在生产应用中，应优先采用第一代抗凝血剂灭鼠，而在第一代抗凝血剂抗性显著的地区宜采用第二代抗凝血剂灭鼠 2~3 年，待抗药性减少或消失后再选用第一代抗凝血剂灭鼠。

2. 诱饵的选用 对黄毛鼠，稻谷是最好的诱饵，具有不易霉变、人和宠物不易误食、配制方便、价格便宜的优点。试验结果表明，经科学配制的慢性灭鼠剂毒谷发芽至芽长 3.5cm 时仍有较好的灭鼠效果。相反，用鱼、肉、米面制品、花生仁、豆类、水果作诱饵不仅老鼠不喜欢吃，灭鼠效果差，而且人、畜容易误食中毒，甚至死亡，故不能选用这些诱饵来配制鼠药。

3. 灭鼠时机 灭鼠的主要目的是挽回经济损失，挽回的经济损失与灭鼠投入比值最大的时期才是灭鼠的适期。为此，首先要考虑的是灭鼠后有效保护的作物种类要多、时间要长，保护的主要对象要未出现明显的鼠害；其次才考虑老鼠数量的消长、繁殖状况、集散、食物丰缺、天气、劳力安排等因素。根据广东省的实际情况，每年要全面灭鼠两次，第一次为冬春季（1~2 月），第二次为 8 月中、下旬。

4. 加强灭鼠的组织领导，由专业队统一配制和投放毒饵 鼠类迁移、扩散的能力很强，在田间的栖息分布也不均衡，因此，专业队灭鼠是科学灭鼠的一项重要保证。若由农户各自进行灭鼠，只是在自己的承包地灭鼠，很难做到步调一致、全面灭鼠又抓住重点。此外，很难把灭鼠技术传授给各家各户，每个家庭都接触鼠药或毒饵也不安全。相反，集体统一由若干名兼职的灭鼠专业人员统一配制和投放毒饵进行灭鼠，才能高效、安全地控制鼠害。要根据不同的药物选择科学的配制方法，具体的使用浓度和配制方法可参照药物的相关使用说明。

5. 毒饵的投放

（1）全面灭鼠要抓住重点。黄毛鼠转移聚集为害的能力强，为防止老鼠从未灭鼠区转移到灭鼠区，达到有效毒杀老鼠的目的，要实行全面灭鼠。全面灭鼠是指各单位对所辖范围内各种作物地、花场、苗圃、鱼塘、江河围堤、公路、铁路、机耕路、山坡坎边、荒地、弃耕地、闲置地、禽畜场和村庄等，凡有老鼠栖息的地方都要投饵灭鼠。但由于老鼠的空间分布不平衡，不同生境的鼠密度相差数倍至数十倍，一定要明确并抓住鼠密度高的重点区域进行投饵灭鼠。

（2）毒饵投放要到位。毒饵要投放在鼠路、老鼠居住和取食的地方，使得老鼠出洞后能很快发现并取食毒谷。老鼠行踪隐蔽，它们在山坡坎边、田基、塘基、河围堤、公路、铁路、机耕路两侧或杂草高、覆盖度大的地方栖居和活动，沟底、排水口、涵洞和田基下的田面也是老鼠出没处，毒谷要投放在这些地方。另外，广东多雨，为避免雨水对毒饵的冲刷造成灭鼠效果下降，同时也为避免暴雨将毒饵冲入河流造成水体污染，最有效的办法是采用毒饵站灭鼠。选用口径 10cm、长 40cm 的瓦筒毒饵站布放在杂草多、隐蔽条件好和害鼠活动频繁的地方，通常每 10m 左右设置 1 个，每个毒饵站投放 100g 左右的毒饵，毒饵取食完后及时补充，达到灭鼠效果将毒饵回收。

（3）毒谷投放要够量。灭鼠目的不同，投放毒谷够量的标准也不同。对农田灭鼠保丰收来说，在投饵到位的情况下，毒谷足够老鼠连续取食 7~8d，使冬春季和 8 月毒杀农田重要害鼠的效果分别达到 85% 和 80% 以上可视为够量。灭鼠时应把毒谷分 2 次投放，第一次和第二次分别投总量的 2/3 和 1/3。当第一次投放的毒谷被老鼠吃去 2/3 左右时进行补投。凡毒谷已被吃光的投饵点要加倍投放，其余吃去多少补投多少，不吃不补。

附：

1. 水稻鼠害率的调查抽样技术 进行水稻鼠害率调查时，宜采用直线平行式或棋盘式等方式进行取样，且应根据鼠害程度的不同抽取不同的样本数：当株害率在1%以下时，抽样数为1 000簇；株害率在2%～10%时，抽样数为500～1 000簇。

2. 黄毛鼠发生程度分级标准　以夹夜法做鼠密度统计，黄毛鼠种群密度划分标准为：0级，夹鼠率在1%以下；1级，夹鼠率1.1%～4%；2级，夹鼠率4.1%～8%；3级，夹鼠率8%以上。

3. 调查测报内容　黄毛鼠种群数量的年间变动不太显著而年内的季节波动较大，因此，珠江三角洲稻作区黄毛鼠种群数量监测和测报的重点应放在不同月份的发生量上。

冯志勇（广东省农业科学院植物保护研究所）

第4节　大足鼠

一、分布与危害

（一）鼠名

大足鼠（*Rattus nitidus* Hodgson），隶属啮齿目鼠科大鼠属，别名水耗子、灰胸鼠、光泽鼠、喜马拉雅鼠等。

（二）分布

大足鼠在我国分布较广，主要分布于西南、华中、华东及华北的河南、河北及西北的陕西、甘肃等省，西藏南部地区也有分布。在四川和云南一些地区，如四川盆地和云南大理等地曾一度为农田优势鼠种。大足鼠除了主要栖息在农作区外，在山地也有分布，在海拔3 500m的山地有捕获记录。

（三）危害

大足鼠是我国西南地区农田的主要害鼠。其为害作物的特点是盗食种子，造成缺窝缺苗，苗期到抽穗期咬断禾苗，成熟期盗食籽粒。在农田主要集中在田块较中央部分，一般在离田埂5m以上的位置。这与褐家鼠的为害症状大不相同，褐家鼠主要为害田埂附近的禾苗，且被害禾苗较分散。而大足鼠因反复在同一食源点上取食的特性，通常为害较为集中，造成成团的禾苗被害。被害植株团在田间随机分布。

在水稻播种期，大足鼠可在秧田盗食谷种；在旱作粮田盗食小麦、玉米种子及甘薯种块；在地膜覆盖的玉米地或苗圃地，大足鼠从地下打洞进入苗床或地膜下，盗食种子。在小麦苗期，大足鼠从麦苗基部咬断幼苗，取食幼苗中心幼茎，麦田成团被害。水稻拔节期，大足鼠游入稻田中，从水面上1～2cm处咬伤茎秆，导致枯心，被害水稻枯心苗相当集中，且成团出现。水稻抽穗孕穗期，大足鼠咬伤的稻株形成白穗，与螟虫为害产生的白穗相似。小麦、水稻成熟期，大足鼠终日在田中为害，盗食种子，甚至在田中筑巢育幼。大足鼠对玉米的为害主要有两个时期，一是播种期盗种，二是在幼穗灌浆期，大足鼠爬到玉米穗上啃食幼穗，受害幼穗常被腐生菌感染，严重影响产量和质量。大足鼠对甘薯、马铃薯的为害主要是盗食块根、块茎。

在四川盆地，一年之中，大足鼠有3个为害高峰期。一是3月中、下旬小麦孕穗期至水稻、春玉米播种期，尤以小麦和玉米种子受害最重，孕穗期的小麦失去自身补偿能力，被害株完全失收；二是6月早玉米成熟期（山区推迟到7月）；三是10月下旬至11月中旬的小麦、蚕豆等作物播种期，尤以麦田受害最重。大面积播种后，大足鼠食源丰富，但晚插或早播的小麦等则因大足鼠趋食迁移并集中为害，从而损失严重，甚至全田种子完全被盗。这种现象在10月的秋玉米田经常出现，使秋玉米被害株率达80%以上。11月又是大足鼠种群数量最高的季节，秋季为害相当突出。在云南大理地区为害高峰期与四川地区类似，作物受害率可达5.1%～43.8%。

此外，大足鼠常在池塘埂上筑巢，盗食鱼虾，可严重为害鱼塘。

大足鼠为恙虫病、钩端螺旋体病、肾综合征出血热及鼠疫等自然疫源性疾病的宿主之一。

二、形态特征

大足鼠属中型鼠种，成体重180～200g，体长150～190mm；尾短于体长（约为体长的95%），无鳞片，尖端细而尖；耳大而薄；后足细长，一般在35mm以上，四只足具有白色闪光的细刚毛。口鼻部、眼周及前额为淡棕黄色；耳暗棕色；体背呈棕黄色至暗棕黄色，背中央部较深，至两侧逐渐转淡，体侧呈淡黄色，与腹面无明显界线；腹面毛基灰色，毛尖白色微染肉黄色；前腿背面淡棕色；尾上下均为暗棕色。与大足鼠同域分布且在鉴别上容易与之混淆的鼠种有褐家鼠和黄胸鼠。大足鼠与褐家鼠的区别是耳大，向前折能够盖住眼睛，尾部鳞片不明显；而褐家鼠的耳小，向前折不能盖住眼睛，尾部鳞片明显。与黄胸鼠的区别在于其尾略短于体长，且前爪背面没有褐色斑纹，第一上白齿第一横崚的外侧齿突（t'）退化（彩图24-4-1），此特征也是与黄胸鼠的主要区别之一。

三、生活习性

（一）栖息地及洞穴

大足鼠属于野生鼠种，一般不进入农舍。在四川盆地，连续10年未在室内捕获，但有研究发现在云南中甸及贡山地区，室内亦为大足鼠的主要栖居环境之一，这可能是各地环境差异及当地鼠种组成差异所致，当室内褐家鼠为优势种时，大足鼠在室内的分布受到抑制。根据各地环境不同，大足鼠的洞穴主要分布在院落周围、田埂、地角、池塘埂上及有杂草或矮树丛和灌木丛等地。

（二）食物

大足鼠主要取食植物种子、幼茎叶，也捕食少量小动物与昆虫。室内试验表明，大足鼠特别喜食含碳水化合物较高的幼嫩食物，其中小麦幼穗、玉米、甘薯为其第一选择。一只体重150g的大足鼠每天可以取食嫩玉米56g以上，取食干小麦种子10~13g，稻谷16g左右。在水旱轮作区，大足鼠盗食一切粮食作物，也取食野草种子。

（三）活动规律

大足鼠一天有两个活动高峰期，分别是清晨5：00~7：00和晚上19：00~21：00。2：00~4：00和14：00~16：00是一天中活动的低谷期，平均运动距离雄雌分别是39m和35m。有10%的成体发生扩散，离开它们的活动中心，平均扩散距离雄性和雌性分别为115m和140m。

大足鼠常随作物布局变化而有季节性迁移栖居和为害的现象。在四川，每年3月初，大足鼠从农舍周围的空地、蔬菜地向麦田转移，此时正是小麦拔节期，大足鼠在麦田周围的田埂上筑巢栖居并以小麦麦苗和幼穗为主要食源，繁殖哺育后代。6月小麦收割后，农田灌水整田，加固田埂，堵塞漏洞，大足鼠不得不从水田转向旱地，但一些幼鼠和育幼成鼠，或未曾转移的个体则封死在洞内。蒋光藻等（1999）对都江堰市近70hm²农田调查结果表明，小麦收获前，田埂上的活洞率高达34%，并不断产生新洞，一旦麦田灌水，活洞率则低于10%，且无新洞出现。也许大足鼠的这种季节性迁移特性是对水旱轮作区特殊耕作制度的一种适应性。6月正是早玉米成熟期，加之种植面积小，因而导致早玉米严重受害；6月下旬以后，田埂杂草丛生，大足鼠又开始从旱地向稻田分散，重新在田埂上打洞筑巢，并开始为害水稻；9月水稻收获后，大足鼠仍在田间寻找遗粮；10月小麦播种后，增添了新的食源，大足鼠一直在麦田栖居；到12月，由于气温下降，天然食料缺乏，才开始向农舍周围的蔬菜地转移；直到翌年3月又向麦田转移。大足鼠这种迁移习性在种群繁衍中具有十分重要的意义，在防治上也很有价值。大足鼠的趋食迁移性表现为总是向粮食地集中，以水稻、小麦、玉米和甘薯地的密度最高。近年来，大足鼠对"双低"（低芥酸、低硫苷）油菜品种十分喜好。在苗期，啃食油菜幼苗的幼茎，油菜抽薹开花后，啃食齐地面的茎秆表皮，造成整株死亡。水旱轮作区大足鼠的季节迁移规律来源于其对环境的适应，这种现象在全旱作区则未必存在。食物分布状况是导致大足鼠迁移的重要原因之一。综合上述两种迁移习性，大足鼠的迁移特性具有方向性和时间性，迁移的方向是向食源丰富、生境宽裕的区域，而迁移的时间性随季节、耕作制度、栽培模式而改变。这种迁移特性可以使大足鼠更有效地避开不良环境，寻找最适合空间，促进种群的发育和繁衍。

（四）繁殖特征

该鼠全年繁殖，一只雌鼠每年生4胎，每胎平均胎仔数在8只左右。其繁殖活动集中在其有利的时间。在四川，2月下旬至3月上、中旬开始进入繁殖盛期，雌鼠在3月下旬至4月上旬产下第一胎。3~4月雌鼠怀孕率可达69%；7~8月由于暴雨、洪水的影响，田埂及鼠洞常被洪水淹没，加之稻田面积大，旱地狭窄，大大缩小了大足鼠的生活环境，幼鼠的死亡率很高，雌鼠怀孕率也明显下降，由4月的60%左右下降到20%~30%；到9月，稻田排水晒田，下旬收获完毕，大足鼠的活动范围扩大，并在田埂上筑巢产仔，雌鼠怀孕率高达 40％左右，其怀孕率上升到 40％左右。

四、发生规律

该鼠有明显的季节性迁移和趋食性迁移特性。因此，在不同生境中的种群数量动态随作物布局和作物的生长状况而发生变动。

在四川，12 月至翌年 2 月院落周围的鼠密度高；3～6 月和 9～10 月以麦田、稻田的鼠密度最高。田间鼠密度按粮食地＞蔬菜地＞果园＞经作地＞荒地＞秃地的顺序递减。总体来看，每年的 6 月和 11 月发生两个数量高峰，后者高于前者。在云南大理，大足鼠的活动亦随季节变化有所不同。其种群数量消长的特征是，一年内有 2 个高峰期，2 个低谷期，即 5～6 月、10～11 月为捕获高峰期，第二个高峰的数量多于第一个高峰，1～2 月和 7～8 月为两个低谷期。

大足鼠的数量分布以一般山麓和半山农作区较大，捕获率较高，平均 6％～8％，其优势度可达30％～40％。林区和荒地数量较少，捕获率在 2％～4％。在种植玉米、甘薯、马铃薯和小麦的田块，大足鼠数量较高，小麦成熟期可高达 30％以上。在川西河谷地带农田数量较高，捕获率可达 30％以上。

上述大足鼠的数量变动规律除了与其季节性迁移有关外，还与其繁殖有密切关系。在四川研究发现大足鼠有较高和相对稳定的繁殖能力。该鼠全年繁殖，一只雌鼠每年生 4 胎，每胎平均胎仔数在 8 只左右。其繁殖活动集中在其有利的时间。在四川，2 月下旬至 3 月上、中旬开始进入繁殖盛期，雌鼠在 3 月下旬至 4 月上旬产下第一胎。3～6 月的种群数量迅速增长；3～4 月雌鼠怀孕率可达 69％，7～8 月由于暴雨、洪水的影响，田埂及鼠洞常被洪水淹没，加之稻田面积大，旱地狭窄，大大缩小了大足鼠的生活环境，幼鼠的死亡率很高，这时种群数量不是在 6 月的基础上持续上升，而是稳定在一定的水平上，7～8 月的雌鼠怀孕率明显下降，由 4 月的 60％左右下降到 20％～30％，其种群增长速度不如 3～6 月；9 月稻田排水晒田，下旬收获完毕，大足鼠的活动范围扩大，并在田埂上筑巢产仔，种群数量迅速增长，雌鼠怀孕率高达 40％左右，虽然低于 4 月，但由于繁殖基数高，到 11 月，种群数量上升至全年最高峰，并持续到 12月中旬；12 月至翌年 2 月，种群数量下降。因为前一年的越冬个体基本在此期死亡，而 11～12 月产下的仔鼠存活率很低，所以整个种群处于衰减期。许多个体在越冬期间死亡，老弱病残个体死亡率特别高。在云南大理地区，全年出现 2 个怀孕高峰期即春季 4～5 月和秋季 9～10 月，怀孕率分别达 84.42％、46.38％、29.56％和 28.33％，这也与其种群动态相关。

五、防治技术

毒饵站灭鼠是非常有效的方法，特别适用于害鼠的长期控制。因毒饵投放在毒饵站之中，可以防止其他动物取食，安全性好。同时毒饵站可以防潮防雨，相比散投毒饵，可以较长期保存毒饵，而不致很快发霉变质。毒饵站的种类很多，采用的材料多样，如陶瓷、水泥、PVC 等，各地可根据当地条件，就地取材，制作毒饵站。下面介绍两种效果好、制作方便的毒饵站以及毒饵站的使用方法。

（一）竹筒毒饵站

用口径为 5～6cm 的竹子制成，在房舍区，竹筒毒饵站的长度可在 30cm 左右，在农田可达 45cm 左右（不算用来遮雨的突出部分）（图 24-4-1）。

在室内放置毒饵站时，可将毒饵站直接放置在地面，用小石块稍作固定即可。

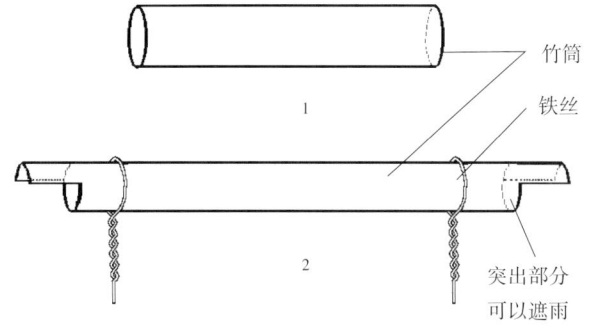

图 24-4-1　竹筒毒饵站（郭聪制图）
Figure 24-4-1　Bamboo bait stations (by Guo Cong)
1. 用于室内　2. 用于野外

图 24-4-2　竹筒毒饵站在野外放置示意图（郭聪制图）
Figure 24-4-2　The placement of bait station
(by Guo Cong)

在野外使用时，应将铁丝插入地下，地面与竹筒应留3cm左右的距离，以免雨水灌入（图24-4-2）。

（二）花钵毒饵站

可将口径为20cm左右陶瓷花钵的上端边缘敲开一个缺口，缺口口径在5～6cm，翻过来后扣在地面即可（图24-4-3）。花钵毒饵站适用于房舍区灭鼠。

（三）毒饵站的放置位置与使用方法

大量实验表明，使用毒饵站灭家栖鼠每户仅需2个，一个放在猪圈内，一个放在后屋檐下。这两处是害鼠活动较为频繁的地方。只要持续投放毒饵，一段时间后，害鼠的数量将会下降很多，可以基本上消除家栖鼠的为害。在农田，一般每公顷可放置15个毒饵站。在农田应将毒饵站沿田埂放置。在毒饵站中放置毒饵的量可根据害鼠的数量而定，一般放置20～25g毒

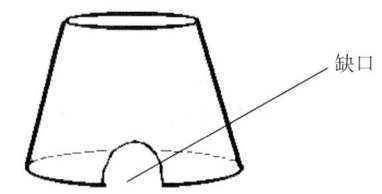

图24-4-3 花钵毒饵站（郭聪制图）
Figure 24-4-3 Flowerpot bait station（by Guo Cong）

饵，投放毒饵的次数需根据杀鼠剂的种类确定，第一代杀鼠剂应连续投放3～4次，第二代杀鼠剂投饵后半月再投放一次。由于毒饵站的数量与散投毒饵的投放堆数相比要少很多，因此在投药期间注意检查毒饵的取食情况，如果毒饵的消耗很大，应适当增加投放次数。

如果害鼠的数量特别多，可在使用毒饵站前采用散投法，将害鼠的数量压低后再使用毒饵站对害鼠进行长期控制。散投毒饵应在种群动态监测的基础上适时进行。各地应根据其作物布局、生态环境及大种群动态选择最佳防治时机。如在四川盆地，春季存在的越冬个体是决定当年种群数量增长的基本繁殖源，减少此批个体数量，在防治上意义重大。因此，2月为最佳策略性防治时期。此外，8～9月灭鼠能减轻对作物的为害和减少来年防治的压力，若害鼠的数量较多，也可在此期间组织灭鼠。而在云南的一些地区，农田灭鼠最佳时机建议选择在4月和10月底至11月初进行，此时属于干旱季节，投放毒饵取食率高又不易被雨水冲刷而失效。

（四）毒饵的制作

饵料可选择大米、小麦、碎玉米等，杀鼠剂选择抗凝血杀鼠剂。毒饵的配制应由相关专业人员进行，杀鼠剂的使用方法及毒饵的配制方法参照第1节褐家鼠。

郭聪（四川大学）

第5节 板 齿 鼠

一、分布与危害

（一）鼠名

板齿鼠（*Bandicota indica* Bechstein），隶属啮齿目鼠科板齿鼠属。

（二）分布

主要分布在我国的广东、广西、福建、云南和贵州诸省，以及印度、缅甸、泰国等地。

（三）危害

板齿鼠生物量大，食量多，主要为害水稻（彩图24-5-1），从苗期至收获期都可造成危害，它不仅盗食稻谷，而且咬断稻株。除了为害水稻，板齿鼠还取食甘蔗，使甘蔗干枯；咬断芒果、荔枝、柑橘、龙眼的苗木或枝条；取食香蕉的根和生长点，使香蕉树倒伏。板齿鼠喜欢在河堤上觅食和挖洞做巢，其洞道纵横交错，鼠洞大而深长，是引起河堤崩溃的重要原因之一，严重威胁河堤、水坝等水利设施的安全。

二、形态特征

板齿鼠体形较大（彩图24-5-2），成体体长一般为280mm左右，体重450～580g，最大的可超过750g；头小嘴尖，耳大而圆，耳壳厚；体背部为棕黄色或苍白色，背腹颜色无明显的分界线；尾长等于或略短于体长，尾上鳞环明显，似暗烟灰色，上有褐色刚毛；背腹毛皆为黑褐色，前后足的背面均呈暗褐

色，板齿鼠的臼齿构造很特殊，臼齿咀嚼面上的齿突愈合成板状，故以此特征命名。

三、生活习性

（一）栖息地

板齿鼠多活动于接近低洼潮湿之处，喜欢在山坡、水渠、河堤、竹林、灌木丛和高大的田埂等环境中栖息，巢室多筑在植被覆盖度大的塘基、河堤、高大田埂和坡地，水塘旁边的小型竹林中和一些野草混生的较偏僻之处是其主要栖身地。喜欢在土质较疏松而又较潮湿的池沼边缘或是杂草丛生的堤围、田基中筑巢栖息，但是板齿鼠也并非完全营穴居性生活，研究表明，在云南地区板齿鼠多将巢穴筑于较干燥的土坡上。

（二）洞穴

板齿鼠的洞穴通常由洞口、洞道和巢室 3 部分构成，洞系结构复杂，洞口多达 7～10 个，洞口直径 10～13cm，洞道多分支且深长，洞径 16～28cm。较大的一个洞口多向着水塘一面，在洞口附近还可发现一些洞土，但常为堆积在甘蔗地边缘的杂草所掩盖，另一些洞口则多通向农田，这样方便它们白天出来觅食。

（三）食物

板齿鼠属于广食性鼠类，其食性较杂，常以甘蔗、水稻、甘薯、香蕉等为食，对水稻的为害甚为惨重，有时甚至可以造成大片稻田颗粒无收，是南方主要的农业害鼠之一。在其食谱中，既有植物性食物（包括农作物及野生植物），又有动物性食物，但主要以植物性食物为主，主要取食植物的根茎和种子，占食物总频数的 91.74%。其中纤维类食物的检出比例占 68.68%±5.17%，淀粉类和动物性食物分别占 23.06%±4.32%和 8.26%±1.43%。该鼠喜欢取食新鲜稻茎和稻穗，其次为甘薯、甘蔗、蔬菜和豆类，此外还取食铺地黍、茅根草和节节菜等杂草的嫩芽、根与种子。一些昆虫、小鱼、螃蟹等动物也是板齿鼠的食物来源之一，但检出频次较低。

在不同的季节，板齿鼠对食物的选择性有一定的差异：在 4～11 月，板齿鼠取食新鲜稻茎和稻穗的频次占 32.6%，其次为甘薯和甘蔗，分别占 21.4%和 16.7%，杂草占 15.8%，蔬菜类占 11.1%，动物性食物占 2.3%；在其他时期，板齿鼠主要取食甘薯、甘蔗和蔬菜，频次分别为 27.7%、24.1%和 20.5%，杂草占 17.9%，动物性食物达到 9.8%。至于哪种植物是它们的主要食物，则与它们所在地区的作物布局有密切的关系。例如，在种植甘薯较多的地区，板齿鼠以甘薯为主要食物，而在甘蔗产区，则以甘蔗作为主要食物。

（四）活动规律

板齿鼠是夜行性的兽类，尤其在冬春季节，植物枯萎，隐蔽条件差，故多在夜间活动，白天在巢内休息。板齿鼠性情凶恶，感觉灵敏，一遇敌情立即逃避，在陆地上遇到敌情若来不及躲避，即掀起前身，背毛竖起，张牙舞爪，扑向敌人，并发出像小猪般的嘶叫，故又名"猪鼠"。板齿鼠游泳能力强，受惊时常潜入水中，经一段时间后才游出水面。当它们准备出洞时，多先在洞口停留一会儿，察看外面动静，若发现敌情，迅速返洞，并用后腿扒土迅速将洞口堵住。

（五）繁殖特征

板齿鼠繁殖力强，年均怀孕率 37.6%，其中成体的怀孕率为 45.1%±4.58%，亚成体为 27.7%±3.79%，成体的怀孕率明显高于亚成体。每年的 1 月和 12 月该鼠基本不繁殖，怀孕率 0.46%，为繁殖低谷期。2～11 月是板齿鼠的繁殖期，怀孕率在 12.5%～65.7%，其中 9～10 月的怀孕率最高，为板齿鼠的繁殖高峰期，次高峰出现在 5～6 月，而 2 月的怀孕率最低。平均胎仔数（6.7±0.33）只，表现出显著的季节变化，其中秋季（9～11 月）的胎仔数多于春、夏季，双季稻生长中后期（10～11 月和 6～7 月）胎仔数高于其他时期，达到差异显著水平。

在自然界中捕获的板齿鼠中，雄性略多于雌性，雌雄性比为 0.84。在不同年龄阶段，性比出现一定的分化：幼体组雌鼠和雄鼠的数量比较均衡，雌雄性比接近 1.0；在亚成体组和成体组，雄性多于雌性，雌雄性比分别为 0.81 和 0.77。

四、发生规律

(一)种群季节动态

在珠江三角洲地区,板齿鼠种群的季节消长规律基本上为双峰型曲线。板齿鼠各群每年有 2 个发生高峰期,即 1~3 月和 9~11 月。而 4~8 月,板齿鼠种群的密度较低。由于板齿鼠在华南各省全年都可繁殖,并且以春天到初秋繁殖最盛,每胎可产仔 2~10 只,繁殖能力较强,加之华南地区气候适宜、食料丰富,天敌由于人为的因素被捕杀情况严重,因此,在农田中,板齿鼠种群应该能够保持一个较高的种群密度。但是,实际情况恰恰相反。关于每年的 4~8 月板齿鼠种群密度较低的原因,可能主要是由两方面的因素造成的:其一,有假说认为,每年 12 月以后板齿鼠种群处于一个较短暂的繁殖休滞期,出生率降低,造成翌年 3 月以后的种群数量下降;其二,广东省农村历来有春秋两季灭鼠的传统,这应该是导致 4~8 月种群数量下降的原因之一。

(二)种群年间动态

1986—1995 年,在广东省珠江三角洲地区的农田中,板齿鼠种群数量呈典型的指数上升趋势。1985 年以前,珠江三角洲地区农田的作物布局较单一,水稻种植面积占总面积的 90% 以上,农田鼠类群落组成中以黄毛鼠为优势种,板齿鼠的数量很少。此后,由于农田生境的显著改变,由过去较为单一的水稻种植转向水稻、花生、大豆、甘蔗、水果、蔬菜、鱼塘等多元化综合经营的生产模式,各种经济作物的种植呈现插花布局。这种耕作模式的变化更适合于板齿鼠的生存和繁殖,因此,板齿鼠的数量也显著在增加,1987 年比 1985 年增长了 12.5 倍;从 1989 年起,板齿鼠的种群数量以平均 1.58 倍的速度逐年递增。20 世纪 90 年代后期以来,随着种植结构和农田生境趋于稳定,板齿鼠种群数量呈现小幅增长的态势。其中,2012—2013 年板齿鼠的平均捕获率为 1.54%±0.31%,占农田害鼠总数的 14.26%。

(三)预测预报

利用时间序列方法——三次指数平滑法,并结合季节指数法建立数学模型,对板齿鼠种群数量的预测预报是比较成功的。利用该模型预测 1994—1995 年板齿鼠种群的大田发生,准确率高,达到了 86.56%。另外,该方法简单且易于推广使用。模型中平滑系数 α 一般是通过历史数据来确定的,如何计算出最优化的 α 值,仍存在技术问题,其对预测值亦产生直接影响。

指数平滑法对实际的调查数据有平滑作用,但其对实际数据的变动反应较迟缓。因此,对农田害鼠种群数量的预测预报,还应该考虑建立鼠害的灾变模型,并作为农田害鼠种群数量预测预报的辅助模型。这一工作有待进一步的研究和完善。

五、防治技术

板齿鼠的防控技术参见前文黄毛鼠,在灭鼠实践中有两点需要注意:一是板齿鼠的生物量要远远大于黄毛鼠,因此投饵量也要适当增加,饵料取食完要及时补充;二是板齿鼠的栖息地和黄毛鼠有所不同,在应用栖息地灭鼠技术时要适当考虑这一因素。

附:测报技术

1. **水稻鼠害率的调查抽样技术** 水稻鼠害率的调查采用调查稻株受害率和谷粒受害率两种方式进行。对于板齿鼠为害情况的调查方法,是在田间随机抽取 6 丘黄熟期的水稻,从田埂边开始,每隔一定距离抽查 7 丛水稻检查被咬断水稻植株情况,直至稻田中央,每丘稻田选多条抽样线进行调查,并在早、晚季稻的黄熟期,调查各样区的水稻植株受害率。

2. **板齿鼠发生程度分级标准** 主要依据珠江三角洲稻作区农田害鼠的复合防治指标,根据研究及资料分析,将板齿鼠的种群密度划分为 4 个等级(Ⅰ、Ⅱ、Ⅲ、Ⅳ级)。如果记捕获率为 Y。则 4 个等级的划分如下:Ⅰ级,0≤Y≤0.845;Ⅱ级,0.846≤Y≤1.435;Ⅲ级,1.436≤Y≤2.450;Ⅳ级,Y>2.450。

3. **调查测报内容** 板齿鼠种群数量的年间变动不太显著而年内的季节波动较大,因此,珠江三角洲稻作区种群数量监测和测报的重点应放在不同月份的发生量上。

冯志勇(广东省农业科学院植物保护研究所)

第6节 小家鼠

一、分布与危害

(一) 鼠名

小家鼠（*Mus musculus* Linnaeus），隶属啮齿目鼠科小鼠属，别名鼷鼠、小鼠、小耗子、米鼠仔、月鼠、车鼠、家小鼠等，有时将终年生活在野外的小家鼠称为野鼷鼠、田小鼠、坡鼠和小田鼠等。染色体数 $2n＝40$。

(二) 分布

小家鼠是家、野双栖鼠，是世界性、与人伴生的鼠种，分布遍及全球。

(三) 危害

小家鼠虽然体形小，但为害甚大。尤其是它的繁殖潜力很大，条件适宜时，密度可达惊人的地步。因其数量多，分布广，为重要的农业害鼠之一。为害所有农作物，盗食粮食。主要为害期为作物收获季节和青苗期。为害时一般不咬断植株，只盗食谷穗，受害株很少倒伏。为害果树，以果树的嫩枝和花芽为食，剥啃近根部的树皮一圈，致果树死亡。聚集场院糟蹋捆垛。由于其多在房屋内栖住并在农田与农房之间相互迁移，在居民区内以及库房为害很大，无孔不入，往往咬啮衣服、食品、家具、书籍，其他家用物品均可遭其破坏和污染。小家鼠在广东农区每晚取食 3～4g 食物。

小家鼠除了通常的大发生外，还有特大发生，在个别年份小家鼠数量可猛增 1 000 倍左右。在新疆特大发生时，数量奇高、为害奇凶，且种群个体有极显著的生理变化和行为改变。在新疆北部农业区，小家鼠暴发年份可成片毁灭各种农作物及全村室内物资。1967 年新疆生产建设兵团农业建设师某团反映，一堆总量约 2.5 万 kg 的玉米在打碾场上，存放一个月就被害鼠盗食约 1/3；石河子一农场 9 个小学生在一垛高粱堆内，70d 打死的小家鼠共达 61kg（平均每千克约 72 只鼠）；据不完全统计，1967 年在北疆农区（农田和室内）仅粮食一项，因鼠害损失即多达 15 000 万 kg，相当于该地粮食年总产量的 1/5。历史上 1922 年、1937 年和 1967 年在天山北麓农区，1970 年在伊犁农区鼠害大暴发，都曾造成重大灾害，尤其新中国成立前的两次暴发竟导致农民遭饥荒逃难。

新疆小家鼠大暴发的主要特点：

(1) 数量高。捕鼠率一般超过 50%。

(2) 发生早、持续长、消退急骤。大暴发年 5 月数量很高，6～10 月成群为害，到下第一场雪时则突然消失。

(3) 行为改变。集结流窜，白天也活动，无所不食。

(4) 为害凶，破坏力特强。可以成片毁灭庄稼，咬毁室内各种物品，酿成地区级的特大灾害。

(5) 鼠个体趋小，抗逆性变弱。平常发生年份捕获的小家鼠总体平均体重 17.2g，58 只/kg；大暴发年鼠体趋小，72 只/kg，每只鼠平均不足 14g。正常年份雪后小家鼠仍很活跃，在野外也能保持相当数量，大暴发年的头场雪鼠群骤逝，表明其耐寒极弱。

(6) 生理改变。生殖腺萎缩，10 月上旬即全部停止繁殖，雌成鼠无一怀孕。

(7) 种群崩溃。大暴发翌年种群数量必降至最低点，即种群"爆炸"以后出现"崩溃"现象。

1979—1980 年小家鼠在澳大利亚维多利亚州的西北部大发生，且一直蔓延到南澳大利亚和新南威尔士州部分地区，仅维多利亚州就造成 1 500 万～2 000 万澳元的损失，加上其他州的推算，总损失可能有 4 000 万～5 000 万澳元。

同时，小家鼠与人伴生，不时出入人类的住所，可传播多种自然疫源性疾病。已知相关传染病达 24 种之多，如鼠疫、肾综合征出血热、钩端螺旋体病、淋巴球性脉络膜脑膜炎、地方性斑疹伤寒、恙虫病、蜱传立克次氏体病、立克次氏体痘、Q 热、沙门氏菌病、布鲁氏菌病、假结核、炭疽、土拉伦菌病、李司特菌病、类丹毒、皮肤利什曼病、毒浆体病、旋毛虫病、白癣、西方马脑炎、森林脑炎、阿根廷出血热和蜱传回归热。

二、形态特征

体形小（彩图 24 - 6 - 1），成年体重 12～20g，体长一般 50～100mm；尾长等于或短于体长，长为

36～87mm；耳长 10～15.5mm，耳短，前折达不到眼部；后足长 14～18mm；乳头 5 对，其中胸部 3 对，鼠蹊部 2 对。和其他体形差不多大的鼠种（如黑线姬鼠、小林姬鼠）主要区别特征是：小家鼠上颌门齿外侧面如锐刃而内侧牙体向上凹，从侧面看呈明显的缺刻。

毛色变化也很大，背毛由灰褐色至黑灰色，腹毛由纯白到灰黄；前后足的背面为暗褐色或灰白色；尾有时上下明显两色，尾毛上面的颜色较下面深，有时上下二色不明显；体侧面毛色有时界限分明。

头颅小，呈长椭圆形；吻短；眶上崎低；鼻骨前端超出上门齿前缘，喉段略为前颌骨后端所超越。顶间骨宽大。门齿孔甚长，其后端可达第一上臼齿中部水平。上门齿斜向后方，其后缘有 1 缺刻，第一上臼齿长略超过第二和第三上臼齿总长。第一、第二上臼齿的齿突与鼠属（*Rattus*）的相似。第三上臼齿很小，具有 1 内侧齿突和 1 外侧齿突。腭后孔位于第二上臼齿中部，下颌骨冠状突较发达，略为弯曲，明显指向后方。阴茎骨呈花瓶状，长 3.3mm，其末端分叉，为双锋型。颅全长 19～23mm；颧宽 9.5～11.6mm；乳突宽 8.5～10mm；眶间宽 3～3.65mm；鼻骨长 6.5～7.7mm；上颊齿列长 3～3.7mm。齿式为 $2\left(\mathrm{I}\,\dfrac{1}{1}\,\mathrm{C}\,\dfrac{0}{0}\,\mathrm{P}\,\dfrac{0}{0}\,\mathrm{M}\,\dfrac{3}{3}\right)=16$。

划分年龄组的指标有白齿磨损度、体重、体长和胴体重等。小家鼠属广生性种类，亚种很多，各亚种个体形态学指标及发育进度都有一定差异。例如新疆小家鼠尾显著短于体长，雌鼠一般在体重 12g 时进入性成熟。而江南的小家鼠尾巴就相对较长，华中地区雌体性成熟的平均体重为 10.6g。在福建，以体重标准划分年龄组时，认为雌鼠体重≥11g、雄鼠体重≥10g 可视为成年鼠；而潘世昌在贵州依体重划分的年龄组标准为：幼年组≤8.0g，亚成年组8.1～14.0g，成年组 14.1～20.0g，老年组＞20.0g。

三、生活习性

（一）栖息地

家野两栖鼠类在居民区，喜栖居于仓库、住室、厨房等处，以及居民点附近的谷草堆和柴草堆下，在室内容易进入抽屉、衣柜和食柜中。因体形小，常会藏匿于家具、衣物中而进入城市中的高层建筑。在野外，小家鼠喜居于杂草中和种子植物生长茂密之处，在旱田上、水田埂下、禾草堆下、休耕地里，均可发现。草原上的小家鼠利用其他鼠类废弃的洞系为巢。以夜间活动为主，密度高时，白天也活动，甚至不怕人。有季节性迁移现象。由于其体形小，各种交通工具上均可栖息，并随之迁移传播。如小家鼠可随家具或衣物等进入新修建的建筑物。小家鼠除主要越冬场所在房屋（包括库房、场院）外，在野外的秋作物茬地也可越冬，其中以稻茬地为最适宜，糜子茬地次之，老渠和撂荒地居第三位。

（二）洞穴

在居民区小家鼠通常在墙角或地面上掘洞营巢，洞口直径 2～2.5cm，洞口不止 1 个，往往分别通向室内外。野外栖息的小家鼠多利用自然缝隙营巢于地下。洞分临时洞和居住洞。临时洞无巢，而居住洞较深且有巢穴，洞口 2～3 个，直径 2～3cm，洞深 10～100cm，巢深 10～50cm，洞道总长可达到 300cm。有时洞口可见颗粒状疏松小土堆，成年鼠独居，在交配阶段或哺乳期可见一洞数鼠。在严寒地带，也可见群居现象。

（三）食性

食性杂，主要以植物籽实（如谷物及草籽）为主，尤其喜食小粒谷物种子。有时吃少量昆虫。食物缺乏时，也取食多种多样的其他食物，甚至啃食幼嫩植物的根、茎、叶，食量小，对食物水分要求不严格。食谱接近褐家鼠。

摄食主要在夜间，一般在 20：00～21：00 达到最高峰，摄食特点是时断时续，且经常来往于食物与栖息地之间。据实验，平均每天取食达 193 次之多，每次取食 10～20mg。另一取食特点是取食场所不固定，往往在一天之内，遍及可能取食的所有地点。但各点取食不平衡，有时以甲地为主，有时却常去乙处。对抗凝血杀鼠剂等有较强耐受性，大面积灭鼠后，常成为残留的优势鼠种。

（四）活动规律

小家鼠夜间活动，在黄昏后与黎明前有两个活动高峰。它的活动除有历时一昼夜的大周期外，还有1.5～2h 的小周期。但小周期变动较大，随环境条件和食物等波动。活动沿着墙根和家具等比较隐蔽的地方进行，较少进入空旷之处，多半在地面活动。

（五）繁殖特征

繁殖力很强，条件适宜可一年四季繁殖。春、秋各有一次繁殖高峰。孕期约 3 周，全年可繁殖 6～8 胎，平均胎仔数 4～8 只，最多的可达 10 只以上。母鼠产后不久又可受孕，仔鼠一般在 2～3 个月后即可繁殖。自然寿命一般不超过 1.5 年。在洞庭平原，小家鼠主要栖息在房舍区，全年各月皆有孕鼠，12 个月的平均怀孕率为 43.2%±12.3%（SD）；其中，1～3 月为怀孕低谷期，7～8 月为怀孕高峰期，12 月的怀孕率亦高。房舍区的小家鼠胎仔数为 1～11 个，月平均胎仔数为 3.86～6.10 个，依全部 229 只孕鼠计算的"总平均胎仔数 $\overline{X}\pm SD$"为（4.88±1.62）个。而在新疆天山北麓农区，房舍区的小家鼠全年各月皆有孕鼠，12 个月平均怀孕率为 44.6%、平均胎仔数为 5.8 个；田野小家鼠则是 3～12 月有孕鼠，6～10 月怀孕率都大于 50%，12 个月的平均怀孕率为 49.1%，平均胎仔数为 8.0 个。这是平常年份（1970 年）状况，若依 10 年田野捕获的 1044 只孕鼠计算，胎仔数最少 2 个，最多 16 个，总平均胎仔数为 7.86 个。在当地室内饲养观察，55 次记录的产仔间隔为（38.9±2.9）d，据此推算当地小家鼠可年产仔 9.4 窝。由此可知，小家鼠北疆亚种的生殖能力比内地（洞庭平原）的更强，因此当条件适宜时，种群数量能急剧上升而大暴发，造成惊人的灾害。

小家鼠产仔间隔时间为 25～102d，平均为 50.9d；小家鼠披毛在 15d 基本长全，睁眼在 12～16d，平均 14.4d；断乳时间在 15～20d；第 20～30 天具有独立活动能力；体重在 60d 后、体长及尾长在 30d 后、后足长在 20d 后，生长率下降至 1% 以下。小家鼠生长可划分 4 个阶段：乳鼠阶段（初生至 15d）、幼鼠阶段（16～30d）、亚成体阶段（31～60d）、成体阶段（60d 以上）。

四、种群数量

（一）季节动态

在华中地区农房，其种群数量在 4～5 月有个小高峰，9～12 月出现第二个高峰，低谷期在 7～8 月，种群数量季节波动为春夏低、秋冬高。

新疆冬季严寒，迫使大部分小家鼠迁入房舍区越冬，形成很高的密度。开春气温回升后，小家鼠在种群密度压力下，向田野扩散。华中地区小家鼠在房舍的密度远低于新疆房舍区，因此不产生明显的季节性迁移扩散现象。

小家鼠种群的密度有负反馈现象，造成小家鼠种群数量变化巨大。如在新疆其种群数量大暴发后，翌年种群数量锐减。种群密度增加，肾上腺相对重量也增加，而睾丸相对重量却逐渐下降。密度与肾上腺重量呈正相关；密度与睾丸重量呈负相关。肾上腺重量与睾丸重量也呈负相关。种群密度主要影响幼体的胸腺重量，两者呈负相关。种群密度增加时，种群中平均血糖值含量上升。种群繁殖强度和寄生线虫的感染影响着种群的数量。

（二）预测预报

长期预测模型　在新疆可利用上一年种群内部信息，预测下一年的年峰量和种群发展趋势。主体是一个二元回归方程。第一回归因子（x_1）为高峰期繁殖指数 f_{10}，第二个回归因子（x_2）为入冬期种群壮龄比 L_{11}。f_{10} 不仅代表秋末的种群繁殖力水平，更主要是能反映种群内的个体因密度效应产生的生理变化，可作为密度负反馈信息指标；L_{11} 则代表入冬期种群年龄结构，在新疆北部农区冬季严寒这一特定条件下，入冬时已年老和尚年幼的小家鼠（尤其是暴发后期产生的幼体体质更差）均较难存活下来，只有适龄青壮个体生命力强，最有可能安全越冬并成为下年度前期种群繁殖基础。所以，前一指标从密度负反馈强度和种群个体生理素质上，后一指标从优质个体的量上，反映了下年度种群发展的基础，起较深远的影响，适合用作长期预测指标。

该二参量算式为：

$$f_{10}＝10 月怀孕率×平均胎仔数$$
$$＝10 月胎仔总数（只）/雌成体总数（只）$$

式中　雌成体总数指成体≥12g 的个体，个别不足 12g 但已怀孕者也计入。皆取 10 月中旬调查数据，运算时怀孕率，或直接按后段等式计算。

$$L_{11}＝Ⅲ/（N－Ⅲ）＝Ⅲ/（Ⅰ＋Ⅱ＋Ⅳ）$$

本式取 11 月中旬数据，N 为该期捕获的小家鼠总数，I～IV 为 4 个年龄组的只数。

$$\hat{M}_{10}=4.62+1.54f_{10}+4.96L_{11}$$

$\hat{M}_{10}$ 为翌年种群数量的年峰量的估计量（预测值）（朱盛侃等，1993）。

五、防治技术

（一）物理防治

1. 粘鼠板灭鼠 在鼠洞口以及鼠路上布放粘鼠板可消除小家鼠。尤其是在办公室条件下，使用粘鼠板效果较佳。

2. 机械性捕杀 一般捕鼠工具都适用，因其体重轻，需要器械的灵敏度高。用捕鼠笼时网孔不能太大，应小于 0.6cm²。碗扣、坛陷等方法效果也好。

3. 翻草堆 小家鼠秋季多聚集在稻草堆下，可翻开草堆捕杀。

（二）化学防治

由于小家鼠的取食具有时断时续和取食场所不固定的特点，同时其耐药力特强和取食量又小，化学灭鼠后残存鼠多为小家鼠。因此，应用化学灭鼠防治小家鼠时，因适当提高毒饵的浓度，并遵循小堆多放，沿边角低矮处布放，连续放 2～3d，且尽量遍布它可能活动的每个角落。栖息于缺水环境下时，特别是粮食仓库和饲料库房，可使用毒水的方法灭鼠。溴敌隆是杀灭小家鼠的首选药物，尤其是在仓库使用 0.015% 的毒水（将母液直接加入清水中搅 拌均均而成）效果好。

其他如毒粉、毒糊的方法也可局部（非食品加工处）使用。在有条件的地方（如轮船、火车、仓库等），使用烟剂或熏蒸剂，效果往往更好。

（三）生态防治

将室内小家鼠能够隐蔽的缝隙皆予堵塞；室内柜子、箱子也予垫高，并使其离墙有 10cm，家具、橱柜、粮仓等关严，不留缝隙，食品存放于密闭容器中；地面与墙面硬化。

将户外的草堆垫高，小家鼠便无处藏匿，而易于发现和消灭。农田应铲除不必要的杂草，在广东珠三角地区，杂草覆盖度超过 50% 以上的橘园，小家鼠密度达到 31.6%±4.333%，而相邻无杂草或有零星杂草的橘园，鼠密度为 8.6%±1.250%。

李波（中国科学院亚热带农业生态研究所）

第 7 节 社 鼠

一、分布与危害

（一）鼠名

社鼠（*Niviventer confucianus* Hodgson），隶属啮齿目鼠科白腹鼠属，别名北社鼠、孔氏鼠、硫黄腹鼠、刺毛灰鼠、白尾鼠、白助理鼠、黄姑鼠。染色体数 $2n=46$。

社鼠的学名原为 *Rattus confucianus*。在原分类系统中，*Rattus* 是哺乳动物中物种数最多的属，近半个世纪以来变化很大，一些亚属已独立成新属，仅中国境内的 *Rattus* 属，就已分为大鼠属（*Rattus*）、白腹鼠属（*Niviventer*）、青毛鼠属（*Berylmys*）、小泡巨鼠属（*Leopoldomys*）和王鼠属（*Maxomys*）5 属。本节的社鼠和第 8 节的针毛鼠的属名随之变更为 *Niviventer*。

（二）分布

社鼠在我国分布甚广，见于除新疆和黑龙江之外的大部分地区；长江以南各省数量较多。国外分布于印度、尼泊尔、中南半岛、马来半岛和印度尼西亚苏门答腊、爪哇和加里曼丹。

（三）危害

社鼠对丘陵、山区的农作物和经济林木为害较大，主要为害、盗食各类坚果（如核桃、栗子、松子等）作物幼苗、种子、果实。

据现有资料记载，在社鼠体外寄生虫种类有 87 种，其中蜱螨类 72 种、蚤类 13 种、虱类 2 种。在社鼠盲肠中也发现了寄生线虫。在云南野鼠鼠疫自然疫源地曾检出鼠疫菌，阳性率 0.25%，鼠疫血清学调查阳性率 0.36%，血凝抗体几何滴度为 1：40，肾综合征出血热（HFRS）带病毒率 5.88%。在社鼠体内也检出流行性出血热（EHF）病毒。社鼠传播多种疾病，包括恙虫病、假结核、钩端螺旋体病、血吸虫病、旋毛虫病、莱姆病等。

二、形态特征

体形中等、纤细（彩图 24-7-1），体重 45～150g，长 125～195mm；尾长大于或等于体长，长 110～212mm；耳大而薄，长 18～24.5mm，向前折可达眼部；后足长小于 32mm。

表 24-7-1 给出了洞庭平原的社鼠指名亚种（N. c. confucianus）成年鼠的外形量度。

背毛棕褐色，夏毛杂有刺状毛，但没有针毛鼠的多；冬毛柔软或杂有刺状毛；头、颈两侧及体侧黄褐色调较为鲜淡；腹毛直至毛基全为硫黄色。背腹毛在体侧分界明显，是重要形态特征。尾两色，分别与背腹毛色相似；尾端部、脚趾部都为白色。尾端毛较长，通常呈白色，是外形上与针毛鼠（其尾末梢非白色）的主要鉴别特征。前后足背面中间有或无暗褐色。乳头 4 对，其中胸部 2 对，鼠蹊部 2 对。

表 24-7-1 洞庭平原成年社鼠外形量度统计（引自张美文等，2007）

Table 24-7-1 The measurements of *Niviventer confucianus* in Dongting lake region（from Zhang Meiwen et al.，2007）

性别	样本数	体重（g）	胴体重（g）	体长（mm）	尾长（mm）	耳长（mm）	后足长（mm）
♂	18	68.3±15.0 (51～101)	48.2±11.7 (35～78)	137.6±12.9 (103～155)	164.7±12.3 (144～191)	19.1±1.4 (17～21)	28.0±1.4 (26～31)
♀	17	66.0±12.2 (52～87)	45.5±8.1 (35～61)	138.2±14.8 (117～175)	168.0±13.6 (139～200)	19.4±1.7 (17～22)	26.7±1.4 (23～29)

注 表内为平均数 $\bar{x}$±标准差 SD，括号内为最小值至最大值。

颅全长 33.4～40.5mm；颅基长 28.5～34.3mm；腭长 13.4～21.2mm；颧宽 12.6～18.1mm；乳突宽 12.1～15.3mm，一般为 13～14mm；眶间宽 5～6mm；鼻骨长 12.1～18.6mm；听泡长 5～6mm；上颊齿列长 5.1～7.1mm。齿式为 $2\left(I\dfrac{1}{1}C\dfrac{0}{0}P\dfrac{0}{0}M\dfrac{3}{3}\right)=16$。颅骨狭长，颧宽为颅长的 37.7%～44.7%。吻细长，约为颅长的 1/3。鼻骨甚长，约为颅长的 38.8%，其前端超出前颌骨和上门齿前缘，其后缘略超出前颌骨后端或略为被前颌骨后端所超出或约在同一水平线上。眶间狭窄，宽为颅长的 13.9%～15%。眶上嵴很发达。脑盒不大。颅顶不呈明显的弧形。门齿孔后端几乎达第一上臼齿前缘基部水平。腭骨后缘接近平直。听泡较小，长为颅长的 14.6%～15.1%。

可用晶体干重划分社鼠的年龄。两眼的晶体干重在 18mg 以下者为幼年鼠，18.1～26.0mg 为亚成年鼠，26.1～34.0mg 为成年鼠，超过 34mg 为老年鼠。臼齿磨损度也是一个可靠的指标。体重、体长也可作为年龄分组的参考。为方便起见，在实际工作中可用胴体重来划分相应的年龄组。表 24-7-2 列出各地依据体重、胴体重、体长和尾长划分的年龄组指标，其中，体重由于受干扰因素较多，仅供参考。

表 24-7-2 各地社鼠的年龄分组

Table 24-7-2 The age classes of *Niviventer confucianus* in different regions

地点	年龄分组方法	性别	未成年组 Ⅰ. 幼年组	Ⅱ. 亚成年组	成年组 Ⅲ. 成年Ⅰ组	Ⅳ. 成年Ⅱ组	Ⅴ. 老年组	资料来源
浙江	体重（g）		≤35.0	35.1～50.0	50.1～80.0		≥80.1	根据晶体干重法对应指标（鲍毅新等，1984a）
	体长（mm）		≤110	111～125	126～150		≥151	
	尾长（mm）		≤135	136～155	156～180		≥181	
北京	胴体重（g）	♂	≤27	27.1～38.0	38.1～48.0	48.1～60.0	>60.0	张洁（1993）
		♀	≤27	27.1～38.0	38.1～48.0	48.1～58.0	>58.0	
海南	胴体重（g）	♂	<54		55～84		>85	李艳红等（1997）
		♀	<60		60～74		>75	

三、生活习性

(一)栖息地

多栖居于植被丰富的山地和丘陵的森林、灌丛、采伐迹地、荒坡、坟地、茅草里，或溪旁草丛中，或农田旁的杂草间、岩石缝、荒地及菜园等处。在一般情况下，随着海拔高度的增加，社鼠的数量也随之下降，这与其喜栖于丘陵及山麓的习性相关。但也有例外，其数量分布与海拔高度呈正比。在不同的林相中，其数量也有不同，如在浙江省金华市北山，社鼠在混交林中占74%、松树林中占41.5%、杉林中占8.7%、茶山中占7.7%、荒山坡中占39.3%。在农田区，则主要是栖息在近山或林缘的农田区，所占比例最低的只有1%以下，一般为1%～10%，湘南山地耕作区高达61.9%。偶尔也在房舍中发现，占0.03%～5.5%，主要是因冬季野外食物缺乏而进入室内的。社鼠在北京西山的分布为斑点型，多集中在大石下、沟谷、岩隙间或人工墙等地带，很少见到在裸露的林地打洞。1982—1983年的调查，社鼠占北京山区捕获鼠数的58.33%，为绝对优势种群，而在平原和山麓，均未捕获。在海南南湾半岛不同生境即居民住宅区、山脚旅游区、山地自然植被区的上夹率分别为0%、3.5%和4.2%。社鼠分布密度随着当地猕猴栖息地植被质量发生变化，栖息地植被好，社鼠分布密度高。表24-7-3给出洞庭湖区域不同生境的社鼠捕获情况，可基本判断出社鼠主要的栖息生境类型。

表24-7-3 社鼠在洞庭湖区一些地方的捕获情况（引自张美文等，2007）

Table 24-7-3 The investigation data of *Niviventer confucianus* in different regions around Dongting lake

(from Zhang Meiwen et al.，2007)

地点	调查时间	自然区域	生境	夹日数	社鼠捕获率(%)	占捕获鼠的比例(%)
桃源	1985年12月至1991年6月	丘陵区	农房	16 091 (2055)	0.031 (5)	0.243
			农田	30 185 (2103)	0.007 (2)	0.095
	1998年3月至2001年12月	平原区	农田	10 273	0	0
		丘陵区	农房	199	0	0
			大片农田	1 515	0	0
			山脚农田	1 283	0.468 (6)	50
			林地	1 233	2.109 (26)	74.286
		山区	大片农田	1 224	0	0
			山脚农田	1 223	0.327 (4)	19.048
			林地	1 682	1.486 (25)	65.789
汉寿	1996年10月至2001年12月	平原区	农房	4 169	0	0
			农田	7 439	0	0
安乡	1998年12月至2001年12月	平原区	农房	968 (115)	0	0
			农田	2 364 (267)	0	0
岳阳	1991年12月至1995年6月	平原区	农房	2 347 (572)	0	0
			农田	16 122 (2360)	0	0
		丘陵区	林地	2 647 (361)	0.340 (9)	2.493
	2000年9月至2004年12月	平原区	农田	3 854 (42)	0	0
		丘陵区	林地	3 648 (110)	1.069 (39)	34.455
长沙	1983年3月至1984年9月	丘陵区	农房	1 866 (317)	0	0
			农田	4 185 (361)	0.024 (1)	0.277
平江	1997年2月	山区	农房	233 (35)	0.858 (2)	5.714
			农田	229 (23)	0.873 (2)	8.696

注 括号内的数值为捕获鼠类总数。

（二）洞穴

随环境而异，有 2～3 个洞口，窝巢以树叶、细枝铺垫。喜攀登，洞巢多筑于岩石缝隙中或荆棘灌木丛中，较隐蔽。因善攀缘，也见有在树上及竹丛上筑巢现象，如偶有筑巢于离地表 3～5m 的高处。内蒙古的社鼠洞巢，其洞口直径一般为 5～10cm，地面有明显的洞口，洞外有大堆抛土，每个洞系一般只有单个出入口，鼠洞相距较近而密度高。河南的社鼠巢穴洞口一般圆形，直径 3.5～5.5cm，主洞道弯曲向下延伸，并有 4 个分支，分别形成休息室、第一和第二储粮仓库及厕所，最低部为鸭梨形的巢室。

（三）食性

取食各种坚果、嫩叶、农作物种子、幼苗和昆虫等。以植物的种子、果实为主要食物，也吃草根、嫩叶等。喜盗食淀粉类农作物，如稻、麦、豆、甘薯等。除昆虫外，在胃中还发现鼠肉和鼠毛，甚至鱼苗等动物性食物。室内饲养观察，发现社鼠平均日耗饲料量为 12.7g。在 9 种食料中，最喜食小米，其次为薯芋和玉米。

（四）活动规律

以夜间活动为主，白天偶尔外出。对该鼠昼夜活动规律的连续观察表明，一般从 18：00 开始活动，到翌日 6：00 停止。夜间的活动明显形成两个高峰，即 18：00～22：00 和 4：00～6：00，并以黎明前出洞数量最大。季节性迁移不明显。冬季食物缺乏时偶入村镇盗食。同性成年个体相遇均进行激烈争斗；异性成体相遇则雄体表现出求偶和少量追逐行为；成体与幼体相遇时除个别有少量追逐行为外，一般不发生斗殴。繁殖期内雌雄鼠均具有较高的攻击性。

（五）繁殖特性

一般来说，社鼠从 2 月或 3 月开始繁殖，至 9～11 月止（表 24 - 7 - 4），怀胎数 1～10 只，平均 4～5 只，孕期约 20d，哺乳期 25～30d，幼鼠初生体重平均 2.8g，30d 后发育完善，能独立生活。北方往往只有一次繁殖高峰（4～7 月）。如在北京，3 月开始繁殖，4 月出现一个繁殖高峰，9 月繁殖基本停止，10 月及以后仅能见到个别孕鼠。南方有 2 次繁殖盛期（4～5 月和 7～9 月）。海南的气候适宜，食物丰富，全年皆能繁殖。

洞庭湖区社鼠的繁殖盛期（夏、秋季），与当地的主要鼠种亦不甚相同。当地大部分鼠种在上下半年各有一个繁殖高峰，受当地高温的影响，夏季的繁殖能力都会有一定的下降，然后一般在秋季形成另一个高峰。这与其栖息环境有一定的关系，生活在森林中的社鼠受夏季炎热天气的影响相对较小，在夏季的繁殖指数最高，可见其繁殖几乎不受高温的影响。而在冬季停止繁殖，可能是受冬季低温天气和食物条件的影响。北京的社鼠一般在 3～4 月开始繁殖，9 月基本结束，10 月仅见到个别孕鼠。在天津，社鼠的繁殖主要集中在春、夏两季，5～7 月为繁殖盛期（高峰在 7 月），10 月至翌年 2 月不繁殖。在四川西部，雌性社鼠的繁殖也是在夏季，冬季亦停止繁殖。在浙江金华 12 月和翌年 1 月未发现孕鼠，2～3 月仅有少量鼠进入繁殖。而在海南南湾，因四季温差变化小，季节变化对社鼠种群的影响不大，无明显的繁殖期。总的来看，冬季对社鼠种群繁殖的影响较大，而夏季高温天气的影响却较小。

社鼠的胎仔数也有南北差异。在洞庭湖区，社鼠的胎仔数为 2～6 只，平均为 3.7 只，根据宫斑数判断，最高可达 8 只，与近似纬度的浙江金华社鼠的平均胎仔数相近。海南社鼠的胎仔数为 3～5 只，其中年龄组Ⅱ和Ⅲ（仅分 3 个年龄组）的胎仔数分别为 3～4 只和 4～5 只。而纬度较高地区社鼠的平均胎仔数明显要高，如北京地区社鼠的胎仔数为 2～8 只，平均 5.2 只；天津地区社鼠的胎仔数为 2～6 只，平均 4.5 只。

表 24 - 7 - 4　各地社鼠的繁殖特征

Table 24 - 7 - 4　Reproductive characteristics of *Niviventer confucianus* in different regions

地区	调查时间	性比（♂/♀）	繁殖期	繁殖高峰	睾丸下位率（%）	怀孕率（%）	平均胎仔数（只）	繁殖指数	资料来源
北京	1982—1986	—	3～9 月			13.9	5.2 （2～8）	—	张洁（1993）
洞庭湖区	1992—1994 2003—2004	约 1：1	冬季停止	夏秋季	75.6	31.1	3.7（2～8）	0.58	张美文等（2006）
浙江金华	1984—1985		2～11 月	5 月、10 月					鲍毅新等（1987）

（续）

地区	调查时间	性比（♂/♀）	繁殖期	繁殖高峰	睾丸下位率（%）	怀孕率（%）	平均胎仔数（只）	繁殖指数	资料来源
浙江天目山	1981		4～10月	4～5月、6～7月					鲍毅新等（1984b）
浙江			2～10月	4～5月、7～9月			4（2～7）		诸葛阳（1989）
海南南湾							（3～5）		李艳红等（1997）
陕西			5～9月				4～5（2～10）		王廷正等（1993）

注　繁殖指数以所有鼠计算。

社鼠老年组的胎仔数较高（表24-7-5），在浙江和湖南，社鼠老年组的胎仔数比其他组（亚成年组和成年组）明显要高，北京社鼠的胎仔数尽管差别不大，却仍以老年组为最高。

表 24-7-5　社鼠不同年龄组胎仔数比较

Table 24-7-5　Litter sizes of *Niviventer confucianus* in different age classes

地点	主要栖息生境	亚成年组	成年Ⅰ组	成年Ⅱ组	老年组	资料来源
北京	林地	—	4.63（40）	4.99（40）	5.17（12）	张洁（1993）
浙江	林地	3.67（3）	3.5（4）		7（1）	鲍毅新等（1984a）
洞庭湖	林地	2.5（2）	3.7（10）		6（2）	张美文等（2006）

注　括号内的数值为样本数。

四、种群数量动态

因北方只有一次繁殖高峰，其数量消长表现为1～2月处于全年的低潮期，3月逐渐升高，8月达最高峰，9月又再次下降，10月略有上升，11～12月相对递减，12月始进入全年的低潮期。在北京，社鼠的季节性数量变化很明显，每年在繁殖停止后进入冬季的11～12月直至翌年幼鼠出生前的4月或5月为低数量期，一年中繁殖结束前后的7～10月为高数量期，这显然主要是繁殖活动造成，亦有气候因素。在山西，社鼠种群数量每年在9月出现一次数量高峰，由5月、6月、7月、8月的繁殖行为形成。10月以后，由于气候和食物等条件恶化，致使部分鼠体死亡，特别是上一年越冬鼠的大量死亡，使社鼠种群数量随之下降。

南方有2次繁殖盛期，因此形成2次数量高峰。在金华北山，6～8月和10～11月鼠类数量的高峰是鼠类春秋两次繁殖的结果，3月虽有少量鼠进入繁殖期，但此时捕获率的增加主要是由于气候变暖，鼠类活动加强所致。浙江天目山社鼠数量在2～3月形成小高峰，9～11月为最高，5～8月为低潮期。海南的气候适宜，食物丰富，全年皆能繁殖，季节间社鼠捕获率不存在显著性差异。由此可见，在不同地区全年的数量消长存在差异。

1981年浙江天目山社鼠种群年龄组成，7月以前以越冬鼠为主，7月以后当年鼠占优势。幼年鼠在6月开始捕得，8月达到高峰占50%，成为该月的优势组。亚成年鼠在7月、10月到翌年1月均占优势，12月的比例最高，达86.7%。2～5月成年鼠占优势，而以3月为高峰，达86.36%。老年鼠在6月所占的比例有所增加，而在10～12月和1～3月数量趋向减少。

五、防治技术

社鼠主要为害丘陵山区农作物，密度低时可捕杀，密度高时应使用毒饵防治，应选用抗凝血杀鼠剂进行防治。

在浙江毒杀社鼠的基饵选择试验中，社鼠最喜食甘薯和大米，花生和玉米次之，稻谷、小麦和大豆最差，大米的每昼夜平均摄食量为6.8g，并与年龄呈正相关。在陕西，饲养条件下，社鼠对各种载饵的取食差异明显，其喜食度为谷子＞玉米＞葵花籽＞小麦，取食量和体重呈正相关。室内饲毒显示，急性杀鼠剂的摄食系数为 0.26～0.29，慢性杀鼠剂的摄食系数为 0.57～0.65，可见慢性杀鼠剂适口性更好。社鼠喜好基饵各地结果不一致，可能与当地的社鼠的生存环境有关，因此应以当地试验结果为准。

对溴敌隆、杀鼠灵的试验和应用证明，使用抗凝血灭鼠剂可取得满意的灭鼠效果，对其适口性较好，没有明显的再遇拒食作用，而且对人、畜安全性较好。溴敌隆及敌鼠钠盐的摄食系数都略大于 1，适口性均很好；氯敌鼠虽因急性效果影响试鼠的毒饵摄食量，但摄食系数仍达到 0.6 左右，说明也有较好的适口性。另外，在毒饵中加糖可以提高社鼠的适口性，但试验是以大米作为基饵配制的急性灭鼠剂，如果基饵不同，应用抗凝血灭鼠剂是否有同样效果，还要进一步验证。

张美文（中国科学院亚热带农业生态研究所）

第8节 针毛鼠

一、分布与危害

（一）鼠名

针毛鼠（*Niviventer fulvescens* Gray），隶属啮齿目鼠科白腹鼠属，别名山鼠、赤鼠、黄刺毛鼠、针毛黄鼠、榛鼠、黄毛跳。属名已由 *Rattus* 变更为 *Niviventer*。染色体数 $2n=42$。

（二）分布

我国自甘肃-陕西-河南-安徽起，直至海南、香港，在东南和西南各省份皆有分布。国外分布于尼泊尔、印度和中南半岛。

（三）危害

对山区农作物为害较重。如南方丘陵水稻种植区，在水稻将要出穗季节为害，咬断稻梗吸食其中的甜汁，造成较大危害。特别是在粮食作物成熟时，盗食稻、麦、花生、甘薯等，造成危害。冬季食料不足情况下，常吃植物的根、幼苗、嫩叶等，为害山林。针毛鼠是钩端螺旋体病和恙虫病的自然携带者，与流行性乙型脑炎、肾综合征出血热的流行有关。

二、形态特征

体形中等。外形很像社鼠，但刺毛较多，且全年都有（彩图 24-8-1）。体长 130～150mm；尾显著超过体长，长 155～200mm；后足长 27～32mm；耳长 18～20mm。

体背面毛呈鲜橙褐色，有时带锈色；背中间刺毛较多。其尖端黑色，故背脊较为深暗；体腹面从颌到颈部纯白色，胸及腹部略带淡土黄色，与体背侧毛颜色界线也很分明；尾两色，上面褐色，下面白色，而尾末梢无白色；足边缘白色，背面中间暗色杂以浅黄色。乳头 4 对，其中胸部 2 对，鼠蹊部 2 对。

颅全长 32～39mm，颅基长 15.4～32.5mm，腭长 13.8～19mm，颧宽 13.8～17.5mm，乳突宽 12～14.3mm，眶间宽 5.5～6.5mm，鼻骨长 11.7～14mm，听泡长 4.9～5.1mm，上颊齿列长 5.2～6.4mm。齿式为 $2\left(\mathrm{I}\,\frac{1}{1}\,\mathrm{C}\,\frac{0}{0}\,\mathrm{P}\,\frac{0}{0}\,\mathrm{M}\,\frac{3}{3}\right)=16$。

颅骨与社鼠很相似：吻细长；眶上嵴明显；鼻骨前端超出门齿，其后端与前颌骨后端在同一水平线上或略为超出。顶间骨前缘有向前尖突，后缘中间有很明显的向后尖突。腭骨后缘呈现为 1 均匀弧形而略厚的横嵴。中间无突起。门齿孔狭窄，后端延伸至第一上臼齿前缘基部水平。最后上臼齿内侧有 3 个齿突，也就是 3 个横排的内侧齿尖，但外侧仅有 1 个大的齿尖，这是第二横排的中间齿尖。听泡较社鼠和黄毛鼠的小。

针毛鼠和社鼠形态相近，分布的区域也相似，从标本的野外记录来看二者的生境也差不多，因此常常很难准确鉴定区分二者。社鼠可能由于季节、气候和海拔等原因，体背的针毛密而粗糙，这时就更难与针毛鼠区分开来。社鼠在每年的 1 月和 2 月体毛较软，针毛较少，夏季逐渐增多。但很多个体换毛的时间可以晚至 12 月，因此还无法通过结合季节和针毛数量来区分这两个种；Ellerman 提出体背暗灰色的为社鼠，体背鲜亮红褐色的是针毛鼠，另外还可以以尾长与体长的比例来区分。针毛鼠四季的体毛都较密且粗糙，体背呈鲜橙褐色，颅骨与社鼠相似。比较四川的社鼠和针毛鼠，它们确实为两个独立的种，差异在于体长、听泡大小、上颊齿等量度方面。通过阴茎形态学结果进行反证，发现可以用针毛鼠的体背红褐色明显这一特征与具有很多针毛的社鼠区分开来。两个种的体长也并不具有显著的差异，而听泡大小的差异显著与邓先余和贾小东的研究结果是一致的。针毛鼠的后头宽明显小于社鼠，而眶间宽要大于社鼠。

因此，针毛鼠与社鼠的区别为：针毛鼠体背红褐色，四季均具有大量针毛，听泡较小，后头宽小于12mm，外环层光滑，阴茎骨近支较细弱，尿道小瓣位置较高；而社鼠体背冬季针毛较少，夏季针毛较多，听泡较大，后头宽大于12mm，背面毛色灰黄色，外环层光滑，阴茎骨近支较粗，尿道小瓣位置很低，呈舌状。

三、生活习性

（一）栖息地

多生活在华南、西南和西北地区的丘陵、山麓和山谷的溪流两旁，常栖息在灌木丛、竹林、山涧、石隙、树缝、树根、茅草坡和田间等生境。冬季和初春多穴居于靠近耕作区山区下的荆、芒、荻草丛中或茶树等有果实的灌木丛中。偶有在树上筑巢的，曾发现针毛鼠在棕榈树上营巢，有人用鼠笼在树上捕到过针毛鼠。

针毛鼠是海南岛山区优势鼠种之一，也是浙江天目山自然保护区常绿落叶阔叶混交林的优势鼠种。对广东和平县黄石坳保护区的兽类进行调查显示，针毛鼠占绝对优势，占捕获啮齿类数量的77%。闽北南平市郊区的山麓茅草灌木丛、傍山田边茅草灌木丛、农田和溪边茅草丛、未开发地及住宅六种生境类型，同时布放鼠笼捕鼠，结果表明，针毛鼠主要栖居在未开发地、山麓茅草丛和傍山田边茅草灌木丛三个生境（表24-8-1）。山地、稻田耕作区，由于该调查区为坡度弛缓的低山，种植以经济作物茶树为主体兼套种马铃薯、甘薯、蔬菜等作物，并与水田衔接，地形复杂，沟壑纵横，荆草丛生，主要鼠种为黄毛鼠，其次为针毛鼠与黑线姬鼠。针毛鼠不进入农房，住宅区优势鼠种为褐家鼠。在洞庭湖区的桃源县调查，也仅在山区有捕获。

表 24-8-1 不同生境针毛鼠捕获率（引自郑智民等，1987）

Table 24-8-1 The capture ratio of *Niviventer fulvescens* in different habitats（from Zheng Zhimin et al.，1987）

生境类型	山麓茅草灌木丛	傍山田边茅草灌木丛	农田	溪边茅草丛	未开发地	住宅
总笼日数	3 231	3 623	3 416	2 020	1 140	893
捕获针毛鼠数（只）	146	111	54	14	26	0
捕获率（%）	4.52	3.06	1.58	0.69	2.28	0
针毛鼠占鼠类总捕获数（%）	84.87	82.84	28.13	38.89	88.67	0

（二）洞穴

针毛鼠一般洞穴有2~3个洞口，较为隐蔽。洞穴通常有巢窝、洞道、便穴及盲道。洞内干燥，洞道弯曲。巢多以干树枝、竹叶和杂草构成。在福建的观察表明，针毛鼠的洞型比较复杂，可分单口纵深洞、单口横洞、双口纵深洞、双口横洞和三口横洞等（图24-8-1）。洞道以纵深占多数，或纵深挖到一定程度后再横（或向上）开。其次有横斜开及垂直向下开等。洞口方向一般朝向西南方。

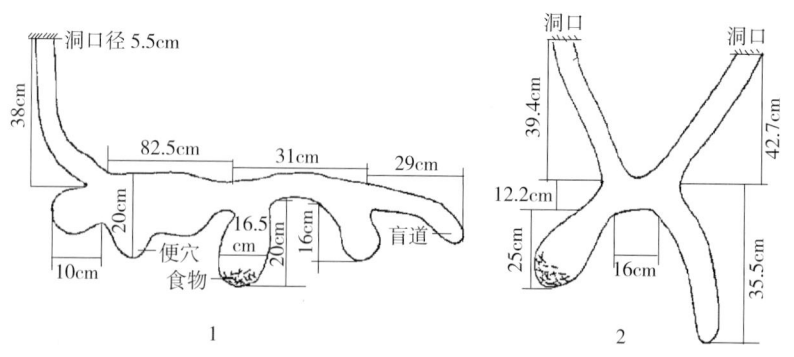

图 24-8-1 针毛鼠洞道结构（引自郑智民等，1978）

Figure 24-8-1 The burrow system of *Niviventer fulvescens*
(from Zheng Zhimin et al.，1978)

1. 单口横洞（洞道总长 190.5cm） 2. 双口纵深洞（洞道总长 170.6cm）

（三）食性

杂食，但主要以植物性食物为主，喜吃各种果实如油桐果、油茶果、栗子以及稻、麦、花生、甘薯、番茄等农作物和杂草种子、嫩草等；也吃昆虫等小动物。能上树觅食。在8个针毛鼠洞投食大米、谷子、菜豆、黄瓜、茄子、梨、苦瓜、田螺等食物各4g观察，结果发现：大米和谷子均被盗食84.4％；菜豆、黄瓜被盗食的有7个洞，盗食量分别为58.1％和31.6％；茄子被盗食26.3％（4个洞口）；梨和苦瓜分别被食37.5％和10.4％（均盗食3个洞口）；田螺均未发现被盗食。可见针毛鼠还是喜食植物性食物，尤其是粮食。

（四）活动规律

主要在夜间活动。活动范围广泛，冬季在靠近山区的住房内有时也可发现针毛鼠。针毛鼠性凶好斗、善攀喜跳。

（五）繁殖特性

繁殖力强。繁殖期相当长，4～10月都有繁殖现象。在福建，针毛鼠在春秋两季各有一个繁殖高峰，一是在4～5月，下半年8～9月为繁殖高峰（图24-8-2），这与当地大田作物的成熟程度密切相关。每胎1～7只，通常为4～6只。在福建的平均胎仔数为4.1只。在浙江天目山观察到，针毛鼠雄性睾丸下降率2月为零，3月迅速上升，6～10月较稳定，11月以后又降至零。怀孕鼠仅在4月、5月两月捕到，6～10月均未捕到雌鼠，因而不能确定这期间是否有怀孕个体。但从针毛鼠下半年会有一次数量高峰看，应该也有一次繁殖高峰，即上下半年各有一次繁殖高峰期。

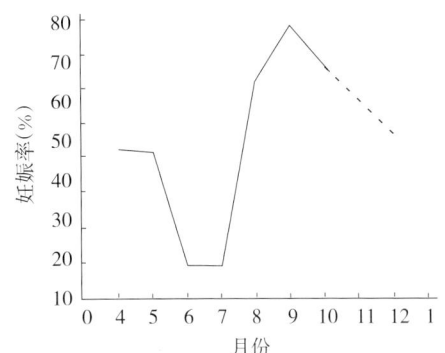

图 24-8-2　福建不同月份针毛鼠的妊娠率（引自郑智民等，1978）

Figure 24-8-2　Monthly pregnancy rate of *Niviventer fulvescens* in Fujian（from Zheng Zhimin et al.，1978）

4～5月和8～9月是浙江针毛鼠的两个繁殖高峰，每胎1～7只。陕西每年4～7月为繁殖季节，每胎产仔多为4～6只。在西藏，4～6月为集中的繁殖季节，胎仔数3～8只。

四、种群数量动态

在福建，针毛鼠一年有2个数量高峰，上下半年各有一个高峰期。4月数量最高（捕获率5.99％），5月稍有下降（捕获率3.99％），到6月显著下降（捕获率1.81％），7月又开始回升（捕获率2.18％），到8月数量出现第二个高峰（2.48％），随后的9～11月都维持较低水平。高峰期分别在4～5月和7～8月。

从福建高海拔地区年动态看，针毛鼠种群有能够在不同生境间转移的特征（图24-8-3）。针毛鼠原属山地、丘陵地面型鼠类，喜栖于山腰灌木草丛、岩石隙、树根隙等较干燥处。而1988—1990年该鼠出现一定范围的群落垂直移动，整体群落迁徙水田区，成为水田区优势种。经查证当年气象情况并未发现异常，山地耕作亦无变化，但由于1988—1990年该地山地茶园虫害严重，农民使用大量除虫剂及除草剂，人类活动强度增大，是导致这一变化的可能原因；1991—1995年上述状况得以改善，针毛鼠又回归

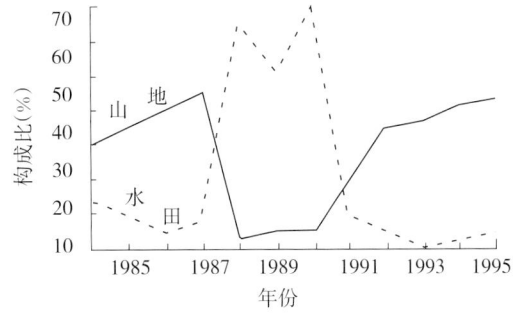

图 24-8-3　福建高海拔地区1984—1995年间不同生境针毛鼠群落变动（引自肖树生等，1997）

Figure 24-8-3　Population fluctuation of *Niviventer fulvescens* in high altitude area of Fujian in 1984—1995（from Xiao Shusheng et al.，1997）

山地，成为山地优势种（图 24 - 8 - 3）。

五、防治技术

由于针毛鼠仅为害山区农田和林场，只有确有必要才需进行防治。针对针毛鼠的防治研究相对较少，目前应用的抗凝血灭鼠剂应该都可以应用。药物试验表明氯敌鼠、氯敌鼠钠盐均可有效地杀灭针毛鼠。由于针毛鼠和社鼠栖息生境相似，在防治社鼠的同时，可以对针毛鼠种群进行控制。

疫源地改造、破坏鼠类的生态条件，可以降低鼠密度。1976 年 11 月在福建三明调查，改造的山垄田与未改造的山垄田中，针毛鼠密度分别为 3.24％和 6.32％，致造田针毛鼠密度有比较明显的降低。

张美文（中国科学院亚热带农业生态研究所）

第 9 节　黑线姬鼠

一、分布与危害

（一）鼠名

黑线姬鼠（*Apodemus agrarius* Pallas），隶属啮齿目鼠科姬鼠属，别名田姬鼠、黑线鼠、长尾黑线鼠、金耗儿、黑脊梁沟鼠。中国有 5 个亚种：指名亚种（*A. a. agrarius*）、东北亚种（*A. a. mantchuricus*）、华北亚种（淡色亚种）（*A. a. pallidior*）、长江亚种（宁波亚种、华东亚种）（*A. a. ningpoensis*）和台湾亚种（*A. a. insulaemus*）。

（二）分布

黑线姬鼠系古北界种类，在我国分布很广，广泛分布于我国除青海、西藏、海南以外的其余各省（直辖市、自治区），是我国广大农区的主要害鼠。在国外分布于欧洲和俄罗斯的阿尔泰、西伯利亚地区，以及朝鲜和蒙古。

黑线姬鼠在我国 25.5°N 以北地区广泛分布。在长江流域为农田害鼠优势种，往南逐渐减少；在福建省以年均温 19℃（25.5°N）为黑线姬鼠分布南界；湖南省地处 25.5°N 左右的宜章—道县一线，年均温 18.3～18.6℃，仅在兰山县丘陵区捕获 3 只黑线姬鼠，占捕获总鼠数 246 只的 1.2％；广东省仅在北部的韶关和阴山县曾捕到黑线姬鼠；在中国台湾，黑线姬鼠（台湾亚种）可分布到 23°N（台南）地区。黑线姬鼠在贵州省大部分地区都有分布，具有分布广、数量多、为害重的特点，26°N 附近以北的大部分地区为黑线姬鼠的绝对优势区，以南为黑线姬鼠无或稀有分布地区，两者之间为过渡地带。

（三）危害

黑线姬鼠主要以各种农作物的种子、茎叶、果穗为食，对水稻、小麦、玉米、薯类、果蔬类等作物为害尤为严重。一般咬断作物的秸秆，取食作物的果实，为害期从作物播种期到成熟为止。在稻田常盗食稻谷和胚、青苗，啮咬稻茎基部或咬破未孕穗的稻苗，形成枯心苗，或咬断穗颈。孕穗期啃食嫩穗、抽穗期为害形成白穗，抽穗至成熟期将稻株压倒咬断穗颈，田间出现成片的断穗茎；为害小麦时同样啮咬麦苗、麦穗，尤其当小麦成熟时倒伏株较多为害加重；玉米田经常盗食玉米种子，咬食幼苗，成熟时攀爬到玉米穗部为害，倒伏植株为害更重；瓜菜田及保护地经常盗食瓜菜、种子、小苗。同时由于黑线姬鼠经常迁入室内，且为流行性出血热等鼠传疾病的主要宿主，传播的疾病多达 17 种，如钩端螺旋体、鼠疫、鼠咬热、流行性出血热等，对人民群众的生命安全造成极大威胁。

黑线姬鼠的为害一年四季都在进行，几乎是各个时期、地点，各种生态农田种植的各种作物都会受害，其为害损失率达 5％～40％，对农作物的为害，从作物的茎叶到根部、种子、果实等几乎是有啥吃啥，一些地区的鼠害已大大超过粮食作物主要病虫的为害损失，给农业生产造成极大威胁。在贵州省黑线姬鼠一年中有 3 个严重为害季节：一是春季 3～4 月，在作物播种期，此时处于冬后复苏饥饿状态的黑线姬鼠，肆意盗吃春播作物种子，糟蹋幼苗，造成缺苗断垄或咬断咬伤幼苗；二是夏季 6～7 月，春播作物生长期，主要啃食茎叶、禾株、未成熟果穗、果实、块茎等，造成减产和劣质损失，有时还大量咬断拉回洞内；三是秋季 9～10 月，作物成熟后，盗吃稻穗、果穗、籽粒等，以晚稻、甘蔗等作物受害严重，晚稻以咬断穗头、剑叶下穗轴较为普遍。

二、形态特征

黑线姬鼠属中小型鼠类，体形似小家鼠（*Mus musculus*），个体较小。背部中央从头顶至尾基有一条明显的黑色条纹（黑线）（彩图24-9-1）。与小家鼠的区别：小家鼠上门齿内侧有上凹缺刻如木工凿状，黑线姬鼠上门齿内侧与外侧一样平削无缺刻；与中华姬鼠（*Apodemus draco*）的区别：中华姬鼠第三臼齿内侧具3个角突，黑线姬鼠则仅具2个角突。

黑线姬鼠是鼠科中一种较小的鼠类，体形较小，细瘦，尾长略短于体长，尾长为体长的87%～90%。头小，吻尖，耳短，折向前方达不到眼部。尾毛不发达，鳞片裸露呈环状。四肢较短小。体重20～50g，体长72～132mm，尾长57～109mm，后足长18～25mm，耳长10.2～15mm，颅全长22～28.5mm，颧宽11～14mm，乳突宽10.4～12.5mm，眶间宽3.3～5mm，鼻骨长8.6～10.2mm，听泡长5～6mm，门齿孔长4.8～5.9mm；上颊齿列长3.6～4.6mm。

对贵州省余庆县1987—2007年2 563只黑线姬鼠形态特征统计，黑线姬鼠平均体重为（26.31±8.14）g，体长为（92.33±11.05）mm，尾长为（77.96±8.56）mm，尾长为体长的84.44%，耳长为（13.58±1.04）mm，后足长为（20.07±1.29）mm。我国不同地区黑线姬鼠平均体重变化差异较大，以浙江省诸暨县最高，平均体重为28.30g，安徽省淮南地区最低，平均体重为18.01g，两地区平均体重相差10.29g；加权平均体重为24.35g（$n=8\,691$），算术平均体重为25.32g（$n=12$）。黑线姬鼠成年鼠平均体重多数地区在30～33g，不同地区间变化差异也比较明显，以上海地区最高，成年鼠平均体重为34.53g，仍以安徽省淮南地区最低，平均体重为21.87g，两地区成年鼠平均体重相差12.66g；成年鼠加权平均体重为30.87g（$n=7\,651$），算术平均体重为30.95g（$n=19$）。

黑线姬鼠体背毛一般为浅棕褐色，由于亚种和栖息环境的不同而有一定变化，生活在农田的黑线姬鼠棕色较重或浅褐色，生活在林缘和灌丛地带的毛色灰褐带有棕色。体背部杂有较多的黑褐色毛尖，体侧较少，自头顶部至尾部沿背中央有黑色毛形成一长条黑色条纹（黑线），故得名黑线姬鼠。体侧毛棕色，无黑毛尖，腹面略深。背腹毛在体侧的分界线较为明显。尾二色，上面暗褐色，下面灰白色。足背毛白色。幼体背毛灰褐色。乳头4对，胸部、鼠蹊部各2对。

黑线姬鼠头骨较狭，眶上嵴明显，顶间骨较向后突，与枕骨交界处骨缝呈"人"字形，顶间骨较大，其前外角明显向前突入顶骨，整个顶间骨略成长方形。门齿孔较短，一般不及或几乎到达第一臼齿前缘之连线。鼻骨长约为颅长的36%，其前端超出前颌骨和上门齿，后端中间略尖或稍为向后突出，通常略为前颌骨后端所超出或约在同一水平线上。

黑线姬鼠的上颌第一臼齿最大，其长度约为后两个臼齿长度之和。臼齿咀嚼面有三纵列丘状齿突，第一、二上臼齿具发达的后内齿尖，第三上臼齿咀嚼面内侧具两个突角，形成二叶，前面为一孤立的圆形齿叶。老年个体由于齿突被磨损，第三上臼齿的齿冠二叶常混成一块，两齿叶彼此相互连接形成一中央稍凹陷的圆形。

三、生活习性

（一）栖息地

黑线姬鼠属小型野栖鼠类，栖息环境比较广泛，不论是平原、丘陵、山地、林区、草甸、荒滩、坟地等均可栖居，主要栖息于各种农田、旱地耕作区及山坡灌木、草丛中，喜栖居于农田田埂、沟边、路边、河塘边、坟堆、草堆、乱石堆、杂草、沼泽地等，特别是比较潮湿的地方数量最多，在农村偶尔也进入居民区。黑线姬鼠是重要的农田害鼠，农田、旱地耕作区及山坡灌木草丛则是黑线姬鼠的密集区和鼠源地。

（二）活动与迁移

黑线姬鼠一年四季皆活动，由于受气温和食物因素的影响，黑线姬鼠在春、秋季活动比较频繁，而盛夏和寒冬季节活动明显减少，但无冬眠现象。黑线姬鼠昼夜均可活动，以夜间活动为主，白天无人时也外出活动，黄昏和黎明最为活跃，为夜出双峰型种类。在贵州省凯里市、岑巩县观察，入夜（19：00～21：00）和黎明（5：00～7：00）为黑线姬鼠活动高峰，捕获率分别为6.50%和4.00%，黑线姬鼠占总鼠数的37.97%和24.36%，午夜（1：00～3：00）是活动低潮，捕获率仅为0.50%，白天未见有活动，以晴天无月光、微风天气活动最盛，大风、大雨寒流天气活动明显减少。在浙江省缙云县观察，黑线姬鼠黄昏活动占47.0%，清晨占28.6%，黑夜占19.0%，白天占5.4%。在江苏省通州地区黑线姬鼠昼夜活动有两个明显高峰，一是20：00～23：00，捕获率为8.50%，二是2：00～5：00，捕获率为6.42%。

黑线姬鼠季节性迁移十分明显，为了寻找丰富的食物条件和良好的隐蔽场所，常常随着农作物的成熟而觅食转移，其活动与农作物的生长发育有很大的关系。秋季大部分黑线姬鼠从田间迁移到谷物堆下，小部分迁移到人类建筑物中，在田野随着田间作物的播种和收割而逐渐转移。在川西平原，黑线姬鼠春季4～5月主要在各种小春作物地栖居；6～7月随小春作物收割后，多数迁到田边地角的麦堆内；秋季作物成熟，又迁到秋熟作物地内栖居；秋季作物收割后，少数在田间居住，多数迁到稻草堆中。在贵州省耕作区黑线姬鼠的活动规律为：春季（3～5月）主要栖息在小麦地和刚播种的玉米地，捕获率在3%～6%；夏季（6～8月）主要栖居在稻田和花生地，捕获率在5%～15%；冬季（12月至翌年2月）随着各种作物的成熟收割，田间食源缺乏，它们主要栖息在耕作区周围的灌木草丛中，捕获率在10%左右。黑线姬鼠在不同作物之间主要向食物和隐蔽条件好的作物栽培区转移，同一作物在播种期和成熟期的鼠密度最高，同一作物在不同布局类型田块中对该鼠的吸引能力有很大差异。

（三）食性与食量

黑线姬鼠是杂食性鼠种，以取食农作物为主，喜食种子、果实，也食绿色部分，偏食水稻、大麦和小麦、豆类、甘薯等，食性随田间作物生长发育而变化。解剖浙江杭州地区冬春季黑线姬鼠胃分析其食性：2月食物中以植物种子为最多，出现频率为89.36%；3月则以动物性食物为最多，出现频率达70.00%；4月以后气温更暖，动物性食物及植物绿色部分均有所增加；秋冬季以植物种子为主要食物。对川西平原163只黑线姬鼠不同季节的胃容物解剖观察，以淀粉类食物为主，占81%，动物性食物及绿色植物居次要地位。在江西南昌捕获的305只黑线姬鼠解剖观察胃容物，证明了黑线姬鼠在自然界的食物比较广泛，主要有稻谷和麦类，其次为蔬菜、草根和红花草，偶尔捕食昆虫和肉类（鼠肉）。对四川省454只黑线姬鼠胃容物观察，发现黑线姬鼠取食以种子（淀粉类）食物为主，占77.63%，绿色植物占12.30%，动物性食物占10.07%，说明黑线姬鼠喜食淀粉类或含碳水化合物高的食物。在贵州省岑巩县解剖417只黑线姬鼠结果表明，取食作物种类主要有水稻（谷粒）、玉米（果穗、种子）、花生（种子、荚果）、甘薯、小麦、油菜（种子、花）、蔬菜（豆类、辣椒、番茄），还有小动物，如青蛙、蚯蚓和昆虫等，其中，作物种子占食物成分63.31%，非作物种子占36.69%；但在不同季节有变化，如食物丰富的夏、秋季主要以作物种子为食，占71.20%～90.46%，而食物缺乏的冬、春季，作物种子仅占38.11%～44.76%，动物性食物和绿色植物类食物比例增多。河南省黑线姬鼠最喜食花生，其消耗量占总消耗量的29.1%，葵花籽占21.8%，大米占17.5%，小麦，占9.5%，玉米占8.2%，豆子和大麦各占4.7%，绿豆占0.6%，棉籽占0.2%，其他占3.7%。

黑线姬鼠正常日食量8.5～11g，进食量随着食物含水量和含盐量增加而增加，含水50%或含盐2%时达到最高点，日食量可达0.29g，超过后又下降。黑线姬鼠取食、饮水量大小与温度有密切关系，温度低，取食量大，饮水量小；温度高，取食量小，饮水量大。平均气温27℃时，平均日食量6.70g，平均日饮水量5.06g；平均气温28℃时，平均日食量3.98g，平均日饮水量7.91g。贵州省岑巩县黑线姬鼠食量最多11.5g，最少0.5g，平均4.57。据陕西省宝鸡市农业科学研究所资料，黑线姬鼠平均日食量为8.58g。

（四）洞穴与巢区

1. 洞穴结构　黑线姬鼠属洞穴鼠种，洞穴结构比较简单，洞穴分为栖居洞和临时洞两种。栖居洞一般都有2个以上洞口，以有3个洞口居多，少数有多达5～7个洞口，洞口与洞口之间的距离不等，近者仅10cm，远者达3m以上，多数在1m范围内。洞口分"出入"洞口和"天窗"洞口，"出入"洞口直径2～3cm，较光滑，洞口外面往往有黑线姬鼠的粪便和足迹，洞道最大深度距地面垂直距离0.3～1m，洞道全长0.5～2m不等。天气越严寒，黑线姬鼠洞道打得越深。洞内有岔道及盲道，窝较简单，在不同环境中由不同秸草组成，窝成盘状，多数为7～9cm，一个洞内多数只有1个窝，少数有2～3个窝。临时洞为黑线姬鼠夏季觅食临时栖居的地方，洞道较浅，洞内无窝。

在贵州省黑线姬鼠洞穴主要建于农田后坎、田埂、路基、坡坎、菜地等这些土层较厚、不易翻耕的非耕作区，以农田后坎、坡坎分布较多，占76.4%。即使同一耕作区的大田区系中，由于种植作物不同，黑线姬鼠洞穴分布也不一样。每个洞穴一般有出入洞口1～5个，以3个居多，洞口附近常有松动土堆，洞口圆形，少数椭圆形，洞口直径 1.5~8cm，平均 5.3cm。洞口朝向受方向影响较小，主要受食物源影响较大，种有作物一边洞口数量是未种作物一边洞口数的 2.12 倍。洞道交错，分支 1~3 条，洞道总长度 40~200cm，有岔道和盲道，洞道深度 15~85cm，洞内有稻草、玉米叶、菜叶、杂草等，少数洞内有 1~2 个近球形巢室，大小约 8cm×12cm×6cm，巢室内垫有稻草、玉米叶、菜叶、杂草等，少数洞内有干稻谷、新鲜作物茎叶等储粮，数量不等。

在山东省黑线姬鼠的营穴场所具有明显的选择性，洞穴多建于与农田毗邻的沟渠、堤坡、路基、坟地、田埂等非耕作区，洞系分布占总调查数的 81.5%；在相同土质条件下，黑线姬鼠洞穴场所以大豆、甘薯、小麦、玉米地较多，谷子、棉花、烟草地较少；同一作物其洞穴在壤土、沙壤土地居多，而黏土地和黑土地则较少。

2. 巢区 黑线姬鼠巢区大小和活动范围因性别和密度不同而不同（表 24-9-1）。在浙江萧山，雄鼠巢区有 76.9% 相互重叠，重叠程度较高，表明黑线姬鼠雄鼠无领域性，雌鼠个体只有 11.8% 的巢区重叠，因而黑线姬鼠雌鼠可能存在领域性。四川省什邡县黑线姬鼠个体群具有明显的领域性和巢区范围，而同一家族或个体群内的个体之间有相当的内聚力。

表 24-9-1　黑线姬鼠的巢区与活动距离
Table 24-9-1　Home range and dispersal distance of Apodemus agrarius

调查地点	样地鼠密度 （只/hm²）	性别	观察鼠数 （只）	巢区面积 （m²）	活动距离 （m）	资料来源
湖北长阳	28.93±2.6	雄鼠	71	1 034.7±70.1	53.4±2.4	夏武平等
		雌鼠	60	769.1±56.9	45.4±2.6	（1978）
浙江萧山	10.10±1.2	雄鼠	25	2 271±204.1	88.4±4.91	杨士剑等
		雌鼠	15	1 841±183.1	82.1±5.46	（1989）

（五）寿命

黑线姬鼠 2~3 个月性成熟，在自然界黑线姬鼠寿命一般为 1~2 年，在人工饲养情况下寿命可以超过 3 年。黑线姬鼠雌鼠寿命比雄鼠长，浙江杭州地区黑线姬鼠一般寿命在两年左右，在内蒙古伊图里河地区雌鼠的寿命为 1.75 年（约 638.8d），雄鼠的寿命仅为 1.33 年（约 485.4d）。鼠类的繁殖强度与寿命有关，一般寿命长的繁殖力弱，寿命短的繁殖力强。

（六）数量动态

1. 种群数量的月份变化　在高纬度地区，黑线姬鼠种群数量的季节消长呈典型的单峰型曲线，如内蒙古伊图里河、黑龙江引龙河地区黑线姬鼠仅在 9~10 月出现一个数量高峰期。在我国大部分地区黑线姬鼠种群数量季节消长呈典型的双峰型曲线，但各地种群数量高峰期出现的时间不一致。第一个数量高峰期一般出现在 4~6 月，多数地区在 5~6 月；第二个数量高峰期一般出现在 9~12 月，多数地区在 10~11 月。

黑线姬鼠种群数量高峰期出现得早迟，前峰和后峰的变化差异，从全国各地研究报道来看，仍存在一定的差别。辽宁营口地区黑线姬鼠种群数量高峰出现在 5 月和 10 月；安徽淮河沿岸一带黑线姬鼠种群数量的季节消长一年中有春、秋两个数量高峰，且秋峰高于春峰；在安徽涡阳黑线姬鼠种群数量高峰期出现在 3~4 月和 9 月；河南西华、郾城黑线姬鼠在 4~5 月和 7~8 月出现两个种群数量高峰期；江西安义地区黑线姬鼠在 5 月和 12 月出现两次种群数量高峰，以前峰为主；上海地区黑线姬鼠在 4~6 月和 10~12 月出现两次种群数量高峰期，以后峰为主，称为"后峰型"；四川平原黑线姬鼠在 6 月和 10~11 月出现两次数量高峰期；江苏通州地区黑线姬鼠种群数量高峰期出现在 5~6 月和 10~11 月，后峰高于前峰；在江苏沿海地区黑线姬鼠种群数量高峰则出现在 4 月和 9 月；湖南洞庭湖稻区黑线姬鼠种群数量一年内在 6 月和 10 月出现两次数量高峰；在湘西黑线姬鼠种群数量高峰期出现在 6 月和 10~11 月；在浙江杭州黑线姬鼠的两个数量高峰在 5 月和 11 月；浙江义乌地区黑线姬鼠在 6 月和秋末冬初 12 月出现两个数量高峰，以后峰高于前峰；浙江平原黑线姬鼠的种群数量高峰出现在 6 月和 11 月，以后峰为主；在浙江舟山岛黑线姬鼠 3 月出现小高峰，8 月形成大高峰，可能是由于海洋性气候的影响，使其高峰期明显提前；贵州省余庆县黑线姬鼠每年在 5~6 月和 10~11 月出现两个种群数量高峰期，以前峰为主，可称为"前峰型"；贵州省凯里市黑线姬鼠种群数量高峰期出现在 5~6 月和 9~10 月；贵州省岑巩县黑线姬鼠种群数量高峰出现在 5 月和 10 月；贵州省雷山县黑线姬鼠在 7 月和 10 月出现两个数量高峰；贵州省息烽县黑线姬鼠每年在 6～7 月和 9～10 月出现两个种群数量高峰期。

2. 种群数量的季节变化　黑线姬鼠不同季节种群数量具有一定差异，在贵州省余庆县以夏季（6～8月）最高，平均捕获率为 8.82％±4.11％，冬季（12 月至翌年 2 月）最低，平均捕获率为 5.37％±2.30％，两者之间相差 1.64 倍。在不同年度不同季节之间黑线姬鼠种群数量也存在很大差异，最大值与最小值之比最高达 8.51，最低为 3.82，平均为 6.30。不同季节之间黑线姬鼠种群数量差异显著。

3. 种群数量的年度变化　安徽淮北涡阳地区 1982—1988 年黑线姬鼠种群数量季节消长的总趋势是随着季节的变化呈波浪式上升，至 10 月形成年内数量最高峰，其数量季节消长幅度因年份不同而异。年度间种群数量起伏很明显，其年平均捕获率的变幅约有 10 倍之差。发现黑线姬鼠在本区域内的年间数量变化明显地出现 4 个阶段，即低谷、上升、高峰和下降，但各阶段经历的时间有长有短。从调查资料来看，其种群数量的年度间消长的波形是比较规则的，研究认为黑线姬鼠由一个高峰期再到下一个高峰期可能需 7～8 年时间。

湖南桃源、汉寿、岳阳 3 地 1987—1994 年稻作区黑线姬鼠逐年平均捕获率数据统计，可以看到 20 世纪 80 年代后半期，桃源黑线姬鼠种群总的呈上升趋势，汉寿种群则由较高数量回落，末期两地黑线姬鼠种群密度相近；岳阳种群数量在 20 世纪 90 年代上半期 3 年数量波动不大。

贵州省余庆县 1987—2005 年黑线姬鼠种群数量系统监测结果表明：年平均捕获率以 1989 年最高，为 11.34％±4.94％；2003 年最低，为 3.17％±1.72％；最高年是最低年的 3.58 倍，多年平均捕获率为 6.90％±2.57％。总的变化趋势为：1987—1996 年种群数量较高，年平均捕获率在 7％以上；1997—2005 年种群数量较低，且呈下降趋势，年平均捕获率在 6％以下。在不同年度之间黑线姬鼠田间捕获率存在很大差异，最大值与最小值之比最高达 18.33，最低为 3.57，平均为 5.82。不同年度之间黑线姬鼠种群数量差异极显著。

4. 种群数量分级标准　为了使黑线姬鼠种群数量分级与预测预报有一个定量的统一的指标，各地制定了黑线姬鼠种群数量分级标准。对湖南洞庭湖稻区黑线姬鼠的种群数量做了逐月调查，按鼠密度分级，结合稻田黑线姬鼠的防治指标为 10％（捕获率），将洞庭湖稻区黑线姬鼠种群数量分为 4 级：1 级，无为害，其捕获率＜5.00％；2 级，轻为害，捕获率为 5.01％～12.00％；3 级，中为害，捕获率为 12.01％～20.00％；4 级，重为害，捕获率＞20.00％。

浙江省农田黑线姬鼠发生为害程度划分为 4 级：轻发生（1 级），产量损失率 1％以下，鼠密度 3％以下；中等发生（2 级），产量损失率 1％～4％，鼠密度 3％～10％；严重发生（3 级），产量损失率 5％～9％，鼠密度 11％～30％；特别严重发生（4 级），产量损失率 10％以上，鼠密度 30％以上。

贵州省根据历年黑线姬鼠种群数量变动幅度及发生为害情况，将黑线姬鼠种群数量划分为 5 个数量级，各数量级分级标准见表 24 - 9 - 2。

表 24 - 9 - 2　黑线姬鼠种群数量分级标准（引自杨再学等，2007）
Table 24 - 9 - 2　The ranging standards of population densities of *Apodemus agrarius*（from Yang Zaixue et al.，2007）

数量级	1 级	2 级	3 级	4 级	5 级
捕获率（％）	＜3.00	3.01～5.00	5.01～10.00	10.01～15.00	＞15.00
损失率（％）	＜0.50	0.50～1.00	1.10～3.00	3.10～5.00	＞5.00
占播面（％）	＞80	＞20	＞20	＞20	＞20
发生程度	轻发生	偏轻发生	中等发生	偏重发生	大发生

5. 种群数量预测　黑线姬鼠种群数量预测预报的内容主要包括发生期预测、高峰期发生量预测和发生程度预测 3 个方面的内容。

（1）发生期预测。重点预测黑线姬鼠的发生与为害情况，即黑线姬鼠发生为害高峰期，以确定防治适期。主要根据繁殖的早晚、年龄结构及组成，结合气候、食物条件等因素综合分析，预测黑线姬鼠数量高峰期出现的早迟。如繁殖提早、繁殖的个体增多又无明显制约黑线姬鼠的特征时，应立即发出防治适期预报。

（2）发生量预测。预测黑线姬鼠未来的高峰期发生量是一个比较复杂的问题。主要根据越冬基数、冬后密度、繁殖状况、年龄结构以及气候、食物条件等因素综合分析，结合黑线姬鼠种群数量预测预报模型，预测黑线姬鼠高峰期种群发生量。一般春季鼠密度高，雌鼠多，怀孕率高，种群中亚成年组和成年组比例高，身体状况好，田间食物丰富，中长期天气预报对黑线姬鼠有利，则当年数量将明显增加，应立即发出发生量预报。种群数量峰发生量预测预报模型如下：

四川省种群数量预测模型：

$$Y = X/(0.3769 + 0.01265X) \pm 2.0141$$

式中　X 为 3 月开春鼠密度基数，Y 为 6 月种群数量高峰密度。

江西省种群数量预测模型：

$$Y = 0.1929X_3 - 15.4970X_5 + 0.8642X_4 + 15.1920X_8 - 10.8344X_{14} + 12.3765$$

式中　Y 为黑线姬鼠密度等级，X_3 为繁殖指数（总胎仔数/雌鼠数），X_4 为成体性比（♂/♀），X_5 为总性比，X_8 为雄性成老体百分比，X_{14} 为总成体比。

浙江省种群数量预测模型：

$$Y = 1.99X + 2.0545$$

式中　X 为 2 月鼠密度，Y 为 6 月主害期鼠密度；

$$Y = 0.8793X + 4.2488$$

式中　X 为 3 月鼠密度，Y 为 9 月主害期鼠密度。

湖南省种群数量预测模型：

$$Y = 0.8898X_1 + 0.4610X_2 + 0.0753X_3 + 0.1215X_4 - 0.6591X_5 - 5.9813$$

式中　X_1 为种群基数（4～10 月用开春基数即 3 月中旬捕获率，11 月和 3 月用秋末基数即 10 月中旬捕获率），X_2 为繁殖指数（总胎仔数/雌鼠数），X_3 为 Ⅱ+Ⅲ 年龄组的雌性比，X_4 为上月年龄结构，即雄成年 Ⅰ 组比率（Ⅲ/N），X_5 为幼成比（Ⅰ+Ⅱ）/（Ⅲ+Ⅳ+Ⅴ），Y 为 2 个月后的种群数量；

$$Y = 0.7966X_1 + 1.1149X_2 + 10.0921X_3 - 2.4019,$$

式中　X_1 为种群基数（预测 4～10 月，用 3 月捕获率，预测 11 月至翌年 3 月，用 10 月捕获率，即开春基数和秋末基数），X_2 为繁殖指数（胎仔总数/雌鼠总数），X_3 为年龄结构，即 Ⅲ/N（成年 Ⅰ 组雌鼠数/总鼠数），Y 为 2 个月后的种群密度（捕获率）。

贵州省种群数量预测模型：

$$Y = 2.4460X + 0.54$$

式中　X 为以黑线姬鼠为优势种地区早春 3 月混合鼠种鼠密度基数，Y 为 6 月数量高峰种群数量；

$$Y = 1.3669X_1 + 5.6175$$

式中　X_1 为早春 3 月种群数量基数，Y 为 6 月数量高峰种群数量；

$$Y = 0.4988X_2 + 7.2940$$

式中　X_2 为 4 月种群数量×4 月繁殖指数，Y 为 6 月数量高峰种群数量。

山东省种群数量预测模型：

$$Y = -19.07 - 0.3126X_2 + 0.4144X_3 + 0.0453X_6$$

式中　X_2 为月均地表温度，X_3 为月均相对湿度，X_6 为月日照时数，Y 为鼠密度。

（3）发生程度预测。黑线姬鼠发生程度的预测，主要以黑线姬鼠主害期密度、为害损失、发生面积占播种面积的比例 3 个因素作为衡量指标，根据种群密度、为害损失率、发生面积占播种面积比例、繁殖状况、食物、气候、天敌等因素综合分析，结合发生量预测值，按照黑线姬鼠种群数量分级标准，判断可能发生的程度，做出发生程度的预报。

（七）繁殖特征

黑线姬鼠在同一地区种群总性比接近 1:1，雌、雄个体数量之间无显著性差异，种群性比符合 1:1 的关系，在一定范围内性比比较稳定。黑线姬鼠在不同年度、不同月份、不同季节之间种群性比是经常变化着的，而在不同月份、不同季节之间变化差异较大。黑线姬鼠不同年龄组种群性比具有显著差异，在年轻个体中，雌鼠多于雄鼠，老年个体雌鼠少于雄鼠，这可能与雄鼠对环境变化的适应能力比雌鼠强，或雌鼠受繁殖影响、死亡率高有关。同时也表明黑线姬鼠雄鼠的平均生态寿命比雌鼠长。

室内人工饲养的黑线姬鼠全年均可繁殖，妊娠期为 18～21d，胎仔数为 2～7 只。黑线姬鼠繁殖能力强，在自然条件下，冬季一般不繁殖，但在某些地区冬季也可繁殖，这可能与各地冬季气候条件有关。浙江杭州冬季可见怀孕雌鼠；在江西安义地区周年均可繁殖，冬季极端低温−6℃，仍有少量雌鼠怀孕；在四川省什邡、广汉、中江县终年繁殖，冬季怀孕率为 16.3%。在我国北方地区繁殖期较短，一般 4～10月，其北则在 5～9 月；我国长江流域及以南地区黑线姬鼠的繁殖季节从 2 月开始，多数在 3 月、11 月结束，有的地区 1～12 月均可繁殖。

黑线姬鼠的繁殖期和繁殖高峰因地而异。黑线姬鼠繁殖高峰在 44°N 以北只有单个，高峰期多出现在6～9 月，如黑龙江绥芬河黑线姬鼠繁殖高峰在 7～9 月；东北三江平原黑线姬鼠 3 月开始繁殖，繁殖高峰在 6～8 月。在我国大部分地区一年中均出现两个繁殖高峰期，第一个繁殖高峰期（春繁峰）比较稳定，在辽宁、甘肃、河南、江苏、上海、安徽、山东、四川、浙江、湖南、贵州等地，在北京地区繁殖高峰推迟到 5～6 月，在江西安义、浙江台州、贵州息烽繁殖高峰提前到 3～4 月；第二个繁殖高峰期（秋繁峰）持续时间长，有的地区有的年份可从 7 月（湖南湘西、贵州雷山）持续到 11 月（四川什邡、广汉），多出现在 8～9 月。繁殖高峰期出现的早迟主要受当地气候条件、食物条件等因素的影响较大。例如，辽宁营口地区黑线姬鼠在 4～5 月和 9 月出现两次繁殖高峰；山东黄河口黑线姬鼠繁殖期在 4～10 月，在 5 月和8～9 月出现两个繁殖高峰；北京地区黑线姬鼠的繁殖季节为 4～10 月，在 5～6 月和 7～8 月有两个繁殖高峰；在甘肃黑线姬鼠每年 4～5 月和 8～9 月出现两个繁殖高峰期；在江苏省泰县、江宁以及通州，黑线姬鼠在 4～5 月和 8～9 月出现两个繁殖高峰期；上海地区黑线姬鼠 2 月下旬和 3 月中旬进入繁殖期，4 月出现第一个怀孕高峰，到 8 月又形成第二个怀孕高峰；安徽淮河沿岸一带黑线姬鼠 3～10 月为繁殖季节，当年 11 月至翌年 2 月停止繁殖；江西安义地区黑线姬鼠 3～4 月出现第一个繁殖高峰，10 月出现第二个繁殖高峰；川西平原黑线姬鼠繁殖季节在 2～11 月，在 5 月和 9～11 月出现两个繁殖高峰期；四川平原黑线姬鼠主要繁殖期在 3～11 月，5 月和 10～11 月出现两个繁殖高峰；湖南洞庭平原黑线姬鼠 3～11 月为主要繁殖期，其间的两次妊娠高峰，前峰在 4～5 月，峰尖出现在 4 月，后峰在 7～10 月，峰尖出现月份各年度不一致；在湖南益阳黑线姬鼠第一次繁殖高峰期出现在 4～5 月，第二次繁殖高峰期出现在 9～10 月；浙江杭州、义乌黑线姬鼠在 4～5 月和 7～9 月出现两个繁殖高峰期；浙江缙云黑线姬鼠在 4～5 月和 8～9月出现两个怀孕高峰；浙江平原黑线姬鼠主要繁殖期在 3～11 月，4～5 月和 9～10 月为繁殖高峰期；在贵州省余庆县黑线姬鼠主要繁殖期在 3～10 月，其间出现两次妊娠高峰，前峰比较稳定，多出现在 4～5月，后峰持续时间长，有的年份可从 7 月持续到 10 月，多在 8～9 月，12 月至翌年 2 月为繁殖休止期；贵州省岑巩县黑线姬鼠一年内呈现两个繁殖高峰期，前峰在 4 月，后峰出现在 9 月；贵州省雷山县黑线姬鼠每年 4 月出现第一个怀孕高峰，6～7 月出现第二个高峰；贵州省息烽县黑线姬鼠在 3～4 月和 8～9 月出现两次怀孕高峰期。

黑线姬鼠每年可生 3～6 胎，每胎胎仔数最高 11 只，最低 1 只，胎仔数总的特征为常态分布，以怀孕 6只最多，4～7 只占总孕鼠数的 90% 以上。胎仔数具有明显的地理分异现象，由南向北逐渐增加，具有随纬度的升高趋向增加的特征。初生幼仔体重约 1.9g，体长约 30mm；3d 出现稀疏软毛，6d 出现上门齿，8d 露出下门齿，耳开；9～11d 睁眼，这时体重约 5.6g，体长约 58mm；11d 个别的背上黑线明显；14d 出现臼齿；18～19d 能自己取食。雌性幼鼠生长到体重 21～22g 或体长约 83mm 时，个别的即开始性成熟。雄的生长到21～22g，个别的也开始性成熟。当体重达 28g、体长 105mm 时基本上都达到了性成熟。

黑线姬鼠怀孕鼠最低体重为 17.61g，最低胴体重为 13.82g；睾丸下降鼠最低体重为 16.50g，最低胴体重为 13.41g，说明黑线姬鼠达到性成熟的体重界限为 16.0g、胴体重界限为 13.0g，且随着体重、胴体重的增加，种群繁殖力不断增加。浙江杭州地区黑线姬鼠性成熟并开始繁殖的体重界限 15.0g；北京地区黑线姬鼠睾丸重量与胴体重的关系，参考睾丸下降程度，贮精囊是否肥大，将黑线姬鼠雄性睾丸重量达到性成熟的界限为 0.5g；浙江舟山岛黑线姬鼠雄鼠的睾丸平均长度达到 11mm 左右才能使雌鼠怀孕。

黑线姬鼠种群怀孕率、胎仔数、繁殖指数、睾丸下降率具有明显的季节变化特征，在不同年度、不同月份、不同季节之间变化差异较大，雌鼠怀孕率与雄鼠睾丸下降率呈同步变动趋势。不同年龄组种群繁殖力存在显著差异，随着种群年龄的增长，雌鼠怀孕率、胎仔数、雄鼠睾丸下降率、繁殖指数不断增加，说明黑线姬鼠种群年龄越大，繁殖力越高。黑线姬鼠种群的繁殖群体是成年Ⅰ组、成年Ⅱ组、老年组，其中，成年Ⅱ组是该鼠繁殖的主体。因此，它们在种群中所占比例的多少与种群数量消长关系密切，可以作为预测黑线姬鼠种群数量的重要依据。

温度对黑线姬鼠的繁殖具有较密切的关系，一般月均气温在 6℃ 以上开始繁殖，最适的繁殖气温在 16~24℃，低温和高温均不利怀孕；较高气温虽不影响黑线姬鼠的交尾和怀孕，但对妊娠雌鼠体内胚胎发育不利；黑线姬鼠冬季是否繁殖主要取决于当地气温，若遇暖冬可能有一定个体怀孕。黑线姬鼠种群密度对其生殖力存在一定程度的负反馈调节作用。

（八）肥满度

黑线姬鼠肥满度一般在 $1.37~5.50g/cm^3$，不同生境肥满度差异不显著。两性之间和不同年龄组之间肥满度有的地区存在显著差异，有的地区差异不显著。不同季节肥满度变化明显，如在贵州省余庆县春、秋两季肥满度明显高于夏、冬两季，这与当地黑线姬鼠在春、秋两季出现两次繁殖高峰相一致，说明黑线姬鼠肥满度与种群繁殖密切相关，肥满度值越高，鼠类身体状况越好，有利于鼠类繁殖，反之亦然。在湖南洞庭平原黑线姬鼠各月平均怀孕率、繁殖指数与当月、下一个月肥满度极显著相关；黑线姬鼠肥满度与气温、地表温度、降水量呈极显著正相关，相关系数分别为 0.872、0.932 和 0.413，肥满度（Y）与气温（X）的回归方程为 $Y=2.346+0.046X$，与地表温度（X）的回归方程为 $Y=2.326+0.042X$，与降水量（X）的回归方程为 $Y=2.852+0.0021X$。在贵州省余庆县黑线姬鼠春季 4 月的肥满度（X）与数量峰 6 月种群数量（Y）之间正相关极显著，其回归方程为 $Y=46.4909X-146.83$，$r=0.9618>r_{0.01}$，即 4 月肥满度值大，6 月种群数量高；4 月肥满度值小，6 月种群数量则低。4 月肥满度可作为预测数量高峰 6 月种群密度的参考指标。

黑线姬鼠胴体重长指标在 $1.31~3.25g/cm$，在同一地区，不同生境类型对黑线姬鼠胴体重长指标具有一定影响，但两性之间差异不显著；不同年龄组之间胴体重长指标也不相同，且随种群年龄的增长而逐渐增加，其差异极显著。胴体重长指标季节变化趋势为：春季最高，夏季较高，秋季较低，冬季最低。不同月份之间胴体重长指标具有一定差异，在 4~5 月和 8~9 月出现两个高峰期。当月平均胴体重长指标与当月怀孕率、睾丸下降率和繁殖指数呈极显著的正相关关系，说明胴体重长指标与种群繁殖密切相关，胴体重长指标值越高时，鼠类繁殖力越高，有利于鼠类繁殖。

（九）种群年龄

1. 年龄组划分　黑线姬鼠年龄组的划分，国内学者提出将其划分为 4 个年龄组、5 个年龄组和 6 个年龄组 3 种分组方法，以划分为 5 个年龄组为主。针对黑线姬鼠种群年龄鉴定指标的研究，国内学者提出了各种鉴定指标，如臼齿磨损度、晶体干重、胴体重、体重、体长、尾长等。

黑线姬鼠种群年龄鉴定方法主要有臼齿磨损度法、晶体干重法、胴体重法、体重法、体长法等方法，各年龄组划分标准见表 24-9-3。在这些鉴定方法中，根据臼齿磨损程度鉴定年龄较为准确，但此方法比较麻烦，费力费时，难以在基层推广，特别在基层鼠情监测点实际工作中不易掌握；而晶体干重法精确度要求高，仅适宜于理论研究；多数学者认为体重的增长与年龄直接相关，是身体增长的最明显指标，体重法划分年龄使用方便，结果相对准确，是黑线姬鼠年龄划分较好的方法；采用胴体重法划分黑线姬鼠种群年龄，克服了在繁殖季节雌鼠怀孕和测量技术等因素的影响，结果也比较准确，也是一种较好的划分黑线姬鼠种群年龄的鉴定方法之一。

表 24-9-3　黑线姬鼠种群年龄划分标准
Table 24-9-3　Aging standards of *Apodemus agrarius*

年龄鉴定指标	年龄组					资料来源
	幼年组	亚成年组	成年Ⅰ组	成年Ⅱ组	老年组	
眼球晶体干重（mg）	≤4.7	4.8~7.5	7.6~9.6	9.7~12.1	≥12.2	肖增祜等（1982）
胴体重（g）	≤10.0	10.1~16.9	17.0~24.9		≥25.0	张洁（1989）
胴体重（g）	≤12.9	13.0~16.9	17.0~20.9	21.0~25.9	≥26.0	杨再学（2003）
体重（g）	≤15.0	16.0~30.0	31.0~45.0		>46.0	诸葛阳等（1978）
体重（g）	≤13.0	13.0~18.0	18.0~26.0		≥26.0	王岐山等（1984）
体重（g）	<16.0	16.0~26.0	26.0~36.0		>36.0	马逸清等（1986）
体重（g）	≤16.0	16.1~24.0	24.1~33.0	33.1~39.0	>39.0	张华旦等（1989）
体重（g）	<13.0	13.0~17.9	18.0~25.9		≥26.0	陈保（1989）
体重（g）	≤17.0	18.0~30.0	31.0~40.0		>40.0	鲍毅新等（1995）

（续）

年龄鉴定指标	年龄组					资料来源
	幼年组	亚成年组	成年Ⅰ组	成年Ⅱ组	老年组	
体重（g）	≤16.0	16.1～23.0	23.1～29.0	29.1～37.0	>37.0	杨再学等（2002）
体长（mm）	≤86.0	86.1～96.0	96.0～106.0	106.1～112.0	>112.0	张华旦等（1989）
体长（mm）	<72.0	72.0～85.9	86.0～99.9		>100.0	陈保（1989）
体长（mm）	≤79.0	79.1～88.0	88.1～96.0	96.1～102.0	>102.0	杨再学等（2002）

2. 年龄结构 从自然界中的实际寿命来看，黑线姬鼠种群大约一年完全更新一次。黑线姬鼠种群年龄组成具有明显的季节波动，在不同月份之间种群年龄组成存在明显的变化，不同年度各年龄组所占比例变化差异不大。从全年种群年龄组成来看，亚成年组（Ⅱ）、成年Ⅰ组（Ⅲ）、成年Ⅱ组（Ⅳ）占绝对优势，分别占总鼠数的27.35%、22.26%、27.35%，合计占76.96%，幼年组（Ⅰ）、老年组（Ⅴ）数量较少，分别占9.87%、13.17%。

四、防治技术

（一）防治适期

每年春季3月和秋季8月是防治黑线姬鼠的最佳策略性防治适期。春季3月气温已开始回升，黑线姬鼠活动日趋频繁，并开始繁殖，此时灭鼠既能减少春季繁殖量，收到"杀一灭百"的效果，对控制全年的害鼠数量将起很大作用，又可保证春播作物全苗、正常生长，减轻播种期鼠害程度；同时3月农田鼠粮少，此时处于冬后复苏的黑线姬鼠，大量出巢，饥不择食，容易取食毒饵，灭鼠效果好。秋季8～9月秋收作物日渐成熟，黑线姬鼠进入秋季繁殖高峰期，害鼠密度上升，此时灭鼠既可保证秋收作物顺利成熟收获，颗粒归仓，减少鼠耗损失，还可起到压低越冬基数，减轻翌年鼠害的作用。

按作物生育期划分，黑线姬鼠防治适期每年有3次，第一次在春播前夕，第二次在秋收作物孕穗（结苞、结荚）期，第三次在秋收作物成熟期。农作物的各个生育期，受鼠类的为害程度是不一样的，如水稻主害期一般在分蘖盛期和孕穗至齐穗期，玉米在播种期和果穗灌浆期，小麦在孕穗期。在防治适期确定时，可视其田间鼠害发生的严重程度，结合防治指标来确定；当田间鼠密度超过防治指标时，应及时作出防治适期预报，做好灭鼠工作的准备。

（二）防治策略

本着立足当前、着眼长远、春秋结合、春防为主的原则，采取"春季主治压基数，秋季挑治保丰收"的防治策略。防治工作应在大范围内室内外同步开展，以药物灭鼠为主，物理、农业、生物防治为辅。低密度时，实行小面积投毒挑治；高密度或种群数量即将激增时，必须采取紧急措施，开展大面积连片投放毒饵突击灭鼠。在防治时，紧紧抓住防治适期、药物选择、投饵技术3个技术关键，坚持做到"三集中"，即集中时间、集中人力、集中财力；"五统一"，即统一指挥、统一行动、统一组织、统一方法、统一配制毒饵；"三不漏"，即不漏房、不漏间、不漏有鼠外环境。

（三）防治指标

针对黑线姬鼠及以黑线姬鼠为优势种的农田，贵州省制定出4种作物的鼠害防治理论指标为：水稻分蘖末期鼠密度为3.13%；水稻孕穗期鼠密度为4.06%；玉米播种期鼠密度为3.55%～4.27%（3.91%）；玉米乳熟期鼠密度为3.345%～4.385%（3.865%）；小麦乳熟期鼠密为5.88%～7.08%（6.49%）；甘蔗成熟期鼠密度为3.98%～5.34%（4.66%），其平均鼠密度为4.35%。四川省提出当经济允许损失水平为2%时，水稻成熟期鼠类防治指标为鼠密度4.35%。山东省曹县、滨州、惠民和薛城等地以大仓鼠、黑线仓鼠、黑线姬鼠为优势种的地区，玉米、花生、大豆、甘薯4种作物的鼠害防治指标捕获率分别为3.44%、4.07%、4.00%、5.85%，平均捕获率为4.34%。湖北省确定水稻大田孕穗期、乳熟期防治指标为捕获率5%，早稻播种期害鼠防治指标为捕获率2%，晚稻田为3%。安徽省提出了中稻成熟期鼠害防治指标鼠密度为3%～5%。江西省提出了水稻孕穗期静态防治指标为4.8%，黄熟期静态防治指标为8.7%。长江流域稻区黑线姬鼠防治指标（鼠密度）为3%，主害期控制指标早稻为5%、中稻为5%、晚稻为7%。浙江省提出稻、麦主害期控制指标（鼠密度）为：大麦、小麦2.7%～4.3%、早稻4.6%～6.7%、晚稻6.9%～8.4%，若防治适期确定在早春3月，防治指标为鼠密度3%。江苏省鼠类策略性防治指标鼠密度为 3%，在水稻孕穗期，早稻主害期防治指标鼠密度为 5%，晚稻防治指标鼠密度为 7%。湖南洞庭湖稻区黑线姬鼠的防治指标捕获率为 10%。

（四）防治措施

1. 农业防治　通过破坏、恶化黑线姬鼠栖息场所，使不利于鼠类生存而预防鼠害的发生，是黑线姬鼠综合防治的基础。对黑线姬鼠的防治采取以下措施，可收到明显的效果。

（1）农田结合春耕和夏耕，修整田埂（地埂）、翻耕农田，减少田埂、地头荒角、田间坟地和杂草较多的荒地，尽量少留或不留永久性田埂，从而减少黑线姬鼠最适栖息地。

（2）在作物生长季节，采取改进作物布局，结合农时进行灌溉，造成不利于黑线姬鼠栖息的环境；作物成熟采收时，快收、快运，并妥善储藏，减少被鼠盗食机会。同时，结合秋种、秋翻、冬闲整地，破坏黑线姬鼠越冬场所。

（3）清除农田（田边）杂草，毁灭田埂上的鼠洞，可减少黑线姬鼠栖息地；采取薄膜覆盖育秧，断绝或减少种子被取食的途径。

2. 生物防治　保护利用黄鼬、猫头鹰和蛇类等天敌进行灭鼠；发展养猫灭鼠。生物防治只能在一定范围内减少鼠类的数量，降低鼠密度，在大面积鼠害猖獗发生时，天敌的作用远远不能控制害鼠的为害，所以，只能因地制宜，采用保护利用自然资源进行综合防治。

3. 物理防治　利用鼠夹、鼠笼、竹套弓、粘鼠板、电子猫等捕鼠装置捕杀。捕鼠装置放置在洞口附近、田埂、渠道、沟边或害鼠经常活动的地方；布放时间应掌握在鼠类活动高峰期到来之前，一般晚放晨收；诱饵一般应选择鼠类喜欢吃而当地又容易得到的食物作饵料，如花生仁、甘薯块、瓜果、蔬菜等；捕鼠器械的数量要足，这样在田边山间给鼠类布下天罗地网，鼠类有足够的机会遇到捕鼠器械而被捕获，达到控制其数量增长的目的。一般捕鼠后，器械上往往沾有鼠血和排泄物等，会影响下一次捕鼠效果，因此，应用开水洗净或太阳晒等方法进行处理。利用不同的器械进行捕杀，其优点是对人、畜安全，但只适于小面积灭鼠，对大面积灭鼠后的残留鼠将起到一定的控制作用。

4. 化学防治

（1）科学选用杀鼠剂。参照第 1 节褐家鼠相关内容。

（2）合理选择饵料。选择大米、小麦粒、玉米粒等鼠类喜吃食物，在毒饵中加入适量食盐、菜油，提高鼠类适口性和防治效果。

（3）毒饵站灭鼠技术。参照第 3 节大足鼠相关内容。

杨再学（贵州省余庆县植保植检站）

第 10 节　中华姬鼠

一、分布与危害

（一）鼠名

中华姬鼠（*Apodemus draco* Barrett-Hamilton），隶属啮齿目鼠科姬鼠属，别名森林姬鼠、龙姬鼠、中华龙姬鼠等。中国有 4 个亚种：指名亚种（*A. d. draco*）、川藏亚种（*A. d. latronum*）、西南亚种（*A. d. orestes*）和台湾亚种（*A. d. semotus*）。

（二）分布

中华姬鼠在国内主要分布于福建、台湾、浙江、河北、山西、陕西、宁夏、甘肃、四川、湖北、贵州、云南、甘肃、西藏等省份。指名亚种（*A. d. draco*）分布于陕西、安徽、甘肃、湖南、河北、宁夏、江苏、山西、浙江、湖北、福建等省份；川藏亚种（*A. d. latronum*）分布于西藏、四川等地；西南亚种（*A. d. orestes*）分布于四川、贵州、云南、西藏等地；台湾亚种（*A. d. semotus*）分布于台湾阿里山。国外见于缅甸北部和印度的阿萨姆邦。

（三）危害

中华姬鼠属喜湿性种类，主要栖息于森林、田野，是北京地区中山林区的主要鼠种之一，对山区农作物和森林更新有一定为害。体外寄生蚤类有 16 种，恙螨有 12 种，革螨有 6 种，是钩端螺旋体病传染源之一，同时也是中国野兔热病传染源之一。

二、形态特征

鉴别特征：一般尾长略长于或等于体长。体背暗黄褐色或棕黄色，多数耳壳背部色较暗。门齿孔较长，通常可达第一上臼齿前缘之连线。第一上臼齿后内齿突较发达。

中华姬鼠为中等体形鼠类，尾长与体长近乎相等或略长于体长。耳较大，向前折一般能达眼部。体重 17~35g，体长 80~106mm，尾长 80~125mm，后足长 20~23mm，耳长 14.5~19mm，颅全长 24.1~27.8mm，颧宽 10.5~13.7mm，后头宽 10.4~12.3mm，眶间宽 4~4.5mm，鼻骨长 10~10.2mm，吻长 8~9mm，听泡长约 5.5mm，门齿孔长约 5mm，颅高约 8.5mm，上齿列长 3.7~4.3mm。

中华姬鼠体背面黄褐色，通常较为鲜明，耳较暗，在耳基前部有 1 黑色毛簇；体腹面灰白色，毛基灰色，毛尖白色；胸部有时有 1 浅黄色斑点；前后足白色，但后足踝部暗色或白色；尾背暗，腹白，几乎裸露无毛。乳头 3 对，其中腹部 1 对，鼠鼷部 2 对。

中华姬鼠颅骨吻部狭长，前端较圆钝。鼻骨较长，前端超过上门齿前缘，后端达到或超出前颌骨后端。脑颅较隆起。额骨与顶骨的交接缝多向后呈圆弧形，少数呈"人"字形。顶间骨宽平，其前缘多与两顶骨之和接近等宽，与枕骨的交接缝常呈浅 U 形，少数标本的交接缝后缘中央稍向后突。眶上嵴相当发达，颧弓纤细，颧板前缘下部向前斜伸。门齿孔长，其后缘接近或略超过第一上臼齿前缘之连线。腭骨与上颌骨交接缝多呈短锯齿形，腭骨后缘向后略为超出第三上臼齿后端水平线，并在中间形成 1 尖突。

中华姬鼠的上颌第一臼齿最大，其长度约为后两臼齿之和，具 3 横嵴。第一横嵴内侧齿突明显后移，整个横嵴呈新月形弯曲；第二横嵴正常；第三横嵴内侧齿突较发达，与第二横嵴内侧齿突几乎等大。多数标本多一个后外齿突。第二上臼齿第一横嵴的中央齿突消失，外侧齿突明显，其大小约为内侧齿突的一半，一些标本也多一个后外齿突。第三上臼齿小，内侧具 3 个齿突，整个齿冠呈"3"字形。

门齿孔后缘距上臼齿列前缘水平线的距离（X_9）、上颌后内侧齿突向舌侧突出的程度（X_1）及其与第二横嵴内侧齿突的相对大小（X_2）是区分中华姬鼠与大林姬鼠的最有效的形态分类指标，3 个指标的种间界限大致为：中华姬鼠 $X_9 < 0.4mm$，$X_1 \geqslant 0.2mm$，$X_2 \geqslant 0.6mm$；大林姬鼠 $X_9 \geqslant 0.4mm$，$X_1 < 0.2mm$，$X_2 < 0.6mm$。

三、生活习性

（一）栖息地

中华姬鼠栖息于山区的阔叶林、针阔混交林、竹林、灌丛、草甸、农田等生境中，混交林地区为中华姬鼠最适的栖息环境。在北京百花山自然保护区，中华姬鼠主要栖息于 700m 以上的山地森林中，在落叶林中占总鼠数的 42.7%，在针叶林中占 36.6%，在灌木丛中占 20.0%，在山顶草甸、林间草地生境占 12.0%。在浙江临安西天目山和金华北山，中华姬鼠主要分布在山的上半部，在海拔 340m 的常绿落叶阔叶混交林中捕获率为 0.30%，而在海拔 1 000m 的落叶林和海拔 1 500m 的落叶低矮杂木林中的捕获率分别为 0.70% 和 1.48%。在云南以滇西山地地区分布数量比例最高，占总鼠数的 21.47%，分布海拔最高 4 100m，以 2 000~3 000m 地区捕获率较高，捕获率达 4.24%，在阔叶林内占总鼠数的 34.55%，铁杉混合林占 21.13%，松林混交林占 14.29%，次生灌木丛占 9.52%。

（二）活动与迁移

中华姬鼠昼夜都有活动，以夜间活动为主。在云南剑川老君山夜间捕获者占 94.98%。具有季节性迁移的现象，当山间耕作地作物成熟时，多集中到作物地觅食，捕获率可达 8.44%，而农作物收获后捕获率仅为 0~2%。

（三）食性与食量

中华姬鼠是杂食性的鼠类，以植物的果实种子为主，也取食植物绿色部分，但以嫩叶、嫩草为主。对北京百花山中华姬鼠胃容物分析，发现大量昆虫残体，包括几丁质外壳、多种类型的足和触角、幼虫，尤其是鳞翅目幼虫的体壁，也检出少数比较完整的双翅目幼虫和蚁，以及一些昆虫卵，并在一些鼠胃中发现大量石蜈蚣碎片，偶有蚯蚓残体，兽毛的出现频率也较高。有一些鼠胃中混杂有部分植物碎片，如茎、种皮、花瓣及花粉粒等，没有观察到叶的碎片。在这些中华姬鼠胃容物中，动物性食物与植物性食物的比例平均约为 3：1。云南中华姬鼠胃容物观察，胃容物中嫩草、叶占 60％。中华姬鼠日食量 1.4～3.9g，平均日食量 2.32g。

（四）巢穴与巢区

中华姬鼠是洞栖的鼠种，在树根下、灌丛根部及农耕区地埂等处打洞营巢。洞口 2～3 个，多向东、南，洞口外多有少量细土，洞口大小（4.0～4.5）cm×4.2cm×4.6cm。

中华姬鼠成年组雄性巢区和活动距离分别为（4 520.6±491.4）m² 与（112.5±5.3）m，雌性为（1 390.5±176.1）m² 与（78.2±2.8）m，两性间差异显著；幼年组雄性巢区面积和两性活动距离为（1 703.0±170.0）m² 与（76.1±6.1）m，雌性为（1 788.6±213.5）m² 与（7.80±4.0）m，两性间差异不显著。

（五）数量动态

在云南剑川，中华姬鼠年平均捕获率为 3.801％，全年种群数量高峰出现在 8 月，其次是 10 月及 3 月，1 月数量最低。

在北京百花山自然保护区，中华姬鼠年平均捕获率为 2.12％，在 5 月种群数量开始上升，7～10 月达数量高峰，冬季最低，以 7 月捕获率最高，捕获率达 5.1％。

（六）繁殖特征

在云南剑川，中华姬鼠雌雄性比为 1：0.73，年平均怀孕率 14.85％，仅于 4～9 月有怀孕鼠，怀孕率分别为 9.09％、21.43％、28.00％、23.40％、20.12％、13.73％，以 5～8 月最高。胎仔数 2～6 只，平均胎仔数为（3.596±0.1765）只。

在云南哀牢山，中华姬鼠雌雄性比为 1：1.32，全年皆有繁殖，繁殖盛期为 8～10 月，繁殖低潮在冬季或春季。春季 2～4 月怀孕率为 11.76％～12.90％，夏季 5～7 月怀孕率为 10.53％～30.00％，秋季 8～10 月怀孕率为 25.00％～51.52％，冬季 11 月至翌年 1 月怀孕率为 4.76％～18.75％。平均胎仔数 3.00～4.53 只。

在浙江，中华姬鼠春秋两季为繁殖期，3 月可见孕鼠。雄鼠在 1 月睾丸出现下降现象，睾丸下降率在 2～5 月和 8～9 月较高。

在北京百花山自然保护区，中华姬鼠雌雄性比为 1：0.952，繁殖期在 4～9 月，每年繁殖 2～3 次，胎仔数 3～10 只，以 4～6 只较多。种群繁殖个体多数为成年以上个体，少数为亚成年个体。雄性的睾丸下降率在成年组为 65.7％，老年组为 84.6％。雌性怀孕或具子宫斑者分别为 35.1％和 94.1％。

（七）年龄结构

中华姬鼠体重、体长和生长指标中的颧宽在各年龄组之间表现出明显的差异，可以作为中华姬鼠种群年龄鉴定的参考指标。依据臼齿磨损程度进行年龄鉴定，将中华姬鼠划分为幼年组、亚成年组、成年 Ⅰ 组、成年 Ⅱ 组、老年组 5 个年龄组。在北京百花山自然保护区，中华姬鼠 4～5 月的种群中以成年鼠占绝对优势，而幼鼠和亚成年鼠较少；7～8 月幼年组和亚成年组比例迅速上升，大批春天繁殖的个体进入种群；9～10 月老年组比例急剧下降，成年组数量增加，亚成年组仍保持较高比例，即有新繁殖的个体继续加入种群。春天的大批成年鼠在秋天进入老年而死去，表明中华姬鼠生态寿命较短，1 年左右。

四、防治技术

中华姬鼠防治可采用人工捕杀或物理器械捕杀，也可采用敌鼠钠盐、杀鼠醚、溴敌隆等药物进行诱杀。

杨再学（贵州省余庆县植保植检站）

第 11 节　高山姬鼠

一、分布与危害

（一）鼠名

高山姬鼠（*Apodemus chevrieri* Milne-Edwards），隶属啮齿目鼠科姬鼠属，又名齐氏姬鼠、高原姬鼠、西南姬鼠等。为中国的特有物种，是典型的古北界种类。

（二）分布

高山姬鼠广泛分布于中国四川、云南、贵州、西藏、甘肃、湖北等省份。在贵州主要分布于大方、黔西、威宁、赫章、毕节、独山、贵定一带，为黔西北地区农田主要害鼠之一。高山姬鼠虽分布范围十分广泛，但种群数量稀少，多栖居于海拔较高的山地。

（三）危害

高山姬鼠食量大，为害重，具有暴发为害的潜能，在四川西南地区高山姬鼠具有年增长 16 倍的潜能，可造成田块 80％的损失。高山姬鼠属于非群居种类，虽然暴发成灾的可能性远远小于群居种类，但在局部地区也可能造成严重危害。该鼠还是钩端螺旋体病的主要传染源，也是云南横断山地区鼠疫自然疫源地的主要宿主之一。

二、形态特征

鉴别特征：体形较大，尾较光滑细长，但短于体长。全身体毛柔软，呈青灰色，背中部毛色较深，但绝不形成黑色纹（黑线），此点可与黑线姬鼠区别。颅骨有明显的眶上嵴。前额部微凸但鼻后缘与额骨接壤处呈现纵长凹陷。第三上臼齿内侧 2 叶。

高山姬鼠体形中等。体重 12～40g，体长 60～150mm，尾长 15～105mm，后足长 21～25mm，耳长 12～18mm，颅全长 6.5～30.5mm，颧宽 12～12.8mm，吻长约 7mm，鼻骨长 10.8～12.5mm，乳突宽 11.6～12.5mm，眶间宽 4.2～4.9mm，听泡长 5.3～7mm，门齿孔长 5.2～6mm，上颊齿列长 4～4.8mm。

四川省西昌市高山姬鼠成年鼠平均体重 （48.6±10.4）g，体长 （110.2±23.2）mm，尾长 （91.6±13.4）mm，后足长 （22.5±8.4）mm，耳长 （17.2±4.6）mm。贵州省大方县高山姬鼠体重 12.0～40.0g，平均 （23.87±5.94）g；胴体重 9.20～31.50g，平均 （16.29±3.41）g；体长 70.0～120.0mm，平均 （94.87±8.87）mm；尾长 55.0～90.0mm，平均 （75.29±4.42）mm；后足长 16.0～27.0mm，平均 （19.90±2.03）mm；耳长 12.0～18.0mm，平均 （14.52±1.36）mm。各项外形测量指标，较黑线姬鼠略大，雌鼠均大于雄鼠，两性之间无显著差异。

高山姬鼠腹部毛色灰白，背腹无明显界线。体背面无黑色纵纹，呈深暗黄褐色，黑毛较多，分布均匀，毛基深灰；体腹面污灰白色，毛尖白微带土黄色，毛基灰色；体侧毛色界线不甚明显；耳小，毛色似周围部分；尾背面暗褐色，腹面白色，但腹背界线不清；前、后足背面均呈灰色。乳头 4 对，胸部、腹部各 2 对。

高山姬鼠颅骨与黑线姬鼠的颅骨相似，吻部较为狭长；鼻骨较黑线姬鼠的长，而且与颅骨的百分比也较大，约为颅全长的 40％。鼻骨前端超出前颌骨前端和上门齿，但其后端平直，中间稍为凹入，约与前颌骨后端相齐。门齿孔达第一上臼齿前缘基部。

高山姬鼠第一上臼齿具有完整的三横嵴，三横嵴各具有 3 个齿突；第二上臼齿第一横嵴缺少中央齿突，外侧齿突极小，其余横嵴正常；第三上臼齿小而近圆形，咀嚼面分 2 叶，其前方有一独立的齿尖。

高山姬鼠阴茎骨基骨与端骨之间膨大，根据产地不同又分二型：

Ⅰ型：尿道小瓣分三叉，中间分叉极小或很细弱，位置与侧支等高；侧突单个，很大，单尖，基部膨大，且向腹方呈"八"字形排列；背突圆锥状，较细弱；外环层乳突，每边 6～8 个，靠侧突的大而明显，其余的小而低矮；血窦发达，圆锥状，远端钝。

Ⅱ型：尿道小瓣分三叉，三叉等高或中间分叉略低，位置与侧支等高；侧突同Ⅰ型；背突圆锥状，较长大；外环层乳突间同Ⅰ型；血窦同Ⅰ型。

三、生活习性

（一）栖息地

高山姬鼠一般分布在野外，偶入室内，冬季有向院落附近草堆、柴堆等转移的趋势。在四川高山姬鼠与黑线姬鼠的地域分布差异，在海拔 1 200m 左右两鼠共栖，但随海拔升高渐为高山姬鼠取代，而 1 200m 以下随海拔下降而减少至纯为黑线姬鼠。据贵州省大方县 1996—2008 年在住宅、稻田、旱地生境类型地调查，高山姬鼠在大方县主要分布于稻田、旱地耕作区，占总鼠数的 62.32％，捕获率为 0.98％～4.99％，住宅区数量较少，仅占 4.07％。从年度变化来看，高山姬鼠在田间混合种群中所占比例一般在 49.15％～79.25％，是稻田、旱地耕作区害鼠优势种。

（二）活动与迁移

高山姬鼠昼夜都有活动，以夜间活动为主。为寻找食物，随着作物生长、成熟、收获而产生迁移现象，有少数个体还迁移到室内盗食粮食。在冬季有向院落附近草垛、柴堆等地转移的趋势。

（三）食性与食量

高山姬鼠为纯植物食性鼠类，在农作区主要取食粮食作物，特别喜食稻谷、玉米、花生、甘薯、荞麦、南瓜等。非农作区则以草籽、树种子及果实为食，为农业和林业主要害鼠。高山姬鼠占着有利的自然环境，食物终年不缺。喜食种子食物，很少取食植物绿色部分，为纯植食性鼠类，即使森林中的个体解剖胃容物时，也未发现动物、昆虫残渣。胃容物重量成年雄鼠平均 2.46g（0.50～6.00g），成年雌鼠平均 2.34g（0.50～10.00g），未成年雄鼠平均 1.42g（0.50～4.00g），未成年雌鼠平均 1.43g（0.30～3.00g）。

高山姬鼠每鼠日取食普通玉米粉量占体重的 1/5～1/4，取食含水 50％的玉米粉或新鲜甘薯达体重的 1/2，个别日取食量接近体重。

（四）巢穴

高山姬鼠的洞穴结构比黑线姬鼠的复杂些，除天然石穴外，一般是在土埂的中下部掘土造穴，个别在田中央筑穴，洞穴主要由巢室、明洞、暗洞和洞道组成。巢室是高山姬鼠生育和休息的场所，常位于土埂的中上部，一般为 3 个，常排列在一条直线上，除个别外，只有一个巢室里边筑有巢，多数是筑在中间的一个巢室里，个别是筑在左边或右边的巢室。洞的形状为椭圆形，长和宽平均为 20.5cm×15cm，筑有巢的巢室较光滑。在巢洞中央安置一碗状巢，巢内径平均 6.6cm，深平均 4.2cm，外径平均 9cm，高平均 6.4cm。巢较黑线姬鼠的粗糙，特别易散，巢材主要为玉米、大豆、菜豆、小麦、高粱和马铃薯的叶和茎及其他禾本科植物的干枯杂草等。在巢内发现有跳蚤和其他寄生虫，在空巢洞内发现有少量粪便，但仍无单独的厕所。明洞一般只有 1 个，它与筑有巢的巢室相连，由明洞道和明洞口组成。洞道光滑，洞道径平均 4.4cm，洞口周围多粘有泥土，易见足迹，洞口径平均 4.9cm，洞道长平均 68.4cm。暗洞一般具有 2 个，个别的 3～4 个，一般与无巢或弃巢的巢室相连，由暗洞道和暗洞口组成，洞道不光滑，洞口多数不太隐蔽，很少有新鲜泥土，难以见到足迹，有的甚至盖有蜘蛛网，易与明洞口相区别。洞道径平均 4.2cm，洞口径平均 4.5cm，洞道长平均 87.6cm。洞道平均直径 6.9cm，平均长 39.2cm。每个洞穴一般都居住一雌一雄成体和它们的幼仔。洞穴中未发现仓库及储粮。

（五）生长发育

刚出生的高山姬鼠幼仔全身通红，眼未睁，能发出"吱、吱"的叫声。初生体重平均为（1.95±0.06）g，占母体体重的 5％；在出生第七天开始长毛，此时平均体重为（3.70±0.18）g，占母体体重的 11％；10 日龄时眼半睁，已可走动；11 日龄眼全睁，体重为（5.10±0.88）g，占母体体重的 15％；15 日龄幼仔开始嗅闻食物，并试图咬食。高山姬鼠幼仔在 20 日龄自然断奶，断奶时平均体重为（14.60±0.91）g，占母体体重的 47％。高山姬鼠幼仔的体重生长符合逻辑斯蒂增长，体重（W）与日龄（D）的关系为：

$$W = \frac{25.84}{1 + \exp(2.418 - 089D)} \quad (D)$$

式中　体重（W）以 g 计，日龄（D）以天计。

（六）数量动态

1. 种群数量的年度变化　高山姬鼠不同年度种群数量差异极显著。据贵州省大方县 1996—2008 年调查：年平均捕获率以 1998 年最高，为 4.99％±2.31％；2005 年最低，为 0.98％±0.42％；最高年是最低年的 5.09 倍，13 年平均捕获率为 2.58％±1.27％。1996—1999 年种群数量较高，年平均捕获率在 3％以上，2001—2008 年种群数量较低，年平均捕获率在 2％以下。

2. 种群数量的月份变化　高山姬鼠不同月份种群数量差异极显著。在贵州省大方县最高月捕获率达 9.75％，最低为 0.25％，最高月是最低月的 39.00 倍。一年内种群数量变动较大，最大值与最小值之比最高达 17.20，最低为 3.75，平均为 9.19。全年种群数量季节消长曲线表现为单峰型，在 6 月出现 1 次数量高峰，平均捕获率为4.63%±3.03%，个别年份数量高峰出现在3月或5月。在四川省天全县高山姬鼠全年种群数量高峰出现在6月，捕获率为3.67%，数量低峰期为4月和8～9月。在四川省西昌市郊高山姬鼠一年内种群数量呈单峰型，高峰出现在每年的10月，整个冬季鼠密度较低。

3. 种群数量的季节变化 高山姬鼠不同季节种群数量差异显著。在贵州省大方县以夏季（6～8月）最高，平均捕获率为3.54%±1.89%；冬季（12月～2月）最低，为1.54%±0.82%，两者相差1.3倍。在不同年度不同季节之间种群数量也存在很大差异，最大值与最小值之比最高达7.73，最低为5.03，平均为5.93。

4. 种群数量分级标准 根据贵州省大方县历年高山姬鼠种群数量变动幅度及发生为害情况，结合当地鼠害防治指标，将高山姬鼠种群数量划分为5个数量级，各数量级分级标准见表24-11-1。在开展预测预报时，可依此标准来判断高山姬鼠的发生程度。

表 24-11-1 高山姬鼠种群数量分级标准（引自杨再学等，2010）

Table 24-11-1 **The ranging standards of population densities of *Apodemus chevrieri*** （from Yang Zaixue et al.，2010）

项目	数 量 级				
	1	2	3	4	5
捕获率（%）	≤3.00	3.01～5.00	5.01～10.00	10.01～15.00	>15.00
发生程度	轻发生	偏轻发生	中等发生	偏重发生	大发生

5. 种群数量预测 分析贵州省大方县1996—2008年高山姬鼠数量高峰期前各月捕获率、种群繁殖参数与数量高峰期6月种群密度的关系后发现，4月种群数量基数与6月种群密度之间相关极显著，运用回归分析方法，建立了高山姬鼠种群数量的短期预测预报模型为：

$$Y=1.7558X+0.1442$$

式中 X 为4月种群数量基数，Y 为数量高峰期6月种群密度的预测值（理论值）。

经回测，预测值与实测值基本吻合，预报准确，模型的数值（捕获率）预测吻合率为44.70%～100.00%，平均为92.84%，数量级预测吻合率为100.00%，说明该预测预报模型在高山姬鼠种群数量预测预报中是可行的，可在同一生态类型区推广应用。该预测预报模型操作简便，特别是对于基层鼠情监测点实用性强，容易掌握，只要每年4月调查捕获率，就可以根据预测预报模型提前2个月预测当年数量高峰期6月高山姬鼠的种群数量，参照制定的高山姬鼠种群数量分级标准，及时向有关部门作出鼠害发生程度的预报，为防治工作提前做好准备，在生产中具有实践意义。

对该预测预报模型进行预测应用，2009年4月大方县稻田、旱地耕作区高山姬鼠平均捕获率为2.00%，代入预测模型得数量高峰6月种群密度预测值为3.66%±1.03%。按种群数量分级标准，预计2009年发生程度为2级（偏轻发生），经6月调查验证，实测值为3.25%，发生程度为2级，预测值与实测值基本吻合，预报准确。

（七）繁殖特征

1. 种群繁殖特征的年度、月份变化

（1）种群性比。贵州省大方县1996—2008年共捕获高山姬鼠1 080只，其中，雌鼠556只，雄鼠524只，种群总性比为1.06，雌雄个体数量无显著性差异，性比符合1∶1的关系。不同月份性比有一定变化，月性比最高为5.00，最低为0.18，雌鼠少于雄鼠月份占总月数的36.28%，雌鼠多于雄鼠月份占46.90%，雌雄鼠相等月份占16.81%。不同年度、不同月份之间种群性比差异不显著。

（2）怀孕率。高山姬鼠全年均可繁殖，妊娠期17～20d，怀孕率具有明显的季节周期性波动。贵州省大方县1996—2008年高山姬鼠平均怀孕率为15.00%～31.97%，13年平均怀孕率为20.63%±5.43%，显著低于四川西昌市郊区年平均怀孕率31.55%。1月、12月高山姬鼠停止繁殖，2月、3月和10月、11月出现少量孕鼠，平均怀孕率为2.22%～14.26%，主要繁殖期在4～9月，其间有2次妊娠高峰期，呈典型的双峰型曲线（图24-11-1）。第一次妊娠高峰期出现在4～5月，怀孕率分别为37.95%、39.43%，峰尖在5月；第二次妊娠高峰期出现在8～9月，怀孕率分别为35.51%、42.95%，峰尖在9月。不同年度之间怀孕率差异不显著，不同月份之间怀孕率差异极显著。

在四川省西昌市郊区和四川省天全县高山姬鼠一年内仅在3～9月及3～5月出现1个繁殖高峰期。

（3）胎仔数。贵州省大方县高山姬鼠胎仔数最多 10 只，最少 2 只，以怀孕 6 只最多，占总孕鼠数的 42.45％，怀孕 5～8 只的占总孕鼠数的 90.65％，平均胎仔数为 5.92±1.25 只，接近四川省西昌市郊区平均胎仔数 6.12 只，低于四川省天全县 6.80 只，高于黔西北地区 5.50 只和云南省剑川县 5.80 只。说明高山姬鼠种群繁殖参数具有明显的地理差异特征，这与各地的生存环境不同有关，是物种种群长期适应生态环境的结果。

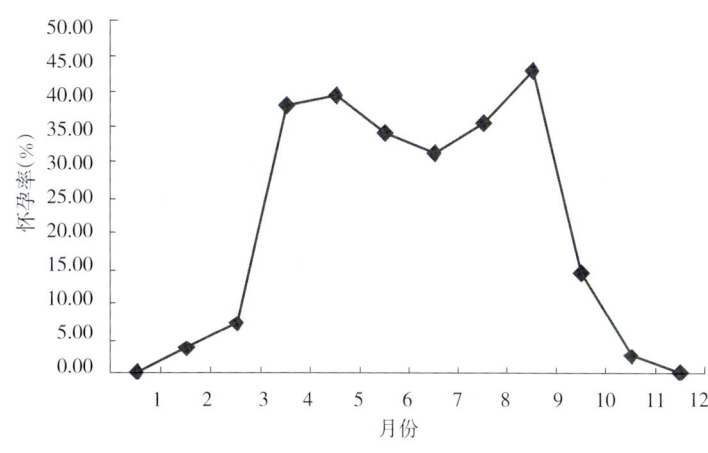

图 24 - 11 - 1　高山姬鼠怀孕率的季节消长曲线（引自杨再学等，2010）

Figure 24 - 11 - 1　The seasonal pregnancy rate of *Apodemus chevrieri*（from Yang Zaixue et al.，2010）

（4）睾丸下降率。贵州省大方县高山姬鼠雄鼠年平均睾丸下降率为 72.05％±15.35％，每年 4～9 月睾丸下降率一直保持在很高的水平，平均睾丸下降率达 80％以上，这与 4～9 月出现大量孕鼠密切相关，冬季 12 月至翌年 1 月睾丸下降率处于低谷。雄鼠睾丸下降率季节变化规律与雌鼠怀孕率季节变化相一致，呈同步变动趋势。不同年度、不同月份之间睾丸下降率差异极显著。

（5）繁殖指数。贵州省大方县高山姬鼠年平均繁殖指数为 0.67±0.24，4～9 月繁殖指数均达 1.00 以上，是该鼠的主要繁殖期。不同年度之间繁殖指数差异不显著，不同月份之间繁殖指数差异极显著。

2. 种群繁殖特征的季节变化　贵州省大方县高山姬鼠春季、夏季和秋季的怀孕率、胎仔数、睾丸下降率、繁殖指数明显高于冬季（表 24 - 11 - 2）。不同季节之间种群性比、胎仔数差异不显著，怀孕率、睾丸下降率、繁殖指数差异极显著。

表 24 - 11 - 2　高山姬鼠不同季节种群繁殖参数的变化（引自杨再学等，2010）

Table 24 - 11 - 2　Reproductive parameters of *Apodemus chevrieri* populations among different seasons

（from Yang Zaixue et al.，2010）

季节	雌鼠数（只）	孕鼠数（只）	怀孕率（％）	平均胎仔数（只）	雄鼠数（只）	睾丸下降鼠数（只）	睾丸下降率（％）	性比（♀/♂）	繁殖指数
春季（3～5 月）	178	55	30.90	5.96±1.55	173	130	75.14	1.03	0.93
夏季（6～8 月）	193	57	29.53	5.81±0.97	161	129	80.12	1.20	0.93
秋季（9～11 月）	110	26	23.64	6.12±1.07	101	76	75.25	1.09	0.75
冬季（12 月至翌年 2 月）	75	1	1.33	5.00±0.00	89	33	37.08	0.84	0.03

3. 种群繁殖特征的年龄变化　在四川省西昌市郊高山姬鼠雌鼠体重 20g 以下的均无参与生殖的个体，20～26g 有 8.11％个体参与生殖，55g 以上个体均参与过生殖。在贵州省大方县高山姬鼠幼年组性未成熟，雌鼠无怀孕个体，雄鼠睾丸均未下降；亚成年组有少量个体参与繁殖，怀孕率为 4.65％，睾丸下降率为 60.44％，怀孕鼠最低体重为 21.20g，最低胴体重为 15.30g，睾丸下降鼠最低体重为 18.50g，最低胴体重为 13.20g；成年Ⅰ组、成年Ⅱ组、老年组个体全部性成熟，怀孕率为 13.73％～62.75％，为亚成年组的 2.95～13.49 倍，不同年龄组怀孕率差异极显著；睾丸下降率为 84.13％～100.00％，为亚成年组的 1.39～1.65 倍，不同年龄组睾丸下降率差异极显著。平均胎仔数、繁殖指数均以老年组最高，亚成年组最低，随着年龄的增长具有明显的增加趋势（表 24 - 11 - 3），说明高山姬鼠不同年龄组之间种群繁殖参数存在显著差异，随着种群年龄的增长，种群繁殖力不断增加。其中，成年Ⅰ组、成年Ⅱ组、老年组是种群繁殖的主体，平均怀孕率达 37.92％，明显高于总体怀孕率 25.31％；睾丸下降率达 89.85％，高于总体睾丸下降率 68.84％；繁殖指数达 1.22，高于总体繁殖指数 0.78。

表 24 - 11 - 3 高山姬鼠不同年龄组种群繁殖参数的变化（引自杨再学等，2010）

Table 24 - 11 - 3 Reproductive parameters of *Apodemus chevrieri*

in different classes（from Yang Zaixue et al.，2010）

年龄组	雌鼠数（只）	孕鼠数（只）	怀孕率（%）	平均胎仔数（只）	雄鼠数（只）	睾丸下降鼠数（只）	睾丸下降率（%）	性比（♀/♂）	繁殖指数
I	52	0	0	—	49	0	0	1.06	0
II	86	4	4.65	5.25±1.92	91	55	60.44	0.95	0.12
III	102	14	13.73	5.36±1.44	126	106	84.13	0.81	0.33
IV	87	45	51.72	5.80±1.26	51	51	100.00	1.71	1.89
V	51	32	62.75	6.22±1.11	20	20	100.00	2.55	2.80

4. 怀孕率与繁殖指数的关系 对贵州省大方县 1996—2008 年高山姬鼠繁殖期 2~11 月各月繁殖指数（Y_1）与当月怀孕率（X_1）和各年平均繁殖指数（Y_2）与当年平均怀孕率（X_2）进行相关性分析表明，它们之间均具有极显著的线性相关，回归方程分别为：$Y_1 = 0.0320X_1 + 0.0159$；$Y_2 = 0.0418X_2 - 0.2232$，说明高山姬鼠怀孕率的季节变动是引起繁殖指数季节变动的主要因子。

（八）肥满度

高山姬鼠肥满度变幅在 $1.72~4.31 g/cm^3$，平均肥满度为（$2.86±0.42$）g/cm^3，不同生境肥满度不显著，雌雄鼠肥满度之间无显著差异，不同年龄组之间肥满度差异不大。高山姬鼠不同月份之间肥满度有一定差异，以 6 月肥满度最高，为（$2.95±0.36$）g/cm^3，11 月最低，为（$2.42±0.19$）g/cm^3。春夏两季高山姬鼠身体状况明显优于秋冬两季，其原因：一是由于此期间为主要繁殖期，与大量捕获到孕鼠有关；二是由于 3 月以后气温逐渐回升，鼠类生长发育加快，从而使高山姬鼠身体状况良好，肥满度处于较高状态。高山姬鼠年度间肥满度差异极显著，种群数量上升年份肥满度值大，种群数量下降年份肥满度值小，其年平均肥满度（X）与年均捕获率（Y）的回归模型为：$Y = 0.5952X + 1.73$，说明高山姬鼠肥满度年度间的变化与种群数量密切相关。

（九）种群年龄

1. 年龄组划分 高山姬鼠年龄组的划分为 3~5 个年龄组，种群年龄鉴定方法有眼球晶体干重法、胴体重法、体重法、头骨形态法，并先后制定了各年龄组划分标准（表 24 - 11 - 4）。眼球晶体干重法、头骨形态法精度要求高，在基层鼠情监测点鉴定年龄工作中不易掌握和推广；从实用、简便角度考虑，采用体重法、胴体重法鉴定高山姬鼠的年龄是比较可行的，方法简便合理，易于掌握，结果相对准确，适用于基层鼠情监测点鉴定高山姬鼠的年龄。

表 24 - 11 - 4 高山姬鼠种群年龄划分标准

Table 24 - 11 - 4 Aging standards of *Apodemus chevrieri* populations

年龄鉴定指标	年龄组					资料来源
	幼年组	亚成年组	成年 I 组	成年 II 组	老年组	
眼球晶体干重（mg）	≤8.0	8.1~12.0	12.0~16.0		>16.0	赵侯等（1992）
体重（g）	<20.0	20.0~26.0	>26.0			张甫国等（1995）
胴体重（g）（雌鼠）	<10.0	10.0~15.9	16.0~21.9	22.0~28.9	≥29.0	黎道洪等（1996）
胴体重（g）（雄鼠）	<11.0	11.0~16.9	17.0~22.9	23.0~28.9	≥29.0	黎道洪等（1996）
胴体重（g）	≤16.0	16.1~24.0	24.1~34.0		>34.0	杨光荣等（2000）
体重（g）	≤18.0	18.1~22.0	22.1~27.0	27.1~32.0	>32.0	杨再学等（2000）
胴体重（g）	≤12.0	12.1~16.0	16.1~20.0	20.1~24.0	>24.0	杨再学等（2011）

高山姬鼠的年龄与头骨的颅全长有关，与头骨的其他度量无关，在实际工作中，可以根据颅全长来判断其个体的年龄，其种群年龄结构的判别函数为：$Y_1 = 81.16X_1 - 1001.78$；$Y_2 = 88.71X_1 - 1194.69$；$Y_3 = 93.42X_1 - 1324.81$；$Y_4 = 96.92X_1 - 1427.00$；$Y_5 = 102.22X_1 - 1586.28$，将头骨的度量 X_1 分别代入

方程计算，若 $Y_i = Y_{max}$（Y_1，Y_2，Y_3，Y_4，Y_5），则高山姬鼠于 Y_i 年龄组。

2. 年龄结构　高山姬鼠种群年龄组成具有明显的季节变化特征。在贵州省大方县幼年组在夏季和冬季最高，亚成年组在秋季和冬季最高，成年Ⅰ组在春季和夏季最高，成年Ⅱ组、老年组均在春季和夏季最高。全年种群年龄组成均以亚成年组、成年Ⅰ组个体占绝对优势，分别占总鼠数的 58.60％、25.96％，合计占总鼠数的 84.56％；其次是成年Ⅱ组，占总鼠数的 7.72％，幼年组、老年组个体数量较少，合计仅占总鼠数的 7.72％。由于高山姬鼠自然种群中老年个体死亡高，导致出现老年组个体数量较少的现象。

四、防治技术

高山姬鼠最佳策略性防治适期为每年 3 月和 8 月种群繁殖高峰前，此时灭鼠可起到"杀一灭百"的作用。从目前来看，化学防治仍是当前农区灭鼠的主要手段之一，采取化学防治为主，辅助农业、物理、生物防治等措施，在开展大面积防治时，应交替使用毒饵饵料，以利于保持鼠类的适口性。药物可选用敌鼠钠盐、溴敌隆、杀鼠醚等抗凝血灭鼠剂，在鼠洞口及鼠类经常活动的地方安置灭鼠器械和堵塞鼠洞，破坏其栖息、繁殖场所。同时，改进投饵技术，大力推广应用毒饵站灭鼠技术（参照第 4 节大足鼠）。

杨再学（贵州省余庆县植保植检站）

第 12 节　长爪沙鼠

一、分布与危害

（一）鼠名

长爪沙鼠（*Meriones unguiculatus* Milane-Edwards），属啮齿目仓鼠科沙鼠属，别名长爪沙土鼠、蒙古沙鼠、黄耗子、白条鼠。

（二）分布

我国主要分布于内蒙古、吉林、辽宁、河北、山西、陕西、甘肃和宁夏荒漠、半荒漠草原及农牧交错带。

（三）危害

长爪沙鼠不仅为害牧草，而且为害农作物。河西走廊地区长爪沙鼠造成牧草损失量平均为 586.5kg/hm²。长爪沙鼠在农牧交错带的为害十分突出，除对苜蓿、沙打旺等牧草造成危害以外，对小麦、莜麦、胡麻、荞麦、糜子、粟、豌豆、马铃薯等作物为害严重。在内蒙古地区，为害严重年份，长爪沙鼠为害面积可达作物种植面积 20％以上，导致减产 20％～30％，严重可达 50％。

长爪沙鼠在农作物从播种到收获各个时期都有为害。农作物播种期盗食农作物种子造成缺苗断垄。春夏啃食农作物及牧草的幼苗、作物绿色部分或地下根部，导致苗期为害。如长爪沙鼠对小麦青苗期为害多发生在 6 月中、下旬，啃咬拔节的青麦苗，导致植株无法抽穗。这一时期，对小麦的为害平均为 2.93％，最高可达 9.38％。秋季长爪沙鼠主要取食农作物及牧草种子，并且由于长爪沙鼠具有储藏食物的习性，因此这一时期对农作物为害严重。据报道，洞系储存粮食平均可达 15.5kg，最高可达 60kg 以上，在秋季即可对农作物产量造成 10％的损失。以小麦田为例，平均每个长爪沙鼠洞口导致的损失量为 0.245kg，麦捆在田间存放一个月，平均损失达 5.51％。长爪沙鼠有搬运草籽的习性，导致其活动区域牧草生长不良。长爪沙鼠喜欢选择沙质土壤地带筑巢，其掘地挖土导致土地高低不平，沙土外露，水土易于流失，也进一步破坏了草原。长爪沙鼠是草原开垦或过度放牧造成恶性退化和沙化阶段中重要的小型哺乳动物，它的活动会加速导致草原的退化和沙化。长爪沙鼠喜欢在路基两侧筑巢导致路基两侧土壤裸露，对牧区路基具有较大的破坏作用。

长爪沙鼠是多种病原物的携带者和传播者，传播鼠疫、类丹毒和巴斯特菌病等。尤其需要关注的一点是，长爪沙鼠是鼠疫病原的自然携带者，曾经造成鼠疫流行。因此工作中需要特别注意卫生防护。

二、形态特征

(一)外形

长爪沙鼠是体形较小的哺乳动物(彩图 24-12-1)。成体体重平均 60g,体长 114～150mm,一般不超过 150mm;耳大,明显,但较狭窄,约为后足长度的 1/2 (长 12～17mm);尾长而粗,约为体长的 3/4 (90～105mm);后足长 27～32mm。

(二)毛色

头和体背面中央棕灰色(彩图 24-12-1),有光泽,杂有黑褐色,毛基部为青灰色,中段呈沙黄色,尖端黑色;体侧较淡呈沙黄色;眼大,眼周形成 1 微白色斑纹,并延伸至耳基;耳缘具短小白毛,耳内侧几乎裸露。腹毛为污白色,毛基灰色,端部白色。喉腹白色。爪黑褐色,后足被细毛。尾被密毛,尾端有细长的毛束,尾毛二色,上面黑色,下面棕黄色。

(三)头骨

颅全长 30～35.8mm,颅宽 16～20.3mm,鼻骨长 11～13mm,眶间宽 5～6mm,听泡长 10.3～12.3mm,上颊齿列长约 4.5mm。

颅骨较为宽阔,宽度超过长度的一半。鼻骨狭长,略短于前额骨。眶上缘略为突起,但不甚明显。顶间骨椭圆形,前缘与左右顶骨相接处形成 1 凸角。听泡发达,但比子午沙鼠小,外听道不达颧弧弯角。每一上门齿前面各有 1 明显纵沟,门齿后端几乎达到臼齿列前缘。上下颌骨的咀嚼面有两列相互对称的菱状结节,为其重要分类特征。

三、生活习性

(一)栖息地

长爪沙鼠喜欢栖息于荒漠和半荒漠草原,各种类型农田、田埂,农田间荒地。

典型草原区,长爪沙鼠喜欢选择荒漠化或半荒漠化地区的沙质土壤筑巢,如喜欢具有沙质土壤的芨芨草滩,草原公路两侧受侵蚀后裸露的路基等。在农牧交错带,长爪沙鼠具有在草原区和农区迁移为害的习性。在耕作区,由于翻耕能够有效破坏长爪沙鼠的洞道系统,因此,在翻耕地鼠密度较低,主要选择休息压青地及小麦地等田埂作为栖息地。田间草地、防风林带由于不受耕作的影响,也是长爪沙鼠的适宜栖息地。在这些地带,不仅农作物为长爪沙鼠带来丰富的食物,这些地区生长的夏雨型植物如猪毛菜等也为长爪沙鼠带来丰富的食物。因此,田埂、田间草地、田间防风林带经常成为长爪沙鼠迁移的中转站、避难地及越冬地,是长爪沙鼠的最适宜栖息地。

(二)洞穴

长爪沙鼠为群居性害鼠,一个家族群体共享同一洞系,形成相对集中的洞群。洞口数随族群大小和季节变化具有一定的差异。洞口数一般为 3～15 个。有报道长爪沙鼠洞系洞口数春季平均为 1.82 个,夏季平均为 4.45 个,秋季平均为 4.11 个,冬季平均为 4.31 个;相应洞口系数也随季节有所变化,春季为 0.17,夏季为 0.12,秋季为 0.07,冬季为 0.06。一个洞系平均占地 4.1m²,最小的 1.83m²,大的 9.2m²。

长爪沙鼠洞系结构复杂,通常分临时洞和居住洞。临时洞简单,多为单叉或双叉,长 1m 左右,洞口 1～2 个,洞内无窝巢、厕所等,主要为临时避敌或盗储粮食之用。居住洞非常复杂,洞系包括洞口、跑道、仓库、厕所、盲道和窝巢等。洞口斜圆,呈扁圆形,直径一般 5～6cm,通常向下倾斜 45°～60°,入地 20～30cm 后与地面平行。居住洞内的仓库一般有 2～3 个,多者达 6 个以上,仓库容积小者 28.5cm×13.5cm×14cm,大者 130cm×31cm×35cm。洞内有 1 个厕所。窝巢距地面 50～120cm,常铺垫干草,为休息及分娩哺幼的场所,小者 9cm×7cm×6cm,大者 11.5cm×11cm×9cm。

(三)食物

在夏季(5～8 月)长爪沙鼠主要取食植物的茎叶,秋季以后至来年植物返青之前则以取食牧草、农作物种子为主。长爪沙鼠取食的牧草包括大籽蒿、变蒿、猪毛菜、羊草、黑沙蒿、盐蒿、蒲公英等,亦喜欢取食苗期小麦、谷子等农作物茎叶。秋季主要取食小麦、谷子、莜麦、胡麻、荞麦、糜子、粟、豌豆等农作物种子,苍耳种子也是长爪沙鼠喜食的作物种子。

长爪沙鼠食量，以植物茎叶计算大约为每天 13g，以小麦、荞麦等农作物种子计算为每天 5～6g。

（四）活动规律

温度是影响长爪沙鼠活动的重要因素。研究表明长爪沙鼠活动与温度有重要的关系。Agren 等（1989）发现气温高于 17℃长爪沙鼠活动性增强。冬季长爪沙鼠在太阳升起几小时后出洞，日落前几个小时进洞，活动高峰 10：00～15：00，趋于昼行性。夏季长爪沙鼠活动表现出明显的温度依赖性，无云晴天活动呈双峰型，两个活动高峰分别为 7：00～10：00 和 17：00～21：00，阴天则呈单峰型，趋于晨昏性和夜行性活动规律。

（五）繁殖特征

长爪沙鼠在我国主要分布于黄河以北地区的草原及农田，与其分布地区的环境相适应，长爪沙鼠具有明显的季节性繁殖特征。每年 3 月、4 月开始进入繁殖季节，9 月、10 月后为非繁殖季节。但不同时期出生的长爪沙鼠采取了不同的繁殖策略。刘伟等报道春季（4～5 月）出生的雄鼠当年能达到性成熟的个体仅占 34.6%，达到性成熟的当年雄鼠在繁殖期结束前多数又转入性休止状态；6 月以后出生的雄鼠当年达不到性成熟，当年不参加繁殖。长爪沙鼠越冬鼠可产 3～4 窝，4～5 月出生的雌鼠当年可产 1 窝。

长爪沙鼠性成熟年龄大约为 10 周，雌鼠初产时间为 13～14 周。平均胎仔数 5～7 只，最多每胎可达 14 只。

（六）社群及婚配制度

长爪沙鼠为群居性鼠类，一个家族群体共享同一洞系。长爪沙鼠典型家庭构成为一对雌雄成体以及其他年幼个体。群体内一般只有一个雌性成体处于明显的繁殖状态，年轻雌性个体的性成熟及性活动受到同性成体的抑制。群体内个体，具有较明显的等级划分。相关研究证明气味标记不仅与家族领域行为有关，也与个体的繁殖行为及社会地位有关。然而，即使拥有高等级序位的个体，其繁殖也受到种群密度、扩散个体等社会因素的影响。形成稳定群体后，群体内部雌性倾向于只与本群体内雄性交配，而大部分雌性则经常与其他群体的雄性交配。繁殖盛期，雄性巡视行为增多，可能与阻止其他雄性进入自己的领域与动情的雌性交配有关。从亲缘关系上看，雌性更倾向于选择不具有亲缘关系的雄性交配。这种现象表明，长爪沙鼠婚配制度为混交制，雌雄不同的交配行为有利于避免近亲交配。

四、种群数量动态

（一）季节动态

长爪沙鼠具有明显的季节性繁殖特征。理论模型预测其种群数量应当在繁殖期到来后，随幼鼠的大量出生，呈现上升的趋势，而在秋季繁殖季节结束，随严酷的冬季带来的食物缺乏和温度的急剧下降，种群数量将有所降低。但长爪沙鼠种群数量的季节性波动没有年间波动明显，并且不具有与繁殖季节同步的变化。如夏武平等早年（1964—1969 年）的研究，刘法央和刘荣堂 1988—1995 年的研究以及董维惠等 1984—2002 年的研究，都表明长爪沙鼠种群数量的季节性变化没有明显的规律。董维惠等认为这种特征与长爪沙鼠种群数量的年间波动特征有关。

（二）年间动态

长爪沙鼠种群数量年间变化很大。1964—1969 年夏武平等在内蒙古阴山北部地区及 1984—2002 年董维惠等在内蒙古呼和浩特郊区的农田、栽培牧草地和放牧场等不同生境内的监测结果表明，长爪沙鼠种群数量的年间差异可达 20 倍以上，然而不同生境的种群具有相同的变化趋势。并且，当种群数量处于高峰期时，繁殖参数明显降低，而种群数量处于低谷期时则繁殖参数明显升高，这些结果表明长爪沙鼠可能存在一个密度依赖的调节机制，与环境变化相适应，调节着种群的密度。

（三）预测预报

春季预测秋季密度的回归方程如下：

$$Y = 0.4X_1 - 0.2X_2 + 0.3$$

式中　Y 为秋季密度/春季密度；X_1 为雌性繁殖指数的级数（孕鼠数×平均胎仔数/捕获总数）。长爪沙鼠雌性繁殖指数分级标准如下：小于 0.5 为 I 级，0.5～1.00 为 II 级，1.00～1.50 为 III 级，1.51～2.00 为 IV 级。

X_2 为 4~8 月降水量偏离历年平均值的程度。分级标准如下:偏离 1~30 为 I 级;31~60 为 II 级,61~90 为 III 级,91~120 为 IV 级。

估计误差为±0.1,观察值与预测值方差检验 $\chi^2=1.0049$,$P>0.90$。春季繁殖指数越大,秋季数量变化愈大。

秋季预测来年春季密度的回归方程如下:

$$Y=0.0685X_1+0.026X_2-0.12X_3-1.354$$

式中 Y 为来年春季密度/秋季密度;X_1 为幼鼠所占种群比例;X_2 为初霜日(取日期);X_3 为 12 月至翌年 2 月平均气温。

估计误差为±0.17,观察值与预测值方差检验 $\chi^2=0.0047$,$P>0.90$,差异不显著。

五、防治技术

(一)农业防治

农业防治措施主要是指与农田耕作相结合,通过改变和恶化鼠类栖息及生存环境以抑制鼠类种群数量,控制鼠类为害的方法。长爪沙鼠主要为害农牧交错带的农田,其主要栖息地、越冬区域为较大的田埂、田间草地、防风林带等。结合长爪沙鼠的其他生物习性,主要农业防治措施可以从以下几个方面着手:

(1)统筹安排农田布局,减少田埂、田间草地、荒地面积,以减少长爪沙鼠栖息地及避难所。

(2)增加防风林带树木郁闭度,降低喜阳的猪毛菜的生长,以减少长爪沙鼠的食物资源,同时为天敌栖息创造条件。

(3)长爪沙鼠洞穴相对较浅,可以大力推行深耕轮作,可以有效破坏田间长爪沙鼠的栖息。

(4)及时秋收,减少成熟作物在田间留存的时间,减少秋收期长爪沙鼠的盗食和越冬食物储存,提高长爪沙鼠的越冬死亡率。

(二)生物防治

长爪沙鼠主要分布于草原及农牧交错带,因此草原生态系统中分布的鼠类天敌生物,猛禽类如鹰、隼等,食肉类小型哺乳动物如狐狸、鼬类等,爬行动物如蛇类,都对长爪沙鼠具有很好的控制作用。因此,保护草原生态环境,维护草原生态系统平衡,保护天敌生物,是有效控制长爪沙鼠暴发成灾的重要策略。

(三)物理防治

器械灭鼠是使用比较悠久的物理防治方法。然而,器械灭鼠不适于在农田等较大范围控制鼠类为害,但可以用于较小范围鼠害的控制、鼠密度调查等。鼠夹是最常用的器械,长爪沙鼠体形较小,可以选择使用中号鼠夹。TBS(trapping barrier system)技术是近年来农业部门大力推广的一项技术(参照第一节褐家鼠),非常适宜于农牧交错带鼠类的控制。对于长爪沙鼠的治理,TBS 中可以以莜麦、小麦等作物作为诱饵,可以很好控制长爪沙鼠的为害。

(四)化学防治

长爪沙鼠分布于草原和农田两种不同的环境。对于草原生态系统,我国政府已经明确提出了减少载畜量,维护草原生态平衡,发挥草原生态功能的政策。鼠类,包括长爪沙鼠,是草原生态系统中的初级消费者,是维持草原生态系统食物链运转最基本的一环。因此,在草原生态系统中,长爪沙鼠的控制一定要严格按照相关防治标准,采取控制为主、灭杀为辅的治理策略。农牧交错带农田系统中,由于作物的播种、成熟容易招致长爪沙鼠的扩散为害,因此需要采取适当的措施,及时控制其为害。

1. 诱饵 理论上讲,长爪沙鼠喜食的作物及牧草种子等都可以作为诱饵。但从经济及毒饵制作的角度,长爪沙鼠化学防治的诱饵仍以小麦为主。但小范围的防治,可以考虑莜麦等其他长爪沙鼠喜食的作物作为诱饵。鼠类的食性随季节而改变,长爪沙鼠在夏季为害苜蓿幼苗时,用莜麦作诱饵不如用苜蓿青苗效果好。尽管如此,也不如早春牧草返青前,用粮食作诱饵灭鼠效果高。

2. 杀鼠剂 参照第 1 节褐家鼠。常见抗凝血剂类杀鼠剂对长爪沙鼠的致死中量或者使用浓度如下:

(1)第 1 代抗凝血杀鼠剂。杀鼠灵,0.05%杀鼠灵小麦毒饵一次投饵,每 667m² 投 100~150g 灭布氏田鼠和长爪沙鼠,灭鼠效果可达到 80%以上;敌鼠和敌鼠钠,推荐浓度 0.05%~0.1%;氯敌鼠对长爪沙

鼠 LD_{50} 为 0.05mg/kg。

（2）第二代抗凝血杀鼠剂。溴敌隆对长爪沙鼠 LD_{50} 为 0.64mg/kg；溴鼠灵对长爪沙鼠 LD_{50} 为 0.063 9mg/kg；氟鼠灵对长爪沙鼠 LD_{50} 为 0.30mg/kg。

3. 施药的适宜时间　长爪沙鼠不仅取食作物种子，而且喜食牧草及作物的茎叶。实践证明，利用毒饵灭杀长爪沙鼠的最佳时期为早春牧草返青前，这一时期由于长爪沙鼠洞内储藏的食物基本消耗殆尽，并且草原上及农田中缺乏长爪沙鼠喜食的食物，因此，这一时期施药可以极大提高毒饵的效率。这一时期也是长爪沙鼠繁殖期的开始，因此，这一时期是全年开展化学防控的最佳时期。

王大伟　刘晓辉（中国农业科学院植物保护研究所）

第 13 节　子午沙鼠

一、分布与危害

（一）鼠名

子午沙鼠（*Meriones meridianus* Pallas），属啮齿目仓鼠科沙鼠属，别名黄尾巴鼠、黄耗子、中午沙鼠、午时沙土鼠、沙沙、黄姑、黄尾巴。染色体数 $2n=50$。

（二）分布

在我国分布于华北、西北地区，北起新疆、青海、内蒙古、河北一线，南达河南北部，共分 7 个亚种；国外分布于蒙古、俄罗斯、伊朗和阿富汗。

（三）危害

子午沙鼠主要盗食豆类与禾谷类作物的种子、花、叶、果实等，为害的农作物有谷子、莜麦、小麦、玉米、豆类、葡萄等。盗食人工造林播撒的林木种子，在黄土高原有加速水土流失的作用，在水土保持工作中不容忽视。子午沙鼠还能传播 Q 热、沙门氏菌病、鼠疫、土拉伦菌病、李司特菌病、类丹毒、黑热病（利什曼原虫病）、毒浆体病、蜱传回归热和布鲁氏菌病等疾病。

二、形态特征

体长一般不超过 150 mm，尾长 95～150 mm，约等于体长或略短些，耳长 13～18 mm，后足 28～37 mm。

成年子午沙鼠的体毛色有变异，体背面呈浅灰黄色至深棕色（彩图 24 - 13 - 1）；体侧较淡，呈灰沙色；体腹面纯白色；眼周和眼后以及耳后毛色较淡，略呈白色或灰白色；尾上下同色，呈鲜棕黄色，有时下面稍淡，尾端通常有明显黑褐色毛束，尾上被覆密毛，尾端形成毛笔状的小"毛束"；足底覆有密毛，爪浅白色；耳壳前缘列生长毛。

颅全长 33～38.8 mm；颅宽 17～20.8 mm，超过颅长的一半；鼻骨长约 11.4 mm；眶间宽约 6 mm；听泡长 12.3 mm；上颊齿列长约 4.8 mm。听泡较发达，外听道几乎达颧弧的鳞骨角突。顶间骨前缘中间部分略向前突，鼻骨较为狭窄，其后端为前颌骨后端所超出。门齿孔狭长，向后延伸达到齿列前缘水平线，每一上门齿前面各有 1 明显纵沟。第一上白齿咀嚼面内外两侧各有 3 个三角形彼此相对，形成前后 3 个三角横叶，第三横叶有时呈菱形；第二上白齿只有 2 个横叶，彼此相通，但三角形状不甚明显；第三上白齿只有 1 叶，略呈圆形。下白齿基本上与上白齿相同，但形状略有不同，特别是第一下白齿前叶。

三、生活习性

（一）栖息地

子午沙鼠喜栖息于较干燥的沙性土壤，居于荒漠、半荒漠的平原及丘陵等地带，固定、半固定沙丘，沙漠中绿洲、村庄和田园。该鼠对栖息地选择有一定偏好，喜爱灌木丛生、植被盖度较高的生境，如在内蒙古额济纳旗的胡杨林、白刺灌丛、梭梭灌丛中数量较高。子午沙鼠为夜行性活动鼠类，其活动时间受到温度的影响，夏季时主要活动时间集中在黄昏和上半夜，清晨也有少量活动。植被一方面为子午沙鼠的栖息提供了适当的温度条件，另一方面为其提供了良好的食物来源。在新疆吐鲁番，子午沙鼠喜居于土壤基质长期变化不大的非可耕地生境，如凉房、葡萄地和垄渠等，为优势种。

（二）洞穴

子午沙鼠的洞穴多在固定沙丘的边缘灌丛下，在风蚀或人为的坑、坎（水渠、田埂）的中下部也有很多，平地上少见，主要分为栖居洞和临时洞。栖居洞的结构随土质疏松程度有一定变化：平地型和固定沙丘型较为简单，而黏土型较为复杂，可有2～3层。洞道多具分支和盲洞，盲洞紧接地面，便于遇敌破土逃遁；分支连接有膨大的室，分别作为"便所""仓库""食台"和"窝巢"等。一般每洞系只住一对成鼠，哺乳期则只有雌鼠和幼鼠同住，而冬季则可多至15只鼠。夏季，洞口常被子午沙鼠用沙封住，可防止热空气进入。临时洞则多在食物源附近，洞口多，洞道浅且短，不超过1.5 m。也有报道认为，在山西分布的子午沙鼠单口洞型一般为失掉生殖能力的老鼠或刚分居不久的幼鼠所居，其洞内构造简单，仅有一条洞道由洞口直通鼠巢；多口洞型多数为繁殖洞穴和越冬洞穴，多在秋末冬初挖掘，由此类洞一般能捕获已配偶的雌雄鼠和尚未分居的幼鼠。另外，子午沙鼠也会占据同域分布鼠类的弃洞，如大沙鼠、黄鼠等。

（三）食物

子午沙鼠是广食性和杂食性鼠类，喜食植物种子、根茎，也采食少量花叶和昆虫等。其喜食的主要农作物为豆类与禾谷类，其他植物还有：小果白刺、泡泡刺、黑果枸子、狗尾草、芦苇、花花柴、驼绒藜、膜果麻黄、沙拐枣、绵蓬、沙枣、隐花草、赖草、沙蒿、萹蓄、苍耳、蒺藜、盐爪爪等。

子午沙鼠食性随季节发生变化，春夏季主要采食植物的嫩根茎、叶、花等营养体，随着植物生长成熟，植物营养体的比例逐渐降低，种子在秋冬季食谱中的比例逐渐增加，动物性食物则每月均有出现。有随食物季节变化进行嗜食性迁徙活动，从春季到秋季按"嫩枝芽—果实—种子"的路线进行迁移。这种迁徙行为有利于食物来源的保证，扩大了子午沙鼠对植被的影响范围和程度。子午沙鼠一昼夜取食植物营养体30～40 g，取食种子7～13 g。

（四）繁殖特征

子午沙鼠是明显的季节性繁殖鼠类。繁殖期开始随地域环境不同略有差别，新疆4月开始繁殖，山西、内蒙古等地2～3月已经怀孕，而结束一般为10月。总体来看，雄鼠睾丸下降率在9月出现下降，10月已达很低水平。例如，在内蒙古地区，雄鼠睾丸下降率在4～8月可维持在80%以上，9月快速萎缩，10月下降者极少；在山西地区，2～8月雄鼠睾丸下降率可达80%以上，10月至翌年1月低于30%。雌鼠繁殖期略长，在11月还有个别怀孕现象，孕期22～28d。胚胎数2～11只，随地域不同有所变化，一般每胎4～6只：内蒙古鄂尔多斯市达拉特旗胎仔数平均为4.86只，内蒙古西部荒漠5.12只，甘肃酒泉4.9只。

（五）年龄结构

对子午沙鼠年龄的划分，目前主要依据体重、胴体重，并结合附睾精子检查得出：山西地区划分标准为体重在30g以上视为成年，内蒙古鄂尔多斯市达拉特旗则为40g。现有比较详细的是对塔里木盆地子午沙鼠的报道：

①Ⅰ龄，幼体组：胴体重35g以下，雌雄平均体重分别为（40.3±5.63）g和（40.3±5.68）g。平均体长分别为（107.3±6.86）mm和（108.3±6.25）mm。平均尾长分别为（111.5±7.28）mm和（113.4±6.56）mm，为2.5月龄内。

②Ⅱ龄，亚成体组：胴体重为35.1～45 g，雌雄平均体重分别为（53.3±3.81）g和（53.5±4.23）g，平均体长分别为（118.5±5.18）mm和（118.7±6.06）mm，平均尾长分别为（123.3±6.14）mm和（123.2±6.29）mm，为2.5～6月龄。

③Ⅲ龄，成体Ⅰ组：胴体重为45.1～55 g。雌雄平均体重分别为（64.8±5.48）g和（63.8±4.88）g。平均体长分别为（125.8±6.44）mm和（125.4±6.02）mm，平均尾长分别为（128.5±6.40）mm和（128.9±6.36）mm，为6～12月龄。

④Ⅳ龄，成体Ⅱ组：胴体重为55.1～70 g，雌雄平均体重分别为（77.7±4.98）g和（79.2±6.20）g，平均体长分别为（135.2±6.13）mm和（135.8±5.04）mm，平均尾长分别为（131.9±6.42）mm和（132.4±7.19）mm，为1～2年龄。

⑤Ⅴ龄，老龄组：胴体重为70 g以上，雌雄平均体重分别为（88.8±2.33）g和（95.3±10.16）g，平均体长分别为（139.0±2.71）mm和（143.8±4.78）mm，平均尾长分别为（134.3±2.99）mm和

（139.0±2.58）mm，为 2 年龄
以上。

四、种群数量动态

（一）季节动态

以内蒙古鄂尔多斯市达拉特旗
1991—1998 年的资料为例，子午
沙鼠的种群数量季节变动曲线呈现
出双峰型特征，分别在 5 月和 7
月，前峰高于后峰，10 月数量最
低，约为 4 月的 40%（图 24 - 13 -
1）。各年间具体峰值有所变化，但
总的来说，前峰在 4～5 月，后峰
在 7～9 月。而在宁夏地区，子午
沙鼠峰值也出现在 5 月和 7 月，但
后峰高于前峰，即秋季数量高于春
季数量。

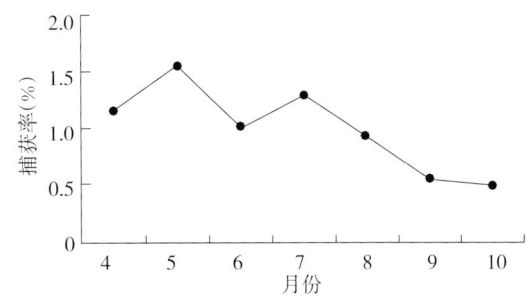

图 24 - 13 - 1　1991—1998 年子午沙鼠数量季节变动曲线（引自董维惠等，2005）
Figure 24 - 13 - 1　Variation of population densities of *Meriones meridianus* from 1991 to 1998（from Dong Weihui et al.，2005）

（二）年间动态

1991—1998 年内蒙古鄂尔多
斯市达拉特旗子午沙鼠种群数量在
1991 年和 1992 年经历了上升期，
1993 年和 1994 年为高峰期，1995
年和 1996 年为下降期，1997 年和
1998 年为低谷期（图 24 - 13 - 2）。
经计算，种群密度标准差 S =
0.277 6＜0.5（n＝56），表明子午

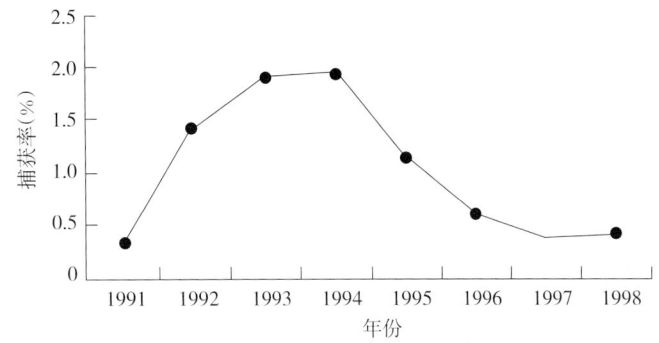

图 24 - 13 - 2　1991—1998 年子午沙鼠数量季节变动曲线（引自董维惠等，2005）
Figure 24 - 13 - 2　Seasonal variation of population densities of *Meriones meridianus* from 1991 to 1998（from Dong Weihui et al.，2005）

沙鼠年际变动无明显周期性。其原因可能是监测时间较短，种群还未走出低谷期，需要更长期的监测数据
才能反映出其周期性。

（三）预测预报

以内蒙古鄂尔多斯市达拉特旗 1991—1996 年的资料为例，建立子午沙鼠的预测预报模型，分为短、
中、长三类：

（1）短期预测模型。用当月捕获率（x）预测下月或隔月的捕获率（y）：

预测下月捕获率：$y=0.3459+0.6645x$（$df=22$，$r=0.638＞r_{0.01}=0.573$）

预测隔月捕获率：$y=0.4896+0.4717x$（$df=18$，$r=0.463＞r_{0.05}=0.444$）

（2）中期预测模型。利用当年捕获率（x）预测下年的捕获率（y）：

$$y=0.5844+2.0474x（df=2，r=0.999＞r_{0.01}=0.990）$$

（3）长期预测模型。利用当年 5 月繁殖指数（x）预测下年的捕获率（y）：

$$y=0.1479+1.9722x（df=4，r=0.814＞r_{0.05}=0.811）$$

五、防治技术

（一）农业防治

使用毒饵防治子午沙鼠时，重点要选择适宜的诱饵及投饵方法，并应掌握在初春鼠类食物青黄不接之
际进行。最佳防治时机应设于每年的 2～3 月。

（二）生物防治

参考第 12 节长爪沙鼠。

（三）物理防治

参考第 12 节长爪沙鼠。

（四）化学防治

针对子午沙鼠比较有效的和安全的防治方法是使用抗凝血杀鼠剂，如溴敌隆、敌鼠钠盐等。以新疆吐鲁番灭鼠试验为例：0.006%溴敌隆和 0.05%敌鼠钠盐防治子午沙鼠的最早死亡时间分别为 5d 和 9d，这段时间足以保证绝大多数鼠类取食，以达到最大限度的杀灭效果。

总之，防治子午沙鼠等农田害鼠，不能使用单一办法，应采用综合防治技术措施，以短期突击与长期巩固相结合，药剂防治与器械捕杀相结合，做到联防普治，全面覆盖，以彻底控制其为害。

王大伟　刘晓辉（中国农业科学院植物保护研究所）

第 14 节　大　沙　鼠

一、分布与危害

大沙鼠（*Rhombomys opimus* Lichtenstein），隶属啮齿目鼠科大沙鼠属，又名大沙土鼠。染色体数 $2n=40$。模式标本产地为咸海附近阿拉尔卡拉库姆。

大沙鼠为亚洲中部荒漠中的典型鼠种之一。在我国的分布区西起新疆维吾尔自治区裕民县巴尔鲁克山西麓和中哈边界的阿拉山口一带，由此分南北两条线向东延伸。南线经博乐，沿精河、乌苏、沙湾等县的天山北麓，至玛纳斯县城附近，经昌吉、呼图壁、米泉，沿阜康、吉木萨尔、奇台等县的博格达山北麓，至木垒大石头（在此沿山谷延伸到哈密的七角井北部），再向东北沿巴里坤山、天山北山的北麓，绕喀尔力克山北麓、东麓和南麓至哈密一带，然后东折经哈密沁城附近至甘肃安西的明水，环马鬃山北、东和南麓至敦煌，由此南行至南湖一带东折，经河西走廊南缘的玉门、嘉峪关、酒泉、高台、临泽、张掖、山丹、永昌等县至民勤，由此再向东，经腾格里沙漠至内蒙古阿拉善左旗的乱井一带，转向北，经磴口、杭锦后旗，至乌拉特后旗的潮格温都尔，然后东折向乌拉特中旗，经达尔罕茂明安联合旗腾格淖尔、四子王旗卫境和脑木根、苏尼特右旗查干特格，绕经苏尼特左旗的赛汗高毕，止于二连浩特市北部的中蒙边界。由此向西沿阿尔金山北坡，延伸至瓦石峡河谷。北线沿巴尔鲁克山南麓，向东绕经玛依尔山，至克拉玛依市的乌尔禾、和布克赛尔夏子街，沿古尔班通古特沙漠北缘东行至杜热附近，后沿乌伦古河南岸至中蒙国界（彩图 24-14-1）。在国外的分布区西起里海沿岸的哈萨克斯坦、土库曼斯坦、伊朗东北部，跨乌兹别克斯坦大部、吉尔吉斯斯坦、塔吉克斯坦、阿富汗及巴基斯坦部分地区，向东达中国西北部，蒙古国南部及俄罗斯部分地区。在北非的撒哈拉沙漠亦有分布报道。

大沙鼠是荒漠梭梭林的主要害鼠，为重要农业害鼠之一。其巢穴上的植被破坏严重，几乎变成不毛之地。密度高时平均有效洞口可达 1 300 个/hm²。常造成荒漠植物早期死亡，影响其自然更新。对我国新疆、内蒙古及甘肃河西走廊的梭梭林生长影响严重，仅内蒙古阿拉善盟的大沙鼠分布危害面积就达 335.06 万 hm²。在甘肃省民勤县人工固沙梭梭林，大沙鼠的为害株率可达 100%，1/3 枝条受害的株数占 59.04%，2/3 枝条受害株数占 32.23%，死亡株数占 8.73%。其种群数量动态对于荒漠梭梭林生态系统稳定性具有十分重要的影响，是荒漠牧场和固沙造林的主要害鼠，对荒漠地带的生态环境影响巨大。

大沙鼠是鼠疫自然疫源地的主要储存宿主。在中亚地区大沙鼠还是乡村型皮肤利什曼病自然疫源地的重要保虫宿主，也是保存和传播李斯特菌病、蜱传回归热、Q 热、无黄疸性钩端螺旋体病等自然疫源性疫病的媒介之一。

另一方面，大沙鼠的掘洞、采食等行为会在一定程度上改善洞区土壤水肥状况，有利于土壤微生物尤其是真菌的生长发育，能够提高沙漠草本植物物种多样性，并导致半灌木衰败。洞区的植物群落在一定程度上显现出次生演替的特征。

二、形态特征

体长 150mm 以上；尾长 130～160mm；后足长 36～47mm；耳长 12～17mm；颅全长 39～47mm；体重 169～275g。

大沙鼠（彩图 24‑14‑2）体形较大，是沙鼠亚科中体形较大的种类；耳前折时不达眼；尾粗大，略短于体长；毛色变异较大，一般夏季毛色浅，冬季毛色深暗。夏毛额部和背部暗沙黄或暗黄褐色，毛基灰色，中段沙黄，尖端黑色或褐色。体侧、颊、眼下及眼后和耳后毛色较背部浅。耳基前端具一小簇黄色毛，耳基后面毛纯白，并形成一小圆形白色斑块。体侧毛基灰色，上段浅黄或锈黄色，不具黑色毛尖，故比背部毛色浅。腹部、前肢内侧毛基暗灰，端部污白，并略带黄色。四肢外侧和后足跟部被有少量黄色或红锈色毛。尾上下同色，远较背部色深，显鲜沙黄或浅锈红色，靠近尾端后半段具黑色或棕黑色长毛，背面多于腹面，愈向后黑毛愈多，在末端形成笔状毛束。爪粗壮而锐利，呈暗黑色。耳完全有毛覆盖。

头骨（图 24‑14‑1）粗壮而宽大。鼻骨较长，超过颅全长 1/3，呈前后端几等宽的长条状。额骨长而宽，前部中央向下凹，老龄个体尤为明显。眶上嵴明显向后形成一颞嵴，向侧面转到顶间骨。顶骨短，两前外侧角不明显前突。顶嵴明显，向前与眶上嵴相接，向后延伸达顶间骨外角处再向两侧弯曲。顶间骨近于椭圆形，前端突入两顶骨间呈弧形，中央具尖突，后端弧度较小，近平直。门齿孔狭长，其后缘不达臼齿前缘连线。前腭孔狭长，其后缘不达臼齿列之间的连线。后腭孔细小。听泡不显著膨大。

上门齿唇面各具两条纵沟，外侧一条较深，内侧者接近上门齿内侧缘，细而浅。臼齿咀嚼面比较平坦。由内外珐琅质壁折叠将齿冠围成椭圆形的齿环。M^1 的咀嚼面具 3 个椭圆形齿环，齿环中间相通，M^2 具2 个椭圆形齿环，M^3 靠近中部具一浅的凹陷，呈明显双裂。下颌 M$_3$ 没有凹陷，呈环形。

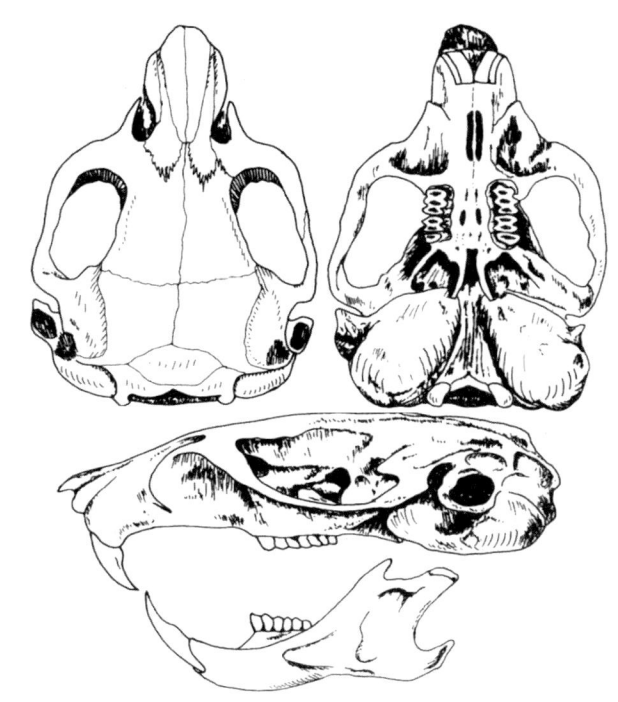

图 24‑14‑1　大沙鼠头骨（引自罗泽珣等，2000）
Figure 24‑14‑1　The skull of *Rhombomys opimus* (from Luo Zexun et al.，2000)

三、生活习性

大沙鼠是典型荒漠啮齿动物，栖息于白刺、盐爪爪丛生的沙地或风成沙丘上的灌木、半灌木所固定的沙丘、沙地或以梭梭、怪柳为主的沙丘底部。主要分布在固定、半固定沙丘的中、下部。在荒漠草原地带呈不连续的岛状分布，戈壁、新开垦的地带无其踪迹。可分为两种类型：平原黏土梭梭荒漠，生境中缺少砾石结构，生长着茂密的梭梭、琵琶柴、沙拐枣和多种荒漠短期植物，鼠的分布成"岛状"，洞群连片，洞口堆积高大土丘；山谷梭梭麻黄砾石荒漠，多为山地山口附近的低矮丘陵地带，洞群分布沿谷呈带状，洞口堆积土丘较小。其栖息地的表层土壤一般比较疏松，有一定的厚度，细土层厚度一般不少于 70 cm。有的学者认为地下水位可能影响大沙鼠的栖居，6～12 m 深的地下水位最适宜于大沙鼠的栖居。

大沙鼠的洞群的景观特征显著，以植被和土壤受扰动后形成的斑块为外部特征，镶嵌在大环境背景中极易辨识。大沙鼠的整体分布格局为岛状聚集分布，是以家族和复杂集群洞系为单位的群居性鼠种，生活在同一洞穴系统内的一个家族通常由 2～3 代大沙鼠组成，其家庭成员数量有明显的季节变化，春季少于秋季。成员少时 2 只，多可达 10 多只。分布区内，其喜在土质松软，便于挖掘但又不易坍塌的地方打洞，洞系一般位于坡地的下部，完全避开平坦的地方。巢区面积与植被的覆盖度、食物等条件有关。其巢区的最大面积可达 1 962 m^2，最小面积为 90 m^2，平均为 635 m^2。地形因素对大沙鼠的巢域选择有很大的制约作用，丘间地是主要的建巢地形。

大沙鼠洞系庞大且结构复杂，地面出口甚多，形成明显的密集洞群。洞道复杂，分支甚多，曲折交错，相互连通。洞穴的单个洞道长度可达40 m以上，垂直深度可达2.5 m，洞道分2～3层不等，最上层距地面20～40 cm。洞口直径6～10 cm，常有细小的梭梭枝条散落在洞口周围，活动痕迹明显。洞口有小土丘，直径可达80～120 cm，高达40～60 cm，占地1～2m²不等。由于洞道距地表较近，洞群往往自然塌陷或者当人、畜及车辆通过时受压下陷，造成人陷足、畜陷蹄、车陷轮的情况。洞道内空间分隔为仓库、厕所、窝巢等不同功能区域，各洞道纵横交织，每个洞系有1～2个窝巢，深10～40 cm，直径30～40 cm，常位于距地面1～3m。巢内垫有较细软的乱草，如芦苇叶、梭梭细枝、沙拐枣的茎皮和驼毛等。大沙鼠有重复利用旧洞的习性，一个复杂的洞穴通常是几代大沙鼠长期挖掘的结果。

大沙鼠对洞穴的利用呈季节性变化：冬季其栖息于洞系的深部，将浅部用作粮仓，夏季迁至洞系上部的干沙层中营巢做窝，繁衍后代。当年春季分窝出来的个体，首先挖掘有巢室而无粮仓的夏季洞，待繁殖季节结束后，再扩建而成冬季洞。夏、秋季，大沙鼠常选择背阴洞口出入，以避免阳光直射。由于此时幼鼠已出窝活动，但尚未分居，洞系内鼠密度高，洞口利用率增加，堵洞盗开率较高，洞口聚集度高。冬、春两季多风沙，由于分居、食物缺乏等因素，洞系内鼠密度下降，其洞口分布趋向于均匀分布。为了保持洞口温、湿度恒定，迎风处的洞口大部分废弃不用，被风沙掩埋后也不盗开。

大沙鼠食谱广泛，主要采食乔灌木和小灌木的枝条、禾本科植物以及大多数植物的绿色部分，喜食多种荒漠地区的耐旱植物，新疆古尔班通古特沙漠地区采食植物共计13科25种，而在哈萨克斯坦采食植物种类多达342种。其食量很大，胃重可达50g。大沙鼠的食物与栖息生境中可食植物种类组成相一致，并以栖息环境中的大宗植物为主要食物。新疆古尔班通古特沙漠地区，其春季主要采食囊果薹草和尖喙牻牛儿苗。夏季采食植物种类低于春季，主要为虫实、沙漠绢蒿、沙蒿和对节刺等。秋冬季主要以梭梭和膜果麻黄等建群种为取食对象。内蒙古地区，春季以速生植物和梭梭嫩枝为食，剥去外皮，只取食中央的木质部部分，初夏时，主要剥食外皮，当嫩绿色的新枝生成后，便完全取食这种肉质多汁的部分，冬季主要依靠秋季储存的食物越冬，也食地面上的种子和植物茎皮。大沙鼠不喝水，完全靠植物中的水分以供给机体水分的代谢需要。食物水分一般不能低于45%～50%，尤其在夏季。干旱季节选食含水分高的食物，冬季偏食营养价值高的食物。此外，大沙鼠也食农作物的谷粒。

大沙鼠夏秋两季有储存食物的习性，在储食期间，通常成年大沙鼠爬到梭梭树上较高处，用前肢抓住枝条，咬下绿色的枝叶抛向地面，包括幼鼠在内的其他家族成员则负责收集枝条并拖进洞穴内储存。在哈萨克斯坦，6月底至10月为大沙鼠储存食物时间段。每个大沙鼠家族有2～5个专用储食仓库，单个仓库储存量为1.5～20kg，整个家族洞区总储食量为10～50 kg，甚至更多。储粮时，将许多的梭梭枝咬断成5～7cm长的小段，拖回洞内，集成小堆，储于仓库中。有时也在地面储存食物，并在食物表面覆以沙土，其储存高度可达50cm，重量可达8kg。

大沙鼠储食种类随分布地植被类型不同而存在较大差异。阿拉善荒漠大沙鼠于9月中旬开始储存食物，主要储存碱蓬、沙蓬等草本植物和梭梭嫩枝条，至10月，一个洞系可以储存约15kg干草。腾格淖尔地区主要储存种类为盐爪爪、白刺和滨藜，以盐爪爪为主。大沙鼠拖食物入洞穴之前，通常将植物均匀摊在洞口前晾晒，摊开食物厚度为5～10cm，经晾晒的食物不易变质，更耐储藏。食物储存量依不同个体而异，同一家族内雄鼠储存食物较雌鼠为多。储存时间过长的食物会被推出洞穴遗弃，此类行为可能是由于储存食物的可食品质降低。

大沙鼠性情机警、胆怯，视觉、听觉均较发达。具有明显的领域行为，一般在洞群周围的梭梭树丛间，用腹中腺分泌物和肠道排泄物标记领域。与其反捕食需要警戒、瞭望等行为相适应，相对平坦、开阔、植被稀疏的环境便于及时发现和躲避天敌以减小被捕食风险，较高的植被覆盖度则不利于防范天敌。大沙鼠可保持两足站立姿势，并借此显著提高其警戒能力。2个社群之间可存在共同活动区域而不发生个体间的相互排斥，但家族式的生活方式使得大沙鼠呈现明显的聚集分布，从而导致社群之间对食物及活动空间的争夺非常激烈。

大沙鼠主要在白天活动，春、夏、秋季日活动频率呈明显的双峰型（图24-14-2）。在春季，由于食物缺乏，需洞外较长时间的活动，以取食为主，范围最大可达50 m，因开始进入繁殖季节，出现相互追逐和嫁娶行为；夏季，以清晨和傍晚活动最为频繁，表现为明显的双峰型；秋季天气逐渐转凉，需为过冬而大量储存食物，故而出现双峰；冬季日间活动只有1个高峰时段，即11：00～14：00，活动时间短，常常蹲在洞外，活动范围限于洞口数米距离内。其他时间多在地下活动，极少出洞。大沙鼠亚成体有夜间活动行为。

大沙鼠活动强度与积雪厚度和风力呈负相关，风雪天可整日不出洞。大沙鼠遭遇入侵者时有明显的警戒行为。当入侵者逐渐接近时，其会鸣叫报警，并继续站立或是躲入洞穴；报警的声音类型与其距入侵者的距离密切相关，当入侵者距离 28m 左右时，大沙鼠发出有规律的相对较慢鸣叫，距离 18m 左右时发出紧张急促的叫声，距离 12m 左右时发出尖锐的口哨声，由远及近，报警声音趋于更加强烈和紧张。危险解除时，大沙鼠也发出鸣叫信号，再慢慢重新出洞活动。执行保卫任务的多为雄鼠，几乎没有幼体参与。

对于不同捕食方式的捕食者，大沙鼠反应模式也不同。对于不能进入洞穴的犬科动物，其采取避入洞穴的方式逃避捕食；对蛇等的反捕食策略，则是尽可能阻止其进入洞穴，采用类似靠近并瞪视捕食者的策略。

大沙鼠的新物反应比较明显。如将鼠夹布置于洞口时，亚成体及以上年龄的个体将长时间不出来活动，或选择其他洞口进出，或将鼠夹用土掩埋后再活动，甚至借助土把鼠夹推离洞口。幼鼠则警惕性相对较低，常常在布夹后几分钟后即被捕获。成体大沙鼠受到惊扰进入洞穴后，通常会坚持很长时间不再出洞，而幼鼠则很快恢复，即便在紧急状况下，也会挖掘几下洞口的土再进洞。

在日间活动时间分配上，大沙鼠大部分时间在地下度过，地表活动时间仅占其日间总时间的 20%。

大沙鼠在全年的活动为双峰形曲线，即全年活动出现 2 个高峰期，5～6 月为第一个高峰期，7～8 月略有下降，9～10 月达到第 2 个高峰期（图 24-14-3）。

扩散是大沙鼠适应环境的有效途径之一，当食物和隐蔽条件不断恶化时，大沙鼠将重新选择巢区，并常伴有短程迁徙的扩散行为。此外，当大沙鼠幼仔在翌年分窝时会发生种群扩散，除分窝外，食物、栖息地、种内及种间竞争、巢区扩展等因素皆可导致大沙鼠扩散。但就扩散距离而言，大沙鼠扩散能力相对较弱。Burdelov 等（1964）在哈萨克斯坦巴尔喀什湖区标记的 4 063 只大沙鼠，其中大部分活动距离 50～

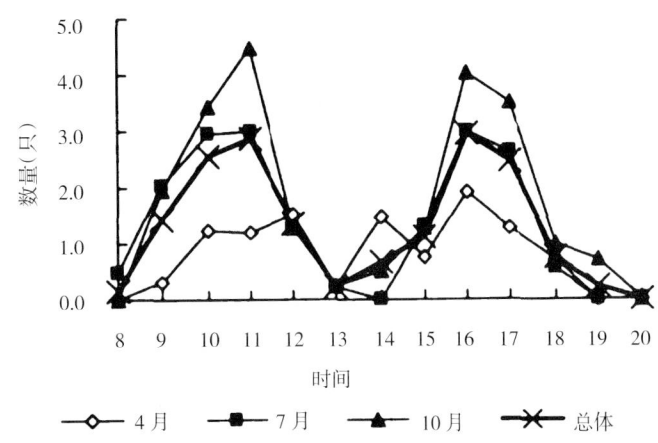

图 24-14-2　甘肃民勤腾格里沙漠大沙鼠春、夏、秋季日活动频率（引自马俊梅等，2008）

Figure 24-14-2　Activity frequency of *Rhombomys opimus* in Tengger Desert in Minqin, Gansu (from Ma Junmei et al., 2008)

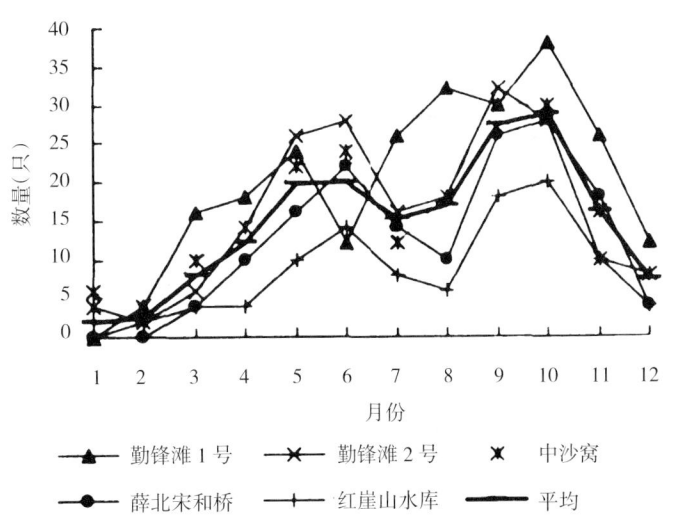

图 24-14-3　甘肃民勤腾格里沙漠大沙鼠不同月份活动频率（引自马俊梅等，2008）

Figure 24-14-3　Seasonal activity frequency of *Rhombomys opimus* in Tengger Desert in Minqin, Gansu (from Ma Junmei et al., 2008)

200m，仅有 65 只个体扩散距离达 1.5～5.5 km。Лобачев（1974）使用放射性锶标记，显示其扩散距离可达 1～17.5 km。大沙鼠最大迁移距离可达 70 km。

大沙鼠家族通常由 1 只成年雄鼠和 1～3 只成年雌鼠（多可达 7 只）及一些幼体和亚成体组成。其性比稳定，一般雌性多于雄性，且季节性变化不明显，但年度间有差异，2007—2010 年，新疆中哈边境地区的雌雄性比 2010 年最高为 0.69，2007 年最低为 0.45。夏秋季单个洞群内往往由一至几只雄性成体、1

只雌性成体和数只幼体、亚成体组成。幼鼠越冬时，与雌鼠一起，翌年春天繁殖开始或幼体成年后，雌鼠留在出生巢区，雄鼠扩散出本社群，社群内的雌鼠皆有亲缘关系，但在社群密度低的年份，有些雌鼠可在无成年雄鼠存在的情况下与幼鼠或亚成体共同生活，形成无定居成年雄鼠社群结构。邻近巢区雄鼠呈规律性潜入雌鼠领域与之交配。为确保成功繁殖，竞争交配对象，繁殖期同性个体之间的竞争会加剧，但繁殖期过后，同性之间的关系趋于相对缓和。繁殖期雌鼠行为主要表现在对食物和活动空间的占据，雄鼠表现为努力接近雌鼠，二者都以成功繁殖为最终目的。

大沙鼠性成熟期为 5～8 个月，只有越冬鼠参与繁殖。当年生幼鼠达到性成熟时，已过繁殖期；另外，只有分窝后的个体才参与繁殖，而其分窝时间至少在 11 月甚至更晚，此时大沙鼠的繁殖期已过，因此当年鼠不可能参与繁殖。雌雄个体的繁殖期基本相同，但雄性繁殖启动一般比雌性稍早。2 月时，已有少数雄性个体睾丸开始下降并具有成熟的精子产生；3 月睾丸下降的个体数逐渐增多，4 月达高峰，一直持续到 8 月，从 9 月开始大部分个体睾丸萎缩，只有极少数个体睾丸下降，个别个体可延迟至 10 月。11 月到翌年 1 月无睾丸下降的个体。期间，大沙鼠开始进入储粮、育肥阶段，繁殖活动停止，以减少能量消耗，有利于度过食物缺乏的冬季。

大沙鼠通常每年 3 月末进入繁殖季节，出现交尾行为，可持续至 9 月底，繁殖高峰期为 5～7 月，不同的地区可能存在差异。在我国新疆北部地区，4 月越冬雌鼠妊娠率可达 20.9%，5 月达妊娠高峰，为 82.3%，6 月、7 月妊娠率略有下降，分别可达 73.6%、76.5%；8 月、9 月妊娠率降至 36.8%～38.7%。内蒙古达茂旗腾格淖尔地区的大沙鼠有 5 月和 7 月两次繁殖高峰，和巴彦淖尔盟白音查干地区的调查结果相比，第二个繁殖高峰提前了 1 个月。

大沙鼠妊娠期约 25d，每窝产仔一般为 4～7 只，最少的 1 只，多可达 11 只。内蒙古达茂旗腾格淖尔地区调查显示，4～11 月的子宫斑数量呈正态分布，平均为 (6.2±1.9) 个（图 24-14-4）。

不同分布区的大沙鼠一年的繁殖次数也有所不同，中亚卡拉库姆沙漠东部地区的大沙鼠仅在 3～4 月初繁殖一次。而在该区西北部，每年可于 3 月初、5 月初和 9 月间繁殖 3 次。新疆北部的大沙鼠在较好的气候及食物条件下，每年至少 2 窝，部分雌鼠在秋季可生第三胎。内蒙古阿拉善和巴彦淖尔地区大沙鼠每年最多可繁殖 3 窝。雌性除幼体组外，亚成体以上鼠均可怀孕，但亚成体怀孕率低，由于当年生大沙鼠不参与繁殖，怀孕的亚成体均为前一年 8～10 月所生个体。成体是大沙鼠种群繁殖的中坚力量，其和老体鼠均可参与第三胎繁殖。

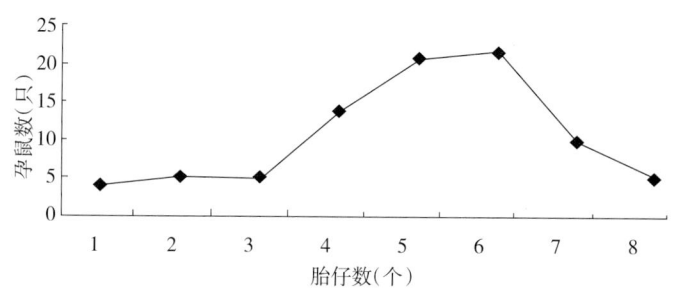

图 24-14-4　2006 年内蒙古达茂旗腾格淖尔地区大沙鼠的
子宫斑数量分布（引自赵天飙等，2006）

Figure 24-14-4　The uterus spot number of *Rhombomys opimus* in Tenggenaoer, Damao County, Inner Mongolia in 2006 (from Zhao Tianbiao et al., 2006)

四、种群数量动态

大沙鼠种群来年春季前的存活率约为 10%，90% 的个体可能于严酷的冬季死亡。非暴发年份，其种群数量（在每年的同一个季节）能多年大体保持于同一个水平，种群年均死亡数约等于年均成活的幼仔数。虽种群总体性比雌性多于雄性，但不同年龄组差异很大，幼体、亚成体、成体 I 3 个年龄组中雄鼠数少于雌鼠数，到成体 II 组则雄性多于雌性，老年组雄鼠数量远高于雌鼠。由此推测雌性生长发育过程中的死亡率比雄性高。

与大沙鼠繁殖特点相对应，其种群数量呈明显的单峰形季节波动，每年的 2 月种群密度最低，8 月数量最高，6 月和 10 月的密度仅次于 8 月，随后逐渐下降（图 24-14-5）。一个洞系内的群体，早春至晚秋结束繁殖时，种群密度可增加多达 6 倍，大量闲置洞群被重新使用。冬季，由于气候环境恶劣，大量个体死亡，种群密度锐减，重新出现大量废弃洞群。

从多年的监测数据来看，大沙鼠种群数量有高峰期和低谷期差异。据内蒙古资料，自 1966 年起，在

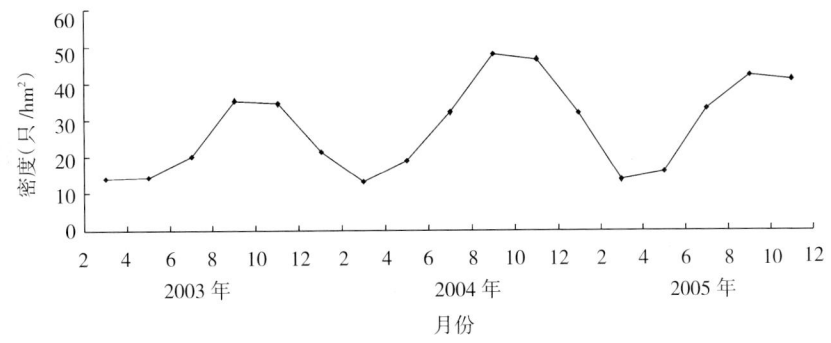

图 24 - 14 - 5　2003—2005 年内蒙古达茂联合旗腾格淖尔地区大沙鼠种群密度季节性变化（引自赵天飙等，2006）

Figure 24 - 14 - 5　The seasonal changes of population densities of *Rhombomys opimus* from 2003 to 2005

in Tenggenaoer, Damao County, Inner Mongolia (from Zhao Tianbiao et al., 2006)

许多地区大沙鼠的数量一直处在下降和低水平中。利用 Ostfled 种群密度标准差或 Taitt 和 Krebs 的种群密度自然对数方差标准对 1980—2009 年古尔班通古特沙漠东段大沙鼠秋季种群密度的判别表明，该地区大沙鼠种群存在周期性波动（图 24 - 14 - 6，图 24 - 14 - 7）。

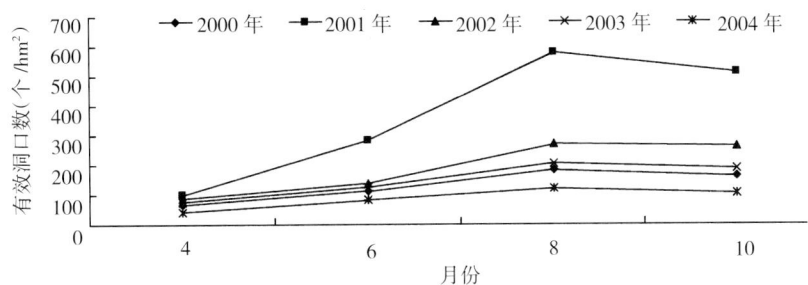

图 24 - 14 - 6　新疆古尔班通古特沙漠东段 2000—2004 年 4～10 月大沙鼠密度（引自党惠才等，2010）

Figure 24 - 14 - 6　The population densities of *Rhombomys opimus* from 2000 to 2004 in the eastern

Guerbantonggute desert of Xinjiang (from Dang Huicai et al., 2010)

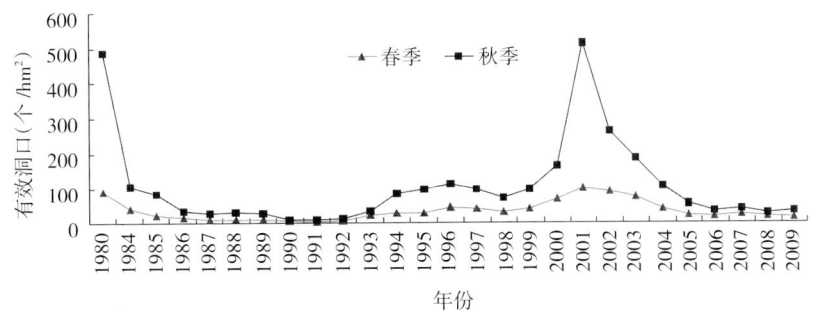

图 24 - 14 - 7　新疆古尔班通古特沙漠东段 1980—2009 年大沙鼠春、秋季密度年度动态（引自党惠才等，2010）

Figure 24 - 14 - 7　The annual dynamic of population densities of *Rhombomys opimus* from 1980 to 2009

in the eastern Guerbantonggute desert of Xinjiang (from Dang Huicai et al., 2010)

赵天飙等（2007）指出大沙鼠的种群密度和当年降水量的变化基本一致，但密度的升高和降低总是滞后于降水量。其种群密度的年数量变化呈单峰型：每年的 2～4 月，种群密度最低，从早春开始，密度逐渐增加，此后，随着降水量的增加，牧草逐渐返青，个体开始进入繁殖期，随着幼体的出窝活动，种群密度逐渐增加，8～10 月达到最大值，此时当地的降水量也达到最大。此后种群密度逐渐下降。降水量通过植物资源影响大沙鼠的食物来源和繁殖。荒漠中植物的丰富量取决于当年 10 月至翌年 5 月间的降水量，而期间植物资源的丰富量对大沙鼠的营养积累和储量越冬影响明显，进而影响翌年 4 月的繁殖情况。这期间降水量大的年份，大沙鼠的数量增多，降水量小的年份，其数量就降低。另一方面，大沙鼠的生态位与子午沙鼠的生态位重叠指数大，对于资源的利用竞争性强。降水量减少引起的食物资源匮乏，使种间竞争压力加剧，进一步影响其种群数量。俄罗斯学者 20 世纪 50 年代在咸海北岸荒漠的调查结果显示，1946—1956 年的 11 年间，该地区由于降水量低，没有监测到大沙鼠大量繁殖的情形，而在 1946 年降水量最大的一年里，大沙鼠的数量增加到原来的 3 倍，一些地段甚至增加到原来的 7 倍。罗泽珣等（2000）也阐述了大沙鼠种群数量与降水量的关系，认为在内蒙古分布区冬春两季降水量大的年代，其数量成倍增加，反之，其数量则减少。2005 年腾格淖尔地区的全年降水量不足百毫米，极度干旱，在该地区没有发现繁殖第三胎的个体，10 月至翌年 5 月的降水量指标可以用来预测大沙鼠种群的数量。2003—2005 年腾格淖尔地区大沙鼠种群调查数据分析发现，4 月的种群密度直接影响着当年 8 月和 10 月的密度，可以用 4 月的密度来预测当年 8 月和 10 月的密度。4 月密度高的年份，当年 8 月和 10 月种群密度也大，反之亦然。

温度因子能直接影响大沙鼠的繁殖，冬季低温时间越长，来年春季种群数量越低，全年将处于低数量期。新疆精河县甘家湖荒漠梭梭林地区 2003 年的倒春寒使部分大沙鼠的繁殖推后，而当年秋季寒流到来较往年早，大沙鼠提前进入繁殖休止期，全年的雌鼠妊娠率及雄鼠贮精囊膨大率都较前一年降低，但当年植物的生长状态良好。

大沙鼠种群年龄结构存在明显的季节变化和年度变化。赵天飙等（2006）1979—1980 年及 2003—2005 年在内蒙古达茂联合旗腾格淖尔地区的调查数据显示，1979—1980 年幼体比例较高，可达 22.79% 和 35.18%，但 2003—2005 年，全年种群幼体比例不超过 15%。从季节变化来看，1~3 月，成体 I 和成体 II 的比例较大，其次是老体。进入繁殖期后，幼体和亚成体比例逐渐上升，到秋、冬季幼体和亚成体比例下降，而成体 I、成体 II 和老体的比例再次上升。2003—2004 年，在繁殖期（4~10 月）其种群年龄结构呈稳定分布，非繁殖期（2 月和 12 月）虽仍呈稳定型年龄结构，但幼体为 0（图 24-14-8、图 24-14-9）。新疆维吾尔自治区精河县甘家湖荒漠梭梭林地区的调查显示，大沙鼠种群春季为增长型，夏季种群年龄结构呈稳定分布，秋季虽仍呈稳定型，但幼体已明显减少，种群有向衰老型年龄结构转化的趋势。

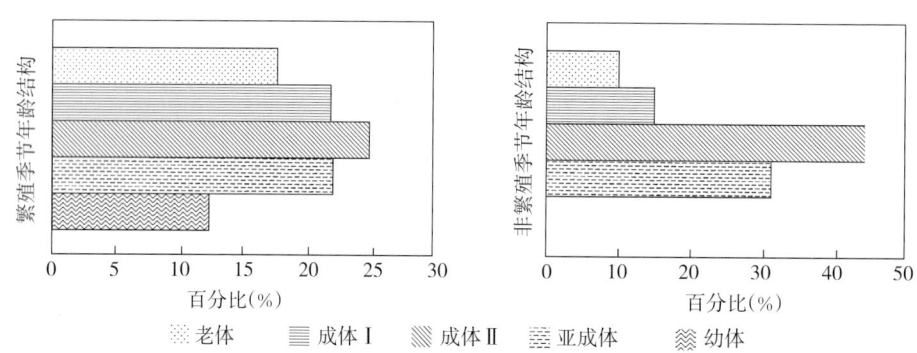

图 24-14-8　2003 年内蒙古达茂联合旗腾格淖尔地区大沙鼠种群年龄结构（引自赵天飙等，2005）

Figure 24-14-8　The age structure of *Rhombomys opimus* population in 2003 in Tenggenaoer, Damao County, Inner Mongolia（from Zhao Tianbiao et al.，2005）

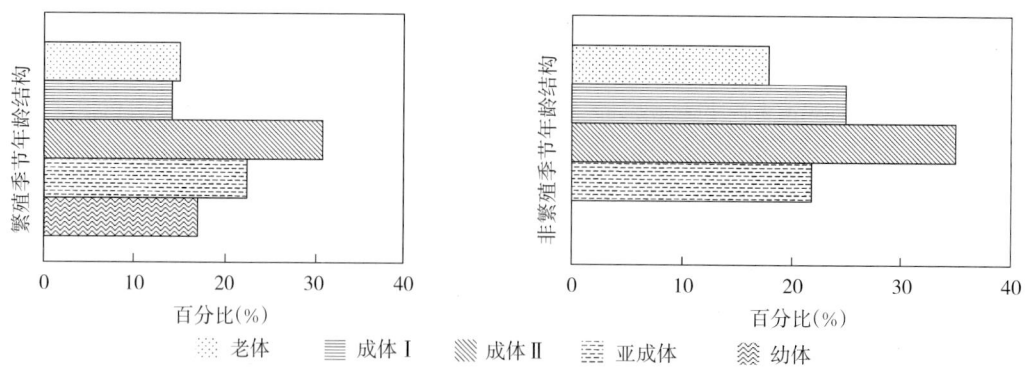

图 24-14-9　2004 年内蒙古达茂联合旗腾格淖尔地区大沙鼠种群年龄结构（引自赵天飙等，2005）

Figure 24-14-9　The age structure of *Rhombomys opimus* population in 2004 in Tenggenaoer, Damao County, Inner Mongolia（from Zhao Tianbiao et al.，2005）

五、防治技术

大沙鼠是典型的荒漠鼠类，其栖息区的生态环境脆弱，对防沙治沙工作影响严重，是新疆、内蒙古、甘肃等草原大省主要防治对象之一，防治手段多样。

鼠类成灾的直接原因是害鼠种群密度的过度增长，而最根本的原因则是生态系统的失衡。就大沙鼠而言，其取食对梭梭的影响并不总是表现为危害，轻度的取食可刺激梭梭新梢的萌发，激发其超补偿作用，对株高的影响不大，适度的取食还会促进冠幅增加，随着取食强度增加，逐渐限制了梭梭的生长，直至造成危害，其临界范围为单株枝条受害率 30％～50％。

加强荒漠草地资源的科学合理使用，采取围栏封育、划区轮牧、禁止滥砍滥伐等措施，保护天然梭梭林资源免遭人类过度利用。结合退牧还草、适时适地改良补播、飞播等生态建设、草原建设、草畜平衡等多项措施，进行人工增雨、人工栽植和补播固沙植物梭梭、柽柳、沙拐枣、麻黄等活动，增加恢复梭梭林区域的植物多样性及生物量，加强森林的自我调节功能，防治乃至扭转荒漠地带的荒漠化进程，降低大沙鼠最适栖息地面积，是持续控制大沙鼠发生的根本性有效措施。2002 年，阿拉善左旗开始退牧还草工程，对天然草原进行禁牧休牧和围栏封育。据 2005 年的调查数据，禁牧区的植被盖度由 10％增加到 14％，害鼠校正灭洞率为 52.7％，校正枝梢减退率为 59.9％，明显高于对照区。

当鼠类种群被其他因素（如气候、人为因素）压低后，天敌能起到调控鼠类种群的作用。大沙鼠的防治中，应重视鼠类天敌的保护，积极推广生物防治的方法。大沙鼠的天敌包括狐狸、黄鼬、蛇及多种猛禽类动物。严格控制盲目猎杀天敌生物，科学施药，减少剧毒化学杀鼠剂的投放，建立招引天敌设施，为其创造生活及繁殖的有利条件，如人工堆石招蛇，人工繁殖放养食肉兽，设置猛禽栖架等措施，以增加天敌的可遇率和捕食效率。在常规化学防治下或在低密度情况下，这些措施能够有效地使害鼠密度较长时间稳定在低水平。

设置猛禽栖架可以有效地增加猛禽在该区域的活动频率。新疆部分地区的猛禽招引试验显示：招引设施建立 1 个月后，招引区内猛禽的数量是对照区的 2 倍，所有猛禽在招引区都比对照区出现得更频繁，红隼（*Falco tinnunculus*）和棕尾鵟（*Buteo rufinus*）在招引区出现的数目分别是对照区的 6 倍和 11 倍。8 个月后，根据洞群密度调查的大沙鼠数量招引区明显少于对照区，有的观察点几乎没有大沙鼠。在大沙鼠栖息区，栖架的设置地点及防治效果与地形和荒漠植被类型有关，猛禽倾向于将巢址选择在害鼠分布密度比较大的地区。在沙丘起伏、地形复杂的区域，栖架应建立在沙丘顶部，以利于猛禽的观察捕食。在梭梭林区应少建或不建。

观察、掌握大沙鼠的生活习性及活动规律，利用其冬季群居和大量储存食物的特性，可于秋冬季节组织人力采用挖掘鼠洞、破坏其栖息环境、清理冬储食物的措施，使其难以越冬。也可采取传统的鼠夹、鼠笼等工具进行灭杀。夹笼等诱饵的选择可因地制宜地采用梭梭嫩枝、油饼、胡萝卜等，其中，梭梭嫩枝和油饼的诱惑力显著高于胡萝卜。

使用化学杀鼠剂是目前大沙鼠防治的主要措施，及时了解害鼠发生、发展动态，准确对鼠害发生发展进行预报，是鼠害防治科学决策的前提。不同类型分布区的大沙鼠防治经济阈值有异，甘肃民勤地区针对梭梭林的防治研究认为其危害指数 0.2 以上或捕获率在 6.64％ 以上时就需采取防治措施。而对于内蒙古阿拉善地区的肉苁蓉种植区，大沙鼠的防治经济阈值应该低得多。加强不同类型分布区防治阈值的研究，是化学防治科学合理的重要步骤。

化学防治可从灭杀和驱避两个角度来防止大沙鼠的啃食，采用高效低毒、对环境副作用小、对人畜及天敌动物安全的新型灭鼠药物，如多功能防啃剂、不育剂、植物杀鼠剂和 C 型肉毒梭菌毒素等均取得了一定的防治效果。其最适防治时期是每年春季，以 4 月效果最好，此时其储存的越冬食物消耗殆尽，其取食选择性不强。投药区域应主要为沙土梭梭林和壤土梭梭林，戈壁梭梭林密度很低，不需防治。

大量的防治实践显示：溴敌隆和 C 型肉毒梭菌毒素等均被大量应用于对大沙鼠的防治实践中，效果均可达 70％以上。2000 年，内蒙古巴彦淖尔盟地区，春季用胡萝卜作基饵，秋季以梭梭的幼枝、叶、种子作基饵，使用 C 型肉毒梭菌毒素、溴敌隆诱杀大沙鼠，均取得很好的效果。C 型肉毒梭菌毒素的药效作用时间较长，一般应在投饵后 5d 调查防治效果。从基饵的选择来看，胡萝卜、玉米、小麦、梭梭嫩枝 4 种基饵中，梭梭嫩枝的适口性最好，胡萝卜作为基饵对大沙鼠的防治效果要远远高于小麦、玉米等常规基饵。最佳的投药方式为洞口投药，每堆2～3g。交通不便的沙区、偏远山区可进行飞机投饵。

化学杀鼠剂使用的过程中，应加强杀鼠剂使用研究，选择合适时期、合适剂量、合适投药方式科学规范使用，尽量减少杀鼠剂的使用量。

大沙鼠的防治应施行"生态治理优先、生物化学结合、践行天敌控制、因地制宜施策"的综合治理对策。首先，以尽量减少化学杀鼠剂用量为宗旨，以自然生态调控为基础，加强大沙鼠生态规律的全面调查和深入研究，探求各种生态因子和环境变化对大沙鼠种群数量的影响，以环境协调性和可持续控制为着眼点，综合采用生态治理的各项措施，建立平衡稳定的荒漠植被生态系统，并维持系统的长期稳定性和提高系统的自我调控能力。对于为害严重的区域，采取化学防治，推广并应用低毒高效化学杀鼠剂及生物农药（如肉毒素），采用科学合理的投放量及投放方式，按治理目标降低害鼠的种群密度；对非严重为害区域采用加强天敌措施的控制作用，辅以物理防治措施，逐步完善大沙鼠综合治理措施，使害鼠数量持续保持在经济阈值水平以下，实现荒漠地区大沙鼠为害的可持续控制。

王登（中国农业大学）

第15节 印度地鼠

一、分布与危害

印度地鼠（*Nesokia indica* Gray），隶属啮齿目鼠科地鼠属。染色体数2n＝42。模式标本产地为印度。

印度地鼠多见于荒漠、灌溉田地和河谷地带，分布区海拔高度一般不超过1 600m。分布范围广泛，整个分布区自西从埃及东北部通过阿拉伯半岛，向东到我国西北部（新疆）。在新疆境内，主要分布于天山以南的吐鲁番盆地，巴音郭楞蒙古自治州的库尔勒、轮台、和静、和硕、博湖、尉犁、若羌、且末、焉耆各县，阿克苏地区的柯坪、乌什、温宿、拜城、库车、新和、沙雅、阿瓦提等县，喀什地区的疏附、疏勒、伽师、巴楚、麦盖提、叶城、泽普、莎车、岳普湖、英吉沙等县，和田地区的皮山、墨玉、洛浦、和田县、和田市、策勒、于田、民丰各县（市）（彩图24-15-1）。在北非主要分布于埃及尼罗河三角洲西部地区，在中东自约旦裂谷沿幼发拉底河流域平原跨叙利亚、伊拉克、伊朗的大部分地区及沙特阿拉伯的部分地区，向西继续跨中亚的塔吉克斯坦、土库曼斯坦和乌兹别克斯坦，经南亚的阿富汗、孟加拉国、印度北部、尼泊尔和巴基斯坦，达我国新疆。

印度地鼠广泛分布于荒漠、半荒漠平原地区，对脆弱的荒漠生态环境破坏十分严重。印度地鼠啃食植物根系能力极强，主要采食芦苇、苜蓿及一些农作物，如小麦、棉花的地下根系。地下洞道相连，所经之处地下根系成片被整齐切断，使连片的植物迅速枯萎死亡。同时，也喜食植物地上幼嫩部分，与牲畜争食牧草。印度地鼠在我国新疆地区主要取食芦苇的地下茎，每只鼠一昼夜取食量超过80g。新疆托克逊县8 000hm²芦苇打草场和苜蓿地的1/3遭到印度地鼠不同程度的为害，据1983年的调查，洞口平均密度达1 000个/hm²。该鼠善于挖洞推土，每个洞口土丘覆盖达0.3～1.0m²，密度大的地方，鼠丘连片，土地呈深翻状，土壤严重沙化。对天然草场、人工草地的为害十分严重。地鼠的洞穴透过地表黏土层，灌溉时大量水通过鼠洞道渗入地下，使新疆地区的灌溉系统效率急剧下降，用水量增大。此外，它还破坏水库堤坝、水渠、房屋等设施，诱导透水、垮坝等严重事故。新疆维吾尔自治区墨玉县喀瓦克乡吐孜鲁库塔克水库及策勒县达玛沟乡水库，曾因印度地鼠的破坏，造成漏水、垮坝事故，使下游大片农田、房屋被冲毁，损失惨重。该鼠是新疆南部平原地区重点防治对象之一。

二、形态特征

体长150～194mm，尾长110～129mm，后足长23～37mm，耳长16～22mm，颅全长36～42mm，体重137～203g。

体形粗壮，头宽阔，吻短，耳短圆。前足4趾，后足比前足发达，具5趾，均具锋利的爪。尾毛稀少，覆盖环状排列的鳞片。背毛浓密，毛粗，成体背毛浅棕黄色或沙黄色，亚成体和幼体灰色。腹毛细密，较短，污白色。雌鼠略大于雄鼠，有4对乳头（胸部1对、腹部1对、鼠蹊部2对）。头骨较大，门齿孔狭窄，门齿十分宽阔，下门齿比上门齿宽。上臼齿咀嚼面有横排的釉质沟（彩图24-15-2）。

三、生活习性

印度地鼠是半地下活动的害鼠，在不同分布区的栖息环境有所不同。在南亚，栖息于热带或亚热带的干旱落叶林地带、灌木丛、天然草原、耕地农场、种植园、果园等地都可发生；在伊朗，其通常居于临近永久水源的潮湿地区；在埃及，其栖息于半荒漠地带；在我国新疆的主要生境为山地农业区，如旱生芦苇地、人工苜蓿地及其他作物田等。以啃食植物地下鳞茎和根系为食，也取食植物地上部分的幼嫩枝叶。善于挖掘洞道、推土，将挖出的土推出洞外，由于洞道弯曲，在地面上形成不规则的土堆（鼠丘），呈圆形，直径通常 40～100cm，最大的可达 3m，高 20～60cm，最高可达 1m。其洞系包含洞道和窝巢，洞道分层可达 3～4 层，一个洞系有多个窝巢，窝巢距地表可达 50～200cm，巢内有芦苇的叶鞘、苞片及花絮等柔软部分铺垫。取食洞道距地表 20～30cm，与地面平行。除正用于推土的洞口外，其余洞口一般封死。如果洞口或洞道被外界挖开，印度地鼠会发现并立即前来从里向外将洞口堵死。

印度地鼠活动规律的研究报道不多，无明显的昼夜活动节律。为群栖半地下害鼠，一个洞系中可居住家族的多代个体，一般有 4～5 只，最多可达 14 只。其大部分时间生活于地下，地面活动较笨拙。白天活动强度高于晚间，地面活动呈季节性变化，夏季气温高，早晚活动多；冬季不休眠，但很少到地面活动，出洞一般仅为清除洞口的积土，不远离洞口，有时可见有些个体于洞口土丘上小憩，但活动量低。春季推土量明显多于冬季。但也有报道称，印度地鼠成体独居，好斗，很少出现在地面上。

印度地鼠存活率和繁殖期明显高于其他鼠类，但不同的分布区差异较大。我国新疆地区的印度地鼠全年均可繁殖，繁殖高峰期有两个，即春季 4～5 月和秋季 8～10 月。其妊娠期为 21～23d，每胎可产仔 4～8 只。托克逊县冬季调查显示：该地区冬季雌雄性比为 1.07，从 12 月至翌年 2 月总妊娠率达 21.39%，孕鼠胎仔数 1～3 只，平均 1.93 只，雌性哺乳期仍可怀孕。在伊朗，全年繁殖，胎仔数 2～7 只。印度旁遮普邦，冬季可见到孕鼠，妊娠期为 17d，胎仔数 2～7 只。在巴基斯坦信德地区，其繁殖率低，产仔少，平均 4.18 只/窝，最多不超过 8 只。巴基斯坦旁遮普省中部，其雌雄性比为 2.25，雄性性成熟的最小个体体重为 70～89 g，雌性胚胎数为 1～5 个，平均（4.29±0.19）个。

四、防治技术

印度地鼠是我国新疆地区需要防治的农业害鼠之一。其防治的最佳时间是春秋季节，春季植物刚返青，此时该鼠体质较弱，出洞活动时间增加，易于捕杀；秋季入冬前（10～11 月），地鼠聚居度较高，防治可取到事半功倍的效果。由于其半地下生活的特性，防治方式稍有别于其他害鼠。

针对其地下生活时间长，活动迟缓笨拙的特点，可采用大水漫灌为害区，迫使其出洞，然后人工捕杀。该法较节约资金，效果也较好，但费时、费水、费工，防治效率较低，不适于大面积防治，在缺水地区也不宜使用。

夹捕法，采用弓形夹，选择鼠丘土较湿润的新洞，将洞口稍扩展，将弓形夹置入洞口内 20～50 cm。为了提高捕获率，也可在离洞口 20～50 cm 处，探明洞道走向后，于洞道上挖一天井，置夹于洞道中，井口用草皮或土块盖严，夹子尾端用铁丝、木桩固定，避免被其拖入洞内。定期检查，若夹子未捕上鼠或被土掩埋，需重新布夹。此法较费时费工，需了解该鼠活动习性，适于野外监测及小面积防治或人工费用便宜的地区大规模防治。

王登（中国农业大学）

第 16 节　巢　　鼠

一、分布与危害

巢鼠（*Micromys minutus* Pallas），隶属啮齿目鼠科巢鼠属，别名禾鼠、燕麦鼠、稻鼠、圃鼠、矮鼠等，因其在植物秆上造巢，故而得名。中国有 4 个亚种：四川亚种（*M. m. pygmaeus*），其主要特征为尾较长，尾长约为体长的 125%；东北亚种（*M. m. ussuricus*）；台湾亚种（*M. m. takasagoensis*），分布于台湾；南亚亚种（*M. m. erythrotis*）。

巢鼠属欧亚大陆寒湿型种类，广布于欧亚大陆，国内分布于黑龙江、辽宁、吉林、河北、陕西、甘肃、福建、广东、广西、湖南、贵州、湖北、江西、浙江、安徽及台湾等省份。国外分布于欧洲、蒙古、朝鲜、日本、西伯利亚、印度的阿萨姆、缅甸、越南、老挝、柬埔寨。

巢鼠对农林业虽然为害不大，但在某些自然疫源性疾病的传播上对人类健康有一定危害。在数量高峰年对农作物和蔬菜为害严重，同时可传播野兔热、土拉伦菌病、丹毒、流行性出血热、钩端螺旋体病及鼠疫等疾病。

二、形态特征

鉴别特征（彩图 24 - 16 - 1）：比小家鼠体形瘦小；门齿后侧无缺刻；体长不超过 75mm，尾细长，略大于体长，能卷曲，末端上面裸露无毛；耳短而圆，具耳屏。常筑巢于草丛枝叶之间。

巢鼠是啮齿类中体形最小的鼠类之一，体形比小家鼠更小。尾细长，多数接近体长或长于体长。耳壳短而圆，向前拉仅达眼与耳距离之半，耳壳内具三角形耳瓣，能将耳孔关闭。四肢纤细，后肢内垫较大和较长，适宜在枝叶间攀爬。体重 5～20g，体长 47～88mm，尾长 40～99mm，后足长 11～16.9mm，耳长 6～12.5mm，颅全长 15.2～24mm，颧宽 8.2～11.2mm，乳突宽 6.5～9.8mm，鼻骨长 5～9mm，眶间宽 3～3.8mm，吻长 3.2～7mm，听泡长 4～5.4mm，上齿列长 2.8～3.5mm。

巢鼠毛色变化较大，常随着环境、气温、湿度不同而有不同的体色。华南的巢鼠为浅黄色，北方的巢鼠的颜色比较暗些。采自安徽省繁昌县的标本，背毛呈深黄色，臀部毛色更为鲜艳，呈棕红色，且具光泽。四肢及尾背面均呈棕黄色调，腹毛及四肢内侧和尾的腹面均纯白色；而采自安徽黄山和祁门的标本，背部毛色均呈棕褐色，毛尖略显沙黄色，臀部略呈棕黄色，四肢背面略呈淡棕色，尾背面棕褐色。腹面毛色灰白色，毛基浅灰色，毛尖灰白色。未成熟的幼鼠，特别在深秋到冬季生出来的幼鼠，其毛色为黑黄色，有时背部为黑色，两侧稍带黄色。乳头 4 对，其中胸部 2 对，鼠鼷部 2 对。

巢鼠头骨狭小，脑颅较隆起，颧弓细弱，颧弓比小家鼠窄，鼻骨比小家鼠短小，鼻骨后缘达不到前颌骨后缘连线，无眶上嵴和颞嵴，顶骨和顶间骨的联合缝在中部平直，两侧成两钝角，而小家鼠顶骨和顶间骨的缝不平直而成一锐角。

巢鼠门齿后侧无缺刻，上颌第一臼齿具三横嵴。第一横嵴上有 3 个齿突，中齿突最大，外齿突最小，内齿突伸向下方；第二横嵴与第一横嵴相似；第三横嵴 3 个齿突较发达，但齿突间距离较小，因而齿突高度显得较短。第二上臼齿与第一上臼齿相似；第三上臼齿较小，第三横列齿突不明显。与小家鼠最主要区别是上颌门齿后方无缺刻，臀部周围毛色比背部毛色更为鲜艳。耳壳具三角形耳瓣，能将耳孔关闭。

三、生活习性

（一）栖息地

巢鼠多栖息于森林边缘的灌木林、草原带及农田附近的草甸及灌木丛中。喜栖息于水塘、河谷周围的灌丛杂草中。在秋收季节，大量巢鼠迁到田间，聚集于农作物堆下盗食农作物，以水稻和谷草堆最多。入冬后，粮食归仓，巢鼠转入地道或草堆中藏身。

（二）活动规律

巢鼠通常夜间活动，有时昼夜均活动。白天常见幼鼠在巢内，而母鼠出洞。体小活动非常灵敏，喜攀登，常利用尾巴协助四肢在作物穗上或枝条间攀缘觅食，偶尔也可在浅水中游泳。巢鼠的体内没有越冬的脂肪，不冬眠，在任何季节都可活动。

在饲养条件下它也能观察到它们白天常有活动的现象。巢鼠 1 月在无人干扰的情况下，一般约从 17：00 起，活动就开始频繁。上半夜活动较下半夜次数多，时间也较长。白天（5：00～16：00）活动时间为夜间活动时间的 30%～50%，比几种家鼠或黑线姬鼠白天活动时间的比例要高。

（三）食性

巢鼠食性杂，以植物性食物为主，喜食玉米、谷子、大豆、稻谷，也吃浆果、茶籽等。在作物成熟前以吃植物的绿色部分为主，其后则啮食粮食。盗食小麦时先将麦穗咬断，吃掉一部分，其余拖入巢内。还可捕食一些昆虫等动物性食物，如蝗虫、蜻蜓等，尤其喜食芦苇茎上为叶鞘所盖着的仁蚧虫，俗称"芦虱"。在冬季芦苇收割后，有时能听到巢鼠在芦堆下啃破芦叶鞘啮食仁蚧虫的"嗒嗒"声音。饲养条件下也吃肉皮和糖水。在寒冷的冬季，种子食物缺乏，绿色植物和各种昆虫消失，巢鼠一部分潜入柴草堆中觅食残留的植物种子，一部分在秋末冬初开始盗洞储粮，除植物种子和粮食外，还储藏大量植物地下根。

在人工饲养条件下，一只体重为 9g 的巢鼠每昼夜可食山芋 4.1g 或干黄豆 18g，而体重为 13.6g 的个体能消耗山芋 13.5g 或黄豆 2.85g。

（四）巢穴

巢鼠有时筑巢于芦苇上，常栖居于麦田中，做窝于麦秸之上。巢穴筑于草丛中，材料因地而异。巢球状，由叶片筑成，每个巢由 20～30 片叶子精巧搭筑。营巢时用牙齿将叶片撕成许多细条，顺从叶子的趋势卷曲。巢壁分为 3 层，外层粗糙，中层较细，内层细软。有的用草茎架在一起，内衬细软草叶。巢距地面 50～350cm，多数 100～300cm，巢高 7～12cm，宽 7～14cm，厚 6～8cm，巢内径 3～4cm，通常只有 1 个出口，直径 1.5～2cm，多设在巢的偏上部位。从洞口的开闭，可判断是否有鼠，有鼠则出口封闭。繁殖期鼠巢扩大。巢的数量分布不均匀，一般 1～6 个/m²，数量高时达 8～9 个。

夏季巢鼠在杂草和作物的茎上把许多草茎架在一起，用植物叶子造一个球形巢，大小与拳头相似，只有一个巢口。秋季多在草堆中作一个盘状巢或在地下挖洞。冬季巢鼠在草垛造窝或地下挖洞。草垛中的巢呈盘状，体积小，巢壁厚，中间有凹陷。如被破坏即在窝下用草重建圆团状的地面巢。有洞口 3～5 个，洞道简单或复杂。洞道最长可达 2m，一般为 1m 左右，洞口直径约 2.5cm×3cm。复杂的洞穴有仓库，可储粮 0.5～1.5kg。春、夏季节巢鼠会将其废弃，另筑新巢。

（五）生长发育

巢鼠初生幼仔体重 0.9～1.1g，体长 24～26mm，尾长 10.2mm，皮肤裸露无毛，眼未开；第二天耳壳略突出，开始会爬；第三天体重 1.35g，体长 27.2mm，体背开始呈暗色；第四天体重 1.52g，体长 28.4mm，长出稀疏的细毛；第五天体重约 2g，背灰色；第六天体重 2.5g，体长 35.5mm，耳长 3mm；第七天体重约 2.83g，体长约 38mm，背褐黄，有下门齿，耳三角瓣开始长毛；第八天体重约 3.2g，体长约 39mm，尾长 30mm，耳壳明显，已有上门齿，腹白，雌幼仔 4 对乳头明显；第九天体重约 3.5g，体长 41mm，眼开始睁开，爬动快。在捕获的 121 只幼鼠中有 72 只未睁眼，49 只眼已睁开；第十六天体重约 5g，体长约 50mm，尾长约 49mm，开始能啮吃食物，营独立生活。在未睁眼的幼鼠当中有 97.2% 的体重均不超过 3.4g、体长不超过 40mm；在已开眼的幼鼠中约有 98% 的体重为 3.5～4.9g、体长 41～50mm。

（六）繁殖特征

巢鼠怀孕期为 18～20d，每年繁殖 1～4 次，胎仔数 2～10 只。繁殖期因地区而异。在北方繁殖期为 3～10 月，7～8 月繁殖最盛，胎仔数 3～10 只。在南方，如江苏镇江金沙滩从 6 月至翌年 1 月均能繁殖，11～12 月为繁殖高峰，胎仔数 2～10 只，多数为 6～7 只，占总孕鼠数的 48.1%，平均胎仔数为 6.4 只。东北地区的巢鼠雌体体长 58mm 即能繁殖；江南地区如江苏，体长 68mm 以上的雌体才达性成熟。初生幼仔重 0.9～1.1g，体长 24～26mm，尾长 10.2mm，幼鼠出生后 8～9d 睁眼，15d 即可离巢独立生活，35d 即可交配。在自然条件下寿命 16～18 个月，饲养条件下可存活 5 年。种群数量高峰与农作物的成熟期基本一致。

四、防治技术

破坏鼠类栖息地，人工捕杀或放养蛇、猫等动物进行防治。采用敌鼠钠盐、杀鼠醚、溴敌隆等药物进行诱杀（参见第 1 节褐家鼠）。

杨再学（贵州省余庆县植保植检站）

第 17 节　东方田鼠

一、分布与危害

东方田鼠（*Microtus fortis* Büchner），隶属啮齿目仓鼠科䶄族田鼠属。别名沼泽田鼠、远东田鼠、苇田鼠、水耗子等。

东方田鼠分布于我国 19 省份，北扩至蒙古、俄罗斯远东西伯利亚南部及朝鲜。在我国由 48°N 向南分布至23°30′N，分化为多个亚种。目前中国动物志确定中国有5个亚种，即分布于陕西、甘肃、宁夏和内蒙古南部的指名亚种（M. f. fortis Büchner），分布于黑龙江、吉林、辽宁及乌苏里江、俄罗斯阿穆尔的乌苏里江亚种（M. f. pelliceus Thomas），分布于辽宁的新民亚种（M. f. dolicocephalus Mori），分布于湖南、湖北、江西、安徽、江苏、上海、浙江的长江亚种（M. f. calamorum Thomas），以及发现于闽江上游的福建亚种（M. f. fujianensis Hong）。但马勇1986年则将分布在黑龙江、吉林、内蒙古的（M. f. pelliceus）归为莫氏田鼠（M. maximowiczii），夏武平教授也曾针对东方田鼠在我国南北方都有却不见于华北区等疑点，怀疑南北是不同种。至于湖南省内栖息在南岭高山草地的田鼠，头骨形态明显区别于洞庭湖区种群而更像福建亚种，而近年新发现于山东、广东、广西、贵州的属何亚种，更尚未明确。

东方田鼠不仅给农林业造成严重危害，而且还携带病原并传播多种自然疫源性疾病，同时该鼠具有天然抗日本血吸虫的特性。东方田鼠在洞庭湖汛期对滨湖农田作物的为害虽早有记载，但直至20世纪50～60年代其数量不大，一般只发生小片局部为害，不受重视。从70年代起为害才明显加重，1978年开始不时暴发成灾，可造成滨湖农田大面积绝收，东方田鼠的为害是季节性、突发性的。最大为害发生在汛期成群迁移时，对滨湖农田各种作物成片洗劫，可造成大面积绝收（彩图24-17-1）。水稻、甘薯、花生、西瓜、大豆、甘蔗、苎麻、荸荠等，只要遇到就通吃，然后向纵深扩散，栖息于稻田埂、菜田、薯田等处，持续为害直至秋后回迁湖滩。而且对芦苇＋荻、园林以及护堤林新栽幼树产生危害，变为国内一种很突出的新兴农林害鼠，同时还在湖区经常引发钩端螺旋体、流行性出血热等疫病。东方田鼠在西北、东北和华东一些地区也经常对农业和林业造成严重危害。

二、形态特征

东方田鼠为田鼠中的大型种类（彩图24-17-2），体躯圆筒形，短尾、短肢，尾长为体长的1/3～1/2，着生密毛；足背着生密毛，足垫5枚，耳短圆，稍露于毛外。体背毛褐棕色，腹毛灰白色，尾双色，分别与体背及腹面色调一致，毛色因亚种不同而有变化。东方田鼠腭骨后缘正中部向后延伸成骨桥状，与翼骨相接，并在两侧形成两个小窝。雌雄异型，长江亚种成年雌性体长（125.7±9.7）mm，体重（60.68±10.81）g；雄性体长（135.9±13.1）mm，体重（76.19±15.92）g，具有性二型。

头形圆短，吻钝腮大；头骨坚实，棱角不明显，侧观背隆、脑颅圆滑，颧弓粗大，腭骨后缘中央后伸与翼骨相连，听泡较高。成体背面褐棕色，毛基灰黑色，毛尖栗棕色；腹面污白色，毛基深灰色，毛尖白色；背腹毛界线比较明显。尾双色，上下面的毛色各自与体毛背腹色调一致。四足背毛与体背同色。幼体背面毛色较淡，呈灰褐色，腹面乳白色。

门齿外面无纵沟。臼齿3/3，咀嚼面平坦，由左右相互交错的三角形齿环组成。第一上臼齿在前横棱之后有4个封闭的三角形齿环，内外各2；第二上臼齿3个齿环，内1外2；第三上臼齿内侧有4个凸出角，外侧有3个。下颌第一臼齿在后横棱之前有5个封闭的三角形，最前端有1个不规则的齿叶。

三、生活习性

（一）栖息地

东方田鼠喜爱潮湿、水草茂盛、土质松软的环境。在东北的小兴安岭、长白山等地区，东方田鼠主要栖息在踏头草甸、薹草草甸、洼地草甸、林间草甸和河流边低洼地带，在榛丛、杨桦林和坡地林缘也有分布。在黑龙江绥芬河地区的溪旁形成优势种。指名亚种主要栖息于低湿多水的环境中，在森林草甸地带、洼地甸子、稻田埂上及水渠边多草处特别多。对于长江亚种的生态观察最早是盛和林等1964年在安徽省贵池县开展的，东方田鼠主要栖息于长江沿岸及其支流岸畔河漫滩的低湿莎草地区，并密集在该地区新垦的菜田和麦田里。在洞庭湖区，东方田鼠以湖滩的薹草沼泽和芦苇＋荻沼泽为最适栖息地，汛期进垸内农田、岗地栖息，具明显的"避难"性质。此外，在福建、浙江、湖南以及长白山1 000m以上的山顶草地、林地亦有分布。

在洞庭湖东侧岳阳定位观测点，堤外湖洲在每年11月至翌年4月枯水期出露，宽1.5～2.5km，高26～29m，土壤沙性、湿润，植物群落以莎草科薹属的灰化薹草和青绿薹草为建群种，含有禾本科、十字花科、蔷薇科、蓼科及菊科等13种（冬季）至26种（春季）植物，全系草本，双子叶植物优势种为十字花科的水田碎米荠。冬12月几种主要植物——薹草、水田碎米荠和翻白草地上部分的高度分别为

40.6cm、8.8cm 和 13.1cm，春 3 月则达 71.4cm、42.8cm 和 26.2cm。植被覆盖度，11 月初湖洲刚出露时多为 20％左右，部分可达 40％～60％，春季 3～4 月可达 80％～100％。在这种环境里，东方田鼠生活很活跃，全期繁殖，至春季洞群可布满整个湖洲。

岳阳县春风乡垸内农田主要种植双季水稻，间有小片菜地、豆地等，冬季种植绿肥作物紫云英或油菜，或以稻茬地休闲。东方田鼠仅在洞庭湖汛期湖滩淹没时迁居农田，繁殖率低，不越冬，主要栖息于水塘、水渠和河流的两边及水田埂上。湖区另一些地方，鱼塘边、瓜地、薯地亦有较多栖息。其分布对着大堤距离递减，通常纵深在 5km 左右。秋季湖滩露出，东方田鼠迁回湖滩生活。

湖畔岗地海拔 50～60m，土壤类型为红壤，其上有常绿阔叶林和松林，有较多荒草坡，间有梯田种植水稻、油菜等。杂草以禾本科为主，较常见有三毛草和白茅，还有莎草科、菊科、蓼科及伞形科等，共有 40 多种草本植物。东方田鼠也是汛期才迁来，主要栖息在水田、旱作物地边及近水的荒草坡灌木丛下。繁殖率尤低，但有少量个体可在此生境越冬。

（二）食性

东方田鼠主要以草本植物的绿色部分为食，也吃种子、地下茎、地上茎、各种农作物，啃树皮。也喜食含水量较大、质地松软的马铃薯、黄瓜等食物，不喜食干硬食物。吴林等 1998 年现场观察和胃容物镜检研究了食物组成，发现其食谱广而具一定选择性。在薹草地 26 种植物中，该鼠取食 6 科 10 种，主食灰化薹草、青绿薹草和水田碎米荠。其食物组成随环境变更，该鼠能依不同栖息地的植被结构调整摄食对象。杜增瑞等发现该鼠胃中有昆虫和其他带有毛皮的动物组织；曹建军等也观察到该鼠吃同类鼠的死尸；但盛和林等剖检 80 只东方田鼠，没有发现胃中有动物性食物；吴林等只是在胃容物中偶尔发现动物性残片。北方的亚种有储粮习性，而南方的亚种未发现此现象。

对东方田鼠各亚种的观察都表明，该鼠主要以草本植物的绿色部分为食，也吃种子、啃树皮；在农田，吃谷、瓜、薯、菜等各类作物，尤喜含水分多、质地软的植物，如各种瓜、薯及荸荠的球茎之类。吴林采取胃容物显微组织鉴定法调查了洞庭湖区 4 个代表性栖息地东方田鼠的食物组成。在薹草地 26 种植物中，该鼠取食 6 科 10 种，其中莎草科的灰化薹草和青绿薹草占胃容物干重的 57.11％～80.83％，十字花科的水田碎米荠占 13.81％～39.84％；其次是禾本科藎草，占春季食物干重的 5.61％。在芦荻场春季 20 种植物中，该鼠主食碎米荠、藎草、荻和镜子薹，依次占食物干重的 42.81％、20.17％、15.05％和 10.49％，这 4 种植物也分属禾本科、十字花科与莎草科；此外还有菊科的，共食 4 科 11 种。在稻田区，田边杂草除禾本科和莎草科外，还有鸭跖草科、菊科、千屈菜科、唇形花科等，夏季 24 种，秋季 18 种，东方田鼠 6 月和 10 月分别取食 11 种和 7 种，分属上述 6 科。其中，禾本科占食物干重 88.23％（6 月）和 82.85％（10 月），莎草科占 5.22％与 3.67％，列第三位的是鸭跖草科的水竹叶，占 5.21％与 6.28％。取食量最大的是水稻和双穗雀稗，两季平均前者占食物干重 71.74％，后者占 12.20％。双穗雀稗是稻田区杂草的优势种。岗地植被结构复杂，乔木和灌木占优势，草本植物夏季 41 种，秋季 31 种，东方田鼠分别取食 14 种和 8 种，分属禾本科、莎草科、菊科、蓼科和伞形科 5 科，其中禾本科占胃容物干重的 65.24％（6 月）和 60.68％（10 月），菊科占 33.17％和 15.21％。此外，还见东方田鼠啃食柑橘树的树皮。岗地主要食物 6 月是三毛草、一年蓬与水稻，分别占干重的 36.98％、23.61％和 14.51％；10 月是千金子和水稻，分别占 33.12％与 20.83％。洞庭湖区东方田鼠在 4 类栖息地常食植物多达 10 科 41 种以上，尚未计入它为害的各种农作物。就取食部位分析，该鼠主要食叶片。在薹草地，冬春食叶占胃容物干重的 94.94％；在芦荻场，4 月食叶片占 61.20％，果实（种子）占 34.50％，茎仅占 4.30％；在稻田区，6 月食叶片占 98.72％，10 月稻谷成熟，该鼠食种子占胃容物干重的 51.94％，叶占 46.48％；在岗地，6 月食叶片占 99.68％，10 月降为 48.69％，而食种子占 35.57％。在所有场合，该鼠取食茎的比例都很少。

总之，东方田鼠在各种类型栖息地的主要食物（占胃容物干重＞10％）都正好是其植被中的优势植物。由此可见，东方田鼠摄食既具选择性，更具广谱性和机动性，能随栖息地的植被结构改变自己的食物组成。各地报道的东方田鼠主要食物种类不同，由此可以得到解释。洞庭湖每年季节性涨水，迫使东方田鼠变换栖息地，其食性的机动正好提供了极重要的应变能力。

（三）巢穴

东方田鼠巢穴特点是洞口多而成群，洞道密而表浅，结构比较简单，窝深 10～30cm，新鲜居住巢仅 1～2 个，每个洞群的洞口数随洞内鼠数或季节而不同，洞口平均为 14 个左右，在洞庭湖湖滩少则 1 个，最多可达89个洞口，有时一窝鼠可构筑若干组洞群；在垸内则规模小而随地形布局，稻田小埂中往往一窝接一窝难以区分。但在福建东方田鼠洞道简单，洞口大多仅1个，这可能和调查的季节有关，因为在洞庭湖区，秋季东方田鼠刚从农田迁回湖滩，种群数量低，这时的东方田鼠都是以单洞生活。北方的亚种均发现有储食洞，而南方两亚种均无此结构。杨月伟等测定外部和内部因子对东方田鼠巢区大小的作用模式，结果表明，雄体巢区大小显著大于雌体巢区大小；雄体巢区大小与体重存在显著的正相关，而雌体巢区大小与体重的相关不显著；雄体和雌体巢区大小与种群数量均呈显著的线性负相关。外部因子对东方田鼠雄体和雌体巢区大小的作用不一致。

在洞庭湖区，薹草地的巢穴洞道一般都只有10～20cm深；11月刚迁回的成年鼠及后来繁殖刚分巢的仔鼠初建的巢穴，起初仅1个或2个成对的洞口，一条分叉洞道，下端直达其窝；然后不断增挖洞口和洞道，居住时间越长则洞口和洞道越多，形成一片或相连数片洞群。如果冬季暖和降水少，到2月有些巢穴可发展得十分庞大。1992年2月中旬，岳阳点一个高密度样园（1/8 hm²）中，有36个洞群共530个洞口，平均每洞群有洞口（14.7±12.3）个，该样园内有2处单洞口，是该鼠临时躲藏洞，此外，最小的2个洞群各2个洞口，最大洞群则有58个洞口。另一样园除有6处单洞口外，共有26个洞群，其平均洞口数（14.2±20.1）个，2个最大洞群竟分别有89个和70个洞口。这种大洞群占地面积可达数十平方米，洞口遍布每个草丛下，地上"鼠路"连接，地下洞道相通。中等洞群有20～30个洞口，占地2m×1.8m、3m×1.5 m、2.2m×3.5m不等。到3～4月，由于雨水漫淹，一些洞口堵塞，每洞群平均洞口数减少。如该年3月，鼠密度最大的样园有49个洞群，平均洞口数却只有（9.48±9.53）个。东方田鼠巢穴的另一重要特点是一窝鼠可构筑若干组洞群，组间相距1～2m，有些鼠还会在十多米外水沟边开设1～3个洞口的"行宫"，犹如"狡兔三窟"。

东方田鼠巢穴的洞口和洞道皆圆形，直径因鼠大小而异，通常4～6cm。有鼠活动的就光滑，洞口外有新土堆、鲜屎粒。小洞群通常仅1个窝；大些的洞群可见多个窝，但仅1个或2个窝有新、干的垫草，其他窝垫草已潮湿，显然是废弃的。该鼠是每产一胎仔建一新窝，故有时在一个洞群内可见一个窝里是已自由活动的幼鼠，另一个窝里有刚产的乳鼠。在薹草地，该鼠洞道几乎与地面平行，故窝亦离地表很近，窝顶距地表一般6～10cm，也有仅1～2cm的。其深浅同当时地下水位相关，春季连续下雨，薹草地、芦苇地的地表积水时，东方田鼠会在地面的草丛上面结草球为窝，球外径12～15cm，有时其中还产有乳鼠。

在垸内，鼠巢穴的规模要小得多，布局随地形而定。在稻田小埂中，往往一窝接一窝，难以区分。1993年11月4日查一条12m长小田埂，高20～25cm，顶宽30cm，南侧14个洞口，北侧5个，埂顶2个。有干窝（在用的）3个，湿窝（废弃的）5个，见1雄鼠、2幼鼠。另一同样大小的稻田埂，长15m，有6个干窝6只大鼠。一条40cm高的大田埂，不到1m长挖到4个鼠窝，其中2个废弃的，垫料稻草已湿，2个稻草絮的干窝，见1鼠；土中洞道沿田埂走，高度都在水田田面之上。中稻和晚稻收割后，稻草堆在田中，东方田鼠会在其下做窝，其洞道往往仅5～10cm深，有些窝就做在稻草堆下的地表。

除洞庭湖区外，其他南方地区的东方田鼠巢穴结构基本相同，都是由1～2个窝和若干洞道组成，没有"粮仓"等其他构造，而洞群规模都比洞庭湖薹草地的小。盛和林等（1964）在安徽省贵池县的河漫滩莎草地及农田查1258个鼠洞群，常见每鼠洞群有4～8个洞口，最大洞群21个洞口，通常1个窝，多则3～5个，但新鲜的居住窝也仅1个或2个。洪震藩等（1964）在福建所见亦同。郑明高（1994）报道湘南南山牧场的东方田鼠洞道深20～30cm，洞口多数为3～7个，少数达10个以上，洞道长而多分叉，主洞道有1窝，直径约15cm，内铺干禾草，并有少量苔藓类植物体，这些特点乃与高山草地少水相适应。

（四）昼夜活动节律

东方田鼠昼夜活动有季节性差异，夏季多在夜间活动，其他季节多在白昼活动。安徽贵池东方田鼠在夏季夜间活动高于白天，黎明前高于黄昏，高峰出现在2：00～4：00。洞庭湖区东方田鼠两个活动高峰分别出现在日出和日落前后，夜间活动高于白昼，昼夜均取食、饮水，但昼夜间差异均不显著；在汛期洞庭湖涨水季节东方田鼠的捕获率夜间高于白天，24：00捕获最多；福建亚种昼夜活动虽有季节差异，但以夜间活动为主。

（五）生长发育

人工饲养条件下东方田鼠长江亚种幼鼠3日龄耳壳完全直立，8日龄披毛长全，8～10日龄睁眼，10日龄左右牙齿长全，15～20日龄可离乳，冬季出生的约2个月性成熟，春季出生的约50d性成熟，体重

呈 *Logistic* 曲线增长。指名亚种幼鼠 3 日龄耳壳完全直立，4 日龄开始长下门齿，5 日龄长上门齿，7～8 日龄睁眼，20 日龄可断奶，55 日龄左右性成熟，雌性最早为 44d，雄性 52d。

东方田鼠长江亚种室内笼养观察，自然温、湿度及光照条件下，供给配合饲料饼干、青草、清水，一年半时间共记录了 16 只仔鼠生长发育过程：妊娠期约 20d，初生乳鼠全身裸露，肉红色，雌体重（3.66±0.36）g，雄体重（3.65±0.30）g。1 日龄耳壳开始与颅部分离，耳壳直立平均历期（2.6±0.6）d，耳孔开裂历期（5.4±0.5）d；4 日龄开始先长下门齿，并可据雌性胸部和鼷部乳区无细绒毛来辨别两性；8 日龄毛被长全，该性征消失；（9.0±1.0）d 睁眼，10 日龄左右牙齿长全，15～20 日龄可独立生活。18 日龄人为断乳，平均体重（21.7±2.1）g（17.7～24.6g）。10 月末出生的雌鼠，60 日龄阴门开孔；3 月上旬出生的雌鼠 48 日龄阴门开孔，而此时同窝雄仔睾丸尚小，附睾不显，无精子，可见雄鼠性发育历程稍长于雌鼠。体重生长曲线可用 Logistic 方程拟合，其瞬时生长率 *IGR* 值在 50 日龄左右降至 1‰ 以下。雄仔 20 日龄前体重小于雌仔，41 日龄后明显超过雌仔。

根据生长发育过程，将东方田鼠长江亚种划分为 4 个发育阶段：

（1）乳鼠阶段。初生至 10 日龄，体重 3.0～11.0g，以吸吮乳汁为主。个别鼠后期开始采食。

（2）幼鼠阶段。11～20 日龄，体重 11.1～21.0g。体重增长率仍高，*IGR*＞5‰。前期既吸乳汁又吃青草和饲料，后期可断乳。

（3）亚成年阶段。21～50（或 60）日龄，雌鼠体重 21.1～45.0g，雄鼠体重 21.1～48.0g。仔鼠离巢独立觅食，在后期 *IGR* 降至 1‰ 以下。性腺发育迅速，并趋成熟。在野外和室内都有个别鼠参加繁殖。

（4）成年阶段。51（或 61）日龄以上，雌鼠体重≥45.1g，雄鼠体重≥48.1g。雌雄鼠体重持平，大部分雌鼠阴门开孔并怀孕和产仔，雄鼠睾丸具成熟精子，附睾明显。

东方田鼠性成熟时间和体重的关系：40g 分别作为福建亚种和东北亚种的性成熟起点；指名亚种在 2 个月左右性成熟。盛和林等（1964）将 35g 作为安徽贵池东方田鼠的性成熟界限。洞庭湖区，野外孕鼠最轻体重为 24.4g 大多在 35g 以上。室内饲养结果，雌鼠性成熟时体重为 40g（春季出生，48 日龄）～45g（冬季出生，60 日龄），从营养条件看应会略偏重。由此推定，以 35g 作为东方田鼠长江亚种野外雌鼠的初始性成熟（亚成体）体重指标比较合理，历时约 2 个月。

东方田鼠寿命在自然状况下一般不超过 1 年零 2 个月，最长近 2 年；在室内饲养寿命最长的近 3 年。

实验室条件下饲养的东方田鼠成体脏器指标：心脏（0.379±0.163）g、肺脏（0.510±0.197）g、脾脏（0.068±0.030）g、肝脏（3.543±1.044）g、肾脏（0.565±0.142）g、睾丸（0.764±0.322）g、胃（0.516±0.178）g、盲肠（95.0±14.1）mm 和大小肠（599.2±62.3）mm。同时，对洞庭湖湖滩、稻田和实验室饲养的东方田鼠的脏器进行了比较，认为不同环境的东方田鼠脏器和消化道存在一定的差异。

根据野外种群的繁殖特征按全体重将黑龙江带岭的东方田鼠划分幼体组、亚成体组、成体Ⅰ组、成体Ⅱ组和老体组。武正军等考虑怀孕和取食造成的误差，按胴体重将长江亚种划分五个年龄组，即幼体组≤18.0g、亚成体组 18.1～28.0g、成体 1 组 28.1～38.0g、成体 2 组 38.1～48.0g、老体组≥48.1g，并根据生产发育过程中基本特征的变化将室内繁殖幼鼠的生长发育划分为乳鼠、幼鼠、亚成年、成年 4 个阶段。指名亚种划分为 4 个阶段：①乳鼠阶段：从初生至 10 日龄，体重为 2.7～14.2g；②幼鼠阶段：11 日龄至 20 日龄，体重为 14.3～27.1g；③亚成年阶段：21 日龄至 55 日龄，雌鼠体重为 27.2～44.1g，雄鼠为 27.2～59.3g；④成年阶段：56 日龄以后，雌鼠体重为≥44.2 g，雄鼠体重≥59.4 g。

因营养不同，野生东方田鼠体重一般比室内饲养的同龄鼠轻，年龄组划分不可直接用上述室内体重标准。武正军等（1996）将 3 年捕获的 1392 只野鼠，参照两性生殖器官发育状况，也按胴体重划分 5 个年龄组：①幼体组：♀≤18.0g，♂≤18.0g；②亚成体组：♀18.1～28.0g，♂18.1～32.0g；③成体Ⅰ组：♀28.1～38.0g，♂32.1～46.0g（按全体重，♀＞42g，♂＞46g）；④成体Ⅱ组：♀38.1～48.0g，♂46.1～60.0g；⑤老体组：♀≥48.1g，♂≥60.1g。

（六）繁殖特性

洪震藩等调查福建省建阳市的东方田鼠总雌性比为 58.7%，197 只成年雌鼠总怀孕率 32.0%，其中 5 月 49.2%、10～11 月 56.0%，为 2 个怀孕高峰；2～4 月 65 只雌成鼠怀孕率为 20.0%，表明早春也有繁殖。而 6～8 月 40 只雌成鼠，怀孕率仅 7.5%，其中 7 月为 0，也显现盛夏繁殖力下降。每胎胎仔数 1～9

只，平均（3.98±0.19）只，其中 10～11 月为（4.93±0.12）只。东北亚种和指名亚种差别主要在繁殖期，西北为 4～9 月，东北为 5～9 月，并确知 11 月都不繁殖。胎仔数，西北为 3～12 只，一般 4～6 只，也曾在一巢内见先后产 2 窝仔鼠；东北的平均为 4.85 只（带岭），或 6.44 只（绥芬河），或 4～14 只（吉林省九台县）。雌性比：东北的带岭为 48.4%，绥芬河为 55.0%，都是 1 个年头的观察结果。比较 4 个亚种的繁殖特性，平均胎仔数、怀孕率从南到北有升高的趋势，胎仔数的上限从南到北有增高的趋势，但平均胎仔数和纬度的相关性没有达到显著水平，怀孕率与纬度的相关性达到显著水平，繁殖指数与纬度的相关性不明显，繁殖期从南到北依次缩短，北方的亚种繁殖期主要在春夏，而南方的亚种全年可繁殖，但夏季怀孕率低。郭聪等认为洞庭湖区东方田鼠夏季在农田区的繁殖力低的主要原因是高温以及迁移过程中体力消耗等因素造成的。

在实验室条件下，东方田鼠长江亚种妊娠期为 20d 左右，窝仔数为 4.3～5.0 只，所产幼仔雌雄比为 1.36。指名亚种妊娠期 20～21d，繁殖间隔期（39.3±26.4）d，雌雄比为 1.48，每胎产仔 1～9 只，一般每胎产 3～4 仔，平均每胎产（3.8±1.5）只（78 窝）。

洞庭湖区，捕获并剖检东方田鼠 1 392 只。总雌性比为 43.0%，冬季 3 个月雌性比≥50%，其余月份 <50%，6 月和 9 月仅约 38%。年龄变化则是由幼体组雌性比 70.4%降至老年组的 25.8%，呈递减趋势；两低龄组合计，雌性比为 53.4%，3 个成年组都是雌性少，合计为 41.1%。而该鼠幼期雌性高于雄性现象也见于室内饲养中，刚出生的 6 窝乳鼠，仅 1 窝是 4 雄 1 雌，另 5 窝都是雌性多于雄性，总计 26 只乳鼠，雌性占 57.7%。在洞庭湖区能全年繁殖，年均怀孕率 为（33.0±6.9）%，按总数计为 29.3%。年均胎仔数为（4.56±0.37）（SE），按总数计则为 5.14±1.57（SD）。每胎胎仔数最少 1 只，最多 9 只。东方田鼠在湖滩草地栖息时也能连续繁殖，调查中不时可见一个巢穴内有 2 窝仔鼠，一窝 10g 左右，另一窝初生，这与褐家鼠类似。窝仔数：室内饲养 6 窝，每窝 3～5 仔，平均（4.33±0.33）只；野外挖得 10 窝乳鼠，各 4～6 只，平均（4.60±0.27）只，略高于室内。各年龄组的繁殖能力，3 个成体组平均怀孕率为 36.2%±3.1%（SE），平均胎仔数为（5.31±0.28）只。雄鼠各年龄组睾丸下位率依次为：0、8.75%、27.4%、58.6%和 92.5%。两性一致表现出随年龄增长其生殖力亦提高。

洞庭湖东方田鼠种群的繁殖季节动态很独特。一是 2 个繁殖高峰的第一峰出现在早春，二是冬季保有较高繁殖能力，夏季繁殖力却特低。2～4 月合计怀孕率 64.9%、繁殖指数 3.25，为第一高峰，而最高怀孕率出现在开春前的 2 月，这是其他鼠种都不会有的。10 月怀孕率 50.0%，平均胎仔数 6.40 只，繁殖指数 3.20，为第二繁殖高峰，在时间上比褐家鼠和黑线姬鼠（顶峰都在 9 月）偏迟。更独特的是入冬至最冷月，即 11 月至翌年 1 月怀孕率仍保持在 23.5%～35.3%，3 个月合计达 27.1%，远远高于同域其他鼠种。如黑线姬鼠 12 月至翌年 2 月仅极少数个体繁殖，褐家鼠 11 月至翌年 1 月合计怀孕率为 17.4%，2 月仅 14.7%，更是全年最低点。再者，东方田鼠 5～7 月合计怀孕率仅 4.2%，繁殖指数仅 0.14（其中 1992 年 5～7 月 24 只雌成鼠无一怀孕，1993 年 5 月、1994 年 6 月和 7 月分别有 41、44 和 16 只雌成鼠怀孕率均为 0），这也是南方鼠类中罕有的状况。褐家鼠和黑线姬鼠都只在 6 月繁殖力下降，7 月怀孕率分别达 57%和 65%以上。

雄鼠的季节繁殖动态与雌鼠一致。按胴体重≥18.1g 计（即包含亚成体），2～4 月 188 只雄鼠，睾丸下位率 73.9%；8～10 月 177 只雄鼠，睾丸下位率 82.5%；5～7 月 333 只，睾丸下位率仅 23.4%，可见 2 高峰 1 低谷都与雌鼠基本同步。

洞庭湖种群的这一繁殖动态，是与其栖息地变化密切相关的。11 月至翌年 4 月东方田鼠主要栖息于湖滩，这时期植被、土质适合，食物资源丰富，无其他鼠种竞争；5 月洪水逼迫其迁移，大部分需经长途游泳，体力极度消耗，而垸内农田与岗地的植被和土质都非该鼠适宜，食物和隐蔽条件差，人类经济活动干扰及其他鼠种（黑线姬鼠、褐家鼠、黄胸鼠、黄毛鼠等）竞争压力大，再加盛夏高温，诸多不利因素使其繁殖力剧降，直至 9 月才开始复苏；10 月各种作物成熟可能改善其营养条件，加之天气凉爽，这时达到第二繁殖高峰。这也正好为回迁做准备，实际上 11 月初许多鼠是带胎回迁薹草地的。表 24-17-1 列出 3 类栖息地雌鼠繁殖参数，湖滩的远比农田和岗地的繁殖强度高，足见栖息地变换对该鼠繁殖力有很大影响。更有说服力的则是盛和林等在贵池县做的调查，时间是 6 月，栖息地是长江支流河畔河漫滩的低湿莎草（薹草）地及其附近的麦田和油菜地。挖掘了 1 258 个洞群，共发现东方田鼠 1 974 只，平均每洞群 1.57 只鼠；剖检雌鼠 1 092 只，除体重 20g 以下的 389 只无孕鼠外，体重 21～35g 的 273 只、36～75g 的

380 只、大于 75g 的 50 只，怀孕率依次为 5.0％、47.9％、86.0％。若将 20g 以上的合并计算，总怀孕率为 33.0％，高于洞庭湖种群年计（29.3％）水平，而为其同期的 12 倍。而且该处繁殖活动很旺盛，22 巢正繁殖的田鼠中，有 10 巢既有正在哺育的幼鼠（每窝 5.1 只，体重 6.3～22.5g），又有怀孕母鼠（平均胚胎 4.4 个）；还有 3 巢前窝仔鼠（每窝 5 只，体重 19.9～30.0g）尚未分居，母鼠已产下第 2 窝（每窝 6 只，体重 3.8～10.3g）。这些数据表明当地 6 月东方田鼠繁殖仍很活跃，繁殖强度几乎与洞庭湖薹草地相当。由此可知，初夏如果有适宜的栖息地，东方田鼠仍能保持较高繁殖力（表 24 - 17 - 1）。

表 24 - 17 - 1　洞庭湖区不同栖息地东方田鼠的繁殖强度

Table 24 - 17 - 1　Variation of reproduction of *Microtus fortis* in different habitats

	薹草地	稻田区	岗地
主要栖息时间	11 月至翌年 5 月	5～10 月	1～12 月
雌鼠总数（只）	185	280	63
孕鼠数（只）	95	57	8
怀孕率（％）	51.4	20.4	12.7
平均胎仔数（只）	5.06±0.15	5.37±0.25	4.38±0.57
繁殖指数	2.60	1.09	0.56

盛夏高温对其繁殖还是有一定抑制作用。室内饲养洞庭湖区捕获的东方田鼠，自然温光条件下配 17 对，6 月产 2 胎次，7 月与 8 月（7～8 月的室温通常在 28～36℃，白昼长于黑夜）分别产 1 胎次；而人工温光条件下（12L：12D，21～23℃）配 36 对，6 月产 5 胎次，7 月产 13 胎次，8 月产 9 胎次。作 χ^2 检验，自然与人工温光条件下的产仔胎次，6 月无显著差异（$\chi^2 = 0.045$，$P = 0.831$），7 月和 8 月差异显著（$\chi^2 = 5.428$，$P = 0.0198$；$\chi^2 = 5.119$，$P = 0.0237$）。由此看来，野外 7～8 月怀孕率低的确是同光温有关。

四、种群季节消长和数量测报

（一）季节和年际数量变动

东方田鼠在各类栖息地的数量季节动态有很大差别，在洞庭湖区，东方田鼠有 3 类栖息地，即：湖滩薹草地，垸内农田和低丘岗地。

东方田鼠种群数量季节变动以"水位→栖息地"为主导，湖滩薹草地是东方田鼠的最适栖息地，每年汛期结束，湖滩露出，东方田鼠迁到湖滩，开始繁殖，其种群数量逐月增加，到 4～5 月汛期前达数量高峰。汛期来得越迟，鼠在薹草地增殖的数量也就越高。在农田，每年冬春稻田区通常无东方田鼠，数量突然增长则在洪汛到来之时，是湖滩的东方田鼠迁移所致，东方田鼠迁入农田后，由于死亡及向纵深扩散，密度逐月下降，到 10 月末回迁湖滩，11 月农田鼠数量又大幅度下降。东方田鼠在农田的动态年年不同，主要取决于湖水位及与之关联的湖滩鼠迁移的状况。岗地的东方田鼠主要也来自湖滩，但有小部分东方田鼠是留在岗地越冬。冬春枯水期栖息湖滩草地时，是东方田鼠种群的主要增殖期；而夏秋栖息境内农田和岗地实属"避难"性质，是其生态脆弱期和经济危害期。连接两期的纽带是迁移，由湖滩迁出是被迫的，回迁则是主动的。如此循环往复形成了该种群对湖区特殊生态条件的适应，保证了种群的生存和发展。

福建建阳徐市东方田鼠数量首峰在 4～5 月，次峰出现在 11 月，前峰为麦收季节，后峰为秋收季节。并分别对溪流沿岸荒草丛、农田及住宅周围 3 类生境调查发现：溪边的两次高峰出现时间与上述一致，4～5 月笼捕率达 14.80％和 16.85％，11 月为 8.24％；农田数量以 4～7 月较高，笼捕率在 2％以上，其中高峰出现在 6 月，达 4.27％；住宅周围东方田鼠数量通常在 0～1％，仅 11 月达 2.67％。6 月和 11 月分别是麦收后和秋收后，东方田鼠高峰的出现可能与其觅食活动相关。黑龙江绥芬河的数量高峰在 7～8 月，其他月份该鼠数量甚少。

洞庭湖区，湖滩和垸内的东方田鼠数量不同年间会有很大起伏。湖滩的鼠数量与枯水期长短密切相关，垸内鼠数量和对农田的为害程度主要取决于迁进垸的鼠总量。1982 年和 1986—1988 年是种群数量高峰年，而 1989—1990 年数量显著减少，1991—1992 年基本未发生为害，1993 年和 1994 年又加重，2000—2002 年在湖滩很难见到东方田鼠，但从 2005 年开始，种群数量又现高峰，特别是 2007 年，数量大发生，在国内外都产生了广泛的影响。

浙江省宁海县的沿海农田以前未见东方田鼠为害，1994—1995年突然暴发此鼠害。东方田鼠占鼠种比例的60%～80%，1995年秋季和1996年其数量与为害程度又大幅度下降。总之，东方田鼠具有突发性特点，种群数量大起大落。

（二）迁移规律

东方田鼠有主动迁移和被动迁移习性。主动迁移是季节性迁移，夏季栖息于草甸子里，秋后迁往坡地越冬。被动迁移主要是生活在靠近水边，特别是生活在洞庭湖区的长江亚种最为典型。枯水季节洞庭湖区东方田鼠在湖滩上生长、繁殖，汛期被迫迁入垸内；一旦湖水回落，洲滩出露即陆续回归，但若洪水再次上涨，其会再次迁入垸内。由于迁移是被动的，故无固定的迁移时间，主要取决于湖水水位，迁移具群发性。有些地区的东方田鼠因食物条件以及季节变化的影响，也会暂时性地变更栖息地。

（三）种群动态模型

分析洞庭湖区东方田鼠种群动态，农田受害程度取决于汛期进垸鼠量，进垸鼠量则与该鼠在湖滩繁殖期的长短有关。王勇等将1981—1988年东方田鼠进垸量划分为5个等级（表24-17-2），再以上年湖水位≥ 27.5m的终日和本年湖水位≥ 27.5m的始日之间的天数——枯水期天数代表该鼠在湖滩上的繁殖期，分析该鼠在湖滩繁殖期间的气候因素，发现3月降雨对东方田鼠有抑制作用。由此建立回归方程：

$$Y=0.0394 X_1-0.0048 X_2-5.02$$

式中 Y 为迁入农田鼠数量级，X_1 为在湖滩繁殖期天数，即枯水期天数；X_2 为当年3月降水量（mm）。

$df=9$，复相关系数 $R=0.957$，$F=49.23$，$P<0.0001$。

表24-17-2 洞庭湖区东方田鼠迁入农田数量及为害分级标准

Table 24-17-2 Relationship between the number of migrated rodents and damages of *Microtus fortis* in Dongting Lake region

迁入数量级	1	2	3	4	5
夹日捕获率（%）	<7	7.1～14.0	14.1～21.0	21.1～31.0	>31
为害损失情况	无，极少见鼠	不重，偶见鼠	有一些损失，鼠较多	损失重，鼠很多	损失严重，鼠极多
危害级	微	轻	中	重	成灾

五、防治方法

王勇等（1997）依经济阈值公式，按洞庭湖稻区目前农业生产实际水平，确定水稻产量（S）为6 750 kg/hm²，水稻单价（P）为1.80元/kg，防治费用（C）为9.6元/hm²，灭鼠率指标（E）为90%，环境系数（F）为1.5，求得：

$$L=CF/S\times P\times E\times 100\%=0.1317\%$$

此值即为目前洞庭湖区水稻鼠害允许损失率。

在岳阳定位点做水稻生育期（5～10月）鼠类群落组成与密度调查，先认单对角线5点取样法作害鼠为害量调查，然后以所取得的水稻被害损失率和各种鼠捕获率这两系列数据组建多元回归方程。在水稻生育期内，东方田鼠（X_1）和黑线姬鼠（X_2）占总捕获数的85.43%。其他鼠种比例都很小，3种家鼠合计仅占9.68%。在逐步回归中皆被淘汰，最后得到的损失率与鼠密度关系式中仅剩下两个优势种：

$$Y=0.0674 X_1+0.0307 X_2-0.1627$$

式中 X_1 和 X_2 分别为该鼠种的捕获率（%），Y 为鼠害产量损失率（%）。

复相关系数 $R=0.83$，$df=2$，10；$F=11.07>F_{0.01}$，达极显著相关水平。

今以 L 值代入此多元回归式作为 Y 的控制阈值，就构成复合防治指标算式，即当实际查得的两鼠密度代入本式使 $Y>L$ 时，表明需要防治。而单种鼠的防治指标则可将式中的另一个自变量设为0时求得，即东方田鼠防治指标为捕获率 $X_1=4.37\%\approx 5\%$。该防治指标是根据当时的物价和人工成本计算，使用时需对相应指标进行调整。

由于东方田鼠在各地对不同的作物造成危害，因此采取的防治方法也就不同。对农田的东方田鼠，可用抗凝血杀鼠剂以稻谷或大米为饵料，配制杀鼠毒饵进行防治。

果园、防护林带可利用上述灭鼠方法，但尤其应强调除草，将园内特别是树周围杂草清除干净，并使地面干硬些，可抑制东方田鼠入侵。破坏适于该鼠栖息的有利场所进行防治是较为有效的防治手段。如在平原上及新栽防护林带等处，在鼠迁移时期，可在田、林对着鼠源地（河、湖沼泽等）的周边挖沟，上宽 0.4～0.5m，深 0.6～0.7m，沟两壁修平并内倾，沟底宽约 0.6m，这样鼠掉入后不易爬出。这也是临时阻挡措施，需派人巡视，及时清除掉入沟的鼠。应注意沟边要保持无草生长，沟内不积水（水面太高时鼠会游过来）。无积水的沟可在其内投毒饵及时毒杀。

在洞庭湖区，由于东方田鼠生态习性很独特，它不像褐家鼠、黑线姬鼠那样终年为害，因而防治对策与技术亦应区别。冬春栖息湖滩期间它们散布很广难以人工干预，在薹草地也并不造成经济损害，却是天敌的食物资源，借助它们可为滨湖农田繁育鹰等"农业卫士"，所以不必也不应杀灭；芦苇场通常也只需在引栽良种的地带予以防治；当其迁入农田区时则应予以灭杀。因此，提出的基本防治对策是"阻断迁移通路"。只要在汛期大迁移时阻止其大量进入垸内，然后对少量漏入农田的东方田鼠予以杀灭，即可消除该鼠危害。而若广泛地结合水利工程以"挡浪墙"实施"切断"，则该鼠连回迁湖滩也受控，种群必然逐渐衰亡，即使在芦苇场中也将会降至经济危害水平之下，最终实现根治。对已大量侵入农田的东方田鼠，建议除人工捕打外，应立即投放毒饵。

王勇（中国科学院亚热带农业生态研究所）

第 18 节　布氏田鼠

一、分布与危害

布氏田鼠（*Lasiopodomys brandtii* Radde），隶属啮齿目仓鼠科毛足田鼠属，别名沙黄田鼠、草原田鼠、白兰其田鼠、布兰德特田鼠。其学名曾长期使用 *Microtus brandtii*，现已确定为该种属于原田鼠属（*Microtus*）中毛足田鼠亚属（*Lasiopodomys*），故而废止用 *Microtus*。布氏田鼠有 3 个亚种，即指名亚种（*L. b. brandtii*）、杭盖亚种（*L. b. hangaicus*）、阿嘎亚种（*L. b. aga*）。我国境内均为指名亚种。

布氏田鼠分布于蒙古国、俄罗斯外贝加尔南部及我国北方干草原。在我国的分布有呼伦贝尔草原、锡林郭勒北部草原及浑善达克沙地以南的察哈尔丘陵草原 3 个分布区。尽管呼伦贝尔和锡林郭勒在行政图上是不连续的两部分，而这 2 个分布区与蒙古国东方省分布区连成一片（图 24 - 18 - 1）。

1. 呼伦贝尔分布区　包括新巴尔虎左旗、新巴尔虎右旗、陈巴尔虎旗、鄂温克族自治旗、海拉尔区和满洲里市的干草原。此区东部边界的波动性较大，其边界不越过大兴安岭西麓干草原与草甸草原的交界，东北部边界可达海拉尔河北侧的西乌珠尔—满洲里一线，向北在满洲里一带与俄罗斯外贝加尔的赤塔州相衔接，西北部、西部与南部跟蒙古国东部布氏田鼠分布区相连，东南部边界约为乌兰图格—锡林贝尔一线。

2. 锡林郭勒分布区　包括苏尼特左旗、阿巴嘎旗、锡林浩特市、西乌珠穆沁旗、东乌珠穆沁旗以及赤峰市克什克腾旗（达赉湖周边）干草原。其北部与蒙古国苏赫巴特省、东方省分布区相连；西部边界为巴彦额尔敦—苏尼特左旗一线；分布区向南则延伸至浑善达克沙地

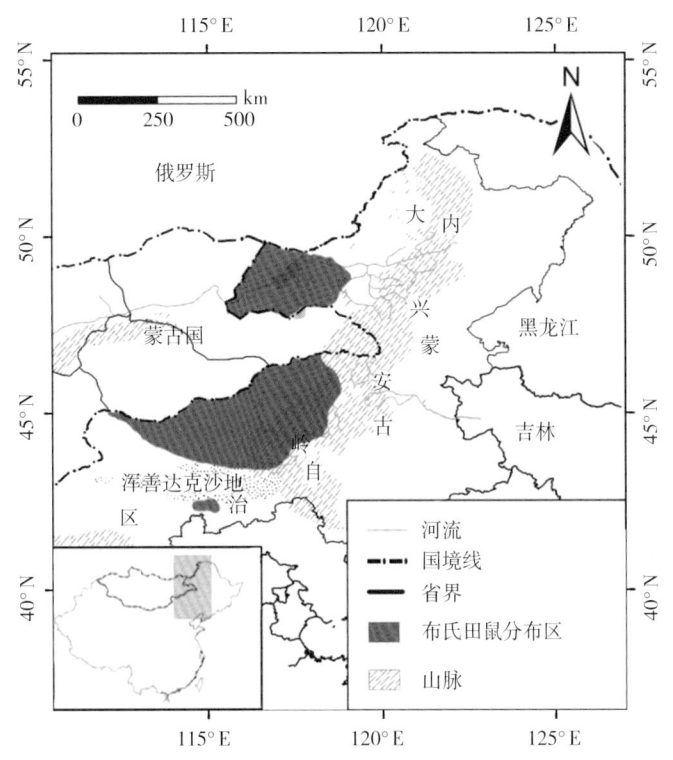

图 24 - 18 - 1　布氏田鼠分布示意图（施大钊提供）

Figure 24 - 18 - 1　Distribution of *Lasiopodomys brandtii*（by Shi Dazhao）

北缘；东部与东北部边界约为黄岗梁—日嘎斯台郭勒—乌拉盖郭勒—那仁高勒一线以西，此方向分布的边界基本与干草原、草甸草原分界线一致。

3. 察哈尔分布区 包括内蒙古正镶白旗、正蓝旗、太卜寺旗及河北张北、沽源、康保的干草原。

布氏田鼠对草原植被的破坏力强（彩图 24-18-1）。当数量高时，不仅啃食牧草，造成草场载畜量大幅度下降，而且加速了植被退化、沙化。家畜踩塌鼠洞亦会造成腿骨损伤，是畜牧业的大敌。由于布氏田鼠的密度变动快，挖掘作用期长，不能单纯以其数量指标衡量其为害程度，而需要综合植被、土壤、鼠的分布型以及地区特点来评价其危害等级。另一方面，土壤、植被被鼠侵害后如及时封育可使草场加速良性演替。布氏田鼠挖掘活动形成土丘，对草场生产力破坏严重。在封闭的条件下，土丘上的植被需要 3～5 年才能逐渐恢复至原来的面貌。若继续过度放牧则可能发生退化演替，直至田鼠数量降低才能逐渐恢复。

布氏田鼠还可携带如布氏杆菌、肝毛细线虫等多种人兽共患病的病原菌。

二、形态特征

布氏田鼠（彩图 24-18-2）的体形较小，略显粗笨；体长 90～125mm；尾短小，仅为体长的 1/5～1/4。耳较短小。体背沙黄色或黄褐色，腹毛浅灰色，稍带黄色；背部和腹部间毛色无明显分界线。尾部背腹面毛色均与体背毛色相同，尾端毛较长。尾尖毛较长。沙黄色或黄褐色，幼体比成体色深。

头骨与北方田鼠极相近，唯其鼻骨较长；其长度大于上颌骨前端骨缝；颞嵴发达；成鼠眶上嵴明显。门齿唇面黄色。唇面黄色。M^1 前端为一不规则齿叶，其后有 5 个封闭的三角形。M^2 具 4 个封闭的三角形。M^3 由 3 个不规则的齿叶组成，其内侧有 3 个突出角。

三、生活习性

布氏田鼠是干草原鼠种，栖息于典型草原及其周边的农牧业交界地区。群居，以家族为单位集中于同一洞系中，多选择植被退化的草场。布氏田鼠倾向于选择以冷蒿、羊草、多根葱为优势种的利用度较高，植被高度较低的退化草场。冷蒿、羊草、多根葱等植物为布氏田鼠提供优质足量的食物，为其生存繁殖提供基础。布氏田鼠对植物的啃食和植物自身生长处于此消彼长的动态平衡中，当布氏田鼠对植物啃食作用于植物自身生长时，植被会向着有利于布氏田鼠生存的方向演化，从而使布氏田鼠数量进一步上升。

布氏田鼠挖掘能力很强，每一洞系有洞口 7～8 个，多则 20～30 个。这些洞口在地面形成向心的洞系，其上被抛出的浮土覆盖，形成特殊的土丘景观。土丘覆盖了多年生牧草，代之以一年生杂草类，使牧场出现镶嵌式"土丘植被"。洞系结构复杂而浅，地下洞道纵横交错，其结构可分为仓库、巢室、粪洞、暗窗、盲道。仓库多位于洞系周围。巢室虽位于洞系中部最深处，距地面仅 20～40cm。秋季要储存大量牧草，在 8 月下旬或 9 月初开始储粮，准备过冬。首先将洞内的仓库清理、扩展，此时土丘上可见大量浮土和霉草；随之鼠类的衔草入洞越来越频繁，跑道也越来越清晰。

布氏田鼠是白天活动的鼠种。通常活动半径在 100m 以内。春季以 10：00～16：00 为活动高峰。在交尾繁殖期、幼鼠寻觅新居以及食物短缺时迁移活动距离大为增加。内蒙古锡林郭勒盟卫生防疫站（1975）用标志方法发现其活动距离可达 20km。夏季活动避开烈日高温。天气凉爽时最为活跃，每日有 2 个活动高峰。8～10 月下旬是田鼠储粮期，活动最为频繁，几乎整天都在忙于往仓内储草，这时地面会形成清晰的长达几十米的跑道。

布氏田鼠具有植食性，喜食冷蒿、多根葱、隐子草、锦鸡儿、冰草及薹草等。其食性有季节变化，在植物生长季节以植物茎叶为主要食物，洞口前会留下食物残余。春季嗜食鲜嫩的植物和种子。植物生长季节以植物茎叶、花朵为食，成鼠的平均日食量为鲜草 38g（折合干草为 14.5g）。食性与牧草的鲜嫩程度和含水量有很大关系。当植物的绿色芽减少或有限时，食物中根的比例会有所增加。在布氏田鼠的喜食植物中植物的蛋白质均属植被中的高蛋白或中蛋白植物，且喜食硅含量比较高的植物，这与布氏田鼠的臼齿不断磨损、终生生长，需要补充大量的硅有关。而布氏田鼠取食糙隐子草和克氏针茅可以缩短觅食时间，并降低它被天敌所捕食的机会。布氏田鼠秋季储存大量牧草。洞系内的储粮被分门别类地整齐堆放。每一洞系的存草量可达 10kg 以上，大量牧草被拖入洞穴，导致家畜越冬困难。冷蒿是其最喜储存的种类。有人曾在农田附近的洞系内挖出 7.5kg 小麦粒。

布氏田鼠生态寿命约 14 个月，但在实验室饲养条件下可存活 2.5 年，种群繁殖力强，各年度与季节间的数量变动幅度很大。

四、发生规律

自 20 世纪 50 年代以来，布氏田鼠曾多次在内蒙古的呼伦贝尔和锡林郭勒两个地区分别形成大暴发并造成严重危害。

（一）鼠源基数

布氏田鼠种群数量有明显的季节波动和年度波动（图 24-18-2）。当牧草开始萌发时，就有部分雌鼠怀孕，越冬田鼠每年可繁殖 3 胎，第一胎幼仔生于 4 月下旬到 6 月上旬，第二胎幼仔生于 5 月中旬到 7 月上旬，第三胎幼仔生于 6 月中旬到 7 月下旬。5 月上旬至 7 月中旬是幼鼠大量出生的时期。当年出生的第一胎幼鼠参加繁殖。7 月下旬繁殖强度开始下降，8 月中旬基本停止。但有些年份，在 9 月仍有部分雌鼠妊娠、产仔。一般年份，多数个体繁殖 2 窝，少数可产 3 窝。数量高峰年多数个体繁殖 3 窝，甚至有些产 4 窝。每胎产 5～10 仔，最多 15 仔。

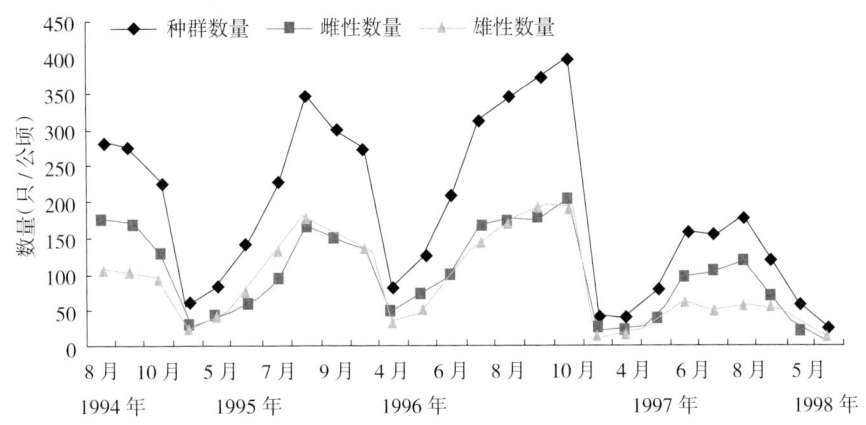

图 24-18-2　布氏田鼠种群数量的季节性波动（施大钊提供）
Figure 24-18-2　Seasonal population dynamics of *Lasiopodomys brandtii*（by Shi Dazhao）

引起种群变动的决定因素是种群的存活率和繁殖率。依据连续多年的数据分析以及在呼伦贝尔市、正镶白旗样地的观测对种群数量起关键作用的因素是幼鼠存活率和越冬率，而植被（植被生物量、植被类型）、降水（包括降雪时间、雪覆盖厚度、融雪期、降雨强度、降雨时期）、天敌、放牧等环境因子的影响则通过一定程度时滞效应对布氏田鼠的密度产生作用。

（二）气候条件

布氏田鼠对草原干旱寒冷的气候特别适应，冬季的暴雪对布氏田鼠越冬几乎没有影响，但春季的融雪可造成鼠类的死亡。植物生长季节是布氏田鼠的繁殖期，这期间的干旱可能导致鼠类的繁殖窝数及幼鼠存活受到抑制，从而影响其繁殖率与幼鼠存活。8 月的暴雨可造成布氏田鼠的大量死亡。

（三）天敌

除游隼、金雕等猛禽外，银鸥、灰伯劳等均可捕食布氏田鼠。捕食该鼠的兽类则主要有伶鼬、艾虎、獾及沙狐等。

五、防治技术

（一）农业防治

由于布氏田鼠对栖息条件有很强的选择性。一旦栖息环境如植被、土壤水分以及生物群落发生改变，布氏田鼠的数量会出现明显的变化，因此可采取改变栖息地的方法，控制布氏田鼠的密度。具体做法是：①建设草场围栏，并在围栏内适期禁牧以改变草场退化的状况；②通过轮牧管理适当调整封育时序的措施，促进恢复根茎型禾草，抑制双子叶杂类草的生长，达到恶化布氏田鼠越冬储食资源，改善草场生产性能，并加剧冬季寒冷胁迫因子对布氏田鼠越冬种群作用。

（二）生物防治

在空旷的地方树立鹰架利用猛禽控制鼠的数量。这种方法效果稳定、持久，不污染环境，无副作用，但作用缓慢，在鼠密度较高时控制效果不明显，可作为辅助措施。

（三）物理防治

有牧民将饮料瓶去底后埋在田鼠的跑道上捕捉。这种方法虽然有一定效果，但对繁殖率很强的布氏田鼠只能起到辅助的控制作用。

（四）化学防治

毒饵灭杀是防治布氏田鼠的常规方法。饵料可选择莜麦、玉米或小麦，莜麦的效果最好。杀鼠剂的使用参照第1节褐家鼠。

附：测报技术

1. 调查抽样技术

（1）夹日法。夹日法通常使用的鼠夹为中型鼠夹，灵敏度控制在2～3g为宜。诱饵以方便易得并为鼠类喜食为标准，多数情况可用花生米作诱饵。鼠夹排列的方式是50个鼠夹为一行（所以又叫夹线法），夹距5m，行距不小于50m。并行排列多行，连捕2昼夜，再换样地。即晚上把夹子放上，每日早晚各检查一次。两天后移动夹子。调查夜间活动的鼠类时或为了防止丢失鼠夹也可晚上放夹，翌日早晨收回，所以又叫夹夜法。1夹日是指1个鼠夹1昼夜内捕鼠的数量，通常以100夹日作为统计单位，即100个夹子1昼夜所捕获的鼠数作为鼠类种群密度的相对指标，以捕获率来表示。例如，100夹日捕鼠10只，则夹日捕获率为10%。其计算公式为：

$$P（夹日捕获率）=\frac{n（捕鼠数）}{N（鼠夹数）\times h（捕鼠昼夜数）}\times 100\%$$

（2）定面积夹日法。将50个鼠夹排列成一条直线，夹距5m，行距20m，并排4行，这样100个夹子共占地1hm²，组成一单元。于下午放夹，每日清晨检查一次，连捕两昼夜。

在野外放夹时，最好多人合作。每50个鼠夹为1组。放夹时，一人在前边按夹距把鼠夹放在地上，另一人在后边支夹，并放在适宜的地点上（最好不离开其点5～10cm的地方，如小土坎、洞口附近等）。

每一生境中至少应累计500个夹日才有代表意义。

（3）统计洞口密度。选择有代表性的样方，每个样方面积可为0.25～1hm²。样方四周加以标志，然后统计样方内各种鼠洞洞口数。统计时，可以数人列队前进，保持一定间隔距离（宽度视草丛密度而定，草丛稀可宽些，草丛密可窄些）。注意防止重复统计同一洞口，或漏数洞口。

2. 发生程度分级标准 根据内蒙古的调查，以莜麦产量损失率2%为防治阈值时，则主害期的防治密度指标是：

（1）莜麦：生长期防治捕获率5%，抽穗期8%。

（2）春季（3～4月）防治捕获率指标为3%～5%，但初春因天气转暖、食物缺乏，布氏田鼠上夹率偏高，防治捕获率可适当放宽至5%。

防治适期：

根据害鼠发生规律，农田害鼠防治适期为：

（1）春季灭鼠。布氏田鼠繁殖高峰期在4～6月，正处于布氏田鼠繁殖期，此时灭鼠可控制后一代种群数量。

（2）秋末冬初灭鼠。在9月底至10月初，正值布氏田鼠储粮期活动频繁，此时灭鼠能起到压低翌年鼠密度的作用。

（3）6月可在布氏田鼠数量激增的草原开展局部范围灭鼠。其他时间灭鼠要因地制宜。

施大钊（中国农业大学）

第19节 棕色田鼠

一、分布与危害

棕色田鼠（*Lasiopodomys mandarinus* Milne‐Edwards），隶属啮齿目仓鼠科毛足田鼠属，别名北方

田鼠。主要分布在我国内蒙古、河北、山西、山东、河南、陕西、江苏与安徽北部。朝鲜、蒙古、俄罗斯等国与我国毗邻地带也有分布。

棕色田鼠啃食多种农作物和大部分田间杂草,食性广泛,可取食约 16 个科近 40 种植物。几乎所有的农作物都可作为其取食为害的对象。此外,棕色田鼠常环剥幼林和果树的幼嫩根茎皮层为食,并能咬断根部,影响林木生长,甚至导致林木枯死(彩图 24 - 19 - 1)。春季棕色田鼠主要以小麦、青菜及田间杂草为食,对小麦造成很大危害。夏季棕色田鼠喜食花生、芸豆、香瓜等。随着小麦的成熟,根中所含水分减少,棕色田鼠对其喜食度开始下降。秋季农作物和蔬菜较为丰富,成为棕色田鼠的食物来源,如西葫芦、甘蓝、马铃薯、甘薯等都成为棕色田鼠很好的食物。冬季地面杂草枯萎,棕色田鼠主要以多年生草本植物地下茎为食,并严重啃咬苹果树根及冬小麦。1 只棕色田鼠仅在 3～4 月可对小麦造成 6～9m 的缺垄,而棕色田鼠的密度在局部地区可高达 900 只/hm² 以上,可见其对农业生产的为害之重。

此外,由于棕色田鼠群栖于水渠及田埂边,洞系面积也较大,故常使渠堤漏水。

二、形态特征

棕色田鼠(彩图 24 - 19 - 2)是田鼠亚科的小型种类。体长多在 80～110mm,体重 25～40g。尾短小,为体长的 1/5。眼小。耳小而圆,几乎被毛被掩盖。夏季毛色棕褐色,冬季毛色较淡。头及背部颜色较深,体侧颜色较淡,腹毛灰色。幼体和亚成体灰色。头骨短而宽扁,棱角清晰,颧弓粗壮,眶间部较宽,一般大于 4mm。第三上白齿内前后齿叶之间有 2 个封闭的三角形(内外侧各 1 个)齿环,这是区别于其他田鼠(有 3～4 个三角形)的特征。

三、生活习性

(一)栖息地

棕色田鼠喜栖息于靠水而潮湿的地方,尤其在土质松软、草被茂密的洼地、水渠两旁及稻田田埂等地。在地面裸露、草被稀疏的平坦耕地和自然形成的坡坦地则分布较少。

棕色田鼠在农作物区的密度最高。农作区土质松软,农作物集中分布,既有利于棕色田鼠的地下穿行活动,又为其提供了大量喜食植物。果树区棕色田鼠的密度和生物量低于农作物区,但高于荒坡林灌区。果树种植区土质松软,地势较平,主要植被为苹果树,树间常套种小麦、玉米、豆类和蔬菜等作物,适合棕色田鼠生活。在荒坡林灌区,棕色田鼠的密度和生物量是三种生境中最低的。该区地形复杂,土石混杂,质地干燥,林木及下层的耐旱灌木丛根系发达,侧根相互交错,限制棕色田鼠的地下穿行活动。

(二)洞穴

棕色田鼠常年营地下生活。在穿土觅食时,每挖一段洞道,就将土推出地面,形成许多大小不等的土丘或土丘群,土丘下面即是洞口(图 24 - 19 - 1)。当其洞道被打开露出洞口时,很快将洞口刨土堵住。堵洞时,先在洞口窥探动静,若无异常情况,即迅速回洞用前肢刨土堵洞口,几分钟即可堵严。

洞系构造较复杂,大体是由地面土丘、取食道、干道、仓库及巢等部分构成。一个完整的洞系土丘数一般为 24～38 个,偶有多达 85 个以上,一般要占平地面积 75～150m²。洞道弯曲多支,分为上下两层,洞

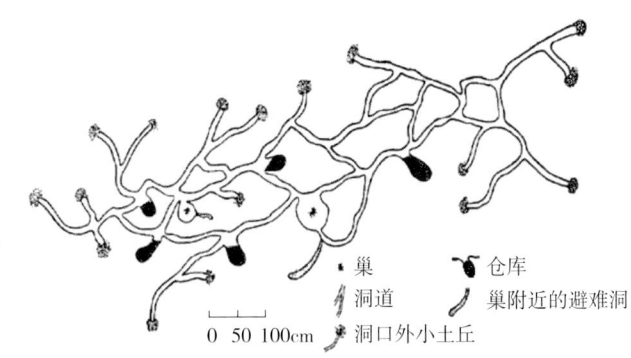

图 24 - 19 - 1　棕色田鼠洞系构造(引自郭金保等,1974)
Figure 24 - 19 - 1　The burrow system of *Lasiopodomys mandarinus* (from Guo Jinbao et al.,1974)

径为 27～50mm。靠近地表的洞道为取食道,距地表深 10～15cm。沿取食道形成多条支道,上通地表,下达干道。干道距地面深 20～45cm。沿干道又分多条支道,向下通达鼠巢和仓库。鼠巢距地表深 47～153cm,平均为 98cm。巢的外径为 90～170mm,平均为 140mm 左右;内径 65～120mm 平均为 90mm 左右。巢的两侧有 2 个小洞,洞径为 32mm 左右,一侧与干道相通,另一侧通往逃避洞。鼠巢分 3 层:外层比较粗糙,巢材多用谷子、高粱、黍子或芦苇叶构成;中层比较细致,用较柔软的狗尾草、白茅等组成;

内层则用芭蕉菜、碱蒿、风毛菊等植物的花序铺垫。仓库距地面 44~84cm，每个仓库中储存的食物多在 1kg 以上。仓内主要储存植物根茎，根茎 2~3cm 长，排列整齐，为越冬的食物。

一个洞系内鼠巢和仓库数目不相等，这与洞系内居住鼠数的多少有关。一般有鼠巢 1~3 个，仓库 3~5 个，鼠 2~6 只，最多可达 16 只。

（三）食物

棕色田鼠多以植物的地下根茎及绿色部分为食，尤喜食多汁液、含糖高的鲜嫩食物的植物根部，如甘薯、胡萝卜、蔬菜、小麦根茎、果树嫩枝条等。平均日食量 15~30g。不甚喜食小麦、玉米种子。

（四）活动规律

由于常年营地下生活，日活动节律不明显，活动较为随机分散，一般主要集中在 21：00 至翌日 9：00。

（五）繁殖特性

棕色田鼠一年四季都可繁殖，3~4 月和 8~9 月出现两次繁殖高峰期，也为其活动频繁期。第一个繁殖高峰期的怀孕和哺乳鼠可占雌鼠的 60% 以上。第二个繁殖高峰仅约 5%，棕色田鼠每胎一般为 2~5 只，以 4 只居多，偶见 7 只。幼仔 1~2 月后就可性成熟进入繁殖阶段，而且在环境条件优越时，产后就可再次动情交配繁殖，所以种群数量增长很快。

棕色田鼠是一个典型的社会性鼠类。棕色田鼠洞群内共有 3 种家庭类型，即双亲家庭、群聚家庭、单亲家庭，但最基本的家庭类型是双亲家庭（52%）和群聚家庭（42%）。双亲家庭雌雄共巢，雄性鼠排除巢区以外的其他雄鼠，呈现单配制的行为特征。

四、种群数量动态

棕色田鼠的数量变动也呈双峰型，3~4 月为一个高峰，10 月又出现一个高峰，且前峰高于后峰。前峰值各年高低不同，10 月密度低于 4 月，最低密度出现在 7~8 月。最高密度与最低密度的差异因年份不同而异，可达 2~5 倍。种群消长的规律是：3~4 月种群数量最高，然后降低，到 7~8 月为最低，再后又回升到 10 月的次高峰，随后慢慢降低，到 2~3 月后再回升。

棕色田鼠每年出现两个数量高峰，这与以种子为食的黑线姬鼠、大仓鼠、小家鼠等类似，但前后峰的高低则与之相反，以种子为食的往往后峰高于前峰。这是因为，棕色田鼠喜食鲜嫩食物，食物在春季较为丰富，秋季相对匮乏，而以种子为食的鼠类的食物在秋季则相对丰富。

棕色田鼠的种群密度主要与其繁殖、种群内部年龄结构的月变化、食物及气候条件有关。其繁殖强度和 2 个月后的密度紧密相关，年龄结构的月变化和种群数量也有一定的关系，即成亚比和 3 个月后密度呈正相关。气候对种群数量也有较大影响。过热或过冷，过多降雨和干旱都不利于鼠类的生活。棕色田鼠喜食多汁液的植物根部及绿色部分，而春季绿色植物茂密，特别是小麦，其茎叶含有丰富的水分为棕色田鼠提供了丰富的食物，再加上 3 月的繁殖，使 4 月幼体及亚成体大量出现，气候适宜，死亡率低，所以棕色田鼠在 4 月出现全年中最高的前峰期，随着气候炎热，死亡率加大，小麦成熟纤维增多，水分变少，7~8 月种群数量减少到最低。另有相当一部分迁往果园特别是杂草丰盛的果园，随着气候的缓和及 7 月、8 月的再繁殖，使 10 月出现第二个高峰，但由于 8 月、9 月较多降雨影响存活率，秋季作物像豆子、向日葵等根部纤维含量高，食物条件较春季差，故 10 月种群数量低于 4 月高峰。10 月后由于气温开始变冷，农田耕作，使棕色田鼠死亡率增加，种群密度又开始降低。所以不同季节由于作物更替和杂草的改变，再加上繁殖和气候的作用而使鼠类呈现不同的季节消长规律。

棕色田鼠若以 4 月作为 10 月数量增长的基点，各年间的增长情况不同，4 月数量高，10 月数量亦高，4 月数量低的年份，10 月数量亦低，说明春季和全年的种群数量紧密相关。4 月密度与前一年的种群年龄结构和冬季降水量又紧密相关，年龄结构中如果幼年和亚成年所占比例较高，则种群有增长的趋势，反之种群有减少的趋势。冬季降水量越大，形成雪被可减弱严寒的威胁，且棕色田鼠还可在积雪中形成通道取食果树根部等食物，可降低死亡率，同时冬季降水又使早春植被生长良好，给田鼠提供丰富的食物，所以冬季降水对来年春季数量影响较大。

不同作物农田内的种群密度有所不同，呈现明显不均匀分布。4~5 月在农田中的密度高于果园，这时农作物主要为小麦，其茎秆、孕穗鲜嫩多汁，是其丰富的食物。6~7 月小麦成熟变干、收割，食物短缺，夏播秋季作物破坏了田鼠的洞道，再加上气候炎热，死亡率增高，使农田鼠类密度降低，此时与果园平均密度相当。8 月、9 月果园密度略高于农田，这是因为秋季作物，向日葵、玉米根茎部纤维化程度高，果园中套种瓜果、蔬菜或者杂草丰富，故食物条件比农田好。10 月开始播种小麦，农田翻耕，破坏了棕色田鼠的洞道，食物条件也遭到破坏，引起农田鼠类大量迁往果园或死亡，此时农田密度较低而果园密度较高。棕色田鼠在果园中的高密度一直持续至翌春 2～3 月。因此，加强冬季果园灭鼠将明显地减少春季麦田鼠密度。

五、防治技术

（一）预测预报与确立防治经济阈值

在监测棕色田鼠种群动态的基础上，对其种群动态进行预报，当其种群数量达到其经济阈值时，采取相应的措施进行防治。

1. 种群数量调查方法

（1）洞道置夹捕尽法。采用图 24-19-2 方法，将样方内鼠捕尽，计算出鼠密度（只/hm²）。一般需要连续捕鼠 5d 以上才能将鼠捕尽。

（2）洞口系数法。切开较新土丘，次日检查被棕色田鼠封堵的洞口，然后置夹将鼠捕尽求出洞口系数：

$$洞口系数＝捕鼠总数/有效洞口数$$
$$密度＝单位面积的有效洞口数×有效洞口系数$$

（3）土丘系数法。计数样方中较新土丘，然后置夹捕尽样方中棕色田鼠，计算土丘数与鼠数的回归方程。在相似季节和条件的样方中，可根据样方中的土丘数计算鼠数。

2. 种群预测 棕色田鼠的种群动态与种群年龄结构、繁殖力和气候因子有密切关系，据此可对其种群做出预测。邰发道和王廷正等（1998）根据棕色田鼠从出现胚胎到产仔后变成亚成体或成体约需 2 个月的时间，建议可根据其繁殖强度预测 2 个月后的种群密度：

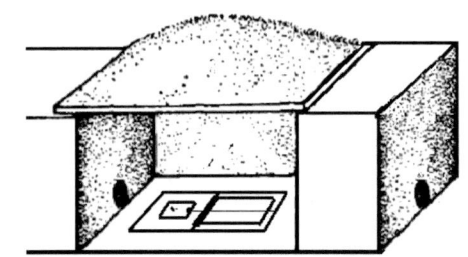

图 24-19-2　铁夹捕鼠（引自王廷正等，1998）
Figure 24-19-2　The placement of snap-trap（from Wang Tingzheng et al.，1998）

$$D＝255×S×P×L－54.6$$

式中　D 为种群密度，S、P、L 分别为性比、怀孕率和平均胎仔数。也可用以下公式预测 3 个月后的密度：

$$D＝30.85＋139RA－1.45\,|\,T－t\,|\,－0.17\,|\,R－r\,|$$

式中　D 为种群密度，RA 为 3 个月前的成亚比（亚成体包括幼体），T 为 4、10 月的平均温度，t 为各月的平均温度，R 为 4、10 月的平均降水量，r 为月降水量。

3. 确定防治经济阈值 经济阈值是指有害生物种群密度增加，达到对作物造成经济损失需要及时防治的种群密度。经济阈值的确定不但要根据鼠密度与损失率的关系，还应使花费的防治成本低于不防治造成的损失。黄惠敏和王廷正（1999）建议的经济阈值的确立方法是：建立棕色田鼠密度与被调查作物损失率之间的回归式：

$$Y＝a＋bx$$

式中　x 为棕色田鼠的密度（只/hm²），Y 为作物损失率。

经济阈值模型是：设棕色田鼠密度 x（只/hm²）在作物损失率 Y（%）上的回归方程为：

$$Y＝a＋bx$$
$$ET＝\{\,[CC/（P×EC×AY）×100\%]－a\}\,/b$$

式中　ET 为经济阈值，CC 为防治费用（元/hm²），EC 为防治效果，P 为作物价格（元/kg），AY 为作物平均产量（kg/hm²）。

或用以下公式（施银柱等，1995）计算经济损失水平 EIL：

$$EIL＝C/D×E×P$$

式中　P 为作物产量单价，E 为防治效果，D 为每只鼠所造成的产量损失，C 为防治费用。

（二）防治措施

1. 化学防治　在农田鼠密度很高的情况下，可以采取化学防治的方法，迅速压低密度，再实施其他控制措施。杀鼠药物可选用抗凝血灭鼠剂，其使用方法参照第1节褐家鼠。饵料选择其喜食的食物，如甘薯、苹果、小麦苗、蔬菜等。将饵料切成条状，与杀鼠剂配成。将毒饵投入洞道，每个洞口投入30g。打开洞口的数量由巢区大小而定，一般为2～3个。

2. 越冬地灭鼠　棕色田鼠有在果园、荒地与农田间季节性迁移现象，冬季迁入果园和荒地越冬。越冬地灭鼠可起到降低来年农田鼠密度的作用，也可保护果树的安全。越冬地灭鼠可采用毒杀和人工灭鼠的方法。

3. 改善耕作制度　棕色田鼠喜食小麦、花生和豆类等食物，在这类作物地中密度较高，而在玉米、油葵地中密度很低。因此在秋季作物中增加玉米油葵种植面积，以减轻为害。对休闲地进行伏翻和冬翻，能破坏棕色田鼠的栖息地和食物条件。因此，小麦—玉米—小麦、小麦—油葵—小麦、小麦—休闲（伏翻）—小麦、小麦—休闲—春玉米—小麦等轮作方式有助于降低其为害。

4. 加强果园管理　定期中耕除草、进行伏翻和冬翻，不套种瓜果蔬菜等作物，破坏其栖息条件和减少其食物来源。在果园周围，挖60cm宽、80cm深的防鼠沟，可防棕色田鼠向果园迁移。

5. 人工捕杀　利用棕色田鼠的堵洞行为进行人工捕杀往往能取得较好的防治效果。

（1）刨道堵截捕杀法。捕杀方法是用铁锨铲除土丘，露出洞口，迅速退到洞口后2～3m处静观，待其将洞口堵住，再铲除堵土，露出洞口，如此反复2～3次，基本明确了洞道的去向，再从洞口向后，将洞道上面的表土轻轻刨开。当棕色田鼠再次堵洞时，在洞口后面10～15cm处，可见到田鼠正在洞道口刨土的地面涌动，此时迅速对准涌动处，用铁锨下铡，可将田鼠铡死或翻上地面拍死（图24-19-3）。

（2）洞跌法。鼠经过的小隧道上挖1个垂直的洞（洞的直径16cm、深50cm），上面用草皮盖好（图24-19-4），当鼠扒土扒到这里就掉到洞里了。一般每隔0.5h检查1次，如果发现洞内有鼠即进行捕杀，而后再将草皮盖好。这样在一个洞里一般可跌鼠3～5只，最多可跌11只。有时1只掉入洞内，它就发出叫声，其他棕色田鼠很快就来相救，一起掉入洞内。洞跌法捕杀时要注意将洞挖成圆柱形土坑，坑壁要光滑；取跌洞鼠的时间不宜间隔太长，否则会重新打洞逃跑；取鼠后仍需盖好草皮，直到洞内无鼠为止。

（3）夹捕。鼠洞道中间挖一与铁夹大小相似的小坑，清除浮土以保证洞道畅通。把带有诱饵的铁夹放置其中，用木板或草皮土将洞口封严（图24-19-2）。在一个洞系中置放2～3个铁夹即可。也可用弹簧夹置于洞口捕鼠（彩图24-19-3）。弹簧夹是用一根钢丝折回弯成大小不同的两个圈，大圈直径4～5cm，小圈直径1～2cm，小圈上装有自动开关。将钳夹放入洞口5～10cm处，待鼠钻入大圈时推土触动小机关触发，将鼠钳住。

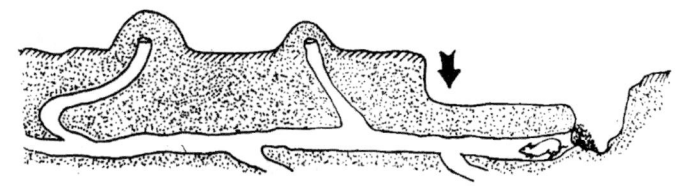

图24-19-3　堵截捕杀（箭头为堵截部位）（引自卢欣，1992）

Figure 24-19-3　Capture by cutting the retreating way（arrow show the cut point）（from Lu Xin，1992）

图24-19-4　洞跌法捕鼠（引自张宏章等，2001）

Figure 24-19-4　Trap（from Zhang Hongzhang et al.，2001）

郭聪（四川大学）

第 20 节　根　田　鼠

一、分布与危害

根田鼠（*Microtus oeconomus* Pallas），隶属啮齿目仓鼠科田鼠属，是横贯欧亚大陆寒温带、森林带的代表性鼠类之一，国外分布于蒙古、前苏联直至欧洲西部。根田鼠只生存于寒冷湿润地区，是一种喜冷喜湿的北方型动物。在我国，根田鼠主要分布在新疆北部山地海拔 1 500～3 000m 的较高地带，在西北一些地区如甘肃南部、陕西南部、青海省等海拔 2 000～4 500m 的山地、森林、灌丛和高寒草甸草原等地带以及四川西北草原地区。其典型生境为潮湿地段，如溪流沿岸、灌丛草原、河滩、泉水溢出地带和沼泽草甸等。

根田鼠是主要林木害鼠，对农区新造林地、退耕还林地、经济林栽培区和苗圃地常造成严重危害，在已成林的防护林内也有较重的为害。根田鼠通过啃食树皮、枝叶、果实及根系使林木遭受为害，轻则林木树皮被啃食，影响长势，重则树皮被环剥，使林木死亡。通常 1～10 年生幼林、苗木受害严重。

农田退耕还林还草后，草地栖息地结构变得较为复杂，鼠类的优势种也发生了明显的改变，在一些地方根田鼠的数量上升，变为优势种。

根据青海省海北州鼠虫害测报站和青海省鼠虫害测报中心 2006 年 3 月调查结果，青海湖农场退耕还林（草）地害鼠种类有根田鼠、高原鼠兔，局部地区有少量高原鼢鼠，其中种群数量最大、为害最为严重的是根田鼠，为害范围涉及全场所有退耕还林（草）地及公路、铁路林草防护带，面积达 1.45 万 hm²。经样方测定，严重为害地段占全场所有退耕还林（草）地的 65% 左右，有害鼠自然洞口 54 000 个/hm²，平均有效洞口数达 16 500 个/hm²，树苗受害率达 100%，枯死率达 70% 以上；中度为害地段，害鼠有效洞口数也在 8 000 个/hm² 左右，是防治标准的 5.4 倍。

根田鼠也分布在草地和农田，对草地和农作物有一定程度的为害。对草地的为害主要是由于根田鼠在地下 4～16cm 打洞，许多植物的根系基本上也集中在这一地层中，植物根系被破坏，加之鼠洞破坏了植物生长的土壤结构，使土壤无法正常保持水分，植物无法正常生长，从而加速了草地退化。

除上述对林木、草场和农作物造成危害外，根田鼠还是土拉伦斯病、钩端螺旋体和丹毒的病原天然携带者。

二、形态特征

根田鼠（彩图 24-20-1）体重 30g 左右，体长 105mm，尾长 34mm。体背呈灰黑棕色，腹面为蓝灰色，毛尖淡棕黄色；尾背面棕色，腹面灰白色。第一上臼齿前横棱后有 4 个交替闭合的三角形齿环，呈内外各 3 个角突；第二上臼齿前横棱后有 3 个闭合的三角形齿环，呈外 3 内 2 角突；第三上臼齿前横棱后具外 2 小及内 1 大三角形齿环，继之为一星月形后跟，呈外 3 内 4 角突。

三、生活习性

（一）栖息地

根田鼠主要栖息于海拔 2 000m 以下的亚高山灌丛、林间隙地、草甸草原、山地草原、沼泽草原等比较潮湿、多水的生境。农田、苗圃绿洲中也有少量分布。在农区主要栖居在水稻田和胡麻地内，而且多在田埂渠边筑巢栖息。

溪流沿岸、灌丛草原、河滩、泉水溢出地带和沼泽草甸等为根田鼠的典型栖息地，但同域分布的其他啮齿类，如高原鼠兔，对其栖息地选择有较大的影响。高原鼠兔在牧草生长繁盛期，常将一些较高的植株咬断后弃置一旁，这可使高原鼠兔保持开阔的视野，从而降低高原鼠兔被天敌捕食的风险。但是，对根田鼠来说，这种栖息地改变却意味着郁闭性降低，被捕食风险增加。因此当竞争性啮齿类优势度升高时，根田鼠的栖息地利用强度降低。

土壤含水率也影响根田鼠对栖息地的选择。土壤含水率可影响植被，也可影响土壤的硬度。在一定范围内随着土壤含水率的增加，禾本科、莎草科等优良牧草量增加，食物资源和草本层植被的郁闭性增加，同时土壤的硬度下降，有利于其建造洞穴，降低其被天敌捕食的风险。

在质量较差的栖息地斑块中，跑道没有洞口和分叉，跑道长度较短，只是简单的穿越通道，栖息地的利用强度也较小；反之，洞口和分叉数就较多，累计跑道长度也就较大，利用强度也较大。总之，根田鼠偏好利用那些食物资源丰富、没有竞争性啮齿类栖息和较为郁闭的栖息地。

（二）洞道

根田鼠的洞系构造复杂，每洞系有 2～5 个以上的洞口，洞口直径约 2.5cm，洞口与地面垂直。洞道弯曲而多分支，洞道总长度大多在 270～700cm。草滩上的洞道通常以浅沟为底，另由枯草卷折而成顶盖；沼泽地上的洞道，其洞口开于草墩侧方，在草墩中营巢。每洞系有巢 1～3 个。

根田鼠的粮仓常位于金露梅丛间，不易被发现，其形状似葫芦，上面小，下面大，顶部有一直径10～15cm 的通气孔。粮仓壁上有上下两层环行跑道，上层环行跑道距地表约 10cm，下层环行跑道距地表为25～30cm。两层环行跑道各有 8～10 条向四周辐射的跑道与之相连。粮仓的深度为 35～45cm，可容纳干草量为 1.0～1.5kg。刚储存好的粮仓，其内容物缠绕结实，中间留有一些根田鼠身体恰好可以钻过的通道。根据粮仓体积和剩余食物量推测，利用量都超过一半至 2/3。根田鼠在储存和利用越冬食物方面，实行家庭成员共同参与、共同分享的原则。

（三）食性

根田鼠春季以植物的绿色部分为食，夏季主要以禾本科植物的种子为食，秋冬季挖食植物之根部、块茎、幼芽、种子，并且有储存食物的习性。根田鼠 9 月下旬开始收集植物材料并带进洞内储存。收集的植物材料包括披碱草属、薹草属、线叶蒿草、羊茅等。储存食物一直要持续到 10 月末或 11 月初停止地面活动之前。

（四）活动规律

根田鼠昼夜均有活动，以夜间活动为主，其最长活动周期和最大活动节律均发生于夜间。活动高峰出现于 6：00 左右和 24：00 左右。根田鼠于 12：00～16：00 活动较少，白天活动时间相对较短且规律性不明显。

在青海高原海拔 3 200m 地区，成年雄性的巢区面积和活动距离在 5～8 月一直保持着较高的水平。在此期间，成年雄鼠显得异常活跃，寻找异性，常看到它们相互追逐。成年雄鼠巢区面积达 2 770～3 900m²，活动距离在 78～94m。9 月，因停止繁殖，其巢区面积和活动距离均大幅减少至 693m² 和 54m。成年雌鼠在繁殖时期（5～8 月）巢区面积和活动距离与成年雄鼠的相反。成年雌鼠在 5～6 月大多数处于妊娠和哺乳阶段，妊娠雌鼠行动不便，哺仔雌鼠因照顾幼仔，限制了活动范围，因此巢区面积和活动距离小，在100～383m² 和 14～28m。7 月大部分雌鼠哺乳结束，活动范围扩大，其巢区面积和活动距离分别达941m² 和 44m。9 月停止繁殖，该月巢区面积和活动距离急剧扩大，分别为 1 837m² 和 58m。

（五）繁殖特性

根田鼠一年繁殖 3～4 次，每胎通常有 3～9 仔，平均为 5 仔。繁殖期与各地的气候条件密切相关。在青海省三江源地区，4 月初就进入繁殖区，而在青海北部地区，其繁殖期在 5～8 月，9 月停止繁殖，在新疆吉木萨尔县，其繁殖期要延续到 11 月中旬。

四、发生规律

每年繁殖季节开始前是种群数量最低的时候。根田鼠在冬季停止繁殖，种群没有增加个体，冬季的寒冷气候等诸多不利因素使种群数量逐月降低。在繁殖季节开始后，种群数量回升，至繁殖期结束时，其种群数量达到最高峰。

五、防治技术

（一）建立健全监测预报制度

进行鼠害鼠情监测，及时掌握害鼠动态，为各级林业主管部门制定害鼠防控决策提供依据。

（二）防啃剂及营林措施防治

每年秋季林木越冬前应用防啃剂对树木进行涂刷保护。防啃剂具有防鼠和防牲畜啃咬作用，也有一定防虫功效。防啃剂的配制可按照说明书进行，将配制好的防啃剂用毛刷涂刷或喷洒于树干基部，涂刷高度为 50～60cm，涂抹时注意涂匀，不可过量流淌造成浪费。喷洒量以被保护部位喷湿为度。每千克制剂可保护大树（胸径 6～8cm）260～280 株，保护小树（胸径 2.5cm）560～580 株。在运用防啃剂防治的同时需结合除草、秋翻、冬灌等营林措施进行防治。

（三）套防鼠网防治

每年秋季林木越冬前，对道路和农田防护林、林果栽培区的树木进行套防鼠网处理。做法是，将树干基部的浮土铲去 2～3cm，裁剪宽为 20cm、高为 50cm 的金属网，对树木的主干进行套绑，并将金属网上口收紧，以防老鼠翻越进入。也可采用 PVC 管套绑林木防鼠（彩图 24 - 20 - 2）。

（四）化学防治

1. 毒饵站防治　使用毒饵站可长期将害鼠密度控制在较低的水平。可因地制宜制作毒饵站（参照第 4 节大足鼠）。毒饵站内使用抗凝血杀鼠毒饵（参照第 1 节褐家鼠），饵料可使用小麦、碎玉米或大米等。毒饵的配制应由专业人员进行。毒饵站的放置密度需根据害鼠的密度确定，一般为 15～20 个/hm²，每个毒饵站中放 20g 左右毒饵。毒饵站中的毒饵被取食后需补足。

2. 大面积药物防治　在害鼠密度很大的情况下，需采用大面积毒杀的方式迅速压低害鼠密度。每年早春，害鼠开始活动时是实施大面积药物防治的最佳时期。早春季节鼠类食物匮乏，越冬鼠觅食活跃，又是鼠密度在一年中最低的时期，此时灭鼠可收到事半功倍之效。杀鼠剂可采用肉毒素或抗凝血杀鼠剂，饵料采用碎玉米、小麦等害鼠喜食的材料。毒饵应投放在鼠洞、鼠路和鼠经常活动的地方，每处投放毒饵 10～20g。毒饵投放次数需根据杀鼠剂的特性确定。

郭聪（四川大学）

第 21 节　黑线仓鼠

一、分布与危害

黑线仓鼠（*Cricetulus barabensis* Pallas），隶属啮齿目仓鼠科仓鼠属，别名花背仓鼠、背纹仓鼠、搬仓、腮鼠、中华仓鼠、中国地鼠。中国有 5 亚种：黑线仓鼠长春亚种（*C. b. fumatus*），黑线仓鼠宣化亚种（*C. b. griseus*），黑线仓鼠三江平原亚种（*C. b. manchuricus*），黑线仓鼠萨拉齐亚种（*C. b. obscurus*），黑线仓鼠兴安岭亚种（*C. b. xinganensis*）。

黑线仓鼠广泛分布于我国东北和华北地区的农田和草原，分布西界在甘肃河西走廊的张掖一带，南界大约在秦岭至长江一带，在安徽、江苏两省境内有跨江分布记录。国外分布于蒙古、俄罗斯西伯利亚南部和朝鲜北部等地。黑线仓鼠的栖息环境极为广泛，草原、半荒漠、农田、山坡及河谷的林缘、灌丛中都可栖息，以夜间活动为主。

据报道，20 世纪 90 年代，黑线仓鼠是黄河流域和豫东、豫北平原农田害鼠的优势种，占野生农田害鼠总量的 40％以上。以夜间活动为主，白天隐藏于洞穴内，黎明前、黄昏后活动频繁，一般以 19：00～21：00为害严重。春季刨食播下的小麦、玉米、豌豆等种子，继而啃食幼苗，特别喜欢吃豆类幼苗；作物灌浆期啃食穗果，并有跳跃转移为害的特点，啃食水果及瓜类时专挑成熟、甜度大的为害，秋季夜间往洞中盗运成熟的粮食及油料，储备冬季食料。根据跟踪调查，由于黑线仓鼠为害，一般可使小麦减产 12.6％～16.5％，豆类减产 9.6％～15.6％，果园减产 9.0％。黑线仓鼠繁殖力强、分布范围广，对农作物为害大。

二、形态特征

黑线仓鼠体长一般在 80～110mm；尾短，尾长 13mm 左右，约为体长的 1/5，尾两色；耳圆且短，端部有白缘；吻钝，口腔内有发达的颊囊；黑线仓鼠比金黄地鼠小，一般体重 28～40g，大的可达 55g。黑线仓鼠由头、体背至尾背、颊部、体侧和四肢背面的毛色均为黄褐色或灰褐色，年龄越老，黄褐色越明显。从额顶部一直到尾基的背中央具一条明显的黑色纵纹，背中段最为明显。背毛毛基灰色，毛中段淡黄褐色，毛尖大多为黄褐色，少数为黑色，并有少量略长的纯黑色毛，背中线黑色毛从基部至尖端基本为全黑色，少数在中上段具小部分棕黄色。吻部、颊和大腿外侧与背毛同色。而内侧具棕黑色短毛，外缘为一狭窄的白边。耳外侧前方黑色或棕黑色，后方棕白色，双耳背面上部显出两块黑斑。尾背面与背纹色相近，向尾尖逐渐浅淡，腹部污白色。身体腹面的颊喉部毛白色。胸部以后灰白色，毛基灰色，端部白色。前后肢下部灰白色，足部背面均白色。

黑线仓鼠头骨背缘弧度较小。脑颅近圆形，颧骨不甚外凸，从前向后稍向外斜出，近与头骨平行。颧骨细弱，尤其是颧骨部分更明显。鼻骨较窄，前端宽而向后渐窄。上门齿根外突使颌骨与鼻突之间形成一条不深的凹陷。头骨各部分骨崤不明显，头骨圆滑。顶骨的前外角向前延伸到额骨后部的两侧，形成较明显的尖状突起。顶间骨呈一横的窄条，有些个体在中央略向前突出，不呈三角形。眶间宽较大。门齿孔狭长，后缘几与 M^1 前缘连线平齐。听泡较大而隆起。左右翼突较平直，与听泡前缘相接。翼间孔深长，前端与最后一枚臼齿（M^3）后缘平行，甚至前伸至左右最后一枚臼齿间 1/3，后缘达听泡前缘。上门齿细长，两门齿基本平行。臼齿 3 枚，M^1 较大，越向后越小。M^1 有 3 对圆锥形齿突，前两个齿突较靠近。M^2 有 2 排齿突。最后一枚臼齿的第一对外侧齿突较低，第三对外侧齿突极不明显，几成一个齿突。下颌门齿细长而平直。第一枚臼齿较长，前端略窄，第二枚近方形，第三枚较小，后端渐向内侧斜窄。齿突数与上颌相同，但第三枚的最后齿突较明显。

黑线仓鼠口腔左右两侧有颊囊，眼大呈黑色。雄鼠睾丸很大，长 13mm 左右，位于尾根部明显突出，阴茎至阴囊距离 25～30mm。多数雌鼠有 4 对乳头。黑线仓鼠染色体大，数量少（2n=22），且易于相互鉴别，在小型哺乳动物中是难能可贵的。黑线仓鼠无胆囊，输胆管直接开口于十二指肠。

三、生活习性

（一）栖息地

黑线仓鼠的栖息环境极为广泛，草原、半荒漠、农田、山坡及河谷的林缘、灌丛中都可栖息，在半荒漠地区，通常栖息于较高蒿草的地方或水塘附近。在农区，黑线仓鼠全年栖居于玉米、大豆、花生、甘薯、甜瓜、蔬菜等作物的田间，多集中于田埂、土坡或农田中的坟堆上，也能在荒地、柞林、坡耕地生活，一般不迁入农家庭院。

（二）食性与食量

黑线仓鼠是我国北方的一种常见广谱性杂食性鼠种。在草原区，主要取食植物性食物，以植物茎叶为主。黑线仓鼠对各种植物喜食程度不同，取食率可分成 5 级。

Ⅰ级：最喜食，取食率在 90% 以上。成体组最喜食的植物有 7 种：苦菜、打碗花、戟叶蒲公英、紫花苜蓿、草木樨、灰叶黄芪、沙打旺。亚成体组有 7 种：苦菜、打碗花、紫花苜蓿、二裂委陵菜、草木樨、灰叶黄芪、猪毛菜。

Ⅱ级：喜食，取食率在 75%～89%。成体喜食的植物有 3 种：二裂委陵菜、披针叶黄花、北山莴苣。亚成体有 6 种：沙打旺、披针叶黄花、北山莴苣、戟叶蒲公英、萹蓄豆、胡枝子。

Ⅲ级：较喜食，取食率在 40%～74%。成体较喜食的植物有 6 种：胡枝子、猪毛菜、萹蓄豆、问荆、沙生棘豆、星星草。亚成体有 6 种：问荆、沙生棘豆、星星草、紫野大麦、藜、柠条。

Ⅳ级：可食，取食率 1%～39%。成体组有 14 种：狗尾草、紫野大麦、藜、阿尔泰狗娃花、柠条、车前等。亚成体可食的有 13 种：两栖蓼、砂引草、阿尔泰狗娃花、车前等。

Ⅴ级：不食，取食率为 0。成体不食的植物有 5 种：蒿、小白蒿、假委佛子茅、针茅、芦苇。亚成体组不食的植物有 3 种：蒿、小白蒿和白草。

在农作区主要取食作物种子，取食茎叶和动物性食物比草原区少。从饶阳 4 种主要作物地 5469 只鼠颊囊检出物统计结果看，占总频次的百分率为：种子 82.34%，根、茎、叶、花、果实 7.88%，动物 7.35%。动物性食物频次虽少，但其蛋白质含量比植物性食物高，对鼠的繁殖更有利。农作物种子占种子总频次的 77.30%，草籽＋树籽占 22.70%。农作物种子中，花生最多，占种子总频次的 31.54%；小麦次之，占 16.07%。孕鼠颊囊中检出的鸭绒和棉花显然是垫窝用的。检出量一只（次）一般 3～5g。

不同季节黑线仓鼠的食性也不同。如农区春冬季花生的取食率，明显多于夏秋季，春季最高，冬季次之。因为 4～5 月为花生的播种期，鼠盗食花生较多。冬季其他种子很少，而花生残留在地里的较多，故取食率亦高。小麦的取食率，为 7 月最高。10 月小麦播种期取食率一般也低于 11 月或 12 月，说明主要取食散落于地表或未发芽的种子，可见对小麦的为害较轻。根、茎、叶、花和果实的取食率，春季明显高于其他季节。因为春季草及作物苗鲜嫩，蛋白质与维生素含量高，对开始繁殖有重要影响。夏季吃花生花、豆类花较多，冬季检出麦苗和草较多，秋季检出的最少。动物性食物取食率，春夏秋明显多于秋冬季，特别是春季多。

黑线仓鼠亚成年期至成年期，其日食量没有大的变化，幼年组每只平均日食鲜草量为 11.03g，与成年组日食量 11.00g 相似；幼年组平均日食干草量为 3.39g，成年组为 4.0g。亚成年期处于生长发育阶段，所需能量比成年期高，亚成年组每千克体重日食鲜草量为 817.0g，而成年组为 448.7g。

（三）洞穴与巢区

黑线仓鼠对营穴场所具有明显的选择性。黑线仓鼠洞穴多集中于与农田毗邻的路基、坟地、堤坡、田埂等非耕作区。在相同土质条件下，黑线仓鼠营穴场所在大豆田居多，其次为花生、小麦和玉米。同一作物其营穴场所以土质松散的沙土地居多，黏土地最少。

黑线仓鼠洞系分为长居洞、临时洞和储粮洞。临时洞结构简单，有 1～2 个洞口，1 个巢室，无仓库和厕所，洞道较短。长居洞穴结构复杂，有 2～4 个圆形、直径为 3～5cm 的洞口，洞道朝天或斜行呈 45°角伸入地下，总长 213～354cm，主隧道前段为跑道，长 35～50cm，后段为仓库和巢室，长 45～65cm，内有较多条分支和 1～2 个盘状巢室，巢室一般在洞道分支的下游中间处，距储粮室和厕所较近。巢室距地面垂直深度为 100cm 以上，巢内铺有玉米叶、大豆叶、鸡鸟羽毛等。洞内有 3～4 处粮仓，1～2 处厕所。洞道长短、巢室大小及距地面垂直深度，随季节有所变化，一般冬季较深。

成年雄鼠的巢区和活动距离都大于雌鼠，雄性成鼠巢区和活动距离也大于雄性幼鼠。7～9 月雄鼠的巢区面积与活动距离逐月增大，而且一直大于雌鼠的巢区面积。相邻两月的巢区面积之间、相邻两月间的活动距离均相似。雄性成鼠在繁殖期间，巢区与活动距离均处于较高的水平，但总的趋势是上升的，8月、9 月两月的鼠密度也比 7 月低，雄鼠遇到雌鼠的机会减少，要找到发情的雌鼠就需要增加活动距离，因此，8 月、9 月雄性巢区和活动距离逐渐增加。雌鼠在 7 月、8 月的巢区面积最大，几乎相等，巢区重叠也高。到 9 月巢区不再重叠，而且巢区面积与活动距离均减少。黑线仓鼠的巢区和活动距离在 7～9 月变化不明显。

（四）繁殖特征

黑线仓鼠繁殖力极强，一般有 3～4 月、8～9 月两个繁殖高峰期，冬季不繁殖，年繁殖 4～5 胎，每胎 4～9 只，平均 6 只。黑线仓鼠繁殖期也有地理差异，由北至南逐渐增长。黑龙江 3～9 月，呼和浩特、达拉特旗 3～10 月（多数 3～9 月），北京 2～10 月，河南开封 2～10 月，淮北 2～11 月；大连较特殊，5～8 月未见孕鼠，当年 9 月至翌年 4 月繁殖。

（五）幼体生长发育

形态发育：初生仔鼠赤裸无毛，呈肉红色，仅吻端可见胡须和眼部有色素沉积，皮肤薄而呈半透明，脐、生殖突和肛门明显突起。1 日龄，头、背部有色素沉积；2～3 日龄，背毛生出；5～6 日龄，背纹即"黑线"明显可见；6 日龄腹毛生出；7～8 日龄，背毛覆盖皮肤；12～15 日龄，全身均被毛。初生时耳壳紧贴颅部；2 日龄，少数开始直起；3～4 日龄，所有鼠均直立。初生时上、下门齿均已萌出，洁白、尖细。第一对臼齿萌出的为 13～15 日龄，睁眼的为 12～16 日龄，通常双眼同时睁开，个别也有间隔 0.5～1d 者。

行为发育：初生仔鼠能发出"吱、吱"叫声，不能爬行，只能摇摇摆摆地移动；3～5 日龄，可缓慢爬行。采食行为的出现最早见于 11 日龄，最晚见于 20 日龄。断乳日龄为 15～20d。采食行为的出现比臼齿萌出平均提前约 1 日龄，比断乳平均提前约 4 日龄。

性发育：初生仔鼠性别不易区分，雌雄鼠尿肛距虽有差异，但不很明显，至 3～5 日龄时，雌性乳区出现了暗红色圆形斑点，此时可准确鉴别雌雄。由生长分析推断，大约在 90 日龄性成熟。实际观察，雄性睾丸下降并有成熟精子的日龄，最早见于 52～55 日龄，最晚见于 97～122 日龄。雌性阴道开口并有发情表现的日龄，最早见于 52 日龄，最晚见于 134 日龄。性成熟持续时间较长。其原因是夏末出生的鼠，多数在 52 日龄后逐渐达到性成熟；晚秋出生的鼠多数在第二年春季才性成熟，性成熟的早晚与出生季节有关。

根据以上体重增长和形态、行为及性的发育特点，黑线仓鼠的生长发育大致可分为 4 个阶段：

乳鼠阶段：0～15 日龄。15 日龄时，虽未完全断乳，但臼齿和取食行为已出现。该阶段，体重生长最快，形态发育变化最大，如耳孔开裂、被毛、睁眼等均在此期完成。

幼鼠阶段：16～35 日龄。由摄食母乳过渡到独立生活，生长率仍保持较高水平。体重生长无性别差异。

亚成年阶段：36～90 日龄。两性体重增长出现了差异，并逐渐增大。雌雄生长均比较缓慢。该阶段仅有少数个体达性成熟。

成年阶段：91～120 日龄。此时多数鼠已性成熟，雌性的体重生长几乎停止，而雄性由于性腺的迅速发育，生长率和日增重又有所增加。

（六）种群年龄

小型啮齿动物年龄鉴定的研究，多以臼齿磨损程度作为鉴定年龄的方法。体重、体长也适于划分年龄组的标准。卢浩泉等以上臼齿的磨损度的五个级别作为划分年龄组的依据，将黑线仓鼠分为 5 个年龄组：Ⅰ，幼年组；Ⅱ，亚成年组；Ⅲ，成年Ⅰ组；Ⅳ，成年Ⅱ组；Ⅴ，老年组。张洁（1985）曾使用胴体重为指标将其划分为 5 个年龄组。

四、种群数量动态

侯希贤等（2000）研究发现呼和浩特郊区黑线仓鼠种群季节变化较明显，1 月最低，10 月最高，全年有两个数量高峰，数量消长曲线呈双峰型，后峰高于前峰。冬季大部分个体死亡，经过春季繁殖，使夏季数量上升，当年早春出生的鼠在夏季进行繁殖，从而使秋季数量明显增多。黑线仓鼠数量季节变化十分明显，基本情况是：春季低，夏季增多，初秋最高，秋末开始下降，冬季最低。数量年际变化也较大。董维惠等（1989）研究发现，内蒙古中西部地区黑线仓鼠种群数量和年际变动曲线不同，且季节变动曲线表现为双峰型；呼和浩特市、达旗黑线仓鼠数量季节变动基本一致，呈双峰型，6 月为第一峰，7 月略有下降，8 月又开始升高，10 月达到最高峰，相关性比较明显。白旗黑线仓鼠季节变化也为双峰型，前峰高于后峰，最高峰在 5 月，不同于另外两地。

五、防治技术

根据其营穴场所及昼伏夜出等习性，采取"以药物杀灭为主，生态、人工捕杀为辅"的综合防治措施。

（一）化学防治

药物防治仍然是当前农牧区鼠害严重时的主要应急措施。牧区可选用莜麦，农区选用玉米面作饵料，杀鼠剂选用及使用方法参照第 1 节褐家鼠。毒饵按洞投放。

（二）农业防治

通过破坏鼠类栖息环境，使之不利于鼠生存而预防鼠害发生，是生态学防治的基础。几年来，在河南、山西和内蒙古对该鼠的生态学防治采取以下措施：

1. 减少田埂、地头荒角、田头坟地和杂草较多的撂荒地，尽量少留或不留永久性田埂。这些都是该鼠最适栖息地。

2. 结合秋灌、秋翻、冬闲整地，破坏该鼠越冬地。黑线仓鼠洞穴一般在地表下 20～40cm。在作物生长季节，结合农时进行灌溉，能淹死或造成黑线仓鼠不宜栖息的环境。

3. 勤除草，使杂草不能结籽（狗尾草、猪毛菜等草籽，在没有粮食作物时，也是该鼠冬储的食料）；除草不仅对作物生长有利，也能减少鼠的栖息。

4. 人工捕挖。当鼠害不严重时，注意动员群众，利用水灌、夹捕、锹挖鼠仓，均可在局部收到明显效果。

5. 在秋收季节，采用快收、快运、快打场的方法，减少被鼠盗食机会。

6. 加强管理，防止草场退化，可减少黑线仓鼠的数量。在具备灌溉条件的草场，配合施肥、浅耕翻、补播等改良措施，可把草原生态系统维持在良性循环状态，一般不会发生鼠害。

（三）毒饵罐控制技术

毒饵罐常年放置农田，可有效防止药剂大面积扩散，避免污染环境，尤其是蔬菜大棚与无公害保护地内更适于推广这种方法；此外，药效受降雨、灌溉等罐外环境的影响较小，持续时间长，饵料吃了再补，效率高且经济；同时，毒饵罐的使用使其他动物的安全系数大为增加。在农田鼠害中等或大发生年份，3 罐/hm² 效果最佳；在鼠害不发生或小发生年份可采用 2 罐/hm² 以降低防治成本。毒饵罐的布放应是长期的、持续的。毒饵站的使用也可参照第 4 节大足鼠。

（四）生物防治

保护鼠类天敌，禁用对非靶标动物有毒和二次毒力强的药物灭鼠，已引起社会的广泛重视。防止滥捕、滥杀鼠类天敌动物。捕食老鼠的狐、鼬、鹰、蛇等动物均有经济价值，随着爱鸟科普活动的开展和野生动物保护法的颁布，滥捕滥猎现象有所好转，但切实做到还需要全社会的配合。近几年随着大面积植树种草、改造自然活动的推进，对保护和招引鼠类天敌起了良好的作用，这些措施都利于黑线仓鼠的生物防治工作。

陈卫（首都师范大学）

宛新荣（中国科学院动物研究所）

第 22 节 大 仓 鼠

一、分布与危害

大仓鼠（*Tscherskia triton* de Winton），隶属啮齿目仓鼠科大仓鼠属，别名大腮鼠、灰仓鼠、齐氏鼠、搬仓鼠和棉榔头。中国有 6 亚种：甘肃亚种（*T. t. canus*），太白亚种（*T. t. collinus*），东北亚种（*T. t. fuscipes*），山西亚种（*T. t. incanus*），宁陕亚种（*T. t. ningshaanensis*），指名亚种（*T. t. triton*）。

大仓鼠属古北界东南部的种类，广布于我国长江以北地区。从东部沿海省份向西，以浙江天目山为南限，主要分布于华北平原、东北平原、关中平原农作区及临近山谷川地，包括黑龙江、吉林、辽宁、内蒙古、北京、天津、河北、河南、山东、山西、陕西、甘肃、宁夏、安徽、江苏和四川等省（自治区、直辖市）。国外主要分布于朝鲜、俄罗斯的西伯利亚南部。

大仓鼠为农田主要害鼠之一，广泛分布于我国北方地区的农田中，数量约占野栖鼠总量的 27.14%，最高可达 53.70%，特别是在豫北、豫东等黄河流域地区的农田占绝对优势，所占比例一般为 74.00%，最高达 96.60%。大仓鼠在山区约占 15.06%，在丘陵地区约占 18.67%，在河滩地约占 23.90%，湖泽地区一般无分布。除农田外，在阔叶林、灌木丛、草地等生境也有分布，而且为家栖偶见种。

大仓鼠为害主要体现在两方面：①为害作物、盗运粮食。在农田害鼠中，大仓鼠所占比例小麦地为16.8%，玉米地为 23.4%，蔬菜地为 4.7%，花生地为 33.3%，大豆地为 37.1%，水库堤坝为 7.7%，其他生境约为 33.3%。在作物苗期为害茎叶，花期吃花，尤以花生受害最重。7 月中、下旬花生刚结果即开始盗食。棉花幼桃时期受害严重。幼桃中未成熟种子甜嫩多汁，常被咬食；作物成熟期大量盗运小麦、谷子、大豆等，收割后刨食散落于地上的种子。由于大仓鼠为害，常造成农作物严重减产，甚至颗粒无收。②传播疾病，危害人类身体健康。大仓鼠主要为田间野栖种，也为室内偶见种。它能传播鼠疫、流行性出血热、钩端螺旋体病、蜱性斑疹伤寒、蜱传回归热等传染病。

二、形态特征

大仓鼠体形较大，系仓鼠科中较大的鼠种（彩图 24-22-1）。体躯粗壮，头较宽大，颊囊发达。尾长度接近或超过体长的一半，尾较粗，尾基较膨大，向后明显变细，尾膨大部分毛显著长，无鳞环。耳短而圆，耳长 15～20mm，耳外缘有一灰白色的短毛形成的淡色白边。

背部毛色为黄褐色，近毛基 3/4 部分为黑灰色，中上部为黄褐色，毛尖转为黑褐色，亦有些毛尖部仍为黄褐色。背毛中有少数纯黑色长毛，常突出毛被。背部中央色较浓而两侧渐淡。吻部前方毛基无灰黑色，颊部毛基浅灰色，因此褐色较为明显。腹毛较背毛短，颏、喉部毛纯白色，毛基灰色，毛尖白色。前肢前侧、后肢的后侧与背毛色相同。前肢的侧面及后侧、后肢腹面及侧面均与腹毛色相同。尾基粗大部毛较长，与背面毛相似。尾上下毛色相同，尾后端白色，白色部分各地标本长短不一。

大仓鼠头骨粗大而坚实，头骨外形狭长，颅嵴发达，形成明显棱角，前端稍膨大，个体越老越明显。鼻骨较长，前 1/3 处略向两侧膨大，眶前板较宽，眶上嵴发达，幼年个体的眶上嵴不明显。眶上嵴通过项嵴与人字嵴相连。顶骨大，顶骨前外角尖细并向前伸。项间骨大，略呈三角形。颧弓不特别外凸，而斜伸向外后方，后部明显宽于前部，颧骨细弱。枕骨人字嵴及乳突发达，枕骨不向后突出于枕髁之后。前颌骨两侧有上齿齿根所形成的隆迹。门齿孔宽而长。听泡中等大，二听泡间距离几与眶间宽相等。

上门齿细而长，下门齿细长锋利。第一上臼齿（M^1）具 3 对齿突，最前端一对齿突相距较近，第三对齿突距离较大，呈前窄后宽的椭圆形。M^2 呈方形，具 2 对大小相等的齿突。M^3 具 2 对齿突，第二对小而低，近于前宽后窄的三角形。下颌第一对臼齿（M_1）细长，M_2 略短于 M_1 而呈方形。M_2 几与 M_2 等大，M_3 齿突略小。

三、生活习性

（一）栖息地

大仓鼠栖息地十分广泛，如豆田、花生田、棉田、麦田、田边、林中、田埂、堤崖、路边荒地、坟地、山坡等生境。低洼潮湿地很少甚至无分布。大仓鼠对于栖息地的选择主要依据食物的丰富度和适合繁衍种群的环境。例如，黄河三角洲 4 种生态环境中，大仓鼠鼠洞密度以槐树林最高，农田和杂草地次之，居民区边缘最低；大仓鼠的年平均密度也以槐树林密度最高，并且季节高峰持续时间长。出现这种现象的原因是槐树林地理环境特殊，食物资源丰富。有 40 年树龄的林区，产生了适合大仓鼠生存繁衍的许多自然条件，历年的果实、落叶以及林内生长的多种植物，为大仓鼠提供了充足的食物，加上林内温度、湿度、风力较林外相对稳定，人和其他动物很少涉足林区，当地鼠类的天敌蛇、猫头鹰等也很少，使大仓鼠繁殖力增强，密度保持在较高的水平。相反，在其他生境中，受人类和其他动物影响较大，环境不稳定，使大仓鼠发生密度小，波动范围大。例如，农田的播种、翻地、灌溉等，杂草地的旱涝不均、人为割草放牧等均是造成以上结果的原因；而居民区边缘地区是由于环境、食物选择压力大，使大仓鼠发生迁移所致。

（二）洞穴

除繁殖期外，大仓鼠一般为雌雄独居，雌、雄洞穴相距不远，幼鼠在哺乳期和雌鼠同居一穴。一般说来，雌鼠洞穴比雄鼠的复杂，老龄鼠洞穴比幼鼠洞穴复杂，繁殖期比非繁殖期复杂，永久洞穴比临时洞穴复杂，冬季洞穴比夏季洞穴复杂。

大仓鼠洞穴一般有 2~4 个圆形明洞口，直径 4~6cm，个别的达 8~10cm。洞壁光滑，垂直向下达 20~40mm，然后向两侧耕作层与非耕作层之间开凿隧道。明洞口一般建筑在稍高向阳处，无任何遮盖物。另外，常有 1~3 个暗洞口（出土洞口），常倾斜于地面。暗洞口一般建在不醒目的地方，洞口上方用浮土堵塞而形成较明显的圆形土丘，高于地表。洞口有野草等物遮盖，大仓鼠多在暗洞口浮土下捕食，有时从此处逃跑。洞道与地表平行，位于耕作层与非耕作层之间（36~70cm）的洞道纵横交错，互相串联，总长为 212~1 496cm，洞道直径小于洞口直径，洞道分支 2~7 个，有盲洞 1~2 个。雌鼠洞道长而弯曲，分支也较多，总长达 751.6cm；雄鼠洞道比雌鼠洞道简单，长约 382cm。冬季，洞道深度增加，可达 120cm。气象资料表明，严寒时期地表温度平均高于气温 0.45℃，40cm 处地温高于气温 4.63℃，而 80cm 处地温高于气温 7.35℃。显然，洞道的加深是大仓鼠对严冬环境的一种适应。

巢室一般设置在整个洞系的中央，为大仓鼠冬季防寒、夏季产仔和平时休息的场所。巢室位于深 75~147cm 处，比主洞高出 2~3cm，此结构特点有利于排水、保持巢室干燥。一般每洞系具巢室 1~3 个，但只有 1 个是正常的，其余的往往是建材潮湿腐烂、发霉的弃巢。巢室多分为内外两层，外层接触土壤，建材粗糙，多为谷子、黍子、水稻、芦苇、小麦、杨树及柳树叶等组成；内层较精细，建材有芦苇花、莎草、茅草、狗尾草及破布、烂棉、鸟羽、马尾毛、纸屑等内垫物。一般雄巢大于雌巢，雄巢为碗状，高 8~10cm，深 5~7cm，内径 8~10cm，外径 14~17cm，重量 137~248g，建材较粗糙，构造疏散。雌巢为盘状，高 5~27cm，深 3~5cm，内径 6~9cm，外径 12~15cm，重量 98~214g，建材细致，构造密集。在巢内发现有蝇类、虱子、甲虫、苍耳籽、粪便等。每洞系在巢室附近设有仓库 1~3 个，多可达 5 个，均有盲支，大小不一，长、宽、高约为 12cm、8 cm、10cm，离地面 40~85cm，高于主洞道。仓库内多有储物，种类因季节而异。储物重 10~800g，多可达 800~1 200g。每洞穴一般有厕所 1~2 处，多在巢的附近，大小为 5~12cm，有的洞穴没有明显的厕所，就在巢旁排泄。

（三）食性与食量

据统计，大仓鼠的食物涉及 20 种植物、10 种动物。植物中有小麦、玉米、花生、黑豆、黄豆、绿豆、大麦、芝麻、水飞蓟、龙葵、油菜、西瓜籽、甜瓜籽、棉花、茵陈蒿、灰菜、苦荬菜、辣子、红小豆、豇豆。动物中有蝼蛄、油葫芦、金龟子、豆虫、蝗虫、蚱蜢、马陆。大仓鼠主要吃作物种子，尤其喜食高蛋白质、脂肪的食物，如黄豆、黑豆、花生等，也食甘薯、玉米、棉籽、苍耳籽、柏树籽、楝树籽、莎草根等。此外，据野外观察，大仓鼠食物中粮食种子约占 60%，根、茎、叶、花、果实约占 15%，动物约占 25%。春、夏、秋、冬四季，根、茎、叶、花、果实所占比例逐渐减少，而作物种子所占比例逐渐上升，这主要与环境食物的季节变化有关。通常情况下，大仓鼠取食品种与种植品种相一致，如坟地中，动物及草籽、树籽、根茎均多于农作物样地，梨园中梨籽的比例高于其他样地。孕鼠和哺乳期的鼠，动物性食物较多，这表明不同时期对食物的需求不同。一般说来，大仓鼠的食物有季节与年度变化，并随作物、土壤类型而异。

大仓鼠日食量雌雄有别，雌鼠取食频次与取食量均大于雄鼠。雌鼠日食量为 (7.07 ± 0.199) g，雄鼠为 (6.25 ± 0.199) g。按每 100g 体重日食量，雌鼠为 (6.00 ± 0.169) g，雄鼠为 (5.03 ± 0.169) g。春夏繁殖季节取食的动物性食物比秋冬季明显要多，特别是雌鼠取食得更多。大仓鼠食量与体重呈正相关，每只成体食量为 10~15g/d，约占其体重的 1/5。在一定范围内，食量随温度升高而增加，15~33℃时大仓鼠活动频繁，食量增加，当温度升高至 33℃以上或降至 11℃以下时，活动次数减少，多睡眠，日食量减少至 5g 以下。以此推算，1 只大仓鼠年食饵量约为 5 000g。

大仓鼠属于储食量较多的鼠种之一，该鼠善于储粮越冬，巢洞内备有大量的食物供其食用，寒冷季节一般不出洞。一般在洞穴内储粮 250~7 000g，平均 3 400g，甚至更多。储粮种类，一般为就地取材。库存的食物有大豆、花生、高粱、谷子、黍子、稻子、黑豆、小豆等，在菜园附近还有韭菜籽、菠菜籽、向日葵等，此外，还发现有甘薯块、枣枝、苍耳籽等。储的粮食质量极高，几乎粒粒饱满。大仓鼠还拥有独特的储粮方法，多以高粱、黍子存放一仓，谷子与稻谷存放一仓。一仓内，最多只有 3 种食物，未发现将多种食物存放一仓或一仓内只存放 1 种食物。另外，大仓鼠具有盗粮的现象，两个颊囊，每次可携带粮食 4~5g，1 小时内可盗运粮食 40g 左右。作物充分成熟后，在短时期内盗运的粮食基本可满足其越冬需要。

（四）活动规律

大仓鼠活动属于昼伏夜出型。白天多萎缩于巢内睡眠，夜间外出活动。活动强度日落后显著升高，活动集中在 18：00 至次日 8：00，最高峰出现在日落后 2h 左右。作物成熟期活动更加频繁，甚至白天也外出搬运粮食。一般有固定的来回跑道。不同季节，一日内均有一个相近且明显的活动高峰，即在前半夜 20：00~24：00，出洞率达 77.27%~100%。不同月份活动高峰期差异显著，9 月在 21：00 和 3：00，12 月在 12：00~13：00。

由于气候和食物影响，在入春至秋末活动频繁，盛夏和严冬活动减少。在冬季，除极端恶劣天气外，大仓鼠每天夜晚都外出觅食，搬运一些草籽放于隧道中。大仓鼠虽没有冬眠的生态习性，但对寒冷天气比较敏感，在 -5℃以上其取食活动基本正常；在 -10℃以下，大仓鼠的取食活动减弱，基本没有户外活动。15~33℃时，行动迅速，活动频繁，当温度增加至 33℃以上或降至 11℃以下时，活动次数明显减少。

（五）繁殖特征

繁殖期一般开始于 3 月中、下旬。变动范围为 2 月下旬至 4 月上旬，一般在 10 月中旬终止，历时约 8 个月。群体一般有两个繁殖高峰，分别在 4 月中、下旬和 7~8 月。怀孕率第一高峰在 4 月，达 53.4%；第二个高峰在 8 月，怀孕率达 62.5%。越冬雌鼠一般为 3~4 窝/年，当年鼠一般为 1~2 窝/年；胎仔数一般为 8~11 只/窝，平均 10 只/窝，最少 5 只/窝，最多 13 只/窝。

大仓鼠胚胎发育期为 21~28d，胚胎存活率较低。其产前死亡率随种群密度增加而增加，并有明显季节变动特征。实验证明，大仓鼠产后幼鼠死亡率极高，多为自残所致。幼鼠经过 68d 体重为 60g 左右，即达到性成熟，雌鼠性成熟略早于雄鼠。在高密度年份，种群密度与性成熟呈抑制关系，性成熟具有季节性差异，即秋季群性成熟远比春季群迅速。雄鼠性成熟时，睾丸下降至阴囊内，贮精囊膨大。单个睾丸 0.5g 以下为未发育期，1.5g 以上为性成熟期。雌性性成熟，但不到排卵发情期不允许雄性与之交配。7 月后出生的幼鼠，当年达不到性成熟，大仓鼠生态寿命约为 1 年。

大仓鼠种群繁殖量在不同月份发生着明显变化，主要原因是雌鼠的年龄结构有差异。春季开始繁殖前以成体占优势，处于待繁殖期。到了 4 月、5 月雌鼠经过发育和适宜的外界环境，出现第一次繁殖峰期。亚成体数量渐增而占优势，此后由于大量繁殖和老体的死亡，雌性幼、亚成体进入种群行列，形成 6 月、

7月的繁殖低谷，为性成熟的前沿。到8月以成体为主的雌鼠，性行为极活跃，便出现第二次繁殖峰期。以后大量的幼、亚成体进入越冬期，停止繁殖。冬季虽有部分老年个体经过低温会死亡，但对于整个种群数量的影响不会很大，到翌年繁殖季节，将会得到迅速恢复和发展。

大仓鼠具有较高的繁殖潜能，成年越冬鼠更高。平均胎仔数、频次分布年变动趋势与种群数量呈负相关关系，妊娠率年变动趋势与种群数量的年变动动态呈负相关，即密度愈高，妊娠率愈低。季节变动表现在秋季繁殖强度明显高于春季，7月为妊娠率低潮，8月为妊娠率高峰，成为秋季数量高峰决定因素之一。不同年龄组间妊娠率差异明显，尤其以亚成年组与成年组差异为甚。不同土壤类型间无明显差异。

(六) 幼体生长发育

杨荷芳等（1994）通过实验室对大仓鼠生长和发育的观察和研究，大仓鼠平均妊娠期为（21.57±0.69）d（波动于18～24d）。初生幼鼠全身裸露，皮呈肉红色。第2～3天背部色沉淀，变灰黑色；第5～6天出现细绒毛；第7天披毛开始长出；至第14～16天披毛全部长出，覆盖全身。耳壳第5天全部竖起，第13天耳也开裂。幼鼠开眼时间平均为（16.38±0.35）d。出生第2天开始长出上门齿，第5天上下门齿已全部长出。第一臼齿长出时间平均为（14.75±0.63）d，第二臼齿长出时间平均为（23.00±1.07）d，第三臼齿长出时间平均为（36.13±4.54）d。自第一臼齿长出后，即在13～15d开始取食固体食物。此时，幼鼠已可进行迅速的攀爬活动，第24天鼠有攻击行为，视觉及听觉反应灵敏。完全断奶时间平均为（26.86±1.13）d。雌性大仓鼠性成熟时间平均为（47.83±2.15）d，雄性性成熟时间平均为（49.00±4.20）d。

根据大仓鼠形态发育特征、性成熟状况及生长变化特点，将大仓鼠发育过程划分为4个发育阶段：①乳鼠阶段（初生至20日龄），即从初生至开眼，瞬时生长率较高；②幼鼠阶段（20～30日龄），开眼至断奶；③亚成体阶段（30～60日龄），断奶至性成熟，生长率下降较快；④成体阶段（60日龄以上），性发育完善，并均能参加繁殖，生长缓慢。

(七) 年龄结构

张洁（1986）以胴体重的变化为主要指标，并参考繁殖特征、头骨形态的变化等划分年龄组。先作频数分配图，找出不同组间的界限范围，在这范围内，人为地确定具体界限，将大仓鼠种划分为4个年龄组：幼年组、亚成年组、成年Ⅰ组和成年Ⅱ组。

各年龄组头骨特征：幼年组头骨圆而短，头顶骨隆起，额骨后部较宽；亚成年组头顶骨仍显圆并隆起；成年Ⅰ组头顶骨变平，头骨长度明显增长，额骨从眶间部两侧向后各形成一嵴，并延到头顶骨，眶间宽增大；成年Ⅱ组头顶骨平，头骨进一步增长且眶间宽进一步变大。

李晓晨等（1992）计算了大仓鼠肥满度。通过对不同性别的体长分别进行频数分配，参照繁殖等情况，并经过水晶体干重法、臼齿磨损法划分年龄组检验，按众数区将大仓鼠划分为5个年龄组：幼年组、亚成年组、成年Ⅰ组、成年Ⅱ组、老年组。

李玉春等（1990）在研究大量标本的基础上，通过主分量分析对大仓鼠的体重、胴体重、体长、尾长、体全长、颅全长、眶间宽、晶体干重等10项生长指标以及上臼齿的磨损级别进行排序，以评价各指标对大仓鼠年龄鉴定的适合性。研究结果显示，胴体重为因子负荷量最大的指标，它对鼠体生长和年龄的代表性最大，在所分析的大仓鼠10项指标中是最好的年龄鉴定指标。眶间宽则是负荷量最小的指标，不可作为大仓鼠的年龄鉴定指标。头骨指标颅基长和颅全长的因子负荷量在雄鼠中仅次于胴体重，而在雌鼠中则分别降到第五位和第九位。体长在雌鼠中排在第二位，仅次于胴体重，而在雄鼠中排到了第五位。尾长的因子负荷量在雄鼠中下降更大，由雌鼠的第六位降至雄鼠的第九位。这主要因为在雄鼠的生长过程中，由于性成熟使阴囊增大，致使肛门相对后移，造成体长的测量值加大而尾长的测量值变小。体全长在雄鼠中仅次于体长，而在雌鼠中也落后于晶体干重和尾长。体重的因子负荷量在雄鼠中大于体长，而且是在雌鼠中则小于体长，这是由于雌鼠的怀孕使体重对生长和年龄的代表性下降。晶体干重的因子负荷量在雌鼠中只小于胴体重、体长和体重，而在雄鼠中还小于颅基长、颅全长和体全长。

臼齿磨损程度已被广泛用作臼齿不能终生生长种类的年龄鉴定指标。大仓鼠上臼齿的磨损级别变化能很好地和鼠个体的生长和年龄保持一致。但臼齿的磨损程度判别需要一定实践经验的积累，不易量化。而若以晶体干重为年龄鉴定指标，需使用高灵敏度天平。由于大仓鼠的眼水晶体小，不同年龄个体的晶体干重相差甚小，称量误差对年龄鉴定结果影响大。

比较以上对大仓鼠年龄划分所依照的标准，虽然胴体重是大仓鼠最精确可靠的年龄鉴定指标，但从实用方面考虑，雄鼠以体重、雌鼠以体长作为年龄分组的指标为最好。雌鼠的体重和体长的因子负荷量相差很小，用体重代替体长划分年龄组结果差异也就很小。雄鼠体长的因子负荷量比体重的小得多，不易用体长代替体重划分年龄组。由于大仓鼠的体重无性别间的显著差异，雌雄鼠可以采用同一标准。以体重作为划分年龄组的指标，可将大仓鼠划定为 6 个不同年龄组：幼年组＜40.0g、亚成年组 40.1～80.0g、成年Ⅰ组 80.1～120.0 g、成年Ⅱ组 120.1～160.0 g、成年Ⅲ组 160.1～200.0 g、老年组＞200.0g。

四、种群数量动态

大仓鼠种群年龄结构的年间变化较小，季节性变化较为明显。4 月主要是成体和老年个体，个别年份可出现亚成体。5～7 月主要由亚成体和成体组成，同时老年个体也占相当比例，在此期间均有幼体出现。8 月老年个体的比例明显下降，说明大多数老体不能度过夏季。8 月的种群以成体为主，幼体所占比例很小。9 月幼体比例迅速增加，是全年幼体数量出现最高的月份，但种群仍以成体鼠为主。10 月亚成体所占比例最大，幼年个体开始减少，至 1 月幼年个体完全消失，亚成体比例开始减少，而成年个体比例相对加大，处于优势地位。12 月亚成体也开始消失，成年鼠上升到优势地位。1～3 月推测仍以成年及老年个体占优势。

大仓鼠季节变动形式与其繁殖特性及物候有关。一般情况下有两个峰期，即春季和秋季，且秋峰大于春峰。夏季受高温和降雨的影响，数量有一明显低谷。冬季数量较低，与大仓鼠不活动及死亡率较高有关。大仓鼠年际间种群数量变动幅度较大，最高和最低比可达 366 倍。种群变动速度较慢，但每次持续时间较长，一般 3～4 年，种群发生和下降均需 2～3 年。

朱盛侃和秦知恒（1991）对安徽淮北农区大仓鼠和黑线仓鼠种群动态进行了研究，从大仓鼠历年捕获率看，其种群数量的季节变化较大，各年份变幅最高与最低相差达 10～48 倍；但有的年份差异始终不明显。年间数量最高与最低的相差约 27 倍，波动较大。年间数量消长过程明显存在 4 个阶段，即低谷、上升、高峰和下降。低谷和高峰期时间较短，各约 1 年；而上升和下降期则较长，可能各需 3～4 年。这样看来，从一个高峰到下一个高峰期大概间隔 7 年或 8 年左右。

五、防治技术

（一）农业防治

结合农田基本建设，采取深翻耕和精耕细作，破坏其洞系，清除田间、地头和渠旁杂草杂物，减少荒地，减少害鼠栖息藏身之处，恶化其隐蔽条件，抑制其繁殖为害。张知彬等在北京顺义农田的研究结果表明，冬灌措施能破坏大仓鼠的越冬巢，是消灭大仓鼠的一种有效的方法。

（二）物理机械灭鼠

包括人工捕捉和器具捕捉。可采用铁夹、木板夹、电猫、夹鼠笼以及其他捕鼠工具进行机械捕杀。捕捉过程中尽量减少人和鼠的直接接触，以防止鼠传疾病的感染。

在华北农田的应用表明：采用鼠夹捕捉大仓鼠是一个非常有效的办法，因为大仓鼠洞口非常明显，在秋末、冬天及开春易发现。若农村每户拥有 2～3 个鼠夹，发现地里有鼠就捕，可基本控制鼠害。

（三）化学防治

大仓鼠的防治适期有 3 个：一是 4～5 月，为繁殖盛期，也是冬后田间觅食期；二是 7～8 月，为繁殖高峰期，也是为害猖獗期；三是 10 月，是其储粮越冬活动盛期。

杀鼠药物种类很多，其选用及使用方法参照第 1 节褐家鼠。一般选择在春、秋两个繁殖为害高峰来临之前，即 3 月中旬至 4 月下旬和 8 月中旬至 9 月下旬投放毒饵。其中春季防治效果较好。

（四）不育控制

将允许使用的不育剂加入诱饵中，使害鼠在食用后内分泌系统紊乱，从而破坏其生育能力。常在大规模灭鼠后使用不育剂使害鼠数量持续下降不反弹。结合使用毒饵站灭鼠、毒饵罐法和毒鼠皿等技术防治大仓鼠，既有化学药剂灭鼠效果明显、经济效益高的优点，又不受天气状况的影响，同时对人和牲畜及野生动物安全，不易造成二次污染，是一种很理想的灭鼠方式。

（五）生物防治

采用以保护害鼠天敌如鹰、蛇、狐狸等为主的防治方法，再通过增设鹰架和放养狐狸，提供有利于天敌的适合生存和繁殖的环境，来维持和增加天敌种群数量，控制害鼠种群数量。通过局部环境改造、断绝鼠粮、消除鼠类隐蔽场所等措施，改变和恶化害鼠生活的环境条件，降低鼠群数量和害鼠密度。在人工林内垒积石头堆或枝柴、草堆等招引鼬科类动物，以利于食鼠兽类的栖息和繁衍。

陈卫（首都师范大学）

宛新荣（中国科学院动物研究所）

第 23 节　灰 仓 鼠

一、分布与危害

灰仓鼠（*Cricetulus migratorius* Pallas），隶属啮齿目仓鼠科仓鼠属，别名仓鼠、搬仓。该种已报道的亚种有 15 个，亚种分类主要依据背腹部的毛色特征。灰仓鼠栖息环境多样，毛色的个体变异很大，使该种分类问题一直比较混乱。国内灰仓鼠的亚种分类最早是由 Blanford 于 1875 年定名新疆境内南疆什噶尔地区灰仓鼠 *fulvus* 亚种。国内共有灰仓鼠 3 个亚种：南疆亚种（*C. m. fulvus*）、北疆亚种（*C. m. caesius*）和帕米尔亚种（*C. m. coerulescens*）。灰仓鼠是古北界内陆干旱区的常见种之一，分布广泛。

灰仓鼠国内主要见于内陆干旱的省份。包括内蒙古自治区西部的巴彦淖尔市的乌拉特后旗和阿拉善盟，甘肃省的夏河、临夏、玛曲、康乐、永登、兰州、靖远及河西走廊和祁连山地等，宁夏回族自治区的全境，青海省北部的柴达木盆地和新疆维吾尔自治区的全境。国外分布于俄罗斯（欧洲部分南部）以及哈萨克斯坦、蒙古国、伊朗、阿富汗等国家和地区。灰仓鼠是一种适应能力很强、分布很广的仓鼠，是我国干旱地区的重要害鼠之一。

灰仓鼠在农区，由于盗食种子、啃食幼苗、为害瓜果，是农区的一大害鼠；在居民区，由于破坏墙基、啃咬衣物书籍、盗食粮食，同时还传播多种疾病，是我国干旱地区的重要害鼠之一，是爱国卫生运动灭鼠捕鼠的主要对象。

二、形态特征

灰仓鼠（彩图 24 - 23 - 1）身体中等大小，体长最大可达 120mm 以上，体较粗壮。尾长大于后足长，约为体长的 30%，吻钝，耳圆。夏毛体背部黑灰色，幼体灰色较重，老年个体带有沙黄色。个体越老，沙黄色越浓。背部毛的毛基深灰，灰色毛基约占全长的 4/5。幼年个体毛尖灰褐色，老年个体毛尖带有黄褐色。背毛中混有稀而细长的全黑灰色毛。背中央黑灰色较浓，体侧黑灰而沾褐色，头背面与体背色相同，但毛较短，灰色毛基占毛长的 1/2。腹面浅灰白色，颏、喉、前胸部和鼠蹊部内侧的毛为纯白色。腹面其他部分的毛基浅灰色，约占毛长的 2/3。体侧面的白色毛毛基灰色较深而长，约占毛长的 1/2，背腹两色在体侧的界线分明。背面颜色在前肢、后肢外侧部向下延伸，使前后肢外侧与背同色。前肢向下延伸部分浅淡，至前臂处，接近腹面颜色。腹侧中部腹面灰白色向背方突入。四足的背面均被白色短毛，掌裸露。耳的背面基部具棕色细毛，幼体显灰色。耳廓内部皮肤黑灰色而具稀疏的细白毛，一般不超过耳缘。耳缘具狭窄的灰白色短毛边。尾毛上下两色。背面为灰褐色，腹面淡灰白色，而使尾上下色不同，少数个体上下均为灰白色。

灰仓鼠头骨整体轮廓窄而长，鼻骨较长，后端显宽，不呈尖形，与额骨接缝齐而平。两块额骨在眶部隆起，上颌骨的背方隆起，头骨眶部中央呈一纵向凹陷。眶上嵴不明显，眶间较平坦，眶间宽较小。脑颅显前后稍长的圆形，后头部则显狭窄，顶骨部稍隆起。顶骨前方外侧角较钝，向前伸不达眶后缘。顶间骨较大，近三角形，突入顶骨的尖角为钝角，枕骨向后突，枕髁基本与枕骨后缘平齐。颧弓前后较直，与头骨平行，颧弓较细。门齿孔狭长，其后缘不达第一臼齿前缘。

门齿细长。上臼齿具 2 纵列齿突。M^1 呈前后向的长方形，具 3 对齿突。M^2 方形，具 2 对齿突。M^3 虽也具 2 对齿突，但第一对非常明显，而最后一对齿突内侧发达，外侧却低而小，使 M^3 呈近三角形。经磨损后，M³后端形成 1 三角形凹陷。下颌 3 枚白齿，M₁近长方形，具 3 对齿突，其第一对较向中央靠近。M₂方形，具 2 对齿突。M₃ 2 对齿突，最后一对外侧发达，内侧小。两纵列齿突，内侧齿突稍靠前。

三、生活习性

(一) 栖息地

灰仓鼠是一种适应能力很强、分布很广的仓鼠。栖息地包括荒漠平原、半荒漠平原、低山丘陵、山地森林、灌丛草原、森林草原、干草原、盐渍地、固定或半固定沙丘等。从低海拔直至海拔 4 000m 的高山草甸都有其分布。以农田绿洲、果园仓库等地数量较多，林下茂密的草地和林间空地上数量较少。只要有人类生产活动的地方，几乎都有灰仓鼠的踪迹，甚至进入中型城市建筑物内。许多地方已成为仅次于小家鼠与人类"伴生"优势种类。有些城市建筑物中，灰仓鼠数量还大于小家鼠。

城市灰仓鼠在各类建筑结构的密度和构成比依次为土木平房＞旧地板楼＞地下室＞砖平房，在各生境的密度依次为禽畜场＞菜果库＞商场＞居民区＞绿化区＞粮油加工厂。这表明随着城市建筑结构和生境的改变，灰仓鼠比例和数量也随之而变；但总的趋势是，长期而稳定的丰富食源和良好的隐蔽场所，是灰仓鼠选择栖息地的主要条件。

(二) 洞穴

灰仓鼠打洞穴居，洞道比较简单。在大块砾石、倒木和其他天然掩蔽物下筑巢，农区则喜于地埂、土丘、谷垛草堆等处打洞筑巢。城镇居民区还可营巢于建筑物和家舍之中。洞口常见在阴暗之处，一般有 2～3 个出口，1 或 2 个巢室和数个仓库。洞径 2～4cm，洞道垂直深入地下，至一定深度后，改为平行洞道，最深处约 1m，洞系占地约 2m²。鼠洞分散，不似沙鼠类洞穴成群。

(三) 食性

灰仓鼠食性复杂，食物包括各种农作物种子和茎叶以及野生的各种植物、昆虫、软体动物等。据赵肯堂（1981）报道，内蒙古地区的灰仓鼠特别喜吃扁桃和霸王（蒺藜科）的种子。喜欢储粮，夹囊一次就可搬运许多种子，如向日葵 40 多粒。储存食物是该鼠的特有习性，调查中曾在居民的地下室和小库房发现该鼠储藏的大米、葵花籽等，有时一处可达 10kg 以上。根据廖力夫等（1994）的研究结果，该鼠对 5 种谷物的适口性依次为大米＞黄豆＞玉米＞大麦＞小麦，且湿饵＞油饵＞干饵。摄食量一般为体重的 1/5；若系湿饵，日食量可增加近半倍。

(四) 活动规律

灰仓鼠活动能力强，白天、晚上均可活动，但以夜间活动为主，特别是黄昏和黎明最为活跃。灰仓鼠一般单独活动，不冬眠，冬季多在雪下活动。

1990 年 4 月和 11 月在模拟环境中，用光控装置记录的结果表明：17：00 到翌晨 6：00 是灰仓鼠的活动高峰，进出巢高峰分别在 22：00～24：00 和 3：00～6：00（7～12 次/h），取食高峰在 4：00～6：00（7～15 次/h），饮水高峰在 4：00～6：00 和 21：00～24：00（5～15 次/h），而其他时间多在 5 次以下，这与平常观察的结果基本一致。

(五) 繁殖特征

灰仓鼠繁殖力强，一年繁殖可多达 3 次。廖力夫等（1994）的研究表明：灰仓鼠繁殖期 3～9 月，繁殖高峰为 6～7 月。灰仓鼠为独居鼠类，平时仅在自己的领域活动，驱赶外来鼠。雌体发情时，对外来雄体进行追赶并嗅吻异性阴部和骑跨，如此反复多次，诱使雄体骑跨交配；交配完毕，雌体便反过来撕咬驱赶雄体，两性分离。经过 18～20d 妊娠，生下幼体，平均每窝 7.1 只。哺乳 18～20d 断奶。1989—1993 年解剖灰仓鼠，观察怀孕情况，其结果为：1 月未获雌成体，孕鼠 3 月占 83.3%（5/6），6 月占 61.5%（8/13），10 月占 33.3%（1/3），11 月为 2/6，12 月无孕鼠，但有 2 只（共 5 只成体）正在哺乳；其中 3 月、6 月、10 月、11 月均获得同时具有子宫斑的孕鼠，3 月还获得 8 只幼鼠（11～24g），证明系 1～2 月所生。综合实验室结果可以推断，城市灰仓鼠一年至少可繁殖 4 窝，高于农区灰仓鼠的繁殖次数。

(六) 生长发育

根据廖力夫等（2000）的研究结果，灰仓鼠生长发育可以分为以下几个阶段：

乳鼠期：自初生至 15d，体长 60mm 以下，体重小于 18.5g，其特征是生长迅速，15d 时已全部睁眼，离乳可存活，但体温调节机制尚未成熟，心、脾和肾进入高比值期。

幼鼠期：出生 16～25d，体长 60～75mm，体重 18～33g，仍保持较快的生长，体温调节机制已成熟，肝、心和肾仍处在高比值期，上下白齿已长全，可独立生活。

亚成体期：出生 26～50d，体长 75～88mm，体重 33～44g，最明显的特征是性腺迅速成熟，未发现参加繁殖的个体。

成熟期：50d 以上，体长 88mm 以上，体重 35～80g，除体重和性腺外，其他器官和长度趋于稳定，性腺进入高比值，个体开始繁殖。

四、种群数量动态

灰仓鼠种群基数比较稳定，年际、月份之间没有明显的变化。在北疆地区 1969—1972 年，各月捕获率一般不超过 3%，北疆农区灰仓鼠的捕获数占总捕获数的 16.1%，河谷岸边的捕获率为 2.5%。野外种群数量变化不大，种群基数亦属中等。但在城市居民点等地区，灰仓鼠数量上占有优势，鼠夹日捕获率可达 4.5%。

五、防治技术

红砖压鼠灭鼠技术是用诱饵支撑起石板、木板、宽砖等重物，当灰仓鼠取食诱饵时，即触动诱饵，重物倒下，将鼠压死。

采用红砖压鼠法控制灰仓鼠时，一般用实心砖，即普通烧制的实心红砖，长 24cm，宽 10.5cm，厚 5.5cm，食饵主要采用食葵、南瓜子、红枣核等，将其炒熟，成熟度为 7～8 成，有香味即可。在傍晚时，选择灰仓鼠经常活动的地方将红砖横放于硬实平坦的地面上。用食饵支在红砖中线的下方，使红砖斜度为 60°左右，最好放在鼠道上或旁边，每间屋按 30m² 放 5 块，每户平均放 10 块左右，一般仓储间以面积大小放置砖块。为确保控制效果，可在红砖周围撒些碎玉米等诱饵，并做到及时清除鼠尸，及时布饵。在灰仓鼠活动频繁时，1 块红砖平均可压死 5 只害鼠，每户放 10 块砖，1d 少则压死十几只，多则可达 80 只以上，灭鼠效果十分显著。

该方法简便易行，布置方便，安全环保。所使用的诱饵均为人食用的食品，因此非常安全，对人、畜及环境无害，打死害鼠易处理，不会造成二次中毒，对环境安全无污染，环保性较好。

陈卫（首都师范大学）

宛新荣（中国科学院动物研究所）

第 24 节　黑腹绒鼠

一、分布与危害

黑腹绒鼠（*Eothenomys melanogaster* Milne-Edwards），隶属啮齿目仓鼠科绒鼠属，别名黑线绒鼠、绒鼠。中国有 6 个亚种：指名亚种（*E. m. melanogaster*），分布于陕西、甘肃、四川等地；南方亚种（*E. m. colurnus*），分布于广东、安徽、福建、浙江等地；湖北亚种（*E. m. anrora*），分布于湖北等地；云南亚种（*E. m. miletus*），分布于云南等地；西南亚种（*E. m. eleusis*），分布于贵州、云南、四川等地；台湾亚种（*E. m. kanoi*），分布于台湾阿里山等地。

黑腹绒鼠是我国南方常见的鼠种之一，分布于浙江、福建、甘肃、陕西、安徽、江西、湖北、湖南、广东、广西、四川、云南、贵州、台湾等省（自治区）。在贵州分布于贵阳、江口、安龙、榕江、黎平、余庆等地。国外见于印度阿萨姆、缅甸北部和中南半岛。

黑腹绒鼠多栖息在树林、灌丛、草丛、农田等生境中，对林业和农业都有为害，以植物绿色部分为食，亦啃食树皮，进行茎基部环剥，啃食幼树的根、茎和枝、叶，甚至整株咬断，轻者影响正常生长，重则造成植株死亡，林木受害株率一般在 8.30%～74.80%，高的可达 100%，严重危及造林成果，对新造林地为害尤甚，是林业的主要害鼠，在四川西北部山地林区为优势鼠种，在四川绵竹市对银杏、杉木、柳杉 3 种林分的平均为害率分别为 18.76%、15.80%、10.10%。同时该鼠也传播恙虫病、钩端螺旋体病等。

二、形态特征

鉴别特征：通体黑褐色，腹毛黑灰色，毛尖黄白色。尾短于体长之半。第一下臼齿左右对应的三角形中间融合，第一上臼齿内侧 4 突角，外侧 3 突角；第三上臼齿内、外均 3 突角。

黑腹绒鼠体形肥满而粗笨，略呈地下生活型。体较粗壮，尾较短，仅及体长的 1/3 左右。眼小，耳短。属小型鼠类，体重 13～35g；体长 87～108mm；尾长 30～42mm；后足长 17～19.8mm；耳长 9.5～13mm；颅全长 32.8～26.5mm；腭长 12～14mm；颧宽 13.2～15.5mm；乳突宽 11～12.6mm；眶间宽约 4mm；鼻骨长 7.2～7.9mm；上颊齿列长 4.7～6.8mm；口腔两侧颊毛排列约 2.2mm 长，颊毛长一般 2mm，最长 2.8～3mm。

贵州省余庆县黑腹绒鼠体重为 13.46～34.50g，平均（27.90±0.75）g，胴体重为 9.58～27.00g，平均为（20.14±0.59）g；体长为 70.00～110.00mm，平均（97.35±1.19）mm，尾长为 25.00～45.00mm，平均为（37.75±0.67）mm，尾长明显短于体长，仅占体长的 38.64%，两性之间体重、胴体重、体长、尾长无显著差异。贵州省余庆县黑腹绒鼠平均体重与浙江义乌地区平均体重（26.75±0.77）g 比较，差异不显著，但明显高于四川安县黑腹绒鼠平均体重（23.90±0.67）g 和陕西平利地区黑腹绒鼠平均体重（17.13±2.45）g，差异极显著；余庆县黑腹绒鼠平均体长与四川安县黑腹绒鼠平均体长（98.49±0.28）mm 比较，差异不显著，与陕西平利地区黑腹绒鼠平均体长（95.20±4.78）mm 比较，差异也不显著；余庆县黑腹绒鼠尾长占体长的 38.77%，与贵阳地区黑腹绒鼠尾长占体长的 40.64% 比例相接近。说明同一种鼠类在不同地区之间形态特征具有相对稳定性和差异性，尤其是体重易受食物和环境的影响而变化。

黑腹绒鼠体背毛色棕褐色，毛基黑灰，毛尖赭褐色；背毛中杂有全黑色毛；口鼻部黑棕色；腹毛暗灰色，但中央部分毛色稍黄；足背黑棕色；尾上面毛色同背，下面同腹色。腹部有乳头 2 对。

黑腹绒鼠颅骨平直，眶间较宽，颧骨略外突；眶后嵴、人字嵴及矢状嵴均不明显；腭骨后缘无骨质桥。第一上臼齿外侧 3 个内侧 4 个突出角，第二上臼齿有二对称相连的三角形齿环，第三上臼齿最后一个齿叶的末端向后伸延。

三、生活习性

（一）栖息地

黑腹绒鼠在不同地区之间种群密度和种群组成比例不同。在贵州省余庆县旱地耕作区密度较低，平均捕获率仅 0.24%，低于浙江西天目山的 0.53%、浙江金华地区的 1.17%。在贵州省 82 个县（市、区）调查，黑腹绒鼠在农耕区占总鼠数的 0.33%，在住宅区未捕获到；在贵州省余庆县黑腹绒鼠占总鼠数的 5.60%；而在四川安县、北川、平武、江油、绵竹、什邡等县林区，黑腹绒鼠占人工林中鼠种的 36.95%，是川西北林区的优势鼠种；在浙江西天目山和金华地区，黑腹绒鼠占总鼠数的比例高达 90.20%，主要分布在当地海拔 1 000mm 以上的山地，随着海拔高度的增加，其捕获率也逐渐增加。

黑腹绒鼠选择的生境是土壤肥沃而疏松，腐殖质厚，乔木郁闭度在 0.7 以下，灌丛盖度低于 50%，雨量充沛，林下较潮湿，以莎草科和禾本科植物为主，不但盖度在 90% 以上，而且在地表有较厚的枯草层。

（二）活动规律

黑腹绒鼠多在夜间活动，偶尔发现个别鼠在雾多的早晨外出活动。在浙江白天也有相当数量的个体外出活动，捕鼠率达 37%。

（三）食性与食量

黑腹绒鼠属杂食性动物，食性广，取食多种植物的根茎、枝叶、种子以及昆虫等。食性随季节的变化而有所不同，冬季和早春主要以白茅、拂子茅的地下茎及茎芽、大蓟的根、草本植物的嫩叶为食，3～4 月主要以鼠曲草及蕨类的嫩叶为食，秋季主要以老化了的植物茎、叶为食。胃内容物观察，所食植物达 27 种，绿色食糜和黄绿色食糜出现频率最高，分别占 34.06% 和 39.66%，白色食糜和黄褐色食糜出现频率较低，分别占 23.36% 和 25.71%；植物茎叶出现的频率为 85.1%，比植物果实种子出现的频率（47.4%）高近 1 倍。

黑腹绒鼠日平均取食量 4.5g 左右，食量有随取食种类的增加而增加，同种食物随取食种类的增加而取食量减少的趋势。在不同光照条件下，日食量是全黑4.8g，全光4.9g，自然光5.0g。在多种食物条件下，笼中同时投喂杉木根茎、洋芋等8种食物，总日食量是17.7g，其中，纤维食物6.2g，占35.0%；淀粉食物11.5g，占65.0%。淀粉食物中玉米3.3g，占18.7%，洋芋8.2g，占46.3%。表明黑腹绒鼠是以淀粉食物为主，尤其喜食含水量较高的洋芋，也取食一定数量的林木和杂草。

（四）巢穴与巢区

黑腹绒鼠是一种掘洞能力很弱的鼠类。洞口一般有2~4个，平均3.36个，最多8个。洞道结构较为简单，功能区分不明显，不像竹鼠、鼢鼠、沙鼠等其他鼠类洞系分储藏室、卧室、厕所等，其结构大致可区分为洞道、临时巢、繁殖窝和土洞四个部分。洞道在杂草和腐殖质下面，也是它们选择杂草和腐殖质很厚的生境之原因。洞道多呈网状分布，有许多盲道，平均距地面深度为（13.46±9.09）cm，最深80cm，最浅3cm。洞道平均长度为（776.33±487.08）cm，最长2 000cm，最短283cm。在洞道中不断有向土层下掘20cm以内的盲洞，盲洞内带有一些针叶或果实、花穗等食物，很少见超过20cm深的土洞，偶见都是沿树根深入，尤其是直根系的树种，如油松，它们的根有松土作用，便于黑腹绒鼠挖掘。冬季未见有储粮习性，故冬季也会觅食。临时巢系洞道内膨大的部分，可能是其栖息、临时储食的场所。有的临时巢内有食物残余，主要为绿色植物的枝、叶、花、果等，随季节不同而有差异。一个临时巢中最多的食物有20g，极少数洞道内有一个较大总巢，比一般的临时巢大一倍以上，巢内连着许多外通洞道，估计也是用于其栖息的。平均每洞有临时巢（5.71±3.70）个，最多的达20个，临时巢的多少与洞道长度不呈正相关关系。繁殖窝是雌鼠在繁殖季节临时搭建的，以莎草科和禾本科植物筑成，呈圆形或椭圆形，以圆形为主，直径约为18cm，是雌鼠产仔、哺育的场所。繁殖窝一般只有1个，也有少数为2个的。土洞一般是沿着腐烂的树根深入，较浅，且为盲洞，洞内无物，最深的土洞为80cm。

黑腹绒鼠的活动范围小，领域性不明显，有少数个体存在巢区转移现象。雄性巢区面积平均为（416.5±37.7）m²，雌性为（469.4±40.1）m²；雄性活动距离平均为（28.2±1.7）m，雌性为（33.3±3.1）m，两性间无显著差异。

（五）数量动态

1. 种群数量的年度变化 黑腹绒鼠不同年度种群数量具有明显差异。贵州省余庆县2000—2008年平均捕获率为0.24%，年均捕获率以2007年最高，2003—2004年未捕获到，2005—2008年种群数量呈上升趋势，年均捕获率分别为0.26%、0.61%、0.62%、0.42%。

2. 种群数量的月份变化 黑腹绒鼠的种群数量无周期性波动，季节变化在不同地点也不一致。在生态条件较恶劣的地方，一年中种群数量和繁殖只有1个高峰期，多出现在9月或10月；在生态条件较好（海拔在1 500m以下，气候温暖、湿润，土壤肥沃，植物多样性丰富）的地方，一年中有2个种群数量高峰期和繁殖高峰期，多出现在2~3月和9~10月。

黑腹绒鼠种群数量季节变化不同地区之间存在显著差异，其种群数量的变化与当地的地理环境、气候条件、食物条件和农业生产活动等因素有着一定的关系。黑腹绒鼠在贵州省余庆县不同季节种群数量具有明显差异，以秋季最高，仅在11月出现1个数量高峰，平均捕获率为0.52%，以4月和8月数量最低，平均捕获率均为0.06%，最高月捕获率与最低月相差8.67倍，下半年种群数量（0.36%）明显高于上半年种群数量（0.13%），这与当地黑腹绒鼠在秋季出现繁殖高峰密切相关；在浙江西天目山和金华地区黑腹绒鼠在5~6月和9~10月出现2个数量高峰，冬季捕获率最低；在四川绵竹市每年2~3月和7~9月出现2个数量高峰期，春季峰期明显，秋季峰期不如春季明显。

3. 种群数量的季节变化 黑腹绒鼠不同季节种群数量具有明显差异。在贵州省余庆县以秋季最高，平均捕获率为0.46%，其次是冬季，为0.31%，春季、夏季最低，分别为0.10%、0.11%。

4. 种群数量预测 黑腹绒鼠的鼠口密度与冬季降水量有一定的相关性。分析四川绵竹市黑腹绒鼠的鼠口密度与当年冬季（12月、1月、2月）降水量的关系，建立回归方程：

$$Y = 2.8893 + 0.0195X$$

式中 X 为降水量，Y 为当年林木平均新增为害率，根据绵竹市气象局预测的当年冬季降水量，可以预测下一年林木年均新增为害株率。

（六）繁殖特征

1. 种群繁殖特征的季节变化 在贵州省余庆县黑腹绒鼠种群性比为0.70，雌雄个体数量无显著性差异，平均怀孕率为 61.90％，明显高于浙江西天目山和金华地区的平均怀孕率 42.90％和安徽天目山地区平均怀孕率 18.78％，平均睾丸下降率为 79.33％，与浙江西天目山和金华地区的平均睾丸下降率 72.70％相接近。平均繁殖指数为 0.59，接近浙江西天目山和金华地区平均繁殖指数 0.49，明显高于安徽天目山地区平均繁殖指数 0.19。

黑腹绒鼠胎仔数较少，在贵州省余庆县最高 4 只，最低 1 只，平均胎仔数为（2.31±0.24）只，以怀孕 2 只最多，占总孕鼠数的 69.23％。与其他地区黑腹绒鼠胎仔数相比，显著低于陕西平利地区 3.50 只，接近浙江西天目山和金华地区 2.33 只，高于安徽天目山地区 2.08 只。不同地区之间黑腹绒鼠胎仔数是不一样的，随纬度增高，胎仔数可能有增加的趋势。

黑腹绒鼠繁殖高峰出现早迟和次数是不一致的，具有明显的地区差异。黑腹绒鼠在贵州省余庆县仅在秋季出现 1 个繁殖高峰，怀孕率达 90.91％，其次是冬季和春季，怀孕率分别为 40.00％、33.33％，夏季未捕获到怀孕鼠；雄鼠睾丸下降率春季、秋季保持在较高状态，睾丸下降率均在 80.00％以上，冬季最低；繁殖指数以春季和秋季明显高于夏季和冬季。在浙江西天目山和金华地区 2 个繁殖季节分别在早春和秋季。在四川茂汶繁殖时间主要集中在春季 4～5 月和秋季 9～11 月。而在安徽天目山地区只在 3～4 月出现 1 个春季繁殖高峰，平均怀孕率达 60％以上。

2. 种群繁殖特征的年龄变化　在安徽天目山地区黑腹绒鼠当年出生鼠一般不参加当年繁殖，当年的繁殖个体多数为上一年越冬鼠。在浙江西天目山黑腹绒鼠幼年鼠无繁殖个体，亚成年鼠怀孕率和睾丸下降率均低于成年鼠和老年鼠，各年龄组胎仔数变化不大。在贵州省余庆县黑腹绒鼠幼年组性未成熟，雌鼠无怀孕个体，雄鼠睾丸均未下降；亚成年组有少量个体性成熟，雌鼠未见怀孕个体，雄鼠未见睾丸下降个体；成年Ⅰ组、成年Ⅱ组、老年组个体全部性成熟，雌鼠怀孕鼠最低体重为 23.58g，最低胴体重为 16.37g，雄鼠睾丸下降鼠最低体重为 23.67g，最低胴体重为 16.90g。雌鼠怀孕率为 57.14％～83.33％，不同年龄组怀孕率差异不显著；雄鼠睾丸下降率为 81.82％～100.00％，不同年龄组睾丸下降率差异极显著。不同年龄组平均胎仔数不同，以老年组最高（3.00 只），成年Ⅰ组最低（1.75 只），随着种群年龄的增长，平均胎仔数呈明显增加的趋势。繁殖指数仍以老年组最高为 1.50。不同年龄组种群繁殖力存在明显差异，随着种群年龄的增长，种群繁殖力不断增加，成年Ⅰ组、成年Ⅱ组和老年组是种群繁殖的主体，平均怀孕率为 68.42％，平均胎仔数为 2.31 只，平均睾丸下降率为 91.67％。

（七）肥满度

黑腹绒鼠肥满度变幅在 2.32～4.12g/cm³，胴体重长指标变幅在 1.33～2.83g/cm³，平均肥满度为（3.03±0.06）g/cm³，高于平均胴体重长指标（2.05±0.05）g/cm³，雌雄鼠之间差异均不显著。不同年龄组之间肥满度差别不大，不同年龄组之间胴体重长指标具有极显著差异，且随种群年龄的增长，胴体重长指标不断增加。肥满度的季节变化趋势为秋季＞春季＞冬季＞夏季，季节性差异不显著；胴体重长指标的季节变化趋势为春季＞秋季＞夏季＞冬季，季节性差异显著。

（八）年龄结构

1. 年龄组划分　国内学者将黑腹绒鼠种群年龄组划分为 4 个年龄组和 5 个年龄组，先后提出了体长、胴体重、雄性阴茎骨近支基底高、体重年龄鉴定指标，并制定各年龄组的划分标准（表 24-24-1）。由于黑腹绒鼠的臼齿无齿根，不宜用臼齿磨损度和齿根的长度划分其种群年龄，但应用阴茎骨近支基底高鉴定年龄，精确度要求高，不易掌握，尤其对于基层使用难度较大。胴体重、体重增长与年龄直接相关，是身体增长的最明显指标，采用胴体重、体重作为年龄鉴定指标，无论在野外及实验室操作均极简便易行，结果较为准确。

表 24 - 24 - 1　黑腹绒鼠种群年龄划分标准
Table 24 - 24 - 1　Aging standards of *Eothenomys melanogaster*

年龄鉴定指标	年龄组					资料来源
	幼年组	亚成年组	成年Ⅰ组	成年Ⅱ组	老年组	
体长（mm）	≤89	90～96	97～102		＞103	鲍毅新等（1986）
胴体重（g）	≤15.0	15.1～20.0	20.1～25.0	25.1～30.0	＞30.0	刘春生等（1993）

（续）

年龄鉴定指标	年龄组					资料来源
	幼年组	亚成年组	成年Ⅰ组	成年Ⅱ组	老年组	
雄性阴茎骨近支基底（mm）	≤0.38	0.38～0.53	0.53～0.63	0.63～0.78	>0.78	刘少英（1994）
体重（g）	≤18.0	18.1～23.0	23.1～28.0	28.1～33.0	>33.0	杨再学等（2009）
胴体重（g）	≤13.0	13.1～17.0	17.1～21.0	21.1～25.0	>25.0	杨再学等（2009）

2. 年龄结构　在浙江西天目山黑腹绒鼠1～2月成年组、老年组比例大，占总鼠数的66.7%，3～4月幼年组比例高，亚成年组在5～6月明显增加，7～8月占优势，11月又一次增加，全年年龄结构呈锥体形式基本规则，其组成比幼年组为6.5%，亚成年组为41.4%，成年组为36.0%，老年组为16.1%，种群数量的变化较为稳定。

在贵州省余庆县全年种群年龄结构以成年Ⅰ组、成年Ⅱ组、老年组个体占绝对优势，分别占总鼠数的29.41%、35.29%、19.61%，合计占总鼠数的84.31%，幼年组、亚成年组个体较少，合计占总鼠数的15.69%，繁殖期的个体数量明显多于繁殖前期的个体数量。

在安徽天目山地区幼年组个体出现在2～7月，4～5月数量最多；亚成年组个体出现于4月，7月达最高峰，以后逐月下降，12月至翌年1月仅有个别个体出现；成年Ⅰ组和成年Ⅱ组逐月均有一定数量，但4月以后个体逐月明显上升，8月达最高峰，以后逐月下降，成年Ⅱ组个体从9月起逐渐上升，1月达最高峰，以后逐月下降；老年组个体总体数量较少，2月后数量逐渐增加，4～5月数量达最高峰。全年种群年龄结构以成年Ⅰ组和成年Ⅱ组个体为主，其次是亚成年组个体，幼年组和老年组个体数较少。

四、防治技术

黑腹绒鼠防治时期在春、秋两季进行。可采用营造混交林，加强抚育；器械物理灭鼠；保护与利用天敌；化学药物灭鼠等措施。抗凝血剂可作为防治鼠害的首选药剂（参照第1节褐家鼠），饵料可用碎玉米拌，塑料袋包装，对杀灭黑腹绒鼠可取得良好效果。在林区可采用莪术醇雌性不育灭鼠剂进行防治。

杨再学（贵州省余庆县植保植检站）

第25节　黄兔尾鼠

一、分布与危害

黄兔尾鼠（*Eolagurus luteus* Eversmann），隶属啮齿目仓鼠科黄兔尾鼠属。

国内主要分布于新疆北部地区，以准噶尔盆地边缘的山前草原及砾石沙质荒漠蒿属草原为其优生境，亦可栖息于戈壁边缘的农田周围、水渠和道路两侧。也可见于青海省柴达木盆地及内蒙古西部、北部和中部荒漠地区。在国外于19世纪曾广泛分布于前苏联哈萨克斯坦草原，到20世纪在前苏联境内已绝迹；在蒙古的西部和南部尚有分布。

黄兔尾鼠在北疆地区荒漠草原中夏季以针茅、蒿属等多种植物的绿色部分为食，亦吃牲畜不喜食的猪毛菜、骆驼柴、假木贼等，一只成年鼠一年可毁掉333m² 草原。在农田亦吃小麦、苜蓿等农作物。秋季取食各种草类的草籽和草根。不冬眠，冬季在雪下觅食。该鼠是群栖动物，洞穴呈集群分布，洞道较多。每一洞群面积为10～100m²，高密度区洞群相互融合，连成一片。每洞系通常有洞口5～8个，洞口旁堆有小土丘，洞口之间有明显的"跑道"相连通。取食多在距洞口5～10m处。行动迅速，每次取食时间仅10～20s，将植物茎秆咬断，拖入洞内啃食。将洞口的植物彻底吃光后，再转移到植物丰盛地段，致使整个草场出现块块"斑秃"。洞群所在之处，植被稀疏，甚至寸草不生。鼠多、洞多、土丘多，使牧草覆盖度下降，有的地区已成为不毛之地。在为害严重牧区，牧草被啃食一光，成为次生裸地或者沙化，失去放牧价值。气候和生态环境条件的改变利于黄兔尾鼠的生长。近年来新疆北部地区气候偏暖，特别是冬季气温偏高，利于鼠类越冬，使黄兔尾鼠越冬鼠种群数量增大，造成来年害鼠的总数增加（倪亦非，1998）。

降水亦有一定程度增多，气候比较湿润，对害鼠的生长更为有利。新疆北部地区实施草原生态建设，退牧还草、休牧还草等措施，使退化的草原植被得到了恢复，食物的丰盛也导致了害鼠密度的增加。其次，人工草地的增加，鼠类栖息环境改变，也造成黄兔尾鼠鼠密度上升，并形成新的危害。大面积土地开发，繁多的植物种类，为鼠群的生存提供了良好的食物条件，增加了黄兔尾鼠的繁殖数量。

黄兔尾鼠的为害导致草场植被破坏，降低牧草产量，影响牧民收益。此外，该鼠还是传播自然疫源性疾病蚤类的主要携带者和传播者，给农牧业生产、牧区经济发展和人民生活健康带来巨大损失。

寄生于黄兔尾鼠的蚤类有 19 种，主要寄生蚤是近代新蚤东方亚种（*Neopsylla pleskei orientalis*），还有秃病蚤蒙冀亚种（*Nosopsylla laeviceps kuzenkovi*）和同形客蚤指名亚种（*Xenopsylla conformis conformis*），在秋冬季出现的喉瘪怪蚤（*Paradoxopsyllus kalabukhovi*）等。黄兔尾鼠寄生蚤数量的季节性波动，主要反映了近代新蚤和喉瘪怪蚤的季节性变化。体表蚤类 3 月大量出现，4～5 月呈现明显高峰，6～8 月数量下降，9～11 月出现第二个高峰。

1970—2000 年 30 多年疫情监测结果显示，黄兔尾鼠疫鼠检出率低，说明其对鼠疫菌有感受性，但敏感性很低。其对鼠疫菌有很高的抗性，鼠疫菌侵入体内，体内产生抗鼠疫菌抗体，使鼠疫菌毒力下降，只有极个别对鼠疫菌敏感的死亡。总之，黄兔尾鼠在该疫源地中虽不是主要宿主，但于黄兔尾鼠与长爪沙鼠等几种主要鼠类栖居关系密切，上述的主要蚤种又都是几种鼠类共同寄生和携带的，故蚤类可以互相转移寄主，对鼠疫菌长期保存、固着在该疫源地，对疫源性的保持以及鼠疫动物病的反复流行、传播有着重要的流行病学意义。

二、形态特征

黄兔尾鼠外形粗硕，外貌似旅鼠（彩图 24-25-1）。个体大，体长 128（100～145）mm，比另外两种兔尾鼠大。尾较短，尾长短于后足长，占后足的 89%，占体长的 12%。耳小，耳长仅 4mm。外耳壳发育正常，但隐藏在毛被中。四肢短。前脚掌及蹠部有浓密的毛。爪粗，并不长。前脚爪短，短于脚趾长。拇指短小，足掌宽大。后足长为 18（17～21）mm，后足有蹠垫 5 个。

体背沙黄色，有棕褐色毛尖，背部中央无黑色纵纹，这是与草原兔尾鼠的显著区别之一。腹毛与体侧均为淡黄色或污白色，毛基为浅灰色；尾背腹面均为黄色；足背淡黄色，足掌被白色密毛。成体和夏季的毛灰色，而幼鼠和冬季的毛偏于黄色。

黄兔尾鼠较粗硕，棱角鲜明。眶后部鳞突如钉子状。颅全长 31（29.2～33.2）mm，但颧宽却达 20（18.6～21.0）mm，后头宽为 18.2（16.8～19.4）mm，整个头骨的轮廓宽而短，鼻骨短，额部和顶部略隆起。眶上嵴明显，左右两侧的眶上嵴平行，眶间纵沟较深。颞嵴明显，向后经顶间骨侧缘与人字嵴连接。顶间骨左右横宽仅稍大于其前后总长，整个顶间骨轮廓近似方形或梯形，其上缘中央有个小尖突。顶间骨出现个体变异是由于顶间骨是由几块骨块愈合而成，随年龄增长逐渐愈合，但这个愈合过程较长，于是出现年龄个体变异，最后逐渐愈合成一个整体。门齿孔窄而细长。颚骨表面具两条纵沟，颚骨后缘有典型似田鼠属的骨桥。听泡虽大，但其下缘仅达枕踝，却未超出枕踝，乳突向外达侧枕骨的边缘，却未突出侧枕骨的外缘。

黄兔尾鼠臼齿没有齿根，终生生长。第一上臼齿的顶端有一个菱形的横齿环，下面有 4 个交错排列的封闭三角形，内侧 2 个，外侧 2 个。此臼齿内侧形成 3 个突角，外侧形成 3 个突角。第二上臼齿的顶端有一个倒置三角形的齿环，下面有 3 个交错排列的封闭三角形，内侧有 1 个，外侧有 2 个。此臼齿内侧形成 2 个突角，外侧形成 3 个突角。第三上臼齿的顶端也有 1 个倒置的三角形齿环，下面有 2 个交错排列的封闭三角形，内侧有 1 个，外层有 2 个。最下端有 1 个长的坠形齿环，其外侧上部有 1 个小突角。此臼齿内侧形成 2 个突角，外侧形成 3 个突角。第一下臼齿的后端有 1 个左右横宽、前后纵短、横置的三角形齿环，上面有 5 个交错排列的封闭三角形，内侧有 3 个，外侧有 2 个。顶端有 1 个斜置矩形的前叶齿环。此臼齿外侧有 4 个突角，内侧有 5 个突角。2 个突角间的凹角既宽又深，凹角口敞开，褶皱里面没有白垩质填充。第二下臼齿的后端也有 1 个左右横宽、前后纵短的横位三角形，上面有 4 个交错排列的封闭三角形，内侧 2 个，外侧 2 个。此臼齿内侧形成 3 个突角，外侧形成 3 个突角。2 个突角间的凹角既宽又深，凹角的口敞开，褶皱里面没有白垩质填充。第三下臼齿的后端有 1 个斜置的矩形齿叶，上面有 4 个交错排列的封闭三角形，内层 2 个，外侧 2 个。此臼齿外侧形成 3 个突角，内侧形成 3 个突角。2 个突角间的凹角既宽又深，凹角口敞开，褶皱里面没有白垩质填充。

三、生活习性

（一）栖息地

黄兔尾鼠属于蒙新温旱型种类。主要栖息于荒漠草原的丘陵开阔地带及半荒漠地区。一般不进入较湿润的山地草甸草原。当栖息环境被开垦后，常大量集中于农田周围和水渠岸边。在新疆北部地区，黄兔尾鼠种群分布区域的大小和数量配置与其生态地理特征有着密切关系。该鼠主要分布于海拔高度为 800～1 700m（天山北麓）和 500～1 100m（阿尔泰山南坡）的低山丘陵带。各个分布区的植被主要以蒿类、狐茅为主的荒漠草原；沙壤质淡栗钙土或砾沙质灰棕荒漠土地带的蒿类、狐茅、禾草、短叶假木贼或驼绒藜建群的荒漠草原群落类型为本区黄兔尾鼠的最适合生存环境。

（二）洞穴

该鼠为典型的群栖动物，每个群落洞口数个至数十个不等；每个洞群有五六只甚至十几只鼠共栖。洞口常有小土丘、食物碎片和鼠粪，洞口与洞口之间有明显的"跑道"相连。洞系周围尚有临时洞，作为避敌之用。高密度区洞群几乎连成一片，很难区分每个群落的界线。洞系结构复杂，洞道距地表深 20～30cm，内有许多分支和盲道、粪洞，总长为 20～50m。栖息洞内有 1～3 窝室，窝室内垫干草。该鼠为昼间活动鼠。黄兔尾鼠常与长爪沙鼠、子午沙鼠、大沙鼠等混居，并且有利用长爪沙鼠废弃洞群的现象。

（三）食性

黄兔尾鼠在夏季以植物的绿色部分为食，喜食鲜嫩的茎叶，尤以蒿属植物为主，也食针茅、猪毛菜、骆驼蓬等各种牧草。秋季亦取食种子。在农作区亦食小麦、豆类和玉米等。在食物短缺时，各种植物均可被其采食。冬季不冬眠，亦无贮草过冬的习性，常在雪被下来往觅食。

（四）活动规律

黄兔尾鼠为昼间活动的鼠类。温暖季节的出洞活动时间大体与当地日出与日落时间相符合，但在阴雨刮风等气温较低天气条件下，活动性明显降低。由于受气温和食物因素的影响，以白天活动为主，晨昏时分活动频繁。

黄兔尾鼠不冬眠，一年四季皆活动，冬季在雪被下活动，挖有雪道。夏季活动范围不大，多在距洞口 1～5m 的地区取食，行动迅速，每次取食 10～20s，将植物秆咬断，迅速拖回洞口附近，再去取食，连续 10～20 次才休息。这种习性，可能与在遇到天敌时能迅速钻入洞内有关。小麦成熟期，大量黄兔尾鼠从四周迁移至麦地，拖麦穗入洞，洞口常被麦秆堵塞。取食时先将洞口周围的植物啃光，然后再迁到别处取食。

（五）繁殖特征

黄兔尾鼠的繁殖期为每年的 4～9 月，4 月上旬至 5 月上旬进入繁殖期，开始产仔，妊娠期约 20d。黄兔尾鼠胎仔数为 2～16 只，平均 7～8 只。全年繁殖在 3 次以上。繁殖高峰期是 4～5 月。一般在 6 月前产生的仔鼠当年达性成熟，并参与繁殖；7 月后产的幼鼠不参与当年繁殖，9 月份繁殖趋于停止。

初生幼鼠双眼紧闭，身体无毛，脖子和背部有皱纹，腹部是红色的，背部发黑，体重为 2.5～3g，出生第 4 天开始长门齿，仍闭双眼。第 10 天开始取食牧草，身体已被毛。第 12～13 天幼鼠睁开眼睛，被毛逐渐变灰。第 14 天起四肢有力，爬动速度加快。门齿基本长全，断乳，有磨牙现象。第 17 天体重已达 25g 左右，身上已长出被毛，可出洞采食，活动量与成体差异不大。幼体期一般 18～19d，部分个体 25d 以后可以参与繁殖。

（六）种群年龄

黄兔尾鼠的年龄结构划分主要依据胴体重，参考繁殖指标，可划分 5 个年龄组。幼年组：胴体重 13g 以下，雌雄平均体重为 (21 ± 0.99) g 和 (22.3 ± 0.33) g，约为出生 1 个月以内的个体。亚成年组：胴体重 13.1～24.0g，雌雄平均体重分别为 27.5 ± 0.83g 和 30.28 ± 0.71g，为 1～2 月龄的个体。成年 I 组：胴体重 24.1～34g，雌雄平均体重分别为 (49.3 ± 0.72) g 和 (51.38 ± 1.0) g，为 2 月龄以上的个体。成年 II 组：胴体重 34.1～47g，雌雄平均体重为 (63.01 ± 0.53) g 和 (62.35 ± 0.36) g。老年组：胴体重 47.1g 以上，雌雄平均体重分别为 (85.3 ± 1.04) g 和 (83.98 ± 0.97) g。

胴体重与体重关系有性别差异，而雄性第三年龄组无显著性相关，说明随着胴体重增加，雌性体重亦随着增加；雄性体重则在第三年龄组增长较慢。

四、数量动态

黄兔尾鼠的种群数量呈季节性波动，4～5 月进入繁殖期，种群数量迅速增长，6～7 月当年亚成体进入繁殖阶段，种群数量在 9 月达到高峰，冬季气温低，食物不足，同时冬季不繁殖，从而导致了黄土尾鼠死亡率的升高和种群数量的下降。

黄兔尾鼠的数量年际间变动剧烈。有时当年数量很多，而翌年数量剧烈下降，甚至绝迹。1989 年新疆阿勒泰地区由富蕴萨尔布拉克至北屯、福海一带，仅见黄兔尾鼠陈旧的鼠洞而见不到活鼠，自 1990 年鼠密度开始上升，1992 年秋达到高峰，4～5 年就有一次高峰。

在新疆地区，黄兔尾鼠多次发生大批死亡现象：1959 年 5～7 月由沙湾安集海至独山子山前荒漠蒿属草原地带发生大批黄兔尾鼠自毙现象，并从其死鼠体内分离到红斑丹毒丝菌，认为本菌是其致死原因之一。1982 年 6 月中旬石河子宁家河流域发生大批死鼠情况；1993 年 5～6 月，阿勒泰地区富蕴、福海、北屯和塔城地区及布克赛尔等地相继发生大批死鼠，但均非由病菌致死。

五、防治技术

由于黄兔尾鼠发生地区的地貌复杂、气候多变，必须根据不同地区鼠类的分布特点、种群数量及活动规律，选用正确的防治方法进行灭杀。目前主要采用的灭鼠方法有机械灭鼠、化学灭鼠、生物灭鼠、生态灭鼠等几种方法。

（一）机械灭鼠

利用捕鼠器械杀灭鼠类，捕鼠器有鼠夹、捕鼠活套、捕鼠笼等。此方法简便易行，对人畜安全，不受季节限制，适用于小面积草地灭鼠。由于草原面积大，害鼠数量多，多数地区不宜采用此方法。

（二）化学灭鼠

化学灭鼠就是采用化学药剂杀灭鼠类的方法，广泛用于草原害鼠大面积防治工作，杀鼠剂的选用及使用方法参照第 1 节褐家鼠。C 型肉毒梭菌毒素是近年推广使用的一种生物灭鼠药物，具有杀鼠毒力强、用药量少、灭鼠效果好等优点，亦可选用。饵料可选用小麦、草颗粒、滨藜籽、玉米楂等。投饵时，一般投放到洞内、洞口或洞旁等鼠类容易取食的地点。毒饵投放方法可采用人工投饵法、机械投饵法和飞机投饵法 3 种，人工投饵成本低、准确性高、防治效果好，能够在较短的时间内将鼠密度降低；机械投饵法和飞机投饵法的效率高，在人烟稀少的地区或鼠害发生量大、面积广时，效果尤为突出。化学灭鼠一般在春季鼠类进入繁殖期前进行。化学灭鼠虽然具有效率高、见效快、灭鼠效果好等优点，但使用时间过长，容易导致害鼠产生抗药性，而且会污染环境，此类广谱性农药的大量高浓度使用，对人畜安全构成危害，而且由于二次中毒，导致大量害鼠天敌死亡，使草原生态系统的食物链遭到破坏，加速了害鼠的繁殖蔓延。

（三）生物灭鼠

草地害鼠是很多草原食肉动物的食源。鼠类的天敌有草原雕、鸢、狐狸等总计 20 多种鸟类和兽类。因此，为鼠类天敌提供有利的生存环境，进而增加种群数量，可以有效控制鼠害的发生。

招鹰灭鼠就是利用鼠的天敌来降低害鼠的密度，种间关系中，捕食与被捕食的相互关系是在生态系统的长期共同进化历史过程中形成的复杂关系。因此，招鹰灭鼠是种群调节理论在实践中应用的一个方面。利用害鼠处于低数量水平时，设立招鹰设施，在原有自然条件下改善捕食者落脚、休息、消化食物的环境，以期达到在较长时间内使害鼠种群保持低数量水平的效果。

设立鹰架改善鼠害区内鹰的栖息环境，增加其种群数量。人工设立鹰架，作为鹰类的暂时落脚点，为其捕捉害鼠创造有利条件。

狐狸是黄兔尾鼠的重要天敌之一。银狐原产于西伯利亚东部地区，它是赤狐在自然条件下所产生的毛色突变种，它能栖居于森林、草原、丘陵等各种不同环境。嗅觉、听觉灵敏。继在内蒙古"狐狸灭鼠"实验成功之后，宁夏利用分级野化训练银黑狐控制草原鼠害的技术，向陕西、甘肃、青海、新疆等地推广，控制面积达千万公顷。

（四）生态灭鼠

生态灭鼠就是从生态学角度出发，营造一个不利于鼠类生长和繁殖的生态环境，从而控制害鼠的种群数量。黄兔尾鼠只能在矮草中生活，如果草场的牧草高度超过 16cm，影响了其正常的活动，黄兔尾鼠就会寻找新的住处。牧区过度放牧，不等草长高，就被牛羊啃光，这就给群居鼠的滋生提供了温床。因此，增加牧场的休牧力度，使草的高度超过 16cm，会有效防治其为害。因此，可以通过积极协调动植物群落间的结构，发挥长期调控功能，控制黄兔尾鼠鼠害。即通过培育和改良草场优化植物群落结构，结合灭鼠补种牧草，改造鼠荒地及其他草场复壮措施，来防范鼠害草场的恶性循环，以草定畜。避免因过牧引起草场退化给害鼠创造生存环境。

陈卫（首都师范大学）

宛新荣（中国科学院动物研究所）

第 26 节　短尾仓鼠

一、分布与危害

短尾仓鼠（*Allocricetulus eversmanni* Brandt），隶属啮齿目仓鼠科短尾仓鼠属，别名短耳仓鼠、埃氏仓鼠。染色体数 2n＝26。模式标本产地为哈萨克斯坦草原北部。

由于分类学上的不一致，许多学者将分布于内蒙古、甘肃、宁夏和新疆的 *curtatus* 作为短尾仓鼠的一个亚种 ［内蒙古亚种（*Cricetulus eversmanni curtatus* Allen，1925）］，故报道的分布区多涵盖上述地区。但由于 *curtatus* 的染色体为 2n＝20，而 *eversmanni* 的染色体为 2n＝26，故采用 *curtatus* 划为另一个种无斑短尾仓鼠（*Allocricetulus curtatus*）的分类标准，短尾仓鼠实际分布西起俄罗斯伏尔加河，向东经哈萨克斯坦至新疆北部。我国新疆地区的分布为古尔班通古特沙漠北部的北缘和伊吾、木垒、布克赛尔、阿尔泰、福海等地，西部与哈萨克斯坦的斋桑地区相接（彩图 24 - 26 - 1）。在博格多山以西、古尔班通古特沙漠以南地区，迄今未见采到标本的报道。

短尾仓鼠在新疆北部的分布不像灰仓鼠那样广泛，主要栖息于荒漠草原地区，以及农田周围的草场，撂荒地等。在新疆北部的荒漠至农田啮齿动物群落中，短尾仓鼠数量可占 20%，仅次于灰仓鼠。其对于荒漠地区的固沙造林工作具有一定的破坏，对草场等的破坏也不可轻视。流行病学资料显示该鼠同灰仓鼠相似，对鼠疫有较高的抗性，实验条件下，70% 个体不感染鼠疫。该鼠体外寄生的蚤类繁多。无斑短尾仓鼠是内蒙古地区主要夜行性鼠之一，占内蒙古北部荒漠草原鼠总数的 2.5% 左右，占夜行性鼠数量的 1/3。

二、形态特征

体长 100～130mm；尾长 17～28mm，约为体长的 1/5；耳长 12～17mm；后足长 14～18mm；体重 36～60g。

短尾仓鼠体形短粗；四肢短小；吻短而具颊囊；耳形圆；尾基部粗大，尾端变细，整个尾呈明显的楔形，尾长略大于后足长。躯体背部毛基深灰色，占整个毛长的 2/3 以上，毛尖呈淡黄褐色或灰褐色，针毛间杂有纯黑色长毛，老年个体黄褐色明显，幼年个体灰色较显著，有些个体头背后方颜色较灰，而向后背黄褐色渐浓。腹部毛基灰色，毛尖白色，在体侧背、腹部毛色分界明显，呈波浪状。额部与背部毛色相近。耳背面黑灰色，明显比背部毛色深暗，有些个体耳基具一簇白色毛。颈下、喉颊部、前肢内侧及四足腹面毛色纯白，胸部具浅黄褐色斑块。四肢后背方毛色与背相同，但前肢背方色稍浅于体背或几呈白色，足掌裸露。尾毛两色，上部同背毛，但色稍浅，下部白色，尾基毛较长且蓬松，尾梢部近无毛，故尾呈圆锥形。臀部与背同色。无斑短尾仓鼠（*A. curtatus*）与短尾仓鼠的最大外观区别是胸部无深色斑，体背面黄灰色，比短尾仓鼠颜色浅。

头骨：短尾仓鼠颅全长 27～33mm。头骨整体粗壮。鼻骨较短，其前部较宽，后端较窄。从鼻骨后缘，自额骨前缘，颅骨内侧向鼻骨方向凹陷，成纵向浅沟，老年个体尤为明显。颧弓中间细，略向外突出。眶间平坦，无眶上嵴。顶骨外前角向前突呈略尖的三角形。顶间骨狭窄，略呈三角形，宽为长的 4～5 倍。枕骨向后略突，在枕部中央及两侧形成 3 个泡状隆起。脑颅圆形，人字嵴、矢状嵴较明显。门齿孔较小，相当于齿隙长的 1/2 左右。其后缘达不到两个第一上臼齿前缘的连线。翼间孔达不到第三臼齿的后缘。听泡发达。下颌冠状突大而长。无斑短尾仓鼠门齿孔达第一上臼齿前缘，听泡比短尾仓鼠更为膨胀（彩图 24 - 26 - 2）。

牙齿：门齿细长，臼齿具两纵列对称的齿尖，M^1 具 3 对，M^2 具 2 对，M^3 仅 3 个齿尖，前面一个对称，后面一个独立。

三、生活习性

短尾仓鼠多栖息于草地和半荒漠地区，可沿荒漠地带和弃荒地带进入森林草原、各种洼地、河谷阶地、岸边以及农田周围的草原和灌草丛中。喜干旱的生境，回避潮湿的地方。夜行性，大都自黄昏后开始活动，直到拂晓为止。活动半径可达 200m 左右。洞穴比较简单，最大深度到 30cm。洞口常隐蔽在灌丛中或矮小灌木下，洞穴分散。洞道距地面较近，分叉少，有巢室和仓库之分，但往往只是一条通道。仓库多位于洞道的末端，略微膨大。常常侵袭和侵占其他鼠类等洞穴。以植物性食料为主，包括草籽、茎、叶等部分。也食昆虫。入冬前有储粮的习性。中亚地区，10 月起开始冬眠，新疆北部的个体冬眠时间略晚。无斑短尾仓鼠分布于荒漠草原和干草原平坦、植被稀疏的生境，洞口多位于隐子草、委陵菜、百里香等低矮植物处。洞口圆而细小，直径 2.5～3.2cm，有简单洞和复杂洞之分，简单洞只具 1 个洞口，洞道短，距地面较浅，仅有窝巢；复杂洞有 1～3 个洞口，洞道较长，有分叉、弯曲，距地面较深，有巢、仓库、厕所之分。

短尾仓鼠繁殖能力较强，每年繁殖 3～4 窝，每次产仔 4～6 只。繁殖季节以春夏季为主。新疆地区 5 月底、6 月初可见孕鼠、6 月下旬可见具子宫斑的雌鼠，偶尔在冬季也有繁殖现象。无斑短尾仓鼠 4 月开始繁殖，每年繁殖 2～3 窝，每次产仔 4～9 只。

四、防治技术

分布于新疆北部的短尾仓鼠由于其种群数量不是很大，在各生境中，密度均不高，并非优势种类。新疆北部夹日捕获率约为 2%。由于数量不大，为害情况不被人们注意，无专门的应对防治措施，对于密度高的地区，其防治可参考常规的化学防治方法。自然界天敌主要有狐、鼬、鸮、蛇等脊椎动物。分布于内蒙古、甘肃、宁夏和新疆的无斑短尾仓鼠是当地的常见种，为害程度不详，可采用常规的化学杀鼠剂和捕鼠夹、笼等物理器械灭杀。

王登（中国农业大学）

第 27 节　黑线毛足鼠

一、分布与危害

黑线毛足鼠（*Phodopus campbelli* Thomas），隶属啮齿目仓鼠科毛足鼠属，别名准噶尔毛足鼠、小白鼠、松江毛蹼鼠。

黑线毛足鼠分布在我国内蒙古、河北北部、新疆、辽宁西部和吉林西部的广大地区，国外分布于蒙古、哈萨克斯坦和俄罗斯西伯利亚南部。黑线毛足鼠是典型的荒漠草原鼠种，主要栖息在典型草原区的退化草场、人工草地和沙地生境。黑线毛足鼠主要以植物种子为食物，偶尔也吃一些新鲜牧草的茎叶，总体上看，对草场生产力的危害不大。但黑线毛足鼠的挖掘活动和对牧草及牧草种子的盗食活动，降低了草原生产力，并导致了一些牲畜不大喜食的一年生杂草的生长。另外，黑线毛足鼠是多种鼠传疾病的携带者和传播者，可传播鼠疫、流行性出血热、钩端螺旋体等疫病，影响人类健康。

在内蒙古锡林郭勒盟对黑线毛足鼠的研究表明，黑线毛足鼠可传播携带肝毛细线虫病。黑线毛足鼠达到一定的年龄（或体重）后才可感染肝毛细线虫病，其最低感染个体体重为 14.6g。肝毛细线虫对低龄鼠的感染检出率比较低，而对成体鼠感染检出率较高，其感染率和感染度均随着个体年龄的增长而增高。黑线毛足鼠的种群密度则对肝毛细线虫的感染率和平均感染度没有明显的影响，其感染率可能跟不同地区有关。

二、形态特征

黑线毛足鼠（彩图 24 - 27 - 1）为仓鼠亚科中的小型种类，体长 75～100mm，吻短阔，口裂较小，耳圆而明显，露出毛外，四肢和尾均短小，尾长一般短于耳长，均为体长的 1/8～1/10。掌、蹠及指趾的背腹部均被白色长毛，掌垫隐而不见。

体背自吻至体后端为灰棕色。幼年个体稍显灰色而成年个体显棕色。鼻额部颜色稍浅。沿背中线有一条棕黑色条纹，成年个体条纹的棕色较重。身体腹面从颏、喉至胸腹部均为灰白色。毛基深灰，约占毛长的 1/3，毛尖污白色。体侧背腹毛之间有明显的界线，形成 3 个大的波纹。腹侧的灰白色毛向背侧方突入，形成基部连续的 3 块灰白色斑。前肢前上方为第一块白斑，第二块白斑在身体中部，第三块白斑位于后肢的前上方。另外，在尾基两侧各具一小型灰白斑。在各斑块的上缘与背毛交界处形成波状棕黄色界线。尾背面灰棕色，端部污白色与腹面相同。

黑线毛足鼠头骨较狭长，脑颅较圆，背腹稍扁。脑颅背方由前向后渐倾斜向下。额骨和鼻骨自后向前渐倾斜。上颌骨的颧突较宽，成三角形板状。鳞骨颧突较小，颧骨较细。颧弓从前向后下方倾斜，至鳞骨颧突向上弯曲。鼻骨后部及额骨前部中央向下凹陷，形成一浅纵沟。顶间骨较大，呈三角形，位于脑颅中央后方。成年以上个体枕骨中央纵嵴较明显。门齿孔较长，其后缘接近臼齿前方。听泡隆起较明显。

臼齿具 2 纵列齿突。M^1 具 3 对齿突，第一对齿突间距离较近。M^2 具 2 对齿突，第二对齿突的外侧前方具一尖形小突起，突起略低于第 1 对齿突，随年龄的增大而被磨失。M^3 具 2 对齿突，最后一对齿突外侧略低，与内侧齿突相连。磨损后，外齿突不明显而使 M^3 具 3 个齿突。老年个体，整个牙齿中央呈一凹陷。下颌臼齿与上颌相似。第一臼齿的最前一对齿突相距较近。其他臼齿与上颌臼齿相似。下颌骨的冠状突向内侧方弯曲。

三、生活习性

（一）栖息地

黑线毛足鼠栖息于干旱的草原和荒漠草原。喜干燥环境，常见于植被稀疏的沙地、锦鸡儿灌丛化的草场、干枯的河床沿岸等处。

（二）洞巢

洞穴浅，构造简单。常筑于沙丘的斜坡上，洞道和巢室距地面较浅。洞道短，末端为巢室和仓库等。洞口 1～3 个，多的有 5 个，洞径约 30mm。有进洞后堵塞洞口的习性。

（三）食性

以植物为食，春季挖食草根，夏季啃食植物的叶茎，冬季则以植物种子和储藏的种子为食。夏秋季也捕食些昆虫。

（四）活动规律

夜间活动，黄昏后出洞，日出前停止地面活动。在傍晚和拂晓活动最为频繁。常沿一定路线活动，活动半径较小，一般在几十米之内，最多也不过百米。生性胆怯，遇有惊扰，迅速窜入草丛躲藏。过一段时间，视已无危险时，再小心地返回原地。耐寒能力较强，冬季仍可见在傍晚出洞活动。

（五）繁殖特征

5～8 月种群繁殖的变化：5 月份幼年组占当月种群的 7.46%，亚成年组占 28.57%（约 2 个月龄）；9 月份未发现孕鼠，结束于 8 月，繁殖期共 6 个月，集中在春、夏两季。雄鼠成年的睾丸下降率在 6 月份为 93.10%，其他各月成年组和老年组的睾丸全部下降。雄鼠睾丸平均下降率还受幼年组和亚成年组数量的影响，6 月幼鼠和亚成年鼠增多，使睾丸平均下降率比 5 月降低，为 (74.4 ± 13.3)%；到 7 月春季出生的鼠多数已发育为成年组，因此睾丸平均下降率又有所增高，为 (78.4 ± 13.5)%；8 月，由于夏季出生的幼鼠（占当月种群的 23.5%）不参加繁殖，尽管成年组和老年组的睾丸下降率均为 100%，但整个种群睾丸的平均下降率显著减少，为 47.1%～24.2%。雌鼠平均怀孕率在 5 月为 36.4%～26.7%，6 月为 (75.0 ± 14.2)%，7 月为 (51.9 ± 16.7)%，8 月为 (52.4 ± 19.2)%。其中 6 月份怀孕率最高，这是因为春季出生的鼠已参加繁殖，且成年组第二次怀孕（参与第二次繁殖的鼠占当月孕鼠的 23.8%）和老年个体死亡的缘故。7 月、8 月两月的平均怀孕率几乎相同。5 月的平均怀孕率最低，可能是因为 4 月份参加繁殖的鼠正处于哺乳期之故，此外，当年出生的鼠在种群内比例升高（幼年鼠占雌鼠的 24.3%，亚成年鼠占雌鼠的 29.8%，共 54.1%），亦使怀孕率相应降低。

（六）种群年龄组成

种群年龄的鉴定：黑线毛足鼠的臼齿具有齿根，不是终生生长，可根据其磨损度鉴定鼠的年龄。依据第一上臼齿的磨损程度共分为 4 个年龄组。

幼年组：臼齿齿尖锋利，各自独立，未因磨损而出现连接。或臼齿未长出或少许长出。平均体重，雌鼠为（12.42±0.51）g，雄鼠为（12.18±0.67）g。

亚成年组：齿峰较尖利，由于磨损，齿尖之间出现横崎与纵桥，但还未连接成环形。平均体重，雌鼠为（19.04±0.72）g，雄鼠为（18.55±0.71）g。

成年组：分为两种类型。第一种类型各齿峰之间连接，形成小的齿尖湖，但各齿峰仍能显出，咀嚼面尚未磨平。第二种类型6个齿峰完全连接，咀嚼面被磨平。该组雌、雄鼠的平均体重分别为（25.86±0.50）g 和（30.36±0.67）g。

老年组：咀嚼面磨损严重，磨损面接近齿根，齿质凹陷，各齿峰连接形成"大湖"。平均体重，雌鼠为28.00g，雄鼠为（37.75±1.25）g。

已有研究表明，体重是衡量鼠类年龄的一个良好的指标，根据体重将黑线毛足鼠进行年龄分组也是研究鼠传疾病的一种常用方法。宛新荣等（2006）采用体重作为衡量黑线毛足鼠年龄的标准，根据体重大小将黑线毛足鼠分为几个体重年龄组。Ⅰ龄组：体重在10.0g 以下（含）；Ⅱ龄组：体重在10.1～15.0g；Ⅲ龄组：体重在15.1～20.0g；Ⅳ龄组：体重在20.1～25.0g；Ⅴ龄组：体重在25.1～30.0g；Ⅵ龄组：体重在30.0g 以上。

四、种群数量动态

董维惠等（1998）根据1987—1996年黑线毛足鼠的捕获率研究，表明黑线毛足鼠在年际数量波动较大，但波型呈一定规律，其变动曾经历低谷—上升—高峰—下降4个时期。其中1987—1989年为下降期，1990—1995年为低谷期（该期较长），1996年为上升期。黑线毛足鼠在内蒙古正镶白旗属于常见鼠种，其数量往往受到优势种的影响，数量始终不高，即使在最高年份（1987年），年均捕获率仅为1.95%。但就其种群进行分析，年度之间差异较大，其中鼠密度最高年份在1987年，是最低年份（1993年）的39倍。

黑线毛足鼠的季节消长情况：1987年消长曲线呈双峰型，从5月开始上升，6月达到最高峰，7月下降，8月略有回升，9月降到一年中最低量。1988年消长曲线为单峰型，5月数量最低，6月最高，7月下降，8月与7月数量相同，9月亦降到最低量。1992年、1993年数量少，从消长趋势分析，1992年6月数量最高，其余各月均未捕到鼠，呈单峰型。1993年5月和9月均为零，6月、7月和8月捕获率相同，季节变化不明显。1994年5月最高，6月下降，呈单峰型。1995年消长曲线为双峰型，5月最高，6月下降，7月和9月最低，均为零，8月略有升高。1996年也呈双峰型，5月较高，捕获率为1.67%，6月达到最高峰，7月下降，8月最低，9月略有回升。通过几年季节消长曲线比较，其共同点是，春末夏初数量最高，消长曲线均为前峰型。1987年、1988年、1992年和1996年是6月最高，1994年和1995年是5月最高。

五、防治技术

（一）物理防治

物理防治法就是器械防治法，即利用各种器材，如鼠夹、鼠笼、弓箭，还有水灌、枪击等方法防治害鼠。草原鼠害发生后，由于面积大、数量多，所以多数地区不宜采用物理防治法。

（二）生态防治

生态防治是通过破坏鼠的栖居环境和食物条件，从而减少和控制鼠害。可采用补播、浅耕翻、灌溉、施肥、划区放牧、围栏封育、调整载畜量等措施改良草地，防止草地退化，使之不利于鼠类栖息。这些措施虽然不能直接灭鼠，却能使鼠在生活不利的条件下减少繁殖，增加死亡，不灭自减，从而降低鼠密度，甚至在局部地区绝迹。从长远考虑，它是一种鼠害防治的治本措施。

陈卫（首都师范大学）
宛新荣（中国科学院动物研究所）

第 28 节　小毛足鼠

一、分布与危害

小毛足鼠（*Phodopus roborovskii* Satunin），隶属啮齿目仓鼠科毛足鼠属，别名沙漠侏儒仓鼠、罗伯罗夫斯基仓鼠、毛脚鼠、老公公鼠。

小毛足鼠是一种广泛栖息于荒漠、半荒漠地区开垦地附近的种类，分布于戈壁沙漠以及周边地区，包括整个蒙古国的荒漠和草原、毗邻的哈萨克斯坦、俄罗斯的图瓦共和国以及中国北部。国内分布于陕西、青海、内蒙古、甘肃、山西、宁夏、辽宁、吉林、新疆等地。

小毛足鼠为我国北方沙地生境中主要鼠种之一，常见于植被稀疏的沙地及荒漠草原的各种非地带性生境。在固定沙丘、半固定沙丘、流动沙丘上均有分布。小毛足鼠主要取食植物种子和昆虫，对沙丘植被的恢复与更新起重要作用，是沙地生态系统重要组成成员。此外，小毛足鼠还是多种鼠传疾病的宿主，可传染多种人兽共患疾病。

小毛足鼠常见于植被稀疏沙地及荒漠草原的各种非地带性生境。在鄂尔多斯沙地，该鼠是主要优势鼠种之一。小毛足鼠数量多，祸害作用明显，几乎全以挖食植物种子为生。对当地的造林、育草等工作为害十分严重。

小毛足鼠在沙地夹捕率最高，可达 23%，在沙丘、高平原和低山丘陵也有较高的捕获率。

二、形态特征

小毛足鼠（彩图 24-28-1）是仓鼠科中体形较小的种类，体长 65～100mm，通常不超过 90mm；尾极短，仅仅露出毛被之外，尾长不超过 14mm。具乳头 4 对，具颊囊。眼较大，耳大而长圆，耳长与后足长近相等，为 12mm 左右。四肢短小，一般微长于被毛之外。足掌、掌趾下面均被白色密毛，但掌毛要比趾毛稍短。背部中央不具有黑色条纹，腹毛色纯白，背腹界线清晰，无镶嵌现象；夏毛背部自吻部至尾上方及体侧上部均呈淡驼红色；前后肢外侧上端为淡驼红色，其间杂有少量黑色长毛且明显地露出毛被之外；单根背毛基部灰黑色，毛尖为淡驼红色，在后头至腰部，淡驼红色的毛尖长度较短，常使灰色毛基露出外方，从而使这些部位毛色较暗；前额、颊部、体侧及臀部淡驼红色的毛尖较长，外观见不到灰色毛基，因而，除极少数具黑色毛尖的毛外，该部为纯淡驼红色；腹面、体侧的下部与四肢几乎均为纯白色，体侧与背面界线几乎为一条直线，无相互镶嵌现象，眼与耳之间有一片纯白的斑块；耳内侧被白色短毛，外侧毛为灰色，后部为白色；尾及前后足均为白色。

小毛足鼠头骨较狭长，弧度较大，最高处在顶骨前部，不同于黑线毛足鼠最高处在额骨部分，头骨上缘略显低平；脑颅呈圆形，无棱嵴，鼻骨较狭窄，其前部不显著扩大，末端与前颌骨突几近相等，吻细而长，较黑线毛足鼠短；额骨比较低平，其侧缘无明显的眶上嵴，眶间宽较大；顶骨隆起，顶间骨甚大，为等边三角形；枕骨略向后伸，眶下孔呈卵圆形；颌骨颧突的下部较窄；颧弓不特别向外扩张，略宽于脑颅，两侧的颧弓几成平行，向下后方延伸。门齿孔短，其长度约等于上臼齿列之长。听泡小而低平，听泡间距离大于翼骨间距离。齿骨的冠状突、角突较黑线毛足鼠不明显。

牙齿大而略呈长方形，上颌门齿较细，两门齿基部靠近成一直缝。M^1 具 3 对齿尖，第一对齿尖与其后两对齿尖距离基本一致。M^2 具 2 对齿尖，M^3 较小，2 对齿尖，第二对齿尖小，相互靠近（罗泽珣等，2000）。

三、生活习性

（一）栖息地

小毛足鼠栖息于荒漠、半荒漠植物稀疏的沙丘边缘及沙丘之间的灌丛中，尤其在水草生长比较丰盛的地段，在草原中荒漠化或半荒漠化的沙丘为多，芨芨草滩或草甸草原上也可遇见。

（二）洞穴

小毛足鼠常打洞于沙丘斜坡处。洞口小，约 4cm。洞口一般 1～2 个，有鼠居住时，多将洞口用细沙堵塞，但凹入口内，成一小坑，易识别。洞穴结构简单，一般不分支，偶有 2 个分支，洞道直径大于洞口。洞深 50～100cm，末端有一个圆形而膨大的巢室。巢内铺有枯叶和其他絮状物。

（三）食性

根据宛新荣等（2007）小毛足鼠的食物与食量的相关数据整理如下：

4 月小毛足鼠食物成分全部为植物种子，颊囊内含有沙米、兴安虫实和狗尾草种子，未发现植物茎叶与虫子的成分，胃容物检视结果也全部为植物种子。

5 月的食物组成主要为种子和茎叶，虫子比例很低。其中含有沙米、狗尾草、兴安虫实、杂花苜蓿的种子，黄柳的叶和沙米幼苗。胃容物组成中，动物性食物（主要是昆虫及其幼体）、植物种子、植物茎叶的百分比约为 1%、55% 和 44%。

6 月小毛足鼠主要以种子为食物，颊囊中主要有沙米、兴安虫实和杂花苜蓿的种子，偶见小叶锦鸡儿与狭叶锦鸡儿的种子。在其胃容物，植物种子与虫子比例迅速增高，动物性食物、植物种子和植物茎叶各自所占的百分比大致为 3%、85% 和 12% 左右。

7 月小毛足鼠颊囊内的食物种类主要有狗尾草种子、小叶锦鸡儿种子、兴安虫实种子、沙米、杂花苜蓿种子。胃容物中动物性食物、植物种子、植物茎叶所占百分比约为 8%、89% 和 3%。

8 月沙地植物种子普遍已接近黄熟期，这个时期小毛足鼠颊囊内的食物种类多样化程度最高。此期为小毛足鼠的储食期，为越冬存储食物资源。这个时期小毛足鼠胃容物中动物性食物、植物种子、植物茎叶各自所占的百分比约为 10%、90% 和 0。

9 月沙地种子资源丰富，小毛足鼠颊囊内的食物种类继续保持多样化。胃容物中动物性食物、植物种子、植物茎叶各自所占的百分比约为 12%、88% 和 0。

10 月小毛足鼠颊囊内主要成分为狗尾草种子、兴安虫实种子、小叶锦鸡儿种子。其胃容物中动物性食物、植物种子、植物茎叶各自所占的百分比约为 5%、95% 和 0。

11 月之后，沙地夜间已非常寒冷，并有积雪覆盖，小毛足鼠的颊囊中主要为狗尾草、沙竹、沙米、兴安虫实的种子，胃容物全部为种子。

12 月至翌年 3 月，沙地为积雪覆盖，冬季在定位站对沙地的小毛足鼠进行了足迹追踪，结果显示，小毛足鼠仍然在沙区立枯植株的附近觅食，由于沙米、兴安虫实、猪毛菜的枯株上仍存有种子，因而成为小毛足鼠冬季外出搜寻食物的主要场所。

小毛足鼠体质量越小，单位体质量消耗的食物量就越高，体质量越大，单位体质量消耗的食物就越少。即幼体单位体质量消耗的食物量要大，成体单位体质量消耗的食物量要小，这种现象在不少其他鼠类上也有体现。个体的体质量测量值，根据各月小毛足鼠捕获群体的体质量组成，计算出小毛足鼠群体平均日食量。结果表明，小毛足鼠群体平均日食量为 118~211g，季节变化不明显。

（四）活动规律

小毛足鼠的活动距离 100m 左右，巢区面积在 2 700~3 500m²。小毛足鼠的活动性昼夜差异显著，夜间平均活动性是白天的 6.3 倍。

（五）繁殖特征

雄性繁殖期为 9 个月（2~10 月），有年间差异。雌性繁殖力随着年龄的增长而增高，雌性平均胎仔数为（6.22±1.63）只，平均胎仔数以秋季最多，夏季次之，春季最少。雌性繁殖期 8 个月（3~10 月），一年有 2 个繁殖高峰。

（六）种群年龄

据 1991—1995 年对小毛足鼠种群年龄和组成的研究结果，可以将小毛足鼠的年龄划分为如下 4 个组别：幼年组，胴体重≤7.0g；亚成年组，胴体重 7.1~9.0g；成年 Ⅰ 组，胴体重 9.1~12.0g；成年 Ⅱ 组，胴体重＞12.0g。

小毛足鼠种群年龄组成季节变化明显。通常春季成年组多于幼年和亚成年组，经过一冬上年秋季出生的鼠到本年春季发育为成年鼠，当年的幼鼠尚未出生或刚出生不久，未到地面活动，因此幼年组和亚成年组个体较少。夏季，成年组的鼠再次繁殖，春季出生的鼠部分参加繁殖，成年 Ⅱ 组中的老年个体死亡，使幼年鼠和亚成年鼠所占比例增加。秋季，上年出生的个体基本死亡，当年春夏出生的鼠进行最后一次繁殖，幼年组和亚成年组个体较多，所占比例增高。

四、种群数量动态

小毛足鼠季节消长呈单峰型，4 月数量最低，7 月最高，最高峰是最低峰的 10.5 倍。各年度的曲线基本相似，均为单峰型，1992 年、1994 年和 1995 年最高峰均在 7 月，1993 年和 1996 年在 8 月，1991 年在 6 月。6 年的共同点是：一年中数量波动较大，4 月密度均最低；从 6 月起骤然升高，8 月以后开始下降；9 月继续下降，10 月最低。

小毛足鼠 1991—1996 年度间数量有明显差异，其中 1993 年最高，1996 年最低，前者是后者的 5.9 倍。各年度平均捕获率表明 6 年间该鼠数量变动经历了低谷—高峰—下降—低谷 4 个阶段：1991—1992 年为低谷期，1993 年是高峰期，1994 年是下降期，1995—1996 年又为低谷期，缺上升期，由低谷期直接进入高峰期。

五、防治技术

（一）生物防治

保护和利用黄鼬、猫头鹰和蛇类等天敌进行灭鼠，发展养猫灭鼠。生物防治只能在一定范围内减少鼠类的数量，降低鼠密度。在大面积鼠害猖獗发生时，天敌的作用远远不能控制害鼠的为害。所以，只能因地制宜，采用保护利用自然资源进行综合防治。

（二）化学防治

1. 化学灭鼠法 大面积消灭鼠时，主要采用化学灭鼠法。以抗凝血杀鼠药物（参照第 1 节褐家鼠），以谷物（麦类、玉米或豆类）为诱饵，配制成毒饵进行灭鼠。夏季（6～7 月），由于植物生长茂盛，鼠的食物丰富，不适于使用毒饵法。

2. 毒饵站灭鼠技术 可选择毒饵站法用于防治小毛足鼠（参照第 4 节大足鼠）。

（三）物理防治

利用鼠夹、鼠笼等捕鼠装置捕杀小毛足鼠。捕鼠装置放置在洞口附近或害鼠经常活动的地方，布放时间一般为晚放晨收。诱饵一般应选择小毛足鼠喜欢吃且又容易得到的花生米或胡萝卜块等。

陈卫（首都师范大学）

宛新荣（中国科学院动物研究所）

第 29 节　中华鼢鼠

一、分布与危害

（一）鼠名

中华鼢鼠（*Eospalax fontanierii* Milne-Edwards，异名：*Myospalax fontanierii* Milne-Edwards），属啮齿目鼹形鼠科凸颅鼢鼠属，别名瞎狯、瞎老（鼠）、瞎瞎、拱老鼠、串地龙、赛隆等。

（二）分布

中华鼢鼠是我国北方特有的种类，分布于山西的绝大部分地区（从南到北的山地、台地及川道地的农田、荒地、林地中均有分布，仅在盆地类型区分布较少或无分布），北京延庆地区，河北的崇礼、赤城、涿鹿、怀来、阳原、蔚县、易县、涞水、阜平等地区，陕西北部的神木、榆林、吴旗以及三边地区，宁夏的同心大罗山地带，内蒙古的太仆寺旗、集宁、凉城、土默特、呼和浩特、包头、乌拉特前旗、准格尔旗、乌审旗等地区。主要栖息于黄土高原及次生黄土的农田、荒地、山坡、草场、林地。以地下活动为主，偶尔到地面上来。根据化石资料，再新世中、晚期中华鼢鼠遍布黄河中游东、西两岸的大部分地区。中华鼢鼠现在在我国的分布状况见图 24 - 29 - 1。

（三）危害

中华鼢鼠是对农林牧业为害极大的主要害鼠之一。在农区，咬断作物根部，致植物枯死，或把整株作物从地下拖走，造成大片作物缺苗断垄；且秋季大量盗运储粮，影响作物的收获量。在牧区，挖洞堆土，破坏牧草，减少草场面积；洞道纵横交错，加速表土流失、草场退化。在林区，为害幼林，啃食幼树根系，使幼树枯黄甚至死亡，严重破坏人工育林的发展。

中华鼢鼠终生营地下生活，农区采食方式主要是从耕作层的采食洞中拖拉、啃咬农作物的幼苗、根系以及地下果实块根、块茎等。故田间布满纵横交错的采食洞道，洞道上方及两侧为为害区，表现为缺苗或无苗，或根部受损植株长势减弱。这一行为使之与其他鼠种的为害形成了明显的差别。其一，地表为害的痕迹十分明显，且地表有为害状则地下必有采食洞。其二，将作物整株毁灭，即整株绝产，而不同于一些鼠类为害后残存植株尚有一定产量。

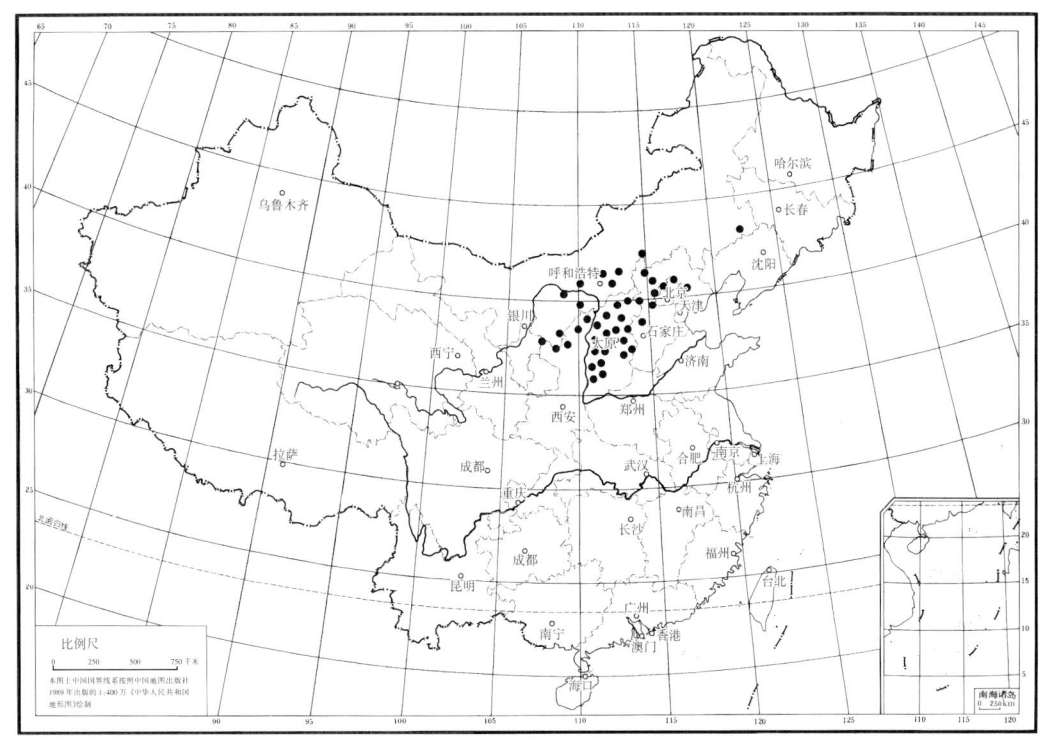

图 24 - 29 - 1 中华鼢鼠分布示意
Figure 24 - 29 - 1 Geographical distribution of *Eospalax fontanierii*

冬小麦是受害较重的作物，一是与中华鼢鼠嗜好有关，二是由于在小麦生育期间有相当一段时间内田间食物匮乏，除为害小麦外别无选择。早春麦苗是其最主要的食物来源，因此此时为害也极为严重，常常出现小麦缺苗断垄。5～6 月，小麦到了穗期，此时洞道内常有成堆的麦穗，这表明该时期中华鼢鼠主要以麦穗为食，洞道内也有较多的小段麦秆，但较少食用。对玉米、高粱、向日葵等高秆作物，主要是苗期为害，造成缺苗断垄，植株长大之后亦取食其须根，但为害减轻。到了秋季，常将整株的豆类、谷子等农作物拉入洞道，但主要啃食嫩绿的豆荚和谷穗等。

春、秋两季为中华鼢鼠对农作物的为害高峰。春季正是其求偶交配的繁殖季节，活动频繁，体耗增大，急需补足营养，故形成春季为害高峰。秋季则主要是要储备食物越冬形成全年第二次为害高峰。在农田为害区内，按缺苗或缺株情况可将其为害分成 5 个等级：0 级，下无采食道，无为害；1 级，缺苗、缺株率≤25%；2 级，缺苗、缺株率>25%～50%；3 级，缺苗、缺株率>50%～75%；4 级，缺苗、缺株率>75%。中华鼢鼠除少部分有毒植物如马蔺、烟草、蓖麻、披针叶黄华等不食外，取食绝大部分植物，因此种植的农作物和经济作物均为为害对象。为害程度随鼠密度和作物种类的不同而不同。小麦地密度 15 只/hm^2，产量损失为 15.0%；玉米地密度 6.6 只/hm^2，产量损失为 6.74%。鼠害减产率 Y 与鼠密度 X（只/hm^2）的回归关系为：小麦地 $Y = -0.4462 + 0.9748X$（$r = 0.96$，$P < 0.05$），玉米地 $Y = -1.6427 + 1.1913X$（$r = 0.96$，$P < 0.05$）。

中华鼢鼠是非冬眠动物，在整个冬季到早春大地解冻之前，主要靠储存的食物为食，还啃食一部分地埂上多年生植物较为肥大的根、茎和刺槐、酸枣以及果树树根。一些果园在这个阶段会发生 5%～30% 的一至四龄果树被咬断主根和侧根而致死的现象。另外，该鼠在丘陵山区及梯田埂上盗洞，造成水土流失，耕地塌陷，沟壑增多加宽；在土路上盗洞，常有牲畜陷入洞内致腿断。

二、形态特征

（一）外形

体形粗短肥胖（彩图 24 - 29 - 1），头宽而扁，鼻端平钝，眼特别小，外耳壳退化，隐没毛中，以适应地下生活。前肢较后肢发达且粗壮有力，前爪锐利，呈镰刀状，第二与第三趾的爪近等长，且爪长均大于趾长，适于掘洞挖土。尾短而毛疏。雌鼠比雄鼠小，有 4 对乳头。

(二) 毛色

体毛细软浓密，无明显毛向，毛尖多呈锈红褐色，鲜亮带有丝光，毛基部石板灰色。唇周围及吻部至两眼间的毛色较淡，为灰白或污白色。额部中央一般有一白斑，形状和大小随个体而差别很大，有些个体的白斑细窄呈一条白色纵纹，有些个体的则极小甚或没有。腹部毛色略显灰色，毛尖仍显锈红，腹毛比背毛略显灰褐，但无明显差别。足背与尾毛稀疏，为污白色。

另中华鼢鼠有白化个体，曾在山西平鲁县高家窑和山西离石县吴城捕获过全身都是白毛的该鼠。

(三) 头骨

头骨相当粗大，整体扁而宽，有明显的棱角 (彩图 24 - 29 - 2)。鼻骨呈倒置的长梯形，其后缘常呈 W 形，额骨前端两侧嵌入。鳞骨前侧有发达的嵴。人字嵴很大，但头骨截切面不在人字嵴处。上枕骨自人字嵴处向后略微延伸，再转向下方，常形成两条明显的纵棱。成体有眶上嵴和颞嵴，后者与人字嵴相连。顶嵴平行、老年个体两嵴的后端在人字嵴处变窄。听泡相当扁平，不隆起。

门齿孔较小，位于前颌骨与上颌骨之间。上门齿较短粗，其齿根不在第一上臼齿前方形成明显的突起。第一上臼齿较大，其内侧有两个内陷角，与外侧的两个内陷角交错排列，因而将其咀嚼面分割成前后交错排列的三角形与一个略向前伸的后叶。第二、三上臼齿较小，结构基本相同。但第三上臼齿的后端多数标本向后外方有一斜伸的小突起，故该齿外侧有 3 个凹陷角。该鼠的齿式为：$2\left(I\dfrac{1}{1}C\dfrac{0}{0}P\dfrac{0}{0}M\dfrac{3}{3}\right)=16$。

三、生活习性

(一) 栖息地

中华鼢鼠广泛栖息于黄土高原及次生黄土的农田、林地、荒坡、草场。在黄土高原东南部调查，该区的低山灌丛草地及针阔叶混交林区 (海拔 1 200～1 400m)、丘陵区 (海拔 700～1 200m)、阶地区 (海拔 500～700m) 均有广泛分布，尤以丘陵区分布密度最高。以山西省临汾地区吉县为例，1988 年调查，农田最高密度可达每公顷 17 只。另笔者 2011 年在太原地区娄烦县调查，最高密度可达每公顷 11 只。

(二) 洞穴

中华鼢鼠的洞道在地面无明显洞口，但活动地带可见直径 30～60cm、高 14～20cm 的土丘 (最大的土丘直径可达 1m 左右、高可达 30cm)，在活动频繁的地段，每 100m² 可见土丘 80 个左右。有些地段由于其在采食洞道内顶压洞的上壁，使地面上成串隆起土脊或形成龟裂纹。由于终生营地下生活，洞穴是其采食和赖以栖息的场所，故洞穴结构复杂，曲折多分支，形成其特有的洞道系统。

据樊乃昌等 (1981) 报道，中华鼢鼠洞道的基本结构，主要由窝巢 (老窝)、出窝洞、朝天洞、交通洞、采食洞、盲洞、储食洞、粪洞等组成 (彩图 24 - 29 - 3)。

1. 窝巢 一般为扁球形，容积约为 35cm×30cm×25cm，其内有巢。巢呈球、碗两种形状，巢材甚广。据柳枢等 (1982) 探挖鼢鼠 8 个巢的记录，4 个球形为雄鼠巢，4 个碗状为雌鼠巢，而球形巢大于碗状巢。巢材用高粱、玉米、粟、黍子、马铃薯、胡萝卜、大葱叶等结成外部，内铺较细软的莎草、白草及黄豆、赤小豆、小麦叶以及其他禾本科植物的干燥叶梢等。有时在田埂上挖到的巢材还有沙蓬、棉蓬、杨桃叶等。球形巢直径约为 25cm，碗状巢外径深 16～18cm、内径深 10～13cm，碗口外径 18～24cm、内径 14～18cm。巢重 297～608g。

2. 出窝洞 是鼢鼠从窝巢至朝天洞的通道，一般有 1～5 条，长 100～150cm，洞径较粗大，为 10～16cm。

3. 朝天洞 是洞道的门户，洞径狭小，一般 5.5～8cm。其上口与交通洞道相接，距地面 20～40cm，洞壁坚实而光滑，长 40～120cm。

虽然中华鼢鼠具有十分优越的隐蔽条件 (封闭的洞道系统)，但在其栖息地上仍有一些天敌如鼬科动物艾鼬 (*Mustela eversmanni*) 等钻入洞道捕食它们。遇上述天敌或其他意外袭击时，鼢鼠即躲入窝内，并暂时封堵朝天洞的下口以御外患。据笔者饲养观察，中华鼢鼠睡眠很沉，睡着后即使摇动其身体也不觉醒，因此朝天洞是其防御外患的必要手段。

4. 交通洞 是鼢鼠经常活动、运送食物的交通线，其上壁距地表深浅不等，浅的距地表 10cm 左右，深的 50cm 以上，洞径 7~13cm。一般雄性栖居的洞径较粗大，雌性较细小。交通洞道向各方延伸并趋向地面成采食洞道。

5. 采食洞 是鼢鼠寻找食物的临时或半永久通道。洞壁距地表 5~16cm，其洞壁上方在地表往往形成龟裂纹或凸起的松软土脊。

6. 盲洞（盲端） 是鼢鼠取土堵洞、转身和临时储食的地方。一般情况下，盲洞口所指的方向就是老窝所在的方向。在一个完整的洞系中，盲洞的数量可以有几个到十几个。

7. 储食洞 在窝穴的两侧一般有 1~3 个呈漏斗状的储食洞，是其越冬储食的仓库。春季挖掘时，可见内储有鲜嫩多汁的杂草草根、地下茎、块根，如地蚕，以及富含淀粉的沙参、柴胡、蒿类等肉质轴根。在植物生产盛期，其内仅暂时储有少数上述食物，并常有成株的禾草、松苗（人工移栽的 3 年生油松幼树）以及地蚕、地榆、薹草等植物的绿色部分。有时在朝天洞附近的交通洞道两侧还可发现一两处临时储食的盲洞。

8. 粪洞 是排泄并储放粪便的场所，一般位于老窝长轴的两侧。粪便储满后堵塞放弃另掘新所。老窝可有废弃粪洞多个。

据樊乃昌等（1981）解剖 13 个完整洞道系统的基本资料表明，洞道长 66~127m。老窝距地面平均为 92.77cm（±22.20cm）。一般雌性窝深，雄性窝浅；阴坡距地表深，阳坡距地表浅。每一老窝有 1~5 个朝天洞。洞上口距地面 20~40cm，交通洞道的末端处急转直下，洞径急剧变窄，成为通达窝巢的朝天洞。交通洞道距地面的深浅与土壤结构及植被组成关系甚大。在密丛禾草为主的植被下，由盘根错节的根系与土壤形成致密的草结皮，其下极适于永久性的交通洞道的构筑，在这里交通洞道距地表 15~20cm。而在土壤结构很疏松的疏丛禾草及 1~2 年生杂类草植被下方构筑的交通洞道距地面较深，有时可达 35~40cm。

（三）食物

1. 食性 中华鼢鼠的食性很杂，一般是和它栖息地附近的野生植物和农作物一致。除少部分有毒植物种类不食外，所食植物多达 70 余种。对黄土高原农田种植的麦类、谷类、豆类以及马铃薯、甜菜、胡萝卜、洋葱、大葱、韭菜、甘薯、苜蓿、油菜、花生、胡麻、党参、黄芪、甘草等都造成很大危害。从喜食度上可将食物分成最喜食、喜食、可食 3 个等级。在牧区，最喜食的植物种类有异叶青兰、阿拉善马先蒿、阿尔泰狗娃花、蚓果芥、多裂委陵菜、二裂委陵菜、十蕊草、沙蒿等，喜食的植物种类有薹草、赖草、多枝黄蓍、糙叶黄蓍、鹤虱等，可食的植物种类有针茅、克氏针茅、早熟禾草、沙芦草等。在农区，最喜食的植物有 10 余种，如小麦、油菜、马铃薯、甘薯、胡萝卜、蒲公英、苦荬菜等；喜食植物有 20 余种，如玉米、葱、荞麦、杠柳等；可食植物有 10 余种，如谷子、芝麻、针茅、刺槐等。在喜食度上还存在一个喜食部位的问题，即虽对某种植物喜食，但又喜食植株的某一部位。根据大量的观察和实验，中华鼢鼠最喜食作物和杂草肥大块根、块茎和鳞茎等部位，其次是植物含多汁液的绿色部分和嫩绿的果实及种子，对晒干的作物种子，如小麦等，从喜食度上看属于可食，如有丰富的绿色植物，则选择植物绿色部分为食。中华鼢鼠对农区各种植物的喜食程度及取食部位见表 24-29-1。

表 24-29-1 农区不同季节中华鼢鼠对各类农作物的食性、取食部位及喜食度

Table 24-29-1 Feeding preference of *Eospalax fontanierii* on different crops during different seasons

植物种类	春				夏				秋				喜食度
	根	茎	叶	种子	根	茎	叶	种子	根	茎	叶	种子	
小麦	＋	＋	＋		－	－	－	＋	－	＋	＋		＊ ＊ ＊
玉米	＋	＋	＋		－	－	－	＋	－			＋	＊ ＊
谷子					－	＋	＋	＋				＋	＊
糜子													
高粱													
荞麦					＋	＋	＋	＋					
豆类作物					＋	＋	＋	＋					
油菜	＋	＋	＋		＋	＋	＋	＋					＊ ＊ ＊
花椰菜	＋	＋	＋		＋	＋	＋	＋					＊ ＊ ＊

（续）

植物种类	春				夏				秋				喜食度
	根	茎	叶	种子	根	茎	叶	种子	根	茎	叶	种子	
萝卜					-	+	-		-	+	-	-	＊＊＊
马铃薯	+	+	+		-	+	-		-	+	-	-	＊＊＊
甘薯					+	+	+		+	+	+		＊＊＊
烟草													●
芝麻					-	-	-	-	-	-	-	-	＊
胡萝卜					-	+	-		-	+	-	-	＊＊＊
葱					-	-	-		-	-	-	-	
韭菜	-	+	+		+	+	+	+		+	-	-	＊＊

注　＊＊＊为最喜食，＊＊为喜食，＊为可食，●为不食，＋为取食，－为不取食。

2. 日食量　以当地的野燕麦、马铃薯、胡萝卜、大豆、玉米和谷物等 14 种作物和野生植物为饲料进行日食量测定，结果表明：幼体和亚成体（体重＜300g）平均日食量 57.78g，成体（体重＞300g）日食量 200.25g，且反映出中华鼢鼠最喜食马铃薯、萝卜等多汁液食物。幼体（1♀，1♂）、亚成体（2♀，3♂）、成体（2♀，6♂）的平均日食量为 133.8g。

（四）活动规律

中华鼢鼠挖掘洞道的过程很特别。当被捕获逃窜后，首先以极快的速度用前肢掏挖土坑。在掏挖时，可以仰身、侧身，灵活地转动自己的躯体，同时用头部（吻端）向上及两侧拱、顶。用门齿切断所遇到的植物地下根。当身体完全进入土内时，它能够在打成的通道内灵巧自如地转过身体，除拱、顶、挤压洞壁之外，还可把松土用头部推出地面。洞道上壁及两侧形成许多楔状小凹陷就是其用吻部不断拱、顶洞壁的结果。

挖掘活动在春、夏、秋各季都有，但以春、秋最为频繁，尤以春季为盛。初春，地表尚未完全解冻甚至还有积雪时已开始活动，地表解冻后青草返青时节，挖掘活动更为频繁，这时正值它们的繁殖盛期，觅食及求偶使得挖掘活动大大增强。秋季，为大量储备越冬食料，近地表处的挖掘活动有增无减，因此又形成一次挖掘活动高潮。

日活动有早晨、傍晚两个活动高峰。此外，雨后初晴及久旱逢雨都有频繁活动。个别鼠（多为幼鼠）甚至在夜间或清晨（皆在夏季发现）到地面活动，比较多见的是在坡面的栖息地内，它们可能是在采食或构建洞道过程中偶然打穿地面窜出的。另据秋季调查鼠类天敌动物食性时，解剖昼间活动猛禽大鵟（*Buteo hemilasius*）和夜间活动猛禽乌苏里雕鸮（*Bubo bubo ussuriensis*），均在腹内发现中华鼢鼠头骨，说明秋季中华鼢鼠偶尔也会窜到地面活动。

（五）繁殖特征

1. 性比　以公式♀/（♀＋♂）计算性比，对山西临汾地区 1987—1988 年捕获的 606 只（355♀，251♂）鼢鼠进行性比分析，结果为 0.59，雌性显著多于雄性（$X^2=8.71$，$P<0.05$）。

2. 繁殖强度　黄土高原东南部的中华鼢鼠，繁殖期一般为 3～6 月。个别个体在 2 月即进行繁殖。雌鼠在植物返青期食物来源较丰富的 4～5 月妊娠率最高，达 50％以上。山西省临汾山区 3～6 月中华鼢鼠的妊娠率依次分别为 22.2％、52.2％、51.5％、21.6％。胎仔数 1～6 只，以每胎 3 只者最多，2和 4 只次之。产仔数有季节变化，4～5 月不仅妊娠率高，产仔数也多，3 月和 6 月产仔数则相对较少。鼢鼠的胎仔数虽然较少，但由于其雌性比例较高，仍可保证种群数量上的相对稳定。

不同年份中由于气候、食物等条件不同，繁殖情况会有所变动，如山西临汾地区 1988 年 3 月气温和降水量均低于 1987 年 3 月，该地区中华鼢鼠繁殖期开始的时间向后推迟。死胎率的高峰出现在外界环境不利的低繁殖力时期，即早春（3 月）和盛夏（6 月）。山西省太原地区娄烦县中华鼢鼠的繁殖时间较南部临汾地区向后推迟，一般在 4～7 月进行繁殖。2011 年在该县解剖雌鼠发现个别雌鼠一年可繁殖 2 次。究竟一年可繁殖几胎，有待于进一步研究明确。

（六）肥满度

李晓晨等（1991）对山西省临汾吉县的 310 只中华鼢鼠肥满度进行研究，以体长的立方与体重的比值来表示本种的肥满度，雌雄均有明显的季节变化，且由于月份的不同，存在着性别上的差异（图 24 - 29 -

2)。雌鼠由于产仔、哺乳等原因，5～7 月肥满度比雄鼠更低，8 月由于高温、高湿，雌雄鼠的肥满度均为全年的最低值。

四、种群动态

（一）季节动态

中华鼢鼠的种群数量，王祖望等（1973）在山西省中部的调查，春季数量最低，6 月数量显著上升并延续到 7 月，8 月开始数量下降。整体来说数量的季节变化比较平稳，一年中只有一个起伏不算很大的高峰。出现在 6～7 月，8 月份开始，数量逐渐下降，但较缓慢，至 10 月份数量降到最低，但此时仍高于 4 月。种群全年的数量变化，最低与最高相差仅 1 倍左右，其数量的升降平缓（图 24 - 29 - 3）。

中华鼢鼠种群数量的季节消长主要受以下几种因素的影响和制约：

1. 出生与种群数量的关系 当年生幼体从 4 月份开始出现，5 月、6 月不断有幼体补充到种群中去。繁殖末期 7 月增加的新个体使种群数量达到高峰。7 月以后，繁殖结束，种群数量转呈渐降趋势。

2. 气候因素与种群数量的关系 气候因素不但影响着种群的出生率，也影响着种群的存活率，在诸种气候因子中，以降水量和气温对种群数量的影响最大。

3. 死亡与种群数量的关系 低温、

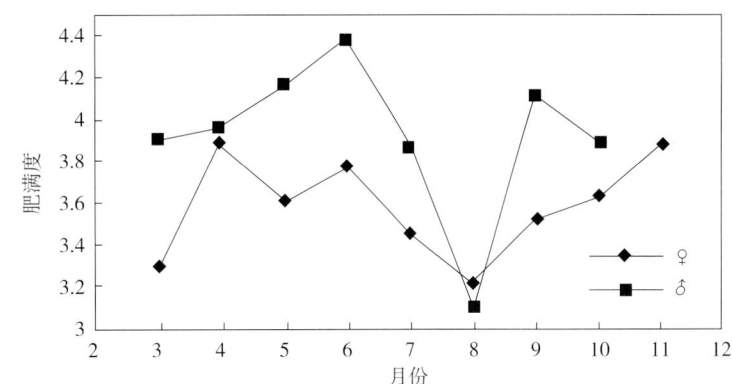

图 24 - 29 - 2　雌雄中华鼢鼠 2～12 月的肥满度（引自李晓晨等，1991）
Figure 24 - 29 - 2　Variation of relative fatness between female and male *Eospalax fontanierii* from Februry to December (from Li Xiaochen et al.，1991)

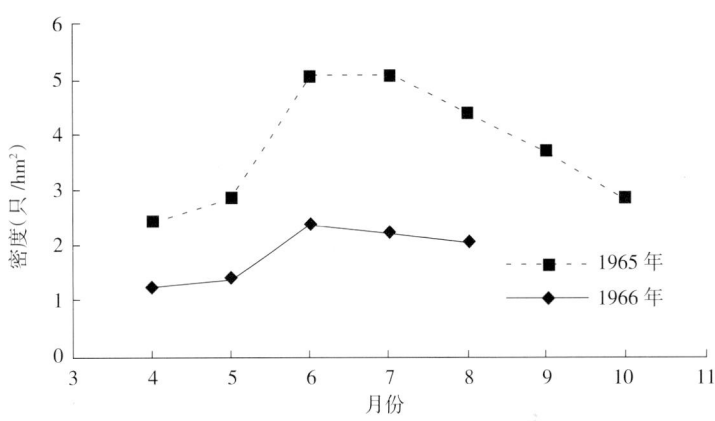

图 24 - 29 - 3　1965—1966 年山西省阳曲县中华鼢鼠数量的季节消长曲线（引自王祖望等，1973）
Figure 24 - 29 - 3　Seasonal variation of population densities of *Eospalax fontanierii* in Yangqu，Shanxi from 1965 to 1966 (from Wang Zuwang et al.，1973)

暴雨、食物缺乏、农事活动及天敌的影响都会引起部分个体死亡，导致种群数量下降。7 月以后，部分农作物收获，植物体根、茎部分纤维化程度也越来越高，造成食物短缺。

4. 降水量与种群数量的关系 中华鼢鼠生活于地下的洞道中，长时间的降水造成洞内湿度过大，十分不利于生存，引起幼小、体弱和衰老个体的死亡。但这种影响对大多数个体不产生明显的作用，而以暴雨形式的降水则对种群中大多数个体产生不利影响。大而急的暴雨冲毁洞道，尚在洞内的溺水致死。暴雨时间越长，产生的破坏作用越大。这种灾难性气候会直接引起中华鼢鼠的大量死亡。

（二）年间动态

山西省西南部吉县桑村 4 月底麦田每公顷有效洞调查数据显示，1986—1990 年，5 年间鼢鼠种群数量年度间相差不大，有效洞最高年份（3.86 个/hm²）与最低年份（3.27 个/hm²）的比值仅为 1.18。说明如果年度间自然因子没有太大变化时，中华鼢鼠种群数量相对稳定（图 24 - 29 - 4）。但特殊气候会导致鼢鼠数量的大幅度变化，如山西省中部阳曲县 1966 年 4 月鼢鼠数量（1.25 只/hm²）仅为 1965 年 4 月鼢鼠数量（2.50 只/hm²）的一半（图 24 - 29 - 3），原因是 1965 年下半年的严重旱情（年降水量 274.4mm，仅为 1964 年的 36.46%）导致了翌年鼢鼠数量的大幅下降。

（三）预测预报

中华鼢鼠的种群数量主要受繁殖和死亡两大因素制约，如果能够掌握这两种因素的变化情况，就能对其种群动态做出客观的预测。李晓晨等（1991）基于此点，以春季中华鼢鼠的种群密度作为基数，预测秋季的种群数量，以秋季的种群数量作为基数预测翌年春天的种群数量。秋季的数量与春季繁殖前的数量密切相关，繁殖前的密度越大，秋季种群数量也越高。

依据头骨干重将中华鼢鼠划分为5个年龄组。雌性：幼体（小于4.5g）、亚成体（4.5～5.3g）、成体Ⅰ组（5.4～6.2g）、成体Ⅱ组（6.3～7.1g）和老年体（7.1g以上）；雄性：幼体（小于5.8g）、亚成体（5.8～8.7g）、成体Ⅰ组（8.8～10.5g）、成体Ⅱ组（10.6～12.3g）和老年体（12.3g以上）。

设 P_0、P_1、P_2、P_3、P_4 分别表示各年龄组总个数，S_0、S_1、S_2、S_3、S_4 分别表示各年龄组由春季到秋季的存活率，g_0、g_1、g_2、g_3、g_4 分别表示各年龄组的生殖力，则有：

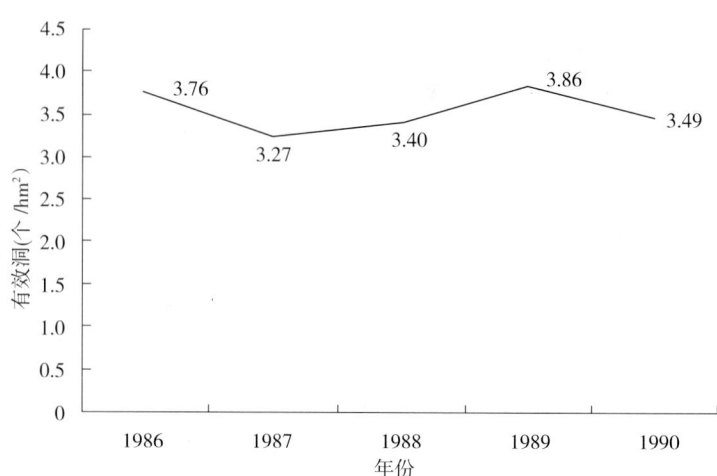

图 24-29-4　1986—1990 年山西省吉县麦田中华鼢鼠每公顷有效洞年度间变动曲线（引自邹波，2012）

Figure 24-29-4　Annual variation of population densities of *Eospalax fontanierii* in wheat field in Ji County, Shanxi Province from 1986 to 1990（from Zou Bo, 2012）

$$g_i = e_i a_i \frac{f_i}{m_i + f_i}$$

式中 e_i 为胎仔数；a_i 为怀孕率；$\frac{f_i}{m_i + f_i}$ 为雌体百分率。则可得由春季的基数预测秋季数量的公式：

$$
\begin{aligned}
P_0(t+1) &= P_0(t)S_0 + P_0(t)S_0 g_0 \\
P_1(t+1) &= P_1(t)S_1 + P_1(t)S_1 g_1 \\
P_2(t+1) &= P_2(t)S_2 + P_2(t)S_2 g_2 \\
P_3(t+1) &= P_3(t)S_3 + P_3(t)S_3 g_3 \\
P_4(t+1) &= P_4(t)S_4 + P_4(t)S_4 g_4
\end{aligned}
\tag{1}
$$

所以，秋季鼢鼠种群数量为：

$$
\begin{aligned}
P(t+1) &= \sum_{i=0}^{4} P_i(t+1) \\
&= P_0(t)S_0 + P_0(t)S_0 g_0 + P_1(t)S_1 + P_1(t)S_1 g_1 + P_2(t)S_2 + P_2(t)S_2 g_2 \\
&\quad + P_3(t)S_3 + P_3(t)S_3 g_3 + P_4(t)S_4 + P_4(t)S_4 g_4
\end{aligned}
\tag{2}
$$

用秋季数量预测来年春季的数量公式为：

$$
\begin{aligned}
P_0(t+2) &= P_0(t+1)S_0 \\
P_1(t+2) &= P_1(t+1)S_1 \\
P_2(t+2) &= P_2(t+1)S_2 \\
P_3(t+2) &= P_3(t+1)S_3 \\
P_4(t+2) &= P_4(t+1)S_4
\end{aligned}
\tag{3}
$$

式中 S_i 分别表示各年龄组由秋季到翌年春季的越冬存活率。所以，翌年春季鼢鼠种群数量为：

$$
\begin{aligned}
P(t+2) &= \sum_{i=0}^{4} P_i(t+1) \\
&= P_0(t+1)S_0 + P_1(t+1)S_1 + P_2(t+1)S_2 + P_3(t+1)S_3 + P_4(t+1)S_4
\end{aligned}
\tag{4}
$$

以山西吉县地区 1987—1988 年中华鼢鼠预测预报为例。1987 年春季 3 月调查该地区的密度为 4.5 只/hm²，参照当地中华鼢鼠的种群年龄组成与繁殖生物学特征，将其各自相关的数据直接代入公式（1）中，得：

$$P_0(t+1) = 4.5 \times 7.94\% \times 90\% = 0.32（只/hm^2）$$

$$P_1(t+1) = 4.5 \times 22.75\% \times 95\% \times \left(1 + 3 \times 18.2\% \times \frac{18}{25 + 18}\right) = 1.19（只/hm^2）$$

$$P_2 (t+1) = 4.5 \times 33.86\% \times 95\% \times (1+3 \times 57.9\% \times \frac{33}{31+33}) = 2.74 （只/hm^2）$$

$$P_3 (t+1) = 4.5 \times 21.69\% \times 95\% \times (1+3 \times 47.6\% \times \frac{30}{11+30}) = 1.9 （只/hm^2）$$

$$P_4 (t+1) = 4.5 \times 13.76\% \times 90\% \times (1+3 \times 15.4\% \times \frac{16}{10+16}) = 0.72 （只/hm^2）$$

所以秋季鼢鼠种群数量为：

$$P(t+1) = \sum_{i=0}^{4} P_i(t+1)$$
$$= 0.32 + 1.19 + 2.74 + 1.9 + 0.72$$
$$= 6.87（只/hm^2）$$

同样 1988 年春天中华鼢鼠的种群数量由公式（3）算出，得：

$$P_0 (t+2) = 0.32 \times 70\% = 0.224 （只/hm^2）$$
$$P_1 (t+2) = 1.19 \times 75\% = 0.893 （只/hm^2）$$
$$P_2 (t+2) = 2.74 \times 75\% = 2.055 （只/hm^2）$$
$$P_3 (t+2) = 1.90 \times 75\% = 1.425 （只/hm^2）$$
$$P_4 (t+2) = 0.72 \times 70\% = 0.504 （只/hm^2）$$

所以，1988 年春季中华鼢鼠种群数量为：

$$P(t+2) = \sum_{i=0}^{4} P_i(t+1)$$
$$= 0.224 + 0.893 + 2.055 + 1.425 + 0.504$$
$$= 5.101（只/hm^2）$$

经实地调查表明，预测值与实际密度基本一致。

五、防治技术

（一）农业防治

1. 平田整地利用天然降水抑制鼢鼠种群数量　降水量的多寡和季节分配对害鼠生活具有重要影响。在缺乏灌溉条件的旱作区，如利用好天然降水，就能将临时变旱田为水浇地，这对适应地下生活的鼢鼠极为不利，故利用好天然降水在鼢鼠生态治理中将起到较大的作用。而平田整地则可以减少或避免水土流失，在大雨或暴雨期容易造成大水漫灌溺毙部分害鼠。上述课题组于 1987 年冬选取样地 24 块，面积 46hm² 进行平田整地，在 1988 年秋季和 1989 年试验田鼢鼠密度低于对照田。因此，平田整地修建水平梯田是抑制鼢鼠种群数量的重要措施。

2. 轮作倒茬降低鼢鼠密度　轮作是人们在种植作物时，按照各种作物的特性和对土壤的要求与后作的影响，排成一定的顺序，在一定的田块上依次周而复始地轮换种植的做法。而倒茬是指不定期不规则的轮作。轮作倒茬不仅能合理利用土壤中的养分和水分，提高土壤肥力，有利于消灭杂草，减轻病虫害，而且也能控制害鼠密度的增长，减少鼠类危害。

根据田间观察及室内饲养试验，中华鼢鼠对各种作物的喜食程度差别很大，因此轮作倒茬对鼢鼠种群回升的抑制作用也比较明显。所以，实行轮作制也是鼠害综合治理的一项有效措施。在黄土高原东南部鼢鼠为害区可采用以下几种群众能够接受的轮作方案：小麦—玉米—小麦、小麦—谷子—小麦、小麦—烟草—小麦和小麦—向日葵—小麦。

3. 清除杂草减少鼠粮来源　中华鼢鼠栖居农田除啃食农作物外，还喜食一些具肥大块根、块茎、球茎的杂草，这些杂草种类多、数量大、繁衍力强，是其生存的食物保障。因不冬眠，它们冬季和早晨除靠储粮外还必须寻找一定量的食物来维持生命，因此，作物收获后，清除杂草就会造成鼢鼠食物缺乏，影响其正常的生长发育和生命活动，迫使其为寻找食源向其他生境迁移。所以，除加强秋冬季深耕、伏耕及中耕除草等田间管理措施外，采用 10% 草甘膦水剂除草，减少或断绝越冬期的食物来源，可对其数量起到较明显的控制作用。

另外,还有一些农业措施,如机耕深翻土地、兴修水利等也能起到抑制作用。黄土高原丘陵沟壑区水资源缺乏,绝大部分为旱地,仅在川地、阶地和少数塬地有水浇地和引水上塬的扩浇地,1995—1997 年在山西黄土高原残塬沟壑区隰县后堰地带 12.9km² 范围内因采取旱地蓄水滴灌、沟底打坝积水并引水上塬等一系列水利措施,有效地利用了水资源,不仅使农业生产上了一个新台阶,也不同程度地控制了鼢鼠的数量。

(二)生物防治

主要是利用天敌进行防治,黄土高原中华鼢鼠的主要天敌有:艾鼬（*Mustela eversmanni*）、黄鼬（*Mustela sibirica*）、豹猫（*Felis bengalensis*）、普通鵟（*Buteo buteo*）、大鵟（*Buteo hemilasius*）和乌苏里雕鸮（*Bubo bubo ussuriensis*）。当地猛禽类中乌苏里雕鸮数量较多,这是因为当地群众对鸮形目鸟类（俗称猫头鹰）存在迷信心理,不轻易捕杀。青鼬（*Martes flavigula*）、狗獾（*Meles meles*）、赤狐（*Vulpes vulpes*）、狼（*Canis lupus*）等也捕食鼢鼠。另外,有一种裸皮蝇（*Oestromyia sp.*）幼虫 5~10 月感染中华鼢鼠,大多单个寄生于臀部、腹部和鼠蹊部皮下,少部分转入肌肉内寄生。鼢鼠个体寄生数量最多可达 61 头,一般 10 头左右。中华鼢鼠感染这类寄生蝇后,能否致死或会产生何种病变,以及对鼢鼠种群数量产生多大影响,目前尚无法定论。

(三)物理防治

1. 人工活捕法　在新活动痕迹明显的地带挖开鼠洞,若其短时间内前来堵洞,说明洞内有鼠且就在附近,这时可再次挖开鼠洞,人静候在一旁,待前来封堵洞口时迅速用锹或镢头将其挖出洞外捕捉。此法费工费时且需有一定的实践经验。

2. 弓形夹捕捉　挖开鼠洞,若其前来封堵洞口说明洞内有鼠,此时可再次切断洞道,从距洞口 30~40cm 的鼠洞侧面小心支妥弓形夹放入洞道并覆土伪装,尽量恢复洞道原样,鼠来堵洞即被夹住。为防鼠带夹逃走,可在弓形夹上拴绳插钎固定。

3. 弓射地箭法　取 170cm 长的弹性树枝或竹皮做弓（①）,用麻或牛皮绳 150cm 做弦（③）,取 50cm 长的木棍或粗铁丝磨尖一头做箭（②）,另端锯 5cm 深的缺口并套个环,夹入弓弦。取 40cm 长、2cm 粗的木棍做支棍（⑧）,下端分叉能立在弓背上,上端拴 10cm 长的担杆（⑨）,担杆另头拴 50cm 长的细绳（④）,细绳另端拴小环（⑤）。使用时,切断鼢鼠洞道,铲薄洞道顶上的土,在距断口 20cm 处,用箭扎通洞道顶再提起来,勿使箭头在洞道里露出,把弓放在断口和箭之间,把支棍垂直立在弓背上,提起弦挂在担杆上,把土块（⑥）放入断口,在断口下钉钉（⑦）挂小环。鼢鼠来堵洞碰出土块,环与钉脱离,担杆失去平衡,弓弦射箭扎入鼠体（彩图 24-29-4,1、3）。

4. 石压地箭法　挖开鼠洞,若其前来封堵洞口说明洞内有鼠,此时可再次切断洞道,挖个比断口深 10cm 左右的坑。在断口两侧平行钉两枚别钉（①）,把断口附近 60cm 内的隧道顶铲薄,插入 1~4 根用粗铁丝磨尖做的箭（②）,扎通洞道顶再提起来用土挤住。勿使箭头在洞道里露出。第一支箭距断口 18~22cm,以后各箭相距 3~4cm,排列成"一"字形或菱形。在离断口 10~20cm 处的洞道两侧各插一根立柱（③）,顶部放横梁（④）,横梁中部放杠杆（⑤）。杠杆一端对准地箭吊平底石板（⑥）,杠杆另端拴细绳（⑦）,绳的另一头拴别棍（⑧）,洞道断口放一泥球（⑨）。把别棍别在别钉上。鼠堵洞时推泥球碰脱别棍,石板砸下,箭即入鼠体,将鼠扎死在洞内（彩图 24-29-4,2、4、5）。

地箭法虽比人工捕捉先进,但仍较费工费时,尚需选择适合支架箭针或地弓的洞道,扎针下插的位置也必须是鼢鼠推土封洞时鼠身所在位置,否则扎不到则前功尽弃,因此适合在小范围内使用。大面积防治鼢鼠时,可采用化学药剂防治和灭鼠管炸灭鼢鼠等方法。

(四)化学防治

参照第 30 节高原鼢鼠。

附:测报技术

1. 调查抽样技术　在中华鼢鼠分布的地方,一般会在地面上留下痕迹,即在地表形成大小不等的土丘或隆起的土脊(有时隆起不明显,只在地面形成龟裂纹),而那些密集成片或蜿蜒排列成行,形成一个由土丘或土脊(包括龟裂纹)组成的群体,即是土丘群。而这些地面痕迹经过许多学者如王祖望等(1975)、张孚允等(1980)、王权业等(1987)、李晓晨等(1991)研究证实,地面痕迹土丘数或土丘群数与鼢鼠数量间存在相关关系。这里介绍以土丘群系数估测其数量的方法,这种数量统计方法无论应用于科研工作或生产中都是简便可靠的。

按土丘群系数统计鼢鼠数量的方法如下：

①在每块样地内统计土丘群数；

②按土丘群挖开洞道；

③凡封洞者即用地箭捕尽法进行绝对数量统计，直至再无封洞现象出现为止；

④求出系数，土丘群系数 $=\dfrac{每公顷实捕鼠数}{每公顷土丘群数}$。

求出系数后即进行大面积调查，此时只需统计样地内土丘群数，土丘群数与系数之乘积，即为其相对数量。经 χ^2 检验，证明土丘群系数法与样地捕尽法所得结果相吻合（王祖望等，1975）。在实践工作中，有时会遇见样地中鼢鼠数量较少，只在地面发现一个土丘或土脊（包括龟裂纹）的情况，此时可酌情算作一个土丘群数。

2. 发生程度分级标准　参照宁振东等（1994）按缺苗或缺株情况可将其为害分成 5 个等级：0 级，下无采食道，无为害；1 级，缺苗或缺株率≤25%；2 级，缺苗、缺株率>25%～50%；3 级，缺苗、缺株率>50%～75%；4 级，缺苗、缺株率>75%。相应地，依据其为害将中华鼢鼠的发生程度分为 5 级，当为害达到 2 级以上时应进行防治。

3. 调查测报内容　参照 1991 年 12 月 30 日由山西省农牧厅提出、山西省质量技术监督局发布的山西省地方标准《中华鼢鼠测报调查规范》（详见《中国农区鼠害监测与防治标准》第三章第一节），将中华鼢鼠调查测报的标准内容概括如下：

调查内容	调查时间	调查方法
鼠口密度	4 月	以调查地区经济意义较大的农作物田地为主，选样地 3 块，每块样地面积为 1hm²，然后在样地内采用捕尽法，统计样地中华鼢鼠的密度，从而推算本地区的鼠口密度及鼢鼠数量
性比	可与密度调查同时进行	将捕到的鼢鼠进行雌雄鉴定并计算性比
雌鼠怀孕率与胎仔数	可与密度调查同时进行	解剖雌鼠，观察怀胎情况和子宫斑，确定孕鼠，并计算怀孕率，怀孕率（%）＝孕鼠数/解剖雌鼠数×100；记录怀胎数量和子宫斑数量，计算平均胎仔数
体重	可与密度调查同时进行	将捕到的鼢鼠分雌雄逐只称其体重，并调查记录性成熟情况（雄鼠 250g 以上性成熟；雌鼠 200g 以上性成熟）
降水量	6 月、7 月、8 月	调查各旬降雨日、降水量及日最大降水量；每 12h 降雨 30mm 以上时，可挖洞调查并记录鼢鼠成体和幼体死亡情况，计算各自死亡率
寄生天敌	可与其他调查同时进行	对各类调查中捕到的鼢鼠，逐只检查有无皮囊（多在臀部、腹部及蹊部出现），观察寄生蝇的幼虫寄生情况，记录并计算寄生率
越冬鼠情况	10 月中旬	调查鼢鼠越冬基数，采用传统箭扎法捕鼠 30 只，逐只鉴定性别并称重，确定当年越冬鼠的性比和成年鼠与幼年鼠在越冬种群中的比例，记录结果

邹波（山西省农业科学院植物保护研究所）

第 30 节　高原鼢鼠

一、分布与危害

高原鼢鼠 [*Eospalax rufescens* (Thomas)，异名：*Myospalax baileyi* Thomas]，隶属啮齿目鼹形鼠科凸颅鼢鼠属，别名秦岭鼢鼠。分布于青海高原、甘肃河西走廊以南和四川西北部海拔 2 800～4 200m 地区（图 24-30-1），主要栖息在低洼、土壤疏松湿润而且食物比较丰富地段的农田、高寒草甸、高寒灌丛、荒坡、山林、滩地和缓坡。

高原鼢鼠对牧业、林业和种植业均可
造成危害。据统计，在高原鼢鼠分布区，
12%的可利用草地面积被为害，9%的草地
被严重为害。高原鼢鼠对草地为害，除了
啃食草根及地上部分，与牲畜争食，降低
草场载畜量外，还表现在取食和挖掘活动
破坏植物根系，影响牧草生长，使草地生
产力下降，以及土丘覆盖草地植被，导致
牧草死亡，改变草场植被组成，杂类草大
量繁衍，草场逐渐演变为杂类草及毒草占
绝对优势，使草地退化。此外，鼢鼠的挖
土造丘，还严重损耗土壤肥力，降低植被
盖度，加剧了水土流失（彩图24-30-1）。

高原鼢鼠给农业也造成严重危害。由
于它的挖掘能力强，作物播后取食种子，
作物生长期挖掘隧道啃食根茎，堆土压苗。
当高原鼢鼠数量达到40～60只/hm²时，
禾苗的30%～50%会被取食。此外，高原

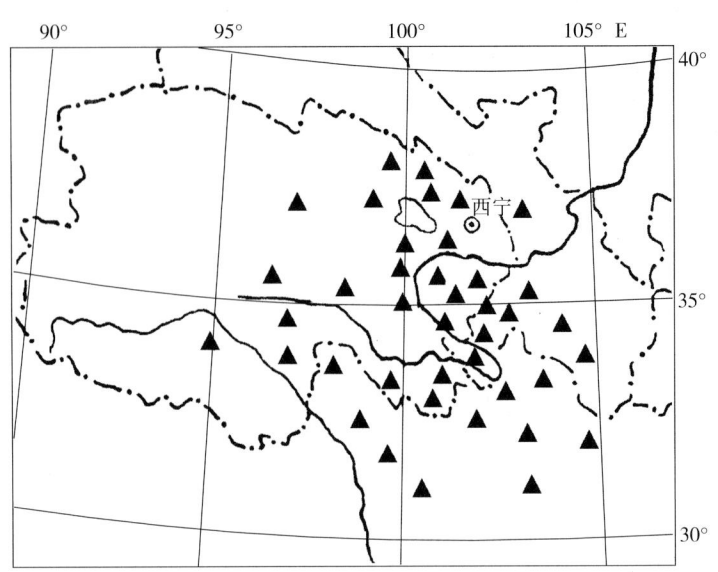

图24-30-1 高原鼢鼠的地理分布（引自樊乃昌等，1998）
Figure 24-30-1 The distribution of *Eospalax baileyi*
(from Fan Naichang et al.，1998)

鼢鼠有很强的储粮习性，一般一个鼠洞储存粮食9kg左右，多的可达20kg以上。

当高原鼢鼠种群数量达到一定程度时，会对林业生产造成危害。高原鼢鼠啃食苗木，其挖掘活动使苗
木根系悬空，致使造林成活率和保存率下降。

二、形态特征

高原鼢鼠的平均体重267g，平均体长197mm，雄性最大体重可达500g以上，尾短，尾长度超过后足
长；体形粗壮，耳壳退化，眼小，鼻垫呈僧帽状，尾及后足背面覆以密毛；前足指爪发达，适应于地下挖
掘活动。

躯体被毛柔软，并具光泽。鼻垫上缘及唇周为污白色，额部无白色斑，背腹毛色基本一致。成体被毛
成棕灰色，幼体呈蓝灰色（彩图24-30-2）。

头骨扁而宽，人字嵴强大，顶嵴趋于平行，鼻骨呈倒置梯形，后缘略呈W形。门齿粗大呈红棕色，
第一上臼齿较大，内外各具两凹褶，外侧较深。第二、第三臼齿较小，形态基本相似，第三上臼齿后端多
具一后延小突起（彩图24-30-3）。

三、生活习性

（一）栖息地

高原鼢鼠特别喜在低洼、土壤疏松湿润、硬度较小、杂草类生物量较高地方栖息。通常，同地的阴
坡、阶地和退化的杂类草场上分布较多。农田、高寒草甸、高寒灌丛、荒坡、山林、滩地和缓坡等食物丰
富地段亦为其主要栖息场所。

（二）洞穴

高原鼢鼠挖掘洞道的能力很强，通常在10～30cm的土层挖掘洞道，每分钟能掘进8～10cm，挖洞时
每隔一段距离将土推出洞外，形成土丘。洞道长从数十米至300m不等。洞道一般可分为取食洞道、交通
洞道、朝天洞和主巢等部分。洞道复杂，曲折多岔，呈封闭状，地面无直接敞开的洞口。一般取食洞占洞
道的80%～85%，离地面15～30cm，洞道长80～150m。交通道距地面20cm左右，洞径6～12cm。雌鼠
洞道直径较小，一般仅有5cm左右，雄鼠洞道较粗，直径一般8cm以上。沿主干道两侧有多条取食洞道，
距地面为7～12cm。鼢鼠主巢一般只一个巢室，雄鼠较浅，雌鼠较深。雌鼠主巢由上下两个巢室组成，上
下巢室垂直距离相距50cm左右，容积相似，均在1～2L。上巢室位于冰冻层内，巢内铺垫物丰厚，保暖
性能较好，似为卧室及育儿室，下巢室常在冰冻层以下，除了部分草屑之外，储存有较多的新鲜食物。

在鼠害区，每公顷新老土丘一般可达数千个，土丘的底部直径可达 45～70cm。在挖掘洞道的过程中，从地表可见的痕迹是由推拱出地表的土丘及在浅表层处取食共同作用，而在地面形成的一条略微隆起地面的呈龟裂纹或隆起的土脊。

高原鼢鼠是典型的独居性动物，除雌鼠育幼期外，每只鼠均有单独的巢区，构成独立封闭的生活和自我防御系统。巢区变化与繁殖、采食等活动密切相关。交配季节表现出雄鼠为获得雌性配偶而尽可能地扩大其活动范围。在秋季，为了得到足够的储粮，它们在更广泛的区域中挖掘和搜集地下食物资源。春天繁殖时期（4～6 月），雄鼠巢区明显大于雌鼠巢区，其他季节则比较接近，且随着季节不同表现出不同的变化规律：雄鼠巢区，春＞秋＞夏＞冬；雌鼠巢区，秋＞夏＞春＞冬。雄鼠巢区面积 4 月最大，可从数百平方米到 1 500m² 以上。雌鼠巢区 9～10 月最大，从几十至几百平方米，最大可超过 500m²。12 月至翌年 3 月，大地封冻，鼢鼠不再到主巢外活动，巢区面积最小，不足 1m²。鼢鼠巢区一般不重叠，仅在交配期雌雄鼠洞道系统才互相串通或部分交叉。雌雄鼠巢区呈镶嵌格局，这给繁殖活动创造了有利的条件。

（三）食物

高原鼢鼠的食量较大，日食鲜草量为 260g 左右。主要取食菊科、蔷薇科、十字花科、紫草科等杂类草的轴根、根茎、块根、根蘖。在高寒草甸中喜食度指数最高的前 10 种植物依次为磨岭草、美丽风毛菊、直立梗唐松草、丽江风毛菊、雪白委陵菜、鹅绒委陵菜、棘豆、西伯利亚蓼、异叶米口袋和细叶亚菊，在高寒灌丛中喜食度指数最高的前 10 种植物依次为美丽风毛菊、异叶米口袋、雪白委陵菜、棘豆、丽江风毛菊、细叶亚菊、鹅绒委陵菜、直立梗高山唐松草、矮蒿草和磨岭草。这说明虽然高原鼢鼠在不同栖息地对上述植物的喜好程度不同，但是其喜食的植物种类基本相同。

在农田，高原鼢鼠喜食马铃薯、豆类、麦类等作物的块茎、种子及多汁植物的根、茎等。高原鼢鼠也常将植物的茎叶拖入洞道内取食或作为做巢材料。

（四）活动规律

高原鼢鼠虽营地下生活，长期生活于黑暗、封闭的环境中，但与大多数哺乳类动物一样，都具有一定的日活动和季节性活动规律。

夏季和秋季，每日挖掘和采食活动出现两次高峰，第一次在 15：00～22：00，占全日活动总频次的 65.3%。第二次在 0：00～7：00，占全日活动总频次的 21.6%。春季及入冬前，因早上温度低，地表处于冻结状态，午后地表温度回升，浅层土壤解冻，鼢鼠得以进行挖掘活动，仅一次活动高峰，集中在 12：00～22：00，占全日活动总频次的 79.7%。一般地讲，高原鼢鼠在每天日落前后数小时内出现挖掘采食活动高潮，此时大部分个体多在巢外浅层洞道中活动。鼢鼠的挖掘采食活动一般在地表 10～20cm，夏季往往更浅，紧贴地表，易受表层土壤温度的影响。高原鼢鼠到巢外活动时，相应土层温度为 0～15℃。冬季，鼢鼠活动仅限于主巢范围，大多数也是在黄昏前后至午夜。通常鼢鼠在巢外活动每次持续数分钟至 2h，但秋季有时平均 2min 左右就进出主巢 1 次，估计是向巢内输送储粮。

高原鼢鼠一年四季均有活动。春季以繁殖活动为主；夏季鼢鼠活动明显减弱；秋季以贮粮活动为主，此期间伴随着大量的挖掘活动。每只鼢鼠一年推出地面的土量可达 1t 以上，严重破坏草场。冬季随着大地的冻结，挖掘活动逐渐停止。11 月下旬，土层冻结深度超过 20cm，鼢鼠往往连续数天不出主巢或仅在午后一段时间外出活动片刻，一般不超过 30min。12 月至翌年 3 月，地冻 0.5～2m，鼢鼠不再到巢外活动。

交配活动在初春进行。在青海北部地区，3 月下旬至 4 月上旬，当地表刚出现冰冻消融迹象时，地面便开始出现新土丘，表明鼢鼠开始出巢外活动。此时可见雄鼠向四周大量挖掘洞道，伸向邻近雌鼠的巢区，洞道系统呈线形分支状，这将增加连通雌鼠洞道的机会。1 只雄鼠洞道可与 1 至 4 只雌鼠洞道相通，1 只雌鼠巢区内有时也先后出现两只雄鼠。一般雄鼠先出巢活动 1 周左右，雌鼠才开始相继出巢活动。雌鼠活动范围较小，在小范围内清理洞道，推出土丘，每天到主巢外活动的时间一般仅 2～3h，且多在黄昏前后。雄鼠则往往远离主巢，经常出现在邻近的雌鼠巢区附近。4 月中、下旬是交配的高峰时期，雄鼠活动范围大，活动时间长，在主巢外活动时间有时长达十几小时。交配过程在雌雄鼠洞道沟通后，发情的雌鼠和雄鼠在它们的洞道交汇处进行交配。5 月上旬以后，已是交配后期，雄鼠洞道均保持畅通，但雌鼠巢区的大部分洞道已被堵塞。雌鼠在交配后将大部分洞道封堵，不再与雄鼠来往。

高原鼢鼠地面活动出现在夏季和秋季。夏季，早晚均可见到鼢鼠到地面活动。地面活动时成年鼠警觉性较高，一般多在靠近地面的浅层洞道将整株植物拖入洞内食用，有时也拱破土层，将头和前身探出洞外，啃食洞口周围的植株地上部分，结束取食活动后立即用土将洞口封堵。幼鼠则往往直接窜到地面啃食植物，以致有时迷失方向，无法返回原洞道，不得不离开母鼠独立谋生。夏季地面活动是高原鼢鼠采食的一种方式，也是幼鼠离巢分居的途径之一。秋季是鼢鼠地面活动的重要季节，其中绝大部分是雄鼠和幼鼠，成年雌体则较少离巢。此时是雄鼠和幼鼠扩散时期。大部分个体一次迁移的距离多在200m以内，个别可超过1km。秋季地面扩散活动多在夜间进行，特别在晚间下雪后。鼢鼠从地面扩散比通过地下挖掘洞道速度快、距离远，有更多的机会寻找适宜的栖息环境。雄鼠及幼鼠的大量扩散可避免近亲交配。

（五）繁殖特征

高原鼢鼠一年繁殖1次。繁殖期3～7月，交配高峰期在4月上、中旬，妊娠期为40d左右，产仔期集中在5月中、下旬。每胎产仔1～6只，平均产仔为3只左右。哺乳期约为50d。雄鼠不参与育幼。幼仔60日龄与雌鼠分居。

四、种群动态

（一）种群数量调查

通过高原鼢鼠挖掘活动在地表形成土丘及在浅表层处取食而在地面隆起的土脊，可间接反映其活动情况及种群数量，至少能够反映出地面非封冻期的情况。

鼢鼠数量与土丘数间存在相关关系，土丘的多寡间接反映了地下鼢鼠种群密度的高低。王权业和樊乃昌（1987）发现在青海北部不同季节土丘数量与鼢鼠的数量有较大的差别（表24-30-1）。他们认为，在挖掘活动较频繁的春秋两季，依土丘数在大面积上估测栖息于草原上的鼢鼠数量的方法是可行的。在春季，用全部土丘数估测其数量比用新土丘数好，在晚秋时节，视情况选用两法之一均可，尤以用全部地面土丘计数法进行鼢鼠相对数量统计是简便易行的。在夏季，由于鼠的挖掘强度下降和土丘数减少，同时还由于种群中的新个体加入，以及年轻个体尚未与亲体分窝等多种因素的影响，不宜采用上述的土丘计数法进行种群数量的调查。

表 24 - 30 - 1 土丘系数（土丘数量/鼠数量）估计高原鼢鼠数量（引自王权业和樊乃昌，1987）

Table 24 - 30 - 1 Density estimation of *Eospalax baileyi* by mound index (number of mounds/number of individual) (from Wang Quanye and Fan Naichang, 1987)

时间	高原鼢鼠数量（只/hm²）	全部土丘		新土丘	
		数量（个/hm²）	土丘系数	数量（个/hm²）	土丘系数
4月	29	1 980	68.28	359	12.38
5月	25	2 334	93.36	555	22.20
6月	22	2 396	108.91	466	21.18
7月	27	2 880	99.31	287	9.90
8月	33	1 783	54.03	149	4.52
9月	33	855	25.91	414	12.55
10月	36	4 083	113.42	2 531	69.81

（二）种群数量季节变化规律及种群数量预测预报

由于高原鼢鼠每年只繁殖1次，种群数量变化较为清晰，即繁殖期（5月）前数量较低，10月的数量最高。一般10月的数量约为5月的1.5倍。10月至翌年4月不繁殖，种群数量呈递减趋势。

根据高原鼢鼠的繁殖特性及种群数量变动规律可对其种群数量做出预测。可利用5月的数量预测10月的数量：

$$Y=5.823+0.910X$$

式中 Y 为10月的种群数量，X 为5月的种群数量。

五、防治技术

在种群监测和预测的基础上，根据防治阈值，适时采取综合防治措施。

（一）防治阈值的计算

在计算阈值时，要确定鼢鼠在不同密度条件下造成的损失、单位面积防治成本（包括人工费和药物饵料等）、牧草价格、牧业产品价格等因素。

首先，根据调查数据，计算出鼢鼠密度与损失量：

$$Y = aX + b \tag{1}$$

式中 Y 为损失量，X 为鼢鼠密度。损失量需包括取食洞上方植被损失量、土丘覆盖造成植被的损失量、食物的储备、取食道上方土丘覆盖植被的损失、土丘上植被的恢复及演替等。a 和 b 为回归方程的常数。

第二步是估计牧草价格：

$$P_g = P_m \times Q/M \tag{2}$$

式中 P_g 为牧草价格，P_m 为牧业产品价格（如羊出栏价格），Q 为最适放牧强度（只/hm²），M 为中牧情况下牧草储量最大值。

第三步是计算防治时允许最高损失：

$$Y_m = C/(P_g \times E) \tag{3}$$

式中 Y_m 为允许最高损失，C 为防治一次的成本（包括人工费和药物饵料等），E 为防治效果（%）。

第四步是计算防治阈值：

将 Y_m 值代入（1）式计算出鼢鼠数量的阈值：

$$X_t = (Y_m - b)/a \tag{4}$$

式中 X_t 为鼢鼠数量阈值。

（二）防治时机

高原鼢鼠每年仅繁殖一次，交配高峰在 4 月上、中旬，此时种群数量最低，也是其最为活跃的时期，较易观察到其活动，此时防治高原鼢鼠可有效降低全年的种群密度。

（三）生态控鼠

创造不利高原鼢鼠发生和生存的环境条件，提高其死亡率，降低其繁殖速度，达到控制鼠害的目的。在农作区，秋季作物收获后要及时进行深翻耕灭洞，清除田间地头杂草，及时碾打收获的作物，减少害鼠食源。

在牧区，应合理放牧，防止草场退化，同时应进行杂草灭除。为害严重的区域，需采用补播优良牧草，使草场植被恢复，以减少高原鼢鼠的食物来源。

在造林区采取挖掘防鼠沟措施，可有效防治高原鼢鼠为害。防鼠沟规格为宽 60cm、深 60cm，以能有效阻止高原鼢鼠进入。此外，造林前结合鱼鳞坑整地进行深翻，在一定程度上破坏高原鼢鼠的栖息环境和抑制其挖掘活动。鱼鳞坑规格为长 80cm、宽 60cm、深 60cm，坑与坑之间呈"品"字形排列。

（四）物理防治

利用鼢鼠的封洞习性，可用弓箭捕杀鼢鼠。当鼢鼠堵洞时，释放封洞线，触动撬杠，箭借橡胶带的弹力，可射中鼢鼠（图 24-30-2）。三脚架

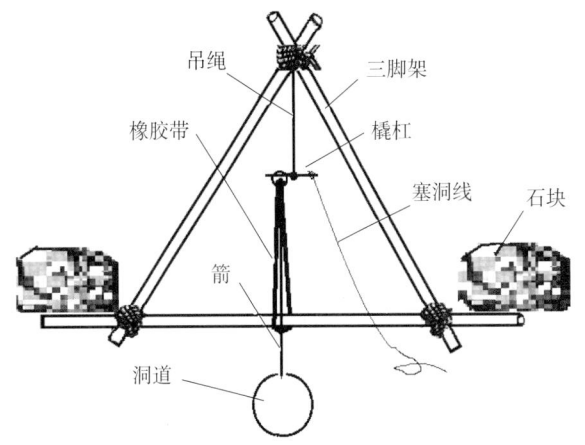

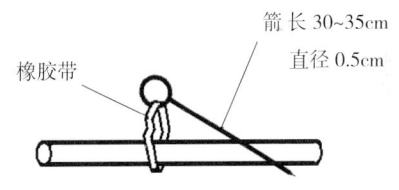

箭长 30~35cm
直径 0.5cm

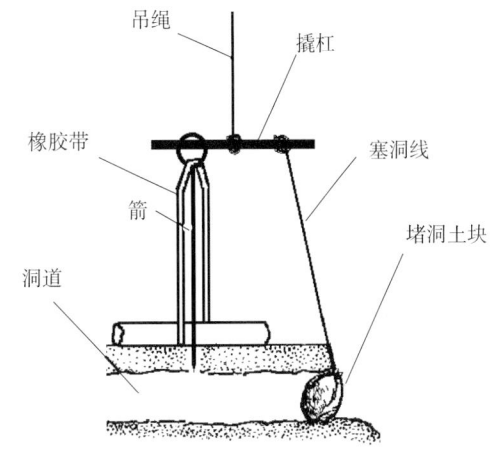

图 24-30-2 弓箭制作与安装示意（引自王兰英等，2009）

Figure 24-30-2 The make and use of bow and arrow (from Wang Langying et al.，2009)

（弓背）可用木棍或竹棍制成，橡胶带可用车内胎剪成，箭可用铁丝制成，箭端需磨尖。安放弓箭时先找到主洞，掘开洞道，在靠近洞口处将洞口上部土层削薄，铲净洞口土壤（注意不要让土粒掉入洞内），再由洞口向后 7~10cm 处下弓。下弓时要将弓箭插入洞的正中，用石块或土块把弓背压住以防被风吹倒。安弓时，箭头离洞口一般 6~8cm，箭头插下时带下的表土应掏尽，然后用探棍检查箭头是否插在洞中央。如果箭头正好在洞中央，此时用石块将弓背固定好，然后将箭提起，用撬杠固定。用手掌搓成的土块，连同塞洞线一起封洞。土块要中间厚，四周薄，要求湿度适中，不能用泥，以免封得过死。

除了弓箭外，还可使用石块压箭法、弓形夹、鼠夹等方法捕鼠。采用石块压箭法时，需挖开洞口，从洞口上方插入数条用 8 号铁丝制成的钎子，在钎子上方放一个木制三脚架，三脚架上吊根平衡木棍，木棍一端系块平板石头，另一端系小细绳，小细绳末端系木棍，使其直立卡在洞口。当鼢鼠发现洞道通风透光跑过来堵塞洞口时，便触动小木棍，使石块下落，把铁丝钎子砸下。

（五）化学防治

使用抗凝血杀鼠剂或 C 型肉毒梭菌毒素等制成毒饵，将毒饵投放到鼢鼠洞道内，也可有效杀灭鼢鼠。杀鼠剂的使用参照第 1 节褐家鼠。饵料可选择胡萝卜、马铃薯或小麦。投放毒饵时，可在洞道上方钻一小孔，将毒饵投放到洞道内，然后将小孔封闭。每个洞道内投放 10~12g 毒饵即可。

郭聪（四川大学）

第 31 节　东北鼢鼠

一、分布与危害

（一）分布

东北鼢鼠 [*Eospalax psilurus*（Milne-Edwards），异名：*Myospalax psilurus* Milne-Edwards]，隶属啮齿目鼹形鼠科凸颅鼢鼠属，别称地羊、瞎老鼠、盲鼠、瞎摸鼠子、华北鼢鼠、地排子，属于啮齿目仓鼠科鼢鼠亚科鼢鼠属。国内广泛分布于我国黑龙江、吉林、辽宁、内蒙古、山东、河南、安徽、河北、北京、天津等地，国外主要分布于蒙古东北部、俄罗斯贝加尔东南部与远东地区。

（二）危害

东北鼢鼠终年生活在地下，其为害不仅直接取食植物根茎、植物绿色部分和种子，造成草场鲜草产量损失，也因其挖掘活动，直接影响了地表状况，使草场植被物种组成发生改变，根蘖性的草类（如狼毒、大戟）大量生长，使草场牧草的质量严重下降。在为害较严重的草场，优质牧草损失可达 20% 以上。此外，东北鼢鼠堆出的土丘，导致地表不平坦，收获牧草时还会出现留茬过高或漏刀现象。

东北鼢鼠主要为害樟子松、油松人工林，给更新造林带来极大为害。东北鼢鼠啃食树木根系，轻则影响树木生长，重则使树木枯死。为害树木的时间主要在早春和晚秋。在早春时节主要是由于其喜食的各类杂草尚未萌动，越冬食物已消耗殆尽，为维持生存只能啃食树木根系。晚秋时节杂草枯萎，鼢鼠为了越冬而积极储存各类食物，所以此时也就成为树木被害的严重时期。

东北鼢鼠通过盗食种子，对农业生产也能造成一定程度的损失。盗食播种的种子、块根、块茎，常造成大片缺苗、枯死，严重影响产量，尤其以马铃薯、胡萝卜和花生等受害较重。在秋末各类粮食的种子亦可作为其储存物，据观察一只东北鼢鼠可储备 2.5~3.5kg 花生，甚至在一个洞穴中可挖出数十千克花生。若每 667m² 有 5 个鼠巢，每年可造成 60kg 以上的粮食损失。

东北鼢鼠是多种鼠传疾病的携带者。此外，吉林省防疫站曾从东北鼢鼠体中分离出鼠疫菌，可能对鼠疫流行有一定的影响。

二、形态特征

体形粗短，体重 185~400g，体长 200~270mm，尾长 25~55mm，尾短而裸露，长度约与后足相等。前足爪粗大，第三趾爪最长。眼小，耳小隐于毛下。

体毛细软而有光泽。成体毛色棕黄；背毛为灰棕色，毛干浅灰，毛尖棕色，部分个体有不规则白斑；腹毛灰色，与体侧无明显界线；足部长有稀疏白毛（彩图 24-31-1）。

颅骨短，有明显棱嵴，颧弓宽大，枕骨高而宽，自人字嵴后呈截切状。区分于中华鼢鼠在于其人字嵴处的棱起较弱。上臼齿的齿沟较弱，第三上臼齿的末端无小突起。

三、生活习性

(一) 栖息地

在我国的分布范围限于华北、东北温带、寒温带的季风区。喜栖息在土质黏重或偏黏的壤土中。多见于丘陵、低山、谷地的林缘、灌丛及湿润草甸，以草甸草原和田间荒地的密度为最高。干燥的丘陵顶部和密林中极少见到。东北鼢鼠回避无草环境，对生境的选择是以喜食杂草的丰盛程度为主要因素。

(二) 洞穴

东北鼢鼠有较强的挖掘能力，通过其挖掘活动觅食并建造巢穴 (图 24 - 31 - 1)。洞道纵横交错成网状，长度达数十米，距地面深度通常在 10～15cm，干旱年份其深度可达 20～30cm。洞道直径 8～12cm，一般在土丘两侧 30～50cm。土丘直径一般在 65～70cm。越冬土丘直径可达 90～150cm，是其活动的中心。越冬洞道距地表 135～400cm，是居住、哺乳和储存食物的地方。越冬洞道分卧室、厕所、仓库。卧室距越冬土丘 3～4m，内有细草铺垫，容积 600cm³。厕所在卧室上方，距地表 200～250cm，数量不等。仓库在卧室的侧上方，距地表垂直距离 135cm，与地表洞道相同。洞内储存各种植物根茎。一般雌鼠仓库中储粮较多。

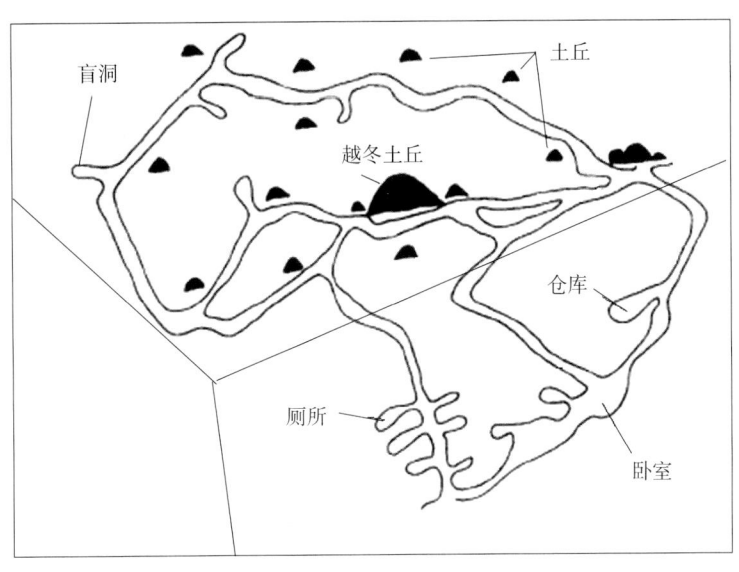

图 24 - 31 - 1　东北鼢鼠的洞道 (引自吕新龙等，1993)

Figure 24 - 31 - 1　The burrow system of *Eosalax psilurus* (from Lü Xinlong et al.，1993)

东北鼢鼠雌雄分居。土丘群是一条直线的大多为雄性洞系，土丘群成片、半弧状或呈锯齿形排列的，一般为雌性洞系。在寻偶交配期间雌雄洞道打通，交配后封堵。

东北鼢鼠有及时堵洞的习性，发现洞被掘开后，鼢鼠会很快前来封堵。

(三) 食物

东北鼢鼠主要取食植物地下部分及嫩茎，尤其喜欢多汁块根和块茎，也会食用植物绿色部分、种子和一些地下活动的动物，如蚯蚓、蛴螬等。取食的主要植物有马铃薯、樟子松、茵陈蒿、大籽蒿、碱草、苦荬菜、独行菜、车前子、委陵菜、葱、冰草、早熟禾、灰绿藜、野豌豆、牡蒿、胡枝子、兴安萝、鹤虱、狗尾草、马齿苋等。在食物缺乏的情况下，也取食多种树木，如油松、华山松、落叶松、樟子松、杨、榆、刺槐、沙棘、桑树等。越冬食物主要是樟子松、禾本科、莎草科、菊科和豆科植物的根茎。

东北鼢鼠的日食量平均为 250g 左右，最高达 300g 以上。孕鼠因对营养需求较大，产前食量较大，达 300～500g。

(四) 活动规律

东北鼢鼠主要营地下生活，视觉退化。没有冬眠现象。昼夜均有活动，没有明显的昼夜节律，每天 6：00～9：00 及 18：00～21：00 活动相对较多。鼢鼠活动与温度变化无关，但阴天活动多于晴天，大风天较少活动。

东北鼢鼠一般于每年 4 月中旬左右开始活动，5 月中旬和 9 月中、下旬为活动高峰期。第一个活动高峰期为发情交配期，第二个活动高峰期则是为准备越冬而储备食物。6～8 月活动减少，为产仔育幼期。

(五) 繁殖特征

东北鼢鼠一般 1 年繁殖 1 次，胎仔数平均 3 只左右，最多 6 只。一般 5 月下旬达到怀孕高峰，9 月停止繁殖。幼鼠7月开始与母鼠分开，到翌年春季达性成熟，开始参加繁殖。

四、种群数量动态

由于东北鼢鼠繁殖力相对较低，其数量季节变动比较平缓，最低和最高相差仅1倍。4月数量最低，6月数量开始上升，7月达到最高峰，然后开始下降。形成上述数量季节变化的原因较复杂，气候条件、耕作制度、生长状况和其他生态因子都能影响其数量变化。但是在这些综合因素中，种群本身的繁殖和死亡的相互作用是最根本原因。东北鼢鼠4月开始繁殖，6月、7月大量当年生的幼体补充到种群中去，使种群数量达到最高峰，繁殖结束后，种群数量开始呈下降趋势。

五、防治技术

(一)数量监测及防治时机

用土丘群数和有效洞数均可估计东北鼢鼠数量。土丘群数与鼢鼠数量在每个月份均呈显著正相关关系，不受季节影响，即使在繁殖季节也不例外。将调查样地的鼢鼠捕尽，与土丘群建立回归方程，把各月调查样地土丘群数代入回归方程式，即可求出样地内的鼠数。用土丘群法估计4～5月和9月的鼢鼠数量与实际情况比较吻合。

鼢鼠有堵洞习性，发现洞被掘开，鼢鼠会很快前来封堵，被堵上的洞即为有效洞。所以，有效洞和鼠存在着一定的数量关系。与土丘群一样，4～5月和9月的有效洞与鼢鼠数量最为相关，也可以通过有效洞的数量估计东北鼢鼠的数量。

从东北鼢鼠的繁殖特性和种群动态得知，东北鼢鼠每年繁殖1次，4月开始进入繁殖期，而且，此时种群密度最低，4～5月亦为其活动高峰期，便于发现，在此期间进行防治可有效压低全年鼢鼠数量，且事半功倍。

(二)生态灭鼠

杂草是鼢鼠分布的限制因素，将杂草除去，造成鼢鼠食物缺乏，影响鼢鼠正常生命活动。因此，可采用翻耕抚林、人工锄草或化学除草，减少杂草密度，也可进行林农复合，利用农业措施控制杂草，破坏鼢鼠洞系结构。此外，林粮间作也在一定程度上促使幼林速生丰产，降低鼢鼠数量。

(三)人工捕杀

沿土丘走向用铁棒测出觅食洞位置，将其掘开，过一段时间敞开的洞口被封堵上，证明该洞有鼠，然后将洞口重新掘开，并根据鼠洞走向，把洞道上层削薄（长在1m左右），持铁锹在洞口后方等待鼢鼠再来封洞，在鼢鼠到洞口窥探之时，立刻用铁锹截断洞道，把鼢鼠与土一起掘到地面捕杀。人工捕杀在鼢鼠活动高峰时期进行效果较好。

其他灭鼠方法，如弓箭、石块压、弓形夹等，参阅第30节高原鼢鼠。

(四)化学防治

用抗凝血剂、C型肉毒梭菌毒素等杀鼠剂配置成灭鼠毒饵灭鼠。毒饵可采用马铃薯、大葱、胡萝卜等。杀鼠剂的使用方法和使用剂量，需按照其说明书进行。投药的方法是在鼢鼠活动的洞道上，钻一小孔，将毒饵投放到洞道内，然后将小孔封闭。每个洞道内投放10～12g毒饵即可。

郭聪（四川大学）

第32节 达乌尔黄鼠

一、分布与危害

(一)分布

达乌尔黄鼠 [*Spermophilus dauricus* (Brandt)，异名：*Citellus dauricus* Brandt]，属于啮齿目松鼠科，又名黄鼠、蒙古黄鼠、草原黄鼠、阿拉善黄鼠、大眼贼。达乌尔黄鼠曾被Oken（1816）划为*Citellus*（欧黄鼠属）。此属名长期为我国学者采用。现国际动物命名法委员会已将其废止，并以Cuvier（1825）命名的*Spermophilus*作为其属名。

达乌尔黄鼠在我国有5个亚种。

①指名亚种（*S. d. dauricus*），Brandt 于 1844 年命名。分布于内蒙古东北部、黑龙江等地。模式标本产于内蒙古呼伦池。

②阿拉善亚种（*S. d. alaschanicus*），Buchner 于 1888 年命名。分布于陕西、青海、宁夏、内蒙古西部等地。模式标本产于内蒙古阿拉善南部。本亚种背部毛色较淡，为淡棕黄色，尾基部 1/3 处毛色同背部，尾腹面为橙黄色，末端有黑和淡黄色环。

③河北亚种（*S. d. mongolicus*），Milne-Edwards 于 1867 年命名。分布于内蒙古东南部、河北、北京、陕西、辽宁、山东等地。模式标本产于河北宣化。

④甘肃亚种（*S. d. obscurus*），Buchner 于 1888 年命名。分布于甘肃等地。模式标本产于甘肃北部。

⑤东北亚种（*S. d. ramosus*），Thomas 于 1909 年命名。分布于黑龙江、吉林等地。模式标本产于吉林。

达乌尔黄鼠是我国黄河以北的农田和草原环境中的重要害鼠之一。分布于东北平原、华北平原、蒙古高原、黄土高原，西至甘肃东部和青海的湟水河谷，南至黄河中下游流域。包括黑龙江、吉林、辽宁、内蒙古、河北、北京、山东、山西、陕西、宁夏和甘肃等省份（图 24-32-1）。国外分布于蒙古和俄罗斯、朝鲜。

（二）危害

达乌尔黄鼠是我国北方农牧业生产的重要害鼠。主要为害小麦、谷子、糜黍、莜麦、胡麻等旱作大田作物。春季刨食种子，啃咬幼苗和茎干，造成缺苗断垄和成排的作物倒伏、断折；秋季则盗食乳熟的麦穗、谷物。为害严重的地区可使作物减产 30%～70%。此外，对蔬菜、瓜果也有为害。在牧区盗食牧草，破坏植被，并对栽培牧草有一定为害。达乌尔黄鼠还是鼠疫病原体的主要宿主，并可传播鼠疫、钩

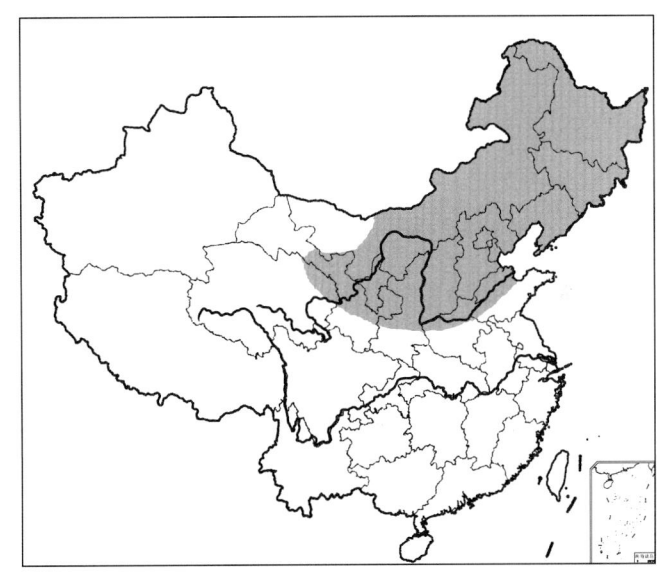

图 24-32-1　达乌尔黄鼠在我国的分布示意（引自中国野生动物保护协会，2005）

Figure 24-32-1　Distribution of *Spermophilus dauricus*（from China Wildlife Conservation Association，2005）

端螺旋体病、Q 热及野兔热等疾病威胁人类健康。其毛皮质量较差。近年来有些地方把捕捉的黄鼠高温消毒后作为水獭、银狐等经济养殖动物的饲料。

二、形态特征

达乌尔黄鼠体长 165～270mm，体重 165～265g。尾长为体长的 1/5～1/3，尾毛蓬松。头大，眼大而圆，因而被称为大眼贼。耳壳退化，短小呈崤状。前足拇趾不显著，但有小爪，前足掌垫 2 枚、指垫 3 枚。后足蹠部被毛，有趾垫 4 枚。爪尖锐。雌体有乳头 4 对（彩图 24-32-1）。

背毛淡棕黄色，混杂有均匀的黑褐色毛。腹部为淡黄色。体颈侧面及四肢足背为沙黄色。头顶及颊部毛色较深，呈黄褐色。尾背部 1/2 处毛色与背部相同，其余部分的毛呈沙黄色，由于毛的中段为黑褐色，因而在尾的末端形成一个明显的黑色环。尾腹面毛全为橙黄色。眼周有白圈。耳壳淡棕黄色。夏毛较冬毛短，颜色亦深于冬毛。幼鼠毛色暗而无光泽。背部深黄而带有黑褐色，腹部、体侧和四肢外侧均为沙黄色。尾背的毛色与体背的相同，但尾端为黑色并具有黄色边缘，尾的腹面为橙黄色，仅远端两侧有黑、黄色边缘，而黑色较少。四肢的足背面为沙黄色，头顶比背色略深，颊部和颈部的侧面与腹面之间有明显的界线。眼眶四周有白圈，自嘴侧到眼，眼后到耳基部以及耳后部均为灰黄色，耳壳为黄色。

头骨外形粗短，呈椭圆形，吻端略尖，鼻骨前端较宽大，眶后突粗短，颧骨粗短，听泡长大于宽，颅骨呈椭圆形，嘴端略尖，眶上崤基部的前端有缺口，无人字崤，眼泡的纵轴大于横轴。

上门齿较狭扁，后无切迹，PM¹较大，约等于M¹的1/2；M²、M³齿尖不发达或无，PM¹的齿尖不发达。

三、生活习性

达乌尔黄鼠为地栖型松鼠，属于耐旱型种类。主要栖居于草原、耕地及景观开阔地区。对环境有明显的选择性，尤喜栖息于环境较干旱的缓坡地带，洞穴多筑于田埂、地头、草地、撂荒地及村镇周边和道路两侧，其中休耕地以及多年生植物如苜蓿地中的密度较高。临时栖居在田间中的黄鼠，其数量依作物的物候期而变化，早春播种数天后黄鼠开始迁入田间，夏季作物长高后，黄鼠又开始迁入低矮的植物区内，秋后又回到田埂和道旁。在草原则多栖居于低矮的禾草、禾草—蒿草草地，在家畜践踏过的畜圈附近以及公路两侧的杂草草地，其数量显著高于高草丛和植被稠密的地方。农牧交错带往往集中在向阳的缓坡。在黄土高原则多集中在靠近庄稼的土坡。

黄鼠营独居生活。洞穴构造简单，易于识别，根据洞内有无窝巢，可以区分为居住洞或临时洞。洞道可以分为居住洞和临时洞两种。常居洞比较复杂，作为冬眠和育幼之用，洞口近椭圆形，直径6～8.7cm，通常只有1个洞口，如有2个则其中之一为主洞口。主洞口完整光滑，直径7～8cm，洞口前有土丘和足迹，周围无粪便，为黄鼠经常出入。黄鼠洞道长140～550cm。窝巢差不多呈球形，位于离地面45～140cm深处。巢由细软的枯草、毛和羽毛等组成，供冬眠和产仔用。在窝巢的后方常有1～2个长15～30cm的侧盲洞，其中较垂直的一个是出蛰时的通道。冬眠时，黄鼠将洞道堵塞，在巢内冬眠；出蛰时，将垂直侧盲洞打开到地面出蛰。夏季，雌鼠的洞道较短，窝巢较浅；雄鼠洞道长，窝巢的位置较深。临时洞洞口粗大，洞口前有新土丘、足迹或粪便。洞道较短，长度在45～90cm。洞道末端为盲端，均无窝巢。临时洞比较简单，洞道比较浅短，仅作为临时休息和避敌用。有些临时洞具有一条侧盲洞。一只黄鼠在其巢洞周围的生活小区内，常有几十个临时洞，是黄鼠觅食时逃避敌害的场所。

黄鼠主要在白天活动，通常每天在洞外活动4～5h，遇雨天或刮大风即停止活动，活动半径100～200m。白天活动，其活动与季节的日温变化有关。每天日出开始出洞活动，日活动高峰4月在12：00左右；5～9月有两个高峰，9：00～10：00和15：00～16：00，上午高于下午；10月基本不出现活动高峰。交配期活动频繁，此时常可见到雌雄鼠互相追逐的情况。交配期过后，活动有所下降。7月以后，当年出生的幼鼠开始分居，加之频繁的觅食活动，又进入活动的第二个高峰。秋季入蛰期活动逐渐下降。黄鼠的挖掘能力很强，10min内就能挖一个掩没身体的洞穴。当它遇到敌害时，急入洞中，迅速挖土，并借臀部的力量将前足送来的土压向后方，把洞道堵实，俗称"打墙"以逃避敌害。黄鼠的嗅觉、听觉和视觉都很灵敏。性多疑，警惕性高。出洞前常在洞口窥视，先听动静，后出洞，站立眺望，接着尖叫，呼唤同类。一旦遇敌即窜入洞内，但常常又回头观看。

冬眠，从10月中旬开始入蛰，10月底结束。出蛰从3月中、下旬开始，出蛰时间与日均气温有很大关系。雄鼠先于雌鼠出蛰，最晚出蛰的是未成年鼠。刚出蛰的鼠活动不敏捷，喜温暖处休息，只进行少量的取食活动。4月初出蛰基本结束。冬眠期4～5个月。在内蒙古东部春季平均地温接近0℃时，雄鼠开始苏醒出蛰；出蛰的高峰在清明节前后。雌鼠出蛰的地温在平均2℃时才开始，出蛰的高峰在谷雨前后。因而黄鼠从3月下旬开始出蛰，相继持续30多天，至4月下旬结束。可以把谷雨后10d作为黄鼠完全出蛰的时间界限，此时的性比例约为1：1（雄：雌）。大概在9月中旬以后，随着气温下降黄鼠开始入蛰，入蛰顺序和出蛰相同，延续到10月中旬，个别的直至11月初。成体雄鼠冬眠约8个月，雌鼠约7个月，幼鼠5.5～6个月。

黄鼠的食物主要为植物绿色部分，特别喜食植物的多汁液幼嫩部分，也爱食种子。也取食一些昆虫，尤其在出蛰后的繁殖期间，取食昆虫的比例很高。秋季后盗食农作物的种子。黄鼠从食物中吸收水分，而不直接饮水。在笼饲条件下，平均食鲜草44g/d。

自然寿命约4年。

四、发生规律

（一）鼠源基数

达乌尔黄鼠的密度平均为10～18只/km²。全年中以7月的种群数量最高。

黄鼠每年繁殖 1 次，妊娠期 28d 左右。平均胚胎数为 8.4 只，最少 2 只，最多可达 13 只，一般 5～7 只。妊娠率为 87.5%～97.2%。繁殖期可达 5～6 年。根据不同地区的性比统计来看，雌体均显著多于雄体。繁殖季节比较集中。春季出蛰以后即进入交配期，4 月中旬出现有怀胎的雌鼠，繁殖高峰期是 4 月下旬至 5 月上旬，5 月下旬结束繁殖。5 月中旬随着交配期结束而到了妊娠盛期，当年幼鼠最早于 6 月中旬开始出洞，大批幼鼠在 7 月中旬以后分居，不再进入母鼠洞。从母鼠交配到幼鼠分居 65～70d。但由于越冬条件的差异，两个相邻的繁殖期，妊娠率可能相差 1 倍。种群的性比约为 1.03：1（雌：雄），不同年龄组的性比差异比较显著：幼鼠雌少于雄，2 岁龄鼠性比较近，其余各岁龄组皆是雄少雌多。其年龄组成是幼鼠占 58.18%，一至六龄分别为 18.64%、12.06%、5.48%、3.44%、1.62% 和 0.58%，种群的年龄分布呈金字塔形。3 月末黄鼠开始苏醒出蛰，至 5 月基本稳定。6 月有少量幼鼠出现，密度逐渐增高。7 月幼鼠全部参加活动，数量达到高峰。9 月以后数量下降，直至冬眠为止。据 10 个夏季的观察，黄鼠数量最多的年份比最少的年份相差 10 倍以上。通常年龄较大的雌鼠，产仔数较多。幼鼠于 6 月下旬、7 月初开始到地面活动，当年即行分居。以亚成体或成体阶段越冬，翌年多数个体即参与繁殖。

（二）气候条件

达乌尔黄鼠属于东蒙干旱型草原动物，适于在年均降水量为 300～450mm 的干旱、半干旱气候生存。年均降水量<300mm 的地区其数量明显减少，被适于更干旱的赤颊黄鼠取代。在降水量>450mm 的地区则基本不能生存。

在一年中，3～6 月间的气温对达乌尔黄鼠出蛰时间、出蛰后的繁殖状况影响明显，低温可推迟黄鼠出蛰，而出蛰后的植物繁茂与否以及昆虫多寡（主要是鞘翅目）则关系到黄鼠繁殖期的营养，从而对黄鼠的繁殖率与幼鼠存活率有显著的影响。

（三）天敌

黄鼠栖息的环境多分布有草原鹰、金雕、隼、鹞等猛禽，沙狐、黄鼬、香鼬、艾鼬、猞猁、艾虎等兽类以及蝮蛇、赤峰锦蛇等天敌。

五、防治技术

（一）农业防治

黄鼠防治应贯彻"预防为主，综合防治"的方针。采取措施避免或减轻鼠害的发生，不要等鼠害严重以后才灭鼠。综合治理，要从农田生态系统的整体观点出发，综合各种防治方法，以达到较好的经济效益和生态效益的目的。

防治黄鼠的方法应优先采用避免鼠害发生的农业措施，发挥自然生态的调控作用，减少并合理使用杀鼠剂，将黄鼠种群数量控制在经济允许损失水平以下。农业防治措施要从农田生态系统总体观念出发，根据不同地域、不同耕作制度及农田生态特点，结合农牧区农田基本建设、农事活动和耕作制度改革等农业技术措施。精耕细作，造成害鼠不适宜的栖息、生存环境。

1. 耕翻与平整土地 耕翻和平整土地可破坏鼠的洞穴，恶化栖息环境，提高鼠类死亡率。及时秋翻能够对黄鼠的密度起到控制作用。耕翻可迫使黄鼠迁移至荒地等处，造成大批死亡。

2. 整修田埂、沟渠，清除田间杂草 黄鼠在农田环境中的田埂、沟渠边、河塘边、土堆、草堆等处的数量较多，杂草丛生的沟渠、田埂为其提供了有利的栖息、繁殖场所。因此，结合春耕和夏耕，进行田埂整修，可毁除田埂上的鼠洞和消灭幼鼠。结合冬季积肥，兴修水利，铲除田埂、沟渠、河塘边的杂草，整治沟渠，可破坏害鼠的生境。有条件的地方，可建造暗沟或改变高田埂为低田埂，改变小块耕地为大块耕地，以减少周围的田埂达到阻止鼠类数量增长的效果。在内蒙古巴盟，高宽田埂每 100m² 平均为 5～20 个洞口，而小田埂每 100m² 平均鼠密度仅为 0.2～5.7 个洞口。通过改变黄鼠的栖息环境，起到防鼠的作用。

3. 合理布局农作物 农作物的布局及品种搭配，对黄鼠的发生及为害有很大影响。黄鼠分布广阔，为害的作物品种繁多，各地的耕作制度也不一样。在同一地区，同一时期，一般单一作物连片种植区比多种作物混栽或套种区的鼠害轻；作物轮作区比旱作单作的鼠害轻。作物生长的不同时期，鼠的发生与为害也不一样。一般在作物的播种期及成熟、结果期较重。在多种作物混存的农业区，通常在有利于鼠类栖息和取食活动的农田中，鼠的密度较高。作物的生长期不同，害鼠的种群数量及为害程度亦不相同。如果大面积中熟或迟熟品种作物中间有一块早熟品种田，其鼠害尤为突出。

4. 及时收割，精收细打 食物是一切动物赖以生存的重要生活条件之一，设法减少或根本中断食物来源，就可达到控制其生长、发育、繁殖和存活的目的，加速其死亡。在作物的收获季节，尤其在秋收时应及时收割，精收细打，快打快运，做到收割干净，颗粒归仓，秸秆堆垛，尽可能减少谷物遗留在田间，以减少害鼠取食、储粮越冬的机会。如果收割过程中操作粗放，谷物遗漏或散落在田间，有的甚至收割后在田间捆堆放置时间很长，增加了鼠类啮食和盗储越冬粮的机会。据内蒙古四子王旗调查，秋季作物成熟后，秋熟作物随收随运，随即耕翻，不留一粮一草；秋收后组织力量挖掘鼠洞，捣毁害鼠仓库；配合牲畜储备饲料，多收害鼠喜食的杂草，清洁田园；推行大片轮作及扩大秋耕面积等农业措施，对鼠害的控制均取得良好效果。

(二) 生物防治

在空旷的地方可树立鹰架，利用猛禽控制黄鼠的数量。这种方法效果稳定、持久、不污染环境、无副作用，但作用缓慢，在鼠密度较高的情况下，往往收效甚微，因而适宜作为辅助措施。

(三) 物理防治

物理灭鼠是利用鼠夹和鼠笼等各种工具直接捕杀的一种方法。此法对人畜安全、简便实用，但不适于大面积或鼠密度高的情况下使用。由于达乌尔黄鼠有感染多种人兽共患传染病的危险，且一旦黄鼠成为当地主要害鼠，其数量会较多，因而人工、器械捕捉仅具有次要的意义。

内蒙古正蓝旗采用围栏—捕鼠系统（TBS）的方法（参照第1节）防治农作物受害严重的达乌尔黄鼠、长爪沙鼠、仓鼠混合种群，取得较好的成效。

(四) 化学防治

大面积消灭黄鼠时，化学灭鼠是主要手段，根据黄鼠的生物学特征，在不同季节可采用不同的灭鼠方法。春季（4～5月）黄鼠由出蛰进入交配期后，正是黄鼠活动的最盛时期，出入洞穴频繁，取食量大，但牧草尚未返青，食料缺乏，此时，采用毒饵法杀灭黄鼠是有利的时机。

附：测报技术

1. 调查抽样技术 调查抽样方法同常规害鼠测报技术，具体可参考本单元第18节布氏田鼠。

2. 发生程度分级标准 根据内蒙古的调查，以莜麦产量损失率2%为防治阈值时，则主害期的防治密度指标是：

（1）莜麦。生长期防治夹捕率5%，抽穗期8%。

（2）春季（3～4月）防治夹捕率指标为3%～5%。但初春，因天气转暖，田间食料缺乏，且冬后黄鼠往往饥不择食，上夹率偏高，防治密度可适当放宽至5%。

根据害鼠发生规律，农田害鼠防治适期为：

（1）春季灭鼠。农田害鼠春繁高峰期在4～5月，3～4月正处于黄鼠出蛰期，此时灭鼠可控制后一代种群数量。

（2）秋末冬初灭鼠。在9月底至10月初，正值黄鼠入蛰期，此时灭鼠能起到压低翌年鼠密度的作用。此时农田已大部分收获，田间突然"断粮"，有利于引诱害鼠取食毒饵。

（3）6月可在黄鼠数量激增的农田开展局部范围灭鼠。其他时间灭鼠要因地制宜。

施大钊（中国农业大学）

第33节 赤颊黄鼠

一、分布与危害

(一) 分布

赤颊黄鼠（*Spermophilus erythrogenys* Brandt，异名：*Citellus erythrogenys* Brandt），属于啮齿目松鼠科，又名棕黄黄鼠、淡尾黄鼠。赤颊黄鼠与达乌尔黄鼠同样，曾被 Oken（1816）划为 *Citellus*（欧黄

鼠属）。此属名长期为我国学者采用。现国际动物命名法委员会已将其废止，并以 Cuvier（1825）命名的 *Spermophilus* 作为其属名。

赤颊黄鼠在我国有 3 个亚种。

（1）短尾亚种（*S. e. brevicauda*），分布于新疆准噶尔北塔山、阿尔泰山南麓、乌伦古河沿岸及富蕴一带。

（2）巴尔鲁克亚种（*S. e. carruthersi*），分布于新疆准噶尔界山、阿拉套山。

（3）白尾亚种（*S. e. pallidicauda*），分布于内蒙古苏尼特草原至额济纳一线及蒙古国。

赤颊黄鼠属于蒙新区耐旱的荒漠种，分布于我国西北，自内蒙古至新疆的荒漠和荒漠化草原以及荒漠绿洲。国外则分布于蒙古、俄罗斯、哈萨克斯坦。

（二）危害

赤颊黄鼠是荒漠草原和绿洲农田的主要害鼠之一。在牧区大量啃食牧草，在农田则盗食小麦、苜蓿等农作物的茎叶和种子，对农牧业生产造成较大的危害。此外，赤颊黄鼠还是自然疫源性疾病的传播者。

二、形态特征

体形中等，成体体长 200～240mm，最长可达 260mm。尾长为体长的 1/5～1/4，长约 40mm，最长达 70mm。后足长小于 40mm，最长为 41mm。后足掌裸露无毛。外耳壳退化。雌鼠有 5 对乳头（彩图24-33-1）。

毛色变异较大，毛色较暗种群的背毛黄褐色，带有较浓重的灰土黄色调，由于毛尖色浅，致使体背出现点状浅斑或波纹，而毛色较浅种群的背毛多为沙黄色或锈黄色，具有橙红色调，没有浅色斑纹或很不明显。头顶部毛色与背毛相似而较暗，或为红棕色。鼻端、眉斑与颊斑也都呈红棕色。腹部土黄或污黄色，具锈色调，足背毛色土黄或污白。尾背面与腹面毛色相近，其背面土黄灰色，毛尖浅淡，尾腹面毛锈黄色，尾侧的长毛中仅有少量具较狭窄的黑色近端，而绝大多数个体则完全没有具黑色近端的毛。各种群的亚成体毛色相似，背毛污黄灰色，眉斑与颊斑也较灰。腹毛和尾毛都与背毛相近，尾毛也大多无黑色近端。通体土黄色。毛色与赤颊黄鼠相近的天山黄鼠在尾长、尾长与体长之比，后足长、颅全长、腭长、眶间宽、齿隙、上齿列等量度均比赤颊黄鼠小。两者的区别在于赤颊黄鼠的眼眶上缘高高地向上拱起，眶间部出现典型的马鞍形凹陷；而后者的眼眶上缘上突较小，眶间部宽而较平坦。

颅全长为 42～45mm，最长达 48.6mm。上齿列长为 10～11mm，不超过 12mm。腭骨的后缘仅略超出白齿后缘连线。眶间部较狭窄，眼眶上缘上翘，在眶间部形成马鞍形凹陷。颧骨较突出，颧弓在眶前部的距离仅比其后部略窄。颧弓的走向在眶前部转向与头骨轴线几乎相垂。

三、生活习性

主要栖息在荒漠草原与低山丘陵的草原，其海拔高度集中于 800～1 500m。在新疆北疆的额敏河两岸 400～500m 的沿河草甸中也有分布。赤颊黄鼠在蒙古则可分布到海拔 2 100m 的山地草原和草甸草原。赤颊黄鼠多见于低山草原、山前丘陵草原和半荒漠平原以及撂荒地、农田周围和居民点附近的道路两旁。栖息密度与生境有关，一般在缓阳坡、生有蒿类植物地方较高，而在平坦的草甸和草原中较低。在居民点及农田周围干沟或道路两旁密度也较高。在吉木乃的哈尔交地区和富蕴的阿维戈壁与黄兔尾鼠栖息在相同环境。栖息环境中的主要植物有针茅、羽茅、隐子草、艾菊、蒿类、锦鸡儿及其他小灌木等。有的地方有驼绒藜、沙葱、猪毛菜等。在低洼地方有羊草、芨芨草等。在栖息地内鼠洞密度较均匀，数量波动小。通常以闭合洼地的缓坡上密度最高，是该鼠集中的冬眠生境。非地带性的各个生境则几无该鼠踪迹，仅在个别地方有零星分布。但在锡林郭勒北部、乌兰察布北部赤颊黄鼠与达乌尔黄鼠混居。新疆阿尔泰山、准噶尔阿拉套山地赤颊黄鼠垂直分布的上限低于长尾黄鼠垂直分布的下限，故二者栖息地极少出现重叠。而在准噶尔北部的斜穆斯台山地与灰旱獭混居。在乌伦古湖、乌伦古河沿岸及北塔山一带，多与黄兔尾鼠混居。

赤颊黄鼠的洞穴，多散布在丘岗的阳坡坡脚、沟谷和小溪两岸。洞穴分为越冬洞和临时洞。洞口直径约 5cm。越冬洞有盲道和 1～2 个窝巢，顶部距地表平均 1m，最深可达 1.26m。入蛰时将冬眠洞的一段洞道封堵，以利安全越冬。当越冬洞有 2 个窝巢时，其中一个窝巢的深度可达 1.56m。形状呈卵圆形，其体积平均为 21cm×16cm×18cm。巢内铺以羊毛、碎布条、枯草等。洞道总长 3～6m，分支不多，有窝巢，洞口多为一个。临时洞洞型结构简单，洞道弯转迂回，但无盲道，窝巢短浅，无巢，亦无分支。幼鼠分居时，常将临时洞改建为居住洞。赤颊黄鼠喜昼间活动，几乎全天均有活动，活动半径通常不超过 50m。活动最为频繁的时间是日出后 3h 和日落前 3h，尤其在无风的早上及交配期间或雨后晴朗时更为活跃。喜在洞口周围不远的地方晒太阳。雌鼠在地面全天活动的时间累计达 3h40min。夏季中午炎热时活动明显减弱。气温急剧的变化对其活动有一定的影响。当遇到阴天下雨时，则活动减弱，甚至出现由低处向高处移动的现象。在 7 级以上大风时，很少出洞活动。进入 9 月以后，随外界气温的下降，活动不仅减弱，而且上午出洞活动的时间要延迟到 8：00～9：00 以后，19：00 前几乎皆入洞停止活动。其活动高峰，与 5 月中旬相比，也推迟到 14：00～16：00。

赤颊黄鼠为草食性动物，以鳞茎草类及戈壁针茅等为主。食物中有 89.2% 为植物性食物。大部分为多根葱、蒙古葱、戈壁针茅及少量的鞘翅类昆虫和蜥蜴。在农区则盗食农作物的幼苗，如小麦、豆类、苜蓿幼嫩茎、叶等，甚至还吃瓜果。赤颊黄鼠食性的季节交替明显，早春时多以枯草的根茎为食，夏季多取食鲜嫩多汁的小画眉草、三芒草、锋芒草、虎尾草；秋季亦食少量种子。除葱籽外，葱的绿色部分能够占胃内容物的 67.1%～79.1%。平均取食量为 107g 左右。无储存食物的习性。

赤颊黄鼠冬眠。其入蛰时间与当地气候有关，然其入蛰要早于达乌尔黄鼠。在内蒙古为 9 月上旬，而新疆北部地区则为 7 月下旬或 8 月上旬。在伊犁地区为 6 月底、7 月初。出蛰一般在 3 月中、下旬。刚出蛰的黄鼠行动迟缓，活动范围不大，随着体质的增强，范围增大。在夏季气温较高、植物提早枯黄的地区，如裕民县巴什巴依桥一带的赤颊黄鼠可能存在夏蛰现象。其进入夏蛰的时间，大约从 7 月初幼鼠分居之后开始，一直过渡到冬眠。赤颊黄鼠冬眠时，在巢里絮有芨芨草、针茅草茎，充塞整个鼠巢，鼠即躬身草中，全体团屈成球，头部深埋于怀几达肛门，双目紧闭，前肢紧贴颊下，后脚屈膝并拢，掌心朝外，鼠尾夹在两腿之间，这种姿态是与保温及减少热量散发密切相关的。3 月下旬，平均地温到达 0℃时开始有零星鼠出蛰，雄性黄鼠开始出蛰。随气温和地温的升高，出蛰鼠数日益增多，至 4 月上、中旬达到高峰。出蛰过程先雄后雌，隔年生鼠则出蛰较迟，说明雌鼠和幼鼠的出蛰对温度条件的要求更高。

四、发生规律

(一) 基数

在数量较多的地区，鼠洞密度每公顷为 100 多个，最高达 262 个/hm²。

赤颊黄鼠出生后第二年即达性成熟，为全年繁殖 1 次的鼠种。春季出蛰即行交尾，妊娠期 25～28d。每窝仔鼠 3～11 只，平均 6.5 只；雌鼠怀孕率为 87.5%。4 月末已出现产仔的雌鼠。

赤颊黄鼠出蛰后很快进入交尾期。交尾期雄鼠睾丸下降，副睾有活动精子，雌雄频繁窜洞，极为活跃。每天出入洞次数多。5 月中旬，剖检的 68 只鼠（雌鼠 36 只，雄鼠 32 只），胚胎发育处于中、后期的母体占绝大多数，即占孕鼠总数的 94.5%；已产的母体占捕获雌体的 38.89%；未孕的母体占捕获雌体的 8.33%。孕鼠吸收胚胎（即死胎）的现象较为普遍，出现死胎的个体占总鼠的 30.3%。5 月繁殖终止，雄鼠睾丸升入腹腔，不再参加繁殖。

赤颊黄鼠幼鼠与母鼠分居的时间集中在 6 月下旬。最早出窝活动的幼鼠在 6 月初。刚出蛰雄鼠精巢大多已经降入阴囊，体积充分增大，长达 18mm 以上。副睾发育得坚实而极其扭曲，有成熟的精子。出蛰后雌鼠卵巢表面有滤泡或排卵后所遗留的黄体，子宫上面分布着丰富的血管，有些雌鼠的生殖道内还发现了阴道塞。阴道塞为一质地坚硬的胶状蛋白体，形似"丫"状。前部较小而分叉，乳白色，长 2～3mm，正位于阴道与子宫的交界处；后部圆柱形，横径 5～6mm，半透明。阴道塞由雄鼠精囊腺的分泌物所形成，堵住阴道口，使射入的精液不致倒流，同时让已受精雌鼠避免第二次受精；阴道塞在交尾后不久即被溶解而吸收，但也有自行掉出的现象。

赤颊黄鼠种群中的雌雄比例约为 1.36：1。在不同时期其雌雄性别比例也有一些变化，如交尾期大致为 1：1，怀孕期为 1.9：1，由幼鼠分居到入蛰时期为 1.16：1。

(二) 气候条件

赤颊黄鼠属于蒙新耐旱型草原动物，适于在年均降水量为 100～250mm 的干旱荒漠化气候生存。年均降水量＜100mm 的地区其数量明显减少，在降水量＞250mm 的地区则基本为达乌尔黄鼠取代。赤颊黄鼠的种群数量比较稳定，通常年份并不因气候的异常而出现剧烈的波动。相对而言，赤颊黄鼠对食物丰度比气候更为敏感。当其栖息地被开垦，种植作物后，赤颊黄鼠会从周边聚集至农田，造成农作物的损失。

(三) 天敌

赤颊黄鼠栖息的环境多分布有草原鹰、金雕、隼、鸮等猛禽，沙狐、艾鼬、狢猁等兽类天敌。保护天敌对保持生物多样性，维持生态环境的食物链具有积极意义。

五、防治技术

(一) 农业防治

防治黄鼠的方法应优先采用避免鼠害发生的农业措施，发挥自然生态的调控作用，减少并合理使用杀鼠剂，将种群数量控制在经济允许损失水平以下。制定农业防治措施要依据当地耕作制度及农田环境的特点，结合农田基本建设、农事活动和耕作制度等技术措施，造成害鼠不适宜的栖息、生存环境。其中耕翻和平整土地，可破坏鼠的洞穴，恶化栖息环境，提高鼠类死亡率。及时秋翻能够对黄鼠的密度起到控制作用。耕翻可迫使黄鼠迁移至荒地等处，造成其死亡。

(二) 生物防治

在空旷的地方树立鹰架，利用猛禽控制黄鼠的数量。这种方法效果稳定、持久，不污染环境，无副作用，但作用缓慢，在鼠密度较高时控制效果不明显，可作为辅助措施。

(三) 物理防治

物理灭鼠是利用鼠夹和鼠笼等工具直接捕杀的一种方法。此法简便实用，但不适于大面积或鼠密度高的情况下使用。由于黄鼠有感染多种人兽共患传染病的危险，且一旦黄鼠成为当地主要害鼠，其数量会较多，因而人工、器械捕捉仅可作为补充措施。

(四) 化学防治

参见第 32 节达乌尔黄鼠。

施大钊（中国农业大学）

第 34 节　喜马拉雅旱獭

一、分布与危害

喜马拉雅旱獭（*Marmota himalayana* Hodgson），属于啮齿目松鼠科旱獭属，别名哈拉、雪猪、雪里猫。染色体数 $2n=38$。

我国主要分布在青海、西藏、云南、四川、甘肃、宁夏、内蒙古和新疆的草原地区。国外分布于尼泊尔、不丹及印度的北部（喜马拉雅山南麓）。

对山地草场有一定的为害，破坏草原草地，其洞口也影响放牧。为鼠疫病原的自然携带者。

二、形态特征

体大型，体长约 570mm；尾短，长 135～150mm，不及后足长的 2 倍；后足长约 88mm。乳头 6 对。

从鼻端向后经两眼上缘（眉）至两耳前为一界线明显的三角形黑色毛区，即前头"黑三角"。此"黑三角"愈近鼻端愈窄，色调愈黑浓。体背面赤灰色杂以黑色或浅黄色和黑色相混杂，至体腹面渐淡成为赤黄色或浅黄色带橙色；耳褐灰色或鲜赤褐色；尾暗褐色，或与体背面相似而尾端黑色。旱獭的毛色随季节变化而有变化，春季较浅，略带黄色，商业上称为"黄獭子皮"。秋季略带青，称为"青獭子皮"。曾有全黑和白化种群的报道。

旱獭每年换毛一次。出蛰以后，毛色发灰，针毛毛尖磨损较为显著，青草出现不久，即 5 月中旬以后开始换毛，换毛先从背部开始，扩展到身体的两侧和臀部，再延伸到头部、尾部和四肢。换毛开始时，毛先稀疏，到 6 月中旬以后开始大片脱落。随着旧毛的脱落，新毛先后长出。至 8 月上旬换毛结束，新毛全部长成。此时，毛被又显得毛绒平齐，光泽鲜润。

头骨颅全长 100.9～108.3mm，颅基长 94.6～103.7mm，腭长 58～62.4mm，颧宽 62.2～69.2mm，乳突宽 46.6～50.3mm，眶间宽 25～27mm，鼻骨长 41.2～44mm，听泡长 17.8～19mm，上颊齿列长 22.5～25.5mm。齿式为 $2\left(\mathrm{I}\ \dfrac{1}{1}\mathrm{C}\ \dfrac{0}{0}\mathrm{P}\ \dfrac{2}{1}\mathrm{M}\ \dfrac{3}{3}\right)=22$。

颅骨粗大，近乎扁平；脑颅有明显的矢状嵴；鼻骨后端远超出前颌骨后端和眼眶前缘，其前端稍超越上门齿前缘；腭骨后缘中间有尖突。头骨之颧弓后部明显扩张。鳞骨前下缘的眶后突起甚小，不显现，只有以手触摸之方有突起感，是区别于我国其他 3 种旱獭最为主要的鉴别特征。上颌骨颧弓突起前缘无明显突起。眶上突起不明显上翘，故眶间区陷凹较浅。前颌骨额突之宽度不一，多数标本其后部的宽度超过同一水平线上的块鼻骨宽的 1/2，但亦有少数标本其宽度不及一个鼻骨宽的 1/2。鼻骨后缘均超过前颌骨额突后缘。泪骨大小及形状似灰旱獭，亦近似正方形，但泪孔至泪骨上缘的宽度明显小于泪孔至上颌骨眶突前孔之间的距离。上颌骨眶突前孔甚狭窄。有的标本整个泪骨后缘均与上颌骨眶突前缘构成骨缝，有的标本只有泪骨后缘的下 1/2 段与上颌骨眶突前缘构成骨缝，其后缘上 1/2 段由于额骨眶突的嵌入，而与额骨眶突前缘构成骨缝。上颌第三前臼齿较发达，与树栖松鼠有别，第四臼齿较大。第一、二臼齿约等大，第三臼齿大于第二臼齿，齿冠面沟深嵴显。下颌臼齿外侧具二发达齿尖。

三、生活习性

(一) 栖息地

喜马拉雅旱獭为高山、高原啮齿类。栖息于海拔 2 700～5 000m 高山草原、草甸荒漠草原等生境中。喜在山的阳坡、山坳、斜坡地面、谷地等处。最喜栖息于阳坡的山麓山腰带，各种类型的草甸草原上。在甘肃通过对喜马拉雅旱獭洞穴与各种生态因子的主成分分析，表明地理因子（海拔、坡度、纬度等地理因子，同时草高、地上生物量等与地理因子又具有协同效应）、人为活动因子（人为干扰距离、距公路距离等）、植被因子（盖度、地上生物量）的累计贡献率为 68.80%，可以较好地反映旱獭生境的特征。青海同德县疏林草原观察，认为栖息生境可分 5 种：①高山草甸：主要在 4 000m 以上的高山地带，植被以嵩草为主，伴有垫状植物，盖度不大，土壤为高寒草甸土，旱獭不多，3 只/km²。②高山灌丛草原：海拔 3 300～3 800m 的山地阴坡和半阳坡，植被有杜鹃、金蜡梅、紫羊茅等，覆盖度多在 95.0%，土壤为亚高山灌丛草甸土。旱獭栖居半阳坡，平均密度 23 只/km²。③山地草原：3 300～3 800m，以小嵩草、薹草、针茅为主，盖度 60.0%～90.0%。阳坡为黑钙土，阴坡为暗栗钙土。为最适生境，数量多，洞群集中。在 2.6km² 中，目测旱獭 181 只，密度高达 69 只/km²。④沟谷疏林草原：海拔 3 200～3 600m，生长有祁连山圆柏、青海云杉、白桦。林下有细叶薹草、早熟禾。土壤系灰钙土。旱獭多穴居树根下，对针叶林生长有害，密度为 38 只/km²。⑤河谷草原：黄河谷地海拔 3 200m。土为红土母质和黑钙土、栗钙土。生长有针茅和稀疏的青海云杉，气候温和，经开垦宜种青稞、菜蔬。草原边缘和田埂旱獭密度为 15 只/km²。在昆仑山地北坡其栖息区的分布范围，一般多在海拔 3 300～4 300m 的针茅草原地带。但在海拔 2 800m，甚至 2 500m 处的个别隐域生境，如沿河草地、麦田边缘，亦可见个别小片孤立的栖息洞群。在西藏，栖居于海拔 3 750～5 200m 高原草原、高山草甸、谷地灌丛草原、高原荒漠草原、高原高寒荒漠及山地荒漠等各种环境中。其数量常随生境而异，如在藏南拉萨河流域中上游一带，南岸下部虽有少数洞穴，但几乎都是弃洞，这与植被覆盖稀疏、生存条件不大适宜有关。灌丛上部洞穴多些，但于 1/4hm² 面积内也只有 6～8 个洞穴。在喜马拉雅山北麓，在以嵩（Artemisia）为主的生境中很少见到旱獭的栖息；而在河谷两旁的山坡下部（海拔约 4 900m）栖居密度较高。湿润的冰水阶地上，由于草本植被生长良好，食物丰富，因而数量较多。在珠峰地区南麓卡玛曲（干马藏布）河谷莎基塘（海拔 3 500m）之针叶林带长着茂盛草本植物的一块平台，也有旱獭分布的特殊现象。在滇西北部，栖居于海拔 4 200～5 000m 的森林带之上和雪线以下的高山灌丛草甸及砾冻荒漠地带。这些地区气候严寒，冷湿多风，日温差大，年积雪期约 5 个月。植被为高山杜鹃灌丛，并间有少量的杉类及柏类混生。山间为较平坦的草甸，为藏民的夏季牧场。海拔 4 500m 以上几乎全是砾石堆和流石滩组成的高山砾石冻荒漠地带。獭洞多位于坡度 25°～45° 的阳坡，大致可分为 5 种类型（表 24 - 34 - 1）。

表 24 - 34 - 1　云南滇西北五种类型栖居地喜马拉雅旱獭洞的分布（引自杨光荣等，1983）
Table 24 - 34 - 1　Burrow distribution of *Marmota himalayana* in five habitats of northwest of Yunnan
(from Yang Guangrong et al. , 1983)

栖居地类型	调查面积（m²）	獭洞总数（个）	每公顷平均獭洞数（个）	每公顷平均居住洞数（个）
草本植物为主，间有少量杜鹃灌丛和砾石	7 886	67	84.96	11.0
草丛与杜鹃灌丛混生，间有大小石块	6 300	45	71.42	8.7
单纯灌丛，间有石块	35 200	197	55.96	7.4
单纯草丛，间有石块	8 000	25	31.25	7.5
高山砾石冻荒漠地带	15 184	23	15.44	2.9

（二）洞穴

喜马拉雅旱獭营家族式群居、穴居生活。洞群多位于温暖阳坡的中、下部。洞穴有主洞、副洞和临时洞之分。主洞供冬眠用，结构复杂，内有巢。一般洞口整齐，多向北方。直径平均 17～25cm。旱獭冬眠时堵洞封口，翌年出蛰另掘新口，少数掘开原洞口。除春季新出蛰洞口外，各洞口均堆有扇形土丘，直径约 1.5m。冬眠前清除旧巢，用干草重新筑新巢。其巢室容积随獭数量而异，最小 0.06m³（0.5m×0.4m×0.3m），最大 0.64m³。冬眠巢均在 2m 以下（当地冻层厚约 1.5m）。副洞较为简单，大部分为单洞，作为夏季栖居场所。洞口整齐，亦多向北方。洞口多至 7 个。直径平均 20～25cm。洞口旁土丘较小。巢室离地面通常 1m 左右。临时洞最简单，无巢室，常作临时逃避敌害、游戏和休息之用。洞口不整齐，多向东方。洞口多至 4 个，直径平均 20～26cm，洞口旁无土丘。

家族间洞群的距离，在滇西北最长达 75.6m，最短 36.42m。一个家族獭数最多者 9 只，最少雌雄 1 对，一般 3～5 只。挖掘 29 个洞系的结果，洞口最少 2 个，最多达 29 个。洞口大小（15～30）cm×（18～30）cm；洞道总长 3.5～4m，洞道离地面距离 2.5～3.1m。

（三）食性

以取食草本植物为主，喜欢吃带有露水的嫩草茎叶、嫩枝或草根，主要是莎草科、禾本科和豆科植物的地上绿色部分，其次是蓼科和蔷薇科等植物，偶尔也取食一些昆虫和小型啮齿动物。在半农半牧区，常盗食附近的青稞、燕麦、小麦、油菜和马铃薯等作物。一般早晨喜食带露水的青草，不喝水。刚出蛰以后几乎不吃东西，以后即使进食，食量也很小。但到夏季食量则大大增加，胃内食糜最高达 500g；在笼饲条件下，日食鲜草可达 1 500g 左右。剖胃分析，胃容物湿重，最重达 1 276g；发现以高山蓼（*Polygonaceae* spp.）、旱前胡（*Ligastican oloucoidrs*）及禾本科、杜鹃科的几种植物为主要食物，其次还有菊科、豆科、龙胆科、百合科、毛茛科、小檗科、莎草科等的一些种类，以及地衣类的雪茶和菌类。

（四）活动规律

营白昼活动。晨曦和黄昏时期出洞较多，初春出蛰时，当日出地面气温较高后，先出洞取暖，后觅食；午间也在洞外卧伏，日落前，即入洞。以日出后 3h、日落前 4h 的一段时间内在地面上最为活跃。出洞活动前先伸出头，向四周窥视数分钟，再爬出洞外，站在土丘（瞭望台）上，左顾右盼或对空凝视，长达数十分钟之久，有时发出嘘嘘的声音，后向一定方向由近而远活动。行动不甚灵活，行动时全身摇摆，臀部更甚。有时边走边食草，有时迅跑。遇到其他兽类或人惊扰时立即发出恐惧的嘎嘎的声音，并立即躲到洞内。多在离洞群 2m 以内活动，最远约达 100m。警觉性高，活动中不时窥望四周动静，在挖掘旱獭过程中亦发现它能在洞道中挖洞道，边挖边堵塞原道，以求逃遁。其挖洞用前足挖土，用后足或吻端向后及向侧推土，持续数分钟，稍歇又挖掘。个别个体具有迁移现象，最远达 3 000m。

旱獭出蛰和入蛰的时间各地不一，随着高原上物候期的变化而有明显的差异。出蛰期大约在当地牧草返青前半个月左右，入蛰期则在草类大部分枯黄之后。海拔低的地区出蛰早，入蛰晚；海拔高的地区则相反。一个地方的旱獭出蛰或入蛰时间，可持续半个月左右。在昆仑山北坡的喜马拉雅旱獭出蛰时间，冬牧场为 3 月末，夏牧场为 4 月中旬；入蛰时间，冬牧场为 10 月底，夏牧场为 9 月末。与当地的灰旱獭相比，地面活跃时间略长。

旱獭 8 月换毛已结束，冬毛长成；9 月之后，体内储存了大量的脂肪，重量可达 2.5kg。9 月中旬开始衔草构筑冬巢，至 10 月下旬开始入蛰。冬眠时，常用土掺和粪尿紧紧塞住接近冬巢的内洞口。成体伏卧于巢内，仔体卧于其中；若只有成体，则互相以吻端插入尾下，颠倒相卧。一般雌雄亲兽与当年的仔体合族冬眠，亦有数群（多为上年度的仔体）冬眠在一个洞中的。冬眠獭一洞可有 1～20 只。

（五）繁殖特性

每年繁殖 1 次，出蛰之后就开始交配。延续 1 个月左右，个体活动极其频繁，经常串洞、追逐，以进行性活动为主，吃食时间很短，很少警戒，活动范围很大，其中尤以成年雄兽参与繁殖的个体活动性最强。4 月中旬即可发现怀孕的雌兽，妊娠期为 30～35d。1 胎产仔 1～9 只，一般为 4～6 只。幼仔出生后，雌兽吃食时间与范围逐渐增加，为保护幼兽守望警戒增多，串洞和交往则明显减少。6 月中旬以后即可见到幼仔出洞活动，十分活跃，取食频繁。幼体与母兽一直生活至第二年的 7 月才分居出去，独立生活。仔兽于第三年成熟，开始交配。但每年参与繁殖的雌性个体，只占达性成熟雌性个体总数的 50％～60％。

喜马拉雅旱獭种群繁殖力与种群密度有关（表 24 - 34 - 2）。灭獭区和对照区参加繁殖的雌性成獭占具有繁殖力的雌性成獭的比例具有显著性的差异，低密度区域的胎仔数也明显偏高。灭獭造成的低密度刺激了其种群繁殖力的提升。

表 24 - 34 - 2 喜马拉雅旱獭种群密度与繁殖强度的关系（引自黄孝龙等，1986）

Table 24 - 34 - 2 Relationship between population densities and fecundity of *Marmota himalayana* (from Huang Xiaolong et al.，1986)

区域	年份	面积（hm²）	目测数（只）	密度（只/hm²）	雌性成獭繁殖强度				
					繁殖只数（只）	占比（%）	未繁殖数（只）	占比（%）	平均胎仔数（只）
灭獭区	1982	600	18	0.030	51	73.9	18	26.1	7.02
	1983	600	9	0.015	33	82.5	7	17.5	6.85
	1984	600	7	0.012	30	68.2	14	31.8	6.87
对照区	1984	150	160	1.067	30	53.6	26	46.4	4.77

四、种群数量动态

正常情况下，其寿命可达 8 年以上。雌兽的妊娠率较低，仅为 50％左右，而仔兽的死亡率又高，因而旱獭的年增长率不高，数量变动较小。因此对其种群数量季节变动的报道较少。在四川，每年 5 月及 8～9 月有两个数量高峰；而在青海，5～6 月密度较低，7～9 月当年幼獭出洞活动，密度增高，10 月进入冬眠，密度又低。

喜马拉雅旱獭在不同的生境类型中，密度逐年发生变化。如祁连山地区，20 世纪 60 年代末期，20hm² 草原生境旱獭密度为 4～21 只，森林草甸 1～2 只，灌丛草甸 1～5 只；到 80 年代末期，草原生境 1～3 只，森林草甸 2～15 只，灌丛草甸高达 4～20 只。旱獭生境选择的变化趋势表明：旱獭与其他野生动物一样，总是寻找适宜自己生存的栖息环境。

五、防治技术

喜马拉雅旱獭利害兼顾，因此，应根据具体情况权衡利弊，因地制宜地采取不同措施。不论何种目的（防治或狩猎），必须重视个人防护措施，并与防疫机构取得联系，在专业机构的协助下进行工作。

1. 防治时间

（1）猎捕期。为了猎取合乎要求的皮革毛，应于出蛰至 5 月下旬或 8 月中旬至入蛰期间进行。

（2）消灭期。整个旱獭活动期都可进行，但熏蒸法只适用于夏季气温较高的时期。

2. 消灭的原则 防疫上讲，疫区内所有的旱獭均应加以消灭。但事实上这样做有很多困难。因此，首先应当注意旱獭最喜欢栖居的地段是山麓平原和山地阳坡下缘高密度地区，而这里也是冬春牧场需要特别加以保护的地区，采取不断消灭的办法以便继续消灭新迁进的个体，然后再根据人力和物力扩展到其他地段进行消灭。

3. 化学防治

（1）氯化苦熏蒸法。把干马（牛）粪盛于铁铲上，然后打开药瓶盖，按每洞 60～100g 的用量，将氯化苦迅速倒在马粪上，随即投入洞道深处，最后用预先准备好的草皮严密封住洞口。

（2）氯化苦泥球熏蒸法。用黏土掺 1/6 的马粪加水和成稠泥，用手把泥做成直径 5.5～6cm 的泥球在阴凉处干燥 1d，以免裂开。在干后的泥球上包上一层重 6g 的灰棉花，用线交叉绑上，然后吸取 60g 的氯化苦，迅速投放到洞的深处。封闭洞口，效果很好。

4. 物理防治　旱獭是一种著名的毛皮兽，大量捕捉既可以防疫和保护草原，又能获得兽皮和肉油，可用 3 号钢板踩夹和钢丝活套法。

（1）置夹法。最好在旱獭活动前置好踩夹，选取有居住和在其必经的路途上挖坑，将支好的踩夹放入坑内，与地面相平，将夹上铁链牢固地钉在地面上，并用土盖好踩夹和铁链，不能把泥土掉进洞内，表面也不能留下任何痕迹，最后用草皮把附近的洞口塞紧即可。每隔 3～4h 检查 1 次。

（2）活套法。先找到旱獭居住的洞口，在每一个洞口上都安上活套，先把活套悬挂在洞口的内面，注意活套要比洞口稍微小一些，并从两边用干草固定住，使活套保持圆形，再把活套的另一端固定在洞外的木桩上。当旱獭出入洞时就会被套住。最好把活套和踩夹安置好后，往洞内投入少量的氯化苦，可促使其提早出洞，于短期内捕获。被套的旱獭有的在洞外挣扎，有的钻进或退回洞里。对头向里钻的可以用手捉住后腿，一拉一放，逐渐拉出，头向外的就必须用工具探入洞内边逗边拉。旱獭拉出洞外后，不要用棍子乱打，要用木棒压住颈部，腹腔朝地，提起后腿背向猛折过来，将颈椎折断。

（3）枪击法。在旱獭出洞前选好位置隐蔽好，耐心等待。旱獭警惕性很高，出洞时总是小心翼翼，东张西望，探索敌情，此时要冷静。也可以由另一人在远处引逗它，以分散其注意力，从而取得好的射击时机。

（4）挖洞法。挖开冬眠洞口，可捕获较多的个体。

张美文（中国科学院亚热带农业生态研究所）

第 35 节　灰 旱 獭

一、分布与危害

（一）分布

灰旱獭（*Marmota baibacina* Brandt），属于啮齿目松鼠科旱獭属，别名土拨鼠、天山旱獭、旱獭。染色体数 $2n=38$。

我国主要分布于新疆，在新疆的分布区限于 3 个完全独立的山地，即天山山地、准噶尔界山山地和阿尔泰山山地。青海也有分布的报道。国外分布于俄罗斯及蒙古西北部。是新疆山地动物区系的典型代表种之一。

（二）危害

灰旱獭是山地牧场的破坏者，灰旱獭栖息的地方几乎都是良好的天然牧场，其洞系、土丘和跑道，不仅造成水土流失，以致大片山坡塌陷，影响牧草的生长发育，而且旱獭从地下翻到地面上的土壤贫瘠、多石、含盐碱量高，使小区域植被发生变化，生长一些牲畜不愿吃的植被。同时，灰旱獭直接以牧草为食，夺取了牲畜有价值的饲料。每只成獭每年在整个活动季节可食 50～100kg 牧草。

灰旱獭也是某些自然疫源性疾病的主要储存宿主，如为鼠疫病原的天然携带者，与假结核、枪形吸虫病、Q 热、钩端螺旋体病、毒浆体病等的流行有关。其体外寄生虫，特别是蚤类，是某些传染性疾病的自然宿主和传播媒介，并把一些严重疾病传染给人类，对人类健康造成重大损害。因此，在某些以灰旱獭为主要储存宿主的自然疫源地内，旱獭被认为完全是害兽，列为主要消灭对象。

二、形态特征

灰旱獭体形粗壮，长 480～650mm，重可达 5.5kg；尾短，长 90～130mm，不及体长的 1/4；后足长 74～87mm。

毛长而柔软。体背面沙黄色，杂以黑色或黑褐色波纹；头顶毛色近似体背面或较深暗，体腹面毛色与体背面有明显区别：色较深暗，呈赤褐色或深赤褐色带黄色调；尾上面毛色似体背面，下面同体腹面。

头骨指标：颅全长 87～101.5mm，颧宽 56～66.6mm，乳突宽 39.7～46.7mm，眶间宽 29.2～34mm，鼻骨长 29.8～34.7mm，上齿隙长 22.5～27mm，上颊齿列长 21～24.2mm。齿式为

$$2\left(I\frac{1}{1}C\frac{0}{0}P\frac{2}{1}M\frac{3}{3}\right)=22。$$

头骨颧弓后部明显扩张。鳞骨的眶后突起十分发达，明显突向前方，是区别于其他旱獭的最为重要的头骨特征。颅骨较宽，颧弧甚为扩张，宽约为颅全长的 63%，颅顶部略呈弧形。鼻骨内缘比外缘短，故后端中间形成 1 尖楔状缺刻；另外，后端约与前颌骨后端在同一水平线或稍为超出。左右上颊齿列之间距离前端较后端的宽。仅有臼齿磨损度进行年龄分组的报道。

三、生活习性

（一）栖息地

灰旱獭喜在牧草丰盛、具有一定厚土层、干燥向阳的山麓缓坡、小丘或河谷阶地挖洞造穴。在山阴坡、荒凉的山脊和低洼潮湿的地方都很少栖息，还回避密林、裸岩和石壁，山地荒漠亦没有它的踪迹。

灰旱獭的栖息地依其地形条件不同，可分为带状的和弥漫的两种类型。带状栖息地多位于沟谷地段，洞群沿河谷（包括侧谷和更上部的支谷）呈串珠状伸延，灰旱獭只能沿沟谷进行上下移动。弥漫栖息地多位于宽谷和地形轻微起伏的宽广台地，洞群在宽广的空间呈棋盘式弥漫分布，密度较高，灰旱獭的移动方向可任意选择，可与更多的毗邻洞群的个体发生接触。

其栖息地配置及种群数量具有明显垂直地带性。在新疆山地，其栖息范围较为严格地限制在高山草甸、亚高山草甸、山地森林草甸草原及山地干草原 4 个垂直景观带。在山地干草原带以下的山前低山丘陵荒漠草原，降水偏少，植被较为稀疏，食物及隐蔽条件恶劣，完全不适于灰旱獭生存。高山草甸以上为大片石砾荒漠，直达雪线，几乎无植被发育，因此也就不具备灰旱獭赖以生存的条件。在灰旱獭所占据的 4 个垂直景观带中，以山地森林草甸草原带的生存条件对旱獭最为有利。凡是山地森林草甸草原带得到广泛发育的山地，灰旱獭的栖息面积也就广阔，而且表现出更强的分布连续性。因为山地森林草甸草原带春季积雪不多，且消融较早，夏季雨量充沛，生长着茂盛的草甸植被，即使大旱之年，下部的山地干草原成片枯焦，而这里仍保持一片翠绿，可为灰旱獭的生存和繁殖提供丰富而稳定的食物保障。

有灰旱獭分布的各个山地，由于其地理位置不同，灰旱獭所占据的各垂直景观带发育程度、海拔高程，以及旱獭数量水平亦各异。阿尔泰山地位于亚寒带泰加林群落的南缘，森林植被所占面积较大，适于灰旱獭栖息的无林或林间开阔草原被压缩，致使栖息地多被分割，而且种群密度不大。栖息地的垂直分布范围大体处于海拔 1 100～3 000m，以 1 500～2 800m 的山地森林草甸草原带及亚高山草甸的中下部分布相对较广。准噶尔界山山体较小，高度不大，故灰旱獭多为零散地栖息在海拔 2 000m 以上的上山带。天山北坡及伊犁河谷（包括其上游支流）周围天山山地和大、小尤鲁都斯高山盆地，山体宽阔，垂直景观带除高山草甸带外，均得到充分发育，故绝大多数山段灰旱獭分布的上限可升至海拔 3 000m 的亚高山草甸带外，下限可降至 1 400～1 300m，甚至有的地段，如玛纳斯的团庄子一带下降至海拔 1 200m 的山前干草原。因此在此灰旱獭栖息面积宽阔，密度较高。哈尔克套山南坡及南部天山，由于受塔克拉玛干大沙漠干旱气候的影响，山地荒漠上升甚高，草原和草甸退缩，缺乏典型的针叶林植物群体，垂直景观带不甚明显，高山草甸相当狭窄，甚至不存在，故灰旱獭栖息面积亦相当狭窄。如在天山南脉的阔可萨尔山，由于荒漠的上升，灰旱獭垂直分布的下限一般都在海拔 2 500m 乃至 2 700～2 800m，有些山段下限不低于 3 200m。随永久雪线之上升，灰旱獭的垂直分布范围虽向上推移，但推移的范围不大，其栖息上限多不超越 3 500m，上限升至 4 000m 的地段甚少。

（二）洞穴

灰旱獭是典型的高山穴居动物，家庭式群居。洞系由居住洞、临时洞和废弃洞组成。居住洞主要是冬夏兼用洞，洞系复杂、深长、分支多，洞深达 2～3m；洞口圆或扁圆形，光滑，通常多个（1～5 个）；洞道近圆形（直径 17～20cm），总长可达 18～50m；洞的一些分支开口于地面，多数则为盲端；最深的一个分支，往往是冬眠巢穴所在。巢穴呈椭圆形，容积为 （65～96）cm×（39～45）cm×（33～38）cm，铺

有干草构成的垫底，距地表垂直深度一般在 1.6～3m，均在冻结层以下。冬夏兼用的居住洞系有一个浅巢和一个深巢。浅巢一般距地面不超过 1.5m，为灰旱獭夏季使用的寝巢；深巢（距地面大于 1.5m）为冬季蛰眠用的寝巢。临时洞简单无巢，短而浅，常无分支，总长 50～500cm，多散布在洞系四周，尤多见于取食地，多可达几十个。此外，在灰旱獭洞系中，常可见到没有旱獭居住的废弃洞，它可能是上述各类洞系的任何一种，有时亦可能被其他旱獭或鸟兽所利用。每个洞口几乎都有大小不等的土丘，主洞口与其他洞口常有跑道在地面联系着。

（三）食性

灰旱獭食性单一，草食性，洞外活动主要是觅食。夏季主要食物为禾本科和莎草科多种草类的绿色部分。主要吃鲜嫩茎叶和未熟种子，也取食羊茅、早熟禾、野燕麦、高山梯等禾本科的重要牧草。早春出蛰时可挖食草根，秋季亦取食少量昆虫。在人工笼养条件下喜食蒲公英花及各种蔬菜。食量很大，进食后胃重可达 200～500g，充盈胃全重平均为 215g（60～250g）。

（四）活动规律

灰旱獭为典型的冬眠动物，一年中大部分时间深眠于洞内，只有 5～5.5 个月营地面活动。其出蛰和入蛰未见有明显的外界信号。一般来说，积雪开始融化，植物萌发和气温稳定在 0℃ 以上时开始出蛰。入蛰时间则与植物大部分枯黄、落雪、气温接近 0℃ 时大体相一致。栖息于高山、亚高山草甸草原的灰旱獭于 3 月中、下旬开始出蛰，9 月上、中旬入蛰。而栖息于山地草原和山前丘陵的，入蛰要提前半个月左右。

灰旱獭在春季醒眠之后，即由深巢移至浅巢，以度过整个地面生命活动（包括繁殖、育幼、肥育）周期。在洞内不营造专用的厕所，而是以陈旧的废巢作为便溺场所。昼间活动，夏季的出洞时间大体和日出、日落及居住洞的洞口被阳光直射到的时间相一致，以日出后及日落前 3h 的一段时间为活动高峰，炎热的中午前后则回洞休息。早春与晚秋因黄昏气温较低，故多在中午出洞活动。当遇到敌害临近时，即高声尖叫，向其同类报警，并迅速逃入洞内。

出蛰后最初几天活动性不大，多在冬眠洞附近积雪最先消融、植物开始萌发的小块地段觅食，活动半径多在距洞 30～50m，较少到百米以外去。在 3 月末 4 月初由于食欲强，早春饲料不足，活动性明显增大，活动半径可达百米或更远。4 月中旬一部分旱獭由冬眠洞迁往夏用洞，性成熟后与亲兽分居，以及一部分家族成员的离散，与邻近家族成员合并，这样的家族重新组合，致使此时的移动性急剧增大，达到地面活动期间的高峰，直至 4 月末及 5 月初。此时地面已一片青绿，饲料充足，雌獭处于产褥或哺幼阶段，故移动减弱，家族觅食区域趋于稳定，每一家族大体上都形成了相对独立的巢区。巢区的范围，大体上是它们的居住洞和一些临时洞联系起来所构成的范围再稍扩大。由于相邻家族有时共用个别临时洞，以致有时巢区出现重叠，但相邻家族的个体之间接触并不频繁。在哺乳期，雄獭移至距哺乳洞不远处的洞内居住，但它对哺乳獭巢区的保卫是十分勇敢的。6 月至 8 月上半月为旱獭肥育季节，觅食活动十分频繁。8 月初旱獭开始向洞内衔草絮窝，准备冬眠。8 月下旬活动减弱，一般多在洞口伏卧，很少到远处觅食。入蛰前数日不再取食，并将胃肠道的内容物完全排出，以便于冬眠。

（五）繁殖特性

灰旱獭种群繁殖力较低，一年发情 1 次，年产仔 1 窝。每年春季繁殖 1 次。每胎产仔 2～13 只，以 4～9 只居多。交配、哺乳均在洞中进行。从早春剖检胚胎情况判断，可能在出蛰后即进行交尾繁殖，孕期 35～40d，繁殖盛期为 4 月中、下旬，5 月中旬幼獭出洞活动，时体重 550g 左右，胃内容物草、乳兼半，约再经 1 周即可完全断奶。大部分幼獭在出生后第三年春季（经过两次冬眠）方达性成熟。1960 年在玛纳斯南山对 208 只成年雌獭的统计，仅 51% 参加当年繁殖活动，幼獭死亡率较高，自 5 月下旬到入蛰前，即有 38.2% 被淘汰。仔獭随父代同居 3 年，第四年性成熟后即分居配偶。390 只雌獭中，三龄以下（包括三龄）的子宫处于静止状态；四龄以上（包括四龄）性成熟，具有繁殖能力的 200 只，占 51.28%，其中 111 只有妊娠迹象（有哺乳斑），89 只未参与繁殖。经过控制后的低密度灰旱獭种群，雌性成獭繁殖率明显上升，达 83%，与以往雌性成獭繁殖率 51.5% 相比，大幅提高，但胎仔数变化不大。

四、种群数量动态

虽然灰旱獭自然寿命可达 10 年左右，但因旱獭较低的繁殖能力，数量较为稳定，年变动幅度不大。

决定这一特征的基本原因是：①旱獭的性成熟晚，达到生育年龄的个体，只占整个种群的 32%～55%，成獭仅占整个种群的 38%；②在性成熟的雌獭中每年只有 32%～51% 的个体参加繁殖，故每年补充到种群中的幼獭不多；③幼獭在生后第一年存活率较低，只有 40%～64%。

五、防治技术

（一）预防措施

旱獭是鼠疫主要保菌宿主，对疫区内的旱獭严禁追逐、捕杀或食用。野外发现死旱獭，要绕道而行，禁止用手触摸。进入活动疫区工作时，一定要做好个人防护。①穿防蚤服、防蚤袜，戴防蚤帽；②在裤脚、领口等处喷涂杀虫剂或驱避剂，使成 10～20cm 宽的保护带，防止跳蚤进入衣内。在疫区内选择宿营或休息地时，要注意避开獭洞、鼠洞，必要时在一定范围内进行彻底的杀虫，对较长时间的驻地，要制定防獭防鼠和杀虫的措施，一般在驻地周围建立 20m 宽的防护带。

（二）环境治理

根据旱獭一般不到耕地活动的特点，种植高秆作物可以有效阻止旱獭迁入。对设在草原上的长期居住点采取这种方法，可有效地减少旱獭的为害。对草原牧场防止过度放牧，特别是在牧草短矮稀疏的地区采取轮牧，可降低旱獭的密度。

（三）器械药物杀灭

可采用各种弓形夹、钢丝或钢板夹等，放置在洞口和跑道上捕杀，有条件的地区，也可用枪射杀，效果都很好，也可通过直接挖洞捕杀。

由于旱獭是食草类动物，一般不吃谷物配制的毒饵，熏杀是防治旱獭最好的方法。

灰旱獭也是益害兼备的啮齿动物。除作为生态链的一部分外，其毛皮可制成各式衣帽服装，旱獭的脂肪也是制皂和润滑剂的上好原料。因此在旱獭为害严重的牧场，应该充分利用，可以有组织地进行狩猎；反之，在旱獭为害不大的草场，便可视为自然资源，予以保护，计划狩猎。然而在旱獭间有疾病流行的区域，无论何种草场，均必须采取妥善防疫措施，加以防护，予以消灭。值得注意的是在狩猎和利用过程中，应采取必要的防疫措施。

经过药物毒杀和过度狩猎后，其种群数量的恢复过程极为缓慢，可能需要经过相当长的时间才能恢复到原有水平。因此，一次性大幅度降低其种群数量是控制其种群发展的策略。

张美文（中国科学院亚热带农业生态研究所）

第 36 节 五趾跳鼠

一、分布与危害

（一）分布

五趾跳鼠（*Allactaga sibirica* Forster），属啮齿目跳鼠科五趾跳鼠属，别名西伯利亚五趾跳鼠、跳兔、蹶鼠、驴跳、硬跳儿。

我国分布于黑龙江、吉林、辽宁、内蒙古、山西、陕西、青海、宁夏、甘肃、新疆、河北、河南等地，国外分布于蒙古、朝鲜和俄罗斯等地。该物种的模式种产地在蒙古呼伦池附近。

（二）危害

五趾跳鼠是跳鼠中分布最广的一个种，几乎遍及我国北方的荒漠草原地带，也进入农区闲散的荒地荒滩。垂直分布上也是最高的，海拔 300m 以上的山地草原地带也有其踪迹。为害固沙植物幼嫩部分，如沙蒿、柠条、沙柳等，也食固沙的植物种子，并啃食树苗。在农区盗食播下的种子，咬食作物及瓜苗等，是农林牧业的害鼠之一。能传播鼠疫、蜱传回归热等疾病。

二、形态特征

体型较大，是我国跳鼠科中最大的鼠种，体重 95～140g，体长 120～198mm。外耳大，约为 40mm，眼大而圆。后肢很长，为前肢的 3～4 倍，后足长 60～81mm，后足具 5 趾，故名五趾跳鼠。第一、第五趾甚短，达不到中间 3 趾的基部。中趾略长，第二和第四趾约等长。中间 3 趾蹠骨愈合。尾粗壮而长，尾长（不含尾端长毛）172～226mm，约为体长的 1.5 倍。乳头 4 对，1 对在胸部，2 对在腹部，1 对在鼠蹊部。脊柱共 56～57 块，其椎式为 $C_7 T_{12} L_7 S_4 Cy_{26-27}$（彩图 24 - 36 - 1）。

体毛色因地区不同而有变异，赤褐色与黑色混杂至沙黄色，杂有稀疏黑毛；体侧较淡；耳部基外侧有 1 白斑；整个体腹面、上下唇、四肢内侧以及足背面和前臂均为纯白色；臀部至后肢上部有 1 白纹；尾背面黄褐色，腹面浅黄色，末端毛发达，具黑白相间的长毛，形成"尾穗"，在跳跃中，起平衡及转换方向的作用。

颅全长 34～41.5mm，颧宽 22.6～27.8mm，后头宽 19.5～21.6mm，鼻骨长 13～17.4mm，眶间宽约 11mm；听泡不大，长约 9mm，宽约 5.7mm，上颊齿列长 6.4～8.5mm，下颊齿列长 6.2～8.6mm。

轭骨向上伸出 1 细长分支与颧弧呈 1 直角，并与泪骨相接而成为构成眶前孔的骨环外侧后半部。无眶后突，听泡不甚大。门齿孔长，略微弯曲。腭骨后方超出第三上臼齿，后缘中间有 1 尖突。腭骨有 1 对卵圆形小孔，位于左右 M^2 之间。门齿白色，上前臼齿很小，齿冠圆形。第一上臼齿最大，M^2 较小，下颌第三臼齿略比 M^3 的大。鼻骨前后等宽，其后端与前颌骨后端几乎在同一水平线上。上门齿不垂直，而是向前突出。门齿孔宽长，达 M^1 前缘水平。阴茎小，背面无纵沟，表面具有许多指向后端的小角质刺。

三、生活习性

（一）栖息地

主要栖息于荒漠、半荒漠的草原，华北地区的农田、闲散荒地及坟地也多见。对内蒙古自治区鄂尔多斯荒漠草原五趾跳鼠栖息地的调查发现，五趾跳鼠的典型生境类型为淡棕钙土、洪积平原、藏锦鸡儿草原化荒漠植被区。该区主要是藏锦鸡儿荒漠植被群系，植群下形成风积小丘，群落中含有较发达的多年生草本层片及小灌木层片。丘间原始土壤裸露，属于地带性土壤，结构紧密，较为坚硬，这是五趾跳鼠的喜居生境。

（二）洞穴

洞穴多在田埂周围，洞穴比较简单，一般有两个洞口，一明一暗。洞道长 70～150cm。巢多在洞道最深处。洞穴一般不只 1 个，有些往往是临时性的。平时多住于临时洞中，并且洞口用土堵住。

（三）食物

主要吃植物的种子及茎叶，也吃昆虫。对内蒙古自治区锡林郭勒境内荒漠草原中的五趾跳鼠进行研究发现，其胃内含物中植物性成分占 95% 以上。在植被生物量充裕条件下，基本以植物性食物为主，但是在比较干旱、植被生物量较低时偶尔捕食昆虫。植物性食物中除比重最大的绿色茎叶外，始终有一定量的植物种子和根出现。经常采食的植物种类有冷蒿、木地肤、阿尔泰紫菀、冠芒草、小画眉草、短花针茅等。

（四）活动规律

白天一般不出洞活动，黄昏以后出来活动。觅食范围广，感觉灵敏，行动敏捷，后肢有强大的弹跳能力，一跃达 2～3m。

有冬眠习性，以内蒙古呼和浩特地区五趾跳鼠为例，入蛰开始时间为 9 月底或 10 月初，结束时间为 10 月下旬，入蛰临界日均气温 14℃ 左右，入蛰顺序先雌后雄；出蛰时间为 3 月底或 4 月初，出蛰临界日均气温 3.3～4.2℃，出蛰顺序为先雄后雌。

（五）繁殖特征

五趾跳鼠雌鼠绝大多数一年繁殖 1 次，个别鼠一年繁殖 2 次，每年 5～6 月为繁殖高峰期。董维惠等 1986—1989 年对内蒙古自治区呼和浩特地区五趾跳鼠繁殖特征进行了研究，具体如下：

1. 雄性繁殖特征　当年出生的雄性幼鼠，在入蛰之前虽然体重已达到成体的重量，一般均在 140g 以上，只是为了准备冬眠，体内贮存大量脂肪而体重增加，但性并未发育成熟，睾丸仍未增大。每年 3～6 月，睾丸下降率没有明显差别，一般出蛰 10d 左右睾丸就全部下降。从 4 月中旬睾丸的下降率可以反映出当年出蛰的迟早。6 月成年各组的睾丸全部下降，说明凡是经过冬眠的雄鼠全部能参加繁殖。从睾丸下降率来看，雄鼠成年各组繁殖率没有差别，各组在 5～6 月均有 1 个繁殖高峰。出蛰期捕获的雄鼠，睾丸有的未下降，有的下降，睾丸重量一般大于 2g，长度大于 20mm，说明在冬眠期间就开始发育；4～5 月睾丸全部下降，平均重量在 4g 以上，平均长度在 30mm 以上；6 月有部分成鼠的睾丸重量开始减轻，之后逐月减轻，9~10 月捕获的雄鼠各年龄组睾丸平均重量都是在 1g 以下，平均长度在 15mm 以下，说明五趾跳鼠在入蛰之前雄鼠繁殖进入休止期。

2. 雌性繁殖特征　1986—1989 年 4 年中，雌鼠成年 I 组参加繁殖的比例未超过 70%，成年 II 组占 84.03%，老年组占 92.94%，成年 II 组和老年组均超过了 80%，说明五趾跳鼠雌鼠性成熟至少需要经过 1 次冬眠，少数需要经过两次冬眠。

五趾跳鼠有极少数个体一年可繁殖两次，一年繁殖两次的个体，1986 年检测到 1 只，1987 年 1 只，1988 年 3 只，1989 年 1 只。其中 1988 年有 1 只是在 6 月怀孕的同时具有胎盘斑，其余的都是在 7 月。未见到怀孕并均有两类胎盘斑和同时均有 3 类胎盘斑的鼠，说明一年内不能繁殖 3 次。

胎仔数 1~5 只，3~4 只者居多。各年龄组胎仔数有差别，成年 I 组少于成年 II 组和老年组。

（六）年龄分组

以眼球水晶体干重进行年龄分组，大致界限是：幼年组，55.00mg 以下；亚成年组，55.01~77.50mg；成年 I 组，77.51~87.50mg；成年 II 组，87.51~102.50mg；成年 III 组，102.51~117.50mg；成年 IV 组，117.51~130.00mg；老年组，130.00mg 以上。五趾跳鼠寿命较长，一生中要经过几次冬眠，每年冬眠之前体内积累脂肪，使体重显著增加，即使幼鼠的体重也能达到成鼠的重量。冬眠期间能量消耗较多，出蛰时体重明显减少。因此，用体重划分五趾跳鼠的年龄不可靠。进入成年阶段后，体长随着年龄的增长变化不明显，用体长来划分也较困难。而水晶体终身生长，用其干重鉴定年龄较为合适。但五趾跳鼠在冬眠期间，水晶体生长十分缓慢。当年出生的鼠在亚成体时入蛰，所以亚成体和成年 I 组的水晶体干重在 55.01~77.50mg 时有部分重叠，需要结合是否冬眠、是否参与繁殖两个因素同时考虑。当水晶体干重为 55.01~77.50mg 时，若是 6 月中旬以前捕获的个体和 7 月以后捕获参加繁殖的个体应是成年 I 组，当年出生性未成熟没有参加繁殖的为亚成年组。

四、种群数量动态

（一）季节动态

对内蒙古自治区呼和浩特郊区（1984—2002 年）、正镶白旗典型草原区（1987—1998 年）和达拉特旗沙地草场（1991—1998 年）进行的种群数量动态调查显示，五趾跳鼠数量季节变动特点基本是春季最高（占 55.26%），夏季次之（占 26.35%），秋季最低，但各地区有差异。在呼和浩特郊区 19 年的调查中，只有 1985 年最高峰在 7 月，是 5 月数量的 2.35 倍，2000 年在 6 月，是 5 月数量的 3.05 倍，其余 17 年的数量变动曲线大体一致，都是 5 月达最高峰。在达拉特旗沙地草场 8 年的调查中，数量最高峰在 5 月的有 1991 年、1994 年、1995 年和 1997 年，其余各年最高峰在 6 月。在正镶白旗典型草原区 13 年的调查中，1988 年、1992 年和 1997 年最高峰在 6 月，1996 年和 1998 年为 9 月，其余各年均为 5 月。

（二）年间动态

对内蒙古 3 个地区（1984—2002 年）的调查显示，3 个地区年际捕获率均较低，年间虽有差异，但变化幅度不大。由于该鼠繁殖力低，又具有冬眠习性，其数量变动属于较稳定类型（图 24-36-1）。

（三）预测预报

在对内蒙古呼和浩特地区 1984—2007 年 24 年的调查发现，五趾跳鼠为常见种，但其数量受优势种——黑线仓鼠和长爪沙鼠的影响，当黑线仓鼠占优势时，它的数量与黑线仓鼠呈非常显著负相关，不受其余鼠种数量的影响。当长爪沙鼠为优势种时，五趾跳鼠数量又与长爪沙鼠数量呈显著负

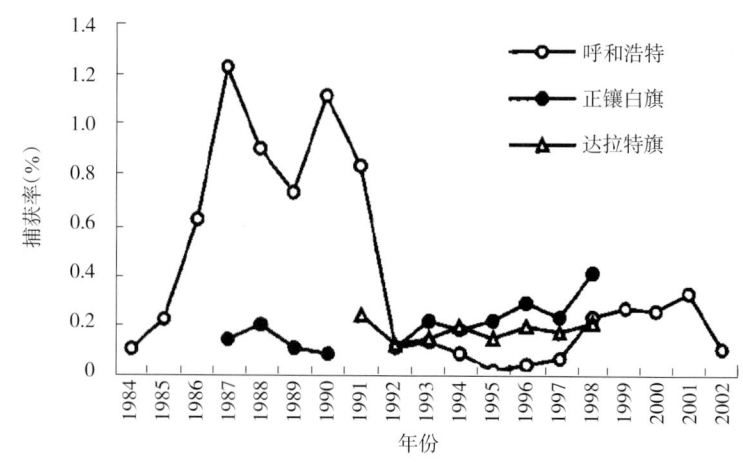

图 24-36-1　五趾跳鼠种群数量年际变动曲线（引自董维惠等，2006）

Figure 24-36-1　Annual variation of population densities of *Allactaga sibirica*（from Dong Weihui et al.，2006）

相关，也不受其余鼠种的影响。该地区五趾跳鼠的数量变动比较稳定，处于优势种之后，一直不升高。

以内蒙古呼和浩特地区 1985—1989 年的调查数据为基础，建立预测模型：

1. 短期预测模型 用当月怀孕率（x）预测两个月后种群数量（y）：

$$y=0.6866+1.0412x \quad (df=14, \ r=0.5762>r_{0.05})$$

在繁殖活动期（4～7 月），当月怀孕率与两个月后种群密度显著相关，预测值与 1986—1989 年 6～9 月的实测值比较，最大误差为 1.4%，最小误差为 0.04%，比较准确。

2. 长期预测模型 利用当年 5 月繁殖指数（x）预测翌年 4 月的捕获率（y）

$$y=1.2264-0.7607x \quad (df=3, \ r=\mid -0.8763 \mid >r_{0.05})$$

五、防治技术

五趾跳鼠具有冬眠习性，每年 3～4 月的出蛰期数量最低，5 月中旬达到最高峰，牧草返青后食性改变，对粮食诱饵取食下降，因此，对于草场上的五趾跳鼠用药物防治的最佳时机是每年 4 月至 5 月上旬。五趾跳鼠常夜间活动，白天很少出洞，以黄昏时活动较为频繁，往往成群取食为害。突遇强光时暂时呆立不知所措，所以可在黄昏后用强光照射进行人工捕杀。

李宁　刘晓辉（中国农业科学院植物保护研究所）

第 37 节　三趾跳鼠

一、分布与危害

三趾跳鼠（*Dipus sagitta* Pallas），属啮齿目跳鼠科三趾跳鼠属，别名跳兔、沙跳、毛足跳鼠。染色体数 $2n=48$。

我国分布于新疆、青海柴达木盆地、甘肃西北部、内蒙古、宁夏、陕西、山西、河北北部、辽宁、吉林等地区。国外分布于蒙古、俄罗斯和哈萨克斯坦以及伊朗北部。模式种产地在哈萨克斯坦雅梅色沃地区。

三趾跳鼠在草场盗食沙蒿、柠条等固沙植物种子及其幼苗，对沙地植物种子库有一定的破坏作用，主要取食植物茎叶，对植被的营养生长有一定的负面效应，破坏固沙造林事业。在农区，播种期盗食播种后的种子，啃食农作物幼苗，盗食瓜类。能传播鼠疫、土拉伦菌、钩端螺旋体病、蜱传回归热、Q 热、毒浆体病和皮肤利什曼病等。

二、形态特征

我国跳鼠科中较大的鼠种，成体体长 105～181mm。头圆短，眼大，耳壳发达，耳长 16～23mm。尾很长，约比体长大 1/3，长 150～201mm，尾尖端也有明显的黑白毛束。前肢短小，具 5 趾，第二、四趾爪发达，爪细长而锐利。后肢相当发达，约为前肢的 3 倍，长 61～73mm，后足具 3 趾，第一和第五趾退化，故名三趾跳鼠。每一趾下面两侧各有 1～2 列长的白色栉状硬毛作为趾垫，既可在跳跃时保持后足在松散土地上不致下陷，又可在挖洞时借以将土推出洞外。乳头 4 对，胸部 2 对，鼠蹊部 2 对。脊柱共 54～55 块，其椎式为 $C_7T_{12}L_7S_4Cy_{24-25}$（彩图 24-37-1）。

体背毛色变化多，从暗、赤褐色近深棕色、黄褐色、沙棕色、棕灰色到非常浅淡沙黄色或微带粉红色。体侧为沙黄色，具白色毛基。体腹面、前肢和后腿内侧均为纯白色。后足背面毛白发亮，臀部有 1 宽白带，从尾基部延伸至体腹面与白色毛区相连；耳壳外面棕黄色，内侧有稀疏白毛，耳后有 1 白斑；颊部至眼上方色浅，毛基白色；鼻上方小部分被以短而硬的纯沙黄色毛；尾毛双色，背面土黄色，腹面灰白。尾"旗"（即尾穗）扁而发达，基部黑色，末端白色，黑色部分的体腹面为白毛所隔离。

颅骨宽短，颅全长 30.9～36.2mm；颧弧细，颧宽 20.5～24.5mm；泪骨发达，脑颅顶部隆凸；腭长 17.9～21.5mm；眶间宽 10.1～12.5mm；后头宽 17.5～21.7mm；眶前孔大，鼻骨发达，鼻骨长 12.8～15.8mm，长约为颅全长的 41%，其后端中间呈楔状缺刻；前颌骨后端向后超过鼻骨。听泡和乳突部分均膨大，听泡长 9.2～10.4mm，约为颅全长的 29%；乳突约为颅全长的 58%。门齿孔后端达上颊，齿列前缘水平。腭骨后缘远离第三上臼齿后缘，中间有显著的向后突起。上颊齿列长 5.8～6.5mm，下颊齿列长

5.7～6.4mm。颊齿为 4/3，门齿黄色，这是本种与五趾跳鼠的明显区别。上门齿有纵沟；上颌前白齿小，但明显。

三、生活习性

(一) 栖息地

栖息于沙质荒漠，在固定、半固定或流动的沙丘上，粗糙的砾石荒漠上也有栖息。三趾跳鼠是内蒙古自治区鄂尔多斯荒漠草原夜间活动鼠类的优势种。对其连续 5 年的空间分布调查发现，固定和半固定以及沙质高平原地区、盐湿荒漠外围、西伯利亚白刺荒漠植被区是三趾跳鼠喜栖的生境，因为这两种生境有疏松的土壤、丰富的食物和天然的隐蔽物。三趾跳鼠不喜居于土壤结实的环境，而盐碱洼地和湿度较高的滩地几乎不涉足。有报道在河北省承德市围场县草滩荒漠交替地带也发现了三趾跳鼠种群，但不是优势种。喜欢在沙蒿、柽柳、锦鸡儿等灌木丛间活动。

(二) 洞穴

掘洞于沙丘上，洞道长一般为 1.2～1.5m，最长可达数米，在洞道末端扩大为巢室。昼伏夜出，黄昏后出洞觅食，白天偶尔出洞。

(三) 食物

以植物的种子及幼嫩根、茎为食，亦食少量昆虫。食性有明显的季节变化，这一变化与食物可利用性有关。以生活在内蒙古自治区锡林郭勒境内的浑善达克沙地的三趾跳鼠为例，4～6 月，沙地植被萌芽，地面植物种子少，其主要食物为植物茎叶；7 月中、下旬至 8 月中旬，沙地有大量种子接近成熟，幼嫩的小叶锦鸡儿种子和狗尾草种子丰富，成为其食物的重要组分。9～10 月，种子基本成熟，嫩绿的种子基本消失，由于不能利用硬质种子，再次选择植物茎叶。三趾跳鼠食性的变化体现了对沙地生境的适应。

(四) 活动规律

冬眠期约为 6 个月。11 月中旬几乎全部进入冬眠期，4～5 月为出蛰期，出蛰的顺序为先雄后雌，先成体鼠后亚成年鼠。

(五) 繁殖特征

三趾跳鼠每年只繁殖 1 次，幼体在食物资源最丰富的春夏季出生，丰富的优质食物有利于幼鼠的快速生长，以保证在冬眠前有时间完成足够的营养积累。怀孕期 22～25d，每胎产仔 2～5 只。

董维惠等人 1991—1998 年对内蒙古自治区鄂尔多斯高原沙地草场进行了三趾跳鼠繁殖生态的研究，繁殖特征如下：

(1) 雄性繁殖特征。成年鼠大部分在出蛰时睾丸已下降到阴囊内，说明在冬眠期间性器官已开始发育，到出蛰时睾丸下降，因此，三趾跳鼠雄性繁殖开始于 3 月下旬。到 10 月睾丸下降率为 0。繁殖结束于 9 月，但各年有差异，1991 年、1993 年、1996 年和 1997 年结束于 8 月，其余 4 年结束于 9 月。睾丸平均下降率季节变化明显，8 年平均下降率 6 月最高，其次是 7 月，之后是 4～5 月，8～9 月逐渐减少，10 月已无睾丸下降的鼠。三趾跳鼠一年繁殖 1 次，繁殖高峰在春季，但睾丸下降率最高是在 6 月和 7 月，而不是在 4 月和 5 月，这与该鼠的出蛰和幼鼠的成熟时期有关。4 月和 5 月睾丸下降率较低，是因为有部分成年鼠刚出蛰不久，睾丸尚未下降以及上年出生的幼鼠性未成熟。6 月和 7 月的睾丸下降率达到高峰，为 92.45％和 86.33％，这是因为上年出生的幼鼠全部性成熟的结果。8～9 月下降率显著减少，至 10 月停止繁殖。1991—1998 年各年度睾丸平均下降率波动在 61.64％～90.39％。

(2) 雌性繁殖特征。三趾跳鼠年间怀孕率变化较大，1993 年最高为 17％，1996 年最低仅为 2.58％，最高年是最低年的 6.59 倍。怀孕率季节变化明显，8 年各月平均怀孕率有 2 个波峰，分别在 5 月和 7 月。1994 年 4 月怀孕率高，为 27.27％，其余 7 年 4 月的怀孕率均为 0。7 月和 8 月的怀孕率高于 5 月和 6 月，这是前一、二年出生的幼鼠和亚成年鼠参加繁殖的结果。在 8 年的调查中未发现三趾跳鼠具有 2 期胎盘斑，也未发现怀孕鼠同时具有胎盘斑，说明该鼠一年仅繁殖 1 次。

四、发生规律

(一) 季节动态

对内蒙古自治区鄂尔多斯市沙地草场（1991—1998 年）开展的种群数量动态研究发现，每年的季节变动曲线多为单峰型，仅 1994 年有 2 个波峰，前峰高。各年的高峰除 1996 年在 6 月外，其余 7 年的高峰都在 5 月。8 年季节变动曲线平均值呈单峰型，最高峰在 5 月，以后逐月降低（图 24-37-1）。

（二）年间动态

对内蒙古自治区鄂尔多斯市沙地草场 8 年的调查显示，年度数量变化波动不大，属于比较稳定的种类。最高年（1994 年）是最低年（1992 年）的 2.67 倍（图 24-37-2）。

（三）预测预报

以内蒙古自治区鄂尔多斯市沙地草场 8 年（1991—1998 年）的数据为基础，利用捕获率和繁殖指数作预测指标建立预测模型。

1. 短期预测模型 用每年 4 月捕获率（x）预测 5 月捕获率（y）。

$y = 3.0993 + 1.8515x$（$df = 6$，$r = 0.760 > r_{0.05} = 0.707$）

预测值与实测值进行比较，短期预测公式预测准确率为 75.0%。5 月的数量是一年中的最高值，能在 4 月对 5 月的数量作出预测，可确定在 5 月是否需要防治，有一定预测价值。

2. 长期预测模型 利用当年 5 月繁殖指数（x）预测翌年 9 月的捕获率（y）。

$y = 0.3615 + 0.9450x$（$df = 6$，$r = 0.722 > r_{0.05} = 0.707$）

预测值与实测值进行比较，8 年中仅 1996 年 9 月预测值与实测值不符，预测准确率为 85.71%。当年 5 月能预测出第二年 9 月的捕获率，提前一年半预测出 9 月的数量，在实践中具有重要的意义。

五、防治技术

参考第 36 节五趾跳鼠。

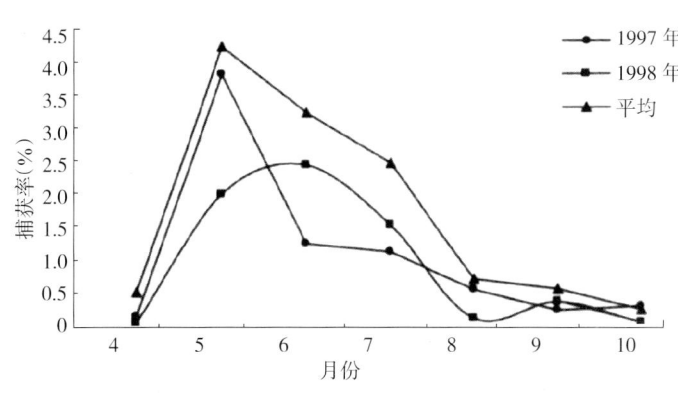

图 24-37-1 内蒙古鄂尔多斯沙地草场三趾跳鼠种群数量季节变动曲线（引自董维惠等，2008）

Figure 24-37-1 Seasonal variation of population densities of *Dipus sagitta* in sandy grassland of Erdos，Inner Mongolia（from Dong Weihui et al.，2008）

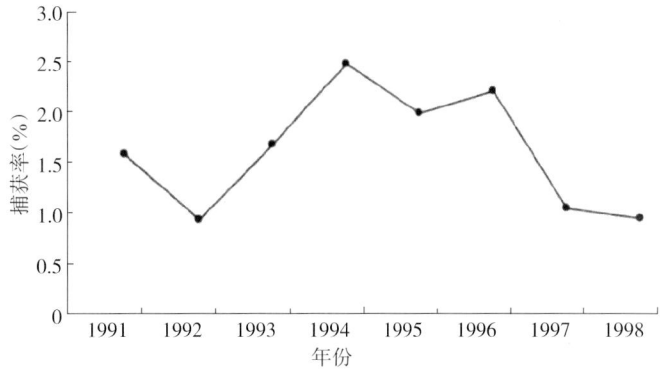

图 24-37-2 内蒙古鄂尔多斯沙地草场三趾跳鼠种群数量年度变动曲线（引自董维惠等，2008）

Figure 24-37-2 Annual variation of population densities of *Dipus sagitta* in sandy grassland of Erdos，Inner Mongolia（from Dong Weihui et al.，2008）

李宁　刘晓辉（中国农业科学院植物保护研究所）

第 38 节　豪　　猪

一、分布与危害

（一）分布

豪猪（*Hystrix brachyura* Linnaeus），隶属啮齿目豪猪科豪猪属，又名箭猪、刺猪、响铃猪。染色体数 $2n = 66$。

分布广泛，主要分布于我国的南部和中部，包括四川、重庆、贵州、湖南、湖北、广西、广东、香港、福建、江西、浙江、上海、江苏、安徽、河南、陕西、甘肃、西藏、云南等省份及海南岛。在国外延伸到尼泊尔、印度东北部部分地区、中南半岛（缅甸、泰国、老挝、柬埔寨、越南及马来西亚西部）、新加坡、苏门答腊和婆罗洲（彩图 24 - 38 - 1）。

（二）危害

豪猪的为害在我国很早就有记录，如《本草纲目》中记载"豪猪处处深山有之，多者成群害稼，状如猪而项脊有刺，鬣长近尺许……"。其植食性，喜食根茎类部分，是山地地区农田害鼠之一。主食植物的块根，也食果实、种子等，盗食的农作物包括甘薯、玉米、大豆、木薯、芋头、花生、菠萝、萝卜、瓜类等。偶尔也食昆虫和小脊椎动物。

二、形态特征

体长 558～735mm，尾长 80～115mm，后足长 75～93mm，耳长 25～38mm，颅全长 131～146mm，体重 10～18kg。

豪猪（彩图 24 - 38 - 2）体形巨大，眼和耳很小。额和前背的棘刺基部淡棕色，上部白色；体深棕色；背前部的棘刺正方形，后部的棘刺圆形，棘刺的尖端和基部白色，中部棕色；颈部有一白色条纹。尾有特别的管状刺，端部中空，长 20～30cm，尾部摇动时会发出声响。有 3 对侧位乳头。头骨粗壮，枕嵴发达，鼻骨长而宽，长于颅全长之半；头骨有膨胀充气的腔。鼻吻部深陷，鼻腔大。臼齿咀嚼面有斜向排列的棱嵴。

三、生活习性

豪猪喜阴暗、凉爽、干燥、洁净的环境，可栖息于海拔 0～3 500m 的各种类型的森林或附近的灌木丛，也见于石灰岩质的山林，以及半开发山区的坡地草丛中，尤喜栖于靠近农作物的山地草坡或密林中。可利用自然的岩石缝及其他动物的旧洞，或自行挖洞，位置多位于山坡腹地或半山凹中。洞穴的位置有季节性变化。冬、春季气候较冷，多位于芒草丛生处，便于觅食。夏、秋季天气炎热，洞穴多挖于林中。豪猪通常一个家族共同生活于一个巢穴中，夏季通常雌雄亲本和子代共栖一巢，冬季有集群聚居现象，可见 7～10 只共栖 1 穴。巢穴的构造复杂，由几条洞道连接的主巢、副巢、盲洞组成。盲洞的洞道较小，是遇到危险时避难的场所。洞口一般有两个，有时可达 4 个，多开口于杂草丛生的隐蔽处，便于紧急脱险。主副巢形状相似，但主巢较大，育仔时有铺垫物。洞穴外有固定的排粪点，离洞口3～4m。

豪猪属夜行性动物，小群活动，昼伏夜出。栖于深山环境的，日间亦外出觅食。循一定的路线活动，在其栖息和取食点附近，可看到明显的鼠道，道路光滑通畅，可见很多咬断的树根和杂草遗迹。豪猪行动较缓慢，常连续数晚于同一地方盗食，甚至盗食时间也相差无几，较易人工捕猎。不会爬树，但能游泳。

豪猪遇敌时硬刺竖立，摇动尾棘发出"沙沙"声，鼻息发出"噗噗"声，甚至转身以背侧的长刺相向，或倒退以棘刺敌。同其他啮齿动物一样，其门齿锋利，终生生长。

根据室内饲养的繁殖观察结果，雌性豪猪的性成熟一般在 10～12 月龄，最早的 8 月龄，最晚的 14 月龄。雄性豪猪的性成熟一般在 12～14 月龄，最早的 9 月龄，最晚的 16 月龄。可全年发情交配，但春、秋季为发情旺季。雌性每个发情季有 2～4 个发情周期，每个周期间隔 18～20d，发情期 3～4d。其怀孕期90～112d。每年繁殖 1～2 胎，每胎 1～2 只幼仔，多者可达 4 只。初生幼仔体毛较硬，无纺锤形的硬刺，长至 1kg 左右时才基本形成棘刺。

四、防治技术

豪猪是我国南方一些山地作物的主要害鼠之一，其栖息的山地环境，为大规模防治造成困难。由于其具有较大的食用和药用价值，人工物理器械捕抓的报道较多，大规模化学防治的必要性和具体防治情况，需根据实际情况进一步研究。

豪猪的活动具有一定的规律，夹捕应选用大型的弓形夹置于其常活动的道路，或置放于洞口，诱饵可因地制宜使用其喜欢盗食的作物块茎，如甘薯、瓜类等。豪猪中夹后，往往猛烈挣扎，容易断肢脱逃。可布放两夹，相距不超过豪猪的体长，当其挣扎时，可被另一夹捕获。

王登（中国农业大学）

第 39 节　高原鼠兔

一、分布与危害

（一）分布

高原鼠兔（*Ochotona curzoniae* Hodgson），隶属兔形目鼠兔科，别名黑唇鼠兔、鸣声鼠、阿乌那（藏名音译）。Ellerman（1959）曾将其列作达呼尔鼠兔（*O. daurica*），现已确定与达呼尔鼠兔分别为不同的物种。系青藏高原特有种，除广布西藏、青海、甘肃南部和四川西北部的高山、草甸草原、高寒草甸及高寒荒漠草原外，新疆也有分布。国外分布印度、尼泊尔和伊朗东部。

（二）危害

高原鼠兔为害主要表现在：一是鼠兔所喜食的是禾本科、豆科及杂类草中的优良牧草（正是牛羊取食的主要食物来源），鼠兔还可伤及牧草的根系。二是鼠兔构建洞道的活动和在枯草期为取食牧草地下根茎而进行的挖掘所掏出的土覆盖了牧草，使优质牧草萎黄死亡，取而代之的是一些破顶土盖能力强大的杂草类，导致植被退化性的演替。三是鼠兔的挖掘可造成原生草皮层受害，并可造成土壤含水率的下降和肥力的递减，从而导致草场的沙化、荒漠化，形成大片寸草不生的"黑土滩"和土坑，对牧场造成毁灭性的破坏。四是纵横交错的洞道常常会造成牲畜路过时下陷而骨折。

高原鼠兔还具有储草行为。在青海果洛州玛沁县草场观察发现，高原鼠兔 7 月开始储草，8～9 月中旬达到高峰。割下草单独放置原地或形成草堆，最大草堆可达 2kg；洞内草堆平均重为 1.5kg。

青海省是高原鼠兔为害最严重的省份之一。1965 年 4～10 月，青海省海西蒙古族藏族自治州天骏县快尔玛乡鼠密度为 7 380 只/km²，50km² 面积的草场被鼠兔耗减的牧草总量达到 3 505 500kg，相当于养活 2 401 头藏系绵羊一年的饲草量，但实际牧场遭受破坏的牧草远多于被啃食的数量。

青藏高原地域广阔，整个区域鼠害调查受交通、经费等因素困扰。仅从青海省境内的门源县、祁连县、海晏县、刚察县和天峻县的调查来看，该地区的 368 万 hm² 可利用草场上，鼠兔分布就达 123 万 hm²，占可利用草场面积的 32.68%。西藏在 20 世纪 60～70 年代草场受高原鼠兔为害也很严重，草场鼠洞口密度和数量高。

董维惠在纳木错调查发现，高山草原有鼠洞 3 260 个/hm²，鼠兔密度为 342.3 只/hm²，每个洞口和土丘平均占地面积 0.27m²；高山草甸草原则有鼠洞 2 600 个/hm²，鼠兔密度为 273.0 只/hm²；亚高山草原有鼠洞 2 450 个/hm²，密度为 257.3 只/hm²。西藏亚东的帕里每个洞口土丘面积高达 0.8m²。

近年来，中国科学院亚热带农业生态研究所在藏北草场调查发现，高原鼠兔为害猖獗依旧。2006 年 8 月在那曲香茂乡调查，平均每个鼠洞占草地面积为 0.31m²；草场平均有鼠洞 965.5 个/hm²，最多 1 272 个/hm²，最少 696 个/hm²；平均有效鼠洞口数为 459.20±36.34 个/hm²，最多 648 个/hm²，最少 264 个/hm²。而同期的青藏铁路东面护坡有水泥框护坡鼠洞为 1 060 个/hm²，无框护坡鼠洞为 1 710 个/hm²；铁路西面护坡有框护坡鼠洞为 680 个/hm²，无框护坡鼠洞为 2 760 个/hm²。同时用夹夜法调查草场，鼠密度为 15.3%，高原鼠兔占 100%；2007 年 5 月夹捕率为 10.56%，其中高原鼠兔为优势种，占 89.47%。2011 年 10 月在比如县夏曲镇草场夹夜法调查，鼠密度高达 17.15%，高原鼠兔占 100%。

鼠兔对草场为害阶段：轻度为害，即破坏草场面积占 5%～30%；中度为害，即破坏草场面积占 31%～60%；重度为害，即破坏草场面积占 61%～90%；极重度为害，即达 100% 草场面积被破坏。从轻度为害到极重度为害阶段的鼠坑面积，占草场总面积的百分率依次为 15%、45.5%、85% 和 100%。

高原鼠兔还传播森林脑炎、类丹毒、流行性出血热、Q 热。在侵入喜马拉雅旱獭洞穴后，也可感染鼠疫。

二、形态特征

体形较大，体重可超过 200g，作者在西藏那曲捕获 118 只雄性高原鼠兔，平均体重 143.48g，最大是 7 月捕获的 217g，最小为 7 月捕获的 50g；雌性平均体重 143.33g，最重为 7 月捕获的 221g，最轻为 5

月捕获的为 32g。体长 120～190mm。耳小而圆，耳长 22mm；耳壳具明显的白色外缘。后足长通常 28～35mm，后肢略长于前肢，前后足的指（趾）垫常隐于毛内，爪较发达。前足指爪长达 8mm，后足指爪最长 6mm。须较短而不及耳的中部。雌鼠乳头 3 对，无明显的外尾。全身毛长而蓬松，吻钝。有白色边缘。

高原鼠兔一般夏毛色深，毛短而贴身；冬毛色淡，毛长而蓬松。夏季上体呈暗沙黄褐色或棕黄色。上下唇及鼻部黑褐色。耳壳背面淡黑褐色，具白色耳缘。颈背淡色斑块明显。下体淡黄色或近乎白色，足背土黄或污白色。冬季毛色呈淡沙黄色，体侧色泽更为浅淡。

鼻骨狭长、前端膨大。额骨前端微凹陷，向前下方倾斜，中部隆凸，后端和顶骨急向下方倾斜，至脑颅后端趋平缓，故侧视头骨明显呈弧形隆起。门齿孔与腭孔完全合并成一大孔。第一上门齿多不突出于鼻骨前方，故枕鼻长通常与颅全长接近，个别标本之颅全长稍大过枕鼻长。额骨前端微凹，向前方倾斜，中部鼓突，为头骨的最高点；顶骨由前往后急向下方倾斜，侧视头骨所成的弧度较大，平均颅高 17.6（16.8～19.0）mm，脑颅部轮廓近椭圆形，最大宽为颧宽的 70% 左右。第三下前白齿外侧二纵沟发育，正面视齿冠形状与藏鼠兔（O. thibetana）类似。下颌切迹下半段近呈圆弧形。齿式为

$$2\left(\mathrm{I}\,\frac{2}{1}\,\mathrm{C}\,\frac{0}{0}\,\mathrm{P}\,\frac{2}{2}\,\mathrm{M}\,\frac{3}{3}\right)=26。$$

高原鼠兔可以分为 5 个年龄组：

Ⅰ（幼体）：门齿孔间前颌骨腭突与上颌骨腭突相连，形成颌间腭板。上颌骨与腭骨组成的腭桥部分，腭横缝、腭颌侧缝明显可见。头骨较小，颅全长平均（30.33±2.56）mm；雄性体重 20～91g，平均体重为 52.31g；雌性体重 13.6～82g，平均体重为 49.18g。

Ⅱ₁（亚成体 1）：特征同Ⅰ，但头骨显著增大，颅全长平均（38.39±1.04）mm；雄性体重 63～181g，平均为 112.75g；雌性体重 61～154g，平均体重为 104.37g。

Ⅱ₂（亚成体 2）：颌间腭板游离存在，前颌骨腭突与上颌骨腭突不相连，但在上颌骨腭突中央还残留有腭桥前突。腭桥上腭横缝、腭颌侧缝明显。颅全长平均（40.20±1.12）mm；雄性体重 91～195g，平均体重为 142.39g；雌性体重 90～176g，平均体重为 125.12g。

Ⅲ（成体）：颌间腭板游离存在，腭桥上腭横缝、腭颌侧缝渐趋消失，但仍隐约可见。颅全长平均（42.16±1.19）mm；雄性体重 107～245g，平均体重为 167.02g；雌性体重 93～216g，平均体重为 145.45g。

Ⅳ（老体）：特征同Ⅲ，但腭桥上腭横缝、腭颌侧缝消失，颅全长平均（42.01±1.12）mm；雄性体重 109～245g，平均体重为 169.07g；雌性体重 104～215.5g，平均体重为 157.25g（彩图 24-39-1）。

三、生活习性

（一）栖息地

主要栖息于海拔 3 100～5 100m 的高原草原、高山草甸草原、高原草甸、高寒草甸及高寒荒漠草原带。在谷地灌丛草原带只居住在灌丛外围的草地上，绝不进入灌丛。它们在山间盆地、湖边滩地、河谷阶地、山麓缓坡、山前冲积扇、溪边及碎屑石砾山坡营群居生活。白昼活动。多在草地上挖密集的洞群，洞口间常有光秃的跑道相连，跑道宽为 10～12cm。

（二）洞穴

洞穴大致可分为两种，一种为简单洞系，即临时洞，洞道浅而短，在地面只有 1～3 个洞口，这种洞穴在夏季（7 月、8 月）较多；另一种为复杂洞系，每个洞系有 5、6 个洞口，多达 14 个洞口，洞口直径 8～12cm，占地面积大，洞道复杂且分支多，洞道长，平均为 13m，最长可达 20m 以上。每一洞系平均有盲支 6.2 条，平均深度为 32.8cm，深者可达 60cm。在复杂洞系内有一主巢室，往往处于整个洞系的最深处，平均离地面 44.8cm，是其越冬、育幼的场所，由柔软的枯草构成，呈椭圆盘形。巢的内壁常垫有牛、羊毛。部分洞系的洞道成上下两层的布局。洞系所在的地面常有大小不一的凹池分布，其内常储有直径 2.5mm 的圆球形粪便，每洞系平均有这样的便池 7.9 个。洞口附近也常有球形粪便。

（三）食性

典型的植食性种类，以各种牧草为食，尤其是喜食鲜嫩多汁的绿色部分。最喜食单子叶牧草，尤为喜

食禾本科、莎草科的早熟禾、扁穗冰草、披碱草、异穗薹草、小蒿草、针茅、阿尔泰狗娃花、多裂委陵菜、多枝黄芪等优质牧草。

植被盖度及高度与鼠兔密度的偏相关系数呈极显著负相关关系。有选择优良草场为栖息生境的趋向，藏系绵羊主要取食的草类也是高原鼠兔最喜食或比较喜食的种类。食量很大，1 只成年鼠兔平均采食鲜牧草 77.3g，其日食量占体重的 52%。一只成年鼠兔在牧草生长季节的 4 个月期间，消耗牧草 9.5kg，56 只成年鼠兔对牧场的为害相当于一头藏系绵羊一日的饲草量。不同季节对鼠兔的食量也有影响，夏季的食量大于春季，秋季又大于夏季，其原因与草原牧场的气温变化有关。

（四）活动规律

鼠兔白天活动，不冬眠。气温低时，洞外活动时间短，出洞晚而入洞早；反之，出洞提前，入洞推迟，正午活动减少。活动距离不大，活动半径约 50m，常在离洞口 20m 以内。未见迁徙现象。

（五）繁殖特征

春季 4 月初开始繁殖，4 月下旬至 6 月上旬为繁殖高峰期，8 月结束繁殖。家庭组成形式有一夫一妻、一夫多妻或一妻多夫，以及产下的幼仔。每年繁殖 1~2 次，妊娠期 21~24d，平均为（22.5±0.9）d，胎仔数多为 3~8 只，平均 4.8 只；在青海天峻县快尔玛地区平均胎仔数为（4.55±0.95）只，而在青海省泽库县多福顿地区为（4.68±1.29）只。幼仔性成熟为 2~2.5 个月。2007 年 5 月中国科学院亚热带农业生态研究所在西藏那曲香茂乡调查平均胎仔数为 3.71 只，最多 5 只，最少 1 只。鼠兔性比不同年份、不同月份经常变化。

（六）生长特性

幼鼠出生 8~9d 睁眼，上门齿长出，体重可达 18.1g，体长达 67mm；出生 15~20d 基本能独立活动，体重为 26.2~43.6g，体长 87.5~95.0mm；出生 30d 体重可达 80.3g，体长达到 116.6mm。

在青海黑马河地区，第一胎雄鼠平均寿命为 108d，雌鼠为 106d；第二胎雄鼠则为 58d，雌鼠为 66.3d；第三胎雄鼠为 24.8d，雌鼠为 15.4d。最高寿命可达 957d。

在繁殖群体中 82.8% 的个体来自上年出生的第一、第二胎鼠兔，其中属于第一胎的占 69.0%，而上年的第三、第四胎生育的鼠兔几乎在越冬前全部死亡。第一胎幼鼠的存活率不仅决定当年种群数量，而且可预报来年种群数量。鼠兔种群数量年内波动呈单峰型，种群在每年 7 月达数量最高峰，繁殖前期的 3 月、4 月为种群数量最低点，其数量变化可达 10 倍以上。

四、种群动态

（一）高原鼠兔的种群年龄结构

4 月，种群由成体和老体组成，分别为 87.7% 和 12.3%，说明鼠兔在繁殖季节之前，其种群结构比较简单，这与其繁殖时间停止过长有关。5~8 月，其种群由幼体、亚成体组和老体组组成，9 月，幼体组消失，种群由亚成体组、成体组和老体组组成，分别占 18.2%、59.0% 和 22.8%。高原鼠兔的年龄结构如图 24 - 39 - 1。

（二）年度降水对高原鼠兔种群数量的影响

高原鼠兔种群数量与年降水量在年际变化的总体趋势上呈正相关，表现出较强的趋同性，年度吻合率达 70%。意味着在一定的范围内，降水有利于其种群数量增长。但由于年降水量代表的是某一年度降水的总水平，具体情况还应根据降水的时段及降水强度、形式等做出综合分析。

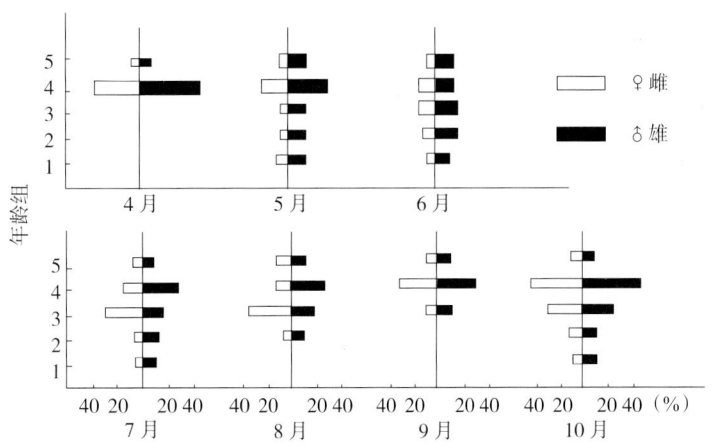

图 24 - 39 - 1　青海门源县高原鼠兔年龄组成的月变化
（引自梁杰荣等，1989）

Figure 24 - 39 - 1　Monthly variation of age structure of *Ochotona curzoniae* in Menyuan, Qinghai（from Liang Jierong et al.，1989）

(三) 种群数量的季节波动

高原鼠兔种群数量季节变化明显（图24-39-2）。5～7月种群数量持续增高，7～9月则呈下降趋势。9月至翌年4月为迅速下降期。

中国科学院亚热带农业生态研究所发现，在西藏那曲地区高原鼠兔种群数量年内波动为单峰型，繁殖高峰期之前的3～4月为低谷期，7～8月达数量最高峰；与青海类似，其间数量变化可达10倍以上。

灾害性气候对高原鼠兔存活有极大影响。1982年冬季持续21d下雪以及37d积雪，对于地面取食，且不善雪下活动的高原鼠兔造成了十分艰难的生存环境，至1983年春，其种群数量降至原来的1/3。而初春繁殖前期的持续降雪及冰冻，往往也造成初生的幼鼠存活率低下，从而导致种群数量锐减。

(四) 种群数量年度波动

高原鼠兔种群密度徘徊在每公顷82.4～128.4只，年间种群数量波动不大，没有出现明显的周期变化。在气候和食物都适宜的条件下其种群数量保持和稳定在一定的水平（图24-39-3，图24-39-4）。

五、高原鼠兔种群趋势测报

通过1985—1988年采用耳标法标志的鼠兔种群连续观察资料分析表明，在繁殖群体中82.8%的个体来自上年出生的第一、第二胎鼠兔。其中属于第一胎的占69.0%，而上年第三、第四胎生育鼠兔几乎在越冬前全部死亡。即参加种群繁衍的群体，主要来自上年第一、第二胎的个体，尤其是第一胎的个体。因此，第一胎幼鼠的存活率不仅决定当年种群数量，而且可以用来测报来年的种群数量。上述研究还显示，繁殖期较长的年份，繁殖群体中雌性年生育胎次虽增至3次以上，但亲、幼鼠兔死亡率却大幅升高，越冬种群数量则有大幅下降，翌年种群数量呈下降趋势；在繁殖期短的年份，亲体及幼鼠兔的健康状况均佳，越冬种群数量较大，翌年鼠兔种群数量呈上升趋势。因此，也可以把当年繁殖后期（9月）标志种群中有无第四胎出生的幼鼠，作为估测来年种群数量变动趋势的指标。

六、防治技术

(一) 物理防治

利用器械捕打的特点是简单易行、经济安全，可作为其他灭鼠方法的补充。

1. 夹捕法 将洞群留1～2个洞口，其余全堵上，然后在留下的1～2个鼠洞口放置弓形夹、钢板夹、木板夹或地箭捕杀，连续捕杀3～5d可基本消除害鼠。

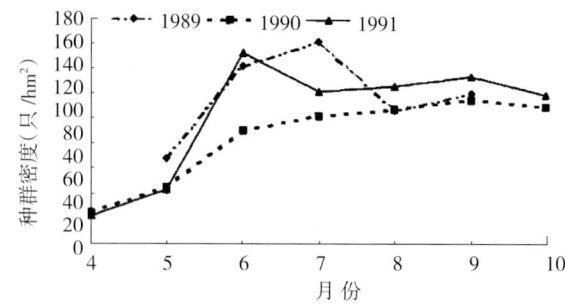

图24-39-2 1989—1991年青海门源县高原鼠兔种群季节数量动态（引自聂海燕，2005）

Figure 24-39-2 Seasonal variation of population densities of *Ochotona curzoniae* in Menyuan, Qinghai from 1989 to 1991 (from Nie Haiyan, 2005)

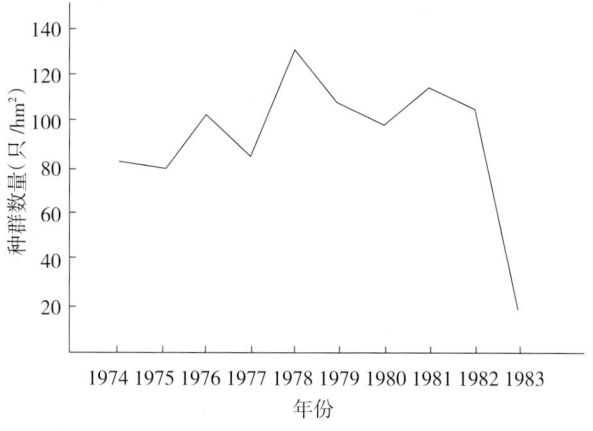

图24-39-3 青海省海北高寒草甸高原鼠兔的年度变化（引自梁杰荣等，1989）

Figure 24-39-3 Annual variation of population densities of *Ochotona curzoniae* in alpine meadow in Haibei, Qinghai (from Liang Jierong et al., 1989)

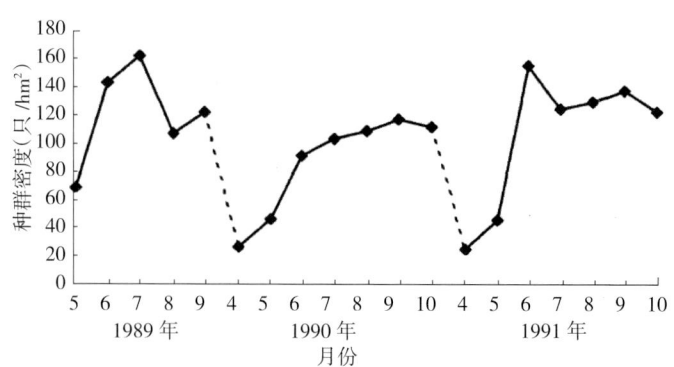

图24-39-4 1989—1991年高原鼠兔种群数量的波动（引自聂海燕，2005）

Figure 24-39-4 Fluctuation of population density of *Ochotona curzoniae* from 1989 to 1991 (from Nie Haiyan, 2005)

2. 绳套 用马尾或缡鞋线制成与洞口大小相仿的活套，线绳游离一端拴在小木棍或竹筷上，固定于洞道上方，待出入洞的鼠兔通过时即被套住。

3. 鼓风法 即将洞群留下 2 个洞口，其余全部堵上。然后，对着留下的一洞口鼓风，另一人守住另一洞口，或用白布袋套住另一洞口，当鼠逃出时或窜入布袋中，将其打死。

4. 鼠笼 常用的为关门式铁丝编制的捕鼠笼。

（二）化学防治

在青海化学灭鼠最佳时期为春（3～4 月）、冬（11～12 月）两季，尤其是春季正是繁殖高峰前期。值得注意的是大面积灭鼠后的扫残问题，如不进行消灭残存鼠，鼠数量容易在短时间内恢复（施银柱等，1978）。将第一代抗凝血灭鼠剂——特杀鼠 2 号（增效敌鼠钠盐）、敌鼠钠盐、杀鼠醚等，用浸泡法配制成 0.02% 青稞毒饵，按鼠洞投放。如鼠兔对第一代抗凝血灭鼠剂产生抗性，则可改用急性毒性更强的第二代抗凝血灭鼠剂，如溴敌隆、溴鼠灵等，但毒饵应完全投放置鼠洞内。

（三）生物防治

利用鼠类天敌灭鼠。高原鼠兔主要天敌有香鼬、艾虎、狐狸、赤狐、大鵟和鸮等。研究表明，一只艾虎一年可消灭鼠兔 1 554 只，一只鹰日食 5 只鼠兔。每只香鼬平均每日捕杀成年鼠兔 2.75 只，可见香鼬是鼠兔名副其实的天敌。保护天敌动物，严禁乱捕滥猎，有利于发挥它们与害鼠之间互为调节因子、维持生态平衡、抑制种群密度增长的积极作用。

在草地上设置鹰架对鹰类活动提供栖息、眺望、采食场所。因为鹰在鹰架上居高临下，又可停歇观察猎物，便于捕食。鹰架招引了鼠类天敌，试验区的有效洞口数相对降低。不同的布局其降低程度不同，表明鹰架招鹰控制高原鼠兔具有初步的效果，说明这种生物防治方法对草地生态系统具有一定的生态效益和经济效益，是行之有效的方法之一。建立鹰墩鹰架，利用天敌控制鼠兔作用显著。招鹰灭鼠只能用于控制低密度鼠兔，不能用于高密度鼠兔成灾时的防治，且不得在招鹰灭鼠时使用杀鼠剂，以防误伤天敌。

C 型肉毒梭菌毒素也被作为生物控制的方法之一。在冬春季的 1～3 月用 C 型或 D 型肉毒梭菌毒素与青稞、燕麦或小麦配置成 0.1%～0.2% 毒饵灭鼠，每个鼠洞内 C 型毒饵投放 5g，D 型毒饵投放 15～20 粒。

（四）生态治理

破坏或改变适宜鼠类栖息生存的生活条件和环境，把鼠害防治与草场生态环境建设相结合，控制过度放牧，优化草场生态环境使之不适合鼠兔大量生存，才是治本之策。如灭鼠、种草、控牧、围栏同时开展即可见效。

施大钊（中国农业大学）
李波（中国科学院亚热带农业生态研究所）

第 40 节　达乌尔鼠兔

一、分布与危害

（一）分布

达乌尔鼠兔（*Ochotona daurica* Pallas），隶属兔形目鼠兔科鼠兔属，别名达呼尔鼠兔、达乌里鼠兔、蒙古鼠兔、蒿兔子、耗兔子、啼兔、鸣鼠等。染色体数 $2n=50$。

国内分布于内蒙古、河北、山西、陕西、甘肃、青海、西藏、宁夏、河南和四川，国外分布于前苏联、蒙古、印度和伊朗。Andrew T. Smith 等（2009）认为我国辽宁省也有分布。冯祚建等（1986）在《西藏哺乳类》中，确认西藏分布有 9 种鼠兔，但未包含达乌尔鼠兔，也可能考察期间未能捕获到达乌尔鼠兔。

（二）危害

该种动物主要以草本植物的叶为食，也吃茎和根。冬季有储草习性。7～9 月进行集草，首先将洞群周围的草（主要是冷蒿）咬断为 10～15cm，后拖至洞口附近，堆放呈直径为 10～30cm 的小堆，每堆

1.5～3.5kg。草晒成半干后，再拖入洞内仓库储存，作为越冬食物。在每公顷有243个洞口的样地中，按 1 000m×10m 的条带计数，折合有鼠兔29.16 只/hm²，草堆密度为 21 堆/hm²，平均草堆干重为 6.64kg/hm²，相当于每公顷草场产草量的 0.38％；平均每只达乌尔鼠兔储干草 0.23kg，每只日均耗鲜草 96.7g。

储草堆平均直径 32cm，高 14cm；草堆呈近圆锥状，平均每堆草干重 280.61g，单个草堆植物种数，高者 17 种，低者 8 种。检出率在 50％以上的种类仅 4 个科，菊科 2 种，蔷薇科、藜科各 1 种；而当地主要建群植物——禾本科种类，多数检出率不及 20％，最高者羊草仅 38％，表明鼠兔储草具明显选择性。

该鼠不仅损耗大量牧草，还破坏大片的牧场。其洞群有大量洞口、跑道以及挖洞盗出的土壤，造成成片草地被破坏。估计每洞群破坏草地面积为 6.43m²，对牧场造成很大损害。建在山坡上的洞穴，不仅破坏土层，还会造成水土流失，致使有些地区变成成片沙砾、寸草不生。由于其为群居，其洞群数量多且密，会折断马腿。

在延安，分布在草地上的鼠兔数量显著大于林地与农田，林地与农田鼠兔密度接近；每公顷草地中的达乌尔鼠兔数量平均为 193.75 只，林地和农田平均分别为 89.58 只/hm² 和 79.22 只/hm²，其为害面积与为害率草地均显著大于林地和农田。山下沟坡地达乌尔鼠兔密度高于山上，其密度达到 100 只/hm²，为害率达到 8％。在延安，达乌尔鼠兔可破坏 1m 以内的根系，通常干旱年份为害率大于降水量较大年份。

达乌尔鼠兔对固沙植物也能造成危害，损坏梯田田埂；对幼树苗为害严重，被害率高达 63.7％。每年在 4～10 月在地面上摄食植物的根、茎、叶等，幼树基部离地面 5～15cm 处的树皮常被啃食。严重者树干皮层被啃食一周，呈环剥状，长达 12cm，被害树木的生长缓慢，树枝发黄，叶子发黄、萎蔫、脱落，甚至死亡。落叶松、油松、苹果、山楂、侧柏等易受害。

该鼠体表寄生的主要是跳蚤与硬蜱，且数量多。可传播鼠疫、土拉伦菌病、类丹毒、沙门氏菌病、巴斯德菌病、假结核等疾病。

二、形态特征

(一) 外形

寿振黄等（1964）依内蒙古锡林浩特标本描述该鼠体重为 73～170g，体长 125～185mm，后足长 24～32mm，耳长 15～22mm（表 24-40-1）。后肢略长于前肢，无尾；耳大呈椭圆形，有明显的白色边缘（彩图 24-40-1）。

(二) 毛色

冬毛较长，吻端到尾基的背面为沙黄褐色。腹毛浅黄色，眼周围有极窄的黑色边缘。耳外侧毛黑褐色，内侧沙黄褐色，边缘有明显的白色边缘。耳后上方有一明显的淡色小区，两侧颜色渐淡，为沙黄色。吻侧有黑色或沙黄色的长须，在颈下与胸部的中央有一沙黄色的斑。四肢外侧的毛色与背面相同，内侧较淡。足背面呈现极淡沙黄色（或污白色），足腹面为浅黄褐色的短毛。

夏毛较短，通常 6 月从头部开始换毛，逐渐延至后部。背部为沙褐色，其间杂有全黑的细毛。耳内侧为褐色短毛。

(三) 头骨

中等大小，颅全长不长于 45mm，鼻骨狭长，前端稍有膨大，向后逐渐变窄，末端圆弧形。额骨隆起，因而头骨上方轮廓的弧度较大。顶骨前部隆起，后部扁平。有人字嵴与矢状嵴。颧弓粗壮，其后端延伸成一削尖的长突起。左右前颌骨腹面仅前端相接，因而门齿孔与腭孔合为一孔。犁骨完全露于外方。听泡相当大。

齿式为 $2\left(I\frac{2}{1}C\frac{0}{0}P\frac{3}{2}M\frac{2}{3}\right)=26$。第一对上门齿前方各有 1 宽的纵沟，齿端切缘各有 1 深的缺刻，以致左右上门齿联合呈 M 形，无第三上白齿。第二上白齿的内侧后方有一小突起。

黄文几等（1995）补充，体长 170～200mm，须长 44～55mm，腭长 14.5～17mm，鼻骨长约 12mm，中部宽为 4mm，听泡长为 11.5～13.5mm。并认为耳长可达 25mm，后足长可达 33mm，颅长达 47mm，

眶间宽达 5mm。

表 24 - 40 - 1　达乌尔鼠兔体重与外形及头骨的量度（引自寿振黄等，1964）

Table 24 - 40 - 1　Measurement of weight, external body form and skull of *Ochotona daurica*

(from Shou Zhenhuang et al., 1964)

性别	标本数量	体重（g）	体长（mm）	后足长（mm）	耳长（mm）
雄性	13	126.1 (86.0～130.0)	163.8 (125.0～178.0)	28.6 (25.0～32.0)	18.6 (15.0～22.0)
雌性	15	121.4 (73.0～170.0)	161.9 (135.0～185.0)	27.5 (24.0～30.0)	17.8 (15.0～22.0)

性别	颅全长（mm）	颅基长（mm）	颧宽（mm）	眶间宽（mm）	上齿列长（mm）	齿隙（mm）
雄性	41.8 (37.4～44.1)	35.6 (31.7～38.0)	20.6 (19.4～22.7)	4.1 (3.7～4.7)	8.4 (7.9～9.2)	7.95 (6.7～8.8)
雌性	41.1 (36.1～44.2)	34.6 (29.8～38.0)	20.6 (19.2～21.9)	4.1 (3.4～4.7)	8.4 (7.3～8.9)	7.2 (6.2～9.2)

（四）亚种

本种已记载有 7 个亚种。我国有 3 个亚种：

（1）指名亚种 [*O. d. daurica* (Pallas), 1776]。体长平均为 170～180mm，体较山西亚种小，毛色较为鲜明，颅顶部比甘肃亚种的突起。分布于内蒙古、宁夏、河北等地。

（2）山西亚种（*O. d. bedfordi* Thomas, 1908）。体和听泡都比指名亚种大。冬毛较浅淡和灰暗，分布于山西宁武、岢岚和陕西延安等地。

（3）甘肃亚种（*O. d. annectens* Miller, 1911）。体比山西亚种小，听泡也较小，但颅上面突起。分布于甘肃兰州东部，青海西宁东北，海南地区的共和、兴海、贵德、贵南、龙羊峡等地，以及四川西北部的邓柯、德格、甘孜和西藏东部。

三、生活习性

（一）栖息地

为典型草原动物，通常栖息于沙质或半沙质的山坡与平原的草原上，以生有蒿草的草地上为常见。在低洼沼泽、下湿地无分布。栖息地一般植物较矮，有少量灌木丛。据内蒙古中部的初步调查，这些地区主要植物有冷蒿、锦鸡儿、地椒、鹤虱、委陵菜、戟叶鹅绒藤，以及一些禾本科与莎草科的植物。在祁连山东部，它们多栖息于阳坡草甸草原中，尤其是莎草科植物为主的草原上最多。

（二）洞穴

营群栖穴居生活，洞群多筑于锦鸡儿与芨芨草丛下。鼠洞分夏洞和冬洞。夏洞简单，分支少，无巢室；冬洞复杂，洞口多有 3～7 个，洞内分支多，总长 3～10m；具 1～2 个巢室，巢室内有碎草建的窝，呈扁平状，重 184～212g；距洞口不远地方建有 1～3 个仓，容积 1 700～5 800cm³，可储存 2kg 以上的草。洞周常积有球形的粪便。新鲜粪便为草黄色，陈旧粪便为褐灰色。各洞口间有许多交织成网状的跑道，宽约 5cm。洞口下方通往斜行的洞道，一般与地面成 30°～45°的角，在伸至 50cm 左右的地方，转入与地面平行的洞道。

（三）食性

该鼠主要以植物的绿色部分为食，也吃茎和根。夏季主要吃冷蒿，其次是锦鸡儿、地椒及一些禾本科与莎草科的植物。达乌尔鼠兔食谱广，在内蒙古锡林郭勒盟夏季食物包括 18 种植物，冬季食物涉及 38 种，其中重叠的 17 种，为其基本食料。秋储草的主要成分与其夏秋嗜食种类有明显差别，在秋储草中仅一种为夏秋嗜食植物，且为非优势成分，预示越冬食料变化大。

在青海刚察达乌尔鼠兔最喜食菊花科的黄花蒿及禾本科的紫花针茅和早熟禾。

（四）活动规律

通常在白昼终日活动，7∶00～20∶00 均可见，但以 8∶00 最活跃。在内蒙古由于中午较热，10∶30～17∶00 的一段时间，少有成鼠兔出来活动。夜间也有活动，20∶00～22∶00 为活动高峰。伴随活动有时身体站立发出鸟叫式啼鸣。冬季不休眠，可在雪下活动，但有洞口通雪面上。有时也在雪上活动，但活动半径不超过 10m，稍有风雪立即跑回洞内。

（五）繁殖特性

繁殖期为 4～10 月，6 月为繁殖盛期。一年繁殖 2 次，妊娠期为 23d，每胎生 5～6 仔，多则可达 10 只。雌鼠兔在出生 2.5 个月后即可与雄鼠交配，自交配之日后 10d 尤其是 15d 体重剧增，平均体重增加 5g 以上，证明雌鼠兔已怀孕。幼鼠出生 7～8d 睁眼，20d 断奶，30d 完全独立，50d 雄鼠性成熟。刚出生体重 8.7g，出生第五天即达 15.3g，20d 达到 45.9g，50d 为 94.6g。

（六）达乌尔鼠兔与其他鼠种间关系

1. 达乌尔鼠兔与高原鼢鼠之间关系 在达乌尔鼠兔与高原鼢鼠共存的地区，数量之间呈负相关关系。即某一种害鼠数量减少，常会引起另一种害鼠数量增加。一些小型啮齿动物常与它们同居一区域，并利用它们的洞穴。

2. 达乌尔鼠兔与高原鼠兔之间关系 在青海刚察县年诺索玛地区布哈河谷二阶地研究同域且重叠分布的现象，以及在食物资源谱维上的生态位宽度（PS），高原鼠兔为 0.474 4，达乌尔鼠兔为 0.496 4，即它们具有相近似的生态位宽度。这两种动物的生态位在食物资源谱维上的重叠值（FT）为 0.809 1，表明它们在对食物资源的利用方面存在着激烈的竞争。

3. 达乌尔鼠兔与长爪沙鼠之间关系 达乌尔鼠兔在锡林郭勒盟南部与长爪沙鼠栖息地可重叠，并可相互利用洞群。

四、种群动态

达乌尔鼠兔在内蒙古锡林郭勒盟南部 8 月为数量最高峰，初春繁殖前期为全年数量低谷期。

五、防治技术

（一）物理防治

1. 人工捕捉法 可将洞群留 1～2 个洞口，其余鼠洞全堵上，待达乌尔鼠兔出洞后追赶捕打。

2. 夹捕法 将洞群留 1～2 个洞口，其余全堵上，然后在留下的 1～2 个鼠洞口放置弓形夹、钢板夹、木板夹或地箭捕打。连续数天可将该洞群鼠全歼。

3. 枪击法 用气枪可在洞口附近杀灭该鼠。

4. 绳套法 用马尾或缡鞋线制成与洞口大小相仿的活套，线绳游离一端拴在小木棍或竹筷上，固定于洞道上方，待出入洞的鼠兔通过时即被套住。

5. 鼠笼法 常用的为关门式铁丝编制的捕鼠笼。

6. 鼓风法 即将洞群留下 2 个洞口，其余全部堵上。然后对着留下的一洞口鼓风，另一人守住另一洞口，或用白布袋套住另一洞口，当鼠逃出时或窜入布袋中，将其打死。

（二）化学防治

选择食物短缺的春季进行防治，使用第一代抗凝血（10% 增效敌鼠钠盐、敌鼠钠盐、杀鼠醚和杀鼠灵等）灭鼠剂，用青稞或膨化小麦等饵料采用浸泡法配制成 0.02% 毒饵灭鼠，每个鼠洞投放 5g 毒饵；如害鼠对第一代抗凝血灭鼠剂产生抗性，则可改用急性毒性更强的第二代抗凝血（溴敌隆、溴鼠灵等）灭鼠剂，但毒饵应完全投放置鼠洞内。

采用各类熏蒸剂也可灭鼠兔，熏前堵洞很有必要。

（三）生物防治

参照第 39 节高原鼠兔。

（四）生态治理

破坏或改变适宜鼠类栖息生存的生活条件和环境，将鼠害防治与草场生态环境建设相结合，控制过度放牧，优化草场生态环境使之不适合鼠兔大量生存，才是治本之策。如灭鼠、种草、控牧、围栏同时开展即可见效。

林区可用塑料套、芦苇和金属网等包裹树干下部，树干涂白和捆扎废旧塑料，可确保林木免遭鼠兔为害。

李波（中国科学院亚热带农业生态研究所）

第 41 节　四川短尾鼩

一、分布与危害

（一）分布

四川短尾鼩（*Anourosorex squamipes* Milne-Edwards），隶属鼩形目鼩鼱科短尾鼩属，别名微尾鼩、地滚子、臭耗子、鳞鼹鼩、山耗子、药老鼠。国内主要分布在四川、云南、陕西、甘肃、贵州、湖北和台湾。国外在缅甸北部、越南和老挝有分布。

（二）危害

四川短尾鼩主要捕食有益昆虫、蚯蚓及青蛙等，也捕食一些害虫，但权衡其益害，仍属害兽之一。还可破坏农作物，是传播出血热的寄主之一，亦可传播钩端螺旋体病。

随着城市和农田灭鼠工作的开展，鼠类数量相应降低，该鼩数量相应上升成为鼠形小兽的优势种，已对农作物和人类健康造成了一定危害。在四川地震灾区的研究结果表明，四川短尾鼩是灾区灭鼠后残留的主要种类。经过灾后的各种控制措施，害鼠得到有效的控制，啮齿目种类的捕获率基本低于 3%。但是都江堰、彭州、什邡、绵竹四地的四川短尾鼩种群数量高于已有报道的同期水平，并维持较高的繁殖力，且大量进入房舍区域。彩图 24-41-1 为 2009 年在四川地震灾区彭州市捕获的四川短尾鼩。

二、形态特征

四川短尾鼩体长 90～104mm，尾长 9～13mm，后足长 14～16mm。体形呈地下生活型，吻较钝而短，眼退化，仅见菜籽样大小的小眼，耳亦退化，几无耳壳，前后足爪短而钝，但粗壮，较为发达，适于掘土。尾极短，尾短于后足，光裸无毛，覆以鳞片但尖端有时微具毛。体毛厚而较长，足亦光裸。

背部呈深灰至黑棕色，两颊常具一棕赭色细斑，腹面淡灰至淡黄。四足背呈灰黑色，趾爪均白。尾鳞片为棕黑色，故尾色亦暗。

头骨指标，颅全长 21.5～25.0mm，腭长 10.4～12.0mm，后头宽 11.4～13.4mm，臼齿宽 7.0～8.0mm，上齿宽 11.0～11.8mm，下齿宽 9.0～10.6mm。呈坚实感，地下生活型，具一低而强的矢状嵴，枕嵴突出，后面观呈半月形，顶部适于肌肉附着，其头骨顶部最大宽度处，形成头骨两侧的突出钝角。上颌二单尖齿间具一长圆形孔。齿式为 $2\left(\mathrm{I}\dfrac{2}{1}\mathrm{C}\dfrac{1}{1}\mathrm{P}\dfrac{1}{1}\mathrm{M}\dfrac{3}{3}\right)=26$。具二单尖齿，上前臼齿特别发达，第一、第二上臼齿退化，第三上臼齿更小，其尖端冠面约等于第二臼齿尖的大小。下颌门齿切缘直。

依据体重指标划分年龄组：体重<25g 为未成体组（Ⅰ），体重 25～29g 为成体Ⅰ组（Ⅱ），体重≥29g 为成体Ⅱ组（Ⅲ）。也可根据胴体重（BWEV）聚类，划分 4 个年龄组：雄性，11～18g 为亚成体组，18～22.5g 为成体Ⅰ组，22.5～27g 为成体Ⅱ组，BWEV>27g 为老体组；雌性，12～19.5g 为亚成体组，19.5～24.5g 为成体Ⅰ组，24.5～30g 为成体Ⅱ组，BWEV>30g 为老体组。

三、生活习性

（一）栖息地

生活力强，适应性广，自海拔 2 500m 的横断山脉北部，直至川东条状山区均有其踪迹，家居、野栖均可适应，是四川等地野外农田小兽及家居害兽之一。四川短尾鼩喜在潮湿、背光、食物来源丰富的地方营巢，如坟地、房屋附近、田埂、乱石堆、杂草丛中等。巢穴一般较稳定，当环境条件发生变化或受到破坏时才有迁移。如稻麦轮作区，随小麦播种后，主要迁入小麦田间或田埂上营巢栖息，以便就近取食小麦种子。小麦收获后灌水翻耕，大部分又迁至附近坟地、林边地、乱石堆或较高的田埂上。就生境选择而言，该鼩以丘陵区密度最高，捕获率为 7.53％，河坝区其次，为 4.11％，田坝区最低，为 2.94％。同一生态类型区的不同生境中，以坟园密度最大，达 14.4％，房舍附近次之，为 8.91％，塝田及沟边最少，分别为 6.44％和 4.0％。在不同作物环境下，四川短尾鼩的密度也有差别，蔬菜田密度最大，达 9.78％，其次为水稻、小麦、油菜，密度分别为 6.79％、6.43％和 5.56％。这可能是丘区、坟园、房舍附近及蔬菜田环境复杂，食源丰富，既有利于活动和隐蔽，又便于做巢取食，繁衍后代。

（二）洞穴

四川短尾鼩洞系结构简单，通常由洞口、洞道、巢室等组成。对 23 个洞道结构解剖观察，洞口多为 1～2 个，直径 3.0～5.2cm。洞道短浅，深 14.4～31.9cm，长 15～140cm，直径 2.4～4.7cm。有单道或分支道。巢室内有干乱杂草、绒毛等杂物，未见储粮库和厕所。巢室直径 5～11.8cm，在乱石堆、草堆及土渣肥堆中的巢穴，由于做巢环境有利，洞道结构更为简单。

（三）食性

四川短尾鼩食性杂，据胃容物解剖，食谱广泛，有蟑螂、蝼蛄、甲虫、蚂蚁、各种昆虫幼虫及蜘蛛，其他动物性食物有蚯蚓、小青蛙、幼鼠、蟹等，以及各种谷物类食物及其绿色植物。解剖标本的胃容物，发现动物性食物出现率为 100％，占食物鲜重的 73.41％，植食性食物为 25.23％，其他的占 1.36％。在动物性食物中蚯蚓的出现率最高，占 98.7％，其次是节肢动物，占 68.9％，植食性食物中主要以种子为主，可占 93.3％。另外，在胃容物中可常常发现石砾等硬物，可能主要是用来帮助消化。不同生境下该鼩的胃容物中会有一些特殊的食物出现，如校园环境下可见面包、馒头、骨头、纸片等。同时，在胃容物中也时常可发现其同类的毛发。

在四川成都自然状态下对四川短尾鼩胃容物检查，发现食物成分主要亦是蚯蚓、各类昆虫及幼虫，作物的茎叶及果实、多种植物与杂草。摄食昆虫的范围非常广泛，包括蚊子、蝗虫、螳螂、蚂蚁、蜘蛛、蝴蝶、各类甲虫及幼虫，甚至幼蛙、幼鼠等。对人工制作的饲料不感兴趣，例如米饭、馒头、熟肉、肉丸子等。相反，对生食和甜食表现出一定程度的喜好。勉强可食用各类畜禽鲜肉，如白鼠、家鼠的肉，喜食本族成员的肉体。吃了人工制作的肉粉、血粉后，发出连续的短促咳嗽声，并伴有张大嘴的呕吐反应。喂毛虫，毛刺扎在嘴部有搔痒的动作。对水产品也表现出偏爱，如虾、泥鳅、黄鳝、鱼肉等。实验室简便饲养，每只一次喂一条泥鳅，每日 3 次，夜间多放，可以维持正常的生活。

四川短尾鼩摄食量很大，平均每日取食量鲜重为（16.25±3.37）g/只，干重为（4.212±0.858）g/只，摄取能量明显高于啮齿动物。四川短尾鼩 1h 可吃 50 头蜗牛肉。胃容物重 0.2～5.8g，平均 2.75g。其中，肉食性食物（主要为蚯蚓）占 4％～90％，平均 65％；植物性食物（主要是花生、小麦颗粒淀粉）占 0％～95％，平均 27％；昆虫类食物（主要为鳞翅目、鞘翅目、同翅目昆虫）占 1％～40％，平均 8％。在主要作物的播种和成熟期，短尾鼩胃内植物性食物较多，其余时间以肉食性食物为主。四川短尾鼩具排异性和自残性，对同种和其他病残弱小鼠种，如黑线姬鼠等有进行残杀，并取食肉体和内脏只剩表皮和头骨的现象。由此可见，四川短尾鼩主要为肉食性小兽，除作物播种及成熟期外，其余时期对作物的直接为害相对较小。

（四）活动规律

多为地面生活，亦营地下生活。主要为夜间活动，常发出"吱吱"的叫声，行动相对迟缓。四川短尾鼩的每日活动谱有觅食、饮水、睡觉、挖掘、排泄、搔痒性活动、玩耍等。多发现在黄昏和黑夜，白天多处在休息状态。休息时，个体喜欢聚在一起，身体压在另一些个体之上，身体拱成"∩"形，是四川短尾鼩睡眠的固定行为模式。该鼩的活动时间多在 18：30 至翌日 6：00，在此期间均有取食行为，但觅食的高峰期则集中在 19：00～22：30，单独出窝觅食。野外置夹捕捉结果也与此相符，在 20：00 前置夹的平均捕获率（11.26％）明显高于 22：00 左右置夹的平均捕获率（4.87％）。同时，这一时期也是其昼夜活动的高峰期。

取食行为基本可分为探究、嗅闻、取食 3 个过程。该鼩的视觉差，视网膜内视杆细胞多而视锥细胞极少，以致其视敏度很差，对物体的分辨率低，仅能感受光的强弱。但是它的嗅觉却极其灵敏，所以其获取食物主要是通过嗅觉。把蚯蚓放入池内土中，一般很快就会嗅到并立即出巢，吻部紧贴地面嗅探并能迅速确定蚯蚓所在位置，然后钻入土内用嘴将其拉出地面取食。对于动物性食物，在取食过程中它会用前爪将食物按住以防止它们挣脱并尽快将其咬死。对面包、肉食、花生等一旦发现则就地或拖到较隐蔽的地方取食，观察过程中未发现其将食物拖入巢内取食的情况。该鼩的进食方式主要包括咀嚼和啃食，一般食物多是咀嚼后直接吞咽，而像花生这些较硬的食物则采取啃食的方式。

观察发现该鼩有储食行为，它会将花生、谷类等转移到较隐蔽的地方储存起来，但未见其有储藏蚯蚓、肉类等食物的行为，可能是由于这些食物较容易腐坏的原因。该鼩不具颊囊，所以会多次往返搬运食物。

对饲养的成体鼩的发情行为进行了观察研究，结果表明交配期可持续 3～5d，交配行为多发生在21：00 至翌日 1：00，每晚可交配（10±2）次。发情期雄体活跃雌体少动，发情行为主要分为绕嗅、咬颈、爬跨、交配等过程，其中咬颈行为存在于交配的全过程，对交配活动能否成功地完成起着重要作用。交配过程中雌体有逃避、攻击等反交配行为，但雄体却表现出强烈的交配欲望，二者对外来雄体表现出强烈的敌对性而对外来雌体的反应却十分冷淡，交配的持续时间与该次交配前的间隔休息时间无必然联系，而与雌体的反交配行为的强弱有很大关系。

人工饲养环境下，自残行为是四川短尾鼩非常突出的一种行为方式。饥饿状态时，表现得尤为突出。将来自同一家庭成员和非同一家庭的成员进行对照饲养试验，结果都是最终剩下 1 只，少数甚至全部死亡，这是由于相互残杀时，造成自身的身体受伤，喂养一段时间后死去。自残行为在性别、年龄和家庭之间差异不明显。自残行为在食物丰盛的情况下依然发生，在饥饿与非饥饿对比实验中，兼有自残现象的发生，但饥饿状态下表现得更严重。

由于四川短尾鼩视觉退化，觅食时听觉非常重要。用蟋蟀实验，当其听到蟋蟀的叫声时，反应非常激动，并顺着发出声音的方向寻找。搜索时，用吻部四处探究，张大嘴巴，很快将猎物捕获。

四川短尾鼩除各种本能行为外，还具有多种学习方式。在对诱饵的鉴别实验中，表现出明显的试错学习方式。对白饵和毒饵有较强的分辨能力，野外试验证明对于使用过的毒饵有明显的拒食性，但不同剂量之间方差分析差别不显著。四川短尾鼩对未见过的食物总是小心地探究，一只个体首先去尝试，若没有问题，然后其他个体上去撕抢。争抢食物时，会发出粗叫声吓走别的个体。四川短尾鼩也表现出某些高等的学习悟性。四川短尾鼩可以学会利用不同装置饮水。如果站在地面够不着，会利用周围的物品站上去饮水，甚至可以主动去搬运这些物品，例如它可以将饲喂的甘薯推过去，站上饮水。

化学通信在四川短尾鼩的生活史中占有重要的地位。四川短尾鼩气味很大，身体发出臭又带有一种让人恶心的油脂气味，特别是在它的生殖季节气味更浓。这种气味能增强异性之间的吸引力，雄体常常用嘴舔雌性背和生殖部位，也出现一只个体仰卧，四脚朝天，和另一个体相互舔生殖器的现象。由此可以推测其性外激素提取物放入毒饵也许会成为一种最有效的引诱剂。

四川短尾鼩种群空间分布格局属于典型的聚集分布，聚集的基本单位为个体群，一个个体群为一个家族，个体群为聚集分布且具有明显领域性。不同月份聚集程度不同，其平均密度与聚集指数呈极显著负相关，表现为高密度、低聚集，低密度、高聚集的分布特征。

（五）繁殖特征

每年 4～6 月及 9～11 月为其主要繁殖期，每胎为 3～7 只，以 4～5 只居多。四川什邡观察的结果认为，四川短尾鼩的怀孕期在每年的 4 月、7 月、9 月。在四川彭县，该鼩当地 3 月开始繁殖，妊娠率为28.2％，4～9 月为繁殖盛期，妊娠率达 50％以上，10 月仍有少量雌体怀孕，妊娠率为 19.4％。11 月至翌年 2 月未见妊娠鼩，说明冬季已停止繁殖。在四川灾区灾后 1 年的调查中，11 月至翌年 2 月也没发现怀孕鼠，因此可以基本确定冬季是停止怀孕的。在彭县捕获的 511 只四川短尾鼩雌鼩中，怀孕 192 只，妊娠率为 37.6％，每胎怀仔 1～7 只，平均 3.96 只，以 3～5 只居多。在解剖的 165 只幼体雌鼩中，妊娠鼩13 只，占 7.9％。在 304 只成体雌鼩中，妊娠鼩 149 只，占 49.0％；老体雌鼩 42 只，妊娠鼩 30 只，占71.4％。这说明各年龄组妊娠率与不同年龄阶段的性成熟度密切相关。值得注意的是四川短尾鼩在地震后的 2008 年 6 月的怀孕率相当高，达 70.97％，7 月的怀孕率也不低，达 53.33％，到 8、9 月仍维持在高位。进入冬季后季节性的停止繁殖，到 2009 年的 4～6 月，又恢复并维持超常的高水平。

四、种群数量动态

（一）数量动态

一年的数量分别在上、下半年各有一个数量高峰，一般为 5～6 月和 9～10 月。但各地或有区别，在四川南充，该鼩种群数量变化在室内生境不具有周期性，室外生境具周期性，一年有 6 月和 11～12 月 2 次数量高峰。在四川什邡的四川短尾鼩种群数量高峰为 6 月和 10～11 月。其种群数量的消长可分为种群潜伏期（3～4 月）、盛发期（6～9 月）、始衰期（10～11 月）、凋落期（12 月、1～2 月）以及数量间歇期（7 月）。在四川灾区，四川短尾鼩是灭鼠运动后残留的优势种，但在灾后的 2008 年 6～9 月该鼩密度相对较低，但到第二年（2009 年）有高速反弹的特征（图 24 - 41 - 1），基本上还是维持上下半年数量高峰的特征。

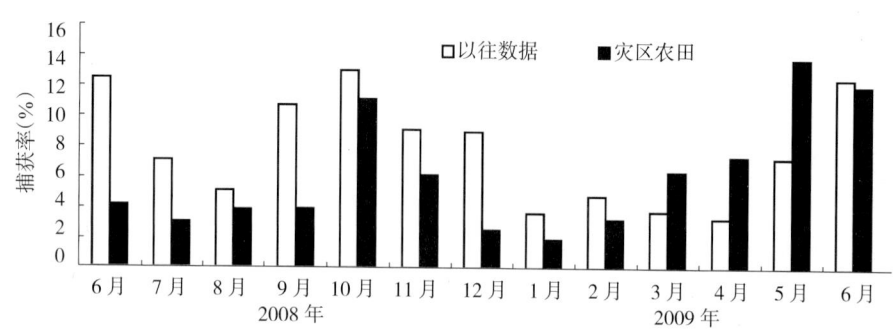

图 24 - 41 - 1　农田四川短尾鼩种群数量动态（引自张美文，2010）

Figure 24 - 41 - 1　Population fluctuation of *Anourosorex squamipes* in farmland（from Zhang Meiwen，2010）

（二）数量预测

根据年龄成亚比与种群相对密度关系并运用回归分析方法，建立 3 个提前预测各月种群密度的回归预测预报方程，用种群成亚比预测种群密度的回归方程为 $Y=0.167X-4.065$，其中 Y 为 2 个月的种群密度预测值，X 为种群成亚比，利用此回归方程计算的理论值与实测值进行比较，其误差范围为 0.18%～3.88%，误差（$M\pm SD$）％为（1.53 ± 1.30）％。用种群的雌成亚比预测种群相对密度的回归方程为 $Y=0.148X-2.754$，X 为 2 月后的种群密度的预测值，X 为种群雌成亚比。其理论值与实测值相比较，雌性成亚比预测的种群密度误差范围为 0.50%～4.05%，误差为（1.78 ± 1.28）％。雄性成亚比预测种群相对密度回归方程为 $Y=0.142X-1.830$，误差范围为 0.32%～4.04%，误差为（1.49 ± 1.39）％。可见种群密度的预测值与实测值基本吻合。

五、防治技术

尽管四川短尾鼩属鼩形目，但它捕食有益昆虫、蚯蚓及青蛙等，还可破坏农作物、传播疾病，仍属害兽之一。特别是在三峡库区和四川地震灾后，均为当地绝对优势种类，种群数量也较高，因此数量较多时必须加以防控。但相对于啮齿目，目前的防治研究相对较少。

四川短尾鼩可用试错方式学习分辨毒饵，同时也表现出利用物品的高等悟性学习行为。因此急性鼠药对它的杀灭效果应该不会很理想，宜使用抗凝血等慢性灭鼠剂。

就毒饵选择上，选用成本相对低廉的小麦、猪血、猪肺、猪饲料等为饵料。以杀鼠灵为主要灭鼠剂分别配制毒饵。进行同一杀鼠剂——杀鼠灵不同饵料毒杀效果试验研究，结果表明，猪肺毒饵对四川短尾鼩的适口性最好，防治效果最佳；猪饲料毒饵适口性次之，杀灭四川短尾鼩的效果亦较好，但两种毒饵成本较高，特别是猪肺来源极少，难以大面积推广。小麦毒饵对四川短尾鼩的防治效果在 80% 以上，对其他鼠种灭效较高（鼩、鼠兼灭），且成本较低，来源丰富，可以推广使用。

张美文（中国科学院亚热带农业生态研究所）

第 42 节　臭　　鼩

一、分布与危害

（一）分布

臭鼩（*Suncus murinus* Linnaeus），隶属鼩形目鼩鼱科臭鼩属，又名大臭鼩、粗尾鼩、尖嘴鼠、食虫鼠。有很多同物异名和亚种。染色体数 $2n=40$。

臭鼩在我国分布广泛,主要位于我国南方,尤以东南、华南沿海为多,包括上海、浙江、江西、福建、台湾、广东、广西、海南、湖南、贵州、云南、四川、甘肃等省份,近年于江苏、河南、山东等地也有发现。国外分布于日本、马来西亚、缅甸、不丹、尼泊尔、斯里兰卡、印度、巴基斯坦和阿富汗等国(彩图 24 - 42 - 1)。

(二)危害

臭鼩杂食性,以取食昆虫和其他无脊椎动物为主,也取食种子和果实,对农业生产的为害不详,但在很多地方栖息于人类居住的场所。在我国南方农村住宅中数量较多,有的地方数量已高于或仅次于褐家鼠或小家鼠。家栖时,盗取粮食,扰乱生活,身上寄生有跳蚤、虱子和蜱等寄生虫,是鼠疫杆菌、钩端螺旋体病、流行性出血热病毒、恙虫病等病原体的宿主生物之一。

二、形态特征

体长 119～147mm,尾长 60～80mm,后足长 19～22mm,颅全长约 30mm,不同地区个体体重差异较大。

臭鼩体型较小,头狭长,吻部显著突出;眼小、耳裸,有明显皱褶;足及爪均细小,有泄殖腔(较原始的特征);毛被短密呈绒状,通常灰色,略有浅棕色;尾基部粗大,尾长超过体长之半,其上散布有很多粗长毛;体侧面中央有 1 对腺体,分泌黄色具臭味的黏液。雄性睾丸不位于腹腔,无阴囊,位于尾基部的提睾囊内;雌兽具 3 对明显的乳头,分列于下腹两侧,最前 1 对生于后肢前基部;无盲肠。

头骨(彩图 24 - 42 - 2)细长,具尖削的吻部,大部分骨缝愈合,颧弓缺失,无听泡,听骨退化为一细弱的骨环,不固着于头骨上;有明显的矢状嵴,人字嵴发达,显著突出于枕骨上缘,左右相交呈直角。

牙齿构造最特殊的是上颌 3 对门齿,齿尖甚发达。上颌第一门齿的前突发达且朝下方弯曲,呈钩状,根部有一小而钝的后突;第二、第三门齿退化,第三门齿最小,不及第二门齿一半;犬齿也退化,第一前臼齿最小,隐于齿列线内方,但不显露于外侧;第二前臼齿发达;第一、第二臼齿有 W 形外齿突;第三臼齿小,约为第二臼齿的 1/4。下门齿向前突出;犬齿和前臼齿均退化,差别不明显;第一、第二臼齿咀嚼面中间凹陷,第三臼齿小。

三、生活习性

臭鼩栖息于野外和人类居所,室内尤喜泥地平屋、厨房水沟和阴暗潮湿处;野外类群相反,生活于植被稀少的灌丛和森林中,通常远离人类存在的地方,似乎喜欢潮湿的栖息地,尤其沼泽和池塘周边数量较多。

臭鼩在菜地、麦地、甘蔗地、黄麻地中有较多活动,野外雌雄巢域面积及活动距离差异极显著。浙江萧山地区野外雄性个体巢域为(1 227±263.0) m²,活动距离平均为(68.7±2.8) m;雌性分别为(241.4±50.3) m² 和(22.6±8.1) m。个体间巢域重叠比例高,其室内外迁移现象明显。

臭鼩食性杂,在室内外有明显的差异,与啮齿动物差异较大。喜食动物性蛋白,尤其是昆虫类。据詹绍深(1988)于福建三明地区野外臭鼩的胃容物检测结果,昆虫的出现频率达 58%,蟑螂、鳞翅目幼虫、蟋蟀、蝼蛄、白蚁、天牛及蚯蚓等均可被取食,其也食鼩鼱、鲜鱼、鱼干、虾干、蚕虫、油条等物。浙江萧山地区农田中臭鼩取食的动物性食物,约占总食物组成的 80%;在室内其盗食大米、小麦等粮食,比例可达 38.8%,日取食量可达体重的 5%～10%。

臭鼩为夜行性动物,以 20:00～22:00 和 4:00～5:00 为活动高峰期,午夜活动减少,可发出似鸟鸣声。受惊时,体侧的臭腺分泌奇臭的分泌物以自卫。喜跳跃,不善攀爬。幼仔常跟随母兽成群结队活动。不同地区臭鼩的形态、生理及交配、筑巢等行为差异明显。

在我国南方地区,臭鼩种群雄性多于雌性,雌雄性比为 0.7 左右,不同月份差异明显。雄性个体体重、体长、尾长等指标显著大于雌性,呈性二型现象。臭鼩妊娠期约 30d,每胎 1～7 仔,以 3～4 只居多。其寿命约为 1 年,热带地区全年均可繁殖,以 2～4 月和 7～8 月的繁殖率最高。不同地区稍有差异,关岛地区臭鼩的性成熟雄性为 51 日龄,雌性为 30 日龄。浙江萧山地区,雌雄个体性成熟率都随体重的增加而上升,体重达 40g 者,性成熟率超过 50%,体重达 50g 以上的个体几乎全部性成熟。

四、种群数量动态

臭鼩种群数量存在季节性和年度差异，室内外也有差异（图 24-42-1）。种群相对数量的季节消长呈后峰型双峰曲线，室外种群 1 月后数量开始上升，4 月和 9～10 月达高峰，室内种群在 5 月和 10 月各有一个数量高峰，前峰不及室外种群明显，从 10 月到翌年 3 月数量呈下降趋势。

臭鼩种群数量也具有年度间差异，萧山地区室内种群 1985—1989 年数量呈上升趋势，1989 年以后开始下降；室外种群 1985—1989 年数量总体稳定略呈下降趋势。年度与季节性变化都受栖息地内其他小型兽类种群数量、房屋结构及作物类型等因素的影响。臭鼩种群有由室内向野外扩散的趋势。当室内种群数量处于上升阶段时，室内向室外迁移扩散的强度增加，使室外种群保持相对稳定的高密度。室内种群数量呈下降状态时，室外种群数量也随之下降，最终种群维持在较低数量水平上。故室内种群数量决定室外种群的密度。与同一生境中的其他啮齿动物间数量呈相互制约关系。在同一栖息地内，家栖鼠一般为优势种。但若在外界因素如灭鼠活动的干扰下，家栖鼠数量下降，由于臭鼩

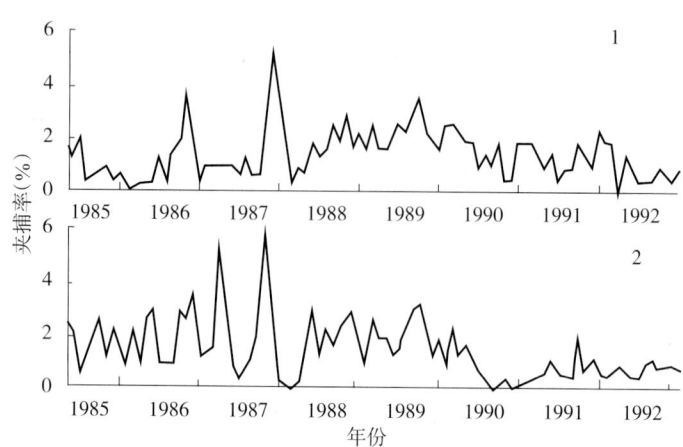

图 24-42-1 1985—1992 年浙江萧山地区臭鼩室内（1）和室外（2）种群的逐月动态（引自丁平等，1994）

Figure 24-42-1 Population dynamic of *Suncus murinus* in house (1) and field (2) in Xiaoshan, Zhejiang from 1985 to 1992 (from Ding Ping et al.，1994)

的食性差异，被灭杀的比例小，使其数量比例迅速上升。但随着家栖鼠数量恢复，数量比例又逐渐下降，故臭鼩数量可以作为同一区域灭鼠效果的参考指标，对其灭杀时，需要使用针对性的基饵等特殊措施。

臭鼩年龄结构和体形大小也存在季节性差异，在室内，种群雄性春、冬季以成年Ⅱ组为主，夏、秋季以老年组为主；在室外春、秋和冬季均以成年Ⅰ组为主，夏季以成年Ⅱ组为主。室内雌性各季节均以成年Ⅰ组为主，而室外春、冬季以亚成年组为主，夏、秋季以成年Ⅰ组为主。其种群春季（4～5 月）到秋季（10～11 月）组成个体的体形逐渐增大，至冬季（12 月至翌年 3 月）明显变小，该变化与年龄结构和食物供给的季节性变化密切关联。

五、防治技术

常规抗凝血杀鼠剂对害鼠的防治通常使用谷物作为基饵，但啮齿目害鼠与臭鼩的食性差异很大，臭鼩以动物性的昆虫为主要食物。针对害鼠的大面积化学防治后，啮齿目害鼠数量短期内急剧下降，臭鼩被灭杀的数量很小，种间竞争压力减小，间接地导致臭鼩密度上升，反而"越灭越多"。故针对臭鼩的防治要选择合适的诱饵和杀鼠剂。

以甘薯块和牛肉块为诱饵的捕鼠试验表明，动物性诱饵牛肉块对臭鼩的引诱力显著高于植物性诱饵甘薯块。且牛肉块对臭鼩的诱捕率显著高于啮齿目鼠类，故物理器械灭杀臭鼩时可选用牛肉块诱饵。

根据阎可廷等（1989）灭杀臭鼩用基饵及引诱剂的选择试验结果，臭鼩喜食水分含量多、易咬嚼的食物。动物性基饵沙虫、牛肉，植物性基饵南瓜、米饭，混合物基饵牛肉加米饭的适口性最好，都可以作为灭杀臭鼩的基饵使用。花生油和猪油可提高上述基饵的适口性。综合考虑成本等因素，推荐使用牛肉加米饭，配以花生油的基饵最佳。

对于杀鼠剂的选择，溴敌隆的灭杀率为 75%，其实际的野外防治效果需要进一步检测验证。氯敌鼠对臭鼩的 3 次口服 LD_{50} 为 2.703 7mg/kg，以 200mg/kg 的氯敌鼠并配合使用以牛肉加米饭配以花生油的基饵进行现场灭杀，对臭鼩的灭效可达 85%。

王登（中国农业大学）

主 要 参 考 文 献

阿德克·乌拉孜汉.2011a.阿勒泰地区推广人工招鹰灭鼠的研究［J］.新疆畜牧业，1：12-15.

阿德克·乌拉孜汉.2011b.新疆阿勒泰地区主要草地害鼠的危害及防治［J］.新疆畜牧业，4：58-61.

阿帕尔·阿不都吾甫尔.2011.木垒县主要草原啮齿动物组成变化分析［J］.新疆畜牧业（9）：57-59.

安徽省卫生防疫所防疫科.1978.气候条件对黑线姬鼠种群数量的影响［M］//青海省生物研究所.灭鼠和鼠类生物学研究报告：第三集.北京：科学出版社.

巴雅尔，姚忠友，张文娟，等.2004.低山丘陵区达乌尔黄鼠的空间聚集性及与动物鼠疫的关系［J］.中国地方病防治杂志，19（3）：134.

包孟彩，李润，郭继彤，等.1997.四种鼠染色体组型及头骨比较研究［J］.内蒙古大学学报：自然科学版（2）：213-218.

鲍毅新.1993.社鼠研究概要［J］.浙江师范大学：自然科学版，16（2）：50-54.

鲍毅新，包福兴，王跃光.1992.毒杀社鼠的基饵选择［J］.中国媒介生物学及控制杂志，3（4）：226-228.

鲍毅新，丁平，诸葛阳，等.1995.舟山岛东部地区黑线姬鼠种群生态的研究［M］//张洁.中国兽类生物学研究.北京：中国林业出版社.

鲍毅新，丁平，诸葛阳.1991.黄胸鼠的年龄鉴定和种群年龄组成［J］.动物学研究，12（1）：35-40.

鲍毅新，麻文庭，何伟平，等.1993.毒杀社鼠的引诱剂选择试验［J］.中国媒介生物学及控制杂志，4（4）：275-278.

鲍毅新，王跃光，包福兴.1992.社鼠的生殖行为与幼鼠生长发育的初步观察［J］.浙江师范大学报：自然科学版，15（3）：76-78.

鲍毅新，王跃光，包福兴.1993.室内毒杀社鼠试验［J］.中国媒介生物学及控制杂志，4（5）：367-371.

鲍毅新，诸葛阳.1984a.社鼠的年龄鉴定与种群年龄组成［J］.兽类学报，4（2）：127-137.

鲍毅新，诸葛阳.1984b.天目山自然保护区啮齿类的研究［J］.兽类学报，4（3）：197-205.

鲍毅新，诸葛阳.1986.黑腹绒鼠生态学的研究［J］.兽类学报，6（4）：297-305.

鲍毅新，诸葛阳.1987.金华北山啮齿类的生态研究［J］.兽类学报，7（4）：266-274.

卞锡元.1995.伊犁林木害鼠的发生与防治［J］.植物保护（4）：45-46.

卜书海，韩崇选，吴凤霞，等.2001.新疆吉木萨尔县林地鼠类夏季群落结构［J］.西北林学院学报，16（4）：52-54.

曹建军，周俊义，马永亮.1985.东方田鼠的生活习性观察和药物防治初步试验［J］.宁夏农业科技（6）：28-30.

常弘，余国兴.1990.珠江三角洲黄毛鼠种群数量动态的研究［J］.生态科学（1）：29-35.

常文英，郭学林，宁振东，等.2010.山西省隰县社鼠对溴敌隆的敏感性研究［J］.山西农业科学，38（10）：45-47.

常文英，郭学林，宁振东，等.2011.山西省娄烦地区北社鼠对杀鼠灵的敏感性研究［J］.中国媒介生物学及控制杂志，22（6）：541-542，549.

陈安国，郭聪，王勇，等.1995.洞庭湖区东方田鼠种群特性和成灾原因研究［M］//张洁.中国兽类生物学研究.北京：中国林业出版社：31-38.

陈安国，刘辉芬，王勇，等.1991.长江中游稻作区褐家鼠黑线姬鼠种群动态和综合治理技术研究［J］.农业现代化研究，12（2）：36-41.

陈安国，王勇，郭聪，等.1993.全栖息地毒鼠法及其应用［J］.农业现代化研究，14（2）：108-113.

陈安国.1996.南方农区害鼠生态特性及综合治理技术［M］//王祖望，张知彬.鼠害治理的理论与实践.北京：科学出版社.247-309.

陈安国等.1988.湖南农业鼠害防治技术研究I.害鼠的种类，害区和防治有关的生物学特性［J］.兽类学报，18（3）：215-223.

陈保.1989.黑线姬鼠年龄划分及种群年龄组成［J］.中国鼠类防制杂志，5（特刊5）：39.

陈德，李永平.2000.内蒙古土默特平原长爪沙鼠种群食性研究［J］.内蒙古预防医学（2）：76-77.

陈富申.1989.黑线姬鼠生物学特性研究初报［J］.河南农业科学（1）：13-14.

陈国康，施大钊.2003.不同社群序位布氏田鼠的繁殖行为［J］.兽类学报，23（3）：220-224.

陈剑，王忠全，王勇，等.2008.藏北草原高原鼠兔密度调查方法探讨［J］.植物保护，34（4）：114-117.

陈鉴潮，姚崇勇，张绳祖，等.1982.甘南草原鼠害调查报告［J］.动物学杂志（3）：25-28.

陈善科，保平，庄光辉，等.2000.阿拉善荒漠几种主要害鼠的生态危害及防治对策［J］.草业科学，17（5）：18-20.

陈水华，诸葛阳.1990.臭鼩的室内毒杀试验［J］.动物学杂志，25（4）：38-40.

陈卫，付必谦，高武.1994.中华姬鼠种群生态的初步分析［J］.兽类学报，14（4）：312-313.

陈卫，高武，傅必谦.2002.北京兽类志［M］.北京：北京出版社.

陈文 . 1996. 高山姬鼠的发生与防治初探 [J] . 植保技术与推广，16（3）：31.

陈欣如，侯岩岩，燕顺生，等 . 2005. 新疆野生啮齿动物嗜肝病毒的感染 [J] . 中国实验动物学报（1）：34 - 35.

陈越华 . 2004. 布氏田鼠婚配制度的研究进展 [J] . 生物学通报，39（8）：7 - 9.

程作民，孙信仁 . 1997. 农田害鼠种群数量动态及消长因素调查分析 [J] . 中国媒介生物学及控制杂志，8（3）：224 - 225.

丛林，刘晓辉，张健旭，等 . 2008. 实验室条件下黑龙江几种主要农业害鼠昼夜活动节律的研究 [J] . 植物保护，34（3）：56 - 58.

丛显斌，张子郁，张芳 . 1996. 达乌尔黄鼠生命表及其分析 [J] . 中国媒介生物学及控制杂志，7（6）：446 - 447.

崔庆虎，蒋志刚，连新明，等 . 2005. 根田鼠栖息地选择的影响因素 [J] . 兽类学报，25（1）：45 - 51.

崔庆虎，苏建平，张同作，等 . 2004. 根田鼠对不同类型栖息地的利用 [J] . 动物学研究，25（4）：316 - 320.

戴昆，姚军，高行宜 . 1999. 大沙鼠的巢域选择 [J] . 干旱区研究，16（4）：5 - 8.

党惠才，郭正财 . 2010. 大沙鼠种群数量动态及周期性 [J] . 新疆畜牧业，11：48 - 50.

党惠才，徐文 . 2010. 大沙鼠发生危害及生态治理 [J] . 新疆畜牧业，S2：45 - 47.

邓先余，冯庆，王应祥 . 2005. 中国大陆白腹鼠属的分支系统发育研究 [J] . 动物分类学报，30（2）：234 - 238.

邓址，潘凤庚 . 1983. 抗凝血灭鼠剂大隆和鼠得克的生物学效果评价 [J] . 兽类学报，3（1）：93 - 98.

丁平，鲍毅新，姜仕仁，等 . 1997. 臭鼩种群数量动态分析 [J] . 浙江农业大学学报，23（1）：1 - 6.

丁平，鲍毅新，诸葛阳 . 1994a. 臭鼩种群相对数量季节变化的初步分析 [J] . 兽类学报，14（4）：294 - 298.

丁平，鲍毅新，诸葛阳 . 1994b. 萧山围垦农区小型兽类种群动态的研究 [J] . 兽类学报，114（1）：35 - 42.

丁平，鲍毅新，诸葛阳 . 1995. 臭鼩的种群年龄结构研究 [J] . 兽类学报，15（2）：149 - 154.

丁平，诸葛阳 . 1995. 萧山围垦农区臭鼩形态的比较研究 [J] . 兽类学报，15（3）：235 - 236.

丁文杰，工军华，张学顺，等 . 2008. 达乌尔黄鼠的调查方法及防治措施 [J] . 饲料饲草，6：52 - 53.

丁新天 . 1990. 黑线姬鼠种群发生规律的研究 [J] . 病虫测报（4）：36 - 41.

丁志辉，青梅，任建忠 . 2011. 二连浩特市 2005—2010 年动物鼠疫监测分析 [J] . 疾病监测与控制，7：426 - 428.

董维惠，侯希贤，杨玉平 . 2003. 掌握草原害鼠数量变动规律开展综合防治 [J] . 中国草地，25（6）：41 - 44

董维惠，侯希贤，杨玉平 . 2005a. 子午沙鼠种群数量动态分析 [J] . 中国媒介生物学及控制杂志，16（1）：23 - 25.

董维惠，侯希贤，杨玉平 . 2008. 我国草原常见害鼠药物防治适宜时机的选择 [J] . 中国草地学报，30（4）：107 - 112.

董维惠，侯希贤，林小泉，等 . 1993. 黑线仓鼠种群数量动态预测研究 [J] . 生态学报，3（4）：300 - 305.

董维惠，侯希贤，杨爱，等 . 2005b. 鼠类种群数量动态及持续控制研究 [M] . 呼和浩特：内蒙古大学出版社 .

董维惠，侯希贤，杨玉平，等 . 1991. 用水晶体干重鉴定五趾跳鼠的种群年龄 [J] . 动物学研究，12（3）：265 - 270.

董维惠，侯希贤，杨玉平，等 . 2004. 长爪沙鼠种群数量变动特征的研究 [J] . 中国媒介生物学及控制杂志，15（2）：88 - 91.

董维惠，侯希贤，杨玉平，等 . 2008a. 草原和农田几种主要鼠种数量动态研究及预测 [J] . 中国草地学报，38（5）：90 - 95.

董维惠，侯希贤，杨玉平 . 1989. 黑线仓鼠巢区的研究 [J] . 兽类学报，9（2）：103 - 109.

董维惠，侯希贤，杨玉平 . 2003a. 鄂尔多斯沙地草场黑线仓鼠种群特征研究 [J] . 中国媒介生物学及控制杂志，14（2）：88 - 91.

董维惠，侯希贤，杨玉平 . 2003b. 掌握草原害鼠数量变动规律开展综合防治 [J] . 中国草地，33（6）：42 - 45.

董维惠，侯希贤，杨玉平 . 2006a. 内蒙古中西部地区五趾跳鼠种群数量动态研究 [J] . 中国媒介生物学及控制杂志，17（6）：444 - 446.

董维惠，侯希贤，杨玉平 . 2006b. 锡林郭勒草原布氏田鼠种群数量预测 [J] . 中国草地学报，28（4）：115 - 117.

董维惠，侯希贤，杨玉平 . 2008a. 三趾跳鼠繁殖生态研究 [J] . 中华卫生杀虫药械，14（6）：493 - 497.

董维惠，侯希贤，杨玉平 . 2008b. 我国草原常见害鼠药物防治适宜时机的选择 [J] . 中国草地学报，30（4）：107 - 112.

董维惠，侯希贤，张鹏利，等 . 1990. 黑线毛足鼠种群数量结构和繁殖的研究 [J] . 兽类学报，10（3）：221 - 226.

董维惠，侯希贤，张耀星，等 . 2004. 内蒙古中西部地区黑线仓鼠种群生态特征的比较研究 [J] . 中国媒介生物学及控制杂志，3：205 - 208.

董维惠，侯希贤，周延林，等 . 1994. 内蒙古正镶白旗典型草原鼠类组成及数量动态研究 [J] . 草地学报，2（1）：78 - 82.

董维惠，侯希贤，周延林，等 . 1997. 内蒙古典型草原区 10 年害鼠数量动态 [J] . 中国媒介生物学及控制杂志，8（6）：405 - 408.

董维惠，侯希贤，周延林，等 . 2001. 小毛足鼠种群年龄鉴定和组成的研究 [J] . 中国媒介生物学及控制杂志，12（3）：168 - 170.

董维惠，侯希贤，周延林 . 1998. 黑线毛足鼠种群数量动态及预测研究 [J] . 草地学报，6（3）：207 - 211.

董维惠，侯希贤，林小泉，等 . 1993. 黑线仓鼠种群数量动态预测研究 [J] . 生态学报，13（4）：300 - 305.

董维惠，薛小平，侯希贤，等.1998.达乌尔黄鼠种群繁殖与数量动态研究［J］.卫生杀虫药械，4（3）：4-7.

董照锋，李亚青，王刚云，等.2002.商洛市大仓鼠发生规律和防治技术研究［J］.陕西农业科学，11：14-15.

杜国义，胡乐乐，董国润，等.2008.2005—2007年张家口塞北区达乌尔黄鼠妊娠率调查［J］.地方病通报，23（2）：6-7.

杜增瑞，王泽长，朴相根，等.1960.吉林省九台山县东方田鼠的初步观察［J］.动物学杂志，4（6）：249-253.

杜增瑞，王泽长，朴相根.1959.巢鼠的初步观察［J］.动物学杂志（6）：263-269.

鄂晋，张福顺，余奕东，等.2009.荒漠区开垦干扰下子午沙鼠种群数量动态与繁殖特征［J］.内蒙古农业大学学报，30（2）：140-144.

樊乃昌，等.1985.士的宁杀灭高原鼢鼠的试验研究［J］.兽类学报，5（4）：311-315.

樊乃昌，等.1986.溴敌隆防治高原鼠兔和高原鼢鼠的研究［J］.兽类学报，6（3）：211-271.

樊乃昌，谷守勤.1981.中华鼢鼠（Myospalax fontanierii）的洞道结构［J］.兽类学报，1（1）：67-72.

樊乃昌，景增春，张道川.1995.高原鼠兔与达乌尔鼠兔食物资源维生态位的研究［J］.兽类学报，15（1）：36-40.

樊乃昌，施银柱.1982.中国鼢鼠（Eospalax）亚属分类研究［J］.兽类学报，2（2）：183-199.

樊振亚，周祥，罗运珩，等.1997.布氏田鼠鼠疫对人的危害及其防制对策研究［J］.医学研究通讯，26（4）：15-16.

范维，崔文富，张宝森，等.1985.绥芬河地区鼠类生态学调查［J］.动物学杂志，40（4）：8-12.

范喜顺，刘朝辉，翟荣仙，等.1996.根田鼠种群年龄和繁殖的研究［J］.石河子农学院学报（4）：35-40.

方荣盛，邹波.1991.黄土高原东南部鼠类天敌调查［J］.陕西师范大学学报：自然科学版，19（增刊）：72-80.

房继明，孙儒泳.1989.布氏田鼠种群数量的季节动态与鼠洞的关系［J］.兽类学报，9（3）：202-209.

房继明，孙儒泳.1991.布氏田鼠空间分布格局的季节动态［J］.生态学报，11（2）：111-116.

房继明，孙儒泳.1994.布氏田鼠数量和空间分布的年际动态及周期性初步分析［J］.动物学杂志，29（6）：35-37.

冯志勇，黄秀清，陈美梨，等.1990.黄毛鼠种群时空动态和近年来鼠害上升原因的研究［J］.生态科学（1）：78-83.

冯志勇，黄秀清，陈美梨，等.1995.黄毛鼠胴体重和睾丸发育的研究［J］.动物学杂志，30（1）：35-37.

冯志勇，黄秀清，颜世祥.1995.珠江三角洲稻区害鼠群落结构及演替研究［J］.中山大学学报论丛，3（1）：91-97.

冯志勇，黄秀清.1996.珠江三角洲农田鼠害治理的生态工程方法初探［M］//张芝利，朴永范，吴钜文，等.中国有害生物综合治理论文集.北京：中国农业科学技术出版社：1017-1021.

冯志勇，姚丹丹，黄立胜，等.2007.黄毛鼠对第一代抗凝血灭鼠剂的抗药性监测［J］.植物保护学报，34（4）：420-424.

冯祚建，蔡桂全，郑昌琳.1986.西藏哺乳类［M］.北京：科学出版社.

冯祚建，郑昌琳.1985.中国鼠兔属（Ochotona）的研究——分类与分布［J］.兽类学报，5（4）：269-289.

付必谦，陈卫，王磊，等.2008.北京地区中华姬鼠与大林姬鼠的数量分类研究［J］.生物学学报，23（4）：668-676.

付春祥，曹官时.2003.黄河三角洲不同生态环境大仓鼠习性调查（Ⅰ）［J］.预防医学文献信息，9（1）：21-22.

甘肃省科学院生物研究所.1982.极为罕见的黑色喜马拉雅旱獭［J］.动物学杂志（2）：29.

高俊武.2009.阿拉善黄鼠鼠疫疫源地鼠疫流行资料分析［J］.地方病通报，19（4）：50-51.

高胜英，苏虎奎.2009.北疆地区林木鼠害及其无公害防治［J］.新疆林业（4）：43.

高志祥，邱俊荣，冯志勇，等.2011.雷州市黄胸鼠对杀鼠灵的抗药性调查［J］.中国媒介生物学及控制杂志，22（1）：35-37.

葛钟磷.1996.植物病虫草鼠害防治大全［M］.合肥：安徽科学技术出版社：825-826.

广东省昆虫研究所动物研究室生态组（廖崇惠）.1980.珠江三角洲农田小家鼠种群生态的几个问题［J］.动物学报，26（3）：287-279.

广东省湛江市地区卫生防疫站.1978.广东黄胸鼠的生态调查及防除［M］//青海省生物研究所.灭鼠和鼠类生物学研究报告：第三集.北京：科学出版社：42-46.

郭聪，陈安国，李世斌，等.1992.洞庭丘岗平原区农村鼠类群落演替的观察［J］.兽类学报，12（4）：294-301.

郭聪，陈安国，王勇，等.1994.华中地区小家鼠生物学特性观察［J］.兽类学报，14（1）：51-56.

郭聪，王勇，陈安国，等.1997.洞庭湖区东方田鼠迁移的研究［J］.兽类学报，17（4）：279-286.

郭聪，王勇，张美文，等.2001.洞庭湖区东方田鼠洞群成员分析［J］.兽类学报，21（1）：44-49.

郭聪，张美文，王勇，等.1999.洞庭湖区夏季温光条件及被迫迁移对东方田鼠繁殖的影响［J］.兽类学报，19（4）：298-307.

郭金宝，王祖望，刘焕金.1974.棕色田鼠的生活习性观察及其防治［J］.动物学杂志（4）：9-11.

郭军.2004.印度地鼠的危害及防治技术［J］.草业科学，21（10）：56-58.

郭军.2007.南疆平原优势种印度地鼠的危害及防治技术［J］.新疆畜牧业（增刊）：27-28.

郭全宝，汪诚信，邓址，等.1984.中国鼠类及其防治［M］.北京：农业出版社.

郭全宝，张志天，郝连义，等.1987.蓟县燕山区社鼠生态调查［J］.中国鼠类防制杂志，3（1）：32-34.

郭永旺，施大钊，王勇，等.2011.中国主要农作物鼠害简明识别手册［M］.北京：中国农业出版社.

郭永旺，杨再学.2011.中国农区鼠害监测与防治标准［M］.北京：中国农业出版社.

国廷杰，任冬，于海城，等.1999.东北鼢鼠综合防治的研究［J］.林业科技通讯（5）：12-14，25.

何宗章，黄志刚，李国维，等.2010.河北北部三趾跳鼠生境及公共卫生学意义［J］.医学动物防制，26（11）：1002-1003.

和希格，刘国柱，李建平.1981.赤颊黄鼠的生态初步调查［J］.兽类学报，1（1）：85-91.

贺勇.2010.内蒙古草原鼠害严重［J］.中国牧业通讯（13）：35-36.

黑龙江草原灭鼠办公室.1976.掌握布氏田鼠活动规律大打草原灭鼠的人民战争［J］.动物学报，22（3）：237-249.

洪朝长.1979.福建农田害鼠及其防治［J］.福建农业科技（5）：43-48.

洪朝长，陈小彬.1991.小家鼠的年龄鉴定及种群年龄组成的研究［J］.中国媒介生物学及控制杂志，2（6）：377-381.

洪朝长，陈小彬，陈金贤，等.1992a.福建省莆田地区小家鼠种群繁殖的研究［J］.兽类学报，13（2）：149-150.

洪朝长，陈小彬，陈学榕，等.1992b.莆田地区黄胸鼠种群动态和繁殖生态研究［J］.中国媒介生物学及控制杂志，3（1）：27-31.

洪朝长，陈小彬，陈学榕，等.1993.莆田地区家鼠的种类、种间关系和群落演替［J］.中国媒介生物学及控制杂志，4（1）：32-35.

洪震藩.1981.东方田鼠的一新亚种［J］.动物分类学报，6（4）：444-445.

洪震藩.1985.社鼠、针毛鼠的种群年龄组成初步研究［J］.武夷科学（2）：197-207.

洪震藩，陈崇傅.1963.福建地区沼泽田鼠生态初步观察［J］.动物学杂志，6（4）：444-455.

侯兰新，倪亦非，沙依拉吾.1985.印度地鼠冬季的一些繁殖资料［J］.兽类学报，5（4）：310.

侯兰新.1986.印度地鼠的一些生物学资料及防制初探［J］.中国鼠类防制杂志，2（2）：68-69.

侯希贤，董维惠，周延林，等.2000.子午沙鼠种群数量动态及预测［J］.生态学报，20（4）：711-714.

侯希贤，董维惠，杨玉平，等.1992.黑线仓鼠综合防治的研究［J］.中国媒介生物学及控制杂志，3（3）：162-165.

侯希贤，董维惠，杨玉平，等.1993.呼和浩特地区黑线仓鼠种群动态研究［J］.动物学研究，14（2）：143-149.

侯希贤，董维惠，杨玉平.2003.鄂尔多斯沙地草场小毛足鼠种群数量动态分析［J］.中国媒介生物学及控制杂志，14（3）：177-180.

侯希贤，董维惠，张鹏利，等.1989.呼和浩特栽培牧草地黑线仓鼠生态学的调查［J］.中国草地，19（5）：53-58.

侯希贤，董维惠，周延林，等.2000a.小毛足鼠繁殖生态研究［J］.动物学研究，21（3）：187-191.

侯希贤，董维惠，周延林，等.2000b.鄂尔多斯沙地小毛足鼠种群数量动态及预测［J］.中国媒介生物学及控制杂志，11（1）：7-10.

侯希贤，张鹏利，杨玉平，等.1989.黑线仓鼠的食物和食量［J］.中国鼠类防制杂志，5（3）：155-158.

呼伦贝尔草原鼠害调查组.1965.布氏田鼠的活动对草原生产力影响的研究［J］.动物学报，21（1）：40-45.

胡根林，诸葛阳.1994.浙江萧山、舟山及福建集美臭鼩核型比较研究［J］.杭州大学学报：自然科学版，21（4）：445-451.

胡锦矗，王西之.1984.四川资源动物志：第二卷 兽类［M］.成都：四川科学技术出版社.

胡永祥，高颖，咏梅.2006.东乌珠穆沁旗草原鼠害现状及防治对策［J］.内蒙古草业，18（2）：59-63.

胡忠军，郭聪，王勇，等.2002.东方田鼠昼夜活动节律观察［J］.动物学杂志，37（1）：18-22.

胡忠军，王勇，郭聪，等.2003.人工饲养条件下东方田鼠指名亚种繁殖特性及其幼仔的生长发育［J］.兽类学报，23（1）：58-65.

胡忠军，王勇，张美文，等.2002a.不同生活条件下东方田鼠内脏器官比较［J］.生态学杂志，21（5）：5-8.

胡忠军，王勇，张美文，等.2002b.东方田鼠头骨和脏器的形态学指标［J］.动物学杂志，37（4）：21-26.

黄汉宏，梁俊勋，梁年贵，等.1993.广西鹿寨农业区的害鼠调查［J］.广西植保（1）：16-18.

黄惠敏，王廷正.1999a.豫西黄土高原农作区棕色田鼠对农作物的危害及经济阈值的研究［J］.兽类学报，19（3）：221-226.

黄惠敏，王廷正.1999b.棕色田鼠食性食量的研究［J］.陕西师范大学学报：自然科学版，7（3）：88-92.

黄继荣，王炎，李联涛.2006.长爪沙鼠生物学特性调查研究［J］.宁夏农林科技（6）：36-37.

黄佳亮，周培盛，龙之美.1996.海南岛山区鼠形动物群落与空间分布［J］.医学动物防制，12（3）：25-28.

黄健，张大铭.2004.大沙鼠种群数量动态与预测［D］.乌鲁木齐：新疆大学.

黄铁华，廖崇惠.1980.板齿鼠的生长发育［J］.动物学报，26（4）：386-391.

黄文几，陈延熹，温业新.1995.中国啮齿类［M］.上海：复旦大学出版社.

黄文几，温业新，黄正一，等.1966.江苏省哺乳类区系的分布和地理区划［J］.复旦大学学报，11（1）：77-91.

黄文几，温业新，黄正一，等.1979.江苏省镇江金沙滩巢鼠的调查研究［J］.动物学杂志（3）：10-13.

黄孝龙，王治军，吴驾淞，等.1986.青海海晏县热水滩和乌兰脑滩喜马拉雅旱獭的繁殖生物学特征［J］.兽类学报，6（4）：307-311.

黄孝龙，王治军，于小涛，等.1985.用晶体重量测定喜马拉雅旱獭的年龄［J］.兽类学报，5（1）：10，15.

黄秀清，冯志勇，颜世祥.1995b.珠江三角洲黄毛鼠发生规律与防治措施［J］.中山大学学报论丛，3（1）：58-62.

黄秀清，冯志勇，颜世祥.1999a.灭鼠后黄毛鼠种群数量回升动态研究［J］.中国媒介生物学及控制杂志，10（6）：401-404.

黄秀清，冯志勇，颜世祥.1999b.小家鼠发生规律及防治技术研究［J］.广东农业科学（3）：44-46.

黄秀清，冯志勇，颜世祥.2002.黄毛鼠综合防治对策及技术研究［J］.广东农业科学（1）：40-42.

黄秀清，冯志勇，陈美梨，等.1990a.黄毛鼠为害水稻的研究［J］.生态科学（1）：64-69.

黄秀清，冯志勇，陈美梨，等.1990b.黄毛鼠行为习性及其在防制和监测上的应用［J］.生态科学（1）：57-63.

黄秀清，冯志勇，陈美梨，等.1994.雌性黄毛鼠繁殖特征研究［J］.兽类学报，14（1）：74.

黄秀清，冯志勇，颜世祥，等.1995a.平原区柑橘园黄毛鼠发生规律及防治技术研究［J］.中山大学学报论丛，3（1）：46-51.

黄秀清，冯志勇，颜世祥，等.2004.珠江三角洲作物结构变动与害鼠可持续控制技术研究［J］.广东农业科学（2）：31-34.

贾小东，苗苗，郭延蜀，等.2005.四川社鼠、针毛鼠及社鼠亚种间的比较探讨［J］.西华师范大学学报：自然科学版，26（1）：19-24.

江庆澜，唐兆恒.1995.珠江三角洲鼠类天敌的研究［J］.中山大学学报论丛，3（1）：104-107.

江庆澜，唐兆恒，林继球.1995.五种猛禽的食性、食量分析［J］.中山大学学报论丛，3（1）：108-111.

姜仕仁，丁平，郑肖锋.2006.社鼠斗殴行为及其声频结构的分析［J］.浙江科技学院学报，18（2）：81-85.

蒋凡，徐翔，罗林明，等.1999.四川短尾鼩生物学研究［J］.西南农业大学学报，21（5）：460-464.

蒋凡，张辉，汪继全，等.1998.不同饵料对四川短尾鼩毒杀效果观察［J］.中国媒介生物学及控制杂志，9（1）：91.

蒋光藻.2004.川西农田小哺乳动物栖息地研究［J］.西南农业学报，17（4）：465-468.

蒋光藻，倪健英，谭向红.1990.四川短尾鼩（Anourosorex squamipes）种群动态研究［J］.兽类学报，10（4）：294-298.

蒋光藻，谭向红.1989.成都地区农田鼠类群落结构研究［J］.西南农业大学学报，11（2）：122-125.

蒋光藻，谭向红，倪健英.1989.黑线姬鼠种群空间格局的研究［J］.西南农业大学学报，11（2）：131-134.

蒋光藻，曾录书，倪健英，等.1999.大足鼠的生物学特性及分布［J］.西南农业学报，12（4）：82-85.

蒋慧萍，吴楠，杨维康.2007.大沙鼠扰动对荒漠土壤微生物数量和水肥状况的影响［J］.干旱区研究，24（2）：187-192.

金花.2004.东北鼢鼠对草场的危害［J］.内蒙古草业，16（4）：59-60.

金善科，马勇，韩存志，等.1979.新疆北部地区的主要害鼠及其防治［M］.乌鲁木齐：新疆人民出版社.

金星，杨再学，刘晋，等.2009.贵州省毒饵站灭鼠技术的研究与应用［J］.贵州农业科学，37（9）：107-112.

孔照芳.1996.草原鼠虫病害研究［M］.兰州：甘肃民族出版社.

雷邦海.1993.岑巩县黑线姬鼠的生态初步观察［J］.动物学杂志，28（3）：32-35.

雷帮海，松会武，黄乃锦.1987.黄胸鼠种群繁殖研究初报［J］.贵州农业科学，83（1）：6-8.

黎道洪，罗蓉.1996a.高山姬鼠种群年龄结构和繁殖的调查［J］.四川动物，15（2）：83-84.

黎道洪，罗蓉.1996b.黑线姬鼠、锡金小家鼠和高山姬鼠洞穴结构研究［J］.贵州师范大学学报：自然科学版，14（1）：10-16.

黎申恺，朱祖林，金壁如，等.1965.东方田鼠对日本血吸虫的不感染性［J］.寄生虫学报，2（1）：103.

李保国，陈服官.1987.几种鼢鼠染色体组型和血清LDH同工酶电泳的比较研究［J］.兽类学报，7（4）：275-283.

李波，王忠全，扎西，等.2010.西藏慎重引进灭鼠剂［J］.西藏科技，207（6）：47-49.

李波.1992.云南省景谷、普洱两县大面积灭鼠效果观察［M］//中国生态学会动物生态专业委员会编.现代动物生态学及其应用研究进展学术交流会论文摘要集：44-45.

李传海，徐来祥，王玉山.2005.山东省鼠类地理分布与鼠害防治研究［J］.国土与自然资源研究，1：76-77.

李传勋，周庆强.1996.大沙鼠的生态观察及其防治试验［J］.动物学杂志，31（1）：5-9.

李纯矩.1989.贵州农田鼠种组成及黑线姬鼠的地理分布［J］.中国鼠类防制杂志，5（2）：99-101.

李广忠.2007.草原鼠害对草原的影响及防治对策［J］.饲料饲草，4：21.

李宏俊，张知彬，王玉山，等.2004.东灵山地区啮齿动物群落组成及优势种群的季节变动［J］.兽类学报，24（3）：215-221.

李华宇，易东，张丽，等.2006.达乌尔黄鼠鼠疫预报模型应用研究［J］.中国地方病防治杂志，21（3）：136-138.

李金钢等 . 1991. 药物防治甘肃鼢鼠的试验研究 [J] . 陕西师范大学学报: 自然科学版, 19 (增刊): 87 - 90.

李克伟, 贺金方 . 1991. 洛阳家栖鼠繁殖力的调查 [J] . 中国媒介生物学及控制杂志, 2 (特刊 3): 48 - 50.

李梅, 潘世昌 . 2010. 息烽县褐家鼠形态特征、种群数量动态及预测研究 [J] . 山地农业生物学报 (2): 119 - 123.

李青山, 赵宗久, 石杲 . 2003. 黄鼠鼠疫疫源地聚类分析的研究 [J] . 医学动物防治, 19 (3): 143 - 145.

李秋阳 . 2001. 农田大足鼠的发生消长规律与灭鼠对策 [J] . 植物保护, 27 (6): 42 - 43.

李秋阳, 朱素娥, 杨金荣, 等 . 2010. 耿马县黄胸鼠发生规律与防控研究 [J] . 植物保护, 36 (6): 112 - 116.

李生周, 史春林, 刘青华 . 2008. 采取不同的预防措施防治高原鼢鼠对比试验 [J] . 现代农业科技 (9): 77 - 78.

李世斌, 王勇, 李波, 等 . 1994. 洞庭平原褐家鼠种群动态和繁殖特性 [J] . 长江流域资源与环境 (3): 277 - 285.

李锡璋, 吴得强 . 1988. 喜马拉雅旱獭迁移特征研究 [J] . 兽类学报, 8 (2): 157 - 160.

李先元 . 2003. 石羊河中下游大沙鼠对白梭梭的危害调查及防治对策 [J] . 甘肃农村科技 (1): 37.

李晓晨, 王廷正, 刘加坤 . 1992. 大仓鼠肥满度的研究 [J] . 兽类学报, 12 (4): 275 - 279.

李新民, 段全红, 王兰芳 . 1994. 四种黄鼠的脊柱和胸廓 [J] . 内蒙古地方病防治研究 (2): 55 - 57.

李新民, 段全红, 赵天飙, 等 . 1994. 五种跳鼠胸廓和脊柱比较研究 [J] . 内蒙古地方病防治研究, 19 (2): 78 - 80.

李新民, 李书建, 贺金方 . 1989. 对褐家鼠、黄胸鼠食性及活动规律的初步观察 [J] . 中国鼠类防制杂志, 5 (4): 209.

李新民, 王兰芳, 段全红 . 1994. 四种黄鼠前肢骨骨骼形态学研究 [J] . 内蒙古地方病防治研究, 19 (2): 58 - 59.

李艳红, 王骏, 张剑锋 . 1997. 海南南湾保护区社鼠种群生态 [J] . 中山大学学报论丛 (1): 71 - 75.

李永项, 薛祥煦 . 2007. 根田鼠的分布与西北地区的气候特点 [J] . 西北大学学报: 自然科学版, 37 (1): 103 - 106.

李裕冬, 刘少英, 曾宗永 . 2007. 白腹鼠属几个相似种的差异探讨 [J] . 四川动物, 26 (1): 41 - 45.

李枝林, 韩建芳 . 1990. 几种跳鼠自然繁殖情况的初步观察 [J] . 动物学杂志, 25 (5): 27 - 28.

李仲来, 刘天驰 . 1999. 锡林郭勒草原布氏田鼠数量的周期性和啮齿动物群落的演替 [J] . 动物学研究, 20 (4): 284 - 287.

李仲来, 张万荣, 祁明义, 等 . 1998. 长爪沙鼠贮食习性的研究 [J] . 生态学杂志 (6): 62 - 64.

梁宝玉, 艾日布, 张跃星 . 1987. 锡盟南部达乌尔鼠兔数量、分布及与黄鼠、沙鼠栖息关系的调查 [J] . 中国媒介生物学及控制杂志, 3 (4): 218 - 222.

梁桂梅, 梁帝允, 邵振润, 等 . 2006. 绿色植保实用技术 [M] . 北京: 中国农业出版社 .

梁杰荣 . 1981. 高原鼠兔的家庭结构 [J] . 兽类学报, 1 (2): 159 - 165.

梁杰荣, 黄铁华, 卫斌, 等 . 1988. 褐家鼠和黄胸鼠能量摄入的季节变化 [J] . 动物学杂志, 23 (3): 24 - 28.

梁杰荣, 戚根贤 . 1989. 高原鼠兔种群年龄结构和动态 [J] . 兽类学报, 9 (3): 228 - 230.

梁杰荣, 孙儒泳 . 1985. 根田鼠生命表和繁殖的研究 [J] . 动物学报, 31 (2): 170 - 176.

梁俊勋 . 1994. 广西亚热带地区的鼠类及其对农业经济发展的影响 [J] . 广西科学, 1 (4): 67 - 71.

梁俊勋, 黄汉宏 . 1997a. 广西农业区东方田鼠生物学及其生态地理特征 [J] . 广西科学, 4 (2): 129 - 132.

梁俊勋, 黄汉宏 . 1997b. 桂东南红黄壤农区鼠类的数量配置和控制 [J] . 西南农业学报, 10 (4): 56 - 61.

梁俊勋, 黄汉宏, 李堂 . 1993. 桂西山地南缘农区小型兽类及其群落特征的研究 [J] . 西南农业学报, 6 (2): 75 - 82.

廖力夫, 黎唯, 蒋卫, 等 . 1994. 城市灰仓鼠生态学初步研究 [J] . 中国媒介生物学及控制杂志, 5 (5): 350 - 353.

廖力夫, 黎唯, 王诚 . 2000. 灰仓鼠的生长和发育研究 [J] . 地方病通报, 15 (3): 75 - 78.

廖力夫, 黎唯, 杨波 . 1991. 小家鼠选择性摄食试验 [J] . 干旱区研究, 8 (3): 21 - 24.

廖力夫, 黎唯, 张知彬, 等 . 2001. α-氯代醇对雄性灰仓鼠的不育效果观察 [J] . 动物学杂志, 36 (2): 40 - 42.

廖力夫, 赵永生, 张亮生, 等 . 1999. 吐鲁番农村葡萄农田混作区鼠害特点及防制 [J] . 地方病通报, 14 (2): 75 - 79.

廖文波, 胡锦矗, 李操, 等 . 2005. 微尾鼩种群数量变动及其预测 [J] . 西南农业大学学报: 自然科学版, 27 (2): 210 - 213, 251.

廖文波, 刘涛, 刘亚斌, 等 . 2004. 南充城区小型兽类群落组成及优势种微尾鼩的性比特征 [J] . 西华师范大学学报: 自然科学版, 25 (3): 290 - 293.

林浩然, 辛景僖 . 1962. 黄毛鼠发育阶段的初步观察 [J] . 中山大学学报 (3): 45 - 57.

林纪春, 楚定成, 雷刚, 等 . 2004. 塔里木盆地子午沙鼠年龄鉴定及种群年龄组成的研究 [J] . 地方病通报, 19 (4): 1 - 4.

林纪春, 张晓雪, 王诚, 等 . 2006. 子午沙鼠生命表和繁殖的研究 [J] . 地方病通报, 21 (2): 5 - 7.

林宇光, 洪凌仙, 杨文川, 等 . 1993. 新疆塔城地区多房棘球蚴的鼠类宿主考察 [J] . 地方病通报, 8 (2): 29 - 33.

刘春生 . 1989. 黑线姬鼠年龄鉴定及年龄组划分的探讨 [J] . 中国鼠类防制杂志, 5 (特刊 3): 35 - 36.

刘春生, 郭世坤, 吴万能, 等 . 1993. 天目山野猪垱黑腹绒鼠种群食性及繁殖生态学研究 [J] . 中国媒介生物学及控制杂志, 4 (3): 186 - 191.

刘大鹏, 张爱军, 吴健, 等 . 2010. 杀鼠灵对黄胸鼠杀灭效果及其凝血酶原时间值测定 [J] . 中国媒介生物学及控制杂志,

21（6）：581-582.

刘德斌，尹明光，唐礼贵.2010.绵竹市黑腹绒鼠预测技术初步研究［J］.现代农业科技（2）：186，189.

刘东生，袁宝印，高福清，等.1985.中国黄土第四纪脊椎动物 中国第四纪研究［M］.北京：科学出版社：126-135.

刘法央，刘荣堂.1996.长爪沙鼠种群动态预测模型的研究［J］.甘肃农业大学学报，31（2）：115-120.

刘法央，王作义.1997.长爪沙鼠种群繁殖动态研究［J］.甘肃农业大学学报，32（4）：322-326.

刘凤英，翟向芳，李宏，等.2007.达乌尔黄鼠蛰眠研究［J］.中国地方病防治杂志，22（6）：448.

刘焕金，冯敬义，李承节，等.1984.子午沙鼠生态的调查研究［J］.动物学杂志（4）：21-25.

刘纪有.1988.内蒙古北部荒漠草原鼠类群落结构及其流行病学意义［J］.地方病通报，3（3）：38-42.

刘纪有，段全红，特木其呼，等.1994.黄兔尾鼠在沙鼠疫源地的宿主地位和作用［J］.中国媒介生物学及控制杂志，5
（3）：197-200.

刘纪有，特木其呼，岳明鲜，等.1993.沙鼠疫源地北部荒漠草原区的多宿主性［J］.中国地方病防治杂志（2）：103-
104，106.

刘季科，张云占.1980.高原鼠兔数量与危害关系［J］.动物学报，26（4）：378-385.

刘加坤，王廷正.1993.大仓鼠的食性与食量研究［J］.陕西师范大学学报：自然科学版，21（1）：54-57.

刘建书，郭武占，张素云，等.1990.西安地区啮齿动物种群分布与动态研究［J］.中国媒介生物学及控制杂志，1（6）：
353-356.

刘铭泉，刘振华.1983.粤西发现的黑腹绒鼠及其生态学的初步调查报告［J］.动物学杂志（5）：17-19.

刘乃发，敬伟，敬凯，等.1990.甘肃安西荒漠鼠类群落多样性研究［J］.兽类学报，10（3）：215-220.

刘乾开.1995.农田鼠害及其防治［M］.北京：中国农业出版社.

刘仁华，高从政，高明臣，等.1989.东北鼢鼠食性及食量研究［J］.齐齐哈尔师范学院学报：自然科学版（4）：63-68.

刘仁华，刘炳友，谷枫，等.1998.东北鼢鼠的数量调查方法［J］.野生动物，19（3）：11-12.

刘仁华，刘炳友，赵秀成，等.1997.林区鼢鼠鼠害的主要特征及其生态控制对策［J］.兽类学报，17（4）：272-278.

刘少英.1994.应用阴茎骨形态指标划分黑腹绒鼠年龄的研究［J］.兽类学报，14（4）：281-285.

刘书润.1979.内蒙古锡林郭勒盟地区布氏田鼠与草原植被相互关系的研究［J］.中国草原，2：27-31.

刘伟，工溪，周立，等.2003.高原鼠兔对小蒿草草甸的破坏及其防治［J］.兽类学报，23（3）：214-219.

刘伟，宛新荣，王广和，等.2004.不同季节长爪沙鼠同生群的繁殖特征及其在生活史对策中的意义［J］.兽类学报，24
（3）：229-234.

刘伟，钟文勤，宛新荣，等.2001.长爪沙鼠在作物秋收期的行为适应特征及其生态治理对策［J］.兽类学报（2）：
107-115.

刘伟，周立，王溪.1999.不同放牧强度对植物及啮齿动物作用的研究［J］.生态学报，19（3）：376-382.

刘先明，张文胜，秦长育.2008.阿拉善黄鼠疫源地鼠疫流行趋势及预防对策［J］.疾病监测，23（12）：760-763.

刘运喜，李子键，吴钦永，等.1998.黑线姬鼠种群数量消长与气象因子关系的多元回归分析［J］.数理医药学杂志，11
（1）：197-199.

刘振才，张贵，周方孝，等.2007.鼠疫自然疫源地黄鼠分布及数量预测［J］.中国地方病防治杂志，2（3）：167-170.

刘振才，张雁冰，张芳，等.2007.吉林西部行政区域黄鼠分布及聚集面积的研究［J］.中国地方病防治杂志，22（1）：
11-13.

刘振华，莫冠英.1982.敌鼠钠盐毒杀黄胸鼠的试验和应用［J］.动物学杂志（1）：42-44.

刘志龙.1992.布氏田鼠种群趋势预报指标的研究［J］.中国媒介生物学及控制杂志，3（5）：299-304.

刘宗传，何永康，张新跃，等.2001.东方田鼠室内繁殖与生长发育观察［J］.中国实验动物学报，9（1）：49-54.

柳鹏飞，张麟，王睿，等.2010.高山姬鼠幼仔的生长发育和产热特征［J］.兽类学报，30（1）：45-50.

柳枢，郭全宝，刘焕金.1982.山西十二种鼠巢结构的观察［J］.动物学杂志（3）：18-20.

柳枢，宁振东，邹波.1991.LB型灭鼠管炸灭中华鼢鼠、北方田鼠的研究报告［J］.陕西师范大学学报：自然科学版，19
（增刊）：81-86.

柳枢，邹波，冯祥和，等.1991.棕色田鼠的生活习性及综合防治技术研究［J］.植物保护，17（4）：35-37.

柳枢.1978.子午沙鼠的日食量观察［J］.动物学杂志（1）：23.

柳枢.1992.北方田鼠为害状况及防治技术研究［J］.山西农业科学（4）：26-28.

龙贵兴，罗文忠，刘琼华.2009.大方县农区鼠类种群组成及种群数量预测［J］.贵州农业科学，37（6）：102-105.

卢浩泉，李玉春，张学栋.1987.黑线仓鼠种群年龄组成及其数量季节消长的研究［J］.兽类学报，17（1）：28-34.

卢静，乔欣，石淑静，等.2004.长爪沙鼠生长繁殖性能的研究［J］.中国实验动物学报，12（2）：123-126.

卢欣.1992.介绍一种捕捉棕色田鼠的方法［J］.农业科技通讯（3）：28.

陆长坤，杨德华.1968.云南板齿鼠的一些生态资料［J］.动物学杂志，7（5）：210-212.

路纪琪，张知彬 .2004. 捕食风险及其对动物觅食行为的影响 [J]. 生态学杂志，23（2）：66 - 72.

路西京，严勇敢，王培藩，等 .2002. 陕西鼠类两优势种发生规律研究 [J]. 西北农业学报，11（1）：117 - 118.

吕国强 .1993. 黑线姬鼠的发生与防治研究初报 [J]. 植物保护，19（3）：39 - 41.

吕国强，蔡振卿 .1986. 社鼠生物学特性调查初报 [J]. 植物保护（3）：15 - 17.

吕新龙，宫玉山，朝克图，等 .1993. 东北鼢鼠生活活动性初探 [J]. 草业科学，10（2）：20 - 23.

罗会华，汪济全，胡玉华，等 .1988. 稻田鼠害防治指标的初步探讨 [J]. 植物保护，14（3）：38 - 39.

罗蓉，谢家华，辜永河，等 .1993. 贵州兽类志 [M]. 贵阳：贵州科学技术出版社：225 - 226，248 - 259.

罗泽珣 .1963. 大兴安岭及三江平原黑线姬鼠的种群年龄组成 [J]. 动物学报，15（3）：382 - 396.

罗泽珣，陈卫，高武，2000. 中国动物志：兽纲　第六卷　啮齿目（下册）　仓鼠科 [M]. 北京：科学出版社：75 - 81.

马勇 .1981. 新疆北部地区啮齿动物地理分布的研究 [J]. 动物学报，27（2）：180 - 188.

马勇，王逢桂，金善科，等 .1982. 新疆黄兔尾鼠的分布及其生态习性的初步观察 [J]. 兽类学报，2（1）：81 - 88.

马勇，王逢桂，金善科 .1987. 新疆北部地区啮齿动物的分类和分布 [M]. 北京：科学出版社 .

马俊梅，张三亮，白生才 .2008. 荒漠林大沙鼠发生规律研究 [J]. 甘肃林业科技，33（1）：33 - 36.

马良贤，王学锋，侯兰新，等 .1996. 新疆东部草原鼠害的调查及危害类型的划分 [J]. 西北民族大学学报：自然科学版
（1）：47 - 50.

马仁华，文炳智 .1998. 雷山县黑线姬鼠种群的生态观察 [J]. 山地农业生物学报，17（2）：121 - 122.

马廷选，白晶晶，胡发成 .2012. 河西走廊北部荒漠草地长爪沙鼠防治指标研究 [J]. 畜牧兽医杂志（4）：39 - 40，44.

马逸清，程继瑧，傅承钊，等 .1986. 黑龙江省兽类志 [M]. 哈尔滨：黑龙江科学技术出版社：21 - 77，356 - 360.

马逸清 .1986. 黑龙江省兽类志 [M]. 哈尔滨：黑龙江科学技术出版社 .

马勇，杨奇森，周立志 .2008. 啮齿动物分类学与地理分布 [M]//郑智民，姜志宽，陈安国 . 啮齿动物学 . 上海：上海交
通大学出版社 .

马勇 .1986. 中国有害啮齿动物分布资料 [J]. 中国农学通报（6）：76 - 82.

马壮行，徐承强，等 .1993. 中国灭鼠工具图谱 [M]. 北京：农业出版社 .

孟汉选 .2009.1997—2008 年山西大同市达乌尔黄鼠鼠疫监测报告 [J]. 地方病通报，24（4）：45 - 47.

米景川，王瓘，王成国 .1990. 内蒙古荒漠草原东段啮齿动物群落的聚类分析 [J]. 兽类学报，10（2）：145 - 150.

米景川，夏连续，王兰芳，等 .1998. 内蒙古北部荒漠草原啮齿动物的空间分布格局 [J]. 兽类学报，18（4）：314 - 316.

米景川，于少祥，潘井坤 .2003. 达乌尔黄鼠的种群年龄动态及其生命表研究 [J]. 医学动物防治，19（5）：264 - 267.

莫冠英 .1989. 黄胸鼠对杀鼠灵的敏感性及抗药性监测报告 [J]. 中国鼠类防制杂志，5（特刊 3）：102.

内蒙古锡林郭勒盟卫生防疫站 .1975. 布氏田鼠的生态研究 [J]. 动物学报，21（1）：30 - 39.

娜日苏，苏和，武晓东 .2009. 五趾跳鼠的植物性食物选择与其栖息地植被的关系 [J]. 草地学报，17（3）：383 - 388.

倪健英，蒋光藻，黄建伟，等 .1998. 高山姬鼠在四川的发生动态及危害初步研究 [J]. 西南农业学报，11（院庆专辑）：
125 - 128.

倪亦非 .1998. 黄兔尾鼠种群动态预测研究中的几个问题 [J]. 新疆畜牧业（1）：10 - 12.

聂海燕 .2005. 植食性小哺乳动物种群进化生态学研究：高原鼠兔种群生活史进化对策 [D]. 浙江：浙江大学：43 - 44.

聂永刚，胡锦矗，陈锋华 .2006a. 微尾鼩的食性与防治初探 [J]. 皖西学院学报，22（2）：73 - 75.

聂永刚，胡锦矗，陈锋华，等 .2006b. 微尾鼩的求偶与交配行为 [J]. 西南师范大学学报：自然科学版，27（1）：86 - 89.

宁振东，王强，王庭林 .1994. 黄土高原隰县农区中华鼢鼠的危害损失及防治阈值的探讨 [J]. 山西农业大学学报，14
（1）（增刊）：104 - 107.

潘会明，史良才，李枝金 .1991. 长江三峡宜昌地带鼠类种群数量变动及生态学研究 [J]. 中国媒介生物学及控制杂志，2
（2）：104 - 107.

潘竞军，张素华，王雪芹，等 .2005. 内蒙古阿拉善盟荒漠梭梭林鼠害飞机防治试验初报 [J]. 内蒙古林业科技，26（3）：
2 - 5.

潘清华，王应祥，岩崑 .2007. 中国哺乳动物彩色图鉴 [M]. 北京：中国林业出版社 .

潘世昌，杨秀群，归贤祥，等 .2003. 小家鼠种群年龄的研究 [J]. 西南农业学报，16（3）：83 - 85.

潘世昌，张雪琼，张朝仙，等 .2003. 农田黑线姬鼠的发生规律及治理技术 [J]. 贵州农业科学，31（2）：16 - 19.

彭红元，吴毅，江海声，等 .2003. 黄石坳保护区的兽类初步研究 [J]. 四川师范学院学报：自然科学版，24（2）：
145 -150.

彭美科 .2007. 高寒农区高原鼢鼠的危害及防治 [J]. 中国植保导刊，27（2）：30 - 31.

皮南林 .1973. 高原鼠兔的食性及食量 [M]//青海生物研究所 . 灭鼠和鼠类生物学研究报告：第一集 . 北京：科学出版
社：91 - 102.

蒲崇建，陈琳，王天顺，等 .2000. 甘肃省农田害鼠种类及其发生规律 [J]. 西北农业学报，9（2）：66 - 70.

祁爱民，何生伟，杜怡，等.1997.鄂尔多斯荒漠草原五趾跳鼠空间分布特点［J］.中国媒介生物学及控制杂志，8（4）：303-304.

祁爱民，田进义，白忠.1998.鄂尔多斯荒漠草原三趾跳鼠空间分布特点［J］.内蒙古预防医学，23（2）：49-50.

祁志荣，杨卫军，宋秀生，等.1995.新疆塔城地区人、畜包虫病流行病学调查研究［J］.地方病通报（2）：50-54.

钱久谦，葛为彬，谢远忠，等.1995.宁海县东方田鼠为害严重［J］.植物保护（4）：47.

秦长育.1991.宁夏啮齿动物区系及动物地理区划［J］.兽类学报，11（2）：143-151.

秦耀亮.1979.广东省啮齿动物的地理分布与区划及其防治［J］.动物学杂志（4）：30-34.

秦耀亮，廖崇惠，黄进同.1981.黄毛鼠的生长和发育［M］//夏武平，等.灭鼠和鼠类生物学研究报告.北京：科学出版社：105-112.

秦耀亮，林诗兴.1966.黄毛鼠和板齿鼠的食量测定［J］.动物学杂志，8（1）：10-12.

秦正积，张菊英，万时学，等.2006.三峡库区万州段1997—2003年鼠表监测分析［J］.现代预防医学，33（12）：2281-2282，2286.

青海省生物研究所新疆鼠害研究组（朱盛侃，陈安国）.1975.新疆北部农业区鼠害研究（二）小家鼠野外越冬地的分析［M］//青海省生物研究所.灭鼠和鼠类生物学研究报告：第二集.北京：科学出版社：31-37.

邱俊荣，冯志勇，隋晶晶.2007.广东省农业鼠害治理的现状与建议［J］.农业科技管理，26（2）：44-46.

权国玺，陈贡.2009.会宁县1997—2008年阿拉善黄鼠鼠疫监测分析［J］.中国地方病防治杂志，24（5）：379.

冉江洪，刘少英，余明忠，等.1998.黑腹绒鼠的洞道结构［J］.四川林业科技，19（3）：27-29.

任冬.2007.东北鼢鼠的生活习性及其防治［J］.内蒙古林业调查设计，30（6）：68-70，94.

任杰，张素梅，张红梅，等.2009.达茂旗长爪鼠鼠疫自然疫源地的发展趋势［J］.医学动物防制（2）：81-82.

任素兰.2012.长爪沙鼠对草地的危害与防治［J］.现代农业（3）：43.

任修涛，杨艳艳，张宁，等.2011.光周期对棕色田鼠和昆明小鼠昼夜节律及活动的影响［J］.动物学杂志，46（4）：32-39.

萨仁，罗丽荣，王燕.1996.阿拉善盟荒漠草地大沙鼠发生及危害现状的研究［J］.内蒙古草业（3/4）：29-31.

尚玉儒，戚洪书.2006.冀北坝上达乌尔黄鼠发生调查及防治建议［J］.中国农技推广，7：44.

申跃武，廖文波，胡锦矗.2005.南充市微尾鼩种群空间分布的研究［J］.西华师范大学学报：自然科学版，26（2）：149-151.

申跃武，杨俊宝，刘云，等.2010.微尾鼩年龄指标的主成分分析［J］.四川动物，29（3）：363-367.

沈荣煊，林德留.1989.低浓度灭鼠优毒杀黄胸鼠实验室实验报告［J］.中国鼠类防制杂志，5（3）：198.

沈兆昌.1993.农业害鼠学［M］.南京：江苏科学技术出版社：55-107.

盛和林，钱国桢.1964.长江田鼠的生态观察［J］.动物学杂志，6（5）：200-204.

盛和林，王岐山.1988.脊椎动物学野外实习指导［M］.北京：高等教育出版社.

施大钊.1985.布氏田鼠分布格局的初步研究［J］.内蒙古农牧学院学报，6（2）：111-117.

施大钊.1986.低数量期布氏田鼠在不同季节中对生境的选择及影响因素的研究［J］.兽类学报，6（4）：287-296.

施大钊.1988.布氏田鼠在我国的分布及其与植被和水热条件关系的初步探讨［J］.兽类学报，8（4）：299-306.

施大钊，卜祥忠，王志洲.1988.内蒙古达尔罕茂明安联合旗啮齿动物区系调查［J］.中国鼠类防制杂志，4（3）：222-226.

施大钊，高灵旺，任程，等.2004.应用Leslie矩阵对布氏田鼠种群数量的模拟分析［J］.植物保护学报，31（3）：305-310.

施大钊，关明.1985.布氏田鼠生境中影响其密度的主导因子的分析［J］.中国草原（4）：29-33.

施大钊，郭永旺.2007.农业鼠害状况、成灾原因与对策［M］//成卓敏，等.植物保护与现代农业.北京：中国农业科学技术出版社：13-16.

施大钊，海淑珍，吕东.1999.布氏田鼠洞群内社群结构变动与序位的研究［J］.兽类学报，19（1）：48-49.

施大钊，海淑珍，郭喜红.1998.布氏田鼠种群不同变动期的季节存活率研究［J］.植物保护学报，25（3）：271-275.

施大钊，海淑珍，郑双悦.1998.布氏田鼠社群亲缘关系的研究［J］.草地学报，6（1）：53-58.

施大钊，贠旭疆.2005.改进草原鼠虫害预警系统的管理［J］.草地学报，13（1）：71-74.

施银柱，樊乃昌，王学高，等.1978.高原鼠兔种群年龄及繁殖的研究［M］//青海生物研究所.灭鼠和鼠类生物学研究报告（第三集）.北京：科学出版社：104-117.

石杲，秦丰程，刘艳华，等.2001.黄鼠鼠疫流行的预报研究［J］.中国媒介生物学及控制杂志，11（3）：184-186.

时磊，冯晓峰.2008.新疆荒漠林人工招引猛禽防治鼠害研究［J］.新疆农业科学，45（1）：93-97.

侍世梅，刘发央，严学兵.2008.东祁连山喜马拉雅旱獭生境的选择［J］.甘肃农业大学学报，43（2）：125-130.

寿振黄.1962.中国经济动物志·兽类［M］.北京：科学出版社：137-189，242-246.

四川卫生防疫站动物昆虫组 . 1978. 黑线姬鼠的生物学资料 [M] // 青海省生物研究所 . 灭鼠和鼠类生物学研究报告：第三集 . 北京：科学出版社：75 - 79.

松会武 . 1981. 黄胸鼠云南亚种研究报告 [J] . 贵州农业科学（6）：20 - 26.

松会武 . 1984. 黄胸鼠云南亚种种群年龄的研究 [J] . 贵州农业科学（2）：42 - 45，36.

松会武，顾永林 . 1990. 凯里市黑线姬鼠生态观察 [J] . 耕作与栽培（4）：48 - 50.

宋策，张希功，张其苏，等 . 2005. 辽宁柞蚕区大仓鼠习性研究 [J] . 北方蚕业，26（104）：28 - 29.

宋恺，刘荣堂 . 1984. 子午沙鼠（Meriones meridianus Pallas）的生态研究 [J] . 兽类学报，4（11）：291 - 300.

苏建平，刘季科 . 2000. 高寒地区植食性小哺乳动物的越冬对策 [J] . 兽类学报，20（3）：186 - 192.

苏智峰，赛吉拉乎，吕新龙，等 . 1999. 东北鼢鼠的生态特性 [J] . 草业科学，16（6）：34 - 37.

孙崇潞，郝守身，范福来，等 . 1986. 黄兔尾鼠防治中经济阈值的探讨 [J] . 动物学报，32（1）：86 - 91.

孙冬兰，徐敏 . 2008. 鄂尔多斯荒漠草原子午沙鼠空间分布特点 [J] . 医学动物防治，24（10）：769 - 770.

孙发国，王月珍，魏敏珍 . 2003. 同心县草原黄鼠发生规律及防治对策研究初报 [J] . 宁夏农林科技（1）：31，57.

孙平，赵新全，徐世晓，等 . 2002. 雪后海北高寒草甸地区根田鼠种群特征的变化 [J] . 兽类学报，22（4）：310 - 320.

孙儒泳，郑生武，崔瑞贤 . 1982. 根田鼠巢区的研究 [J] . 兽类学报，2（2）：219 - 230.

邰发道，孙儒泳，王廷正，等 . 2001. 五种鼠的脑和头骨形态及其生态关系 [J] . 动物学研究，22（6）：472 - 477.

邰发道，王廷正 . 1998a. 豫西黄土源农作区棕色田鼠种群动态研究 [J] . 陕西师范大学学报：自然科学版，26（4）：82 - 85.

邰发道，王廷正 . 1998b. 棕色田鼠种群空间格局的研究 [J] . 陕西师范大学学报：自然科学版，26（1）：66 - 70.

邰发道，王廷正 . 1998c. 棕色田鼠种群预测预报研究 [J] . 植物保护学报，25（3）：281 - 286.

邰发道，王廷正 . 2001. 棕色田鼠洞群内社会组织 [J] . 兽类学报，21（1）：50 - 56.

谭向红，蒋光藻，倪健英 . 1991. 黑线姬鼠种群特征及数量变动规律研究 [J] . 西南农业学报，4（4）：80 - 83.

唐俊伟 . 2008. 青海湖农场退耕还林（草）地鼠害危害现状及治理对策 [J] . 养殖与饲料（7）：83 - 84.

陶双庆，侯兰新，赵新春，等 . 1985. 对黄兔尾鼠生态的一些观察 [J] . 干旱区研究，2（3）：42 - 45.

陶燕铎，樊乃昌，景增春 . 1990. 高原鼢鼠对草场的危害及防治阈值的探讨 [J] . 中国媒介生物学及控制杂志，1（2）：103 - 106.

陶燕铎，景增春，樊乃昌 . 1991. 高寒草甸草场杂草防除及其对高原鼢鼠种群密度的影响 [J] . 中国草地，5：50 - 53.

田德喜，高进华，田兴梅，等 . 2005. 海原黄鼠数量与动物鼠疫调查分析 [J] . 中国地方病防治杂志，20（1）：47 - 48.

佟勤，张恒，许松月 . 1989. 东方田鼠对林木的危害及防治 [J] . 吉林林业科技（3）：33 - 34，45.

佟勤，张恒，许松月 . 1991. 东方田鼠生物学习性及对林木危害的防治 [J] . 中国媒介生物学及控制杂志，2（2）：143.

宛新荣，张新阶，刘伟，等 . 2007. 布氏田鼠标志种群的社群等级及其季节变化 [J] . 生态学杂志，26（3）：359 - 362.

宛新荣，经宇，王广和，等 . 2007. 黑线毛足鼠年龄和种群密度与肝毛细线虫感染率的关系 [J] . 生态学杂志，26（4）：515 - 518.

宛新荣，刘伟，王广和，等 . 2006. 典型草原区布氏田鼠的活动节律及其季节变化 [J] . 兽类学报，26（3）：226 - 234.

宛新荣，刘伟，王广和，等 . 2007. 浑善达克沙地小毛足鼠的食量与食性动态 [J] . 生态学杂志，26（2）：223 - 227.

宛新荣，刘伟，张知彬，等 . 2006. EP - 1 不育剂对黑线毛足鼠种群繁殖的影响 [J] . 兽类学报，26（4）：392 - 397.

宛新荣，王梦军，王广和，等 . 2001. 具有左截断、右删失寿命数据类型的生命表编制方法 [J] . 动物学报，47（1）：101 - 107.

宛新荣，王梦军，王广和，等 . 2002. 布氏田鼠标志种群的繁殖参数 [J] . 兽类学报，22（4）：116 - 122.

宛新荣，张新阶，刘伟，等 . 2007. 布氏田鼠标志种群的社群等级及其季节变化 [J] . 生态学杂志，26（3）：359 - 362.

宛新荣，钟文勤 . 2000. 群居性啮齿动物重捕取样布笼方式比较 [J] . 动物学杂志，35（4）：34 - 37.

宛新荣，钟文勤，王梦军 . 2001. 群居性啮齿动物集群重组率的估算 [J] . 兽类学报，21（1）：67 - 72.

汪诚信，陈泰君，张学孟 . 1959. 实验室内对黄胸鼠活动情况及耐饥渴能力的初步观察 [J] . 流行病学杂志（2）：38 - 41.

汪诚信，潘祖安 . 1981. 灭鼠概论 [M] . 北京：人民卫生出版社：192 - 200.

汪笃栋，叶正襄，龙丘陵，等 . 1991. 用逐步回归法建立鼠类数量预测模型的探讨——以江西安义县的黑线姬鼠为例 [J] . 兽类学报，11（3）：238 - 240.

汪恩国 . 1991. 黑线姬鼠发生规律及测报技术 [J] . 浙江农业科学（1）：38 - 41.

王爱霞，段襄全，王凤山，等 . 2005. 通渭县农田鼠害发生规律与防治技术探讨 [J] . 农业科技与信息，8：40 - 41.

王蓓，朱万龙，练硝，等 . 2009. 横断山区高山姬鼠消化道形态的季节动态 [J] . 生态学报，29（4）：1719 - 1724.

王广和，钟文勤，宛新荣 . 2001. 浑善达克沙地小毛足鼠的生物学习性 [J] . 生态学杂志，21（6）：65 - 67.

王桂明，周庆强，钟文勤 . 1996. 内蒙古典型草原 4 种常见小哺乳动物的营养生态位及相互关系 [J] . 生态学报，16（1）：29 - 34.

王国良，李斌，冯星明，等.2004.黄胸鼠对六种抗凝血灭鼠剂的选择性试验［J］.中国媒介生物学及控制杂志，15（6）：435-436.

王红愫.2008.大足鼠（*Rattus nitidus*）种群动态和繁殖特性研究［J］.云南大学学报：自然科学版，30（S1）：166-169.

王华弟.1997.农田鼠害测报与综合防治研究［J］.浙江农业学报，9（1）：25-30.

王华弟.1998.农田黑线姬鼠发生规律与防治技术［J］.植物保护学报，5（2）：181-186.

王华弟，罗会华.1993.长江流域稻区黑线姬鼠发生动态与防治指标研究［J］.中国农业科学，26（6）：36-43.

王军建，陈立奇，龙浩宇.2002.黄胸鼠对抗凝血灭鼠剂交叉抗药性试验观察［J］.中国媒介生物学及控制杂志，13（3）：169-171.

王军建，杨和平，李伟，等.1990.湖南西南部高山牧场不同环境对沼泽田鼠密度影响的探讨［J］.中国媒介生物学及控制杂志，1（3）：166-169.

王坤六.1958.巢鼠生活习性浅谈［J］.鼠疫丛刊（4）：30-31.

王兰芳，米景川，夏连续，等.1998.乌尔黄鼠种群繁殖特征的研究［J］.医学动物防制，14（5）：1-4.

王兰英，唐忠民，梁海红，等.2009.甘南高寒草原高原鼢鼠防治技术研究［J］.草地保护（10）：28-31.

王林梅，李建中，李义，等.2000.内蒙古四子王旗啮齿动物的种类组成及区系［J］.内蒙古预防医学，25：（1）3-5.

王鲁平，周顺，孙国强.2012.内蒙古草原小毛足鼠的活动性、代谢特征和体温的昼夜节律［J］.生态学报，32（10）：3182-3188.

王梦军，钟文勤，宛新荣，等.1998.达乌尔鼠兔扩散过程中的生境选择［J］.动物学报，44（4）：398-405.

王明春，韩崇选，杨学军，等.2003.达乌尔鼠兔的危害及其药物防治［J］.西北林学院学报，18（4）：104-106.

王平，刘耀光，宋国才.2007.前郭县黄鼠的分布及数量变化调查［J］.中国地方病防治杂志，22（5）：383.

王岐山.1990.安徽兽类志［M］.合肥：安徽科学技术出版社.

王岐山，叶文虎，谭明文，等.1984.用体重和体长鉴定黑线姬鼠年龄方法的商榷［J］.兽类学报，4（2）：117-126.

王权业，樊乃昌.1987.高原鼢鼠（*Myospalax baileyi*）的挖掘活动及其种群数量统计方法的探讨［J］.兽类学报，7（4）：283-290.

王权业，景增春，樊乃昌.1996.高寒草甸害鼠的数量动态与害鼠治理［M］//王祖望，张知彬.鼠害治理的理论与实践.北京：科学出版社：206-228.

王权业，张堰铭，魏万红，等.2000.高原鼢鼠食性的研究［J］.兽类学报，20（3）：193-199.

王少祥，米景川，冯国臣，等.1998.达乌尔黄鼠自然种群的动态寿命表研究［J］.内蒙古预防医学，23（3）：97-98.

王淑卿，杨荷芳，郝守身.1996.大仓鼠（*Cricetulus triton*）的某些生态研究［J］.动物学杂志，10（1）：28-31.

王淑卿，张知彬，张健旭，等.1999.大仓鼠消化道长度和重量变化的初步研究［J］.动物学杂志，34（6）：17-21.

王思博，杨赣源.1983.新疆啮齿动物志［M］.乌鲁木齐：新疆人民出版社：136-170.

王廷正.1990.陕西啮齿动物区系与区划［J］.兽类学报，10（2）：128-136.

王廷正，李金钢，张菊祥，等.1993.黄土高原甘肃鼢鼠、中华鼢鼠综合防治技术的研究［J］.植物保护学报，20（3）：283-286.

王廷正，李金钢，张越，等.1998.黄土高原棕色田鼠防治技术研究［J］.植物保护学报，25（4）：369-372.

王廷正，许文贤.1993.陕西啮齿动物志［M］.西安：陕西师范大学出版社：120-122，159-175.

王廷正，张越，邰发道，等.1998.棕色田鼠生态学及对策［M］//张知彬，王祖望.农业重要害鼠的生态学及控制对策.北京：海洋出版社.

王廷正，周希振，张士特.1963.西安地区啮齿类调查报告［J］.动物学杂志（2）：62-65.

王庭林，宁振东，邹波，等.1997.社鼠化学防治技术研究——诱饵及药剂室内筛选［J］.陕西师范大学学报：自然科学版，25（增刊）：148-151.

王武芳，张晶仁，谷春广，等.1998.吉林西北部草原36年灭鼠区与非灭鼠区黄鼠密度调查分析［J］.中国地方病防治杂志，13（4）：227-228.

王新华，杭三保，王太源，等.1994.江苏棉旱田黑线姬鼠种群动态和分布规律的研究［J］.江苏农学院学报，15（4）：59-63.

王信远，王福余，贾忠金，等.1997.应用模糊聚类分析预测春季农田害鼠发生程度的研究［J］.中国媒介生物学及控制杂志，8（2）：85-88.

王学高，戴克华.1989.高原鼠兔自然寿命研究［J］.兽类学报，9（1）：56-62.

王应祥.2003.中国哺乳动物种和亚种分类名录与分布大全［M］.北京：中国林业出版社.

王勇，陈安国，郭聪，等.1997.洞庭湖稻区黑线姬鼠种群数量预测［J］.兽类学报，17（2）：125-130.

王勇，陈安国，李波，等.1994.洞庭平原黑线姬鼠繁殖特征研究［J］.兽类学报，14（2）：138-146.

王勇，郭聪，李波，等.1997.洞庭湖稻区害鼠的复合防治指标研究［J］.农业现代化研究，18（3）：185-187.

王勇，郭聪，张美文，等.2004. 洞庭湖区东方田鼠种群动态及其危害预警［J］.应用生态学报，15（2）：308-312.

王勇，胡忠军，张美文，等.2003a. 洞庭平原稻作区黑线姬鼠肥满度研究［J］.生命科学研究，7（专辑3）：49-54.

王勇，张美文，李波，等.2003b. 洞庭湖地区不同生态类型区鼠类群落组成及其演替趋势［J］.农村生态环境，19（1）：13-17.

王勇，张美文，李波，等.2003c. 洞庭湖稻作区褐家鼠种群数量预测［J］.长江流域资源与环境（3）：265-269.

王勇，张美文，李波，等.2003d. 鼠害防治实用技术手册［M］.北京：金盾出版社：59-107.

王有，袁朋朋，彭霞，等.2007. 达乌尔黄鼠冬眠模式年龄性别差异的实验研究［J］.沈阳师范大学学报：自然科学版，27（3）：351-355.

王酉之，胡锦矗.1999. 四川兽类原色图鉴［M］.北京：林业出版社.

王宇，刘晓辉，丛林，等.2008. 哈尔滨市稻田害鼠动态及防治研究［J］.中国植保导刊，28（11）：35-37.

王玉正，夏志贤，胡继武，等.1989. 农田害鼠危害损失率及防治指标［J］.植物保护，15（3）：50-51.

王玉志，卢浩泉，陈安，等.1997. 灰色系统在华北平原旱作区黑线仓鼠种群数量预测预报中的应用［J］.动物学报，43（增刊）：107-112.

王淯，胡锦矗，谌利民，等.2004. 高山姬鼠（Apodemus chevrieri）种群年龄结构的判别模型［J］.西华师范大学学报：自然科学版，25（2）：144-147.

王淯，胡锦矗，谌利民.2003. 社鼠种群年龄结构的回归分析［J］.四川动物，22（3）：159-162.

王昭孝，吕太富，廖子书，等.1988. 贵州省农耕区和住宅区鼠类调查［J］.中国鼠类防制杂志，4（3）：205-207.

王肇军，岳军，林亮，等.2006. 包头市鼠疫疫情分析［J］.中国地方病防治杂志，21（4）：245-246.

王政友.1995. 敌鼠钠盐对黄胸鼠的毒杀效果试验［J］.中国媒介生物学及控制杂志，6（6）：440，444.

王治军，武文莲，王国钧，等.1995. 攻毒后的阿拉善黄鼠冬眠生态繁殖与抗体动态观察［J］.动物学杂志，30（3）：24-27.

王忠全，杨光亮，吕疆，等.2008. 藏北草原应用不同浓度增效敌鼠钠盐防治高原鼠兔试验观察［J］.植物保护，34（2）：132-134.

王祖望，李俊荣，梁杰荣.1973. 中华鼢鼠的数量变动与繁殖特点［M］//青海省生物研究所.灭鼠和鼠类生物学研究报告：第一集.北京：科学出版社：61-72.

王祖望，梁杰荣，李俊荣.1975. 鼢鼠数量与地面痕迹的关系［M］//青海省生物研究所.灭鼠和鼠类生物学研究报告：第二集.北京：科学出版社.83-93.

王祖望，曾缙祥，李经才，等.1978. 小家鼠的生长和发育［M］//青海省生物研究所.灭鼠和鼠类生物学研究报告：第三集.北京：科学出版社：51-68.

韦正道，黄文几.1983. 三种啮齿动物气体代谢的比较研究［J］.兽类学报，3（1）：73-84.

魏学红，杨富裕，孙韶.2006. 高原鼠兔对西藏高寒草地的危害及防治［J］.四川草原（5）：41-42.

温业新.2000. 东方田鼠［M］//罗泽珣，等.中国动物志：第六卷 啮齿目 下册.北京：科学出版社：221-232.

吴德林.1982. 我国大家鼠（Rattus norvegicus Berkenhout）的亚种分化［J］.兽类学报（1）：107-112.

吴德林.1994. 哀牢山中华姬鼠的繁殖［J］.兽类学报，14（1）：71-72.

吴德林，邓向福，王光焕，等.1987. 中华姬鼠巢区的研究［J］.兽类学报，7（2）：140-146.

吴光华.1982. 灭鼠［M］//消毒杀虫灭鼠手册编写组.消毒杀虫灭鼠手册.北京：人民卫生出版社：456-469.

吴林，张美文，李波.1998. 洞庭湖区东方田鼠的食物组成调查［J］.兽类学报，18（4）：282-291.

吴庆泉，梁俊勋，李堂.1991. 黄胸鼠对各种食饵的选择性摄食试验［J］.中国媒介生物学及控制杂志，2（1）：36-39.

吴锡进.1984. 黄胸鼠昼夜活动节律的初步观察［J］.动物学杂志（3）：35-38.

吴锡进.1986. 福建中部地区黄胸鼠与褐家鼠繁殖力的初步调查［J］.中国鼠类防制杂志，2（1）：38-40.

吴毅等.1988. 卧龙小形啮齿类群落结构的研究［J］.南充师院学报，9（2）：95-102.

武文华，付和平，武晓东，等.2007. 应用马尔可夫链模型预测长爪沙鼠和黑线仓鼠种群数量［J］.动物学杂志，42（6）：69-78.

武晓东，付和平.2000. 内蒙古半干旱区鼠类群落结构及鼠害危害类型的研究［J］.兽类学报，20（1）：21-28.

武晓东，付和平.2005. 内蒙古半荒漠与荒漠区的啮齿动物群落［J］.动物学报，51（6）：961-972.

武晓东，施大钊，苏吉安.1994. 阴山山脉中段鼠类群落结构的研究［M］.中国动物学会60周年论文集：414-420.

武晓东，薛河儒，苏吉安，等.1999. 内蒙古半荒漠区啮齿动物群落分类及其多样性研究［J］.生态学报，19（5）：737-743.

武耀峰，张春福，齐林，等.2000. 内蒙古发现一变异达乌尔黄鼠［J］.内蒙古预防医学（2）：58.

武正军，陈安国，李波，等.1996. 洞庭湖区东方田鼠繁殖特性研究［J］.兽类学报，16（2）：142-150.

武正军.1996. 东方田鼠长江亚种（Microtus fortis Calamorum）的生长与发育［J］.动物学杂志，31（5）：26-30.

夏参军，刘伟，乔洪海，等．2012．大沙鼠洞道利用机制及地面行为时间分配特征［J］．生态学杂志，31（6）：1492-1498.

夏武平．1984．中国姬鼠属的研究及与日本种类关系的讨论［J］．兽类学报，4（2）：93-98.

夏武平，等．1964．中国动物图谱·兽类［M］．北京：科学出版社：48.

夏武平，等．1988．中国动物图谱·兽类［M］．2版．北京：科学出版社．

夏武平，龙志．1978．湖北长阳黑线姬鼠种群与巢区的一些生态资料［M］//青海省生物研究所．灭鼠和鼠类生物学研究报告：第三集．北京：科学出版社．85-94.

萧运峰，梁杰荣，沙渠．1981．天峻阳康地区高原鼠兔的分布及其对小嵩草草场植被的影响［M］//青海省生物研究所．灭鼠和鼠类生物学研究报告：第四集．北京：科学出版社：114-124.

肖树生，肖宜英，林柳英．1997a．福建高海拔山区野栖啮齿动物的调查报告［J］．动物学杂志，32（4）：42-43.

肖树生，肖宜英，林柳英．1997b．福建高海拔山区野栖啮齿动物的生态研究［J］．中国媒介生物学及控制杂志，8（3）：226-227.

肖增祜，姚丽文，吕永通．1982．辽宁清原黑线姬鼠种群年龄研究初报［J］．生态学杂志，1（4）：50-52.

谢寿桥．1990．黄胸鼠年龄研究及其鼠疫动物流行病学意义［J］．中国媒介生物学及控制杂志，1（2）：107-109.

谢小明，孙儒泳，房继明．1994．布氏田鼠婚配制度和繁殖的实验研究［J］．动物学报，40（3）：262-265.

辛景僖，唐兆恒．1990．珠江三角洲黄毛鼠数量分级分布图简要说明［J］．生态科学（1）：1-3.

辛晓红，闫庆忠．2008．北票地区草地黄鼠的发生特点及灭鼠方法［J］．现代畜牧兽医，5：18-19.

邢林，冯云水，卢浩泉．1991．山东农田黑线仓鼠种群数量动态及预测预报的初步研究［J］．山东科学，4（2）：5-8.

邢林，卢浩泉．1990．黑线仓鼠的食性及防治阈值的探讨［J］．动物学杂志，24（4）：29-33.

熊玲．2011．新疆草原鼠害综合防治技术应用［J］．新疆畜牧业（6）：58-60.

熊孟韬，陶开会，杨光荣，等．1997．双甲敌鼠胺盐毒杀黄胸鼠、褐家鼠试验研究［J］．中国媒介生物学及控制杂志，8（4）：241-243.

熊孟韬，杨光荣，陶开会，等．1999．洱源县黄胸鼠和褐家鼠的年龄鉴定［J］．医学动物防制，15（9）：468-471.

熊孟韬，杨光荣，赵侯．1993．甘氟毒杀黄胸鼠的试验研究［J］．中国媒介生物学及控制杂志，4（5）：324.

熊文华，张知彬．2007．饶阳地区三种农田啮齿类头骨形态比较及性二型［J］．兽类学报，27（3）：280-283.

徐肇华，黄文几．1982．仓鼠属三个种的核型分析［J］．兽类学报，2（2）：201-210.

徐植岚，王建．1984．达乌尔鼠兔实验室饲养繁殖初步观察［J］．动物学杂志，19（2）：30-33.

严志堂，李春秋，朱盛侃．1983．小家鼠种群年龄研究及其对预测预报的意义［J］．兽类学报，3（1）：53-62.

阎可廷，莫冠英，汪诚信．1989a．敌溴灵对臭鼩的毒力测定和适口性观察［J］．中国鼠类防制杂志，5（3）：129-132.

阎可廷，莫冠英，汪诚信．1990．氯敌鼠毒杀臭鼩鼱的现场试验［J］．中国媒介生物学及控制杂志，1（1）：25-27.

阎可廷，汪诚信，莫冠英．1988．两种诱饵室内捕捉臭鼩鼱的效果比较试验［J］．中国鼠类防制杂志，4（4）：305-306.

阎可廷，汪诚信，莫冠英．1989b．毒杀臭鼩鼱用基饵及引诱剂的选择［J］．中国鼠类防制杂志，5（1）：26-31.

阎可廷，汪诚信，莫冠英．1989c．氯敌鼠对臭鼩鼱的毒力和适口性［J］．中国鼠类防制杂志，5（4）：203-205.

阎锡海，高云芳．1999．延安近郊达乌尔鼠兔种群数量与危害的调查［J］．西北大学学报：自然科学版，26（6）：601-605.

杨安峰，刘少英，房利祥．1992．八种沙鼠亚科和田鼠亚科啮齿动物阴茎的比较研究［J］．兽类学报，12（1）：31-38.

杨长安，刘和平．1991．短耳仓鼠洞系结构和巢蚤组成［J］．医学动物防制，7（2）：110-111.

杨赣源，张兰英，陈欣如．1988．灰旱獭生命表和繁殖的初步研究［J］．兽类学报，8（2）：146-151.

杨光荣，解宝琦，龚正达，等．1982．鸡足山啮齿类及食虫类动物垂直分布初步调查［J］．动物学研究，3（增刊）：367-368.

杨光荣，陈如华，赵秀瑜．1987．云南大足鼠的生态观察［J］．中国鼠类防制杂志，3（4）：215-217.

杨光荣，毛宗校，腾家兴，等．1988．敌鼠钠盐大面积控制黄胸鼠的研究［J］．中国鼠类防制杂志，4（1）：15-21.

杨光荣，陶开会．1986．云南老君山鼠类的垂直分布［J］．动物学研究，7（4）：311-316.

杨光荣，王应祥．1989．云南省啮齿动物名录及与疾病的关系［J］．中国鼠类防制杂志，5（4）：222-229.

杨光荣，谢寿桥，赵侯，等．1986．施放毒饵后黄胸鼠种群数量恢复的观察［J］．中国鼠类防制杂志，2（2）：84-86.

杨光荣，熊孟韬，吴鹤松，等．2000．高山姬鼠种群年龄鉴定［J］．中国媒介生物学及控制杂志，11（6）：475.

杨光荣，张力群，龚正达，等．1990．云南中华姬鼠的生态观察［J］．动物学杂志，25（5）：25-27.

杨光荣，赵侯，陶开会，等．1987．灭鼠特毒杀黄胸鼠的效果试验［J］．兽类学报，7（3）：238.

杨光荣，赵侯，熊孟韬，等．1992．云南省滇西地区黄胸鼠种群年龄研究初报［J］．兽类学报，12（1）：75-77.

杨宏亮，王廷正，张越．1991．甘肃鼢鼠、中华鼢鼠的食性和食量研究［J］．陕西师范大学学报：自然科学版，19（增刊）：47-55.

杨金财，张力军，柳长利，等.2001.达乌尔黄鼠生态密度和拥挤度调查 [J].中国地方病防治杂志，12（6）：112-113.

杨俊平，皇甫盛.2000.乌拉特中旗黄兔尾鼠分布及鼠疫动物流行病调查 [J].内蒙古科技与经济，5：69.

杨士剑，诸葛阳.1989a.臭鼩的繁殖和种群年龄结构 [J].兽类学报，9（3）：195-210.

杨士剑，诸葛阳.1989b.臭鼩的食性与昼夜活动节律 [J].动物学杂志，24（4）：30-33.

杨士剑，诸葛阳.1989c.农田黑线姬鼠与臭鼩的巢区及种间关系的研究 [J].兽类学报，9（3）：186-194.

杨维康，蒋慧萍，王雪芹，等.2009.古尔班通古特沙漠区大沙鼠对荒漠植物群落的扰动效应 [J].生态学杂志，28（10）：2020-2025.

杨维康，刘伟，黄怡，等.2011.古尔班通古特沙漠南缘大沙鼠的食性 [J].干旱区地理，34（6）：912-916.

杨维康，乔建芳，蒋慧萍，等.2006.大沙鼠掘洞对准噶尔荒漠植物群落的小尺度影响 [J].干旱区地理，29（2）：219-224.

杨务一，刘振华.1966.广东省雷北农作区鼠类的分布 [J].动物学杂志（4）：158-160.

杨新根，王庭林，宁振东，等.2011.入侵种黄胸鼠在山西省的分布特征及发展趋势 [J].山西农业科学，39（5）：462-464.

杨学善.1989.立克命毒杀褐家鼠、黄胸鼠的效果观察 [J].中国鼠类防制杂志，5（3）：202.

杨英中，袁锡河，木汉，等.1995.玛纳斯县鼠疫基本控制区与非控制区灭獭效果对比分析 [J].地方病通病，10（1）：84-86.

杨永海，成广清.1995.呼图壁县石梯子乡鼠疫疫源地灭獭后灰旱獭种群数量与繁殖动态 [J].地方病通报，10（1）：82-84.

杨跃敏，曾宗永，邓小忠，等.1999.川西平原农田啮齿动物比较种群生态学Ⅰ.种群动态与繁殖 [J].兽类学报，19（4）：267-275.

杨再学，金星.2006b.贵州省农区鼠害监测结果与灾变规律分析 [J].山地农业生物学报，25（3）：197-202.

杨再学，金星，郭永旺，等.2010a.高山姬鼠种群繁殖参数的变化 [J].中国农学通报，26（1）：189-194.

杨再学，金星，郭永旺，等.2010b.高山姬鼠种群数量动态及预测预报模型 [J].生态学报，30（13）：3545-3552.

杨再学，金星，郭永旺，等.2011a.高山姬鼠胴体重长指标的变化规律 [J].中国农学通报，27（14）：22-26.

杨再学，金星，郭永旺，等.2011b.应用胴体重鉴定高山姬鼠种群年龄 [J].山地农业生物学报，30（2）：104-109.

杨再学，金星，龙贵兴.2000a.高山姬鼠肥满度的研究 [J].贵州农业科学，28（5）：18-20.

杨再学，金星，龙贵兴.2000b.高山姬鼠种群年龄的研究 [J].贵州农业科学，28（6）：12-15.

杨再学，金星，龙贵兴.2000c.高山姬鼠种群数量季节消长动态初步研究 [J].贵州农业科学，28（2）：15-17.

杨再学，金星，周朝霞，等.2006a.黄胸鼠种群年龄鉴定和种群繁殖研究 [J].贵州农业科学，34（增刊）：21-23.

杨再学，龙贵兴.2000.高山姬鼠种群的繁殖特征 [J].西南农业学报，13（3）：58-61.

杨再学，松会武.1993.应用冬后鼠口基数预测春繁峰期数量探讨 [J].植物保护，19（1）：42.

杨再学，松会武，雷邦海.1993a.贵州省农田鼠害经济防治指标的研究 [J].贵州农业科学（3）：32，28.

杨再学，松会武，雷邦海.1993b.黑线姬鼠发生规律及测报技术研究 [J].贵州农学院学报，12（2）：80-84.

杨再学，松会武，周绍南，等.1994.贵州省啮齿动物区系及分布调查初报 [J].西南农业学报，7（2）：95-100.

杨再学，郑元利，郭仕平，等.2007.黑线姬鼠种群数量动态及预测预报模型研究 [J].中国农学通报，23（2）：193-197.

杨再学，郑元利，郭永旺，等.2009a.黑腹绒鼠（*Eothenomys melanogaster*）种群年龄的研究 [J].西南农业学报，22（2）：487-491.

杨再学，郑元利，郭永旺，等.2009b.黑腹绒鼠的形态及其种群生态特征 [J].山地农业生物学报，28（3）：218-224.

杨再学，郑元利，郭永旺，等.2009c.黑腹绒鼠肥满度和胴体重长指标变化规律 [J].贵州农业科学，37（3）：58-61.

杨再学，郑元利，胡支先，等.2002.黑线姬鼠种群年龄组划分标准比较研究 [J].西南农业学报，15（1）：112-115.

杨再学，郑元利，金星.2005.黑线姬鼠胴体重长指标的研究 [J].西南农业学报，18（4）：480-484.

杨再学，郑元利，金星.2006.PVC管毒饵站在农区灭鼠中的应用效果 [J].贵州农业科学，33（2）：26-28.

杨再学，郑元利，金星.2007.黑线姬鼠（*Apodemus agrarius*）的种群繁殖参数及其地理分异特征 [J].生态学报，27（6）：2425-2434.

杨再学，郑元利.2003.应用胴体重法鉴定黑线姬鼠种群年龄 [J].山地农业生物学报，22（5）：393-398.

杨再学，周朝霞，潘世昌，等.2010.应用胴体重指标鉴定黄胸鼠的年龄 [J].贵州农业科学，38（3）：110-113.

杨再学.1995.黑线姬鼠肥满度的研究 [J].兽类学报，15（1）：73-74.

杨再学.1996.黑线姬鼠种群繁殖特征的研究 [J].贵州农业科学，24（1）：15-19.

杨再学.1997.黑线姬鼠种群数量季节变化规律 [J].贵州农学院学报，16（增刊）：44-47.

杨再学.2003.中国鼠类年龄鉴定及研究进展 [M].贵阳：贵州科学技术出版社.

杨再学.2009. 中国黑线姬鼠及其防治对策 [M]. 贵阳：贵州科学技术出版社.

姚丹丹，冯志勇，黄立胜，等.2007a. 板齿鼠（Bandicota indica）的种群繁殖特征研究 [M] //成卓敏，等. 植物保护与现代农业. 北京：中国农业科学技术出版社：530-535.

姚丹丹，黄立胜，邱俊荣，等.2006. 板齿鼠（Bandicota indica）的生物学及防治对策 [J]. 广东农业科学（5）：52-54.

姚伟兰，戚根贤，王骏，等.1998. 小家鼠防制的研究 [J]. 中国媒介生物学及控制杂志，9（2）：81-83.

叶华，卢浩泉，李玉春.1996. 鲁西平原黑线仓鼠肥满度的研究 [J]. 宜宾师专学报，4：93-98.

叶华，卢浩泉，李玉春，等.1997a. 鲁西平原黑线仓鼠肥满度的研究 [J]. 四川师范大学学报：自然科学版，20（3）：82-88.

叶华，卢浩泉，李玉春.1997b. 黑线仓鼠4种肥满度指标的比较研究 [J]. 西南师范大学学报：自然科学版，22（2）：76-82.

叶华，卢浩泉，李玉春.1997c. 黑线仓鼠胴体重长指标的研究 [J]. 四川农业大学学报，22（2）：35-39.

叶正襄，汪笃栋，龙丘陵，等.1990. 安义农区黑线姬鼠种群繁殖生态研究 [J]. 江西农业学报，2（2）：63-69.

伊斯拉音，乌斯曼，廖力夫，等.2001. 实验条件下黄兔尾鼠生长和发育的初步观察 [J]. 地方病通报，5（3）：76-78.

尹小平，彭定，骄娃，等.2011. 新疆中哈边境地区大沙鼠疫源地种群繁殖调查 [J]. 中国国境卫生检疫杂志，34（5）：351-354.

于少祥，米景川，冯国臣，等.1998. 达乌尔黄鼠自然种群的动态寿命表研究 [J]. 内蒙古预防医学，23（3）：97-98.

于心，黎唯.2008. 大沙鼠鼠疫及其媒介蚤地理分布和流行病学意义的探讨 [J]. 中国媒介生物学及控制杂志，19（4）：366-367.

余自忠.1957. 我国南方的黄胸鼠 [J]. 鼠疫丛刊（3）：27.

曾标成.1989. 雷州半岛鼠形动物的演替 [J]. 中国鼠类防制杂志，5（2）：105-106.

曾缙祥，王祖望，韩永才.1980. 小家鼠种群密度对肾上腺、胸腺、性腺和血糖值的影响研究 [J]. 动物学报，26（3）：266-273.

曾绪祥，王祖望，韩永才.1982. 五种小哺乳动物活动节律的初步研究 [J]. 兽类学报，1（2）：189-197.

曾宗永，丁维俊，罗明澎，等.1996a. 川西平原大足鼠的种群生态学Ⅱ：存活和运动 [J]. 兽类学报，16（4）：278-284.

曾宗永，丁维俊，杨跃敏，等.1996b. 川西平原大足鼠的种群生态学Ⅰ：种群动态和个体大小 [J]. 兽类学报，16（3）：202-210.

曾宗永，杨跃敏，罗明澍，等.1999. 川西平原大足鼠的种群生态学Ⅲ：繁殖 [J]. 兽类学报，19（3）：183-196.

詹绍琛，王伟成.1991. 福建鼠类组成变动及季节消长研究 [J]. 中国媒介生物学及控制杂志，2（4）：252-256.

詹绍琛，吴良德.1983. 黄胸鼠对抗凝血剂抗药性初步调查 [J]. 兽类学报，3（1）：91-92.

詹绍琛，詹峰.1993. 闽台两省啮齿动物比较研究 [J]. 中国媒介生物学及控制杂志，4（4）：267-270.

詹绍琛.1985. 黄胸鼠的食量测定 [J]. 动物学杂志，20（1）：28-29.

詹绍琛.1990. 福建家鼠繁殖强度调查 [J]. 中国媒介生物学及控制杂志，1（4）：236-238.

詹绍深.1988. 臭鼩的繁殖、食性及体外寄生虫 [J]. 动物学杂志，23（6）：24-26.

战新梅，王德华.2004. 内蒙古浑善达克沙地小毛足鼠的能量代谢和体温调节 [J]. 兽类学报，24（2）：153-159.

张保民.1990. 褐家鼠在新疆奎屯地区形成种群 [J]. 中国媒介生物学及控制杂志（6）：369.

张大铭.1982. 阿尔泰山地啮齿动物的地带性分布及其价值的探讨 [J]. 新疆大学学报：自然科学版（2）：89-93.

张道川，樊乃昌，印红.2001. 达乌尔鼠兔和高原鼠兔行为特征的比较分析 [J]. 河北大学学报：自然科学版，21（1）：72-77.

张恩迪，盛和林.1988. 黄胸鼠对新异物行为反应的研究 [J]. 华东师范大学学报：自然科学版（1）：96-100.

张孚允，杨若莉.1980. 中华鼢鼠种群生态的研究 [J]. 兰州大学学报：自然科学版，1：149-165.

张甫国，张正纯，江正阳，等.1995. 高山姬鼠生物学研究 [J]. 中国媒介生物学及控制杂志，6（6）：448-450.

张高生，江志超.1989. 山东省黑线姬鼠种群年龄组成的主成分分析 [J]. 山东师范大学学报，4（3）：44-51.

张贵，刘振才，江森林，等.2007. 吉林省鼠疫自然疫源地达乌尔黄鼠的生态学研究 [J]. 中国卫生工程学，6（1）：27-30.

张贵，孙启廷，刘振才，等.2009. 吉林省鼠疫自然疫源地达乌尔黄鼠活动规律的研究 [J]. 中国地方病防治杂志，24（4）：273-274.

张恒，许松月，张欣，等.1997. 东方田鼠化学防制试验报告 [J]. 中国媒介生物学及控制杂志，32（6）：464-465.

张宏章，承仰周，张连生.2001. 银杏苗圃鼠害的综合防治方法 [J]. 江苏林业科技，28（2）：41，57.

张华旦，蔡国梁，祝金鑫，等.1998. 稻区黑线姬鼠发生规律及测报技术 [J]. 浙江农业科学（增刊）：67-68.

张华旦，蔡国梁，祝金鑫.1989. 农田黑线姬鼠种群年龄结构的研究 [J]. 昆虫与植病，7（1/2）：51-52.

张继军，杨银书，李强.2008. 青海省啮齿动物种类与地理分布 [J]. 中华卫生杀虫药械，14（1）：47-49.

张建军，施大钊.2006.不同社群条件下雄性布氏田鼠的行为 [J].兽类学报，26 (2)：159-163.

张洁，钟文勤.1979.布氏田鼠种群繁殖的研究 [J].动物学报，25 (3)：230-259.

张洁，钟文勤.1981.布氏田鼠洞群内群体结构的研究 [J].兽类学报，1 (1)：51-56.

张洁.1984.北京地区鼠类群落结构的研究 [J].兽类学报，4 (4)：265-271.

张洁.1985.北京地区黑线仓鼠年龄鉴定及种群年龄组成的研究 [J].兽类学报，5 (2)：141-150.

张洁.1986.北京大兴地区黑线仓鼠种群繁殖生态研究 [J].兽类学报，16 (1)：45-56.

张洁.1989.北京地区黑线姬鼠种群年龄和繁殖的研究 [J].兽类学报，9 (1)：41-47.

张洁.1993.社鼠种群生态研究 [J].兽类学报，13 (3)：198-204.

张金钟，赵定全，肖兴德.1995.氯敌鼠玉米毒饵对林鼠的毒效试验 [J].四川林业科技，16 (2)：51-52.

张金钟，赵定全.1993.3 种灭鼠毒饵对黑腹绒鼠毒杀作用的试验 [J].四川农业科技，14 (4)：58-59.

张立波，常立群，徐海军，等.2001.达乌尔黄鼠特定时间生命表和存活曲线 [J].中国地方病防治杂志，16 (1)：41-42.

张美文.2008.中国啮齿动物概貌及主要有害种类 [M]//郑智民，等.啮齿动物学.上海：上海交通大学出版社.

张美文，陈安国，王勇，等.2000.长江流域黄胸鼠生物学特性观察 [J].兽类学报，20 (3)：200-211.

张美文，郭聪，王勇，等.1998.洞庭平原黄胸鼠种群年龄组的划分 [J].兽类学报，18 (4)：268-276.

张美文，黄璜，王勇，等.2006.洞庭湖区社鼠的繁殖生态 [J].生态学报，26 (3)：884-894.

张美文，黄璜，王勇，等.2007.洞庭湖区社鼠的外形特征及栖息地选择 [J].湖南农业大学学报，33 (1)：53-56.

张美文，李波，王勇，等.2010.四川地震灾区灾后一年农村小兽监测报告 [J].生态学报，30 (19)：5253-5263.

张美文，王凯荣，王勇，等.2003.洞庭湖区鼠类群落的物种多样性分析 [J].生态学报，23 (11)：2260-2270.

张荣祖.1979.中国自然地理——动物地理 [M].北京：科学出版社：62-70.

张荣祖，张洁.1963.啮齿动物对草原的影响力和调查方法的初步探讨 [J].动物学杂志，5 (2)：58-61.

张三亮，陈应武，马俊梅，等.2009.大沙鼠危害及取食对荒漠梭梭林生长的影响 [J].中国森林病虫，28 (1)：7-9.

张三亮.2005.达乌尔鼠兔的综合治理 [J].森林保护 (6)：31-32.

张同作，雷晓水，崔庆虎，等.2007a.两种新型方法防治高原鼢鼠的比较研究 [J].西北林学院学报，22 (1)：102-105.

张同作，苏建平，冯俊义，等.2005.退耕还林还草地鼠类调查及控制对策研究 [J].草业科学，22 (4)：83-87.

张同作，赵丰钰，连新明，等.2007b.西部退耕还林还草后鼠类群落改变的现状调查 [J].植物保护，33 (1)：86-87.

张夕林，张建明，张谷丰，等.1996.中粳稻区黑线姬鼠的发生动态及防治指标 [J].江苏农学院学报，17 (2)：51-54.

张显理，于有志.1995.宁夏哺乳动物区系与地理区划研究 [J].兽类学报，15 (2)：128-136.

张显理.2002.宁夏草原害鼠及鼠害控制对策 [J].宁夏农学院学报 (2)：18-21.

张新阶，王广和，刘伟，等.2007.浑善达克沙地三趾跳鼠的食性与繁殖特征的初步分析 [J].动物学杂志，42 (3)：9-13.

张堰铭，刘季科.2002.高原鼢鼠对高寒草甸植被特征及生产力的影响 [J].兽类学报，22 (3)：201-210.

张业彬，李老占.1987.黑线姬鼠的人工繁殖与驯化 [J].动物学杂志，22 (5)：29-31.

张玉琴.2007.1999—2005 年固原市阿拉善黄鼠鼠疫监测分析 [J].实用预防医学，14 (1)：100-101.

张毓，刘伟，王学英.2005.高原鼠兔贮草行为初探 [J].动物学研究，26 (5)：479-483.

张振峰，归风新，宋丙建，等.1991.1987 至 1990 年南阳市鼠情监测浅析 [J].中国媒介生物学及控制杂志，2 (特刊 2)：83-84.

张知彬，王祖望.1998.农业重要害鼠的生态学及控制对策 [M].北京：海洋出版社.

张知彬，张健旭，王福生，等.2001.不育和灭杀对围栏内大仓鼠种群繁殖力和数量的影响 [J].动物学报，47 (3)：241-248.

张知彬，赵美蓉，曹小平，等.2006.复方避孕药物 (EP-1) 对雄性大仓鼠繁殖器官的影响 [J].兽类学报，26 (3)：300-302.

张知彬，征淑卿，郝守身，等.1997.α-氯代醇对雄性大仓鼠的不育效果观察 [J].兽类学报，17 (3)：232-233.

张知彬，朱靖，杨荷芳，等.1990.大仓鼠种群季节动态的模拟模型 [J].动物学报，36 (2)：136-143.

张知彬，朱靖，杨荷芳，等.1997.农田大仓鼠洞巢空间分布及季节动态研究 [J].动物学杂志，32 (4)：33-34.

张知彬，朱靖，杨荷芳.1991.中国啮齿类繁殖参数的地理变异 [J].动物学报，37 (1)：36-46.

张知彬，朱靖，杨荷芳.1993.Jolly-Seber 法对大仓鼠和黑线仓鼠种群若干参数的估算 [J].生态学报，3 (2)：115-120.

张知彬.1995.鼠类不育控制的生态学基础 [J].兽类学报，5 (3)：229-234.

张志海，郑洪源，侯国亮.2002.子午沙鼠的发生危害及防治研究 [J].陕西农业科学 (4)：15-16.

张忠兵，张春福.1997.大沙鼠种群空间分布格局的研究 [J].动物学杂志，32 (4)：29-31.

张忠兵，赵天彪，李新民，等.1997.大沙鼠鼠洞分布格局的初步研究 [J].动物学杂志，32 (3)：26-28.

赵梅，努尔古丽·马汉，阿里木，等.2006.北疆地区黄兔尾鼠发生现状与防治措施研究［J］.新疆农业科学，43（6）：493-494.

赵梅，张新平，阿里木，等.2007.新疆乌苏沙湾地区2005—2006年秋季黄兔尾鼠种群数量调查分析［J］.中国植保导刊，27（4）：35-36.

赵登科，梁卫国.2002.新疆塔城地区草地害鼠及其防治对策［J］.草原与草坪（2）：12-14.

赵登科.2003.黄兔尾鼠种群年龄结构与发生规律初探［J］.草原与草坪，3：53-54.

赵定全，刘少英，张金坤，等.1994.黑腹绒鼠日食量测定及社鼠等食性观察［J］.四川林业科技，15（4）：38-41.

赵桂芝，施大钊.1994.中国鼠害防治［M］.北京：中国农业出版社：51-74.

赵侯，杨光荣.1993.黄胸鼠的量度分析［J］.动物学杂志，28（4）：51-54.

赵侯，杨光荣，施学贤，等.1992.用晶体重量测定高山姬鼠的年龄［J］.中国媒介生物学及控制杂志，3（6）：406.

赵迳连，阮治安，沈兆昌.1998.江宁农田褐家鼠13年的种群数量变化动态［J］.中国媒介生物学及控制杂志（5）：10-11.

赵肯堂.1981a.赤颊黄鼠的生态研究［J］.内蒙古大学学报：自然科学版，21（1）：68-78.

赵肯堂.1981b.内蒙古啮齿动物［M］.呼和浩特：内蒙古人民出版社：146-151.

赵梅，刘建，黄春堂，等.2006.克拉玛依人工林鼠害调查初报［J］.四川动物，25（4）：872-874.

赵天飙，陶波尔，唐蒙昌，等.2007.大沙鼠巢区面积及巢区间距离的研究［J］.医学动物防制，23（12）：881-882.

赵天飙，李新民，段全红，等.1994a.四种黄鼠骨骼形态的模糊聚类分析［J］.内蒙古地方病防治研究，19（2）：67-68.

赵天飙，李新民，段全红，等.1994b.小毛足鼠骨骼形态结构的研究［J］.内蒙古地方病防治研究，19（2）：76-77.

赵天飙，李新民，张忠兵，等.1998.大沙鼠（Rhombomys opimus）和子午沙鼠（Meriones meridianus）种群空间分布格局的研究［J］.兽类学报，18（2）：131-136.

赵天飙，刘赫，张忠兵，等.2000.内蒙古达茂旗腾格淖尔地区大沙鼠种群繁殖习性的调查［J］.兽类学报，20（4）：313-317.

赵天飙，齐林.2000.大沙鼠对栖息地的选择［J］.动物学杂志，35（1）：40-43.

赵天飙，陶波尔，董希超，等.2007.啮齿动物种群数量调查方法及其评价［J］.中国媒介生物学及控制杂志，18（4）：332-334.

赵天飙，邬建平，张忠兵，等.2001.大沙鼠一些行为的初步观察［J］.内蒙古师范大学学报：自然科学版，30（1）：57-60.

赵天飙，杨持.2006.大沙鼠种群空间分布格局、栖息地选择及种群动态的研究［D］.呼和浩特：内蒙古大学.

赵天飙，杨持，周立志，等.2005.中国大沙鼠生态学研究进展［J］.内蒙古大学学报：自然科学版，36（5）：591-596.

赵天飙，杨持，周立志，等.2007.大沙鼠种群密度与降水量的关系［J］.兽类学报，27（2）：195-199.

赵天飙，张忠兵，李新民，等.2000.大沙鼠对栖息地的选择［J］.动物学杂志，35（1）：40-43.

赵天飙，张忠兵，邬建平，等.1999.内蒙古达茂旗啮齿动物多样性的研究［J］.内蒙古科技与经济（S2）：107-108.

赵天飙，张忠兵，岳明鲜，等.1996.内蒙古啮齿动物的生态型初探［J］.中国地方病防治杂志，11（内蒙古鼠疫防治研究论文专辑）：47.

赵天飙，周立志，张忠兵，等.2005.大沙鼠种群年龄结构的季节变化和繁殖特征［J］.动物学杂志，40（6）：108-113.

赵天飙.1996.内蒙古四型鼠疫疫源地啮齿动物多样性及流行病学意义初探［J］.内蒙古师范大学学报：自然科学汉文版（1）：57-60.

赵廷贵.2007.不同饵料对巴颜喀拉山地区高原鼠兔与根田鼠混生害鼠的灭效对比试验［J］.草业与畜牧（8）：26-27，52.

赵新春，沙依拉吾，冯海记，等.1996.新疆维吾尔自治区应用C型肉毒杀鼠素灭鼠试验报告［J］.青海草业，4：6-11.

赵新春.1987.根田鼠危害林木原因的分析及防治方法［J］.新疆林业（1）：37-38.

赵秀兰，李秋阳，张鹏程.2009.阿佤山区农田害鼠动态及防治研究［J］.云南农业科技（3）：18-20.

赵亚军，王廷正，李金钢，等.1997.豫西黄土高原农作区鼠类群落动态：时空尺度格局的初步分析［J］.兽类学报，17（3）：197-203.

赵中和，赵坚，王文祥，等.2003.内蒙古西部梭梭林大沙鼠的防治［J］.植物保护，29（4）：38-40.

赵中石，王宪廷.1982.天山旱獭某些生态的初步调查［J］.动物学杂志（3）：10-13.

郑明高.1994.南山牧场鼠害初步调查［M］//湖南省自然资源学会.湖南省自然资源研究.北京：中国环境科学出版社：180-184.

郑涛，张迎梅.1990.甘肃省啮齿动物区系及地理区划的研究［J］.兽类学报，10（2）：137-144.

郑元利，杨再学.2002.余庆县黑线姬鼠的发生动态及其治理技术［J］.贵州大学学报：农业与生物科学版，21（5）：351-356.

郑元利，杨再学．2003．黑线姬鼠肥满度的季节变化研究［J］．贵州农业科学，31（2）：12-15．

郑智民，詹绍琛．1978．针毛鼠的生物学观察［J］．动物学杂志（1）：13-15．

郑智民，姜志宽，陈安国．2008．啮齿动物学［M］．上海：交通大学出版社．

郑智民．1981．鼠类对敌鼠钠盐的敏感性的初步研究及其应用［J］．兽类学报，1（1）：93-99．

郑智民．1982．厦门市区家鼠的演替［J］．兽类学报，2（1）：113-118．

中国科学院动物研究所生态室一组．1979．布氏田鼠巢域的研究［J］．动物学报，25（2）：169-175．

中国科学院动物研究所兽类研究组．1958．东北兽类调查报告［M］．北京：科学出版社．

中国农作物病虫害编辑委员．1981．中国农作物病虫害：下册［M］．2 版．北京：农业出版社．

中国野生动物保护协会．2005．中国哺乳动物图鉴［M］．郑州：河南科学技术出版社．

钟文勤，周庆强，孙崇潞．1983．达乌尔鼠兔的食物和食量研究［J］．生态学报，3（3）：269-276．

钟文勤，周庆强，孙崇潞．1985．内蒙古草场鼠害的基本特征及其生态对策［J］．兽类学报，5（4）：241-243．

钟文勤，周庆强，王广和，等．1991．布氏田鼠鼠害生态治理方法的设计及其应用［J］．兽类学报，11（3）：204-212．

钟文勤．1985．布氏田鼠的生境选择与植被条件［M］//草原生态系统研究：第 1 集．北京：科学出版社．

周朝霞，艾祯仙，陆小欢，等．2009．三都县褐家鼠种群数量动态与繁殖规律［J］．贵州农业科学（7）：83-85．

周方孝，刘振才，房静，等．2003．建立达乌尔黄鼠鼠疫疫源地中地理信息系统的操作方法［J］．中国地方病防治杂志，18（2）：100-102．

周红霞，温浩，王云海，等．1997．新疆塔城地区和布克塞尔县赤颊黄鼠腹腔接种多房棘球蚴的实验观察［J］．地方病通报，12（4）：52-53．

周立志，马勇，李迪强．2000．大沙鼠在中国的地理分布［J］．动物学报，46（2）：130-137．

周仑．1965．黄胸鼠和小家鼠某些生态的初步观察［J］．动物学杂志，7（3）：111-113．

周文伟，石巧娟，施张奎，等．2009．44 代 Z：ZCLA 长爪沙鼠生长繁殖性能的研究［J］．医学研究杂志，38（7）：58-61．

周文扬，窦丰满．1990．高原鼢鼠活动与巢区的初步研究［J］．兽类学报，10（1）：31-39．

周延林，侯希贤，董维惠，等．1991．布氏田鼠种群动态预测初报［J］．中国媒介生物学及控制杂志，2（4）：245-248．

周延林，侯希贤，董维惠，等．1992．黑线仓鼠肥满度的研究［J］．兽类学报，12（3）：207-212．

周延林，王利民，鲍伟东，等．1998．小毛足鼠（*Phodopus roborovskii*）巢区和活动距离的初步研究［J］．内蒙古大学学报：自然科学版，29（2）：258-263．

周延林，王利民，鲍伟东，等．1999．子午沙鼠种群繁殖特征分析［J］．兽类学报，19（1）：62-67．

周延林，杨玉平，侯希贤，等．1992．五趾跳鼠出入蛰特征的调查［J］．中国媒介生物学及控制杂志，3（1）：32-36．

周妍，俞宝根，郑荣泉，等．2009．繁殖期社鼠攻击行为的研究［J］．浙江师范大学学报：自然科学版，32（2）：222-227．

周宗汉，刘昌威，罗远才．1985．河西荒漠子午沙鼠的生态学初步观察［J］．四川动物（1）：10-13．

朱国正，汪英华，雷观愚，等．1991．东方田鼠的实验室饲养及其抗血吸虫感染特性［J］．上海实验动物科学，11（4）：193-198．

朱家贤．1989．黄胸鼠［M］//董聿茂．浙江动物志．杭州：浙江科学技术出版社：80-82．

朱盛侃，陈安国．1993．小家鼠生态特性与预测［M］．北京：科学出版社．

朱盛侃，秦知恒．1991a．安徽淮北农区大仓鼠和黑线仓鼠种群动态的研究［J］．兽类学报，11（2）：99-108．

朱盛侃，秦知恒．1991b．安徽淮北农区黑线姬鼠种群动态的分析［J］．兽类学报，11（3）：213-219．

朱盛侃，颜世兵．1991．安徽淮北农区三种鼠的种群动态与年龄结构的关系［J］．兽类学报，11（4）：285-293．

诸葛阳，陆传才．1978．黑线姬鼠繁殖及数量动态的初步研究［M］//青海省生物研究所．灭鼠和鼠类生物学研究报告：第三集．北京：科学出版社：80-84．

诸葛阳，沈铁生，张淑德．1959．杭州市郊区冬春季黑线姬鼠 *Apodemus agrarius* Pallas 生态学的初步研究［J］．杭州大学学报（2）：9-16．

诸葛阳．1989．浙江动物志·兽类［M］．杭州：浙江科学技术出版社．

祝龙彪，钱国桢，苏燕明，等．1986．上海塘桥地区鼠类群落演替与住房结构变迁关系的分析［J］．兽类学报，6（2）：147-154．

祝龙彪，钱国桢．1982．黑线姬鼠种群的年龄结构及种群更新的研究［J］．兽类学报，2（2）：211-217．

祝龙彪，钱国桢．1985．两种家鼠的热能调节与地理分布关系［J］．兽类学报，5（3）：182．

祝龙彪，徐震，陈静．1988．上海鼠类昼夜活动节律性研究［J］．中国鼠类防制杂志，4（4）：303-304．

祝龙彪．1989．上海地区几种鼠的种群年龄结构分析［J］．中国鼠类防制杂志，5（特3）：32-33．

宗浩，冯定胜．1998．四川短尾鼩（*Anourosorex squamipes*）行为生态学的研究［J］．四川师范大学学报：自然科学版，21（4）：449-452．

邹波，张慧娣，宁振东，等.2007.晋西南农林生态区社鼠种群数量的季节消长研究［J］.山西农业科学，35（8）：33-34.

邹波，王庭林，宁振东，等.1992.黄胸鼠在山西临汾地区形成种群［J］.植物保护（3）：51.

邹波，张慧娣，宁振东，等.2007.晋西南农林生态区社鼠种群年龄结构及季节变化研究［J］.山西农业科学，35（9）：53-55.

邹波，等.1991.山西临汾地区不同生境鼠类数量配置［J］.陕西师范大学学报：自然科学版，19（增刊）：63-71.

邹波，等.2001.鼠类天敌资源研究［J］.山西植物保护，24：9-11.

左家铮，刘柏香，周仁利.1992.东方田鼠野外生态调查及室内驯养的研究［J］.湖南医学杂志，4（4）：214-215.

邹波.2002.中国黄土高原のチュウゴクモグラネズミの生理生態学的研究の現状［J］.Wildlife FORUM，7（4）：105-112.

Beckmann R. 1989.小家鼠、人与线虫——澳大利亚小家鼠发生规律与生物防治研究［J］.中国鼠类防治杂志，5（4）：278-279.

Smith A T，解炎.2009.中国兽类野外手册［M］.长沙：湖南教育出版社.134.

Agren G，Zhou Q，Zhong W. 1986. Correlates of early and late sexual maturation in female *Mongolian gerbils*（*Meriones unguiculatus*）［J］. Animal Behaviour，34：551-560.

Agren G，Zhou Q，Zhong W. 1989. Ecology and social behaviour of Mongolian gerbils，*Meriones unguiculatus*，at Xilinhot Inner Mongolia，China［J］. Animal Behaviour，37：11-27.

Agren G，Zhou Q，Zhong W. 1989. Territoriality，cooperation and resource priority：hoarding in the Mongolian gerbil，*Meriones unguiculatus*［J］. Animal Behaviour，37（0）：28-32.

Allen G M. 1940. Mammals of China and Mongolia（2 Vols.）［M］. New York：American Museum of Natural History.

Allen G M. 1940. Natral history of Asia（volume XI）. The mammals of China and Mongolia. Part Ⅱ［M］. New York：Central Asiatic Expedition.

Batsaikhan N，Avirmed D，Tinnin D. 2008. Allocricetulus curtatus［M］// IUCN. 2012. IUCN Red List of Threatened Species. Version 2012. 2. <www. iucnredlist. org>. Downloaded on 17 October 2012.

Berdoy M，Smith P，Macdonald D W. 1995. Stability of social status in wild rats：Age and the role of settled dominance［J］. Behavior，132（3-4）：193-212.

Boitani L，Molur S. 2008. Nesokia indica［EB/OL］// IUCN 2012. IUCN Red List of Threatened Species.（2012-01）［2012-09-01］. www. iucnredlist. org.

Brown P R，Hung N Q，Hung N M，et al. 1999. Population ecology and management of rodent pests in the Mekong River Delta，Vietnam［M］//Grant S，Lyn H，Herwig L，et al. Zhibin Ecologically-based rodent management. Canberra：Australian Centre for International Agricultural Research：319-337.

Buckle A P. 1999. Rodenticides——their role in rodent pest management in tropical agriculture［M］//Grant S，Lyn H，Herwig L，et al. Ecologically-based rodent management. Canberra：Australian Centre for International Agricultural Research：163-177.

Burdelov A S，Bondar E P，Zhuravleva V I. 1964. Great gerbil mobility and its ecological role in the continues settlements of northern deserts（Balchash Lake region）［J］. Zoologichesky Zhurnal，43：115-124.

Burdelov A S，Petrov V S，Chrustselevskiy V P. 1974. Ecological and physiological peculiarities of great gerbil（*Rhonbomys opimus*）：Common species of Middle Asia deserts［M］//Theriology，Nauka Press of Academy of Sciences of USSR. Moscow：Academic Press：186-193.

Fulk G W，Lathiya S B，Khokhar A R. 1981. Rice field rats of lower Sind：abundance，reproduction and diet［J］. Journal of Zoology，193：371-390.

Hau C H. 1997. Tree seed predation on degraded hillsides in Hong Kong［J］. Forest Ecology and Management，99（1-2）：215-221.

Hennessy D F，Owings D H. 1988. Rattlesnakes create a context for localizing their search for potential prey［J］. Ethology，77：317-329.

Hoogland J L. 1996. Why do Gunnison's prairie dogs give anti-predator calls?［J］. Animal Behavour，51：871-880.

Hutterer R，Molur S，Heaney L. 2008. Suncus murinus［EB/OL］//IUCN 2012. IUCN Red List of Threatened Species.（2012-01）［2012-09-28］www. iucnredlist. org.

Iakovlev M G. 1969. Some results of numbers counting of great gerbil on constant plots during many years. Report 1. Settlements density of gerbils［M］//Material of Scientific Conference for Institutions of Black Death Research in Middle Asia and Kazakhstan. AlmaAta：Academic Press：169-175.

Johnsgard P A. 1991. Hawks, eagles and falcons of North America biology and natural history [M]. Washington DC: Smithsonian Institution Press.

Lench J. 2004. Suncus murinus [EB/OL]. Animal Diversity Web. [2012-10-10]. http://animaldiversity.ummz.umich.edu/accounts/Suncus_murinus/.

Marin S N. 1959. The rolemobility of great gerbil for decreasing level of black death in the infection center [M] //Tenth Meeting for Parasitological Problems and Natural Centers of Infections 1. Moscow: Academic Press: 212‐214.

Militzer K, Reinhard H J. 1982. Rank positions in rats and their relations to tissue parameters [J]. Physiological Psychology, 10: 251‐260.

Mokrousov N I. 1978. Great Gerbil‐ Rhombomys opimus Lichtenstein [M] //Sludskiy A A. Mammals of Kazakhstan 3. Alma‐Ata: Publishing House Nauka of Kazakh USSR: 64‐115.

Newsome A. 1990. The control of vertebrate pest by vertebrate predators [J]. Tree, 5: 187‐191.

Norrdahl K, Korpimaki E. 1995. Mortality factors in a cyclic vole population [J]. Proceedings, The Royal of society B: Biological Sciences, 261 (1360): 49‐53.

Pavlinov I J, Dubrovsky Y A, Rossolimo O L, et al. 1990. Gerbils of The World [M]. Moscow: Publishing House Nauka of Kazakh USSR: 368.

Pearson O P. 1971. Additional measurement of the impact of carnivores on California voles (Microtus californicus) [J]. Journal of Mammalogy, 52: 535‐566.

Popov S V, Tchabovsky A V. 1996. Factors affecting body mass and ventral gland size in great gerbil (Rhombomys opimus) in south-eastern Karakum desert [J]. Zoologichesky Zjurnal, 75: 1404‐1411.

Randall J A, Rogovin K A, Shier D M, et al. 2000. Antipredator behavior of a social desert rodent: Footdrumming and alarm calling in the great gerbil Rhombomys opiums [J]. Behavor Ecological Sociobiology, 48: 110‐118.

Randall J A, Rogovin K. 2002. Variation in and meaning of alarm calls in a social desert rodent Rhombomys opimus [J]. Ethology, 108: 513‐527.

Rogovin K, Randall J A, Kolosova I, et al. 2003. Social correlates of stress in adult males of the great gerbil Rhombomys opimus, in years of high and low population densities [J]. Hormones and Behavior, 43: 132‐139.

Rogovin K, Randall J A, Kolosova I, et al. 2004. Predation on a social desert rodent, Rhombomys opimus: Effect of group size, composition, and location [J]. Journal of Mammalogy, 85: 723‐730

Rogovin K, Randall J A, Kolosova I, et al. 2001. Intra-and interspecific variation in vigilance and foraging of two gerbillid rodents, Rhombomys opimus and Psammomys obesus: The effect of social environment [J]. Animal Behaviour, 62: 965‐972.

Saltzman W, Ahmed S, Fahimi A, et al. 2006. Social suppression of female reproductive maturation and infanticidal behavior in cooperatively breeding Mongolian gerbils [J]. Horm Behav, 49 (4): 527‐537.

Sapolsky R M. 1983. Endocrine aspects of social instability in the olive baboon (Papio anubis) [J]. American Journal Prinatology, 5: 365‐379.

Shar S, Lkhagvasuren D, Molur S. 2008. Rhombomys opimus [EB/OL] //IUCN 2012. IUCN Red List of Threatened Species. (2012‐01) [2012‐09‐18]. www.iucnredlist.org.

Shimozuru M, Kikusui T, Takeuchi Y, et al. 2006. Scent-marking and sexual activity may reflect social hierarchy among group‐living male Mongolian gerbils (Meriones unguiculatus) [J]. Physiological Behavior, 89 (5): 644‐649.

Singleton G R. 1999. Ecologically-based management of rodent pests [M]. Canberra, Australian Centre for International Agricultural Research.

Smith B A, Block M L. 1991. Male saliva cues and female social choice in Mongolian gerbils [J]. Physiological Behavior, 50 (2): 379‐384.

Sokolov V E, Skurat L N. 1966. Specific belly gland of great gerbil [J]. Zoologichesky Zhurnal, 45: 213‐215.

Sokolov V E, Tikhonova G N, Tikhonova I A, et al. 1995. Small mammals (Rodentia, Insectivora) in Hanoi [J]. Zoologicheskii Zhurnal, 74 (8): 112‐113.

Southwick C H. 1966. Reproduction, mortality and growth of murid rodent population [M] //Parrack D W. Calcutta. India: Proceedings of Indian Rodent Symposium: 152‐172.

Sung C V. 1999. Rodent diversity in Vietnam [M] //Zhang Z B, Lyn H, et al. Rodent biology and management. ACIAR technical reports 45. Canberra: Australian Centre for International Agricultural Research: 130.

Tsytsulina K, Formozov N, Sheftel B. 2008. Allocricetulus eversmanni [EB/OL] //IUCN 2012. IUCN Red List of Threatened Species. (2012‐01) [2012‐08‐25]. www.iucnredlist.org.

Wang D L, Cong L Y, et al. 2011. Seasonal variation in population characteristics and management implications for brown rats (*Rattus norvegicus*) within their native range in Harbin, China [J]. Journal of Pest Science, 84 (4): 409 - 418.

Weiner A, Corecki A. 1982. Small mammals and theirhabitats in the arid stepp of central eastern Mongolia [J]. Polish Ecological Studies, 8 (1/2): 7 - 21.

Wilson D E, Reeder D M. 2005. Mammal species of the world: a taxonomic and geographic reference [M]. Baltimore: The Johns Hopkins University Press.

Wong R, Gray-Allan P, Chiba C, et al. 1990. Social preference of female gerbils (*Meriones unguiculatus*) as influenced by coat color of males [J]. Behav Neural Biol, 54 (2): 184 - 190.

Yamaguchi H, Kikusui T, Takeuchi Y, et al. 2005. Social stress decreases marking behavior independently of testosterone in Mongolian gerbils [J]. Horm Behav, 47 (5): 549 - 555.

Yang Y M, Zeng Z Y, Deng X Z, et al. 1999. Comparative population ecology of rodents in cropland of the western Sichuan plain I. Population dynamics and reproduction [J]. Acta Theriologica Sinica, 19 (4): 267 - 275.

Yoshimura H. 1981. Behavioral characteristics of scent marking behavior in the Mongolian gerbil (*Meriones unguiculatus*) [J]. Jikken Dobutsu, 30 (2): 107 - 112.

第24单元 农牧区鼠害

彩图24-1-1 褐家鼠为害玉米状（刘晓辉摄）
Colour Figure 24-1-1 Damage on corn
by *Rattus norvegicus* (by Liu Xiaohui)

彩图24-1-2 褐家鼠为害收割期水稻状（刘晓辉摄）
Colour Figure 24-1-2 Damage on rice during harvest
by *Rattus norvegicus* (by Liu Xiaohui)

彩图24-1-3 褐家鼠为害储存期玉米（刘晓辉摄）
Colour Figure 24-1-3 Damage on corn during storage stage
by *Rattus norvegicus* (by Liu Xiaohui)

彩图24-1-4 稻田夹捕的褐家鼠（黄色箭头位置）（刘晓辉摄）
Colour Figure 24-1-4 Captured brown rats in the rice field
(by Liu Xiaohui)

彩图24-1-5 褐家鼠
（引自郭永旺，2012）
Colour Figure 24-1-5 *Rattus norvegicus*
(from Guo Yongwang, 2012)

捕鼠器埋藏位置

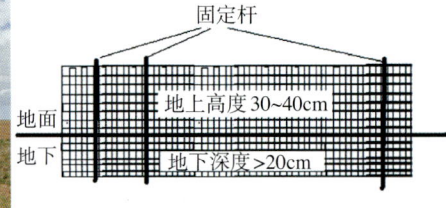

固定杆
地面
地下
地上高度30~40cm
地下深度>20cm

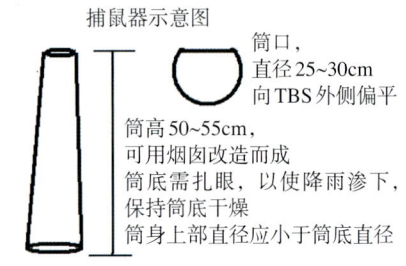

捕鼠器示意图

筒口，
直径25~30cm
向TBS外侧偏平

筒高50~55cm，
可用烟囱改造而成
筒底需扎眼，以使降雨渗下，
保持筒底干燥
筒身上部直径应小于筒底直径

彩图24-1-6 TBS示意（郭永旺提供）
Colour Figure 24-1-6 TBS (trapping barrier system) (by Guo Yongwang)

彩图 24-2-1　黄胸鼠（引自郭永旺，2012）
Colour Figure 24-2-1　*Rattus tanezumi*
(from Guo Yongwang, 2012)

彩图 24-3-1　黄毛鼠为害水稻植株（冯志勇摄）
Colour Figure 24-3-1　Damage on rice by *Rattus losea*
(by Feng Zhiyong)

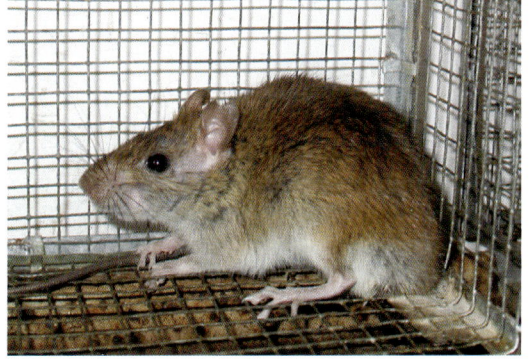

彩图 24-3-2　黄毛鼠（冯志勇摄）
Colour Figure 24-3-2　*Rattus losea* (by Feng Zhiyong)

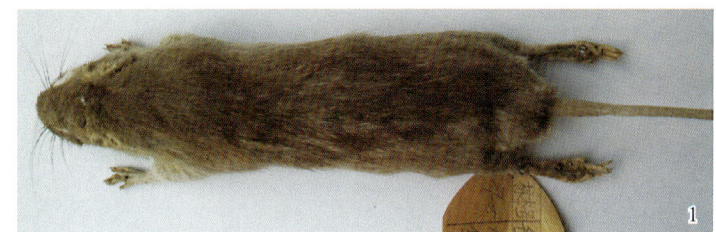

上右　　　　　下右

彩图24-4-1　大足鼠及其臼齿（1.王显报摄；2.引自王酉之等，1999）
Colour Figure 24-4-1　*Rattus nitidus* and its molar
(1. by Wang Xianbao; 2. from Wang Youzhi et al., 1999)

彩图 24-5-1　板齿鼠为害水稻植株（冯志勇摄）
Colour Figure 24-5-1　Damage on rice by *Bandicota indica*
(by Feng Zhiyong)

彩图 24-5-2　板齿鼠（冯志勇摄）
Colour Figure 24-5-2　*Bandicota indica* (by Feng Zhiyong)

彩图 24-6-1　小家鼠（引自郭永旺，2012）
Colour Figure 24-6-1　*Mus musculus* (from Guo Yongwang, 2012)

彩图24-7-1 社鼠（引自郭永旺，2012）
Colour Figure 24-7-1 *Niviventer confucianus*
(from Guo Yongwang, 2012)

彩图24-9-1 黑线姬鼠（引自郭永旺等，2012）
Colour Figure 24-9-1 *Apodemus agrarius*
(from Guo Yongwang et al., 2012)

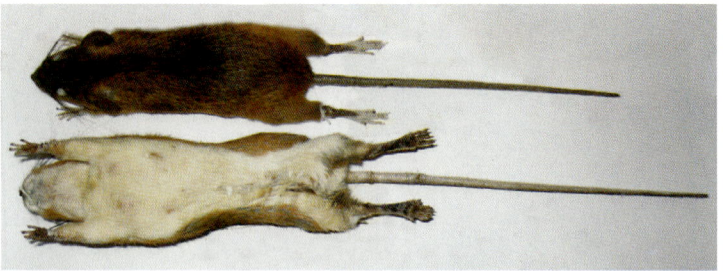

彩图24-8-1 针毛鼠（邹波摄）
Colour Figure 24-8-1 *Niviventer fulvescens* (by Zou Bo)

彩图24-12-1 长爪沙鼠（刘晓辉摄）
Colour Figure 24-12-1 *Meriones unguiculatus* (by Liu Xiaohui)

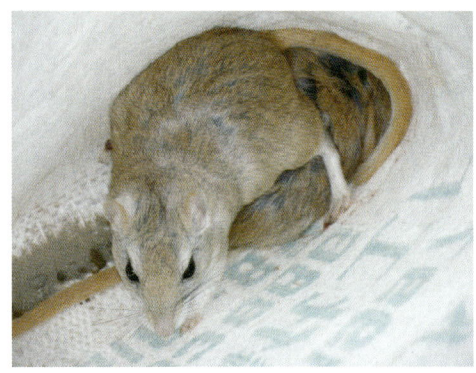

彩图24-13-1 子午沙鼠（引自郭永旺，2012）
Colour Figure 24-13-1 *Meriones meridianus*
(from Guo Yongwang, 2012)

彩图24-14-1 大沙鼠分布示意（引自 Shar 等，2008）
Colour Figure 24-14-1 Distribution of *Rhombomys opimus*
(from Shar et al., 2008)

彩图24-14-2　大沙鼠（贾举杰摄）
Colour Figure 24-14-2　*Rhombomys opimus* (by Jia Jujie)

彩图24-15-1　印度地鼠分布区示意（引自Boitani L. 和Molur S.，2008）
Colour Figure 24-15-1　Distribution of *Nesokia indica* (from Boitani L. and Molur S., 2008)

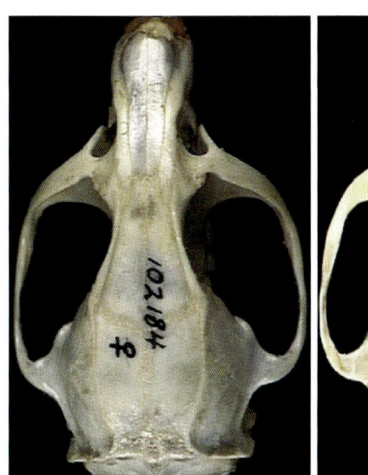

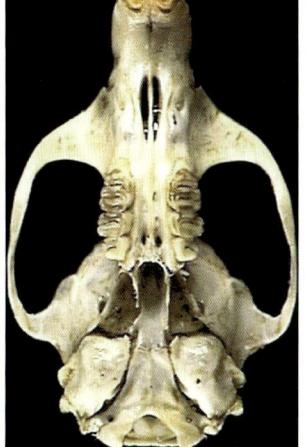

彩图24-15-2　印度地鼠头骨（引自Myers等，2012）
Colour Figure 24-15-2　The skull of *Nesokia indica* （from Myers et al.，2012）

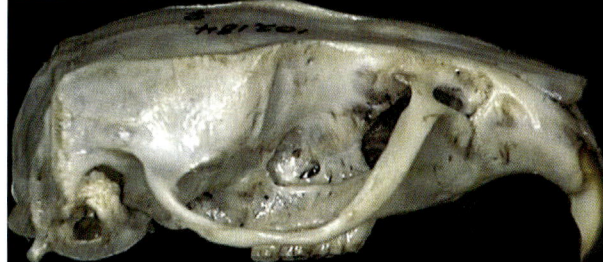

彩图24-16-1　巢鼠（刘晓辉摄）
Colour Figure 24-16-1　*Micromys minutus* (by Liu Xiaohui)

彩图24-17-1　东方田鼠为害水稻（王勇摄）
Colour Figure 24-17-1　Damages on rice by *Microtus fortis* (by Wang Yong)

彩图24-17-2　东方田鼠（王勇摄）
Colour Figure 24-17-2　*Microtus fortis* (by Wang Yong)

彩图 24-18-1　布氏田鼠对植被的为害（施大钊摄）
Colour Figure 24-18-1　Damages on grass lands by
Lasiopodomys brandtii (by Shi Dazhao)

彩图 24-18-2　布氏田鼠（施大钊摄）
Colour Figure 24-18-2　*Lasiopodomys brandtii* (by Shi Dazhao)

彩图 24-19-1　棕色田鼠为害状（邹波摄）
Colour Figure 24-19-1　The damages made by
Lasiopodomys mandarinus (by Zou Bo)
1. 为害小麦　2. 为害泡桐树　3. 为害苹果树

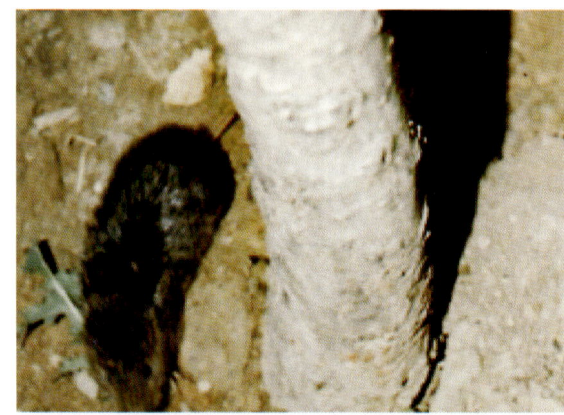

彩图 24-19-2　棕色田鼠（邹波摄）
Colour Figure 24-19-2　*Lasiopodomys mandarinus* (by Zou Bo)

彩图 24-19-3　弹簧夹捕鼠（邹波摄）
Colour Figure 24-19-3　Spring trap (by Zou Bo)

彩图24-20-1　根田鼠（张堰铭摄）
Colour Figure 24-20-1　*Microtus oeconomus* (by Zhang Yanming)

彩图24-21-1　黑线仓鼠（宛新荣摄）
Colour Figure 24-21-1　*Cricetulus barabensis* (by Wan Xinrong)

彩图24-20-2　PVC管套绑林木防鼠（郭聪摄）
Colour Figure 24-20-2　Trees covered by PVC tube (by Guo Cong)

彩图24-22-1　大仓鼠（宛新荣摄）
Colour Figure 24-22-1　*Tscherskia triton*
(by Wan Xinrong)

彩图24-23-1　灰仓鼠（廖力夫摄）
Colour Figure 24-23-1　*Cricetulus migratorius*
(by Liao Lifu)

彩图24-25-1　黄兔尾鼠（倪亦非和蒋卫提供）
Colour Figure 24-25-1　*Eolagurus luteus*
(by Ni Yifei and Jiang Wei)

彩图 24-26-1 短尾仓鼠分布示意
（引自 Batsaikhan 等，2008）
Colour Figure 24-26-1
Distribution of *Allocricetulus eversmanni*
（from Batsaikhan et al., 2008）

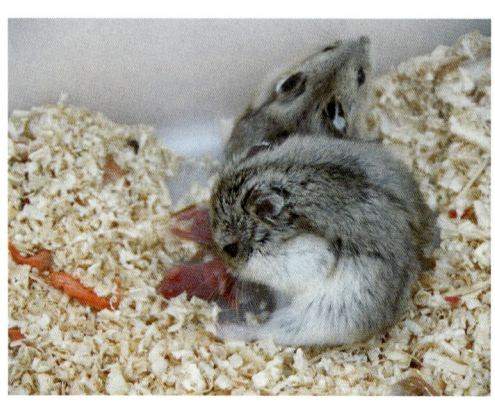

彩图 24-27-1 黑线毛足鼠（宛新荣摄）
Colour Figure 24-27-1 *Phodopus campbelli* (by Wan Xinrong)

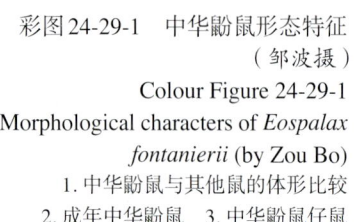

彩图 24-28-1 小毛足鼠（宛新荣摄）
Colour Figure 24-28-1 *Phodopus roborovskii*
(by Wan Xinrong)

彩图 24-29-1 中华鼢鼠形态特征
（邹波摄）
Colour Figure 24-29-1
Morphological characters of *Eospalax*
fontanierii (by Zou Bo)
1. 中华鼢鼠与其他鼠的体形比较
2. 成年中华鼢鼠　3. 中华鼢鼠仔鼠

彩图24-29-2　中华鼢鼠头骨的形态特征
（邹波摄）
Colour Figure 24-29-2　Morphological
characters of *Eospalax fontanierii*
skull (by Zou Bo)
1.中华鼢鼠亚成体头骨
2.中华鼢鼠成体头骨

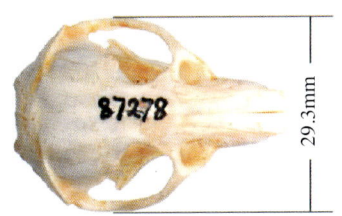
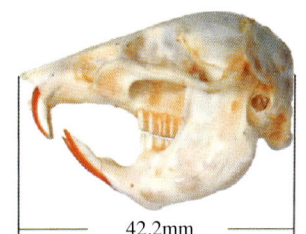

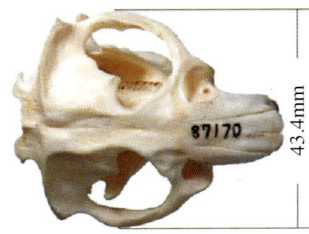
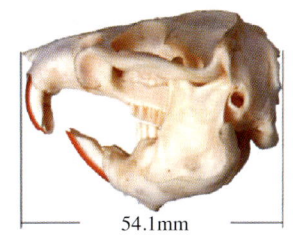

1

2

彩图24-29-3　中华鼢鼠的洞道
（1.仿樊乃昌和谷守勤，1981；2.邹波摄）
Colour Figure 24-29-3　Burrow system of
Eospalax fontanierii (1. from Fan Naichang and
Gu Shouqin, 1981; 2. by Zou Bo)
1.鼢鼠洞道地表投影及窝的解剖
2.山西省柳林县中华鼢鼠洞道剖面照片

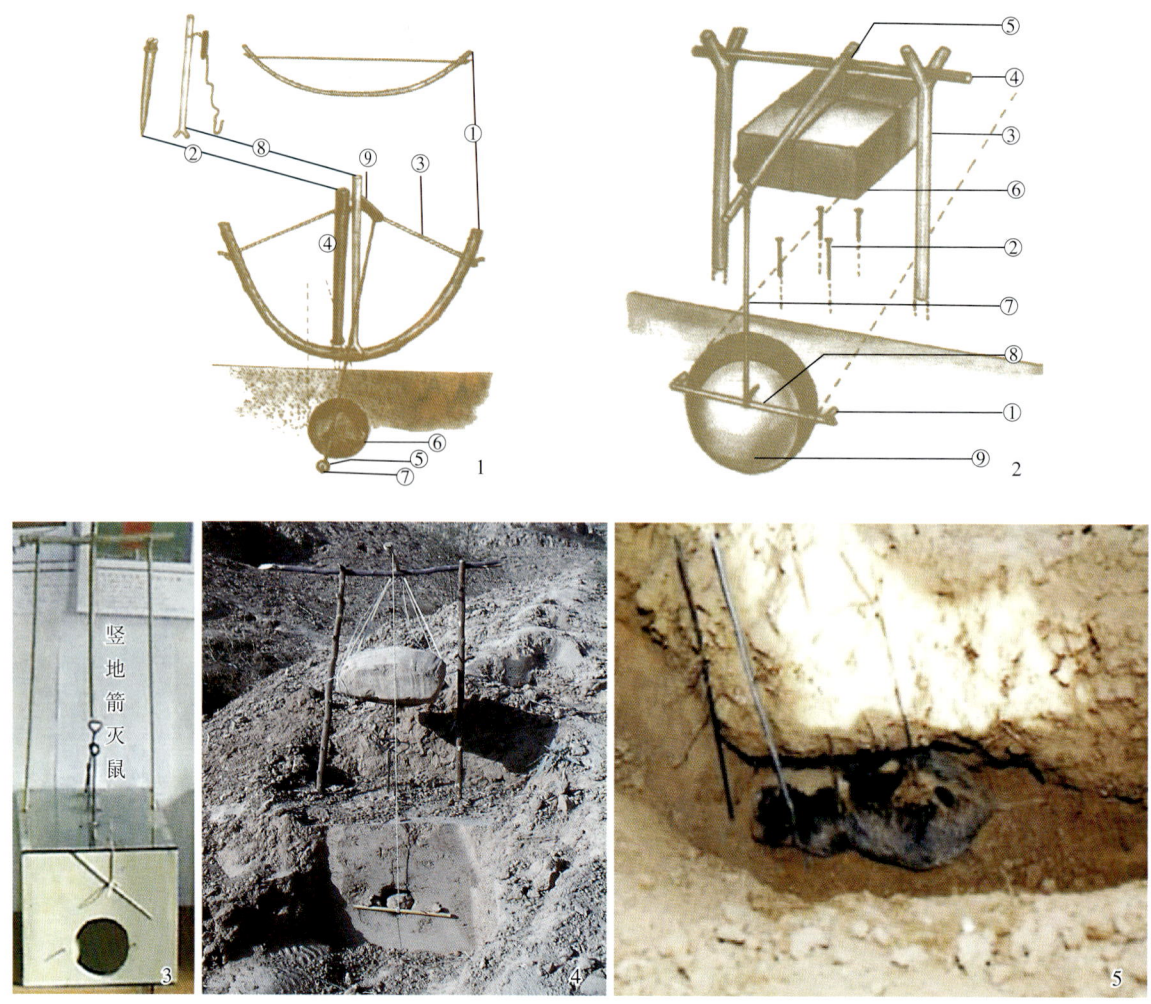

彩图 24-29-4 弓射地箭法及石压地箭法（1 和 2. 引自马壮行等，1993；3 ~ 5. 邹波提供）

Colour Figure 24-29-4 Two physical methods of *Eospalax fontanierii control*

(1 and 2. from Ma Zhuangxing et al., 1993; 3-5. by Zou Bo)

1、2. 示意图 3. 模型照片 4. 石压法实物图 5. 石压地箭法捕到的中华鼢鼠

1. 弓射地箭法：①弓，②箭，③弦，④细绳，⑤环，⑥土块，⑦钉，⑧支棍，⑨担杆

2. 石压地箭法：①别钉，②地箭，③立柱，④横梁，⑤杠杆，⑥石板，⑦细绳，⑧别棍，⑨泥球

彩图 24-30-1 高原鼢鼠的土丘（郭聪摄）

Colour Figure 24-30-1 The mound made by *Eospalax rufescens* (by Guo Cong)

彩图 24-30-2 高原鼢鼠（刘晓辉摄）

Colour Figure 24-30-2 *Eospalax rufescens*

(by Liu Xiaohui)

彩图24-30-3 高原鼢鼠的头骨及臼齿
（引自王酉之和胡锦矗，1999）
Colour Figure 24-30-3 The skull and
molar of *Eospalax rufescens*
(from Wang Youzhi and Hu Jinchu, 1999)

上右 下左

彩图24-31-1 东北鼢鼠（郭永旺摄）
Colour Figure 24-31-1 *Eospalax psilurus*
(by Guo Yongwang)

彩图24-32-1 达乌尔黄鼠（钟文勤摄）
Colour Figure 24-32-1 *Spermophilus dauricus*
(by Zhong Wenqin)

彩图24-33-1 赤颊黄鼠（宛新荣摄）
Colour Figure 24-33-1 *Spermophilus
erythrogenys* (by Wan Xinrong)

彩图24-36-1 五趾跳鼠（郭永旺摄）
Colour Figure 24-36-1 *Allactaga sibirica*
(by Guo Yongwang)

彩图24-37-1 三趾跳鼠（郭永旺摄）
Colour Figure 24-37-1 *Dipus sagitta* (by Guo Yongwang)

彩图24-38-1 豪猪分布示意（引自Lunde等，2008）
Colour Figure 24-38-1 Distribution of *Hystrix brachyura*
(from Lunde et al., 2008）

彩图 24-38-2　豪猪（引自 Myers 等，2012）
Colour Figure 24-38-2　*Hystrix brachyura*
（from Myers et al., 2012）

彩图 24-39-1　高原鼠兔（李波摄）
Colour Figure 24-39-1　*Ochotona curzoniae* (by Li Bo)

彩图 24-40-1　达乌尔鼠兔（宛新荣摄）
Colour Figure 24-40-1　*Ochotona daurica* (by Wan Xinrong)

彩图 24-42-1　臭鼩分布示意
（引自 Hutterer 等，2008）
Colour Figure 24-42-1　Distribution of *Suncus murinus*
（from Hutterer et al., 2008）

彩图 24-41-1　2009年在四川地震灾区彭州市通济镇
捕获的四川短尾鼩（李波摄）
Colour Figure 24-41-1　Captured *Anourosorex squamipes*
in Tongji County, Pengzhou City, Sichuan Province in 2009
(by Li Bo)
1. 2009年3月捕获　2. 2009年5月捕获

彩图 24-42-2　臭鼩头骨
（引自 Myers 等，2012）
Colour Figure 24-42-2　Skull of *Suncus*
murinus（from Myers et al., 2012）

病原学名索引

害虫学名索引

杂草学名索引

害鼠学名索引

上册

一、水稻病虫害

稻切叶螟（李永禧）

稻白苞螟（李永禧）

淡剑夜蛾（黄次伟）

毛翅夜蛾（黄次伟）

稻金翅夜蛾（黄次伟）

眉纹夜蛾（李永禧）

稻穗瘤蛾（李永禧）

稻瘿蚊（杜俊岭）

稻泥苞虫（杜俊岭）

稻跗线螨（王法明　杜正文）

稻裂爪螨（王法明　杜正文）

鳃蚯蚓（王法明　杜正文）

水稻蚜虫（王法明　杜正文）

水稻病虫害的综合防治技术（王法明　杜正文）

　　附：绿肥病虫害

　　绿肥蓟马（方勇）

紫云英潜叶蝇（方勇）

　紫云英、苕子与苜蓿病害（方勇）

　菌核病（方勇）

　白粉病（方勇）

　炭疽病（方勇）

　苜蓿茎斑病（方勇）

红萍害虫（王一凤）

萍摇纹（王一凤）

萍灰螟（王一凤）

萍螟（王一凤）

荷缢管蚜（王一凤）

萍象甲（王一凤）

红萍害虫的综合防治（王一凤）

红萍病害（王一凤）

霉腐病（王一凤）

烂心病（王一凤）

二、麦类病虫害

小麦锈病（汪可宁）

麦类赤霉病（周世明）

麦类白粉病（刘孝坤）

小麦纹枯病（王裕中）

小麦全蚀病（吴桂本）

　　附：小麦全蚀病的检验方法（吴桂本）

小麦散黑穗病（刘孝坤）

小麦腥黑穗病（刘孝坤）

小麦秆黑粉病（刘孝坤）

小麦雪霉叶枯病（商鸿生）

小麦雪霉病（刘汉文）

小麦根腐病（商鸿生）

小麦白秆病（刘华国）

小麦霜霉病（王金生）

小麦秆枯病（陈万权）

小麦颖枯病（陈万权）

小麦叶枯病（陈万权）

小麦黄矮病（周广和）

小麦丛矮病（陈巽祯）

小麦红矮病（孙智泰）

小麦梭条斑花叶病（陈剑波　周广和）

土传小麦花叶病（陈剑波　周广和）

小麦线条花叶病（冯崇川）

小麦禾谷胞囊线虫病（陈品三）

小麦粒线虫病（陈品三）

小麦蜜穗病（陈品三）

小麦卷曲病（陈品三）

小麦黑颖病（孙福在）

大麦条纹病（戴富明）

大麦坚黑穗病（汪志远）

大麦散黑穗病（汪志远）

大麦叶锈病（徐素珍）

大麦网斑病（徐素珍）

大麦云纹病（徐素珍）

大麦黄花叶病（阮义理）

燕麦冠锈病（胡长程）

燕麦坚黑穗病（胡长程）

燕麦散黑穗病（胡长程）

燕麦秆锈病（胡长程）

黑麦秆锈病（胡长程）

黑麦叶锈病（胡长程）

麦类麦角病（胡长程）

小麦吸浆虫（张克斌　郭予元）

麦秆蝇（周明牂）

麦蚜（倪汉祥　曹雅忠）

麦双尾蚜（张广学）

条沙叶蝉（魏鸿钧）

麦蜘蛛（魏鸿钧）

麦叶蜂（魏鸿钧）

秀夜蛾（刘君正　张学平）

麦穗夜蛾（刘君正　张学平）

麦蛴（刘君正　张学平）

小麦皮蓟马（刘君正　张学平）

麦沟牙甲（刘君正　张学平）

麦种蝇（李光博）

麦鞘毛眼水蝇（齐国俊）

青稞穗蝇（李光博）

麦茎谷蛾（李光博）

小麦病虫害综合防治技术（李光博）

三、旱粮病虫害

玉米大斑病（潘顺法）

玉米小斑病（罗畔池）

玉米圆斑病（潘顺法）

玉米丝黑穗病（吴新兰）

玉米黑粉病（吴新兰）

玉米矮花叶病（林肯恕）

玉米条纹矮缩病（魏勇良）

玉米干腐病（潘顺法）

玉米穗茎腐病（罗畔池）

玉米锈病（陈育新　吴新兰）

玉米纹枯病（杨家秀）

粟白发病（吴新兰）

粟瘟病（阎万元）

粟锈病（刘维）

粟粒黑穗病（吴新兰）

粟墨黑粉病（吴新兰）

粟粒线虫病（陈品三）

高粱黑穗病类（吴新兰）

高粱叶斑病类（吴新兰）

甘薯黑斑病（吴新兰）

甘薯贮藏期病害（张效良）

甘薯根腐病（刘泉姣）

甘薯瘟病（陈育新）

甘薯糠腐茎线虫病（陈品三）

甘薯南方根结线虫病（陈品三）

马铃薯晚疫病（华致甫）

马铃薯青枯病（何礼远）

马铃薯病毒病类（李芝芳）

马铃薯环腐病（何礼远）

马铃薯早疫病（华致甫）

马铃薯疮痂病（华致甫）

马铃薯黑胫病（何礼远）

马铃薯软腐病（何礼远）

蚕豆赤斑病（李红叶）

蚕豆枯萎病（王明祖）

蚕豆病毒病（王明祖）

蚕豆锈病（王明祖）

蚕豆褐斑病（李红叶）

蚕豆立枯病（李红叶）

蚕豆轮纹病（李红叶）

蚕豆菌核病（李红叶）

蚕豆白粉病（李红叶）

蚕豆油壶火肿病（辛哲生）

玉米螟（周大荣　叶志华）

玉米蚜（陈其瑚）

玉米蓟马（朝运发）

玉米叶螨（李照会）

红缘灯蛾（何仪）

条螟（胡明峻）

高粱蚜（忻亦芬）

高粱舟蛾（李照会）

小穗螟（杨益众）

桃蛀螟（孟文）

双斑萤叶甲（李照会）

高粱芒蝇（谢祥林）

二点螟（孟文）

粟穗螟（孟文）

粟茎跳甲（孟文）

粟鳞斑叶甲（孟文）

单齿娄步甲（孟文）

粟芒蝇（问锦曾）

粟叶甲（王瑞）

粟缘蝽（李照会）

糜子吸浆虫（阎凤鸣）

甘薯天蛾（李照会）

甘薯蚁象（黄成裕）

甘薯长足象（陈其瑚）

甘薯叶甲（陈其瑚）

甘薯龟甲（黄成裕）

甘薯蠹野螟（黄成裕）

甘薯潜叶蛾（黄成裕）

甘薯麦蛾（陈其瑚）

二十八星瓢虫（郑王义　高有才）

马铃薯块茎蛾（陈仲梅）

四、杂食性害虫

蝗虫（陈永林）

黏虫（李光博）

　劳氏黏虫、白脉黏虫、新疆谷黏虫（李光博）

地下害虫（魏鸿钧　黄文琴）

　蛴螬（魏鸿钧　黄文琴）

　蝼蛄（魏鸿钧　黄文琴）

二条叶甲（马振泉　王其胜）

苜蓿夜蛾（马振泉　王其胜）

大豆毒蛾（马振泉　王其胜）

花生蚜（黄玉璋）

棉铃虫（黄炳超）

花生端带蓟马（宋协松）

种蝇（宋协松）

花生须峭麦蛾（宋协松）

花生叶蝉类（黄炳超）

花生叶螨类（黄炳超）

芝麻天蛾（王经伦）

玉米叶夜蛾（王经伦）

芝麻蚜（王经伦）

芝麻荚野螟（王经伦）

芝麻盲蝽（王经伦）

亚麻蚜（高兆宁）

亚麻细卷蛾（高兆宁）

向日葵螟（伊伯仁）

桃蛀螟（伊伯仁）

红花指管蚜（符振声）

七、蔬菜病虫害

大白菜病毒病（杨崇实）

白菜病毒病（朱国仁）

白菜霜霉病（杨崇实）

白菜软腐病（杨崇实）

十字花科蔬菜黑腐病（李明远）

白菜黑斑病（李宝栋）

白菜白斑病（韦石泉）

白菜炭疽病（李宝栋）

大白菜干烧心病（朱国仁）

十字花科蔬菜根肿病（李红叶　曹若彬）

十字花科蔬菜菌核病（冯兰香）

十字花科蔬菜白锈病（林美琛）

甘蓝黑胫病（郑贵彬）

茎芥菜（榨菜）病毒病（李新予）

蔬菜苗期猝倒病和立枯病（李红叶　曹若彬）

番茄病毒病（郑贵彬）

番茄青枯病（林美琛）

番茄早疫病（朱国仁　胡天其）

番茄晚疫病（李明远）

番茄灰霉病（张石新　朱国仁）

番茄叶霉病（朱国仁　胡天其）

番茄溃疡病（刘泮华）

番茄斑枯病（朱国仁　胡天其）

番茄褐斑病（李明远）

番茄畸形果（朱国仁）

茄绵疫病（古希昕）

茄褐纹病（刘元凯）

茄黄萎病（刘元凯）

辣椒病毒病（冯兰香）

辣椒疫病（司凤举）

辣椒炭疽病（司凤举）

辣椒疮痂病（李明远）

辣椒日烧病（朱国仁）

茄科蔬菜枯萎病（朱国仁　胡天其）

茄科蔬菜白绢病（司凤举）

果菜类蔬菜根结线虫病（殷友琴）

黄瓜霜霉病（翁祖信）

瓜类枯萎病（翁祖信　张学伟）

瓜类蔓枯病（翁祖信　张学伟）

瓜类炭疽病（李宝栋　张学伟）

瓜类白粉病（冯兰香）

黄瓜疫病（翁祖信）

黄瓜灰霉病（张石新）

黄瓜黑星病（袁美丽）

黄瓜细菌性角斑病（冯兰香）

黄瓜菌核病（李宝栋）

西葫芦病毒病（郑贵彬）

哈密瓜病毒病（魏宁生）

菜豆病毒病（朱国仁）

菜豆炭疽病（李宝栋）

菜豆细菌性疫病（冯兰香）

菜豆根腐病（王就光）

菜豆枯萎病（王就光）

豇豆病毒病（韦石泉）

豇豆锈病（司凤举）

豇豆煤霉病（司凤举）

豇豆轮纹病（司凤举）

豌豆白粉病（朱国仁　胡天其）

豌豆褐斑病（胡天其）

葱类霜霉病（冯兰香）

葱类紫斑病（冯兰香）

洋葱炭疽病（冯兰香）

大葱锈病（冯兰香）

大蒜病毒病（周桂珍）

大蒜干腐病（郑贵彬）

韭菜灰霉病（张石新）

芹菜斑枯病（冯兰香）

芹菜叶斑病（刘元凯）

下册

八、棉花病虫害

桑黄癭蚊（吴开明）

桑象甲（张建强）

灌县瘿象（唐以巡）

桑虱（唐以巡）

桑小灰象甲（唐以巡）

桑尺蠖（张建强）

春尺蠖（唐以巡）

蠖蝼（唐以巡）

桑木虱（唐以巡）

黄叶甲（吴开明）

桑毛虫（田立道）

野蚕（田立道）

桑螟（田立道）

桑螟（田立道）

桑蓟马（吴福安）

桑菱纹叶蝉（田立道）

朱砂叶螨（吴福安）

桑白蚧（田立道）

褐刺蛾（吴福安）

褐金龟甲（吴福安）

斜纹夜蛾（田立道）

桑梢小蠹虫（田立道）

桑蛀虫（田立道）

桑天牛（田立道）

桑黄星天牛（田立道）

桑虎天牛（田立道）

暗翅筒天牛（张建强）

十一、茶树病虫害

茶饼病（陈雪芬）

茶网饼病（陈雪芬）

茶云纹叶枯病（陈雪芬）

茶炭疽病（陈雪芬）

茶轮斑病（陈雪芬）

茶白星病（陈雪芬）

茶圆赤星病（陈雪芬）

茶赤叶斑病（陈雪芬）

茶芽枯病（陈雪芬）

茶枝梢黑点病（陈雪芬）

茶红锈藻病（陈雪芬）

茶紫纹羽病（陈雪芬）

茶苗白绢病（陈雪芬）

茶苗根结线虫病（陈雪芬）

茶褐色叶斑病（陈雪芬）

茶煤病（陈雪芬）

茶藻斑病（陈雪芬）

苔藓和地衣（陈雪芬）

茶膏药病（陈雪芬）

茶树根腐病类（陈雪芬）

毒蛾（吕文明）

茶蚕（吕文明）

尺蠖（赵启民）

蓑蛾（殷坤山）

刺蛾（殷坤山）

卷叶蛾（洪北边）

茶细蛾（赵启民）

茶谷蛾（楼云芬）

茶斑蛾（楼云芬）

茶叶夜蛾（楼云芬）

小绿叶蝉（吕文明）

粉虱（吕文明）

绿盲蝽（赵启民）

茶网蝽（赵启民）

茶二叉蚜（殷坤山）

茶蛾蜡蝉（吕文明）

盾蚧（洪北边）

蜡蚧（赵启民）

茶枝镰蛾（楼云芬）

茶枝木掘蛾（楼云芬）

茶梢蛾（楼云芬）

象甲（吕文明）

天牛（楼云芬）

茶吉丁虫（楼云芬）

茶黄蓟马（楼云芬）

茶叶螨（洪北边）

十二、糖料作物病虫害

甘蔗凤梨病（黄鸿能）

甘蔗黑穗病（黄鸿能）

甘蔗黄点病（黄鸿能）

甘蔗眼点病（黄鸿能）

甘蔗梢腐病（黄鸿能）

甘蔗锈病（郑加协）

甘蔗褐条病（黄鸿能）

甘蔗赤腐病（黄孟群）

甘蔗宿根矮化病（黄孟群）

甘蔗白条病（黄孟群）

十三、烟草病虫害

十四、果树病虫害

栗透翅蛾（张守友）

板栗象甲（逄树春）

栗瘿蜂（张守友）

针叶小爪螨（张守友）

柿举肢蛾（曹克诚）

柿星尺蛾（曹克诚）

草履硕蚧（曹克诚）

柿绒粉蚧（曹克诚）

柑橘全爪螨（张格成）

柑橘始叶螨（张格成）

柑橘锈瘿螨（张格成）

柑橘瘿螨（张格成）

柑橘大绿蝽（曾鑫年　刘秀琼）

白蛾蜡蝉（朱彬年）

柑橘木虱（黄邦侃）

黑刺粉虱（张格成）

橘蚜（张炳权）

橘二叉蚜（张炳权）

吹绵蚧（雷慧德）

橘绿蜡绵蚧（任伊森）

网纹绵蚧（任伊森）

堆蜡粉蚧（曾鑫年　刘秀琼）

红蜡蚧（雷慧德）

褐圆蚧（雷慧德）

糠片蚧（舒广平）

矢尖蚧（雷慧德）

黑点蚧（黄邦侃）

柑橘卷叶蛾（曾鑫年　刘秀琼）

柑橘潜叶蛾（张炳权）

油桐尺蠖（亚种）（庄胜慨）

吸果夜蛾（任伊森）

凤蝶（张格成）

柑橘爆皮虫（李学骝）

柑橘溜皮虫（李学骝）

柑橘天牛（王代武）

恶性橘啮跳甲（任伊森）

枸橘潜叶跳甲（任伊森）

柑橘潜叶跳甲（任伊森）

柑橘灰象甲（黄邦侃）

柑橘花蕾蛆（李隆术）

柑橘实蝇（张格成）

十五、亚热带作物病虫害

木薯细菌性枯萎病（张开明）

木薯褐斑病（张开明）

木薯炭疽病（张开明）

剑麻斑马纹病（张开明）

剑麻茎腐病（张开明）

剑麻炭疽病（张开明）

剑麻褐斑病（张开明）

剑麻生理性叶斑病（张开明）

剑麻带枯病（张开明）

咖啡锈病（张开明）

咖啡炭疽病（张开明）

咖啡细菌性叶斑病（张开明）

咖啡褐斑病（张开明）

咖啡红根病（张开明）

咖啡褐根病（张开明）

咖啡紫根病（张开明）

咖啡绯腐病（张开明）

咖啡幼苗立枯病（张开明）

可可炭疽病（张开明）

可可黑果病（张开明）

胡椒瘟病（张开明）

胡椒细菌性叶斑病（张开明）

胡椒花叶病（张开明）

胡椒炭疽病（张开明）

香茅叶枯病（张开明）

香草兰根腐病（张开明）

荔枝霜疫霉病（张开明）

龙眼、荔枝丛枝病（高日霞）

龙眼、荔枝桑寄生（高日霞）

龙眼、荔枝扁枝槲寄生（高日霞）

龙眼、荔枝藻斑病（高日霞）

香蕉束顶病（高乔婉）

香蕉花叶心腐病（高乔婉）

香蕉镰刀菌（巴拿马）枯萎病（高乔婉）

香蕉叶斑病（高乔婉）

香蕉炭疽病（高乔婉）

香蕉黑星病（高乔婉）

番木瓜环斑病（骆学海）

番木瓜炭疽病（骆学海）

杧果炭疽病（张开明）

杧果白粉病（张开明）

杧果细菌性黑斑病（张开明）

杧果疮痂病（张开明）

杧果流胶病（张开明）

油梨根腐病（张开明）

菠萝心腐病（张开明）

灰仓鼠（马勇）

黑线仓鼠（马勇）

大仓鼠（马勇）

长爪沙鼠（马勇）

中华鼢鼠（马勇）

东北鼢鼠（马勇）

鼹形田鼠（马勇）

黄兔尾鼠（马勇）

布氏田鼠（马勇）

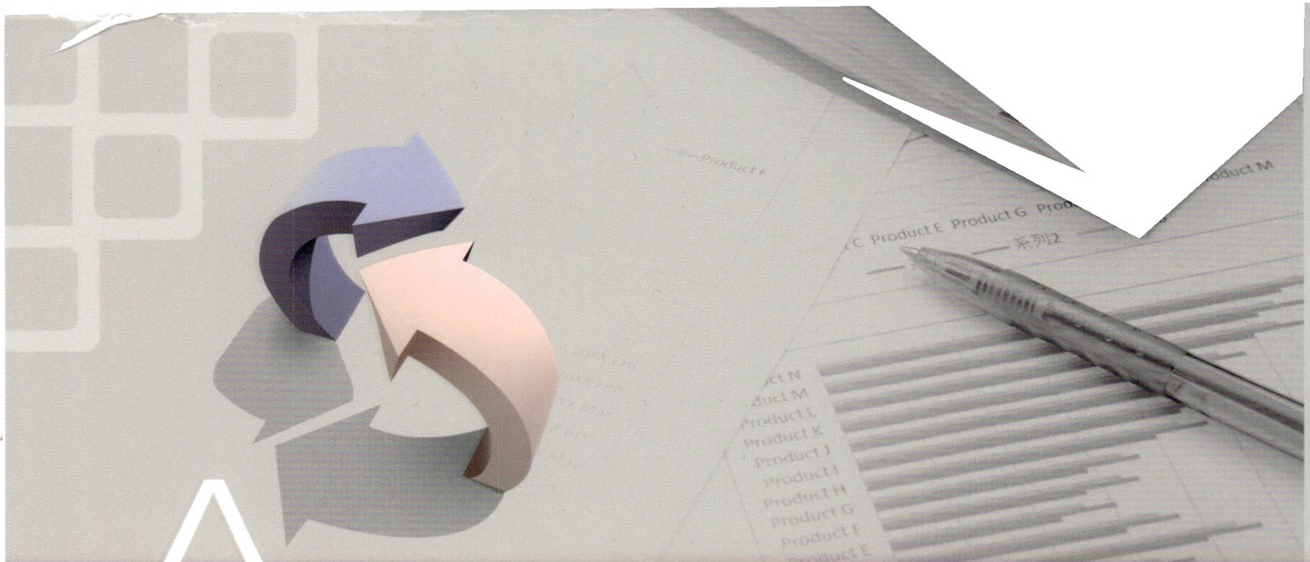

Accounting

基础会计

栾甫贵 尚洪涛 ◎ 主编

基础会计 第4版

栾甫贵 尚洪涛 ◎ 主编

机械工业出版社
CHINA MACHINE PRESS

Accounting

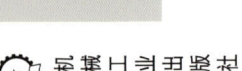

机工教育微信服务号

地址: 北京市百万庄大街22号
邮政编码: 100037
电话服务
服务咨询热线: 010-88379833
读者购书热线: 010-88379649
网络服务
机工官网: www.cmpbook.com
机工官博: weibo.com/cmp1952
教育服务网: www.cmpedu.com
金书网: www.golden-book.com
封面无防伪标均为盗版

ISBN 978-7-111-49598-7
策划编辑◎商红云 / 封面设计◎张静

ISBN 978-7-111-49598-7
定价: 39.00元